# DICTIONNAIRE
# DE CHIMIE
## PURE ET APPLIQUÉE

A. Quantin imprimeur
r. S. Benoît, 7, à Paris

# DICTIONNAIRE

# DE CHIMIE

## PURE ET APPLIQUÉE

COMPRENANT

LA CHIMIE ORGANIQUE ET INORGANIQUE
LA CHIMIE APPLIQUÉE A L'INDUSTRIE, A L'AGRICULTURE ET AUX ARTS
LA CHIMIE ANALYTIQUE, LA CHIMIE PHYSIQUE ET LA MINÉRALOGIE

PAR AD. WURTZ

Membre de l'Institut (Académie des sciences)

AVEC LA COLLABORATION DE MM.

J. Bouis — E. Caventou — Ph. de Clermont — H. Debray — P.-P. Dehérain
M. Delafontaine — Ch. Friedel — A. Gautier
Ch. Girard et de Laire — E. Grimaux — P. Hautefeuille — A. Henninger — E. Kopp
F. de Lalande — Ch. Lauth — F. Le Blanc — A. Naquet — J. Riban
G. Salet — P. Schützenberger — Dr Thiercelin — L. Troost — G. Vogt
et Ed. Willm

---

TOME SECOND

PREMIÈRE PARTIE

H — P

---

PARIS

LIBRAIRIE HACHETTE ET Cie

79, BOULEVARD SAINT-GERMAIN, 79

# DICTIONNAIRE

# DE CHIMIE

## PURE ET APPLIQUÉE

# H



**HAARZEOLITH** (Min.). — Variété capillaire de scolésite.

**HAFNEFJORDITE** ou **KALKOLIGOCLASE** (Min.). — Variété d'oligoclase riche en chaux, formant avec de l'augite noire et du fer oxydulé une roche trouvée à Hafnefjord, sur la côte ouest de l'Islande.

**HAIDINGERITE.** — Voyez Berthiérite.

**HAIDINGERITE** (Min.). — Arséniate hydraté de chaux, $CaHAsO^4 + 3/2 H^2O$. Cette substance très-rare, accompagnant la pharmacolithe, dont elle possède la plupart des caractères, a été trouvée dans la collection de R. P. Greg; elle provient probablement du pays de Bade ou de Joachimsthal. Petits cristaux transparents agglomérés, d'un éclat vitreux, tendres.

*Caractères.* — Facilement soluble dans les acides. Au chalumeau, réactions de l'arsenic; donne de l'eau dans le tube.

Dureté, 1,5 à 2,5. Poussière blanche. Densité, 2,848.

*Forme cristalline.* — Prisme orthorhombique

$$mm = 100°;\ e^1e^1 = 146°\,53'.$$

**HALLOYSITE** (Min.). — Variété d'argile d'un blanc laiteux, verte, jaunâtre, rose; translucide sur les bords; tendre et facile à couper au couteau.

Infusible au chalumeau. Attaquable aux acides. Dureté, 1 à 2. Densité, 1,92 à 2,12.

Sa composition est exprimée par la formule

$$Al^2O^3SiO^2 + 2H^2O \text{ ou } + 4H^2O.$$

Se trouve dans les gîtes de contact et dans les filons.

**HALOTRICHITE** (Min.) [Syn. *Hversalt*]. — Sulfate alumino-ferreux hydraté,

$$FeSO^4 + Al^2(SO^4)^3 + 22H^2O.$$

Fibres soyeuses, jaunâtres, s'altérant à l'air et devenant pulvérulentes.

*Caractères.* — Fond dans son eau de cristallisation. Avec les flux, réactions du fer; avec la soude sur le charbon, donne une masse hépatique.

**HAMATHIONIQUE (ACIDE).** — Voyez Euxanthique.

**HAMPSHIRITE** (Min.). — Nom donné par Hermann à des pseudomorphoses en stéatite de cristaux de quartz.

**HARMALINE**, $C^{13}H^{14}Az^2O$. — Les graines de *Peganum Harmala* (Rutacées) contiennent deux alcaloïdes, la harmaline $C^{13}H^{14}Az^2O$, et la harmine $C^{13}H^{12}Az^2O$. La première fut découverte, en 1837, par Göbel, mais étudiée avec soin par Fritzsche, qui découvrit la harmine, et fit connaître de nombreux dérivés de ces deux corps [Göbel, *Ann. der Chem. u. Pharm.*, t. XXXVII, p. 363; — Fritzsche, *Ann. der Chem. u. Pharm.*, t. LXIV, p. 360; t. LXVIII, p. 351; t. LXXII, p. 306; t. XXXVIII, p. 327].

Fritzsche extrait en même temps la harmaline et la harmine par le procédé suivant: les graines pulvérisées sont épuisées par l'eau acidulée d'acide sulfurique ou d'acide acétique, la solution est additionnée d'une solution de sel marin, dans laquelle les chlorhydrates des alcaloïdes sont insolubles; ils se précipitent alors entraînant une certaine quantité de matière colorante. Le précipité recueilli sur un filtre est lavé avec une solution de sel marin, puis dissous dans l'eau pure, et sa solution est décolorée par le charbon animal. On y ajoute ensuite à chaud de l'ammoniaque, qui précipite d'abord la harmine, puis la harmaline; celle-ci se sépare seulement lorsqu'il n'y a plus de harmine à précipiter. On reconnaît le moment où il n'y a plus que de la harmaline, en examinant le précipité au microscope. La harmaline se présente sous la forme de feuillets, tandis que la harmine est en aiguilles, qu'on distingue facilement. Quand toute la harmine est séparée, on filtre à chaud, et on précipite la harmaline par un excès d'ammoniaque.

Ce procédé donne 4 % d'alcaloïdes, dont un tiers de harmine, et deux tiers de harmaline.

La harmaline, blanche à l'état de pureté, s'obtient avec une teinte jaune ou brune. On la purifie en la mettant en suspension dans l'eau, la dissolvant presque tout entière par l'acide chlorhydrique, et filtrant la solution du chlorhydrate; la partie non dissoute de la base retient la matière colorante. La solution étendue d'eau est précipitée de nouveau par le chlorure de sodium ou l'acide chlorhydrique; le chlorhydrate qui se sépare est lavé au sel marin, puis redissous dans l'eau, traité par le charbon animal, et finalement additionné de potasse caustique; la harmaline se sépare parfaitement pure.

La harmaline est peu soluble dans l'eau et dans l'éther, assez soluble dans l'alcool froid, très-soluble dans l'alcool bouillant; elle colore la salive en jaune. Cristallisée dans l'alcool, elle se présente sous la forme d'octaèdres à base rhombe.

Elle fond par la chaleur en se décomposant; sous l'influence de l'acide azotique concentré, elle donne un dérivé nitré, la *nitroharmaline* (voir plus loin). Par l'action de l'acide azotique bouillant, elle donne de la *nitroharmine*. Chauffée avec de l'alcool, de l'acide chlorhydrique et un peu d'acide azotique, elle se transforme en chlorhydrate de harmine, par simple soustraction de 2 atomes d'hydrogène à la harmaline, celle-ci renfermant $C^{13}H^{14}Az^2O$, et la harmine

$$C^{13}H^{12}Az^2O.$$

L'action des agents oxygénants prolongée convertit la harmaline en une matière colorante rouge, insoluble dans l'eau, soluble dans l'alcool. Elle se combine avec l'acide cyanhydrique en donnant une nouvelle base, l'hydrocyanharmaline.

Sels de harmaline. — Ils sont jaunes, fort solubles, cristallisables.

L'*acétate* se produit lorsqu'on dissout la harmaline dans l'acide acétique, et qu'on abandonne la solution à l'évaporation spontanée. Il est sirupeux, puis devient cristallin au bout de quelque temps. Il perd de l'acide acétique par la chaleur.

Le *bromhydrate* est en aiguilles jaunes.

Le *chlorhydrate* renferme

$$C^{13}H^{14}Az^2O, HCl + 2H^2O;$$

il est en longues aiguilles jaunes et prismatiques; il est assez soluble dans l'eau et dans l'alcool.

Le *chloroplatinate* $(C^{13}H^{14}Az^2O, HCl)^2PtCl^4$ est un précipité jaune.

Le *chloromercurate* est cristallin et peu soluble.

Le *chromate* est cristallin et peu soluble; on l'obtient en introduisant du chromate de potasse solide dans une solution concentrée d'acétate de harmaline; la liqueur se trouble et dépose une masse jaune épaisse, qu'on dissout dans l'eau; cette solution aqueuse dépose le chromate en aiguilles aplaties mêlées de cristaux de harmaline.

Le *bichromate* renferme

$$(C^{13}H^{14}Az^2O)^2, H^2Cr^2O^4;$$

par l'action de la chaleur, à 120°, il se décompose subitement en donnant de la harmine.

Le *bicarbonate* est un précipité composé de fines aiguilles; il est peu stable.

Les carbonates neutres alcalins ne précipitent pas les sels de harmaline, ou ne donnent que de la harmaline libre.

Le *ferrocyanhydrate* est une poudre cristalline, d'un rouge brique.

Le *ferricyanhydrate* est en longs prismes d'un brun-verdâtre foncé.

Le *sulfhydrate* est en cristaux prismatiques; il se décompose au contact de l'air.

Le *sulfate* séché dans le vide se prend en une masse radiée; avec l'acide sulfurique en excès, il donne des aiguilles fort solubles.

Le *sulfocyanate* est en aiguilles soyeuses, peu solubles dans l'eau froide, solubles dans l'eau bouillante.

Enfin l'*azotate*, l'*oxalate neutre*, l'*oxalate acide*, le *phosphate* sont cristallisés en aiguilles.

Nitroharmaline, $C^{13}H^{13}(AzO^2)Az^2O$. — Cet alcaloïde, appelé aussi *chrysoharmine*, est un dérivé nitré de la harmaline. Fritzsche l'obtient en délayant la base dans 6 à 8 p. d'alcool de 80°, y ajoutant 2 p. d'acide sulfurique concentré, et mêlant à cette dissolution 2 p. d'acide azotique moyennement concentré. On détermine la réaction en chauffant le mélange au bain-marie; elle est très-vive, et lorsque la transformation est opérée, on refroidit le mélange pour empêcher l'action ultérieure de l'acide azotique sur la nitroharmaline formée.

Par le refroidissement, il se sépare du sulfate de nitroharmaline, sous forme d'une poudre jaune et cristalline. On le lave avec de l'alcool acidulé d'acide sulfurique, on le fait dissoudre dans l'eau chaude, et on le précipite par la potasse ou l'ammoniaque diluée. Lorsque dans la réaction il s'est formé de la harmine, ou qu'il reste de la harmaline non décomposée, on les sépare de la nitroharmaline, en transformant les bases en sulfates; celui de nitroharmaline est peu soluble, les sulfates des deux autres bases sont très-solubles.

On peut encore préparer la nitroharmaline par le procédé qui sert à l'obtention de la nitroharmine (voyez Harmine); seulement on emploie un acide azotique d'une densité de 1,12, au lieu d'un acide d'une densité de 1,40.

La nitroharmaline est jaune-orangé, cristallisée en prismes, elle est peu soluble dans l'eau froide, beaucoup plus soluble dans l'eau bouillante, peu soluble dans l'éther à froid, plus soluble à chaud. Elle se dissout dans l'alcool plus facilement que la harmine et la harmaline, dans les huiles grasses, les huiles essentielles, et un peu dans les liqueurs alcalines au sein desquelles on la précipite.

Elle fond vers 120° en une masse brune et résinoïde; à chaud, elle déplace l'ammoniaque des sels ammoniacaux; l'acide azotique la transforme en nitroharmine.

Lorsqu'on mélange de l'azotate d'argent ammoniacal avec une solution neutre d'azotate de nitroharmaline, il se précipite des flocons gélatineux de *nitroharmaline argentique*

$$C^{13}H^{12}Ag(AzO^2)Az^2O + H^2O.$$

Ce précipité est insoluble dans l'eau, peu soluble dans l'alcool; les acides et l'ammoniaque le décomposent à froid.

Sels de nitroharmaline. — Ils sont cristallisés et colorés en jaune.

L'*acétate* est soluble.

L'*azotate* est en aiguilles jaunes assez peu solubles dans l'eau; lorsqu'on ajoute de l'azotate d'argent à une solution alcoolique de nitroharmaline, il se forme une combinaison de *nitroharmaline* et *d'azotate d'argent*, en flocons volumineux, d'un jaune clair, composés d'aiguilles feutrées.

Le *chlorhydrate* $C^{13}H^{13}(AzO^2)Az^2O, HCl$ s'obtient en délayant la nitroharmaline dans l'alcool, et faisant bouillir la solution avec l'acide chlorhydrique. Il cristallise en petits prismes. Il est précipité de ses solutions aqueuses par le sel marin ou un excès d'acide chlorhydrique.

Le *chloroplatinate*

$$(C^{13}H^{13}(AzO^2)Az^2O, HCl)^2, PtCl^4$$

est jaune clair et composé de cristaux microscopiques.

Le *chloromercurate* est jaune clair et cristallin.

Le *carbonate* ne s'obtient qu'en solution.

Le *ferrocyanhydrate* et le *sulfocyanate* sont en aiguilles.

Le *ferricyanhydrate* est une poudre jaune et cristalline.

L'*iodhydrate* et le *bromhydrate* s'obtiennent comme le chlorhydrate, auquel ils ressemblent.

Le *sulfate neutre* est cristallin; le *sulfate acide* renferme $C^{13}H^{13}(AzO^2)Az^2O,SO^4H^2$; c'est une poudre cristalline, jaune clair, peu soluble dans l'eau froide.

L'*oxalate* est également cristallisable.

HYDROCYANHARMALINE, $C^{13}H^{14}Az^2O,CAzH$. — Cette base, combinaison directe de l'acide cyanhydrique et de l'harmaline, se produit facilement lorsqu'on dissout l'harmaline dans une solution faible et bouillante d'acide cyanhydrique. On filtre à chaud, et l'*hydrocyanharmaline* se sépare cristallisée par le refroidissement. On peut l'obtenir également et facilement en versant une solution de cyanure de potassium dans la solution d'un sel de harmaline; à l'état humide elle perd de l'acide cyanhydrique à l'air, mais on empêche cette décomposition en la faisant dissoudre dans l'alcool chaud, d'où elle se sépare en minces tables rhomboïdales, qui ne se décomposent pas même à 100°, quand elles sont sèches; à une température plus élevée, ou par l'ébullition avec l'eau et l'alcool, l'hydrocyanharmaline se dédouble en acide cyanhydrique et harmaline.

Les *sels* sont peu stables; ils se décomposent par la dessiccation ou par la concentration de leurs solutions étendues.

L'*azotate* se dépose en cristaux, lorsqu'on dissout dans l'acide azotique l'hydrocyanharmaline divisée et délayée dans l'eau. Il se sépare ensuite des cristaux d'azotate de harmaline.

Le *chlorhydrate* renferme

$$C^{13}H^{14}Az^2O,CAzH,HCl.$$

Il se prépare en dissolvant la base précipitée dans de l'eau ou de l'alcool, additionné d'acide chlorhydrique. Il paraît formé de petits octaèdres à base rhombe.

Le *sulfate* est en cristaux microscopiques.

HYDROCYANO-NITROHARMALINE.

$$C^{13}H^{13}(AzO^2)Az^2O,CAzH.$$

— Elle est en fines aiguilles jaunes, qui se conservent sans altération une fois qu'elles sont desséchées. On la prépare en issolvant la nitroharmaline dans une solution alcoolique et chaude d'acide cyanhydrique; elle se décomposepa l'ébullition avec l'eau.

L'ammoniaque concentrée et la potasse la colorent et la détruisent.

Elle donne un *sulfate* cristallisé en aiguilles.

E. G.

**HARMINE**, $C^{13}H^{12}Az^2O$ [Fritzsche, *Mém. cit.* à l'article HARMALINE]. — Nous avons dit, à l'article HARMALINE, comment cet alcaloïde se retire, avec l'harmaline, des graines de *Peganum Harmala*. Il peut aussi s'obtenir de l'harmaline en soumettant celle-ci à des oxydations ménagées; les deux bases ne diffèrent l'une de l'autre que par 2 atomes d'hydrogène.

Harmaline $C^{13}H^{14}Az^2O$.
Harmine $C^{13}H^{12}Az^2O$.

On chauffe la harmaline avec un mélange à parties égales d'acide chlorhydrique et d'alcool, additionné d'un peu d'acide azotique. Quand l'ébullition a commencé, la transformation de la harmaline en harmine est promptement terminée, et en refroidissant la liqueur, on voit se séparer une grande quantité de fines aiguilles de chlorhydrate de harmine. La harmine se produit aussi quand on chauffe à 120° le bichromate de harmaline.

La harmine forme des prismes rhomboïdaux de 124°18', et 55°42'. Elle est presque insoluble dans l'eau, très-peu soluble à froid dans l'alcool et l'éther. A l'ébullition, elle chasse l'ammoniaque des sels ammoniacaux. On connaît un dérivé nitré de la harmine, la *nitroharmine* (voir plus loin); mais ce composé n'a pu être obtenu par l'action de l'acide azotique sur la harmine, il dérive de l'action de cet acide sur la harmaline.

Le chlorate de potasse, en agissant sur la harmine, donne naissance à de la *dichlorharmine*. — Voir plus loin.

SELS DE HARMINE. — Ils sont incolores; leurs solutions étendues sont bleuâtres; concentrées, elles ont une couleur jaunâtre.

L'*acétate* est cristallin, et perd de l'acide acétique par la chaleur.

L'*azotate* est en aiguilles incolores, peu solubles dans l'eau froide, surtout en présence de l'acide azotique.

Le *bichromate* $Cr^2O^7H^2C^{13}H^{12}Az^2O$ se forme lorsqu'on mélange une solution acide de harmine avec un chromate soluble. Il se décompose par la chaleur en donnant une base particulière.

Le *carbonate* n'existe pas; lorsqu'on précipite un sel de harmine par un carbonate alcalin, c'est la base libre qui se sépare.

Le *chlorhydrate* est en aiguilles renfermant

$$C^{13}H^{12}Az^2O,HCl + 2H^2O;$$

lorsqu'il se dépose d'une solution aqueuse. Il se sépare à l'état anhydre d'une solution alcoolique. Le *bromhydrate* et l'*iodhydrate* lui ressemblent.

Le *chloroplatinate* $(C^{13}H^{12}Az^2O,HCl)^2,PtCl^4$ est un précipité floconneux que la chaleur rend cristallin.

Le *chloromercurate* précipité à froid est caillebotté; précipité à chaud, il est cristallin.

Le *ferrocyanhydrate* est jaune clair, cristallin, lorsqu'il se sépare en solutions tièdes, et en cristaux orangés lorsqu'il se dépose en solutions bouillantes.

Le *ferricyanhydrate* est un précipité jaune pâle.

L'*oxalate neutre* est cristallin, peu soluble; le *oioxalate* forme des aiguilles groupées en aigrettes, il renferme

$$C^{13}H^{12}Az^2O,C^2O^4H^2 + H^2O.$$

Le *sulfate neutre* est en aiguilles groupées concentriquement, renfermant

$$(C^{13}H^{12}Az^2O)^2SO^4H^2.$$

Le *sulfate acide* ressemble au précédent, mais ne renferme pas d'eau de cristallisation, il répond à la formule $C^{13}H^{12}Az^2O,SO^4H^2$.

Le *sulfocyanate* est en aiguilles feutrées, assez peu solubles dans l'eau froide.

DÉRIVÉS CHLORÉS ET NITRÉS DE LA HARMINE.

DICHLORHARMINE, $C^{13}H^{10}Cl^2Az^2O$ [Fritzsche, *Journ. für prakt. Chem*, t. LXXXVI, p. 100; et *Bull. de la Soc. chim.*, 1863, p. 471]. — En traitant la harmine en présence de l'acide chlorhydrique par le chlorate de potasse, jusqu'à ce que la coloration qui s'était d'abord produite ait disparu, on obtient par le refroidissement de la solution acide le chlorhydrate de dichlorharmine, tandis qu'une matière colorante jaune reste en solution. Le chlorhydrate recristallisé dans l'alcool est précipité par la soude, et le précipité par l'ébullition se réunit en flocons d'un aspect cristallin. On peut aussi préparer cette base par l'action directe du chlore sur la harmine.

La dichlorharmine est insoluble dans l'eau froide, un peu soluble dans l'eau bouillante, soluble surtout à chaud dans l'alcool, l'éther et la benzine.

Les *sels de dichlorharmine* sont partiellement décomposés par l'eau; ils sont très-peu solubles dans une eau acide. *L'oxalate acide* est en aiguilles fusibles entre 175° et 185°.

En mélangeant des solutions alcooliques chaudes d'iode et de dichlorharmine, on obtient par le refroidissement une substance cristalline qui est le *biiodure de dichlorharmine*

$$C^{13}H^{10}Cl^2Az^2O,I^2.$$

NITROHARMINE, $C^{13}H^{11}(AzO^2)Az^2O$. — On prépare ce dérivé de la harmine avec la harmaline. On ajoute à 1 p. de cette dernière 2 p. d'eau, et la quantité d'acide acétique nécessaire pour dissoudre la base, et on verse peu à peu la liqueur, en filet mince, dans 12 p. d'acide azotique bouillant, d'une densité de 1,40. On maintient l'ébullition pendant quelques instants, puis on refroidit rapidement la liqueur, et l'on additionne d'un excès d'un alcali caustique. La nitroharmine se dépose sous forme d'un précipité jaune foncé, tandis qu'il reste en solution dans l'alcali une matière résineuse brun foncé; on purifie la nitroharmine en la délayant dans l'eau bouillante, et y ajoutant goutte à goutte de l'acide chlorhydrique pour la dissoudre, on filtre la solution bouillante, et après l'avoir laissée refroidir, on y ajoute de l'acide chlorhydrique concentré, dans lequel le chlorhydrate de nitroharmine est très-peu soluble. Il se sépare presque entièrement par le repos sous forme d'aiguilles, on le lave à l'acide chlorhydrique étendu, puis on le dissout dans l'eau bouillante, et on le précipite à l'ébullition par l'ammoniaque. On fait recristalliser la base dans l'alcool bouillant.

La nitroharmine forme de fines aiguilles, jaunes, insipides, peu solubles dans l'eau froide, plus solubles dans l'eau bouillante; elle se dissout dans l'alcool, et sa solution alcoolique, par un refroidissement brusque, la dépose sous forme d'octaèdres jaune foncé, qui se transforment rapidement en aiguilles. Elle est très-peu soluble dans l'éther.

C'est une base moins énergique que la harmine, elle ne décompose que difficilement les sels ammoniacaux.

Traitée par l'eau de chlore ou l'eau de brome, elle donne des dérivés chlorés ou bromés. Avec l'iode, elle donne un *biiodure de nitroharmine*. Son azotate additionné d'azotate d'argent ammoniacal donne une combinaison amorphe, qui paraît être de la nitroharmine argentique.

SELS DE NITROHARMINE. — Ils sont légèrement amers, peu solubles dans l'eau acide.

*L'acétate* forme des cristaux octaédriques, jaunes et transparents, en partie décomposables par l'eau, surtout à chaud.

*L'azotate*, peu soluble dans l'eau, est encore moins soluble dans l'acide azotique étendu. Il est en aiguilles jaune clair, qui finissent par se transformer, dans l'eau-mère acide, en cristaux grenus et rhomboïdaux. Il paraît exister un *sous-azotate*.

Le *cyanhydrate de nitroharmine* en combinaison avec du *cyanure de mercure* se dépose sous forme de cristaux prismatiques jaunes, lorsqu'on ajoute du cyanure de mercure à une solution bouillante d'acétate de nitroharmine.

Le *chromate* et le *bichromate* sont cristallins; chauffés à l'état sec, ils se décomposent en donnant un nouvel alcali jaune.

Le *chlorhydrate* est en fines aiguilles; il renferme $C^{13}H^{11}(AzO^2)Az^2O,HCl+2H^2O$. Le bromhydrate et l'iodhydrate sont en aiguilles comme lui.

Le *chloroplatinate* est peu soluble, et cristallise en aiguilles : le *chloromercurate* est en aiguilles microscopiques, d'un jaune clair, groupées en aigrettes, lorsqu'on le prépare avec des solutions étendues et bouillantes.

Le *ferricyanhydrate* est en prismes microscopiques, d'un brun clair, lorsqu'on ajoute goutte à goutte une solution de ferrocyanure de potassium à la solution bouillante d'un sel de nitroharmine.

Le *ferrocyanhydrate* forme des grains jaunes.

Le *sulfate neutre* et le *sulfate acide* sont en aiguilles jaunes; le *sulfocyanate* est en aiguilles presque incolores.

BIIODURE DE NITROHARMINE,

$$C^{13}H^{11}(AzO^2)Az^2O,I^2.$$

— On l'obtient en mélangeant des solutions bouillantes alcooliques d'iode et de nitroharmine. Ce composé est d'un brun jaune, et forme des aiguilles microscopiques, agglomérées. Il est fort peu soluble même à chaud dans l'eau, l'alcool, l'éther, et les huiles légères de goudron de houille. Par l'ébullition avec l'alcool, ou par l'action de l'acide sulfurique dilué et bouillant il se décompose en ses constituants. Il se dissout dans l'acide acétique concentré et bouillant, ainsi que dans l'acide cyanhydrique en solution alcoolique, en donnant des corps cristallins.

CHLORONITROHARMINE (ou chloronitroharmidine) $C^{13}H^{10}Cl(AzO^2)Az^2O+2H^2O$ [Fritzsche, *Ann. der Chem. u. Pharm.*, t. XCII, p. 330]. — Elle se produit par l'addition de l'eau chlorée à la solution d'un sel de nitroharmine, celle-ci se teint en jaune, et on précipite la base à l'ébullition par l'ammoniaque. Elle se forme aussi par l'action d'un courant de chlore sur une solution concentrée de chlorhydrate ou d'azotate, ou lorsqu'on traite la harmaline dissoute dans l'acide acétique par un mélange bouillant d'acide azotique et d'acide chlorhydrique.

Elle est peu soluble dans l'eau froide et dans l'éther, elle se dissout dans l'eau bouillante en se colorant en jaune. Elle cristallise confusément par le refroidissement de ses solutions dans l'huile de houille et le naphte bouillants, qui la dissolvent facilement. Elle est insipide.

Les *sels* ont une légère teinte jaune; leur saveur est un peu amère et astringente.

*L'azotate* est en fines aiguilles groupées en étoile. Le *chlorhydrate* est assez soluble dans l'eau, l'acide chlorhydrique concentré le précipite de ses solutions. Le *chloroplatinate*

$$(C^{13}H^{10}Cl(AzO^2)Az^2OHCl)^2,PtCl^4$$

(à 120°) est en petits prismes déliés, jaunes. Le *sulfate neutre* et le *sulfate acide* cristallisent, le premier en aiguilles soyeuses, le second en petits prismes.

BIIODURE DE CHLORONITROHARMINE,

$$C^{13}H^{10}Cl(AzO^2)Az^2O,I^2.$$

— Il s'obtient comme le composé correspondant de nitroharmine, et est en fines aiguilles, plus solubles dans l'alcool que celui-ci.

BROMONITROHARMINE, $C^{13}H^{10}Br(AzO^2)Az^2O$. — Cette base s'obtient comme la précédente, avec l'eau bromée. Elle est cristallisée, et se combine avec les acides. Elle se combine avec l'iode, et même avec le brome. E. G.

**HARMOTOME** (Min.) [Syn. *Kreuzstein*, W., *Morvénite*, Thomson, *hyacinthe blanche cruciforme* de Romé de Lisle; *andréolithe* ou *andréasbergolithe*]. — Silicate hydraté d'alumine et de baryte, avec un peu de pótasse, de chaux ou de soude :

$$BaO, Al^2O^3, 5SiO^2 + 5H^2O$$
$$\text{ou } BaO, Al^2O^3, 6SiO^2 + 6H^2O.$$

Cristaux ou croûtes cristallines d'un blanc de lait, quelquefois teintés de gris, de jaune ou de rouge. Translucide; d'un éclat vitreux. Fracture inégale. Les cristaux sont souvent maclés de manière à former des croix. Ils se trouvent surtout dans des filons avec blende, galène, argyrythrose, calcite, etc., au Hartz, ou bien dans les cavités amygdaloïdes, à Strontian (Écosse, etc.)

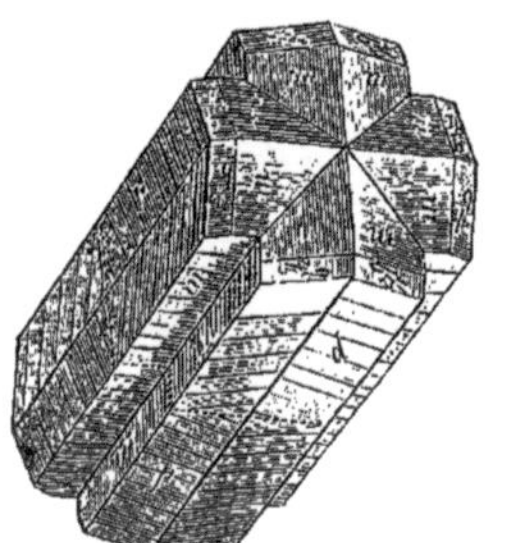

Fig. 331. — Harmotome.

*Caractères.*— Attaquable par l'acide chlorhydrique sans faire gelée; la liqueur donne les réactions de la baryte. Perd une partie de son eau, même dans l'air sec. Au chalumeau, blanchit et fond assez difficilement sur les bords en un verre semi-transparent.

Dureté, 4,5. Densité, 2,44 à 2,40.

*Forme cristalline.* —,Prisme orthorhombique

$$mm = 124°47'; \; b^{1/2}p = 120°28'.$$

Les faces $b^{1/2}$ sont hémièdres à faces parallèles; il en est souvent de même des faces $m$. Les cristaux sont maclés; l'un des plans d'assemblage est parallèle à l'une des faces $m$, et l'autre plan est perpendiculaire à la même face; la macle est ainsi formée de quatre quarts de cristal. Deux macles pareilles s'entre-croisent souvent de manière à former la croix représentée sur la figure; les plans $p$ d'un des cristaux sont parallèles aux faces $m$ de l'autre. Les plans d'assemblage ne correspondent pas à une modification possible.

Clivages: assez faciles $p$ et $m$. F. et S.

**HARRINGTONITE** (Min.). — Petites masses amorphes, d'une texture imparfaitement fibreuse, se rapportant à la mésolite, et trouvées dans le nord de l'Irlande.

**HARRISITE** (Min.). — Pseudomorphose de galène en chalcosine, présentant encore les clivages de la galène.

**HARTINE** (Min.) [Syn. *Xylorétine*, Forchh. *Psathyrite*], $C^{20}H^{34}O^4$ (?). — Substance blanche, massive, mais donnant des cristaux orthorhombiques, lorsqu'on laisse évaporer sa solution dans la naphte. Fragile, se réduit en poudre entre les doigts. Sans goût, ni odeur; soluble dans l'éther. Son origine est pareille à celle de l'espèce suivante. Fond vers 200°.

**HARTITE** (Min.). — Carbure d'hydrogène

$$nC^6H^{10};$$

en petits cristaux blancs clinorhombiques, trouvés dans du bois de pin fossile; dans les gisements de lignite de Gloggnitz, près de Vienne.

*Caractères.* — Soluble dans l'éther; moins soluble dans l'alcool.

Fond à 74-75°, et distille à une haute température.

**HARTMANNITE.** — Voyez BREITHAUPTITE.

**HATCHETTINE** (Min.). — Hydrocarbure fossile $nCH^2$ (?). En masses ou en lames minces cristallines, d'un blanc jaunâtre ou verdâtre; translucide, très-peu soluble dans l'alcool bouillant, presque insoluble à froid. Peu soluble dans l'éther à froid, beaucoup plus à l'ébullition; se dépose de sa solution éthérée en petits prismes déliés. Fond à 46°. Mou comme la cire.

Densité, 0,91 à 0,98.

Se trouve dans les crevasses de nodules ferrugineux et dans des géodes renfermant du quartz, dans les mines de charbons voisines de Merthyr-Tydvil.

**HAUERITE** (Min.). — Bisulfure de manganèse $MnS^2$. Cristaux cubo-octaédriques ou octaédriques, présentant quelquefois les faces hémièdres d'un dodécaèdre pentagonal, et d'un hémihexoctaèdre à faces parallèles; se trouve aussi en masses globulaires formées d'une agrégation de cristaux. D'un éclat métallique ou demi-métallique; d'un brun rougeâtre. Les cristaux se trouvant dans l'argile, renfermant aussi du gypse et du soufre, à Kalinka (Hongrie).

*Caractères.* — Dans le tube fermé donne un sublimé de soufre.

Grillé sur le charbon, donne une odeur sulfureuse et le résidu présente les réactions du manganèse.

Dureté, 4. Poussière brun-rouge.

Densité, 3,46.

*Forme cristalline.*— Isomorphe avec la pyrite. Clivage cubique imparfait.

**HAUSMANNITE** (Min.). — Oxyde de manganèse $Mn^3O^4$. En petits cristaux octaédriques, ou en masses cristallines ou grenues, fortement agrégées, d'un noir brunâtre et d'un éclat semi-métallique. Elle se trouve avec les autres minerais de manganèse, dans le porphyre, près d'Ilmenau (Thuringe), Ihlefeld (Hartz), et à Jacobsberg (Wermland), etc.

*Caractères.* — Soluble dans l'acide chlorhydrique à chaud, avec production de chlore. Avec les flux, réactions du manganèse.

Dureté, 5 à 5,5. Poussière rouge-brun.

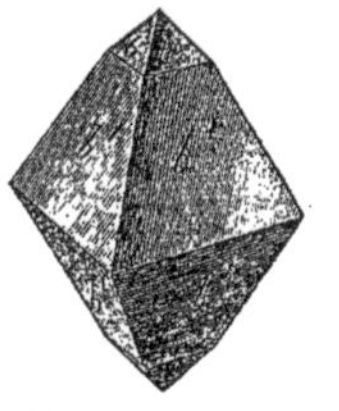

Fig. 332. — Hausmannite.

Densité, 4,7.

*Forme cristalline.* — Octaèdre quadratique

$$b^1b^1 = 105°25'.$$

Clivage basal $p$ facile, $b^1$, $a^1$ moins parfaits. Macles parallèles à $a^1$.

**HAÜYNE** (Min.) [Syn. *Latialite, noséane, nosiane, spinellane, zéolithe blanc, lazulite, lapis-lazuli, outremer*]. — Silico-sulfate d'alumine, de chaux, de potasse ou de soude, renfermant un peu de peroxyde de fer, d'eau, de chlore et de soufre. La composition de cette substance est assez variable et ne peut pas être exprimée par une formule rationnelle acceptable; nous donnons ici l'analyse d'une haüyne proprement dite (de la Somma), d'une noséane du lac de Laach et d'un lapis (outremer naturel) d'Orient, minéraux que nous croyons devoir réunir à cause de l'analogie de composition et de l'identité de forme cristalline.

| | Haüyne. | Noséane. | Lapis-lazuli. |
|---|---|---|---|
| Silice | 34,06 | 35,99 | 45,50 |
| Alumine | 27,64 | 32,56 | 31,76 |
| Oxyde ferrique | traces. | 0,06 | 1,23 |
| Chaux | 10,60 | 1,11 | 3,52 |
| Soude | 11,79 | 17,84 | 9,09 |
| Potasse | 4,96 | » | » |
| Acide sulfurique | 11,25 | 9,17 | 15,89 |
| Soufre | » | » | 0,95 |
| Eau | » | 1,85 | 0,12 |
| Chlore | traces. | 0,65 | 0,42 |
| | 100,30 | 99,23 | 98,48 |

L'haüyne proprement dite se rencontre dans des blocs éruptifs à la Somma, dans la lave à Capo di Bove et à Andernach, dans une roche de sanidine, au lac de Laach, etc., en petits cristaux ou en masses cristallines, d'un éclat vitreux, transparents, bleus; la noséane en dodécaèdres rhomboïdaux, gris, semi-transparents, d'un éclat vitreux, au lac de Laach; le lapis-lazuli en cristaux cubo-dodécaédriques ou en masses amorphes, d'un beau bleu, opaque ou quelquefois transparent, parsemé de pyrite, dans un calcaire micacé, aux environs du lac Baïkal, en Perse, dans la cordillère d'Ovalle (République argentine), etc.

*Caractères.* — Décomposé par l'acide chlorhydrique avec séparation de silice gélatineuse, et dégagement d'hydrogène sulfuré (pas pour la noséane). Avec la soude, sur le charbon, donne une masse qui dégage de l'hydrogène sulfuré par les acides. Au chalumeau, fond plus ou moins facilement en un verre blanchâtre.

Dureté, 5,5 à 6. Poussière bleu clair ou blanchâtre.

Densité, 2,2 à 2,8.

*Forme cristalline.* — Octaèdre régulier $a^1$, dodécaèdre rhomboïdal $b^1$, souvent avec faces du cube.

Clivage $b^1$ distinct, quelquefois très-net. Mâcles suivant $a^1$. F. et S.

**HAYDÉNITE** (Min.). — Variété de chabasie.

**HAYÉSINE** (Min.) [Syn. *Borocalcite, boronatrocalcite, ulexite, béchilite*]. — Biborate de chaux hydraté $CaO(B^2O^3)^2 + 4$ ou $6H^2O$ (ulexite). La boronatrocalcite ou ulexite renferme une quantité de soude variable, qui a été considérée comme entrant dans la composition de l'espèce, mais qui paraît plutôt exister à l'état de mélange, comme borate de soude ou glaubérite. L'hayésine se trouve en masses concrétionnées, formées de petites aiguilles entrelacées, blanches et soyeuses, entourant souvent des cristaux de glaubérite, près d'Iquique (Pérou), sur la côte occidentale d'Afrique, etc., ou en croûtes déposées dans les lagonis de Toscane.

*Caractères.*— Peu soluble dans l'eau bouillante, insoluble à froid. La solution est alcaline. Fond facilement en un verre bulleux, en colorant la flamme en jaune. Humecté d'acide sulfurique, colore momentanément la flamme en vert. Dans le tube, donne de l'eau.

Dureté, 1. Densité, 1,65. F. et S.

**HAYTORITE** (Min.). — Pseudomorphose de datholite en quartz.

**HÉBÉTINE.** — Voyez WILLÉMITE.

**HÉDENBERGITE.** — Voyez PYROXÈNE.

**HÉDÉRINE.** —Suivant Vandamme et Chevallier il existerait dans la graine de lierre un alcaloïde qu'ils ont appelé hédérine [*Journ. de Chim. méd.*, (2), t. VI, p. 581].

**HÉDÉRIQUE (ACIDE)** [Posselt, *Ann. der Chem. u. Pharm.*, t. LIX, p. 62]. — Les graines de lierre commun (*Hedera helix*) renferment des matières grasses, un acide tannique incristallisable, et de l'acide hédérique cristallisable. Pour obtenir celui-ci, on épuise les graines par l'éther, qui enlève les matières grasses, et l'on traite le résidu par l'alcool. La solution alcoolique dépose l'acide hédérique par concentration.

Cet acide est en aiguilles ou en paillettes incolores, insolubles dans l'eau et dans l'éther, sans odeur, d'une saveur âcre. A 100° il perd 5,42 p. c. d'eau; il ne fond pas par la chaleur et se charbonne à une température élevée. A l'analyse il a donné : carbone, 66,40; 66,43; hydrogène, 9,50; 9,41. Il déplace l'acide carbonique des carbonates, et donne des sels gélatineux, peu solubles ou insolubles dans l'eau, solubles dans l'alcool. Le sel d'argent est blanc, et soluble dans l'alcool bouillant qui le dépose à l'état cristallin.

L'acide sulfurique concentré le colore en pourpre.

Les matières grasses de la graine de lierre sont au nombre de deux : l'une paraît être de l'oléine; l'autre est solide, difficilement saponifiable, et donne par la saponification avec la potasse fondue un acide gras en lames nacrées, fusible à 30°, et dont le sel d'argent contient 27,5 % de métal.

L'acide incristallisable des graines de lierre présente les réactions du tannin. É. G.

**HÉDYPHANE.** — Voyez MIMÉTÈSE.

**HÉLÉNINE,** $C^{21}H^{28}O^3$. — L'hélénine a été observée pour la première fois par Geoffroy le jeune; c'est une huile volatile, concrète et cristallisable, qui existe dans la racine d'aunée (Synanthérées); et connue sous le nom de camphre ou essence d'aunée.

L'hélénine cristallise en prismes quadrilatères blancs; elle est insoluble dans l'eau et soluble dans l'alcool et l'éther. Elle fond à 72°, bout vers 280° en s'altérant un peu et répandant une odeur qui rappelle celle du patchouli.

L'hélénine n'est pas attaquée par la potasse ou la soude en solution aqueuse ou alcoolique; mais si on la chauffe avec de la chaux potassée, il y a dégagement vers 250° d'une grande quantité d'hydrogène et formation d'une matière résinoïde qui ne cristallise pas.

L'acide sulfurique concentré dissout à froid l'hélénine en produisant une belle couleur rouge, mais la solution s'altère, noircit, et il se forme un acide conjugué.

L'acide chlorhydrique gazeux est absorbé en grande quantité.

L'acide azotique dissout à froid l'hélénine; si l'on chauffe, il se forme une matière rouge résinoïde, la *nitrohélénine*.

L'hélénine distillée en présence de l'acide phosphorique anhydre est transformée en un hydrocarbure nouveau, l'*hélénène*.

Le chlore gazeux n'agit pas à froid sur l'hélénine; mais lorsqu'on chauffe, il se dégage de l'acide chlorhydrique, et il se forme un corps chloré de nature résinoïde et qu'on ne peut obtenir sous une forme régulière.

L'hélénine peut être isolée soit en distillant la racine d'aunée avec de l'eau, soit en faisant bouillir la racine fraîche ou desséchée avec de l'alcool à 80 centièmes, auquel on ajoute 3 ou 4 fois son volume d'eau. La liqueur se trouble, et au bout de 24 heures l'hélénine se dépose sous forme de longues aiguilles.

L'hélénène est un hydrocarbure qui répond à la formule $C^{19}H^{26}$; c'est un liquide jaunâtre plus léger que l'eau, et qui bout vers 295°. Il se forme d'après l'équation suivante :

$$\underset{\text{Hélénine.}}{C^{21}H^{28}O^3} = (CO)^2 + H^2O + \underset{\text{Hélénène.}}{C^{19}H^{26}}.$$

L'acide sulfurique forme avec ce corps, lorsqu'on chauffe légèrement le mélange, un acide conjugué qui, étendu d'eau, possède une saveur très-amère, et qui donne avec la baryte un sel très-soluble et incristallisable [Geoffroy, *Traité de matière médicale*, t. VI, p. 247; — Dumas, *l'Institut*, n° 94, année 1835; — Gerhardt, *Ann. de Chim. et de Phys.*, t. LXXII, p. 163 (3e série, *ibid.*, t. XII, p. 188]. E. C.

**HÉLICINE,** $C^{13}H^{16}O^7$. — L'hélicine est un produit d'oxydation obtenu par Piria en faisant réagir l'acide azotique très-étendu sur la salicine :

$$\underset{\text{Salicine.}}{C^{13}H^{18}O^7} + O = H^2O + \underset{\text{Hélicine.}}{C^{13}H^{16}O^7}.$$

L'hélicine est une matière cristallisée en aiguilles blanches très-fines et courtes; elle se dissout fort peu dans l'eau froide, mais elle est très-soluble dans l'eau bouillante et l'alcool, tout à fait insoluble dans l'éther.

Chauffée à 100°, l'hélicine perd 4,54 % d'eau; à 175°, elle fond en un liquide transparent; si on élève davantage la température, il se dégage des vapeurs d'hydrure de salicyle; après le refroidissement, il reste une matière amorphe qui ne cristallise plus.

L'hélicine possède une saveur légèrement amère analogue à celle de la salicine.

Sous l'influence des alcalis étendus, des acides, de la synaptase, de la levûre de bière, l'hélicine se dédouble en glucose et hydrure de salicyle:

$$\underset{\text{Hélicine.}}{C^{13}H^{16}O^7} + H^2O = \underset{\text{Glucose.}}{C^6H^{12}O^6} + \underset{\text{Hydrure de salicyle.}}{C^7H^6O^2}.$$

Une solution d'hélicine n'est pas altérée par l'ébullition, et les solutions métalliques sont sans action sur elle.

L'hélicine traitée par l'amalgame de sodium en présence de l'eau se transforme en *salicine*. [Lizenko, *Zeitschr. für Chem.*, 1864, 577]. En ménageant l'action de l'hydrogène, on obtient l'*héliçoïdine* [Swartz, *Bull. de la Soc. chim.*, t. VI, p. 333, 1866].

La constitution de l'hélicine serait exprimée, d'après M. Schiff [*Zeitschr. für Chem.*, nouv. sér., t. IV, p. 638], par la formule

$$C^6H^7 \left\{ \begin{array}{l} O \\ (OH)^4 \end{array} \right. \atop {\begin{array}{c} O \\ C^6H^4\,CHO \end{array}}$$

###### ACTION DU CHLORE SUR L'HÉLICINE.

*Chlorhélicine*, $C^{13}H^{15}ClO^7$. — La chlorhélicine est une substance qui peut cristalliser en petites aiguilles blanches lorsqu'elle contient de l'eau (3 % environ), ou qui se présente sous la forme d'une matière gélatineuse et transparente lorsqu'elle est anhydre. La chlorhélicine éprouve les mêmes dédoublements que l'hélicine lorsqu'on la traite par les alcalis, la synaptase ou les acides; seulement, dans ce cas, ce n'est plus de l'hydrure de salicyle qui se produit, mais de l'hydrure de chlorosalicyle.

Lorsqu'on chauffe la chlorhélicine, elle se décompose en répandant des vapeurs d'hydrure de chlorosalicyle.

On obtient la chlorhélicine en agitant un mélange d'hélicine et d'eau dans un flacon rempli de chlore; le gaz est promptement absorbé, l'hélicine se gonfle et il se produit une gelée transparente qui est la chlorhélicine. On la purifie en lavant à l'eau froide le produit exprimé, on le dissout ensuite dans l'eau bouillante, et la chlorhélicine se dépose à l'état cristallin par le refroidissement.

Lorsqu'on traite l'hélicine dissoute dans l'alcool par un courant de chlore, il se produit aussi une matière blanche, grenue, insoluble dans l'eau, à peine soluble dans l'alcool bouillant, et qui possède la même composition que la chlorhélicine, mais elle n'en possède plus les propriétés; car, traitée par les alcalis, les acides ou la synaptase, il ne se forme plus ni glucose, ni hydrure de chlorosalicyle.

###### ACTION DU BROME.

*Bromhélicine*, $C^{13}H^{15}BrO^7 + H^2O$. — Cette matière possède les mêmes propriétés que la chlorhélicine et se prépare de la même manière; seulement on ne peut l'obtenir à l'état cristallin [Piria (1845), *Ann. de Chim. et de Phys.*, (3), t. XIV, p. 287].

*Benzoyle-hélicine*, $C^{13}H^{15}(C^7H^5O)O^7$. — La benzoyle-hélicine se prépare en faisant dissoudre la *benzoyle-salicine* avec 10 à 12 fois son poids d'acide azotique pur d'une densité de 1,3. Cette substance n'est pas décomposée par la synaptase; mais sous l'influence des alcalis et des acides elle se dédouble en glucose, hydrure de salicyle et acide benzoïque.

$$\underset{\text{Benzoyle-hélicine.}}{C^{13}H^{15}(C^7H^5O)O^7} + 2\,H^2O$$
$$= \underset{\text{Acide benzoïque.}}{C^7H^6O^2} + \underset{\text{Glucose.}}{C^6H^{12}O^6} + \underset{\text{Hydrure de salicyle.}}{C^7H^6O^2}.$$

La benzoyle-hélicine bouillie avec de la magnésie caustique se dédouble en hélicine et en acide benzoïque [Piria (1852), *Ann. de Chim. et de Phys.*, (3), t. XXXIV, p. 278].

Le même composé a été obtenu par M. Schiff en faisant agir le chlorure de benzoyle sur l'hélicine à une température de 60°.

C'est une poudre cristalline insoluble dans l'éther, et peu soluble dans l'eau et dans l'alcool.

Sous l'influence de l'hydrogène naissant, elle se transforme en populine.

*Tétrabenzoyle-helicine*,

$$C^6H^7 \left\{ \begin{array}{l} O \\ (OC^7H^5O)^4 \\ O.C^6H^4.CHO. \end{array} \right.$$

— Cette substance se forme par l'action du chlorure de benzoyle sur l'hélicine à 160°. Elle est insoluble dans l'eau, mais elle se dissout dans l'alcool et l'éther. Si on la chauffe avec de l'acide chlorhydrique en vase clos, tout le benzoyle se transforme en acide benzoïque, qui se dépose.

*Tétracétyle-hélicine*, $C^{13}H^{12}.(C^2H^3O)^4O^7$. — Elle cristallise en prismes brillants. Une ébullition prolongée avec l'alcool absolu décompose ce corps avec formation d'éther acétique. La magnésie le dédouble facilement.

L'hélicine renfermant le groupe aldéhydique CHO se combine facilement aux bases. La tétracéto-hélicine chauffée avec de l'aniline donne la *tétracéto-hélicinanilide*

$$C^6H^7 \left\{ \begin{array}{l} O \\ (OC^2H^3O)^4 \\ O.C^6H^4.CHAzC^6H^5. \end{array} \right.$$

C'est une poudre cristalline blanche.

La toluidine fournit un dérivé analogue. L'anilide précédente traitée à 160° par de la toluidine, fixe une molécule de la dernière avec élimination d'eau et donne la *tétracéto-hélicinanilotoluide*

$$C^6H^7 \left\{ \begin{array}{l} AzC^7H^7 \\ (OC^2H^3O)^4 \\ O.C^6H^4.CHAzC^6H^5. \end{array} \right.$$

Ces composés, qui sont incristallisables, bouillis avec de la magnésie, cèdent la moitié de leur acétyle à l'état d'acétate de magnésie; l'autre moitié forme de l'acétanilide ou de l'acétotoluide [Schiff, *Zeitschr. für Chem.*, nouv. série, t. V, p. 1 et p. 51; *Bull. de la Soc. chim.*, t. XII, p. 404, 1869].

*Préparation.* — On obtient l'hélicine en mélangeant 1 p. de salicine réduite en poudre fine avec 10 p. d'acide azotique à 20° Baumé. On agite de temps en temps, puis on abandonne le mélange à lui-même dans un vase ouvert. Au bout de 24 heures la solution est complète; il se forme un liquide jaune qui répand l'odeur de l'hydrure de salicyle. Ce liquide se prend bientôt en une masse cristalline qu'on presse fortement et qu'on lave avec de l'eau distillée froide. La salicine peut donner ainsi les deux tiers de son poids d'hélicine.

**HÉLIÇOÏDINE**, $C^{26}H^{34}O^{14}$. — L'hélicoïdine est une substance cristallisée qui offre beaucoup d'analogie avec l'hélicine, et qui se produit surtout quand on traite la salicine par de l'acide azotique à 12° Baumé. La formule de cette substance correspond à une combinaison d'hélicine et de salicine.

$$C^{26}H^{34}O^{14}, \text{ héliçoïdine} = \begin{cases} C^{13}H^{16}O^{7}, \text{ hélicine.} \\ C^{13}H^{18}O^{7}, \text{ salicine:} \end{cases}$$

L'héliçoïdine se dédouble sous l'influence de la synaptase; comme avec l'hélicine, il se produit du glucose et de l'hydrure de salicyle, il se forme en outre de la saligénine.

La potasse donne les mêmes produits de dédoublement, seulement le glucose est attaqué par la potasse.

Les acides opèrent aussi ce dédoublement; mais au lieu de saligénine, c'est de la salirétine qui se produit: ce qui devait être, puisque cette dernière substance est le résultat de l'action des acides sur la saligénine [Piria, *loc. cit.*]. E. C.

**HÉLIOTROPE** (Min.). — Variété de jaspe vert avec des taches rouges.

**HELMINTHE** (Min.). — Variété de ripidolithe, en prismes hexagonaux contournés.

**HELVINE** (Min.). — Silicate sulfurifère de manganèse, de glucine et de fer. On lui a attribué la formule encore douteuse.

$$3(2RO, SiO^2) + MnS; \ R = Mn, Fe, Gl.$$

Tétraèdre régulier, simple ou combiné avec le tétraèdre inverse, d'un jaune de miel ou d'un vert brunâtre, d'un éclat vitreux, translucide, à cassure inégale; dans un gneiss, avec grenat, quartz, fluorine, calcite, blende, à Schwartzenberg et à Breitenbrunn (Saxe), et dans la syénite zirconienne de Norwége.

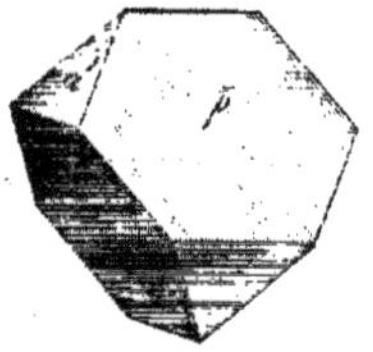

Fig 333. — Helvine.

*Caractères.* — Soluble dans l'acide chlorhydrique, avec dégagement d'hydrogène sulfuré et séparation de silice gélatineuse. Au chalumeau, fond à la flamme de réduction, avec bouillonnement, en une perle jaune opaque. Avec le borax, à la flamme oxydante, donne une perle violette.

Dureté, 6 à 6,5. Poussière blanche. Densité, 3,1 à 3,3.

*Forme cristalline.* — Tétraèdres $a^1$. Clivages peu nets parallèles aux faces des deux tétraèdres droit et gauche.

**HÉMACYANINE**. — Voyez HÉMOGLOBINE.

**HÉMAPHÉINE** [Simon, *Medicin. Chem.*, t. I, p. 328; *Handw. d. Chem. 2. Aufl.*, II, (2), p. 157]. — Matière brune provenant de la décomposition de l'hématine. On l'obtient comme il suit.

Le sang desséché est épuisé par l'eau bouillante, l'éther et enfin par l'alcool contenant de l'acide sulfurique. Cette dernière liqueur, sursaturée par l'ammoniaque, est évaporée à sec. Le résidu est repris par l'alcool ammoniacal; on évapore de nouveau à sec la solution et l'on traite le résidu par l'éther et enfin par l'eau qui dissout l'hémaphéine. Pour débarrasser celle-ci du reste d'hématine qu'elle peut contenir, on sèche, on dissout dans l'alcool bouillant, on évapore à sec et on reprend par l'alcool froid qui dissout l'hémaphéine pure.

Masse brune, difficile à pulvériser, soluble en brun dans l'alcool froid, insoluble dans l'eau et l'éther; elle brûle sans fondre, avec une flamme éclairante et sans laisser de résidu. Les solutions alcooliques précipitent par les sels de plomb, de cuivre, de mercure et d'argent. Sanson a obtenu un produit analogue, en traitant le sang successivement par l'alcool et l'eau [Watts, *Dictionary of Chem.*, t. III, p. 1.] P. S.

**HÉMATÉINE**. — Voyez BOIS DE TEINTURE (Campêche).

**HÉMATINE**, $C^{48}H^{51}Fe^{3}Az^{6}O^{9}$ (Fe = 28). — On donne aujourd'hui ce nom à la matière colorante ferrugineuse qu'on peut retirer du sang. Elle n'existe point comme telle dans ce liquide. D'après les recherches de M. Hoppe-Seyler, il paraît probable qu'elle résulte du dédoublement de l'hémoglobine, qui serait, en quelque sorte, une combinaison de globuline et d'hématine.

On retire l'hématine des cristaux auxquels M. Teichmann avait donné le nom d'hémine (voir ce mot).

Pour cela, on traite les cristaux d'hémine (chlorhydrate d'hématine) par l'ammoniaque; on évapore à sec et l'on chauffe à 130°; on reprend par l'eau pour enlever le chlorhydrate d'ammoniaque; enfin on sèche à 130°.

L'hématine offre une coloration d'un noir bleuâtre, à éclat métallique; sa poudre possède une teinte brune. Elle supporte une température de 180°; à une température plus élevée, elle se carbonise sans se boursoufler. A l'incinération, elle laisse 12,8 % d'oxyde de fer. Insoluble dans l'eau, l'alcool, l'éther, le chloroforme, un peu soluble en brun dans l'acide acétique cristallisable, surtout à chaud, elle est facilement soluble dans l'ammoniaque aqueuse ou alcoolique, dans l'alcool contenant de l'acide sulfurique ou chlorhydrique, soluble dans les alcalis. Les solutions ammoniacales d'hématine laissent après évaporation au bain-marie un résidu ammoniacal, soluble dans l'eau. L'hématine se combine aux alcalis et aux acides. Les solutions alcalines (aqueuses ou alcooliques) sont dichroïques, vert-olive en couches minces, rouges en couches plus épaisses. Les solutions alcooliques acides sont brunes non dichroïques.

Les deux espèces de solutions ont leur minimum d'absorption au rouge extrême jusqu'à la raie B et leur maximum d'absorption pour le violet. Jusqu'à une concentration de 1 gramme pour 6667 centimètres cubes, l'hématine alcaline sous une épaisseur de 1 centimètre offre une raie d'absorption entre C et D, plus près de C que de D. En solution alcoolique acide il y a une raie étroite partagée en deux moitiés par la raie C.

Si à une solution alcaline d'hématine on ajoute du cyanure de potassium, le dichroïsme de la liqueur ne disparaît pas en entier; mais la solution devient plus transparente, rouge-brun ou vert olive en couches minces. Il se forme une combinaison qui a un minimum d'absorption des deux côtés de la raie C et une raie très-faiblement accusée entre D et E, plus près de D.

Les solutions ammoniacales d'hématine donnent, avec le chlorure de baryum et le chlorure de calcium, des précipités floconneux bruns de composés calcaires ou barytiques.

L'acide sulfurique concentré dissout l'hématine à froid. La solution est verte en couches minces et rouge-brun sous une plus grande épaisseur; additionnée d'eau, elle donne un dépôt floconneux soluble dans les alcalis et dont la solution ammoniacale évaporée à sec laisse un résidu bleu noirâtre, métallique, exempt de fer (hématine exempte de fer).

L'acide chlorhydrique même concentré semble être sans action sur l'hématine. Pour rechercher l'hématine dans un liquide pathologique, on ajoute de l'ammoniaque et l'on précipite par le chlorure de calcium. Le précipité est repris par l'acide chlorhydrique étendu, on lave à l'eau, on redissout dans l'ammoniaque et l'on constate les caractères optiques de la solution. S'agit-il d'un dépôt insoluble dans l'eau, on fait digérer au bain-marie avec de l'alcool contenant de l'acide sulfurique, on filtre et on examine la liqueur avec le spectroscope, puis on neutralise par un excès d'ammoniaque en séparant le sulfate ammonique précipité, et on observe de nouveau les raies. Enfin, comme contrôle, on évapore le liquide à sec, on brûle le résidu et on recherche le fer dans la cendre. M. Le Canu avait décrit, sous le nom d'*hématosine*, une matière colorante qui paraît identique avec l'hématine par sa composition et ses propriétés. P. S.

**HÉMATITE** (Min.) [Syn. *Fer oligiste*, *fer spéculaire*, *fer oxydé rouge*, *hématite rouge*], Sesquioxyde de fer $Fe^2O^3$ quelquefois titanifère.— En cristaux rhomboédriques, quelquefois aplatis parallèlement à la base, en prismes hexagonaux, ou en doubles pyramides hexagonales basées, etc., en masses compactes, granulaires, lamelleuses, concrétionnées, fibreuses, terreuses.

Les cristaux sont d'un gris métallique foncé, éclatants, souvent irisés à la surface; opaques, sauf en lames minces; ils sont alors rouge de sang. Leur cassure est conchoïdale. Les variétés compactes sont grises ou rouges; les variétés fibreuses sont noires ou rouges; enfin les variétés terreuses sont d'un rouge plus ou moins vif.

L'hématite est une des substances minérales les plus répandues : la variété cristalline et d'aspect métallique appartient surtout aux roches cristallines; elle s'y trouve en filons

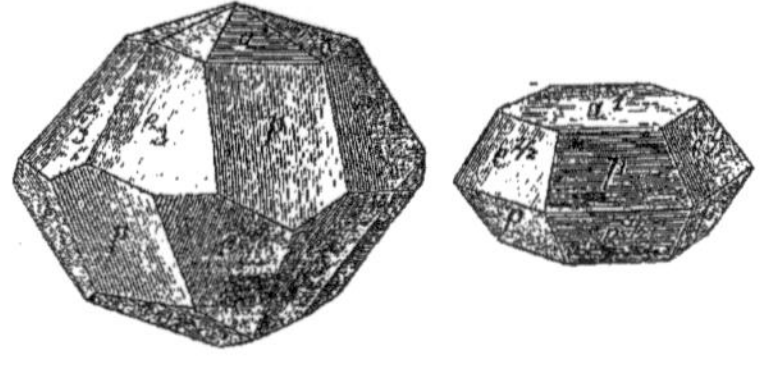

Fig. 334, 335 et 336. — Hématite.

ou en amas, associée d'ordinaire au quartz, en Suède, en Norwège, aux monts Ourals, à l'île d'Elbe, à Framont (Vosges), etc.; au Brésil elle constitue des couches et une véritable roche, formée d'un mélange de quartz et d'hématite, qui a reçu le nom d'*Itabirite*. Dans les roches volcaniques on la rencontre en lames brillantes (fer spéculaire d'Auvergne, du Vésuve, etc.).

Les variétés compactes ou fibreuses accompagnent souvent la variété métalloïde; elles forment aussi des gîtes ou amas, au contact du gneiss ou du granite, avec les calcaires du lias et autres; on en trouve dans certaines couches des terrains primaires ou secondaires, comme les grès rouges, le grès vosgien, etc. Mélangée d'argile, l'hématite constitue les ocres.

*Caractères*. — Soluble dans l'acide chlorhydrique concentré bouillant. Infusible au feu d'oxydation; fond difficilement au feu de réduction en se transformant en magnétite, et devenant attirable à l'aimant. Avec les flux, réactions du fer.

Dureté, 5,5 à 6,5. Poussière rouge. Ce caractère sert à la distinguer de la magnétite et de la limonite.

Densité, 5,3.

*Forme cristalline*. — Rhomboèdre de 86° 10', très-rare sans modifications; les combinaisons de faces les plus fréquentes sont les suivantes : $p\,a^1$, $p\,a^1 e_3$, $p\,a^1 e^{1/2}$.

On trouve encore souvent les faces $b^1$, $d^1$, $a^2$, $a^4$, $e^1$ ($b^1 b^{1/2} b^{1/3}$), etc.

Clivages : $p$ et $a^1$ souvent peu nets. Quelquefois faiblement attirable à l'aimant et même magnéto-polaire. F. et S.

**HÉMATITE BRUNE**. — Voyez LIMONITE.

**HÉMATOCRISTALLINE**. — Voyez HÉMOGLOBINE.

**HÉMATOÏDINE**. — M. Virchow a désigné sous ce nom une matière cristalline rouge que l'on rencontre quelquefois dans les anciens foyers hémorrhagiques et qui a été observée pour la première fois par Everard Home.

Ce sont des aiguilles microscopiques, appartenant au type clinorhombique (angle du rhombe, 118°), durs, cassants, d'un rouge vif. Ils laissent à peine une trace de cendres. Ils sont insolubles dans l'eau, l'alcool, l'éther, l'acide acétique. L'ammoniaque les dissout rapidement avec une teinte amarante, si la liqueur est concentrée; mais cette coloration fait place bientôt à une teinte d'un jaune safrané, puis brunâtre. D'après l'analyse de MM. Riche et Robin, ces cristaux renferment :

| | | |
|---|---|---|
| Carbone..... | 65,05 | 65,85 |
| Hydrogène... | 6,37 | 6,47 |
| Azote ...... | 10,51 | |

M. Robin et Verdeil; ont extrait des cristaux analogues d'un kyste du foie, et leur attribuent la formule $C^{15}H^{18}Az^2O^3$. On avait admis que ces cristaux n'étaient autre chose que de la bilirubine. Il n'en est pas ainsi. La bilirubine diffère de l'hématoïdine par sa composition ($C^{16}H^{18}Az^2O^3$, Staedeler) et par ses propriétés, ainsi que cela résulte des recherches de M. Kolm [*Bull. de la Soc. chim.*, t. VIII, p. 60, 1867]. Ce chimiste a extrait récemment l'hématoïdine des corpuscules jaunes et rouges de l'ovaire de la vache.

Pour cela on les broie avec du verre pilé et on traite le tout par le chloroforme en agitant fréquemment. Au bout de quelques jours on filtre et l'on abandonne la solution jaune à l'évaporation. Il reste une matière grasse, d'un jaune rougeâtre, dans laquelle il se forme bientôt des cristaux d'hématoïdine, en même temps que le tout se décolore sensiblement. Ces cristaux apparaissent sous le microscope en lames triangulaires présentant une arête convexe. Ils sont rouges par transparence et offrent des reflets verts. Ils sont mêlés avec des globules graisseux et des cristaux de cholestérine, dont on les débarrasse en les lavant avec de l'alcool absolu, et puis avec une petite quantité d'éther. Ainsi préparée, l'hématoïdine est rouge et ressemble à l'acide chromique. Traitée, sous le porte-objet du microscope, par une goutte d'acide azotique, renfermant de l'acide hypoazotique, elle se colore momentanément en bleu, puis en jaune.

L'hématoïdine se dissout dans le chloroforme, qui prend une teinte jaune. Le sulfure de carbone la dissout en se colorant en rouge de feu. L'éther anhydre la dissout moins bien. L'alcool, l'eau, l'ammoniaque, la soude, l'acide acétique étendu ne la dissolvent pas. L'acide acétique cristallisable la dissout à chaud avec une coloration jaune.

Ces caractères ne sont pas ceux de la bilirubine, qui est insoluble dans l'éther et soluble dans les alcalis. On sait qu'avec l'acide nitrique chargé de vapeurs nitreuses, elle éprouve des changements de teinte très-remarquables et très-différents de la coloration fugace que présente l'hématoïdine.

Mais, d'un autre côté, il n'est point démontré que les cristaux analysés par MM. Riche et Robin, et qui sont solubles dans l'ammoniaque, soient identiques avec l'hématoïdine retirée de l'ovaire de la vache : cette dernière est insoluble dans l'ammoniaque. A. W.

**HÉMATOSINE.** — Voyez HÉMATINE.

**HÉMATOXYLINE.** — Voyez BOIS DE TEINTURE (Campêche).

**HÉMICHALCITE.** — Voyez EMPLECTITE.

**HÉMIMORPHITE.** — Voyez CALAMINE.

**HÉMINE.** — M. Teichmann avait donné ce nom à des cristaux que M. Hoppe-Seyler considère comme du *chlorhydrate d'hématine* (voyez HÉMATINE).

*Préparation.* — 1° Le sang battu et filtré sur une toile de lin est additionné d'un excès de solution de sel marin (1/10 solut. saturée, 9/10 eau). On laisse déposer les globules, on décante aussi bien que possible, puis on introduit la bouillie de globules dans un ballon avec un peu d'eau; on agite avec de l'éther; l'éther surnageant est décanté, on filtre la solution d'hémaglobine, et l'on sèche à 50° dans des vases plats. Le résidu est pulvérisé, tamisé et broyé avec de l'acide acétique cristallisable. On introduit le tout dans une fiole avec assez d'acide pour qu'il y en ait 2 litres par 100 grammes de poudre; on chauffe au bain-marie à 100° pendant quelques heures, puis on filtre. Il reste une masse gonflée, mélange de matières albuminoïdes et d'hémine; elle est mise à digérer avec de l'eau, au bain-marie, pendant plusieurs heures, jusqu'à solution complète des matières protéiques. Le liquide est placé dans de grands vases à précipiter et abandonné au repos jusqu'à précipitation des cristaux d'hémine. Au bout de quelques jours, on décante; on délaye de nouveau dans l'eau et on décante une seconde fois, et même une troisième et une quatrième.

Les cristaux d'hémine sont chauffés une seconde fois avec de l'acide acétique cristallisable, à 100°, pendant quelques heures; au bout de 2 ou 3 jours de repos on filtre, on lave à l'eau, puis à l'alcool, enfin à l'éther.

L'hémine obtenue ainsi peut être recristallisée de la manière suivante :

On la broie avec un peu de carbonate de potasse, on ajoute de l'alcool absolu, et l'on abandonne le tout à lui-même pendant plusieurs jours en agitant fréquemment.

Le liquide est filtré, additionné de son volume d'eau et acidulé avec de l'acide acétique; l'hématine se sépare en flocons; on la recueille sur un filtre, on lave à l'eau; on la détache encore humide pour la chauffer au bain-marie avec un peu de sel marin et un excès d'acide acétique cristallisable; les cristaux sont lavés et séchés.

Cette méthode a l'inconvénient d'être très-longue (elle exige plusieurs semaines). L'hémine se présente sous forme de paillettes cristallines minces, rhomboïdales, d'une couleur violet-gris, à reflets métalliques. Par transparence, elle est brune.

2° Voici un autre procédé que M. Hoppe-Seyler indique pour la préparation des cristaux de chlorhydrate d'hématine. Du sang défibriné est étendu de son volume d'eau et précipité avec du sous-acétate de plomb, dont il faut éviter d'employer un excès : l'albumine étant ainsi précipitée en combinaison avec l'oxyde de plomb, la liqueur filtrée et rouge est débarrassée de l'excès de plomb par le carbonate de soude, puis filtrée de nouveau et évaporée dans le vide. Le résidu est broyé avec 15 et 20 fois son poids d'acide acétique cristallisable, avec addition d'une petite quantité de chlorure de sodium. Le mélange brun est abandonné à lui-même pendant quelques heures, puis chauffé pendant deux heures au bain-marie. Il est délayé ensuite dans cinq fois son volume d'eau pure, et le tout est abandonné à la température ordinaire pendant une semaine. Il se sépare des cristaux qu'on recueille et qu'on dissout dans l'acide acétique bouillant : l'eau pure les sépare de nouveau de cette solution. On les lave finalement avec de l'eau.

*Propriétés.* — L'hémine est insoluble dans l'eau froide ou chaude, insoluble dans l'alcool et dans l'éther. Les solutions étendues et froides de carbonate de soude l'attaquent à peine. L'alcool qui a séjourné sur du carbonate de potasse, la solution aqueuse de potasse caustique la dissolvent facilement. Les acides ou les sels alcalins terreux la reprécipitent de ces solutions. Une température de 200° ne la modifie pas. Chauffée au-dessus de 200° au contact de l'air, elle brûle en développant de l'acide prussique et en laissant un résidu d'oxyde de fer pur. L'acide chlorhydrique concentré et l'acide acétique cristallisable la dissolvent à chaud. L'acide azotique d'une densité égale à 1,2 ne l'attaque que vers 100°. L'acide sulfurique concentré la dissout à froid avec une teinte rouge-violet; à chaud, il se dégage de l'acide chlorhydrique. Dissoute dans les alcalis caustiques ou concentrés, ou dans l'ammoniaque, l'hémine est modifiée en ce sens qu'elle ne peut plus fournir de cristaux avec l'acide acétique cristallisable additionné de sel marin.

On a trouvé :

| | 1° Pour l'hémine non recristallisée. | 2° Pour l'hémine recristallisée. |
|---|---|---|
| Carbone......... | 60,99 | 62,25 |
| Hydrogène...... | 5,52 | 5,51 |
| Azote........... | 8,22 | » |
| Fer............. | 8,49 | 8,70 |
| Chlore.......... | 4,30 | 3,78 |

Ces nombres peuvent se traduire par la formule

$$C^{48}H^{51}Az^{6}Fe^{3}O^{9}HCl\ (Fe = 28).$$

Les cristaux d'hémine représentent donc une combinaison d'hématine et d'acide chlorhydrique.

Ces cristaux de Teichmann sont caractéristiques : leur formation est facile et peut servir à déceler de petites quantités de sang. Une parcelle de sang desséché, grosse comme la tête d'une épingle, peut servir à cette opération analytique qu'on exécute de la manière suivante. On broie le sang desséché avec une petite quantité de chlorure de sodium, et on étend la poudre sous le porte-objet du microscope; on la recouvre avec la lamelle de verre, et on remplit d'acide acétique cristallisable tout le vide compris entre les deux lames. On chauffe ensuite celles-ci jusqu'à ce que l'acide acétique commence à former des bulles, puis on laisse refroidir pendant quelques minutes. En examinant la préparation au microscope, on aperçoit les cristaux d'hémine disséminés parmi des cristaux incolores de chlorure de sodium, d'acétate de sodium, et des flocons incolores d'acide-albumine. P. S.

**HÉMIPINIQUE (ACIDE)**, $C^{10}H^{10}O^{6}$ (à 100°, [Wœhler, *Ann. der Chem. u. Pharm.*, t. L, p. 1; — Blyth, même recueil, t. L, p. 29; — Anderson, *Ann. der Chem. u. Pharm.*, nouv. sér., t. X, p. 179, et *Ann. de Chim. et de Phys.*, (3), t. XXXIX, p. 245; — Matthiessen et Foster, *Bull. de la Soc. chim.*, 1861, p. 22; *Proceedings of the Roy. Society*), t. XI, p. 58; t. XVI, p. 39; et *Bull. de la Soc. chim.*, 1868, t. X, p. 52]. — L'acide hémipinique est un produit d'oxydation de l'acide opianique.

Wœhler le prépare en chauffant de l'acide opianique et de l'oxyde de plomb jusqu'à l'ébullition, et y faisant tomber de l'acide sulfurique jusqu'à ce qu'il y ait dégagement d'acide carbonique; on laisse refroidir le liquide, on ajoute assez d'acide sulfurique pour précipiter le plomb dissous, on filtre et l'on évapore. Quand il y a de l'acide opianique non attaqué, il se sépare en cristaux le premier, car l'acide hémipinique est beaucoup plus soluble.

Anderson a trouvé l'acide hémipinique dans les eaux mères provenant de l'action de l'acide azotique étendu sur la narcotine, et dont on a séparé l'azoture d'opianyle, la cotarnine, l'hydrure d'opianyle et l'acide opianique. Ces eaux mères additionnées d'acétate de plomb donnent un précipité d'hémipinate de plomb, qu'on décompose par l'hydrogène sulfuré.

L'acide hémipinique prend également naissance lorsqu'on fait bouillir l'acide opianique avec le chlorure de platine (Blyth), qu'on oxyde la narcotine par un mélange d'acide sulfurique ou chlorhydrique et de peroxyde de manganèse.

Comme l'acide hémipinique est lui-même oxydable et se détruit sous les influences qui lui ont donné naissance, il est d'une préparation difficile par les agents oxydants, et il vaut mieux faire agir la potassse sur l'acide opianique, qu'elle dédouble en méconine et acide hémipinique (Mathiessen et Foster) :

$$2C^{10}H^{10}O^5 = C^{10}H^{10}O^4 + C^{10}H^{10}O^6.$$

Acide opianique. Méconine. Acide hémipinique.

On mêle l'acide opianique à un grand excès de potasse concentrée, on évapore presque à siccité, on dissout le résidu, formé de méconine et d'hémipinate de potassium, dans une quantité suffisante d'eau chaude, et on ajoute un excès d'acide chlorhydrique, qui sépare la méconine sous forme d'une huile lourde, entraînant avec elle la plus grande partie de l'acide hémipinique. Après le refroidissement, on sépare la liqueur acide du gâteau solide de méconine et d'acide hémipinique, on la réduit à un petit volume, de manière à séparer la plus grande partie du chlorure de potassium ; on décante, on lave à l'alcool, et l'on ajoute cet alcool aux eaux mères, qui déposent alors de nouvelles quantités de chlorure, on filtre, on évapore. Le résidu, ainsi que le précipité primitif de méconine et d'acide hémipinique, est dissous dans l'eau bouillante, et additionné d'ammoniaque. Presque toute la méconine cristallise par le refroidissement; une petite quantité seulement reste en solution avec l'hémipinate d'ammonium. Pour avoir l'acide hémipinique entièrement pur, on transforme le sel d'ammonium en un sel de plomb, qu'on décompose par l'hydrogène sulfuré.

L'acide hémipinique cristallise en prismes rhomboïdaux obliques, incolores, renfermant 2 molécules d'eau, qu'ils perdent à 100°; ils s'effleurisent également dans l'air. Suivant Matthiessen et Foster, l'acide hémipinique cristallise sous différentes formes, suivant la quantité d'eau de cristallisation qu'il renferme. Déposé de sa solution aqueuse par évaporation lente, il renferme 1/2 $H^2O$; déposé d'une solution sursaturée, il renferme $H^2O$, et cristallisé par refroidissement, il retient 2 1/2 $H^2O$.

L'acide hémipinique a une saveur légèrement acide et astringente. Il est peu soluble dans l'eau froide, facilement soluble dans l'alcool et dans l'éther. Privé d'eau de cristallisation, il fond à 180°, et par le refroidissement se solidifie en une masse cristalline ; chauffé entre deux plaques de verre, il peut se sublimer en lames brillantes.

L'acide hémipinique chauffé avec de l'acide sulfurique et du peroxyde de manganèse se décompose entièrement en eau et acide carbonique (Wœhler). L'acide hémipinique, distillé avec de l'acide iodhydrique concentré, se scinde en acide carbonique, iodure de méthyle et *acide hypogallique*, $C^7H^6O^4$ (voyez ce mot).

$$C^{10}H^{10}O^6 + 2HI = CO^2 + 2CH^3I + C^7H^6O^4$$

Acide hémipinique. Acide hypogallique.

(Matthiessen et Foster). Chauffé en tubes scellés à 110°, avec deux ou trois fois son poids d'acide chlorhydrique concentré, l'acide hémipinique subit une décomposition moins profonde, et ne perd qu'un groupe $CH^3$. Il se forme alors un acide $C^8H^8O^4$, *acide méthylhypogallique* (voyez ACIDE HYPOGALLIQUE) :

$$C^{10}H^{10}O^6 + HCl = CO^2 + CH^3Cl + C^8H^8O^4.$$

Dans les eaux mères d'où s'est séparé cet acide, l'action prolongée du gaz chlorhydrique amène la formation d'acide hypogallique.

HÉMIPINATES. — L'acide hémipinique est bibasique, et se distingue de l'acide opianique en ce que les sels de plomb, d'argent et de fer sont insolubles, tandis que tous les opianates sont solubles.

Le *sel de potasse* neutre est fort soluble, et s'obtient difficilement à l'état cristallin. Le *sel acide* renferme $2(C^{10}H^9O^6K) + 5H^2O$. Il perd son eau de cristallisation à 100°; il forme de grosses tables hexagones très-solubles dans l'eau et l'alcool, insolubles dans l'éther.

Le *sel de plomb* est blanc, insoluble dans l'eau; il se dissout dans l'acétate de plomb, et s'en sépare plus tard à l'état cristallin. Le *sel ferrique* est amorphe, et d'une belle couleur orangée. Le *sel d'argent*, insoluble, renferme $C^{10}H^9O^6Ag$.

*Hémipinate de baryte.* — Lorsqu'on mélange des solutions d'hémipinate d'ammonium et de chlorure de baryum, ou qu'on dissout l'acide dans l'eau de baryte, la solution abandonnée à elle-même reste longtemps limpide; mais si on la soumet quelque temps à l'ébullition, elle dépose de petites tables brillantes d'hémipinate de baryum, qui remplissent le liquide, pourvu que les solutions employées ne soient pas trop étendues. Par le refroidissement de la liqueur, le précipité disparaît, et, au bout de quelques heures ou de quelques jours, l'hémipinate de baryum se sépare sous la forme de touffes soyeuses composées de très-fines aiguilles. Si on chauffe de nouveau, ces aiguilles disparaissent, et les cristaux tabulaires se forment de nouveau. D'après Matthiessen et Foster, on reconnaît ainsi les plus petites quantités d'acide hémipinique.

HÉMIPINATE D'ÉTHYLE ou *acide éthylhémipinique* $2[C^{10}H^9O^6(C^2H^5)] + 3H^2O$. (Anderson.) Il s'obtient en faisant passer du gaz chlorhydrique au sein d'une solution d'acide hémipinique dans l'alcool absolu. Il perd son eau de cristallisation à 100°. Il est en aiguilles volumineuses, groupées en aigrettes, peu solubles dans l'eau froide, plus solubles dans l'eau bouillante, et d'une réaction fort acide. Bouilli avec de la potasse, il dégage de l'alcool. Son *sel de baryte* est cristallisé et fort altérable. E. G.

**HÉMOGLOBINE** [Syn. *Hémoglobuline, hématocrystalline, cristaux du sang*]. — On donne le nom d'hémoglobine à la matière colorante contenue dans les globules rouges du sang. Tout porte à penser que les procédés employés à sa préparation, procédés qui seront décrits plus loin, ne sont pas de nature à amener une modification du pigment naturel, et que les cristaux d'hémoglobine représentent la vraie matière colorante du sang. Cette opinion est corroborée par la comparaison des propriétés optiques des cristaux et des globules.

*Historique.* [Voyez Hoppe-Seyler, *Beiträge zur Kentniss des Blutes : Medicinische Untersuchungen aus dem Laboratorium, Tübingen*, t. II,

p. 176]. — Berzelius fixa le premier l'attention des savants sur les différences essentielles qui existent entre la matière colorante du sang altérée telle qu'on l'isole avec l'intervention des acides, et celle qui se trouve dans les globules. Il donna à la dernière le nom d'hématoglobuline, et à l'autre celui d'hématine. Cette distinction importante a été négligée dans les ouvrages de chimie écrits postérieurement.

La première observation microscopique bien faite des cristaux du sang date de 1849. Elle est due à Leydig [*Zeitsch. für wiss. Zoologie*, 1849, t. I, p. 116]. En 1851, Funke [*Zeitsch. für rat. Med. N. F.*, t. I, p. 172, 1851] publie la description de cristaux observés avec le sang de la veine splénique et reproduits à volonté par divers procédés. F. Kunde [*Zeitsch. für rat. Med. N. F.*, t. I, p. 271] démontre que la production de ces cristaux n'était pas propre au seul sang de la veine splénique. Au moyen de traitements convenables par l'eau, l'alcool, l'éther et le chloroforme, il amène à cristallisation le sang d'un grand nombre d'animaux, et remarque que celui des écureuils fournit des tables à six pans, tandis que le sang de cochon d'Inde donne des tétraèdres. Le même auteur fait justement remarquer que les divers sangs ne se prêtent pas avec la même facilité à la cristallisation.

Jusqu'à cette époque, les recherches se bornaient à des observations microscopiques. C. G. Lehmann obtient le premier ces cristaux en grande quantité, en dehors du porte-objet du microscope; mais guidé par une idée préconçue fausse, il admet que les cristaux formés représentent un principe albuminoïde particulier, souillé par de la matière colorante du sang, et il dirige tous ses efforts vers le but d'obtenir ces cristaux à l'état incolore. Enfin, en 1862, Hoppe-Seyler, s'appuyant sur des observations optiques et l'étude des raies d'absorption, reconnaît que l'hémocristalline de Lehmann, loin d'être un principe protéique mélangé à de l'hématine, n'est autre chose que la matière colorante du sang elle-même; il lui donne le nom d'hémoglobine [Hoppe-Seyler, *Virchow's Arch.*, t. XXIII, p. 446].

*Préparation de l'hémoglobine.* — Il est avantageux pour la préparation de l'hémoglobine d'employer autant que possible les globules isolés du sérum. Pour atteindre ce but, on bat le sang frais pendant dix minutes avec une plume d'oie ou une baleine; on filtre à travers une toile de lin, puis on ajoute environ dix fois son volume d'un mélange formé de 1 volume de solution saturée de sel marin et de 9 volumes d'eau distillée. Le tout est abandonné à lui-même dans des vases à précipiter, à une température qui ne doit pas dépasser 0°. Les globules se déposent et peuvent être séparés par décantation du liquide surnageant. On répète au besoin cette opération une seconde et même une troisième fois. Avec le sang de cheval, on peut opérer une première décantation du sérum sans addition préalable de solution salée; les globules se déposent, en effet, plus vite et plus complétement. Il est encore avantageux de faire usage du sang de chien, de cochon d'Inde, d'écureuil ou de rat, les autres sangs cristallisant beaucoup plus difficilement.

Les globules purifiés comme il est dit ci-dessus sont délayés dans un peu d'eau; on ajoute un excès d'éther et on agite. La cristallisation s'opère en très-peu de temps, même à la température ordinaire; cependant il est convenable, au point de vue du rendement, de refroidir à 0°. Dans les mêmes conditions, le sang des oiseaux ne fournit qu'un liquide rouge foncé. Pour l'amener à cristallisation, on refroidit à 0° la solution aqueuse des globules, et on y ajoute progressivement, en remuant, environ le quart de son volume d'alcool froid à 0,80. Le mélange agité avec de l'air est maintenu entre — 5° et — 10° pendant 48 heures; toute la liqueur se prend alors en masse.

Les cristaux préparés par les procédés décrits plus haut peuvent être purifiés et séparés des matières albuminoïdes qui les accompagnent. A cet effet, on décante le liquide éthéré, on ajoute de l'eau et l'on chauffe au bain-marie de 30° à 35°, en remuant. La solution chaude est rapidement filtrée; le résidu est repris par de nouvelles quantités d'eau à 30°. Les liquides filtrés sont refroidis à 0°, agités avec de l'air, additionnés du quart de leur volume d'alcool froid, puis conservés au-dessous de 0° pendant 48 heures. Les cristaux formés sont recueillis sur un filtre dans une atmosphère refroidie à 0°, lavés avec un mélange froid de 4 p. d'eau et de 1 p. d'alcool. On exprime entre des doubles de papier Joseph. Le produit solide enlevé avec une spatule est une seconde fois repris par de l'eau à 30° et amené de nouveau à cristallisation par le procédé décrit tout à l'heure.

Ces opérations ne sont possibles qu'autant que la température est maintenue longtemps au-dessous de zéro; aussi convient-il de n'opérer qu'en hiver, pendant les grands froids. En été, l'hémoglobine s'altère rapidement et le rendement est insignifiant. Les cristaux séchés au-dessous de 0° forment une poudre fine de couleur de vermillon clair. La dessiccation au-dessus de 0° ne donne qu'une masse foncée déjà altérée. Avec le sang humain, les sangs de bœuf, de mouton, de porc, de lapin, il est impossible d'obtenir des cristaux en quantité un peu notable. Le sang de canard et de pigeon ne cristallise pas plus difficilement que celui d'oie. Avec les sangs mentionnés plus haut comme ne fournissant pas de cristaux, on peut obtenir un précipité amorphe d'hémoglobine, en ajoutant peu à peu de l'alcool fort bien refroidi; le précipité est soluble dans l'eau, mais se reforme par addition d'alcool froid. D'après Hoppe-Seyler, on peut retirer l'hémoglobine assez pure de ces espèces de sang, en opérant de la manière suivante : le sang défibriné (ou mieux, les globules séparés du sérum) est agité avec de l'eau et de l'éther. On abandonne au repos et on décante l'éther, puis on ajoute à la solution aqueuse rouge assez d'acétate de plomb pour obtenir une précipitation complète, on filtre rapidement et l'on précipite l'excès de plomb par du carbonate de potasse. Le liquide filtré est maintenu à 0° et additionné de carbonate de potasse en poudre, jusqu'à précipitation complète du pigment, sous forme de flocons rouges; on filtre à 0° et on lave avec une solution saturée et froide de carbonate de potasse, enfin on exprime le résidu entre des doubles de papier froid.

*Composition de l'hémoglobine.* — L'hémoglobine cristallisée, extraite du sang de chien et purifiée par plusieurs cristallisations dans l'eau, a fourni à Hoppe-Seyler des nombres assez rapprochés de ceux trouvés par C. Schmidt; ces nombres s'éloignent notablement de ceux publiés par Lehmann. Il est probable que ce dernier opérait avec une matière incomplétement purifiée. Voici ces nombres :

| Oxyhémoglobine du : | Eau de cristallisation des cristaux séchés dans le vide. | Matière séchée à 100°. | | | | | | |
|---|---|---|---|---|---|---|---|---|
| | | C | H | Az | O | S | Fe | $Ph^2O^5$ |
| Chien......................... | 3 à 4 % | 53,85 | 7,32 | 16,17 | 21,84 | 0,39 | 0,43 | » |
| Oie........................... | 7 | 54,26 | 7,10 | 16,21 | 20,69 | 0,54 | 0,43 | 0,77 |
| Cochon d'Inde................. | 6 | 54,12 | 7,36 | 16,78 | 20,68 | 0,58 | 0,48 | » |
| Écureuil...................... | 9,4 | 54,09 | 7,39 | 16,09 | 21,44 | 0,40 | 0,59 | » |

Ce tableau nous montre des différences notables de composition, différences qui sont en rapport avec celle de la forme cristalline et de la solubilité, et qui portent principalement sur la quantité d'eau de cristallisation. Il est remarquable que l'hémoglobine du sang d'oie contient seule de l'acide phosphorique; celle du sang de cochon d'Inde est aussi plus riche en azote; ce résultat a été suffisamment contrôlé pour pouvoir être admis comme caractéristique.

Les expériences de Hoppe-Seyler [*Virchow's Arch.*, t. IX, p. 417], de Dybkowsky [*Tubing. med. Chem. Unters*, t. I, p. 128], de Preyer [*Medicin. Centr.*, 1866, nº 21; *Virchow's Arch.*, t. XXIX, p. 598] établissent en outre que les cristaux préparés avec le sang de chien contiennent de l'oxygène faiblement combiné, comme le sang artériel lui-même. On sait que le sang agité avec de l'oxygène peut en absorber une dose qui dépasse de beaucoup celle qui correspond au coefficient de solubilité de ce gaz. Cette faculté absorbante dépend des globules seuls, le sérum ne la possédant pas; les résultats obtenus par les expérimentateurs cités démontrent enfin que c'est l'hémoglobine qui possède la singulière propriété de fixer l'oxygène d'une manière instable, et sous une forme où cet oxygène peut de nouveau devenir libre.

Les cristaux d'hémoglobine abandonnent dans le vide, sur 100 p. d'hémoglobine supposée sèche, 128 centimètres cubes environ d'oxygène mesuré à environ 0° et à 1 mètre de pression. Les cristaux exprimés, ou séchés à 0°, contiennent moins d'oxygène fixé. Les mêmes influences qui permettent d'isoler l'oxygène du sang artériel réussissent avec les cristaux d'hémoglobine dissous. Hoppe-Seyler donne aux cristaux oxygénés le nom d'oxyhémoglobine.

*Forme cristalline.* — La forme des cristaux n'a pu jusqu'à présent être déterminée que par des observations microscopiques [Rollet et V. Lang, *Sitzungb. d. Wien. Acad. der Wiss.*, t. XLVI, p. 8, 1862]. Les cristaux fournis par le sang d'écureuil appartiennent au système hexagonal; ceux du cochon d'Inde dérivent au contraire du système rhombique; il en est de même des cristaux de sang humain, des sangs de chien et de lapin. Les cristaux du cochon d'Inde sont ou des tétraèdres simples ou des tétraèdres dont les sommets sont tronqués par les faces d'un tétraèdre inverse; quelquefois on voit apparaître une face qui tronque deux arêtes opposées. Les tables hexagonales du sang d'écureuil placées entre deux nicols croisés restent obscures, quel que soit l'azimut d'orientation, d'où il résulte que l'axe optique de ces cristaux est normal aux faces hexagonales.

*Action de l'hémoglobine sur la lumière.* — Lorsqu'on interpose, en couches d'une épaisseur convenable, entre la lumière solaire et la fente d'un appareil spectral, une solution suffisamment concentrée d'hémoglobine, il y a absorption de toutes les couleurs spectrales, sauf le rouge extrême. Vient-on à diluer progressivement la liqueur, on voit la portion du spectre comprise entre les raies C et D s'éclaircir rapidement jusque dans le voisinage du dernier quart de cet espace, voisin de D. Celui-ci reste obscur alors même que par une dilution plus grande on arrive à faire apparaître de la lumière verte entre B et F. A ce moment le spectre est divisé en deux parties par une bande obscure sans contours bien tranchés. Avec une solution plus étendue encore, on voit la bande obscure se partager elle-même en deux bandes, par l'interposition d'un trait lumineux. Les largeurs de ces deux bandes sont inégales. Celle qui avoisine la raie D est plus étroite, plus sombre et mieux limitée que l'autre, qui se trouve à côté de la raie E. Ces apparences optiques peuvent être observées avec le sang vivant et en circulation, avec le sang extrait de la veine ou avec les cristaux d'hémoglobine encore humides étalés entre deux verres, et enfin avec des solutions aqueuses d'hémoglobine. Le phénomène est très-sensible, il permet de reconnaître 1/10 de milligramme de matière colorante dissoute dans 5 centimètres cubes d'eau, sous une épaisseur de 10 centimètres. Les caractères optiques dont il vient d'être question se rapportent à la combinaison instable d'hémoglobine et d'oxygène (oxyhémoglobine de Hoppe-Seyler); ils se modifient profondément, comme nous le verrons plus loin, sous l'influence des réducteurs, par l'élimination de l'oxygène, et aussi par l'action de tous les agents chimiques qui altèrent l'hémoglobine. Malgré les diversités de formes cristallines, de solubilité et de facilité de cristallisation, toutes les espèces d'hémoglobine offrent les mêmes caractères optiques et les mêmes raies d'absorption.

Il paraît cependant que l'intensité de la couleur n'est pas tout à fait la même; elle a été trouvée dans le rapport des nombres suivants: sang d'oie, 1,641; chien, 1,682; cochon d'Inde, 1,703.

Ces différences sortent des limites des erreurs possibles. Composition et propriétés concourent donc à prouver qu'il existe plusieurs hémoglobines variant avec l'espèce de sang.

*Combinaisons de l'hémoglobine avec l'oxyde de carbone, le bioxyde d'azote et l'acide prussique.* — Claude Bernard (*Leçons sur les effets des substances toxiques, Paris 1857*) observa le premier l'action remarquable exercée par l'oxyde de carbone sur la matière colorante du sang. Lorsqu'on dirige de l'oxyde de carbone dans du sang artériel rouge, l'oxygène combiné est éliminé et remplacé par son propre volume d'oxyde de carbone; en même temps le sang prend une teinte foncée presque noire. Cette coloration ne peut plus être complétement enlevée au sang par l'emploi du vide ou par le passage prolongé d'un courant d'oxygène. L'oxyde de carbone forme donc avec l'hémoglobine une combinaison assez stable à laquelle Hoppe-Seyler donne le nom d'*hémoglobine oxycarbonée*. Cette combinaison peut être obtenue sous forme de cristaux [Hoppe-Seyler *Virchow's Arch.* t. XXIX, p. 1863.] A cet effet, on fait passer pendant quelques minutes à travers la solution aqueuse du sang défibriné, des globules de sang, ou des cristaux purifiés d'oxyhémoglobine, un courant d'oxyde de carbone, en remuant vivement. On refroidit à 0° et l'on ajoute 1/4 de volume d'alcool; on agite encore et on abandonne pendant 24 heures au repos. Les cristaux qui se déposent sont volumineux, paraissent être moins solubles dans l'eau ou dans l'eau alcoolisée que les cristaux d'oxyhémoglobine; ils sont aussi moins altérables. Sous l'influence de l'oxygène, la combinaison se détruit peu à peu, tandis qu'en vase clos la solution se conserve très-longtemps sans altération (3 à 10 ans). La forme cristalline ne paraît pas modifiée par la substitution de l'oxyde de carbone à l'oxygène de l'oxyhémoglobine.

Les solutions de l'hémoglobine oxycarbonique sont plus foncées et plus bleuâtres que celles de l'oxyhémoglobine. Au premier aspect, elles offrent les mêmes raies d'absorption; mais en y regardant de plus près, on remarque : 1° une absorption moins intense de la lumière bleue; 2° les deux raies d'absorption situées entre D et *b* sont moins rapprochées de la ligne D. Ainsi deux moitiés d'une solution d'oxyhémoglobine, dont l'une avait reçu de l'oxyde de carbone, ont donné sous la même épaisseur les résultats suivants :

| | Oxyhémoglobine. | Oxyhémoglobine traitée par CO. |
|---|---|---|
| Spectre inaltéré jusqu'au trait de l'échelle | n° 82 | n° 83 |
| La première raie va de | 82-88 | 83-91 |
| La deuxième raie va de | 96-105 | 97-107 |
| Le spectre est visible jusqu'à | 160 | 170 |

Enfin l'hémoglobine oxycarbonique en solution concentrée absorbe moins énergiquement le rouge extrême du spectre que l'oxyhémoglobine.

Les cristaux eux-mêmes ont une teinte bleuâtre plus marquée.

Les apparences spectrales de l'hémoglobine oxycarbonique ne sont pas modifiées par le passage prolongé de gaz inertes. Les corps réducteurs tels que le sulfure d'ammonium, les solutions ammoniacales de tartrate ferreux ou de tartrate stanneux, voire même de sous-chlorure de cuivre, sont sans action immédiate.

Cette manière d'être établit une différence notable entre l'oxyhémoglobine et le produit combiné à l'oxyde de carbone. Il suffit en effet de diriger à travers les solutions d'oxyhémoglobine un courant d'hydrogène, d'azote, ou de faire le vide, ou bien encore de faire intervenir les agents réducteurs signalés plus haut, pour éliminer l'oxygène combiné et modifier les apparences spectrales.

10gr,2764 de combinaison cristalline humide (sang de chien) exprimés dans du papier, représentant 4gr,7673 de matière séchée à 100°, ont donné par évacuation dans le vide dans un tube rempli d'eau 17cc,12 de gaz (mesuré à 0° et à un mètre de pression). Ce gaz contenant :

| | | |
|---|---|---|
| $CO^2$ | 0,21 | — 1,23 % |
| CO | 0,49 | 2,84 |
| O | 2,45 | 20,07 |
| Az | 13,97 | 75,86 |

La dose totale d'oxyde de carbone retirée par l'emploi du vide et sous l'influence d'une température croissant jusqu'à 100° ne dépasse pas 10cc,2 pour 100 grammes de matière sèche. Cette dose ne représente pas le 1/10 du volume d'oxyde de carbone absorbé par les solutions d'hémoglobine, d'après les observations de Cl. Bernard, Meyer et Dybkowski.

Il paraîtrait d'après cela que l'hémoglobine oxycarbonique sèche n'abandonne pas son oxyde de carbone dans le vide et sous l'influence de la chaleur. En présence de l'eau, la combinaison se détruirait au contraire entièrement, quoique beaucoup plus difficilement que la combinaison oxygénée.

*Hémoglobine et bioxyde d'azote.* — Le sang saturé de bioxyde d'azote offre un minimum d'absorption entre les raies B et C et dans leur voisinage immédiat. L'absorption augmente vers la ligne D. Au n° 70 de l'échelle (D = 80 C, = 61) elle est encore faible, de même que vers H au commencement du spectre. A partir de 70 elle augmente rapidement. La dilution étant assez forte pour faire apparaître le spectre de 77-78, on voit du vert de 110 à 120 aux deux côtés de *b* (*b* = 112). Avec une dilution plus grande on observe une raie brillante entre 89 et 93, tandis qu'en 80 la raie D est visible au bord de la bande obscure. A ce moment la première bande occupe l'espace de 81-89, la seconde l'espace de 94 à 104. En diluant davantage les deux bandes faiblissent rapidement, et disparaissent. L'oxyhémoglobine offre dans les mêmes conditions des différences sensibles à l'œil, mais difficiles à faire saisir à la lecture. L. Hermann [Reichert et Du Bois-Reymond, *Arch.* 1865, p. 469] admet une combinaison d'hémoglobine et de bioxyde d'azote; les cristaux de cette combinaison seraient isomorphes avec ceux d'oxyhémoglobine. L'affinité entre l'hémoglobine et le bioxyde d'azote serait telle, que ce dernier gaz pourrait se substituer à l'oxyde de carbone.

*Hémoglobine et acétylène.* — Le sang paraît produire avec l'acétylène des phénomènes du même ordre que ceux observés avec l'oxyde de carbone.

*Hémoglobine et acide prussique.* — L'acide prussique se combine directement à l'hémoglobine; la combinaison se sépare sous forme de cristaux par addition d'alcool (1/4 de volume) et après refroidissement à 0°, et se comporte comme l'oxyhémoglobine elle-même. On peut faire recristalliser plusieurs fois le produit et le sécher dans le vide sans lui faire perdre son acide cyanhydrique; distillé avec de l'acide sulfurique étendu il fournit de l'acide prussique.

Cette combinaison paraît être plus stable que l'oxyhémoglobine elle-même. Au point de vue optique elle ne présente rien de particulier. Les agents réducteurs (sulfhydrate d'ammoniaque, solutions ammoniacales de tartrate ferreux ou stanneux) font disparaître les deux raies d'absorption, et l'on n'observe plus qu'une seule bande appartenant à l'hémoglobine réduite. Les solutions d'hémoglobine cyanhydrique renfermées en vase clos conservent leurs propriétés optiques primitives beaucoup plus longtemps que les solutions d'oxyhémoglobine.

D'après Pflüger et Zuntz [*Beiträge zur Physiologie des Blutes, diss.*, p. 40], l'hémoglobine du sang serait combinée à de l'alcali. Cette manière de voir serait corroborée par l'expérience de Schultze, qui précipite des cristaux par addition de traces d'acide au sang; mais comme il est possible de déterminer la cristallisation sans l'intervention d'un acide quelconque rien ne paraît établi à cet égard.

*Hémoglobine réduite, matière colorante du sang veineux.* — En passant par le réseau capillaire la matière colorante des globules subit un changement de composition qui se révèle par une altération de teinte. Ce même changement de teinte s'observe après la mort, pendant la putréfaction du sang artériel ou plus rapidement après addition de certains agents réducteurs alcalins ou neutres (zinc, fer, protoxydes de fer, de cuivre, d'étain, sulfhydrate d'ammoniaque), susceptibles de s'emparer de l'oxygène faiblement combiné. On obtient ainsi l'hémoglobine du sang veineux, ou l'hémoglobine réduite. Celle-ci peut à son tour repasser à l'état d'oxyhémoglobine par la simple agitation du sang ou des solutions de cristaux avec l'air atmosphérique.

La préparation de l'hémoglobine réduite à l'état de pureté offre de grandes difficultés. Par l'emploi de la pompe à air ou d'un courant continu d'hydrogène on arrive à éliminer une grande partie de l'oxygène combiné; mais, pour expulser les dernières portions, il convient d'élever la température, ce qui amène toujours la décomposition d'une portion plus ou moins grande du pigment. Il résulte en outre des expériences de Hoppe-Seyler et de Kühne que l'hémoglobine réduite est beaucoup plus soluble que l'oxyhémoglobine, et qu'elle ne peut être amenée à cristallisation.

Le tableau suivant, emprunté au mémoire de Hoppe-Seyler, indique les différences optiques offertes par les deux pigments.

| Richesse p. 100 c.c. de solution d'hémoglobine. | *Hémoglobine réduite.* | *Oxyhémoglobine.* |
|---|---|---|
| 2,63 | Rouge très-foncé entre les nos 53-56. Obscur partout ailleurs. | Peu obscurci jusque vers le n° 70. Plus foncé entre 70 et 74. Obscur à partir de 71. |
| 1,75 | Rouge transparent de 53-67. Obscur pour le reste. | Clair jusqu'en 73. Obscurci de 73 à 76. Obscur à partir de 76. |

| Richesse p. 100 c. c. de solution d'hémoglobine. | *Hémoglobine réduite.* | *Oxyhémoglobine.* |
|---|---|---|
| 1,31 | Peu obscurci de 58-68. Plus obscurci au commencement du spectre jusqu'au 58. Obscurci de 68 à 73. Obscur à partir de 73. | Clair jusqu'en 75. Obscurci jusqu'en 77. Obscur à partir de 77. |
| 0,875 | Peu obscurci jusqu'en 72. Obscur à partir de 74. Faible éclat vert et bleu entre 120 et 140. | Clair jusqu'en 76. Obscur à partir de 77. Faible éclat vert entre 110 et 120. Obscur pour le reste. |
| 0,66 | Peu obscurci près de 72. Plus foncé de 72 à 74. Vert et bleu transparent de 115 à 140. | Clair jusqu'en 77. Obscur à partir de 78. Transparent de 103 à 117. Obscur pour le reste. |
| 0,438 | Peu obscurci jusqu'en 75. Obscur de 75 à 100. Vert plus bleu foncé de 100 à 145. Obscur à partir de 150. | Clair jusqu'à 78. De 78 à 105, raie obscure avec vert visible entre 86 et 92. Clair de 105 à 130. Noir après 140. |
| 0,33 | Clair jusqu'à 73. Obscurci de 73 à 78. Noir de 78 à 95. Clair de 100 à 145. Noir après 150. | Presque tout le spectre est clair jusqu'à 140. On voit des raies obscures de 78 à 85 et de 92 à 104. Le reste clair jusqu'à 140. |

*Produits de décomposition de l'hémoglobine.* — L'hémoglobine humide ou en solution est très-altérable : la simple évaporation à une température qui dépasse 0° suffit pour la modifier et lui communiquer une nuance foncée persistante.

Par la putréfaction, l'ébullition, l'action de l'alcool faible des acides ou des alcalis étendus, elle se dédouble en divers produits parmi lesquels on a signalé : 1° des acides volatils appartenant à la série grasse (formique, butyrique); 2° des substances albuminoïdes, telles que la globuline; 3° de l'hématine.

Teichmann indique un bon procédé pour extraire l'hémine provenant de l'altération des cristaux du sang. On chauffe les cristaux du sang avec de l'acide acétique très-concentré et un peu de sel marin; on ajoute aux cristaux une solution alcaline étendue et on précipite l'hématine par un acide [*Zeitsch. für rat. Med. N. F.*, t. III, p. 375, t. VXI, p. 141]. P. S.

**HÉPATINE** [Syn. *Glycogène*]. — Voyez Glycogène.

**HÉPATITE.** — Voyez Barytine.

**HEPTYLE,** $C^7H^{15}$. — Radical dont on admet l'existence dans les dérivés de l'alcool heptylique.

**HEPTYLE (HYDRURE D'),** $C^7H^{16} = C^7H^{15}.H$. — Ce composé est obtenu dans les circonstances suivantes :

1° Le pétrole d'Amérique rectifié est séparé par la distillation fractionnée en hydrures de la série grasse; après la séparation des hydrures d'amyle et d'hexyle, la température du liquide reste constante pendant quelque temps entre 90° et 95°; la portion passant à cette température est recueillie à part et purifiée; on l'agite avec de l'acide sulfurique très-concentré, on la lave avec du carbonate de soude dilué et on la déshydrate avec du chlorure de calcium; on obtient ainsi de l'hydrure d'heptyle bouillant entre 92° et 94° (Pelouze et Cahours). Densité = 0,6995 à 15°; Schorlemmer a extrait de l'huile de pétrole d'Amérique deux carbures de la composition de l'hydrure d'heptyle, l'un bouillant de 98° à 99°, densité, 0,7149 à 15°,5, l'autre de 90° à 92°, densité, 0,7148 à 15° [*Ann. der Chem. u. Pharm.*, t. CXXXVI, p. 257]. — Harrew [*Journ. de Pharm.*, (4), t. III, p. 209] a également observé dans le pétrole de Pensylvanie l'hydrure d'heptyle bouillant à 90°,4.

2° Le mélange d'huiles obtenu par la distillation du cannel-coal de Wigan (Lancashire) à une température aussi basse que possible est laissé pendant plusieurs jours en contact avec un égal volume d'acide sulfurique et agité fréquemment, l'huile est décantée, lavée avec l'eau et distillée. Le produit distillé consistant en benzine et toluène et en hydrures des radicaux alcooliques est agité à plusieurs reprises avec de l'acide nitrique concentré, aussi longtemps que les liqueurs acides étendues d'eau laissent déposer des produits nitrés. L'huile est ensuite lavée avec de l'eau, séchée sur de la potasse caustique et rectifiée sur du sodium, jusqu'à ce que ce métal ne soit plus attaqué. Par la distillation fractionnée, on isole les hydrures d'amyle, d'hexyle, d'heptyle et d'octyle. L'hydrure d'heptyle bout de 98° à 99° [Schorlemmer, *Bull. de la Soc. chim.*, 1866, t. V, p. 497; et *Ann. der Chem. u. Pharm.*, t. CXXV, p. 103]. Densité, 0,7122 à 16° et 0,709 à 17°,5. L'huile d'une espèce de hareng saponifiée a fourni à la distillation, parmi d'autres produits, de l'heptylène bouillant à 94°,1, et de l'hydrure d'heptyle, bouillant à 97°,8. Densité, 0,7085 à 0° et 0,6942 à 17°,5 [Warren et Storer, *Mem. Americ. Acad.*, t. IX, p. 177].

3° Parmi les carbures d'hydrogène que fournit l'alcool amylique, lorsqu'on le chauffe avec du chlorure de zinc, se trouve l'hydrure d'heptyle et l'heptylène; la portion bouillant entre 85° et 95° est traitée par le brome; il se forme du bromure d'heptylène qu'on sépare par distillation de l'hydrure d'heptyle qui passe le premier [Wurtz, *Compt. rend.*, t. LVI, p. 1164 et 1246].

4° L'acide azélaïque, chauffé au rouge avec la baryte caustique, fournit de l'hydrure d'heptyle, bouillant à 100°,5. Densité, 0,6840 à 20°,5. [Schorlemmer et Dale, *Ann. der Chem. u. Pharm.*, t. CXXXVI, p. 257; — Dale, *Bull. de la Soc. chim.*, 1865, t. III, p. 268].

Le méthylhexyle (voir ce mot) a la même composition que l'hydrure d'heptyle; l'éthylamyle (voir t. I, p. 1314), paraît ne pas différer de l'hydrure d'heptyle, car il donne les mêmes dérivés. Il est à remarquer que l'éthylamyle (bout à 90°,5, densité 0,6819 à 18°,5), et l'hydrure d'heptyle, dérivé de l'acide azélaïque, diffèrent par leurs points d'ébullition et par ceux de leurs chlorures. Le chlorure du premier bout à 147°, (densité, 0,8780 à 18°,5); celui du second à 152° (densité, 0,8737 à 18°,5).

On connaît encore un autre hydrocarbure isomérique avec l'hydrure d'heptyle. Il a été obtenu par MM. Friedel et Ladenburg en faisant réagir le zinc-éthyle sur le méthylchloracétol

$$C^3H^6Cl^2 = CH^3.CCl^2.CH^3,$$

dérivé de l'acétone.

Sa constitution peut être représentée par la formule

$$C \left\{ \begin{matrix} (CH^3)^2 \\ (C^2H^5)^2. \end{matrix} \right.$$

Il bout à 86-87°. Densité : à 0° = 0,7111; à 20° = 0,6958. Densité de vapeur = 3,62; théorie, 3,46 [*Compt. rend.*, t. LXIII, p. 1083; *Bull. de la Soc. chim.*, 1867, t. VII, p. 65].

L'hydrure d'heptyle est un liquide mobile, d'une odeur fade, mais agréable, brûlant avec une flamme légèrement fuligineuse. Le chlore, et plus rapidement le chlorure d'iode, le changent en chlorure d'heptyle. Lorsqu'on fait agir du chlore sur de l'hydrure d'heptyle, il se forme, en outre du chlorure d'heptyle, de petites quantités de quelques autres composés chlorés qui, distillés avec du sodium, fournissent de l'heptylène. L'hydrure d'heptyle n'est pas attaqué par le brome ou par les acides sulfurique et azotique fumants séparés ou mélangés. Pu. de C.

**HEPTYLÈNE** [Syn. *OEnanthylène*], $C^7H^{14}$. — Cet hydrocarbure, homologue de l'éthylène, est contenu avec d'autres hydrocarbures de la série $C^nH^{2n}$ et des hydrocarbures, appartenant aux séries

$$C^nH^{2n+2} \text{ et } C^nH^{2n-6},$$

dans l'huile légère, obtenue par la distillation du boghead. En traitant cette huile par le brome en présence de l'eau, on obtient un mélange renfermant les combinaisons bromées des carbures $C^nH^{2n}$ et les carbures $C^nH^{2n+2}$ et $C^nH^{n-6}$. Ces derniers sont éloignés par la distillation au bain-marie. Le produit bromé qui renferme de l'oxygène se sépare à la longue en trois couches, la moyenne renferme les bromures; en la distillant successivement avec de la potasse alcoolique et du sodium on obtient les carbures de la série $C^nH^{2n}$. La portion d'huile de boghead bouillant de 82° à 88° fournit de l'heptylène bouillant à 99°. Densité, 0,718 à 18° [C. G. Williams, *Phil. Trans.*, 1857, t. III, p. 737; et *Répert. de Chim. pure*, 1859, p. 35].

Le chlorure d'heptylène traité à une douce chaleur par le sodium fournit de l'heptylène qu'on débarrasse des dernières traces de chlore en le distillant à plusieurs reprises sur du sodium; il bout à 95° [Limpricht, *Ann. der Chem. u. Pharm.*, t. CIII, p. 80]. Dans la préparation du chlorure d'heptyle, il se produit en même temps des combinaisons chlorées moins volatiles qui, traitées par du sodium, fournissent de l'heptylène bouillant de 95° à 100° [Schorlemmer, *Ann. der Chem. u. Pharm.*, t. CXXV, p. 103; et *Ann. de Chim. et de Phys.*, (3), t. LXVIII, p. 210]. L'alcool heptylique distillé avec du chlorure de zinc se transforme en heptylène [Bouis et Carlet, *Compt. rend.*, t. LV, p. 140]. Le chlorure d'heptyle, chauffé à 180° en tube scellé avec une lessive concentrée de potasse fournit de l'heptylène [Schorlemmer, *loc. cit.*; — Pelouze et Cahours, *Ann. de Chim. et de Phys.*, (4), t. I, p. 5]. Le chlorure d'heptyle chauffé à 160-180° avec de l'acétate de potasse et de l'acide acétique fournit de l'heptylène en même temps que de l'acétate d'heptyle. L'hydrure d'heptyle qu'on dérive de l'acide azélaïque ainsi que l'éthylamyle donnent naissance à l'heptylène.

L'heptylène est un liquide incolore très-mobile, très-léger, d'une odeur alliacée particulière, insoluble dans l'eau, soluble dans l'alcool. Il bout à 94° (Pelouze et Cahours), à 99° (Williams).

Suivant Schorlemmer, le carbure dérivé du pétrole bout à 96°, densité, 0,7383 à 17°,5; celui qu'on extrait de l'acide azélaïque bout à 96°, densité, 0,7026 à 19°; et celui qui dérive de l'éthylamyle bout à 94°, densité, 0,7060 à 12°,5. La densité de vapeur est 3,320 (Williams); théorie, 3,386.

*Heptylène chloré*, $C^7H^{13}Cl$. — On chauffe une solution alcoolique de potasse très-concentrée avec du chlorure d'heptylène dans un ballon muni d'un réfrigérant ascendant pendant plusieurs jours, ou on fait réagir à 250° en tube scellé du chlorure d'heptylène sur de l'éthylate de sodium; le liquide obtenu renfermant de l'heptylidène, de l'heptylène chloré et du chlorure d'heptylène, est étendu d'eau, séché avec du chlorure de calcium et soumis à la distillation fractionnée; on isole de cette manière un liquide ressemblant au chlorure d'heptylène qui est l'heptylène chloré bouillant à 155°. Le sodium n'attaque pas à froid l'heptylène chloré, mais à chaud une action violente s'établit brusquement; il se forme du chlorure de sodium et un carbure d'hydrogène bouillant à 95°, sans doute de l'heptylène [Limpricht, *Ann. der Chem. u. Pharm.*, t. CIII, p. 80].

DÉRIVÉS DE L'HEPTYLÈNE

*Bromure d'heptylène*, $C^7H^{14}Br^2$. — Obtenu par la combinaison directe du brome et de l'heptylène. Liquide plus dense que l'eau, se décompose à la distillation, en noircissant et en dégageant de l'acide bromhydrique; il se volatilise avec la vapeur d'eau en donnant un liquide à peu près incolore ayant l'odeur du bromure d'éthylène (Schorlemmer, Pelouze et Cahours).

*Chlorure d'heptylène*, $C^7H^{14}Cl^2$. — On obtient ce composé lorsqu'on fait couler petit à petit de l'œnanthol sur du perchlorure de phosphore; contenu dans une cornue tubulée, et qu'on emploie ces corps dans le rapport de leurs molécules; il y a en même temps un dégagement de chaleur et de l'oxychlorure de phosphore se volatilise. La réaction étant terminée, on soumet le liquide à la distillation et on recueille à part ce qui passe au-dessus de 150°, aussi longtemps que le produit est incolore; on enlève l'oxychlorure de phosphore par un lavage à l'eau, on traite par le bisulfite de soude pour éloigner l'excès d'œnanthol, on dessèche sur du chlorure de calcium et on rectifie; on recueille à part la portion passant de 180° à 200°, elle renferme le chlorure d'heptylène qu'on purifie par fractionnement.

C'est un liquide mobile, transparent, incolore, plus léger que l'eau, d'une odeur non désagréable, rappelant l'œnanthol; il bout à 191°. Chauffé doucement en présence du sodium, il se décompose avec violence en heptylène, et il se forme du chlorure de sodium. Maintenu pendant quelque temps en ébullition avec de l'éthylate de sodium ou une solution alcoolique de potasse, il se transforme en acide chlorhydrique, heptylène chloré et heptylidène. Il n'est pas notablement décomposé par l'acétate d'argent, même lorsqu'on le fait bouillir longtemps avec celui-ci ou lorsqu'on le chauffe en tube scellé à 250°. [Limpricht, *Ann. der Chem. u. Pharm.*, t. CIII, p. 80].

COMPOSÉS PSEUDO-HEPTYLIQUES.

*Iodhydrate d'heptylène*, $C^7H^{14}.HI$. — L'heptylène chauffé en vase clos, pendant 12 heures à 100°, avec de l'acide iodhydrique fumant, fournit de l'iodhydrate d'heptylène, bouillant à 170° et brunissant à l'air. La solution alcoolique traitée par le nitrate d'argent fournit un liquide d'une odeur éthérée agréable, qui semble être du nitrate d'heptylène $C^7H^{14}.AzO^3H$, car, chauffé doucement avec une solution alcoolique de potasse, il fournit un précipité abondant de nitrate de potassium. [Schorlemmer, *Ann. der Chem. u. Pharm.*, t. CXXVII, p. 318; et *Bull. de la Soc. Chim.*, 1864, t. I, p. 188]. Pu. de C.

**HEPTYLIDÈNE** [Syn. *OEnanthylidène*], $C^7H^{12}$. —[Limpricht, *Ann. der Chem. u. Pharm.*, t. CIII, p. 80] a déjà, en 1857, attiré l'attention sur un hydrocarbure $C^7H^{12}$, dérivé du chlorure d'heptylène, par l'action de la potasse alcoolique; mais il n'a pas poursuivi l'étude de ce corps, qui était, en définitive, le premier hydrocarbure connu de la série $C^nH^{2n-2}$. Pour obtenir l'heptylidène, on transforme l'œnanthol en chlorure $C^7H^{14}Cl^2$, par l'action du perchlorure de phosphore, puis, par l'action de la potasse alcoolique, en heptylène chloré $C^7H^{13}Cl$. Ce dernier enfin, traité à 140° en vase clos par de la potasse alcoolique, fournit l'heptylidène. C'est un liquide plus léger que l'eau, très-fluide et d'une odeur alliacée prononcée, bouillant entre 100° et 108°. Il brûle avec une flamme fuligineuse et est soluble dans l'alcool, l'éther et la benzine. Le brome s'y combine énergiquement en produisant le bibromure d'heptylidène $C^7H^{12}Br^2$; traité par un excès de brome,

à la lumière, aussi longtemps qu'il se forme de l'acide bromhydrique, il donne $C^7H^{10}Br^4$. Ce dernier bromure, purifié par lavages et dessiccation, est une huile jaunâtre, d'une odeur de fenouil, plus dense que l'eau, décomposable par la distillation, soluble dans l'éther et dans la benzine, peu soluble dans l'alcool. Le sodium ne l'attaque pas à froid, mais à chaud l'action est très-énergique et provoque l'inflammation du produit [Limpricht et Rubien, *Bull. de la Soc. chim.*, 1867, t. VII, p. 346, et Rubien, *ibid.*, 1869, t. IX, p. 480].

M. Truchot a obtenu le même hydrocarbure, bouillant à 103° (D. à 20° = 0,735) en traitant par la potasse alcoolique l'heptylène bromé (thèse, Besançon, 1868). PH. DE C.

**HEPTYLIQUE (ALCOOL)** [Syn. *Hydrate d'heptyle*], $C^7H^{16}O = C^7H^{15}.HO$. — On le rencontre en même temps que d'autres alcools dans l'huile de marc de raisin. Le liquide bouillant au-dessus de 133° contient plusieurs alcools de la série grasse, supérieurs à l'alcool amylique; soumis à des distillations fractionnées répétées, il fournit une portion bouillant de 155° à 160° qui est de l'alcool heptylique [Faget, *Bull. de la Soc. chim.*, 1862, p. 59]. On obtient encore le même alcool 1° par l'action de l'hydrogène naissant, produit par le zinc et l'acide acétique cristallisable sur l'œnanthol; l'acétate d'heptyle (voir ce mot) qui se forme est décomposé par la potasse; 2° au moyen de l'hydrure d'heptyle que l'on transforme d'abord en chlorure; celui-ci donne l'acétate, et ce dernier, par la distillation avec la potasse, l'alcool [Schorlemmer, *Bull. de la Soc. chim.*, 1864, t. I, p. 188; — Pelouze et Cahours, *Ann. de Chim. et de Phys.*, (4), t. I, p. 5].

L'alcool qui se produit dans la distillation du ricinolate de potasse ou de soude avec un excès d'alcali est considéré par plusieurs chimistes comme de l'alcool heptylique. D'autres, et parmi eux Bouis [*Ann. de Chim. et de Phys.*, (3), t. XLIV, p. 77], qui le premier fit connaître la réaction et l'étudia avec grand soin, admettent qu'il se forme de l'alcool octylique (voir ce mot). Moschnin [*Ann. de Pharm.*, t. LXXXVII, p. 111], Squire [*Chem. Soc. quart. Journ.*, t. VII, p. 108] et Cahours [*Compt. rend.*, t. XXXIX, p. 254], tant par l'étude de l'alcool lui-même que par la composition de ses dérivés, contribuèrent à faire considérer cet alcool comme l'octylique. D'après Railton [*Chem. Soc. quart. Journ.*, t. VI, p. 205] et Wills [*ibid.*, p. 307], au contraire, ce composé serait l'alcool heptylique; Railton s'appuie sur la densité de vapeur, Wills sur l'analyse de l'alcool et l'examen de quelques éthers composés. Plus tard, Limpricht [*Ann. de Chim. et de Phys.*, (2), t. XLIII, p. 490] fit voir que le distillé huileux renferme en grande quantité un liquide ayant la composition de l'aldéhyde octylique. Staedeler [*Journ. für prakt. Chem.*, t. LXXII, p. 241] reconnut que ce liquide n'était pas l'aldéhyde octylique, mais une acétone isomérique, le méthylœnanthol $CH^3.C^7H^{13}O$ et qu'en même temps il se formait de l'alcool heptylique; les équations suivantes exprimeraient la réaction :

$$\underset{\text{Acide ricinolique.}}{C^{18}H^{34}O^3} + 2KHO = \underset{\text{Méthylœnanthol.}}{CH^3C^7H^{13}O} + \underset{\text{Sébate de potassium}}{C^{10}H^{16}K^2O^4} + 2H^2$$

et

$$\underset{\text{Acide ricinolique.}}{C^{18}H^{34}O^3} + 2KHO = \underset{\text{Alcool heptylique.}}{C^7H^{16}O} + \underset{\text{Sébate de potassium.}}{C^{10}H^{16}K^2O^4} + \underset{\text{Gaz des marais.}}{CH^4}.$$

La dernière équation suppose, comme on voit, le dégagement de gaz des marais, cependant la présence de ce gaz n'a jamais pu être constatée et on n'a observé avec certitude que l'hydrogène. Petersen [*Répert. de Chim. pure*, t. III, p. 480] obtint des résultats semblables à ceux qu'avait signalés Staedeler et prépara par cette méthode quelques dérivés de l'alcool heptylique. Enfin Dachauer [*Ann. der Chem. u. Pharm.*, t. CVI, p. 269], en contradiction avec Staedeler et Petersen, regarda l'alcool qui se produit en même temps que le méthylœnanthol comme de l'alcool octylique; dans ce dernier cas, il convient d'exprimer la réaction par l'équation suivante :

$$\underset{\text{Acide ricinolique.}}{C^{18}H^{34}O^3} + 2KHO = \underset{\text{Alcool octylique.}}{C^8H^{18}O} + \underset{\text{Sébate de potassium.}}{C^{10}H^{16}K^2O^4} + H^2.$$

Tels sont, en résumé, les travaux faits jusqu'à ce jour sur ce sujet épineux. On peut se demander si les alcools heptylique et octylique ne se produisent pas concurremment. Il faut remarquer que la différence du carbone pour les deux alcools est seulement 1,4 %, et que la quantité de carbone que renferme l'alcool heptylique, à savoir 72,4 %, peut facilement atteindre 73,4, qui est celle de l'alcool octylique, si une certaine quantité de méthylœnanthol souille le produit, cette acétone renfermant 75 % de carbone et étant très-difficile à séparer de l'alcool. Cette considération serait en faveur de l'existence de l'alcool heptylique. Si on admet l'exactitude de la formule de l'acide ricinolique et les analyses de Petersen (*loc. cit.*), qui la confirment, la production de l'alcool heptylique et de l'acide sébacique ne s'explique que par l'apparition simultanée du gaz des marais, fait qu'aucun observateur n'a encore confirmé.

Voici, suivant Petersen (*loc. cit.*), la manière de préparer l'alcool heptylique avec l'huile de ricin. On distille le ricinolate de soude par petites portions avec un excès d'hydrate de soude, on rectifie les parties passées à la distillation entre 170° et 180° sur de l'hydrate de potasse, on lave et on agite avec une solution concentrée de bisulfite de soude. Le mélange se prend en une bouillie épaisse, qu'on exprime, puis lave à l'éther à plusieurs reprises. Les liqueurs éthérées séparées par filtration de la partie solide sont distillées pour chasser l'éther, ensuite le résidu est de nouveau traité par le bisulfite de soude, aussi longtemps qu'il se forme un dépôt gélatineux. L'huile qui reste après cette opération est rectifiée sur une petite quantité d'hydrate de potasse; lavée à l'eau et desséchée, elle constitue l'alcool heptylique bouillant à 178°,5.

L'alcool heptylique est un liquide huileux, incolore, insoluble dans l'eau, soluble dans l'alcool ordinaire et dans l'éther. Densité, 0,819 à 23° (Staedeler). Point d'ébullition : 170° (Wills), de 177° à 177°,5 (Staedeler), 178°,5 (Petersen), 165° (Bouis et Carlet), de 155° à 160° (Faget), 164-165° (Schorlemmer), 168° (Pelouze et Cahours). Ces différences dans les points d'ébullition font supposer que la structure des alcools varie suivant la provenance et que l'alcool heptylique, dérivé de l'huile de ricin, dont le point d'ébullition répond à la loi de Kopp (elle exige 173°), est l'alcool normal. Il peut se faire aussi que l'alcool de marc de raisin et celui qu'on prépare avec l'hydrure d'heptyle corresponde à l'alcool β hexylique de Wanklyn et Erlenmeyer, car ce dernier bout à 134°, et 137° + 19° = 156°.

Le chlorure de zinc décompose l'alcool heptylique en eau et heptylène (Bouis et Carlet); chauffé avec de la chaux potassée, il se dégage de

l'hydrogène et il se produit de l'acide œnanthylique (Faget); le pentachlorure de phosphore le transforme en chlorure d'heptyle (Petersen), l'iode et le phosphore en iodure d'heptyle (Schorlemmer), et l'acide sulfurique en acide heptylsulfurique $C^7H^{16}SO^4$ (Petersen). Ph. de C.

**HEPTYLIQUES (COMBINAISONS).** — On peut concevoir dans tous ces composés l'existence du groupe heptyle $C^7H^{15}$ fonctionnant comme radical monatomique et s'unissant aux corps simples et aux radicaux composés.

Éthers heptyliques. — Chlorure d'heptyle, $C^7H^{15}Cl$. — On l'obtient par l'action du perchlorure de phosphore sur l'alcool heptylique, on purifie par des lavages, la dessiccation et la distillation [Petersen, *Répert. de Chim. pure*, t. III, p. 480]. On fait agir le chlore, ou mieux le chlorure d'iode, sur l'hydrure d'heptyle; à cet effet, on fait passer du chlore, non en excès, dans de l'hydrure d'heptyle tenant en dissolution de l'iode; la portion d'hydrure non attaquée est chassée par distillation et le chlorure d'heptyle est isolé de la portion bouillant de 140° à 160° par le fractionnement [Schorlemmer, *Bull. de la Soc. chim.*, 1866, t. VI, p. 361; — Pelouze et Cahours, *Ann. de Phys.*, (4), t. I, p. 5]. Dans cette réaction, il se produit aussi du chlorure d'heptyle chloré. L'éthylamyle et l'hydrure d'heptyle dérivé de l'acide azélaïque fournissent également le chlorure d'heptyle.

Le chlorure d'heptyle est un liquide incolore, d'une odeur de fruits agréable, brûlant avec une flamme fuligineuse, bordée de vert. Densité, 0,9983 à 15° (Petersen), 0,890 à 20° (Pelouze et Cahours), 0,8965 à 19° (Schorlemmer), 0,8737 à 18°,5 (origine : ac. azélaïque), 0,8780 à 18°,5 (origine : éthylamyle). Point d'ébullition : 175° (Petersen), 148-152° (Pelouze et Cahours), 140° (Schorlemmer), 152° (origine : ac. azélaïque), 147° (origine : éthylamyle). Ces deux derniers différant de 5°, il est probable que les hydrures dont ils dérivent ne sont pas identiques. Aucun des points d'ébullition énumérés ne s'accorde avec la loi de Kopp, qui exige 161°. Le chlorure d'heptyle est insoluble dans l'eau, soluble dans l'alcool et l'éther. Chauffé en tube scellé avec de l'acétate de potasse et de l'alcool ou de l'acide acétique cristallisable, il fournit de l'acétate d'heptyle; chauffé de la même manière avec du sulfhydrate de potasse alcoolique, il se transforme en sulfhydrate d'heptyle. Il est à peine attaqué par une lessive de potasse, même lorsqu'on chauffe en tube scellé à 180° pendant plusieurs jours; il se forme seulement un peu d'heptylène et pas trace d'alcool heptylique.

*Chlorure d'heptyle chloré*, $C^7H^{14}Cl.Cl$. — Ce composé isomérique avec le chlorure d'heptylène est obtenu en même temps que le chlorure d'heptyle par l'action du chlorure d'iode sur l'éthylamyle. Il bout à 190° [Schorlemmer, *Chem. Soc. Journ.*, t. XVI, p. 426].

Bromure d'heptyle, $C^7H^{15}Br$. — Pour préparer ce corps, on ajoute lentement du brome à de l'hydrure d'heptyle, et il se dégage de l'acide bromhydrique; on expose le mélange au soleil ou on le chauffe en tube scellé à 100°; on active la réaction en ajoutant un peu d'iode. Lorsqu'on soumet ensuite à la distillation, il passe une grande quantité d'hydrure non décomposé, et dès que la température atteint 110°, le résidu noircit et se décompose [Schorlemmer, *Chem. Soc. Journ.*, t. XVI, p. 217].

Iodure d'heptyle, $C^7H^{15}I$. — Obtenu par l'action de l'iode et du phosphore sur l'alcool heptylique [Schorlemmer, *Chem. Soc. quart. Journ.*, t. XVI, p. 219; — Petersen, *Ann. der Chem. u. Pharm.*, t. CXVIII, p. 69]. C'est un liquide incolore, plus dense que l'eau, brunissant rapidement au contact de l'air, bouillant à 190° (Schorlemmer), à 192° (Petersen). Il est décomposé instantanément par le nitrate d'argent alcoolique, tout l'iode étant séparé à l'état d'iodure d'argent.

Oxyde mixte amylheptylique [Syn. *Éther heptylamylique*], $C^7H^{15}.C^5H^{11}.O$. — On fait réagir l'heptylate de sodium sur une quantité équivalente d'iodure d'amyle et on soumet à la distillation fractionnée. C'est un liquide mobile, incolore, bouillant de 220° à 221°. Densité, 0,008 à 20°. Densité de vapeur, 0,57. Théorie, 6,45 [Wills, *Chem. Soc. quart. Journ.*, t. VI, p. 307; et *Ann. de Chim. et de Phys.*, (3), t. XLI, p. 103].

Oxyde mixte éthylheptylique [Syn. *Éther heptyléthylique*], $C^7H^{15}.C^2H^5O$. — Se produit par l'action de l'iodure d'éthyle sur l'heptylate de sodium employés en proportion de leurs atomes. C'est un liquide mobile, incolore, d'une odeur fade et brûlant avec une flamme éclairante; il est insoluble dans l'eau, aisément soluble dans l'alcool et l'éther. Il bout à 177° [Wills, *loc. cit.*]. Densité, 0,791 à 16°. Densité de vapeur, 5,095 (Wills). Théorie, 4,99 [Petersen, *Ann. der Chem. u. Pharm.*, t. CXXVIII, p. 75].

Oxyde mixte méthylheptylique [Syn. *Éther heptylméthylique*], $C^7H^{15}.CH^3.O$. — Produit par l'action de l'iodure de méthyle sur l'heptylate de sodium. C'est un liquide mobile, d'une odeur forte, insoluble dans l'eau, facilement soluble dans l'alcool et dans l'éther. Point d'ébullition, de 160°,5 à 161°. Densité, 0,830 à 16°,5. Densité de vapeur, 4,2. Théorie, 4,5.

Acide heptylsulfurique ou sulfheptylique,

$C^7H^{15}.H.SO^4$.

— On mélange avec précaution 2 p. d'alcool heptylique avec 1 partie d'acide sulfurique concentré, en ayant soin de refroidir; au bout de quelque temps il se forme deux couches, dont la supérieure constitue l'acide heptylsulfurique. On sature d'abord par du carbonate de baryum, et à la fin par de l'hydrate de baryte, et on évapore à une douce chaleur. L'heptylsulfate de baryte constitue de petites écailles cristallines blanches, nacrées, flexibles, d'une saveur amère, très-solubles dans l'eau; la solution aqueuse n'est précipitée ni par l'alcool ni par l'éther. Ce sel commence à se décomposer à 80° en se colorant d'abord en rouge, ensuite en noir. Sa composition est $(2C^7H^{15}.SO^4.)Ba + H^2O$ [Petersen, *Ann. der Chem. u. Pharm.*, t, CXVIII, p. 72]. Suivant Bouis et Carlet [*Bull. de la Soc. chim.*, 1862, p. 94], l'heptylsulfate de baryte supporte la température de 100° sans se décomposer, il ne renfermerait pas d'eau. Les sulfosels de chaux et de potasse sont des sels analogues au précédent.

Acétate d'heptyle. — Voyez t. I, p. 24.

Sulfure mixte d'heptyle et d'hydrogène [*Sulfhydrate d'heptyle, mercaptan heptylique*],

$C^7H^{15}.H.S$.

— Se produit lorsqu'on chauffe en tube scellé le chlorure d'heptyle ou le chlorure d'heptyle chloré avec le sulfhydrate de potasse alcoolique. C'est un liquide incolore bouillant de 155° à 158°, d'une odeur à la fois aromatique et de mercaptan et présentant toutes les réactions caractéristiques des mercaptans [Schorlemmer, *Chem. Soc. quart. Journ.*, (2), t. I, p. 425; et *Bull. de la Soc. chim.*, (2), t. VI, p. 361].

Azotures d'heptyle. — On connaît encore que l'heptylamine.

Heptylamine, $C^7H^{15}.H^2.Az$. — On l'obtient 1° en saturant l'iodure d'heptyle avec de l'ammoniaque et en chauffant la solution au bain d'huile; on enlève ensuite l'iode par l'oxyde d'argent [Petersen, *Ann. der Chem. u. Pharm.*,

t. CXVIII, p. 74]; 2° en chauffant le chlorure d'heptyle avec de l'ammoniaque en tube scellé à 120° pendant plusieurs jours, il se produit alors des chlorures des différents heptylammoniums, mais principalement de monheptylammonium; le sel se dissout facilement dans l'eau et l'alcool et cristallise en petites écailles; distillé avec de la potasse caustique, il fournit de l'heptylamine. C'est un liquide huileux, léger, d'une odeur ammoniacale aromatique, d'une saveur brûlante et bouillant de 145° à 147° [Schorlemmer, *Chem. Soc. Journ.*, t. XVI, p. 221]; de 144° à 148° [Pelouze et Cahours, *Ann. de Chim. et de Phys.*, (4), t. I, p. 5]. Il est assez soluble dans l'eau et se sépare de ce liquide, lorsqu'on ajoute de la potasse caustique à sa solution. Le sel de platine est légèrement soluble dans l'eau froide, plus soluble dans l'eau chaude, soluble dans l'alcool et l'éther, il cristallise en écailles jaune d'or. PH. DE C.

**HERCINITE** (Min.). — Spinelle alumino-ferreux.

**HERDÉRITE** (Min.) [*Allogonite*, Breithaupt]. — Petits cristaux blancs ou verdâtres, transparents, d'un éclat vitreux, accompagnant la fluorine, la cassitérite, à Ehrenfriedersdof (Saxe). Leur composition est encore douteuse; mais ils paraissent être un fluophosphate d'alumine et de chaux.

*Caractères*. — En poudre fine, se dissout dans l'acide chlorhydrique. Avec le nitrate de cobalt, devient bleu. Fond difficilement en un émail blanc. Dureté, 5. Poussière blanche, fragile. Densité, 2,98.

*Forme cristalline*. — Prisme orthorhombique, $mm = 115°53'$, $b^1b^1 = 116°5'$. Clivages : $m$ interrompu.

**HERMANNITE**. — Voyez RHODONITE.

**HERMÉSITE** (Min.). — Variété mercurifère de PANABASE.

**HERRERITE**. — Voyez SMITHSONITE.

**HERSCHÉLITE**. — Voyez GMÉLINITE.

**HESPÉRIDINE** [Le Breton, *Journ. de Pharm.*, t. XIV, p. 377; — Jones, *Arch. der Pharm.*, t. XXVII, p. 186]. — L'hespéridine est un glucoside qui se trouve dans l'enveloppe blanche et spongieuse des oranges et des citrons. On sépare cette substance spongieuse du zeste et de la partie extérieure des oranges, on l'épuise par l'eau bouillante, on sature le liquide par un lait de chaux, et on évapore à siccité. On épuise le mélange calcaire par l'alcool, on filtre, et on chasse l'alcool par la distillation. Le résidu alcoolique est additionné de 20 fois son poids d'eau distillée, et le mélange abandonné à lui-même; au bout de 8 jours, l'hespéridine se sépare : on la purifie par cristallisation dans l'alcool.

L'hespéridine est en aiguilles blanches, soyeuses, groupées en aigrettes ou en mamelons, inodores, insipides, fondant à une douce chaleur, devenant électriques par le frottement. Une chaleur élevée la décompose. Elle est insoluble dans l'eau froide, soluble dans 60 parties d'eau bouillante, fort soluble dans l'alcool bouillant, insoluble dans l'éther, dans les huiles essentielles et les huiles grasses.

Par l'ébullition prolongée avec l'eau elle se détruit, et il surnage une matière cireuse.

Suivant M. Dehn, l'hespéridine est un glucoside, et sous l'influence des acides elle se dédouble en sucre et en un corps cristallisable insoluble dans l'eau [*Zeitsch. für Chem.*, nouv. sér., t. II, p. 103; et *Bull. de la Soc. chim.*, 1866, t. VI, p. 239].

Le sucre d'hespéridine est en cristaux durs, craquant sous la dent, fondant entre 70° 5 et 76°, perdant de l'eau à 100°, se colorant à 134° et se charbonnant à 150°; cristallisé dans l'eau ou dans l'alcool, il a pour formule $C^6H^{14}O^6$, et après dessiccation, $C^6H^{12}O^5$. Son pouvoir rotatoire moléculaire est égal à + 8°. Il n'est pas fermentescible, et ne réduit pas la liqueur de Fehling. Il ne donne pas d'acide oxalique avec l'acide azotique. Widemann a décrit sous le nom d'*hespéridine* une substance qui diffère de la précédente par son insolubilité dans l'alcool [*Répert. de Pharm.*, de Buchner, t. XXXII, p. 207]. E. G.

**HESSENBERGITE** (Min.). — Cristaux maclés clinorhombiques, de composition douteuse, mais renfermant de la silice; incolores ou bleuâtres, transparents, d'un vif éclat, se trouvant implantés sur les cristaux d'hématite (eisenrose) du Saint-Gothard.

*Caractères*. — Insoluble dans les acides. Avec le nitrate de cobalt, devient gris. Infusible au chalumeau. Fond avec le borax. Dureté, 7 à 7,5.

*Forme cristalline*. — Prisme clinorhombique $mm = 59°\ 27'$; $pm = 90°\ 8'$; $po^1 = 149°$. Plan d'hémitropie : $a^1$.

**HESSITE** (Min.) [Syn. *Argent telluré*, *savodinskite*, Huot, *tellurure d'argent*], $Ag^2Te$. — Masses compactes ou cristaux orthorhombiques (Petz et Kenngott), rhomboédriques (Hess), cubiques (Rose). D'un gris d'acier; cassure lisse; se laisse entamer par le couteau. Se trouve dans la mine Savodinski (Altaï), à Nagyag (Transylvanie), etc.

*Caractères*. — Soluble dans l'acide azotique. Dans le tube ouvert fond facilement et donne un sublimé blanc, qui fond en gouttelettes limpides. Sur le charbon avec la soude, donne un globule d'argent souvent aurifère.

**HÉTÉROCLINE**. — Voyez BRAUNITE.

**HÉTÉROMÉRITE**. — Voyez IDOCRASE.

**HÉTÉROMORPHITE**. — Voyez JAMESONITE.

**HÉTÉROSITE** (Min.). — Phosphate hydraté de manganèse et de fer, de composition mal connue, en masses opaques, clivables dans trois directions comprises en une seule zone, d'un gris bleuâtre et d'un brun qui devient terne et d'un beau violet dans les parties altérées. Accompagne l'huréaulite et la triphylline, dont il est peut-être une altération, dans les pegmatites des environs de Limoges.

*Caractères*. — Soluble dans les acides en laissant un léger résidu de silice. Dans le tube donne de l'eau. Fond en un globule brun foncé magnétique.

Dureté, 5,5 à 6. Poussière violette. Densité, 3,52. Deux des clivages font un angle de 100° environ. F. et S.

**HEULANDITE** (Min.) [Syn. *Stilbite anamorphique*, Haüy, *eustilbite*, *euzeolithe*, Breith., *beaumontite*, Lewy]. — Silicate hydraté d'alumine et de chaux, avec un peu de soude et de potasse, et des traces de fer et de magnésie,

$$CaO\,Al^2O^3\,6SiO^2 + 5H^2O.$$

Beaux cristaux ou masses laminaires; blancs ou rouges, transparents ou translucides, d'un éclat vitreux, nacré sur les faces de clivage; quelquefois en agrégations globulaires. Se trouve dans les cavités des roches amygdaloïdes (Écosse, Irlande, etc.), quelquefois dans le granite ou le gneiss, et dans certaines mines métallifères (Andreasberg).

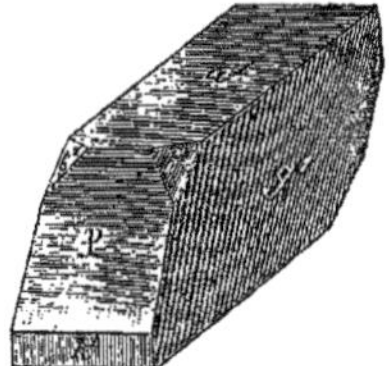
Fig. 337. — Heulandite.

*Caractères*. — Décomposable par l'acide chlorhydrique, sans faire gelée. Dans le tube, donne de l'eau. Au chalumeau, s'exfolie en se contournant, et fond en un émail blanc.

Dureté, 3,5 à 4. Densité, 2,2.

*Forme cristalline.* — Prisme clinorhombique $mm = 136°4'$ ; $mg^1 = 111° 58'$ ; $pa^1 = 114° 0'$. Clivage $g^1$ parfait. F. et S.

**HÉVÉÈNE.** — Voyez CAOUTCHOUC, t. I, p. 729.

**HEXYLAMINES.** — On ne connaît que les hexylamines dérivées de l'α-hexyle, retiré du pétrole américain [voyez Pelouze et Cahours, *Ann. de Chim. et de Phys.*, (4), t. I, p. 41]. Quand on traite en vase clos le chlorure d'α-hexyle par une solution alcoolique d'ammoniaque à 100°, on obtient en distillant l'alcool un résidu qui, saturé par l'acide chlorhydrique et évaporé, donne un mélange de chlorhydrates. Si on additionne ces sels d'une solution concentrée de potasse, il se sépare une couche huileuse qui est un mélange de mono-, de di-, et de trihexylamines.

L'*α-monohexylamine*

$$C^6H^{13}, AzH^2$$

est le produit le plus abondant; on la sépare des deux autres par distillation fractionnée; elle bout de 125° à 128°. Sa densité à 17° est de 0,768. Elle a une odeur aromatique et ammoniacale, sa saveur est caustique et brûlante; elle est soluble dans l'eau, dont la potasse la sépare; soluble dans l'alcool et l'éther. Elle donne des sels cristallisables. Son chlorhydrate est soluble dans l'alcool, son chloroplatinate ressemble beaucoup aux lamelles jaunes d'iodure de plomb, et renferme

$$(C^6H^{13}, AzH^2, HCl)^2PtCl^4.$$

L'*α-dihexylamine α*

$$(C^6H^{13})^2AzH$$

bout de 190° à 195°. On a obtenu un chlorhydrate et un chloroplatinate :

$$[(C^6H^{13})^2AzH, HCl]^2PtCl^4.$$

L'*α-trihexylamine*

$$(C^6H^{13})^3Az$$

paraît se former dans la même réaction. Elle bout au-dessus de 200°.

Les iodures de méthyle et d'éthyle s'unissent à chaud aux hexylamines. A. G.

**HEXYLE** [Syn. *Caproyle*]. — Le nom d'*hexyle* a été donné par Gerhardt au radical théorique $(C^6H^{13})'$ que l'on admet exister dans les alcools hexyliques et dans leurs éthers.

Ce nom est aussi donné à l'hydrocarbure

$$\begin{matrix} C^6H^{13} \\ | \\ C^6H^{13} \end{matrix}$$

que l'on obtient en décomposant par la pile l'œnanthylate de potasse. Cette substance paraît être isomère avec l'hydrure de lauryle, $C^{12}H^{26}$, que MM. Pelouze et Cahours ont retiré des huiles de pétrole américaines, et qui bout à 242-245°. L'hydrocarbure

$$\begin{matrix} C^6H^{13} \\ | \\ C^6H^{13} \end{matrix}$$

doit être désigné sous le nom de di-hexyle. Brazier et Gossleth l'ont obtenue en séparant l'huile qui se forme quand on soumet l'œnanthylate de potasse au courant voltaïque, distillant ce produit brut sur la potasse alcoolique qui retient l'acide œnanthylique, séparant ce qui passe de 190° à 210°, lavant à l'eau, et rectifiant [voyez *Chem. Soc. Journ.*, t. III, p. 210, et Wurtz, *Ann. de Chim. et de Phys.*, (3), t. XLIV, p. 275].

C'est un liquide huileux, incolore, insoluble dans l'eau, soluble dans l'alcool et l'éther, de densité à 0° égale à 0,7574. Il bout à 202°. Densité de vap. exp., 5,983; calculée, 5,8979 (Wurtz).

Il n'est pas attaqué par l'acide sulfurique; il peut être distillé sur l'acide nitrique modérément concentré; il s'acidifie par un contact prolongé avec un mélange de ces deux corps.

Le chlore l'attaque vivement, même à la lumière diffuse : il y a dégagement d'acide chlorhydrique, et il se forme une matière visqueuse qui, à la distillation, émet de l'acide chlorhydrique et dépose du charbon.

On obtiendrait sans doute un hydrure d'hexyle dans les produits de la distillation sèche d'un mélange d'œnanthylate de potasse et de chaux sodée. A. G.

**HEXYLE (HYDRURES D')** [Syn. *Hydrures de caproyle*]. — On en connaît deux au moins, qu'on désigne par les signes α-$C^6H^{14}$ et β-$C^6H^{14}$. Le premier dérive de la houille ou des pétroles américains, le second de la mannite.

α-HYDRURE D'HEXYLE, α-$C^6H^{14}$ [Greville Williams, *Chem. Soc. Journ.*, t. XV, p. 130; — Pelouze et Cahours, *Compt. rend.*, t. LIV, p. 1241]. — Ce corps a été trouvé par G. Williams dans les huiles de la distillation de la houille. Il lui donna d'abord le nom de *propyle*. On l'en extrait en traitant ces huiles par l'acide sulfurique tant qu'il se dégage de l'acide sulfureux, puis par l'acide nitrique fort tant qu'il se dépose des produits nitrés, lavant, séchant, enfin fractionnant et recueillant les vapeurs qui distillent de 68° à 70° [voyez aussi Schorlemmer, *Ann. der Chem. und Pharm.* (1863), t. CXXV, p. 103]. Pelouze et Cahours ont montré en 1862 que les pétroles américains contiennent la série des hydrures des radicaux de la série grasse (sans hydrocarbures aromatiques) et spécialement une portion volatile à 68°, qu'ils ont démontré être de l'hydrure d'hexyle $C^6H^{14}$. On admet généralement que le corps de Williams ou de Schorlemmer et celui-ci sont identiques, car leurs propriétés se confondent à peu près.

L'hydrure d'α-hexyle est un liquide léger, mobile, d'odeur aromatique agréable, insoluble dans l'eau, très-soluble dans l'alcool et l'éther, bouillant à 68° (Pelouze et Cahours), de 68° à 70° (Schorlemmer). Densité à + 16° = 0,669 (Pelouze et Cahours); à + 15°,5 = 0,678 (Schorlemmer). Densité de vapeur théorique = 2,98; exp. = 3,05 (Pelouze et Cahours); l'hydrure d'α-hexyle est insoluble dans l'eau, soluble dans l'alcool et l'éther. Il dissout généralement tous les corps gras, la nitrobenzine et l'aniline, celles-ci à chaud seulement; il dissout fort peu l'acide benzoïque, les substances résineuses et les alcaloïdes, beaucoup la naphtaline, le camphre, l'azobenzide. Il brûle avec une flamme éclairante.

Pelouze et Cahours, en traitant l'hydrure d'hexyle par le chlore, ont obtenu la série des chlorures $C^6H^{13}Cl$, $C^6H^{12}Cl^2$, $C^6H^{11}Cl^3$, $C^6H^{10}Cl^4$, $C^6H^9Cl^5$, $C^6H^8Cl^6$ (voyez HEXYLÈNES). Par le brome, on n'obtient directement que le bromure d'hexyle bromé, $C^6H^{12}Br^2$. L'hydrure d'hexyle résiste du reste énergiquement à la plupart des réactifs. Il n'est attaqué par le chlore qu'à la lumière diffuse, presque pas par l'acide nitrique fumant; l'acide sulfurique de Nordhausen n'a aucune action sur lui.

M. Wurtz a obtenu, parmi les produits de l'action du chlorure de zinc sur l'alcool amylique, un hydrure d'hexyle, bouillant de 60° à 64°, ayant pour densité de vapeur 2,64. On ne saurait dire aujourd'hui s'il est identique ou isomère avec l'hydrure d'α-hexyle de MM. Pelouze et Cahours [Wurtz, *Compt. rend.*, t. LVI, p. 1165].

Enfin l'on a observé dans les produits de l'action de la potasse fondue sur le subérate de potasse la production d'un hydrure d'hexyle, qui n'est pas encore bien connu, et que l'on obtient suivant l'équation

$$\underset{\text{Subérate de potassium.}}{C^8H^{12}K^2O^4} + \underset{\text{Hydrate de potassium.}}{2KHO} = \underset{\text{Carbonate de potassium.}}{2CO^3K^2} + \underset{\text{Hydrure d'hexyle.}}{C^6H^{14}}.$$

β-Hydrure d'hexyle, β-$C^6H^{14}$. — On l'obtient en décomposant l'iodure de β-hexyle par le zinc et l'eau à 160° ou 170°, ou le zinc et l'alcool à 100°, ou encore par l'action du mercure sur l'iodure d'hexyle exposé au soleil. Dans tous les cas, il est mélangé d'hexylène, dont on le prive en l'agitant avec l'acide sulfurique, qui s'empare de ce dernier. L'action se passe d'après l'équation

$$2C^6H^{13}I + Hg = HgI^2 + C^6H^{14} + C^6H^{12}.$$

β-Iodure d'hexyle. β-Hydrure d'hexyle. β-Hexylène.

C'est une huile légère, d'odeur très-aromatique, qui n'est pas attaquée par le brome à la lumière diffuse. Il bout à 68°,5 sous 754mm,3 de pression. Sa densité à 16°,5 est de 0,6645 [Wanklyn et Erlenmeyer, *Chem. Soc. Journ.*, t. XVI, p. 221, *Zeitschr. für Chem.*, t. VI, p. 274, et *Ann. de Chim. et de Phys.*, (3), t. LXVIII, p. 503]. A. G.

**HEXYLENES**, $C^6H^{12}$ [Syn. *Oléène, caproylène*]. — On connaît au moins deux isomères de cet hydrocarbure. Quand on distille les acides hydroléique et métaoléique, on obtient en même temps qu'un dégagement d'acide carbonique un mélange d'hydrocarbures parmi lesquels existent un hexylène, un nonylène, etc. En lavant à la potasse faible, séchant et rectifiant, on obtient l'hexylène dans les produits les plus volatils [Fremy, 1836, *Ann. de Chim. et de Phys.*, LXV, 139]. Ce liquide ne paraît pas avoir été obtenu à l'état de pureté; il est doué d'une odeur pénétrante, pénible, alliacée. Il bout à 55°. Sa densité de vapeur a été trouvée de 2,875. Le chlore s'unit à lui directement à froid. On ne sait s'il est identique à ceux qui suivent, et l'existence même des acides hydroléique et métaoléique demanderait à être confirmée.

α-Hexylène, α-$C^6H^{12}$. — Greville Williams a retiré des produits de la distillation de la houille un liquide bouillant vers 71° et ayant la composition de l'hexylène [*Phil. Transact.*, 1847]. M. Wurtz a retiré aussi une variété d'hexylène de la distillation des huiles de marc. Ces deux hexylènes sont isomériques ou identiques avec un carbure bouillant de 68° à 70° que MM. Pelouze et Cahours ont obtenu en traitant leur chlorure d'hexyle par la potasse alcoolique et de densité égale à 0,709 à + 12°, et avec un hexylène que MM. Geibel et Buff ont obtenu en traitant l'hydrure d'hexyle bichloré par le sodium. L'hexylène de ces derniers auteurs a pour densité 0,702 à 0°; il se combine vivement au brome; chauffé avec de l'acide chlorhydrique concentré en excès, il se transforme en chlorhydrate $C^6H^{12}HCl$, bouillant de 125° à 130° et dont la densité à 23° est de 0,802. Ce dernier corps chauffé avec l'acétate de plomb et l'alcool à 160° donne de l'*acétate d'hexyle, sans trace d'hexylène* [*Ann. der Chem. u. Pharm.*, t. CLV, p. 110]. Schorlemmer, en séparant les produits les plus volatils de la distillation du *boghead* et les traitant par le brome, a aussi obtenu un bromure $C^6H^{12}Br^2$ qui paraît être le bromure d'α-hexylène [*Ann. der Chem. u. Pharm.*, t. CXXXIX, p. 244]. Un bromure d'hexylène qui est peut-être identique avait été déjà obtenu avant lui par MM. Pelouze et Cahours en traitant par le brome l'hydrure d'α-hexyle des pétroles américains. C'est le produit principal de la réaction de ces deux corps. Il constitue un liquide jaune-brun, plus dense que l'eau, bouillant de 210° à 212° [*Compt. rend.*, t. LIV, p. 1244]. Les mêmes auteurs ont aussi obtenu un bromure de l'hexylène dont nous parlons ci-dessus, bouillant de 192° à 198°, et ayant une densité de 1,582 à + 9° [*Ann. de Chim. et de Phys.*, (4), t. I, p. 21]. Enfin M. Wurtz a obtenu, parmi les produits de l'action du chlorure de zinc sur l'alcool amylique, un hexylène bouillant de 60° à 70°, s'unissant au brome pour donner un bromure $C^6H^{12}Br^2$ qui bout de 190° à 200° et à l'acide iodhydrique pour former un iodhydrate $C^6H^{13}I$ entrant en ébullition vers 150°, et donnant de l'alcool hexylique quand on le chauffe avec l'oxyde d'argent et l'eau. Cet hydrocarbure ne saurait être confondu avec le β-hexylène [Wurtz, *Compt. rend.*, t. LVI, p. 1165].

Le bromure d'α-hexylène traité par la potasse alcoolique donne de l'*α-hexylène bromé* $C^6H^{11}Br$ mélangé d'hexylène qu'on sépare par distillation. L'α-hexylène bromé bout vers 138°; chauffé lui-même 12 heures en vase clos avec la potasse alcoolique, il perd HBr et donne l'hexoylène $C^6H^{10}$.

L'*hexoylène* bout de 76° à 80°. Il est isomérique avec le diallyle $(C^3H^5)^2$ qui bout à 59°. Son odeur est alliacée, sa densité à + 13° est de 0,71. Quand on ajoute du brome à l'hexoylène bien refroidi, et qu'on s'arrête dès que la couleur rouge du brome persiste, on obtient un liquide qui, lavé à l'eau alcaline et séché, présente la composition $C^6H^{10}Br^2$. Celui-ci peut à son tour fixer du brome; après 15 heures de contact, il est transformé en tétrabromure $C^6H^{10}Br^4$. L'hexoylène est l'homologue normal du valérylène [Eugène Caventou, *Compt. rend.*, t. LIX, p. 449; — Reboul et Truchot, *ibid.*, t. LXV, p. 83].

β-Hexylène, β-$C^6H^{12}$ [Wanklyn et Erlenmeyer, *Zeitsch. für Chem.*, t. VI, p. 274, et *Ann. de Chim. et de Phys.*, (3), t. 68, p. 504]. — Ce corps se prépare en chauffant à 100° une solution de potasse alcoolique avec l'iodure de β-hexyle, distillant sur l'iodure de potassium formé, puis laissant digérer le distillé sur de la potasse fraîche, enfin lavant à l'eau pour enlever l'alcool. Il se produit aussi dans beaucoup d'autres réactions: en chauffant en tubes scellés à 190° ou 200° l'eau avec l'iodure de β-hexyle; en chauffant un mélange d'acide acétique et d'acétate de plomb avec ce dernier corps; ou en faisant réagir sur lui de l'oxalate d'argent, du sodium, etc.

Le β-hexylène est un liquide mobile plus léger que l'eau, bouillant de 68° à 70°. Densité de vapeur, exp. moy. = 2,925; calcul, 2,902. Il s'unit directement et vivement au brome et donne un bromure $C^6H^{12}Br^2$. Mélangé avec de l'acide sulfurique concentré, le β-hexylène réagit vivement sur lui, entre en ébullition, se colore et dégage de l'acide sulfureux. En étendant d'eau, on obtient un liquide huileux épais, probablement un produit de condensation (parahexylène). Additionné d'acide sulfurique étendu du tiers de son volume d'eau, le β-hexylène, qu'on ajoute goutte à goutte en refroidissant, se transforme en un liquide jaune qui, étendu d'eau, laisse se séparer un corps oléagineux qui a tous les caractères de l'alcool β-hexylique.

Le β-hexylène s'unit à l'acide iodhydrique concentré quand on le chauffe avec lui pendant longtemps à 105°. L'iodure ainsi obtenu est identique avec l'iodure de β-hexyle produit avec la mannite. L'acide bromhydrique ne se combine que très-lentement au β-hexylène.

*Constitution des combinaisons hexyliques.* — L'isomérie qui existe entre les deux séries de combinaisons hexyliques peut être interprétée à l'aide des considérations générales que nous avons exposées aux articles Hydrocarbures et Isomérie. Il serait facile de construire des formules pour représenter la constitution des deux hexylènes, des deux alcools hexyliques, etc. Mais il est à remarquer que les points d'appui que l'expérience offre aujourd'hui à la théorie sont trop peu nombreux pour donner un caractère de certitude à ces formules. Ces réserves faites, on pourrait adopter les formules suivantes pour expliquer la constitution du β-hexylène et des combinaisons qui en dérivent. Elles sont fondées sur ce fait que l'alcool β-hexylique est un alcool secondaire qui donne, par l'oxydation, une acétone, et que la molécule de celle-ci se rompt par une oxydation plus complète, en donnant de l'acide acétique et de l'acide butyrique :

| | | | | |
|---|---|---|---|---|
| $CH^3$ | $CH^3$ | $CH^3$ | $CH^3$ | $CH^3$ |
| $CH^2$ | $CH^2$ | $CH^2$ | $CH^2$ | $CH^2$ |
| $CH^2$ | $CH^2$ | $CH^2$ | $CH^2$ | $CH^2$ |
| $CH$ | $CHH$ | $CH^2$ | $CH^2$ | $CH.OH$ |
| $CH$ | $CHI$ | $CH.OH$ | $CO$ | $CH.OH$ |
| $CH^3$ | $CH^3$ | $CH^3$ | $CH^3$ | $CH^3$. |
| β-Hexylène. | Iodure de β-hexyle. | Hydrate de β-hexyle. | Acétone β-hexylique. | Glycol β-hexylique. |

A. G.

**HEXYLIQUES (ALCOOLS)** [Syn. *Alcools caproyliques*]. — On connaît au moins deux alcools hexyliques, désignés ainsi que tous leurs dérivés corespondants par les lettres α et β. L'alcool α-hexylique a été obtenu artificiellement par MM. Pelouze et Cahours en 1862, en partant de l'hydrure d'hexyle que l'on trouve dans les huiles de pétrole américaines ; il paraît être identique avec celui que Faget avait trouvé en 1853 dans les résidus de la distillation de l'eau-de-vie de marc. L'un et l'autre, en effet, bouillent à la même température. L'alcool β-hexylique a été découvert en 1862 par MM. Wanklyn et Erlenmeyer. C'est un dérivé de la mannite.

Alcool α-hexylique, α-$C^6H^{13}.OH$ [Faget, *Compt. rend.*, t. XXXVII, p. 730; — Pelouze et Cahours, *ibid.*, t. LIV, p. 1241, et t. LVI, p. 505; *Ann. de Chim. et de Phys.*, (4), t. I, p. 21]. — Ce corps a été découvert comme il est dit plus haut, et obtenu à l'état de pureté en transformant l'hydrure d'α-hexyle en iodure, celui-ci en acétate par l'acétate d'argent, enfin l'acétate en alcool par l'action de la potasse caustique.

C'est un liquide huileux, semblable à l'alcool amylique et de même odeur que lui, bouillant de 150° à 152°. Densité à + 17° = 0,820. A une température élevée, la potasse caustique transforme, avec dégagement d'hydrogène, l'alcool retiré de l'eau-de-vie de marc en caproate de potasse (Faget).

On verra plus loin (*Iodure d'α-hexyle*) que M. Wurtz a obtenu un iodure d'hexyle particulier qui, traité par l'oxyde d'argent et l'eau, lui a donné un alcool hexylique; mais ce corps a été peu étudié.

Acide sulfo-α-hexylique. — L'alcool α-hexylique traité par son volume d'acide sulfurique s'échauffe et se colore; au bout de quelques heures, l'eau dissout entièrement ce mélange; si on le sature alors par du carbonate de baryte, qu'on filtre et qu'on évapore, on obtient le sulfo-α-hexylate de baryum

$$(SO^4C^6H^{13})^2Ba.$$

Le même sel s'obtient quand on fait réagir l'acide nitrique étendu sur le mercaptan α-hexylique, en s'arrêtant avant que celui-ci ne soit complétement attaqué. On obtient ainsi un liquide huileux qui, traité par le carbonate de baryte, filtré, repris par l'alcool bouillant qui sépare l'azotate de baryte, laisse par évaporation du dissolvant des écailles cristallines nacrées de sulfo-α-hexylate de baryum. On a obtenu de même le sulfo-α-hexylate de plomb. Sa formule est analogue.

Chlorure α-hexylique, α-$C^6H^{13}Cl$. — On l'obtient, d'après Pelouze et Cahours [*loc. cit.*], en traitant par le chlore l'hydrure d'hexyle des pétroles américains. Il se forme en même temps les chlorures $C^6H^{12}Cl^2$, $C^6H^{11}Cl^3$,... $C^6H^8Cl^6$. C'est aussi le produit de l'action du perchlorure de phosphore sur l'alcool α-hexylique.

Quand on fait agir le chlore à la lumière diffuse et à froid sur l'hydrure d'hexyle, et qu'on arrête son action avant que tout l'hydrocarbure n'ait été transformé, on obtient, après avoir lavé à la potasse aqueuse et séché, le chlorure $C^6H^{13}Cl$ en plus grande quantité. C'est le chlorure d'α-hexyle ou éther chlorhydrohexylique. Soumis à l'action d'une nouvelle quantité de chlore, celui-ci donne l'éther chlorhydrohexylique chloré, qui a pour formule $C^6H^{12}Cl^2$, et bout de 180° à 184°; sa densité à 20° est de 1,087. On obtient de même, en prolongeant l'action du chlore, un troisième terme, $C^6H^{11}Cl^3$, bouillant de 215° à 218°, liquide assez mobile et de densité égale à 1,193 à 21°. Il se fait en même temps un quatrième terme, $C^6H^{10}Cl^4$, de couleur ambrée et moins mobile.

Enfin en agissant à la fois à chaud et au soleil, on arrive à un produit ultime très-stable, ayant la consistance et la couleur d'une huile grasse, bouillant de 285° à 290°, de densité égale à 1,598, et dont la composition est représentée par la formule $C^6H^8Cl^6$.

MM. Geibel et Buff ont obtenu, en traitant par le sodium le chlorure $C^6H^{12}Cl^2$, un hydrocarbure formé pour moitié d'hexylène; celui-ci s'unit à l'acide chlorhydrique et donne un chlorhydrate, $C^6H^{13}Cl$, bouillant de 125° à 130°, de densité égale à 0,892 à 23°, qui, d'après les auteurs, paraît identique avec celui de Pelouze et Cahours. Ce chlorhydrate fait à 100° la double décomposition avec les sels d'argent [*Ann. der Chem. u. Pharm.*, t. CLV, p. 110].

Le chlorure d'α-hexyle de Pelouze et Cahours se décompose par la potasse alcoolique pour donner de l'hexylène $C^6H^{12}$, bouillant de 68° à 70°; par le sulfure de potassium il fournit le sulfure d'α-hexylène α-$(C^6H^{13})^2S$; par le sulfhydrate de potassium il donne le sulfhydrate d'α-hexyle α-$(C^6H^{13}.HS)$; par le cyanure de potassium à 100° on obtient une liqueur brune qui, traitée par l'eau, donne une huile azotée qui paraît contenir du cyanure d'α-hexyle, car, traité par la potasse, elle donne de l'ammoniaque et un sel à acide huileux. Par le sulfocyanure de potassium, ce chlorure d'hexyle se transforme en sulfocyanure d'α-hexyle. Enfin, traité par l'ammoniaque alcoolique, il donne des α-hexylamines (voyez ces mots).

Iodure d'α-hexyle, α-$C^6H^{13}I$. — Il a été obtenu par les mêmes auteurs en traitant à 120° ou 140°, en tube scellé, le chlorure α-$C^6H^{13}Cl$ par l'iodure de potassium en présence de l'alcool. Il se sépare quand on ajoute de l'eau. On le prive par rectification d'une portion d'éther chlorhydrique non attaqué. C'est une huile incolore quand elle est récente, très-limpide, brunissant à l'air, ayant l'odeur de l'iodure d'amyle, de densité égale à 1,431 à 19°, bouillant de 172° à 175° et se décomposant déjà à froid, mais surtout à 100° sous l'influence des sels d'argent pour donner les éthers d'α-hexyle correspondants.

M. Wurtz a obtenu aussi, par l'action de l'acide iodhydrique sur un hexylène provenant de l'action du chlorure de zinc sur l'alcool amylique, un iodure d'hexyle bouillant vers 150° qui n'est point identique avec l'iodure de β-hexyle, car, chauffé avec l'oxyde d'argent et l'eau, il donne de l'alcool hexylique.

Acétate d'α-hexyle. — Traité à 100° par l'acétate d'argent, l'iodure d'α-hexyle donne un liquide incolore, plus léger que l'eau, bouillant à 145°, qui a pour formule $C^6H^{13}(C^2H^3O^2)$. C'est l'acétate d'α-hexyle [Pelouze et Cahours, *loc. cit.*]. MM. Geibel et Buff, en traitant par le sodium le bichlorure $C^6H^{12}Cl^2$ provenant de l'action du chlore sur l'hydrure d'hexyle, ont obtenu comme produit principal un hexylène qui s'unit à l'acide chlorhydrique; ce chlorhydrate $C^6H^{13}Cl$, traité lui-même pendant 12 heures à 100° par l'acétate de plomb et l'alcool, leur a donné un acétate d'hexyle [*Ann. der Chem. u. Pharm.*, t. CLV, p. 110].

BENZOATE D'α-HEXYLE. — Il paraît avoir été obtenu en traitant à 100° l'iodure correspondant par le benzoate d'argent [Pelouze et Cahours, *loc. cit.*].

BUTYRATE D'α-HEXYLE. — Il semble se former d'une manière tout à fait analogue.

CYANATE D'α-HEXYLE,

$$C^7H^{13}AzO = Az \left\{ \begin{matrix} CO \\ C^6H^{13} \end{matrix} \right.$$

[Pelouze et Cahours, *Ann. de Chim. et de Phys.*, (4), t. I, p. 36]. — L'iodure d'α-hexyle traité par le cyanate d'argent s'échauffe; à 100° il se forme beaucoup d'iodure d'argent. Si on distille au bain d'huile, on obtient un liquide et des cristaux. On sépare ces deux produits par distillation. Le premier est une huile limpide, incolore, d'odeur analogue à celle du cyanate éthylique, mais moins vive. C'est le cyanate d'α-hexyle. Il bout au-dessus de 100°. Traité par l'ammoniaque aqueuse, ce corps donne une bouillie cristalline qui, lavée et séchée, se présente à l'état d'écailles blanches, douées d'éclat, solubles et cristallisables dans l'alcool et dans l'éther; c'est l'urée α-hexylique

$$Az^2 \left\{ \begin{matrix} CO \\ C^6H^{13} \\ H^3 \end{matrix} \right.$$

L'eau décompose le cyanate d'α-hexyle et donne la dicaproylurée

$$Az^2 \left\{ \begin{matrix} CO \\ 2\,C^6H^{13} \\ H^2 \end{matrix} \right.$$

suivant la réaction

$$2\,Az \left\{ \begin{matrix} CO \\ C^6H^{13} \end{matrix} \right. + H^2O = CO^2 + Az^2 \left\{ \begin{matrix} CO \\ 2\,C^6H^{13} \\ H^2 \end{matrix} \right.$$

Les cristaux formés en même temps que le cyanate d'α-hexyle sont du cyanurate d'α-hexyle.

CYANURATE D'α-HEXYLE [Pelouze et Cahours, *loc. cit.*]. — C'est une substance blanche cristalline qui se produit en même temps que le cyanate correspondant et est analogue au cyanurate d'éthyle.

CYANURE D'α-HEXYLE. — Il paraît se former dans l'action du cyanure de potassium sur le chlorure ou l'iodure d'α-hexyle en solution alcoolique. Le produit brut traité par la potasse donne un acide gras, odorant, huileux, répondant à la formule $C^7H^{14}O^2$ de l'acide œnanthylique.

SULFHYDRATE D'α-HEXYLE, α-($C^6H^{13}.SH$). — On l'obtient en traitant le chlorure correspondant par le sulfhydrate de potassium en solution alcoolique. C'est un liquide d'odeur fétide et éthérée, bouillant de 145° à 148°, qui, traité par l'oxyde de mercure, donne une substance visqueuse d'odeur très-désagréable, et qui s'oxyde par l'acide nitrique, même étendu, en donnant entre autres corps de l'acide sulfo-α-hexylique ($SO^2)''OH.C^6H^{13}O$.

SULFURE D'α-HEXYLE, α-($C^6H^{13})^2S$. — Il s'obtient comme le corps précédent en remplaçant le sulfhydrate de potassium par le sulfure $K^2S$. C'est un liquide incolore, d'odeur fétide, bouillant vers 230°.

SULFOCYANATE D'α-HEXYLE. — Il prend naissance comme les précédents en employant le sulfocyanure de potassium en solution alcoolique. C'est un liquide incolore, d'odeur pénible. Sa densité à 17° a été trouvée de 0,922. Il bout de 215° à 220°.

VALÉRATE D'α-HEXYLE. — Ce corps a été obtenu, comme le butyrate et le benzoate, par l'action du sel correspondant d'argent sur le chlorure d'α-hexyle en solution alcoolique. Il n'a pas été analysé.

Tous les éthers α-hexyliques se produisent aussi, quoique en moindre quantité, par l'action des sels de potasse sur le chlorure ou iodure d'α-hexyle dissous dans l'alcool.

ALCOOL β-HEXYLIQUE, β-$C^6H^{14}O$ [Wanklyn et Erlenmeyer, *Chem. Soc. Journ.*, (2), t. I, p. 307; (2), t. II, p. 190; t. XVI, p. 221; *Ann. de Chim. et de Phys.*, (3), t. LXV, p. 364; *Zeitsch. für Chem. u. Pharm.*, t. VI, p. 274; *Ann. de Chim. et de Phys.*, (3), t. LXVIII, p. 503; *Bull. de la Soc. chim.*, 1863, p. 566; t. II, p. 283, et t. IV, p. 267]. — Pour obtenir ce corps, on distille dans un rapide courant d'acide carbonique 24 grammes de mannite ou de mélampyrite avec 300 centimètres cubes d'acide iodhydrique aqueux bouillant à 126°. Le produit de la distillation forme deux couches; l'inférieure, très-brune, est l'iodure de β-hexyle. On la redistille dans un courant de vapeur d'eau. L'iodure de β-hexyle ainsi produit, traité par l'oxyde d'argent et l'eau, donne de l'hexylène, de l'alcool hexylique et de l'éther β-hexylique. On peut aussi obtenir le même alcool en traitant le β-hexylène par l'acide sulfurique étendu du tiers de son volume d'eau. Au bout d'un peu de temps, en ajoutant de l'eau, on obtient un liquide oléagineux, lequel, après lavage et dessiccation sur le sulfate de cuivre anhydre, constitue l'alcool β-hexylique.

C'est un liquide aromatique d'odeur agréable, mais sans analogie avec celles de l'alcool amylique; il bout à 137°. Le sodium en dégage de l'hydrogène et donne l'éther β-hexylsodique, $C^6H^{13}NaO$. Le brome l'attaque avec énergie.

L'acide sulfurique concentré le dissout d'abord à froid, puis il se sépare un liquide oléagineux qui paraît être le para-β-hexylène.

En agissant avec de l'acide sulfurique un peu étendu, on obtient au bout d'un certain temps, par addition d'eau et séparation de l'alcool non combiné, une liqueur acide qui donne un sel soluble de baryte incristallisable, le sulfo-β-hexylate de baryum.

L'alcool β-hexylique donne, par oxydation avec le bichromate de potasse et l'acide sulfurique étendu, de l'aldéhyde β-hexylique β-$C^6H^{12}O$. En même temps il se forme, suivant la vivacité de la réaction, une plus ou moins grande quantité d'acide carbonique, et, si l'on distille, il passe deux liquides, l'un aqueux, l'autre oléagineux; celui-ci est de l'aldéhyde ou de l'alcool imparfaitement oxydé. En traitant ces liquides par la potasse, on obtient un mélange d'acétate et de butyrate, mais sans caproate de potasse. Ces résultats font penser aux auteurs que l'alcool β-hexylique est dérivé d'une acétone, soit

$$\underset{\text{Éthylbutyryle.}}{C^2H^5\text{-}CO\text{-}C^3H^7}, \quad \text{soit} \quad \underset{\text{Méthylvaléryle.}}{CH^3\text{-}CO\text{-}C^4H^9}.$$

ACÉTONE β-HEXYLIQUE $C^6H^{12}O$ [Syn. *Aldéhyde β-hexylique*] [*Journ. of the Chem. Soc.*, (2), t. I, p. 307, et *Bull. de la Soc. chim.*, t. II, p. 284 et 358]. — Elle se produit comme il est dit ci-dessus (voyez ALCOOL β-HEXYLIQUE). Le produit oléagineux qui distille est remis et redistillé sur du bichromate de potasse sulfurique et agité ensuite avec de la potasse étendue, enfin séché sur le carbonate de potasse.

C'est un liquide d'odeur aromatique et pénétrante, bouillant à 117° sous 761 millimètres. Sa densité à 0° est de 0,8298, et de 0,7846 à 50°. Son coefficient de dilatation de 0° à 50° est 0,0576. Cette aldéhyde est soluble dans 100 p. d'eau. Elle donne avec le bisulfite de soude un composé solide d[?]ont l'eau chaude dégage l'acétone libre. Celle-ci, soumise à l'oxydation, donne de l'eau, et des acides carbonique, acétique et butyrique. Sous l'influence de l'amalgame de sodium, cette aldéhyde ne fixe pas d'hydrogène. Elle ne s'oxyde pas à l'air et ne réduit pas le nitrate d'argent ammoniacal. Ces caractères sont ceux d'une acétone.

Chlorure de β-hexyle, β-$C^6H^{13}Cl$. — Il se prépare en saturant l'alcool β-hexylique par un courant d'acide chlorhydrique sec, et chauffant pendant plusieurs heures à 100° en tubes scellés. C'est un liquide huileux, plus léger que l'eau, bouillant vers 120°, et donnant de l'hexylène lorsqu'on le chauffe avec une solution alcoolique de potasse.

Iodure de β-hexyle, β-$C^6H^{13}I$ [Erlenmeyer et Wanklyn, *Zeitsch. für Chem. u. Pharm.*, t. V, p. 641, et t. VI, p. 274; *Ann. de Chim. et de Phys.*, (3), t. LXVIII, p. 203 et 503]. — Ce corps, qui sert à préparer tous les composés β-hexyliques dérive de la mannite ou de la mélampyrite, plus spécialement de la première de ces substances. Pour le préparer, on distille dans un rapide courant d'acide carbonique 24 p. de mannite avec 300 centimètres cubes d'acide iodhydrique bouillant à 126°. Le produit de la distillation forme deux couches; l'inférieure, très-brune, constitue l'iodure d'hexyle brut. Quand l'opération est bien menée, on obtient ainsi presque les quantités théoriques. En redistillant l'iodure brut dans un courant de vapeur d'eau, on sépare l'iodure d'hexyle pur. C'est un liquide incolore, bouillant à 167°,5 sous 753 millimètres de pression. Sa densité à 0° a été trouvée de 1,4447, et à 50° de 1,3812. Son coefficient de dilatation, de 0° à 50°, est de 0,0100.

La réaction qui donne naissance à l'iodure de β-hexyle est la suivante :

$$\underset{\text{Mannite.}}{C^6H^{14}O^6} + 11HI = \underset{\text{Iodure de β-hexyle.}}{C^6H^{13}I} + 6H^2O + 10I.$$

L'iodure de β-hexyle se décompose à peine à la distillation. Les différents réactifs ont presque tous pour effet de mettre le β-hexylène en liberté. Traité par la potasse alcoolique, l'iodure de β-hexyle donne à très-peu près la quantité d'hexylène exprimée par l'équation

$$C^6H^{13}I + KHO = H^2O + KI + C^6H^{12}.$$

Sous l'influence de l'oxyde d'argent et de l'eau, on obtient à la fois de l'hexylène, de l'alcool hexylique impur et un corps qui a pour formule

$$(C^6H^{13})^2O.$$

L'eau, l'acide acétique, les sels d'argent en présence de l'eau ou de l'éther donnent tous, quand on les chauffe à 160° avec l'iodure de β-hexyle, du β-hexylène.

Le mercure réagit sur l'iodure de β-hexyle au soleil et produit un liquide bouillant vers 70° qui paraît être de l'hydrure d'hexyle $C^6H^{14}$. Le même hydrure d'hexyle bouillant à 68° 5 sous 754mm,3, se produit quand on chauffe cet iodure avec le zinc et l'eau à 160°.

L'iodure d'hexyle est décomposé énergiquement par le brome, avec lequel il donne un produit bromé qui est probablement un mélange de β-$C^6H^{13}Br$ et de β-$C^6H^{12}Br^2$.

Éther β-hexylique,

$$β\text{-}\left(\begin{matrix}C^6H^{13}\\C^6H^{13}\end{matrix}\right\}O\Big).$$

— Ce corps se forme, comme il vient d'être dit, en traitant l'iodure de β-hexyle par l'oxyde d'argent humide. La réaction qui lui donne naissance est la suivante :

$$2C^6H^{13}I + Ag^2O = 2AgI + \begin{matrix}C^6H^{13}\\C^6H^{13}\end{matrix}\Big\}O.$$

C'est un liquide épais, jaunâtre, non soluble dans l'eau, d'une odeur pénétrante; il bout de 203° à 208°,5 sous 751 millimètres de pression.

Sulfhydrate β-hexylique, β $C^6H^{13}.SH$. — On l'obtient très-aisément en faisant agir l'iodure de β-hexyle sur le sulfhydrate de potassium en solution alcoolique concentrée. Si on ajoute après un certain temps de l'eau à ce mélange, il se sépare un liquide incolore, mobile, plus léger que l'eau, ayant l'odeur désagréable du mercaptan, quoique l'impression en soit moins persistante. C'est l'un des composés β-hexyliques les plus stables. Il bout à 142° sous 760 millimètres de pression. On remarquera que sa température d'ébullition est celle du sulfhydrate d'α-hexyle.

Le sulfhydrate de β-hexyle se combine à la potasse avec chaleur sans dégager d'hexylène; cette combinaison se dissout à 100°. Par le sodium il donne un composé blanchâtre qui paraît avoir pour formule

$$β\text{-}\left(\begin{matrix}C^6H^{13}\\Na\end{matrix}\right\}S\Big).$$

Le mercure donne de l'hexylmercaptide

$$(C^6H^{13})^2HgS^2,$$

liquide à 0°, insoluble dans l'eau et l'alcool, et ayant une densité à 0° égale à 1,0502.

Acide sulfo-β-hexylique,

$$β\text{-}\left(SO^4\right\}\begin{matrix}C^6H^{13}\\H\end{matrix}\Big).$$

— Cet acide s'obtient par l'action de l'acide sulfurique ordinaire dilué d'un tiers de son volume d'eau sur le β-hexylène ou sur l'alcool β-hexylique. L'addition d'eau le décompose partiellement en produisant l'alcool correspondant. Ses sels sont cristallisables. On ne les a pas analysés.

Acétate de β-hexyle,

$$β\text{-}\left(\begin{matrix}C^6H^{13}\\C^2H^3O\end{matrix}\right\}O\Big).$$

— Ce corps a été préparé en faisant réagir un grand excès d'acide acétique cristallisable sur l'acide sulfo-β-hexylique. Il se forme d'après la réaction suivante :

$$β\text{-}\left(\begin{matrix}C^6H^{13}\\H\end{matrix}\right\}SO^4\Big) + C^2H^3O,OH$$
$$= SO^4H^2 + β\text{-}\left(\begin{matrix}C^6H^{13}\\C^2H^3O\end{matrix}\right\}O\Big).$$

On l'obtient aussi en ajoutant au même acide sulfo-β-hexylique huit à dix fois son volume d'acétate de fer et distillant.

Ce corps est très-stable, il supporte une température de 220° sans se décomposer. Il bout de 155° à 157°. Sa densité est de 0,8778 à 0°, et de 0,8310 à 50°. Coefficient de dilatation, 0,0563. Il cristallise dans l'eau. Sous l'influence d'une dissolution alcoolique de potasse, à 100°, il se décompose en donnant l'alcool β-hexylique.

Éther β-hexylsodique, $C^6H^{13}NaO$. — On l'obtient en traitant l'alcool β-hexylique par le sodium. Cet éther s'unit à l'acétate β-hexylique. L'eau décompose cette combinaison en donnant de l'alcool et de l'acétate β-hexylique, sans qu'il se forme d'hexylène. A. G.

**HIDROTIQUE (ACIDE)** [Syn. *Acide sudorique*], $C^5H^9AzO^7$? [Favre, *Compt. rend. de l'Acad.*, t. XXXV, p. 721]. — Cet acide, suivant M. Favre, accompagne l'acide lactique dans la sueur : il est incristallisable et dégage de l'ammoniaque par la

gault, un ferment qui transforme aussi l'acide hippurique suivant l'équation ci-dessus. L'acide nitreux donne avec lui de l'azote et de l'acide benzoglycolique (voyez ce mot) (Socoloff et Strecker). Bouilli une demi-heure avec la potasse et la soude caustique, l'acide hippurique se transforme aussi en glycocolle et benzoate alcalin; un lait de chaux agit avec une bien moins grande rapidité (Dessaignes).

Quand on distille l'acide hippurique avec la chaux, on obtient de l'ammoniaque en quantité variable, ainsi qu'une huile odorante apte à s'unir à l'acide chlorhydrique et qui me paraît être le benzonitrile impur mélangé de benzine.

L'acide sulfurique anhydre s'unit directement à l'acide hippurique pour donner l'acide sulfohippurique $C^9H^9AzO^3.SO^3$ (voir plus loin).

Un mélange d'acide sulfurique et nitrique concentré transforme l'acide hippurique en acide nitrohippurique $C^9H^8(AzO^2)AzO^3$ (Bertagnini).

L'hydrogène naissant, en agissant sur l'acide hippurique, donne naissance à divers corps. Erlenmeyer a montré le premier qu'il se forme ainsi de l'aldéhyde benzoïque et du glycocolle, et Hermann après lui, qu'il se produit en même temps de l'alcool benzylique [*Zeitsch. fur Chem. u. Pharm.*, 1861, p. 548; *Ann. der Chem. u. Pharm.*, t. CXXXIII, p. 335]. Mais Otto a fait voir que, par l'action de l'amalgame de sodium sur l'hippurate de soude, il se forme en même temps les deux acides hydrobenzurique

$$C^{18}H^{24}Az^2O^6$$

et hydrobenzylurique $C^{16}H^{21}AzO^4$, suivant les deux équations

$$\underset{\text{Acide hippurique.}}{2C^9H^9AzO^3} + 6H = \underset{\text{Acide hydrobenzurique.}}{C^{18}H^{24}Az^2O^6}$$

et

$$\underset{\text{Acide hippurique.}}{2C^9H^9AzO^3} + 8H = \underset{\text{Acide hydrobenzylurique.}}{C^{16}H^{21}AzO^4} + \underset{\text{Glycocolle.}}{C^2H^5AzO^2}$$

(voyez chacun de ces mots).

Bouilli avec du peroxyde de manganèse et de l'acide sulfurique très-dilué, l'acide hippurique donne beaucoup d'acide carbonique et la liqueur contient de l'acide benzoïque (Pelouze). Le peroxyde de plomb réagit à 100° sur l'acide hippurique et donne, en même temps que de l'hippurate plombique, de la benzamide dont on peut augmenter la quantité dans la solution en détruisant l'hippurate plombique par l'acide sulfurique et continuant l'attaque par une nouvelle quantité d'oxyde pur [Fehling, *Ann. der Chem. u. Pharm.*, t. XXVIII, p. 48].

L'eau chlorée n'a pas d'action sur l'acide hippurique; ce corps n'est altéré que par une ébullition prolongée avec le chlorure de chaux (Liebig). Quand on fait passer un courant de chlore à travers une solution d'acide hippurique dans la potasse, il se dégage de l'azote et il se forme de l'acide benzoglycolique (Gössmann):

$$\begin{matrix}CH^2\text{-}AzH\text{-}C^7H^5O\\ CO.OH\end{matrix} + 3KHO + Cl^3$$
$$= \begin{matrix}CH^2\text{-}OC^7H^5O\\ CO^2H\end{matrix} + Az + 3KCl + 2H^2O.$$

Un mélange de chlorate de potassium et d'acide chlorhydrique donne avec l'acide hippurique les acides monochlorohippurique et dichlorohippurique (Otto, voir plus loin).

Chauffé doucement avec le pentachlorure de phosphore, l'acide hippurique donne deux produits répondant aux formules

$$C^9H^6ClAzO^2 \text{ et } C^9H^5Cl^2AzO^2;$$

ces corps ne diffèrent des acides chlorohippuriques précédents que par soustraction de $H^2O$ (Schwanert. Voir plus loin ACIDES CHLOROHIPPURIQUES).

La chaleur de combustion totale de l'acide hippurique, déterminée par Frankland, est de 5383 calories [*Phil. Mag.*, (4), t. XXXII, p. 182].

*Dosage de l'acide hippurique dans les urines.* — Liebig conseille d'évaporer l'urine à consistance sirupeuse au bain-marie, d'ajouter alors de l'acide chlorhydrique, de filtrer et laver 5 à 6 fois à l'éther. Ce procédé paraît être encore le meilleur. Wreden, se fondant sur l'insolubilité de l'hippurate ferrique (la formule de ce sel serait suivant lui $(C^9H^8AzO^3)^6(Fe^2)^{vi}$), ajoute à l'urine du nitrate de baryte et de la baryte caustique pour précipiter les phosphates, filtre, neutralise *exactement* par de l'acide nitrique et dans un volume déterminé de cette liqueur, correspondant à un volume connu d'urine; il ajoute goutte à goutte une solution titrée de perchlorure de fer; il s'arrête lorsqu'un papier imprégné de prussiate jaune y bleuit. D'autres auteurs éliminent la majeure partie des matières colorantes de l'urine par l'azotate de plomb et dosent ensuite l'acide hippurique comme dans la méthode de Wreden, en se servant d'une solution de nitrate ferrique elle-même titrée avec de l'acide hippurique pur. Toutefois, la composition de l'hippurate ferrique étant peu constante, ces méthodes laissent quelques doutes [voyez *Bull. de la Soc. chim.*, 1868, t. X, p. 287; — *Répert. de Chim. pure*, 1860, t. II, p. 61).

HIPPURATES MÉTALLIQUES. — L'acide hippurique est monobasique; la formule générale de ses sels est $C^9H^8R'AzO^3$, et leur constitution

$$\begin{matrix}CH^2.AzH.C^7H^5O\\ CO.OR'\end{matrix}$$

Les hippurates alcalins sont très-solubles et difficilement cristallisables; les solutions ferriques donnent avec l'acide hippurique un précipité tout à fait insoluble, couleur isabelle. Beaucoup d'autres hippurates sont à peine solubles ou très-peu solubles; les sels mercureux et argentiques donnent un précipité blanc caillebotté. Une réaction caractéristique des hippurates, c'est de donner de la benzine et de l'ammoniaque quand on les chauffe avec un excès de potasse ou de chaux. Traités par l'acide chlorhydrique en excès, les hippurates donnent un précipité d'acide hippurique en longues aiguilles enchevêtrées fort peu solubles dans l'éther. M. Schwarz a étudié un grand nombre d'hippurates [*Ann. der Chem. u. Pharm.*, t. LIV, p. 29, et t. LXXV, p. 192].

*Hippurate d'ammoniaque.* — Le *sel neutre* ne paraît pas pouvoir exister. Le *sel acide* se forme même en présence d'un excès d'ammoniaque; sa formule est

$$C^9H^8(AzH^4)AzO^3, C^9H^9AzO^3 + H^2O.$$

Il se produit directement en saturant l'acide par la base. Il est très-soluble dans l'eau et l'alcool, peu soluble dans l'éther. Il cristallise en prismes à base carrée.

*Hippurate d'argent,*

$$(C^9H^8AzO^3)^2Ag^2 + H^2O.$$

— Caillots blancs qui se forment par double décomposition avec le nitrate d'argent et l'hippurate de potassium. Il est soluble dans l'eau bouillante, et cristallise alors en aiguilles soyeuses.

*Hippurate de baryum,*

$$[(C^9H^8AzO^3)^2Ba''] + H^2O.$$

— Prismes microscopiques à base rectangle, qui se déposent quand on traite à chaud l'acide hippurique par le carbonate de baryum, et qu'on évapore. Il paraît donner, avec le benzoate de baryte, un sel double qui aurait pour formule

$$(C^9H^8AzO^3)^2Ba, (C^7H^5O^2)^2Ba + 5H^2O.$$

*Hippurate de calcium,*

$$(C^9H^8AzO^3)^2Ca'' + 3H^2O.$$

— Il s'obtient en dissolvant l'acide hippurique dans un lait de chaux, filtrant, enlevant l'excès de chaux par l'acide carbonique, et laissant cristalliser. Ses cristaux appartiennent au système rhombique, ils forment tantôt des prismes, tantôt des lames. Leur densité est de 1,318. Ils se dissolvent dans 18 p. d'eau froide et 6 p. d'eau à 100°.

*Hippurate de cobalt,*

$$(C^9H^8AzO^3)^2Co + 5H^2O.$$

— Aiguilles ou mamelons rosés, assez solubles.

*Hippurate de cuivre,*

$$(C^9H^8AzO^3)^2Cu + 3H^2O.$$

— On l'obtient par le mélange du sulfate de cuivre avec l'hippurate de potassium concentré. Ce sont des prismes rhomboïdaux obliques d'une couleur bleu d'azur, qui, chauffés au bain-marie, verdissent et se déshydratent partiellement. On purifie ces cristaux par leur dissolution dans l'alcool.

*Hippurate de ferricum.* — Le sel que l'on obtient en ajoutant un sel ferrique à un hippurate serait, suivant Wreden (voir plus haut), le sel neutre $(C^9O^8AzO^3)^6(Fe^2)^{vi}$ ; mais d'après Salkowski ce serait un sel basique, dans lequel le rapport du nombre d'atomes de l'azote au nombre d'atomes de ferricum est comme 2 est à 1 ; bien plus, la chaleur le transformerait en un sel plus basique encore, dans lequel ce rapport serait 3 : 2. Ces sels ne sont pas tout à fait insolubles, surtout en présence de l'acide hippurique en excès, ou même d'un excès de chlorure ferrique [Salkowski, *Journ. für prakt. Chem.*, t. CII, p. 127].

*Hippurate de magnésium,*

$$(C^9H^8AzO^3)^2Mg + 5H^2O.$$

— Sel assez soluble, cristallisable en forme de mamelons, que l'on obtient quand on concentre une solution d'acide hippurique additionnée de carbonate de magnésie.

*Hippurate de nickel,*

$$(C^9H^8AzO^3)^2Ni + 5H^2O.$$

— Croûtes cristallines vert-pomme, peu solubles dans l'eau froide, solubles dans l'eau et l'alcool bouillants, insolubles dans l'éther.

*Hippurate de plomb,*

$$(C^9H^8AzO^3)^2Pb + 2H^2O \text{ et } + 3H^2O.$$

— Précipité blanc caillebotté qu'on obtient avec les hippurates alcalins et l'acétate de plomb. Il est peu soluble dans l'eau bouillante, d'où il se dépose en aiguilles soyeuses à 2 molécules d'eau, qui s'hydratent davantage, et se changent ainsi en feuillets brillants, formés de tables rectangulaires à 3 molécules d'eau.

*Hippurate de potassium.* — Le sel neutre est

$$C^9H^8AzO^3K + H^2O.$$

— Ce sont des prismes obliques à base rhombe, solubles dans l'eau et l'alcool. On ne peut le purifier que par cristallisations répétées dans l'alcool et lavages à l'éther.

Le sel acide $(C^9H^8AzO^3)K, (C^9H^9AzO^3) + H^2O$ est en lames d'aspect brillant qui paraissent être des prismes à base rectangulaire microscopique. Il se dépose quand on emploie un excès de l'acide.

*Hippurate de sodium,* $4(C^9H^8AzO^3)Na + H^2O$. — Sel incristallisable, très-soluble dans l'eau et l'alcool chaud, un peu dans l'éther.

*Hippurate de strontium,*

$$(C^9H^8AzO^3)^2Sr + 5H^2O.$$

— Sel cristallisable, un peu soluble dans l'eau et l'alcool.

*Hippurate de zinc,*

$$(C^9H^8AzO^3)^2Zn'' + 5H^2O.$$

— Lamelles micacées qu'on obtient avec les sels de zinc et les hippurates solubles, ou l'acide hippurique et le zinc à 100°. 1 p. de ce sel se dissout dans 4 p. d'eau bouillante, dans 53 p. 10 d'eau à 17°,5 et dans 60 p. 5 d'alcool bouillant à 82 centièmes. La réaction de ce sel est acide.

### ÉTHERS HIPPURIQUES.

On n'a encore obtenu que les éthers méthyl- et éthylhippurique.

*Hippurate d'éthyle,*

$$C^9H^8(C^2H^5)AzO^3 = \frac{CH^2.AzHC^7H^5O}{CO.OC^2H^5}$$

[Stenhouse, *Ann. der Chem. u. Pharm.*, t. XXXI, p. 148]. — Pour le préparer, on dissout l'acide hippurique dans l'alcool, et l'on fait passer un courant de gaz acide chlorhydrique, en faisant sans cesse retomber les vapeurs alcooliques dans le ballon au moyen d'un appareil à reflux. Quand la matière a acquis un aspect huileux, on ajoute de l'eau, et l'éther hippurique se sépare à l'état d'une masse oléagineuse qui bientôt se transforme en cristaux.

Cet éther se présente sous forme d'aiguilles blanches, grasses au toucher, soyeuses, sans odeur. Il est peu soluble à froid dans l'eau, très-soluble dans l'alcool, sa saveur âcre rappelle l'essence de térébenthine. Sa densité est de 1,043 à 23°. Il fond à 44° et se concrète à 32°. Il ne peut être distillé sans répandre l'odeur d'amandes amères et donner de l'acide benzoïque.

La potasse et l'ammoniaque aqueuse le transforment en hippurate et alcool. L'ammoniaque gazeuse ne paraît pas l'altérer. Il est attaqué par l'acide nitrique bouillant et l'acide sulfurique, qui mettent en liberté de l'acide benzoïque.

Le chlore donne avec lui un produit de substitution blanc, cristallisé, soluble dans l'alcool et l'éther, plus lourd que l'eau, que la potasse attaque en donnant ainsi un sel d'où les acides précipitent un corps qui ne ressemble ni à l'acide hippurique primitif ni à l'acide benzoïque.

*Hippurate de méthyle,*

$$C^9H^8(CH^3)AzO^3 = \frac{CH^2\text{-}Az\text{-}C^7H^5O}{CO.OCH^3}$$

[Jacquemin et Schlagdenhauffen, *Compt. rend.*, t. XLV, p. 1011]. — Il se prépare comme le précédent. Le liquide sirupeux formé est lavé à l'eau chargée de carbonate de sodium et repris par l'éther où il cristallise.

Ce sont des aiguilles blanches, transparentes, solubles dans 120 fois leur poids d'eau froide, dans la moitié moins d'eau à 50°, solubles dans l'alcool et l'éther en toutes proportions. Il fond à 80° et se décompose à 250° en donnant de l'ammoniaque et du benzonitrile. L'acide nitrique fumant produit avec lui des gaz combustibles et sans doute aussi du nitrate méthylique. Les alcalis le décomposent en acide et alcool. L'ammoniaque le convertit en hippuramide.

### DÉRIVÉS DE L'ACIDE HIPPURIQUE.

ACIDE OXYHIPPURIQUE, $C^9H^9AzO^4$ [P. Griess, *Deutsch. Chem. Gesell.*, 1868, p. 190]. — On obtient cet acide en faisant bouillir la solution aqueuse de sulfate d'acide diazohippurique (voyez plus loin), neutralisant par l'ammoniaque quand tout dégagement d'azote a cessé, évaporant, et traitant par HCl qui met l'acide en liberté. Il cristallise en aiguilles incolores, solubles dans l'eau bouillante, l'alcool et l'éther.

ACIDE AMIDOHIPPURIQUE,

$$C^9H^{10}Az^2O^3 = \begin{matrix} CH^2Az \left\{ \begin{matrix} C^7H^4(AzH^2)O \\ H \end{matrix} \right. \\ | \\ CO^2H \end{matrix}$$

[Schwanert, *Ann. der Chem. u. Pharm.*, t. CXII, p. 59, et *Répert. de Chim. pure*, 1859, p. 597]. — On obtient cet acide en faisant passer un courant d'hydrogène sulfuré dans de l'acide nitrohippurique dissous dans du sulfhydrate d'ammoniaque. On évapore ensuite, filtre, acidifie, et on laisse cristalliser. Les cristaux sont purifiés par les moyens habituels. Ils retiennent opiniâtrément une certaine quantité d'eau qu'ils ne perdent qu'à 120° ou 130°. Ils se décomposent à 150°. L'acide hippuramique se dissout dans 365 p. d'eau à 20° et dans 1200 p. d'alcool absolu à 15°; il est insoluble dans l'éther. L'eau et l'alcool bouillants, les alcalis et les acides le dissolvent très-bien, mais en le colorant. Chauffé en tube scellé à 150° avec la potasse, il donne des produits bruns. Il paraît former, quand on l'abandonne dans une solution d'acide chlorhydrique concentré, un chlorhydrate cristallisé en lamelles qui aurait la formule

$$C^9H^{10}Az^2O^3.HCl;$$

mais ce corps perd déjà son acide chlorhydrique quand on l'évapore à l'air.

ACIDE AZOHIPPURIQUE. — Voyez plus loin.

ACIDES CHLOROHIPPURIQUES [Otto, *Ann. der Chem. u. Pharm.*, t. CXXII, p. 129; et *Répert. de Chim. pure*, 1862, p. 460]. — On obtient ces composés, comme il a été dit plus haut, quand on fait agir sur 1 p. d'acide hippurique additionné de 6 à 9 p. d'acide chlorhydrique, 2 à 3 p. de chlorate de potasse. Quand tout le chlorate a été ajouté, on porte le liquide à l'ébullition: par le refroidissement il se dépose une masse jaune huileuse qui constitue les produits chlorés. Ils sont formés de deux corps, l'*acide monochlorohippurique* et l'*acide dichlorohippurique;* en traitant par l'eau chaude, on sépare assez aisément le premier, qui y est beaucoup plus soluble. On peut aussi saturer les sels par la chaux et les faire cristalliser ensuite. Maintenus longtemps à l'ébullition avec de l'acide chlorhydrique, les acides monochlorohippurique et dichlorohippurique donnent du glycocolle et des acides benzoïques chloré et bichloré.

*Acide monochlorohippurique*, $C^9H^8ClAzO^3$. — On l'obtient en traitant son sel de chaux par l'acide oxalique ou sulfurique, reprenant par l'alcool, décolorant par le noir animal, et évaporant dans le vide. Cet acide est incristallisable; il forme une masse visqueuse, inodore, acide aux papiers, fusible dans l'eau chaude, un peu soluble dans ce dissolvant, soluble en toutes proportions dans l'alcool et l'éther. L'ébullition avec l'eau ne l'altère pas; l'acide azotique le dissout sans agir sur lui, l'eau le précipite intact de cette solution; les alcalis caustiques le résinifient.

Les *monochlorohippurates* ont la constitution qu'indique la formule

$$\begin{matrix} CH^2\text{-}AzH\text{-}C^7H^4ClO \\ | \\ CO.OR' \end{matrix} \quad \text{ou } (C^9H^7ClAzO^3)R'.$$

Les sels alcalins cristallisent difficilement.

On connaît le *sel acide de soude*

$$(C^9H^7ClAzO^3)^2Na^2, (C^9H^8ClAzO^3)^2 + H^2O.$$

Le *sel ammoniacal* se décompose déjà avant 100°. — Le *sel de chaux* s'obtient en neutralisant une solution alcoolique de l'acide avec un lait de chaux; le liquide se prend en une bouillie cristalline. On précipite l'excès de chaux par l'acide carbonique, et on fait recristalliser dans l'alcool chaud avec addition de noir animal. Les petites lamelles brillantes qui se forment ont la composition

$$(C^9H^7ClAzO^3)^2Ca + 4H^2O.$$

Le *monochlorohippurate argentique* se produit en additionnant le sel précédent de nitrate d'argent. Il est inaltérable dans l'eau chaude, et ne brunit pas à la lumière. — Le *monochlorohippurate plombique* s'obtient d'une manière analogue; il forme des aiguilles sans eau de cristallisation.

*Acide dichlorohippurique*, $C^9H^7Cl^2AzO^3$. — Il ressemble beaucoup au précédent et s'obtient comme il a été dit plus haut. A l'air, il se transforme en une masse cristalline grenue et molle. Il est moins soluble dans l'eau que l'acide monochloré; traité par l'amalgame de sodium, il ne paraît pas régénérer l'acide hippurique. Les *dichlorohippurates alcalins* sont très-solubles; le *sel de soude* a pour formule $C^9H^6Cl^2AzO^3Na + H^2O$; il s'obtient en saturant par la soude la solution alcoolique de l'acide. Il forme de petits cristaux blancs, mamelonnés, de consistance molle. Le *sel de chaux* se présente en croûtes dures ou en aiguilles rayonnées, suivant qu'il cristallise à chaud ou à froid; il offre dans le premier cas la composition

$$(C^9H^6Cl^2AzO^3)^2Ca + 5H^2O$$

et dans le second cas la composition

$$(C^9H^6Cl^2AzO^3)^2Ca + 10H^2O.$$

Le *sel de baryum* a pour formule

$$(C^9H^6Cl^2AzO^3)^2Ba + 3H^2O.$$

Le *sel d'argent* est anhydre, un peu soluble dans l'eau chaude.

Il existe deux sels de plomb. Le *dichlorohippurate neutre de plomb* s'obtient avec l'acétate de plomb et le sel de chaux; il a pour composition $(C^9H^6Cl^2AzO^3)^2Pb + 4H^2O$. Il est légèrement soluble et incristallisable. Le *sel basique* s'obtient en précipitant la solution d'acide dichlorohippurique par l'acétate de plomb et chauffant à l'ébullition; il paraît avoir pour formule

$$2[(C^9H^6ClAzO^3)^2Pb], PbO + 6H^2O.$$

En cherchant à séparer le dichlorohippurate de l'hippurate de chaux, Otto a obtenu un sel bien cristallisé qui a donné à l'analyse des nombres correspondants à l'union des sels des deux acides, mono- et dichlorohippuriques. Ce corps avait la formule

$$\left. \begin{matrix} C^9H^7ClAzO^3 \\ C^9H^6Cl^2AzO^3 \end{matrix} \right\} Ca, 5H^2O.$$

*Éther dichlorohippurique*,

$$C^9H^6Cl^2(C^2H^5)AzO^3 = \begin{matrix} CH^2\text{-}AzH\text{-}C^7H^3Cl^2O \\ | \\ CO\text{-}OC^2H^5. \end{matrix}$$

— Il s'obtient en saturant d'acide chlorhydrique la solution d'acide dichlorohippurique dans l'alcool et chauffant quelques heures au bain-marie. Il se forme ainsi une huile très-peu soluble dans l'eau, qu'on lave à l'eau alcaline; on décolore la solution éthérée par le noir animal et on dessèche dans le vide. C'est un liquide épais, jaunâtre, presque insoluble dans l'eau; on ne le peut distiller.

COMPOSÉS CHLORÉS OBTENUS PAR L'ACTION DU PERCHLORURE DE PHOSPHORE SUR L'ACIDE HIPPURIQUE. [Schwanert, *Ann. der Chem. u. Pharm.*, t. CXII, p. 59]. — Quand on fait réagir en petite quantité le perchlorure de phosphore sur l'acide hippurique, il se forme deux corps qui diffèrent des acides monochlorohippurique et dichlorohippurique par perte de $H^2O$. En distillant le mélange de chlorure de phosphore et d'acide hippurique, il passe d'abord de l'oxychlorure de phosphore, puis vers 190° à 200° un liquide visqueux; enfin, vers 220° à 250°, le col de la cornue se remplit de cristaux. — En mettant ceux-ci de côté et rectifiant le liquide obtenu, on sépare successivement vers 120° l'oxychlorure de phosphore, vers 190° le chlorure de benzoyle, puis vers 200° une huile qui, laissée sous une cloche à sécher, cristallise et a la composition $C^9H^6ClAzO^2$. Ces cristaux sont fort peu solubles dans l'éther, mais très-solubles dans l'alcool, où ils cristallisent difficilement; ils sont insolubles dans l'eau; ils fondent de 40° à 50° et distillent sans s'altérer vers 200°; le chlorure de platine, de mercure, le nitrate d'argent ne les précipitent pas; la potasse en solution aqueuse ou alcoolique ne les décompose pas, mais par des fusions répétées avec l'hydrate de cette base ils se transforment en partie en ammoniaque et acide benzoïque. Ils donnent un chlorhydrate très-instable qui a la formule $C^9H^6ClAzO^2,HCl$. Ce corps serait, d'après moi, le nitrile chloré de l'acide hippurique (glycolbenzamidique), et sa forme de constitution serait

$$\begin{matrix} CH^2\text{-}Az\,(C^7H^3Cl) \\ CO.OH. \end{matrix}$$

Par une longue ébullition avec l'eau acidifiée il doit donner du glycocolle et de l'acide chlorobenzoïque.

En répétant les fractionnements de l'huile brute qui constitue en grande partie le corps précédent, on a obtenu un second composé qui a la formule $C^9H^5Cl^2AzO^3$, qui revient à l'acide dichlorohippurique moins $H^2O$. C'est un composé cristallin, facilement soluble dans l'éther, et qui a, suivant l'auteur de cet article, la constitution du nitrile hippurique dichloré

$$\begin{matrix} CH^2\text{-}Az\,(C^7H^2Cl^2)'' \\ CO\text{-}OH. \end{matrix}$$

ACIDE BROMOHIPPURIQUE, $C^9H^8BrAzO^3$ [Maier, *Zeitsch. für Chem.*, 1865, p. 415]. — A une solution alcoolique bouillante d'acide on ajoute du brome, puis de l'eau, on réduit par évaporation le volume de moitié, l'acide se précipite alors sous forme d'aiguilles solubles dans l'eau, l'alcool et l'éther. A l'air humide il dégage du brome; les sels de calcium, de baryum, de cuivre ne le précipitent pas; chauffé avec de la chaux, il donne une huile violette et de l'acide benzoïque. Les sels de soude et de potasse ne cristallisent pas; celui de chaux $(C^9H^7BrAzO^3)^2Ca''$ est en fines aiguilles très-solubles dans l'eau bouillante.

ACIDES IODOHIPPURIQUES, $C^9H^8IAzO^3$ [Maier, *loc. cit.*]. — Il s'obtient comme le corps précédent, il est en aiguilles blanches; ses sels, sauf celui d'argent, sont solubles. Il existe un isomère de cet acide obtenu par Griess en traitant le sulfate diazohippurique par l'acide iodhydrique. Il se sépare en cristaux incolores qu'on purifie par dissolution dans l'ammoniaque et reprécipitation par l'acide chlorhydrique. Il est peu soluble dans l'eau froide, très-soluble dans l'alcool, il en cristallise à la façon de la naphtaline. Sa solution ammoniacale donne un précipité blanc avec le nitrate d'argent. Dans ce nouvel acide l'iode est dans le radical benzoyle, tandis que dans l'acide de Maier l'iode s'est substitué dans le glycocolle.

ACIDE NITROHIPPURIQUE,

$$C^9H^8Az^2O^5 = \begin{matrix} CH^2.Az \\ CO.OH \end{matrix}\left\{\begin{matrix} C^7H^4(AzO^2)O \\ H \end{matrix}\right.$$

[Bertagnini, *Ann. der Chem. u. Pharm.*, t. LXXVIII, p. 109]. — Cet acide se produit par l'action d'un mélange d'acide nitrique fumant et d'acide sulfurique concentré sur l'acide hippurique. Si l'on ingère de l'acide nitrobenzoïque, on retrouve de l'acide nitrohippurique dans les urines.

On le prépare en versant goutte à goutte dans 1 p. d'acide hippurique 4 p. d'acide nitrique non hydraté et ajoutant un volume d'acide sulfurique concentré égal à celui de l'acide nitrique employé, en ayant soin toutefois d'éviter tout échauffement. Au bout de quelques heures, on étend le mélange de trois fois son volume d'eau et on l'abandonne à lui-même; il ne tarde pas à déposer de belles aiguilles d'acide nitrohippurique. En additionnant leurs eaux mères de carbonate de soude jusqu'au moment où elles commencent à se troubler, il s'en dépose de nouvelles quantités. Pour purifier l'acide, on le transforme en sel de chaux et on le précipite de nouveau par l'acide chlorhydrique; enfin on le fait recristalliser plusieurs fois dans l'eau bouillante. Il se forme ainsi des aiguilles incolores, très-acides, se dissolvant dans 271 p. d'eau à 23°, très-solubles dans l'eau bouillante. Une trace d'impureté augmente beaucoup la solubilité dans l'eau froide de l'acide nitrohippurique et l'empêche de cristalliser.

L'alcool et l'éther lui-même dissolvent aisément l'acide nitrohippurique. Il se dissout aussi dans l'acide sulfurique concentré. L'acide nitrohippurique se dissout plus aisément quand on a ajouté à l'eau un peu de phosphate de soude.

Ce corps fond à 150°; à une température plus élevée, il dégage des vapeurs âcres d'acide nitrobenzoïque; si l'échauffement est brusque, il se produit un composé aromatique, probablement du benzonitrile nitré. Bouilli avec de l'acide chlorhydrique fumant, l'acide nitrohippurique donne du glycocolle et de l'acide nitrobenzoïque. L'acide sulfhydrique en présence des alcalis le réduit et donne l'acide amidohippurique (voyez plus haut).

La potasse concentrée colore l'acide nitrohippurique à chaud et en dégage de l'ammoniaque, puis de l'hydrogène. La chaux agit d'une manière analogue avec les acides hippurique et nitrohippurique. Le bioxyde d'azote agit sur l'acide nitrohippurique dissous dans l'acide nitrique concentré et donne de l'azote et un acide nouveau.

*Nitrohippurates métalliques.* — Ces sels sont en général aisément cristallisables; ils forment des groupes composés d'aiguilles concentriques. Ils sont solubles dans l'eau et souvent dans l'alcool; leur formule générale est

$$[C^9H^7(AzO^2)AzO^3]R'.$$

Ils s'obtiennent en saturant l'acide par la base correspondante ou son carbonate, ou, quand ils sont peu solubles, par double décomposition.

On connaît le *nitrohippurate d'ammonium*; il est très-instable; — le *nitrohippurate de potassium*; il est alcalin, très-soluble dans l'eau et l'alcool; — le *nitrohippurate de sodium*, très-soluble dans l'eau, bien moins dans l'alcool; — le *nitrohippurate de baryum*, aiguilles enchevêtrées; — le *nitrohippurate de calcium*,

$$[C^9H^7(AzO^2)AzO^3]^2Ca + 3H^2O;$$

aiguilles très-solubles dans l'eau bouillante, peu solubles à froid, il est neutre; — le *nitrohippurate de magnésium,* petits cristaux très-solubles dans l'alcool; — le *nitrohippurate de zinc,*

$$[C^9H^7(AzO^2)AzO^3]^2Zn + 6H^2O,$$

s'obtient en ajoutant du chlorure de zinc à du nitrohippurate de calcium; petites aiguilles peu solubles; — le *nitrohippurate de cuivre,*

$$[C^9H^7(AzO^2)AzO^3]^2Cu + 5H^2O,$$

s'obtient par double décomposition, il est peu soluble, il cristallise dans l'alcool bouillant; le *nitrohippurate ferrique,* précipité jaune, floconneux, soluble mais non cristallisable dans l'eau bouillante; — le *nitrohippurate de plomb,*

$$[C^9H^7(AzO^2)AzO^3]^2Pb,$$

formé à 110°; c'est un précipité blanc, pesant, qui paraît être anhydre. Avec des solutions froides de nitrate de plomb et de nitrohippurate de chaux, on obtient un nitrohippurate de plomb cristallin qui paraît contenir $10H^2O$. Le *nitrohippurate d'argent,* $[C^9H^7(AzO^2)AzO^3]Ag$, s'obtient comme le précédent; il est fort soluble dans l'eau bouillante, il forme des aiguilles enchevêtrées; la lumière l'altère s'il est humide.

ACIDE DIAZOHIPPURIQUE, $C^9H^7Az^3O^3 + 3/2H^2O$ [P. Griess, *Zeitsch. für Chem.*, 1862, p. 27]. — On l'obtient en traitant l'acide amidohippurique par l'acide nitreux. Il se présente en prismes blancs, explosifs, facilement solubles dans l'eau. Sa combinaison aurique a pour formule

$$C^9H^7Az^3O^3, HCl, AuCl^3.$$

On connaît un nitrate $C^9H^7Az^3O^3, AzHO^3$, un sulfate et un sel de potasse incristallisables.

Le même auteur a aussi obtenu, par l'action du brome sur le corps précédent, le perbromure

$$C^9H^7Az^3O^3, HBr, Br^2,$$

qui, traité par l'ammoniaque, donne une *amide diazohippurique*

$$\left.\begin{matrix}(C^9H^7Az^3O^3)'' \\ H\end{matrix}\right\}Az,$$

en aiguilles larges et incolores, formée d'après l'équation

$$C^9H^7Az^3O^3, HBr, Br^2 + 4AzH^3 = \left.\begin{matrix}(C^9H^7Az^3O^3)'' \\ H\end{matrix}\right\}Az + 3AzH^4Br.$$

Traité par l'acide iodhydrique, le sulfate d'acide diazohippurique donne un *acide iodohippurique* (voyez ce mot).

ACIDE SULFOHIPPURIQUE, $C^9H^9(SO^3)AzO^3$ [Schwanert, *Ann. der Chem. u. Pharm.*, t. CXII, p. 59]. — L'acide hippurique, en absorbant les vapeurs d'acide sulfurique anhydre, donne un liquide brun, qu'on dissout dans l'eau, qu'on neutralise par du carbonate de plomb et qu'on décompose par l'hydrogène sulfuré; on obtient alors en évaporant une masse jaune, amorphe, déliquescente. L'acide nitreux donne avec ce corps de l'acide sulfobenzoïque et un liquide huileux contenant sans doute l'acide glycolique. Cette réaction tend à faire admettre pour ce corps la constitution

$$\begin{matrix}CH^2.Az\left\{\begin{matrix}C^7H^4(SO^3H)O \\ H\end{matrix}\right. \\ CO.OH\end{matrix}$$

L'acide sulfohippurique est bibasique; la constitution générale de ces sels devient

$$\begin{matrix}CH^2.Az\left\{\begin{matrix}C^7H^4(SO^3R')O \\ H\end{matrix}\right. \\ CO.OR'\end{matrix}$$

Le *sel de baryum* a pour formule

$$C^9H^7(SO^3)AzO^3Ba + H^2O.$$

Le sel de plomb paraît avoir une formule analogue. A. G.

**HIRCINE** (Min.). — Résine fossile amorphe, de composition indéterminée.

**HIRCIQUE (ACIDE).** — M. Chevreul avait donné ce nom à un acide gras, huileux, qu'il considérait comme le principe odorant du suif de mouton. Cet acide paraît être un mélange de plusieurs acides homologues de la série grasse [*Ann. de Chim. et de Phys.*, t. XXIII, p. 22].

**HISINGÉRITE** (Min.) [Syn. *Thraulite, gillingite, polyhydrite* (Breith.), *mélanolite*]. — Hydrosilicate de fer de composition variable, renfermant du peroxyde et du protoxyde, de la magnésie et de la chaux, en masses compactes, à cassure sub-conchoïdale, ou terreuse, d'un éclat résineux ou mat, d'un noir foncé ou brunâtre. Se trouve à Riddarhyttan (Suède), à Bodenmais (Bavière), etc.

*Caractères.* — Attaquable par l'acide azotique sans faire gelée. Au chalumeau, dégage beaucoup d'eau, et donne une scorie noire magnétique. Avec les flux, réactions du fer.

Dureté, 3; poussière brun-jaune; fragile.

Densité, 3,04.

**HITCHCOCKITE.** — Voyez PLOMBGOMME.

**HOERNESITE** (Min.). — Arséniate hydraté de magnésie,

$$Mg^3(AsO^4)^2 + 2H^2O = 3MgOAs^2O^5 + 2H^2O.$$

Petits cristaux quelquefois groupés en étoiles ou masses feuilletées, ressemblant au talc, d'un blanc de neige, transparentes, flexibles.

*Caractères.* — Soluble dans les acides. Au chalumeau, fond facilement, et sur le charbon émet une odeur arsenicale. Dans le tube, donne de l'eau.

Dureté, 0,5 à 1.

Densité, 2,47.

*Forme cristalline.* — Clinorhombique.

**HOEVELITE.** — Voyez SYLVINE.

**HOHLSPATH** (Werner). — Voyez ANDALOUSITE.

**HOLMESITE** ou **CLINTONITE.** — Voyez BRANDISITE.

**HOMOANISIQUE (ACIDE),** $C^9H^{10}O^3$ [Cannizzaro, *Compt. rend. de l'Acad.*, t. LI, p. 606, et *Répert. de Chim. pure,* 1860, p. 464]. — Il s'obtient par l'action de la potasse sur l'éther anisocyanhydrique. On chauffe à 100° une solution alcoolique d'éther anisochlorhydrique et de cyanure de potassium. On filtre, on chasse l'alcool par la distillation, on ajoute de l'eau, et on agite la liqueur avec de l'éther. Celui-ci par évaporation abandonne l'éther anisocyanhydrique, qu'on soumet à une ébullition prolongée avec une dissolution concentrée de potasse. On précipite la solution alcaline par l'acide chlorhydrique, qui sépare le nouvel acide à l'état huileux; on le purifie par des traitements à l'éther et au carbonate de soude, et on le fait enfin cristalliser dans l'eau.

L'acide homoanisique fond entre 85° et 86°. Il cristallise en paillettes nacrées; il distille sans décomposition; peu soluble dans l'eau froide, il est très-soluble dans l'alcool, dans l'éther et dans l'eau bouillante.

Le sel d'argent renferme $C^9H^9O^3Ag$; il se dissout un peu dans l'eau bouillante; le sel de soude est très-soluble dans l'eau.

*Constitution de l'acide homoanisique.* — L'alcool anisique étant représenté par la formule de constitution suivante,

$$C^6H^4\left\{\begin{matrix}OCH^3 \\ CH^2OH,\end{matrix}\right.$$

l'éther cyanhydrique est

$$C^6H^4\left\{\begin{matrix}OCH^3 \\ CH^2CAz,\end{matrix}\right.$$

et l'acide homoanisique devient

$$C^6H^4 \left\{ \begin{matrix} OCH^3 \\ CH^2CO^2H. \end{matrix} \right.$$

E. G.

**HOMOCUMINIQUE (ACIDE)**, $C^{11}H^{14}O^2$ [Rossi, *Compt. rend. de l'Acad.*, t. LII, p. 404, et *Répert. de Chim. pure*, 1861, p. 196]. — Cet acide, homologue de l'acide cuminique, s'obtient par l'action de la potasse sur le cyanure de cumyle, $C^{10}H^{13},CAz$. L'éther chlorhydrique de l'alcool cuminique $C^{10}H^{13}Cl$ est chauffé à 100° avec un excès de cyanure de potassium, et de l'alcool pendant 24 heures ; l'alcool étant chassé par la distillation, on ajoute de l'eau, on agite avec de l'éther, qui dissout le cyanure de cumyle, et le laisse par évaporation sous la forme d'une huile brune. Cet éther, soumis à l'ébullition avec la potasse, dégage de l'ammoniaque, et donne l'homocuminate de potasse. On précipite l'acide homocuminique par l'acide chlorhydrique, et on le purifie par plusieurs cristallisations dans l'eau.

L'acide homocuminique cristallise en petites aiguilles ; il fond à 52°, et distille sans décomposition. Il est très-peu soluble dans l'eau froide, assez soluble dans l'eau bouillante, très-soluble dans l'alcool et dans l'éther ; il rougit le tournesol et décompose les carbonates.

Ses sels sont en général cristallisés. Le sel d'argent renferme $C^{11}H^{13}O^2Ag$.

*Constitution de l'acide homocuminique.* — En admettant que le cumène, dérivé de l'acide cuminique, est de la propylbenzine $C^6H^5,C^3H^7$ ou de l'isopropylenzine (voyez CUMÈNE), l'acide cuminique devient

$$C^6H^4 \left\{ \begin{matrix} C^3H^7 \\ CO^2H. \end{matrix} \right.$$

L'alcool cuminique est

$$C^6H^4 \left\{ \begin{matrix} C^3H^7 \\ CH^2OH, \end{matrix} \right.$$

et son éther cyanhydrique

$$C^6H^4 \left\{ \begin{matrix} C^3H^7 \\ CH^2CAz. \end{matrix} \right.$$

L'acide homocuminique dérivant de ce cyanure par l'action de la potasse devient donc

$$C^6H^4 \left\{ \begin{matrix} C^3H^7 \\ CH^2,CO^2H. \end{matrix} \right.$$

Il représente l'acide α-toluique dont un atome d'hydrogène est remplacé par un groupe propyle ou isopropyle

| $C^6H^5,CH^2CO^2H$ | $C^6H^4(C^3H^7),CH^2CO^2H$ |
|---|---|
| Acide α-toluique. | Acide homocuminique. |

E. G.

**HOMOLACTIQUE (ACIDE).** — Voyez GLYCOLIQUE (ACIDE).

**HOMOLOGUES (COMPOSÉS).** — On appelle *homologues* des composés organiques remplissant les mêmes fonctions et différant entre eux par *n* fois $CH^2$. Dès que le nombre des combinaisons organiques connues se fut quelque peu multiplié, on devait apercevoir cette relation remarquable de l'homologie, d'où est sortie en dernière analyse la théorie de la tétratomicité du carbone. En 1842, M. Schiel [*Ann. der Chem. u. Pharm.*, t. XLIII, p. 107] avait indiqué que les radicaux des divers alcools constituent une série régulière, et que les propriétés de ces corps présentent une régularité correspondante. Presque en même temps, M. Dumas [*Compt. rend.*, t. XV, p. 935] signala une série semblable formée par les acides gras. Quant au mot *homologue*, il fut employé pour la première fois par Gerhardt, auquel on doit la considération d'un grand nombre de séries nouvelles, et qui en a fait la base principale de la classification des composés organiques.

Malgré l'introduction de la loi de l'atomicité, l'homologie garde sa valeur ; il importe seulement de préciser sa définition et d'entrer dans quelques détails sur la manière dont elle doit être considérée. L'étude des corps organiques a montré que les fonctions des divers composés : alcools primaires, acides, aldéhydes, amides, etc., peuvent être attribuées à la présence dans ces composés de divers groupes atomiques, tels que

$$CH^2OH,\ CO^2H,\ CHO,\ COAz\,H^2,\ CO,$$

etc., unis à un ou plusieurs groupements hydrocarbonés. Ces derniers jouent un rôle très-secondaire dans la détermination des propriétés chimiques du corps, et il peut varier dans des limites étendues, sans que ces propriétés changent notablement. Ainsi, par exemple, dans le groupement

$$CH^2OH\text{-}CH^3$$

qui constitue l'alcool vinique, il peut y avoir addition de $CH^2$, c'est-à-dire substitution de $CH^3$ à H dans le groupe $CH^3$ sans que le corps cesse d'être un alcool : c'est de cette manière que l'alcool propylique se dérive de l'alcool vinique, l'alcool butylique (normal) de l'alcool propylique, etc., de telle façon que l'on peut affirmer que le groupe $CH^2OH\ C^nH^{2m+1}$ est un alcool primaire, et jouit de toutes les propriétés générales de cette classe de corps ; il ne différera de l'alcool vinique que par ses propriétés physiques et par des propriétés chimiques, qui paraissent dépendre de celles-ci.

Ce que nous venons de dire pourrait être répété pour chaque classe de corps caractérisée par une fonction spéciale.

Il importe de remarquer que la substitution de $CH^3$ à H se fait dans la partie non active de la molécule.

Il est clair en effet que, si nous introduisons $CH^3$ dans le groupement caractéristique de la fonction, nous changerons par là même la fonction. C'est ainsi que, si nous remplaçons H par $CH^3$ dans $CO^2H$ faisant partie du corps

$$C^nH^m.CO^2H,$$

nous transformons ce dernier d'un acide en un éther méthylique. Si nous faisons le même changement dans le groupe $(COH)'$ qui caractérise les aldéhydes, nous passons de l'aldéhyde à une acétone, corps qui ne peut pas être considéré comme homologue de l'aldéhyde, quoique jouissant de quelques-unes de ses propriétés, puisqu'il ne peut pas se transformer en un acide par simple fixation d'oxygène.

Il en est de même pour les hydrocarbures non saturés : le propylène, par exemple, ne peut pas être considéré comme l'homologue véritable de l'éthylène, puisque, par fixation du brome et transformation en glycol à l'aide de réactions convenables, il fournit un glycol qui n'est pas susceptible de donner un acide correspondant à l'acide oxalique, ainsi que le mettent en évidence les formules suivantes :

| | | |
|---|---|---|
| $CH^2$<br>$\overset{\vert}{C}H^2$ | $CH^2OH$<br>$\overset{\vert}{C}H^2OH$ | $COOH$<br>$\overset{\vert}{C}OOH$ |
| Éthylène. | Glycol. | A. oxalique. |
| $CH^2$<br>$\overset{\Vert}{C}H$<br>$\overset{\vert}{C}H^3$ | $CH^2OH$<br>$\overset{\vert}{C}HOH$<br>$\overset{\vert}{C}H^3$ | $COOH$<br>$\overset{\vert}{C}HOH$<br>$\overset{\vert}{C}H^3$ |
| Propylène. | Propylglycol. | A. lactique. |

Pour les hydrocarbures $C^nH^{2n-2}$, il en est qui sont caractérisés comme l'acétylène, l'allylène, etc., par la propriété de former des combinaisons avec l'argent et avec le cuivre : ces derniers paraissent renfermer le groupe ($C^2H$), résidu de l'acétylène [voyez *Compt. rend.*, t. LXVII, p. 1102]. On ne peut pas regarder tous les hydrocarbures $C^nH^{2n-2}$ comme homologues de l'acétylène, mais il faut ranger dans cette classe seulement ceux qui renferment ce groupe ($C^2H$) et qui précipitent le protochlorure de cuivre ammoniacal. Enfin la diméthylamine et la triméthylamine ne peuvent pas être considérées comme les homologues de la méthylamine ; ce sont des amines secondaires et tertiaires, tandis que la méthylamine n'est qu'une ammoniaque primaire. Ses homologues sont l'éthylamine, la propylamine, etc. Même en supposant qu'on n'ajoute $CH^2$ que dans la partie inactive de la molécule, il reste une distinction à faire. On peut, en effet, opérer cette addition de diverses manières. Si nous considérons, par exemple, l'alcool propylique normal

$$\begin{array}{c} CH^2OH \\ | \\ CH^2 \\ | \\ CH^3, \end{array}$$

on peut y ajouter $CH^2$ en remplaçant H par $CH^3$ dans le groupe médian $CH^2$, ou en remplaçant de même H dans le groupe extrême $CH^3$ ; on aura ainsi les deux composés

$$\begin{array}{ccc} CH^2OH & \text{et} & CH^2OH \\ | & & | \\ H^3C\text{-}CH & & CH^2 \\ | & & | \\ CH^3 & & CH^2 \\ & & | \\ & & CH^3 \end{array}$$

qui sont tous deux des alcools butyliques, mais dont le premier n'appartient pas à la série normale, et fournira par oxydation l'acide isobutyrique, tandis que le second appartient à la série normale, dans laquelle les atomes de carbone s'enchaînent les uns aux autres de façon qu'aucun d'eux n'est saturé par plus de 2 atomes de carbone. Il est clair que le deuxième sera l'homologue de l'alcool propylique d'une manière plus prochaine que le premier. On pourra, si l'on veut, distinguer tous les corps qui se déduisent ainsi les uns des autres en restant dans la même série, comme homologues du premier ordre.

S'il y a déjà quelque difficulté à appliquer d'une manière rigoureuse la notion d'homologie aux composés de la série grasse, cette difficulté s'accroît encore lorsqu'on passe aux composés de la série aromatique. D'après la théorie ingénieuse et féconde de M. Kekulé, tous ces composés renferment (au moins) un noyau ($C^6H^6$) modifié par substitution ou par addition. Faudra-t-il regarder le toluène $C^6H^5.CH^3$ comme l'homologue de la benzine? et lequel, de l'éthylbenzine

$$C^6H^5.C^2H^5$$

ou de la diméthylbenzine $C^6H^4.(CH^3)^2$, sera l'homologue du toluène? — Il nous semble qu'à prendre les choses rigoureusement, le toluène ne peut pas être considéré comme l'homologue de la benzine ; les propriétés de cette dernière sont modifiées profondément, au point de vue des fonctions chimiques, par l'introduction du groupe $CH^3$ : le toluène ne peut pas fournir d'hexachlorure comme la benzine ; par contre, il peut donner non-seulement un ou plusieurs phénols

$$CH^3.C^6H^4OH,$$

mais encore un alcool isomérique

$$C^6H^5.CH^2OH,$$

etc. Encore moins peut-on regarder la diméthylbenzine comme homologue avec le toluène ; par contre, l'éthylbenzine a toutes les propriétés de la méthylbenzine, et peut être classée dans une même série avec elle. Il nous semble donc que, dans la série aromatique, il faut restreindre la notion d'homologie au groupe (ou aux groupes) hydrocarbonés ajoutés au noyau benzinique. Les formules rationnelles montreront d'ailleurs clairement quels sont les corps que l'on peut réunir dans une même série, et quels sont ceux qui, malgré certaines analogies, doivent rester séparés.

On voit, d'après toutes ces considérations, que la théorie de l'atomicité embrasse l'homologie comme elle embrasse les types, et, en en faisant comprendre la cause, elle en indique d'une manière précise la valeur.

*Propriétés physiques des corps homologues.* — M. H. Kopp a le premier signalé l'existence d'une différence constante de 18° entre les points d'ébullition d'un composé méthylique et de son correspondant éthylique [*Ann. der Chem. u. Pharm.*, t. XLI, p. 86]. Plus tard, il étendit beaucoup cette relation, et la formula ainsi : « Dans un grand nombre de séries analogues une différence des points d'ébullition de 19° correspond à une différence de composition de $CH^2$ ; dans d'autres séries, la différence est moindre ou plus grande » [*Ann. der Chem. u. Pharm.*, t. L, p. 128 ; t. XCVI, p. 2 et 330 ; t. XCVIII, p. 267 et 367]. Ainsi qu'on le voit par cet énoncé, et qu'on peut le reconnaître encore mieux par l'inspection du tableau qui accompagne l'article Ébullition, ce qu'on a nommé la loi des points d'ébullition des corps homologues n'est pas une véritable loi physique. Telle quelle, elle rend néanmoins de grands services dans les recherches chimiques lorsqu'il s'agit de déterminer *a priori* le point d'ébullition d'un corps cherché, afin d'en faciliter la séparation. Il importe de remarquer que si d'une part un certain nombre de points d'ébullition ont pu être altérés plus ou moins involontairement par certains expérimentateurs pour les mettre d'accord avec la règle de Kopp, d'autre part quelques-unes des exceptions les plus frappantes qui ont été signalées paraissent devoir être attribuées à ce qu'on a comparé des corps n'appartenant pas à une même série homologue, comme par exemple les composés éthyliques et butyliques, et les glycols éthylique, propylique et amylique.

Les *tensions de vapeur,* ainsi que l'a fait voir M. Landolt, s'accordent avec la règle de Kopp, sous les pressions qui se rapprochent de la pression atmosphérique, mais ne la suivent plus à de faibles pressions [*Ann. der Chem. u. Pharm., supp.*, t. VI, p. 129].

Les *volumes atomiques* (ou plutôt moléculaires) croissent de environ $n\,22$ pour une augmentation de $n\,CH^2$ dans le poids de la molécule [Kopp, *Ann. der Chem. u. Pharm.*, t. XCVI, p. 158 et 303, et t. C, p. 19]. — Voyez Atomiques (volumes).

Les autres propriétés, telles que la densité, la fusibilité, pour les substances solides, suivent en général également une gradation régulière et telle, qu'étant donnés trois termes rapprochés d'une série homologue, les propriétés du terme intermédiaire sont une sorte de moyenne entre celles des termes extrêmes.

*Passage d'un terme à un autre dans une série homologue.* — Les procédés qui peuvent être employés pour passer d'un terme à un autre dans une série homologue diffèrent selon la nature des corps de la série. Pour un hydrocarbure saturé, par exemple, on pourra le chlorer ou le bromer, et faire réagir sur lui le zinc-méthyle, ou le sodium en présence de l'iodure de méthyle. Comme nous l'avons fait remarquer précédemment, ce n'est que dans le cas où, étant donné par exemple l'hydrocarbure $CH^3(CH^2)^nCH^3$, le corps chloré a pour constitution $CH^3(CH^2)^nCH^2Cl$, que l'on obtient un véritable homologue du composé primitif :

Ces homologues, ou des termes supérieurs dans la série normale, s'obtiennent également par le doublement des radicaux monatomiques, lorsque ceux-ci sont mis en liberté :

$$2CH^3I + Zn = ZnI^2 + C^2H^6$$

Pour les alcools, on peut employer le procédé de M. Mendius, d'après lequel l'alcool donné est transformé en cyanure, le cyanure soumis à l'action de l'hydrogène naissant qui le convertit en la base correspondante, et enfin la base traitée par l'acide azoteux, pour arriver à l'alcool supérieur [*Ann. der Chem. u. Pharm.*, t. CXXI, p. 129] :

$$CAz.CH^3 + H^4 = AzH^2.C^2H^5;$$
$$AzH^2.C^2H^5 + AzO^2H = 2Az + C^2H^5.OH + H^2O.$$

Il est facile de passer d'un alcool à l'acide qui correspond à l'alcool immédiatement supérieur au premier par la réaction qui a fourni à M. Dumas et à MM. Kolbe et Frankland l'acide propionique en partant du cyanure d'éthyle, l'acide acétique en partant du cyanure de méthyle [*Compt. rend.*, t. XXV, p. 660; *Ann. der Chem. u. Pharm.*, t. LXIV, p. 288] :

$$CAzC^2H^5 + KHO + H^2O = AzH^3 + C^3H^5O.OK.$$

Or, comme on sait passer d'un acide à l'alcool correspondant par l'hydrogénation de l'acide anhydre, ou de l'aldéhyde, qui, elle, peut se dériver de l'acide par la réaction de Piria, on peut, en définitive, monter d'un acide à l'acide immédiatement supérieur dans la série.

On pourrait encore citer la réaction qui a donné à M. Wanklyn l'acide propionique [*Proceedings Royal Soc.*, t. X, p. 21, 1859]. Cet acide se forme par la réaction du sodium-éthyle sur l'acide carbonique :

$$C^2H^5Na + CO^2 = C^3H^5NaO^2.$$

Elle a seulement l'inconvénient de n'être pas générale, les homologues du sodium-éthyle n'étant pas encore connus.

Le problème se complique et devient plus difficile lorsqu'on sort de la série normale; nous ne pensons pas qu'il soit utile d'en parler davantage d'une manière générale. C. F.

**HOMOPYROCATÉCHINE**,

$$C^7H^8O^2 = C^6H^3\begin{cases}CH^3\\(OH)^2\end{cases}$$

[H. Müller, *Zeitsch. f. Chem. u. Pharm.*, 1864, p. 703; Marasse, *Ann. der Chem. u. Pharm.*, t. CLII, p. 75]. — La portion de la créosote bouillant de 217° à 220° renferme principalement du créosol

$$C^6H^3\begin{cases}CH^3\\O.CH^3\\OH\end{cases}$$

qui est l'éther monométhylique de l'homopyrocatéchine.

Pour préparer cette dernière, on chauffe son éther méthylique avec de l'acide iodhydrique. Il est préférable d'ajouter au créosol saturé d'eau du phosphore et de l'iode (ce dernier par petites portions) et de chauffer à 95°. Il distille de l'iodure de méthyle. Le résidu est étendu d'eau, neutralisé au moyen du carbonate de baryum, et précipité après filtration par l'acétate de plomb. Le précipité floconneux qui se forme est lavé, délayé dans l'eau et décomposé par l'hydrogène sulfuré. Le liquide aqueux laisse après l'évaporation un résidu sirupeux, volatil sans décomposition.

L'homopyrocatéchine, homologue de la pyrocatéchine, se comporte comme cette dernière; on ne l'a pas encore obtenue à l'état cristallisé :

$$\underset{\text{Créosol.}}{C^8H^{10}O^2} + HI = \underset{\text{Iodure de méthyle.}}{CH^3I} + \underset{\text{Homopyrocatéchine.}}{C^7H^8O^2}.$$

A. H.

**HOMOTOLUIQUE (ACIDE).** — Erlenmeyer a donné ce nom à l'acide $C^9H^{10}O^2$, qu'il obtint en fixant 2 atomes d'hydrogène sur l'acide cinnamique. Cet acide est appelé aussi *cinnoylique*, *hydrocinnamique* et *phénylpropionique*. — Voyez Phénylpropionique (acide).

**HOPÉITE** (Min.). — Cristaux ou masses réniformes ou compactes d'une composition mal déterminée, mais paraissant constitués par un phosphate hydraté de zinc et de cadmium, trouvés dans les mines de zinc de la Vieille-Montagne près d'Aix-la-Chapelle. Couleur blanc-grisâtre ou brunâtre, éclat vitreux, un peu perlé sur la face de clivage.

*Caractères.* — Soluble sans effervescence dans les acides nitrique et chlorhydrique; au chalumeau, donne de l'eau et fond difficilement en un globule transparent en colorant la flamme en vert.

Dureté, 2,5 à 3. Poussière blanche. — Densité, 2,8.

*Forme cristalline.* — Prisme orthorhombique $m\ m = 101°$ ; $p\ e^1 = 138°50'$.

Clivage : $g^1$ parfait. F. et S.

**HORDÉINE.** — Matière pulvérulente qui reste à l'état insoluble lorsqu'on chauffe l'amidon de l'orge avec de l'eau acidulée. Ce n'est qu'un mélange d'amidon, de tissu cellulaire et d'une matière azotée.

**HORDÉIQUE (ACIDE)**, $C^{12}H^{24}O^2$, sel d'argent $C^{12}H^{23}O^2Ag$ [*Journ. für prakt. Chem.*, t. LXVI, p. 52]. — Acide gras, qui se produit en petite quantité dans la distillation de l'orge avec l'acide sulfurique étendu. Il cristallise en lamelles qui fondent à 60° et se solidifient à 55°. La graisse que l'éther extrait directement de l'orge ne donne pas d'acide hordéique lorsqu'on la saponifie ou qu'on la distille avec l'acide sulfurique. L'existence de l'acide hordéique n'est pas bien établie. Il serait isomère avec l'acide laurostéarique.

**HORNBLENDE.** — Voyez Amphibole.

**HORNMANGAN** (Min.). — Produit de décomposition de la rhodonite.

**HORNERZ** ou **HORNSILBER.** — Voyez Kérargyre.

**HORTONITE** (Min.). — Pseudomorphose stéatiteuse de pyroxène accompagnant l'humdite aux États-Unis.

**HOUGHITE** (Min.). — Variété d'hydrotalcite provenant de l'altération du spinelle. D'un blanc nacré. Densité, 2. Dureté, 2,5.

**HOUILLE** [Syn. *Charbon de terre*]. — On donne le nom de houille à une ou plutôt à plusieurs variétés de combustibles minéraux provenant de la décomposition des végétaux antédiluviens.

Les Chinois connaissent le charbon de terre de temps immémorial. Ils s'en servent notamment pour cuire la porcelaine. Les Grecs aussi ont connu la houille. Théophraste, dans son *Traité des pierres*, cite le charbon fossile sous le nom de Lithanthrax. Quelques forgerons employaient pour leurs travaux le charbon minéral à défaut de bois. Quelques industriels, quelques fondeurs en usaient également pour fondre le bronze, mais on n'en faisait pas une grande consommation. Chez les Romains, l'extraction est plus restreinte encore. Dans les Gaules, à plusieurs reprises, les grands ingénieurs de Rome, dans leurs travaux hydrauliques, traversent des bassins houillers. En Provence, en creusant le canal de Fréjus, ils coupent le terrain carbonifère de l'Esterel; dans la Loire, en ouvrant l'aqueduc qui doit conduire à Lyon les eaux du Gier, ils trouvent de même des gisements carbonifères, mais ils ne s'en occupent pas.

Au moyen âge, on a, pour le combustible fossile, le même dédain. Sous Henri II, en France, les maréchaux ferrants qui emploient à Paris du charbon de terre sont condamnés à l'amende et à la prison.

A Londres, on ne veut également, à aucun prix, souffrir l'emploi de la houille. Ce n'est que vers le XVIIIe siècle que les choses changent. Des bateaux chargés de houille descendent la Seine et viennent s'arrêter au quai de l'École; mais ce n'est réellement que depuis l'invention de la machine à vapeur que la houille a pris sa véritable place au soleil.

La houille est en fragments plus ou moins volumineux, sans forme bien déterminée, qui paraissent le plus souvent composés de feuillets superposés, ce qu'on désigne en disant qu'ils ont une texture schisteuse. Ces fragments sont en général d'un beau noir, presque toujours éclatant; quelquefois leur surface est ornée des couleurs les plus vives et les plus variées (houilles irisées); ils sont fragiles et peu durs, mais jamais assez tendres pour se laisser rayer à l'ongle. Leur poussière est noire ou d'un brun foncé. La densité de la houille varie de 1,60 à 1,16, suivant les qualités.

La houille n'est pas placée indistinctement dans tous les terrains; on n'en rencontre pas dans les plus anciens ni dans les plus nouveaux. Elle se trouve dans les terrains de sédiment et principalement dans cette partie que la présence considérable du charbon a fait appeler groupe carbonifère et qui se compose de couches alternatives de grès, d'argile et de calcaire. Elle commence à se montrer dans la formation devonienne (Asturies); on la rencontre ensuite dans les calcaires carbonifères (Donety); mais c'est surtout dans les dépôts arénacés appelés grès houillers qu'elle est le plus abondamment répandue. Les marnes irisées en contiennent aussi, mais de qualité médiocre. Le combustible forme des veines plus ou moins puissantes, dont il existe ordinairement un certain nombre superposées. L'épaisseur des couches varie beaucoup, depuis quelques centimètres jusqu'à 1 ou 2 mètres, quelquefois même 6 à 7 mètres ou plus. Les gîtes de houille sont presque toujours disposés en forme de bateau, offrant, à partir du point inférieur de leur position, un relèvement plus ou moins rapide sur tous les côtés. En général, les mines de houille se présentent par zones qui s'étendent souvent à de grandes distances, dans chacune desquelles il y a un nombre plus ou moins considérable de gîtes que l'on nomme bassins, et qui sont séparés les uns des autres. Il y a des houilles à toutes les hauteurs. Dans l'Amérique méridionale on en trouve à 4,000 mètres au-dessus du niveau de la mer, tandis qu'à White-Haven, en Angleterre, l'exploitation s'avance à plus de 100 mètres au-dessous du fond de la mer.

Les dépôts charbonneux houillers ont été produits par des végétaux. On en trouve la preuve dans les débris microscopiques et les tiges de feuilles qui s'y trouvent associés.

On s'accorde généralement à attribuer la formation des houillères à un phénomène analogue à celui qui se passe de nos jours dans les tourbières. Une autre hypothèse, qui mérite de fixer l'attention, est celle de grands radeaux de plantes transportés par les fleuves ou les courants maritimes et enfouis. — Voyez les articles de M. Ch. Mène sur la houille, *Moniteur scientifique*, t. IX, p. 517, 564.

Le tableau suivant, emprunté à Burrub, donne une idée relative de l'importance des gisements et de l'exploitation houillère pour l'année 1864 :

| | Grandeur des bassins en hectares. | Production annuelle en tonnes. |
|---|---|---|
| Grande-Bretagne et Irlande.. | 1,570,000 | 86,000,000 |
| France.................... | 350,000 | 10,000,000 |
| Belgique.................. | 150,000 | 10,000,000 |
| Prusse et Saxe............ | 300,000 | 12,000,000 |
| Autriche et Bohême........ | 120,000 | 2,500,000 |
| Espagne................... | 150,000 | 400,000 |
| Amérique du nord.......... | 30,000,000 | 20,000,000 |

On admet généralement qu'en Angleterre un vingtième du sol repose sur du charbon; en Belgique, un vingt-quatrième; en France, un deuxcentième.

Nous n'entrerons pas dans la discussion des conditions géologiques sous l'influence desquelles la houille a pris naissance aux dépens des forêts anciennes.

*Classification.* — On divise les houilles d'après leur apparence externe, leur composition et surtout d'après la manière dont elles se comportent au feu, en :

1° Houilles bitumineuses, grasses, à longue flamme;

2° Houilles anthraciteuses ou à courte flamme.

Les produits de la première classe sont plus riches en hydrogène que ceux de la seconde.

Chacune de ces deux classes comprend des variétés qui se distinguent par l'apparence du coke fourni par la distillation sèche ou la combustion.

Ainsi certaines houilles se ramollissent beaucoup et fournissent un coke plus ou moins poreux; elles empâtent facilement les grilles. Aussi sont-elles particulièrement recherchées dans la fabrication du gaz de l'éclairage, du coke au moyen du poussier, pour les forges (*charbon de terre collant, de forge ou houille maréchale*).

D'autres espèces ne se ramollissent que fort peu, ne gonflent pas, mais se réunissent en une masse compacte donnant un coke dense; elles sont aptes à l'alimentation des foyers à grilles et aux applications qui exigent une chaleur continue et progressive, fusion, chauffage des creusets (*houille sèche, charbon de grille*).

Enfin certaines houilles se réduisent en poudre ou en petits fragments, sans fusion, en donnant un charbon maigre pulvérulent (*houille maigre anthraciteuse*.

L'Angleterre comprend trois principaux districts houillers qui sont :

1° Le district de l'Écosse méridionale;

2° Celui du pays de Galles;

3° Ceux du centre et du nord de l'Angleterre (Cleveland, Durham, Cumberland).

La production totale de la houille en Écosse peut s'élever à 10 millions de tonnes, dans lesquelles l'extraction du Lanarkshire entre pour près de 6 millions de tonnes. Les houilles d'Écosse, et en général celles du Lanarkshire, appartiennent à la classe des houilles sèches à longue flamme. Pour les hauts-fourneaux, on recherche les variétés dures et peu pyriteuses. La couche dite *splint-coal* (houille esquilleuse) doit sa réputation à la constance de ses propriétés. Les couches dites *kiltongue* et *pyotschaw* sont aussi bonnes par moments.

Le bassin du pays de Galles a une superficie moyenne de 15 kilomètres carrés. Le produit est généralement une houille à courte flamme et brûlant avec lenteur sans beaucoup de fumée. Il convient pour la carbonisation et la préparation des agglomérés.

L'Angleterre renferme toutes les espèces de

houilles, depuis l'anthracite jusqu'aux charbons les plus secs à longue flamme.

On les distingue par les noms suivants :

1° Le charbon cubique (*cubical-coal*), dont on reconnaît deux variétés, l'une collante (*caking-coal*) et l'autre flambante (*overburning-coal*, ou aussi *rough-coal, cherry-coal, cload-coal*). Il est d'un beau noir brillant, compacte et médiocrement dur, se brise en masse quandrangulaire.

La variété collante, semblable à celle qui provient de Saint-Étienne, brûle en subissant une demi-fusion; les fragments se collent et s'agglutinent ensemble.

La variété flambante se rapproche du charbon de Mons, brûle plus rapidement que la précédente et donne beaucoup de flamme et de chaleur.

2° Le charbon esquilleux ou schisteux (*slate-coal, splint-coal*), dont les différentes variétés sont généralement flambantes. Noir mat, compacte, structure feuilletée, plus dure que le charbon cubique. Elle se divise en lames comme de l'ardoise; brûle avec beaucoup de flamme et de fumée et laisse plus de cendres que le charbon cubique. Les qualités inférieures renferment beaucoup de schiste.

3° Le *cannel-coal* ou *parrot-bottle-coal* est d'un beau noir, sans beaucoup d'éclat, ne tache pas les doigts. Se réduit par la rupture en prismes à quatre faces. Cassure concboïdale. S'enflamme facilement et brûle avec une flamme brillante, décrépite en jetant de vives étincelles. Le *pitch-coal* ou charbon poix est une des variétés du cannel-coal et est encore plus flambante.

4° L'anthracite ou charbon sec (*glance-coal, blend-coal, stone-coal, kilkenny-coal*) est noir avec éclat métallique, brûle difficilement avec une flamme bleue et sans fumée. Le charbon produit beaucoup de chaleur et laisse peu de cendres.

Voici, d'après M. Ch. Mène, les analyses des houillles anglaises classées par catégories de qualités.

| NUMÉROS. | PROVENANCES | DENSITÉ. | Carbone. | Hydrogène. | Oxygène. | Azote. | Soufre. | Cendres. | Eau. | NON COMPRIS LES CENDRES. Carbone. | Hydrogène. | Oxygène. | Azote. |
|---|---|---|---|---|---|---|---|---|---|---|---|---|---|
| | **HOUILLES COLLANTES.** | | | | | | | | | | | | |
| 1 | Northumberland. | » | 78,65 | 4,65 | 14,21 | » | 0,55 | 2,40 | » | 80,54 | 4,76 | 14,70 | » |
| 2 | — | » | 82,42 | 4,82 | 11,97 | » | 0,86 | 0,79 | » | 83,73 | 4,20 | 11,87 | » |
| 3 | — | 1,276 | 81,41 | 5,83 | 7,90 | 2,03 | 0,74 | 2,07 | 1,[illegible]5 | 83,26 | 5,65 | 8,22 | 2,87 |
| 4 | — | 1,259 | 78,79 | 6,00 | 10,07 | 2,37 | 1,51 | 1,36 | » | 81,01 | 6,17 | 10,38 | 2,44 |
| 5 | Nottinghamshire. | » | 77,40 | 4,90 | 7.77 | 1,55 | 0,92 | 3,90 | 3,[illegible]0 | 84,43 | 5,41 | 8,47 | 1,69 |
| 6 | Baina sud du pays de Galles. | » | 82,56 | 5,36 | 8,22 | 1,65 | 0,75 | 1,46 | » | 84,42 | 5,48 | 8,41 | 1,70 |
| 7 | | » | 83,44 | 5,71 | 5,93 | 1,66 | 0,81 | 2,45 | » | 86,25 | 5,90 | 6,13 | 1,72 |
| 8 | | » | 83,00 | 6,18 | 4,58 | 1,49 | 0,75 | 4,00 | » | 87,14 | 6,49 | 4,81 | 1,56 |
| | **HOUILLES MAIGRES.** | | | | | | | | | | | | |
| 9 | Staffordshire (sud) | » | 76,12 | 4,83 | 16,72 | » | 1,00 | 2,88 | » | 78,46 | 4,96 | 16,58 | » |
| 10 | — | » | 77,01 | 4,71 | 16,72 | » | 0,74 | 1,56 | » | 78,53 | 4,80 | 16,66 | » |
| 11 | — | » | 76,40 | 4,62 | 17,43 | » | 0,55 | 1,55 | » | 77,68 | 4,69 | 17,62 | » |
| 12 | — | » | 72,13 | 4,32 | 17,41 | » | 0,54 | 6,44 | » | 77,32 | 4,64 | 17,99 | » |
| 13 | Wolverampton... | 1,278 | 78,57 | 5,29 | 12,88 | 1,84 | 0,39 | 1,08 | 1,29 | 79,38 | 5,37 | 13,02 | » |
| 14 | St-Melen (Lancashire)....... | 1,279 | 75,81 | 5,22 | 11,08 | 1,93 | 0,90 | 5,17 | 3,38 | 79,98 | 5,50 | 11,58 | » |
| 15 | Dowlais (sud du pays de Galles). | » | 89,33 | 4,43 | 3,35 | 1,24 | 0,55 | 1,20 | 0,79 | 90,93 | 4,51 | 3,30 | 1,26 |
| 16 | | » | 88,13 | 4,51 | 2,04 | 1,41 | 1,01 | 2,00 | 0,68 | 90,86 | 4,65 | 3,03 | 1,46 |
| 17 | | » | 87,02 | 4,84 | 2,53 | 1,18 | 1,07 | 3,32 | 0,68 | 91,64 | 4,54 | 2,64 | 1,18 |
| 18 | | » | 82,60 | 4,28 | 3,44 | 1,28 | 1,22 | 7,18 | 0,78 | 90,18 | 4,67 | 3,76 | 1,30 |
| 19 | Écosse.......... | » | 76,08 | 5,81 | 13,33 | 2,09 | 1,28 | 1,96 | » | 78,59 | 5,49 | 13,77 | 2,15 |
| 20 | — | » | 80,63 | 5,16 | 10,61 | 1,33 | 0,84 | 1,43 | » | 82,56 | 5,28 | 10,86 | 1,39 |
| 21 | — | » | 80,93 | 5,21 | 10,91 | 1,57 | 0,63 | 6,75 | » | 82,06 | 5,29 | 11,06 | 1,59 |
| 22 | Écosse, speakcoal | » | 76,50 | 5,00 | 9,10 | 1,20 | 0,80 | 6,40 | » | » | » | » | » |
| | **CANNEL-COAL.** | | | | | | | | | | | | |
| 23 | Wigan (Lancash.) | 1,317 | 84,07 | 5,71 | 7,82 | » | » | 2,40 | » | 85,81 | 5,85 | 8,34 | » |
| 24 | — | 1,276 | 80,07 | 5,53 | 8,10 | 2,12 | » | 2,70 | 0,91 | 82,29 | 5,68 | 8,31 | » |
| 25 | Tyneside (Newc.) | 1,319 | 78,06 | 5,80 | 8,12 | 1,85 | » | 8,94 | » | 87,86 | 6,53 | 9,53 | 2,09 |
| 26 | Newcastle....... | 1,280 | 86,75 | 5,24 | 6,61 | » | » | 1,40 | » | 87,97 | 5,81 | 6,72 | » |
| 27 | Lancashire...... | 1,274 | 81,00 | 5,27 | 8,60 | » | » | 5,18 | » | 85,38 | 5,56 | 9,06 | » |
| | **ANTHRACITES.** | | | | | | | | | | | | |
| 28 | Galles (Swansea) | 1,348 | 92,56 | 3,33 | 2,53 | » | » | 1,58 | » | 94,05 | 3,38 | 2,57 | » |
| 29 | — (sud)..... | 1,398 | 90,39 | 3,28 | 2,97 | 0,83 | » | 1,61 | 2,00 | 91,87 | 3,34 | 3,02 | » |
| 30 | — (Swansea) | 1,350 | 91,29 | 3,33 | 4,80 | » | » | 1,58 | » | 92,76 | 3,38 | 3,86 | » |

N° 1, houille à vapeur de Seaton-burn ; — n° 2, Peareth pour le gaz : — n° 6, Bll-wein pour chaudières à vapeur ; — n° 7, pour hauts-fourneaux ; — n° 8, pour chaudières.

Le tableau suivant donne une idée des quantités de coke, de matières volatiles, de gaz et de cendres que fournissent généralement les houilles anglaises.

| BASSINS. | PROVENANCES. | Matières volatiles. | Coke. | Cendres. | Gaz. (litres par kilog.) | POUVOIR éclairant. | Cendres non comprises. | |
|---|---|---|---|---|---|---|---|---|
| | | | | | | | Matières volatiles. | Coke |
| Newcastle.. | Gaz coal Monkwarmouth.... | 35,63 | 63,40 | 0,97 | 325 | » | 35,95 | 64,05 |
| — | — — | 34,21 | 64,14 | 1,65 | 363 | 1 bougie. | 34,79 | 65,21 |
| — | — Waldrige........ | 31,25 | 67,86 | 0,89 | 353 | 1 boug. 1/2 | 31,53 | 68,47 |
| Écosse..... | Cannel de Lochyelly........ | 48,62 | 46,76 | 4,62 | 372 | 4 bougies. | 50,96 | 49,04 |
| — | Splint household coal....... | 38,70 | 60,07 | 1,23 | » | » | 38,18 | 61,82 |
| — | Splint great coal, Tornwill colliery............. .... | 38,48 | 58,97 | 2,55 | » | » | 39,49 | 60,51 |
| — | Cannel de Capdeledrac coll.. | 32,03 | 26,97 | 41,00 | 252 | 11 bougies. | 54,24 | 45,76 |
| — | Cannel de Ridgside......... | 52,80 | 29,60 | 17,60 | 342 | 16 bougies. | 64,08 | 35,92 |
| — | Donisbrill grieve Namith colliery.................... | 42,75 | 54,59 | 2,66 | » | » | 43,92 | 56,08 |
| — | Cannel de Wigan........... | 43,00 | 54,72 | 2,28 | 352 | 4 boug. 1/2 | 44,01 | 55,99 |
| Centre..... | King coal................. | 34,50 | 64,12 | 1,38 | » | » | 37,01 | 62,99 |
| — | Gaz coal Britain colliery North Wales.................. | 29,10 | 69,03 | 1,87 | 363 | 1/2 boug | 29,70 | 70,30 |
| Sud du pays de Galles. | Charbon gras de Newport.... | 24,00 | 73,04 | 2,96 | 296 | » | 24,74 | 75,26 |
| | Puits de Dowlais.......... | 14,75 | 84,06 | 1,19 | » | » | 14,93 | 85,07 |
| | Swansea steam coal........ | 12,33 | 83,16 | 4,51 | » | » | 12,91 | 87,07 |
| | Anthracite de Palley........ | 7,50 | 91,43 | 1,07 | » | » | 7,58 | 92,42 |

[Voir le *Diction. des analyses* de MM. Violette et Archambault, art. HOUILLE. — *Ann. de Chim.* de Millon et Reiset, 1846, p. 641 et suiv. — *Diction. de Chim.* de Ure, t. III, p. 370. — *Voyage métallurgique en Angleterre*, par Élie de Beaumont et Dufrénoy, t. I, p. 119.]

| PROVENANCES. | MATIÈRES volatiles. | COKE. | CENDRES. | Cendres non comprises | |
|---|---|---|---|---|---|
| | | | | Matières volatiles. | Coke. |
| Houille de Law Moor pour coke.................. | 26,78 | 67,05 | 6,17 | 28,00 | 72,00 |
| — «Best quality,» pour fours à réchauffer...... | 27,42 | 67,22 | 5,36 | 28,00 | 72,00 |
| — d'Ecosse (Glascow), pour hauts-fourneaux.... | 42,22 | 57,13 | 2,65 | 41,00 | 59,00 |
| — de Newcastle, ne s'attachant pas aux barreaux des grilles de fourneaux................. | 34,72 | 60,00 | 5,28 | 36,00 | 64,00 |
| — de Glascow, forge Napier.................. | 17,55 | 76,60 | 5,85 | 18,00 | 82,00 |
| — de Coventry, sans fumée (locomotives)....... | 40,87 | 55,07 | 4,05 | 42,50 | 57,50 |
| — Aberhaman, steam coal (crue pour machines). | 14,75 | 78,95 | 6,80 | 15,00 | 85,00 |
| — — — pour fourneaux.. | 13,85 | 78,50 | 7,15 | 15,00 | 85,00 |
| — — houille ordinaire ............. | 13,05 | 77,17 | 9,78 | 15,00 | 85,00 |
| — de Dowlais (crue pour hauts-fourneaux)...... | 23,45 | 67.00 | 10,55 | 26,00 | 76,00 |
| — de Glascow, pour coke..................... | 28,28 | 68,87 | 7,85 | 25,00 | 75,00 |
| — de Pontspool............................. | 27,65 | 63,60 | 8,75 | 30,00 | 70,00 |
| — de Garihsherrie fourneaux.................. | 40,03 | 54,69 | 5,22 | 42,50 | 57,50 |
| — d'Écosse (houille anthraciteuse)............ | 32,25 | 61,45 | 6,30 | 34,50 | 65,50 |
| — de Duddley............................... | 29,77 | 64,43 | 5,80 | 32,00 | 68,00 |
| — de Galles, anthracite pour fourneaux......... | 8,62 | 85,12 | 6,26 | 9,50 | 90,50 |

Ces résultats ont été obtenus par la méthode de dosage suivante : On calcine la houille dans un creuset de platine placé dans un creuset de terre beaucoup plus grand ou dans le moufle d'un fourneau à coupelle. On remplit le creuset de 10 grammes de houille pulvérisée prise comme moyenne. On chauffe rapidement au rouge mat que l'on maintient une demi-heure. La diminution de poids donne les matières volatiles. Pour avoir les cendres, on pulvérise le coke et on le brûle dans une capsule de platine dans un moufle.

*France.* — La France est également riche en bassins houillers; leur importance peut se juger d'après le tableau suivant :

| | Hectares de superfic. |
|---|---|
| LOIRE. Saint-Étienne, Rive-de-Gier....... | 23,000 |
| RHÔNE. Sainte-Foy, Argentière, Sainte-Paule ............................ | 1,800 |
| GARD. Alais, Saint-Ambroise........... | 27,000 |
| VAR. Fréjus.......................... | 1,800 |
| HÉRAULT............................ | 15,800 |
| AUDE. Durban, Segure ................ | 1,800 |
| TARN. Carmeaux...................... | 9,000 |
| AVEYRON. Aubin, Rodez............... | 6,700 |
| LOT. Figeac.......................... | 100 |
| DORDOGNE. Lardon, Cublac............ | 1,600 |
| VENDÉE. Feymoreau, Vouvant.......... | 1,600 |
| ALLIER. Fins, Comentry, Bert.......... | 7,500 |
| PUY-DE-DÔME. Saint-Éloi, Bourg-Lastic.. | 4,000 |
| CORRÈZE. Cargental, Lapleau........... | 5,500 |
| CREUSE. Bourganeuf, Ahun............. | 3,500 |
| CANTAL. Champagnac.................. | 500 |
| HAUTE-LOIRE. Brassac, Langeac......... | 2,700 |
| NIÈVRE. Decize....................... | 8,000 |
| SAÔNE-ET-LOIRE. Creuzot, Blanzy, Épinac, Autun............................ | 50,500 |
| HAUTE-SAÔNE. Ronchamp.............. | 4,000 |
| HAUT-RHIN. Saint-Hippolyte, Lury....... | 2,700 |
| BAS-RHIN. Villé. ...................... | 1,500 |
| MOSELLE. Forbach.................... | 3,600 |
| FINISTÈRE. Quimper.................. | 800 |
| MAYENNE. Saint-Pierre................ | 1,800 |
| CALVADOS. Littry, Leplessy............ | 18,000 |
| NORD. Valenciennes, Condé........... | 55,000 |
| ARDÈCHE. Prades, Miegles............. | 3,000 |
| PAS-DE CALAIS. Hardinghen........... | 26,191 |

COMPOSITION INDUSTRIELLE DES HOUILLES FRANÇAISES.

| BASSINS. | PROVENANCE. | MATIÈRES volatiles. | COKE. | CENDRES. | Cendres non comprises: Matières volatiles. | Cendres non comprises: Coke. |
|---|---|---|---|---|---|---|
| Loire | Houille de Beaubrun | 32,60 | 66,30 | 1,10 | 33,00 | 67,00 |
| | Sagnat | 16,20 | 72,26 | 11,54 | 18,00 | 82,00 |
| | Treuil | 22,50 | 67,50 | 10,00 | 24,30 | 75,70 |
| | Grille | 21,50 | 68,50 | 10,00 | 23,00 | 77,00 |
| | Pompe | 26,30 | 67,00 | 6,70 | 28,10 | 71,90 |
| | Puits Grangette | 33,80 | 64,25 | 1,95 | 35,00 | 65,00 |
| | Janon | 21,05 | 65,70 | 13,25 | 24,50 | 75,50 |
| | Aveize | 28,59 | 67,27 | 2,14 | 28,40 | 71,60 |
| | Sorbier | 17,46 | 75,30 | 7,24 | 18,80 | 81,20 |
| | Chazotte | 27,00 | 60,00 | 18,00 | 31,00 | 69,00 |
| | Firminy | 39,20 | 54,56 | 6,24 | 43,00 | 57,00 |
| | Comberizol | 14,00 | 79,30 | 6,20 | 15,00 | 85,00 |
| | Givors | 34,00 | 56,00 | 10,00 | 38,50 | 61,50 |
| | Montal | 16,15 | 78,60 | 5,25 | 29,00 | 71,00 |
| | Epare | 24,06 | 63,71 | 11,83 | 28,15 | 71,85 |
| | Monthieux | 29,30 | 63,21 | 7,49 | 35,50 | 64,50 |
| | Tartaras | 30,06 | 51,62 | 18,32 | 36,83 | 63.17 |
| | Grand-Croix-saint-Chamand | 14,66 | 80,97 | 4,37 | 15,32 | 84,68 |
| | Plattières | 35,08 | 62,08 | 1,01 | 36,00 | 64,00 |
| | Montrambert | 47,02 | 47,08 | 5,90 | 50,00 | 50,00 |
| Gard | Alais | 22,00 | 76,60 | 1,40 | 22,50 | 77,50 |
| | Bességes Saint-François) | 25,00 | 62,95 | 12,05 | 28,00 | 72,00 |
| | — (Saint-Christophe) | 22,60 | 68,30 | 9,10 | 24,50 | 75,50 |
| | Champelausen (Abylon) | 23,15 | 72,75 | 4,10 | 24,10 | 75,90 |
| | — (Grand-Baume) | 23,60 | 78.40 | 8,00 | 23,60 | 76,40 |
| | Grande-Combe | 24,30 | 72,45 | 3,25 | 24,25 | 75,75 |
| | Robiac | 25,15 | 67,95 | 6,90 | 26,00 | 74,00 |
| | Salle | 26,10 | 63,00 | 10,60 | 28,85 | 71,15 |
| Hérault | Saint-Gervais (ordinaire) | 29,70 | 65,00 | 5,30 | 30,50 | 69,50 |
| | — (charbon sec) | 15,65 | 78,25 | 6,10 | 16,20 | 83,80 |
| | Graissessac | 25,28 | 64,62 | 10,10 | 28,00 | 72,00 |
| Pyrénées | Segure | 24,00 | 56,00 | 20,00 | 30,00 | 70,00 |
| | Durban | 33,50 | 49,00 | 17,50 | 28,00 | 62,00 |
| | Segure (Grande-Couche) | 21,70 | 63,10 | 15,20 | 25,00 | 75,00 |
| | — (troisième couche) | 21,65 | 68,20 | 10,15 | 22,50 | 76,50 |
| | Durban | 33,25 | 52,00 | 14,75 | 39,00 | 61,00 |
| Aveyron | Grandeveine | 23,60 | 72,60 | 3,80 | 24,30 | 75,20 |
| | Castillan | 20,90 | 74,50 | 4,60 | 22,00 | 78,00 |
| | Gras | 26,67 | 69,25 | 4,03 | 28,00 | 72,00 |
| | Maigre | 24,12 | 72,38 | 3,50 | 25,00 | 75,00 |
| | Lavergne | 40,00 | 54.90 | 5,10 | 42,10 | 57,90 |
| | Lagrange | 34,20 | 61,20 | 4,60 | 36,00 | 64,00 |
| | Lardin | 33,20 | 60,80 | 6,00 | | |
| Allier | Fins | 29,60 | 64,70 | 5,70 | | |
| | Comentry | 36,60 | 63,20 | 0,20 | | |
| Puy-de-Dôme | Bourg-Lastie | 17,50 | 76,30 | 6,02 | | |
| Nièvre | Decize | 30.00 | 61,10 | 8,30 | | |
| Moselle | Schonecken | 38,30 | 59,40 | 2,30 | | |
| | — | 38,30 | 58,10 | 3,60 | | |
| Bretagne | Laval | 18,80 | 74,10 | 7,10 | | |
| | Chalonnes (demi-grasses) | 15,80-19,10 | 79,74-76,00 | 4,66-13,60 | | |
| Nord | Aniche (Douai) | 20,00-38,00 | 76,40-59,00 | 1,20-4,00 | | |
| | Anzin, maigre | 5,18 | 91,87 | 2,63 | | |
| | — gras | 45,00 | 50,00 | 5,00 | | |
| | — demi-gras | 11,80 | 86,00 | 2,20 | | |
| | — composit. moyenne | 7,90 | 86,70 | 2,40 | | |
| | Douchy | 22,00-30.00 | 74-00-66,00 | 1,70-10,00 (1) | | |
| Pas-de-Calais | Vindin-lez-Béthune | 7,20-12,40 | 88,80-86,30 | 4,30 | | |
| | Auchy-sous-Bois | 21,30-55,05 | 76,00-43,75 | 1,20-3,00 | | |
| | Courrières | 23,00-38,00 | 75,00-59,00 | 1,00-3,00 | | |
| | Lens | 28,00-37,00 | 61,00-70,00 | 1,00-5,00 | | |

COMPOSITION DES DIVERSES ESPÈCES DE HOUILLES.

*Analyses élémentaires.*

| | Houilles à longue flamme. | | | Houilles à courte flamme. | | |
|---|---|---|---|---|---|---|
| | Maigre. | Sèche. | Grasse. | Maigre | Sèche. | Grasse |
| Carbone | 80,83 | 83,36 | 84,79 | 91,91 | 90,75 | 89,02 |
| Hydrogène | 5,25 | 5,39 | 5,16 | 4,04 | 4,54 | 5,07 |
| Oxygène et azote | 13,87 | 11,25 | 10,05 | 4,05 | 4 71 | 5,91 |
| Rendement théorique en coke | 65 | 65 | 75 | 90 | 85 | 80 |

(1) *Mémoires de la Société des sciences de Lille*, 1868.

Nous extrairons aussi quelques analyses de houilles du beau travail publié par M. Scheurer-Kestner, sur la combustion de la houille [*Bull. Soc. industr. de Mulhouse*, 1869].

*Houille de Ronchamp.*

| | 1er échant. (moyenne). | 2e échantillon. | 3e échantillon. | 4e échantillon. |
|---|---|---|---|---|
| Carbone | 76,46 | 68 65 | 76,28 | 73,10 |
| Hydrogène | 4,39 | 3,97 | 4,06 | 3,75 |
| Azote | 1,09 | 1,06 | 1,00 | 1,00 |
| Oxygène | 8,05 | 4,75 | 5,91 | 4,87 |
| Cendres | 15.02 | 20,80 | 12,80 | 16,19 |
| Coke p. 100 | 76,62 | 79,04 | 75,10 | 71,58 |
| Eau | » | 0,77 | » | 1,09 |

*Houilles de Saarbrück*

| | Dutt-weiler. | Alten-wald. | Heinitz. | Fried-richs-thal. | Loui-sen-thal. |
|---|---|---|---|---|---|
| Carbone.. | 71,25 | 69,30 | 70,33 | 67,81 | 64,69 |
| Hydrogène | 4,10 | 4,26 | 4,30 | 4,19 | 3,94 |
| Azote.... | 0,50 | 0,50 | 0,50 | 0,50 | 0,50 |
| Oxygène.. | 9,15 | 9,90 | 11,51 | 13,80 | 15,02 |
| Cendres.. | 13,25 | 13,50 | 11,57 | 12,70 | 12,28 |
| Eau...... | 1,75 | 2,54 | 1,79 | 1,00 | 3,57 |
| Coke..... | 67,30 | 66,79 | 65,01 | 62,10 | » |

Comme variété spéciale de charbon fossile, pouvant rentrer dans la classe des houilles, on doit citer ici le charbon boghead ou Forbanckhill. Il forme une couche de 16 à 21 pouces d'épaisseur. Sa position géologique ressemble à celle du cannel-coal d'Écosse. Ce charbon est brun dans les couches supérieures et noir vers le bas; sa poudre est brun-olive. Le charbon boghead ne tache pas les doigts; il happe à la langue en développant l'odeur argileuse. Il est dur, difficile à casser dans un autre sens que la stratification; densité, 1,155 à 1,260. S'enflamme facilement et brûle avec une flamme brillante fuligineuse et très-longue, en laissant de 27 à 15,9 °/₀ de cendres.

| | Analyse d'après Penny. | Analyse d'après Mattor. |
|---|---|---|
| Carbone............ | 63,936 | 60,80 |
| Hydrogène.......... | 8,858 | 9,18 |
| Azote.............. | 0,962 | 0,78 |
| Soufre............. | 0,320 | 0,32 |
| Oxygène............ | 1,702 | 4,38 |
| Cendres............ | 2,222 | » |
| Eau................ | » | 0,40 |
| Silice............. | » | 13,19 |
| Alumine............ | » | 9,50 |
| Peroxyde de fer.... | » | 1,22 |
| Chaux.............. | » | 0,28 |

Le charbon boghead se distingue donc de toutes les autres variétés par sa richesse en hydrogène et la pauvreté en carbone de son coke, qui contient 66 °/₀ de cendres et 34 °/₀ de carbone. Il est éminemment apte à la préparation du gaz de l'éclairage. Ainsi, tandis que le meilleur cannel-coal ne fournit que 11 à 12,000 pieds cubes de gaz par tonne, le boghead en donne de 13 à 15,000.

Il dégage son gaz à une température relativement basse et donne un produit très-riche en carbures qui brûlent avec une flamme éclairante. Distillé à une basse température, il fournit beaucoup de paraffine. Le boghead ne se ramollit pas par la chaleur, et son coke possède exactement la forme du produit primitif. [Pour la composition des houilles, voir *Mecanic's Magazine*, 1848, n° 1285 à 1288; *Dingler's Journ.*, t. XC, p. 212, et 263.]

D'après Marsilly [*Dingler's Journ.*, t. CXLIX, p. 126], Grundmann [*ibid.*, t. CLXIX, p. 320], Varrentrapp [*ibid.*, t. CLXXV, p. 156], Thomson [*ibid.*, t. CLXXVIII, p. 16], il se modifie au point de vue de sa composition et de ses propriétés par une longue exposition à l'air. Il devient moins propre à la fabrication du gaz et du coke et se fritte moins facilement.

La houille est-elle un mélange d'un charbon fossile très-riche en carbone, comme l'anthracite, et d'une matière bitumineuse, ou un composé unique?

Les deux opinions ont été soutenues. Il paraît cependant probable que le carbone n'est pas isolé et qu'il se trouve uni aux autres éléments sous forme d'une combinaison spéciale.

La fusibilité de la houille est d'autant plus grande qu'elle renferme plus d'hydrogène en excès par rapport à l'oxygène. Une houille ne commence à fondre qu'autant qu'elle renferme au moins 3 °/₀ d'hydrogène et une dose d'oxygène qui ne dépasse pas la quantité correspondante à la moitié de l'hydrogène; dans ce cas, le charbon de terre fournira toujours un coke boursouflé. Si au contraire l'oxygène et l'hydrogène sont dans les rapports de l'eau, la houille ne fond pas et donne un coke pulvérulent.

Le poids des cendres varie dans des limites assez étendues, depuis 0,15 °/₀ jusqu'à 27,7. La densité varie de 1,75 (anthracite) à 1,289-1,027 (houilles maigres) à 1,165-1,406 (houilles grasses).

La quantité de cendres n'est pas en rapport avec la densité.

*Distillation sèche.* — Les houilles soumises à la distillation sèche donnent des produits dont la qualité et surtout la quantité varient avec leur composition, la rapidité de la distillation et surtout la température.

Ces produits sont :

1° Des gaz (formène, éthylène, acétylène, hydrogène, oxyde de carbone, acide carbonique, azote, sulfure d'hydrogène, vapeurs de sulfure de carbone, de sels ammoniacaux et de carbures d'hydrogène);

2° De l'eau ammoniacale;

3° Du goudron complexe. — Voyez GOUDRON;

4° Du coke, mélange de carbone et de matières minérales.

MM. Scheurer-Kestner et Meunier ont mesuré directement, au moyen du calorimètre de MM. Favre et Silbermann, le pouvoir calorifique de diverses espèces de houilles. Ils ont trouvé pour la houille de Ronchamp :

| | | | Chaleur de la houille brute. | Chal. de la houille sans cendres. |
|---|---|---|---|---|
| Échantillons | n° 1 | analysés plus haut. | 7976 | 9163 |
| | n° 2 | | 7635 | 8946 |
| | n° 3 | | 7825 | 9081 |
| | n° 4 | | 7775 | 9117 |
| Moyenne................. | | | | 9077 |

En règle générale, tous les échantillons ont donné un nombre de calories de combustion supérieur à celui qu'indique le calcul; l'excès est de 3 à 8 °/₀ sur le nombre donné par la loi de Dulong.

On voit aussi que la chaleur de combustion diminue en même temps que le carbone dans la partie volatile.

Il en est de même pour la houille de Saarbrück.

*Usages.* — Il est inutile d'insister sur les nombreuses et importantes applications de la houille, qui constitue la base de notre développement industriel, comme combustible, producteur de lumière et de couleurs. P. S.

**HOVITE** (Min.). — On a donné ce nom à un hydrocarbonate de chaux qui paraît exister en mélange avec la collyrite.

**HOWLITE** (Min.) [Syn. *Silicoborocalcite*]. — Borosilicate hydraté de chaux renfermant : acide borique (par différence) 43,0 °/₀; silice, 15,8; chaux, 29,4; eau, 11,8. En petits nodules blancs, d'un éclat peu vif, arrondis, sans clivage. Aussi en masses terreuses.

Dureté, 3,5 ou au-dessous. Densité, 2,55.

**HUANOQUINE**, $C^{20}H^{24}Az^2O$. — Alcaloïde cristallisé retiré de l'écorce de *Kina Huanuco* (Rubiacées) par M. Erdmann, et considéré par ce chimiste comme un isomère de la cinchonine [Erdmann, *Ann. der Chem. u. Pharm.*, t. C, p. 341; nouvelle série, t. XXIV, décembre 1856; *Ann. de Chim. et de Phys.*, (3), t. L, p. 482].

**HUASCOLITE** (Dana) (Min.). — Sulfure de plomb et de zinc ressemblant beaucoup à la galène, mais dont la composition correspond à peu près à la formule $PbS.3/2ZnS$.

**HUBNÉRITE** (Min.). — Tungstate manganeux $MnWO^4 = MnO\,WO^3$. Masses bacillaires ou foliacées, d'un rouge brun, ou d'un brun foncé, opaques, d'un vif éclat sur le clivage, se trouvant avec apatite, fluorine, etc., au lac Érié et à Nevada.

*Caractères.* — Soluble dans l'acide chlorhydrique en laissant un résidu jaune soluble dans l'ammoniaque. Au chalumeau, moins fusible que le wolfram. Avec les flux, réactions du tungstène et du manganèse.

Dureté, 4,5. Poussière jaune-brun. Densité, 7,14.

*Forme cristalline.* — Prisme orthorhombique de 105°. Clivage $g^1$ parfait.

**HUDSONITE** (Min.). — Variété de pyroxène riche en alumine et en peroxyde de fer provenant de la rivière Hudson, comté d'Orange (New-York).

**HUILES.** — Les huiles sont divisées en *huiles fixes* ou *grasses* et en *huiles essentielles* appelées *essences*. Nous n'avons à considérer ici que les huiles de la première section.

Les *huiles grasses* possèdent les propriétés des corps gras; elles pénètrent dans le papier en le rendant transparent, et les taches sont persistantes. Les huiles sont habituellement liquides à la température ordinaire; cependant certaines huiles, malgré leur consistance, ont conservé le nom d'huiles, comme les huiles de palme, de coco, de laurier, qu'on devrait appeler *beurres*.

Les huiles sont d'origine animale ou végétale; elles sont insolubles dans l'eau, très-peu solubles dans l'alcool, à l'exception de l'huile de ricin.

Chez les végétaux, les huiles grasses se trouvent presque toujours dans les semences; mais quelquefois l'huile est contenue dans la pulpe du fruit, comme dans l'olivier, le cornouiller sanguin. Très-rarement l'huile est contenue dans une racine; tel est le cas du souchet comestible (*Cyperus esculentus*), qui renferme 26 °/₀ de matière grasse.

Dans les parties herbacées, les huiles sont moins abondantes, moins élaborées. Les huiles sont enfermées dans le tissu végétal sous forme de gouttelettes.

Dans les graines des plantes l'albumine se rencontre ordinairement avec l'huile; lorsqu'on les broie avec de l'eau, l'albumine maintient l'huile en suspension et produit un liquide laiteux, une *émulsion*.

Les huiles animales se retirent des Cétacés, baleines, cachalots, dauphins, marsouins, phoques. Les huiles de poisson contiennent, d'après M. Chevreul, un acide gras volatil, appelé acide *phocénique* et qui n'est autre que l'acide valérique (Berthelot).

Des abatis de bœufs, de vaches, de moutons, on extrait une huile blanche, inodore, connue sous le nom d'*huile de pieds de bœuf* ou de *mouton*. Comme huile animale on connaît aussi l'*huile d'œufs*.

Il est important de pouvoir déterminer la proportion d'huile contenue dans une graine oléagineuse; on y parvient en épuisant la graine, convenablement divisée, par un dissolvant volatil, tel que l'éther, le sulfure de carbone, la benzine, etc. Le liquide filtré est évaporé dans une capsule tarée et après évaporation, l'augmentation de poids de la capsule indique la quantité de matière grasse. L'éther dissolvant des matières autres que les corps gras, il convient de traiter le résidu de l'évaporation par l'eau et de dessécher de nouveau. Pour les matières ne contenant que quelques centièmes de principes gras, comme le foin, la paille, il est avantageux de commencer le traitement par l'eau bouillante, qui enlève les substances gommeuses. Aussi préfère-t-on souvent remplacer l'éther par le sulfure de carbone purifié au moyen du sublimé corrosif. Il est indispensable d'amener le produit à analyser à un état de siccité constant, en le chauffant pendant un assez long temps à la température de 100-110°. Lorsque l'on a à sa disposition une quantité de matière un peu considérable, on fait usage de l'*extracteur à distillation continue* de M. Payen, ou de l'*élaïomètre* de M. Berjot ou de l'appareil à épuisement de M. Cloëz, décrit t. Ier, p. 1252.

M. Cloëz a déterminé la proportion de matière grasse d'un très-grand nombre de substances.

Le résumé de son travail est indiqué dans le tableau suivant, qui contient :

1° Le nom du produit;
2° Son poids sous un volume déterminé;
3° La perte en humidité qu'il éprouve à 100°;
4° Le poids des cendres;
5° La quantité de matière grasse pour 100 p. du produit à l'état normal;
6° Cette même quantité calculée pour 100 p. du produit desséché;
7° Enfin la quantité de la matière grasse à la température de 15°.

TABLEAU DU RENDEMENT EN MATIÈRE GRASSE DE DIVERS PRODUITS D'ORIGINE VÉGÉTALE.

| NOMS DES PLANTES. | POIDS de l'hectolitre du produit. | PERTE en eau à 100 degrés. | CENDRE pour 100 parties. | MATIÈRE GRASSE en poids | | DENSITÉ de la matière grasse à 15 degrés. |
|---|---|---|---|---|---|---|
| | | | | pour 100 parties produit normal. | pour 100 parties produit desséché. | |
| | kil. | | | | | |
| Maïs (*Zea Maïs*) | 78,80 | 14,6 | 1,56 | 5,41 | 6,383 | 0,92211 |
| Souchet comestible (*Cyperus esculentus*) | 62,25 | 9,02 | 1,75 | 23,76 | 26,116 | 0,91872 |
| Brou de noix de palme (*Elæis guineensis*) | » | 2,38 | 0,82 | 71,60 | 73,345 | 0,965 |
| Amande de noix de palme | 63,8 | 6,14 | 2,08 | 47,075 | 50,154 | 0,9574 |
| Palmiste (amande de la noix de palme) | 60,8 | 7,14 | 1,00 | 46,44 | 50,01 | 0,9437 |
| Amande fraîche de la noix de coco (*Cocos nucifera*) | » | 46,34 | 0,72 | 41,98 | 74,72 | 0,92176 |
| Copra (*Cocos nucifera*), amande sèche | 57,84 | 5,04 | 1,36 | 69,30 | 72,978 | » |
| Paripou (*Guilielma speciosa*) | 55,10 | 5,68 | 1,54 | 81,40 | 83,291 | 0,945 |
| Aouara de la Guyane (*Astrocaryum vulgare*) | 62,40 | 5,60 | 1,28 | 39,22 | 41,547 | 0,957 |
| Noix d'arec (*Areca catechu*) | 66,20 | 12,04 | 2,86 | 8,01 | 9,14 | 0,978 |
| Iris des marais (*Iris germanica* | 31,6 | 13,34 | 1,96 | 8,641 | 9,97 | 0,9326 |
| Bardane (*Arctium Lappa*) | 51,64 | 11,12 | 3,08 | 19,032 | 21,418 | 0,93075 |
| Ram till (*Guizotia oleifera*) | 66,80 | 7,94 | 3,84 | 35,100 | 38,127 | 0,92261 |
| Hélianthe (*Helianthus annuus*) | 44,0 | 9,30 | 3,20 | 21,81 | 24,046 | 0,92504 |
| Madi (*Madia sativa*) | 45,69 | 8,34 | 4,16 | 32,70 | 35,675 | 0,92922 |

RENDEMENT EN MATIÈRE GRASSE DE DIVERS PRODUITS D'ORIGINE VÉGÉTALE (Suite).

| NOMS DES PLANTES. | POIDS de l'hectolitre du produit. | PERTE en eau à 100 degrés. | CENDRE pour 100 parties. | MATIÈRE GRASSE en poids | | DENSITÉ de la matière grasse à 15 degrés. |
|---|---|---|---|---|---|---|
| | | | | pour 100 parties produit normal. | pour 100 parties produit desséché. | |
| | kil. | | | | | |
| Cardon (*Cynara Cardunculus*)........... | 64,80 | 9,02 | 3,46 | 20,010 | 21,994 | 0,92585 |
| Laitue à l'huile (*Lactuca oleifera*)....... | 46,50 | 7,64 | 3,56 | 37,50 | 40,602 | 0,92268 |
| Chardon (*Carduus pycnocephalus*)....... | 50,0 | 9,58 | 3,12 | 39,64 | 43,84 | 0,92326 |
| Onoporde (*Onopordon horridum*) .I...... | 56,94 | 10,31 | 4,14 | 10,58 | 11,797 | 0,92210 |
| Chardon Marie (*Silybum Marianum*)..... | 71,25 | 7,12 | 3,72 | 25,97 | 27,96 | 0,92131 |
| Marguerite dorée (*Chrysanthemum segetum*) | 45,25 | 9,52 | 5,84 | 15,22 | 16,821 | 0,92434 |
| Centaurée (*Centaurea sonchifolia*)....... | 65,7 | 6,44 | 3,06 | 26,9 | 28,752 | 0,92714 |
| Chardon champêtre (*Circium arvense*)... | 50,40 | 6,04 | 4,42 | 22,37 | 23,808 | 0,93384 |
| Carthame (*Carthamus tinctorius*)........ | 55,30 | 9,84 | 2,76 | 18,39 | 20,397 | 0,92411 |
| Echinops (*Echinops gigantea*)........... | 59,39 | 6,62 | 4,26 | 30,0 | 32,127 | 0,92726 |
| Carpesie (*Carpesium cernuum*)........... | 26,4 | 8,24 | 6,72 | 20,40 | 22,232 | 0,93425 |
| Pissenlit (*Taraxacum dens leonis*)........ | 32,68 | 8,18 | 3,88 | 26,53 | 28,894 | 0,92327 |
| Café vert de la Martinique (*Coffea arabica*) | 71,60 | 11,22 | 2,64 | 10,722 | 12,077 | 0,95628 |
| Café torréfié........................ | 36,60 | » | » | 15,26 | » | » |
| Gremil (*Lithospermum officinale*)......... | 66,4 | 7,27 | 28,816 | 15,91 | 17,157 | 0,91775 |
| Stramoine (*Datura Stramonium*)......... | 58,475 | 8,56 | 2,92 | 25,0 | 27,34 | 0,92284 |
| Stramoine (autre échantillon) ........... | 56,0 | 10,28 | 3,14 | 23,15 | 25,802 | 0,92592 |
| Datura Metel......................... | 51,08 | 8,40 | 2,52 | 14,77 | 16,12 | 0,9261 |
| Tabac rustique (*Nicotiana rustica*)....... | 47,75 | 5,98 | 4,48 | 38,61 | 41,065 | 0,93244 |
| Jusquiame noire (*Hyoscyamus niger*)..... | 57,20 | 8,72 | 3,16 | 34,91 | 38,245 | 0,92468 |
| Douce-amère (*Solanum Dulcamara*)...... | 48,75 | 7,44 | 2,82 | 23,86 | 25,778 | 0,92855 |
| Paulonie (*Paulownia imperialis*)......... | 6,70 | 10,18 | 3,15 | 21,98 | 24,415 | 0,92504 |
| Sésame du Levant (*Sesamum indicum*) .. | 62,2 | 5,24 | 5,68 | 53,95 | 56,933 | 0,92415 |
| — d'Orient...................... | 62,50 | 4,84 | 3,50 | 55,10 | 57,902 | 0,92218 |
| — des Antilles.................... | 62,55 | 5,12 | 3,70 | 51,99 | 54,67 | 0,92438 |
| — blanc Kurrachee ............... | 61,275 | 5,28 | 4,94 | 49,6 | 52,365 | 0,92174 |
| — bigarré de Bombay............ | 61,88 | 6,70 | 4,74 | 49,8 | 53,876 | 0,9224 |
| — noir de Bombay ............... | 61,95 | 5,24 | 5,20 | 49,8 | 52,551 | 0,92504 |
| — noir de Pondichéry............ | 62,7 | 5,04 | 5,02 | 50,3 | 52,97 | 0,9246 |
| Moldavique (*Dracocephalum moldavicum*). | 64,0 | 10,04 | 5,60 | 21,32 | 23,699 | 0,93235 |
| Sauge sciarée (*Salvia Sclarea*).......... | 59,05 | 6,28 | 5,48 | 24,42 | 26,056 | 0,93528 |
| Olive (*Olea europæa*) ................. | 67,10 | 29,20 | 1,79 | 39,45 | 55,721 | 0,91647 |
| Graines des olives (amandes)........... | 52,63 | 5,595 | 2,298 | 43,87 | 46,47 | 0,92828 |
| Houx épineux (*Ilex aquifolium*)......... | 59,8 | 7,62 | 1,96 | 25,905 | 28,037 | 0,92218 |
| Djavé du Gabon (*Bassiæ species*)........ | » | 4,36 | 1,80 | 63,55 | 66,447 | 0,944 |
| Noungou du Gabon (*Bassiæ species*)...... | » | 4,16 | 2,16 | 56,12 | 58,556 | 0,958 |
| Shea du Sénégal (*Bassia butyracea*)...... | » | 5,92 | 2,32 | 49,14 | 52,232 | 0,938 |
| Suifier du Gabon (*Pentadesma butyracea*).. | 58,2 | 5,04 | 2,06 | 62,87 | 66,207 | 0,9240 |
| Galba amandes (*Calophyllum Calaba*).... | 52,3 | 2,84 | 1,16 | 69,49 | 71,521 | 0,953 |
| Tamanu (*Calophyllum inophyllum*)....... | » | 4,68 | 1,50 | 69,17 | 72,583 | 0'963 |
| Lophira (*Lophira alata*)................ | 67,0 | 3,80 | 1,44 | 43,87 | 45,60 | 0,951 |
| Dryobalanops du Gabon (*Sp. nova*)...... | » | 4,36 | 1,60 | 61,50 | 64,303 | 0,977 |
| Tilleul (*Tilia microphylla*).............. | 55,0 | 15,0 | 3,82 | 25,18 | 29,623 | 0,92685 |
| Cotonnier (*Gossypium herbaceum*)........ | 63,0 | 9,30 | 3,76 | 23,675 | 26,103 | 0,93625 |
| Abutilon (*Ab. tiliæfolium*)............. | 68,15 | 10,32 | 4,56 | 15,07 | 16,80 | 0,92574 |
| Hibiscus (rose de Chine)............... | 47,20 | 9,60 | 3,80 | 16,863 | 18,654 | 0,92453 |
| Noix de *Sterculia fœtida*.............. | 57,60 | 3,88 | 2,70 | 48,31 | 50,26 | 0,95758 |
| Fromager (*Bombax pentandrum*)......... | 43,0 | 10,12 | 5,04 | 20,47 | 22,775 | 0,92453 |
| Cacao Caraque (*Theobroma Cacao*)...... | 58,0 | 7,48 | 3,36 | 44,275 | 47,854 | 0,944 |
| Cacao Maragnon...................... | 53,58 | 8,48 | 4,56 | 38,25 | 41,79 | 0,97665 |
| Ricin de France (*Ricinus communis*)..... | 58,92 | 6,86 | 2,84 | 50,85 | 54,595 | 0,96329 |
| — décortiqué ............ | 56,1 | 3,76 | 2,56 | 68,81 | 71,498 | » |
| Ricin d'Amérique...................... | 48,18 | 7,04 | 2,96 | 45,875 | 49,349 | 0,96357 |
| — décortiqué............ | 46,65 | 5,14 | 3,54 | 63,763 | 67,234 | » |
| Épurge (*Euphorbia Lathyris*)............ | 56,82 | 7,34 | 2,76 | 43,75 | 47,215 | 0,92613 |
| Noix de Bancoul (*Aleurites moluccana*).. | 46,87 | 5,14 | 3,18 | 62,12 | 65,486 | 0,92325 |
| Graine de Tilly (*Croton Tiglium*)........ | 48,73 | 6,48 | 2,72 | 37,03 | 39,595 | 0,942625 |
| — (albumen décortiqué).... | 56,5 | 6,20 | 2,60 | 53,38 | 56,90 | 0,95498 |
| Suifier de la Chine (*Stillingia sebifera*).. | 49,2 | 6,27 | 2,147 | 36,94 | 39,41 | » |
| Omphalier (*Omphalea diandra*).......... | 42,5 | 3,48 | 2,08 | 64,58 | 66,908 | 0,91982 |
| Pignon d'Inde (*Curcas purgans*)......... | 45,46 | 4,48 | 3,68 | 55,85 | 58,47 | 0,92454 |
| Capucine (*Tropæolum majus*).. ........ | 36,48 | 12,40 | 3,92 | 8,60 | 9,864 | 0,91163 |
| Lin de Vendée (*Linum usitatissimum*).... | 79,62 | 7,84 | 3,90 | 37,95 | 41,178 | 0,93515 |
| Lin d'Odessa..... .................... | 71,0 | 8,76 | 3,20 | 38,6 | 42,307 | 0,93471 |
| Graine de Rue (*Ruta graveolens*)........ | 54,56 | 8,92 | 7,08 | 20,57 | 22,584 | 0,96569 |
| Ailante vernis du Japon (*Ail. glandulosa*). | 61,8 | 5,92 | 4,12 | 53,876 | 57,266 | 0,92218 |
| Pistaches (*Pistacia vera*).............. | 62,6 | 8,10 | 2,60 | 51,40 | 55,93 | 0,91844 |
| Cirier du Japon (*Rhus succedaneum*).... | 43,33 | 7,60 | 1,40 | 22,202 | 24,028 | 0,93995 |
| Anacarde occidentale (amandes)......... | » | 4,56 | 2,56 | 40,5 | 42,435 | 0.91936 |
| — (péricarpe)....... | » | 5,40 | 1,00 | 29,5 | 31,134 | » |
| Dika (*Irvingia gabonensis*).............. | » | 4,08 | 2,23 | 59,55 | 62,226 | 0,993 |
| Pépins d'orange (*Citrus Aurantium*)..... | 48,65 | 33,60 | 1,68 | 27,33 | 41,235 | 0,92497 |
| Carapa de la Guyane (amandes)......... | 44,68 | 4,16 | 2,76 | 80,208 | 73,255 | 0,949 |
| Touloucouna du Sénégal (*Carapa Touloucouna*)......... ................... | 41,55 | 3,24 | 3,24 | 65,04 | 67,148 | 0,935 |

RENDEMENT EN MATIÈRE GRASSE DE DIVERS PRODUITS D'ORIGINE VÉGÉTALE (Suite).

| NOMS DES PLANTES. | POIDS de l'hectolitre du produit. | PERTE en eau à 100 degrés. | CENDRE pour 100 parties. | MATIÈRE GRASSE en poids | | DENSITÉ de la matière grasse à 15 degrés. |
|---|---|---|---|---|---|---|
| | | | | pour 100 parties produit normal. | pour 100 parties produit desseché. | |
| Melia azedarach (Amandes)............ | 56,3 | 7,84 | 2,88 | 49,83 | 54,079 | » |
| Citron de mer (*Ximenia americana*)...... | 48,2 | 7,55 | 1,40 | 69,7 | 75,458 | » |
| Marron d'Inde (*Æsculus Hippocastanum*). | 57,4 | 12,65 | 1,755 | 5,215 | 5,97 | 0,92313 |
| Picaya (*Pekea guyanensis*), péricarpe.... | » | 8,72 | 0,24 | 7,1 | 7,78 | 0,942 |
| — amandes.... | » | 4,12 | 4,08 | 62,13 | 64,80 | » |
| *Kœlreuteria paniculata*................ | 65,1 | 8,70 | 2,90 | 23,910 | 26,188 | 0,92755 |
| Pépins de raisins (*Vitis vinifera*)......... | 62,20 | 6,84 | 2,88 | 11,6 | 12,45 | 0,92784 |
| Fusain (*Evonymus europæus*)........... | 57,6 | 7,74 | 3,06 | 44,8 | 48,599 | 0,95717 |
| Staphylier (*Staphylea pinnata*).......... | 58,50 | 25,62 | 0,82 | 8,46 | 11,374 | 0,92972 |
| — (graine sans tégument)....... | 57,9 | 14,52 | 2,32 | 33,902 | 39,661 | 0,92972 |
| Moutarde noire (*Sinapis nigra*).......... | 72,6 | 8,24 | 4,90 | 31,925 | 34,792 | 0,93383 |
| — blanche (*Sinapis alba*)......... | 75,425 | 8,42 | 3,30 | 31,275 | 34,15 | 0,92174 |
| — champêtre (*Sinapis arvensis*)... | 70,7 | 13,14 | 4,40 | 23,372 | 26,907 | » |
| Ravison d'Odessa (*Sinapis arvensis*)...... | 72,55 | 7,74 | 4,36 | 25,70 | 27,857 | 0,92102 |
| Moutarde rouge (*Sinapis dissecta*)........ | 74,215 | 8,83 | 4,972 | 18,70 | 20,504 | » |
| Erysimum du ravison (*Erysimum orientale*) | 69,88 | 6,80 | 5,08 | 20,87 | 22,393 | » |
| Thlaspi oléifère......................... | 73,14 | 12,76 | 5,50 | 18,45 | 21,148 | 0,92306 |
| Tabouret (*Thlaspi Bursa pastoris*)....... | 70,40 | 8,24 | 4,56 | 30,0 | 32,694 | 0,92181 |
| Ravenelle (*Raphanus Raphanistrum*)..... | 61,65 | 5,96 | 4,16 | 45,34 | 48,213 | » |
| Kakile maritime......................... | 64,65 | 5,64 | 3,10 | 52,117 | 55,232 | 0,92066 |
| Sisymbre (*Sisymbrium strictissimum*).... | 59,35 | 7,34 | 3,02 | 30,0 | 32,376 | 0,92014 |
| — des dunes (*Sysimbrium murale*). | 69,6 | 7,48 | 5,56 | 32,15 | 34,749 | 0,91503 |
| — oléifère (*S. acutangulum*)..... | 69,43 | 7,88 | 4,62 | 27,42 | 29,76 | 0,91764 |
| Giroflée quarantaine (*Matthiola annua*)... | 53,80 | 7,24 | 4,22 | 22,66 | 24,429 | 0,92981 |
| Cameline (*Camelina sativa*)............ | 67,04 | 8,84 | 4,16 | 31,64 | 34,708 | 0,92836 |
| — du Nord............... | 70,55 | 8,26 | 4,36 | 31,0 | 33,79 | 0,93045 |
| Chou marin (*Crambe maritima*)......... | 57,2 | 6,48 | 3,14 | 40,081 | 43,50 | 0,91822 |
| Cresson alenois (*Lepidium sativum*)...... | 75,39 | 10,40 | 4,66 | 23,975 | 26,73 | 0,92658 |
| Colza de saison du Nord (*Brassica campestris oleifera*)....................... | 68,80 | 7,64 | 3,56 | 43,425 | 47,01 | 0,91170 |
| Colza de Vendée — | 68,6 | 7,70 | 3,1 | 44,2 | 47,887 | 0,91536 |
| — de la Somme — | 68,2 | 8,2 | 3,32 | 42,83 | 46,656 | 0,91237 |
| — froid des environs de Paris........ | 67,8 | 8,18 | 3,64 | 41,99 | 45,73 | 0,110 |
| — de printemps (*Br. c. oleif. præcox*). | 62,25 | 8,84 | 3,30 | 39,50 | 43,31 | 0,9108 |
| — de mars du Nord.............. | 65,6 | 12,76 | 3,72 | 33,3 | 37,94 | 0,9171 |
| Chou cavalier (*Brassica sempervirens*).... | 69,87 | 9,08 | 3,60 | 39,25 | 43,17 | 0,92271 |
| Navet turneps (*Brassica Rapa*).......... | 70,7 | 9,10 | 3,80 | 37,6 | 41,364 | 0,92951 |
| Rutabaga (*Brassica Napobrassica*)........ | 66,6 | 8,44 | 2,68 | 39,1 | 42,704 | 0,90617 |
| Radis oléifère......................... | 68,6 | 8,40 | 4,16 | 36,13 | 39,443 | 0,93158 |
| Navette d'hiver (*Brassica napus oleifera*). | 66,79 | 8,70 | 3,36 | 40,975 | 44,88 | 0,91525 |
| — d'été (*Brassica asperifolia oleifera*) | 69,93 | 8,72 | 3,32 | 40,025 | 44,506 | 0,91645 |
| — d'été (récolté au muséum)....... | 71,40 | 8,12 | 3,98 | 33,70 | 36,778 | 0,91753 |
| Corblet (*Glaucium flavum*)............... | 65,6 | 7,97 | 9,32 | 39,118 | 42,50 | 0,913 |
| — (récolté au muséum)............ | 65,0 | 6,84 | 8,40 | 37,75 | 40,581 | 0,92416 |
| Glaucier rouge ((*Glaucium corniculatum*) | 65,84 | 7,24 | 11,16 | 27,083 | 29,207 | 0,92547 |
| *Rœmeria hybrida*....................... | 61,0 | 6,0 | 10,32 | 33,97 | 36,138 | 0,9268 |
| — *refracta*....................... | 56,4 | 6,88 | 8,60 | 34,206 | 36,733 | 0,9285 |
| Pavot hybride (*Papaver hybridum*)...... | 60,10 | 5,64 | 11,0 | 45,28 | 37,389 | 0,92258 |
| — coquelicot (*Pap. Rhœas*)........... | 64,2 | 7,62 | 7,44 | 39,01 | 42,227 | 0,92724 |
| — à bractées (*Pap. bracteatum*)...... | 58,8 | 8,10 | 5,56 | 40,04 | 43,56 | 0,92532 |
| — somnifère à graine blanche........ | 61,82 | 4,88 | 5,50 | 41,55 | 46,835 | 0,92328 |
| — — à graine blonde......... | 58,5 | 6,28 | 7,18 | 48,1 | 51,32 | 0,92482 |
| — œillette du Nord.................. | 60,8 | 7,40 | 6,48 | 42,30 | 45,68 | 0,95701 |
| Œillette de la Somme................... | 62,8 | 7,5 | 6,26 | 44 | 47,567 | » |
| Pavot à fleurs doubles (muséum, 1861)... | 59,42 | 7,14 | 6,93 | 42,3 | 45,552 | » |
| — (muséum, 1862)... | 58,735 | 6,58 | 7,20 | 41,95 | 44,905 | » |
| Pavot œillette (muséum, 1862).......... | 60,44 | 9,46 | 6,20 | 39,7 | 43,848 | 0,92614 |
| Coque du Levant........................ | 42,95 | 10,40 | 3,29 | 23,175 | 25,87 | 0,9315 |
| Muscade des Moluques (*Myristica moschata*) | 60,7 | 9,28 | » | 38,667 | 42,622 | 1,0088 |
| — combo du Gabon (*M. Kombo*).... | 43,5 | 4,32 | 1,92 | 72,0 | 75,251 | 0,974 |
| — (origine incertaine)............ | 62,4 | 4,11 | 1,76 | 64,58 | 67,35 | 0,99066 |
| Ortie (*Urtica dioica*).................... | 50,8 | 9,36 | 5,84 | 30,62 | 33,782 | 0,93153 |
| Micocoulier (*Celtis australis*).............. | 72,0 | 4,68 | 31,56 | 15,26 | 16,10 | » |
| Graines de chanvre (*Cannabis sativa*)..... | 56,0 | 8,80 | 4,70 | 31,50 | 34,54 | 0,930755 |
| Chènevis (échantillon incomplétement mûr) | 51,97 | 10,20 | 4,52 | 29,49 | 32,617 | 0,92068 |
| Savignon (*Cornus sanguinea*)............ | 54,82 | 11,52 | 3,00 | 26,30 | 29,724 | 0,92228 |
| Noix de Coula (*Coula edulis*)............ | » | 6,68 | 2,04 | 32,88 | 35,234 | » |
| Potiron (*Cucurbita maxima*)............ | 38,70 | 6,44 | 3,96 | 39,225 | 41,912 | 0,93493 |
| Courge vivace (*Cucurbita perennis*)...... | 38,78 | 10,50 | 3,158 | 18,95 | 21,173 | 0,93791 |
| Pastèque (*Cucumis Citrullus*)........... | 61,40 | 9,86 | 2,85 | 21,075 | 23,38 | 0,92523 |
| Courge des prophètes (*Cucumis prophet.*). | 57,45 | 9,84 | 3,68 | 28,02 | 31,07 | 0,9320 |
| *Rhyncocarpa dissecta*.................. | 51,10 | 5,82 | 2,92 | 34,28 | 36,40 | 0,03912 |
| Ogadioka du Gabon (*Telfairia pedata*)... | » | 5,88 | 2,60 | 33,08 | 35,147 | » |
| Onagre (*Œnothera biennis*)............. | 40,05 | 10,68 | 4,52 | 21,83 | 24,44 | 0,929875 |
| — des bords de la Loire........... | 39,10 | 10,44 | 4,22 | 20,35 | 22,722 | 0,92767 |

RENDEMENT EN MATIÈRE GRASSE DE DIVERS PRODUITS D'ORIGINE VÉGÉTALE (Suite).

| NOMS DES PLANTES. | POIDS de l'hectolitre du produit. | PERTE en eau à 100 degrés. | CENDRE pour 100 parties. | MATIÈRE GRASSE en poids | | DENSITÉ de la matière grasse à 15 degrés. |
|---|---|---|---|---|---|---|
| | | | | pour 100 parties produit normal. | pour 100 parties produit desséché. | |
| | kil. | | | | | |
| Baies de laurier (*Laurus nobilis*)........ | 53,95 | 8,54 | 1,52 | 24,45 | 26,73 | 0,93317 |
| Noix du Brésil (*Bertholletia excelsa*)...... | » | 3,38 | 3,12 | 66,74 | 69,075 | 0,0171 |
| Pepins de pommes...................... | 63,18 | 11,54 | 3,24 | 20,457 | 23,118 | 0,92306 |
| M'poga du Gabon (*Incertæ sedis*)......... | 56,3 | 5,24 | 3,62 | 58,25 | 61,471 | 0,91z2 |
| Amandes douces (commerce droguerie)... | 58,92 | 5,64 | 2,85 | 55,69 | 59,02 | 0,91844 |
| — (pour la table), sans coques. | 59,40 | 5,12 | 2,68 | 58,5 | 60,11 | » |
| Amandes amères (récoltées à Auxerre.... | 58,18 | 4,94 | » | 53,26 | 56,028 | 0,91866 |
| — (commerce droguerie)... | 60,57 | 7,18 | 3,92 | 48,05 | 51,76 | 0,91857 |
| Amandes de prunier (mirabelle)......... | 62,0 | 6,24 | 3,00 | 42,96 | 45,819 | » |
| — (reine-claude)...... | 66,20 | 5,88 | 2,88 | 48,18 | 45,878 | 0,91904 |
| Amandes de la pêche................... | 55,60 | 6,16 | 2,96 | 46,74 | 49,81 | 0,91924 |
| — de l'abricot .................. | 57,5 | 7,28 | 2,46 | 43,62 | 47,045 | 0,91932 |
| — de la cerise dite de Montmorency | 64,72 | 5,04 | 2,94 | 35,66 | 37,553 | 0,91984 |
| Arachides de Gambie décortiquées....... | 62,15 | 5,26 | 1,62 | 50,5 | 53,304 | 0,91822 |
| — avec coque....... | 34,90 | 6,04 | 2,073 | 37,246 | 39,641 | » |
| Arachides décort. (Min. agric. et comm.).. | 62,0 | 6,94 | 2,30 | 44,10 | 47,39 | 0,92138 |
| Owala du Gabon (*Pentaclethra macrophylla*) | » | 3,76 | 1,92 | 48,92 | 50,831 | 0,942 |
| Baguenaudier (*Colutea arborescens*)...... | 89,0 | 8,74 | 4,04 | 4,52 | 4,953 | 0,93394 |
| *Parkia biglandulosa* de l'Inde........... | 76,0 | 10,40 | 3,50 | 17,55 | 19,587 | 0,946 |
| Ben ailé (amandes *Mor. pterigosperma*)... | 46,8 | 6,48 | 3,72 | 36,2 | 38,708 | 0,9148 |
| Noix sans coque (*Juglans regia*)......... | 44,166 | 4,68 | 2,0 | 64,325 | 67,483 | 0,92878 |
| Noix amère (*Carya amara*)............ | » | 8,28 | 2,04 | 30,0 | 32,712 | 0,92453 |
| Faines avec téguments (de Fontainebleau) | 48,45 | 12,88 | 2,52 | 28,30 | 32,484 | 0,91888 |
| — décortiquées — | 63,45 | 9,14 | 3,30 | 43,52 | 47,896 | » |
| — — (forêt d'Arc).......... | 63,85 | 10,84 | 3,20 | 36,45 | 40,846 | » |
| Noisettes sans coque (des bois).......... | 54,45 | 6,64 | 2,16 | 66,35 | 64,642 | 0,91987 |
| — de table (sans coque).......... | 54,62 | 4,9 | 2,32 | 64,0 | 67,297 | 0,92064 |
| Cirier d'Amérique (*Myrica cerifera*)...... | 46,56 | 9,80 | 1,44 | 24,114 | 26,734 | 0,97591 |
| Pignons doux sans coque (*Pinus pinea*)... | 54,8 | 7,88 | 4,10 | 44,736 | 48,563 | 0,91963 |
| Pin maritime (graine avec téguments).... | 58,5 | 9,02 | 4,22 | 15,82 | 16,517 | 0,92812 |
| Epicea (*Abies excelsa*).................. | 55,0 | 9,12 | 3,90 | 32,4 | 35,64 | 0,93515 |
| Pignons de Chine sans coque (*Pinus parviflora?*) ...................... | 53,4 | 3,48 | 2,72 | 65,416 | 67,774 | 0,92574 |

Industriellement, l'extraction des huiles se fait dans le plus grand nombre des cas en soumettant les matières oléagineuses à l'action de presses plus ou moins puissantes.

Préalablement on concasse les graines sous des pilons ou bien à l'aide de cylindres broyeurs; on les réduit ensuite en pâte sous des meules en pierre disposées verticalement. Certaines huiles sont obtenues à froid, mais généralement la pression se fait à chaud, soit en plaçant la pâte entre des plaques métalliques chauffées par une circulation intérieure de vapeur, soit en la brouillant avec de l'eau chaude et soumettant le mélange à la presse dans des sacs en laine.

Quelquefois on fait torréfier les graines, on les concasse et on les fait bouillir avec de l'eau; la matière grasse vient surnager à la surface.

Après une première pression le marc ou *tourteau* est broyé de nouveau et pressé. L'huile ainsi obtenue est moins pure, plus mucilagineuse que celle retirée par la première opération.

En étudiant chaque huile en particulier on décrira le procédé employé pour son extraction.

Les tourteaux retiennent encore une proportion d'huile qui s'élève de 10 à 15 %. L'huile retenue dans le tourteau est d'autant plus considérable que les principes albumineux et l'amidon sont en plus grande proportion. On emploie les tourteaux à la nourriture du bétail et comme engrais pour les terres.

Ajoutons que la valeur du produit en graines oléagineuses d'une surface donnée de terrain, le rendement en huile de ces mêmes graines, dépendent, comme le fait très-bien observer M. Boussingault, du climat, de la nature du sol, des soins apportés dans la culture, etc.

*Épuration des huiles.* — Au sortir des presses, les huiles, plus ou moins altérées par la chaleur, ne sont pas pures; elles renferment de la matière colorante, des principes résineux contenus dans la graine, des matières albumineuses; aussi sont-elles troubles et brûlent-elles mal en répandant de la fumée. Il est donc nécessaire de les soumettre à l'*épuration*.

En 1801, Thenard a indiqué un procédé d'épuration qui, légèrement modifié, est généralement adopté.

L'huile à épurer est placée dans un tonneau ou dans un bac doublé en plomb; on y verse lentement et par fractions 2 ou 3 centièmes du poids de l'huile en acide sulfurique concentré et on brasse jusqu'à ce que toute la masse liquide ait pris une teinte verdâtre. A mesure que le mucilage se charbonne, l'huile devient noire; après vingt-quatre heures de repos, on ajoute un volume d'eau pure à 75° égal aux 2/3 de celui de l'huile; on agite fortement jusqu'à ce que le liquide ait une apparence laiteuse, puis on fait écouler le mélange dans de vastes réservoirs placés dans un atelier où la température est maintenue de 25° à 30°. Après quelques jours de repos, on décante l'huile surnageante et on la filtre au travers d'une couche de coton ou de laine cardée.

On a encore proposé de filtrer l'huile sur du charbon ou à travers une flanelle sur laquelle on place 8 ou 10 centimètres de son de froment bien nettoyé, puis cinq paniers plats remplis de sable de rivière. On peut aussi faire de bons filtres avec de la mousse d'arbres bien exempte de feuilles.

Afin de rendre l'opération plus rapide et d'employer moins d'eau, M. Dubrunfaut sature l'acide par le carbonate de chaux. Lorsque l'huile a pris l'aspect verdâtre, par suite de l'action de l'acide sulfurique, on ajoute de la craie délayée en bouillie épaisse jusqu'à neutralisation de l'acide.

Pour éviter la filtration, on place l'huile trouble dans une grande futaille et on la bat avec du tourteau pulvérisé et sec. Pour 6 hectolitres d'huile, on emploie 50 kilogrammes de tourteau. Au bout de vingt minutes on laisse déposer. Après huit à neuf jours, on peut soutirer à peu près 4 hectolitres qu'on remplace par une égale quantité d'huile trouble. Trois jours après, le soutirage se réitère et on répète la même opération jusqu'à ce que les 50 kilogr. de tourteau ne clarifient plus, ce qui n'arrive guère que lorsqu'on a traité 200 hectolitres d'huile.

Une huile bien épurée ne doit, en brûlant, ni noircir, ni charbonner la mèche, ni la couvrir de champignons. Un trop grand excès d'acide rend l'huile trop fluide. Le déchet des huiles par l'épuration varie de 1,5 à 2 %.

M. Évrard a substitué le traitement par des solutions alcalines faibles au traitement par l'acide sulfurique.

M. Rudolf Wagner a proposé de traiter l'huile de colza brute par 1,5 % de chlorure de zinc dissous, d'une densité de 1,85, et d'agiter pendant quelque temps. L'huile jaunit d'abord, brunit ensuite et laisse déposer des flocons bruns. Exposée à un courant de vapeur d'eau et laissée en repos pendant un temps convenable, elle se sépare entièrement de la dissolution saline qui est plus dense. Pour l'épurer complétement, il est nécessaire d'y faire passer un courant de vapeur d'eau, puis de la laver à l'eau chaude.

M. Puscher, de Nuremberg, incorpore 3 % de fécule de pommes de terre à l'huile et chauffe jusqu'à ce que l'ébullition commence. Il se produit une mousse qui dure environ 25 minutes, puis l'ébullition se régularise; après plusieurs heures, on laisse reposer et la fécule carbonisée se sépare de l'huile.

En Angleterre on blanchit certaines huiles, telles que l'huile de coton et l'huile de palme, en les chauffant avec un mélange d'acide azotique et de chlorate de potasse. Sous l'influence de ces corps oxydants les huiles se décolorent facilement; mais il ne faut pas employer un trop grand excès de chlorate, ni d'acide; sans cela les huiles retiennent en combinaison du chlore ou des produits azoteux qui nuisent à leur emploi; 1 à 2 % d'acide azotique et de chlorate suffisent généralement pour l'opération. On termine toujours par des lavages à l'eau.

Le chlore, se combinant facilement avec les corps gras, ne doit jamais être employé pour la décoloration des huiles, parce que par la combustion elles donneraient [illegible] l'acide chlorhydrique. De même les huiles qui retiennent des traces de produits nitreux se colorent en rouge acajou sous l'influence des alcalis et deviennent dès lors impropres à la fabrication des savons.

M. C. Michaud a adressé dernièrement à la Société d'encouragement une notice sur une nouvelle méthode d'épuration des huiles de colza et de navette destinées à l'éclairage. Ce travail a été l'objet d'un rapport de M. Chevallier qui nous fait connaître ce procédé [*Bull. de la Soc. d'encourag.*, avril 1869].

On opère la défécation en insufflant de l'air à travers l'huile, pendant qu'on y fait tomber l'acide sous forme de filets nombreux et déliés; l'huile se charge d'air divisé qui forme, avec la *fèce* et l'acide qui s'y combine, un mélange d'une densité moindre, de telle sorte que ce mélange se rassemble à la surface du bain sous forme d'écumes volumineuses. On enlève ces écumes et on recommence plusieurs fois la même opération jusqu'à ce que la matière écumeuse cesse de se former.

L'huile est alors soumise à un courant de vapeur d'eau jusqu'à ce qu'elle soit portée à 100°; on agite, en diminuant la quantité de vapeur, et, au bout d'une demi-heure ou trois quarts d'heure, l'huile peut être séparée de l'eau et filtrée.

*Propriétés physiques.* — Toutes les huiles ont une densité plus faible que celle de l'eau et cette densité varie beaucoup par la chaleur, comme on peut le voir par quelques nombres empruntés à Th. de Saussure.

| | 12° | 26° | 94° |
|---|---|---|---|
| Huile de noix.......... | 0,928 | 0,919 | 0,871 |
| Huiles d'amandes...... | 0,920 | » | 0,863 |
| Huile de lin........... | 0,939 | 0,930 | 0,881 |
| Huile de ricin.......... | 0,970 | 0,957 | 0,908 |
| Huile d'olive.......... | 0,919 | 0,911 | 0,862 |

On a proposé de distinguer les huiles grasses en prenant leur densité à l'aide d'oléomètres, ou bien encore en observant leur point de congélation, variable suivant la nature de l'huile; ces procédés sont peu précis. Nous donnons néanmoins le tableau des points de congélation des principales huiles usitées.

| | Points de congélation. |
|---|---|
| Huile d'olive................. | + 2° |
| — de morue ................ | 0° |
| — de dauphin. ............ | — 3° |
| — de navette.............. | — 3°,75 |
| — de colza................ | — 6°,25 |
| — d'arachide .............. | — 7° |
| — d'amandes............... | — 10° |
| — de raisin................ | — 10° |
| — de faine................. | — 17°,5 |
| — de cameline, d'œillette, de ricin.............. | — 18° |
| — de lin, de chènevis, de belladone, de sapin...... | — 27°,5 |
| — de pin................. | — 30° |

Toutes les huiles ne conduisent pas également l'électricité; l'huile d'olive conduit 677 fois moins vite que les autres. C'est sur cette propriété que se fonde le *diagomètre* de Rousseau. Il consiste en une pile sèche dont l'un des fils vient plonger dans une capsule métallique contenant l'huile et communiquant au pivot d'une aiguille aimantée, l'autre fil communiquant avec la terre.

La conductibilité de l'huile est mesurée par l'arc parcouru sur le cercle divisé tracé sur la cloche qui recouvre l'aiguille.

*Propriétés chimiques.* — Les huiles exposées à l'air s'altèrent plus ou moins rapidement; elles prennent une saveur âcre, deviennent acides; elles *rancissent*. Les huiles d'amandes douces ou d'olive résistent longtemps à l'altération; l'huile de noix au contraire devient rance en peu de jours.

Un certain nombre d'huiles perdent leur liquidité, s'épaississent et se transforment dans des corps de la nature des résines; elles deviennent très-peu solubles dans l'alcool bouillant.

Ces huiles sont dites *siccatives*.

Ce sont : les huiles de lin, de noix, de chènevis, d'œillette, de ricin, de croton, de belladone, de sapin, de pin, de madi, de raisin, de grand soleil, d'épurge, de courge, de poisson.

Ces changements de propriétés sont dus à l'action de l'oxygène; cette action, d'abord lente, se fait ensuite avec rapidité et elle peut produire l'inflammation des huiles. L'oxydation peut être accélérée en ajoutant aux huiles de la litharge ou du minium ou du bioxyde de manganèse, ou du borate ou de l'acétate de manganèse.

Cette opération, qui se fait habituellement à chaud, colore les huiles, ce qui est un grand inconvénient pour la fabrication des vernis.

En préparant directement de l'oléate de plomb par l'acide oléique et la litharge et en dissolvant à froid cet oléate dans l'huile, M. Bouis a obtenu des huiles siccatives complétement incolores.

Un procédé peu connu, qui donne d'excellents résultats, consiste à précipiter un sel de protoxyde de manganèse par un alcali, à laver rapidement l'oxyde précipité et à l'incorporer dans l'huile. On fait ensuite arriver un courant d'air très-divisé dans le mélange; l'oxyde se peroxyde au sein de l'huile. Après un lavage à l'eau et la décantation, l'huile incolore est devenue très-siccative.

Contrairement à l'opinion de Th. de Saussure, M. Cloëz, qui a étudié avec beaucoup de soin l'action de l'air sur les huiles, admet que la résinification est due à la fois à une soustraction de carbone et d'hydrogène, et en même temps à une addition de gaz oxygène étranger.

Un grand nombre de causes peuvent activer la rapidité de l'oxydation des huiles : telles sont la chaleur, la lumière, la nature du support ou de la surface en contact avec l'huile.

M. Chevreul a démontré l'influence de la surface comme pouvant accélérer ou ralentir l'oxydation des huiles.

M. Cloëz déduit de l'ensemble de son travail les conclusions suivantes :

1° Toutes les huiles grasses sans exception absorbent l'air et augmentent en poids de quantités variables pour diverses espèces d'huiles placées dans les mêmes conditions et variables également pour une même huile soumise à l'oxydation dans des circonstances différentes;

2° L'élévation de la température exerce une influence très-grande sur la rapidité de l'oxydation;

3° L'intensité de la lumière a aussi une action bien manifeste sur la marche du phénomène;

4° La lumière transmise par des verres colorés ralentit plus ou moins la résinification des huiles par l'oxygène de l'air; en partant du verre incolore pris comme terme de comparaison, la décroissance de l'oxydation a lieu dans l'ordre suivant : verre incolore, bleu, rouge, vert, jaune;

5° Dans l'obscurité, l'oxydation se trouve ralentie considérablement; elle ne commence d'abord qu'au bout d'un temps très-long, et, une fois commencée, elle marche moins rapidement que sous l'influence de la lumière;

6° La présence de diverses matières, le contact de certaines surfaces accélèrent ou ralentissent plus ou moins l'oxydation;

7° Dans la résinification des huiles, il y a à la fois perte de carbone et d'hydrogène par la matière, et assimilation de gaz oxygène étranger;

8° Les diverses huiles qui s'oxydent à l'air fournissent en général les mêmes produits, à savoir : des composés acides gazeux et volatils, des acides gras, solides et liquides non altérés, et une matière solide et insoluble qui paraît être un principe immédiat défini;

9° Les huiles oxydées à l'air ne contiennent plus de glycérine;

10° Enfin, les huiles siccatives ne se distinguent pas chimiquement des huiles non siccatives; toutes renferment les mêmes principes immédiats glycériques, mais dans des proportions différentes.

L'ammoniaque transforme beaucoup d'huiles en amides ; c'est ainsi que M. Boullay a obtenu la *margaramide* avec l'huile d'olives ; la *ricinolamide* se prépare avec l'huile de ricin, l'*isocétamide* avec l'huile de médicinier (Bouis).

M. Carlet a étudié l'action de l'ammoniaque sur un grand nombre d'huiles.

L'*acide azotique* agit avec plus ou moins de violence sur les huiles selon son état de concentration. Étendu, il peut produire la solidification de certaines huiles ; concentré, il donne des produits jaunes, qui noircissent même quelquefois, puis se décolorent et se transforment en définitive en acide oxalique. Il y a toujours production d'acide cyanhydrique.

L'*acide hypoazotique* transforme l'oléine de certaines huiles non siccatives en élaïdine.

L'*acide sulfureux* produit la solidification de quelques huiles, telles que l'huile de médicinier (Bouis) et l'huile de ricin (Boudet).

L'*acide sulfurique* concentré s'échauffe avec les huiles, les noircit rapidement, dégage de l'acide sulfureux si la température s'élève vers 100°. Les huiles se dédoublent et donnent, d'après M. Fremy, de l'acide sulfoglycérique et des acides sulfogras qui se décomposent par l'action de l'eau, en mettant les acides gras en liberté.

Certains chimistes admettent que l'acide sulfureux produit par l'action de l'acide sulfurique au sein des matières grasses opère la transformation de l'acide oléique des huiles en acide élaïdique.

*Usages.* — Les huiles ont des applications nombreuses et variées dans l'économie domestique, l'industrie et la médecine. Elles servent pour la table, l'éclairage, la fabrication des savons, la peinture, la préparation des pommades, etc.

Nous allons passer successivement en revue les principales huiles, et nous examinerons ensuite les moyens proposés pour reconnaître leurs falsifications.

## I. — HUILES VÉGÉTALES.

Huile d'Abricotier. — Cette huile est extraite des semences de l'*Armeniaca brigantiaca* ou *Prunus oleaginosa* (Rosacées). L'huile provenant du pressage des amandes de prunes est douce, limpide, incolore, et a une odeur prononcée d'amandes amères. Avant d'être livrée aux usages alimentaires, elle est ordinairement mêlée à l'huile d'olive, à cause d'une certaine quantité d'acide cyanhydrique qu'elle retient et qui occasionne une espèce de torpeur lorsqu'elle est pure.

Elle est connue sous le nom d'*huile de marmotte*. On la récolte surtout dans les montagnes du Dauphiné et du Piémont. Le tourteau sert à l'engraissement des bestiaux; mais il peut leur être nuisible par la proportion d'acide cyanhydrique qu'il peut produire.

Huile d'Amandes. — Extraite par expression des amandes douces et des amandes amères (*Amygdalus vulgaris*), cette huile est très-douce, sans odeur ni saveur. Avant l'extraction de l'huile, on monde les amandes, on les frotte dans un sac rude et on les crible. On réduit les amandes en poudre dans un mortier ou dans un moulin et on les soumet à une pression graduée dans une toile forte de coutil ou de crin.

Les amandes amères fournissent, par l'expression à froid, une huile tout à fait semblable à celle des amandes douces, et, comme elles sont moins chères que ces dernières et que le tourteau qu'elles fournissent a plus de prix pour la préparation de la pâte d'amandes, on donne la préférence aux amandes amères. Les amandes de Majorque fournissent l'huile la plus estimée.

L'huile d'amandes est employée en parfumerie et en médecine pour l'usage interne ; elle fait partie d'émulsions, de potions huileuses, du savon médicinal, etc.

L'huile d'amandes est d'un jaune clair ; sa densité est de 0,917 à 15°.

D'après Braconnot, à — 10° elle donne 0,24 de stéarine fondant à 6° et 0,76 d'oléine ; mais Gusserow n'a pas trouvé de matière solide en exprimant les amandes d'abord à — 12°, puis plus fortement à — 4° et enfin au-dessus de zéro.

L'huile d'amandes ne doit avoir ni odeur rance ni odeur prussique. Elle est très-soluble dans l'éther; l'alcool n'en dissout que 1/24 de son poids.

*Falsifications.* — L'huile d'amandes est principalement falsifiée avec l'*huile d'œillette* ou l'*huile de sésame*.

L'huile d'œillette se reconnaît à la saveur âcre qu'elle laisse à la gorge; en outre, le mélange des deux huiles, fortement agité dans une fiole, donne lieu à des bulles d'air qui se fixent aux parois du vase en formant le *chapelet*. De plus, l'huile d'œillette se fige entre 4° et 6°, tandis que l'huile d'amandes ne se trouble qu'à — 20° et se solidifie à — 25°. On peut se servir de l'élaiomètre de Gobley pour reconnaître le mélange d'huile d'œillette et d'huile d'amandes.

L'ammoniaque, mêlée avec 9 p. d'huile d'amandes, forme une pâte molle, *très-unie et homogène* si l'huile est pure; *grumelée*, si elle contient plus de 1/5 d'huile d'œillette (Fauré).

La falsification par l'huile de sésame peut se reconnaître par le mélange d'acide azotique et d'acide sulfurique qui colore l'huile d'amandes en *rose fleur de pêcher* et l'huile de sésame en *vert-pré foncé*.

HUILE D'ARACHIDE. — Voyez ARACHIDE, t. I, p. 360.

HUILE DE BASSIA. — S'extrait des semences du *Bassia longifolia* et *latifolia* (Sapotées). On lui donne aussi le nom d'huile d'*Illipé;* dans les Indes, où on la prépare, elle est liquide; elle se solidifie de 22° à 23°; elle est d'un blanc verdâtre à l'état solide et devient jaune par la fusion. Elle sert à la fabrication du savon et à l'éclairage. M. Hardwick a extrait de l'huile du *Bassia latifolia* un acide fondant entre 55°,5 et 56°,5 et qu'il a appelé *acide bassique* [*The quarterly Journal of the chemical Society*, octobre 1849].

HUILE DE BEN ou BEHEN. — Voyez BEN, t. I, p. 521.

HUILE DE CAMELINE. — Extraite par expression des graines de la *cameline cultivée*, dite aussi *sésame d'Allemagne* (*Camelina sativa*), appelée aussi par corruption *huile de camomille*.

Les tourteaux qui résultent de l'extraction de l'huile servent à nourrir certaines volailles et notamment les oies.

L'huile de cameline est jaune d'or; sa densité est de 0,925 à 15°. Elle se congèle à — 18° et se dessèche rapidement à l'air. Lorsqu'elle est bien préparée et récente, on l'emploie pour les usages alimentaires. Elle brûle avec flamme éclairante et sans fumée si elle est fraîche; elle donne au contraire beaucoup de fumée lorsqu'elle est ancienne ou mal préparée. Elle est employée en peinture et dans la fabrication des savons mous.

Le chlorure de zinc décolore l'huile rapidement en la faisant passer au jaune verdâtre, au vert pâle, au bleu verdâtre et finalement au vert bleuâtre pâle.

HUILE DE CASTOR (*Castor-oil* des Anglais). — Voyez HUILE DE RICIN, p. 49.

HUILE DE CHANVRE ou DE CHÈNEVIS. — La graine de chènevis fournie par le chanvre (*Cannabis sativa*) sert à l'extraction de l'huile; l'huile, préparée à froid, peut être employée dans l'usage alimentaire, mais elle sert dans la fabrication des savons mous et surtout pour la peinture, car elle est très-siccative. Pour la rendre moins siccative, on y introduit quelquefois un huitième de beurre. Lorsqu'elle est fraîche, l'huile de chènevis est *jaune-verdâtre;* elle jaunit avec le temps. Son odeur est désagréable et sa saveur fade. Sa densité est de 0,925 à 15°. Elle s'épaissit à — 15° et se concrète à — 27,5. Elle est soluble en toutes proportions dans l'alcool bouillant, mais elle exige 30 °/₀ d'alcool froid pour se dissoudre.

On falsifie généralement cette huile par l'*huile de lin*, colorée par l'indigo. L'huile de chènevis se reconnaît à son odeur, à la coloration brun-verdâtre produite par l'emploi de l'acide sulfurique et par l'ammoniaque avec laquelle elle devient jaune, épaisse et grenue. Avec le bisulfure de calcium, elle donne un savon vert noirâtre, devenant jaune verdâtre par l'agitation. Le chlorure de zinc sirupeux, sans agitation, produit une coloration vert-émeraude.

HUILE DE COCO. — Voyez COCO (BEURRE DE), t. I, p. 951.

HUILE DE COLZA. — Cette huile se retire des graines du *colza* ou *choux oléifère* (*Brassica campestris*) qui contient 40 °/₀ d'huile. La graine, soigneusement vannée, est réduite en pâte au moyen de meules et placée dans des sacs que l'on expose à la vapeur ou que l'on plonge dans l'eau bouillante; puis on soumet à l'action d'une forte presse à chaud. L'huile entraîne une grande quantité de mucilage qui rend l'épuration indispensable. Elle est employée à l'éclairage et à la fabrication des savons mous. A mesure que l'huile épurée vieillit, elle devient blanche et visqueuse et augmente de densité.

L'huile de colza épurée est jaune, limpide, d'une odeur forte et d'une saveur peu agréable; elle blanchit au contact de l'air. Sa densité à 15° est de 0,913. A 0,25 elle se congèle en petites aiguilles qui se réunissent en étoiles.

M. Websky a avancé que l'huile de colza fournissait deux acides gras, dont l'un, l'acide brassique, est cristallisable en longues aiguilles fusibles entre 32° et 33°, tandis que l'autre, l'acide brassoléique, est liquide [*Journ. für prakt. Chem.*, t. LVIII, p. 449].

D'après M. Staedeler, l'acide brassique serait identique avec l'acide solide de l'huile de moutarde (acide érucique). L'acide brassoléique paraît être identique avec l'acide liquide de l'huile de moutarde et ces deux acides diffèrent de l'acide oléique en ce qu'ils ne forment pas d'acide sébacique par la distillation sèche. Les tourteaux de colza obtenus à basse température donnent de l'essence de moutarde lorsqu'on les traite par l'eau tiède.

L'huile de colza est falsifiée par les huiles d'œillette, de cameline, de lin, de ravison, de baleine, et par l'acide oléique.

Les huiles de poisson peuvent se reconnaître à l'odeur et à la saveur; un courant de chlore dans l'huile de colza rend l'huile brune, puis noire s'il y a la plus petite quantité d'huile de baleine ou de poisson. M. Lefebvre a remarqué que l'huile de baleine se sépare par le repos et va au fond du vase.

L'oléomètre de M. Laurot sert à constater le mélange des huiles étrangères, à la condition que le mélange ne contiendra pas d'acide oléique. Il faut donc s'assurer avant tout de l'absence de cet acide.

Les autres huiles peuvent se reconnaître par les procédés de MM. Calvert, Cailletet, Faure, Chateau.

HUILE DE COTON. — Cette huile s'extrait des graines du *Cotonnier bombace* (*Gossypium usitatissimum*). Elle est rougeâtre en grande masse et jaune foncé sale sous de petites épaisseurs. Sa densité à 15° est de 0,930; elle est employée au Brésil dans les usages alimentaires; elle entre dans la fabrication des savons ou sert comme huile à brûler.

L'Égypte en fournit maintenant de grandes quantités; elle est purifiée à Marseille ou en Angleterre par l'action de l'acide azotique et du chlorate de potasse. On se servait, il y a un certain nombre d'années, de chaux qui précipitait la matière colorante; mais ce procédé a été abandonné par suite des perfectionnements introduits dans l'extraction de l'huile.

Cette huile, traitée par le chlorure de zinc, ne produit rien à froid; à chaud, il y a coloration *brun-sépia foncé.*

L'acide sulfurique donne une coloration *brun-rouge très-foncé*, par l'agitation.

L'ammoniaque donne un savon homogène jaune rougeâtre, avec des veines grises.

Huile de Cornouiller sanguin. — Le fruit du cornouiller renferme une amande qui contient le tiers de son poids d'huile et qu'on extrait par la pression. On peut aussi broyer les fruits et chauffer la pulpe avec de l'eau; l'huile vient surnager et est enlevée avec des cuillers plates. L'huile est épurée par l'acide sulfurique; elle est employée pour l'éclairage et la fabrication des savons.

Huile de Croton. — L'huile de croton se retire par expression des *grains de Tilly* (*Croton Tiglium*), fournis par un arbrisseau qui croît dans les îles Moluques. Cette huile est employée comme purgative à l'intérieur et comme rubéfiante et éruptive à l'extérieur. Elle varie beaucoup en activité suivant son origine. Celle qui vient de l'Inde est jaunâtre, bien liquide, transparente et comparativement peu active; tandis que celle que l'on prépare avec les graines du commerce a une odeur analogue à celle de la résine de jalap, est très-caustique et purge à la dose d'une goutte ou deux. Elle est soluble dans l'éther; l'alcool en dissout les deux tiers d'une huile caustique, contenant un acide volatil appelé *acide crotonique.* M. Tuson a signalé dans l'huile de croton un alcaloïde [*Journ. de Pharm. et de Chim.*, (3), t. XLVI, p. 72].

Dans les Indes, l'huile de croton est falsifiée par l'*huile de ricin*, l'*huile de pignon d'Inde*, ou de *Curcas purgans.*

Huile d'Épurge. — Extraite des graines d'épurge (*Euphorbia Lathyris*), cette huile, d'une odeur particulière et d'une saveur âcre, est employée en médecine comme purgatif violent.

Huile de Faine. — Extraite du fruit du *Hêtre* (*Fagus sylvatica*), cette huile peut remplacer toutes les autres huiles comestibles.

Les faînes, parvenues à l'état de maturité, sont concassées et passées au crible pour débarrasser les amandes des fragments de coques qui y sont mêlés.

Les amandes desséchées sont réduites en pâte; celle-ci est soumise à la presse dans des sacs de toile ou de coutil; l'huile qui en résulte est abandonnée dans de grandes jarres pour y déposer les parties muqueuses ou fèces. L'huile ainsi dépurée est souvent vendue pour de l'huile d'olive.

Quelquefois on néglige de séparer les coques, et on enlève l'huile qu'elles retiennent en faisant bouillir les tourteaux avec de l'eau.

L'huile récemment obtenue est un peu âcre, mais elle perd son âcreté avec le temps ou bien en l'agitant avec de l'eau froide, qui dissout le principe âcre.

L'huile de faine est jaune clair, d'une odeur particulière, d'une saveur fade. Sa densité est de 0,922 à 15°; à — 17°,5 elle se congèle en une masse blanc-jaunâtre.

Cette huile se conserve longtemps sans altération et s'améliore en vieillissant.

Elle ne sert le plus souvent qu'à falsifier l'huile d'olive, d'œillette et d'amandes douces.

Dans les bonnes années, un arbre vigoureux peut fournir 1 hectolitre d'huile.

Huile de Fusain. — Extraite par expression des graines du *fusain* ou *bonnet de prêtre* ou *bonnet carré* (*Evonymus europœus*); cette huile, très-âcre, est employée en Allemagne pour les arts et l'éclairage.

Huile de Glaucium ou de Pavot cornu. — Elle s'extrait par expression de la *glaucie* (*Glaucium flavum*). Elle est inodore et insipide; elle a une couleur jaune clair; sa densité est de 0,913. D'après les expériences de M. Cloëz, l'huile retirée par la pression à froid est un corps gras neutre, tandis que l'huile extraite par le sulfure de carbone, au contraire, est un acide gras. Cette huile est douce, comestible et propre à l'éclairage.

Huile de Laurier. — S'extrait, par expression, des baies du laurier d'Apollon (*Laurus nobilis*). Pour l'obtenir, on pile le fruit, on fait bouillir la pâte avec de l'eau; on passe le mélange avec expression et par le refroidissement la graisse se fige à la surface; on l'enlève, on la chauffe au bain-marie pour en chasser l'humidité.

Soubeiran a proposé de réduire les drupes secs en poudre, d'exposer à un courant de vapeur d'eau et de soumettre la pâte à la presse entre deux plaques chauffées.

L'huile de laurier est verte, de consistance butyreuse et légèrement grenue; elle contient une huile volatile qui lui donne une odeur désagréable. L'alcool en extrait la matière colorante verte et l'huile volatile, et laisse une huile concrète incolore appelée *laurine.*

Cette huile se fabrique principalement en Hollande, en Espagne, en Italie et en Suisse. Elle est employée dans la médecine vétérinaire.

Cette huile est souvent falsifiée ou bien on lui substitue un mélange d'*axonge*, de *curcuma* et d'*indigo* additionnés d'un peu d'*huile de laurier* ou d'*essence de mélisse*, ou de la *graisse* colorée par un *sel de cuivre*, ou de l'axonge que l'on fait macérer avec des baies et des feuilles de laurier ou des feuilles de sabine.

Le curcuma et l'indigo se reconnaîtront facilement en traitant l'huile par l'eau. L'incinération de l'huile abandonnerait l'oxyde de cuivre, et en reprenant le résidu par l'acide azotique, on formerait un sel de cuivre dont il serait aisé de constater la présence.

Huile de Lin. — Les graines de *lin cultivé* (*Linum usitatissimum*) sont abandonnées pendant trois ou quatre mois dans un lieu sec.

Par une légère torréfaction dans des vases de terre ou de cuivre, on détruit le mucilage sec qui recouvre leur surface; on réduit en farine, on soumet à la presse et on abandonne au repos. Dans certaines contrées, l'huile de lin est employée comme condiment. La propriété siccative qu'elle possède à un haut degré la rend très-propre à l'usage de la peinture. Elle porte le nom d'*huile de lin cuite* lorsqu'elle a bouilli avec de la litharge ou du bioxyde de manganèse. Elle entre dans la composition du vernis gras, de l'encre d'imprimerie, dans la fabrication des bougies et sondes élastiques.

Pour obtenir une huile de lin qui sèche bien, il faut opérer comme il suit: On fait bouillir doucement en l'agitant avec le contact de l'air de l'huile de lin ordinaire additionnée de 3 % de minium; au bout de 2 heures on laisse reposer, on filtre et l'on expose au soleil dans des vases plats en plomb recouverts de carreaux de verre.

Pour obtenir un vernis exempt de plomb, il est bon d'ajouter 1 ou 2 % de borate ou d'acétate de manganèse.

L'huile de lin exprimée à froid est jaune clair, elle a une odeur particulière.

A — 27°, elle se prend en une masse solide jaune. Sa densité à 12° est de 0,939 et à 94° de 0,881; elle se dissout dans 5 parties d'alcool bouillant et dans 40 parties d'alcool froid.

L'huile de lin fraîche donne avec la soude un savon jaune et mou, qui, décomposé par l'acide chlorhydrique, fournit des cristaux d'*acide margarique* (?) et un acide liquide que M. Sacc a appelé *acide linoléique.* Chauffée avec de l'acide azotique étendu de 4 fois son poids d'eau, l'huile de lin prend une belle couleur rouge et donne lieu à un dégagement de gaz sans odeur nitreuse. En prolongeant l'action, les vapeurs nitreuses apparaissent en abondance et il se forme une espèce de membrane élastique qui jaunit bientôt et se solidifie en se changeant en une résine d'un brun rouge.

L'huile de lin, exposée à une haute température, forme une *glu* épaisse comme de la térébenthine. Cette matière, bouillie avec de l'eau acidulée par l'acide azotique, donne une substance emplastique que l'on a appelée *caoutchouc des huiles*. M. Jonas, inventeur de ce produit, a proposé l'emploi de sa dissolution éthérée pour rendre les étoffes imperméables.

L'huile de lin est surtout falsifiée par l'huile de poisson ; dans ce cas, elle noircit par le chlore.

Huile de Madi. — Extraite par expression des graines du *Madia sativa*, cette huile a une saveur et une odeur particulières. Elle se dissout dans 30 parties d'alcool froid et dans 6 parties d'alcool bouillant.

On la décolore en la mettant en digestion, à une douce chaleur, avec un peu d'acide chlorhydrique et de chlorate de potasse; mais l'huile ainsi blanchie renferme toujours un peu de chlore.

Cette huile absorbe les vapeurs nitreuses en se colorant en rouge, mais sans se solidifier; avec la soude, elle donne un savon solide, inodore.

Huile de Marron d'Inde. — Cette huile, employée en médecine dans le traitement de la goutte, des rhumatismes et des névralgies, s'extrait du marron d'Inde (*Æsculus Hippocastanum*) en détruisant la fécule par une ébullition avec de l'eau acidulée d'acide sulfurique et recueillant l'huile qui se sépare à la surface du liquide.

M. Genevoix retire par ce procédé 1 1/2 °/ₒ d'huile des marrons non décortiqués. M. Boudet a trouvé 7 1/2 °/ₒ dans la pulpe desséchée, ce qui fait 3 à 4 °/ₒ pour le marron frais.

L'huile préparée par M. Genevoix est d'un brun verdâtre; elle a une odeur empyreumatique; elle a une saveur amère. Cette huile se conserve très-bien sans altération.

La potasse la saponifie immédiatement et donne un savon mou jaune pâle.

L'ammoniaque donne un savon épais, caillebotté, jaune serin.

Huile de Médicinier. — La graine du médicinier ou pignon d'Inde (*Curcas purgans* ou *Jatropha curcas*) fournit par expression une huile inodore qui se fige en une masse blanche butyreuse à — 8°. Sa densité est de 0,910 à 19°.

Par la saponification, cette huile fournit un acide liquide analogue à l'acide oléique, et un acide solide se solidifiant à 53°,5 et constituant les 20 centièmes du poids des acides gras. Cet acide solide a été appelé par M. Bouis *acide isocétique*. L'acide sulfureux solidifie l'huile de médicinier; l'acide hypoazotique lui fait prendre une consistance pâteuse; l'ammoniaque transforme l'huile en amide fondant à 67° et dérivant de l'acide isocétique.

Les graines décortiquées fournissent 50 °/ₒ d'huile. On retire de grandes quantités de graines de médicinier des Antilles et des îles du Cap-Vert. L'huile qu'on en retire donne un très-bon savon dur.

Huile de Moutarde. — L'huile de moutarde s'extrait des graines des moutardes blanche et noire (*Sinapis alba* et *nigra*). L'huile de moutarde est jaune, inodore; elle sert aux mêmes usages que les huiles de colza, de navette, etc.

L'huile de moutarde noire prend une coloration bleu-verdâtre lorsqu'on l'agite avec l'acide sulfurique (25 gouttes d'huile pour 1 goutte d'acide).

La graine de moutarde blanche donne environ 36 °/ₒ d'huile. Celle de moutarde noire n'en donne que 18 °/ₒ.

Huile de Navette. — Cette huile, retirée par expression des semences du *choux navet* et du *choux rave* (*Brassica rapa* et *Brassica napus*), est visqueuse, jaune pâle; sa saveur est douce et agréable; elle se prend en masse butyreuse jaune à — 3°,75. Sa densité est de 0,914 à 15°.

L'ammoniaque donne un savon blanc de lait avec l'huile de navette pure, et un savon blanc jaunâtre quand il y a des huiles de cameline, d'œillette, de moutarde, de baleine.

Huile de Noix. — Cette huile se retire du fruit du *Noyer royal* (*Juglans regia*). On conserve les noix deux ou trois mois, on les casse et on sépare les amandes de la coque, on écrase les amandes et on les soumet à la presse; l'huile qui coule la première et qu'on appelle *huile vierge* est réservée pour le service alimentaire; on délaye ensuite le marc dans l'eau bouillante et on exprime de nouveau; cette seconde huile, dite *huile tirée à feu*, est réservée pour les arts.

L'huile vierge est fluide, incolore, douée d'une odeur faible. L'huile *tirée à feu* est verdâtre, caustique et siccative.

A — 15°, l'huile s'épaissit, et à — 27°,5 elle se prend en une masse blanche.

L'huile de noix sert dans la peinture fine, de préférence à l'huile de lin. Par l'acide hypoazotique, elle prend un ton rose pâle.

Par l'ammoniaque, elle devient blanc-gris, épaisse et consistante.

Huile d'Œillette. — Elle se retire des graines du *Pavot somnifère* (*Papaver somniferum*). On distingue deux qualités d'huile d'œillette : l'huile comestible, appelée *huile blanche*, et l'huile à fabrique, nommée *huile rousse*.

L'huile comestible est le produit d'une graine de choix et d'une première pression.

L'huile d'œillette pure est presque incolore; sa densité est de 0,925 à 15°. Elle se solidifie à — 18°. Elle rancit difficilement. Elle se dissout dans 25 p. d'alcool froid et 6 p. d'alcool bouillant. Elle est très-siccative et employée en peinture fine. On la mélange ordinairement à l'huile d'olive.

On reconnaît la pureté de l'huile par la coloration jaune clair qu'elle prend avec le réactif Boudet. Le même réactif colore en rose l'huile de faîne. Par l'acide sulfurique l'huile prend une coloration jaune terne, le même réactif colorant l'huile de sésame en rouge vif.

Huile d'Olive. — Elle s'extrait du fruit de l'*olivier d'Europe* (*Olea europæa*). L'huile d'olive pure est très-fluide, onctueuse, transparente; quelquefois incolore, elle est jaune verdâtre ou jaune pâle. Sa saveur est douce et agréable; elle a le goût du fruit. A quelques degrés au-dessus de zéro, elle se trouble. A — 6° elle dépose de la stéarine.

Les huiles d'olive se distinguent dans le commerce en *huiles comestibles* ou *huiles fines*, *huiles lampantes*, *huiles de ressence*, *huiles tournantes*, *huiles d'enfer*.

L'huile fine ou l'huile vierge doit sa coloration verdâtre à une résine particulière appelée *viridine*.

Elle s'obtient en broyant les olives, sans écraser les noyaux, et les soumettant à la presse.

Après cette première pressée on desserre les *cabas* ou *scoufins*, on *dégrume* la pâte, on verse dessus de l'eau bouillante et on remet les cabas à la presse. L'huile qui s'écoule avec l'eau est l'huile ordinaire comestible. Les huiles non comestibles qui, par le repos, ont déposé les corps étrangers sont les huiles lampantes ou huiles à brûler.

L'huile de ressence est le produit du *marc* ou grignon traité par l'eau; cette huile porte en Italie le nom de *lavati*. L'huile de ressence n'est employée que pour la fabrication des savons.

Les huiles tournantes doivent se dissoudre complétement dans une lessive alcaline marquant 2° au pèse-lessive et formée de 3 p. de carbonate de soude et 1 p. de potasse.

L'huile d'olive est falsifiée par un grand nombre d'huiles d'une valeur moindre, et l'on peut dire que tous les procédés d'essai des huiles ont eu pour but de reconnaître les falsifications de l'huile d'olive. Malgré les tentatives d'un grand nombre de chimistes, il n'existe aucun procédé rigoureux et rapide pour résoudre cette question, dont se préoccupent les grands fabricants de savons.

Huile de palme. — L'huile de palme se produit essentiellement sur les côtes de la Guinée; elle provient du fruit de certains palmiers (*Elæis guineensis*). Le fruit, qui croît à la partie supérieure du palmier, est cueilli à maturité et amoncelé en tas que l'on abandonne à la surface du sol pendant un mois environ. Il se produit une fermentation, et, quand elle est suffisamment avancée, on jette les fruits dans de grandes cuves en fer et on les fait bouillir avec de l'eau. Après une ébullition prolongée, ils sont pilés dans des mortiers grossiers façonnés dans des troncs d'arbre; on retire l'amande du fruit et on fait bouillir de nouveau la partie corticale. L'huile de palme surnage le liquide et est recueillie avec des cuillers en bois. L'huile de palme est solide à la température ordinaire de nos climats; elle est jaune rougeâtre. Sa saveur est douce et parfumée. Son odeur rappelle l'iris ou la violette. Le point de fusion varie de 30° à 35°. Elle se saponifie facilement par les alcalis et forme un savon jaune.

Elle est connue sous le nom d'*huile de Lagor*. On rencontre aussi dans le commerce deux autres sortes d'huile de palme: l'une, jaune-vert, connue sous le nom de *bonne moyenne*, et l'autre, jaune-brun, appelée *huile Cochin*.

L'huile de palme s'acidifie spontanément, et lorsqu'on l'a conservée un certain temps, elle est presque entièrement acide. Les eaux de lavage contiennent de la glycérine et l'huile se dissout facilement dans l'alcool. M. Boudet a signalé dans les eaux de lavage la présence de l'acide sébacique, mais nous pensons qu'il y a eu erreur; l'acide sébacique ne peut pas prendre naissance dans ces conditions.

L'huile colorée exposée à la lumière se décolore très-facilement; on parvient au même but en la traitant par des corps oxydants.

L'huile de palme sert à la préparation des savons et à la fabrication des bougies. On en retire de l'acide palmitique [*Moniteur scientifique*, 1er avril 1869, p. 310, et 15 juin 1870].

Huile de raisin. — Extraite des graines du raisin (*Vitis vinifera*). Brûle très-bien sans fumée. On nettoie les pepins de raisin, on les dessèche au soleil ou à l'air; on les fait moudre comme le blé. Dans quelques pays, on verse une petite quantité d'eau sur la farine à mesure qu'elle passe entre les meules. La farine est agitée avec de l'eau dans un chaudron de manière à former une pâte homogène; on chauffe vers 50° et on soumet à la presse.

Les pepins des raisins blancs contiennent moins d'huile que ceux des raisins noirs, qui fournissent environ 10 % d'une huile inodore et d'une saveur fade. Elle se solidifie à — 16°.

Huile de ricin. — Cette huile, appelée encore *huile de palma Christi* ou *huile de castor* par les Anglais, se retire des semences du *ricin commun* (*Ricinus communis*).

Autrefois l'huile de ricin nous était exclusivement fournie par l'Amérique, et principalement par le Brésil et les Antilles; mais elle était mêlée d'huile de pignon d'Inde (*Curcas purgans*), ce qui obligeait à la faire bouillir longtemps avec de l'eau pour volatiliser le principe âcre du pignon. Malgré cela, l'huile était toujours très-âcre et d'un emploi fort désagréable.

Ce n'est qu'en 1809 qu'on a commencé à extraire l'huile des ricins de France par le procédé américain; aujourd'hui on n'extrait plus l'huile que par la simple expression à froid, ou à l'aide d'une faible chaleur.

M. Faguer a indiqué un procédé fondé sur la propriété que possède cette huile de se dissoudre complétement dans l'alcool. On délaye à froid un demi-kilogramme de pâte de graines, privées de leur enveloppe corticale, dans 125 grammes d'alcool à 36°, on les soumet à la presse, après avoir introduit ce mélange dans un sac en coutil; on obtient environ 310 grammes d'huile.

L'huile obtenue à froid est presque incolore, transparente, épaisse, filante, d'un goût à peine sensible et d'une odeur nulle.

Le tourteau épuisé est beaucoup plus actif comme purgatif [*Journ. de Chim. médic.*, 1825, p. 108; *Journ. de Pharm. et de Chim.*, 1848, p. 189].

L'huile est siccative; exposée à l'air, elle devient rance, visqueuse et finit par se dessécher; elle acquiert en même temps une saveur très-âcre et mordicante.

Elle est soluble en toutes proportions dans l'alcool absolu, propriété qui la distingue de toutes les autres huiles fixes. Par la distillation sèche, l'huile de ricin se boursoufle considérablement et donne parmi les produits volatils de l'œnanthol et de l'acide œnanthylique.

L'acide azotique chaud attaque vivement l'huile de ricin et finit par la transformer en *acide subérique*; pendant l'opération il distille de l'acide œnanthylique.

Dissoute dans l'alcool et exposée à l'action du gaz chlorhydrique, l'huile de ricin se transforme en glycérine et en acides gras qui se combinent aux composés éthérés qui prennent naissance. L'acide hypoazotique solidifie l'huile de ricin et la transforme en *palmine* ou *ricinélaïdine*. Suivant M. Boudet, l'huile se concréterait aussi sous l'influence de l'acide sulfureux.

L'ammoniaque convertit l'huile de ricin en *ricinolamide*, solide, cristallisable, fusible à 66°.

L'huile de ricin se saponifie à froid et très-rapidement par la potasse caustique. Distillée avec de la potasse en excès, elle se transforme en *alcool caprylique* et en *sébate de potasse*, avec dégagement d'hydrogène. Si la matière ne fond pas, ou si la potasse est remplacée par la soude, le dégagement de gaz n'a pas lieu et il ne distille que de l'*aldéhyde caprylique*.

M. Tuson a extrait de l'huile une substance qu'il appelle *ricinine* et qu'il compare aux alcaloïdes.

L'huile de ricin se distingue très-bien des autres huiles par sa grande solubilité dans l'alcool.

On peut aussi chauffer 25 grammes d'huile avec son poids de potasse caustique dans une cornue; par la distillation, il passe environ 5 centimètres cubes d'un liquide blanc, plus léger que l'eau; le résidu de la cornue, dissous dans l'eau et décomposé par l'acide chlorhydrique, donne un acide solide (acide sébacique), soluble dans l'eau bouillante (Bouis).

Huile de sésame. — Extraite du sésame jugeoline, fruit du *Sesamum orientale*. On la retire par des pressions à *froid* ou à *chaud*.

L'huile de sésame de première pression ou de *froissage* est comestible; elle est jaune-doré, sans odeur; sa saveur est faible. A — 5°, elle se congèle en masse d'un blanc jaunâtre. Sa densité est de 0,923 à 15°.

On la mélange ordinairement avec l'huile d'arachide.

### II. — HUILES ANIMALES.

HUILE DE BALEINE. — Sous ce nom, on comprend généralement la matière grasse liquide qu'on obtient en faisant fondre le lard épais qui se trouve sous la peau des baleines, des cachalots, des phoques et d'autres animaux marins.

L'huile de baleine est principalement contenue dans de vastes cavités occupant la partie supérieure et antérieure de la tête de cet animal.

Cette huile, qui est à l'état liquide dans l'animal vivant, se fige à l'air et laisse déposer une matière solide qui est le *blanc de baleine brut ;* la partie liquide, huileuse, est l'*huile de baleine*.

L'huile de baleine ordinaire est plus ou moins brune; filtrée, elle est jaune rougeâtre et transparente. Son odeur de poisson est désagréable. Elle se congèle à zéro; sa densité à 20° est égale à 0,927.

Elle est soluble dans son volume d'alcool à la température de 75°. Par la saponification, elle donne de l'acide margarique, de l'acide oléique et des acides gras odorants.

Elle entre dans la fabrication des savons mous, dans la préparation des cuirs; on la mélange aux huiles végétales destinées à l'éclairage et aux usages industriels.

HUILE DE CACHALOT. — Jaune-orangé clair, transparente. A — 8°, elle dépose des aiguilles d'une matière grasse solide. Sa densité à 15° est de 0,884 et de 0,868 à 10°. Elle se solidifie par l'acide hypoazotique.

HUILE DE DAUPHIN OU DE MARSOUIN. — Cette huile est jaune citron; son odeur forte rappelle celle du poisson. Sa dentité à 20° est de 0,918; elle est très-soluble dans l'alcool; 100 parties d'alcool à 0,81 en dissolvent 110 parties à 70° et 100 parties d'alcool anhydre en prennent 123 à 20°. Elle se convertit par la saponification en glycérine et en acides oléique, margarique et phocénique.

Les usages de cette huile sont les mêmes que ceux des autres huiles de cétacés.

HUILE DE PHOQUE. — Elle est analogue aux précédentes.

HUILES DE POISSON. — Les huiles de poisson sont, dans quelques cas, extraites des corps entiers des poissons; d'autres fois, on extrait l'huile d'organes spéciaux des poissons; c'est ainsi que la graisse qui se trouve autour des intestins des esturgeons et des sandres est recueillie avec soin, lavée et fondue au bain-marie par les Russes, qui la réservent pour l'usage alimentaire. L'huile extraite des foies (morues, squales, raies) est plus ordinairement appliquée aux usages médicaux et industriels.

Pour obtenir l'huile des poissons entiers, on les met dans des tonneaux ouverts par le haut et l'on verse dessus de l'eau bouillante en brassant la masse. Au bout de quelques jours, le poisson entre en décomposition et se transforme en une pâte demi-liquide, rougeâtre, infecte, sur laquelle l'huile surnage bientôt : on la puise à mesure qu'elle se sépare [Danilewski, *Coup d'œil sur les pêcheurs en Russie*, 1867].

Les huiles extraites des foies ont été, jusque dans ces dernières années, fabriquées par fermentation. On eut plus tard l'idée de chauffer les foies pour obtenir plus rapidement la séparation de l'huile et on fit arriver directement la vapeur d'eau sur les foies contenus dans des vases de bois; aujourd'hui, dans presque toutes les fabriques de Norvége, d'Angleterre et de Terre-Neuve, on a le soin de chauffer les foies dans des vases à double fond qui reçoivent de la vapeur d'eau et dans lesquels la filtration s'opère également sous l'influence de la chaleur.

Les Danois font quelquefois usage d'un appareil, tantôt de verre, tantôt de fonte, qui consiste en un grand vase cylindrique dans lequel est suspendu un second vase plus petit et également de forme cylindrique, de sorte que les deux axes se confondent et qu'il y a un espace libre entre les parois intérieures du grand vase et les parois extérieures du petit vase.

La paroi du petit vase est percée de trous par chacun desquels passe un petit tuyau de fer qui vient s'engager dans le goulot de cornues dans lesquelles l'huile se réunit après sa séparation des foies, et coule tout d'abord dans les cornues supérieures, qu'elle remplit. A la partie inférieure du grand vase sont des bouilloires chauffées au moyen de lampes à esprit-de-vin; on obtient ainsi de la vapeur d'eau qui se répand entre les parois des deux vases, élève légèrement la température des foies et facilite l'exsudation de l'huile; la température la plus favorable est d'environ 40°.

Dans le Canada, les foies sont placés dans une boîte de bois doublée d'étain et reçoivent la vapeur d'eau d'un vase qui communique avec la boîte par un conduit de bois et de plomb; dès que l'huile se sépare, elle s'écoule dans un baril par une ouverture *ad hoc*.

On purifie l'huile du baril en y mettant un peu de sel, qui précipite les matières organiques en suspension.

Dans le but de prévenir l'action de l'air sur les corps gras qui exsudent des foies, le docteur Deattre a eu recours à un appareil composé de grands ballons de verre traversés par un courant d'acide carbonique qui remplace l'air atmosphérique, et ce n'est que lorsque l'air a été entièrement expulsé que le chauffage commence.

Pour obtenir une huile de belle qualité, il est essentiel d'agir sur des foies très-frais et privés de leur vésicule biliaire.

Les Danois forment trois catégories de foies : dans la première, ils mettent les foies blancs arrondis qu'ils retirent des poissons sains et qui donnent une forte proportion d'huile blanche de première qualité; ils réservent pour la seconde catégorie les foies grisâtres, allongés, provenant de poissons moins bien développés et qui donnent de l'huile plus foncée de deuxième qualité.

Dans la troisième catégorie, les pêcheurs mettent tous les foies provenant de poissons plus ou moins malades; on extrait de ces foies une huile très-médiocre et de très-mauvaise odeur.

Quant aux résidus des foies, on en fait un engrais fertilisant de très-bonne qualité en les mêlant à une certaine quantité de chaux vive (Winckler).

En Norvége, l'huile est recueillie au fur et à mesure de la formation, mise à refroidir dans de grands bassins où elle se clarifie en donnant un dépôt assez abondant; on la décante et on la filtre.

Quand les foies ne donnent plus d'huile blanche dans les chaudières à double fond, on les verse dans une chaudière de fonte chauffée à nu, à feu doux, et l'on a soin d'agiter la masse tant qu'il se produit de l'huile blonde, qui est très-employée par les Norvégiens pour l'éclairage.

On pousse ensuite le chauffage pendant une heure environ pour obtenir l'huile brune employée surtout pour l'industrie.

Les huiles norvégiennes sont partagées en assortiments, qui sont :

1° *La blanche médicinale*, liquéfiée à la vapeur, d'une couleur pâle, ayant odeur de poisson frais, saveur franche, sans arrière-goût;

2° *La blanche supérieure naturelle*, transparente, couleur de paille; sa saveur et son odeur sont douces;

3° *La blonde ordinaire*, limpide, couleur de madère, plus odorante et plus sapide;

4° *La brune claire*, de couleur rougeâtre, ayant une odeur de poisson très-marquée et une saveur âcre très-prononcée;

5° *La noire* (cuite), brun verdâtre, non transparente, d'une odeur et d'une saveur très-âcres et nauséabondes; elle est réservée pour la corroierie.

Nous avons puisé ce qui vient d'être dit sur les huiles de poisson dans un excellent rapport de M. L. Soubeiran, présenté à la Société impériale d'acclimatation.

HUILE DE PIEDS DE BŒUF. — On comprend sous ce nom des huiles d'abatis de mammifères, vache, cheval, mouton.

On la prépare en faisant bouillir dans l'eau des pieds de ces animaux parfaitement dénudés de chair et de nerf et en enlevant la graisse qui vient surnager.

Elle est jaune paille ou jaune rougeâtre ; elle est sans odeur; sa saveur est agréable; elle est limpide et ne se concrète que par un grand froid; elle se conserve longtemps sans rancir. Elle sert au graissage des mécaniques, des rouages des horloges. Sa densité à 15° est de 0,916.

Un courant de chlore gazeux la blanchit et ne la colore pas en brun, coloration que ce corps fait prendre aux huiles de poisson.

HUILE DE SUIF. — Dans le commerce, on désigne sous ce nom ou sous celui d'*oléine* l'acide oléique obtenu comme produit accessoire dans la fabrication des bougies stéariques. — Voyez OLÉIQUE (ACIDE).

## ESSAIS DES HUILES.

La différence de prix des différentes huiles et la grande difficulté qu'il y a de les distinguer lorsqu'elles sont mélangées sont la cause des nombreuses falsifications qui se pratiquent sur ces matières. Depuis longtemps les chimistes se sont exercés sur les moyens de découvrir le mélange des huiles et jusqu'à présent, il faut l'avouer, ils n'ont pu résoudre la question d'une manière complète : cela tient à l'identité de composition des huiles ; d'un autre côté, des procédés qui donnent des réactions nettes avec des huiles pures n'indiquent souvent rien ou laissent du doute lorsqu'il s'agit de mélanges.

Nous allons donner néanmoins un résumé des principaux moyens indiqués pour reconnaître les falsifications.

Ces procédés comprennent les moyens physiques et les moyens chimiques.

La plupart des réactions chimiques ont été indiquées à l'occasion de chaque huile en particulier.

1° MOYENS PHYSIQUES. — *Densité*. On a proposé d'examiner la densité des huiles à l'aide d'un densimètre à tige très-longue ou de l'alcoomètre de Gay-Lussac; mais si l'on compare les densités des diverses huiles, on voit que la différence est trop faible pour pouvoir conclure avec certitude s'il y a eu mélange de deux ou plusieurs huiles.

Parmi les densimètres proposés, on compte :

1° L'*oléomètre à froid de Lefebvre*, basé sur la différence de densité des huiles à une même température + 15°.

2° L'*oléomètre à chaud de Laurot*, proposé en 1841 pour l'essai spécial de l'huile de colza. Il est fondé sur l'observation que les huiles à 100° n'ont pas la même densité et présentent des différences appréciables. Le zéro est le point auquel l'instrument s'arrête dans l'huile de colza pure portée à 100°. Il y a 200 parties égales au-dessous de zéro et 20 à 25 au-dessus.

| | | |
|---|---|---|
| Dans l'huile de lin à 100°, | l'oléomètre s'arrête à | 210° |
| Dans l'huile d'œillette | — | 124° |
| Dans l'huile de poisson | — | 83° |
| Dans l'huile de chènevis | — | 136° |

Lorsque l'huile de colza est mélangée d'acide oléique, l'instrument se trouve en défaut.

3° L'*élaïomètre* construit en 1843 par M. Gobley est spécialement destiné à l'analyse des mélanges d'huiles d'olive et d'œillette.

Il est fondé sur la différence de densité existant entre l'huile d'olive et celle d'œillette, il consiste en un aréomètre à boule très-grosse, gradué de telle manière qu'à 12°,5, température ordinaire des caves à huiles, son point d'affleurement dans l'huile d'œillette est marqué 0 en bas, et son point d'affleurement dans l'huile d'olive, 50° en haut. L'intervalle entre 0 et 50° a été divisé en 50 parties égales.

*Électricité*. — Le diagomètre de Rousseau, décrit plus haut, est maintenant abandonné.

*Chaleur*. — M. Maumené et M. Fehling ont remarqué que, lorsqu'on ajoute de l'acide sulfurique à de l'huile, il y a élévation de température, différente pour plusieurs huiles.

Ils ont remarqué que les huiles siccatives, au contact de l'acide sulfurique concentré, s'échauffent toujours bien plus que les huiles grasses non siccatives et donnent même lieu à un dégagement d'acide sulfureux.

Voici les résultats obtenus par M. Maumené avec 50 grammes de chaque huile mêlée à $10^{cc}$ d'acide sulfurique à 66° B, et par M. Fehling avec 15 grammes d'huile seulement.

| Huiles. | Élévation de température. d'après Maumené. | d'après Fehling. |
|---|---|---|
| Huile d'olive | 42° | 37°,7 |
| — d'œillette | 74,5 | » |
| — de colza | 58 | » |
| — d'amandes douces | 53,5 | 40,3 |
| — de navette | 57 | 55 |
| — de pavot | » | 70,5 |
| — de lin | 133 | 74 |
| — de faîne | 65 | » |
| — de sésame | 68 | » |
| — de ricin | 47 | » |
| — de noix | 101 | » |
| — de chènevis | 98 | » |
| — de foie de morue | 103 | » |
| — de foie de raie | 102 | » |

Pour rendre les résultats comparables, il faut avoir soin d'opérer dans des conditions absolument identiques.

2° MOYENS CHIMIQUES. — *Action de l'acide hypoazotique et de l'acide azotique*. — En 1819, M. Poutet, de Marseille, a recommandé, pour reconnaître la pureté des huiles d'olive, l'emploi d'une solution acide de mercure dans l'acide azotique. Cette solution s'obtient en faisant dissoudre 6 p. de mercure dans 7,5 d'acide azotique à 35° B. On agite 96 grammes d'huile avec 8 grammes de réactif et on observe la consistance de la matière après 24 heures.

En 1832, M. Félix Boudet a proposé de remplacer le nitrate de mercure par l'acide hypoazotique additionné de 3 fois son poids d'acide azotique à 35° B. On agite dans un flacon 2 ou 3/100 du mélange acide avec l'huile et on observe le temps nécessaire à la solidification. Dans tous ces essais il est indispensable d'agir toujours comparativement en opérant de la même manière sur des huiles pures et des mélanges bien déterminés.

M. Barbot a proposé, en 1846, d'examiner la teinte que prennent les huiles lorsqu'on les traite par l'acide azotique saturé de bioxyde d'azote. On agite pendant deux minutes 20 grammes de différentes huiles avec 2 grammes de cet acide, on obtient différentes colorations et des solidifications qui se font dans des temps plus ou moins longs.

M. Diésel se sert simplement d'acide azotique ordinaire qui colore l'huile d'olive en vert, puis en brun au bout de douze heures; la même huile, mélangée avec 3/10 au plus d'huile d'œillette, se colore en *blanc jaunâtre*.

*Coloration des huiles par l'acide sulfurique.* — En 1841, M. Heydenreich, de Strasbourg, a fait connaître, pour distinguer les huiles, l'emploi de l'acide sulfurique. Lorsqu'on ajoute une goutte d'acide sulfurique à 66° B à 10 ou 15 gouttes d'huile déposées sur un verre de montre reposant sur une feuille de papier blanc, on voit presque aussitôt apparaître une coloration qui varie selon l'espèce d'huile employée, et suivant qu'on laisse l'acide réagir tranquillement sur l'huile ou qu'on remue les deux liquides avec une baguette de verre. On reconnaît ensuite, par un examen comparatif avec une huile pure de même espèce, si l'huile à essayer est pure ou mélangée. M. Penot n'emploie qu'une goutte d'acide pour 20 d'huile. Ce même chimiste se sert aussi, dans le même but, d'acide sulfurique saturé de bichromate de potasse.

*Coloration par le mélange d'acide azotique et d'acide sulfurique.* — M. Behrens a proposé l'emploi de 10 grammes d'un mélange, à poids égal d'acide azotique et d'acide sulfurique pour 10 grammes d'huile, pour reconnaître la falsification des diverses huiles par celle de *sésame*. On observe *à l'instant* la coloration produite, car au bout d'une ou deux minutes le mélange brunit, puis devient tout noir.

Voici les colorations obtenues avec ce réactif :

| Huiles. | Coloration. |
|---|---|
| Huile de sésame ....... | Vert-pré foncé. |
| — d'olives .......... | Jaune clair. |
| — de lin ........... | Rouge-brun. |
| — d'amandes ....... | Rose fleur de pêcher. |
| — de ricin .......... | Peu changée. |
| — de colza ......... | Brun rougeâtre. |
| — d'œillette ......... | Rouge brique. |

D'après Guibourt et Réveil, on peut reconnaître ainsi 10 % d'huile de sésame dans l'huile d'olive.

*Emploi du chlore.* — M. Fauré, de Bordeaux, a indiqué le chlore pour distinguer les huiles végétales des huiles animales. Celles-ci sont colorées en brun noirâtre par le chlore, qui ne fait que décolorer légèrement les huiles végétales. Parmi les huiles animales, l'huile de pieds de bœuf est la seule qui ne prend pas la couleur noire par le chlore.

*Acide phosphorique sirupeux.* — Les *huiles végétales* peuvent se distinguer des *huiles de poisson*, d'après M. C. Calvert, par la coloration noire que l'acide phosphorique communique à ces dernières. La réaction devient très-nette en chauffant.

*Action des alcalis caustiques.* — Ammoniaque. — M. Fauré reconnaît les mélanges par les couleurs et les consistances variables que l'ammoniaque donne aux huiles.

*Soude caustique.* — M. Crace-Calvert distingue les *huiles de poisson* par la coloration rouge que leur communique à chaud la soude caustique. On opère avec 5 vol. d'huile et 1 vol. de soude à 1,34 de densité et on porte à l'ébullition. 1 % d'huile de poisson peut être découvert dans toute autre huile par ce procédé. L'*huile d'arachide* est caractérisée par ce qu'elle donne une masse blanche devenant solide cinq minutes après l'addition de l'alcali, propriété que possède aussi l'huile de navette.

*Potasse caustique.* — Se fondant sur la présence du soufre dans les graines des crucifères et par suite dans les huiles qui en proviennent (colza, navette, moutarde, etc.), M. Mailho, pour reconnaître la présence de ces huiles, fait bouillir 25 à 30 grammes de l'huile à essayer avec une solution de 2 grammes de potasse à l'alcool dans 20 grammes d'eau. Après quelques minutes, on jette sur un filtre mouillé et l'eau alcaline filtrée noircit ou brunit un papier imprégné d'acétate de plomb ou d'azotate d'argent.

Si l'opération est faite dans une capsule en argent, celle-ci noircit immédiatement.

*Procédé général de M. C. Calvert.* — Ce chimiste a examiné les différences de coloration et de fluidité des huiles traitées par les acides sulfurique et azotique à différentes densités; l'acide phosphorique sirupeux, le mélange d'acide sulfurique et d'acide azotique, l'eau régale; la soude caustique agissant seule ou employée immédiatement après l'action des acides. Voir les tableaux dressés par M. Calvert dans les *Ann. de Chim. et de Phys.*, t. XLII, p. 199.

*Procédés de M. Cailletet.* — M. Cailletet, pour reconnaître le mélange des huiles commerciales, a décrit quatre procédés qui consistent :

1° A faire réagir pendant trente secondes un mélange d'acide sulfurique aqueux chaud et d'acide azotique concentré sur les huiles;

2° A profiter des colorations différentes que prennent les huiles sous l'influence de l'acide hypoazotique dissous dans l'acide azotique, en opérant à une température de 10° à 12° pour les huiles de sésame, d'olive, d'arachide et de pieds de bœuf, et à celle de 16° à 20° pour l'huile de colza;

3° A faire réagir pendant cinq minutes, à la chaleur de l'eau bouillante, sur 20 grammes d'huile, l'acide hypoazotique produit par 10 gouttes d'acide azotique (0gr,45) et 10 gouttes d'acide sulfurique (0gr,25) et à voir en combien de temps la solidification est achevée;

4° A introduire dans un petit verre à expérience 1 centimètre cube de mercure, 12 centimètres cubes d'acide azotique à 1,40 et 4 centimètres cubes d'huile. Le mercure, en se dissolvant dans l'acide, dégage du bioxyde d'azote qui fait mousser l'huile et la colore.

La coloration de la mousse et de l'huile qui se réunit au-dessous est le caractère invoqué par ce quatrième procédé.

Pour les détails et les tableaux dressés par M. Cailletet, consulter son *Guide pratique de l'essai des huiles*.

Enfin, M. Th. Château a donné dans son *Traité complet des corps gras industriels* une méthode générale d'analyse des huiles. Les réactions dont il se sert sont :

1° L'emploi du *foie de soufre* donnant un savon jaune restant coloré ou se décolorant;

2° Les colorations données par le *chlorure de zinc sirupeux;*

3° Les colorations produites par l'*acide sulfurique* ordinaire;

4° Les colorations données par l'emploi du *bichlorure d'étain fumant;*

5° Les colorations produites à froid et à chaud par l'*acide phosphorique sirupeux;*

6° Les colorations données par le *nitrate de mercure* employé *séparément* et *conjointement* avec *l'acide sulfurique*.

Rappelons, en terminant, que les effets des différents réactifs que nous avons énumérés peuvent être modifiés suivant l'âge des huiles, suivant leur provenance, leur mode d'extraction, etc., et qu'il est donc très-important, dans l'essai des huiles, d'opérer, autant que possible, comparativement avec des produits de même origine.

Bibliographie. — Chevreul, *Recherches sur les corps gras d'origine animale;* — Braconnot, *Mémoires sur la nature des corps gras* (*Ann. de Chim.*, t. LXXXXIII, p. 225); — Th. de Saussure, *Observations sur quelques substances huileuses* (*Ann. de Chim. et de Phys.*, t. XIII, p. 259 et 357); — F. Boudet, *De l'action de l'acide hypoazotique sur les huiles* (*Ann. de Chim. et de Phys.*, t. L, p. 391); — Fremy, *Action de l'acide sulfurique sur les huiles* (*Ann. de Chim. et de Phys.*, t. LXV, p. 113); — Dumas, *Traité de Chimie*; — Société d'acclimatation, *La production animale et végétale*; — Th. Château, *Traité complet des corps gras industriels*, chez Bauce et Mallet-Bachelier; — Bussy et Le Canu, *Essais chimiques sur l'huile de ricin* (*Journ. de Pharm.*, février 1827); — Playfair, *Acide palmique* (*Annuaire de Berzelius*, 1848); — Saalmüller, *Acides gras de l'huile de ricin* (*Ann. der Chem. u. Pharm.*, t. LXIV, p. 108); — Svanberg et Kolmodin, *Acide ricinolique* (*Journ. für prakt. Chem.*, t. XLV, 431); — Azzbacher, *Action du bichromate de potasse et de l'acide sulfurique sur quelques huiles grasses* (*Ann. der Chem. u. Pharm.*, t. LXXIII, p. 199); — Tilley, *Action de l'acide azotique sur l'huile de ricin* (*Revue scientifique*, t. VI, p. 233); — Lassaigne, *Action de l'ammoniaque sur l'huile d'olives* (*Compt. rend.*, t. XVI, p. 390); — Guibourt, *Cours d'histoire naturelle*; — C. Cailletet, *Guide pratique de l'essai et du dosage des huiles*; *Mémoires sur la composition de la ricinolamide* (*Compt. rend.*, t. XXXIII); *Recherches sur l'huile de médicinier* (*Compt. rend.*, t. XXXIX, p. 923); — Crace Calvert, *Ann. de Chim. et de Phys.*, t. L, p. 501; t. XLIX, p. 225; — Pelouze, *Mémoire sur la saponification des huiles sous l'influence des matières qui les accompagnent dans les graines* (*Ann. de Chim. et de Phys.*, t. XLV, p. 319; — Cloëz, *Observations et expériences sur l'oxydation des matières grasses d'origine végétale*, Thèse; — *Huile de ricin* (*Ann. de Chim. et de Phys.*, t. XLI, p. 104; t. XLIII, p. 490; t. XLIV, p. 77; t. XLVIII, p. 99; *Sur la culture de la glaucie* (*Ann. de Chim. et de Phys.*, t. LIX, p. 129; *Extraction de l'huile des graines de coton*, par Schramm (*Bull. de la Soc. d'encour.*, t. V, p. 121); *Épuration des huiles de graines* (*Bull. de la Soc. d'encour.*, t. VIII, p. 314); — Pohl, *Blanchiment de l'huile de palme et moyen de distinguer l'huile d'olive de l'huile de sésame* (*Bull. de la Soc. d'encour.*, t. II, p. 837; t. III, p. 722). J. B.

**HUMBOLDTILITE** (Monticelli et Covelli) (Min.) [Syn. *Mélilite*. De la Méth. *Sommervillite*, Broke; *Zurlite*]. — Silicate d'alumine et de chaux avec oxyde ferrique, magnésie, soude et potasse.

Rapports de l'oxygène dans $SiO^2$, $R^2O^3$ et RO = 3 : 1 : 2. La humboldtilite se trouve à la Somma avec mica, dans les blocs caverneux, en cristaux assez gros, blanchâtres, translucides, recouverts souvent d'une pellicule calcaire; ou bien en cristaux plus petits, éclatants, transparents, avec néphéline et sarcolite dans une roche pyroxénique. On en trouve aussi de jaune ou de brun foncé (mélilite) dans la lave à Capo di Bove et dans les scories des hauts-fourneaux. La zurlite paraît être une variété impure de humboldtilite. Elle se présente en prismes carrés ou octogones, allongés, blancs ou verdâtres, recouverts d'un enduit blanc concrétionné et cristallin.

*Caractères.* — Soluble en faisant gelée dans l'acide chlorhydrique; au chalumeau, fusible lentement en un verre jaunâtre ou noirâtre; la zurlite est infusible. Avec les flux, réactions du fer et quelquefois du manganèse.

Dureté, 5 à 6. Poussière blanche. Densité, 2,9 (3,27 zurlite).

*Forme cristalline.* — Prisme quadratique, $p\ b^1 = 147°15'$. Clivage parfait $p$. F. S.

**HUMBOLDTINE** (Rivero) (Min.) [Syn. *Oxalite*]. — Oxalate ferreux $C^2O^4Fe + 3/2\,H^2O$. Fibres déliées, ou masses compactes ou terreuses, d'un jaune pur ou plus ou moins orangé, ternes ou d'un éclat résineux; recouvrant ou pénétrant le lignite à Gross Almerode en Hesse et à Koloseruk en Bohême.

*Caractères.* — Dans le tube, donne de l'eau, noircit et devient magnétique (fer); avec les flux, réactions de fer.

Dureté, 2. Densité, 2,13 à 2,49.

**HUMBOLDTITE** (Lévy) (Min.). — Variété de datholite du Tyrol.

**HUMITE** (Min.) [Syn. *Chondrodite*]. — Silicate fluorifère de magnésie, $8MgO, 3SiO^2$, avec remplacement d'une quantité variable d'oxygène par du fluor, peut-être $6MgO, 3SiO^2, MgFl^2$. Cristaux d'un vif éclat, vitreux ou résineux, transparents ou translucides, incolores ou plus souvent jaunes, bruns, quelquefois rougeâtres ou verts; implantés dans les cavités des blocs éruptifs de la Somma (humite), ou grains cristallins souvent arrondis, jaunes, engagés dans le calcaire (chondrodite), à New-Jersey, Éden (New-York), en Finlande, etc.

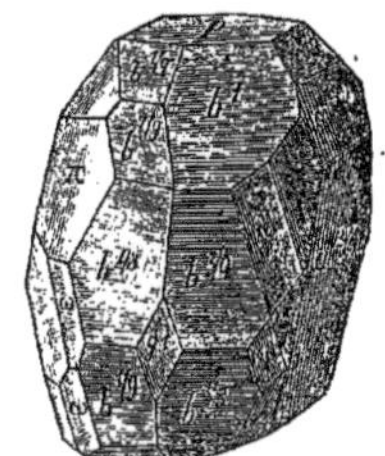
Fig. 338. — Humite.

*Caractères.* — Fait gelée avec les acides; chauffé avec l'acide sulfurique, dégage du fluorure de silicium; au chalumeau, infusible. Avec les flux, réactions de la silice et du fer.

Dureté, 6 à 6,5. Poussière blanche ou jaunâtre. Densité, 3,12 à 3,24.

*Forme cristalline.* — Prisme orthorhombique avec une hémiédrie qui lui donne une apparence clinorhombique: $m\ m = 49°40'$, $p\ a^{2/5} = 108°58'$. Les cristaux se rapportent à trois types assez différents; le premier comprend les formes: $p$, $h^1$, $h^2$, $m$, $a^{2/7}$, $a^{4/7}$, $e^{4/7}$, $b^{2/7}$, etc.; le deuxième, les formes $p$, $g^1$, $a^{2/5}$, $a^{6/5}$, $e^{8/5}$, $b^{1/5}$, etc.; le troisième, les formes: $p$, $g^1$, $a^{2/9}$, $a^{2/3}$, $e^{8/9}$, $b^{1/9}$, $b^{5/9}$, etc.

Clivage $p$. Macles fréquentes dans les cristaux des deuxième et troisième type, rares dans le premier; dans le deuxième, le plan d'assemblage est le plus souvent parallèle à $a^2$; dans les autres, à $a^{2/3}$. F. et S.

**HUMOPIQUE (ACIDE)**, $C^{22}H^{20}O^7$ [Wœhler, *Ann. der Chem. u. Pharm.*, t. L, p. 21]. — Lorsqu'on chauffe la narcotine à 220°, elle dégage de l'ammoniaque, et le résidu renferme de l'acide humopique amorphe, brun foncé, insoluble dans l'eau et les acides étendus, soluble dans les alcalis.

$$C^{22}H^{23}AzO^7 = C^{22}H^{20}O^7 + AzH^3.$$

La formule de ce corps est douteuse, et il se peut que l'action de la chaleur sur la narcotine fournisse d'autres produits.

**HUMUS.** — Il est peu de questions qui aient été discutées plus souvent par les agronomes que celles de la constitution et de l'utilité de l'humus; il en est peu qui soient moins avancées; à l'article TERRE ARABLE, nous présenterons les travaux importants qui ont été faits sur les détritus d'origine végétale et sur les résidus des fumiers qui existent dans le sol. Ici nous rappellerons seulement les travaux exécutés par M. Mulder d'Utrecht sur la matière noire de la terre arable. D'après ce chimiste, celle-ci renferme huit composés différents; la plupart d'entre eux ont des propriétés acides et sont capables de s'unir à la potasse, à la soude, à la chaux et autres bases, et de former de véritables sels. Ils renferment exclusivement du carbone, de l'oxygène et de l'hydrogène; aucun d'eux n'est azoté. Ceux de ces corps qu'on distingue sous le nom d'*acides humiques* renferment l'oxygène et l'hydrogène dans les proportions qui constituent l'eau; dans les *acides ulmiques* l'hydrogène est en excès, et dans les *acides géiques* l'oxygène au contraire domine; les substances qui n'ont pas de propriétés acides sont distinguées sous le nom d'*humine* et d'*ulmine*.

Celles de ces combinaisons qui sont solubles peuvent-elles, absorbées directement par les racines des plantes et modifiées dans l'organisation végétale, constituer les tissus des végétaux ou quelques-uns des principes immédiats que ces tissus renferment, c'est ce qu'on ignore encore aujourd'hui; cette question sera discutée avec plus d'opportunité à l'article TERRE que nous ne pourrions le faire maintenant. P. P. D.

**HUNTÉRITE.** — Voyez CYMOLITHE.

**HUREAULITHE** (Min.). — Phosphate hydraté de manganèse et de fer

$$R^3P^2O^8 + 2H^2O, \ R = Mn, Fe, H^2.$$

Petits cristaux isolés ou groupés, masses compactes ou imparfaitement fibreuses, incolores, jaunes, brunes, roses, etc.

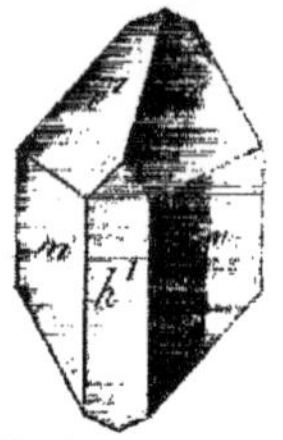

Transparent ou translucide, d'un éclat vitreux. Se trouvant dans les cavités de la triphylline, dans le granite, à Hureaux, près de Limoges.

*Caractères.* — Soluble dans les acides; dans le tube, donne de l'eau; au chalumeau, fond en une perle cristalline jaune rougeâtre, qui brunit dans la flamme oxydante, laquelle se colore en vert. Réactions du manganèse et du fer.

Fig. 339. — Hureaulithe.

Dureté, 5. Poussière blanc jaunâtre. Densité, 3,18 à 3,20.

*Forme cristalline.* — Prisme clinorhombique $mm = 90° 21'$, $pe^1 = 138° 22'$.

**HURONITE** (Min.). — Matière paraissant être une cordiérite altérée, trouvée dans les blocs de hornblende noire, aux environs du lac Huron.

**HUYSSÉNITE** (Min.). — On a donné ce nom à un borate chlorifère, magnésio-ferreux, se trouvant à Stassfurt avec la stassfurtite, à laquelle il ressemble beaucoup.

**HYACINTHE.** — Voyez ZIRCON.

**HYACINTHE.** — Nom donné par les joailliers au grenat essonite de Ceylan, longtemps pris pour un zircon.

**HYACINTHE BLANCHE CRUCIFORME.** — Voyez HARMOTOME.

**HYACINTHE BLANCHE DE LA SOMMA.** — Voyez MEÏONITE.

**HYACINTHE DE COMPOSTELLE.** — Voyez QUARTZ.

**HYACINTHE VOLCANIQUE.** — Voy. IDOCRASE.

**HYALITHE.** — Voyez OPALE.

**HYALOMÉLANE.** — Voyez TACHYLITE.

**HYALOPHANE** (Min.). — Variété barytifère de feldspath, de la dolomie de Binnen.

**HYALOSIDÉRITE.** — Voyez PÉRIDOT.

**HYDANTOÏNE** [Syn. *Glycolylurée*],

$$C^3H^4O^2Az^2 = CO'' \left\{ \begin{matrix} AzC^2H^2O \\ AzH^2 \end{matrix} \right.$$

[Bæyer, *Ann. der Chem. u. Pharm.*, t. CXVIII, p. 178; t. CXIX, p. 126, t. CXXX, p. 129, et *Répert. de Chim. pure*, 1861, p. 406; *Ann. de Chim. et de Phys.*, (3), t. LXIII, p. 468, (4), t. IV, p. 484]. — L'hydantoïne prend naissance :

1° Quand on réduit l'allantoïne (biuréide glyoxylique) $C^4H^6O^3Az^4$ par l'acide iodhydrique, de l'iode est mis en liberté, et l'allantoïne se dédouble en urée et en hydantoïne :

$$\underset{\text{Allantoïne.}}{C^4H^6O^3Az^4} + 2HI = \underset{\text{Urée.}}{CH^4OAz^2} + \underset{\text{Hydantoïne.}}{C^3H^4O^2Az^2} + I^2;$$

2° Dans la décomposition de l'acide alloxamique $C^3H^2O^3Az^2$, qui fournit à 100° de l'acide carbonique, de l'acide leucoturique $C^6H^6O^6Az^4$, de l'acide allanturique $C^3H^4O^3Az^2$, et de l'hydantoïne (voyez DÉRIVÉS DE L'ACIDE URIQUE);

3° Par l'action de l'ammoniaque sur la bromacétylurée

$$\left. \begin{matrix} CO \\ C^2H^2BrO \\ H^3 \end{matrix} \right\} Az^2.$$

On chauffe ce dernier corps au bain-marie avec de l'alcool ammoniacal; lorsque tout est dissous, on évapore à siccité, on lave avec une petite quantité d'eau froide, on fait bouillir le résidu cristallin avec de l'eau et de l'hydrate de plomb, on enlève le plomb par l'hydrogène sulfuré, et l'on évapore à cristallisation : l'hydantoïne se dépose par le refroidissement. Lorsqu'on emploie de l'ammoniaque aqueuse, on obtient peu d'hydantoïne, c'est l'acide hydantoïque qui prend surtout naissance;

4° Lorsqu'on chauffe un glycocolle avec un excès d'urée à 120°, et finalement à 125°, on obtient une matière sirupeuse, qu'on n'a pu faire cristalliser, et qui paraît être de l'hydantoïne impure, car, soumise à l'ébullition avec l'eau de baryte, elle fournit de l'hydantoate de baryte [Heintz, *Ann. der Chem. u. Pharm.*, t. CXXXIII, p. 65, et *Bull. de la Soc. chim.*, 1865, t. IV, p. 151].

L'hydantoïne est en prismes accolés, parfaitement incolores, anhydres, solubles dans l'eau. Sa saveur est faiblement sucrée; elle fond vers 260° en un liquide incolore, qui se prend en cristaux à 157°. Elle précipite l'azotate d'argent ammoniacal; le précipité renferme $C^3H^3O^2Az^2Ag + H^2O$. Lorsqu'on la fait bouillir avec l'eau de baryte, elle fixe de l'eau et se transforme en hydantoate de baryte :

$$\underset{\text{Hydantoïne.}}{C^3H^4O^2Az^2} + H^2O = \underset{\text{Acide hydantoïque.}}{C^3H^6O^3Az^2}.$$

ÉTHYLHYDANTOÏNE [Syn. *Éthylglycolylurée*],

$$C^5H^6O^2Az^2 = CO'' \left\{ \begin{matrix} AzC^2H^2O \\ AzH, C^2H^5 \end{matrix} \right.$$

[Heintz, *Mém. cité*]. — Elle se forme lorsqu'on chauffe des quantités équivalentes d'éthylglycocolle et d'urée; il se dégage continuellement de l'ammoniaque. Le produit de la réaction est traité par l'alcool absolu, la solution évaporée, et le résidu repris par l'eau. La solution aqueuse dépose par l'évaporation spontanée l'éthylhydantoïne.

Ce corps cristallise en prismes rhomboïdaux droits; les arêtes des angles aigus sont tellement tronquées que les cristaux prennent un aspect tabulaire. Il est très-soluble dans l'eau et dans l'alcool, moins soluble dans l'éther. Il fond et se sublime lentement lorsqu'on le chauffe au bain-marie. Sa solution aqueuse est neutre.

MÉTHYLHYDANTOÏNE,

$$C^4H^6Az^2O^2 = Az^2 \left\{ \begin{matrix} CO \\ C^2H^2O \\ CH^3 \\ H \end{matrix} \right.$$

[Neubauer, *Ann. der Chem. u. Pharm.*, t. CXXXVII, p. 288, et *Bull. de la Soc. chim.*, 1867, t. VII, p. 457]. — Ce composé n'est pas un dérivé direct de l'hydantoïne, il se produit par l'action de la baryte sur la créatinine. La créatinine est chauffée pendant 12 heures à 100°, dans des tubes fermés, avec une fois et demie son poids de baryte et une quantité d'eau suffisante pour dissoudre le tout à chaud. Le liquide produit de la réaction est filtré, porté à l'ébullition pour chasser l'ammoniaque produite, saturé exactement par l'acide sulfurique pour précipiter la baryte dissoute, et évaporé à cristallisation. On sépare ainsi des cristaux de méthylhydantoïne, et il reste un résidu sirupeux incristallisable.

La méthylhydantoïne fond à 145°; elle est soluble dans l'eau et dans l'alcool; la solution aqueuse concentrée est légèrement acide; elle ne précipite pas le chlorure de baryum, l'acétate de plomb, l'azotate d'argent, le chlorure de calcium et le chlorure de zinc; elle ne se combine pas avec la baryte. Elle dissout l'oxyde d'argent à chaud, et par le refroidissement donne des lamelles minces d'une combinaison argentique. Celle-ci, traitée par l'iodure d'éthyle ne donne pas de dérivé éthylique.

On obtient de même une combinaison mercurique, en petits cristaux mamelonnés, solubles dans l'eau; cette solution, évaporée à chaud, se décompose en mettant du mercure métallique en liberté. E. G.

**HYDANTOÏQUE (ACIDE)** [Syn. *Oxacétylurée*],

$$C^3H^6O^3Az^2 = CO\left\{\begin{matrix} AzHC^2H^3O^2 \\ AzH^2 \end{matrix}\right.$$

[Bæyer, *Mém. cité* à l'article précédent; — Strecker et Reineck, *Ann. der Chem. u. Pharm.*, t. CXXXI, p. 119; et *Bull. de la Soc. chim.*, 1865, t. III, p. 304; — Reineck, *Ann. der Chem. u. Pharm.*, t. CXXXIV, p. 219, et *Bull. de la Soc. chim.*, 1866, t. V, p. 304; — Herzog, *Ann. der Chem. u. Pharm.*, t. CXXXVI, p. 278, et *Bull. de la Soc. chim.*, 1866, t. VI, p. 146]. — L'acide hydantoïque a été préparé par Bæyer, comme nous l'avons dit plus haut; mais il n'avait été obtenu qu'à l'état sirupeux. Strecker et Reineck, en traitant l'allantoïne par l'amalgame de sodium, obtinrent un composé $C^4H^6O^2Az^4$, qu'ils appelèrent *glycoluryle* (voyez ce mot), et qui, chauffé avec de l'eau de baryte, se transforme en urée et glycolurate de baryte. L'acide glycolurique cristallisé renferme, comme l'acide hydantoïque, $C^3H^6O^3Az^2$. Herzog, en partant de l'hydantoïne, prépara l'acide hydantoïque cristallisé, étudia ses sels, reconnut leur identité avec les glycolurates décrits par Reineck.

Pour préparer l'acide hydantoïque, on neutralise exactement l'hydantoate de baryte par l'acide sulfurique; on filtre, et on fait cristalliser par évaporation au bain-marie.

L'acide hydantoïque est incolore; il cristallise en prismes rhomboïdaux, volumineux, terminés par des pyramides quadrangulaires; il est peu soluble dans l'eau froide. Il déplace l'acide carbonique des carbonates.

HYDANTOATES (Reineck, Herzog). — Les hydantoates sont solubles dans l'eau, insolubles dans l'alcool; la plupart cristallisent facilement.

*Hydantoate de sodium*, $C^3H^5O^3Az^2Na + H^2O$. — Aiguilles blanches, soyeuses; elles ne perdent pas leur eau de cristallisation à 130°.

*Hydantoate d'argent*. — Petites lamelles blanches, très-impressionnables à la lumière.

*Hydantoate d'ammonium*,

$$C^3H^5O^3Az^2(AzH^4) + H^2O.$$

— Cristaux volumineux qui perdent de l'ammoniaque dans une atmosphère libre, et prennent un aspect porcelané.

*Hydantoate de plomb*,

$$(C^3H^5O^3Az^2)^2Pb + 2H^2O.$$

— Aiguilles mamelonnées, blanches, soyeuses.

*Hydantoate de potassium*, $C^3H^5O^3Az^2K$. — Il cristallise difficilement. Au microscope, ses cristaux paraissent formés de prismes hexaèdres et de rhomboèdres.

L'*hydantoate de calcium* ressemble à celui de sodium. Les *sels de baryum, de magnésium, de cuivre, de manganèse*, sont amorphes. Le *sel mercurique* est gélatineux; le *sel mercureux* constitue de petits globules transparents.

ACIDE HYDANTOÏQUE DE SCHEPER. — M. Scheper avait donné le nom d'acide hydantoïque à un acide sirupeux, incristallisable, déliquescent, insoluble dans l'alcool, qu'il avait obtenu en abandonnant pendant quelques jours une solution d'allantoïne dans la potasse caustique concentrée, sursaturant par l'acide acétique, précipitant par l'acétate de plomb, et décomposant le précipité plombique par l'hydrogène sulfuré. Ce corps semble renfermer $C^4H^8O^4Az^4$, c'est-à-dire de l'allantoïne plus une molécule d'eau. Son existence n'est pas démontrée d'une manière certaine [Scheper, *Ann. der Chem. u. Pharm.*, t. LXVII, p. 214].

*Constitution de l'hydantoïne et de l'acide hydantoïque*. — La synthèse de l'hydantoïne par la bromacétylurée montre sa constitution et prouve qu'elle est de la glycolylurée

$$CO''\left\{\begin{matrix} AzC^2H^2O \\ AzH^2. \end{matrix}\right.$$

L'acide hydantoïque doit être considéré comme de l'urée dont un atome d'hydrogène est remplacé par le groupe oxacétyle $C^2H^3O^2$; il est donc l'oxacétylurée (Bæyer) :

$$CO''\left\{\begin{matrix} AzH.C^2H^3O^2 \\ AzH^2 \end{matrix}\right.$$

E. G.

**HYDRABIÉTIQUE (ACIDE)**, $C^{44}H^{68}O^5$ [Maly, *Journ. für prakt. Chem.*, t. XCVI, p. 145.]. — L'amalgame de sodium agit à chaud sur une solution alcoolique d'acide abiétique, le ballon se tapisse de petites aiguilles brillantes, et, si la solution est concentrée, elle se prend en une bouillie cristalline par le refroidissement; ces cristaux sont de l'hydrabiétale de soude; on décompose ce sel par l'acétate de plomb, on recueille le précipité, on le met en suspension dans l'alcool, et on le traite par un courant d'hydrogène sulfuré. La solution alcoolique filtrée donne par l'évaporation des cristaux blancs, d'un aspect gras, d'acide hydrabiétique.

Il est insoluble dans l'eau, soluble dans l'alcool et l'éther; il entre en fusion à 129°, mais il n'est en fusion complète qu'à 144°.

Le *sel de soude* $C^{44}H^{66}O^5Na^2$ séché à l'air libre renferme $3H^2O$; il perd toute son eau à 100°.

Les *sels d'argent, de calcium* et *de plomb* sont des précipités amorphes. E. G.

**HYDRACÉTAMIDE**,

$$C^6H^{12}Az^2 = Az^2\left\{\begin{matrix} C^2H^4 \\ C^2H^4 \\ C^2H^4 \end{matrix}\right.$$

— Cette substance, analogue à l'hydrobenzamide, a été décrite par M. Strecker sous le nom d'*aldéhydine* [Congrès scandinave des naturalistes à Christiania, 1856, p. 272]. Elle se forme dans la décomposition spontanée de l'aldéhydate d'ammoniaque en présence de l'eau, de l'alcool ou de l'éther :

$$\underset{\text{Aldéhydate d'ammoniaque.}}{3(C^2H^4O.AzH^3)} = \underset{\text{Hydracétamide.}}{C^6H^{12}Az^2} + 3H^2O + AzH^3.$$

M. Schiff [*Ann. der Chem. u. Pharm.*, Suppl. VI, p. 1; *Bull. de la Soc. chim.*, t. XI, p. 244, 1869] indique le mode de préparation suivant : On abandonne dans un flacon fermé une dissolution d'aldéhyde dans de l'ammoniaque alcoolique d'une concentration moyenne pendant 5 à 6 mois. Le liquide se colore en jaune orangé et prend une odeur particulière rappelant le chlorure de cyanogène solide. On concentre au sixième par distillation à basse température (60° à 70°) et on fait évaporer ensuite à la température ordinaire. Le résidu est lavé avec de l'éther, dissous dans une solution très-étendue de potasse dans l'alcool absolu, et la potasse est précipitée par de l'acide carbonique.

L'hydracétamide, séchée dans le vide, forme une poudre amorphe, hygroscopique, d'un jaune-gris. Elle se dissout aisément dans l'eau et dans l'alcool; ces solutions sont très-amères. La solution aqueuse ne bleuit pas le papier de tournesol, mais elle verdit faiblement le papier de mauve.

L'hydracétamide forme des sels incristallisables, très-solubles dans l'eau et peu solubles dans l'alcool.

Le *sulfate* est $C^6H^{12}Az^2, SH^2O^4$.

L'*oxalate* forme une poudre grenue, soluble dans l'eau; le *picrate* est un précipité jaune.

Le *chlorhydrate* a pour formule $C^6H^{12}Az^2, 2HCl$.

Le *chloroplatinate* $2(C^6H^{12}Az^2, HCl) + PtCl^4$ constitue une poudre cristalline, insoluble dans l'eau, peu soluble dans l'alcool.

L'hydracétamide se combine avec les chlorures de mercure et d'or. La dernière combinaison est réduite en partie par l'eau bouillante.

Le sulfate soumis à la distillation sèche fournit des gaz ne renfermant pas d'acétylène, des bases huileuses d'une forte odeur de quinoléine et des matières goudronneuses.

L'hydracétamide perd facilement de l'ammoniaque; ainsi, la base libre et ses sels cèdent de l'ammoniaque par l'ébullition de leurs solutions aqueuses; son chloroplatinate bouilli avec de l'eau se transforme en chloroplatinate d'ammoniaque.

L'hydracétamide est convertie dans ces réactions en une base nouvelle, l'*oxytrialdine* (voyez OXYALDINES):

$$C^2H^4 \begin{cases} Az = C^2H^4 \\ Az = C^2H^4 \end{cases} + H^2O$$

Hydracétamide.

$$= C^2H^4 \begin{cases} Az = (C^2H^3)^2 \\ OH \end{cases} + AzH^3.$$

Oxytrialdine.

A. H.

**HYDRACRYLIQUE (ACIDE)**, $C^{12}H^{22}O^{11}$ [Beilstein, *Ann. de Chim. et de Phys.*, t. CXXII, p. 366; — *Répert. de Chim. pure*, 1862, p. 179]. — Lorsqu'on chauffe l'iodopropionate de potasse, il se forme de l'acide hydracrylique et de l'iodure de potassium; cet acide prend aussi naissance par la digestion de l'acide iodopropionique avec un excès d'oxyde d'argent; mais si l'on fait bouillir la solution de l'acide iodopropionique pendant un quart d'heure avec de l'oxyde d'argent, c'est de l'acétate d'argent qui se forme [Moldenhauer, *Ann. der Chem. u. Pharm.*, t. XXXI, p. 323, et *Bull. de la Soc. chim.*, 1864, t. III, p. 201].

L'acide hydracrylique est sirupeux, mêlé d'aiguilles; il est tribasique. Le *sel de plomb*

$$(C^{12}H^{19}O^{11})^2Pb^3$$

est déliquescent, cristallin, blanc, soluble dans l'alcool et se décompose entre 150° et 200°. Le *sel d'argent* $C^{12}H^{19}O^{11}Ag^3$ est floconneux, assez soluble dans l'eau, difficilement soluble dans l'alcool; il se décompose à 100°.

Soumis à la distillation sèche, l'acide hydracrylique donne de l'acide acrylique. Par une ébullition prolongée avec un excès de soude, il se convertit en acide lactique. D'après son mode de formation et cette réaction, l'acide hydracrylique doit être considéré comme un acide polylactique analogue aux alcools polyéthyléniques; il est formé par la condensation de 4 molécules d'acide lactique avec élimination d'une molécule d'eau:

$$4\left(C^3H^4O\left\{\begin{matrix}OH\\OH\end{matrix}\right.\right) - H^2O = \left.\begin{matrix}(C^3H^4O)^4\\H^6\end{matrix}\right\}O^7.$$

Acide lactique.

E. G.

**HYDRAMIDES.** — Les hydramides sont des composés azotés, neutres, qui se forment par l'action de l'ammoniaque sur les aldéhydes aromatiques et sur le furfurol (aldéhyde pyromucique). La première hydramide (l'hydrobenzamide) a été découverte par Laurent.

Les hydramides prennent naissance par la combinaison de 3 molécules de l'aldéhyde et de 2 molécules d'ammoniaque, avec élimination de 3 molécules d'eau:

$$3C^7H^6O + 2AzH^3 = (C^7H^6)^3Az^2 + 3H^2O.$$

Hydrure de benzoyle. Ammoniaque. Hydrobenzamide.

Les hydramides sont des corps solides, cristallisés, insolubles dans l'eau, solubles dans l'alcool et dans l'éther, non volatils sans décomposition. Par l'ébullition avec l'eau, ou par l'action des acides étendus, plusieurs se décomposent en régénérant l'aldéhyde et produisant de l'ammoniaque; ce sont l'hydrobenzamide, l'hydrosalicylamide et la furfuramide. Dans les mêmes conditions l'anishydramide et la cumhydramide ne se détruisent pas. Maintenues pendant quelque temps à une température supérieure à leur point de fusion (Bertagnini), ou traitées par la potasse bouillante (Fownes), les hydramides se convertissent en alcalis isomères; ainsi l'hydrobenzamide donne l'amarine; l'anishydramide, l'anisine; la furfuramide, la furfurine. On n'a pas encore observé cette réaction avec l'hydrosalicylamide et la cumhydramide. Traitées par l'hydrogène sulfuré, elles donnent des aldéhydes sulfurées (Cahours). Les hydramides connues sont fournies par les aldéhydes anisique $C^8H^8O^2$, salicylique $C^7H^6O^2$, pyromucique (furfurol) $C^5H^{10}O^2$, benzoïque $C^7H^6O$, cuminique $C^9H^8O$; ce sont les suivantes:

Hydrobenzamide

$$C^{21}H^8Az^2 = Az^2\begin{cases}CH.C^6H^5\\CH.C^6H^5\\CH.C^6H^5\end{cases}$$

Cumhydramide

$$C^{37}H^{24}Az^2 = Az^2\begin{cases}C^3H^3(C^6H^5)\\C^3H^3(C^6H^5)\\C^3H^3(C^6H^5)\end{cases}$$

Anishydramide

$$C^{24}H^{24}Az^2O^3 = Az^2\begin{cases}C^2H.CH^4.OCH^3)\\C^2H.CH^4.OCH^3)\\C^2H.CH^4.OCH^3)\end{cases}$$

Hydrosalicylamide

$$C^{21}H^{18}Az^2O^3 = Az^2\begin{cases}CH.(C^6H^4OH)\\CH.(C^6H^4OH)\\CH.(C^6H^4OH)\end{cases}$$

Furfuramide

$$C^{15}H^{12}Az^2O^3 = Az^2\begin{cases}C^5H^4\\C^5H^4\\C^5H^4\end{cases}$$

D'après leur mode de formation, on peut supposer que les hydramides sont constituées de la manière suivante:

$$(C^6H^5.CH'')\left\{\begin{matrix}Az.(C^6H^5.CH)''\\Az.(C^6H^5.CH)''\end{matrix}\right.$$

Hydrobenzamide.

Mais on ne voit pas en vertu de quelle transposition moléculaire elles se transforment en alcalis isomères.

E. G.

**HYDRANISOÏNE**, $C^{16}H^{18}O^4$ [Syn. *Anisopinacone*] [Saytzeff et Samosadsky, *Zeitschrift für Chem.*, nouv. sér., t. III, p. 678, et t. IV, p. 543; *Bull. de la Soc. Chim.*, 1868, t. IX, p. 409; 1869, t. XII, p. 302; — A. Rossel, *Ann. der Chem. u. Pharm.*, t. CLI, p. 25, et *Bull. de la Soc. chim.*, 1870, t. XIII, p. 273].

L'hydranisoïne, substance analogue à l'hydrobenzoïne, résulte de la fixation de 2 atomes d'hydrogène sur 2 molécules d'aldéhyde anisique :

$$2C^8H^8O^2 + H^2 = C^{16}H^{18}O^4.$$

Aldéhyde anisique. — Hydranisoïne.

On fait agir de l'amalgame de sodium liquide sur un mélange d'aldéhyde anisique et d'eau. On n'observe pas de dégagement d'hydrogène et on trouve après 24 heures l'aldéhyde transformée en une masse pâteuse renfermant deux substances qu'on sépare au moyen de l'éther. La première, l'hydranisoïne, reste insoluble, tandis que la seconde, l'isohydranisoïne, se dissout.

L'*hydranisoïne* $C^{16}H^{18}O^4$ cristallise de sa solution alcoolique bouillante en tables rhombiques (angle 123° et 57°) qui ressemblent à la cholestérine. Elle est presque insoluble dans l'eau et dans l'éther froids, un peu plus soluble dans les mêmes liquides à chaud et dans l'alcool et très-soluble dans l'alcool bouillant. Elle fond à 168° (Rossel), 172° et se concrète à 140° (Saytzeff). Chauffée dans un courant d'acide carbonique, elle se sublime en partie et il se forme de l'aldéhyde anisique. L'acide sulfurique concentré colore les cristaux en noir et les dissout ensuite en formant un liquide bleu qui devient bientôt rouge. L'acide nitrique colore l'hydranisoïne en rouge : il se sépare une huile qui se dissout peu à peu et dont la solution renferme de l'aldéhyde anisique nitrée. Soumise à l'action d'un mélange de bichromate de potassium et d'acide sulfurique, elle est convertie en aldéhyde et acide anisique.

L'*isohydranisoïne* se trouve à côté d'une certaine quantité d'alcool anisique dans la solution éthérée. Elle se dépose de cette solution en fines aiguilles, qui, purifiées par compression et cristallisation dans l'alcool faible, se présentent sous forme de petits prismes épais fusibles à 110° (Rossel), 125° (Saytzeff). Assez soluble dans l'eau bouillante, elle se dissout aisément dans l'alcool et l'éther. La solution aqueuse bouillante dépose d'abord des gouttelettes qui rendent le liquide laiteux et qui, en se concrétant, prennent la forme cristalline. L'isohydranisoïne est isomérique avec l'hydranisoïne ; elle possède les mêmes réactions et n'en diffère que par ses propriétés physiques.

*Désoxyanisoïne*, $C^{16}H^{16}O^3$. — Cette substance, correspondant à la désoxybenzoïne de M. Zinin, se forme par l'action de l'acide sulfurique étendu et bouillant sur l'hydranisoïne ou l'isohydranisoïne. Le produit formé est le même dans les deux cas :

$$C^{16}H^{18}O^4 = H^2O + C^{16}H^{16}O^3.$$

Hydranisoïne. — Désoxyanisoïne.

La désoxyanisoïne est en aiguilles réunies en faisceaux, très-solubles dans l'alcool et dans l'éther.

Elle fond à 95°, et, une fois fondue, elle reste en surfusion ; on peut la refroidir à 20° sans qu'elle se concrète.

Un mélange de bichromate de potassium et d'acide sulfurique la change en aldéhyde anisique et acide anisique :

$$C^{16}H^{16}O^4 = 2\,(C^8H^8O^2).$$

Aldéhyde anisique.

*Anisoïne*. — Ce nom a été donné à un isomère de l'anéthol fusible vers 140°. M. Rossel propose pour ce dernier le nom d'anéthoïne (voyez ANIS [ESSENCE DE]). On abandonne un mélange d'aldéhyde anisique et de cyanure de potassium en solution alcoolique faible jusqu'à formation d'un dépôt cristallin. Si ce dépôt ne se forme pas, on ajoute de l'eau de manière à produire un léger trouble dans la liqueur. La cristallisation ne tarde pas à commencer. La masse cristalline est purifiée par compression entre des doubles de papier buvard et recristallisée dans l'alcool bouillant (Rossel).

L'anisoïne cristallise en aiguilles incolores, inodores : ce sont des prismes hexagonaux terminés par la base ou par la pyramide. Elle fond entre 109° et 110° ; elle est peu soluble dans l'alcool et dans l'éther froids.

L'anisoïne se dissout en vert clair dans l'acide sulfurique concentré, après avoir passé par une coloration rouge. Quand on chauffe cette solution, on la voit se colorer d'abord en jaune et ensuite en rouge pourpre (réaction très-caractéristique). La potassse alcoolique dissout l'anisoïne en violet ; cette coloration disparaît par une ébullition avec un excès de potasse. — L'acide analogue à l'acide benzilique, qui a dû se former dans cette réaction, n'est pas encore isolé.

*Constitution de l'hydranisoïne et de ses dérivés.* — En se basant sur la formule de l'aldéhyde anisique

$$C^6H^4 \left\{ \begin{matrix} OCH^3 \\ COH \end{matrix} \right.$$

et sur les considérations théoriques de M. E. Grimaux sur la constitution de l'hydrobenzoïne (voyez t. I, p. 552), on arrive facilement à établir les formules suivantes :

$$\begin{matrix} CH\,(C^6H^4.OCH^3)OH \\ | \\ CH\,(C^6H^4.OCH^3)OH \end{matrix} \qquad \begin{matrix} CO.(C^6H^4.OCH^3) \\ | \\ CH.(C^6H^4.OCH^3)OH \end{matrix}$$

Hydranisoïne. — Anisoïne.

$$\left. \begin{matrix} CH\,(C^6H^4.OCH^3) \\ | \\ CH\,(C^6H^4.OCH^3) \end{matrix} \right\rangle O$$

Désoxyanisoïne.

A. H.

**HYDRANZOTHINE.** — Voyez SULFOCARBAMIQUES (ACIDES).

**HYDRARGYLLITE.** — Voyez GIBBSITE.

**HYDRASTINE**, $C^{22}H^{24}AzO^6$. — Cet alcaloïde a été découvert en 1851 dans l'*Hydrastis canadensis* par Durand, étudié par D. Perthuis et Mahla ; ce dernier en a donné la composition [Durand, *Americ. Journ. Pharm.*, t. XXII, p. 112 ; Dyson Perthuis, *Pharm. J. Trans.*, (2), t. III, p. 546 ; Mahla, *Journ. für. prakt. Chem.*, t. XCI, p. 248 ; et *Bull. de la Soc. chim.*, 1864, t. I, p. 469]. L'hydrastine se trouve dans l'*Hydrastis canadensis* en même temps que la berbérine. La plante en renferme 1 1/2 °/o, et 4 °/o de berbérine.

Lorsqu'on a retiré la berbérine à l'état de chlorhydrate cristallisé, on précipite la liqueur chlorhydrique par un léger excès d'ammoniaque, on dissout le précipité dans l'alcool, et on l'abandonne à l'évaporation spontanée ; l'hydrastine cristallise.

Elle est en prismes blancs, brillants, appartenant au type anorthique ; elle fond à 135°, et se décompose à une température supérieure en émettant des vapeurs jaunes. Elle est insoluble dans l'eau, soluble dans l'alcool, l'éther et les acides minéraux étendus. Son chlorhydrate est une masse gommeuse, très-soluble dans l'eau, et incristallisable ; sa solution est fluorescente. E. G.

**HYDRATES.** — On désigne par ce nom des composés qui renferment ou qu'on a supposés renfermer de l'eau, unie en proportion définie, soit à un corps simple, soit à un oxyde métallique ou métalloïque, soit à un groupement plus complexe.

Pour un grand nombre de ces composés, il n'est plus possible d'admettre que l'eau y existe toute formée ; en effet, lorsqu'on formule l'eau $H^2O$, on ne peut pas soutenir que l'acide azotique $AzO^3H$, l'acide phosphorique $PhO^4H^3$, l'acide acétique $C^2H^3O^2H$, l'alcool $C^2H^5OH$, dans lesquels un atome d'hydrogène joue un rôle tout spécial, contiennent de l'eau. On est obligé de supposer, et c'est ce qu'exprime déjà la notation typique

$$\left(\begin{matrix} AzO^2 \\ H \end{matrix}\right\} O \Big)$$

et encore plus clairement la notation atomistique

$$[(AzO^2)' OH],$$

que l'hydrogène y entre à l'état de résidu monatomique OH lié par l'oxygène au radical. Ce résidu a reçu le nom d'*oxhydryle* ou d'*hydroxyle*. Du moment qu'on admettait son existence dans les acides et les alcools d'atomicité impaire, on était conduit forcément à faire la même supposition pour les acides et les alcools d'atomicité paire, qui auraient à la rigueur pu renfermer de l'eau toute faite, mais dont les propriétés sont tellement analogues à celles des précédents qu'il est impossible de faire pour eux une hypothèse particulière.

L'action de la chaleur qui, à l'inverse de ce qui a lieu pour les composés monatomiques, peut les décomposer en eau et en un radical, n'est pas un argument suffisant pour détruire cette analogie. Le dédoublement n'a lieu qu'à une température élevée, à la faveur de laquelle une modification profonde de la molécule, avec formation d'eau aux dépens de deux résidus OH, est extrêmement probable.

Il importe d'ajouter que les quantités d'hydrogène qui peuvent entrer dans les composés à l'état d'hydrogène remplaçable par un métal, par un radical alcoolique, ou par un radical acide, sont strictement déterminées par les lois de l'atomicité.

Ces considérations, et quelques autres qu'il est inutile de rappeler ici, ont décidé la plupart des chimistes à admettre que les acides, les bases inorganiques, certaines bases organiques oxygénées, les alcools, les phénols contiennent tout ou partie de leur hydrogène à l'état d'oxhydryle. Ce ne sont donc pas de véritables hydrates. Néanmoins on leur conserve ce nom par habitude et dans la crainte sans doute de forger un mot nouveau, comme oxhydrure, qui deviendrait nécessaire.

Nous ajouterons quelques exemples indiquant les types principaux de ces hydrates, en faisant remarquer que plusieurs d'entre eux sont des anhydrides d'hydrates plus riches en oxhydryle, et formés soit avec condensation, soit sans condensation de plusieurs molécules en une. En effet, chaque corps simple peut être regardé comme susceptible de fournir un hydrate renfermant un nombre d'oxhydryles correspondant à son atomicité. C'est ainsi que le potassium K' donne un hydrate KOH; le calcium Ca'', un hydrate $Ca''(OH)^2$; le bismuth Bi''', un hydrate $Bi'''(OH)^3$; le silicium $Si^{iv}$, un hydrate $Si^{iv}(OH)^4$. Mais pour plusieurs des éléments polyatomiques ces hydrates normaux, comme on les appelle, n'existent pas, ou du moins sont extrêmement instables. A leur place il se forme des anhydrides ultimes comme $CO^2$ au lieu de $C^{iv}(OH)^4$, ou des anhydrides partiels comme $BoO^2H$ au lieu de $Bo'''(OH)^3$. D'autres anhydrides partiels sont formés par la condensation en une seule de deux molécules d'hydrates polyatomiques, comme par exemple l'alcool diéthylénique

$$\begin{matrix} C^2H^4OH \\ O \\ C^2H^4OH \end{matrix} = 2C^2H^4(OH)^2 - H^2O$$

et l'acide pyrophosphorique

$$\begin{matrix} PhO(OH)^2 \\ O \\ PhO(OH)^2 \end{matrix} = 2(PhO)''' (OH)^3 - H^2O$$

| | |
|---|---|
| $K'OH$ | $Ca''(OH^2)$ |
| $C^2H^5OH$<br>Alcool. | $C^2H^4(OH)^2$<br>Glycol. |
| $C^2H^3O.OH$<br>Ac. acétique. | $C^4H^4O^2(OH)^2$<br>Ac. succinique. |
| $C^6H^5.OH$<br>Phénol. | $(C^6H^4)(OH)^2$<br>Pyrocatéchine. |
| | $C^4H^8O.(OH)^2$<br>Alcool diéthylénique. |
| $Bi'''(OH)^3$ | $Sn^{iv}(OH)^4$<br>Hydrate stannique. |
| $C^5H^5(OH)^3$<br>Glycérine. | $C^4H^6)^{iv}(OH)^4$<br>Érythrite. |
| $(C^3H^3O)(OH)^3$<br>Ac. glycérique. | $(C^4H^2O^2)(OH)^4$<br>Ac. tartrique. |
| $(C^3H^4)(OH)^3$<br>Pyrogallol. | $Ph^2O^3.(OH)^4$<br>Acide pyrophosphorique. |

Nous rappellerons que le nombre d'oxhydryles contenus dans un composé acide indique son atomicité et non pas sa basicité; la nature du radical qui est saturé par eux influe sur leurs propriétés d'une façon décisive quant au remplacement plus ou moins facile de H par un métal, un radical alcoolique, ou un radical acide; c'est ainsi que l'acide glycérique est triatomique et seulement monobasique; l'acide tartrique, tétratomique et bibasique, etc. — Voyez ces mots.

Les composés analogues à l'alcool obtenus par M. Wurtz en faisant agir l'acide iodhydrique sur l'amylène et l'oxyde d'argent humide sur l'iodure formé méritent une mention particulière. La facilité avec laquelle cet alcool se dédouble en eau et amylène sous l'action de la chaleur ou de divers réactifs a engagé M. Wurtz à l'appeler hydrate d'amylène et à le considérer comme réalisant l'ancienne théorie de l'éthérène de M. Dumas, suivant laquelle l'alcool aurait été formé par l'union de l'éthylène $C^2H^4$ et de l'eau $H^2O$. On ne peut pourtant pas admettre que l'eau existe comme telle, même dans les hydrates d'hydrocarbures; il est plus probable qu'elle y est contenue, comme dans les autres alcools, à l'état d'hydroxyle, et que la plus facile séparation de $H^2O$ est due à la nature même de l'hydrocarbure.

A côté des corps dont nous venons de parler, il en existe un grand nombre d'autres qui renferment les éléments de l'eau, sans jouir de propriétés acides ni basiques. En général, ils perdent cette eau avec une grande facilité : quelques-uns au sein même de l'eau par une légère élévation de température, quelques-uns à l'air humide (efflorescence), d'autres à l'air sec, la plupart à 100°, quelques-uns enfin à une température supérieure.

Lorsque l'eau a disparu, le composé primitif reste sans grande altération de ses propriétés; souvent il est susceptible de reprendre l'eau perdue. On appelle l'eau ainsi fixée *eau de cristallisation*, et on admet généralement qu'elle existe dans l'hydrate comme telle. Rien en effet ne prouve le contraire. Les idées de saturation atomique ne rendent aucun compte de la manière dont l'eau est liée au reste de la molécule, et l'on est porté à croire, ainsi que l'indique le nom d'eau de cristallisation, que l'eau est fixée sur la molécule par les mêmes forces qui font prendre à tout l'ensemble une forme cristalline déterminée; et, en effet, lorsque la proportion d'eau change, la forme cristalline change en même temps. On a rapproché les systèmes moléculaires renfermant de l'eau de cristallisation de certaines combinaisons formées par l'union de deux sels, de deux composés saturés tels que $HgI^2 2KI$, etc. On a appliqué aux uns comme aux autres le nom de *combinaisons moléculaires*, qui a même été étendu, à tort suivant nous, à divers corps dont l'existence est difficile à interpréter dans le système de l'atomicité invariable, tels que

$$PhCl^5 \quad \text{et} \quad AzH^4Cl.$$

On a voulu exprimer par ce mot qu'au lieu d'une combinaison entre les atomes, on a affaire à une combinaison entre molécules saturées déjà chacune pour sa part.

Quoi qu'il en soit, l'eau de cristallisation suit la grande loi des proportions définies : pour une molécule chimique d'un sel, d'un acide, on rencontre d'ordinaire des nombres entiers de molécules d'eau; quelquefois pourtant ces nombres sont fractionnaires et témoignent ainsi d'un groupement complexe constitué par deux (ou plusieurs) molécules du composé, avec un certain nombre de molécules d'eau. On ne peut pas tirer des nombres fractionnaires des molécules d'eau un argument en faveur d'un certain poids moléculaire du corps uni à l'eau.

M. Person a fait voir que l'eau de cristallisation contenue dans les sels a à peu près la chaleur spécifique de la glace, ce qui serait une raison de plus pour admettre qu'elle y est toute formée et qu'elle y existe même à l'état solide [*Compt. rend.*, t. XXIX, p. 300].

Bien des corps sont susceptibles de se combiner avec l'eau en diverses proportions, et de former ainsi plusieurs hydrates Les plus riches en eau se forment aux températures les plus basses, une température plus élevée exerçant toujours une action déshydratante, même au sein de l'eau.

C'est ainsi, par exemple, qu'à une température inférieure à 19° ou 20°, on obtient un hydrocarbonate de chaux cristallisé $CaCO^3,5H^2O$ qui se détruit à une température supérieure [Pelouze, *Ann. de Chim. et de Phys.*, (2), t. XLVIII. p. 301]; et que le peroxyde de fer [H. de Senarmont, *Compt. rend.*, t. XXXII, p. 411] et le sulfate de chaux, qui à la température ordinaire sont hydratés, deviennent anhydres lorsqu'on les chauffe à 200° au sein de l'eau.

Les divers hydrates d'un même sel peuvent cristalliser à la même température, d'une dissolution sursaturée, lorsqu'on y introduit un cristal de l'hydrate que l'on veut obtenir, ou bien d'un hydrate isomorphe. Les cristaux obtenus ainsi ne sont stables que quand ils appartiennent à l'hydrate qui cristallise spontanément des solutions à la température donnée. Les cristaux des autres hydrates se détruisent plus ou moins rapidement, surtout au contact du précédent [Lecoq de Boisbaudran, *Ann. de Chim. et de Phys.*, (4), t. XVIII, p. 240].

Lorsqu'on renferme un hydrate cristallisé dans un espace clos, cet hydrate montre, à une température plus ou moins élevée, une certaine tension de vapeur parfaitement définie. Cette tension reste la même, pour une température invariable, aussi longtemps que la quantité d'eau dépasse celle nécessaire pour former un hydrate inférieur lorsqu'il en existe un. Dès que cette limite est atteinte, la tension change brusquement et prend les valeurs qui conviennent au nouvel hydrate [Debray, *Compt. rend.*, t. LVI, p. 194]. On peut se servir de ce moyen pour contrôler les déterminations d'eau de cristallisation et pour constater l'existence d'hydrates définis.

M. Damour a montré que plusieurs silicates hydratés (zéolithes) perdent à des températures ménagées des quantités atomiques d'eau qu'ils reprennent par leur exposition à l'air humide. Une température plus élevée chasse une proportion d'eau plus forte que le minéral ne reprend plus; enfin il faut quelquefois une température s'élevant jusqu'au rouge sombre pour enlever les dernières portions d'eau [*Compt. rend.*, t. XLIV, p. 975].

M. Graham a été le premier à distinguer l'eau de cristallisation, qu'une température modérée suffit pour éliminer de l'eau qu'il a appelée de *constitution* ou eau basique, et qu'une chaleur beaucoup plus forte peut seule chasser. Il a distingué de l'eau basique pouvant être remplacée par les bases, l'eau *saline* pouvant être remplacée par des quantités équivalentes de sels neutres. Liebig a donné à cette dernière le nom d'eau d'halhydratation [*Ann. der Chem. u. Pharm.*, t. XXVI, p. 144].

Il est aisé de comprendre en quoi consiste la différence de l'eau de constitution et de l'eau de cristallisation. Si l'on se reporte à ce que nous avons dit plus haut, on voit que la première n'existe pas toute formée dans les composés, et que, pour en être expulsée, il faut d'abord qu'elle se forme aux dépens des groupes oxhydryles contenus dans la molécule. L'eau de cristallisation, au contraire, paraît être toute formée et n'exige qu'une moindre température pour être chassée.

A l'eau de constitution se réunit l'eau de certains composés basiques, comme, par exemple, les arséniates de zinc et de cuivre, et le phosphate de cuivre (adamine, olivénite, libethénite) de la formule

$$\left.\begin{matrix} PhO''' \\ Cu'' \end{matrix}\right\} O^3 \atop (CuOH)'$$

L'inspection de la formule montre que, l'acide phosphorique tribasique étant saturé par 3/2 atomes de Cu, il reste un 1/2 Cu, qui est saturé à son tour par OH. L'expérience prouve que l'eau ne se dégage de ces composés qu'à une température très-élevée [Friedel, *Compt. rend.*, t. LXII, p. 692]. Il existe un grand nombre d'autres composés pareils, et beaucoup de formules de minéraux complexes se modifient notablement quand on tient compte de l'eau de constitution qu'ils renferment, et qui peut compléter la saturation, soit d'une partie de l'acide, soit d'une partie de la base.

Quant à l'eau saline ou eau d'halhydratation, telle qu'elle existe dans les sels neutres, par exemple dans le sulfate de magnésie, M. Erlenmeyer admet qu'elle entre dans ces composés à l'état oxhydryle, ce qui est justifié par la température élevée nécessaire pour la chasser, et que les sels en question seront, si l'on peut ainsi s'exprimer, basiques d'un côté, acides de l'autre.

Le sulfate de magnésie, par exemple, devrait se formuler ainsi :

$$\begin{matrix} OH \\ | \\ SO^2 \\ | \\ O\text{-}Mg\text{-}OH \end{matrix}$$

Il contiendrait d'une part un oxhydryle appartenant à l'acide sulfurique, et de l'autre un oxhydryle appartenant à l'hydrate de magnésie. On comprendrait ainsi la formation de l'eau à une température suffisante avec production de

$$Mg\begin{matrix} \diagup O \diagdown \\ \diagdown O \diagup \end{matrix}SO^2$$

et aussi le remplacement de l'eau d'halhydratation par des molécules salines, dont on aurait un exemple dans la kaïnite

$$\begin{matrix} OK \\ | \\ SO^2 \\ | \\ O\text{-}Mg\text{-}Cl \end{matrix}$$

Cette interprétation est certainement fort ingénieuse; mais il ne faudra pas moins que la discussion d'un grand nombre d'exemples pour lui donner une base solide [*Berichte der Deut. Ch. Gesellsch.* 2e année, p. 289].

Il n'a été question dans ce qui précède que des hydrates solides. Il en existe d'autres qui sont liquides et qui paraissent obéir à la loi des proportions définies. On reconnaît leur existence, soit par un point d'ébullition constant, soit par un maximum de la contraction qui a lieu au moment du mélange des liquides. M. Roscoë a toutefois fait voir que quelques-uns de ces prétendus hydrates ne sont que des mélanges; en les soumettant à la distillation sous des pressions différentes, il a vu changer non-seulement le point d'ébullition, mais encore la composition du produit qui présentait un point d'ébullition fixe [Roscoë, *Chem. Soc. quart. Journ.*, t. XIII, p. 146].

Il est probable qu'on trouverait pour les hydrates liquides, comme pour les hydrates solides, des différences de tensions de vapeur qui permettraient de résoudre la question de leur existence. C. F.

**HYDRAZOANILINE.** — Voyez PHÉNYLAMINE.

**HYDRAZOBENZIDE** ou **HYDRAZOBENZOL.** — Voyez BENZINE, t. I, p. 534.

**HYDRAZOBENZOÏQUE (ACIDE).** — Voyez BENZOÏQUE (ACIDE), t. I, p. 559.

**HYDRAZODRACYLIQUE (ACIDE).** — Voyez DRACYLIQUES (COMBINAISONS), t. I, p. 188.

**HYDRAZOSALICYLIQUE (ACIDE).** — Voyez HYDRURE DE SALICYLE.

**HYDRAZOTÉS (ACIDES).** — Ces acides dérivent d'acides nitrés par réduction incomplète; leur mode de formation et leur composition ont été exposés aux dérivés par réduction des acides nitrobenzoïques. — Voyez BENZOÏQUE (ACIDE), t. I, p. 559 et 560, et DIAZOÏQUES (COMBINAISONS), t. I, p. 1149.

**HYDRAZOTOLUIDE.** — Voyez TOLUÈNE, dérivés par réduction des produits nitrés.

**HYDRESCULINE** [Rochleder, *Sitzungsb. d. Acad. d. Wissensch. zu Wien*, t. LVII, avril 1868; *Bull. de la Soc. chim.*, t. XI, p. 423, 1869].

L'esculine traitée par l'amalgame de sodium en présence de l'eau se dissout peu à peu. La solution alcaline est versée, après la neutralisation par l'acide acétique, goutte à goutte dans de l'alcool absolu. Le précipité floconneux blanc qui se forme est l'hydresculine. C'est un corps amorphe, se colorant à l'air en jaune ou en rose, soluble dans l'eau et l'alcool faible, et précipitable par le sous-acétate de plomb.

L'hydresculine est un glucoside. La solution aqueuse et concentrée, additionnée de la moitié de son volume d'acide chlorhydrique, laisse déposer après peu de temps des cristaux d'*hydresculétine* $C^{18}H^{16}O^{2}$, et le liquide renferme du sucre en dissolution. La substance séchée à 150° paraît renfermer $C^{18}H^{14}O^{8}$. L'ammoniaque colore l'hydresculétine en rouge, mais la coloration passe bientôt au bleu; il se forme de l'escorcéine (voyez ESCULINE, t. I, p. 1260) et un autre corps incolore et cristallisable. L'hydresculétine, en se dissolvant dans la potasse, produit une coloration verte qui passe au jaune foncé. A. H.

**HYDRINDINE,** $C^{32}H^{22}Az^{4}O^{4}H^{2}O$ [Laurent, *Ann. de Chim. et de Phys.*, (3), t. III, p. 475]. — Ce corps, découvert par Laurent, serait à l'indine ce que l'indigo blanc est à l'indigotine. Poudre blanche ou blanc jaunâtre insoluble dans l'eau, peu soluble dans l'alcool bouillant, qui la laisse déposer par refroidissement sous forme de fines aiguilles à base hexagone. Vers 300°, elle commence à fondre et se convertit partiellement en indine. L'acide sulfurique dissout l'hydrindine sans altération; l'eau la reprécipite intacte. L'acide nitrique la convertit en nitrindine violette. Pour préparer l'hydrindine, on traite l'isathyde par la potasse et l'alcool; il se forme une solution rose; celle-ci, additionnée d'acide chlorhydrique et évaporée, passe au jaune et dépose par le refroidissement un mélange d'isatine et d'hydrindine. On sépare l'isatine par l'alcool bouillant.

Une solution d'indine dans l'alcool potassique passe à chaud du noir au jaune et dépose alors par refroidissement des cristaux d'hydrindine potassée qu'on lave à l'eau.

La sulfisathyde dissoute dans la potasse caustique tiède fournit également par refroidissement des cristaux jaunes d'hydrindinate de potasse que l'on débarrasse de toute la potasse par un lavage suffisamment prolongé à l'eau.

*Hydrindine potassée*, $C^{32}H^{21}KAz^{4}O^{5}.3H^{2}O$ (?), ou $C^{32}H^{21}KAz^{4}O^{4}.3H^{2}O$. — Se sépare par le refroidissement d'une solution chaude d'hydrindine dans la potasse, sous forme de prismes brillants, jaune pâle, à éclat soyeux. L'eau décompose l'hydrindinate de potasse en laissant un résidu d'hydrindine

*Hydrindine-sulfurique (acide)*, $C^{16}H^{14}Az^{2}S^{2}O^{8}$ [Schlieper, *Ann. de Chim. et de Pharm.*, t. XX, p. 20]. — Acide bibasique sulfoconjugué, formant une masse cristalline radiée, incolore, qui rougit au contact de l'air. Soluble dans l'eau, peu soluble dans l'alcool, insoluble dans l'éther; saveur très-acide.

Se forme par l'action de l'hydrogène sulfuré ou du sulfure ammonique sur l'acide indinsulfurique ou l'acide isatinsulfurique; ou bien encore par l'action de l'acide chlorhydrique et du zinc sur l'acide isatine-sulfurique. Une solution de 1 p. d'acide isatine-sulfurique dans 5 à 6 p. d'eau est saturée d'ammoniaque et chauffée à l'ébullition après addition de sulfure ammonique. Le liquide devient brun par la mise en liberté de soufre; on ajoute de temps en temps du sulfure ammonique, jusqu'à ce que le liquide conserve une odeur d'acide sulfhydrique. L'ébullition est maintenue assez longtemps pour éliminer l'excès d'ammoniaque; on filtre pour enlever le soufre et la solution jaune rougeâtre d'hydrindinsulfate d'ammonium est précipitée par le chlorure de baryum. Le précipité d'hydrindinsulfate barytique est décomposé par l'acide sulfurique et le liquide filtré est évaporé à cristallisation.

L'*hydrindinsulfate de baryum*,

$$C^{16}H^{12}Ba^{2}Az^{2}S^{2}O^{8}.4H^{2}O$$

(séché à l'air), constitue une poudre cristalline incolore qui perd 11,68 % d'eau à 100°.

*Leucindine-sulfurique (acide)*, $C^{16}H^{18}Az^{2}S^{2}O^{10}$ [Schlieper, *loc. cit.*]. — Cet acide ne diffère du précédent que par une molécule d'eau en plus. Il se forme à peu près dans les mêmes circonstances: seulement on ajoute de la baryte caustique au liquide séparé du soufre par filtration et l'on fait bouillir jusqu'à élimination de l'ammoniaque; l'excès de baryte est précipité par un courant d'acide carbonique. La solution jaune, convenablement concentrée, dépose au bout de quelques jours des croûtes cristallines incolores de leucindine-sulfate barytique,

$$C^{16}H^{18}Ba^{2}Az^{2}S^{2}O^{10}.5H^{2}O.$$

Ce sel purifié par cristallisation répétée forme des cristaux durs, incolores et brillants qui perdent 11,65 % d'eau à 100°. Le sel barytique décomposé par l'acide sulfurique donne, après filtration et évaporation, des cristaux blancs d'acide leucindine sulfurique. Cet acide est très-soluble dans l'eau, d'une saveur acide, peu soluble dans l'alcool. Les agents oxydants ne le convertissent pas en acide indine-sulfurique. Le sel barytique ne précipite pas par le nitrate d'argent; si l'on ajoute de l'ammoniaque au mélange, il se sépare des flocons blancs qui brunissent à chaud. L'acétate de plomb forme un précipité rouge. Le sel de baryte, évaporé avec de l'acide chlorhydrique ou de l'acide sulfurique, se change en indine-sulfate de baryum : il n'est pas altéré par la potasse. P. S.

**HYDRINDIQUE (ACIDE).** — Voyez INDIGO.

**HYDRINTHIOCHRONIQUE (ACIDE).** — Voyez QUINONE.

**HYDRISALIZARINE**, $C^{28}H^{18}O^8$. — Matière cristalline jaune, qui se trouve en petite quantité dans la garance. Elle est soluble à chaud dans le perchlorure de fer; la solution, d'un brun foncé, en laisse déposer par le refroidissement la majeure partie sous forme de flocons jaunes, une petite quantité reste en dissolution, et peut être précipitée par l'addition d'un peu d'acide chlorhydrique.

L'hydrisalizarine dérive de la fixation de 2 atomes d'hydrogène sur 2 molécules d'alizarine :

$$2C^{14}H^8O^4 + H^2 = C^{28}H^{18}O^8$$

[Rochleder, *Journ. für prakt. Chem.*, nouv. sér., t. I, p. 196, 1870].

La garance renferme encore quelques autres substances jaunes, parmi lesquelles M. Rochleder a isolé un homologue de l'hydrisalizarine,

$$C^{29}H^{20}O^8,$$

et un isomère de l'alizarine. — Voyez ISALIZARINE. A. H.

**HYDROALOÉTIQUE (ACIDE).** — Suivant Mulder, lorsqu'on fait bouillir l'acide chrysammique $C^7H^2(AzO^2)^2O^2$ avec de l'eau et du chlorure stanneux, il se produit une poudre violet foncé, presque insoluble dans tous les solvants, et qui serait de l'hydroaloétate d'étain ; Mulder le représente par la formule en équivalents

$$C^{14}H^4Az^2O^{11},3SnO^2?$$

Ce corps, délayé dans la potasse caustique, prend une belle couleur bleue en dégageant de l'ammoniaque, et, traité par l'acide azotique, il fournit de l'acide aloétique et de l'acide chrysammique [Mulder, *Ann. der Chem. u. Pharm.*, t. LXXII, p. 285]. D'après les travaux de Schunck, c'est de l'*hydrochrysamide* $C^7H^6(AzO^2)AzO$ qui se forme lorsqu'on ajoute de l'acide chrysammique à une solution bouillante de chlorure stanneux [Schunck, *Ann. der Chem. u. Pharm.*, t. LXV, p. 241]. E. G.

**HYDROAPATITE** (Min.). — Concrétions mamelonnées ressemblant à la calcédoine, d'un blanc de lait, translucides, ayant la composition de l'apatite et renfermant en outre de l'eau :

$$Ph^3Ca^5FlO^{12} + 1/2H^2O;$$

trouvées à Saint-Girons dans les Pyrénées.

Dureté, 5,5. Densité, 3,10

**HYDROBENZAMIDE**,

$$C^{21}H^{18}Az^2 = (C^7H^6)^3Az^2$$

[Laurent, *Ann. de Chim. et de Phys.*, t. LXII, p. 23; *Revue scientifique*, t. XVI, p. 392, et XIX, p. 448]. — Ce composé, découvert par Laurent, s'obtient par l'action de l'ammoniaque liquide sur l'hydrure de benzoyle. Si l'on abandonne le mélange à lui-même à froid, au bout de quelques jours il s'est formé de nombreux cristaux; si on le chauffe d'abord jusqu'à l'ébullition de la solution ammoniacale, le produit se prend en masse au bout de 7 à 8 heures. On le concasse, on le lave avec très-peu d'éther froid, puis on le fait dissoudre dans l'alcool bouillant qui abandonne l'hydrobenzamide cristallisée par le refroidissement.

L'hydrobenzamide se dépose de l'alcool sous la forme d'octaèdres à base rhombe, les angles des arêtes culminantes sont de 130° et de ~~120°; et les~~ angles des arêtes de la base de 84°50'. Elle est incolore, insipide, inodore, insoluble dans l'eau, très-soluble dans l'alcool et dans l'éther ; elle fond à 110°; maintenue pendant 3 ou 4 heures à une température de 120° à 130°, elle se transforme en *amarine* (Bertagnini); à la distillation sèche. elle donne une huile odorante et de la *lophine*. Traitée par l'hydrogène sulfuré, elle se transforme en hydrure de sulfobenzoyle et ammoniaque. — Voyez t. I, p. 578.

L'hydrobenzamide, chauffée doucement avec de l'acide cyanhydrique et de l'acide chlorhydrique, se décompose en grande partie en mettant de l'hydrure de benzoyle en liberté; mais si l'on opère en présence d'une grande quantité d'alcool, il se dépose par le refroidissement des cristaux grenus d'*hydrocyanobenzide*, $C^{23}H^{17}Az^3$ [Reineck, Beilstein, *Zeit. für Chem.*, t. I, p. 464, et *Bull. de la Soc. chim.*, 1866, t. V, p. 370]. Suivant les auteurs, l'hydrocyanobenzide est le même corps que l'*hydrure de cyanazobenzoyle* B (azotide benzoïlique ou *benzoïlazotide*), auquel Laurent et Gerhardt avaient assigné la formule $C^{15}H^{12}Az^2$. — Voyez t. I, p. 574.

*Action de la potasse.* — Maintenue en ébullition avec une solution de potasse, elle se transforme également en *amarine* (Fownes). — Voyez AMARINE, t. I, p. 181.

Fondue avec de la potasse, elle dégage de l'hydrogène, de l'hydrogène carboné, de l'ammoniaque; la potasse se carbonate et on obtient une matière huileuse, non encore étudiée, et deux matières particulières, la *benzolone* et la *benzostilbine* [Bochleder, *Ann. der Chem. u. Pharm.*, t. XLI, p. 89, et *Revue scientif.*, t. VIII, p. 176]. La *benzolone* est en cristaux incolores, insolubles dans l'eau et l'alcool. fusibles à 240°, se sublimant à une température plus élevée ; elle renferme

| | | | |
|---|---|---|---|
| C = | 83,47 | 83,45 | 83,62 |
| H = | 5,17 | 5,24 | 5,21 |
| O = | 11,46 | 11,31 | 11,17 |
| | 100,00 | 100,00 | 100,00 |

La benzolone ne s'obtient que si on chauffe l'hydrobenzamide et la potasse jusqu'à ce que le mélange noircisse; si on arrête la réaction quand le mélange est jaune, on trouve seulement la matière huileuse et la benzostilbine.

La *benzostilbine* est cristallisée, un peu soluble dans l'alcool, soluble dans l'éther; elle fond à 241°,5. Elle renferme

| | | |
|---|---|---|
| C = | 86,48 | 86,57 |
| H = | 5,30 | 5,25 |
| O = | 8,22 | 8,18 |
| | 100,00 | 100,00 |

*Action de l'acide chlorhydrique* [Laurent; — Erkmann, *Ann. der Chem. u. Pharm.*, t. CXII, p. 251, et *Répert. de Chim. pure*, 1860, p. 69; — Kuehn, *Ann. der Chem. u. Pharm.*, t. CXXII, p. 308, et *Répert. de Chim. pure*, 1862, p. 466]. — Mélangée à froid avec de l'acide chlorhydrique ordinaire, l'hydrobenzamide se décompose en formant du sel ammoniac et de l'hydrure de benzoyle (Laurent), mais saturée d'acide chlorhydrique gazeux et sec, elle subit un autre ordre de réactions étudiées par Erkmann et par Kuehn.

Lorsqu'on sature l'hydrobenzamide d'acide chlorhydrique gazeux sec, elle se transforme en une masse visqueuse, translucide, jaunâtre, et que l'eau décompose immédiatement en sel ammoniac et hydrure de benzoyle, et que l'alcool décompose en chlorhydrate d'ammoniaque et en diéthylate de benzylène $C^7H^6(OC^2H^5)^2$ (voyez p. 517) (Erkmann). Cette réaction a été confirmée par Lieke [*Répert. de Chim. pure*, 1860, p. 135].

Si l'on distille l'hydrobenzamide ainsi saturée d'acide chlorhydrique sec, on recueille avant 230°

un mélange de cyanure de phényle (benzonitrile) et de chlorure de benzyle $C^7H^7Cl$ (Erkmann). Le résidu de la cornue est traité par l'alcool qui en dissout la plus grande partie

La portion insoluble dans l'alcool est dissoute dans l'alcool éthéré et renferme, suivant Erkmann, un corps neutre, cristallisé en petites écailles minces, fusible à 205°, bouillant au-dessus de 290°, et isomère de la lophine, renfermant par conséquent $C^{21}H^{16}Az^2$, et donnant avec l'acide azotique concentré un dérivé nitré

$$C^{21}H^{14}(AzO^2)^2Az^2,$$

poudre jaune, soluble dans l'éther.

Dans la solution alcoolique, Erkmann a trouvé, outre le chlorhydrate de lophine, une huile jaune qui, dissoute dans l'alcool, traitée par un excès de potasse alcoolique, puis par l'acide carbonique et par l'éther, a donné par évaporation de la solution éthérée une base cristallisée renfermant

$$C^{21}H^{20}Az^2,$$

fusible à 200°; et enfin le chlorhydrate d'une base $C^{14}H^{12}Az^2$, base amorphe, soluble dans l'eau chaude; ce chlorhydrate fond à 220° et donne avec le chlorure de platine un chloroplatinate

$$(C^{14}H^{12}Az^2,HCl)^2PtCl^4 + 2H^2O.$$

Erkmann a donc obtenu dans cette réaction du benzonitrile, du chlorure de benzyle, un corps neutre, isomère de la lophine, du chlorhydrate de lophine, et les chlorhydrates de deux bases,

$$C^{21}H^{20}Az^2 \text{ et } C^{14}H^{12}Az^2.$$

Kuehn distille l'hydrobenzamide saturée d'acide chlorhydrique jusqu'à 230°, et, comme Erkmann, trouve pour les produits de la distillation, du cyanure de phényle et du chlorure de benzyle. Il traite le résidu de la cornue par l'alcool ordinaire, et obtient une portion insoluble. Celle-ci est traitée par un mélange d'alcool et de chloroforme, et fournit un corps neutre, en aiguilles soyeuses, fusibles à 230°, renfermant $C^{21}H^{16}Az^2$, et qui paraît être le même que celui auquel Erkmann attribue 205° pour point de fusion. Les eaux mères de la préparation de ce corps donnent une base, isomère de la lophine $C^{21}H^{16}Az^2$, fusible à 170°, très-soluble dans l'alcool, et renfermant une molécule d'eau. Le sel de platine a été analysé, il renferme 4 molécules d'eau, et cristallise en petites tables hexagonales, groupées, microscopiques et d'un beau jaune.

Les parties dissoutes dans l'alcool donnent par évaporation du chlorhydrate de lophine et un peu d'amarine; quand ces corps sont séparés, on ajoute de la potasse, et on précipite une huile qu'on lave à l'eau bouillante. Saturée par l'acide oxalique, elle fournit l'oxalate d'une base

$$C^{21}H^{20}Az^2,$$

différente de celle de même formule obtenue par Erkmann; elle fond à 100°, et son oxalate est en paillettes nacrées, fusibles à 240°.

Les eaux mères qui ont fourni cet oxalate traitées par la chaux donnent une nouvelle base cristallisée renfermant également $C^{21}H^{20}Az^2$, et identique avec celle d'Erkmann. Elle fond à 190° (Kuehn), à 200° (Erkmann). Enfin les dernières eaux mères traitées par l'acide chlorhydrique donnent le chlorhydrate de la base

$$C^{14}H^{12}Az^2$$

signalée par Erkmann.

En résumé, Kuehn a confirmé les résultats d'Erkmann, et a rencontré de plus que ce dernier une base isomère de la lophine et une seconde base de la formule $C^{21}H^{20}Az^2$.

*Action du chlore* [Mueller, *Ann. der Chem. u. Pharm.*, t. CXI, p. 144, et *Répert. de Chim. pure*, 1859, p. 600]. — Le chlore sec transforme l'hydrobenzamide en un liquide visqueux, *chlorure d'hydrobenzamide* $C^{21}H^{18}Az^2Cl^2$, qui est décomposé par l'eau en hydrure de benzoïle, cyanure de phényle, acide chlorhydrique libre et chlorhydrate d'ammoniaque. Chauffé à 120°, ce chlorure donne de l'*hydrobenzamide chlorée* $C^{21}H^{17}ClAz^2$ qui distille (voyez plus loin), et il reste un corps solide qui est épuisé successivement par l'eau bouillante, l'éther et l'alcool. La portion soluble dans l'eau bouillante est un chlorhydrate cristallisé, renfermant une molécule d'eau, qu'il perd à 100°. Ce chlorhydrate $C^{28}H^{23}ClAz^2,HCl$, traité par l'ammoniaque ou la potasse, donne une base qui cristallise en aiguilles rayonnées, et renferme $C^{28}H^{24}Az^2$. — Après l'action de l'eau bouillante, on épuise par l'éther, qui fournit par évaporation des cristaux $C^{28}H^{21}Az$, insolubles dans l'eau, peu solubles dans l'alcool, inattaquables par l'acide chlorhydrique, et volatils sans décomposition à 300°. Enfin le produit que n'ont dissous ni l'éther, ni l'eau bouillante, est repris par l'alcool, et fournit un chlorhydrate cristallisé

$$C^{23}H^{23}Az^3,HCl;$$

la base, isolée par l'ammoniaque, est en petites aiguilles insolubles dans l'eau; le chloroplatinate renferme $2(C^{23}H^{23}Az^3,HCl),PtCl^4$.

Traitée par l'éther anhydre, le chlorure d'hydrobenzamide se décompose avec dépôt de sel ammoniac, formation d'hydrure de benzoyle, de benzonitrile et d'un isomère de l'hydrobenzamide chloré $C^{21}H^{17}ClAz^2$, facilement décomposable par l'eau avec production d'hydrure de benzoyle et de benzonitrile.

*Action de l'acide sulfureux* [Otto, *Ann. der Chem. u. Pharm.*, t. CXII, p. 305, et *Répert. de Chim. pure*, 1860, p. 134]. — Traitée par l'acide sulfureux, la solution de l'hydrobenzamide dans l'alcool absolu fournit du bisulfite de benzoylammonium.

*Action de l'iodure d'éthyle* [Borodine, *Ann. der Chem. u. Pharm.*, t. CX, p. 78, et *Répert. de Chim. pure*, 1859, p. 441]. — Traitée pendant quelques heures par l'iodure d'éthyle, à une température de 80° à 100°, l'hydrobenzamide se colore en brun et fournit une masse offrant l'aspect de la térébenthine. Cette matière a l'aspect d'une résine, elle est peu soluble dans l'eau, insoluble dans l'éther, et d'après le dosage d'iode semble renfermer $(C^7H^6)^3Az^2,(C^2H^5)^2$. Si on soumet la solution alcoolique à l'action de l'oxyde d'argent, il se forme par l'évaporation une masse visqueuse, alcaline, et paraissant répondre à la formule $C^{25}H^{28}Az^2O^2$.

Hydrobenzamide chlorée, $C^{21}H^{17}ClAz^2$. — Elle se produit, comme nous l'avons vu plus haut, par l'action de la chaleur sur le chlorure d'hydrobenzamide. Elle est huileuse, plus pesante que l'eau, qui la décompose lentement, soluble dans l'alcool et l'éther, d'une odeur irritante, elle bout à 180°. Si on la dissout dans l'acide azotique refroidi, qu'on abandonne pendant 24 heures sa solution et qu'on la précipite par l'eau, on obtient une huile soluble dans l'alcool et dans l'éther: *hydrobenzamide chloronitrée*. Ce dernier corps traité par le sulfhydrate d'ammoniaque donne de la *chlrorobenzamide* $C^7H^7AzS$, de benzonitrile, de l'eau et de l'acide chlorhydrique.

L'hydrobenzamide chlorée, sous l'influence d'un mélange d'acide sulfurique et d'acide azotique, se transforme en nitrobenzonitrile $C^6H^4(AzO^2)CAz$ fusible à 100.

Hydrobenzamide nitrée, $(C^7H^5AzO^2)^3Az^2$ [Bertagnini, *Ann. de Chim. et de Phys.*, (3), t. XXXIII, p. 476]. — Par l'action de l'ammoniaque sur l'hydrure de nitrobenzoyle, il se forme de l'hydrobenzamide trinitrée; cette transformation se fait aussi bien en abandonnant pendant quelques jours l'hydrure de nitrobenzoyle avec 4 ou 5 fois son poids d'ammoniaque liquide concentrée, ou en le dissolvant dans l'ammoniaque alcoolique.

L'hydrobenzamide trinitrée s'obtient blanche et cristallisée par le refroidissement de la solution dans l'alcool bouillant. Elle est insoluble dans l'eau, l'éther et l'essence de térébenthine. Elle est peu soluble dans l'alcool concentré et bouillant, qui l'abandonne sous forme de flocons blancs, légers, d'un éclat soyeux, et composés de fines aiguilles brillantes. Elle est inodore et incolore; par une longue ébullition avec l'alcool aqueux, elle régénère l'ammoniaque et de l'hydrure de nitrobenzoyle. Cette décomposition est instantanée, même à froid, avec de l'alcool acidulé d'acide chlorhydrique.

Par l'acide chromique, elle donne de l'acide nitrobenzoïque; chauffée avec de la potasse, elle se transforme en amarine trinitrée. — Voyez Amarine, p. 182.

DIBENZOYLIMIDE, $C^{14}H^{13}AzO$ [Robson, *Ann. der Chem. u. Pharm.*, t. LXXI, p. 122]. — En préparant l'hydrobenzamide par un courant de gaz ammoniac dans une solution alcoolique d'essences d'amandes amères, M. Robson a obtenu, outre un peu d'hydrobenzamide et de l'*hydrure de cyanazobenzoyle* B (voyez Hydrocyanobenzide), un nouveau corps dibenzoylimide, qui dérive de l'hydrure de benzoyle de la manière suivante :

$$2(C^7H^6O) + AzH^3 = C^{14}H^{13}AzO + H^2O.$$

Hydrure de benzoyle. Dibenzoylimide.

Pour séparer cette matière, on traite par l'alcool bouillant le précipité qui se forme au bout de quelques heures dans l'essence traitée par le gaz ammoniac; l'hydrocyanobenzide ne se dissout pas. La solution alcoolique est bouillie avec une solution concentrée de potasse pour transformer en amarine l'hydrobenzamide qu'elle peut contenir; on enlève l'amarine par l'acide chlorhydrique étendu et bouillant, et on obtient un résidu résineux qui, repris par l'alcool, s'y dissout presque entièrement, et se dépose sous forme d'une poudre jaunâtre composée de petits cristaux brillants, qui constitue le dibenzoylimide.

Cette substance est presque insoluble dans l'éther, plus soluble dans l'esprit de bois bouillant; l'acide chlorhydrique et la potasse aqueuse à l'ébullition ne l'attaquent pas. Une ébullition de plusieurs jours avec la potasse alcoolique la décompose en ammoniaque et hydrure de benzoyle. L'acide sulfurique la dissout avec une belle couleur rouge, l'eau la précipite de la solution. L'acide azotique la dissout à chaud, et par une ébullition prolongée donne un corps jaune qui paraît nitré.

E. G.

**HYDROBENZILE.** — Voyez t. I, p. 551.

**HYDROBENZOÏNE.** — Voyez Benzoïne.

**HYDROBENZOÏQUE (ACIDE).** — Voyez Benzoléique (acide), t. I, p. 564.

**HYDROBERBÉRINE.** — Voyez Berbérine.

**HYDROBORACITE** (Min.). — Borate hydraté de magnésie et de chaux,

$$3RO,4BO^2O^3 + 9H^2O, R = Ca, Mg.$$

Petites masses blanches fibreuses ressemblant au gypse et venant du Caucase.

*Caractères.* — Soluble dans les acides, légèrement soluble dans l'eau, et donnant une solution faiblement alcaline. Au chalumeau, se distingue du gypse, parce qu'il est faiblement fusible en un verre incolore, donnant à la flamme une légère coloration verte.

Dureté, 2. Densité, 2.

**HYDROBOROCALCITE.** — Voyez Hayésine.

**HYDROBRYORÉTINE.** — Voyez Bryonine, p. 675.

**HYDROBUCHOLZITE** (Min.). — Matière altérée translucide, granulaire, vert bleuâtre, ne paraissant avoir aucun rapport avec la bucholzite.

**HYDROCAFÉIQUE (ACIDE)**, $C^9H^{10}O^4$ [Hlasiwetz, *Zeitsch für Chem.*, nouv. sér., t. III, p. 654, et *Bull. de la Soc. chim.*, 1868, t. X, p. 502]. — L'acide caféique (voyez t. I, p. 696) fixe 2 atomes d'hydrogène et se transforme en acide hydrocaféique par l'ébullition de sa solution aqueuse avec l'amalgame de sodium.

L'acide hydrocaféique est soluble dans l'eau et dans l'éther; celui-ci l'abandonne sous forme de cristaux rhomboïdaux. En solution aqueuse, il réduit les sels de cuivre; le chlorure ferrique le précipite en vert, et la coloration devient rouge par l'addition de soude. Les alcalis le colorent en rouge-brun. Le sel de calcium est une masse gommeuse qui renferme $(C^9H^9O^4)^2Ca$. L'acétate de plomb le précipite en blanc, le précipité séché à 130° renferme $(C^9H^7O^4)^2Pb^3$.

E. G.

**HYDROCARBOSTYRYLE.** — Voyez Phénylpropionique (acide).

**HYDROCARBOXYLIQUE (ACIDE).** — Voyez Rhodizonique (acide).

**HYDROCARBURES.** — On nomme *hydrocarbures* ou *carbures d'hydrogène* les composés de charbon et d'hydrogène. Ils sont nombreux et l'on a souvent dit, depuis Laurent, qu'ils forment la base des combinaisons organiques.

Nous avons déjà exposé, à l'article Atomicité, les notions les plus importantes sur la constitution des carbures d'hydrogène, et sur la manière dont les composés les plus différents en ce qui concerne leurs fonctions en dérivent par substitution à l'hydrogène d'éléments ou de groupes divers. Nous devons nous borner dans cet article à exposer quelques idées générales sur la composition et les propriétés des carbures d'hydrogène.

COMPOSITION ET CLASSIFICATION. — Les carbures d'hydrogène appartiennent à diverses séries qui se distinguent les unes des autres par les proportions relatives des atomes de carbone et d'hydrogène. La plus riche en hydrogène est celle que l'on nomme *saturée*. Les hydrures des radicaux alcooliques, les radicaux alcooliques libres appartiennent à cette série.

L'éthylène et ses nombreux homologues font partie d'une série moins riche en hydrogène.

L'acétylène est le premier terme d'une série encore moins hydrogénée. Sous le rapport de la composition, on peut distribuer les carbures d'hydrogène en groupes et en séries, chaque groupe comprenant les carbures renfermant un même nombre d'atomes de carbone, chaque série renfermant les termes homologues qui diffèrent les uns des autres par $nCH^2$.

Le tableau suivant fait comprendre le principe de cette classification.

| | 1re série. $C^nH^{2n+2}$. | 2e série. $C^nH^{2n}$. | 3e série. $C^nH^{2n-2}$. | 4e série. $C^nH^{2n-4}$. | 5e série. $C^nH^{2n-6}$. | 6e série. $C^nH^{2n-8}$. | 7e série. $C^nH^{2n-10}$. |
|---|---|---|---|---|---|---|---|
| 1er groupe. | $CH^4$. | | | | | | |
| 2e — | $C^2H^6$. | $C^2H^4$. | $C^2H^2$ | | | | |
| 3e — | $C^3H^8$. | $C^4H^6$. | $C^3H^4$. | $(C^3H^2)$. | | | |
| 4e — | $C^4H^{10}$. | $C^4H^8$. | $C^4H^6$. | $(C^4H^4)$. | $(C^4H^2)$. | | |
| 5e — | $C^5H^{12}$. | $C^5H^{10}$. | $C^5H^8$. | $C^5H^6$. | $C^5H^4$. | $(C^5H^2)$. | |
| 6e — | $C^6H^{14}$. | $C^6H^{12}$. | $C^6H^{10}$. | $C^6H^8$. | $C^6H^6$. | $(C^6H^4)$. | $(C^6H^2)$. |

NOMENCLATURE. — M. A. W. Hofmann a proposé la nomenclature suivante pour les carbures appartenant à toutes ces séries jusqu'à la cinquième inclusivement.

| | 1re série. | 2e série. | 3e série. | 4e série. | 5e série. |
|---|---|---|---|---|---|
| 1er groupe. | Méthane. | | | | |
| 2e — | Éthane. | Éthène. | Éthine. | | |
| 3e — | Propane. | Propène. | Propine. | (Propone). | |
| 4e — | Tétrane. | Tétrène. | Tétrine. | Tétrone. | Tétrune. |
| 5e — | Pentane. | Pentène. | Pentine. | Pentone. | Pentune. |
| 6e — | Hexane. | Hexène. | Hexine. | Hexone. | Hexune. |

## DESCRIPTION GÉNÉRALE DES DIVERSES SÉRIES DE CARBURES D'HYDROGÈNE.

SÉRIE SATURÉE, $C^nH^{2n+2}$. — Les hydrocarbures de la série $C^nH^{2n+2}$ renferment d'une part les homologues du gaz des marais, c'est-à-dire les hydrures des radicaux alcooliques, de l'autre ceux du diméthyle, du diéthyle et, en général, de tous les carbures qui, à l'état de liberté, représentent les radicaux des alcools doublés. Les formules suivantes représentent les deux séries de carbures d'hydrogène saturés, qu'on a longtemps considérées comme distinctes :

Série des hydrures alcooliques.

$CH^3.H$, hydrure de méthyle (gaz des marais).....
$C^2H^5.H$, hydrure d'éthyle..........................
$C^3H^7.H$, hydrure de propyle........................
$C^4H^9.H$, hydrure de butyle.........................
$C^5H^{11}.H$, hydrure d'amyle........................
$C^6H^{13}.H$, hydrure d'hexyle.......................
$C^7H^{15}.H$, hydrure d'heptyle, etc..................

Série des radicaux alcooliques normaux et mixtes.

$CH^3.CH^3$, diméthyle.
$C^2H^3.C^2H^5$, méthylure d'éthyle.
$C^2H^5.C^2H^5$, diéthyle (éthylure d'éthyle).
$CH^3.C^3H^7$, méthylure de propyle.
$C^2H^5.C^3H^7$, éthylure de propyle.
$CH^3.C^4H^9$, méthylure de butyle.
$C^3H^7.C^3H^7$, dipropyle (propylure de propyle).
$C^2H^5.C^4H^9$, éthylure de butyle.
$CH^3.C^5H^{11}$, méthylure d'amyle.
$C^3H^7.C^4H^9$, propylure de butyle.
$C^2H^5.C^5H^{11}$, éthylure d'amyle.
$CH^3.C^6H^{13}$, méthylure d'hexyle.

En traitant par le chlore ou le brome quelques-uns des termes correspondants de ces deux séries, tels que l'hydrure d'éthyle et le méthyle, l'hydrure d'heptyle et l'éthylure d'amyle, M. Schorlemmer a obtenu des chlorures ou bromures qui lui ont paru identiques dans les deux cas, circonstance qui a porté ce chimiste à conclure à l'identité des deux séries d'hydrocarbures. Cette conclusion paraît devoir être abandonnée. D'abord elle repose sur des expériences trop peu nombreuses et qui ne paraissent pas offrir le degré de précision que comporterait un sujet aussi délicat. En second lieu, il est à remarquer que la théorie prévoit et que l'expérience permet de constater des isoméries parmi les carbures appartenant aux deux séries (1). On conçoit en effet que dans les carbures de la série saturée il y ait, pour les termes correspondants, un arrangement différent des atomes de carbone et d'hydrogène. Sans insister sur ce point, nous ferons remarquer qu'il peut se rencontrer dans la chaîne continue des atomes de carbone des chaînes latérales qui impliquent un arrangement particulier des atomes. En voici des exemples :

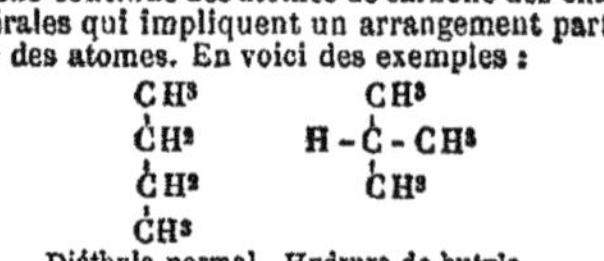

$$\begin{array}{c} CH^3 \\ | \\ CH^2 \\ | \\ CH^2 \\ | \\ CH^3 \end{array} \qquad \begin{array}{c} CH^3 \\ | \\ H-C-CH^3 \\ | \\ CH^3 \end{array}$$

Diéthyle normal (chaîne continue). Hydrure de butyle (avec chaîne latérale).

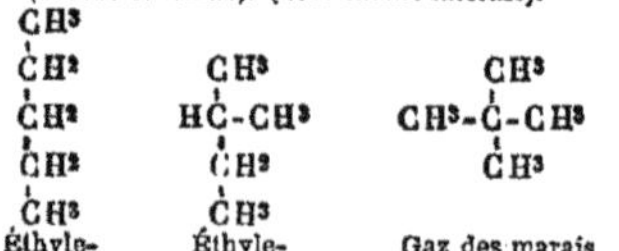

$$\begin{array}{c} CH^3 \\ | \\ CH^2 \\ | \\ CH^2 \\ | \\ CH^2 \\ | \\ CH^3 \end{array} \qquad \begin{array}{c} CH^3 \\ | \\ HC-CH^3 \\ | \\ CH^2 \\ | \\ CH^3 \end{array} \qquad \begin{array}{c} CH^3 \\ | \\ CH^3-C-CH^3 \\ | \\ CH^3 \end{array}$$

Éthyle-propyle. Éthyle-isopropyle. Gaz des marais tétraméthylé.

Les carbures d'hydrogène appartenant à la série saturée sont doués d'affinités peu énergiques. Incapables d'entrer en combinaison directe avec d'autres corps, ils ne peuvent se modifier que par substitution. Ils sont attaqués par le chlore et par le brome.

Ils prennent naissance par la distillation sèche de matières organiques, par exemple par la distillation de la houille à une basse température. Ils existent en quantité notable dans les pétroles d'Amérique, qui ont pris naissance dans ces conditions. Ils se forment par l'action d'un grand excès d'acide iodhydrique, à une température élevée, sur un très-grand nombre de composés organiques qui sont ainsi hydrogénés (Berthelot). Les carbures d'hydrogène dits *radicaux alcooliques normaux* ou *mixtes* se forment par l'action du zinc ou du sodium sur les iodures alcooliques (Frankland, Wurtz). Ils prennent aussi naissance par l'électrolyse des sels alcalins des acides gras (Kolbe et Frankland).

SÉRIE DE L'ÉTHYLÈNE, $C^nH^{2n}$. — Les hydrocarbures du second groupe sont les homologues du gaz éthylène ou oléfiant : on les nomme quelquefois *oléfines*. Le méthylène $CH^2$ serait le premier terme de cette série : on ne le connaît pas à l'état de liberté. Lorsqu'on traite par le sodium son iodure $CH^2I^2$, le gaz mis en liberté se polymérise, formant de l'éthylène et ses homologues supérieurs. La constitution de l'éthylène est exprimée par la formule

$$\begin{array}{c} CH^2 \\ \| \\ CH^2 \end{array} = (CH^2)^2.$$

Les homologues normaux de ce gaz, dont la constitution serait exprimée par la formule $(CH^2)^n$, ne sont pas connus. Le propylène n'est pas

$$(CH^2)^3 = \begin{array}{c} CH^2 \\ | \\ CH^2, \\ | \\ CH^2 \end{array}$$

1. Ayant soumis à l'action de l'hydrogène naissant le dibromure de décylène (diamylène), j'ai obtenu un dihydrure de décylène $C^{10}H^{20}H^2 = C^{10}H^{22}$, qui m'a paru différent de l'amyle ou diamyle $C^5H^{11}.C^5H^{11} = C^{10}H^{22}$. En effet, les deux carbures d'hydrogène sont inégalement attaqués par le brome, le premier plus fortement que l'autre à la température ordinaire, si bien que la température s'élève sensiblement lorsqu'on ajoute du brome à l'hydrure de décylène et à peine lorsqu'on ajoute du brome au diamyle (expérience inédite).

mais bien

| | | |
|---|---|---|
| $CH^3$ | | |
| $CH$ | ou | $CH(CH^3)$ |
| $CH^2$ | | $CH^2$ |

En un mot, on ne connaît pas, parmi les polymères du méthylène, les hydrocarbures dont les atomes de carbone formeraient une chaîne fermée comme la benzine.

La théorie prévoit de nombreux cas d'isomérie parmi les hydrocarbures de cette série, et cette isomérie résulte soit d'un arrangement différent des atomes d'hydrogène dans la chaîne principale, soit de l'addition de chaînes latérales. Ces chaînes latérales sont greffées sur la chaîne principale; là un certain atome de carbone est en rapport non pas avec deux autres atomes de carbone, mais avec trois.

Ce point est important et nous croyons devoir le développer, en choisissant quelques exemples de nature à fixer l'interprétation que la théorie de l'atomicité donne de ces cas d'isomérie et de beaucoup d'autres.

Arrêtons-nous aux butylènes isomériques. On en prévoit huit, dont la constitution serait exprimée par les formules suivantes :

| I | II | III | IV | V |
|---|---|---|---|---|
| $-CH^2$ | $CH^3$ | $CH^3$ | $CH^3$ | $CH^3$ |
| $CH^2$ | $CH$ | $CH^2$ | $CH^2$ | $CH^2$ |
| $CH^2$ | $CH$ | $CH$ | $CH^2$ | $=C$ |
| $-CH^2$ | $CH^3$ | $CH^2$ | $=CH$ | $CH^3$ |
| $n(CH^2)$ | $CH(CH^3)$ / $CH(CH^3)$ | $C^2H^5$ / $C^2H^3$ | $C^3H^7$ / $CH$ | $C(C^2H^5)$ / $CH^3$ |
| Butylène normal (chaîne fermée) | Éthylène diméthylé. | Éthyle-vinyle. | Propyle-forményle. | Méthyle-forményle éthylé. |

| VI | VII | VIII |
|---|---|---|
| $CH^3$ | $CH^3$ | $CH^2-CH^2$ |
| $HC-CH^3$ | $C-CH^3$ | $CH$ |
| $=CH$ | $CH^2$ | $CH^3$ |
| $CH(CH^3)^2$ / $=CH$ | $C(CH^3)^2$ / $CH^2$ | $-CH^2$ / $CH^2$ / $-CH(CH^3)$. |
| Isopropyle-forményle. | Diméthyle-éthylène (pseudo-butylène de M. Boutlerow). | Propylène normal méthylé. |

Parmi les nombreux amylènes dont la théorie prévoit l'existence, nous nous bornerons à mentionner les suivants :

| | | | |
|---|---|---|---|
| $CH^3$ | $CH^3$ | $CH^3$ | $CH^3$ |
| $CH^2$ | $CH$ | $HC-CH^3$ | $CH^2$ |
| $CH$ | $CH^2$ | $CH$ | $C-CH^3$ |
| $CH$ | $CH^2$ | $CH^2$ | $CH^2$ |
| $CH^3$ | $CH^3$ | | |
| Amylènes isomériques (chaînes continues). | | Amylènes isomériques (avec chaînes latérales). | |

Sans vouloir étendre ces considérations, nous nous bornerons à dire qu'on a déjà obtenu par voie de synthèse quelques-uns des isomères que la théorie prévoit. On connaît des butylènes, des amylènes et des hexylènes isomériques.

Le mode de formation le plus important des oléfines est la déshydratation des alcools :

$$C^nH^{2n+2}O - H^2O = C^nH^{2n}.$$

*Propriétés générales des oléfines.* — **Leurs principales propriétés peuvent se résumer dans les traits suivants.**

1° Ils s'unissent directement et avec énergie au chlore, au brome, quelquefois à l'iode, pour former les dichlorures, dibromures, diiodures, dont la liqueur du Hollandais $C^2H^4Cl^2$ est l'exemple le plus important et le plus anciennement connu. Traités par la potasse alcoolique, ces dichlorures ou dibromures perdent les éléments de $HCl$ ou de $HBr$ pour former des carbures monochlorés ou monobromés

$$C^nH^{2n-1}Cl \text{ ou } C^nH^{2n-1}Br.$$

Ces derniers, à leur tour, peuvent fixer $Cl^2$ ou $Br^2$ pour former des trichlorures ou tribromures

$$C^nH^{2n-1}Cl^3 \text{ ou } C^nH^{2n-1}Br^3.$$

Aux dichlorures ou dibromures qui viennent d'être mentionnés correspondent des dihydrates qui sont les *glycols* et dont les oléfines sont les radicaux diatomiques.

2° Les oléfines s'unissent directement aux hydracides (Berthelot). Il se forme ainsi des combinaisons qui sont isomériques avec les chlorures, bromures et iodures alcooliques (A. Wurtz). Seul, l'éthylène, en s'unissant aux hydracides, donne des composés identiques avec le chlorure, le bromure ou l'iodure d'éthyle.

Cette propriété des oléfines de fixer les éléments des hydracides donne lieu à des remarques intéressantes. Prenons, par exemple, l'action de l'acide iodhydrique sur l'éthylène et sur l'amylène ou un de ses isomères. L'iodhydrate d'éthylène est identique avec l'iodure d'éthyle et donne par la substitution de $OH$ à $I$ de l'alcool ordinaire, c'est-à-dire un alcool primaire. Il n'en saurait être autrement : l'iode est venu se fixer sur un groupe $CH^2$ :

| | | |
|---|---|---|
| $CH^2$ | $CH^3$ | $CH^3$ |
| $CH^2$ | $CH^2I$ | $CH^2.OH$ |
| Éthylène. | Iodhydrate d'éthylène. | Alcool. |

L'iodhydrate d'éthyle-allyle est isomérique avec l'iodure d'amyle et donne par la substitution de $OH$ à $I$ un alcool secondaire, c'est-à-dire un alcool incapable de former par oxydation l'acide correspondant. On en conclut que l'iode s'est fixé non sur un groupe $CH^2$, mais sur un groupe $CH$ :

| | | |
|---|---|---|
| $CH^2$ | $CH^2H$ | $CH^3$ |
| $CH$ | $CHI$ | $CH.OH$ |
| $CH^2$ | $CH^2$ | $CH^2$ |
| $CH^2$ | $CH^2$ | $CH^2$ |
| $CH^3$ | $CH^3$ | $CH^3$ |
| Isoamylène (éthyle-allyle). | Iodure d'isoamyle. | Hydrate d'isoamyle (secondaire). |

Jusqu'ici tous les pseudo-alcools, ou isoalcools qu'on a obtenus dans les réactions de ce genre, c'est-à-dire qui dérivent des iodhydrates formés par fixation de $HI$ sur des oléfines, sont des alcools secondaires.

Il en est certainement ainsi pour l'alcool qui dérive de l'iodure d'isopropyle, formé par l'action de l'acide iodhydrique sur le propylène :

| | | | | |
|---|---|---|---|---|
| $CH^3$ | | | | $CH^3$ |
| $CH$ | $+$ | $HI$ | $=$ | $CHI$ |
| $CH^2$ | | | | $CH^3$ |
| Propylène. | | | | Iodure d'isopropyle. |

3° Les oléfines s'unissent directement à l'acide

hypochloreux pour former les chlorhydrines des glycols correspondants (Carius) :

$$C^2H^4 + ClOH = C^2H^4\left\{\begin{matrix}Cl\\OH.\end{matrix}\right.$$

Lorsque l'acide hypochloreux s'unit à un des homologues supérieurs de l'éthylène, le chlore va se fixer tantôt au milieu de la chaîne, comme dans le cas du pseudo-butylène (page 65), tantôt au bout, comme dans le cas du propylène :

$$\begin{matrix}CH^3 & & CH^3\\ \overset{|}{C}H & + ClOH = & \overset{|}{C}HOH\\ \overset{|}{C}H^2 & & \overset{|}{C}H^2Cl\\ \text{Propylène.} & & \text{Chlorhydrine du propylglycol.}\end{matrix}$$

4° Les oléfines s'unissent à l'acide sulfurique pour former des combinaisons identiques ou isomériques avec l'acide éthylsulfurique et ses homologues :

$$\underset{\text{Éthylène.}}{C^2H^4} + SO^4\left\{\begin{matrix}H\\H\end{matrix}\right. = \underset{\text{Acide éthylsulfurique.}}{SO^4\left\{\begin{matrix}C^2H^5\\H\end{matrix}\right.}$$

Le propylène, l'amylène, l'hexylène sont absorbés de même par l'acide sulfurique; mais les acides ainsi formés ne sont pas les homologues de l'acide éthylsulfurique, mais bien des isomères de ces homologues : ils donnent, lorsqu'on les fait bouillir avec de l'eau, des isoalcools.

6° Les oléfines sont absorbés par l'acide sulfurique anhydre. L'éthylène donne, dans ces circonstances, un composé qui a été désigné sous le nom de sulfate de carbyle et qui appartient, comme tous les corps dans des circonstances analogues, à la classe des acides qu'on a nommés *sulfonés* et dont les acides éthylsulfureux et phénylsulfureux sont les plus connus.

6° L'éthylène et quelques-uns de ses homologues en s'oxydant directement, sous l'influence du permanganate de potasse ou de l'acide chromique, peuvent former divers produits d'oxydation, parmi lesquels figurent des acétones ou divers acides. Dans ces oxydations, tantôt la molécule se rompt, un ou plusieurs atomes de carbone se détachant pour former de l'acide carbonique et le reste subissant une oxydation moins complète; tantôt les atomes de carbone demeurent unis et fixent de l'oxygène, avec ou sans élimination d'eau.

Le propylène, en s'oxydant, peut se convertir en acétone : $C^3H^6 + O = C^3H^6O$.

L'éthylène se convertit sous l'influence du permanganate de potasse en acide oxalique, le propylène en acide malonique (Berthelot) :

$$C^2H^4 + O^5 = C^2H^2O^4 + H^2O,$$
$$C^3H^6 + O^5 = C^3H^4O^4 + H^2O.$$

L'amylène, longtemps soumis à l'ébullition avec un mélange d'acide sulfurique étendu et de bichromate de potasse, donne de l'acide acétique et une petite quantité d'acétone (A. Wurtz).

Série de l'acétylène, $C^nH^{2n-2}$. — L'acétylène est le premier terme de cette série, plus éloignée encore de la saturation que la précédente. Pour se saturer, les hydrocarbures qui en font partie tendent à s'unir à 4 éléments monatomiques. Ils peuvent fixer 4 atomes de brome, 2 molécules d'un hydracide, d'acide hypochloreux, etc., formant ainsi des corps saturés $C^nH^{2n-2}X^4$. Ils peuvent aussi se contenter de 2 atomes d'un élément monatomique ou d'une molécule d'un hydracide, formant ainsi des corps $C^nH^{2n-2}X^2$, appartenant à une série non saturée. Ainsi se comportent l'acétylène, l'allylène, le crotonylène, le valérylène, le diallyle (voir ces mots).

Mais ces divers hydrocarbures ne sont pas tous les vrais homologues de l'acétylène. Dans cette série, comme dans les précédentes, il y a des cas d'isomérie. L'acétylène et l'allylène possèdent la propriété remarquable de s'unir aux métaux : ils précipitent les solutions ammoniacales cuivreuses et argentiques pour former des composés métalliques. Le crotonylène et le valérylène ne partagent pas cette propriété : ils sont donc les isomères des vrais homologues de l'acétylène. M. Friedel a indiqué récemment une méthode propre à préparer ces derniers. Elle consiste à décomposer par la potasse alcoolique, à 140°, les dérivés chlorés des acétones. Ainsi le méthylchloracétol $C^3H^6Cl^2$, en perdant successivement 2 molécules d'acide chlorhydrique, donne les corps $C^3H^5Cl$ (propylène chloré) et $C^3H^4$ (allylène). Le corps $C^5H^{10}Cl^2$ dérivé du méthylbutyryle donne les corps $C^5H^9Cl$ et $C^5H^8$, ce dernier, le vrai homologue de l'acétylène, et isomérique avec le valérylène. Les formules suivantes montrent la génération et la constitution de ces corps :

| | |
|---|---|
| $CH^3\text{-}CO\text{-}CH^3$<br>Acétone. | $CH^3\text{-}CCl^2\text{-}CH^3$<br>Methylchloracétol. |
| $CH^3\text{-}CCl{=}CH^2$<br>Propylène chloré. | $CH^3\text{-}C\text{-}CH$<br>Allylène<br>(Méthylacétényle). |
| $C^3H^7\text{-}CO\text{-}CH^3$<br>Méthylbutyryle. | $C^3H^7\text{-}CCl^2\text{-}CH^3$<br>Chlorométhylbutyrol. |
| $C^3H^7\text{-}CCl{=}CH^2$<br>Isoamylène chloré. | $C^3H^7\text{-}C\text{-}CH$<br>Propylacétényle. |

M. Friedel fait remarquer que l'acétylène et ses homologues présentent la constitution suivante :

$HC\text{-}CH$ acétylène,
$CH^3\text{-}C\text{-}CH$ allylène (méthylacétényle),
$C^2H^5\text{-}C\text{-}CH$ éthylacétényle,
$C^3H^7\text{-}C\text{-}CH$ propylacétényle.

On peut donc exprimer la constitution de l'acétylène et de ses homologues en disant qu'ils renferment le groupe $C\text{-}CH$ ou $C^2H$ uni à de l'hydrogène ou à un radical alcoolique [Friedel, *Compt. rend.*, t. LXVII, p. 1192].

Série $C^nH^{2n-4}$. — Les *térébènes* ou *camphènes*, c'est-à-dire les nombreux isomères de l'essence de térébenthine appartiennent à la série $C^nH^{2n-4}$. Moins stables et moins aptes à former des dérivés définis que beaucoup de carbures d'hydrogène, les térébènes sont capables de former des combinaisons directes. Ils peuvent s'unir aux hydracides pour former des composés analogues au camphre artificiel ou chlorhydrate de térébenthène. On sait que l'essence de térébenthine est même capable de fixer, dans certaines circonstances, les éléments de l'eau pour former la terpine (voir ce mot). C'est par de telles propriétés que se manifeste l'état de non-saturation de l'essence de térébenthine et de ses isomères. Leur constitution n'est pas connue avec certitude. MM. Bauer et Verson ont rattaché le térébenthène au diamylène, auquel ils ont réussi à enlever 4 atomes d'hydrogène (page 70) :

$$C^{20}H^{20} - H^4 = C^{10}H^{16}.$$

D'un autre côté, le fait de la formation de l'acide téréphtalique par l'oxydation de l'essence de térébenthine (A. Cailliot) établit un lien entre ce corps et la série aromatique.

Carbures d'hydrogène aromatiques. — Ces carbures sont la benzine et ses homologues. Très-remarquables par leurs modes de formation, leur stabilité, leur plasticité, la variété de leurs réactions, le nombre de leurs dérivés, ils ont été l'objet, dans ces dernières années, d'un grand nombre de travaux, dont les expériences synthétiques de MM. Fittig et Tollens ont été le point de départ. En chauffant avec du sodium un mélange de benzine monobromée et d'iodure de méthyle, ces chimistes ont obtenu un carbure d'hydrogène identique avec le toluène. Cette méthode a été étendue à la préparation d'autres homologues de la benzine, dont elle a dévoilé la constitution. On sait avec quel bonheur cette constitution est exprimée par la théorie dont M. Kekulé est l'auteur, et qui a rattaché à la benzine non-seulement ses homologues et leurs isomères, mais la classe entière des combinaisons aromatiques (voir ce mot). Ce n'est pas ici le lieu de l'exposer. Bornons-nous à ajouter que les synthèses de MM. Fittig et Tollens et la théorie de M. Kekulé donnent la clef de nombreuses isoméries. Sans vouloir nous étendre sur ce sujet, qui a déjà été exposé ailleurs (t. I, p. 392), et sur lequel nous reviendrons à l'article ISOMÉRIE, nous dirons que ces isoméries sont exprimées :

1° Par la nature des groupes qui se substituent à l'hydrogène de la benzine :

$C^6H^4\left\{\begin{matrix}CH^3\\CH^3\end{matrix}\right.$ isomérique avec $C^6H^5.C^2H^5$

Xylène et isomères. — Éthyle-benzine.

$C^6H^3\left\{\begin{matrix}CH^3\\CH^3\\CH^3\end{matrix}\right.$ $C^6H^4\left\{\begin{matrix}C^2H^5\\CH^3\end{matrix}\right.$ $C^6H^5.C^3H^7$.

Mésitylène. Méthyle-éthyle-benzine. Propyle-benzine.

$C^6H^4\left\{\begin{matrix}C^3H^7\\CH^3\end{matrix}\right.$ $C^6H^4\left\{\begin{matrix}(C^3H^7)^{is.}\\CH^3\end{matrix}\right.$

Propyle-méthyle-benzine. Isopropyle-méthyle-benzine.

2° Par la position relative qu'occupent dans la chaîne principale les chaînes latérales qui s'y sont greffées. C'est par cette considération que s'explique, par exemple, l'isomérie de l'orthoxylène, de l'isoxylène et du méthyltoluène (Fittig). Ajoutons pourtant qu'il est certains faits d'isomérie que la théorie de M. Kekulé laisse inexpliqués (par exemple, l'isomérie des benzines pentachlorées constatée par M. Jungfleisch), et qui pourraient s'interpréter en admettant que les atomes d'hydrogène sont combinés deux à deux à 3 atomes de carbone tétratomique, point de vue exprimé par la formule $(C^2H^2)^3$ et appuyé par la belle expérience de M. Berthelot sur la transformation de l'acétylène en benzine. En se soudant, les trois molécules d'acétylène forment une chaîne fermée qui renferme alternativement $3CH^2$ et $3C''$, ces derniers échangeant une seule atomicité.

On a ainsi pour la benzine la formule développée

```
       H²
       C
    ⁄     ⁄⁄
   C       C
   |       |
 H²C       CH²
    ⁄⁄   ⁄
       C
```

M. Staedeler a proposé récemment la formule suivante :

```
H H H
C-C-C
‖ | ‖
C-C-C
H H H
```

dans laquelle les 2 atomes de carbone du milieu, liés chacun à 3 C, ne sont pas dans les mêmes conditions que les 4 autres atomes de carbone. Cette inégalité dans la distribution des atomicités serait de nature à expliquer de nombreuses isoméries.

*Propriétés générales des carbures aromatiques.* — Peu de corps possèdent au même degré que la benzine et ses homologues le pouvoir de se convertir sous l'influence des réactifs en dérivés variés et définis.

1° Le chlore et le brome les attaquent pour se substituer à de l'hydrogène, ou s'y combinent pour former des produits d'addition, et l'on sait que les produits de substitution diffèrent suivant que le chlore ou le brome agissent sur le liquide, à froid, ou sur la vapeur, à chaud. Ainsi, en attaquant le toluène à froid, le brome forme le toluène monobromé; en agissant sur la vapeur à chaud, il donne son isomère, le bromure de benzyle.

2° Par l'action de l'acide nitrique monohydraté les carbures d'hydrogène de la série aromatique donnent avec une grande facilité des dérivés nitrogénés, qui, sous l'influence des agents réducteurs, se convertissent en alcaloïdes ou en composés azoïques (t. I, p. 1149).

3° Les carbures d'hydrogène de la série aromatique s'unissent à l'acide sulfurique fumant ou à l'acide sulfurique concentré pour former des acides analogues à l'acide éthylsulfureux ou éthylsulfonique $C^2H^5.SO^3H$.

Ces acides prennent naissance par la substitution d'un ou de plusieurs groupes $SO^3H$ à un atome d'hydrogène; fondus avec l'hydrate de potassium, ils donnent des phénols ou oxyphénols (Dusart, Wurtz et Kekulé).

4° Les hydrocarbures de la série aromatique sont facilement attaqués par les agents oxydants; l'acide nitrique, faible et bouillant, l'acide chromique, le permanganate de potassium, un mélange d'acide sulfurique et de peroxyde de manganèse, les convertissent en acides aromatiques. L'acide nitrique faible et bouillant produit généralement des oxydations moins complètes que l'acide chromique, ou le mélange de peroxyde de manganèse et d'acide sulfurique. L'acide benzoïque se forme par l'oxydation des carbures aromatiques qui renferment une chaîne latérale. Le radical alcoolique, quel qu'il soit ($CH^3, C^2H^5, C^3H^7$), qui constitue cette chaîne se convertit en carboxyle $CO^2H$. L'acide toluique ou ses isomères prennent naissance par l'oxydation les carbures d'hydrogène qui renferment deux chaînes latérales, tels que le xylène et le cymène, et l'on remarque à cet égard que les chaînes latérales à composition compliquée (éthyle, propyle) sont oxydés plus facilement que le méthyle. Ainsi, par une oxydation, la propylméthylbenzine donne de l'acide toluique :

$C^6H^4\left\{\begin{matrix}C^3H^7\\CH^3\end{matrix}\right.$ $C^6H^4\left\{\begin{matrix}CO^2H\\CH^3\end{matrix}\right.$

Propyle-méthyle-benzine. — Acide toluique.

Par l'oxydation des deux chaînes latérales, on obtient les acides phtalique, téréphtalique, isopthalique

$C^6H^4\left\{\begin{matrix}CH^3\\CH^3\end{matrix}\right.$ $C^6H^4\left\{\begin{matrix}CO^2H\\CO^2H\end{matrix}\right.$

Xylène et isomères. — Acide phtalique et isomères.

Un acide tricarboné et tribasique résulte de l'oxydation complète du mésitylène (Fittig) :

$C^6H^3\left\{\begin{matrix}CH^3\\CH^3\\CH^3\end{matrix}\right.$ $C^6H^3\left\{\begin{matrix}CO^2H\\CO^2H\\CO^2H\end{matrix}\right.$

Mésitylène. — Acide trimésique.

Les acides benzoïque et phtalique prennent naissance non-seulement par l'oxydation des homologues de la benzine; ils se forment par l'oxydation de la benzine elle-même, sous l'influence du peroxyde de manganèse et de l'acide sulfurique (Carius) [*Ann. de Chim. et de Phys.*, 4e série, t. XVI, p. 442]. On se rend compte de ces faits en admettant qu'une molécule de benzine étant détruite avec formation d'acide carbonique et d'acide formique, ce dernier acide concourt à la formation de l'acide benzoïque ou de l'acide phtalique, en se soudant à une autre molécule de benzine, l'une et l'autre molécule perdant de l'hydrogène par oxydation :

$$CO^2H^2 + C^6H^6 + O = H^2O + C^6H^5.CO^2H$$

$$2CO^2H^2 + C^6H^6 + O^2 = 2H^2O + C^6H^4 \left\{ \begin{matrix} CO^2H \\ CO^2H \end{matrix} \right.$$

5° On doit à M. Fritzsche la connaissance des combinaisons très-curieuses que forme l'acide picrique avec la benzine, le toluène, le xylène, la naphtaline et divers autres carbures d'hydrogène retirés du goudron de houille, tels que l'anthracène $C^{14}H^{10}$. Lorsqu'on dissout l'acide picrique dans la benzine à chaud, il se précipite par le refroidissement des cristaux jaunes d'un composé $C^6H^6 + C^6H^3(AzO^2)^3O$ qui restent transparents dans une atmosphère saturée de benzine, mais qui deviennent opaques à l'air en perdant de la benzine. Ce dernier corps joue probablement le rôle de l'eau de cristallisation.

Plus récemment, le même chimiste a signalé un réactif qui forme, avec certains carbures d'hydrogène retirés du goudron de houille, de belles combinaisons cristallisées et colorées. Ce réactif est un dérivé nitré et oxygéné de l'anthracène $C^{14}H^{10}$, l'anthraquinone dinitrée (Graebe et Liebermann) :

$$C^{14}H^6Az^2O^6 = C^{14}H^6(AzO^2)^2O^2.$$

M. Fritzsche le nomme *oxydinitrophotène*. Il le prépare en faisant bouillir l'anthracène $C^{14}H^{10}$ avec de l'acide nitrique étendu d'eau [*Journ. für prakt. Chem.*, 1868, t. CV, p. 129].

Hydrocarbures qui se rattachent a la série aromatique. — Il existe un carbure d'hydrogène qui est à la benzine ce que l'allylène est au gaz des marais (voyez page 66). C'est le phényle-acétényle $C^8H^6$

| $CH^3.H$ | $C^6H^5.H$ |
|---|---|
| Hydrure de méthyle. | Hydrure de phényle. |
| $CH^3\text{-}C\text{-}CH$ | $C^6H^5\text{-}C\text{-}CH$ |
| Méthylacétényle (allylène). | Phénylacétényle. |

Ce corps a été découvert par M. Glaser, qui l'a obtenu en chauffant l'acide phénylpropiolique avec la baryte : $C^9H^6O^2 - CO^2 = C^8H^6$. La formule attribuée au phénylacétényle, qui est le produit de cette réaction, est de M. Glaser, qui a parfaitement reconnu la constitution de cet hydrocarbure [*Zeitsch. für Chem.*, nouv. sér., t. IV, p. 342]. M. Friedel a étendu cette formule à l'acétylène et à ses homologues, et a obtenu le phénylacétényle, à l'aide de la méthode générale qu'il a indiquée pour la préparation des homologues et congénères de l'acétylène (page 66). Le phénylacétényle peut être obtenu en enlevant 2HCl au chlorobenzol :

| $C^6H^5\text{-}CO\text{-}CH^3$ | $C^6H^5\text{-}CCl^2\text{-}CH^3$ | $C^6H^5\text{-}C\text{-}CH.$ |
|---|---|---|
| Aldéhyde benzoïque | Chlorobenzol. | Phénylacétényle. |

Parmi les autres carbures d'hydrogène qui se rattachent à la benzine; nous citerons les suivants :

1° Le styrol ou cinnamène, qui est la vinylbenzine;

2° La naphtaline, $C^{10}H^8$, qui appartient à la série $C^nH^{2n-12}$, et qui d'après l'hypothèse de M. Erlenmeyer, est formée par la soudure de deux anneaux benziques;

3° L'anthracène, $C^{14}H^{10}$, qui est formé par la soudure de trois anneaux benziques [Graebe et Liebermann, *Zeitsch. für Chem.*, nouv. sér., t. IV, p. 280].

Les formules suivantes expriment les relations de ces carbures d'hydrogène avec la benzine :

Naphtaline. Anthracène.

Benzine. Styrol.

Elles prennent leur point d'appui dans les expériences synthétiques de M. Berthelot. Ce chimiste a montré, en effet, que le styrol, la naphtaline et l'anthracène dérivent réellement de la benzine. — Voyez p. 69.

### MÉTHODES POUR LA SYNTHÈSE DES CARBURES D'HYDROGÈNE.

Pour terminer cette histoire générale des hydrocarbures, il nous reste à indiquer les méthodes qui ont pour objet de les former par synthèse, ou de les transformer en les faisant passer d'une série dans une autre.

On doit à M. Berthelot un grand nombre d'expériences sur ce sujet. Ce chimiste s'est proposé d'abord de former un certain nombre de carbures d'hydrogène par l'union directe des éléments, ou par la réaction réciproque de composés minéraux.

1° On connaît la belle expérience de la synthèse de l'acétylène par l'union directe de l'hydrogène au charbon, porté à une vive incandescence dans l'arc électrique.

Ayant fait passer sur du cuivre incandescent un mélange d'hydrogène sulfuré et de vapeurs de sulfure de carbone, le même chimiste a vu se former du gaz des marais. En soumettant ce dernier gaz à l'action d'étincelles électriques, il a obtenu de l'acétylène. En le chauffant pendant plusieurs heures à une température voisine de celle où le verre se ramollit, il a obtenu de la naphtaline $10CH^4 = C^{10}H^8 + 16H^2$.

2° Le chlorure de méthyle, soumis à l'action de la chaleur rouge, fournit, d'après M. A. Perrot, de l'acide chlorhydrique et de l'éthylène [*Ann. de Chim. et de Phys.*, 3e série, t. XLIX, p. 94]. Le bromoforme $CHBr^3$ abandonne tout son brome au cuivre incandescent, et le reste CH en se condensant six fois forme de la benzine (Berthelot). L'iodure de méthylène $CH^2I^2$, en se décomposant sous l'influence de la chaleur ou d'un métal, donne de l'éthylène, du propylène, et peut-être des homologues supérieurs (Boutlerow).

3° Dans les expériences précédentes, des carbures d'hydrogène plus compliqués ont pris naissance par la condensation de restes formés par la destruction de molécules semblables.

On peut effectuer des synthèses plus directes et plus dignes de ce nom en provoquant l'addition de 2 restes provenant de la décomposition de 2 molécules. Ainsi on peut ajouter le carbone de l'acide carbonique au carbone du gaz des marais, et former du propylène en faisant passer un mélange de gaz carbonique et de gaz des marais à travers un tube chauffé au rouge obscur (Berthelot).

M. Wurtz a indiqué pour la synthèse des carbures d'hydrogène deux méthodes qui reposent sur le principe qui vient d'être indiqué. La première consiste à traiter par le sodium un mélange d'iodures ou de bromures organiques. Elle a été appliquée avec succès par MM. Fittig et Tollens à la synthèse des homologues de la benzine. — Voyez p. 66.

La seconde méthode consiste à traiter par le zinc-éthyle un iodure ou un bromure organique. Ainsi la réaction de l'iodure d'allyle sur le zinc-éthyle donne naissance à de l'éthyle-allyle et à de l'iodure de zinc :

$$(C^2H^5)^2Zn + 2C^3H^5I = 2(C^2H^5.C^3H^5) + ZnI^2.$$

Par la même méthode, on a obtenu plus récemment l'éthyle-vinyle :

$$Zn(C^2H^5)^2 + 2C^2H^3Br = 2(C^2H^5.C^2H^3) + ZnBr^2.$$

La réaction du zinc-éthyle sur le méthylchloracétol $C^3H^6Cl^2$ donne naissance à un carbure $C^7H^{16}$ (Friedel et Ladenburg) :

$$\underset{\text{Méthylchloracétol.}}{CH^3\text{-}CCl^2\text{-}CH^3} + (C^2H^5)^2Zn$$
$$= \underset{\text{(Méthyle-diéthylacétol).}}{CH^3\text{-}C(C^2H^5)^2\text{-}CH^3.}$$

MM. Lippmann et Louguinine ont obtenu le diéthyltoluène $C^6H^5.CH(C^2H^5)^2$ en faisant réagir le zinc-éthyle sur le corps $C^6H^5.CHCl^2$ (chlorure de benzyle monochloré) [*Compt. rend.*, t. LXV, p. 349].

4° Des carbures d'hydrogène non saturés peuvent se polymériser sous l'influence de certains réactifs. Le styrol se convertit entièrement en métastyrol par l'action d'une température de 200°. L'acide sulfurique convertit le térébenthène en ditérébène (H. Deville). Le même acide convertit l'amylène en diamylène et en polymères plus élevés (Berthelot). On sait que ces transformations polymériques de l'amylène s'effectuent dans la préparation même de ce corps, sous l'influence du chlorure de zinc, comme l'a montré M. Bauer [*Ann. de Chim. et de Phys.*, 3e sér., t. LXIII, p. 465]. Mais ce ne sont pas seulement l'amylène et ses polymères qui prennent naissance dans cette réaction, mais une série d'autres carbures d'hydrogène intermédiaires entre l'amylène et le diamylène, et de plus les hydrures $C^nH^{2n+2}$ correspondants (A. Wurtz). On interprète ces faits en admettant que sous l'influence du chlorure de zinc certaines molécules d'hydrate d'amyle subissent une décomposition profonde, dont les produits sont d'une part de l'hydrogène et de l'autre divers carbures d'hydrogène qui se soudent à des molécules d'amylène. C'est ainsi que prennent naissance, d'une part les hydrures, par la fixation de l'hydrogène, d'autre part les carbures d'hydrogène intermédiaires et plus élevés, par la fixation des fragments hydrocarbonés résultant de la rupture de molécules amyliques.

En étudiant récemment l'action du chlorure de zinc sur le camphre, MM. Fittig, Köbrich et Jilke ont isolé, indépendamment du cymène $C^{10}H^{14}$ qui est le produit principal de cette réaction, une série de carbures tels que le toluène $C^7H^8$, le xylène $C^8H^{10}$, le pseudo-cumène $C^9H^{12}$ et un carbure d'hydrogène $C^{11}H^{16}$ qu'ils nomment laurène [*Ann. de Chim. et de Phys.*, 4e sér., t. XIV, p. 470]. Ces carbures prennent évidemment naissance en vertu de réactions analogues à celles qui viennent d'être exposées pour les carbures formés par la déshydratation de l'alcool amylique.

5° Toutes ces réactions sont analogues à celles que M. Berthelot a désignées récemment sous le nom de *synthèses pyrogénées*, et qui ont jeté un si grand jour sur le mode de formation des nombreux carbures d'hydrogène produits de la distillation sèche de la houille et d'une foule d'autres matières organiques.

Le point de départ de ces expériences a été la synthèse de la benzine par le fait de la condensation polymérique de l'acétylène. Ayant chauffé ce dernier gaz dans des tubes de verre à une température voisine de celle où le verre se ramollit, M. Berthelot a obtenu de la benzine :

$$3C^2H^2 = C^6H^6.$$

Ce carbure d'hydrogène se forme aussi par l'action de la chaleur sur l'éthylène.

A une température élevée, la benzine peut fixer à son tour de l'acétylène pour se convertir en styrol :

$$C^6H^6 + C^2H^2 = C^8H^8.$$

Le styrol prend aussi naissance par l'action de la benzine sur l'éthylène à une température élevée.

Le même carbure d'hydrogène s'unit à l'acétylène ou à l'éthylène pour se convertir en naphthaline en perdant de l'hydrogène :

$$C^8H^8 + C^2H^2 = C^{10}H^8 + H^2.$$

M. Berthelot admet que cette réaction donne naissance primitivement à un hydrure de naphtaline $C^{10}H^{10}$, dont la formation est transitoire et qui se dédouble en naphtaline et en hydrogène.

Le styrol peut encore agir à une température élevée sur l'acétylène et sur l'éthylène pour former le carbure d'hydrogène $C^{12}H^{10}$, que M. Berthelot nomme *acénaphtène*, et qui existe aussi dans le goudron de houille.

L'anthracène se forme en même temps que le styrol et la naphtaline dans l'action de l'éthylène ou de l'acétylène sur la benzine. Il prend naissance par l'union de 2 molécules de benzine et de 1 molécule d'éthylène, avec élimination d'hydrogène :

$$2C^6H^6 + C^2H^4 = C^{14}H^{10} + 3H^2.$$

Dans ces expériences les carbures plus compliqués sont formés par une fixation directe de l'acétylène ou de l'éthylène. Ce dernier gaz pouvant se convertir en acétylène par une perte d'hydrogène, M. Berthelot en conclut que c'est l'acétylène qui est le générateur des carbures pyrogénés. C'est lui qui est le produit ultime des décompositions pyrogénées ; partout où il prend naissance, il peut subir une condensation polymérique, et s'unir à la benzine ainsi formée ou à chacun des termes plus condensés résultant de cette addition.

### HYDROGÉNATION ET DÉSHYDROGÉNATION DES CARBURES D'HYDROGÈNE.

*Hydrogénation.* — Après avoir indiqué, dans ce qui précède, les méthodes propres à compliquer les molécules des carbures d'hydrogène par l'addition de nouveaux atomes de carbone, nous allons exposer brièvement les procédés qui permettent d'y ajouter ou d'en retrancher de l'hydrogène, et par conséquent de faire passer d'une série à l'autre les carbures renfermant le même nombre d'atomes de carbone.

On peut hydrogéner les carbures non saturés d'hydrogène à l'aide des procédés suivants :

1° Les combiner directement au chlore et au brome et remplacer le chlore et le brome par de l'hydrogène ou par substitution inverse.

Ainsi M. Berthelot a réussi le premier à transformer l'éthylène en hydrure d'éthyle en formant d'abord du bromure d'éthylène et en chauffant ensuite le bromure d'éthylène à 275° avec de l'eau et de l'iodure de potassium [*Ann. de Chim. et de Phys.*, 3e sér., t. LI, p. 48, 1857].

On peut attaquer certains bromures organiques par le zinc et l'acide chlorhydrique (voir la note de la page 64) ou par l'amalgame de sodium et remplacer ainsi le brome par de l'hydrogène.

2° Des carbures d'hydrogène non saturés attaquent et décomposent à une température élevée l'acide iodhydrique, mettant l'iode en liberté et s'emparant de l'hydrogène. On doit à M. Berthelot un grand nombre d'expériences sur ce sujet [*Compt. rend.*, t. 64, p. 710, 760, 786]. Bornons-nous à rappeler qu'en chauffant la benzine avec un très-grand excès d'acide iodhydrique, ce chimiste l'a convertie en hydrure d'hexyle $C^6H^{14}$. Dans les mêmes circonstances, le styrol $C^8H^8$ donne de l'hydrure d'octyle $C^8H^{18}$. Avec 20 p. d'acide iodhydrique le même carbure d'hydrogène donne le carbure $C^8H^{10}$, probablement identique avec l'éthyle-phényle de M. Fittig. Chauffée avec 80 fois son poids d'acide iodhydrique, la naphtaline donne l'hydrure de décyle $C^{10}H^{22}$ comme produit principal. Chauffée avec 20 fois son poids d'acide iodhydrique, la naphtaline donne comme produit principal de l'hydrure de naphtaline $C^{10}H^{10}$. Les carbures $C^nH^{2n}$ de la série grasse, c'est-à-dire l'éthylène et ses homologues, sont d'abord convertis en iodhydrates, et ceux-ci, sous l'influence d'un excès d'acide iodhydrique, se convertissent en iode et en carbures $C^nH^{2n+2}$.

$$C^2H^4 + HI = C^2H^5I,$$
$$C^2H^5I + HI = C^2H^6 + I^2.$$

3° L'hydrogène naissant dégagé par l'action de l'eau ou de l'alcool sur l'amalgame de sodium peut se fixer sur certains carbures d'hydrogène. MM. Graebe et Liebermann ont converti, à l'aide de ce procédé, l'anthracène $C^{14}H^{10}$ en dihydrure d'anthracène $C^{14}H^{12}$ [*Ann. der Chem. u. Pharm.*, Suppl. Band VII, p. 265].

*Déshydrogénation.* — Parmi les réactions qui ont pour effet de déshydrogéner les carbures d'hydrogène, une seule peut être employée comme méthode générale.

Elle consiste à introduire du chlore ou du brome dans la molécule d'un hydrocarbure, soit par addition ou par substitution, et à soumettre ensuite le corps chloré ou bromé à l'action de la potasse alcoolique ou de l'éthylate de sodium, qui en séparent de l'acide chlorhydrique ou de l'acide bromhydrique. Prenons quelques exemples: Le propylène $C^3H^6$ peut être converti en allylène $C^3H^4$. Pour cela, on commence par former le composé $C^3H^6Br^2$ qu'on convertit par la potasse alcoolique en $C^3H^5Br$. Sous l'influence de l'éthylate de sodium, ce dernier corps perd de nouveau HBr et se convertit en allylène [Sawitsch, *Compt. rend.*, t. LII, p. 399, 1861]. Par un procédé analogue, M. Caventou a converti le butylène $C^4H^8$ en crotonylène $C^4H^6$. M. Reboul a obtenu le valérylène $C^5H^8$ en chauffant pendant plusieurs heures l'amylène bromé avec un excès de potasse alcoolique; avec le valérylène bromé $C^5H^7Br$ le même chimiste a obtenu par le même procédé le valylène $C^5H^6$. Le valérylène et le valylène dérivent par une perte d'hydrogène de l'amylène ou, si l'on veut, de l'hydrure d'amyle $C^5H^{12}$; car rien n'empêche d'introduire, par substitution, du brome dans la molécule de ce carbure saturé et d'enlever ensuite au corps bromé les éléments de HBr. On a ainsi la série suivante de carbures renfermant $C^5$ avec un nombre décroissant d'atomes d'hydrogène :

$C^5H^{12}$ hydrure d'amyle,
$C^5H^{10}$ amylène,
$C^5H^8$ valérylène,
$C^5H^6$ valylène.

En traitant le bromure de diamylène $C^{10}H^{20}Br^2$ par la potasse alcoolique, M. Bauer lui a enlevé 2 HBr, et a obtenu ainsi le carbure $C^{10}H^{18}$, qu'il nomme *rutylène*. A son tour, ce corps s'unit à $Br^2$ pour former le dibromure $C^{10}H^{18}Br^2$. Celui-ci perd 2 HBr sous l'influence de la potasse alcoolique pour former un hydrocarbure $C^{10}H^{16}$ isomérique avec l'essence de térébenthine [Bauer et Verson, *Sitzungsberichte der K. Akademie der Wissensch.*, décembre 1868]. A. W.

**HYDROCAROTTINE.** — Voyez Carottine, t. I, p. 771.

**HYDROCHLORANILIQUE (ACIDE).** — Voyez Quinone.

**HYDROCHLORE.** — Voyez Pyrochlore.

**HYDROCHRYSAMIDE**, $C^7H^6Az^2O^3$ [Schunck, *Ann. der Chem. u. Pharm.*, t. LXV, p. 231]. — Se produit par l'action des agents réducteurs sur l'acide chrysammique. Pour la préparer, on ajoute de l'acide chrysammique à une solution bouillante de sulfure de potassium avec excès de potasse caustique, ou à une solution bouillante de protochlorure d'étain.

L'hydrochrysamide se présente sous forme de fines aiguilles bleues par transmission et d'un beau rouge métallique par réflexion. Chauffée dans un tube, elle donne des vapeurs violettes qui se condensent en cristaux; mais la plus grande partie se décompose avec production d'ammoniaque et de charbon. Elle est insoluble dans l'eau bouillante, peu soluble dans l'alcool chaud. Soluble dans l'acide sulfurique concentré, la solution est bleue et précipite par l'eau. L'acide nitrique bouillant et le chlore en présence de l'eau la décomposent. Les alcalis et les carbonates alcalins la dissolvent en bleu; les acides reprécipitent l'hydrochrysamide en flocons bleus [Watts, *Dictionary of Chemistry*, t. III, p. 191]. E. G.

**HYDROCINCHONINE**, $C^{20}H^{26}Az^2O$ [E. Caventou et Ed. Willm, *Bull. de la Soc. chim.*, t. XII, p. 215, 1869]. — Base trouvée par MM. Caventou et Willm parmi les produits d'oxydation de la cinchonine commerciale. Elle paraît y exister toute formée, mais ses propriétés sont tellement rapprochées de celles de la cinchonine, qu'une séparation directe des deux bases est impossible. Il faut détruire l'une au moyen du permanganate de potassium pour isoler l'autre : la cinchonine s'oxyde instantanément et à froid, tandis que l'hydrocinchonine ne s'attaque que lentement.

L'*hydrocinchonine* cristallise de sa solution alcoolique et bouillante en petites aiguilles brillantes fusibles à 268°. Insoluble dans l'eau froide, elle se dissout en petite quantité à chaud et se dépose de nouveau à l'état cristallin par le refroidissement. Sa solution possède une réaction alcaline. Un litre d'alcool à 20 centièmes en dissout à 15° 7,35, solubilité un peu plus faible que celle de la cinchonine. Elle dévie fortement le plan de polarisation à droite, cependant moins que la cinchonine (dans des circonstances identiques, l'hydrocinchonine dévie de + 10°,55, et la cinchonine de + 11°,48).

Elle diffère de la cinchonine par 2 atomes d'hydrogène :

| $C^{20}H^{26}Az^2O$ | $C^{20}H^{24}Az^2O$ |
|---|---|
| Hydrocinchonine. | Cinchonine. |

L'hydrocinchonine forme des sels bien cristallisés, solubles dans l'eau, à saveur amère.

Le *chlorhydrate* neutre cristallise en longues aiguilles incolores.

L'*azotate* est en petites lames brillantes.

Le *chloroplatinate*,

$$C^{20}H^{26}Az^2O, 2HCl, PtCl^4 + H^2O,$$

se dissout aisément dans l'acide chlorhydrique, et se dépose de cette solution en cristaux volumineux jaunes.

Il ne perd son eau de cristallisation qu'à 140°.

Le *sulfate d'hydrocinchonine*,

$$(C^{20}H^{26}Az^2O)^2 SO^4H^2 + 3H^2O,$$

cristallise en longues aiguilles, très-solubles dans l'eau, qui, séchées dans le vide, retiennent trois molécules d'eau. Il fond à 195° en donnant un liquide jaune-rougeâtre, ne cristallisant pas par le refroidissement.

L'*oxalate d'hydrocinchonine*,

$$(C^{20}H^{26}Az^2O)^2 C^2O^4H^2 + 3H^2O,$$

est en belles houppes soyeuses, très-solubles dans l'eau bouillante. A. H.

**HYDROCINNAMIQUE (ACIDE).** — L'acide cinnamique traité par l'hydrogène naissant fixe 2 atomes d'hydrogène et donne un acide

$$C^9H^{10}O^2,$$

appelé aussi *cumoylique* par Schmidt, *homotoluique* par Erlenmeyer, et enfin *phénylpropionique* par Glaser, qui en a fait connaître un grand nombre de dérivés. Nous le décrirons sous ce dernier nom. — Voyez PHÉNYL-PROPIONIQUE (ACIDE).

**HYDROCITRIQUE (ACIDE)**, $C^6H^{10}O^7$ [Kæmmerer, *Zeitsch. für Chem.*, nouv. sér., t. II, p. 709, et *Bull. de la Soc. chim.*, 1867, t. VIII, p. 102]. — Cet acide, qui renferme 2 atomes d'hydrogène de plus que l'acide citrique, s'obtient de la manière suivante. On dissout l'acide citrique dans l'alcool absolu, on y ajoute 3 atomes de sodium pour 1 molécule d'acide citrique; après 5 ou 6 jours, quand tout le sodium a disparu, on distille l'alcool, on reprend le résidu saturé par l'eau, et on transforme le sel de soude en sel de plomb insoluble, qui, traité par l'hydrogène sulfuré, fournit l'acide hydrocitrique $C^6H^{10}O^7$. On concentre la liqueur, et on obtient l'acide à l'état d'une masse élastique, se transformant en petits cristaux transparents, par sa dessiccation dans le vide; ces cristaux deviennent ensuite opaques, et constituent une masse dure, porcelainée, d'une odeur butyreuse. L'acide hydrocitrique est déliquescent, fusible vers 100°, insoluble dans l'alcool, qui le précipite de sa solution aqueuse.

Par la distillation sèche, il donne un acide pyrogéné, dont le sel de potasse est déliquescent, et précipite en blanc avec le chlorure de baryum, et non avec le chlorure de calcium.

L'acide hydrocitrique est tribasique. Le *sel de sodium* renferme $(C^6H^7O^7Na^3)^2 + 11H^2O$; il cristallise en prismes rhomboïdaux, présentant des facettes très-brillantes. Le *sel de calcium* renferme $(C^6H^7O^7)^2Ca^3 + 6H^2O$, et le *sel de baryum* $(C^6H^7O^7)^2Ba^3 + 3H^2O$. Le *sel de plomb* est anhydre à 100°. Le *sel d'argent* desséché à 60° renferme $C^6H^7O^7Ag^3 + H^2O$. E. G.

**HYDROCOMÉNIQUE (ACIDE)**, $C^6H^8O^5$ [de Korff, *Ann. der Chem. u. Pharm.*, t. CXXXVIII, p. 191; et *Bull. de la Soc. chim.*, 1866, t. VI, p. 227]. — On le prépare en ajoutant peu à peu de l'amalgame de sodium à de l'acide coménique délayé dans l'eau; lorsque l'action est terminée, on neutralise par l'acide acétique, on filtre, et on décompose le précipité par l'hydrogène sulfuré. Par évaporation, on obtient l'acide hydrocoménique sous forme d'un sirop jaunâtre. Il ne se colore pas par le perchlorure de fer.

Son sel d'argent est un précipité amorphe qui renferme $C^6H^6Ag^2O^5$.

**HYDROCROCONIQUE (ACIDE).** — Voyez RHODIZONIQUE (ACIDE).

**HYDROCYANALDINE**, $C^9H^{12}Az^4$ [Strecker, *Compt. rend. de l'Acad.*, t. XXXIX, p. 55]. — Lorsqu'on évapore au bain-marie un mélange d'aldéhydate d'ammoniaque, d'acide cyanhydrique et d'acide chlorhydrique, on obtient de l'alanine; mais si, au lieu de chauffer, on abandonne le mélange à lui-même, il se forme au bout de quelques jours des cristaux incolores d'*hydrocyanaldine*, en vertu de l'équation suivante :

$$\underset{\text{Aldéhydate d'ammoniaque.}}{3(C^2H^3O, AzH^4)} + \underset{\text{Acide cyanhydrique.}}{3CAzH} + 2HCl = \underset{\text{Hydrocyanaldine.}}{C^9H^{12}Az^4} + 2AzH^4Cl + 3H^2O.$$

L'hydrocyanaldine est incolore, insipide, sans réaction sur les couleurs végétales, soluble dans l'eau et l'éther, plus soluble dans l'alcool. Elle fond à une température peu élevée, et se sublime; chauffée brusquement, elle se décompose en répandant une odeur d'acide cyanhydrique. Chauffée avec la potasse, elle brunit, donne de la résine d'aldéhyde, en même temps qu'il se dégage de l'ammoniaque.

Elle n'a aucun caractère alcalin; elle ne précipite pas les sels d'argent, même en présence d'acide azotique; mais si l'on chauffe la solution, il se dégage de l'aldéhyde, et il se précipite du cyanure d'argent. E. G.

**HYDROCYANOBENZIDE**, $C^{23}H^{17}Az^5$. — Ce corps, obtenu par Reinecke et Beilstein en chauffant doucement de l'hydrobenzamide avec de l'acide cyanhydrique et de l'acide chlorhydrique, en présence d'une grande quantité d'alcool, serait identique, suivant ces auteurs, avec l'*hydrure de cyanazo-benzoyle* B (azotide benzoïlique ou benzoïlazotide de Laurent), auquel Gerhardt et Laurent avaient assigné la formule $C^{15}H^{12}Az^2$. — Voyez t. I, p. 574.

**HYDROCYANO-ROSANILINE**,

$$C^{21}H^{20}Az^4 = C^{20}H^{19}Az^3(HCy)$$

[H. Mueller, *Zeitschr. für Chem.*, nouv. sér., t. II, p. 2; *Bull. de la Soc. chim.*, t. VI, p. 416, 1866]. — Les solutions des sels de rosaniline sont décolorées immédiatement à chaud par le cyanure de potassium en même temps qu'il se forme un précipité blanc cristallin. Si le sel de rosaniline n'était pas pur, la solution resterait colorée en rouge-brun.

Le précipité blanc, lavé à l'alcool, dissous dans l'acide chlorhydrique et précipité de nouveau par l'ammoniaque, renferme les éléments de la rosaniline et de l'acide cyanhydrique. L'*hydrocyano-rosaniline* est soluble dans l'alcool bouillant, d'où elle se dépose en petits cristaux transparents et clinorhombiques. La lumière la colore en rose. Fondue avec de la potasse, elle paraît régénérer la rosaniline.

Le chlorhydrate d'*hydrocyano-rosaniline* cristallise dans l'eau en grands cristaux incolores, solubles dans l'alcool et inaltérables à l'air. Le chloroplatinate est soluble dans l'eau et résineux.

Le *sulfate* et l'*azotate* sont solubles et cristallisent difficilement.

Le picrate de potassium donne un précipité floconneux avec les sels de cette base même en solutions très-étendues. A. H.

**HYDROCYANOSALIDE**, $C^{22}H^{16}Az^2O^8$ [Reinecke et Beilstein, *Ann. der Chem. u. Pharm.*, t. CXXXVI, p. 169; *Bull. de la Soc. chim.*, t. V,

p. 370, 1860]. — Cette substance, analogue à l'hydrocyanaldine, se forme en chauffant doucement l'hydrosalicylamide avec les acides cyanhydrique et chlorhydrique :

$$C^{21}H^{18}Az^2O^3 + CAzH + HCl$$
Hydrosalicylamide.

$$= C^{22}H^{16}Az^2O^3 + AzH^4Cl.$$
Hydrocyanosalide jaune.

L'*hydrocyanosalide jaune* est en petits cristaux jaunes, feutrés, solubles dans l'alcool. Elle est neutre et très-stable : l'acide chlorhydrique et l'eau de baryte n'agissent que peu sur elle, même en vase clos; la potasse bouillante la transforme avec dégagement d'ammoniaque, en un corps résineux. Chauffée pendant plusieurs jours avec de l'alcool à l'ébullition, elle subit un changement moléculaire. L'*hydrocyanosalide brune*, isomère de la précédente, qui prend naissance, cristallise en belles aiguilles brunes, très-brillantes. Elle possède les mêmes réactions que l'hydrocyanosalide jaune, mais elle en diffère par sa plus grande solubilité dans l'alcool et les autres propriétés physiques. A. H.

**HYDRODOLOMITE** (Min.). — Substance stalactique du Vésuve, ayant la composition de la dolomie et donnant de l'eau dans le tube.

**HYDRŒNANTHAMIDE** [Syn. *Triœnanthylidène-diamide*],

$$C^{21}H^{42}Az^2 = (C^7H^{14})^3 Az^2$$

[Schiff, *Ann. der Chem. u. Pharm.*, Suppl. III, p. 366, et p. VI, p. 24]. — L'hydrure d'œnanthyle absorbe, d'après M. Tilley, de l'ammoniaque, et fournit une huile renfermant de l'œnanthylure d'ammonium [*Ann. der Chem. u. Pharm.*, t. LXVII, p. 112]. En faisant passer de l'ammoniaque dans l'hydrure d'œnanthyle sec, M. Schiff a obtenu de l'eau et une huile jaunâtre, très-stable, distillant sans altération au-dessus de 400°. Cette huile ne possède pas de propriétés basiques :

$$3C^7H^{14}O + 2AzH^3 = 3H^2O + C^{21}H^{42}Az^2.$$
Œnanthol. Hydrœnanthamide.

La substance obtenue par M. Parkinson [*Ann. der Chem. u. Pharm.*, t. XC, p. 114], en saturant l'hydrure de valéryle de gaz ammoniaque, est, d'après M. Schiff, de l'*hydrovaléramide*,

$$C^{15}H^{30}Az^2.$$ A. H.

**HYDROGÈNE.** — Symbole, H; équivalent, 1; poids atomique, 1; volume atomique, 1 (de ὕδωρ, eau, et γεννάω, j'engendre).

*Historique.* — L'hydrogène, autrefois nommé *air inflammable*, a été isolé et étudié pour la première fois par Cavendish, en 1766; mais il avait été signalé déjà par d'autres observateurs, notamment Paracelse au XVIe siècle, Boyle et Boerhaave; il a ensuite été étudié par Priestley et autres.

*État naturel.* — L'hydrogène se rencontre dans la nature à l'état d'eau qui en renferme 1/9 en poids; il existe également dans toutes les matières organiques et dans les corps provenant de leur décomposition; toutes les variétés de charbon de terre, les résines fossiles, les pétroles, etc., le renferment au nombre de leurs éléments; il est encore contenu dans le gaz des marais, qui résulte de la décomposition des végétaux, dans l'ammoniaque et dans l'hydrogène sulfuré, etc. Bunsen a constaté la présence de l'hydrogène libre dans les gaz des fumeroles d'Islande, où il existe en quantités variables, jusqu'à 25 % [*Ann. de Chim. et de Phys.*, (3), t. XXXVIII, p. 259]. Ch. Deville et Le Blanc ont également constaté sa présence dans les fumeroles de Toscane.

*Préparation.* — L'hydrogène se produit à l'état de liberté dans une foule de réactions chimiques.

1° Par l'action de certains métaux sur l'eau. Les métaux alcalins décomposent l'eau à la température ordinaire, en mettant en liberté la moitié de l'hydrogène contenu dans l'eau décomposée :

$$Na^2 + 2H^2O = 2HNaO + H^2.$$

L'expérience peut se faire en introduisant du sodium sous une cloche remplie de mercure et contenant un peu d'eau à sa partie supérieure. Dès que le métal est arrivé au contact de cette dernière, le dégagement d'hydrogène commence. Il faut avoir soin d'employer du sodium bien propre, sans quoi il pourrait se produire une violente explosion. Le gaz obtenu dans ces circonstances est très-pur. En remplaçant l'eau par l'alcool, il se dégage également de l'hydrogène et il se forme de l'éthylate de sodium. D'autres métaux ne décomposent l'eau qu'au rouge, le fer par exemple. Cette réaction a souvent été utilisée pour préparer l'hydrogène en grand. On fait arriver un courant de vapeur d'eau sur du fer porté au rouge dans un tube de porcelaine ou de fer, ou dans de grandes cornues de fonte, et on recueille sur l'eau le gaz dégagé. L'appareil doit être muni de tubes de sûreté pour empêcher l'absorption de l'eau résultant d'une condensation partielle de la vapeur. Dans cette action, le fer se transforme en oxyde magnétique :

$$4H^2O + Fe^3 = Fe^3O^4 + 4H^2.$$

2° Par l'action du charbon rouge sur l'eau. Dans ce cas l'hydrogène n'est pas pur, il est accompagné d'autres gaz, notamment d'oxyde de carbone.

3° Par l'action de certains métaux, notamment le zinc et le fer, sur les acides forts, acide chlorhydrique ou sulfurique. C'est la réaction généralement employée dans les laboratoires pour produire ce gaz :

$$Zn + H^2SO^4 = H^2 + SO^4Zn.$$

On l'effectue dans un flacon à deux tubulures, dont l'une porte le tube de dégagement et l'autre un tube à entonnoir. On place dans le flacon du zinc grenaillé ou en lames, et l'on verse par l'entonnoir de l'acide sulfurique étendu de 8 volumes d'eau environ, ou bien de l'acide sulfurique pur si l'on a préalablement rempli le flacon à moitié d'eau.

On fait fréquemment usage dans les laboratoires d'un appareil à hydrogène continu. Cet

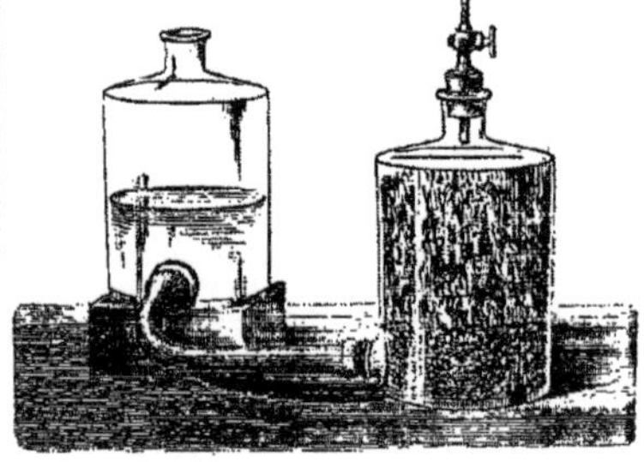

Fig. 340. — Appareil à hydrogène.

appareil consiste en deux flacons d'égal volume, tubulés à la partie inférieure, et dont les tubulures sont reliées entre elles par un tube de caoutchouc. Le flacon dont le goulot est libre reçoit l'acide sulfurique ou chlorhydrique étendu, tandis que l'autre flacon contient du zinc disposé sur un lit de verre cassé; sa tubulure supérieure est munie d'un bouchon à robinet auquel on adapte le tube de dégagement. Pour faire fonctionner cet appareil, on ouvre le robinet; aussitôt le liquide du premier flacon pénètre dans le second et l'attaque s'établit; quand elle a duré quelque temps, ce flacon est purgé d'air qui est remplacé par l'hydrogène; si, à ce moment, on referme le robinet, le gaz continuant à se dégager forcera le liquide de refluer dans le flacon de gauche et l'attaque cessera, dès que le liquide sera descendu au-dessous du zinc. Il suffit alors d'ouvrir de nouveau le robinet pour avoir un dégagement de gaz aussi rapide qu'on le désirera. De cette manière, le zinc ne s'attaque que tant que l'appareil fonctionne utilement.

Au contact de l'acide sulfurique concentré, le zinc ne dégage que très-peu d'hydrogène, car le sulfate de zinc qui se forme et qui est très-peu soluble dans l'acide protége le reste du métal. Le zinc chimiquement pur n'attaque que lentement l'acide sulfurique étendu; au contraire, le zinc du commerce, qui n'est jamais pur et qui renferme notamment de l'arsenic, du fer, du soufre, du charbon, etc., se dissout très-rapidement; cela tient à ce qu'il se forme un couple voltaïque.

4° Par la décomposition de l'eau par la pile : l'hydrogène se porte au pôle négatif. Ce procédé, qui donne de l'hydrogène très-pur, est fréquemment employé dans l'analyse eudiométrique.

5° Par la décomposition de l'ammoniaque par la chaleur ou par l'étincelle électrique : cette décomposition a lieu au rouge naissant si l'on fait passer du gaz ammoniac à travers un tube de porcelaine rempli de chaux; dans ce cas l'hydrogène est mélangé au tiers de son volume d'azote.

6° Par l'action du zinc ou de l'étain sur une lessive concentrée de potasse :

$$2KHO + Zn = K^2ZnO^2 + H^2.$$

Zincite de potassium.

7° Par l'action de l'acide chlorhydrique sur l'hydrure de cuivre :

$$CuH + HCl = CuCl + H^2 \text{ (Wurtz)}.$$

Chlorure cuivreux.

8° Par l'action des alcalis sur beaucoup de matières organiques :

$$C^2O^4K^2 + 2KHO = 2CO^3K^2 + H^2;$$

Oxalate. Carbonate.

$$C^7H^6O + KHO = C^7H^5O^2.K + H^2.$$

Ald. benzoïque. Benzoate.

*Purification de l'hydrogène.* — L'hydrogène préparé par la décomposition de l'acide sulfurique par le fer ou le zinc n'est pas pur, par suite de l'impureté de ces métaux. Son odeur fétide lui est communiquée par le carbone, le soufre, le phosphore, l'arsenic qui, dans l'attaque du métal, se combinent à une partie de l'hydrogène pour former des composés gazeux. Pour purifier cet hydrogène, il faut le faire passer par une série de tubes absorbants et de flacons laveurs renfermant de la potasse pour retenir l'acide entraîné, de l'acétate de plomb pour l'hydrogène sulfuré, de l'azotate d'argent pour l'hydrogène arsenié, du sublimé corrosif pour l'hydrogène phosphoré, enfin de l'acide sulfurique pour dessécher le gaz.

*Propriétés physiques.* — L'hydrogène pur est incolore, insipide, inodore; on n'a pas pu le liquéfier; c'est le plus léger de tous les gaz : aussi convient-il de prendre sa densité pour unité. Rapportée à l'air, sa densité est égale à 0,0692 (Dumas et Boussingault), dans les circonstances normales de température et de pression, c'est-à-dire qu'il est 14,45 fois plus léger que l'air. 1 litre de ce gaz pèse $0^{gr},0895$, ou bien le volume occupé par 1 gramme est de $11^{lit},173$. On peut mettre cette légèreté en évidence par plusieurs expériences : en en remplissant des bulles de savon, on voit celles-ci s'élever très-rapidement. On peut facilement transvaser ce gaz d'une éprouvette dans une autre, en tenant renversée celle qui doit recevoir le gaz.

La *chaleur spécifique* de l'hydrogène, rapportée à un même poids d'eau, est égale à 3,297; elle est 12,34 fois plus considérable que celle de l'air, pour un même poids.

Le *spectre de l'hydrogène*, dans un tube de Geissler, est caractérisé par trois raies brillantes correspondant aux raies C, F et G; la première est d'un rouge éblouissant; la seconde est vert bleuâtre; la troisième, qui est la plus faible, est violette [Plücker, *Ann. de Chim. et de Phys.*, (3), t. LVII, p. 497; Leclanché, *Bull. de la Soc. chim.*, (1), t. V, p. 338]. — Voyez LUMIÈRE.

De tous les gaz, l'hydrogène est le meilleur conducteur de la chaleur et de l'électricité; il a une conductibilité propre : aussi son pouvoir refroidissant est-il plus considérable que celui des autres gaz [Magnus, *Pogg. Ann.*, t. CXII, p. 497].

*Solubilité.* — L'hydrogène est à peine soluble dans l'eau; 100 volumes de ce liquide en dissolvent environ 2 volumes; l'alcool le dissout dans la même proportion.

*Diffusibilité.* — La diffusion des gaz à travers des parois poreuses étant en raison inverse de la racine carrée des densités, on concevra facilement que l'hydrogène, comme le plus léger de tous les gaz, doit se diffuser le plus rapidement. On constate facilement cette propriété à l'aide d'un tube fermé à sa partie supérieure par une plaque de graphite; si l'on remplit ce tube d'hydrogène sur la cuve à mercure et qu'on l'abandonne à lui-même, on voit peu à peu le niveau du mercure s'élever dans l'intérieur du tube. Lorsque ce niveau cesse de s'élever, on constatera que le volume du gaz restant est sensiblement dans le rapport de

$$1 : \sqrt{14,4} \text{ ou } 1 : 3,8,$$

c'est-à-dire que, le volume primitif étant 1, le volume final sera

$$\frac{1}{3,8} = 0,26;$$

de plus, le gaz restant sera de l'air (Graham).

La diffusion de l'hydrogène s'observe même à travers des parois métalliques, platine ou fer, ainsi que l'ont démontré les belles expériences de H. Deville et Troost [*Compt. rend.*, t. LVI, p. 977; t. LIX, p. 102], de Cailletet [*Compt. rend.*, t. LVIII, p. 1057], et de Graham [*Philos. trans.*, 1866, *Bull. de Chim.*, (2), t. VIII, p. 87].

On doit notamment à Graham (*loc. cit.*) des expériences très-remarquables sur la diffusion de l'hydrogène, non-seulement à travers les parois poreuses, mais aussi à travers les parois dites colloïdales, telles que le caoutchouc et les métaux. Priestley avait déjà remarqué qu'une vessie remplie d'air inflammable se dégonfle peu à peu à l'air. La diffusion à travers des parois colloïdales ne suit pas la même loi que la diffusion à travers des parois poreuses, c'est-à-dire qu'elle n'est pas en raison inverse de la racine carrée des densités des gaz; elle est, ainsi que l'a observé Graham, proportionnelle à la facilité de liquéfaction du gaz. Ainsi, tandis que l'hydrogène traverse une paroi poreuse près de 5 fois plus vite que l'acide carbonique, ce dernier traverse 2 1/2 fois plus vite une paroi colloïdale que le gaz hydrogène. Graham explique ce fait en admettant que les gaz se liquéfient dans les substances colloïdales; et si celles-ci ne retiennent pas les gaz, c'est qu'elles les perdent dans le vide, et lorsqu'une semblable substance sert de paroi de séparation entre deux gaz, chaque gaz se répandra de l'autre côté comme s'il rencontrait le vide.

*Occlusion de l'hydrogène par les métaux.* — Les métaux, de même que le caoutchouc, condensent les gaz, et si leurs molécules sont assez écartées par la chaleur, le gaz pourra les traverser. Cette absorption a même lieu au rouge; pour le palladium, qui présente cette propriété au plus haut degré, il absorbe à 245° 526 volumes d'hydrogène, à 90° 643 volumes, et à la température ordinaire 376 volumes. Une partie de cet hydrogène se dégage dans le vide déjà à 0°, mais la majeure partie ne s'échappe dans le vide que vers 200°. Le fer possède aussi la faculté d'*occlusion* pour l'hydrogène; c'est le mot que Graham a adopté pour exprimer ces phénomènes. C'est ainsi que l'on a observé la présence d'hydrogène *occlus* dans certains fers météoriques. Graham en a observé un échantillon qui contenait 2,85 fois son volume de gaz, renfermant 88 centièmes d'hydrogène et le reste d'oxyde de carbone et d'azote en quantités égales. — Voyez Occlusion.

*Hydrogénium de Graham.* — L'absorption de l'hydrogène par le palladium a été l'objet de remarques très-importantes de la part de Graham [*Ann. de Chim. et de Phys.*, (4), t. XIV, p. 315, et t. XVI, p. 188; *Compt. rend.*, t. LXVIII, p. 101 et 1511]. On peut faire absorber à un fil de palladium jusqu'à 936 fois son volume d'hydrogène; le métal renferme alors 4,68 % d'hydrogène et sa densité est réduite de 12,38 à 11,79; Graham envisage le palladium ainsi modifié comme un alliage avec de l'hydrogénium métallique. Comme on connaît le volume du palladium et celui de l'*alliage*, on peut calculer la densité de l'hydrogénium qui y est contenu. Graham était d'abord arrivé au nombre 1,951, presque 2, pour la densité de l'hydrogénium solide; mais de nouvelles expériences, faites tant sur le palladium que sur des alliages de ce métal avec l'or, l'argent et le nickel, l'ont conduit à adopter le nombre 0,733. Le procédé qu'il a employé pour charger ainsi le palladium d'hydrogène consistait à employer ce métal comme électrode négative dans l'électrolyse de l'eau acidulée.

On peut décharger le fil d'hydrogène soit en le chauffant dans l'appareil de Sprengel, soit en le faisant servir d'électrode positive. Le palladium ainsi déchargé d'hydrogène revient non-seulement à sa dimension primitive, mais il éprouve même un retrait.

L'expérience suivante est bien propre à mettre ces phénomènes en évidence. On fixe par une de ses extrémités à un axe vertical une lame de palladium de 10 à 15 cent. de long, vernie ou platinée sur une de ses faces, et l'on plonge cette lame dans un bain d'acide sulfurique étendu, en la faisant communiquer avec le pôle négatif d'une pile, le pôle positif étant formé par une lame de platine. Dès que le courant est fermé, des bulles d'oxygène se dégagent sur la lame de platine, et l'on voit la lame de palladium s'infléchir en s'écartant du platine, puis s'enrouler en spirale autour de son axe. Ce phénomène est dû à la dilatation qu'éprouve le palladium sur une de ses faces seulement, par suite de l'hydrogène qui s'y fixe.

Si l'on vient ensuite à renverser le courant, la lame de palladium se déroule de nouveau pour s'infléchir finalement en sens inverse, par suite de la contraction éprouvée par la face qui avait été chargée d'hydrogène. On peut produire ce dernier phénomène en chauffant la lame de palladium [Chandler Roberts, *Ann. de Chim. et de Phys.*, (4), t. XVIII, p. 381].

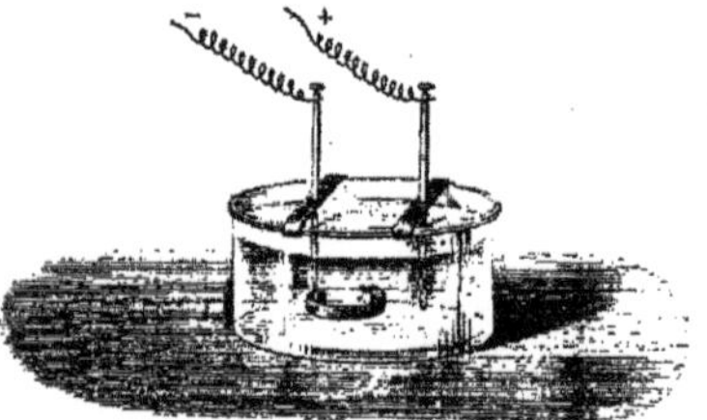

Fig. 341. — Occlusion de l'hydrogène par le palladium

Poggendoff a donné une autre disposition à cette expérience; la lame de palladium est mise parallèlement en regard de la lame de platine à 1 ou 2 centimètres de distance; le courant étant établi, la lame de palladium se recourbe d'abord en s'écartant du platine, parce qu'elle se charge d'hydrogène sur la face qui regarde le platine; puis, se chargeant aussi sur l'autre face, elle se redresse d'abord, puis se recourbe en sens inverse en s'inclinant vers le platine qu'elle finit par toucher [*Poggend. Ann.*, t. CXXXVI, p. 483; *Bull. de la Soc. chim.*, (2), t. XII, p. 234].

Les propriétés de l'hydrogène *allié* au palladium sont celles d'un métal, car l'alliage a conservé une ténacité considérable : celle du palladium étant 100, celle de l'alliage est encore de 81,29; la conductibilité du palladium étant 8,10 (Cu = 100), celle de l'alliage est 5,9.

Le palladium, qui est paramagnétique, devient magnétique quand il est chargé d'hydrogène; il faut en conclure que ce dernier est magnétique, quoique cette propriété ne puisse pas s'observer sur l'hydrogène gazeux. Nous reviendrons plus loin sur les propriétés chimiques de l'hydrogénium.

*Propriétés chimiques.* — L'hydrogène est combustible et brûle avec une flamme très-pâle, en donnant de l'eau; on peut facilement constater ce fait en faisant brûler un jet d'hydrogène sec sous une cloche bien sèche; on voit immédiatement celle-ci se recouvrir d'une buée et peu à peu des gouttelettes d'eau venir ruisseler sur les parois. L'hydrogène exige pour sa combustion complète un demi-volume d'oxygène. Si l'on mélange les deux gaz dans cette proportion et si l'on met le feu au mélange, il s'enflamme avec une violente explosion qui peut causer la rupture du vase qui le contient. Un pareil mélange est ce que l'on appelle le *gaz tonnant*; il se produit dans les proportions voulues, $2^{vol}$ H pour $1^{vol}$ O dans l'électrolyse de l'eau. On peut remplacer le volume d'oxygène par 5 volumes d'air. Cette facilité d'explosion rend nécessaire, avant d'allumer le jet de gaz qui sort d'un appareil d'hydrogène, d'attendre que tout l'air en ait été expulsé. L'explosion du mélange d'hydrogène et d'oxygène a pour cause l'expansion considérable de la vapeur d'eau qui est chassée hors du vase et qui est suivie d'une condensation subite accompagnée de la rentrée brusque de l'air.

L'inflammation du gaz tonnant peut être aussi produite par l'étincelle électrique ou par le contact du noir de platine.

La combustion de l'hydrogène donne lieu à une production de chaleur considérable, qui a été mesurée par Favre et Silbermann [*Ann. de Chim. et de Phys.*, (3), t. XXXIV, p. 395]; elle produit 34462 calories; E. Becquerel évalue à 1700° la température de la flamme d'hydrogène dans l'oxygène; aussi se sert-on du chalumeau à gaz hydrogène et oxygène pour fondre des corps très-réfractaires, par exemple le platine. Autrefois on utilisait dans ce but un appareil en métal très-résistant, dans lequel on comprimait le mélange détonant, qu'on laissait ensuite échapper par un ajutage à robinet renfermant une série de toiles métalliques destinées à empêcher la flamme de se propager de l'extérieur à l'intérieur. On substitue toujours maintenant à cet appareil, qui présente de graves dangers, un courant d'oxygène et un d'hydrogène arrivant séparément dans un chalumeau.

Au lieu d'enflammer l'hydrogène dans une atmosphère d'oxygène, on peut faire l'inverse et enflammer de l'oxygène dans de l'hydrogène.

Lorsqu'on fait brûler un jet d'hydrogène dans un tube de verre maintenu verticalement, on voit aussitôt la flamme se rétrécir, et l'on entend un son grave ou perçant, suivant la position de la flamme et les dimensions du tube. Cette expérience est connue sous le nom d'*orgue philosophique* ou *harmonica chimique*. Ce son est évidemment produit par les vibrations de l'air du tuyau, vibrations qui sont provoquées par une série de détonations très-rapprochées. Faraday admettait que le courant d'air ascendant entraîne avec lui de l'hydrogène qui vient brûler au-dessus de la flamme, et produit ainsi une série de détonations qui produisent le son fondamental du tube ou son octave, si leur nombre est égal au nombre de vibrations que doit éprouver la colonne d'air pour produire ce son. Schrœtter [*Ann. de Chim. et de Phys.*, (3), t. LIII, p. 240] explique ainsi ce phénomène: lorsqu'on observe dans l'obscurité le jet de gaz qui produit le son dans l'harmonica chimique, on voit, indépendamment de la flamme allongée et jaune, une autre flamme bleue et pâle qui semble entrer dans le tube de dégagement et qui a pour base, comme la flamme principale, l'orifice du tube effilé; ces deux flammes ne brûlent point simultanément, mais se succèdent à intervalles très-courts; elles produisent ainsi des intermittences très-rapprochées qui provoquent des vibrations et par conséquent le son. On peut facilement saisir ces intermittences en regardant la flamme dans un miroir tournant.

La flamme de l'hydrogène pur est à peine visible, mais on peut la rendre lumineuse en la mélangeant à une vapeur riche en charbon, par exemple la benzine, ou bien en y introduisant certains corps solides qui deviennent incandescents par suite de la grande chaleur de combustion de l'hydrogène. Ainsi, l'on produit une lumière très-intense en suspendant un fil de platine dans la flamme; on a même utilisé ce phénomène comme moyen d'éclairage. La lumière dite de Drummond est produite par un cône de chaux introduit dans la flamme du chalumeau à gaz hydrogène et oxygène.

La combustion de l'hydrogène peut être déterminée par le contact de la mousse de platine ou d'une mèche d'amiante sur laquelle on a déposé du noir de platine. Aussitôt que ce métal est en contact avec l'hydrogène, on le voit rougir, et aussitôt le jet de gaz s'enflamme. Cette propriété est due à la faculté que possèdent les corps poreux, et notamment le noir de platine, de condenser les gaz dans leurs pores, condensation qui est accompagnée d'un dégagement de chaleur considérable. Le briquet à hydrogène, de Dœbereiner, est basé sur cette propriété.

L'hydrogène est incapable d'entretenir la combustion, ce que l'on peut constater facilement en introduisant une bougie allumée dans une cloche d'hydrogène; le gaz s'enflamme à la partie inférieure de la cloche, mais la bougie s'éteint en pénétrant dans l'intérieur. L'hydrogène est aussi incapable d'entretenir la respiration, mais il n'est pas délétère; il asphyxie par privation d'oxygène. M. Regnault a fait vivre des animaux dans une atmosphère artificielle renfermant de l'oxygène auquel il avait mélangé jusqu'à 76 % d'hydrogène.

L'hydrogène libre n'a, dans les conditions ordinaires, que des affinités peu énergiques; il ne se combine directement qu'au chlore; encore cette combinaison doit-elle être favorisée par l'action de la lumière. Un mélange à volumes égaux de chlore et d'hydrogène détone sous l'influence des rayons solaires ou lorsqu'on l'enflamme. La chaleur de combustion de l'hydrogène dans le chlore est de 23783 calories (Favre et Silbermann).

L'hydrogène pur réduit pourtant certaines solutions métalliques; ainsi il déplace l'argent de la solution aqueuse de son azotate; il déplace de même le platine et le palladium; l'iridium n'est déplacé que si l'on fait intervenir une forte pression. Ces réductions, du reste, sont toujours très-limitées [Brunner, *Pogg. Ann.*, t. CXXII, p. 153; *Bull. de la Soc. chim.*, (2), t. II, p. 441]. L'action de l'hydrogène sur les solutions métalliques est beaucoup plus énergique lorsqu'on opère sous pression, comme l'a fait voir Beketoff [*Bull. de la Soc. chim.*, 1858, p. 14, et *Zeitschrift für Chem.*, 1865, p. 376]. Même sous une pression de 40 atmosphères, l'hydrogène est sans action sur les solutions de plomb et de cuivre.

Becquerel a remarqué que la solution du chlorure d'or, qui n'est pas réduite au contact de l'hydrogène seul, éprouve une réduction très-considérable en présence d'un fil de platine plongeant à la fois dans la solution et dans l'atmosphère d'hydrogène; on voit alors le volume de ce gaz diminuer, et même disparaître complétement si le fil de platine occupe toute la hauteur de la cloche, en même temps que de l'or métallique se précipite sur le platine immergé; quant au platine, il n'en entre pas sensiblement en dissolution. Becquerel attribue cette réduction à ce qu'il se forme un couple voltaïque entre l'hydrogène et le platine [*Ann. de Chim. et de Phys.*, (3), t. XXXVII, p. 385]. Suivant Beketoff, les solutions de cuivre sont également réduites dans ces circonstances, celles de plomb ne le sont que si l'on fait intervenir la pression.

L'hydrogène occlus dans le palladium jouit d'affinités très-énergiques, ainsi que l'a constaté Graham (*loc. cit.*): il s'unit directement au chlore et à l'iode, dans l'obscurité; il réduit le bichlorure de mercure à l'état de calomel, les sels ferriques à l'état de sels ferreux, transforme le cyanure rouge en cyanure jaune. Il paraît constituer en un mot la forme active de l'hydrogène. Osann avait déjà décrit des faits analogues en 1853, et en avait conclu qu'il existe une modification allotropique de l'hydrogène, comparable à l'ozone, et que cette modification existe dans l'hydrogène provenant de l'électrolyse de l'eau; il condensait cet hydrogène dans de l'éponge de platine placée dans une corbeille de platine, à l'électrode négative. D'après Osann aussi, l'hydrogène devient allotropique au contact du platine très-divisé.

Existe-t-il réellement une modification allotropique de l'hydrogène, ou les phénomènes qu'on a attribués à cette cause ne sont-ils pas dus simplement à une question de masse? C'est une question sur laquelle il est difficile de se prononcer pour le moment.

Quant à la nature de l'hydrogène, on a depuis longtemps cherché à l'assimiler aux métaux; son rôle chimique est le même et beaucoup de propriétés physiques se rapprochent de cette classe de corps; tel est le magnétisme et surtout la conductibilité calorifique propre dont les autres gaz sont dépourvus; les dernières expériences de

Graham que nous avons citées donnent beaucoup d'appui à cette manière de voir.

*Hydrogène naissant.* — L'hydrogène, dont les affinités, à l'état de liberté, sont si peu prononcées, est au contraire très-actif au moment où il est mis en liberté, c'est-à-dire lorsqu'il est à l'état naissant. Il se porte alors sur un grand nombre de corps composés, soit en s'y ajoutant si ceux-ci ne sont pas saturés, soit en leur enlevant de l'oxygène pour les faire passer à un degré inférieur d'oxydation. Ainsi il transforme très-facilement l'indigo bleu en indigo blanc :

$$2C^8H^5AzO + H^2 = C^{16}H^{12}Az^2O^2.$$

Il s'unit directement à l'acétone pour la transformer en alcool isopropylique (Friedel) :

$$C^3H^6O + H^2 = C^3H^8O;\ \text{etc.}$$

Il transforme les sels ferriques en sels ferreux, réduit une foule de corps riches en oxygène. Il transforme l'acide azotique en ammoniaque; cette réaction est mise en évidence par l'expérience suivante : si à un mélange d'eau, d'acide sulfurique et de zinc, qui dégage de l'hydrogène, on ajoute une certaine quantité d'acide azotique, on voit le dégagement de gaz s'arrêter, et si, après un certain temps, on examine le liquide, on voit qu'il renferme du sulfate d'ammonium. Une foule d'autres composés minéraux sont réduits d'une manière presque aussi énergique.

Les composés organiques nitrés sont généralement transformés en bases correspondantes par l'action de l'hydrogène naissant : ainsi la nitrobenzine est transformée en aniline :

$$C^6H^5.AzO^2 + 3H^2 = C^6H^5.H^2Az + 2H^2O.$$

Les procédés employés généralement pour produire l'hydrogène naissant sont : 1° l'action des métaux sur les acides minéraux qu'ils attaquent avec production d'hydrogène, zinc ou fer et acide chlorhydrique ou sulfurique; on emploie fréquemment aussi l'étain et l'acide chlorhydrique, la limaille de fer et l'acide acétique; 2° l'action de l'étain sur la potasse; 3° l'action de l'amalgame de sodium sur l'eau. Cette dernière action est la plus régulière et est en conséquence fréquemment employée, surtout lorsqu'il s'agit d'effectuer une *fixation* d'hydrogène. E. W.

**HYDROHÉMATITE.** — Oxyde ferrique hydraté renfermant moins d'eau que la goethite.

**HYDROLANTHANITE.** — Voyez LANTHANITE.

**HYDROLITHE.** — Voyez GMÉLINITE.

**HYDROMAGNÉSITE.** — Voyez LANCASTÉRITE.

**HYDROMAGNOCALCITE.** — Voyez HYDRODOLOMITE.

**HYDROMALIQUE (ACIDE)**, $C^4H^6O^5$ [Kaemmerer]. — Il se produit comme l'acide *hydrocitrique* (voyez ce mot). Ses réactions sont semblables à celles de l'acide malique; il s'en distingue en ce que, neutralisé, il donne un précipité jaune avec le chlorure ferrique. Le *sel de chaux* renferme $(C^4H^6O^5Ca)^2 + 5H^2O$. Il forme des cristaux transparents, très-brillants et solubles dans l'eau.

**HYDROMÉCONIQUE (ACIDE)** $C^7H^{10}O^7$? [de Korff, *Ann. der Chem. u. Pharm.*, t. CXXXVIII, p. 191, et *Bull. de la Soc. chim.*, 1866, t. VI, p. 227]. — Cet acide s'obtient lorsqu'on ajoute de l'amalgame de sodium à de l'acide méconique délayé dans l'eau; peu à peu on reconnaît que l'acide méconique est entièrement transformé lorsqu'une portion de la liqueur ne se colore plus en rouge par le chlorure ferrique. On neutralise par l'acide acétique, on filtre, et on précipite par le sous-acétate de plomb. Le précipité est décomposé par l'hydrogène sulfuré, et la liqueur évaporée fournit l'acide hydroméconique, liquide, sirupeux, d'une saveur acide et astringente.

Cet acide est très-stable, il n'est attaqué ni par le brome, ni par l'acide azotique. Ses sels sont incristallisables. Le sel d'argent est un précipité blanc, grenu, qui renferme

$$(C^7H^8Ag^2O^7) + H^2O. \qquad \text{E. G.}$$

**HYDROMELLITIQUE (ACIDE).** — Voyez MELLITIQUE (ACIDE).

**HYDROMELLON.** — Voyez t. I, p. 1055.

**HYDROPARACOUMARIQUE (ACIDE)** [Syn. *Oxyphényl-propionique (acide)*],

$$C^9H^{10}O^3 = C^6H^4\begin{cases}OH\\CH^2.CH^2CO^2H\end{cases}$$

[Malin, *Zeitsch. für Chem.*, nouv. sér., t. III, p. 655 et *Bull. de la Soc. chim.*, 1868, t. IX, p. 503]. — L'acide paracoumarique (voyez t. I, p. 981), traité en solution aqueuse par l'amalgame de sodium, à l'ébullition, fournit, en fixant deux atomes d'hydrogène, l'acide hydroparacoumarique. Celui-ci est en petits cristaux monocliniques, fusibles à 125° et solubles dans l'eau, l'alcool et l'éther. Il réduit les solutions alcalines de cuivre. Il ne donne pas de coloration avec le chlorure ferrique; sa solution n'est pas précipitée par les sels de plomb, de cuivre et les sels mercuriques. L'azotate mercureux le précipite en blanc; le sel d'ammonium est cristallisé et n'est précipité ni par le chlorure de baryum ou de calcium, ni par le sulfate de cuivre.

Glaser et Buchmann en ont opéré la synthèse par l'acide phénylpropionique ou hydrocinnamique $C^9H^{10}O^2$, qu'ils ont successivement transformé en dérivé nitré, en acide amidé et en dérivé azoïque qu'ils ont décomposé par l'eau [*Zeitsch. für Chem.*, t. V, p. 193, et *Bull. de la Soc. chim.*, 1870, t. XIII, p. 77].

Le *sel de baryum* forme une masse cristalline mamelonnée, renfermant $(C^9H^9O^3)^2Ba$. Le *sel d'argent* est un précipité amorphe; mais s'il se forme à chaud, dans des liqueurs très-étendues, il se présente en petites aiguilles aplaties.

La constitution de l'acide hydroparacoumarique se déduit de celle de l'acide phénylpropionique ou hydrocinnamique :

$$\underset{\text{Acide hydrocinnamique.}}{C^6H^5,CH^2CH^2CO^2H} \qquad C^6H^4\begin{cases}OH\\CH^2CH^2CO^2H.\end{cases}$$

**HYDROPHANE.** — Voyez OPALE.

**HYDROPHITE.** — Variété de serpentine de Taberg en Smaland.

**HYDROPHLORONE.** — Voyez PHLORONE.

**HYDROPHTALIQUE (ACIDE)**, $C^8H^8O^4$ [Graebe et Born, *Ann. der Chem. u. Pharm.*, t. CXLII, p. 350, et *Bull. de la Soc. chim.*, 1868, t. IX, p. 231]. — L'acide hydrophtalique est le produit de l'action de l'hydrogène naissant sur l'acide phtalique; pour le préparer, on dissout dans 8 p. d'eau 1 p. d'acide phtalique et 1 p. de carbonate de soude cristallisé, et on ajoute à la solution de l'amalgame de sodium. La réaction lente n'est généralement finie qu'au bout d'une semaine ou deux; on reconnaît qu'elle est terminée, quand une portion du liquide précipitée par l'acétate de plomb donne un sel de plomb soluble dans l'acide acétique (le phtalate de plomb y est insoluble). La liqueur étant exactement neutralisée par l'acide chlorhydrique, on filtre pour séparer une matière brune et on sursature par l'acide chlorhydrique la liqueur filtrée, d'où se précipite le nouvel acide.

L'acide hydrophtalique se sépare de sa solution aqueuse saturée à chaud en cristaux tabulaires durs, appartenant au type du prisme clinorhombique. 100 p. d'eau froide en dissolvent 0,08; à l'ébullition 7,3. Très-soluble dans l'alcool, il est peu soluble dans l'éther. Il est fort acide et décompose les carbonates; il est inaltérable à l'air, et supporte sans se décomposer une température de 200°.

Il donne des sels bien définis; mais, sous l'influence de divers agents, il se dédouble en donnant des produits de décomposition de l'acide phtalique, en même temps qu'il dégage de l'hydrogène.

Ainsi, avec la chaux sodée, il donne de l'acide carbonique, de la benzine et de l'hydrogène :

$$C^8H^8O^4 = C^6H^6 + 2CO^2 + H^2;$$

avec la potasse fondante, il fournit de l'acide benzoïque, de l'acide carbonique et de l'hydrogène.

Le perchlorure de phosphore le dédouble en chlorure de benzoyle et oxyde de carbone :

$$C^8H^8O^4 + 2PhCl^5$$
$$= C^7H^5OCl + CO + 3HCl + 2PhOCl^3.$$

Les réactifs oxydants le transforment en acide benzoïque et acide phtalique; l'acide sulfurique le réduit avec production d'acide sulfureux, d'acide phtalique et d'eau. Chauffé au-dessus de 200°, il donne de l'anhydride phtalique. Si on essaye de l'éthérifier en le dissolvant dans l'alcool et en saturant la solution de gaz chlorhydrique, on n'obtient que de l'éther benzoïque; le brome le convertit en acides benzoïque, bromhydrique et carbonique. Enfin, soumis à l'action prolongée de l'hydrogène naissant, il se convertit en une matière résineuse brune.

HYDROPHTALATES. — SEL DE BARYUM. Le *sel neutre* $C^8H^6O^4Ba$ est en lamelles nacrées; le *sel acide* $(C^8H^7O^4)^2Ba + H^2O$ est en petits cristaux groupés en étoiles, qui deviennent anhydres entre 120° et 130°.

SEL DE CALCIUM. — Le *sel neutre* $C^8H^6O^4Ca$ est peu soluble; le *sel acide* $(C^8H^7O^4)^2Ca$ est peu soluble dans l'eau, insoluble dans l'alcool.

SEL DE PLOMB. — Il renferme $C^8H^6O^4Pb$; c'est une poudre cristalline. E. G.

**HYDROPIPÉRIQUE (ACIDE)**, $C^{12}H^{12}O^4$ [Foster, *Répert. de Chim. pure*, 1862, p. 309]. — Il se produit lorsqu'on verse sur l'amalgame de sodium une solution de pipérate de potassium. L'action terminée, on sature la solution alcaline par l'acide chlorhydrique, et l'acide hydropipérique se sépare sous forme de gouttelettes huileuses qui se solidifient graduellement. On le purifie en le dissolvant dans une grande quantité d'eau bouillante, d'où il cristallise sous forme d'aiguilles fines et soyeuses.

L'acide hydropipérique fond à 63-64° et se solidifie à 56°. Il présente le phénomène de la surfusion. Il paraît se décomposer par la chaleur. Très-peu soluble dans l'eau froide, il se dissout plus facilement dans l'eau bouillante; il est très-soluble dans l'alcool et dans l'éther.

Avec l'acide sulfurique concentré et l'acide azotique fumant, il se colore en rouge de sang. Avec l'acide azotique étendu d'eau, il donne, à une douce chaleur, un acide nitré. Chauffé avec un excès de potasse, il dégage une grande quantité de gaz, et le résidu paraît renfermer l'acide hypogallique $C^7H^6O^4$. — Voyez ce mot.

HYDROPIPÉRATES. — Les sels suivants ont été analysés.

*Sel d'ammonium*, $C^{12}H^{11}O^4(AzH^4)$.

*Sel de potassium* (acide),

$$C^{12}H^{11}O^4K + C^{12}H^{12}O^4.$$

*Sel de calcium*, $(C^{12}H^{11}O^4)^2Ca + 2H^2O$.

Les *sels de baryum* et *d'argent* sont anhydres. Le sel d'argent est un précipité cristallin presque insoluble dans l'eau froide.

*Hydropipérate d'éthyle*. — Il est liquide, plus dense que l'eau, qui ne le dissout pas. On le prépare en saturant de gaz chlorhydrique une solution alcoolique d'acide hydropipérique, chauffant en vase clos à 230° pendant 4 à 5 heures et évaporant le produit au bain-marie. Le résidu est lavé à la potasse faible; on le purifie en le dissolvant dans l'éther, et décolorant par le charbon animal. E. G.

**HYDROQUINODISULFONIQUE β (ACIDE).** — Voyez QUINONE.

**HYDROQUINONE.** — Voyez QUINONE.

**HYDROSALICYLAMIDE,**

$$C^{21}H^{18}Az^2O^3 = (C^6H^4, OH, CH)^3Az^2$$

[Ettling, *Ann. der Chem. u. Pharm.*, t. XXXV, p. 261]. — L'hydrosalicylamide, appelée aussi *salhydramide* et *hydrure d'azosalicyle*, est une hydramide résultant de la combinaison de 3 molécules d'hydrure de salicyle et de 2 molécules d'ammoniaque avec élimination de 3 molécules d'eau :

$$\underset{\text{Hydrure de salicyle.}}{3(C^6H^4, OH, COH)} + 2AzH^3$$
$$= C^{21}H^{18}Az^2O^3 + 3H^2O.$$

Pour la préparer, on dissout à froid l'hydrure de salicyle dans trois ou quatre fois son volume d'alcool, et on y ajoute une quantité d'ammoniaque égale à celle de l'hydrure employé. Bientôt tout le liquide se prend en masse. On redissout la matière solide à l'aide d'une douce chaleur, et par le refroidissement l'hydrosalicylamide se sépare à l'état cristallisé.

Ce corps cristallise en prismes anorthiques $tm = 117°30'$; $pm = 103°30'$; $pt = 93°30'$. Peu soluble dans l'alcool froid, il se dissout dans 50 p. d'alcool bouillant. Il est insoluble dans l'eau, fusible à 300° et décomposable par une plus haute température. Il n'est pas décomposé à l'ébullition par les acides faibles et la potasse étendue en ammoniaque et hydrure de salicyle.

Avec l'hydrogène sulfuré, il se comporte comme l'hydrobenzamide et donne de l'aldéhyde salicylique sulfurée et de l'ammoniaque [Cahours, 1847, *Compt. rend. de l'Acad.*, t. XXV, p. 458].

L'hydrure de salicyle renfermant un oxhydryle phénique qui se conserve dans l'hydrosalicylamide, celle-ci possède, comme les phénols et l'hydrure de salicyle, la propriété de donner des sels métalliques.

Le *sel de cuivre et cuprammonium*,

$$(C^{21}H^{15}Az^2O^3)^2Cu^3, (AzH^3)^2Cu,$$

s'obtient par l'addition d'une solution alcoolique très-étendue d'hydrosalicylamide à de l'acétate de cuivre ammoniacal; il se dépose des lamelles brillantes de couleur émeraude, insolubles dans l'eau et dans l'alcool, solubles à froid dans les acides étendus. Elles sont décomposées lentement à chaud par la potasse diluée, et à froid par les acides minéraux concentrés; de l'hydrure de salicyle est mis en liberté.

Le *sel de fer et de ferammonium*,

$$(C^{21}H^{15}Az^2O^3)^2Fe^3, (AzH^3)^2Fe,$$

se prépare en ajoutant assez d'acide tartrique à une solution de perchlorure de fer pour qu'elle ne précipite plus par l'ammoniaque. On ajoute une grande quantité d'ammoniaque à une solution alcoolique saturée d'hydrosalicylamide, pour que celle-ci ne se trouble pas lorsqu'on l'étend de 30 ou 40 fois son volume d'eau froide. On mélange les deux solutions et on obtient un précipité jaunâtre, floconneux, qui devient grenu.

Il existe deux *sels de plomb*; l'un est une poudre jaune et grenue, l'autre forme des flocons jaune clair.

HYDROSALICYLAMIDE CHLORÉE, $C^{21}H^{15}Cl^3Az^2O^3$ [Piria, *Ann. de Chim. et de Phys.*, t. LXIX, p. 309]. On obtient ce corps par l'action d'un courant de gaz ammoniac sur l'hydrure de chlorosalicyle. On le purifie en le dissolvant à chaud dans l'éther anhydre. Il est jaune, cristallise en petites paillettes, sans saveur. Il se dissout dans l'alcool et l'éther surtout à chaud, et est presque insoluble dans l'eau. Il se décompose à chaud dans l'alcool aqueux; les acides et les alcalis favorisent sa décomposition.

HYDROSALICYLAMIDE BROMÉE, $C^{24}H^{15}Br^3Az^2O^3$ (Piria). — Elle s'obtient avec l'hydrure de bromosalicyle, comme le corps précédent, dont elle présente les caractères. E. G.

**HYDROSILICITE** (Min.). — Croûtes minces, d'un blanc de neige, tapissant les cavités du tuf palagonitique de Palagonia et d'Acicapello (Sicile). Sa composition correspond à peu près à la formule $ROSiO^2 + H^2O$. Les bases sont la chaux, la magnésie, la soude, la potasse et l'alumine.

**HYDROSTÉATITE.** — Voyez STÉATITE.

**HYDROTALC.** — Voyez PENNINE.

**HYDROTALCITE** (Min.). — Aluminate hydraté de magnésie, $Al^2Mg^6H^{30}O^{24}$. Cristaux hexagonaux, à clivage basique ou masses compactes, foliacées ou fibreuses, d'une couleur blanche et d'un éclat nacré. Translucide ou même transparent en lames minces.

*Caractères.* — Soluble dans les acides; dans le tube fermé, donne de l'eau; au chalumeau, ne fond pas, mais s'exfolie et émet une vive clarté. Avec les flux, bouillonne et donne une perle incolore. Avec le nitrate de cobalt, coloration rose rougeâtre.

Dureté, 2; gras au toucher; densité, 2,04.

**HYDROTÉPHROÏTE.** — Voyez TÉPHROÏTE.

**HYDROTHIOCROCONIQUE.** — Voyez RHODIZONIQUE.

**HYDROTIMÉTRIE.** — On nomme *dureté* d'une eau douce la propriété qu'elle possède de décomposer le savon, et cette propriété est due aux sels de chaux et de magnésie des eaux qui forment, avec les acides gras du savon, des composés insolubles. Aussi lorsqu'on lave du linge, le savon n'agit que lorsque les sels calcaires et magnésiens ont été neutralisés par les acides du savon, et l'on voit que plus ces sels seront abondants et plus il y aura de savon employé en pure perte.

Depuis longtemps, en Angleterre, Clarck a indiqué une méthode rapide pour déterminer la dureté d'une eau. Elle est fondée sur ce qu'une dissolution alcoolique de savon agitée avec de l'eau distillée produit une mousse qui persiste pendant plusieurs minutes, tandis que si l'eau contient des sels calcaires ou magnésiens, il faut une quantité de dissolution de savon beaucoup plus forte pour produire la même mousse. La proportion de dissolution savonneuse qu'il faut employer dépend de celle des matières contenues dans l'eau. On peut, par conséquent, à l'aide de la dissolution de savon, comparer la dureté des différentes eaux; il suffit de préparer : 1° une solution aqueuse contenant une quantité de chaux déterminée, et 2° une solution normale de savon; on détermine ensuite combien il faut employer de cette solution pour donner une mousse persistante avec de l'eau contenant une quantité connue de chaux, et puis avec les eaux à essayer.

On peut, à l'exemple de Clarck, nommer *degré de dureté* l'unité de chaux ou l'unité de magnésie qui se trouve dans un volume d'eau. En Angleterre la dureté est rapportée au carbonate de chaux et un degré est la 70 millième partie du poids de l'eau en carbonate de chaux (1 grain de carbonate de chaux dissous dans un gallon = 70,000 grains, ce qui correspond à 0gr,0143 de carbonate par litre d'eau).

Fleck a indiqué un autre procédé, basé sur ce qu'une dissolution de sulfate de chaux colorée avec de la teinture de tournesol se colore en bleu par la dissolution alcoolique de savon, lorsque tout le sel calcaire est précipité. En France, ces moyens ne sont pas usités et sont remplacés par la méthode désignée par MM. Boutron et Boudet sous le nom d'*hydrotimétrie* (ὕδωρ, eau; τιμή, valeur; μέτρον, mesure). Elle est fondée sur le même principe que celle de Clarck. Les auteurs emploient également la dissolution alcoolique de savon (*liqueur hydrotimétrique* ou *liqueur d'épreuve*) et ils fixent le titre de la liqueur au moyen d'une solution *normale* de chlorure de calcium fondu contenant 0gr,25 de ce sel par litre d'eau distillée. Pour préparer la liqueur d'épreuve, on prend :

| | |
|---|---|
| Savon blanc de Marseille ou savon amygdalin bien sec............ | 100 gr. |
| Alcool à 90°...................... | 1600 gr. |

On dissout le savon dans l'alcool, on filtre et on ajoute :

| | |
|---|---|
| Eau distillée.................... | 1000 gr. |
| On obtient ainsi................. | 2700 gr. |

d'une liqueur qui se rapproche beaucoup du titre qu'elle doit marquer et que nous allons indiquer plus bas.

Pour effectuer une analyse hydrotimétrique, il faut un *flacon d'essai* de 60 centimètres cubes de capacité et jaugé à 10, 20, 30, 40 centimètres cubes par des traits circulaires, et une *burette hydrotimétrique.*

La graduation de la burette est faite de telle manière qu'une capacité de 2 centimètres cubes et 4 dixièmes (2,4), prise à partir d'un *trait circulaire* tracé au sommet de la burette, se trouve divisée en 23 parties égales et que les divisions suivantes sont égales aux premières. Chaque division représente un degré; mais bien que pour chaque expérience la burette doive être rechargée jusqu'au trait circulaire, le 0° n'est marqué qu'au-dessous de la première division. Pour expliquer cette particularité, MM. Boutron et Boudet font observer que la proportion d'eau adoptée pour chaque expérience est égale à 1/25 de litre ou 40 centimètres cubes, et que, quelle que soit la composition de cette eau, on la considère comme formée de 40 centimètres cubes d'eau pure et d'une proportion quelconque de matières capables de décomposer le savon. Or, pour acquérir une certaine viscosité et devenir capable de produire une mousse persistante, 40 centimètres cubes d'*eau pure* exigeant une division de liqueur d'épreuve, la première division de la burette a été réservée pour cet usage et laissée en dehors de la graduation.

La liqueur d'épreuve doit être titrée de manière que les 23 divisions de la burette comprises entre le trait circulaire marqué au-dessus de 0° et le chiffre 22, c'est-à-dire 22° effectifs, soient rigoureusement nécessaires pour produire une mousse persistante avec 40 centimètres de la dissolution *normale* de chlorure de calcium.

La dissolution normale, étant faite avec 25 centigrammes de chlorure pour un litre d'eau, contient 1 centigramme de ce sel pour 40 grammes. Il en résulte que 22° de liqueur d'épreuve sont neutralisés par 1 centigramme de chlorure, que 1° correspond à $\frac{0^{gr},01}{22} = 0,00045$ de ce sel, et enfin que chaque degré de liqueur d'épreuve neutralisé par 40 centimètres cubes de dissolution normale représente $\frac{0^{gr},01 \times 25}{22} = 0,0114$ de chlorure de calcium dans 1 litre de cette même dissolution. En admettant 6453 pour l'équivalent du savon, chaque degré hydrotimétrique correspond à $0^{gr},1$ de savon neutralisé par litre de solution normale.

Si, au lieu d'une dissolution de chlorure de calcium, on soumettait à l'expérience une eau de source ou de rivière contenant des sels de chaux et de magnésie, le degré observé indiquerait tout à la fois les proportions de chlorure de calcium et de savon neutralisé, équivalentes à ces sels, pour un litre de l'eau examinée. Il suffit de déterminer combien 40 centimètres cubes d'une eau exigent de degrés de liqueur d'épreuve pour produire une mousse persistante.

Le degré qu'on lit sur l'hydrotimètre est le degré hydrotimétrique de l'eau examinée.

Si l'eau soumise à l'analyse donne naissance à des grumeaux lorsqu'on la mélange avec la liqueur d'épreuve, c'est qu'elle contient trop de sels de chaux ou de magnésie, et il est nécessaire de l'étendre avec de l'eau distillée de manière à la ramener à un degré hydrotimétrique inférieur à 30°. On y ajoute 1, 2 ou un plus grand nombre de fois son volume d'eau distillée, ce qui se fait aisément à l'aide du flacon jaugé de 10 en 10 centimètres cubes; on multiplie par 2, 3 ou 4 le résultat obtenu, suivant que l'on a ajouté 1, 2 ou 3 volumes d'eau distillée.

Le degré trouvé indique : 1° le nombre de décigrammes de savon que l'eau neutralise par litre; 2° la mesure de sa dureté ou la place qu'elle occupe dans l'échelle hydrotimétrique.

Connaissant le degré hydrotimétrique, on évalue la quantité de savon décomposée par l'eau avant qu'il puisse produire la mousse ou l'effet utile sur le linge que l'on veut blanchir. Ces indications sont très-importantes pour les grandes industries où l'eau est employée en proportions considérables, telles que les buanderies, les teintureries, les brasseries et celles qui font usage d'appareils à vapeur.

Voici quelques nombres qui donneront une idée des résultats obtenus avec des eaux de nature différente :

| Eaux. | Degrés hydrotimétriq. | Savon décomposé avant de produire la mousse (pour 1 m. c.). |
|---|---|---|
| Eau de pluie | 3°5 | 350 gr. |
| — de la Garonne | 5 | 500 |
| — de la Loire | 5,5 | 550 |
| — du puits de Grenelle | 9 | 900 |
| — du Rhône | 15 | 1,500 |
| — de la Seine, pont d'Ivry | 17 | 1,700 |
| — — à Chaillot | 23 | 2,300 |
| — de la Marne | 23 | 2,300 |
| — de la Dhuis | 24 | 2,400 |
| — de l'Ourcq | 30 | 3,000 |
| — des Prés-Saint-Gervais | 72 | 7,200 |
| — de Belleville | 128 | 12,800 |

Seeligmann a proposé de partager les eaux en 3 classes :

1° *Eaux dont le titre hydrotimétrique ne dépasse pas* 30°. — Excellentes pour la boisson et le blanchissage, cuisant bien les légumes.

2° *Eaux marquant* 30° *à* 60° *hydrotimétriques.* — Impropres au savonnage, cuisant mal les légumes, moins favorables à la santé et ne pouvant pas être employées pour beaucoup d'usages industriels.

3° *Eaux marquant de* 60° *à* 150° *et plus.* — Impropres aux usages domestiques et industriels.

MM. Boutron et Boudet ont cherché à faire de l'hydrotimétrie un procédé d'analyse quantitative applicable à toutes les eaux douces. Ce procédé est basé sur les faits suivants :

La liqueur hydrotimétrique se comporte, en présence des sels à bases terreuses capables de former des composés insolubles avec les acides gras du savon, comme un composé parfaitement défini, et exerce sur eux une action exactement proportionnelle à leurs équivalents chimiques.

Lorsque le titre hydrotimétrique d'une eau est inférieur à 25° ou 30°, la liqueur d'épreuve est sans action sur les sels de soude ou de potasse, qui se trouvent ordinairement dans cette eau.

Si l'on fait bouillir une eau contenant des bicarbonates de chaux et de magnésie, le carbonate de chaux se précipite et le carbonate de magnésie se dissout par le refroidissement. Si les carbonates de chaux et de magnésie sont associés à un ou plusieurs autres sels de magnésie ou de chaux, tels que des sulfates, azotates, chlorures, et dans des proportions suffisantes pour que la chaux soit en excès, par rapport à l'acide des deux carbonates, il se fait pendant l'ébullition une telle répartition des acides entre les bases, que la liqueur se comporte comme si tout l'acide carbonique qu'elle renferme était combiné avec la chaux, que la moitié de cet acide se dégage, tandis que l'autre moitié se précipite à l'état de carbonate de chaux, et qu'on retrouve dans la liqueur filtrée le reste de la chaux et la totalité de la magnésie combinées avec les acides sulfurique, azotique et chlorhydrique.

Lorsqu'on soumet à l'essai hydrotimétrique une eau qui contient de l'acide carbonique libre, une partie de la liqueur d'épreuve est neutralisée par l'acide carbonique. Dans ce cas il faut faire bouillir l'eau pendant une demi-heure, laisser refroidir, ramener à son volume primitif avec de l'eau distillée, agiter pour dissoudre le carbonate de magnésie, et son degré hydrotimétrique, comparé à celui qu'elle avait avant l'ébullition, fait connaître, par différence, la proportion de carbonate de chaux qu'elle a perdue.

Au moyen du tableau suivant, qui indique l'équivalent de 1° hydrotimétrique pour 1 litre d'eau d'un certain nombre de corps, il est facile de traduire ces degrés en poids pour les sels, et en volume pour l'acide carbonique.

Il suffit, pour cela, de multiplier le chiffre des degrés observés pour chaque corps en particulier par le nombre correspondant à 1° hydrotimétrique de ce corps.

*Tableau d'équivalents en poids de 1° hydrotimétrique pour 1 litre d'eau.*

| | |
|---|---|
| Chaux | 1° = $0^{gr},0057$ |
| Chlorure de calcium | 1 = $0^{gr},0114$ |
| Carbonate de chaux | 1 = $0^{gr},0103$ |
| Sulfate de chaux | 1 = $0^{gr},0140$ |
| Magnésie | 1 = $0^{gr},0042$ |
| Chlorure de magnésium | 1 = $0^{gr},0090$ |
| Carbonate de magnésie | 1 = $0^{gr},0088$ |
| Sulfate de magnésie | 1 = $0^{gr},0125$ |
| Chlorure de sodium | 1 = $0^{gr},0120$ |
| Sulfate de soude | 1 = $0^{gr},0146$ |
| Acide sulfurique | 1 = $0^{gr},0082$ |
| Chlore | 1 = $0^{gr},0073$ |
| Savon à 30 pour 100 d'eau | 1 = $0^{gr},1061$ |
| Acide carbonique | 1 = $0^{lit},005$ |

Si l'on veut constater les proportions de sulfates ou de chlorures, on y parvient en opérant sur l'eau bouillie avec des dissolutions titrées contenant $2^{gr},14$ d'azotate de baryte pour 100 grammes d'eau et $2^{gr},78$ d'azotate d'argent pour la même quantité d'eau.

En examinant les résidus fournis par un grand nombre d'eaux et leurs degrés hydrotimétriques respectifs, on remarque que le degré hydrotimétrique d'une eau représente à peu près, en général, le poids en centigrammes des sels terreux contenus dans un litre de cette eau, de sorte que si, par exemple, le degré hydrotimétrique d'une eau est 24°, on peut présumer *à priori* que le poids des sels terreux qu'elle contient ne doit pas s'éloigner beaucoup de 0,240.

Dans la brochure sur l'hydrotimétrie publiée par MM. Boutron et Boudet chez MM. Victor Masson, on trouve un tableau des degrés hydrotimétriques des principales eaux de diverses contrées. J. B.

**HYDROXYBENZURIQUE (ACIDE) et HYDROXYBENZYLURIQUE (ACIDE)** [Otto, *Ann. der Chem. u. Pharm.*, t. CXXXIV, p. 303, et *Bull. de la Soc. chim.*, 1866, t. V, p. 379]. — Lorsqu'on fait agir l'amalgame de sodium sur l'hippurate de soude en solution concentrée jusqu'à décomposition complète de l'acide hippurique, et qu'on ajoute de l'acide sulfurique de manière à neutraliser partiellement la soude et à faire cristalliser le sulfate de soude, et qu'on ajoute ensuite un excès d'acide, il se sépare des produits huileux, mélange d'acide hydrobenzurique et d'acide hydrobenzylurique. On les sépare par l'éther, dans lequel ce dernier seul est soluble; l'acide hydrobenzurique est dissous dans l'alcool absolu et purifié par le noir animal. Ils se forment en vertu des réactions suivantes :

$$2(C^9H^9AzO^3) + 6H = C^{18}H^{24}Az^2O^6$$

Acide hippurique. — Acide hydrobenzurique.

$$2(C^9H^9AzO^3) + 8H = C^{16}H^{21}AzO^4 + C^2H^5AzO^2$$

Acide hydrobenzylurique. — Glycocolle.

ACIDE HYDROBENZURIQUE, $C^{18}H^{24}Az^2O^6$. — Cet acide est le produit intermédiaire de l'action de l'hydrogène naissant sur l'acide hippurique; par l'action prolongée de l'hydrogène naissant, il fournit l'acide hydrobenzylurique. Il constitue une matière huileuse qui cristallise au bout d'un certain temps; il est insoluble dans l'eau et l'éther, soluble dans l'alcool absolu; il est soluble sans décomposition dans les alcalis, à froid; mais, par l'ébullition, il se décompose en donnant du glycocolle. L'acide azotique concentré agit vivement à chaud, en donnant de l'hydrure de benzoyle.

ACIDE HYDROBENZYLURIQUE, $C^{16}H^{21}AzO^4$. — Purifié par des solutions dans l'éther et par le charbon animal, il constitue une huile légèrement colorée en jaune, qui au bout de quelque temps se prend en masse. Il s'altère à l'air en fournissant un composé cristallisé.

Il est insoluble dans l'eau froide, un peu soluble dans l'eau bouillante, soluble dans l'éther et dans l'alcool. Il est soluble dans les alcalis. L'acide azotique concentré l'oxyde en fournissant de l'hydrure de benzoyle. Traité par l'acide chlorhydrique, il donne du glycocolle, du chlorure de benzyle et un acide non azoté.

Lorsqu'on le chauffe avec une solution concentrée de potasse, il donne de l'alcool benzylique, de l'acide hydrobenzoïque ou benzoléique (voyez ce dernier mot), et de l'*acide hydroxybenzylurique*.

Les produits acides de la réaction sont transformés en sels de chaux, et c'est dans les eaux mères qu'on trouve une bouillie de petits cristaux constituant l'hydroxybenzylurate de chaux, d'où l'on sépare le sel par l'acide chlorhydrique.

ACIDE HYDROXYBENZYLURIQUE, $C^{16}H^{21}AzO^5$. — C'est une masse cristalline, molle, fusible entre 60° et 70°, insoluble dans l'eau froide, un peu soluble dans l'eau bouillante, soluble dans l'alcool, l'éther et dans les alcalis à froid. Il se dissout dans l'acide azotique en donnant par l'addition de l'eau des gouttes huileuses, qui ont l'odeur de l'hydrure de benzoyle. Le sel de calcium est plus soluble dans l'eau que dans l'alcool; il cristallise difficilement en petites aiguilles; il renferme $C^{16}H^{19}AzO^5Ca + 3H^2O$.

Suivant M. Otto, on trouve, outre l'acide hydroxybenzylurique, dans les eaux mères de l'hydrobenzoate de chaux, un sel dont l'acide

$$C^{16}H^{19}AzO^4$$

se transforme, en contact avec l'eau, en acide hydroxybenzylurique $C^{16}H^{21}AzO^5$, et celui-ci dans le vide perdrait $H^2O$ pour régénérer cet acide. Cet acide $C^{16}H^{19}AzO^4$ fond entre 70° et 75°. Enfin il existerait un acide intermédiaire dérivant de 2 molécules d'acide hydroxybenzylurique par perte de 1 molécule d'eau, et renfermant

$$C^{32}H^{40}Az^2O^9.$$

L'acide hydroxybenzylurique est décomposé à chaud par les alcalis en donnant du glycocolle, de l'alcool benzylique, et un acide nouveau, l'*acide hydroxybibenzylurique*, ou *hydroxybibenzoïque*, $C^{14}H^{18}O^3$. On obtient celui-ci à l'état d'éther en précipitant la solution alcaline par l'acide chlorhydrique, déposant dans l'eau l'alcool saturé d'acide chlorhydrique, le produit concret qui se sépare. L'hydroxybibenzoate d'éthyle renferme $C^{14}H^{16}O^3(OC^2H^5)^2$. Il bout de 205° à 207°; c'est un liquide limpide, d'une odeur désagréable. Le sel de chaux $C^{14}H^{16}O^5Ca$ cristallise en petites aiguilles blanches. Il paraît que cet acide, sous l'influence de l'air, donne deux autres acides, $C^{14}H^{16}O^4$ et $C^{14}H^{14}O^4$ (?).

M. Hermann, en traitant l'acide hippurique par l'hydrogène naissant en solution acide (voyez HIPPURIQUE [ACIDE]), n'a obtenu que du glycocolle et les produits d'hydrogénation de l'acide benzoïque, c'est-à-dire de l'acide hydrobenzoïque, de l'aldéhyde benzoïque, de l'alcool benzylique et de l'hydrobenzoïne.—Voyez BENZOÏQUE (ACIDE), *Action de l'hydrogène naissant*, t. I, p. 554. E. G.

**HYDROXYLAMINE,**

$$AzH^3O = Az\begin{cases}OH\\H\\H\end{cases}$$

[Syn. *Oxyammoniaque*]. — Cette base, que M. Lossen a découverte dans les produits de la réduction de l'azotate d'éthyle, est décrite à l'article AMMONIAQUE, t. I, p. 229. Le même savant a réussi depuis à l'obtenir, mais en petites quantités, par la réduction de l'acide nitrique par l'étain. On précipite l'étain par la soude ajoutée jusqu'à réaction neutre, et on obtient par évaporation de l'azotate d'ammoniaque mélangé d'azotate d'hydroxylamine qu'on ne peut séparer, mais dont la présence se décèle au moyen de la réaction suivante, qui est fort sensible. Si l'on ajoute un sel cuivrique, puis de la soude à un sel d'hydroxylamine, l'oxyde cuivrique précipité se réduit aussitôt à l'état d'oxyde cuivreux [*Zeitsch. für Chem.*, nouv. sér., t. IV, p. 399, et *Bull. de la Soc. chim.*, t. X, p. 406, 1868]. Si la liqueur contenait de l'hydroxylamine libre en excès, le précipité se redissoudrait, et la liqueur ainsi obtenue précipiterait de l'oxydule par les alcalis.

L'hydroxylamine a été obtenue récemment par MM. Ludwig et Hein dans la réduction du bioxyde d'azote. Le gaz a été dirigé dans une série de flacons renfermant de l'étain et de l'acide chlorhydrique chaud, ou bien de l'acide froid additionné de chlorure de platine; dans ces circonstances le bioxyde d'azote a fixé de l'hydrogène :

$$AzO + H^3 = AzH^3O,$$

et l'on a obtenu du chlorhydrate d'hydroxylamine [*Deutsche chem. Gesch. Berl.*, t. II, p. 671, 1869].

L'hydroxylamine décolore la solution ammoniacale d'oxyde de cuivre. Elle précipite le sublimé corrosif en jaune, mais le précipité devient rapidement blanc (calomel). Un excès d'hydroxylamine met en liberté le mercure à l'état métallique avec dégagement de gaz. Les sels d'argent et le bichromate de potasse sont aussi rapidement réduits. Les sels de plomb, de fer, de nickel, de zinc, d'alumine et de chrome sont précipités, et l'excès d'hydroxylamine ne redissout pas le précipité; les sels de chaux et de magnésie ne sont pas précipités. On obtient de l'hydroxylamine en solution en ajoutant à la solution alcoolique de son nitrate de la potasse alcoolique.

Le *chlorhydrate* et le *sulfate* d'hydroxylamine cristallisent dans le type clinorhombique, l'*oxalate* dans le type anorthique.

L'*azotate* cristallise difficilement en une masse radiée. — Voyez t. I, p. 230.

Le *phosphate* $(AzH^3O)^3H^3PO^4$, peu soluble dans l'eau froide, s'obtient par double décomposition et donne des cristaux d'apparence cubique; sa solution perd de l'hydroxylamine.

L'*acétate* $AzH^3O.C^2H^4O^2$ est très-soluble dans l'eau, mais non déliquescent; il fond à 87-88° et cristallise en prismes par le refroidissement de sa solution alcoolique.

Le *tartrate* $(AzH^3O)^2C^4H^6O^6$ est aussi très-soluble dans l'eau; peu soluble dans l'alcool, il se précipite par le refroidissement de sa solution alcoolique en gouttelettes qui se solidifient en lamelles nacrées.

Le *picrate* $AzH^3O.C^6H^3Az^3O^7$ se dépose en cristaux rouge-brun, mal définis, de sa solution aqueuse ou alcoolique, en cristaux jaunes de sa solution dans l'éther ou dans la benzine; il fond au-dessous de 100°.

Le *cyanhydrate* est un composé isomérique avec l'urée. L'action du sulfate d'hydroxylamine sur le cyanate de potassium a donné à MM. Dresler et Stein de l'*hydroxylurée*. — Voyez ce mot.

La réaction de l'hydroxylamine sur l'éther oxalique donne deux acides différents isomériques, représentés par la formule $C^2H^4Az^2O^4$ ou par un multiple :

$$\underset{\text{Oxalate d'éthyle.}}{C^6H^{10}O^4} + \underset{\text{Hydroxylamine.}}{2AzH^3O} = C^2H^4Az^2O^4 + \underset{\text{Alcool.}}{2C^2H^6O}.$$

— Voyez OXALHYDROXAMIQUE (ACIDE).

DIÉTHYLHYDROXYLAMINE. — Outre l'ammoniaque et l'oxyammoniaque, la réduction de l'éther nitrique donne de petites quantités d'ammoniaques composées qui se retrouvent dans les eaux mères d'où ont cristallisé les chlorhydrates d'ammoniaque et d'hydroxylamine. M. Lossen les précipite par la soude, filtre, neutralise la liqueur filtrée, l'évapore à sec et reprend par l'alcool.

Les chlorhydrates sont transformés en oxalates qui, dissous dans l'alcool absolu, donnent des cristaux de trois espèces dont on a étudié les plus abondants. Ce sont des prismes réunis en étoiles (les autres sont des lamelles rhomboïdales), constituant l'oxalate acide de l'hydroxylamine diéthylée $AzC^4H^{11}O,C^2H^2O^4$.

On a analysé :

L'*oxalate neutre* $(AzC^4H^{11}O)^2.C^2H^2O^4$, cristallisant dans l'eau en prismes rhomboïdaux aigus, insolubles dans l'alcool absolu;

Le *sulfate* $(AzC^4H^{11}O)^2.H^2SO^4$, incristallisable dans l'eau, mais séparé par l'éther, sous forme de lamelles, de sa solution dans l'alcool absolu;

Le *chloroplatinate* $(AzC^4H^{11}O)^2H^2PtCl^6$, lamelles hexagonales d'un jaune orangé;

Et le *phosphate* $(AzC^4H^{11}O)^2H^3PO^4$, prismes peu solubles dans l'alcool absolu bouillant.

Quant à la base elle-même, elle s'obtient en traitant un de ses sels par la potasse, agitant avec de l'éther et distillant celui-ci : il reste un sirop soluble dans l'eau, très-alcalin, ne distillant que difficilement avec la vapeur d'eau, et dont la solution précipite les sels de fer, de chaux, de cobalt, de nickel et de plomb, sans redissoudre le précipité; elle précipite le sulfate de cuivre en blanc bleuâtre et redissout le précipité avec une coloration violette qui ne disparaît ni par l'ébullition, ni par la potasse. Le nitrate d'argent donne un précipité qui se dissout dans un excès de base; cette dernière solution est réduite par l'ébullition avec la potasse. Avec le chlorure mercurique, il se produit un trouble qu'un excès de base fait disparaître. A chaud, précipité volumineux [*Zeitsch. für Chem.*, nouv. sér., t. IV, p. 399]. G. S.

**HYDROXYLBIURET**, $Az^3C^2H^5O^3$. — Dans la préparation de l'hydroxylurée au moyen du sulfate d'hydroxylamine et du cyanate de potassium on n'obtient qu'un très-faible rendement, quelquefois même on n'en obtient pas du tout. Il se forme d'autres produits, notamment de l'urée et de l'hydroxylbiuret.

Le mélange des solutions aqueuses de sulfate d'hydroxylamine et de cyanate de potassium est précipité par l'alcool, la solution alcoolique est évaporée avec précaution, et le résidu est additionné d'éther anhydre. Il se forme deux couches : une couche aqueuse renfermant de l'urée et d'autres produits non étudiés, et une couche éthérée qu'on concentre par distillation et qu'on expose ensuite dans une atmosphère séchée par l'acide sulfurique. On obtient ainsi des cristaux verdâtres, qu'on purifie par deux cristallisations dans l'alcool faible. L'hydroxylbiuret résulte de la combinaison de 1 molécule d'hydroxylamine et de 2 molécules d'acide cyanique :

$$2CAzOH + AzH^3O = Az^3C^2H^5O^3,$$

ou bien de l'union de 2 molécules d'hydroxylurée avec élimination d'hydroxylamine :

$$2Az^2CH^4O^2 - AzH^3O = Az^3C^2H^5O^3.$$

L'hydroxylbiuret est soluble dans l'eau et dans l'alcool faible, mais l'alcool absolu le dissout à peine. Précipité par l'éther de sa solution alcoolique, il est en prismes microscopiques qui paraissent appartenir au système clinorhombique. Il fond à 134° et se décompose ensuite subitement. La potasse et l'acide nitrique fumant le détruisent. Il donne après quelque temps avec le nitrate d'argent un précipité blanc, soluble dans l'ammoniaque. Cette dissolution est réduite à chaud, elle dépose de l'argent sous forme d'un miroir. L'oxyde de mercure et celui de cuivre en présence d'un alcali sont réduits. L'hydroxylbiuret s'unit à l'oxyde de cuivre, la combinaison cristallise de l'eau bouillante en aiguilles vertes. Le perchlorure de fer ne produit pas de coloration.

Une solution d'hydroxylbiuret dans l'acide chlorhydrique, évaporée lentement, laisse pour résidu du chlorhydrate d'ammoniaque et de l'hydroxylurée [Dresler et Stein, *Ann. der Chem. u. Pharm.*, t. CL, p. 248; *Bull. de la Soc. chim.*, t. XII, p. 260, 1869]. A. H.

**HYDROXYLE** ou **OXHYDRYLE**. — Nom donné au résidu monatomique de l'eau à laquelle on a enlevé un atome d'hydrogène

$$(OH) = OH^2 - H,$$

et qui, entrant en combinaison avec divers radicaux simples ou composés, forme les acides oxygénés, les bases, les alcools, les phénols. Laurent désignait ce résidu par le mot *eurhyzène*. L'hydroxyle en se doublant constitue l'eau oxygénée $O^2H^2$.

**HYDROXYLURÉE**, $Az^2CH^4O^2$ [Dresler et Stein, *Ann. der Chem. u. Pharm.*, t. CL, p. 242; *Bull. de la Soc. chim.*, t. XII, p. 258, 1869]. — L'hydroxylurée résulte de l'union de l'acide cyanique et de l'hydroxylamine :

$$\underset{\text{Acide cyanique.}}{\left.\begin{matrix}CO\\H\end{matrix}\right\}Az} + \underset{\text{Hydroxylamine.}}{\left.\begin{matrix}(OH)\\H\\H\end{matrix}\right\}Az} = \underset{\text{Hydroxylurée.}}{\left.\begin{matrix}CO\\H(OH)\\H^2\end{matrix}\right\}Az^2}.$$

On refroidit à — 10° ou — 15° une dissolution d'azotate d'hydroxylamine dans l'alcool absolu et on y ajoute par portions la quantité correspondante de cyanate de potassium en solution aqueuse et concentrée. Toute élévation de température doit être empêchée, sans cela on observe un dégagement gazeux et la formation d'ammoniaque aux dépens de l'hydroxylurée. Quand le mélange est fait, on sépare le nitrate de potassium par filtration et on ajoute 1 1/2 volume d'éther anhydre (si le liquide ne renferme pas assez d'alcool, l'éther sépare une couche aqueuse; dans ce cas, il faut ajouter de l'alcool absolu avant l'addition de l'éther). Le liquide éthéré, filtré et évaporé au bain-marie à une douce chaleur fournit des cristaux qu'on purifie en les dissolvant dans l'alcool.

On peut employer le sulfate d'hydroxylamine à la place du nitrate; mais ce sel n'étant pas soluble dans l'alcool absolu, la préparation est beaucoup plus difficile et le rendement plus faible. Il se forme toujours beaucoup de produits secondaires, tels que l'urée et l'hydroxylbiuret. — Voyez ce mot.

L'hydroxylurée est très-soluble dans l'eau; l'alcool bouillant la dissout facilement et la dépose pendant le refroidissement sous forme de petites aiguilles groupées en cercle. Précipitée de sa solution alcoolique froide par l'éther, elle est en lamelles rhomboïdales dont les angles aigus sont tronqués. Elle fond entre 128° et 130°.

Maintenue en fusion, elle se décompose avec dégagement de gaz ammoniac et azote; il se sublime du carbonate d'ammoniaque, et le résidu renferme principalement de l'urée ordinaire.

*Réactions de l'hydroxylurée.* — La potasse bouillante la détruit avec dégagement d'ammoniaque. L'acide nitrique fumant l'attaque violemment.

L'hydroxylurée est un agent réducteur: elle réduit les sels d'argent et de mercure, ainsi que l'acide chromique; en présence de la potasse, elle transforme l'oxyde de cuivre en oxydule. Si l'on fait bouillir sa solution avec de l'oxyde de cuivre, le liquide dépose par le refroidissement un précipité vert. Le perchlorure de fer colore la solution de l'hydroxylurée en violet; cette coloration n'est stable qu'en présence de l'alcool. Un excès de perchlorure provoque une coloration en vert foncé: l'acide chlorhydrique la détruit.

On n'a pas encore préparé de sels d'hydroxylurée. Les acides la décomposent facilement.

Dans sa préparation, il importe d'effectuer toutes les opérations très-rapidement. Dans le cas contraire, on obtient beaucoup d'urée ordinaire et une petite quantité d'un sel de potassium peu soluble dans l'alcool et cristallisant en aiguilles. Ce sel présente la composition exprimée par la formule $C^4H^9KAz^6O^6$. Le chlorure ferrique colore en rouge la solution du sel. A. H.

**HYDRURES.** — Combinaisons de l'hydrogène avec les radicaux simples ou composés.

Les hydrures des métalloïdes sont décrits sous le nom d'acide chlorhydrique, bromhydrique, sulfhydrique..., d'hydrogène arsénié, antimonié, silicé..., aux articles CHLORE, BROME, SOUFRE, ARSENIC, etc.; l'eau, l'ammoniaque et les hydrocarbures sont étudiés dans des articles spéciaux: les hydrures métalliques sont traités avec les métaux. Les hydrures des radicaux alcooliques, tels que l'hydrure de méthyle, l'hydrure de butyle (éthyle libre), l'hydrure de décyle (diamyle), l'hydrure de phényle (benzine), sont décrits aux articles MÉTHYLE (hydrure de), ÉTHYLE, DIAMYLE, BENZINE.

Les hydrures des radicaux d'acides, ou aldéhydes, sont étudiés au point de vue général à l'article ALDÉHYDES, et en particulier avec les acides auxquels ils correspondent. G. S.

**HYDURILIQUE (ACIDE)**, $C^8H^6Az^4O^6$. — Cet acide a été découvert par Schlieper, qui l'obtint accidentellement en oxydant l'acide urique par l'acide azotique, et ne put le préparer de nouveau [*Ann. der Chem. u. Pharm.*, t. CVI, p. 11]. Bæyer montra qu'il dérive de l'acide dialurique et fit connaître son mode de préparation et ses propriétés [Bæyer, *Ann. der Chem. u. Pharm.*, t. CXIX, p. 126, et t. CXXVII, p. 1 et 190; *Ann. de Chim. et de Phys.*, (3), t. LXIII, p. 471, et 4e sér., t. III, p. 478, et t. IV, p. 478].

Pour préparer l'acide hydurilique, on transforme l'acide urique en alloxane par le procédé Schlieper (voyez t. I, p. 149), et on réduit l'alloxane (mésoxalylurée), $C^4H^2Az^2O^4$, en acide dialurique (oxymalonylurée), $C^4H^4Az^2O^4$, par l'étain et l'acide chlorhydrique. On emploie à cet effet un poids d'étain égal au poids de l'acide urique, et 8 fois le poids d'acide chlorhydrique. Il est nécessaire d'observer ces proportions, car avec une plus petite quantité d'étain la réduction serait incomplète, et, s'il n'y avait pas assez d'acide chlorhydrique, il se formerait du dialurate d'étain, difficile à décomposer. Lorsqu'on abandonne la solution à elle-même pendant 24 heures, elle dépose l'acide dialurique en prismes carrés, légèrement colorés en jaune.

Pour transformer l'acide dialurique en acide hydurilique, on le chauffe, bien desséché à 150°, avec de la glycérine privée d'eau; il se dégage de l'acide carbonique, et, quand la masse est devenue solide, on élève la température à 160°; après le refroidissement, on lave à l'eau pour enlever la glycérine qui ne sert que de dissolvant, et l'acide formique qui s'est produit, et on obtient pour résidu une poudre grenue blanche, d'hydurilate acide d'ammonium. La décomposition de l'acide dialurique a lieu suivant l'équation

$$\underset{\text{Acide dialurique.}}{5C^4H^4Az^2O^4} = \underset{\text{Hydurilate acide d'ammonium.}}{2C^8H^5Az^4O^6(AzH^4)} + 3CO^2 + \underset{\text{Acide formique.}}{CH^2O^2}.$$

Pour retirer l'acide hydurilique de son sel d'ammonium, on le traite par l'eau bouillante, on ajoute un petit excès d'ammoniaque, on filtre et on additionne le liquide filtré de sulfate de cuivre. Il se dépose alors de l'hydurilate de cuivre en mamelons qui sont noirs et anhydres dans le cas où la solution était chaude, et rouges et hydratés dans le cas où elle était froide. Ce sel de cuivre, décomposé par l'acide chlorhydrique, fournit l'acide hydurilique à l'état cristallisé.

L'acide hydurilique dissous dans l'eau bouillante cristallise par le refroidissement en petits prismes quadrangulaires renfermant 4 molécules d'eau, $C^8H^6Az^4O^6, 4H^2O$. Dissous à chaud dans l'acide chlorhydrique, il s'en sépare sous forme d'une poudre cristalline composée de petites tables rhombiques, renfermant 2 molécules d'eau seulement. Il se dissout difficilement dans l'alcool, et l'eau ne le précipite pas de sa solution alcoolique. Il est soluble dans l'acide sulfurique, d'où l'eau le sépare sans altération. Il n'est pas attaqué par les alcalis; avec la potasse fondante, il fournit de l'acide oxalique. Les agents oxydants l'attaquent; avec le chlorure ferrique, il se colore en vert foncé.

Lorsqu'on le traite par l'acide azotique, il fournit l'acide violurique (nitrosobarbiturique)

$$C^4H^3(AzO)Az^2O^3,$$

l'acide diliturique (nitrobarbiturique)

$$C^4H^3(AzO^2)Az^2O^3,$$

et la violantine, combinaison d'acide violurique et d'acide dilituriqe (voyez t. I, p. 501 et 500).

Traité par le brome, il donne du bromure d'alloxane $C^4H^2Az^2O^3Br^2$ et de l'alloxane $C^4H^2Az^2O^4$ :

$$\underset{\text{Acide hydurilique.}}{C^4H^6Az^4O^6} + H^2O + Br^6$$

$$= \underset{\text{Bromure d'alloxane.}}{C^4H^2Az^2O^3Br^2} + \underset{\text{Alloxane.}}{C^4H^2Az^2O^4} + 4HBr.$$

(Voyez t. I, p. 150.)

Par le chlorate de potasse et l'acide chlorhydrique, il fournit de l'acide hydurilique bichloré (voyez plus bas).

**Hydurilates.** — L'acide hydurilique est bibasique. Les hydurilates alcalins sont assez solubles, les autres le sont peu ou point. Avec le chlorure ferrique, ils se colorent en vert foncé comme l'acide lui-même. On ne peut les obtenir par double décomposition, car l'acide hydurilique forme facilement des sels doubles. Aussi vaut-il mieux les préparer avec l'acide libre.

**Hydurilates d'ammonium.** — Le *sel acide*

$$C^8H^6Az^4O^6(AzH^4)$$

se forme lorsqu'on chauffe l'acide dialurique avec la glycérine; il est presque pur, on peut le purifier complétement en le dissolvant à chaud dans l'ammoniaque étendue et précipitant par l'acide acétique. Il est alors en petits octaèdres, faiblement solubles dans l'eau bouillante, et s'en séparant sous forme de croûtes cristallines par le refroidissement. Il ne renferme pas d'eau de cristallisation.

Le *sel neutre* se sépare de sa solution saturée à chaud dans l'ammoniaque par un refroidissement rapide, sous forme de fines aiguilles contenant 2 molécules d'eau, $C^8H^4Az^4O^6(AzH^4)^2, 2H^2O$. Par l'évaporation lente, il se sépare en grands prismes monocliniques, brillants, contenant 4 molécules d'eau, et perdant de l'eau et de l'ammoniaque lorsqu'ils sont abandonnés à l'air. Peu soluble dans l'eau, facilement soluble dans l'ammoniaque, il est précipité de sa solution par l'addition d'alcool.

**Hydurilate de baryum**, $C^8H^4Az^4O^6Ba$. — Précipité amorphe qui devient cristallin et s'obtient par l'addition de l'acide hydurilique à l'acétate de baryum.

**Hydurilate de calcium.** — *Sel acide,*

$$(C^8H^5Az^4O^6)^2Ca, 8H^2O,$$

petits prismes brillants, insolubles, obtenus en ajoutant l'acide à du chlorure de calcium.

*Sel neutre,* $C^8H^4Az^4O^6Ca, 6H^2O$, s'obtient comme le sel de baryum, dont il présente l'aspect; il perd $2H^2O$ à 130°.

**Hydurilate de cuivre.** — *Sel acide,*

$$(C^8H^5Az^4O^6)^2Cu, 16H^2O.$$

Il s'obtient par l'addition de l'acide au sulfate de cuivre; il est en aiguilles vertes, ou en petits prismes jaune clair, suivant qu'il se sépare de solutions concentrées ou de solutions étendues. Par la chaleur, il perd son eau de cristallisation et se transforme en une poudre rouge.

*Sel neutre,* $C^8H^4Az^4O^6Cu, 8H^2O$. — Obtenu par l'acide hydurilique et l'acétate de cuivre. Lorsqu'il se dépose de solutions chaudes et concentrées, il est brun-rouge et anhydre.

**Hydurilate de sodium**, $C^8H^4Az^4O^6Na^2$. — Il s'obtient en ajoutant de l'acide hydurilique à de l'acétate de soude, et précipitant par l'alcool, il se sépare sous forme de petits prismes brillants, assez solubles dans l'eau froide, très-solubles dans l'eau chaude. Le sel acide ne paraît pas exister.

**Hydurilate de zinc.** — *Sel acide,*

$$(C^8H^5Az^4O^6)^2Zn.$$

Il s'obtient par le chlorure de zinc et l'acide hydurilique; il est en groupes de belles aiguilles très-brillantes.

*Sel neutre,* $C^8H^4Az^4O^6Zn, 4H^2O$. — Il se sépare lorsqu'on emploie un excès de chlorure de zinc; il est blanc, amorphe et finit par devenir cristallin.

**Hydurilate d'argent.** — Précipité blanc, cristallin. Si on le chauffe avec de l'eau, l'acide hydurilique s'oxyde en se colorant, et l'argent est réduit.

Les hydurilates ferreux, ferrique, et l'hydurilate de plomb sont des précipités amorphes. Le sel de potassium n'a pu être obtenu avec une composition constante.

**Acide hydurilique bichloré**, $C^8H^4Cl^2Az^4O^6$. — Il s'obtient lorsqu'on traite l'acide hydurilique par le chlorate de potasse en présence de l'acide chlorhydrique. Il est très-peu soluble même dans l'eau bouillante; pour l'obtenir à l'état cristallin, on le chauffe avec de l'acide sulfurique au bain-marie, il se gonfle et par l'addition de l'eau il se sépare en petits cristaux rhomboïdaux contenant 4 molécules d'eau. Il est bibasique; son sel de potasse,

$$C^8H^2Cl^2Az^4O^6K^2; 4H^2O,$$

est une poudre cristalline, blanche, peu soluble à froid, plus soluble dans l'eau bouillante.

**Constitution de l'acide hydurilique.** — Bæyer le considère comme une biuréide malonyle-tartronylique :

$$\left.\begin{matrix}(CO)^2\\ C^3H^2O^2\\ C^3H\,O^2\\ H^3\end{matrix}\right\} Az^4$$

— Voyez Acide urique (dérivés de l'). E. G.

**HYÉNIQUE (ACIDE)**, $C^{25}H^{50}O^2$ [Carius, *Ann. der Chem. u. Pharm.*, t. CXXIX, p. 168, et *Bull. de la Soc. chim.*, 1864, t. II, p. 375]. — L'acide hyénique est un acide gras, que M. Carius a retiré des glandes anales de la hyène, et qui paraît exister aussi dans toutes les parties graisseuses du même animal.

L'acide hyénique est peu soluble dans l'alcool froid, très-soluble dans l'éther et ressemble à l'acide cérotique; il se sépare de sa solution alcoolique chaude en grains formés d'aiguilles microscopiques. Il fond à 77-78° et se ramollit avant de fondre. Sa solution alcoolique possède une réaction acide. Ses sels de potasse et de soude sont très-peu solubles à chaud dans l'eau, et lorsque la solution est étendue, il y a précipitation d'un sel acide.

Le *sel de chaux* renferme $(C^{25}H^{49}O^2)^2Ca$; il est blanc, pulvérulent, formé d'aiguilles microscopiques, très-peu soluble dans l'alcool bouillant, et fondant à 85-90° en une masse translucide pâteuse. E. G.

**HYGRINE.** — L'hygrine (du mot grec ὑγρός, liquide) est un alcaloïde liquide et volatil retiré des feuilles du coca par M. Wœhler.

L'hygrine possède une réaction fortement alcaline. On peut la distiller en présence de l'eau; sa saveur n'est pas amère; son odeur est analogue à celle de la triméthylamine. En présence des acides volatils, elle répand des fumées blanches. L'hygrine n'est pas vénéneuse. Cet alcaloïde forme avec les acides des sels cristallisables.

Le chlorhydrate d'hygrine est cristallisable, quoique déliquescent.

Le chloroplatinate donne un précipité jaune qui se décompose à l'ébullition.

Une solution de bichlorure de mercure donne avec l'hygrine un trouble laiteux; au bout de quelque temps il se dépose des gouttes huileuses. M. Wœhler a isolé l'hygrine en traitant les feuilles de coca par l'alcool amylique.

M. Lossen l'obtient en traitant la liqueur qui a

servi à extraire la cocaïne par un excès de carbonate de soude, et en l'agitant avec de l'éther. Par l'évaporation, l'éther abandonne un liquide brun très-alcalin qui contient l'hygrine. Cet alcaloïde paraît encore se dégager lorsqu'on chauffe le coca avec une lessive de soude caustique, ou un lait de chaux [*Ann. der Chem. u. Pharm.*, t. CXXI, p. 479 (nouv. sér.), t. XLV, 1862; *Ann. de Chim. et de Phys.*, t. L, p. 230, (3); *Bull. de la Soc. chim.*, t. IV, p. 292, 1865; *Journ. de Pharm. et de Chim.*, t. XLI, p. 524, (3)]. E. C.

**HYOCHOLALIQUE (ACIDE).** — Voyez BILE.

**HYOSCYAMINE.** — L'hyoscyamine est un alcaloïde encore peu connu, qui constitue le principe actif de la jusquiame (Solanées).

On en connaît plusieurs variétés : la *Jusquiame noire* ou *hannebane* (*Hyosciamus niger*), qui est la plus usitée en médecine : les feuilles entrent dans la composition de l'onguent populeum et du baume tranquille ; la *Jusquiame blanche* (*H. albus*), moins usitée : les graines font partie des pilules de cynoglosse ; la *Jusquiame dorée* (*H. aureus*), plante bisannuelle.

La jusquiame est une plante connue dès la plus haute antiquité, car ses propriétés médicales n'étaient pas ignorées d'Hippocrate.

Différents chimistes ont cherché à extraire le principe actif de la jusquiame, mais les résultats obtenus ne concordent pas encore complétement.

Le principe actif de la jusquiame a été isolé pour la première fois en 1822 par Brandes, qui l'avait désigné sous le nom de *Hyoscyama* [Brandes (1822), *Ann. der Chem. u. Pharm.*, t. I, p. 333]. Plus tard, en 1824, Runge, de Berlin, qui l'avait retiré par un procédé différent, proposa de lui donner le nom de *koromegyn*. Enfin en 1833 MM. Geiger et Hesse publièrent un procédé à l'aide duquel ils avaient pu obtenir l'hyoscyamine à l'état cristallisé [Geiger, *Ann. der Chem. u. Pharm.*, t. VII, p. 270]. Depuis, aucun chimiste n'a pu l'obtenir dans cet état, et actuellement l'hyoscyamine qui existe dans le commerce est un produit noirâtre sirupeux, dans lequel on aperçoit quelques rudiments de cristaux lorsqu'on l'examine sous le microscope. Cependant, en 1867, un chimiste allemand, M. Kletzinski, dit l'avoir obtenue cristallisée. Il lui attribue la formule

$$C^{15}H^{17}AzO,$$

qui répondrait au nitrile de l'acide santonique.

*Préparation.* — Le procédé de MM. Geiger et Hesse consiste à traiter les graines de jusquiame écrasées par de l'alcool chaud aiguisé de 1/50 d'acide sulfurique ; la masse est exprimée fortement, puis le liquide filtré est additionné d'un excès de chaux caustique, et le tout agité jusqu'à ce que la solution prenne une réaction alcaline. La liqueur alcoolique, filtrée de nouveau, est saturée par de l'acide sulfurique étendu, ajouté goutte à goutte : après une nouvelle fitration l'alcool est distillé aux trois quarts environ. Le résidu est mélangé avec de l'eau qui sépare une matière résineuse, puis chauffé doucement pour séparer les dernières traces d'alcool. Une solution concentrée de carbonate de potasse est alors ajoutée avec précaution, et le liquide est filtré aussitôt qu'il se forme un trouble. La liqueur est ensuite saturée par un grand excès de carbonate de potasse et agitée fréquemment avec de l'éther. La solution éthérée est décantée, l'éther chassé par la chaleur, et le résidu éthéré repris par de l'eau tant qu'il se produit un trouble. On filtre, on ajoute à la liqueur deux fois son volume d'un mélange d'alcool et d'éther, puis du charbon, et l'on agite jusqu'à décoloration. Après l'avoir filtré, on évapore le liquide à une douce chaleur, puis on le dessèche dans le vide.

D'après M. Kletzinski, on purifie l'hyoscyamine en mélangeant la solution concentrée de cet alcaloïde avec 1. p de kaolin, 1 p. de charbon de bois et 2 p. de son (?) On expose ensuite au soleil cette bouillie étendue en couches minces ; le résidu sec est repris par l'éther, la solution filtrée et l'éther évaporé ; enfin ce dernier résidu est chauffé à une douce chaleur jusqu'à fusion et repris par de l'alcool qui abandonne par l'évaporation l'hyoscyamine à l'état cristallin.

D'après M. Clin, le procédé de MM. Geiger et Hesse peut être modifié avec avantage : 1° en remplaçant l'acide sulfurique par de l'acide acétique ; 2° en ajoutant son volume d'eau au produit de la distillation alcoolique : il se dépose une résine qu'on sépare par le filtre. On ajoute à la liqueur filtrée une solution de tannin tant qu'il se forme un précipité. On lave le précipité avec de l'eau pure, puis on le mélange intimement avec un léger excès d'hydrate de chaux. On reprend ensuite le mélange par l'alcool, qui abandonne l'hyoscyamine par l'évaporation. On peut la purifier en la dissolvant de nouveau dans l'alcool absolu, évaporant et reprenant le résidu par de l'éther. Par l'évaporation, l'éther dépose un produit peu coloré, de consistance sirupeuse, au milieu duquel se forment des cristaux agglomérés qui restent enchâssés dans une masse gommeuse assez molle [Clin, thèse *École de Pharm.*, Paris, année 1868].

*Propriétés.* — D'après MM. Geiger et Hesse, l'hyoscyamine se présente sous la forme d'aiguilles soyeuses groupées en étoiles, assez solubles dans l'eau, très-solubles dans l'alcool et dans l'éther. Ces solutions ramènent au bleu le papier de tournesol rougi par un acide ; quelquefois on n'obtient qu'une masse incolore et visqueuse. L'hyoscyamine n'a pas d'odeur lorsqu'elle est bien sèche. Elle n'est pas volatile à la température ordinaire, mais, à mesure que la température s'élève, elle fond d'abord à une douce chaleur, puis elle se volatilise en se décomposant en partie. L'hyoscyamine possède une saveur âcre et désagréable, elle dilate fortement la pupille.

Les alcalis minéraux l'altèrent.

L'acide azotique concentré la dissout sans coloration.

L'acide sulfurique la brunit.

Elle se combine aux acides pour former des sels qui peuvent cristalliser.

Cet alcaloïde est précipité par l'iode en brun ; l'infusion de noix de galle y fait naître un précipité blanc ; le chlorure d'or un précipité blanc jaunâtre ; le bichlorure de platine ne le précipite pas.

D'après M. Kletzinski, lorsqu'on traite l'hyoscyamine par une ébullition prolongée avec une solution de soude, il se dégage des vapeurs alcalines, et la solution concentrée laisse déposer de gros cristaux prismatiques efflorescents, qui contiennent 21 % d'eau de cristallisation.

Ces cristaux sont solubles dans l'eau et dans l'alcool ; l'acide chlorhydrique fait naître dans la solution aqueuse un précipité blanc qui devient jaune à la lumière et dont la composition répond à celle de l'*acide santonique* $C^{15}H^{18}O^3$.

L'hyoscyamine doit donc être envisagée, d'après M. Kletzinski, comme le nitrile de l'acide santonique

$$\underset{\text{Santonate d'ammonium.}}{C^{15}H^{17}(AzH^4)O^3} - 2(H^2O) = \underset{\text{Hyoscyamine.}}{C^{15}H^{17}AzO}$$

[Kletzinski, *Zeitsch. für Chem.*, nouv. sér., t. II, p. 127, et *Bull. de la Soc. chim.*, t. VII, p. 452, année 1867].

L'hyoscyamine est peu usitée en médecine ; cependant c'est un narcotique énergique et dont l'action physiologique est analogue à celle de l'atropine, mais avec moins de rapidité et plus de persistance dans ses effets. Elle est d'un usage plus fréquent en Angleterre. E. C.

**HYPOGALLIQUE (ACIDE)**, $C^7H^6O^4$ [Matthiessen et Foster, *Bull. de la Soc. chim.*, 1861, p. 25; *Chem. Soc. Journ.*, t. XVI, p. 350]. — L'acide hypogallique a été obtenu par la distillation de l'acide hémipinique $C^{10}H^{10}O^6$ avec l'acide iodhydrique concentré; il se forme en même temps de l'acide carbonique, et de l'iodure de méthyle, suivant l'équation

$$C^{10}H^{10}O^6 + 2HI$$
$$= CO^2 + 2CH^3I + C^7H^6O^4.$$

Le nom d'acide hypogallique lui a été donné, parce qu'il renferme un atome d'oxygène de moins que l'acide gallique,

$$C^7H^6O^5.$$

L'acide hypogallique est assez soluble dans l'eau froide; l'eau bouillante, l'alcool et l'éther le dissolvent en grandes quantités. Ses solutions sont franchement acides. Il se sépare de sa solution aqueuse sous forme de petites aiguilles incolores et brillantes, qui deviennent mates à 100°, en perdant une molécule et demie d'eau de cristallisation. Il fond vers 180°, avec commencement de décomposition : aussi son point de fusion n'est-il pas bien certain.

Chauffé pendant longtemps à l'air libre à 100°, il se colore peu à peu en brun foncé; il se colore de même quand on évapore sa solution au bain-marie. Ses sels brunissent également à l'air, même à la température ordinaire.

Sa solution neutralisée par un alcali réduit instantanément l'azotate d'argent; à l'ébullition, elle réduit le chlorure mercurique. Avec le chlorure ferrique, il se produit une coloration bleu indigo, que détruit l'addition d'un acide minéral, mais qu'on voit reparaître en étendant d'eau ou versant de l'ammoniaque. Avec un excès d'ammoniaque, la coloration passe au rouge de sang. L'acide hypogallique donne avec le sulfate de cuivre un précipité vert jaunâtre, qui se dissout en bleu dans la potasse caustique, et la solution légèrement chauffée dépose de l'oxyde rouge de cuivre. Avec les sels de plomb, il donne un précipité jaune pâle caillebotté.

Par la chaleur, l'acide hypogallique se dédouble en acide carbonique, et en une substance solide cristalline, fusible à 90°, facilement soluble dans l'eau, et cristallisant en aiguilles par l'évaporation de sa solution aqueuse. Les auteurs n'ont pas eu à leur disposition une quantité suffisante de cette substance pour en fixer la nature.

L'acide hypogallique est isomérique avec les acides carbohydroquinonique et protocatéchique, dont il présente l'aspect et les principaux caractères. Les auteurs l'avaient d'abord considéré comme identique avec l'acide carbohydroquinonique. Cependant il cristallise avec une molécule et demie d'eau, tandis que l'acide protocatéchique et l'acide carbohydroquinonique n'en renferment qu'une. Quant aux autres caractères différentiels, ils sont peu marqués, et proviennent peut-être de substances étrangères. La question d'isomérie ou d'identité n'est pas encore résolue; c'est ainsi que l'acide carbohydroquinonique et l'acide protocatéchique, que Hesse avait regardés comme différents, seraient identiques d'après Barth.

Acide méthylhypogallique, $C^8H^8O^4$. — Lorsque l'acide hémipinique est chauffé en vases clos à 110° avec 2 ou 3 fois son poids d'acide chlorhydrique concentré, ou que le mélange est soumis à l'ébullition dans un ballon en communication avec un réfrigérant de Liebig condensateur, il y a formation de chlorure de méthyle, d'acide méthylhypogallique $C^8H^8O^4$ et d'acide carbonique :

$$C^{10}H^{10}O^6 + HCl$$
$$= CO^2 + CH^3Cl + C^8H^8O^4.$$

Cet acide cristallise en longs prismes transparents, presque insolubles dans l'eau froide, beaucoup plus solubles dans l'eau bouillante, très-facilement solubles dans l'éther et l'alcool. Il commence à se sublimer vers 200°, et supporte sans altération une température de 245° au-dessus de laquelle il entre en fusion, et par le refroidissement se prend en une masse cristalline. Il se dissout sans altération dans l'acide sulfurique concentré; il ne se colore pas avec le chlorure ferrique, et donne avec l'azotate d'argent un précipité blanc [Matthiessen et Foster, *Proc. of the Roy. Soc.*, t. XVI, p. 39]. E. G.

**HYPOGÉIQUE (ACIDE)**, $C^{16}H^{30}O^2$ [Gössmann et Scheven, *Ann. der Chem. u. Pharm.*, t. XCIV, p. 230, et *Ann. de Chim. et de Phys.*, (3), t. XLVI, p. 230]. — Cet acide existe à l'état de glycéride dans l'huile d'arachide, en même temps que l'acide arachidique et l'acide palmitique. Il a été découvert par Gössmann et Scheven.

On traite l'huile d'arachide par la soude et l'on décompose le savon par l'acide chlorhydrique. Les acides gras sont fondus à plusieurs reprises avec de l'eau, puis dissous dans l'alcool bouillant. La solution alcoolique est additionnée d'acétate de magnésie et d'ammoniaque, qui précipitent les acides arachidique et palmitique. La solution filtrée est traitée par un excès d'acétate de plomb et d'ammoniaque; il se précipite de l'hypogéate de plomb, qu'on épuise par l'éther, dans lequel ce sel est soluble. La solution éthérée est décomposée par l'acide chlorhydrique étendu, filtrée à l'abri du contact de l'air et agitée avec de l'eau privée d'air. Séparée de nouveau et concentrée par la distillation, la solution éthérée laisse déposer à une basse température des cristaux jaunâtres, qu'on purifie en les dissolvant dans l'alcool (Gössmann et Scheven).

Schrœder sépare les acides gras de l'huile d'arachide en les traitant par l'alcool bouillant; pendant le refroidissement de la solution alcoolique il se sépare des feuilles cristallines d'acide arachique qu'on sépare par filtration. La liqueur filtrée, évaporée dans une atmosphère d'hydrogène, abandonne une masse demi-solide, qui, après avoir été comprimée dans du papier, est dissoute dans l'alcool bouillant. Ce traitement est répété jusqu'à ce que, par refroidissement, la solution alcoolique ne fournisse plus de cristaux. Alors on l'évapore dans un courant d'hydrogène, et elle fournit de l'acide hypogéique pur [*Ann. der Chem. u. Pharm.*, t. CXLIII, et *Bull. de la Soc. chim.*, 1868, t. IX, p. 375].

L'acide hypogéique pur forme des aiguilles groupées en étoiles, très-solubles dans l'alcool et dans l'éther, fusibles entre 34° et 36° et brunissant facilement à l'air (Gössmann et Scheven).

Il est homologue de l'acide oléique, et isomérique avec l'acide physitoléique, retiré par saponification de l'huile de cachalot.

Soumis à la distillation sèche, il fournit de l'acide sébacique. Lorsqu'on le traite par le gaz nitreux, il se transforme en un acide isomérique, l'acide gaïdique, de même que l'acide oléique se transforme en acide élaïdique [Caldwell et Gössmann, *Ann. der Chem. u. Pharm.*, t. CXIX, p. 305, et *Ann. de Chim. et de Phys.*, (3), t. XLIX, p. 111].

Schrœder a étudié l'action du brome sur l'ciade hypogéique. Lorsqu'on verse goutte à goutte du brome dans l'acide hypogéique refroidi dans la glace, on obtient le *bibromure d'acide hypogéique*, $C^{16}H^{30}Br^2O^2$.

Ce corps est une matière jaunâtre insoluble dans l'eau, très-soluble dans l'alcool et l'éther, fusible à 29°. Traité par une solution alcoolique de potasse, il fournit du *bromohypogéate* de potasse, dont on sépare l'*acide bromohypogéique*

$$C^{16}H^{29}BrO^{2}$$

par l'acide chlorhydrique. Cet acide n'est pas pur; c'est une masse brune, fondant de 19° à 32°.

Si on traite le bromure d'acide hypogéique par l'oxyde d'argent, on obtient l'*acide oxyhypogéique*

$$C^{16}H^{30}O^{3},$$

masse blanche, fusible à 34°, et qui est toujours mêlée d'acide dioxypalmitique $C^{16}H^{32}O^{4}$. L'acide oxyhypogéique, en effet, bouilli avec les alcalis, s'assimile les éléments de l'eau, et fournit l'acide dioxypalmitique.

Le bibromure, chauffé à 180° avec de la potasse alcoolique, perd 2 molécules d'acide bromhydrique et fournit l'*acide palmitolique*, $C^{16}H^{28}O^{2}$ (voyez ce mot). L'acide hypogéique monobromé, additionné de brome, fournit le *bibromure monobromé* $C^{16}H^{29}Br^{3}O^{2}$, masse blanche, jaunâtre, non cristalline, fusible à 39° [Schrœder, *Mémoire cité plus haut*].

HYPOGÉATES (Gössmann et Scheven). — L'acide hypogéique est monobasique; le *sel de baryum* est un précipité blanc et grenu, qui renferme

$$(C^{16}H^{29}O^{2})^{2}Ba.$$

Le *sel de cuivre*, $(C^{16}H^{29}O^{2})^{2}Cu$, forme des grains bleus, assez solubles dans l'alcool.

L'*hypogéate d'éthyle*, $C^{16}H^{29}O^{2},C^{2}H^{5}$, se sépare par l'action du gaz chlorhydrique sur une solution alcoolique de l'acide; c'est un liquide un peu jaunâtre, plus dense que l'alcool, plus léger que l'eau, non volatil, et difficilement soluble dans l'alcool. E. G.

**HYPOXANTHIQUE (ACIDE).** — Voyez SARCINE.

# I

**IBÉRITE** (Min.). — Variété altérée de cordiérite ressemblant à la gigantolithe. Densité, 2,89. Dureté, 2,5.

**ICHTHIDINE.** — Matière azotée mal définie, contenue, d'après Fremy et Valenciennes, dans les œufs mûrs des poissons cyprinoïdes, soluble dans les acides acétique et phosphorique.

**ICHTHINE** [Frémy et Valenciennes, *Compt. rend.*, t. XXXVIII, p. 480-528]. — Principe azoté, retiré par Fremy et Valenciennes du jaune d'œuf des poissons cartilagineux. On la prépare le mieux avec les œufs de raie en délayant le jaune dans beaucoup d'eau distillée. Les grains incolores très-denses qui se réunissent au fond du vase sont lavés avec beaucoup d'eau pour enlever de l'albumine et des sels; on termine par un lavage à l'alcool et à l'éther : grains transparents, homogènes, doux au toucher, insolubles dans l'eau, l'alcool, l'éther, solubles sans coloration violette dans l'acide chlorhydrique concentré; solubles dans les acides acétique et phosphorique étendus, dans les alcalis. Ce produit brûle sans laisser de cendres.

Composition : carbone 50,2 à 51,0; hydrogène, 6,7-7,8; azote, 14,7-15,4. Il est peu probable que les auteurs aient eu affaire à un produit défini. P. S.

**ICHTHULINE.** — Les œufs frais des poissons cyprinoïdes contiennent, d'après Fremy et Valenciennes, à côté de l'ichthidine, un liquide fortement albumineux, tenant en suspension des sels minéraux et de l'ichthuline précipitable par l'eau. Substance visqueuse analogue au gluten, devenant pulvérulente par le traitement à l'alcool et l'éther. Elle est soluble dans l'acide acétique et l'acide phosphorique ainsi que dans l'acide chlorhydrique (sans coloration violette).

Composition : carbone, 52,5-53,3; hydrogène, 8,0-8,3; azote, 15,2; soufre, 1,0.

Cette substance disparaît dans les œufs arrivés à maturité. Pas plus que pour l'ichthine, on ne peut admettre l'existence d'un produit si mal caractérisé. P. S.

**ICHTHYOCOLLE.** — Voyez GÉLATINE.

**ICHTHYOPHTHALME.** — Voyez APOPHYLLITE.

**ICICA (RÉSINE).** — La résine Icica se rapproche par ses caractères de la résine d'élémi; elle est fournie par un arbre de la famille des térébinthacées très-commun dans la Guyane. Se présente sous forme de plaques minces ou de grains opaques, friables; couleur blanc jaunâtre; odeur douce et agréable, plus intense à chaud. Insoluble dans l'eau, soluble dans 45 p. d'alcool froid à 36° et dans 15 p. d'alcool bouillant, soluble dans 3 1/2 p. d'essence de térébenthine froide, insoluble dans les alcalis. Les solutions alcooliques ne précipitent pas les sels de plomb ou d'argent.

La solution alcoolique bouillante de résine Icica dépose par le refroidissement des aiguilles cristallines blanches, sans saveur, insolubles dans l'eau et les alcalis, peu solubles dans l'alcool, neutres et d'une composition centésimale égale à celle de la cholestérine. Ce corps (*bréan*) fond à 157° et se solidifie par le refroidissement en une masse semblable à de l'ambre. Par la distillation sèche, il fournit de l'huile empyreumatique, une substance amorphe, blanche, volatile, qui reste dans le col de la cornue, et un peu de charbon. L'acide sulfurique le dissout avec une coloration rouge, l'eau précipite de nouveau la solution. L'acide nitrique l'attaque avec production de vapeurs nitreuses et d'un corps jaune soluble dans un excès d'acide nitrique et précipitable par l'eau.

Par la concentration des eaux mères du premier produit, on obtient une seconde résine cristallisée (*icican*) assez semblable à la première, mais plus soluble dans l'alcool. Sa composition répond à la formule $C^{20}H^{34}O$, qui est celle de la résine de *Ceroxylon andicola*. L'eau mère de l'icican retient une résine amorphe jaune, fusible à 100°, répondant à la formule $C^{20}H^{30}O^{2}$ [Scribe, *Ann. de Chim. et de Phys.*, (3), t. XIII, p. 166]. P. S.

**IDOCRASE** (Min.) [Syn. *Vésuvienne, Hyacinthe volcanique*. Variétés : *Gahnite, Loboïde, Frugardite, Jewreinowite, Égérane, Cyprine*]. — Orthosilicate d'alumine et de chaux, des oxydes ferriques, ferreux, de magnésie, quelquefois de potasse, d'oxyde de cuivre et de manganèse; renferme parfois de l'acide titanique. L'oxygène des bases est donc à celui de la silice comme 1 : 1. Le rapport de l'oxygène des bases RO à celui des bases $R^2O^3$, au lieu d'être constant comme dans les grenats (1 : 1), est variable et se rapproche, d'après Rammelsberg, de 3 : 2. A la calcination, les diverses variétés d'idocrase éprouvent une perte de poids qui varie de 0,79 à 3 % et qui consiste en eau et acide carbonique avec des traces d'acide chlorhydrique.

Cristaux très-beaux, isolés ou groupés; masses cristallines, grenues ou compactes, d'un vert plus ou moins jaunâtre, brunâtre ou brun; la variété manganésifère est d'un brun-rouge et la cyprine (variété cuprifère) d'un bleu verdâtre. Éclat vitreux, passant au résineux; transparent ou translucide. Cassure imparfaitement conchoïdale. Les cristaux sont ordinairement striés parallèlement à l'axe du prisme. Se rencontre dans les roches cristallines, telles que calcaires saccharoïdes, micaschistes, serpentines, en cristaux isolés ou en veines. — Elle a été découverte dans les blocs dolomitiques de la Somma.

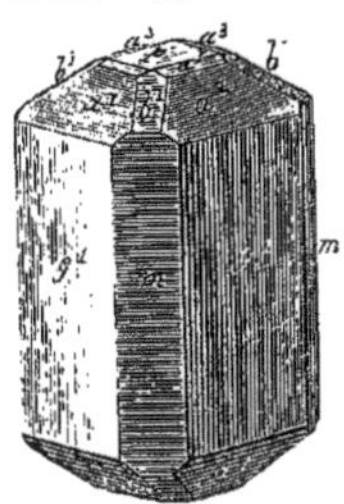

Fig. 342. — Idocrase.

*Caractères.* — Difficilement attaquable aux acides. Après calcination, fait gelée avec l'acide chlorhydrique. Au chalumeau, fond facilement avec bouillonnement.

Avec les flux, réactions du fer, et, dans quelques variétés, du manganèse et du cuivre.

Dureté, 6,5, poussière blanche. Densité, 3,35 à 3,45. Après fusion, 2,95.

*Forme cristalline.*— Prisme quadratique portant d'ordinaire de nombreuses modifications : $b^1$, $b^{1/2}$, $b^{1/6}$, $h^1$, $h^3$, $a^1$, etc., $p\,a^1 = 151°45'$, $p\,b^1 = 159°12'$, $b^{1/2}\,b^{1/2} = 129°21'$ sur $a^1$.

*Clivages.*— Peu distincts $m, h^1, p$. Le dichroïsme est quelquefois très-marqué. F. et S.

**IDRIALINE.** — Substance blanche, cristallisée en petites lamelles, qu'on extrait par distillation ou par dissolution dans le naphte ou dans l'essence de térébenthine bouillante, d'un schiste bitumineux (idrialite) noir brunâtre, contenant jusqu'à 18 % de cinabre, et qui se trouve à Idria (Carinthie). Les analyses conduisent à la formule empirique $C^{40}H^{28}O$ [Boedecker, *Ann. der Chem. u. Pharm.*, t. LII, p. 100].

L'idrialine est fusible à une température si élevée, qu'elle se décompose en partie en fondant, et encore plus à la distillation. Elle est insoluble dans l'eau; à peine soluble dans l'éther et dans l'alcool; soluble dans l'essence de térébenthine bouillante [Dumas, *Ann. de Chim. et de Phys.*, (2), t. L, p. 193].

L'acide sulfurique concentré la dissout à chaud en se colorant en bleu. La solution, étendue d'eau, fournit des sels, parmi lesquels celui de potasse se distingue par sa belle cristallisation [Schrœtter, *Ann. der Chem. u. Pharm.*, t. XII, p. 326]. Bouillie avec l'acide azotique concentré, elle fournit une poudre rouge inodore, insoluble dans l'eau et dans l'éther, soluble dans l'acide sulfurique qu'elle colore en rouge-brun [Laurent, *Ann. de Chim. et de Phys.*, (2), t. LXVI, p. 143].

M. Boedecker a appelé *idryle* un hydrocarbure obtenu dans la distillation sèche du minerai d'Idria à l'abri de l'air, et qui se présente en groupes mamelonnés, fusibles à 86°, volatils sans décomposition, très-solubles dans l'alcool, l'éther, l'acide acétique et l'essence de térébenthine. Il en a distingué un autre, en paillettes fusibles au-dessus de 100°, se sublimant avant de fondre, et moins soluble que l'idryle. La composition de l'un et de l'autre se rapproche de $n\,C^3H^2$. F. S.

**IGASURINE.** — Alcaloïde cristallisé en prismes soyeux disposés en aigrettes, contenant environ 10 % d'eau de cristallisation, d'une saveur amère et persistante; il a été isolé par M. Desnoix dans la noix vomique (*nux vomica*), tribu des Strychnées, famille des Loganiacées [Desnoix, *Journ. de Pharm.*, t. XXV, p. 202 (3e série); — *Répert. de Bouchardat*, septembre 1853].

*Préparation.* — L'igasurine se retire des eaux mères qui ont servi à la préparation de la strychnine et de la brucine; pour l'obtenir, il suffit de concentrer les eaux mères, et de les abandonner pendant quelques jours. L'igasurine se dépose sur les parois du vase à l'état cristallin. On la purifie en la dissolvant dans l'acide chlorhydrique et décolorant par le charbon animal. Précipitée par l'ammoniaque, l'igasurine se dépose sous la forme d'une poudre d'un blanc jaunâtre qui devient peu à peu cristalline sous l'eau. On achève de la purifier par une nouvelle cristallisation dans l'alcool.

*Propriétés.* — D'après M. Desnoix, cet alcaloïde offre la plus grande analogie avec la brucine, et la différence de solubilité dans l'eau est à peu près le seul caractère qui distingue, d'après lui, ces deux bases organiques.

L'igasurine exige 100 p. d'eau bouillante pour se dissoudre; par le refroidissement, elle se dépose en partie sous forme de houppes soyeuses qui font prendre la liqueur en masse. Dans les mêmes conditions, la brucine exige 500 p. d'eau bouillante et la strychnine 2,500 parties.

L'igasurine est très-soluble dans l'alcool, le chloroforme et les huiles essentielles, mais peu soluble dans l'éther. La solution alcoolique, comme celle de la brucine, dévie à gauche le plan de la lumière polarisée, et son pouvoir rotatoire est très-voisin de celui de cette dernière. Comme la brucine, l'igasurine se colore fortement en rouge sous l'influence de l'acide azotique concentré.

Soumise à l'action de la chaleur, l'igasurine fond en perdant son eau de cristallisation; une température plus élevée la détruit en produisant des vapeurs ammoniacales.

La composition moléculaire de l'igasurine n'est pas connue.

Les sels d'igasurine sont généralement solubles et cristallisables; la potasse, la soude, l'ammoniaque font naître dans leurs solutions des précipités abondants solubles dans un excès de liqueur alcaline, surtout celle de potasse. Le tannin y fait naître un précipité blanc; le bichlorure de platine, un précipité jaune. Le bicarbonate de potasse ou de soude précipite également l'igasurine sous forme de cristaux aiguillés, en présence de l'acide tartrique.

L'iodure de potassium ne précipite pas de suite la solution d'igasurine, mais l'iodure ioduré de potassium y produit immédiatement un précipité brun.

Le chlorate de potasse n'a pas d'action sur l'igasurine. On connaît l'azotate, le sulfate et le chlorhydrate d'igasurine.

L'igasurine a été étudiée par M. Schützenberger. Ce chimiste, ne lui trouvant point une composition constante, est parvenu à en tirer neuf alcaloïdes différents; il a pu les séparer en utilisant leur différence de solubilité dans l'eau bouillante, et le temps qu'ils mettent à cristalliser par le refroidissement de la liqueur. Il serait nécessaire que ces résultats fussent confirmés par de nouvelles expériences [*Compt. rend.*, t. XLVII, p. 235, août 1858, et *Répert. de Chim. pure*, t. I, p. 76, années 1858 et 1859]

L'igasurine est, comme la brucine et la strychnine, un poison violent. D'après les expériences faites par MM. Desnoix et Léon Soubeiran, elle agirait sur l'économie animale avec moins d'énergie que la strychnine, mais elle posséderait une intensité toxique plus grande que la brucine. E. C.

**IGASURIQUE (ACIDE).** — Cet acide a été découvert par Pelletier et Caventou dans les strychnos, combiné avec la strychnine et la brucine. Il existe en quantité si faible dans ces végétaux que son étude est fort incomplète : aussi ces chimistes ne l'ont-ils présenté comme acide particulier qu'avec la plus grande réserve. D'après eux, ses propriétés le rapprocheraient de l'acide malique. Corriol l'avait considéré comme de l'acide lactique, mais M. Marsson a prouvé que cette identité n'était pas réelle, car l'acide igasurique est précipité par l'acétate de plomb, tandis que l'acide lactique ne l'est pas [Pelletier et Caventou, *Ann. de Chim. et de Phys.*, t. X, p. 142; — Marsson, *Arch. de Pharm.*, t. LV, p. 395 ; en extrait : *Ann. der Chim. u. Pharm.*, t. LXXII, p. 296].

On obtient cet acide en traitant la magnésie qui a servi à préparer la strychnine par des lavages à l'eau froide jusqu'à ce que toute matière colorante soit enlevée ; puis on la fait bouillir avec une grande masse d'eau distillée qui dissout le sel magnésien.

On concentre la liqueur, puis on y ajoute de l'acétate de plomb ; l'acide igasurique est précipité à l'état de sel de plomb insoluble qu'on décompose ensuite par l'hydrogène sulfuré. Les liqueurs, filtrées et rapprochées en consistance de sirop, laissent déposer l'acide.

On obtient ainsi un acide d'autant moins coloré que la magnésie a été lavée plus longtemps à l'eau froide.

L'acide igasurique se présente sous la forme de petits cristaux durs et grenus ; il est très-soluble dans l'eau et dans l'alcool, sa saveur est acide et styptique. Il s'unit aux bases pour former des sels solubles dans l'eau et dans l'alcool.

Le sel de baryte est très-soluble et cristallise difficilement sous forme de champignons. Le sel ammoniacal parfaitement neutre ne précipite pas les sels d'argent, de mercure et de fer ; il colore en vert les sels de cuivre, et y fait naître lentement un précipité blanc verdâtre très-peu soluble dans l'eau.

Les sels de chaux et de zinc sont incristallisables. E. C.

**IGLÉSIASITE.** — Variété zincifère de cérusite, venant d'Iglésias (Sardaigne). Renferme 7 °/₀ de $CO^3Zn$.

**ILDÉFONSITE** (Min.). — Variété de tantalite d'Ildefonso (Espagne).

Densité, 7,42.

**ILICINE.** — Substance amère retirée par Deleschamps des feuilles du houx (*Ilex aquifolium*) [*Répert. de Pharm.*, t. XLI, p. 230]. On précipite la décoction de ces feuilles par le sous-acétate de plomb. On ajoute au liquide du carbonate de soude pour éliminer le plomb en solution et l'on filtre. La solution est acidifiée avec de l'acide sulfurique faible, filtrée de nouveau, saturée par le carbonate de chaux et évaporée à sirop. Le produit du traitement cède à l'alcool une substance d'un brun clair, très-hygrométrique, qui, en se desséchant, fournit de petites paillettes brillantes. Un autre procédé de préparation consiste à épuiser l'extrait aqueux des feuilles de houx par l'alcool, à évaporer la solution alcoolique et à reprendre le résidu de ce traitement par l'eau à 40°. On filtre et on traite ce liquide (*a*) par le sous-acétate de plomb, on précipite l'excès de plomb par l'hydrogène sulfuré, on évapore le liquide filtré et on reprend le résidu solide par l'alcool qui abandonne l'ilicine par évaporation. On peut encore traiter le liquide (*a*) par le sous-acétate de plomb, l'acide sulfurique faible et le carbonate de chaux comme dans la première préparation. L'ilicine ainsi obtenue contient un peu de potasse ; elle est amorphe, brune, hygrométrique, soluble dans l'eau et dans l'alcool, insoluble dans l'éther. Chauffée légèrement avec les acides, elle noircit et dégage une odeur empyreumatique.

Lebourdais a indiqué un autre procédé, qui donne probablement un produit différent :

On agite la décoction de feuilles de houx avec du charbon animal et on porte le tout à l'ébullition. Le liquide, refroidi et dépourvu de coloration et d'amertume, est jeté ; on lave le charbon animal avec de l'eau froide, puis on le fait bouillir avec de l'alcool et l'on évapore la solution alcoolique : il reste une gelée incolore, très-amère, neutre, soluble dans l'eau et dans l'alcool [*Ann. de Chim. et de Phys.*, (3), t. XXIV, p. 62].

Moldenhauer évapore l'extrait alcoolique de feuilles de houx jusqu'à ce que l'alcool ait distillé ; il filtre, précipite par le sous-acétate de plomb, lave le précipité, le met en suspension dans l'eau et le décompose par l'hydrogène sulfuré. Il lave ensuite le sulfure de plomb avec de l'eau, puis le fait digérer avec de l'alcool, qui dissout l'ilicine entraînée par le sulfure. C'est une substance amère, brune, peu soluble dans l'eau et ressemblant au tannin [*Ann. der Chem. u. Pharm.*, t. CII, p. 352].

Enfin Bennemann [*N. Br. Arch.*, t. XCIII, p. 4] obtient une matière cristallisée, qu'il appelle ilicine, en précipitant la décoction de feuilles de houx par le sous-acétate de plomb, mettant le précipité en suspension dans l'eau, le décomposant par l'hydrogène sulfuré, filtrant et évaporant à sec. En épuisant alors le résidu par l'alcool et en faisant évaporer, il a obtenu une petite quantité d'un corps cristallisant en aiguilles et qu'il n'a pu étudier. G. S.

**ILICIQUE (ACIDE)** [Moldenhauer, *Ann. der Chem. u. Pharm.*, t. CII, p. 350]. — On prépare son sel de chaux par le procédé suivant : la décoction aqueuse des feuilles de houx étant précipitée par le sous-acétate de plomb, on filtre et on chasse le plomb resté en solution à l'aide de l'acide sulfhydrique. On chauffe la liqueur filtrée avec de l'hydrate de plomb, on précipite encore une fois le plomb par l'hydrogène sulfuré, l'on filtre et l'on évapore à sirop. Au bout de quelques jours on voit paraître des lamelles d'un *ilicate de calcium* qu'on obtient tout à fait pur et incolore en le dissolvant dans l'eau, le précipitant par l'alcool, le décolorant avec le charbon animal et faisant cristalliser dans l'eau, où il est fort soluble. Ce sel contient 12,86 °/₀ de calcium ; sa solution aqueuse ne précipite ni les sels de zinc, ni ceux de fer, de cuivre, ou d'argent, mais elle précipite le chlorure stanneux et les acétates de plomb. Lorsqu'on décompose le précipité plombique par l'acide sulfhydrique, on obtient un sirop incolore et acide contenant de la chaux, et qui, neutralisé par le carbonate de baryte, donne un ilicate de baryum amorphe. On n'a pas préparé l'acide libre. L'opération ne donne pas de bons résultats avec le houx cueilli en janvier, à cause de la présence d'une certaine quantité de gomme, etc. G. S.

**ILIXANTHINE,** $C^{17}H^{22}O^{11}$ [Moldenhauer, *Ann. der Chem. u. Pharm.*, t. CII, p. 346]. — Substance colorante jaune, extraite des feuilles de houx cueilli au mois d'août (en janvier on n'en obtient que des traces). Pour la préparer, on épuise les feuilles par l'alcool à 80 °/₀, on évapore presque tout l'alcool et on laisse cristalliser. On recueille les grains cristallins qui se déposent au bout de quelques jours, on les lave à l'éther, et on les redissout dans l'alcool. Celui-ci étant en partie évaporé, on précipite de nouveau l'ilixanthine avec de l'eau et on la fait cristalliser dans l'eau chaude. L'eau mère peut fournir de nouveaux cristaux : on la concentre à l'état de sirop, puis on dissout dans l'alcool absolu; celui-ci étant évaporé à son tour, on reprend par l'eau et l'on précipite par le sous-acétate de plomb. Le précipité mis en suspension dans l'eau chaude est décomposé par l'hydrogène sulfuré; la liqueur, filtrée et évaporée à sirop, donne des cristaux d'ilixanthine. Ceux-ci sont aciculaires, d'une couleur jaune-paille, fondent à 198° en un liquide rougeâtre qui bout à 215° en se décomposant. L'ilixanthine ne réduit pas les *solutions cupropotassiques;* elle est presque insoluble dans l'eau froide, beaucoup plus soluble dans l'eau chaude qu'elle colore en jaune, elle est soluble dans l'alcool, insoluble dans l'éther. *L'acide chlorhydrique* concentré et chaud la dissout. Les étoffes mordancées au fer ou à l'alumine sont teintes en jaune par l'ilixanthine. Les *alcalis* font virer à l'orangé ses solutions aqueuses. Le *chlorure ferrique* les colore en vert, les *sels ferreux et cuivriques* n'ont pas d'action. Avec les *acétates de plomb,* beau précipité jaune, soluble dans l'acide acétique en un liquide incolore. G. S.

**ILLUDÉRITE.** — Voyez ZOÏZITE.

**ILMÉNITE** (Min.) [Syn. *Ménaccanite, Titane oxyde ferrifère, fer titané, Crichtonite, Kibdelophane, Basanomelane, Washingtonite*]. — Sesquioxyde de fer $Fe^2O^3$, dans lequel une partie de Fe est remplacée par Ti, ou plutôt mélange isomorphique de $TiFeO^3$ avec $Fe^2O^3$, quelquefois avec manganèse, magnésium et calcium.

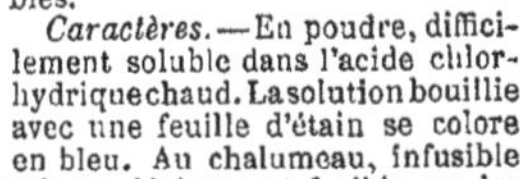

Fig. 343. Ilménite.

Cristaux rhomboédriques ressemblant tout à fait à ceux de l'hématite; souvent lamelles minces aplaties suivant la base, quelquefois rhomboèdres très-aigus (crichtonite), d'un éclat demi-métallique, d'un noir de fer. Fracture conchoïdale. Il agit faiblement sur l'aiguille aimantée. Se trouve dans les filons qui traversent les roches granitiques, etc. En grains dans des sables.

*Caractères.*—En poudre, difficilement soluble dans l'acide chlorhydrique chaud. La solution bouillie avec une feuille d'étain se colore en bleu. Au chalumeau, infusible à la flamme oxydante, légèrement fusible sur les bords à la flamme réductrice. Avec les flux, réactions du fer. Avec le sel de phosphore et l'étain, au feu de réduction, donne la coloration violacée du titane.

Dureté, 5 à 6. Poussière noire à brun-rouge. Densité, 4,5 à 5.

*Forme cristalline.* — Rhomboèdre de 85°40' à 86° 10'. Macles : parallèles à $a^1$. F. et S.

**ILMÉNIUM.** — Suivant M. Hermann, l'yttroïlménite, la columbite et l'eschynite, renferment un métal particulier, l'ilménium, dont l'acide se rapproche beaucoup de l'acide niobique. D'après Rose, l'acide ilménique de Hermann est de l'acide impur, et l'yttroïlménite est identique avec la samarskite (uranotantalite). L'existence de l'ilménium est aussi contestée par Marignac. — Voyez NIOBIUM.

**ILVAÏTE.** — Voyez LIÉVRITE.

**IMIDES.** — Voyez AMIDES.

**IMPÉRATORINE.** — Voyez PEUCÉDANINE.

**IMPRESSIONS.** — Voyez TEINTURE.

**INDIANITE** (Min.). — Variété d'anorthite.

**INDICAN ET DÉRIVÉS.** — D'après Schunck [*Philos. Mag.*, (4), t. X, p. 73; t. XV, p. 29, 117, 183], le pastel ou *Isatis tinctoria* renferme un principe incolore susceptible de se dédoubler sous certaines influences en indigotine ou composés analogues et en une matière sucrée, l'indiglucine. Ce glucoside, qui a reçu le nom d'*indican,* existe probablement aussi dans les autres plantes susceptibles de fournir de l'indigo (*Indigofera,* etc.).

Certaines urines pathologiques possèdent la remarquable propriété de déposer soit du bleu d'indigo, soit de l'indirubine sous l'influence d'une fermentation spontanée, ou après addition d'acide. On attribue ce phénomène à la présence de l'indican, qui ne ferait même pas défaut dans l'urine normale, quoiqu'en moindres proportions que dans certaines urines pathologiques. Carter [*Edinb. Med. Journ.*, 1859, août] signale la présence de l'indican dans le sang humain, dans le sang et l'urine du bœuf.

*Préparation de l'indican.* — Les feuilles du pastel, séchées avec précaution et pulvérisées chaudes, sont épuisées à froid par l'alcool dans un appareil de déplacement. La solution alcoolique, additionnée d'un peu d'eau, est concentrée à la température ordinaire, dans le vide ou par l'action d'un courant d'air; puis filtrée et agitée avec de l'hydrate de cuivre fraîchement précipité. Le tout est ensuite filtré et l'excès d'oxyde de cuivre qui est entré en dissolution est précipité par un courant d'hydrogène sulfuré. Le liquide, filtré de nouveau, est évaporé dans un courant d'air à la température ordinaire. Il reste une masse sirupeuse brune que l'on traite par l'alcool froid; celui-ci dissout l'indican et laisse une masse visqueuse brune contenant de l'oxindicanine. En ajoutant de l'éther à la solution alcoolique (2 fois son volume), on précipite encore quelques matières étrangères. Le liquide filtré de nouveau est évaporé et donne pour résidu l'indican mélangé à un peu de graisse.

On peut aussi précipiter l'extrait alcoolique des feuilles par une solution alcoolique d'acétate de plomb additionnée d'eau ammoniacale; le précipité verdâtre est lavé à l'alcool froid, délayé dans l'eau, décomposé par l'acide carbonique. On filtre le liquide jaune dans lequel on précipite le peu de plomb qu'il renferme par un courant d'hydrogène sulfuré; on filtre de nouveau et on évapore dans le vide au-dessus de l'acide sulfurique.

Pour séparer ou plutôt reconnaître l'indican dans l'urine, on précipite le liquide par l'acétate basique de plomb; on filtre, on ajoute de l'ammoniaque au liquide filtré et l'on décompose le nouveau précipité à froid par l'acide sulfurique étendu. Le liquide filtré dépose d'abord de l'indigo bleu, puis de la bilirubine et d'autres produits de décomposition de l'indican.

L'indican se présente sous forme d'une masse sirupeuse, brun clair, à saveur amère, à réaction acide. Il est soluble dans l'eau en jaune, soluble dans l'alcool et l'éther. La dessiccation le décompose. La solution aqueuse ne précipite par l'acétate basique de plomb qu'après addition d'ammoniaque; la solution alcoolique précipite en jaune par l'acétate de plomb seul; mais la séparation n'est complète qu'après addition d'ammoniaque.

L'indican offre une composition que Schunck représente par la formule $C^{26}H^{31}AzO^{17}$. C'est un produit très-altérable. Une température peu élevée suffit pour le modifier. Chauffé brusquement, il se boursoufle et émet des vapeurs se condensant sous forme d'une huile qui se concrète partiellement en masse cristalline. Sa solution aqueuse chauffée, ou abandonnée à l'évaporation spontanée, subit des transformations multiples.

OXINDICANINE. — Pendant l'évaporation spontanée de la solution d'indicanine, il se dépose de l'*oxindicanine* ($C^{20}H^{23}AzO^{16}$), matière gommeuse ou visqueuse brune, d'un goût désagréable, que l'on peut purifier par des solutions répétées dans l'alcool suivies de précipitations par l'eau. Par l'ébullition avec l'acide sulfurique étendu, ce produit se dédoublerait en indiglucine et indifuscine, d'après l'équation

$$2C^{20}H^{23}AzO^{16}$$
Oxindicanine.
$$= C^{14}H^{20}Az^{2}O^{9} + 2C^{6}H^{10}O^{6} + 4CO^{2} + 3H^{2}O.$$
Indifuscine. Indiglucine.

INDICANINE. — La production de l'oxindicanine serait précédée de celle d'un autre produit connu sous le nom d'*indicanine*. L'indicanine s'obtient par l'action des alcalis aqueux ou de l'eau de baryte (à froid) sur l'indican. On a

$$C^{26}H^{31}AzO^{17} + H^{2}O = C^{20}H^{23}AzO^{12} + C^{6}H^{10}O^{6}.$$
Indican. Indicanine. Indiglucine.

Le produit de la réaction est précipité par l'acide sulfurique étendu, dont on enlève l'excès, après filtration, par du carbonate de plomb. On filtre, on précipite le plomb par l'hydrogène sulfuré, on filtre et on évapore à la température ordinaire dans un courant d'air. Le résidu est repris par l'alcool, la solution additionnée de deux fois son volume d'éther donne un précipité d'indiglucine; le liquide filtré est évaporé. Il reste un sirop épais, jaune-brun, amer, soluble dans l'eau, l'alcool et l'éther; c'est l'indicanine $C^{20}H^{23}AzO^{12}$, qui, se formant également pendant l'évaporation spontanée de l'indican, absorberait $O^{4}$ en donnant l'oxindicanine $C^{20}H^{23}AzO^{16}$.

L'indicanine est elle-même un glucoside; en effet, par l'ébullition avec les acides dilués, elle fournit de l'indiglucine, de l'indirubine, et en outre, si elle est impure, de l'indirétine et de l'indifuscine :

$$C^{20}H^{23}AzO^{12} + H^{2}O = C^{8}H^{5}AzO + 2C^{6}H^{10}O^{6}.$$
Indicanine. Indirubine. Indiglucine.

Ses solutions aqueuses se troublent par l'acétate neutre de plomb; ses solutions alcooliques précipitent abondamment par l'acétate neutre; le précipité est jaune, soluble dans un excès de réactif; la solution précipite par l'ammoniaque, et le précipité renferme une combinaison dont la composition correspond à la formule

$$C^{20}H^{23}AzO^{12}, 3PbO.$$

Chauffée sur une lame de platine, elle se boursoufle beaucoup, brûle et laisse un résidu de charbon; par la distillation sèche, elle donne une huile mélangée de cristaux en aiguilles.

OXINDICASINE. — Les solutions d'indican, évaporées à chaud, fournissent une matière visqueuse brune, semblable à l'oxindicanine et se purifiant comme elle. Schunck nomme ce produit *oxindicasine* et représente sa composition par la formule

$$C^{28}H^{32}Az^{2}O^{23}.$$

La solution aqueuse d'oxindicasine précipite en jaune par l'acétate neutre de plomb; le précipité renferme $C^{28}H^{32}Az^{2}O^{23}.4PbO$.

Dans ces conditions, il se formerait d'abord de l'indiglucine et de l'indicanine, aux dépens de l'indican; l'indicanine en s'oxydant fournirait de l'oxindicanine et celle-ci se dédoublerait en indiglucine et oxindicasine :

$$2C^{20}H^{23}AzO^{16} + 3H^{2}O$$
Oxindicanine.
$$= C^{28}H^{32}Az^{2}O^{23} + 2C^{6}H^{10}O^{6}.$$
Oxindicasine. Indiglucine.

Lorsqu'on précipite par l'acétate de plomb le liquide contenant l'oxindicasine, la solution filtrée et contenant un excès d'acétate de plomb donne, par addition de beaucoup d'alcool, un précipité jaune pâle formé d'indicasine $C^{22}H^{40}Az^{2}O^{23}$ unie à $6PbO$.

L'indicanine, maintenue en contact prolongé avec les alcalis, donne une solution d'où les acides précipitent de l'indirubine et, si l'action dure encore plus longtemps, on ne trouve plus que de l'indirétine.

DÉCOMPOSITION DE L'INDICAN PAR LES ACIDES. — Par l'action des acides sulfurique, oxalique, tartrique dilués, à froid et plus rapidement à chaud, l'indican ou ses solutions donnent un dépôt floconneux, d'abord bleu, puis brun, tandis que le liquide retient de l'indiglucine, de la leucine, des acides volatils (carbonique, formique, acétique, propionique).

Le dépôt formé pendant ce dédoublement se compose, d'après Schunck, de six produits différents, savoir : de l'indihumine, de l'indifuscine, de l'indirétine solubles dans les solutions alcalines; de l'indifulvine (α et β) et de l'indirubine solubles dans l'alcool; de l'indigotine insoluble dans les alcalis et l'alcool. Les équations suivantes représentent, d'après M. Schunck, les diverses phases de la décomposition :

$$C^{26}H^{31}AzO^{17} + 2H^{2}O = C^{8}H^{5}AzO + 3C^{6}H^{10}O^{6}.$$
Indican. Indigotine ou Indirubine. Indiglucine.

$$2C^{26}H^{31}AzO^{17} + 5H^{2}O$$
Indican.
$$= C^{22}H^{20}Az^{2}O^{3} + 4C^{6}H^{10}O^{6} + 6CH^{2}O^{2}.$$
Indifulvine. Indiglucine. Ac. formique.

$$4C^{26}H^{31}AzO^{17} + 7H^{2}O$$
Indican.
$$= C^{44}H^{38}Az^{4}O^{3} + 8C^{6}H^{10}O^{6} + 10CH^{2}O^{2} + 2CO^{2}.$$
Indifulvine β. Indiglucine. Ac. formique.

$$C^{26}H^{31}AzO^{17} + 2H^{2}O$$
Indican.
$$= C^{10}H^{9}AzO^{3} + 2C^{6}H^{10}O^{6} + C^{3}H^{6}O^{2} + CO^{2}.$$
Indihumine. Indiglucine. Ac. propionique.

$$2C^{26}H^{31}AzO^{17} + 3H^{2}O$$
Indican.
$$= C^{22}H^{20}Az^{2}O^{5} + 4C^{6}H^{10}O^{6} + 2C^{2}H^{4}O^{2} + 2CO^{2}.$$
Indifuscone. Indiglucine. Ac. acétique.

$$C^{26}H^{31}AzO^{17}$$
Indican.
$$= C^{18}H^{17}AzO^{5} + C^{6}H^{10}O^{6} + 2CO^{2} + 2H^{2}O.$$
Indirétine. Indiglucine.

Nous donnons ces équations sous toutes réserves.
P. S.

**INDICOLITE** (Min.). — Variété bleue de tourmaline.

**INDIFULVINE.** — Corps obtenu par Schunck par l'action des acides sur l'indican (voyez INDICAN). Sa composition varie suivant les circonstances de la préparation : tantôt elle correspond à la formule $C^{22}H^{20}Az^{2}O^{3}$ (indifulvine α), tantôt à la formule $C^{44}H^{38}Az^{4}O^{3}$ (indifulvine β). Résine friable, brillante, jaune rougeâtre. Chauffée sur une lame de platine, elle fond, se boursoufle, brûle et laisse un résidu de charbon. Soumise à la distillation, elle fournit une huile qui se concrète en une masse formée d'aiguilles cristallines. Elle se dissout en brun verdâtre dans l'acide sulfurique concentré. Elle se dissout de même dans l'acide nitrique fumant; la solution précipite par l'eau des flocons jaune-orangé. L'acide chromique l'attaque lentement. L'indifulvine ne se dissout pas dans les alcalis aqueux même bouillants et en présence d'agents réducteurs.

On obtient l'indifulvine en épuisant d'abord par la soude caustique à chaud, puis à froid, le dépôt produit par l'action de l'acide sulfurique étendu sur l'indican. La solution alcaline précipitée par l'acide chlorhydrique donne un mélange d'indifuscine, d'indirétine et d'indihumine, d'où l'on peut extraire l'indihumine par un traitement à l'ammoniaque caustique bouillante, qui dissout les deux premiers corps en laissant le dernier. La solution ammoniacale est neutralisée avec de l'acide acétique, l'indifuscine se précipite en partie par cette neutralisation et en partie par addition d'une solution alcoolique d'acétate de plomb. En ajoutant de l'ammoniaque au liquide filtré contenant l'indirétine et un excès de sel de plomb, on sépare l'indirétine combinée à PbO. On traite le dépôt plombique par l'acide acétique, puis par de l'acide chlorhydrique chaud, et l'on purifie l'indirétine par des solutions multipliées dans l'alcool, qui laisse l'indifuscine.

Le mélange d'indifulvine ($\alpha$ et $\beta$), d'indirubine et d'indigotine, insoluble dans les alcalis, cède à l'alcool bouillant les deux premiers corps. La solution brune additionnée d'ammoniaque et d'une solution alcoolique d'acétate de plomb, donne un précipité de produits solubles dans les alcalis. On filtre, on ajoute un excès d'acide acétique, on distille l'alcool et on étend de beaucoup d'eau. Il se sépare des flocons pourpres que l'on traite par la soude caustique, puis par une petite quantité d'alcool froid qui s'empare de l'indifulvine. Le résidu, bouilli avec une solution alcaline de protochlorure d'étain, dissout l'indirubine en la réduisant; il se sépare par oxydation à l'air des flocons rouges d'indirubine pure. P. S.

**INDIFUSCINE**, $C^{24}H^{20}Az^2O^9$(?). — M. Schunck nomme ainsi un produit de décomposition de l'indican par les acides. Il ressemble à l'indihumine. Insoluble dans l'eau, peu soluble dans l'alcool bouillant; très-soluble dans l'alcool et dans l'éther [*Jahresbericht*, 1858, p. 467].

**INDIFUSCONE**, $C^{22}H^{20}Az^2O^5$ (?). — Substance accompagnant, d'après M. Schunck [*loc. cit.*], l'indifuscine, et aussi mal définie que ce dernier corps.

**INDIGLUCINE** [Schunck, *Jahresbericht*, 1856, p. 659; 1858, p. 465]. — Matière sucrée formée par le dédoublement de l'indican. Se présente sous forme d'un sirop jaune de saveur sucrée, soluble dans l'alcool et l'eau; l'éther le précipite de ses solutions alcooliques. Chauffée, l'indiglucine se boursoufle et dégage une odeur de caramel. Brunit sous l'influence des alcalis caustiques; réduit la solution de tartrate cupropotassique; réduit le nitrate d'argent en solution aqueuse ou ammoniacale. Cette matière sucrée, dont la composition est représentée par la formule $C^6H^{10}O^6$, ne fermente pas, mais s'acidifie par un contact prolongé avec la levûre.

La solution aqueuse d'indiglucine ne précipite par les acétates neutres et basiques de plomb qu'après addition d'ammoniaque, en donnant le composé

$$(C^6H^9O^6)^2Pb + 3\,PbO.$$

Les solutions d'indiglucine dissolvent l'hydrate de chaux; le liquide, porté à l'ébullition, donne un abondant dépôt jaune qui se redissout à froid et est précipité par l'alcool. L'alcool précipite également un mélange d'indiglucine et d'eau de baryte.

*Préparation.* — L'eau mère acide provenant de la décomposition de l'indican ou de ses solutions par l'acide sulfurique étendu est débarrassée de l'acide sulfurique par le carbonate de plomb. On filtre, on précipite par l'hydrogène sulfuré, on filtre de nouveau, on évapore à consistance sirupeuse dans un courant d'air; on reprend par l'alcool et on ajoute un grand excès d'éther. La leucine se sépare en cristaux et l'indiglucine se réunit en un sirop que l'on redissout dans l'eau. On précipite la solution par l'acétate de plomb; on filtre et on ajoute de l'ammoniaque au liquide filtré. Le second dépôt plombique, contenant l'indiglucine, est décomposé en présence de l'eau par l'hydrogène sulfuré; on filtre, on décolore par le noir animal jusqu'à ce que le liquide fournisse un précipité blanc par une solution ammoniacale d'acétate de plomb. On évapore à sirop, on reprend par l'alcool et l'on précipite par l'éther.

L'eau mère de l'indicanine débarrassée de baryte et traitée d'une manière analogue peut aussi fournir l'indiglucine. P. S.

**INDIGO**. — Produit tinctorial d'origine végétale qui doit sa couleur et ses applications importantes à un principe immédiat bleu, connu sous le nom d'indigotine (voyez INDIGOTINE).

Les plantes qui fournissent l'indigo sont assez nombreuses et n'appartiennent pas toutes à la même famille. Aucune d'elles ne contient la matière colorante toute formée. C'est aux dépens d'un principe spécial, *incolore*, l'*indican*, et sous l'influence d'une fermentation spéciale que l'indigo prend naissance.

*Plantes à indigotine.* — Les plus importantes appartiennent à la famille des légumineuses et au genre *Indigofera*. Les espèces cultivées et les plus estimées sont l'*Indigofera tinctoria*, l'*Indigofera disperma*, l'*Indigofera Anil*, l'*Indigofera argentea*. Parmi les espèces moins fréquemment exploitées, nous avons les *Indigofera pseudotinctoria*, *hirsuta*, *sericea*, *cytisoïdes*, *angustifolia*, *trifoliata*, *glabra*, *glauca*, etc.

Ce sont des plantes herbacées à tige ligneuse, peu élevées et rameuses dès la base; feuilles simples ou pennées, fleurs petites réunies en grappes naissant à l'aisselle des feuilles, colorées en rouge, bleu ou blanc. L'*Indigofera tinctoria* a une tige unique, demi-ligneuse et lisse, droite, cylindrique, de la grosseur d'un doigt, d'une hauteur de 1 mètre à 1m,50. La plante répand une odeur assez forte, vers le soir, dans les champs où on la cultive. Les feuilles ont un goût désagréable et se putréfient rapidement dans l'eau.

La plante est originaire du royaume de Cambaye ou du Guzzerat, mais elle se cultive dans l'Indoustan, la Chine, l'île de Java, en général dans les Indes orientales. Les Espagnols l'ont transportée dans l'Amérique du Sud et aux Indes occidentales. Elle peut être acclimatée dans tous les pays chauds. L'*Indigofera argentea* ou indigotier d'Égypte a des feuilles blanches couvertes d'un duvet; on le cultive en Égypte et en Arabie.

Aux Indes, la culture de l'indigofera se fait par semis dans une terre bien labourée, argilo-siliceuse. On sème soit au printemps, soit en automne, suivant l'espèce de plante, les unes poussant plus lentement et ayant besoin de rester plus longtemps en terre que les autres. La nature du terrain et la position par rapport aux rivières influent aussi sur l'époque de la mise en terre. Dans les terres basses, sujettes aux inondations, l'indigo doit être prêt à la récolte au moment des crues et des inondations qui détruiraient le produit en très-peu de temps. C'est du reste à l'époque des pluies que le fabricant dispose d'assez d'eau pour commencer son travail et qu'il convient de commencer la coupe. C'est donc suivant l'élévation du terrain et le danger qu'il court d'être inondé qu'il faut régler le moment où l'on pourra couper la plante. Les parties les plus élevées sont ensemencées plusieurs semaines après les premières.

Les Chinois repiquent les jeunes plantes et les disposent en rangées parallèles, en tenant toujours le terrain bien net de parasites. En enlevant les bourgeons floraux avant leur développement, on augmente la croissance des feuilles et, partant, le rendement en indigo, car c'est dans les feuilles que se trouve surtout la matière colorante.

Dans certaines localités on casse les feuilles qui ont acquis une teinte vert-bleu; mais le plus souvent on coupe la plante entière, à ras de terre, aux mois de juin ou de juillet, alors que les fleurs commencent à s'ouvrir. Ce qui reste repousse assez rapidement et peut fournir une seconde, une troisième, plus rarement une quatrième coupe. La quantité du produit diminue avec le numéro de la récolte. La plante ou *nil*, une fois coupée à la faucille et réunie en paquets, est mise en travail le soir même. Le paquet est formé par le produit d'un espace de terre embrassé par une chaîne de $2^m,75$ de long. La valeur de la matière première change avec la nature du terrain. Ainsi, l'un produit une plante qui a beaucoup de tiges et peu de feuilles, un autre donne au contraire beaucoup de feuilles et peu de tiges.

La richesse en matière colorante dépend de la quantité de feuilles, mais elle peut aussi varier, à poids égaux de feuilles, suivant une foule de circonstances atmosphériques et autres. On donne le nom d'indigoterie ou factories aux fabriques d'indigo de l'Inde (bas Bengale).

M. A. Kœchlin-Schwartz a publié [*Bull. de la Soc. industrielle de Mulhouse*, t. XXVIII, p. 307] d'intéressantes données sur la préparation de l'indigo dans le bas Bengale. Dans ce pays, qui fournit d'excellent indigo, la *factory* renferme, outre les filtres, des presses, une chaudière, un séchoir et des réservoirs d'eau, deux rangées superposées de 15 à 20 cuves chacune. Ces cuves sont en maçonnerie, murées en briques et recouvertes d'une forte couche de stuc, très-solide et très-bien faite. Elles sont carrées, de 6 mètres à $6^m,50$ de côté, sur 90 centimètres à 1 mètre de profondeur. La rangée de derrière est de 90 centimètres environ au-dessus de celle de devant. C'est dans la rangée supérieure que l'on fait fermenter la plante. Quand cette opération est terminée, on ouvre un robinet et le liquide coule dans la cuve inférieure. L'eau du Gange, relativement pure et par cela même très-propre au travail, arrive par une prise d'eau dans des bassins de dépôt, où elle se clarifie; de là elle est distribuée par un canal commun aux cuves de la rangée supérieure. La plante coupée le matin et liée en paquets arrive l'après-midi à l'indigoterie, et le soir on charge les cuves. Une cuve contient 100 paquets bien rangés les uns à côté des autres; pardessus on met de grandes traverses en bois, qu'on presse sur la plante au moyen de gros coins. Il faut que la plante soit très-serrée, sans quoi la fermentation ne marche pas bien. A la nuit tombante, on ouvre une vanne qui permet à l'eau de s'introduire dans les cuves et de les remplir, jusqu'à submersion complète de la plante. La fermentation dure plus ou moins longtemps, suivant la température; sa durée varie de 9 à 14 heures. Pour juger de la marche de l'opération, on soutire un peu de liquide dans la cuve inférieure. S'il est jaune-paille clair au moment de la sortie, il fournira un produit moins abondant, mais plus pur, que s'il est jaune d'or trouble. Au moment de sa sortie de la cuve de fermentation, le liquide est jaune plus ou moins foncé. On laisse reposer quelques instants, puis douze hommes nus, armés de longs bambous, entrent dans la cuve pour battre l'eau pendant qu'elle est encore chaude. Durant ce temps on vide la cuve supérieure, et on la nettoie pour l'opération suivante. Une cuve exige dix-sept ouvriers. On bat l'eau pendant 2 à 3 heures. Le liquide passe peu à peu au vert pâle, et l'indigo se trouve en suspension sous forme de petits flocons. On laisse reposer une demi-heure, puis on décante peu à peu, en ôtant les uns après les autres les bouchons placés à différentes hauteurs. L'eau retourne à la rivière et le précipité, sous forme de bouillie mince, se rend par une rigole dans une fosse.

Au moyen d'une pompe à bras, on monte cette bouillie et on la fait cuire un moment, pour arrêter une seconde fermentation qui gâterait la qualité du produit en le rendant noir. On laisse reposer 20 heures environ; le lendemain matin on recommence à cuire et on maintient l'ébullition pendant 3 à 4 heures. De là on fait couler le dépôt bouillant sur un grand filtre où il s'égoutte. Ce filtre se compose d'une cuve en maçonnerie recouverte de stuc, de 6 mètres à $6^m,50$ de long, sur 2 mètres de large et 90 centimètres de profondeur. On la couvre de bambous sur lesquels on étale des nattes de joncs serrées, et enfin une grande toile forte et tendue. Il reste sur celle-ci une pâte épaisse, bleu foncé, presque noire. L'eau qui a coulé dans la cuve dépose de l'indigo passé à travers le filtre; on décante après repos et la partie trouble est cuite le lendemain avec de l'indigo frais. La pâte du filtre est introduite dans de petites caisses en bois, solides, percées de trous et garnies en dessus d'une toile de coton très-forte. On recouvre d'un morceau d'étoffe, puis d'un couvercle en bois percé de petits trous, et on soumet à l'action d'une presse à vis, en serrant peu à peu, pour faire écouler le plus d'eau possible. On retire de la boîte un pain ayant la dimension d'un pain de savon blanc de Marseille. L'eau exprimée rentre dans la cuve à filtre pour être cuite avec de l'indigo frais. La dessiccation du pain demande à être faite lentement.

Le séchoir est un grand bâtiment en maçonnerie, assez élevé, percé de beaucoup d'ouvertures garnies de jalousies serrées, pour empêcher la lumière directe du soleil de pénétrer dans l'intérieur. On a même soin de l'entourer de grands arbres touffus. Les pains mettent de 3 à 5 jours à sécher, après quoi on les emballe dans de petites caisses et on les envoie à Calcutta, qui est le grand marché du Bengale.

Une cuve donne de 18 à 25 kilogrammes d'indigo si la plante est récoltée sur un terrain d'alluvion, et 16 à 32 kilogrammes si elle provient d'un terrain glaiseux, mais dans ce cas le produit est moins estimé. La plante fermentée ne sert plus que comme engrais; elle reprendrait racine si on la replantait, mais elle ne fournirait plus que des produits de qualité inférieure et dont la valeur ne couvrirait pas les frais. Les détails précédents s'appliquent aux fabriques dirigées par des planteurs européens. Les indigènes opèrent à peu près de même, mais avec beaucoup moins de soins; aussi leurs produits sont-ils de qualité bien inférieure. Le produit moyen de la présidence du Bengale est d'environ 4 millions de kilogrammes par an.

D'après Twist (*Descriptio Guzzeratæ*), on sèche dans le Guzzerat les feuilles d'indigotier au soleil; puis on les fait macérer pendant 4 à 5 jours dans des cuves avec de l'eau pure, en remuant de temps à autre. Au bout de ce temps, on soutire le liquide, on laisse déposer et la bouillie, passée à travers une toile grossière, puis filtrée, est séchée au soleil. Je ne sais si cette indication que l'on retrouve dans plusieurs ouvrages, et notamment dans Gerhardt, est erronée et dérive de faux renseignements; toujours est-il qu'elle est en contradiction avec la description authentique du procédé suivi au bas Bengale. M. A. Kœchlin-Schwartz, qui raconte ce qu'il a vu lors d'un séjour de quelques semaines dans une des meilleures indigoteries, recommande formellement la dessiccation à l'ombre.

Ordinairement les paysans mélangent la pâte pure avec des terres de couleur bleue.

Les Chinois, qui traitent la plante entière, ajoutent une certaine quantité de chaux éteinte, en poudre, au liquide de la macération et favorisent ainsi le dépôt. Suivant certains auteurs, ils sécheraient aussi au soleil [Sloane, Trew Ehret,

Gartner, Lamark, *Technologies*; — Plagne, *Ann. maritimes*, 1825; — Vilmorin, *Journ. d'agric. pratique*, t. I, p. 449; — Hervy, *Journ. de Pharm.*, t. XXVI, p. 290]. Il y a dans les provinces méridionales de la Chine des cultures d'*Indigofera* tres-étendues, surtout dans le Kouan-Si, le Kouang-Toung et le Fo-Kien.

Les diverses espèces du genre *Indigofera* servent presque seules à la préparation de l'indigo, en raison de leur plus grande richesse en matière colorante. Les autres plantes susceptibles de produire de l'indigotine sont plus souvent utilisées directement dans la teinture en bleu que traitées pour indigo. Les plus importantes sont: le pastel *Isatis tinctoria*, le *Polygonum tinctorium* ou renouée des teinturiers, le *Nerium tinctorium* ou laurier-rose des teinturiers. Citons encore l'*Asclepias tingens* (famille des Asclépiadées), l'*Eupatorium tinctorium* (Composées), le *Galega tinctoria* (Légumineuses); plusieurs espèces d'Orchidées, dont la section fraîche se colore en bleu au contact de l'air (*Limodorum veratrifolium*, etc.). Le pastel, voude ou *Isatis tinctoria*, est une plante biennale de la famille des Crucifères. On enlève les feuilles au mois de juin de la seconde année, lorsque celles du bas commencent à jaunir. Il en repousse d'autres, qui peuvent servir à une nouvelle récolte. Ces feuilles sont tantôt lavées et séchées pour servir directement à la teinture; souvent aussi on les réduit en pâte avec de l'eau et on dispose cette pâte en tas de 90 centimètres à 1 mètre de hauteur. Au bout de 15 jours on façonne la pâte en boules de quelques centimètres de diamètre, que l'on sèche. Quelquefois la masse, triturée une seconde fois avec un peu d'eau, est soumise à une nouvelle fermentation, pendant laquelle il se développe de l'ammoniaque. La préparation ainsi obtenue est appelée pastel ou voude. Les meilleurs produits viennent de Provence, du Languedoc, de la Normandie. On trouve aussi dans le commerce des feuilles de pastel en ballots. En Allemagne, on consomme presque exclusivement le pastel de Thuringe. Le pastel est fréquemment employé dans la teinture, en mélange avec l'indigo ordinaire. Certains fabricants prétendent même qu'ils ne peuvent obtenir sans son concours de belles nuances. Les boules doivent être légères, à odeur douceâtre, de couleur verte ou vert jaunâtre, à section grasse et luisante; frottées sur un papier, elles doivent laisser une marque verte. Elles gagnent en valeur tinctoriale avec la durée de leur conservation.

L'*Isatis indigotica*, Tein-hoa-Teinching, croît dans la plupart des provinces de Chine et sert à la préparation d'une espèce d'indigo se vendant en pâte visqueuse qui, séchée, ne fournirait plus qu'une couleur noirâtre. Ce produit sert à la teinture en bleu à Canton, à Emoui, etc.

Le *Polygonum tinctorium* (renouée des teinturiers), est une plante herbacée de la famille des Polygonées. On prépare avec les feuilles de cette plante, en Chine, une variété très-estimée d'indigo; les feuilles elles-mêmes servent directement à la teinture. On a tenté de nombreux essais pour acclimater cette plante en Europe. L'opération par semis a bien réussi, mais le rendement en indigo (1/2 p. °/₀ en moyenne) a été trouvé trop faible pour que l'on ait donné suite à ces expériences [*Bull. de la Soc. indust. de Mulhouse*, t. XI, p. 186; t. XII, p. 216; t. XIX, p. 212]. M. E. Schwartz fait de plus observer que l'indigo du *Polygonum* n'a qu'une richesse colorante égale à la moitié de celle de l'indigo des Indes.

L'indigo retiré par les procédés décrits plus haut de diverses espèces du genre *Indigofera* peut varier beaucoup, quant à sa richesse et à ses qualités tinctoriales. Ce produit, en effet, dont la préparation ne laisse pas que d'être délicate et exige beaucoup de soin, est fabriqué dans divers pays avec des plantes d'espèces différentes, récoltées dans des conditions atmosphériques changeant d'une année à l'autre et par des mains plus ou moins habiles. De là les nombreuses qualités d'indigo qui sont connues dans le commerce. Girardin [*Traité de Chim. technologique*, t. II, p. 604] donne une nomenclature très-complète des indigos, en les classant d'après leur origine; ce sont :

1° Les indigos d'Asie (Bengale, Oude, Coromandel);

2° Les indigos d'Afrique (Égypte, île de France, Sénégal);

3° Les indigos d'Amérique (Guatémala, Caraque, Mexique, Brésil, Caroline, Antilles).

Les trois variétés les plus estimées sont le Java, le Bengale et le Guatémala.

Indigos Java. — Ils se distinguent, en général, par la grande pureté de leur matière colorante; ils renferment le minimum de matière organique extractive. Si, malgré cela, ils n'atteignent pas toujours une forte teneur en indigotine, cela tient à la présence de substances siliceuses minérales, mélangées à la pâte. Leur pâte est molle; ils happent à la langue; densité faible; couleur bleu pur, tendre et cendré dans les sortes les moins riches, et d'un magnifique bleu violet dans les qualités supérieures; ces dernières prennent aussi un beau cuivré par le frottement à l'ongle. Ils se placent sans contredit au premier rang parmi tous les indigos, au moins sous le rapport de la finesse et de la beauté, si ce n'est pour la teneur en indigotine. Ils sont très-propres à servir à la fabrication du carmin d'indigo. Aussi sont-ils recherchés pour cet usage. Ils se présentent généralement en carreaux aplatis ou cubiques et arrivent en petites caisses de 20 à 60 kilogrammes.

Indigos Bengale. — C'est l'indigo par excellence, car c'est dans cette espèce que l'on trouve les qualités les plus variées, depuis les plus belles et les plus riches jusqu'aux plus ordinaires. L'indigo Bengale arrive ordinairement, quand il n'a pas été modifié par une avarie quelconque, sous la forme de gros morceaux prismatiques, emballés dans des caisses en bois de la contenance de 130 à 140 kilogrammes. Les qualités supérieures sont d'un bleu violet foncé, à pâte fine et unie; ils happent à la langue, se laissent facilement pulvériser et prennent un beau cuivré sous le frottement de l'ongle. Leur cassure fraîche offre un magnifique reflet bleu pourpré. Leur teneur en indigotine ne dépasse cependant pas 72 p. °/₀. Viennent ensuite les indigos violet-rouge, à ton pourpre, à cassure plus unie et plus luisante; ils sont plus denses et plus durs. Le ton rougeâtre dérive de la présence d'une plus grande quantité de matière extractive brune et rouge. Ces qualités ne sont pas à dédaigner. C'est parmi elles que l'on trouve d'ordinaire les indigos donnant les meilleures cuves. Il semble, en effet, que le brun et le rouge d'indigo jouent un certain rôle dans la teinture en cuve; probablement il se dissout et se fixe sur tissu en même temps que l'indigotine, pour renforcer la nuance. Le fait est que la plupart des teinturiers préfèrent les indigos rouges aux autres. On rencontre aussi parmi les bengales l'espèce bleu clair, moins riche en matière colorante, mais aussi plus exempte de substances extractives. L'impureté est constituée par des matières minérales. Elle est moins dense, happe fortement à la langue et ne prend pas autant de cuivré que les espèces précédentes. Les plus mauvaises qualités de Bengale, comme dans toute espèce d'indigo, sont les bleus clairs tirant sur le grisâtre ou le verdâtre. Cette coloration dénote la présence d'une grande quantité de matière extractive, différente du brun d'indigo qui caractérise les variétés rouges. Ces indigos sont durs, denses, happent peu ou point à la langue et ne prennent pas de reflets cuivrés. Les connaisseurs habiles admettent jusqu'à 43 variétés d'indigo Bengale. Les plus importantes, se classant dans l'une des trois catégories mentionnées plus haut, sont :

1° Indigo bleu surfin, léger ou flottant. Pierres cubiques ou carreaux de 5 à 8 centimètres de côté. Couleur bleu vif, léger, friable, spongieux, adhérent à la langue, doux au toucher, cuivrant sous l'ongle. Pâte nette et pure.

2° Indigo fin bleu. Comme le précédent. Couleur un peu moins vive.

3° Indigo bleu violet. Un peu moins léger et friable. Nuance bleu violacé.

4° Indigo surfin violet.

5° Indigo surfin pourpre.

6° Indigo fin violet.

7° Indigo bon violet.

8° Indigo violet rouge.

9° Indigo violet ardoise.

10° Indigo bon rouge tendre.

11° Indigo bon rouge.

12° Indigos fin cuivré, bon cuivré, cuivré ordinaire, bas cuivré.

*Indigos d'Oude ou de Coromandel.* — Fabriqués dans une province intérieure de l'Indoustan, en pierres dures et peu cassantes. Pesants, se rapprochent des moyennes qualités de bengales. On les distingue en violet, cuivré, ordinaire.

*Indigos Manille.* — Légers, en pierres cubiques ou en carreaux plats, ou en morceaux irréguliers. Bleu clair franc; pâte fine. Ils font effervescence avec les acides (carbonate de chaux). Ils rendent peu en teinture et sont plus particulièrement employés à l'azurage. Leur pauvreté dérive de la présence d'une terre légère incorporée à la pâte. Caisses de 50 à 60 kilogrammes.

*Indigos Madras.* — Fin bleu, bleu-violet mélangé, ordinaire. Caisses de 80 à 90 kilogrammes. Moins riches, aussi légers que les bengales; happent peu à la langue. Carreaux cubiques, offrant l'empreinte de la toile sur laquelle reposait la pâte avant la dessiccation.

Indigos d'Amérique. — *Guatémala.* — Ils sont ordinairement en petits morceaux irréguliers de forme et de grandeur et arrivent en surons de peau ayant à peu près la demi-contenance des caisses du bengale. Exception faite de cette forme extérieure complétement différente, ces indigos se rapprochent beaucoup de ceux du Bengale. On y rencontre les mêmes qualités, seulement elles sont souvent plus mélangées. Le bleu clair léger est plus rare et, quand on le rencontre, il est plus pauvre en matière colorante. Dans cette espèce, il faut se tenir en garde des rouges, qui contiennent souvent une forte proportion de matière extractive brune. Il n'est pas rare de trouver, parmi les guatémalas, de très-beaux échantillons bleu-violet, le cédant à peine aux plus riches bengales. Malheureusement cette marchandise supérieure est ordinairement mélangée à des espèces inférieures. On les distingue en :

*Indigo Guatémala flor.* — Bleu vif; pâte unie, tendre, légère.

*Indigo Guatémala sobresaliente.* — Moins léger, pâte plus ferme, bleu moins beau.

*Indigo Corte.* — Pâte plus ferme, plus pesante; couleur rouge cuivré.

*Caraques.* — Ressemblent beaucoup aux guatémalas; leurs qualités ou espèces se désignent par des noms analogues. Arrivent en surons de 60 à 70 kilogrammes.

En général, ils sont moins estimés que les précédents.

*Mexiques.* — Tiennent un rang intermédiaire entre les guatémalas et les caraques.

*Brésils.* — Petits parallélipipèdes rectangulaires ou morceaux irréguliers, à cassure nette, pâte ferme, rouge cuivré plus ou moins vif. D'un gris verdâtre à l'extérieur.

*Carolines.* — Petits carreaux, gris à l'extérieur. Ils sont bien supérieurs aux précédents.

Indigos d'Afrique. — *Égypte.* — Fabriqués depuis vingt-cinq ans environ. Carreaux plats, pâte fine, assez légère, violet tirant sur le bleu ou bleu pur. On les distingue en bon violet et rouge, ou en fin bleu.

*Indigos de l'île de France et du Sénégal.* — Rares dans le commerce; généralement de bonne qualité.

Les indigos de qualités inférieures caractérisés par une couleur sale tirant plus ou moins sur le verdâtre, par une pâte grossière, inégale, très-dure, ne happant pas à la langue et ne cuivrant pas par le frottement, ne sont jamais employés avec avantage, même malgré leur bas prix. Il faut, dans ce cas, se guider uniquement d'après les résultats de l'analyse. Ainsi, on rencontre dans le commerce des échantillons dont la richesse en indigotine ne dépasse pas 12 à 14 p. %. La présence d'une aussi forte proportion de matières étrangères entrave la réduction de l'indigotine; ces substances en s'ajoutant aux dépôts des cuves occasionnent des pertes de matières colorantes. Dans tous les cas, il faut rejeter ces indigos dans le montage des cuves à froid, servant à la teinture du coton et du lin. Ce sont les variétés moyennes de Bengale et de Guatémala et surtout les variétés rouges qui donnent pour cette application les résultats les plus avantageux. Les qualités inférieures dont on vient de parler offrent moins d'inconvénients pour le montage des cuves à chaud, employées dans la teinture des laines, et c'est même là leur principal usage. Dans l'impression, les espèces supérieures et moyennes sont aussi à rechercher. Outre les dénominations précédemment énumérées, fondées sur le pays de fabrication, la couleur et les propriétés physiques de l'indigo, on se sert encore dans le commerce de diverses expressions, telles que :

Indigo sablé (contenant des matières terreuses);

Indigo rubané (offrant des différences de coloration disposées par bandes);

Indigo piqueté (couleur pointillée);

Indigo brûlé (l'indigo se réduit en fragments noirs, sous la pression de la main);

Indigo grand cassé (les carreaux ont été brisés en plusieurs gros fragments);

Indigo demi-pierré (les carreaux sont brisés en deux);

Indigo en grabeaux (les carreaux sont brisés en petits fragments);

Indigo froid (ne happe pas à la langue).

Appréciation de la richesse et de la pureté des indigos. — Le prix élevé de l'indigo étant un puissant appât pour la fraude, le consommateur a un grand intérêt à déterminer la richesse et le degré de pureté de la matière première qu'il emploie. Il ne suffit pas de rechercher, par un procédé aussi exact que possible, la proportion d'indigotine correspondant à 100 grammes d'indigo essayé; mais il faut encore tenir compte de la dureté, de la densité, de la nature des matières étrangères qui accompagnent l'indigotine, et amener tous ces éléments en ligne de compte, pour juger si le produit est propre ou non à l'application spéciale à laquelle on le destine. L'essai chimique sera donc précédé d'un examen physique. On choisit, à cet effet, différents morceaux dont on compare attentivement la cassure fraîche. On recherchera si les derniers carreaux sont semblables aux premiers, si les parties d'un même morceau offrent la même teinte. D'autre part, on apprécie la porosité en appliquant la cassure fraîche sur la langue mouillée. Plus il y aura rapidement adhérence, plus l'indigo sera poreux. En frottant avec l'ongle, on détermine la propriété du cuivrage. Une pesée rapide, faite par la méthode du flacon, permet de juger de la densité. D'après l'ensemble de ces caractères, on peut déjà, avec un peu de pratique, se faire une idée exacte de la valeur d'un indigo; il est même bon nombre de teinturiers qui se contentent toujours de cet examen physique. Cependant les plus expérimentés sont sujets à se tromper, et le dosage de l'indigotine est une donnée nécessaire à acquérir. A égalité de teneur en indigotine, il faut préférer les produits à pâte légère et molle, et pour le montage des cuves on emploiera le violet rouge plutôt que le bleu clair.

DOSAGE DE L'INDIGOTINE. — On a proposé un grand nombre de procédés de dosage pour l'indigotine. Quelques-uns sont trop longs ou ne donnent pas d'indications suffisamment exactes; nous ne ferons que les indiquer et nous donnerons avec quelques détails les méthodes les plus pratiques.

1° Le poids d'indigotine est déterminé directement en épuisant une quantité connue d'indigo par l'eau, les acides et les alcalis étendus et en retranchant du poids du résidu celui des substances minérales obtenu par une incinération consécutive. On se fonde dans ce cas sur l'insolubilité de l'indigotine dans ces divers véhicules, qui enlèvent au contraire les substances étrangères.

2° Pungh propose de monter une cuve à la couperose et à la chaux avec 30 grammes d'indigo séché. On décante le liquide clair; le dépôt est repris pour une seconde réduction. Les solutions réunies sont oxydées et précipitées par un acide. L'indigotine séparée est recueillie filtrée et pesée. On peut aussi teindre dans la cuve un poids donné de tissu et juger de la richesse par l'intensité de la nuance.

3° Mittenzwei [*Journ. für prakt. Chem.*, t. CXI, p. 81] propose de réduire l'indigo par un alcali et un sel ferreux, de recouvrir le liquide d'une couche d'huile de pétrole, d'en prendre un volume connu au moyen d'une pipette courbe et de l'introduire dans une éprouvette contenant un volume mesuré d'oxygène, sur la cuve à mercure. La quantité de gaz absorbée permet de calculer le poids de l'indigotine, sachant que 1 gramme de ce corps exige, pour passer de l'état blanc au bleu, 45 centimètres cubes d'oxygène. Cette méthode, qui peut fournir des résultats exacts si elle est conduite par une main expérimentée, ne trouverait pas place dans les ateliers.

Les autres méthodes reposent toutes sur une dissolution préalable de l'indigo à essayer dans l'acide sulfurique. On détermine alors, non plus l'indigotine, mais l'acide sulfindigotique formé. Cette dernière phase de l'opération varie d'un procédé à l'autre. Tantôt on juge de la richesse par l'intensité de la nuance de la solution d'acide sulfindigotique, toujours ramenée au même volume (essai au colorimètre, méthode de M. Houton-Labillardière); ou bien on teint un poids connu de laine dans un bain monté avec le sulfate d'indigo.

Il nous reste à parler des méthodes où l'acide sulfindigotique est déterminé par une liqueur titrée oxydante (chlore, chlorure de chaux, bichromate de potasse, hypermanganate de potasse, etc.). Le point limite est facile à saisir; il est accusé par la destruction totale de la couleur bleue de la substance à doser. Si le liquide normal est susceptible de se conserver, il suffit de déterminer une fois pour toutes la valeur en indigotine. Dans le cas contraire, il conviendra toujours, comme le prescrit H. Schlumberger, d'opérer simultanément avec des poids égaux d'indigo à essayer et d'indigotine pure.

*Procédé H. Schlumberger.* — On pèse exactement 1 gramme de chacun des indigos à essayer, desséchés à 100° et réduits en poudre fine, et 1 gramme d'indigotine pure obtenue en recueillant la fleurée des cuves qu'on lave à l'eau acidulée, puis à l'eau pure. La substance est mélangée dans une petite capsule, avec 12 grammes d'acide sulfurique fumant; on recouvre d'une plaque en verre et on abandonne le tout, pendant 24 heures, à la température de 20° à 22°. Le produit est étendu d'eau, de manière à former 1 litre. On mesure 50 centimètres cubes de cette solution, au moyen d'une pipette jaugée, et on les met dans un verre à pied; puis, au moyen d'une pipette convenablement divisée, on laisse couler dans le liquide bleu, par portions successives de 2$^{cc}$,5, une solution de chlorure de chaux à 1° Baumé, en s'arrêtant lorsque la dernière addition a produit la destruction totale de l'acide sulfindigotique. Pour apprécier l'excès de chlore ajouté, on verse avec une burette, goutte à goutte, la solution sulfurique d'indigo, jusqu'à apparition d'une teinte verdâtre. Supposons que 5 centimètres cubes de chlore aient décoloré ainsi exactement 59 centimètres cubes de sulfate d'indigo (50 centimètres cubes primitivement employés, plus 9 centimètres cubes ajoutés avec la burette, pour restituer le jaune verdâtre); il convient de vérifier ce résultat par un essai nouveau fait dans les rapports trouvés. D'un autre côté, on détermine le volume de sulfate d'indigo préparé avec l'indigotine, correspondant de même 5 centimètres cubes de chlore, soit, par exemple, 46 centimètres cubes. Une simple proportion donnera le poids d'indigotine. On a en effet 46 centimètres cubes d'indigotine sulfurique = 59 centimètres cubes indigo sulfurique; 59 centimètres cubes contiennent donc 0,046 indigotine, d'où 1 gramme indigo contient

$$x = \frac{46}{59}.$$

Le procédé de M. Schlumberger offre quelques inconvénients. La solution de chlorure de chaux ne garde pas son titre; il est impossible d'éviter des pertes de chlore, au moment du mélange de la solution d'hypochlorite avec le liquide acide. M. Penny a proposé l'emploi du bichromate de potasse. Lorsqu'on soumet de l'indigo bien broyé à l'action de l'acide sulfurique fumant, les matières étrangères sont carbonisées et restent sur le filtre, après addition d'eau, tandis que l'indigotine devient soluble. Cette solution, additionnée d'acide chlorhydrique et chauffée, se décolore ou devient jaune par le bichromate de potasse; l'acide sulfindigotique passant à l'état d'acide sulfisatique, on a

$$3(C^8H^5AzO.SO^3) + 8HCl + Cr^2O^7K^2$$
$$= 3(C^8H^5AzO^2.SO^3) + 4H^2O + 2ClK + Cr^2Cl^6.$$

Aussi longtemps qu'il reste de l'indigotine non oxydée, l'action du bichromate se porte exclusivement sur elle. D'après cela, 3 molécules ou 393 d'indigotine exigent 1 molécule ou 297,2 de bichromate. 100 p. d'indigotine exigent donc 75,6 de bichromate. La préparation des solutions sulfuriques d'indigo se fait avec 1 gramme, comme dans la méthode de H. Schlumberger. La solution titrée de bichromate doit en contenir 7$^{gr}$,66 par litre. Un centimètre cube de cette liqueur correspond à 10 centimètres cubes d'une solution d'indigotine pure à 1 gramme par litre, c'est-à-dire à 0,01 d'indigotine. Ainsi, dans l'essai on pourra admettre autant de centigrammes d'indigotine que l'on aura employé de centimètres cubes de solution chromique. On mesure 100 centimètres cubes de solution sulfurique d'indigo, que l'on amène à une douce ébullition, dans une capsule en porcelaine;

on ajoute 10 centimètres cubes d'acide chlorhydrique, puis, avec la burette, on verse le bichromate, en ayant soin d'arrêter au moment où la nuance verdâtre disparaît et fait place au jaune-orangé. La limite est délicate à saisir; le premier essai ne donne qu'un résultat approximatif qui devra être contrôlé par un second. Il est évident que le nombre $x$ dixièmes de centimètres cubes de solution chromique donnera immédiatement la quantité pour 100 d'indigotine. Dans la préparation de la dissolution sulfurique, il faut opérer sur une poudre impalpable, représentant réellement une moyenne exacte de l'indigo à essayer.

COMPOSITION IMMÉDIATE DE L'INDIGO. — Les substances étrangères qui accompagnent l'indigotine dans l'indigo sont ou naturelles ou artificiellement introduites.

Parmi les premières, nous avons :

1° L'eau d'hydratation variant de 3 à 6 p. °/₀, facile à déterminer par la dessiccation à 100° d'un poids connu de matière;

2° Des sels de diverses natures : phosphates et carbonates de chaux et de magnésie, sulfate et chlorure de potassium, silice, oxyde de fer, calcaire en proportion variable (3-20 p. °/₀). L'incinération ménagée dans un creuset de platine, la perte et l'analyse du résidu permettent de résoudre toutes les questions relatives aux substances minérales;

3° Des matières organiques brunes et rouges, insolubles dans l'eau, mais solubles dans divers véhicules, tels que l'acide acétique bouillant, l'alcool, l'éther, les alcalis caustiques. Berzelius signale encore la présence du gluten soluble dans les acides étendus.

Les produits que l'on ajoute frauduleusement sont très-nombreux et dépendent de l'esprit plus ou moins fécond des sophisticateurs. On a mentionné : la fécule, les résines, le campêche, le bleu de Prusse, des terres colorées artificiellement en bleu. Rien n'est plus facile que de découvrir ces mélanges, en tenant compte des caractères de chacun des corps précédents. La fécule se change en sucre par l'ébullition avec l'acide sulfurique étendu. La résine est soluble dans l'alcool; le campêche se dissout dans l'eau en rouge, sous l'influence de l'acide oxalique, et le liquide précipite en bleu par l'aluminate de soude. Le bleu de Prusse donne du cyanure jaune avec les alcalis. Les substances minérales se reconnaissent à l'incinération.

DÉRIVÉS SULFURIQUES INDUSTRIELS ET COMMERCIAUX DE L'INDIGO, CARMIN D'INDIGO, BLEU POURPRÉ OU BLEU BOILEY. — Dans la teinture et l'impression de la laine et de la soie, pour l'azurage et quelquefois aussi dans l'impression du coton, on utilise la propriété que possède l'indigotine de s'unir aux éléments de l'acide sulfurique, pour constituer des composés bleus solubles, dont la teinte diffère de celle fournie par l'indigo, et qui, en raison de leur stabilité, sont plus faciles à manier. On se servait autrefois uniquement de la dissolution d'indigo dans l'acide sulfurique. Une semblable liqueur, outre qu'elle est fortement acide par suite de la présence d'un excès d'acide sulfurique, contient encore les matières brunes et résineuses de l'indigo naturel. Les proportions respectives d'indigo et d'acide variaient d'une fabrique à l'autre. Les uns faisaient usage d'acide à 66°; d'autres d'acide fumant, ou d'un mélange des deux. Suivant le dosage, la durée du contact et la température, on obtenait tantôt l'acide sulfindigotique ou l'acide sulfophénicique ou les deux corps simultanément. Comme la teinte fournie par ces dérivés n'est pas la même, on comprend que, suivant les effets à réaliser, tel fabricant préférait telle ou telle recette.

M. Persoz indique la formule suivante : 1 kilogramme indigo finement broyé; 1 kilogramme acide sulfurique de Saxe; 1 kilogramme acide sulfurique ordinaire. Abandonner quarante-huit heures, puis chauffer au bain-marie jusqu'à ce qu'une goutte versée dans l'eau s'y dissolve sans produire de précipité. On laisse refroidir, puis on étend l'eau de manière à amener à 18° Baumé. Haussmann employait 6,5 p. d'acide pour 1 p. d'indigo. D'autres fois on ajoute par petites portions à la fois 1 p. d'indigo en poudre à 5 ou 6 p. d'acide concentré. On laisse un à deux jours, puis on verse dans 20 fois son poids d'eau et on filtre. M. Marnas préparait un bain épuré en enlevant la matière colorante par de la laine. Celle-ci est ensuite lavée et traitée par un bain alcalin faible qui redissout le bleu. Un semblable bain épuré sert surtout à la teinture de la laine.

On remplace généralement, de nos jours, la dissolution d'indigo ou le bleu de Saxe par une préparation connue sous le nom de *carmin d'indigo*, d'*indigo soluble*, d'*indigo carmin*, *céruléine*, *céruléo-sulfate d'indigo* précipité. L'obtention de ce produit, qui n'est qu'un sulfindigotate ou un sulfopurpurate alcalin (soude), repose sur l'insolubilité presque absolue des sulfindigotates alcalins dans un liquide chargé d'un sel. Si l'on a dissous, par exemple, 1 p. d'indigo dans 4 p. d'acide fumant et si l'on a étendu le liquide de 60 à 80 fois son pesant d'eau, celui-ci contiendra, outre le dérivé indigotique, un excès d'acide sulfurique. En ajoutant des cristaux de soude (11 à 11,5 p.) de manière à neutraliser le bain, on formera non-seulement du sulfindigotate de soude, mais encore du sulfate. La présence de ce dernier sel détermine alors la précipitation du sulfindigotate en flocons bleu foncé. On recueille ceux-ci sur un filtre, et on lave plus ou moins. Ce carmin est livré en pâte, qui prend un état cuivré par la dessiccation, d'autant plus que l'acide sulfophénicique y domine.

Les carmins en pâte contiennent souvent, comme impureté, une matière verte, sale, possédant la singulière propriété de se fixer sur soie et non sur laine.

Un bain de carmin acidulé, épuisé par de la laine mordancée en alun et crème de tartre, retient ce produit. Ce moyen peut servir à déceler l'impureté. Un semblable carmin mis en tas sur une feuille de papier joseph offrira au bout de quelque temps une auréole verte.

Suivant leur richesse, on divise les carmins en : carmin simple (4,96 °/₀ d'indigo; eau, 89; matières salines, 5,7); carmin double (10,2 °/₀ d'indigo; eau, 85; sels, 4,8); carmin triple (12 °/₀ d'indigo; eau, 73,7; sels, 13,9). Le carmin en pâte se recouvre facilement d'efflorescences salines.

D'après Pohl, on évite cet effet en y incorporant 3 à 4 °/₀ de glycérine.

Les carmins desséchés sont bleus et portent le nom d'indigotine.

M. Watson (brevets anglais, 1850) prépare un carmin solide en versant sur 2 p. de chlorure de sodium le produit de la dissolution de 1 p. indigo dans 6 p. acide sulfurique; on chauffe à la vapeur et on remue jusqu'à ce qu'il ne se dégage plus d'acide chlorhydrique.

Le bleu pourpré de M. Boilley est une espèce de carmin solide obtenu dans des conditions particulières. On fond 10 à 20 p. de bisulfate de soude sec dans un vase en fonte et on ajoute petit à petit 1 p. d'indigo. La masse se boursoufle. On continue à chauffer jusqu'à ce qu'un échantillon prélevé se dissolve en violet dans l'eau. Le produit de la réaction est délayé dans 70 à 80 fois son poids d'eau; on ajoute 2 p. de sel marin pour 1 p. de mélange sec. Le précipité est recueilli, lavé à l'eau salée et séché. Ce bleu se présente sous forme d'une masse cristalline pourprée, assez claire, soluble en beau bleu violet. Ce produit se dissout dans l'acide acétique cristallisable bouillant et se dépose par le refroidissement en beaux prismes cuivrés assez volumineux.

L'essai d'un carmin peut se faire par voie de teinture. On teint un échantillon de laine dans un bain acidulé et additionné de crème de tartre.

APPLICATION DE L'INDIGO ET DE SES DÉRIVÉS. — L'indigo ne peut être employé qu'après avoir été réduit en poudre impalpable. Le broyage à l'eau est plus commode qu'à sec : il évite la déperdition d'une certaine quantité de substance sous forme de poussière. Cependant, lorsque l'indigo est destiné à la préparation du carmin, on ne peut le broyer qu'à sec. On réduit l'indigo en pâte soit à la main, soit mécaniquement. Avant tout, on le trempe pendant quelque temps pour le ramollir. A cet effet, on met l'indigo dans un baquet, on y verse de l'eau chaude en quantité suffisante pour le baigner, on couvre et on abandonne le tout. Il faut environ 15 litres d'eau pour 10 kilogrammes d'indigo.

Beaucoup de petits teinturiers opèrent le broyage à la main et emploient l'appareil suivant : il se compose d'une grande capsule en cuivre de $0^m,70$ de diamètre, munie de poignées à son bord supérieur. L'ouvrier, placé à califourchon sur un banc, tient la capsule devant lui. On y introduit trois grosses boules en fonte, l'indigo ramolli et la quantité suffisante d'eau. En imprimant à la bassine un mouvement d'oscillation circulaire, on force les boules à suivre le mouvement et à broyer l'indigo. Les appareils mécaniques broient plus vite et plus économiquement. Un des meilleurs est formé d'un tambour tournant autour de son axe horizontal et contenant deux rangées de petits cylindres en fonte, l'une de trois pièces, l'autre de deux, occupant chacune la longueur du tambour. Les lignes de tangence des cylindres avec la surface interne du tambour étant plus larges que celles des cylindres entre eux, ces derniers sont entraînés dans un mouvement en sens inverse de celui du tambour et il s'effectue entre les deux jeux de cylindres un frottement du plus grand effet.

L'industriel qui veut appliquer l'indigo à la coloration des fibres textiles doit, avant tout, le dissoudre.

Jusqu'à présent on ne connaît que deux procédés pour atteindre ce but : la réduction et l'action de l'acide sulfurique concentré.

Le premier permet la régénération de l'indigotine; la teinture étant terminée, c'est réellement de l'indigotine qui adhère à la fibre. Par le second moyen, la matière colorante est engagée dans une combinaison d'où on ne peut plus la séparer. C'est réellement une autre substance douée de nouvelles qualités et dont l'emploi constitue un genre spécial.

*Fixation de l'indigo par voie de réduction.* — On détermine la dissolution de l'indigotine en y fixant de l'hydrogène par voie de réduction et en combinant l'indigo blanc formé à un alcali ou à une terre alcaline. Sous cette forme, l'indigotine peut pénétrer la fibre; ultérieurement oxydée, elle redevient insoluble et se trouve emprisonnée dan les pores de la fibre et fortement adhérente. Cette réaction peut être diversement utilisée pour la teinture ou l'impression. La dissolution d'indigo réduit est effectuée d'avance dans une cuve ou dans une chaudière; le tissu est immergé dans le bain, où il se charge d'indigo blanc, puis on l'expose à l'air pour oxyder (bleu cuvé). La dissolution préparée d'avance est imprimée ou appliquée au pinceau sur quelques parties seulement du tissu (bleu de pinceau), puis on oxyde. L'indigo blanc est précipité sous forme de pâte en combinaison avec un oxyde métallique énergiquement réducteur (protoxyde d'étain) qui empêche sa réoxydation trop rapide. La pâte épaissie est imprimée et le tissu est passé dans un bain alcalin (soude, chaux) qui déplace l'oxyde d'étain et forme une combinaison soluble d'indigo réduit. Celle-ci peut alors pénétrer la fibre et donner lieu à une teinture solide après une réoxydation (bleu solide). Certains fabricants pensent, probablement avec raison, que l'oxyde stanneux joue un rôle très-effacé dans ce genre d'impression. On réussit, en effet, aussi bien en appliquant de l'indigo blanc en pâte et en le dissolvant, puis réoxydant sur place.

Quelquefois on imprime de l'indigo bien broyé et on place le tissu dans les conditions convenables pour réduire, dissoudre et réoxyder l'indigotine aux endroits mêmes où elle a été déposée (bleu faïencé).

*Réduction en cuve pour la teinture.* — Dans la teinture du coton et du fil, on réduit généralement l'indigo au moyen de la chaux et du sulfate de fer. La chaux offre l'avantage de donner des cuves plus stables que les alcalis caustiques. Elles s'oxydent moins rapidement au contact de l'air. La rapide altération des cuves à la soude constitue une des principales raisons qui en défendent l'emploi dans la teinture des fils et des tissus, et proscrit par contre-coup l'usage de réducteurs plus avantageux que l'hydrate ferreux, mais n'opérant que sous l'influence des alcalis. De plus, la combinaison calcique d'indigo blanc cède plus facilement à la fibre végétale sa matière colorable, par attraction de porosité, que ne le ferait la combinaison correspondante de soude. L'épuisement du bain à froid est donc plus régulier.

Le vitriol vert employé dans le montage d'une cuve doit être exempt de sulfate de cuivre et de sulfate basique de peroxyde. La chaux doit être pure et bien éteinte, l'indigo finement broyé. La réaction s'effectue à froid, mais elle est favorisée par une légère élévation de température. Quant aux proportions employées, elles sont très-variables, et dans chaque établissement on trouve d'autres règles admises. Si la cuve doit servir à la teinture, il convient d'exagérer les proportions de chaux et de sulfate ferreux indiquées par la théorie. L'excès de chaux et d'hydrate ferreux restés dans le dépôt sert à réparer, chaque fois que l'on remue, les pertes éprouvées par l'oxydation au contact de l'air.

Les proportions généralement employées par les teinturiers sont :

| | | |
|---|---|---|
| Indigo | 1 p. | ou 2 p. |
| Sulfate ferreux cristallisé | 3 | 5,5 |
| Chaux vive (éteinte avec soin avant le mélange) | 3 | 6,5 |

Pour une cuve de laboratoire ou pour une cuve destinée à être précipitée pour l'impression, on peut employer : indigo, 1 p., sulfate ferreux, 2 p.; chaux vive, 3 p.

Généralement on mélange l'indigo en pâte avec le lait de chaux et on ajoute peu à peu, en remuant, la dissolution de sulfate ferreux. De cette manière, l'indigo blanc rencontre, à mesure qu'il se forme, un excès de chaux pour le dissoudre; ou bien on délaye l'indigo dans la dissolution ferrugineuse, et on verse peu à peu le lait de chaux.

La réduction doit toujours s'opérer en présence d'une petite quantité d'eau; on laisse en repos pendant quelques heures en remuant (palliant) de temps à autre, jusqu'à ce que la couleur jaune olivâtre de la masse annonce une réduction parfaite : elle est alors prête pour le montage de la cuve.

D'après Schwartzenberg, le liquide contient de l'indigotine réduite, un peu de rouge d'indigo et tout le gluten, avec des traces de brun. Le dépôt contient, au contraire, le brun d'indigo uni à la chaux, beaucoup de rouge, peu de gluten, un peu d'indigotine, du sulfate de chaux, etc. La cuve se compose ordinairement d'un grand cuveau en bois ou d'une citerne en maçonnerie ou ciment enfoncés en terre, les bords ne dépassant la surface du sol que de 0m,40 à 0m,50. Leur profondeur est suffisante pour que la pièce tendue sur le cadre et immergée dans le sens de sa largeur reste encore à une certaine distance du dépôt. La pièce est tendue sur un appareil nommé *champagne*, composé d'un montant qui porte à ses deux extrémités deux étoiles à six ou huit branches ou bras; l'une est mobile sur cet arbre au moyen d'une vis de rappel. Les bras sont garnis à la partie interne de crochets servant à fixer la pièce qui est ensuite tendue au moyen de la vis. Dans beaucoup d'établissements, en Angleterre notamment, on fait usage de petites cuves pouvant teindre à la fois une pièce de 50 mètres. D'autres fabricants travaillent avec des cuves plus grandes. La disposition des cadres est alors différente. On emploie aussi un système continu. On plonge dans la cuve, qui est rectangulaire, un cadre portant en haut et en bas une série de roulettes sur lesquelles on peut passer la pièce au large; au sortir de la cuve, on la conduit au-dessus d'un moulinet afin d'oxyder, de déverdir.

La cuve se monte comme il suit : elle est remplie aux trois quarts d'eau, puis on y verse de la chaux éteinte et du sulfate ferreux, afin de désoxygéner l'eau. On ajoute la quantité suffisante d'indigo réduit par la méthode décrite plus haut. On remue plusieurs fois et on laisse déposer: la cuve est alors prête à servir. Pour la maintenir en bon état, on la remue chaque jour, afin de déterminer la réduction et la dissolution de la matière colorante oxydée pendant le travail de la journée. On ajoute, de plus, une certaine dose d'indigo réduit pour réparer les pertes. De temps à autre on ajoute de nouvelles quantités de vitriol et de chaux. Lorsque l'accumulation progressive du dépôt nécessite la vidange de la cuve, on l'épuise complétement ou bien on précipite l'indigo qui reste en solution. A cet effet, le liquide clair et les dépôts sont pompés dans de grands cuviers en bois; on étend de beaucoup d'eau. Par des additions convenables de vitriol et de chaux, on amène à dissolution toute l'indigotine. Après repos, on laisse couler la partie claire dans un appareil où elle est agitée au contact de l'air. On ajoute de l'acide chlorhydrique et on recueille l'indigotine sur des filtres.

La teinture du calicot et du coton en écheveau, celle des fils et tissus de lin et de chanvre se fait à froid dans la cuve à la couperose.

Les bleus unis s'obtiennent par simple immersion dans la cuve suivie d'une exposition suffisante à l'air (déverdissage). Les gradations de nuances, depuis le bleu le plus clair jusqu'à celui qui paraît presque noir, s'obtiennent en variant la force de la cuve et le nombre ainsi que la durée des immersions.

Ce dernier élément exerce une grande influence sur la dose d'indigotine fixée. Il est bon de mouiller préalablement le tissu avec de l'eau afin d'arriver à une pénétration plus régulière et à une nuance plus unie. La pièce doit toujours rester exposée à l'air pendant un temps égal à celui de la trempe précédente. La durée d'une trempe peut varier de 5 à 15 minutes. Pour avoir des teintes unies et solides, on doit commencer par des cuves faibles et donner les immersions suivantes dans des bains de plus en plus forts. Après les cuvages et déverdissages, on passe en acide sulfurique à 1 ou 2 degrés Baumé.

Pour obtenir des dessins blancs sur fond bleu cuvé, on peut procéder par *enlevage* ou par *réserve*. — La réserve est une préparation qui s'imprime sur le tissu avant le cuvage et qui doit s'opposer à la fixation locale de l'indigotine. Les réserves sont tantôt mécaniques, c'est-à-dire qu'elles s'opposent par imperméabilité à la teinture (terre de pipe, cire), tantôt chimiques. Ces dernières agissent soit en raison de leurs propriétés acides, soit comme oxydants en déterminant la précipitation de l'indigotine avant que celle-ci ait touché la fibre et pénétré dans les pores (sels de cuivre). La réserve blanche la plus généralement employée est composée avec de la terre de pipe, de la gomme, du vert-de-gris et du sulfate de cuivre.

| Réserve pour : | Gros bleu. | Bleu moyen. |
|---|---|---|
| Eau | 4 litres. | 4 litres. |
| Sulfate de cuivre | 1k,260 | 500 gram. |
| Acétate de cuivre | 500 gram. | 250 |
| Azotate de cuivre | 375 | 510 |
| Alun | 240 | 240 |

Après l'impression, on sèche et on cuve. Le tissu est nettoyé au bain tiède d'acide sulfurique à 2° Baumé. Si, au lieu d'imprimer une réserve blanche ordinaire comme celles ci-dessus, on y ajoute de l'acétate ou du nitrate de plomb, le passage en cuve déterminera la fixation d'une certaine dose d'oxyde de plomb; après la teinture en bleu, il suffira de passer le tissu d'abord dans un bain d'acide sulfurique, pour transformer l'oxyde de plomb en sulfate et enfin de teindre en bichromate pour avoir un jaune ou un orangé de chrome parfaitement encadré de bleu.

Dans le genre enlevage on commence par fabriquer des fonds bleus unis et l'on détruit l'indigo sur place au moyen d'agents oxydants énergiques. Ainsi on plaque le tissu cuvé en bichromate, et après dessiccation à l'ombre on imprime une préparation acide susceptible de mettre l'acide chromique en liberté et de lui permettre d'agir sur le bleu sous-jacent.

*Préparation pour enlevage.* — Foularder le tissu dans la solution suivante :

| | |
|---|---|
| Eau | 2 litres. |
| Chromate jaune | 500 gram. |

Sécher et imprimer la préparation suivante :

| | |
|---|---|
| Acide tartrique | 3 kilog. |
| Acide oxalique | 250 gr. |
| Amidon grillé | 4 kilog. |
| Acide azotique | 500 gr. |
| Eau | 4 litres. |

On réalise de très-beaux enlevages en plaquant le tissu bleu en ferricyanure de potassium, en imprimant une couleur à la soude caustique et en vaporisant.

*Cuvage des laines et soies.* — L'application de l'indigo sur laine se fait toujours par voie de teinture à la cuve. De plus, la teinture d'un grand nombre de couleurs réclame l'application préalable d'un pied de bleu, c'est-à-dire d'une immersion en cuve d'indigo. Les laines se teignent généralement en flocons ou en écheveaux, plus rarement en tissus. Les cuvages des soies sont peu employés. Dans l'un et l'autre cas, on fait usage de cuves fonctionnant à chaud (cuves au pastel, au vouède, à l'urine, cuve d'Inde, cuve allemande, etc.).

Dans ces cuves, la réduction de l'indigo est le résultat d'une fermentation spéciale, que l'on développe au sein d'une liqueur alcaline, avec des substances azotées et des corps riches en sucre ou en substances hydrocarbonées. On sait que dans ces conditions le sucre se convertit rapidement, surtout si la température est sensiblement élevée, en acide butyrique, avec mise en liberté d'hydrogène et d'acide carbonique. On conçoit comment l'hydrogène naissant peut venir se fixer sur l'indigotine et la transformer en indigo blanc soluble dans les alcalis du bain. Les ingrédients destinés à fournir les substances hydrocarbonées fermentescibles sont le son, la garance moulue; quelquefois même on y introduit de la mélasse. La matière azotée se trouve en abondance dans le pastel, que l'on ajoute souvent en fortes proportions aux cuves de fermentation. Ce dernier produit donne aussi l'indigotine qu'il contient. Dans la cuve d'Inde, cuve à la potasse, à la soude, cuve allemande où l'on ne fait pas intervenir le pastel, la substance protéique est fournie par la garance ou le son. Les cuves montées à l'urine putréfiée sont dans des conditions analogues. Ce liquide renferme des principes azotés susceptibles à la fois de fonctionner comme ferments et de fournir l'ammoniaque nécessaire à la dissolution de l'indigo. On comprend facilement, pour peu que l'on ait étudié les phénomènes de fermentation, que le montage des cuves fondé sur ces réactions ne repose pas sur des principes aussi constants que celui des cuves à la couperose et que bien des accidents peuvent venir arrêter ou gêner le travail du teinturier inexpérimenté.

*Cuve au pastel.* — Les dimensions varient de 2 à 2m,5 de diamètre sur 3 mètres de profondeur. On y met 100 kilogr. de pastel en boule, puis on remplit la cuve avec de l'eau bouillante, on ajoute 10 kilogr. de garance, 3 à 4 kilogr. de son et 4 kilogr. de chaux vive préalablement éteinte et réduite en bouillie, quelquefois aussi on ajoute de la gaude. Après trois heures de repos, on pallie la cuve en répétant la même opération de trois en trois heures. Peu à peu il se développe une odeur ammoniacale caractéristique, il se forme à la surface une écume bleue (fleurée) avec des veines plus foncées. Le liquide agité à l'air bleuit rapidement. Ces symptômes indiquent la dissolution de l'indigotine du pastel; on ajoute alors 10 kilogr. d'indigo broyé à l'eau et on remue. Si la fermentation semble devenir trop active, ce que l'on reconnaît au dégagement gazeux, on la ralentit par une addition convenable de chaux; on l'active, au contraire, en augmentant la dose de son. Une odeur agréable, ni piquante ni fade, et une fleurée abondante sont les signes d'une bonne marche. Les premières teintures sont moins belles que les suivantes, la laine enlevant au bain certaines matières fauves, brunes ou jaunes, tenues en dissolution et fournies par le pastel, la garance et l'indigo. La laine reste immergée dans la cuve pendant deux heures, elle est sortie, déverdie à l'air et lavée. 100 kilogr. de laine emploient 8 à 12 kilogr. d'indigo. Il faut donc entretenir la cuve par des additions successives d'indigo et de chaux faites le soir. Au bout de quelques mois on épuise le bain sans additions nouvelles, et on le remonte avec de nouveaux produits.

Un autre genre de cuve au pastel se monte à peu près comme il est dit plus haut, mais on y met en plus une certaine dose de potasse. On chauffe à 95° au moyen d'un serpentin à eau chaude un mélange de 200 kilogr. de pastel et 8,000 litres d'eau. Au bout de quelques heures on ajoute 6 kilogr. d'indigo, 8 kilogr. de garance, 2 kilogr. de son, 4 kilogr. de chaux et 2 kilogr. de potasse. On pallie de trois en trois heures durant quarante-huit heures, en modérant la fermentation par des additions de chaux. Lorsque l'on observe tous les signes d'une bonne réduction, on ajoute encore 6 kilogr. d'indigo et 1 kilogr. de garance, on remue et on laisse reposer jusqu'au lendemain. La température est maintenue entre 40° et 50°. Tous les soirs après le travail on ajoute 1k,50 de garance et tous les trois jours 6 kilogr. d'indigo. Cette cuve, si elle est bien montée, peut fonctionner plusieurs mois.

La *cuve d'Inde* se monte avec du son, de la garance, de l'indigo et de la potasse. On ajoute l'indigo après avoir chauffé quelque temps à 90° le mélange d'eau, de son, de garance et de potasse. On maintient alors entre 30° et 40°, en palliant de douze en douze heures, durant quarante-huit heures environ. Le bain doit être jaune verdâtre avec des plaques cuivrées et une fleurée à la surface. Les proportions employées sont ordinairement 8 kilogr. indigo, 12 kilogr. potasse, 3k,500 son et 3k,500 garance. On entretient la cuve comme les précédentes, par des additions successives d'alcali, d'indigo et de garance. Ces cuves sont plus faciles à manier que celles au pastel, moins sujettes aux accidents et cèdent plus facilement leur matière colorante à la fibre. On peut y teindre, dans le même temps, trois fois plus de laine. Il est vrai qu'elles ne servent pas aussi longtemps et qu'au bout de trente jours il faut les remonter.

La *cuve allemande*, aussi employée dans les teintureries du nord de la France, est encore plus avantageuse que les cuves d'Inde. L'eau de la cuve est portée à 95°. On y verse vingt seaux de son, 11 kilogr. de cristaux de soude, 5k,50 d'indigo et 2k,50 de chaux vive éteinte. Au bout de douze heures, la température étant maintenue à 40° ou 50°, la fermentation commence et le liquide prend une odeur douce de son aigri, se colore en bleu verdâtre, et il se dégage des bulles de gaz.

De temps à autre on remet de l'indigo, de la soude et de la chaux, dans les proportions indiquées ci-dessus, ainsi que de la mélasse, 3 à 4 k.; au bout du troisième jour la cuve est apte à travailler. L'emploi de la soude est plus économique que celui de la potasse. La cuve allemande peut fonctionner très-longtemps (deux ans).

Les cuves de fermentation, et particulièrement celles au pastel, sont sujettes à des maladies. Les deux plus fréquentes sont dues l'une à un excès, l'autre à une quantité insuffisante de chaux. Dans le premier cas, le liquide prend une teinte de plus en plus claire, perd la fleurée et son odeur. La fermentation est arrêtée par la précipitation des matières actives. On remédie à cet inconvénient, s'il est vu à temps, en ajoutant du sulfate ferreux qui élimine le trop grand excès de chaux. Dans le second, la fermentation devient trop active, passe à la fermentation putride, le liquide prend une teinte rouge; un tissu teint en indigo s'y décolore en très-peu de temps. Le seul moyen de sauver la cuve d'une destruction totale est de chauffer à 90° et d'ajouter de la chaux. Si l'on n'atteint pas le but par là, si la putréfaction continue néanmoins, la cuve est perdue.

Pour se servir des diverses cuves décrites ci-dessus, on les pallie le matin, on enlève la fleurée et on y immerge un panier formé d'un cercle en bois garni d'un filet de cordes, de manière qu'il ne touche jamais le dépôt; c'est dans le panier que se trouve la laine. L'immersion est de vingt à vingt-cinq minutes. La fibre au sortir de la cuve est jaune verdâtre; elle s'oxyde rapidement à l'air et passe au bleu. Cette immersion se répète plus ou moins souvent, suivant la teinte désirée, enfin on lave à l'eau acidulée et à grande eau. La soie se teint toujours en cuve d'Inde, mais le bleu n'est jamais intense: aussi préfère-t-on le bleu de Prusse.

On a récemment proposé [Leuchs, *Polyt. Notizbl.*, 1865, p. 277], pour remplacer les cuves à chaud précédentes, de réduire l'indigo par la pectine et l'acide pectique en présence de la soude. Les produits pectiques de la garance pourraient donc aussi jouer un rôle dans la réduction.

L'indigo est souvent fixé sur coton par voie d'impression.

Ainsi le *bleu faïencé* réalise par un véritable tour de force l'impression de l'indigo, la réduction et la dissolution de l'indigotine sur le tissu, au moyen des agents qui servent dans une cuve, et enfin sa réoxydation.

On commence par appliquer une couleur composée d'indigo bien broyé, d'acétate et de sulfate ferreux et d'eau de gomme. Après dessiccation, on passe successivement dans des cuves à lait de chaux, à sulfate ferreux, à soude caustique, à acide sulfurique. Le rôle de ces divers agents est facile à expliquer.

Le *bleu* dit *solide* se fabrique en imprimant ce que l'on appelle le précipité d'indigo, composé essentiellement d'indigo blanc précipité par l'acide chlorhydrique d'une forte cuve à la soude. Après l'impression on passe en chaux ou en alcali pour dissoudre la matière colorable, enfin on fixe en passant dans un bain acide et en exposant à l'air. La nuance n'est jamais très-foncée.

D'après M. Schlumberger, on obtient un bleu vapeur assez foncé en imprimant une couleur composée de :

| | |
|---|---|
| Indigo broyé à l'eau (20 %)........... | 16 p. |
| Cyanure de potassium en plaques....... | 16 |
| Hydrate stanneux en pâte lavée........ | 16 |
| Eau de gomme.......................... | 52 |

Après l'impression on vaporise, la réduction a lieu en même temps que la solution et subsidiairement la fixation.

Pour terminer ce qui est relatif aux genres dérivés de l'indigotine, nous rappellerons que sur fibre végétale contractée à la soude, par la méthode Mercer, les nuances deviennent, à égalité de traitement, plus intenses et plus vives que sur tissu non préparé.

L'indigotine se reconnaît, sur tissu teint ou imprimé, à sa nuance bleue un peu terne, à sa résistance à l'action des alcalis et des acides non oxydants, à sa destruction sous l'influence du chlore, de l'acide azotique, de l'acide chromique. La solution récente de zinc dans l'acide sulfureux la décolore facilement.

Un tissu teint en bleu d'indigo, immergé dans une solution alcaline chaude d'oxyde stanneux, se décolorera, et le liquide acquerra la propriété de bleuir à l'air. Un traitement à l'acide sulfurique fumant dissout le tissu ; en ajoutant de l'eau et en filtrant, on aura un liquide bleu offrant tous les caractères du bleu de Saxe.

*Application des dérivés sulfuriques de l'indigo.* — Les fibres végétales, même préparées à l'albumine, ne fixent point les acides sulfoconjugués de l'indigotine. Ce n'est que dans les couleurs d'application non destinées à être lavées que l'on fait quelquefois intervenir le bleu de Saxe dont on a saturé l'excès d'acide sulfurique par de l'acétate de plomb ou de soude (acétate d'indigo des indienneurs). Les acides sulfoconjugués dérivés de l'indigotine n'ont aucune tendance à teindre la laine tant qu'ils sont combinés à un alcali. Bien plus, les alcalis enlèvent le bleu déjà fixé; on prépare même par ce moyen un bleu purifié connu sous le nom de *bleu distillé*. Quoique l'acide sulfindigotique libre s'unisse directement à la laine, l'intervention des oxydes mordants (alumine, oxyde d'étain) favorise le phénomène. La teinture doit toujours être faite en présence d'un excès d'acide, et plus cet excès est grand, plus les nuances seront vives et rapidement atteintes.

Autrefois on se servait du bleu dit de Saxe ou sulfate d'indigo (dissolution sulfurique étendue d'eau). De nos jours on fait plus souvent usage du carmin.

La teinture par le carmin est facile. Il suffit de manœuvrer la fibre, au bouillon, dans un bain monté avec du carmin et de l'alun, avec ou sans crème de tartre. L'alun donne un peu plus de solidité. Les teintures bleues sur laine résistent mal aux macérations alcalines, lorsqu'elles sont obtenues avec un acide sulfindigotique provenant de l'emploi d'un excès d'acide fumant (12 fois et plus le poids de l'indigo), surtout si l'on opère à chaud. Pour la soie on a coutume de laver préalablement. L'acide sulfindigotique forme l'élément bleu dans un grand nombre de couleurs mixtes (verts, gris, violets, noirs, etc.).

Pour l'impression on opère comme dans la teinture; il suffit d'aciduler légèrement avec de l'acide oxalique la solution de carmin ou d'acétate d'indigo épaissie à la gomme, d'ajouter un peu d'alun, d'imprimer et de vaporiser, pour fixer la matière colorante. Ici encore le carmin entre dans la composition d'une foule de couleurs mixtes.

M. Haefely [*Bull. Soc. indust. de Mulhouse*, t. XXIV, p. 321] a fixé l'attention des coloristes sur les couleurs dérivées de l'emploi de l'acide sulfopurpurique (phénicine) et du sulfopurpurate de soude (carmin rouge d'indigo). En teignant la laine dans un bain faiblement acidulé de sulfopurpurate de soude, on obtient des bleus très-différents de ceux du carmin bleu ordinaire et assez semblables aux bleus cuvés. Ces bleus, passés en bain alcalin, donnent de belles nuances violettes et rouges, plus solides que les violets et rouges à l'orseille. D'après M. Camille Kœchlin [*Bull. Soc. indust. de Mulhouse*, t. XXIV, p. 335], le pourpre d'indigo imprimé sur laine et vaporisé est violet après l'impression et bleu au sortir du vaporisage. Cet effet semble dû à l'action de l'acide sulfureux que retiennent les laines soufrées. Sur coton ce virage ne se produit pas. Les sulfopurpurates sur coton résistent moins aux lavages que les sulfindigotates. Aussi conviennent-ils moins à l'impression des couleurs vapeur sur chaîne coton et donnent des nuances piquées.

On reconnaît la présence des acides sulfoconjugués de l'indigotine sur tissu :

1° Par l'action d'un bain de cristaux de soude qui enlève la matière colorante en se teignant en bleu;

2° Le chlore, les oxydants, certains réducteurs tels que la solution sulfureuse de zinc (récente), la soude caustique concentrée, décolorent le tissu ou la fibre;

3° Ils résistent aux acides. P. S.

**INDIGOTINE**, $C^8H^5AzO$. — Matière colorante extraite de l'indigo commercial.

*Préparation.* — On obtient facilement de l'indigotine à peu près pure et sous forme de cristaux en sublimant l'indigo du commerce. Ainsi en étalant, comme le prescrit M. Dumas, de l'indigo en poudre au fond d'un têt à rôtir recouvert d'un autre têt semblable, et en chauffant avec précaution, on trouve à la surface du résidu charbonneux une couche d'aiguilles entrelacées, faciles à enlever à la pince et à trier. Laurent se procure d'abord de l'indigo purifié par voie de réduction et le distille dans le vide en opérant dans une cornue de la grosseur d'un œuf [Laurent, *Ann. de Chim. et de Phys.*, (3), t. III, p. 371]. Les cristaux se déposent sur le haut de la cornue; on les lave à l'éther pour enlever un peu d'huile empyreumatique.

L'indigo commercial, épuisé par l'eau, l'alcool, l'éther, les acides et les alcalis, laisse un résidu composé d'indigotine amorphe à peu près pure. On peut aussi utiliser la fleurée bleu pourpre qui se forme à la surface des cuves, en la lavant à l'eau acide, puis à l'eau. Ou bien on agite au contact de l'air une solution concentrée et alcaline d'indigo réduit; le dépôt est filtré, lavé à l'acide, puis à l'eau. En opérant ainsi avec la cuve au sucre de M. Fritzsche, on obtient même de l indigotine en fines aiguilles.

L'indigotine sublimée se présente sous forme de prismes à reflets cuivrés, à 6 pans dont les bases sont remplacées par deux faces se coupant à angle obtus. Ils dérivent d'un prisme à base rhombe dont les angles sont de 32° et 148°. L'indigotine amorphe est bleu foncé avec reflets pourpres. A 290° elle commence à se sublimer en se décomposant et se charbonnant partiellement. Projetée sur un charbon, elle développe des vapeurs violettes qui rappellent celles de l'iode et répand une odeur aromatique agréable et caractéristique. Elle est sans saveur et sans odeur, neutre, complétement insoluble dans l'eau, l'alcool, l'éther, les huiles grasses et essentielles, les acides et les alcalis étendus ; sa densité est de 1,35. La créosote et l'acide phénique en dissolvent à chaud une petite quantité qui se dépose en flocons par le refroidissement. Lorsqu'on délaye de l'indigotine en poudre fine dans de l'acide acétique anhydre, si l'on vient à ajouter au mélange une goutte seulement d'acide sulfurique, le liquide prend une teinte bleu foncé par suite de la dissolution de l'indigotine que l'eau reprécipite intacte.

*Action de la chaleur.* — Soumise à la distillation sèche, l'indigotine donne entre autres produits de l'aniline, avec du carbonate et du cyanhydrate d'ammoniaque, une huile empyreumatique et beaucoup de charbon.

*Action des oxydants.* — Les oxydants ordinairement employés en chimie organique, tels que l'acide chromique en solution étendue, le chlore en présence de l'eau, l'acide azotique étendu, transforment l'indigotine en isatine :

$$C^8H^5AzO + O = C^8H^5AzO^2.$$

Indigotine. Isatine.

Avec un mélange bouillant de 1 p. d'acide nitrique fumant et 10 à 15 p. d'eau on obtient l'acide nitrosalicylique (indigotique), qui cristallise par le refroidissement ; par une ébullition prolongée avec le même agent on arrive à l'acide picrique (trinitrophénique) ; en même temps il se forme de l'acide oxalique et de l'acide carbonique, ainsi qu'un composé volatil cristallisable en aiguilles, fusible en un liquide jaune, soluble dans l'eau et d'odeur aromatique. Bouillie avec de l'eau et du peroxyde de plomb, l'indigotine se dissout en partie en donnant un sel de plomb d'où l'hydrogène sulfuré sépare une matière brune résineuse et une substance cristalline indéterminée.

Le chlore et l'indigotine ne réagissent pas à l'état sec ; en présence de l'eau on obtient des dérivés chlorés de l'isatine, de l'acide phénique ou de l'aniline (chlorisatine, bichlorisatine, acide trichlorophénique, trichloraniline), suivant les circonstances. Le brome se comporte comme le chlore. L'iode est sans action.

*Action des alcalis.* — Une lessive concentrée et bouillante (densité $= 1,45$) de potasse caustique dissout l'indigo avec une couleur orangée. Le liquide additionné d'eau est jaune brunâtre au début ; il dépose de l'indigotine au contact de l'air et retient de l'isatate de potasse. Il se produit à la fois une oxydation et une réduction de l'indigotine d'après l'équation

$$3\,C^8H^5AzO + KHO + H^2O$$

Indigotine.

$$= C^8H^6AzKO^3 + C^{16}H^{12}Az^2O^2.$$

Isatate de potasse. Indigo blanc.

C'est l'indigo blanc qui, en se réoxydant, donne lieu au dépôt bleu d'indigotine.

Fondue avec l'hydrate de potasse, l'indigotine dégage de l'hydrogène et se convertit en acide anthranilique ou phénylcarbamique $C^7H^7AzO^2$. Chauffée à 300° avec la potasse caustique solide, elle donne de l'acide salicylique $C^7H^6O^3$ ; enfin par la distillation avec la potasse caustique on obtient de l'aniline $C^6H^7Az$.

DÉRIVÉS SULFURIQUES DE L'INDIGOTINE. — L'acide sulfurique concentré, à 66° au moins, réagit sur l'indigotine en donnant des acides sulfoconjugués. Suivant la durée du contact, la température du mélange, la nature et la proportion de l'acide (acide ordinaire ou fumant), on obtient soit de l'acide sulfopurpurique $C^{16}H^{10}Az^2O^2.SO^3$, soit de l'acide sulfindigotique $C^8H^5AzO.SO^3$. Berzelius signale encore l'existence d'un troisième acide sulfoconjugué dont la composition n'est pas connue.

ACIDE SULFOPURPURIQUE, *sulfophénicique, phénicine, pourpre d'indigo.* — C'est le premier terme de l'action de l'acide sulfurique sur l'indigotine. Pour peu que l'on prolonge le contact des deux corps, il se transforme en acide sulfindigotique, surtout lorsqu'on emploie l'acide fumant. Quelles que soient du reste les conditions où l'on se place, il est impossible de l'obtenir exempt de son congénère.

D'après Cam. Kœchlin [*Bull. Soc. indust. de Mulhouse*, t. XXIV, p. 331], on n'obtiendrait jamais d'acide sulfopurpurique avec l'acide fumant, même en étendant d'eau très-peu de temps après le mélange. Ce chimiste prescrit d'employer l'acide à 66° du commerce ; cet acide donne le pourpre d'indigo quelles que soient ses proportions. Pour une transformation complète, il faut faire intervenir au moins 20 p. d'acide pour 1 p. d'indigo. On délaye l'indigo finement pulvérisé de manière à former une masse homogène. De temps à autre on verse une goutte de liquide bleu dans beaucoup d'eau ; lorsqu'elle se dissout entièrement avec une teinte violette, l'opération est terminée, et il faut se hâter de l'arrêter en versant le produit dans l'eau (40 à 50 p.), sans quoi le pourpre se convertirait progressivement en bleu. On peut aussi chauffer le mélange jusqu'à 40° et verser immédiatement dans l'eau. Si cette température était maintenue plus longtemps, on déterminerait la métamorphose du pourpre en bleu. L'acide sulfopurpurique, peu soluble dans un liquide acide, se précipite en flocons rouges que l'on recueille sur un filtre et qu'on lave avec de l'eau aiguisée d'acide chlorhydrique. Cette purification ne suffit pas. Le produit reste encore mélangé d'une partie bleue qui se révèle dans la teinture de la laine. Celle-ci, immergée dans un bain d'acide sulfopurpurique ainsi préparé, se teint en bleu assez semblable au bleu cuvé. La fibre étant ensuite lavée en solution alcaline de carbonate de soude passe au violet rougeâtre ou pourpre, en abandonnant à ce bain une matière bleue (acide sulfindigotique).

L'épuration du pourpre peut encore s'effectuer en utilisant l'inégale solubilité des sels de potasse ou de soude des deux acides sulfoconjugués. Le sulfopurpurate est beaucoup moins soluble. Après neutralisation, un lavage suffisamment prolongé entraînera tout le bleu, et le résidu acidulé teindra la laine en pourpre.

Les solutions aqueuses d'acide sulfophénicique sont bleues ; elles donnent des précipités floconneux pourpres lorsqu'on les neutralise par un acétate ou un carbonate alcalin. Les sels alcalins sont rouges à l'état sec et bleus en solution ; ils sont peu solubles dans l'eau. Le sulfopurpurate de potasse exige 100 p. d'eau. L'acide sulfopurpurique en solution, même étendue, précipite par les sels de chaux, d'alumine, de magnésie, de fer, d'étain et de cuivre. Les agents réducteurs (chlorure stanneux, etc.) le décolorent ; le liquide reprend sa teinte à l'air. L'acide sulfurique concentré le transforme en acide sulfindigotique. Réciproquement, l'acide sulfindigotique en contact avec de l'indigo régénère l'acide sulfopurpurique. Ce dernier résiste à froid aux alcalis; par une ébullition prolongée dans l'eau acidulée, il passe au bleu.

Le *sulfopurpurate d'ammonium* se prépare en ajoutant du sel ammoniac à une solution d'acide sulfopurpurique. Soumis à l'action de la chaleur, il dégage de l'acide sulfureux et du sulfate d'ammoniaque, ainsi qu'une vapeur rouge qui se condense en une matière semblable à l'indigo bleu, avec un reflet vert ne devenant pas cuivré par le frottement.

*Sulfopurpurate de potassium*,

$$C^{16}H^{9}KAz^{2}O^{2}.SO^{3} + H^{2}O.$$

— On dissout l'acide sulfopurpurique dans l'eau et l'on ajoute de l'acétate de potasse. Se précipite sous forme de flocons pourpres qu'on lave à l'acétate de potasse, puis à l'alcool.

*Sulfopurpurate de sodium*. — Comme le précédent [Dumas, *Ann. de Chim. et de Phys.*, (3), t. II, p. 202 et suiv.].

Acide sulfindigotique. — Il constitue le produit le plus avancé de l'action de l'acide sulfurique sur l'indigo. En employant un excès d'acide, 15 à 20, à 66° Baumé, et en prolongeant l'action suffisamment, on est toujours sûr de le former. Il est plus convenable de faire intervenir l'acide fumant (6 à 8 p.). Le liquide bleu est jeté dans 30 fois son volume d'eau; l'acide sulfopurpurique se précipite; on filtre; la liqueur contient l'acide sulfindigotique mélangé à de l'acide hyposulfindigotique. Berzelius sépare les deux acides en les enlevant au bain au moyen d'écheveaux de laine sur lesquels ils se fixent; la laine, teinte et lavée à l'eau, est mise en digestion avec une solution faible de carbonate d'ammoniaque; le liquide est évaporé au bain-marie à 50° et le résidu est épuisé par de l'alcool à 0,83 qui dissout l'hyposulfindigotate d'ammoniaque. La partie insoluble est redissoute dans l'eau, précipitée par l'acétate de plomb. Le sulfindigotate de plomb est mis en suspension dans l'eau et décomposé par l'hydrogène sulfuré; par la filtration, on obtient un liquide incolore qui s'oxyde et bleuit à l'air, en laissant après évaporation l'acide sulfindigotique sous forme d'une masse amorphe, bleue, hygroscopique, acide et astringente, à odeur spéciale agréable. Il est fort soluble dans l'eau et l'alcool. La chaleur le décompose avec production d'acide sulfureux, de sulfate d'ammoniaque, d'huile volatile, d'eau et de charbon. L'hydrogène sulfuré chauffé avec une solution d'acide sulfindigotique à 50° dépose du soufre et décolore l'acide sulfoconjugué. Cette solution incolore évaporée dans le vide au-dessus de la potasse caustique donne un résidu visqueux jaune, devenant bleu à l'air. Le protochlorure d'étain, l'acide hydrosulfureux réduisent également l'acide sulfindigotique, en produisant probablement le dérivé sulfurique correspondant à l'indigo blanc. Le charbon animal et même le charbon de bois absorbent facilement l'indigo sulfurique.

*Sulfindigotates*. — Les sulfindigotates sont bleus en solution et offrent un reflet cuivré à l'état solide. On les obtient sous forme amorphe par la combinaison directe de l'acide avec la base. Leur composition correspond à la formule

$$C^{8}H^{4}M, AzO.SO^{3}.$$

Les sulfindigotates alcalins sont peu solubles dans l'eau, insolubles dans l'alcool et les solutions des sels alcalins. L'addition d'un sel alcalin les précipite de leurs dissolutions aqueuses. En présence d'un excès d'alcali, ils se décolorent facilement par les agents réducteurs; la couleur revient à l'air ou sous l'influence des oxydants.

*Sulfindigotate de potassium*, $C^{8}H^{4}KAzO.SO^{3}$. — Dumas sature le liquide bleu, séparé par filtration de l'acide sulfopurpurique avec de l'acétate de potasse. On filtre et on lave avec de l'acétate de potasse jusqu'à ce que le liquide qui passe commence à bleuir, on lave à l'alcool. Berzelius traite par le carbonate de potasse la laine teinte en bleu de Saxe. Après évaporation, le résidu est repris par l'alcool pour dissoudre l'hyposulfindigotate; enfin on traite par l'acide acétique et l'alcool pour éliminer l'excès de carbonate alcalin. Ce sel est soluble dans 140 p. d'eau froide, plus soluble à chaud; le sel se sépare en flocons par le refroidissement. Chauffé en vase clos avec de l'eau de chaux, il passe au vert, puis au pourpre. — Voyez Carmin d'indigo.

*Sulfindigotate d'ammoniaque*,

$$C^{8}H^{4}(AzH^{4})AzO.SO^{3}.$$

— Plus soluble que le sel de potasse correspondant.

*Sulfindigotate de sodium*. — Ressemble au sel de potasse; plus soluble que lui dans les solutions salines.

*Sulfindigotate de baryum*. — Se précipite sous forme de gelée par le refroidissement d'un mélange de solutions chaudes et concentrées de sulfindigotate alcalin et de chlorure de baryum.

*Sulfindigotate de calcium*. — Soluble dans l'eau, insoluble dans l'alcool.

*Sulfindigotate de magnésium*. — Très-soluble dans l'eau, non précipitable par un excès de sulfate de magnésie.

*Sulfindigotate d'aluminium*. — Très-soluble dans l'eau. On obtient un sous-sel insoluble en ajoutant de l'ammoniaque à un mélange de sulfate d'alumine et de sulfindigotate alcalin.

*Sulfindigotate de plomb*. — Un peu soluble dans l'eau. S'obtient par double décomposition.

L'acide sulfindigotique se décolore au soleil. Le chlore le détruit en formant une résine brune, avec des traces de chlorisatine. Un mélange de chlorate de potasse et d'acide chlorhydrique fait passer la nuance au rouge-brun. Le chlorate de potasse chauffé avec une solution d'acide sulfindigotique la fait virer au jaune d'ocre. Le permanganate donne du vert, puis du jaune-brun. Les sels ferriques et l'acide nitrique le décolorent. Le zinc et le fer se dissolvent dans l'acide sulfindigotique pur avec dégagement d'hydrogène et sans qu'il y ait décoloration, à moins que l'on n'ajoute un excès d'un autre acide.

Acide hyposulfindigotique. — Il ressemble beaucoup à l'acide sulfindigotique et ne s'en distingue que par la solubilité de ses sels dans l'alcool à 0,83. On le prépare en précipitant la solution alcoolique d'hyposulfindigotate d'ammoniaque, obtenue comme nous l'avons dit ci-dessus, par une solution alcoolique d'acétate de plomb. Le précipité est délayé dans l'eau, décomposé par l'hydrogène sulfuré. On filtre et on évapore le liquide jaune, qui redevient bleu en se réoxydant et laisse une masse amorphe hygroscopique qui par la plupart de ses réactions se rapproche de l'acide sulfindigotique.

Les *hyposulfindigotates* ne se distinguent des sulfindigotates que par leur solubilité dans l'alcool à 0,83. Chauffés doucement, ils perdent de l'acide sulfureux sans se décolorer, puis ils verdissent et donnent un sublimé de sulfite d'ammonium. Les sels d'ammoniaque, de potasse et de soude se préparent en épuisant la laine teinte en bleu de Saxe par le carbonate alcalin correspondant, évaporant le liquide et traitant le résidu par l'alcool, qui dissout l'hyposulfindigotate.

*Hyposulfindigotates de calcium et de magnésium*. — Sels très-solubles dans l'eau et l'alcool.

*Hyposulfindigotate de baryum*. — Sel très-soluble dans l'eau pure, peu soluble dans de l'eau chargée d'un sel; aussi se précipite-t-il sous forme de flocons bleus lorsqu'on ajoute du chlorure de baryum à une solution d'hyposulfindigotate alcalin. Lorsqu'on ajoute du carbonate de baryum à une solution d'acide hyposulfindigotique contenant de l'acide sulfurique libre, le précipité de sulfate de baryte entraîne tout le sel coloré.

*Hyposulfindigotate d'aluminium.* — Semblable au sulfindigotate correspondant.

*Hyposulfindigotate de plomb.* — Poudre bleue, se dissolvant lentement dans l'eau, peu soluble dans l'alcool. On le prépare en précipitant par une solution alcoolique d'acétate de plomb une solution alcoolique d'hyposulfindigotate de soude ou de potasse.

L'hyposulfindigotate de baryum devient vert par l'évaporation au bain-marie. Le résidu est très-soluble dans l'eau et l'alcool. La solution verte précipite en vert grisâtre par le sous-acétate de plomb. Le précipité traité par l'hydrogène sulfuré forme une solution acide verte par réflexion et rouge par transparence qui se dessèche sous forme d'une masse gommeuse dure et verte (*acide sulfoviridique*).

Le sulfindigotate de potasse chauffé en vase clos avec 30 p. d'eau de chaux donne une liqueur pourpre. On précipite l'excès de chaux par l'acide carbonique, on filtre, on évapore à sec et on lave à l'alcool. Le résidu cède à l'eau un corps qui la colore en pourpre foncé et que l'acétate de plomb précipite en rouge-brun. Le précipité décomposé par l'hydrogène sulfuré en présence de l'eau donne, après filtration, un liquide pourpre qui se dessèche sous forme d'une masse brune amorphe (*acide sulfopurpurique*, ne pas confondre avec l'acide sulfopurpurique décrit plus haut). Le sel de potasse de cet acide est soluble et donne des solutions rouge-pourpre. Le sel de plomb est un peu soluble dans l'eau, insoluble dans l'alcool. Avec un excès d'oxyde de plomb on obtient un sel rose pâle insoluble.

Le sulfindigotate de potasse traité par l'eau de chaux en présence de l'air passe au rouge, puis au jaune. En saturant la chaux par l'acide carbonique, au moment où le liquide est rouge, filtrant et évaporant à sec, on obtient un résidu brun d'où l'alcool à 0,82 extrait un composé jaune. La solution alcoolique précipite en jaune par l'acétate de plomb. Le précipité, décomposé par l'hydrogène sulfuré, cède à l'eau un acide cristallisable par l'évaporation (*acide sulfoflavique*).

Le résidu, insoluble dans l'alcool et débarrassé d'acide sulfoflavique, se dissout en rouge dans l'eau. La solution ne précipite pas par l'acétate neutre, mais bien par l'acétate basique. Ce précipité étant décomposé par l'hydrogène sulfuré, on obtient un acide rouge (*sulforufique*), insoluble dans l'alcool absolu, et un acide jaune rougeâtre soluble dans l'alcool absolu (*acide sulfofulvique*). Tous deux sont amorphes et solubles dans l'eau.

D'après Gros-Renaud [*Bull. de la Soc. indust. de Mulh.*, t. XXIV, p. 343], le carmin d'indigo (sulfindigotate de soude) délayé dans l'eau et additionné de soude caustique à 38° fournit un précipité noir, soluble dans l'eau pure en bleu, et une liqueur jaune qui se modifie progressivement à mesure qu'on la conserve plus longtemps.

Cette liqueur, étant saturée par un excès d'acide sulfurique quelques heures après sa préparation, passe au bleu stable. Après vingt-quatre heures, elle passe au vert, puis, plus tard, au vert rougeâtre et enfin, plus tard encore, au violet par sa saturation. Au bout de quarante-huit heures, la solution jaune acidifiée fortement devient très-vite d'un rouge intense en traversant plusieurs teintes intermédiaires. Le liquide rouge, incomplètement saturé par le carbonate de soude, teint directement la laine non mordancée en nuances variant du rose à l'amarante foncé, suivant la concentration du bain.

Cette matière rouge diffère essentiellement de l'acide sulfophénicique; elle est plus soluble dans l'eau, devient immédiatement jaune par l'addition d'une petite quantité de soude caustique et repasse à l'amarante par neutralisation sulfurique.

L'acétate neutre de plomb ne la précipite pas. En prolongeant pendant trois jours l'action de la soude caustique sur les acides sulfindigotique et sulfophénicique, on obtient par la saturation sulfurique une liqueur rouge et un précipité brun jaunâtre.

ACTION DES AGENTS RÉDUCTEURS SUR L'INDIGOTINE. — La propriété la plus intéressante de l'indigotine, celle dont l'industrie tire le parti le plus avantageux, est la faculté que possède ce corps de fixer de l'hydrogène pour se convertir en un corps incolore (*indigotine blanche* ou *indigo blanc*), soluble dans les alcalis et les terres alcalines et susceptible de reproduire l'indigotine par oxydation.

Ce sont les réducteurs alcalins qui agissent le mieux; cependant on obtient aussi de l'indigo blanc par l'action de la solution de zinc dans l'acide sulfureux (acide hydrosulfureux).

Nous donnons ici la liste des corps qui sont susceptibles de réduire l'indigo. 1° Métaux alcalins, amalgame de sodium. Ces corps agissent en décomposant l'eau et en fournissant l'hydrogène naissant en même temps que se forme l'alcali nécessaire à la dissolution de l'indigotine hydrogénée. 2° Métaux et métalloïdes qui décomposent l'eau en présence d'une base alcaline: étain, antimoine, aluminium, phosphore. Ils n'agissent qu'en présence d'un alcali et à une température voisine de l'ébullition. 3° Oxydes métalliques susceptibles de passer à un degré supérieur d'oxydation : protoxydes de fer et d'étain. 4° Acides oxygénés susceptibles de passer à un degré supérieur d'oxydation : acides phosphoreux, hypophosphoreux. Ils n'agissent également qu'en présence d'un excès d'alcali ou de bases alcalino-terreuses. 5° Certains sulfures, phosphures, arséniures : sulfure d'arsenic. 6° Quelques matières organiques oxydables en présence des alcalis : glucose, acide gallique, acide pectique. 7° Fermentations réductrices et alcalines : fermentation butyrique.

Le soufre et les acides oxygénés du soufre, moins oxydés que l'acide sulfurique, sont inertes, excepté l'acide hydrosulfureux. Parmi tous ces corps, l'hydrate ferreux et la glucose sont le plus fréquemment employés par les chimistes pour monter de petites cuves. On peut aussi faire usage, avec avantage, de la solution de stannite de soude ou de potasse.

Pour monter une petite cuve au vitriol, on emploie 1 p. d'indigo bien broyé à l'eau, 2 p. de sulfate ferreux pur, 3 p. de chaux éteinte en poudre fine et 200 p. d'eau tiède. On introduit le tout dans un flacon à petit goulot, bien bouché, et qui doit être complétement rempli. On agite pendant quelques heures, puis on laisse déposer. Le liquide jaune supérieur est une dissolution d'indigo blanc dans l'eau de chaux, le dépôt est un mélange de sulfate de chaux et d'hydrate ferrique, avec de l'indigo non attaqué, si la réaction n'a pas été complète. La réaction est représentée par les équations

$$SO^4Fe'' + CaH^2O^2 = SO^4Ca'' + Fe''H^2O^2,$$

$$2Fe''H^2O^2 + 2H^2O = (Fe^2)^{vi}H^6O^6 + H^2$$

et

$$\underset{\text{Indigotine.}}{2(C^8H^5AzO)} + H^2 = \underset{\text{Indigo blanc.}}{C^{16}H^{12}Az^2O^2}.$$

La cuve à la glucose, dite cuve au sucre, cuve de Fritzsche, se monte en versant 125 grammes d'indigo en poudre fine dans de l'alcool bouillant à 71 % contenu dans un flacon de 6 kilogr. de capacité; on ajoute 200 grammes d'une solution alcoolique concentrée de soude caustique et on achève de remplir le flacon avec une solution alcoolique bouillante de glucose. On agite et on laisse reposer.

Le liquide clair surnageant étant décanté donne, lorsqu'on l'agite au contact de l'air, un précipité de fines aiguilles cuivrées d'indigotine.

Indigo blanc. — Dumas prépare l'indigo blanc en réduisant l'indigo par la chaux et le sulfate ferreux dans un tonnelet bien fermé. Au bout de deux jours de repos, on siphonne le liquide clair dans des flacons remplis d'acide carbonique, au fond desquels on a versé la dose d'acide chlorhydrique nécessaire pour saturer la chaux. Chaque flacon est rempli de liquide, bouché et immergé dans une cuve pleine d'eau, jusqu'à ce que l'indigotine blanche se soit déposée. On siphonne le liquide et l'on jette le dépôt sur un filtre qui s'égoutte sous une cloche remplie d'acide carbonique. On lave à l'eau froide bouillie avec soin, enfin on sèche dans le vide.

Ainsi préparé, l'indigo blanc se présente sous forme d'une masse cohérente grisâtre, à éclat soyeux; insoluble dans l'eau, soluble en jaune dans l'alcool, l'éther, les alcalis et les terres alcalines. Il bleuit peu à peu à l'air, de la surface au centre, plus lentement cependant que s'il était humide. Chauffé au contact de l'air, il passe brusquement au bleu. En l'absence de l'oxygène, la chaleur le décompose avec production de charbon et d'un léger sublimé d'indigotine. Il se dissout en pourpre foncé dans l'acide sulfurique concentré; par addition d'eau, on obtient une solution d'acide sulfindigotique. La plupart des sels métalliques donnent, avec les solutions alcalines d'indigo blanc, des précipités blancs (*indigotates*), quelquefois cristallins et assez denses, que l'on considère généralement comme des combinaisons d'indigo blanc avec les oxydes métalliques correspondants (sels de magnésie, alumine, zinc, ferrosum, cobalt, manganèse, plomb, argent, étain au minimum). Les sels de cuivre agissent comme oxydants sur l'indigo blanc et le font repasser à l'état d'indigo bleu.

D'après Berzelius, l'indigo blanc forme avec la chaux deux combinaisons, l'une soluble, l'autre insoluble à excès de chaux. Ce fait est important au point de vue du montage des cuves.

L'acide azotique bleuit d'abord, puis redécolore l'indigo blanc par suite de deux oxydations successives.

*Indigotate de magnésium* — Peu soluble, se prépare par double décomposition.

*Indigotate d'aluminum.* — Précipité blanc, bleuissant rapidement. Chauffé sur une lame de platine, il donne un sublimé d'indigotine.

*Indigotate de zinc.* — Précipité blanc.

*Indigotate de cobalt.* — Précipité vert qui, chauffé à sec, ne donne pas de sublimé.

*Indigotate de fer (ferreux).* — Précipité blanc ne donnant pas d'indigotine à la sublimation. Le sulfate ferrique donne une combinaison brun-noir qu'un excès de sel ferrique rend bleue par oxydation.

*Indigotate de manganèse.* — Précipité blanc, ne donnant pas de sublimé.

*Indigotate d'étain.* — Précipité blanc.

*Indigotate d'argent.* — Précipité blanc devenant rapidement noir. Se décompose avec explosion et production d'argent à chaud.

*Indigotate de plomb.* — Précipité blanc, cristallin. Se décompose avec explosion par la chaleur.

Les indigotates se colorent tous rapidement en bleu au contact de l'air. — Voyez *Cuves d'indigo*.

Action du chlorure de benzoyle sur l'indigotine. — Chauffée avec du chlorure de benzoyle à 180°, l'indigotine se transforme avec dégagement d'acide chlorhydrique en une substance brune fusible à 108°, soluble dans l'alcool et l'éther et offrant la composition de l'indigotine benzoïque

$$C^8H^4(C^7H^5O)AzO$$

[Schützenberger et Schwartz, *Compt. rend.*, t. LVI, p. 1050]. P. S.

**INDIGOTIQUE (GROUPE).** — Les composés de ce groupe dérivent tous de l'indigo bleu ou plutôt de l'indigotine; jusqu'à présent on n'a pu les reproduire artificiellement et l'on ignore encore quelle est leur véritable constitution. Cependant les derniers travaux de MM. Bæyer et Knop ont jeté quelque lumière sur cette importante question [*Ann. der Chem. u. Pharm.*, t. CXL, p. 1, 1866, octobre, et VII, *Supplément Band*, p. 56]. Les principaux termes de ce groupe sont l'indigotine bleue, l'indigo blanc, l'isatine, l'acide isatique, l'isathyde et l'indine, auxquels il faut ajouter trois composés nouveaux de MM. Bæyer et Knop, savoir l'indol, l'oxindol et le dioxindol (acide hydrindique).

L'indigo blanc se forme par hydrogénation de l'indigotine au moyen des réducteurs alcalins :

$$\underset{\text{Indigotine.}}{2C^8H^5AzO} + H^2 = \underset{\text{Indigo blanc.}}{C^{16}H^{12}Az^2O^2}.$$

Les oxydants peu énergiques et même l'oxygène libre font repasser l'indigo blanc à l'état d'indigo bleu.

Sous l'influence des oxydants (acides nitrique, chromique, etc.), l'indigotine se convertit en isatine :

$$\underset{\text{Indigotine.}}{C^8H^5AzO} + O = \underset{\text{Isatine.}}{C^8H^5AzO^2}.$$

L'isatine, mise en présence des alcalis, fixe de l'eau en donnant de l'acide isatique :

$$\underset{\text{Isatine.}}{C^8H^5AzO^2} + H^2O = \underset{\text{Acide isatique.}}{C^8H^7AzO^3}.$$

Les réducteurs convertissent l'isatine en isathyde par une réaction analogue à celle qui donne l'indigo blanc avec l'indigotine :

$$2(C^8H^5AzO^2) + H^2 = C^{16}H^{12}Az^2O^4.$$

L'indine produite par une décomposition de l'isathyde représente un polymère de l'indigotine

$$2\,(C^8H^5AzO).$$

Le dioxindol de Bæyer $C^8H^7AzO^2$ s'obtient par l'action de l'amalgame de sodium sur l'isatine ou l'isathyde; enfin en réduisant le dioxindol au sein d'une liqueur acide on obtient l'oxindol

$$C^8H^7AzO,$$

et celui-ci, distillé sur de la poussière de zinc, fournit l'indol $C^8H^7Az$.

Telles sont les réactions les plus importantes des corps du groupe indigotique en tant que ces corps conservent le nombre 8 ou un multiple d'atomes de carbone. Des actions plus énergiques peuvent amener à la production des acides salicylique, nitrosalicylique, de l'aniline, de la perchloroquinone, de l'acide phénique; il est évident que la molécule complexe du groupe a été détruite et transformée en produits plus simples.

Gerhardt admet dans les composés indigotiques ($C^8$ ou $nC^8$) l'existence d'un radical $C^8H^5AzO$ auquel il donne le nom d'indyle = $In^2$, équivalent de $H^2$. Partant de là :

L'indigo bleu est $In.In = In^2$, indyle.

L'indigo blanc est $In^2In^2H^2$, hydrure d'indyle.

L'isatine devient $InO.InO$, oxyde d'indyle.

L'acide isatique devient $InO.InO.H^2O$, hydrate d'oxyde d'indyle.

L'isathyde devient $(InO.InO)^2H^2$, hydrure d'oxyde d'indyle.

L'indine devient $In^2.In^2$, diindyle.

Les derniers travaux de MM. Bæyer et Knop ont amené des considérations plus en rapport avec les idées nouvelles sur la constitution du groupe indigotique. En comparant entre eux l'oxindol

$$C^8H^7AzO,$$

le dioxindol

$$C^8H^7AzO^2$$

et l'acide isatique

$$C^8H^7AzO^3,$$

on trouve entre ces trois corps les mêmes rapports de composition et de propriétés qu'entre le phénol, l'acide oxyphénique et l'acide pyrogallique. Or ces trois derniers peuvent être considérés comme dérivés de la benzine $C^6H^6$ par la substitution de $HO$ (hydroxyle), $2HO$ et $3HO$ à $H, H^2, H^3$. Ceci conduit à admettre l'existence d'un groupement $C^8H^7Az$ auquel les auteurs donnent le nom d'indol et qui fournirait l'oxindol ou hydroxindol, le dioxindol, ou dihydroxindol, le trioxindol ou trihydroxindol ou acide isatique :

$$C^8H^6(HO)Az,\quad C^8H^5(HO)^2Az,\quad C^8H^4(HO)^3Az.$$

Quant à la constitution de l'indol lui-même : 1° on peut y admettre l'existence du noyau $C^6$, vu la nature des produits fournis par les trois hydroxindols sous l'influence de la potasse (aniline), sous l'influence de l'acide azotique (acide picrique); 2° on peut supposer aussi que l'azote est uni au carbone comme dans l'aniline.

MM. Bæyer et Knop supposent que l'indol constitue une chaîne fermée représentée par la formule

$$\begin{array}{l} Az \\ CH \\ CH^2 \\ C^6H^4. \end{array}$$

D'après cela, les principaux termes du groupe indigotique seraient :

$C^8H^7Az$, indol

$$\begin{array}{l} Az \\ CH \\ CH^2 \\ C^6H^4. \end{array}$$

$C^8H^5AzO$, indigo bleu (produit de substitution oxygéné de l'indol) $C^8H^5OAz$ ou

$$\begin{array}{l} Az \\ CH \\ CO \\ C^6H^4. \end{array}$$

$C^8H^7AzO$ ou $C^8H^6(HO)Az$, hydroxindol ou oxindol

$$\begin{array}{l} Az \\ CH \\ CH^2 \\ C^6H^3(OH) \end{array}$$

$C^8H^7AzO^2$ ou $C^8H^5(HO)^2Az$, dihydroxindol ou dioxindol ou acide hydrindique

$$\begin{array}{l} Az \\ CH \\ CH(OH) \\ C^6H^3(OH) \end{array}$$

$C^8H^7AzO^3$ ou $C^8H^6(HO)^3Az$, trihydroxindol ou trioxindol ou acide isatique

$$\begin{array}{l} Az \\ CH \\ C(OH)^2 \\ C^6H^3(OH). \end{array}$$

$C^8H^5AzO^2$, isatine ou anhydride isatique

$$\begin{array}{l} Az \\ CH \\ CO \\ C^6H^3(OH). \end{array}$$

$C^{16}H^{12}Az^2O^4$, isathyde

$$= \underset{\text{Isatine.}}{C^8H^5AzO^2} + \underset{\text{Dioxindol.}}{C^8H^7AzO^2}.$$

$C^{16}H^{12}Az^2O^2$, indigo blanc

$$= \underset{\text{Indigotine.}}{C^8H^5AzO} + \underset{\text{Hydroxindol.}}{C^8H^7AzO}.$$

Ces deux dernières combinaisons seraient donc des intermédiaires entre l'isatine et le dioxindol, ou entre l'indigotine et l'hydroxindol. P. S.

**INDINE**, $C^{16}H^{10}Az^2O^2$ [Laurent, *Ann. de Chim. et de Phys.*, (3), t. III, p. 471]. — L'indine représente probablement un produit de condensation de l'indigotine bleue.

Matière rose foncé, insoluble dans l'eau; très-peu soluble dans l'alcool et l'éther bouillants. Chauffée, elle fond et se boursoufle en donnant quelques aiguilles cristallines et en laissant un abondant résidu de charbon. L'acide sulfurique la dissout avec une couleur rouge sans altération; l'eau la reprécipite intacte. Avec l'acide nitrique et le brome on obtient des produits de substitution.

L'indine se forme :

1° Par l'action de la chaleur sur l'isatane et sur l'isathyde :

$$\underset{\text{Isathyde.}}{2C^{16}H^{12}Az^2O^4}$$

$$= \underset{\text{Indine.}}{C^{16}H^{10}Az^2O^2} + \underset{\text{Isatine.}}{2C^8H^5AzO^2} + 2H^2O;$$

$$\underset{\text{Isatane.}}{C^{16}H^{12}Az^2O^3} = \underset{\text{Indine.}}{C^{16}H^{10}Az^2O^2} + H^2O;$$

2° Par l'action de la potasse sur l'isathyde :

$$\underset{\text{Isathyde.}}{2C^{16}H^{12}Az^2O^4} + 3KHO$$

$$= \underset{\text{Indinate de potasse.}}{C^{16}H^9K.Az^2O^2} + \underset{\text{Isatate de potasse.}}{2C^8H^6KAzO^3} + 3H^2O;$$

3° Par l'action de l'hydrate de potasse sur la sulfisathyde et la disulfisathyde :

$$\underset{\text{Sulfisathyde.}}{2C^{16}H^{12}Az^2SO^3} + 3(KHO)$$

$$= \underset{\text{Indine potassique.}}{C^{16}H^9KAz^2O^2} + \underset{\text{Isatate de potasse.}}{2C^8H^6KAzO^3} + H^2O + 2H^2S.$$

$$\underset{\text{Disulfisathyde.}}{2C^{16}H^{12}Az^2S^2O^2} + 4(KHO)$$

$$= \underset{\text{Indine potassique.}}{C^{16}H^9KAz^2O^2} + \underset{\text{Isatate potassique.}}{2C^8H^6KAzO^3} + KHS + 3H^2S.$$

La dernière réaction est la plus avantageuse. On forme dans un mortier une pâte avec l'isathyde bisulfurée et la potasse concentrée, on triture, et lorsque la teinte devient rosée, on ajoute de l'alcool en continuant la trituration jusqu'à formation d'une bouillie rose foncé. On étend d'alcool, on filtre, on lave à l'alcool, puis à l'eau. Le résidu détaché du filtre est traité par une solution concentrée et tiède de potasse caustique qui le dissout en donnant une liqueur noire; celle-ci se remplit au bout de quelques heures d'aiguilles noires d'indine potassée. Si la potasse est trop chaude, la couleur noire du liquide disparaît par suite de la destruction de l'indine. Le magma cristallin est délayé dans l'alcool absolu; on décante et on jette sur un filtre qu'on lave à l'alcool étendu, puis à l'acide chlorhydrique dilué et enfin à l'eau; l'indine régénérée reste sous forme d'une poudre amorphe rouge. On peut aussi dissoudre l'indine potassée dans de l'alcool absolu bouillant et ajouter de l'acide chlorhydrique; l'indine se sépare par refroidissement sous forme de fines aiguilles microscopiques.

*L'indine potassée,*

$$C^{16}H^{9}KAz^{2}O^{2} \text{ ou } C^{16}H^{11}KAz^{2}O^{3},$$

s'obtient en délayant l'indine dans de l'alcool et en ajoutant une solution alcoolique bouillante de potasse. La liqueur noire dépose par refroidissement des cristaux noirs qu'on sépare par décantation, qu'on lave à l'alcool et qu'on sèche dans le vide après les avoir exprimés entre des doubles de papier. L'indine potassée est très-déliquescente et se décompose au contact de l'eau en potasse et en indine.

*Dichlorindine*, $C^{16}H^{8}Cl^{2}Az^{2}O^{2}$ [Erdmann, *Journ. für prakt. Chem.*, t. XXII, p. 264]. — Ce corps prend naissance aux dépens de la chlorisathyde dans les mêmes conditions que l'indine aux dépens de l'isathyde.

1° On chauffe la chlorisathyde à 200° et on élimine la chlorisatine formée en même temps et la chlorisathyde non altérée par l'alcool bouillant; la dichlorindine reste comme résidu :

$$\underset{\text{Chlorisathyde.}}{2C^{16}H^{10}Cl^{2}Az^{2}O^{4}}$$

$$= \underset{\text{Dichlorindine.}}{C^{16}H^{8}Cl^{2}Az^{2}O^{2}} + \underset{\text{Chlorisatine.}}{2C^{8}H^{4}ClAzO^{2}} + 2H^{2}O.$$

Lorsqu'on dissout la chlorisathyde dans la potasse caustique à chaud, il se dépose par refroidissement des cristaux de chlorisatate de potassium. L'eau mère saturée par de l'acide acétique donne un précipité d'acide chlorisatique. On sépare ce second dépôt par filtration et l'on ajoute de l'acide chlorhydrique au liquide, qui se colore en orangé foncé et dépose des flocons violets de chlorindine.

Ce corps se présente sous forme d'une poudre violette, insoluble dans l'eau, l'alcool et l'acide chlorhydrique; soluble dans la potasse, en jaune. L'acide chlorhydrique précipite cette solution en jaune; le précipité est soluble en jaune dans l'eau.

*Indine tétrachlorée*, $C^{16}H^{6}Cl^{4}Az^{2}O^{2}$. — Corps semblable à la dichlorindine et formé dans les mêmes conditions aux dépens de l'isathyde tétrachlorée (action de la chaleur à 200° ou de la potasse).

*Dibromindine*, $C^{16}H^{8}Br^{2}Az^{2}O^{2}$ [Laurent, *Ann. de Chim. et de Phys.*, (3), t. III, p. 371, et Erdmann, *Journ. für prakt. Chem.*, t. XXII, p. 265]. — Poudre d'un rouge foncé, un peu soluble dans l'alcool, insoluble dans l'éther. Chauffée entre deux couvercles de platine, elle donne un charbon abondant recouvert de cristaux brillants et cuivrés paraissant violets par transparence.

Pour la préparer, on traite l'indine par le brome; il se dégage de l'acide bromhydrique et il reste une poudre noire violacée. En chauffant la dibromisathyde vers 220°, il reste un mélange de dibromindine, de dibromisatine et de dibromisathyde non altérée; on enlève les deux derniers corps au moyen de l'alcool bouillant. D'après Laurent, ce corps prend encore naissance par l'action du brome sur la disulfisathyde; il se dégage de l'acide bromhydrique et du bromure de soufre; le résidu brun épuisé par l'éther cède à ce dissolvant une résine et une matière cristalline jaune orangé; il reste une poudre violet foncé de dibromindine.

Avec une solution alcoolique de potasse elle fournit une solution rouge noirâtre qui précipite des flocons violets par l'eau et l'acide chlorhydrique (dibromindine).

*Indine nitrée*, $C^{16}H^{8}(AzO^{2})^{2}Az^{2}O^{2}$ [Laurent, *Ann. de Chim. et de Phys.*, (3), t. III, p. 478]. — Se forme par l'action de l'acide nitrique bouillant sur l'indine et l'hydrindine (p. 60). Il se dégage des vapeurs rutilantes et l'indine se change en une poudre violette. Si l'opération est trop prolongée, on n'obtient qu'une liqueur jaune, d'où l'eau précipite un corps jaune. Le résidu de l'opération précédente est lavé à l'eau, puis à l'alcool et à l'éther. Poudre d'un rouge-violacé éclatant. Chauffée en vase clos, la nitrindine se décompose brusquement avec formation d'un charbon volumineux qui brûle sans le contact de l'air. L'acide nitrique bouillant la dissout en la transformant. La solution potassique faite à froid est brun foncé et reprécipite de la nitrindine non altérée lorsqu'on la neutralise par l'acide chlorhydrique. La solution faite à chaud ne fournit plus par neutralisation qu'un dépôt floconneux jaunâtre. Elle est insoluble dans l'eau, très-peu soluble dans l'alcool et l'éther. P. S.

## INDINSULFURIQUE (ACIDE),

$$C^{16}H^{12}Az^{2}S^{2}O^{9}$$

[G. et A. Schlieper, *Ann. der Chem. u. Pharm.*, t. CXX, p. 24.] — Cet acide prend naissance par l'oxydation de l'acide hydrindinsulfurique (p. 60) sous l'influence de l'acide nitrique ou d'une solution alcaline de ferricyanure de potassium ou par l'hypochlorite de soude. Les hydrindinsulfates exposés au contact de l'air en présence d'un alcali fournissent également des indinsulfates.

L'acide indinsulfurique libre se prépare en précipitant le sel barytique par une quantité équivalente d'acide sulfurique. Le liquide filtré est évaporé à cristallisation. Corps rouge, très-soluble dans l'eau, peu soluble dans l'alcool, insoluble dans l'éther; ses solutions alcooliques sont précitées par l'éther. Il teint en rouge écarlate la soie et la laine.

Les agents réducteurs et notamment l'acide sulfhydrique le transforment en acide hydrindinsulfurique,

$$C^{16}H^{12}Az^{2}S^{2}O^{9} + 2H^{2}S$$

$$= C^{16}H^{14}Az^{2}S^{2}O^{8} + S^{2} + H^{2}O.$$

La plupart des indinsulfates sont solubles dans l'eau; chauffés, ils donnent un sublimé composé de fines aiguilles rouges.

*Indinsulfate de baryum,*

$$C^{16}H^{10}BaAz^{2}S^{2}O^{9}.2H^{2}O.$$

— Poudre cristalline rouge cramoisi, assez soluble dans l'eau pure, insoluble dans l'eau chargée d'un sel, dans l'alcool, l'acide chlorhydrique et l'acide nitrique froids. S'obtient en agitant au contact de l'air l'hydrindinsulfate de baryum mélangé à de l'ammoniaque étendue, ou en oxydant par l'acide nitrique la solution du même sel; il se précipite une poudre cristalline rouge foncé d'indinsulfate de baryum.

*Indinsulfate de potassium,*

$$C^{8}H^{10}K^{2}Az^{2}S^{2}O^{9}.5H^{2}O.$$

— Sel rouge soluble dans l'eau pure, insoluble dans une solution de potasse. Une solution chaude d'acide indinsulfurique additionnée de chlorure de potassium dépose par refroidissement des aiguilles entrelacées rouge foncé d'indinsulfate. Se forme encore en exposant à l'air une solution alcaline d'hydrindinsulfate de potasse ou en ajoutant à cette solution du ferricyanure de potassium.

*Indinsulfate d'argent*, $C^{16}H^{10}Ag^2Az^2S^2O^9$. — Fines aiguilles brunes qui se précipitent lorsqu'on mélange une solution d'acide indinsulfurique avec un excès de nitrate d'argent. P. S.

**INDIUM**, In = 75,6 (?). — Ce métal, qui a été découvert par Reich et Richter en 1863 [*Journ. für prakt. Chem.*, t. LXXXIX, p. 441; t. XCII, p. 480; *Répert. de Chim. pure*, t. V, p. 604 et *Bull. de la Soc. chim.*, (2), t. II, p. 442], est le quatrième corps simple dont on est redevable à la méthode spectrale de Kirchhoff et Bunsen. Il a été découvert dans les blendes de Freiberg (Saxe), mais il paraît exister dans la plupart des blendes et il accompagne le zinc que l'on extrait de ce minerai; aussi est-il préférable pour l'obtenir d'opérer sur ce métal lui-même, qui en contient environ 0,1 %.

Hoppe-Seyler a constaté la présence de l'indium dans le wolfram de Zinroald et dans le wolfram d'une provenance inconnue; là encore il accompagne des traces de zinc. Il y est contenu dans la proportion de 0,0228 % [*Ann. der Chem. u. Pharm.*, t. CXL, p. 247; *Bull. de la Soc. chim.*, (2), t. VII, p. 395]. D'après les dernières recherches de Richter [*Compt. rend.*, t. LXIV, p. 827, 1867], 100 kilogr. de blendes de Freiberg renferment 25 à 30 grammes d'indium.

Les auteurs auxquels on doit le plus d'observations sur ce nouveau métal sont Reich et Richter, Winkler et R. Meyer [Winkler, *Journ. für prakt. Chem.*, t. XCIV, p. 1; t. XCV, p. 414; t. CII, p. 273; *Bull. de la Soc. chim.*, (2), t. III, p. 282; t. VI, p. 110; t. IX, p. 207; *Ann. de Chim. et de Phys.*, (4), t. XIII, p. 490; — R. Meyer, *Zeitsch. für Chem.*, t. IV, p. 150, 429; *Ann. de Chim. et de Pharm.*, t. CL, p. 127; *Bull. de la Soc. chim.*, (2), t. X, p. 18, 360, et t. XII, p. 232].

Le nom d'*indium* a été donné à ce nouveau métal à cause de son spectre, qui présente une raie indigo caractéristique qui l'a fait découvrir.

*Extraction.* — Pour retirer l'indium de la blende, Reich et Richter grillent ce minerai (la blende de Freiberg renferme de la pyrite, du mispickel, de la galène en même temps que de la silice, de l'oxyde de manganèse avec de petites quantités de cuivre, d'étain et de cadmium), le lavent, l'attaquent par l'acide chlorhydrique et distillent le chlorure de zinc ainsi obtenu; le chlorure d'indium distille en même temps et c'est dans ce produit distillé que l'indium a été découvert. On lave ce chlorure avec un peu d'eau pour dissoudre la majeure partie du chlorure de zinc, puis on traite le résidu acide, dissous dans l'eau, par l'hydrogène sulfuré, on oxyde par l'acide azotique la liqueur filtrée et on la précipite par l'ammoniaque. Ce précipité renferme tout l'indium, ainsi qu'une quantité considérable d'oxyde de fer et un peu d'oxyde de manganèse et de zinc. On redissout ce précipité dans de l'acide acétique et on traite la solution par l'hydrogène sulfuré qui précipite le sulfure d'indium en même temps que le sulfure de zinc, du soufre et un peu de sulfure de fer et de manganèse. Ces sulfures étant redissous dans de l'acide chlorhydrique additionné d'acide nitrique, on précipite par l'ammoniaque dont un excès redissout l'hydrate zincique, tandis que l'hydrate d'indium, mélangé d'hydrate ferrique, se précipite; il est nécessaire d'opérer plusieurs fois cette série d'opérations pour débarrasser entièrement l'indium du zinc; pour lui enlever tout le fer, Reich et Richter opèrent par précipitations fractionnées à l'aide de l'ammoniaque ou du carbonate de soude. On peut aussi traiter directement le minerai ou le zinc qui en provient par l'eau régale, traiter par l'hydrogène sulfuré pour séparer certains métaux, le cuivre, le cadmium, etc.; la liqueur filtrée étant traitée par un excès d'ammoniaque donne de l'hydrate d'indium ferrugineux qu'on purifie comme on vient de le voir.

Weselsky [*Journ. für prakt. Chem.*, t. XCIV, p. 443] traite la blende, grillée et lavée, par 10 p. d'acide chlorhydrique et 1 p. d'acide azotique, ajoute du carbonate de sodium à la liqueur étendue d'eau et filtrée, jusqu'à ce qu'il commence à se former un précipité, puis fait bouillir avec de l'hyposulfite de sodium aussi longtemps qu'il se dégage de l'acide sulfureux, et jusqu'à ce que le précipité, d'abord jaune, soit devenu noir. La liqueur, non filtrée, étant alors traitée par du carbonate barytique, il se forme un dépôt qui renferme tout l'indium en même temps que des sulfures de cuivre, de plomb, d'arsenic et des traces de fer. Le dépôt étant repris par de l'acide chlorhydrique, on filtre, on traite par l'hydrogène sulfuré, on filtre de nouveau et on précipite l'indium, retenant encore un peu de fer et de zinc, par le carbonate de baryte. Winkler [*Journ. für prakt. Chem.*, t. XCIV, p. 414] déconseille au contraire l'emploi de l'hyposulfite; il fait usage d'une méthode basée sur la précipitation de l'indium par le zinc métallique, en même temps que le cuivre, le plomb, le cadmium, etc. Kachler et Schrœtter [*Journ. für prakt. Chem.*, t. XCV, p. 441] ont recommandé un procédé analogue; ils traitent la blende par de l'acide sulfurique au lieu d'acide chlorhydrique et précipitent l'indium par le zinc en fractionnant les précipités.

Voici la marche indiquée par Cl. Winkler pour l'extraction de l'indium contenu dans la blende (*loc. cit.*): La blende pulvérisée renferme après le grillage beaucoup de sulfate de zinc, presque tout l'indium à l'état de sulfate et fort peu d'autres sels solubles; par le lavage à l'eau froide on dissout ces sulfates. Cette solution, mise en présence de zinc grenaillé, surtout à chaud, laisse déposer tout l'indium qu'elle renferme, en même temps que le cuivre, le cadmium, etc., dont on opère facilement la séparation par l'hydrogène sulfuré ou par l'ammoniaque. On pouvait supposer que la poussière grise de zinc qui passe la première lorsqu'on soumet ce métal à la distillation renfermerait la majeure partie de l'indium comme elle renferme le cadmium; il n'en est rien pourtant.

Pour retirer l'indium du zinc de Freiberg, Winkler le traite par de l'acide sulfurique étendu, en quantité insuffisante pour le dissoudre totalement; après plusieurs semaines il reste une masse spongieuse formée de plomb, de cuivre, de cadmium, d'arsenic et d'indium, qui accompagne l'excès de zinc. 10 kilogr. de zinc lui ont donné 208 grammes de ce résidu spongieux, renfermant 4gr,312 d'indium. Pour isoler l'indium de ce résidu, Winkler recommande les méthodes suivantes comme les plus avantageuses: On traite le résidu par son poids d'acide sulfurique concentré; le mélange s'échauffe et se prend après quelque temps en une masse solide grise que l'on chauffe au rouge naissant jusqu'à expulsion de l'excès d'acide. La masse blanche, étant reprise par l'eau, abandonne du sulfate de plomb insoluble; la solution filtrée, étant traitée par l'ammoniaque en excès, donne un précipité d'hydrate d'indium renfermant de l'oxyde de fer et des traces de cadmium et de zinc; on redissout cet hydrate dans l'acide chlorhydrique, on réduit le fer par l'acide sulfureux et on reprécipite l'indium par le carbonate barytique. Cette opération doit être répétée plusieurs fois.

Boettger modifie ainsi le procédé propre à extraire l'indium du zinc. La masse noire, qui reste après la dissolution incomplète du zinc dans l'acide chlorhydrique, est arrosée d'acide azotique de 1,2 de densité et chauffée ainsi jusqu'à cessation de vapeurs nitreuses et jusqu'à sa transformation en un sédiment blanc. On ajoute ensuite au tout un excès d'acide sulfurique concentré et l'on chauffe pendant quelque temps pour transformer tous les azotates en sulfates, qu'on reprend alors par une grande quantité d'eau distillée bouillante. On filtre la solution après refroidissement et on la traite par un courant d'hydrogène sulfuré; on fait bouillir de nouveau, pour redissoudre le sulfure d'indium qui a pu se précipiter avec d'autres métaux, et, après une nouvelle filtration, on ajoute à la liqueur un excès d'ammoniaque qui produit un précipité ocreux d'oxyde d'indium ammoniacal retenant de l'oxyde de fer et un peu d'oxyde de plomb. On redissout ce dépôt, bien lavé, dans l'acide sulfurique étendu, qui sépare les dernières traces de plomb, puis on introduit dans la liqueur filtrée et froide des barreaux de zinc pur. Après quelques heures tout l'indium, exempt de fer, se trouve précipité sur le zinc à l'état d'une masse spongieuse. Si l'indium se trouvait encore un peu ferrugineux, on le redissoudrait dans de l'acide chlorhydrique et on le précipiterait de nouveau par du zinc pur [*Polytechn. Notizblatt*, 1869, p. 161; *Bull. de la Soc. chim.*, t. XII, p. 450].

La méthode suivante est très-avantageuse pour obtenir l'indium exempt de fer : On évapore à sec la solution chlorhydrique du mélange des métaux, additionnée d'une quantité équivalente de chlorure de sodium; on reprend le résidu à peu près neutre par beaucoup d'eau qu'on traite par un courant d'hydrogène sulfuré; une grande partie de l'indium se dépose à l'état de sulfure, puisque la solution n'est pas assez acide pour empêcher cette précipitation; on soumet la liqueur filtrée à l'évaporation et à une nouvelle calcination pour la traiter de nouveau par l'hydrogène sulfuré; après plusieurs opérations, tout l'indium, à peu près exempt de fer, est précipité à l'état de sulfure. Il est très-difficile d'avoir de l'indium tout à fait privé de fer.

M. R. Weber purifie l'oxyde d'indium en le transformant d'abord en acétate.

Bœttger [*Journ. für prakt. Chem.*, t. XCVIII, p. 26] a trouvé de l'indium dans les produits du grillage de la blende qui se déposent dans les cheminées de condensation de l'usine de Goslar. Ces dépôts renferment environ 0,1 °/₀ d'indium, que l'on peut extraire en les faisant bouillir avec de l'acide chlorhydrique; la solution refroidie et éclaircie, étant mise en contact pendant six heures avec du zinc, fournit une poudre métallique noire qu'on lave à l'eau et qui renferme du cuivre, de l'arsenic, du cadmium, du thallium et de l'indium. En faisant bouillir cette poudre avec de l'acide oxalique, on dissout le cadmium, le thallium et l'indium; en ajoutant ensuite de l'ammoniaque à cette solution, il se forme un précipité d'hydrate d'indium, exempt de cadmium et de thallium, qu'on lave à l'ammoniaque et à l'eau. On purifie ensuite l'indium des traces de fer qu'il renferme, en suivant une des méthodes déjà indiquées.

Indium métallique. — Pour isoler l'indium à l'état métallique, il n'est pas avantageux d'opérer la réduction de l'oxyde par du charbon, car la température nécessaire pour cette réduction est trop voisine de celle à laquelle l'indium se volatilise, il s'ensuivrait des pertes inévitables. Il vaut mieux réduire l'oxyde par l'hydrogène, ce qui peut se faire au rouge sombre; les pertes sont alors presque nulles; on obtient ainsi l'indium en petits globules que l'on réunit par fusion sous une couche de cyanure de potassium. L'hydrogène qui sert à cette réduction brûle, au sortir de l'appareil, avec une belle flamme bleue due à l'indium entraîné; l'hydrogène conserve cette propriété avec une grande énergie, car on peut le faire passer à travers des acides sans qu'il la perde. Seulement, après quelques heures de repos sur l'eau, cet hydrogène laisse déposer sur les parois de la cloche un enduit gris; il brûle alors avec sa flamme normale. Il n'est pas probable que l'on ait affaire ici à une combinaison proprement dite d'indium et d'hydrogène.

Pour réduire des quantités un peu notables d'oxyde d'indium, Winkler [*Journ. für prakt. Chem.*, t. CII, p. 278] recommande l'emploi du sodium coupé en menus morceaux; on recouvre le mélange d'oxyde et de sodium d'une couche de chlorure de sodium sec; on chauffe progressivement en arrivant finalement au rouge sombre. Pour débarrasser l'indium métallique de l'excès de sodium, on coupe le culot métallique et on le traite par l'eau. On termine en fondant de nouveau le métal sous une couche de cyanure de potassium. Il reste encore un peu de sodium, dont on se débarrasse en plongeant le métal par fragments dans du carbonate de soude en fusion; il se dégage des vapeurs de sodium; l'indium est pur lorsque le bain métallique se recouvre d'une couche d'oxyde.

En voulant opérer la réduction du chlorure d'indium par le sodium, Winkler a observé une explosion très-violente qui a fait voler le creuset en éclats.

*Propriétés de l'indium métallique.* — La densité de l'indium métallique, d'après Reich et Richter, est égale, à 20°, à 7,11-7,147 lorsqu'il est en grains, et égale à 7,277 lorsqu'il est battu en feuilles; d'après Winkler, elle est toujours égale à 7,420, à 16°,8. L'indium possède à peu près l'éclat de l'argent; il est mou et ductile; il n'a pas de tendance à cristalliser. Il fond à 176° (Winkler), est moins volatil que le zinc et le cadmium. Chauffé au chalumeau sur un charbon, il fond en présentant une surface brillante et en s'entourant d'un enduit jaune, en même temps que la flamme se colore en bleu. L'indium ne se ternit pas à l'air et ne décompose pas l'eau à la température ordinaire.

Chimiquement, l'indium se rapproche du zinc et du cadmium, mais il est plus électronégatif que ces deux métaux qui le déplacent à l'état métallique de ses dissolutions. Il constitue probablement, comme ces deux métaux, un élément diatomique. Il se dissout, à la manière du cadmium, dans les acides minéraux. La potasse bouillante ne l'attaque pas. Son équivalent, rapporté à $H=1$, a été trouvé primitivement par Reich et Richter égal à 37,07-37,19, tandis que Winkler avait trouvé le nombre 35,92. Dans son dernier travail, Richter [*Compt. rend.*, t. LXIV, p. 827] adopte le nombre 35,9 tandis que de nouvelles déterminations ont conduit Winkler au nombre moyen 37,8. Les premiers nombres indiqués par Reich et Richter avaient été déduits de l'analyse du nitrate, précipitation de ce sel par l'ammoniaque et calcination de l'hydrate d'indium; ainsi que de l'analyse du sulfure d'indium. Le nombre 37,8 adopté finalement par Winkler a été déduit de la quantité d'or mise en liberté par l'action de l'indium métallique sur le chloro-aurate de sodium purifié par plusieurs cristallisations. Une expérience faite d'après la première des méthodes de Reich et Richter l'a conduit au nombre 37,245. En adoptant le nombre 37,8 pour l'*équivalent* de l'indium et en tenant compte des analogies de ce métal, son poids atomique devient 75,6 (oxyde $InO$; chlorure $InCl^2$).

L'indium est caractérisé au spectroscope par deux raies brillantes, l'une plus réfrangible que la raie Sr $\gamma$; l'autre, moins brillante, située dans le voisinage de K $\beta$ (Reich et Richter). La première, la raie bleue, correspond au n° 2523 de l'échelle de Kirchhoff; la seconde, la violette, au n° 3265,8. Ces deux raies n'ont pas de raies correspondantes dans le spectre solaire (Kachler et Schrœtter). Winkler a en outre observé deux autres raies bleues dans le spectre de l'indium, mais beaucoup moins intenses.

Chlorure d'indium, $InCl^2$. — Exposé dans une atmosphère de chlore, l'indium se recouvre d'une pellicule blanche. Lorsqu'on chauffe de l'indium dans du chlore, il fond subitement en un composé brun qui émet des vapeurs blanches de chlorure d'indium. Winkler suppose que cette masse brune est un sous-chlorure correspondant au sous-oxyde décrit par lui. Le chlorure d'indium est d'un blanc de neige; des traces de fer suffisent pour le colorer en jaune; il est volatil et très-hygrométrique. On l'obtient aussi en chauffant dans un courant de chlore un mélange d'oxyde d'indium et de charbon (Reich et Richter). Lorsqu'on sublime le chlorure d'indium dans un vase contenant de l'air, il reste un résidu blanc qui, d'après Winkler, est un oxychlorure.

Le chlorure d'indium se dissout dans l'eau avec élévation de température; on obtient la même solution en dissolvant l'indium dans l'acide chlorhydrique, réaction qui produit un dégagement d'hydrogène. Cette solution se décompose en partie par l'évaporation, en perdant de l'acide chlorhydrique et de l'oxychlorure d'indium qui rend la liqueur trouble. On obtient difficilement le chlorure d'indium cristallisé par dissolution, mais il paraît donner avec les chlorures alcalins des chlorures doubles cristallisables (Winkler). R. Meyer a obtenu un semblable chlorure indico-potassique, cristallisé en prismes octogones,

$$2KCl, InCl^2 + H^2O;$$

d'après les déterminations de Groth [*Ann. de Chim. et de Pharm.*, t. CL, p. 128], ces cristaux sont du type quadratique. Rapport des axes

$$b : h = 0,8196.$$

Inclinaison

$$p\,a^1 = 130°47'; \quad m\,b^{1/2} = 139°25'.$$

Il a également obtenu un chlorure double d'indium et de lithium, cristalisé en aiguilles, très-déliquescent, et un chlorure ammoniacal cristallisé $3InCl^2, 4AzH^4Cl + 2H^2O$.

Bromure d'indium. — Le brome se combine aussi directement à l'indium, mais ce composé n'a pas encore été étudié.

Cyanure d'indium. — Il s'obtient comme les cyanures de cadmium et de zinc, par l'action de l'acide cyanhydrique sur l'acétate.

*Cyanure d'indium et de potassium.* — On l'obtient en solution lorsqu'on ajoute du cyanure de potassium jusqu'à redissolution du précipité. Si l'on évapore cette solution, tout l'indium se reprécipite (R. R. Meyer).

Iodure d'indium, $InI^2$. — Masse jaune, très-hygroscopique, obtenue par l'action de l'iode sur l'indium. Il fond facilement en un liquide rouge-brun cristallisant par le refroidissement. On peut le distiller, quoique difficilement, dans un courant d'acide carbonique (R. Meyer).

Oxydes d'indium. — L'indium forme deux oxydes : un sous-oxyde $In^2O$ (Winkler) et un oxyde $InO$ (Reich et Richter, Winkler).

*Sous-oxyde*, $In^2O$. — Cet oxyde se forme par la réduction de l'oxyde $InO$ par l'hydrogène dans un bain de paraffine; à 180° l'oxyde donne de l'eau et devient vert ou bleu verdâtre; vers 220-230° le vert passe au gris; enfin, vers 300° le résidu est noir et la formation de l'eau cesse, pour ne recommencer que si l'on augmente beaucoup la température. La masse noire, qui est parsemée de globules métalliques, est du sous-oxyde qui forme une poudre terne pyrophorique à chaud, en se transformant de nouveau en oxyde jaune. Ce sous-oxyde ne cède pas de métal au mercure; l'acide azotique l'attaque pour former de l'azotate d'indium.

Les combinaisons verte, bleue, grise, que l'on obtient passagèrement dans la préparation du sous-oxyde paraissent être des combinaisons d'oxyde et de sous-oxyde, l'analyse du produit vert obtenu à 190° a conduit à la formule

$$In^7O^6 = 5InO + In^2O;$$

celle du produit gris (230°) à la formule

$$In^6O^5 = 4InO + In^2O.$$

*Oxyde*, $InO$. — L'indium chauffé peu au-dessus de son point de fusion reste parfaitement brillant à l'air; si l'on chauffe davantage, il se forme une pellicule grise de sous-oxyde, puis le produit passe par les diverses nuances du spectre pour devenir finalement jaune. Chauffé brusquement au rouge, l'indium brûle avec une flamme violette accompagnée de vapeurs brunes d'oxyde. L'indium se dissout dans les acides chlorhydrique, sulfurique et azotique, et ces solutions donnent par les alcalis un précipité blanc d'hydrate d'indium. Cet hydrate, soumis à la calcination, donne de l'oxyde jaune, tantôt mat et opaque, tantôt corné. Quand on chauffe l'oxyde d'indium, il devient de plus en plus foncé jusqu'à prendre une teinte d'un rouge-brun; par le refroidissement, il reprend sa couleur jaune. Il paraît être infusible et fixe, ou au moins très-peu fusible. On l'obtient encore par la calcination de l'azotate et c'est ainsi que son analyse a été faite, en cherchant le poids d'oxyde produit par un poids connu d'indium; les chiffres trouvés s'accordent très-exactement, dans trois analyses, avec la formule $InO$ (Winkler), pour $In = 75,6$.

Le charbon, l'hydrogène, le sodium ramènent, comme on l'a vu, l'oxyde d'indium à l'état métallique.

L'oxyde d'indium se dissout dans les acides, quelquefois avec élévation de température, même lorsqu'il a été préalablement calciné.

*Hydrate d'indium.* — L'ammoniaque donne dans les solutions d'indium un précipité blanc d'hydrate d'indium qui, séché à 100°, renferme $InH^2O^2 = InO.H^2O$. Cet hydrate est gélatineux et semblable à l'alumine; si l'on opère à l'ébullition, le précipité est dense et se dépose rapidement : le premier précipité donne par la calcination un oxyde jaune pâle, presque blanc, dur et demi-transparent; le second donne un oxyde plus jaune et opaque. La présence de l'acide tartrique empêche la précipitation de l'hydrate d'indium. La potasse produit dans les dissolutions d'indium un précipité d'hydrate qui se dissout dans un excès d'alcali, mais cette solution est instable, l'hydrate s'en sépare de nouveau.

Sulfure d'indium, $InS$. — L'indium ne se combine au soufre qu'à la température rouge; le sulfure ainsi obtenu est brun, infusible et fixe. On obtient du sulfure cristallisé en calcinant un mélange d'oxyde d'indium, de soufre et de carbonate de soude, laissant refroidir lentement et lavant la masse à l'eau bouillante : on obtient ainsi des écailles jaunes et brillantes semblables à l'or musif et ayant pour composition $InS$ (Winkler). On obtient ce sulfure par voie humide par l'action de l'hydrogène sulfuré sur une solution acétique d'indium ou sur une solution d'indium additionnée d'acide tartrique et d'ammoniaque, ou encore sur les solutions neutres ou très-peu acides des sels minéraux de l'indium; seulement dans ce cas la précipitation n'est que partielle. Ces dernières solutions donnent un sulfure jaune comme le sulfure de cadmium; les solutions acétiques donnent un sulfure plus pâle; enfin en traitant par l'hydrogène sulfuré une solution d'indium dans un excès de carbonate d'ammoniaque, on obtient un précipité tout à fait blanc, qui est très-probablement un sulfhydrate. En effet, la dessiccation le transforme en sulfure jaune avec dégagement d'hydrogène sulfuré; les acides le modifient de la même manière. Le sulfure d'ammonium donne des précipités semblables, un peu solubles dans un excès de sulfure.

Le sulfure d'indium, chauffé avec du sulfure jaune d'ammonium, devient blanc et se dissout en partie.

Le sulfure d'indium, calciné à l'abri de l'air, change de couleur comme l'oxyde; calciné à l'air, il brûle en se transformant en oxyde.

SELS D'INDIUM. — L'oxyde d'indium est une base assez énergique; en présence d'acides concentrés, il se dissout avec élévation de température. Ses sels sont incolores, cristallisent en général difficilement et sont pour la plupart solubles dans l'eau. Leur saveur est métallique et désagréable. Il en est qui sont plus solubles dans l'eau à froid qu'à chaud : tels sont l'acétate et le tartrate.

AZOTATE D'INDIUM, $(AzO^3)^3In$. — L'indium se dissout lentement dans l'acide azotique étendu, rapidement dans l'acide concentré; la solution acide laisse déposer des prismes réunis en faisceaux; ce sel cristallise difficilement d'une solution neutre. Desséché sur de l'acide sulfurique, il renferme $3H^2O$; exposé pendant quelque temps à 100°, il perd deux molécules d'eau. Si l'on cherche à chasser la dernière molécule d'eau, le sel perd en même temps de l'acide azotique et l'on obtient un azotate basique insoluble (Winkler). — Calciné, l'azotate d'indium laisse un résidu d'oxyde.

CARBONATE D'INDIUM. — Ce sel constitue un précipité blanc, gélatineux, soluble dans le carbonate d'ammonium, d'où il se sépare de nouveau par l'ébullition; il est insoluble dans les carbonates alcalins fixes.

OXALATE D'INDIUM, $C^2O^4In + H^2O$. — Ce sel, qui s'obtient par l'addition d'acide oxalique à une solution concentrée et neutre d'un sel d'indium, forme une poudre blanche qui se dépose en partie à l'état cristallin sur les parois du vase; la précipitation n'est qu'incomplète. Ce sel est peu soluble dans l'eau froide, plus soluble dans l'eau bouillante, d'où il se dépose à l'état cristallin. Chauffé à l'abri de l'air, il dégage de l'eau, de l'oxyde de carbone et de l'acide carbonique et laisse un résidu noir velouté de sous-oxyde d'indium (Winkler).

SULFATE D'INDIUM, $SO^4In$. — L'indium se dissout dans l'acide sulfurique concentré ou étendu, avec dégagement d'hydrogène. Si l'on évapore la solution de manière à chasser d'abord l'eau, il se dépose de petits cristaux opaques, bleus, qu'on n'obtient plus par une cristallisation dans l'eau; c'est peut-être le sulfate anhydre. Si l'on continue à évaporer de manière à expulser le reste de l'acide, on obtient une masse blanche soluble dans l'eau. Cette solution ne fournit pas de cristaux par la concentration; il reste un sirop incristallisable, qui, évaporé sur le feu, donne un résidu gommeux renfermant $SO^4In + 3H^2O$. Cette eau se dégage à 300°. Une température rouge décompose le sulfate d'indium en laissant un résidu d'oxyde pur (Winkler).

Le sulfate d'indium ne forme pas d'alun (Reich et Richter); mais il paraît former un sel double avec le sulfate de potassium (R. Meyer).

CHROMATE D'INDIUM. — Le sel acide est très-soluble et incristallisable. Le sel neutre est un précipité amorphe (R. Meyer).

PHOSPHATE D'INDIUM. — Ce sel s'obtient à l'état de précipité gélatineux blanc qui se dissout dans la potasse; seulement cette solution se trouble bientôt et laisse de nouveau déposer le phosphate.

ACÉTATE D'INDIUM. — L'oxyde d'indium se dissout dans l'acide acétique; si l'on évapore cette solution jusqu'à cristallisation, elle se prend par le refroidissement en une foule de fines aiguilles soyeuses donnant par la dessiccation une masse blanche, pulvérulente et cristalline, qui perd de l'acide acétique, même à la température ordinaire; à 180° il ne renferme plus guère que 5 % d'acide. La calcination la transforme en oxyde d'indium.

FORMIATE D'INDIUM. — Petits cristaux, très-solubles.

CARACTÈRES DES COMBINAISONS DE L'INDIUM. — Les combinaisons d'indium communiquent à la flamme une coloration violette dont le spectre a été décrit plus haut (voyez *Propriétés de l'indium*). Calcinées au chalumeau avec du carbonate de soude sur le charbon, elles donnent un globule métallique entouré d'une auréole jaune; calcinées avec le sel de cobalt, elles n'offrent rien de particulier; avec le borax on obtient un émail gris, ainsi qu'une perle grise avec le sel de phosphore.

*L'hydrogène sulfuré* ne précipite pas les solutions acides d'indium; les solutions neutres sont précipitées en partie; les combinaisons d'indium avec les acides faibles, l'acide acétique par exemple, sont précipitées par l'hydrogène sulfuré comme cela a lieu pour le zinc, en donnant un sulfure jaune.

Le *sulfhydrate d'ammonium* précipite l'indium. — Voyez *Sulfure d'indium*.

L'*ammoniaque* donne, dans les solutions d'indium, un précipité d'hydrate d'indium, insoluble dans un excès d'ammoniaque; l'*acide tartrique* empêche cette précipitation; la *potasse* donne un précipité d'hydrate soluble momentanément dans un excès de réactif; les carbonates alcalins donnent naissance à un précipité gélatineux de carbonate d'indium.

Le *cyanure de potassium* donne un précipité blanc soluble dans un léger excès de réactif et précipitable de nouveau par l'ébullition.

Le *cyanure jaune* donne un précipité blanc, qui est bleuâtre en présence d'un peu de fer; le *cyanure rouge* et le *sulfocyanure* ne produisent ni précipité ni coloration.

Le *carbonate de baryum* déplace complétement l'oxyde d'indium de ses combinaisons.

Le *phosphate de soude* donne un précipité volumineux, blanc, soluble momentanément dans la potasse

Le zinc et le cadmium déplacent l'indium de ses solutions à l'état métallique.

SÉPARATION DE L'INDIUM DES AUTRES MÉTAUX. — Nous avons, en traitant de l'*Extraction de l'indium*, indiqué les opérations qu'il faut suivre pour effectuer cette séparation; nous ne rappellerons donc ici que les principes sur lesquels s'appuie cette méthode : précipitation de l'indium par le zinc; précipitation par l'ammoniaque; précipitation par l'hydrogène sulfuré et par le carbonate barytique.

La séparation du fer peut, en outre, s'effectuer par le cyanure de potassium, qui redissout le cyanure d'indium d'abord précipité, pour abandonner de l'hydrate d'indium par l'ébullition. On dissout le mélange des oxydes dans de l'acide sulfurique, on neutralise par la soude, on fait bouillir et, après le refroidissement, on ajoute un excès de cyanure de potassium, puis l'on fait bouillir la solution limpide, qui doit être très-étendue. Tout l'indium se précipite alors à l'état d'hydrate floconneux, facile à laver (R. Meyer).

RECHERCHE ET DOSAGE DE L'INDIUM. — La seule méthode qui ait été proposée pour ce dosage repose sur la facilité avec laquelle l'hydrate d'indium est précipité par un excès d'ammoniaque, sur la transformation de cet hydrate en oxyde par la calcination et enfin sur l'inaltérabilité et la fixité de cet oxyde sous l'influence d'une température élevée. R. Meyer a remarqué que la calcination de l'hydrate d'indium avec le filtre donne lieu à des pertes; il préfère le transformer en nitrate qu'il évapore et qu'il calcine.

*Recherche spectrale.* — Pour démontrer la présence de l'indium dans un minerai par l'analyse spectrale, Hoppe-Seyler [*Ann. der Chem. u. Pharm.*, t. CXL, p. 247] recommande de faire bouillir 1 gramme de minerai finement pulvérisé avec un mélange d'acides chlorhydrique et azotique, de neutraliser par le carbonate de soude et de précipiter par l'hydrogène sulfuré, après addition d'acétate de soude; le précipité étant redissous dans l'acide chlorhydrique faible, on le précipite de nouveau, pour le soumettre à l'observation spectrale. Le sulfure est la combinaison d'indium qui se prête le mieux à cette observation. E. W.

**INDOL** [Bæyer et Knop, *Ann. der Chem. u. Pharm.*, t. CXL, p. 1, et VII, *Supplement Band*]. — Groupement moléculaire représenté par la formule $C^8H^7Az$ ou

$$\begin{array}{c} | \\ Az \\ \| \\ CH \\ | \\ CH^2 \\ | \\ C^6H^4 \\ | \end{array}$$

servant de base à la formation des composés indigotiques.

On connait l'indol ainsi que ses dérivés hydroxyliques. On obtient l'indol en faisant passer les vapeurs d'oxindol sur du zinc très-divisé, ou en chauffant avec du zinc divisé le produit jaune qui se forme par l'action combinée de l'étain et de l'acide chlorhydrique sur l'indigotine. L'action prolongée du zinc et de l'acide chlorhydrique sur une solution alcoolique du même corps jaune fournit aussi de l'indol.

L'indigo est épuisé par l'alcool, soumis à l'ébullition avec un mélange d'étain et d'acide chlorhydrique jusqu'à ce qu'il soit converti en une poudre jaune-brun; celle-ci est lavée, séchée et mélangée à un grand excès de zinc en poudre. On distille le mélange dans une cornue en cuivre. L'huile épaisse qui passe est débarrassée d'aniline par un lavage à l'acide chlorhydrique étendu et distillée dans un courant de vapeur surchauffée, puis abandonnée au repos sur de l'acide sulfurique. Il se sépare des cristaux incolores, durs et réunis sous forme de croûtes que l'on purifie par une nouvelle cristallisation dans l'eau.

L'indol préparé par la distillation de l'oxindol avec du zinc est purifié par l'acide chlorhydrique étendu pour éliminer l'aniline. Le résidu est dissous dans l'eau bouillante. Par le refroidissement, le liquide se trouble et en quelques heures l'indol s'est déposé en feuillets volumineux, incolores et brillants, semblables à de l'acide benzoïque.

L'indol fond à 52° et se fige de nouveau en masse cristalline par le refroidissement; il est facilement volatil, mais ne peut être distillé sans décomposition. Il est assez soluble dans l'eau chaude, d'où il se sépare par le refroidissement sous forme de gouttelettes, puis de feuillets très-larges. Les vapeurs d'eau l'entraînent. Il est soluble dans l'alcool, l'éther, les carbures d'hydrogène. Son odeur rappelle celle de la naphtylamine, mais elle est moins persistante que cette dernière. L'indol est doué de propriétés faiblement basiques. Avec l'acide chlorhydrique concentré il donne une combinaison peu soluble dans l'eau, que l'ébullition avec l'eau ou l'action des alcalis décompose avec régénération d'indol. Sa solution aqueuse additionnée d'un peu d'acide nitrique fumant préalablement étendu dépose un volumineux précipité rouge formé de fines aiguilles (azotide d'indol) que l'eau et les alcalis ramènent à l'état d'indol. La solution alcoolique d'indol additionnée d'acide chlorhydrique colore en très-peu de temps en rouge-cerise un copeau de hêtre qu'on y plonge.

Dans un travail récemment publié, MM. Bæyer et Emmerling [*Deut. Chem. G. Berlin*, 1869, 679] ont réalisé la synthèse de l'indol. A cet effet, on mélange 1 p. d'acide nitrocinnamique avec 10 p. d'hydrate de potasse pulvérisé, on ajoute de la tournure de fer pour enlever l'oxygène du groupe nitreux et l'on chauffe jusqu'à fusion; la masse est reprise par l'eau et la solution est agitée avec de l'éther qui s'empare de l'indol formé et d'un peu d'aniline qu'on enlève par l'acide chlorhydrique. La réaction peut être exprimée par l'équation

$$C^6H^4 \left\langle \begin{matrix} CH{=}CH\text{-}CO^2H \\ AzO^2 \end{matrix} \right. = C^8H^7Az + CO^2 + O^2.$$

| Acide nitrocinnamique. | Indol. | Acide carbonique. | Oxygène. |
|---|---|---|---|

L'acide azocinnamique obtenu par l'action de l'amalgame de sodium sur l'acide nitrocinnamique fournit aussi l'indol sous l'influence des agents oxydants tels que le bioxyde de plomb.

Dioxindol (acide hydrindique), $C^8H^5(OH)^2Az$. — Réduite dans une liqueur acide, l'isatine se convertit facilement en isathyde; celle-ci est amenée, par une réduction plus avancée, au sein d'une liqueur alcaline et, au moyen de l'amalgame de sodium, en dioxindol. Il y a donc entre l'isatine, l'isathyde et le dioxindol les mêmes rapports qu'entre l'alloxane, l'alloxanthine et l'acide dialurique. On peut opérer directement sur l'isatine, en évitant une élévation de température; la réaction de l'amalgame est terminée quand le liquide prend une teinte jaune foncé; par la concentration et le refroidissement il se dépose des cristaux d'hydrindate de soude. On dissout dans l'eau acidulée par l'acide chlorhydrique et l'on précipite par le chlorure de baryum. Le sel barytique est lavé et mis à digérer dans un flacon bien bouché avec de l'acide sulfurique. Il se forme du sulfate de baryte et de gros cristaux brunâtres de dioxindol qu'on sépare par lévigation du sulfate barytique. L'eau mère filtrée et concentrée dans le vide donne une nouvelle quantité de cristaux, si on a eu soin d'éviter l'accès de l'air pendant la filtration et l'évaporation.

Le dioxindol cristallise en aiguilles groupées et se dépose de ses solutions moyennement concentrées en prismes rhomboïdaux droits. Cristallisé dans l'alcool, il forme des cristaux d'un blanc éclatant, inaltérables à l'air, solubles dans 12 p. d'eau froide, dans 6 p. d'eau bouillante, 15 p. d'alcool absolu froid et 10 p. d'alcool bouillant. A 130° il commence à se décomposer. A 180° le dioxindol fond en un liquide violet, et dégage de l'aniline vers 195°. Sa solution aqueuse incolore se colore à l'air, devient rose, puis rouge; elle renferme alors de l'isatine et des produits de condensation. Il s'unit aux acides chlorhydrique et sulfurique pour donner des composés cristallisables :

$$C^8H^7AzO^2.ClH, \text{ et } C^8H^7AzO^2.SO^4H^2.H^2O.$$

L'acide azotique l'attaque énergiquement. A 60° le sel d'argent est réduit avec production d'essence d'amandes amères.

Les sels métalliques ne renferment qu'un seul atome de métal et répondent à la formule

$$C^8H^6MAzO^2;$$

le sel de plomb seul contient 2 atomes de métal ou Pb'' substitués à $H^2$ ou aux 2 H des deux hydroxyles. L'auteur a décrit les composés monosodique, monobarytique, monocuivrique, monoargentique et plombique.

Lorsqu'on dirige un courant de chlore dans une solution saturée à froid de dioxindol, il se sépare du dioxindol chloré $C^8H^6ClAzO^2$, formant de petites aiguilles jaunes, moins solubles dans l'eau et l'alcool que le dioxindol. En continuant le courant de gaz, on obtient des paillettes verdâtres de bichlorodioxindol $C^8H^5Cl^2AzO^2$. Avec le brome réagissant sur une solution aqueuse saturée de dioxindol on obtient des paillettes orangées de dioxindol dibromé, tandis que l'eau mère filtrée et concentrée abandonne de gros cristaux de dioxindol monobromé. Ce dernier corps se dissout assez facilement dans l'eau et l'alcool. Il cristallise en belles aiguilles d'un jaune pâle. A 130° il se colore en violet, fond à 165° en un liquide violet. D'après M. Bæyer, les dérivés chlorés du dioxindol seraient identiques avec les acides β-chlorisatique et β-bichlorisatique de M. Erdmann.

*Nitrosodioxindol*, $C^8H^6(AzO)AzO^2$. — L'acide azotique agit fortement sur le dioxindol; il donne naissance à plusieurs produits de dédoublement. Par une action ménagée de l'acide nitreux sur une solution alcoolique de dioxindol on obtient le *nitrosodioxindol*; en insistant davantage on obtient du benzoate d'éthyle.

On sature 10 p. d'alcool absolu par de l'acide azoteux et on ajoute la solution alcoolique concentrée de 1 p. de dioxindol. On ajoute ensuite 5 p. de carbonate de potasse pulvérisé tenu en suspension dans l'alcool absolu, on agite le mélange jusqu'à ce qu'il ait pris une teinte rouge et que la température se soit élevée un peu; on filtre et on lave à l'alcool absolu. Le résidu est un composé de nitrosodioxindol avec de la potasse; on le dissout dans l'eau et on le précipite par l'acide chlorhydrique. Il se dépose ainsi une poudre cristalline jaunâtre. Peu soluble dans l'eau, il se dépose par le refroidissement de ses solutions saturées en aiguilles recourbées et friables. Il fond entre 300° et 310° et se solidifie de nouveau en une masse cristalline. A 310°, il se sublime en aiguilles incolores. Avec une solution bouillante et alcoolique d'ammoniaque, il ne donne pas la coloration rouge violette du dioxindol.

Le nitrosodioxindol étant dissous dans l'ammoniaque étendue et la solution étant évaporée, on obtient des lamelles brillantes d'un composé ammoniacal $C^8H^5(AzH^4)(AzO)AzO^2 + 1/2H^2O$. Le sel barytique $C^8H^4Ba(AzO)AzO^2$ et le sel argentique $C^8H^4Ag^2(AzO)AzO^2$ sont insolubles dans l'eau et se préparent par double décomposition.

Le brome, mis en présence des solutions aqueuses de nitrosodioxindol, le transforme en dibromonitrosodioxindol

$$C^8H^4Br^2(AzO)AzO^2 + 3H^2O.$$

Un mélange de sulfate ferreux et de potasse caustique le convertit en azodioxindol $C^8H^6Az^2O^2$.

**Oxindol**, $C^8H^7AzO$. — Se forme par la réduction du dioxindol au sein d'une liqueur acide. On peut employer le mélange d'étain et d'acide chlorhydrique, ou l'amalgame de sodium en présence d'une liqueur acidulée. Au lieu de dioxindol, on peut employer l'isatine. On dissout l'isatine dans 100 fois son poids d'eau, on introduit peu à peu dans la liqueur des fragments d'amalgame de sodium à 5 % de sodium en maintenant toujours la solution faiblement acide par des additions successives d'acide chlorhydrique et l'on chauffe au bain-marie. La réaction est terminée lorsque le liquide devient jaune et reste tel même en prenant une réaction alcaline. On neutralise avec de la soude et l'on concentre jusqu'à apparition de gouttelettes oléagineuses. Par le repos, l'oxindol se sépare sous forme de longues aiguilles jaunes très-réfringentes. Les eaux mères fournissent de nouveaux cristaux. On les purifie par des cristallisations répétées dans l'eau bouillante. L'oxindol forme des aiguilles incolores ou des groupes d'aiguilles penniformes. Il fond à 120° et se fige à 110°. A une température plus élevée, il distille sous forme d'une huile jaune. Il fond dans l'eau bouillante et s'y dissout abondamment. Par le refroidissement, il se sépare en aiguilles. La solution saturée donne des gouttelettes qui viennent nager à la surface. L'oxindol est soluble dans l'alcool et dans l'éther. Il s'unit à la potasse pour donner un composé cristallisable; il précipite les sels de baryte, de cuivre, de chaux et le sous-acétate de plomb. La solution ammoniacale réduit les sels d'argent par une ébullition prolongée. Le sel d'argent obtenu en ajoutant à froid une solution d'azotate d'argent à une solution ammoniacale saturée d'oxindol est insoluble, incolore et répond à la formule

$$C^8H^6AgAzO.$$

L'oxindol s'unit à l'acide chlorhydrique pour donner le corps $C^8H^7AzO.HCl$ qu'on obtient en cristaux aciculaires réunis en faisceaux, par le refroidissement d'une solution d'oxindol dans parties égales d'acide chlorhydrique et d'eau. A froid, le brome convertit l'oxindol en bromoxindol $C^8H^6BrAzO$; à chaud, il se forme du tribromoxindol

$$C^8H^4Br^3AzO + 2H^2O.$$

Les vapeurs nitreuses dirigées à travers une solution aqueuse d'oxindol à 1 % jusqu'à ce qu'une portion de la liqueur laisse déposer des cristaux par le frottement avec une baguette, donnent du nitroso-oxindol $C^8H^6(AzO)AzO$. Ce dernier corps cristallise en longues aiguilles fines d'un jaune d'or, se fendant par la dessiccation. Peu soluble dans l'eau, plus soluble dans l'alcool, soluble dans la potasse qu'il colore en rouge-brun et d'où l'acide chlorhydrique le précipite inaltéré. Quand on ajoute de l'ammoniaque étendue à une dissolution aqueuse de nitroso-oxindol et d'azotate d'argent, il se forme un précipité floconneux d'une combinaison argentique :

$$C^8H^5Ag(AzO)AzO.$$

Chauffé, il se décompose vivement. Avec le brome on obtient le bromonitroso-oxindol ou le tribromo-nitroso-oxindol, suivant que l'on opère à froid ou à chaud. L'étain et l'acide chlorhydrique le réduisent avec production d'*amido-oxindol*. La réaction terminée, on évapore pour chasser l'excès d'acide, on reprend par l'eau, on précipite l'étain par l'acide sulfhydrique et on évapore au bain-marie à consistance sirupeuse. Il se dépose peu à peu des mamelons incolores de chlorhydrate d'amido-oxindol $ClH, C^8H^6(AzH^2)AzO$. Ce sel est soluble dans l'alcool; à 80° il perd de l'acide chlorhydrique et à 170° il se décompose entièrement. Lorsqu'on réduit le nitroso-oxindol au moyen du sulfate ferreux et de la potasse en n'employant pas un trop grand excès d'alcali, il se produit une matière colorante à reflets métalliques verts et dont la solution ressemble à celle de la fuchsine. Cette substance paraît être une espèce d'alloxantine intermédiaire entre le nitroso-oxindol et l'amido-oxindol. P. S.

**INOCARPINE.** — Matière colorante rouge, extraite d'un arbre de Taïti, l'*Inocarpus edulis*. M. Cuzent extrait le suc de l'*Inocarpus* en incisant l'écorce des jeunes arbres ou les fruits verts. Ce suc est d'abord incolore (il est rouge dans le cas des vieux arbres), mais il rougit vite à l'air et se dessèche en une masse gommeuse, soluble dans l'eau et dans l'alcool, insoluble dans l'éther, qui contient l'inocarpine et une matière colorante jaune, la *xanthocarpine*. La solution rouge du suc de l'*Inocarpus* dans les alcalis donne, lorsqu'on la secoue au contact de l'air, des colorations variées et caractéristiques [*Journ. de Pharm.*, t. XXXV, t. 241].

**INOSITE**, $C^6H^{12}O^6$ [Scherer, *Ann. der Chem. u. Pharm.*, t. LXXIII, p. 322; t. LXXXI, p. 375; *Ann. de Chim. et de Phys.*, (3), t. XXXV, p. 112]. — Ce sucre, cristallisable et isomérique avec la glucose, a été découvert par Scherer en 1850, dans les eaux mères de la préparation de la créatine (voyez t. I, p. 982). Il n'existe pas seulement dans le liquide musculaire (ἴς, ἰνός, *muscle*), mais il a encore été trouvé dans le poumon, le rein, le foie, et la rate des bœufs [Cloetta, *Ann. der Chem. u. Pharm.*, t. XCIX, p. 289] et dans le cerveau (W. Müller), dans le pancréas, dans le rein de l'homme et dans certaines urines pathologiques (inosurie). Il est identique avec une substance qui a été retirée par Vohl, en 1856, des haricots verts et nommée *phaséomannite* [Vohl, *Ann. der Chem. u. Pharm.*, t. XCIX, p. 125; t. CI, p. 50 et *Ann. de Chim. et de Phys.*, (3), t. L, p. 485].

Préparation. 1° *Avec la chair musculaire (celle du cœur notamment) et les divers tissus des animaux.* — On les traite par l'eau comme dans la préparation de la créatine, on concentre les eaux mères d'où la créatine s'est déposée, et l'on y précipite l'excès de baryte par l'acide sulfurique étendu. On filtre alors et l'on fait bouillir pour chasser les acides gras; on agite à plusieurs reprises le résidu avec de l'éther qui enlève les dernières traces d'acides gras et un peu d'acide lactique, puis on ajoute de l'alcool fort jusqu'à ce qu'un trouble se produise; bientôt il se précipite la plus grande partie du sulfate de potasse. Si l'on continue alors l'addition d'alcool, il se précipite cette fois du sulfate de potasse mêlé de cristaux d'inosite ressemblant à ceux du gypse. On peut séparer les cristaux par triage ou reprendre par un peu d'eau chaude qui dissout rapidement l'inosite. En tous cas on purifie le produit par la cristallisation [Scherer].

Cloetta extrait directement l'inosite en mettant en contact le tissu animal finement haché avec assez d'eau pour le couvrir, l'abandonnant pendant vingt-quatre heures dans un endroit frais et l'agitant plusieurs fois. Il décante ensuite, presse le résidu, réduit la liqueur au dixième au bain-marie, puis il coagule à chaud l'albumine et l'hématine par l'acide acétique, précipite les impuretés par l'acétate de plomb, l'inosite elle-même par le sous-acétate, remet en liberté celle-ci par l'hydrogène sulfuré et finalement traite la liqueur filtrée et concentrée par l'alcool. Il se dépose de l'inosite mélangée seulement avec un peu d'acide urique.

M. Cooper Lane conseille de traiter les liquides concentrés et bouillants d'où l'inosite doit se déposer, par 3 à 4 fois leur volume d'alcool. S'il se forme un abondant précipité qui s'attache au vase, on décante; s'il ne se forme qu'un dépôt floconneux, on filtre chaud : il se dépose dans les vingt-quatre heures des cristaux d'inosite qu'on lave avec un peu d'alcool froid. S'il ne s'est pas déposé de cristaux, on ajoute de l'éther et l'on agite. Cette fois, au bout de vingt-quatre heures, si l'addition d'éther est suffisante, toute l'inosite est précipitée en lamelles nacrées.

2° *Avec les haricots verts, etc.* — On les réduit en pâte, on les cuit à la vapeur pendant une demi-heure dans un nouet de linge, puis on exprime la masse fortement. La liqueur est concentrée à sirop au bain-marie, puis additionnée d'alcool jusqu'à formation d'un trouble persistant. Au bout de quelques jours il se dépose de belles croûtes cristallines d'inosite (Vohl). Les haricots verts contiennent 0,75 % de leur poids d'inosite.

M. Marmé emploie le procédé de Cloetta et traite l'extrait aqueux des plantes par le tannin, puis par l'acétate de plomb; la liqueur filtrée est décolorée par la chaux et le charbon animal, puis additionnée de sous-acétate de plomb; le précipité, auquel on ajoute celui que l'ammoniaque fait naître dans la liqueur filtrée, est décomposé par l'hydrogène sulfuré et donne de l'inosite par concentration et addition d'alcool ou d'éther [*Ann. der Chem. u. Pharm.*, t. CXXIX, p. 222, ou *Bull. de la Soc. chim.*, 1864, t. I, p. 388].

En opérant de la sorte, M. Marmé a trouvé l'inosite dans les pois (*Pisum sativum*) avant la maturité, dans les lentilles vertes (*Ervum Lens*), dans l'acacia (*Robinia pseudo-acacia*), dans les têtes du chou (*Brassica oleracea capitata*), dans la digitale, dans la pomme de terre (la plante), dans le *Taraxacum officinale* (feuilles et tiges). Il l'a signalée également dans l'asperge avant la maturité et dans deux cryptogames, le *Lactarius piperatus* et la *Clavaria crocea*.

Propriétés. — L'inosite cristallise avec deux molécules d'eau; les cristaux, qui sont tabulaires et analogues à ceux du gypse selon Vohl, clinorhombiques et groupés en choux-fleurs selon Scherer, sont orthorhombiques selon Cloetta ($mm = 138°52$). Leur densité à + 5 est de 1,1154. Ils perdent leur eau à 100° ou même dans l'air sec et laissent de l'inosite anhydre qui fond à 210° en un liquide incolore; ce liquide, refroidi brusquement, se prend en cristaux aciculaires; refroidi lentement, il donne une masse amorphe et cornée. Suivant Vohl, la solution d'inosite refroidie au-dessous de zéro donne des cristaux blancs et opaques d'inosite anhydre.

L'inosite hydratée se dissout dans 6 fois son poids d'eau à 19° (Vohl), 6,5 à 24° (Cloetta). La solution concentrée n'est pas sirupeuse et se conserve inaltérée; elle présente une saveur sucrée franche. L'alcool faible dissout un peu d'inosite, surtout à chaud; l'alcool absolu et l'éther n'en dissolvent pas.

L'inosite n'a pas d'action sur la lumière polarisée.

Lorsqu'on chauffe fortement l'inosite, elle se décompose en laissant dégager des gaz inflammables et en se boursouflant; il reste un résidu charbonneux qui brûle aisément. Il se produit en même temps l'odeur du sucre brûlé.

Les *acides sulfurique* et *chlorhydrique* chauds n'altèrent pas l'inosite; l'*acide sulfurique* chaud et concentré la colore en brun; la *potasse* et l'*eau de baryte* ne la colorent même pas à l'ébullition. La solution de *sulfate de cuivre* mélangée d'inosite est précipitée par la *potasse* et le précipité est soluble dans un excès de potasse; mais la liqueur bleue qu'on obtient ainsi ne se réduit pas à l'ébullition; au bout de quelques jours elle laisse déposer un précipité bleu. Avec la *bile* et l'*acide sulfurique* on n'obtient pas de coloration pourpre.

Une réaction très-sensible et très-caractéristique permet de reconnaître l'inosite même en fort petites quantités. On évapore le mélange ou l'on cherche l'inosite sur une lame de platine avec de l'*acide azotique*, et l'on humecte le résidu sec avec de l'*ammoniaque* et un peu de *chlorure de calcium*. En évaporant de nouveau, on voit se produire une belle coloration rose (Scherer).

L'inosite n'est pas altérée par l'*ozone* (Gorup-Besanez). Elle ne subit pas la fermentation alcoolique, mais, en contact avec la *craie* et le *fromage* ou les matières animales en putréfaction, elle subit la fermentation lactique et butyrique (Scherer). Elle se dissout sans évolution de gaz dans l'*acide nitrique* de densité 1,52 à froid ou à chaud. L'acide sulfurique précipite de cette solution de la nitro-inosite. En évaporant doucement la solution d'inosite dans l'*acide nitrique faible*, on trouve dans la liqueur de l'acide oxalique et une substance rouge pourpre qui se dépose en flocons solubles dans les acides étendus et précipitables par l'ammoniaque (Vohl). Le tartrate cupro-potassique, chauffé avec l'inosite, donne, suivant Cloetta, un précipité vert et la liqueur surnageante bleue verdit par la chaleur; mais Vohl considère cette réaction comme non caractéristique et due seulement aux impuretés.

L'inosite donne, avec le sous-acétate de plomb, un composé qui répond à peu près à la formule $C^6H^{12}O^6.5/2PbO$, mais ne paraît pas avoir de composition constante.

NITRO-INOSITE (*Inosite hexanitrique*, Vohl), $C^6H^6(AzO^2)^6O^6$. — On dissout l'inosite anhydre dans l'acide nitrique de densité 1,52, et on précipite par l'acide sulfurique. Il se dépose une poudre cristalline ou, si la température est plus élevée, une huile qui cristallise bientôt. On sépare le produit, on le lave à l'eau et on le fait cristalliser dans l'alcool, d'où il se sépare en rhomboèdres assez volumineux. La nitro-inosite chauffée fond en une huile et déflagre à une plus haute température; elle détone par le choc du marteau. Elle ne se dissout pas dans l'eau. Elle est décomposée par les *acides concentrés* chauds; se dissout dans la *potasse* à froid ou à une douce chaleur, donnant une coloration brune et dégageant de l'ammoniaque.

La solution alcaline réduit la *liqueur cupro-potassique* et le nitrate d'argent ammoniacal.

La nitro-inosite, traitée comme l'inosite elle-même, donne la coloration rose caractéristique.

G. S.

**INSOLINIQUE (ACIDE).** — Voyez TÉRÉPHTALIQUE (ACIDE).

**INULINE**, $C^{12}H^{20}O^{10}$ [Syn. *Hélénine, dahline, alantine, ményanthine*, etc.]. — L'inuline a été découverte par V. Rose en 1804; on la rencontre dans les racines d'aunée (*Inula Helenium*), de chicorée (*Cichorium Intybus*), de pyrèthre (*Pyrethrum Parthenium*), de colchique (*Colchicum autumnale*), dans les tubercules de dahlia (*Georgina purpurea*), dans les topinambours (*Helianthus tuberosus*), dans la manne d'*Eucalyptus dermosa*, et dans certains lichens, etc. L'inuline est presque insoluble dans l'eau froide et pourtant elle existe en solution dans le suc des plantes, quelquefois même en forte proportion. Ainsi le suc des tubercules de dahlia en contient 12 p. 100; il se prend dans l'espace de quelques heures en une bouillie par suite de la précipitation de l'inuline dissoute. Cette transformation de l'inuline soluble en inuline insoluble se fait aussi à l'abri de l'air (Bouchardat).

Les inulines préparées avec toutes ces plantes ont été regardées comme identiques, mais MM. Ferrouillat et Savigny ont constaté récemment des différences très-grandes entre l'inuline de dahlia et celle d'aunée, différences qui obligent de faire une distinction entre ces deux inulines. Quant à celles d'autres provenances, de nouvelles recherches sont nécessaires pour résoudre la question de savoir si elles sont identiques ou isomériques avec les inulines de dahlia ou d'aunée [Gaultier de Claubry, *Ann. de Chim.*, t. XCIV, p. 200; — Payen, *Ann. de Chim. et de Phys.*, t. XXVI, p. 102; — Mulder, *Ann. der Chem. u. Pharm.*, t. XXVIII, p. 278; — Parnell, *ibid.*, t. XXXIX, p. 213; — Croockwit, *ibid.*, t. XLV, p. 184; — Woskresensky, *Journ. für prakt. Chem.*, t. XXXVII, p. 309; — Bouchardat, *Compt. rend. de l'Acad.*, t. XXV, p. 274; — Dubrunfaut, *ibid.*, t. XLII, p. 803].

*Préparation*. — 1° On épuise les racines avec de l'eau bouillante, on évapore à sec et l'on traite à plusieurs reprises par l'eau froide, qui laisse l'inuline sous forme d'une poudre insoluble (Gaultier de Claubry), ou bien on concentre la décoction des racines et on la précipite par l'alcool (2 volumes); le précipité, redissous dans un peu d'eau et reprécipité par l'alcool après décoloration de la solution par le charbon animal, fournit de l'inuline pure [Thirault, *Journ. de Pharm.*, (3), t. XXV, p. 205].

2° Lorsqu'on lave les racines réduites en pulpe sous un filet d'eau froide, tant que l'eau de lavage est laiteuse, cette dernière dépose l'inuline sous forme d'une poudre blanche, qu'on lave à plusieurs reprises avec de l'eau; si l'inuline ne se dépose pas, il faut chauffer le liquide à l'ébullition pour coaguler les matières albuminoïdes.

3° On fait bouillir les racines pendant une heure avec de l'eau, on filtre à chaud et l'on ajoute de l'acétate de plomb, qui précipite une matière gommeuse. Le liquide filtré de nouveau, débarrassé du plomb en excès par l'hydrogène sulfuré et concentré suffisamment, dépose par le refroidissement l'inuline, qu'il suffit de dissoudre dans l'eau bouillante et de précipiter par l'alcool pour l'amener à l'état de pureté (Woskresensky).

*Propriétés*. — L'inuline, séchée à une douce température, forme une poudre insipide, blanche et ténue, semblable à l'amidon; mais, lorsqu'on la sèche à une température plus élevée, elle se présente sous forme d'une matière translucide, se gonflant dans l'eau. Insoluble dans l'alcool et dans l'éther, elle se dissout en petite quantité dans l'eau froide, mais elle est fort soluble dans l'eau à chaud et ne donne pas d'empois. Après le refroidissement, cette solution ne dépose que lentement l'inuline dissoute.

Elle supporte une température de 180° sans se décomposer; à 190° elle commence à fondre en même temps qu'elle s'altère. A la distillation sèche l'inuline fournit de l'acide acétique coloré en brun, mais pas de matière huileuse. Séchée à 10°, à côté de l'acide sulfurique, elle renferme $C^{12}H^{20}O^{10} + H^2O$. A 100°, l'eau se dégage et la composition de l'inuline est représentée par la formule $C^{12}H^{20}O^{10}$; à cet état, elle attire vivement l'humidité. Les inulines de différentes plantes ont donné à l'analyse sensiblement les mêmes chiffres. L'inuline dévie à gauche le plan de polarisation. Suivant M. Bouchardat, le pouvoir moléculaire rotatoire de l'inuline dahlia est $[\alpha] = -26°$, et ce chiffre a été vérifié par MM. Ferrouillat et Savigny. Pour l'inuline d'aunée, les mêmes chimistes ont trouvé $[\alpha] = 32°$ [*Compt. rend.*, t. LXVIII, p. 1571, et *Bull. de la Soc. chim.*, t. XII, p. 209; 1869]. Les deux inulines ne possèdent donc pas le même pouvoir rotatoire; leurs dérivés acétylés diffèrent de même considérablement. — Voyez plus bas.

L'inuline se dissout en brun dans l'acide sulfurique concentré; ni l'eau ni l'alcool ne précipitent cette solution, mais bien l'ammoniaque. A chaud, l'inuline se carbonise; elle se dissout dans l'acide nitrique concentré sans donner de xyloïdine. Lorsqu'on chauffe, on obtient de l'acide oxalique, probablement de l'acide saccharique, mais pas d'acide mucique. Les acides chlorhydrique et acétique froids ne la dissolvent pas; elle est soluble à froid dans la potasse et est reprécipitée par les acides. L'eau de baryte donne un précipité blanc dans la solution aqueuse; l'eau de chaux, le chlorure d'étain, les sels de mercure, de fer, de cuivre, d'argent, d'or, de plomb, et le tannin, ne la précipitent pas; mais lorsqu'on ajoute à la solution d'inuline de l'acétate ou du sous-acétate de plomb et ensuite de l'ammoniaque, il se forme un précipité blanc, dont la composition est variable (44 à 62 p. 100 d'oxyde de plomb). L'inuline réduit à chaud et en présence de l'ammoniaque les sels de plomb, de cuivre et d'argent, en même temps qu'elle se convertit en acide formique. L'oxyde de cuivre ammoniacal dissout l'inuline; la solution dépose après quelques heures un précipité bleu, insoluble dans l'eau et dans l'ammoniaque, mais soluble dans les acides nitrique et tartrique [Schlossberger, *Ann. der Chem. u. Pharm.*, t. CVII, p. 23].

L'iode colore l'inuline en brun; la coloration

est fugitive. Le chlore ne précipite pas sa solution aqueuse.

L'inuline, chauffée à l'ébullition pendant un temps assez long avec de l'eau pure, se transforme en lévulose; les acides étendus et bouillants agissent dans le même sens, mais plus rapidement. La diastase est sans action sur l'inuline, mais elle est digérée par l'estomac.

L'inuline n'est pas fermentescible.

DÉRIVÉS ACÉTIQUES DE L'INULINE.

Ces corps s'obtiennent en chauffant l'inuline plus ou moins longtemps avec de l'anhydride acétique en proportion variable. L'acide sulfurique étendu, à 100° ou 120°, les dédouble en inuline et acide acétique [Ferrouillat et Savigny, *loc. cit.*]. Les dérivés de l'inuline de dahlia diffèrent notablement de ceux de l'inuline d'aunée.

I. DÉRIVÉS DE L'INULINE DE DAHLIA. — *Inuline triacétique*, $C^{12}H^{17}(C^2H^3O)^3O^{10}$. — On chauffe à l'ébullition pendant un quart d'heure 1 p. d'inuline de dahlia avec 1 p. d'anhydride acétique et 2 p. d'acide acétique cristallisable. L'inuline devient gommeuse avant de se dissoudre; la solution ne précipite pas par l'eau, mais l'éther y produit un précipité formé par le corps nouveau. C'est une masse solide, amorphe, jaune clair, à saveur amère, très-soluble dans l'eau et dans l'alcool et insoluble dans l'éther.

Pouvoir rotatoire moléculaire, $[\alpha] = -20°$.

*Inuline tétracétique*, $C^{12}H^{16}(C^2H^3O)^4O^{10}$. — On fait bouillir pendant un quart d'heure 1 p. d'inuline avec 2 p. d'anhydride acétique. La dissolution obtenue ne précipite ni par l'eau ni par l'éther, mais laisse après l'évaporation un résidu solide coloré, insoluble dans l'eau pure, soluble dans l'eau chargée d'acide acétique et dans l'alcool. La solution alcoolique, décolorée par le charbon animal, donne le dérivé acétique sous forme d'une masse amorphe et jaunâtre.

Pouvoir rotatoire moléculaire, $[\alpha] = -14°$.

*Inuline hexacétique*, $C^{12}H^{14}(C^2H^3O)^6O^{10}$. — Lorsqu'on fait bouillir pendant une demi-heure l'inuline avec 3 fois son poids d'anhydride acétique et qu'on opère comme on l'a indiqué pour le corps précédent, on obtient une substance insoluble dans l'eau et soluble dans l'alcool; elle dévie faiblement à droite.

L'inuline de dahlia, chauffée en vase clos avec de l'anhydride acétique, donne, en perdant de l'eau, deux dérivés tétracétiques, dont l'un, soluble dans l'eau, dévie à droite $[\alpha] = +55°$ et dont l'autre, insoluble dans l'eau, possède un pouvoir rotatoire $[\alpha] = +35°,5$. Ils ne dérivent plus de l'inuline, mais de l'inuline déshydratée par la perte de $2H^2O$. Ce produit de déshydratation $C^{12}H^{16}O^8$ est une matière résineuse, soluble dans l'alcool et dextrogyre.

II. DÉRIVÉS DE L'INULINE D'AUNÉE. — Lorsqu'on traite l'inuline d'aunée successivement, comme on vient de l'indiquer pour l'inuline de dahlia, on obtient des dérivés acétiques analogues quant à leurs propriétés physiques, mais différents par leur pouvoir rotatoire et par leur composition.

Le premier dérivé est *triacétique*. Pouvoir rotatoire, $[\alpha] = -32°$.

Le second *pentacétique*, $C^{20}H^{15}(C^2H^3O)^5O^{10}$;

$$[\alpha] = -25°.$$

Le troisième, *heptacétique*, $C^{20}H^{13}(C^2H^3O)^7O^{10}$. Il dévie à droite, mais encore plus faiblement que le dérivé hexacétique de l'inuline de dahlia.

L'inuline d'aunée, chauffée à 160° avec de l'anhydride acétique, ne fournit qu'une matière ulmique et une petite quantité d'un sirop dextrogyre.

A. P.

**IODARGYRE** (Min.) [Syn. *Iodite, iodyrite*]. — Iodure d'argent AgI, en petits cristaux, en lames minces ou en masses compactes, d'un beau jaune de soufre, passant quelquefois au verdâtre ou au brun. Translucide; d'un éclat résineux. Se trouvant en veines minces dans des filons traversant la grauwacke et la serpentine, au Mexique et au Chili.

*Caractères.* — Les acides sulfurique ou azotique bouillants le décomposent avec dégagement d'iode. Dans le tube fermé, fond et prend une couleur orangé-foncé qu'il perd par le refroidissement. Sur le charbon, donne un globule d'argent.

Tendre et flexible. Poussière jaune. Densité : 5,7.

*Forme cristalline.* — Prisme hexagonal ordinairement modifié par une ou plusieurs pyramides hexagonales, présentant à peu près les mêmes angles que la greenockite : $p b^1 = 138°46'$.

Clivage : $p$ parfait.

F. et S.

**IODE**, $I = 127$ (Dumas); 126,850 (Stas). — Corps simple, découvert accidentellement par Courtois, salpêtrier à Paris, dans les cendres de varech, en 1812 [*Ann. de Chim.*, t. LXXXVIII, p. 304], et décrit par Gay-Lussac, qui en a fait une étude très-approfondie, dans un mémoire devenu classique [*Ann. de Chim.*, t. XCI]. H. Davy s'en est occupé vers la même époque [*Journ. of Sc.*, t. I, p. 234], et a démontré sa présence dans une grande variété de fucus marins.

*État naturel.* — Depuis, les recherches d'un grand nombre de savants ont démontré que l'iode est un corps très-répandu dans la nature; en combinaison avec le sodium, le potassium, le magnésium; il existe en quantités notables dans les eaux de la mer et dans beaucoup d'eaux minérales, et en très-petites quantités dans la plupart des eaux douces (E. Marchand; Chatin). Balard a démontré sa présence dans divers mollusques et polypiers marins; il existe en abondance dans les éponges où on le retrouve facilement, après incinération, à l'état d'iodure de sodium; dans l'huile de foie de morue à laquelle il communique, suivant beaucoup de médecins, ses propriétés thérapeutiques. On l'a rencontré, combiné à l'argent, à Zacatekas (Mexique), et au plomb. Enfin, le salpêtre du Chili et du Pérou en contient des quantités notables à l'état d'iodure et d'iodate de sodium, et ce produit naturel deviendra sans doute une source abondante d'iode. On a en outre constaté la présence de l'iode dans une foule de produits naturels ou commerciaux, à l'état de combinaison. Leuchs a signalé sa présence, à l'état d'iodure de fer, dans les poussières qui se condensent dans les tuyaux adaptés au gueulard des hauts-fourneaux [*Journ. für prakt. Chem.*, t. CIV, p. 186].

L'iode se rencontre aussi quelquefois à l'état de liberté dans la nature; l'air paraît en contenir normalement (Chatin) (voyez AIR, t. I, p. 86). Les environs de Saxon (Valais) offrent, dit-on, une roche dolomitique qui émet continuellement des traces de vapeur d'iode, et cet élément existe également à l'état de liberté dans les eaux qui sourdent de ces roches. Nous devons ajouter que le fait a été contesté. On a aussi constaté la présence de l'iode libre dans les vapeurs émises par les fumerolles de Vulcano.

*Propriétés physiques.* — L'iode est un corps solide, cassant, noir, presque opaque, à faces brillantes lorsqu'il est en grandes lames. Sa densité à 17° est égale à 4,948. Il fond à 107° (d'après Regnault); l'iode fondu présente, pendant sa cristallisation, une température constante de 113°,6; ce chiffre se trouve confirmé par les recherches de Stas [*Mém. de l'Acad. royale de Belgique*, 1865], qui a trouvé que l'iode pur fond entre 113° et 115°. L'iode bout vers 175° (au-dessus de 200°, d'après Stas), en émettant des vapeurs violettes très-foncées, d'une densité égale à 8,716 (126, par rapport à $H = 1$) et se sublimant en lames rhomboïdales, larges et brillantes, ou quelquefois en octaèdres allongés. Déjà à la température ordinaire, l'iode émet des vapeurs sensibles et le haut des flacons dans lesquels on le conserve se tapisse peu à peu de cristaux brillants. C'est à la couleur violette de sa vapeur que l'iode doit son nom : de ἰώδης, violet. Son odeur rappelle celles du chlore et du brome, mais elle est moins pénétrante; sa saveur est amère. L'iode colore la peau et d'autres tissus en jaune, mais seulement d'une manière passagère.

L'iode est mauvais conducteur de l'électricité.

Le spectre de l'étincelle électrique éclatant dans de la vapeur d'iode, entre deux pôles d'aluminium, est caractérisé par neuf raies : une rouge, une orangée, trois vertes, deux bleues et trois violettes [Plücker, *Poggend. Ann.*, t. CVII, p. 638, et *Ann. de Chim. et de Phys.*, (3), t. LVII, p. 504].

La chaleur spécifique de l'iode est 0,05412 à l'état solide, et 0,10822, c'est-à-dire le double, à l'état liquide (Regnault). Sa chaleur latente de fusion est de 11,7 calories, et sa chaleur de volatilisation de 23,95 calories (Favre et Silbermann).

On obtient des cristaux volumineux d'iode en abandonnant à une décomposition lente, à l'air, une solution d'acide iodhydrique; on peut également l'obtenir cristallisé par voie de fusion, ou par dissolution, mais dans ce dernier cas les cristaux sont petits. Dans toutes ces circonstances, l'iode cristallise de même : ce sont des octaèdres rhomboïdaux plus ou moins modifiés; dans les cristaux sublimés, certaines faces prennent un développement tel, que les cristaux prennent la forme de tables rhomboïdales aplaties. Ces formes ont été étudiées par Marignac [*Recherches sur les formes cristallines de quelques composés*, Genève, 1855], et par Mitscherlich [*Ann. de Chim. et de Phys.*, (3), t. XLVI, p. 308].

*Propriétés chimiques.* — L'iode ne se dissout qu'en très-petite quantité dans l'eau; à 10° ou 12° il exige 5524 p. d'eau, mais il en est complétement chassé par l'ébullition; la solution est d'un brun clair et douée d'une faible odeur d'iode. D'après Dossios et Weith, la solution d'iode devient un peu acide par suite de la formation d'acide iodhydrique; elle peut alors dissoudre une plus grande quantité d'iode [*Zeitsch. fur Chem.*, t. V, p. 370; *Bull. de la Soc. chim.*, 1870, t. XIII, p. 129]. L'iode est très-soluble dans l'alcool, l'éther, le chloroforme, la benzine, le sulfure de carbone, etc., ainsi que dans l'eau tenant en dissolution de l'acide iodhydrique ou des iodures, de l'azotate ou du chlorure d'ammonium ou certains autres sels. Les solutions dans la benzine, le sulfure de carbone ou le chloroforme sont d'une belle couleur violette; les autres solutions sont brunes; la solution alcoolique, dite *teinture d'iode*, laisse déposer presque tout son iode lorsqu'on l'étend d'eau. L'iode ne forme pas d'hydrate comme le chlore et le brome.

L'iode se rapproche par ses caractères chimiques du chlore et du brome, mais il présente des affinités beaucoup moins énergiques; aussi est-il déplacé de toutes ses combinaisons avec les éléments électropositifs par le chlore et par le brome; ces combinaisons avec les éléments électronégatifs présentent au contraire une plus grande stabilité que les composés correspondants du chlore et du brome; ainsi l'iode déplace le chlore des chlorates, pour donner des iodates.

Comme le chlore et le brome, l'iode est un élément monatomique, mais il peut, dans certaines circonstances, manifester une atomicité plus élevée; ainsi, dans le chlorure d'iode $ICl^3$, il est triatomique, ainsi que dans l'acétate d'iode

$$\left.\begin{matrix}(C^2H^3O)^3 \\ I'''\end{matrix}\right\} O^3$$

décrit par M. Schützenberger.

L'iode et l'hydrogène ne se combinent pas directement dans les circonstances ordinaires, mais en présence de la mousse de platine légèrement chauffée il y a union. Par contre, l'iode se combine directement à la plupart des métaux et métalloïdes qui s'unissent au chlore, mais avec moins d'énergie; sa combinaison avec le phosphore et avec l'antimoine a lieu avec incandescence. L'or, qui n'est pas attaqué par l'iode dans les circonstances ordinaires, se dissout lorsqu'on le chauffe, en feuilles minces, avec de l'eau et de l'iode dans des tubes scellés (Nicklès).

L'iode en présence de l'eau peut agir comme oxydant; néanmoins il ne possède pas de pouvoir décolorant ou ne le manifeste que très-faiblement. Il décompose l'hydrogène sulfuré en mettant le soufre en liberté; il décompose également les sulfures; en présence de l'eau il transforme l'acide sulfureux en acide sulfurique, et oxyde également les hyposulfites, l'acide arsénieux, etc. Il ne transforme que difficilement les sels ferreux en sels ferriques, et le cyanure jaune en cyanure rouge; il faut pour cela que les solutions soient très-étendues (Mohr).

Mis en présence d'eau oxygénée, l'iode la décompose en dégageant de l'oxygène et en produisant de l'acide iodhydrique, ce qui est d'autant plus remarquable, que l'acide iodhydrique luimême décompose l'eau oxygénée; mais cette réaction n'a plus lieu lorsque l'on étend de beaucoup d'eau [Schœnbein, *Journ. für prakt. Chem.*, t. LXXXIV, p. 385, et *Répert. de Chim. pure*, t. IV, p. 289]. Le bioxyde de baryum agit d'une manière analogue.

La potasse dissout l'iode en produisant de l'iodure de potassium; dans cette réaction, quel que soit l'excès de potasse, la liqueur conserve toujours une odeur particulière d'iode due sans doute à la formation d'acide hypoiodeux (voyez plus loin). Si cette dissolution a lieu en présence d'eau oxygénée, il ne se forme pas trace d'iodate et la solution est parfaitement inodore [Schœnbein].

L'acide azotique concentré transforme l'iode en acide iodique.

L'iode réagit sur l'ammoniaque pour former de l'iodure d'azote (voyez t. I, p. 216), ainsi que sur les hydrogènes phosphoré et arsénié.

Le caractère le plus saillant de l'iode *libre* est de colorer l'empois d'amidon en bleu; cette coloration disparaît par la chaleur, pour reparaître par le refroidissement si l'on a eu soin de ne pas soumettre le liquide à une ébullition prolongée qui aurait pour effet de faire volatiliser l'iode. Il paraît se former là une combinaison particulière, se dissociant sous l'influence de la chaleur pour se former dès que la solution se refroidit (voyez AMIDON, p. 104). Ce caractère d'une extrême sensibilité permet de retrouver de faibles traces d'iode (Collin et Gaultier de Claubry).

L'iode réagit sur beaucoup de matières organiques en s'y combinant ou en se substituant à de l'hydrogène.

*Action de l'iode sur l'économie.* — L'iode est une substance irritante. Il colore la peau en jaune et produit sur les muqueuses des inflammations locales. Absorbé par la peau ou les muqueuses, il cause des symptômes d'excitation générale. L'ingestion de petites doses répétées peut produire des accidents variés : palpitations, amaigrissement, irritabilité nerveuse. L'ensemble de ces phénomènes est désigné sous le nom d'*iodisme chronique*. Administré à haute dose, l'iode produit des accidents toxiques.

L'iode est un agent thérapeutique très-efficace. Il est employé dans le traitement du goître, des scrofules, de la syphilis, etc. Il est employé en teinture et en pommades.

EXTRACTION DE L'IODE. — L'extraction de l'iode est un des éléments de l'industrie des soudes de varech ou algues marines; les cendres de ces-

plantes, dont la composition est très-variable, car elles renferment de 33 à 75 % de sels solubles (notamment les chlorures et sulfates de sodium et de potassium, et seulement 2 p. % environ de carbonate de soude), étaient autrefois utilisées dans la verrerie; Courtois les exploitait dans le but d'en retirer les sels de potasse pour la fabrication du salpêtre. On épuise ces cendres par de l'eau et l'on évapore la solution aqueuse de manière à faire cristalliser le chlorure de sodium, le chlorure et le sulfate de potassium qu'on sépare en se fondant sur les différences de leur solubilité à froid et à l'ébullition; le carbonate de sodium se concentre ainsi en même temps que l'iodure, dans les eaux mères dont la densité s'accroît naturellement avec leur proportion; lorsque ces eaux mères marquent 50° à 60°, on les emploie à l'extraction de l'iode. Pour cela, on les sature par un léger excès d'acide sulfurique et l'on fait bouillir; on décompose ainsi le carbonate de sodium, ainsi que les sulfures, hyposulfites, etc., et l'on obtient un dépôt de sulfate de soude. La liqueur claire, séparée de ce dépôt, sert directement à la séparation de l'iode.

*Emploi du chlore.* — La liqueur précédente, additionnée d'eau de manière à marquer 25°, est traitée par un courant de chlore, de manière à en être exactement saturée; l'iode se précipite immédiatement. Un excès de chlore serait nuisible, car il redissoudrait une partie de l'iode à l'état de chlorure d'iode soluble. On s'assure de l'exacte saturation en examinant une prise d'essai qui ne doit donner un précipité d'iode ni par l'addition de chlore, ni par l'addition d'eau mère. On laisse alors déposer l'iode, on le lave à l'eau par décantation, puis on le laisse égoutter dans des vases coniques en terre, munis d'un double fond, et on le fait essorer sur des plaques de plâtre ou d'une substance absorbante quelconque. Enfin on le soumet à la sublimation. Cette opération se fait dans des cornues en grès chauffées au bain de sable, y compris le col, pour empêcher qu'il ne s'obstrue par la condensation de l'iode; l'extrémité de ce col s'engage dans un récipient de forme ellipsoïdale dans lequel l'iode se sublime. La meilleure température pour sublimer l'iode est de 110° à 120°.

On peut remplacer le chlore par de l'acide azotique qui déplace l'iode des iodures sans qu'on ait à en craindre un excès.

*Emploi du peroxyde de manganèse.* — On remplace généralement la méthode précédente par la réaction du peroxyde de manganèse, en présence d'acide sulfurique, sur le résidu salin des eaux mères des cendres de varech évaporées à sec. La réaction se fait très-facilement et, par l'application d'une douce chaleur, l'iode se sublime dans les parties froides de l'appareil :

$$2INa + MnO^2 + 2SO^4H^2$$
$$= SO^4Na^2 + SO^4Mn + 2H^2O + I^2.$$

Dans ce procédé, les chlorures restant dans les eaux mères fournissent en même temps du chlore qui peut occasionner des pertes par suite de la formation de chlorure d'iode.

Luchs [*Dingl. Polyt. J.*, CXLII, 375] remplace le peroxyde de manganèse par le bichromate de potassium; il dissout 25 p. du résidu salin des eaux mères dans 50 p. d'eau et y ajoute peu à peu son poids d'acide sulfurique, puis 7 p. de bichromate pulvérisé; tout l'iode se sépare aussitôt à l'état cristallin; la liqueur surnageante renferme un peu d'iode qu'on peut obtenir par distillation ainsi que celui qui est entraîné par l'eau employée pour lessiver l'iode déposé :

$$6KI + Cr^2O^7K^2 + 10SO^4H^2$$
$$= (SO^4)^4Cr^2K^2 + 6SO^4KH + 7H^2O + 3I^2$$

*Séparation à l'état d'iodure cuivreux.* — Sérullas a le premier recommandé ce mode de préparation, fondé sur l'insolubilité de l'iodure cuivreux $Cu^2I^2$ : on provoque la formation de ce sel en ajoutant aux eaux mères des soudes de varech une solution de 1 p. de sulfate de cuivre et de 2 p. 25 de sulfate ferreux. Duflos a perfectionné ce procédé en réduisant le composé cuivrique par l'acide sulfureux : on ajoute à l'eau mère la quantité de sulfite de sodium jugée nécessaire d'après un essai préalable, puis on verse dans la liqueur une solution acide de sulfate de cuivre qui, mettant en liberté de l'acide sulfureux, occasionne le dépôt d'un précipité blanc d'iodure cuivreux.

Il ne reste plus qu'à extraire l'iode de cet iodure, ce qui se fait facilement en le chauffant avec du peroxyde de manganèse, soit seul, soit en présence d'acide sulfurique.

*Extraction de l'iode du salpêtre du Chili.* — Le salpêtre du Chili renferme des quantités notables d'iode, surtout à l'état d'iodate. Pour en retirer l'iode, on peut, comme l'a recommandé Jacquelain, faire agir successivement l'acide sulfureux, pour réduire l'iodate, puis le chlore pour déplacer l'iode de l'iodure formé et de l'iodure préexistant; seulement il est nécessaire de déterminer, par un essai préalable, les proportions d'acide sulfureux et d'eau de chlore à employer. On peut aussi transformer l'iodate en iodure par la calcination, et séparer ensuite l'iode par les procédés ordinaires.

Thiercelin [*Bull. de la Soc. chim.*, 1869, t. XI, p. 186] a fait connaître récemment un mode d'exploitation des eaux mères du salpêtre du Pérou qui promet de bons résultats. Cette méthode consiste à traiter les eaux mères par un courant de bioxyde d'azote obtenu par la déflagration d'un mélange de nitre et de charbon : le bioxyde d'azote réduit d'abord l'iodate en se transformant en composés plus oxygénés de l'azote, réagissant ensuite sur l'iodure pour mettre en liberté l'iode qui vient s'ajouter à celui fourni par l'iodate. Seulement, comme la liqueur devient très-acide et qu'elle renferme des chlorures, il se produit en même temps de l'eau régale, et par suite du chlorure d'iode; il faut donc neutraliser de temps en temps la liqueur par l'addition de carbonate de soude, produit qu'on obtient en même temps que le bioxyde d'azote; il se régénère ainsi du nitrate de sodium, qu'on peut faire rentrer dans le raffinage du salpêtre brut.

Pour obtenir de l'iode pur, Millon recommande de traiter par un excès de chlore une solution d'iodure de potassium et d'ajouter ensuite à la liqueur claire une quantité d'iodure de potassium égale à trois fois celle qui a été décomposée par le chlore; l'iode se précipite de nouveau, il ne reste plus qu'à le laver, le sécher et le sublimer. En général, les méthodes qui ont été décrites ci-dessus fourniront de l'iode pur si l'on prend pour point de départ des iodures suffisamment purifiés.

Pour obtenir de l'iode absolument pur, dans le but d'en déterminer le poids atomique, Stas [*Mém. de l'Acad. royale de Belgique*, 1865] a suivi deux procédés distincts : séparation de l'iode de sa solution dans l'iodure de potassium; décomposition de l'iodure d'azote. Dans la première méthode, on sature d'iode une solution d'iodure de potassium (une solution de 1 p. de ce sel dans 1 p. d'eau dissout 4 p. d'iode), on ajoute de l'eau jusqu'à ce qu'il se produise un trouble permanent; on laisse déposer, on décante et on précipite la liqueur éclaircie en l'agitant avec les trois quarts de l'eau nécessaire pour précipiter tout l'iode que l'eau peut séparer de cette solution; on lave cet iode par décantation, on le laisse égoutter et on le fait sécher en présence d'azotate calcique qu'on renouvelle fréquemment.

La seconde méthode de Stas consiste à décomposer par l'eau à 60-65° l'iodure d'azote, préparé par l'iode et l'ammoniaque; la décomposition a lieu avec effervescence et doit finalement être terminée à 100°; les produits de la décomposition sont de l'azote, de l'iode, de l'iodure d'ammonium qui tient en solution de l'iode, et un sel explosible peu soluble, probablement de l'iodate d'ammonium; le dépôt étant recueilli sur un filtre est lavé à l'eau, puis distillé avec de l'eau; l'iode passe tout à fait pur : on le recueille et on le sèche; quant au sel peu soluble, il reste dans la cornue.

ACIDE IODHYDRIQUE, IH. — Composé gazeux à la température et sous la pression ordinaires, d'une odeur forte et irritante, fumant fortement à l'air, extrêmement soluble dans l'eau avec dégagement de chaleur : 1 gramme d'acide iodhydrique, en se dissolvant dans l'eau, produit 147,7 unités de chaleur (Favre et Silbermann). Sa densité est égale à 64,2 (théorie 64) ou à 4,443 par rapport à l'air. Soumis à la pression et au froid, l'acide iodhydrique se condense en un liquide jaune qui se solidifie à — 55°.

Lorsqu'on ajoute de l'iode à du persulfure d'hydrogène liquide, on obtient un liquide brun jaunâtre, décomposable par l'eau. Si l'on opère cette décomposition dans un tube scellé et coudé, on peut condenser dans une des branches en un liquide mobile l'acide iodhydrique qui se dégage de l'autre.

L'acide iodhydrique gazeux ne peut pas être recueilli sur l'eau, à cause de son extrême solubilité, ni sur le mercure qui le décompose; mais on le recueille facilement par déplacement d'air, vu sa forte densité.

*Modes de formation et préparation.* — L'acide iodhydrique se produit dans des circonstances analogues à celles qui donnent naissance aux acides chlorhydrique et bromhydrique.

1. L'acide sulfurique décompose les iodures avec production d'acide iodhydrique, mais ce dernier est décomposé par un excès d'acide sulfurique, en fournissant de l'iode; aussi ce procédé n'est-il pas employé.

2. L'acide iodhydrique prend naissance directement par l'hydrogène et la vapeur d'iode, sous l'influence de l'éponge de platine chauffée [Corenwinder, *Ann. de Chim. et de Phys.*, (3), t. XXXIV, p. 79].

3. Les iodures de phosphore, traités par l'eau, fournissent de l'acide iodhydrique :

$$PI^3 + 3H^2O = 3HI + H^3PO^3.$$

En mettant quelques grammes d'iodure de phosphore dans un petit ballon auquel on adapte un tube de dégagement après avoir ajouté quelques gouttes d'eau, on obtient, en chauffant légèrement, un dégagement régulier de gaz iodhydrique [Corenwinder, *Ann. de Chim. et de Phys.*, (3), t. XXX, p. 248]. Généralement, on n'emploie pas l'iodure de phosphore tout formé, mais de l'iode, du phosphore et de l'eau. On opérait autrefois en disposant dans un tube des couches successives d'iode, de fragments de verre mouillés et de phosphore; en chauffant l'iode, il se réduit en vapeur et passe sur le phosphore; mais l'iodure ainsi formé rencontrant de l'eau se décompose immédiatement. Dans cette réaction il se forme toujours de l'hydrogène phosphoré qui, se combinant à une partie de l'acide iodhydrique, donne des cristaux d'iodure de phosphammonium.

Personne a substitué dans cette préparation le phosphore amorphe au phosphore ordinaire. On recouvre le phosphore d'une couche d'eau, on ajoute l'iode et l'on chauffe légèrement; le gaz iodhydrique se dégage alors régulièrement [*Compt. rend.*, t. LII, p. 468]. La proportion à employer, suivant F. Vigier [*Bull. de la Soc. chim.*, 1869, t. XI, p. 125], correspondant à 5 équivalents d'iode pour 1 équivalent de phosphore, c'est-à-dire 20 p. d'iode contre 1 p. de phosphore, la réaction a lieu suivant l'équation

$$P + 5I + 4H^2O = PO^4H^3 + 5HI$$

et il ne se forme ni hydrogène phosphoré ni acide phosphoreux.

Un bon moyen pour obtenir l'acide iodhydrique consiste à chauffer dans une cornue de l'iodure de potassium avec de l'iode, du phosphore et de l'eau :

$$2KI + P + 5I + 4H^2O = 7HI + K^2HPO^4.$$

4. On l'obtient très-facilement en solution par l'action de l'hydrogène sulfuré sur l'iode placé dans l'eau : $H^2S + I^2 = 2HI + S$.

Pour obtenir une solution aqueuse d'acide iodhydrique très-concentrée, il faut refroidir l'eau à 0°; on peut ainsi obtenir une solution deux fois plus dense que l'eau et fumant très-fortement.

Le meilleur mode de préparation consiste dans l'emploi du phosphore amorphe et de l'iode qu'on arrose d'eau déjà chargée d'acide iodhydrique (Vigier).

Lorsqu'on fait bouillir une solution étendue ou concentrée d'acide iodhydrique, il arrive un moment où la température d'ébullition s'élève et se maintient à 127°; le liquide qui distille à cette température renferme 57 % d'acide iodhydrique et possède une densité égale à 1,70; il correspond à la formule $2HI + 11H^2O$ (Bineau, Roscoe). Si la solution qu'on porte à l'ébullition est étendue, il distille d'abord de l'eau; si elle a été saturée de gaz à 0°, elle dégage déjà du gaz à 40°; ce dégagement est plus abondant à 55° et la température reste encore quelque temps stationnaire (Berthelot).

Voici, d'après Topsoë, la densité des solutions aqueuses d'acide iodhydrique à 12-14° [*Deutsch. Chem. Gesellsch.*, t. III, p. 403] :

| Densité. | IH %. | Densité. | IH %. |
|---|---|---|---|
| 1,708 | 57,74 | 1,274 | 30,20 |
| 1,674 | 56,15 | 1,225 | 25,86 |
| 1,630 | 53,93 | 1,164 | 19,97 |
| 1,572 | 50,75 | 1,120 | 15,73 |
| 1,486 | 45,71 | 1,096 | 12,21 |
| 1,413 | 40,45 | 1,0524 | 7,02 |
| 1,347 | 36,07 | | |

La solution d'acide iodhydrique se décompose spontanément en se colorant fortement par l'iode mis en liberté; cette décomposition est beaucoup plus rapide au contact de l'air, parce que l'hydrogène de l'acide forme de l'eau avec l'oxygène de l'air. La solution se charge ainsi de plus en plus d'iode, qui est très-soluble dans l'acide iodhydrique; mais il arrive un moment où la saturation est dépassée : l'iode cristallise alors en octaèdres allongés volumineux.

L'acide iodhydrique gazeux ou en dissolution est décomposé par le potassium, le fer, le zinc, le mercure, l'argent, etc. A l'état gazeux, il se dissocie facilement. — Voyez t. I, p. 1179.

Le chlore et le brome le décomposent en mettant de l'iode en liberté; il est de même décomposé par tous les agents oxydants. Le permanganate de potassium le transforme en acide iodique (Péan de Saint-Gilles); la même oxydation se produit par l'électrolyse de sa solution aqueuse (Riche).

Traité par le phosphore à 160°, il donne de l'acide phosphoreux $PO^3H^3$ et des cristaux volumineux d'iodure de phosphammonium $PH^4I$ [Oppenheim, *Bull. de la Soc. chim.*, 1864, t. I, p. 163].

L'acide sulfurique et l'acide sulfureux lui-même oxydent l'acide iodhydrique :

$$SO^4H^2 + 2IH = SO^3H^2 + H^2O + I^2,$$
$$SO^2 + 4IH = S + 2H^2O + 2I^2.$$

Dans toutes ces réactions, l'acide iodhydrique abandonne donc son hydrogène avec une grande facilité; aussi a-t-on songé à l'utiliser en chimie organique, comme source d'hydrogène naissant. Ainsi il transforme l'acide lactique en acide propionique [Lautemann, *Ann. de Chim. et de Pharm.*, t. CXIII, p. 217] :

$$C^3H^6O^3 + 2HI = C^3H^6O^2 + I^2 + H^2O.$$

La mannite, traitée par l'acide iodhydrique, donne de l'iodhydrate d'hexylène [Wanklyn et Erlenmeyer, *Ann. de Chim. et de Phys.*, (3), t. LXV, p. 364] :

$$C^6H^8(OH)^6 + 11HI = C^6H^{13}I + 6H^2O + 5I^2.$$

La glycérine fournit de même de l'iodure d'isopropyle (Erlenmeyer); l'érythrite, de l'iodhydrate de butylène (de Luynes), etc. Toutes ces réactions offrent un grand intérêt, puisqu'elles ont puissamment contribué à établir la constitution de tous ces composés.

Berthelot a beaucoup généralisé l'emploi de cette méthode, en déterminant les conditions dans lesquelles ces réductions s'opèrent le mieux, et il a fait voir qu'on peut ainsi, non-seulement réduire les composés oxygénés et établir des substitutions inverses, mais aussi fixer de l'hydrogène sur une foule de composés et les amener à l'état de combinaisons saturées. C'est ainsi que la benzine, la naphtaline et une foule d'hydrocarbures fournissent des hydrures successifs, dont le dernier terme est l'hydrure saturé ; pour la benzine $C^6H^6$, par exemple, on obtient successivement les hydrures $C^6H^8$, $C^6H^{10}$, $C^6H^{12}$ et $C^6H^{14}$ (hydrure d'hexyle). Il a même pu fixer ainsi de l'hydrogène sur la houille, le charbon de bois, etc. Pour opérer toutes ces réactions, la température du mélange doit être portée à 275-280° et la solution d'acide iodhydrique doit avoir une densité égale à 2 (cette solution renferme alors 67 % d'acide iodhydrique). En outre, cet acide doit être employé en grand excès par rapport au corps à hydrogéner [*Bull. de la Soc. chim.*, (2), t. VII, p. 53; t. IX, p. 8, 91, 104, 178, 265 ; t. X, p. 435, et t. XI, p. 4, 98 et 278].

De Luynes avait déjà précisé une partie de ces conditions, en recommandant d'employer de l'acide saturé à 0° et en grand excès; comme dans ces réactions de l'iode est mis en liberté, la liqueur s'appauvrit en acide iodhydrique, mais on peut régénérer cet acide en introduisant dans le mélange un peu de phosphore amorphe qui, au contact de l'iode et de l'eau, donne de l'acide iodhydrique; en outre, le mélange ne s'épaissit pas par l'iode mis en liberté [De Luynes et Salet, *Bull. de la Soc. chim.*, 1864, t. I, p. 166].

L'acide iodhydrique peut aussi se fixer directement sur certains hydrocarbures [Berthelot, *Ann. de Chim. et de Phys.*, (3), t. LXI, p. 456]. Ainsi, les hydrocarbures $C^nH^{2n}$ donnent des éthers iodhydriques : $C^2H^4 + IH = C^2H^5I$, ou des isomères de ces éthers (Wurtz).

IODURES MÉTALLIQUES. — Ces sels ont beaucoup d'analogie avec les chlorures et les bromures; ils sont en général moins volatils et, sauf les iodures alcalins, moins solubles dans l'eau. Beaucoup d'entre eux se décomposent par la calcination à l'air, en perdant de l'iode. Tous, sauf les iodures alcalins, sont décomposés au rouge par l'hydrogène. Beaucoup sont presque insolubles dans l'eau, mais quelques-uns de ces derniers sont solubles dans les iodures alcalins, tel est l'iodure mercurique. Les iodures de thallium, d'argent, de palladium se distinguent par leur insolubilité. Ceux des métaux pesants sont doués de couleurs très-vives, ceux de plomb, de thallium, d'argent sont jaunes; celui du mercure est jaune ou rouge, etc. Les iodures d'étain, d'antimoine, d'arsenic sont décomposés par l'eau, comme les chlorures et bromures correspondants. Les iodures hydratés d'aluminium, de magnésium, de zinc sont décomposés par la chaleur, comme les chlorures, avec formation d'hydrates et d'hydracide.

L'acide chlorhydrique attaque à peine les iodures; l'iodure d'argent peut même se former par l'action de l'acide iodhydrique sur le chlorure. Le chlore et le brome les décomposent en se substituant à l'iode qui est mis en liberté. Les solutions aqueuses d'iodures alcalins et d'autres peuvent dissoudre de grandes quantités d'iode, qui colore alors les solutions en brun-rouge, mais cet iode n'est pas combiné, car, en agitant ces solutions avec du sulfure de carbone, on leur enlève tout l'iode.

*Caractères des iodures.* — On reconnaît facilement la présence d'un iodure dans une liqueur en se basant sur la réaction si sensible qu'exerce l'iode libre sur l'empois d'amidon. On ajoute à la liqueur quelques gouttes d'empois d'amidon étendu d'eau, puis on y verse goutte à goutte de l'eau de chlore; l'iode mis en liberté colore aussitôt l'amidon en bleu; il faut seulement opérer à froid et éviter avec soin un excès de chlore qui, se combinant à l'iode, ferait de nouveau disparaître la coloration bleue. Pour éviter ce dernier inconvénient, on peut remplacer le chlore par de l'acide azotique fumant ou par l'eau oxygénée : il suffit d'introduire dans la liqueur, acidulée d'acide chlorhydrique, du bioxyde de baryum pulvérisé (Reynoso).

Si l'on veut isoler l'iode d'un iodure existant en petite quantité dans une solution, on le met en liberté par de l'acide azotique chargé de vapeurs nitreuses et l'on agite la solution avec du sulfure de carbone ou du chloroforme, qui se colorent en violet, s'il y a des traces d'iode mises en liberté.

L'acide sulfurique et le sulfate acide de potassium, chauffés avec les iodures, en déplacent des vapeurs d'iode, réaction qui est plus sensible si l'on fait intervenir du peroxyde de manganèse ou de chromate acide de potassium. Chauffés avec $MnO^2$, $PbO^2$, $Fe^2O^3$, ils perdent tout leur iode; l'azotate d'ammonium, l'acide borique et beaucoup de sels produisent le même effet au contact de l'air [Deveri et Stephanelli; Ubaldini, *Cimento*, t. VI, p. 280, et t. XI, p. 189].

Les iodures solubles donnent, avec l'*azotate d'argent*, un précipité jaune d'iodure insoluble dans l'acide azotique et dans l'ammoniaque, mais blanchissant au contact de ce dernier réactif. Cette insolubilité de l'iodure d'argent dans l'ammoniaque permet de distinguer nettement et même de séparer les iodures des chlorures et des bromures.

L'*acétate de plomb* produit avec les iodures solubles un précipité jaune, un peu soluble dans l'eau bouillante.

Les *sels de thallium* produisent également un précipité jaune insoluble dans l'eau bouillante. Ce dernier caractère est très-sensible.

Les *sels mercuriques* produisent un beau précipité rouge, soluble dans l'iodure de potassium.

Le *sulfate de cuivre*, mélangé d'acide sulfureux, donne un précipité blanc d'iodure cuivreux. Le sulfate de cuivre produit d'abord un précipité brun qui ne tarde pas, surtout à chaud, à perdre de l'iode et à se transformer en iodure cuivreux $Cu^2I^2$.

L'*azotate de palladium* produit dans les solutions des iodures un précipité noir d'iodure de palladium, insoluble dans l'acide azotique froid et dans les chlorures alcalins, mais se dissolvant dans les iodures alcalins avec une coloration brun foncé.

*Préparation.* — Les iodures s'obtiennent :

1° Par l'action de l'iode sur un métal; c'est ainsi que l'on prépare généralement les iodures de fer, de zinc, de mercure.

2° Par l'action de l'iode sur certains oxydes, hydrates ou carbonates. Les oxydes de potassium, de sodium, de baryum, de calcium sont décomposés au rouge par l'iode, qui en déplace l'oxygène. Lorsqu'on traite les solutions de potasse ou de soude par l'iode, on obtient un mélange d'iodures et d'iodates, et ces derniers, par la calcination, perdent de l'oxygène et se transforment en iodures.

3° Par l'action de l'acide iodhydrique sur certains métaux.

4° Par dissolution des oxydes, hydrates ou carbonates de l'acide iodhydrique.

5° Par double décomposition : la plupart des iodures métalliques s'obtiennent par double décomposition entre l'iodure de potassium et un sel métallique. L'iodure de potassium est souvent préparé lui-même par double décomposition entre l'iodure ferreux et le carbonate de potassium.

CHLORURES D'IODE. — Il en existe deux bien caractérisés : le protochlorure ICl et le trichlorure $ICl^3$.

PROTOCHLORURE, ICl. — C'est un liquide huileux, jaune rougeâtre, d'une odeur piquante, d'une saveur acide et astringente. Il attire l'humidité de l'air et est soluble dans l'eau et dans l'alcool, en les colorant en jaune; l'éther l'enlève à sa solution aqueuse et l'abandonne à l'état liquide par l'évaporation, ce qui tend à prouver qu'il se dissout dans l'eau sans décomposition.

D'après Schützenberger pourtant, il y a décomposition : une partie de l'iode se sépare et la solution renferme de l'acide iodique, de l'acide chlorhydrique et un composé que lui enlève l'éther et qui est peut-être un oxychlorure. Il dissout l'iode, qu'il abandonne de nouveau par la distillation.

L'ammoniaque le décompose en produisant de l'iodure d'azote (Mitscherlich).

Trapp [*Bull. de l'Acad. de Saint-Pétersbourg*, mars 1854] a décrit un protochlorure d'iode solide qu'il envisage comme une modification particulière de l'iodure liquide; il l'a obtenu en traitant de l'iode en fusion par le chlore; le chlorure formé distille et se condense en longs prismes rouge hyacinthe, fusibles à 25°.

Schützenberger [*Essais sur les substitutions des éléments électronégatifs aux métaux dans les sels.* Thèse, Paris, 1863, p. 52] a fait voir que ce chlorure solide est le même que le chlorure liquide. Si l'on fait passer un courant de chlore sec sur de l'iode, celui-ci se liquéfie et il y a élévation de température. En distillant et ne recueillant que ce qui passe à 101° on obtient un liquide qui se concrète à 10°, avec élévation de température, en beaux cristaux rouges, fusibles à 25°; si le produit distillé est enfermé dans un ballon scellé, il ne cristallise pas, même par un refroidissement à — 6°; seulement, si l'on brise la pointe, la solidification a lieu. Le chlorure d'iode présente donc très-facilement un état de surfusion.

On obtient aussi du chlorure d'iode par la distillation d'un mélange de 1 p. d'iode et de 4 p. de chlorate de potassium. Le produit qui distille est liquide, mais, comme le précédent, il ne tarde pas à se concréter en masse cristalline.

D'après Kæmmerer [*Journ. für prakt. Chem.* t. LXXXIII, p. 83], le chlorure d'iode liquide laisse quelquefois déposer des octaèdres rouges qui constituent un tétrachlorure d'iode $ICl^4$ ou $I^2Cl^8$ résultant de la décomposition du protochlorure: $8ICl = I^2Cl^8 + I^6$, l'iode mis en liberté restant dissous dans l'excès de protochlorure.

Le protochlorure d'iode peut exercer des réactions énergiques; il agit généralement comme chlorurant. Avec l'iodure d'éthyle, il donne du chlorure d'éthyle et de l'iode (Geuther); avec l'éthylène, il donne également du chlorure d'éthylène ou du chloroïodure d'éthylène, composé qui se forme aussi par l'action du chlorure d'iode sur l'iodure d'éthylène (Simpson) :

$$C^2H^4I^2 + ICl = I^2 + C^2H^4ICl.$$

Dans beaucoup de cas, la décomposition est beaucoup plus profonde et l'on obtient à la fois des dérivés chlorés et des dérivés iodés.

On prépare fréquemment des dérivés organiques chlorés en faisant intervenir une petite quantité d'iode dans l'action du chlore: il se forme du chlorure d'iode; mais comme celui-ci se décompose immédiatement, l'iode est remis en liberté et sert ainsi de transport au chlore.

TRICHLORURE D'IODE, $ICl^3$. — Sérullas envisageait cette combinaison comme du pentachlorure, mais Soubeiran a reconnu sa véritable composition. C'est un corps solide jaune, cristallisable, déliquescent et répandant des fumées blanches à l'air. Il est soluble dans l'eau, mais l'addition d'acide sulfurique le précipite de nouveau. L'alcool et l'éther décomposent le perchlorure d'iode anhydre, en produisant de l'acide iodique, de l'acide chlorhydrique et du protochlorure d'iode. Par la distillation, le perchlorure d'iode perd une partie de son chlore.

La solution aqueuse du perchlorure d'iode traitée par du carbonate de sodium fournit de l'iode libre qui se précipite, du chlorure et de l'iodate de sodium :

$$5\,ICl^3 + 9\,CO^3Na^2$$
$$= 3\,IO^3Na + 15\,NaCl + I^2 + 9\,CO^2.$$

Pour préparer le trichlorure d'iode, on fait passer du chlore dans de l'eau tenant de l'iode en suspension; en présence d'un grand excès de chlore, la liqueur se décolore et renferme alors de l'acide iodique et de l'acide chlorhydrique, et lorsqu'on ajoute de l'acide sulfurique à cette solution, le perchlorure d'iode s'en précipite. En mélangeant directement les acides iodique et chlorhydrique, on obtient une dissolution semblable.

Le trichlorure d'iode sec peut s'obtenir par l'action d'un excès de chlore sur l'iode.

Le trichlorure d'iode forme une combinaison cristallisée avec le chlorure de soufre $SCl^2$. Cette combinaison renferme $SI^2Cl^8 = SCl^2,2ICl^3$ et cristallise en prismes rouges, fusibles à 45°, déliquescents et décomposables par l'eau. On l'obtient par l'action du chlore sur un mélange de soufre et d'iode [Jaillard, *Ann. de Chim. et de Phys.*, (3), t. LIX, p. 454].

D'après R. Weber [*Pogg. Ann.*, t. CXXVIII, p. 459], cette combinaison renferme $ICl^3.SCl^2$ et se forme aussi par l'action du trichlorure d'iode sur le sulfure de carbone : on sature par du chlore une solution d'iode dans le sulfure de carbone, la liqueur s'échauffe et, par le refroidissement, elle dépose de volumineux cristaux prismatiques jaune-orange, très-instables.

On obtient des combinaisons de trichlorure d'iode et de chlorure de potassium, de magnésium, d'ammonium et d'autres métaux en ajoutant du trichlorure d'iode à la solution concentrée de ces chlorures; par l'addition d'acide chlorhydrique chaud et concentré, les combinaisons deviennent insolubles et cristallisent par le refroidissement en prismes jaunes. Ces combinaisons prennent également naissance par l'action de l'acide chlorhydrique sur les iodates.

BROMURES D'IODE. — On en connaît deux, qui sont solubles dans l'eau; leur dissolution décolore le tournesol sans le rougir d'abord et se décompose par l'électrolyse en brome et iode.

Le *protobromure* I Br est d'un brun rougeâtre, solide, volatil et sublimable. On l'obtient par l'action du brome sur un excès d'iode.

Le *perbromure*, qui paraît renfermer $IBr^5$(?),

s'obtient par l'action d'un excès de brome sur l'iode; il forme un liquide brun foncé.

### COMBINAISONS OXYGÉNÉES DE L'IODE.

D'après les analogies, l'iode devrait former les anhydrides et acides suivants :

| | | | |
|---|---|---|---|
| Anhydride hypoïodeux | $I^2O$ | Acide hypoïodeux. | $IOH$ |
| Oxyde d'iode........ | $I^2O^2$ | | |
| Anhydride iodeux.... | $I^2O^3$ | Acide iodeux..... | $IO^2H$ |
| Peroxyde d'iode...... | $I^2O^4$ | | |
| Anhydride iodique.... | $I^2O^5$ | Acide iodique..... | $IO^3H$ |
| Oxyde............... | $I^2O^6$ | | |
| Anhydride periodique. | $I^2O^7$ | Acide periodique.. | $IO^4H$ |

L'acide hypoïodeux et ses sels ne sont qu'imparfaitement connus. Les expériences de Millon ont rendu probable l'existence du peroxyde d'iode; quant aux oxydes $I^2O^2$ et $I^2O^6$ et à l'acide iodeux, on ne possède sur ces composés que quelques données très-vagues. Les anhydrides et acides iodiques et periodiques sont bien connus.

ACIDE HYPOÏODEUX. — Quand on dissout l'iode dans un alcali, il se forme finalement de l'iodure et de l'iodate, mais au premier moment on obtient une solution jaunâtre douée de facultés décolorantes, d'une odeur safranée particulière, et bleuissant l'amidon, même lorsque la potasse est en grand excès par rapport à l'iode. Cette solution décompose en outre l'eau oxygénée avec dégagement d'oxygène. On obtient une solution douée des mêmes propriétés lorsqu'on ajoute un hypochlorite à un excès d'iodure de potassium additionné de potasse [Schœnbein, *Journ. für prakt. Chem.*, t. LXXXIV, p. 385; *Répert. de Chim. pure*, t. IV, p. 289]. Lenssen et Lœwenthal, qui ont étudié les mêmes phénomènes, pensent comme Schœnbein qu'ils sont dus à la formation d'acide hypoïodeux [*Journ. für prakt. Chem.*, t. LXVI, p. 216; *Répert. de Chim. pure*, t. V, p. 194].

On obtient encore cet acide hypoïodeux en traitant par l'eau le trichlorure d'iode; il se forme ainsi une solution brune à laquelle le sulfure de carbone enlève de l'iode et qui pourtant ne colore pas l'amidon, tandis que la solution dans le carbonate de soude produit ce phénomène. Lenssen et Lœwenthal admettent que cette solution aqueuse renferme une combinaison $I^6O = I^2O + I^4$. Ces 4 atomes d'iode ne sont enlevés que lentement par un excès d'alcali, et l'on obtient alors de l'acide iodique. Il est plus probable que c'est bien de l'hypoïodite qui existe en solution, mais que par suite de son instabilité il se transforme rapidement en iodate et iodure $3IOK = 2KI + IO^3K$. Ces faits, consignés et développés dans les mémoires originaux, ont besoin d'être éclaircis.

ACIDE IODEUX $IO^2H$. — Millon a admis l'existence de cet acide à l'état anhydre dans un oxyde d'iode $I^{10}O^{19}$ (voir plus bas) obtenu par l'action de l'acide sulfurique sur l'acide iodique. Il paraît aussi se produire à l'état de sel sodique basique, combiné à de l'iodure par l'action du chlore sur le periodate de sodium (Langlois). L'anhydride iodeux correspond au trichlorure d'iode $ICl^3$.

PEROXYDE D'IODE $I^2O^4$ (anhydride hypoïodique). — Poudre amorphe jaune, insoluble dans l'eau froide, assez stable, se transformant à 180° en iode et anhydride iodique; l'eau bouillante la décompose de même. Traité par les alcalis, ce composé donne des iodates et les produits de l'action de l'iode sur les alcalis. L'acide sulfurique ne le dissout qu'à chaud. L'acide chlorhydrique le décompose avec formation de chlorure d'iode. Il est inaltérable à la lumière.

Pour préparer le peroxyde d'iode, on traite l'iode pulvérisé par l'acide azotique d'une densité de 1,48 à 1,52 : il se forme un composé jaune renfermant de l'acide azotique et que l'eau décompose avec production d'acides azotique et iodique et d'iode. Ce produit, essoré sur une brique et exposé sur de la chaux, laisse une poudre jaune qui, lavée à l'alcool et à l'eau, constitue le peroxyde d'iode [Millon, *Ann. de Chim. et de Phys.*, (3), t. XII, p. 332, 353]. D'après Kæmmerer [*Journ. für prakt.Chem.*, t. LXXXIII, p. 65], le produit nitrique qui donne naissance à $I^2O^4$ renferme $I^2O^4.Az^2O^2$; il l'a nommé *acide nitroïodique*.

Il se forme aussi en chauffant à 150° l'anhydride sous-hypoïodique de Millon, obtenu par l'action de l'acide sulfurique sur l'acide iodique.

On obtient des combinaisons sulfuriques de peroxyde d'iode en traitant l'acide iodique par l'acide sulfurique bouillant. Si l'on arrête l'action lorsque le dégagement d'oxygène a commencé, il se dépose des lamelles d'un jaune de soufre renfermant $4I^2O^5.I^2O^4.SO^4H^2$ ou bien des cristaux plus foncés ayant pour composition

$$2I^2O^5.I^2O^4.SO^4H^2.$$

Enfin, si l'on pousse l'action de l'acide sulfurique jusqu'à ce qu'il commence à se dégager de l'iode, il se dépose au sein de l'acide sulfurique chaud des cristaux mamelonnés jaunes $I^2O^4.2SO^4H^2$; et si le dégagement d'iode s'est manifesté pendant quelque temps, l'acide sulfurique laisse déposer après 24 heures des croûtes cristallines renfermant $I^{10}O^{19}.10SO^4H^2$ (?). Tous ces sulfates, sauf le dernier, se décomposent profondément à l'air humide. C'est ce dernier produit qui, pulvérisé, lavé à l'alcool et à l'eau, fournit le peroxyde d'iode par l'action de la chaleur : $4I^{10}O^{19} = 19I^2O^4 + I^2$ (Millon).

ANHYDRIDE SOUS-HYPOÏODIQUE $I^{10}O^{19}$. — Composé très-voisin du peroxyde d'iode par ses propriétés et sa composition; il est jaune, décomposable lentement par l'eau froide; chauffé, il fournit du peroxyde d'iode et de l'iode. On le prépare comme il vient d'être dit par l'action de l'acide sulfurique sur l'acide iodique; la combinaison sulfurique obtenue étant exposée à l'air humide se dédouble en acide sulfurique et $I^{10}O^{19}$.

Millon pense qu'on peut envisager cet oxyde comme renfermant de l'anhydride iodeux :

$$I^{10}O^{19} = 4I^2O^3 + I^2O^7.$$

OXYDE $I^6O^{13}$. — Cet oxyde forme une poudre d'un jaune brun, inaltérable à l'air, soluble dans l'acide azotique avec dégagement d'iode; l'acide azotique fumant le transforme en acide iodique. Une température de 100° le dédouble en iode et anhydride iodique; l'eau le décompose lentement à froid, plus rapidement à 100°. La solution alcoolique de potasse ne l'attaque pas et ce caractère distingue l'oxyde $I^6O^{13}$ des oxydes $I^2O^4$ et $I^{10}O^{19}$ de Millon. L'acide acétique et le sulfure de carbone même bouillant ne lui enlèvent pas d'iode.

On l'obtient par l'action de l'anhydride sulfureux à 100° sur l'anhydride iodique [Kæmmerer, *Journ. für prakt. Chem.*, t. LXXXIII, p. 76].

ANHYDRIDE IODIQUE $I^2O^5$. — Masse cristalline blanche obtenue par l'action d'une température de 170° sur l'acide iodique $IO^3H$; il se décompose au rouge sombre en iode et oxygène (Millon). Il est insoluble dans l'éther, le sulfure de carbone, etc. Sa densité à 0° est égale à 4,487. Il se décompose vers 300°. L'hydrogène, sous une pression de 2 atmosphères, le décompose à 250°; l'oxyde de carbone le réduit à chaud. L'acide sulfureux sec le réduit à une douce chaleur, en donnant de l'iode et de l'anhydride sulfurique. L'hydrogène sulfuré le décompose à froid avec une grande énergie. Le gaz acide chlorhydrique sec l'attaque à froid en donnant du trichlorure d'iode et de l'eau. Le gaz ammoniac l'attaque à chaud en mettant de l'azote et de l'iode en liberté [Ditte, *Bull. de la Soc. chim.*, 1870, t. XIII, p. 318].

L'acide se dissout dans l'acide sulfurique bouillant et cette solution refroidie n'est pas décomposée par l'anhydride sulfureux. Mais ce gaz attaque à 100° l'anhydride iodique pulvérisé en produisant d'abord un anhydride mixte, l'anhydride sulfoiodique $5I^2O^5.SO^3$ qui forme une masse cristalline grenue, jaune clair, très-instable, que l'eau décompose immédiatement en mettant de l'iode en liberté. Si l'anhydride sulfureux continue à agir sur cette combinaison, il se dégage de l'iode et l'on obtient l'oxyde $I^3O^{13}$ (Kæmmerer).

ACIDE IODIQUE $IO^3H$. — L'acide iodique est soluble et cristallisable, d'une saveur amère et astringente; sa solution aqueuse concentrée le laisse déposer en tables hexagonales. Chauffé à 130°, il perd de l'eau et fournit un anhydride

$$I^3O^8H = 3\,IO^3H - H^2O.$$

Cet anhydride est insoluble dans l'alcool, tandis que l'acide iodique et l'anhydride $I^2O^5$ y sont solubles. On obtient aussi l'anhydride $I^3O^8H$ en dissolvant l'acide iodique dans l'alcool absolu et y ajoutant de l'acide sulfurique; l'anhydride se dépose alors en paillettes blanches et brillantes. Il se dépose encore par le refroidissement d'une solution d'acide iodique dans l'acide sulfurique renfermant 4 molécules d'eau.

A cet anhydride qui, d'après Ditte [*loc. cit.*], n'existe pas, et à l'anhydride inconnu $I^4O^{10}H^2$ correspondent des sels.

L'acide iodique pur se dépose de sa solution à l'état d'une masse cristalline dure et brillante, tandis que lorsqu'il est souillé d'acide sulfurique ou d'autres impuretés il forme des cristaux volumineux; sa forme cristalline ainsi que celles de ses combinaisons ont été décrites par Laurent, Rammelsberg, Schabus et Marignac [*Ann. des Mines*, (5), t. IX, p. 1, et t. XII, p. 1].

L'acide iodique $IO^3H$ a pour densité 4,529 à 0°.

L'acide iodique se décompose très-facilement en présence des agents réducteurs; l'acide sulfureux le décompose en produisant d'abord un dépôt d'iode, puis, si l'acide sulfureux est en excès, cet iode lui-même disparaît pour former de l'acide iodhydrique. Cette réaction est généralement utilisée pour rechercher l'acide iodique ou les iodates; l'acide sulfhydrique et l'acide iodhydrique décomposent également l'acide iodique en mettant de l'iode en liberté. Le bioxyde d'azote décompose également l'acide iodique et les iodates en mettant tout l'iode en liberté (Kæmmerer, Thiercelin).

L'acide iodique oxyde le phosphore rouge et l'arsenic à l'état d'acides phosphorique et arsénique. Le charbon, vers 200°, sous pression, le décompose. Le bore amorphe le décompose à 40°; le bore cristallisé n'agit qu'à 200°. Le silicium ne le réduit qu'à 250° [Ditte, *loc. cit.*].

Les matières organiques, notamment la morphine, agissent de même.

L'acide chlorhydrique le décompose en dégageant du chlore, et cette réaction a été recommandée pour doser l'acide iodique.

L'acide iodique, ainsi que l'a reconnu Davy, peut se combiner aux autres acides. Lorsqu'on ajoute de l'acide azotique à une solution chaude d'acide iodique, il s'en sépare par le refroidissement des cristaux rhomboédriques renfermant les éléments de l'eau et des acides azotique et iodique. La chaleur décompose ces cristaux en iode, oxygène et acide azotique.

Le phosphate d'acide iodique est jaune, cristallin, et peut se sublimer sans altération.

Le borate est très-soluble, incristallisable, et résiste à une température qui décompose l'acide iodique lui-même.

Millon [*Ann. de Chim. et de Phys.*, (3), t. XII, p. 330] a décrit la combinaison d'acide iodique avec l'acide sulfurique. On l'obtient en dissolvant l'acide iodique pulvérisé dans de l'acide sulfurique chauffé vers son point d'ébullition; en laissant refroidir la solution à l'abri de l'humidité, il se dépose une poudre nacrée blanche qui renferme

$$3\,SO^4H^2, 2\,IO^3H \text{ (ou } I^2O^5\text{)};$$

le liquide mère continue à déposer lentement d'autres combinaisons moins riches en acide sulfurique. Si l'on continue à chauffer la solution sulfurique d'acide iodique, il se dégage de l'oxygène, puis de l'iode. — Voyez *Peroxyde d'iode*, p. 121.

Voici, d'après Kaemmerer, la densité des solutions d'acide iodique correspondantes à des quantités déterminées d'anhydride iodique [*Poggend. Ann.*, t. CXXXVIII, p. 399] :

| $I^2O^5$ %. | Densité à 14°. | $I^2O^5$ %. | Densité. |
|---|---|---|---|
| 1 | 1,0053 | 40 | 1,5371 |
| 5 | 1,0203 | 45 | 1,6315 |
| 10 | 1,0525 | 50 | 1,7256 |
| 15 | 1,1223 | 55 | 1,8689 |
| 20 | 1,2033 | 60 | 1,9954 |
| 25 | 1,2773 | 65 | 2,1209 |
| 30 | 1,3484 | 100 | 4,7887 (à 9°) |
| 35 | 1,4423 | | |

*Préparation.* — L'acide iodique et les iodates se produisent dans plusieurs circonstances; pour le mettre en liberté, on a généralement recours à l'action de l'acide sulfurique, en proportion moléculaire, sur l'iodate de baryum.

1° L'acide iodique se forme dans l'électrolyse d'une solution aqueuse d'iode ou d'acide iodhydrique [Riche, *Compt. rend.*, t. XLVI, p. 348].

2° L'iodate de potassium se forme par l'action du permanganate de potassium sur l'iodure de potassium [Péan de Saint-Gilles, *Ann. de Chim. et de Phys.*, (3), t. LV, p. 378]. Cette réaction qui a lieu suivant l'équation

$$KI + 2MnKO^4 + 3H^2O$$
$$= IO^3K + 2KHO + 2MnO^2.H^2O$$

donne de l'iodate très-pur et a été recommandée par Weltzien pour sa préparation [*Ann. der Chem. u. Pharm.*, t. CXX, p. 349].

3° Les iodates se forment, en même temps que les iodures, par l'action des alcalis sur l'iode :

$$6KHO + 3I^2 = IO^3K + 5KI + 3H^2O.$$

4° L'acide iodique peut s'obtenir par l'action de l'acide azotique fumant, exempt de vapeurs nitreuses, sur l'iode : on emploie 5 p. d'acide pour 1 p. d'iode et l'on obtient ainsi des cristaux mamelonnés d'acide anhydroïodique $I^3O^8H$.

5° Par l'action d'un excès de chlore sur l'iode en présence de l'eau :

$$I + Cl^5 + 3H^2O = IO^3H + 5HCl :$$

on sature la solution par du carbonate de soude puis on la traite par du chlorure de baryum qui y occasionne un précipité d'iodate barytique qu'on décompose par l'acide sulfurique (voyez 6°).

6° Le meilleur procédé, d'après Millon [*Ann. de Chim. et de Phys.*, (3) t. IX, p. 400], pour préparer l'acide iodique repose sur l'action qu'exerce l'iode sur le chlorate de potassium, dont il déplace le chlore. On dissout 75 gr. de chlorate de potassium dans 400 gr. d'eau additionnée de 1 gr. d'acide azotique et on y ajoute peu à peu, à chaud, 80 gr. d'iode. Quand tout l'iode a disparu et que le chlore se dégage abondamment, on précipite l'acide iodique formé, à l'état d'iodate de baryum. On recueille cet iodate, on le lave à l'eau et on le traite par 40 gr. d'acide sulfurique étendu de 150 gr. d'eau, on filtre et l'on évapore : l'acide iodique cristallise par le refroidissement en tables volumineuses. Cet acide iodique retient encore de l'acide sulfurique; on le redissout et on le fait bouillir avec une petite quantité d'iodate de baryum mise en réserve; la solution d'acide iodique ainsi purifiée étant évaporée ne fournit plus de cristaux volumineux, mais des croûtes cristallines. Pour faciliter la décomposition de l'iodate de baryum par l'acide sulfurique, Jacquelain recommande de le délayer dans 15 p. d'eau additionnée d'un dixième de son volume d'acide azotique qui dissout une certaine quantité d'iodate et facilite ainsi sa décomposition.

7° Une solution alcoolique d'iode, traitée à chaud par de l'hypochlorite de calcium, fournit de l'iodate de calcium:

$$5(ClO)^2Ca + 2I^2 + 2H^2O = 2(IO^3)^2Ca + 3Cl^2Ca + 4ClH.$$

Si l'on ne chauffe pas, une partie de l'iode se transforme en chlorure. Cette réaction peut servir de mode de préparation de l'acide iodique [Flight, *Zeitsch. für gesam. Naturk.*, t. XXIII, p. 250].

*Iodates.* — Les iodates normaux ont pour composition $(IO^3)M$, $(IO^3)^2M''$, etc. Les iodates alcalins, surtout celui de sodium, sont solubles; il en est de même des iodates de calcium et de magnésium, tandis que l'iodate de baryum, l'iodate d'argent et la plupart des autres sont insolubles ou peu solubles.

La plupart se décomposent par la calcination, en dégageant de l'oxygène et en laissant un résidu d'iodure. Quelques-uns cependant laissent un résidu d'oxyde, en dégageant de l'oxygène et de l'iode $(IO^3)^2Mg = MgO + I^2 + O^5$.

Ils forment des mélanges explosifs avec les matières combustibles.

Les iodates sont décomposés par les agents réducteurs en donnant l'iodure correspondant ou de l'iode libre.

Il existe d'autres iodates que les iodates $IO^3M$, ce sont des iodates acides ou des anhydroïodates. Ainsi, on connaît un biiodate de potassium

$$(IO^3)^2KH$$

et un triiodate $(IO^3)^3KH^2$. Ces iodates deviennent anhydres, le premier à 130° (Serullas), le second à 170° (Millon), en fournissant l'anhydrobiiodate $I^4O^{11}K^2$ et l'anhydrotriiodate $I^3O^8K$ correspondants aux anhydrides iodiques $I^4O^{11}H^2$ et $I^3H^8H$ dont le dernier seul est connu

$$2(IO^3)^2KH - H^2O = I^4O^{11}K^2$$

$$\text{et} \quad (IO^3)^3KH^2 - H^2O = I^3O^8K.$$

Si l'on envisage l'acide iodique comme renfermant le radical iodyle $IO^2$, son anhydride et ses sels se représentent par les formules

| $(IO^2)^2O$, | $IO^2HO$, | $\left.\begin{matrix}(IO^2)^2\\KH\end{matrix}\right\}O^2$, | $\left.\begin{matrix}(IO^2)^3\\KH^2\end{matrix}\right\}O^3$, |
|---|---|---|---|
| Anhydride iodique. | Acide iodique. | Diiodate. | Triiodate. |

| $\left.\begin{matrix}(IO^2)^4\\K^2\end{matrix}\right\}O^3$, | $\left.\begin{matrix}(IO^2)^3\\K\end{matrix}\right\}O^2$. |
|---|---|
| Anhydrodiiodate. | Anhydrotriiodate. |

L'existence de ces anhydrosels est remarquable parce que, jusqu'à présent, l'acide iodique est le seul acide monatomique présentant cet exemple (Odling).

Acide periodique $IO^4H$ ou $IO^6H^5$. — Cet acide, découvert par Magnus et Ammermüller [*Ann. de Chim. et de Phys.*, (2), t. LIII, p. 92], a été particulièrement étudié par Langlois [*Ann. de Chim. et de Phys.*, (3), t. XXXIV, p. 257], par Rammelsberg qui a publié tout récemment des travaux sur les periodates [*Journ. für prakt. Chem.*, t. CIII, p. 278], ainsi que par Lautsch [*Journ. für prakt. Chem.*, t. C, p. 65], Ferlunds [*id.*, t. C, p. 99]. Voyez aussi *Bull. de la Soc. chim.*, 1867, t. VIII, p. 30, 32; 1868, t. X, p. 232, 357.

L'acide periodique ou hyperiodique forme des prismes rhomboïdaux incolores, déliquescents et très-solubles, qui ont pour composition

$$IO^4H + 2H^2O \text{ ou } IO^6H^5 = IO(OH)^5$$

si l'on considère cet acide comme pentabasique. Chauffés à 130°, ces cristaux entrent en fusion, puis vers 200° ils perdent avec les éléments de l'eau de l'oxygène libre, en laissant un résidu d'anhydride iodique.

L'acide periodique est peu soluble dans l'alcool et l'éther, qui le réduisent peu à peu à l'état d'acide iodique. Cette réduction est du reste opérée d'une manière plus complète par l'action d'un grand nombre de matières organiques, ainsi que par les agents réducteurs minéraux; ainsi les acides sulfureux, sulfhydrique, chlorhydrique le réduisent instantanément.

Il donne un précipité avec la solution de tannin, caractère qui permet de le distinguer de l'acide iodique, lequel ne produit pas cette réaction.

*Préparation.* — On prépare l'acide periodique par l'action du chlore sur une solution alcaline d'iodate de sodium; il se forme ainsi du periodate disodique $IO^6Na^2H^3$ soit $I^2O^9Na^4 + 3H^2O$ qui se dépose en houppes soyeuses :

$$IO^3Na + 3NaHO + Cl^2 = 2NaCl + IO^6Na^2H^3.$$

Ce sel étant redissous dans l'acide azotique, on y ajoute de l'azotate d'argent qui y produit un précipité de periodate diargentique $IO^6Ag^2H^3$. On transforme ce sel en periodate (métaperiodate)

$$IO^4Ag$$

en le dissolvant dans l'acide azotique bouillant qui laisse déposer le nouveau sel, par le refroidissement, en cristaux jaune rougeâtre. Cet iodate d'argent se décompose par l'eau bouillante en acide periodique et en un sel très-basique insoluble; on fait évaporer la solution acide, d'abord au bain-marie, puis dans le vide, jusqu'à cristallisation. Le sel basique d'argent, obtenu par cette opération, fournit de nouveau le sel monoargentique (métaperiodate) par l'action de l'acide azotique bouillant (Langlois).

On peut aussi précipiter la solution azotique du periodate disodique par de l'azotate de plomb; on obtient ainsi le periodate de plomb $(IO^6)^2Pb^3H^4$ qui, traité par une quantité équivalente d'acide sulfurique étendu, fournit une solution d'acide periodique (Bengiesser).

On obtient encore de l'acide periodique par la calcination de l'iodate de baryum au-dessus du rouge : ce sel se transforme alors en periodate pentabarytique $(IO^6)^2Ba^5$ qui fournit l'acide libre par l'action de l'acide sulfurique étendu (Rammelsberg).

*Constitution de l'acide periodique et des periodates.* — Il existe une grande variété de periodates, mais on ne connaît qu'un acide periodique qui renferme

$$IO^6H^5 = IO(HO)^5 \text{ ou } I^2O^7,5H^2O.$$

On pourrait à la rigueur l'envisager comme renfermant $IO^4H + 2H^2O$ : sauf l'eau de cristallisation, cet acide serait alors comparable à l'acide perchlorique. Mais il existe une classe très-nombreuse de sels qui correspondent à $IO^6H^5$ et qui tendent à faire envisager l'acide periodique comme pentabasique, ainsi que l'a fait voir Langlois. Si donc nous partons de ce point de vue, nous pourrons rapporter tous les autres periodates à des anhydrides de cet acide et nous ferons ainsi disparaître les divergences qui existent à cet égard, car tandis que Langlois envisage l'acide periodique comme pentabasique, ainsi que Leutsch, Ferlund tend plutôt à le considérer comme tribasique et Rammelsberg comme tétrabasique; dans ces derniers cas, on est obligé d'envisager les sels plus basiques comme des sels normaux unis à un excès de base. Voici les types principaux auxquels on peut rapporter les principaux periodates. Quelques-uns ont une constitution plus complexe, mais peuvent également être rapportés à des anhydrides de l acide $IO^6H^5$.

| | | |
|---|---|---|
| $IO^6H^5$ | $= IO(OH)^5$, | acide periodique normal; |
| $IO^6H^5 - H^2O$ | $= IO^5H^3$ | acide paraperiodique; |
| $2IO^6H^5 - 3H^2O$ | $= I^2O^9H^4$, | acide paradiperiodique; |
| $IO^6H^5 - 2H^2O$ | $= IO^4H$, | acide métaperiodique; |

Cette nomenclature serait conforme à celle que l'on suit pour d'autres anhydrides acides. Tous ces anhydrides sont représentés par des séries de sels nombreux; et si aucun d'eux n'a été isolé, cela tient à ce que l'acide periodique commence à se décomposer en perdant de l'eau. Cette circonstance tend à démontrer précisément que cet acide ne renferme pas d'eau de cristallisation, et que les éléments de l'eau font partie intégrante de sa molécule. Rammelsberg, dans un travail d'ensemble sur les periodates, a publié une liste de ces sels [*Berlin Akad. Ber.*, 1867, p. 691; *Jahresb. für Chem.*, 1867, p. 169]. En voici quelques-uns classés d'après la nomenclature précédente.

| Periodates normaux. | Paraperiodates. | Para-diperiodates. | Métaperiodates. |
|---|---|---|---|
| $IO^6.AzH^4.H^4$. | $IO^5AgH^2$. | $I^2O^9K^4$. | $IO^4K$. |
| $IO^6Ag^4H$. | $IO^5Ag^2H$. | $I^2O^9Ag^4+H^2O$. | $IO^4Ag$. |
| $(IO^6)^2Ba^5$. | $IO^5Ag^2H+H^2O$. | $I^2O^9Ba^2$. | $IO^4Na$. |
| $IO^6\overset{'}{H}g^5$. | $IO^5Ag^3$. | $I^2O^9(AzH^4)^4 +3H^2O$. | |
| $(IO^6)^2\overset{''}{H}g^5$. | $(IO^5)^2Pb^3$. | $I^2O^9Ca^2+3H^2O$. | |
| $IO^6Ag^5$. | | | |

Ceux de la dernière colonne s'obtiennent par l'action de l'acide azotique sur les periodates plus basiques.

Parmi les periodates qui ne figurent pas dans ce tableau se trouvent par exemple les periodates de zinc, de cuivre,

$$I^2O^{11}Zn^4 + H^2O \text{ ou } I^2O^{11}Cu^4 + H^2O.$$

On peut les classer parmi les periodates normaux, si l'on envisage leur eau comme de l'eau de constitution.

Le chlore agit sur les periodates alcalins les plus basiques en produisant du métaperiodate, du chlorate et du chlorure :

$$3I^2O^9K^4 + 6Cl = 6IO^4K + ClO^3K + 5KCl.$$

L'iode agit d'une manière différente, il donne naissance à de l'iodate et de l'iodure :

$$I^2O^9Na^4 + 2I = 3IO^3Na + NaI.$$

Si la réaction n'est pas la même, cela tient à ce que l'iodure qui se forme réagit sur le métaperiodate pour le transformer en iodate, réaction qui a lieu très-nettement suivant l'équation

$$3IO^4K + KI = 4IO^3K$$

[J. Philipp, *Deutsche Chem. Gesellsch.*, t. II, p. 140].

La plupart des periodates sont peu solubles ou insolubles dans l'eau. La chaleur les décompose en donnant un résidu d'oxyde ou d'iodure ou un mélange des deux. E. W.

**IODE** (DOSAGE ET SÉPARATION). — La meilleure manière de doser l'iode libre (titrage d'un iode commercial) est d'avoir recours aux procédés par liqueurs titrées. Les principales méthodes recommandées dans ce but ont été exposées t. I, p. 260 et suiv. On peut aussi convertir cet iode en iodure par l'action d'un alcali, évaporation, calcination du résidu pour détruire l'iodate formé en même temps et redissoudre dans l'eau, ou bien traiter l'iode par de l'acide sulfureux. On dose alors l'iode par une des méthodes qui vont être exposées; mais l'emploi des liqueurs titrées doit être préféré.

DOSAGE DE L'IODE DANS LES IODURES. — 1° *A l'état d'iodure d'argent.* — Si l'iodure à analyser est insoluble, on le fait bouillir avec une lessive de potasse pour le transformer en iodure soluble. Dans ce dernier, on dose l'iode en ajoutant à la liqueur, acidulée d'acide azotique, de l'azotate d'argent qui occasionne immédiatement un précipité insoluble d'iodure d'argent. Il faut avoir soin en acidulant d'acide azotique de n'ajouter celui-ci qu'avec précaution, car il pourrait déplacer de l'iode. L'iodure d'argent est jaune, insoluble dans l'eau et dans l'acide azotique; l'ammoniaque n'en dissout que 1/2493 (Martini), mais il est soluble dans une solution *concentrée* d'iodure de potassium, dans les cyanures et les hyposulfites alcalins. Il fond sans décomposition en un liquide rougeâtre.

On recueille cet iodure d'argent sur un filtre et on opère comme pour le chlorure d'argent (voyez t. I, p. 867). La quantité d'iode est donnée par le rapport $\frac{5.405}{10.000} = \frac{I}{AgI}$.

2° *Par l'iodure de palladium.* — L'iodure de palladium est un précipité floconneux, brun-noir, insoluble dans l'eau, un peu soluble dans les chlorures alcalins, insoluble dans l'acide chlorhydrique. Desséché à l'air, il renferme $PdI^2 + H^2O$ (5,05 % d'eau) et perd toute son eau dans le vide ou vers 70°. Une température de 100° lui fait déjà perdre un peu d'iode. Il se prête très-bien à la précipitation de l'iode, surtout lorsqu'il s'agit de séparer celui-ci du chlore et du brome.

On acidule la liqueur d'acide chlorhydrique, on y ajoute du chlorure de palladium et on laisse reposer vingt-quatre heures dans un endroit chaud; on recueille alors le précipité sur un filtre taré, on le lave à l'eau chaude, puis à l'alcool pour favoriser la dessiccation; on le sèche à 70° et on le pèse. L'iode est donné par le rapport $\frac{7.056}{10.000} = \frac{I^2}{PdI^2}$ (Lassaigne). — On peut aussi calciner l'iodure dans un creuset de platine et peser le résidu de palladium, le poids de ce dernier, multiplié par $2.3962 = \frac{I}{Pd}$ donne le poids de l'iode (H. Rose).

Kersting [*Ann. de Chem. u. Pharm.*, t. LXXXVII, p. 25; *Ann. de Chim. et de Phys.*, (3), t. XLI, p. 493] a proposé une méthode de dosage volumétrique de l'iode dans les iodures par le chlorure de palladium.

3° *Par le perchlorure de fer* (procédé de Duflos). — Les iodures, chauffés avec du perchlorure de fer, abandonnent tout leur iode, tandis que le perchlorure ferrique se transforme en chlorure ferreux :

$$Fe^2Cl^6 + 2HI = 2FeCl^2 + 2HCl + I^2.$$

Le chlorure ferrique doit être pur. On fait passer les vapeurs d'iode qui se dégagent à travers une solution d'iodure de potassium dans laquelle on dose alors l'iode libre par un des procédés volumétriques.

4° *Par l'iodate de sodium.* — Les iodures sont décomposés par les iodates en présence d'acide sulfurique, en mettant de l'iode en liberté :

$$2NaIO^3 + 10KI + 6H^2SO^4$$
$$= Na^2SO^4 + 5K^2SO^4 + 6H^2O + 6I^2.$$

Berthet avait proposé d'utiliser cette réaction pour doser l'iode dans les iodures alcalins, en employant une solution titrée d'iodate. On pourrait modifier ce procédé en recueillant l'iode de l'iodure de potassium et le titrant volumétriquement. Les 5/6 de l'iode proviennent de l'iodure.

SÉPARATION DE L'IODE D'AVEC LE BROME ET LE CHLORE. — 1° *Chlore et iode*. Voyez t. I, p. 867.

2° *Chlore, brome et iode*. Voyez t. I, p. 867.

DOSAGE DE L'IODE DANS L'ACIDE IODIQUE ET LES IODATES. — On peut suivre différentes voies pour opérer ce dosage; on peut, dans tous les cas, ramener toujours facilement l'iodate à l'état d'iodure, par l'acide sulfureux.

Bunsen dose l'acide iodique en se basant sur l'action qu'exerce sur lui ou sur ses sels l'acide chlorhydrique, action qui a lieu suivant l'équation

$$HIO^3 + 5HCl = ICl + 3H^2O + 4Cl.$$

Le chlore qui se dégage est reçu dans une solution d'iodure de potassium où il déplace une quantité équivalente d'iode facile à doser par liqueurs titrées. 508 d'iode ou 4 atomes correspondront à 176 d'acide iodique ou 1 molécule $HIO^3$.

Si dans un mélange qui contient à la fois un iodate et un iodure on veut doser la quantité d'iode existant à ces deux états, on pourra suivre différentes méthodes : 1° Précipiter l'iode de l'iodure par l'azotate d'argent dans la solution acidulée d'acide azotique qui dissout l'iodate d'argent à chaud, filtrer et réduire la liqueur filtrée par de l'acide sulfureux;

2° Doser l'iode déplacé de l'iodure par le sesquichlorure de fer, puis l'iode total, après avoir réduit l'iodate par l'acide sulfureux; la différence des deux résultats indique la quantité d'iode existant à l'état d'iodate.

Ce problème se présente notamment dans l'essai des eaux mères du salpêtre du Pérou, où il se complique de la présence des chlorures. On peut dans ce cas opérer d'après le premier procédé et traiter le premier précipité d'argent par l'ammoniaque, qui dissout le chlorure d'argent et laisse l'iodure. Ce procédé, qui n'est pas absolument rigoureux, est néanmoins suffisant pour le but qu'on se propose.

DOSAGE DE L'IODE DANS LES MATIÈRES ORGANIQUES. — Voyez t. I, p. 293.

RECHERCHE DE L'IODE DANS LES EAUX. — Les eaux potables renferment fréquemment de l'iode dont il peut être utile de démontrer la présence (E. Marchand, Chatin). Cette recherche se fait en évaporant plusieurs litres d'eau dans une capsule d'argent, en ayant soin de se mettre à l'abri des émanations d'un laboratoire. On ajoute à l'eau quelques décigrammes de carbonate de potasse exempt d'iodure, afin d'être sûr de retenir tout l'iode. L'évaporation terminée, on reprend le résidu par l'alcool, qui dissout facilement l'iodure de potassium, on évapore la solution alcoolique et on redissout le résidu dans fort peu d'eau, après l'avoir légèrement calciné, puis on recherche l'iode dans cette solution par les réactifs ordinaires, empois d'amidon et acide azotique ou eau de chlore [Chatin, *Compt. rend.*, t. L, p. 420].

En général, pour retrouver de petites quantités d'iode dans des produits naturels, il faut calciner ceux-ci en présence de carbonate de potasse et épuiser le résidu avec de l'alcool, évaporer et calciner de nouveau s'il peut rester des matières organiques, redissoudre de nouveau dans l'alcool, puis, après évaporation, dans l'eau.

Les matières organiques empêchent fréquemment, de même que certains sels, la réaction de l'iode sur l'amidon, aussi a-t-on proposé de remplacer l'amidon par d'autres substances indicatrices, notamment le sulfure de carbone, le chloroforme, la benzine qui se colore très-sensiblement en violet en présence de très-petites quantités d'iode mis en liberté par le chlore ou les vapeurs nitreuses.

E. W.

**IODHYDRINES.** — On a réuni sous le nom d'iodhydrines une classe de substances, analogues aux chlorhydrines (voyez ce mot, t. I, p. 876), qui représentent les éthers iodhydriques des alcools polyatomiques :

| $C^2H^4\left\{\begin{matrix}OH\\OH\end{matrix}\right.$ | $C^2H^4\left\{\begin{matrix}OH\\I\end{matrix}\right.$ | $C^2H^4I^2$ |
|---|---|---|
| Glycol. | Monoïodhydrine du glycol. | Diiodhydrine du glycol. |

Il existe encore des iodhydrines complexes :

| $C^2H^4\left\{\begin{matrix}Cl\\I\end{matrix}\right.$ | $C^3H^5\left\{\begin{matrix}OH\\Cl\\I\end{matrix}\right.$ | $C^3H^5\left\{\begin{matrix}Cl\\Br\\I\end{matrix}\right.$ |
|---|---|---|
| Chloroïodure d'éthylène. | Chloroïodhydrine de la glycérine. | Chlorobromoiodure d'allyle. |

**IODITE.** — Voyez IODARGYRE.

**IODOFORME**, $CHI^3$. — Substance cristallisée découverte en 1822 par Serullas [*Ann. de Chim. et de Phys.*, (1822), t. XX, p. 165; t. XXII, p. 172; t. XXV, p. 311; t. XXIX, p. 225 et 230]; M. Dumas [*Ann. de Chim. et de Phys.*, t. LVI, p. 122] fit connaître sa composition, et M. Bouchardat [*Journ. de Pharm.*, t. XXIII, p. 1; *ibid.*, t. IV, (3), p. 18] en étudia les principales propriétés.

Ce corps a été successivement désigné sous les noms de *carbide d'iode*, d'*iodure de formyle*, d'*iodure de carbone*, d'*iodure de méthyle biiodé*.

*Modes de formation et préparation.* — L'iodoforme prend naissance dans un grand nombre de circonstances; on l'obtient en faisant réagir l'iode en présence d'un alcali ou d'un carbonate alcalin sur l'esprit de bois, l'alcool, l'éther.

On l'obtient encore en présence des mêmes agents avec le sucre de canne, le glucose, la gomme, la dextrine, les matières albuminoïdes, etc. [Millon, *Compt. rend. de l'Acad.*, t. XXI, p. 828].

D'après M. Bouchardat, l'iodoforme s'obtient de la manière suivante : on prend, iode 100 parties, bicarbonate de soude cristallisé 100, eau 750, alcool 250. On mêle le tout dans un flacon placé au bain-marie, et dont on élève progressivement la température jusque vers 80° ; quand la liqueur est décolorée, on ajoute peu à peu de l'iode jusqu'à ce que la solution ne se décolore plus. On enlève ce léger excès d'iode par quelques gouttes de potasse caustique, on filtre : par le refroidissement l'iodoforme se dépose. Les liqueurs évaporées donnent une grande quantité d'iodure de potassium [Bouchardat, *Form. Méd.*, p. 371, 1856].

M. Filhol donne le procédé suivant : on fait dissoudre le carbonate de soude dans l'eau, on ajoute l'alcool, on chauffe, puis on projette l'iode par petites quantités; après le refroidissement l'iodoforme se dépose. La liqueur filtrée est de nouveau chauffée vers 60° à 80°; on ajoute une nouvelle proportion de carbonate de soude et d'alcool, puis on fait passer rapidement un courant de chlore en agitant continuellement : par le refroidissement une nouvelle quantité d'iodoforme se sépare. Cette opération est répétée jusqu'à ce qu'il ne s'en dépose plus. On peut retirer par ce procédé 40 à 50 °/₀ d'iodoforme, M. Filhol indique les proportions suivantes : carbonate de soude cristallisé 2 parties, iode 1 p., alcool 2 p., eau 10 parties [Filhol, *Journ. de Pharm.*, t. VII, p. 267].

On obtient encore l'iodoforme en traitant une solution alcoolique d'iodure de potassium chauffée à 40° par de l'hypochlorite de chaux ajouté peu à peu; on agite vivement la liqueur qui prend une couleur rouge à chaque addition d'hypochlorite, et l'on continue ainsi jusqu'à ce que la solution iodurée cesse de se colorer. Par le refroidissement il se dépose une masse cristalline confuse formée par un mélange d'iodoforme et d'iodate de calcium [Cornélis et Gille, *Journ. de Pharm.*, t. XXII, p. 196 et 361 (3e série)].

*Propriétés.* — L'iodoforme se présente sous la forme de paillettes nacrées, douces au toucher, d'un jaune de soufre, et possédant une odeur qui, lorsqu'elle est affaiblie, rappelle celle du safran. Il est insoluble dans l'eau, les acides et les alcalis aqueux; mais il est très-soluble dans l'esprit de bois, l'alcool, l'éther, le sulfure de carbone, les huiles grasses et les huiles essentielles. Sa densité est d'environ 2,0. Chauffé à l'air libre, il entre en fusion entre 115° et 120° en se vaporisant en partie sans s'altérer; tandis qu'une autre portion se décompose en produisant du gaz iodhydrique, et des vapeurs d'iode; il reste du charbon pour résidu. Il passe à la distillation avec les vapeurs aqueuses.

D'après M. Hofmann, l'iodoforme chauffé en vase clos à 150° se convertit en iodure de méthylène $CH^2I^2$ et en iode probablement [Hofmann, *Quarterly Journal of the Chemical Society*, t. XIII, p. 65 et *Ann. de Chim. et de Phys.*, t. LXI, p. 224 (3e série)].

Chauffé avec du perchlorure de phosphore, il donne un liquide qui n'est autre que du chloroforme (A. Gautier). Distillé en présence du sublimé corrosif, du chlorure de plomb ou d'étain, il fournit du chloroiodoforme $CHCl^2I$. Avec le sulfure de mercure, il se forme une très-petite quantité d'une huile sulfurée que M. Bouchardat a désignée sous le nom de *sulfoforme;* avec le cyanure d'argent ou de mercure, la réaction est plus énergique et l'on obtient un sublimé d'iodure de cyanogène. Chauffé avec l'oxyde de mercure, l'iodoforme est promptement attaqué, il se forme de l'eau, de l'acide carbonique, de l'acide formique et de l'iodure de mercure.

Lorsqu'on fait bouillir de l'iodoforme avec de la potasse, une partie se convertit en formiate et en iodure, tandis qu'une autre partie se volatilise et est entraînée sans décomposition par les vapeurs d'eau. De l'iodoforme chauffé avec du potassium produit une violente explosion. Chauffé avec une solution alcoolique d'éthylate de sodium, il donne de l'iodure de méthylène $CH^2I^2$ [Boutlerow, *Ann. de Chim. et de Phys.*, t. LIII, p. 314 (3e série)].

L'iodoforme réagit sur l'acétate d'argent en formant de l'iodure avec dégagement d'oxyde de carbone.

Lorsqu'on fait passer un courant de cyanogène jusqu'à refus dans une solution alcoolique d'iodoforme, on obtient, d'après M. Saint-Èvre, deux substances différentes possédant à un haut degré l'éclat métallique, et dont l'une paraît constituer le *cyanoïodoforme* $CHI^2Cy$ [Saint-Èvre, *Compt. rend. de l'Acad.*, t. XXVII, p. 533.

A l'état solide, l'iodoforme n'est pas sensiblement altéré par les rayons solaires, mais, lorsqu'il est dissous, la solution d'abord incolore ne tarde pas à prendre une couleur rouge-violet intense. D'après M. Humbert, l'iodoforme serait, de tous les composés iodiques, le plus sensible à l'influence de la lumière [*Journ. de Pharm. et de Chim.*, t. XXIX, p. 352 (3e série)].

Une solution alcoolique d'iodoforme chauffée en vase clos avec du sulfocyanure de potassium est attaquée : il se forme de l'iodure de potassium, un gaz qui se dégage et une huile sulfurée possédant une forte odeur de raifort. Ce corps forme une combinaison cristallisée avec l'ammoniaque [Hlasiwetz, *Ann. der Chem. u. Pharm.*, t. CXII, p. 184 (nouv. sér., t. XXXVI); et *Répert. de Chim. pure*, t. II, p. 68. 1860].

Lorsqu'on ajoute peu à peu des cristaux d'iodoforme à de la triéthylphosphine, il se forme une matière visqueuse, d'un jaune clair, qui, traitée par de l'alcool, se transforme en une substance blanche cristallisée répondant à la formule

$$C^{19}H^{46}P^3I^3 = 3(C^6H^{15}P) + CHI^3$$

Triéthylphosphine. — Iodoforme

D'après M. W. Hofmann, ce corps doit être considéré comme le triiodure d'un triphosphonium correspondant à 3 molécules de chlorure d'ammonium :

$$(C^{19}H^{46}P^3)'''I^3 = \left[\left.\begin{matrix}(C\ H)''' \\ (C^2H^5)^3 \\ (C^2H^5)^3 \\ (C^2H^5)^3\end{matrix}\right\} P^3\right] I^3$$

[W. Hofmann, *Compt. rend.*, t. XLIX, p. 928, 1859].

L'iodoforme est usité en médecine, surtout en Allemagne. M. Bouchardat le premier en a préconisé l'emploi. Il le prescrit à l'intérieur sous forme de pilules, depuis 10 jusqu'à 60 centigrammes, et à l'extérieur sous forme de pommade. L'iodoforme possède des propriétés anesthésiques singulières qui manifestent leur action principalement sur les sphincters.

M. Bouchardat considère ce médicament comme l'anesthésique local le plus puissant. Pris à dose élevée, l'iodoforme est un poison. E. C

**IOLITHE.** — Voyez Cordiérite.

**IPOMIQUE (ACIDE).** — M. Meyer a désigné sous ce nom une substance qui, à part le point de fusion situé à 104°, possède les caractères de l'acide sébacique (point de fusion, 127°). Il se présente sous la forme d'aiguilles excessivement fines; il est fusible et peut être sublimé. Sa vapeur est âcre comme celle des acides gras. Il est peu soluble dans l'eau froide, mais très-soluble dans l'eau bouillante, dans l'alcol et dans l'éther. Il devient électrique par le frottement.

Les sels que cet acide forme avec les alcalis sont très-solubles dans l'eau; les sels de baryte et de chaux sont à peine solubles; celui de chaux est presque insoluble. Lorsqu'on mélange une solution de chlorure de calcium avec une solution d'ipomate d'ammoniaque, il se forme un précipité qui devient cristallin au bout d'un certain temps.

L'acide ipomique a été obtenu en faisant réagir l'acide azotique sur l'acide rhodéorétique, qui est lui-même produit par l'action des bases sur la résine de jalap [Meyer, *Ann. der Chem. u. Pharm.*, t. LXXXIII, p. 143]. E. C.

**IRIDIUM.** — Ce métal a été découvert en 1803, en même temps que l'osmium, par S. Tennant. On savait avant lui que, lorsqu'on dissout le minerai de platine dans l'eau régale, il se précipite une poudre noire que Fourcroy, Vauquelin et Descotils avaient étudiée et qu'ils considéraient comme l'oxyde d'un nouveau métal. Ils attribuaient à cet oxyde une volatilité et une odeur qui appartiennent à l'acide osmique qu'on en peut extraire. C'est ce que Tennant démontra en en retirant deux métaux, l'*osmium*, dont le nom rappelle l'odeur de son oxyde, et l'*iridium*, qui doit son nom aux couleurs variées de ses chlorures.

Le minerai de platine contient en effet des proportions variables d'osmiure d'iridium, et cette substance ne reste pas toujours sous forme de poussière ténue dans le résidu de la dissolution du minerai par l'eau régale; on la trouve en paillettes brillantes, en grains plus ou moins irréguliers, ou en lamelles hexagonales, douées de l'éclat métallique, qui restent mélangées aux sables et autres matières minérales que le lavage n'a pu séparer du minerai de platine.

Pour retirer l'iridium de l'osmiure, il est essentiel, quelle que soit d'ailleurs la méthode employée, d'opérer sur une substance bien dépouillée de matières étrangères et aussi finement pulvérisée que possible.

*Purification des osmiures.* — On fond le résidu de platine avec de la litharge et du plomb pauvre dans un creuset de terre, on maintient au rouge pendant une demi-heure, et après refroidissement on trouve un culot de plomb contenant tout l'osmiure avec d'autres métaux du platine. La silice a été dissoute par la litharge; les autres minéraux, séparés par le plomb des osmiures beaucoup plus lourds, restent également dans la scorie.

Le culot de plomb est mis dans l'acide azotique étendu et chauffé à 100°. Le plomb se dissout avec le palladium. On traite alors le résidu bien lavé par l'eau régale qui dissout du platine avec un peu d'iridium et de rhodium. Il ne reste plus alors que l'osmiure d'iridium.

*Pulvérisation des osmiures.* — Les osmiures en lames ou en grains sont tellement durs qu'ils pénètrent dans l'acier lorsqu'on essaye de les pulvériser dans le mortier d'Abich; on détruit au contraire très-facilement leur état d'agrégation par le moyen suivant. On mêle les osmiures avec 8 ou 10 fois leur poids de zinc dans un creuset de charbon contenu dans un creuset en terre et l'on fait chauffer le tout ensemble pendant une heure au rouge sombre, puis au rouge blanc, et de manière à volatiliser tout le zinc. Après le refroidissement on trouve dans le creuset une masse poreuse friable qui se met facilement en poudre sous le pilon. Il ne reste que quelques paillettes qu'on peut facilement séparer du reste de la matière par le tamisage [Deville et Debray, *Ann. de Chim. et de Phys.*, 3e sér., t. LVI, p. 1].

Préparation de l'iridium. — 1° *Procédé de Wœhler.* — On mêle l'osmiure d'iridium avec son poids de sel marin bien pulvérisé, on introduit le mélange dans un tube de verre large et long, et après l'avoir chauffé au rouge sombre on y fait passer un courant de chlore gazeux tant que ce gaz est absorbé par la masse chaude. Il se forme alors des chlorures doubles d'iridium, d'osmium et de sodium, et si le chlore est humide il se dégage en même temps beaucoup d'acide osmique qu'on peut recueillir dans un ballon refroidi adapté au tube. On traite ensuite le contenu du tube par l'eau, qui se colore en brun rougeâtre, et l'on distille la liqueur décantée (après y avoir ajouté de l'acide nitrique, comme le recommande H. Rose pour bien transformer le chlorure d'osmium en acide osmique); l'acide osmique se dégage et doit être recueilli dans l'ammoniaque; lorsque la moitié du liquide a passé à la distillation on arrête l'opération et l'on filtre. On y ajoute alors un excès de carbonate de soude, ce qui détermine la production d'un précipité d'abord brun, mais qui devient bleu-noir quand on fait bouillir. On évapore à siccité et on calcine légèrement. Le résidu se compose alors de sesquioxyde d'iridium et de sel marin avec un excès de carbonate de soude que l'on sépare de l'oxyde d'iridium par l'eau bouillante. On réduit ensuite l'oxyde par l'hydrogène et l'on fait bouillir le métal avec de l'acide chlorhydrique pour lui enlever la soude primitivement retenue par l'oxyde. La portion de l'osmiure qui n'a pas été attaquée reste comme résidu insoluble dans le lavage qui suit l'action du chlore; on peut lui faire subir un nouveau traitement.

Comme l'osmiure d'iridium contient du rhodium, des traces de platine et souvent du ruthénium (osmiures de Russie), ces métaux se trouvent naturellement dans l'iridium ainsi préparé.

2° *Procédé de Frémy.* — On grille d'abord l'osmiure pour en retirer le plus possible d'osmium et même de ruthénium qui se volatilise dans cette opération à l'état d'oxyde de ruthénium. La division de l'osmiure rend le grillage bien plus facile, à ce point que certains osmiures contenant de 18 à 20 % d'osmium qui ne sont pas oxydables avant la division perdent la presque totalité de leur osmium s'ils sont bien divisés par le zinc.

On chauffe alors le résidu du grillage dans des creusets de terre réfractaire avec 4 p. de nitre, la masse est ensuite reprise par l'eau bouillante qui dissout l'osmiate de potasse, l'iridium reste à l'état d'iridiate de potasse insoluble. On le traite par l'eau régale, il se forme alors un chlorure double d'iridium et de potassium peu soluble qui se dépose par refroidissement en octaèdres réguliers d'un brun noirâtre. Le rhodium formant un sel correspondant soluble reste dans la liqueur.

Si l'on chauffe le chlorure double d'iridium dans un courant d'hydrogène, on obtiendra de l'iridium qui ne pourra contenir que des traces de platine et du ruthénium si l'osmiure en contenait lui-même.

3° *Procédé de MM. Deville et Debray.* — On attaque l'osmiure pulvérisé par le zinc par cinq fois son poids de bioxyde de baryum ou par trois fois son poids de bioxyde et une fois son poids d'azotate de baryum. Le mélange est chauffé dans un creuset de terre au rouge-cerise pendant une heure. On retire du creuset après refroidissement une matière noire, friable, qu'on réduit en poudre, et que l'on fait bouillir pendant longtemps avec de l'eau régale pour en chasser tout l'osmium à l'état d'acide osmique. Celui-ci peut être recueilli dans un ballon refroidi où il se condense en même temps que l'eau et l'acide qui distille. Lorsque l'odeur d'acide osmique a disparu à l'extrémité du col de la cornue, on arrête l'ébullition. La baryte contenue dans la liqueur est alors précipitée exactement par un poids déterminé d'acide sulfurique, on décante la liqueur et on l'évapore avec un excès d'acide chlorhydrique pour détruire l'acide nitrique, et à la fin on sature la liqueur avec du sel ammoniac. On évapore à sec au bain-marie, et quand toute odeur acide a disparu, on lave avec une dissolution concentrée de sel ammoniac jusqu'au moment où la liqueur que l'on filtre sort incolore. Tout d'abord, il se dissout du rhodium et d'autres métaux communs (fer, cuivre) en petite quantité dans l'osmiure, il reste alors sur le filtre du chlorure double d'iridium et d'ammonium avec un peu de chlorure de platine et de ruthénium On calcine ce mélange au rouge naissant pour chasser les sels ammoniacaux, et l'on achève de réduire les chlorures dans un courant d'hydrogène. La mousse métallique ainsi obtenue, traitée par l'eau régale, lui cède son platine qui ne s'est pas allié à l'iridium si la réduction ne s'est pas faite à une température élevée. On la chauffe ensuite après l'avoir lavée avec un mélange de nitre et de potasse, on lave à l'eau froide pour dissoudre le ruthéniate de potasse et l'on agglomère ensuite l'iridium divisé dans un creuset de charbon. On le fond ensuite au chalumeau oxhydrique dans un creuset de chaux. Il dégage alors la petite quantité d'osmium qu'il pouvait retenir.

*Propriétés.* — L'iridium obtenu par la réduction de son chlorure est une poudre métallique grise ayant l'apparence du platine préparé dans les mêmes circonstances, elle jouit des mêmes propriétés que le platine divisé. Mais il est bien plus difficile à fondre que le platine; c'est, après l'osmium et le ruthénium, le plus réfractaire de tous les métaux. Cheldrin le fondit le premier en un globule encore poreux en le soumettant à la décharge d'une colossale batterie électrique. Bunsen en obtint plus tard quelques globules en fondant ce métal sur un charbon au moyen d'un chalumeau oxhydrique. La densité du corps ainsi obtenu était inférieure à 16, tandis que nous savons aujourd'hui qu'elle est égale à celle du platine, 21,15. Il est probable alors que le métal avait pris, comme le ferait le platine dans ces circonstances, une certaine quantité de silice au charbon pour former un siliciure plus fusible que le métal pur et beaucoup plus léger que lui.

Deville et Debray ont fondu jusqu'à 1,805 grammes d'iridium pur dans un creuset en chaux qui sera décrit à propos du platine, avec leur chalumeau à gaz oxhydrique. Il est indispensable d'employer alors de l'hydrogène pur pour arriver à produire la température énorme que nécessite cette opération.

On obtient ainsi un métal blanc comme l'acier, dont la densité est 21,15, qui s'aplatit un peu sous le marteau, mais qui se brise comme les métaux cristallins. Au blanc il se travaille un peu mieux; il ne serait donc pas impossible qu'on pût à cette température détruire sa texture cristalline et parvenir à le forger.

Sa chaleur spécifique, d'après Regnault, est 0,0368.

Les acides et même l'eau régale sont sans action sur lui, cependant il peut être dissous dans ce mélange lorsqu'il est allié à une notable proportion de platine. Chauffé avec du bisulfate de potasse, il s'oxyde sans se dissoudre comme fait le rhodium. Il est également oxydé sous l'influence de l'air et des alcalis à une température élevée, mais il est alors plus commode pour obtenir ce résultat d'employer un mélange d'alcali et d'azotate de potassium. Il donne alors une masse vert noirâtre qui se dissout dans l'eau avec une couleur indigo, lorsqu'il est pur, et une masse brune qui se dissout en partie dans l'eau avec une couleur jaune-brun foncé, lorsqu'il contient du ruthénium.

Le chlore l'attaque partiellement au rouge naissant en donnant du sesquichlorure, mais pour le chlorurer facilement il faut faire agir le chlore sur un mélange d'iridium et de chlorure de potassium ou de sodium. Il se forme alors du sesquichlorure qui s'unit au chlorure alcalin.

Oxydes d'iridium. — On admet l'existence de quatre oxydes de ce métal, mais on ne peut isoler que le sesquioxyde et le bioxyde, le protoxyde et l'acide iridique n'existent qu'à l'état de combinaison.

*Protoxyde d'iridium*, $IrO$. — Berzelius admettait que l'action du chlore sur l'iridium métallique donnait du dichlorure qu'il suffisait de traiter par un alcali pour obtenir le protoxyde d'iridium. La seule raison qui fasse admettre aujourd'hui l'existence du protoxyde d'iridium est tirée de l'existence de composés complexes auxquels Claus attribue les formules suivantes, auxquelles nous conservons la forme dualistique :

$$4KCl, IrCl^2, 2(K^2O.SO^2), IrO, 2SO^2 + 12H^2O \quad [1]$$

et $$3(K^2O.SO^2), (IrO, 2SO^2), + 5H^2O, \quad [2]$$

qu'il obtient dans les circonstances suivantes. Le chloriridiate de potassium peut être ramené à l'état de chlorure vert ($Ir^2Cl^6.6KCl$) par l'acide sulfureux. Ce chlorure, à son tour chauffé avec du bisulfite de potasse, jusqu'à ce que la couleur verte de la liqueur soit passée au rouge, donne par évaporation des cristaux d'un rouge-minium correspondant à la formule [1]. L'action prolongée des bisulfites décolore la liqueur, et il se forme alors le sel [2] qui est peu soluble.

*Sesquioxyde d'iridium*, $Ir^2O^3$. — On le prépare en décomposant le sesquichlorure par la potasse; c'est un corps noir insoluble dans les acides, excepté dans l'acide chlorhydrique qui en dissout une petite quantité en se colorant en vert-olive. Il se forme encore lorsqu'on traite le tétrachlorure par une dissolution de potasse et qu'on ajoute de l'alcool. Il se précipite alors un composé formé de sesquichlorure d'iridium et de chlorure de potassium blanc verdâtre, sur lequel la solution de potasse est sans action à froid; mais à chaud il se décompose en donnant du sesquioxyde qui se dissout dans un excès d'alcali. Si l'on chauffe longtemps cette dissolution au contact de l'air, il y a absorption d'oxygène et du bioxyde se sépare sous forme d'un précipité bleu auquel on attribue la formule $IrO^2, 2H^2O$.

Le sesquichlorure d'iridium ne donne de précipité brun avec les oxydes alcalins que s'il contient du ruthénium.

*Bioxyde d'iridium*, $IrO^2$. — On vient de dire comment on l'obtenait par l'action de la potasse sur le chlorure d'iridium, nous ferons seulement remarquer qu'alors même qu'on n'ajouterait point d'alcool au mélange de tétrachlorure et d'alcali, il y aurait encore réduction du chlorure avec production d'hypochlorite de potasse. D'après Claus, on le précipite facilement de ses dissolutions dans l'alcali par un acide qui les neutralise.

Deville et Debray ont obtenu une combinaison cristallisée de cet oxyde avec le plomb ($PbO.IrO^2$) en coupellant un alliage de plomb et d'iridium au rouge blanc. Elle reste dans la coupelle sous forme de poudre cristalline qu'il est facile d'en détacher et qu'on sépare de la litharge qui peut la souiller en la traitant par l'acide acétique fort [Métallurgie du platine, *Ann. de Chim. et de Phys.*, (3), t. LXI, p. 1].

*Acide iridique*, $IrO^3$. — Cet acide se forme, d'après Claus, lorsqu'on chauffe pendant longtemps l'iridium avec de l'azotate de potasse. La masse vert noirâtre fondue se dissout en partie dans l'eau avec une couleur bleu-indigo foncé (bioxyde d'iridium dans la potasse) et il reste pour résidu une poudre noire cristalline d'iridiate acide de potasse $Ir^2O^7K^2$. Cette matière se dissout lentement dans l'acide chlorhydrique en dégageant du chlore, par suite d'une décomposition partielle, avec une coloration bleue très-intense. Ce chlorure bleu est très-instable; lorsqu'on le chauffe il passe à l'état de chlorure rouge-brun ordinaire. On croit que ce sel bleu n'est qu'une modification isomérique du chlorure ordinaire.

Chlorures d'iridium. — Chaque oxyde paraît avoir un chlorure correspondant, mais on ne connaît bien que le sesquichlorure et le tétrachlorure. D'après Skoblikoff, la décomposition du tétrachlorure par la chaleur donnerait une masse brune résineuse formée de dichlorure. Nous avons indiqué plus haut une combinaison dans laquelle entrerait ce dichlorure.

*Sesquichlorure d'iridium*. — On l'obtient en chauffant de l'iridium divisé dans du chlore, mais d'après Claus, comme cette réaction est incomplète, il est plus simple de chauffer longtemps un des sels doubles qu'il forme avec les chlorures alcalins, avec de l'acide sulfurique concentré. En étendant d'eau la liqueur refroidie, il se sépare du sesquichlorure d'iridium vert-olive, insoluble dans l'eau et les acides étendus, comme celui que l'on obtient par voie sèche.

Pour l'obtenir en dissolution, on fait passer un courant d'acide sulfhydrique dans la solution chlorhydrique bleue du bioxyde d'iridium; l'évaporation de la liqueur donne alors un sel cristallisé avec 8 molécules d'eau, $Ir^2Cl^6 + 8H^2O$.

Claus a découvert des combinaisons remarquables de ce corps avec les chlorures alcalins et le chlorure d'argent. En traitant par l'acide sulfureux une dissolution du chlorure double ordinaire $2KCl, IrCl^4$ et saturant par le carbonate de potasse, on obtient le composé $6KCl, Ir^2Cl^6 + 6H^2O$ en cristaux prismatiques éclatants d'un vert foncé. Le sel de soude s'obtient de la même manière avec 24 molécules d'eau en cristaux volumineux.

d'un vert-olive. Il s'effleurit à l'air très-facilement et perd 20 molécules d'eau; il est soluble dans l'alcool.

La combinaison ammoniacale correspondante $6(AzH^4Cl), Ir^2Cl^6 + 3H^2O$, peut se préparer soit en mélangeant le sel de soude avec du chlorure d'ammonium, — par évaporation il se dépose des prismes rhomboïdaux d'un vert-olive foncé; soit en traitant par l'acide sulfureux ou l'acide sulfhydrique le chlorure double ordinaire

$$2AzH^4Cl, IrCl^4$$

qui se trouve partiellement déchloruré.

Le sel d'argent $6AgCl, Ir^2Cl^6$ prend naissance dans la réaction de l'azotate d'argent sur le chlorure double d'iridium et de potassium $2KCl, IrCl^4$:

$$6AzO^3Ag + 2(KCl)^2IrCl^4 + H^2O$$
$$= (AgCl)^6Ir^2Cl^6 + 4AzO^3K + 2AzO^3H + O.$$

Ramrodt et Uhrlaub ont décrit un sel de sodium qui aurait pour formule $8NaCl, Ir^2Cl^6 + 27H^2O$, mais d'après Claus ce sel contiendrait une notable quantité de rhodium, ce qui expliquerait sa composition anormale.

*Perchlorure d'iridium,* $IrCl^4$. — On l'obtient en dissolvant dans l'eau régale un des oxydes. La dissolution est d'un jaune-rouge. Il se combine facilement avec les chlorures alcalins. Les chloroiridates de potassium et d'ammonium qui ont pour formule $2KCl, IrCl^4$ et $2AzH^4Cl, IrCl^4$, cristallisent en octaèdres réguliers qui paraissent noirs quand ils sont un peu gros, mais dont la poussière est rouge. Ils sont solubles dans l'eau pure surtout lorsqu'elle est chaude, mais insolubles comme les sels correspondants du platine dans des dissolutions concentrées de sel ammoniac et de chlorure de potassium.

Le chlorure double d'iridium et de sodium cristallise avec 6 molécules d'eau.

Sulfure d'iridium. — On ne connaît qu'un bisulfure d'iridium, que l'on prépare en fondant avec du foie de soufre de l'iridium divisé. La masse fondue cède à l'eau un sulfosel d'iridium d'où l'on peut précipiter le sulfure d'iridium par un acide; ce qui reste non dissous est également du sulfure d'iridium.

Le sulfure d'ammonium produit, dans la dissolution du perchlorure d'iridium, un précipité brun de sulfure d'iridium qui se dissout complétement dans un excès de sulfure, mais qu'on peut précipiter de nouveau par l'acide chlorhydrique.

La chaleur rouge décompose complétement ce sulfure dont l'étude est fort incomplète. D'après Bœttger, on obtient un sulfure d'une nature particulière en dissolvant le sesquichlorure d'iridium dans l'alcool, en mêlant la dissolution à du sulfure de carbone et l'abandonnant à elle-même dans un flacon bouché. Au bout d'une semaine la liqueur se prend en gelée. On agite la masse, on la porte sur un filtre, on la lave d'abord à l'alcool, puis à l'eau, et on la dessèche. Ce corps résulterait de l'union du sulfure d'iridium avec un composé organique qui se dégage sous forme de gaz inflammable lorsqu'on le fait bouillir dans l'eau. Le sulfure restant est noir, insoluble dans les alcalis, soluble dans l'eau régale [Berzelius, *Traité de Chimie*, t. II, p. 424]. Cette réaction mériterait certainement d'être reprise.

Carbure d'iridium. — D'après Berzelius, on obtient un carbure d'iridium lorsqu'on chauffe un morceau d'iridium compacte dans la flamme d'une lampe à alcool de manière qu'il soit entouré par elle de toutes parts. On voit alors paraître à sa surface des masses noires, semblables à des chouxfleurs, qui sont du carbure d'iridium. Si l'on expose ce carbure à l'air, le carbone brûle, mais quand on le fait tomber dans l'eau on l'obtient non décomposé. Il est noir, sans éclat et, comme le noir de fumée, il tache les corps qui le touchent. Il est facile de l'allumer; il brûle comme de l'amadou en laissant de l'iridium métallique. Il contient 80,17 d'iridium et 19,83 de carbone, ce qui correspondrait à la formule $IrC^4$. Ce même corps se produirait dans la réduction des oxydes d'iridium par les vapeurs des hydrocarbures. Ce corps réclamerait une nouvelle étude.

Les combinaisons de l'iridium avec les autres métalloïdes ne sont pas connues.

Alliages de l'iridium. — L'argent peut être allié à l'iridium sans perdre sa ductilité. L'alliage traité par l'acide azotique laisse tout l'iridium à l'état de division extrême.

L'étain se combine très-facilement avec l'iridium, à ce point qu'il peut chasser l'osmium de l'osmiure d'iridium. On fond de l'osmiure d'iridium avec 5 ou 6 fois son poids d'étain et l'on maintient longtemps l'alliage au rouge vif dans un creuset de charbon. La matière refroidie étant traitée par l'acide chlorhydrique, l'étain se dissout avec des traces d'iridium et il reste de l'osmium en poussière cristalline et un alliage d'une grande beauté, brillant, en gros cristaux cubiques, formant souvent des trémies qui sont inattaquables par l'eau régale.

Ils correspondent à la formule $Sn^2Ir$; on les analyse en les chauffant au rouge vif dans un courant d'acide sulfhydrique : l'étain se volatilise à l'état de sulfure d'étain.

Les alliages d'iridium et des métaux du platine seront décrits avec chacun de ces métaux.

Caractères des combinaisons de l'iridium. — Les dissolutions d'iridium sont ordinairement rouge-brun foncé (perchlorure d'iridium et ses composés); elles peuvent être vertes si elles contiennent du sesquichlorure, mais alors l'eau régale les ramène à l'état de perchlorure.

L'action de la potasse sur les dissolutions d'iridium, dont nous avons parlé à propos des oxydes d'iridium, est tout à fait caractéristique; il en est de même des propriétés de l'iridium, que l'on obtient facilement en réduisant ses combinaisons par l'hydrogène. C'est un métal absolument insoluble dans l'eau régale, ce qui le distinguerait du platine si la couleur de son chlorure double ($2KCl, IrCl^4$) n'empêchait de le confondre avec ce corps. En tout cas cette réaction permet de l'en séparer. Il est pareillement insoluble dans le bisulfate de potassium, comme le platine, tandis que le rhodium se dissout. Il ne peut guère être confondu qu'avec le ruthénium, dont le sesquichlorure offre la couleur du perchlorure d'iridium; mais on l'en distingue par l'action de la potasse, ou en le fondant avec un mélange de nitre et de potasse, comme nous l'avons dit dans la préparation de l'iridium.

Voici d'ailleurs l'action de quelques réactifs sur le perchlorure d'iridium.

*Ammoniaque.* — Ajoutée en excès aux dissolutions de ce sel, elle les décolore immédiatement comme la potasse et produit un faible précipité brun noirâtre. La liqueur se colore en bleu à la suite d'une longue ébullition, mais, pour obtenir cette coloration avec intensité, il faut exposer à l'air la dissolution ammoniacale incolore; lorsque l'ammoniaque s'est évaporée, la liqueur se colore en bleu et laisse déposer un précipité bleu.

*Carbonate de potasse.* — Précipité rouge-brun clair, se dissolvant peu à peu dans la liqueur, qui se décolore peu à peu comme par la potasse ou l'ammoniaque. En évaporant à siccité et reprenant par l'eau, il reste une poudre bleue.

*Carbonate d'ammoniaque.* — Précipité de chlorure iridicoammonique en cristaux microscopiques faciles à reconnaître. Si la dissolution est étendue, il ne se produit rien d'abord, puis la liqueur se décolore, et ne prend pas ultérieurement de teinte bleue.

*Carbonate de baryte.* — Rien à froid ; à chaud il donne une dissolution verdâtre et le carbonate de baryte en excès se colore en bleu.

*Phosphate de sodium.* — Décolore à la longue ces dissolutions ; par l'ébullition il se forme une liqueur bleue et un précipité bleu.

*Borax.* — Décolore à chaud, la liqueur se colore en bleu ensuite sans donner de précipité.

*Acide oxalique.* — Décolore complétement au bout de quelque temps les dissolutions d'iridium.

*Formiate de sodium.* — Rien à froid ; à chaud il y a réduction lente et production d'un précipité noir.

*Ferrocyanure de potassium.* — Décoloration immédiate.

*Ferricyanure de potassium.* — Rien.

*Cyanure de mercure.* — Rien. S'il y a précipité, c'est une preuve que la dissolution contient du palladium.

*Nitrate mercureux.* — Précipité jaunâtre.

*Sulfate ferreux.* — Décolore la dissolution d'iridium, mais sans précipiter le métal.

*Protochlorure d'etain.* — Précipité brun clair.

*Acide sulfureux.* — Décolore les dissolutions d'iridium.

*Acide sulfhydrique.* — Décolore d'abord les dissolutions neutres ou acides, en donnant du sesquichlorure avec dépôt de soufre. Une action prolongée donne un dépôt de sulfure d'iridium.

*Sulfure d'ammonium.* — Précipité brun facilement soluble dans un excès de réactif.

*Zinc.* — Précipite incomplétement l'iridium de sa dissolution de perchlorure sous forme de poudre noire.

SÉPARATION DE L'IRIDIUM DES AUTRES MÉTAUX. — Cette séparation, déjà indiquée dans la préparation du métal, sera détaillée plus complétement à l'article OSMIURE D'IRIDIUM, à propos de l'analyse de ces corps. H. D.

**IRIDIUM** (BASES AMMONIACALES). — L'iridium forme quelques composés ammoniacaux analogues à ceux du platine. Les uns correspondent au protochlorure d'iridium et dérivent de 2 ou de 4 molécules d'ammonium ; d'autres sont des dérivés tétrammoniés du perchlorure d'iridium qui renferment dans leur molécule du chlore retenu énergiquement et qui correspondent aux sels de la base de Gros. Les derniers enfin correspondent au sesquichlorure d'iridium et renferment 10 molécules d'ammoniaque.

Voici les chlorures de ces quatre classes de combinaisons :

$$IrCl^2, 2AzH^3 = Az^2\left\{\begin{matrix} H^2 \\ H^2 \\ H^2 \\ \overset{''}{Ir} \end{matrix}\right\}.Cl^2 \qquad [1]$$

Chlorure d'iridammonium.

$$IrCl^2, 4AzH^3 = Az^2\left\{\begin{matrix} H^2 \\ H^2 \\ (AzH^4)^2 \\ \overset{''}{Ir} \end{matrix}\right\}.Cl^2 \qquad [2]$$

Chlorure de diammoniridammonium.

$$IrCl^4, 4AzH^3 = Az^2\left\{\begin{matrix} H^2 \\ H^2 \\ (AzH^4)^2 \\ (IrCl^2)'' \end{matrix}\right\}.Cl^2 \qquad [3]$$

Chlorure de diammochloriridammonium.

$$Ir^2Cl^6, 10AzH^3 = Az^6\left\{\begin{matrix} H^6 \\ H^6 \\ (AzH^4)^4\ H^2 \\ \overset{VI}{Ir^2} \end{matrix}\right\}.Cl^6 \qquad [4]$$

Hexachlorure de tétrammiridihexammonium.

Ces composés ont été étudiés par Skoblikoff [*Bull. Acad. Saint-Pétersb.*, t. XI, p. 25 ; *Ann. der Chem. u. Pharm.*, t. LXXXIV, p. 275 (1852)] et par Claus [*Beitræge zur Chemie der Platinbasen*, Dorpat 1854 ; *Jahresb.*, 1854, p. 434].

1. CHLORURE D'IRIDAMMONIUM (protochlorure biammoniacal), $Az^2H^6Ir''.Cl^2$ ou $IrCl^2, 2AzH^3$. — On l'obtient, suivant Skoblikoff, en chauffant le chlorure iridique jusqu'à ce qu'il soit transformé en chlorure irideux, dissolvant le résidu brun dans du carbonate d'ammoniaque et ajoutant un léger excès d'acide chlorhydrique à la solution ; il se forme ainsi un précipité grenu jaune, insoluble dans l'eau bouillante. Il correspond au sel vert de Magnus.

On n'a pas obtenu la base libre correspondant à ce chlorure.

Le sulfate $Az^2H^6Ir''.SO^4$ s'obtient en chauffant le chlorure avec de l'acide sulfurique étendu ; il cristallise en grandes lames jaune-orange, solubles dans l'eau.

2. CHLORURE DE DIAMMONIRIDAMMONIUM,

$$Az^4H^{12}Ir''Cl^2 \text{ ou } Az^2H^4(AzH^4)^2\overset{''}{Ir}.Cl^2.$$

— Il se forme lorsqu'on fait bouillir le chlorure d'iridammonium $Az^2H^6Ir.Cl^2$ avec un excès d'ammoniaque ; il se dépose à l'état d'un précipité blanchâtre. Traité par les alcalis, ce composé ne dégage que peu d'ammoniaque.

On obtient le *sulfate* correspondant

$$Az^2H^4(AzH^4)^2\overset{''}{Ir}.SO^4$$

en traitant le chlorure par de l'acide sulfurique moyennement concentré : il se dégage de l'acide chlorhydrique et l'on obtient des prismes rhomboïdaux, solubles dans l'eau bouillante, peu solubles dans l'eau froide, à peine solubles dans l'alcool.

Si l'on chauffe le même chlorure avec de l'acide azotique, ou si l'on traite le sulfate par de l'azotate de baryum, on obtient l'*azotate*

$$Az^2H^4(AzH^4)^2\overset{''}{Ir}.(AzO^3)^2$$

en aiguilles jaunes, soluble dans l'eau, fusible par la chaleur et se décomposant ensuite avec déflagration (Skoblikoff).

3. CHLORURE DE DIAMMOCHLORIRIDAMMONIUM,

$$\widetilde{Az^4H^{12}}\overset{IV}{Ir}Cl^2.Cl^2 \text{ ou } Az^2H^4(AzH^4)^2\overset{IV}{Ir}Cl^2.Cl^2.$$

— Ce chlorure et les sels correspondants sont analogues aux sels de la base de Gros. Voy. PLATINE (bases ammoniacales). On obtient le chlorure en ajoutant de l'acide chlorhydrique à la solution de l'azotate. Il se dépose à l'état d'un précipité violet peu soluble à froid, soluble dans l'eau bouillante, d'où il se dépose en cristaux violets. L'azotate d'argent, ajouté à la solution de ce sel, n'en précipite que la moitié du chlore.

*Azotate de diammochloriridammonium,*

$$\widetilde{Az^4H^{12}IrCl^2}.(AzO^3)^2$$

ou

$$Az^2H^4(AzH^4)^2IrCl^2.(AzO^3)^2.$$

— Masse jaunâtre, grenue et cristalline, obtenue en chauffant le chlorure d'iridammonium

$$Az^2H^6Ir.Cl^2$$

avec de l'acide azotique concentré. Recristallisé dans l'eau, il forme des lamelles jaunes et brillantes.

*Sulfate de diammochloriridammonium,*

$$\widetilde{Az^4H^{12}}IrCl^2.SO^4 \text{ ou } Az^2H^4(AzH^4)^2IrCl^2SO^4.$$

— Fines aiguilles verdâtres, solubles dans l'eau, qu'on obtient en traitant l'azotate par de l'acide sulfurique étendu (Skoblikoff).

**Combinaisons de tétrammiridihexammonium.** — Ces combinaisons correspondent aux sels roséocobaltiques.

L'*hexachlorure* $Az^6H^{14}(AzH^4)^4Ir^2.Cl^6$ s'obtient en mélangeant une solution de chloriridite d'ammonium $Ir^2Cl^6,6AzH^4Cl$ avec un excès d'ammoniaque, et abandonnant pendant plusieurs semaines le mélange dans des flacons remplis et bien bouchés, dans un endroit chaud. Si l'on chauffe le liquide, qui a pris une teinte rose, l'excès d'ammoniaque se dégage. Après avoir neutralisé par de l'acide chlorhydrique, on évapore à sec et on reprend par de l'eau froide pour dissoudre le chlorure d'ammonium; il reste ainsi une poudre couleur de chair, cristalline, qui, dissoute dans l'eau bouillante, donne par le refroidissement un précipité cristallin qui est l'hexachlorure en question, mélangé d'un peu de sesquichlorure d'iridium.

L'hexachlorure $Ir^2Cl^6,10AzH^3$ se décompose en partie par l'ébullition avec un excès d'ammoniaque en laissant déposer de l'hydrate bleu de bioxyde d'iridium. Mis en digestion avec de l'eau et de l'oxyde d'argent, il donne une solution alcaline rose qui renferme l'*oxyde ammoniacal :*

$$Ir^2O^3.10AzH^3 = Az^6H^{14}(AzH^4)^4Ir^2.O^3.$$

Cette solution, traitée par des acides, donne des sels cristallisables, solubles dans l'eau.

Le *carbonate* $Az^6H^{14}(AzH^4)^4Ir^2.(CO^3)^3.3H^2O$ forme une poudre cristalline ténue, d'un rose pâle, à réaction alcaline.

L'*azotate* $Az^6H^{14}(AzH^4)^4Ir^2.(AzO^3)^6$ est en prismes indistincts, couleur de chair.

Le *sulfate* $Az^6H^{14}(AzH^4)^4Ir^2.(SO^4)^3$ est un sel neutre, également couleur de chair (Claus). E. W.

**IRIDOLINE.** — Voyez Lépidine.

**IRIDOSMINE** (Min.) [Syn. *Osmiridium, newjanskite, sisserskite*]. — Osmiure d'iridium, contenant les deux éléments en proportions variables; renferme quelquefois du rhodium, du ruthénium, du platine, du fer et du cuivre.

Petites lamelles ou grains souvent aplatis, d'un éclat métallique et d'un blanc d'étain, présentant rarement la forme d'un prisme hexagonal avec des modifications sur les arêtes de la base. Accompagne le minerai de platine dans les sables platinifères ou aurifères de l'Oural, de Californie, du Canada, d'Australie.

*Caractères.* — Inattaquable aux acides. Au chalumeau, chauffée seule, la sisserskite donne l'odeur d'acide osmique, caractère que ne présentent les autres variétés qu'après addition d'azotate de potasse. Le produit de cette dernière réaction est une masse partiellement soluble dans l'eau ; l'acide nitrique précipite la solution en vert.

Dureté, 6,7. Densité, 19,3 à 21,11.

*Forme cristalline.* — Prisme hexagonal $pm$ avec troncature $b^1$ sur les arêtes; $pb^1 = 124°$. F. et S.

**IRISINE.** — Voyez Quinoléine.

**IRITE** (Min.). — On a donné ce nom à un mélange d'iridosmine et de chromite, trouvé dans l'Oural.

**ISALIZARINE**, $C^{14}H^8O^4$ [Rochleder, *Journ. für prakt. Chem.*, nouv. sér., t. I, p. 195]. — La garance renferme, indépendamment de l'alizarine et de la purpurine, quelques substances jaunes, dont une résineuse est très-soluble dans l'acide acétique. La partie insoluble renferme quatre matières cristallines qu'on sépare par des cristallisations fractionnées dans l'acide acétique étendu et dans l'alcool, et par des précipitations fractionnées de la solution alcoolique par l'eau. La matière qui prédomine est isomérique avec l'alizarine; une seconde matière, qui existe dans le mélange en quantité extrêmement faible, renferme $C^{15}H^{10}O^4$; elle serait donc un homologue de l'alizarine.

L'isalizarine se dissout en rouge de sang dans la potasse ou la soude et en rouge dans la baryte. La couleur est intermédiaire entre celles de l'alizarine et de la purpurine. Elle ne teint pas les mordants d'alumine ou de fer sur calicot.

L'isalizarine est peut-être identique avec la matière jaune signalée par M. Ch. Lauth dans la purpurine commerciale et étudiée par M. Schützenberger, matière qui se forme encore dans la réduction de la purpurine au moyen du triiodure de phosphore en présence de l'eau, ou au moyen du sel d'étain [*Bull. de la Soc. chim.*, t. II, p. 221, 1864, et t. IV, p. 12, 1865]. A. H.

**ISALLOXANIQUE (ACIDE)**, $C^4H^4Az^2O^5$ [E. Hardy, *Bull. de la Soc. chim.*, t. I, p. 445, 1864]. — L'alloxane chauffée à 260° subit un changement isomérique : elle se transforme en une poudre rouge-brique, soluble en rouge dans l'eau. Cette dissolution se décolore après quelque temps.

L'alloxane ainsi modifiée s'unit, sous l'influence des bases, à 1 molécule d'eau en se convertissant en acide isalloxanique, acide isomérique avec l'acide alloxanique; il en diffère par la propriété de former des sels colorés.

L'acide libre n'a pu être isolé : il se transforme immédiatement en substances incolores.

*Isalloxanate de potassium.* — La dissolution de l'alloxane modifiée dans la potasse est d'un bleu d'indigo intense que l'eau fait passer au violet. L'alcool précipite un sel bleu.

*Isalloxanate d'ammonium,*

$$C^4H^2Az^2O^5.(AzH^4)^2.$$

— On projette l'alloxane modifiée dans de l'ammoniaque concentrée : la solution prend une teinte rouge bleuâtre et dépose le sel à l'état solide. C'est une poudre rouge, insoluble dans l'alcool et l'éther, soluble dans l'eau. La solution se décolore par l'ébullition.

*Isalloxanate acide d'argent,* $C^4H^3Az^2O^5.Ag.$ — Poudre rouge foncé, soluble dans l'eau, peu soluble dans l'alcool.

*Isalloxanate d'ammonium et d'argent,*

$$C^4H^2Az^2O^5.Ag(AzH^4).$$

— C'est un sel bleu qu'on obtient par double décomposition au moyen du nitrate d'argent et de l'isalloxanate d'ammonium.

Les autres isalloxanates constituent tous des précipités colorés.

La coloration rouge qu'on observe en évaporant l'acide urique avec de l'acide azotique et en ajoutant de l'ammoniaque au résidu après sa dessiccation est due à la formation d'acide isalloxanique. A. H.

**ISAMIQUE (ACIDE)**, $C^{16}H^{13}Az^3O^4$. — Syn. *Acide imasatique* ou *rubindénique* [Laurent, *Ann. de Chim. et de Phys.*, (3), t. III, p. 490].

*Préparation.* — Laurent prescrit de dissoudre un poids connu d'isatine dans de la potasse jusqu'à saturation; d'un autre côté, on dissout du sulfate d'ammoniaque dans l'eau bouillante (1 molécule de sulfate à peu près pour 2 molécules d'isatine) de manière à avoir une solution très-concentrée. On mélange les deux liqueurs et on sépare par filtration le sulfate de potasse qui se dépose. Le liquide est évaporé à consistance sirupeuse, opération pendant laquelle l'isatate d'ammonium se convertit en isamate. Le sel sirupeux est repris par l'alcool bouillant, on filtre au besoin et on neutralise par l'acide chlorhydrique. Par le refroidissement du liquide, séparé du chlorhydrate d'ammoniaque, on obtient de magnifiques paillettes rouges semblables au biiodure de mercure sublimé.

La saturation par un excès d'acide chlorhydrique, une élévation trop considérable de température, une conversion incomplète de l'isatate en isamate, peuvent donner lieu à la production simultanée d'isatine facile à reconnaître par son insolubilité dans l'ammoniaque diluée.

*Propriétés.* — Cristallise en tables rhombes ou hexagonales d'un angle de 110° environ. Un peu soluble en jaune dans l'eau bouillante. Soluble dans l'éther. L'acide chlorhydrique dissout l'acide isamique avec une coloration violette; le liquide acide étendu et bouilli fournit de l'ammoniaque et de l'isatine.

Avec le brome on obtient immédiatement un corps jaune insoluble (indélibrome),

$$C^{16}H^{8}Br^{4}Az^{8}O^{4}.$$

*Isamate d'ammonium*, $C^{16}H^{12}(AzH^{4})Az^{3}O^{4}$. — Fines aiguilles ou rhomboèdres aigus microscopiques. Sous l'influence de la chaleur, ce sel perd de l'eau et se convertit en *isamide*. Les solutions d'isamate d'ammoniaque ne précipitent pas les sels de baryum, de calcium et de magnésium. L'acétate de plomb donne un précipité blanc, le sublimé corrosif donne un précipité rouge et le nitrate d'argent un précipité jaune.

*Isamate de potassium.* — Sel analogue au précédent. Ne se décompose pas par l'ébullition.

Bichlorisamique (acide), $C^{16}H^{11}Cl^{2}Az^{3}O^{4}$.

*Préparation.* — On ajoute de l'acide chlorhydrique à une solution de chlorisamide dans la potasse diluée. Le précipité floconneux rouge-brique qui se forme est purifié par cristallisation dans l'alcool chaud.

Rouge vif, cristallin, formant des lames hexagonales allongées dérivant d'un rhomboèdre dont les angles sont d'environ 110°.

Soluble en jaune dans l'alcool et l'éther; plus soluble dans ces véhicules que l'acide isamique, auquel il ressemble du reste beaucoup.

Se décompose par la distillation. Les acides concentrés le dissolvent en violet et le convertissent par l'ébullition en ammoniaque et chlorisatine.

Le sel ammoniacal précipite ses sels d'argent en jaune.

Tétrachlorisamique (acide), $C^{16}H^{9}Cl^{4}Az^{3}O^{4}$. — La bichlorisamide traitée par l'alcool bouillant se transforme en tétrachlorisamate d'ammonium qui donne avec les sels d'argent un précipité floconneux répondant à la formule

$$C^{16}H^{8}Cl^{4}Az^{3}AgO^{4}.$$

P. S.

**ISATINE**, $C^{8}H^{5}AzO^{2}$ [Laurent, *Ann. de Chim. et de Phys.*, (3), t. III, p. 371; — Erdmann, *Journ. für prakt. Chem.*, t. XXIV, p. 11; — Hofmann, *Ann. der Chem. u. Pharm.*, t. LIII, p. 11; — Gmelin, t. XII, p. 51; — Gerhardt, t. III, p. 534; — Watts, *Dict. of Chem.*, t. V, p. 406; — Schützenberger, *Bull. de la Soc. chim.*, 1862, t. II, p. 170; — Schwartz, *ibid.*, t. I, p. 518; *Répert. de Chim. pure*, 1861, t. III, p. 71; — Bæyer et Knop, *loc. cit.*]. — L'isatine a été découverte simultanément par Laurent et Erdmann (1841). Elle se forme par l'oxydation de l'indigotine. On a en effet

$$\underset{\text{Indigotine.}}{C^{8}H^{5}AzO} + O = \underset{\text{Isatine.}}{C^{8}H^{5}AzO^{2}}.$$

Laurent prépare l'isatine en formant une bouillie liquide avec de l'eau et de l'indigo en poudre fine et de bonne qualité. Le mélange est chauffé modérément dans une capsule spacieuse et additionné peu à peu d'acide nitrique ordinaire. On remue, en continuant les additions d'acide jusqu'à disparition de la couleur bleue. La réaction a lieu avec une vive effervescence. Un kilogramme d'indigo exige environ 600 à 700 grammes d'acide nitrique. Le liquide jaune étendu de beaucoup d'eau (3 à 4 litres) est porté à l'ébullition et filtré chaud; l'isatine se dépose par refroidissement en cristaux mamelonnés rouge-brun souillés par une résine brune. Le résidu peut être épuisé deux ou trois fois par les eaux mères des premiers cristaux. Laurent purifie cette isatine impure par un lavage à l'eau légèrement ammoniacale et par de nouvelles cristallisations dans l'eau et dans l'alcool. Un kilogramme d'indigo fournit ainsi 180 grammes d'isatine pure. Le procédé de purification de l'isatine brute proposé par M. Hofmann est préférable. Le produit de la première cristallisation est dissous dans une terrine pleine de potasse ou de soude caustique. En neutralisant avec de l'acide chlorhydrique la solution tant qu'il se forme un dépôt brun résineux et en filtrant rapidement, on obtient une liqueur d'un jaune franc qui, acidulée franchement, laisse déposer des cristaux rouges d'isatine à peu près pure.

Le traitement de l'indigo par l'acide nitrique exige certaines précautions. Un excès d'acide nitrique trop concentré donne lieu à la formation d'acide nitrosalicylique; si au contraire le liquide est trop étendu, les premières additions d'acide ne produiront pas d'effervescence; en continuant l'ébullition et en reversant de l'acide, il arrive un moment où se déclare une réaction violente dont on n'est plus le maître.

On peut remplacer l'acide azotique par l'acide chromique convenablement étendu et bouillant ou à peu près. Lorsque l'indigo est dissous, on filtre chaud et on laisse cristalliser l'isatine. Dans le cas où l'acide chromique est trop concentré, il se dégage de l'acide carbonique et l'on n'obtient que peu ou point d'isatine, mais une poudre brune mélangée à de l'oxyde de chrome.

*Propriétés.* — Cristallise en prismes appartenant au type orthorhombique; combinaison observée: $m$, $e^{1}$, $g^{1}$; $g^{1}$ est très-développée; $m\,m = 133°\,50'$ à $133°\,55'$; $e^{1}\,e^{1} = 127°\,15$ à $127°\,30'$ [G. Rose, *Journ. für prakt. Chem.*, t. XXIV, p. 11]. Les cristaux sont tantôt volumineux, de couleur aurore foncé, tantôt petits, rouge-jaunâtre, éclatants. Saveur amère, odeur nulle.

Sous l'influence de la chaleur, l'isatine fond en répandant des vapeurs jaunes irritantes et se solidifie en une masse cristalline aciculaire. Sur une lame de platine elle se volatilise en grande partie sans décomposition, mais dans un tube elle laisse beaucoup de charbon. Elle est peu soluble dans l'eau froide, plus soluble dans l'eau chaude; sa solution est rouge-jaune foncé et neutre aux papiers réactifs; l'alcool bouillant la dissout facilement; l'éther la dissout également, mais moins bien que l'alcool. L'acide nitrique tiède et pas trop concentré la dissout sans altération et l'abandonne par refroidissement sous forme de cristaux; à l'ébullition, il se développe une réaction énergique, avec production de vapeurs rutilantes, d'acide oxalique et d'une résine nitrée brune, soluble dans l'ammoniaque. L'acide sulfurique fumant la dissout en brun; à chaud, il s'établit une vive effervescence; la solution étant ensuite traitée par l'eau et l'alcool fournit un corps jaune non étudié.

La potasse caustique dissout l'isatine en brun; cette coloration fait place, au bout d'un certain temps ou immédiatement à l'ébullition, à une teinte jaune pâle; l'isatine se trouve alors convertie en acide isatique:

$$\underset{\text{Isatine.}}{C^{8}H^{5}AzO^{2}} + H^{2}O = \underset{\text{Acide isatique.}}{C^{8}H^{7}AzO^{3}}.$$

Enfin la solution d'isatate de potasse dans la lessive de potasse fournit, à des degrés de concentration et de température suffisants, une nouvelle réaction à la suite de laquelle il se forme de l'aniline et de l'hydrogène:

$$C^{8}H^{5}AzO^{2} + 4KHO$$
$$= C^{6}H^{7}Az + 2CO^{3}K^{2} + H^{2}.$$

L'isatine traitée par le chlore ou le brome en présence de l'eau donne des produits de substitution chlorés et bromés (voyez plus loin CHLORISATINES et BROMISATINES). Les agents réducteurs, et notamment le zinc et l'acide chlorhydrique, l'hydrogène sulfuré et le sulfhydrate d'ammoniaque, transforment l'isatine en isathyde ou en mono- et disulfisathyde :

$$2C^8H^5AzO^2 + H^2S = C^{16}H^{12}Az^2O^4 + S.$$

En soumettant l'isatine à l'action de l'amalgame de sodium (réducteurs alcalins), MM. Bæyer et Knop ont obtenu le dioxindol ou dihydroxindol (voyez INDOL). Chauffée en vase clos entre 140° et 150° avec 5 p. d'acide iodhydrique à 1,4 de densité, elle se transforme d'abord en isathyde, puis celle-ci se convertit en une masse insoluble d'un vert foncé, avec mise en liberté de beaucoup d'iode. Le résidu insoluble, débarrassé de l'iode par des lavages à l'acide sulfureux et à l'eau, cède à l'alcool bouillant un corps blanc et un corps rouge, tandis qu'il reste une poudre d'un vert très-foncé. Les solutions alcooliques étant évaporées à sec laissent un résidu qui cède à l'éther la matière rouge, tandis que le corps blanc n'est pas attaqué.

La matière blanche soluble dans l'alcool, insoluble dans l'eau et dans l'éther, purifiée par cristallisation dans l'alcool, a fourni : carbone, 74,6 à 74,8; hydrogène, 4,57 à 4,59.

La matière verte insoluble dans l'eau, l'alcool et l'éther, a donné : carbone, 70,11 à 70,25; hydrogène, 4,30 à 4,51.

La matière rouge soluble dans l'alcool et l'éther, insoluble dans l'eau, contient : carbone, 73,3; hydrogène, 5,8.

La substance verte (*isatochlorine*) serait isomérique avec l'hydrindine de Laurent.

En présence des alcalis, l'acide sulfureux s'unit à l'isatine pour former des isatosulfites.

Le chlorure de benzoyle chauffé à 180° avec l'isatine fournit de la benzoyle-isatine

$$C^8H^4(C^7H^5O)AzO^2.$$

L'ammoniaque caustique mise en présence de l'isatine dissoute s'y unit avec élimination d'eau et donne divers produits selon la concentration de l'ammoniaque et la nature du dissolvant.

BROMISATINE, $C^8H^4BrAzO^2$ [Erdmann, *Journ. für prakt. Chem.*, t. XIX, p. 358; — Hofmann, *Ann. der Chem. u. Pharm.*, t. LIII, p. 40]. — Prend naissance en même temps que la bibromisatine par l'action du brome sur l'indigo ou par celle du brome sur l'isatine. Celle-ci étant mise en suspension dans l'eau, on ajoute du brome et on expose à la lumière solaire en répétant les additions tant que la solution se décolore par l'agitation. Le résidu lavé à l'eau et à l'alcool faible est purifié par des cristallisations répétées dans l'alcool. Prismes jaune-orangé brillants, que la potasse caustique dissout et transforme en bromisatate. La bromisatine distillée avec de l'hydrate de potasse fournit de l'aniline bromée.

BIBROMISATINE. — Lorsqu'on a attaqué l'indigo par le brome et qu'on épuise la masse par l'eau bouillante, il se sépare par le refroidissement des cristaux qu'on redissout dans l'alcool chaud; la monobromisatine se sépare d'abord, tandis que les eaux mères retiennent la bibromisatine, d'où on peut l'isoler par concentration et cristallisation. Un procédé plus avantageux consiste à faire digérer l'isatine ou la bromisatine au soleil, avec du brome, tant qu'il se dégage de l'acide bromhydrique. On purifie par cristallisation dans l'alcool. Prismes orthorhombiques brillants orangés, fournissant de la bibromaniline par distillation avec de l'hydrate de potasse.

CHLORISATINE, $C^8H^4ClAzO^2$ [Erdmann, *Ann. der Chem. u. Pharm.*, t. XXIII, p. 129; — Laurent, *Ann. de Chim. et de Phys.*, (3), t. III, p. 478; — Hofmann, *Ann. der Chem. u. Pharm.*, t. LIII, p. 12].

*Préparation.* — On obtient la chlorisatine en faisant passer un courant de chlore dans de l'eau tiède tenant en suspension soit de l'indigo bleu, soit de l'isatine. La matière jaune insoluble qui prend naissance dans ces conditions est un mélange de chlorisatine et de bichlorisatine que l'on sépare en dissolvant la masse dans l'alcool. La chlorisatine se sépare d'abord et peut être purifiée par des cristallisations répétées dans l'alcool.

*Propriétés.* — Couleur rouge-orangé; cristallise en prismes du type orthorhombique, isomorphes avec l'isatine. Combinaisons observées (G. Rose) : $m\,g^1\,e^1$. Inclinaison des faces : $m\,m = 131°$, $e^1\,e^1 = 134°\,12'$. Inodore et peu sapide; sa poussière irrite la muqueuse nasale. Chauffée dans une capsule ouverte, elle fond en un liquide brun en donnant des vapeurs jaunes; à une température plus élevée elle se sublime partiellement et se carbonise en même temps.

Insoluble à froid dans l'eau; un peu soluble en jaune à l'ébullition; soluble dans l'alcool; neutre. Soluble dans l'acide sulfurique concentré et précipitable par l'eau de cette dissolution. La chlorisatine se dissout en rouge foncé dans la potasse, en donnant du chlorisatite de potasse; sous l'influence de la chaleur, la coloration disparaît en même temps qu'il se forme du chlorisatate de potasse. L'acide azotique convertit la chlorisatine en acide oxalique, matière résineuse, et matière azotée cristallisée en grains. Un courant d'hydrogène sulfuré passant à travers une solution alcoolique de chlorisatine la convertit en une matière blanche qui se précipite et qui augmente encore en ajoutant de l'eau à la liqueur. Gerhardt la considère comme de la quadrisulfisathyde chlorée

$$C^{16}H^{10}Cl^2Az^2S^4.$$

Erdmann lui donne le nom de sulfochlorisatine.

Le sulfhydrate d'ammoniaque, les sulfites alcalins, l'ammoniaque, se comportent avec la chlorisatine comme avec l'isatine.

En versant du nitrate d'argent ammoniacal dans une dissolution alcoolique et ammoniacale de chlorisatine, on obtient un précipité cristallin, couleur lie de vin, répondant à la formule

$$C^8H^3(AzH^3Ag)ClAzO^2.$$

Chlorisatite d'argent-ammonium.

BICHLORISATINE. — On trouve ce corps dans les eaux mères alcooliques de la préparation de la chlorisatine au moyen du chlore et de l'indigo en suspension dans l'eau. Elle cristallise en aiguilles ou en lamelles raccourcies et peut être purifiée par des cristallisations répétées dans l'alcool.

Chauffée en vase clos, elle se sublime partiellement en donnant une masse abondante de charbon. Plus soluble dans l'eau que la chlorisatine, beaucoup plus soluble dans l'alcool. Elle donne avec les réactifs des phénomènes parallèles à ceux de la chlorisatine : la bichlorisatine traitée par la potasse humectée d'alcool absolu se convertit en une bouillie noir violacé de *bichlorisatite de potasse* qui fournit avec le nitrate d'argent un précipité couleur lie de vin.

Lorsqu'on fait passer un courant continu de chlore dans une solution alcoolique bouillante de bichlorisatine, il se sépare une matière visqueuse jaune brunâtre mêlée de paillettes brillantes, (quinone perchlorée, acide quintichlorophénique, trichloraniline).

ISATITES. — L'isatine, les chlorisatines et les bromisatines peuvent échanger un atome d'hydrogène contre un atome de métal et donner des sels isatinés ou isatites.

*Sel de potassium*, $C^8H^4KAzO^2$. — L'isatine se

dissout en rouge dans une solution concentrée et froide de potasse, en donnant une liqueur rouge violacé que l'eau ou la chaleur font passer au jaune pâle avec production d'isatate de potasse.

*Sel de cuprammonium*,

$$(C^8H^4AzO^2)^2.(Az^2H^6Cu)''.$$

— Précipité bleu clair formé par le mélange d'une solution d'isatine ammoniacale et d'acétate de cuivre ammoniacal.

*Sel d'argent*, $C^8H^4AgAzO^2$. — Précipité rouge vineux amorphe, obtenu en mélangeant une solution de nitrate d'argent avec une solution alcoolique d'isatine. Le nitrate d'argent ammoniacal donne avec une solution alcoolique et fortement ammoniacale d'isatine un précipité rouge cristallin d'*isatite d'argent-ammonium*

$$C^8H^4(AzH^3Ag)AzO^2. \qquad \text{P. S.}$$

**ISATIQUE (ACIDE),**

$$C^8H^7AzO^3 = C^8H^6AzO^3.H$$

[Laurent, *Ann. de Chim. et de Phys.*, (3), t. III, p. 371]. — L'acide isatique ne peut être obtenu à l'état libre, par la raison qu'il se transforme avec la plus grande facilité, dès qu'on le dégage de ses combinaisons avec les bases, en isatine, composé dont il ne diffère que par les éléments de l'eau :

$$C^8H^7AzO^3 = C^8H^5AzO^2 + H^2O.$$

Ainsi, en versant de l'acide chlorhydrique dans une solution d'isatate de potasse, il se sépare au bout d'un certain temps des cristaux d'isatine.

ISATATES. — Les isatates ont pour formule générale $C^8H^6AzO^3M'$.

*Isatate d'ammonium*. — N'existe qu'en dissolution ; celle-ci fournit par la dessiccation de l'isamate d'ammonium.

*Isatate de potassium*. — S'obtient en cristaux jaunâtres par l'évaporation à chaud de la solution d'isatine dans la potasse concentrée. Il ne précipite par le chlorure de baryum qu'en solution concentrée; avec l'acétate de plomb et l'isatate de potasse, on obtient un précipité jaune floconneux, passant peu à peu au rouge.

*Isatate de baryum*. — Paillettes peu solubles. Se prépare par l'ébullition de l'isatine avec l'eau de baryte.

*Isatate d'argent*. — Sel soluble cristallisant en beaux prismes jaunes. S'obtient par double décomposition avec des solutions concentrées et bouillantes d'isatate de potasse et d'azotate d'argent.

ACIDE CHLORISATIQUE. — Ne peut être obtenu en liberté; se dédouble, lorsqu'on cherche à le préparer, en eau et chlorisatine [Erdmann, *Ann. der Chem. u. Pharm.*, t. XXXIII, p. 129; — Laurent, *Ann. de Chim. et de Phys.*, (3), t. III, p. 378].

*Chlorisatate de potassium*, $C^8H^5ClAzO^3K$. — Pour le préparer, on mélange des solutions chaudes et moyennement concentrées de chlorisatine et de potasse. Il se sépare par refroidissement des cristaux jaunes que l'on purifie par des cristallisations répétées dans l'alcool. Paillettes brillantes, jaune clair, ou aiguilles quadrilatères aplaties. Très-soluble dans l'eau, en jaune clair; saveur amère. Se décompose subitement par la chaleur.

*Chlorisatate de baryum*, $(C^8H^5ClAzO^3)^2Ba$. — On mélange des solutions chaudes de chlorure de baryum et de chlorisatate de potassium. Le sel se sépare par refroidissement en aiguilles déliées, jaune pâle, groupées en faisceau et contenant 1 molécule d'eau, ou en feuillets jaune foncé brillants, à 3 molécules d'eau.

*Chlorisatate de calcium*. — Semblable au sel de baryum.

*Chlorisatates de magnésium et d'aluminium*. — Sels assez solubles qui ne peuvent être obtenus par double décomposition.

*Chlorisatate de zinc*. — Précipité jaune.

*Chlorisatate de nickel*. — Poudre jaunâtre cristalline obtenue par double décomposition.

*Chlorisatate de cuivre*. — Précipité brun jaunâtre volumineux, de couleur rouille, se changeant au bout d'un certain temps en une poudre pesante et grenue, rouge de sang.

*Chlorisatate ferrique*. — Précipité brun-rouge.

*Chlorisatate de bismuth*. — Précipité jaune-orangé foncé.

*Chlorisatate de plomb*,

$$(C^8H^5ClAzO^3)^2\overset{''}{Pb} + 2H^2O.$$

— Précipité gélatineux jaune brillant, devenant écarlate et floconneux au bout d'un certain temps. Ce changement est dû à la conversion du précipité amorphe en grains cristallins dendritiques contenant 1 molécule d'eau éliminable à 160°.

*Chlorisatate d'argent*. — Précipité jaune clair soluble dans l'eau bouillante et cristallisant en aiguilles groupées en faisceaux ou en végétations dendritiques jaunes.

*Chlorisatate mercureux et mercurique*. — Précipités jaunes.

ACIDE BICHLORISATIQUE, $C^8H^5Cl^2AzO^3$ [Erdmann, Laurent, *loc. cit.*]. — Une solution concentrée de bichlorisatate de potassium, traitée par l'acide chlorhydrique, laisse déposer un précipité jaune d'acide bichlorisatique qui se décompose par la dessiccation, même dans le vide à la température ordinaire, en eau et bichlorisatine. Soluble en jaune dans l'eau; la solution se trouble à 60° en déposant de la bichlorisatine.

*Bichlorisatate de potassium*,

$$C^8H^4Cl^2AzO^3K + H^2O.$$

— Lorsqu'on mélange de la bichlorisatine avec une solution de potasse caustique, on obtient une liqueur rouge foncé qui passe au jaune sous l'influence de la chaleur et laisse déposer par refroidissement des lamelles jaunes brillantes qu'on purifie par des cristallisations répétées dans l'alcool. Ces cristaux ne perdent leur eau que vers 130°.

Le bichlorisatate de potassium se dépose de l'alcool absolu en cristaux à 1/2 molécule d'eau; il se décompose par la chaleur avec une sorte d'explosion.

*Bichlorisatate de baryum*,

$$(C^8H^4Cl^2AzO^3)^2Ba + 2H^2O.$$

— Aiguilles jaunes dorées brillantes.

*Bichlorisatate de cuivre*. — Précipité rouge-brun, devenant jaune verdâtre, puis cramoisi par suite de la cristallisation du sel.

*Bichlorisatate de plomb*. — Précipité jaune.

*Bichlorisatate d'argent*. — Précipité jaune clair, soluble dans beaucoup d'eau bouillante et cristallisant par refroidissement en aiguilles jaunâtres groupées en aigrettes, fondant en une masse brune avec sublimation d'isatine bichlorée.

ACIDE BROMISATIQUE, $C^8H^6BrAzO^3$. — On ne connaît que son sel de potassium formé par l'action de la potasse caustique sur la bromisatine. Ce sel se forme déjà à froid.

ACIDE DIBROMISATIQUE, $C^8H^5Br^2AzO^3$ [Erdmann, *Journ. für prakt. Chem.*, t. XIX, p. 300]. — Précipité pulvérulent jaune pâle obtenu en saturant par l'acide chlorhydrique une solution concentrée de bibromisatate de potassium. Il est soluble dans beaucoup d'eau; la dessiccation, même ménagée, le convertit en bibromisatine et eau.

*Bibromisatate de potassium*,

$$C^8H^4Br^2AzO^3K + H^2O.$$

— On dissout la bibromisatine dans la potasse caustique chaude. Le liquide abandonné à lui-même laisse déposer au bout d'un certain temps des aiguilles jaunes, brillantes, moins solubles dans l'eau et l'alcool que les cristaux de bichlorisatate de potassium. Avec les solutions métalliques il fournit des précipités semblables à ceux que donne le bichlorisatate. L'acide sulfureux le convertit en dibromisatosulfite de potassium. P. S.

**ISATROPIQUE (ACIDE)**, $C^9H^8O^2$. — Cet acide isomérique avec l'acide atropique a été obtenu par M. Lossen en chauffant l'atropine avec de l'acide chlorhydrique concentré vers 120° ou 130° :

$$\underset{\text{Atropine.}}{C^{17}H^{23}AzO^3} = \underset{\text{Acide isatropique.}}{C^9H^8O^2} + \underset{\text{Tropine.}}{C^8H^{15}AzO}.$$

Il se forme également en chauffant à 125° l'atropine avec des cristaux de baryte et une quantité d'eau insuffisante pour les dissoudre (Kraut) et par l'action de l'acide chlorhydrique à 180° sur l'acide tropique (Lossen) :

$$\underset{\text{Acide tropique.}}{C^9H^{10}O^3} = H^2O + \underset{\text{Acide isatropique.}}{C^9H^8O^2}.$$

L'action de l'eau de baryte sur l'acide tropique fournit de l'acide atropique [Lossen, *Ann. der Chem. u. Pharm.*, t. CXXXVIII, p. 230 ; — Kraut, *ibid.*, t. CXLVIII, p. 236 et 242 ; *Ann. de Chim. et de Phys.*, (4), t. XVIII, p. 407].

*Préparation.* — 1° Lorsqu'on chauffe pendant plusieurs heures l'atropine avec de l'acide chlorhydrique vers 130°, on trouve le liquide séparé en deux couches : la couche inférieure sirupeuse renferme principalement les acides, la supérieure en dépose encore lorsqu'on ajoute de l'eau et elle contient alors du chlorhydrate de tropine et un peu d'acide tropique. Le mélange acide est formé des acides tropique, atropique (voyez ces mots) et isatropique, qu'on sépare de la manière suivante. On les dissout dans une dissolution étendue de carbonate de sodium et on précipite de nouveau par de l'acide chlorhydrique. L'acide isatropique se dépose seul, mélangé d'une petite quantité d'un acide non cristallisable, dont on le débarrasse au moyen de l'éther anhydre, qui dissout très-facilement l'acide sirupeux. Enfin l'acide est dissous dans l'alcool et cette dissolution est additionnée d'eau jusqu'à formation d'un trouble : l'acide isatropique cristallise alors et on le purifie en le soumettant à plusieurs reprises à ce traitement (Lossen).

2° On chauffe l'atropine avec de l'acide chlorhydrique fumant à 100° pendant dix heures, on épuise la solution au moyen de l'éther, on évapore celui-ci et on traite le résidu demi-solide par de la benzine, qui laisse de l'acide tropique insoluble. La benzine renferme en dissolution un acide amorphe, soluble dans les carbonates alcalins, dans l'alcool et dans l'éther. Cet acide, qui répond à la formule $C^9H^8O^2$, se transforme sous l'eau peu à peu en acide isatropique. Chauffé pendant longtemps avec de l'eau de baryte, il subit la même transformation (Kraut).

3° L'acide atropique peut être transformé en acide isatropique. Le premier se combine avec l'acide chlorhydrique en formant un acide chloré : pour cela, on le chauffe à 137° pendant 6 heures avec de l'acide chlorhydrique d'une densité de 1,18. Cet acide chloré, chauffé avec du carbonate de potassium, donne du chorure de potassium et un acide précipitable par les acides minéraux, soluble dans l'éther et dans la benzine, qu'une ébullition prolongée avec l'eau transforme en acide isatropique (Kraut).

*Propriétés.* — L'acide isatropique cristallise en tables clinorhombiques (angles de la base, 92° et 88°) dont les angles obtus sont tronqués. Il fond vers 200° et ne se sublime pas (Lossen ; l'acide atropique fond à 106°). Il est presque insoluble dans l'eau à froid et très-peu soluble à chaud (l'acide atropique exige à froid 790 p. d'eau pour se dissoudre). Soluble dans l'alcool, cependant moins que l'acide tropique, il se dissout en très-petite quantité dans l'éther anhydre.

L'acide isatropique n'est pas oxydé par une solution d'acide chromique à 8 %; il ne fixe pas d'hydrogène lorsqu'on le traite par l'acide iodhydrique (densité, 1,625) ou par l'amalgame de sodium en présence de l'eau. La vapeur de brome est presque sans action à la température ordinaire ; mais lorsqu'on chauffe l'acide avec du brome et de l'eau en vase clos, il donne un acide $C^9H^8Br^2O^2$ différent de celui fourni par l'acide atropique (Kraut).

Les sels de l'acide isatropique n'ont pas été analysés. Celui de baryum est en petits grains.

Depuis que l'article ATROPIQUE a été rédigé, M. Kraut a découvert une série de réactions qu'il nous paraît important de rappeler, parce qu'elles ont permis d'établir la constitution des acides tropique, atropique et isatropique, et les relations de ces deux derniers avec leur isomère, l'acide cinnamique.

L'acide chromique oxyde l'acide atropique en fournissant les acides carbonique et benzoïque ; la potasse fondante le dédouble en acides formique et α-toluique. Traité par l'amalgame de sodium, il fixe de l'hydrogène et se convertit en un acide phényl-propionique incristallisable, différent de l'acide homotoluique. Il décompose l'acide iodhydrique en mettant de l'iode en liberté.

CONSTITUTION DE L'ACIDE ATROPIQUE ET DE SES ISOMÈRES [Kraut, *loc. cit.*]. — D'après les faits précédents, l'acide isatropique renferme le groupe phényle $C^6H^5$ et les trois autres atomes de carbone se trouvent dans une même chaîne latérale. Ce serait donc un acide *phényl-acrylique :*

| =CH<br>CH(C⁶H⁵)<br>COOH | CH²<br>C(C⁶H⁵)<br>COOH | CH.C⁶H⁵<br>CH<br>COOH. |
|---|---|---|
| Acide atropique. | Acide isatropique. | Acide cinnamique. |

Le groupe phényle ne peut être combiné au carbone extrême, parce que l'acide atropique, en fixant de l'hydrogène, fournit un acide phényl-propionique différent de l'acide homotoluique.

M. Kraut représente l'acide atropique par la première des deux formules, dans laquelle il y a un atome de carbone diatomique, à cause de la facilité avec laquelle cet acide fixe de l'hydrogène ou du brome, tandis que l'acide isatropique résiste à l'action de ces réactifs et jouit d'une stabilité plus grande.

L'acide tropique serait, en adoptant ces formules, un acide phényl-sarcolactique :

$$\begin{array}{l} CH^2.OH \\ \dot{C}H(C^6H^5) \\ \dot{C}O.OH. \end{array}$$

On comprend facilement comment cet acide, en perdant $H^2O$, se convertit tantôt en acide atropique et tantôt en acide isatropique. A. H.

**ISÉRINE** (Min.) [Syn. *Fer titané octaédrique*]. — Magnétite $Fe^3O^4$ dans laquelle une partie de Fe est remplacée par Ti. Cristaux octaédriques noirs, à cassure vitreuse, dans les schistes cristallins ou dans les roches trappéennes ou basaltiques ; grains arrondis dans les sables provenant de la désagrégation de ces roches. Fortement magnétique.

*Caractères.* — Ce sont ceux de l'ilménite (voyez ce mot).

Dureté, 6 à 6,5. Poussière noire. Densité, 4,86 à 5,10.

*Forme cristalline.* — Octaèdres réguliers.

**ISÉTHIONIQUE (ACIDE)** [Syn. *Acide hydroxéthylène-sulfureux*],

$$C^2H^6SO^4 = \begin{matrix} CH^2\text{-}OH \\ CH^2\text{-}O\text{-}SO\text{-}OH, \end{matrix}$$

ou

$$(SO^2)'' \left\{ \begin{matrix} C^2H^4.OH \\ OH \end{matrix} \right.$$

[Magnus, *Ann. der Chem. u. Pharm.*, t. VI, p. 162; — Liebig, *ibid.*, t. XIII, p. 32; t. XXV, p. 39; — Woskresensky, *ibid.*, t. XXV, p. 113; — Berzelius, *ibid.*, t. XXVIII, p. 5; — Regnault, *Ann. de Chim. et de Phys.*, t. LXV, p. 98; — Kolbe, *Ann. der Chem. u. Pharm.*, t. CXII, p. 241; — Carius, *ibid.*, t. CXXIV, p. 257; *Bull. de la Soc. chim.*, 1863, p. 269; — Gibbs, *Sillim. Amer. Journ.*, (2), t. XXV, p. 30]. — Cet acide, isomérique avec l'acide sulfovinique, se forme dans beaucoup de réactions.

Il se produit dans l'action de l'acide ou de l'anhydride sulfurique sur l'alcool et l'éther; il se trouve dans les résidus de la préparation de l'éther.

L'acide éthionique se dédouble par l'eau en acides sulfurique et iséthionique. — Voyez t. I, p. 1304.

Le sulfovinate de baryum, mélangé avec son poids d'anhydride sulfurique et chauffé finalement au bain-marie, fournit de l'acide iséthionique [Meves, *Ann. der Chem. u. Pharm.*, t. CXLIII, p. 126; *Bull. de la Soc. chim.*, t. IX, p. 472; 1868].

La taurine, traitée en solution nitrique par le nitrite de potassium, se transforme en iséthionate de potassium (Gibbs).

Le monosulfhydrate éthylénique s'attaque par l'acide nitrique et se convertit presque complétement en acide iséthionique (Carius).

La monochlorhydrine du glycol, chauffée à 180° avec une solution de sulfite de potassium, donne du chlorure et de l'iséthionate de potassium [Collmann, *Ann. der Chem. u. Pharm.*, t. CXLVIII, p. 101; *Bull. de la Soc. chim.*, t. XI, p. 321; 1869]:

$$C^2H^4\left\{\begin{matrix}OH\\Cl\end{matrix}\right. + SO\left\{\begin{matrix}OK\\OK\end{matrix}\right.$$
$$= KCl + C^2H^4\left\{\begin{matrix}OH\\O.SO.OK.\end{matrix}\right.$$

L'oxyde d'éthylène s'unit à 100° avec le bisulfite de sodium, en donnant de l'iséthionate de sodium [Erlenmeyer et Darmstädter, *Zeitschr. für Chem.*, (2), t. IV, p. 341; *Bull. de la Soc. chim.*, t. X, p. 259; 1868]:

$$C^2H^4.O + SO\left\{\begin{matrix}OH\\ONa\end{matrix}\right. = C^2H^4\left\{\begin{matrix}OH\\O.SO.ONa.\end{matrix}\right.$$

*Préparation.* — On fait passer lentement l'anhydride sulfurique dans de l'alcool absolu refroidi dans un mélange réfrigérant. On obtient un liquide huileux et jaunâtre, qu'on dissout dans l'eau et qu'on neutralise par du carbonate de baryum, après l'avoir fait bouillir pendant quelque temps pour décomposer l'éthionate formé primitivement. La solution filtrée fournit par l'évaporation de l'iséthionate de baryum.

On peut encore préparer l'acide iséthionique avec l'éthylène et l'acide sulfurique fumant ou en saturant l'éther par l'anhydride sulfurique, ou en suivant un des procédés indiqués plus haut. Mais ces modes de préparation sont ordinairement moins avantageux.

*Propriétés.* — L'acide iséthionique libre, isolé de son sel de baryum par l'acide sulfurique et évaporé d'abord à une chaleur modérée, ensuite dans le vide, constitue un liquide visqueux, très-acide; il décompose les acétates et le sel marin. Il ne se décompose qu'au-dessus de 150°.

L'acide iséthionique est diatomique et monobasique. Les *iséthionates* sont solubles et cristallisables. Ils supportent une température de 200° sans se décomposer. Chauffés avec de la potasse caustique, ils dégagent de l'hydrogène et laissent un résidu composé de sulfate, de sulfite, d'oxalate et de carbonate. M. Berthelot a trouvé que l'hydrogène dégagé est mélangé avec de l'acétylène et qu'il se forme en même temps une petite quantité de phénol. Il représente la réaction principale par l'équation

$$C^2H^5.SO^4K + KHO$$
$$= C^2H^2 + 2H^2O + SO^3K^2$$

[*Bull. de la Soc. chim.*, t. XIII, p. 21; 1870].

L'iséthionate de potassium, traité par l'anhydride sulfurique, se transforme en un acide

$$C^2H^6S^2O^7,$$

isomérique avec l'acide éthionique [Meves, *loc. cit.*]:

$$C^2H^4\left\{\begin{matrix}OH\\SO^2OH\end{matrix}\right. + SO^3 = C^2H^3(OH)\left\{\begin{matrix}SO^2OH\\SO^2OH.\end{matrix}\right.$$

Acide iséthionique. — Acide oxéthylène-disulfureux.

*Iséthionate d'ammonium*, $C^2H^5SO^4(AzH^4)$. — Il est en octaèdres bien formés, qui conservent leur transparence dans le vide et ne diminuent pas de poids à 120°. Il fond à 120°; au-dessus de 200°, il perd 1 molécule d'eau en se transformant en taurine (amide iséthionique) [Strecker, *Compt. rend.*, t. XXXIX, p. 61; *Ann. der Chem. und. Pharm.*, t. XCI, p. 101].

Le *sel de potassium*, $C^2H^5SO^4.K$, forme des prismes rhomboïdaux, inaltérables à l'air, même à 300°. Il fond entre 300° et 350° et se solidifie de nouveau en une masse fibreuse; il cristallise facilement dans l'alcool.

*Sel de baryum*, $(C^2H^5SO^4)^2Ba$. — Tables hexagonales et transparentes, aisément solubles dans l'eau, difficilement dans l'alcool. Il supporte une température de 300° sans s'altérer; à 320°, il fond en un liquide incolore. A une plus haute température, le sel se décompose en se boursouflant énormément et en donnant un liquide d'une odeur pénétrante.

*Sel de cuivre*, $(C^2H^5SO^4)^2Cu + 2H^2O$. — Prismes orthorhombiques, d'un vert pâle. L'eau de cristallisation se dégage à 140°; le sel anhydre est blanc.

ANHYDRIDE ISÉTHIONIQUE,

$$C^2H^4SO^3 = \begin{matrix}CH^2O\\CH^2SO^2\end{matrix}\!\!>$$

[Baumstark, *Zeitschr. für Chem.*, p. 566, 1867; *Bull. de la Soc. chim.*, t. IX, p. 221; 1868]. — Lorsqu'on dirige un courant d'éthylène dans la chlorhydrine sulfurique $SO^2(OH)Cl$, on observe une élévation de température et un dégagement d'acide chlorhydrique. On chauffe finalement à 80°; l'huile épaisse qui s'est formée renferme l'anhydride iséthionique et l'anhydride d'un autre acide $C^2H^8SO^6$. Le premier forme de belles aiguilles blanches, fusibles au-dessus de 240° en se décomposant. L'eau à 100° les transforme en acide iséthionique.

CHLORURE DE L'ACIDE ISÉTHIONIQUE [Syn. *Chlorure chloréthylsulfureux*],

$$C^2H^4SO^2Cl^2 = \begin{matrix}CH^2Cl\\CH^2.SO^2Cl.\end{matrix}$$

— On mélange de l'iséthionate de potassium (1 molécule) avec du perchlorure de phosphore (2 molécules); la première réaction passée, on distille. Il passe d'abord de l'oxychlorure de phosphore, et ensuite, vers 200°, un liquide oléagineux d'une odeur irritante, rappelant l'essence de moutarde. Il se décompose très-lentement par l'eau froide, rapidement à 100° en donnant de l'acide chlorhydrique et de l'acide *chloréthylsulfureux* [Kolbe, *Ann. der Chem. u. Pharm.*, t. CXXII, p. 33; *Ann. de Chim. et de Phys.*, (3), t. LXV, p. 359].

L'alcool réagit à chaud sur le chlorure iséthionique; l'éther chloréthylsulfureux, qui se forme probablement, n'a pas été obtenu à l'état de pureté; il ne distille pas (Buchanan).

Suivant M. Carius [*loc. cit.*], la réaction du perchlorure de phosphore sur l'iséthionate de baryum est exprimée par l'équation

$$\left(C^2H^4\begin{cases}OH\\SO^3\end{cases}\right)^2 Ba + 6PhCl^5$$

$$= 2HCl + BaCl^2 + \underset{\text{Chlorure d'éthylène.}}{2(C^2H^4.Cl^2)} + \underset{\text{Chlorure de thionyle.}}{2(SO.Cl^2)}$$

$$+ 6PhOCl^3.$$

Acide chloréthylsulfureux,

$$C^2H^5ClSO^3 = \begin{matrix}CH^2Cl\\ |\\ CH^2.SO^3H\end{matrix}$$

[Kolbe, *loc. cit.*]. — On décompose le chlorure de l'acide iséthionique par l'eau à 100°, on évapore au bain-marie, on redissout dans l'eau et on agite avec du carbonate d'argent; la solution filtrée fournit par l'évaporation lente dans l'air sec des prismes rhomboïdaux de *chloréthylsulfite d'argent*, $C^2H^4ClSO^3.Ag$. L'acide, isolé de ce sel au moyen de l'hydrogène sulfuré, est en cristaux très-fusibles et très-déliquescents. En solution aqueuse, il ne se décompose pas à 100°, mais ses sels se transforment par l'ébullition de leur solution, et surtout en présence d'une base libre, en chlorure et probablement en iséthionate. L'hydrogène dégagé en solution acide n'a pas d'action sur l'acide chloréthylsulfureux; mais lorsqu'on fait agir en solution alcaline l'hydrogène dégagé par l'électrolyse ou par l'amalgame de sodium, le chlore est remplacé par de l'hydrogène; il doit se former dans ce cas un éthylsulfite.

L'acide chloréthylsulfureux, chauffé avec l'ammoniaque à 100°, fournit de la taurine :

$$\begin{matrix}CH^2Cl\\ |\\ CH^2.SO^3H\end{matrix} + 2AzH^3$$

$$= AzH^4Cl + \underset{\text{Taurine.}}{\begin{matrix}CH^2.AzH^2\\ |\\ CH^2.SO^3H.\end{matrix}}$$

Acide éthyl-iséthionique,

$$C^4H^{10}SO^4 = \begin{matrix}CH^2.OC^2H^5\\ |\\ CH^2.SO^3H\end{matrix}$$

[Buchanan, *Compt. rend.*, t. LXV, p. 417]. — Le sel de sodium de cet acide se forme dans l'action de l'éthylate de sodium sur le chlorure chloréthylsulfureux. Il est en cristaux blancs, déliquescents, peu solubles à froid dans l'alcool absolu. Lorsqu'on chauffe ce sel à 150° avec de l'acide iodhydrique, on obtient de l'iodure d'éthyle et probablement de l'acide iséthionique.

Acide benzoyle-iséthionique,

$$C^9H^{10}SO^5 = \begin{matrix}CH^2.OC^7H^5O\\ |\\ CH^2.SO^3H\end{matrix}$$

[Engelhardt et Latschinoff, *Zeitschr. für Chem.*, (2), t. IV, p. 235; *Bull. de la Soc. chim.*, t. X, p. 275; 1868]. — Lorsqu'on chauffe l'iséthionate de potassium avec un excès de chlorure de benzoyle à 150°, on obtient du *benzoyle-iséthionate de potassium*. On le lave à l'éther et on fait cristalliser dans l'eau et dans l'alcool. Il est en larges tables transparentes, aisément solubles dans l'eau bouillante. L'acide chlorhydrique décompose ce sel en mettant de l'acide benzoïque en liberté; il ne précipite pas les sels de plomb ou d'argent.

Le *sel de baryum*, $(C^9H^9SO^5)^2Ba + H^2O$, se prépare par double décomposition ou bien directement avec l'iséthionate de baryum et le chlorure de benzoyle. C'est une masse cristalline, peu soluble dans l'eau et dans l'alcool froids.

Amide iséthionique. — Elle n'est autre que la Taurine (voyez ce mot). A. H.

**ISOAMYLIQUE (ALCOOL),**

$$C^5H^{11}OH = C^3H^7.CHOH.CH^3.$$

— Ce composé a été obtenu en faisant réagir l'hydrogène dégagé par l'action de l'eau sur l'amalgame de sodium, sur le méthylbutyryle (voyez ce mot). On l'a obtenu également en faisant agir sur le même corps nageant au-dessus de l'eau, en couche assez épaisse, de petits fragments de sodium qui, dans ces conditions, sont attaqués assez lentement par le méthylbutyryle humide ou par l'alcool isoamylique déjà formé.

L'alcool isoamylique ainsi préparé, et purifié par un contact prolongé avec le bisulfite de soude et un ou deux lavages à l'eau, bout en grande partie entre 120° et 123°. Son odeur rappelle celle du méthylbutyryle.

D'après sa dérivation du méthylbutyryle

$$C^3H^7.CO.CH^3,$$

c'est un alcool secondaire et sa constitution doit être exprimée par la formule indiquée plus haut. Il contient le propyle normal et le méthyle unis au groupe CHOH qui caractérise les alcools secondaires. Il paraît être identique avec l'alcool que M. Wurtz a obtenu en traitant par l'acétate d'argent l'iodhydrate d'éthyl-allyle (iodure d'isoamyle) et en saponifiant l'acétate ainsi obtenu. — Voyez t. I, p. 13.

L'alcool isoamylique, traité par l'iode et le phosphore, donne un iodure, $C^5H^{11}I$, bouillant vers 145° ou 147°. Cet iodure réagit sur l'acétate d'argent avec mise en liberté d'un amylène bouillant vers 40° et formation d'un acétate bouillant entre 130° et 135° et ayant une odeur agréable [Friedel, *Bull. de la Soc. chim.*, 1866, t. V, p. 322, et *Ann. de Chim. et de Phys.*, (4), t. XVI, p. 397]. C. F.

**ISOBENZYLE.** — Voyez t. I, p. 576.

**ISOBIURET,**

$$C^2H^5Az^3O^2 = Az^3\begin{cases}CO\\CO(AzH^2)'\\H^3.\end{cases}$$

— Composé obtenu par Baeyer, par l'action de l'ammoniaque sur la tribromacétylurée; on a

$$\underset{\text{Tribromacétylurée.}}{Az^2\begin{cases}CO\\(CO.CBr^3)\\H^3\end{cases}} + AzH^3$$

$$= \underset{\text{Isobiuret.}}{Az^2\begin{cases}CO\\CO.AzH^2\\H^3\end{cases}} + \underset{\text{Bromoforme.}}{CHBr^3.}$$

Il est difficilement soluble dans l'eau à froid, facilement à chaud. Il cristallise en longues aiguilles possédant 2 molécules d'eau de cristallisation, fondant à 185°, tandis que le biuret fond à 177°. Toutes ses autres propriétés sont celles du biuret [Baeyer, *Ann. der Chem. u. Pharm.*, t. CXXX, p. 154].

**ISOBROMOMALÉIQUE (ACIDE).** — Voyez Malique (acide).

**ISOBROMOPROPIONIQUE (ACIDE).** — Voyez Propionique (acide).

**ISOBUTYLIQUE (ALCOOL).** — Voyez Hydrate de butylène, t. I, p. 677.

**ISOBUTYRIQUE (ACIDE),**

$$C^4H^8O^2 = \begin{matrix} CH^3 \\ CH.CO.OH \\ CH^3 \end{matrix}$$

[Morkownikoff, *Zeitschr. für Chem.*, nouv. sér., t. I, p. 107, et *Bull. de la Soc. chim.*, t. V, p. 53]. — Cet acide se prépare par l'action de la potasse sur le cyanure isopropylique, qu'on obtient en chauffant avec de l'alcool et du cyanure de potassium l'iodure isopropylique. Il se forme également par l'oxydation de l'alcool butylique de fermentation (Erlenmeyer).

*L'acide isobutyrique*, que l'on extrait de l'isobutyrate de potassium ainsi produit, bout à 152° et possède l'odeur de l'acide butyrique de fermentation.

*L'isobutyrate de chaux* est plus soluble dans l'eau bouillante que dans l'eau froide, à l'inverse du butyrate ordinaire; il cristallise en longues aiguilles prismatiques, tandis que le butyrate de chaux donne des lamelles.

*L'isobutyrate d'argent* donne des lamelles formées de prismes microscopiques aplatis, à base carrée.

*L'isobutyrate d'éthyle* bout à 112°.

Le *chlorure d'isobutyryle* s'obtient par l'action du perchlorure de phosphore sur l'isobutyrate de sodium; il est incolore, plus dense que l'eau, décomposable par ce liquide. Il bout à 92°.

*L'anhydride isobutyrique* se forme en même temps que le corps précédent; il bout à 180° et est plus léger que l'eau.

*L'acide isobromobutyrique*, $C^4H^7BrO^2$, s'obtient par l'action du brome sur l'acide isobutyrique; le liquide se prend en une masse de cristaux qu'on débarrasse de brome et d'acide bromhydrique par un courant d'acide carbonique sec. Il fond à 42°; il ne peut être distillé sans décomposition.

*L'acide isoxybutyrique*,

$$C^4H^8O^3 = C \begin{cases} CH^3 \\ CH^3 \\ OH \\ CO^2H, \end{cases}$$

s'obtient quand on traite le corps précédent par la baryte. On met l'acide en liberté en traitant par l'acide sulfurique l'isoxybutyrate de baryum ainsi formé. Il cristallise dans l'éther. Cet acide fond à 79°, se solidifie à 75°, distille à 212° et se sublime avant 100° en longues aiguilles. Les sels de baryte et d'argent cristallisent aisément. Il est identique avec l'acide *diméthoxalique* de MM. Frankland et Duppa et avec l'acide acétonique de Stædeler. [Morkownikoff, *Bull. de la Soc. chim.*, 1869, t. XI, p. 488.] A. G.

**ISOCAPROÏQUE (ACIDE).** — Voyez CAPROÏQUE (ACIDE), t. I, p. 735.

**ISOCÉTIQUE (ACIDE),** $C^{15}H^{30}O^2$ [Bouis, *Compt. rend.*, t. XXXIX, p. 923]. — Acide très-analogue à l'acide cétique de M. Heintz et qui a été obtenu en 1854 par M. Bouis en saponifiant l'huile de médicinier (*Jatropha Curcas*). On le sépare par pression de l'acide oléique auquel il se trouve mélangé; on en obtient de 18 à 20 p. 100. Il donne des paillettes brillantes, qui fondent à 55°.

*L'isocétate d'argent* est peu soluble dans l'eau, très-soluble à chaud dans l'alcool; il fond et brûle aisément à l'air.

*L'isocétate d'éthyle*, $C^{15}H^{29}O.OC^2H^5$, s'obtient comme le valérate correspondant. Il est sans odeur, fond à la température de la main et conserve, en se solidifiant à 21°, une texture cristalline.

*L'isocétamide*,

$$C^{15}H^{31}AzO = Az \begin{cases} C^{15}H^{29}O \\ H^2, \end{cases}$$

s'obtient directement en chauffant en tube scellé l'huile de médicinier et l'ammoniaque liquide. Elle fond à 67° et n'est attaquée que par la potasse concentrée. A. G.

**ISOCHLOROPROPIONIQUE (ACIDE).** — Voyez PROPIONIQUE (ACIDE).

**ISOCYANURIQUE (ACIDE)** [Syn. *Acide fulminurique*], $C^3Az^3H^3O^3$ [Liebig, *Ann. der Chem. u. Pharm.*, t. XCV, p. 282; *Ann. de Chim. et de Phys.*, (3), t. XLV, p. 353; — Schischkoff, *Bull. de l'Acad. de Saint-Pétersbourg*, t. XIV, p. 97; *Ann. de Chim. et de Phys.*, (3), t. XLIX, p. 310; *Instit.*, 1855, p. 348, et 1857, p. 17; *Ann. der Chem. u. Pharm.*, t. XCVII, p. 53, et t. CI, p. 213; — Kekulé, *ibid.*, t. CI, p. 200, et t. CV, p. 279; *Ann. de Chim. et de Phys.*, (3), t. L, p. 488]. — Cet acide, obtenu simultanément par Liebig et Schischkoff, prend naissance lorsqu'on fait bouillir le fulminate de mercure récemment préparé avec de l'eau ou mieux avec un chlorure ou iodure alcalin. Suivant Schischkoff, on observe, en employant un chlorure, la formation de deux corps : l'un soluble dans une grande quantité d'eau, c'est une combinaison d'oxyde de mercure et de fulminurate alcalin; l'autre insoluble et jaune, et qui n'est ni de l'oxyde de mercure, ni une chroamidure; il a donné à l'analyse

$$Hg = 82,8;\quad Cl = 9,1;\quad Az = 3,1;\quad C = 2,0,$$

et renferme encore de l'hydrogène et de l'oxygène.

Le fulminate d'argent, dans les *mêmes conditions*, ne donne pas d'acide isocyanurique.

Liebig admettait que l'acide isocyanurique est simplement le produit d'une transformation moléculaire de l'acide fulminique. Suivant Schischkoff, au contraire, l'acide fulminique se dédouble en acides isocyanurique et cyanique, et ce dernier concourt à la formation du précipité jaune mentionné plus haut. Si l'on emploie un iodure à la place du chlorure, le liquide renferme une partie de l'acide cyanique formé à l'état de cyanate alcalin. Enfin Kekulé a donné, pour la formation de l'acide isocyanurique, l'équation suivante :

$$\underset{\text{Acide fulminique.}}{2C^2Az^2H^2O^2} + H^2O = \underset{\text{Acide fulminurique.}}{C^3Az^3H^3O^3} + CO^2 + AzH^3.$$

La constitution de l'acide fulminurique n'est pas suffisamment établie; toutefois la formule

$$\left.\begin{matrix} (C^2(AzO^2)H^2Az)'' \\ CO'' \\ H \end{matrix}\right\} Az'''$$

explique parfaitement toutes ses réactions. D'après cette formule, l'acide isocyanurique serait du cyanate d'acétonitrile nitré.

*Préparation.* — On chauffe à l'ébullition 60 à 75 grammes de fulminate de mercure, délayé dans 700 à 800 centimètres cubes d'eau et 60 centimètres cubes d'une solution de sel ammoniac saturée à froid; après quelques minutes, on voit se séparer une poudre cristalline. Quand la formation de cette poudre a cessé, on ajoute au liquide de l'ammoniaque, tant qu'il se forme un précipité; on filtre et l'on évapore à cristallisation. Les cristaux jaunes qui se déposent sont lavés avec de l'eau, ensuite avec de l'alcool, et recristallisés dans l'eau à laquelle on ajoute du charbon animal. Le sel ammoniacal est transformé par double décomposition en sel de plomb basique ou en sel d'argent, qui, décomposés par l'hydrogène sulfuré, fournissent l'acide isocyanurique.

*Propriétés.* — L'acide isocyanurique est soluble dans l'eau, l'alcool et l'éther. La solution aqueuse est fortement acide et fournit par l'évaporation une masse solide à peine cristalline. L'alcool le dépose par l'évaporation spontanée sous forme de petits prismes incolores et inaltérables à l'air. Chauffé à 145°, il se décompose avec une légère explosion. Sa solution concentrée donne au bois de pin une coloration rose intense. Les acides minéraux bouillants altèrent l'acide isocyanurique; il se dégage de l'acide carbonique et il se forme un sel ammoniacal à côté d'une matière brune. Lorsque l'action de l'acide chlorhydrique n'est pas poussée trop loin, la solution donne, après neutralisation, des précipités blancs avec les sels de calcium et de baryum. L'eau de baryte bouillante, en agissant sur l'acide isocyanurique, fournit de l'ammoniaque et un précipité blanc composé en partie de carbonate de baryum.

Lorsqu'on fait passer un courant d'acide nitreux dans une solution d'acide isocyanurique, on observe un dégagement abondant de gaz; il se forme un acide azoté, qui précipite en blanc les sels d'argent, mais qui est sans action sur les sels de calcium.

L'acide sulfurique seul donne de l'ammoniaque, de l'acide carbonique et de l'oxyde de carbone; il devrait se former l'acétonitrile mononitré.

Un mélange d'acide nitrique fumant et d'acide sulfurique convertit l'acide isocyanurique en *acétonitrile* trinitré, $C^2(AzO^2)^3Az$, en même temps qu'il se forme de l'ammoniaque et de l'acide carbonique :

$$[C^2(AzO^2)H^2Az]''AzHCO + 2AzO^3H = C^2(AzO^2)^3Az + CO^2 + AzH^3 + H^2O.$$

Le chlorure de chaux réagit vivement sur l'acide isocyanurique; il distille spontanément de la chloropicrine. La solution de l'isocyanurate de potassium s'échauffe par l'addition du brome, dégage de l'acide carbonique et laisse déposer des gouttes huileuses de nitracétonitrile bibromé.

L'acide isocyanurique n'est réduit ni par l'acétate ferreux, ni par l'hydrogène sulfuré, mais l'hydrogène, dégagé par le zinc en présence d'un acide ou par la pile, est absorbé complétement. Les produits de cette réaction très-énergique ne détonent plus quand on les chauffe.

Lorsqu'on chauffe un isocyanurate avec la chaux sodée, il ne dégage sous forme d'ammoniaque que les deux tiers de l'azote qu'il contient; le reste se dégage à l'état libre.

Isocyanurates. — L'acide isocyanurique est un acide monobasique; il décompose les carbonates en formant des sels généralement solubles dans l'eau. L'acétate neutre de plomb ne précipite pas les isocyanurates; les sels mercureux et mercuriques ne précipitent pas l'acide isocyanurique. Les isocyanurates détonent lorsqu'on les chauffe.

*Isocyanurate d'ammonium*, $C^3Az^3H^2O^3(AzH^4)$. — Sa préparation a été indiquée plus haut. Il forme de beaux cristaux clinorhombiques, possédant un pouvoir réfringent considérable. M. Gadolin, et plus tard M. Rammelsberg, ont déterminé la forme cristalline de l'isocyanurate d'ammonium. Formes observées : $h^1$; $a^1$; $a^3$; $o^3$; $b^{3/4}$; $e^{3/2}$. Angles : $h^1 a^1 = 139°1'$; $h^1 a^3 = 105°35'$; $h^1 o^3 = 120°41'$. Angle des axes $= 81°4'$ (Gadolin). Angles : $p a^1 = 120°6'$; $p o^1 = 133°58'$; $d^{1/2} d^{1/2} = 74°42'$. Angles des axes $= 79°6'$ (Rammelsberg).

Ce sel, qui est anhydre, se dissout en petite quantité dans l'eau froide; il est très-soluble dans l'eau bouillante, insoluble dans l'alcool et dans l'éther. Chauffé à l'état sec, il fond, noircit, dégage de l'acide cyanhydrique, de l'ammoniaque, plus tard de l'acide cyanique qui donne de l'urée avec l'ammoniaque.

*Sel d'argent*, $C^3Az^3H^2O^3.Ag$. — Lorsqu'on mélange une solution chaude d'isocyanurate d'ammonium ou de potassium avec du nitrate d'argent, on obtient par le refroidissement de longues aiguilles soyeuses du sel d'argent. Ce sel est peu soluble dans l'eau froide et se comporte, sous l'influence de la chaleur, comme le cyanate d'argent.

Le *sel de lithium* est soluble dans l'eau et dans l'alcool.

*Sel de potassium*, $C^3Az^3H^2O^3.K$. — Ce sel se prépare comme le sel d'ammonium. Il est isomorphe avec lui et cristallise en longs prismes brillants. Formes observées : $p$; $a^1$; $o^1$; $h^1$; $m$, $d^{1/4}$. Angles : $mm = 56°32'$; $p a^1 = 125°1'$; $p o^1 = 132°58'$. Angle des axes $= 83°25'$ (Gadolin et Rammelsberg).

Clivage : $p$, parfait.

Il est moins soluble dans l'eau froide que le sel d'ammonium. En chauffant l'isocyanurate de potassium, on observe une déflagration et l'on obtient un mélange gazeux (1 volume d'azote et 2 volumes d'acide carbonique) et un résidu solide contenant du cyanate de potassium [Rammelsberg, *Die neuesten Forschungen in der krystallographischen Chemie*, p. 173, Leipzig, 1857, et *Jahresb. für Chem.*, p. 288; 1857]. Quant aux propriétés optiques des sels d'ammonium et de potassium, voyez O. R. Rood, *Ann. der Chem. u. Pharm.*, t. XCV, p. 291.

Le *sel de sodium* est en prismes solubles dans l'eau et dans l'alcool.

*Sel de baryum*, $(C^3Az^3H^2O^3)^2Ba + 2H^2O$. — La solution d'un isocyanurate alcalin, saturée à chaud et additionnée de chlorure de baryum, laisse déposer de fines aiguilles qui se dissolvent dans une grande quantité d'eau bouillante, et qui s'en séparent sous forme de prismes clinorhombiques. Ceux-ci perdent leur eau de cristallisation entre 150° et 180°. Formes observées : $p$; $m$; $a^1$; $o^1$; $e^1$. Angles : $mm = 54°30'$; $mp = 97°57'$; $pe^1 = 114°0'$. Angle des axes $= 72°27'$ (Rammelsberg).

Les *sels de calcium* et de *magnésium* sont solubles dans l'eau et dans l'alcool.

*Sel de cuprammonium*,

$$(C^3Az^3H^2O^3)^2(Az^2H^6Cu) + 2AzH^3.$$

— C'est le sel le plus caractéristique. On l'obtient en portant à l'ébullition une solution d'acide isocyanurique additionnée de sulfate de cuivre et d'ammoniaque en excès; le sel cristallise par le refroidissement sous forme de magnifiques prismes brillants d'un bleu foncé, presque insolubles dans l'eau et très-peu solubles dans l'ammoniaque. Il est inaltérable à l'air et ne se décompose qu'au-dessus de 150°; cette décomposition est accompagnée d'une explosion.

*Sel ferreux*. — Il se sépare en beaux prismes vert clair, en chauffant un isocyanurate alcalin avec l'acétate ferreux.

*Sel de plomb*. — L'acétate de plomb ne précipite pas les isocyanurates alcalins, mais le sous-acétate y produit un précipité blanc cristallin. La solution de ce précipité dans l'eau bouillante dépose des cristaux jaunâtres, durs, dont l'analyse conduit à la formule $(C^3Az^3H^2O^3)^2Pb + PbO$, ou peut-être

$$\left.\begin{matrix} C^3Az^3H^2O^3 \\ HO \end{matrix}\right\rangle Pb''.$$

*Sel de strontium*. — Il est en cristaux clinorhombiques. Formes observées : $b^{1/2}$; $d^{1/2}$; $p$; $h^1$. Angles : $b^{1/2} b^{1/2} = 47°42'$; $d^{1/2} d^{1/2} = 53°4'$; $pb^{1/2} = 102°57'$. Angle des axes $= 82°50'$ (Rammelsberg).

Les *isocyanurates d'urée* et *d'aniline* sont cristallisés.

*Éther isocyanurique*. — Pour le préparer, on fait passer de l'acide chlorhydrique dans de l'alcool dans lequel on a délayé de l'isocyanurate de potasse. L'opération doit être arrêtée dès que la totalité du sel de potasse est décomposée; un excès d'acide chlorhydrique décomposerait l'éther avec formation d'un corps cristallin. L'alcool ayant été chassé par distillation, l'eau sépare un liquide d'une odeur aromatique, non volatil sans décomposition. La potasse alcoolique saponifie l'éther déjà à froid.

La solution alcoolique de l'éther mélangé d'aniline dépose après plusieurs jours des prismes soyeux, incolores, qui fondent et brunissent à 100°; c'est probablement l'anilide de l'acide isocyanurique.

### APPENDICE A L'ACIDE ISOCYANURIQUE.

En faisant l'histoire des éthers cyanhydriques, on a omis de parler de quelques dérivés du cyanure de méthyle, qu'on prépare en partant de l'acide isocyanurique. Nous allons les décrire ici.

Cyanodibromopicrine (*acétonitrile dibromonitré*), $C^2(AzO^2)Br^2Az$ [Kekulé, *loc. cit.*]. — Ce corps se forme lorsqu'on traite par le brome le fulminate de mercure délayé dans l'eau ou l'isocyanurate de potassium en solution aqueuse; quand la couleur du brome ne disparaît plus, on distille; il passe avec la vapeur d'eau une huile sentant la chloropicrine, qui dépose un corps cristallisé. Ce dernier corps est insoluble dans l'eau; sa solution alcoolique ou éthérée le laisse déposer en cristaux brillants, bien formés. Il fond à 50° et bout en se décomposant, de 130° à 135°; mais déjà à la température ordinaire il donne des vapeurs attaquant fortement les yeux. Sa vapeur détone lorsqu'on la surchauffe. On peut démontrer la présence du cyanogène dans ce corps en le faisant bouillir avec de la potasse et en ajoutant un sel ferroso-ferrique. Le chlore ou le brome convertissent la cyanodibromopicrine en chloropicrine ou bromopicrine.

Trinitracétonitrile, $C^2(AzO^2)^3Az$ [Schischkoff, *loc. cit.*]. — L'acide isocyanurique, traité par un mélange d'acide azotique fumant et d'acide sulfurique (volumes égaux), se transforme en trinitracétonitrile; la réaction est accompagnée d'une élévation de température et d'un dégagement d'acide carbonique. On introduit peu à peu l'isocyanurate finement pulvérisé dans le mélange acide froid, contenu dans un petit ballon; il se sépare une couche d'un corps huileux, plus léger que l'acide, dont une partie est entraînée par les gaz formés. Après avoir ajouté une certaine quantité d'isocyanurate, on remplit le ballon d'acide sulfurique pour faire monter la couche huileuse dans le col, et on le plonge dans l'eau chaude jusqu'à ce que le liquide acide soit devenu clair. Par le refroidissement, la couche supérieure se solidifie; on l'étale d'abord sur une pierre poreuse, on la lave avec de l'eau vers la fin légèrement alcaline. Pour purifier le corps complétement, on le chauffe vers 50° sur du chlorure de calcium dans un courant d'air sec.

Le trinitracétonitrile est une substance blanche presque cassante, mais se ramollissant par une faible élévation de température. Il fond à 40°,6; vers 60° il commence à se colorer, et au-delà de cette température il dégage des vapeurs nitreuses. Chauffé brusquement vers 220°, il détone fortement avec production d'une flamme bleue; à une température inférieure, la décomposition se fait sans explosion. Il ne détone ni par le choc, ni par la pression.

L'éther anhydre le dissout sans altération; l'alcool donne avec lui une solution jaune sans dégagement d'acide carbonique. Cette solution laisse déposer des cristaux qui sont le sel ammoniacal du nitroforme, et il se sépare, par l'addition de l'eau, un liquide éthéré non étudié. Le trinitracétonitrile colore l'eau en jaune en se décomposant lentement, avec dégagement d'acide carbonique. Il se forme le sel d'ammonium du nitroforme (voyez Nitroforme) :

$$C^2(AzO^2)^3Az + 2H^2O$$
$$= CO^2 + C(AzO^2)^3AzH^4.$$

Chauffé avec de la potasse, le trinitracétonitrile ne dégage pas d'ammoniaque et fournit un beau sel cristallisé jaune, très-instable; ce sel, qui décrépite fortement, renferme 21,65 de potassium. Avec l'ammoniaque on obtient un sel analogue.

La solution ammoniacale du trinitracétonitrile donne avec le nitrate d'argent un précipité jaune, soluble dans l'eau bouillante et cristallisant en aiguilles jaunes, pour lesquelles M. Schischkoff a établi la formule

$$C^2(AzO^2)^3AzAg^2O(AzH^3)^2 + 2AzO^3(AzH^4).$$

L'éther anhydre, saturé d'ammoniaque, donne avec le trinitracétonitrile un corps jaune, insoluble dans l'éther, soluble dans l'alcool et cristallisant en aiguilles déliquescentes.

En faisant passer de l'hydrogène sulfuré dans la solution éthérée de l'acétonitrile trinitré, on obtient du soufre et le sel ammoniacal du *binitracétonitrile*, $C^2(AzO^2)^2Az.(AzH^4)$ :

$$C^2(AzO^2)^3Az + 4SH^2$$
$$= 4S + 2H^2O + C^2(AzO^2)^2Az.(AzH^4).$$

Le produit de réduction n'est donc pas un corps amidé, mais un sel d'ammonium.

Binitracétonitrile, $C^2(AzO^2)^2HAz$ [Schischkoff et Rosing, *Compt. rend.*, t. XLV, p. 273; *Ann. der Chem. u. Pharm.*, t. CIV, p. 249; — Schischkoff, *ibid.*, t. CXIX, p. 249; *Bull. de la Soc. chim.*, 1861, p. 83]. — Pour isoler ce corps de son sel ammoniacal, on ajoute à la solution aqueuse de celui-ci de l'acide sulfurique, et l'on agite avec de l'éther; ce dernier laisse, après évaporation, un sirop qui dépose peu à peu des lames incolores, renfermant de l'eau de cristallisation. Cette substance n'a pas encore été obtenue à l'état de pureté, mais elle ne peut être que l'acétonitrile binitré. Traitée par l'ammoniaque ou par d'autres bases, elle donne les sels correspondants. L'acide nitrique fumant la convertit en acétonitrile trinitré.

*Sel d'ammonium*, $C^2(AzO^2)^2Az.(AzH^4)$. — Sa préparation a été indiquée plus haut. Il est en aiguilles incolores, solubles dans l'eau et dans l'alcool, mais insolubles dans l'éther. A 100°, il se volatilise lentement sans se décomposer; à une température plus élevée, il détone. A l'ébullition, la potasse déplace l'ammoniaque de ce sel.

*Sel d'argent*, $C^2(AzO^2)^2Az.Ag$. — Il est soluble dans l'eau et cristallise; il détone avec violence par le choc. Le cyanure de mercure forme avec lui un sel double

$$[C^2(AzO^2)^2Az.Ag]^2 + HgCy^2.$$

Lorsqu'on fait agir le brome sur le sel d'argent, il se forme du bromure d'argent et un corps huileux, peut-être $C^2(AzO^2)^2Br.Az$.

Le *sel de potassium*, $C^2(AzO^2)^2Az.K$, cristallise.

A. H.

**ISODIBROMOSUCCINIQUE (ACIDE).** — Voyez Succinique (Acide).

**ISODIGLYCOLÉTHYLÉNIQUE (ACIDE),**

$$C^6H^{10}O^6$$

[Barth et Hlasiwetz, *Ann. der Chim. u. Pharm.*, t. CXXII, p. 96]. — Isomère de l'acide diglycoléthylénique, que l'on obtient en traitant le sucre de lait par le brome, puis ce corps bromé par l'oxyde d'argent et l'eau. On chauffe pour cela, en vase clos, 30 grammes de sucre de lait avec 60 grammes de brome et un demi-litre d'eau; on sature ensuite avec de l'oxyde d'argent ou de plomb récemment préparé, on filtre, on enlève le métal par un courant de gaz sulfhydrique et l'on évapore au bain-marie en présence de carbonate de cadmium en léger excès. Le sel étant décoloré par du charbon animal, on obtient des cristaux groupés, que l'on décompose à leur tour par l'hydrogène sulfuré ; enfin on évapore à 100° jusqu'à ce que la masse cristallise par le refroidissement. On peut aussi traiter simplement le sucre de lait par deux fois moins de brome et neutraliser la solution par le carbonate de soude, qui donne l'isodiglycoléthylénate.

La gomme arabique, l'amidon, donnent des acides qui diffèrent du précédent, celui obtenu avec la gomme par son pouvoir rotatoire, celui obtenu avec l'amidon parce qu'il n'est pas cristallisable. La mannite, la glucose et le sucre de canne donnent avec le brome et l'eau des produits hulmiques.

L'acide isodiglycoléthylénique a pour formule

$$2\,C^6H^{10}O^6, 3\,H^2O.$$

C'est un acide énergique. Il fond vers 100°; brûlé à l'air, il émet l'odeur du caramel. Sa solution aqueuse n'est précipitée ni par l'eau de baryte ou de chaux, ni par le nitrate de mercure, ni par l'acétate basique de plomb, mais elle donne un précipité blanc avec le sous-acétate de plomb ammoniacal; il possède le pouvoir rotatoire.

L'*isodiglycoléthylénate d'ammonium,*

$$C^6H^9O^6.AzH^4, H^2O,$$

cristallise dans le système clinorhombique en grands cristaux vitreux, solubles dans l'eau, presque insolubles dans l'alcool. Il réduit la liqueur cupro-ammoniacale et donne un miroir avec les sels d'argent.

L'*isodiglycoléthylénate de potassium* est incristallisable et insoluble dans l'alcool. Celui de *sodium* donne des prismes ayant pour formule

$$C^6H^9O^6.Na, 2\,H^2O.$$

L'*isodiglycoléthylénate de baryum* et celui de *strontium* sont gommeux.

L'*isodiglycoléthylénate de calcium,*

$$(C^6H^9O^6)^2Ca, 7\,H^2O,$$

donne des croûtes cristallines ; il perd 4 molécules d'eau à 100° et 3 autres à 140°. Il existe un sel de calcium plus hydraté.

L'*isodiglycoléthylénate de cadmium* donne, en cristallisant d'une solution chaude, des aiguilles clinorhombiques ayant la composition

$$(C^6H^9O^6)^2Cd, 3\,H^2O.$$

Les eaux mères, par une lente évaporation, déposent de grands cristaux appartenant au même système. Ces deux hydrates, le dernier surtout, sont peu solubles dans l'eau et retiennent leur eau de cristallisation jusqu'à 150°.

L'*isodiglycoléthylénate de plomb* dépose à peu près la composition $(C^6H^9O^6)^2Pb, 4PbO, H^2O$. C'est un précipité blanc qui s'obtient en traitant la solution de l'acide avec l'un de ses sels par l'acétate basique de plomb et l'ammoniaque.

L'*isodiglycoléthylénate d'argent* est un précipité gélatineux très-instable, qui ne se forme que dans les solutions concentrées. A. G.

**ISODIOXYSTÉARIQUE (ACIDE)**, $C^{18}H^{36}O^4$ [Overbeck, *Ann. der Chem. u. Pharm.*, t. CXL, p. 134, et *Bull. de la Soc. chim.*, 1867, t. VII, p. 355]. — Cet acide s'obtient en faisant bouillir l'acide oxyoléique avec de la potasse étendue; en décomposant le sel par l'acide chlorhydrique, on obtient un dépôt floconneux, qui, dissous dans l'alcool bouillant, laisse déposer par refroidissement l'acide sous forme de tables rhombes incolores, brillantes, fusibles à 126°. Ce composé est très-stable, soluble dans l'éther et décomposable peu à peu à 260°. Ses sels métalliques sont électriques. Il est triatomique et monobasique; le brome est sans action sur lui, l'acide iodhydrique le transforme en acide oléique.

Le *dioxystéarate de calcium,*

$$(C^{18}H^{33}O^4)^2H^4.Ca'' + H^2O,$$

se précipite quand on ajoute une solution alcoolique bouillante d'acétate de calcium dans une solution de l'acide. L'eau est éliminée à 130°.

Le *dioxystéarate de baryum,*

$$(C^{18}H^{33}O^4)^2H^4Ba'',$$

est blanc, granuleux, insoluble dans l'eau et l'alcool.

Le *dioxystéarate d'argent,* $(C^{18}H^{35}O^4)Ag$, est un précipité floconneux qui se réduit en poudre quand il est sec. Il est insoluble dans l'alcool et noircit à la lumière. A. G.

**ISODULCITE**, $C^6H^{14}O^6$. — Sucre obtenu dans le dédoublement du quercitrin sous l'influence de l'eau et des acides par MM. Hlasiwetz et Pfaundler, qui le considèrent comme un isomère de la dulcite et de la mannite. L'équation de cette transformation, donnée par ces auteurs, est la suivante :

$$\underset{\text{Quercitrin.}}{C^{33}H^{30}O^{17}} + H^2O = \underset{\text{Quercétine.}}{C^{27}H^{18}O^{12}} + \underset{\text{Isodulcite.}}{C^6H^{14}O^6}$$

[*Jahresb.*, 1864, p. 564].

Toutefois, d'après certains auteurs, Rigaud, Zwenger et Dronke, l'équation serait

$$\underset{\text{Quercitrin.}}{C^{19}H^{18}O^{10}} + \underset{\text{Eau.}}{2\,H^2O} = \underset{\text{Quercétine.}}{C^{13}H^{10}O^6} + \underset{\text{Sucre.}}{C^6H^{12}O^6}$$

[Rigaud, *Ann. der Chem. u. Pharm.*, t. XC, p. 283; — Zwenger et Dronke, *ibid.*, suppl. t. I, p. 266. — Voyez aussi Stein, *Journ. für prakt. Chem.*, t. LXXXV, p. 351]. — D'après ceux-ci, ce sucre serait un isomère de la glucose. Les différences pourraient tenir à ce qu'il existe diverses espèces de quercitrin. Traité par l'acide nitrique, le sucre de MM. Hlasiwetz et Pfaundler a donné l'*acide isodulcitique.* A. G.

**ISODULCITIQUE (ACIDE)**, $C^6H^{10}O^9$ [Malin, *Ann. der Chem. u. Pharm.*, t. CXLV, p. 197]. — Cet acide s'obtient en traitant l'isodulcite de MM. Hlasiwetz et Pfaundler par l'acide nitrique d'une densité de 1,33. On fait bouillir tant qu'il y a des vapeurs nitreuses, on neutralise par un lait de chaux, on précipite par l'acétate de plomb la liqueur filtrée, et on décompose le sel plombique par l'hydrogène sulfuré; la liqueur, évaporée à consistance de sirop, donne, au bout de quelques semaines, des cristaux grenus, vitreux, de saveur acide, agréable, qui fondent et s'altèrent avant 100°. Ils sont peu solubles dans l'alcool. C'est le terme le plus oxygéné d'une série dont le sucre de lait, $C^6H^{10}O^5$, est le premier terme, et l'acide saccharique $C^6H^{10}O^8$ l'avant-dernier.

L'*isodulcitate de baryum,* $C^6H^8BaO^9$, s'obtient soit par l'action du carbonate barytique, soit par celle du chlorure de baryum ammoniacal sur l'acide.

L'*isodulcitate de calcium,* $C^6H^8CaO^9$, ressemble au précédent.

L'*isodulcitate de cadmium,* $C^6H^8CdO^9$, est un peu cristallin.

Le *sel de plomb*, séché à 120°, présente une composition intermédiaire entre $(C^6H^7O^9)^2Pb^3$ et $(C^6H^6O^9).Pb^2$.

Le *sel d'ammonium* forme un sirop qui se prend en une masse cristalline radiée.

L'*isodulcitate d'argent* est un précipité blanc assez soluble dans l'eau. A. G.

**ISOFUMARIQUE (ACIDE)**. — Voyez FUMARIQUE (ACIDE).

**ISOIODOPROPIONIQUE (ACIDE)**. — Voyez PROPIONIQUE (ACIDE).

**ISOMALÉIQUE (ACIDE)**. — Voyez MALIQUE (ACIDE).

**ISOMALIQUE (ACIDE).** — Voyez MALIQUE (ACIDE).

**ISOMÉRIE.** — On désigne par le mot isomérie (de ἰσομερής, composé de parties égales) l'état de corps qui, possédant la même composition, sont doués de propriétés différentes. Le mot est de Berzelius. Ce savant s'en est servi pour caractériser une série de faits qui avaient attiré l'attention des chimistes à partir de 1823 et qui étaient de nature à les surprendre, car ils heurtaient l'opinion, accréditée à cette époque, que l'identité des propriétés chimiques et physiques était une conséquence nécessaire de l'identité de composition. Nous allons rappeler les faits dont il s'agit.

M. Wœhler avait déterminé, en 1823, la composition de l'acide cyanique. En 1824, M. Liebig a reconnu que l'acide fulminique possède la même composition. L'année suivante, Faraday a établi, dans un mémoire sur les carbures d'hydrogène condensés par compression du gaz de la houille, qu'il existe des carbures d'hydrogène très-différents dans leurs propriétés et qui possèdent néanmoins la même composition centésimale (butylène, éthylène). Bientôt après les différences de propriétés des deux modifications de l'acide stannique ont fixé l'attention de Berzelius. Clark signala en 1828 des différences de propriétés entre le phosphate de soude cristallisé et le même sel calciné, travail qui a été le point de départ des belles recherches de Graham sur les modifications de l'acide phosphorique, que l'on a longtemps considérées comme isomériques. Enfin, pour terminer ce coup d'œil rétrospectif, mentionnons encore le travail publié par Berzelius en 1830 sur l'acide paratartrique, dont la composition a été reconnue identique avec celle de l'acide tartrique.

Après avoir qualifié d'isomériques les corps qui offrent, avec des propriétés différentes, la même composition centésimale, il a partagé, en 1831, tous les corps isomères en deux classes.

Il désigna sous le nom de composés *métamériques* ceux dont les molécules d'égale grandeur renferment les mêmes atomes, en même nombre, mais groupés différemment. C'était là *l'isomérie* dans le sens restreint du mot.

Il nomma *polymériques* les composés dont les molécules, d'inégale grandeur, renferment les mêmes atomes, unis dans les mêmes proportions, mais en nombre plus considérable, de telle sorte que la molécule de la combinaison la plus compliquée représente un multiple de la combinaison la plus simple. C'était la *polymérie*.

Ainsi, pour reprendre quelques-uns des exemples cités plus haut, l'acide tartrique et l'acide paratartrique sont des composés métamériques; le butylène $C^4H^8$, dont la molécule est double de celle de l'éthylène $C^2H^4$, est son polymère. A l'égard des composés polymériques, nulle difficulté pour expliquer la diversité de leurs propriétés : ils diffèrent par le nombre des atomes que renferment leurs molécules. Mais des corps qui contiennent le même nombre d'atomes de même nature, unis dans les mêmes proportions, comment peuvent-ils présenter des propriétés différentes? En 1836, M. Dumas faisait à cette question la réponse que l'on y fait aujourd'hui, savoir, que dans de telles combinaisons les atomes sont groupés différemment [*Philosophie chim.*, p. 319]. S'ils ne diffèrent pas par leur composition, ils diffèrent par leur constitution, c'est-à-dire par l'arrangement des atomes dans la molécule, par la structure moléculaire.

Mais, indépendamment des phénomènes que nous venons d'analyser, il y en a d'autres qui s'en rapprochent et qui ont depuis longtemps attiré l'attention des chimistes : nous voulons parler des états différents que peut affecter un seul et même corps suivant les circonstances physiques où il est placé. En parlant des changements de couleur que la chaleur imprime à l'iodure rouge de mercure, Berzelius disait : « Quelquefois on parvient à faire passer une combinaison d'un état isomérique dans l'autre. » Il considérait donc comme isomériques les deux modifications rouge et jaune de l'iodure mercurique. Depuis on a appris à distinguer de tels phénomènes de l'isomérie proprement dite, pour les caractériser sous le nom de *polymorphisme*. On parle des modifications dimorphes de l'iodure de mercure, du soufre, de l'acide arsénieux, etc., et l'on suppose que les différences de forme que ces corps solides peuvent affecter sont dues soit à des circonstances physiques, telles que la chaleur retenue en quantité plus ou moins grande, soit à la diversité du groupement des molécules qui s'agrégent sous forme de cristaux. Ce sont donc là des phénomènes distincts de ceux que nous offre l'isomérie, bien qu'ils y touchent de près; car ces changements dans l'état d'agrégation ou dans les qualités physiques des molécules peuvent affecter jusqu'aux propriétés chimiques elles-mêmes. Ne sait-on pas en effet que l'anhydride arsénieux, vitreux ou amorphe, qui ne diffère de l'autre que parce qu'il retient une certaine quantité de la chaleur de fusion, est trois fois plus soluble dans l'eau. Il se dissout comme tel, dans ce liquide, et lorsqu'il s'en dépose en cristaux, ce n'est qu'en abandonnant, sous forme de radiation lumineuse, la chaleur qu'il contenait à l'état latent, comme on disait autrefois (H. Rose).

On a souvent rapporté à des causes analogues à celles qui viennent d'être invoquées les différences que l'on constate entre les divers états d'un seul et même corps simple. Dès 1841, Berzelius, faisant allusion aux diverses modifications que présentent le soufre, le carbone et le silicium, a distrait ce genre de phénomènes des cas d'isomérie proprement dits et a proposé de désigner par le mot *allotropie* (de ἀλλότροπος, de qualité différente) les états différents que présentent ces corps simples.

Peu de temps après il essaya de rattacher l'explication de l'isomérie des corps composés à l'état allotropique des éléments qu'ils renferment. Ainsi, il supposait que les deux modifications du phosphore peuvent entrer en combinaison chacune avec son individualité propre, avec le même élément, dans les mêmes proportions, et qu'il en résulte des composés isomériques.

Berzelius cite, en 1843, un très-grand nombre d'exemples à l'appui de cette thèse. L'oxyde de chrome insoluble dans les acides renferme, selon lui, le chrome dans un autre état que l'oxyde de chrome soluble. Telle est, dit-il, la cause de l'isomérie pour tous les oxydes possédant la même composition et des propriétés différentes.

Cette hypothèse ne reposait sur aucun fait bien démontré. En effet, il n'est point prouvé qu'en formant par voie synthétique un composé donné de phosphore, soit avec le phosphore amorphe, soit avec le phosphore ordinaire, on obtienne des corps isomériques. D'un autre côté, on n'a pas encore réussi à extraire des oxydes, ou, en général, de composés isomériques, un seul et même élément dans ses deux modifications allotropiques. Et puis il faut remarquer que la notion de l'allotropie, qui devait servir de base à cette hypothèse sur la nature de certaines isoméries, était à cette époque et est encore aujourd'hui une idée mal définie; car enfin ces divers états des corps simples peuvent se rapporter à des causes diverses, physiques ou chimiques, et il paraît bien difficile de préciser, pour chaque cas d'allotropie, la cause qui est en jeu. Est-ce un groupement différent des molécules dans les agrégats solides, ou un nombre différent d'atomes accumulés dans les molécules, ou une quantité différente de chaleur qu'elles ont emmagasinée? Le plus souvent nous manquons de données pour résoudre ces questions.

Dans certains cas pourtant, nous pouvons y répondre. On a dit : l'ozone est une modification allotropique de l'oxygène. Nous savons aujourd'hui qu'il diffère de ce dernier corps par le nombre des atomes contenus dans la molécule. C'est de l'oxygène condensé. Si l'oxygène est $O^2$, l'ozone est $O^3$ et l'on pourrait presque dire qu'il y a là un cas de polymérie. En est-il de même pour d'autres corps simples qui existent sous divers états allotropiques, notamment pour le soufre? Cela n'est pas impossible, et il est permis peut-être de rattacher aux états différents du soufre l'anomalie que présente sa densité de vapeur.

Après avoir essayé d'établir dans ce qui précède les différences ou les nuances qui existent entre l'isomérie dans le sens le plus large du mot et quelques notions voisines, telles que le polymorphisme et l'allotropie, nous devons appeler l'attention sur ce qu'on a appelé l'*isomérie physique*. On a appliqué ce mot à l'état des corps qui possèdent la même composition et les mêmes propriétés chimiques, mais qui diffèrent par leurs propriétés physiques. On voit immédiatement que le polymorphisme est une sorte d'isomérie physique. Mais la première dénomination s'applique, d'après son étymologie même, à des corps *solides* de même composition, mais différant par leur couleur, leur forme cristalline, leurs points de fusion, etc. Or il existe des liquides de même composition et qui diffèrent par certaines propriétés physiques, telles que le pouvoir rotatoire, le point d'ébullition, la densité. Voilà des cas d'isomérie physique qui ne rentrent pas dans le polymorphisme. En voici des exemples :

Il existe deux alcools amyliques, alcools primaires, de fermentation, dont l'un dévie à gauche le plan de polarisation et bout à 130-132°, tandis que l'autre est inactif et bout à 130° (Pasteur). Les deux alcools sont d'ailleurs transformés de la même manière par l'action des réactifs donnant des dérivés identiques par leur composition et leurs propriétés chimiques. Seulement les acides valérique (Frankland) et caproïque (Wurtz), préparés avec l'alcool actif, différeraient par leur pouvoir rotatoire des mêmes acides dérivant de l'alcool inactif.

Autre exemple. Privez de la glucose de son eau de cristallisation, soit en la chauffant doucement sans lui faire perdre l'état solide, soit en la fondant brusquement, et dissolvez séparément dans l'eau les deux produits ainsi obtenus, les deux solutions offriront des pouvoirs rotatoires différents. Seulement le pouvoir rotatoire de l'un des liquides changera bientôt et, au bout de quelques jours, les deux solutions seront absolument identiques.

Ici on peut supposer que la modification physique que la glucose éprouve dans ces circonstances est liée à un phénomène calorifique. Il peut en être ainsi dans d'autres cas d'isomérie physique et cet état des corps ne dépend pas nécessairement d'un groupement différent des mêmes atomes. A cet égard il convient d'ajouter deux remarques : la première, c'est qu'un changement apporté aux propriétés physiques entraîne quelquefois une modification plus ou moins sensible des propriétés chimiques; la seconde, c'est qu'une différence de propriétés chimiques peut exister dans des cas où nos expériences n'ont constaté qu'une divergence de propriétés physiques. Dans le premier cas, on constaterait donc une différence de propriétés chimiques qui pourrait dépendre d'un phénomène calorifique et ne serait pas liée nécessairement à un groupement différent des mêmes atomes. Ce serait là de l'isomérie physique ou du polymorphisme. Dans le second cas, on pourrait ne constater qu'une simple différence de propriétés physiques alors qu'il existerait réellement des modifications légères ou non appréciées dans les propriétés chimiques, modifications liées au groupement différent des atomes. Ce serait là de l'isomérie proprement dite (métamérie) et non de l'isomérie physique. Nous pensons même que la métamérie, c'est-à-dire l'état des corps renfermant les mêmes atomes en même nombre, mais groupés différemment, peut se manifester uniquement par des variations de propriétés physiques ou par des nuances tellement délicates de propriétés chimiques qu'il est impossible ou difficile de les constater.

Cela dit, ayant circonscrit notre sujet par les définitions précédemment exposées, nous pouvons aborder le fond même de la question de l'isomérie. Conformément à la division établie plus haut, nous traiterons successivement de la polymérie et de la métamérie.

### POLYMÉRIE.

Après avoir mentionné les cas de polymérie les plus intéressants, nous indiquerons les diverses circonstances où les corps se polymérisent, et nous rechercherons finalement les causes de ces phénomènes.

On constate des cas de polymérie dans diverses classes de composés. Les carbures d'hydrogène en offrent les exemples les plus nombreux. En voici quelques-uns :

| | |
|---|---|
| Le térébenthène | $C^{10}H^{16}$ |
| Le ditérébenthène | $C^{20}H^{32}$ |
| L'amylène | $C^5H^{10}$ |
| Le diamylène | $C^{10}H^{20}$ |
| Le triamylène | $C^{15}H^{30}$ |
| Le tétramylène | $C^{20}H^{40}$ |
| L'acétylène | $C^2H^2$ |
| La benzine | $C^6H^6$ |
| Le styrol ou cinnamène | $C^8H^8$ |
| Le métastyrol | $C^{16}H^{16}$ |

Remarquons que les carbures d'hydrogène $C^nH^{2n}$ peuvent résulter de la polymérisation du méthylène $CH^2$. M. Boutlerow a constaté en effet que, lorsqu'on chauffe l'iodure de méthylène $CH^2I^2$ avec du sodium, on obtient de l'éthylène $C^2H^4$ et du propylène $C^3H^6$.

Parmi les cas de polymérie que l'on rencontre dans les corps oxygénés, nous citerons :

| | |
|---|---|
| L'aldéhyde formique | $CH^2O$ |
| Le trioxyméthylène | $C^3H^6O^3$ |
| L'aldéhyde ordinaire | $C^2H^4O$ |
| La dialdéhyde | $C^4H^8O^2$ |
| La métaldéhyde | $C^6H^{12}O^3$ |
| L'aldéhyde benzoïque | $C^7H^6O$ |
| La benzoïne | $C^{14}H^{12}O^2$ |
| L'aldéhyde anisique | $C^8H^8O$ |
| L'anisoïne | $C^{16}H^{16}O^2$ |

Tous ces corps appartiennent à la classe des aldéhydes.

Les alcools, les acides, les éthers offrent des cas de composition polymérique qu'il convient, je crois, de distinguer de la polymérie proprement dite :

| | |
|---|---|
| Aldéhyde | $C^2H^4O$ |
| Acide butyrique (acétate d'éthyle) | $C^4H^8O^2$ |
| Acide lactique | $C^3H^6O^3$ |
| Glucose | $C^6H^{12}O^6$ |

Ce sont là de simples cas de composition équivalente, avec cette coïncidence purement fortuite que la molécule de l'un des corps est double de celle de l'autre, sans que l'une de ces molécules puisse être transformée dans l'autre.

Parmi les cas de polymérie les plus intéressants et les plus anciennement connus, il convient de signaler ceux qu'offrent certains corps azotés. Le chlorure de cyanogène liquide CyCl se convertit spontanément en chlorure solide $Cy^3Cl^3$, l'acide cyanique COAzH en cyamélide, l'éther méthylcyanique COAz($CH^3$) en éther méthylcyanurique $C^3O^3Az^3(CH^3)^3$, le cyanogène en paracyanogène. Par une réaction inverse, l'acide cyanurique

$$C^3O^3Az^3H^3$$

se transforme par l'action de la chaleur en 3 molécules d'acide cyanique COAzH, le paracyanogène en cyanogène. Tous ces faits sont trop connus pour qu'il soit nécessaire d'y insister ici.

Indiquons maintenant les conditions du phénomène qui nous occupe et les circonstances qui l'accompagnent.

Quelquefois l'action chimique qui préside à la formation des polymères semble s'établir d'elle-même : les corps paraissent se transformer spontanément en leurs polymères. Il suffit de sortir l'acide cyanique liquide du mélange réfrigérant où il s'est condensé, pour que la transformation polymérique commence aussitôt. Il est vrai qu'on peut invoquer ici l'action de la chaleur. Cela est plus difficile dans le cas de la transformation spontanée qu'éprouvent le chlorure de cyanogène liquide et l'éther méthylcyanique. Et pourtant ces dernières transformations pourraient être dues à un effet thermique lent et par conséquent insensible. En tout cas, il résulte des expériences de M. Berthelot que la chaleur intervient dans la transformation polymérique de l'acétylène en benzine.

D'un autre côté, il est à remarquer que les corps qui semblent éprouver spontanément de telles transformations polymériques se modifient avec une facilité plus ou moins grande suivant leur état de pureté. Lorsqu'il est parfaitement pur, le chlorure de cyanogène liquide peut être conservé pendant des années entières, tandis que la transformation en chlorure solide commence au bout de quelques jours avec le chlorure liquide coloré en jaune par un excès de chlore. Cette impureté, ou telle autre, pourrait favoriser et même déterminer la transformation dont il s'agit.

Ceci nous conduit naturellement à indiquer d'autres circonstances qui président à la formation des polymères. On sait, d'après les expériences de M. H. Deville, qu'il suffit d'ajouter au térébenthène quelques gouttes d'acide sulfurique et d'agiter pour que la transformation en ditérébène s'opère avec dégagement de chaleur. Seulement il est à remarquer qu'il se forme, indépendamment du ditérébène, un isomère du térébenthène, le térébène.

Au contraire, la transformation du térébenthène en ditérébène s'accomplit d'une manière très-nette et dans un temps très-court par une trace de fluorure de bore (Berthelot). Elle est accompagnée dans ce cas d'un dégagement de chaleur capable de faire entrer toute la masse en ébullition. De même l'amylène peut être changé directement en diamylène par l'action de l'acide sulfurique (Berthelot) ou du chlorure de zinc (Bauer). Comment ces corps agissent-ils?

Il est probable qu'ils prennent part à la réaction, soit en se combinant avec une portion du carbure d'hydrogène et en déterminant ainsi un dégagement de chaleur qui détermine la transformation polymérique, soit par une suite d'actions successives et dans lesquelles l'agent qui opère la transformation se combinerait successivement d'une manière passagère avec toutes les portions du corps qui se transforment. Il y a là un point délicat que nous devons nous borner à indiquer.

En ce qui concerne la formation des polymères de l'amylène, nous mentionnons encore que ces corps prennent naissance en même temps, dans l'action du chlorure de zinc sur l'alcool amylique et lorsque l'amylène est soumis, en quelque sorte, à l'état naissant à l'action de ce réactif.

Un phénomène significatif caractérise les réactions que nous venons de mentionner : c'est le dégagement de chaleur qui les accompagne toutes. Cet effet thermique est le témoin d'une action chimique intense et analogue à une combinaison proprement dite. De fait, les molécules qui se polymérisent se combinent en quelque sorte à elles-mêmes, et cette combinaison dégage de la chaleur. Voilà pourquoi certains polymères se dédoublent de nouveau sous l'influence de la chaleur et se résolvent en leurs éléments générateurs. En chauffant le produit de la condensation, c'est-à-dire le corps polymère, on restitue à ces éléments la chaleur qu'ils avaient perdue en se condensant. Le trioxyméthylène résulte de la condensation de 3 molécules d'aldéhyde formique : lorsqu'on le chauffe, il ne peut prendre la forme gazeuse sans se résoudre de nouveau en aldéhyde formique (Hofmann). Il en est de même du paracyanogène, etc.

Si la formation des polymères par condensation d'éléments plus simples peut être assimilée à une véritable combinaison, nous pouvons pénétrer plus avant dans la cause de ces phénomènes en considérant la nature chimique des corps aptes à se polymériser. Or nous remarquons que tous, sans exception, appartiennent à la classe des combinaisons *non saturées*. Il en est ainsi des carbures d'hydrogène, des aldéhydes, des combinaisons azotées que nous avons cités. Prenons pour exemple l'amylène. Il appartient à la série des oléfines (t. II, p. 64), qui se distinguent par 2 atomes d'hydrogène en moins des carbures saturés correspondants. Pouvant s'unir à 2 atomes de brome, il peut aussi se combiner à lui-même en quelque sorte. La cause des deux phénomènes est la même. Dans l'amylène, il y a deux atomicités libres ; c'est par ces points d'attache laissés disponibles que les 2 molécules vont se souder ; mais on voit immédiatement que si les deux molécules diatomiques perdent chacune une atomicité en se soudant, ce n'est pas une combinaison saturée qui pourra se former. Des quatre atomicités libres qui résidaient dans 2 molécules d'amylène, 2 seulement auront été satisfaites par la combinaison, 2 autres demeureront libres dans le produit de cette combinaison, c'est-à-dire dans le diamylène. Ce dernier est encore diatomique : il possède la propriété de s'unir à 2 atomes de brome. Le même raisonnement s'applique à la formation du triamylène, du tétramylène et, en général, des carbures isomériques formés par la condensation de carbures générateurs plus simples et non saturés.

Prenons un autre exemple dans les combinaisons renfermant de l'oxygène. L'aldéhyde formique $CH^2O$ peut fixer O ou $H^2$. Ce n'est donc pas une combinaison saturée, bien qu'à tout prendre elle représente $CH^2 + O$ ou $CO + H^2$. N'étant point saturée, elle peut s'unir à elle-même. Trois de ses molécules se soudent en une seule par les atomes de carbone et d'oxygène.

| $CH^2O$ | $-CH^2-O-CH^2-O-CH^2-O-$ |
|---|---|
| Aldéhyde formique. | Trioxyméthylène. |

Enfin, pour mettre un terme à ces développements, nous choisirons pour dernier exemple la transformation polymérique du chlorure de cyanogène. Le chlorure liquide CAz.Cl renferme de l'azote triatomique et la condensation de 3 de ces molécules a pour cause la tendance que possède l'azote à devenir pentatomique :

| $\overset{'''}{\mathrm{CAz}}.\mathrm{Cl}$ | $\begin{matrix} \mathrm{Cl}\overset{IV}{\mathrm{C}}\equiv\mathrm{Az} \\ \mathrm{ClC}\equiv\mathrm{Az} \\ \mathrm{ClC}\equiv\mathrm{Az} \end{matrix}$ |
|---|---|
| Chlorure de cyanogène liquide. | Chlorure de cyanogène solide. |

C'est ainsi que la théorie de l'atomicité rend compte des causes de la polymérie. Ajoutons que quelques exemples de polymérie ont été signalés en chimie minérale. Nous citerons en particulier la vapeur nitreuse dont la molécule paraît être double à une basse température (Wanklyn et Playfair) :

| $\begin{matrix} \overset{V}{\mathrm{Az}}\mathrm{O}^2 \\ \mathrm{AzO}^2 \end{matrix} = 2$ vol. | $\mathrm{AzO}^2 = 2$ vol. |
|---|---|
| Vapeur nitreuse à 20°. | Vapeur nitreuse à 70°. |

## MÉTAMÉRIE.

On nomme *métamères* les corps de même composition et de même formule chimique, mais doués de propriétés différentes. Comme de tels corps renferment les mêmes atomes en même nombre, on attribue la différence de leurs propriétés à l'arrangement différent de ces atomes. La théorie atomique permet donc, dans ce cas comme dans bien d'autres, de rendre compte de phénomènes qui seraient inexplicables sans elle, et l'on verra que les derniers progrès de cette théorie ont jeté une vive lumière sur cet ordre de phénomènes. Les notions relatives à l'atomicité ont permis en effet, dans un grand nombre de cas, de préciser l'arrangement des atomes dans les combinaisons isomères. Et il est à remarquer que le nombre des cas de métamérie s'est prodigieusement accru dans ces dernières années et que la richesse même des matériaux accumulés devient un embarras pour l'exposition. Il sera donc nécessaire de nous limiter dans cette étude à des exemples choisis dans les diverses classes de métaméries, et aux indications théoriques qui permettent de les interpréter.

Parmi cette multitude de combinaisons métamériques aujourd'hui connues, il y a des distinctions à établir. Nous allons éclaircir ce point par des exemples.

Reportons-nous aux premiers faits de métamérie connus : l'acétate de méthyle isomérique avec le formiate d'éthyle, l'oxyde de méthyle avec l'alcool ou hydrate d'éthyle. Ces cas de métamérie et beaucoup d'autres du même genre n'ont jamais présenté de difficulté sérieuse, et les formules rationnelles qui représentent le mode de génération et les réactions des corps dont il s'agit expriment aussi la raison d'être de leur isomérie (1).

Pour se rendre compte de telles isoméries, il suffit de jeter les yeux sur les formules suivantes écrites dans la notation typique :

| $\mathrm{C^2H^6O}$. | $\mathrm{C^3H^6O^2}$. | $\mathrm{C^8H^{16}O^2}$. |
|---|---|---|
| $\left.\begin{matrix}\mathrm{CH^3}\\ \mathrm{CH^3}\end{matrix}\right\}\mathrm{O}$, Oxyde de methyle. | $\left.\begin{matrix}\mathrm{CHO}\\ \mathrm{C^2H^5}\end{matrix}\right\}\mathrm{O}$, Formiate d'éthyle. | $\left.\begin{matrix}\mathrm{C^4H^7O}\\ \mathrm{C^4H^9}\end{matrix}\right\}\mathrm{O}$, Butyrate de butyle. |
| $\left.\begin{matrix}\mathrm{C^2H^5}\\ \mathrm{H}\end{matrix}\right\}\mathrm{O}$, Hydrate d'ethyle. | $\left.\begin{matrix}\mathrm{C^2H^3O}\\ \mathrm{CH^3}\end{matrix}\right\}\mathrm{O}$, Acétate de méthyle. | $\left.\begin{matrix}\mathrm{C^3H^5O}\\ \mathrm{C^5H^{11}}\end{matrix}\right\}\mathrm{O}$, Propionate d'amyle. |
| | $\left.\begin{matrix}\mathrm{C^3H^5O}\\ \mathrm{H}\end{matrix}\right\}\mathrm{O}$, Acide propionique. | $\left.\begin{matrix}\mathrm{C^2H^3O}\\ \mathrm{C^6H^{13}}\end{matrix}\right\}\mathrm{O}$. Acétate d'hexyle. |

(1) Nous prenons ici le mot *isomérie* dans son sens le plus restreint. Dans la suite de cet article, il sera souvent employé comme synonyme de *métamérie*.

| $\mathrm{C^5H^{12}O}$. | $\mathrm{C^8H^{16}O^2}$. |
|---|---|
| $\left.\begin{matrix}\mathrm{C^4H^9}\\ \mathrm{CH^3}\end{matrix}\right\}\mathrm{O}$, Oxyde de méthyle et de butyle. | $\left.\begin{matrix}\mathrm{CHO}\\ \mathrm{C^7H^{15}}\end{matrix}\right\}\mathrm{O}$, Formiate d'heptyle. |
| $\left.\begin{matrix}\mathrm{C^3H^7}\\ \mathrm{C^2H^5}\end{matrix}\right\}\mathrm{O}$, Oxyde d'éthyle et de propyle. | $\left.\begin{matrix}\mathrm{C^5H^9O}\\ \mathrm{C^3H^7}\end{matrix}\right\}\mathrm{O}$, Valérate de propyle. |
| $\left.\begin{matrix}\mathrm{C^5H^{11}}\\ \mathrm{H}\end{matrix}\right\}\mathrm{O}$, Hydrate d'amyle. | $\left.\begin{matrix}\mathrm{C^6H^{11}O}\\ \mathrm{C^2H^5}\end{matrix}\right\}\mathrm{O}$, Caproate d'éthyle. |
| | $\left.\begin{matrix}\mathrm{C^7H^{13}O}\\ \mathrm{CH^3}\end{matrix}\right\}\mathrm{O}$, Œnanthylate de méthyle. |
| | $\left.\begin{matrix}\mathrm{C^8H^{15}O}\\ \mathrm{H}\end{matrix}\right\}\mathrm{O}$. Acide caprylique. |

Dans tous ces exemples de corps isomères, on voit des groupes différents joints par un atome d'oxygène, et dans les variations de composition que présentent ces divers groupes, on voit que l'un gagne toujours ce que l'autre perd et que l'isomérie s'établit par une sorte de compensation entre des facteurs inégaux. Il est inutile d'ailleurs d'insister sur le mode de formation et sur les réactions que présentent de pareils isomères : les formules rationnelles par lesquelles cette isomérie est interprétée les expliquent suffisamment.

On rencontre de telles isoméries dans les diverses classes de composés organiques. En voici d'autres exemples :

| $\mathrm{C^7H^{12}O^3}$ | |
|---|---|
| $\left.\begin{matrix}\mathrm{C^2H^3O}\\ \mathrm{C^5H^9O}\end{matrix}\right\}\mathrm{O}$, Anhydride acétovalérique. | $\left.\begin{matrix}\mathrm{C^3H^5O}\\ \mathrm{C^4H^7O}\end{matrix}\right\}\mathrm{O}$. Anhydride propiobutyrique. |

Nous pouvons encore rattacher au même genre d'isoméries celles que peuvent présenter les éthers et les acides complexes qui dérivent des acides lactique et glycolique. En effet, des groupes différents sont joints dans ce cas par l'oxygène des oxhydryles que renferment ces acides. Pour plus de clarté, nous donnerons ici les formules de constitution d'un certain nombre de ces isomères :

| $\mathrm{C^3H^6O^3}$. | $\mathrm{C^5H^8O^4}$. | $\mathrm{C^{10}H^{10}O^4}$. |
|---|---|---|
| $\begin{matrix}\mathrm{CO.OCH^3}\\ \mathrm{CH^2.OH}\end{matrix}$, Glycolate de méthyle. | $\begin{matrix}\mathrm{CO.OH}\\ \mathrm{CH^2.O.C^3H^5O}\end{matrix}$, Acide propioglycolique. | $\begin{matrix}\mathrm{CO.OH}\\ \mathrm{CH^2.O.C^8H^7O}\end{matrix}$, Acide toluoglycolique. |
| $\begin{matrix}\mathrm{CO.OH}\\ \mathrm{CH^2.O.CH^3}\end{matrix}$, Acide méthylglycolique. | $\begin{matrix}\mathrm{CO.OH}\\ \mathrm{CH.O.C^2H^3O}\\ \mathrm{CH^3}\end{matrix}$, Acide acétolactique. | $\begin{matrix}\mathrm{CO.OH}\\ \mathrm{CH.O.C^7H^5O}\\ \mathrm{CH^3}\end{matrix}$, Acide benzolactique. |
| $\begin{matrix}\mathrm{CO^2H}\\ \mathrm{CH.OH}\\ \mathrm{CH^3}\end{matrix}$, Acide lactique. | $\begin{matrix}\mathrm{CO.OCH^3}\\ \mathrm{CH^2.O.C^2H^3O}\end{matrix}$, Acétoglycolate de méthyle. | $\begin{matrix}\mathrm{CO.OCH}\\ \mathrm{CH^2.O.C^7H^5O}\end{matrix}$. Benzoglycolate de méthyle. |

Les ammoniaques composées présentent une foule d'exemples du genre d'isomérie dont il s'agit ici. L'azote triatomique peut joindre des groupes alcooliques différents l'un de l'autre, mais dont l'un renferme en plus des éléments qui manquent dans l'autre, de telle sorte que la compensation s'établisse. En voici des exemples :

*Ammoniaques composées isomériques :*

$$\left.\begin{array}{r}\mathrm{CH^3}\\ \mathrm{CH^3}\\ \mathrm{CH^3}\end{array}\right\}\mathrm{Az},\qquad \left.\begin{array}{r}\mathrm{C^2H^5}\\ \mathrm{CH^3}\\ \mathrm{H}\end{array}\right\}\mathrm{Az},\qquad \left.\begin{array}{r}\mathrm{C^3H^7}\\ \mathrm{H}\\ \mathrm{H}\end{array}\right\}\mathrm{Az}.$$

Triméthylamine. Méthyl-éthylamine. Propylamine.

Des cas analogues d'isomérie se présentent dans les diamines, les alcalamides, les amides, etc.

*Diamines isomériques :*

$$\left.\begin{array}{r}\mathrm{C^2H^4}\\ \mathrm{(CH^3)^2}\\ \mathrm{H^2}\end{array}\right\}\mathrm{Az^2},\qquad \left.\begin{array}{r}\mathrm{C^2H^4}\\ \mathrm{C^2H^5}\\ \mathrm{H^3}\end{array}\right\}\mathrm{Az^2},$$

Diméthyle-éthylène-diamine. Éthyle-éthylène-diamine.

$$\left.\begin{array}{r}\mathrm{C^3H^6}\\ \mathrm{CH^3}\\ \mathrm{H^3}\end{array}\right\}\mathrm{Az^2},\qquad \left.\begin{array}{r}\mathrm{C^4H^8}\\ \mathrm{H^2}\\ \mathrm{H^2}\end{array}\right\}\mathrm{Az^2},$$

Méthyle-propylène-diamine. Butylène-diamine.

*Alcalamides isomériques :*

$$\left.\begin{array}{r}\mathrm{C^2H^3O}\\ \mathrm{C^2H^5}\\ \mathrm{H}\end{array}\right\}\mathrm{Az},\qquad \left.\begin{array}{r}\mathrm{C^2H^3O}\\ \mathrm{CH^3}\\ \mathrm{CH^3}\end{array}\right\}\mathrm{Az},$$

Éthylacétamide. Diméthylacétamide.

$$\left.\begin{array}{r}\mathrm{CHO}\\ \mathrm{C^3H^7}\\ \mathrm{H}\end{array}\right\}\mathrm{Az},\qquad \left.\begin{array}{r}\mathrm{C^3H^5O}\\ \mathrm{CH^3}\\ \mathrm{H}\end{array}\right\}\mathrm{Az}.$$

Propyle-formiamide. Méthyle-propionamide.

On voit, en jetant les yeux sur ces formules, que, dans ces composés azotés, l'azote joint des groupes d'atomes ou radicaux différents. Il en est de même dans les corps azotés suivants, mais avec certaines particularités qui vont apparaître si nous développons les formules.

*Acides amidés isomériques :*

$$\begin{array}{l}\mathrm{CO.OH}\\ \mid\\ \mathrm{C^6H^4.AzH(C^2H^3O)},\end{array}\qquad \begin{array}{l}\mathrm{CO.OH}\\ \mid\\ \mathrm{CH^2.AzH(C^7H^5O)}.\end{array}$$

Acide acétoxybenzamique de M. Foster. Acide hippurique.

On voit que dans ces deux acides isomériques l'azote est uni à des groupes différents, savoir : à de l'acétyle dans le premier, à du benzoyle dans le second ; ces deux groupes se trouvent substitués chacun à 1 atome d'hydrogène dans $AzH^2$. On voit aussi qu'il y a compensation entre ces groupes et les groupes $C^6H^4$ et $CH^2$ unis d'un autre côté au même atome d'azote.

*Amides isomériques :*

$$\begin{array}{l}\mathrm{CO.AzH^2}\\ \mid\\ \mathrm{CH.OH}\\ \mid\\ \mathrm{CH^3},\end{array}\qquad \begin{array}{l}\mathrm{CO.OH}\\ \mid\\ \mathrm{CH^2.AzH(CH^3)},\\ \\ \\ \end{array}\qquad \begin{array}{l}\mathrm{CO.OH}\\ \mid\\ \mathrm{CH.AzH^2}\\ \mid\\ \mathrm{CH^3}.\end{array}$$

Lactamide. Sarcosine. Alanine.

La sarcosine est du méthylglycocolle : le groupe méthyle y est uni à de l'azote ; dans son isomère la lactamide, le même groupe méthyle est uni à du carbone ; enfin la lactamide diffère de l'alanine en ce que, dans ces deux composés, le groupe $AzH^2$ est uni à 2 atomes de carbone différents. Ces derniers cas d'isomérie marquent, en quelque sorte, la transition entre les précédents et ceux que nous allons considérer.

En terminant cette partie de notre sujet, nous ferons remarquer que les groupes différents qui sont ainsi fixés dans la même molécule par de l'oxygène ou par de l'azote, dans les isomères précédemment étudiés, se séparent généralement les uns des autres, lorsque cette molécule se dédouble par l'action de réactifs énergiques. Il en est ainsi lorsque des éthers composés isomériques sont soumis à l'action de la potasse ou lorsque des corps azotés isomériques sont attaqués par l'acide nitreux. Il nous paraît inutile de développer ce point ; ajoutons seulement que la facilité avec laquelle ces dédoublements s'opèrent en général a fourni un moyen très-simple de constater et d'interpréter les isoméries dont il s'agit, comme, d'un autre côté, le mode de formation de tels isomères met sur la voie de cette interprétation.

Tout cela est plus difficile pour la classe de composés métamères que nous allons considérer maintenant. Dans ceux-ci ce n'est pas l'oxygène, ce n'est pas l'azote qui vont servir de point d'attache à des groupes ou à des éléments différents ; c'est le carbone lui-même. En d'autres termes, les métaméries dont il s'agit ont leur raison d'être dans la différence de structure des groupes d'atomes qui forment le noyau même de la molécule. Dans ce noyau, tous les atomes de carbone sont rivés entre eux et unis à d'autres atomes, mais la différence du groupement atomique motive des différences de propriétés.

Conformément au principe d'exposition que nous avons adopté, nous allons entrer en matière par des exemples :

1° Les carbures d'hydrogène offrent de nombreux cas d'isomérie. On connaît des butylènes, des amylènes isomériques. L'isomérie est fréquente dans les carbures d'hydrogène aromatiques. De tous ces faits, la théorie de l'atomicité donne une explication satisfaisante en indiquant dans les carbures isomériques un groupement différent des atomes de carbone et d'hydrogène.

2° L'oxyde d'éthylène est isomérique avec l'aldéhyde, l'aldéhyde propylique avec l'acétone.

3° On connaît divers isomères de l'alcool butylique $C^4H^{10}O$, savoir l'alcool butylique de fermentation, l'alcool butylique normal de M. Lieben, l'alcool butylique secondaire de M. de Luynes et l'alcool butylique tertiaire de M. Boutlerow. Dans les composés aromatiques, on peut signaler l'alcool benzylique isomérique avec le crésol, et, dans les phénols eux-mêmes, divers isomères du crésol, du xylénol, etc.

4° Le glycol hexylénique $C^6H^{14}O^2$ a été reconnu isomérique avec le dihydrate de diallyle.

5° On connaît un isomère de l'acide butyrique $C^4H^8O^2$, savoir l'acide isobutyrique. L'isomérie de l'acide lactique $C^3H^6O^3$ avec l'acide paralactique, celle des acides maléique et fumarique $C^4H^4O^4$, celle des acides citraconique, itaconique, mésaconique, ont été signalées depuis longtemps. Parmi les nombreux cas d'isomérie que présentent les acides aromatiques, citons les acides toluique, isotoluique, orthotoluique, alphatoluique $C^8H^8O^2$, les acides salicylique, oxybenzoïque, paroxybenzoïque $C^7H^6O^3$, etc., etc.

6° Nous avons indiqué plus haut l'isomérie de la triméthylamine et de la propylamine $C^3H^9Az$. L'isopropylamine offre des rapports plus étroits avec cette dernière base que la triméthylamine, et cet exemple met dans tout son jour la différence qui existe entre les deux genres de métamérie établis plus haut. Il suffit de jeter les yeux sur les formules suivantes pour comprendre cette différence.

$$\left.\begin{array}{r}\mathrm{CH^3}\\ \mathrm{CH^3}\\ \mathrm{CH^3}\end{array}\right\}\mathrm{Az},\qquad \left.\begin{array}{r}\alpha\text{-}\mathrm{C^3H^7}\\ \mathrm{H}\\ \mathrm{H}\end{array}\right\}\mathrm{Az},\qquad \left.\begin{array}{r}\beta\text{-}\mathrm{C^3H^7}\\ \mathrm{H}\\ \mathrm{H}\end{array}\right\}\mathrm{Az}.$$

Triméthylamine. Propylamine. Isopropylamine.

La différence entre la propylamine et la triméthylamine s'établit par compensation entre les groupes unis par l'azote ; la différence entre le propylamine et l'isopropylamine tient à la structure différente des groupes propyle et isopropyle $C^3H^7$.

Nous bornons là ces exemples, qu'il serait facile de multiplier. Ils suffisent pour diviser et limiter notre sujet, en démontrant que le genre de métamérie que nous considérons ici se rencontre dans toutes les classes de composés organiques. Les carbures d'hydrogène, les aldéhydes et acétones, les alcools et phénols, les glycols, les acides, les ammoniaques composées en présentent de nombreux cas. Dans l'impossibilité où nous sommes de les citer tous, nous allons en mentionner quelques-uns, avec l'interprétation que la théorie en donne, dans chacune de ces différentes classes de composés.

CARBURES D'HYDROGÈNE ISOMÉRIQUES. — Nous en avons déjà traité à l'article HYDROCARBURES, p. 65-67. Bornons-nous à ajouter ici qu'un seul et même carbure d'hydrogène peut donner naissance à des dérivés chlorés, bromés, nitrogénés, etc., isomériques entre eux. Ainsi, en faisant agir le chlore sur le toluène, on obtient, suivant les conditions où l'on opère, du toluène chloré ou du chlorure de benzyle. Nous rappelons ces faits sans y insister, car nous aurons occasion de revenir sur des faits analogues et de les interpréter. Mais nous ne pouvons passer sous silence un des premiers exemples d'isomérie connus et qui rentrent dans cet ordre de faits. Nous voulons parler des relations d'isomérie qui ont été si bien établies par M. Regnault entre les dérivés chlorés du chlorure d'éthyle et les dérivés chlorés du chlorure d'éthylène. Ces relations s'expliquent par la position différente qu'occupent les atomes de chlore dans la molécule.

| $CH^2Cl$ | $CH^3$ |
|---|---|
| $CH^2Cl$ | $CHCl^2$ |
| Chlorure d'éthylène. | Chlorure d'éthyle chloré. |

On peut invoquer des considérations analogues pour expliquer les nombreux cas d'isomérie que présentent les dérivés chlorés, bromés, nitrogénés des carbures d'hydrogène.

ALDÉHYDES ET ACÉTONES ISOMÉRIQUES. — Les aldéhydes renferment un groupe COH uni à un radical hydrocarboné. Dans l'aldéhyde ordinaire, ce groupe est uni à du méthyle. Le groupement des atomes est différent dans l'oxyde d'éthylène où deux groupes $CH^2$ sont unis ensemble et avec l'oxygène. Les acétones renferment un groupe CO, rivé par le carbone à deux groupes hydrocarbonés. Entre les aldéhydes et les acétones il y a des cas d'isomérie motivés par des différences de structure et dont les formules suivantes rendent compte :

| COH | $CH^2 > O$ | $CH^3$ | $CH^3$ |
|---|---|---|---|
| $CH^3$ | $CH^2$ | CO | $CH^2$ |
| | | $CH^3$ | COH |
| Aldéhyde. | Oxyde d'éthylène. | Acétone. | Aldéhyde propylique. |

ALCOOLS ET ISOALCOOLS. — M. Wurtz a signalé le premier exemple d'isomérie dans les alcools en démontrant que le *pseudo-alcool* qu'il a nommé hydrate d'amylène est isomérique avec l'alcool amylique de fermentation : on l'obtient en traitant par l'oxyde d'argent l'iodhydrate d'amylène résultant de la fixation de l'acide iodhydrique sur l'amylène. Frappé de la facilité avec laquelle les éléments de l'eau se séparent de l'hydrate d'amylène (t. I, p. 239), M. Wurtz avait été conduit à interpréter cette isomérie en admettant que, dans l'iodhydrate d'amylène et ses dérivés, le groupe amylène conserve une certaine individualité, c'est-à-dire que l'iode et l'hydrogène fixés directement sur ce groupe ne contractent pas avec le carbone une union aussi intime que celle qui existe entre les mêmes éléments dans l'iodure d'amyle. Cette interprétation a été attaquée, peut-être avec raison, et comme vers la même époque M. Kolbe introduisait dans la science la distinction entre les alcools primaires, secondaires et tertiaires (t. I, p. 112), on a aussitôt rattaché à cette dernière notion l'explication de l'isomérie entre l'hydrate d'amyle et l'hydrate d'amylène. On a dit : l'hydrate d'amylène est isomérique avec l'hydrate d'amyle, par la raison que le premier est un alcool secondaire. Cette idée ne nous paraît pas meilleure que la nôtre. Il existe des alcools secondaires aussi stables que certains alcools primaires; tel est l'alcool isopropylique. La facilité avec laquelle l'hydrate d'amylène se dédouble nous paraît donc indépendante de sa qualité d'alcool secondaire, liée sans doute à quelque particularité de structure. Mais sans vouloir insister sur ce point, nous ajoutons que la conception de M. Kolbe offre une importance réelle en donnant des aperçus précieux sur l'isomérie d'une foule d'alcools. Développons ce point. Voici d'abord une définition.

Un alcool est primaire lorsqu'il renferme un groupe $-CH^2.OH$; secondaire lorsqu'il renferme un groupe $=CH.OH$; tertiaire lorsqu'il renferme un groupe $\equiv C.OH$. Exemples :

| $CH^2.OH$ | $CH^3$ | $CH^3$ |
|---|---|---|
| $CH^2$ | $CH.OH$ | $CH^3-C.OH$ |
| $CH^3$ | $CH^3$ | $CH^3$ |
| Alcool propylique normal. | Alcool isopropylique. | Alcool pseudo-butylique tertiaire (triméthyl-carbinol). |

On voit que la cause de l'isomérie entre l'alcool propylique normal et l'alcool isopropylique est due à cette circonstance que l'oxhydryle est attaché, dans le premier, au groupe terminal $CH^2$, dans le second au groupe central CH. Dans l'alcool pseudobutylique tertiaire de M. Boutlerow, il est en rapport avec l'atome de carbone qui sert en quelque sorte de noyau à la molécule. Ces différences de groupement motivent des différences de propriétés parmi lesquelles la plus importante est celle-ci : les alcools secondaires et tertiaires ne donnent jamais en s'oxydant l'acide correspondant, mais bien des acétones, ou, par la rupture de la molécule, des acides inférieurs.

Il s'en faut que la distinction établie par M. Kolbe entre les alcools donne la raison de toutes les isoméries qu'ils peuvent présenter. Reprenant les exemples cités plus haut, nous constatons, en effet, qu'il existe deux alcools butyliques primaires : le normal, découvert par M. Lieben, et l'alcool de fermentation. Il suffit de se reporter aux formules des butylènes isomériques que nous avons données (p. 65) pour comprendre que l'oxhydryle et l'atome d'hydrogène par lesquels ces butylènes diffèrent de l'alcool peuvent s'attacher en divers points de la chaîne, là où il présente des affinités libres. Nous donnons ici les formules des quatre alcools butyliques aujourd'hui connus.

| $CH^3$ | |
|---|---|
| $CH^2$ | $CH^2.OH$ |
| $CH^2$ | $CH^3-CH$ |
| $CH^2.OH$ | $CH^3$ |
| Alcool butylique normal (primaire). | Alcool butylique de fermentation (primaire). |

| $CH^3$ | |
|---|---|
| $CH^2$ | $CH^3$ |
| $CH.OH$ | $CH^3-C.OH$ |
| $CH^3$ | $CH^3$ |
| Alcool butylique de M. de Luynes ou éthyl-méthyl-carbinol (secondaire). | Triméthyl-carbinol (tertiaire). |

L'alcool butylique normal donne par l'oxydation de l'acide butyrique; l'alcool butylique de fermentation, qui est de l'isopropylcarbinol (il renferme le groupe isopropyle

$$CH\left\{\begin{matrix}CH^3\\CH^3\end{matrix}\right.$$

uni à un groupe $CH^2.OH$), donne par l'oxydation de l'acide isobutyrique; l'alcool butylique ou hydrate de butylène de M. de Luynes donne un acétone, $C^2H^5.CO.CH^3$. L'hydrate d'éthyle-vinyle de M. Wurtz et l'alcool éthylé de M. Lieben sont sans doute identiques avec l'hydrate de butylène de M. de Luynes.

La théorie prévoit des isoméries plus nombreuses encore pour l'hydrate d'amyle. On sait que l'alcool amylique de fermentation n'est pas l'hydrate d'amyle normal. M. Erlenmeyer le qualifie d'alcool isopropyl-éthylique et lui attribue en conséquence la formule

$$\begin{matrix}CH^2.OH\\ CH^2\\ CH^3\text{-}CH\\ CH^3\end{matrix}$$

On connait aujourd'hui les isomères suivants de cet alcool :

Hydrate d'amylène (Wurtz);

Alcool obtenu en hydrogénant le méthylbutyryle Friedel) probablement identique avec le suivant;

Alcool isoamylique (hydrate d'éthyle-allyle), (Wurtz);

Alcool amylique tertiaire (éthyl-diméthyl-carbinol);

Alcool amylique normal de MM. Lieben et Rossi.

Nous ne croyons pas devoir indiquer ici la constitution de tous ces corps; les principes que nous avons invoqués pour interpréter l'isomérie des alcools butyliques s'appliquent encore ici.

Nous pouvons les invoquer de même pour expliquer l'isomérie entre certains phénols et alcools aromatiques, tels que le crésol et l'alcool benzylique $C^7H^8O$ :

| $C^6H^4.OH$ <br> $CH^3$ | $C^6H^5$ <br> $CH^2.OH$ |
|---|---|
| Crésol. | Alcool benzylique. |

Toutefois les phénols présentent des cas d'isomérie qui ne rentrent pas dans le précédent. On a signalé récemment l'existence de deux xylénols, $C^8H^{10}O$, isomériques l'un avec l'autre, celle de trois crésols, $C^7H^8O$. De ces isomères, l'un est solide, l'autre liquide. En nous reportant à la constitution des combinaisons aromatiques (t. I, p. 388), il nous sera facile d'interpréter cette isomérie en admettant qu'elle est due à la position différente qu'occupent, dans le noyau benzique, l'oxhydryle et les chaînes latérales méthyle. Ce point sera développé plus loin.

| $C^6H^4\left\{\begin{matrix}OH\\CH^3\end{matrix}\right.$ | $C^6H^3\left\{\begin{matrix}OH\\CH^3\\CH^3\end{matrix}\right.$ |
|---|---|
| Crésols. | Xylénols. |

GLYCOLS ET ISOGLYCOLS. — On a reconnu, dans ces dernières années, que les glycols supérieurs, c'est-à-dire le propylglycol, le butylglycol, l'amylglycol, l'hexylglycol, l'octylglycol de M. de Clermont ne sont pas les vrais homologues du glycol éthylénique. Ce dernier est un glycol normal ou primaire

$$\begin{matrix}CH^2.OH\\ CH^2.OH;\end{matrix}$$

les autres ne sont pas identiques, mais isomériques avec les glycols primaires dont la formule générale serait

$$\begin{matrix}CH^2.OH\\ C^nH^{2n}\\ CH^2.OH\end{matrix}$$

Nous retrouvons ici une notion analogue à celle que nous venons de développer pour les alcools. Il y a des glycols primaires avec *deux* groupes $-CH^2.OH$, associés à une chaîne d'atomes de carbone et d'hydrogène, secondaires avec *deux* groupes $=CH.OH$, tertiaires avec *deux* groupes $\equiv C.OH$. Il y a plus : il peut y avoir des glycols *mixtes*, les uns à la fois primaires et secondaires avec un groupe $-CH^2.OH$ et un groupe $=CH.OH$, d'autres primaires et tertiaires avec un groupe $-CH^2.OH$ et un groupe $\equiv C.OH$, d'autres enfin secondaires et tertiaires avec un groupe $=CH.OH$ et un groupe $\equiv CO.H$.

Parmi tous ces glycols il peut se présenter de nombreux cas d'isomérie. Étudions quelques-uns de ceux qui sont connus.

Le propylglycol n'est pas le vrai homologue du glycol : il en est l'isomère. Les deux formules suivantes expriment cette isomérie :

| $CH^2.OH$ <br> $CH^2$ <br> $CH^2.OH$ | $CH^3$ <br> $CH.OH$ <br> $CH^2.OH$ |
|---|---|
| Propylglycol normal. | Propylglycol. |

Le propylglycol normal de M. Géromont devrait donner par l'oxydation de l'acide paralactique et de l'acide malonique. Le propylglycol de M. Wurtz donne par l'oxydation de l'acide lactique ordinaire

$$\begin{matrix}CH^3\\ CH.OH\\ CO.OH.\end{matrix}$$

Il est à la fois glycol primaire et glycol secondaire. M. Dossios le qualifie de *hemipseudoglycol* [*Bull. de la Soc. chim.*, 1867, t. VII, p. 208].

Le glycol hexylénique présente un curieux exemple d'isomérie avec le dihydrate de diallyle (t. I, p. 1144). Si, comme on l'admet généralement, l'iodure d'allyle offre la constitution

$$\begin{matrix}CH^2\\ CH\\ CH^2I;\end{matrix}$$

s'il est vrai, d'un autre côté, comme le suppose M. Dossios, que le glycol hexylénique est un hémi-isoglycol, on pourrait exprimer par les formules suivantes l'isomérie entre les deux glycols dont il s'agit :

| $CH^3$ <br> $CH.OH$ <br> $CH^2$ <br> $CH^2$ <br> $CH.OH$ <br> $CH^3$ | $CH^3$ <br> $CH^2$ <br> $CH^2$ <br> $CH^2$ <br> $CH.OH$ <br> $CH^2.OH$ |
|---|---|
| Dihydrate de diallyle (glycol secondaire). | Glycol hexylénique (hémi-isoglycol). |

Dans les combinaisons aromatiques on rencontre des isoméries parmi les phénols diatomiques. Il en est ainsi pour l'oxyphénol (pyrocatéchine), la résorcine, l'hydroquinone. La formule rationnelle

$$C^6H^4\left\{\begin{matrix}OH\\OH\end{matrix}\right.$$

exprime la constitution de ces trois corps, et l'isomérie qu'ils présentent peut s'expliquer, comme d'autres du même genre, par la position différente qu'occupent les oxhydryles dans le noyau benzique. Dans l'hydroquinone il est probable qu'ils sont voisins l'un de l'autre, par la raison que dans la quinone les deux atomes d'oxygène sont liés (Graebe) :

| $C^6H^4\left\{\begin{matrix}O\\O\end{matrix}\right.$ | $C^6H^4\left\{\begin{matrix}OH\\OH\end{matrix}\right.$ |
|---|---|
| Quinone. | Hydroquinone. |

ISOMÉRIE DES HYDRATES DE CHARBON. — Les isoméries qu'on a constatées depuis longtemps entre divers sucres, tels que la glucose, la lévulose, la galactose, d'une part, la saccharose, la lactose, la tréhalose, etc., de l'autre, rentrent sans doute dans les cas que nous venons d'analyser. Ajoutons pourtant qu'il peut se présenter ici des cas de polymérie. Il est très-probable qu'il en est ainsi pour divers hydrates de charbon, qui répondent à la formule empirique $C^6H^{10}O^5$. Mais comme les vraies formules moléculaires et la constitution des corps dont il s'agit sont loin d'être établies, nous devons nous borner à indiquer ce sujet sans essayer de le développer.

ISOMÉRIE DANS LES ACIDES. — Dans la série des acides gras, homologues avec l'acide formique, les cas d'isomérie ne sont pas nombreux. Rappelons que M. Noellner a annoncé il y a longtemps l'existence d'un isomère de l'acide propionique que M. Nicklès a décrit plus tard sous le nom d'acide butyro-acétique.

Cette isomérie n'est point démontrée et la théorie ne la prévoit pas, par la raison que l'hydrure de propyle, d'où dérive l'acide propionique ne saurait avoir un isomère :

| $CH^3$<br>$CH^2$<br>$CH^3$ | $CH^3$<br>$CH^2$<br>$CO^2H.$ |
|---|---|
| Hydrure de propyle. | Acide propionique. |

Il n'en pas ainsi pour les dérivés de l'acide propionique : on connaît deux acides chloro-propioniques, l'un formé par l'action du perchlorure de phosphore sur le lactate de calcium (Wurtz, Ulrich); l'autre résultant de l'action du perchlorure de phosphore sur l'acide glycérique. Ces deux acides offrent une constitution différente, l'atome de chlore étant uni, dans chacun d'eux, à un autre atome de carbone (Wichelhaus) :

| $CH^3$<br>$CHCl$<br>$CO.OH$ | $CH^2Cl$<br>$CH^2$<br>$CO.OH$ |
|---|---|
| Acide chloropropionique (dérivé de l'acide lactique). | Acide isochloropropionique (dérivé de l'acide glycérique). |

L'acide isoïodopropionique qui résulte de l'action de l'iodure de phosphore sur l'acide glycérique (Beilstein) correspond à l'acide chloré que nous venons de mentionner.

On connaît un isomère de l'acide butyrique : c'est l'acide isobutyrique de M. Morkownikoff [*Bull. de la Soc. chim.*, 1866, t. V, p. 53]. L'acide valérique anciennement connu est probablement l'homologue de ce dernier et non pas celui de l'acide butyrique de fermentation. Les formules suivantes donnent l'interprétation de cette isomérie :

| $CH^3$<br>$CH^2$<br>$CH^2$<br>$CO.OH$ | $CH^3$<br>$CH^3\text{-}CH$<br>$CO.OH$ |
|---|---|
| Acide butyrique de fermentation. | Acide isobutyrique. |

| $CH^3$<br>$CH^2$<br>$CH^2$<br>$CH^2$<br>$CO.OH$ | $CH^3$<br>$CH^2$<br>$CH^3\text{-}CH$<br>$CO.OH$ |
|---|---|
| Acide valérique normal de MM. Lieben et Rossi. | Acide valérique (dérivé de l'alcool amylique). |

L'isomérie entre ces acides est évidemment du même genre que celle que l'on constate entre les alcools correspondants (p. 147).

Passant à un autre groupe d'acides, nous rencontrons l'acide lactique et l'acide paralactique dont l'isomérie a été indiquée et interprétée dans d'autres articles de cet ouvrage (t. I, p. 457). Nous n'y reviendrons pas. L'homologue supérieur de l'acide lactique est l'acide butylactique, que M. Wurtz a obtenu en oxydant le glycol butylénique. La théorie prévoit l'existence de quatre isomères de cet acide butylactique. En supposant que le butylglycol soit l'homologue supérieur du propylglycol (p. 148), les formules suivantes exprimeront la constitution du glycol butylénique et de son dérivé acide :

| $CH^3$<br>$CH^2$<br>$CH.OH$<br>$CH^2.OH$ | $CH^3$<br>$CH^2$<br>$CH.OH$<br>$CO.OH.$ |
|---|---|
| Glycol butylénique. | Acide butylactique. |

L'acide oxybutyrique que MM. Friedel et Machuca ont obtenu en faisant réagir l'eau et l'oxyde d'argent sur l'acide bromobutyrique peut offrir une constitution exprimée par l'une ou l'autre des formules suivantes :

| $CH^3$<br>$CH^2$<br>$CH.OH$<br>$CO.OH$ | $CH_3$<br>$CH.OH$<br>$CH^2$<br>$CO.OH$ | $CH^2.OH$<br>$CH^2$<br>$CH^2$<br>$CO.OH.$ |
|---|---|---|
| Acide α-oxybutyrique. | Acide β-oxybutyrique. | Acide γ-oxybutyrique. |

On sait que M. Wislicenus a obtenu l'acide β-oxybutyrique en traitant par l'hydrogène naissant l'éther acétylo-acétique [*Ann. de Chim. et de Phys.*, (4), t. XVIII, p. 392].

Enfin l'acide acétonique de M. Staedeler est un acide oxyisobutyrique. La théorie en prévoit deux :

| $CH^3$<br>$CH^3\text{-}C.OH$<br>$CO.OH$ | $CH^2.OH$<br>$CH^3\text{-}CH$<br>$CO.OH$ |
|---|---|
| Acide acétonique (α-oxyisobutyrique. | Acide β-oxyisobutyrique. |

Les considérations précédemment exposées, en fixant les principes, nous dispensent d'entrer dans d'autres détails concernant l'isomérie des acides de la série grasse. Ajoutons seulement que la théorie prévoit et que M. Erlenmeyer a découvert un isomère de l'acide succinique qui serait à cet acide ce que le chlorure d'éthylidène est au chlorure d'éthylène :

| $CH^2Cl$<br>$CH^2Cl$ | $CH^2.CO^2H$<br>$CH^2.CO^2H$ |
|---|---|
| Chlorure d'éthylène. | Acide succinique. |
| $CH^3$<br>$CHCl^2$ | $CH^3$<br>$CH\begin{cases}CO^2H\\CO^2H.\end{cases}$ |
| Chlorure d'éthylidène. | Acide isosuccinique. |

*Isoméries dans les acides aromatiques.* — On a constaté un grand nombre d'isoméries dans les acides appartenant aux combinaisons aromatiques. La théorie n'en prévoit pas pour l'acide benzoïque. Il n'en est pas ainsi pour les dérivés de cet acide, et nous avons à constater ici un fait analogue à celui qui se présente pour les dérivés de l'acide propionique. L'acide benzoïque donne naissance à trois séries de dérivés par substitution; l'une d'elles comprend ce qu'on a nommé les combinaisons dracyliques. Ainsi on connaît :

| | | | |
|---|---|---|---|
| Un acide chlorobenzoïque... | un acide chlorosalylique.. | un acide chlorodracylique... | $C^6H^4\left\{\begin{matrix}Cl\\CO^2H\end{matrix}\right.$ |
| — nitrobenzoïque.... | — — | — nitrodracylique.... | $C^6H^4\left\{\begin{matrix}AzO^2\\CO^2H\end{matrix}\right.$ |
| — amidobenzoïque... | — anthranilique. | — amidodracylique... (paramidobenzoïque). | $C^6H^4\left\{\begin{matrix}AzH^2\\CO^2H\end{matrix}\right.$ |
| — azobenzoïque..... | — — | — azodracylique ..... | $\left\{\begin{matrix}C^6H^4\left\{\begin{matrix}CO^2H\\Az\end{matrix}\right.\\ \Vert \\C^6H^4\left\{\begin{matrix}Az\\CO^2H\end{matrix}\right.\end{matrix}\right.$ |
| — hydrazobenzoïque. | — — | — hydrazodracylique. | $\left\{\begin{matrix}C^6H^4\left\{\begin{matrix}CO^2H\\AzH\end{matrix}\right.\\ \vert \\C^6H^4\left\{\begin{matrix}AzH\\CO^2H\end{matrix}\right.\end{matrix}\right.$ |

L'isomérie de ces acides s'explique, conformément à la théorie des combinaisons aromatiques, par les places différentes qu'occupent dans le noyau benzique les éléments ou les groupes qui y sont entrés par substitution.

Tous ces dérivés renferment un noyau benzique $C^6H^4$, deux éléments ou groupes étant substitués à 2 atomes d'hydrogène dans la benzine $C^6H^6$.

Il en est de même dans d'autres acides isomériques appartenant à la série aromatique.

On connaît trois acides

$$C^8H^8O^2 = C^6H^4\left\{\begin{matrix}CH^3\\CO^2H,\end{matrix}\right.$$

savoir : l'acide orthotoluique, que MM. Bieber et Fittig ont obtenu en oxydant l'orthotoluène; l'acide isotoluique, que M. Ahrens a obtenu en réduisant l'acide parabromotoluique; enfin l'acide toluique ordinaire, obtenu par l'oxydation du cymène ou d'un des xylènes contenus dans le goudron de houille.

A côté de ces acides isomériques nous mentionnerons les trois acides de la formule

$$C^8H^6O^4 = C^6H^4\left\{\begin{matrix}CO^2H\\CO^2H,\end{matrix}\right.$$

savoir : l'acide phtalique, obtenu par l'oxydation de la naphtaline; l'acide isophtalique, que MM. Fittig et Velguth ont obtenu en oxydant l'isoxylène; l'acide téréphtalique, qui se forme par l'oxydation de l'essence de térébenthine (Caillot), d'un des xylènes du goudron de houille, de l'acide toluique, etc.

Enfin nous citerons encore l'isomérie bien connue des acides oxybenzoïque, salicylique, paroxybenzoïque, dont la composition est représentée par la formule

$$C^7H^6O^3 = C^6H^4\left\{\begin{matrix}OH\\CO^2H.\end{matrix}\right.$$

L'isomérie de tous ces acides est due à une différence de structure facile à définir : les deux chaînes y occupent des places différentes dans le noyau benzique.

*Orthosérie, métasérie, parasérie.* — Ici se place un développement important; pour chaque dérivé benzique renfermant deux chaînes latérales, la théorie prévoit et l'expérience démontre l'existence de *trois* isomères; mais ce nombre ne saurait être dépassé. Pour s'en convaincre il convient de recourir à la représentation graphique de M. Kekulé, qui a numéroté en quelque sorte les points d'attache des éléments ou groupes substitués à l'hydrogène du noyau benzique. La voici :

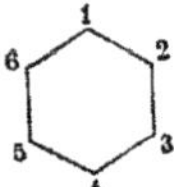


Les deux éléments ou groupes dont il s'agit peuvent être voisins l'un de l'autre et occuper par conséquent les places 1,2 ou 2,3, etc. On est convenu de nommer *orthosérie* la série de toutes les combinaisons aromatiques ainsi constituées.

En second lieu, les points d'attache des éléments ou groupes substitués peuvent être séparés par une des places encore occupées par l'hydrogène dans le noyau $C^6H^4$. Dans les combinaisons ainsi constituées, les éléments ou groupes substitués à 2 atomes d'hydrogène occupent donc les positions 1,3 ou 2,4, ou 3,5 ou 4,6 ou 5,1. Ces combinaisons appartiennent à la *métasérie.*

Enfin les éléments ou groupes, substitués à 2 atomes d'hydrogène, peuvent être séparés par deux places dans le noyau $C^6H^4$ et occuper par conséquent les positions 1,4 ou 2,5 ou 3,6. Les combinaisons ainsi constituées appartiennent à la *parasérie.*

Les figures suivantes offrent une représentation graphique de ces définitions, qui sont fondées sur la formule bien connue de la benzine (t. I, p. 388).

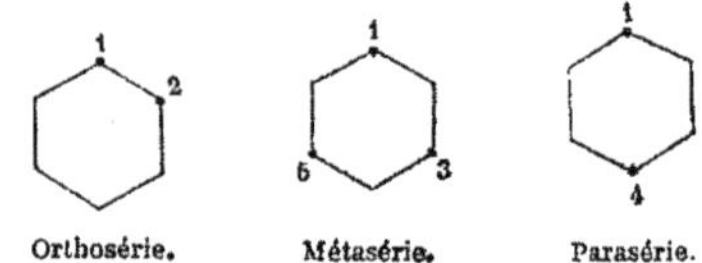


Orthosérie. Métasérie. Parasérie.

On a rangé dans le tableau suivant un certain nombre de composés aromatiques dont l'isomérie est interprétée par des considérations de ce genre et qui appartiennent aux trois séries ainsi définies :

| Formules. | *Orthosérie.* | *Métasérie.* | *Parasérie.* |
|---|---|---|---|
| $C^6H^4\left\{\begin{matrix}Br\\CH^3\end{matrix}\right.$ | Toluène bromé liquide. | » | Toluène bromé solide. |
| $C^6H^4\left\{\begin{matrix}CH^3\\CH^3\end{matrix}\right.$ | Orthoxylène. | Isoxylène. | Méthyl-toluène. |
| $C^6H^4\left\{\begin{matrix}Cl\\CO^2H\end{matrix}\right.$ | Acide monochlorobenzoïque. | Acide chlorosalylique. | Acide parachlorobenzoïque. (Chlorodracylique.) |

| Formules. | Orthosérie. | Métasérie. | Parasérie. |
| --- | --- | --- | --- |
| $C^6H^4 \left\{ \begin{array}{l} AzH^2 \\ CO^2H \end{array} \right.$ | Acide amidobenzoïque. | Acide anthranilique, | Acide paramidobenzoïque (Beilstein, Wilbrand et Fischer). |
| $C^6H^4 \left\{ \begin{array}{l} OH \\ CO^2H \end{array} \right.$ | Acide oxybenzoïque. | Acide salicylique | Acide paroxybenzoïque. |
| $C^6H^4 \left\{ \begin{array}{l} CH^3 \\ CO^2H \end{array} \right.$ | Acide orthotoluique. | Acide isotoluique. | Acide toluique de Noad. |
| $C^6H^4 \left\{ \begin{array}{l} CO^2H \\ CO^2H \end{array} \right.$ | Acide orthophtalique. | Acide isophtalique. | Acide téréphtalique. |
| $C^6H^4 \left\{ \begin{array}{l} OH \\ OH \end{array} \right.$ | Hydroquinone. | Pyrocatéchine (?). | Résorcine (?). |
| $C^6H^4 \left\{ \begin{array}{l} CH^3 \\ OH \end{array} \right.$ | Orthocrésol (provenant du thymol). | Crésol liquide. | Crésol solide. |

Sans vouloir entrer dans des développements étendus sur ce sujet, nous nous bornerons à présenter quelques observations de nature à justifier les places assignées à quelques-uns des composés précédents.

1° D'après M. Baeyer, le mésitylène est de la triméthylbenzine symétrique :

$$C^6H^3 \left\{ \begin{array}{l} CH^3 \\ CH^3 \\ CH^3; \end{array} \right.$$

les trois chaînes latérales y occupent les positions 1, 3, 5.

Dans l'acide mésitylénique

$$C^6H^3 \left\{ \begin{array}{l} CH^3 \\ CH^3 \\ CO^2H, \end{array} \right.$$

qui dérive du mésitylène, les deux groupes $CH^3$ occupent par conséquent les places 1 et 3, et conservent cette position dans l'isoxylène, qui dérive de l'acide mésitylénique (voir ces mots). Mais l'isoxylène donne par oxydation de l'acide isotoluique

$$C^6H^4 \left\{ \begin{array}{l} CH^3 \\ CO^2H \end{array} \right.$$

(Ahrens), et de l'acide isophtalique

$$C^6H^4 \left\{ \begin{array}{l} CO^2H \\ CO^2H. \end{array} \right.$$

Ces deux acides appartiennent donc à la même série que l'isoxylène.

2° L'orthoxylène dérive d'un isomère de l'acide mésitylénique, l'acide paraxylylique

$$C^6H^3 \left\{ \begin{array}{l} CH^3 \\ CH^3 \\ CO^2H, \end{array} \right.$$

dans lequel les trois chaînes latérales occupent les places 1, 3, 4. Il est très-probable que le carboxyle y occupe la place 1. Dans le xylène qui résulte de l'élimination de $CO^2$ des éléments de l'acide paraxylylique, les deux groupes $CH^3$ sont donc voisins l'un de l'autre. Ce carbure d'hydrogène est donc l'orthoxylène; il donne par oxydation de l'acide orthotoluique (Richter et Fittig).

3° Le toluène bromé solide donne par l'oxydation de l'acide para-bromobenzoïque. D'un autre côté, par la substitution du méthyle au brome, ce toluène bromé se convertit en méthyltoluène. Cet hydrogène carboné donne par oxydation de l'acide toluique et de l'acide téréphtalique. Tous ces corps appartiennent à la parasérie.

4° L'acide phtalique, produit d'oxydation de la naphtaline, appartient à l'orthosérie, par la raison que les deux carboxyles sont attachés à deux atomes de carbone voisins, c'est-à-dire à ceux par lesquels les deux noyaux benziques sont soudés l'un à l'autre. — Voyez la formule de la naphtaline, p. 68.

L'hydroquinone appartient de même à l'orthosérie par la raison que les deux atomes d'oxygène joints dans la quinone l'un à l'autre, et unis dans l'hydroquinone à de l'hydrogène, sont évidemment voisins.

5° On trouve dans l'orthosérie les acides nitro- et amidobenzoïque; l'acide oxybenzoïque, qui dérive de ce dernier, appartient donc à la même série. L'acide parabromobenzoïque dérive par oxydation du toluène bromé solide et doit être rangé dans la même série que les dérivés dracyliques, l'acide paramidobenzoïque, l'acide paroxybenzoïque. Ces considérations fixent, par exclusion, la place de l'acide chlorosalylique, de l'acide salicylique qui en dérive, et de tous les congénères de ce dernier acide.

6° Le crésol solide, qui donne par oxydation de l'acide paroxybenzoïque, appartient à la parasérie. Le crésol, provenant du thymol, donne par oxydation de l'acide oxybenzoïque : c'est l'orthocrésol. Le crésol liquide ordinaire donne de l'acide salicylique; il appartient à la métasérie.

Nous bornons là ces observations, qui, tout en éclairant le sujet qui nous occupe, laissent encore place à quelques incertitudes.

Parmi les nombreux exemples d'isoméries qu'offrent les combinaisons aromatiques et plus spécialement les acides, nous citerons ici les acides cinnamique, atropique, isatropique; ils prennent naissance par la substitution du groupe phényle à l'hydrogène non basique de l'acide acrylique ou d'un isomère de cet acide, et leur isomérie résulte de la place différente qu'occupe le groupe phényle dans la molécule. L'acide cinnamique est, comme on sait, l'acide phénylacrylique. Sa constitution et celle de ses isomères sont représentées par les formules suivantes [*Ann. de Chim. et de Phys.*, (4), t. XVIII, p. 409] :

| Acide cinnamique. | Acide atropique. | Acide isatropique. |
| --- | --- | --- |
| $CH.(C^6H^5)$ <br> $\parallel$ <br> $CH$ <br> $\vert$ <br> $CO^2H$ | $= CH$ <br> $\vert$ <br> $CH(C^6H^5)$ <br> $\vert$ <br> $CO^2H$ | $CH^2$ <br> $\parallel$ <br> $C(C^6H^5)$ <br> $\vert$ <br> $CO^2H.$ |

Les relations d'isomérie qui existent entre l'acide cinnamique (phénylacrylique) et l'acide atropique $C^9H^8O^2$, se retrouvent entre les acides phényllactique et tropique $C^9H^{10}O^3$. On ne connaît pas moins de neuf acides qui possèdent cette dernière composition, savoir : les acides phényllactique, tropique, oxymésitylénique, phlorétique, mélilotique, hydroparacoumarique, isophlorétique, xylétique, éthyloxybenzoïque. — Voir ces mots.

ISOMÉRIE DANS LES BASES ORGANIQUES. — Sur ce sujet, nous n'avons que peu de chose à ajouter à ce qui a été dit plus haut. Signalons l'isomérie entre l'aniline ou phénylamine et la picoline. On l'a exprimée par les formules

| $(C^6H^5)'H^2Az,$ | $(C^6H^7)'''Az.$ |
| --- | --- |
| Phénylamine. | Picoline. |

La seconde ferait dériver le groupe triatomique $(C^6H^7)'''$ d'un carbure $C^6H^{10}$, qui serait saturé (?).

Au reste la constitution de la picoline paraît éclaircie par les nouvelles recherches de M. Baeyer qui a obtenu cette base par la distillation de l'acroléine-ammoniaque. Il lui attribue la formule

$$Az \begin{matrix} - C^3H^4 \searrow \\ = C^3H^3 \nearrow \end{matrix}$$

d'après laquelle ce corps ne rentre pas dans la série aromatique. — Voyez le mot PICOLINE.

Les cas d'isomérie sont nombreux dans les homologues supérieurs de l'aniline. Citons la benzylamine, la toluidine, la pseudotoluidine. Les formules suivantes indiquent la constitution des deux premières :

$$C^6H^5.CH^2.AzH^2, \qquad C^6H^4\left\{\begin{matrix}CH^3\\AzH^2.\end{matrix}\right.$$

Benzylamine. — Toluidine et pseudo-toluidine.

L'isomérie de la toluidine et de la pseudotoluidine s'explique par la considération que nous avons si souvent invoquée de la place relative qu'occupent dans la chaîne benzique les deux groupes $CH^3$ et $AzH^2$. Nous savons même qu'indépendamment de la toluidine et de la pseudotoluidine, il pourrait exister un troisième isomère

$$C^6H^4\left\{\begin{matrix}CH^3\\AzH^2\end{matrix}\right.$$

Ce corps est peut-être la lutidine, c'est-à-dire l'homologue supérieur de la picoline, ou la β-lutidine qu'on a obtenue comme produit de décomposition de la cinchonine.

Un cas d'isomérie très-intéressant que nous pouvons rapporter ici est celui de l'hydrobenzamide et de l'amarine; il n'est point difficile à interpréter. La théorie prévoit, en effet, l'existence des trois corps suivants :

$$\left.\begin{matrix}[C^6H^5.CH]''\\ [C^6H^5.CH]''\\ [C^6H^5.CH]''\end{matrix}\right\} Az^2, \qquad \left.\begin{matrix}[C^6H^4.CH^2]''\\ [C^6H^4.CH^2]''\\ [C^6H^4.CH^2]''\end{matrix}\right\} Az^2,$$

Hydrobenzamide.

$$\left.\begin{matrix}[CH^3.C^6H^3]''\\ [CH^3.C^6H^3]''\\ [CH^3.C^6H^3]''\end{matrix}\right\} Az^2.$$

Amarine.

— Voyez t. I, p. 182.

Ajoutons en terminant cet article que M. Berthelot a proposé d'établir une distinction entre des corps isomères suivant leur mode de génération [*Leçons professées à la Société chimique*, en 1864 et 1865, p. 113].

Il appelle *kénomères* des corps isomériques formés par élimination des mêmes éléments de corps générateurs isomériques, ou par élimination d'éléments différents de corps générateurs différents. Exemples :

$$C^2H^6O - H^2 = C^2H^4O,$$

Alcool. — Aldéhyde.

$$C^2H^6O^2 - H^2O = C^2H^4O.$$

Glycol. — Oxyde d'éthylène.

A. W.

**ISOMORIN.** — Voyez MORIN et BOIS DE TEINTURE.

**ISOMORPHISME.** — Certaines substances possèdent la propriété de cristalliser dans des formes identiques ou fort voisines, et de donner, lorsqu'elles prennent ensemble l'état solide, des cristaux homogènes dans lesquels ces substances sont contenues dans des proportions quelconques. Cette propriété a été désignée par Mitscherlich sous le nom d'*isomorphisme*.

Les travaux d'Haüy avaient montré qu'à chaque corps susceptible de cristaliser appartient une forme particulière, distincte de celles de tous les autres. Il n'y avait d'exception que pour les formes du type cubique qu'Haüy considérait comme des formes *limites* n'étant plus soumises à la loi générale. Cette proposition, dans sa rigueur géométrique, reste vraie encore aujourd'hui, car les corps *isomorphes*, tout en présentant souvent la plus grande ressemblance dans les moindres particularités de leur cristallisation, dérivent de formes primitives dont les angles ne sont pas identiques et peuvent différer de plusieurs degrés. Mais à l'époque où Mitscherlich fit son importante découverte, on regardait comme absolument identique la forme cristalline de divers corps chimiquement différents. On supposait que ces substances étaient des mélanges dans lesquels l'un des composants possédait une énergie de cristallisation telle, qu'il avait pu imprimer sa forme propre à tout l'ensemble. Mitscherlich lui-même commença par attribuer aux corps isomorphes des angles absolument égaux. Wollaston avait cependant montré par des mesures exactes que la calcite, la dolomie et la sidérose ne possèdent pas les mêmes angles; les déterminations de Mitscherlich, effectuées sur les phosphates et les arséniates, le menèrent à cette conclusion, que ce n'est pas l'identité, mais l'extrême ressemblance des formes et surtout cette propriété physico-chimique de cristalliser ensemble en proportion indéfinie, qui constitue l'isomorphisme. L'isomorphisme, gouverné par des analogies de propriétés et de formule, c'est-à-dire de constitution, est donc avant tout une propriété physique. C'est à ce point de vue particulièrement qu'elle offre un grand intérêt au chimiste, qui a pu bien des fois conclure d'une raison d'isomorphisme à une similitude de constitution, et non-seulement corriger certaines formules, mais encore doter la science de corps nouveaux tels que les composés du vanadium.

Les recherches de Mitscherlich avaient été précédées d'un certain nombre d'observations isolées qui auraient pu, semble-t-il, frapper davantage l'attention des chimistes et des minéralogistes. Werner avait déjà signalé la ressemblance de forme de la pyromorphite et de l'apatite. N. Leblanc avait reconnu qu'une solution de sulfate ferreux, additionnée de sulfate de cuivre, laisse déposer des cristaux qui, avec la forme du sulfate de cuivre, renferment des quantités variables et souvent fort considérables de sulfate de fer. Une observation semblable avait été faite par Beudant et d'autres personnes touchant les sulfates de fer et de zinc. Vauquelin avait montré que l'ammoniaque peut remplacer la potasse en proportion quelconque dans l'alun sans en changer la forme, et Gay-Lussac, ayant suspendu un cristal d'alun de potasse dans une solution saturée d'alun d'ammoniaque, le vit s'accroître régulièrement comme si on l'avait replacé dans son eau mère. Ces faits restèrent isolés dans la science, jusqu'au jour où Mitscherlich, fortement frappé de cette idée, qu'à un groupement atomique semblable devrait correspondre une forme cristalline identique, étudia à ce point de vue diverses séries de sels. Il reconnut bientôt que les sulfates des différents métaux de la série magnésienne pouvaient cristalliser avec le même nombre de molécules d'eau et présenter des formes semblables, qu'ils pouvaient se combiner aux sulfates d'ammoniaque ou de potasse et donner des cristaux identiques, que les arséniates et les phosphates, correspondant aux sulfates, offraient la même analogie de cristallisation, et qu'en général la nature des atomes constituants semble influer infiniment moins que leur groupement sur la forme cristalline. Cependant il dut attribuer à la nature chimique des corps isomorphes la cause des petites différences d'angles que la mesure exacte des cristaux l'obligea à reconnaître. A dater du travail de Mitscherlich, la notion de l'isomorphisme était précisée, et les travaux ultérieurs ne devaient y apporter aucune modification importante.

Un remarquable caractère des substances isomorphes a été fourni récemment par les observations de M. Gernez; cet expérimentateur a fait voir qu'une solution sursaturée cristallise également bien lorsqu'on la touche avec un cristal de la substance dissoute ou avec un cristal isomorphe. M. Lecoq de Boisbaudran est même parvenu par cet artifice à obtenir des hydrates cristallisés qui ne se forment pas dans les conditions ordinaires de la cristallisation. — Voyez SURSATURATION.

Certaines substances cristallisées naturelles ou artificielles présentent des angles très-voisins et une grande analogie de forme, quoique appartenant à deux types différents. Tels sont l'albite et l'orthose, le groupe des mésotypes, le pyroxène et la bronzite, le pyroxène et la rhodonite, le bitartrate de potasse et celui d'ammoniaque. Laurent a le premier regardé ces corps comme isomorphes, tout en donnant à cet isomorphisme particulier le nom de *paramorphisme*.

Le même savant a fait remarquer ce fait curieux, à savoir que dans deux cristaux de composition différente, mais voisine, certains angles peuvent se correspondre très-exactement et présenter à très-peu près la même valeur, tandis que d'autres sont entièrement différents. Il désigne ces substances sous le nom d'*hémimorphes*.

L'exemple le plus frappant d'*hémimorphisme* a été donné par M. Pasteur. Ce savant a remarqué dans tous les tartrates orthorhombiques, clinorhombiques et anorthiques, un prisme de 100° environ, surmonté de sommets variables [1].

On est amené dans quelques cas à admettre l'isomorphisme entre des corps ne renfermant pas le même nombre d'atomes; c'est ce qui arrive, par exemple, pour les aluns d'ammoniaque et de potasse et pour la plupart des sels fournis par les alcalis, l'ammoniaque et les ammoniaques composés. C'est ce qui arrive aussi dans d'autres cas plus rares où l'on voit deux atomes monatomiques jouer le rôle et tenir la place d'un atome diatomique; c'est l'isomorphisme polymérique de Scherer qui paraît réel dans les limites que nous venons d'indiquer, mais qu'on peut difficilement admettre comme vrai avec toute l'extension que lui a donnée son auteur. Suivant celui-ci, en effet, $3Al^2O^3$ pourrait remplacer $2SiO^3$, et même $3HO$ remplacer $MgO$ (anciens équivalents).

Le lecteur trouvera dans la table suivante les exemples les mieux connus d'isomorphisme.

*Type cubique.*

(1) Chlorure de potassium..... $KCl$.
— de sodium....... $NaCl$.
— de lithium....... $LiCl$.
— d'ammonium..... $AzH^4Cl$.
— de cœsium...... $CsCl$.
— de rubidium...... $RbCl$.
— de thallium...... $TlCl$.
Bromure de potassium.... $KBr$.
— de sodium....... $NaBr$.
— d'ammonium.... $AzH^4Br$.
Iodure de potassium...... $KI$.
— de sodium........ $NaI$.
— d'ammonium...... $AzH^4I$.
Cyanure de potassium.... $KCAz$.
— d'ammonium..... $AzH^4CAz$.
Fluorure de potassium.... $KFl$.
— de sodium....... $NaFl$.

(2) Sulfure de plomb........ $PbS$ (galène).
Séléniure de plomb....... $PbSe$ (clausthalite).

(3) Bisulfure de fer........... $FeS^2$ (pyrite).
— de manganèse... $MnS^2$ (haüérite).
Arséniosulfure de cobalt... $CbAsS$ (cobaltine).
— de nickel... $NiAsS$ (gersdorffite).
Antimoniosulfure de nickel. $NiSbS$ (ulmannite).

(4) Oxyde de magnésium..... $MgO$ (périclase).
— de nickel.......... $NiO$ (bunsénite).

(5) Acide antimonieux........ $Sb^2O^3$ (sénarmontite).
— arsénieux.......... $As^2O^3$ (arsénolite).

(6) Groupe des spinelles :
Oxyde alumino-magnésien. $MgAl^2O^4$ (spinelle).
— — ferreux.... $FeAl^2O^4$ (pléonaste).
— — zincique... $ZnAl^2O^4$ (gahnite).
— ferrico-magnésien.. $MgFe^2O^4$ (magnoferrite).
— — zincique.... $ZnFe^2O^4$ (franklinite).
— — ferreux..... $FeFe^2O^4$ (magnétite).
— chromico-ferreux... $FeCr^2O^4$ (chromite).
— de titane et de fer.. $TiFe^2O^4$ (isérine).

(7) Nitrate de baryum......... $Ba(AzO^3)^2$.
— de strontium...... $Sr(AzO^3)^2$.
— de plomb......... $Pb(AzO^3)^2$.

(8) Chlorate de sodium....... $NaClO^3$.
Bromate de sodium....... $NaBrO^3$.
Iodate d'ammonium....... $AzH^4IO^3$.

(9) Chlorate de nickel........ $Ni(ClO^3)^2 + 6H^2O$.
— de cobalt........ $Co(ClO^3)^2 + 6H^2O$.
— de cuivre........ $Cu(ClO^3)^2 + 6H^2O$.
Bromate de magnésium... $Mg(BrO^3)^2 + 6H^2O$.
— de zinc.......... $Zn(BrO^3)^2 + 6H^2O$.
— de nickel........ $Ni(BrO^3)^2 + 6H^2O$.
— de cobalt........ $Co(BrO^3)^2 + 6H^2O$.

(10) Groupe des grenats :
$CaAl^2Si^3O^{10}$ (grossulaire).
$MgAl^2Si^3O^{10}$ (pyrope).
$FeAl^2Si^3O^{10}$ (almandine).
$MnAl^2Si^3O^{10}$ (spessartite).
$CaFe^2Si^3O^{10}$ (mélanite).
$CaCr^2Si^3O^{10}$ (ouvarowite).

(11) Chloroplatinate de potassium.. $K^2PtCl^6$.
— d'ammonium.. $(AzH^4)^2PtCl^6$.
Chloro-iridiate de potassium.. $K^2IrCl^6$.
— d'ammonium... $(AzH^4)^2IrCl^6$.
Chlorostannate de potassium.. $K^2SnCl^6$.
— d'ammonium.. $(AzH^4)^2SnCl^6$.
Chloropalladate de potassium. $K^2PdCl^6$.
— d'ammonium.. $(AzH^4)^2PdCl^6$.

(12) Groupe des aluns :
Alumino-ammonique... $Al^2(AzH^4)^2(SO^4)^4 + 24H^2O$.
— potassique.... $Al^2K^2(SO^4)^4 + 24H^2O$.
— lithique...... $Al^2Li^2(SO^4)^4 + 24H^2O$.
— thallique..... $Al^2Tl^2(SO^4)^4 + 24H^2O$.
Ferrico-potassique..... $Fe^2K^2(SO^4)^4 + 24H^2O$.
— ammonique.... $Fe^2(AzH^4)^2(SO^4)^4 + 24H^2O$.
Manganico-potassique.. $Mn^2K^2(SO^4)^4 + 24H^2O$.
— ammonique. $Mn^2(AzH^4)^2(SO^4)^4 + 24H^2O$.
Chromico-potassique... $Cr^2K^2(SO^4)^4 + 24H^2O$.
— ammonique.. $Cr^2(AzH^4)^2(SO^4)^4 + 24H^2O$.
Plus plusieurs aluns d'ammoniaques composées.

*Type quadratique.*

(1) Oxyde stannique............ $SnO^2$ (cassitérite).
— titanique............ $TiO^2$ (rutile).

(2) Sulfate de nickel........... $NiSO^4 + 7H^2O$.
Séléniate de nickel.......... $NiSeO^4 + 7H^2O$.
— de zinc............ $ZnSeO^4 + 7H^2O$.

(3) Phosphate de potasse....... $KH^2PO^4$.
— d'ammoniaque.... $AzH^4.H^2PO^4$.
Arséniate de potasse........ $KH^2AsO^4$.
— d'ammoniaque.... $AzH^4.H^2AsO^4$.

(4) Sulfate d'argent ammoniacal. $Ag^2SO^4.2AzH^3$.
Séléniate — — $Ag^2SeO^4.2AzH^3$.
Chromate — — $Ag^2CrO^4.2AzH^3$.

(5) Sulfate de cuivre........... $CuSO^4 + 6H^2O$.
— de magnésie........ $MgSO^4 + 6H^2O$.
— de zinc............ $ZnSO^4 + 6H^2O$.
— de nickel.......... $NiSO^4 + 6H^2O$.

(6) Tungstate de chaux....... $CaWO^4$ (schéelite).
— de plomb....... $PbWO^4$ (schéelétine).
Molybdate de plomb. ... $PbMoO^4$ (wulfénite).

(1) Nous ferons remarquer que le mot d'*hémimorphisme* a été appliqué aussi à l'hémiedrie dans les types orthorhombique, climorhombique et anorthique.

*Type orthorhombique.*

(1) Acide arsénieux ......... $As^2O^3$.
— antimonieux........ $Sb^2O^3$ (valentinite).

(2) Hydrate d'alumine........ $Al^2H^2O^4$ (diaspore).
— ferrique......... $Fe^2H^2O^4$ (gœthite).
— manganique..... $Mn^2H^2O^4$ (acerdèse).

(3) Carbonate de chaux...... $CaCO^3$ (arragonite).
— de baryte..... $BaCO^3$ (withérite).
— de strontiane.. $SrCO^3$ (strontianite).
— de plomb..... $PbCO^3$ (cérusite).

(4) Sulfate de chaux........ $CaSO^4$ (karsténite).
— de baryte........ $BaSO^4$ (barytine).
— de strontiane..... $SrSO^4$ (célestine).
— de plomb........ $PbSO^4$ (anglésite).

(5) Perchlorate de potasse....... $KClO^4$.
— d'ammoniaque.... $AzH^4ClO^4$.
Permanganate de potasse..... $KMnO^4$.
— d'ammoniaque. $AzH^4MnO^4$.

(6) Sulfate de soude............. $Na^2SO^4$.
— d'argent............. $Ag^2SO^4$.
Séléniate de soude........... $Na^2SeO^4$.
— d'argent........... $Ag^2SeO^4$.

(7) Sulfate de potasse........... $K^2SO^4$.
— d'ammoniaque. ....... $AzH^4SO^4$.
— de thallium.......... $Tl^2SO^4$.
Séléniate de potasse.......... $K^2SeO^4$.
Chromate de potasse......... $K^2CrO^4$.
Manganate de potasse........ $K^2MnO^4$.

(8) Sulfate de magnésie....... $MgSO^4 + 7H^2O$.
— de zinc.......... $ZnSO^4 + 7H^2O$.
— de nickel........... $NiSO^4 + 7H^2O$.
— de fer............. $FeSO^4 + 7H^2O$.
— de cobalt.. ....... $CoSO^4 + 7H^2O$.

(9) Sulfure d'antimoine........ $Sb^2S^3$ (stibine).
— d'arsenic... ... ... $As^2S^3$ (orpiment).

(10) Nitrate de potasse......... $KAzO^3$ (salpêtre).
— d'ammoniaque. .... $AzH^4.AzO^3$.
— d'argent. .......... $AgAzO^3$.

(11) Phosphate de soude........ $NaH^2PO^4 + H^2O$.
Arséniate de soude........ $NaH^2AsO^4 + H^2O$.

(12) Hydrophosphate de cuivre. $Cu^2(PO^4)OH$ (libéthénite).
Hydro-arséniate de cuivre. $Cu^2(AsO^4)OH$ (olivénite).
— de zinc... $Zn^2(AsO^4)OH$ (adamine).

(13) Bitartrate de potasse..... $C^4H^5KO^6$.
— de thallium.... $C^4H^5TlO^6$.

(14) Tartrate sodicopotassique. $C^4H^4KNaO^6 + 4H^2O$.
— sodicothalleux... $C^4H^4TlNaO^6 + 4H^2O$.

*Type rhomboédrique.*

(1) Arsenic.
Antimoine.
Bismuth.

(2) Alumine............... $Al^2O^3$ (corindon).
Oxyde ferrique......... $Fe^2O^3$ (hématite).
— ferricotitanique.. $FeTiO^3$ (ilménite).
— chromique. ...... $Cr^2O^3$.

(3) Carbonate de chaux..... $CaCO^3$ (calcite).
— de magnesie.. $MgCO^3$ (giobertite).
Dolomie................ $Mg^{1/2}Ca^{1/2}CO^3$.
Carbonate de manganèse. $MnCO^3$ (diallogite).
— de zinc....... $ZnCO^3$ (smithsonite).
— de fer........ $FeCO^3$ (sidérose).

(4) Sulfo-antimonite d'argent $Ag^3SbS^3$ (argyrythrose).
Sulfarsénite d'argent.... $Ag^3AsS^3$ (proustite).

(5) Sulfure de cadmium.... $CdS$ (greenockite).
— de zinc......... $ZnS$ (wurtzite).

(6) Nitrate de soude............ $NaAzO^3$.
— de potasse... ........ $KAzO^3$.

(7) Hyposulfate de chaux...... $CaS^2O^6 + 4H^2O$.
— de strontiane. $SrS^2O^6 + 4H^2O$.
— de plomb...... $PbS^2O^6 + 4H^2O$.

(8) Chlorophosphate de chaux....... $Ca^5(PO^4)^3Cl$ (apatite).
— de strontiane.... $Sr^5(PO^4)^3Cl$.
— de plomb....... $Pb^5(PO^4)^3Cl$ (pyromorphite).

Chlorarséniate de plomb......... $Pb^5(AsO^4)^3Cl$ (mimetèse).
Chlorovanadate de plomb........ $Pb^5(VO^4)^3Cl$ (vanadinite).

(9) Fluozirconate de nickel.. $NiZrFl^6 + 6H^2O$.
Fluosilicate de nickel.... $NiSiFl^6 + 6H^2O$.
Fluostannate de nickel... $NiSnFl^6 + 6H^2O$.
Fluozirconate de zinc.... $ZnZrFl^6 + 6H^2O$.

*Type clinorhombique.*

(1) Sulfate acide de potasse........... $KHSO^4$.
Séléniate acide de potasse......... $KHSeO^4$.

(2) Sulfate de chaux...... $CaSO^4 + 2H^2O$ (gypse).
Séléniate de chaux.... $CaSeO^4 + 2H^2O$.

(3) Sulfate de magnésie...... $MgSO^4 + 7H^2O$.
— de zinc........... $ZnSO^4 + 7H^2O$.
— de cobalt........ $CoSO^4 + 7H^2O$.
— de nickel........ $NiSO^4 + 7H^2O$.
— de fer......... .. $FeSO^4 + 7H^2O$.
Séléniate de magnésie.... $MgSeO^4 + 7H^2O$.
— de cobalt...... $CoSeO^4 + 7H^2O$.

(4) Sulfate de fer........... $FeSO^4 + 6H^2O$.
— de cobalt........ $CoSO^4 + 6H^2O$.
— de manganèse.... $MnSO^4 + 6H^2O$.
Séléniate de cobalt...... $CoSeO^4 + 6H^2O$.

(5) Sulfates doubles.. $K^2SO^4 + RSO^4 + 6H^2O$.
Sulfates doubles.. $(AzH^4)^2SO^4 + RSO^4 + 6H^2O$.

Avec R = Ca, Ni, Co, Fe, Mn, Zn, Cu.
Sulfate zinco-thalleux. $Tl^2SO^4 + ZnSO^4 + 6H^2O$.

(6) Sulfate de soude......... $Na^2SO^4 + 10H^2O$.
Séléniate de soude....... $Na^2SeO^4 + 10H^2O$.
Chromate de soude...... $Na^2CrO^4 + 10H^2O$.

(7) Phosphate d'ammoniaque . $(AzH^4)^2HPO^4$.
Arséniate d'ammoniaque... $(AzH^4)^2HAsO^4$.

(8) Fluostannate de cuivre.... $CuSn.Fl^6 + 4H^2O$.
Fluosilicate de cuivre..... $CuSi.Fl^6 + 4H^2O$.
Fluotitanate de cuivre..... $CuTi.Fl^6 + 4H^2O$.
Fluoxytungstate de cuivre. $CuW.Fl^4O^2 + 4H^2O$.

(9) Fluoxyniobate de potasse..... $K^3H.Nb.OFl^7$.
Fluostannate de potasse..... $K^3H.Sn.Fl^8$.

*Type anorthique.*

(1) Sulfate de cuivre ........ $CuSO^4 + 5H^2O$.
— de manganèse..... $MnSO^4 + 5H^2O$.
— de fer. ...... $FeSO^4 + 5H^2O$.
Séléniate de cuivre.... $CuSeO^4 + 5H^2O$.
— de manganèse... $MnSeO^4 + 5H^2O$.

(2) Bichromate de potasse.... ... $K^2Cr^2O^7$.
— d'argent. ......... $Ag^2Cr^2O^7$

F. et S.

**ISONITROAZOXYBENZIDE.** — Voyez t. I, p. 533.

**ISONITROPHÉNIQUE (ACIDE).** — Voyez PHÉNOL.

**ISOPHLORÉTINE,** $C^{15}H^{14}O^5$ [Rochleder, *Sitzungsberichte der Akad. zu Wien*, t. LVII, mai 1858, et *Bull. de la Soc. chim.*, 1860, t. XI, p. 504]. — Elle s'obtient suivant l'équation

$$C^{21}H^{24}O^{10} + H^2O = C^6H^{12}O^6 + C^{15}H^{14}O^5.$$

Isophloridzine. Eau. Sucre. Isophlorétine.

Elle se distingue de la phlorétine par sa solubilité dans l'éther. Par la potasse concentrée, l'isophlorétine se dédouble en phloroglucine et *acide isophlorétique*.

**ISOPHLORÉTIQUE (ACIDE),** $C^9H^{10}O^3$ [*loc. cit.*]. — Cet acide s'obtient en traitant par la potasse concentrée l'isophlorétine, reprenant par l'acide sulfurique la masse cristalline qui se forme par refroidissement, agitant avec l'éther et évaporant cette solution, qui donne un résidu cristallin. Celui-ci est précipité par l'acétate de plomb, et la liqueur filtrée est traitée par l'hydrogène sulfuré, qu'on chasse ensuite à 100°. La solution claire est agitée alors avec de l'éther qui enlève la phloroglucine; le résidu est alors additionné d'acide sulfurique et de nouveau agité avec l'éther qui, par l'évaporation, laisse l'acide. On le purifie en le dissolvant dans l'eau, filtrant et évaporant dans le vide; il se dépose alors en beaux cristaux.

L'acide isophlorétique se distingue de l'acide phlorétique en ce qu'il n'est pas coloré par le chlorure ferrique, et de l'acide mélilotique (hydrocoumarique) en ce qu'il est dénué d'odeur. Il fond à 129°. L'acide hydroparacoumarique de M. Hlasiwetz, qui est un troisième isomère, réduit les solutions alcalines de cuivre, réaction qui n'a pas lieu avec l'acide isophlorétique. Il n'est pas précipité par l'acétate de plomb.

L'*isophlorétate de baryum* cristallisé dans l'alcool est anhydre et a la formule $(C^9H^9O^3)^2Ba$. A. G.

**ISOPHLORIDZINE**, $C^{21}H^{24}O^{10}$ [*loc. cit.*]. — Principe contenu dans les feuilles du pommier et isomère avec la phloridzine que l'on extrait de l'écorce du même arbre. L'isophloridzine forme de longues aiguilles déliées, d'un éclat argentin, qui fondent à 105°. L'ammoniaque la colore à l'air en violet-brun, et, si on l'évapore, on obtient des cristaux incolores, peu solubles dans l'eau froide. L'isophloridzine précipite par le sous-acétate de plomb; par l'eau et l'acide sulfurique, on la dédouble en sucre et *isophlorétine*.

**ISOPHTALIQUE (ACIDE)**, $C^8H^6O^4$ [Fittig et Velguth, *Zeitschr. für Chem.*, nouv. sér., t. III, p. 526]. — Acide qu'on obtient en traitant l'*isoxylène* par un mélange de bichromate de potasse et d'acide sulfurique; au bout de quelques jours, il se forme à la surface du mélange des cristaux, qu'on purifie en lavant et faisant cristalliser dans l'eau.

Ce corps, isomère avec les acides phtalique et téréphtalique, est peu soluble dans l'eau bouillante, d'où il cristallise en longues aiguilles déliées qui fondent à 300° et se volatilisent sans décomposition. Il est soluble dans l'alcool.

L'*isophtalate de baryum* est très-soluble et se dépose en aiguilles incolores d'une solution très-concentrée.

L'*isophtalate de calcium*, moins soluble que le précédent, mais plus soluble toutefois que le *phtalate* et le *téréphtalate*, forme de longues aiguilles à peu près aussi solubles à froid qu'à chaud. A. G.

**ISOPIQUE (ACIDE)**, $C^{14}H^{10}O^8 + 3H^2O$. — M. P. Liechti [*Ann. der Chem. u. Pharm.*, supp. VII, p. 129] désigne sous ce nom l'acide hypogallique décrit par MM. Matthiessen et Foster, comme résultant de l'action de l'acide iodhydrique sur l'acide hémipinique. Il a constaté que dans cette réaction il se forme, en même temps, un autre acide isomérique avec l'acide isopique et moins soluble dans l'eau et qu'il nomme *opinique* (voir ce mot). L'acide isopique possède les propriétés que MM. Matthiessen et Foster attribuent à l'acide hypogallique (voir ce mot). Mais l'auteur exprime sa composition par la formule $C^{14}H^{10}O^8 + 3H^2O$ différente de celle qui a été attribuée à l'acide hypogallique, qui serait un isomère de l'acide oxysalicylique.

Il représente, par l'équation suivante, la formation des acides opinique et isopique aux dépens des éléments de l'acide hémipinique :

$$2C^{10}H^{10}O^6 + 4HI$$
$$= 4CH^3I + C^2H^2O^4 + C^{14}H^{10}O^8. \quad \text{A. W.}$$

**ISOPRÈNE**. — Un des produits de la distillation du caoutchouc. — Voyez t. I, p. 728.

**ISOPROPACÉTONE**, $C^6H^{12}O$ [Frankland et Duppa, *Bull. de la Soc. chim.*, 1867, t. VIII, p. 212, et 1868, t. X, p. 402; *Journ. of the Chem. Soc.*, nouv. sér., t. V, p. 102]. — Elle s'obtient comme il est dit plus bas; c'est de l'acétone où H est remplacé par de l'isopropyle. Sa constitution est donc

$$\begin{array}{l} \beta.C^3H^7 \\ CH^2 \\ CO \\ CH^3. \end{array}$$

Elle se forme suivant l'équation

$$\begin{array}{l} CH^3 \\ CO \\ CH\ \beta(C^3H^7) \\ CO.OC^2H^5 \end{array} + BaH^2O^2$$

Isopropacétone carbonate d'éthyle. — Hydrate de baryte.

$$= BaCO^3 + C^2H^5.OH + \begin{array}{l} CH^3 \\ CO \\ CH^2 \\ \beta\,(C^3H^7). \end{array}$$

Carbonate de baryte. — Alcool. — Isopropacétone.

C'est un liquide bouillant à 114°, sous 758 millimètres de pression, limpide, mobile, d'odeur camphrée, de saveur chaude, peu soluble dans l'eau, très-soluble dans l'alcool et l'éther. Densité à 0° = 0,819; densité de vapeur exp., 3,48.

Il donne des cristaux avec le bisulfite de sodium en solution concentrée, mais ne réduit pas le nitrate d'argent.

L'isopropacétone est isomère avec le méthylevaléryle et l'éthyle-butyryle. A. G.

**ISOPROPACÉTONE - CARBONATE D'ÉTHYLE**, $C^9H^{16}O^3$. — Ce corps a été obtenu par MM. Frankland et Duppa en faisant réagir sur les dérivés sodés de l'éther acétique un excès d'iodure d'isopropyle, au bain-marie, pendant vingt-quatre heures. Quand on fractionne les produits à 100°, il passe principalement de l'acétate d'éthyle, de l'iodure d'isopropyle et de l'éther mixte isopropyle-éthylique. Le résidu, additionné d'eau, aiguisé d'acide sulfurique jusqu'à réaction acide, fournit, quand on le distille, une huile d'une odeur agréable; celle-ci, séchée à l'aide du chlorure de calcium et distillée, bout de 70° jusque vers 300°. On recueille d'abord de l'acétate d'éthyle, de l'iodure d'isopropyle et de l'alcool; puis deux produits, dont l'un bout vers 135° et l'autre à 200° environ.

La portion bouillant vers 200°, convenablement rectifiée, fournit un liquide bouillant à 201° sous la pression de 758mm,4, c'est l'isopropacétone carbonate d'éthyle, qui se produit en vertu de l'équation suivante :

$$CH^3.CO.CNaH.CO^2C^2H^5 + CH(CH^3)^2I$$

Sodacétone-carbonate d'éthyle. — Iodure d'isopropyle.

$$= CH^3.CO.CH \left\{ \begin{array}{l} CH(CH^3)^2 \\ CO^2C^2H^5 \end{array} \right. + NaI.$$

Isopropacétone-carbonate d'éthyle.

Il est incolore, huileux, d'une saveur rappelant la paille pourrie et d'une odeur piquante. Insoluble dans l'eau, il se mêle en toute proportion à l'alcool et à l'éther. Densité à 0° = 0,9805; densité de vapeur = 5,92. Théorie = 5,94.

Des solutions bouillantes aqueuses de potasse, de soude et de baryte, le décomposent rapidement. Avec la baryte, il se forme du carbonate de baryte et de l'isopropacétone

$$CH^2 \left\{ \begin{array}{l} CH(CH^3)^2 \\ CO.CH^3. \end{array} \right. \quad \text{A. G.}$$

**ISOPROPYLE ou DIISOPROPYLE,**

$$C^6H^{14} = CH(CH^3)^2\text{-}CH(CH^3)^2.$$

— L'iodure d'isopropyle n'est attaqué par le sodium que mélangé d'éther anhydre; il se produit un dégagement gazeux et il se forme du propylène, probablement de l'hydrure de propyle, et un hydrocarbure liquide, le *diisopropyle;* on sépare ce dernier par distillation fractionnée, puis on le débarrasse de ce qu'il renferme encore d'éther et d'iodure d'isopropyle en l'agitant avec de l'acide sulfurique, puis avec un mélange d'acide sulfurique et d'acide azotique aussi longtemps qu'il se sépare de l'iode. Enfin on le rectifie sur le potassium.

Le diisopropyle bout à 58°; son odeur ne diffère pas de celle de l'hydrure d'hexyle. Densité à 10° = 0,6760.

Le chlore l'attaque facilement à froid en donnant principalement le dérivé chloré $C^6H^{13}Cl$, bouillant à 122°; son odeur est la même que celle de l'hydrure d'hexyle monochloré, qui bout à 125°. Densité à 14° = 0,8943.

L'action du chlore en présence de l'iode est différente. Lorsqu'on distille le produit, il se sublime de petits cristaux blancs, et, entre 200° et 300°, il passe des produits chlorés et iodés. Le corps solide distille facilement avec la vapeur d'eau; c'est le diisopropyle dichloré $C^6H^{12}Cl^2$, soluble dans l'alcool et dans l'éther et sublimable à l'air en répandant une odeur camphrée. Chauffé en vase clos, il fond à 160°. L'acide chromique l'oxyde en le transformant en acide carbonique et acide acétique [Schorlemmer, *Ann. der Chem. u. Pharm.*, t. CXLIV, p. 184, et *Bull. de la Soc. chim.*, 1868, t. X, p. 129].

Isopropyle-amyle ou Amyle-isopropyle,

$$C^8H^{18} = C^5H^{11}.CH(CH^3)^2.$$

— Cet hydrocarbure s'obtient par l'action du sodium sur un mélange des iodures d'isopropyle et d'amyle dissous dans l'éther anhydre. La réaction est vive et doit être modérée. Il se forme du propylène, de l'hydrure de propyle (?), du diisopropyle, du diamyle et de l'amyle-isopropyle. On purifie ce dernier en traitant par l'acide sulfurique, et par un mélange d'acide sulfurique et d'acide azotique la portion du produit bouillant entre 100° et 120°, puis on rectifie avec le sodium.

L'amyle-isopropyle bout de 109° à 110°. Densité à 16° = 0,698. Il bout à la même température que le dibutyle, avec lequel il est probablement identique. Le chlore l'attaque à froid et donne un chlorure $C^8H^{17}Cl$, bouillant à 165°, d'une odeur d'orange et ressemblant beaucoup au chlorure d'octyle. Ce dernier bout à 172°. Densité à 16°,5 = 0,8834. Le même chlorure paraît se former par l'action du chlore et de l'iode. L'acide chromique attaque lentement l'amyle-isopropyle en ne donnant que de l'acide carbonique et de l'acide acétique [Schorlemmer, *Ann. der Chem. u. Pharm.*, t. CXLIV, p. 188; *Bull. de la Soc. chim.*, 1868, t. X, p. 130]. C. F.

**ISOPROPYLE-ACÉTIQUE (ACIDE).** — Voyez t. II, p. 155.

**ISOPROPYLE-CARBYLAMINE.** — Voyez Cyanhydriques (éthers), t. I, p. 1068.

**ISOPROPYLIQUE (ALCOOL),**

$$C^3H^7OH = CH^3.CHOH.CH^3.$$

— Cet alcool prend naissance dans un grand nombre de circonstances diverses. M. Friedel, ayant fait réagir l'amalgame de sodium sur un mélange d'acétone et d'eau, a isolé du produit, à l'aide du bisulfite de soude, un alcool ayant la composition de l'alcool propylique. Ce composé, soumis aux actions oxydantes, ne donne pas d'aldéhyde ni d'acide, comme font les alcools proprement dits; il fournit de l'acétone, réalisant ainsi la prévision théorique de M. Kolbe relative aux alcools secondaires. Ces derniers sont caractérisés par la présence du groupe (CHOH)″ lié à deux radicaux hydrocarbonés. L'oxydation ne pouvant transformer le groupe (CHOH)″ en (COH)′ ou en (CO²H)′, on comprend qu'aux alcools secondaires ne puissent correspondre ni aldéhydes proprement dites, ni acides renfermant le même nombre d'atomes de carbone. L'alcool isopropylique constitue donc le type d'une classe d'alcools dont les acétones sont les aldéhydes.

*Préparation.* — 1° L'alcool isopropylique s'obtient, ainsi qu'il vient d'être dit, par fixation de l'hydrogène naissant sur l'acétone. Un mélange d'acétone avec beaucoup d'eau est additionné d'amalgame de sodium, qu'on ajoute successivement, de manière à prolonger l'action pendant plusieurs jours. Au bout de ce temps, une couche de liquide s'est séparée à la surface du mélange; cette couche augmente lorsqu'on ajoute du carbonate de potasse. Décantée, déshydratée à l'aide du carbonate de potasse et soumise à la distillation, elle commence à bouillir à 75° ou même vers 80° lorsque la réaction a été prolongée assez longtemps. Une grande partie passe entre 80° et 90°; beaucoup moins entre 90° et 100°; le thermomètre monte ensuite rapidement jusqu'à 175°, où l'on recueille de la pinakone. — Voyez ce mot.

Le liquide distillé entre 80° et 90° renferme de l'acétone, de l'eau et de l'alcool isopropylique. L'acétone peut être séparée par une digestion prolongée du mélange avec le bisulfite de soude en solution saturée. Il se produit des cristaux de la combinaison connue de l'acétone avec le bisulfite, et ces cristaux peuvent être séparés par filtration, ou par distillation sous une faible pression. On évite ainsi la décomposition du bisulfite d'acétone-sodium. Le liquide est ensuite neutralisé par le carbonate de potasse, décanté de la solution aqueuse de carbonate et de sulfite de potasse et séché à l'aide de la baryte caustique. Il est difficile d'enlever ainsi toute l'eau à l'alcool isopropylique. Après plusieurs distillations sur la baryte caustique, M. Friedel a trouvé qu'un liquide bouillant d'une manière constante entre 84° et 86° avait la composition de l'alcool vinique et renfermait

$$C^3H^8O + 1/2\,H^2O.$$

Le même produit, traité par une petite quantité de sodium et distillé sur la matière cristalline qui avait pris naissance, bouillait de 86° à 88° et avait la composition de l'alcool isopropylique [*Ann. de Chim. et de Phys.*, (4), t. XVI, p. 379 et suiv.].

M. Linnemann traite le mélange d'alcool isopropylique et d'acétone par le chlorure de calcium sec en poudre. L'alcool se combine avec ce sel; en exposant le magma encore mouillé d'acétone dans le vide, on parvient à chasser cette dernière et à obtenir une poudre sèche et inodore qui, distillée doucement à feu nu, fournit l'alcool [*Ann. der Chem. u. Pharm.*, t. CXXXVI, p. 39].

Quand on veut être entièrement sûr que l'alcool isopropylique ne renferme pas d'acétone, il vaut mieux transformer le liquide provenant de l'action de l'amalgame de sodium sur l'acétone, et bouillant de 80° à 90°, en iodure. C'est ce qu'on fait par l'action de l'iode et du phosphore, continuée jusqu'à ce que le mélange dégage d'abondantes vapeurs iodhydriques. On lave avec de la potasse étendue, puis avec beaucoup d'eau; on sèche et on distille. L'iodure ainsi obtenu bout entre 90° et 92°. On le fait réagir sur l'acétate d'argent en présence d'un excès d'acide acétique cristallisable, dans un appareil à reflux. Quand l'action est terminée, on distille le liquide; on lave avec une solution de carbonate de soude et on décante et sèche l'acétate d'isopropyle formé, bouillant entre 90° et 93°. Cet acétate, saponifié par la potasse en vase clos, fournit l'alcool isopropylique pur.

2° On peut aussi préparer l'alcool isopropylique avec l'iodure d'isopropyle provenant de l'action de l'iode et du phosphore sur la glycérine en présence d'une certaine quantité d'eau. M. Erlenmeyer a montré que l'iodure obtenu est identique avec l'iodure d'isopropyle, et qu'il fournit l'alcool isopropylique par l'action de l'oxyde d'argent humide [*Zeitschr. für Chem.*, 1861, p. 362 et 673;

*Ann der Chem. u. Pharm.*, t. CXXVI, p. 305].

3° M. Berthelot a obtenu l'alcool isopropylique par l'action de l'acide sulfurique concentré sur le propylène; il se produit de l'acide isopropylsulfurique, et ce dernier, décomposé par distillation avec un grand excès d'eau, fournit l'alcool [*Ann. de Chim. et de Phys.*, (3), t. XLIII, p. 399; *Leçons sur les méthodes générales de synthèse*, p. 135; Paris, 1864].

4° Le même chimiste a obtenu l'iodure d'isopropyle, bouillant à 92°, par l'action de l'acide iodhydrique sur le propylène. De l'iodure, il est facile, comme on l'a vu, de passer à l'alcool.

5° M. Wurtz a réduit le propylglycol en iodure d'isopropyle par l'action de l'acide iodhydrique [*Ann. de Chim. et de Phys.*, (3), t. LXIII, p. 124].

6° M. Buff a transformé la dichlorhydrine de la glycérine $C^3H^6OCl^2$ en alcool isopropylique par substitution inverse. La réaction a été réalisée au moyen de l'amalgame de sodium sur la dichlorhydrine dissoute dans l'éther aqueux, mais privé d'alcool. L'épichlorhydrine, $C^3H^5OCl$, fournit également de l'alcool isopropylique par fixation d'hydrogène et substitution de H à Cl [*Ann. der Chem. u. Pharm.*, supp. t. V, p. 250].

7° D'après M. Linnemann, on obtiendrait de l'alcool isopropylique en faisant agir avec précaution l'amalgame de sodium sur le produit brut de la distillation du sulfate acide de potasse avec la glycérine. Le produit, rectifié par distillation avec du chlorure de calcium et finalement sur un peu de sodium, se sépare en deux produits bouillant l'un de 86° à 88° et l'autre de 96° à 98°. Tous deux ont la composition de l'alcool propylique [*Ann. der Chem. u. Pharm.*, t. CXXV, p. 316].

Dans un travail plus récent, l'auteur a fait réagir sur l'acroléine étendue de la moitié de son volume d'éther aqueux, 4 p. d'acide chlorhydrique concentré et bien refroidi, et du zinc métallique. Dans ces conditions, l'alcool allylique est le produit principal et il ne se forme à côté de celui-ci que de l'alcool isopropylique. La production de l'alcool propylique normal, dans l'expérience précédente, paraît donc douteuse. Les deux alcools formés ont été séparés en les transformant en iodures et en combinant l'iodure d'allyle avec le mercure par agitation de la solution alcoolique avec le métal. La liqueur alcoolique, séparée par filtration des écailles cristallines formées, laisse déposer, lorsqu'on l'additionne d'eau, de l'iodure d'isopropyle [*Ann. der Chem. u. Pharm.*, supp. t. III, p. 258].

M. Claus, ayant répété les expériences de M. Linnemann, n'a obtenu, avec l'acroléine, que de l'alcool allylique; ce dernier ne fixe pas d'hydrogène, ainsi que l'ont d'ailleurs observé MM. Erlenmeyer et Tollens. L'iodure d'isopropyle obtenu par M. Linnemann a pu se former par l'action de l'iode et du phosphore sur l'alcool allylique [*Bericht. der deutsche Chem. Gesellsch.*, 3e ann., p. 405].

*Propriétés.* — L'alcool isopropylique, préparé par l'un ou l'autre de ces procédés, constitue un liquide limpide, d'une odeur alcoolique, mais rappelant un peu celle de l'acétone. Il brûle facilement avec une flamme assez peu éclairante, est soluble dans l'eau en toute proportion et séparable de sa solution aqueuse par l'addition du carbonate de potasse. M. Berthelot a remarqué qu'une solution de chlorure de calcium dissout moins d'alcool isopropylique à chaud qu'à froid. Densité à 15° = 0,791. Il ne se solidifie pas à —20°.

Son point d'ébullition est situé à 86-88° (Friedel), à 83-84°, à 739 millimètres (Linnemann). Aqueux, il bout plus bas. Le produit aqueux, rectifié sur la baryte, bout d'une manière presque constante entre 84° et 86° et forme un hydrate $C^3H^8O + 1/2H^2O$, qui a la composition de l'alcool vinique (Friedel).

Un autre hydrate s'obtient en distillant avec précaution l'alcool aqueux au bain-marie. Il bout à 78-80° et renferme $3C^3H^8O + 2H^2O$ (Linnemann).

Un hydrate, $3C^3H^8O + H^2O$, a été obtenu en desséchant l'alcool hydraté avec le sulfate de cuivre sec; il bout à 81°. Il est possible que ces hydrates ne soient pas des corps parfaitement définis.

Traité par les oxydants, l'alcool isopropylique régénère l'acétone et fournit en même temps les produits d'oxydation de celle-ci.

Le brome le transforme en bromure d'isopropyle et en un mélange d'acétone tribromée et d'acétone tétrabromée. La réaction est analogue à celle qui a lieu dans l'action du chlore et du brome sur l'alcool. Elle diffère de celle qui se produit avec les hydrates d'hydrocarbures, que le brome transforme en bromures $C^nH^{2n}Br^2$ avec élimination d'eau. M. Linnemann a signalé le bromoforme comme prenant naissance dans la réaction du brome sur l'alcool isopropylique; mais peut-être l'alcool employé par lui renfermait-il de l'acétone et de l'eau [*Ann. der Chem. u. Pharm.*, t. CXXXIII, p. 133].

M. Schorlemmer a transformé l'alcool isopropylique en alcool propylique normal en traitant l'iodure d'isopropyle par le zinc et l'acide chlorhydrique. Le gaz ainsi produit, lavé avec de l'acide sulfurique fumant, puis avec un mélange d'acide azotique et d'acide sulfurique, et enfin par la potasse, a été traité par le chlore à la lumière diffuse. On a obtenu ainsi divers produits chlorés, dont l'un, bouillant de 42° à 46°, avait la composition du chlorure de propyle $C^3H^7Cl$. Ce chlorure, transformé en acétate par l'action de l'acétate de potasse en présence de l'acide acétique, saponifié par la potasse, et enfin soumis à l'oxydation, a fourni de l'acide propionique sans dégagement d'acide carbonique.

L'alcool obtenu bouillait entre 92° et 96° [*Ann. der Chem. u. Pharm.*, t. CL, p. 209; *Bull. de la Soc. chim.*, (2), t. XII, p. 358].

M. Siersch a tenté de transformer le même alcool en alcool butylique, en traitant l'iodure d'isopropyle par une solution alcoolique de cyanure de potassium. L'isobutyronitrile ainsi obtenu, ayant été purifié, a été réduit par l'hydrogène, et la base produite a été transformée en alcool par l'action de l'acide azoteux. Les résultats obtenus ne sont pas très-nets [*Ann. der Chem. u. Pharm.*, t. CXLVIII, p. 261; *Bull. de la Soc. chim.*, 1869, t. XII, p. 274].

ISOPROPYLAMINE, $C^3H^9Az = AzH^2.CH(CH^3)^2$. — M. Gautier ayant traité l'isopropylcarbylamine par l'eau acidulée d'acide chlorhydrique à 120-140°, pendant quelques heures, et ayant évaporé le produit dans le vide, a obtenu un chlorhydrate déliquescent, difficilement cristallisable, qui, traité par la potasse caustique, donne des vapeurs alcalines. Ces dernières, séchées sur la potasse en fragments et sur la baryte, fournissent un liquide bouillant de 31° à 32°,5, d'une odeur fortement ammoniacale, mais douceâtre; c'est l'isopropylamine : elle est extrêmement soluble dans l'eau.

Le chlorhydrate cristallise en cubes et fond à 139°,5. Il se dissocie en partie dans le vide à 150°; tenu longtemps à 160°, il se décompose aussi. Le chloroplatinate donne de belles lamelles aciculaires, d'un jaune d'or. Il est assez soluble dans l'eau et même dans l'alcool éthéré [*Compt. rend.* t. LXVII, p. 723, et *Bull. de la Soc. chim.*, 1869, t. XI, p. 223].

M. Siersch a obtenu la même base et en même temps la *diisopropylamine* en faisant agir l'acide chlorhydrique sur le mélange d'isobutyronitrile et de cyanure d'isopropyle, qui se produit par l'action de l'iodure d'isopropyle sur le cyanure de potassium. Densité de l'isopropylamine à 18° = 0,690.

La diisopropylamine $C^6H^{15}Az$ bout de 83°,5 à 84°, sous une pression de 743 millimètres. Densité à 22° = 0,722. Elle est peu soluble dans l'eau et brûle facilement. Son odeur est ammoniacale et sa saveur caustique; son chlorhydrate forme des aiguilles très-déliquescentes, son chloroplatinate cristallise en grandes tables jaune-rouge, solubles dans l'eau et dans l'alcool, peu solubles dans l'alcool éthéré [*Ann. der Chem. u. Pharm.*, t. CXLVIII, p. 263, et *Bull. de la Soc. chim.*, 1869, t. XII, p. 275].

M. Silva a obtenu de l'isopropylamine et de la diisopropylamine par l'action de l'azotate d'isopropyle sur l'ammoniaque à 100-110° [*Bull. de la Soc. chim.*, t. XII, p. 228].

Acétate d'isopropyle,

$$C^5H^{10}O^2 = C^2H^3O^2.CH(CH^3)^2.$$

— Sa préparation a été indiquée à l'occasion de celle de l'alcool. C'est un liquide limpide, d'une agréable odeur éthérée, bouillant entre 90° et 93°.

Azotate d'isopropyle,

$$C^3H^7AzO^3 = AzO^3.CH(CH^3)^2.$$

— Cet éther a été obtenu par M. Silva en faisant réagir l'iodure d'isopropyle sur l'azotate d'argent; après distillation, on le lave d'abord avec une solution de carbonate de potassium, puis à l'eau, et on le sèche avec le chlorure de calcium.

Il est liquide, incolore, et brûle avec une flamme blanche peu éclairante. La vapeur surchauffée détone avec violence. Il bout entre 101° et 102°, à 760 millimètres. Densité à 0° = 1,054; à 19° = 1,036. Son indice de réfraction pour la raie jaune = 1,391. Par l'action de l'ammoniaque à 100-110°, il fournit l'isopropylamine et la diisopropylamine [*Bull. de la Soc. chim.*, 1869, t. XII, p. 227].

Azotite d'isopropyle,

$$C^3H^7AzO^2 = AzO^2.CH.(CH^3)^2.$$

— M. Silva l'a préparé en mélangeant de petites quantités d'iodure d'isopropyle et d'azotite d'argent bien refroidis. La réaction est violente, et il se dégage des vapeurs rouges. On chauffe quelques heures à 50°, puis on distille. Le liquide, lavé avec un peu de lait de chaux, séché sur de l'azotate de calcium fondu, bout à 45° sous 762 millimètres de pression. Il est très-inflammable. Densité à 0° = 0,856; à 24° = 0,844.

Benzoate d'isopropyle,

$$C^{10}H^{12}O^2 = C^7H^5O^2.CH(CH^3)^2.$$

— Liquide incolore, d'une agréable odeur benzoïque, huileux, peu inflammable et brûlant avec une flamme fuligineuse. Il bout à 218° sous la pression de 762 millimètres. Densité à 0° = 1,023, et à 25° = 1,013. Il est insoluble dans l'eau et soluble dans l'alcool et dans l'éther. On l'obtient par l'action du benzoate d'argent sur l'iodure d'isopropyle. On le distille une ou deux fois dans le vide pour séparer l'acide benzoïque que renferme le produit brut.

Bromure d'isopropyle,

$$C^3H^7Br = CH^3.CHBr.CH^3.$$

— Il peut s'obtenir par l'action de l'acide bromhydrique à 150° ou par celle du brome à froid sur l'alcool isopropylique. Le brome transforme facilement l'iodure d'isopropyle en bromure. C'est un liquide incolore, d'une odeur qui rappelle celle du bromoforme. Il bout à 60-63°. Densité à 13° = 1,320 [Linnemann, *Ann. der Chem. u. Pharm.*, t. CXXXVI, p. 41; — Friedel, *Ann. de Chim. et de Phys.*, (4), t. XVI, p. 386].

Butyrate d'isopropyle,

$$C^7H^{14}O^2 = C^4H^7O^2.CH(CH^3)^2.$$

— On l'a obtenu en chauffant dans des tubes scellés de l'acide butyrique avec de l'alcool isopropylique, lavant avec le carbonate de soude et avec l'eau, séchant avec l'acide du chlorure de calcium et distillant. Il possède une agréable odeur de fruit et bout de 124° à 130°. M. Silva l'a préparé par la méthode des sels d'argent et a trouvé qu'il bout à 129° sous la pression de 755 millimètres. Densité à 0° = 0,8787; à 13° = 0,8652. Densité de vapeur = 4,73. Théorie = 4,50 [*Ann. de Chim. et de Phys.*, (4), t. XVI, p. 384; *Bull. de la Soc. chim.*, 1869, t. XII, p. 114].

Chlorure d'isopropyle,

$$C^3H^7Cl = CH^3.CHCl.CH^3.$$

— Un mélange d'alcool isopropylique et d'acide chlorhydrique concentré, saturé d'acide chlorhydrique, étant chauffé à 120-130°, fournit le chlorure sous la forme d'un liquide limpide, très-mobile, bouillant de 36° à 38° sous la pression de 741 millimètres. Densité à 0° = 0,874 [Linnemann, *Ann. der Chem. u. Pharm.*, t. CXXXVI, p. 41].

Il se forme aussi par l'action du chlore ou par celle du bichlorure de mercure sur l'iodure d'isopropyle.

Cyanate d'isopropyle,

$$C^4AzH^7O = CAzO.CH(CH^3).$$

— Préparé par le cyanate d'argent et l'iodure d'isopropyle, il bout à 74°,5 sous la pression de 761 millimètres. Densité de vapeur = 2,944. Théorie = 2,943. Densité à 0° = 0,8897; à 25° = 0,8638 [Silva, *Expériences inédites*].

Iodure d'isopropyle, $C^3H^7I = CH^3.CHI.CH^3$.
— Il s'obtient par l'action de l'iode et du phosphore sur le produit bouillant de 75 ou 80° à 90° de l'hydrogénation de l'acétone; ou bien par celle de l'acide iodhydrique sur la glycérine. Ce dernier mode de préparation se réalise en faisant agir 1 p. de phosphore sur un mélange de 6 p. de glycérine humide et 6 p. d'iode.

C'est un liquide bouillant de 90° à 93° (Friedel), à 89° (Erlenmeyer). Densité à 16° = 1,714 (Erlenmeyer). Il se décompose lentement à la lumière [Friedel, *Ann. de Chim. et de Phys.*, (4), t. XVI, p. 382. — Erlenmeyer, *Ann. der Chem. u. Pharm.*, t. CXXVI, p. 305].

M. Linnemann a obtenu, en faisant agir le chlore sur l'iodure d'isopropyle, de la trichlorhydrine bouillant de 150° à 160° [*Ann. der Chem. u. Pharm.*, t. CXXXVI, p. 48, et t. CXXXIX, p. 17; *Bull. de la Soc. chim.*, (2), t. VII, p. 172].

Oxyde d'isopropyle,

$$C^6H^{14}O = (CH^3)^2CH.O.CH(CH^3)^2.$$

— Ce corps a été obtenu par M. Erlenmeyer dans la réaction de l'iodure d'isopropyle sur l'oxyde d'argent humide. Il bout entre 60° et 62° et possède une odeur de menthe. Il est insoluble dans l'eau [*Ann. der Chem. u. Pharm.*, t. CXXVI, p. 305]. M. Friedel l'a également obtenu, en même temps que l'alcool isopropylique et le propylène, par l'action de la potasse sur l'iodure d'isopropyle.

Phénate d'isopropyle,

$$C^9H^{12}O = C^6H^5O.CH(CH^3)^2.$$

— Il s'obtient par l'action du phénol sodé sur l'iodure d'isopropyle, en présence de l'alcool, à 110-120° en vase clos, ou dans un bain d'eau salée, avec un appareil à reflux. Le produit est séparé par l'eau, desséché et distillé. C'est un liquide incolore, légèrement visqueux, doué d'une odeur aromatique rappelant celle de l'essence de géranium. Il bout à 176° sous une pression de 762 millimètres. Densité à 0° = 0,958; à 12°,5 = 0,947. Indice de réfraction pour la raie jaune du sodium = 1,5124.

L'acide sulfurique forme avec lui un acide sulfoconjugué.

Densité de vapeur = 5,00. Théorie = 4,73.

Le brome, ajouté avec précaution au phénate d'isopropyle, agit sur lui en fournissant un composé monobromé, insoluble dans l'eau, soluble dans l'alcool et surtout dans l'éther, bouillant à 236°. Densité à 0° = 1,981; à 12°,5 = 1,957. Indice de réfraction pour la raie jaune du sodium = 1,553.

Lorsqu'on ajoute une plus grande quantité de brome, on dédouble l'éther phénique et on obtient du phénol tribromé [Silva, *Bull. de la Soc. chim.*, (2), t. XIII, p. 27].

SUCCINATE D'ISOPROPYLE,

$$C^{10}H^{18}O^4 = C^4H^4O^4(C^3H^7)^2.$$

— Préparé à l'aide de l'iodure d'isopropyle et du succinate d'argent, il constitue une huile incolore, d'une odeur assez agréable, bouillant à 228° sous la pression de 761 millimètres. Densité à 0° = 1,009; à 18°,5 = 0,907.

VALÉRATE D'ISOPROPYLE,

$$C^8H^{16}O^2 = C^5H^9O^2.CH(CH^3)^2.$$

— Cet éther, obtenu par la méthode des sels d'argent, constitue un liquide incolore, mobile, inflammable, brûlant avec une flamme très-éclairante. Son odeur est plus agréable que celle du butyrate. Il bout à 142° sous la pression de 756 millimètres. Densité à 0° = 0,8702; à 17° = 0,8538. Densité de vapeur = 5,04. Théorie = 4,90. Indice de réfraction pour la raie du sodium = 1,397 [Silva, *Bull. de la Soc. chim.*, (2), t. XII, p. 116]. C. F.

**ISOPURPURIQUE (ACIDE)** [Syn. *Acide picrocyanique*], $C^8H^5Az^5O^6$ [Hlasiwetz, *Ann. der Chem. u. Pharm.*, t. CX, p. 289; — Bayer, *Bull. Acad. Roy. Belgique*, (2), t. VII, n° 8]. — Acide dont on ne connaît que les sels, et qui est isomère avec l'acide purpurique.

On obtient l'*isopurpurate de potassium* en chauffant et agitant constamment une solution de 2 p. de cyanure de potassium dissous dans 4 p. d'eau avec une solution de 1 p. d'acide picrique dans 9 p. d'eau. Il se dégage ainsi de l'ammoniaque et de l'acide cyanhydrique et le mélange se prend par le refroidissement en une masse cristalline. On la presse dans un linge, on la sèche dans des doubles de papier joseph, on la lave à l'eau froide, et on la redissout dans de l'eau chaude. On obtient alors par refroidissement des cristaux d'isopurpurate de potassium en pellicules vertes ou en tables cristallines rouge foncé. Leur solution concentrée, rouge pourpre, précipite par le carbonate de potassium. Ce sel, chauffé à 215° environ, détone et laisse un résidu verdâtre. La solution précipite par les sels de mercure, d'argent, de plomb, de baryum, et ne précipite pas par ceux de calcium, strontium, zinc et cuivre. Chauffé à 100°, ce sel répond à la formule $(C^8H^4Az^5O^6)K$ (Hlasiwetz), ou $(C^8H^2Az^5O^6)K$ (Bayer). Il se produit suivant l'équation

$$\underset{\text{Acide picrique.}}{C^6H^3Az^3O^7} + \underset{\text{Cyanure de potassium.}}{3CKAz} + 3H^2O$$

$$= \underset{\text{Isopurpurate de potasse.}}{(C^8H^4Az^5O^6)K} + CO^2 + AzH^3 + 2KHO.$$

L'*isopurpurate de soude*, $(C^8H^4Az^5O^6)Na$, s'obtient comme le précédent. Il est vert métallique foncé; sa solution est rouge; il est plus soluble que le précédent.

L'*isopurpurate d'ammonium*,

$$(C^8H^4Az^5O^6)AzH^4,$$

à 100°, forme un précipité vert métallique quand on ajoute du sel ammoniac à une solution très-concentrée de sel de potassium. Ses cristaux sont brun-rouge par transparence et verts par réflexion. Sa solution est pourpre. Ce sel est peu soluble à froid; il déflagre vivement quand on le chauffe. Suivant Grailich, ce sel serait entièrement semblable par sa forme cristalline et ses propriétés optiques à son isomère, le purpurate d'ammonium (*murexide*). On a fabriqué un *isopurpurate d'aniline*. — Voyez plus bas.

L'*isopurpurate de baryum*, $(C^8H^4Az^5O^6)^2Ba$ (à 100°). — C'est un précipité couleur cinabre, que l'on obtient comme le sel précédent. Il se dissout dans l'eau bouillante avec une couleur pourpre. A l'état sec, il est vert métallique et devient rouge quand on le broie. Il déflagre en émettant une belle lumière verte.

L'*isopurpurate de strontium* s'obtient quand au sel de potassium correspondant on ajoute du nitrate strontique. Précipité pulvérulent vert, qui déflagre en donnant une lumière rouge.

L'*isopurpurate de calcium*,

$$(C^8H^4Az^5O^6)^2Ca, 3H^2O,$$

forme des aiguilles vert métallique au bout de quelques heures quand on mélange la solution du sel correspondant d'ammonium avec du chlorure calcique.

L'*isopurpurate de plomb*, $(C^8H^4Az^5O^6)^2Pb$, s'obtient en ajoutant à la solution de l'isopurpurate potassique une solution d'acétate de plomb. Le précipité, d'abord rouge-brun, devient pulvérulent et violacé. L'eau bouillante donne avec lui une solution pourpre. Ce corps détone fortement. L'acide sulfhydrique ne le décompose pas entièrement; on obtient une solution rouge-orangé, qui dépose à froid des cristaux bruns ayant la composition du sel primitif.

L'*isopurpurate d'argent*, $(C^8H^4Az^5O^6)Ag$ (à 100°), est un précipité qui se forme par double décomposition avec le sel de potassium. Desséché, il forme une masse vert métallique foncé, qui détone si on la chauffe et donne des solutions pourpre dans l'eau bouillante.

Hlasiwetz regarde l'acide isopurpurique comme bibasique, et les sels que nous venons de décrire comme des sels acides.

Les isopurpurates ont été employés dans l'industrie comme matières colorantes; M. Castelhaz les fabrique dans ce but industriellement. M. Zulkowsky a publié à ce sujet divers essais [*Dingler's Polyt. Journ.*, t. CXC, p. 49, et *Bull. de la Soc. chim.*, t. XI, p. 518]. Les isopurpurates de potassium, ammonium, baryum et aniline, teignent la laine mordancée à l'alun ou à la crème de tartre en nuances marron, et la soie en nuances roses ou grenat. Le composé d'aniline est le plus colorant. A. G.

**ISOPYRE** (Min.). — Masses amorphes, à cassure conchoïdale, opaques, d'un éclat vitreux, d'un noir grisâtre, quelquefois tachetées de points rouges, et renfermant silice, alumine, sesquioxyde de fer, chaux, oxyde de cuivre, dans des rapports qui se rapprochent de ceux de la labradorite.

Dureté, 5,5 à 6. Poussière d'un gris verdâtre sale. Densité, 2,9.

*Caractères*. Au chalumeau, fond en un globule magnétique en colorant la flamme en vert.

**ISOSUCCINIQUE (ACIDE)**. — Voyez SUCCINIQUE (ACIDE).

**ISOTARTRIDIQUE (ACIDE)**. — Voyez TARTRIDIQUE (ACIDE).

**ISOTARTRIQUE (ACIDE)**. — Voyez TARTRIQUE (ACIDE).

**ISOTÉRÉBÈNE**. — Voyez TÉRÉBÈNE.

**ISOXYLÈNE**. — Voyez XYLÈNE.

**ISUVITIQUE (ACIDE)**, $C^9H^8O^4$. — Cet acide,

qui a la même formule que l'acide insolinique, dont l'existence est douteuse, l'acide camphrénique (douteux) et l'acide uvitique, est ainsi nommé parce qu'il possède une certaine analogie avec ce dernier; il se forme en même temps que d'autres combinaisons pendant la fusion de la gomme-gutte avec la potasse. Pour le préparer, on fond la gomme-gutte purifiée avec de la potasse caustique; il se produit beaucoup d'acides acétique et butyrique, on sursature par l'acide sulfurique et on agite avec de l'éther qui extrait de la phloroglucine, de l'acide isuvitique et un acide amorphe sirupeux. On sépare ces substances comme il suit: la phloroglucine cristallise souvent par l'évaporation de la solution éthérée; on enlève les cristaux, on ajoute de l'eau au résidu, on neutralise par la soude et l'on agite de nouveau avec de l'éther; celui-ci s'empare de la phloroglucine qui n'a point cristallisé. On chauffe la liqueur aqueuse pour chasser l'éther, on la sursature par l'acide sulfurique, puis on l'agite de nouveau avec de l'éther. La solution éthérée est distillée, le résidu est dissous dans l'eau et la solution est précipitée par l'acétate de plomb. Le précipité est blanc, caséeux, il renferme l'acide isuvitique et un acide amorphe sirupeux.

Le précipité, délayé dans l'eau, est décomposé par l'hydrogène sulfuré et le sulfure de plomb est lavé à l'eau bouillante. L'acide isuvitique se dépose par l'évaporation en cristaux grenus, qu'on purifie par plusieurs cristallisations dans l'eau avec addition de charbon animal. Pur, il forme des prismes courts assez gros, appartenant au type orthorhombique. Il possède une réaction très-acide; il supporte une témpérature de 140° à 150° sans rien perdre de son poids. Vers 160°, il fond; par le refroidissement, il cristallise.

Le sel d'ammonium constitue des feuilles cristallines très-déliquescentes; le sel de calcium,

$$C^9H^6O^4Ca + 2H^2O,$$

cristallise en masses sphériques, lorsqu'on ajoute du chlorure de calcium au sel ammoniacal; il se forme un autre sel, probablement acide, lorsqu'on sature l'acide par du carbonate de calcium. Le sel de baryum, $C^9H^6O^4Ba$, cristallise en écailles brillantes. Le sel de cadmium,

$$C^9H^6O^4Cd.C^9H^8O^4 + 5H^2O,$$

forme des agglomérations sphériques de petits prismes. Le sel d'argent, $C^9H^6O^4Ag^2$, est un précipité volumineux, peu soluble dans l'eau froide, inaltérable à la lumière [Hlasiwetz et Barth, *Ann. der Chem. u. Pharm.*, t. CXXXVIII, p. 61, et *Bull. de la Soc. chim.*, 1866, t. VI, p. 336]. PH. DE C.

**ITACONIQUE (ACIDE),**

$$C^5H^6O^4 = \left.\begin{matrix} C^5H^4O^2 \\ H^2 \end{matrix}\right\} O^2 = C^3H^4(CO.OH)^2.$$

— Cet acide, appelé aussi *citricique*, a été découvert, en 1836, par Baup [*Ann. de Chim. et de Phys.*, t. LXI, p. 182]; il est isomérique avec les acides citraconique, mésaconique et paraconique.

Il se trouve mêlé avec l'acide citraconique dans le liquide obtenu par la distillation sèche de l'acide citrique.

*Préparation.* — 1° On évapore le liquide aqueux obtenu à la distillation de l'acide citrique; il se dépose d'abord de l'acide citraconique, plus tard, en continuant l'évaporation, on obtient des aiguilles d'acide itaconique (Baup). On ne comprend pas comment il se fait que l'acide citraconique se dépose le premier et plus tard seulement l'acide itaconique, le premier de ces acides se dissolvant, suivant Baup, dans 0,42 p. d'eau, et le second dans 17 p.

2° On chauffe environ 80 grammes d'acide citrique dans une cornue, en ayant soin d'appliquer la chaleur au fond même de la cornue et de préserver les parois de l'action de la flamme; on s'arrête quand on voit apparaître des vapeurs empyreumatiques jaunes. Le produit distillé, qui devient solide pendant le refroidissement, est exprimé entre des doubles de papier buvard sur une plaque chauffée à 100°; on le débarrasse des matières huileuses en le pressant entre des papiers imbibés d'alcool absolu, on le fait dissoudre dans 6 fois son poids d'eau et on évapore à cristallisation [Crasso, *Ann. der Chem. u. Pharm.*, t. CXXXIV, p. 61].

3° L'acide citraconique, en solution concentrée, chauffé de 120° à 130° en vase clos, se transforme en acide itaconique. En opérant de cette manière, il n'y a pas de perte de substance par volatilisation et la transformation est complète. Les tubes sont tantôt remplis d'une masse cristalline, tantôt d'une solution concentrée d'acide itaconique. Lorsqu'on évapore cette solution, on obtient des cristaux qui sont de grands octaèdres rhombiques incolores, très-brillants, agglomérés en croûtes dures; les cristaux qui se déposent dans le tube scellé sont, au contraire, de longs prismes déliés, enchevêtrés les uns dans les autres [Th. Wilm, *Bull. de la Soc. chim.*, (2), t. VIII, p. 358].

L'acide itaconique se produit encore dans les cas suivants :

Lorsqu'on chauffe pendant quelque temps de l'acide citraconique à 100°, il se forme de l'anhydride citraconique et de l'acide itaconique qui cristallise [Gottlieb, *Ann. der Chem. u. Pharm.*, t. LXXVII, p. 265; *Compt. chim.*, 1851, p. 113]. L'acide aconitique, chauffé avec de l'eau à 180°, fournit des acides itaconique et carbonique [Pebal, *Ann. der Chem. u. Pharm.*, t. XCVIII, p. 94]. L'acide citrique se décompose lorsqu'on le chauffe à 160° avec de l'eau, et plus rapidement avec de l'eau chargée d'acide sulfurique en acides itaconique et carbonique; un peu d'acide mésaconique se produit en même temps [Morkownikoff et Purgold, *Bull. de la Soc. chim.*, (2), t. VIII, p. 274]. L'acide itaconique prend naissance encore à côté de l'anhydride citraconique dans la distillation sèche de l'acide itamalique [Swarts, *Bull. de la Soc. chim.*, (2), t. IX, p. 317].

Ces cristaux sont inaltérables à 120°, et fusibles à 161° en un liquide incolore, qui, par le refroidissement, prend une texture cristalline feuilletée. Ils appartiennent au type orthorhombique et ont les faces $p$, $m$, $b^{1/2}h^1$ ($p$ ou $m$ dominent). Valeur des axes = 1 : 0,7,808 : 0,4607. Inclinaison des faces : $b^{1/2}b^{1/2}$; aux arêtes culminantes : 73°38′ et 123°38′; inclinaison aux arêtes latérales : 136°43′; $mm$ = 118°45′; clivage parallèle à $h^1$ [Schabus, *Bestimmung der Krystallgestalten*, etc; Vienne, 1855].

L'acide itaconique est sans odeur, a une saveur très-acide et se volatilise un peu au-dessous de son point de fusion déjà, en donnant des vapeurs irritantes, douées d'une odeur particulière, qui se condensent en aiguilles blanches; il ne reste pas de résidu charbonneux si on opère avec peu de matière et si on chauffe avec précaution. Lorsqu'on chauffe l'acide itaconique jusqu'à son point d'ébullition, il passe de l'anhydride citraconique et de l'eau.

L'acide itaconique cristallisé se dissout dans 17 p. d'eau à 10°, dans 12 p. d'eau à 20°, et beaucoup plus abondamment dans l'eau bouillante; il se dissout dans 4 p. d'alcool froid; il est soluble dans l'éther.

L'amalgame de sodium transforme l'acide itaconique en acide pyrotartrique [Kekulé, *Ann. de Chim. et de Phys.*, (3), t. LXV, p. 117]. En présence de l'eau, il s'unit à 2 atomes de brome; il se développe de la chaleur et il se produit de l'acide itadibromopyrotartrique [Kekulé, *loc. cit.*, —

Cahours, *Ann. de Chim. et de Phys.*, (3), t. LXVII, p. 129]. Il ne se combine pas avec l'iode, mais facilement avec le chlore, en formant de grands cristaux très-solubles, dont la solution se décompose à l'ébullition [Swarts, *Bull. de la Soc. chim.*, (2), t. IV, p. 374].

Lorsqu'on chauffe l'acide itaconique avec les acides chlorhydrique, bromhydrique et iodhydrique, 1 molécule de ces acides s'ajoute à l'acide itaconique; l'acide iodhydrique en excès produit de l'acide pyrotartrique (Swarts). L'itaconate de soude en solution aqueuse très-étendue, mélangé avec de l'acide hypochloreux, se transforme en acide itatartrique; il se produit d'abord un acide $C^5H^7ClO^5$, qui, pendant l'évaporation ou par l'action des alcalis, se scinde en acides chlorhydrique et itatartrique :

$$C^5H^6O^4 + HClO = C^5H^7ClO^5,$$
$$C^5H^7ClO^5 + H^2O = C^5H^8O^6 + HCl.$$

Si la solution d'itaconate de soude est concentrée, il se dégage de l'acide carbonique et il se développe une odeur de chloroforme [Wilm, *loc. cit.*]. A l'électrolyse, l'acide itaconique ne fournit pas d'allylène [Kekulé, *Ann. der Chem. u. Pharm.*, t. CXXXI, p. 88]. Avec l'aniline, il se forme de l'itaconanilide et de l'acide itaconanilique, en même temps que de l'eau est éliminée; il n'y a pas de réaction avec l'éthylaniline [Gottlieb, *Ann. der Chem. u. Pharm.*, t. LXXVII, p. 265]. L'acide azotique ne transforme pas l'acide itaconique en acide mésaconique : c'est là un des caractères qui le différencie de l'acide citraconique.

Itaconates. — Ils sont acides ou neutres et possèdent la composition suivante :

| $C^5H^5O^4M'$, | $C^5H^4O^4(M')^2$. |
|---|---|
| Itaconate acide ou monométallique. | Itaconate neutre ou bimétallique. |

L'*itaconate neutre d'ammonium* est incristallisable et perd de l'ammoniaque pendant l'évaporation de sa dissolution.

Le *sel acide* anhydre se dépose, dans une solution concentrée à 200°, sous la forme de tables et de prismes transparents et inaltérables à l'air, solubles dans 1 1/4 p. d'eau à 12°; le même sel acide cristallise à une plus basse température dans des liquides plus étendus, en aiguilles renfermant 1 molécule d'eau de cristallisation et s'effleurissant rapidement à l'air.

*Itaconate neutre d'argent.* — L'acide itaconique ne précipite pas le nitrate d'argent, mais, en présence d'un peu d'ammoniaque ou en combinaison avec les alcalis, il y détermine un précipité blanc cristallin très-divisé, qui brûle avec une sorte de déflagration en produisant des végétations contournées. Ce sel se dissout facilement dans l'ammoniaque et très-peu dans l'eau bouillante.

L'*itaconate neutre de baryum*, plus soluble que le sel de calcium, se présente sous forme de croûtes cristallines (Baup). Une dissolution aqueuse d'acide itaconique, saturée par le carbonate de baryte, donne à l'évaporation de longues aiguilles cotonneuses, groupées en étoiles, renfermant 1 molécule d'eau qui n'est pas chassée à 100°; à une température plus élevée, le sel se boursoufle (Crasso).

Le *sel acide* constitue, suivant Baup, de petites tables rhombiques, dont les arêtes obtuses sont arrondies. Ce sel est inaltérable à l'air et facilement soluble dans l'eau, surtout à chaud. Wilm, au contraire, a reconnu que ce sel est très-peu soluble. Suivant Crasso, il constitue une masse cristalline confuse.

L'*itaconate neutre de calcium* constitue des aiguilles enchevêtrées renfermant 1 molécule d'eau de cristallisation, solubles dans 45 p. d'eau à 18°. Il n'est pas plus soluble à chaud qu'à froid; il est insoluble dans l'alcool. Le *sel acide* se présente sous la forme de petites feuilles inaltérables à l'air, renfermant 1 molécule d'eau, solubles dans 13 p d'eau à 12°.

*Itaconate de cuivre.* — Aiguilles très-déliées, d'un bleu vert, peu solubles.

*Itaconate de fer.* — L'acide libre produit une coloration rougeâtre avec les sels de fer; les itaconates alcalins les précipitent en rouge.

*Itaconate de magnésium.* — Le sel neutre est gommeux. Le sel acide forme des feuilles brillantes très-solubles.

*Itaconate de manganèse.* — Croûtes cristallines rosées, facilement solubles dans l'eau.

*Itaconate mercureux.* — Les itaconates alcalins précipitent l'azotate mercureux en blanc.

*Itaconate de nickel.* — Aiguilles très-fines, d'un vert bleu, peu solubles dans l'eau.

*Itaconate de plomb.* — L'acide libre précipite l'acétate neutre et l'acétate basique de plomb; les sels alcalins forment, avec l'azotate de plomb, un précipité qui disparaît si l'un ou l'autre sel est en excès. L'itaconate de plomb est une poudre blanche renfermant $H^2O$ (Baup). Suivant Otto, on obtient des sels amorphes en ajoutant goutte à goutte de l'itaconate d'ammonium à un excès d'acétate de plomb bouillant; un de ces sels a pour composition $C^5H^4PbO^4 + PbO$ [*Ann. der Chem. u. Pharm.*, t. CXXVII, p. 181].

L'*itaconate neutre de potassium* ne cristallise pas, est déliquescent et insoluble dans l'alcool. Soumis à l'action du brome, ce sel se comporte comme le citraconate de potassium [voyez Citraconique (acide)]. Le *sel acide* constitue de petits prismes inaltérables à l'air, qui perdent 7,08 % d'eau à 100°.

L'*itaconate neutre de sodium* est déliquescent. Le *sel acide* se présente en cristaux opaques, très-solubles.

*Itaconate neutre de strontium.* — Croûtes formées de cristaux aciculaires, renfermant 1 molécule d'eau et solubles dans quelques parties d'eau (Baup). Suivant Crasso, ce sel, très-ressemblant à l'itaconate de baryum, se présente sous forme de fines aiguilles ne perdant pas d'eau à 100°. Le *sel acide* constitue des feuillets inaltérables à l'air, facilement solubles dans l'eau.

Éthers itaconiques. — On prépare l'itaconate d'éthyle, $C^5H^4O^4(C^2H^5)^2$, en distillant l'acide itaconique avec de l'alcool et de l'acide chlorhydrique.

Liquide incolore, amer, d'une légère odeur aromatique, bouillant à 225° avec décomposition partielle, d'une densité de 1,04 à 18°,5; soluble en toutes proportions dans l'alcool et l'éther, à peu près insoluble dans l'eau, qui l'acidifie à la longue.

Amides itaconiques. — *Phényl-itaconamide* ou *itaconanilide*, $(C^5H^4O^2)''(Az.H.C^6H^5)^2$. — On chauffe dans une cornue de l'acide itaconique avec un excès d'aniline à 182°. L'itaconanilide cristallise en larges paillettes, légères et tendres, d'un éclat nacré, presque insolubles dans l'eau froide, peu solubles dans l'eau bouillante, facilement solubles dans l'alcool et l'éther.

Elle fond à 185° et se prend par le refroidissement en une masse cristalline. On peut la sublimer en petite quantité.

Les acides et les alcalis aqueux n'agissent pas sur elle à l'ébullition.

L'acide sulfurique concentré la dissout en se colorant en brun; l'eau la précipite sans altération. Un mélange d'acide sulfurique et d'acide nitrique concentré dissout l'itaconanilide; l'eau précipite de sa liqueur une poudre jaune pâle, amorphe, insoluble dans l'eau et l'alcool, et représentant l'itaconanilide quintinitrée

$$C^{17}H^{11}(AzO^2)^5Az^2O^2.$$

Ce produit ne donne pas de nitraniline par les alcalis [Gottlieb, *Ann. der Chem. u. Pharm.*, t. LXXVII, p. 265, et t. LXXVIII, p. 242].

Il est probable que l'*acide itaconamique*,

$$(C^5H^4O^2)''(OH)(AzH^2),$$

se forme lorsqu'on chauffe l'itaconate d'ammoniaque à 170°; on obtient en effet une masse brunâtre, semblable au caramel, d'une saveur à la fois acide et amère, plus soluble dans l'eau que la citraconimide et formant avec l'ammoniaque un sel fort soluble. Ses sels sont instables et difficiles à purifier.

*Acide phénylitaconamique* ou *itaconanilique*,

$$(C^5H^4O^2)''(OH)(Az.H.C^6H^5).$$

— On évapore à siccité de l'aniline avec une solution d'acide itaconique en excès, et on chauffe le résidu un peu au-dessus de 100°.

L'acide itaconanilique forme de larges aiguilles incolores, fusibles à 189° en se décomposant en partie. Si on chauffe jusqu'à 260°, il se décompose en grande partie en eau, citraconanile, acide citraconique, itaconanilide et acide itaconique.

Il est plus soluble dans l'alcool que dans l'eau et plus stable que son isomère, l'acide citraconanilique; sa solution n'est pas colorée par le chlorure de chaux. Les cristaux appartiennent au type clinorhombique et ont les faces $m$, $g^1$, $e^1$, $d^{1/4}$. Valeurs des axes = 1 : 0,2793 : 0,5280. Angle des deux premiers axes = 72° 29'. Inclinaison des faces : $mm$, dans le plan de la diagonale oblique et de l'axe principal = 126° 28'; $g^1e^1$ = 57° 56'; $g^1d^{1/4}$ = 121° 28' [Schabus, *loc. cit.*].

Ses sels sont plus stables que ceux de l'acide citraconanilique, mais s'altèrent légèrement quand on fait bouillir leur solution. Le sel de sodium est fort soluble, le sel de baryum est une matière gommeuse et incristallisable, fort soluble dans l'eau; le sel de cuivre est un précipité cristallin d'un bleu clair, contenant de l'eau qui ne s'en va qu'à une température plus élevée, le sel devenant alors d'un vert bleuâtre. Le sel de plomb est un précipité blanc et caillebotté, qui devient cristallin en séjournant dans le liquide où il s'est formé. Le sel d'argent est un précipité blanc et cristallin qui se dissout assez facilement dans l'eau bouillante en se réduisant légèrement; la solution dépose le sel, par le refroidissement, sous la forme de larges aiguilles brillantes [Gottlieb, *loc. cit.*]. Ph. de C.

**ITADICHLOROPYROTARTRIQUE (ACIDE).** — Il se forme par l'addition de 2 atomes de chlore à 1 molécule d'acide itaconique; il est soluble dans l'eau et cristallise de sa solution sirupeuse en gros et beaux cristaux; sa solution se décompose par l'ébullition [Swarts, *Bull. de la Soc. chim.*, (2), t. IV, p. 375].

**ITAMALIQUE (ACIDE),**

$$C^5H^8O^5 = [C^3H^5]'''(OH)(CO^2H)^2.$$

— Lorsqu'on fait tomber de l'eau goutte à goutte sur de l'acide itamonochloropyrotartrique, chauffé à 135°, jusqu'à ce qu'il ne se dégage plus d'acide chlorhydrique, il se produit de l'acide itamalique. Il est plus avantageux de faire bouillir une solution étendue de l'acide chloré avec un carbonate alcalin jusqu'à ce que le liquide soit neutre, de faire évaporer avec un peu d'acide chlorhydrique et d'épuiser le résidu par de l'éther ne renfermant pas d'alcool. On peut aussi faire bouillir une solution étendue de l'acide chloré avec du carbonate de chaux jusqu'à ce qu'il ne se dégage plus d'acide carbonique, évaporer après neutralisation avec une petite quantité d'eau de chaux jusqu'à consistance de sirop et ajouter beaucoup d'alcool; l'itamalate de calcium qui reste indissous devient pulvérulent si on le chauffe avec une nouvelle quantité d'alcool, on le délaye dans l'eau chaude et on décompose par l'acide oxalique; la solution, évaporée sur de l'acide sulfurique, laisse déposer de l'acide itamalique en longues aiguilles enchevêtrées, très-déliquescentes, solubles dans l'alcool et dans l'éther.

Cet acide est isomérique avec les acides citramalique et mésamalique. Il fond à 60-65°; par ce caractère il se distingue de l'acide oxypyrotartrique, fusible à 135°, décrit par Simpson. Il se volatilise avec la vapeur d'eau; chauffé à 100°, il se volatilise en dégageant une odeur rappelant la mélasse.

Soumis à la distillation sèche, il donne naissance à de l'eau, de l'acide itaconique et de l'anhydride citraconique; la décomposition de l'acide malique étant analogue, il devient certain que l'acide itamalique est bien l'homologue de celui-ci. De même aussi que l'acide malique échange son oxhydryle pour du brome, en formant de l'acide bromosuccinique, l'acide itamalique, chauffé avec de l'acide bromhydrique fumant, se transforme en acide itamonobromopyrotartrique :

$$\underset{\text{Acide itamalique.}}{(C^3H^5.OH)''\left\{\begin{matrix}CO^2H\\CO^2H.\end{matrix}\right.} + BrH$$

$$= \underset{\text{Acide itamonobromo-pyrotartrique.}}{(C^3H^5.Br)''\left\{\begin{matrix}CO^2H\\CO^2H\end{matrix}\right.} + H^2O.$$

L'acide itamalique qui est bibasique forme deux séries de sels; les neutres peuvent être obtenus directement par double décomposition ou aussi par la décomposition de l'acide itamonochloropyrotartrique au moyen d'une base; ils sont d'abord gommeux ou gélatineux et ne deviennent cristallisables ou pulvérulents qu'après une ébullition prolongée avec l'eau. En solution neutre, ils sont précipités en rouge-brun par les sels ferriques. Les sels de cuivre, d'argent et de plomb sont peu solubles. Les sels acides se produisent aussi lorsqu'on fait chauffer une solution aqueuse diluée d'un paraconate. Les paraconates sont si peu stables, qu'ils se transforment en itamalates lorsqu'on neutralise l'acide paraconique par une base :

$$\underset{\text{Paraconate neutre.}}{C^5H^5MO^4} + H^2O = \underset{\text{Itamalate acide.}}{C^5H^7MO^5}.$$

*Itamalate acide d'ammonium,*

$$C^5H^7(AzH^4)O^5 + C^5H^8O^5.$$

— Masse fibreuse qui, cristallisée de l'alcool bouillant, se présente sous forme de petites tables hexagonales ressemblant au chlorure de baryum.

*Itamalate d'argent.* — Précipité gélatineux, renfermant probablement 1 molécule d'eau, qui, bouillie pendant quelque temps avec de l'eau, se dépose sous forme de poudre cristalline anhydre.

*Itamalate de calcium*, $C^5H^6\overset{''}{Ca}O^5 + H^2O$. — Obtenu par l'action du carbonate de chaux sur l'acide itamonobromopyrotartrique, c'est une poudre blanche, moins soluble dans l'eau chaude que dans l'eau froide; longtemps en contact avec l'eau froide, elle se transforme dans la modification gommeuse soluble. Traité par l'acide azotique faible, ce sel se transforme en petits cristaux durs, dont la composition est $C^5H^6\overset{''}{Ca}O^5 + 3H^2O$.

*Itamalate de cuivre*, $C^5H^6\overset{''}{Cu}O^5$. — C'est, lorsqu'on le précipite à chaud, une matière cristalline bleu verdâtre; l'acide libre, neutralisé avec de l'hydrate d'oxyde de cuivre, fournit le sel basique $2\,C^5H^6CuO^5 + CuO$.

*Itamalate de plomb*, $C^5H^6\overset{''}{Pb}O^5$. — Précipité caséeux qui se forme lorsqu'on mêle une solution froide d'itamalate neutre de sodium avec de l'azotate de plomb; il est soluble dans un excès de sel de plomb et fusible en une masse tendre sous l'eau chaude comme le malate de plomb, et alors perd probablement de l'eau; une ébullition prolongée lui fait perdre cette propriété. Si l'on remplace l'azotate par l'acétate de plomb, il ne se forme de précipité qu'autant qu'on ajoute de l'ammoniaque. Lorsqu'on fait bouillir le mélange des deux sels pendant quelque temps, il se dépose pendant le refroidissement un sel blanc cristallin, infusible, dont la formule est aussi $C^5H^6PbO^5$.

*Itamalate de sodium*, $C^5H^6Na^2O^5$. — Obtenu par l'action du carbonate de soude sur l'acide itamonobromopyrotartrique, il constitue une masse cristalline composée de longues aiguilles déliées, très-déliquescentes.

L'*itamalate d'éthyle* est un liquide incolore, d'une odeur poivrée agréable, non volatil, sans décomposition [Swarts, *Bull. de l'Acad. de Belgique*, 6 juillet 1867; *Bull. de la Soc. chim.*, (2), t. IX, p. 317]. Ph. de C.

**ITAMONOBROMOPYROTARTRIQUE (ACIDE)**, $C^5H^7BrO^4$. — Sa préparation est analogue à celle de l'acide chloré correspondant; on chauffe à 100°, pendant une demi-heure, de l'acide itaconique avec de l'acide bromhydrique concentré; on le prépare encore, mais d'une manière moins avantageuse, en faisant agir à 120° du brome sur de l'acide pyrotartrique. L'acide bromhydrique transforme l'acide paraconique en acide itamonobromopyrotartrique. Il fond à 130-134° et reste, comme l'acide chloré, longtemps liquide sans se solidifier; il bout sans décomposition à 250° environ; il est moins facilement décomposé par l'eau bouillante que l'acide chloré et se comporte avec les bases comme celui-ci. Sa solution alcoolique, traitée par l'acide chlorhydrique, fournit de l'acide bromhydrique, et l'éther de l'acide chloré. Le nitrate d'argent ne le décompose qu'à l'ébullition. On prépare l'éther de l'acide bromé en chauffant ce dernier avec de l'alcool à 110°; le produit, précipité par l'eau, bout à 270-275° en se décomposant partiellement [Swarts, mêmes sources que pour l'acide itamonochloropyrotartrique]. Ph. de C.

**ITAMONOCHLOROPYROTARTRIQUE (ACIDE)**, $C^5H^7ClO^4$. — Il se forme lorsqu'on chauffe à 130° environ pendant trois heures de l'acide itaconique pulvérisé avec 2 p. d'acide chlorhydrique très-concentré; on fait cristalliser dans l'eau ou dans l'alcool, après avoir lavé le produit avec un peu d'eau froide. En remplaçant l'acide itaconique par les acides citraconique et mésaconique, on obtient des isomères de l'acide chloré.

Cet acide constitue des grumeaux blancs sans éclat ou des cristaux ressemblant à l'acide pyrotartrique; il est sans odeur, a une saveur acide agréable, fond à 140-145°, reste longtemps liquide avant de se solidifier et bout à 225-230° en formant de l'eau, de l'acide chlorhydrique et de l'anhydride huileux, qui, après quelque temps, cristallise en reconstituant l'acide primitif. Chauffé à 150° dans un courant d'air sec, il perd de l'eau et il se forme de l'anhydride qu'on ne peut obtenir pur, car il se perd en même temps de l'acide chlorhydrique.

L'eau bouillante ainsi que les bases énergiques transforment l'acide itachloropyrotartrique en acide itamalique :

$$C^5H^7ClO^4 + H^2O = C^5H^8O^5 + HCl.$$

La solution d'acide itachloropyrotartrique, saturée d'ammoniaque, laisse déposer par évaporation spontanée du sel ammoniac, et l'eau mère renferme de l'acide mésaconique; le nitrate d'argent le décompose à 100° en précipitant du chlorure d'argent; l'oxyde d'argent détermine la formation de chlorure métallique et d'acide paraconique, qui est isomérique avec l'acide itaconique, mais monobasique, et d'un peu d'acide itamalique. L'acide paraconique se produit encore lorsqu'on chauffe à 140° pendant plusieurs heures, ou mieux à 100° pendant 48 heures, de l'acide itachloropyrotartrique avec de l'eau [voyez Paraconique (acide)], ou encore en traitant l'acide itachloropyrotartrique par le carbonate d'argent à la température d'ébullition.

L'*itamonochloropyrotartrate d'éthyle*,

$$C^5H^5Cl(C^2H^5)^2O^4,$$

se forme lorsqu'on sature par de l'acide chlorhydrique la solution alcoolique de l'acide et qu'on rectifie le produit précipité par l'eau. C'est un liquide incolore, d'une saveur amère, bouillant de 250° à 252° en donnant naissance à un peu d'acide chlorhydrique [Swarts, *Bull. de l'Acad. de Belgique*, (2), t. XVIII, n° 11, et t. XIX; *Bull. de la Soc. chim.*, (2), t. IV, p. 374]. Ph. de C.

**ITAMONOÏODOPYROTARTRIQUE (ACIDE)**, $C^5H^7IO^4$. — Pour le préparer, on chauffe à 150°, pendant plusieurs heures, un excès d'acide itaconique avec de l'acide iodhydrique dans une atmosphère d'acide carbonique; si l'acide iodhydrique est en excès, il se forme de l'acide pyrotartrique, on enlève l'iode libre au liquide par du mercure; en évaporant sur l'acide sulfurique, il se dépose des grumeaux jaunes, d'un aspect mat, mélangés avec un peu d'acide itaconique. Des cristallisations répétées dans l'eau rendent ces grumeaux incolores. Ces cristaux fondent à 135° et se décomposent à 185° en dégageant de l'iode. L'eau bouillante ne détermine qu'une décomposition lente; si on chauffe avec de l'acide iodhydrique, de l'iode est mis en liberté et il se produit de l'acide pyrotartrique. Le pyrotartrate d'éthyle se forme lorsqu'on chauffe l'acide itaïodopyrotartrique avec de l'alcool contenant de l'acide chlorhydrique [Swarts, mêmes sources que pour l'acide itamonochloropyrotartrique]. Ph. de C.

**ITAPYRUVIQUE (ACIDE)**, $C^4H^6O^3$. — Cet homologue de l'acide pyruvique se forme dans la distillation sèche de l'acide itatartrique. Cette décomposition est tout à fait analogue à celle de l'acide tartrique :

$$\underset{\text{Acide tartrique.}}{C^4H^6O^6} = CO^2 + H^2O + \underset{\text{Acide pyruvique.}}{C^3H^4O^3},$$

$$\underset{\text{Acide itatartrique.}}{C^5H^8O^6} = CO^2 + H^2O + \underset{\text{Acide itapyruvique.}}{C^4H^6O^3}.$$

L'acide itatartrique commence à bouillir vers 125°, l'acide carbonique se dégage, l'eau et le nouvel acide distillent; vers 170°, le résidu brunit, et, entre 190° et 230°, il distille des liquides jaunes empyreumatiques. Le résidu renferme du charbon; le liquide distillé, soumis à l'évaporation dans le vide, laisse un résidu visqueux très-acide, d'une odeur particulière.

L'acide itapyruvique est très-soluble dans l'eau et dans l'alcool. Chauffé avec précaution, il se volatilise; il est monobasique.

L'*itapyruvate de baryum*,

$$(C^4H^5O^3)^2\overset{\shortparallel}{Ba} + H^2O,$$

forme une masse vitreuse, soluble dans l'eau. Le sel de plomb offre le même aspect; il est déliquescent. Le sel hydraté fond à 100° en perdant son eau. Le sel d'argent est soluble dans l'eau et très-instable; sa solution dépose de l'argent déjà à froid [Th. Wilm, *Ann. der Chem. u. Pharm.*, t. CXLI, p. 37; *Bull. de la Soc. chim.*, t. VIII, p. 359, 1867]. A. H.

**ITATARTRIQUE (ACIDE)** [Syn. *Homotartrique*],

$$\left.\begin{matrix} C^5H^4O^2 \\ H^4 \end{matrix}\right\} O^4 = [C^3H^4]^{iv}(OH)^2(CO.OH)^2.$$

— Cet acide est homologue de l'acide tartrique et isomère de l'acide citratartrique (voyez t. I, p. 930). Il a été préparé par M. Kekulé en décomposant l'acide itabibromopyrotartrique (produit par l'addition du brome à l'acide itaconique) par l'oxyde d'argent en présence de l'eau. M. Wilm a obtenu le même acide par l'action de l'eau sur la combinaison des acides itaconique et hypochloreux :

$$\underset{\text{Acide itabibromopyrotartrique.}}{C^5H^6Br^2O^4} + Ag^2O + H^2O = \underset{\text{Acide homotartrique.}}{C^5H^8O^6} + 2AgBr \text{ (Kekulé)},$$

$$\underset{\text{Acide chloro-itamalique.}}{C^5H^7ClO^5} + H^2O = \underset{\text{Acide itatartrique.}}{C^5H^8O^6} + HCl \text{ (Wilm)}$$

[Kekulé, *Ann. der Chem. u. Pharm.*, suppl. I, p. 346; *Ann. de Chim. et de Phys.*, (3), t. LXV, p. 117; — Th. Wilm, *Ann. der Chem. u. Pharm.*, t. CXLI, p. 28; *Bull. de la Soc. chim.*, t. VIII, p. 356, 1867].

Pour le préparer, on chauffe de l'acide itabibromopyrotartrique en solution aqueuse avec de l'oxyde d'argent récemment précipité, on filtre, on traite par l'hydrogène sulfuré, on filtre de nouveau et l'on évapore. M. Wilm ajoute par petites portions, à une dissolution d'itaconate de sodium à 2 p. 100, une dissolution d'acide hypochloreux à 1 p. 100 (il n'est pas nécessaire de séparer d'abord l'oxychlorure de mercure). Il est essentiel de bien refroidir, de faire l'opération dans l'obscurité et d'ajouter l'acide hypochloreux dans l'itaconate; si on faisait l'inverse, l'acide formé serait détruit par l'acide hypochloreux en excès. Quand l'odeur de ce dernier a disparu, on filtre, on précipite le mercure dissous par l'hydrogène sulfuré et on évapore à sec. On dissout ensuite le résidu dans l'eau, on précipite par une solution ammoniacale d'acétate de plomb et l'on décompose le précipité par l'hydrogène sulfuré; le liquide, évaporé de nouveau, laisse un résidu qu'on débarrasse d'une petite quantité d'acide chlorhydrique au moyen de carbonate d'argent. Ce résidu ne renferme pas de chlore; l'acide chloré qui a dû prendre naissance d'abord s'est décomposé en fournissant directement de l'acide itatartrique.

L'acide itatartrique constitue une masse vitreuse, très-déliquescente (Wilm); sa solution sirupeuse dépose, après quelque temps, des cristaux (Kekulé). Il est sensiblement volatil avec la vapeur d'eau; par l'ébullition de sa solution concentrée il se décompose en acide carbonique, eau et acide itapyruvique. Il empêche la précipitation des sels de fer et de cuivre par les alcalis.

L'acide itatartrique est un acide fort; il est tétratomique et bibasique. Son isomérie avec l'acide citratartrique est analogue à celle des acides itaconique et citraconique. Les sels de l'acide itatartrique sont presque tous solubles dans l'eau; ceux de potassium et de sodium sont incristallisables.

*Itatartrate de calcium*,

$$C^5H^6\overset{\shortparallel}{Ca}O^6 + 1/2H^2O\ (?).$$

— Masse cristalline blanche, peu soluble dans l'eau.

*Itatartrate de baryum*, $C^5H^6\overset{\shortparallel}{Ba}O^6$. — Ce sel est soluble dans l'eau et précipitable de sa solution par l'alcool. Il existe aussi un sel acide ne cristallisant pas.

Les *sels de zinc* et de *cuivre* sont solubles dans l'eau et incristallisables.

L'*itatartrate de plomb*, $C^5H^6\overset{\shortparallel}{Pb}O^6$, cristallise en tables clinorhombiques très-brillantes, dont les angles sont tronqués. Il est peu soluble dans l'eau.

L'itatartrate basique de plomb est un précipité blanc.

Le sel d'argent constitue un précipité blanc, que la chaleur et la lumière décomposent facilement. Il est assez soluble dans l'eau. A. H.

**ITTNÉRITE** (Min.). — Silicate hydraté d'alumine, de soude et de chaux, contenant de l'acide sulfurique et du chlore, et paraissant être une altération de l'haüyne. Se présente en masses compactes ou granulaires translucides et clivables selon les faces du dodécaèdre rhomboïdal. D'un éclat résineux et d'un gris bleuâtre. Trouvé au Kaiserstuhl (Bade).

Dureté, 5,5. Densité, 2,4.

*Caractères.* — Fait gelée avec l'acide chlorhydrique et dégage de l'hydrogène sulfuré. L'eau bouillante lui enlève du sulfate de chaux. Au chalumeau, fond facilement en un verre bulleux opaque, en dégageant de l'acide sulfureux.

**IWAARITE** (Min.). — M. Nordenskiöld a décrit sous ce nom une substance qui a les caractères de la schorlomite. Trouvé dans l'éléolithe à Iwaara (Finlande).

**IXIOLITHE** (Min.). — Nom donné à une tantalite de Kimito (Finlande).

# J

**JACHÈRE.** — Depuis longtemps les cultivateurs ont remarqué qu'un sol appauvri par une succession de récoltes peut recouvrer une partie de sa fécondité première, s'il est simplement abandonné au repos. L'idée que la terre doit se reposer avant de produire de nouveau est fort ancienne; mais il est clair que, si elle est intéressante en ce qu'elle exprime nettement le résultat d'une observation nombre de fois répétée, elle n'enseigne rien sur les causes de l'appauvrissement du sol, ni sur celles qui lui rendent sa fertilité.

Nous examinerons successivement dans cet écrit l'influence pratique de la jachère; nous présenterons ensuite les travaux nombreux et importants qui ont eu pour but d'en expliquer les effets.

*Influence pratique de la jachère.* — Dans l'ancien assolement triennal du nord de la France, au blé, puis à l'avoine, succédait pendant la troisième année un repos absolu. La terre était labourée avec soin; on déposait le fumier, puis à l'automne on semait le blé, et on recommençait la même série d'opérations; ainsi le sol, après avoir porté deux cultures de céréales, restait une année sans produire, en jachère; c'est là la seule opération qui mérite ce nom, et c'est évidemment par une extension fâcheuse qu'on désigne quelquefois les cultures de trèfle ou de sainfoin sous le nom de jachère cultivée.

L'influence de la jachère est telle, que parfois on l'a préconisée outre mesure : au siècle dernier, Jethro Tull, à qui on doit l'introduction précieuse des cultures en ligne, vantait un système de culture sans engrais, basé sur un travail très-soigné du sol. Plus récemment, en 1849, un pasteur anglais, le Rév. Smith, qui cultive à Loïs Veedon, imagina encore un nouveau système de culture du blé sans engrais; il annonçait que les cultivateurs qui suivraient sa méthode obtiendraient un profit de 100 à 150 francs par hectare. Le système fit grand bruit : il consistait à diviser le champ cultivé en un certain nombre de bandes parallèles d'une faible largeur, cultivées alternativement pendant une année, puis laissées en jachère pour être emblavées de nouveau après une année de repos. Si, pour faire mieux comprendre le système de Loïs Veedon, nous supposons que toutes les bandes sont numérotées, nous dirons que pendant l'année courante, par exemple, toutes les bandes paires seront cultivées en blé, tandis que toutes les bandes impaires resteront en jachère et recevront de nombreuses façons, de telle sorte qu'elles seront parfaitement ameublies; l'année prochaine, toutes les bandes impaires recevront du blé, tandis qu'au contraire toutes les bandes paires seront en jachère, et ainsi de suite.

Les nombreux visiteurs qu'attira à Loïs Veedon l'annonce des résultats obtenus par le Rév. Smith constatèrent qu'il n'avait rien exagéré et qu'il pouvait montrer des récoltes justifiant son système, et cependant, quand ils essayèrent de mettre en pratique le procédé qu'ils avaient vu réussir à Loïs Veedon, ils échouèrent habituellement.

Parmi les agronomes qui répétèrent ces expériences, il faut citer MM. Lawes et Gilbert, qui ont consacré un mémoire important à l'examen de ce système [On the Loïs Veedon plan of growing wheat and on the combined nitrogen in soils. *The Journal of the royal agricultural society of England*, vol. XVII, part. II, 1856].

MM. Lawes et Gilbert continuèrent pendant quatre ans leurs expériences en comparant les résultats obtenus par l'emploi du procédé du Rév. Smith avec ceux que donnait une terre cultivée en blé d'une façon continue, sans qu'elle passât jamais une année complète en jachère, et avec ceux que donne encore une autre planche, qui, après avoir donné une première récolte de blé, resta pendant une année entière en jachère sur toute son étendue, puis donna encore des récoltes de blé la troisième et la quatrième année.

Le résultat ne fut pas favorable au système de Loïs Veedon, car on n'obtint pas plus de récolte d'une superficie égale prise dans les bandes cultivées, après un repos d'une année, que du sol constamment emblavé; l'influence de la jachère étendue à une grande surface fut cependant bien sensible, car la parcelle restée en repos complet pendant une année donna une récolte bien supérieure à celle des terres cultivées par la méthode du Rév. Smith et à celle qui était restée constamment emblavée; elle ne conserva pas, au reste, cette fertilité exceptionnelle, et, à la quatrième récolte, elle ne donna plus qu'un produit semblable à celui que fournit la terre qui n'avait cessé de produire.

On rechercha les causes auxquelles il fallait attribuer l'insuccès à Rothamsted de la méthode qui donnait des résultats si avantageux à Loïs Veedon; le Rév. Smith crut qu'il fallait en accuser l'insuffisance des substances minérales utiles aux plantes contenues dans le sol de Rothamsted; pour reconnaître si cette supposition était exacte, MM. Lawes et Gilbert firent une série d'essais comparatifs à l'aide d'engrais minéraux seulement, de sels ammoniacaux seuls, et enfin d'un mélange d'engrais minéraux et de sels ammoniacaux; ils donnèrent ainsi, en 1856, l'esprit de la méthode d'analyse du sol par l'emploi d'engrais incomplets, dont, à tort, on attribue souvent l'invention à M. G. Ville (1).

L'expérience montra que c'était l'engrais azoté qui faisait surtout défaut, et cependant, quand on fit comparativement l'analyse des sols de Rothamsted et Loïs Veedon, on trouva dans les uns et dans les autres une quantité notable d'azote combiné; on en pouvait tirer la preuve que cet azote ne se trouvait pas à l'état assimilable par les végétaux; mais, malgré des recherches multipliées, on n'arriva pas à reconnaître nettement à quelle cause il fallait attribuer le succès constant de la jachère à Loïs Veedon, et son peu d'utilité à Rothamsted.

En effet, si à cette époque on savait déjà qu'il existe dans le sol des quantités notables de matières azotées d'origine organique, on n'avait pas entre les mains de moyens précis de distinguer les combinaisons azotées solubles de celles qui ne l'étaient pas; de telle sorte que, s'il ressort des expériences de MM. Lawes et Gilbert que c'est surtout à l'état physique du sol, à la difficulté qu'on éprouve à le diviser à Rothamsted comme à Loïs Veedon, la cause des différences observées dans l'effet de la jachère dans ces deux localités n'est pas indiquée avec toute la netteté désirable.

Depuis 1856, M. Boussingault a précisé les formes sous lesquelles l'azote peut pénétrer dans les plantes; on sait que c'est surtout sous forme de nitrates et de sels ammoniacaux que cette assimilation a lieu, de telle sorte qu'on est naturellement conduit à rechercher si après la jachère le sol s'est enrichi en matières azotées solubles. Nous avons vu d'autre part que certaines matières minérales, notamment les phosphates, sont indispensables au développement des végétaux, et il sera utile par suite de rechercher si la jachère peut aussi favoriser leur solubilité dans l'eau. Enfin on doit se demander si, pendant la longue période où la terre reste dépouillée de récolte, elle ne s'enrichit pas des matières que les eaux météoriques peuvent lui apporter.

EXPLICATION DES EFFETS UTILES DE LA JACHÈRE. — *Apport des matières fertilisantes par l'eau des pluies.* — Une des idées qui se sont présentées naturellement à l'esprit quand on a voulu expliquer l'influence heureuse de la jachère a été, en effet, de supposer que le sol recevait par l'eau de la pluie une quantité notable de matières fertilisantes, et des recherches ont été entreprises pour déterminer les quantités d'ammoniaque et d'acide nitrique non-seulement contenues dans l'eau des pluies, mais encore dans les brouillards, la neige, la grêle, etc. (Voyez l'art. EAU, p. 1201, *Ann. de Chim. et de Phys.*, t. XXXIX, p. 257, et t. XL, p. 129; — et Boussingault, *Agronomie*, t. II, p. 311.) On reconnut que ces quantités sont très-faibles, et qu'elles ne peuvent avoir qu'une influence médiocre sur la végétation. Ainsi, en Alsace, il tombe annuellement 680 millimètres de pluie, ce qui donne par hectare 6,800 mètres cubes d'eau contenant 0gr,5 d'ammoniaque par mètre cube soit 3k,400 d'ammoniaque ou 2k,800 d'azote. MM. Barral et Bence Jones ont montré en outre qu'il existait toujours des nitrates dans l'eau de la pluie; d'après les quantités dosées par M. Boussingault, la proportion d'acide nitrique, comme celle d'ammoniaque, varie singulièrement; en ad-

(1) « Pour reconnaître cependant quelle était la nature de la substance manquante, » le sol, après avoir été préparé d'une façon convenable, « fut divisé en quatre parties; l'une fut laissée sans engrais; la seconde reçut des engrais minéraux seulement, la troisième des sels ammoniacaux; la quatrième, enfin, des engrais minéraux et des sels ammoniacaux... »

mettant par litre $0^{mm},5$ d'azote à l'état de nitrate, on trouverait encore une quantité de $3^{k},4$ d'azote contenus dans l'eau de pluie tombée sur un hectare, et on aurait par conséquent pour la quantité totale $6^{k},2$; mais ce serait commettre une grossière erreur que de supposer que cet azote profite entièrement à la végétation; en effet, toutes les eaux qui tombent à la surface de la terre arable n'y pénètrent pas; une partie coule à la surface et s'échappe dans les ruisseaux et dans les fleuves; enfin, si la terre reçoit des eaux météoriques une certaine quantité d'ammoniaque, il n'est pas douteux que, lorsque le sol est découvert, il ne se fasse une déperdition très-sensible. On en trouvera une preuve dans deux analyses d'eau de neige exécutées par M. Boussingault :

| | Ammoniaque par litre. |
|---|---|
| Eau de la neige ramassée sur une terrasse.............................. | $1^{mg}78$ |
| Eau de la neige ramassée sur une platebande de jardin.................. | $10^{mg}34$ |

« Il me semble de la dernière évidence, ajoute M. Boussingault, que l'ammoniaque trouvée en si forte proportion dans la neige du jardin provenait pour la plus grande partie des vapeurs émanant du sol. » C'est sans doute là l'explication de ce vieux dicton répandu par les cultivateurs, à savoir que la neige engraisse la terre; elle empêche tout simplement la déperdition des vapeurs ammoniacales.

D'autre part enfin, les eaux de drainage entraînent toujours une certaine quantité de nitrates, de telle sorte qu'il est bien douteux que les eaux météoriques apportent au sol une quantité de matière fertilisante plus grande que celle qui est perdue dans l'atmosphère ou entraînée par les eaux, et l'influence heureuse de la jachère doit être recherchée ailleurs que dans l'apport de ces principes par la pluie, la neige ou le brouillard.

*Influence de la jachère sur la formation des nitrates dans la terre arable.* — Les analyses exécutées sur la terre arable par le baron de Liebig et ses élèves, par M. Boussingault, par MM. Lawes et Gilbert, etc., démontrent clairement que le sol cultivé renferme une quantité énorme de matières azotées, tellement qu'il n'est pas rare de rencontrer dans 1 kilogramme de 1 gramme à $1^{gr},5$ et 2 grammes d'azote appartenant à des matières organiques; cet azote, cependant, n'est pas en général assimilable par les plantes et on doit à M. Boussingault une expérience décisive à cet égard : il a placé dans un pot à fleur du sable mélangé à une faible quantité d'une excellente terre renfermant à l'état d'azote combiné une quantité suffisante pour fournir à l'alimentation d'une jeune plante, qui y fut semée; cette plante se développa dans ce mélange comme elle l'aurait fait dans un sol stérile; elle atteignit seulement ces dimensions réduites qui, d'après le savant professeur du Conservatoire, caractérisent les « plantes limites. » L'azote contenu dans cette bonne terre n'avait donc eu aucune influence heureuse sur le développement de la plante et c'était une preuve que cet azote était engagé dans une de ces combinaisons insolubles, à l'étude desquelles M. P. Thenard a déjà consacré tant de travaux. — Voyez ENGRAIS.

Ces combinaisons peuvent-elles s'oxyder sous l'influence de l'air de façon à donner naissance à des nitrates? C'est ce que les expériences suivantes, dues à M. Boussingault, établissent de la façon la plus précise.

10 kilogrammes d'une terre bien fumée, celle du potager du Liebfrauenberg, renfermant $2^{gr},594$ d'azote provenant de matières organiques par kilogramme, ont été disposés en prisme sur une plaque de grès abritée par une toiture en verre. Quand cela était jugé convenable, on arrosait avec de l'eau distillée exempte d'ammoniaque.

Le jour où commença l'expérience, la terre avait été intimement mêlée et l'on en avait pris 500 grammes dans lesquels on avait dosé l'acide nitrique. On a exécuté plusieurs dosages semblables, entre le 5 août et le 2 octobre. Voici les résultats obtenus, le litre de terre sèche et tassée pesant $1^{k},300$.

| | | Nitrates exprimés en nitrate de potasse, dosés dans la terre sèche. | |
|---|---|---|---|
| | | Dans 500 gr. | Par mètre cube. |
| 5 août..... | 1857... | $0^{gr},0048$ | $12^{gr},5$ |
| 17 août..... | — ... | 0 0314 | 81 7 |
| 2 septembre | — ... | 0 0898 | 233 5 |
| 17 septembre | — ... | 0 1078 | 280 2 |
| 2 octobre | — ... | 0 1033 | 268 6 (1) |

L'influence de l'air sur la nitrification est ici des plus manifestes; c'est une véritable combustion lente qui se produit dans le sol et qui porte son action non-seulement sur l'azote de la matière organique, mais aussi sur son carbone; en effet, on doit à M. Boussingault une autre expérience également décisive.

Le 29 juillet 1858, on a placé dans un vase cylindrique en verre, de 2 centimètres de profondeur, 120 grammes de la terre du Liebfrauenberg. Cette terre formait une couche de 1 centimètre d'épaisseur; elle a été arrosée tous les jours avec de l'eau distillée exempte d'ammoniaque; on a mis fin à l'expérience après trois mois; on reconnut qu'elle avait perdu pendant ce temps $0^{gr},900$ de carbone (2).

On peut au reste exagérer la formation des nitrates en favorisant l'accès de l'air, c'est à quoi M. Boussingault est arrivé en mélangeant la terre arable à du sable [*Agronomie*, t. III, p. 197]. Dans une première expérience, 1 kilogramme de terre a été mêlé à 850 grammes de sable quartzeux; l'expérience a duré du 23 janvier au 18 septembre 1859; pendant ce temps la quantité d'acide nitrique exprimé en nitrate de potasse a passé de $0^{gr},093$ à $0^{gr},575$; le gain a été de $0^{gr},482$. Dans une seconde expérience qui a duré du 30 mai au 14 septembre, 1 kilogramme de terre a été mêlé à $5^{k},5$ de sable quartzeux; la terre du Liebfrauenberg employée renfermait au commencement de l'essai $0^{gr},003$ de nitrate de potasse par kilogramme; à la fin elle en renfermait $0^{gr},548$; le gain a été de $0^{gr},545$, encore déterminé par la combustion lente de la matière organique au moyen de l'air, dont le sable favorisait l'accès.

Il est remarquable au reste que, dans plusieurs des expériences qu'il a faites sur la jachère, M. Boussingault n'a pas observé que le sol eût perdu de l'azote; presque toujours, au contraire, il y a eu un gain léger, bien que la terre eût été placée dans des conditions telles que ce gain ne pût pas venir de la pluie ni des eaux employées par l'arrosage; faudrait-il en conclure que, pendant que la combustion lente se produisait, une partie de la chaleur mise en jeu aurait été employée à combiner l'azote et l'oxygène à l'air pour l'amener ainsi à l'état d'acide nitrique? Cela est possible, sans qu'on en trouve une preuve dans les expériences précédentes; en effet, M. Boussingault fait remarquer que, lorsqu'il a cultivé des plantes dans des sols stériles ou au moins dans des mélanges ne renfermant que de petites quantités d'une terre fertile, c'est presque toujours la terre qui a fait le léger gain d'azote constaté et non la plante, ce qui n'aurait pas eu lieu si l'azote trouvé en excès avait été à l'état de nitrate qu'aurait assimilé la jeune plante.

(1) *Agronomie*, t. II, p. 10
(2) *Ibid.*, t. I, p. 318.

Il est donc vraisemblable qu'un des effets utiles de la jachère est d'amener à l'état de nitrates une partie des matières azotées contenues dans la terre arable, et par suite de mettre à la portée des plantes une fraction des richesses accumulées par les fumures précédentes.

*Influence de la jachère sur la solubilité des phosphates.* — En 1857 [*Compt. rend.*, t. XLV, p. 13], l'auteur de cet article a eu occasion de remarquer que les nodules de phosphate de chaux fossile, récemment pulvérisés, étaient peu solubles dans l'acide carbonique, dans l'acide acétique et dans un mélange de ces deux acides, mais que, au contraire, après une exposition à l'air datant de quelques mois, les résultats étaient complétement changés et que leur solubilité devenait très-sensible. Ainsi 10 grammes de poudre de nodules immergés dans l'eau de seltz, au moment de la pulvérisation, ont donné 0,040 de phosphate de chaux en dissolution, tandis qu'après être restés exposés à l'air pendant trois mois après la pulvérisation, ils en ont donné 0gr,41, c'est-à-dire 10 fois plus; l'effet de l'oxygène atmosphérique sur les phosphates est donc évident et doit être attribué sans doute à une suroxydation du phosphate de fer qui l'amène à un état favorable à la décomposition par les carbonates alcalins ou alcalino-terreux; à la décomposition par le carbonate de chaux, que l'eau chargée d'acide carbonique, qui circule dans le sol, tient habituellement en dissolution.

En résumé, on reconnaît que, pendant la jachère, pendant le temps où le sol retourné par la charrue, brisé par les rouleaux, remué par les herses, reste exposé à l'action de l'air, les matières organiques éprouvent une combustion lente favorable à la formation des nitrates; les phosphates eux-mêmes deviennent plus solubles, et qu'ainsi les principes indispensables au développement des végétaux qui étaient insolubles deviennent au contraire assimilables; on conçoit enfin que, dans une culture qui dispose de peu d'engrais, la jachère soit avantageuse; elle utilise le fond de richesse que renferme le sol; mais on reconnaît d'autre part que, si le cultivateur dispose d'une masse d'engrais considérable, fumier, guano, sels ammoniacaux ou phosphates traités par les acides, il lui soit inutile d'attendre que l'action de l'air rende soluble les éléments enfouis dans le sol. Dans ces conditions, la jachère peut être supprimée, et l'assolement commencera par une plante sarclée, pour que, pendant sa culture, on puisse enlever les mauvaises herbes qui étaient habituellement détruites pendant la jachère. P. P. D.

**JACKSONITE** (Min.). — Prehnite du lac Supérieur. Elle avait été regardée comme anhydre par Whitney; mais Jackson a montré qu'elle renferme la proportion d'eau que contient d'ordinaire la prehnite.

**JADE** (Min.). — On a donné ce nom à plusieurs substances qui se distinguent par une ténacité très-grande. Elles sont compactes, blanches, grises, verdâtres, vertes; d'un éclat gras, translucides, d'une assez grande dureté, et susceptibles de prendre un beau poli. Elles appartiennent aux espèces suivantes : trémolite, zoïsite, labradorite et jadéite.

1° Le *jade trémolite* [Syn. *Néphrite*, *yu* des Chinois, *poenamu* des Néo-Zélandais, *Nierenstein*] blanchit au chalumeau et fond assez difficilement en un émail blanc.

Dureté, 5,5 à 6. Densité, 2,16 à 3,1.

2° Le *jade zoïsite* [Syn. *Saussurite*] se trouve dans l'euphotide, au mont Rose, au mont Genèvre (Suisse) et à Orezza (Corse). Il a été confondu avec d'autres variétés presque identiques d'aspect, mais qui ont la composition de la labradorite.

3° Le *jade labradorite* [Syn. *Saussurite*, *lémanite*, *feldspath tenace*, H.; *albite compacte*, Beud.] se trouve également dans les euphotides et dans les gabbros, avec diallage, sur les bords du lac de Genève, en Styrie, près de Baireuth, en Silésie, etc.

Dureté, 6. Densité, 2,79 à 3,38.

Au chalumeau, fond difficilement en un émail grisâtre.

4° La *jadéite*. — Voyez ce mot. F. et S.

**JADÉITE** (Min.). — Silicate d'alumine et de soude, avec chaux, magnésie et protoxyde de fer. Le rapport de l'oxygène dans

$RO, Al^2O^3$ et $SiO^2 = 1 : 2 : 6$ ($R = Na^2$, Ca, Mg, Fe).

Cette substance a été distinguée comme espèce minérale par M. Damour; on ne connaît pas son gisement, mais on en trouve en Chine des blocs isolés. On l'a rencontrée en objets façonnés dans les habitations lacustres de la Suisse. Elle est très-estimée des Chinois, qui l'appellent *Fei-tsui*. Elle se présente en masses compactes avec indices de structure lamelleuse; translucides, blanches, grisâtres, vertes; d'une grande ténacité.

Dureté, 6,5 à 7. Poussière blanche, cassure esquilleuse. Densité, 3,32 à 3,35.

*Caractères.* — Inattaquable par les acides même après fusion, ce qui la distingue de la saussurite. Fond facilement en un verre transparent bulleux. F. et S.

**JALAP** (Résine de). — Elle s'extrait, au moyen de l'alcool, de la racine de jalap qui en renferme 10 à 15 p. A l'état de pureté, elle est blanche, mais le commerce la fournit en morceaux brun-verdâtre à cassure brillante. Cette résine paraît formée de deux glucosides dont l'un, la *convolvuline*, est insoluble dans l'éther, tandis que l'autre, la *jalapine*, s'y dissout (voyez ces mots). Le jalap officinal ou tubéreux (*Convolvulus Schiedanus*, Zucc.) renferme principalement la convolvuline, le jalap fusiforme (*Convolvulus orizabensis*, Gell.) au contraire contient la jalapine.

La résine de jalap est un puissant purgatif : on l'emploie à la dose de 30 à 60 centigrammes et à l'état d'émulsion. A. H.

**JALAPINE**, $C^{34}H^{56}O^{16}$ [Syn. *Scammonine*] [Johnston, *Phil. Trans.*, part. II, 1839, p. 342; *Phil. Mag.*, t. XVII, p. 183; — A. Kayser, *Ann. der Chem. u. Pharm.*, t. LI, p. 81; — W. Mayer, *ibid.*, t. XCV, p. 129; *Ann. de Chim. et de Phys.*, (3), t. XLV, p. 494; — Spirgatis, *ibid.*, t. CXVI, p. 289, et *Répert. de Chim. pure*, t. III, p. 364, 1861]. — La jalapine, nommée d'abord *pararhodéorétine* (Kayser), est un glucoside résineux contenu dans le jalap fusiforme. C'est un homologue de la convolvuline. La scammonée provenant du *Convolvulus Scammonia* renferme une résine, la *scammonine*, dont l'identité avec la jalapine a été présumée par M. Johnston et rendue très-probable par M. Spirgatis. Cependant les deux corps ne se comportent pas de la même manière vis-à-vis des acides : la jalapine se scinde en sucre et jalapinol $C^{32}H^{62}O^7$ (Mayer), tandis que la scammonine fournit du sucre et de l'acide scammonolique $C^{16}H^{30}O^3$, identique avec l'acide jalapinolique (Spirgatis). Mais le jalapinol étant probablement de l'acide jalapinolique hydraté, cette diversité pourra peut-être s'expliquer par des différences dans le mode opératoire des deux chimistes.

M. Keller a aussi étudié la scammonine [*Ann. der Chem. u. Pharm.*, t. CIV, p. 63, et t. CIX, p. 209], mais ses recherches ont été contredites par M. Spirgatis.

*Préparation de la jalapine.* — 1° Pour extraire la jalapine de la résine de jalap, on dissout celle-ci dans une assez grande quantité d'alcool, on ajoute de l'eau jusqu'à formation d'un trouble et l'on fait bouillir pendant quelque temps avec du charbon animal. Au liquide filtré on ajoute de l'acétate de plomb et un peu d'ammoniaque qui produit un précipité coloré. On filtre, on précipite l'excès de plomb dans la liqueur au moyen de l'hydrogène sulfuré, on porte à l'ébullition et on filtre de nouveau. La solution, étant évaporée, laisse pour résidu de la jalapine colorée en jaune, qu'on malaxe dans de l'eau bouillante renouvelée plusieurs fois, et qu'on fait dissoudre finalement dans l'éther anhydre. On peut encore faire bouillir la solution alcoolique de résine, traitée par le charbon animal, avec de l'hydrate d'oxyde de plomb récemment précipité, on débarrasse la liqueur du plomb dissous et l'on précipite la jalapine à plusieurs reprises de sa solution alcoolique en y ajoutant de l'eau. Le précipité est bouilli avec de l'eau et dissous dans l'éther (Mayer).

2° La scammonée renferme de 65 à 73 p. de jalapine (scammonine). Pour la préparer, on épuise la résine brute plusieurs fois avec de l'alcool froid, on réunit les extraits, on ajoute de l'eau jusqu'à ce que le liquide commence à se troubler, on décolore par le charbon animal et l'on filtre. La majeure partie de l'alcool ayant été chassée par distillation, on ajoute de l'eau au résidu et l'on chauffe au bain-marie de manière à volatiliser le reste de l'alcool et à précipiter la totalité de la jalapine. Celle-ci est alors traitée pendant longtemps (quatre semaines) par de l'eau bouillante qu'on renouvelle souvent (Spirgatis).

La jalapine se trouve toujours souillée par un acide volatil (acide butyrique ou valérique, d'après Keller) qui l'imprègne et qui lui donne une odeur particulière; ce n'est qu'après un long traitement à l'eau bouillante qu'on arrive à la débarrasser sensiblement de cet acide.

*Propriétés et réactions de la jalapine.* — La jalapine est insipide, amorphe, incolore et translucide. Elle commence à se ramollir vers 123°, et fond à 150°, en un liquide transparent et incolore; elle se décompose à une température supérieure en développant une odeur particulière. La jalapine légèrement humide devient molle au-dessous de 100° et peut être tirée en fils minces et soyeux.

Chauffée sur une lame de platine, elle brûle avec une flamme fuligineuse.

Mayer a établi pour la jalapine la formule $C^{34}H^{56}O^{16}$, qui a été adoptée par Spirgatis pour la scammonine.

La jalapine est très-peu soluble dans l'eau, soluble en toutes proportions dans l'alcool; l'éther, la benzine, le chloroforme et l'esprit de bois la dissolvent aisément, le pétrole et l'essence de térébenthine en plus faible proportion.

Les bases solubles dissolvent la jalapine, mais les acides ne la reprécipitent plus; elle fixe de l'eau dans cette réaction et se transforme en acide jalapique (voyez ce mot). Les carbonates alcalins n'agissent qu'à chaud. La jalapine impure se dissout en jaune dans la potasse, la solution devient rougeâtre quand on la chauffe; en même temps il se forme des flocons verdâtres.

L'acide acétique dissout la jalapine à chaud sans la décomposer. Les acides azotique et chlorhydrique la dissolvent difficilement à froid; à chaud, ils la scindent en glucose et jalapinol. L'acide azotique bouillant d'une concentration moyenne fournit de l'acide ipomique (isomère de l'acide sébacique). La jalapine se dissout lentement dans l'acide sulfurique concentré en communiquant à l'acide une teinte rouge amarante qui passe au bout de quelque temps au brun et finalement au noir. En étendant la solution avec de l'eau, on voit une substance brune se précipiter et on constate la présence du sucre dans le liquide.

La solution alcoolique de jalapine n'est précipitée ni par les acétates de cuivre ou de plomb, ni par le sous-acétate de plomb.

D'après M. Keller, la solution alcoolique de jalapine jaunit lorsqu'on ajoute des fragments de potasse, et laisse déposer des flocons jaunes. La jalapine traitée par les acides sulfurique ou chlorhydrique fournit : 1° une substance cristalline fusible à 37°, $C^{14}H^{28}O^{2}$, que la potasse décompose en un acide $C^{18}H^{28}O^{3}$ et en un alcool $C^{13}H^{28}O$ ; 2° de l'aldéhyde et de l'acide valérique, et 3° du sucre.

Le corps cristallisé est, d'après M. Spirgatis, de l'éther jalapinolique; l'aldéhyde et l'acide valérique ne se forment qu'avec de la jalapine impure et ne sont nullement des produits de son dédoublement. L'action de la potasse démontre en effet que M. Keller a opéré avec un produit impur. A. H.

**JALAPINOL**, $C^{32}H^{62}O^{7}$. — C'est le produit de dédoublement de la jalapine (voyez ce mot) ou de l'acide jalapique sous l'influence des acides étendus :

$$\underset{\text{Acide jalapique.}}{C^{68}H^{118}O^{35}} + 8H^{2}O = \underset{\text{Jalapinol.}}{C^{32}H^{62}O^{7}} + \underset{\text{Glucose.}}{6C^{6}H^{12}O^{6}}.$$

On abandonne une solution d'acide jalapique additionnée de la moitié de son volume d'acide chlorhydrique jusqu'à ce que le liquide se soit transformé en une bouillie cristalline. Le jalapinol, purifié par des lavages à l'eau et par quelques cristallisations dans l'alcool auquel on ajoute un peu de charbon animal, forme des cristaux mamelonnés qui fondent à 62° et se solidifient à 59°,5. Il est sans odeur, il possède une saveur irritante et une réaction acide faible. Très-peu soluble dans l'eau même bouillante, il se dissout facilement dans l'alcool et l'éther. Il tache le papier comme le font les matières grasses.

Le jalapinol se dissout dans les alcalis en se transformant en acide jalapinolique :

$$\underset{\text{Jalapinol.}}{C^{32}H^{62}O^{7}} = H^{2}O + \underset{\text{Acide jalapinolique.}}{2\,C^{16}H^{30}O^{3}}.$$

Le jalapinol est probablement un hydrate de l'acide jalapinolique, et son existence n'est pas suffisamment démontrée. A. H.

**JALAPINOLIQUE (ACIDE)**, $C^{16}H^{30}O^{3}$. — Les alcalis convertissent le jalapinol en acide jalapinolique; dans l'action de la potasse fondante sur la jalapine (voyez ce mot) et l'acide jalapique, l'acide jalapinolique se forme à côté de l'acide oxalique (Mayer). La jalapine de la scammonée, dédoublée par les acides, fournit le même acide (Spirgatis).

*Préparation.* — On mélange peu à peu la jalapine avec de la soude fondue dans 1/8 de son poids d'eau, et on chauffe le mélange aussi longtemps qu'il se dégage de l'hydrogène. On dissout dans l'eau et on neutralise la majeure partie de la soude libre. Après quelques heures, on trouve le liquide rempli de petites aiguilles de jalapinolate de sodium, qu'on sépare par filtration et qu'on lave avec de l'eau froide. L'acide précipité du sel de sodium est lavé, dissous dans l'alcool et précipité de cette solution par l'eau, après décoloration par le charbon animal. Les eaux mères du jalapinolate de sodium renferment encore une petite quantité d'acide impur qu'on peut isoler en précipitant par un acide (Mayer).

Spirgatis chauffe l'acide jalapique de la scammonée avec de l'acide sulfurique étendu pendant 15 jours au bain-marie, ou bien il ajoute à une dissolution d'acide jalapique 1/3 de son volume d'acide chlorhydrique et il abandonne le mélange pendant 10 jours. L'acide jalapinolique impur est purifié par quelques fusions sous l'eau et par cristallisations dans l'alcool étendu.

*Propriétés.* — L'acide jalapinolique est en petites

aiguilles blanches réunies en faisceaux; il n'a pas d'odeur, mais possède une saveur irritante. Il est très-soluble dans l'alcool et l'éther; ses solutions montrent une réaction acide. Il fond de 64° à 65° et se solidifie à 61°,5 (Mayer), à 60° (Spirgatis), en une masse dure et cassante. Il produit des taches grasses sur le papier. Il répand une fumée blanche très-irritante lorsqu'on le chauffe. L'acide nitrique le convertit en acides oxalique et ipomique.

JALAPINOLATES. — Les solutions des jalapinolates alcalins précipitent les sels de baryum, de calcium, d'argent, de cuivre et de fer.

*Jalapinolate d'ammonium.* — Ce sel est en petites aiguilles réunies en faisceaux. Il perd de l'ammoniaque lorsqu'on évapore sa dissolution.

*Sel d'argent.* — Précipité blanc floconneux.

Le *sel de potassium* forme des aiguilles solubles dans l'eau, surtout à chaud, et dans l'alcool. Il forme une solution trouble avec l'eau.

*Sel de sodium,* $C^{16}H^{29}NaO^3$. — Ce sel, dont on a décrit la préparation, cristallise en faisceaux d'aiguilles blanches. Sa solution dans une petite quantité d'eau bouillante est trouble, mais elle devient claire lorsqu'on ajoute beaucoup d'eau, elle est neutre. L'alcool dissout également le jalapinolate de sodium.

*Sel de baryum,* $(C^{16}H^{29}O^3)^2\overset{''}{Ba}$. — On l'obtient en versant une solution alcoolique d'acide jalapinolique dans de l'eau de baryte bouillante, ou en précipitant le sel de sodium par le chlorure de baryum et en faisant dissoudre le précipité dans l'alcool faible et bouillant; il cristallise en aiguilles blanches enchevêtrées. Presque insoluble dans l'eau, il se dissout plus facilement dans l'alcool bouillant.

Le *sel de cuivre,* $(C^{16}H^{29}O^3)^2.\overset{''}{Cu}$, se prépare par double décomposition. Précipité amorphe vert bleuâtre, fusible en un liquide vert.

Il paraît exister un sel basique.

*Sel de plomb,* $(C^{16}H^{29}O^3)^2.\overset{''}{Pb}$. — Obtenu en précipitant par l'acétate neutre de plomb la solution alcoolique de l'acide neutralisée incomplétement par l'ammoniaque. Précipité blanc, pulvérulent, très-peu soluble dans l'eau et dans l'alcool.

ÉTHER JALAPINOLIQUE, $C^{16}H^{29}(C^2H^5)O^3$. — Lorsqu'on fait passer de l'acide chlorhydrique gazeux dans une solution alcoolique et bouillante d'acide jalapinolique et qu'on ajoute ensuite de l'eau, il se forme une huile pesante qui cristallise après quelques heures. La masse solide purifiée convenablement constitue l'éther jalapinolique. Il cristallise en tables allongées, fusibles à 32°,5.

On obtient cette même substance en même temps qu'une certaine quantité de sucre en saturant d'acide chlorhydrique la dissolution alcoolique de jalapine (de la scammonée) (Spirgatis). A. H.

**JALAPIQUE (ACIDE)** [Syn. *Acide scammonique*]. — Acide obtenu par Mayer en traitant la jalapine par les bases. Spirgatis a démontré l'identité des acides jalapique et scammonique. Ces deux chimistes l'ont considéré comme tribasique en lui assignant la formule

$$C^{34}H^{56}O^{16} + 3/2\,H^2O\ (?),$$

formule que nous doublons à cause du nombre impair des atomes d'hydrogène. L'acide jalapique est donc hexabasique et résulte de la fixation de 3 molécules d'eau sur 2 molécules de jalapine :

$$\underset{\text{Jalapine.}}{2C^{34}H^{56}O^{16}} + 3H^2O = \underset{\text{Acide jalapique.}}{C^{68}H^{118}O^{35}}.$$

*Préparation.* — On chauffe au bain-marie la résine de jalap ou de scammonée avec un excès de baryte, jusqu'à ce qu'elle soit dissoute et que l'acide chlorhydrique ne produise plus de précipité. On précipite la baryte de la solution par l'acide sulfurique en évitant d'en mettre un trop grand excès, on enlève cet excès au moyen d'un peu d'hydrate de plomb, et on précipite le plomb dissous par l'hydrogène sulfuré. Le liquide incolore qu'on obtient après filtration possède une odeur particulière qu'il perd lorsqu'on l'évapore à plusieurs reprises dans une cornue. Le liquide distillé renferme un acide volatil (butyrique ou valérique). Cet acide ne se forme pas quand on emploie de la jalapine pure.

Le résidu de la distillation dépose pendant le refroidissement une petite quantité d'une substance blanche (acide jalapinolique) qu'on sépare par filtration, et fournit par l'évaporation de l'acide jalapique.

*Propriétés.* — L'acide jalapique est une matière amorphe, translucide, légèrement colorée en jaune et très-hygroscopique. Il est sans odeur et d'une saveur âcre. Il fond vers 120° et se décompose à 130°. Il est très-soluble dans l'eau et dans l'alcool, moins soluble dans l'éther; ses solutions possèdent une réaction très-acide. Il décompose les carbonates. Chauffé avec de l'acide chlorhydrique concentré, il se dédouble en sucre et jalapinol (Mayer); l'acide jalapique de la scammonée fournit du sucre et de l'acide jalapinolique. L'émulsine convertit également la jalapine du jalap en sucre et acide jalapinolique.

Les sels de l'acide jalapique sont peu étudiés; ils sont amorphes. L'acide ne précipite pas les sels métalliques, à l'exception du sous-acétate de plomb avec lequel il fournit un précipité blanc. M. Mayer a décrit trois sels de baryum, dans lesquels 2, 4 et 6 atomes d'hydrogène sont remplacés par du baryum; mais il n'y en a qu'un dont la composition soit bien établie, c'est le sel tribarytique.

Le *sel tribarytique* $C^{68}H^{112}Ba^3O^{35}$ se forme lorsqu'on chauffe la jalapine pendant quelque temps à l'ébullition avec un grand excès d'eau de baryte, ou bien qu'on chauffe la résine sèche avec son poids de cristaux de baryte jusqu'à fusion du mélange. On traite à chaud par l'acide carbonique, on filtre et on évapore. Séché à 100°, il constitue une masse friable, amorphe, jaunâtre, sans odeur. Il est amer au goût. Il se dissout dans l'eau et dans l'alcool; chauffé sur une lame de platine, il fond (Mayer, Spirgatis).

*Sels de plomb.* — En saturant à chaud l'acide jalapique par de l'hydrate de plomb, on obtient un sel plombique soluble qui, bouilli pendant longtemps avec un excès d'oxyde, se convertit en un sel basique insoluble. Le précipité produit par le sous-acétate de plomb dans la solution de l'acide renferme 30,96 °/₀ de plomb; le sel triplombique exigerait 29,44 °/₀ (Keller). A. H.

**JALPAÏTE** (Min.). — Argyrose cuprifère de Jalpa, Mexique. Clivage cubique. Ductile comme l'argyrose. Renferme environ 13 °/₀ de cuivre.

**JAMAÏCINE.** — Alcaloïde trouvé par Huttenschmidt dans l'écorce de *Geoffroya jamaïcensis*, et qui, d'après M. J. Gastell, est identique avec la berbérine [Huttenschmidt, *Magaz. f. Pharm. v. Geiger*, septembre 1824; — Winckler, *Pharmac. Centralbl.*, 1840, p. 120; — Gastell, *Neu Rep. f. Pharmac.*, t. XIV, p. 211].

**JAMESONITE** (Min.) [Syn. *Federerz, plumosite, wolfsbergite, hétéromorphite*]. — Antimoniosulfure de plomb (sulfopyroantimonite), $Pb^2Sb^2S^5$. Renferme jusqu'à 3,5 °/₀ de fer, 2 °/₀ de cuivre et des traces de zinc.

Cristaux aciculaires, ou masses fibreuses, capillaires, amorphes, d'un gris de fer, se trouvant en Cornouailles, associé au quartz et à la bournonite; plus rarement en Sibérie, en Hongrie, en Espagne, au Brésil. La variété plumosite se trouve à Wolfsberg, Andréasberg, Freiberg (Hartz), etc.

Dureté, 2 à 3. Poussière gris-noir. Densité, 5,5 à 5,7.

*Caractères.* — Attaquable à l'acide chlorhydrique chaud, avec dégagement d'hydrogène sulfuré et séparation de chlorure de plomb par le refroidissement. Dans le tube fermé donne un faible sublimé de soufre; sur le charbon, presque entièrement volatil, en donnant un enduit blanc extérieurement, jaune auprès de l'essai. Donne un globule de plomb avec la soude.

*Forme cristalline.* — Prisme orthorhombique, *mm* = 101° 20'. Faces observées : *m*, $g^1$. Clivages : *p* parfait, *m*, $g^1$, moins nets. F. et S.

**JAPONIQUE (ACIDE).** — Voyez CATÉCHINE, t. I, p. 688.

**JARGON** (Min.). — Variété de zircon de Ceylan, se distinguant par sa couleur blanche ou jaunâtre de l'hyacinthe ou zircon rouge. M. Sorby y a découvert une trace d'urane, qui suffit pour modifier ses propriétés spectroscopiques.

**JAROSITE** (Min.) [Syn. *Gelbeisenerz*, *moronolite* (Shepard)]. — Sous-sulfate ferrico-potassique hydraté. La potasse est quelquefois remplacée par la soude. La composition de cette espèce n'est pas encore parfaitement établie; d'après M. Rammelsberg, le rapport de l'oxygène dans

$$K^2O,\ Fe^2O^3,\ SO^3,\ H^2O = 1 : 12 : 15.\ 9.$$

L'isomorphisme de la jarosite avec l'alunite rend probable une autre formule.

Petits rhomboèdres formant des incrustations sur la limonite ou masses fibreuses, concrétionnées, quelquefois compactes; d'un jaune d'ocre, opaque, d'un éclat vitreux assez vif; les masses compactes sont ternes. Se trouve à Barranco-Jaroso (Espagne), au Mexique, en Saxe, etc.

Dureté, 2,5 à 3,5. Poussière jaune. Densité, 3,24 à 3,26 (cristaux); 2,6 à 2,9 (nodules).

*Caractères.* — Insoluble dans l'eau; difficilement attaquable à l'acide chlorhydrique; solution donne un précipité avec le chlorure de baryum.

*Forme cristalline.* — Rhomboèdre *pp* = 88° 58'; $a^1 p$ = 124° 32'. Clivage, $a^1$. F. et S.

**JASPE** (Min.). — Variété de quartz compacte et opaque, colorée par divers oxydes métalliques en jaune, en rouge, en vert, en noir, etc.

**JAULINGITE** (Min.). — Matière extraite, par le sulfure de carbone, d'une résine ressemblant à l'ambre, mais d'un rouge-hyacinthe, qui se trouve à Jauling, près Saint-Vi et (Basse-Autriche). Cette substance est soluble dans l'alcool et dans l'éther; insoluble dans les carbonates alcalins, à peine soluble dans la potasse. Elle renferme, d'après Ragski, $C^{20}H^{40}O^3$. Elle ramollit à 50° et est fondue à 70°.

L'éther extrait du résidu insoluble dans le sulfure de carbone une autre matière, la β-Jaulingite, qui ne se ramollit qu'à 135°, et qui est fondue à 160°. Elle est également soluble dans l'alcool et dans l'éther; insoluble dans le sulfure de carbone et dans les carbonates alcalins. Elle renferme $C^{18}H^{24}O^4$. F. et S.

**JAUNE INDIEN.** — Voyez EUXANTIQUE (ACIDE), t. I, p. 1395.

**JAYET** (Min.). — Variété compacte de lignite noire ou brune, sans aucune apparence de structure organique. Le jayet est susceptible de prendre un beau poli.

**JEFFERÉSITE** (Min.). — Voyez VERMICULITE.

**JEFFERSONITE** (Min.). — Pyroxène manganésifère, trouvé à Sparta et à Franklin (New-Jersey), très-voisin de l'hédenbergite, d'un éclat vitreux, d'un vert-olive foncé ou d'un brun-noir. Poussière vert clair.

Dureté, 4,5. Densité, 3,3 à 3,5.

Renferme de 7 à 13,5 % d'oxyde manganeux et un peu de zinc.

**JELLETTITE** (Min.). — Silicate ferrique et calcique, trouvé en enduit compacte jaune verdâtre, à la surface d'un schiste talqueux, qui renferme un grenat grossulaire brun, et qui a été trouvé au glacier de Findelen (Mont-Rose). C'est probablement une variété d'allochroïte.

Dureté, 7,5. Densité, 3,74.

Au chalumeau, fond à la flamme de réduction en une masse foncée fortement magnétique.

**JERVINE**, $C^{30}H^{46}Az^2O^3$. — Cet alcaloïde a été découvert par E. Simon dans la racine d'ellébore blanc (*Veratrum album*), où il se trouve en même temps que la vératrine. Will a fixé plus tard sa composition [Simon, *Ann. de Poggend.*, t. XLI, p. 569 (1837); *Ann. de Chem. u. Pharm.*, t. XXIV, p. 214; — Will, *ibid.*, t. XXIV, p. 116].

Pour préparer la jervine, on traite par l'acide chlorhydrique l'extrait alcoolique de la racine d'ellébore, on sature la liqueur acide par le carbonate de sodium et l'on dissout le précipité formé dans l'alcool, auquel on ajoute du charbon animal. L'alcool ayant été chassé par distillation, on a un résidu qui se solidifie pour la plus grande partie, renfermant la jervine et la vératrine. Cette dernière, étant très-soluble et incristallisable, s'enlève facilement lorsqu'on comprime le résidu, qu'on l'arrose avec un peu d'alcool et qu'on le comprime de nouveau. La jervine ainsi préparée est presque pure.

Les eaux mères qu'on a obtenues par la compression renferment encore de la jervine; on peut en retirer une nouvelle quantité en les évaporant et en reprenant le résidu par l'acide sulfurique étendu; celui-ci laisse le sulfate de jervine à l'état insoluble, tandis que celui de vératrine se dissout.

La jervine forme une masse cristalline incolore, presque insoluble dans l'eau, mais soluble dans l'alcool. L'ammoniaque la dissout en très-petite quantité. Elle renferme 2 molécules d'eau de cristallisation qu'elle perd à 100°. Lorsqu'on la chauffe, elle fond d'abord, et se décompose au-dessus de 200°.

Will avait donné à la jervine la formule

$$C^{30}H^{45}Az^2O^3,$$

à laquelle Gerhardt a ajouté 1 atome d'hydrogène pour la faire rentrer dans la règle de composition des bases organiques.

Fondue avec de la potasse, elle dégage de l'ammoniaque. Le chlorhydrate, le sulfate et le nitrate de jervine sont des sels très-peu solubles dans l'eau et dans les acides; l'acétate est soluble.

Le chloroplatinate de jervine

$$[C^{30}H^{46}Az^2O^3.HCl]^2 + Pt\,Cl^4$$

se précipite sous la forme de flocons d'un jaune clair, lorsqu'on ajoute du chlorure de platine à la solution aqueuse de l'acétate ou à une solution alcoolique du chlorhydrate de jervine. A. H.

**JEWREINOWITE** (Min.). — Variété d'idocrase incolore ou d'un bleu pâle, ne renfermant pas de magnésie et trouvée à Frugård, dans la province de Mäntzälä (Finlande).

**JOHANNITE** (Min.). — Sulfate d'uranyle hydraté, contenant 5 à 6 % de cuivre et 6 % d'eau. Petits groupes cristallins d'un beau vert-émeraude; d'un éclat vitreux, transparent ou translucide; accompagnant les minerais d'urane à Joachimsthal (Bohême), et à Johann-Georgenstadt (Saxe).

Dureté, 2 à 2,5. Poussière vert pâle. Densité, 3,19.

*Caractères.* — Un peu soluble dans l'eau; saveur amère plutôt qu'astringente. La solution précipite en brun par le cyanure jaune, et en vert jaunâtre par les alcalis. Dans le tube bouché, donne de l'eau, de l'acide sulfureux, et devient brun, puis noir. Avec le sel de phosphore, réactions du cuivre et de l'urane. Sur le charbon donne de l'acide sulfureux et une scorie noire.

*Forme cristalline.* — Prisme clinorhombique $mm = 69°$. F. et S.

**JOHNSTONITE** (Min.). — Galène avec excès de soufre, qui y est sans doute contenu à l'état de mélange.

**JOLLYTE** (Min.). — Silicate hydraté alumino-ferreux avec un peu de magnésie.

Le rapport de l'oxygène dans

$$RO, Al^2O^3, SiO^2, H^2O = 1:2:3:2 \ (R = Fe, Mg).$$

Masses compactes, d'un brun ou d'un vert foncé, transparentes en lames minces. Trouvées à Bodenmais (Bavière), avec pyrite, vivianite, cordiérite, etc. Ressemble beaucoup à la fahlunite.

*Caractères.* — Décomposé par l'acide chlorhydrique avec dépôt de silice gélatineuse. Fond difficilement sur les bords en une masse noire à peine magnétique.

Dureté, 3. Poussière verte ou grise. Densité, 2,61.

**JORDANITE** (Min.). — Espèce séparée par M. vom Rath de la dufrénoysite de Binnen (binnite des Allemands), parce qu'elle se présente en macles et qu'elle a une poussière noire.

**JOSÉITE**. — Voyez TETRADYMITE.

**JOSSAITE** (Min.). — Nom donné par Breithaupt à de petits cristaux orthorhombiques (?), d'un jaune-orange; trouvés avec la vauquelinite à Berezow. Éclat vitreux. Donne les réactions de l'acide chromique, des oxydes de plomb et de zinc.

Dureté, 3. Poussière blanc jaunâtre. Densité, 5,2.

**JUGLANDINE**. — Voyez NUCINE.

**JUNCKÉRITE** (Min.). — Cristaux de sidérose de Poullaouen, qui avaient été considérés comme orthorhombiques.

**JURINITE** (Min.). — Ancien nom de la brookite.

# K

**KÆMMERÉRITE** (Min.). — Variété violette de pennine très-riche en chrome. En belles pyramides hexagonales, basées et fortement striées parallèlement à la base.

**KAEMPFÉRIDE** [Brandes, *Ann. der Chem. u. Pharm.*, t. XXXII, p. 312]. — Substance cristalline contenue dans la racine de galanga [*Kaempferia Galanga. L*], qu'on prépare en épuisant la racine par l'éther. Le résidu de la distillation de l'éther est formé de kaempféride et d'une substance visqueuse qui se sépare la première lorsqu'on fait évaporer à la température ordinaire la solution alcoolique du résidu.

La kaempféride est en feuilles nacrées, jaunâtres, insipides. Presque insoluble dans l'eau, elle se dissout dans 25 p. d'éther à 15°, et en plus faible proportion dans l'alcool. Elle fond au-dessus de 100°. L'acide acétique la dissout à chaud, formant une solution dans laquelle l'ammoniaque produit un précipité soluble dans un excès de réactif. L'acide sulfurique la colore en bleu verdâtre; la potasse la dissout en se colorant en jaune, le carbonate potassique avec effervescence.

La kaempféride a donné à l'analyse :

C... 64,4; H... 4,3; O... 31,3.

A. H.

**KAÏNITE**. — Voyez PICROMÉRITE.

**KAKOCHLORE**. — Voyez WAD.

**KAKOXÈNE**. — Voyez CACOXÈNE.

**KALINITE**. — Nom minéralogique donné par M. Dana à l'alun de potasse.

**KAMPYLITE** (Min.). — Variété de mimétèse riche en acide phosphorique, jaune ou brun-jaune.

**KANÉITE** (Min.). — Arséniure de manganèse, en masses concrétionnées ou amorphes, d'un gris blanchâtre, accompagnées de galène. Poussière noire. Densité, 5,55.

**KAOLIN**. — Voyez ARGILE.

**KAOLINITE** (Min.). — D'après S. W. Johnson [*American Journal of Science*, II, XLIII, p. 351, 1867], le kaolin et la pholérite auraient la même composition exprimée par la formule

$$Al^2O^3 2SiO^2 + 2H^2O,$$

à laquelle répondent les proportions

$SiO^2$... 46,3; $Al^2O^3$... 39,8; $H^2O$... 13,9.

Il réunit ces substances sous le nom de *kaolinite*. Au microscope, on peut voir dans le kaolin de petites lamelles hexagonales semblables à celles de la pholérite.

**KAPNICITE** (Min.). — Petites concrétions globuleuses qui se rapportent probablement à la wavellite de Kapnik, Hongrie.

**KAPNIKITE** (Huot). — Voyez RHODONITE.

**KARABÉ**. — Voyez SUCCIN.

**KARELINITE** (Min.). — Mélange d'oxyde (?) et de sulfure de bismuth en masses cristallines, ayant un clivage facile, d'un éclat métallique et d'un gris de plomb.

Dureté, 2. Densité, 6,60.

Trouvé dans la mine de Savodinsk, dans l'Altaï, accompagné de hessite.

**KARSTÉNITE** (Min.) [Syn. *Anhydrite*]. — Sulfate de calcium, $SO^4Ca$. Se trouve en masses cristallisées lamelleuses saccharoïdes, d'un blanc quelquefois bleuâtre ou rosé; plus rarement en cristaux; aussi en masses compactes concrétionnées et contournées (pierre de tripes) dans des roches de différents âges et accompagnant généralement les gisements de sel.

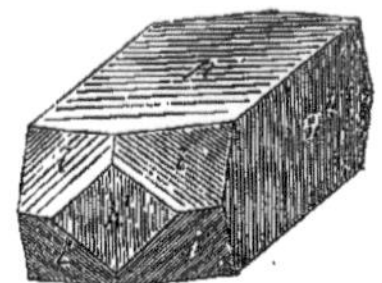

Fig. 344. — Karsténite.

*Caractères.* — Soluble dans l'acide chlorhydrique et très-légèrement dans l'eau. Au chalumeau, fond en colorant la flamme en jaune rougeâtre et en donnant une masse laiteuse à réaction alcaline. Avec le carbonate de soude, ne donne pas une perle claire et n'est pas absorbée par le charbon, mais se réduit en sulfure. Avec la fluorine, fond en une perle claire, qui devient opaque et blanche par le refroidissement, et qui par une longue insufflation se gonfle et devient infusible.

Dureté, 3 à 3,5. Densité, 2,9 à 2,985.

*Forme cristalline.* — Prisme orthorhombique, $mm = 100°30'$; $pe^1 = 132°30'$.

Clivages : $h^1$ et $g^1$ parfaits, $p$ un peu moins net. F. et S.

**KATASPILITE** (Min.). — Pseudomorphose de

la cordiérite analogue à la pinite [Igelström, *OEfv. Ak. Stockholm*, 1867, p. 141].

**KEILHAUITE** (Min.) [Syn. *Yttrotitanite*]. — Silico-titanate de chaux contenant de l'yttria, du fer, de l'alumine, etc. La composition de cette espèce se rapproche de celle du sphène, avec lequel d'ailleurs elle est isomorphe. On peut douter de la pureté des morceaux qui ont été analysés. Se rencontre amorphe ou en gros cristaux souvent maclés, bruns ou d'un noir brunâtre, translucides, en lames minces et d'un éclat vitreux, résineux sur les faces de clivage; dans des roches feldspathiques de Norwége.

*Caractères.* — Difficilement attaquable par l'acide chlorhydrique. La solution ne renferme que du peroxyde de fer. Au chalumeau, fond plus ou moins facilement avec intumescence en une perle noire, brillante. Avec le borax, réactions du fer. Avec le sel de phosphore, au feu de réduction, perle légèrement violette et squelette de silice.

Dureté, 6 à 7; poussière jaune grisâtre. Densité, 3,52 à 3,73.

*Forme cristalline.* — Prisme clinorhombique $m\,m = 114°$, $p\,h^1 = 122°$, $h^1\,a^1 = 125°$.

Clivages assez nets, $d^{1/2}$. F. et S.

**KENNGOTTITE.** — Voyez MIARGYRITE.

**KÉRAMOHALITE.** — Voyez ALUNOGÈNE.

**KÉRARGYRE** (Min.) [Syn. *Argent corné*, *argent chloruré*]. Chlorure d'argent, AgCl. — Masses compactes, ou petits cristaux cubo-octaédriques, d'un aspect cireux et le plus souvent d'un gris de perle, quelquefois verdâtre ou brunâtre; parfois incolore; devient violacé ou gris foncé par l'action de la lumière. Accompagne les autres minerais d'argent dans les filons plombifères, et se trouve surtout dans les chapeaux de filons.

*Caractères.* — Soluble dans l'ammoniaque. Fond à la flamme d'une bougie. Sur le charbon, au feu de réduction, se réduit en un bouton d'argent. Avec le sel de phosphore et l'oxyde de cuivre, réaction du chlore.

Dureté, 1. Se coupe au couteau à la manière de la cire. Densité, 5,55.

*Forme cristalline.* — Cubique. N'offre pas de clivages. F. et S.

**KÉRASINE.** — Voyez MENDIPITE.

**KERMÉSITE** (Min.) [Syn. *Kermès minéral natif, antimoine oxydé sulfuré* (Haüy), *pyrostibite, pyroantimonite* (Breith)]. Oxysulfure d'antimoine, $Sb^2OS^2$. — Petits prismes aciculaires groupés en rayons, d'une couleur rouge-cerise ou rouge brunâtre, d'un vif éclat. Légèrement élastique en écailles minces.

*Caractères.* — Soluble dans l'acide chlorhydrique avec dégagement d'hydrogène sulfuré. Fusible au chalumeau, en émettant des fumées d'antimoine.

Dureté, 1 à 1,5. Poussière rouge-brique. Densité, 4,5 à 4,6.

*Forme cristalline.* — Prisme clinorhombique, $p\,h^1 = 102°9'$; $p\,a^1 = 115°36'$. Clivage facile $p$ (longitudinal par rapport aux aiguilles).

**KIBDELOPHANE** (Min.). — Variété d'ilménite.

**KILBRICKÉNITE.** — Voyez GÉOCRONITE.

**KILLINITE** (Min.). — Cette substance, regardée souvent comme une variété de pinite, doit plutôt être rapportée au triphane dont elle a les clivages. Baguettes aplaties, à structure foliacée, à cassure esquilleuse, d'un gris verdâtre ou brunâtre, dans le granite de Killiney.

**KILSÉRITE** (Min.) [Syn. *Martinsite*]. Sulfate de magnésie hydraté, $SO^4Mg + H^2O$. — Se trouve en masses compactes ou granulaires, blanches, grisâtres ou jaunâtres, translucides ou opaques, avec la carnallite, le gypse, etc., à Stassfurt.

*Caractères.* — Soluble dans l'eau en laissant un résidu microscopique de karsténite ou de stassfurtite. Dans le tube fermé, donne de l'eau. Avec le carbonate de soude sur le charbon, se réduit en une masse hépatique.

Dureté, 2,5. Densité, 2,52.

*Forme cristalline.* — Orthorhombique.

**KINO.** — Le nom de gomme Kino a été donné à des sucs astringents provenant de pays très-différents, et dont les propriétés ont de grandes analogies avec celles des cachous et du gambir.

*La gomme astringente de Gambie* est la première substance de ce genre importée en Europe, mais elle ne tarda pas à être falsifiée, et elle fut remplacée par un certain nombre de productions analogues venues de toutes les parties du monde. On leur a donné le nom de kino. L'origine de ce mot est inconnue; cependant, d'après Guibourt, il pourrait bien dériver du mot indien *kueni*, expression employée dans les Indes pour désigner le *Butea frondosa*. Cet arbre, en effet, produit en abondance une gomme confondue pendant longtemps avec celle de Gambie. Aujourd'hui, on connaît surtout dans le commerce deux sortes de kinos: 1° le *kino d'Amboine*, produit par l'évaporation spontanée du liquide qui s'écoule des incisions faites sur le tronc et les branches de quelque espèce du genre *Pterocarpus*; 2° le *kino de la Jamaïque*, extrait produit de la décoction du bois du *Coccoloba uvifera*.

Les kinos ne sont guère usités qu'en médecine [Sucs astringents, cachous, gambirs et kinos, Guibourt, *Journ. de Pharm. et de Chim.*, t. XI et t. XII, 1847]. E. C.

**KIRWANITE** (Min.). — Hydrosilicate de fer, de chaux et d'alumine, fibreux, vert et ressemblant à la chlorite. De la côte nord-est de l'Irlande.

**KISCHTIMITE** (Min.) [Syn. *Kischtim-Parisite*, Korowaeff]. — Carbonate fluorifère de cérium et de lanthane renfermant un peu d'eau. Petits fragments translucides d'un éclat vitreux, d'un jaune-brunâtre foncé. Fragile. Dans les lavages d'or de la rivière Borsowka, près de Kischtim (Oural).

*Caractères.* — Soluble dans l'acide chlorhydrique avec dégagement d'acide carbonique et de chlore. Avec l'acide sulfurique, donne la réaction du fluor. Au chalumeau, à une douce température, devient opaque et jaune; à une haute température, s'illumine, et, après refroidissement, devient rouge-brique.

**KLAPROTHINE** (Min.) [Syn. *Lazulite*]. Phosphate hydraté d'alumine, de magnésie, de fer et de chaux,

$$RO, Al^2O^3, Ph^2O^5, H^2O = (Al^2\,2\,OH)^{iv}R''2(PhO^4)'''$$
$$R = Mg, Ca, Fe.$$

— Se présente en masses compactes ou en cristaux d'un beau bleu ou d'un bleu pâle, en veines dans des schistes argileux ou dans des quartzites, et en cristaux isolés dans un grès micacé de Georgie (États-Unis). Opaque ou translucide, d'un éclat vitreux, fragile et à cassure inégale.

Fig. 345. — Klaprothine.

*Caractères.* — Inattaquable aux acides, conserve sa couleur bleue. Dans le tube bouché, blanchit et donne de l'eau. Dans la pince, blanchit, se gonfle sans fondre, et tombe en poussière en colorant la flamme en bleu verdâtre. Avec les flux, réactions du fer.

Dureté, 5 à 6. Poussière blanche. Densité, 3,05 à 3,12.

*Forme cristalline.* — Prisme clinorhombique : $mm = 91°30'$, $d^1d^1 = 100°20'$, $b^1b^1 = 99°40'$, macles parallèles à $p$ ou à $h^1$. F. et S.

**KLIPSTEINITE.** — Voyez OPSIMOSE.

**KNAUFFITE.** — Voyez VOLBORTHITE.

**KNEBÉLITE** (Min.). — Silicate ferroso-manganeux avec traces d'alumine et de magnésie,

$$MnFeSiO^4.$$

Masses cristallines ou amorphes, clivables parallèlement aux faces d'un prisme rhomboïdal droit de 115°. Opaque, d'un éclat vitreux, d'une couleur grise, rougeâtre, brune ou verte. Cassure faiblement conchoïdale. Dans le granite d'Ilmenau et dans le gisement de fer de Danemora (Suède).

Dureté, 6,5. Densité, 3,7 à 4,12.

*Caractères.*—Soluble dans l'acide chlorhydrique, avec séparation de silice gélatineuse. Au chalumeau, fusible en un globule magnétique. Paraît se rapprocher de la téphroïte.

**KOBELLITE** (Min.). — Sulfoantimonite et bismuthite de plomb, $BiSbS^6Pb^3$. Ressemble à la stibine, mais a un éclat plus vif. A été trouvé à Hvena, en Suède, associé avec chalcopyrite, mispickel cobaltifère, etc.

*Caractères.* — Soluble dans l'acide chlorhydrique, avec dégagement d'hydrogène sulfuré. Sur le charbon, donne des fumées d'antimoine et un enduit blanc, qui est jaune près de l'essai.

Tendre. Poussière noire. Densité, 2,14 à 2,3.

**KOBOLDINE.** — Voyez LINNÉITE.

**KŒLBINGITE** (Breithaupt). — Minéral ressemblant à une amphibole noire, et ayant une forme voisine de celle de l'épidote. Trouvé à Kangerdluarsuk (Groënland), avec eudialyte, œgyrine, etc. M. Breithaupt a donné le nom d'*ainigmatite* à une variété altérée de cette espèce déjà elle-même fort douteuse.

**KŒNLEINITE** ou **KŒNLITE** (Min.) — Hydrogène carboné $n(CH)$. En lames ou en grains amorphes ou stalactitiques, dans le lignite d'Uznach, de Redwitz, etc.

*Caractères.* — Légèrement soluble dans l'alcool, beaucoup plus soluble dans l'éther. Fond à 107-114°. Distille à 200° en se décomposant.

Tendre. Densité, 0,88.

**KŒTTIGITE** (Min.). — Arséniate hydraté de zinc avec cobalt et nickel, $R^3(AsO^4)^2 + 8H^2O$. Compacte ou en enduits cristallins d'un rouge plus ou moins foncé, dans une mine de cobalt de Schneeberg.

*Caractères.* — Dans le tube fermé, donne beaucoup d'eau. Au chalumeau, fond facilement en colorant la flamme en bleu. Sur le charbon, au feu de réduction, donne des fumées d'arsenic et un enduit d'oxyde de zinc.

Dureté, 2,5 à 3. Poussière rose. Densité, 3,1.

*Forme cristalline.* — Clinorhombique, isomorphe avec l'érythrine.

**KOKSCHAROWITE** (Min.). — Nom donné à une variété d'amphibole trémolite contenant 18 % d'alumine, et trouvée avec le lapis-lazuli près du lac Baïkal.

**KONICHALCITE** ou **CONICHALCITE** (Min.). — Arsénio-phosphate hydraté de cuivre et de chaux, ayant l'aspect de la malachite. Il renferme une certaine quantité d'acide vanadique. Vient de Ainajosa de Cordova (Andalousie).

$$As^2O^5 = 30{,}68 . Ph^2O^5 = 8{,}81 . V^2O^5 = 1{,}78.$$
$$CuO = 31{,}76 . CaO = 21{,}36 . H^2O = 5{,}61.$$

*Caractères.* — Sur le charbon, avec le sel de phosphore et le plomb métallique, donne un verre jaune foncé à chaud, qui devient vert-émeraude par le refroidissement.

**KONIGINE.** — Voyez BROCHANTITE.

**KORITE.** — Variété de palagonite.

**KORYNITE** ou **CORYNITE** (Min.). — Arsénantimonio-sulfure de nickel, $NiSR$, ($R = As, Sb$). Octaèdres réguliers à faces convexes ou masses globulaires d'un blanc d'argent et d'un éclat métallique.

Dureté, 4,5 à 5. Poussière noire. Densité, 6.

*Caractères.* — Attaqué par l'acide azotique en donnant une solution verte, avec séparation de soufre et d'acide antimonique. Avec le borax en renouvelant le flux, réactions du fer, du cobalt, et finalement du nickel.

**KOTSCHUBÉITE** (Min.). — Variété violette et chromifère de clinochlore trouvée dans l'Oural.

**KOUPHOLITE** (Min.). — Variété écailleuse et blanche de prehnite, trouvée au pic d'Eredlitz (Pyrénées) et au col du Bonhomme (Savoie).

**KRABLITE** (Min.). — Variété de perlite blanche du mont Krabla (Islande).

**KRAMÉRIQUE (ACIDE)** [Peschier, *Journ. de Pharm.*, t. IV, p. 34, et t. X, p. 548]. — Cet acide existe, d'après Peschier, dans la racine de ratanhia (*Krameria triandra*). Son sel de baryum formerait des cristaux microscopiques flexibles, solubles dans 600 parties d'eau bouillante, et sa solution ne serait précipitée ni par l'acide sulfurique ni par les sulfates, mais bien par les carbonates. L'acide kramérique jouirait même de la propriété d'enlever la baryte à l'acide sulfurique. Berzelius, en opérant avec l'acide préparé par Peschier, a constaté le même fait.

Suivant Wittstein, l'acide kramérique est un mélange d'acide sulfurique et de tyrosine (ratanhine, d'après Ruge) [Wittstein, *Virtel Jahresb. für prakt. Pharm.*, t. III, p, 348 et 485]. Le sel de baryum décrit plus haut ne serait donc que de la *tyrosine* et les autres sels seraient des *sulfates;* du reste, ceux décrits par Peschier possèdent toutes les propriétés physiques des sulfates correspondants. A. H.

**KRANTZITE** (Min.). — Résine fossile de Nienburg, analogue au succin; fusible avant 288°.

**KREITTONITE** (Min.). — Variété ferrifère de gahnite.

**KREMERSITE** (Min.). — Chlorure hydraté ammonio-potassico-ferrique,

$$2KCl, 2AmCl, Fe^2Cl^6, 3H^2O.$$

Petits octaèdres réguliers d'un rouge de sang, trouvés dans les fumerolles du Vésuve.

*Caractères.* — Très-solubles dans l'eau.

**KRISUWIGITE.** — Voyez BROCHANTITE.

**KRŒBERITE.** — Voyez PYRRHOTINE.

**KUHNITE** (Min.) [Syn. *Berzéliite*, Kühn]. — Arséniate de chaux, de magnésie et de manganèse.

Rapport d'oxygène dans $RO : As^2O^5 = 2 : 3$.

Masses avec clivage dans une direction unique, d'un éclat vitreux; d'un blanc sale ou d'un jaune de miel, trouvé à Longban (Suède) avec dolomie.

*Caractères.* — Soluble dans l'acide azotique. Infusible au chalumeau, mais passe au gris.

Dureté, 5 à 6. Fragile. Densité, 2,52.

**KUPAPHRITE.** — Voyez TYROLITE.

**KUPFERINDIG.** — Voyez COVELLINE.

**KUPFERNICKEL.** — Voyez NICKELINE.

**KUPFFÉRITE** (Min.). — Silicate magnésien, $MgSiO^3$, coloré en vert-émeraude par un peu de chrome; regardée par M. Hermann comme clinorhombique et comme différente de l'enstatite.

*Forme cristalline.* — $mm = 124°\ 30'$. Clivages $m$ parfaits.

**KUSTÉLITE** (Min.). — Variété d'argent natif aurifère et plombifère de Nevada (États-Unis).

**KYROSITE** (Min.). — Marcassite arsénifère de la mine Briccius, près d'Annaberg (Saxe).

# L

**LABRADORITE.** — Voyez FELDSPATH.

**LABURNINE** [Husemann et Marmé, *Zeit. für Chem.*, nouv. sér., t. I, p. 161, et *Bull. de la Soc. chim.*, 1866, t. V, p. 303]. — Les graines mûres du *Cytisus Laburnum* (faux ébénier) ont fourni à ces auteurs un alcaloïde très-vénéneux, qu'ils ont obtenu cristallisé, et qu'ils appellent cytisine. Chevallier et Lassaigne ont désigné sous ce nom une matière vénéneuse amorphe, retirée également du *Cytisus Laburnum* (voyez t. I, p. 1130). Les graines non mûres et les gousses fournissent la laburnine.

CYTISINE. — Pour l'obtenir, on précipite l'extrait aqueux des graines par le tannin, après l'avoir préalablement purifié par le sous-acétate de plomb; le précipité tann que, étant mélangé avec de l'oxyde de plomb et desséché, abandonne alors à l'alcool la cytisine à l'état de liberté. On la purifie en la transformant en azotate cristallisable, traitant celui-ci par l'oxyde de plomb, puis par l'alcool absolu. Celui-ci abandonne la cytisine à l'état de pureté, sous forme d'une masse cristalline, tombant en déliquescence à l'air; c'est une base très-énergique; son chlorhydrate forme des sels cristallisables avec les chlorures de platine et d'or. On peut sublimer la cytisine entre deux verres de montre.

LABURNINE. — Elle s'extrait des graines non mûres et des gousses du *Cytisus Laburnum*. On l'obtient en traitant l'extrait aqueux par l'acide phosphomolybdique, après en avoir séparé le précipité que fournit le sous-acétate de plomb et chassé le plomb par l'hydrogène sulfuré.

La laburnine isolée du précipité phosphomolybdique, en neutralisant celui-ci avec du carbonate de chaux, se sépare de l'alcool en croûtes cristallines dures, formées de gros prismes rhomboïdaux, solubles dans l'eau, beaucoup moins solubles dans l'alcool absolu, presque insolubles dans l'éther, perdant de l'eau à 100°. Elle paraît être une amide et non une base. Sa solution, en effet, ne bleuit pas le tournesol, et la potasse en dégage de l'ammoniaque à froid. De plus elle ne se combine pas aux acides, et ne forme de sels qu'avec les chlorures de platine et d'or. E. G.

**LABURNIQUE (ACIDE).** — Suivant Th. Scott Gray, le *Cytisus Laburnum* (surtout les graines et l'écorce), renferme, indépendamment de la cytisine, un acide particulier et deux substances amères et neutres [*Journ. de Pharm.*, (3), t. XLII, p. 160].

**LACTAMATE D'AMMONIAQUE.** — Ce nom impropre a été donné au produit de l'action de l'ammoniaque sèche sur l'acide lactique anhydre de Pelouze, ou acide dilactique. Laurent a montré que le produit qu'on obtient en saturant d'ammoniaque une solution d'acide dilactique dans l'alcool absolu, et en faisant bouillir pour chasser l'excès d'ammoniaque, ne laisse précipiter qu'une partie de son ammoniaque par le bichlorure de platine. Il en concluait que ce composé renferme l'azote sous deux formes, et contient deux molécules lactiques. L'évaporation de la solution lui a donné de la lactamide [*Compt. rend.*, t. XX, p. 512].

D'après M. Wislicenus, il y a immédiatement dédoublement de l'acide dilactique avec formation de lactamide et de lactate d'ammoniaque [*Ann. der Chem. u. Pharm.*, t. CXXXIII, p. 257]. On ne comprend d'ailleurs l'introduction du radical $AzH^2$ que par la décomposition du groupement dilactique. C. F.

**LACTAMIDE,**

$$C^3H^7AzO^2 = COAzH^2.CH(OH).CH^3.$$

— Ce composé, qui est isomérique avec l'alanine, $CO^2H.CHAzH^2.CH^3$ (voyez ce mot), et avec la sarkosine ou méthylglycocolle, a été obtenu par Pelouze en faisant agir l'ammoniaque gazeuse sur la lactide. MM. Wurtz et Friedel l'ont préparé par l'action de l'ammoniaque en solution alcoolique sur le même produit [*Ann. de Chim. et de Phys.*, (3), t. LXIII, p. 108]. D'après M. Brüning, elle prend naissance lorsqu'on abandonne à lui-même l'éther lactique (monéthylique) saturé d'ammoniaque [*Ann. der Chem. u. Pharm.*, t. CIV, p. 197]. M. Wislicenus a fait voir qu'elle se produit, en même temps que du lactate d'ammoniaque, par l'action de l'ammoniaque sur l'acide dilactique ou acide lactique anhydre de Pelouze [*Ann. der Chem. u. Pharm.*, t. CXXXIII, p. 257; *Bull. de la Soc. chim.*, (2), t. IV, p. 275].

Elle constitue de petits prismes blancs, ou des masses cristallines rayonnées, facilement solubles dans l'eau et dans l'alcool. Elle ne se combine ni avec les acides ni avec les bases, ce dont la formule indiquée plus haut rend bien compte. C'est une véritable amide, tandis que l'alanine est une amine.

L'action des acides ou des alcalis bouillants la dédouble en ammoniaque et acide lactique.

BENZOLACTAMIDE,

$$C^{10}H^{11}AzO^3 = COAzH^2.CH(O.C^7H^5O).CH^3.$$

— M. Wislicenus a obtenu la benzolactamide en faisant réagir l'alcool ammoniacal à froid sur l'éther benzolactique. Elle constitue des mamelons incolores fusibles à 131°, très-solubles dans l'alcool et pouvant être sublimés [*Ann. der Chem. u. Pharm.*, t. CXXXIII, p. 25; *Bull. de la Soc. chim.*, (2), t. IV, p. 279].

LACTAMÉTHANE et LACTÉTHYLAMIDE, $C^5H^{11}AzO^2$. — Il existe deux dérivés éthyliques de la lactamide, qui sont isomériques, et dont les relations d'isomérie méritent d'être remarquées.

Le premier, la lactaméthane, a été obtenu par M. Wurtz en laissant en contact pendant un ou deux jours de l'ammoniaque aqueuse et de l'éther dilactique, ce qui est le meilleur procédé, ou encore en chauffant en vase clos une solution alcoolique d'éther dilactique saturé d'ammoniaque. Après évaporation au bain-marie, la lactaméthane reste sous la forme d'un liquide, qui se prend par le refroidissement en une masse cristalline, lamelleuse, un peu grasse au toucher.

La lactaméthane est soluble dans l'eau, dans l'alcool et dans l'éther. Elle fond de 62° à 63° en un liquide limpide, et distille sans altération à 219° sous la pression de 761 millimètres.

La potasse bouillante la décompose en ammoniaque et éthyllactate de potasse. Ce mode de décomposition, de même que sa génération, lui assignent la formule $COAzH^2.CH(O.C^2H^5).CH^3$ [*Ann. de Chim. et de Phys.*, (3), t. LIX, p. 175].

La lactéthylamide est, au contraire, représentée par la formule $COAzH(C^2H^5).CH(OH).CH^3$. On voit que la lactaméthane dérivant de la lactamide par la substitution de $C^2H^5$ à H, dans l'oxhydryle alcoolique qu'elle renferme, la lactéthylamide peut être considérée comme dérivant du même composé par substitution du radical $C^2H^5$ à H dans le groupe amidogène $AzH^2$.

La lactéthylamide prend naissance par l'action de l'éthylamine sur la lactide. Lorsqu'on met les deux substances en contact, l'éthylamine se met à bouillir. Quand on opère en vase clos et avec des produits secs, le tout se prend en une masse cristalline. Celle-ci, purifiée par une cristallisation dans l'alcool, fond à 48°; la température de la masse fondue peut être abaissée jusqu'à 40° sans qu'elle se solidifie; mais dès qu'elle commence à cristalliser, la température remonte jusqu'à 46°,5. Elle distille sans altération à 260°.

Les alcalis la dédoublent en éthylamine et acide lactique [Wurtz et Friedel, *Ann. de Chim. et de Phys.*, (3), t. LXIII, p. 110].

Nous ferons remarquer que l'alanine pourrait fournir deux dérivés éthyliques qui seraient isomériques avec la lactaméthane et avec la lactéthylamide, et qui auraient avec elle les mêmes relations que ces deux composés ont avec la lactamide. C. F.

**LACTIDE**, $C^3H^4O^2$.—C'est l'anhydride de l'acide lactique. Il a été obtenu par Pelouze; il prend naissance dans la distillation sèche de l'acide lactique. Dans cette opération [voyez LACTIQUE (ACIDE)], il se produit d'abord de l'acide dilactique, $C^6H^{10}O^5$, et ce dernier perd de l'eau et se transforme en lactide au-dessus de 240° d'après M. Engelhardt [*Ann. der Chem. u. Pharm.*, t. LXX, p. 245], au-dessus de 200° d'après M. Krupsky [*Zeitsch. für Chem.*, (2), t. V, p. 179].

Elle cristallise en partie dans le col de la cornue, en partie dans le récipient, et peut être obtenue pure par des cristallisations dans l'alcool, dans lequel elle est beaucoup plus soluble à chaud qu'à froid. L'évaporation de la liqueur alcoolique dans un courant d'air en fournit une nouvelle portion.

La lactide cristallise en petites lames rhomboïdales. Elle fond vers 107° et bout à 250° en répandant des vapeurs blanches, qui cristallisent en se condensant. Elle n'a aucune odeur.

L'ébullition prolongée avec l'eau la transforme en acide lactique.

L'ammoniaque gazeuse se combine avec la lactide pour donner la lactamide $C^3H^7AzO^2$ (voyez ce mot), et avec l'éthylamine pour donner la lactéthylamide $C^5H^{11}AzO^2$ (voyez ce mot) [Pelouze, *Ann. de Chim. et de Phys.*, (3), t. XIII, p. 259; — Wurtz et Friedel, *Ann. de Chim. et de Phys.*, (3), t. LXIII, p. 101].

Elle se combine directement à 170° avec le lactate diéthylique, pour former le trilactate diéthylique $C^{13}H^{22}O^7$. — Voyez ce mot. C. F.

La lactide, ainsi que les autres anhydrides diatomiques, ajoutée à 1 équivalent de peroxyde de baryum hydraté, fournit une solution qui possède les propriétés oxydantes les plus énergiques, blanchit l'indigo, dégage du chlore de l'acide chlorhydrique et oxyde les protosels de fer et de manganèse. Elle ne décolore pas le permanganate de potasse et ne donne pas, avec l'acide chromique, la couleur bleue. A l'ébullition, elle dégage de l'oxygène et régénère de l'acide lactique; même à la température ordinaire, elle est dans un état de décomposition continue [B.-C. Brodie, *Proceeding of the Royal Society*, t. XII, p. 635; — *Ann. de Chim. et de Phys.*, (3), t. LXIX, p. 505].

**LACTINE**. — Voyez LACTOSE.

**LACTIQUE (ACIDE)**,

$$C^3H^6O^3 = CO^2H.CH(OH).CH^3.$$

— Ce composé a été découvert en 1780 par Scheele dans le lait aigri, et reconnu comme un acide particulier par Berzelius [*Ann. der Chem. u. Pharm.*, t. I, p. 1]. En 1832, Mitscherlich et M. Liebig ont fixé sa composition [*Ann. der Chem. u. Pharm.*, t. VII, p. 47]. Braconnot a trouvé dans les eaux mères des amidonniers, dans la jusée des tanneurs, dans l'extrait de riz fermenté, dans le suc fermenté des betteraves et des haricots cuits, un acide qu'il avait appelé *nancéique*, mais qui a été reconnu identique avec l'acide lactique [*Ann. de Chim.*, t. LXXXVI, p. 84].

En 1807, Berzelius a constaté la présence de l'acide lactique dans le liquide qui imprègne la chair musculaire. Plus tard, il a retrouvé le même acide dans le sang, l'urine, les larmes, la salive, la bile. Les recherches de M. Liebig ont confirmé ces faits, sauf pour l'urine, mais ont montré en même temps que l'acide lactique de l'économie animale diffère de celui des fermentations. Il lui a, en conséquence, donné le nom d'acide sarcolactique. Nous en traiterons à part. — Voyez t. II, p. 186.

L'acide lactique a donné lieu à un grand nombre de travaux et de controverses théoriques, que nous résumerons à la fin de cet article.

*Préparation et modes de formation.* — 1. Scheele extrayait l'acide lactique du lait aigri en évaporant ce dernier au huitième, filtrant, précipitant l'acide phosphorique par la chaux, filtrant de nouveau, ajoutant 8 p. d'eau, précipitant avec soin par l'acide oxalique, évaporant en consistance sirupeuse, reprenant l'acide lactique par l'alcool, filtrant, ajoutant de l'eau et évaporant.

Berzelius faisait digérer l'acide ainsi obtenu avec du carbonate de plomb, précipitait le plomb dissous à l'aide de l'hydrogène sulfuré, et évaporait.

Il indique encore une autre méthode, qui consiste à évaporer presque à sec le lait aigri, bouilli et filtré, à reprendre par l'alcool, à 0,82, puis à ajouter une solution alcoolique d'acide tartrique, aussi longtemps qu'il se forme un précipité de tartrate de sodium, de potassium ou de calcium. Il faut ensuite laisser reposer 24 heures, évaporer, dissoudre le résidu dans l'eau et laisser digérer avec du carbonate de plomb. Dès que la liqueur prend un goût douceâtre et contient du plomb, il faut la filtrer, l'évaporer, la neutraliser par le carbonate de baryte, filtrer de nouveau et étendre d'eau. La baryte dissoute doit être précipitée par le sulfate de zinc, et la liqueur filtrée, évaporée à cristallisation.

Le lactate de zinc est décomposé par l'eau de baryte en léger excès et, après filtration, la baryte précipitée avec soin par l'acide sulfurique. S'il reste de l'acide sulfurique dans la liqueur, on la fait digérer avec du carbonate de plomb, jusqu'à ce qu'il y ait un peu de plomb en solution, on filtre et on précipite le plomb par l'hydrogène sulfuré. On évapore au bain-marie après filtration.

Il est encore plus sûr de reprendre, après toutes ces opérations, la liqueur sirupeuse par l'éther et d'évaporer la solution éthérée [Berzelius, *Lehrbuch*, 5e éd., t. IV, p. 241].

Mais la méthode la plus habituelle consiste à préparer l'acide lactique par la fermentation du glucose, du sucre, de la fécule, de la dextrine, en présence de fromage, de viande ou d'autres matières azotées.

D'après MM. Boutron et Fremy, on opère ainsi : 3 ou 4 litres de lait, additionnés d'une solution de 200 ou 300 grammes de sucre de lait, sont abandonnés à l'air dans un vase ouvert, pendant quelques jours, à 15° ou 20°. La liqueur, devenue très-acide, est saturée par le bicarbonate de soude, et cela autant de fois qu'elle redevient acide. Quand la transformation est complète, on fait bouillir le lait, on filtre, on évapore à consistance sirupeuse à une température peu élevée. Le produit est repris par l'alcool à 38°, qui dissout le lactate de soude. L'acide sulfurique ajouté à la liqueur alcoolique, en quantité convenable, décompose le lactate, et la liqueur filtrée et évaporée fournit de l'acide lactique presque pur. Pour le purifier, on le transforme en lactate de chaux, qui cristallise en mamelons blancs, d'où l'on peut extraire l'acide lactique pur [*Ann. de Chim. et de Phys.*, (3), t. II, p. 257].

M. Gobley trouve avantageux de remplacer le bicarbonate de soude par le carbonate de chaux pour la saturation [*Journ. de Pharm.*, (3), t. VI, p. 54].

M. Bensch fait dissoudre 3 kilogrammes de sucre de canne et 15 grammes d'acide tartrique dans 13 litres d'eau bouillante. Il abandonne quelques jours et ajoute ensuite au mélange 60 gr. de fromage pourri, délayé dans 4 kilogrammes de lait caillé et écrémé, et $1^k,5$ de craie lavée. Il laisse le mélange dans un lieu dont la température soit à 30° ou 35°, et remue plusieurs fois par jour. Au bout de 8 à 10 jours, le mélange est pris en une bouillie épaisse de lactate de chaux. Il y ajoute alors 10 litres d'eau bouillante et 15 gr. de chaux vive; il fait bouillir pendant une demi-heure et passe par une toile. Le liquide, évaporé et abandonné à lui-même, laisse déposer le lactate de chaux à l'état cristallin. Ce sel est exprimé, lavé avec un dixième de son poids d'eau, puis exprimé de nouveau, et ainsi à plusieurs reprises. Quand le lactate est bien exprimé, il le dissout dans deux fois son poids d'eau bouillante, et ajoute par kilogrammes de lactate 210 grammes d'acide sulfurique préalablement étendu de son poids d'eau. Le liquide chaud est immédiatement passé par une toile, puis mis à bouillir pendant un quart d'heure, avec $1^k,375$ de carbonate de zinc par kilogramme d'acide sulfurique employé. Le liquide, filtré pendant qu'il est bouillant, laisse déposer au bout de quelque temps du lactate de zinc incolore en croûtes cristallines, et qu'il suffit de laver à l'eau froide. L'eau mère évaporée en fournit de nouvelles quantités.

L'acide lactique peut être isolé du sel de zinc par l'action de l'hydrogène sulfuré. On fait passer l'hydrogène sulfuré dans le lactate dissous dans 7,5 p. d'eau bouillante, jusqu'à ce qu'il ne se dépose plus de sulfure de zinc à froid. On fait bouillir la liqueur pour chasser l'hydrogène sulfuré, et l'on évapore au bain-marie à consistance sirupeuse. Ce procédé peut donner $10^k,5$ de lactate de chaux avec 9 kilogrammes de sucre de canne [Bensch, *Ann. der Chem. u. Pharm.*, t. LXI, p. 174].

MM. Engelhardt et Maddrell se dispensent de passer par le sel de zinc. Ils purifient le lactate de chaux d'une matière azotée qui y adhère, par plusieurs cristallisations, et décomposent sa solution dans la plus petite quantité possible d'eau, par une proportion insuffisante d'acide sulfurique. Le mélange, chauffé avec l'alcool pour précipiter le sulfate de chaux formé, et filtré, abandonne à l'évaporation un sirop qui, repris par l'éther, fournit l'acide lactique pur.

Il importe de ne pas trop prolonger la fermentation, l'acide lactique pouvant se décomposer à son tour en fournissant de l'acide butyrique.

Lautemann modifie le procédé de M. Bensch en augmentant d'un tiers la proportion d'eau, et en remplaçant le carbonate de chaux par l'oxyde de zinc. Il maintient la température à 40-45°.

Au bout de 8 ou 10 jours, les parois du vase où se fait la fermentation sont tapissées de cristaux de lactate de zinc, qu'on purifie par deux ou trois cristallisations dans l'eau bouillante. L'acide isolé du sel de zinc renferme d'ordinaire de la mannite qu'on ne peut pas en séparer entièrement par cristallisation. Pour avoir l'acide pur, il faut agiter la solution aqueuse avec de l'éther, et évaporer le liquide éthéré [*Ann. der Chem. u. Pharm.*, t. CXIII, p. 242].

D'après Pelouze et M. Jules Gay-Lussac, on obtient de l'acide lactique en abandonnant le jus de betteraves à lui-même dans une étuve dont la température est constamment maintenue à 25-30°. Au bout de quelques jours, il se manifeste dans toute la masse un mouvement tumultueux (fermentation visqueuse) accompagné d'un dégagement considérable de gaz. Dès qu'on reconnaît qu'il a cessé, ce qui arrive d'ordinaire au bout de deux mois, on évapore à consistance sirupeuse. On remarque alors que toute la masse est traversée de cristaux de mannite qui, lavés avec de petites quantités d'eau froide et comprimés, sont dans un état complet de pureté. La masse contient en outre du glucose. Le produit d'évaporation est traité par l'alcool qui dissout l'acide lactique et laisse précipiter diverses impuretés. L'extrait alcoolique, repris par l'eau et saturé par le carbonate de zinc, donne, par concentration, des cristaux de lactate de zinc que l'on purifie par quelques cristallisations. On les décompose par la baryte, puis par l'acide sulfurique; on reprend enfin par l'éther, qui, évaporé, fournit l'acide lactique pur.

M. Liebig conseille d'épuiser la choucroute par l'eau bouillante, et de saturer la décoction par le carbonate de zinc. Le lactate de zinc fournit ensuite l'acide lactique par les méthodes précédemment indiquées.

2. Le propylglycol exposé à l'air, en présence du noir de platine, se transforme en acide lactique :

$$\underset{\text{Propylglycol.}}{C^3H^8O^2} + O^2 = \underset{\text{Acide lactique.}}{C^3H^6O^3} + H^2O.$$

[Wurtz, *Ann. de Chim. et de Phys.*, (3), t. LV, p. 343, et t. LIX, p. 161].

3. La monochlorhydrine de la glycérine, traitée par l'amalgame de sodium en présence de l'eau, fournit du propylglycol dont l'oxydation donne de l'acide lactique [Lourenço, *Répert. de Chim. pure*, t. III, p. 337, et H. L. Buff, *Ann. der Chem. u. Pharm.*, t. V, p. 247; *Bull. de la Soc. chim.*, (2), t. X, p. 123].

4. L'acide chloropropionique (ou chlorolactique), traité par l'eau et l'oxyde d'argent à chaud, fournit de l'acide lactique [Wurtz, *Ann. de Chim. et de Phys.*, (3), t. LIX, p. 165].

$$\underset{\text{Chloropropionate d'argent.}}{C^3H^4ClAgO^2} + H^2O = \underset{\text{Acide lactique.}}{C^3H^6O^3} + AgCl.$$

Il en est de même de l'acide bromopropionique [Friedel et Machuca, *Compt. rend.*, t. LIII, p. 408].

M. Buff a constaté que c'est bien, ainsi que l'avaient dit MM. Friedel et Machuca, l'acide lactique des fermentations qui prend naissance dans cette réaction.

Quant à l'acide β-iodopropionique, dérivé de l'acide glycérique par l'action du biiodure de phosphore, ou par celle de l'acide iodhydrique, il ne paraît pas fournir d'acide lactique. M. Wichelhaus dit bien en avoir obtenu une certaine quantité, en même temps que de l'acide sarcolactique. Les considérations théoriques donnent à penser qu'il a raison en regardant la formation de l'acide sarcolactique comme probable. Mais les recherches postérieures de M. Socoloff et de M. Wislicenus sont venues montrer que la réaction de l'acide β-iodopropionique sur l'oxyde d'argent ne donne pas des résultats simples. Ces travaux seront résumés à propos de l'acide sarcolactique [Wichelhaus, *Ann. der Chem. u. Pharm.*, t. CXLIV, p. 351; — Wislicenus, *Zeitsch. für Chem.*, nouv. sér., t. IV, p. 683; *Bull. de la Soc. chim.*, (2), t. XII, p. 278; *Beritche der deuts. Chem. Gesellsch*, t. III, p. 556 et p. 619; — Socoloff, *Ann. der Chem. u. Pharm.*, t. CL, p. 167].

5. L'action sur l'alanine en solution aqueuse

des vapeurs nitreuses dégagées par la réaction de l'acide azotique sur l'amidon fournit de l'acide lactique avec dégagement d'azote :

$$C^3H^7AzO^2 + AzO^2H = C^3H^6O^3 + H^2O + Az^2.$$

Alanine. Acide azoteux. Acide lactique.

Or, comme on sait, l'alanine se produit par l'action de l'acide chlorhydrique sur un mélange d'acide cyanhydrique et d'aldéhyde. Il y a donc là une synthèse de l'acide lactique en partant de l'aldéhyde [Strecker, *Ann. der Chem. u. Pharm.*, t. LXXV, p. 42].

On obtient aussi directement l'acide lactique en abandonnant ensemble un mélange d'aldéhyde, d'acide cyanhydrique et d'acide chlorhydrique [Wislicenus, *Ann. der Chem. u. Pharm.*, t. CXXVIII, p. 22].

6. L'acide pyruvique en solution aqueuse, traité par l'amalgame de sodium, ou par le zinc métallique, avec ou sans addition d'acide acétique, fixe 2 atomes d'hydrogène et se transforme en acide lactique. L'acide iodhydrique donne une réduction analogue qui va, lorsqu'il est employé en excès, jusqu'à la transformation en acide propionique :

$$CH^3.CO.CO^2H + H^2 = CH^3.CHOH.CO^2H$$

Acide pyruvique. Acide lactique.

[Wislicenus, *Ann. der Chem. u. Pharm.*, t. CXXVI, p. 227; *Bull. de la Soc. chim.*, 1863, p. 472; — Debus, *Chem. Soc. Journ.*, t. XVI, p. 280].

L'acide pyruvique abandonné avec du brome se convertit avec dégagement d'acide bromhydrique en acide bibromolactique [de Clermont et Silva, *Bull. de la Soc. chim.*, 1869, t. XI, p. 128].

7. Lorsqu'on fait digérer avec du cyanure de potassium, en vase clos, le composé que MM. Wurtz et Frapolli ont obtenu par l'action de l'acide chlorhydrique sur un mélange d'alcool et d'aldéhyde, et que l'on traite le produit par les alcalis aqueux, on obtient de l'acide lactique ordinaire mélangé avec de l'acide éthyllactique. La même opération appliquée à la monochlorhydrine du glycol fournit l'acide sarcolactique :

$$CH^3.CHCl.OC^2H^5 + CAzK$$

Éthyloxychlorure d'éthylidène.

$$= CH^3.CH(CAz)OC^2H^5;$$

Éthyloxycyanure d'éthylidène.

$$CH^3.CH(OC^2H^5)CAz + KHO + H^2O$$

Éthyloxycyanure d'éthylidène.

$$= CH^3.CH(OC^2H^5)CO^2H + AzH^3$$

Éthyllactate de potasse.

[Wislicenus, *Ann. der Chem. u. Pharm.*, t. CXXVIII, p. 6 et p. 14].

8. L'oxychlorure de carbone, d'après M. Lippmann, se combine directement à l'éthylène pour former le chlorure de lactyle, duquel il est facile de dériver l'acide lactique [*Ann. de Chim. et de Phys.*, (4), t. I, p. 455; *Ann. der Chem. u. Pharm.*, t. CXXIX, p. 81].

9. MM. Gautier et Simpson ont obtenu une combinaison d'aldéhyde et d'acide cyanhydrique; et celle-ci, mélangée au-dessous de 0° avec de l'acide chlorhydrique concentré, réagit peu à peu sur lui à mesure que la température s'élève, en donnant une abondante cristallisation. En évaporant au-dessous de 100°, reprenant par l'alcool, filtrant, évaporant de nouveau, on obtient un résidu sirupeux qui, saturé par l'oxyde de zinc, fournit des cristaux de lactate de zinc [*Bull. de la Soc. chim.*, 1867, t. VIII, p. 279].

*Propriétés.* — L'acide lactique, entièrement deshydraté, constitue un liquide incolore, sirupeux, d'une densité de 1,215 à 20°. Il attire facilement l'humidité, et se dissout dans l'eau, dans l'alcool et dans l'éther en toute proportion. L'éther l'enlève à ses solutions aqueuses. Il ne se solidifie pas à — 24°. Il n'est pas distillable sans décomposition; celui que l'on retrouve dans le produit de la distillation se forme probablement par l'action de l'eau sur la lactide. D'après M. Engelhardt toutefois, on peut le distiller en présence d'un fil de platine.

*Modes de décomposition.* — L'acide lactique, maintenu longtemps à 130-150°, perd de l'eau qui passe avec une très-petite quantité d'acide, et se transforme en acide dilactique (acide lactique anhydre de Pelouze). Cette réaction est une véritable éthérification analogue à celle d'un alcool par un acide. L'acide lactique ayant à la fois le caractère de ces deux classes de corps, deux molécules s'unissent, remplissant l'une le rôle alcoolique, l'autre le rôle acide, et la molécule complexe formée conserve elle-même la double fonction alcoolique et acide :

$$CH^3.CHOH.CO^2H + CH^3.CHOH.CO^2H$$

$$= CH^3.CHO\{CO.CHOH.CH^3\}.CO^2H + H^2O$$

[Pelouze, *Ann. de Chim. et de Phys.*, (3), t. XIII, p. 258; — Engelhardt, *Ann. der Chem. u. Pharm.*, t. LXX, p. 241].

Lorsque la température s'élève davantage et atteint 250°, l'acide dilactique lui-même perd de l'eau et fournit de la lactide; en même temps une partie de l'acide se dédouble en eau, oxyde de carbone et aldéhyde. Il se forme aussi de la lactone, avec une petite quantité d'acétone et d'une huile insoluble dans l'eau (Pelouze).

D'après M. Engelhardt, l'acide dilactique qui reste inaltéré à 240° dégage, lorsqu'on le maintient entre 250° et 260°, de l'oxyde de carbone mélangé avec 3 ou 4 % de son volume d'acide carbonique (sans trace de carbure d'hydrogène), et fournit un produit de distillation jaunâtre, qui laisse déposer des cristaux de lactide et ne contient, outre ce composé, que de l'acide lactique, de l'acide citraconique et de l'aldéhyde (12,2 % de l'acide dilactique employé).

La lactide forme 15 % de l'acide. Il n'y a ni acétone, ni lactone.

Quand la distillation se fait à une température plus élevée, on obtient moins de lactide et plus d'aldéhyde [*Ann. der Chem. u. Pharm.*, t. LXX, p. 245].

D'après M. Krupsky, la lactide commence à se former dès avant 200°; la température la plus favorable pour la formation de la lactide est celle de 210-215°. Il recommande d'opérer comme suit : 100 grammes d'acide lactique pur sont introduits dans un vase assez large pour que la couche de liquide soit peu épaisse. Le dôme de la cornue doit être recouvert afin d'éviter la condensation des produits avant qu'ils aient atteint le col de la cornue.

On chauffe d'abord de 8 à 10 heures de 100° à 110°, puis 20 à 30 heures de 135° à 140° pour former l'acide dilactique; puis on élève la température à 180°, pendant 10 à 15 heures. La formation de la lactide commence et est achevée à la température de 210-215° qu'il faut maintenir encore pendant 40 à 50 heures. La lactide se réunit dans le col de la cornue. On la fait cristalliser dans l'alcool. L'eau mère en fournit une nouvelle portion par évaporation dans un courant d'air.

Ce procédé fournit environ 20 de lactide pour 100 d'acide employé [*Zeitsch. für Chem.*, (2), t. V, p. 179].

Le procédé de M. Krupsky nous paraît d'une longueur désespérante : une centaine d'heures pour distiller 100 grammes d'acide lactique et obtenir 20 grammes de lactide, c'est beaucoup, dût-on augmenter de quelques pour cent le rendement.

L'auteur de cet article a préparé de la lactide par une distillation rapide de l'acide lactique, et a obtenu un rendement convenable. Il faut que l'acide employé soit très-pur et surtout exempt d'acide sulfurique. Les premières liqueurs aqueuses renfermaient de l'acide lactique, mais cet acide peut être employé une deuxième fois après évaporation lente.

L'acide lactique chauffé avec l'acide sulfurique concentré laisse dégager de l'oxyde de carbone.

L'acide lactique de fermentation, chauffé pendant quelques heures à 130° avec de l'acide sulfurique étendu, se dédouble en aldéhyde et acide formique [Erlenmeyer, *Zeitsch. für Chem.*, nouv. sér., t. IV, p. 343; *Bull. de la Soc. chim.*, 1868, t. X, p. 259.]

M. Dossios a obtenu de l'acide formique et de l'acide acétique en faisant arriver de l'acide lactique dans un mélange bouillant d'acide sulfurique et de bichromate de potasse.

Traité par les mêmes réactifs, mais à froid, l'acide sarcolactique fournit de l'acide malonique [*Zeitsch. für Chem.*, (2), t. II, p. 449].

En présence de l'oxyde de manganèse et de l'acide sulfurique, il se forme de l'acide carbonique (Liebig); avec addition de sel marin, on obtient du chloral [Staedeler, *Ann. der Chem. u. Pharm.*, t. LXIX, p. 332].

L'électrolyse de l'acide lactique, qui est un autre mode d'oxydation, donne également de l'acide carbonique et de l'aldéhyde [Kolbe, *Ann. der Chem. u. Pharm.*, t. CXIII, p. 244].

L'acide azotique fournit de l'acide oxalique (Jules Gay-Lussac et Pelouze).

Les hypochlorites alcalins et l'acide chloreux transforment l'acide lactique en acide oxalique et en acide carbonique (Cap et Henry).

Les peroxydes de baryum et de plomb donnent de l'acide oxalique (Cap et Henry).

Lorsque le lactate de chaux est traité par le perchlorure de phosphore, à chaud, il distille du chlorure de lactyle (voyez ce mot) [Wurtz, *Ann. de Chim. et de Phys.*, (3), t. LIX, p. 163].

Le chlorure de lactyle, en présence de l'eau, donne de l'acide chloropropionique, et ce dernier est transformé par l'action de l'ammoniaque en alanine [Kolbe, *Ann. der Chem. u. Pharm.*, t. CXIII, p. 210; *Répert. de Chim. pure.*, 1860, p. 261].

M. Kekulé a réalisé cette dernière réaction avec l'acide bromopropionique [*Ann. der Chem. u. Pharm.*, t. CXXX, p. 11].

L'acide chlorolactique est transformé en acide propionique par l'action de l'hydrogène naissant [Ulrich, *Ann. der Chem. u. Pharm.*, t. CIX, p. 271].

L'acide iodhydrique concentré, ou l'iodure de phosphore et l'eau réduisent l'acide lactique en acide propionique, par une réaction inverse de celle qui donne l'acide lactique en partant des acides bromoproprionique ou chloropropionique [Lautemann, *Ann. der Chem. u. Pharm.*, t. CXIII, p. 217].

M. Kekulé a fait voir que l'acide iodopropionique, traité par l'acide iodhydrique, à 180°, régénère l'acide propionique. Il est donc probable que, dans la réaction de M. Lautemann, il se produit d'abord de l'acide iodopropionique, qui est lui-même ramené à l'état d'acide propionique [Kekulé, *Journ. Chem. Soc.*, (2), t. II, p. 236; *Bull. de la Soc. chim.*, 1864, t. II, p. 365].

L'acide lactique chauffé au bain-marie pendant deux ou trois jours, avec un peu plus de son volume d'acide bromhydrique saturé à froid, et agité ensuite avec de l'éther privé d'alcool, fournit à l'évaporation de l'acide bromopropionique bouillant de 202° à 204°. Ce dernier se transforme facilement en acide propionique par l'action de l'hydrogène naissant, et fournit du lactate de zinc par l'ébullition avec l'oxyde de zinc [Kekulé, *Ann. der Chem. u. Pharm.*, t. CXXX, p. 11; *Bull. de la Soc. chim.*, 1864, t. II, p. 369].

Le brome ajouté à une solution éthérée d'acide lactique réagit énergiquement sur ce composé et fournit un corps bromé neutre, cristallisable, fondant à 83-85°, qui, traité par l'oxyde d'argent humide, régénère l'acide lactique [Wichelhaus, *Ann. der Chem. u. Pharm.*, t. CXLIII, p. 1; *Bull. de la Soc. chim.*, 1868, t. IX, p. 140].

L'action de l'acide sulfurique fumant sur l'acide lactique ou sur le lactate de calcium donne l'acide disulfométholique [Strecker, *Ann. der Chem. u. Pharm.*, t. XVIII, p. 291].

*Constitution.* — Les questions théoriques relatives à la constitution de l'acide lactique ont donné lieu à de longues et mémorables discussions, qui ont été fertiles en découvertes et ont jeté un grand jour sur les notions de basicité, d'atomicité et sur les relations réciproques entre un grand nombre de composés. Elles sont parmi celles qui ont le plus contribué à donner à nos idées sur la constitution des acides, des alcools, des acides amidés, etc., leur forme actuelle.

Gerhardt avait admis, sans doute en raison de la formation de la lactide par simple déshydratation, que l'acide lactique était bibasique, et en conséquence il doublait sa formule et l'écrivait $C^6H^{12}O^6$. Il aurait eu pourtant dès lors une raison pour douter de l'exactitude de cette formule : c'était la relation démontrée par M. Strecker entre l'acide lactique et l'alanine qu'il avait transformée en ce composé.

Le problème du poids moléculaire de l'acide lactique fut tranché par une expérience de M. Wurtz. L'oxydation du propylglycol fournit l'acide lactique, comme celle de l'alcool ordinaire donne l'acide acétique.

En conséquence, M. Wurtz adopta la formule

$$\left.\begin{matrix}C^6H^4O^2\\H^2\end{matrix}\right\}O^4 \quad (C = 6,\ O = 8),$$

qui, en attribuant à l'acide lactique sa véritable condensation, indiquait aussi que, dérivé d'un alcool biatomique, l'acide était bibasique.

La formation du chlorure de lactyle

$$C^6H^4O^2Cl^2$$

par l'action du perchlorure de phosphore, et celle de l'éther chlorolactique par la réaction du chlorure de lactyle sur l'alcool, venaient appuyer cette manière de voir.

M. Kolbe aima mieux considérer l'acide lactique comme étant monobasique, et comme dérivant de l'acide propionique par substitution de OH à H dans le radical propionyle. Il le mit en parallèle avec l'acide oxybenzoïque en même temps que l'alanine avec l'acide amidobenzoïque.

Il exprimait, dans le système de formules qui lui est propre, ces rapports ainsi qu'il suit (C = 6, O = 8) :

| | |
|---|---|
| $HO(C^4H^5)C^2O^2.O$ | $HO(C^{12}H^5)C^2O^2.O$ |
| Acide propionique. | Acide benzoïque. |
| $HO(C^4H^4(AzH^2))C^2O^2.O$ | $HO(C^{12}H^4(AzH^2))C^2O^2.O$ |
| Alanine. | Acide amidobenzoïque. |
| $HO(C^4H^4(OH))C^2O^2O$ | $HO(C^{12}H^4(OH))C^2O^2.O$ |
| Acide lactique. | Acide oxybenzoïque. |

Ces vues théoriques reçurent une confirmation importante dans les expériences de M. Ulrich, qui transforma l'acide chlorolactique en acide propionique par l'action de l'hydrogène naissant [*Ann. der Chem. u. Pharm.*, t. CXX, p. 268].

A côté de ces rapprochements heureux, qui mettaient en lumière un des côtés du problème, M. Kolbe, se refusant à regarder les glycols comme des alcools, méconnut entièrement l'analogie qui existe entre la formation de l'acide lactique (et de ses analogues), par l'oxydation du propylglycol, et celle de l'acide acétique par l'oxydation de l'alcool. Il alla jusqu'à prédire l'existence d'alcools monatomiques à radicaux oxygénés correspondant aux acides oxyacétique, oxypropionique, etc.

| $HO.C^4H^3O^3$ | $C^4H^4O^2$ | $C^4H^5O.HO$ |
|---|---|---|
| Acide acétique. | Aldéhyde. | Alcool. |
| $HO.C^4H^3O^5$ | $C^4H^4O^4$ | $C^4H^8O^3.HO$ |
| Acide oxacétique. | Aldéhyde oxacétique. | Alcool oxacétique. |

[*Ann. der Chem. u. Pharm.*, t. CIX, p. 259].

Il n'est pas nécessaire de faire remarquer que le corps $C^4H^4O^4$ (en atomes $C^2H^4O^2$) ne pourrait exister qu'à la condition de renfermer au moins un oxhydryle, et par conséquent d'être au moins une fois alcool; et que le soi-disant alcool oxacétique ne peut en aucune façon différer du glycol.

M. Wurtz apporta bientôt des faits nouveaux faisant ressortir les analogies entre l'acide lactique et les acides bibasiques. Il réussit en effet à préparer un lactate diéthylique par l'action de l'éther chlorolactique sur l'éthylate de soude :

$$\left.\begin{matrix} C^3H^4O \\ C^2H^5 \\ Cl \end{matrix}\right\} O + \left.\begin{matrix} C^2H^5 \\ Na \end{matrix}\right\} O = \left.\begin{matrix} C^3H^4O \\ (C^2H^5)^2 \end{matrix}\right\} O^2 + NaCl.$$

Éther chlorolactique. Éthylate de soude. Lactate diéthylique.

Cet éther lactique, chauffé avec une solution alcoolique d'ammoniaque, fournit la lactaméthane, ou éther lactamique, qui est à l'acide lactique ce que l'oxaméthane ou éther oxamique est à l'acide oxalique :

$$\left.\begin{matrix} (C^3H^4O)H^2Az \\ C^2H^5 \end{matrix}\right\} O \qquad \left.\begin{matrix} C^3H^4O \\ H^2 \end{matrix}\right\} O^2$$

Lactaméthane. Acide lactique.

$$\left.\begin{matrix} (C^2O^2)H^2Az \\ C^2H^5 \end{matrix}\right\} O \qquad \left.\begin{matrix} C^2O^2 \\ H^2 \end{matrix}\right\} O^2$$

Oxaméthane. Acide oxalique.

M. Wurtz rappela en outre que MM. Engelhardt et Maddrell, ainsi que M. Brüning, ont fait connaître des lactates dans lesquels 2 atomes d'hydrogène sont remplacés par 2 atomes de métal [*Ann. der Chem. u. Pharm.*, t. LXIII, p. 93 et t. CIV, p. 192].

En même temps, il fit remarquer que le 2ᵉ hydrogène basique de l'acide lactique, comme celui de l'acide salicylique, ne s'échange que difficilement contre un atome de métal, mais peut facilement être remplacé par un radical acide. C'est ainsi que l'action du butyrate de potasse en solution alcoolique sur l'éther chlorolactique fournit un butyro-lactate d'éthyle, renfermant un acide lactobutyrique, qu'il considéra comme analogue aux acides benzoglycolique et benzolactique de MM. Strecker et Socoloff [*Compt. rend.*, t. XLVIII, p. 1092].

On voit que, dès lors, M. Wurtz ne confondait pas les acides de la série lactique avec les acides bibasiques proprement dits, comme l'acide oxalique.

M. Kolbe maintint plus que jamais son point de vue, l'appuyant sur la réduction de l'acide lactique en acide propionique découverte par M. Lautemann, et sur sa transformation en alanine, réalisée par lui-même.

Il interpréta la constitution des composés nouveaux découverts par M. Wurtz en regardant l'acide lactique comme de l'acide propionique dans lequel un atome d'hydrogène est remplacé par du peroxyde d'hydrogène. Il prévit certaines réactions de l'éther lactique diéthylique et de la lactaméthane; mais ces réactions résultaient déjà de la différence constatée entre les deux hydrogènes typiques de l'acide.

En même temps, il méconnaissait la nature de l'acide lactobutyrique, l'éloignant de l'acide benzolactique et le considérant comme un acide propionique dans lequel un atome d'hydrogène est remplacé par le radical butyryle, un autre atome d'hydrogène du radical étant lui-même remplacé par le groupe $HO^2$. Il en concluait que cet acide devait se dédoubler en acides propionique et oxybutyrique, ce que les expériences ont démenti. Il refusait toujours de voir les relations qui unissent les glycols aux acides de la série lactique.

Ces erreurs et d'autres du même ordre n'ont pas empêché M. Kolbe de faire ressortir beaucoup de rapprochements intéressants, et de contribuer au progrès qui a été fait lorsqu'on ne s'est plus borné à l'étude simplement typique de la constitution des corps, et que l'on s'est inquiété de celle des radicaux mêmes. C'est à l'occasion de cette discussion qu'il a prévu l'existence d'alcools isomériques avec les alcools normaux.

Il a indiqué aussi l'analogie entre les acides carbonés et les acides sulfoconjugués, faisant un parallèle entre les acides propionique et lactique d'une part, éthylsulfureux et iséthionique de l'autre :

| $HO(C^4H^5)C^2O^2.O$ | $HO\left(C^4\begin{matrix} H^4 \\ HO^2 \end{matrix}\right)C^2O^2O$ |
|---|---|
| Acide propionique. | Acide lactique. |
| $HO(C^4H^5)S^2O^4.O$ | $HO\left(C^4\begin{matrix} H^4 \\ HO^2 \end{matrix}\right)S^2O^4O$ |
| Acide éthylsulfureux. | Acide iséthionique. |

[*Ann. der Chem. u. Pharm.*, t. CXII, p. 241; t. CXIII, p. 220 et 301].

Dès 1859, M. Wurtz avait fait un pas considérable en avant, en distinguant les deux notions d'atomicité et de basicité. Il avait montré que divers acides, tels que l'acide phosphoreux, l'acide cyanurique, l'acide glycérique et aussi l'acide lactique, renferment un certain nombre d'atomes d'hydrogène typique, qui ne sont pas tous des hydrogènes basiques; il attribuait cette différence à la nature électronégative du radical, l'augmentation de l'oxygène dans le radical faisant croître la basicité du composé. Il montrait par l'expérience que l'hydrogène non basique de l'acide lactique peut être remplacé facilement par des radicaux acides.

Dans cette question à deux faces, il avait par cette distinction tenu un juste compte des arguments de faits apportés par M. Kolbe à l'appui de sa manière de voir, et maintenu son opinion primitive dans ce qu'elle avait de parfaitement juste et incontestable [*Bull. de la Soc. chim.*, mai 1859, p. 36; *Ann. de Chim. et de Phys.*, (3), t. LVI, p. 342].

Vers la même époque, M. Kekulé, dans son traité de chimie, faisait également cette distinction entre l'hydrogène typique et l'hydrogène basique, et, remontant à la constitution atomique des composés, à l'aide de la tétratomicité du carbone, montrait que l'un des hydrogènes typiques de l'acide glycolique (et de l'acide lactique, par conséquent) est analogue à celui de l'alcool, et est placé de même dans la molécule, tandis que l'autre est analogue à celui de l'acide acétique.

C'était là une forme plus élégante et plus nette encore donnée à la théorie de M. Wurtz, et depuis lors la constitution de l'acide lactique a pu être considérée comme fixée dans ses traits principaux [Kekulé, *Lehrbuch*, t. I, p. 132 et 169].

Les synthèses de M. Wislicenus ont achevé ce qui restait à faire, en montrant que l'acide lactique des fermentations dérive de l'aldéhyde, et renferme le radical éthylidène et non pas l'éthylène, et en conduisant à la formule aujourd'hui acceptée :

$$\begin{array}{l} CH^3 \\ C\begin{smallmatrix}H \\ OH\end{smallmatrix} \\ CO^2H \end{array}$$

D'après cette formule, on reconnaît que l'acide lactique est monobasique et diatomique; qu'il renferme un groupe $(CO^2H)'$ caractéristique de la fonction acide et un groupe $(CHOH)'$ caractéristique de la fonction d'alcool secondaire. On voit en même temps ses relations avec le propylglycol d'une part et avec l'acide propionique de l'autre :

$$\begin{array}{ll} CH^3 & CH^3 \\ C\begin{smallmatrix}H \\ OH\end{smallmatrix} & CH^2 \\ COH & CO^2H \\ \text{Propylglycol.} & \text{Acide propionique.} \end{array}$$

La formule précédente rend compte également des isoméries entre l'alanine et la lactamide, entre la lactaméthane et l'éthyllactamide :

$$\begin{array}{ll} CH^3 & CH^3 \\ C\begin{smallmatrix}H \\ AzH^2\end{smallmatrix} & C\begin{smallmatrix}H \\ OH\end{smallmatrix} \\ CO^2H & COAzH^2 \\ \text{Alanine.} & \text{Lactamide.} \\ CH^3 & CH^3 \\ C\begin{smallmatrix}H \\ OC^2H^5\end{smallmatrix} & C\begin{smallmatrix}H \\ OH\end{smallmatrix} \\ COAzH^2 & COAzH(C^2H^5) \\ \text{Lactaméthane.} & \text{Éthyllactamide.} \end{array}$$

Elle permet de prévoir encore l'existence de deux isomères de la lactaméthane dérivés de l'alanine, comme la lactaméthane et l'éthyllactamide se dérivent de la lactamide.

Nous n'avons pas besoin de faire remarquer combien cette discussion théorique a porté de fruits expérimentaux, et combien son influence s'est étendue au delà du domaine restreint où elle semblait enfermée.

Il nous reste à ajouter que, de même que les glycols avaient fourni les premiers exemples de composés polyatomiques condensables en nombre presque indéfiniment croissant, l'acide lactique a été le premier acide où cette propriété se soit retrouvée et ait été étudiée (Pelouze, Wurtz et Friedel).

Lactates. — Les lactates les mieux définis répondent à la formule

$$C^3H^5RO^3 \quad \text{ou} \quad CH^3.CHOH.CO^2R.$$

Néanmoins il en existe d'autres qui paraissent renfermer 2 molécules d'acide lactique unies entre elles; ce sont des sels acides et des sels doubles. Quand la combinaison a lieu sans élimination d'eau, on peut supposer qu'il y a simplement une combinaison moléculaire; dans d'autres cas, il y a élimination d'eau, et il se forme alors des dérivés d'un acide nouveau, l'acide dilactique.

Il y a enfin des lactates basiques dans lesquels non-seulement l'hydrogène basique, mais aussi l'hydrogène alcoolique est remplacé par un métal.

*Lactate d'ammoniaque.* — Il se produit lorsqu'on mélange de l'ammoniaque concentrée avec de l'acide lactique sirupeux. Il se forme alors des cristaux prismatiques, qui tombent en déliquescence à l'air en devenant acides.

L'action de l'ammoniaque gazeuse sur l'acide dilactique (acide lactique anhydre de Pelouze) fournit, d'après M. Wislicenus, de la lactamide et du lactate d'ammoniaque. D'après les vues que l'on a sur la constitution de l'acide lactique, on comprend qu'il ne puisse pas se produire du lactamate d'ammoniaque, ainsi que cela avait été admis [*Ann. der Chem. u. Pharm.*, t. CXXXIII, p. 257 ; *Bull. de la Soc. chim.*, 1865, t. IV, p. 275].

*Lactate d'alumine.* — L'alumine hydratée est à peine soluble dans l'acide lactique (Gerhardt). Le sel s'obtient difficilement cristallisé ; il est très-soluble dans l'eau [Berzelius, *Traité*, 5e édit., Leipzig, t. IV, p. 248].

*Lactate d'antimoine.* — L'oxyde d'antimoine se dissout difficilement dans l'acide lactique, facilement dans le lactate acide de potasse, et il ne se produit pas de composé cristallin.

*Lactate d'argent*, $C^3H^5AgO^3 + H^2O$. — On fait bouillir du carbonate d'argent avec de l'acide lactique; il se forme des aiguilles soyeuses mamelonnées, neutres au papier de tournesol, noircissant à la lumière; solubles dans l'alcool à chaud, insolubles à froid. Une longue ébullition décompose le sel; la liqueur bleuit et laisse déposer des flocons bruns.

Il supporte une température de 80°, mais, à 100°, il noircit avec dégagement de gaz. Il perd dans le vide son eau de cristallisation.

*Lactate de baryum.* — Le sel neutre est très-soluble et incristallisable.

Le sel acide $(C^3H^5O^3)^2Ba + (C^3H^6O^3)^2$ se produit lorsqu'on ajoute au lactate neutre une quantité d'acide égale à celle qu'il a fallu pour le former. Il cristallise bien et offre une réaction très-acide. Pour le purifier, on le lave à l'alcool. Les cristaux ne s'altèrent ni à l'air ni dans le vide. Ils sont très-solubles dans l'eau. Chauffés à 100°, ils dégagent une odeur aromatique.

*Lactates de bismuth.* — On connaît deux sous-sels :

1. $(C^3H^5O^3)^4(Bi^2O)^{iv}$. — Le carbonate et l'hydrate de bismuth récemment précipités ne se dissolvent qu'en petite quantité dans l'acide lactique. La solution, évaporée en consistance sirupeuse, laisse déposer de petites aiguilles microscopiques, qu'on lave à l'alcool et puis à l'éther.

Lorsqu'on précipite du sulfate de bismuth par le lactate de baryte, le précipité renferme un sel de bismuth insoluble.

D'après M. Engelhardt, il faut mélanger de l'acide nitrique saturé d'oxyde de bismuth avec une solution concentrée de lactate de soude, en ayant soin de ne pas ajouter un grand excès de ce dernier. Si les solutions sont très-concentrées, il se précipite une bouillie cristalline d'azotate de sodium et de lactate de bismuth. On la dissout dans très-peu d'eau, ce qui doit arriver sans que la liqueur soit trouble. Dans le cas contraire, il y aurait excès de nitrate de bismuth. Le lactate se sépare par le repos en croûtes cristallines. On obtient une nouvelle portion de lactate en additionnant les eaux mères d'alcool et en abandonnant pendant quelques jours.

2. $(C^3H^5O^3)^2(Bi^2O^2)''$. — Si l'opération précédente se fait à l'ébullition, ou si l'on ajoute goutte à goutte le nitrate de bismuth à la solution moyennement étendue du lactate de soude, de manière à laisser celui-ci en excès, on voit se précipiter une poudre inaltérable dans l'eau bouillante, qui a la composition indiquée. Le même sel paraît se former par l'ébullition des solutions du premier.

*Lactate de cadmium*, $(C^3H^5O^3)^2Cd$. — Il s'obtient en petites aiguilles par dissolution du carbonate de cadmium dans l'acide. Il se dépose anhydre dans une solution bouillante, et se dissout dans 8 à 9 p. d'eau froide. Les solutions se sursaturent facilement. Il est insoluble dans l'alcool.

*Lactate de calcium*, $(C^3H^5O^3)^2Ca + 5H^2O$. — Il s'obtient en saturant une solution bouillante d'acide lactique par le carbonate de chaux, et en évaporant la solution. Il se dépose dans la liqueur concentrée en grains durs formés de petites aiguilles groupées concentriquement. Il se dissout en toute proportion dans l'eau et dans l'alcool à chaud, et dans 9,5 p. d'eau à froid. Il se produit abondamment dans la fermentation lactique du sucre, en présence du carbonate de chaux.

D'après Corriol, une infusion aqueuse de noix vomique, après avoir fermenté quelques jours, laisse déposer du lactate de chaux (2 à 3 °/₀ de la noix vomique).

Le sarcolactate de chaux ressemble beaucoup au lactate. Il s'en distingue parce qu'il ne renferme que $4H^2O$, parce qu'il perd plus lentement son eau de cristallisation, et parce qu'il ne se dissout que dans 12,4 p. d'eau froide.

Soumis à la distillation, le lactate éprouve d'abord la fusion aqueuse, et donne ensuite de l'eau, de l'acide carbonique, de la métacétone (propione), et un autre produit huileux [Favre, *Ann. de Chim. et de Phys.*, (3), t. XI, p. 71].

Lorsqu'on maintient le lactate de calcium préalablement séché à 160°, pendant quelque temps à 280°, il perd de l'eau et se transforme en dilactate dicalcique, $C^6H^8O^5Ca$. Cette réaction aurait besoin d'être étudiée de nouveau, car il est probable que l'acide dilactique formé dans ces circonstances est différent de celui qui se produit avec l'acide lactique libre [Wurtz et Friedel, *Ann. de Chim. et de Phys.*, (3), t. LXIII, p. 115].

Lorsqu'on traite par l'acide azotique un mélange d'acide lactique et d'alcool, on obtient un acide dont le sel de chaux est moins soluble dans l'eau bouillante que le glycolate et le glyoxylate, et qui se dépose par le refroidissement en grains cristallins. La composition de ce sel est exprimée par la formule

$$C^5H^8CaO^7$$
$$= \frac{1}{2}(C^2HO^3)^2Ca + \frac{1}{2}(C^3H^5O^3)^2Ca + H^2O$$

qui représente une combinaison de lactate et de glyoxylate [Debus, *Ann. der Chem. u. Pharm.*, t. CXXVI, p. 129].

*Lactate acide de calcium*,

$$(C^3H^5O^3)^2Ca + (C^3H^6O^3)^2 + 2H^2O.$$

— On mélange à du lactate de calcium autant d'acide qu'il en renferme déjà; les premiers cristaux qui se déposent ont la composition du sel neutre. Ensuite après évaporation à consistance sirupeuse, on obtient des masses cristallines qui ressemblent à la wavellite, et qu'on peut faire cristalliser dans l'alcool absolu bouillant. Ce sel perd son eau à 80° et brunit lorsqu'on le chauffe davantage.

*Lactate double de calcium et de potassium*,

$$(C^3H^5O^3)^2Ca + (C^3H^5O^3K)^2.$$

— Lorsqu'on précipite à moitié une solution de lactate de chaux par du carbonate de potasse, et qu'on évapore la solution concentrée, on voit se déposer par le refroidissement des cristaux durs et incolores d'un lactate de calcium et de potassium. Ce sel est soluble dans l'eau, mais, dans la solution, il ne cristallise que du lactate de chaux [Strecker, *Ann. der Chem. u. Pharm.*, t. XV, p. 352].

*Lactate et chlorure de calcium*,

$$(C^3H^5O^3)^2Ca, CaCl^2 + 6H^2O,$$

ou plutôt

$$C^3H^5O^3(CaCl)' + 3H^2O.$$

— Quand on ajoute du chlorure de calcium à une solution de lactate de chaux et qu'on concentre beaucoup le mélange, on obtient des prismes d'un sel double. On le lave à l'alcool pour le purifier. Il se décompose si l'on essaye de le faire cristalliser de nouveau. Séché à 110°, il n'est pas déliquescent.

*Lactate de chrome*. — Sel incristallisable.

*Lactate de cobalt*, $(C^3H^5O^3)^2Co + 6H^2O$. — Sel couleur fleur de pêcher, presque insoluble dans l'eau froide, assez soluble dans l'eau bouillante, insoluble dans l'alcool. Sa solution a une légère réaction acide.

*Lactate de cuivre*, $(C^3H^5O^3)Cu + 2H^2O$. — Se prépare en précipitant le lactate de baryte par le sulfate de cuivre, ou en faisant bouillir l'acide lactique avec le carbonate de cuivre. Dans ce dernier cas, il se produit un sel basique très-peu soluble dans l'eau bouillante, dont il faut séparer le sel neutre par cristallisation, à moins qu'on n'ajoute un peu d'acide lactique.

Il s'obtient en cristaux assez gros, brillants, d'un bleu foncé ou verts, appartenant au type orthorhombique : $mm = 120°\ 52'$; $mg^1 = 119°\ 34'$; $a^1a^1 = 123°\ 24'$. Clivage parfait, $g^1$ [Schabus, *Bestimmung der Krystallgestalten*, etc., Vienne, 1855, p. 52]. Il se dissout dans 6 p. d'eau froide et dans 2,2 p. d'eau bouillante; dans 115 p. d'alcool froid et dans 26 p. d'alcool bouillant. Il perd son eau de cristallisation au bain-marie ou sur l'acide sulfurique, sans altération. Il se décompose à 200°.

Le sarcolactate, qui cristallise en petits mamelons durs d'un bleu de ciel, se dissout dans 1,95 p. d'eau froide et dans 1,26 p. d'eau bouillante et est aussi plus soluble que le lactate dans l'alcool. Il ne renferme que $\frac{3}{2}H^2O$. Il s'altère déjà à 140°, en laissant lorsqu'on le redissout de l'oxyde cuivreux.

*Lactate d'étain*, $(C^3H^5O^3)^2(Sn^2O)$. — Le mélange d'une solution acide de chlorure stanneux avec du lactate de soude, donne un précipité blanc cristallin, qui constitue un sous-lactate stanneux, insoluble dans l'eau froide, très-soluble dans l'acide chlorhydrique [*Ann. der Chem. u. Pharm.*, t. LXIII, p. 97].

L'acide acétique ne le dissout que par une ébullition prolongée.

Lorsqu'on mélange du chlorure stannique avec du lactate de soude, on n'obtient ni précipité, ni cristaux, par l'évaporation en consistance sirupeuse.

*Lactate ferrique*. — Il n'est pas cristallisable. Sa solution aqueuse ou alcoolique ne donne à l'évaporation qu'une masse amorphe.

*Lactate ferreux*, $(C^3H^5O^3)^2Fe + 3H^2O$. — L'acide lactique attaque vivement la limaille de fer avec dégagement d'hydrogène, en produisant du lactate ferreux. M. Pagenstecher conseille de le préparer en mélangeant du lactate d'ammoniaque et du chlorure ferreux, en présence de l'alcool. On l'obtient aussi en décomposant le sulfate ferreux par le lactate de baryum ou de calcium.

Il cristallise dans l'eau en grosses aiguilles d'un jaune clair, et, dans l'alcool, en aiguilles soyeuses et blanches. Sa solution est acide et brunit promptement à l'air. Le sel sec ne s'altère pas à l'air; mais il se décompose déjà à 50° ou 60°, en dégageant de l'eau et en brunissant.

Lorsqu'on distille le lactate de fer avec un mélange de peroxyde de manganèse, de sel marin et d'acide sulfurique, on recueille de l'aldéhyde et du chloral [Staedeler, *Ann. der Chem. u. Pharm.*, t. LXIX, p. 333].

*Lactate de magnésium*,

$$(C^3H^5O^3)^2Mg + 3H^2O.$$

— Petits prismes solubles dans l'eau, insolubles

dans l'alcool, non efflorescents. Il est soluble dans 30 fois son poids d'eau; le sarcolactate est plus soluble, et renferme $4H^2O$.

*Lactate de manganèse*, $(C^3H^5O^3)^2Mn + 3H^2O$. — Gros cristaux brillants, de couleur améthyste, assez solubles dans l'eau froide, fort solubles dans l'eau bouillante, insolubles dans l'alcool froid, plus solubles dans l'alcool chaud. Ils appartiennent au type clinorhombique.

*Lactates de mercure.* — 1° *Sel mercureux,*

$$(C^3H^5O^3)^2Hg^2 + 2H^2O.$$

— Il s'obtient en mélangeant une solution chaude concentrée de lactate de soude avec une solution saturée de nitrate mercureux.

D'abord le mélange est incolore; il devient ensuite d'un beau rose ou cramoisi et laisse déposer des cristaux de la même couleur.

2° *Sel mercurique,* $(C^3H^5O^3)^2Hg, HgO$. — On fait bouillir de l'oxyde mercurique avec de l'acide lactique étendu, jusqu'à saturation du liquide. Par évaporation, on obtient un sel jaune insoluble dans l'eau et un sel incolore très-soluble. Celui-ci, dont la composition répond à la formule indiquée, cristallise en prismes brillants, groupés concentriquement et s'effleurissant facilement. Il est soluble dans l'eau. L'alcool bouillant le dissout à peine et ne le décompose pas.

*Lactate de nickel,* $(C^3H^5O^3)^2Ni + 3H^2O$. — Aiguilles vert-pomme, un peu plus solubles que le sel de cobalt. Ne perd sa troisième molécule d'eau qu'à 130°. Le sarcolactate perd toute son eau à 100° (Engelhardt).

*Lactate de plomb.* — Quand on fait bouillir du carbonate de plomb avec l'acide lactique, on obtient un liquide neutre (alcalin, Berzelius), qui à l'évaporation laisse déposer des pellicules et devient acide.

*Lactate de potassium.* — Sel difficilement cristallisable et fort soluble dans l'eau.

*Lactates de sodium.* — 1° *Sel monosodique,* $C^3H^5O^3Na$. — Sel amorphe, déliquescent, très-soluble dans l'alcool absolu. L'éther le précipite de sa solution alcoolique. Séché à 140°, il possède la composition ci-dessus.

2° *Sel disodique.* — Le sel monosodique chauffé à 130° est attaqué par le sodium; il se forme un sel de sodium, qui est un mélange des lactates monosodique et disodique. Ce mélange est une masse jaune dure et fragile, déliquescente. L'eau le décompose avec dégagement de chaleur en lactate monosodique et hydrate de sodium.

Le sel attire l'acide carbonique de l'air, et au bout d'un certain temps l'alcool ne dissout plus que du monolactate, laissant du carbonate de sodium. Il paraît se dissoudre sans altération dans l'alcool absolu. Avec l'iodure de méthyle, il fournit de l'iodure de sodium et du méthyllactate de sodium [Wislicenus, *Ann. der Chem. u. Pharm.*, t. CXXV, p. 49].

Il existe aussi un *sel double de sodium et de calcium* analogue à celui de potassium et de calcium.

*Lactate de strontium,* $(C^3H^5O^3)^2Sr + 3H^2O$. — Sel neutre très-soluble.

*Lactate d'urane,* $C^3H^5O^3(UO)$. — Il s'obtient en croûtes cristallines jaunes quand on évapore une solution d'oxyde d'urane dans l'acide lactique.

*Lactate de zinc,* $(C^3H^5O^3)^2Zn + 3H^2O$. — On le prépare en faisant bouillir l'acide lactique avec du carbonate de zinc, ou en traitant le lactate de baryum par le sulfate de zinc. Il se dépose en croûtes cristallines, ou en plus grandes aiguilles groupées confusément. Il perd rapidement toute son eau à 160°. Il supporte sans altération une température de 210°.

Il se dissout dans 6 p. d'eau bouillante et dans 58 p. d'eau froide. Il est presque insoluble dans l'alcool.

D'après M. Liebig, le sel neutre préparé avec le liquide de la choucroute et dissous dans l'eau se dédouble en présence de l'alcool en sel acide et sous-sel.

D'après M. Engelhardt, le sel de zinc de l'acide de la fermentation du sucre ne se comporte pas ainsi.

Le sarcolactate de zinc renferme $2H^2O$; il forme des aiguilles très-déliées. Il perd son eau très-lentement, et émet des vapeurs empyreumatiques entre 100° et 150°. Il se dissout dans 2,9 p. d'eau bouillante et dans 5,7 p. d'eau froide. Il se dissout dans 2,23 p. d'alcool froid ou bouillant.

On obtient un *sel double de sodium et de zinc* en précipitant partiellement le lactate de zinc par le carbonate de sodium, et en évaporant. Les cristaux, séchés sur l'acide sulfurique, ont perdu, à 120°, 9 % d'eau. Déshydratés, ils renferment $(C^3H^5O^3)^2Zn + (C^3H^5O^3)^2Na^2$.

### DÉRIVÉS ÉTHÉRÉS DE L'ACIDE LACTIQUE.

La constitution de l'acide lactique fait prévoir l'existence de trois éthers différents de même condensation renfermant le même radical.

Les deux premiers renfermeront le radical alcoolique une seule fois, l'un à la place de l'hydrogène alcoolique, l'autre à la place de l'hydrogène acide.

Le premier devra être acide et le groupe alcoolique ne lui sera enlevé que par les acides.

Le deuxième sera neutre, mais facilement décomposable par les alcalis en acide lactique et alcool.

Le troisième renfermera deux groupes alcooliques et devra se dédoubler par l'action des alcalis en fournissant l'acide éthyllactique.

Les propriétés de ces composés et leur constitution indiquent nettement les réactions qui pourront leur donner naissance.

LACTATES D'ÉTHYLE. — *Lactate monéthylique,*

$$C^5H^{10}O^3 = CH^3.CHOH.CO^2C^2H^5.$$

— On distille une partie de lactate de calcium et de potassium avec 1,4 p. d'éthyle-sulfate de potassium; on sature avec du chlorure de calcium le liquide qui passe entre 150° et 180°, et on refroidit le mélange. Il s'y forme des cristaux qui renferment $CaCl^2, 4C^5H^{10}O^3$ et ceux-ci étant distillés fournissent l'éther lactique assez pur [Strecker, *Ann. der Chem. u. Pharm.*, t. XCI, p. 352].

En chauffant l'acide lactique sirupeux avec de l'alcool absolu à 170°, on obtient facilement l'éther lactique [Wurtz et Friedel, *Ann. de Chim. et de Phys.*, (3), t. LXIII, p. 102].

Il constitue un liquide incolore, d'une densité de 1,0542 à 0° et de 1,042 à 13°. Il a une faible odeur et bout à 156° sous la pression de 753 millimètres. Densité de vapeur, 4,14. Théorie, 4,07. Il se mélange en toutes proportions à l'eau, à l'alcool et à l'éther.

L'eau le décompose rapidement en mettant en liberté l'acide lactique. Les alcalis et les oxydes terreux agissent de même.

Le potassium s'y dissout en dégageant de l'hydrogène, et en formant un lactate d'éthyle potassé $CH^3.CHOK.CO^2C^2H^5$ qui est isomérique avec l'éthyllactate de potassium. Ce composé constitue une masse visqueuse qui, traitée par l'iodure d'éthyle, donne de l'iodure de potassium et du lactate diéthylique.

L'éther lactique mélangé avec l'ammoniaque alcoolique donne à l'évaporation des cristaux de lactamide.

*Acide éthyllactique,*

$$C^5H^{10}O^3 = CH^3.CHOC^2H^5.CO^2H.$$

— Ce composé (ou plutôt ses sels) se produit par la réaction des solutions alcalines sur le lactate diéthylique. Il prend aussi naissance, en même temps que l'iodure de méthylène et l'acide acrylique, par l'action de l'éthylate de sodium sur l'iodoforme [Wurtz, *Ann. de Chim. et de Phys.*, (3), t. LIX, p. 171; — Boutlerow, *Ann. der Chem. u. Pharm.*, t. CXIV, p. 206; *ibid.*, t. CXVIII, p. 325; *Bull. de la Soc. chim.*, 1861, p. 9].

C'est un liquide incolore, un peu huileux, d'un goût franchement acide. Il bout entre 195° et 198°, en se décomposant partiellement. L'eau, l'alcool et l'éther le dissolvent en toute proportion. L'addition du chlorure de calcium ou du sulfate de sodium à la solution alcoolique le sépare sous la forme d'une huile.

Il ne se solidifie pas dans un mélange réfrigérant. Il décompose les carbonates avec effervescence. Les alcalis ne le transforment pas en acide lactique; mais bien l'acide iodhydrique, qui donne en même temps de l'iodure d'éthyle.

Les éthyllactates sont pour la plupart très-solubles et difficiles à faire cristalliser. Le sel de chaux se dépose pourtant par évaporation lente de ses solutions aqueuses en cristaux prismatiques, incolores, groupés en étoiles. Il est moins soluble dans l'alcool. Le sel d'argent cristallise en aiguilles soyeuses groupées. Traité par l'iodure d'éthyle, il régénère le lactate diéthylique. Le sel de zinc forme une masse gommeuse.

*Lactate diéthylique,*

$$C^7H^{14}O^3 = CH^3.CHOC^2H^5.CO^2C^2H^5.$$

— C'est l'éther de l'acide éthyllactique; il prend naissance par l'action de l'éthylate de soude sur l'éther chlorolactique [Wurtz, *Ann. de Chim. et de Phys.*, (3), t. LIX, p. 169], par l'action de l'iodure d'éthyle sur le lactate d'éthyle-potassé [Wurtz et Friedel, *Ann. de Chim. et de Phys.*, (3), t. LXIII, p. 103], par l'action de l'iodure d'éthyle sur l'éthyllactate d'argent [Boutlerow, *Ann. der Chem. u. Pharm.*, t. CXVIII, p. 328].

C'est un liquide incolore, mobile, d'une agréable odeur éthérée. Il bout à 156°,5 sous la pression de 757 millimètres. Sa densité à 0° est de 0,9203. Densité de vapeur, 5,052. Théorie = 5,055. Il est insoluble dans l'eau, mais soluble dans l'alcool et dans l'éther. L'ébullition avec les alcalis le dédouble en alcool et acide éthyllactique; l'action de l'ammoniaque le transforme en lactaméthane.

Il est susceptible de se combiner directement avec la lactide, en fournissant le trilactate diéthylique.

*Éther chlorolactique,*

$$C^5H^9ClO^2 = CH^3.CHCl.CO^2C^2H^5.$$

— Ce composé, obtenu par M. Wurtz par l'action du chlorure de lactyle sur l'alcool, est identique, ainsi que l'a fait voir M. Ulrich avec l'éther chloropropionique. Il bout à 144° à 758 millimètres de pression. Densité de vapeur, 4,9. Théorie, 4,72. L'hydrogène naissant le transforme en éther propionique et l'action de la potasse en vase clos ou de l'oxyde d'argent en présence de l'eau en acide lactique [*Ann. de Chim. et de Phys.* (3), t. LIX, p. 166].

Lactate de méthyle. — Le seul qui soit connu est l'acide *méthyllactique,*

$$C^4H^8O^3 = CH^3.CHOCH^3.CO^2H,$$

qui a été obtenu en chauffant le lactate disodique avec l'iodure de méthyle à 110° ou 120°. Les sels d'argent et de zinc sont incristallisables; celui de zinc est soluble dans l'alcool absolu [Wislicenus, *Ann. der Chem. u. Pharm.*, t. CXXV, p. 53].

On peut ranger également parmi les dérivés éthérés de l'acide lactique ceux qui renferment des radicaux d'acide remplaçant l'hydrogène alcoolique de l'acide lactique; tels sont les suivants :

Acide dilactique [Syn. *Acide lactique anhydre*] (Pelouze),

$$C^6H^{10}O^5 = CH^3.CHOH.CO(CH^3.CHO.CO^2H).$$

— Ce composé, le premier anhydride de l'acide lactique, n'est autre chose qu'un dérivé éthéré de cet acide. Il se forme par l'action réciproque de deux molécules du composé primitif, dont l'une joue le rôle d'acide et l'autre le rôle d'alcool,

$$2C^3H^6O^3 = C^6H^{10}O^5 + H^2O.$$

Cette fonction différente des deux molécules d'acide est révélée par l'action de l'ammoniaque sèche sur la solution alcoolique de l'acide. Laurent avait vu que le produit de l'action de l'ammoniaque gazeuse sur l'acide lactique anhydre de Pelouze n'est pas entièrement précipitable immédiatement par le chlorure de platine, et qu'après ébullition, on obtient un nouveau précipité. Il avait également observé qu'il se forme de la lactamide [*Compt. rend. des trav. de Chim.*, 1845, p. 151]. M. Wislicenus a constaté qu'il se forme du lactate d'ammoniaque et de la lactamide [*Ann. der Chem. u. Pharm.*, t. CXXXIII, p. 257; *Bull. de la Soc. chim.*, 1865, t. IV, p. 275].

L'acide dilactique prend naissance quand on chauffe l'acide lactique à 140° ou 150°.

M. von der Brueggen l'a obtenu en faisant réagir l'acide bromopropionique sur le lactate de potassium et en reprenant par l'éther [*Zeitsch. für. Chem.*, nouv. sér., t. V, p. 338; *Bull. de la Soc. chim.*, 1869, t. XIII, p. 58]. L'éther dilactique avait été obtenu déjà d'une manière analogue par MM. Wurtz et Friedel [*Ann. de Chim. et de Phys.*, (3), t. LXIII, p. 112].

Il est amorphe, solide, fusible, très-amer, presque insoluble dans l'eau, très-soluble dans l'alcool et dans l'éther.

L'ébullition avec l'eau, et le contact prolongé avec l'eau ou avec l'air humide, le transforment en acide lactique. La présence des alcalis accélère beaucoup cette transformation.

*Éther dilactique,*

$$C^8H^{14}O^5$$
$$= CH^3.CHO(CH^3.CHOH.CO)CO^2C^2H^5.$$

— Cet éther s'obtient en traitant le lactate de potassium en solution alcoolique par l'éther chlorolactique :

$$CH^3.CHCl.CO^2C^2H^5 + CH^3.CHOH.CO^2K$$
$$= C^8H^{14}O^5 + KCl.$$

— C'est un liquide incolore, huileux, d'une densité de 1,134 à 0°; il bout vers 235° et se décompose, lorsqu'on le chauffe avec de l'eau en vase clos, en alcool et acide lactique [Wurtz et Friedel, *Ann. de Chim. et de Phys.*, (3), t. LXIII, p. 112].

*Dilactate diéthylique.* — M. von der Brueggen a traité l'éthyllactate de sodium par l'éther chlorolactique et a obtenu un liquide insoluble dans l'eau, distillant à 190° dans le vide et ayant la composition du dilactate diéthylique. La soude le décompose en donnant du lactate et de l'éthyllactate, mais pas de dilactate, ce qui ne semble pas étonnant puisque les alcalis transforment rapidement l'acide dilactique en acide lactique.

Avec une solution éthero-alcoolique d'ammoniaque, il a fourni une huile jaunâtre ayant la composition de l'éther dilactamique $C^8H^{15}AzO^4$.

M. von der Brueggen suppose que l'éther obtenu n'est pas le dilactate diéthylique, mais un isomère, ce pour quoi il n'y a pas de raison suffisante

[*Ann. der Chem. u. Pharm.*, t. CLVIII, p. 224; *Bull. de la Soc. chim.*, 1869, t. XII, p. 374].

ACIDE TRILACTIQUE. — On connaît le *trilactate diéthylique*,

$$C^{13}H^{22}O^{7} = \left.\begin{matrix} C^{3}H^{4}O \\ C^{3}H^{4}O \\ C^{3}H^{4}O \end{matrix}\right\} \begin{matrix} O \\ O \end{matrix} (OC^{2}H^{5})^{2}.$$

En chauffant pendant quelques jours le lactate diéthylique avec de la lactide à 170°, on obtient un liquide huileux bouillant vers 270°. La potasse le décompose en alcool et acide lactique. On a obtenu en même temps un produit qui paraît être le trilactate monéthylique [Wurtz et Friedel, *Ann. de Chim. et de Phys.*, (3), t. LXIII, p. 117]

On pourrait admettre que la formation de cet éther est due à la réaction suivante. La lactide réagit sur l'éther diéthylique en lui enlevant l'éthyle qui remplace l'hydrogène basique et qui est lui-même remplacé par le groupement formé $CH^{3}.CH.CO^{2}C^{2}H^{5}$.

$$[CH^{3}.CH(CH^{3}.CHOC^{2}H^{5}.CO^{2}).COOC^{2}H^{5}]$$

Dilactate diéthylique.

$$\left.\begin{matrix} [CH^{3}.CHO(CH^{3}.CHOC^{2}H^{5}.CO)CO] \\ (CH^{3}.CH.CO^{2}C^{2}H^{5}) \end{matrix}\right\} O.$$

Trilactate diéthylique.

Dans ce cas, la décomposition devrait donner du lactate et de l'éthyllactate, ce que les auteurs n'ont pas trouvé; peut-être l'acide éthyllactique leur a-t-il échappé.

ACIDE ACÉTOLACTIQUE,

$$C^{5}H^{8}O^{4} = CH^{3}.CH(C^{2}H^{3}O^{2}).CO^{2}H.$$

— Ce composé s'obtient en saponifiant l'acétolactate d'éthyle par l'eau à la température de 150° maintenue pendant deux ou trois heures. Il constitue un liquide sirupeux, très-soluble dans l'eau, d'une agréable saveur acide. Il n'est pas volatil sans décomposition, mais est entraîné en partie par la vapeur d'eau, avec dédoublement partiel en acides acétique et lactique. Cette décomposition se produit d'ailleurs facilement dans diverses circonstances [Wislicenus, *Ann. der Chem. u. Pharm.*, t. CXXV, p. 60].

L'*acétolactate d'éthyle*,

$$C^{7}H^{12}O^{4} = CH^{3}.CH(C^{2}H^{3}O^{2}).CO^{2}C^{2}H^{5},$$

prend naissance par l'action du chlorure d'acétyle sur l'éther lactique. C'est un liquide incolore, mobile, d'une agréable odeur aromatique, rappelant celle des pommes de calville. Il est neutre, insoluble dans l'eau, mais lentement décomposable par elle en acide acétolactique et en alcool. Il est soluble en toutes proportions dans l'alcool et dans l'éther et précipitable par l'eau. Il bout à 177° sous une pression de 733 millimètres. Densité, 1,0458 à 17°, rapportée à l'eau prise à la même température. Densité de vapeur, 5,70. Théorie, 5,54 [Perkin, *Zeitsch. für Chem.*, 1861, p. 106; — Wislicenus, *ibid.*, p. 58].

*Acétolactate de baryum*, $(C^{5}H^{7}O^{4})^{2}Ba + 4H^{2}O$. — L'acide libre dissout le carbonate de baryum avec effervescence; on achève la neutralisation à chaud et on évapore à consistance sirupeuse, puis on abandonne sur l'acide sulfurique dans le vide. On obtient ainsi une masse fragile ressemblant à la gomme, et retenant $4H^{2}O$, dont elle perd 2 à 100° et 2 à 140° seulement. Ce sel est très-soluble dans l'eau et soluble également dans l'alcool. L'éther le précipite de la solution alcoolique en flocons qui se réunissent bientôt en une masse visqueuse.

L'*acétolactate de cuivre* s'obtient en précipitant le sel précédent par le sulfate de cuivre. Il est bleu verdâtre, amorphe, présente l'apparence de la gomme et est très-soluble dans l'eau et dans l'alcool. Il attire l'humidité de l'air.

L'*acétolactate de zinc*, $(C^{5}H^{7}O^{4})^{2}Zn$, préparé en décomposant le sel de baryum par le sulfate de zinc et en évaporant, forme une masse gommeuse, dans laquelle sont empâtés des cristaux d'acétate et de lactate de zinc, qu'on sépare en reprenant le mélange par une petite quantité d'alcool absolu. Celui-ci laisse à l'évaporation dans le vide une masse amorphe, qui séchée sur l'acide sulfurique n'est plus décomposée à 110°. Les solutions aqueuses et alcooliques s'acidifient rapidement par la décomposition en acide acétique et lactique.

ACIDE BUTYROLACTIQUE,

$$C^{7}H^{12}O^{4} = CH^{3}.CH(C^{4}H^{7}O^{2}).CO^{2}H.$$

— L'éther de cet acide,

$$C^{9}H^{16}O^{4} = CH^{3}.CH(C^{4}H^{7}O^{2})CO^{2}C^{2}H^{5},$$

a été obtenu par M. Wurtz par l'action du butyrate de potassium sur l'éther chlorolactique. Les deux produits ont été chauffés plusieurs jours au bain-marie, après quoi l'on a filtré, lavé, séché à l'aide du chlorure de calcium et distillé.

C'est un liquide huileux, bouillant à 208°, d'une densité de 1,024 à 0°, ayant une odeur qui rappelle celle de l'acide butyrique. Il est insoluble dans l'eau et soluble dans l'alcool. Densité de vapeur, 6,73. Théorie, 6,51.

Contrairement aux prévisions de M. Kolbe, la potasse le dédouble en alcool, acide lactique et acide butyrique [Wurtz, *Compt. rend.*, t. XLVIII, p. 1092, et *Ann. de Chim. et de Phys.*, (3), t. LIX, p. 177; — Kolbe, *Ann. der Chem. u. Pharm.*, t. CXIII, p. 234].

ACIDE BENZOLACTIQUE,

$$C^{10}H^{10}O^{4} = CH^{3}.CH(C^{7}H^{5}O^{2}).CO^{2}H.$$

— Il se prépare en chauffant 10 parties d'acide lactique sirupeux avec 14 parties d'acide benzoïque, au bain d'huile, d'abord à 150°, puis finalement à 200° pendant quelques heures. Il passe de l'eau à la distillation, avec un peu d'acide benzoïque. L'acide lactique est éthérifié par l'acide benzoïque dans sa partie alcoolique. La masse cristallise par le refroidissement; elle est formée d'un mélange d'acide benzoïque et d'acide benzolactique. On sature partiellement par le carbonate de sodium, qui dissout d'abord l'acide benzolactique. On sépare la solution par filtration de l'acide benzoïque et on l'agite avec un peu d'éther pour lui enlever une trace d'acide benzoïque qu'elle renferme en dissolution. On ajoute ensuite de l'acide chlorhydrique, qui détermine la séparation de l'acide benzolactique. Celui-ci se dépose en cristaux qu'on fait cristalliser dans l'eau bouillante ou dans l'alcool mélangé avec de l'éther.

On l'obtient aussi en faisant agir le chlorure de benzoyle sur l'acide lactique pur et sec, ou sur un lactate (Wislicenus). Dans ce dernier cas, il se forme probablement du benzolactate de chaux et de l'acide chlorhydrique, et ce dernier met en liberté l'acide benzolactique.

Il se présente en tables ou en aiguilles incolores. Il est gras au toucher, il fond à 102°, et se solidifie très-lentement en une masse cristalline. Au-dessus de 200°, il se sublime sans décomposition. Il est soluble dans 400 parties d'eau à froid, et beaucoup plus soluble à chaud. Lorsqu'on le fait cristalliser dans l'eau, une portion se sépare sous la forme d'une huile. D'après M. Wislicenus, l'acide oléagineux renferme

$$C^{10}H^{10}O^{4} + H^{2}O;$$

cette eau est éliminée lorsque l'acide se combine aux bases. Chauffé avec une quantité d'eau insuffisante pour le dissoudre, il fond. Il est très-soluble dans l'alcool et dans l'éther; l'éther l'enlève complétement à sa solution aqueuse.

Séché à l'air, il ne perd plus d'eau lorsqu'on le chauffe jusqu'à la fusion.

L'ébullition prolongée avec l'eau le dédouble en acides lactique et benzoïque. L'addition d'une petite quantité d'acide accélère ce dédoublement.

Les benzolactates sont presque tous solubles dans l'eau, cristallins et ressemblant aux benzoates. Ce qui les distingue de ces derniers, c'est que leur solution neutre est précipitée par l'acétate de plomb.

Le *benzolactate de baryum*,

$$(C^{10}H^9O^4)^2Ba + 6H^2O,$$

cristallise en lames minces hexagonales qui perdent leur eau à 100°.

Le *benzolactate d'argent*, $C^{10}H^9O^4Ag$, constitue un précipité floconneux, soluble dans l'eau bouillante, qui la laisse déposer en fines aiguilles.

Le *benzolactate de sodium* cristallise en aiguilles incolores de sa solution dans l'alcool bouillant [Socoloff et Strecker, *Ann. der Chem. u. Pharm.*, t. LXXX, p. 46; — Strecker, même recueil, t. XCI, p. 359].

Le *benzolactate d'éthyle* a été obtenu en mêlant une molécule de chlorure de benzoyle avec un peu plus d'une molécule d'éther lactique, et en chauffant à 100°.

$$CH^3.CHOH.CO^2C^2H^5 + C^7H^5O.Cl$$
$$= CH^3.CHO(C^7H^5O).CO^2C^2H^5 + HCl.$$

Il s'isole par distillation fractionnée, sous la forme d'un liquide incolore, huileux, doué d'une faible odeur, miscible en toute proportion à l'alcool et à l'éther, insoluble dans l'eau. Il bout à 288° (Corrigé).

Il produit sur le papier une tache non persistante. Chauffé à 150° avec de l'eau, il se dédouble en acide lactique, benzoate d'éthyle, acide benzoïque et alcool.

On peut également le préparer en traitant le benzolactate d'argent par l'iodure d'éthyle, et en reprenant le produit par l'éther pur.

Acides lactosucciniques. — On connaît un dérivé éthéré de l'acide *succinolactique*; c'est le *succinolactate diéthylique*,

$$C^{11}H^{18}O^6$$
$$= CH^3.CHO(C^4H^4O^2.OC^2H^5)CO^2C^2H^5.$$

Il a été obtenu en faisant réagir l'éther chlorolactique sur l'éthyle-succinate de potassium. C'est un liquide huileux, insoluble dans l'eau et bouillant à 280°. Densité à 0° = 1,119.

Chauffé avec l'eau de baryte, il se décompose en alcool, succinate et lactate de baryum [Wurtz et Friedel, *Ann. de Chim. et de Phys.*, (3), t. LXIII, p. 120].

Le *succino-dilactate diéthylique*,

$$C^{14}H^{22}O^8 = (C^4H^4O^2)(CH^3.CHO.CO^2C^2H^5)^2,$$

a été préparé par les mêmes auteurs en chauffant l'éther chlorolactique avec le succinate de potassium. C'est un liquide bouillant de 250° à 270° [*ibid.*, p. 122].

M. Wislicenus a obtenu par la réaction du chlorure de succinyle sur le lactate monéthylique, un produit ayant la même composition et bouillant entre 300° et 304°, sous la pression de 729 millimètres. Il le regarde comme identique avec le précédent, ce qui doit être en effet, en raison de son mode de formation [*Ann. der Chem. u. Pharm.*, t. CXXXIII, p. 257; *Bull. de la Soc. chim.*, 1865, t. IV, p. 275].

Acide sulfolactique ou monosulfolactique,

$$C^3H^6O^2S = CH^3.CHSH.CO^2H.$$

— Cet acide se produit dans la réaction du chloropropionate ou chlorolactate de potassium et du sulfhydrate de potassium, chauffés ensemble pendant quatre ou cinq heures, un peu au-dessus de 100°.

$$CH^3.CHCl.CO^2K + KSH$$
$$= CH^3.CHSH.CO^2K + ClK.$$

La réaction étant achevée, on dissout dans l'eau, on sature par l'acide chlorhydrique, on chauffe pour chasser l'hydrogène sulfuré, on étend d'eau, on rend la liqueur légèrement alcaline à l'aide de l'ammoniaque, et on précipite par l'acétate de plomb. Le précipité plombique est soigneusement lavé à l'eau froide et décomposé par l'hydrogène sulfuré; le liquide filtré est ensuite évaporé à plusieurs reprises jusqu'à consistance sirupeuse pour chasser l'acide chlorhydrique.

Si l'on a employé le produit brut de l'action du perchlorure de phosphore sur le lactate de chaux, il faut redissoudre le résidu et neutraliser la liqueur en la faisant bouillir avec du carbonate de baryte. Le phosphate de baryte se précipite et le sulfolactate reste en dissolution.

On précipite de nouveau l'acide sous la forme de sel de plomb et on décompose ce dernier par l'hydrogène sulfuré. Il suffit alors de concentrer la solution acide au bain-marie.

L'acide sulfolactique cristallise en aiguilles groupées en faisceaux. Il fond sans décomposition au-dessous de 100° et cristallise en se solidifiant. Il est soluble dans l'eau, dans l'alcool, dans l'éther. L'ébullition n'altère pas ses solutions.

L'action de l'acide azotique le transforme en acide lactyle-sulfureux. — Voyez ce mot.

Le *sulfolactate de baryum*, $(C^3H^5O^2S)^2Ba$, cristallise en masses ayant la forme de choux-fleurs. Il peut être séché à 100° sans altération. Il est facilement soluble dans l'eau, mais insoluble dans l'alcool.

Le *sel de plomb* est amorphe et brunit à la longue.

Le *sel de potassium* s'obtient par double décomposition du sulfolactate de baryum et du sulfate de potassium. Dans le vide, la solution évaporée en consistance sirupeuse laisse déposer de larges lames très-déliquescentes.

Le *sel d'argent*, $C^3H^5O^2SAg$, forme un précipité blanc amorphe, qu'on obtient en mélangeant le sulfolactate de baryum avec l'azotate d'argent. Il est soluble dans l'acide azotique et se décompose au-dessous de 100° [Schacht, *Ann. der Chem. u. Pharm.*, t. CXXIX, p. 1; *Bull. de la Soc. chim.*, 1864, t. I, p. 371].

Acide monosulfodilactique,

$$C^6H^{10}O^4S = CH^3.CHO(CH^3.CHSH.CO)CO^2H.$$

— C'est l'acide dilactique, dans lequel une des molécules d'acide lactique est remplacée par une molécule d'acide sulfolactique. Il a été obtenu dans une préparation de ce dernier acide (voyez plus haut), où l'on a neutralisé par l'acide sulfurique au lieu de l'acide chlorhydrique, et ajouté assez d'acide pour décomposer le sulfolactate seulement. L'acide monosulfodilactique s'est séparé à la surface de la solution saline concentrée, et a été purifié par dissolution dans l'éther, et par évaporation dans le vide.

L'acide monosulfodilactique est soluble dans l'eau, dans l'alcool et dans l'éther. Il est incristallisable.

L'oxydation ménagée par l'acide azotique le transforme en acide dilactyle-sulfureux.

Acide lactyle-sulfureux ou acide sulfopropionique,

$$C^3H^6SO^5 = CH^3.CHO(SO^2H).CO^2H.$$

— Cet acide prend naissance dans l'action de l'acide sulfurique fumant sur le propionitryle, ou sur la propionamide, dans la préparation de l'acide disulféthoJique [Buckton et Hofmann, *Chem. Soc. quart. Journ.*, t. IX, p. 251]. Il se forme aussi par l'oxydation, au moyen de l'acide azotique, de l'acide sulfolactique (voyez ce mot) [Schacht, *Ann. der Chem. u. Pharm.*, t. CXXIX, p. 1; *Bull. de la Soc. chim.*, 1864, t. I, p. 371].

Le *lactylesulfite ammonique* est très-soluble dans l'eau et incristallisable. L'alcool absolu le précipite en une masse épaisse et visqueuse.

Le *sel de baryum*, $C^3H^4SO^5Ba$, cristallise d'une solution saturée bouillante en fines aiguilles soyeuses, groupées en petites sphères. Il peut être séché à 170° sans décomposition.

ACIDE DILACTYLE-SULFUREUX. — Ce corps a été obtenu par l'oxydation à l'aide de l'acide azotique étendu, de l'acide monosulfodilactique. Son sel de baryum constitue une poudre blanche amorphe qui contient $C^6H^8SO^7Ba$.

ACIDE NITROLACTIQUE,

$$C^3H^5AzO^5 = CH^3.CHOAzO^2.CO^2H.$$

— L'éther de cet acide s'obtient en traitant par l'acide azotique fumant et par un mélange refroidi d'acide sulfurique concentré et d'acide azotique concentré l'éther lactique monéthylique. Il se forme du nitrolactate d'éthyle,

$$C^5H^9AzO^5 = CH^3.CHOAzO^2.CO^2C^2H^5.$$

C'est un liquide incolore, ayant une saveur douce et piquante à la fois, et une odeur qui rappelle celle de l'éther nitrique.

Il bout à 178°. Sa densité à 13° est 1,1534.

L'acide lactique libre, traité de même, donne l'acide nitrolactique sous la forme d'une huile incolore dense [L. Henry, *Deutsche Chem. Gesell.*, t. III, p. 531; *Bull. de la Soc. chim.*, 1870, t. XIV, p. 247].

ACIDE SARCOLACTIQUE OU ÉTHYLÉNOLACTIQUE,

$$C^3H^6O^3 = CH^2OH.CH^2.CO^2H.$$

— Berzelius a découvert en 1807 la présence de l'acide lactique dans la liqueur qui baigne la chair musculaire, et dans plusieurs humeurs de l'économie animale. M. Liebig a confirmé le fait, mais il a en même temps montré que cet acide diffère par quelques-unes de ses propriétés de l'acide lactique des fermentations; il lui a donné le nom d'acide sarcolactique [*Ann. der Chem. u. Pharm.*, t. LXII, p. 278 et 326].

L'étude faite récemment des deux acides lactiques, et surtout la synthèse de l'acide sarcolactique réalisée par M. Wislicenus, sont venues jeter du jour sur ce cas intéressant d'isomérie, sans néanmoins lever toutes les difficultés. Ce qui résulte des expériences, c'est que l'acide sarcolactique renferme le radical éthylène, tandis que l'acide lactique des fermentations renferme le radical éthylidène. La synthèse du premier a été faite en partant du glycol, et celle du deuxième en partant de l'aldéhyde.

Ces relations sont exprimées par les formules

$$HO(CH^2.CH^2)CO^2H = CH^2OH.CH^2.CO^2H,$$

Acide sarcolactique.

$$(CH^3.CH)OH.CO^2H = CH^3.CHOH.CO^2H.$$

Acide lactique des fermentations.

M. Wislicenus a traité la monochlorhydrine du glycol, $(C^2H^4)ClOH$, par le cyanure de potassium à 100° en vase clos, repris par l'alcool absolu, évaporé et repris encore plusieurs fois par l'alcool éthéré. Il a obtenu ainsi un liquide jaune sirupeux, qui est la monocyanhydrine du glycol, aussi pure qu'il est possible de l'obtenir. Elle n'est pas distillable. Ce produit, traité par la soude, laisse dégager de l'ammoniaque et fournit un sel de soude amorphe, déliquescent, qui donne de l'acide lactique lorsqu'on le décompose par l'acide chlorhydrique et qu'on reprend par l'éther. On enlève l'excès d'acide chlorhydrique par le carbonate d'argent en présence de l'eau, et l'argent dissous par l'hydrogène sulfuré.

L'acide évaporé une dernière fois est sirupeux et épais, soluble dans l'eau, dans l'alcool et dans l'éther.

Il perd de l'eau de 130° à 150°, et se transforme en une masse très-visqueuse, insoluble dans l'eau, soluble dans l'alcool, et que l'eau transforme lentement en acide lactique.

Le dosage d'eau du sel de zinc qui renferme $2H^2O$ et les propriétés de ce sel ont montré que c'est de l'acide sarcolactique.

La quantité d'acide obtenue par ce procédé est toujours relativement faible.

Il se forme en même temps un peu d'acide lactique ordinaire. M. Wislicenus pense que cette circonstance peut s'expliquer par analogie, avec la transformation du glycol en aldéhyde; cette transformation, comme on sait, se produit sous l'influence de diverses substances éthérifiantes [Wurtz, *Ann. de Chim. et de Phys.*, (3), t. LV, p. 424; *Ann. der Chem. u. Pharm.*, t. CXXVIII, p. 4].

M. Wichelhaus a obtenu, par l'action de l'oxyde d'argent en présence de l'eau sur l'acide β-iodopropionique, un acide qui, transformé en sel de zinc, a fourni des cristaux de lactate ordinaire et une masse difficilement cristallisable et soluble dans l'alcool, qui avait la composition d'un lactate de zinc, et qu'il regarde comme du sarcolactate [*Ann. der Chem. u. Pharm.*, t. CXLIV, p. 353].

La constitution de l'acide β-iodopropionique dérivé de l'acide glycérique par l'action de $PhI^2$ nous est d'ailleurs connue par la transformation que M. Wichelhaus en a faite en acide succinique en passant par l'acide cyanopropionique : elle est exprimée par la formule

$$CH^2I.CH^2.CO^2H$$

[*Zeitsch. für Chem.*, nouv. sér., t. III, p. 247].

Il existe d'ailleurs une contre-épreuve de la transformation de l'acide β-iodopropionique en acide succinique, c'est celle de l'acide α-chloropropionique en acide isosuccinique; ce dernier se dédouble par l'action de la chaleur en acide carbonique et en acide propionique [H. Blyk, *Zeitsch. für Chem.*, (2), t. IV, p. 514].

Néanmoins, MM. von Schneider et Erlenmeyer pensent que cet acide a une constitution exprimée par la formule $CH^3$ $CIH.CO^2H$ et qu'il correspond à l'iodure d'isopropyle,

$$CH^3.CHI.CH^3.$$

Ils pensent avoir démontré cette opinion, parce qu'en faisant agir la potasse alcoolique sur l'acide β-iodopropionique, ils ont fait voir qu'on obtient de l'acide acrylique, de même que l'on obtient du propylène, en traitant l'iodure d'isopropyle par le même réactif :

$$CH^2.CH.CO^2H, \qquad CH^2.CH.CH^3.$$

Acide acrylique. — Propylène.

La démonstration semble peu concluante. On ne voit pas pourquoi l'acide iodopropionique, dont la constitution est exprimée par la formule

$$CH^2I.CH^2.CO^2H,$$

ne fournirait pas tout aussi bien de l'acide acrylique par l'action de la potasse.

Les auteurs ont aussi traité l'acide β-iodopropionique par l'acétate d'argent, et ont obtenu, après avoir chassé l'acide acétique, un acide sirupeux qui leur a paru avoir les caractères de l'acide lactique de fermentation [*Berichte der deutsch. Chem. Gesellsch.*, t. III, p. 339].

M. Wislicenus a, à son tour, répété les expériences de MM. Beilstein [*Ann. der Chem. u. Pharm.*, t. CXXII, p. 369], Moldenhauer [*Ann. der Chem. u. Pharm.*, t. CXXXI, p. 330], et Richter [*Zeitsch. für Chem.*, nouv. sér., t. IV, p. 449].

Le premier, comme on sait, avait obtenu par l'action de l'oxyde d'argent sur l'acide β-iodopropionique, un acide $C^{12}H^{22}O^{11}$, qu'il avait appelé hydracrylique et qu'il regardait comme tribasique. M. Moldenhauer avait fait voir qu'il se produit dans ces circonstances un acide lactique, qui d'après lui provient de la décomposition de l'acide hydracrylique.

M. Wislicenus a isolé le sel de sodium bien cristallisé de l'acide lactique formé, dont les sels de zinc et de chaux sont difficilement cristallisables. Il est porté à croire que l'acide hydracrylique n'existe pas; et quoique les faits observés par lui semblent parler en faveur de la production de l'acide sarcolactique, il ne formule pas nettement cette conclusion [*Zeitsch. für Chem.*, nouv. sér., t. IV, p. 683; *Bull. de la Soc. chim.*, 1869, t. XII, p. 278].

D'après M. Socoloff, l'acide qui se produit par l'action de l'oxyde d'argent sur une solution aqueuse d'acide β-iodopropionique est différent des deux acides lactiques, dont il a pourtant la composition.

L'acide obtenu par lui, saturé à l'aide de l'oxyde de zinc, a fourni un sel en cristaux et un autre amorphe qui ont été séparés par addition d'alcool à la solution aqueuse. Le premier est regardé par M. Socoloff comme étant l'hydracrylate de zinc. Le deuxième, transformé en sel de chaux, a fourni d'abord des aiguilles cristallines, et, après plusieurs cristallisations dans l'eau froide, de beaux cristaux prismatiques, très-solubles dans l'eau, moins solubles dans l'alcool, qui renferment $(C^3H^5O^3)^2Ca + 2H^2O$. Ils sont inaltérables à l'air, et perdent toute leur eau, quoique très-lentement, sur l'acide sulfurique. Ils fondent dans leur eau de cristallisation au-dessous de 100°, en perdant toute cette eau. Le sel sec est très-hygrométrique; il peut être chauffé sans altération jusqu'à 140°; plus haut, et avant 190°, il se décompose en perdant surtout de l'eau. L'évaporation à chaud donne un sel amorphe qui ne cristallise que très-lentement.

Le sel de baryte forme une masse cristalline très-soluble dans l'eau.

Le sel de plomb n'a cristallisé qu'après un temps très-long; et, redissous, a alors fourni des cristaux tabulaires d'une assez grande dimension.

Ces propriétés sont assez différentes de celles des deux acides lactiques, et spécialement de l'acide sarcolactique, dont le sel de chaux se présente en petites aiguilles rayonnées renfermant $4H^2O$, dont le sel de baryte est amorphe, le sel de plomb également, et dont le sel de zinc en petits prismes renferme $2H^2O$.

M. Socoloff admet que l'acide dérivé de l'acide β-iodopropionique est la première aldéhyde de l'acide glycérique, dont l'acide iodopropionique serait l'iodanhydride (1). L'acide hydracrylique serait un anhydride de cette aldéhyde,

$$4C^3H^6O^3 - H^2O = C^{12}H^{22}O^{11}.$$

Le sel de chaux donne un précipité amorphe avec le bisulfite de chaux et avec le bisulfite de soude, ce qui, d'après lui, rapproche ce composé des aldéhydes [*Ann. der Chem. u. Pharm.*, t. CL, p. 167].

M. Wislicenus combat les idées de M. Socoloff. Il fait remarquer que l'acide dérivé de l'acide iodopropionique n'a aucune des propriétés des aldéhydes et ne se transforme ni en acide glycérique par oxydation, ni en glycérine par hydrogénation. En outre, les propriétés de l'acide sarcolactique sont trop mal connues pour permettre une comparaison sérieuse.

En étudiant l'acide sarcolactique proprement dit, il a reconnu que ce dernier est un mélange de deux acides lactiques, dont l'un présente les caractères de l'acide β-oxypropionique (éthylénolactique), et dont l'autre, qui fournit un sel de zinc cristallisable, paraît se rapprocher de l'acide lactique (éthylidéno-lactique), quoiqu'il en diffère par certaines propriétés. Le sel de zinc cristallise avec $2H^2O$; l'acide possède le pouvoir rotatoire $\alpha = +3°,5$ à droite; le sel de zinc $\alpha = -8°,37$ à gauche.

Antérieurement, il avait trouvé, dans un œdème enlevé à un malade mort d'une ostéomalacie, un acide dont les sels ont présenté exactement les phénomènes décrits par M. Socoloff [*Deutsche Chem. Gesellsch*, t. III, p. 619].

Ces discussions que nous avons été obligé de résumer, montrent que la question est loin d'être complétement résolue. L'existence d'un troisième acide lactique offre un grand intérêt, puisque les formules fondées sur l'atomicité ne permettent de représenter que deux isoméries différentes. Il est vrai que la caractéristique principale du nouvel acide est son pouvoir rotatoire, et d'autres faits déjà semblent indiquer que cette propriété est en dehors de celles qui peuvent être représentées par les formules atomiques de constitution, soit qu'elle résulte d'un groupement de plusieurs molécules similaires, soit qu'elle puisse être attribuée à un mouvement intérieur de la molécule, ou à une tension électrique analogue à celle produite par un électro-aimant.

Un fait qui mérite aussi un mention spéciale, c'est celui observé par M. Strecker. En chauffant l'acide sarcolactique à une température suffisante pour le transformer en lactide et en faisant ensuite bouillir avec l'eau, il a obtenu un acide ayant les caractères de l'acide lactique des fermentations [*Ann. der Chem. u. Pharm.*, t. CV, p. 363].

Sarcolactates. — *Sarcolactate de calcium*, $(C^3H^5O^3)^2Ca + 4H^2O$. — Ce sel perd son eau à 100° plus difficilement que le lactate. Il se dissout dans 12,4 p. d'eau. Il se présente en petites aiguilles cristallines, et, selon M. Wislicenus, après plusieurs cristallisations, il fournit des cristaux de grande dimension.

*Sarcolactate de cuivre*, $(C^3H^5O^3)^2Cu + 3H^2O$. — Il forme des nodules cristallins d'un bleu de ciel renfermant $3H^2O$, qu'il ne perd que très-lentement à 100°. Il ne s'altère pas au-dessous de 210°, et prend feu à cette température. Il se dissout dans 1,95 d'eau froide et dans 1,24 d eau bouillante. Il est peu soluble dans l'alcool.

*Sarcolactate de magnésium*,

$$(C^3H^5O^3)^2Mg + 4H^2O.$$

— Il est beaucoup plus soluble dans l'eau et dans l'alcool que le lactate.

*Sarcolactate de nickel*, $(C^3H^5O^3)^2Ni + 3H^2O$. — Il perd toute son eau à 100°.

*Sarcolactate de zinc*, $(C^3H^5O^3)^2Zn + 2H^2O$. — Petites aiguilles minces groupées irrégulièrement, solubles dans 2,88 p. d'eau bouillante, dans 5,7 p. d'eau froide; dans 2,23 p. d'alcool froid et dans à peu près autant d'alcool bouillant.

C. F.

(1) Il est difficile de comprendre comment un acide de la formule $C^3H^6O^3$ pourrait être une aldéhyde de l'acide glycérique. On peut admettre l'existence d'une aldéhyde de cette composition, mais elle ne pourrait pas offrir en même temps des propriétés acides.

**LACTONE**, $C^6H^8O^2$. — Liquide d'une odeur aromatique, bouillant vers 92° et formé dans la distillation sèche de l'acide lactique. Engelhardt, qui a étudié les produits de distillation de l'acide lactique, n'a pu retrouver la lactone [Pelouze, *Ann. de Chim. et de Phys.*, (3), t. XIII, p. 262].

**LACTOPROTÉINE** [Millon et Commaille, *Compt. Acad. Scien.*, t. LIX, p. 208, et *Bull. Soc. chim.*, 1864, t. II, p. 357]. — Substance albuminoïde que l'on trouve dans le lait. On la prépare comme il suit : Le lait privé de caséine par l'acide acétique, filtré, bouilli pour séparer l'albumine, donne un liquide clair (*petit-lait*), où l'on verse quelques gouttes d'azotate acide de mercure contenant des vapeurs nitreuses; la lactoprotéine se sépare en formant un *coagulum* qui renferme de l'oxyde de mercure et un petit excès d'azotate mercurique. On lave ce précipité à l'eau acidulée, à l'eau à l'alcool et l'éther. Si de ce produit séché on retranche 20 °/₀ correspondant à l'oxyde de mercure, le reste répondrait, d'après les auteurs, à la lactoprotéine, qui peut être ainsi dosée.

Ce précipité en suspension dans l'eau, traité par l'hydrogène sulfuré, donne après filtration une liqueur claire qui, évaporée, laisse une matière gommeuse n'ayant plus, suivant les auteurs, la réaction caractéristique des matières protéiques de rougir par l'azotate acide de mercure. La lactoprotéine n'est coagulée ni par la chaleur, ni par l'acide nitrique, ni par l'acide acétique à chaud ou à froid, ni par le sublimé corrosif. Elle ne précipite que par le réactif mercurique de Millon, un excès de ce réactif redissout le coagulum; le précipité jaunit ou rougit par dessiccation.

La teneur en lactoprotéine des divers laits est la suivante :

| | | |
|---|---|---|
| Lait de vache, | 2gr,90 à 3gr,49 par litre. | |
| — de chèvre, | 1 52 | — |
| — d'ânesse, | 3 28 | — |
| — de brebis, | 2 53 | — |
| — de chatte, | (elle y existe). | |
| — de femme, | 2 77 | — |

La formule de la lactoprotéine serait, suivant les auteurs cités, $C^{18}H^{31}Az^5O^9$. Ils la rapprochent de celle de la matière protéique qu'ils ont extraite par l'acide acétique des globules de levûre de bière, laquelle serait $C^{36}H^{50}Az^8O^{15}$, et donnent l'équation

$$2C^{18}H^{31}Az^5O^9 = C^{36}H^{50}Az^8O^{15} + 2AzH^3 + 3H^2O.$$

Lactoprotéine. Matière des globules de levûre.

A. G.

**LACTOSE** [Syn. *Lactine, sucre de lait*], $C^{12}H^{24}O^{12}$.

— Il ne faut pas confondre la lactose avec la galactose que M. Pasteur appelle lactose. Fabrizio Bartholetti a déjà extrait en 1619 ce sucre du petit-lait, de là aussi le nom de *Manna* ou *Nitrum seri lactis* et celui de *Galacticum Bartholetti;* Ludovico Ferti l'a recommandé comme médicament en 1698 [Bouillon-Lagrange et Vogel, *Journ. de Phys.*, t. LXXII, p. 208; — Berzelius, *Ann. de Chim.*, t. XCV, p. 67; — Bensch, *Ann. der Chem. u. Pharm.*, t. LXI, p. 221; — Vohl, *ibid.*, t. LXX, p. 360; — Winckler, *Répert. Pharm.*, t. XLII, p. 46; — Virause et Städeler, *Mitth. der naturf. Gesellsch. in Zurich*, 1854, p. 473; — A. Lieben, *Wiener Acad. Ber.*, t. XVIII, p. 180; — Pasteur, *Compt. rend.*, t. XLII, p. 347; — Dubrunfaut, *Compt. rend.*, t. XLII, p. 228; — Luboldt, *Répert. de Chim. pure*, 1860, p. 41; — Berthelot, *Ann. de Chim. et de Phys.*, (3), t. LIV, p. 82, et t. LX, p. 98].

On rencontre la lactose dans le lait des mammifères.

Pour préparer la lactose, on utilise généralement le petit-lait provenant de la fabrication du fromage; cette opération se fait en grand en Suisse; si après avoir évaporé le petit-lait en consistance sirupeuse on l'abandonne au repos dans un endroit frais, il se dépose de la lactose, qu'on purifie par des cristallisations répétées et des traitements par le charbon animal.

La lactose se présente sous la forme de cristaux blancs ou incolores, durs, craquants sous la dent, d'une densité de 1,534. Leur saveur est sucrée, très-faible, ils exercent le pouvoir rotatoire à droite $[\alpha]\ j = 56°,4$. La lactose cristallise dans le système orthorhombique; les cristaux sont hémiédriques et hémimorphes. Les faces dominantes $g^1$, $p$, $e^{1/2}$, $b^{1/2}$; cette dernière forme ne présente que le quart de ses faces. Angles : $b^{1/2}\ g^1 = 109°\ 1'$; $b^{1/2}\ p = 101°\ 4'$. Clivage $g^1$. Éclat nacré sur $g^1$, $p$, $e^{1/2}$; gras sur $b^{1/2}$. [J. Schabus, *Bestimmung der Krystallgestalten in chemischen Laboratorien erzeugter Producte*, Vienne, 1855, p. 49].

La solution aqueuse de lactose récemment préparée a un pouvoir rotatoire à droite plus fort que celle qui a été abandonnée au repos pendant quelque temps, ou celle qui a été chauffée. Ce rapport est de 8 à 5. Le pouvoir rotatoire diminue lentement à 0°, et plus vite lorsqu'on chauffe.

Chauffée vers 140-145°, la lactose perd $H^2O$ en se transformant en lactose anhydre, $C^{12}H^{22}O^{11}$ dont le pouvoir rotatoire est $[\alpha]\ j = 59,3$ (Berthelot), 60,28 (Biot).

La lactose desséchée à 150° se colore en jaune lorsqu'on la chauffe à 160°, en dégageant une odeur de caramel. A 175° et au delà, elle se transforme partiellement en un mélange de *lactocaramel*, $C^6H^{10}O^5$, et d'une substance insoluble dans l'eau, fusible à 203°,5.

La lactose se dissout dans 5 à 6 p. d'eau froide et dans 2,5 p. d'eau bouillante. La lactose chauffée à 170° avec de l'eau en tube scellé fournit du charbon, des acides carbonique et formique et une petite quantité d'acide ulmique [O. Lœwe, *Bull. de la Soc. chim.*, 1867, t. VIII, p. 425].

Le *lactocaramel* est une matière brillante, cassante, d'un brun foncé, très-soluble dans l'eau et insoluble dans l'alcool. Il forme des combinaisons avec l'oxyde de plomb et l'oxyde de cuivre.

La lactose est insoluble dans l'alcool et l'éther, elle est soluble dans l'acide acétique, elle empêche la précipitation des persels de fer par les alcalis et réduit les sels d'argent. Lorsqu'on fait chauffer de la lactose avec du brome en tube scellé, il se produit de l'acide isodiglycoléthylénique — Voyez ce mot.

Soumise à la distillation avec du bichromate de potasse et de l'acide sulfurique, la lactose fournit de l'aldéhyde. Une solution aqueuse de lactose distillée avec de l'iode et du bicarbonate de potasse fournit de l'iodoforme.

Le permanganate de potasse en solution acide transforme à une température n'atteignant pas l'ébullition la lactose en acide carbonique et eau [G. Langbein, *Pharmaceutische Zeitschrift für Russland*, t. VII, p. 573].

Chauffée avec de l'acide nitrique, la lactose fournit des acides mucique, saccharique, tartrique, un peu d'acide paratartrique et finalement de l'acide oxalique. L'acide sulfurique étendu transforme la lactose à chaud en galactose. — Voyez ce mot.

Suivant Fudokoski [*Bull. de la Soc. chim.*, 1866, t. VI, p. 238, et *ibid.*, 1867, t. VIII, p. 120], la lactose se décompose en deux sucres différents par l'action de l'acide sulfurique étendu ; l'un cristallise en prismes droits, avec des faces terminales, et l'autre en tables hexagonales décrites par Pasteur (voyez galactose). Ce dernier est beaucoup plus soluble dans l'alcool que le premier, et sa saveur est plus sucrée; l'un et l'autre sont fermentescibles, solubles dans l'eau, et dévient à droite le plan de polarisation; le pouvoir rotatoire du premier est = 99°,74, celui du second est = 67°,53. Le pouvoir rotatoire de la galactose trouvé par Pasteur (+ 83°,22) se rapporte probablement à un mélange de ces deux sucres.

La lactose intervertie en solution aqueuse est transformée par l'amalgame de sodium en dulcite; il se produit en même temps de la mannite, ce qui prouve que la lactose intervertie renferme deux glucoses isomères [G. Bouchardat, *Bull. de la Soc. chim.*, 1871, t. XV, p. 21].

On obtient la *nitrolactine* en versant un mélange d'acides nitrique et sulfurique sur de la lactose, et en précipitant par l'eau. Cette matière détone lorsqu'on la chauffe, et se dépose dans l'alcool sous forme de petites feuilles cristallines nacrées [Reinchl, *Jahresb. für Pharm.*, t. XVIII, p. 102; — Vohl, *Ann. der Chem. u. Pharm.*, t. LXX, p. 368].

Chauffée longtemps avec les acides organiques (acétique, butyrique, tartrique), la lactose fournit des éthers composés de diverses compositions [Berthelot, *Chim. org. fond. sur la synthèse*, t. II, p. 296]. La lactose, après une ébullition prolongée dans l'anhydride acétique, s'y dissout complétement; le produit versé dans l'eau fournit deux combinaisons, l'une qui y est insoluble est soluble dans l'alcool et l'acide acétique, se ramollit vers 52°; son pouvoir rotatoire est égal à + 31°; sa composition est: $C^{12}H^{14}(C^2H^3O)^8O^{11}$; l'autre est soluble dans l'eau, et son pouvoir rotatoire est égal à 50°,1. Sa composition correspond à $C^{12}H^{18}(C^2H^3O)^4O^{11}$ [Schützenberger et Naudin, *Bull. de la Soc. chim.*, 1869, 2e semestre, p. 240].

Une solution aqueuse de lactose forme, avec le sulfate de cuivre et un excès de potasse, une solution d'un bleu intense; à l'ébullition l'oxyde de cuivre est réduit; la présence de la potasse n'est pas indispensable si on emploie de l'acétate ou du nitrate de cuivre. Une molécule de lactose réduit de 7,62 à 7,96 molécules d'oxyde de cuivre. Sur ce fait est basée une méthode de dosage quantitatif de la lactose; on prépare une liqueur normale en dissolvant 10 grammes de sulfate de cuivre, autant de bitartrate de potasse, et 30 grammes de potasse caustique dans 200 grammes d'eau distillée, et on détermine la quantité de lactose qu'il faut pour décolorer un certain volume de cette liqueur [*Pogg.*, t. XXVIII, p. 505]. Boedeker et Struckmann [*Ann. der Chem. u. Pharm.* t. C, p. 264] ont obtenu deux acides en faisant bouillir une solution de lactose avec du sulfate de cuivre et de la soude. Ces acides sont sirupeux; l'un, *l'acide gallactique*, a pour composition $C^{14}H^{10}O^9$ (?) et se produit lorsqu'on emploie un excès de sel de cuivre et de soude; l'autre, *l'acide pectolactique*, $C^8H^8O^6$? se forme si on fait usage d'une quantité insuffisante de sel de cuivre et d'alcali. On connaît divers sels répondant à ces deux acides.

La lactose entre en fermentation alcoolique en présence d'une quantité suffisante de levûre, mais plus lentement que la glucose. Le petit-lait fermente spontanément au bout de quelque temps et fournit de l'acide lactique, de l'alcool et de l'acide carbonique; l'addition de caséine ou de gluten détermine aussi cette fermentation. Lorsque dans la fermentation lactique on neutralise immédiatement l'acide produit par la craie, la quantité d'alcool qui prend naissance diminue. Plus le petit-lait est étendu d'eau, plus la fermentation alcoolique prédomine. La lactose qui se détruit ne se transforme dans ces fermentations ni en glucose ni en galactose; l'érythrozyme détermine la fermentation de la lactose avec production d'acide carbonique, d'hydrogène, d'alcool, d'acides formique, acétique et succinique.

La lactose ne se combine pas au chlorure de sodium, elle s'unit aux alcalis en formant des composés dont le pouvoir rotatoire est inférieur à celui de la lactose qu'ils renferment. Ces combinaisons contiennent, pour 1 molécule de lactose, 3 molécules de potasse ou de soude, elles sont décomposées par les acides les plus faibles et régénèrent de la lactose. La lactose absorbe 12,4 °/₀ d'ammoniaque, dont 5,8 °/₀ se volatilisent au bout de deux heures et le reste est retenu avec plus de force.

Lorsqu'on triture de la lactose avec de l'eau de baryte, qu'on filtre et qu'on précipite par l'alcool, on obtient le composé $(C^{12}H^{22}O^{11})^2 (BaO)^3$.

La lactose forme avec la chaux un composé soluble, $CaO.C^{12}H^{22}O^{11}$, et un composé insoluble renfermant plus de chaux, qu'on obtient en traitant une dissolution de lactose par un excès d'hydrate de chaux sec. La lactose mise en digestion avec de l'oxyde de plomb et de l'eau forme deux combinaisons, l'une soluble, l'autre insoluble. Celle-ci renferme, après dessiccation, 63,52 °/₀ d'oxyde de plomb, celle-là en contient 18,12. La solution aqueuse de cette dernière, précipitée par l'ammoniaque, fournit le composé insoluble. Ph. de C.

**LACTUCARIUM.** — Ce nom est donné au latex desséché qui s'écoule par de légères incisions pratiquées à la tige et aux rameaux de certaines laitues, spécialement de la grande laitue vireuse ou de la *Lactuca altissima*. Ce suc blanc se coagule au bout de peu d'instants et brunit. Il ressemble alors, jusqu'à un certain point, par sa couleur et son odeur, à l'opium, dont il a légèrement les propriétés narcotiques. Son odeur est nauséabonde, sa saveur amère. Suivant Ludwig [*Jahresb.*, 1847 à 1848, p. 824], le lactucarium d'Allemagne contient :

Lactucone, 44,5 à 53,5 °/₀ ;
Lactucine (produit actif) ;
Acide lactucique ;
Acide oxalique, 1 environ °/₀ ;
Un acide amer et non volatil réduisant l'oxyde d'argent ;
Un acide volatil à odeur d'acide valérianique.
Albumine, 7 environ °/₀ ;
Mannite, 2 environ °/₀ ;
Une résine molle et 4 °/₀ d'une autre *résine* aisément fusible ;
Une substance infermentescible, neutre, sans amertume, cristallisant en rhombes ;
3 à 6 °/₀ de cendres (potasse, soude, manganèse, fer, et un peu de chaux).

M. Aubergier a trouvé dans le lactucarium français : un principe amer soluble dans l'eau, dans l'alcool, et non dans l'éther; de la mannite, de l'asparagine, de l'albumine, des résines et des cires, un acide indéterminé et quelques sels. Le principe amer n'est autre que la lactucine.

Quand on traite par l'eau la laitue privée de ses feuilles et prête à fleurir, on obtient une solution qui, évaporée à consistance d'extrait, constitue la *thridace*. A. G.

**LACTUCÉRINE.** — Substance insoluble dans l'eau, contenue dans le lactucarium, probablement identique avec la *lactucone*.

**LACTUCINE.** — C'est la substance à laquelle on attribue les propriétés narcotiques du lactucarium. On l'obtient en broyant cet extrait avec un mélange d'alcool aiguisé de 2 °/₀ d'acide acétique, filtrant, diluant avec de l'eau, précipitant par l'acétate basique de plomb, filtrant et traitant la liqueur par l'hydrogène sulfuré, pour enlever l'excès de plomb ajouté. On filtre encore et on évapore au bain-marie, puis on fait digérer le résidu avec de l'éther et on laisse celui-ci se volatiliser spontanément. Ludwig et Kromayer font digérer le lactucarium pendant 4 jours dans une fois et demie son poids d'eau chaude, le soumettent alors à la presse, le lavent encore à l'eau froide, puis le traitent par de l'alcool chaud à cinq ou six reprises. On évapore ensuite l'extrait, puis on le précipite par l'acétate basique de plomb, et on agit comme ci-dessus [*Arch. der Pharm.*, (2), CXI, p. 1].

La lactucine cristallise, suivant Kromayer [*loc. cit.*, t. CV, p. 8], en tables rhombiques ou en écailles nacrées. Elle possède une saveur amère. Elle est jaune, fusible, soluble dans 80 p. d'eau froide, modérément soluble dans l'alcool et l'acide acétique et peu dans l'éther. L'acide nitrique la convertit en une substance résineuse presque sans goût. L'acide sulfurique fort la brunit. Sa formule serait, suivant Kromayer,

$$C^{22}H^{26}O^{7} \quad \text{ou} \quad C^{22}H^{28}O^{8},$$

et suivant Walz, $C^{40}H^{48}O^{13}$ [Büchner, *Repert. für Pharm.*, t. XLIII, p. 1; — Walz, *Ann. der Chem. u. Pharm.*, t. XXXII, p. 95; — Aubergier, *Compt. rend. de l'Acad.*, t. XV, p. 923]. La lactucine paraît exister dans la laitue cultivée ordinaire. A. G.

**LACTUCIQUE (ACIDE).** — Acide contenu dans le lactucarium, et que l'on obtient en triturant cet extrait avec son poids d'acide sulfurique étendu, ajoutant 5 p. d'alcool à 84°, filtrant, agitant avec du lait de chaux la partie filtrée, filtrant encore, décolorant par le noir animal et évaporant. En reprenant ensuite par l'eau bouillante, on sépare la lactucine qui cristallise, tandis que l'acide impur reste dans les eaux mères. Ainsi obtenu, il forme une masse jaune clair, amorphe, mais devenant peu à peu cristalline, sa solution se colore par les alcalis en rouge vineux. Il réduit les sels cupriques, et donne de l'oxydule en présence d'un excès de soude. Suivant Walz, sa formule serait, $C^{40}H^{58}O^{19}$ [Walz, *Jahresb. Pharm.*, t. XV, p. 118; — et Ludwig, *Jahresb.*, 1847-1848, p. 824]. A. G.

**LACTUCONE.** — Ce nom a été donné par Lenoir à un des produits cristallins du lactucarium. Il se sépare de l'alcool bouillant par lequel on épuise cet extrait. On le purifie en le reprenant de nouveau par le même dissolvant et le décolorant par le noir animal. La lactucone paraît être sans action sur l'économie. Son odeur et sa saveur sont nulles. Insoluble dans l'eau, l'huile de pétrole lourde paraît être le milieu qui favorise le mieux sa cristallisation. Elle est fort soluble dans l'alcool et dans l'éther. Elle fond de 150° à 200°, et ne se volatilise pas, excepté dans un courant d'acide carbonique; sa distillation sèche donne de l'acide acétique. Le chlore, la potasse, restent sans action sur la lactucone. Sa dissolution alcoolique ne précipite pas les sels métalliques solubles dans le même dissolvant. Elle paraît avoir la formule $C^{80}H^{64}O^{6}$ [Lenoir, *Ann. der Chem. u Pharm.*, t. LX, p. 83]. A. G.

**LACTUCOPICRINE** ou **LACTUCOPICRIQUE (ACIDE).** — Substance très-amère qui reste dans les eaux mères de la préparation de la lactucine par le procédé de Ludwig et Kromayer, après que la plus grande portion de cette dernière a été séparée. Privée par l'éther de la majeure partie de lactucine et de lactucone, la lactucopicrine se présente sous forme d'une substance amorphe très-amère, soluble dans l'eau et l'alcool et légèrement acide. Elle aurait la formule $C^{44}H^{64}O^{21}$, et dériverait de la lactucine par oxydation avec hydratation [Kromayer, *Die Bitterstoffe*, Erlangen, 1861, p. 79].

**LACTYLE (CHLORURE DE)** ou **CHLORURE DE CHLOROPROPIONYLE,**

$$C^{3}H^{4}OCl^{2} = CH^{3}.CHCl.COCl.$$

— M. Wurtz a obtenu ce composé en chauffant doucement un mélange de lactate de chaux bien sec avec deux fois son poids de perchlorure de phosphore. Il se forme en même temps de l'oxychlorure de phosphore qu'il est difficile de séparer complétement; mais le chlorure de lactyle peut être obtenu à peu près pur en distillant le liquide qui passe pendant la réaction, et en recueillant séparément ce qui passe au-dessus de 140°.

D'après M. Lippmann, l'oxychlorure de carbone et l'éthylène se combinent pour former le chlorure de lactyle [*Ann. de Chim. et de Phys.*, (4), t. I, p. 455].

Le chlorure de lactyle, récemment préparé, forme un liquide incolore, qui peu à peu devient foncé en perdant de l'acide chlorhydrique. Son point d'ébullition paraît être situé au-dessus de 146°; mais quand il distille, il se décompose en partie, et le thermomètre s'élève presque à 180° ou 190°.

Il est plus lourd que l'eau et s'y dissout peu à peu avec formation d'acide chlorhydrique et d'acide chloropropionique [Ulrich, *Ann. der Chem. u. Pharm.*, t. CIX, p. 268]. Il réagit vivement sur l'alcool absolu en donnant de l'acide chlorhydrique, du chlorure d'éthyle et de l'éther chlorolactique ou chloropropionique [Wurtz, *Ann. de Chim. et de Phys.*, (3), t. LIX, p. 168].

Le chlorure de lactyle renferme deux atomes de chlore, qui, comme les deux oxhydryles de l'acide lactique, remplissent des fonctions différentes ; l'un est analogue à celui du chlorure d'acétyle ou de propionyle, et l'autre analogue à celui du chlorure d'éthyle, ou plutôt du chlorure d'isopropyle :

$CH^{3}.CHCl.CH^{3}$, Chlorure d'isopropyle.

$CH^{3}.CH^{2}.COCl$, Chlorure de propionyle.

$CH^{3}.CHCl.COCl$. Chlorure de lactyle.

C. F.

**LAGONITE** (Min.). — Borate de fer hydraté, $Fe^{2}O^{3},3Bo^{2}O^{3},3H^{2}O$. Minerai terreux, d'un jaune d'ocre, se trouvant en incrustations dans les lagonis de Toscane.

**LAINE.** — On peut obtenir la laine pure en prenant de la laine blanche crue, et la lavant jusqu'à épuisement à l'eau chaude, à l'alcool et à l'éther. Elle contient alors pour 100, suivant Scherer : carbone, 50,05; hydrogène, 7,03; azote, 17,71; oxygène et soufre, 24,61. Le soufre y entre pour 1,78 % suivant Chevreul, pour 0,8 à 0,9 % d'après Bibra. Grothe, d'après un grand nombre de déterminations sur diverses espèces, fixe le chiffre du soufre à 2,31 %, le maximum s'élevant à 3,4 % et le minimum ne descendant pas au-dessous de 1,3. La laine contient en outre 3,23 % de cendres contenant 0,29 de silice (Gorup-Besanez). On voit que la laine a la composition des tissus épidermiques (corne, ongles, poils, épidermes).

La partie que l'eau chaude enlève à la laine brute est le *suint*, que MM. Maumené et Rogelet estiment s'élever à 14 % du poids de la laine française ordinaire, et que M. Chevreul a trouvé s'élever à près d'un tiers du poids de la laine mérinos. MM. Maumené et Rogelet trouvent dans la partie du suint soluble dans l'eau un sel de potasse d'un acide organique azoté particulier (acide sudorique) mélangé à du chlorure et du sulfate de potassium, dans le rapport de 4 p. environ de ces derniers pour 100 de sudorate.

La laine non desséchée contient de 13 à 16 %

de son poids d'eau; à l'air sec, elle en perd de 6 à 7 °/₀.

Soumise à la distillation sèche, la laine donne une huile empyreumatique d'odeur désagréable, riche en goudrons et en alcalis liquides, en même temps qu'il se dégage de l'hydrogène sulfuré et un peu de bisulfure de carbone.

Comme tous les composés analogues, les alcalis étendus enlèvent à la laine une portion de son soufre; mais une partie paraît y être plus intimement combinée, et ne peut être enlevée que par les alcalis concentrés; ceux-ci dissolvent une partie de la laine à l'ébullition en donnant un sel d'un acide particulier (voyez LANUGINIQUE (ACIDE)). En distillant avec précaution la laine avec de la potasse fondue, M. Grev. Williams a obtenu une huile qui, traitée par l'acide chlorhydrique, lui a donné un mélange de chlorhydrates d'amylamine et de butylamine [*Répert. de Chim. pure*, t. I, p. 119].

Les acides étendus ou concentrés agissent sur la laine comme sur les cheveux, la corne, etc., et tous les tissus épidermiques; nous renvoyons donc au mot ÉPIDERMOSE de ce livre, t. I, p. 1250.

Avant d'être employée dans les arts, la laine est le plus souvent soumise au *dégraissage* et au *blanchiment*. La plupart des laines destinées à fabriquer les tissus grossiers sont simplement lavées à l'eau, séchées, enfin filées. Les laines destinées à la fabrication des draps sont lavées au savon ou laissées dans des bains d'urine putréfiée, puis lavées à l'eau; le dégraissage par les carbonates de soude ou de potasse altère et feutre la fibre. M. Schlieper recommande d'employer un mélange de 20 p. de carbonate de soude, 5 p. d'oléine, 5 à 10 p. de sel ammoniac. La pratique indique pour chaque qualité de laine la quantité d'eau à employer, le temps d'immersion, et la température à laquelle il faut agir. Celle-ci varie de 35° à 45°, et influe considérablement, pour une différence de quelques degrés, sur le résultat obtenu. Les réactions qui se passent dans un tel mélange sont les suivantes : le sel ammoniac, au contact de la soude, donne du sel marin et du carbonate d'ammoniaque, l'oléine est saponifiée par la soude et détermine la production de bicarbonate sodique. C'est ce qui empêche l'action nuisible du carbonate de soude employé [*Deutsche Industr.*, 1868, n° 19, p. 183].

Le *blanchiment* de la laine s'opère par l'acide sulfureux, l'ozone, le peroxyde d'hydrogène, l'hypermanganate de soude. Mais le premier de ces corps est le plus usité. L'acide sulfureux gazeux formé dans le soufroir se dissout dans l'eau dont est imbibée la laine, et agit ainsi en solution; il la décolore en formant avec la matière colorante des combinaisons incolores solubles. Il convient de griller de 5 à 6 p. de soufre pour 100 de laine lavée. On lave ensuite à l'eau légèrement alcalisée, puis à l'eau pure. — Voyez BLANCHIMENT, t. I, p. 632.

DISTINCTION DES TISSUS DE COTON, LIN, LAINE ET SOIE. — Les fibres végétales, lin, chanvre, coton, traitées par l'acide nitrique ou picrique, ne se colorent que peu ou point, les fibres animales prennent une belle teinte jaune; mais cette nuance restant claire, M. Liebermann propose de tremper les tissus à examiner dans une solution aqueuse de rosaniline additionnée d'alcali jusqu'à complète décoloration; on lave ensuite à grande eau. La soie et la laine se teignent alors en rouge foncé, tandis que le coton ne se colore point. La coloration très-intense permet de compter les fibres végétales mélangées [*Dingler's Polytech. Journ.*, t. CLXXXI, p. 133].

La laine et la soie se dissolvent dans une lessive de potasse ou de soude bouillante qui n'altère pas les fibres végétales; le coton et le lin à leur tour sont solubles dans la liqueur cuproammoniacale qui n'attaque pas la laine.

On peut distinguer la *laine* de la *soie* en se fondant sur la présence du soufre qui existe dans la première en quantité très-notable. On prépare du plombate de soude en ajoutant de l'acétate de plomb à de la soude caustique, jusqu'à ce que l'oxyde de plomb ne se redissolve plus; ce réactif colore la laine en brun et laisse la soie inaltérée. On peut aussi, comme le fait M. Wagner, traiter le tissu à essayer par quelques centimètres cubes de potasse bouillante, si le tissu contient de la laine, il se forme ainsi un sulfure alcalin décelable par la belle coloration violette qu'y produit le nitroprussiate de soude. Grothe mouille le tissu à examiner avec une lessive de potasse, puis le plonge dans du sulfate de cuivre et l'expose à l'air, toutes les fibres de laine se colorent alors en brun par la formation de sulfure cuprique à leur surface [*Zeitsch. Anal. chem.*, t. III, p. 133]. A. G.

**LAIT.** — Le lait est ce liquide complexe sécrété par les glandes mammaires, et destiné à servir d'aliment aux jeunes mammifères. Il est formé d'une solution aqueuse de matières protéiques, de sucre de lait et de sels divers tenant en suspension quelques substances albuminoïdes et des globules de beurre finement émulsionné.

Quoique le lait ait été connu de tout temps, ce n'est que vers le XVIᵉ siècle que l'on trouve des ouvrages qui donnent quelques notions exactes sur la composition du lait. C'est ainsi que dans un livre traduit de l'italien, en 1578, il est dit que le lait laissé au repos rassemble sa crème à la partie supérieure, que celle-ci, battue, *se tourne* en beurre, et que le lait écrémé peut se coaguler pour donner le fromage par la *présure* de chevreau, la semence de chardon bénit, l'oxymel (1). La première mention du sucre de lait date de 1619, elle est due à Bartholde, médecin italien. Mais les recherches chimiques un peu nettes les plus anciennes sont dues à Macquer et à Scheele.

Quoique les laits des divers mammifères diffèrent un peu les uns des autres par leurs caractères physiques et microscopiques principaux et leur composition chimique analogue, nous allons faire d'une manière générale l'étude de ces divers caractères, pour revenir ensuite à chaque lait en particulier, et décrire leurs propriétés et leur composition. Nous renvoyons à la fin de cet article l'étude du *colostrum* ou lait qui est sécrété par la femelle immédiatement après le part.

EXAMEN PHYSIQUE DU LAIT. — Le lait se présente en général sous la forme d'un liquide opaque blanc, blanc bleuâtre, jaunâtre et quelquefois doué d'une teinte verdâtre, de consistance un peu crémeuse, de saveur douceâtre et légèrement saline; d'odeur fade, rappelant faiblement celle de l'animal. Le lait doit son opalescence non-seulement aux globules de beurre émulsionné qu'il tient en suspension, mais aussi à une partie de la caséine qui y existe à l'état insoluble, comme l'ont montré MM. Millon et Commaille.

Soumis à l'action de la chaleur, le lait entre en ébullition en produisant à sa surface une pellicule de matière azotée, formée par de la caséine à l'état insoluble; elle contient en effet, suivant Staedeler, 15,8 °/₀ d'azote. Cette pellicule se renouvelle quand on l'enlève.

La densité du lait est variable comme sa composition. Voir, à la page suivante, un tableau qui résume ce qui est connu à cet égard.

(1) Nous empruntons cette citation au beau travail de MM. Filhol et Joly, où nous avons trouvé de nombreux et précieux documents insérés dans le courant de cet article (*Recherches sur le lait*, Mémoires des savants étrangers, *Acad. Roy. de Belgique*, t. III, p. 1; Mémoire couronné).

| AUTEURS. | DÉSIGNATION DES LAITS. (Poids de 1 litre à la température de 15°.) | | | | | | | | |
|---|---|---|---|---|---|---|---|---|---|
| | Femme. | Vache. | Chèvre. | Brebis. | Lama. | Anesse. | Jument. | Truie. | Chienne. |
| Filhol et Joly...... | 1028 à 1032 | 1032 | 1030 | 1037 | 1037 | 1029 | 1028 à 1832 | 1044 | 1040 |
| Brisson.......... | » | 1032 | 1034 | 1040 | » | 1035 | 1034 | » | » |
| Quevenne......... | 1032 | 1029 à 1034 | » | » | » | 1032 à 1035 | » | » | » |
| Schubler.......... | » | 1029 à 1031 | » | » | » | » | » | » | » |
| Chevalier et Henry. | 1020 à 1025 | » | » | » | » | » | » | » | » |
| Simon............ | 1028 à 1034 | 1034 | » | » | » | » | » | » | 1034 |
| Lehmann ......... | 1030 à 1034 | » | » | » | » | » | » | » | » |

Remarquons en passant que le lait écrémé a plus de densité qu'avant l'enlèvement de la partie butyreuse, qui est la plus légère. On verra plus loin qu'il n'existe aucun rapport constant entre la densité du lait et sa composition chimique.

Le lait prend quelquefois, sans perdre son goût ni aucune de ses qualités, une teinte bleue, qui paraîtrait due, suivant Bremer et Filhol et Joly, à l'influence de la nourriture. Ainsi le sainfoin, l'*Anchusa officinalis*, l'*Equisetum arvense* communiquent au lait cette couleur, qui se développerait seulement sous l'influence de l'air. Elle serait due, d'après Hermstaedt, à une substance très-analogue à l'indigo. Le même auteur assure aussi que le lait peut être teinté en rouge, quand on donne à manger à l'animal de la garance ou du *Galium rubioïdes* [*Pharm. centralblatt*, 1833, p. 401].

Examen microscopique. — Examiné au microscope, le lait se présente sous forme d'un liquide légèrement opalescent, tenant en suspension des globules de matières grasses dont le diamètre varie de 1/100 à 1/500, et même 1/1000 de millimètre. Ces globules sont diaphanes, leur surface est lisse, ils glissent les uns contre les autres. Dumas, Henle, Mandl, Raspail, Mitscherlich, Lehmann, ont prétendu qu'ils étaient entourés d'une enveloppe caséeuse ou albumineuse.

Lehmann a remarqué que, quand on agite du lait avec de l'éther, la surface des globules butyreux non dissous prend un aspect trouble et comme chagriné. Moleschott précipite le lait par l'alcool, traite le coagulum par l'acide acétique et l'éther, et observe qu'il reste alors pour résidu de petites vésicules capables de se remplir d'une solution éthérée de chlorophylle. Cette dernière expérience serait concluante pour démontrer l'existence d'une enveloppe, non pas caséeuse, mais albumineuse ou organisée autour des globules butyreux. Toutefois, cette question demande de nouveaux éclaircissements. MM. Simon, Quévenne, Donné, Filhol et Joly n'admettent pas l'existence de cette enveloppe.

Suivant Fuchs, on trouve quelquefois dans le lait bleu des vibrions le *Vibrio xanthogenus* et le *Cyanogenus*, et, suivant Bailleul, une sorte de *Byssus*.

Étude chimique du lait. — Le lait est une solution de caséine, de sucre de lait et de sels, tenant en suspension des globules butyreux et une petite quantité de matière caséeuse insoluble. Sa réaction est le plus souvent légèrement alcaline. Il la doit principalement aux phosphates et à quelques carbonates alcalins. Le lait des vaches privées d'exercice est quelquefois légèrement acide. Il prend toujours cette dernière réaction quelques heures après la traite. Abandonné à 15° ou à 20°, le lait devient fortement acide et se coagule. Ces deux effets sont dus à la formation d'acide lactique aux dépens du sucre de lait sous l'influence de la caséine. Laissé à la température de 35° à 40°, ce même sucre subit dans le lait agité la fermentation alcoolique; on obtient ainsi le *koumis* des Tartares et des habitants du Caucase.

Aucun lait *normal*, sauf celui de truie et quelquefois celui de chienne, ne se coagule à l'état frais par l'action de la chaleur; seulement il se forme à 100° une pellicule, qui paraîtrait être une combinaison insoluble de caséine avec certains des sels minéraux du lait. Cette pellicule a besoin, pour se former, du contact de l'air. Le lait de truie se prend en une masse blanche élastique, semblable à du blanc d'œuf.

Les acides minéraux solubles et beaucoup d'acides organiques coagulent le lait. La substance qui se sépare ainsi du lait pur ou écrémé constitue la *caséine*, qui entraîne, en se coagulant, un peu de beurre et quelques sels.

Quelques gouttes d'acide acétique suffisent pour coaguler le lait, surtout si l'on chauffe; mais le tannin, l'alcool, la gomme, le sucre, les solutions de la plupart des métaux proprement dits, et même les sels neutres à bases alcalines et terreuses, coagulent aussi plus ou moins parfaitement le lait.

Sous l'influence de la grassette (*Pinguicula vulgaris*), le lait devient visqueux au point de s'étirer en fils.

Mais de toutes les substances ayant la propriété de coaguler le lait, les plus remarquables sont les fleurs d'artichaut et de chardon, la *présure* et les membranes du testicule de jeune veau nourri seulement de lait. Ces diverses substances ont la propriété très-remarquable de cailler le lait en agissant, sous un très-faible poids, à la température de 30° à 50°, et de perdre cette propriété quand elles ont été portées à la température de 100°; de plus, pour la *présure* tout au moins, et probablement pour les autres, elles peuvent cailler le lait sans que celui-ci perde sa réaction alcaline.

La *présure* est une matière extraite du quatrième estomac des ruminants, que l'on obtient soit en raclant la caillette de jeune veau, soit en la faisant macérer dans l'eau légèrement alcoolisée. Une partie de présure bien préparée coagule 30,000 p. de lait. C'est à l'aide d'une macération dans l'eau ou le petit-lait de caillette de veau ou de testicule de jeune veau n'ayant pas encore pâturé les herbages que l'on prépare les fromages par la coagulation de la caséine dans le lait écrémé ou non.

Parmentier et Deyeux ont constaté que la présure coagule très-bien du lait que l'on maintient alcalin. Selmi et Heintz ont aussi constaté ce fait [*Journ. de Pharm.*, (3), t. IX, p. 265, et *Lehrb. d. Zoochemie*, p. 687]. Simon a montré que l'estomac de chaque mammifère ne peut coaguler convenablement et facilement que le lait de son espèce. Cette remarque a été confirmée par les expériences de Filhol et Joly. Il en est de même de la digestibilité de ces laits.

Mais dans aucun cas la *présure* ne détermine la coagulation de la totalité de la caséine, ou tout au moins des matières albuminoïdes. Ce fait, observé par Schübler, Quevenne, Doyère, Girardin, Filhol et Joly, n'a lieu qu'avec la présure et peut-être les fleurs d'artichaut; mais l'action des fleurs d'artichaut reste à cet égard douteuse. On a donné de ce fait diverses explications. Suivant Filhol et Joly [*loc. cit.*, p. 108 et 109], cela tiendrait à ce que la présure[1] dédouble la caséine en deux substances, l'une insoluble formant le coagulum, l'autre soluble, qui est le sérai; suivant Doyère, E. Marchand et quelques autres, ils seraient dus à ce que le lait contient primitivement de l'albumine. Nous renvoyons un peu plus loin la discussion de ces faits. — Voyez *caséine* et *albumine* du lait dans cet article.

Les éléments principaux du lait sont l'eau, la caséine et quelquefois l'albumine, la lactoprotéine, le beurre, le sucre de lait, les sels, les gaz. En outre, on y a démontré l'existence, soit normale, soit accidentelle, de petites quantités d'autres éléments accessoires : cholestérine, lécithine, urée... Nous allons dire un mot de chacun de ces corps.

*Eau et parties fixes.* — Les quantités moyennes d'eau, et par conséquent de parties fixes contenues dans 100 parties de lait, d'après un très-grand nombre d'expériences faites par divers auteurs et dans des conditions normales très-variables, sont les suivantes :

| Origine du lait. | Eau. | Parties fixes. | |
|---|---|---|---|
| Femme...... | 87,7 | 12,3 | (Moyenne de 42 analyses.) |
| Vache....... | 86,5 | 13,5 | (Moyenne d'un très-grand nombre d'analyses.) |
| Anesse....... | 90,7 | 9,3 | — |
| Chèvre...... | 87,6 | 12,4 | — |
| Jument...... | 89,0 | 11,0 | — |
| Brebis....... | 82,0 | 18,0 | — |
| Truie........ | 79,5 | 20,5 | (4 analyses.) |
| Chienne..... | 73,7 | 26,3 | (11 analyses.) |

On renvoie aux tableaux relatifs à chacun de ces laits pour indiquer dans quelles limites peuvent osciller les quantités normales.

*Caséine.* — Ce n'est pas ici le lieu de faire l'étude de cette substance, déjà décrite dans le tome I, p. 774. Mais on fera quelques réserves.

Suivant MM. Millon et Commaille, la caséine existerait dans le lait sous deux états (voyez t. I, p. 776), à l'état soluble et à l'état insoluble. On retire celle-ci de la crème en la traitant par l'eau, l'alcool et l'éther; elle serait une combinaison de caséine soluble avec des acides organiques et peut-être des sels minéraux. Une partie de l'opalescence du lait lui serait due.

La caséine soluble se retire du lait écrémé comme il a été dit ci-dessus à propos de la coagulation. Cette caséine est alors insoluble; mais on peut l'obtenir soluble en évaporant le lait frais écrémé à une douce chaleur ou dans le vide sec, reprenant par l'éther pour enlever le beurre, par l'eau, qui laisse une partie de caséine insoluble, puis ajoutant un peu d'alcool à cette solution aqueuse, pour y précipiter la lactine. Cette caséine est toujours mêlée d'un peu de sels et de sucre de lait, et, en outre, des autres substances protéiques solubles.

L'identité de la caséine soluble et de l'albuminate de soude admise par MM. Bouchardat, Lieberkühn, et aujourd'hui par la plupart des auteurs allemands, ne me semble pas démontrée. Cette assertion ne repose que sur cette analogie que l'albuminate de soude est soluble dans l'eau et devient insoluble comme la caséine par l'addition d'une faible quantité d'un acide. Mais on ne peut expliquer, par cette hypothèse, la coagulation de la caséine, au sein d'une liqueur neutre ou alcaline, par la présure ou les fleurs d'artichaut, et attribuer dans ce cas cette action à la production d'acide lactique venant saturer l'alcali. D'un autre côté, l'albumine combinée aux bases est tellement modifiée, que non-seulement son pouvoir rotatoire change, mais qu'il suffit de neutraliser exactement la liqueur par un acide quelconque pour qu'elle se précipite entièrement, tandis que l'albumine de l'œuf, au contraire, pourrait être neutralisée et même acidulée sans précipitation, et qu'il en est de même à froid pour une partie tout au moins de la caséine soluble du lait très-appauvrie en phosphates. Enfin la caséine soluble du lait se précipite, comme nous l'avons vu, par les sels les plus divers, sel marin, acétate d'ammoniaque, nitrate de soude, réactions qui la différencient encore des albuminates alcalins. MM. Filhol et Joly décrivent l'expérience suivante [*loc. cit.*, p. 109]. Si l'on prend du sérum de lait préparé en ajoutant une quantité d'acide acétique insuffisante pour précipiter toute la caséine, et filtrant, et qu'on sature ce sérum acide par un peu d'ammoniaque, on détermine la précipitation de nombreux flocons blancs. Or ni l'albumine ni l'albuminate de soude ne sont précipités par l'acétate d'ammoniaque ou l'ammoniaque.

On ne saurait donc dire, suivant nous, que les albumines des œufs, l'albumine de l'albuminate de soude, formé en présence d'un grand excès de cette base, et la caséine du lait soient identiques.

Les moyennes d'un très-grand nombre d'expériences les plus diverses ont donné pour la caséine totale, précipitée par l'acide acétique aidé de la chaleur ou par un excès d'alcool, les résultats suivants :

| Origine du lait. | | Caséine. |
|---|---|---|
| Femme........... | pour 100 parties. | 1,9 |
| Vache............ | — | 3,6 |
| Chèvre........... | — | 3,7 |
| Brebis............ | — | 6,1 |
| Anesse........... | — | 1,7 |
| Jument........... | — | 2,7 |
| Truie (albumine)... | — | 16,0 |
| Chienne.......... | — | 11,7 |

On a dit plus haut que la présure caillait incomplétement le lait, que ce fait avait été expliqué par MM. Filhol et Joly, en admettant que la caséine se dédouble sous l'influence de la caillette de veau en caséine insoluble et sérai.

Cette théorie irait contre celle de Schübler et de Zeiger, qui pensaient que le sérai préexiste dans le lait; mais il semble, contrairement à ces hypothèses, tout naturel d'admettre que le sérai n'est que la caséine primitive incomplétement précipitée par l'action de la présure dans une liqueur presque neutre, et qui se précipite entièrement quand on ajoute à chaud un petit excès d'acide acétique. D'ailleurs Schübler, Doyère, Quevenne, ont confondu le plus souvent ce sérai avec l'albumine qui peut accompagner la caséine dans le lait.

*Albumine.* — Elle a été trouvée quelquefois normalement dans le lait, elle existe toujours dans le colostrum et dans le lait de truie. Quelques auteurs, à la tête desquels il faut citer Doyère, ont prétendu que le lait privé de caséine par l'acide acétique à froid, puis filtré, se trouble par l'ébullition. Ce fait démontrerait seulement que les dernières portions de caséine ont besoin de l'action de la chaleur pour se séparer au sein d'une liqueur acidulée appauvrie de cette substance. Si l'on filtre, disent MM. Joly et Filhol [*loc. cit.*, p. 109], du lait de femme, de vache ou de chèvre sur de forts papiers, de façon à n'apercevoir dans la liqueur aucun globule, et qu'on

(1) Il a été démontré par Brücke que la pepsine pure ne coagulait pas la caséine et que la présure ne doit pas être confondue avec elle.

soum.tte celle-ci à l'ébullition, le microscope ne permet pas d'observer trace de coagulation. Si l'on prend le sérum dû à l'action de la présure, qu'on le sature à froid de sel marin et qu'on le mêle alors avec 5 ou 6 volumes d'alcool, il ne s'y produit aucun précipité; une solution étendue d'albumine fournit en pareil cas d'abondants flocons. Ces expériences contredisent l'opinion de Doyère, de Millon et Commaille et d'un très-grand nombre d'auteurs allemands, qui dosent comme albumine les flocons qui se séparent quand, après avoir privé à froid le lait de caséine par l'acide acétique, on le soumet à l'action de la chaleur.

Mais l'albumine existe normalement dans le colostrum et généralement dans tous les laits qui séjournent dans les vaisseaux galactophores. Elle disparaît du colostrum au bout de peu de jours. Le lait d'une femme accouchée depuis dix mois, mais ne nourrissant pas, a fourni à MM. Filhol et Joly 12gr,96 d'albumine le premier jour, et 9 grammes huit jours après, pour 100 p. de lait; *il ne contenait pas de caséine*. Il en a été de même du lait d'une chienne vierge qui contenait 23gr,2 d'albumine pour 100 p. de lait avec absence de caséine. Le lait de truie contient normalement aussi de l'albumine en quantité telle, qu'il se prend en masse quand on le chauffe. Il ne contient pas de caséine.

Il est un fait remarquable signalé par E. Marchand : lorsqu'on prive les vaches de leurs ovaires (procédé de Chartier), le lait devient alors riche en albumine, et prend pendant quelque temps au moins les caractères de la *mouille*.

Dans plusieurs cas pathologiques l'albumine apparaît aussi dans le lait.

*Lactoprotéine.* — Cette substance albuminoïde a été retirée du *petit-lait*, c'est-à-dire du lait privé de caséine et de beurre par coagulation; elle a la propriété de ne pas précipiter par le bichlorure de mercure et l'acide nitrique, mais seulement par le nitrate acide de mercure. — Voyez Lactoprotéine.

MM. Millon et Commaille ont trouvé dans 100 p. de lait :

| Origine du lait. | Lacto-protéine. |
|---|---|
| Femme | 0,27 |
| Vache | 0,32 |
| Anesse | 0,38 |
| Brebis | 0,25 |
| Chèvre | 0,15 |

La lactoprotéine ne me paraît pas suffisamment définie comme espèce chimique. J'ai moi-même trouvé dans le blanc d'œuf une petite quantité d'une substance jouissant de toutes les propriétés de la lactoprotéine. En tout cas, celle-ci ne serait pas caractéristique du lait.

*Beurre.* — La composition des matières grasses des divers laits varie un peu avec chacun d'eux : elle n'a été spécialement étudiée que pour le lait de vache. Suivant Chevreul [*Recherches chim. sur les corps gras*], le beurre se compose de stéarine, margarine et oléine, avec une petite quantité de butyrine, caproïne et caprine. Suivant Heintz [*Journ. für prakt. Chem.*, t. LX, p. 301, et t. LXXXVIII, p. 300 et 304; *Poggend. Ann.* t. XC, p. 137], il renferme de l'oléine, beaucoup de palmitine et peu de stéarine, ainsi que de faibles quantités de glycérides où entrent l'acide myristique et l'acide butyrique.

La quantité de beurre est extrêmement variable dans le lait (voyez les tableaux), et varie avec toute sorte de circonstances. Les différences pour le lait de vache, par exemple, vont de 1 à 16. Quoi qu'il en soit, voici les moyennes que nous avons calculées pour un très-grand nombre d'analyses d'auteurs les plus divers et les plus recommandables.

| Origine du lait. | Teneur en beurre pour 100 parties. |
|---|---|
| Femme | 4,50 |
| Vache | 4,05 |
| Jument | 2,50 |
| Anesse | 1,55 |
| Brebis | 5,38 |
| Chèvre | 4,20 |
| Chienne | 9,72 |
| Truie | 3,95 |

*Sucre de lait.* — Les quantités de sucre de lait sont moins variables que les précédentes.

| Origine du lait. | Teneur en sucre pour 100 parties. |
|---|---|
| Femme | 5,3 |
| Vache | 5,5 |
| Jument | 5,5 |
| Anesse | 5,8 |
| Brebis | 4,2 |
| Chèvre | 4,0 |
| Chienne | 3,0 |
| Truie | 1,5 |

*Sels et cendres.* — Les sels solubles du lait sont les chlorures de sodium et de potassium, les phosphates et les carbonates alcalins en partie combinés à la caséine, les lactates; les sels insolubles sont les phosphates de chaux et de magnésie, quelquefois des traces de fer, peut-être une trace de cuivre. La quantité pour 100 de sels solubles et insolubles se balance à peu près. Voici la quantité moyenne des cendres laissées par la calcination.

| Origine du lait | Cendres pour 100 parties. |
|---|---|
| Femme | 0,16 à 0,45 |
| Vache | 0,30 à 0,90 |
| Chienne | 1,2 à 1,5 |
| Anesse | 0,5 |
| Chèvre | 0,56 |
| Brebis | 0,7 |
| Jument | 0,5 |
| Truie | 1,1 |

Nous donnons ici quelques analyses rapportées aux cendres de 1000 parties de lait.

| | SCHWARTZ. | PFAFF ET SCHWARTZ. | HAIDLEN. | MARCHAND. | FILHOL ET JOLY. | |
|---|---|---|---|---|---|---|
| | Lait de femme. | Vache. | Vache. | Vache. | Vache. | Femme |
| Chlorure de sodium | » | » | 0,34 | 0,458 | 0,81 | 1,35 |
| — de potassium | 0,70 | 1,350 | 1,83 | 0,994 | 3,41 | 0,41 |
| Phosphate de chaux | 2,50 | 1,805 | 3,44 | 3,458 | 3,87 | 3,95 |
| — de soude | 0,40 | 0,225 | » | » | » | traces. |
| — de magnésie | 0,50 | 0,170 | 0,64 | 0,657 | 0,87 | 0,27 |
| — de fer | 0,01 | 0,032 | 0,07 | 0,248 | traces. | traces. |
| Carbonate de soude | » | » | » | 0,671 | » | » |
| Soude (du lactate) | 0,30 | 0,115 | 0,45 | » | » | » |
| Fluorure de calcium | » | » | » | » | traces. | traces. |
| Sulfate et silicate de potasse | » | » | » | 0,791 | » | » |
| | 4,41 | 3,697 | 6,77 | 7,280 | 8,96 | 5,98 |

Les sels métalliques que l'on donne artificiellement, soit à la femme, soit à la vache, passent le plus souvent dans le lait. C'est ainsi que l'*antimoine*, l'*arsenic* se retrouvent dans le lait 5 à 6 heures après, et disparaissent après 3 à 4 jours [Lewald. Voyez aussi Hertwig, *Schmidt's Jahresb.*, t. CX, p. 85]; l'*iode*, à l'état d'iodure alcalin, de teinture, d'iodoforme, se retrouve encore dans le lait 4 à 6 jours après. D'après Lewald, on l) trouverait toujours dans le caséum. Pour le *mercure*, la question est controversée. Suivant Lewald, Labourdette, Orfila, le mercure passe dans le lait; suivant Peligot, Chevalier, Henry, on n'aurait pu l'y retrouver.

On a constaté aussi le passage dans le lait de l'acide borique, du fer, du plomb, du zinc, des chlorures et des carbonates alcalins, mais non des nitrates et des sulfures. Les alcaloïdes se retrouvent dans le lait. Les acides organiques ne paraissent pas y passer sans décomposition [voyez Marchand, *Encycl. Wörterb.*, t. XXIII, p. 329]. Il en serait de même du sucre de raisin et de canne injectés dans les veines (Cl. Bernard).

*Gaz du lait.* — Ces gaz sont l'oxygène, l'azote et l'acide carbonique, celui-ci en partie combiné. Suivant Hoppe-Seyler, 100 volumes de lait donneraient 3 volumes de gaz, composés en centièmes de 55,15 d'acide carbonique, 40,56 d'azote, et 4,29 d'oxygène.

*Autres matériaux du lait.* — Outre les corps précédents, on a signalé en petite quantité dans le lait les acides lactique, butyrique, silicique, et le fluor. Rees et Picard y ont rencontré de l'urée, Marchand de l'hématine; Millon et Commaille en ont extrait le parfum par le sulfure de carbone pur; Tolmatscheff a signalé de 0,038 à 0,025 % de cholestérine, et de 0,146 à 0,068 de lécithine dans le lait de femme [*Bull. de la Soc. chim.*, 1868, t. X, p. 307]. On a noté aussi la présence de la créatinine dans le petit-lait putréfié [Commaille, *Bull. de la Soc. chim.*, 1869, t. XI, p. 505].

INFLUENCE DE L'ALIMENTATION SUR LE LAIT. — D'après Simon et Doyère, qui ont bien étudié ce sujet, une nourriture choisie et abondante augmente beaucoup le beurre chez la femme et chez la vache, tandis que le sucre et la caséine restent à peu près constants. Filhol et Joly affirment le même fait. Une nourrice imparfaitement alimentée retire de sa propre substance la graisse et les matières protéiques nécessaires au lait qu'elle sécrète (Dumas, Boussingault). La sécrétion de lait diminue sensiblement à la suite de tout changement de nourriture et reprend quelques jours après son cours habituel. Suivant Boussingault et Lebel, la nature des aliments n'exercerait pas une action bien marquée sur la quantité et la qualité du lait; suivant Schübler, Chevalier et Henry, Peligot, Filhol et Joly, il en serait tout autrement. L'herbe fraîche augmenterait souvent de 1/3 la quantité de lait sécrétée par les vaches des Pyrénées (Filhol et Joly).

Les animaux nourris exclusivement de viande ont de l'albumine au lieu de caséine dans leur lait; on l'y fait disparaître ou reparaître à volonté en rendant successivement le régime végétal ou animal chez la chienne par exemple [Filhol et Joly, *loc. cit.*, p. 81].

Enfin on sait que l'odeur et la couleur de certaines plantes (ail, oignon, carotte, garance) se communiquent au lait. La gratiole, l'euphorbe rendent le lait purgatif et peuvent même occasionner des empoisonnements.

Suivant Dancel, la quantité d'eau bue influe fortement sur celle du lait sécrété [*Compt. rend.*, t. LXI, p. 243, et t. LXIII, p. 475]. Le sel marin, qui augmente cette sécrétion, agirait en excitant la soif.

D'après de nombreuses observations faites par E. Marchand dans le pays de Caux, 1 litre de lait serait produit par 1180 grammes de foin ordinaire consommé par la vache, en sus du fourrage nécessaire à son entretien, cette dernière portion étant évaluée au centième du poids de l'animal vivant.

INFLUENCES DIVERSES MODIFICATRICES DU LAIT. — *Repos et fatigue.* — Le lait sécrété pendant le repos s'enrichit en beurre; le lait du matin est plus riche que celui du soir; il en est de même du lait des vaches nourries à l'étable. Lyon Playfair, Filhol et Joly l'ont bien constaté. Le lait d'une femme substantiellement nourrie au lit a donné à L. Playfair une augmentation notable de beurre et de caséine.

*Alimentation.* — On en a dit plus haut quelques mots. Une bonne alimentation augmente spécialement le beurre. L'alimentation exclusivement animale fait apparaître dans le lait l'albumine en place de la caséine. Tout changement dans la nature des aliments diminue la lactation pour quelques jours.

*Gestation et part.* — Un peu avant le part, le lait de vache contient de l'albumine (Lassaigne). Le colostrum est aussi riche en albumine, mais, quelques jours après le part, la caséine la remplace. Suivant Vernois et Becquerel, le lait des nourrices est plus riche en éléments nutritifs vers la fin de la gestation; au début, il n'est pas modifié. La caséine ne varie pas sensiblement.

*Age.* — D'après M. Donné, le lait sécrété par une nourrice ayant plus de 30 ans a une moindre valeur nutritive. Suivant Vernois et Becquerel, la quantité d'eau augmente de 15 à 35 ans et serait :: 86 : 89. Filhol et Joly [*loc. cit.*, p. 63] ont observé un résultat opposé. L'eau, dans le lait de nourrice de 26 à 29 ans, a varié entre 89,2 et 93 : moyenne, 90,25; celui des femmes, de 30 à 33 ans, a varié de 83,8 à 89,3 : moyenne, 87,23.

*Traites successives.* — Pour un même sujet, le beurre augmente dans le lait à mesure que la traite se prolonge. MM. Filhol et Joly [*loc. cit.*, p. 171] ont montré ce résultat avec évidence. Ainsi un lait contenant 3,6 % de beurre a donné les nombres successifs : 0,9; 1,4; 2,8; 6,6; 7,2 aux divers moments de la traite. Dans un autre cas, 2,9; 2,4; 7,5; 10,1; 28,5; 32,0 pour 100 p. de lait. C'est un résultat dont on n'a pas en général assez tenu compte dans les analyses.

INFLUENCES PATHOLOGIQUES. — Le lait d'un animal malade est impropre à la nutrition. On peut même voir dans le travail de MM. Filhol et Joly, p. 62, plusieurs exemples de mort par absorption de lait sécrété au moment de vives émotions.

Simon a observé que dans la fièvre la caséine augmente ainsi que le beurre. Vernois et Becquerel ont observé la même augmentation dans la plupart des maladies aiguës; en même temps le sucre diminue. Dans les affections chroniques, suivant les mêmes auteurs, le beurre et les sels augmentent, le sucre reste constant, la caséine diminue. Dans la phthisie sans amaigrissement notoire, il y a peu de modifications *sensibles*. Dans le cas de suppression des menstrues, le lait devient quelquefois sanguinolent. Enfin dans certains cas le lait peut devenir albumineux.

### EXAMEN ET ANALYSE DU LAIT.

EXAMEN DU LAIT. — Plusieurs procédés ont été indiqués pour arriver rapidement à constater la valeur d'un lait, et à se mettre en garde contre les nombreuses adultérations auxquelles il est soumis. Nous décrirons rapidement ici les principaux de ces moyens.

*Densimètre.* — Le meilleur est celui de MM. Bouchardat et Quevenne. Cet instrument est un aréomètre à deux échelles, l'une pour le lait écrémé, l'autre pour le lait non écrémé; on doit donc avant de s'en servir faire un premier essai, soit par dosage direct du corps gras, soit par le crémomètre, soit par le lacto-butyromètre (voyez plus bas). Les chiffres marqués sur l'instrument indiquent seulement l'excès du poids du litre de lait sur le litre d'eau. Ainsi 32 indique que le lait pèse 1032 grammes. L'instrument étant gradué pour 15°, il faut ramener le lait à cette température en plongeant l'éprouvette dans de l'eau plus froide ou plus chaude (voyez plus loin aux méthodes analytiques, méthode de E. Marchand, les conclusions que cet auteur déduit de la densité).

*Crémomètre.* — C'est une éprouvette cylindrique de 20 à 25 centimètres, divisée en 100 parties. En abandonnant 12 à 15 heures le lait au repos, on mesure la hauteur de la crème. Le chiffre normal est de 10 à 16 centièmes. L'addition au lait de son volume d'eau et d'une pincée de bicarbonate de soude facilite le départ de la crème, dont le chiffre doit être alors doublé.

*Lacto-butyromètre.* — Cet instrument, dû à M. E. Marchand, donne des indications assez exactes. Il se compose d'un tube cylindrique (fig. 346) divisé en 3 parties de 10 centimètres cubes de capacité, par trois traits marqués L, E, A.

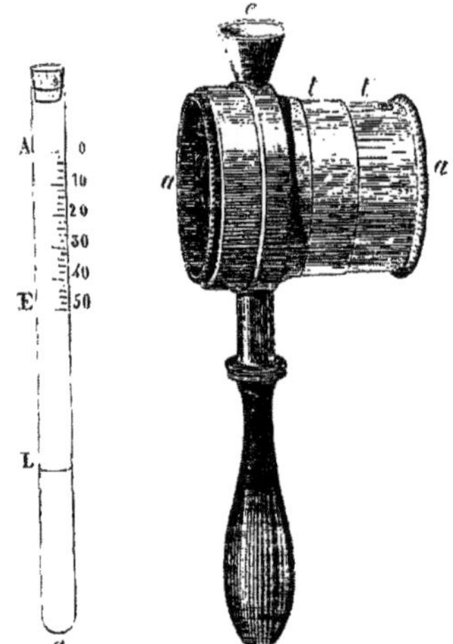


Fig. 346. Lacto-butyromètre.

Fig. 347. — Lactoscope.

La partie $a$L est remplie de lait primitivement bien agité et additionné de 2 *gouttes de soude* pour 10 centimètres cubes. On remplit L E avec de l'éther, et A E avec de l'alcool à 86° centésimaux, ou encore de L en A avec un mélange à parties égales d'alcool et d'éther; on agite avec soin, et on laisse reposer à 40°, jusqu'à ce que la couche oléagineuse qui vient se former de E en A n'augmente plus. Cette partie de la burette étant divisée en centièmes de la capacité EA ou $a$L, on n'a plus alors qu'à lire le nombre de degrés marqués sur l'instrument plongé dans un bain à 40°, et à appliquer alors la formule suivante, pour obtenir la quantité $p$ de beurre dissoute dans 1 litre du lait employé :

$$p = 12^{gr},6 + n \times 2^{gr},33\,;$$

$12^{gr},6$ est la quantité de beurre correspondant à celle qui se dissout dans la quantité d'alcool et d'éther employée.

On pourrait graduer cet instrument pour une autre température, mais dans ce cas il faudrait déterminer expérimentalement les deux coefficients qui entrent dans la formule ci-dessus.

*Lactoscope.* — Ce petit instrument, dû à M. Donné, est formé de deux tubes, $t$ et $t'$, se vissant l'un sur l'autre et fermés par deux glaces, $a$, $a'$, en avant et en arrière. Le pas de vis étant de 1/2 millimètre, les deux glaces marchent pour chaque tour l'une vers l'autre de cette quantité. Le limbe de $t'$ est de plus divisé en 50^es^ pour juger de cette fraction de tour.

Un entonnoir $e$ permet de remplir la capacité intérieure. L'instrument étant d'abord entièrement vissé, le limbe de $t'$ est au zéro et le lait dans l'entonnoir $e$. On se place dans une chambre obscure, à 1 mètre d'une bougie ordinaire, et on dévisse le tube $t'$ jusqu'à ce que la lumière de cette bougie cesse d'être aperçue à travers les deux glaces. Le degré lactoscopique est égal au nombre de tours multiplié par 50, plus la fraction de tour en 50^es^, marquée sur le limbe du tube $t'$. On peut ainsi comparer les divers laits au point de vue de leur opacité, que M. Donné admet être à peu près proportionnelle à leur richesse nutritive.

Analyse du lait. — Un très-grand nombre de procédés ayant été d'abord acceptés, puis abandonnés, nous ne décrirons que les plus importants, en disant pour chacun d'eux les causes d'erreur qui nous permettent d'apprécier dans quelles limites nous pouvons tenir compte des résultats de chaque auteur.

Chevalier et O. Henry chauffent le lait à l'ébullition, y versent un peu d'acide acétique étendu de 2 volumes d'eau, recueillent le caséum sur un filtre, le lavent à l'eau, puis l'épuisent par de l'éther qui, par évaporation, leur donne le poids du beurre; la caséine est ensuite desséchée et pesée. Le sérum réuni aux eaux de lavage est évaporé au bain-marie; il fournit le sucre et les sels solubles : le sucre peut alors être déterminé par la liqueur cupropotassique où le saccharimètre. Enfin, l'incinération d'une partie de la caséine donne les sels insolubles. Ce procédé, assez exact et pratique, ne permet d'épuiser que difficilement la caséine du corps gras, et laisse dans le résidu du sérum un trop grand nombre de substances indéterminées. Quevenne et Simon ont suivi un procédé très-analogue.

MM. Becquerel et Vernois prennent 60 grammes de lait qu'ils divisent en deux parties égales. Ils dessèchent les 30 premiers grammes à 80°, pèsent, et la perte de poids leur donne la quantité d'eau. Le résidu, épuisé par l'éther, donne le poids du beurre. Les 30 autres grammes sont coagulés par la présure et l'acide acétique. On filtre, et on examine le sérum au saccharimètre, qui donne la richesse en sucre; enfin on déduit la caséine par différence, puisqu'on connaît le poids total des matériaux fixes, le sucre et le beurre. Ce procédé donne toujours un poids trop faible de beurre et de sucre (car la liqueur examinée au saccharimètre contient des substances protéiques déviant à gauche), par conséquent aussi un poids trop fort de caséine.

La méthode de MM. Filhol et Joly consiste à déterminer :

1° Le poids total des matériaux fixes, en chauffant 10 grammes de lait à l'étuve à 110°.

2° Le beurre, en filtrant 10 grammes de lait sur un triple filtre, et traitant ensuite par l'éther le filtre et ce qu'il retient, puis évaporant la solution éthérée.

3° La caséine, en mélangeant 10 grammes de lait à 60 centimètres cubes d'alcool à 85°. On filtre et on recueille une partie déterminée de ce liquide filtré pour y déterminer le sucre; on lave alors à l'alcool faible, on retire la caséine du filtre et on l'épuise par l'éther après l'avoir incomplétement desséchée; enfin on sèche et pèse cette caséine.

4° Ils dosent le sucre par la méthode de Barreswil, après avoir évaporé la solution alcoolique ci-dessus mise à part.

5° Ils pèsent les sels provenant de l'incinération après addition d'un poids connu de carbonate de soude fondu. Ils ont la matière extractive par différence, connaissant le poids du résidu fixe et celui du sucre [Filhol et Joly, *loc. cit.*, p. 111 et suivantes].

Ce procédé exact et expéditif donne directement le poids de tous les matériaux fixes, mais il ne permet pas de doser séparément les matières protéiques solubles et insolubles. En outre, la coagulation de la caséine par ce procédé est imparfaite, et son épuisement par l'alcool faible et l'éther ne peut la priver que difficilement du beurre et du sucre, et très-imparfaitement des sels.

M. E. Marchand dose le beurre au lacto-butyromètre, la lactine par la liqueur de Fehling dans deux portions de lait mises à part. Il en évapore une troisième partie au-dessus de 100° et obtient ainsi le résidu sec et par calcination les cendres. Il dose enfin sur une dernière portion la caséine par addition de 15 à 20 gouttes d'acide acétique cristallisable à 100 grammes de lait à 25°. Connaissant tous les éléments, sauf l'albumine, il dose celle-ci par différence.

On doit reprocher à ce procédé la coagulation incomplète de la caséine par une trop forte quantité d'acide acétique à une trop basse température. Une grande partie de l'albumine de M. Marchand peut être considérée comme caséine. Les cendres doivent être faibles par réduction et décomposition des sels non additionnés de carbonates alcalins. Le beurre souffre aussi une légère indétermination.

M. Marchand fait observer, pour le lait de vache, qu'après avoir déterminé la quantité de beurre par son butyromètre, et de lactine dans le petit-lait, si l'on prend le poids du litre à analyser à + 15° et si l'on abaisse d'une unité le poids de ce litre par chaque 10$^{gr}$ de beurre qui y est contenu, on obtient un nouveau poids qui représente très-approximativement celui du lait primitif écrémé. Or, si l'on multiplie par 2,33 l'excès de ce poids sur celui d'un litre d'eau, on obtient un nombre qui représente assez exactement le poids du résidu total fixe, autre que le beurre, du lait primitif. Comme on a déterminé le chiffre de la lactine, et qu'on connaît très-approximativement le poids moyen des cendres du lait de vache (7$^{gr}$,25 par litre environ), il en résulte par différence le poids des matières protéiques. On a ainsi une analyse rapide et assez complète de ce lait. Pour les autres espèces animales le chiffre 2,33 doit être modifié.

Baumhauer remplit des filtres de papier de sable pur lavé à l'acide chlorhydrique et bien séché, répand ensuite à la surface du sable un poids connu de lait, et expose le tout à un courant d'air sec à la température de 60° à 70°, tant que l'air qui sort de l'étuve dépose de l'humidité. Il porte alors à 105° et pèse les filtres. Il a ainsi le poids du résidu sec. Les filtres sont ensuite placés dans des tubes fermés par des glaces avec de l'éther tiède et épuisés à trois ou quatre reprises. L'éther évaporé donne le poids du beurre. Dans des tubes semblables on traite une autre quantité par de l'eau tiède (probablement acidulée par l'acide acétique); elle dissout le sucre et les sels solubles. On évapore et pèse, puis on détermine le sucre par titration au moyen de liqueur cupropotassique; la différence donne les sels solubles. On a alors la quantité de résidu total, le sucre et le beurre, on détermine la caséine et les sels insolubles par différence. La totalité des sels est déterminée par calcination directe du lait [Baumhauer, *Jahresb.*, 1861, p. 873]. On voit que dans ce procédé, comme dans celui de Becquerel et Vernois, toutes les causes d'erreur s'accumulent sur l'un des éléments les plus importants : la caséine.

MM. Millon et Commaille mesurent 20 c. cubes de lait qu'ils étendent de 80 c. cubes d'eau et versent 5 à 6 gouttes d'acide acétique dans ce mélange, le coagulum jeté sur un filtre est lavé à l'eau et à l'eau alcoolisée marquant 40° à l'alcoomètre; le tout est séché sur du papier buvard, délayé dans l'alcool anhydre et épuisé à l'éther alcoolique. On a ainsi le *beurre*. La partie insoluble dans l'alcool anhydre constitue la *caséine*. On prélève une quantité déterminée du petit-lait obtenu par la première coagulation et on porte à l'ébullition qui sépare l'*albumine coagulée* qu'on sèche et pèse. Le petit-lait bouilli est traité par le nitrate acide de mercure qui donne un précipité que l'on recueille, sèche et pèse; il permet de doser la *lactoprotéine*.

Le *sucre de lait* est déterminé dans une quantité connue de petit-lait par la méthode de Barreswil; les *cendres* solubles par calcination du résidu de l'évaporation du petit-lait, les insolubles par calcination de la caséine; le *parfum du lait* se sépare en agitant le lait de vache frais avec 3 ou 4 volumes de sulfure de carbone pur [Millon et Commaille, *Compt. rend.*, t. LIX, p. 396].

Ce procédé a le tort de séparer incomplétement la caséine et de doser comme albumine cette partie de la caséine qui ne se sépare que difficilement au sein du sérum du lait et seulement à chaud. Le composé mercurique de lactoprotéinate a une composition mal déterminée et contient un excès d'azotate de mercure, de là indétermination de cette substance elle-même mal définie comme espèce. Les *cendres* sont trop faibles à cause des pertes produites par calcination directe du petit-lait sans addition de carbonate alcalin, et parce qu'une partie de ces sels est retenue par la caséine. Le poids de celle-ci est modifié par le poids de ces cendres, et par sa précipitation incomplète au moyen de l'acide acétique dans une liqueur froide.

De tous ces procédés, celui de Chevalier et O. Henry mérite le plus d'être recommandé.

### ÉTUDE DES DIVERS LAITS.

*Lait de femme*. — Le lait provenant d'une femme de 20 à 30 ans, robuste, mais non trop grasse, d'un caractère doux et gai, et peu impressionnable, brune ou blonde, et non rouge, ayant les dents belles, est en général un excellent lait. Ce lait ne doit être ni trop bleuâtre, ni trop pauvre ou riche en beurre, ni acide. Sa saveur est sucrée, sa couleur opaline, légèrement bleutée quand on l'étend d'eau, son odeur presque nulle; il est sensiblement alcalin. Bouilli ou non, il ne présente pas trace de coagulation même au microscope. Une seule filtration sur du papier donne un sérum presque clair. Sa caséine ne se coagule que difficilement et imparfaitement par la présure. Il est entendu que le lait de femme n'est entièrement exempt d'albumine que quand il n'est plus à l'état colostral, c'est-à-dire de 15 jours à 1 mois après l'accouchement.

La première colonne horizontale de tous les tableaux qui suivent donne la composition moyenne de chaque lait d'après les auteurs et les divers procédés d'analyse employés. On n'y a pas indiqué le poids de l'eau qui est le complément pour 100 du poids du résidu sec. Les dernières colonnes horizontales se rapportent aux laits pathologiques.

COMPOSITION DE 100 PARTIES DE LAIT DE FEMME.

| AUTEURS. | Densité. | Résidu sec. | Caséine. | Beurre. | Sucre. | Matières extractives. | Sels. | OBSERVATIONS. |
|---|---|---|---|---|---|---|---|---|
| Moyenne générale... | 1,0315 | 12,3 | 1,9 | 4,5 | 5,3 | ? | 0,18 | » |
| Simon............. | 1,030 | 11,62 | 1,96 | 3,14 | 5,76 | » | 0,166 | Femme A. 1 mois après l'accouchement. |
| Id. ............. | 1,030 | 11,64 | 2,2 | 2,64 | 5,2 | » | 0,178 | Même femme. Lait de 15 jours. |
| Id. ............. | 1,032 | 13,4 | 4,52 | 2,74 | 3,92 | » | 0,287 | Même femme. Lait de 3 mois. |
| Id. ............. | 1,034 | 8,6 | 3,55 | 0,8 | 3,95 | » | 0,24 | Même femme. 8 j. après. Souffre de la faim. |
| Id. ............. | 1,033 | 11,94 | 3,7 | 3,4 | 4,54 | » | 0,25 | Même femme. 8 j. après. |
| Id. ............. | 1,032 | 9,8 | 3,9 | 0,8 | 4,9 | » | 0,208 | Même femme. |
| Id. ............. | 1,034 | 13,86 | 3,1 | 5,4 | 5,2 | » | 0,235 | Même femme. |
| E. Marchand....... | » | 11,41 | 0,63 | 3,287 | 7,35 | » | 0,158 | Alimentation mixte. |
| Becquerel et Vernois. | 1,0326 | 11,09 | 3,92 | 2,67 | 4,36 | » | 0,138 | Moyenne d'un assez grand nombre d'analyses. |
| Doyère............ | » | 15,68 | 1,53 | 7,07 | 6,9 | » | 0,18 | » |
| Id. ............. | » | 16,28 | 1,17 | 7,45 | 7,5 | » | 0,16 | » |
| | | | | | | Matières extractives et sels. | | |
| Filhol et Joly....... | » | 12,06 | 1,5 | 3,05 | 6,66 | 0,85 | | Nourrice de 30 ans. Lait de 34 jours. Nourriture maigre. Milieu de la traite. |
| Id. ....... | » | 16,24 | 0,89 | 7,35 | 7,15 | 0,95 | | Même. Lait de 2 mois 1/2. Milieu de la traite. |
| Id. ...... | 1,030 | 12,45 | 0,85 | 4,1 | 6,9 | 0,8 | | Même. Lait de 2 mois 1/2. Milieu de la traite. |
| Id. ....... | » | 14,44 | 0,85 | 6,0 | 6,8 | 0,79 | | Même. Lait de 4 mois. Fin de la traite. |
| Id. ....... | 1,031 | 11,39 | 0,85 | 4,75 | 4,85 | 0,94 | | Même. Lait de 10 mois. |
| Id. ....... | 1,025 | 18,3 | 9,0 (Albumine) | 6,15 | 1,27 | 1,88 | | Femme ayant du lait sans nourrir. 28 ans, brune. |
| Id. ....... | » | 10,5 | 1,0 | 2,7 | 6,0 | 0,8 | | Autre. Temp. lymphatique sanguin. Lait de 2 mois. |
| Id. ....... | » | 15,53 | 2,05 | 6,8 | 5,39 | 0,78 | | Forte brune. Lait de 2 ans. |
| Becquerel et Vernois. | 1,0312 | 11,51 | 5,04 | 2,99 | 3,31 | 1,75 | | Moyenne. Maladies aiguës. |
| Id. | 1,0314 | 11,42 | 3,71 | 3,26 | 4,34 | 1,5 | | Moyenne. Maladies chroniques. |
| Simon............. | 1,030 | 11,1 | 2,57 | 1,8 | 5,25 | 0,2 | | Femme A. Violent chagrin. L'enfant a des convulsions. Lait de 1 mois. |

*Lait de vache.* — Sa couleur est blanche ou légèrement jaunâtre. Sa densité varie de 1,030 à 1,039 (Simon, Vernois et Becquerel). La moyenne des déterminations connues est de 1,0318. Voici sa composition.

COMPOSITION DE 100 PARTIES DE LAIT DE VACHE.

| AUTEURS. | Densité. | Résidu sec. | Caséine. | Beurre. | Sucre. | Matières extractives. | Sels. | OBSERVATIONS. |
|---|---|---|---|---|---|---|---|---|
| Moyenne générale... | 1,0318 | 13,5 | 3,6 | 4,05 | 5,5 | » | 0,4 | » |
| Boussingault et Lebel. | » | 12,3 | 3,0 | 4,5 | 4,7 | » | 0,1 | Lait âgé de 200 jours. 5 litres par jour. Foin. |
| Id. | » | 12,9 | 3,4 | 4,0 | 5,3 | » | 0,2 | Même vache. Lait de 210 jours. 5 litres par jour. Betteraves. |
| Id. | » | 13,2 | 3,4 | 3,6 | 6,0 | » | 0,2 | Même vache. Lait de 302 jours. 3 litres environ par jour. Foin, tourteaux. |
| Lyon Playfair........ | 1,031 | 13,5 | 5,4 | 3,7 | 3,8 | » | 0,6 | Vache nourrie en prairie. Traite à l'étable après beaucoup d'exercice. |
| Id. ........ | 1,032 | 13,0 | 3,9 | 5,6 | 3,0 | » | 0,5 | Même vache. Lait du lendemain. N'est pas sortie, n'a pas mangé. |
| Id. ........ | 1,031 | 14,3 | 4,9 | 5,1 | 3,8 | » | 0,5 | Même vache. Nourrie à l'étable. Lait du soir. |

COMPOSITION DE 100 PARTIES DE LAIT DE VACHE (SUITE).

| AUTEURS. | Densité. | Résidu sec. | Caséine. | Beurre. | Sucre. | Matières extractives et sels. | OBSERVATIONS. |
|---|---|---|---|---|---|---|---|
| Simon | 1,0345 | 14,3 | 7,2 | 4,0 | 2,8 | 0,623 | » |
| Id. | 1,034 | 13,9 | 6,8 | 3,85 | 2,95 | 0,615 | » |
| Doyère | » | 12,4 | 4,2 | 3,2 | 4,3 | 0,7 | Moyenne de plusieurs analyses. |
| Poggiale | » | 14,15 | 8,8 | 4,38 | 5,27 | 0,7 | Moyenne de 10 analyses. |
| Filhol et Joly | 1,027 | 17,39 | 4,25 | 8,25 | 4,75 | 0,144 | Vache de 7 ans. Toulouse. Traite entière. Lait de 6 mois. |
| Id. | » | 16,55 | 4,55 | 6,39 | 5,6 | 0,102 | Autre vache. Traite entière. |
| Id. | » | 17,51 | 3,9 | 8,8 | 4,06 | 0,75 | Même vache, 4 jours après. Traite entière |
| Chevalier et Henry | » | 13,33 | 4,2 | 3,08 | 5,3 | 0,75 | Vache nourrie à la carotte. |
| Id. | » | 13,13 | 3,75 | 2,75 | 5,95 | 0,68 | La même à la betterave. |
| Gorup-Besanez | » | 14,29 | 5,4 | 4,805 | 4,037 | 0,548 | Moyenne de plusieurs analyses. |
| Marchand | 1,0319 | » | 2,382 | 3,34 | 5,185 | 0,728 | Composition moyenne du lait des vaches du pays de Caux. |

*Lait de chèvre.* — Il ressemble beaucoup au précédent. Son aspect est plus crémeux. Sa densité moyenne est de 1,0323. Sa composition est assez variable.

COMPOSITION DE 100 PARTIES DE LAIT DE CHÈVRE.

| AUTEURS. | Densité. | Résidu sec. | Caséine. | Beurre. | Sucre. | Matières extractives. et sels. | OBSERVATIONS. |
|---|---|---|---|---|---|---|---|
| Moyenne générale | 1,0323 | 12,4 | 3,7 | 4,2 | 4,0 | 0,56 | » |
| Chevalier et Henry | » | 13,3 | 4,02 | 3,32 | 5,28 | 0,68 | » |
| E. Marchand | » | 13,68 | 2,39 | 5,72 | 4,7 | 0,86 | Moyennes. Pays de Caux. |
| Doyère | » | 12,7 | 4,85 | 4,4 | 3,1 | 0,35 | Moyenne de plusieurs analyses. |
| Filhol et Joly | » | 9,7 | 3,55 | 1,9 | 3,55 | 0,7 | Lait de 1 mois. |
| Id. | » | 11,59 | 3,75 | 2,9 | 4,44 | 0,5 | Même chèvre. Lait 4 jours après. |

*Lait de brebis.* — Très-riche en beurre et en caséine; il est donc très-nourrissant. Il a une belle couleur blanche. Densité moyenne, 1,038.

COMPOSITION DE 100 PARTIES DE LAIT DE BREBIS.

| AUTEURS. | Densité. | Résidu sec. | Caséine. | Beurre. | Sucre. | Matières extractives et sels. | OBSERVATIONS. |
|---|---|---|---|---|---|---|---|
| Moyenne générale | 1,038 | 18,0 | 6,1 | 5,33 | 4,2 | 0,7 | » |
| Chevalier et Henry | » | 14,38 | 4,5 | 4,2 | 5,0 | 0,68 | » |
| Doyère | » | 18,4 | 4,0 | 7,5 | 4,3 | 0,9 | » |
| Filhol et Joly | 1,035 | 18,82 | 7,0 | 7,2 | 4,0 | 0,62 | Brebis de 3 ans. Lait de 2 mois. |
| Id. | 1,04 | 21,0 | 8,3 | 8,6 | 3,2 | 0,9 | Id. |
| Gorup-Besanez | » | 16,01 | 5,342 | 5,89 | 4,098 | 0,681 | Moyenne de quelques analyses. |
| E. Marchand | » | 17,64 | 6,01 | 5,86 | 5,175 | 1,04 | Moyenne. Pays de Caux. |

*Lait de jument.* — Intermédiaire entre celui de la vache et celui de l'ânesse. Il peut remplacer ce dernier. Sa richesse en sucre explique qu'on l'ait préféré pour préparer le *koumis*. Il est de couleur blanche et peu odorant. Densité moyenne, 1,031.

COMPOSITION DE 100 PARTIES DE LAIT DE JUMENT.

| AUTEURS. | Densité. | Résidu sec. | Caséine. | Beurre. | Sucre. | Matières extractives et sels. | OBSERVATIONS. |
|---|---|---|---|---|---|---|---|
| Moyenne générale | 1,031 | 11,0 | 2,7 | 2,5 | 5,5 | 0,5 | » |
| Doyère | » | 8,63 | 2,18 | 0,55 | 5,5 | 0,4 | » |
| Filhol et Joly | 1,032 | 10,95 | 3,0 | 2,15 | 5,2 | 0,6 | Jument de 6 ans. Lait de 25 js. |
| Gorup-Besanez | » | 17,16 | 1,64 | 6,87 | 8,65 (Sucre et matières extractives et sels réunis) | | » |

*Lait d'ânesse.* — C'est le lait qui se rapproche le plus par sa composition du lait de femme. Comme pour ce dernier, sa caséine se coagule difficilement par la présure, mais il est bien moins riche en beurre que le lait de l'espèce humaine. Poids spécifique moyen, 1,034.

COMPOSITION DE 100 PARTIES DE LAIT D'ANESSE.

| AUTEURS. | Densité. | Résidu sec. | Caséine. | Beurre. | Sucre. | Matières extractives et sels. | OBSERVATIONS |
|---|---|---|---|---|---|---|---|
| Moyenne générale... | 1,033 | 9,8 | 1,7 | 1,55 | 5,8 | 0,5 | » |
| Doyère........... | » | 13,54 | 3,99 | 3,15 | 5,6 | 0,8 | » |
| Quevenne.......... | » | 9,64 | 1,88 | 0,5 | 7,26 | » | » |
| Gorup-Besanez...... | » | 8,976 | 2,018 | 1,256 | 5,702 | | » |
| Filhol et Joly........ | 1,033 | 9,2 | 1,6 | 2,5 | 5,1 | » | Nourrie à l'écurie avec sainfoin et son. Toulouse. |
| Id. ........ | » | 9,53 | 1,65 | 1,65 | 6,23 | » | La même. Même nourriture. Traite entière. 2 litres de lait en 24 heures. |

*Lait de chienne.* — Ce lait est remarquable non-seulement par le poids de son résidu (Simon en a retiré jusqu'à 34 et même 40 °/₀ de résidu fixe), mais encore parce que la caséine y est quelquefois partiellement remplacée par de l'albumine. Cette différence tient au régime (voyez plus haut). Il est blanc, crémeux, et s'épaissit ou se coagule par la chaleur. Densité spécifique moyenne, 1,036. Sa composition est très-variable.

COMPOSITION DE 100 PARTIES DE LAIT DE CHIENNE.

| AUTEURS. | Densité. | Résidu sec. | Caséine et albumine. | Beurre. | Sucre. | Matières extractives et sels. | OBSERVATIONS. |
|---|---|---|---|---|---|---|---|
| Moyenne générale... | 1,036 | 26,3 | 11,7 | 9,72 | 3,0 | 1,35 | » |
| Simon............. | » | 34,26 | 17,4 | 16,2 | 2,9 | 1,504 | Lait d'un mois. Chienne nourrie presque exclusivement de viande. |
| Id. ............. | » | 31,8 | 14,6 | 13,3 | 3,0 | 1,45 | Même chienne. |
| Dumas............. | » | 25,26 | 15,85 | 5,15 | néant | 4,13 | Nourrie 15 jours avec de la viande de cheval. |
| Id. ............. | » | 18,9 | 11,39 | 3,09 | traces | 4,4 | Nourrie 15 jours avec du pain arrosé de bouillon. |
| Filhol et Joly........ | 1,034 | 23,5 | 5,25 | 9,0 | 4,0 | 5,25 | Débris divers. Lait de 8 jours. |
| Id. ........ | » | 40,0 | 14,8 | 14,2 | 3,42 | » | Même chienne. Lait d'un mois. |

*Lait de truie.* — Ce lait est très-remarquable. Il contient une albumine coagulable par la chaleur en place de caséine, à peine des traces de sucre, une très-forte proportion de matières extractives. Voici les quelques analyses connues :

COMPOSITION DE 100 PARTIES DE LAIT DE TRUIE.

| AUTEURS | Densité. | Résidu sec. | Albumine | Beurre. | Sucre. | Matières extractives et sels. | OBSERVATIONS. |
|---|---|---|---|---|---|---|---|
| Filhol et Joly........ | 1,041 | 23,0 | 12,69 | 6,6 | 0,5 | 3,01 | » |
| Id. ........ | » | 31,0 | 20,1 | 5,4 | 1,2 | 4,3 | Truie nourrie de viande de cheval. |

FALSIFICATIONS DU LAIT. — Les principales falsifications du lait sont l'écrémage et l'addition d'eau ; l'une et l'autre de ces fraudes peut être reconnue soit par un dosage de beurre, soit par l'emploi du lacto-butyromètre de Marchand (voyez plus haut). Mais on doit se rapporter, avant de rien affirmer, à la moyenne de la teneur en crème ou en beurre du lait de la localité, car la quantité de corps gras est très-variable, comme nous l'avons vu. Le lait qui est ainsi falsifié est plus bleuâtre, en général moins dense ; pour pallier ces défauts, on ajoute au lait de l'extrait de chicorée, du rocou, un extrait de carottes ou des oignons torréfiés dont la couleur jaune masque la falsification. Mais après coagulation on retrouve ces extraits dans le sérum (Payen). Les décoctions de graines féculentes, la gélatine, la dextrine, les gommes sont destinées à lui rendre de l'onctuosité et du corps. Une petite quantité de blanc d'œuf augmente sa propriété de mousser. Quelquefois on ajoute au lait de l'empois d'amidon, décelable par l'iode, ou de l'amidon dont on reconnaît les granules au microscope. On a été, dit-on, jusqu'à ajouter de la cervelle battue de mouton ou d'autres animaux ; cette fraude est plus rare et se reconnaîtra encore par l'examen microscopique. Enfin on mélange quelquefois au lait de la craie ou du bicarbonate de soude ; dans ce cas l'addition d'un acide à chaud dégage de l'acide carbonique. Toutefois le bicarbonate de soude ajouté en petite quantité ne saurait être considéré comme fraude, destiné qu'il est, en été, à saturer l'acide lactique à mesure qu'il se forme et à empêcher ainsi le lait de *tourner*.

Conservation du lait. — On peut empêcher le lait de se coaguler spontanément, soit en le tenant dans un lieu froid, soit en ajoutant 1 gramme environ de bicarbonate de potasse par litre de lait. La matière du vase qui contient le lait influe sur sa conservation [Bouchardat, *Journ. de Pharm.*, t. XIX, p. 472]. Les vases de fer, de cuivre, de zinc, de laiton, le conservent très-bien, mais les deux et peut-être les trois derniers ont une action dangereuse, et le fer communique vite au lait une saveur astringente. Il vaut mieux s'en tenir aux vases de fer-blanc, en ayant soin de ne pas le transvaser d'un *vase d'une substance dans un vase d'une autre substance*, ce qui accélère rapidement sa fermentation.

Pour conserver le lait indéfiniment, M. Mabru l'introduit dans des boîtes de fer blanc surmontées d'un tube de plomb, qui lui-même se rend dans un réservoir supérieur rempli de lait; on porte le liquide à 80°, les gaz se dégagent par le tube de plomb à travers le lait du réservoir supérieur. On laisse refroidir et on pince fortement le tube de plomb; on le coupe alors et on le soude. Il vaudrait certainement mieux employer un tube en fer-blanc ou en étain [Poggiale, *Gaz. méd.*, 1856, p. 701]. M. Williamson a proposé de faire bouillir le lait sous pression de 1 atmosphère 1/2 et de clore alors la boîte.

Un autre procédé de conservation du lait destiné à subir de longs voyages est celui de M. Martin de Lignac. Il réduit le lait de vache normal, préalablement sucré, au cinquième de son volume primitif en le chauffant sous faible épaisseur au bain-marie. Il l'enferme alors dans des boîtes de fer-blanc, le soumet au bain-marie à l'ébullition pendant 10 minutes et soude à l'étain. Ce procédé a subi l'épreuve du temps et de l'usage [*Compt. rend. de l'Acad.*, t. XXIX, p. 144].

### COLOSTRUM.

Toutes les femelles de mammifères, un peu avant le part et un mois et quelquefois plus après, sécrètent un lait spécial destiné à l'alimentation du jeune petit; ce liquide lactescent est caractérisé sous le microscope par de gros globules comme framboisés (corps granuleux de Donné) qui paraissent dus à l'agglomération d'une substance albumineuse et être doués à 40° de mouvements *amiboïdes;* ils contiennent de la graisse. Le colostrum est remarquable chimiquement par la présence d'une quantité plus ou moins grande d'une albumine coagulable par la chaleur. L'ammoniaque rend le colostrum visqueux et filant. Ce n'est en moyenne que trois semaines après le part que l'état colostral du lait disparaît chez la vache; mais les corps granuleux disparaissent dès les premiers jours.

Le colostrum humain est d'abord jaune, consistant et très-alcalin, à partir du troisième jour il devient plus blanchâtre; les globules gras d'abord réunis se détachent à mesure que la sécrétion lactée devient plus abondante et prennent un diamètre plus grand.

Le colostrum subit plus aisément que le lait la fermentation lactique. Il est remarquable par une faible quantité de caséine, par la présence de l'albumine et par un excès de beurre et de sucre. Simon a trouvé 16 % de résidu solide dans le colostrum de vache (dit *mouille*), et Crusius 34 % immédiatement après la parturition, 30 % le jour suivant, 23 % le troisième jour, enfin 12,5 % dans le lait proprement dit.

Nous ne pourrons du reste mieux faire connaître le colostrum que par le tableau des analyses suivantes :

ANALYSES DU COLOSTRUM RAPPORTÉES A 100 PARTIES.

| AUTEURS. | Densité. | Résidu sec. | Albumine et caséine. | Beurre. | Sucre. | Sels et matières extractives. | Espèces. | OBSERVATIONS. |
|---|---|---|---|---|---|---|---|---|
| Simon | 1,032 | 17,2 | 4,0 | 5,0 | 7,0 | ? | Femme. | 1er jour de l'accouchement. |
| Id. | 1,031 | 12,68 | 2,12 | 3,46 | 6,24 | ? | Id. | La même après la fièvre de lait. |
| Filhol et Joly | » | 8,14 | 1,16 | 2,3 | 3,79 | 0,89 | Id. | Colostrum de 16 jours. 28 ans, lymphatique, faible. |
| Schübler | 1,045 | » | 11,13 | Crème. 57,7 | ? | ? | Vache. | 12 heures après mise à bas. |
| Id. | 1,036 | » | 9,11 | 35,3 | ? | ? | Id. | 24 — — |
| Id. | 1,0336 | » | 7,76 | 30,7 | ? | ? | Id. | 36 — — |
| Id. | 1,0318 | » | 6,6 | 23,7 | ? | ? | Id. | 48 — — |
| Id. | 1,03 | » | 5,71 | 18,2 | ? | ? | Id. | 3 jours — |
| Id. | 1,029 | » | 12,67 | 16,0 | ? | ? | Id. | 4 — — |
| Id. | 1,0327 | » | 12,1 | 14,5 | ? | ? | Id. | 5 — — |
| Boussingault et Lebel. | » | 21,6 | 15,1 | 2,6 | 3,6 | 0,3 | Id. | 1er jour. Il se coagule par la chaleur. |
| Clemm | » | 12,015 | 3,538 | 4,297 | 4,135 | 0,209 | Id. | 4 jours ap. la délivrance. |
| Id. | » | 11,418 | 3,691 | 3,532 | 4,298 | 0,169 | Id. | 9 — — |
| Id. | » | 9,419 | 2,911 | 3,345 | 3,154 | 0,194 | Id. | 12 — — |
| Filhol et Joly | » | 15,19 | 4,3 | 5,25 | 4,62 | 0,52 | Chèvre. | Chèvre de 3 ans. Lait de 9 jours. |
| Id. | » | 12,3 | 3,85 | 2,2 | 4,8 | 1,45 | Id. | La même. Lait de 14 jours. |
| Id. | » | 9,7 | 3,55 | 1,9 | 3,55 | 0,7 | Id. | La même. Lait de 1 mois. |

Laits artificiels. — Liebig a proposé de substituer au lait de femme, dans les cas où l'on ne saurait se le procurer pour nourrir le jeune enfant, un lait artificiel préparé comme il suit :

On fait bouillir 16 grammes de farine de blé avec 160 grammes de bon lait de vache; quand on a ainsi une bouillie homogène, on laisse refroidir à 35°, et on ajoute 16 grammes d'orge germée récemment broyée, délayée dans 12 grammes d'eau tiède, alcalinisée de 18 % de bicarbonate de potasse. Le vase est alors laissé dans de l'eau tiède 15 à 20 minutes, au bout desquelles le mélange a perdu sa consistance première. On fait bouillir alors quelques instants et on passe à travers un fin tamis.

Ce lait paraît être préparé et employé en grand en Angleterre, en Allemagne et aux États-Unis.

M. Coulier, dans son article Lait du *Diction-*

naire encyclopédique des sciences médicales, propose le mélange ci-dessous, qui aurait, suivant cet auteur, la composition moyenne du lait de femme :

| | |
|---|---|
| Lait de vache non écrémé | 600,0 |
| Crème | 13,0 |
| Sucre de lait | 15,0 |
| Phosphate de chaux précipité | 1,5 |
| Eau | 339,5 |

*La farine Nestlé*, qui réussit très-bien aux jeunes enfants, n'est autre qu'un mélange desséché dans le vide de lait de vache, de sucre et de croûte de pain, mélange ayant à très-peu près la composition du lait de femme.

On conçoit d'ailleurs qu'on ne devra employer ces laits que quand l'allaitement naturel sera impossible ou insuffisant, l'estomac humain, comme nous l'avons vu, digérant moins aisément les matières protéiques du lait de vache que celles du lait de femme; on doit toujours se rappeler, du reste, que nous ne connaissons qu'imparfaitement encore la composition et la nature des substances qui entrent dans chaque lait. D'ailleurs, ces laits ne sauraient *dans les premiers jours* remplacer le colostrum, dont la composition est entièrement différente.

A. G.

**LAITIER.** — Le nom de laitier est appliqué aux silicates terreux qui sortent des hauts-fourneaux. La proportion de silice contenue dans les laitiers est très-variable : l'allure du four, la nature des minerais traités, ont une grande influence sur la composition d'une matière fondue dans laquelle on s'efforce, par une bonne composition du lit de fusion, de concentrer les matières inutiles et surtout les corps nuisibles à la qualité des fontes.

Les laitiers sont d'un grand secours pour apprécier les modifications qui s'opèrent dans l'allure d'un haut-fourneau, soit par la manière dont ils coulent, soit par leur aspect après le refroidissement. Ils doivent former un jet un peu visqueux et non interrompu.

Les laitiers verts contiennent du protoxyde de fer, la teinte violette qu'ils présentent quelquefois est due au manganèse.

Une forte proportion de soufre donne aux laitiers une coloration bleue : les laitiers sulfurés présentent souvent des zones dans lesquelles dominent les sulfures. On a observé des laitiers contenant plus de 2 % de soufre : cette forte teneur ne se rencontre que dans des laitiers très-riches en protoxyde de manganèse, 7 à 8 %.

Les laitiers refroidis lentement sont terreux, un refroidissement rapide les rend vitreux ou bulleux.

Les laitiers ne contiennent une quantité notable d'oxyde de fer qu'à la suite de dérangements dans l'allure des hauts-fourneaux, quelquefois, cependant, ce passage d'une partie de l'oxyde de fer dans les laitiers est régulier et réglé dans le but d'y faire passer une partie du phosphore pour obtenir des fontes moins impures.

Les minerais inférieurs ne peuvent être passés au haut-fourneau qu'avec un excès de castine; dans ce cas, c'est la nécessité de conserver aux laitiers une certaine fluidité qui impose une limite à l'emploi de ce fondant.

Les laitiers sont attaqués complétement après porphyrisation par l'acide chlorhydrique et l'acide nitrique.

Nous allons présenter les résultats d'analyses d'un certain nombre de laitiers, pour établir que, dans les laitiers des hauts-fourneaux chauffés au charbon de bois, la silice contient environ deux fois autant d'oxygène que les bases, tandis que ceux préparés à plus haute température dans les hauts-fourneaux chauffés au coke renferment une proportion beaucoup plus forte des bases.

I. *Laitiers provenant des hauts-fourneaux au bois.* — 1° *Minerais oxydés.* — Le laitier d'un haut-fourneau dans lequel on fond des minerais très-purs a donné :

| | |
|---|---|
| Silice | 0,444 |
| Chaux | 0,284 |
| Magnésie | 0,016 |
| Alumine | 0,170 |
| Protoxyde de fer | 0,044 |
| — de manganèse | 0,020 |
| | 0,978 |

Le laitier provenant du traitement d'un minerai très-alumineux, avec addition de castine et d'herbue, a donné :

| | |
|---|---|
| Silice | 0,454 |
| Chaux | 0,274 |
| Magnésie | 0,024 |
| Alumine | 0,182 |
| Protoxyde de fer | 0,045 |
| | 0,979 |

Le laitier provenant de la fonte d'un minerai des prairies très-phosphoreux a donné :

| | |
|---|---|
| Silice | 0,636 |
| Chaux | 0,240 |
| Magnésie | 0,012 |
| Alumine | 0,038 |
| Protoxyde de fer | 0,017 |
| — de manganèse | 0,039 |

2° *Minerais carbonatés.* — La fonte d'un minerai de fer spathique a donné un laitier très-siliceux :

| | |
|---|---|
| Silice | 0,710 |
| Chaux | 0,072 |
| Magnésie | 0,052 |
| Alumine | 0,025 |
| Protoxyde de fer | 0,050 |
| — de manganèse | 0,065 |

La fonte d'un fer spathique très-manganésifère a donné :

| | |
|---|---|
| Silice | 0,538 |
| Chaux | 0,056 |
| Magnésie | 0,090 |
| Alumine | 0,034 |
| Protoxyde de fer | 0,014 |
| — de manganèse | 0,202 |

Un haut-fourneau au bois d'Edsken (Suède), marchant en fonte aciéreuse pour Bessemer, a donné un laitier moins riche en silice :

| | |
|---|---|
| Silice | 0,463 |
| Chaux | 0,386 |
| Magnésie | 0,074 |
| Alumine | 0,043 |
| Protoxyde de fer | 0,009 |
| — de manganèse | 0,018 |

II. *Laitiers provenant des hauts-fourneaux au coke.* — Les variations de composition étant compatibles avec une allure normale, nous nous bornerons à indiquer pour un même haut-fourneau, soufflé à l'air froid ou à l'air chaud, la composition des laitiers lorsqu'on marche en fonte grise, truitée ou blanche.

1er exemple. — Des variations de composition des laitiers en rapport avec la nature de la fonte produite.

| | a. Marche en fonte grise. | b. Marche en fonte blanche. |
|---|---|---|
| Silice | 0,366 | 0,378 |
| Chaux | 0,348 | 0,370 |
| Magnésie | 0,048 | 0,032 |
| Alumine | 0,184 | 0,158 |
| Protoxyde de fer | 0,020 | 0,044 |

2e exemple.

| | a. Marche en fonte truitée grise. | b. Marche en fonte grise. | c. Marche en fonte truitée blanche. |
|---|---|---|---|
| Silice | 0,378 | 0,401 | 0,405 |
| Chaux | 0,485 | 0,493 | 0,495 |
| Alumine | 0,137 | 0,104 | 0,099 |

3e exemple.

| | a. Haut-fourneau soufflé à l'air froid. | b. Haut-fourneau soufflé à l'air chaud. |
|---|---|---|
| Silice | 0,395 | 0,380 |
| Chaux | 0,325 | 0,357 |
| Magnésie | 0,034 | 0,076 |
| Alumine | 0,151 | 0,141 |
| Protoxyde de fer | 0,020 | 0,012 |
| — de manganèse | 0,028 | 0,004 |

4e exemple.

| | a. Haut-fourneau soufflé à l'air chaud marchant en fonte blanche d'affinage. | b. Haut-fourneau soufflé à l'air chaud marchant en fonte grise de moulage. |
|---|---|---|
| Silice | 0,418 | 0,384 |
| Chaux | 0,309 | 0,328 |
| Magnésie | 0,047 | 0,074 |
| Alumine | 0,147 | 0,151 |
| Protoxyde de fer | 0,026 | 0,006 |
| — de manganèse | 0,012 | 0,016 |

P. H.

**LAITON.** — Le laiton est un alliage composé essentiellement de cuivre et de zinc. Ces deux métaux s'unissent en toutes proportions en dégageant de la chaleur.

Allié au zinc, le cuivre conserve ses principales qualités, il est moins altérable à l'air humide, il résiste mieux à l'user, il est plus fusible, et enfin il est moins cher que ce métal pur. On peut d'ailleurs faire varier les qualités du laiton : l'alliage est dit *sec* lorsqu'il se laisse scier, perforer et travailler au tour. On donne de la sécheresse au laiton en ajoutant au cuivre et au zinc une petite quantité de plomb et un peu d'étain dans le laiton destiné à la gravure. Le laiton contenant une forte proportion de cuivre est d'une remarquable malléabilité, il est très-ductile et très-tenace, mais il empâte les outils, il est ce qu'on appelle *gras*.

La malléabilité du laiton ne varie pas seulement avec sa composition. Certains laitons ne sont malléables qu'à froid, d'autres seulement à chaud. Une température voisine du point de fusion de l'alliage le rend très-cassant. Le laiton se prête bien à l'estampage, mais il faut le recuire de temps en temps. On donne aux ouvrages estampés en laiton la surface jaune mat, pâle et agréable à l'œil, par des décapages à l'acide nitrique.

Les alliages de zinc et de cuivre offrent les couleurs les plus variées du rouge jaunâtre au gris. La couleur se rapproche un peu de celle de l'or pour les alliages qui contiennent 20 % de zinc. Une proportion plus forte de zinc donne à l'alliage une teinte verdâtre ou grise.

Le laiton destiné au moulage doit renfermer une forte proportion de zinc, de 40 à 50 %; le laiton qu'on travaille au laminoir, à la filière et au marteau, renferme de 33 à 34 % de zinc, le chrysocale ne contient que 20 % de zinc;

La fabrication du laiton est aujourd'hui très-simple; l'ancien procédé de cémentation est universellement remplacé par l'alliage direct des deux métaux. On opère dans des creusets ou sur la sole d'un four à réverbère. Les creusets sont chauffés au coke dans des fours circulaires ou carrés, les lingots de cuivre sont introduits dans les creusets après avoir été portés au rouge, et le zinc est ajouté au cuivre dès qu'il est fondu. L'alliage est débarrassé des crasses et versé dans des moules en sable, ou dans des lingotières fermées en fer, ou dans des moules en granit.

Lorsqu'on se sert du four à réverbère, on incorpore le zinc au cuivre fondu et on coule l'alliage dans une poche de fonderie dès qu'une prise d'essai présente l'aspect voulu pour l'alliage particulier que l'on fabrique. Quand le laiton doit être laminé, on le coule en plaques qu'on découpe en bandes à la cisaille pour le passer à froid au laminoir. Le métal doit être soumis à un recuit en four spécial après 2 ou 3 passes.

L'ancien procédé de fabrication du laiton a cessé d'être pratiqué depuis les progrès récents de l'extraction du zinc métallique. Ce procédé est quelquefois désigné sous le nom de procédé par cémentation, et le laiton obtenu sous celui de laiton à la calamine, très-recherché pour certaines applications à l'époque où le zinc métallique était toujours de mauvaise qualité.

On chauffait un mélange de calamine, de charbon et de cuivre à une température inférieure au point de fusion du cuivre, mais assez élevée pour réduire l'oxyde de zinc; le métal se transformait alors en laiton par une véritable cémentation. Ce travail, pour être régulier, exige que le cuivre reste disséminé au milieu de la charge. On était arrivé à éviter de grandes pertes en zinc en réalisant la réduction dans des creusets chauffés dans des fours spéciaux. Ces fours, dans lesquels on pouvait chauffer neuf creusets à la fois, avaient la forme d'une chambre circulaire, fermées à la partie inférieure par une plaque de fonte garnie d'argile et portant 12 tuyères symétriquement placées. La plaque de fonte servait de sole. Le four n'avait pas de cheminée, et l'ouverture supérieure pouvait se fermer à l'aide d'un couvercle. Le four était toujours chauffé à la houille.

La calamine était grillée, puis réduite en poussière très-fine. Le cuivre était à l'état de mitraille rouge ou de cuivre rosette très-poreux. Cette fabrication du laiton ne produisait aucune scorie, quand on portait le métal en fusion; il était recouvert par les matières étrangères infusibles à la température du four à laiton.

Le laiton préparé au moyen de la calamine ne pouvait renfermer plus de 27 à 28 % de zinc. On ne parvenait même pas à obtenir une aussi forte teneur en zinc en une seule opération : on fabriquait d'abord un alliage à 20 % de zinc connu sous le nom d'arcot, qu'on traitait ensuite comme du cuivre neuf par une nouvelle quantité de calamine. P. H.

**LAMPADITE** (Min.). — Wad cuprifère renfermant jusqu'à 16 % de CuO. — Voyez Wad.

**LAMPROPHANE** (Min.). — Substance en lames minces clivables, blanche, d'un vif éclat nacré, trouvée à Longbanshyttan (Warmeland, Suède). D'après Igelström, elle renferme :

$$SO^3 = 11,17;\ PbO = 28,0;\ MnO = 7,9;$$
$$MgO = 5,26;\ CaO = 24,65;$$
$$Na^2O + K^2O = 14,02;\ H^2O = 8,35.\ \text{Total} = 99,35.$$

Dureté, 3; poussière blanche. Densité, 3,07.

*Caractères.* — Partiellement soluble dans les acides. Au chalumeau, donne de l'eau. Avec la soude sur le charbon, donne un globule de plomb et une masse hépatique.

**LANARKITE** (Min.). — Sulfato-carbonate de plomb, $PbSO^4, PbCO^3$. Cristaux verdâtres ou jaune pâle, allongés et groupés en faisceaux; d'un vif éclat, nacré sur la face de clivage (*p*). Les lames minces sont flexibles. Substance rare accompagnant, à Leadhills, la calédonite, la linarite, la leadhillite, etc.

*Caractères.* — Attaquable par l'acide azotique avec effervescence, et mise en liberté de sulfate de plomb. Sur le charbon, se réduit facilement en un globule de plomb. Avec la soude sur le charbon, donne une masse hépatique.

Dureté, 2 à 2,5; poussière blanche. Densité, 6,3 à 6,4.

*Forme cristalline.* — Prisme clinorhombique, $m\,m = 85°48'$. $p\,a^1 = 120°45$. Clivage parfait $p$; $a^1$ moins parfait. Les autres faces sont d'ordinaire arrondies. F. et S.

**LANCASTÉRITE** (Min.) [Syn. *Hydromagnésite*]. — Hydrocarbonate de magnésie,

$$4\,MgO, 3\,CO^2, 4\,H^2O.$$

Petits cristaux blancs, d'un éclat vitreux ou nacré, ordinairement en touffes aciculaires et masses terreuses, dans la serpentine à Hrubschits (Moravie), et à Texas (Lancaster C°). La brucite d'Hoboken se change fréquemment à l'air en un hydrocarbonate de magnésie pulvérulent ayant la composition de la lancastérite.

*Caractères.* — Soluble dans les acides avec effervescence, lentement à froid. Dans le tube, donne de l'eau et de l'acide carbonique; au chalumeau, ne fond pas, mais blanchit; et l'essai devient alcalin.

Dureté, 3,5. Fragile; poussière blanche. Densité, 2,15 à 2,18.

*Forme cristalline.* — Prismes clinorhombiques, $mm = 87°52'$ à $88°$, $d^1 h^1 = 113°\,1/2$ à $112°$. F. et S.

**LANGITE** (Min.). — Sous-sulfate de cuivre, $4CuO, SO^3, 4H^2O$ (Pisani). D'après M. Maskelyne, il y a $5\,H^2O$. Petits cristaux agglomérés en masses fibreuses ou laminaires, concrétionnées, avec une surface terreuse; d'un bleu vif passant au bleu verdâtre. Trouvé dans un schiste argileux du Cornouailles. On a donné le nom de devilline et de lyellite à la même substance mélangée avec du gypse.

*Caractères.* — Soluble dans les acides et dans l'ammoniaque. Sur le charbon, donne de l'eau, des fumées acides et du cuivre métallique. Dans le tube, devient d'abord d'un beau vert, puis noir.

Dureté, 2,5 à 3; poussière d'un beau bleu clair. Densité, 3,48 à 3,50.

*Forme cristalline.* — Prisme orthorhombique, $m\,m = 123°44'$. $p\,a^1 = 147°36'$. Macles fréquentes semblables à celles de l'arragonite, parallèles à $m$. Clivages $p$ et $g^1$. F. et S.

**LANTANURIQUE (ACIDE)**, $(C^3H^4Az^2O^3)$ (?) [Schlieper, *Ann. der Chem. u. Pharm.*, t. LXVII, p. 216]. Cet acide, qui paraît être identique, d'après Gerhardt, avec l'acide allanturique, prend naissance dans l'action du ferricyanure de potassium et de la potasse sur l'acide urique. On neutralise le produit de la réaction par l'acide acétique, on évapore à cristallisation, et on précipite les eaux mères des cristaux par l'alcool. La solution alcoolique laisse, par l'évaporation, un sirop très-soluble dans l'eau. On ajoute à la solution du sirop de l'acétate de plomb pour précipiter une certaine quantité d'acide oxalique, on filtre et on ajoute de l'ammoniaque au liquide filtré. Le précipité qui se forme, délayé dans l'eau et décomposé par l'hydrogène sulfuré, fournit l'acide lantanurique sous la forme d'une masse gommeuse très-soluble dans l'eau et insoluble dans l'alcool absolu.

Il paraît donner deux sels potassiques : le sel neutre est incristallisable, tandis que le sel acide est en croûtes cristallines de la formule

$$C^3H^3KAz^2O^3 + C^3H^4Az^2O^3 + 2\,H^2O$$

(Gmelin).

Le sel plombique, qui est peu soluble dans l'eau même bouillante, se dissout au contraire très-facilement dans l'acide acétique et dans le sous-acétate de plomb. Il paraît renfermer

$$C^3H^2Pb\,Az^2O^3.$$

Le sel d'argent est un précipité qui contient 52,93 % d'argent. A. H.

**LANTHANE**, $La = 90,18$. — Métal découvert en 1839 par Mosander, et accompagnant le cérium et le didyme dans la cérite, l'euxénite, la monazite, le gadolinite, etc. Il avait longtemps échappé à la sagacité de Mosander, qui avait prévu son existence dans ses recherches sur le cérium; son nom dérive de Λανθάνειν, rester caché [*Poggend. Ann.*, t. XLVI, p. 648, t. XLVII, p. 207, et t. LVI, p. 504; *Ann. de Chim. et de Phys.*, (3), t. XI, p. 464]. Les principaux auteurs qui se sont occupés du lanthane après Mosander sont : Marignac [*Ann. de Chim. et de Phys.*, (3), t. XXVII, p. 209], Choubine [*Journ. für prakt. Chem.*, t. XXVI, p. 443], Holzmann [*ibid.*, t. LXXV, p. 321], Czudnowicz [*ibid.*, t. LXXX, p. 311], Hermann [*ibid.*, t. LXXXII, p. 385], et Zschiesche [*ibid.*, t. CVII, p. 65, et *Bull. de la Soc. chim.*, 1870, t. XIII, p. 232].

L'extraction simultanée des trois oxydes de cérium, de didyme et de lanthane a été décrite t. I, p. 792, ainsi que la séparation de l'oxyde de cérium des deux autres oxydes. On a indiqué de même la séparation des oxydes de lanthane et de didyme, t. I, p. 1156; il ne nous reste qu'à indiquer la marche à suivre pour obtenir le lanthane aussi exempt que possible de didyme.

Le sulfate de lanthane qui se dépose par l'action d'une température de 35° à 40° de la solution faite à froid des sulfates de lanthane et de didyme n'est pas encore exempt de didyme. Après avoir lavé les cristaux avec quelques gouttes d'eau, on les calcine de nouveau et l'on recommence la même opération, c'est-à-dire qu'on les dissout dans de l'eau à 0°, maintenue froide, puis qu'on chauffe la solution vers 40°; le sulfate lanthanique devenant insoluble se précipite, tandis que celui de didyme reste dissous. Il faut répéter cette opération jusqu'à ce que les eaux mères des cristaux de sulfate donnent par la dessiccation un résidu incolore (Marignac). Du reste, on peut s'assurer avec certitude de l'absence de didyme en examinant le spectre d'absorption du sel qui ne doit plus donner les raies du didyme (voyez t. I, p. 1160, et la planche coloriée jointe à l'article Analyse spectrale, t. I, p. 296). Aussi est-il plus facile de s'assurer de la pureté d'un sel de lanthane que de celle d'un sel de didyme.

La séparation des oxydes de lanthane et de didyme peut aussi se faire par précipitation fractionnée par l'acide oxalique (qui précipite d'abord l'oxyde de didyme), toujours en faisant usage du spectroscope. Lorsqu'on précipite la solution de ces oxydes par de l'acide oxalique ajouté peu à peu, il arrive un moment où la liqueur surnageante ne donne plus les raies du didyme et où elle fournit pourtant encore un précipité. Celui-ci est beaucoup moins coloré, mais sa solution dans l'acide nitrique indique pourtant encore les raies du didyme; il faut donc répéter la même opération jusqu'à ce que ces raies d'absorption ne se manifestent plus. On arrive ainsi à obtenir un sel de lanthane parfaitement exempt de didyme (Zschiesche).

Holzmann sépare les oxalates de lanthane et de didyme en les dissolvant dans de l'acide azotique moyennement concentré et chaud. Par le refroidissement, il se dépose des cristaux rouge-améthyste (oxalate de didyme) et les eaux mères sont incolores; on en précipite le lanthane en neutralisant par de l'ammoniaque étendue. Le précipité renfermant le lanthane est soumis à plusieurs traitements semblables [*Zeitsch. Chem. Pharm.*, 1862, p. 668].

Enfin, Cl. Winckler sépare le lanthane, le didyme et le cérium, en traitant le mélange de leurs sels, aussi neutres que possible, par de l'oxyde de mercure précipité, et ajoutant ensuite peu à peu une solution étendue de permanganate de potassium, aussi longtemps que celui-ci est décoloré; le lanthane reste en dissolution, avec des traces de didyme, tandis que le précipité renferme, outre l'oxyde de mercure et l'oxyde de manganèse, les peroxydes de cérium et de didyme qu'on sépare ensuite facilement. La solution renfermant le lanthane est ensuite précipitée par l'acide oxalique, après la séparation de l'oxyde de mercure par l'hydrogène sulfuré. Lorsque le mélange est exempt de cérium, la précipitation du peroxyde de didyme est beaucoup moins complète [*Journ. für prakt. Chem.*, t. XCV, p. 410].

L'histoire du lanthane est encore assez obscure, par suite de la difficulté d'obtenir ses composés à l'état de pureté. Aussi beaucoup des indications données par les auteurs portent-elles sur des combinaisons de lanthane renfermant encore du didyme.

Lanthane métallique. — L'oxyde de lanthane n'est pas réduit par le potassium; mais le chlorure de lanthane, desséché dans un courant d'acide chlorhydrique sec, est facilement réduit par le sodium ou le potassium. On lave le produit de la réaction à l'alcool à 90 centièmes, et l'on dessèche le résidu dans le vide. C'est une poudre métallique gris de plomb se réunissant sous le brunissoir en paillettes cohérentes, d'un éclat métallique, douces au toucher.

Il décompose lentement l'eau à froid, avec dégagement d'hydrogène, beaucoup plus rapidement à chaud; il se transforme ainsi en un hydrate gélatineux. Chauffé à l'air, il s'enflamme en donnant de l'oxyde de lanthane (Mosander).

*Poids atomique du lanthane.* — Les déterminations des divers auteurs présentent de grandes divergences. Mosander avait trouvé qu'il est un peu plus faible que celui du cérium. Les premiers auteurs avaient trouvé les nombres 88,6 (Rammelsberg); 72,3 (Choubine, Otto); ce dernier nombre est évidemment beaucoup trop faible. Marignac, en faisant l'analyse du sulfate de lanthane, est arrivé au nombre 94, mais il a reconnu plus tard que ce nombre doit être trop fort, parce que le précipité de sulfate de baryte entraîne du lanthane qu'il est impossible d'enlever par lavages. Holzmann a obtenu de même les nombres 92,2 et 93,2; Hermann, le nombre 92,8; enfin Zschiesche, qui paraît avoir obtenu le lanthane aussi exempt que possible de didyme, a été conduit en décomposant le sulfate par la chaleur à un nombre plus faible, 90,18.

Protoxyde de lanthane, $LaO$. — Poudre blanche, rougeâtre quand elle renferme du didyme, qu'on obtient par la calcination de l'hydrate, du carbonate, de l'oxalate ou de l'azotate de lanthane. La calcination ne l'altère pas. Il n'est pas réduit par un courant d'hydrogène.

L'*hydrate de lanthane* se forme par la combinaison directe de l'oxyde avec l'eau, surtout à 100°; si cet oxyde est compacte, il s'éteint à la manière de la chaux en devenant plus volumineux et d'un blanc de neige. On obtient aussi cet hydrate à l'état gélatineux, en précipitant un sel de lanthane par la potasse; ce précipité est difficile à laver.

L'hydrate de lanthane possède une réaction alcaline et il chasse l'ammoniaque de ses sels. Il attire l'acide carbonique de l'air en devenant pulvérulent.

L'hydrate, aussi bien que l'oxyde calciné, se dissolvent facilement dans les acides étendus (Mosander).

Peroxyde de lanthane. — Hermann admet l'existence d'un peroxyde de lanthane qui aurait pour composition $La^{64}O^{65}$ et qui se formerait par la calcination du carbonate de lanthane à l'air; cet oxyde dégage du chlore par l'action de l'acide chlorhydrique et de l'oxygène par l'action des autres acides. Zschiesche n'admet pas l'existence de ce peroxyde, car l'oxyde de lanthane pur ne se modifie pas par la calcination à l'air.

Chlorure de lanthane, $LaCl^2$. — L'oxyde de lanthane se dissout facilement dans l'acide chlorhydrique; la solution évaporée à sec, au bain-marie, laisse un résidu se dissolvant de nouveau facilement dans l'eau; si ce résidu est chauffé plus fortement, il se forme un oxychlorure et le résidu ne se redissout qu'incomplétement. Cet oxychlorure renferme $3\,LaO.LaCl^2$, d'après Hermann.

La solution neutre du chlorure évaporée à consistance sirupeuse fournit de volumineux cristaux incolores non déliquescents (déliquescents d'après Hermann), ce qui les distingue des cristaux de chlorure de didyme. Ces cristaux, d'après Zschiesche, renferment $5H^2O$; Hermann y avait trouvé $4H^2O$.

On obtient ce chlorure à l'état fondu par la calcination du chlorure double de lanthane et d'ammonium; c'est une masse cristalline radiée, soluble dans l'alcool (Hermann).

*Chlorure double de lanthane et de mercure,*

$$LaCl^2.3HgCl^2 + 8H^2O.$$

— Cristaux cubiques solubles, mais non déliquescents [Marignac, *Ann. des Mines*, (5), t. XV, p. 272].

Fluorure de lanthane. — Précipité floconneux peu soluble dans l'acide chlorhydrique (Hermann).

Cyanure. *Platinocyanure de lanthane.* — Voyez t. I, p. 1116.

Sulfure de lanthane. — L'oxyde de lanthane, calciné dans un courant de sulfure de carbone, donne une masse jaune, décomposable par l'eau en hydrogène sulfuré et hydrate de lanthane (Mosander).

Carbure de lanthane. — Ressemble au carbure de cérium, et s'obtient comme lui.

### SELS DE LANTHANE.

Azotate de lanthane, $(AzO^3)^2La$. — Ce sel est soluble dans l'eau et dans l'alcool. Sa solution sirupeuse laisse déposer des cristaux prismatiques appartenant au type anorthique (Czudnowicz); ces cristaux tombent en déliquescence à l'air humide. Évaporée sur de l'acide sulfurique, la solution de ce sel laisse une masse cristalline radiée, renfermant une molécule d'eau de cristallisation.

Calciné, l'azotate de lanthane se transforme d'abord en un azotate basique, peu soluble, et finalement en oxyde.

*Azotate de lanthane et de magnésium,*

$$(AzO^3)^4LaMg + 8H^2O.$$

— Cristaux blancs, solubles, ne se déshydratant pas sans décomposition (Holzmann). Ce sont des rhomboèdres de 109°7′ (Des Cloizeaux). Il existe un *azotate de lanthane et de zinc* isomorphe avec celui-ci.

Bromate de lanthane, $(BrO^3)^2La + 5H^2O$. — Prismes hexagonaux (Marignac); il perd 18 % d'eau à 100°, et le reste, 2,5 % à 160°. Calciné, il perd de l'oxygène et du brome et laisse un résidu de bromure et d'oxyde de lanthane.

Carbonate de lanthane. — Les carbonates alcalins donnent dans les sels de lanthane un précipité formé de lamelles brillantes, si la précipitation se fait à chaud, et un précipité terreux à froid (Bolley). Le précipité obtenu avec les carbonates neutres renferme $CO^3La.2LaO + H^2O$; celui obtenu par les bicarbonates renferme

$$CO^3La.LaO + 5H^2O$$

(Holzmann). Ces carbonates ne perdent tout leur acide carbonique que par une calcination prolongée (Mosander).

Le carbonate de lanthane est magnétique; le lanthane est donc un métal magnétique, mais son magnétisme rotatoire est plus faible que celui de l'eau [Verdet, *Ann. de Chim. et de Phys.*, (3), t. LII, p. 159].

On rencontre dans la nature un carbonate de lanthane, le *lanthanite*, qui renferme

$$CO^3La + 3H^2O.$$

IODATE DE LANTHANE, $(IO^3)^2La + H^2O$. — Précipité amorphe, soluble dans l'eau bouillante, qui l'abandonne par le refroidissement en lamelles cristallines blanches (Holzmann).

PHOSPHATE DE LANTHANE. — Précipité blanc insoluble dans l'eau, soluble dans les acides (Chouoine). L'acide phosphorique donne avec le sulfate de lanthane, à froid, un précipité floconneux qui constitue un phosphate acide; à chaud, il se forme un précipité pulvérulent blanc $(PO^4)^2La^3$ (Hermann).

SULFATE DE LANTHANE, $SO^4La$. — Le sulfate de lanthane cristallise en petits prismes à six faces terminés par des pyramides. La forme primitive est, d'après Marignac [*Ann. de Chim. et de Phys.*, (3), t. XXVII, p. 227], un prisme orthorhombique: angle de prisme = 119°30'; d'après Des Cloizeaux, il appartient au système hexagonal. Il renferme $3H^2O$. Ce sel présente, comme les sulfates d'yttrium, de thorium et d'autres métaux de la même classe, la propriété d'être beaucoup moins soluble dans l'eau chaude que dans l'eau froide.

A 13°, une partie de sulfate de lanthane anhydre exige moins de 6 p. d'eau pour se dissoudre; à 23° il en exige 42 p., et à 100° environ 115 p. La solution saturée à froid ne dépose rien à froid par un repos prolongé; mais si on la chauffe, elle se *prend en une bouillie cristalline*; une fois que cette cristallisation a commencé, elle se propage avec une grande rapidité.

Le sulfate de lanthane cristallisé ne se dissout que lentement dans l'eau froide, mais le sulfate déshydraté traité par un peu d'eau froide s'y combine avec élévation de température en formant une croûte cristalline très-lente à se dissoudre; il faut, pour dissoudre le sel anhydre, éviter cette élévation de température (Mosander).

Le sel qui cristallise par l'évaporation de sa solution à basse température renferme $3H^2O$, comme celui qui se dépose par l'action de la chaleur (Czudnowicz). Il ne perd toute son eau qu'à 230°(Zschiesche). Chauffé au rouge, il donne d'abord un sulfate basique (Mosander), mais chauffé plus longtemps, il se transforme en oxyde.

On obtient un sulfate basique en ajoutant un peu d'ammoniaque à la solution du sel neutre.

*Sulfate lanthano-potassique*, $(SO^4)^2K^2La$. — Ce sel double est assez peu soluble, surtout en présence d'un excès de sulfate de potassium (Mosander).

SELS ORGANIQUES DE LANTHANE. — *Acétate*,

$$(C^2H^3O^2)^2La^2 + 2H^2O.$$

— Aiguilles incolores obtenues par dissolution de l'oxyde de lanthane dans l'acide acétique. Il se décompose déjà à 120° [Hermann, *Journ. für prakt. Chem.*, t. CV, p. 40; *Répert. de Chim. pure*, 1860, t. II, p. 321]. Il appartient au type anorthique (Czudnowicz).

*Benzoate de lanthane*, $(C^7H^5O^2)^2La + 2H^2O$. — Cristallin et grenu, perd son eau à 100°, soluble dans un excès de sulfate de lanthane, mais non dans un excès de benzoate alcalin (Hermann).

*Citrate de lanthane*, $(C^6H^5O^7)^2La^3 + 7H^2O$. — Précipité d'abord amorphe, puis cristallin, soluble dans les acides et dans le citrate d'ammonium. Il retient $5H^2O$ à 100° (Hermann).

*Hippurate de lanthane*,

$$(C^9H^8AzO^3)^2La + 3H^2O.$$

— Belles aiguilles microscopiques (Hermann).

*Oxalate de lanthane*, $C^2O^4La + 3H^2O$. — Précipité cristallin, insoluble dans l'eau, peu soluble dans les acides, se déshydratant sans décomposition à 180° (Czudnowicz). D'après Hermann, il est anhydre à 100°. Il est tout à fait incolore et se décompose sous l'influence de la chaleur en donnant d'abord du carbonate, puis de l'oxyde (Zschiesche).

*Succinate de lanthane*, $2C^4H^4O^4La + 3H^2O$ — Précipité grenu, formé d'aiguilles microscopiques, solubles dans les acides et dans le tartrate ammonique. Il perd son eau à 150° (Hermann).

*Tartrate de lanthane*, $(C^4H^4O^6)La + 6H^2O$. — Précipité amorphe, soluble dans le tartrate ammonique, anhydre à 100° (Hermann).

CARACTÈRES DES SELS DE LANTHANE. — Les sels de lanthane, qui se préparent par dissolution de l'oxyde ou du carbonate dans les acides ou de l'oxyde dans les sels ammoniacaux, sont incolores lorsqu'ils sont exempts de didyme et que l'acide lui-même n'est pas coloré. Ils ont une saveur faiblement astringente et sucrée. Ils ont une grande tendance à former des sels basiques, par exemple par l'addition d'ammoniaque aux sels neutres. Quelques-uns de ces sels basiques insolubles traversent les filtres avec une grande facilité. Exposés à l'air, ils donnent du carbonate de lanthane et le sel neutre correspondant.

L'*hydrogène sulfuré* ne précipite pas les sels de lanthane.

La *potasse* et les *sulfures alcalins* précipitent de l'hydrate de lanthane gélatineux, insoluble dans un excès de potasse.

Les *carbonates alcalins* donnent un précipité blanc insoluble dans l'eau et dans le carbonate ammonique. Le *carbonate de baryum* précipite complétement le lanthane.

*Phosphate de sodium*. — Précipité blanc.

*Oxalate ammonique*. — Précipité blanc insoluble dans l'eau.

La solution acétique d'oxyde de lanthane donne avec l'ammoniaque un précipité mucilagineux qui bleuit par l'iode, à la manière de l'amidon. Les acides et les alcalis font disparaître cette coloration (Damour).

Au chalumeau, avec le *borax*, on obtient une perle incolore qui se trouble facilement.

DOSAGE DU LANTHANE. — Ce dosage se fait à l'état d'oxyde en précipitant le lanthane, soit à l'état d'hydrate, soit à l'état d'oxalate, que l'on calcine.

Quant à la séparation de l'oxyde de lanthane, voyez les procédés d'extraction et de purification, t. I, p. 792 et 1156, et plus haut p. 204. E. W.

**LANTHANITE** (Min.) [Syn. *Carbocérine* (Beudant)]. — Carbonate de lanthane, $CO^3La, 3H^2O$. Se trouve en enduits blancs, roses ou jaunâtres, d'un éclat perlé ou terne, dans les fentes de la cérite, à Bastnaës (Suède); dans un calcaire silurien, avec des minerais de zinc, dans le comté de Lehigh (Pensylvanie), en masses formées de petites tables agrégées; dans une couche de minerai de fer à Moriah (Essex), en croûtes lamellaires et en petits cristaux à quatre pans avec les arêtes remplacées par des biseaux.

*Caractères*. — Avec les acides, fait effervescence. Dans le tube, donne de l'eau. Au chalumeau, blanchit sans fondre, puis devient opaque, argenté et brunâtre. Avec le borax, donne un verre légèrement bleuâtre, rougeâtre, ou améthyste par le refroidissement. Avec le sel de phosphore, un verre bleu, améthyste à chaud, rouge à froid; la perle devient opaque lorsqu'elle a été peu chauffée.

Dureté, 2,5 à 3; poussière blanche. Dureté, 2,6 à 2,66.

*Forme cristalline*. — Prisme orthorhombique. $m\,m = 93°30'$ à 94°; $m\,b^1 = 142°36'$. Il y a un clivage nacré.

F. et S.

**LANTHANOCÉRITE**. — Voyez CÉRITE.

**LANUGINIQUE (ACIDE).** — La laine purifiée successivement par l'alcool, l'éther et l'acide acétique bouillant, se dissout en partie dans une solution concentrée de potasse ou de baryte à l'ébullition [Chevreul, *Chimie appliquée à la teinture*, p. 252]. Il se forme un sel d'où l'on peut retirer un acide azoté, incristallisable, soluble dans l'eau et dans l'alcool, qui est l'acide lanuginique. Le sel de baryte, dont on extrait facilement l'acide à l'aide de l'acide carbonique, présente la composition exprimée par la formule empirique suivante : $C^{38}H^{58}Az^{10}O^{20}Ba$. Le sel de plomb possède la composition correspondante [P. Champion, *Compt. rend.*, t. LXXII, p. 331].

**LAPATHINE.** — Substance retirée par Buchner et Herberger [*Rep. der Pharm.*, t. XXXVIII, p. 337] des racines du *Rumex obtusifolius*; trouvé plus tard par Geiger [*Ann. der Chem. u. Pharm.*, t. IX, p. 304], dans le *Rumex patientia* et nommée par lui *ruminine*. Suivant Thann [*Sitzungsber. der Acad. d. Wissensch zu Wien.*, t. XXXI, p. 26], elle est identique avec l'acide chrysophanique.

**LAPIS-LAZULI.** — Voyez HAUYNE.

**LAQUE.** — Voyez TEINTURE.

**LARDERELLITE** (Min.). — Borate d'ammoniaque, $(AzH^4)^2O, 4Bo^2O^3, 4H^2O$, en petites tables microscopiques rectangulaires et obliques, très-légères, blanches, insipides, se trouvant sur les bords des lagonis de Toscane.

*Caractères.* — Soluble dans l'eau chaude. Avec la potasse, dégage une odeur ammoniacale.

*Forme cristalline.* — Un angle mesuré au microscope a été trouvé de 110°.

**LARDITE.** — Voyez AGALMATOLITHE.

**LARIXINIQUE (ACIDE)**, $C^{10}H^{10}O^5$ [Stenhouse, *Proceed. of the Roy. Soc.*, t. XI, p. 405; *Rép. de Chim. pure*, 1862, p. 312]. — Cet acide isomère avec l'acide opianique a été trouvé par Stenhouse dans l'écorce de mélèze (*Pinus Larix, L.*). Le pin (*Abies excelsa*) et le sapin (*Pinus sylvestris*) n'en renferment pas. Il existe tout formé dans l'écorce. Les arbres qui n'ont pas plus de 20 à 30 ans et les petits rameaux d'arbres plus anciens en contiennent principalement.

Pour préparer l'acide larixinique, on épuise l'écorce de mélèze par de l'eau à 80°, on évapore à la même température la liqueur aqueuse et on distille le résidu sirupeux, qui est riche en acide acétique, dans un appareil en verre, en porcelaine ou en argent. Le récipient se garnit intérieurement d'acide solide et le liquide distillé en fournit encore beaucoup lorsqu'on l'évapore avec précaution. L'acide brut est purifié par cristallisation et sublimation.

Il est en cristaux blancs, ressemblant à l'acide benzoïque, appartenant au type clinorhombique.

Formes observées : $m$; $p$; $g^1$; $e^1$; $e^{3/2}$.

Angles : $mp = 71°58'$; $g^1e^1 = 120°32'$; $g^1e^{3/2} = 111°21'$.

Clivage parallèle à $p$.

Les cristaux obtenus par sublimation sont souvent maclés.

Il fond à 153° et se sublime à l'état sec vers 93°; en solution, il se volatilise même à la température ordinaire. D'une odeur très-faible à froid, il possède une saveur un peu amère et astringente. Il est peu soluble dans l'eau et dans l'éther : 1 partie d'acide exige 87,9 parties d'eau à 60° pour se dissoudre. L'eau bouillante et l'alcool le dissolvent aisément. Sa solution rougit faiblement le tournesol. L'acide sulfurique le dissout sans former d'acide copulé. Chauffé avec du chlorate de potassium et de l'acide chlorhydrique, il ne donne pas de chloranile. L'acide azotique le convertit en acide oxalique, et le brome en une résine incristallisable; il se dégage de l'acide bromhydrique. Les sels de l'acide larixinique sont très-instables et peu connus, de sorte que la formule de l'acide, $C^{10}H^{10}O^5$, n'est qu'une traduction des chiffres trouvés par l'analyse, et ne fixe pas son poids moléculaire.

Le *sel de potassium* est en longs cristaux aplatis d'un brun rougeâtre, qui ne possèdent pas une composition constante et que l'acide carbonique décompose déjà. L'acide produit dans l'eau de baryte un précipité gélatineux renfermant 31,27 % de baryum. Il ne précipite ni l'eau de chaux, ni le sucrate de chaux, pas davantage les sels de plomb, d'argent et de cuivre, mais il colore les derniers en vert-émeraude, et donne avec les sels ferriques une coloration pourpre que l'eau ne détruit pas. Il ne réduit ni les sels d'argent ni ceux de cuivre, et ne produit pas de coloration avec le chlorure de chaux. A. H.

**LASERPITINE**, $C^{24}H^{36}O^7$ [Feldmann, *Ann. der Chem. u. Pharm.*, t. CXXXV, p. 236, et *Bull. de la Soc. chim.*, 1866, t. V, p. 457].

La racine de *Laserpitium latifolium* renferme un principe cristallisé, la *laserpitine*, qu'on extrait de la manière suivante : on fait macérer pendant quelques jours, à 60°, les racines coupées menu avec le double de leur poids d'alcool à 80° C. On répète trois fois cette macération, on distille l'alcool au bain-marie; le résidu, qui offre deux couches, est abandonné dans une capsule. Au bout de quelques jours, la couche supérieure se prend en une bouillie cristalline, qu'on exprime dans du papier. On lave les cristaux à l'alcool faible et froid, puis on redissout dans l'alcool, et on ajoute une solution alcoolique d'acétate de plomb, qui précipite en flocons bruns une résine dont les cristaux sont souillés. Après avoir débarrassé la liqueur filtrée de l'excès de plomb, on l'abandonne à l'évaporation, et on obtient ainsi la laserpitine cristallisée et pure.

La laserpitine pure est inodore et insipide, elle cristallise en prismes rhomboïdaux incolores, fusibles à 114°; elle est insoluble dans l'eau, soluble dans la benzine, l'essence de térébenthine et surtout le chloroforme. Elle se dissout dans 3,6 parties d'éther, 9 parties d'alcool absolu, 21,7 parties d'alcool à 85° C, et 12,3 parties de sulfure de carbone. La solution alcoolique a une saveur amère.

Elle est insoluble dans les alcalis et dans les acides étendus. L'acide sulfurique et l'acide azotique la dissolvent, mais l'eau la précipite inaltérée. Chauffée avec la potasse très-concentrée, elle donne de l'acide angélique et une substance résineuse, très-soluble dans l'alcool; la solution décolorée par le noir animal fournit la substance résineuse, qui devient peu à peu cristalline : celle-ci (*laserol*) est soluble dans les alcalis, d'une odeur et d'une saveur poivrée; elle se forme d'après l'équation

$$\underset{\text{Laserpitine.}}{C^{24}H^{36}O^7} + H^2O = \underset{\text{Laserol.}}{C^{14}H^{22}O^4} + \underset{\text{Acide angélique.}}{2C^5H^8O^2}$$

Avec l'acide chlorhydrique, en tubes scellés, à 250°, la laserpitine fournit une masse brune et poisseuse.

Les racines de *Laserpitium latifolium* donnent une petite quantité d'une essence, qui ne fournit pas d'acide angélique par l'oxydation. E. G.

**LASIONITE.** — Voyez WAVELLITE.

**LASURITE** (Kobell). — Voyez CHESSYLITHE.

**LASYLIQUE (ACIDE).** — Voyez SALICYLIQUE (ACIDE).

**LATIALITHE.** — Voyez HAUYNE.

**LATROBITE** (Min.). — Variété rose d'anorthite venant du Labrador et ressemblant à l'amphodélite. Elle offre trois clivages.

**LAUMONITE** (Min.) [Syn. *Zéolithe efflorescente* (Haüy), *schneiderite* (Meneghini)]. — Silicate hydraté d'alumine et de chaux,

$$CaO, Al^2O^3, 4SiO^2, 4H^2O.$$

La laumonite se trouve en gros cristaux allongés, ou lamellaires, quelquefois en petits enduits, dans les cavités ou les fentes des granites, des syénites, des porphyres, des trachytes, des amygdaloïdes, des basaltes, et dans certains filons métallifères traversant les gneiss, les micaschistes, les schistes argileux. Elle accompagne souvent le calcaire, l'orthose, le quartz, etc., ainsi que diverses autres zéolithes. Elle est blanche, jaunâtre ou rosée, d'un éclat vitreux, transparente ou translucide; elle devient opaque par perte d'eau (1 à 2 °/₀) à l'air et les cristaux de certaines localités tombent en poussière. Dans l'air humide, les cristaux se conservent.

Fig. 348. — Laumonite.

*Caractères.* — Elle est attaquée par l'acide chlorhydrique en faisant gelée. Elle perd environ 3,75 d'eau, ce qui correspondrait à $H^2O$ dans le vide, dans l'air sec, ou jusqu'à 100°; jusqu'à 300°, elle perd encore une molécule d'eau, et le restant ne s'échappe qu'au rouge.

Au chalumeau, bouillonne et fond en un émail blanc.

Dureté, 3,5 pour les cristaux frais; poussière blanche. Densité, 2,25 à 2,36.

*Forme cristalline.* — Prisme clinorhombique, $m\,m = 86°16'$, $p\,m = 104°20'$ $a^1\,h^1 = 125°41'$. Macles parallèles à $h^1$. Clivages parfaits, $g^1$, $m$; moins nets, $h^1$, $a^1$. F. et S.

**LAURÉLIQUE (ACIDE).** — Acide contenu, suivant Grosourdi [*Journ. de Chim. méd.*, (3), t. VI, p. 257, 321 et 385], dans le péricarpe des baies de *Laurus nobilis.*

**LAURÈNE,**

$$C^{11}H^{16} = C^6H^3 \begin{cases} CH^3 \\ CH^3 \\ C^3H^7 \end{cases}$$

— C'est un des produits de décomposition du camphre par le chlorure de zinc. Pour le préparer, on introduit le camphre peu à peu dans du chlorure de zinc chauffé jusqu'à fusion; on distille le produit brut plusieurs fois sur du chlorure de zinc, et on le soumet à un grand nombre de rectifications, effectuées, vers la fin, sur du sodium. La portion passant entre 185° et 188° renferme le *laurène.* C'est un liquide incolore bouillant à 188°, d'une densité de 0,887 à 10°.

Il donne avec le brome un dérivé tribromé

$$C^{11}H^{13}Br^3,$$

fusible à 125° et inattaquable par la potasse alcoolique bouillante. Il est en longues aiguilles solubles dans l'alcool.

L'acide nitrique fournit un dérivé nitré fusible à 84°.

L'acide chromique oxyde le laurène; il ne se forme que les acides acétique et oxalique.

L'acide azotique étendu fournit l'acide lauroxylique $C^9H^{10}O^2$. La formation de cet acide a permis d'établir la constitution du laurène [Fittig, Koebrich et Jilke, *Ann. der Chem. u. Pharm.*, t. CXLV, p. 129; *Bull. de la Soc. chim.*, t. XI, p. 80, 1869]. A. H.

**LAURIER** (Essence de). — Voyez t. I, p. 1279.

**LAURINE**, $C^{22}H^{30}O^3$(?) [Bonastre, *Journ. de Pharm.*, (2), t. X, p. 30, 1824; — Marsson, *Ann. der Chem. u. Pharm.*, t. XLI, p. 329; — Delffs, *Journ. für prakt. Chem.*, t. LVIII, p. 434]. — Substance cristallisée trouvée par Bonastre dans les baies de *Laurus nobilis.* Delffs a indiqué le mode de préparation suivant : on épuise deux à trois fois les baies mondées et pilées par l'alcool bouillant à 85 ou 90 centièmes, et on filtre l'extrait à chaud. Le liquide filtré, étant abandonné pendant quelques jours, dépose de la laurostéarine qu'on sépare par filtration, et fournit par l'évaporation spontanée des cristaux de laurine et des gouttes d'une huile qui s'épaissit rapidement. Les cristaux comprimés entre des doubles de papier buvard et recristallisés fournissent la laurine à l'état de pureté. Elle se présente sous forme de prismes blancs sans odeur ni saveur, qui paraissent appartenir au type rhombique. Insoluble dans l'eau, elle se dissout aisément dans l'alcool et dans l'éther. Les alcalis ne la dissolvent pas. La solution alcoolique est sans action sur le tournesol, et ne précipite ni les sels d'argent ni ceux de plomb. La laurine est volatile sans décomposition. A. H.

**LAURIQUE (ACIDE)** [Syn. *Acide laurostéarique, pichurinstéarique*],

$$C^{12}H^{24}O^2 = C^{11}H^{23},CO^2H$$

[Marsson, *Ann. der Chem. u. Pharm.*, t. XLI, p. 233; — Sthamer, *ibid.*, t. LIII, p. 390; — Görgey, *ibid.*, t. LXVI, p. 290; — W. Heintz, *Pogg. Ann.*, t. XCII, p. 429 et 583, et *Institut.*, 1854, p. 405; — A. C. Oudemans Jun., *Journ. für prakt. Chem.*, t. LXXXI, p. 356, et t. LXXXIX, p. 201, et *Rép. de Chim. appl.*, t. II, p. 390; *Bull. de la Soc. chim.*, 1863, p. 568]. — Cet acide, qui appartient à la classe des acides gras $C^nH^{2n}O^2$, a été trouvé par Marsson dans la matière grasse des baies de laurier (*Laurus nobilis*); on le rencontre dans les fèves péchurines (Sthamer), dans le beurre de coco (Görgey et Oudemans), dans la graisse de *Cylicodaphne sebifera* Bl. [Gorkom, *Rép. de Chim. appl.*, 1860, p. 125], dans la graisse des fruits de *Mangifera gabonensis* (Oudemans), dans l'axine, matière grasse extraite du *Coccus Axin* [Hoppe, *Journ. für prakt. Chem.*, t. LXXX, p. 102], en petite quantité dans le blanc de baleine (Heintz).

L'acide laurique se produit, d'après M. Heintz, quand on chauffe l'éthal brut avec de la chaux-potassée à 275°; l'éthal brut serait un mélange de plusieurs substances parmi lesquelles se trouverait le léthal (alcool laurique $C^{12}H^{26}O$), qui, sous l'influence de la potasse, donnerait l'acide laurique [*Ann. der Chem. u. Pharm.*, t. XCII, p. 299]. Suivant Scharling [*ibid.*, t. XCVI, p. 236], l'acide laurique provient du dédoublement de l'acide palmitique formé par oxydation de l'éthal.

*Préparation de l'acide laurique.* — 1° On saponifie la laurostéarine par la potasse, on ajoute du sel marin pour séparer le savon, on le redissout dans l'eau bouillante, et on le décompose par l'acide tartrique ou chlorhydrique. L'acide laurique vient surnager et se solidifie par le refroidissement. Pour le purifier, on le fond plusieurs fois dans l'eau et on le fait cristalliser dans l'alcool faible.

2° On saponifie le beurre de coco au moyen de la potasse aqueuse ou alcoolique, on décompose le savon par l'acide sulfurique étendu, et on distille avec l'eau aussi longtemps qu'il passe des acides gras. Le liquide distillé est neutralisé par la potasse, concentré et saturé de sel marin ; le savon séparé est redissous dans l'eau et séparé de nouveau par le sel marin, et ce traitement est répété plusieurs fois. Ensuite l'acide est mis en liberté, dissous dans l'ammoniaque et précipité par le chlorure de baryum. Le précipité barytique bouilli avec de l'eau à plusieurs reprises fournit une solution qui dépose, étant encore très-chaude, des flocons blancs de laurate de baryum, qu'on sépare ensuite du caprate de baryum pulvérulent.

3° Lorsqu'il s'agit de séparer l'acide laurique des acides oléique, stéarique, palmitique, myristique, on emploie le procédé suivant, dû à M. Heintz : On débarrasse le mélange acide de l'acide oléique qu'il renferme, en le transformant en sel de plomb, et en traitant ce dernier par l'éther, qui enlève l'oléate. On dissout l'acide gras, isolé du sel de plomb insoluble, dans la plus petite quantité d'alcool bouillant, on laisse refroidir lentement, on filtre et on comprime. L'eau mère, étendue d'alcool et sursaturée d'ammoniaque, est additionnée d'un excès d'acétate de magnésie. Le liquide filtré renferme l'acide laurique mélangé d'acide myristique. L'alcool étant chassé par distillation, on décompose le résidu par l'acide chlorhydrique, et on dissout l'acide gras dans une quantité d'alcool bouillant suffisante pour que rien ne cristallise par le refroidissement. Alors on ajoute par petites portions de l'acétate de baryum. Enfin on isole l'acide gras de ces précipités, et on le purifie par cristallisation dans l'alcool faible.

*Propriétés.* — L'acide laurique est insoluble dans l'eau, mais il se dissout facilement dans l'alcool et dans l'éther. La solution alcoolique possède une réaction acide. Il est volatil avec la vapeur d'eau. L'acide laurique ne cristallise pas dans l'alcool concentré ; ce n'est qu'en refroidissant à 0° la solution concentrée qu'on obtient des mamelons de la grosseur d'une noisette et composés de petits cristaux aciculaires. L'alcool faible et bouillant le dépose sous forme d'aiguilles blanches et soyeuses et réunies en faisceaux. L'acide fondu se solidifie, par le refroidissement, en une masse cristalline presque transparente et friable. Densité de l'acide solide à 20° = 0,883. Le point de fusion varie, suivant les auteurs, de 42° à 45°. Heintz et Oudemans indiquent les deux chiffres concordants 43°,6 et 43°,5.

M. Heintz a déterminé les points de fusion d'une série de mélanges d'acides gras ; nous citerons ceux qui se rapportent à l'acide laurique.

| Acide stéarique. | Acide laurique. | Point de fusion. | Acide palmitique. | Acide laurique. | Point de fusion. | Acide myristique. | Acide laurique. | Point de fusion. | Mélange d'acide myristique (30 p.) et d'acide laurique (70 p.). | Acide stéarique. | Point de fusion. |
|---|---|---|---|---|---|---|---|---|---|---|---|
| 0 | 100 | 43°,6 | 0 | 100 | 43°,6 | 0 | 100 | 43°,6 | 20 | 0 | 35°,1 |
| 10 | 90 | 41 5 | 10 | 90 | 41 5 | 10 | 90 | 41 3 | 20 | 1 | 33 9 |
| 20 | 80 | 38 5 | 20 | 80 | 37 1 | 20 | 80 | 38 5 | 20 | 2 | 33 1 |
| 30 | 70 | 43 4 | 30 | 70 | 38 3 | 30 | 70 | 35 1 | 20 | 3 | 32 2 |
| 40 | 60 | 50 8 | 40 | 60 | 40 1 | 40 | 60 | 36 7 | 20 | 4 | 32 7 |
| 50 | 50 | 55 8 | 50 | 50 | 47 0 | 50 | 50 | 37 1 | 20 | 5 | 33 7 |
| 60 | 40 | 59 0 | 60 | 40 | 51 2 | 60 | 40 | 43 0 | 20 | 6 | 34 6 |
| 70 | 30 | 62 0 | 70 | 30 | 54 5 | 70 | 30 | 46 7 | 20 | 7 | 35 3 |
| 80 | 20 | 64 7 | 80 | 20 | 57 4 | 80 | 20 | 49 6 | 20 | 8 | 36 0 |
| 90 | 10 | 67 0 | 90 | 10 | 59 8 | 90 | 10 | 51 8 | 20 | 9 | 37 3 |
| 100 | 0 | 69 2 | 100 | 0 | 62 0 | 100 | 0 | 53 8 | 20 | 10 | 38 8 |

LAURATES. — L'acide laurique est un acide monobasique. Les sels alcalins se préparent en évaporant l'acide avec un excès de carbonate alcalin et en épuisant le résidu séché à 120° par l'alcool absolu et bouillant ; le sel se dépose, par le refroidissement de la solution alcoolique, sous forme d'une gelée. Les autres sels métalliques se préparent par double décomposition au moyen du sel alcalin : ce sont des précipités blancs ou colorés. Les sels alcalins acides se forment lorsqu'on chauffe le sel neutre avec l'acide libre (molécule pour molécule) en présence de l'alcool. Il ne paraît pas exister de bilaurates pour les autres métaux ; car lorsqu'on essaye de précipiter un bilaurate alcalin par un sel métallique, le précipité est un laurate neutre. — Les laurates sont généralement fusibles. Celui de magnésie fond à 75°. La plupart des autres se ramollissent avant 100°, mais ne fondent que vers 120°.

*Sel acide d'ammonium*,

$$C^{12}H^{23}O^{2}.AzH^{4} + C^{12}H^{24}O^{2}.$$

— Il se forme lorsqu'on fait bouillir la solution alcoolique du sel neutre. 100 p. d'alcool à 15° en dissolvent 6 p.

*Sel d'argent*, $C^{12}H^{23}O^{2}Ag$. — Poudre blanche formée de petites aiguilles ; il se dissout facilement dans l'ammoniaque, et cristallise par l'évaporation en petites aiguilles. La lumière ne l'altère qu'à peine, il se décompose avant de fondre. 1,000,000 p. d'eau à 15° dissolvent 1 p. de sel d'argent, et à 100°, 405 p. ; la même quantité d'alcool à 15° en dissout 323 p., et 824 p. à l'ébullition.

*Sel de potassium*, $C^{12}H^{23}O^{2}K$. — Il est amorphe, forme une gelée avec peu d'eau et se dissout dans une plus grande quantité. 100 p. d'alcool à 15° en dissolvent 4, 5 p., et à l'ébullition 38 p. Il ne fond pas encore à 120°. Le sel acide, qui est cristallin, est très-soluble à chaud. 100 p. d'alcool à 15° en prennent 1,5 p. ; à l'ébullition, 400 p.

*Sel de sodium.* — Il ressemble à celui de potassium. 100 p. d'alcool en dissolvent à 15° 2,5 p., à l'ébullition, 14,5 p. Le sel acide se dissout dans 50 p. d'alcool à 15° ; à chaud, il est beaucoup plus soluble.

*Sel de baryum*, $(C^{12}H^{23}O^{2})^{2}Ba$. — Poudre nacrée formée par des paillettes microscopiques.

| | | | |
|---|---|---|---|
| 1,000,000 de p. | d'alcool bouillant en | dissolvent | 1,009 p. |
| — | d'alcool à 15° | — | 187 p. |
| — | d'eau bouillante | — | 698 p. |
| — | d'eau à 15° | — | 54 p. |

*Sel de calcium*, $(C^{12}H^{23}O^{2})^{2}Ca + H^{2}O$. — Précipité blanc cristallin.

| | | | |
|---|---|---|---|
| 1,000,000 de p. | d'alcool bouillant en | dissolvent | 22,020 p. |
| — | d'alcool à 15° | — | 719 p. |
| — | d'eau bouillante | — | 547 p. |
| — | d'eau à 15°. | — | 39 p. |

*Sel de magnésium*, $(C^{12}H^{23}O^{2})^{2}Mg + 3H^{2}O$. — Ce sel cristallise. Pour 1,000,000 p. de dissolvant l'alcool à 15° en dissout 15,250 p., l'eau 230 p., et à l'ébullition, l'alcool 126,000 p. et l'eau 411 p.

*Sel de plomb*, $(C^{12}H^{23}O^{2})^{2}Pb$. — Poudre légère, cristalline, nacrée, fusible entre 110° et 120°. 1,000,000 p. d'alcool à 15° en dissolvent 47 p., la même quantité d'alcool à l'ébullition en dissout 2,350 p., l'eau bouillante 11 p.

M. Oudemans a encore préparé et déterminé la solubilité des sels de cuivre, de cobalt, de manganèse, de nickel et de zinc. Ce sont des précipités peu solubles dans l'eau, plus solubles dans l'alcool.

ÉTHERS LAURIQUES. — *Laurate d'éthyle*,

$$C^{12}H^{23}O^2.C^2H^5$$

[Görgey, *loc. cit.*; — Delffs, *Neu. Jahresb. für Pharm.*, t. I, p. 1]. — On le prépare en saturant la solution alcoolique de l'acide laurique par l'acide chlorhydrique; on le lave avec de l'eau, ensuite avec une solution faiblement alcaline; on sèche et on distille. C'est un liquide incolore, huileux, d'une odeur de fruits agréable, insoluble dans l'eau, peu soluble dans l'alcool, mais miscible avec l'éther. Il se solidifie à —10°. Il bout à 264° (Görgey), 269° (Delffs, pression 752mm), en se décomposant partiellement. Densité de vapeur, 8,4 (calc., 7,9). Poids spécifique, 0,8671 à 19° (rapporté à celui de l'eau à la même température). Indice de réfraction pour les rayons rouges = 1,424.

*Trilaurate de glycéryle* (*laurostéarine*),

$$C^3H^5.(C^{12}H^{23}O^2)^3.$$

— Voyez t. I, p. 1583. A. H.

**LAURIQUE (ALDÉHYDE)** [Gr. Williams, *Philos. Transact.*, 1858, part. I, p. 122; *Institut.*, 1859, p. 130]. — L'essence de rue renferme, suivant Gr. Williams, une petite quantité d'un corps $C^{12}H^{24}O$, formant avec les bisulfites alcalins des combinaisons cristallisées. Ce corps bout à 232°, et sa densité correspond à la formule $C^{12}H^{24}O$. Densité de vapeur observ., 6,182; calc., 6,366. Il n'est pas démontré que ce corps soit réellement l'aldéhyde laurique; c'est peut-être une acétone.

**LAURITE** (Min.). — Sulfure de ruthénium contenant : Ru = 65,18, S = 31,79, Os (par différence) = 3,03. Le ruthénium contenait encore un peu d'osmium. Petits cristaux octaédriques avec les faces du cube, d'un noir métallique brillant, trouvés dans les lavages de platine de Bornéo.

*Caractères.* — Inattaquable à l'eau régale et au bisulfate de potasse. Au chalumeau, décrépite sans fondre et donne de l'acide sulfureux et de l'acide osmique.

Dureté, au-dessus de 7; poussière gris foncé. Densité, 6,99.

*Forme cristalline.* — Régulière. Clivage octaédrique. F. et S.

**LAURONE** (laurostéarone),

$$CO\left\{\begin{matrix}C^{11}H^{23}\\C^{11}H^{23}\end{matrix}\right.$$

[Overbeck, *Ann. de Poggend.*, t. LXXXVI, p. 591, 1852]. — Overbeck a obtenu dans la distillation du laurate de calcium une substance cristallisant en paillettes brillantes, solubles dans l'alcool et fusibles à 66°. La matière fondue se fige par le refroidissement en une masse nacrée, qui devient électrique par le frottement. Sa composition est exprimée par la formule $C^{23}H^{46}O$; c'est probablement l'acétone correspondant à l'acide laurique.

**LAUROXYLIQUE (ACIDE)**,

$$C^9H^{10}O^2 = C^6H^3\left\{\begin{matrix}CH^3\\CH^3\\CO^2H.\end{matrix}\right.$$

— Produit d'oxydation du laurène obtenu par l'action de l'acide nitrique étendu et bouillant sur ce carbure.

Il est à peine soluble dans l'eau à froid, peu soluble dans l'eau bouillante, mais l'alcool le dissout facilement. Il forme des mamelons durs, fusibles à 155°.

*Sel d'argent*, $C^9H^9O^2Ag$. — Précipité blanc, cristallisant de sa solution aqueuse et bouillante en petites aiguilles.

*Sel de baryum*, $(C^9H^9O^2)^2Ba + 4H^2O$. — Il se dissout facilement dans l'eau et cristallise en aiguilles groupées autour d'un centre.

Le *sel de calcium* renferme

$$(C^9H^9O^2)^2Ca + 4H^2O.$$

L'acide lauroxylique est isomérique avec les acides xylique et mésitylénique [Fittig, Koebrich et Jilke, *Ann. der Chem. u. Pharm.*, t. CXLV, p. 129]. A. H.

**LAURYLÈNE**, $C^{12}H^{24}$. — Cet hydrocarbure a été trouvé par MM. M. Warren et H. Storer dans l'huile minérale de Rangoon et dans les produits de distillation d'un savon calcaire préparé avec l'huile de poisson. Il bout vers 212°; densité à 0° = 0,8361; densité de vapeur, 5,98 à 6,05. Le laurylène de MM. Warren et Storer renfermait de la naphtaline [*Mem. of the Americ. Acad.*, new series, t. IX, p. 208; *Bull. de la Soc. chim.*, t. IX, p. 226, 1868].

HYDRURE DE LAURYLE (hydrure de duodécyle), $C^{12}H^{26}$ [Pelouze et Cahours, *Ann. de Chim. et de Phys.*, (4), t. I, p. 66]. — Un des carbures du pétrole d'Amérique. Il bout de 198° à 200°; densité à 20° = 0,778; densité de vapeur, 5,972 (calc., 5,987). Liquide d'une odeur de térébenthine faible; inattaquable à froid par les acides azotique et sulfurique de même que par leur mélange; il fournit avec le chlore un chlorure alcoolique, le *chlorure de lauryle*, liquide presque incolore, bouillant de 242° à 245°; densité à 22° = 0,933. Ce chlorure traité par l'ammoniaque donne une base huileuse, la laurylamine.

L'hydrure de laurylène est attaqué à chaud par le mélange des acides azotique et sulfurique; il se forme un corps huileux, un corps cristallisable et des acides gras. A. H.

**LAVANDE (ESSENCE DE).** — Voyez t. I, p. 1279.

**LAVANDULANE** (Min.). — Arséniate hydraté de cuivre, de cobalt et de nickel, d'un gris de lavande, translucide, amorphe, d'un éclat gras. Il se trouve à Annaberg (Saxe).

**LAVROFFITE** (Min.). — Variété de pyroxène aluminifère, colorée en vert par le vanadium, de la rivière Sludianka, près du lac Baïkal.

**LAZULITE.** — Voyez KLAPROTHINE.

**LEADHILLITE** (Min.) [Syn. *Sulfato-tricarbonate de plomb* (Brooke), *psimythite* (Glocker)]. — Sulfato-carbonate de plomb, $PbSO^4,3PbCO^3$. Jolis cristaux incolores, jaunâtres ou verdâtres d'un vif éclat, qui est nacré sur les surfaces de clivage; transparents ou translucides; trouvés avec la narkite, suzannite, linarite et autres minéraux plombifères, à Leadhills (Écosse).

Fig. 349. — Leadhillite.

*Caractères.* — Fait effervescence avec l'acide azotique et laisse du sulfate de plomb indissous. Au chalumeau, se gonfle, fond facilement et devient jaune pendant qu'il est chaud. Sur le charbon, donne un globule de plomb, et avec la soude une masse hépatique.

Dureté, 2,5; poussière blanche. Densité, 6,26 à 6,44.

*Forme cristalline.* — Prisme orthorhombique, $m\,m = 120°20'$; $e^1 p = 128°22'$. Les cristaux sont aplatis parallèlement à $p$ et ont une apparence hexagonale. Certains sont affectés d'hémidrie à faces parallèles. Les cristaux sont fréquemment maclés par trois parallèlement à $h^3$. Il existe aussi des macles parallèles à $m$ et à $e^1$.

Clivages : parfait $p$; traces $h^1$, $m$. F. et S.

**LEBERBLENDE.** — Voyez VOLTZINE.

**LEBERKIES.** — Voyez MARCASSITE.

**LÉCANORIQUE (ACIDE)**, $C^{16}H^{14}O^7$ [*Acides diorsellique et orsellique, lécanorine*]. — Ce composé a été trouvé par Schunck dans les lichens du genre *Lecanora* et *Variolaria*. Pour l'extraire, Schunck réduit le lichen en poudre et l'épuise par l'éther ; celui-ci ayant été distillé, il reste un résidu qu'on lave avec de l'éther froid, qu'on épuise par l'eau et que l'on fait cristalliser finalement dans l'alcool [*Ann. der Chem. u. Pharm.*, t. XLI, p. 157; t. LIV, p. 261; t. LXI, p. 72]. O. Hesse traite le résidu éthéré par un lait de chaux et précipite la solution filtrée par l'acide sulfurique, lave le précipité à l'eau, puis le fait dissoudre dans l'alcool, qui abandonne l'acide lécanorique par le refroidissement [*Ann. der Chem. u. Pharm.*, t. CXXXIX, p. 22 ; *Bull. de la Soc. chim.*, 1867, t. VII, p. 263].

Rochleder et Heldt l'ont retiré de l'*Evernia Prunastri* en épuisant la plante par un mélange d'alcool et d'ammoniaque; on étend l'extrait du tiers de son volume, d'eau et on le sature par l'acide acétique qui précipite des flocons gris qu'on fait cristalliser dans l'alcool [*Ann. der Chem. u. Pharm.*, t. XLVIII, p. 1].

Enfin, Stenhouse fait macérer le lichen (*Roccella tinctoria*) avec de l'eau, y ajoute un lait de chaux et précipite la liqueur filtrée par l'acide chlorhydrique [*Ann. der Chem. u. Pharm.*, t. LXVIII, p. 61; t. LXX, p. 218].

L'acide lécanorique cristallise dans l'alcool en aiguilles groupées en étoiles, fort peu solubles dans l'eau froide, solubles dans 150 p. d'alcool froid à 80 centièmes, dans 5 p. 15 d'alcool bouillant, dans 80 p. d'éther à 15° (Schunck) ; d'après O. Hesse, il ne se dissout que dans 20 p. d'éther à 20°.

Il fond à 153° en un liquide incolore qui se décompose avec dégagement d'acide carbonique (O. Hesse). Il se dissout dans la chaux et la baryte, et en est reprécipité par les acides, à l'état gélatineux. Si l'on fait bouillir ces solutions d'acide lécanorique, il se forme de l'orsellate beaucoup plus soluble, et, par une ébullition prolongée, il se dépose du carbonate de calcium et la solution renferme de l'orcine :

$$\underset{\text{Acide lécanorique.}}{C^{16}H^{14}O^7} + H^2O = 2\underset{\text{Acide orsellique.}}{C^8H^8O^4}$$

et

$$C^{16}H^{14}O^7 + H^2O = 2CO^2 + 2\underset{\text{Orcine.}}{C^7H^8O^2}.$$

L'acide lécanorique représente l'*acide diorsellique*, et si l'on admet que l'acide orsellique renferme le radical triatomique $(C^8H^5O)'''$, la transformation de l'acide diorsellique en acide orsellique se représente par l'équation suivante (Grimaux) :

$$\underset{\text{Acide diorsellique.}}{\left.\begin{matrix}(C^8H^5O)''' \\ (C^8H^5O)''' \\ H^4\end{matrix}\right\} O^5} + H^2O = 2\underset{\text{Acide orsellique.}}{\left.\begin{matrix}(C^8H^5O)''' \\ H^3\end{matrix}\right\} O^3}.$$

L'ébullition avec l'alcool produit un dédoublement analogue :

$$\underset{\text{Acide diorsellique.}}{C^{16}H^{14}O^7} + C^2H^6O$$

$$= CO^2 + \underset{\text{Orcine.}}{C^7H^8O^2} + \underset{\text{Orsellate d'éthyle.}}{C^8H^7O^3.OC^2H^5};$$

il en est de même de l'alcool amylique (O. Hesse).

La solution ammoniacale d'acide lécanorique, exposée à l'air, devient pourpre, par suite de la formation d'orcéine.

La distillation sèche transforme l'acide lécanorique en orcine, en même temps qu'il se forme une huile empyreumatique. L'acide sulfurique concentré produit la même transformation. L'acide azotique bouillant le transforme en acide oxalique.

L'acide acétique bouillant le dissout et le laisse cristalliser par le refroidissement.

Le chlorure de chaux lui communique une teinte rouge qui passe rapidement au brun et au jaune. La solution alcoolique d'acide lécanorique donne à la longue un précipité vert-pomme avec l'acétate de cuivre; elle n'est pas précipitée par l'acétate neutre de plomb, le bichlorure de mercure, le chlorure d'or et le nitrate d'argent (Schunck). Le chlorure ferrique la colore en pourpre foncé.

Le *lécanorate de baryum*, $(C^{16}H^{13}O^7)^2Ba$, s'obtient en dissolvant l'acide dans l'eau de baryte, faisant passer un courant d'acide carbonique dans la solution et reprenant le précipité par l'alcool bouillant, qui l'abandonne par le refroidissement en aiguilles groupées en étoiles (Stenhouse).

*Lécanorate de calcium.* — Précipité gélatineux, légèrement soluble dans l'eau et l'alcool (Schunck).

Le *lécanorate de plomb* se précipite lorsqu'on mélange des solutions alcooliques bouillantes d'acide lécanorique et d'acétate de plomb.

ACIDE DIBROMOLÉCANORIQUE, $C^{16}H^{12}Br^2O^7$. — On l'obtient en mélangeant des solutions éthérées de brome et d'acide lécanorique, jusqu'à ce que le brome ne soit plus absorbé que difficilement ; après évaporation de l'éther, on fait cristalliser le résidu dans de l'alcool bouillant. Il est moins soluble dans l'alcool que l'acide lécanorique. La solution est colorée en pourpre par le chlorure ferrique, et en rouge par le chlorure de chaux.

Il fond à 179° en perdant de l'acide carbonique. La baryte bouillante le décompose en donnant du carbonate de baryum et une substance jaune.

ACIDE TÉTRABROMOLÉCANORIQUE, $C^{16}H^{10}Br^4O^7$. — Obtenu en ajoutant directement, jusqu'à refus, du brome à une solution éthérée d'acide lécanorique; par l'évaporation de l'éther, il reste une résine qu'on lave à l'eau et qu'on fait cristalliser dans l'alcool faible.

L'acide tétrabromé forme des prismes d'un jaune pâle, fusibles à 157°, solubles dans l'alcool, l'éther, l'ammoniaque et la baryte. E. W.

**LÉCITHINE** (de λέκιθος, *jaune d'œuf*). — Ce corps a été retiré par M. Gobley du jaune d'œuf de poule, des œufs et de la laitance de carpe, du cerveau, du sang veineux, etc. Il a été étudié par M. Strecker qui l'a trouvé dans la bile de porc et l'a identifié avec une substance qui constitue une grande portion du *protagon* de Liebreich et des corps signalés par Vauquelin sous le nom de *matière grasse blanche*, par Kühn sous celui de *myélocone*, par Couerbe sous celui de *cérébrote*.

La réaction fondamentale de la lécithine est son dédoublement en acide phosphoglycérique, en acides gras et en une base puissante, la *névrine* (Gobley, Liebreich). M. Dyblowsky a fait voir que la névrine existait déjà dans la science sous le nom de *choline*; son nom systématique est celui d'hydrate de triméthyloxéthylammonium, ainsi qu'il résulte de la synthèse effectuée par M. Wurtz. D'après M. Baeyer, la choline semble être accompagnée, dans le dédoublement qui lui donne naissance, par l'hydrate de triméthylvinylammonium, qui en diffère par $H^2O$ en moins [Couerbe, *Ann. de Chim. et de Phys.*, t. LVI, p. 171; — Fremy, *Ann. de Chim. et de Phys.*, (3), t. II, p. 463; t. LVI, p. 168; — Gobley *Journ. de Pharm.*, (3), t. IX, p. 1, 83, 161; t. XI, p. 409; t. XII, p. 5; t. XVII, p. 401; t. XVIII, p. 107; t. XIX, p. 406; t. XXI, p. 241 ; t. XXX, p. 241 ; t. XXXIII, p. 161 ; — Liebreich, *Ann. der Chem. u. Pharm.*, t. CXXXIV, p. 29, et *Bull. de la Soc. chim.*, 1865, t. IV, p. 400; — Strecker, *Ann. der Chem. u. Pharm.*, t. CXXXIII, p. 356, et t. CXLVIII, p. 77; *Ann. de Chim. et de Phys.*, (4), t. XVI, p. 430].

*Préparation et propriétés.* — M. Gobley épuise

le jaune d'œuf de poule ou les œufs de carpe par l'éther ou l'alcool bouillant. Il se sépare par le refroidissement de celui-ci une huile fixe (dans le cas de l'œuf de poule) et une substance visqueuse. Celle-ci est identique avec la substance qu'on obtient en traitant le cerveau de la même façon, et qui contient la lécithine et la cérébrine (voyez plus bas). Elle renferme en outre des phosphates dont il est très-difficile de la débarrasser; elle est neutre et brûle lorsqu'on la chauffe en donnant un charbon acide (acide phosphorique). Elle ne se décompose pas dans l'eau et ne devient pas acide même après 12 heures d'ébullition; mais si on la fait bouillir avec l'acide chlorhydrique faible, elle donne des acides margarique et oléique qui surnagent et de l'acide phosphoglycérique qui reste dissous (Gobley). Les alcalis provoquent aussi ce dédoublement, parmi les produits duquel la choline a été découverte depuis (voyez plus bas).

M. Strecker extrait la lécithine pure en épuisant les jaunes d'œuf par un mélange d'alcool et d'éther; il filtre et chasse la plus grande partie de l'éther, ajoute de l'alcool aussi longtemps qu'il se forme un trouble, puis additionne la liqueur alcoolique d'une solution acide de chlorure de platine dans l'alcool. Il se précipite des flocons jaunes de chloroplatinate de lécithine, soluble dans l'éther, le sulfure de carbone, le chloroforme et la benzine. Ce précipité peut être séché dans le vide sans perdre sa solubilité dans l'éther; à 100° il fond en noircissant et en perdant de son poids. Il est très-altérable, sa solution éthérée laisse déposer peu à peu du chloroplatinate de choline. Elle est décomposée par un courant d'hydrogène sulfuré avec mise en liberté de chlorhydrate de lécithine qui, lorsqu'on évapore l'éther, se présente sous forme d'une masse cireuse.

La solution alcoolo-éthérée de la lécithine du jaune d'œuf précipite aussi par le chlorure cadmique en solution dans l'alcool. Le composé formé est insoluble dans l'éther et dans l'alcool. Il est aussi parfaitement décomposé par l'hydrogène sulfuré avec régénération de chlorhydrate de lécithine. Ce corps est fort instable, sa solution alcoolique laisse déposer à la longue des gouttes huileuses exemptes d'azote et de phosphore; la lécithine elle-même se décompose lentement à la température ordinaire, rapidement à chaud. Lorsqu'on verse une solution de chlorhydrate de lécithine dans de l'eau de baryte bouillante, il se sépare un mélange poisseux de sels de baryum et la liqueur renferme de la choline et un peu de phosphoglycérate de baryum. Les sels de baryum décomposés par l'acide chlorhydrique ont donné de l'acide oléique, un acide gras fondant à 56°,7 (margarique) et probablement un peu d'acide stéarique.

D'ailleurs, d'après M. Strecker, il peut exister différentes lécithines dérivées de plusieurs acides gras.

Il assigne à celle qu'il a analysée la formule $C^{42}H^{84}AzPO^{9}$ et la dérive des acides oléique et margarique par la réaction suivante :

$$PO\left\{\begin{matrix} OH \\ OH \\ O.C^{3}H^{5}\left\{\begin{matrix} OH \\ OH \end{matrix}\right. \end{matrix}\right. + Az\left\{\begin{matrix} OH \\ (CH^{3})^{3} \\ C^{2}H^{4}.OH \end{matrix}\right.$$

Acide phosphoglycérique. Choline.

$$+ C^{18}H^{33}O^{2}.H + C^{16}H^{31}O^{2}.H$$

Acide oléique. Acide margarique

$$= 3H^{2}O + \begin{matrix} Az\left\{\begin{matrix} OH \\ (CH^{3})^{3} \\ C^{2}H^{4}.O \end{matrix}\right. \\ \begin{matrix} C^{18}H^{33}O^{2} \\ C^{16}H^{31}O^{2} \end{matrix}\left\{ C^{3}H^{5}.O \right. \end{matrix} \left.\begin{matrix} \\ HO \\ \end{matrix}\right\} PO$$

Lécithine.

D'après cette formule, la lécithine serait un corps gras, un acide et une base; en effet, elle se saponifie, elle paraît former avec la potasse une combinaison cristallisée et elle s'unit au chlorure de platine comme les alcalis.

Le *protagon* de Liebreich, comme la matière visqueuse de Gobley, paraît être un mélange ou une combinaison de lécithine et d'une matière non phosphorée, dont nous parlerons plus bas, la cérébrine. On s'en convaincra par l'examen du tableau suivant :

| | Müller. Cérébrine. | Liebreich. Protagon. | Diakonow. Lécithine. |
|---|---|---|---|
| C..... | 68,45 | 66,2 — 67,4 | 64,27 |
| H..... | 11,27 | 11,1 — 11,9 | 11,40 |
| Az.... | 4,61 | 2,7 — 2,9 | 1,80 |
| P...... | » | 1,1 — 1,5 | 3,80 |
| O..... | 15,67 | » | 18,73 |

Pour l'obtenir, on épuise des cerveaux de bœuf, passés à travers un linge, par l'éther glacé; puis par l'alcool à 85 % et à la température de 45°; on filtre à cette température et l'on refroidit la liqueur filtrée dans la glace. Il se dépose des flocons blancs qu'on isole par une filtration à zéro. Ces flocons lavés à l'éther sont séchés dans le vide puis dissous dans l'alcool. Le protagon se dépose par une évaporation ménagée en petits grains d'apparence cristallisée.

Ils se gonflent par l'eau et donnent une dissolution opaline, qui se coagule à chaud au contact des solutions salines concentrées : ils se dissolvent dans l'acide acétique cristallisable.

C'est en faisant bouillir le protagon avec l'eau de baryte que M. Liebreich a pu obtenir parmi les produits de son dédoublement la choline ou névrine dont les propriétés et la préparation sont décrites à l'article NÉVRINE.

Lorsqu'on fait bouillir le protagon avec de l'acide chlorhydrique faible, pendant 12 heures dans l'obscurité, la dissolution se colore et laisse déposer des flocons blancs qui, isolés par le filtre et lavés à l'eau jusqu'à ce que celle-ci commence à passer avec une apparence opaline, constituent une masse très-semblable au protagon, soluble comme lui dans l'alcool, mais se colorant et abandonnant une poudre brune à la lumière et ne contenant pas de phosphore (Liebreich). — Voyez plus loin CÉRÉBRINE.

La *cérébrote* de Couerbe est extraite du cerveau humain par l'alcool chaud et se dépose en flocons par le refroidissement; elle contient, d'après ce chimiste, du soufre et du phosphore, mais la proportion du phosphore augmente jusqu'à 4 et 4 1/2 % dans le cerveau des aliénés et diminue au contraire notablement dans celui des idiots et des vieillards. L'analyse concorde très-bien avec celle du protagon.

| | Couerbe. Cérébrote. | Fremy. Acide cérébrique. | Gobley. Cérébrine. |
|---|---|---|---|
| C..... | 67,818 | 66,7 | 66,85 |
| H..... | 11,100 | 10,6 | 10,82 |
| Az..... | 3,399 | 2,3 | 2,29 |
| S...... | 2,138 | 0 | » |
| P...... | 2,332 | 0,9 | 0,43 |
| O...... | 13,213 | 19,5 | 19,61 |

L'*acide cérébrique* de Fremy est une substance voisine des précédentes, qui présente la plus grande similitude de propriété avec la *cérébrine* de Gobley; son analyse concorde exactement avec celle de cette dernière substance. Elle s'obtient en épuisant le cerveau par l'alcool bouillant, le laissant au contact de ce liquide pendant plusieurs jours, exprimant, et épuisant par l'éther à froid et ensuite à chaud. L'éther étant évaporé laisse déposer de l'acide cérébrique et contient de l'acide oléophosphorique qui atteste une décomposition de la lécithine.

On reprend la masse par l'éther, on décante, on dissout dans l'alcool absolu bouillant, l'on filtre et on laisse se déposer les acides. L'acide oléophosphorique est enlevé par l'éther froid et l'on dissout l'acide cérébrique dans l'éther bouillant. Les grains blancs qu'on obtient par l'évaporation ont une apparence cristalline, ils se gonflent dans l'eau comme le protagon. Ils ne sont solubles dans l'alcool et l'éther qu'à l'ébullition et fondent vers 160° en se décomposant.

M. Gobley obtient la *cérébrine* en faisant bouillir la matière visqueuse de l'huile d'œuf avec l'acide chlorhydrique faible, séparant la couche huileuse et abandonnant dans un endroit frais. Il se dépose des flocons qu'on reprend par l'alcool bouillant et qui donnent par le refroidissement des grains d'apparence cristalline.

Il est vrai que les cendres de l'acide cérébrique contiennent toujours un peu de phosphate de chaux, que la cérébrine elle-même en solution alcoolique est précipitée par les bases alcalines en donnant des précipités qui contiennent de l'alcali, mais ces précipités ne paraissent pas avoir de constitution bien définie.

D'après ce mode d'extraction de l'acide cérébrique, il n'est pas probable qu'il existe comme tel dans le cerveau, les œufs, etc.; d'ailleurs il y est bien moins abondant que la lécithine.

La cérébrine de Müller, corps analogue au précédent, est obtenue en chauffant la pulpe du cerveau avec de l'eau jusqu'à 100°, et traitant le coagulum par l'alcool bouillant. Elle se sépare en flocons par le refroidissement. Son analyse est citée à la p. 212.

Dans ces derniers temps, M. Hoppe-Seyler a exprimé l'opinion que la lécithine pouvait exister, dans l'organisme, en combinaison avec une matière albuminoïde. Il envisage, par exemple, la vitelline comme une combinaison de lécithine et de globuline ou d'une matière analogue. — Voyez VITELLINE.

G. S.

**LECONTITE** (Min.). — Sulfate double hydraté d'ammoniaque et de soude,

$$SO^4(AzH^4)Na + 2H^2O,$$

avec un peu de potasse remplaçant l'ammoniaque ou la soude. Trouvé en petits cristaux, dans une caverne remplie d'excréments de chauves-souris, et dont le sol est exploité pour le nitre, à las Piedras, près de Comayagua (Amérique centrale).

*Forme cristalline.* — Prisme orthorhombique, $m\ m = 103°12'$, $p\ a^1 = 117°7'$.

**LEDERERITE** (Min.). — Gmélinite impure contenant de la silice en excès; du cap Blomidon (Nouvelle-Écosse).

**LÉDITANNIQUE (ACIDE)**, $C^{28}H^{30}O^{15}$(?) [Willigk, *Ann. der Chem. u. Pharm.*, t. LXXXIV, p. 363; — Rochleder et Schwartz, *ibid.*, p. 366]. — Tannin peu connu du romarin sauvage (*Ledum palustre*). La décoction aqueuse des feuilles donne avec l'acétate de plomb neutre d'abord un précipité très-coloré de citrate de plomb, et ensuite un précipité jaune clair très-soluble dans l'acide acétique. Ce dernier est décomposé par l'hydrogène sulfuré, et la solution aqueuse est évaporée dans un courant d'acide carbonique. L'acide léditannique donne avec les sels de fer une coloration verte et précipite le perchlorure d'étain en jaune. Chauffé avec de l'acide chlorhydrique, il perd de l'eau et se convertit en un corps rougeâtre, désigné sous le nom de *lédixanthine*, $C^{14}H^{12}O^6$(?). A côté de ce tannin, les feuilles de *Ledum palustre* renferment de l'éricoline et une huile essentielle.

A. H.

**LEDON (ESSENCE DE).** — Voyez t. I, p. 1280.

**LÉELITE** (Min.). — Variété de pétrosilex, rouge de chair, d'un éclat gras, venant de Gryt hytthan (Suède).

**LÉGUMINE.** — Voyez t. I, p. 776.

**LÉGUMIQUE (ACIDE).** — Nom donné par M. Ritthausen à un acide qui se trouve parmi les produits de décomposition de la légumine et de la conglutine par l'acide sulfurique étendu et bouillant; d'après des recherches récentes du même chimiste, cet acide est un mélange d'acide aspartique et d'acide glutamique [*Journ. für prakt. Chem.*, t. CVII, p. 218].

**LEHRBACHITE** (Min.). — Mélange de séléniure de plomb et de séléniure de mercure, d'un gris de plomb, granulaire ou compacte; de Lehrbach et de Tilkerode (Saxe).

Densité, 7,8 à 7,9.

Dans le tube fermé, donne un sublimé métallique, gris, de séléniure de mercure; avec la soude, sublimé de mercure. Dans le tube ouvert, réactions du sélénium, et formation de gouttes de séléniate de mercure.

**LEHUNTITE** (Min.). — Mésotype saccharoïde et esquilleuse, rouge de chair; de Glen-Arm (comté d'Antrim). Elle renferme 13,60 d'eau. Au chalumeau, fond en un émail blanc.

**LÉIOCOME.** — Voyez DEXTRINE, t. I, p. 1041.

**LÉMANITE** (Delamétherie). — Syn. de *saussurite* et de *zoïsite compacte*.

**LENZINITE** (Min.). — Variété d'halloysite à cassure unie, à pâte fine, blanche ou brunâtre, molle sans plasticité; prenant du retrait par la dessiccation. Elle forme des enduits minces dans les fentes de la pegmatite, à la Vilate, près Chanteloube (Haute-Vienne). On la trouve aussi à Kall (Eifel).

D'après Salvétat, sa composition se rapproche de celle répondant à la formule

$$2Al^2O^3, 3SiO^2 + 6H^2O.$$

**LÉONHARDITE** (Min.). — Cette substance a tous les caractères d'une laumonite ayant perdu une de ses quatre molécules d'eau.

**LÉOPOLDITE** (Min.). — Chlorure de potassium. — Voyez SYLVINE.

**LÉPARGYLIQUE (ACIDE)** [Syn. *Acide anchoïque, acide azélaïque*], $C^9H^{16}O^4$. — Laurent, en 1837, obtint par l'oxydation de l'acide oléique un acide qu'il nomma *acide azélaïque*, et dont l'existence fut regardée comme douteuse par quelques chimistes. Wirz prépara par l'oxydation des acides gras de l'huile de coco l'*acide lépargylique*, et Buckton, en oxydant la cire de Chine, trouva parmi les produits d'oxydation un acide qu'il appela *anchoïque;* il reconnut l'identité des acides lépargylique et anchoïque.

Depuis, Arppe, dans une série de recherches sur les produits d'oxydation des corps gras, étudia l'acide azélaïque de Laurent, et établit qu'il avait la même composition que l'acide lépargylique ou anchoïque, et le regarda comme ne différant pas de celui-ci. Néanmoins, dans les propriétés de l'acide anchoïque de Buckton, et celles de l'acide azélaïque, il existe quelques différences, que, peut-être, une étude nouvelle de l'acide anchoïque fera disparaître. Remarquons, du reste, que, dans les conditions où se produit l'acide anchoïque, c'est l'acide azélaïque que Arppe a obtenu, ce qui tend à faire croire à l'identité de ces acides.

ACIDE ANCHOÏQUE OU LÉPARGYLIQUE [Wirz, Buckton, *Chemical Gazette*, n° 380, p. 301, et *Répert. de Chim. pure*, 1859, p. 104]. — Il a été produit par l'action de l'acide azotique concentré sur les acides gras solides du beurre de coco (Wirz), ou sur la cire de Chine (Buckton). On fait digérer celle-ci avec de l'acide azotique d'une densité de 1,40; elle se convertit lentement en plusieurs acides, les uns volatils distillent avec l'eau; d'autres s'y dissolvent, d'autres sont insolubles. En concentrant la solution aqueuse, on obtient les cristaux d'acide anchoïque, cristallisant en masses nodulaires et fusibles à 114-116°. Il se dissout dans 217 p. d'eau à 18°.

Ce n'est que par son point de fusion et sa solubilité dans l'eau qu'il diffère de l'acide azélaïque.

ACIDE AZÉLAÏQUE. — Découvert par Laurent (voyez t. I, p. 483), il a été étudié par Arppe, qui a mis son existence hors de doute et a fait connaître ses dérivés dans des recherches précises sur l'oxydation des corps gras [Arppe, *Ann. der Chem. u. Pharm.*, t. CXXIV, p. 86, et *Bull. de la Soc. chim.*, 1863, p. 149; *Acta Societatis scientiarum Zennica,* Helsingfors, 1864, t. VIII, et *Bull. de la Soc. chim.*, 1866, t. V, p. 56].

L'acide azélaïque se produit lorsqu'on traite par l'acide azotique l'huile d'amandes douces, l'huile de ricin, l'acide oléique, le beurre de coco ou la cire du Japon. On n'en obtient pas par l'oxydation du blanc de baleine et de la cire des abeilles. La manière la plus avantageuse de le préparer consiste à oxyder l'huile de ricin par l'acide azotique. On emploie 2 p. d'acide azotique d'une densité de 1,2 à 1,3 pour 1 p. d'huile de ricin, et on chauffe toute une journée à une douce chaleur. On enlève alors les corps huileux, on remplace l'acide azotique évaporé par une nouvelle quantité d'acide, et on chauffe encore pendant 12 heures. Outre l'acide azélaïque, il se forme encore quelques produits huileux qu'on sépare. Pour chasser l'acide azotique, on concentre la dissolution à plusieurs reprises, en ajoutant chaque fois une quantité d'eau convenable. On obtient à la fin une masse cristalline blanche qu'on purifie par des dissolutions et cristallisations successives dans l'éther et dans l'eau bouillante.

Il cristallise en larges lames ou en longues aiguilles, fusibles à 106°. Il se dissout dans 700 p. d'eau à 15°, mais il est facilement soluble dans l'eau bouillante, dans l'éther, et surtout dans l'alcool. Il se décompose en partie par la sublimation.

Chauffé avec de la baryte caustique, il se dédouble en acide carbonique et hydrure d'heptyle $C^7H^{16}$, il se forme en même temps d'autres hydrocarbures [Dale, *Chem. Soc. Journ.*, t. XVII, p. 261].

AZÉLAÏATES MÉTALLIQUES. — Les sels alcalins et alcalins terreux sont solubles, sauf le sel de chaux qui l'est très-peu. Les sels métalliques sont insolubles. Les azélaïates solubles donnent avec le chlorure de calcium un précipité quelquefois cristallin; les acides minéraux en séparent de l'acide azélaïque. Ils sont précipités en rouge-brique par les sels de fer, et en brun verdâtre par les sels de cuivre.

*Azélaïate d'ammonium*, $C^9H^{15}O^4,AzH^4$. — Poudre cristalline, très-soluble dans l'eau, peu soluble dans l'alcool, d'une réaction acide.

*Azélaïates de baryum.* — Le *sel acide*

$$(C^9H^{15}O^4)^2Ba$$

se dépose sous forme d'une poudre blanche très-pesante lorsqu'on fait bouillir de l'acide azélaïque avec du carbonate de baryte. Si on neutralise une solution chaude de l'acide par de l'eau de baryte, on obtient un précipité grenu et cristallin, mélangé de sel acide et de sel neutre, qui lavé à l'eau bouillante fournit le *sel neutre* $C^9H^{14}O^4Ba$.

*Azélaïate de calcium*, $C^9H^{14}O^4Ca$. — Poudre cristalline très-fine, moins soluble dans l'eau bouillante que dans l'eau froide.

*Azélaïate de magnésium*,

$$C^9H^{14}O^4Mg + 3H^2O.$$

— Mamelons cristallins et soyeux.

*Azélaïate de potassium*, $C^9H^{14}O^4K^2 + 2H^2O$. — Il cristallise en fines aiguilles et perd son eau à 100°.

*Azélaïates de sodium.* — Le *sel acide*

$$C^9H^{14}O^4Na^2 + C^9H^{15}O^4Na$$

s'obtient en présence d'un excès d'acide azélaïque; il est en cristaux grenus. Le *sel neutre* cristallise en paillettes ou en feuillets transparents; il renferme, $C^9H^{14}O^4Na^2 + H^2O$.

*Azélaïate de strontium*, $C^9H^{14}O^4Sr + 2H^2O$. — Poudre lourde, soluble dans l'eau bouillante.

*Éthers azélaïques.* — Ils s'obtiennent par l'action d'un courant de gaz chlorhydrique sur une solution concentrée d'acide azélaïque dans l'alcool ou l'esprit de bois. L'*azélaïate d'éthyle*,

$$C^{13}H^{24}O^4 = C^9H^{14}O^4(C^2H^5)^2,$$

est un liquide huileux, incolore, limpide, d'une odeur éthérée, plus léger que l'eau, et brûlant avec une belle flamme.

L'*azélaïate de méthyle*,

$$C^{11}H^{20}O^4 = C^9H^{14}O^4(CH^3)^2,$$

est un peu jaunâtre et présente les mêmes propriétés que le précédent. E. G.

**LÉPIDINE**, $C^{10}H^9Az$ [Greville Williams, *Transact. of the Roy. Soc. of Edimb.*, t. XXI, part. II et part. III, p. 377; *Ann. de Chim. et de Phys.*, (3), t. XLV, p. 488]. — Cette base est contenue dans la *quinoléine brute*, qui résulte de l'action de la potasse sur la cinchonine et plusieurs autres alcaloïdes. Pour isoler la lépidine, on soumet à la distillation la quinoléine brute, préparée d'après une méthode qui sera indiquée à l'article QUINOLÉINE. La partie passant avant 200° est composée principalement de lutidine et de collidine; la partie bouillant au-dessus de 200° renferme la quinoléine et ses homologues, notamment la lépidine. Par un grand nombre de rectifications, on arrive à isoler cette dernière. On la purifie complétement par cristallisations de son chloroplatinate.

Les huiles lourdes du goudron de houille renferment également une base $C^{10}H^9Az$, mais qui est isomérique avec la lépidine; Williams lui a donné le nom d'*iridoline*. Ces deux bases diffèrent par les caractères de leurs sels et surtout par l'action de l'ammoniaque sur leur dérivé amylique.

Le lépidine est un liquide oléagineux distillant entre 266° et 271°; une petite quantité s'altère pendant la distillation et fournit du pyrrol et du carbonate d'ammoniaque. Densité de vapeur observée, 5,14. Calcul, 4,94.

L'iridoline bout de 252° à 257°; poids spécifique à 15° = 1,072. Densité de vapeur observée, 5,15.

La lépidine paraît être une amine tertiaire, $(C^{10}H^9)'''Az$; toutefois sa constitution n'est pas encore bien établie.

SELS DE LÉPIDINE. — L'*azotate*, $C^{10}H^9Az,AzHO^3$, est en prismes fins et durs, inaltérables à l'air et infusibles à 100°.

Le *chlorhydrate* forme de petites aiguilles incolores qui ne fondent pas à 100°. Il donne avec le chlorure de cadmium une combinaison cristalline.

Le *chloroplatinate*, $(C^{10}H^9Az,HCl)^2 + PtCl^4$, cristallise; il est insoluble dans l'alcool.

Le *bichromate*, $(C^{10}H^9Az,H)^2Cr^2O^7$, se précipite lorsqu'on neutralise la base libre avec une solution étendue d'acide chromique. Le précipité se dissout dans l'eau bouillante et se dépose de la solution sous forme de belles aiguilles jaune d'or. Chauffé brusquement à 100°, ce sel se décompose en charbon et en oxyde de chrome.

Les *sels d'iridoline* sont analogues à ceux de la lépidine, mais ils cristallisent beaucoup plus difficilement.

DÉRIVÉS PAR SUBSTITUTION DE LA LÉPIDINE ET DE L'IRIDOLINE. — IODURE D'AMYL-LÉPIDYLAMMONIUM, $C^{15}H^{20}AzI$. — On l'obtient en petits cristaux peu solubles, lorsqu'on chauffe la lépidine avec de l'iodure d'amyle à 100°. L'hydrate d'ammonium correspondant n'a pas encore été préparé. Chauffé avec de la potasse ou avec de l'ammoniaque, cet iodure ne donne pas l'amyl-lépidine, mais une belle matière colorante bleue, nommée *iodure de pélamine* par Williams. Cette substance, qui forme la majeure partie de la *cyanine* (voyez t. I, p. 1069), dérive de la condensation de deux molécules d'iodure avec élimination d'une molécule d'acide iodhydrique :

$$2\left[\begin{matrix}(C^{10}H^9)''' \\ C^5H^{11}\end{matrix}\Big\} AzI\right] + KHO$$

Iodure d'amyl-lépidylammonium.

$$= \begin{matrix}(C^{10}H^9\text{-}C^{10}H^9)^{iv} \\ C^5H^{10}I \\ C^5H^{11}\end{matrix}\Bigg\} Az^2 + KI + H^2O.$$

Iodure de pélamine.

Cette réaction plaide en faveur de la formule

$$(C^{10}H^9)'''Az.$$

DIAMYL-LÉPIDYLDIAMINE OU LÉPAMINE,

$$C^{20}H^{32}Az^2 = \begin{matrix}(C^{10}H^9)''' \\ (C^5H^{11})^2 \\ H\end{matrix}\Bigg\} Az^2$$

[Gr. Williams, *Journ. of the Chem. Soc.*, nouv. sér., t. I, p. 375, et *Bull. de la Soc. chim.*, t. II, p. 210, 1864]. L'iodure de pélamine n'est pas le seul produit qui se forme dans l'action de l'iodure d'amyle sur la lépidine; par une action prolongée de l'iodure, on obtient une masse brune sirupeuse qui se solidific par le refroidissement. L'eau bouillante enlève à cette masse de l'iodure d'amyl-lépidylammonium, et laisse un résidu insoluble qui, bouilli pendant longtemps avec de la potasse, fournit une base huileuse distillant à 275°. Son odeur rappelle les amines amyliques. Densité de vapeur observée, 10,40; densité calculée pour $C^{20}H^{32}Az^2$, 10,30. Cette base, nommée lépamine, contient les éléments de la diamylamine et de la lépidine; c'est une véritable diamine. La base se dissout avec une coloration rouge dans l'acide nitrique concentré; l'eau précipite de cette solution une huile.

Le *chlorhydrate*, $C^{20}H^{32}Az^2,2HCl$, fond au-dessous de 100°; il est peu soluble dans l'eau.

Le *chloraurate* est un précipité brun chocolat, qui devient vert après quelque temps. Il est soluble dans l'alcool.

*Chloroplatinate*, $(C^{20}H^{32}Az^2,2HCl)^2 + PtCl^4$. — Précipité jaune gluant, soluble dans l'alcool.

ÉTHYL-LÉPAMINE. — En chauffant la lépamine avec de l'iodure d'éthyle en vase clos, on obtient un liquide sirupeux, qui, distillé avec de la potasse, donne une base volatile. Le chlorhydrate de cette base, qui n'a pas été analysé, cristallise plus difficilement que celui de la lépamine.

L'*iodure de méthyl-lépidylammonium*,

$$\begin{matrix}(C^{10}H^9)''' \\ CH^3\end{matrix}\Big\} AzI,$$

est un sel très-bien cristallisé qui se forme dans l'action de l'iodure de méthyle sur la lépidine.

L'*iridoline* fournit un dérivé amylique analogue à l'iodure d'amyl-lépidylammonium. Cette substance, traitée par l'ammoniaque, ne produit pas de matière colorante [*Chem. News*, t. I, p. 15].

*Iodure d'éthyl-iridolylammonium*,

$$\begin{matrix}C^{10}H^9 \\ C^2H^5\end{matrix}\Big\} AzI.$$

— L'iridoline, chauffée pendant plusieurs heures avec de l'iodure d'éthyle, donne des aiguilles brunes qui deviennent jaune-serin par une cristallisation. Le chloroplatinate,

$$(C^{12}H^{14}AzCl)^2 + PtCl^4,$$

est un précipité jaune. A. H.

**LÉPIDOCROCITE** (Min.). — Variété de gœthite en petites lamelles rouges.

**LÉPIDOLITHE** (Min.). — Mica lithifère. — Voyez MICA.

**LÉPIDOMÉLANE** (Min.). — Variété de mica, en petites tables hexagonales, noires, peu élastiques, ayant un vif éclat vitreux. Chauffé au rouge, prend un éclat métalloïde et une couleur brun-tombac; à une température plus élevée, fond en un globule métallique. Soluble dans l'acide chlorhydrique en laissant la silice sous la forme d'écailles nacrées.

$$RO,R^2O^3,2SiO^2,\ (R = Fe,K^2,Mg,Ca,Mn;\ R^2 = Al^2,Fe^2).$$

Se trouve avec amphibole noire, à Persberg (Warmeland).

Dureté, 3; poussière vert grisâtre. Densité, 3. Clivage très-facile. F. et S.

**LÉPOLITE** (Min.).— Variété d'anorthite brune, grisâtre dans les cassures fraîches. Se trouve à Leya et à Orijärfvi (Finlande).

**LETTSOMITE** (Min.) [Syn. *Cyanotrichite*]. — Sous-sulfate hydraté de cuivre et d'alumine, dont la composition n'est pas encore établie d'une manière certaine.

Percy y a trouvé : $SO^3 = 14,12$, $Al^2O^3 = 11,06$, $Fe^2O^3 = 1,18$, $CuO = 46,59$, $H^2O = 23,06$. Résidu insoluble $= 2,35$.

Se présente en enduits de petits cristaux soyeux, capillaires, ayant l'apparence du velours, quelquefois en globules mamelonnés; couleur bleu d'azur; éclat nacré.

**LEUCHTENBERGITE.** — Voyez PENNINE.

**LEUCINE** [Syn. *Oxyde caséeux*, *aposépédine*, *acide leucamique*], $C^6H^{13}AzO^2$. — [Proust, *Ann. de Chim. et de Phys.*, (2), t. X, p. 40; — Braconnot, *ibid.*, t. XIII, p. 119; — Mulder, *Journ. für prakt. Chem.*, t. XVI, p. 290; t. XVII, p. 57; — Laurent et Gerhardt, *Ann. de Chim. et de Phys.*, (3), t. XXIV, p. 321; — Cahours, *Compt. rend.*, t. XXVII, p. 265; — Liebig, *Ann. der Chem. u. Pharm.*, t. LVII, p. 127, t. LXX, p. 313; — Strecker, *ibid.*, t. LXXIII, p. 89; — Gössmann, *ibid.*, t. XC, p. 184, t. XCI, p. 129; — Limpricht, *ibid.*, t. XCIV, p. 243; — Schwanert, *ibid.*, t. CII, p. 221; *Ann. de Chim. et de Phys.*, (3), t. LII, p. 501; — Kohler, *Ann. der Chem. u Pharm.*, t. CXXXIV, p. 367.]

Ce corps a été découvert par Proust dans les produits de putréfaction du gluten et du fromage en présence de l'eau. Braconnot l'a obtenu quelques années plus tard comme produit de décomposition de quelques matières animales (gélatine, fibrine musculaire, laine). Mulder a déterminé sa composition centésimale, et a établi la formule $C^6H^{12}AzO^2$, que Laurent et Gerhardt, se basant sur de nouvelles analyses, ont changée en

$$C^6H^{13}AzO^2.$$

Cette formule a été vérifiée depuis par beaucoup de chimistes; elle fait de la leucine un homologue du glycocolle et de l'alanine, relation rendue évidente par la synthèse de la leucine. Sa constitution est exprimée par la formule

$$\begin{matrix}C^5H^{10}.AzH^2 \\ | \\ CO.OH,\end{matrix}$$

c'est l'amide acide d'un acide

$$\begin{array}{l} C^5H^{10}.OH \\ | \\ CO.OH, \end{array}$$

qui n'est autre que l'acide leucique.

La leucine est très-répandue dans le règne animal; quelques classes d'animaux seulement n'en renferment pas (*Helminthes*); d'autres, au contraire, en sont très-riches (*crustacés, insectes, araignées*) [Frerichs et Städeler, *Journ. für prakt. Chem.*, t. LXXIII, p. 48). Elle se trouve distribuée inégalement dans les différentes parties de l'organisme, et est accompagnée dans certains cas de tyrosine, de taurine, d'inosite, d'urée, de créatine, d'acide urique, etc. On l'a trouvée dans la rate, dans les reins (douteux), dans le pancréas (en grande quantité), dans les glandes salivaires, les ganglions lymphatiques, la glande thyréoide, dans le thymus de veau. Le foie sain (suivant quelques chimistes, le foie affecté de certaines maladies seulement) renferme de la leucine; dans certaines maladies on l'a trouvé dans l'urine, dans le cerveau d'un individu mort d'une atrophie aiguë du foie [Liebig, *Chem. Briefe*, 3e édition, p. 453; — Frerichs et Städeler, *Müller's Arch. für Physiologie*, 1854, p. 382; 1856, p. 37; — Gorup-Besanez, *Ann. der Chem. u. Pharm.*, t. XCVIII, p. 1; — Scherer, *ibid.*, t. CXII, p. 257, *Rép. de Chim. pure*, 1860, p. 152; — Radziejewsky, *Virchow's Arch.*, t. XXXVI, p. 1]. Elle existe dans le tissu des poumons [Cloëtta, *Ann. der Chem. u. Pharm.*, t. XCIX, p. 289]; dans le cerveau de bœuf [W. Müller, *Ann. der Chem. u. Pharm.*, t. CIII, p. 131], dans le pus [Boedeker, *Schmidt's Jahresb. d. ges. Med.*, t. XC, p. 150]; dans l'estomac et les intestins des nymphes de papillons [Schwarzenbach, *Virteljahresschrift für prakt. Pharm.*, *t. VI, p.* 430]; dans l'agaric (*Agaricus muscarius*) [Ludwig, *Arch. d. Pharm.*, (2), t. CX, p. 193].

*Modes de formation.* — La leucine se forme par la décomposition des matières azotées animales et végétales, sous l'influence à chaud des alcalis concentrés ou des acides étendus. On peut diviser ces matières en quatre classes, suivant les produits qu'ils fournissent sous l'influence de l'acide sulfurique étendu.

1° Tissus élastiques; ils ne donnent que de la leucine (36 à 45 °/₀ de leucine, 0,25 °/₀ de tyrosine).

2° Les tissus gélatineux fournissent de la leucine et du glycocolle.

3° Les substances protéiques animales et végétales donnent de la leucine et peu de tyrosine (fibrine du sang, 2 °/₀ de tyrosine, 14 °/₀ de leucine; fibrine de la chair, 11 °/₀ de tyrosine, 18 °/₀ de leucine; albumine de l'œuf, 1 °/₀ de tyrosine et 10 °/₀ de leucine).

4° L'épidermose fournit en même temps que la leucine, environ 4 °/₀ de tyrosine (corne, 10 °/₀ de leucine; 3,6 °/₀ de tyrosine) [Braconnot, Mulder, Bopp., *Ann. der Chem. u. Pharm.*, t. LXIX, p. 20; Leyer et Keller, *Wien. Acad. Ber.*, t. IX, p. 258; — Hinterberger, *ibid.*, t. XI, p. 450; — Erlenmeyer et Schöffer *Zeitschr. für Chem. u. Pharm.*, 1859, p. 315; — Schlossberger, *ibid.*, 1860, p. 424; — Städeler, *Ann. der Chem. u. Pharm.*, t. CXI, p. 12, et *Répert. de Chim. pure*, 1859, p. 500; — Ritthausen, *Journ. für prakt. Chem.*, t. XCIX, p. 6; t. CIII, p. 233]. L'indican traité par les acides dilués fournit de la leucine à côté d'autres produits (Schunck). — Voyez Indican.

La leucine se produit encore dans la putréfaction du fromage, du gluten, en général des matières animales, en présence de l'eau (Proust, Mulder).

A. Müller [*Journ. für prakt. Chem.*, t. LVII, p. 162 et p. 447] a trouvé dans les produits de putréfaction de la levûre une substance qu'il supposait être de la leucine; mais d'après O. Hesse ce corps renferme 3 à 4 °/₀ de soufre. — Voyez plus loin.

Suivant W. Kühne, le suc pancréatique a la propriété de dédoubler la fibrine en peptone, leucine, tyrosine et matières extractives [*Ber. der Berliner Akad.*, 1867, p. 120].

La thialdine, $C^6H^{13}AzS^2$, traitée par l'oxyde de plomb ou mieux par l'oxyde d'argent, se convertit en leucine, tandis qu'il se forme du sulfure du métal (Gössmann); suivant A. W. Hofmann, il ne se forme pas de leucine dans cette réaction; mais la totalité de l'azote devient ammoniaque et il y a formation d'acide acétique [*Ann. der Chem. u. Pharm.*, t. CIII, p. 93].

Enfin la leucine a été obtenue par synthèse, par l'action des acides chlorhydrique et cyanhydrique sur le valérylure d'ammonium (Limpricht):

$$\underset{\text{Valérylure d'ammonium.}}{C^5H^{10}O.AzH^3} + CAzH + HCl + H^2O = \underset{\text{Leucine.}}{C^6H^{13}AzO^2} + AzH^4Cl.$$

Il se forme d'abord une base, $C^{18}H^{33}Az^5$, qui se décompose avec l'eau en leucine et ammoniaque :

$$C^{18}H^{33}Az^5 + 6H^2O = 3C^6H^{13}AzO^2 + 2AzH^3$$

(Kohler).

Récemment, M. Hüfner a préparé la leucine en chauffant l'acide caproïque de fermentation avec du brome à 140°, et en traitant l'acide bromocaproïque formé par l'ammoniaque aqueuse à 120° ou 130°. Le contenu des tubes cristallise; après l'avoir traité par l'oxyde de plomb et par l'hydrogène sulfuré, on l'évapore : il se dépose des cristaux de leucine [*Zeitschr. für Chem.*, (2), t. IV, p. 616; *Bull. de la Soc. chim.*, 1869, t. XI, p. 179] :

$$\underset{\text{Acide bromocaproïque.}}{\begin{array}{l} C^5H^{10}.Br \\ | \\ CO.OH \end{array}} + 2AzH^3 = \underset{\text{Leucine.}}{\begin{array}{l} C^5H^{10}.AzH^2 \\ | \\ CO.OH \end{array}} + AzH^4Br.$$

*Préparation.* — On dissout, à l'aide d'une douce chaleur, de la chair de bœuf, à laquelle on a enlevé par l'eau toutes les matières extractives, dans son poids d'acide sulfurique; la solution est incolore et ne dégage pas d'acide sulfureux. On étend la solution d'eau (3 fois le poids environ de la chair), et on fait bouillir pendant 2 heures en renouvelant de temps en temps l'eau évaporée. Le liquide est saturé ensuite avec de la craie, filtré et évaporé, et le résidu est traité à plusieurs reprises par de l'alcool à 80 centièmes, qui dissout la leucine et la dépose par le refroidissement. Pour la purifier complètement, on la dissout dans l'eau et on y verse une petite quantité de tannin, on filtre après quelques heures et on évapore (Braconnot). Il est probable que la leucine ainsi préparée renferme une petite quantité de glycocolle.

Hinterberger fait bouillir pendant 36 heures 1 partie de rognures de corne de bœuf avec 4 parties d'acide sulfurique et 12 parties d'eau en remplaçant de temps à autre l'eau évaporée, sursature par un lait de chaux et fait bouillir le mélange pendant 24 heures. Alors on passe à travers un linge, on ajoute à la liqueur filtrée un très-petit excès d'acide sulfurique, on filtre et on évapore : il se dépose d'abord de la tyrosine et puis des lames de leucine. On comprime ces cristaux entre des doubles de papier buvard, on les lave avec de l'alcool absolu, et on les fait recristalliser dans très-peu d'eau, en mettant de côté les premiers cristaux, qui renferment un peu de tyrosine. Les derniers cristaux sont dissous dans l'eau chaude et digérés avec de l'hydrate de plomb. Après avoir traité par l'hydrogène sulfuré la liqueur filtrée, on décolore par le charbon animal et on évapore.

Schwanert opère de la manière suivante. Il fait bouillir pendant 24 heures 1 partie de rognures de corne avec 2,5 parties d'acide sulfurique et 6,5 parties d'eau, il sature le liquide encore chaud par la chaux, il concentre un peu, ajoute de l'acide oxalique jusqu'à réaction acide faible, et évapore la liqueur filtrée. La leucine est séparée de la tyrosine comme précédemment.

M. Waage opère comme M. Schwanert; seulement, après avoir ajouté de l'acide oxalique, il ajoute du sulfate de cuivre, et traite la liqueur filtrée par l'hydrogène sulfuré; ensuite il évapore et purifie la leucine par cristallisation et par l'hydrate de plomb [*Ann. der Chem. u. Pharm.*, t. CXVIII, p. 295]. Le tissu jaune élastique qui entre dans la composition du ligament de la nuque est très-avantageux pour la préparation de la leucine [Zollikofer, *Ann. der Chem. u. Pharm.*, t. LXXXII, p. 162]. Ce ligament, préalablement bouilli avec de l'acide acétique étendu, déchiré en lanières, bouilli de nouveau avec de l'acide acétique étendu, et finalement pétri avec de l'eau chaude et dégraissé au moyen de l'éther, est chauffé à l'ébullition pendant 48 à 50 heures avec de l'acide sulfurique étendu de 1,5 p. d'eau. Le liquide coloré qu'on obtient est neutralisé par un lait de chaux et porté à l'ébullition avec le précipité calcaire. La liqueur filtrée par l'évaporation ne donne que de la leucine. On la purifie par cristallisation dans l'alcool bouillant.

Suivant Mulder, on peut préparer la leucine en faisant bouillir l'albumine, la fibrine ou la gélatine avec de la potasse concentrée, en neutralisant ensuite par l'acide sulfurique et en évaporant en reprenant par l'alcool.

Pour préparer la leucine, on introduit 1 p. de matière protéique (albumine, caséine, fibrine) dans 1 p. de potasse qu'on maintient en fusion dans un creuset en fer assez spacieux; aussitôt que la masse fondue, brune d'abord, est devenue jaune, on arrête l'opération, on ajoute de l'eau, on sature par l'acide chlorhydrique et on filtre à chaud. Le liquide filtré dépose des cristaux de tyrosine; on les sépare; on évapore à consistance sirupeuse et on traite par l'alcool fort, qui laisse un résidu composé de leucine et de peu de tyrosine. L'alcool dissout une certaine quantité de leucine, qu'on peut en retirer par l'évaporation, après avoir ajouté de l'acide sulfurique, tant qu'il se précipite du sulfate de potassium, et après avoir enlevé l'excès d'acide sulfurique par le plomb; on obtient des cristaux de leucine, ainsi qu'un sirop incristallisable. Le mélange de leucine et de tyrosine resté insoluble dans l'alcool est dissous dans une quantité d'eau bouillante telle, que la tyrosine cristallise seule ou mélangée de très-peu de leucine; l'eau mère de cette cristallisation est traitée par l'oxyde de plomb, ensuite par l'hydrogène sulfuré, et évaporée jusqu'à formation d'une pellicule. Finalement on purifie la leucine qui se dépose par le charbon animal et par des cristallisations répétées. Si l'action de la potasse n'est pas poussée aussi loin, la quantité de tyrosine formée diminue; en ne chauffant que jusqu'à ce que le dégagement de gaz soit presque calmé, on arrive à obtenir de la leucine sans tyrosine (Bopp).

On peut encore préparer la leucine en laissant pendant six semaines à une température supérieure à 20° 1 p. de fromage, de fibrine, d'albumine, en contact avec 50 p. d'eau; après ce temps on fait bouillir avec de la chaux, on précipite la chaux par l'acide sulfurique, et, après concentration du liquide, on ajoute de l'acétate de plomb. Le liquide filtré et débarrassé de plomb fournit, par l'évaporation, de la leucine, qu'on purifie comme précédemment.

Kühne met en digestion pendant 4 à 6 heures à 45° le pancréas d'un animal, bien nourri avant la mort, broyé avec du sable avec 10 p. de fibrine du sang et 12 à 15 p. d'eau, chauffe le liquide à l'ébullition, après avoir ajouté un peu d'acide acétique, filtre et évapore à consistance sirupeuse. Il reprend le résidu par l'alcool fort, qui dissout la leucine et la tyrosine, et sépare ces deux substances par cristallisation dans l'eau. La fibrine fournit dans ces conditions 9 °/₀ de leucine et 3,8 °/₀ de tyrosine.

La leucine renferme très-souvent du soufre, qu'on ne peut enlever que difficilement; M. Gorup-Besanez indique le procédé suivant. On fait bouillir la solution de leucine dans la potasse faible avec une solution d'oxyde de plomb dans la potasse, on filtre le sulfure de plomb formé, on neutralise par l'acide sulfurique et on évapore. L'alcool enlève au résidu la leucine. Quelquefois on est obligé de répéter l'opération une seconde fois [*Ann. der Chem. u. Pharm.*, t. CXVIII, p. 230].

*Propriétés.* — La leucine cristallise dans l'alcool en lamelles nacrées, douces au toucher, plus légères que l'eau, ressemblant à la cholestérine. Peu soluble dans l'eau froide (dans 27 p.), elle se dissout aisément à chaud; elle se dissout dans 658 p. d'alcool froid à 95 centièmes (Mulder), dans 1,040 p. d'alcool froid à 96 centièmes et dans 800 p. d'alcool bouillant de 98 centièmes (Zollikofer). L'acide acétique et l'acétate de potassium augmentent sa solubilité dans l'eau et dans l'alcool.

Elle se sublime à 170° sans fondre ni se décomposer, en donnant un sublimé floconneux (Mulder); elle fond à 170° (Schwanert); à 180° elle fournit un liquide jaune qui distille et qui cristallise par le refroidissement, tandis qu'il reste dans la cornue une masse brune résineuse. La solution alcoolique du liquide qui a passé à la distillation est alcaline, dégage par l'acide chlorhydrique de l'acide carbonique, et laisse par l'évaporation des cristaux de chlorydrate d'amylamine. La réaction principale est exprimée par l'équation

$$\underset{\text{Leucine.}}{C^6H^{13}AzO^2} = CO^2 + \underset{\text{Amylamine.}}{C^5H^{13}Az.}$$

La leucine chauffée avec de l'acide iodhydrique concentré à 140°, pendant 10 heures, se dédouble en acide caproïque et en ammoniaque [Hüfner, *Zeitschr. für Chem.*, (2), t. IV, p. 391; *Bull. de la Soc. chim.*, 1868, t. X, p. 454].

L'iodure d'éthyle ne donne pas d'éthyl-leucine avec la leucine.

Lorsqu'on chauffe la leucine à 220° dans un courant d'acide chlorhydrique, elle perd de l'eau et se convertit en *leucinimide* (nitrile leucique)

$$\left.\begin{matrix}C^6H^{10}O\\H\end{matrix}\right\}Az.$$

C'est un corps cristallisé en fines aiguilles qui se subliment sans fondre. Il se forme en même temps du sel ammoniac et du chlorhydrate d'amylamine (Kohler).

L'anhydride sulfurique est absorbé rapidement par la leucine, avec formation d'un liquide brun visqueux qui dégage à 100° les acides carbonique et sulfureux; lorsqu'on ajoute de l'eau et qu'on distille, il passe de l'aldéhyde valérique.

La solution de leucine dans les alcalis donne, sous l'influence de l'ozone, au commencement de l'aldéhyde valérique, de l'ammoniaque et de l'acide cyanique; finalement elle renferme les acides carbonique et butyrique et d'autres acides gras [Gorup-Besanez, *Ann. der Chem. u. Pharm.*, t. CXXV, p. 207].

Si on traite la leucine en suspension dans l'eau par le chlore, il se dégage de l'acide carbonique et il se forme un mélange de valéronitrile et de valéronitrile chloré, $C^6H^8ClAz$; la solution contient du chlorydrate de leucine. La leucine en solution alcaline donne par le chlore les acides carbonique et valérique, du chlorure de cyanogène et du valéronitrile; dans la première phase de l'opération il se forme de l'acide leucique.

L'acide nitreux convertit la leucine en azote, eau et acide leucique (Strecker):

$$\underset{\text{Leucine.}}{C^6H^{13}AzO^2} + \underset{\text{Acide azoteux.}}{AzHO^2} = H^2O + Az^2 + \underset{\text{Acide leucique.}}{C^6H^{12}O^3}$$

La leucine distillée avec de l'acide sulfurique étendu et du peroxyde de manganèse donne du valéronitrile, de l'acide carbonique et de l'eau :

$$C^6H^{13}AzO^2 + O^3 = C^5H^9Az + CO^2 + 2H^2O.$$

Avec l'acide sulfurique plus concentré on obtient les produits d'hydratation du valéronitrile : acide valérique et ammoniaque. Lorsqu'on distille la leucine avec du peroxyde de plomb et de l'eau, elle donne des traces de valéronitrile, mais principalement de l'aldéhyde butyrique et de l'ammoniaque (Liebig).

Le permanganate de potassium oxyde la leucine; il se forme de l'acide valérique, de l'acide oxalique et de l'ammoniaque [C. Neubauer, *Ann. der Chem. u. Pharm.*, t. CVI, p. 59].

La potasse en fusion transforme la leucine en valérate de potasse, hydrogène et ammoniaque (Liebig). La leucine se décompose lentement en solution aqueuse; en présence d'un peu de fibrine la décomposition est plus rapide; il se produit de l'acide valérique et de l'ammoniaque.

COMBINAISONS DE LA LEUCINE. — 1° *Avec les acides.* — Le *chlorhydrate*, $C^6H^{13}AzO^2.HCl$, est un sel cristallisé très-soluble.

Le *nitrate*, $C^6H^{13}AzO^2,AzHO^3$, est en aiguilles incolores. — La leucine se combine avec les nitrates métalliques; le *nitrate de leucine et de calcium* forme des mamelons contenant de l'eau de cristallisation; le *nitrate de leucine et de magnésium* est en petits cristaux grenus : la leucine forme avec le *nitrate* d'argent un sel cristallisable.

Elle se combine aussi avec la cyanamide.

Le *sulfate de leucine* s'obtient à l'état cristallisé lorsqu'on ajoute de l'alcool absolu à la solution de leucine dans l'acide sulfurique évaporée à consistance de sirop.

2° *Avec les bases.* — La leucine se dissout facilement dans les alcalis; sa solution aqueuse ne précipite pas par la plupart des sels métalliques. Suivant R. Hofmann, la leucine précipite en blanc par le nitrate mercurique; le liquide surnageant reste incolore; si la leucine renferme de la tyrosine, la liqueur se colore en rouge [*Ann. der Chem. u. Pharm.*, t. LXXXVII, p. 123].

*Sel de cuivre.* $(C^6H^{12}AzO^2)^2Cu + H^2O$. — L'oxyde de cuivre récemment précipité se dissout facilement dans la solution de leucine, avec coloration bleue; la solution concentrée dépose des grains ou des lamelles de la couleur du sulfate de cuivre. Lorsqu'on fait bouillir la leucine avec un excès d'oxyde de cuivre, on obtient une combinaison insoluble.

*Sel de mercure.* $(C^6H^{12}AzO^2)^2Hg + H^2O$ (?). — Lamelles incolores, qu'on prépare comme le sel de cuivre; suivant Gössmann, le chlorure ou nitrate de mercure ne précipite la leucine qu'après addition d'ammoniaque; le précipité blanc qui se forme est soluble dans un excès d'alcalis et devient gélatineux pendant les lavages.

*Sel de plomb.* — On ajoute à la solution bouillante de leucine de l'acétate de plomb et de l'ammoniaque. Il est en lames nacrées; la composition du précipité n'est pas constante.

PSEUDO-LEUCINE [Hesse, *Journ. für prakt. Chem.*, t. LXX, p. 34]. — Dans la fermentation de la levûre se forme un corps très-rapproché de la leucine, qui renferme, suivant Hesse, 3 à 4 p. de soufre (sa formule est peut-être $C^{36}H^{78}Az^6O^{12}.S$), et auquel il a donné le nom de pseudo-leucine. Elle est plus soluble dans l'alcool que la leucine, et cristallise en lamelles brillantes très-légères. Elle peut être sublimée sans décomposition; chauffée à 210°, elle fond, et lorsqu'on la distille dans un courant d'hydrogène sulfuré, elle donne des corps sulfurés et un corps $C^6H^{11}AzO$, qui est le nitrile leucique. Les autres produits de sa distillation sont : l'hydrogène sulfuré, l'ammoniaque, l'acide cyanhydrique et des bases volatiles.

Ce corps est peut-être de la leucine mélangée de quelque substance sulfurée, dont il est difficile de le débarrasser. A. H.

**LEUCIQUE (ACIDE)**, $C^6H^{12}O^3$ [Strecker, *Ann. der Chem. u. Pharm.*, t. LXVIII, p. 55; — Gössmann, *ibid.*, t. XCI, p. 134; — Waage, *ibid.*, t. CXVIII, p. 295; *Ann. de Chim. et de Phys.*, (3), t. LXIII, p. 375; — Thudichum, *Journ. of the Chem. Soc. of London*, t. XIV, p. 307; *Zeitschr. für Chem. u. Pharm.*, 1862, p. 5; — A. Geuther et B. Wackenroder, *Jenaische Zeitschr. f. Med. u. Naturw.*, t. III, p. 421, *Bull. de la Soc. chim.*, (2), t. X, p. 34].

Acide homologue de l'acide lactique, qui a été découvert par Strecker dans l'action de l'acide azoteux sur la leucine; dans cette réaction, il se dégage de l'azote et il se forme de l'eau. Gössmann l'a obtenu en faisant passer du chlore dans une dissolution alcaline de leucine, en évitant un excès de ce gaz.

M. Cahours a observé la formation d'un acide, qui est probablement l'acide leucique, lorsqu'on abandonne la leucine en solution aqueuse.

MM. Lippmann et Erlenmeyer ont essayé de préparer l'acide leucique en partant de l'amylène; mais ils ne sont pas arrivés à un résultat satisfaisant.

M. Lippmann, en faisant agir le gaz chloroxycarbonique sur l'amylène, a obtenu un liquide bouillant de 90° à 100°, dont la composition est sensiblement exprimée par la formule du chlorure de leucyle $C^6H^{10}O.Cl^2$. Lorsqu'on fait agir sur ce corps de l'eau de baryte ou de l'acétate de plomb, il se décompose en amylène, acide carbonique et acide chlorhydrique :

$$C^6H^{10}O.Cl^2 + H^2O = C^5H^{10} + CO^2 + 2HCl.$$

Il se forme une petite quantité d'un acide qui est probablement l'acide leucique [*Ann. der Chem. u. Pharm.*, t. CXXIX, p. 81; *Ann. de Chim. et de Phys.*, (4), t. I, p. 485].

M. Erlenmeyer, pour préparer l'acide leucique, a décomposé l'iodocyanamylène (voyez t. I, p. 237) par la potasse; il se dégage de l'ammoniaque et il se forme un acide sirupeux dont les sels de baryum et de zinc cristallisent à peine [*Zeitsch. für Chem. u. Pharm.*, 1863, p. 545].

On obtiendra probablement l'acide leucique en traitant l'acide caproïque par le brome et en décomposant l'acide bromé par un alcali.

La constitution de l'acide leucique découle de celle de la leucine; on la représente par suite par la formule

$$\begin{array}{l} C^5H^{10}OH \\ | \\ COOH. \end{array}$$

L'arrangement moléculaire du groupe

$$C^5H^{10}.OH$$

est probablement le suivant :

$$\left.\begin{array}{l} CH^3 \\ CH^3 \end{array}\right\} CH\text{-}CH^2\text{-}CH(OH).$$

L'acide leucique est isomérique avec l'acide diéthoxalique.

*Préparation.* — 1° On dissout la leucine dans l'eau bouillante faiblement aiguisée par l'acide azotique, et on fait passer de l'acide azoteux dans cette solution, tant qu'il se dégage de l'azote. Le liquide brun est agité plusieurs fois avec de l'éther, l'éther est chassé par distillation, le résidu est dissous dans une grande quantité d'eau portée à l'ébullition et additionnée d'une solution aqueuse d'acétate de zinc. Il se précipite du leucate de zinc, qu'on lave à l'eau froide, qu'on purifie par cristallisation dans l'alcool et qu'on décompose par l'hydrogène sulfuré. La solution aqueuse dépose, par l'évaporation lente, l'acide leucique sous forme d'aiguilles (Waage).

2° Thudichum traite la solution aqueuse de la leucine par l'acide azoteux, tant qu'il se dégage de l'azote, évapore la solution à consistance sirupeuse, en ajoutant de la leucine, pour fixer l'acide azotique libre, et reprend à plusieurs reprises par l'éther. La solution éthérée est évaporée et le résidu est séché d'abord au bain-marie, ensuite au-dessus de l'acide sulfurique. L'acide brut renferme une matière huileuse dont on le débarrasse en le dissolvant dans l'eau; la solution aqueuse dépose par l'évaporation (vers la fin dans l'air sec) l'acide sous forme d'aiguilles nacrées groupées en cercle. On peut encore précipiter l'acide par l'acétate de plomb et décomposer le sel de plomb par l'hydrogène sulfuré.

*Propriétés et réactions.* — La composition de l'acide leucique séché au-dessus de l'acide sulfurique correspond à la formule $C^6H^{12}O^3$. Il cristallise en aiguilles incolores, fusibles à 73°; par le refroidissement il se fige quelquefois à quelques degrés au-dessous de son point de fusion, d'autres fois il se maintient encore liquide à 0°. Sa saveur est amère, sa réaction fortement acide. Il se dissout facilement dans l'eau, dans l'alcool et dans l'éther.

L'acide leucique se sublime vers 100°; une partie se volatilise sans décomposition; une autre se déshydrate et reste sous forme d'un sirop, qui ne se dissout dans l'eau qu'après une ébullition prolongée, mais qui est très-soluble dans l'alcool et l'éther. Ce corps sirupeux est probablement de l'acide leucique anhydre. L'acide leucique, chauffé fortement, donne des vapeurs blanches et brûle avec une flamme éclairante; il reste un charbon facilement combustible.

*Sels de l'acide leucique.* — L'acide leucique est probablement diatomique et monobasique; mais jusqu'à présent on ne connaît pas encore d'éthers analogues à l'éther lactique diéthylique ou à l'acide éthyllactique. Les sels sont moins solubles dans l'eau, mais plus solubles dans l'alcool que les lactates.

Les *sels d'ammonium* et *de potassium* ne cristallisent pas.

*Sel d'argent,* $C^6H^{11}O^3Ag$. — Préparé par double décomposition et recristallisé dans l'eau bouillante, il forme une masse cristalline incolore et anhydre assez soluble dans l'eau. Le sel noircit s'il reste dans l'eau mère dans laquelle on l'a précipité. En traitant l'acide leucique par du carbonate d'argent récemment précipité et en évaporant la solution dans le vide, on obtient des cristaux d'un sel qui paraît renfermer

$$C^6H^{11}O^3Ag + C^6H^{12}O^3.$$

Le *sel de sodium* cristallise difficilement.

*Sel de baryum,* $(C^6H^{11}O^3)^2Ba$. — L'alcool le dépose en lames incolores et soyeuses.

Le *sel de calcium,* $(C^6H^{11}O^3)^2Ca$, est en aiguilles incolores, facilement solubles dans l'eau et dans l'alcool.

*Sel de cobalt,* $(C^6H^{11}O^3)^2Co$. — Croûtes cristallines, rouge clair, peu solubles dans l'eau à froid et à chaud.

*Sel de cuivre,* $(C^6H^{11}O^3)^2Cu$. — Précipité vert floconneux, peu soluble dans l'eau; il cristallise dans l'alcool en lames bleues.

Le *sel de magnésium* est peu soluble dans l'eau, et se dépose par l'évaporation en croûtes.

*Sel mercurique.* — On le prépare par double décomposition ou en traitant directement l'acide leucique par l'oxyde de mercure. C'est un précipité rougeâtre peu soluble, qui est facilement réduit. Il devient très-facilement basique, par suite insoluble.

*Sel mercureux.* — Précipité rougeâtre, se réduisant facilement à chaud.

*Sel de plomb.* — L'acétate de plomb produit dans la solution de l'acide leucique ou de ses sels un précipité blanc, soluble à chaud pour la plus grande partie; une petite quantité d'un sel basique reste toujours insoluble. La solution de l'acide leucique n'est pas précipitée à chaud par l'acétate de plomb; par le refroidissement le liquide se trouble et dépose après quelque temps un sel granuleux, se dissolvant plus facilement dans l'acétate de plomb que dans l'eau. Il se dissout aisément dans l'alcool, surtout à chaud; l'eau précipite la solution.

*Sel de zinc,* $(C^6H^{11}O^3)^2Zn + H^2O$. — On le prépare en neutralisant l'acide à chaud par du carbonate ou par de l'acétate de zinc. Il cristallise en écailles légères et soyeuses, qui perdent leur eau de cristallisation entre 100° et 130°. Il exig à 16° 300 p. d'eau, et 204 p. d'eau bouillante; il est beaucoup plus soluble dans l'alcool.

Suivant Thudichum, le sel de zinc est décomposé incomplétement par l'hydrogène sulfuré.

A. H.

**LEUCITE.** — Voyez Amphigène.

**LEUCOCYCLITE** (Min.). — Variété d'apophyllite, dont les lames perpendiculaires à l'axe présentent, au microscope polarisant éclairé par la lumière blanche, une croix noire traversée d'anneaux alternativement blancs et d'un violet noir, avec compensation positive.

**LEUCOLINE,** $C^9H^7Az$ [Runge, *Ann. de Poggend.*, t. XXXI, p. 68 (1834); — Hofmann, *Ann. der Chem. u. Pharm.*, t. XLVIII, p. 37 et *Ann. de Chim. et de Phys.*, (3), t. IX, p. 129]. — Cette base, trouvée par Runge dans le goudron de houille et nommée *leucol*, a été confondue pendant longtemps avec son isomère, la *quinoléine*, qui se produit dans l'action de la potasse sur quelques alcaloïdes. L'isomérie des deux bases a été établie par Gr. Williams; suivant ce chimiste, celle du goudron ne donne pas le bichromate cristallisé, caractéristique pour la quinoléine, et traitée par l'iodure d'amyle, ensuite par l'ammoniaque, elle ne fournit pas la matière colorante connue sous le nom de cyanine [Gr. Williams, *Chemical Gazette*, 1858, p. 321 et *Chem. News*, t. I, p. 15].

La leucoline est le premier terme d'une série de bases qui sont isomériques avec les bases correspondantes de la série quinoléique :

| Série de la houille ou leucolique. | | Série de la cinchonine ou quinoléique. |
|---|---|---|
| Leucoline....... | $(C^9H^7)'''Az$ | Quinoléine. |
| Iridoline....... | $(C^{10}H^9)'''Az$ | Lépidine. |
| Cryptidine...... | $(C^{11}H^{11})'''Az$ | Dispoline. |

A. H.

**LEUCOLITE.** — Voyez Amphigène.

**LEUCOLITHE.** — Voyez Wernerite (cipyre).

**LEUCONE.** — Voyez Silicium.

**LEUCONIQUE (ACIDE)** [Syn. *Oxycroconique*]. — Voyez Rhodizonique (acide).

**LEUCOPÉTRINE** (Min.). — Substance extraite

par l'éther d'un lignite de Weissenfels (Bohême), le même qui a fourni l'acide géorétinique, etc. Cristallise de la solution éthérée, et fond vers 100°. C = 81,97, H = 11,47.

**LEUCOPHANE** (Min.). — Fluosilicate de chaux, de glucine et de soude, avec magnésie, potasse, manganèse et alumine, $5 RO SiO^3 + 2 NaFl$. Masses lamelleuses ou cristaux imparfaits d'un brun jaunâtre, grisâtre ou verdâtre, d'un vif éclat, transparentes en lames minces; donnant une lueur bleue phosphorescente quand on les frappe avec le marteau ou quand on les chauffe. Faiblement électrique par la pression ou par la chaleur. Se trouvant dans la syénite avec albite, éléolithe et yttrotantalite, au rocher de Lammërs, près du Langesundfjord (Norwége).

*Caractères.* — Dans le tube fermé, blanchit et donne une lueur phosphorescente pourpre. Au chalumeau, fond en une perle claire teintée de violet, qui devient opaque au flamber. La flamme devient fortement jaune. Avec le sel de phosphore, réaction du fluor.

Dureté, 3,5 à 4; poussière blanche. Densité, 2,97.

*Forme cristalline.* — Prisme orthorhombique voisin de 91°.

Clivage basique parfait. Il en existe deux autres faisant un angle de 126° avec le premier, et peut-être un troisième. F. et S.

**LEUCOPHYLLE.** — Nom donné par M. J. Sachs à un principe incolore du plasma végétal qui verdit sous l'influence de l'oxygène actif. — Voyez t. I, p. 880.

**LEUCOTURIQUE (ACIDE)** [Syn. *Oxalantine*], $C^6H^4Az^4O^5$ [Schlieper, *Ann. der Chem. u. Pharm.*, t. LVI, p. 1]. — L'acide alloxanique se décompose lorsqu'on maintient sa solution aqueuse en ébullition. Il se forme à côté d'autres corps un acide en petite quantité que M. Schlieper a décrit sous le nom d'acide leucoturique. — Voyez t. I, p. 151.

Pour le préparer, on évapore rapidement à consistance sirupeuse la solution aqueuse de l'acide alloxanique et on reprend par l'eau froide, qui ne dissout pas l'acide leucoturique. M. Baeyer explique la formation de cet acide en admettant que l'acide alloxanique se décompose en acide carbonique, acide parabanique et hydrogène, et que ce dernier agit sur l'acide parabanique pour donner de l'acide leucoturique [*Ann. der Chem. u. Pharm.*, t. CXIX, p. 126; et *Ann. de Chim. et de Phys.*, (3), t. LXIII, p. 468] :

$$\underset{\text{Acide alloxanique.}}{C^4H^4Az^2O^5} = CO^2 + \underset{\text{Acide parabanique.}}{C^3H^2Az^2O^3} + H^2$$

et

$$2\underset{\text{Acide parabanique.}}{C^3H^2Az^2O^3} + H^2 = H^2O + \underset{\text{Acide leucoturique.}}{C^6H^4Az^4O^5}.$$

En effet, M. Limpricht a obtenu l'acide leucoturique en réduisant l'acide parabanique par le zinc et l'acide chlorhydrique. Il se forme une poudre blanche cristalline (le sel de zinc de l'acide leucoturique) qui, décomposée par l'hydrogène sulfuré, fournit l'acide leucoturique pur [*Ann. der Chem. u. Pharm.*, t. CXI, p. 133, et *Ann. de Chim. et de Phys.*, (3), t. LVII, p. 356].

D'après ces faits, l'acide leucoturique doit être considéré comme l'alloxantine de la série parabanique, ou, ce qui revient au même, comme une combinaison avec élimination d'eau des acides parabanique et allanturique :

$$\underset{\text{Acide parabanique.}}{C^3H^2Az^2O^3} + \underset{\text{Acide allanturique.}}{C^3H^4Az^2O^3} - H^2O = \underset{\text{Acide leucoturique.}}{C^6H^4Az^4O^5}.$$

Pour exprimer cette relation, M. Limpricht avait donné à l'acide leucoturique le nom d'*oxalantine*.

L'acide leucoturique constitue une poudre cristalline blanche, insoluble dans l'eau froide, assez soluble dans l'eau bouillante. La solution possède une réaction acide. L'alcool et l'éther ne le dissolvent pas. Les acides, même l'acide nitrique (densité 1,4) et le peroxyde de plomb, ne l'altèrent pas. Il se dissout facilement dans les alcalis ou les carbonates alcalins, en déplaçant l'acide carbonique dans le dernier cas; les acides le reprécipitent. Si l'on dissout à chaud l'acide dans les alcalis, il se dégage de l'ammoniaque et il se forme de l'acide oxalique.

L'acide leucoturique se dissout à chaud dans l'ammoniaque; la solution donne par l'évaporation de fines aiguilles. Le nitrate d'argent produit dans la solution du sel ammoniacal un précipité blanc, qui brunit rapidement. Lorsqu'on chauffe la solution aqueuse avec du nitrate d'argent ou avec de l'oxyde de mercure et qu'on ajoute de l'ammoniaque, on observe une réduction.

L'acide séché à 100° a donné à l'analyse les chiffres :

$$C = 31{,}15;\ H = 2{,}80;\ Az = 24{,}51,$$

qui conduisent à la formule $C^6H^6Az^4O^6$, que M. Schlieper a adoptée.

Suivant M. Limpricht, l'acide séché à 100° retient une molécule d'eau et il lui assigne la formule $C^6H^4Az^4O^5 + H^2O$.

On n'a pas encore essayé de convertir l'acide leucoturique par réduction en acide allanturique. A. H.

**LÉVULINE.** — Matière amorphe ressemblant à la dextrine, extraite par G. Ville et Joulie du jus de topinambour. Elle est soluble dans l'eau, d'une saveur douceâtre. Sa solution ne réduit pas la liqueur de Fehling, et est inactive sur la lumière polarisée; mais après une ébullition de quelques minutes avec de l'acide chlorhydrique, elle réduit énergiquement le tartrate cupropotassique et est devenue fortement lévogyre [*Monit. scientif.*, 1866, p. 836].

**LÉVULOSE** (sucre incristallisable), $C^6H^{12}O^6$. — Cette matière sucrée, qui doit son nom à son fort pouvoir lévogyre, forme la portion incristallisable du sucre de certains fruits; elle s'y trouve en général associée à la glucose. Elle constitue également la partie incristallisable du miel (Soubeiran). Elle se forme par l'action prolongée de l'eau bouillante sur l'inuline et est désignée alors sous le nom de *sucre d'inuline* (Bouchardat). Enfin, elle constitue un des éléments du sucre interverti (voyez SUCRE). Pour en isoler la lévulose, Dubrunfaut mélange intimement 10 grammes de sucre interverti, 6 grammes d'hydrate de calcium et 100 grammes d'eau. La masse, d'abord liquide, devient pâteuse par l'agitation. Elle renferme alors du glucosate de calcium liquide et du lévulosate solide; on l'exprime fortement dans une toile et on le décompose par l'acide oxalique. La lévulose reste en solution et se dépose par l'évaporation à l'état d'un sirop incristallisable.

L'interversion du sucre se fait d'après l'équation

$$\underset{\text{Sucre de canne.}}{C^{12}H^{22}O^{11}} + H^2O = \underset{\text{Lévulose.}}{C^6H^{12}O^6} + \underset{\text{Glucose.}}{C^6H^{12}O^6}.$$

Cette interversion est produite sous l'influence des acides étendus ou sous celle d'une matière soluble contenue dans la levûre de bière (Berthelot). La lévulose qui existe dans les fruits paraît due à l'action d'un ferment analogue et non à celle de l'acide contenu dans le fruit (Buignet).

Quand le sucre interverti fermente, c'est la glucose qui disparaît en premier lieu, et le résidu s'enrichit en lévulose qui ne disparaît qu'ensuite (Berthelot).

Maumené n'admet pas la présence de la lévulose dans le sucre interverti; la combinaison calcique insoluble que donne ce sucre ne fournit qu'un principe inactif sur la lumière polarisée [*Compt. rend.*, t. LXIX, p. 1242; *Bull. de la Soc. chim.*, 1870, t. XIII, p. 195, 350, 484].

La lévulose est incristallisable, déliquescente, très-soluble dans l'eau et dans l'alcool faible, insoluble dans l'alcool absolu. Sa saveur est plus sucrée que celle de la glucose. Elle réduit le tartrate cupropotassique, et son pouvoir réducteur est égal à celui de la glucose.

La lévulose dévie à gauche le plan de polarisation; son pouvoir rotatoire pour la teinte sensible est égal à — 106° à la température de 15°. La température a une grande influence sur ce pouvoir rotatoire; il diminue de 0,75 % pour chaque degré d'élévation de température au-dessus de 15°, il augmente dans le même rapport pour chaque diminution de température.

La lévulose forme avec la chaux une combinaison peu soluble, cristallisée en aiguilles microscopiques, renfermant au moins 3 molécules de chaux pour 1 molécule de lévulose. Cette combinaison s'altère rapidement à l'air (Dubrunfaut).

Chauffée à 170°, la lévulose se transforme en *lévulosane*,

$$C^6H^{12}O^6 = C^6H^{10}O^5 + H^2O.$$

Cette dernière substance constitue une masse amorphe, soluble dans l'eau, elle n'est pas directement fermentescible, mais l'action de l'eau bouillante la transforme de nouveau en lévulose (Gélis) [Dubrunfaut, *Compt. rend.*, t. XXV, p. 308, et t. LXIX, p. 1366; *Institut.*, 1849, p. 242; — Bouchardat, *Compt. rend.*, t. XXV, p. 274; — Gélis, *Compt. rend.*, t. LI, p. 331; — Buignet, *Compt. rend.*, t. LI, p. 894]. E. W.

**LEVÛRE.** — L'histoire de la levûre a été faite avec assez de détails au mot FERMENTATION (voyez ce livre, t. I, p. 1443, 2e colonne) pour qu'il ne nous reste ici que peu à dire.

Le nom de *levûre* s'applique plus spécialement au ferment organisé auquel sont dues les fermentations alcooliques (vin, bière). Le même ferment, quand il agit sur la pâte de froment et sert à provoquer la fermentation pannaire, porte le nom de *levain*.

La levûre paraît être un mélange de plusieurs espèces végétales; M. Trecul admet qu'en se développant dans certains milieux sucrés, elle donne naissance non-seulement au *Penicilium glaucum* de Turpin, mais à d'autres *Penicilium* et à des *Aspergillus* [*Compt. rend. de l'Acad. des sciences*, 27 juillet 1868]. La production de ces *Penicilium* et de ces *Aspergillus* n'a pu toutefois être répétée par M. Bary ni par M. de Seynes [*Bull. de la Soc. botan. de France*, t. XV, p. 180]. La levûre est composée de cellules ovoïdes de 1/50e à 1/100e de millimètre dans leur plus grand diamètre, se reproduisant par gemmation quand le milieu est suffisamment sucré (de 1/10e à 1/5e de son poids de glucose). Ces cellules sont transparentes et sans granulations quand elles sont récentes, granuleuses quand elles sont plus anciennes. M. de Seynes a observé que, si l'on étend d'eau la liqueur, le phénomène de bourgeonnement de cellules nouvelles s'arrête et est remplacé par la formation endospore de cellules arrondies, qui sont mises ensuite en liberté par l'éclatement de la cellule mère, donnant ainsi naissance au *Mycoderma vini* de M. Pasteur. Celui-ci, placé ensuite dans un milieu plus riche en sucre, reproduit la levûre normale primitive [*Compt. rend. de l'Acad. des sciences*, 13 juillet 1868]. La levûre peut vivre dans un milieu acide, neutre ou même légèrement alcalin.

La levûre de la fermentation alcoolique normale est donc un mélange de plusieurs sporules appartenant à diverses espèces. On comprend dès lors comment il peut se faire que la levûre de bière superficielle de la fermentation rapide puisse redonner naissance à la fermentation rapide, tandis que la levûre par dépôt donne naissance à une fermentation lente. Elles diffèrent d'ailleurs l'une de l'autre micrographiquement (voyez ce livre, p. 596). Mais la levûre complexe de la fermentation alcoolique normale n'est point la seule qui donne lieu aux fermentations des liqueurs sucrées. M. Pasteur et M. Bouchardat en ont décrit un certain nombre qui donnent lieu aux maladies des vins [Pasteur, *Études sur les vins; ses maladies et les causes qui les provoquent*; — Bouchardat, *Annuaire thérapeutique*, 1846, supplément, p. 5 et 9; — A. Gautier, *Des Fermentations*, Savy, éditeur, 1869]. M. Pasteur décrit 5 levûres ou ferments spéciaux auxquels sont dues les maladies des vins, ce sont :

Le *Mycoderma aceti* qui produit l'ascescence, ou transformation du vin en vinaigre. Chapelets d'articles légèrement étranglés vers le milieu. Diamètre moyen, 0mm,0015; la largeur de l'article est double. Chaque article, en vieillissant, s'étrangle de plus en plus et donne deux nouveaux articles.

Le *Mycoderma vini* se produit comme nous l'avons dit plus haut, et donne la levûre de bière et la fermentation normale.

Le *mycoderme* ou *parasite des vins tournés*, filaments très-ténus, de 1/1000e de millimètre de diamètre environ; il dégage des vins de l'acide carbonique, leur enlève leur saveur et leur vinosité et donne de l'acide lactique.

Le *ferment des vins blancs filants*, en chapelets de petits globules sphériques de 1/1000e de millimètre de diamètre.

Le *parasite de l'amertume des vins*, en filaments branchus, contournés, couverts de nodules de matière colorante.

On a vu au mot FERMENTATION que la présence de la levûre normale est une condition très-avantageuse de la transformation par fermentation du sucre en alcool et acide carbonique, mais que, d'après les expériences de M. Berthelot, sa présence n'est pas une condition absolument nécessaire de cette transformation. — Voyez t. I, p. 1446, 2e colonne.

La vie de la levûre est enrayée ou détruite par une foule de corps toxiques pour les organismes inférieurs des plantes, mais non des animaux, tels que les essences, les éthers, les alcools. M. Bouchardat observe que la créosote, tout en empêchant la naissance des germes ou moisissures, n'est pas capable d'en arrêter le développement quand ils sont formés. L'acide arsénieux paraît sans action.

Chaque ferment ne joue un rôle unique que si le milieu reste constant. Nous avons vu la levûre donner le *Mycoderma vini*, ou reproduire les cellules identiques aux cellules mères, selon qu'on étendait ou non la liqueur.

Chaque ferment, pour agir, a besoin d'une certaine température. De là la nécessité de couvrir la pâte pendant l'action du levain; en même temps, la fermentation se produit avec élévation de température. M. Dubrunfaut a reconnu que le dédoublement du sucre en alcool et acide carbonique donne les 134 millièmes de la chaleur que dégagerait la quantité de charbon contenue dans tout l'acide carbonique qui résulte de la fermentation.

Le ferment, en vivant, s'approprie les matières azotées et phosphorées solubles, et une petite quantité de la matière fermentescible. Il épuise peu à peu son action et meurt, entraînant ainsi une certaine quantité des matières azotées à l'état insoluble ou inactif. Dans le cas où il y a fermentation sans ferments figurés, mais dans ce seul cas, l'azote se dégage à l'état de gaz [Berthelot, *Ann. de Chim. et de Phys.*, t. L, p. 362].

La levûre sèche ou humide devient inactive quand on la chauffe à 100°, mais Cagnard-Latour l'a soumise bien desséchée au froid de l'acide carbonique solide sans lui enlever sa propriété de faire fermenter. Finement pulvérisée, elle devient inactive [Lüdersdorff, *Poggend. Ann.*, t. LXVII, p. 409]. Ce n'est qu'après longtemps qu'elle excite dans cet état la fermentation lactique. Une putréfaction avancée de la levûre lui enlève aussi son activité.

On verra à l'article FERMENTATION et aux divers mots BUTYRIQUE, LACTIQUE,... l'histoire des ferments qui provoquent les diverses fermentations qui portent ces noms. A. G.

**LÉVYNE** (Min.). — Silicate hydraté d'alumine et de chaux, avec un peu de potasse et de soude, $CaO, Al^2O^3, 3SiO^2, 5H^2O$. Petits cristaux incolores ou blanc-grisâtre, maclés, fortement aplatis suivant $a^1$, quelquefois accompagnés de chabasie et d'autres zéolithes; se trouve dans les amygdaloïdes d'Islande, d'Écosse, etc. Transparente ou translucide.

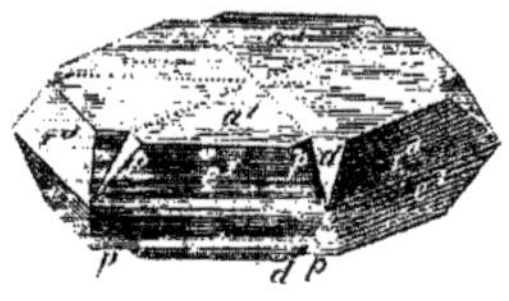

Fig. 350. — Lévyne.

*Caractères.* — Soluble en gelée dans les acides. Au chalumeau, se gonfle et fond en un verre bulleux, presque opaque. Les cristaux d'Islande perdent, d'après M. Damour, 6,4 °/₀ d'eau dans l'air sec, et les reprennent à l'air humide; ils peuvent abandonner jusqu'à 13 °/₀ d'eau, à une température de 225°, sans perdre leur propriété hygroscopique. A 360°, la perte d'eau n'est pas encore complète, mais le minéral n'est plus hygroscopique.

Dureté, 4; poussière blanche; très-fragile. Densité, 2,1 à 2,2.

*Forme cristalline.* — Rhomboèdre de 106°3'. Clivage indistinct : $e^1$. Les faces $p$, $e^1$, sont striées parallèlement à leur intersection mutuelle. Macles par pénétration, avec rotation autour de l'axe du rhomboèdre. F. et S.

**LIBÉTHÉNITE** (Min.). — Hydrophosphate de cuivre,

$$4CuO, Ph^2O^5, H^2O = 2[(PhO^4)'''Cu.CuOH].$$

Petits cristaux, ou masses concrétionnées, ou compactes, d'un vert sombre, translucides, d'un éclat vitreux, dans les cavités du quartz, à Libethen (Hongrie), etc.

Fig. 351 — Libéthénite.

*Caractères.* — Soluble dans l'acide azotique et dans l'ammoniaque. Dans le tube bouché, donne de l'eau et devient noir. Au chalumeau, fond et colore la flamme en vert-émeraude; avec la soude, sur le charbon, donne du cuivre et quelquefois une odeur arsenicale. Avec les flux, réactions du cuivre.

Dureté, 4; poussière vert d'herbe; fragile. Densité, 3,6 à 3,8.

*Forme cristalline.* — Prisme orthorhombique, $m\,m = 92°20'$, $m\,b^1 = 135°23'$. Clivage $g^1\,h^1$ indistincts.

Isomorphe avec l'olivénite et avec l'adamine. F. et S.

**LICHÉNINE**, $C^6H^{10}O^5$. — Matière présentant la même composition que l'amidon et qui se rencontre dans plusieurs espèces de mousses et de lichens. On l'extrait du lichen d'Islande en le faisant macérer pendant 24 heures avec de l'eau froide additionnée d'un peu de carbonate de soude, et l'on répète ce traitement jusqu'à ce que la liqueur ne présente plus de saveur amère; on fait alors bouillir avec de l'eau et l'on filtre à travers un linge. Par le refroidissement, la solution se prend en une gelée, donnant par la dessiccation une matière dure et cassante, qui est la lichénine.

La lichénine est sans saveur, son odeur rappelle celle des lichens; elle est blanche, dure et cassante, peu soluble dans l'eau froide, soluble dans l'eau bouillante et s'en déposant à l'état de gelée par le refroidissement; elle est soluble dans l'éther et dans l'alcool.

Par une ébullition prolongée avec de l'eau, la lichénine perd la propriét de se prendre en gelée; elle est alors convertie en une matière gommeuse (probablement de la dextrine). Les acides étendus et bouillants la saccharifient; l'iode ne la colore pas [Proust, *Journ. de Phys. et de Chim.*, t. LXIII, p. 81; — Berzelius, *Journ. de Schweigger*, t. VII, p. 336; — Guérin-Varry, *Ann. de Chim. et de Phys.*, (2), t. LVI, p. 247; — Mulder, *Ann. der Chem. u. Pharm.*, t. XXVIII, p. 279]. E. W.

**LICHÉNIQUE (ACIDE).** — Synonyme de l'acide fumarique.

**LICHENSTÉARIQUE (ACIDE)**, $C^{14}H^{24}O^3$ (Knopp et Schnedermann admettent les rapports $C^{29}H^{46}O^6$). — Acide gras contenu dans le lichen d'Islande, d'où on l'extrait en même temps que l'acide cétrarique (voyez t. I, p. 809). Il forme de petits cristaux nacrés blancs, sans odeur, d'une saveur âcre et rance. Il est insoluble dans l'eau, soluble dans l'alcool chaud, qui le dépose en grande partie par le refroidissement en petites tables rhomboïdales; l'éther et les huiles essentielles le dissolvent également. Il fond à 120° et se concrète en masse cristalline par le refroidissement. C'est un acide très-faible.

*Lichenstéarate d'ammonium.* — La solution ammoniacale chaude de l'acide se trouble par le refroidissement et se transforme en une masse gélatineuse composée de prismes microscopiques; l'eau ne dissout ce sel qu'en partie en le transformant en sel acide.

*Lichenstéarate de potassium.* — Flocons visqueux, solubles dans l'eau pure, obtenus par la concentration de la solution potassique de l'acide; si l'on dessèche le sel au bain-marie et qu'on reprenne le résidu par de l'alcool bouillant, celui-ci dépose par le refroidissement de petits grains blancs cristallins, attirant l'humidité de l'air en se transformant en une masse diaphane [Knopp et Schnedermann, *Ann. der Chem. u. Pharm.*, t. LV, p. 159].

Le *sel de soude* ressemble au sel de potasse.

*Sel barytique*, $(C^{14}H^{23}O^3)^2Ba$. — Précipité blanc grisâtre qui s'agglutine dans l'eau bouillante.

*Sel de plomb*, $(C^{14}H^{23}O^3)^2Pb$. — Précipité floconneux devenant emplastique dans l'eau bouillante.

Le *sel d'argent* est un précipité grisâtre s'altérant à la lumière. Il renferme 31,84 °/₀ d'argent (calcul, 33,4). E. W.

**LIEBENERITE** (Min.). — Prismes hexagonaux d'un gris verdâtre, à cassure esquilleuse, ressemblant à la gieseckite, et paraissant être comme elle une altération de la néphéline. Dans un porphyre feldspathique de la vallée de Fleims (Tyrol).

**LEUCOPYRITE** (Min.) [Syn. *Fer arsenical, sätersbergite* (Kenngott), *lölingite, mohsine* (Chapman)]. — Arséniure de fer $FeAs^2$ ou $Fe^2As^3$. Cristaux d'une couleur blanc d'argent, ressemblant au mispickel et se trouvant avec nickeline à Schladming (Styrie), Ehrenfriedersdorf (Saxe), Saetersberg (Norwége), à Reichenberg (Silésie), etc.

*Caractères.* — Avec l'acide azotique se dissout en laissant un résidu d'acide arsénique. Dans le tube fermé, donne un sublimé métallique d'arsenic. Sur le charbon donne une odeur arsenicale et laisse un globule attirable à l'aimant.

Dureté, 5 à 5,5. Poussière gris noir. Fragile. Densité, 8,6 à 8,7.

*Forme cristalline.* — Prisme orthorhombique $mm = 122°26'$, $a^1a^1 = 51°20$.

Clivage : *p*. F. et S.

**LIEBIGITE** (Min.). — Carbonate d'uranyle et de calcium $(U^2O^2)CO^3, CaCO^3, 20H^2O$. Petites concrétions mamelonnées ou enduits minces d'un beau vert-pomme; transparent, éclat vitreux sur les cassures. Se trouve avec la medjidite sur la pechblende près d'Adrianople (Turquie), et à Joachimsthal (Bohême).

*Caractères.* — Soluble avec effervescence dans les acides dilués. Dans le tube fermé, donne de l'eau et devient gris jaunâtre. Au rouge, blanchit sans fondre, et par le refroidissement devient jaune-orange. A une température plus élevée, il devient noir. Avec le borax au feu d'oxydation, donne un verre jaune; au feu de réduction, une perle verte.

Dureté, 2 à 2,5.

Clivage dans une direction. F. et S.

**LIÉVRITE** (Min.) [Syn. *Ilvaïte, yénite* (Lelièvre), *wehrlite* (Kobell), *fer calcaréo-siliceux* (Haüy)]. — Silicate de fer et de calcium, avec un peu de manganèse et d'eau.

M. Rammelsberg a déduit de ses analyses les rapports d'oxygène suivants :

$$(RO + R^2O^3) : SiO^2 : H^2O = 9 : 8 : 0{,}75.$$

D'après Staedeler, l'oxygène de l'eau serait à celui de la silice comme 1 : 8; et l'eau saturerait une partie des bases. Celles-ci donneraient elles-mêmes les rapports d'oxygène suivants :

$$CaO : FeO : Fe^2O^3 = 2 : 4 : 1.$$

Se trouve en cristaux prismatiques allongés et striés longitudinalement, souvent d'assez grandes dimensions, et en masses bacillaires et rayonnées, granulaires ou compactes, formant des couches dans les schistes cristallins, avec amphibole, quartz, magnétite, etc., à Rio la Marina (île d'Elbe), à Kangerdluarsuk (Groënland), etc. Noir, opaque, d'un éclat vitreux, passant au résineux, souvent recouvert de croûtes rougeâtres. Faiblement magnétique. Conduit bien l'électricité.

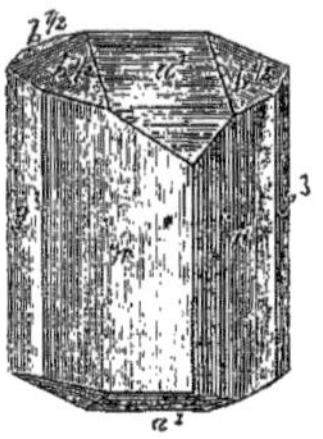

Fig. 852. — Liévrite.

*Caractères.* — Fait gelée avec les acides. Au chalumeau, fond tranquillement en un globule magnétique. Avec les flux, réactions du fer et quelquefois du manganèse.

Dureté, 5,5 à 6. Poussière noire, gris foncé, gris verdâtre. Densité, 3,9 à 4,1.

*Forme cristalline.* — Prisme orthorhombique $mm = 112°38'$, $b^{1/2}b^{1/2} = 117°27'$.

Clivages, assez nets : *p*, $g^1$; moins distincts *m*, $a^1$. F. et S.

**LIGNITE** (Min.) [Syn. *Bois bitumineux, jais, jayet, Brunnkohle, Pechkole, Moorkohle*]. — Substance brune ou noire, opaque, combustible avec flamme et en exhalant une odeur désagréable, donnant un charbon léger qui conserve la forme du fragment, et se trouvant dans les terrains postérieurs à l'époque houillère; par exemple, les marnes inférieures, dans l'Aisne; le calcaire jurassique, à Milhau; et plus fréquemment les terrains tertiaires, comme aux environs de Marseille, dans l'Yonne, à Bouxwiller (Bas-Rhin), etc.

Le lignite est quelquefois noir, brillant et compacte, et sert sous le nom de jayet ou jais à la confection de divers objets d'ornement (grès vert de Sainte-Colombe, Aude).

Des variétés se rapprochant de celles-ci ont souvent été prises pour de la houille, et avaient même reçu le nom de houille des calcaires. Elles s'en distinguent par l'odeur qu'elles donnent à la combustion, par la quantité moindre de charbon qu'elles laissent (de 40 à 50 %), par l'aspect de ce charbon et par la couleur brune de leur poussière. Certaines variétés s'exfolient par l'exposition à l'air, et le tissu ligneux devient alors visible. Un grand nombre renferment un mélange intime de pyrite et d'argile, qui au simple contact de l'air et de l'eau, ou à l'aide de grillages, se décompose en produisant des sulfates d'alumine et de fer, qui sont l'objet d'exploitations importantes. — Voyez ALUN, t. I, p. 177.

Souvent, au contraire, on y trouve encore des traces de la structure des végétaux auxquels il doit sa formation, et certains bois sont encore tout à fait reconnaissables. Ils sont accompagnés assez fréquemment de résines fossiles, telles que succin, copal fossile, géocérite, mellite, etc.

Densité, 1,2 à 1,3.

Au lignite se rattache la terre d'Ombre ou terre de Cologne, qui est terreuse, douce au toucher, très-légère, d'un brun clair et qui brûle comme l'amadou, en répandant une odeur désagréable. Elle est employée comme couleur.

ANALYSE DE QUELQUES LIGNITES, D'APRÈS M. REGNAULT.

I. Jayet de Sainte-Colombe.
II. Lignite des Bouches-du-Rhône.
III. Lignite des Basses-Alpes.
IV. Lignite de Grèce.
V. Lignite de Cuba.
VI. Terre d'Ombre.

| | I | II | III | IV | V | VI |
|---|---|---|---|---|---|---|
| Coke par calcination | 61,4 | 41,1 | 49,5 | 38,9 | 39,0 | 36,1 |
| Carbone | » | 63,01 | 69,5 | 60,36 | 74,82 | 63,42 |
| Hydrogène | » | 4,58 | 5,20 | 5,00 | 7,25 | 4,98 |
| Oxygène et azote | » | 18,98 | 22,74 | 25,62 | 13,99 | 27,11 |
| Cendres | 1,7 | 13,43 | 3,01 | 9,02 | 3,94 | 5,49 |

F. et S.

**LIGNOINE**, $C^{40}H^{28}AzO^{16}$. — Matière brune trouvée par Reichel dans de vieilles écorces de quinquina Huanoco et analysée par Hesse. Elle est soluble dans les carbonates alcalins; sa solution n'absorbe pas d'oxygène à la température ordinaire. Bouillie avec de la potasse, elle dégage de l'ammoniaque et se transforme en un corps

$$C^{40}H^{20}O^{16}$$

qui reste en solution et dont la composition est celle du rouge quinovatique [Reichel, *Ueber Chinarinden u. deren chem. Bestandtheilen*, Leipzig, 1866; — O. Hesse, *Ann. der Chem. u. Pharm.*, t. CIX, p. 341].

**LIGNONE** [Syn. *Xylite*]. — L'esprit de bois brut renferme quelquefois avec l'alcool méthylique une substance plus volatile bouillant de 60° à 61°,5, qui ne forme pas de combinaison avec le chlorure de calcium, propriété qui a permis de la séparer de l'alcool méthylique. Le lignone a été étudié par Gmelin, Liebig, Kane, Lœvig, Weidmann et Schweizer et par Voelkel, mais les analyses de ces chimistes diffèrent beaucoup. Suivant Dancer [*Journ. of the Chem. Soc.*, t. XVII, p. 222], le lignone est un mélange en proportions variables d'acétone, d'acétate de méthyle et de diméthylacétal.

**LIGNOSE.** — Produit de dédoublement de la glycolignose. Suivant Erdmann, le bois de sapin (*Pinus abies*) épuisé successivement par l'acide acétique et l'eau bouillante, par l'alcool et par l'éther, possède une composition exprimée par la formule $C^{30}H^{46}O^{21}$. Il désigne le bois ainsi purifié sous le nom de *glycolignose*.

C'est un corps blanc jaunâtre, insoluble dans tous les solvants; le réactif de Schweizer (oxyde de cuivre ammoniacal) ne lui enlève que des traces de cellulose.

Bouillie avec de l'acide chlorhydrique, elle se dédouble en glucose et en *lignose* $C^{18}H^{26}O^{11}$ :

$$C^{30}H^{46}O^{21} + 2H^2O = 2C^6H^{12}O^6 + C^{18}H^{26}O^{11}.$$

La lignose est jaune rougeâtre, insoluble dans les dissolvants ordinaires; elle ne cède que de petites quantités de cellulose à la liqueur de Schweizer.

Lorsqu'on fait bouillir 10 fois la glycolignose avec de l'acide azotique étendu (1 vol. d'acide de densité 1,2 et 10 vol. d'eau), on obtient pour résidu de la cellulose.

La glycolignose fondue avec de la potasse fournit de l'acide acétique, de l'acide succinique et un corps qui se rapproche de la pyrocatéchine. La lignose donne un corps aromatique analogue (ou le même), mais la cellulose pure, telle qu'on l'obtient en faisant bouillir la glycolignose avec l'acide azotique, n'en produit pas. M. Erdmann conclut de là que la glycolignose renferme : 1° un groupe fournissant du sucre; 2° un groupe aromatique; et 3° un groupe qui est la cellulose primitive.

Le foin et la paille contiennent une substance analogue à la glycolignose. Suivant Erdmann, l'acide benzoïque de l'urine des herbivores proviendrait du groupe aromatique de la substance cuticulaire [J. Erdmann, *Ann. der Chem. u. Pharm.*, suppl., t. V, p. 223, et *Bull. de la Soc. chim.*, t. X, p. 295, 1868]. A. H.

**LIGULINE** [J. Nicklès, *Journ. de Pharm. et de Chim.*, (3), t. XXXV, p. 328]. — Les baies mûres du troëne (*Ligustrum vulgare*) renferment une matière colorante d'un beau cramoisi, soluble dans l'eau, l'alcool pur et éthéré, mais insoluble dans l'éther. L'eau bouillante ne l'altère pas. Les alcalis lui donnent une teinte verte que les acides ramènent au rouge (réaction sensible pour déceler dans l'eau la présence du bicarbonate de calcium). La liguline n'a pas encore été obtenue à l'état de pureté; elle est exempte d'azote.

**LIGURITE** (Min.). — Variété de sphène en grands cristaux aplatis jaune verdâtre.

**LIGUSTRINE.** — Polex [*Arch. de Pharm.*, (2), t. XVII, p. 75] a retiré des feuilles et de l'écorce de *Ligustrum vulgare* une substance amère, la *ligustrine*, qui est, suivant Kromayer [*ibid.*, (2), t. CXIII, p. 19], identique avec la syringine (voyez ce mot).

**LILALITE.** — Synonyme de LÉPIDOLITHE.

**LILLITE** (Min.). — Hydrosilicate de fer amorphe, terreux, d'un vert noir, paraissant être un produit d'altération, et se trouvant à Przibram (Bohême), avec pyrite et limonite.

**LIMACINE** [Braconnot, *Ann. de Chim. et de Phys.*, (3), t. X, p. 319]. — Substance blanche terreuse extraite de la limace (*Limax agrestis*). Elle se dissout facilement dans l'eau et l'alcool bouillant, dans l'acide chlorhydrique concentré et dans les liqueurs alcalines. Sa solution aqueuse est précipitée par le tannin, le bichlorure de mercure, le sulfate de fer et par les acétates de plomb, de cuivre et de manganèse, mais pas par l'oxalate d'ammoniaque. Lorsqu'on la soumet à la distillation sèche, elle donne du carbonate d'ammoniaque et laisse un résidu charbonneux.

Suivant Vogel et Reischauer [*Neues Jahrbuch für Pharm.*, t. IX, p. 179], plusieurs espèces de *Limax* renferment une matière colorée violette en solution acide et étendue, brune en solution concentrée. On l'obtient en faisant macérer dans l'acide azotique les animaux dépouillés de leurs coquilles, et en précipitant la solution par l'ammoniaque. Le précipité noir et brillant qui se forme est insoluble dans l'eau et dans l'alcool. Sa solution dans l'acide azotique devient peu à peu rouge cramoisi et se décolore ensuite. Il renferme du phosphate de calcium. A. H.

**LIMBILITE** (Min.). — Péridot altéré de Limbourg en Brisgau.

**LIMETTIQUE (ACIDE)**, $C^{11}H^8O^6$ [Vohl, *Arch. der Pharm.*, (2), t. LXXIV, p. 16]. — Lorsqu'on fait agir l'acide sulfurique étendu et le bichromate de potasse sur l'essence de *Citrus limetta*, il forme des acides volatils (formique et acétique), et le résidu étendu de 4 à 5 volumes d'eau dépose une substance insoluble résineuse, qui est l'acide limettique. Purifié par dissolution dans la potasse, reprécipitation et cristallisation dans l'alcool, cet acide est blanc, cristallin, sans odeur ni saveur. Il peut être volatilisé sans décomposition. Son sel d'argent $C^{11}H^6Ag^2O^6$ est un précipité blanc peu soluble dans l'eau.

Le même acide se forme en employant l'essence de romarin. A. H.

**LIMNITE** (Min.). — On a donné ce nom à un minéral ressemblant entièrement à la limonite, mais renfermant une plus grande quantité d'eau; sa formule serait $Fe^2O^3 3H^2O$. Il renferme souvent de l'acide phosphorique, de l'acide humique et du manganèse.

**LIMONINE**, $C^{42}H^{50}O^{13}$ (?) [Bernays, *Répert. de Pharm. de Buchner*, (2), t. XXI, p. 306; — Schmidt, *Ann. der Chem. u. Pharm.*, t. LI, p. 338]. — Principe amer non azoté contenu dans les pepins des oranges et des citrons. Pour le préparer, on broie les pepins avec un peu d'eau, on ajoute de l'alcool, on distille la majeure partie du dernier et on filtre encore chaud. Pendant le refroidissement la limonine se dépose; on la purifie par cristallisations dans l'alcool. Les eaux mères de la limonine renferment beaucoup de citrate de potassium.

La limonine est en cristaux microscopiques et rhombiques. Formes observées, $p$ et $m$; angle du prisme, $mm = 125°$. Point de fusion, 224°.

Elle est très-amère et se dissout en petite quantité dans l'eau, l'éther et dans l'ammoniaque; mais elle est soluble dans l'acide acétique et dans l'alcool. La potasse la dissout facilement et les acides la reprécipitent inaltérée. La limonine en solution alcoolique est neutre; elle ne précipite pas les sels métalliques. Elle est très-stable; l'acide sulfurique la dissout avec coloration rouge; l'eau la reprécipite. L'acide nitrique bouillant la dissout, mais il ne l'attaque pas; l'acide chromique pas davantage. Elle a donné à l'analyse les chiffres moyens C = 65,82, H = 6,46. A. H.

**LIMONITE** (Min.) [Syn. *Fer oxydé brun, hématite brune, stilpnosidérite, ocre jaune*]. — Hydrate ferrique, $2Fe^2O^3.3H^2O$. Espèce extrêmement fréquente, qui constitue un minéral de fer de la plus grande importance, surtout en France. Elle se rencontre à l'état de *limonite fibreuse* (*hématite brune*), en rognons concrétionnés, ou en masses stalactitiques à surface noire, luisante, quelquefois irisée, ou en masses compactes, d'un brun foncé, à cassure unie, en filons dans les terrains anciens et dans les gîtes de contact (Pyrénées, Isère).

Elle prend le nom de *stilpnosidérite* lorsqu'elle présente un aspect résineux et devient cassante.

Le *minerai en grains* ou *pisolithique* se rencontre en globules sphériques ou ellipsoïdaux, à cassure compacte, ou présentant des couches concentriques d'un brun plus ou moins jaunâtre, suivant la quantité d'argile qui y est mélangée, disséminés dans les argiles des terrains tertiaires moyens, ou cimentés par une pâte argilo-calcaire. Ces dépôts recouvrent souvent les plateaux du calcaire jurassique et de la craie, et pénètrent dans les cavités de ces roches; ils forment la richesse du Berry, du Bourbonnais, de la Lorraine, de la Franche-Comté, etc.

Le *minerai oolithique* diffère du précédent en ce que les grains sont beaucoup plus petits. Ils ne dépassent guère 2 millimètres et sont ordinairement soudés ensemble. Ils forment alors des roches situées, pour la plupart, à la base des calcaires oolithiques et intercalées dans les calcaires; elles renferment des fossiles. On en rencontre aussi dans la partie inférieure des terrains crétacés. Le minerai oolithique est moins bon que le précédent et donne des fontes phosphoreuses. On l'exploite dans l'Ardèche, le Gard, l'Aveyron, la Côte-d'Or, le Jura, la Haute-Marne, etc.

La *limonite terreuse* a une cassure unie; elle est tendre et tache les doigts; sa couleur est d'un brun passant au jaune. Les variétés les plus argileuses constituent les ocres, qui ne renferment que 12 °/₀ environ de sesquioxyde de fer.

La limonite terreuse se trouve dans des terrains divers, secondaires ou tertiaires.

Le *minerai des marais*, souvent vitreux ou résineux, renferme une assez grande quantité d'acide phosphorique et est de formation récente. Il s'exploite dans l'Allemagne du Nord et fournit une fonte phosphoreuse très-fusible et très-propre au moulage.

La limonite se rencontre encore sous la forme d'épigénies qui se rapportent souvent à la pyrite ou à la marcassite, ou en pseudomorphoses de mollusques, de polypiers, etc.

On appelle *œtite* ou pierre d'aigle une variété qui forme des nodules creux dans lesquels sont contenus des noyaux mobiles.

ANALYSES DE QUELQUES LIMONITES.

I. Hématite de Vicdessos, par Daubuisson.

II. Minerai en grains du mont Girard, près Saint-Dizier, par Berthier.

III. Minerai en grains de Eurville (Haute-Marne), par Berthier.

IV. Minerai en grains des Bruères (Nièvre), par Berthier.

V. Minerai oolithique de Mondalazac (Aveyron), par Dufrénoy.

VI. Minerai oolithique de Vellesprey (Haute-Saône), par M. Thirria.

| | I | II | III | IV | V | VI |
|---|---|---|---|---|---|---|
| $Fe^2O^3$ | 82 | 69,00 | 58,2 | 46,4 | 48,60 | 37,00 |
| $Mn^2O^3$ | 2 | » | » | » | 0,35 | 1,40 |
| Eau | 14 | 16,00 | 15,0 | 13,0 | 12,60 | 13,50 |
| Silice | 1 | » | » | » | » | » |
| Argile | » | 14,20 | 26,8 | 40,0 | 12,41 | 37,20 |
| | | 99,20 | 100,0 | 99,4 | | |
| Acide phosphorique | | | | | 0,21 | 0,22 |
| Alumine soluble | | | | | 4,10 | 1,00 |
| Carbonate de chaux | | | | | 20,60 | 9,40 |
| Carbonate de magnésie | | | | | » | 0,18 |
| | | | | | 98,87 | 99,90 |

*Caractères.* — Soluble dans les acides; laisse souvent un résidu siliceux. Avec le borax, réactions du fer. Dans le tube, donne de l'eau et se transforme en sesquioxyde anhydre.

Dureté, 5 à 5,5. Poussière jaune-brun; ce caractère sert à distinguer l'hématite brune de l'hématite. Densité, 3,6 à 4. F. et S.

**LINARITE** (Min.) [Syn. *Plomb sulfaté cuprifère*]. — Sulfate hydraté de plomb et de cuivre,

$$PbO\,CuO, H^2O.SO^3 = SO^4(PbOH)'(CuOH)'.$$

Beaux cristaux, croûtes cristallines ou masses compactes translucides, à cassure conchoïde, d'un vif éclat vitreux ou adamantin, d'un beau bleu d'azur, accompagnant les autres minerais de plomb, à Leadhills (Écosse), etc.

*Caractères.* — Décomposé par l'acide azotique en laissant un résidu blanc de sulfate de plomb. Dans le tube, donne de l'eau et perd sa couleur bleu Sur le charbon, fond facilement en une perle qui donne, au feu de réduction, un globule métallique, pouvant être débarrassé de plomb par fusion avec l'acide borique. Avec la soude, masse hépatique.

Dureté, 2,5. Poussière bleu pâle; fragile. Densité, 5,3 à 5,45.

*Forme cristalline.* — Prisme clinorhombique $mm = 61° 36'$; $pm = 96° 23'$. Macles parallèles à $h^1$.

Clivages : $h^1$ parfait; $p$ imparfait. F. et S.

**LINCOLNITE** (Min.). — Synonyme d'HEULANDITE.

**LINDACKÉRITE** (Min.). — Sulfato-arséniate hydraté de cuivre et de nickel,

$$6CuO, 3NiO, 2As^2O^5, SO^3, 7H^2O.$$

Cristaux tabulaires allongés, ou masses réniformes, d'un vert de pomme passant au vert-de-gris, d'un éclat vitreux, se trouvant à Joachimsthal (Bohême).

*Caractères.* — Difficilement soluble à chaud dans l'acide chlorhydrique; sur le charbon, donne des fumées d'arsenic et fond en une perle noire. Avec les flux, réactions du cuivre.

Dureté, 2 à 2,5. Poussière blanc verdâtre.

*Forme cristalline.* — Orthorhombique.

**LINDSAYITE** ou **LINSÉITE** (Min.). — Gros cristaux noirs à la surface, d'un gris bleuâtre ou rougeâtre à l'intérieur, et considérés comme une anorthite altérée. Ils renferment 6,6 °/₀ d'eau.

**LININE** [Pagenstecher, *Ann. der Chem. u. Pharm.*, t. XL, p. 322; — C. Schröder, *Neues Repert. für Pharm. von Buchner*, t. X, p. 11]. — Cette substance a été trouvée par Pagenstecher dans le *Linum catharticum*. Schröder a indiqué le mode de préparation suivant : On fait digérer une grande quantité de plantes avec un lait de chaux, on filtre et l'on ajoute de l'acide chlorhydrique, qui produit un précipité restant en suspension. On agite avec de l'éther qui dissout la linine et la dépose en cristaux par l'évaporation. Elle forme de petits cristaux soyeux, peu solubles dans l'eau, plus solubles dans l'acide acétique et le chloroforme, mais ses meilleurs dissolvants sont l'alcool et l'éther. Sa solution alcoolique possède un goût très-amer qui persiste. Lorsqu'on la chauffe, elle fond avant de se décomposer.

Elle a donné à l'analyse C = 62,92, H = 4,72. Chauffée avec de l'hydrate de calcium, elle ne dégage pas d'ammoniaque.

**LINNÉITE** (Min.) [Syn. *Cobalt sulfuré*, *coboldine* (Beudant), *siegénite* (Dana)]. — Sulfure de cobalt et de nickel, avec fer et cuivre, $R^3S^4$. Cristaux octaédriques d'un gris d'acier, souvent rougeâtres à la surface, d'un vif éclat métallique; se trouvant dans le gneiss avec chalcopyrite, à Bastnaës (Suède), à Siegen (Prusse), avec barytine et sidérose.

*Caractères.* — Soluble dans l'acide azotique avec séparation de soufre. Dans le tube fermé, donne un sublimé de soufre. Sur le charbon, émet des fumées sulfureuses et arsenicales, et fond en un globule métallique. Avec le borax, donne les réactions du fer, du cobalt et du nickel.

Dureté, 5,5. Poussière gris-noir. Densité, 4,8 à 5.

*Forme cristalline.* — Régulière.

Clivage cubique imparfait. Macles $a^1$. F. et S.

**LINOTANNIQUE (ACIDE)** [Hodges, *Report of the British Association for the Advancement of Science*, 1857, p. 120]. — Nom donné par Hodges à un acide contenu dans les tiges de lin. Voici le mode de préparation : On traite les tiges par l'éther, on évapore l'extrait et on redissout le résidu très-coloré dans l'éther tiède. Cette solution, additionnée d'eau, laisse déposer un corps brun qu'on sépare par filtration ; le liquide filtré fournit par l'évaporation l'acide linotannique sous forme d'une masse orangée. On peut encore ajouter de l'acétate de plomb à l'extrait éthéré ; on décompose le précipité plombique par l'hydrogène sulfuré, après l'avoir délayé dans l'alcool, et l'on évapore. La solution éthérée du résidu donne par l'évaporation lente des aiguilles blanches d'acide linotannique. Le perchlorure de fer colore cet acide en vert.

**LINSENERZ** (Min.). — Voyez Liroconite.

**LIPARITE** (Min.). — Talc en masses fouilletées d'un gris verdâtre, de Pitkäranda (Finlande).

**LIPIQUE (ACIDE).** — Laurent désigna sous ce nom un acide qu'il obtint dans l'oxydation de l'acide oléique par l'acide azotique et qu'il représenta par la formule $C^5H^8O^8$ ; Wirz lui assigna la formule $C^5H^8O^4$, et le rangea parmi les homologues de l'acide oxalique. Arppe émit la supposition que cet acide n'était autre que de l'acide succinique, dont les propriétés et la composition sont sensiblement les mêmes. Gerhardt, qui avait dans sa collection un échantillon d'acide lipique préparé par Laurent lui-même, le remit à Breunlin, et celui-ci, en le comparant à l'acide succinique, le trouva identique à ce dernier. Depuis, Arppe, en oxydant les corps gras, a obtenu les acides subérique, sébacique, azélaïque et adipique, mais il n'a rencontré aucun acide de la formule $C^5H^8O^4$, correspondant à l'acide lipique. L'existence de ce corps est donc très-problématique [Laurent, *Ann. de Chim. et de Phys.*, t. LXIV, p. 109 ; — Wirz, *Ann. der Chem. u. Pharm.*, t. CV, p. 257 ; — Arppe, même recueil, t. XCV, p. 252 ; t. CXV, p. 257 ; *Répert. de Chim. pure*, 1861, p. 72 ; et *Bull. de la Soc. chim.*, 1866, t. III, p. 60]. E. G.

**LIQUATION.** — La liquation est une opération métallurgique qui permet de séparer par la fusion deux ou plusieurs métaux de fusibilité différente. Un grand nombre d'alliages éprouvent en effet à une température voisine de leur point de liquéfaction un phénomène particulier qui facilite la purification des métaux : les éléments de l'alliage s'unissent en proportions telles, qu'il en résulte un alliage fusible qui s'écoule en laissant une carcasse moins fusible que l'alliage primitif. C'est en mettant à profit cette propriété des alliages qu'on purifie l'étain. Les lingots, chauffés lentement sur la sole inclinée d'un four à réverbère, laissent écouler de l'étain pur et il reste sur la sole un alliage formé d'étain avec des métaux étrangers. On peut même utiliser la liquation pour purifier l'étain très-impur provenant du traitement du métal des cloches. L'étain brut extrait de ce métal est d'une teinte fausse et d'une grande fragilité ; on le purifie en l'exposant à l'action d'une température peu élevée. Il ressue de toutes parts et des gouttelettes métalliques s'écoulent. En fractionnant les produits de ce ressuage, on constate que l'alliage abandonne d'abord du plomb et de l'étain, puis de l'étain pur, enfin de l'étain allié au cuivre.

On a appliqué la liquation au traitement des cuivres argentifères. — Voyez Argent.

La tendance à la séparation de métaux purs ou à la production de certains alliages plus fusibles que l'alliage primitif est donc utilisée, mais elle offre des inconvénients dans plusieurs opérations des arts. Ainsi on a vu des rondelles d'alliage fusible employées pour prévenir l'explosion des machines à vapeur se transformer en cribles sous l'influence d'une température inférieure de quelques degrés au point de fusion.

C'est surtout dans la préparation des alliages que la liquation trouble les résultats qu'on cherche à obtenir.

Il est des alliages peu stables, comme ceux de zinc et de bismuth, qui sont détruits par la solidification ; sans être aussi complète, le plus souvent la séparation est assez nette pour qu'on ne puisse obtenir la composition exacte d'un lingot d'alliage qu'en le fondant pour faire l'essai à la goutte.

Les recherches de Levol [*Ann. de Chim. et de Phys.*, (3), t. XXX, p. 103, et t. XXXIX, p. 163] ont établi que les alliages d'argent et de cuivre présentent dans leur composition des inégalités entre les parties centrales et les parties extérieures, et, de plus, qu'il y a cette différence entre les matières à bas titre et à haut titre, que, tandis que les premières sont moins riches vers les parties centrales des lingots que vers leur périphérie, les matières à haut titre, au contraire, sont moins riches dans cette partie que vers le centre. L'argent de 950 à 700 millièmes de fin est dans le premier cas, et l'argent de 700 à 10) millièmes de fin, dans le second. L'alliage à 718$^m$,93 de fin et qui répond à la formule $Ag^3Cu^2$, pouvant être obtenu homogène, ne présente pas, du moins d'une façon appréciable, le phénomène de la liquation. Les alliages d'or et de cuivre, et l'alliage connu sous le nom de doré, d'argent tenant or, ne se liquatent pas sensiblement. On peut également compter sur l'homogénéité des lingots de plomb argentifère au-dessous d'une teneur de 10 millièmes ; les plombs plus riches se liquatent surtout lorsqu'on laisse l'alliage se solidifier très-lentement. P. H.

**LIROCONITE** (Min.) [Syn. *Cuivre arséniaté octaèdre obtus* (Haüy), *Linsenerz*, *chalcophacite* (Glocker). — Arséniate hydraté de cuivre et d'aluminium, avec acide phosphorique et oxyde de fer, $2Al^2O^3,12CuO,3As^2O^5,36H^2O$. Jolis octaèdres aplatis, d'un beau bleu clair ou d'un bleu verdâtre, d'un éclat vitreux tirant sur le résineux ; transparents ou translucides, accompagnant les autres minerais de cuivre, ainsi que la pyrite et le quartz en Cornouailles, et à Herrengrund (Hongrie).

*Caractères.* — Soluble dans l'acide azotique et dans l'ammoniaque. Dans le tube bouché, donne beaucoup d'eau et devient vert-olive. Au chalumeau, se fendille sans décrépiter. Fond moins facilement que l'olivénite en une scorie gris-noir. Sur le charbon, réactions des arséniates de cuivre.

Dureté, 2 à 2,5. Tendre. Poussière bleu de ciel ou vert grisâtre. Densité, 2,9 à 2,98.

*Forme cristalline.* — Prisme clinorhombique $mm = 74°21'$ ; $e^1e^1 = 61°31'$.

Clivages : $me^1$. F. et S.

**LITHIONITE** (Min.). — Synonyme de Lépidolithe.

**LITHIUM**, Li = 7. — *Historique.* — En 1817, Arfwedson, faisant dans le laboratoire de Berzelius l'analyse du pétalite (silicate d'aluminium et de lithium), minéral provenant de la mine de fer d'Utö, y constata l'existence d'un nouvel oxyde alcalin, auquel Berzelius donna le nom de *lithion*, pour rappeler qu'il a été extrait la première fois du règne minéral, tandis que les deux autres alcalis sont extraits du règne végétal [Arfwedson, *Afhandlingari Kémi, Fisik och Mineralogie*, t. VII, Stockholm, 1818 ; *Schweigg. Ann.*, t. XXII, p. 93 ;

*Ann. de Chim. et de Phys.*, (2), t. X, p. 82; — Vauquelin, *Ann. de Chim. et de Phys.*, t. VII, p. 284; *Schweigg. Ann.*, t. XXI, p. 397].

*État naturel.* — On a depuis trouvé cette nouvelle base dans plusieurs autres espèces minérales telles que le triphane ou spodumen (8 °/₀) que l'on rencontre à Utö et en Amérique, dans le lépidolithe ou mica rose de Bohême (3,4 °/₀), dans la triphylline de Bavière, dans l'amblygonite (11 °/₀), dans la minette des Vosges, etc.

Ces divers minéraux en contiennent des quantités qui varient de 3 à 11 °/₀ environ. Ils ne se trouvent en général qu'en quantité peu considérable dans les localités où on les rencontre. Un seul paraît très-abondant, c'est le lépidolithe, qui forme des montagnes entières en Bohême.

Une des sources les plus abondantes de lithine est une source minérale de Cornouailles, qui a été analysée par M. W. A. Miller [*Reports of British Association*, 1864].

Au reste, si elle est peu abondante, la lithine est assez diffuse. On en a signalé la présence dans l'eau de mer, dans beaucoup de micas et de feldspaths, dans les cendres de différentes espèces de tabac. M. Bunsen l'a découverte récemment dans la météorite de Juvenas, en France, et dans celle de Parnallec, dans l'Indoustan méridional [*Ann. der Chem. u. Pharm.*, t. CXX, p. 253]. M. Engelbach l'a signalée dans une météorite du Cap [*Poggend. Ann.*, t. CXI, p. 512].

On a trouvé encore de la lithine, mais en très-petites quantités, dans quelques eaux minérales. Ainsi Berzelius a signalé sa présence dans les eaux de Carlsbad, Franzbad et Marienbad [*Schweigg. Ann.*, t. XLIV, p. 127, et *Poggend. Ann.*, t. IV, p. 248]; Brandes, dans celles de Pyrmont; Fuchs et Fickentscher, dans celles de Kissingen, etc.

*Préparation.* — Les premières tentatives pour extraire de la lithine le métal qu'elle contient restèrent sans succès; Arfwedson et Gmelin tentèrent vainement de décomposer la lithine par la pile : ils n'y employèrent pas un nombre d'éléments suffisant; Kralovanszki ne put réduire la lithine ni par le charbon, ni par le fer, ni par le potassium [Kralovanszki, *Schweigg. Ann.*, t. LIV, p. 230 et 346; — Gmelin, *Gilb. Ann.*, t. LXII, p. 399; t. LXIV, p. 361, et *Schweigg. Ann.*, t. XXX, p. 173].

Plus tard, Brandes constata que le courant d'une forte pile peut décomposer la lithine et donner un métal qui brûle avec une flamme blanche [*Schweigg. Ann.*, t. VIII, p. 120]. Davy, en opérant d'une manière analogue, put obtenir une petite quantité de lithium. Les propriétés de ce métal ne purent être étudiées que lorsque MM. Bunsen et Matthiessen l'eurent préparé en 1855 par le procédé suivant : « Du chlorure de lithium pur est fondu dans un petit creuset de porcelaine placé sur la lampe de Berzelius, et est décomposé par le courant d'une pile de 5 à 6 éléments; le pôle positif est formé d'une petite baguette de coke des cornues, et le pôle négatif par un fil de fer de l'épaisseur d'une aiguille à tricoter. » [*Ann. der Chem. u. Pharm.*, t. XCIV, p. 107].

M. Troost a modifié la disposition de l'appareil de manière à éviter la perte du chlorure projeté par les bulles de chlore qui se dégagent au pôle positif. Il se sert d'un creuset de fonte de 12 centimètres de haut sur 52 millimètres de diamètre à l'ouverture; ce creuset est fermé à sa partie supérieure par un disque de fer ajusté au tour et qui est lui-même percé de deux ouvertures. L'une a 5 millimètres et laisse passer le pôle négatif, l'autre a 31 millimètres et est garnie d'un cylindre de tôle de 29 millimètres de diamètre intérieur qui descend jusqu'à la moitié de la hauteur du creuset. Ce cylindre de tôle est lui-même doublé intérieurement d'un tube de porcelaine; c'est dans ce tube que plonge le pôle positif. D'après cette disposition, le chlorure projeté se dépose sur les parois du tube de porcelaine et retombe dans le creuset; le lithium s'accumule autour du pôle négatif, et l'expérience peut marcher seule pendant plusieurs heures. Il est facile d'ailleurs de remplacer le chlorure qui se décompose en projetant de nouveaux morceaux de ce composé par le tube de porcelaine [*Ann. de Chim. et de Phys.*, (3), t. LI, p. 112].

*Propriétés.* — Le lithium est solide. Il possède l'éclat de l'argent et le conserve indéfiniment dans l'air sec. Dans l'air humide, il se ternit peu à peu. Il est beaucoup plus dur que le potassium et le sodium. C'est le plus léger de tous les corps solides connus. Sa densité déterminée par MM. Bunsen et Matthiessen est de 0,59. Il flotte sur l'huile de naphte. Sa fusion s'opère à 180°. Il n'est attaqué par l'oxygène sec ni à froid ni à sa température de fusion. On peut le fondre et le couler à l'air libre dans des vases en fer, sans qu'il se ternisse. On peut le réduire en lames et en fils. On le fait passer par les trous de la filière en le comprimant. Au rouge, le lithium s'enflamme à l'air et brûle avec une flamme blanche.

Le soufre attaque le lithium au-dessous de sa température de fusion et forme avec lui un sulfure jaune soluble dans l'eau.

Le phosphore donne avec ce métal un phosphure brun, qui au contact de l'eau se décompose en dégageant de l'hydrogène phosphoré spontanément inflammable. Le chlore, le brome et l'iode attaquent le lithium à la température ordinaire.

Le lithium chauffé sur du fer bien décapé le recouvre d'une couche analogue à celle de l'étain. Il attaque énergiquement l'argent, l'or, le platine, et perce la lame sur laquelle on le fond. Le lithium décompose l'eau à la température ordinaire, mais il ne fond pas comme le sodium.

Projeté sur l'acide sulfurique concentré, il s'enflamme.

Il attaque le verre et la porcelaine à une température inférieure à celle de sa fusion.

*Alliages.* — Le lithium forme avec le potassium et le sodium des alliages dont quelques-uns sont plus légers que l'huile de naphte. M. Troost les a obtenus en faisant réagir le potassium ou le sodium sur le chlorure de lithium à une température peu élevée. Pour enrichir en lithium les alliages de sodium ainsi préparés, il suffit de les plonger dans un verre contenant de l'eau à sa partie inférieure et de l'huile de naphte à sa partie supérieure; le sodium décompose l'eau avant le lithium, et le globule, devenant de moins en moins dense, vient flotter à la surface de l'huile quand il contient une très-forte proportion de lithium.

*Poids atomique du lithium.* — Le poids atomique du lithium a d'abord été déterminé par Arfwedson, qui trouva 10,224. Ce nombre, trop fort, était déduit de l'analyse de sels contenant un peu de potasse ou de soude. Il en est de même des chiffres indiqués par Vauquelin et par Kralovanszki. Gmelin, en opérant sur des sels plus purs, a trouvé 7,648. Hermann arriva au chiffre 6,08.

Berzelius, ayant repris cette détermination trouva comme moyenne d'un grand nombre d'observations 6,505. R. Hagen a donné 6,524, et MM. Bunsen et Matthiessen 6,536.

La détermination du poids atomique du lithium, reprise de 1855 à 1865, a démontré que si les premiers résultats étaient trop forts, par suite de l'emploi de sels impurs, les derniers étaient trop faibles, probablement parce que l'on avait déterminé la base dans des sels de lithium qui, comme le carbonate ou le chlorure, se décomposent partiellement quand on les chauffe.

En 1855, M. Mallet a donné le nombre 6,95 [*Sill. Amer. Journ.*, (2), t. XXII, p. 430]. M. Dumas, en 1860, a donné comme résultat de plusieurs déterminations le chiffre 7,00. En 1862, M. C. Diehl a obtenu en moyenne 7,026 par l'analyse du carbonate de lithine dont la pureté avait été reconnue par la méthode spectrale [*Ann. de Wöhler et Liebig*, janvier 1862], et M. Troost le nombre 7,022 [*Compt. rend. de l'Acad. des sc.*, t. LIV, p. 366]. M. Stas, en reprenant cette détermination avec des précautions et une habileté qui offrent toute garantie d'exactitude, a obtenu le même nombre 7,022 comme moyenne de trois déterminations [*Mém. de l'Acad. de Belgique*, janvier 1865]. On peut donc, dans la pratique, admettre le nombre 7.

Oxyde de lithium. — Le lithium forme avec l'oxygène un seul oxyde $Li^2O$, qui, en combinaison avec l'eau, donne un hydrate, la lithine LiHO.

On obtient l'oxyde anhydre par l'oxydation directe du métal : le lithium est placé dans une nacelle de fer chauffée dans un tube de porcelaine traversé par un courant d'oxygène sec, le métal reste brillant jusque vers 200°, et si l'on continue à chauffer, la combinaison s'effectue avec incandescence.

On obtient encore l'oxyde anhydre en décomposant le carbonate de lithine par le charbon dans un creuset de platine. On peut aussi le préparer par la décomposition du nitrate de lithine dans un creuset d'argent longtemps maintenu au rouge. La décomposition est activée quand on ajoute du cuivre, comme l'a fait M. Hugo Müller. L'oxyde de lithium, anhydre et pur, est blanc, à cassure cristalline. Il n'attaque pas le platine, même au rouge blanc; quand le platine est attaqué par l'oxyde de lithium, c'est que ce dernier contient un peu d'oxyde de rubidium.

L'oxyde de lithium mis en contact avec de l'eau s'y dissout lentement, avec un faible dégagement de chaleur. La dissolution est fortement alcaline; sa saveur est très-caustique. La lithine chauffée fortement fond au-dessous du rouge; elle est indécomposable par la chaleur et présente la composition LiHO. Refroidie, elle présente une cassure cristalline; elle est onctueuse au toucher. Elle attire l'humidité de l'air, mais moins rapidement que la potasse et la soude.

Le chlore, le soufre et le phosphore agissent sur la lithine comme sur la potasse ou la soude; mais le charbon et le fer, qui décomposent ces deux derniers alcalis, sont sans action sur la lithine.

Extraction de la lithine. — Le minéral le plus avantageux est la *triphylline*, phosphate à base de lithine, de fer et de manganèse, qui contient de 5 à 7 °/₀ de lithine. Pour en extraire cet alcali, M. Hugo Müller [*Ann. de Chim. et de Phys.*, (3), t. XLV, p. 350; *Ann. der Chem. u. Pharm.*, t. LXXXV, p. 251] réduit la triphylline en fragments de la grosseur d'un pois, la dissout dans l'acide chlorhydrique concentré, oxyde le fer par l'acide azotique, ajoute du sesquichlorure de fer et évapore à sec. La masse pulvérisée est reprise par l'eau bouillante, qui dissout le chlorure de lithium et le chlorure de manganèse. On précipite le manganèse par le sulfure de baryum, on filtre et on sépare la baryte par l'acide sulfurique. Il suffit ensuite d'évaporer avec de l'acide oxalique pour avoir l'oxalate de lithine, qui, calciné, donne le carbonate. On peut encore chasser l'acide chlorhydrique par l'acide azotique, évaporer et calciner avec du cuivre. Il reste de l'oxyde de lithine que l'on dissout dans l'eau.

Ce procédé est assez simple, mais la triphylline n'est pas assez abondante pour fournir de grandes quantités de lithine.

Le premier procédé propre à extraire la lithine du pétalite, du spodumen et surtout du lépidolithe, le plus abondant des minéraux lithifères, est dû à Berzelius [*Traité de Chimie*, 2ᵉ édit. française, t. II, p. 89]. Le minéral ayant été réduit en poudre fine dans un mortier en pierre très-dure, on lave par suspension et décantation pour n'enlever que les parties les plus fines, et on mêle celles-ci avec le double de leur poids de chaux vive. On chauffe la masse au rouge vif. La matière calcinée est dissoute ensuite dans l'acide chlorhydrique; après quoi on ajoute de l'acide sulfurique pour précipiter la chaux et l'on évapore à siccité en chassant l'excès d'acide sulfurique par la chaleur. La masse concassée est reprise par l'eau, qui dissout le sulfate de lithine avec le sulfate d'alumine et un peu de sulfate de chaux.

On met la liqueur en digestion avec du carbonate de chaux pour précipiter l'alumine, et on sépare ensuite la chaux qui reste dans la liqueur par l'oxalate d'ammoniaque. Le sulfate de lithine, traité par l'acétate de baryte, donne de l'acétate de lithine qui, calciné, laisse du carbonate de lithine. Ce dernier, décomposé par la chaux, donne la lithine.

Ce procédé est d'une exécution longue et pénible dès qu'il s'agit de traiter une grande quantité de lépidolithe. La méthode suivante, due à M. Regnault [*Traité de Chimie*, 3ᵉ édit., t. II, p. 201], est un peu plus rapide. Le lépidolithe réduit en poudre fine est mêlé avec le double de son poids de chaux vive, puis calciné à un violent feu de forge. La matière pulvérisée est soumise à l'ébullition avec de l'eau à laquelle on ajoute de la chaux éteinte. La liqueur décantée contient de la chaux, de la potasse, de la soude et de la lithine. On sature par l'acide chlorhydrique et l'on évapore; il se dépose du chlorure de potassium; la chaux est précipitée par le carbonate d'ammoniaque en excès. On évapore à sec pour chasser les sels ammoniacaux. Le mélange des chlorures de potassium, de sodium et de lithium est traité par l'alcool concentré, qui dissout seulement le chlorure de lithium.

Quoique ce procédé soit un peu plus rapide que celui de Berzelius, il n'est pas applicable au traitement de grandes quantités de matière. Pour l'opération en grand, M. Troost a employé un procédé fondé sur ce fait, qu'en chauffant un mélange de lépidolithe avec du carbonate et du sulfate de baryte dans un bon fourneau à vent, la masse fond et subit une espèce de liquation qui, après refroidissement, donne à la partie inférieure un verre parfaitement transparent, et au-dessus une masse saline formée de sulfate de baryte, de sulfate de potasse et de sulfate de lithine. Il suffit de laver ces sulfates pulvérisés pour dissoudre les sulfates alcalins.

On peut ainsi extraire la moitié de la lithine contenue dans le lépidolithe; on arrive à en extraire les 3/4 en ajoutant du sulfate de potasse au sulfate et au carbonate de baryte.

Les proportions employées sont les suivantes :

| | | |
|---|---|---|
| Lépidolithe pulvérisé...... | 1,000 | grammes. |
| Carbonate de baryte..... | 1,000 | — |
| Sulfate de baryte......... | 500 | — |
| Sulfate de potasse......... | 300 | — |
| | 2,800 | grammes. |

Le mélange fond facilement et la séparation se fait d'elle-même. On arrive ainsi par une simple fusion à remplacer un minerai d'un traitement très-pénible et très-dispendieux par une matière d'un poids et d'un volume moindres. On en extrait les sulfates alcalins par un simple lavage. Le sulfate et le carbonate de chaux peuvent remplacer le sulfate et le carbonate de baryte [Troost, *Compt. rend. de l'Acad. des sciences*, t. XLIII, p. 921].

Depuis, M. Lunglmayr [*N. Jahrb. Pharm.*, t. XX, p. 272, et *Dingler's polyt. Journ.*, t. CLXXI, p. 293] a proposé d'extraire la lithine du lépidolithe en mêlant le minéral finement pulvérisé avec 1/4 de son poids de chaux, calcinant le mélange. La masse calcinée est ensuite pulvérisée, arrosée d'un peu d'eau, et mêlée avec deux fois son poids d'acide sulfurique concentré.

Chlorure de lithium, LiCl. — Le chlorure de lithium se prépare au moyen des sulfates alcalins provenant du traitement du lépidolithe. Ces sulfates sont traités d'abord par le chlorure de baryum. La liqueur, filtrée et privée par l'ammoniaque et par le sulfhydrate d'ammoniaque des traces de manganèse et d'alumine qu'elle contenait, est traitée par la chaux, qui précipite la magnésie. L'excès de chaux est précipité par l'oxalate d'ammoniaque. Les chlorures alcalins ainsi obtenus, et calcinés pour chasser les sels ammoniacaux, sont alors soumis à l'action d'un mélange d'alcool absolu et d'éther. Le chlorure de lithium se dissout à peu près seul. La dissolution alcoolique, distillée dans une cornue de verre, laisse le chlorure. En reprenant une seconde fois par un mélange d'alcool absolu et d'éther, on obtient le chlorure de lithium, contenant seulement des traces de sodium.

Pour avoir le chlorure de lithium absolument exempt de soude, il faut dissoudre dans l'acide chlorhydrique le carbonate de lithine pur et cristallisé qui se dépose de sa dissolution dans l'eau saturée d'acide carbonique.

*Propriétés.* — Le chlorure de lithium cristallise, à la température de 15°, en octaèdres réguliers. Comme ce corps est un peu plus déliquescent que le chlorure de calcium, il faut, pour l'obtenir cristallisé, évaporer sa dissolution sous une cloche dont l'air est constamment desséché par de l'acide sulfurique concentré.

A une température de 0°, le chlorure de lithium cristallise en prismes qui paraissent rectangulaires. Ces cristaux ne peuvent être mesurés : dès qu'on les touche, soit avec les doigts, soit avec du papier, ils deviennent opaques de transparents qu'ils étaient ; l'opacité envahit bientôt toute la masse, qui tombe en bouillie laiteuse. La formule de ces cristaux prismatiques est $LiCl + 2H^2O$ (R. Hermann, L. Troost). Cette formule est analogue à celle que M. Mitscherlich indique pour le chlorure de sodium cristallisé à — 10°.

M. Rammelsberg a obtenu un hydrate $LiCl + H^2O$ en abandonnant une solution alcoolique de chlorure de lithium au-dessus d'un vase rempli d'acide sulfurique.

La dissolution de chlorure de lithium, quand on l'évapore à siccité, laisse dégager un peu d'acide chlorhydrique, et il se forme une petite quantité de lithine; aussi le chlorure redissous présente une réaction alcaline. Pour éviter cette décomposition, analogue à celle que présente le chlorure de magnésium, il suffit, comme dans le cas de ce dernier composé, d'ajouter à la liqueur que l'on veut évaporer une certaine quantité de chlorhydrate d'ammoniaque.

Le chlorure de lithium fond au rouge sombre; maintenu longtemps en fusion au contact de l'air, il perd une partie de son chlore, et, absorbant l'oxygène de l'air, devient alcalin. Sa volatilité est, comme l'a reconnu H. Rose [*Ann. der Chem. u. Pharm.*, t. XXXI, p. 133], plus grande que celle du chlorure de sodium, mais moindre que celle du chlorure de potassium.

Chlorure double de platine et de lithium. — On l'obtient en mélangeant les deux chlorures simples. La dissolution, évaporée sous une cloche en présence de l'acide sulfurique, donne des cristaux rouge-orangé, en larges lames superposées, et qui s'effleurissent à l'air. Leur composition est représentée par la formule $2LiCl + PtCl^4 + 6H^2O$ [Scheibler, *Journ. prakt. Chem.*, t. LXVII, p. 485]. Ils sont solubles dans l'eau, dans l'alcool, et dans le mélange d'alcool et d'éther.

Bromure de lithium, LiBr. — On le prépare en saturant l'acide bromhydrique par le carbonate de lithine. L'évaporation lente sous une cloche, en présence de l'acide sulfurique concentré, donne des aiguilles fines qui tombent en déliquescence à l'air libre [Rammelsberg, *Pogg. Ann.*, t. LV, p. 63].

Iodure de lithium, LiI. — Il s'obtient en saturant l'acide iodhydrique par le carbonate de lithine. Évaporée à la température d'environ 15°, sa dissolution laisse des cristaux d'iodure anhydre déliquescents. A une température plus basse, il se dépose des prismes obliques symétriques dont la composition correspond à la formule

$$LiI + 3H^2O$$

[Rammelsberg, *Pogg. Ann.*, t. LXVI, p. 79].

Fluorure de lithium, LiFl. — On le prépare en saturant une dissolution d'acide fluorhydrique avec du carbonate de lithine : il donne de petites paillettes cristallines. Il est fusible au rouge. Il est peu soluble dans l'eau. Le fluorure de lithium peut se combiner avec l'acide fluorhydrique pour donner du fluorhydrate de fluorure de lithium. Ce dernier composé est un peu plus soluble que le fluorure neutre; il se décompose au rouge en acide fluorhydrique et fluorure de lithium.

Sulfure de lithium, $Li^2S$. — On obtient le sulfure de lithium en décomposant le sulfate de lithine par le charbon au rouge vif. Un excès de charbon rend le sulfure pyrophorique. Ce sulfure est soluble dans l'eau. Sa dissolution saturée d'acide sulfhydrique donne du sulfhydrate de lithium LiHS.

Le sulfure chauffé avec du soufre donne du bisulfure, puis des sulfures plus sulfurés.

### SELS DE LITHINE

*Caractères.* — Les sels de lithine ont une saveur quelquefois salée, le plus souvent brûlante par suite de leur affinité pour l'eau. Plusieurs sels sont tellement déliquescents qu'ils ne cristallisent que dans une atmosphère constamment desséchée par l'acide sulfurique concentré.

Les sels de lithine sont généralement plus solubles que les sels de potasse ; aussi les acides chlorique, perchlorique et tartrique, qui précipitent la potasse, ne donnent pas de précipité avec les sels de lithine. Le bichlorure de platine et le sulfate d'alumine sont également sans action.

Ces caractères, qui éloignent la lithine de la potasse, semblent la rapprocher de la soude; mais d'autres caractères l'éloignent également de cette dernière base pour la placer près de la magnésie. Ainsi, les carbonates de potasse et de soude donnent un précipité abondant de carbonate de lithine; dans les dissolutions concentrées la présence des sels ammoniacaux rend cette précipitation incomplète. Le carbonate d'ammoniaque précipite incomplétement les dissolutions concentrées des sels de lithine, et ne donne aucun précipité dans les dissolutions très-étendues et très-riches en sels ammoniacaux.

Le carbonate de lithine est très-peu soluble dans l'eau ; il est plus soluble dans l'eau chargée d'acide carbonique, comme le carbonate de magnésie, tandis que le carbonate de soude forme avec l'acide carbonique un bicarbonate moins soluble que le carbonate neutre.

Le phosphate de soude donne dans les dissolutions neutres ou rendues alcalines par la potasse ou la soude un précipité de phosphate de lithine soluble dans les acides et dans les sels ammoniacaux.

Le sulfate de lithine neutre ne se combine ni avec l'acide sulfurique pour former un bisulfate, ni avec le sulfate d'alumine pour former un alun.

Le chlorure de lithium et l'azotate de lithine colorent en rouge pourpre la flamme de l'alcool ; cette couleur rouge rappelle le rouge extrême du spectre, et se distingue facilement du rouge-orangé donné par les sels de strontiane.

Examinée au spectroscope, la flamme de la lithine donne une raie rouge et une raie orangée plus faible caractéristiques, tandis que la flamme de la strontiane donne des bandes rouges, des bandes orangées et des bandes jaunes.

CARBONATE DE LITHIUM, $CO^3Li^2$. — Le carbonate de lithium ou carbonate de lithine peut s'obtenir en traitant par le carbonate de soude les sels alcalins provenant du traitement du lépidolithe. On doit avoir la précaution de soumettre à des lavages répétés le carbonate obtenu, parce qu'il retient très-énergiquement les sels au milieu desquels il a été précipité.

On peut encore transformer les sulfates obtenus du lépidolithe en nitrates à l'aide du nitrate de baryte. Les nitrates ainsi obtenus sont décomposés par la chaleur, soit en présence d'un excès d'acide oxalique qui les transforme de suite en carbonates, soit en présence du cuivre qui donne des alcalis. Ceux-ci, redissous, sont traités par un courant de gaz carbonique qui précipite le carbonate de lithine. On lave toujours le précipité un grand nombre de fois avec de l'eau froide.

Pour avoir du carbonate de lithine bien pur, il faut mettre le carbonate lavé en suspension dans l'eau, et y faire arriver un courant de gaz acide carbonique. Le carbonate de lithine se dissout dans l'eau chargée d'acide carbonique, comme le carbonate de magnésie; il se dépose ensuite parfaitement pur et cristallisé lors de l'évaporation de ce gaz.

*Propriétés.* — Le carbonate de lithium déposé lentement est cristallisé. 1 litre d'eau en dissout 12 grammes. La solubilité n'augmente pas sensiblement avec la température. L'eau chargée d'acide carbonique dissout plus de quatre fois autant de carbonate de lithium que l'eau pure. En effet, 1 litre d'eau chargée d'acide carbonique dissout 52$^{gr}$,5 de carbonate de lithine (L. Troost).

Le carbonate de lithine fond au rouge. Sa décomposition commence au-dessous de sa température de fusion, et se continue ensuite très-lentement. Comme le carbonate de magnésie, il n'absorbe pas de nouveau l'acide carbonique dégagé.

Le carbonate de lithine en dissolution précipite les métaux de leurs dissolutions salines. A l'ébullition, il décompose les sels ammoniacaux avec dégagement de carbonate d'ammoniaque. Chauffé avec du charbon, il donne de l'oxyde de carbone et laisse de l'oxyde de lithium.

SULFATE DE LITHIUM. — Le sulfate de lithium s'obtient en dissolvant le carbonate de lithine dans l'acide sulfurique. Sa dissolution évaporée lentement donne de beaux cristaux qui appartiennent au système du prisme clinorhombique [L. Troost, *Ann. de Chim. et de Phys.*, (3), t. LI, p. 133]. Les cristaux sont hémiédriques. Leur formule est $SO^4Li^2 + H^2O$.

Ce sulfate a une saveur salée ; il est moins soluble à chaud qu'à froid. Il présente, d'après Kremers [*Ann. der Chem. u. Phys.*, t. XCV, p. 468], un maximum de solubilité au-dessous de 0°. Il fond au-dessous du rouge. Il n'existe pas de bisulfate de lithine; il n'existe pas non plus d'alun de lithine cristallisé.

SULFATE DOUBLE DE LITHIUM ET DE POTASSIUM,

$$SO^4Li^2 + 2SO^4K^2.$$

— On obtient ce sel double en mélangeant les deux sulfates simples; il cristallise en prismes droits à base rhombe modifiés sur les arêtes, de manière à présenter la forme d'un prisme hexagonal [Knoblauch, *Jahresbericht*, 1854].

SULFATE DOUBLE DE LITHIUM ET D'AMMONIUM. — En mêlant les deux sulfates simples et abandonnant le mélange à une évaporation lente, on obtient des cristaux appartenant au système du prisme oblique symétrique. La formule est

$$SO^4Li^2 + SO^4(AzH^4)^2$$

[L. Troost, *loc. cit.*].

NITRATE DE LITHIUM. — Le nitrate de lithine s'obtient en dissolvant le carbonate de lithine dans l'acide nitrique. C'est un sel extrêmement déliquescent. Sa dissolution, évaporée en présence de l'acide sulfurique à la température de 15°, donne de très-beaux cristaux, qui sont des rhomboèdres basés, dont l'angle est de 105° 40' [L. Troost, *Ann. de Chim. et de Phys.*, (3), t. LI, p. 135]. Ce sel est donc isomorphe avec le nitrate de soude, qui cristallise en rhomboèdres dont l'angle est de 106° 33'. A une température inférieure à 10°, le nitrate de lithine cristallise en aiguilles prismatiques très-déliquescentes, dont la composition est représentée par la formule

$$2AzO^3Li + 5H^2O.$$

Le nitrate de lithine forme, comme le sulfate de soude, des dissolutions sursaturées. Il est très-soluble dans l'alcool.

CHLORATE DE LITHIUM. — Ce sel s'obtient par double décomposition entre le chlorate de baryum et le sulfate de lithium. La dissolution évaporée donne des cristaux qui sont des octaèdres réguliers très-déliquescents, dont la composition est

$$ClO^3Li + H^2O.$$

Ces cristaux fondent à 50° dans leur eau de cristallisation; si on continue à chauffer, l'eau s'évapore, et vers 100° le sel se décompose en abandonnant de l'oxygène et un peu de chlore. Le résidu est un mélange de chlorure et d'oxyde.

PERCHLORATE DE LITHIUM. — Le perchlorate de lithium cristallise en petites aiguilles indéterminables, très-déliquescentes et très-solubles dans l'alcool.

BROMATE DE LITHIUM. — Ce sel s'obtient en saturant l'acide bromique par du carbonate de lithine; l'évaporation lente de la dissolution en présence de l'acide sulfurique donne de fines aiguilles très-déliquescentes.

IODATE DE LITHIUM. — On obtient cet iodate en saturant l'acide iodique par le carbonate de lithine. L'évaporation donne une croûte cristalline, soluble dans deux fois son poids d'eau et insoluble dans l'alcool. Ses cristaux ont pour formule $IO^3Li$. Chauffé, il fond, puis perd de l'iode et de l'oxygène en laissant de l'oxyde et de l'iodure de lithium [Rammelsberg, *Ann. der Chem. u. Phys.*, t. LXVI, p. 79].

PERIODATE DE LITHIUM. — Sel préparé par Rammelsberg; il donne des cristaux indéterminables.

PHOSPHATE DE LITHIUM, $PhO^4Li^3$. — On le prépare en versant du phosphate de soude dans une dissolution d'un sel de lithine rendue alcaline par un excès de soude. La liqueur portée à l'ébullition est abandonnée ensuite à un refroidissement lent. On obtient ainsi une poudre blanche cristalline, insoluble dans l'eau et surtout dans l'eau ammoniacale [Mayer, *Ann. der Chem. u. Pharm.*, t. XCVIII, p. 193]. Il se dissout dans les acides très-étendus et dans les sels ammoniacaux.

BORATE DE LITHIUM. — L'acide borique, saturé par du carbonate de lithine, donne un borate qui, par évaporation, donne des cristaux opalins dont la composition est $BoO^2Li$.

CHROMATE NEUTRE DE LITHIUM. — En saturant l'acide chromique par le carbonate de lithine, on obtient une liqueur qui par évaporation donne des cristaux rouge-orangé appartenant au système du prisme droit à base rhombe, et dont la composition est $CrO^4Li^2 + 2H^2O$ [Rammelsberg, *Pogg. Ann.*, t. CXXVIII, p. 311].

Bichromate de lithium. — Il s'obtient en ajoutant au chromate neutre une quantité d'acide égale à celle qu'il contient déjà ; sa formule est

$$Cr^2O^7Li^2 + 2H^2O.$$

Oxalates de lithium. — Voyez Oxalique (acide).
Acétate de lithium. — Voyez t. I, p. 16.
Tartrates de lithium. — Voyez Tartrique (acide).
Succinate de lithium. — Voyez Succinique (acide).

### DOSAGE ET SÉPARATION DE LA LITHINE.

Après avoir séparé la lithine des autres bases, on peut la doser à l'état de carbonate, de sulfate, de chlorure, de phosphate.

Le carbonate $CO^3Li^2$ reste après la calcination des sels organiques à base de lithine.

Le sulfate s'obtient facilement en décomposant par l'acide sulfurique les sels de lithine à acides volatils. Il reste après calcination sous forme d'une masse inaltérable à l'air.

Le chlorure, qui est hygroscopique, convient moins pour le dosage de la lithine. Toutefois, comme on obtient la lithine sous forme de chlorure, après l'avoir séparée de la soude par le procédé indiqué ci-après, il est souvent commode de la doser à l'état de chlorure. La pesée doit se faire dans un creuset bien couvert immédiatement après la calcination.

Le phosphate de lithium, $PhO^4Li^3$, s'obtient en évaporant la solution du sel de lithium avec du phosphate de soude, en présence d'une quantité d'hydrate ou de carbonate de soude suffisante pour rendre la liqueur alcaline, faisant digérer le résidu avec de l'ammoniaque, lavant le précipité recueilli sur un filtre avec un mélange de volumes égaux d'eau et d'ammoniaque concentrée, séchant à 100° et calcinant.

En évaporant les eaux de lavage et en traitant le résidu comme ci-dessus, on en sépare encore de petites quantités de phosphate de lithine [Mayer, *Ann. der Chem. u. Pharm.*, t. XCVIII, p. 193]. Contrairement à l'assertion de M. Rammelsberg, M. Frésénius a constaté l'exactitude de cette méthode.

Pour *séparer* la lithine des *métaux*, des *terres* et des *terres alcalines*, on emploie l'hydrogène sulfuré, le sulfhydrate d'ammonium, le carbonate d'ammoniaque, comme pour la séparation des autres alcalis.

Du *potassium* on sépare le lithium par le chlorure de platine qui ne précipite pas les sels de lithine ;

Du *sodium*, en convertissant les deux alcalis en chlorures, séchant ceux-ci et les faisant digérer dans un flacon bien bouché avec un mélange d'éther anhydre et d'alcool absolu. Ce mélange dissout peu à peu le chlorure de lithium et laisse le chlorure de sodium. Il est important d'exclure l'humidité dans cette opération.

D'après M. Bunsen, il est difficile, sinon impossible, d'obtenir une solution alcool-éthérée exempte de chlorure de sodium ou même de chlorure de potassium. Ce chimiste a donc proposé pour le dosage exact du lithium, dans une telle solution, le procédé indirect suivant :

Le mélange de chlorures de potassium, de sodium, de lithium, généralement pauvre en lithium, est parfaitement desséché, puis épuisé par l'alcool éthéré. La solution est amenée à siccité par distillation, et le résidu est repris une seconde fois par l'alcool éthéré. Après évaporation du dissolvant, on obtient un nouveau résidu que l'on chauffe jusqu'à fusion, et qui renferme du chlorure de lithium, mélangé avec du chlorure de sodium et du chlorure de potassium. On le pèse, on le dissout dans l'eau et l'on précipite le chlore par le nitrate d'argent. On pèse le chlorure d'argent. La liqueur débarrassée de l'excès d'argent est traitée par le chlorure de platine : il se précipite du chloro-platinate de potassium. On en détermine le poids et l'on calcule le poids correspondant du chlorure de potassium. Soustrayant ce poids du poids total des 3 chlorures, on obtient le poids A du chlorure de lithium $x$ et du chlorure de sodium $y$. Retranchant ensuite du poids total du chlorure d'argent le poids du chlorure d'argent correspondant au chlorure de potassium, on obtient un poids B. Ces données permettent de calculer le poids du chlorure de lithium au moyen de la formule $x = 1{,}0823\,B - 2{,}6525\,A$ [*Ann. der Chem. u. Pharm.*, t. CXXII, p. 350]. L. T.

**LITHOFELLIQUE (ACIDE)**, $C^{20}H^{36}O^4$ [Gœbel, *Ann. der Chem. u. Pharm.*, t. XXXIX, p. 237 ; — Ettling, *ibid.*, t. XXXIX, p. 242 ; — Wœhler, *ibid.*, t. XLI, p. 150 ; — Hermann, *ibid.*, t. XLI, p. 303 ; — Malaguti et Sarzeau, *Compt. rend. de l'Acad. des sc.*, t. XV, p. 518 ; — Hoppe-Seyler, *Virchow's Arch.*, t. XXV, p. 525]. — Cet acide se trouve dans les *bézoards orientaux*. Ces derniers sont quelquefois composés d'acide bézoardique (voyez t. I, p. 586). Mais il est facile de distinguer les bézoards qui renferment de l'acide lithofellique de ceux qui sont riches en acide bézoardique : les premiers fondent lorsqu'on les chauffe, tandis que les derniers se carbonisent en se couvrant de cristaux jaunes.

Pour extraire l'acide lithofellique des bézoards, on les traite par l'alcool bouillant, qui dépose par le refroidissement des croûtes cristallines colorées. Pour les décolorer, on les lave avec de l'alcool froid, on les redissout dans l'alcool bouillant auquel on ajoute du charbon animal. Ou bien on dissout l'acide dans une solution alcaline, on le reprécipite par l'acide chlorhydrique et on le fait cristalliser dans l'alcool.

L'acide lithofellique cristallise en prismes incolores rhomboïdaux microscopiques à face terminale oblique (Gœbel), en prismes courts à 3 pans ou en scalénoèdres qui forment souvent des macles ; ces formes appartiennent au type rhomboédrique (Hoppe-Seyler). Insoluble dans l'eau, il se dissout dans 29 p. d'alcool à la température de 20°, et dans 6,5 p. d'alcool bouillant. A 20°, il demande 444 p. d'éther pour se dissoudre, et à l'ébullition 47 p. La solution alcoolique possède une réaction acide et dévie le plan de polarisation à droite, cette déviation est beaucoup plus faible que celle des acides de la bile. L'acide lithofellique fond entre 204° et 205°, et se concrète par le refroidissement en une masse cristalline ; mais si on l'a chauffé au-dessus de son poids de fusion, il est transparent et amorphe après le refroidissement. L'acide ainsi modifié fond déjà entre 105° et 110° ; mais sa solution alcoolique dépose de nouveau la modification cristallisée. Lorsqu'on chauffe l'acide lithofellique rapidement, on obtient un sublimé blanc ; soumis à la distillation sèche, il perd de l'eau en donnant une huile acide, $C^{20}H^{34}O^3$, nommée *acide pyrolithofellique*. Fondu à l'air, il répand des vapeurs blanches et une odeur aromatique faible. L'acide lithofellique se dissout dans l'acide sulfurique concentré ; l'eau produit un trouble dans la solution.

L'acide nitrique chaud le transforme en un acide jaune, $C^{20}H^{28}(AzO^2)^2O^6$ (Malaguti et Sarzeau). L'acide chlorhydrique bouillant convertit l'acide lithofellique en une matière brune résineuse analogue à l'acide choloïdique. La potasse bouillante est sans action sur lui.

En chauffant l'acide lithofellique avec du sucre et de l'acide sulfurique, on observe une coloration violette.

*Sels de l'acide lithofellique.* — L'acide se dissout facilement dans les alcalis et carbonates alcalins.

Le *sel d'ammonium* ne peut être obtenu à l'état solide, il perd son ammoniaque pendant l'évaporation. Sa solution précipite les sels de plomb et d'argent.

Les *sels de potassium et de sodium* sont amorphes et gommeux. Ils se dissolvent dans l'eau, l'alcool et l'éther, mais ils sont insolubles dans une solution concentrée de sel marin. Le sel de sodium cristallise, par le refroidissement de sa solution alcoolique saturée et chaude, en fines aiguilles, qui fondent facilement; par l'évaporation spontanée de la solution, le sel ne cristallise pas (Hoppe-Seyler). L'acide précipité des sels de potassium ou de sodium est amorphe et pulvérulent; c'est la modification amorphe.

*Sel de baryum.* — Masse cristalline mamelonnée très-soluble dans l'alcool, moins soluble dans l'eau.

*Sel de plomb.* — Précipité blanc, peu soluble dans l'eau, un peu plus soluble dans l'alcool. Sa composition est variable. MM. Ettling et Will ont obtenu un sel dont la composition se rapproche de la formule $(C^{20}H^{35}O^4)^2Pb + 2PbO$.

*Sel d'argent,* $C^{20}H^{35}O^4Ag$ (séché à 100°). — La solution alcoolique du sel ammoniacal donne avec le nitrate d'argent un précipité floconneux qui se dissout sous l'influence de la chaleur ou par addition d'alcool et se dépose par l'évaporation sous forme de longues aiguilles, noircissant à la lumière (Ettling et Will). Suivant Wœhler, le sel ne cristallise pas. A. H.

**LITHOMARGE.** — Voyez Argile.

**LITMIQUE (ACIDE).** — Voyez Tournesol.

**LOBÉLINE** [W. Bastick, *Pharm. Journ. and transact.*, t. X, p. 270; — Prockler, *ibid.*, p. 456]. — Alcaloïde huileux du *Lobelia inflata*. Il est jaunâtre, non volatil sans décomposition, d'une saveur piquante rappelant le tabac; l'eau le dissout aisément, l'alcool et l'éther encore plus facilement. Les alcalis le décomposent. La lobéline forme des sels cristallisables avec les acides chlorhydrique, azotique, sulfurique et oxalique. Sa solution est précipitée par le tannin, mais non par l'acide gallique.

C'est un fort narcotique. D'après les recherches antérieures de Reinsch et de Pereira, la lobéline est une substance gommeuse non basique et insoluble dans l'éther.

**LOBOÏTE** (Min.). — Variété magnésienne d'idocrase, de Gökum (Suède).

**LŒWÉITE** (Min.). — Sulfate hydraté de magnésie et de soude $MgSO^4 + Na^2SO^4, 5/2H^2O$. En masses clivables suivant les faces d'un octaèdre à base carrée; d'un jaune de miel, plus ou moins blanchâtre ou rougeâtre; transparent ou translucide, d'un éclat vitreux; trouvé dans la mine de sel d'Ischl (Autriche).

*Caractères.* — Soluble dans l'eau.

Dureté, 2,5 à 3. Densité, 2,376.

*Forme cristalline.* — Quadratique : angles de l'octaèdre $a^1$ 111°44′ et 105°2′.

Clivages : *p* distinct; *m* imparfait; $a^1$ traces.

**LŒWIGITE** (Min.). — Sulfate hydraté d'alumine et de potasse, $SO^4K^2, 3SO^4Al^2O^2 + 9H^2O$. renfermant un peu de fer de magnésie, de chaux et de soude. Se présente en masses arrondies jaune-paille, semblables à l'alunite compacte, à Tabrze (Silésie) et à Tolfa. Au chalumeau : caractères de l'alunite.

Dureté, 3 à 4. Cassure conchoïdale. Densité, 2,58.

**LOGANITE** (Min.). — Substance ayant une composition voisine de celle du clinochlore, en cristaux imparfaits, paraissant pseudomorphes de l'amphibole; éclat vitreux; couleur brun-chocolat ou brun-girofle. Dans un calcaire cristallin de l'île du Grand-Calumet, sur l'Ottawa (Canada).

**LONCHIDITE** (Min.). — Cette substance paraît être un mélange de marcassite avec du mispickel; elle renferme un peu de cobalt.

**LOPHINE** $C^{21}H^{16}Az^2$ [Syn. *Pyrobenzoline*] [Laurent, *Revue scientifique*, t. XVIII, p. 172; — Fownes, *Ann. der Chem. u. Pharm.*, t. LIV, p. 36; Gössmann, même recueil, t. XCIII, p. 199, et *Ann. de Chim. et de Phys.*, (3), t. XLV, p. 123]. — Cette base se produit dans la distillation de l'hydrobenzamide ou du mélange qu'on obtient par l'action du sulfhydrate d'ammoniaque sur l'hydrure de benzoyle (Laurent). Dans la distillation sèche de l'amarine (Fownes), ou dans la décomposition du sulfite de benzoylammonium distillé avec de la chaux (Gössmann). Eckmann et Kuhn l'ont également obtenue en distillant le chlorhydrate d'hydrobenzamide.

*Préparation.* — Lorsqu'on distille l'hydrobenzamide, il se dégage d'abord de l'ammoniaque, ainsi qu'une huile très-fluide et odorante. Quand le dégagement d'ammoniaque a cessé, il reste dans la cornue une matière fondue qu'on coule dans un mortier. On la purifie en l'épuisant par l'éther bouillant, puis la mettant dans de l'alcool bouillant, auquel on ajoute peu à peu des fragments de potasse caustique, jusqu'à ce que le tout soit dissous. Par le refroidissement, la lophine se dépose à l'état cristallisé. On peut aussi la purifier en la dissolvant dans l'acide chlorhydrique, décomposant la solution bouillante par l'ammoniaque, et abandonnant au repos (Laurent).

Pour obtenir la lophine avec le sulfite de benzoylammonium, on le mêle bien desséché avec trois ou quatre fois son poids d'hydrate de chaux bien sec, on introduit le tout dans une cornue, on recouvre de quelques morceaux de chaux caustique, et l'on chauffe au bain d'huile à 180-200°. L'amarine distille, recouvre le col de la cornue d'une croûte blanche, amorphe, qui fond bientôt et se rassemble dans le récipient. Lorsque l'opération est terminée, la panse et la voûte de la cornue sont recouvertes de lophine cristallisée, qu'on purifie comme dans le procédé de Laurent (Gössmann).

*Propriétés.* — La lophine forme de jolies aiguilles soyeuses groupées en aigrettes; elle est incolore, inodore, sans saveur. Elle fond à 265°, et se solidifie à 260° en une masse cristallisée. Elle peut se sublimer à 250° sans fondre et sans se décomposer. Elle est insoluble dans l'eau, très-peu soluble dans l'alcool et dans l'éther; sa solution alcoolique présente la fluorescence des sels de quinine, mais à un moindre degré. Elle est sans action sur la lumière polarisée. Elle se dissout aisément et sans décomposition dans la potasse alcoolique bouillante.

D'après Eckmann, elle se dissout dans l'alcool et dans l'éther, dans les proportions suivantes : 100 p. d'alcool absolu dissolvent à 19° 0,81 p. de lophine, et à 21° de 0,84 à 0,91, et à l'ébullition 2,70 à 2,75. 100 p. d'éther dissolvent 0,26 p. de lophine à 19°, et 0,32 à 22° [Eckmann, *Ann. der Chem. u. Pharm.*, t. CXXII, p. 151].

Dans la distillation de l'hydrobenzamide saturée d'acide chlorhydrique, M. Kuhn a obtenu deux bases présentant la composition de la lophine, l'une fusible à 230°, l'autre à 170° [Kuhn, *Ann. der Chem. u. Pharm.*, t. CXXII, p. 308]. Cette dernière aurait déjà été obtenue par Eckmann. — Voyez Hydrobenzamide, t. II, p. 61.

La lophine se combine directement au brome; le produit dissous dans l'éther cristallise en beaux prismes jaunes à base rectangulaire. Bouillie avec l'acide azotique, elle donne la nitrolophine (*nitrisophyle*) de Laurent, $C^{21}H^{13}(AzO^2)^3Az^2$(?), qui est jaune-orangé, pulvérulente et cristalline. Suivant Gössmann et Atkinson, traitée par l'iodure d'éthyle, elle ne donne que de l'iodhydrate de lophine [*Ann. der Chem. u. Pharm.*, t. XCVII, p. 283]. D'après Kuhn, elle donne en même temps de l'*iodure de diéthyllophinium*.— Voyez plus bas.

La lophine est une base faible, d'une légère réaction alcaline. Ses sels sont solubles dans l'alcool, insolubles dans l'eau. Plusieurs perdent leur acide par des cristallisations répétées, tel est surtout le sulfate. Ils ont été étudiés par Laurent, par Gossmann et par Atkinson.

*Chlorhydrate de lophine*,

$$C^{21}H^{16}Az^{2},HCl + H^{2}O$$

— Il s'obtient en paillettes cristallines, lorsqu'on traite la lophine par l'alcool bouillant et l'acide chlorhydrique. Il est presque insoluble dans l'eau (Laurent). Il se dépose sous la forme d'aiguilles transparentes lorsqu'on sature d'acide chlorhydrique une solution alcoolique de lophine sursaturée à chaud. Abandonnés dans la liqueur acide, ces cristaux se transforment en petits prismes opaques.

*Chloroplatinate*, $(C^{21}H^{16}Az^{2}.HCl)^{2}PtCl^{4}$. — Cristaux jaune-orangé, qui se séparent par le refroidissement, lorsqu'on mêle des solutions alcooliques bouillantes de chlorhydrate de lophine et de chlorure de platine.

*Iodhydrate*.— Il cristallise en grosses aiguilles plus solubles dans l'alcool et dans l'éther que le chlorhydrate.

*Azotate*, $C^{21}H^{16}Az^{2},HAzO^{3} + H^{2}O$. — Paillettes fines, légères, sans éclat, solubles dans l'alcool et insolubles dans l'eau (Laurent).

*Sulfate*. — Il forme de petites lamelles allongées et brillantes (Laurent). Il perd peu à peu tout son acide par des cristallisations nombreuses.

La lophine paraît aussi se combiner directement avec le chlorure platinique. Si l'on ajoute une solution alcoolique et concentrée de lophine à une solution alcoolique concentrée et neutre de chlorure platinique, on obtient un précipité orangé et cristallin qui renferme 17,5 % de platine. Elle se combine également à l'azotate d'argent. Le composé $C^{21}H^{16}Az^{2},AzO^{3}Ag$ s'obtient sous la forme d'aiguilles par l'addition d'une solution alcoolique d'azotate d'argent à une solution alcoolique de lophine saturée à chaud. Il se décompose en partie par de nouvelles cristallisations.

Iodure de diéthyl-lophinium [Kuhn, *Ann. der Chem. u. Pharm.*, t. CXXII, p. 308, et *Répert. de Chim. pure*, 1862, p. 408].

D'après Gössmann et Atkinson, l'iodure d'éthyle ne donne avec la lophine que de l'iodhydrate; mais suivant Kuhn, on obtient en outre de l'iodure de diéthyl-lophinium, lorsqu'on chauffe la lophine pendant 60 heures au bain-marie avec de l'iodure d'éthyle. Cet iodure est en tablettes blanches microscopiques, fusibles à 234°, solubles dans l'eau et l'alcool; l'oxyde d'argent en sépare la base libre, mais elle est incristallisable. Traité par le chlorure d'or, il fournit des aiguilles microscopiques d'un jaune citron renfermant

$$C^{21}H^{16}(C^{2}H^{5})^{2}Az^{2}HCl,AuCl^{3}.$$

L'iodure n'est pas décomposé par l'azotate d'argent, mais en traitant par celui-ci la solution chlorhydrique de la base, on a obtenu l'azotate de diéthyl-lophinium en cristaux d'un éclat gras renfermant : $C^{21}H^{16}(C^{2}H^{5})^{2}Az^{2},AzO^{3}H$. E. G.

**LOPHOÏTE** (Breith). — Ripidolithe de Greiner (Tyrol).

**LOTALITE** (Min.). — Masses noires lamellaires dans un feldspath rose de Lotala (Finlande); elles paraissent être une variété d'hédenbergite.

**LOXOCLASE**. — Variété d'orthose d'un gris jaunâtre contenant 8,76 % de soude. — Voyez Feldspath.

**LUMACHELLE**. — Marbre coquillier.

**LUMIÈRE**. — Nous étudierons ici la lumière dans ses rapports avec la chimie; on trouvera plus loin, sous le titre de Lumière (applications), quelques détails pratiques au sujet de l'usage des instruments d'optique les plus indispensables au chimiste et au minéralogiste.

ÉMISSION.

Soumis à l'action d'une chaleur croissante, tous les corps de la nature deviennent lumineux. Prenons comme exemple le cas général des solides ou des liquides. A mesure que la température croît, la radiation calorifique de ces corps augmente d'intensité et s'accompagne de radiations de plus en plus réfrangibles. Ce sont d'abord des rayons rouges (de 550° environ à 720°), puis à ceux-ci viennent s'ajouter des rayons jaunes, verts et bleus; à 780°, le spectre fourni par le corps incandescent s'étend jusqu'au violet; il est complet vers 1160°, c'est-à-dire au rouge blanc. Il est continu.

Le corps chauffé est-il un gaz, les choses ne se présentent pas de la même façon. Le gaz devient lumineux, mais généralement sa lumière analysée par le prisme ne donne pas de spectre continu : certaines radiations manquent, d'autres prédominent; l'on obtient en un mot une image spectrale compliquée, composée de lignes ou de bandes dont l'aspect peut changer avec la température et la pression, mais qui dans des circonstances identiques est caractéristique pour chaque gaz. L'étude de ces spectres a donc un intérêt tout particulier pour le chimiste, puisqu'elle lui permet de reconnaître avec sûreté certaines substances par leur simple inspection à travers un instrument approprié.

Les spectres gazeux s'obtiennent de diverses façons. 1° Le gaz ou la substance apte à être gazéifiée par la chaleur est introduite dans une flamme dont la lumière ne fournit pas de spectre ou fournit un spectre connu. 2° On se sert de l'étincelle électrique comme source de chaleur, et l'on modifie son emploi suivant que la substance est gazeuse, liquide ou solide. Que l'on opère de l'une ou de l'autre sorte, on observe qu'en modifiant les conditions de l'expérience, l'image spectrale elle-même se modifie. Ainsi les spectres du calcium, du strontium, du lithium, du sodium, du potassium, du thallium, etc., se compliquent à mesure que la température augmente; de nouvelles raies, généralement plus réfrangibles, s'ajoutent aux autres, les moins brillantes et les plus réfrangibles gagnent surtout en éclat, enfin les raies s'élargissent. Même lorsqu'on opère avec un gaz élémentaire illuminé par le passage de l'étincelle électrique, l'image spectrale peut changer du tout au tout, selon les conditions de l'expérience. Ces variations sont évidemment liées à un changement dans l'état moléculaire du gaz; elles sont inexpliquées jusqu'à ce jour, comme la cause elle-même de la disposition des raies (1).

(1) Chaque raie brillante d'un spectre est le témoin de l'existence, dans la radiation lumineuse, d'une vibration d'une fréquence particulière : absolument comme chaque corde d'un piano qui résonne sous l'influence d'un son extérieur nous dévoile la présence, dans le mouvement vibratoire complexe qui produit ce son, d'une vibration pendulaire spéciale. Le grand nombre de raies que l'on rencontre dans le spectre des éléments nous apprend combien sont variés les mouvements des assemblages atomiques les moins complexes; du reste, la thermodynamique, née de l'étude de corps gazeux auxquels on attribuait d'abord une constitution mécanique extrême mentsimple, n'a pas tardé à découvrir dans ces gaz des travaux intérieurs assez notables et résultant précisément de la complication des mouvements atomiques.

M. Lecoq de Boisbaudran a formulé dans ces derniers temps la première théorie des spectres lumineux. Il suppose que la rotation d'une molécule, formée d'atomes et par conséquent présentant des inégalités, suffit pour donner un spectre composé de plusieurs raies, chacune correspondant à une ondulation dont la durée

Il importe de remarquer que tout gaz lumineux n'offre pas de spectre discontinu, et que tout solide ne donne pas de spectre continu. Lorsque l'hydrogène, l'oxyde de carbone, l'hydrogène sulfuré, le sulfure de carbone brûlent dans l'oxygène, le spectre de ces flammes ne présente aucune raie, aucune bande, brillante ou sombre. On conçoit en effet que, pendant le phénomène de la combustion, les atomes qui entrent en action ne peuvent avoir de ces mouvements réguliers dont le spectre discontinu nous révèle l'existence.

Inversement, une perle de terbine, chauffée dans la flamme du chalumeau, rayonne une lumière verte, qui, analysée par le prisme, donne un spectre discontinu. Le didyme présente un phénomène analogue. La lumière émise par les substances phosphorescentes elles-mêmes, telles que les sulfures terreux, etc., donne un spectre discontinu; de sorte que les indications de l'analyse spectrale sur l'état physique des corps ne doivent pas être prises à la rigueur [E. Becquerel, *la Lumière*, t. I, *Phosphorescence*].

Comme la recherche des alcalis et des terres par le spectroscope se trouve traitée avec détail dans l'article ANALYSE SPECTRALE, nous ajouterons seulement à cette étude quelques mots touchant les spectres des métalloïdes, et ceux que l'on obtient en se servant de l'étincelle électrique comme source de chaleur.

SPECTRE DES CORPS COMPOSÉS, INFLUENCE DES MÉTALLOÏDES. — Grâce aux recherches de M. A. Mitscherlich et de M. Diacon, il est aujourd'hui prouvé qu'un corps composé peut avoir un spectre distinct de ceux de ses composants; il suffit d'examiner celui-ci dans un cas où la destruction du corps composé ne soit pas possible.

Plongeons, par exemple, un chlorure métallique dans la flamme de l'hydrogène brûlant dans le chlore, nous observerons un spectre ordinairement très-différent de celui des autres composés du métal. Les bromures, les iodures et les oxydes présentent ainsi chacun un spectre particulier et très-différent de celui du métal lui-même, quand ils ne sont pas détruits à la température à laquelle ils deviennent incandescents.

La conséquence de ces faits, c'est que la recherche des alcalis et surtout des terres doit s'effectuer avec des chlorures, et dans la flamme de la lampe de Bunsen, comme il est dit à l'article ANALYSE. C'est en effet ainsi qu'opéraient Bunsen et Kirchhoff et qu'ils ont obtenu les images spectrales représentées dans les divers ouvrages et à la page 206 du tome I de ce Dictionnaire; ces spectres, pour les métaux alcalino-terreux spécialement, sont un mélange du spectre des oxydes et de celui des chlorures. Nous donnons ici comme exemple de la variation des spectres ceux des composés haloïdes du baryum, qui ont été dessinés par M. Lecoq de Boisbaudran. Ce savant obtient avec beaucoup de facilité le spectre des chlorures en plongeant ceux-ci dans la flamme d'une lampe de Bunsen à laquelle le gaz n'arrive qu'après avoir passé dans un ballon contenant une solution concentrée d'acide chlorhydrique et bouillante (*Planche en couleur*, fig. 14 et 15). [Diacon, *Ann. de Chim. et de Phys.*, (4), t. VI, p. 6; — A. Mitscherlich, *ibid.*, (3), t. LXIX, p. 169, et (4), t. II, p. 497, et *Poggend. Ann.*, 1864, n° 3, p. 459].

On a fait de nombreux rapprochements entre les spectres des corps analogues. M. A. Mitscherlich a comparé les lignes les plus importantes des spectres des chlorures, bromures et iodures alcalino-terreux, et il a cru reconnaître que, pour les composés haloïdes du calcium et du strontium, les distances entre ces lignes, comptées sur l'échelle arbitraire du spectroscope, sont inversement proportionnelles au poids moléculaire du composé. De plus, les distances de chacune des lignes du chlorure de calcium à un point déterminé de l'échelle sont proportionnelles à celles qui séparent ce même point des lignes correspondantes du bromure et de l'iodure. La même relation, avec un autre point fixe, se retrouve pour le strontium. Il est curieux que pour les composés du baryum l'écartement des lignes soit *proportionnel* au poids moléculaire : dans ce cas, le point fixe est situé vers l'extrémité violette du spectre; c'est le contraire de ce qui a lieu pour le strontium et le calcium [*Poggend. Ann.*, n° 3, 1864].

Généralement le spectre se déplace vers le violet, à mesure que le poids moléculaire devient plus petit : en d'autres termes, les molécules les plus légères sont animées de mouvements plus rapides. Pour les composés correspondants de divers métaux d'un même groupe, l'accroissement de longueur d'onde de la portion moyenne du spectre est approximativement proportionnel à celui du poids moléculaire. Ce fait a été signalé dans des sels alcalins et alcalino-terreux par M. Lecoq de Boisbaudran.

L'étude attentive de ces spectres a permis à M. Lecoq de Boisbaudran de constater entre eux des rapports intéressants. La position des raies a d'abord été évaluée d'après la longueur d'onde des vibrations qui leur correspondent; puis on a varié les conditions expérimentales qui provoquent l'apparition de certaines raies, et c'est l'ensemble de toutes les raies observées qu'on a comparé.

Voici un exemple d'une telle comparaison :

| Spectre du chlorure de calcium avec excès d'acide chlorhydrique. | | λ en millionièmes de millimètre. | | λ en millionièmes de millimètre. | | Spectre du chlorure de strontium avec excès d'acide chlorhydrique. |
|---|---|---|---|---|---|---|
| Milieu de deux raies rouges rapprochées. | | 633,2 | × 1,063 = | 673,0 | | Milieu d'une bande rouge nébuleuse. |
| | Diff. : 14,1 | | | | 14,4 | |
| Milieu d'une raie orangée............. | | 619,1 | × 1,065 = | 659,6 | | » » |
| | Diff. : 13,0 | | | | 13,3 | |
| Milieu d'une raie orangée............. | | 606,1 | × 1,066 = | 646,3 | | » » |
| | Diff. : 12,6 | | | | 11,8 | |
| Milieu d'une raie nébuleuse jaune....... | | 593,5 | × 1,070 = | 635,0 | | Milieu d'une raie rouge-orangé. |
| | Diff. : 11,6 | | | | 11,9 | |
| Milieu d'une raie jaune verdâtre........ | | 581,9 | × 1,071 = | 623,1 | | — orangée. |

On voit qu'avec un coefficient presque constant et croissant régulièrement avec la réfrangibilité, on peut passer du spectre du calcium à celui du strontium. Lorsqu'on n'ajoute pas d'acide chlor-

serait égale au temps qui sépare le passage de deux inégalités dans un plan donné. Il ne paraît pas qu'une semblable cause puisse produire autre chose qu'une série de vibrations d'égale fréquence, mais de phases diverses, c'est-à-dire, en définitive, des vibrations d'une longueur unique et une seule raie lumineuse.

Le même savant a découvert que le groupe de raies dont il expliquait ainsi l'existence se reproduisait plu-

hydrique, on obtient d'autres raies qui satisfont à une loi analogue, à l'exception de certaines raies qui manquent dans l'un des spectres, mais qu'on obtient à la place prévue lorsqu'on se sert comme source de chaleur de l'étincelle d'induction éclatant à la surface de la solution saline. La comparaison des spectres des chlorures de potassium et de rubidium conduit à des résultats tout semblables.

SPECTRES DE MÉTALLOÏDES DANS LES FLAMMES. — Lorsqu'un métalloïde est volatilisé dans l'intérieur d'une flamme, il peut dans des circonstances favorables donner un spectre caractéristique.

Ainsi, l'on peut volatiliser du soufre ou du phosphore dans un courant d'hydrogène et enflammer celui-ci. Le noyau du jet gazeux donnera le spectre du métalloïde ajouté. L'iode introduit dans un jet de gaz tonnant donnera un résultat semblable [Mitscherlich, *loc. cit.*; — Christofle et Beilstein, *Ann. de Chim. et de Phys.*, (4), t. III, p. 280, 1869; — Mülder, *Journ. für. prakt. Chem.*, t. XCI, p. 111; — Salet, *Bull. de la Soc. chim.*, 1868, t. IX, p. 302].

L'acide borique volatilisé dans un courant d'hydrogène donne une flamme fournissant le spectre caractéristique du bore. Le sélénium brûlant donne un spectre cannelé. La zone bleue qui apparaît à la base de toutes les flammes hydrocarbonées, et au centre de celle du chalumeau donne un spectre caractéristique du carbone [Swan, *Edinburgh Philos. Transactions*, t. XXI, p. 411; — Attfield, *Journ. of the chem. Soc.*, (2), t. I, p. 97; — Morren, *Ann. de Chim. et de Phys.*, (4), t. IV, p. 307]. Nous donnons ici quelques exemples de ces spectres (*Planche en couleur*, fig. 10, 12, 13).

SPECTRES DES MÉTAUX DANS L'ÉTINCELLE. — Wheatstone a le premier étudié le spectre fourni par l'étincelle électrique éclatant entre deux pôles métalliques (1835); il a fait voir qu'il variait avec la nature de ces pôles. Masson a poursuivi cette étude, mesuré et figuré nombre de spectres métalliques, mais en y comprenant les raies attribuables au milieu gazeux où se fait l'expérience. Ce fut Angström qui signala ce fait, et depuis on n'a fait que multiplier les observations sans arriver à un résultat théorique ou pratique nouveau.

Seguin, A. Mitscherlich et E. Becquerel se sont servis comme électrode positive d'un liquide salin dont le métal se trouve volatilisé dans l'étincelle. La chaleur de celle-ci est moindre que dans le cas des électrodes solides, et donne parfois des résultats un peu différents.

Lorsqu'on examine séparément le spectre du trait de feu et celui de l'auréole de l'étincelle d'induction, on trouve le premier principalement composé de raies de l'air (azote 2e ordre, oxygène et hydrogène), et le second des raies des électrodes, plus celles de l'air (azote 1er ordre). Par cette raison, les machines à électricité dite *statique*, qui sont excellentes pour produire le trait de feu, sont bien inférieures aux bobines d'induction pour observer les spectres des métaux.

Kirchhoff, Huggins, Angström et Thalén ont décrit et dessiné un nombre considérable de spectres métalliques. Nous donnons les plus importants obtenus avec les métaux eux-mêmes par Thalén (fig. 354). Nous n'avons figuré que les raies les plus importantes, celles qu'on retrouve avec le spectroscope à un prisme. Les nombres de la graduation expriment en cent-millièmes de millimètre les longueurs d'ondulation [Wheatstone, *Abstract. Brit. Assoc. Report*, 1835; — Angström, *Phil. Mag.*, (4), t. IX, p. 327; — Masson, *Ann. de Chim. et de Phys.*, (3), t. XXXI, p. 295, et t. XLV, p. 385; — Kirchhoff, *Ann. de Chim. et de Phys.*, (3), t. LVIII, p. 5, et (4), t. I, p. 396; — Huggins, *Phil. Trans.*, 1864, p. 139; — Thalén. *Exposé d'analyse spectrale, Upsal*, 1866, et *Nov. Act. Soc. sc. Upsal*, (3), t. VI, 1868].

La lumière de l'arc électrique a été aussi analysée par le prisme. Foucault, comme on sait, y a constaté la raie D et son inversion. A la même époque (1849), il a volatilisé les principaux métaux entre les électrodes de charbon d'une forte pile et observé les spectres qu'ils produisent. Il les signale comme caractéristiques de ceux-ci et pouvant servir à faire l'analyse qualitative d'un alliage. Soleil et l'abbé Moigno effectuèrent la projection de ces spectres sur un écran [*Rép. d'optique moderne*, janvier 1850]. Robiquet, quelques années après, étudia et photographia les spectres métalliques, ou du moins leur portion la plus réfrangible et ultra-violette [Foucault, *Bibl. univ. de Genève*, t. X, p. 222; — Robiquet, *Journ. de Pharm. et de Chim.*, nov. 1859].

SPECTRES DES TUBES DE GEISSLER. — Ces spectres ont été étudiés d'abord par Plücker, puis par Plücker et Hittorf. Nous donnons ici ceux de l'hydrogène, de l'azote, de l'oxygène, etc. (*Planche en couleur*, fig. 4, 5, 6, 7, 8, 9, 11).

Plücker et Hittorf ont signalé les premiers les changements singuliers qui se produisent dans les spectres gazeux, quand on fait varier la densité du gaz, sa température ou la tension de l'étincelle. Kirchhoff avait bien remarqué dans les spectres métalliques que l'élévation de température faisait naître des raies nouvelles. Mais ici le phénomène est bien autrement caractéristique et les différents spectres d'un même élément paraissent avoir moins de rapports entre eux que les spectres d'éléments différents.

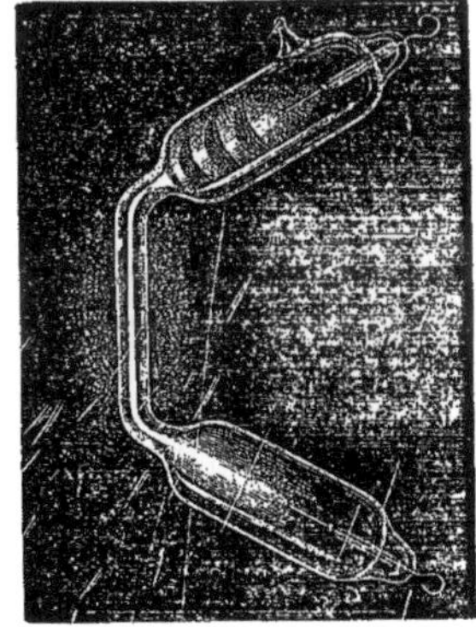

Fig. 353. — Tube de Plücker.

Comme exemple de ces variations, citons le cas du soufre. On introduit du soufre dans un tube de Plücker de la forme indiquée ci-contre (fig. 353), et on y fait le vide avec une machine à mercure en faisant bouillir le soufre, puis on le scelle. L'é-

sieurs fois sur l'échelle lumineuse sans changer d'aspect général, et que, dans beaucoup de cas, il y avait un rapport simple entre les longueurs d'ondes de raies correspondantes. Ce fait curieux d'harmonicité se remarque fort bien dans l'azote : à presque toutes les bandes peu réfrangibles correspond une bande plus réfrangible de longueur d'onde 3/4 plus petite; de plus, on peut, selon les cas, observer séparément le spectre réfrangible ou son harmonique bleu et violet. Le même rapport 3/4 existant presque exactement entre les raies H$\alpha$ et H$\beta$ (C et F) de l'hydrogène, et un rapport analogue ayant été signalé par M. Mascart entre le groupe *b* du magnésium et des groupes de raies ultra-violettes présentant la même disposition, il paraît y avoir dans ces coïncidences une loi naturelle. Quant à la cause même de l'harmonicité, elle est encore inconnue [Mascart, *Compt. rend.*, t LXIX p. 387; — Lecoq de Boisbaudran, *ibid.*, p. 445, 606, 657].

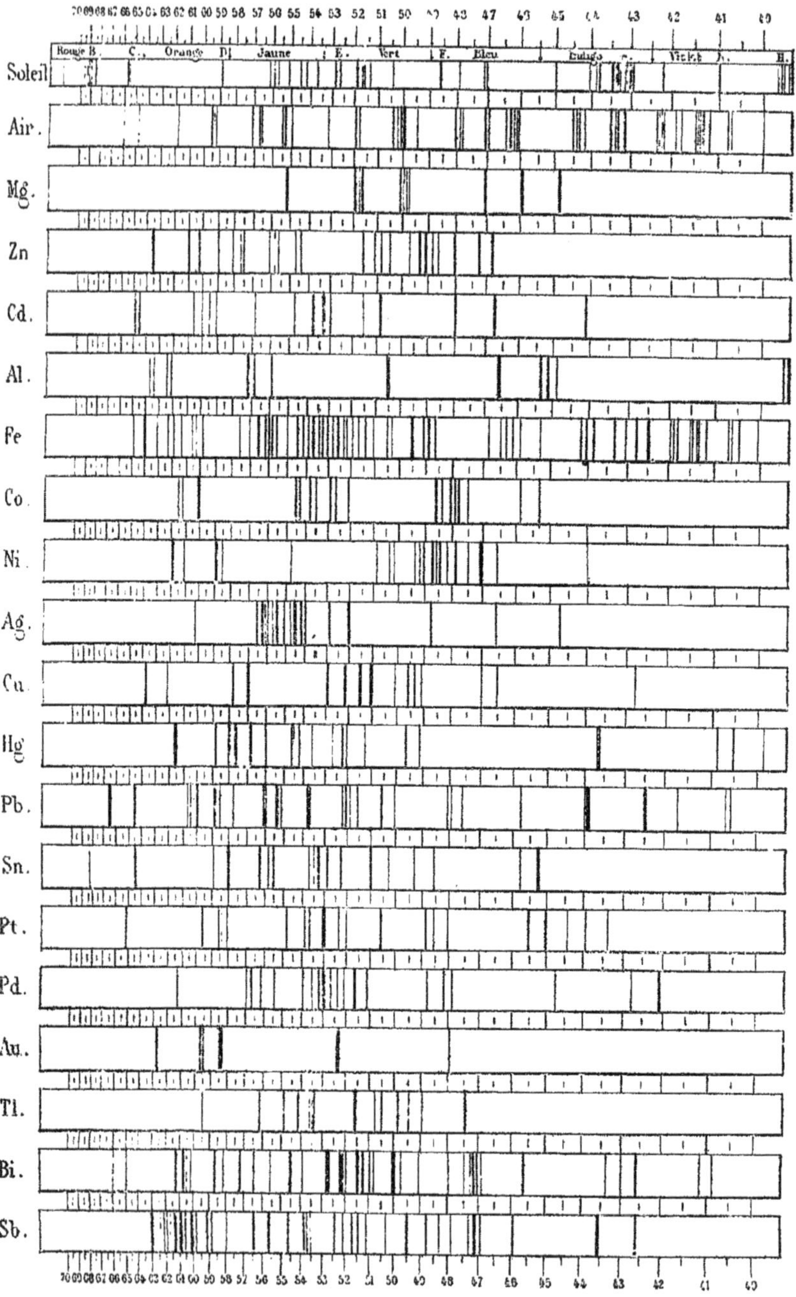


Fig. 854. — Spectres des principaux métaux dans l'étincelle (Thalén).

B C D E b F G h H H
H
H D3 t x b y z H w H H
1
2
3
O 4
Az 5
Az 6
Cl 7
S 8
S 9
S 10
Ph 11
Ph 12
C 13
BaCl² 14
BaBr² 15

tincelle ne passera plus dans un pareil tube à la température ordinaire; mais si nous chauffons, le soufre se volatilisera et nous obtiendrons une magnifique lumière d'un bleu tendre qui se résoudra par le prisme en bandes fort régulières dans lesquelles un fort grossissement permet d'apercevoir de fines lignes noires : c'est ce que Plücker appelle un spectre de 1er ordre (*Planche en couleur*, fig. 9).

Faisons communiquer chaque pôle de la bobine d'induction qui sert à faire l'expérience avec une des armatures d'une bouteille de Leyde : l'étincelle dans l'air sera plus nourrie; dans le tube de Plücker elle sera plus lumineuse, et elle changera de couleur et d'aspect si nous chauffons un peu plus ou si nous employons un appareil d'induction un peu plus fort. La décharge deviendra filiforme, bleu-verdâtre, et son spectre sera exclusivement composé de traits déliés et brillants (spectre de 2e ordre, *Planche en couleur*, fig. 8). Ces deux spectres s'observent quel que soit le métal des électrodes; ils sont à un même degré caractéristiques du soufre, mais ils n'ont absolument rien de commun, et ne se transforment pas l'un dans l'autre par transition insensible. Si l'on chauffe encore davantage, l'étincelle cesse de passer, mais avant cela, et avec une forte bobine, les raies s'élargissent un peu.

Le sélénium et l'azote (*Planche en couleur*, fig. 5 et 6) présentent aussi différents spectres, suivant la tension du gaz et celle de l'électricité. Les raies des spectres de 2e ordre de l'hydrogène s'élargissent très-visiblement sous l'influence de fortes décharges ou à de fortes pressions : on peut même les élargir à ce point que le spectre soit presque continu. Il n'est pas étonnant qu'à une très-haute température les gaz fournissent un spectre continu. Ce fait prête au contraire un appui direct à la théorie du mouvement atomique irrégulier chez les gaz parfaits : théorie dont on a dit quelques mots à la page 78, t. I de cet ouvrage [Plücker et Hittorf, *Phil. Trans.*, t. CLV, p. 6; — Wüllner, *Poggend. Ann.*, t. CXXXV, p. 497].

Il n'est peut-être pas inutile d'ajouter que l'on réussit à voir les spectres électriques des gaz avec beaucoup de facilité en réduisant la distance des électrodes; un tube que l'on peut chauffer et dans lequel on peut faire le vide avec une simple pompe de Gay-Lussac suffit dans la plupart des cas; on le ferme avec un bouchon de caoutchouc qui porte deux tubes concentriques destinés à isoler les deux électrodes d'aluminium : celles-ci sont écartées de 1 centimètre environ. Lorsqu'on fait marcher la bobine d'induction, on observe un trait de feu qu'un ou deux coups de pompe suffisent pour élargir en une bande lumineuse dont le spectre est celui du gaz remplissant l'appareil, spectre de 1er ordre si le gaz en fournit.

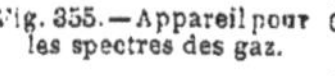

Fig. 355. — Appareil pour les spectres des gaz.

Le gaz sulfhydrique donne dans ces conditions le spectre primaire du soufre avec une grande netteté (il y a dépôt de soufre). Le gaz de l'éclairage donne le spectre du carbone (il y a dépôt de charbon), l'air le spectre primaire de l'azote, etc.

A la pression ordinaire, le milieu de l'étincelle, surtout lorsqu'on opère avec une machine à électricité statique, ne donne presque absolument que les raies secondaires du gaz. Celles du métal n'apparaissent que dans le voisinage immédiat des électrodes.

Spectres des protubérances solaires. — Quelle que soit notre ignorance sur la cause des phénomènes spectraux, la science n'en a pas moins tiré de leur étude des résultats considérables. Nous verrons plus loin les conséquences qu'on a déduites de la présence des raies noires dans le spectre solaire, mais nous devons nous occuper auparavant d'un spectre tout à fait analogue aux précédents, et qui est fourni par la lumière des protubérances solaires.

On sait que dans toutes les éclipses totales de soleil on aperçoit autour de l'astre éclipsé, outre les rayons droits ou curvilignes qui lui font une *gloire* brillante, des *protubérances* roses d'une forme bizarre et changeante, et qui quelquefois se détachent tout à fait du disque solaire. Ces protubérances ne sont que les parties soulevées d'une couche rose qu'on a retrouvée autour du soleil tout entier. Leur nature fut inconnue jusqu'au 18 août 1868, jour où divers savants, échelonnés sur les continents africain et asiatique pour l'étude d'une magnifique éclipse totale, signalèrent, dans le spectre qu'elles fournissaient, la présence de raies *brillantes* tout à fait analogues à celles des gaz incandescents.

Nous donnons ici le spectre des protubérances tel qu'il a été décrit par MM. Janssen, Rayet, Lockyer, Secchi, etc. (*Planche en couleur*, fig. 3). On y reconnaît au premier coup d'œil les 4 raies de l'hydrogène, et une raie très-brillante qui apparaît dans le voisinage de la raie du sodium (D), mais qui ne coïncide pas avec elle; enfin une seule des 3 raies *b* du magnésium. Ainsi les protubérances sont des jets de gaz incandescents d'une matière complexe renfermant sûrement de l'hydrogène.

Il s'est trouvé que la nature même de la radiation des protubérances permettait aux observateurs de les apercevoir en dehors des éclipses totales. Un puissant télescope rend visibles les étoiles en plein jour, en affaiblissant la lumière de l'atmosphère, qui se trouve répartie sur un espace agrandi, tandis que l'image de l'étoile continue à ne former qu'un point. De même, le prisme disperse la lumière des rayons solaires sur tout le champ du spectre, tandis qu'il ne peut séparer celle des protubérances qu'en quelques lignes excessivement déliées; ces lignes se détachent donc en clair, et sont d'autant plus visibles qu'elles coïncident avec des lignes noires du spectre solaire. Il en résulte qu'on peut suivre les raies protubérantielles, et par conséquent les protubérances elles-mêmes, en tout temps et même sur la surface du soleil [Janssen, Lockyer].

Certaines étoiles ont présenté aux observateurs un spectre à raies brillantes. L'étoile τ de la *Couronne*, qui brilla d'un éclat si extraordinaire au mois de mai 1866, a été observée à ce point de vue par M. Huggins; son spectre, rayé de traits noirs comme celui du soleil, portait de plus plusieurs raies brillantes, dont deux appartenaient à l'hydrogène. L'éclat soudain et passager de cette étoile était donc lié à la présence d'une quantité considérable d'hydrogène portée à l'incandescence.

Plusieurs nébuleuses ont un spectre uniquement composé de raies brillantes, elles paraissent donc être purement gazeuses; de fait, aucune de celles-ci n'a été résolue en étoiles (Huggins) (*Planche en couleur*, fig. 2). Nous n'avons pas besoin de faire remarquer l'importance de ces découvertes, mais leur étude s'éloigne trop du domaine de la chimie pour que nous puissions nous y appesantir.

ABSORPTION.

Les rayons lumineux, en traversant certaines substances, s'éteignent. Mais l'ondulation lumineuse ne s'anéantit pas, elle est seulement transformée en vibrations moins rapides, en *chaleur*, et cesse d'être perceptible à l'œil. Quelques substances transforment les rayons lumineux visibles et même ultra-violets en rayons de plus grande longueur d'onde, mais visibles encore. De tels corps s'illuminent dans la lumière violette et ultra-violette, et sont appelés fluorescents. La fluorine, le verre d'urane, le sulfate de quinine présentent les plus beaux effets de fluorescence.

Chaque substance absorbe différemment les diverses radiations. Les corps fluorescents absorbent surtout les rayons très-réfrangibles, la solution d'iode dans le sulfure de carbone les rayons visibles; d'autres corps exercent une absorption élective limitée à certains groupes de rayons occupant un espace très-resserré sur le spectre, et transforment une lumière à spectre continu en une lumière dont le spectre est sillonné de bandes ou de raies obscures.

C'est une loi générale que les corps qui émettent une certaine radiation sont aptes *dans les mêmes circonstances* (1) à l'intercepter. La loi de l'égalité des pouvoirs émissifs et absorbants, formulée d'abord par Prévot, de la Provostaye et Desains, se trouve donc vérifiée pour chaque rayon [Kirchhoff]. Ainsi l'erbine qui, chauffée fortement, émet seulement certains groupes de rayons, absorbe ces mêmes rayons avec énergie, et la vapeur de sodium qui, introduite dans une flamme, la colore si fortement en jaune, paraît presque opaque lorsqu'on l'éclaire avec cette même lumière jaune [Kirchhoff].

Absorption par les liquides et les solides. — Les sels de didyme et d'erbium, quoique presque incolores, présentent, à l'état de cristaux ou de solution, un spectre d'absorption formé de bandes définies et caractéristiques (voyez t. I, p. 295 et 1160). Bunsen, à qui l'on doit l'étude de ces faits, a observé des variations mesurables dans la position des bandes fournies par les cristaux suivant la direction que suit la lumière dans leur intérieur (*Ann. der Chem. u. Pharm.*, t. CXXXVII, p. 1). C'est un cas très-curieux de polychroïsme (voyez ce mot). On peut constater l'existence de bandes d'absorption des divers métaux indiqués ci-dessus, dans certains minéraux examinés par transparence, tels que la parisite, etc.

On construit en Angleterre de très-petits spectroscopes à vision directe, qui s'adaptent sur l'oculaire d'un microscope ordinaire, et qui permettent de voir les spectres d'absorption de petites quantités de matière déposées sur le porte-objet, que les substances soient d'ailleurs liquides comme le sang, etc., ou solides. M. Sorby, en examinant de cette façon des perles de borax, obtenues avec certains zircons et renfermant assez de borate métallique pour que celui-ci cristallisât, a observé des bandes d'absorption très-nombreuses, et qui lui ont fait croire à la présence dans le zircon d'un métal nouveau, le jargonium; il s'agissait simplement d'un mélange de zircone avec une trace d'urane (voyez Uranium). Les sels colorés, comme le chlorure de chrome, le permanganate de potasse, etc., présentent dans les divers dissolvants divers spectres d'absorption qui se modifient à mesure que l'épaisseur du liquide augmente [Herschel]. M. Gladstone a étudié l'influence de l'épaisseur d'une façon fort ingénieuse : il emplit un prisme creux en cristal de la solution à examiner, puis il regarde, à l'aide d'un prisme de verre, une fente très-étroite et très-lumineuse disposée derrière le prisme creux, et perpendiculairement à ses arêtes prismatiques. Par cette disposition, les rayons transmis par les différents points de la fente ont à traverser des épaisseurs croissantes de liquide, depuis une épaisseur négligeable jusqu'à celle qui suffit pour intercepter presque toute lumière. Nous donnons ici (fig. 356, 357, 358, 359) plusieurs spectres obtenus de cette manière [*Chem. Soc. Journ.*, t. LX,

Fig. 356. — Absorption par le permanganate de potasse

Fig. 357. — Absorption par le chlorure de chrome.

Fig. 358 — Absorption par le chlorure de cobalt concentré.

Fig. 359. — Absorption par le chlorure de cobalt étendu.

p. 79]. D'après M. Gladstone, l'absorption des divers rayons par les sels d'une même base présente une grande analogie, quand même les sels seraient très-différemment colorés.

Le peroxyde d'azote liquide donne des indices de bandes d'absorption correspondant par leur position, mais nullement comparables pour leur netteté, aux raies d'absorption du peroxyde gazeux. Les matières colorantes, principalement celles qu'on dérive d'aniline, et la plupart des extraits des plantes, fournissent des spectres d'absorption très-caractéristiques; il en est de même de la matière colorante du sang, de l'hémoglobine (Hoppe-Seyler). M. Stokes a étudié les altérations très-curieuses que subit ce spectre, suivant que l'hémoglobine est libre (fig. 360, 1), ou réduite par le tartrate d'étain ammoniacal (fig. 360, 2). Le spectre de l'hémoglobine combinée à l'oxyde de carbone ressemble au premier de ces spectres; mais les réducteurs ne le modifient pas (fig. 360, 3). M. Stokes a donné aussi les spectres de l'hématine en solu-

(1) Il faut introduire cette restriction à cause des variations de spectres selon la température, etc. Brewster cite des corps transparents dont la couleur, vue par transmission, passe du rouge au vert quand on les chauffe, et redevient rouge par le refroidissement.

tion acide (fig. 360,4) ou désoxydée par le tartrate d'étain (fig. 360,5) que nous reproduisons ici. La bande dans le rouge est surtout caractéristique

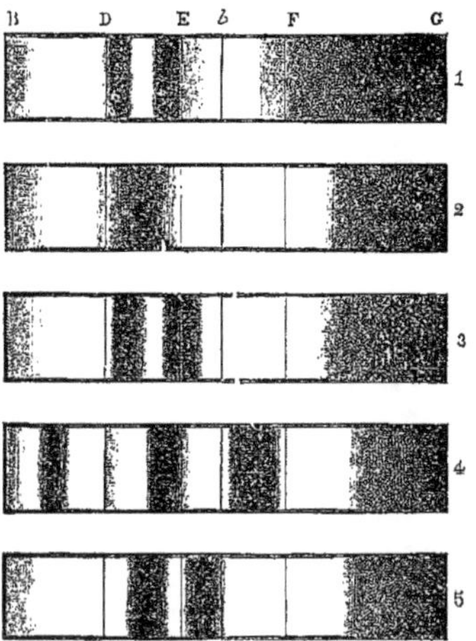


Fig. 360. — Spectres d'absorption de l'hémoglobine et de l'hématine.

dans l'hématine acide (*Proceed. of the Roy. Soc.*, XIII, 353). Le même savant a déterminé les bandes d'absorption produites dans la lumière ultra-violette par les alcaloïdes et glucosides fluorescents. Ces bandes, aussi caractéristiques que les précédentes, sont sensiblement modifiées par la nature du dissolvant (*Phil. Trans.*, 1862, 606).

Absorption par les gaz. — Chaque gaz absorbe de préférence certains rayons lumineux, et donne dans des circonstances favorables un spectre d'absorption; ceux qu'on obtient extrêmement facilement avec les vapeurs colorées de brome, d'iode, de peroxyde d'azote et de peroxyde de chlore, sont sillonnés d'une multitude de bandes noires, qui croissent en intensité et en largeur à mesure que la couche absorbante augmente.

On sait l'importance théorique qu'a acquise dans ces derniers temps l'absorption par la vapeur de sodium; on peut montrer le phénomène d'une façon très-simple : pour cela, on chauffe le métal dans un petit tube plein d'hydrogène, et on présente ce tube à la fente du spectroscope, dirigés préalablement vers la flamme d'une bougie. La raie caractéristique apparaît aussitôt en noir avec une grande intensité. On ne doit pas oublier que le renversement de la raie du sodium a été observé pour la première fois par Foucault (*L'Institut*, 7 févr. 1849). C'est la base de la théorie solaire de Kirchhoff.

M. Janssen a fait voir qu'une longue colonne de vapeur d'eau chauffée sous pression, ou une couche de plusieurs lieues d'air saturé d'humidité, absorbe certains rayons lumineux, de façon à produire, dans le spectre d'une lumière qu'on examine au travers, des lignes caractéristiques. Ces lignes se retrouvent naturellement parmi celles du spectre solaire observé dans les conditions normales, et il était fort important de décider expérimentalement si elles appartiennent à l'atmosphère terrestre ou à celle du soleil (voyez plus bas). Si une colonne de vapeur d'eau à 6 atmosphères et de 37 mètres de long donne un spectre fort net, nul doute que les gaz les plus transparents ne soient aptes, comme le pense M. Janssen, à donner un spectre d'absorption [Janssen, *Compt. rend.*, t. LVI, p. 538; t. LX, p. 213, t. LIV, p. 280; t. LXIII, p. 289].

M. Tyndall, dans ses recherches sur le pouvoir absorbant des gaz, a fait la curieuse expérience que voici : Il a déterminé le pouvoir absorbant de l'acide carbonique pour la chaleur rayonnante; ce pouvoir est assez faible pour la plupart des radiations, mais il est considérable précisément pour celles qui sont émises par l'acide carbonique lui-même, en un mot par celles de la flamme de l'oxyde de carbone. Quoique faible, le pouvoir absorbant de l'acide carbonique est, comme celui de tous les gaz composés, de beaucoup supérieur à celui des gaz simples. Il en résulte que le pouvoir absorbant de l'air sec peut donner avec une assez grande approximation la quantité d'acide carbonique qu'il contient.

Raies noires du spectre solaire. — Nous avons vu que les raies brillantes qui constituent le spectre d'une masse gazeuse se transforment en raies noires quand une source lumineuse plus intense et fournissant un spectre continu est placée derrière le gaz incandescent. Wollaston et surtout Fraunhofer avaient signalé dans les spectres solaires une infinité de lignes noires parfaitement fixes, et présentant une grande

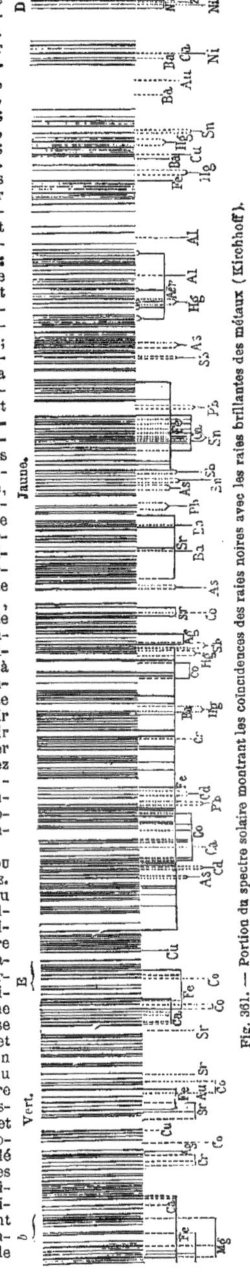


Fig. 361. — Portion du spectre solaire montrant les coïncidences des raies noires avec les raies brillantes des métaux (Kirchhoff).

analogie avec les raies d'absorption obtenues par la méthode précédente (*Planche en couleur*, fig. 1). La double raie jaune du sodium, dont le renversement est si facile à provoquer, se trouve précisément renversée dans le spectre solaire, absolument comme si cet astre lumineux était entouré d'une atmosphère de sodium. Cette observation, généralisée par Kirchhoff, l'amena à supposer que les 2,000 raies solaires provenaient de l'absorption de la lumière par un mélange compliqué de vapeurs, et il fut assez heureux pour déterminer une grande partie des éléments de ce mélange. Il examina le spectre électrique de divers métaux, et marqua les raies de ces métaux qui coïncidaient avec les raies solaires. Il put ainsi découvrir la présence dans notre astre central des éléments suivants: hydrogène (lignes C, F, *h* et une raie en G), sodium (lignes D, D'), fer (plus de 500 raies parmi lesquelles le groupe E : Kirchhoff, Angström, Mascart), magnésium (lignes *b*), calcium (lignes H et H'), baryum, chrome, nickel, cuivre, zinc, titane (Thalén), cadmium, strontium, cobalt, aluminium (ligne H, selon Angström). L'existence dans le soleil des quatre derniers éléments n'est pas complétement hors de doute.

Aucune raie des métaux dont les noms suivent ne coïncidant avec celles du spectre solaire, on en peut conclure, avec probabilité, l'absence dans l'atmosphère solaire de grandes quantités d'or, de plomb, d'argent, de mercure, d'étain, de potassium, de rubidium, d'antimoine, d'arsenic, de silicium, de glucinium, de cérium, de lanthane, de didyme, de ruthénium, d'iridium, de palladium, de platine et d'aluminium [1]. Nous donnons ici, d'après Kirchhoff, un fragment du spectre solaire avec les coïncidences observées par ce savant (fig. 361).

MM. Donati, Huggins et Miller, Secchi, etc., appliquèrent l'analyse spectrale à la lumière des étoiles. Les résultats furent analogues à ceux de Kirchhoff; les spectres stellaires sont généralement striés par des raies noires, comme l'avait déjà remarqué Fraunhofer, et ces lignes coïncident en plus ou moins grand nombre avec celles des éléments connus.

On sait de cette façon qu'il y a de l'hydrogène, du sodium, du fer, du magnésium, etc., dans Aldébaran, qu'il y a du sodium, du magnésium et du fer dans Bételgeuze, mais qu'on n'y trouve pas d'hydrogène. Les étoiles blanches qui constituent la moitié des étoiles du ciel (Sirius, Véga, Altaïr, Régulus, Rigel, etc.) ont un spectre plus simple que les étoiles jaunes (Soleil, Aldébaran, Arcturus) : il ne contient guère que les quatre lignes de l'hydrogène, une ligne en D (sodium?) et des traces des raies du magnésium et du fer. Enfin, un petit nombre d'étoiles, la plupart colorées, présentent, outre les raies noires plus ou moins nombreuses, des ombrés lumineux analogues à ceux des spectres de premier ordre, ou même des traits brillants comme nous l'avons dit plus haut.

Ainsi, grâce aux découvertes modernes, la radiation lumineuse, qui seule nous met en rapport avec les astres, nous suffit pour pénétrer profondément dans la connaissance de leur constitution physique et chimique.

## RÉFRACTION.

En pénétrant d'un milieu transparent dans un autre, de l'air dans le verre ou dans un liquide, par exemple, un rayon de lumière change de direction toutes les fois que celle qu'il suit n'est pas normale à la surface de séparation des milieux.

1. Angström lui attribue une raie du groupe H, mais d'autres raies moins réfrangibles n'ont pas été trouvées en coïncidence.

C'est le phénomène de la *réfraction simple;* il est régi par deux lois bien connues formulées par Descartes : 1° le rayon réfracté est dans le plan qui contient le rayon primitif et la normale à la surface ré ringente; 2° le sinus de l'angle que fait le rayon incident avec la normale est au sinus de l'angle que fait le rayon réfracté avec cette même normale dans un rapport variable avec la nature des milieux et la couleur de la lumière, mais indépendant de l'angle d'incidence; ce rapport est l'*indice de réfraction*. Lorsqu'on n'ajoute aucune qualification, l'indice de réfraction d'une substance est celui qu'elle présente dans l'air. La réfraction d'un rayon pénétrant du vide dans la substance considérée permettrait de déterminer son indice de réfraction *absolu*. Si l'indice de réfraction est variable avec la couleur de la lumière employée, il en résulte que deux ou plusieurs rayons de couleurs diverses, cheminant dans un milieu, suivant une même droite, doivent se séparer en pénétrant obliquement dans un autre milieu. On dit alors qu'il y a *dispersion*.

C'est par la dispersion qu'un rayon de lumière solaire est résolu au moyen du prisme en une infinité de rayons divergents différemment colorés qui, projetés sur un tableau blanc, y forment le *spectre solaire*.

Des prismes semblables, mais de différentes substances, donnent des spectres plus ou moins étalés; on dit alors qu'ils sont plus ou moins *dispersifs*. La dispersion se mesure par la différence des indices de réfraction des rayons extrêmes du spectre visible (rouge en B, violet en H) ; elle est, dans le flint, deux fois plus grande que dans le crown, mais elle est encore plus considérable dans l'huile de sassafras, le sulfure de carbone, le verre de thallium, et surtout dans le soufre et le phosphore.

L'indice de réfraction et la dispersion diminuent généralement lorsque la température augmente; mais, comme la densité des corps considérés décroît généralement aussi et d'une façon régulière, on peut construire une expression qui contienne la densité $d$ et l'indice de réfraction $n$, et qui soit à peu près indépendante de la température; cette expression est celle-ci : $\frac{n-1}{d}$. On sait que la théorie de l'émission conduisait à la constance du facteur $\frac{n^2-1}{d}$; bien que cette dernière formule soit approximativement vérifiée pour les gaz, parce que les indices de ces corps sont très-faibles, elle ne l'est pas généralement dans les autres substances.

Nous donnons ici le tableau de quelques indices de réfraction; nous y ajouterons le résumé des travaux de MM. Gladstone, Dale et Landolt sur les relations qui existent entre les indices de réfraction des différents liquides organiques :

TABLE DES INDICES DE RÉFRACTION DES SOLIDES POUR LA LUMIÈRE JAUNE.

| Substance | Indice | |
|---|---|---|
| Chromate de plomb. | 2,97 | à 2,50 |
| Diamant........... | 2,75 | à 2,434 (rayons rouges) |
| Phosphore ....... | 2,22 | |
| Soufre nat ....... | 2,11 | |
| Rubis............... | 1,78 | |
| Feldspath. ........ | 1,76 | |
| Topaze ............ | 1,61 | |
| Émeraude ......... | 1,58 | |
| Flint-glass ......... | 1,6 | environ. |
| Quartz.......... .. | 1,55 | |
| Sel gemme....... .. | 1,54 | |
| Acide phosphorique. | 1,54 | |
| Acide citrique...... | 1,527 | |
| Nitrate de potasse.. | 1,514 | |
| Crown-glass........ | 1,5 | environ. |
| Sulfate de potasse.. | 1,509 | |
| Sulfate de fer....... | 1,494 | |
| Sulfate de magnésie. | 1,49 | |
| Spath fluor......... | 1,43 | |
| Glace............... | 1,31 | |

TABLE DES INDICES DE RÉFRACTION DE DIFFÉRENTS LIQUIDES (GLADSTONE ET DALE).

| LIQUIDES. | Température. | INDICES PAR RAPPORT AUX RAIES DE FRAUNHOFER. | | | | | | | |
|---|---|---|---|---|---|---|---|---|---|
| | | A | B | C | D | E | F | G | H |
| Phosphore | 35 | 2,0389 | » | » | 2,0746 | » | 2,1201 | 2,1710 | 2,2267? |
| Tribromure de phosphore | 25 | 1,6698 | 1,6752 | » | 1,6866 | » | 1,7083 | 1,7300 | 1,7506 |
| | 36 | 1,6627 | » | » | 1,6792 | » | » | » | 1,7422 |
| Sulfure de carbone | 11 | 1,6142 | 1,6207 | 1,6240 | 1,6333 | 1,6465 | 1,6584 | 1,6836 | 1,7090 |
| Lépidine | 21 | 1,6039 | 1,6094 | » | 1,6180 | » | 1,6403 | 1,6615 | 1,6822 |
| Bromure de bromethylène | 18 | 1,5819 | 1,5851 | » | 1,5915 | » | 1,6037 | 1,6149 | 1,6249 |
| Huile de *Cassia* rectifiée | 28 | 1,5649 | 1,5699 | 1,5727 | 1,5801 | 1,5909 | 1,6014 | 1,6244 | » |
| Aniline | 21,5 | 1,5644 | 1,5684 | » | 1,5774 | » | 1,5951 | 1,6125 | 1,6297 |
| | 37 | 1,5567 | » | » | 1,5701 | » | » | » | » |
| | 47 | 1,5520 | » | » | 1,5647 | » | » | » | 1,6145 |
| Quinoléine | 24 | 1,5567 | 1,5617 | » | 1,5687 | » | 1,5879 | 1,6030 | 1,6198 |
| Trichlorobenzine | 20 | 1,5563 | 1,5602 | » | 1,5671 | » | 1,5809 | 1,5945 | 1,6065 |
| Bromoforme | 15,5 | 1,5579 | 1,5610 | 1,5628 | 1,5674 | 1,5737 | 1,5790 | 1,5901 | 1,5998 |
| | 39 | 1,5437 | » | » | 1,5531 | » | » | » | 1,5846 |
| Bromure de chloréthylène | 12,5 | 1,5472 | 1,5500 | » | 1,5554 | » | 1,5659 | 1,5748 | 1,5830 |
| Nitrobenzine | 25 | 1,5331 | 1,5374 | 1,5398 | 1,5465 | 1,5554 | 1,5643 | 1,5832 | » |
| | 38 | 1,5266 | » | » | 1,5399 | » | » | 1,5766 | » |
| Phénol | 13 | 1,5377 | 1,5416 | 1,5433 | 1,5488 | 1,5564 | 1,5639 | 1,5763 | 1,5886 |
| Crésylol | 11,5 | 1,5341 | 1,5377 | » | 1,5445 | » | 1,5578 | 1,5699 | 1,5813 |
| Acide eugénique | 18 | 1,5285 | 1,5321 | 1,5341 | 1,5394 | 1,5464 | 1,5528 | » | 1,5780 |
| Mercure-méthyle | 26,5 | 1,5197 | 1,5232 | » | 1,5296 | » | 1,5568 | 1,5526 | 1,5626 |
| Salicylate de méthyle | 21 | 1,5206 | 1,5241 | 1,5263 | 1,5319 | 1,5402 | 1,5478 | 1,5640 | 1,5810 |
| | 37 | 1,5140 | » | » | 1,5253 | » | » | » | 1,5735 |
| Iodure de méthyle | 16 | 1,5203 | 1,5234 | » | 1,5307 | 1,5377 | 1,5440 | 1,5558 | 1,5670 |
| Mercure-éthyle | 8,5 | 1,5300 | 1,5333 | » | 1,5397 | » | 1,5518 | 1,5634 | 1,5729 |
| Nicotine | 18 | 1,5149 | 1,5174 | » | 1,5284 | » | 1,5346 | 1,5449 | 1,5542 |
| Chlorobenzine | 9 | 1,5194 | 1,5223 | » | 1,5290 | » | 1,5418 | 1,5530 | 1,5636 |
| Amylaniline | 23,5 | 1,5114 | 1,5150 | 1,5168 | 1,5222 | 1,5292 | 1,5361 | 1,5491 | 1,5622 |
| Trichlorure de phosphore | 23,5 | 1,5052 | 1,5088 | » | 1,5148 | » | 1,5252 | 1,5357 | 1,5446 |
| | 38 | 1,4957 | » | » | 1,5042 | » | » | » | 1,5334 |
| Iodure d'éthyle | 23,5 | 1,5003 | 1,5034 | » | 1,5095 | 1,5156 | 1,5214 | 1,5321 | 1,5420 |
| | 36 | 1,4918 | » | » | 1,5006 | » | » | » | 1,5326 |
| | 48 | 1,4841 | » | » | 1,4934 | » | » | » | 1,5250 |
| Cubébène | 10,5 | 1,4988 | 1,5012 | » | 1,5055 | » | 1,5145 | 1,5227 | 1,5294 |
| Pyridine | 21,5 | 1,4940 | 1,4967 | » | 1,5030 | » | 1,5155 | 1,5278 | 1,5387 |
| Lutidine | 22,5 | 1,4894 | 1,4924 | » | 1,4987 | » | 1,5100 | 1,5204 | 1,5308 |
| Collidine | 23,5 | 1,4927 | 1,4958 | » | 1,5013 | » | 1,5127 | 1,5232 | 1,5329 |
| Carvène | 12,5 | 1,4913 | » | » | 1,4992 | » | » | » | 1,5270 |
| Pseudo-cumène | 12,5 | 1,4843 | 1,4872 | » | 1,4932 | » | 1,5040 | 1,5146 | 1,5236 |
| Iodure d'amyle | 17,5 | 1,4816 | 1,4843 | » | 1,4892 | 1,4941 | 1,4987 | 1,5074 | 1,5149 |
| | 37 | 1,4720 | » | » | 1,4797 | » | » | » | 1,5046 |
| Oxychlorure de phosphore | 17 | 1,4810 | 1,4840 | » | 1,4882 | » | 1,4967 | 1,5047 | 1,5118 |
| | 26 | 1,4756 | » | » | 1,4832 | » | » | » | 1,5067 |
| Benzine | 10,5 | 1,4879 | 1,4913 | 1,4931 | 1,4975 | 1,5036 | 1,5089 | 1,5202 | 1,5305 |
| | 23 | 1,4806 | » | » | 1,4900 | » | » | » | 1,5225 |
| | 39 | 1,4703 | » | » | 1,4798 | » | » | » | 1,5108 |
| Benzylène | 14 | 1,4869 | 1,4898 | » | 1,4957 | » | 1,5072 | 1,5174 | 1,5271 |
| Cymène α | 8 | 1,4760 | » | » | 1,4834 | » | » | » | 1,5076 |
| | 29 | 1,4648 | 1,4671 | » | 1,4717 | 1,4766 | 1,4808 | 1,4866 | 1,4957 |
| Cymène du camphre | 12 | 1,4731 | » | » | 1,4803 | » | » | » | 1,5050 |
| | 26 | 1,4659 | » | » | 1,4729 | » | » | » | 1,4975 |
| | 36 | 1,4614 | » | » | 1,4684 | » | » | » | 1,4927 |
| Nitroglycérine | 13,5 | 1,4683 | 1,4706 | » | 1,4749 | » | 1,4824 | 1,4899 | 1,4947 |
| Hydrocarbure de l'essence de Portugal | 25 | 1,4617 | 1,4640 | » | 1,4684 | » | 1,4758 | 1,4826 | 1,4894 |
| Cumène de l'ac. cuminique | 7 | 1,4898 | » | » | 1,4983 | » | » | » | 1,5280 |
| | 27,5 | 1,4788 | » | » | 1,4864 | » | » | » | 1,5148 |
| Glycérine | 20 | 1,4659 | » | » | 1,4705 | » | » | » | 1,4850 |
| | 30 | 1,4634 | » | » | 1,4680 | » | » | » | 1,4823 |
| Cumène de l'esprit de bois brut | 8,5 | 1,4687 | » | » | 1,4759 | » | » | » | 1,5008 |
| | 24 | 1,4608 | » | » | 1,4680 | » | » | » | 1,4919 |
| | 34 | 1,4555 | » | » | 1,4634 | » | » | » | 1,4848 |
| Stannéthyle | 23 | 1,4606 | 1,4629 | » | 1,4673 | » | 1,4758 | 1,4838 | 1,4905 |
| Chlorure de chloréthylène | 13 | 1,4661 | 1,4680 | » | 1,4714 | » | 1,4784 | 1,4841 | 1,4892 |
| Térébenthène | 10 | 1,4669 | » | » | 1,4734 | » | » | » | 1,4934 |
| | 24 | 1,4596 | 1,4616 | » | 1,4653 | 1,4601 | 1,4724 | 1,4790 | 1,4845 |
| | 47 | 1,4487 | » | » | 1,4545 | » | » | » | 1,4730 |
| Triéthylarsine | 19,5 | 1,4598 | » | » | 1,4669 | » | » | » | 1,4919 |
| | 26,5 | 1,4588 | » | » | 1,4657 | » | » | » | 1,4906 |
| Hydrocarbure de l'essence de bergamote | 26,5 | 1,4574 | 1,4598 | » | 1,4640 | » | 1,4721 | 1,4798 | 1,4865 |
| | 38 | 1,4517 | » | » | 1,4578 | » | » | » | 1,4800 |
| Camphre de menthe | 30 | 1,4503 | » | » | 1,4553 | » | » | » | 1,4703 |
| Chloroforme | 10 | 1,4438 | 1,4457 | 1,4466 | 1,4490 | 1,4526 | 1,4555 | 1,4614 | 1,4661 |
| | 18 | 1,4411 | » | » | 1,4463 | » | » | » | 1,4630 |
| | 30 | 1,4346 | » | » | 1,4397 | » | » | » | 1,4561 |
| | 44 | 1,4253 | » | » | 1,4308 | » | » | » | 1,4471 |
| Chlorure d'éthylène | 21 | 1,4175 | » | » | 1,4221 | » | » | » | 1,4371 |
| | 38 | 1,4082 | » | » | 1,4126 | » | » | » | 1,4276 |

TABLE DES INDICES DE RÉFRACTION DE DIFFÉRENTS LIQUIDES (GLADSTONE ET DALE) — SUITE.

| LIQUIDES. | Température. | INDICES PAR RAPPORT AUX RAIES DE FRAUNHOFER. A | B | C | D | E | F | G | H |
|---|---|---|---|---|---|---|---|---|---|
| Alcool octylique | 9,5 | 1,4230 | 1,4246 | 1,4255 | 1,4279 | 1,4309 | 1,4338 | 1,4386 | 1,4429 |
| | 27 | 1,4157 | » | » | 1,4202 | » | » | » | 1,4351 |
| | 47 | 1,4073 | » | » | 1,4118 | » | » | » | 1,4266 |
| Azotate d'amyle | 10 | 1,4109 | 1,4127 | » | 1,4157 | » | 1,4219 | 1,4274 | 1,4320 |
| Alcool amylique | 25 | 1,3981 | 1,3999 | » | 1,4024 | » | 1,4078 | 1,4122 | 1,4161 |
| | 41 | 1,3924 | » | » | 1,3966 | » | » | » | 1,4093 |
| Hydrure d'octyle | 9 | 1,4022 | 1,4037 | » | 1,4065 | » | 1,4076 | 1,4141 | 1,4197 |
| | 28,5 | 1,3931 | » | » | 1,3972 | » | » | » | 1,4097 |
| | 41 | 1,3870 | » | » | 1,3911 | » | » | » | 1,4032 |
| Hydrure d'heptyle | 9,5 | 1,3956 | 1,3968 | » | 1,3996 | » | 1,4045 | 1,4087 | 1,4135 |
| | 24 | 1,3888 | » | » | 1,3931 | » | » | » | 1,4059 |
| | 36 | 1,3811 | » | » | 1,3854 | » | » | » | 1,3976 |
| Acétate d'amyle | 8,5 | 1,3944 | 1,3958 | » | 1,3998 | » | 1,4035 | 1,4077 | 1,4118 |
| | 21,5 | 1,3886 | » | » | 1,3928 | » | » | » | 1,4058 |
| Butyrate d'éthyle | 23 | 1,3850 | 1,3864 | » | 1,3888 | » | 1,3938 | 1,3981 | 1,4018 |
| | 40 | 1,3768 | » | » | 1,3808 | » | » | » | 1,3933 |
| Amylène | 8 | 1,3850 | 1,3866 | » | 1,3896 | » | 1,3944 | 1,3992 | 1,4033 |
| | 23 | 1,3832 | » | » | 1,3878 | » | » | » | 1,4028 |
| | 35 | 1,3786 | » | » | 1,3834 | » | » | » | 1,3982 |
| Carbonate d'éthyle | 22 | 1,3773 | 1,3785 | » | 1,3810 | » | 1,3856 | 1,3896 | 1,3936 |
| | 40 | 1,3692 | » | » | 1,3734 | » | » | » | 1,3846 |
| Propionate d'éthyle | 22,5 | 1,3696 | 1,3713 | » | 1,3736 | » | 1,3785 | 1,3827 | 1,3860 |
| | 42 | 1,3610 | » | » | 1,3651 | » | » | » | 1,3771 |
| Acide acétique | 24 | 1,3674 | » | » | 1,3718 | » | » | » | 1,3846 |
| | 34,5 | 1,3635 | » | » | 1,3680 | » | » | » | 1,3757 |
| | 45 | 1,3596 | » | » | 1,3634 | » | » | » | 1,3706 |
| Borate d'éthyle | 22,5 | 1,3664 | » | » | 1,3698 | » | 1,3742 | 1,3785 | 1,3815 |
| Acétate d'éthyle | 20 | 1,3645 | 1,3658 | » | 1,3685 | » | 1,3728 | 1,3766 | 1,3798 |
| | 41 | 1,3563 | » | » | 1,3602 | » | » | » | 1,3711 |
| Alcool | 15 | 1,3600 | 1,3612 | 1,3621 | 1,3638 | 1,3661 | 1,3683 | 1,8720 | 1,3751 |
| Acétone | 25,5 | 1,3540 | 1,3554 | » | 1,3582 | » | 1,3629 | 1,3670 | 1,3706 |
| | 40 | 1,3469 | » | » | 1,3512 | » | » | » | 1,3631 |
| Formiate d'éthyle | 22 | 1,3540 | 1,3553 | » | 1,3582 | » | 1,3627 | 1,3666 | 1,3694 |
| | 40 | 1,3456 | » | » | 1,3494 | » | » | » | 1,3608 |
| Éther | 15 | 1,3529 | 1,3545 | 1,3554 | 1,3566 | 1,3590 | 1,3606 | 1,3616 | 1,3683 |
| Eau | 15 | 1,3284 | 1,3300 | 1,3307 | 1,3324 | 1,3847 | 1,3366 | 1,3402 | 1,3431 |
| Alcool méthylique | 20 | 1,3264 | 1,3277 | » | 1,3299 | » | 1,3330 | 1,3669 | 1,3395 |
| — de l'oxalate de méthyle | 20 | 1,3268 | » | » | 1,3297 | » | » | » | 1,3306 |
| | 29,5 | 1,3230 | » | » | 1,3262 | » | » | » | 1,3359 |

MM. Gladstone et Dale avaient tiré de la comparaison de ces nombres les conséquences suivantes : « Si l'on appelle le terme $\frac{n-1}{d}$ l'*énergie réfractive spécifique*, on observe que cette énergie réfractive spécifique n'est pas sensiblement affectée par la température ; elle n'est pas modifiée non plus lorsque le corps entre en dissolution dans un autre liquide, de sorte qu'on peut calculer l'énergie réfractive spécifique d'un mélange par une simple *règle d'alliage*. La même règle permet d'obtenir l'énergie réfractive spécifique des divers corps à l'aide de l'énergie spécifique de leurs *éléments*, modifiée plus ou moins fortement par l'état de combinaison. »

Les recherches de Landolt tendent à prouver que les différences de groupement des éléments n'ont pas toute l'influence que leur attribuait Gladstone : « qu'en un mot les liquides organiques présentant la même composition centésimale ont des énergies réfractives spécifiques extrêmement voisines et qui peuvent se calculer en partant de celle des éléments, sans tenir compte de l'influence du groupement. »

Bien que ces conclusions soient un peu trop générales et qu'il soit certain aujourd'hui, d'après les recherches de Landolt lui-même et d'autres savants, que le groupement atomique a une influence sur l'énergie réfractive spécifique, cette influence est assez faible pour que dans un grand nombre de cas la détermination des indices puisse servir à faire une véritable *analyse optique* des composés organiques.

M. Wüllner, qui a contrôlé les expériences de M. Landolt, est arrivé à la même conclusion que ce savant en substituant à l'indice $n$, dans la formule $\frac{n-1}{d}$, un nombre très-voisin A, qui est donné, dans le cas de la lumière de longueur d'onde $\lambda$, par la formule de Cauchy

$$n = A + \frac{B}{\lambda} + \frac{C}{\lambda^2} :$$

le terme $\frac{A-1}{d}$ est alors presque absolument indépendant de la température et de la réfrangibilité de la lumière employée.

Nous allons résumer les travaux de M. Landolt.

I. — Les énergies réfractives spécifiques des corps isomères sont très-voisines, bien que les indices puissent différer notablement.

EXEMPLES DE L'ÉGALITÉ APPROCHÉE DE L'ÉNERGIE RÉFRACTIVE DES ISOMÈRES.

| | | $d$ | $n$ pour la raie de l'hydrogène $H_\alpha$. | $\frac{n_\alpha - 1}{d}$ |
|---|---|---|---|---|
| $C^3H^6O^2$ | Acide propionique | 0,9963 | 1,3846 | 0,3860 |
| | Acétate de méthyle | 0,9053 | 1,3592 | 0,3967 |
| | Formiate d'éthyle | 0,9078 | 1,3580 | 0,3944 |
| $C^4H^8O^2$ | Acide butyrique | 0,9610 | 1,3955 | 0,4116 |
| | Acétate d'éthyle | 0,9021 | 1,3707 | 0,4110 |

| | | $d$ | $n$ pour la raie de l'hydrogène $H_\alpha$ | $\frac{n_\alpha - 1}{d}$ |
|---|---|---|---|---|
| $C^5H^{10}O^2$ | Acide valérique..... | 0,9313 | 1,4022 | 0,4319 |
| | Butyrate de méthyle. | 0,8976 | 1,3869 | 0,4311 |
| $C^6H^{12}O^2$ | Acide caproïque.... | 0,9252 | 1,4116 | 0,4449 |
| | Valérate de méthyle. | 0,8809 | 1,3927 | 0,4458 |
| | Butyrate d'éthyle... | 0,8906 | 1,3940 | 0,4424 |
| | Formiate d'amyle... | 0,8816 | 1,3959 | 0,4491 |
| $C^7H^{14}O^2$ | Acide œnanthylique. | 0,9175 | 1,4192 | 0,4569 |
| | Valérate d'éthyle... | 0,8674 | 1,3950 | 0,4554 |
| | Acétate d'amyle.... | 0,8574 | 1,4017 | 0,4685 |
| $C^4H^{10}O$ | Alcool butylique.... | 0,8074 | 1,3940 | 0,487 |
| | Oxyde d'éthyle..... | 0,7166 | 1,3511 | 0,490 |

| | | $d$ | $n$ pour la raie de l'hydrogène $H_\alpha$ | $\frac{n_\alpha - 1}{d}$ |
|---|---|---|---|---|
| $C^2H^4O$ | Aldéhyde........ ... | 0,7810 | 1,3298 | 0,4222 |
| $C^4H^8O^2$ | Acide butyrique..... | 0,9610 | 1,3953 | 0,4116 |
| $C^3H^6O$ | Acétone........... | 0,7931 | 1,3572 | 0,4503 |
| $C^6H^{12}O^2$ | Acide caproïque.... | 0,9252 | 1,4116 | 0,4449 |
| $C^5H^{10}O$ | Valéral........... | 0,7995 | 1,3861 | 0,4830 |
| $C^{10}H^{20}O^2$ | Valérate d'amyle... | 0,8581 | 1,4098 | 0,4775 |

II. — Les mélanges ou les combinaisons de même composition centésimale ont à peu près la même énergie réfractive spécifique.

EXEMPLES DE L'ÉGALITÉ APPROCHÉE DE L'ÉNERGIE RÉFRACTIVE DES MÉLANGES ET DES COMBINAISONS.

| | $d$ | Indices par rapport aux lignes de l'hydrogène. $H\alpha$ | $H\beta$ | $H\gamma$ | $\frac{n_\alpha - 1}{d}$ |
|---|---|---|---|---|---|
| $C^2H^4O^2$. Acide acétique..................... | 1,0514 | 1,3699 | 1,3765 | 1,3802 | |
| $C^4H^8O^2$. Acide butyrique,................... | 0,9610 | 1,3955 | 1,4025 | 1,4065 | |
| 1/2 ($C^2H^4O^2 + C^4H^8O^2$) = $C^3H^6O^2$ (mélange).. | 0,9930 | 1,3851 | 1,3918 | 1,3956 | 0,3878 |
| $C^3H^6O^2$. Acide propionique.................. | 0,9963 | 1,3856 | 1,3913 | 1,3951 | 0,3860 |
| $CH^4O$. Alcool méthylique.................... | 0,7964 | 1,3279 | 1,3332 | 1,3362 | |
| $C^5H^{10}O$. Alcool amylique.................. | 0,8135 | 1,4057 | 1,4128 | 1,4169 | |
| 1/4 ($3CH^4O + C^5H^{10}O$) = $C^2H^6O$ (mélange).. | 0,8038 | 1,3640 | 1,3700 | 1,3735 | 0,4528 |
| $C^2H^6O$. Alcool éthylique.................... | 0,8011 | 1,3605 | 1,3667 | 1,3700 | 0,4501 |
| $C^3H^6O^2$. Acide propionique................. | 0,9963 | 1.3846 | 1,3913 | 1,3951 | |
| $H^2O$. Eau................................. | 1,0000 | 1,3311 | 1,3371 | 1,3404 | |
| $C^3H^6O^2 + H^2O = C^3H^8O^3$ (mélange)......... | 1,0220 | 1,3856 | 1,3925 | 1,3964 | 0,3775 |
| $C^2H^6O$. Alcool éthylique.................... | 0,8011 | 1,3605 | 1,3667 | 1,3700 | |
| $CH^2O^2$. Acide formique..................... | 1,2211 | 1,3693 | 1,3764 | 1,3804 | |
| $C^2H^6O + CH^2O^2 = C^3H^8O^3$ (mélange)....... | 0,9602 | 1,3610 | 1,3675 | 1,3710 | 0,3760 |
| $CH^4O$. Alcool méthylique.................... | 0.7964 | 1,3279 | 1,3332 | 1,3362 | |
| $C^2H^4O^2$. Acide acétique.................... | 1,0514 | 1,3699 | 1,3765 | 1,3802 | |
| $CH^4O + C^2H^4O^2 = C^3H^8O^3$ (mélange)...... | 0,9606 | 1,3594 | 1,3656 | 1,3692 | 0,3741 |
| $C^3H^8O^3$. Glycérine....................... | 1,2615 | 1,4706 | 1,4785 | 1,4828 | 0,3731 |
| $C^7H^6O$. Aldéhyde benzoïque................ | 1,0474 | 1,5391 | 1,5624 | 1,5775 | |
| $CH^2O^2$. Acide formique..................... | 1,2211 | 1,3693 | 1,3764 | 1,3804 | |
| $C^7H^6O + CH^2O^2 = C^8H^8O^3$ (mélange)....... | 1,0876 | 1,4900 | 1,5089 | 1,5210 | 0,4505 |
| $C^8H^8O^3$. Salicylate de méthyle............... | 1,1824 | 1,5302 | 1,5521 | 1,5672 | 0,4484 |

III. — Lorsqu'on connaît l'énergie réfractive spécifique de deux liquides, et celle d'un mélange de ces liquides en proportions inconnues, on peut calculer ces proportions. C'est l'application à l'analyse de la loi énoncée par Gladstone et Dale, à savoir « que les énergies réfractives spécifiques se calculent d'après une simple règle d'alliage. » D'après cela, si l'on mélange $x$ parties en poids d'un liquide ayant un indice $n'$ et une densité $d'$, avec $100 - x$ parties d'un liquide ayant un indice $n''$ et une densité $d''$, l'on observe la relation suivante entre la densité $d$ et l'indice $n$ du mélange:

$$x \frac{n'-1}{d} + (100 - x) \frac{n''-1}{d''} = 100 \frac{n-1}{d},$$

d'où

$$x = \frac{100\left(\frac{n-1}{d} - \frac{n''-1}{d''}\right)}{\frac{n'-1}{d'} - \frac{n''-1}{d''}}.$$

EXEMPLE D'ANALYSE OPTIQUE D'UN MÉLANGE D'ALCOOL AMYLIQUE ET D'ALCOOL ÉTHYLIQUE.

| | $n_\alpha$ | $d$ à 20° | $\frac{n_\alpha - 1}{d}$ |
|---|---|---|---|
| Alcool amylique........ | 1,4057 | 0,8135 | 0,4987 |
| Alcool éthylique........ | 1,3606 | 0,8011 | 0,4501 |
| 1er mélange contenant $x$ d'alcool amylique..... | 1,3822 | 0,8065 | 0,4738 |
| 2e mélange contenant $x'$ d'alcool amylique..... | 1,3961 | 0.8104 | 0,4887 |

$$x = \frac{47,38 - 45,01}{0,4987 - 0,4501} = 48,8. \quad \text{Composition vraie, } 48,9$$

$$x' = \frac{48,87 - 45,01}{0,4987 - 0,4501} = 79,4. \quad \text{»} \quad 79,3$$

Voir une application de cette méthode à l'article DISTILLATION, t. I, p. 1184.

IV. — On peut de même calculer l'énergie réfractive spécifique d'un liquide organique en connaissant celle de ses éléments, que ces éléments soient d'ailleurs groupés d'une façon ou d'une autre :

1° *Hydrocarbures.* — Soit 0,42205 l'énergie réfractive spécifique du carbone par rapport à la ligne α du spectre de l'hydrogène, et soit 1,30160 celle de l'hydrogène pour les mêmes rayons (1); l'on a observé chez un hydrocarbure (l'amylène), une densité de 0,6733 et un indice égal à 1,37061, ce qui donne 0,55044 pour son énergie réfractive spécifique. On aura la proportion d'hydrogène par l'équation

$$x = \frac{55,044 - 42,205}{1,30160 - 0,42205} = 14,58.$$

Composition vraie, 14,3.

2° *Composés de carbone, d'hydrogène et d'oxygène.* — Pour déterminer la composition centé-

(1) Ces énergies réfractives ont été calculées indirectement. On a déterminé l'accroissement ou la diminution qu'amènent dans l'énergie réfractive spécifique des composés les variations dans la proportion de carbone, d'hydrogène et d'oxygène. On a vu que cet accroissement ou cette diminution pouvaient être calculés avec assez de précision en admettant que, dans les composés, l'énergie réfractive spécifique de chaque élément se conserve, comme se conserve celle des composants dans les mélanges. Partant de là, on a déterminé ces énergies réfractives théoriques; leur valeur se rapproche d'ailleurs beaucoup des nombres expérimentaux qu'on obtient avec le diamant et l'hydrogène gazeux

simale d'un corps $C^m H^n O^p$, qui contient $x$ °/₀ de carbone, $y$ °/₀ d'hydrogène et $z$ °/₀ d'oxygène, il faut connaître trois de ses indices de réfraction à une température donnée et sa densité à la même température; ces indices sont pris généralement par rapport aux trois raies $\alpha$, $\beta$ et $\gamma$ de l'hydrogène.

A l'aide de ces données expérimentales, de la table des énergies réfractives spécifiques des éléments pour les trois raies de l'hydrogène et des équations suivantes, on peut faire l'*analyse optique* du composé.

ÉNERGIES RÉFRACTIVES SPÉCIFIQUES DES ÉLÉMENTS.

| | $\alpha$ | $\beta$ | $\gamma$ |
|---|---|---|---|
| Carbone...... | 0,42205 | 0,43093 | 0,43731 |
| Hydrogène.... | 1,30160 | 1,31610 | 1,31930 |
| Oxygène...... | 0,17280 | 0,17596 | 0,17703 |

$$\begin{cases} 0,42205\ x + 1,30160\ y + 0,17280\ z = 100\ \dfrac{n_\alpha - 1}{d} \\ 0,43093\ x + 1,31610\ y + 0,17596\ z = 100\ \dfrac{n_\beta - 1}{d} \\ 0,43783\ x + 1,31930\ y + 0,17703\ z = 100\ \dfrac{n_\gamma - 1}{d} \end{cases}$$

Ce système de trois équations détermine les trois inconnues (1).

Exemples : Soient $n_\alpha$, $n_\beta$ et $n_\gamma$ les indices de réfraction d'une substance organique par rapport aux trois raies de l'hydrogène, soit $d$ sa densité et $x$, $y$, $z$ les proportions centésimales de carbone, d'hydrogène et d'oxygène qu'elle renferme, on a :

*Alcool éthylique.* — $d = 0,8011$ $n_\alpha = ,36054$, $n_\beta = 1,36665$ et $n_\gamma = 1,36997$.

On trouve, en calculant comme il vient d'être dit :

| | | Théorie. |
|---|---|---|
| Carbone....... | 51,9 | 52,2 |
| Hydrogène .... | 12,9 | 13,0 |
| Oxygène ...... | 36,2 | 34,8 |

*Alcool amylique.* — $d = 0,8135$, $n_\alpha = 1,40573$, $n_\beta = 1,41278$ et $n_\gamma = 1,41689$.

D'où l'on tire :

| | | Théorie. |
|---|---|---|
| Carbone....... | 68,0 | 68,2 |
| Hydrogène .... | 13,3 | 13,6 |
| Oxygène ...... | 21,9 | 18,2 |

L'oxygène est généralement fautif dans ces sortes d'analyses, on fait donc mieux de le déterminer par différence; du reste, l'énergie réfractive de cet élément est encore mal connue.

M. Haagen a publié récemment des recherches qui étendent les résultats de MM. Gladstone, Landolt et Wüllner, à plusieurs autres liquides. Nous donnons ici les nombres obtenus par ce savant pour la température de 20°.

INDICES DE RÉFRACTIONS DE QUELQUES LIQUIDES.

| Formule. | Densité à 20°. | Indices pour les lignes de l'hydrogène. H α | H β | H γ |
|---|---|---|---|---|
| $CCl^4$............... | 1,5947 | 1,45789 | 1,46753 | 1,47290 |
| $CHCl^3$.............. | 1,4930 | 1,44408 | 1,45294 | 1,45821 |
| $C^2H^4Cl^2$.......... | 1,2562 | 1,44201 | 1,15038 | 1,45511 |
| $C^2H^5Br$............ | 1,4600 | 1,42132 | 1,43074 | 1,43629 |
| $C^5H^{11}Br$......... | 1,2045 | 1,43856 | 1,44683 | 1,45294 |
| $C^2H^4Br^2$.......... | 2,1827 | 1,53389 | 1,54811 | 1,55658 |
| $CH^3I$............... | 2,2636 | 1,52484 | 1,54243 | 1,55387 |
| $C^2H^5I$............. | 1,9350 | 1,50812 | 1,5244 | 1,53437 |
| | 1,9330 | 1,50863 | 1,52500 | 1,53518 |
| $C^5H^{11}I$.......... | 1,4734 | 1,48714 | 1,49923 | 1,50708 |
| $CS^2$................ | 1,2661 | 1,61736 | ,65234 | 1,67482 |
| $S^2Cl^2$............. | 1,4828 | 1,64368 | » | » |
| $PCl^3$............... | 1,5774 | 1,50831 | 1,52312 | 1,52449 |
| $AsCl^3$.............. | 2,1663 | 1,5920 | 1,6128 | 1,6248 |
| $SbCl^5$.............. | 1,3461 | 1,5845 | » | » |
| $SnCl^4$.............. | 2,2328 | 1,5070 | 1,5225 | 1,5318 |
| $SiCl^4$.............. | 1,4878 | 1,4119 | 1,4200 | 1,4244 |
| NaCl (sel gemme). | 2,1548 | 1,54046 | 1,55319 | 1,56056 |

L'auteur a tiré de ces nombres les *énergies réfractives spécifiques des éléments* qui sont consignées dans le tableau suivant : nous les donnons avec les équivalents de réfraction déterminés d'une façon analogue par M. Schrauf et ceux que MM. Gladstone et Dale ont publiés dans ces derniers temps. Ce qu'on appelle *équivalent de réfraction* est le produit de l'énergie réfractive spécifique par le poids atomique P de l'élément ou par le poids moléculaire du composé considéré.

Il suit de cette définition que l'équivalent de réfraction d'une molécule est donné par la somme des équivalents de réfraction des atomes qui la composent; c'est une simplification dans l'expression des lois qui nous occupent qui ne corrige en rien ce qu'elles ont d'approximatif [Haagen, *Poggend. Ann.*, t. CXXXI, p. 117; — Schrauf, *ibid.*, t. CXXVI, p. 344; — Gladstone et Dale, *Phil. Mag.*, (4), t. XXXIX, p. 232; 1870].

ÉNERGIE RÉFRACTIVE DES ÉLÉMENTS.

| P. | Énergie réfractive $\dfrac{n_\alpha - 1}{d}$ Haagen. | Gladstone. | Équivalent de réfraction $P\dfrac{n_\alpha - 1}{d}$ Haagen. | Schrauf. | Gladstone (2). |
|---|---|---|---|---|---|
| H.... | 1,30 | 1,3 (3,5) | 1,30 | 1,57 | 1,3 (dans les hydracides 3,5). |
| Cl.... | 0,2758 | 0,279 (0,301) | 9,79 | 8,58 | 9,9 (dans les sels dissous 10,7). |
| Br ... | 0,1918 | 0,191 (0,211) | 15,34 | 13,85 | 15,3 (dans les sels dissous 16,9). |
| I..... | 0,1953 | 0,193 (0,214) | 24,87 | 23,10 | 24,5 (dans les sels dissous 27,2). |
| Fl.... | » | 0,073 | » | » | 1,4 (?) |
| O.... | 0,1875 | 0,181 | 3,00 | 3,03 | 2,9 |
| S.... | 0,5009 | 0,500 | 16,03 | 16,32 | 16 (autres valeurs ?) |
| Az... | » | » | » | » | 4,1 (dans les oxydes élevés 5,3). |
| Ph ... | 0,4816 | 0,500 | 14,93 | 18,81 | 18,3 (autres valeurs ?) |
| As ... | 0,2606 | 0,205 | 20,22 | 14,45 | 15,4 (autres valeurs ?) |
| Sb ... | 0,2103 | 0,201 | 25,66 | » | 24,5 (?) |

(1) Rappelons à ce sujet que la solution d'un système d'équations

$$\begin{aligned} ax + by + cz &= A \\ a'x + b'y + c'z &= B \\ a''x + b''y + c''z &= C \end{aligned}$$

est celle-ci :

$$x = \frac{N}{D},\quad y = \frac{N'}{D},\quad z = \frac{N''}{D}$$

si l'on convient de faire :

$$D = \begin{cases} a\,b'c'' - a\,c'b'' \\ + a'b''c - a'c''b \\ + a''b\,c' - a''c\,b' \end{cases} \qquad N' = \begin{cases} A c'a'' - A a'c'' \\ + B c''a - B a''c \\ + C c\,a' - C a\,c' \end{cases}$$

$$N = \begin{cases} A b'c'' - A c'b'' \\ + B b''c - B c''b \\ + C b\,c' - C c\,b' \end{cases} \qquad N'' = \begin{cases} A a'b'' - A b'a'' \\ + B a''b - B b''a \\ + C a\,b' - C b\,a' \end{cases}$$

(2) Le signe (?) se rapporte aux nombres déduits d'expériences uniques ou peu concordantes.

ÉNERGIE RÉFRACTIVE DES ÉLÉMENTS (SUITE).

| | Énergie réfractive $\frac{n_\alpha - 1}{d}$ | | Équivalent de réfraction $P\frac{n_\alpha - 1}{d}$ | | |
|---|---|---|---|---|---|
| P. | Haagen. | Gladstone. | Haagen. | Schrauff. | Gladstone. |
| Bo... | » | 0,364 | » | » | 4,0 |
| C..... | 0,4167 | 0,417 | 5,00 | 4,85 | 5,0 |
| Si.... | 0,2821 | 0,268 (0,243) | 7,90 | 6,27 | 7,5 (?) (dans les silicates 6,8) |
| Sn.... | 0,1686 | 0,163 | 19,89 | 23,47 | 19,2 (?) |
| Na... | 0,2126 | 0,209 | 4,89 | 40,54 | 4,8 |
| K.... | » | 0,207 | » | » | 8,1 |
| Li.... | » | 0,543 | » | » | 3,8 |
| Ca.... | » | 0,103 | » | » | 13,7 (?) |
| Sb... | » | 0,164 | » | » | 14 |
| Ag... | » | 0,145 | » | » | 15,7 (?) |
| Tl.... | » | 0,106 | » | » | 21,6 (?) |
| Au.. | » | 0,122 | » | » | 24 |
| V.... | » | 0.494 | » | » | 25,3 (?) |
| Ba... | » | 0,115 | » | » | 15,8 |
| Sr.... | » | 0,155 | » | » | 13,6 |
| Cs.... | » | 0,260 | » | » | 10,4 |
| Mg... | » | 0,292 | » | » | 7,0 |
| Zn.... | » | 0,156 | » | » | 10,2 |
| Cd.... | » | 0,121 | » | » | 13,6 |
| Cu.. | » | 0,183 | » | » | 11,6 |
| Hg.. | » | 0,101 | » | » | 20,2 (?) |
| Mn... | » | 0,222 (0,476) | » | » | 12,2 (dans le permanganate 26,2) (?) |
| Ni.... | » | 0,177 | » | » | 10,4 |
| Co.... | » | 0,184 | » | » | 10,8 |
| Fe.... | » | 0,214 (0,359) | » | » | 12 (dans les sels ferriques 20,1) |
| Cr.... | » | 0,305 (0,441) | » | » | 15,9 (dans les chromates 23) (?) |
| Al... | » | 0,307 | » | » | 8,4 |
| Pb.... | » | 0,120 | » | » | 24,8 |
| Ti.... | » | 0,510 | » | » | 25,5 |
| Pt.... | » | 0,132 | » | » | 26 |
| Pd.... | » | 0,210 | » | » | 22,4 (?) |
| Zr.. | » | 0,234 | » | » | 21 (?) |

L'on remarque, d'après les nombres de MM. Gladstone et Dale, que le rôle chimique d'un élément et l'atomicité qu'il manifeste exercent une influence notable sur son pouvoir réfringent. M. Gladstone a fait voir depuis que certains radicaux de la chimie organique possèdent aussi un pouvoir réfringent, lequel n'est pas en rapport seulement avec la composition, mais encore avec la structure de leur molécule. Par exemple, tous les corps renfermant le noyau $(C^6)^{vi}$ commun aux divers composés aromatiques possèdent un équivalent de réfraction notablement supérieur à celui qu'on calculerait avec les équivalents de réfraction de leurs éléments. La différence est ordinairement de 6 à 7 ou même davantage. L'auteur s'appuie sur les déterminations de Landolt et les siennes auxquelles il a ajouté tout récemment les suivantes :

INDICES DE RÉFRACTION DES CORPS AROMATIQUES.

| | Densité. | Température. | Indice par rapport aux raies de Fraunhofer. | | |
|---|---|---|---|---|---|
| | | | A | D | H |
| Benzine....... | 0,887 | 11° | 1,4953 | 1,5052 | 1,5393 |
| » | 0,878 | 10 | 1,4925 | 1,5021 | 1,5358 |
| » | 0,886 | 7 | 1,4981 | 1,5077 | 1,5411 |
| Cymène........ | 0,872 | 11 | 1,4801 | 1,4877 | 1,5130 |
| Nitrobenzine...... | 1,193 | 7 | 1,5438 | 1,5563 | » |
| » | 1,191 | 8 | 1,5426 | 1,5564 | » |
| Sulfure de phényle. | 1,126 | 8 | 1,6244 | 1,6398 | 1,6942 |
| Chlorure de benzoyle.......... | 1,228 | 10 | 1,5438 | 1,5568 | 1,6012 |
| Hydrure de cinnamyle........... | 1,059 | 11 | 1,6045 | 1,6253 | » |
| Anéthol.......... | 0,9877 | » | 1,5430 | » | 1,6129 |
| Ac. benzoïque dans 11,14 équivalents d'alcool........ | 0,859 | 7 | 1,3913 | 1,3962 | 1,4116 |
| Naphtaline dans 7,95 équiv. d'éther. | 0,789 | 6 | 1,3950 | 1,4005 | 1,4189 |

etc. [*Journ. of the Chem. Soc.*, nouv. sér., t. VIII, p. 147].

DOUBLE RÉFRACTION. — Les cristaux n'appartenant pas au type cubique, le verre comprimé ou trempé, les corps organisés à structure stratifiée comme les grains d'amidon, le cristallin de l'œil, les cellules épidermiques, etc., dédoublent un rayon de lumière qui les traverse en deux rayons distincts, ils sont *biréfringents*. Dans les cristaux quadratiques ou rhomboédriques, un des deux rayons (le rayon *ordinaire*) suit encore la loi de Descartes, tandis que l'autre (le rayon *extraordinaire*) suit une loi particulière, découverte par Huyghens, et ne reste généralement pas dans le plan d'incidence ; dans les cristaux orthorhombiques, clinorhombiques et anorthiques, les deux rayons sont extraordinaires.

Rien de plus facile que de donner des exemples de réfraction double : qu'on regarde une bougie à distance, à travers un prisme de quartz ayant ses arêtes prismatiques parallèles à l'axe du cristal, et l'on apercevra distinctement deux images de la bougie; si l'on place un morceau de spath d'Islande sur une page d'écriture, chaque lettre paraîtra double. Chez les autres cristaux, la double réfraction est moins aisée à constater, et il faut avoir recours aux phénomènes de *polarisation*.

Les cristaux quadratiques et rhomboédriques sont dits *biréfringents à un axe*, et suivant que le rayon extraordinaire est plus ou moins fortement dévié que l'autre, on dit qu'ils sont *positifs* ou *négatifs*. On détermine facilement si un cristal est négatif ou positif en en faisant deux prismes semblables, mais taillés de façon que l'axe cristallographique (qui est aussi l'axe optique) soit dans l'un perpendiculaire à une des faces prismatiques (A par exemple), et dans l'autre parallèle à l'axe du prisme. On met les deux prismes bout à bout de façon que les arêtes prismatiques se prolongent, puis on regarde un trait lumineux parallèle à l'axe des prismes à travers la face A. On n'en aperçoit qu'une seule image, tandis que dans le prisme voisin on en voit deux, dont l'une est dans le prolongement de celle fournie par le premier prisme, c'est l'image ordinaire. D'après la position de l'autre image, qui est produite par le rayon extraordinaire, on jugera si celui-ci est plus ou moins réfracté que le rayon ordinaire et par conséquent si le cristal est positif ou négatif. L'on trouvera plus bas, avec l'étude du microscope polarisant, un autre moyen plus pratique pour arriver à la même détermination.

Les cristaux des trois derniers types ne fournissent pas de rayon *ordinaire*.

### POLARISATION.

Lorsqu'un rayon de lumière ordinaire s'est dédoublé au sein d'un cristal biréfringent, les deux rayons émergents ne se distinguent pas seulement entre eux par leur direction, chacun d'eux se distingue encore du rayon primitif par certaines propriétés curieuses; celle, entre autres, de refuser de se réfléchir sur une glace noire dans une certaine direction. On dit d'un rayon de lumière qui a subi cette altération ou d'autres modifications du même genre qu'il est *polarisé*. Il est fort rare que la lumière ordinaire ne soit pas plus ou moins mélangée de lumière polarisée; cela s'explique facilement, car ce n'est pas seulement la réfraction double, mais encore la réfraction simple, la réflexion et une foule d'autres phénomènes qui impriment à un rayon de lumière le caractère de la polarisation.

POLARISATION RECTILIGNE. — Suivant Newton, l'explication des phénomènes de la polarisation constituait pour la théorie des ondes une difficulté presque insurmontable. Depuis Fresnel, les choses ont changé à ce point qu'on les connaît seulement sous les noms qu'ils portent dans cette théorie; avant donc d'employer les mots de polarisation rectiligne, circulaire, elliptique, rotatoire, nous devons dire quelques mots du système des ondulations.

Selon cette théorie, la lumière est produite par la vibration des molécules d'un fluide extrêmement subtil et élastique, l'*éther*, qui emplit les espaces célestes et jusqu'aux espaces inter-atomiques des corps sensibles. Dans ces corps l'élasticité de l'éther peut varier suivant la direction considérée à cause de la disposition des atomes matériels, dont l'influence sur les atomes éthérés, quoique mal connue jusqu'ici, est effective et peut être mise en évidence par l'expérience. La vibration lumineuse se transmet de proche en proche aux atomes éthérés avec une vitesse de 300,000 kilomètres environ à la seconde, elle ne s'effectue pas dans le sens de la propagation, mais *perpendiculairement* à cette direction; de sorte que, si nous voulons nous faire une idée très-approchée d'une semblable transmission, nous n'avons qu'à disposer en ligne droite sur la surface d'une eau tranquille une traînée de lycopode et à exciter une agitation à un bout de la ligne : chaque particule de lycopode sera alternativement soulevée et abaissée sur place, chacune passera par la phase d'élévation *maxima* avant la particule suivante : le lieu où se trouve cette élévation *maxima*, c'est-à-dire la crête de cette petite vague, se déplacera donc continuellement et l'*onde* parcourra la ligne d'un bout à l'autre sans qu'il se soit transmis à partir de la source d'action autre chose qu'un *mouvement*, et la transmission s'étant en définitive effectuée *perpendiculairement* à la direction du mouvement de chaque particule.

La courbe A C nous montre à peu près la disposition des particules de lycopode à la surface de l'eau à un certain instant; elle représente exactement celle des molécules éthérées le long d'un rayon de lumière, ou encore les diverses positions d'une seule molécule si l'on convient de prendre les temps pour abscisses. C'est ce qu'on appelle une sinusoïde.

Mais un tel rayon présente-t-il les propriétés de la lumière naturelle? non; c'est un rayon de

Fig. 362. — Propagation d'un mouvement ondulatoire transversal.

lumière polarisé *rectilignement*, et nous le nommerons ainsi parce que chaque molécule parcourt un chemin *rectiligne* AB. Un rayon de lumière naturelle est quelque chose de plus complexe; on peut le concevoir comme résultant de la succession très-rapide des rayons polarisés rectilignement, mais dans lesquels le plan de vibration ABC est, à tour de rôle, dans toutes les directions imaginables. De fait, en produisant un rayon polarisé rectilignement et en faisant varier très-rapidement la direction du plan de vibration, on obtient un rayon qui joue absolument le rôle d'un rayon naturel.

Rien n'est plus simple que de polariser un faisceau de lumière rectilignement. Il suffit de le faire se réfléchir sur une lame de verre sous l'incidence de 35°25′ comptée à partir de la surface (Malus). Sous cet angle, dit *angle de polarisation*, le rayon réfléchi R est perpendiculaire au rayon réfracté F (Brewster) et chacun d'eux

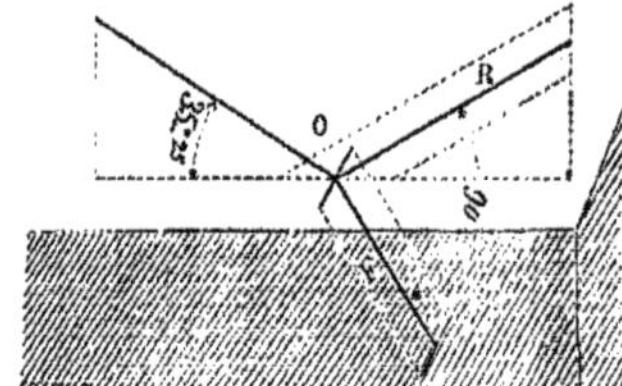


Fig. 363. — Loi de Brewster.

est polarisé ou du moins en très-grande partie. Les vibrations dans chacun d'eux s'effectuent dans des plans rectangulaires. On dit du rayon réfléchi qu'il est *polarisé dans le plan d'incidence* IOR, et les vibrations sont *perpendiculaires à ce plan* (1).

On peut encore isoler un des deux faisceaux O et E dans lesquels se résout un faisceau de lumière ordinaire en traversant un spath selon une section principale ACB (2); ils sont tous deux polarisés dans des directions rectangulaires (Huyghens). Celui qui suit la loi de Descartes, O, est polarisé dans le plan de la section principale. Les vibrations y sont perpendiculaires à ce plan. Les

(1) Ainsi, dans notre comparaison de tout à l'heure, le plan de polarisation serait représenté par la surface horizontale de la nappe d'eau, le plan de vibration par le plan vertical A B C.

(2) Nous rappelons que la *section principale* d'un cristal dont on considère une face particulière est un plan perpendiculaire à cette face et parallèle à l'axe cristallographique.

prismes de Nicol et de Foucault sont des parallélipipèdes de spath qui ne laissent passer qu'un seul rayon, l'autre étant rejeté de côté par une réflexion intérieure, c'est le rayon extraordinaire qu'ils transmettent. Le faisceau lumineux est

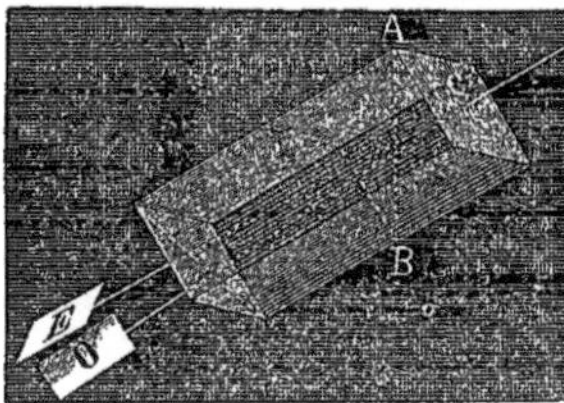


Fig. 364. — Polarisation par double réfraction.

donc à la sortie d'un semblable instrument polarisé dans le plan perpendiculaire à la section principale, c'est-à-dire dans le plan qui contient les grandes diagonales des deux rhombes terminaux.

Enfin le moyen le plus employé par les minéralogistes pour produire la lumière polarisée rectilignement consiste à faire traverser à un rayon de lumière naturelle une plaque de tourmaline colorée, taillée parallèlement à l'axe. Le cristal dédouble le rayon lumineux en deux rayons polarisés, mais celui qui est polarisé dans le plan de la section principale est absorbé bien plus facilement que l'autre, et si la plaque est assez épaisse il disparaît complètement, tandis que l'intensité du rayon extraordinaire, quoique amoindrie, suffit encore pour les usages optiques (Biot).

Après avoir défini les rayons polarisés rectilignement et donné les moyens de les produire, nous devons étudier brièvement quelques-unes de leurs propriétés.

Prenons un appareil polariseur quelconque qui, traversé par un faisceau naturel, donnerait naissance à un faisceau polarisé dans le plan AB, faisons-le traverser dans des conditions identiques par un faisceau lui-même polarisé dans le plan CD; nous observerons que le faisceau ne sera transmis que si CD *n'est pas perpendiculaire* à AB, qu'il se polarisera à la sortie de l'appareil dans le plan AB, et que l'intensité de la lumière transmise sera d'autant plus grande que AB sera plus près d'être parallèle à CD. Ainsi deux tourmalines, deux nicols croisés ne laisseront passer *aucune lumière*, et si l'on présente à un faisceau polarisé dans le plan CD un spath dont la section principale soit parallèle ou perpendiculaire à cette direction, celui-ci ne pourra dédoubler le faisceau, car l'un des deux rayons devrait être polarisé dans le plan AB perpendiculaire à CD, condition qui exclut toute transmission.

Disposons maintenant avant le second polariseur, qui nous sert ici d'*analyseur*, une lame mince biréfringente taillée parallèlement à l'axe du cristal; nous verrons le faisceau émergent se teinter de couleurs souvent très-vives qui varieront avec la position de la lame mince par rapport au plan de polarisation primitif, et avec celle de l'analyseur. C'est le phénomène de la polarisation circulaire et elliptique.

Remplaçons la lame mince par une lame plus épaisse de quartz, taillé perpendiculairement à l'axe, ou une couche de certains liquides organiques, et nous observerons encore la production de couleurs qu'il sera facile de distinguer des premières comme on va le voir; c'est le phénomène de la polarisation rotatoire.

A l'exception des deux cas que nous examinons tout à l'heure, quand un rayon polarisé rectilignement tombe normalement sur un spath, il se dédouble comme un rayon naturel en deux rayons polarisés dans des plans rectangulaires, dont l'un coïncide avec la section principale. Mais ces deux rayons varient d'intensité, selon l'angle $\alpha$ que fait le plan de polarisation du faisceau avec la section principale du spath. L'intensité du rayon ordinaire varie comme le carré de $\cos \alpha$, et celle du rayon extraordinaire, comme le carré de $\sin \alpha$ (Malus).

Cette loi reçoit une interprétation très-simple dans le système des ondes. Le rayon polarisé apporte à l'éther au point d'incidence un mouvement normal à la direction de la propagation et au plan de polarisation; ce mouvement, dirigé suivant AB, se trouve, sous l'influence des molécules cristallines, résolu en deux autres rectangulaires et dont l'un, AC, est perpendiculaire à la section principale. C'est cette propriété que possèdent les cristaux biréfringents de décomposer les mouvements éthérés selon deux plans qui les fait polariser la lumière naturelle. Ceci posé, les composantes rectangulaires du mouvement éthéré primitif deviennent, selon les lois de la mécanique, $\sin \alpha$ et $\cos \alpha$, et l'intensité de chacun des nouveaux mouvements est proportionnelle à $\sin^2 \alpha$ et $\cos^2 \alpha$, comme l'a découvert Malus. Le rayon polarisé incident se trouve donc séparé en deux rayons polarisés à angle droit qui se propageront dans l'intérieur du cristal indépendamment, avec des vitesses différentes et par conséquent, en général, dans des directions différentes, mais qui, après un très-court trajet, seront encore assez voisins pour interférer. Le résultat de leur interférence sera un rayon polarisé *circulairement*, *rectilignement* ou, en général, *elliptiquement*.

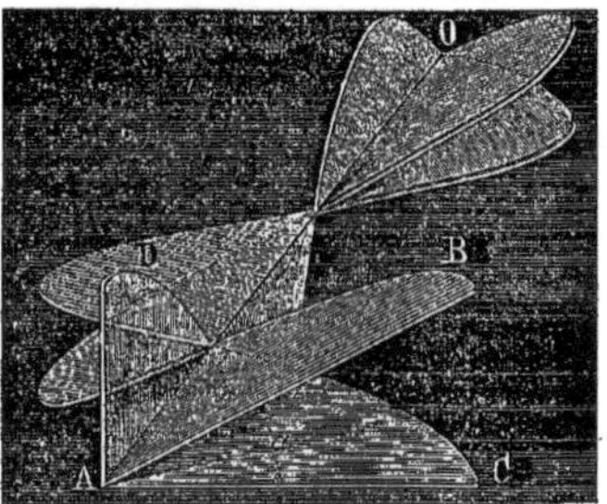


Fig. 365. — Composition de deux mouvements vibratoires rectilignes en produisant un troisième rectiligne.

Entrons dans quelques détails à ce sujet. Supposons qu'à leur sortie d'une lame de spath parallèle à l'axe et extrêmement mince, les deux rayons réfractés, qui sont encore extrêmement voisins, aient la *même phase* qu'au point d'incidence; cette dernière condition fait que les molécules éthérées qui sont au bout de leur course D et C sont dans un même plan, ADC, perpendiculaire aux rayons. Il en est de même de toutes les molécules qui, dans les deux rayons, sont arrivées à une période correspondante de leur vibration.

La même construction qui nous a permis de résoudre le mouvement vibratoire AB en ses deux composantes AC, AD, nous servira pour le reconstituer avec ses éléments, et construisant le parallélogramme des mouvements pour chaque molécule à un instant donné, c'est-à-dire pour chaque point des courbes DO, CO, nous obtiendrons une courbe plane BO qui représentera la position, pour un même instant, des molécules éthérées dont les oscillations équivaudraient mécaniquement à celle des deux systèmes vibrants primitifs. De fait, nous n'avons pas de moyens pour distinguer le rayon résultant BO du système fourni par les rayons DO, CO Mais, comme il est beaucoup plus simple d'adopter l'hypothèse de la recomposition des rayons, puisqu'on n'en a plus désormais qu'un seul à considérer, que, de plus, cette hypothèse est tout à fait plausible en elle-même, nous dirons que le rayon émergeant du spath sera un rayon polarisé rectilignement dans un plan unique.

Il est facile de voir que, si les deux rayons primitifs n'ont plus la même phase, la courbe BO ne sera plus plane; elle se trouvera sur un cylindre à base elliptique ou dans certains cas circulaire. La trajectoire des molécules sera *elliptique* ou *circulaire;* de là, deux nouveaux cas de polarisation.

POLARISATION CIRCULAIRE. — Elle se produit quand les vibrations rectangulaires ont une même amplitude, mais des phases différant de 1, 3, 5... quarts de vibration. La vibration résultante s'accomplit alors selon des circonférences, et les molécules éthérées sont à chaque instant disposées sur une hélice. Au lieu de prouver que la composition des mouvements des molécules situées à un instant donné sur les lignes sinusoïdes rectangulaires A et D engendre une hélice B, nous ferons voir qu'une semblable hélice a pour projections rectangulaires deux courbes sinusoïdes égales, mais en avance l'une sur l'autre d'un quart $\left(\text{ou de } \frac{3}{4}, \frac{5}{4} \ldots\right)$ de longueur d'onde.

Lorsqu'on fait tourner une pierre à l'aide d'une fronde devant un tableau éclairé perpendiculairement par le soleil, en ayant soin que le plan de rotation passe par le soleil, on voit l'image de la pierre se déplacer sur une droite et osciller de part et d'autre de l'image du centre de la rotation. Le mouvement varié de cette image est précisément celui d'un corps qui vibrerait effectivement sur la droite considérée de part et d'autre de sa position d'équilibre, comme nous supposons que le font les molécules éthérées.

Si la main avance uniformément dans le sens de l'axe de rotation, l'ombre de la pierre décrira une courbe dont les abscisses représenteront les temps et les ordonnées les distances du point vibrant au point d'équilibre, c'est-à-dire une courbe sinusoïde telle que D; d'autre part, la pierre elle-même décrira une hélice. L'ombre d'une hélice parallèle à un tableau éclairé normalement par le soleil sera donc toujours une sinusoïde, et les ombres d'une hélice sur deux tableaux rectangulaires, éclairés chacun normalement par un faisceau de rayons parallèles, seront deux sinusoïdes pareilles, mais disposées de façon que tel point, B par exemple, qui se projette sur un des tableaux en D à une distance maxima de la projection du centre de rotation, se projette sur l'autre en A à une distance nulle de la projection de ce point. Or l'on sait que le passage d'un point vibrant de sa position d'équilibre à sa position d'écart maximum constitue un quart d'ondulation; il s'ensuit que la phase, dans les deux sinusoïdes, diffère d'un quart $\left(\text{ou } \frac{3}{4}, \frac{5}{4} \ldots\right)$ d'ondulation. L'hélice B représente donc, à un instant donné, la disposition des molécules éthérées sollicitées à se mouvoir par deux ondulations rectangulaires, qui, isolément, leur aurait fait prendre la disposition représentée par les sinusoïdes D et A, pareilles et ne différant l'une de l'autre que par un retard de $\frac{1}{4}$ de longueur d'onde. Quant au *mouvement* de chaque molécule éthérée, il sera figuré par la même hélice dans laquelle les distances selon l'axe représenteront maintenant les temps; ce sera un mouvement circulaire uniforme, et la polarisation sera dite circulaire.

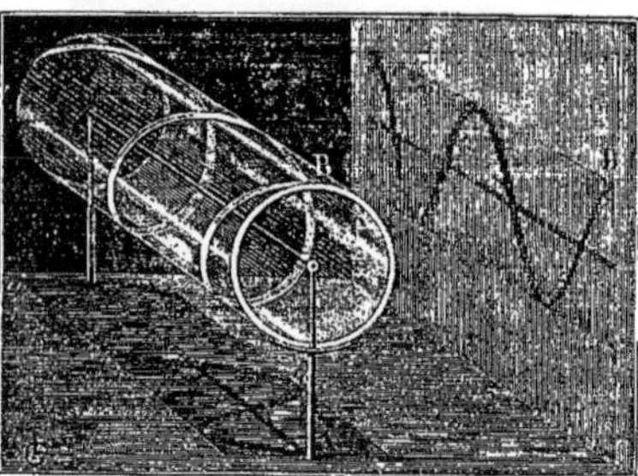


Fig. 366. — Composition de deux mouvements vibratoires rectilignes en produisant un troisième circulaire.

D'après ce qui précède, un faisceau de lumière polarisé circulairement se produira chaque fois qu'un faisceau polarisé rectilignement suivant le plan AB, traversera une lame mince biréfringente taillée parallèlement à l'axe qui doit faire avec le plan AB un angle de 45°, et tout juste assez épaisse pour que la différence des vitesses de propagation dans le cristal des rayons ordinaire et extraordinaire ait produit à la sortie entre leurs phases une différence d'un quart d'ondulation. Une telle lame s'appelle une lame d'un *quart d'onde.* Les caractères de ce faisceau seront ceux-ci : il *redeviendra polarisé dans un plan* A'B' en traversant une seconde lame d'un quart d'onde dont l'axe sera à 45° de A'B'; sans cette propriété, il pourrait être confondu avec la lumière naturelle, car il se bifurque comme elle dans un spath en deux faisceaux d'égale intensité polarisés à angle droit, se réfléchit comme elle et se réfracte comme elle. Il faut remarquer que, si on a affaire à un faisceau de lumière blanche polarisée circulairement, la lame d'un quart d'onde qu'on lui fera traverser ne produira évidemment la polarisation rectiligne que pour une lumière $x$ d'une certaine longueur d'onde : pour une autre lumière, elle sera impuissante à produire autre chose que la polarisation elliptique. Quand on recevra le faisceau sur un analyseur, un nicol par exemple, il n'y aura donc dans aucune position une extinction complète; seulement, quand la section principale du nicol sera à 45° (dans un certain sens) de celle de la lame d'un quart d'onde, il laissera passer une lumière qui ne contiendra aucune trace de la couleur $x$. En général, la lumière polarisée circulairement se colorera quand on l'examinera avec un système composé d'une lame mince biréfringente et d'un analyseur, ce que ne fait pas la lumière naturelle. De plus, la couleur sera différente de celle que fournirait dans les mêmes conditions la lumière polarisée rectilignement.

POLARISATION ELLIPTIQUE. — Si nous cherchions à composer comme tout à l'heure deux mouvements vibratoires rectangulaires d'intensité et de phases quelconques, nous obtiendrions une courbe hélicoïdale tracée sur un cylindre à base elliptique; les cas précédemment étudiés rentrent dans ce cas général en admettant que les axes de l'ellipse de base deviennent égaux (cercle) ou que l'un s'annule (ligne droite). Si les phases diffèrent d'un quart d'ondulation, l'ellipse aura ses axes parallèles aux plans des vibrations rectangulaires; dans les autres cas, elle sera orientée de différentes façons.

Les conditions de production de la lumière polarisée elliptiquement sont si générales, que cette espèce de lumière doit *a priori* se présenter dans une foule de circonstances. Elle prend naissance lorsque la lumière polarisée rectilignement tombe sur une lame mince biréfringente, lorsque la lumière naturelle éprouve la réflexion totale, lorsqu'elle est réfléchie par les métaux, etc., etc. Elle a été découverte et étudiée analytiquement avec une merveilleuse habileté par Augustin Fresnel. Un rayon polarisé elliptiquement se distingue d'un rayon partiellement polarisé, parce qu'en traversant une lame d'un quart d'onde dont l'axe coïncide avec un de ceux de l'ellipse, il devient tout entier polarisé dans un plan. Nous nous contenterons de dire quelques mots de la polarisation elliptique par double réfraction, notre but n'étant ici que de faciliter au lecteur l'intelligence des appareils fort connus, qu'on appelle la pince aux tourmalines et le microscope polarisant.

*Lumière parallèle.* — Polarisons rectilignement dans le plan vertical un faisceau parallèle de lumière blanche, se propageant dans le sens horizontal; disposons sur la route de ce rayon une tourmaline ou un nicol dont la section principale soit elle-même verticale. L'œil, placé derrière cet analyseur, n'apercevra aucune lumière. Interposons maintenant sur le trajet du rayon et devant l'analyseur une lame biréfringente, la lumière sera généralement restaurée.

C'est ce phénomène qu'il s'agit d'expliquer; mais nous nous bornerons au cas le plus simple et le plus fréquent où la lame est taillée parallèlement à l'axe d'un cristal uniaxe et traversée normalement par la lumière.

La vibration du faisceau incident, qui était horizontale, se décompose, comme dans les cas précédents, en deux vibrations rectangulaires parallèle et perpendiculaire à l'axe du cristal, qui pénètrent dans celui-ci avec des vitesses différentes. Leurs phases diffèrent bientôt d'un quart, d'une moitié, de trois quarts de longueur d'onde, puis elles concordent derechef par un retard d'une onde entière, etc. Si donc on conçoit que la lame ait une épaisseur croissante, la vibration résultante à la sortie sera successivement rectiligne dans le plan horizontal, elliptique, circulaire (si l'axe de la lame est à 45° du plan de polarisation), puis de nouveau elliptique, rectiligne dans un autre plan, etc. Quand on recevra cette vibration sur l'analyseur, elle sera complétement éteinte dans le premier cas, mais seulement partiellement dans les autres, car toujours le mouvement elliptique pourra être décomposé en un mouvement vertical et un autre horizontal. Si, au lieu de faire varier l'épaisseur de la lame, nous faisons varier la longueur d'onde de la lumière, nous obtiendrons des résultats analogues. La lame convertira en lumière polarisée rectilignement tel rayon d'une certaine longueur d'onde, tandis que les ondulations voisines plus ou moins courtes émergeront en discordance et donneront une vibration elliptique. En regardant au spectroscope l'image fournie par la lumière primitivement blanche traversant le système d'une lame mince biréfringente et parallèle à l'axe placée entre deux nicols, on verra donc en général certaines radiations manquer de façon que le spectre sera coupé en un ou plusieurs endroits de bandes noires à bords ombrés (minima lumineux); naturellement si on observe la même image directement, elle paraîtra colorée. Nous avons ainsi expliqué le phénomène découvert par Arago, celui de la coloration de la lumière polarisée par les lames minces cristallisées. Il est facile de voir que la lame doit être mince; si elle était fort épaisse, les couleurs les plus voisines différeraient de phases d'une façon notable, les bandes noires se reproduiraient donc dans des rayons très-voisins; il y aurait dans le spectre de nombreuses bandes à des distances régulières et fort rapprochées; la lumière résultante serait affaiblie, mais blanche.

Les expériences que nous venons de décrire peuvent se répéter avec des lames de gypse ou de mica dont les axes optiques sont peu écartés; c'est même avec le mica que l'expérience fut faite pour la première fois.

L'on démontrerait facilement qu'en faisant tourner la lame autour de la direction du rayon plan, l'image colorée garde sa teinte, mais s'assombrit périodiquement et s'éteint toutes les fois que la section principale est verticale ou horizontale; car alors le cristal ne fait que transmettre sans l'altérer le rayon primitivement polarisé rectilignement dans le plan vertical. Au contraire, si l'on fait tourner l'analyseur, l'axe de la lame étant à 45° de l'horizontale, position qui donne à l'image le plus de vivacité, la couleur se lave de blanc, et après avoir passé par le blanc se change en la couleur complémentaire, sans passer par les autres couleurs du spectre. Nous verrons tout à l'heure que ce dernier caractère distingue les colorations dues aux lames minces parallèles de celles produites par la polarisation rotatoire.

*Lumière divergente.* — Si l'on taille dans un cristal de spath d'Islande une lame perpendiculaire à l'axe et qu'on la place entre les deux nicols ou deux tourmalines, comme tout à l'heure, l'on n'apercevra aucune particularité, à moins qu'on n'approche l'œil très-près de l'analyseur, et que celui-ci ne soit très-mince, en un mot, à moins qu'on n'opère dans la lumière divergente. Dans ce cas, l'on est témoin d'un fort beau phénomème découvert d'abord par Brewster, et l'on aperçoit une croix noire se dessinant au milieu de cercles irisés et concentriques (fig. 367,1).

L'on verra dans l'article suivant quelles sont les meilleures dispositions à adopter pour obtenir la lumière convergente; il nous suffit de donner à présent une explication du phénomène. Considérons d'abord un rayon BA blanc, polarisé rectilignement et tombant obliquement sur une lame biréfringente S perpendiculaire à l'axe AC : il se dédoublera en deux rayons polarisés dans le plan de la section principale ABC et rectangulairement; les deux rayons, à leur sortie, donneront en général un faisceau polarisé elliptiquement, comme dans le cas précédemment étudié, qui, après son passage sur une tourmaline T, sera coloré (fig. 368). Si nous concevons qu'on fasse tourner AB autour de AC comme axe, AE décrira une surface conique dont chaque génératrice représentera un rayon émergent provenant de deux rayons réfractés ayant subi les mêmes différences de phases, mais différant des autres par la position de la section principale de S qui leur correspond, relativement au plan de polarisation de la lumière incidente qui est supposé fixe. Les divers points de la circonférence EE' seront donc colorés de la même façon *à l'intensité près*, et si la section principale de la tourmaline T est à 90° de celle de la tourmaline polarisante (qui sera par exemple BB'), et il n'y aura pas de lumière du tout en E, la lumière augmentera d'intensité de E à la moitié de l'arc EH, décroîtra d'intensité jusqu'au noir en H, etc., de façon à produire des minima lumineux dans 4 positions rectangulaires. Il est facile de prévoir ce résultat, car les rayons BA, B' A, et les rayons B'' A et B''' A qui partiraient des extrémités d'un diamètre perpendiculaire à BB', passeront sans altération au travers de la lame de spath, les deux premiers à l'état de rayon ordinaire, les deux autres à l'état de rayon extraordinaire. Ils seront donc interceptés par l'analyseur. Des rayons incidents, placés sur une autre surface conique A ε ε', fourniront des rayons émergents ε, ε' ayant d'autres différences de phases; ceux-ci seront colorés d'une autre façon, mais présenteront, dans le même cas que les précédents, des minima lumineux aux quatre points rectangulaires; si l'angle du cône croît ou décroît peu à peu, les différences de phases croîtront ou

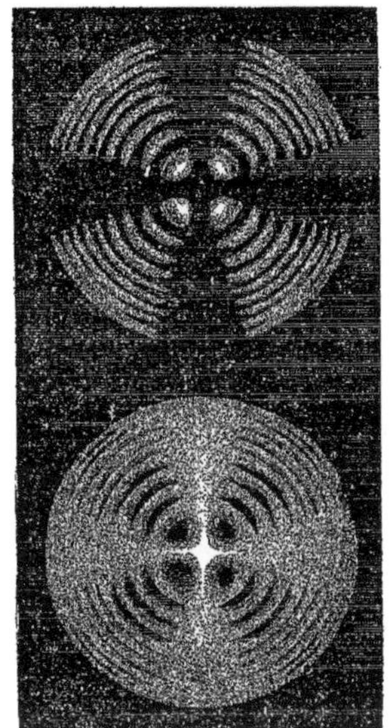


Fig. 367. — Anneaux du spath.

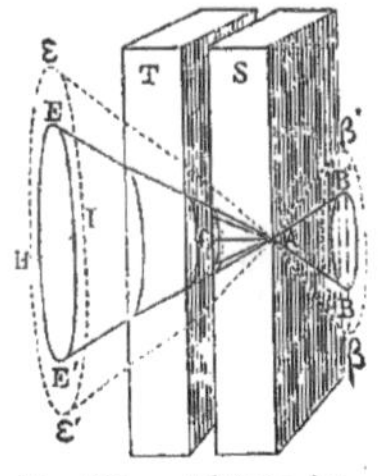


Fig. 368. — Théorie des anneaux du spath.

décroîtront comme lorsqu'on faisait varier l'épaisseur, dans le cas précédemment étudié des lames parallèles. La coloration de la nappe conique émergente changera donc progressivement; elle se reproduira à peu de chose près lorsque le retard sera d'une longueur d'onde de plus pour la couleur moyenne du spectre, mais bientôt, comme on l'a vu dans le cas des lames parallèles trop épaisses, les couleurs deviendront indécises et se confondront avec le gris.

Pour se représenter le phénomène dans son ensemble, il faut s'imaginer que le faisceau conique réel soit composé d'une infinité de faisceaux coniques creux comme ceux dont il vient d'être question. Il est facile de voir que la juxtaposition de toutes les nappes lumineuses isochromatiques, avec leurs quatre minima lumineux, donnera, lorsqu'on les projettera sur un écran, l'image d'une croix noire entourée de cercles irisés.

Nous ne décrirons pas ici les diverses apparences qui se produiraient par la rotation de l'analyseur. Lorsqu'on l'amènera à 90° de sa position primitive, les anneaux présenteront des couleurs exactement complémentaires des précédentes, et la croix sera blanche (fig. 367,2).

Lorsque le cristal soumis à l'examen dans la lumière polarisée divergente appartient à l'un des trois derniers types, le phénomène se complique, et il n'est pas possible de l'expliquer d'une façon élémentaire. Dans de semblables cristaux, en effet, il y a deux axes optiques, c'est-à-dire deux lignes selon lesquelles les rayons polarisés dans un plan quelconque se transmettent avec la même vitesse, ces axes changent de position avec la température à laquelle le cristal *est* ou *a été* porté; ils ne sont pas les mêmes pour toutes les couleurs; enfin ce n'est pas eux, mais la bissectrice de l'angle qu'ils font, qui est en rapport avec une direction cristallographique remarquable (axe cristallographique ou plan de symétrie).

Les axes optiques deviennent les centres de deux systèmes d'anneaux isochromatiques de formes compliquées, qui sont coupés par des bandes noires curvilignes.

L'on trouvera quelques détails sur ce sujet à la page 262.

POLARISATION ROTATOIRE. — Ce genre de polarisation, découvert par Arago, a été rattaché d'une façon inattendue par Fresnel à la polarisation circulaire. Lorsqu'on reçoit un faisceau parallèle de lumière jaune polarisée rectilignement sur une lame de quartz assez épaisse et perpendiculaire à l'axe, le cristal le décompose en deux faisceaux polarisés circulairement qui se propagent ensemble dans le cristal, mais avec des vitesses différentes : ce fait a été prouvé par une expérience directe. Il s'ensuit qu'à la sortie de la lame, au lieu de régénérer par leur composition un faisceau polarisé dans le même plan que le faisceau incident, ils en régénèrent un autre, polarisé dans un plan différent. On dit alors que le plan de polarisation a tourné.

Voici comment Fresnel fait voir qu'une vibration rectiligne peut se décomposer en deux vibrations circulaires, et comment deux vibrations circulaires d'égale intensité donnent une vibration rectiligne résultante d'une intensité double, dont la direction varie avec la différence de phase des rayons circulaires. Lorsqu'on trace sur un cylindre deux hélices inverses, d'un pas égal, ces hélices se rencontrent deux fois à chaque révolution et toutes les intersections sont contenues dans un plan parallèle à l'axe du cylindre et selon lequel tout est symétrique à droite et à gauche, c'est le *plan de croisement*. Projetons les deux hélices sur deux plans parallèles à l'axe et situés à 45° du plan de croisement, nous obtiendrons quatre sinusoïdes, A et D, projections d'une hélice, C et B, projections de l'autre; ces quatre sinusoïdes représentent les composantes du double mouvement hélicoïdal et équivalent aux deux hélices. Si maintenant l'on compose A non plus avec D, mais avec B, et C avec D, on obtiendra deux sinusoïdes tracées sur le plan de croisement et différant d'un quart d'ondulation, ainsi qu'on le démontrerait facilement. Ces deux sinusoïdes équivalent à leur tour mécaniquement à une sinusoïde unique dans le même plan, qu'on obtiendrait en additionnant les ordonnées de deux courbes en chaque point et qui représenterait un mouvement vibratoire ayant une différence de phase d'un huitième d'onde en plus et en moins avec les premiers. Deux vibrations circulaires inverses, d'intensité égale, peuvent donc équivaloir à une

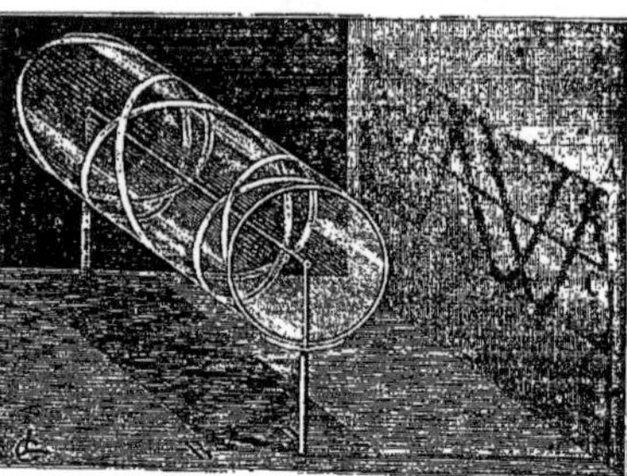

Fig. 369. — Théorie de Fresnel. Un rayon polarisé rectilignement donnant naissance à deux rayons polarisés circulairement.

vibration rectiligne unique située dans le plan de croisement.

Il est évident que, si l'un des rayons circulaires a subi un retard, le point de croisement et par conséquent le plan de polarisation à la sortie sera déplacé autour de l'axe et qu'il se trouvera avoir *tourné* d'un certain angle α dans le sens de la vibration la moins rapide (fig. 370); cet angle est proportionnel au retard, par conséquent à l'épaisseur du milieu où les vitesses des deux mouvements diffèrent, et à la différence de ces vitesses. Il est variable pour les diverses couleurs, et, dans le quartz, à peu près proportionnel à l'inverse des carrés de longueur d'onde (Biot).

Fig. 370. — Théorie de Fresnel. Rotation du plan de polarisation.

Les phénomènes de la polarisation rotatoire sont réalisés expérimentalement de la façon suivante :

On polarise rectilignement un rayon de lumière; on le reçoit sur un analyseur tourné de façon à en provoquer l'extinction, puis on interpose sur le trajet du rayon polarisé primitif la substance active. La lumière apparaît alors, et si l'on opère avec des rayons monochromatiques, on observe qu'il faut faire tourner l'analyseur d'un certain angle pour rétablir l'obscurité. C'est là le cas le plus simple; l'angle dont on fait tourner l'analyseur est l'angle dont le plan de polarisation a tourné. Il est dit *à droite* ou positif si l'observateur a dû faire tourner l'analyseur dans le sens du mouvement des aiguilles d'une montre. Divisant cet angle α par l'épaisseur $l$ de la lame active, on a la rotation pour l'unité de longueur et pour la couleur considérée; divisant enfin le résultat par la densité $d$ de la substance active, on a son pouvoir rotatoire spécifique $[\alpha] = \frac{\alpha}{ld}$.

Si la lumière incidente est blanche, elle émerge colorée, car les plans de polarisation des différentes couleurs se trouvent déviés de quantités différentes, et l'analyseur, dans une position quelconque, n'en éteindra que quelques-unes. On voit qu'en tournant celui-ci, la lumière doit prendre successivement *diverses* colorations.

Si la lame active augmente d'épaisseur, l'angle de rotation du plan de polarisation de chaque couleur grandira proportionnellement; et il s'ensuivra que dans la lumière blanche le phénomène perdra en simplicité et en éclat. En effet, la rotation d'une certaine couleur peut être de plus de 360°, c'est-à-dire de plus d'un tour, ce qui fait que l'angle dont on a tourné l'analyseur pour provoquer l'extinction de cette couleur peut différer de *n* 360° de l'angle de rotation. Mais alors les rotations des divers rayons peuvent différer entre elles de *plusieurs* circonférences entières; dans ce cas, il manquera dans la lumière émergente *plusieurs* groupes de rayons; il y aura donc plusieurs bandes régulièrement disposées dans son spectre; si ces bandes sont nombreuses, la lumière sera affaiblie, mais blanche.

La propriété rotatoire n'existe pas seulement dans les solides cristallisés, comme le quartz, le cinabre, le chlorate de soude, le benzile, elle se retrouve dans le sucre d'orge, dans l'essence de térébenthine à l'état liquide et à l'état gazeux, dans les dissolutions sucrées et dans une foule de substances organiques, acides, basiques, et neutres; elle est en relation directe avec l'hémiédrie, ainsi qu'il résulte des découvertes de M. Pasteur. Enfin elle a permis d'imaginer une méthode d'analyse optique quantitative très-usitée dans l'essai des sucres. Nous devons donc étudier avec quelques développements une propriété si curieuse et si importante, mais nous réservons les détails pratiques sur l'usage du saccharimètre pour l'article consacré aux applications de la lumière.

*Pouvoir rotatoire des solides.* — Il est à croire que les solides ne peuvent présenter à la fois le pouvoir rotatoire et la double réfraction. Du moins l'on a signalé jusqu'ici le phénomène de la rotation seulement parmi les corps amorphes ou cristallisés dans le type cubique, ou encore parmi les substances biréfringentes à un axe examinées dans la direction de l'axe, c'est-à-dire dans une direction où la double réfraction n'existe pas. Il y a une très-grande différence au point de vue théorique entre le pouvoir rotatoire d'une substance cristallisée qui le conserve en passant à l'état amorphe, ou en entrant en dissolution, et celui qui disparaît dans les mêmes circonstances. Le premier est attribuable aux molécules elles-mêmes, le second à leur groupement cristallin.

Le quartz (rhomboédrique), le chlorate de soude (cubique) ne présentent pas de pouvoir rotatoire lorsqu'ils sont fondus; le sulfate de strychnine, à 13 molécules d'eau (quadratique), conserve une partie du sien dans ses solutions, mais son activité s'affaiblit beaucoup; il ne reste plus alors pour faire tourner le plan de polarisation que l'action moléculaire (Des Cloizeaux). Cette action moléculaire, qui est à l'œuvre dans les liquides et les solides amorphes, est impuissante à communiquer le pouvoir rotatoire aux cristaux, si ceux-ci sont biréfringents à deux axes; Biot a cependant constaté de faibles indices de rotation en examinant les cristaux de sucre (clinorhombique) selon la direction d'un des axes optiques.

Lorsqu'on fait dissoudre des échantillons de chlorate de soude tournant tous le plan de polarisation à droite, on obtient une dissolution inactive qui laisse déposer des cristaux agissant les uns à droite (*dextrogyres*), les autres à gauche (*lévogyres*). En répétant l'opération sur les cristaux dextrogyres obtenus, on recueille une nouvelle quantité de cristaux tournant à droite et à gauche; si le pouvoir rotatoire était dû aux molécules, on ne pourrait pas, par de simples cristallisations, changer ainsi les cristaux dextrogyres en cristaux lévogyres. La rotation doit donc ici être attribuée à la structure cristalline.

A l'inverse, les cristaux d'acide tartrique (clinorhombique) ne dévient pas le plan de polarisation, mais certains d'entre eux donnent une solution dextrogyre, d'autres une solution lévogyre. Ces solutions ne laissent déposer que des cristaux inactifs, mais ceux-ci donnent à leur tour des solutions ayant le même pouvoir rotatoire que les solutions primitives. Dans ce cas, la rotation est évidemment due à la molécule elle-même; elle est empêchée par la cristallisation. L'acide fondu et solidifié à l'état amorphe possède le pouvoir rotatoire.

Faraday a fait voir qu'en plaçant des substances solides ou liquides entre les pôles d'un aimant puissant, on leur communique transitoirement un pouvoir rotatoire souvent fort énergique. Mais ici le magnétisme fait tourner le plan de polarisation dans un sens *déterminé* en rapport avec la position des pôles. Lors donc qu'on examine la lumière transmise par un même corps suivant la ligne des pôles AB, son plan de polarisation paraît dévié *à droite* ou *à gauche* de l'observateur, selon qu'avant d'arriver à l'analyseur elle a suivi le même chemin dans le sens AB ou dans le sens BA. C'est un phénomène différent du précédent, et dont nous n'avons pas à nous occuper ici.

On a découvert des relations très-curieuses entre l'hémiédrie non superposable et la rotation du plan de polarisation. Herschel a prouvé le premier que le quartz hémièdre à gauche (1) (fig. 371) est lévogyre, et que le quartz hémièdre à droite est dextrogyre; Marbach, guidé par l'inspection des facettes hémiédriques du chlorate et du bromate de soude, a été conduit à la découverte du pouvoir rotatoire dans ces cristaux; de plus, comme on le verra tout à l'heure, les composés organiques dont les solutions sont actives possèdent en cristallisant des formes hémiédriques non superposables : on pouvait donc penser qu'un lien nécessaire existait entre le pouvoir rotatoire et l'hémiédrie dissymétrique. Cependant, il n'a pas été possible de trouver la moindre trace d'hémiédrie dans les cristaux de cinabre et de benzile (t. I, p. 550), qui tournent le plan de polarisation à gauche ou à droite selon les échantillons, ni dans ceux de sulfate de strychnine, qui sont tous lévogyres (Des Cloizeaux).

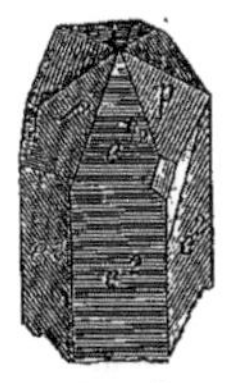
Fig. 371. — Quartz gauche.

Les solides actifs sont énumérés ci-dessous avec la rotation qu'ils impriment au plan de divers rayons de polarisation en degrés et fractions décimales de degré.

QUARTZ ↗ OU ↘ DE 1 MILLIMÈTRE D'ÉPAISSEUR.

| B | D | F | |
|---|---|---|---|
| ± 15°,3740 (2) | ± 20°,9835 | ± 31°,0153 | (Biot). |
| 15°,30 | 21°,67 | 32°,50 | (Broch). |
| C | Jaune moyen, teinte sensible. | G | |
| 16°,88 | 24° | 39°,5128 | (Biot). |
| 17°,24 | — | 42°,20 | (Broch). |
| verres rouges. | E | H | |
| 18° | 26°,2936 | 47°,1428 | (Biot). |
| » | 27°,46 | — | (Broch). |

Cinabre de 0mm,2 d'épaisseur :
*Rayons rouges*, ± 52 à 56° (Des Cloizeaux).

Sulfate de strychnine à 13 molécules d'eau de 1 millimètre d'épaisseur :
*Rayons rouges*, — 9 à 10° (Des Cloizeaux).

(1) Chez les cristaux gauches placés comme dans la fig. 371, la facette rhombique est généralement à *gauche* de la face $e^{1/2}$ et les plagièdres les plus importants sont parallèles à l'arête d'intersection de cette facette de gauche avec $e^{1/2}$. Les faces $e^{1/2}$ sont généralement plus petites, plus lisses et plus brillantes que les faces *p*.

(2) Une déviation à droite s'exprime par + 15° ou par 15° ↗ ; une déviation à gauche par — 15° ou par 15° ↘. On divise généralement les degrés non en minutes, mais en fractions décimales de degré.

Chlorate de soude de $2^{mm},256$ d'épaisseur (1 ligne) : *Teinte sensible*, ± $8°,2$ (Marbach).

Bromate de soude sous la même épaisseur *Teinte sensible*, ± $6°,8$ (Marbach).

Acétate d'urane et de soude sous la même épaisseur : *Teinte sensible*, ± 4° (?) (Marbach).

Benzile de 1 millimètre d'épaisseur : Raie D ± $24°,92$ (Des Cloizeaux).

Essence de térébenthine solidifiée, même pouvoir rotatoire *spécifique* qu'à l'état liquide.

Sucre amorphe ↗ ; dextrine ↗.

Acide tartrique *amorphe* : Rotation ↗ pour les radiations CDE, et ↖ par les radiations *b*, F, G, etc.

*Pouvoir rotatoire des liquides.* — Parmi les nombreux liquides qui offrent le phénomène de la polarisation rotatoire, on n'en connaît aucun qui appartienne à la chimie inorganique, et l'on peut à peine en citer un ou deux qui proviennent d'une réaction de laboratoire entre des produits inactifs. L'activité sur la lumière polarisée est donc un caractère très-curieux des *molécules organiques* formées dans les êtres vivants. Elle se transporte dans les dérivés de ces molécules qu'on obtient par des réactions ménagées, mais elle disparaît aussitôt qu'on emploie des agents puissants, et alors il n'est plus possible de la provoquer à nouveau.

D'après des expériences décisives de Fresnel, la rotation du plan de polarisation doit recevoir la même explication dans le cas des liquides que dans celui du quartz perpendiculaire à l'axe.

Les corps naturellement liquides qui dévient le plan de polarisation sont les essences (voyez t. I, p. 1270), l'albumine ↖, l'alcool amylique ↖, le diamyle ↗ et les divers dérivés amyliques, l'acide caproïque ↖, quelques huiles animales (foie de squale ↖) ou végétales (ricin ↗), le camphre ↗ et le sucre fondus ↗, etc.

Le pouvoir rotatoire spécifique varie généralement avec la température. M. Gernez a fait voir que dans le cas des essences de bigarrade, d'orange et de térébenthine, on peut le représenter par une formule analogue à celle des dilatations

$$[\alpha] = a - bt - ct^2.$$

D'après le même savant, le camphre et les essences dont on vient de parler ont à l'état de vapeur le même pouvoir rotatoire *spécifique* qu'à l'état liquide.

Les *dissolutions* douées de pouvoir rotatoire ont été l'objet d'importants travaux de la part de Biot, de Pasteur, etc.; nous allons en signaler les principaux résultats, mais nous devons auparavant définir ce qu'on entend dans le cas de solutions par le mot pouvoir rotatoire *spécifique* ou *moléculaire.*

La formule $[\alpha] = \frac{\alpha}{ld}$ applicable aux solides, aux liquides et aux gaz, peut se mettre sous la forme $\alpha = [\alpha]\,ld$; elle exprime que la rotation $\alpha$ est proportionnelle à un certain coefficient $[\alpha]$ dépendant de la substance active, à son épaisseur $l$ (on convient de prendre le *décimètre* pour unité), et à sa densité $d$, pourvu que les variations de la densité qui altèrent les distances de molécules n'altèrent en rien la rotation imprimée par chacune d'elles. Le coefficient $[\alpha]$ a donc une signification physique importante. C'est l'angle dont serait tourné le plan de polarisation par la substance active amenée à la densité 1 sous la condition exprimée plus haut, et examinée sous l'épaisseur 1, c'est le pouvoir rotatoire spécifique ou moléculaire. Écartons maintenant les molécules actives, toujours sans modifier leur activité, mais cette fois à l'aide d'un dissolvant inactif. La rotation variera proportionnellement à la concentration, et, en appelant densité de la substance active $\delta$ le quotient de son poids $\pi$ par le volume $v$ qu'elle est amenée à occuper par la dilution, nous aurons $\alpha = [\alpha]\,l\delta = [\alpha]\,l\frac{\pi}{v}$; mais le volume $v$ est celui de la solution elle-même, dont le poids est $p$ et la densité réelle $d$, d'où $v = \frac{\pi}{\delta} = \frac{p}{d}$ : nous pouvons donc écrire à volonté

$$[\alpha] = \frac{\alpha v}{l\pi} \quad \text{ou} \quad [\alpha] = \frac{\alpha}{ld}\,\frac{p}{\pi},$$

formules dont on fait usage en saccharimétrie.

Biot a fait voir en effet que, lorsqu'il s'agit du sucre, la dissémination des molécules actives dans l'eau n'altère pas leur activité : il s'ensuit que le coefficient $[\alpha]$ est constant et égal à ce qu'il serait dans le sucre amorphe. On peut donc très-facilement déterminer $\frac{\pi}{v}$, c'est-à-dire la richesse de la solution en sucre, d'après la connaissance de $\alpha$.

Mais hâtons-nous de dire que la constance de $[\alpha]$ est un fait assez rare et qu'on ne doit pas trop généraliser. Biot ne l'a guère rencontré que chez le sucre dissous dans l'eau, chez l'essence de térébenthine dissoute dans l'alcool, ou dans les huiles, ou combinée à l'acide chlorhydrique, et enfin chez la gomme et le camphre dissous dans l'eau, dans l'alcool et dans l'éther.

Le pouvoir rotatoire moléculaire s'accroît même légèrement dans toutes ces substances par la dilution; le contraire arrive pour le camphre. De plus, la rotation se modifie avec le temps, elle augmente encore après deux mois dans les solutions d'essences dans l'alcool [*Ann. de Chim. et de Phys.*, (3), t. X, p. 5, 175, 307, et t. XXXVI, p. 257].

Lorsqu'il s'agit d'une solution d'acide tartrique, la dilution agit tout autrement sur le pouvoir rotatoire. L'acide amorphe est dextrogyre pour les radiations rouges, jaunes et vertes jusqu'en E, il est lévogyre pour les radiations plus réfrangibles; cette anomalie tend à s'effacer par la dissolution de l'acide dans une quantité croissante d'eau. Si la solution contient 50 % d'acide, elle est dextrogyre pour toutes les couleurs; mais la rotation augmente depuis le rouge jusqu'aux rayons E, elle diminue ensuite pour les rayons plus réfrangibles; de là résulte une dispersion entièrement anormale et des apparences bizarres dans le saccharimètre. Les mêmes singularités se retrouvent chez les solutions d'acide tartrique dans l'alcool éthylique et dans l'esprit de bois. Les pouvoirs rotatoires de l'acide tartrique à l'égard des rayons de diverses réfrangibilités augmentent rapidement avec la dilution, et c'est à l'accroissement inégal de ces pouvoirs qu'on doit les changements que nous venons de signaler dans la dispersion; ils augmentent indéfiniment [Biot, *Ann. de Chim. et de Phys.*, (3), t. X, p. 385; t. XI, p. 82; — Arndtsen, *ibid.*, t. LIV, p. 403]. D'après M. Jamin, on rendrait compte de ces anomalies en admettant que l'eau sépare l'acide tartrique en deux composés chimiquement définis et de pouvoirs rotatoires différents, dont les proportions changeraient avec la dilution. Le pouvoir rotatoire de l'acide tartrique augmente aussi très-fortement lorsqu'on mêle celui-ci à de l'acide borique, lequel est inactif.

L'étude optique de l'acide tartrique et de tartrates devait entre les mains de M. Pasteur donner des résultats encore plus importants. Ce savant constata dans tous ces corps l'existence d'une hémiédrie non superposable. Il fit voir que dans les tartrates, quels que soient la base, la quantité d'eau de cristallisation et le type cristallin, on peut donner aux cristaux une orientation telle, que les axes correspondants soient dans une position analogue; on remarque alors que deux de ceux-ci ont des paramètres extrêmement voisins de ceux qui leur correspondent dans tous les autres tartrates, ce qui constitue une sorte de demi-isomorphisme, et que *les facettes hémièdres sont toujours à droite* de l'observateur. Leurs solutions tournent toutes à droite le plan de polarisation. On connaissait alors un isomère de l'acide tartrique obtenu par M. Kestner de Thann, l'acide paratartrique, qui était, ainsi que ses sels, inactif sur la lumière polarisée. M. Pasteur ne trouva de faces hémièdres dans aucun des cristaux des dérivés de cet acide, sauf dans ceux du paratartrate double de soude et d'ammoniaque, dont les solutions étaient comme les autres inactives. Mais un examen plus attentif fit voir que les faces hémièdres étaient situées tantôt à gauche, tantôt à droite, et qu'une solution des cristaux gauches tournait à gauche le plan de polarisation pendant qu'une solution des cristaux droits le tournait à droite. Le tartrate lévogyre donna un acide lévo-

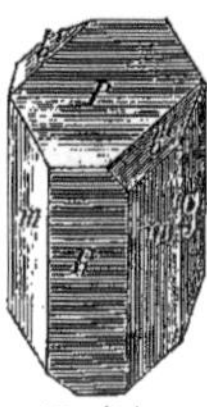

(Droit.)

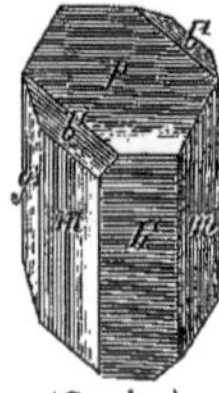

(Gauche.)

Fig. 372. — Tartrate de soude et d'ammoniaque.

gyre comme lui, et l'acide paratartrique inactif fut démontré n'être qu'une combinaison de poids égaux d'acide tartrique dextrogyre (ordinaire) et d'acide tartrique lévogyre. Ces deux acides ont des propriétés identiques (voyez ACIDE TARTRIQUE), ils ne diffèrent chimiquement que par leur action sur les corps doués eux-mêmes d'un pouvoir rotatoire, sur la cinchonine, la quinine, par exemple. Dans ce cas, les deux combinaisons correspondantes diffèrent de solubilité, de stabilité, de densité, elles cristallisent avec un nombre inégal de molécules d'eau, l'isomérie de deux acides semble en un mot devenir beaucoup moins prochaine, et le sens du pouvoir rotatoire devient un modificateur assez puissant de l'affinité.

Indépendamment de toutes ces découvertes, M. Pasteur montra qu'il existait un acide tartrique inactif *per se* et non susceptible de se dédoubler en acides de pouvoirs rotatoires contraires, et il fit connaître l'hémiédrie d'une quantité d'autres substances actives, comme l'asparagine, les dérivés maliques, les sels de cinchonine, de morphine, etc., etc., montrant ainsi, comme le prévoyait M. Delafosse, que la même cause, la *dissymétrie moléculaire*, agit sur les forces qui sont à l'œuvre dans le phénomène de la cristallisation et sur les radiations lumineuses [*Ann. de Chim. et de Phys.*, (3), t. XXIV, p. 442; t. XXVIII, p. 56; t. XXXI, p. 67; t. XXXIV, p. 30; t. XXXVIII, p. 437].

L'on doit à M. Bouchardat la détermination du pouvoir rotatoire de beaucoup de liquides organiques et d'alcaloïdes végétaux; on trouvera les nombres obtenus par ce savant à l'article ALCALOÏDES, t. I, p. 101, et aux articles consacrés aux divers corps qu'il a étudiés. D'après M. Bouchardat, la morphine en solution dans les acides possède le même pouvoir rotatoire que dans l'eau, la narcotine, lévogyre dans l'eau, dans l'alcool et dans l'éther, est dextrogyre avec les acides, et lorsqu'on chasse l'acide, l'alcaloïde ne reprend pas un pouvoir rotatoire à gauche aussi élevé qu'auparavant. La quinine est lévogyre, ses solutions acides sont plus actives. Enfin la solution concentrée de sulfate de quinine aiguisée d'acide sulfurique possède à la température de 21° un pouvoir rotatoire spécifique de — 192°,95 [*Ann. de Chim. et de Phys.*, (3), t. IX, p. 213].

On trouvera, avec la description du saccharimètre et à l'article SUCRES, des renseignements sur les pouvoirs rotatoires des différents corps sucrés et leurs congénères.

Différents corps neutres possèdent aussi le pouvoir rotatoire. Exemple, la santonine $\alpha j = -230°$ et $\alpha r = -140°$ en solution alcoolique (1 gramme dans 50 centimètres cubes) (Buignet).

La mannite, que l'on peut aussi ranger parmi les corps sucrés, ne possède cependant pas de pouvoir rotatoire. Mais la mannitane et surtout la nitromannite sont actives, la solution saturée de ce dernier corps dans l'alcool à 96° centésimaux exerce, sous une épaisseur de 20 centimètres, la même action que $0^{mm},28$ de quartz dextrogyre [Loir, *Bull. de la Soc. chim.*, 1861, p. 113].

M. Grange a constaté de même qu'un des produits de l'action de l'anhydride acétique sur la mannite, la mannitane acétique, déviait fortement à droite le plan de polarisation : une solution à 18,73 % examinée sous l'épaisseur de 20 centimètres dévie le plan de polarisaion de 22°,1 $[\alpha] = 22°,60$ [*Bull. de la Soc. chim.*, 1869, t. XII, p. 106].

On ne peut plus affirmer aujourd'hui qu'il soit impossible de créer à l'aide d'éléments absolument inactifs et par une réaction de laboratoire, un produit optiquement actif. En effet, l'on a dérivé l'acide tartrique inactif de l'acide succinique et par là de l'éthylène ou même des éléments. Or cet acide tartrique peut être converti par la chaleur en acide paratartrique, composé susceptible d'être dédoublé de plusieurs façons en acides tartriques dextrogyre et lévogyre [Dessaignes, *Bull. de la Soc. chim.*, 1865, t. III, p. 35].

### INFLUENCE CHIMIQUE DE LA LUMIÈRE.

Certaines réactions qui ne sont pas susceptibles de se produire dans l'obscurité s'effectuent au contraire spontanément sous l'influence de la lumière. Comme l'élévation de la température n'est pour rien dans le phénomène, ce qu'on peut expérimentalement prouver, il s'ensuit que ce n'est pas *l'intensité* du mouvement vibratoire communiqué par l'éther, mais sa *période* qui intervient ici d'une manière prépondérante; de fait, ce sont seulement certaines radiations qui opèrent telles ou telles actions chimiques, et l'on a des exemples de rayons de diverse réfrangibilité agissant sur les mêmes substances d'une manière non pas seulement différente, mais même absolument inverse.

Nous allons passer en revue les exemples les plus frappants des phénomènes chimiques produits par la lumière, et nous nous attacherons à préciser dans chaque cas la réfrangibilité des rayons actifs, car il ne faut pas s'imaginer que les radiations violettes et ultra-violettes, appelées si souvent radiations chimiques, soient les seules dont il faille tenir compte. Chaque réaction s'effectue sous l'influence de certains groupes de rayons parfaitement définis, qui, s'ils étaient prélevés sur un spectre continu, donneraient un *spectre de combinaison* analogue aux spectres de bandes dessinés dans la figure 375 : ces bandes peuvent être placées dans les diverses régions du spectre; il est vrai qu'elles dominent ordinairement dans la portion la plus réfrangible.

CHLORE ET COMPOSÉS CHLORÉS. — La lumière, et nous entendons ici par ce mot l'ensemble de radiations calorifiques, lumineuses, et ultra-violettes, la lumière agit comme la chaleur, ou, pour parler avec plus de précision, comme l'élévation de la température; elle provoque certaines réactions qui se poursuivent ensuite d'elles-mêmes; elle en effectue d'autres qui demandent une absorption continuelle d'énergie.

Parmi les premières, il convient de citer d'abord l'union du chlore avec l'hydrogène à volumes égaux. Gay-Lussac et Thenard observèrent qu'elle ne s'effectue à l'obscurité que si on introduit dans le mélange une bougie allumée ou un morceau de brique chauffé à 125°, qu'elle s'accomplit tranquillement et régulièrement à la lumière diffuse et d'autant plus rapidement que la lumière est plus vive, qu'elle est instantanée sous l'influence de la radiation directe du soleil [*Recherches physico-chimiques*, t. II, p. 128, 186].

Reconnaissant l'identité d'action de la lumière et de la chaleur dans une foule de phénomènes chimiques, ils pensent que la cause de la combinaison peut être attribuée à la chaleur des rayons lumineux, mais ils n'ignorent pas les objections qu'on pourrait faire à leur hypothèse, car ils connaissent l'influence chimique prépondérante des rayons les moins calorifiques, des ayons violets. D'après ce qu'on sait aujourd'hui, e mélange insolé n'acquiert pas à beaucoup près a température qui serait nécessaire pour provoquer l'explosion dans l'obscurité, et c'est en réalité la lumière violette qui agit sur lui avec le plus d'intensité.

Draper, Favre et Silbermann, et plus tard Bunsen et Roscoe ont étudié l'action de chaque rayon sur le mélange de chlore et d'hydrogène; ces derniers savants ont remarqué deux maxima d'activité, tous deux parmi les rayons violets, l'un correspondant aux radiations *h* et d'autres aux radiations I. Ils ont tracé la courbe qui représente les variations d'activité des divers rayons du spectre solaire; nous la reproduisons plus bas en même temps que celles données par Favre et Silbermann. Les physiciens français avaient fait voir combien il importait de tenir compte de l'état de l'atmosphère dans ces sortes de recherches. En effet, les rayons ultra-violets sont absorbés avec une grande intensité par l'air humide, par conséquent, à chaque instant du jour, la composition de la lumière qu'on analyse par le prisme, et dont on étudie les propriétés, est modifiée. La courbe A se rapporte à l'heure de midi, B à un soir nébuleux. La méthode de Favre et Silbermann consistait à faire tomber un spectre réel sur une cinquantaine de petits tubes verticaux renfermant le mélange de chlore et d'hydrogène et renversés sur une cuve à eau salée. La formation de l'acide chlorhydrique se manifestait par l'ascension de l'eau dans les tubes, dont les différents niveaux dessinaient à l'œil la forme de la courbe A ou B [*Ann. de Chim. et de Phys.*, (3), t. XXXVII, 500].

Bunsen et Roscoe se servaient d'un photomètre spécial, sur lequel ils faisaient agir successivement les diverses portions d'un spectre solaire, obtenu avec des prismes de quartz, substance qui absorbe beaucoup moins que le verre les rayons très-réfrangibles. Leur appareil se composait d'une petite boule de verre noircie à sa partie inférieure et à moitié pleine d'eau saturée de chlore (fig. 374); un courant de mélange explosif,

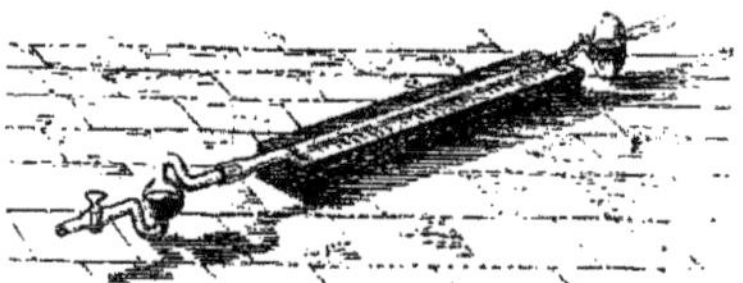

Fig. 374. — Appareil photométrique de MM. Bunsen et Roscoe.

provenant de l'électrolyse de l'acide chlorhydrique (D = 1,148) au moyen de 4 piles de Bunsen et d'électrodes en charbon, barbotait dans cette eau et s'échappait de la boule par un tube horizontal gradué, aboutissant lui-même à une sorte de petit laveur à eau chlorée. Quand on voulait faire une expérience, on interrompait le courant gazeux à l'aide d'un robinet de verre, et l'on faisait agir la lumière sur la boule pendant un temps connu. Bientôt après le liquide du laveur rentrait dans le tube gradué, et l'on concluait de la marche de la colonne liquide la quantité d'acide chlorhydrique produite et absorbée par l'eau [*Phil. Trans.*, 1859, et *Ann. de Chim. et de Phys.*, (3), LV, 352].

Le mélange chlorhydrique produit dans les conditions indiquées par Bunsen est d'une sensibilité extrême, il détone sous l'influence d'une très-faible lumière, par exemple celle du crépuscule longtemps après le coucher du soleil. Il permet de comparer l'activité chimique des causes les plus faibles. Mais on ne doit pas oublier que les résultats obtenus avec le chlore et l'hydrogène ne sont pas comparables à ceux qu'on obtiendrait avec d'autres substances impressionnables à la lumière, que de plus la proportionnalité de l'effet chimique à l'intensité des rayons qui le provoquent ne peut exister que si celle-ci est très-faible, car, lorsqu'elle est un peu forte sur un point, le mélange détone tout entier, c'est-à-dire que l'effet chimique est infini. Il croît donc bien plus rapidement que la quantité qu'il est chargé de mesurer; cela tient à ce que la réaction du chlore sur l'hydrogène dégage de la chaleur et s'accélère d'elle-même, à moins que

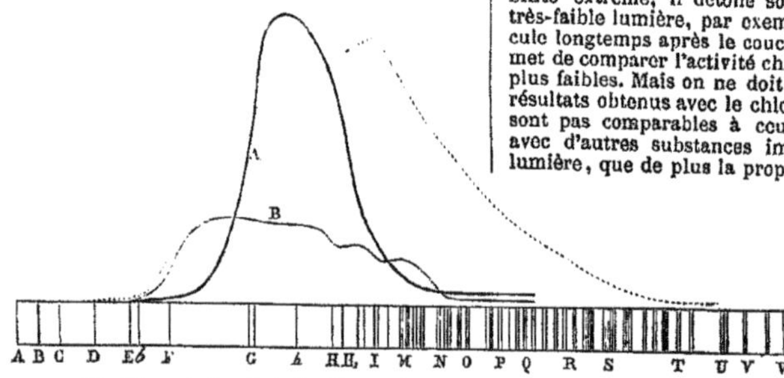


Fig. 373. — Action de la lumière sur le mélange de chlore et d'hydrogène.

l'on n'opère comme le font Bunsen et Roscoe, sur une petite quantité de matière en contact avec divers corps qui se partagent aussitôt la chaleur produite (voyez t. I, p. 81). — Voyez à ce sujet Berthelot, *Ann. de Chim. et de Phys.*, (4), XVIII, 83.

Il est curieux d'étudier avec l'appareil qu'on vient de décrire l'influence des gaz étrangers sur la sensibilité photochimique du mélange de chlore et d'hydrogène. Si l'on ajoute à 1,000 parties en volume du mélange pur *n* volumes des divers gaz dont la liste suit, on obtiendra, dans le même temps, une quantité d'acide chlorhydrique *q* extrêmement amoindrie.

| Gaz ajoutés à 1000 volumes de mélange H + Cl. | *n* | *q* |
|---|---|---|
| ...................... | 0 | 100 |
| Acide chlorhydrique....... | 1,8 | 100 |
| Chlore. .................. | 10 | 60,2 |
| | 75 | 50,3 |
| | 180 | 41,3 |
| Hydrogène................ | 3 | 37,8 |
| Oxygène.... ............. | 5 | 9,7 |
| | 13 | 2,7 |
| Mélange H + Cl non insolé. | 6 | 55,6 |

Nous avons tenu à donner ces chiffres parce qu'ils révèlent entre les molécules des gaz *mélangés* certaines influences spécifiques curieuses, que d'autres phénomènes permettent aussi d'entrevoir.

Bunsen et Roscoe ont remarqué que la production de l'acide chlorhydrique s'accélère peu à peu sous l'influence de la lumière et ne devient constante qu'au bout d'un certain temps. C'est un caractère commun à une foule de réactions où n'intervient pas la lumière.

Si la lumière provoque la combinaison du mélange de chlore et d'hydrogène seulement partiellement et dans une proportion qui, entre certaines limites, croît avec son intensité, il est évident qu'elle effectue un travail et que son énergie doit en être affaiblie d'autant. Un mélange de chlore et d'hydrogène doit donc absorber plus de lumière qu'un mélange de chlore et d'air contenant la même quantité de chlore (Draper). C'est ce qui a été vérifié expérimentalement par Bunsen et Roscoe; ainsi, une portion de l'énergie lumineuse est absorbée par les molécules réagissantes, détermine leur union, et consécutivement la mise en liberté à l'état de chaleur d'une quantité d'énergie plus grande que celle qui a été absorbée; mais les rayons émis n'ont plus la même réfrangibilité que les rayons absorbés, de là leur faible action sur le restant du mélange; ils sont d'ailleurs dispersés dans tous les sens : le faisceau lumineux qui traverse le mélange est donc obscurci.

M. Draper a supposé que c'était le chlore seul qui subissait l'action lumineuse, et qu'il prenait en présence de la lumière un état isomérique nouveau, caractérisé par une grande activité, et pouvant persister après l'insolation. Voici sur quelle expérience il fonde son opinion. Il recueille le chlore dans deux cloches égales renversées sur une cuve d'eau salée. Il en expose une aux rayons solaires, puis il ajoute dans les deux cloches une même quantité d'hydrogène. A la lumière diffuse, la combinaison s'effectue peu à peu, elle est beaucoup plus rapide dans l'appareil qui a été insolé [*Phil. Mag.*, 1844 et 1845].

MM. Fremy et Becquerel ont répété et vérifié l'expérience, mais ils ont fait voir que, si on insole du chlore absolument pur et sec, on ne lui communique aucune activité particulière. Selon ces savants, la lumière pourrait, dans les circonstances où se place M. Draper, n'avoir pour effet que de produire un composé oxygéné du chlore, plus avide d'hydrogène que le chlore lui-même.

Il est facile de montrer aujourd'hui dans les cours l'influence de la lumière sur la formation synthétique de l'acide chlorhydrique. On remplit à moitié d'hydrogène un petit flacon à large ouverture, de 50 centimètres cubes environ, puis, au moment de faire l'expérience, et sur une simple cuve à eau, on achève de l'emplir avec du chlore, et on le ferme avec un bouchon de caoutchouc. On le pose à 10 centimètres d'un flacon à large goulot, renfermant un litre et demi de bioxyde d'azote, et dans lequel on verse et l'on agite une trentaine de centimètres cubes de sulfure de carbone. On présente une bougie allumée à l'orifice du grand flacon, et le bouchon du petit est aussitôt projeté avec une violente explosion. La vive lumière produite par la combustion du sulfure de carbone dans le bioxyde d'azote est en effet suffisamment riche en rayons violets pour provoquer l'explosion du mélange gazeux, même lorsqu'il n'est fait qu'en proportions approchées. Il faudrait le faire beaucoup plus exactement pour produire le même effet avec la lumière de magnésium.

Gay-Lussac et Thenard ont signalé un certain nombre de réactions de chlore sur lesquelles la lumière exerce une grande influence. Ils ont fait voir que l'eau chlorée, qui se conserve sans altération dans l'obscurité, dégage de l'oxygène à la lumière solaire (il se forme en même temps de l'acide chlorique; Wittwer, *Pogg. Ann.*, XCIX, 597; — Bunsen et Roscoe, *ibid.*, XCVI, 373; t. XCVIII, 304). Ils ont remarqué que la plupart des gaz hydrocarbonés (éthylène, butylène) étaient violemment décomposés par le chlore au soleil, avec dépôt de charbon et formation d'acide chlorhydrique; mais ils n'observèrent point d'action entre le chlore et l'oxyde de carbone, et c'est à Davy qu'on doit la découverte du gaz phosgène. — Voyez Carbone (oxychlorure de).

Aujourd'hui, lorsqu'en chimie organique on se sert du chlore comme d'un agent d'addition ou de substitution, on sait que la lumière influe beaucoup sur la réaction, et l'on en règle l'accès avec soin. Voyez à ce sujet l'action du chlore sur la benzine, le toluène, l'éthylène, l'hydrure de méthyle, l'alcool, l'éther, l'acide acétique, le propylène chloré, la naphtaline, etc. L'acétylène qui s'unit à $Cl^2$ à une faible lumière diffuse, s'unit à $Cl^4$ sous l'influence d'un éclairement plus vif.

Ce n'est pas seulement sur le chlore libre que la lumière possède une action spéciale; si elle tend à former l'acide chlorhydrique, elle tend à détruire les chlorures de métaux lourds. Si donc dans la même réaction le chlore peut être séparé d'un chlorure métallique et se porter sur une substance hydrogénée, la réduction du chlorure sous l'influence de la lumière sera très-rapide. On verra que cette observation a mené à la découverte des principaux procédés photographiques. Nous étudierons l'action de la lumière sur les chlorures avec celle qu'elle exerce sur les autres composés métalliques.

Brome et iode. — Le brome et l'iode sont beaucoup moins sensibles que le chlore à l'influence lumineuse. Un mélange de volumes égaux de brome gazeux et d'hydrogène ne détone pas au soleil, la combinaison ne s'effectue bien qu'en présence de la lumière solaire condensée par une lentille. La solution d'*acide iodhydrique* perd de l'iode à la lumière, tandis que l'eau chlorée donnait de l'acide chlorhydrique. L'acide iodhydrique gazeux est décomposé par la lumière condensée. Les *iodures organiques* se décomposent aussi très-facilement sous l'influence de l'agent lumineux, comme on verra plus loin. En photographie, les iodures et les bromures jouent un rôle semblable à celui des chlorures, ils peuvent être rendus tout aussi impressionnables.

L'iodure d'amidon en solution aqueuse est décoloré par la lumière blanche, les rayons les plus efficaces sont le jaune, le vert, le blanc et même le rouge; le violet semble, au contraire, empêcher la décoloration par la lumière diffuse.

Soufre. — Une solution de soufre dans le sulfure de carbone laisse déposer du soufre insoluble à l'endroit frappé par un faisceau concentré de lumière solaire. La partie extrême du spectre, visible depuis G, et tous les rayons ultra-violets manquent dans le faisceau émergent (Lallemand). L'*acide sulfureux* est décomposé par un faisceau condensé de lumière solaire, il se sépare du soufre et il se forme de l'anhydride sulfurique [Morren, *Compt. rend.*, t. LXIX, p. 399].

Azote. — L'*acide nitrique* pur se réduit sous l'influence du rayon solaire; il y a de l'oxygène mis en liberté.

Phosphore. — Ce corps, soumis dans le vide barométrique à la radiation solaire, se transforme en phosphore rouge. Ce sont les rayons violets qui agissent avec le plus d'énergie pour effectuer cette polymérisation [*Ann. de Chim. et de Phys.*, t. LXXXV, p. 225]. M. Draper a pu, en faisant tomber un spectre très-pur sur une plaque de phosphore coulé entre deux verres et en dissolvant ensuite le phosphore non altéré, obtenir une image du spectre où l'on pouvait distinguer les raies [*Bull. de la Soc. phot.*, t. VIII, p. 17]. M. Lallemand, en opérant comme pour le soufre, a vu se produire un dépôt rouge-brun de phosphore insoluble; mais l'action est moins vive que pour le soufre. La lumière émergente renferme encore tous les rayons visibles; ce n'est que vers le spectre ultra-violet que l'absorption est sensible. Elle est complète au delà de la raie N.

Composés d'argent. — L'*oxyde d'argent* pur est partiellement réduit par la lumière seule. En présence d'une matière organique, du papier par exemple, la réduction est plus rapide. Le *chlorure d'argent*, qui, comme on sait, peut être fondu sans altération, perd du chlore et noircit lorsqu'on l'expose à la lumière, et surtout à la lumière violette (Scheele). Il passe du blanc au violet et au brun foncé, et on s'est demandé s'il se transforme directement en argent métallique, ou d'abord en sous-chlorure $Ag^2Cl$. Lorsqu'on traite le chlorure modifié par un dissolvant d'AgCl, il se dissout du chlorure AgCl et il reste de l'argent. Ces deux corps pouvaient exister dans le chlorure noirci, mais ils peuvent aussi se former au contact du dissolvant par la destruction d'$Ag^2Cl$. Il semble qu'on peut trancher la question en faisant bouillir le chlorure modifié avec de l'acide azotique; or celui-ci ne dissoudrait pas d'argent selon Vogel [*Bull. de la Soc. chim.*, 1864, t. I, p. 471], mais il en dissout selon Davanne et Girard [*ibid.*, p. 395]. — Voyez Photographie.

Lorsqu'on projette un spectre sur un écran recouvert de chlorure d'argent pur préparé dans l'obscurité, on voit celui-ci noircir dans la partie la plus réfrangible seulement (fig. 375,2). Si avant l'action du spectre l'écran a subi celle de la lumière diffuse ou des rayons très-réfrangibles, la portion impressionnée est plus grande, en même temps on remarque vers C une légère teinte rose, vers B une faible teinte bleuâtre, et dans la partie la plus lumineuse du spectre une légère décoloration [E. Becquerel, *De la lumière*, t. II, p. 84].

Les résultats sont différents si l'on opère avec du chlorure d'argent imprégné de nitrate d'argent, condition qui en exalte beaucoup la sensibilité. Le spectre de réduction développé par la lumière s'étend plus loin vers le bleu, et lorsqu'on a légèrement impressionné le chlorure avant de le soumettre à l'action spectrale, il s'étend jusqu'au rouge en présentant deux maxima bien marqués (fig. 375,1) (E. Becquerel).

Les matières organiques susceptibles de réduire le chlorure d'argent par une légère élévation de température favorisent extrêmement la réaction sous l'influence de la lumière. Talbot a fait voir que le composé organique peut être ajouté *après* que le chlorure a subi l'impression lumineuse, et avant qu'il présente des colorations bien sensibles à l'œil. Ce *révélateur* donne alors de l'argent réduit dans tous les endroits où le chlorure a été

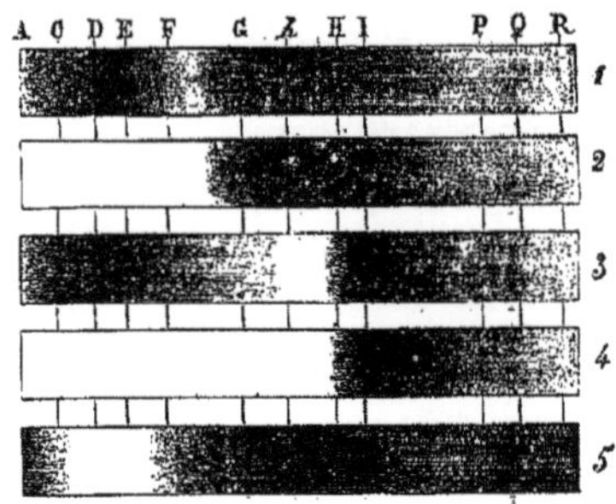


Fig. 375. — Action des diverses couleurs sur plusieurs substances impressionnables.

frappé par la lumière, et cela proportionnellement à l'activité chimique de celle-ci [Talbot, *Phil. Mag.*, t. XIV, p. 196]. C'est de cette remarque fondamentale qu'est sorti l'art de la photographie sur papier. Il est possible que la couche impressionnée renferme de minimes parcelles d'argent qui, en présence de l'agent révélateur, provoquent le dépôt d'argent par une opération électro-chimique.

Cependant M. Niepce de Saint-Victor a fait cette remarque importante, que l'on peut impressionner l'agent révélateur le premier, et que la réduction d'un sel d'argent ajouté ultérieurement dans l'obscurité s'effectue seulement dans les endroits où l'acide pyrogallique, par exemple, a reçu l'impression de la lumière. Bien plus, du papier non préparé et insolé possède la propriété de noircir dans l'obscurité le papier sensible sur lequel on le pose. Il semble avoir emmagasiné l'activité chimique de la lumière, et la garder pendant un espace de temps que Niepce a prolongé pendant trois mois en enfermant la feuille primitivement insolée dans un étui en fer-blanc. Ces curieuses expériences demandent à être continuées.

E. Becquerel, en électrolysant l'acide chlorhydrique avec une électrode positive d'argent poli, a recouvert celle-ci d'une couche régulière de chlorure d'argent (sous-chlorure?) dont la sensibilité est extrême, et qui, soumise à l'action du spectre solaire, en garde faiblement toutes les couleurs, du moins dans l'obscurité. — Voyez Photographie.

Le *bromure d'argent* jouit de propriétés analogues à celles du chlorure; son altérabilité est moindre, mais, en présence de l'azotate d'argent et par la révélation, il donne facilement des images. Le mélange de bromure et d'iodure d'argent est plus sensible que chacun de ces corps pris séparément; de plus, le bromure est impressionné par des rayons moins réfrangibles que le chlorure, ce qui est un avantage en photographie. On sait que M. Claudet, en exposant aux vapeurs de brome les plaques d'argent iodées de Daguerre, leur a donné une sensibilité 60 fois plus grande.

L'*iodure d'argent* est aujourd'hui la substance impressionnable la plus employée pour les négatifs. Peu sensible à la lumière à l'état de pureté, il offre à un très-haut degré la propriété de donner de l'argent réduit par la révélation. C'est de l'iodure d'argent mélangé de bromure que contient la couche sensible tout aussi bien dans la photographie au collodion que dans le daguerréotype. Daguerre attaquait par la vapeur d'iode la plaque d'argent qui recevait l'image de la chambre obscure. Sous l'influence de la lumière et bien avant de changer de nuance, la couche sensible prenait la propriété de condenser la vapeur de mercure en un amalgame dont le blanc mat faisait les clairs de l'épreuve.

Il règne au sujet de l'état de l'iodure impressionné la même incertitude que pour le chlorure d'argent; est-ce de l'argent disséminé moléculairement dans l'iodure ordinaire ou un iodure inférieur? les deux opinions ont été soutenues.

M. E. Becquerel a observé avec la plaque daguerrienne simplement iodée, et beaucoup mieux qu'avec le chlorure d'argent, la continuation de l'action photochimique par les rayons peu réfrangibles, une fois que celle-ci a été commencée par les rayons violets et ultra-violets. Voici comment se fait l'expérience : on insole pendant une fraction de seconde la moitié d'une plaque préalablement iodée dans l'obscurité complète, puis on fait tomber sur cette plaque un spectre réel dont chaque couleur vient impressionner à la fois la portion insolée et la portion non insolée. On expose ensuite à la vapeur de mercure, on fixe et l'on voit dans la portion non insolée que le spectre solaire a laissé une empreinte blanche où les raies se dessinent en noir, et qui s'étend depuis le bleu (à 1/3 de la distance entre F à G) jusqu'à l'ultra-violet (P) avec un maximum d'éclat dans le violet entre G et H. Dans la portion insolée, on retrouve exactement ce spectre chimique et son maximum, mais on en voit un autre commençant où le premier finit et finissant en A, avec un second maximum d'éclat dans la portion la plus lumineuse du spectre. La région comprise entre A et B est plus noire que le fond de la plaque, qui, comme on sait, a été légèrement impressionnée. La lumière rouge a donc *désimpressionné* la plaque; et cela est si vrai, que la double raie A apparaît en clair, la plaque à cet endroit n'ayant pas été frappée par les rayons rouges (fig. 375, I).

Si l'on avait traité la plaque avec le brome et l'iode, il n'y eût eu aucune différence entre la portion insolée et celle qui ne l'est pas. Seulement, dans les deux cas, le spectre eût été très-étendu, de P à C ou à B, pour une exposition un peu longue (E. Becquerel).

En 1839, J. Herschel avait déjà observé l'action photochimique inverse des rayons rouges; de nouvelles observations furent faites par Draper, Foucault, Fizeau et Claudet, et maintenant on sait que, si l'on dépose à la surface de la lame d'argent une couche d'iodure assez épaisse, cette couche, quelle que soit l'impression qu'elle a reçue, est complétement *désimpressionnée* par l'exposition à la lumière rouge et peut servir ensuite comme si elle venait d'être iodée. Avec une couche mince, on observe, au contraire, des effets de continuation comme ceux qui se produisent par les rayons un peu plus réfrangibles [Herschel, *British Assoc.*, 1839; — Draper, *Phil. Mag.*, 1842; — Foucault et Fizeau, *Compt. rend.*, t. XXIII, p. 679; — Claudet, *Compt. rend.*, t. XXV, p. 938]. L'on voit d'après cet exemple combien l'action lumineuse est variée, provoquant ici les combinaisons, là les décompositions, suivant les circonstances et suivant la réfrangibilité du rayon. Autre exemple : Si l'on imprègne un morceau de papier noirci par un sel d'argent avec de l'iodure de potassium, la teinte noire s'affaiblira sous l'influence de la lumière, l'argent réduit se combinant à l'iode de l'iodure alcalin [Lassaigne, *Compt. rend.*, t. VIII, p. 54; — Bayard, *ibid.*, t. X, p. 337].

M. E. Becquerel a mesuré l'action photochimique exercée par la lumière sur les plaques de Daguerre et sur d'autres couches sensibles, par le courant électrique qu'elles produisent lors qu'on s'en sert pour faire un élément de pile. Un tel élément, formé de deux lames iodées identiques plongées dans une solution de sulfate de soude ou d'acide sulfurique faible, ne fournit pas d'électricité; mais si l'on vient à en éclairer une, celle-ci subit une altération chimique qui décide de la production, du sens et de l'intensité du courant [*De la lumière*, t. II, p. 122].

L'iodure d'argent déposé par double décomposition dans la masse même de la couche de collodion par le procédé aujourd'hui universellement employé jouit de propriétés semblables à celles de la couche sensible de Daguerre. Il paraît tout aussi peu impressionné qu'elle lorsqu'on retire la glace de la chambre noire; mais sous l'influence du révélateur, il possède la propriété de fixer l'argent comme la couche daguerrienne fixait le mercure. En effet, si l'acide gallique employé est mêlé de nitrate d'argent, celui-ci est réduit en présence des parties impressionnées, de sorte que l'image contient plus d'argent qu'il ne s'en serait déposé si la couche impressionnable eût seule été réduite [Davanne, *Bull. de la Soc. phot.*, t. III, p. 36].

On peut ainsi accumuler de l'argent sur les parties impressionnées d'une épreuve faible, en la plongeant alternativement dans des solutions d'argent et d'acide gallique, c'est le procédé du *renforçage*. — Voyez PHOTOGRAPHIE.

Nous ne nous occupons pas ici du sulfate ni des autres sels d'argent; ils sont au reste fort peu impressionnables à la lumière, à moins qu'ils ne soient en contact avec une matière organique.

SELS D'OR. — Ils se conduisent comme les sels d'argent, mais sont moins impressionnables. Un morceau de charbon plongé dans une solution d'or ou d'argent réduit le métal sous l'influence de la lumière. Si l'on projette un spectre sur une feuille de papier imprégnée de *chlorure d'or*, il se forme très-lentement une image jaune-brun des portions du spectre comprises entre E et I, avec un maximum d'impression entre G et H; on peut soustraire le papier à l'action de la lumière avant que la coloration ne soit sensible, et l'enfermer dans une boîte; on trouvera au bout de quelques heures l'image bien développée.

SELS DE PLATINE. — Herschel, ayant additionné d'un excès d'eau de chaux le *chlorure de platine*, vit la liqueur se troubler sous l'influence de la lumière, surtout des rayons violets, ce qui n'a pas lieu dans l'obscurité. Le dépôt renferme du calcium, de l'oxygène, du platine et du chlore.

COMPOSÉS DE MERCURE. — Les *oxydes* sont altérés à la lumière et sans doute réduits. Davy a observé que le protoxyde obtenu avec le calomel et la potasse devient rouge, et par conséquent se transforme en mercure et bioxyde, dans les rayons rouges. La même réaction est réalisée par la chaleur de l'eau bouillante. Les rayons violets décolorent au contraire l'oxyde rouge humide. Le *chlorure*, l'*iodure mercureux* et les *sels mercuriques* sont aussi impressionnables. Une solution de *chlorure mercurique* additionnée d'acide oxalique ou d'oxalate d'ammoniaque donne à la lumière du protochlorure et de l'acide chlorhydrique (ou du chlorhydrate d'ammoniaque); en même temps il se dégage de l'acide carbonique, ce sont surtout les rayons violets qui agissent. — Voyez Becquerel, *La lumière*, t. II, p. 69, 95.

Les solutions mercuriques insolées peuvent donner des précipités différents de ceux fournis par les mêmes solutions maintenues dans l'obscurité [Hunt, *Phil. Trans.*, 1842, 181].

Composés de plomb. — La *litharge* et le *minium* s'oxydent à l'air sous l'influence des rayons solaires. Selon Davy, le peroxyde humide perd de sa couleur brune dans les rayons rouges et reste inaltérée dans les rayons violets. Si l'on ajoute une gelée d'amidon à de l'*iodure de plomb* précipité, on pourra constater aisément la réduction photochimique de ce dernier corps par la coloration bleue que prend le mélange sous l'influence de la lumière [Roussien, *Bull. de la Soc. phot.*, t. II, p. 149].

Sels de cuivre. — Une plaque de cuivre exposée comme une plaque daguerrienne aux vapeurs d'iode, ou de brome, ou au gaz chlore, se recouvre bientôt d'une mince couche d'*iodure*, de *bromure* ou de *chlorure cuivreux* qui noircissent à la lumière.

L'*iodure* est le moins impressionnable, l'action est produite par les rayons violets (de *h* à P) avec un maximum vers H. Le *bromure* noircit de la même façon dans les mêmes rayons, mais il subit aussi l'action des rayons de G à A et même au delà, il y a un maximum en D. Le *chlorure* noircit dans toutes les régions du spectre visible et même en deçà de A, le maximum d'effet chimique correspond au maximum lumineux; en même temps, un peu avant I, l'action photochimique recommence et présente un maximum entre I et M, puis elle s'affaiblit progressivement dans les portions d'une réfrangibilité extrême (fig. 375, 3) [E. Becquerel, *De la lumière*, t. II, p. 97].

Sels de fer. — L'on observe dans certains sels ferriques des phénomènes de réduction effectués par la lumière; il se forme des sels ferreux. Berzelius a remarqué que les solutions alcooliques de *chlorure ferrique* se décolorent à la lumière; il se dépose de l'oxyde de fer et la liqueur contient du protochlorure.

Grotthus a vu le sulfocyanure ferrique se réduire en quelques minutes au foyer d'un miroir concave exposé au soleil; la lumière bleue agit plus fortement, mais celle d'une lampe même a un effet sensible.

Draper a fait voir qu'à la lumière solaire la solution de chlorure ferrique dans l'acide oxalique, se réduit à l'état de chlorure ferreux en même temps qu'il se forme de l'acide chlorhydrique et de l'acide carbonique. La dissolution d'oxalate ferrique qui existe dans le mélange précédent peut être employée seule. Il se précipite un sous-sel ou de l'or métallique si on l'a additionnée de chlorure d'or [*Phil. Mag.*, 1857, sept.].

M. Poitevin a utilisé une réaction analogue pour produire des épreuves positives de diverses façons. Il mêle une solution d'acide tartrique à 10 % avec un volume égal de solution de chlorure ferrique à 20 %. Le liquide peut se conserver indéfiniment à l'obscurité; étendu sur le papier, il donne une couche non hygrométrique. Si on expose à la lumière une feuille de papier préparée de cette façon, les parties éclairées contiendront du chlorure ferreux et prendront la propriété des substances hygrométriques de retenir les poudres ténues. On fera donc apparaître une image des parties éclairées en tirant parti soit des réactions des sels ferreux, soit de la fixation de poudres colorées [*Ann. de Chim. et de Phys.*, (3), t. LXII, p. 192].

Des effets semblables de réduction s'observent avec l'*ammoniotartrate* et l'*ammoniocitrate* ferriques [Herschel, *Phil. Trans.*, (2), 1842, p. 181].

D'après une observation de M. Chevreul, le *bleu de Prusse* se décolore dans le vide lorsqu'on l'expose au soleil [*Rech. sur les teintures*]. Le produit décoloré, et qui a perdu de l'acide cyanhydrique ou du cyanogène, reprend à l'air sa teinte bleue, en absorbant de l'oxygène. Si l'on insole un morceau de papier imprégné de *ferricyanure de potassium* et ensuite de *chlorure ferrique*, on voit paraître une coloration bleue due à la réduction d'un des deux sels; mais le papier se décolore bientôt au soleil pour se recolorer à l'obscurité (J. Herschel). Draper recouvre une feuille de papier d'une solution de bleu de Prusse dans l'oxalate d'ammoniaque, puis il l'expose à la lumière sous un négatif. Les portions illuminées bleuissent légèrement et la coloration devient très-intense dans un bain d'acide chlorhydrique faible. Après lavage et séchage, on obtient une image qui disparaît sous l'influence de la lumière et reparaît dans l'obscurité [*Bull. de la Soc. phot.*, t. VII, p. 209].

Sels de chrome. — A la lumière, l'*acide chromique* et les *bichromates* sont réduits par les matières organiques: par exemple, une feuille de papier imprégnée de bichromate de potasse se colore en brun, la solution alcoolique d'acide chromique laisse déposer de l'hydrate de chrome, etc. [Ponton, *Bibl. de Genève*, nouv. sér., t. XXIII, p. 414, et Becquerel, *Compt. rend.*, t. X, p. 469]. L'action du bichromate de potasse sur la gomme ou l'albumine et sur la gélatine a donné naissance aux procédés héliographiques de Poitevin et de Talbot.

Sels de molybdène. — Le sulfate de molybdène se réduit et se colore en bleu à la lumière. Dans l'obscurité, le produit reprend de l'oxygène et perd sa couleur [Phipson, *Bull. de la Soc. phot.*, t. IX, p. 286].

Sels d'uranium. — L'azotate d'urane en solution est réduit par la lumière et laisse déposer de l'oxyde vert. Une feuille de papier recouverte de ce sel s'impressionne faiblement à la lumière, mais alors la réduction peut être mise en évidence en plongeant l'épreuve dans un bain d'or ou d'argent. Le sel d'or peut être ajouté au sel d'urane et sert alors à faire un bon papier pour positifs [Tunny, *Bull. de la Soc. chim.*, 1865, t. III, p. 320].

Composés organiques. — Les composés organiques riches en carbone et en hydrogène tendent à s'oxyder sous l'influence de la lumière. Nous citerons comme exemple l'*essence de térébenthine*, et la plupart des huiles essentielles, les huiles grasses et les corps gras. On s'explique facilement d'après cette propriété des matières organiques leur influence sur la réduction photochimique des sels.

M. Cloëz a étudié l'action de la lumière sur les *huiles*; il a vu que leur oxydation était surtout favorisée par des rayons bleus et violets [*Compt. rend.*, t. LXI, p. 321 et 981].

Le *bitume de Judée* qui servit de substance impressionnable dans les premiers essais de Niepce, lorsqu'il est exposé longtemps au soleil, devient insoluble dans l'huile de naphte. Il s'oxyde sans doute.

Les solutions alcooliques de *tannin*, de *chlorophylle*, etc., s'oxydent seulement à la lumière; il en est de même d'un grand nombre de *matières colorantes*.

M. Chevreul a constaté que l'*orseille*, le *rocou*, le *carthame*, l'*indigo*, ne sont nullement décolorés par la lumière solaire lorsqu'on les place dans le vide. Le *curcuma* seul a présenté une décoloration [*Mém. de l'Acad. des sc.*, t. XVI, p. 53].

L'action des divers rayons lumineux sur la *résine de gaïac* a été étudiée par J. Herschel et E. Becquerel; elle est des plus curieuses. La résine de gaïac étant épuisée par l'eau, on en fait une solution alcoolique dont on imprègne des feuilles de papier. On projette sur une de ces feuilles un spectre lumineux; au bout de quelques heures la résine est oxydée entre H et P et prend une coloration bleue dont le maximum d'intensité tombe entre I et M (fig. 375, 4). On prend une autre feuille préparée et on la passe dans l'eau de chlore, traitement qui la fait bleuir instantanément. On la soumet comme la première à l'influence spectrale; au bout de quelques heures les portions éclairées par le spectre visible sont décolorées, elles le sont proportionnellement à l'intensité lumineuse des rayons (fig. 375,5). Enfin on fait tomber le spectre lumineux sur une feuille imprégnée de gaïac sans exclure la lumière diffuse; sous son influence, le fond du papier prend une teinte verdâtre, mais les endroits frappés par les rayons lumineux de A à F restent blancs et sont préservés de l'oxydation par la lumière même. Plus loin la coloration bleue se présente, elle croît peu à peu jusqu'à un maximum dans l'extrême violet, puis elle diminue pour croître de nouveau et atteindre un autre maximum beaucoup plus foncé que le premier dans l'ultra-violet, à la place sans doute où il se produisait sous l'action de la lumière diffuse [Herschel, *Phil. Trans.*, (2), 1842; — E. Becquerel, *De la lumière*, t. II, p. 98].

Nous ne pouvons signaler ici tous les résultats intéressants auxquels M. Herschel est parvenu dans son étude de l'altération photochimique des matières colorantes; qu'il nous suffise de dire qu'il les résume de la façon suivante : 1° ce sont surtout les rayons visibles qui agissent; 2° à peu d'exceptions près, une couleur végétale est détruite par un rayon lumineux de couleur complémentaire, c'est-à-dire par celui qu'elle absorbe avec le plus d'avidité.

M. Tyndall a appelé récemment l'attention des chimistes sur une classe particulière de décompositions photochimiques de matières organiques, décompositions dont l'étude physique est devenue très-intéressante. Ce savant fait pénétrer dans un long et large tube fermé par des glaces un faisceau puissant de lumière électrique; le tube étant vide d'air, il y introduit sous une faible pression un gaz mélangé de vapeur d'*iodure d'amyle*, d'*azotate d'amyle*, ou d'*azotate de butyle*. Sous l'influence de la lumière il y a une action chimique qui n'est pas encore bien étudiée, mais qui détermine la précipitation d'une substance peu volatile sous forme de particules d'une ténuité telle, qu'elles diffusent la lumière d'une façon tout à fait spéciale. La lumière diffusée est *bleue*, si les particules sont suffisamment ténues; elle est *polarisée;* ces deux circonstances permettent d'avancer une hypothèse plausible au sujet de la coloration et de la polarisation du ciel, mais nous ne pouvons entrer dans de plus grands détails sur ce sujet tout nouveau et d'ailleurs entièrement physique [*Revue des cours scientifiques*, 1869, t. VI, p. 242].

Du reste, il est bien connu que les *iodures organiques* s'altèrent tous à la lumière. Ils brunissent en laissant déposer de l'iode, mais on ne sait pas bien quels autres produits prennent naissance. Les *éthers nitriques* ont aussi très-peu de stabilité.

ACTION DE LA LUMIÈRE SUR LES VÉGÉTAUX. — Voyez ASSIMILATION, FEUILLES, ETC. G. S.

**LUMIÈRE (APPLICATIONS).** — Sous ce titre nous donnerons quelques détails sur l'usage des principaux instruments d'optique qui peuvent être utiles aux chimistes.

I. GONIOMÈTRE DE WOLLASTON. — Cet instrument sert à mesurer les angles des cristaux petits et réfléchissant bien la lumière. Il consiste en un disque vertical D, gradué sur sa tranche et susceptible de tourner autour d'un axe horizontal. On provoque sa rotation à l'aide d'un large bouton molleté G, elle est mesurée à l'aide d'un vernier fixe V qui donne la minute. Un second bouton A conduit, par l'intermédiaire d'une tige qui traverse le bouton G et le disque D, une petite pièce métallique destinée à recevoir le cristal et à laquelle on donne généralement plusieurs mouvements à l'aide de charnières. Comme l'objet à étudier s'y fixe avec de la cire, on peut la simplifier sans inconvénient et profiter de la malléabilité de la cire pour ajuster le cristal. Lorsqu'on fait tourner le disque avec le bouton G, celui-ci entraîne dans sa rotation le bouton A, le support et le cristal; certains instruments possèdent un bouton B pour assurer cette solidarité. Mais si l'on fixe le disque à l'aide de la vis O, et si l'on fait tourner le bouton A, le support et le cristal tournent seuls. Il résulte de cette solidarité et de cette

Fig. 376. — Goniomètre de Wollaston.

indépendance facultative de mouvements qu'une position quelconque du cristal peut être amenée à correspondre à l'indication *zéro degré* de l'index du vernier; si alors on fait tourner le bouton G, l'angle dont tournera le cristal sera précisément celui qu'on lira en face de l'index. Pour effectuer une mesure d'angle, on commence par établir la coïncidence du zéro du disque avec le zéro du vernier, puis on fixe le disque dans cette position à l'aide de la vis O et l'on s'attache à placer l'arête du cristal perpendiculairement au plan du cercle et dans le prolongement de l'axe de rotation. Cette dernière condition n'est pas indispensable, il suffit que l'axe passe dans le plan qui sépare en deux parties égales l'angle dièdre à mesurer. Du reste, de petits écarts ont très-peu d'influence sur le résultat si les *mires* dont nous allons parler sont un peu éloignées. Pour remplir la première condition ainsi que pour déterminer l'angle du cristal, il faut installer le goniomètre sur une table en face d'un objet lumineux de peu d'étendue et placé assez loin. Ce sera, par exemple, un trou ou une fente de quelques millimètres pratiquée dans un écran cylindrique placé autour de la flamme d'une lampe, celle-ci étant éloignée de 5 à 6 mètres de l'observateur. L'on vérifiera en plaçant l'œil derrière le disque si la mire lumineuse est dans le plan de celui-ci, puis on fera tourner le cristal à l'aide du bouton jusqu'à ce que l'on voie l'image de la mire réfléchie sur une des deux faces de l'angle à mesurer.

L'œil doit être placé à 4 ou 5 centimètres du cristal et *s'accommoder* pour la distance de 5 à 6 mètres. Dans ces conditions, si l'on fait tourner le cristal, l'image lumineuse paraît décrire dans l'espace une ligne verticale. L'on notera les positions qu'elle paraît traverser sur le plancher ou sur la table. Bientôt la rotation continuant, la mire se réfléchira sur la seconde face et l'image paraîtra décrire une seconde ligne verticale. Celle-ci ne se confond avec la première que si l'arête du cristal est parallèle à l'axe de rotation; l'on jugera donc si cette condition est remplie d'une façon satisfaisante et on modifiera la position du cristal sur son support en conséquence. Cela fait, on s'attachera à faire coïncider l'image de la mire lumineuse vue dans chacune des deux faces du cristal avec une seconde mire vue directement avec le même œil. La superposition n'est évidemment possible que si le cristal n'intercepte pas tous les rayons qui, partant de cette mire, pénètrent dans l'œil; on doit donc faire varier un peu la position de celui-ci jusqu'à ce que les superpositions de chacune des deux images avec la mire vue directement se fassent toutes deux facilement et pour la même position de l'œil. La seconde mire peut être un trait de craie tracé sur le plancher parallèlement à l'axe du goniomètre ou bien une arête de la table, une ligne du parquet, satisfaisant à cette condition, ou enfin l'image de la première mire vue dans un miroir de verre noir disposé au pied de l'instrument. Lorsque l'on aura tout disposé pour produire commodément et exactement ces superpositions, on fera coïncider avec la seconde mire l'image produite par la première face, puis, conservant l'œil dans la même position, on desserrera la vis O et l'on fera tourner le bouton G jusqu'à ce qu'on obtienne la même coïncidence avec l'image produite par la seconde face. Il est clair qu'on aura dès lors amené la seconde face dans l'ancienne direction de la première, l'angle α dont on aura fait tourner le cristal sera donc le *supplément* de l'angle à mesurer β, ainsi qu'il résulte du simple examen de la figure 377. On le lira sur le vernier à la façon ordinaire et on le retranchera de 180° pour avoir l'angle β. Dans les instruments de précision, une vis de rappel C permet de donner au disque un mouvement très-lent et de l'amener très-exactement dans la position demandée.

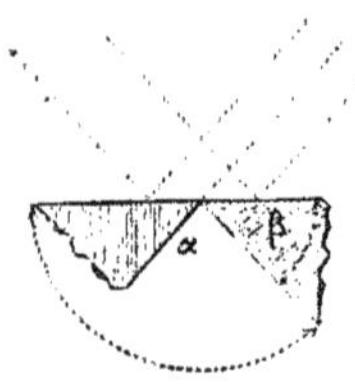

Fig. 377. — Théorie du goniomètre à réflexion.

L'on prend souvent pour première mire, non pas un point lumineux, mais une ligne horizontale bien visible, telle que la crête d'un toit, un barreau de fenêtre, etc. Cette méthode est un peu inférieure en exactitude à la précédente. On se fonde sur l'horizontalité de l'image pour régler la position du cristal.

2. GONIOMÈTRE DE BABINET. — *Mesure d'angles.* — Cet instrument dispense d'employer une mire éloignée. Le cercle divisé est horizontal et fixe. Il porte à son centre un plateau de glace pouvant tourner autour de l'axe vertical du disque et dont les déplacements angulaires sont mesurés sur la graduation de celui-ci à l'aide d'un bras portant un vernier. Un second bras, mobile autour du même axe, porte une lunette à deux verres qui est tournée vers cet axe. On peut la mettre à la vue à l'aide d'un bouton. Une autre lunette semblable à la précédente et dirigée comme elle, mais fixe, est pourvue d'un réticule en fils d'araignées placés en croix au foyer commun de ses lentilles. Ces fils remplacent une mire qui serait située à l'infini, car les rayons qu'ils émettent sont rendus parallèles par la lentille tournée vers l'intérieur du cercle. Ils se détachent d'ailleurs en sombre sur l'image brillante d'objets extérieurs fournie par la petite lentille. L'un d'entre eux est parallèle à l'axe du disque. On fixe le cristal à l'aide

Fig. 378. — Goniomètre de Babinet.

de la cire sur le plateau de glace, de façon que l'arête de l'angle à mesurer soit bien au centre et normale au plan du disque. On juge que cette condition est à peu près remplie en observant si l'arête et son image réfléchie dans la glace sont dans le prolongement l'une de l'autre. Cela fait, on fait tourner et le cristal et la lunette oculaire jusqu'à ce que l'on aperçoive nettement dans celle-ci, par réflexion sur les faces réfléchissantes du cristal, l'image des fils d'araignée qui remplacent la mire lointaine. La lunette mobile possède aussi un réticule. On a vérifié avant de fixer le cristal si le fil vertical couvre bien exactement le fil correspondant de la lunette fixe lorsqu'on met les deux lunettes dans le prolongement l'une de l'autre; on doit pouvoir obtenir la même coïncidence avec l'image réfléchie si la face réfléchissante est verticale. On cherche par quelques tâtonnements à remplir exactement cette condition pour chacune des deux faces de l'angle à mesurer, et lorsqu'elle est remplie, il ne reste plus qu'à effectuer la mesure proprement dite. Pour cela, on note les angles indiqués par le vernier dans les deux positions du cristal qui correspondent aux coïncidences. La différence est l'angle dont on a tourné le cristal, et par conséquent le supplément de celui dont on cherche la mesure. Pour la mesure, il est commode de faire tourner de 45° environ le réticule de la lunette oculaire. On juge très-bien ainsi de la coïncidence de la mire verticale avec le point de croisement des fils inclinés.

Le goniomètre de Babinet ne donne d'excellents résultats que si les faces réfléchissantes sont un peu grandes; sans cela, il manque de clarté.

En revanche, il est très-bien disposé pour mesurer l'angle d'un prisme formé d'une substance dont on cherche l'indice de réfraction et aussi pour déterminer cet indice.

*Détermination des indices de réfraction.* — Elle s'effectue à l'aide de la mesure de la déviation minima. Pour cela, on examine à l'aide de la lunette non plus l'image réfléchie de la mire, mais bien l'image réfractée. Cette image est toujours vague et irisée si l'on opère dans la lumière blanche; il faut donc, pour avoir un peu de précision, se servir d'une lumière monochromatique telle que celle fournie par la flamme de l'alcool salé. On peut mieux faire et remplacer le réticule de la lunette fixe par une fente verticale, très-étroite, éclairée directement soit par la lumière solaire, soit par celle d'un tube de Geissler à étranglement capillaire renfermant de l'hydrogène. Dans ce cas, l'irisation se transforme en un spectre parfaitement net où l'on distingue les raies caractéristiques de la source lumineuse; on peut les amener successivement à coïncider avec le réticule de la lunette mobile et mesurer ainsi la réfraction de chaque couleur élémentaire. Ces raies sont verticales pourvu que les faces du prisme le soient elles-mêmes, condition qu'il faut réaliser comme précédemment.

Pour mesurer la déviation minima, on commence par examiner l'image réfractée dans une position indéterminée du prisme et de la lunette mobile; puis on fait tourner le prisme. Dans un sens la déviation augmente, dans le sens contraire elle diminue; on continue de faire marcher le prisme dans ce sens et on déplace la lunette de façon à suivre le mouvement de l'image. Il arrive un moment où, en tournant toujours le prisme dans le même sens, l'image paraît cependant s'arrêter et enfin rebrousser chemin. Ce moment d'arrêt est celui où la déviation passe par son minimum.

On donne alors exactement à la lunette la position pour laquelle telle raie du spectre atteint, mais ne peut dépasser, par la rotation du prisme, le point de croisement des fils du réticule. On note cette position : le supplément de l'angle des deux lunettes est alors l'angle de la déviation minima $\Delta$. Il est facile d'en tirer l'indice de réfraction $n$ correspondant à la raie considérée, pourvu qu'on connaisse l'angle A du prisme.

L'on a en effet :

$$n = \frac{\sin \frac{1}{2}(\Delta + A)}{\sin \frac{1}{2} A}.$$

Les liquides dont on veut étudier l'indice de réfraction doivent être introduits dans un prisme de verre creux dont les faces réfringentes soient formées de glaces minces et bien parallèles. Celles-ci, lorsqu'elles sont bien travaillées, adhèrent au corps du prisme par la seule capillarité du liquide. Il est prudent cependant de les fixer selon les cas avec une trace de cire ou de gomme.

3. Spectroscope de Bunsen. — Cet appareil ne diffère du goniomètre de Babinet à collimateur, déjà employé par Masson pour l'étude des spectres, que par l'addition d'une lunette portant une échelle photographiée dont l'image réfléchie à la surface du prisme arrive à l'œil avec l'image réfractée. On en trouvera la description à l'article Analyse spectrale. Quant aux spectroscopes polyprismatiques, ce sont des instruments de physicien dont nous ne devons pas nous occuper ici.

4. Microscope. — Un bon microscope est indispensable dans un laboratoire, mais l'usage de cette sorte d'instrument est si simple que nous n'en parlerons pas. Nous signalerons seulement une disposition spécialement adoptée pour les recherches chimiques et dans laquelle l'objectif est au-dessous de l'objet, lequel est supporté par une lame de verre très-mince. On peut avec cet appareil effectuer des réactions sur la lame de verre, chauffer l'objet tout en l'examinant, faire dégager des gaz ou des vapeurs sans altérer l'instrument, etc.; ce sont des avantages précieux.

L'apparence de certains corps examinés au microscope est souvent caractéristique; nous en représentons ici (fig. 379 à 388) quelques-unes des plus connues.

5. Pince aux tourmalines. — Deux lames de

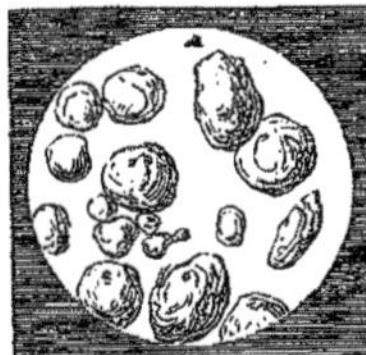
Fig. 379. — Amidon du blé.

Fig. 380. — Fécule de pomme de terre.

Fig. 381. — Grain d'amidon gonflé et déchiré.

Fig. 382. — Oxalate de chaux.

Fig. 383. — Acide urique.

Fig. 384. — Acide urique précipité par l'acide acétique.

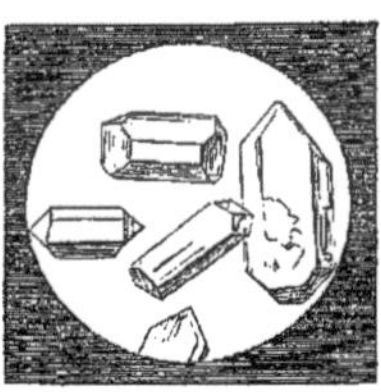
Fig. 385. — Phosphate ammoniaco-magnésien.

Fig. 386. — Acide hippurique.

Fig. 387. — Cholestérine.

Fig. 388. — Cystine.

tourmaline taillées parallèlement à l'axe du cristal et d'une épaisseur d'un à deux millimètres sont enchâssées dans deux plaques de liége percées. Celles-ci sont portées par des montures circulaires qui peuvent tourner sur elles-mêmes dans deux anneaux de fil métallique.

Le même fil métallique, qui est assez gros, a été contourné comme le montre la figure, de façon à former une pince tendant à se refermer et à maintenir les objets placés entre les tourmalines par son élasticité. Telle est la pince aux tourmalines de Biot. Si entre les deux tourmalines *croisées* on introduit une lame cristallisée biréfringente, le rayon polarisé par la première plaque sera modifié, il ne sera plus éteint complétement par la seconde et l'on apercevra de la lumière. On saura ainsi qu'on n'a affaire ni à un corps amorphe ni à un cristal du type cubique, à moins que celui-ci ne présente, grâce à sa structure, ce qu'on appelle la polarisation lamellaire. On pourra distinguer tout aussi facilement les substances à un axe optique de celles qui en ont deux. Dans le premier cas, et si la lame cristalline est perpendiculaire à l'axe du cristal, on apercevra, en approchant l'œil très-près de la tourmaline, un système d'anneaux colorés circulaires traversés par une croix noire (fig. 367). Dans le second, les anneaux seront plus ou moins elliptiques, on pourra en voir deux systèmes dans le champ, mais le centre de chaque système ne sera traversé que par une seule bande noire (fig. 390, 391, 392 et 393).

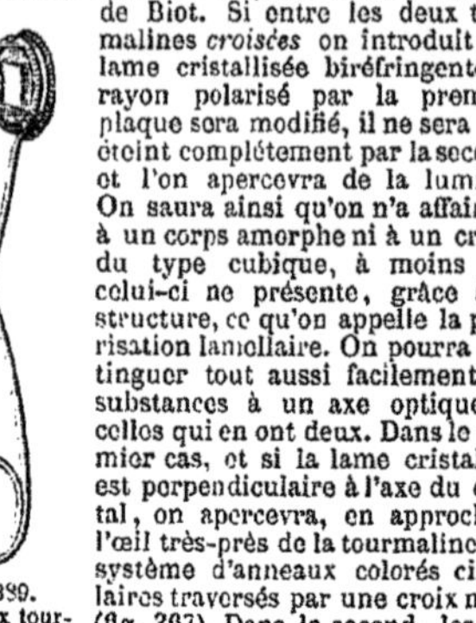

Fig. 389. Pince aux tourmalines de Biot.

6. Microscope polarisant. — C'est un microscope grossissant généralement fort peu, dont l'oculaire est additionné d'un nicol et où l'on admet seulement de la lumière polarisée. Il en existe un certain nombre de modèles, nous décrirons seulement l'un des meilleurs, celui qu'a fait construire M. des Cloizeaux.

Le corps de l'instrument peut être vertical ou horizontal. Dans le premier cas, l'observation est plus commode; l'on emploie alors comme polariseur une pile de glace, ce qui permet d'avoir un champ très-vaste. La lumière polarisée est rendue convergente par un système de trois lentilles; elle traverse le cristal, qu'on peut faire tourner soit horizontalement, soit verticalement, et dont on peut mesurer la rotation, puis elle pénètre dans le microscope. L'objectif est le plus large possible, la plus petite des trois lentilles qui le composent a 15 millimètres de diamètre. Au-dessus d'une quatrième lentille se trouve un micromètre, puis enfin la lentille oculaire et le nicol. Avec cette disposition on peut observer des anneaux colorés et les lignes noires dans des cristaux ou des lames taillées qui présentent les conditions les plus défavorables. On les a distingués fort nettement dans une lame de quartz de 1/2 millimètre d'épaisseur, taillée très-obliquement par rapport à l'axe et montée entre deux prismes de verre de 60°, de façon que le tout formât un parallélipipède de 2 centimètres de haut. De plus, le champ est assez grand pour qu'on aperçoive les deux systèmes d'anneaux fournis par la topaze, dont les axes optiques sont écartés de 121°.

*Mesure de l'écartement des axes optiques.* — Elle s'effectue en faisant tourner le cristal autour de l'axe horizontal de façon à amener successivement le centre de chaque système d'anneaux sous le trait médian du micromètre. La rotation, mesurée sur le petit cercle vertical, représente l'écartement des axes optiques dans l'air. Lorsque celui-ci dépasse 135°, sa mesure, ou même l'observation des deux systèmes d'anneaux, ne peut se faire que dans un milieu plus réfringent que l'air. Dans ce cas, on dispose le microscope horizontalement, la lumière est polarisée complétement par un nicol et le cristal est plongé dans une petite auge de glace de 12 millimètres d'épaisseur, renfermant du sulfure de carbone ou de l'huile d'olive décolorée par son exposition au soleil, ou toute autre substance analogue dont l'indice est déterminé à l'avance. Le cristal est tenu par une pince dont les mouvements angulaires sont mesurés sur un limbe gradué. Ces mouvements, pour plus de commodité, ne s'effectuent qu'autour d'un seul axe, qui est vertical. Il faut donc disposer le cristal dans la pince de façon que le plan des axes optiques à mesurer soit horizontal. Pour rendre facile cette accommodation, on fixe la plaque biréfringente sur une lamelle de verre mince à l'aide de la térébenthine épaissie, du baume de Canada ou de l'arkanson, et c'est cette lamelle qu'on place dans la pince. Lorsqu'on a mesuré l'écartement $2\alpha$ des axes optiques dans une huile dont l'indice de réfraction est $n$, on en tire l'angle $2\beta$ de ces axes dans l'air à l'aide de la formule $\sin\beta = n \sin\alpha$. Quant à l'angle réel $2\gamma$ des axes dans le cristal, il demande, pour être connu, la détermination des trois indices de celui-ci. On l'obtient cependant très-approximativement en taillant deux plaques normales, l'une à la bissectrice de l'angle aigu des axes, l'autre à la bissectrice de l'angle obtus et en observant dans l'huile les angles apparents $2\alpha$ et $2\alpha'$ de ces axes. On a en effet $\tang\gamma = \frac{\sin\alpha}{\sin\alpha'}$.

Lorsqu'on veut mesurer avec exactitude l'écartement des axes optiques, on s'aperçoit bien vite que le centre des anneaux rouges n'est pas le même que celui des anneaux bleus. Les axes optiques des diverses couleurs sont donc différents, et, dans un travail exact, il importe d'opérer avec diverses lumières monochromatiques en notant la position des axes pour chacune de ces lumières. Mais on remarque aussi que la position des axes rouges, par rapport aux axes bleus, est très variée dans les divers cristaux à deux axes. Cette position permet le plus souvent de distinguer un cristal des types clinorhombique et anorthique d'avec un cristal orthorhombique, ainsi que nous allons le voir (de Sénarmont). Plaçons dans l'appareil une lame taillée à peu près perpendiculairement à la bissectrice aiguë des axes optiques et faisons tourner le cristal de façon que le plan des axes soit à 45° du plan de polarisation et de la section principale de l'analyseur; dans ce cas, nous apercevrons généralement les deux systèmes d'anneaux traversés chacun par une branche d'hyperbole sombre et bordée d'un côté de rouge et de l'autre de bleu; le sommet de chaque hyperbole sombre marquera la place des axes optiques, et puisque ces axes sont différemment disposés pour les diverses couleurs, la place de l'axe rouge, qui serait parfaitement noire si l'on opérait dans la lumière rouge, sera colorée par les autres rayons de la lumière ordinaire, elle sera bleuâtre. Ainsi, dans le cas représenté par la figure 390 B, et qui est relatif au nitre, les axes rouges sont moins écartés que les axes bleus, précisément parce que les bordures rouges des hyperboles le sont plus que les bordures bleues (1). Dans d'autres cristaux orthorhombiques, les axes bleus sont moins écartés que

(1) Dans toutes ces figures, qui sont dessinées d'après le *Manuel de Minéralogie* de M. des Cloizeaux, les couleurs réfrangibles (vert, bleu, violet) sont représentées par des traits, les couleurs peu réfrangibles (rouge, orangé) par des points.

les axes rouges, la disposition des couleurs est donc inverse.

Dans les cristaux des deux derniers types, les axes optiques de différentes couleurs ne seront

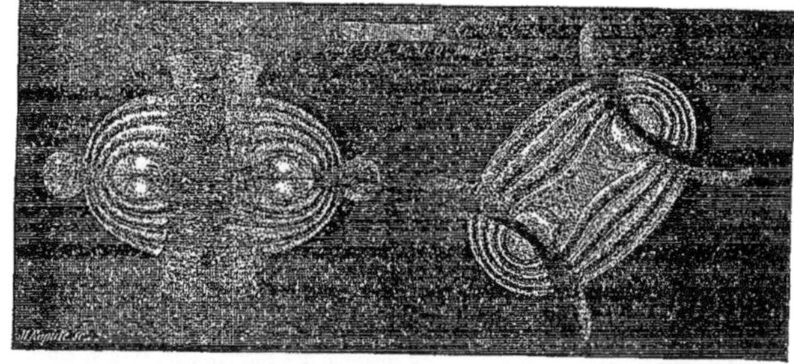

Fig. 390. L'angle des axes rouges est moindre que celui des axes bleus ($\rho < v$).

Nitre. Type orthorhombique.

Fig. 391. Dispersion inclinée.

Diopside. Type clinorhombique.

Fig. 392. Dispersion horizontale.

Orthose. Type clinorhombique.

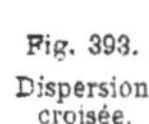

Fig. 393. Dispersion croisée.

Borax. Type clinorhombique.

plus forcément dans le même plan; lorsqu'ils y sont, il peut arriver que les deux branches d'hyperboles soient bordées extérieurement d'une même couleur, et intérieurement de la couleur complémentaire, comme tout à l'heure, fig. 390 B; dans ce cas, malgré la dissymétrie des deux systèmes d'anneaux, qui se rencontre aussi dans les plaques orthorhombiques mal taillées, on peut confondre le cristal avec un cristal orthorhombique. Mais souvent aussi, l'intérieur d'une hyperbole étant rouge, l'intérieur de la seconde est bleu. On peut affirmer alors que le cristal n'appartient pas au type du prisme orthorhombique (fig. 391).

Si les axes optiques ne sont pas dans un même plan, on s'en apercevra à l'irrégularité des bordures colorées des hyperboles; celles-ci envahiront de biais le premier anneau (fig. 392 B et 393 B); on ramènera alors le plan moyen des axes optiques à être parallèle ou perpendiculaire au plan de polarisation, et l'on observera une des deux dispositions de couleurs représentées dans les figures 392 A et 393 A. Toutes deux sont caractéristiques d'un cristal des deux derniers types.

Pour se procurer les plaques cristallines qu'on soumet à l'épreuve du microscope polarisant, il

Pour les cristaux du type anorthique on n'a pas de règles à formuler et les tâtonnements peuvent seuls guider l'observateur.

*Détermination du signe d'un cristal.* — Pour déterminer si un cristal à un axe ou à deux axes très-rapprochés est *positif* ou *négatif*, on pose sur la plaque biréfringente un mica fort mince (au plus de l'épaisseur dite *quart d'onde*) dont le plan des axes optiques, déterminé à l'avance, soit à 45° du plan de polarisation. La croix noire se résout en deux croissants hyperboliques. Menons par la pensée une ligne droite joignant le sommet des deux hyperboles. Si cette ligne *croise* le plan des axes du mica (+), le cristal est positif; si elle se confond avec ce plan (—), le cristal est négatif.

7. Saccharimètre de Soleil. — Cet instrument, créé, comme son nom l'indique, pour le dosage optique des sucres, sert, encore, entre les mains des chimistes, à la détermination approchée des pouvoirs rotatoires. La lumière d'une lampe, polarisée par son passage à travers un prisme biréfringent, traverse un quartz à deux rotations, dont une moitié fait subir au plan de polarisation, qui d'abord était vertical, une rotation de 90° à droite pour les rayons jaunes, et l'autre une égale rotation à gauche. Après avoir traversé le liquide à étudier, le double faisceau polarisé rencontre une nouvelle plaque de quartz perpendiculaire, derrière laquelle se trouve ce qu'on appelle le *compensateur*. Ce sont deux prismes fort aigus obtenus en sciant en biseau une lame de quartz taillée perpendiculairement à l'axe; quand on les fait glisser l'un sur l'autre, leur ensemble représente une lame à faces parallèles, d'une épaisseur variable. Lorsque ces deux prismes se recouvrent à moitié, ils présentent la même épaisseur que le quartz qui les précède et en annulent l'effet, parce qu'ils possèdent le pouvoir rotatoire en sens inverse. Les fait-on glisser dans un sens ou dans

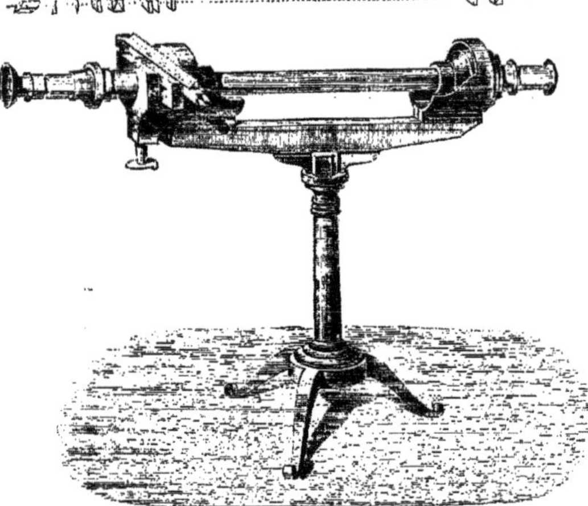

Fig. 394. — Saccharimètre de Soleil.

faut d'abord connaître la position des axes optiques dans le cristal. Dans le cas des cristaux à un axe, rien de plus simple : on taille la plaque parallèlement à la base $p$ (ou $a^1$ dans le rhomboèdre); dans celui des cristaux orthorhombiques, la question se complique un peu, et, pour avoir une lame perpendiculaire à la bissectrice aiguë des axes optiques, il faut, selon les cas, tailler ou cliver une lame parallèle à $p$, à $h^1$ ou à $g^1$. S'agit-il de cristaux clinorhombiques, on commencera par tailler une plaque parallèle à $g^1$, c'est-à-dire au plan de symétrie du cristal. Il peut se faire que cette lame soit normale à l'une des bissectrices, elle pourra servir directement à l'observation, seulement on emploiera l'huile pour mesurer l'écartement des axes, si celui-ci est trop considérable; dans le cas contraire, on examinera la plaque dans la lumière polarisée parallèle, et les deux directions rectangulaires suivant lesquelles aura lieu l'extinction *maxima* indiqueront l'orientation des bissectrices. Deux plaques $o^x$, $a^x$, taillées normalement à ces deux directions, serviront à mesurer l'angle des axes, comme il a été dit plus haut.

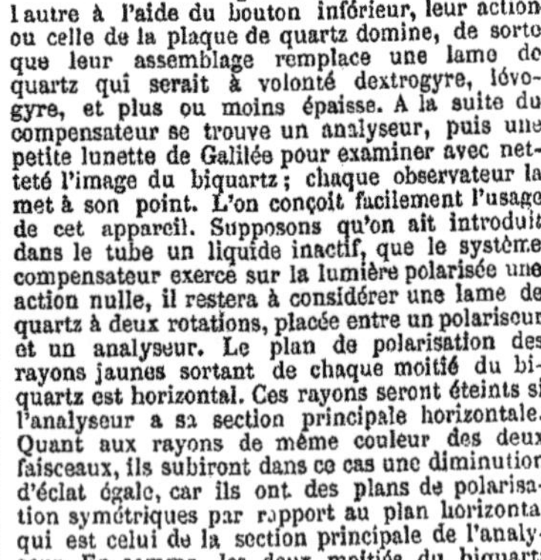

l'autre à l'aide du bouton inférieur, leur action ou celle de la plaque de quartz domine, de sorte que leur assemblage remplace une lame de quartz qui serait à volonté dextrogyre, lévogyre, et plus ou moins épaisse. A la suite du compensateur se trouve un analyseur, puis une petite lunette de Galilée pour examiner avec netteté l'image du biquartz; chaque observateur la met à son point. L'on conçoit facilement l'usage de cet appareil. Supposons qu'on ait introduit dans le tube un liquide inactif, que le système compensateur exerce sur la lumière polarisée une action nulle, il restera à considérer une lame de quartz à deux rotations, placée entre un polariseur et un analyseur. Le plan de polarisation des rayons jaunes sortant de chaque moitié du biquartz est horizontal. Ces rayons seront éteints si l'analyseur a sa section principale horizontale. Quant aux rayons de même couleur des deux faisceaux, ils subiront dans ce cas une diminution d'éclat égale, car ils ont des plans de polarisation symétriques par rapport au plan horizontal qui est celui de la section principale de l'analyseur. En somme, les deux moitiés du biquartz présenteront à l'œil une même teinte, celle de la lumière blanche moins les rayons voisins du jaune, c'est-à-dire la couleur dite *fleur de pêcher* ou *teinte sensible*. Vient-on à emplir le tube d'une liqueur active, la rotation imprimée par l'un des quartz sera accrue, l'autre diminuée, ce n'est plus le rayon jaune qui sera polarisé horizontalement et qui disparaîtra, mais ce sera, du côté où l'action du quartz est accrue, un rayon moins réfrangible, et, de l'autre côté, un rayon plus réfrangible. En un mot, la première image virera au vert et l'autre au rouge. Si la loi de dispersion de la substance active est la même que celle du quartz, on pourra compenser cet effet en faisant passer le double faisceau à travers une lame de quartz suffisamment épaisse et d'un pouvoir rotatoire inverse. C'est ce qu'on réalise en faisant mouvoir le compensateur. Lorsque l'épaisseur de celui-ci a atteint une certaine valeur, chaque rayon subit de sa part une rotation du plan de polarisation égale et contraire à celle que lui avait imprimée la liqueur et l'égalité de teinte reparaît. A ce moment, la colonne liquide équivaut optiquement à une plaque de quartz de *n* centièmes de millimètre d'épaisseur. C'est ce nombre *n* que l'on trouve inscrit sur une petite échelle d'ivoire portée par le compensateur (¹).

Comme on connaît d'ailleurs la rotation produite par 1 millimètre de quartz sur le plan de polarisation des divers rayons, on pourra évaluer à volonté l'action de la liqueur en *millimètres de quartz* ou en *degrés* de rotation, qui serviront à la détermination du *pouvoir rotatoire*.

Voici la table des rotations imprimées aux plans de polarisation des diverses lumières simples par 1 millimètre de quartz (Biot).

| | |
|---|---|
| Raie B de Fraunhofer. | 15°,3740 |
| — C — | 16°,8800 |
| — D — | 20°,9835 |
| — E — | 26°,2936 |
| — F — | 31°,0153 |
| — G — | 39°,5128 |
| — H — | 47°,1478 |

L'on prend 24°30′ pour la rotation de la couleur jaune dont l'extinction correspond à la *teinte sensible*. Lorsque l'on opère avec une liqueur colorée, il n'est plus possible d'obtenir l'égalité de coloration des deux quartz en même temps que la teinte fleur de pêcher. D'ailleurs cette teinte, qui pour la plupart des observateurs paraît s'altérer pour un très-léger déplacement du compensateur dans un sens ou dans l'autre, n'est pas *sensible* à ce point pour toutes les vues. On peut ramener une image colorée à la teinte sensible, ou celle-ci à telle autre couleur, au moyen d'un quartz et d'un nicol placés entre l'observateur et l'analyseur. Il suffit de faire tourner le nicol pour modifier à volonté la couleur de la lumière transmise.

*Dosage du sucre par le saccharimètre.* — On dissout 16gr,350 de sucre à essayer dans une soixantaine de centimètres cubes d'eau, on décolore s'il y a lieu avec 2 ou 3 centimètres cubes de solution saturée de sous-acétate de plomb, puis on étend à 100 centimètres cubes et on filtre s'il y a un trouble. Cela fait, on prend un des tubes de 20 centimètres, on en dévisse une des glaces terminales, on l'emplit entièrement de solution, on replace la plaque et on la fixe sans trop la serrer, puis on introduit le tube dans l'appareil. L'on a vérifié à l'avance si l'index marque *zéro* sur l'échelle du compensateur lorsqu'il n'y a pas de substance active. Il ne reste plus qu'à amener à l'aide du compensateur l'égalité de teinte des images fournies par les deux moitiés du biquartz et à lire le nombre indiqué sur l'échelle : ce nombre représente la richesse du sucre ou la quantité de sucre pur qu'il contient en 100 parties, pourvu que l'échantillon ne renferme que de la saccharose (sucre de canne) et des matières inactives.

La plupart du temps, à cause de la présence d'autres sucres, il faut faire une seconde opération après *inversion*. Pour cela, on prend 50 centimètres cubes de la première liqueur, on y ajoute 5 centimètres cubes d'acide chlorhydrique pur et fumant. On porte le tout dans un bain-marie à la température de 68°, puis on laisse refroidir et on filtre s'il y a lieu. On introduit cette nouvelle liqueur dans un tube de 22 centimètres portant un thermomètre (¹) et l'on rétablit l'égalité de teinte, ce qui a lieu généralement en faisant marcher l'index du compensateur non plus vers la gauche, mais vers la droite.

On ajoute le nombre qu'il indique à celui obtenu avant l'inversion, puis on cherche dans une table due à M. Clerget et jointe à tous les instruments la richesse en sucre cristallisable qui correspond à cette somme et à la température T observée. Dans certains cas, l'index après l'action de l'acide est encore à gauche du zéro ; on retranche alors les deux nombres obtenus au lieu de les ajouter.

Si l'on ne possède pas la table de M. Clerget, on peut la remplacer très-approximativement par la formule suivante, dans laquelle S représente la somme ou la différence des nombres indiqués par l'instrument avant et après l'inversion et $x$ le nombre de grammes de sucre de canne contenu dans 1 litre de la solution :

$$x = 1{,}635\ \frac{200\ \mathrm{S}}{288 - \mathrm{T}}.$$

L'analyse des urines diabétiques s'effectue en ajoutant à 100 centimètres cubes d'urine 10 centimètres cubes de solution d'acétate de plomb ; on filtre, on introduit la liqueur dans le tube de 22 centimètres et l'on prend le degré. Chaque degré du compensateur indique la présence dans 1 litre d'urine de 2 gr,4 de glucose (2gr,88 d'après la formule de Biot : $\frac{2353{,}6 \times \alpha}{l}$ = grammes de glucose par litre d'urine).

Polarimètre. — Lorsqu'on veut déterminer le pouvoir rotatoire d'une substance avec quelque exactitude, on doit abandonner l'usage du saccharimètre, car la compensation avec le quartz n'est pas possible pour toutes les substances actives, et alors on n'arrive jamais à rétablir exactement l'égalité de teinte.

On polarise simplement la lumière dans un plan donné, puis, après son passage à travers le corps à examiner, on la reçoit sur un analyseur sensible susceptible de tourner autour de la direction du rayon lumineux et d'en indiquer exactement le plan de polarisation. La mesure de la rotation $\alpha$ de cet analyseur introduite dans les formules de la page 252 permet de déterminer le pouvoir rotatoire. On peut prendre comme analyseur un nicol, ou bien un appareil producteur des franges de Savart, lesquelles disparaissent complètement pour une certaine position du plan de polarisation. On préférera enfin se servir du nicol double de M. Cornu qui donne les résultats les plus exacts, mais exige l'emploi de la lumière monochromatique ; on peut d'ailleurs produire facilement celle-ci avec un bon bec de Bunsen portant au

(1) Dans les anciens instruments, l'unité était le millimètre de quartz ; la graduation donnait les dixièmes de millimètres et un vernier les centièmes.

(1) Si l'on n'a que des tubes de 20 centimètres, on multipliera le nombre obtenu par $\frac{11}{10}$.

milieu de la flamme un morceau de sel marin dans un petit panier de fil de platine.

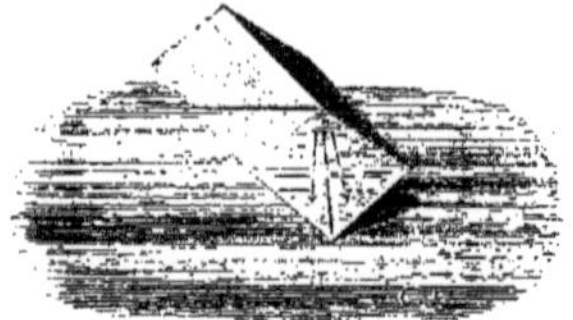

Fig. 395. — Nicol double de M. Cornu.

Dans l'appareil de M. Cornu, dont le dispositif est analogue à celui d'un instrument imaginé par M. Jelett, un nicol ordinaire sert d'analyseur; quant à celui qui polarise la lumière, il a été scié en deux suivant le plan des petites diagonales, puis recollé après que chacune des faces de sciage a été usée obliquement, de telle sorte que les sections principales des deux moitiés fassent un angle de 3° l'une avec l'autre. Une moitié du nicol produit-elle un rayon polarisé qui est éteint complètement par l'analyseur, l'autre moitié en fournit un qui passe encore en partie; fait-on tourner de 3° le nicol oculaire, les rôles des deux rayons sont intervertis et l'un gagne en éclat tout ce que l'autre perd. Pour une position intermédiaire de l'analyseur, les deux rayons sont également affaiblis; la section principale de celui-ci est alors parallèle au plan bissecteur des plans de polarisation des deux rayons. C'est cette égalité d'affaiblissement caractéristique qu'on cherche à produire avant et après l'introduction de la colonne active. Or l'expérience prouve que l'œil juge très-sûrement de l'égal éclairement des deux images voisines et de même couleur. En fait ce dispositif permet de mesurer les rotations à deux ou trois minutes près [*Bull. de la Soc. chim.*, 1870, t. XIV, p. 140]. G. S.

**LUNNITE** (Min.) [Syn. *Cuivre phosphaté, phosphorochalcite* (Glocker), *pseudo-malachite, ypoleime* (Beud.), *ehlite, kupfer-diaspore, dihydrite*]. — Phosphate hydraté de cuivre,

$$5CuO.Ph^2O^5. + 2H^2O$$
$$= 2(PhO^4)'''.Cu''.4(CuOH)'.$$

Les analyses ne fournissent pas toutes la même quantité d'eau. Se trouve en petits cristaux ou en masses concrétionnées, fibreuses ou compactes, à surface inégale, d'un vif éclat vitreux, d'un vert d'émeraude foncé passant au vert-de-gris, dans les filons traversant les schistes à Virneberg et Ehl, sur le Rhin, avec d'autres minerais de cuivre, à Libethen (Hongrie), et Nischnetagilsk (Sibérie).

*Caractères.* — Soluble dans l'acide nitrique et dans l'ammoniaque. Au chalumeau, décrépite et donne une poudre noire. Avec les flux, réactions du cuivre.

Dureté, 4,5 à 5. Poussière d'un beau vert. Cassure inégale. Densité, 4 à 4,4.

*Forme cristalline.* — Orthorhombique avec hémiédrie $mm = 100°28'$, $pa^1 = 146°18'$.

Clivage : $g^1$ parfait. F. et S.

**LUPININE.** — Matière amère des graines de lupin [Cassola, *J. Chim. Medic.*, nov. 1834].

**LUPULINE.** — Voyez Bière, t. I, p. 594.

**LYCINE**, $C^5H^{11}AzO^2$ [A. Husemann et W. Marmé, *Ann. der Chem. u. Pharm.*, Suppl. II, p. 383, et III, p. 245; *Bull. de la Soc. chim.*, t. I, p. 385, 1864]. — Alcaloïde déliquescent qu'on rencontre dans les feuilles de *Lycium barbarum*, L. Les tiges en renferment beaucoup moins. Pour la préparer, on épuise les feuilles à plusieurs reprises par l'eau bouillante, on précipite par le sous-acétate de plomb, on enlève l'excès de plomb par l'hydrogène sulfuré, et on concentre le liquide au tiers après l'avoir neutralisé par le carbonate de sodium. Le liquide, fortement acidulé avec l'acide sulfurique, est précipité par le phosphomolybdate de sodium. Le précipité jaune clair qui se forme est lavé avec de l'eau additionnée d'acide sulfurique, mélangé à l'état humide avec du carbonate de baryum ou de calcium, séché au bain-marie et épuisé par l'alcool bouillant. Le résidu de la distillation de l'alcool est redissous dans l'eau et purifié de nouveau par le sous-acétate de plomb, qui précipite une matière résineuse. On évapore la solution finalement avec l'acide chlorhydrique, et on purifie le chlorhydrate par cristallisation.

La base libre, isolée du chlorhydrate par le carbonate d'argent, ou du sulfate par le carbonate de baryum, forme une masse blanche, cristalline, radiée. Elle est très-déliquescente, d'une réaction neutre et d'une saveur forte, mais pas amère. L'alcool absolu la dépose en petites tables et en prismes, fusibles au-dessus de 150°. Les acides ne l'altèrent pas. Son action sur l'organisme est faible; ce n'est qu'à la dose de 0gr,12 et par application sous-cutanée qu'elle agit sur une grenouille; elle produit une paralysie passagère.

La lycine se rapproche par sa formule et ses propriétés de la sarcosine.

*Chlorhydrate de lycine*, $C^5H^{11}AzO^2.HCl$. — Il se dépose de l'alcool en longs prismes incolores ou en tables épaisses, très-solubles dans l'alcool et dans l'éther. Les cristaux appartiennent au type orthorhombique. Formes observées :

$$m, b^{1/2}; p; g^1; e^1.$$

*Sulfate* $(C^5H^{11}AzO^2)^2SH^2O^4$. — Ce sel est déliquescent et forme une masse cristalline blanche, que l'alcool absolu dépose sous forme de petites plaques rhombiques.

*Chloraurate*, $C^5H^{11}AzO^2.HCl + AuCl^3$. — Lamelles ou prismes jaune d'or, solubles dans l'eau et dans l'alcool, peu solubles dans l'éther.

*Chloromercurate* $(C^5H^{11}AzO^2.HCl)^2 + HgCl^2$. — Sa solution alcoolique placée sous une couche d'éther dépose peu à peu des tables quadratiques nacrées, qui se dissolvent facilement dans l'eau et dans l'alcool.

*Chloroplatinate*, $(C^5H^{11}AzO^2.HCl)^2 + PtCl^4$. — Prismes d'un orangé foncé. A. H.

**LYELLITE.** — Voyez Langite.

**LYMPHE.** — La lymphe est le liquide contenu dans un système de vaisseaux, annexe du système veineux, mais ne communiquant nulle part directement avec lui, vaisseaux qui ont leur origine dans les interstices du tissu connectif de la peau, des muqueuses et des autres organes (dans les épithéliums, suivant Küss de Strasbourg). Après s'être réunis entre eux par anastomose et avoir passé par de nombreux ganglions propres, les vaisseaux lymphatiques de la partie sous-diaphragmatique et de la moitié susdiaphragmatique du corps viennent se jeter dans le canal thoracique où la lymphe se mélange au chyle, tandis que ceux de la partie susdiaphragmatique droite viennent former la grande veine lymphatique droite.

La lymphe est un liquide légèrement visqueux, tantôt trouble et opalescent, blanc ou légèrement jaunâtre, tantôt transparent. Sa saveur saline est légère, sa réaction alcaline. Sa densité a été trouvée de 1,022 (Magendie), de 1,037 [Marchand et Colberg, *Gilbert's Annalen*, t. CXIX, p. 607]. Densité de 1,045 (suivant Krimer).

L'opalescence de la lymphe est due à des corpuscules que l'on rencontre jusque dans les radicules du tissu connectif interstitiel et dans le parenchyme qui remplit les alvéoles des ganglions; ils seraient identiques aux globules blancs du sang. On trouve en même temps quelquefois dans la lymphe des corpuscules rouges du sang toujours plus petits que ceux de ce dernier liquide, des globulins et de très-petites granulations graisseuses [V. Nasse, *Handw. d. Physiolog.*, t. II, p. 363, et Kühne (1868), *Physiolog. Chem.*, p. 262].

Exposée à l'air, la lymphe se coagule au bout de 6 à 20 minutes, en donnant un caillot et un sérum. La coagulation a lieu aussi bien dans le vide, l'hydrogène et l'acide carbonique. La masse du caillot varie de 5 à 14 et même 19 millièmes de la masse totale de lymphe; C. Schmidt a trouvé 44 millièmes. Ce caillot serait formé, d'après la théorie allemande de Schmidt, par l'union des matières fibrinoplastique et fibrinogène, dont le produit constitue la fibrine. Mais il existerait dans la lymphe un excès de matière fibrinogène, car, si au sérum on ajoute quelques corpuscules rouges de sang, il se refait une nouvelle coagulation. La matière fibrinogène en excès dans le sérum peut être d'ailleurs enlevée par un mélange de 3 p. d'alcool et 1 p. d'éther, qui la précipitent à l'état de flocons.

Ce sérum ne contient pas de caséine. Il n'est coagulé ni par l'acide acétique, ni par la présure.

La théorie qui veut que la lymphe soit comme un produit de transsudation de la partie liquide du sang veineux à travers les tissus explique l'analogie de la lymphe avec le plasma du sang.

Schmidt a obtenu pour 1,000 p. de lymphe : sérum 955,17, caillot 44,83. La composition de chacun d'eux était :

| | Composition de la lymphe. | |
|---|---|---|
| | 1000 part. de sérum. | 1000 part. de caillot. |
| Eau | 958,61 | 907,32 |
| Fibrine | » | 48,66 |
| Albumine | 32,02 | |
| Corps et acides gras | 1,23 | 34,36 |
| Matières organiques diverses | 1,78 | |
| Sels minéraux | 7,36 | |

Les *sels minéraux* se décomposaient ainsi : chlorure de sodium, 5,65; soude, 1,30; potasse, 0,11; acide sulfurique, 0,08; phosphates alcalins, 0,02; phosphates de chaux et de magnésie, 0,20; en tout 7,36.

Voici quelques autres analyses de la lymphe :

| | QUÉVENNE ET GUBLER. Vaisseaux variqueux lymphatiques d'une femme. | MÊMES AUTEURS. Même origine. | MARCHAND ET COLBERG. Blessure des vaisseaux du dos du pied. | REES. Lymphe d'âne nourri de fèves et avoine. Membres postérieurs. | GMELIN. Lymphe de cheval, plexus lombaire. | SCHERER. Lymphe humaine. |
|---|---|---|---|---|---|---|
| Eau | 93,987 | 93,477 | 96,926 | 96,536 | 96,10 | 95,76 |
| Fibrine et corpuscules | 0,056 | 0,063 | 0,520 | 0,120 | 0,25 | 0,037 |
| Albumine et albuminates | 4,275 | 4,280 | 0,434 | 1,200 | 2,75 | |
| Corps gras | 0,382 | 0,920 | 0,264 | traces | » | 3,472 |
| Matières extractives | 0,570 | 0,390 | 0,312 | 1,559 | 0,69 | |
| Sucre de raisin | | 0,050 | » | » | » | |
| Chlorure sodique | | 0,640 | | | | |
| Lactate sodique | | » | | | | |
| Phosphates alcalins | 0,730 | 0,180 | 1,544 | 0,585 | 0,21 | 0,73 |
| Carbonates alcalins | | » | | | | |
| Autres sels divers | » | » | | | | |
| | 100,00 | 100,00 | 100,000 | 100,000 | 100,00 | 100,00 |

La présence du sucre dans la lymphe, constatée par Gubler et Quevenne, a été confirmée par Krause ainsi que par Poiseuille et Lefort. Ces derniers ont trouvé en sucre pour 100 parties dans la lymphe du chien, 0,16[illegible], dans le sang, traces; dans celle du cheval 0,442, sang 0,069; dans la lymphe de la vache 0,098, dans son sang 0,055. M. Cl. Bernard, en donnant du sucre ordinaire aux animaux, n'a pas trouvé de sucre de raisin dans la lymphe.

M. Wurtz a noté dans la lymphe la présence de l'urée. Voici, d'après cet auteur, les proportions relatives de l'urée dans le sang et la lymphe de divers animaux.

| | SANG. Urée pour 100 part. | LYMPHE. Urée pour 100 part. |
|---|---|---|
| Chien | 0,009 | 0,016 |
| Vache | 0,019 | 0,019 |
| Cheval | » | 0,012 |
| Taureau | » | 0,021 |

Staedeler et Frerichs ont noté encore dans la lymphe la leucine, avec absence de tyrosine; Scherer, Geiger et Schlossberger, les sels ammoniacaux, les sulfates, les carbonates alcalins et l'oxyde de fer.

Il n'existe aucune étude sur la nature des granulations graisseuses de la lymphe. Mais il est permis d'admettre qu'elle se rapproche beaucoup de celle des matières grasses du chyle; nous pouvons dire que, d'après le travail qu'a bien voulu nous communiquer M. Dobroslavine, ces corps gras sont un mélange d'oléine avec environ 60 parties de stéarine pour 40 parties de palmitine. Une partie de ces composés est libre, une autre subit déjà des transformations; c'est ainsi que M. Dobroslavine a signalé l'existence d'une amide ayant la constitution

$$(C^3H^5)''' \left\{ \begin{matrix} 2\,C^{18}H^{35}O \\ AzH^2. \end{matrix} \right.$$

Il faut faire observer, du reste, que la lymphe subit une élaboration successive à mesure qu'elle passe à travers un plus grand nombre de ganglions, et que sa composition est variable suivant les diverses parties du corps dont elle provient.

A. G.

# M

**MACHEFER.** — Nom donné aux scories vitreuses qui restent avec les cendres comme produit de la combustion de la houille.

**MACHROMINE.**—Voyez MORINTANNIQUE (ACIDE).

**MACLE.** — Voyez ANDALOUSITE.

**MACLE** (Cristallographie) [Syn. *Hémitropie*]. — On donne ce nom à des groupements réguliers de cristaux, qui se font en obéissant aux lois suivantes :

1° Le plan de jonction ou d'hémitropie est une face appartenant au système cristallin de l'espèce.

2° On peut considérer la macle comme formée par un cristal entier, qui aurait été coupé en deux suivant le plan d'hémitropie, et dont une moitié aurait tourné de 180° par rapport à l'autre, autour d'un axe normal à ce plan.

Ce plan d'hémitropie ne limite pas toujours en réalité les deux demi-cristaux, dont la pénétration peut être tout à fait irrégulière. Mais on peut toujours supposer son existence.

La même loi de macle peut se reproduire un certain nombre de fois dans un cristal et amener la formation de macles multiples.

Parmi les substances offrant des macles fréquentes ou caractéristiques, nous citerons les spinelles, la cassitérite (bec d'étain), l'arragonite et la cymophane; la chabasie; le pyroxène et l'orthose; et enfin l'albite. — Voyez ces mots. F. et S.

**MACLURINE**, synonyme d'*acide morintannique*. — Voyez MORINTANNIQUE (ACIDE).

**MADURINE.** — Voyez MORINTANNIQUE (ACIDE).

**MAGISTRAL.** — Voyez ARGENT, t. I, p. 378.

**MAGNÉSIE BORATÉE.** — Voyez BORACITE.

**MAGNÉSIE CARBONATÉE.** — Voyez GIOBERTITE.

**MAGNÉSIE HYDRATÉE.** — Voyez BRUCITE.

**MAGNÉSIE PHOSPHATÉE.** — Voyez WAGNERITE.

**MAGNÉSIE SULFATÉE.** — Voyez EPSOMITE.

**MAGNÉSITE** (Karsten), magnésie carbonatée. — Voyez GIOBERTITE.

**MAGNÉSITE** (Brongniart) [Syn. *Écume de mer*]. — Hydrosilicate de magnésie, $3\,SiO^2 2\,MgO$, avec une quantité d'eau variant de 2 à $4H^2O$. Terreux ou compacte, souvent mélangé avec de la giobertite ; d'un blanc mat, parfois jaunâtre ou rosé ; tenace, tendre et sec au toucher. Se ramollit dans l'eau et fait avec elle une pâte fine mais courte. Se trouve dans les terrains secondaires et tertiaires, dans les environs de Brousse (Asie Mineure), à Baldissero (Piémont), à Saint-Ouen et Coulommiers, etc.

*Caractères.* — Fait gelée avec l'acide chlorhydrique. Dans le tube, donne de l'eau et répand une odeur de brûlé. Au chalumeau, blanchit et fond difficilement en un émail blanc. Avec l'azotate de cobalt, donne une coloration rose.

Dureté, 2 à 25. F. et S.

**MAGNÉSIUM**, Mg = 24 (équivalent = 12). — Ce métal, voisin du zinc par ses propriétés physiques et par le caractère chimique de ses combinaisons, se rencontre dans la nature principalement à l'état de carbonate double de magnésium et de calcium (dolomie), de silicates simples ou complexes, et, en dissolution dans les eaux de la mer et dans beaucoup d'eaux minérales, à l'état de chlorure, de sulfate ou d'azotate.

Bergman et Marggraf ont les premiers fait ressortir les caractères qui distinguent la magnésie de la chaux; Davy démontra que la magnésie est l'oxyde d'un métal; M. Bussy a le premier isolé le magnésium à l'état compacte.

Le magnésium possède l'éclat métallique de l'argent ou du zinc; comme ce dernier métal, il se recouvre rapidement d'une légère couche d'oxyde. Il est malléable et ductile, peu tenace, se laisse limer et polir; sa densité est égale à 1,75 (MM. Deville et Caron). Il fond vers la température d'ébullition du zinc et se réduit en vapeur comme ce dernier, aussi peut-il être distillé facilement dans un courant d'hydrogène. Sa conductibilité électrique à 17° est égale à 25,47, celle de l'argent à 0° étant 100. Chaleur spécifique = 0,2499 (Regnault). Sa dureté est à peu près celle du spath calcaire. Il cristallise en octaèdres (Becquerel).

Le magnésium est complétement inaltérable à l'air sec; il s'oxyde lentement à la surface sous l'influence de l'humidité. Chauffé à l'air au-dessus de son point de fusion, il brûle avec une flamme très-éclairante, blanche et répandant des fumées de magnésie; la poussière de magnésium projetée dans une lampe à gaz brûle en produisant des étincelles d'une grande vivacité et un nuage de fumées blanches. La lumière du magnésium est très-intense : un fil de magnésium de $0^{mm},207$ de diamètre donne autant de lumière que 74 bougies stéariques de dix au kilogramme (Bunsen). Cette lumière, qui est très-photogénique, se prête très-bien aux expériences de photographie; elle présente un spectre continu sur lequel se détachent en clair les raies figurées à la page 236. Le groupe de raies en 50 est attribué par Huggins à la magnésie volatilisée. On a imaginé différentes dispositions de lampe pour rendre cette lumière constante et uniforme. Un atome de magnésium produit, en brûlant dans l'air ou dans le chlore, 5 à 6 fois plus de chaleur qu'un atome de zinc (Woods).

Le magnésium décompose l'oxyde de carbone et l'acide carbonique au rouge, et brûle dans ce dernier gaz en mettant du charbon en liberté; il brûle lorsqu'on le chauffe au rouge dans un courant d'acide sulfureux, en augmentant de 62 % de son poids; il se sublime du soufre (Parkinson).

Le magnésium décompose lentement l'eau pure; il est beaucoup plus rapidement altéré par l'eau chargée d'acide carbonique.

Chauffé, il brûle dans la vapeur d'eau, dans le chlore et dans la vapeur de soufre; il se combine aussi directement au phosphore, à l'arsenic; au contact de l'acide chlorhydrique, il s'enflamme; l'acide sulfurique concentré le dissout difficilement en produisant de l'acide sulfureux; l'acide azotique le dissout rapidement. Les acides étendus le dissolvent facilement avec dégagement d'hydrogène. Une solution alcoolique d'iode l'attaque à peine, même à chaud.

Les lessives alcalines et l'ammoniaque n'agissent pas à froid sur le magnésium (Phipson), mais les sels ammoniacaux l'attaquent facilement à chaud.

Chauffé avec de la silice, il met en liberté du silicium qui se combine avec une partie du métal; avec l'acide borique, on obtient une masse noire verdâtre, décomposant l'eau, mais sans dégagement de gaz odorant (Phipson); avec le fluorure de bore, il y a du bore mis en liberté, qui se combine au magnésium inattaqué (Geuther).

Mis en contact avec les solutions de fer et de manganèse, de cuivre, de cobalt, de nickel, il en sépare les métaux à l'état de liberté. Avec les solutions d'aluminium, d'urane et d'autres métaux, il se sépare des hydrates (Phipson, Roussin, Commaille) [*Bull. de la Soc. chim.*, nouv. sér., t. IV, p. 93, 257].

Le magnésium est rapidement dissous par l'eau oxygénée, à l'état d'hydrate soluble (Weltzien).

*Préparation.* — Bussy, qui a le premier obtenu le magnésium métallique, le préparait par l'action du potassium sur le chlorure de magnésium anhydre. On reprend par l'eau froide le produit de la réaction, et l'on isole ainsi les globules de métal [*Journ. de Chim. médic.*, t. VI, p. 141]. Bunsen l'a obtenu en soumettant à l'électrolyse le chlorure de magnésium fondu dans un creuset de porcelaine [*Ann. der Chem. u. Pharm.*, t. LXXXII, p. 137; *Ann. de Chim. et de Phys.*, (3), t. XXXVI, p. 107]. Matthiessen substitue au chlorure de magnésium pur, dans le procédé de Bunsen, le chlorure double obtenu en mélangeant les solutions de 3 molécules de chlorure de potassium et de 4 molécules de chlorure de magnésium hydraté, ajoutant une certaine quantité de sel ammoniac, évaporant et fondant le résidu [*Quart. Journ. of the Chem. Soc.*, t. VIII, p. 107].

Le procédé suivi par Deville et Caron est, en principe, le même que celui qui a servi à Bussy : il est fondé sur la réduction du chlorure de magnésium par le sodium [*Ann. de Chim. et de Phys.*, (3), t. LXVII, p. 340].

On fait un mélange de 600 grammes de chlorure de magnésium fondu, de 480 grammes de fluorure de calcium pulvérisé et de 230 grammes de sodium coupé en fragments de 1 à 2 centimètres cubes environ, et bien nettoyé. On introduit ce mélange dans un creuset de terre chauffé au rouge et bien assujetti dans le fourneau, puis on le ferme avec son couvercle. Au bout de quelques instants, la réaction se manifeste par de vives crépitations; quand celles-ci ont cessé, on découvre le creuset et on remue la masse fondue avec une tige de fer, puis on retire le creuset du feu, et on y projette par petites portions du fluorure de calcium pulvérisé et sec, pour hâter le refroidissement, en même temps qu'on continue à brasser la masse avec une tige de fer. Ce brassage a pour effet de rassembler le magnésium fondu en un culot métallique qui vient surnager la scorie et qui est protégé de l'oxydation par une couche de scorie fondue qui l'enveloppe. S'il se manifestait une combustion, on l'arrêterait facilement en projetant un peu de fluorure de calcium à la surface du métal. Quand le tout est refroidi, on casse le creuset et on détache le métal de la scorie, puis on soumet celle-ci à une nouvelle fusion pour en séparer le métal qu'elle retient encore.

Pour réunir le magnésium en lingots, on fond les culots de magnésium brut avec un mélange de chlorure de magnésium, de fluorure de calcium et de sel marin, en augmentant peu à peu la proportion du fluorure qui finit par rendre la scorie moins fusible que le métal qu'on décante alors facilement.

Le magnésium ainsi obtenu n'est pas pur; il renferme du charbon, du silicium et de l'azoture de magnésium; pour le purifier, on le soumet à la distillation dans un courant d'hydrogène. Deville et Caron opèrent cette distillation dans un tube de charbon de cornue de 4 à 5 centimètres de diamètre intérieur, enfermé dans un tube plus large, en terre réfractaire; l'espace annulaire est rempli de sable fin et fermé aux deux extrémités par un lut argileux. Le tube de charbon est muni de deux bouchons de charbon, bien rodés, traversés par des tubes de verre destinés à donner passage au courant d'hydrogène; le magnésium se place dans une nacelle de charbon disposée au centre du tube, qui est légèrement incliné. Enfin, en avant de la nacelle, on place un diaphragme de charbon, pour empêcher la déperdition de la chaleur par le mouvement du gaz hydrogène. Le gaz qui sort de l'appareil brûle avec une flamme des plus brillantes, due aux particules de magnésium entraînées.

Sonstadt, pour éviter la présence de l'azote dans la magnésie, emploie le chlorure de ce métal, tout à fait exempt de chlorure d'ammonium, à l'état de chlorure double potassique ou sodique. E. Reichard a proposé, pour la fabrication du magnésium, de réduire par le sodium la carnallite ou chlorure double de potassium et de magnésium naturel [*Jenaische Zeitsch.*, t. I, p. 499].

Enfin, Petitjean a proposé de préparer le magnésium par l'action de la limaille de fer sur le sulfure de magnésium [*Dingler's Polytech. Journ.*, t. CXLVIII, p. 371].

Alliages de magnésium. — Le magnésium forme avec le potassium et le sodium des alliages qui décomposent l'eau (Phipson). On obtient un amalgame de magnésium en chauffant ce métal avec du mercure; à froid, la combinaison est très-lente, mais au point d'ébullition du mercure, elle a lieu avec énergie. Les affinités du magnésium paraissent activées lorsqu'il est à l'état d'amalgame; celui-ci se ternit rapidement à l'air et il décompose l'eau avec beaucoup plus d'énergie que l'amalgame de sodium [Wanklyn et Chapman, *Chem. Soc.*, (2), t. IV, p. 141].

Parkinson a obtenu des alliages de magnésium par fusion des métaux dans un courant d'hydrogène ou au creuset, sous une couche de spath fluor et de cryolithe. En raison de la faible densité du magnésium, ce métal doit être attaché à une tige de fer et agité dans l'autre métal en fusion. Ces alliages sont cassants, plus durs que les métaux composants, d'une cassure grenue et cristalline; ils sont très-altérables. Les alliages observés sont ceux de sodium, d'aluminium, de cadmium, de zinc, de plomb, de bismuth, d'étain, d'antimoine, de mercure, d'argent, d'or et de platine. Le fer, le cobalt et le nickel ne s'allient pas seuls au magnésium [*Chem. Soc.*, (2), t. V, p. 117].

## COMBINAISONS DU MAGNÉSIUM AVEC LES MÉTALLOIDES.

Chlorure de magnésium, $MgCl^2$. — Ce composé se forme par la combustion du métal dans le chlore; par l'action du chlore sur la magnésie au rouge vif (Gay-Lussac et Thenard) ou du chlore sur un mélange de magnésie et de charbon de fécule (Bussy). On l'obtient mélangé de beaucoup de magnésie par la calcination du chlorure cristallisé ; mais si l'on mélange ce dernier avec du chlorure d'ammonium, la magnésie qui s'était formée par la décomposition du chlorure hydraté reforme du chlorure de magnésium au contact du sel ammoniac. On fait évaporer à sec une solution renfermant des quantités égales de chlorure de magnésium et de sel ammoniac; avant de soumettre le résidu à la calcination, il faut le dessécher le plus soigneusement possible, en pulvérisant à plusieurs reprises. On calcine ensuite au rouge dans un creuset de platine, jusqu'à ce que tout le sel ammoniac soit volatilisé et que le chlorure soit bien fluide. Par le refroidissement, le chlorure de magnésium se prend en une masse translucide feuilletée, formée de lames cristallines nacrées. Il fond au rouge sombre en un liquide limpide (Liebig, Bunsen). On peut le distiller dans un courant d'hydrogène.

Le chlorure de magnésium est déliquescent et s'échauffe au contact de l'eau, dans laquelle il est très-soluble. Calciné à l'état humide, il se décompose partiellement en donnant de l'acide chlorhydrique et de la magnésie.

La solution de chlorure de magnésium s'obtient en dissolvant de la magnésie ou du carbonate de magnésium dans l'acide chlorhydrique, ou bien en concentrant et exposant au froid une solution de 2 p. de sulfate de magnésium et de 1 p. de chlorure de sodium dans 4 p. 1/2 d'eau; il cristallise du sulfate de sodium, tandis que le chlorure de magnésium reste dissous.

Le chlorure de magnésium se rencontre dans les eaux mères des marais salants d'où l'on a retiré le sulfate de sodium (Balard), et est obtenu comme produit accessoire dans l'extraction du potassium des sels de Stassfurt, formés en grande partie de carnallite ou chlorure double de magnésium et de potassium.

La solution de chlorure de magnésium laisse déposer par une forte concentration des aiguilles incolores et déliquescentes, appartenant au système orthorhombique [Marignac, *Ann. des Mines*, (5), t. IX, p. 1], fusibles à 119°, mais perdant déjà de l'acide chlorhydrique à 106° (Brandes); la présence des chlorures alcalins lui donne plus de fixité. Ces cristaux renferment $MgCl^2 + 6H^2O$; ils se dissolvent dans 0,6 p. d'eau froide et dans 0,273 p. d'eau bouillante. Ils sont solubles dans 5 p. d'alcool à 90 centièmes et dans 2 p. d'alcool à 82 centièmes. Voici, d'après Gerlach, la densité des solutions aqueuses de chlorure de magnésium :

| Solution renfermant $MgCl^2$ anhydre. | Densité à 15°. |
|---|---|
| 5 °/o | 1,0422 |
| 10 — | 1,0859 |
| 15 — | 1,1311 |
| 20 — | 1,1780 |
| 25 — | 1,2274 |
| 30 — | 1,2794 |
| 35 — | 1,3341 |

La solution renfermant 30 °/o $MgCl^2$ bout à 115°,6.

Le chlorure de magnésium forme des chlorures doubles avec les chlorures alcalins.

*Chlorure ammoniaco-magnésien*,

$$MgCl^2.AzH^4Cl + 6H^2O,$$

— Petits cristaux rhomboïdaux obtenus en mélangeant les solutions concentrées des deux chlorures (Marignac). Ce chlorure double se forme également lorsqu'on ajoute de l'ammoniaque à une solution aqueuse de chlorure de magnésium; dans ce cas une partie seulement de la magnésie se trouve précipitée; ou bien lorsqu'on traite une solution de sel ammoniac par de la magnésie qui met en liberté une partie de l'ammoniaque. Ce sel est soluble dans 6 p. d'eau.

*Chlorure potassico-magnésien* (carnallite),

$$MgCl^2.KCl + 6H^2O.$$

Octaèdres du système orthorhombique (Marignac). Ce sel, qui se rencontre en abondance dans les mines de Stassfurt, sert à l'extraction du chlorure de potassium. Exposé à l'air, il tombe en déliquescence en donnant une solution concentrée de chlorure de magnésium, et en laissant du chlorure de potassium. L'alcool opère la même séparation.

*Chlorure sodico-magnésien*,

$$MgCl^2.NaCl + 2H^2O$$

(Poggiale).

La *tachhydrite* est un *chlorure double de calcium et de magnésium* naturel,

$$2MgCl^2, CaCl^2 + 12H^2O,$$

déliquescent, en massse arrondies, translucides et jaunâtres [Rammelsberg, *Pogg. Ann.*, t. XCVIII, p. 261].

Le chlorure de magnésium forme avec le *chlorure d'iode* une combinaison qui renferme

$$MgCl^2.2ICl^3 + 5H^2O;$$

elle s'obtient en délayant l'iodate de magnésium dans l'acide chlorhydrique et saturant par du gaz chlorhydrique jusqu'à dissolution complète. Par le refroidissement, il se dépose des cristaux déliquescents assez instables [Filhol, *Journ. de Pharm.*, t. XXV, p. 442].

Enfin le chlorure de magnésium forme une combinaison avec *l'oxychlorure de phosphore*,

$$MgCl^2.POCl^3,$$

déliquescente, inodore, décomposable par la chaleur et par l'eau [Casselmann, *Ann. der Chem. u. Pharm.*, t. XCVIII, p. 213].

Bromure de magnésium, $MgBr^2$. — Masse cristalline blanche, fusible seulement au rouge, non volatile. On l'obtient par l'action de la vapeur de brome sur un mélange de magnésie et de charbon. Ce bromure est déliquescent et se dissout dans l'eau avec élévation de température. Sa solution aqueuse, que l'on obtient dans les mêmes circonstances que le chlorure, laisse déposer par l'évaporation des cristaux renfermant $6H^2O$; ces cristaux se décomposent par la chaleur en acide bromhydrique et magnésie.

On connaît un *bromure potassico-magnésien*, $MgBr^2, 2KBr + 6H^2O$, cristallisé en prismes droits.

Iodure de magnésium, $MgI^2$. — Cristallise difficilement, déliquescent et décomposable à chaud en présence de l'eau.

Fluorure de magnésium, $MgFl^2$. — Insoluble dans l'eau, peu soluble dans les acides, indécomposable par la chaleur.

On obtient un *fluorure sodico-magnésien*,

$$MgFl^2.NaFl,$$

en cristaux cubiques, par la fusion du chlorure de magnésium avec un excès de fluorure et de chlorure de sodium, ou par l'action du magnésium sur le fluosilicate de sodium [Geuther, *Jenaische, Zeitsch.*, t. II, p. 208]. Il se forme aussi par l'action de la magnésie sur une solution bouillante de fluorure de sodium [Tissier, *Compt. rend.*, t. LVI, p. 848].

*Fluoborate de magnésium*,

$$MgFl^2, 2BoFl^3 = (BoFl^4)^2Mg.$$

— Prismes volumineux, très-solubles, d'une saveur très-amère (Berzelius).

*Fluosilicate de magnésium*,

$$MgFl^2.SiFl^4 = (SiFl^6)Mg.$$

— Masse gommeuse, jaunâtre, très-soluble dans l'eau (Berzelius).

Oxyde de magnésium ou magnésie (*magnésie calcinée*), MgO. — Cet oxyde, qui se forme dans la combustion du magnésium, est une poudre blanche, volumineuse, presque infusible. Despretz a pu la fondre cependant en employant la chaleur produite à la fois par une forte lentille et par un courant électrique puissant. Il est inodore, insipide, bleuit le papier rouge de tournesol mouillé. Il se dissout à 15° dans 5,800 p. d'eau (O. Henry); dans 16,000 d'après Dalton et dans 36,000 p. d'eau bouillante (Fyfe).

Il existe dans la nature, associé à du protoxyde de fer, et est désigné sous le nom de *périclase*. Ce minéral a été reproduit artificiellement par Ebelmen en décomposant le borate magnésique par de la chaux, dans un four à porcelaine. H. Deville a également reproduit les cristaux du périclase par l'action de l'acide chlorhydrique sur la magnésie, à une température élevée, ou de la vapeur d'eau sur le chlorure de magnésium [*Compt. rend.*, t. LIII, p. 199].

On l'obtient par la calcination de l'hydrate de magnésie, du carbonate ou de l'azotate de magnésium, ou encore du chlorure de magnésium hydraté, en calcinant à plusieurs reprises le résidu avec addition d'eau. Généralement c'est par la calcination du carbonate (*magnésie blanche*) qu'on prépare la magnésie; la calcination doit être poussée jusqu'à ce que le produit ne fasse plus effervescence avec les acides.

*Hydrate de magnésium,*

$$MgO.H^2O = MgH^2O^2.$$

— On l'obtient en précipitant un sel de magnésium par de la potasse ou de la soude en excès. Par l'ammoniaque, la précipitation est très-incomplète; d'après la plupart des auteurs, on ne précipite ainsi que la moitié de la magnésie; néanmoins, suivant Pribram, cette proportion est beaucoup plus forte, et, si l'on attend vingt-quatre heures, il ne reste que 1/10e de la magnésie en dissolution [*Zeitsch. für Chem.*, 1866, p. 255]. En présence d'un excès d'un sel ammoniacal, la précipitation est nulle. Suivant Warington, la précipitation par les alcalis fixes n'est pas non plus complète, mais elle l'est d'autant plus que l'excès d'alcali est plus considérable [*Chem. Soc.*, (2), t. III, p. 27].

La magnésie calcinée, mise en présence de l'eau, s'hydrate avec une légère élévation de température; exposée à l'air, elle absorbe à la fois l'humidité et l'acide carbonique. H. Deville a obtenu, par un séjour prolongé de la magnésie sous l'eau, une masse dense et tenace comme le marbre, mais plus dure et plus diaphane; cette masse renfermait 57,1 °/₀ d'oxyde de magnésium, 27,7 d'eau, 8,3 d'acide carbonique, 1,3 d'alumine et d'oxyde ferrique et 6 °/₀ de sable (la magnésie provenait de la calcination du chlorure de magnésium hydraté du commerce). En l'absence de l'air, il y a également durcissement, pourtant il ne se forme que l'hydrate $MgH^2O^2$; comme l'hydrate naturel (voyez Brucite), celui-ci n'absorbe plus l'acide carbonique de l'air [H. Deville, *Compt. rend.*, t. LXI, p. 975].

La magnésie, arrosée d'une solution de chlorure de magnésium, forme une pâte durcissant après quelques heures; ce durcissement est dû à la formation d'un *hydrate d'oxychlorure*

$$MgCl^2, 5MgO + 17H^2O.$$

Traité par l'eau froide, il perd du chlorure de magnésium et devient

$$MgCl^2, 9MgO + 24H^2O.$$

L'eau bouillante lui enlève enfin tout le chlorure et laisse un hydrate $2MgO, 3H^2O$ qui n'attire que difficilement l'acide carbonique [Bender, *Zeitsch. f. Chem.*, t. VI, p. 044; *Bull. de la Soc. chim.*, 1871, t. XV, p. 42].

*Hydrate soluble.* — Weltzien, en faisant réagir le magnésium sur le peroxyde d'hydrogène, a obtenu un liquide très-alcalin, renfermant l'hydrate $MgH^2O^2$ et qui, évaporé à sec, laisse une masse blanche, encore soluble dans l'eau et très-alcaline [*Bull. de la Soc. chim.*, (2), t. V, p. 263].

*Usages.* — La magnésie est fréquemment utilisée en médecine. Délayée dans l'eau, à la dose de 8 à 10 grammes, elle purge. On l'administre aussi contre les aigreurs. Bussy l'a préconisée comme contre-poison de l'acide arsénieux; c'est le meilleur antidote dans l'empoisonnement par les acides. Pour ces usages, la magnésie doit être exempte de chaux.

Sulfure de magnésium. — Le soufre, chauffé avec du magnésium, distille sans s'y combiner; néanmoins lorsqu'on chauffe au rouge sombre, dans de la vapeur de soufre, un mélange de soufre et de limaille de magnésium, il y a combinaison et l'on obtient une masse poreuse brune, à cassure d'un gris d'acier, difficilement fusible, décomposable à l'air humide en dégageant de l'hydrogène sulfuré, et donnant avec l'eau une solution jaune très-altérable [Parkinson, *Chem. Soc.*, (2), t. V, p. 117]. Fremy a obtenu du sulfure de magnésium par l'action de la vapeur de sulfure de carbone sur un mélange de magnésie et de charbon chauffé au rouge [*Ann. de Chim. et de Phys.*, (3), t. XXXVIII, p. 324].

Le sulfate de magnésium, chauffé au blanc dans un creuset brasqué, laisse du sulfure mélangé de beaucoup de magnésie [Berthier].

L'action prolongée de l'eau décompose le sulfure de magnésium en hydrogène sulfuré et magnésie, en donnant d'abord une solution de *sulfhydrate de magnésium* $MgH^2S^2$, qu'on obtient aussi en dirigeant un courant d'hydrogène sulfuré à travers de la magnésie en suspension dans l'eau, ou en ajoutant un sulfhydrate alcalin à un sel de magnésium [Berzelius, *Poggend. Ann.*, t. VI, p. 442]. D'après J. Pelouze, cette solution laisse, par l'évaporation, un résidu de magnésie hydratée exempte de soufre. D'après le même auteur, lorsqu'on traite une solution de chlorure de magnésium par du sulfure de sodium, il se forme du sulfhydrate de sodium et il se dépose de la magnésie [*Compt. rend.*, t. LXII, p. 108],

$$MgCl^2 + 2Na^2S + 2H^2O = 2NaCl + 2NaHS + MgH^2O^2.$$

Séléniure de magnésium (?). — Lorsqu'on ajoute du séléniure de potassium à un sel de magnésie, il se forme un précipité couleur de chair, donnant du sélénium libre par l'action des acides ou de la chaleur.

La magnésie se dissout dans l'eau en présence d'hydrogène sélénié, en donnant sans doute un sélénhydrate (Berzelius).

Azoture de magnésium. — Dans la préparation du magnésium, Deville et Caron ont généralement observé, à la surface de ce métal, des cristaux transparents et incolores, se décomposant au contact de l'humidité, en fournissant de l'ammoniaque et de la magnésie [*Ann. de Chim. et de Phys.*, (3), t. LXVII, p. 348].

La présence de ce composé, qui, d'après ses produits de décomposition, doit renfermer $Mg^3Az^2$, provient de ce qu'il est très-difficile de débarrasser entièrement le chlorure de magnésium du sel ammoniac employé dans sa préparation.

Le magnésium se combine directement à l'azote: on fait arriver un courant d'azote sur de la limaille de magnésium, chauffée dans un fourneau à vent. On obtient ainsi une masse amorphe, jaune verdâtre, décomposable par l'air humide, en dégageant de l'ammoniaque.

L'azoture de magnésium a été analysé par Fr. Briegleb et A. Geuther, qui ont confirmé la formule $Mg^3Az^2$, mais qui n'ont jamais pu l'obtenir cristallisé.

Il décompose rapidement l'eau, avec élévation de température. Les acides donnent le sel magnésien et le sel ammoniacal correspondant. Le chlore sec ne l'attaque pas à froid, mais, à chaud, la réaction s'établit avec incandescence. L'hydrogène sulfuré le décompose au rouge naissant, en donnant du sulfure d'ammonium, qui se sublime, et du sulfure de magnésium. Le perchlorure de phosphore l'attaque en produisant du chlorure de magnésium et un azoture de phosphore, $Ph^3Az^5$.

L'azoture de magnésium est sans action sur l'alcool et sur l'iodure d'éthyle [Briegleb et Geuther, *Ann. der Chem. u. Pharm.*, t. CXXIII, p. 228].

PHOSPHURE DE MAGNÉSIUM, $Mg^3P^2$. — Le phosphore fondu réagit avec une grande énergie sur le magnésium chauffé au rouge dans un courant d'hydrogène, en donnant du phosphure de magnésium. Celui-ci se forme aussi lorsqu'on chauffe du phosphore rouge avec de la limaille de magnésium. Ce phosphure est une masse homogène, dure et cassante, infusible au rouge, d'un gris d'acier; sa cassure est fibreuse et cristalline avec un éclat métallique. Th. Blunt avait obtenu ce phosphure à l'état d'une masse noire, friable et très-stable, en opérant dans un courant d'acide carbonique [*Chem. Soc.*, (2), t. III, p. 106]; Parkinson pense que le phosphure de Blunt était mélangé de charbon et de magnésie.

Le phosphure de magnésium décompose l'eau et les acides en produisant de la magnésie, ou le sel correspondant, et de l'hydrogène phosphoré. Il se décompose à l'air humide [Parkinson, *Chem. Soc.*, (2), t. V, p. 117].

ARSÉNIURE DE MAGNÉSIUM. — Il se forme, avec une vive réaction, lorsqu'on porte au rouge, dans de l'hydrogène, un mélange d'arsenic et de limaille de magnésium (3 p. de magnésium se combinent à 6,2 environ d'arsenic, ce qui correspond sensiblement à la formule $Mg^3As^2$). C'est un corps brun, d'un faible éclat métallique, à cassure grenue, peu fusible; il se délite à l'air [Parkinson, *Chem. Soc.*, (2), t. V, p. 117].

SILICIURE DE MAGNÉSIUM. — Ce composé, qui sert à la préparation de l'hydrogène silicié, spontanément inflammable, découvert par Wœhler, se produit par l'action du sodium sur le chlorure de magnésium mélangé de flu siliciure de sodium: on agite vivement dans un flacon de verre un mélange, pulvérisé dans un mortier chaud, de 40 grammes de chlorure de magnésium fondu, 35 grammes de fluosiliciure de sodium bien sec, 10 grammes de chlorure de sodium, auxquels on ajoute, après pulvérisation, 20 grammes de sodium coupé en petits fragments. Le tout, bien mélangé, est versé en une fois dans un creuset de Hesse, chauffé au rouge; on donne un bon coup de feu, et, quand les crépitations ont cessé, on retire le creuset du feu, on le laisse refroidir et on le casse.

Le produit de la réaction est une masse gris-noirâtre, fondue, remplie de globules et de lamelles d'un éclat métallique; c'est ce produit brut qui sert directement à la préparation de l'hydrogène silicié.

On peut, dans cette préparation, remplacer le chlorure de magnésium par le chlorure sodico-magnésien et le fluosiliciure de sodium par un mélange de cryolithe et de silicate de soude.

Les globules métalliques disséminés dans la scorie paraissent constituer deux siliciures de magnésium, mélangés de silicium. L'un de ces siliciures fournit de l'hydrogène silicié, l'autre de l'hydrogène libre et du protoxyde de silicium, par l'action de l'acide chlorhydrique; néanmoins le protoxyde de silicium peut résulter d'une action secondaire, et l'on aurait alors un siliciure unique. Ce produit analysé a conduit à la formule $Si^2Mg^3$. ($Mg=52,9\,\%$ et $Si=47,1\,\%$.)

Cette formule peut se dédoubler en $SiMg^2$ fournissant l'hydrogène silicié $SiH^4$ et en siliciure $SiMg$ fournissant le protoxyde de silicium et de l'hydrogène libre [Wœhler, *Ann. de Chim. et de Phys.*, (3), t. LIV, p. 218].

D'après A. Geuther, le siliciure de Wœhler renfermait de la silice. Sa formule est

$$Si^3Mg^5 = 2\,SiMg^2 + SiMg.$$

Voici comment Geuther prépare ce composé: dans un creuset de Hesse, on dispose une couche de chlorure de sodium, fondu et pulvérisé, puis un mélange de 2 grammes 1/2 du même chlorure avec 7 grammes de fluosiliciure de sodium et, par-dessus le tout, 2 grammes 1/2 de magnésium en petits fragments. On remue le tout, qu'on recouvre ensuite de chlorure de sodium, puis on chauffe dans un bon fourneau à vent. Lorsque la réaction est calmée, on retire du feu, on remue avec une spatule d'argile, puis on recouvre le creuset et on laisse refroidir.

Le culot métallique qui se trouve dans le creuset est un mélange de magnésium et de siliciure; on le traite par une solution étendue de sel ammoniac qui dissout le magnésium et laisse des cristaux de siliciure de magnésium, qui est lui-même attaqué, mais seulement à chaud, par le sel ammoniac, avec production d'hydrogène silicié [*Journ. prakt. Chem.*, t. XCV, p. 424; *Bull. de la Soc. chim.*, 1866, t. VI, p. 196].

Chauffé dans un courant d'azote, le siliciure de magnésium donne une masse noire se comportant comme un mélange de silicium et d'azoture de magnésium (Geuther).

SELS DE MAGNÉSIUM. — Voyez plus loin les caractères génériques de ces sels.

AZOTATE DE MAGNÉSIUM, $(AzO^3)^2Mg$. — Ce sel, qui a été trouvé par Berzelius dans les eaux mères des puits de Stockholm, et qui se trouve dans les eaux mères des salpêtres bruts, s'obtient par dissolution de la magnésie dans l'acide azotique, ou par double décomposition. Il cristallise en prismes rhomboïdaux obliques (Marignac) renfermant $6H^2O$, fusibles à 90° et commençant à entrer en ébullition à 143° (Ordway) en perdant peu à peu de l'eau et un peu d'acide azotique; le résidu chauffé vers 350° ne renferme plus qu'une molécule d'eau et ne se dissout pas entièrement dans l'eau.

Les cristaux d'azotate de magnésium sont déliquescents, solubles dans 1/2 p. d'eau froide et dans 9 p. d'alcool de 0,840 de densité, beaucoup moins dans l'alcool absolu.

*Azotate ammoniaco-magnésien.* — Fines aiguilles fusibles et décomposables par la chaleur, avec incandescence, si on les chauffe brusquement. Solubles dans 10 p. d'eau froide; leur solution dégage de l'ammoniaque par l'action de la magnésie.

*Azotate de calcium et de magnésium.* — Ce sel se précipite lorsqu'on mélange les solutions concentrées des deux azotates.

AZOTITE DE MAGNÉSIUM, $(AzO^2)^2Mg$. — Masse lamelleuse déliquescente, dégageant déjà du bioxyde d'azote à 100°; sa solution aqueuse se décompose par l'ébullition. Ce sel renferme $3H^2O$ suivant Lang [*Poggend. Ann.*, t. CXVIII, p. 282], et $2H^2O$ suivant Hampe [*Ann. der Chem. u. Pharm.*, t. CXXV, p. 334]. Il est soluble dans l'alcool absolu.

BROMATE DE MAGNÉSIUM, $(BrO^3)^2Mg$. — Octaèdres réguliers, renfermant $6H^2O$, efflorescents et fusibles dans leur eau de cristallisation qu'ils ne perdent complétement que vers 200°. Calciné, ce sel laisse un résidu de magnésie. Soluble dans 1,4 p. d'eau froide (Rammelsberg).

La magnésie, agitée avec de l'eau et du brome donne une solution jaunâtre, bleuissant puis décolorant le tournesol; les acides libres en dégagent du brome. Cette solution paraît renfermer de l'*hypobromite*.

HYPOCHLORITE DE MAGNÉSIUM. — S'obtient à l'état de dissolution en traitant la magnésie par l'acide hypochloreux. Cette solution, douée d'un pouvoir décolorant, se décompose peu à peu en donnant du chlorate et du chlorure (Balard). La même solution s'obtient par l'action du chlore sur la magnésie en suspension dans l'eau (Grouvelle). Ce composé est un décolorant plus rapide et moins dangereux à employer que le chlorure de chaux [P. Bolley, *Bull. de la Soc. chim.*, 1867, t. VII, p. 524].

Chlorate de magnésium, $(ClO^3)^2Mg$. — S'obtient par double décomposition entre le chlorate de potassium et le fluosiliciure de magnesium. Par l'évaporation de la solution, il reste une masse feuilletée, déliquescente, soluble dans l'alcool. Il renferme $6H^2O$ et fond à 40° dans son eau de cristallisation. A 120°, il perd de l'eau en commençant à se décomposer (Waechter).

Perchlorate de magnésium, $(ClO^4)^2Mg$. — Aiguilles déliquescentes, solubles dans l'alcool (Serullas).

Iodate de magnésium, $(IO^3)^2Mg$. — Petits cristaux brillants, clinorhombiques (Marignac), solubles dans 1,5 p. d'eau froide et dans 3 p. d'eau bouillante. Il renferme $4H^2O$ qu'il ne perd complètement qu'à 210° (Millon).

Periodate de magnésium. — Le periodate obtenu par dissolution du carbonate de magnésium dans l'acide periodique, forme de petits octaèdres peu solubles dans l'eau, solubles dans un excès d'acide et renfermant, suivant Langlois,

$$I^2O^9Mg^2, 12H^2O;$$

9 de ces molécules d'eau se dégagent à 100°, les 3 autres sont considérées par Langlois comme de l'eau de constitution. Suivant Rammelsberg, ce sel renferme $15H^2O$ qu'il perd à 200°. Si l'on sature l'acide periodique par du carbonate de magnésium, on obtient un dépôt cristallin

$$I^2O^{11}Mg^4 = (IO^4)^2Mg.3MgO$$

qui renferme 6 ou $9H^2O$; on l'obtient aussi par double décomposition avec le periodate de potassium. Enfin, les eaux mères du premier sel fournissent le periodate normal $(IO^4)^2Mg + 10H^2O$, très-soluble et à réaction acide. Calcinés, ces sels donnent un résidu de magnésie, avec un peu d'iodure [Langlois, *Ann. de Chim. et de Phys.*, (3), t. XXXIV, p. 268; — Rammelsberg, *Deutsch. Chem. Gesellsch.*, 1868, p. 131].

Sélénites de magnésium. — *Sélénite neutre*, $SeO^3Mg$. — Sel peu soluble dans l'eau bouillante, cristallisant en prismes ou en tables quadrangulaires, renfermant de l'eau de cristallisation. Chauffé au rouge, il forme un émail et attaque le verre sans entrer en fusion.

L'*anhydrosélénite* ou *disélénite*,

$$Se^2O^5Mg = SeO^3Mg.SeO^2,$$

forme une masse déliquescente incristallisable qu'on obtient en dissolvant le sel précédent dans un excès d'acide sélénieux, et précipitant par l'alcool (Berzelius).

Séléniate de magnésium, $SeO^4Mg$. — Ressemble tout à fait au sulfate.

Hyposulfite ou thiosulfate de magnésium, $S^2O^3Mg$. — Prismes rectangulaires limpides, terminés par les faces de l'octaèdre, renfermant $6H^2O$. Ces cristaux perdent environ la moitié de leur eau à 170° et se décomposent à une température plus élevée, en laissant un résidu de sulfite, de sulfate et de magnésie. Ce sel est soluble dans l'eau. On l'obtient en ajoutant de l'acide sulfureux à une solution de sulfure de magnésium ou en faisant bouillir le sulfite avec de la fleur de soufre; ou bien encore par double décomposition avec le thiosulfate de baryum [Rammelsberg, *Poggend. Ann.*, t. LVI, p. 303].

*Thiosulfate double de potassium et de magnésium.* — Masse cristalline hygroscopique qu'on obtient en évaporant un mélange des deux thiosulfates. Ce sel double renferme $(S^2O^3)^2MgK^2 + 6H^2O$ (Rammelsberg).

Sulfite de magnésium, $SO^3Mg$. — Poudre blanche, soluble dans une solution d'acide sulfureux que l'abandonne par l'évaporation en tétraèdres ou en prismes rhomboïdaux transparents, renfermant 45 °/₀ d'eau. Chauffé à l'abri de l'air, il perd d'abord son eau, puis du gaz sulfureux, et il reste de la magnésie pure. Ce sel se dissout dans 20 p. d'eau froide; il a une saveur terreuse, avec un arrière-goût sulfureux.

*Sulfite ammoniaco-magnésien*,

$$(SO^3)^4Mg^3(AzH^4)^2.$$

— Cristaux brillants, peu solubles, obtenus en dissolvant à froid de la magnésie dans du sulfite d'ammonium; à chaud, la magnésie déplace toute l'ammoniaque. Ce sel, qui renferme $18H^2O$, est orthorhombique (clinorhombique d'après Marignac).

Hyposulfate de magnésium, $S^2O^6Mg$. — Prismes à 6 pans inaltérables à l'air, renfermant $6H^2O$, fusibles dans leur eau de cristallisation, et laissant après calcination un résidu de sulfate. Ce sel est soluble dans 0,85 p. d'eau froide et n'est pas altéré par l'ébullition.

Sulfate de magnésium, $SO^4Mg$ (sel amer, sel d'Epsom, sel de Sedlitz). — Ce sel, le plus important des sels magnésiens, existe en dissolution dans les eaux de la mer et se concentre dans les eaux mères des salines; ces eaux mères fournissent d'abord, par l'évaporation, du sulfate de magnésium, puis du sulfate double de magnésium et de potassium exploité pour la potasse (Balard). Il se trouve aussi en dissolution dans certaines eaux minérales purgatives dont il est l'élément principal.

On admet que la présence de ce sel dans les eaux minérales résulte de l'action du sulfate de calcium dissous sur les roches dolomitiques traversées par ces eaux. En effet, une solution saturée de sulfate calcique se charge de sulfate magnésien lorsqu'on la fait passer à plusieurs reprises sur du carbonate de magnésium.

On obtient ce sel artificiellement :

1° Par l'action de l'acide sulfurique sur le carbonate de magnésium ou mieux sur la dolomie, carbonate double de calcium et de magnésium; le sulfate calcique peu soluble se sépare facilement du sulfate de magnésium; on utilise généralement l'acide carbonique dégagé pour la préparation du bicarbonate de soude;

2° En lessivant le produit du grillage des serpentines pyriteuses. Pour purifier le sulfate obtenu, on le soumet à une légère calcination, on reprend par de l'eau, l'on fait bouillir avec de la magnésie calcinée, puis on fait cristalliser les liqueurs filtrées.

Le sulfate de magnésium, cristallisé à la température ordinaire, renferme $SO^4Mg + 7H^2O$; il se présente alors en prismes transparents ou en aiguilles appartenant au type orthorhombique, c'est la forme habituelle du sulfate magnésien. Le même sel, déposé d'une solution sursaturée, se présente, d'après Marignac [*Ann. des Mines*, (5), t. XII], en tables rhomboédriques, plus solubles que la première modification et renfermant également $7H^2O$; d'après le même auteur, il peut également cristalliser dans le type clinorhombique; du moins il présente cette forme quand il cristallise avec le sulfate de fer. Le sulfate à $7H^2O$ serait donc trimorphe; mais, suivant M. Kopp, la seconde forme observée par Marignac n'est pas rhomboédrique, mais appartient au type clinorhombique [*Ann. der Chem. u. Pharm.*, t. CXXV, p. 369]. Levol a également observé les deux modifications du sel à $7H^2O$ [*Ann. de Chim. et de Phys.*, (3), 1855, t. XLIII, p. 405].

Le sulfate à $7H^2O$ n'est que peu altérable dans un air sec et chaud; chauffé, il fond dans son eau, puis se dessèche; à 132°, il ne retient que 1 molécule d'eau qu'il ne perd qu'à 210°. Le sel anhydre est indécomposable par la chaleur rouge, il fond au rouge vif.

La densité des cristaux est égale à 1,685 (H. Schiff). Il se dissout à 19° dans 0,8 p. d'eau.

La densité de la solution saturée à 8° est égale à 1,267 (Anthon).

La solution saturée, cristallisée à la température de 0°, fournit des cristaux renfermant $12H^2O$, et qui, par une légère élévation de la température, perdent de l'eau pour n'en retenir que 7 molécules.

Si, au contraire, la cristallisation a lieu à chaud, ce sel cristallise seulement avec $6H^2O$. Ce sel se forme aussi par la cristallisation à froid de la solution sursaturée du sulfate à $7H^2O$. Il est beaucoup plus soluble que celui-ci [Levol, *loc. cit.*].

Enfin, on obtient un sel avec $2H^2O$ en exposant à 100° dans le vide sec ce sel à $7H^2O$ (Graham).

Le sulfate de magnésium anhydre s'échauffe avec l'eau et absorbe l'humidité de l'air, en fournissant le sel à $7H^2O$. 100 p. d'eau à 0° dissolvent 25 p. 76 de sulfate anhydre, et par une élévation de température de 1°, il s'en dissout 0,47816 de plus, d'après Gay-Lussac; à 100°, il s'en dissout 72 p. 6. Il est insoluble dans l'alcool fort.

Lorsqu'on chauffe le sulfate de magnésium hydraté avec du chlorure de sodium, il se forme du sulfate de sodium et du chlorure de magnésium, qui, sous l'influence de l'eau, se décompose en magnésie et en acide chlorhydrique. Ramon de Luna a proposé cette réaction pour la fabrication de l'acide chlorhydrique et du sulfate de sodium; on peut employer le même sel pour la fabrication du chlore et de l'acide azotique [*Ann. de Chim. et de Phys.*, (3), t. XLV, p. 34].

Le sulfate magnésique du commerce est en petites aiguilles ressemblant beaucoup au sulfate sodique, mais sa saveur est très-amère et beaucoup plus désagréable. Ce sulfate renferme généralement du chlorure de magnésium et du sulfate de fer; on peut séparer ce dernier en faisant bouillir la solution avec de la magnésie calcinée.

Le sulfate de magnésium est un purgatif très-usité, on l'emploie à la dose de 10 à 50 grammes.

Sulfate acide de magnésium, $(SO^4)^2MgH^2$. — Le sulfate de magnésium sec se dissout dans l'acide chlorhydrique (en plus grande quantité que dans l'eau), dans l'acide azotique et dans l'acide sulfurique en donnant un sel acide. On isole ce dernier en saturant à chaud de l'acide sulfurique concentré avec du sulfate neutre; par le refroidissement, il se dépose des tables hexagonales très-avides d'eau, ayant la composition indiquée [H. Schiff, *Ann. der Chem. u. Pharm.*, t. CVI, p. 115].

C. Schultz a décrit un autre sulfate acide qui se forme dans les mêmes circonstances et qui se dépose en cristaux aplatis et brillants qui ont pour composition $(SO^4)^4MgH^6$ [*Poggend. Ann.*, t. CXXXIII, p. 137].

Sulfates doubles. — Le sulfate de magnésium donne avec les sulfates alcalins des sels doubles renfermant $6H^2O$ et formant le type d'une classe de sels isomorphes connue sous le nom de *sulfates doubles de la série magnésienne*, dans laquelle rentrent les sulfates doubles de fer, de zinc, de cuivre, de cobalt, de nickel, de manganèse. Tous ces sels cristallisent dans le type clinorhombique.

Le sulfate de magnésium forme également des sels doubles avec le sulfate d'alumine; ils sont improprement désignés sous le nom d'*aluns magnésiens*.

*Sulfate ammoniaco-magnésien,*

$$(SO^4)^2Mg(AzH^4)^2 + 6H^2O.$$

— Grands prismes transparents, fusibles dans leur eau de cristallisation, qu'ils perdent entièrement à 132° (Graham). Moins soluble que les sels simples qui le composent. D = 1,680 (H. Schiff).

*Sulfate potassico-magnésien,*

$$(SO^4)^2MgK^2 + 6H^2O.$$

— Ce sel se dépose dans les eaux mères des marais salants. Ressemble au précédent. D = 1,995 (H. Schiff).

*Sulfate sodico-magnésien,*

$$(SO^4)^2MgNa^2 + 6H^2O.$$

— Prismes rhomboïdaux à arêtes et à sommets tronqués, perdant leur eau sans fondre, et solubles dans 3 p. d'eau.

On a trouvé ce sel double dans la nature, en petits cristaux clinorhombiques, renfermant $4H^2O$ Tschermack [*Bull. Soc. chim.*, 1869, t. XIII, p. 502].

*Sulfate thalloso-magnésien.* — Voyez Thallium.

*Sulfate aluminico-magnésien.* — Indépendamment de celui qui a été décrit t. I, p. 176, on en a trouvé un autre, désigné sous le nom de pickéringite, cristallisé en aiguilles soyeuses et renfermant $(SO^4)^4Al^2Mg + 22H^2O$ [Hove, *Chem. News.*, t. VII, p. 233].

Tellurite de magnésium. — S'obtient en mélangeant des solutions concentrées de tellurite de sodium et d'un sel de magnésium. Il est plus soluble que les tellurites de calcium et de baryum. Sa solution exposée à l'air laisse déposer un mélange de carbonate et de tétratellurate de magnésium en flocons blancs (Berzelius).

Tellurates de magnésium. — *Sel neutre.* — Flocons blancs plus solubles que les autres tellurates alcalino-terreux.

*Sel acide.* — Plus soluble que le précédent, obtenu par double décomposition avec le tellurate acide de sodium (Berzelius).

*Sulfotellurite de magnésium,* $TeS^3Mg$. — Obtenu par double décomposition avec la combinaison barytique et évaporation dans le vide de la solution filtrée.

C'est une masse cristalline, jaune pâle, soluble dans l'eau et dans l'alcool.

Antimoniate. — Voyez t. I, p. 348.

Sulfantimoniate. — Voyez t. I, p. 351.

Arsénite de magnésium. — Voyez t. I, p. 400.

Arséniate de magnésium. — Voyez t. I, p. 404.

Hyposulfarsénite, Sulfarsénite, Sulfarséniate de magnésium. — Voyez t. I, p. 406, 407, 409.

Borates de magnésium. — *Borate normal ou orthoborate,* $(BoO^3)^2Mg^3$. — S'obtient à l'état d'un précipité gélatineux, se desséchant en une masse terreuse blanche, lorsqu'on ajoute une solution bouillante de borax à une solution bouillante de sulfate de magnésium, ou bien en soumettant à l'ébullition la solution de borate sodico-magnésien. Il renferme $9H^2O$ qu'il perd par la calcination (Rammelsberg). Il est un peu soluble dans l'eau froide, sa solution est alcaline, se trouble par l'ébullition et abandonne à l'évaporation un vernis transparent (Wœhler).

On obtient un sel de même composition en chauffant au four à porcelaine un mélange de magnésie et d'acide borique en excès; cet excès se volatilise peu à peu, et il reste des cristaux radiés, à aspect nacré, très-difficilement fusibles, insolubles dans l'eau, solubles dans les acides [Ebelmen, *Ann. de Chim. et de Phys.*, (3), t. XXXIII, p. 50].

Le borate de magnésium peut s'unir au sesquioxyde de chrome et de fer par fusion, en donnant des combinaisons cristallines qui renferment $[(BoO^3)^2Mg^3]^2 + 3Fe^2O^3$ ou $+ 3Cr^2O^3$; on peut les envisager de différentes manières, soit comme des borates doubles basiques,

$$(BoO^3)^2Mg^3.3MgO + (BoO^3)^2[Cr^2]^{vi}.2Cr^2O^3,$$

soit comme renfermant : $Bo^4O^9Mg^3 + 3Cr^2O^4Mg$, c'est-à-dire, comme du biborate trimagnésique plus du chromite (ou ferrite) de magnésium (Ebelmen).

*Métaborate* $(BoO^2)^2Mg + 8H^2O$ (?). — Longues aiguilles déliées et limpides, réunies en faisceaux, qui se forment lorsqu'on chauffe un mélange de borax et de sulfate de magnésium, et qu'on abandonne ensuite pendant longtemps la liqueur claire à un froid de 0°. La chaleur les rend opaques; ils sont insolubles dans l'eau bouillante, mais solubles dans l'acide chlorhydrique et reprécipitables par l'ammoniaque (16,67 p. 100 MgO, 25 p. 100 $Bo^2O^3$ et 58,33 p. 100 d'eau. Wœhler).

*Tétraborate trimagnésique,*

$$Bo^8O^{15}Mg^3 = 3MgO.4Bo^2O^3.$$

— Ce borate constitue la boracite, si l'on y néglige le chlore. — Voyez t. I, p. 651.

*Triborate magnésique,* $MgO.3Bo^2O^3 + 8H^2O$. — On l'obtient en faisant bouillir de l'acide borique avec de l'eau et de l'hydrate de magnésium, filtrant et faisant cristalliser. Il forme des cristaux grenus (Wœhler) ou des croûtes cristallines (Rammelsberg). Sa réaction est alcaline. Calciné, il perd de l'eau en même temps qu'un peu d'acide borique et laisse une masse spongieuse. Il se dissout dans 75 parties d'eau froide, et sa solution ne se trouble pas par l'ébullition.

*Hexaborate,* $MgO.6Bo^2O^3 + 18H^2O$. — Se forme en même temps que le précédent, à l'état d'une poudre grenue, s'agglutinant par la calcination. L'hexaborate potassique ne précipite pas les sels de magnésium (Laurent).

*Borate ammoniaco-magnésien.* — Lorsqu'on laisse évaporer un mélange de borate d'ammonium et de chlorure de magnésium dissous dans l'eau, il se dépose des croûtes cristallines renfermant 2,69 % d'ammoniaque, 8 à 9 % de magnésie et 43 à 45 % d'eau, solubles dans l'eau, et dont la solution se trouble par l'ébullition en perdant de l'ammoniaque [Rammelsberg, *Pogg. Ann.*, t. XLIX, p. 451].

*Borate sodico-magnésien,*

$$Bo^{10}O^{18}Mg^2Na^2 \text{ ou } (MgO)^2Na^2O(Bo^2O^3)^5 + 30H^2O.$$

— Prismes clinorhombiques, volumineux et brillants, légèrement efflorescents, ayant la solubilité du borax. Leur solution se trouble par l'ébullition en déposant du triborate magnésique (Rammelsberg).

*Borate calcico-magnésien,*

$$Bo^6O^{11}CaMg \text{ ou } CaO.MgO.3Bo^2O^3 + 6H^2O.$$

— Constitue l'*hydroboracite.* — Voyez ce mot, t. II, p. 63.

HYPOPHOSPHITE DE MAGNÉSIUM,

$$(PO^2H^2)^2Mg + 6H^2O.$$

— Octaèdres réguliers, durs et volumineux, efflorescents et très-solubles. On l'obtient en faisant bouillir l'oxalate de magnésium avec de l'hypophosphite de calcium, filtrant et concentrant (H. Rose).

PHOSPHITE DE MAGNÉSIUM, $(PO^3H)Mg$. — La solution de magnésie dans l'acide phosphoreux fournit par l'évaporation dans le vide des croûtes cristallines solubles dans 400 p. d'eau (H Rose). Ce sel renferme $6H^2O$, d'après Rammelsberg.

*Phosphite ammoniaco-magnésien,*

$$(PO^3H)^4Mg^3(AzH^4)^2 + 16H^2O.$$

— Précipité cristallin obtenu par l'action de l'ammoniaque sur la solution du sel précédent. Il est très-peu soluble dans l'eau (Fourcroy et Vauquelin; Rammelsberg).

PHOSPHATE DE MAGNÉSIUM — *Phosphate trimagnésique,* $(PO^4)^2Mg^3$. — Ce phosphate se rencontre en petite quantité dans les cendres des graminées, dans les os et dans certains calculs. On l'obtient par précipitation des sels de magnésie par le phosphate trisodique desséché; il renferme $5H^2O$. Il se forme aussi par l'action de l'eau à 120° sur le phosphate dimagnésique.

Ce sel, récemment précipité, se dissout à la longue dans 5000 p. d'eau; les sels alcalins augmentent un peu cette solubilité (Liebig, Wœhler). Combiné au chlorure de magnésium, il constitue la *wagnérite.*

*Phosphate monomagnésique,* $(PO^4)Mg''H$. — On l'obtient en mélangeant la solution de 2 p. de sulfate de magnésie et de 3 p. de phosphate ordinaire de soude; il se dépose, après 24 heures, en aiguilles hexagonales, qu'on obtient aussi par l'addition d'acide phosphorique à l'acétate de magnésie. Ces cristaux renferment $7H^2O$; ils sont efflorescents. A 100° ils perdent $4H^2O$, puis les 3 autres à 176°. A une température plus élevée, ce sel se transforme en pyrophosphate (Graham). Par une dessiccation dans le vide, il perd 5 1/2 molécules d'eau, qu'il reprend au contact de l'eau. Le sel qui a perdu $4H^2O$ à 100° ne perd au contraire rien dans le vide [Reichauer, *Chem. Cent.*, 1865, p. 538].

Lorsqu'on fait digérer pendant quelques jours un excès de carbonate magnésien avec de l'acide phosphorique, on obtient des cristaux renfermant 4 1/2 $H^2O$; et la liqueur filtrée, évaporée à 100°, laisse déposer de petits cristaux très-brillants de phosphate à $3H^2O$, paraissant appartenir au type anorthique. On l'obtient plus abondamment en faisant bouillir du phosphate acide avec du carbonate magnésien [Debray, *Ann. de Chim. et de Phys.*, (3), t. LXI, p. 430].

Le phosphate monomagnésique cristallisé se dissout à froid dans 322 p. d'eau; la solution se trouble vers 50°, et à l'ébullition une partie du sel se dépose à l'état amorphe, tandis qu'il ne reste en solution qu'une partie de phosphate pour 498 p. d'eau. L'eau agit dans ce cas en décomposant le sel en phosphate acide soluble et phosphate trimagnésique insoluble (Riffault, Debray). Cette décomposition est plus rapide à 120°:

$$4(PO^4)MgH = (PO^4)^2MgH^4 + (PO^4)^2Mg^3.$$

*Phosphate acide,* $(PO^4)^2MgH^4$. — N'a pas été isolé. On l'obtient en dissolution par l'action des acides sur les autres phosphates, ou par l'action de l'eau sur le phosphate précédent.

On connaît des phosphates doubles de magnésium et des métaux alcalins.

*Phosphate ammoniaco-magnésien,*

$$(PO^4)Mg.AzH^4.$$

— Ce sel, découvert par Fourcroy, se rencontre dans quelques calculs, et se dépose de l'urine par la putréfaction, surtout si l'on y ajoute du phosphate de soude. Il paraît exister dans les os (Fremy). On le rencontre dans certaines variétés de guano. On l'obtient en ajoutant du phosphate d'ammonium et de l'ammoniaque, ou bien du phosphate de sodium avec addition d'ammoniaque et d'un sel ammoniacal, à une solution d'un sel magnésique.

La précipitation de ce sel n'est complète que si l'on ajoute un excès de phosphate alcalin et un excès d'ammoniaque. L'agitation facilite la précipitation, qui ne se produit qu'après quelques heures si les solutions sont très-étendues.

C'est une poudre cristalline formée de petits prismes quadrangulaires pointés, transparents, renfermant $6H^2O$. La dessiccation dans le vide lui fait perdre de l'eau et de l'ammoniaque. La calcination le transforme en pyrophosphate de magnésium, et cette transformation est quelquefois accompagnée d'une incandescence subite. Cristallisé, il apparaît sous le microscope sous forme de prismes isolés, d'une grande netteté (voyez l'article LUMIÈRE), ou en prismes réunis en étoiles.

Le phosphate ammoniaco-magnésien est presque insoluble dans l'eau, qui n'en dissout que 0,019 p. 100, lorsqu'il est récemment précipité; la présence des sels alcalins augmente un peu cette solubilité, mais celle des phosphates solubles ou de l'ammoniaque libre la diminuent.

Il se dissout, au contraire, dans les acides, même dans l'acide acétique et dans l'acide carbonique.

D'après Berzelius, il existe un autre phosphate ammoniaco-magnésien, qui renferme

$$(PO^4)^2Mg(AzH^4)^2H^2 + 2H^2O$$

et qui se précipite par l'addition du phosphate d'ammoniaque à du sulfate de magnésie; néanmoins, d'après Wach et d'après Graham, ce sel double est identique vec le précédent.

Le phospha › ammoniaco-magnésien a été préconisé comme engrais [Isid. Pierre, *Ann. de Chim. et de Phys.*, (3), t. XXXVI, p. 47].

*Phosphate potassico-magnésien,*

$$(PO^4)MgK + 6H^2O.$$

— Ce sel s'obtient en dissolvant de la magnésie dans du phosphate monopotassique. Après quelques jours, le sel cristallise en aiguilles rhomboïdales aplaties. Il perd $5H^2O$ à 110° et le reste par la calcination.

*Phosphate sodico-magnésien,*

$$(PO^4)MgNa + 9H^2O.$$

— S'obtient comme le précédent; il est en prismes microscopiques, perdant $8H^2O$ à 110° [Schroecker et Violet, *Ann. der Chem. u. Pharm.*, t. CXL, p. 229].

Pyrophosphate de magnésium, $(P^2O^7)Mg^2$. — S'obtient par la décomposition du phosphate $(PO^4)Mg''H$, ou du phosphate ammoniaco-magnésien, sous l'influence de la chaleur. Il se précipite, exempt d'ammoniaque, lorsqu'on ajoute du pyrophosphate de sodium à du sulfate de magnésium, avec addition de carbonate ammonique; il est assez soluble dans un excès de ce dernier sel (Wach).

D'après O. Popp, ce sel, obtenu par précipitation, est d'abord amorphe, puis devient peu à peu cristallin. Il renferme $5H^2O$. Calciné, il perd d'abord son eau, puis devient incandescent, ce que Popp attribue au passage de l'état cristallisé à l'état amorphe [*Zeitsch. f. Chem.*, t. VI, p. 305; — *Bull. de la Soc. chim.*, 1870, t. XIV, p. 195].

Métaphosphate de magnésium, $(PO^3)^2Mg$. — Précipité gélatineux obtenu avec l'acétate, mais non avec le sulfate de magnésium (Graham).

*Métaphosphate ammoniaco-magnésien.* — Ce sel s'obtient en flocons plumeux par l'addition d'un excès de métaphosphate d'ammonium à du sulfate de magnésium. Il renferme, d'après Wach, $2(PO^3)^2Mg + AzH^3 + 18H^2O$ (?) [Gmelin, *Handbuch der Chem.*, 4e édit., II, 241].

Carbonates de magnésium. — *Carbonate neutre,* $CO^3Mg$. — Ce carbonate se rencontre à l'état anhydre dans la nature, amorphe ou cristallisé en rhomboèdres; il constitue la giobertite ou magnésite des minéralogistes allemands. $D = 3{,}056$. Ce minéral, pulvérisé et humecté d'eau, offre une réaction alcaline. Lorsqu'on évapore à sec la solution de bicarbonate de magnésium, on obtient une poudre cristalline, qui présente sous le microscope, d'après H. Rose, la forme de l'arragonite; on l'obtient avec la même forme lorsqu'on évapore la solution dans un courant d'acide carbonique. Lorsque, au contraire, on abandonne à elle-même dans un flacon mal bouché la solution de bicarbonate, il se dépose des prismes transparents qui renferment $CO^3Mg + 3H^2O$, s'ils se déposent à 50°, ou $+ 5H^2O$ si la température est très-basse. Dans ce dernier cas, les cristaux sont très-altérables, ils sont efflorescents, et perdent de l'acide carbonique à 70°. Les cristaux à $3H^2O$ sont en aiguilles disposées en aigrettes; le sel à $5H^2O$ est en cristaux tabulaires.

Enfin, on l'obtient en rhomboèdres anhydres lorsqu'on maintient la même solution à 150° dans un vase très-résistant, muni d'un bouchon poreux qui laisse passer lentement l'acide carbonique. Ce carbonate forme un sable blanc cristallin, à peine attaquable par les acides affaiblis [de Sénarmont, *Ann. de Chim. et de Phys.*, (3), t. XXXII, p. 148].

Le carbonate anhydre ne perd pas d'acide carbonique à 300°, mais il en perd un peu par l'ébullition avec l'eau.

On obtient encore le carbonate neutre et anhydre en décomposant le carbonate de calcium par le chlorure de magnésium (Marignac).

Le carbonate neutre de magnésium est très-peu soluble dans l'eau, mais cette solubilité peut être augmentée considérablement par la présence de certains sels. Ainsi, 1 litre d'eau renfermant 60 gr. de sulfate de magnésium peut dissoudre jusqu'à 5 grammes de carbonate; cette solution se trouble par la chaleur, mais s'éclaircit de nouveau par le refroidissement (Hunt).

Le carbonate de magnésium neutre, de même que les carbonates basiques, se dissout facilement dans l'eau chargée d'acide carbonique. Voici quelle est cette solubilité pour différentes pressions, d'après R. Wagner [*J. prakt. Chem.*, CII, 233].

| | | | |
|---|---|---|---|
| 1 p. $CO^3Mg$ se dissout à 5° dans... | 761 | p. d'eau chargée de $CO^2$ sous une pression de.... | 1 atmosph. |
| — | 134 | — | 3 — |
| — | 110 | — | 5 — |
| — | 76 | — | 6 — |

Cette solution, qui possède une réaction alcaline et une saveur amère (Berthollet), se trouble à 75°, mais s'éclaircit de nouveau par le refroidissement. Maintenue à 50°, elle laisse déposer le carbonate trihydraté $CO^3Mg + 3H^2O$. On peut admettre qu'elle renferme du bicarbonate

$$(CO^3)^2MgH^2 \text{ ou } CO^3Mg + CO^2 + H^2O.$$

Le rapport de l'acide carbonique à la magnésie répond à cette formule (Soubeiran).

Il existe différents carbonates de magnésium basiques, renfermant tous de l'eau, et qu'on peut envisager comme des hydrocarbonates ou comme des combinaisons de carbonate neutre et d'hydrate de magnésium.

*Dicarbonate trimagnésique,*

$$2CO^2.3MgO + 3H^2O$$

$$\text{ou } Mg^3\left\{\begin{matrix}(CO^3)^2\\(HO)^2\end{matrix}\right. + 2H^2O$$

$$= 2(CO^3Mg) + MgH^2O^2 + 2H^2O.$$

— On précipite du sulfate de magnésium par un excès de carbonate de sodium et l'on fait bouillir jusqu'à ce que le précipité soit devenu cristallin, ce qui se reconnaît au microscope, puis on le fait encore bouillir avec de l'eau pure. Petits cristaux grenus [Fritzsche, *Poggend. Ann.*, t. XXXVII, p. 310].

*Tricarbonate tétramagnésique,*

$$3CO^2.4MgO + 4H^2O$$

$$\text{ou } Mg^4\left\{\begin{matrix}(CO^3)^3\\(HO)^2\end{matrix}\right. + 3H^2O.$$

— C'est la *magnésie blanche* des pharmaciens (*magnesia alba*). On la trouve dans le commerce sous forme de gros pains rectangulaires, blancs et légers. On l'obtient en précipitant, par un excès de carbonate de soude, une solution bouillante d'un sel magnésien, chlorure ou sulfate, ou bien les eaux mères des eaux minérales magnésiennes: il se dégage beaucoup d'acide carbonique. Si l'on opère à froid, ce dégagement est très-faible, aussi reste-t-il de la magnésie en dissolution, à l'état de bicarbonate. La composition de la magnésie blanche n'est, du reste, pas constante, car elle varie avec la durée de l'ébullition, et, d'après Fritzsche, elle correspond plus généralement à la formule $4CO^2,5MgO+5H^2O$.

Le précipité formé à froid est plus léger que celui qu'on obtient à l'ébullition.

C'est aussi à cette dernière formule que correspond l'hydrocarbonate naturel trouvé dans le New-Jersey et désigné sous le nom de *lancastérite* ou *hydromagnésite*.

La magnésie blanche se dissout, d'après Fyfe, dans 2,500 p. d'eau froide, tandis qu'il faut 9,000 p. d'eau bouillante pour la dissoudre.

Suivant Bineau, ces chiffres sont trop élevés, et l'eau froide n'en dissoudrait que 1/10000. Il est beaucoup plus soluble dans l'eau chargée de sels ammoniacaux, aussi ne se forme-t-il que partiellement, ou pas du tout, lorsqu'on ajoute du carbonate d'ammonium à un sel de magnésium. Les sels ammoniacaux empêchent aussi sa précipitation à froid par les carbonates alcalins fixes; il faut, dans ce cas, faire bouillir la solution avec un excès de ces derniers jusqu'à expulsion de toute l'ammoniaque.

*Carbonate ammoniaco-magnésien,*

$$(CO^3)^2Mg(AzH^4)^2+4H^2O.$$

— Un mélange froid d'un sel de magnésie avec un excès de sesquicarbonate d'ammonium fournit des cristaux rhomboïdaux transparents. Ces cristaux sont insolubles dans le carbonate d'ammoniaque, mais solubles dans l'eau pure, sans se décomposer; cette solution perd du carbonate d'ammoniaque par l'ébullition et laisse alors déposer le carbonate magnésien [Guibourt].

Lorsqu'on ajoute un grand excès de bicarbonate d'ammonium à une solution de sulfate de magnésium, il se dépose une poudre grenue, ou des cristaux nacrés, si la température est très-basse. Ce sel constitue, d'après les analyses de Favre, un carbonate double acide qui renferme $(CO^3)^2AzH^4H.Mg+4H^2O$; les paillettes micacées renferment $5 1/2 H^2O$, ou plutôt $5H^2O$, ce qui s'accorde mieux avec les analyses [*Ann. de Chim. et de Phys.*, (3), t. X, p. 474]. Favre a également analysé le sel $(CO^3)^2(AzH^4)^2Mg+4H^2O$.

*Carbonate potassico-magnésien,*

$$(CO^3)^2MgKH+4H^2O.$$

— Se sépare après quelques jours, en cristaux volumineux, d'une solution froide d'un sel de magnésium additionnée d'un excès de bicarbonate de potasse. Ces cristaux deviennent opaques à 100°; chauffés plus fort, ils perdent de l'acide carbonique, puis se décomposent complétement en laissant finalement un mélange de magnésie et de carbonate potassique neutre. L'eau ne dissout pas ce sel sans décomposition [Berzelius, Deville].

Si, dans cette préparation, on remplace le bicarbonate potassique par le sesquicarbonate, on obtient un autre sel double, très-altérable par l'eau, qui renferme $(CO^3)^2MgK^2+4H^2O$. On l'obtient également en mettant en digestion à 70° de la magnésie blanche avec du bicarbonate potassique [Deville, *Ann. de Chim. et de Phys.*, (3), t. XXXIII, p. 86].

*Carbonate sodico-magnésien.* — En précipitant un sel de magnésie par du bicarbonate de sodium, on n'obtient pas, comme le pensait Berzelius, un sel double, mais il se forme le carbonate magnésique neutre, à $3H^2O$, cristallisé. Mais lorsqu'on fait digérer à 70° de la magnésie blanche avec une solution de bicarbonate de sodium, elle se transforme en petits cristaux renfermant

$$(CO^3)^2MgNa^2.$$

Ces cristaux, qui sont anhydres, sont de petits prismes hexagonaux, réguliers, pyramidés [H. Deville, *loc. cit.*].

*Carbonate double de calcium et de magnésium.* — Ce sel double, connu en minéralogie sous le nom de dolomie (voyez ce mot), peut s'obtenir artificiellement dans un grand nombre de circonstances. Sa composition générale se rapproche beaucoup de la formule $(CO^3)^2CaMg$; néanmoins elle présente assez de divergences pour qu'on puisse admettre que les deux carbonates peuvent s'unir en proportions très-variées. On a, en effet, observé des carbonates doubles naturels, qui présentent les rapports

$$2CO^3Mg,3CO^3Ca;$$
$$CO^3Mg,2CO^3Ca;$$
$$3CO^3Mg,\ CO^3Ca;$$

et même d'autres, en proportions moins définies.

SULFOCARBONATE DE MAGNÉSIUM, $CS^3Mg$. — Obtenu par double décomposition entre le sulfocarbonate de baryum et le sulfate de magnésium. La liqueur filtrée abandonne, par l'évaporation, une masse amorphe jaune, soluble dans l'eau, à laquelle il communique une saveur poivrée [Berzelius].

SILICATES DE MAGNÉSIUM. — Il existe un très-grand nombre de silicates naturels, dont nous citerons ici les principaux en indiquant leurs formules, abstraction faite des éléments accessoires.

| | |
|---|---|
| Péridot ou chrysolite..... Olivine.................... | $SiO^4Mg^2$ ou $(SiO^3Mg)MgO$ (orthosilicate). |
| Villarsite.................. | $SiO^4Mg^2+H^2O$. |
| Ophite, serpentine, asbeste.................... | $(SiO^4)^2Mg^3H^2+H^2O$ (1). |
| Deweylite.................. | Id. $+2H^2O$. |
| Antigorite.................. | $(Si^3O^{10})Mg^4+H^2O$ $=(SiO^3Mg)^3+MgH^2O^2$. |
| Asbeste de Koruk........ | $SiO^3Mg$. |
| Picrosmine................. | Id. $+H^2O$. |
| Picrophyllite............... | $(SiO^3Mg)^3+2H^2O$. |
| Speckstein................. | $Si^4O^{11}Mg^3=3MgO.4SiO^2$ |
| Talc........................ | $(Si^5O^{14})Mg^4=4MgO.5SiO^2$ |
| Écume de mer ou magnésite.................... | $Si^3O^8Mg^2+2H^2O$ $=(SiO^3)^3Mg^2H^2+H^2O$. |

La chondrodite ou humite, dans laquelle une partie du magnésium est remplacée par du fer, représente une difluorhydrine trisilicique

$$O^{13}\left\{\begin{matrix}Si^3\\Mg^8\end{matrix}\right.$$
$$Fl^2$$

Il existe, en outre, un grand nombre de silicates magnésiens multiples, très-complexes.

On peut obtenir artificiellement des silicates magnésiens par l'action de la silice sur la magnésie à une température élevée. Le péridot, par exemple, s'obtient par l'action d'une température élevée sur un mélange de 4gr,50 de silice, 6gr,15 de magnésie et 6 grammes d'acide borique [Ebelmen].

On peut obtenir également des silicates magnésiens par voie humide, mais ils ont été peu étudiés. Ainsi, en précipitant du chlorure de magnésium par du silicate potassique, on obtient un précipité gélatineux qui renferme $(SiO^3)^3MgH^4$ [Heldt, *Journ. für prakt. Chem.*, t. XCIV, p. 157].

CARACTÈRES ANALYTIQUES ET DOSAGE. — Les sels de magnésium sont, en général, neutres aux réactifs colorés. Ceux qui sont solubles dans l'eau possèdent une saveur amère très-prononcée. Ils sont incolores, à moins que l'acide ne soit coloré. Ceux qui sont insolubles dans l'eau sont solubles dans l'acide chlorhydrique. Ceux dont les acides sont volatils sont décomposés par la chaleur, sauf le sulfate qui résiste à une température très-élevée, mais qui se décompose cepen-

(1) Dans l'hydrophite, 1/3 du magnésium est remplacé par du fer; la même substitution a lieu dans beaucoup d'autres silicates.

dant au chalumeau à gaz [Sonnenschein]. Le chlorure de magnésium se décompose au contact de l'eau, sous l'influence de la calcination, en acide chlorhydrique qui se dégage, et magnésie qui reste pour résidu.

Les sels magnésiens ont une tendance remarquable à former des sels doubles ammoniacaux solubles; aussi la plupart des réactifs ne produisent-ils aucun précipité dans les sels magnésiens, en présence de sels ammoniacaux. Les phosphates alcalins seulement donnent un précipité de phosphate ammoniaco-magnésien insoluble; il en est de même des arséniates.

Le magnésium appartient au groupe analytique des métaux qui ne sont précipités ni par l'hydrogène sulfuré, ni par le sulfure d'ammonium. Les monosulfures alcalins produisent néanmoins, dans les sels magnésiens, un précipité d'hydrate de magnésie, tandis qu'il reste du sulfhydrate de magnésium en dissolution; en présence d'un sel ammoniacal, l'hydrate de magnésie ne se sépare pas, aussi le sulfure d'ammonium ne produit-il pas cette réaction.

Voici quelle est l'action des divers réactifs sur les sels de magnésium.

*Potasse et soude.* — Précipité volumineux, blanc, d'hydrate de magnésium, soluble dans les sels ammoniacaux, mais qui apparaît lorsqu'on chasse l'ammoniaque par l'ébullition. La précipitation, pour être complète, doit se faire à chaud. Certaines matières organiques l'empêchent.

*Ammoniaque.* — Précipité volumineux d'hydrate, si la solution est neutre, mais cette précipitation n'est que partielle; elle peut être nulle si la liqueur était primitivement acide, à cause de la formation d'un sel ammoniacal.

*Eau de baryte* et *eau de chaux.* — Précipité d'hydrate magnésien.

*Carbonates alcalins fixes.* — Précipité blanc d'hydrocarbonate de magnésie, se produisant complétement à l'ébullition. La présence des sels ammoniacaux empêche cette précipitation. Le précipité fournit de la magnésie par la calcination.

*Carbonate de baryum.* — Précipitation partielle: elle est complète pour le sulfate de magnésium.

*Carbonate de calcium.* — Rien.

*Carbonate d'ammonium.* — Précipité faible, ou nul, à froid, avec le sesquicarbonate; à chaud, il y a précipitation de carbonate avec le carbonate neutre, c'est-à-dire avec le carbonate ordinaire additionné d'ammoniaque; la précipitation est à peu près complète et il se dépose le sel cristallin $(CO^3)^2Mg(AzH^4)^2 + 4H^2O$. Pas de précipitation en présence des sels ammoniacaux.

*Bicarbonates alcalins.* — Pas de précipité à froid, mais la liqueur fournit du carbonate de magnésium par une ébullition prolongée, qui occasionne un dégagement d'acide carbonique.

*Phosphate de sodium.* — Si les solutions ne sont pas trop étendues, ce réactif produit un précipité blanc de phosphate de magnésium, qui se forme plus facilement à l'ébullition. En présence du sel ammoniac et d'un excès d'ammoniaque, on obtient immédiatement un précipité cristallin de phosphate ammoniaco-magnésien,

$$(PO^4)MgAzH^4 + 6H^2O,$$

donnant du pyrophosphate $(P^2O^7)Mg^2$ par la calcination. Si les solutions sont très-étendues, le précipité peut n'apparaître qu'après quelques heures; on favorise toujours sa formation par l'agitation. Ce composé est presque insoluble dans l'eau, surtout en présence d'ammoniaque libre; il est soluble dans l'acide acétique. On remplace fréquemment le phosphate de sodium par le *phosphate d'ammonium* pour produire ce précipité.

*Acide oxalique.* — Pas de précipité, mais l'addition d'ammoniaque occasionne la précipitation d'oxalate de magnésium, précipitation qui ne se produit pas en présence de sels ammoniacaux.

*Acide fluosilicique.* — Rien.

*Cyanure jaune.* — Précipité blanc dont la formation est facilitée par la présence de sels ammoniacaux.

Les sels de magnésie ne colorent pas la flamme de l'alcool. Au *chalumeau*, la magnésie et ses sels, humectés de chlorure de cobalt, se colorent en rose pâle; la coloration, qui est très-faible, apparaît surtout après le refroidissement.

Dosage du magnésium. — On dose le magnésium à l'état de magnésie, de sulfate ou de pyrophosphate de magnésium.

1° *A l'état de magnésie.* — Ce procédé est applicable directement à l'analyse des sels de magnésium à acide organique ou à acide volatil (carbonate, azotate). On calcine au rouge, en chauffant graduellement, dans un creuset de platine, et en laissant finalement arriver l'air dans le creuset pour brûler le charbon s'il y en a. Les résultats sont généralement un peu faibles, parce qu'une petite quantité de magnésie est entraînée mécaniquement.

*Précipitation à l'état de carbonate.* — On n'utilise que rarement cette méthode de précipitation, parce qu'elle n'est pas très-exacte. Quand on en fait usage, on calcine le carbonate pour le transformer en magnésie que l'on pèse. Si dans la précipitation il y avait des sels ammoniacaux en présence, il faudrait faire bouillir la solution avec un excès de carbonate de potasse jusqu'à cessation du dégagement d'ammoniaque. En outre, comme le précipité peut contenir un peu de potasse, il faut laver le résidu calciné avec de l'eau et le calciner de nouveau.

La précipitation peut également être faite par le carbonate neutre d'ammonium (carbonate cristallisé dissous avec un excès d'ammoniaque); il se forme ainsi du carbonate ammoniacal

$$(CO^3)^2Mg(AzH^4)^2 + 4H^2O,$$

grenu et cristallin, très-peu soluble en présence même d'un excès de carbonate ammonique. On en facilite la formation par l'agitation. Cette méthode a été recommandée par Schaffgotsch pour séparer la magnésie des alcalis.

*Décomposition du chlorure de magnésium par l'oxyde de mercure.* — A la solution concentrée du chlorure, on ajoute de l'oxyde de mercure délayé dans l'eau, on évapore au bain-marie, on dessèche avec soin, puis on porte graduellement le creuset au rouge jusqu'à ce qu'on ait expulsé le bichlorure de mercure formé et l'excès d'oxyde. Le résidu renferme la magnésie, qu'on peut peser directement si elle est pure, et qu'il faut laver à l'eau si elle est accompagnée d'alcalis (Berzelius).

2° *Dosage à l'état de sulfate.* — Cette méthode est applicable toutes les fois que la magnésie n'est accompagnée d'aucune autre matière fixe. On ajoute à la solution l'acide sulfurique jugé nécessaire, en évitant d'en mettre un trop grand excès, on évapore à sec, au bain-marie, dans une capsule de platine tarée, puis on calcine sur une lampe à gaz ordinaire, et l'on pèse après refroidissement. Comme vérification, on traite le résidu par une goutte d'acide sulfurique et l'on calcine de nouveau. Le poids ne doit pas varier.

3° *Dosage à l'état de pyrophosphate.* — Ce procédé est le plus exact et le plus fréquemment usité. On ajoute à la solution magnésienne du sel ammoniac, puis de l'ammoniaque, qui ne doit pas produire de précipité (inutile de dire que tous les métaux, sauf les alcalis, doivent être préalablement séparés par le sulfhydrate ou le carbonate d'ammoniaque en présence d'un sel ammoniacal). On ajoute ensuite un excès de phosphate de sodium, ou mieux d'ammonium, on agite fortement avec une baguette de verre sans toucher les parois du vase, afin que le sel n'y adhère pas, puis on abandonne le tout au repos pendant 12 heures. Après ce temps, on recueille sur un filtre le précipité de phosphate ammoniaco-magnésien (voir plus haut les caractères de ce sel). On enlève soigneusement avec la baguette et un peu de liquide filtré les cristaux restés adhérents au vase à précipiter, puis on lave le filtre avec de l'eau chargée d'ammoniaque (5 p. d'ammoniaque pour 1 p. d'eau) qui ne dissout pas le sel, jusqu'à ce que le liquide filtré ne laisse plus de résidu sur la lame de platine. Après dessiccation complète à 100°, on introduit le précipité dans un creuset de platine, et l'on incinère le filtre à part. Cette incinération est assez lente; on la facilite en découpant le filtre en petites bandes qu'on brûle successivement, en l'appuyant avec un fil de platine contre les parois du creuset rougi. Par cette calcination, qui doit se faire graduellement jusqu'au rouge vif, le phosphate ammoniaco-magnésien se transforme en pyrophosphate $(P^2O^7)Mg^2$, dont le poids multiplié par $0,36036 = \frac{2MgO}{P^2O^7Mg^2}$ fait connaître celui de la magnésie, ou multiplié par $0,2162 = \frac{Mg^2}{P^2O^7Mg^2}$ celui du magnésium (ces nombres deviennent 0,3601 et 0,2233, si l'on prend 25 pour le poids atomique du magnésium).

SÉPARATION DU MAGNÉSIUM. — Le magnésium se sépare facilement des métaux proprement dits en précipitant ceux-ci par l'hydrogène sulfuré ou le sulfhydrate ammonique, si l'on observe pour chacun d'eux les précautions recommandées pour leur précipitation complète. La plupart des métaux qui ne sont pas précipités par ces réactifs à l'état de sulfure se séparent sans difficulté par d'autres procédés.

La baryte se sépare facilement par l'acide sulfurique; il en est de même de la strontiane et de la chaux; il faut seulement dans ces derniers cas ajouter de l'alcool à la solution pour rendre les sulfates strontique et calcique insolubles. Ces trois bases se séparent en outre par le carbonate ammonique en présence d'un sel ammoniacal qui maintient la magnésie en dissolution.

Pour la séparation de la chaux, voyez t. I, p. 712. Quant à l'alumine, l'ammoniaque la précipite complètement; si l'on suit les précautions indiquées, la magnésie reste dissoute. Ces bases une fois séparées, il ne reste plus qu'à suivre une des méthodes ci-dessus pour doser la magnésie. Seulement, si l'on veut doser en outre les alcalis qui peuvent accompagner la magnésie, il faut suivre une des marches que nous allons indiquer.

*Séparation de la magnésie et des alcalis.* — 1° *Procédé de Berzelius.* — Il est fondé sur la décomposition du chlorure de magnésium par l'oxyde de mercure; en opérant comme il a été dit plus haut, on obtient un résidu de magnésie insoluble dans l'eau, et de chlorures alcalins qu'on enlève par lavage et dont on fait ensuite le dosage par les procédés ordinaires.

2° *Procédé de Liebig.* — A la liqueur exempte de sels ammoniacaux et neutre, on ajoute une solution de baryte, on fait bouillir et l'on filtre. Le précipité est de l'hydrate de magnésie qui peut renfermer du sulfate de baryum si la solution contenait de l'acide sulfurique. On redissout l'hydrate dans l'acide sulfurique, on filtre et on le pèse à l'état de sulfate, ou bien on précipite la magnésie à l'état de phosphate ammoniacal. La liqueur filtrée renferme la potasse et la soude, en même temps que l'excès de baryte qu'on sépare par l'acide sulfurique. On peut remplacer la baryte par la chaux.

3° *Procédé de Deville.* — Les sels, amenés à l'état d'azotates, sont calcinés modérément dans une capsule de platine; on verse sur la matière un peu d'eau, puis on y ajoute des cristaux d'acide oxalique pur; par la calcination les alcalis restent à l'état de carbonate, et le magnésium à l'état d'oxyde anhydre, qu'on sépare par l'eau bouillante [*Ann. de Chim. et de Phys.*, (3), t. XXXVIII, p. 25].

Cette méthode est également applicable lorsque l'on a affaire à un mélange de chlorures. On fait digérer ce mélange avec de l'acide azotique tant qu'une nouvelle addition de cet acide produit des vapeurs jaunes et une action décolorante sur le papier de tournesol; on évapore alors à sec et l'on continue comme plus haut [H. Wurtz, *Sillim., Amer. Journ.*, (2), XXV, 371].

*Méthode de Chancel.* — On précipite le mélange des sels par le phosphate d'ammonium, avec addition de sel ammoniac et d'ammoniaque; on sépare après 24 heures le précipité de phosphate ammoniaco-magnésien, on filtre et l'on traite la liqueur filtrée, portée à l'ébullition, pour chasser l'excès d'ammoniaque par du nitrate d'argent et du carbonate d'argent pour précipiter tout l'excès d'acide phosphorique; on filtre de nouveau, on sépare l'excès d'argent par l'acide chlorhydrique, puis on évapore à sec la solution, qui ne renferme plus que les chlorures alcalins, et l'on calcine le résidu. On peut aussi précipiter l'acide phosphorique en excès par l'azotate de bismuth et se débarrasser de l'excès de ce dernier par l'hydrogène sulfuré [*Compt. rend.*, t. L, p. 94].

Alv. Reynoso sépare l'acide phosphorique en traitant le résidu de l'évaporation de la liqueur filtrée, séparée du phosphate ammoniaco-magnésien, par de l'étain et de l'acide azotique, qui transforme tout l'acide phosphorique en phosphate d'étain insoluble [*Compt. rend.*, t. LVI, p. 873].

*Procédé de Schaffgotsch.* — Ce procédé est basé sur la précipitation de la magnésie par le carbonate neutre d'ammonium, comme on l'a vu plus haut [*Pogg. Ann.*, t. CIV, p. 482]. E. W.

**MAGNÉTITE** (Min.) [Syn. *Fer oxydulé, pierre d'aimant*]. — Oxyde de fer magnétique, oxyde salin de fer, $Fe^3O^4$, renfermant quelquefois une petite quantité de titane, de manganèse, de magnésium. Cristaux isolés ou masses grenues, lamelleuses ou compactes, ou encore grains roulés provenant de la destruction des roches primitives. Les masses compactes sont d'un noir de fer, souvent mélangées de sesquioxyde de fer anhydre ou hydraté; ces masses sont souvent magnétipolaires et prennent alors le nom de pierre d'aimant. Les cristaux sont d'ordinaire d'un noir moins foncé et d'un éclat plus vif.

Le fer oxydulé se trouve presque exclusivement dans les roches cristallines, métamorphiques, en amas plus ou moins considérables, et qui peuvent constituer de véritables montagnes, comme à Taberg (Suède), à Blagodat dans l'Oural, etc. Il donne lieu alors à des exploitations d'une extrême importance, à cause de la qualité du minerai, qui est spécialement propre à la fabrication des aciers supérieurs. Il est disséminé en petits grains dans beaucoup de roches schisteuses, et dans la plupart des roches éruptives, telles que les basaltes et les laves. Au Brésil, dans la province de Minas-Geraes, mélangé avec le fer oligiste, il forme des amas importants. Les plus beaux cristaux viennent de Traverselle (Piémont), de Normark, (Wermeland).

*Caractères.* — Soluble dans l'acide chlorhydrique. Difficilement fusible au chalumeau. Au feu d'oxydation perd son action sur l'aimant. Avec les flux, réaction du fer.

Dureté, 5,5 à 6,5. Poussière noire. Cassure subconchoïdale ou irrégulière. Densité, 4,9 à 5,2

*Forme cristalline.* — Octaèdre régulier $a^1$, dodécaèdre rhomboïdal $b^1$, et combinaison de ces deux formes avec l'icositétraèdre $a^3$, le trioctaèdre $a^{1/2}$, etc. Les faces du cube sont très-rares.

Clivages, $a^1$ difficile. Macles parallèles à $a^1$.

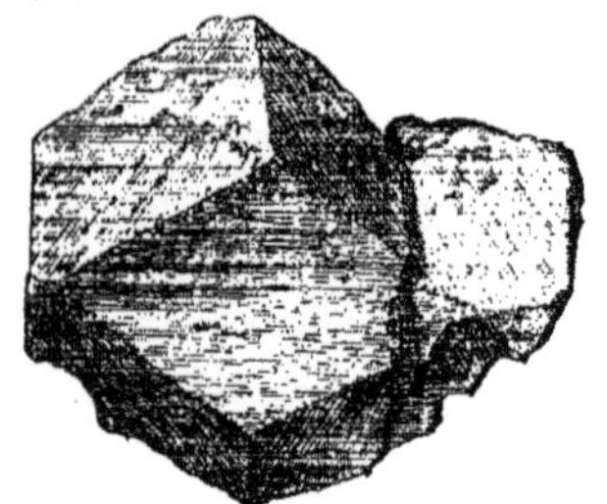

Fig. 396. — Magnétite.

La magnétite est fortement magnétique et exceptionnellement magnétipolaire. Cette propriété se rencontre surtout sur les masses compactes, mais parfois aussi sur des cristaux (Brésil). Dans ce cas, les pôles magnétiques n'ont aucun rapport régulier de position avec la forme cristalline. F. et S.

**MAGNÉTOPYRITE.** — Voyez PYRRHOTINE.

**MAGNOFERRITE** (Min.) [Syn. *Magnésio-ferrite*]. — Spinelle ferrico-magnésien, $MgFe^2O^4$. Sa composition est assez variable, ce qui peut provenir d'un mélange de $Fe^2O^3$, ou d'un remplacement isomorphique de MgO par FeO. Petits cristaux octaédriques, d'un gris de fer, à poussière rougeâtre ou brun-noir, attirant plus ou moins l'aimant, souvent pénétrés de lamelles de fer oligiste placées parallèlement aux faces de l'octaèdre; se trouvent sur la lave au Vésuve, Fosso di Cancherone. Ces cristaux avaient été décrits comme hématite octaédrique, et ont été reconnus comme appartenant à la famille des spinelles par M. Rammelsberg. Il s'est formé une assez grande quantité de ces cristaux lors de l'éruption de 1855.

*Caractères.* — Difficilement soluble dans l'acide chlorhydrique.

Dureté, 6 à 5. Poussière brun noirâtre.

Densité, 4,57 à 4,65. F. et S.

**MAILLECHORT.** — Voyez CUIVRE, t. I, p. 1003.

**MALACALITE** (Min.). — Pyroxène calco-magnésien.

**MALACHITE** (Min.) [Syn. *Cuivre carbonaté vert, vert de montagne*]. — Cuivre hydrocarbonaté,

$$CO^2,2CuO,H^2O = CO^3(CuOH)^2.$$

Très-rare en cristaux; plus fréquente en houppes soyeuses; le plus souvent en masses concrétionnées ou en enduits et incrustations, à structure fibreuse et rubanée d'un beau vert. Se rencontre aussi en masses compactes ou terreuses. Assez fréquemment, elle forme des pseudomorphoses de cristaux de chessylithe ou de cuprite. Elle accompagne généralement les autres minerais de cuivre. Les plus beaux morceaux concrétionnés proviennent des mines de Nischne-Tagilsk et de Goumeschefskoi (Oural).

*Caractères.* — Soluble avec effervescence dans les acides; soluble dans l'ammoniaque. Dans le tube bouché, noircit et donne de l'eau. Au chalumeau, sur le charbon, colore la flamme en vert, fond et donne un globule de cuivre. Avec les flux, réactions du cuivre.

Dureté, 3,5 à 4. Poussière d'un vert pâle. Opaque; les petits cristaux détachés sont translucides.

Densité, 3,7 à 4.

*Forme cristalline.* — Clinorhombique, $mm = 104° 28'$; $ph^1 = 91° 28'$ [Zépharowitch, *Berichte der Kais. Akad. zu Wien.*, t. LI, p. 112].

Clivage $p^1$ parfait, $g^1$ moins parfait. Les cristaux sont rarement simples; plan de macle $h^1$; on trouve souvent des macles quadruples. F. et S.

**MALACON** (Min.). — Zircon altéré renfermant environ 3 % d'eau, et se trouvant en petits cristaux à Hitteroë (Norvége) et à Chanteloube, dans le granit et la pegmatite. Opaque.

Dureté, 6. Densité, 3,90 à 4,04.

**MALÉIQUE (ACIDE)**, $C^4H^4O^4$ [Syn. *Acide pyromalique, acide pyrosorbique*] [Lassaigne, *Ann. de Chim. et de Phys.*, t. XI, p. 93; — Pelouze, *ibid.*, t. LVI, p. 72; — Liebig, *Ann. der Chem. u. Pharm.*, t. XI, p. 276; — Buechner, *ibid.*, t. XLIX, p. 57; — Kekulé, *Ann. der Chem. u. Pharm.*, t. suppl. I, p. 129, et p. 354; *ibid.*, t. suppl. II, p. 85; *ibid.*, t. CXXX, p. 1; *ibid.*, t. CXXXI, p. 87; *Ann. de Chim. et de Phys.*, (3), t. LXV, p. 120; *ibid.*, t. LXVI, p. 482; *Répert. de Chim. pure*, t. IV, p. 306; *Bull. de la Soc. chim.*, 1863, p. 31; *ibid.*, 1864, t. II, p. 372]. — L'acide maléique est isomérique avec l'acide fumarique, et se produit en même temps que celui-ci dans la distillation sèche de l'acide malique, duquel il diffère par 1 molécule d'eau qu'il renferme en moins. Pour le préparer on chauffe rapidement à 200° de l'acide malique dans une cornue spacieuse qu'on remplit au quart; il passe un liquide aqueux qui, soumis à l'évaporation, fournit l'acide maléique cristallisé, et il reste dans la cornue de l'acide fumarique.

L'acide maléique forme des prismes clinorhombiques terminés par des faces octaédriques. Il est incolore et sans odeur; sa saveur, d'abord acide est suivie d'une sensation nauséabonde; il se dissout dans 1 p. d'eau froide environ. Sa solution aqueuse abandonnée à elle-même dans un vase couvert, grimpe le long des parois et s'effleurit sous forme de choux-fleurs; il est très-soluble dans l'alcool et se dissout aussi dans l'éther; il n'agit pas sur la lumière polarisée [Pasteur, *Ann. de Chim. et de Phys.*, (3), t. XXXI, p. 90]. L'acide maléique cristallisé fond vers 130° et bout vers 160°, il se décompose alors en eau et en acide maléique anhydre.

On peut transformer l'acide maléique en acide fumarique de plusieurs manières : 1° en le chauffant dans un tube long et étroit de manière que l'eau qui se volatilise retombe; 2° en le chauffant en tube scellé; 3° en le chauffant avec les acides iodhydrique ou bromhydrique concentrés ou en le faisant bouillir pendant quelque temps avec de l'acide nitrique étendu. Lorsqu'on fait usage d'acide iodhydrique, l'acide fumarique est transformé en acide succinique. L'amalgame de sodium en présence de l'eau transforme l'acide maléique en acide succinique. Le même acide se produit, lorsqu'on fait fermenter l'acide maléique avec du fromage [Dessaignes, *Compt. rend.*, t. XXXI, p. 432]. Le brome en présence de l'eau transforme l'acide maléique en acides dibromosuccinique et isodibromosuccinique. Soumis à l'électrolyse, il fournit au pôle positif de l'acétylène ou un gaz analogue et de l'oxygène, au pôle négatif de l'acide succinique et de l'hydrogène; on constate aussi la présence de petites quantités d'acide fumarique.

MALÉATES. — L'acide maléique est bibasique et donne des sels acides et des sels neutres. Les maléates ressemblent beaucoup aux fumarates, avec lesquels ils sont isomères; ils sont en général solubles dans l'eau, sauf ceux d'argent, de cuivre et de plomb. Les maléates acides d'ammonium, de potassium et de sodium sont moins solubles dans l'eau que les maléates neutres à mêmes bases. On distingue les maléates des fumarates en ajoutant un acide minéral à la solution du sel : les fumarates fournissent à froid et en solution assez concentrée un précipité d'acide fumarique, tandis que les maléates ne sont pas précipités.

*Maléates d'ammonium.* — On obtient le *sel neutre* sous forme d'une gelée cristallisée très-déliquescente et insoluble dans l'alcool, lorsqu'on évapore dans le vide une solution d'acide maléique sursaturée par de l'ammoniaque. On prépare le sel acide en neutralisant exactement par l'ammoniaque une certaine quantité d'acide maléique et en ajoutant ensuite une quantité d'acide maléique égale à celle déjà employée ; par une évaporation à une douce chaleur on obtient des lamelles acides inaltérables à l'air. Ce sel ne se décompose pas à 100°, sa solution ne dégage pas d'ammoniaque à l'ébullition ; il est très soluble dans l'eau et insoluble dans l'alcool. Soumis à la distillation sèche, il fournit de la fumarimide [Dessaignes, *Compt. rend.*, t. XXXI, p. 432].

*Maléates d'argent.* — *Sel neutre.* — Les maléates alcalins précipitent en blanc le nitrate d'argent. Le précipité se transforme au bout de quelque temps en cristaux assez grands, transparents d'un éclat adamantin, qui après dessiccation détonent lorsqu'on les chauffe doucement.

*Le sel acide* constitue de fines aiguilles incolores et se produit lorsqu'on mélange des solutions d'acide maléique et de nitrate d'argent et qu'on évapore à une douce chaleur.

*Maléates de baryum.* — *Sel neutre,*

$$C^4H^2O^4Ba + 2H^2O.$$

— L'acide maléique donne, avec l'eau de baryte, un précipité blanc et pulvérulent disparaissant par l'addition d'une plus grande quantité d'eau et reparaissant par le repos sous la forme d'écailles brillantes; une solution d'acide maléique saturée à chaud par du carbonate de baryum et filtrée bouillante, fournit, par le refroidissement, des aiguilles groupées en étoiles. Les cristaux séchés à l'air perdent, à 100°/ $H^2O$ ; ils sont peu solubles dans l'eau froide, mais solubles dans l'eau bouillante, les acides maléique et acétique, et dans un excès d'eau de baryte.

L'acide maléique en solution concentrée précipite l'acétate de baryum sous la forme d'une poudre grenue et cristalline.

On obtient le *sel acide* $(C^4H^3O^4)^2Ba + 5H^2O$ en saturant l'acide maléique par du maléate de baryum neutre ou en saturant à l'ébullition une certaine quantité d'acide maléique par du carbonate de baryte et en ajoutant à la liqueur filtrée bouillante une égale quantité d'acide maléique. La liqueur ainsi obtenue soumise à l'évaporation donne des cristaux confus très-solubles dans l'eau et l'alcool et perdant, à 100°, $5H^2O$.

*Maléates de calcium.* — *Sel neutre,*

$$C^4H^2O^4Ca + H^2O.$$

— L'eau de chaux n'est pas précipitée par l'acide maléique; le chlorure de calcium ne précipite pas le maléate de potassium, mais au bout de quelques jours il se dépose des aiguilles cristallines, peu solubles dans l'eau. Lorsqu'on sature à l'ébullition l'acide maléique par du carbonate de calcium et qu'on évapore la liqueur filtrée à une douce chaleur, on obtient des croûtes cristallines composées de petites aiguilles, ne perdant pas d'eau à 100°, très-solubles dans l'eau, insolubles dans l'alcool.

*Sel acide,* $(C^4H^3O^4)^2Ca + 5H^2O$. — On fait dissoudre le sel neutre dans autant d'acide qu'il renferme déjà et on fait évaporer. Ce sel constitue de grands prismes rhombiques, inaltérables à l'air et perdant $5H^2O$ à 100°, il est très-soluble dans l'eau, mais insoluble dans l'alcool. La chaux de ce sel est précipitée par l'acide oxalique.

*Maléate de cuivre,* — *Sel neutre,*

$$C^4H^2O^4Cu + H^2O \text{ à } 100°.$$

— Lorsqu'on fait bouillir du carbonate de cuivre avec une solution d'acide maléique, la liqueur filtrée renferme un peu de maléate de cuivre qui cristallise par l'évaporation ; si l'on traite le résidu sur le filtre par l'acide acétique qui dissout le carbonate sans attaquer d'une manière notable le maléate, celui-ci reste à l'état de cristaux, qu'on lave à l'eau. Lorsqu'on évapore, à une douce chaleur, une solution concentrée d'acétate de cuivre avec de l'acide maléique, il se dégage de l'acide acétique et le maléate de cuivre se dépose à l'état de cristaux bleu clair. Il est peu soluble dans l'eau froide ou bouillante ; mais il se dissout facilement dans l'ammoniaque.

*Maléate de cuprammonium,*

$$(C^4H^2O^4)(AzH^3)^2Cu + 2H^2O.$$

— Ce sel constitue une poudre cristalline d'un bleu d'azur, qui se forme lorsqu'on évapore une solution ammoniacale de maléate de cuivre et qu'on ajoute de l'alcool au liquide concentré. Il est très-soluble dans l'eau, insoluble dans l'alcool.

*Maléate de fer.* — Ni l'acide maléique, ni le maléate de potasse ne précipitent l'acétate ferrique ; l'acide maléique bouillant dissout très-peu d'hydrate d'oxyde ferrique et la solution bleuâtre fournit à l'évaporation une masse poisseuse brun-rouge.

*Maléates de magnésium.* — *Sel neutre,*

$$C^4H^2O^4Mg \text{ à } 100°.$$

— L'acide maléique aqueux, saturé à l'ébullition par le carbonate de magnésium, fournit une liqueur qui, évaporée, donne une masse boursouflée, spongieuse, soluble dans l'eau. L'alcool détermine dans la solution de ce sel un précipité cristallin volumineux très-soluble dans l'eau et soluble dans l'alcool étendu; il perd 27,26 % d'eau à 100°.

*Sel acide,* $(C^4H^3O^4)^2Mg + 3H^2O$. — La solution aqueuse chaude d'un mélange d'une molécule de sel neutre et d'une molécule d'acide maléique dépose, par le refroidissement, de petits cristaux rhomboïdaux, transparents, craquant sous la dent, d'une saveur semblable à celle du sulfate de magnésie, très-solubles dans l'eau, insolubles dans l'alcool. Ce sel perd, à 100°, 34,95 % d'eau.

*Maléate de mercure.* — Il se forme des flocons blancs lorsqu'on ajoute de l'acide maléique à du nitrate d'oxydule de mercure.

*Maléate de nickel,* $C^4H^2O^4Ni + H^2O$. — Lorsqu'on fait bouillir une solution aqueuse d'acide maléique avec du carbonate de nickel, qu'on filtre et qu'on évapore, on obtient des petit cristaux vert-pomme et des croûtes cristallines, insolubles dans l'alcool, mais très solubles dans l'eau.

*Maléates de plomb.* — *Sel neutre,*

$$C^4H^2O^4Pb + 3H^2O.$$

— L'acide maléique précipite l'acétate, mais non pas le nitrate de plomb. Si les liqueurs sont étendues, le précipité se convertit en paillettes micacées. Le nitrate de plomb détermine la formation de flocons blancs dans une solution de maléate de potassium ; ceux-ci se changent au bout de quelque temps en une masse semblable à de l'empois qui se contracte par les lavages, en se transformant en paillettes nacrées, solubles dans l'acide nitrique, insolubles dans l'acide acétique.

*Sel basique.* — Lorsqu'on ajoute de l'acide maléique saturé en partie par de l'ammoniaque à du sous-acétate de plomb, on obtient un précipité qui se dissout d'abord à l'ébullition, mais se dépose plus tard à l'état cristallin ; ce composé $C^4H^2O^4Pb.PbO$ est très-soluble dans l'acide nitrique, mais peu soluble dans l'acide acétique [Otto, *Bull. de la Soc. chim.*, 1864, t. I, p. 196].

*Maléates de potassium.* — *Sel neutre,*

$C^4H^2O^4K^2$ à 100°.

— En saturant une solution de carbonate de potassium par de l'acide maléique, on obtient un liquide qu'on évapore à consistance sirupeuse; il se dépose peu à peu des cristaux radiés, mous, attirant facilement l'humidité de l'air, fort solubles dans l'eau et insolubles dans l'alcool.

L'alcool détermine dans la solution aqueuse et concentrée de ce sel la formation d'un précipité cristallin grenu.

*Sel acide,* $(C^4H^3O^4K)^2 + H^2O$. — Lorsqu'on neutralise de l'acide maléique par du carbonate de potassium et qu'on ajoute de l'acide maléique en quantité égale à celle qu'on a employée, on obtient, après concentration, de petits cristaux de sel acide. Il est très-soluble dans l'eau; sa solution rougit le tournesol. Il est insoluble dans l'alcool et ne perd pas d'eau à 100°.

On l'obtient encore, mais au bout de quelque temps seulement, si l'on ajoute de l'acide maléique à une solution concentrée de maléate de potassium neutre.

*Maléates de sodium.* — *Sel neutre,* $C^4H^2O^4Na^2$. — Lorsqu'après avoir neutralisé à chaud l'acide maléique par du carbonate de sodium, on évapore, il se produit une bouillie composée de petites aiguilles. L'alcool précipite le sel de la solution aqueuse et concentrée sous forme cristalline. Le maléate de sodium n'est pas déliquescent.

*Sel acide,* $C^4H^3O^4Na + 3H^2O$. — Préparé comme le sel de potassium correspondant, il constitue des prismes rhomboïdaux peu solubles dans l'eau froide, plus solubles dans l'eau bouillante, insolubles dans l'alcool. Leur solution présente une réaction acide. Ils perdent leur eau de cristallisation à 100°. Le sel se précipite à l'état cristallin, lorsqu'on ajoute de l'acide acétique à une solution concentrée de maléate neutre de sodium.

*Maléate de sodium et de potassium,*

$C^4H^2O^4NaK + H^2O$.

— On l'obtient en saturant par du carbonate de sodium une solution d'acide maléique, ajoutant à la liqueur une quantité d'acide maléique égale à la quantité employée et neutralisant par le carbonate de potassium. La liqueur convenablement concentrée dépose, par le refroidissement, de petits cristaux fort déliquescents ressemblant à ceux du tartrate de calcium; on en obtient davantage en précipitant la liqueur par l'alcool. Le sel séché sur l'acide sulfurique perd, à 100°, $H^2O$.

*Maléates de strontium.* — *Sel neutre,*

$C^4H^2O^4Sr + 5H^2O$.

— Une solution d'acide maléique, saturée à chaud par du carbonate de strontium, donne une liqueur qui dépose, par concentration, de fines aiguilles soyeuses.

*Sel acide,* $(C^4H^3O^4)^2Sr + 8H^2O$. — Il s'obtient comme le sel de baryum correspondant, sous forme de prismes rectangulaires, transparents, très-acides au tournesol, solubles dans l'eau, insolubles dans l'alcool. Il perd son eau de cristallisation à 100°.

*Maléate de zinc.* — *Sel neutre,*

$C^4H^2O^4Zn + 2H^2O$.

— On fait bouillir une solution aqueuse d'acide maléique avec un excès de carbonate de zinc, on filtre et on évapore à une douce chaleur. Il se dépose des flocons gélatineux qui deviennent cristallins au bout de quelque temps; si l'on chauffe la solution, il se dépose des croûtes cristallines. Le sel est fort soluble dans l'eau et insoluble dans l'alcool.

*Sel acide,* $(C^4H^3O^4)^2Zn + 2H^2O$. — Le zinc se dissout peu à peu dans une solution aqueuse froide d'acide maléique sans dégagement d'hydrogène; il se forme des cristaux anorthiques, perdant leur eau de cristallisation à 100°, fusibles à 108° et se décomposant à cette température. La solution du sel de zinc renferme de l'acide succinique ordinaire :

$$3C^4H^4O^4 + Zn = (C^4H^3O^4)^2Zn + C^4H^6O^4.$$

Si l'on fait agir pendant quelque temps, principalement à l'ébullition, du zinc sur la solution de maléate de zinc, il se dépose du succinate de zinc. On obtient encore le maléate de zinc acide cristallisé, en faisant bouillir de l'acide maléique avec du carbonate de zinc et en ajoutant à la liqueur filtrée une quantité d'acide maléique égale à celle qui a été employée [V. de Richter, *Zeitsch. für Chem.*, 1868, p. 449].

MALÉIQUES (ÉTHERS). — Lorsqu'on fait agir le perchlorure de phosphore sur le tartrate d'éthyle, il se produit du maléate d'éthyle monochloré $C^4HClO^4.(C^2H^5O)^2$. C'est un liquide oléagineux, assez épais, d'une odeur fade, très-désagréable; densité à 11° = 1,15. Il bout de 250° à 260° [L. Henry, *Berichte der Deutsch. chem. Gesellschaft zu Berlin*, t. III, p. 707].

DÉRIVÉS BROMÉS DE L'ACIDE MALÉIQUE.

On connaît quatre acides monobromomaléiques isomériques entre eux [Kekulé, *loc. cit.*]. Trois de ces acides forment des sels d'argent stables; le quatrième, l'acide isobromomaléique, forme avec l'argent une combinaison qui se décompose facilement en donnant du bromure d'argent.

*Acide monobromomaléique,* $C^4H^3BrO^4$. — Lorsqu'on fait bouillir une solution de dibromosuccinate de baryum, elle devient acide et il se dépose du tartrate de baryum inactif; si l'on concentre davantage, on obtient des cristaux de monobromomaléate de baryum; l'alcool précipite encore une certaine quantité du même sel dans l'eau mère. Par des lavages avec de l'alcool on enlève le bromure de baryum aux cristaux qu'on purifie par des cristallisations répétées. Le sel de baryum décomposé par l'acide sulfurique fournit l'acide. On l'obtient encore en neutralisant de l'acide monobromomalique par du carbonate de sodium. Cet acide se présente sous la forme de grands prismes groupés en demi-sphères, très-solubles dans l'eau, dans l'alcool et dans l'éther, il fond de 125° à 126°. Lorsqu'on le chauffe à 150°, il perd un peu d'eau, et à 212° environ il passe de l'anhydride bromomaléique sous la forme d'un liquide d'une odeur agréable, qui se combine lentement avec l'eau en reconstituant l'acide monobromomaléique. Soumis à l'électrolyse, le monobromomaléate de sodium en solution aqueuse fournit au pôle positif une certaine quantité d'oxyde de carbone avec un peu d'acide carbonique. L'amalgame de sodium transforme l'acide monobromomaléique en acide succinique; chauffé à 100° avec du brome, il donne de l'acide bromhydrique, un peu d'acide carbonique, du bromoforme et de petits cristaux déliquescents qui semblent être de l'acide dibromotartrique.

L'acide monobromomaléique est bibasique et forme des sels neutres et acides qui sont plus stables que les monobromomalates. La plupart sont cristallisés confusément en grumeaux. Le sel d'argent neutre anhydre cristallise en aiguilles blanches. On a préparé aussi le sel double de sodium et de baryum et celui de sodium et de calcium.

*Acide isomonobromomaléique,* $C^4H^3BrO^4$. — On l'obtient en chauffant à 180° ou en faisant bouillir avec de l'eau l'acide isodibromosuccinique. Il se forme encore par l'action de l'eau bouillante sur l'anhydride isodibromosuccinique. Cet acide constitue des prismes groupés en étoiles fusibles à 100° environ. Il est très-soluble dans l'eau, le sel d'argent se décompose très-facilement en présence de l'eau bouillante. On obtient l'*anhydride isobromomaléique* cristallisé, $C^4HBrO^2.O$, en chauffant à 180° l'anhydride isodibromosuccinique; il se dégage en même temps de l'acide bromhydrique.

*Acide métabromomaléique*, $C^4H^3BrO^4$. — On l'obtient en même temps que de l'acide dibromosuccinique, lorsqu'on chauffe de l'acide succinique avec du brome et de l'eau; il entre en solution lorsqu'on triture le contenu solide avec de l'eau. Le liquide laisse déposer par l'évaporation des cristaux d'acides métabromomaléique et parabromomaléique, en même temps que de l'acide dibromomaléique se volatilise avec les vapeurs d'eau ou reste dans l'eau mère. C'est par des cristallisations fractionnées qu'on sépare les deux acides monobromomaléiques.

L'acide métabromomaléique forme de grands cristaux rhombiques, incolores et transparents, très-solubles dans l'eau, dans l'alcool et dans l'éther; fusibles de 126° à 127°, et se volatilisant lentement à 100°. Le sel de plomb, $C^4HBrO^4.Pb$, cristallise en étoiles.

*Acide parabromomaléique*, $C^4H^3BrO^4$. — Cet acide constitue de grands cristaux anorthiques (?), très-solubles dans l'eau, l'alcool et l'éther, et fusibles à 172°. Le sel d'argent, $C^4HBrO^4.Ag^2$, est un précipité cristallin granuleux qui se forme lorsqu'on mélange l'acide avec le nitrate d'argent, et qui se dissout mieux dans l'eau bouillante que dans l'acide nitrique étendu. Le sel de plomb,

$$C^4HBrO^4.Pb + 2H^2O,$$

est soluble dans un excès d'acide et dans le sous-acétate de plomb.

*Acide dibromomaléique*, $C^4H^2Br^2O^4$. — Cet acide se produit, en même temps que les deux acides bromomaléiques précédents, dans la réaction du brome sur l'acide succinique, en présence de l'eau; pour le recueillir, on concentre dans une cornue. Le liquide acide qui passe fournit des cristaux d'acide dibromomaléique, par l'évaporation spontanée sous une cloche renfermant des fragments de chaux caustique et de l'acide sulfurique. Il constitue des aiguilles blanches un peu flexibles, groupées en mamelons. Il est très-soluble dans l'eau, dans l'alcool et dans l'éther. Il fond à 112°, et distille à une température plus élevée sans décomposition apparente. Le sel d'argent, $C^4Br^2O^4.Ag^2$, s'obtient par double décomposition, sous la forme d'un précipité blanc cristallin. Il détone par la chaleur et même par le choc avec une violence comparable à celle du fulminate d'argent.

DÉRIVÉS CHLORÉS DE L'ACIDE MALÉIQUE.

*Acide chloromaléique*, $C^4H^3ClO^4$ [Perkin et Duppa, *Compt. rend.*, t. L, p. 441; — Perkin, *Bull. de la Soc. chim.*, 1864, t. I, p. 40]. En chauffant un mélange de 5 p. de perchlorure de phosphore et de 1 p. d'acide tartrique, il se dégage de l'acide chlorhydrique et la matière se fluidifie; on élève la température à 120°, et on chasse l'oxychlorure de phosphore par un courant d'air sec; le résidu est un liquide huileux, c'est du *chlorure de chloromaléyle*, que l'eau transforme en acide chloromaléique; cet acide est formé de petits prismes microscopiques solubles dans l'eau et dans l'alcool. L'amalgame de sodium le transforme en acide succinique. Il fournit des sels acides et neutres. Le sel de potassium acide, $C^4H^2ClO^4.K$, forme un précipité cristallin, le sel neutre est cristallisé et plus soluble que le précédent; le sel d'argent neutre est blanc et amorphe. Suivant L. Carius [*Bull. de la Soc. chim.*, 1870, t. XIV, p. 168], il se forme, dans l'action de l'acide chloreux sur la benzine, outre l'acide trichlorophénomalique, un acide qui, traité par la baryte, se transforme en carbonate, chloromaléate et chlorure de baryum. L'acide chloromaléique ainsi obtenu cristallise en masses blanches, formées de petites aiguilles fusibles à 171-172°. Il se dédouble en eau et en anhydride à 180°. L'acide iodhydrique transforme l'acide chloromaléique en acide succinique. Le sel potassique acide

$$C^4H^2ClO^4.K + H^2O$$

perd son eau à 100°; 100 p. d'eau à 6° en dissolvent 16,13 p. Le sel barytique forme des croûtes cristallines, $C^4HClO^4.Ba + 5H^2O$. Le sel de plomb, $C^4HClO^4.Pb$, est un précipité floconneux jaunâtre, et le sel d'argent, $C^4HClO^4.Ag^2$, un précipité cristallin blanc.

MALÉIQUE (ANHYDRIDE), $C^4H^2O^3$. — Pour obtenir cet acide, on distille rapidement l'acide malique et on répète plusieurs fois cette opération, en ayant soin de rejeter chaque fois la première portion. C'est une matière cristalline blanche, fusible à 57°, bouillant à 196°, se changeant en acide maléique au contact de l'eau. L'anhydride maléique se combine directement avec le brome et forme l'anhydride isodibromosuccinique.

ACIDE SULFOMALÉIQUE [Strecker et Messel, *Bull. de la Soc. chim.*, 1871, t. XV, p. 88]. — On le prépare par l'action du sulfite neutre de potassium sur l'acide maléique; le produit obtenu renferme $C^4H^4O^7S.K^2$, et fournit le sel neutre, $C^4H^3O^7S.K^3.H^2O$, lorsqu'on le sature par du carbonate de potassium. Le sel neutre donne, avec l'acétate de plomb, un précipité qui, décomposé par $H^2S$, fournit le sulfomaléate acide, $C^4H^5O^7S.K$, précipitable par l'alcool, et pouvant cristalliser dans ce liquide en petits cristaux transparents. Le sel de calcium obtenu par neutralisation ou par le carbonate de calcium est un sel acide; le sel neutre s'obtient en neutralisant celui-ci par un lait de chaux. Le sel d'argent, $C^4H^3O^7S.Ag^3$, est un précipité un peu soluble dans l'eau bouillante, qu'on obtient en ajoutant de l'azotate d'argent au sel potassique acide, neutralisé par l'ammoniaque. L'acide libre s'obtient en cristaux indistincts lorsque l'on traite le sel d'argent par $H^2S$. Fondu avec de la potasse, il ne donne que de l'acide fumarique. L'acide sulfomaléique serait, suivant les auteurs, identique avec les acides sulfofumarique et sulfosuccinique. Ses rapports avec les acides maléique et fumarique paraissent devoir être exprimés par les formules suivantes :

| | | |
|---|---|---|
| $CO^2H$ | $CO^2H$ | $CO^2H$ |
| $\overset{\vert}{C}H^2$ | $\overset{\vert}{C}H$ | $\overset{\vert}{C}H.SO^3H$ |
| $= \overset{\vert}{C}$ | $\overset{\Vert}{C}H$ | $\overset{\vert}{C}H^2$ |
| $\overset{\vert}{C}O^2H$ | $\overset{\vert}{C}O^2H$ | $\overset{\vert}{C}O^2H$ |
| Acide fumarique (?) | Acide maléique (?) | Acide sulfomaléique. |

PH. DE C.

**MALIQUE (ACIDE),**

$$C^4H^6O^5 = C^2H^3,OH(CO^2H)^2 = \begin{array}{l} CO^2H \\ \vert \\ CH.OH \\ \vert \\ CH^2 \\ \vert \\ CO^2H \end{array}$$

— La composition de cet acide, que Scheele a découvert en 1785 [*Opuscula*, t. II, p. 196], a été établie par Liebig. De nombreux chimistes ont étudié cet acide, ses sels et ses dérivés; c'est à Pasteur qu'on doit la connaissance approfondie des propriétés optiques et cristallographiques de ces composés. On rencontre l'acide malique en abondance dans le règne végétal, il est contenu dans les différentes parties des plantes soit à l'état libre, soit en combinaison avec la potasse, la chaux, la magnésie ou une base organique. Souvent il est associé aux acides oxalique, citrique, tartrique et tannique. Divers acides, tels que les acides ménispermique, solanique, nicotique, etc., paraissent ne pas différer de l'acide malique. On a constaté la présence de l'acide malique dans les pommes vertes acides, dans les baies de l'épine-vinette, du sorbier, du sureau, de l'*Hippophaë rhamnoides*, dans les groseilles à maquereau, les cerises, les airelles, les fraises, les framboises, les coings, dans les racines de guimauve, d'angélique, de bryone, de réglisse, de garance, dans les carottes et les pommes de terre; dans les feuilles du frêne, dans la séve du bouleau, dans les feuilles et les tiges d'aconit, de belladone, de chanvre, de grande chélidoine, de laitue, de tabac, de pavot, de valériane, de mélilot; dans les fleurs de camomille, de sureau, de bouillon blanc; dans l'ananas et le raisin; dans les graines de cumin, de persil, d'anis, de lin, de poivre; dans certains champignons; dans l'*Assa fœtida*, l'opoponax, la myrrhe, etc.

Il existe deux variétés d'acide malique, dont l'une exerce un pouvoir rotatoire sur le plan de polarisation des rayons lumineux et dont l'autre est dénuée de cette propriété. La première est dite active, la seconde inactive. La différence de ces acides se manifeste dans quelques-unes de leurs propriétés et notamment dans certains caractères de leurs sels. L'acide extrait des végétaux est actif, sauf celui que Gintl [*Bull. de la Soc. chim.*, 1870, t. XIII, p. 184] a rencontré dans les feuilles de *Fraxinus excelsior*. On l'obtient artificiellement [Piria, *Ann. de Chim. et de Phys.*, (3), t. XXII, p. 160], en décomposant par l'acide nitreux l'asparagine ou l'acide aspartique actif. Il se produit encore : 1° lorsqu'on chauffe de l'acide tartrique avec du biiodure de phosphore et de l'eau [Dessaignes, *Compt. rend.*, t. LI, p. 372]; 2° lorsqu'on fait agir 3 p. de chlorure de chaux, sur un mélange de 1 p. de sucre et de 1 2 p. d'hydrate de chaux [Schoonbroodt, *Bull. de la Soc. chim.*, 1861, p. 77]. On obtient l'acide malique inactif par l'action de l'acide nitreux sur l'acide aspartique inactif et en même temps que de la fumarimide en chauffant du malate acide d'ammoniaque [Pasteur, *Ann. de Chim. et de Phys.*, (3), t. XXXIV, p. 46]. Lorsqu'on mélange de l'acide monobromosuccinique, obtenu soit avec l'acide succinique, soit avec l'acide malique actif, avec de l'oxyde d'argent, il se forme un sel d'argent blanc qui déjà à froid se décompose en fournissant de l'acide malique inactif [Kekulé, *Bull. de la Soc. chim.*, séance du 10 août 1860]. L'acide malique qui se produit lorsqu'on chauffe de l'acide fumarique avec de l'acide chlorhydrique semble être inactif [Dessaignes, *Compt. rend.*, t XXXI, p. 432].

Suivant Berzelius et Reich [*Ann. der Chem. u. Pharm.* t. LXXVI, p. 280], on trouve dans les résidus de la préparation de l'éther nitreux, de l'acide malique; cet acide pourrait bien être l'acide glyoxylique ou l'acide glycolique.

*Préparation* [Vauquelin, *Ann. de Chim.*, t. XXXIV, p. 127; *Ann. de Chim. et de Phys.*, t. VI, p. 337; — Braconnot, *ibid.*, t. VI, p. 239; t. VIII, p. 149; t. LI, p. 329; — Liebig, *Poggend. Ann.*, t. XVIII, p. 35, *Ann. der Chem. u Pharm.*, t. V, p. 141; *ibid.*, t. XXVI, p. 166; — Donovan, *Ann. de Chim. et de Phys.*, t. I, p. 281; — Wœhler, *Poggend. Ann.*, t. X, p. 104]. Dans les laboratoires, on extrait généralement l'acide malique des baies de sorbier où il se trouve associé à une certaine quantité d'acides tartrique et citrique; la marche à suivre dans cette opération a été indiquée par Donovan, Wœhler et surtout Liebig; voici les détails de la manipulation telle qu'il convient de la diriger. On mélange, dans une bassine en cuivre étamé, le suc des baies de sorbier non mûres avec de la chaux éteinte, finement pulvérisée, de manière à laisser la liqueur légèrement acide; une neutralisation complète précipiterait la matière colorante et rendrait la purification difficile. Lorsqu'on fait bouillir ce liquide pendant plusieurs heures, il se précipite du malate de chaux qu'on enlève avec une cuiller à mesure qu'il se dépose; dès qu'il ne s'en précipite plus, on laisse refroidir pour en obtenir encore un peu. Après avoir lavé à l'eau froide le malate de chaux, on en introduit dans un mélange de 1 p. d'acide nitrique pour 10 p. d'eau préalablement chauffé, tant qu'il s'en dissout, on filtre le mélange et l'on abandonne à la cristallisation. Il se forme du bimalate de chaux qu'on décolore par de nouvelles cristallisations; puis avec l'acétate de plomb, on transforme ce sel en malate de plomb, et l'on décompose celui-ci par l'hydrogène sulfuré. Enfin on fait cristalliser en évaporant la dissolution d'acide malique, d'abord à feu nu, puis au bain-marie [R. Hagen, *Ann. der Chem. u. Pharm.*, t. XXXVIII, p. 257]. On peut, suivant Liebig, modifier la préparation en mettant à profit la facilité avec laquelle le bimalate d'ammoniaque cristallise. A cet effet, on fait bouillir le malate de plomb avec un excès d'acide sulfurique étendu, on partage la liqueur filtrée en deux portions égales, on neutralise l'une d'elles par l'ammonium, on y ajoute l'autre et on obtient en évaporant et en laissant refroidir des cristaux de malate acide d'ammonium, qu'on décolore en le soumettant à de nouvelles cristallisations. On précipite le sel par l'acétate de plomb, on lave le précipité et on décompose par l'hydrogène sulfuré ou l'acide sulfurique.

La joubarbe, les cerises, les baies de l'épine-vinette, les feuilles de tabac, les tiges de la rhubarbe du Pont et les baies d'*Hippophaë rhamnoides* sont autant de sources avantageuses d'acide malique et c'est par des procédés analogues aux précédents qu'on l'en extrait.

*Propriétés de l'acide malique actif.*—La solution aqueuse de l'acide malique, évaporée à consistance sirupeuse et abandonnée dans un lieu chaud, le dépose sous forme de mamelons composés d'aiguilles ou de prismes à 4 ou à 6 faces, brillants et réunis en faisceaux. Les cristaux fondent à 100° et perdent de l'eau à 110°; ils sont sans odeur, mais d'une saveur fort acide, ils tombent à l'air en déliquescence. L'acide malique est fort soluble dans l'alcool. En dissolution dans l'eau, il dévie à gauche le plan de polarisation; pouvoir rotatoire pour 100 millimètres $[\alpha]j = -5°$. L'addition d'eau et l'élévation de température paraissent augmenter le pouvoir rotatoire, l'acide borique l'augmente notablement, d'autres acides minéraux ou végétaux l'affaiblissent ou le font passer à droite. Saturé par les bases, l'acide malique exerce la rotation tantôt à gauche, tantôt à droite.

Chauffé dans une cornue à 175-180°, l'acide malique se décompose en eau et en acide maléique qui se volatilisent en même temps qu'une certaine quantité d'acide fumarique, une autre partie de ce dernier reste sous la forme de masse cristalline dans la cornue. Si l'on porte rapidement la température à 200° et qu'on la maintienne à ce degré pendant quelque temps, on obtient une plus grande quantité d'acide maléique; à 150° au contraire, l'acide malique se décompose très-lentement en fournissant presque uniquement de l'eau et de l'acide fumarique. Distillé brusquement, l'acide malique donne, outre les corps précédents, les produits de leur décomposition, tels que de l'oxyde de carbone, de l'hydrogène carboné, de l'huile empyreumatique et du charbon. Lorsqu'on calcine l'acide malique à l'air, il répand l'odeur du sucre brûlé.

La solution d'acide malique impur se décompose à la longue, devient visqueuse et se couvre de moisissures. Quel que soit son état de concentration, on ne peut, ni à chaud ni à froid, la saturer complétement par un carbonate terreux, si ce n'est par celui de magnésie. L'acide malique ne trouble ni l'eau de chaux, ni l'eau de baryte, ni les solutions des nitrates d'argent ou de plomb. Il forme avec l'acétate de plomb un dépôt blanc qui se dissout d'abord et se convertit ensuite en cristaux soyeux et brillants. Il réduit les sels d'or. L'acide sulfurique décompose à chaud l'acide malique en oxyde de carbone et en acide acétique. L'acide nitrique bouillant le transforme en acide oxalique avec dégagement d'anhydride carbonique; si l'acide nitrique est concentré, il se forme d'abord des cristaux d'acide fumarique. Par une ébullition prolongée avec de l'acide chlorhydrique fumant il se forme une certaine quantité d'acide fumarique [Dessaignes, *Compt. rend.*, t. XLII, p. 494]. Un excès d'acide bromhydrique fumant agit de la même manière à 100°; mais lorsque son volume est égal à celui de l'acide malique et qu'on chauffe à 100° pendant plusieurs jours, il se produit de l'acide monobromosuccinique [Kekulé, *Ann. der Chem. u. Pharm.*, t. CXXX, p. 21; *Bull. de la Soc. chim.*, (2), t. II, p. 309]. L'acide iodhydrique concentré forme à 130° de l'acide succinique [R. Schmitt, *Ann. der Chem. u. Pharm.* t. CXIV, p. 106]. Lorsqu'on soumet à la distillation un mélange de malate de calcium et de perchlorure de phosphore, on obtient de l'oxychlorure de phosphore, de l'acide chlorhydrique et du chlorure de fumaryle [Liès-Bodart, *Compt. rend.*, t. XLIII, p. 391; — Perkin et Duppa, *Ann. der Chem. u. Pharm.*. t. CXII, p. 24]. L'acide malique chauffé à 150° avec un excès de potasse caustique se transforme en oxalate et acétate avec dégagement d'hydrogène. Le malate de potassium est décomposé par le brome avec formation de bromoforme [Cahours, *Ann. de Chim. et de Phys.*, (3), t. XIX, p. 507]. Une solution aqueuse de bichromate de potassium transforme l'acide malique en acide malonique; si l'on emploie du malate de calcium, il se forme beaucoup d'acide oxalique et point d'acide malonique [Dessaignes, *Compt. rend.*, t. XLVII, p. 76]. Le permanganate de potassium oxyde la solution aqueuse d'acide malique, diluée et chaude, additionnée d'acide sulfurique, en formant des acides formique et carbonique et de l'eau [Péan de Saint-Gilles, *Ann. de Chim. et de Phys.*, (3), t. LV, p. 393]. L'acide malique distillé avec du peroxyde de manganèse et de l'eau fournit de l'aldéhyde [Liebig, *Ann. der Chem. u. Pharm.*, t. CXIII, p. 14]. Un mélange d'acide malique, de chaux et d'eau recouvert d'essence de térébenthine a fourni à Berthelot au bout d'un an un peu d'acide oxalique [*Ann. de Chim. et de Phys.*, t. LXI, p. 462]. L'acide malique, dissous dans l'alcool absolu, traité par le sodium, donne naissance à un acide qui ressemble à l'acide hydrocitrique (voyez Hydromalique (acide), t. II, p. 76); les réactions de cet acide hydrogéné ont beaucoup d'analogies avec celles de l'acide malique; il s'en distingue en ce que, neutralisé, il donne un précipité jaune avec le chlorure ferrique. Son sel de calcium forme des cristaux transparents, très-brillants, solubles, qui ont pour composition $C^4H^6CaO^5 + 5/2 H^2O$ [Kaemmerer, *Bull. de la Soc. chim.*, 1867, t. VIII, p. 103].

Suivant Bourgoin [*Bull. de la Soc. chim.*, 1868, t. IX, p. 427], une solution aqueuse de malate neutre ou avec excès d'alcali, ainsi que l'acide malique libre, fournissent, à l'électrolyse, de l'acide carbonique, un peu d'oxyde de carbone, de l'oxygène, de l'aldéhyde et un peu d'acide acétique.

*Acide malique inactif.* — On le prépare en faisant agir l'acide nitreux sur l'acide aspartique inactif; lorsque le dégagement d'azote a cessé, on sursature la liqueur par de l'ammoniaque, on précipite par l'acétate de plomb, et l'on traite par l'hydrogène sulfuré; après avoir évaporé au bain-marie jusqu'à consistance sirupeuse, on obtient une cristallisation mamelonnée d'acide malique inactif. Cet acide est très-soluble dans l'eau; il cristallise plus facilement que l'acide actif, parce qu'il est moins soluble et non déliquescent. Il est fusible à 133°; à quelques degrés au-dessus de cette température, il se décompose en donnant les mêmes produits que l'acide actif. Suivant Kekulé, l'acide inactif, dérivé de l'acide monobromosuccinique, fond entre 112° et 115°; il cristallise facilement en aiguilles et en lamelles.

Malates. — L'acide malique est triatomique et bibasique; il a une grande tendance à former des sels acides. Les variétés active et inactive fournissent, le premier, des sels actifs, le second, des sels inactifs. Ceux-ci présentent toujours des formes holoédriques; ceux-là ont quelquefois des faces hémiédriques. A 200°, les malates perdent de l'eau en se transformant en fumarates. La plupart des malates sont solubles dans l'eau. Une solution d'acide malique ou d'un malate n'est précipitée ni à froid ni à chaud par l'eau de chaux ou le chlorure de calcium; mais si l'on ajoute de l'alcool, il se sépare un précipité blanc de malate de calcium. Il se précipite encore du malate de calcium neutre, si on fait bouillir pendant quelque temps une solution d'acide malique, neutralisé presque complétement par de la chaux. Avec l'acétate de plomb, l'acide malique forme un précipité blanc, soluble dans un excès d'acide et dans l'ammoniaque; ce précipité, chauffé dans son eau mère, fond en une masse transparente et demi-fluide. Les malates ne noircissent pas lorsqu'on les chauffe avec l'acide sulfurique fumant; c'est ce dernier caractère qui distingue l'acide malique des acides citrique et tartrique [Liebig, *Poggend. Ann.*, t. XVIII, p. 357; *Ann. der Chem. u. Pharm.*, t. V, p. 141; *ibid.*, t. XXVI, p. 166; — Richardson et Merzdorff, *Ann. der Chem. u. Pharm.*, t. XXVII, p. 135; — Hagen, *ibid.*, t. XXXVIII, p. 257; — Pasteur, *Ann. de Chim. et de Phys.*, (3), t. XXXI, p. 67; *ibid.*, t. XXXIV, p. 30; *ibid.*, t. XLIX, p. 5; *Compt. rend.*, t. XXXV, p. 176].

Le *malate d'aluminium* est une masse gommeuse acide aux papiers et très-soluble dans l'eau. Sa solution aqueuse n'est précipitée ni par la potasse ni par l'ammoniaque.

*Malates d'ammonium.* — Le *sel neutre* est très-soluble dans l'eau.

On obtient le *sel acide* actif $C^4H^5O^5.AzH^4$ en partageant la solution de l'acide malique en deux moitiés, en les mélangeant après avoir neutralisé l'une d'elles par l'ammoniaque et en faisant cristalliser. Le sel cristallise en grands prismes orthorhombiques transparents. Combinaison ordinaire, $m, g^1, e^2$, quelquefois avec les facettes hémiédriques $1/2\, b^{1/2}$. Angles des faces, $m:m = 71°36'$, $e^2 : e^2$, dans le plan de la petite diagonale et de l'axe vertical, $= 137°35'$; $e^1 : e^1$, dans ce plan, $= 104°36'$. Clivages faciles, perpendiculairement aux faces $m$.

Les cristaux, qui se déposent dans l'eau pure ou dans l'acide nitrique, ne sont jamais hémiédriques; mais si l'on fait fondre les cristaux ou qu'on les chauffe assez pour qu'ils commencent à s'altérer, il se forme, en petite quantité, un produit de décomposition qui, dans une nouvelle cristallisation, permet d'obtenir des cristaux avec des faces hémiédriques.

Les cristaux ont une densité de 1,55 à 12°,5; 100 p. d'eau à 15°,7 en dissolvent 32,15 p.; l'éther et l'alcool absolu ne les dissolvent pas. La solution aqueuse de ce sel dévie à gauche le plan de polarisation; pouvoir rotatoire pour 100 millimètres $[\alpha]j = -6$ ou $7°$; la solution nitrique dévie à droite, $[\alpha]j = +5°,6$.

Le bimalate d'ammonium actif se combine, molécule à molécule, avec le bitartrate droit d'ammonium; cette combinaison ne s'obtient pas avec la variété gauche du même sel.

Le bimalate d'ammonium inactif forme deux espèces de cristaux. Ceux qui se déposent les premiers pendant l'évaporation sont anhydres et ont la même apparence que les cristaux de bimalate actif, à l'exception des faces hémiédriques. Lorsqu'on abandonne à elle-même l'eau mère, il se sépare de grands cristaux durs et transparents, avec une molécule d'eau de cristallisation

$$C^4H^5O^5.AzH^4 + H^2O;$$

ils appartiennent au type clinorhombique et ne sont pas hémiédriques.

Combinaison ordinaire, $mg^x e^1$. Inclinaison des faces $m:m$, dans le plan de la diagonale oblique et de l'axe principal, $= 124°39'$; $g^x:m = 149°33'$; $[e^1:e^1]$, dans le plan de la diagonale oblique et de l'axe principal, $= 127°20'$; $e^1:m = 85°22'$ et $110°22'$. Angle des axes $= 110°56'$.

Les bimalates de l'une et l'autre variété fournissent de la fumarimide lorsqu'on les soumet à la distillation sèche.

On obtient le *malate d'antimoine et d'ammonium*, sous la forme de cristaux volumineux, avec des facettes hémiédriques, lorsqu'on fait bouillir une solution de bimalate d'ammoniaque avec de l'oxyde d'antimoine et qu'on abandonne à l'évaporation spontanée. La solution de ce sel dévie à droite le plan de polarisation; pouvoir rotatoire pour 100 millimètres, $[\alpha]j = +115°47'$.

Le *malate d'antimoine et de potassium* s'obtient à l'état cristallisé lorsqu'on sature le bimalate de potassium par l'oxyde d'antimoine.

Le *malate d'argent neutre* est un précipité grenu cristallin, blanc, noircissant à la lumière, et devenant jaune par une forte dessiccation; il se forme lorsqu'on mélange un malate alcalin avec du nitrate d'argent. Soumis à l'action de la chaleur, il fond d'abord, puis se décompose en se boursouflant un peu et en répandant une odeur aromatique; il reste un résidu d'argent métallique. Suivant H. Kaemmerer [*Bull. de la Soc. chim.*, 1860, t. XII, p. 48], il se décompose par l'ébullition avec l'eau en donnant de l'argent réduit, et la liqueur filtrée ne renferme que de l'acide malique.

Le *malate de baryum neutre*,

$$C^4H^4O^5.Ba + 2H^2O,$$

s'obtient lorsqu'on neutralise l'acide malique par l'eau de baryte et qu'on évapore à une douce chaleur. Ce sont des écailles cristallines qui, à 30°, perdent une molécule d'eau, et à 100° l'autre; elles sont très-solubles dans l'eau, mais pendant l'ébullition de l'eau le sel se précipite à l'état anhydre.

En faisant bouillir l'acide malique avec le carbonate de baryum, on ne parvient pas à le neutraliser entièrement.

Si l'on sature à froid l'acide malique par du carbonate de baryum et qu'on évapore dans le vide, il se dépose des feuilles minces, transparentes du sel neutre, très-soluble dans l'eau. Une solution saturée de ces cristaux, ainsi que de l'acide malique saturé par du carbonate de baryte, se trouble à l'ébullition, et il se dépose le sel anhydre sous la forme d'une matière cristalline dense, ayant l'aspect de la farine. L'acide saturé à chaud par du carbonate de baryum dépose pendant l'évaporation d'abord des croûtes amorphes du sel neutre anhydre, ensuite des pellicules d'un sel acide soluble. Le sel neutre ainsi obtenu est soluble dans l'eau renfermant une trace d'acide nitrique, mais il est insoluble dans l'eau froide ou bouillante.

Le *sel acide* est amorphe, transparent et plus soluble dans l'eau que le sel neutre.

*Malates de calcium.* — *Malate neutre de calcium*, $C^4H^4O^5.Ca + 2H^2O$ — On l'obtient sous la forme de grosses lames brillantes, lorsqu'on neutralise l'acide malique, actif ou inactif, par l'eau de chaux, et que l'on concentre la liqueur dans le vide; une molécule d'eau, environ, se dégage à 100°, le reste à 180°; la solution de ce sel portée à l'ébullition laisse déposer $C^4H^4O^5.Ca + H^2O$, qui est blanc, grenu et presque insoluble. Ce même sel se précipite lorsqu'on agite à froid l'acide malique avec un excès de carbonate de calcium, et qu'on porte à l'ébullition la liqueur filtrée.

Un mélange de chlorure de calcium et de malate neutre de sodium dépose au bout de quelque temps des cristaux grenus de malate de calcium. Si l'on ajoute au malate acide d'ammonium un sel de calcium soluble et de l'ammoniaque, il ne se forme pas de précipité, mais, au bout de 24 heures, il se dépose des cristaux limpides de

$$C^4H^4O^5.Ca + 2 1/2 H^2O.$$

On obtient $C^4H^4O^5.Ca + 3H^2O$ sous la forme de cristaux durs et brillants, lorsqu'on neutralise le bimalate de calcium par un carbonate alcalin soluble, et qu'on évapore à une douce chaleur; ce sel perd $H^2O$ à 100°, et se déshydrate entièrement à 150°. Le même sel se forme encore lorsqu'on abandonne pendant deux jours à lui-même le sel grenu encore humide [Dessaignes et Chautard, *Journ. de Pharm.*, t. XIII, p. 243].

Le malate de calcium dissous dans l'ammoniaque laisse déposer des cristaux hémiédriques qui, en solution ammoniacale ou chlorhydrique, dévient le plan de polarisation à droite.

Le malate de calcium, en présence de l'eau et de l'air, se décompose en vertu de l'équation suivante :

$$\underset{\text{Acide malique.}}{3C^4H^6O^5} = \underset{\text{Acide succinique.}}{2C^4H^6O^4} + \underset{\text{Acide acétique.}}{C^2H^4O^2} + \underset{\text{Acide carbonique.}}{2CO^2} + \underset{\text{Eau.}}{H^2O}$$

En hiver, on observe, indépendamment de ces produits, des cristaux de carbonate de calcium hydraté et une matière mucilagineuse; en été, il ne se forme que des aiguilles de succinate. Cette transformation est plus rapide en présence d'un peu de levûre de bière ou de fromage pourri.

Dans cette réaction, l'acide succinique lui-même peut disparaître pour donner naissance à de l'acide butyrique; en même temps il se dégage de l'hydrogène :

$$2C^4H^6O^5 = \underset{\text{Acide butyrique.}}{C^4H^8O^2} + 4CO^2 + 4H.$$

C'est dans cette phase de la fermentation que se produit une huile essentielle qu'on isole en distillant les eaux mères; elle est incolore, fort soluble dans l'eau, d'une odeur forte et agréable, rappelant celle des pommes; elle est peut-être un alcool ou une aldéhyde [Liebig, *Ann. der Chem. u. Pharm.*, t. LXX, p. 104 et 363].

On a aussi observé la formation de l'acide lactique dans la fermentation du malate de calcium [Kohl, *Archiv. für Pharm.*, (2), t. LXV, p. 17; *ibid.*, t. LXXXIV, p. 257; — W. Baer, *Archiv. der Pharm.*, (2), t. LXIX, p. 147]. La production de l'acide lactique pourrait être due à la présence du sucre que renfermait le malate de calcium préparé avec le jus des baies de sorbier, et qui n'aurait pas bien été lavé.

Le *bimalate de calcium*, $(C^4H^5O^5)^2Ca + 8H^2O$,

se trouve tout formé dans les plantes; on peut l'extraire du tabac, des baies du *Rhus glabrum* ou *copallinum*, et des tiges du *Geranium zonale*.

On peut préparer le bimalate de calcium avec le malate neutre, en dissolvant ce dernier dans l'acide nitrique faible et en concentrant par l'évaporation.

Le bimalate de calcium actif se dépose sous la forme de beaux prismes limpides, appartenant au type orthorhombique; cristallisé dans l'eau, il n'a jamais de faces hémiédriques, mais il en possède si le liquide renferme de l'acide nitrique. Combinaison ordinaire : $m$, $g^3$, $g^1$, $e^1$, $e^{1/2}$, $1/2\ b^{1/2}$. La facette $1/2 b^{1/2}$ se présente au sommet antérieur du cristal toujours à droite, en imaginant que $m$ avec la macrodiagonale soit en face de l'observateur; rapport des axes latéraux à l'axe principal : $= 1 : 1{,}80667 : 0{,}897902$; dans la section qui passe par la brachydiagonale et l'axe principal, on a : $m : m = 124°24'$, $e^1 : e^1 = 129°20'$, $e^{1/2} : e^{1/2} = 93°8'$.

Les cristaux qui se forment dans l'acide nitrique faible sont allongés dans le sens de la brachydiagonale, et $1/2\ b^{1/2}$ n'existe qu'accessoirement; si l'acide nitrique est concentré, les cristaux sont allongés dans le sens de l'axe principal, et sont limités le plus souvent aux sommets par $1/2 b^{1/2}$ [Pasteur, *Ann. de Chim. et de Phys.*, (3), t. XXXVIII, p. 437].

Les cristaux de bimalate de calcium se dissolvent dans 50 p. d'eau froide; ils sont plus solubles dans l'eau bouillante et insolubles dans l'alcool. Ils perdent, à 100°, 3 molécules d'eau environ et se déshydratent à 180°. En solution aqueuse, ils dévient le plan de polarisation à gauche, et, en solution ammoniacale, à droite.

Le malate neutre de calcium inactif dissous dans l'acide nitrique fournit de beaux cristaux limpides de bimalate inactif ayant la même forme que le bimalate actif, avec sensiblement les mêmes angles et avec le même clivage; mais on n'y découvre pas de facettes hémiédriques.

Suivant Braconnot, on obtient, en saturant le bimalate de calcium par les alcalis, des malates doubles, tels que celui de calcium et d'ammonium, de calcium et de potassium, de calcium et de sodium.

*Malates de cuivre.* — On obtient le *sel basique*

$$(C^4H^4O^5.Cu)^2.CuO + 4H^2O$$

sous la forme d'une poudre verte, insoluble dans l'acide aqueux, lorsqu'on fait bouillir du carbonate de cuivre avec un excès d'acide malique.

Le carbonate de cuivre se dissout à froid dans l'acide malique en excès, et fournit une solution qui, soumise à l'ébullition, dépose le sel

$$(C^4H^4O^5.Cu)^2.CuO + 4H^2O\ ;$$

si l'on l'évapore dans le vide ou à une température inférieure à 40°, il se forme des cristaux vert foncé du sel $(C^4H^4O^5.Cu)^2.2CuO + 6H^2O$ qui, par la dessiccation dans le vide sur l'acide sulfurique, deviennent bleus.

Le *sel neutre* est une masse gommeuse, vert foncé, très-soluble dans l'eau.

Le *sel acide*, $(C^4H^5O^5)^2Cu + H^2O$, se présente sous la forme de beaux cristaux, d'un bleu de cobalt, quand on sature à froid l'acide malique par de l'oxyde de cuivre hydraté et qu'on évapore à 40°.

Un mélange de sulfate de cuivre et de malate d'ammonium dépose, par l'évaporation spontanée, d'abord des cristaux de sulfate de cuivre, puis des cristaux verts, aciculaires et inaltérables à l'air, d'un sel double de malate de cuivre et de sulfate d'ammonium [Schulze, *Arch. für Pharm.*, (2), t. LVII, p. 273].

Les *malates d'étain* sont incristallisables, fort solubles et déliquescents.

*Les malates de fer*, neutre et acide, sont bruns, gommeux, inaltérables à l'air, fort solubles dans l'eau et l'alcool. Un sel ferrique additionné d'acide malique, n'est plus précipité par les alcalis.

L'hydrate d'oxyde de fer, récemment précipité et humide, donne avec l'acide malique une solution d'un brun verdâtre ; celle-ci évaporée devient vert-pomme, et laisse une masse amorphe très-soluble renfermant de l'oxydule de fer.

G. Fleury [*Compt. rend.*, t. LXVII, p. 957] a fait connaître un malate double de fer et de calcium analogue à l'émétique.

Le *sel neutre et le sel acide de lithium* sont des matières incristallisables.

Le *malate neutre de magnésium*,

$$C^4H^4MgO^5 + 5H^2O,$$

se dépose au bout de quelque temps sous la forme de prismes rhomboïdaux, lorsqu'on fait bouillir une dissolution étendue d'acide malique avec de la magnésie et qu'on évapore à pellicule. Ce sel perd $4H^2O$ à 100° ; si l'on ajoute de l'alcool à la dissolution concentrée de ce sel, elle le dépose à l'état de flocons anhydres, qui deviennent pâteux par la chaleur.

On obtient *le sel acide*, $(C^4H^5O^5)^2Mg + 2H^2O$, sous la forme de prismes aplatis, en saturant à moitié l'acide malique par du carbonate de magnésium, et en évaporant à cristallisation ; à 100°, il perd une molécule d'eau ; à une température plus élevée, il entre en fusion.

Le *malate neutre de manganèse*, obtenu en saturant le carbonate de manganèse par l'acide malique, est incristallisable et fort soluble. *Le sel acide* se précipite sous la forme d'une poudre blanche, lorsqu'on ajoute de l'acide malique à la solution du sel précédent; il se dissout dans 41 p. d'eau froide. Il se dépose dans l'eau bouillante en cristaux roses et transparents qui, suivant Handl [*Wiener Acad. Berichte*, t. XXXII, p. 254], sont des octaèdres quadratiques avec des faces terminales ; $b^{1/2} : b^{1/2}$, aux arêtes terminales $= 103°2'$, aux arêtes latérales $= 123°18'$.

Les *malates de mercure* n'ont pas été analysés. Lorsqu'on met l'acide malique en digestion avec du protoxyde de mercure, il se produit une poudre cristalline ; on obtient le même sel en mélangeant le malate de potassium avec une solution étendue de nitrate de mercure ; il se décompose par l'ébullition avec l'eau.

Si on fait bouillir le bioxyde de mercure avec une solution concentrée d'acide malique, la liqueur filtrée dépose de petits cristaux d'un sel acide, soluble dans l'eau. Un excès de bioxyde de mercure détermine la formation d'un sous-sel jaune, insoluble.

*Malates de plomb.* — *Le sel neutre*,

$$C^4H^4PbO^5 + 3H^2O,$$

est un précipité blanc et caillebotté qui, abandonné pendant quelques heures dans un excès d'acétate de plomb, se convertit en aiguilles quadrilatères, groupées autour d'un centre commun ; on l'obtient en précipitant une dissolution de malate d'ammonium ou de chaux par de l'acétate de plomb. Ce sel fond dans l'eau bouillante, en une masse transparente et poisseuse ; il est très-peu soluble dans l'eau froide, dans les acides acétique et malique ; il est plus soluble dans l'eau bouillante ; une solution aqueuse et concentrée le dépose à l'état d'aiguilles brillantes. Il est très-soluble dans l'acide nitrique.

Le malate de plomb est très-soluble dans l'acétate de plomb et se dépose, par une évaporation lente, sous la forme d'aiguilles soyeuses.

Le malate de plomb actif, aussi bien que le malate de plomb inactif, fondent dans l'eau bouillante, seulement le sel inactif met plus de temps à devenir cristallin que le sel actif. Ce dernier, amorphe au moment de sa formation, se transforme souvent en cristaux aiguillés au bout de quelques heures, tandis que le sel inactif peut rester amorphe pendant quelques jours. Suivant Pasteur, ce caractère peut servir à distinguer les deux variétés.

Dans une atmosphère desséchée par l'acide sulfurique, le malate de plomb amorphe perd toute son eau de cristallisation. Si le sel est cristallisé, il faut plus de temps et il est nécessaire de chauffer à 150° environ.

Le malate de plomb ne fond pas dans l'étuve, ni à 100°, ni à une température plus élevée. Il conserve son aspect cristallin jusqu'à 170° ; il devient alors mat et lanugineux.

Chauffé à 220°, le malate de plomb perd de l'eau et se convertit en fumarate.

On obtient *le sous-sel*, $C^4H^4PbO^5.PbO$, en mettant le sel précédent en digestion avec de l'ammoniaque, ou en versant de l'acétate de plomb dans un malate additionné d'ammoniaque.

Ce sel ne cristallise pas et ne fond pas dans l'eau bouillante ; si l'on y ajoute de l'acide acétique, il fond en diminuant beaucoup de volume et se convertit sans doute en sel neutre.

Le sous-malate est soluble dans l'acétate de plomb ; si la solution est un peu concentrée, l'ammoniaque la précipite en blanc. Il est presque insoluble dans l'eau froide ou chaude ; toutefois il est assez soluble pour bleuir le papier de tournesol rougi, quand on l'y place à l'état humide.

Si l'on ajoute l'acide malique, préalablement neutralisé, à du sous-acétate de plomb bouillant et en excès, on obtient le sel basique $C^4H^2Pb^2O^5$ ; séché à 100°, il contient une molécule d'eau qu'il perd à 150° ; il est amorphe et soluble dans l'acide nitrique [Krug, *Zeitschrift für gesammte Naturwissenschaften*, t. XVIII, p. 225 ; — R. Otto, *Bull. de la Soc. chim.*, (2), t. I, p. 195].

Le *malate neutre de potassium* est incristallisable et insoluble dans l'alcool concentré. Suivant Kaemmerer [*Journ. für prakt. Chem.*, t. LXXXVIII, p. 321], l'acide inactif fournit le sel cristallisé $C^4H^4K^2O^5$ $2H^2O$. Le *sel acide* constitue des cristaux solubles dans l'eau, insolubles dans l'alcool.

Le *malate neutre de sodium* est incristallisable ; le *sel acide* est cristallin, inaltérable à l'air, soluble dans l'eau, insoluble dans l'alcool.

*Malates de strontium.* — *Sel neutre*,

$$C^4H^4SrO^5 + H^2O,$$

100°.

L'acide malique ne trouble pas l'eau de strontiane ; le mélange, évaporé doucement, fournit une masse cristalline, très-soluble dans l'eau. L'acide malique mis en digestion avec du carbonate de strontium fournit une solution rougissant faiblement le tournesol, et qui dépose, par la concentration, des groupes mamelonnés de sel neutre.

Le *sel acide* se précipite à l'état cristallin lorsqu'on ajoute de l'acide malique à la solution aqueuse du sel neutre ; il est peu soluble dans l'eau froide, plus soluble dans l'eau bouillante.

Le *malate de thallium* est très-déliquescent et fond au-dessous de 100° [F. Kuhlmann fils, *Compt. rend.*, t. LV, p. 607].

Le *malate d'uranium* est jaune et peu soluble dans l'eau.

*Malate d'yttrium*, $C^4H^4YO^5 + H^2O$. — Lorsqu'on délaye du carbonate d'yttrium dans l'acide malique aqueux, il se produit du malate d'yttrium qui se dissout en partie, et se dépose, par l'évaporation, sous la forme de petits mamelons. Les malates alcalins précipitent des solutions concentrées du sel d'yttrium, un précipité blanc presque cristallin. La solution aqueuse dépose ce sel sous la forme de grains blancs ; il se dissout dans 74 p. d'eau, et ne perd pas à 110° son eau de cristallisation ; il se dissout dans l'acide malique aqueux, mais la solution le dépose de nouveau par la concentration (Berlin).

*Malates de zinc.* — Le sel neutre,

$$C^4H^4ZnO^5 + 3H^2O.$$

— Lorsqu'on sature une solution d'acide malique par du carbonate de zinc, à une température inférieure à 30°, et qu'on abandonne à elle-même la liqueur filtrée, elle dépose au bout de quelque temps de petits cristaux brillants qui perdent $3H^2O$ à 100°.

Si l'on sature l'acide malique à l'ébullition, qu'on sépare par le filtre le sous-sel qui se dépose d'abord par le refroidissement, et qu'on concentre par la chaleur le liquide filtré, on obtient encore des cristaux avec 3 molécules d'eau, mais d'une autre forme que les précédents, et retenant encore à 100° environ 3,4 molécule d'eau. Ces cristaux constituent des prismes raccourcis, durs et brillants, terminés par une face droite ou par un biseau ; ils se dissolvent dans 55 p. d'eau froide et dans 10 p. d'eau bouillante. La solution aqueuse du malate de zinc actif dévie à droite le plan de polarisation. Suivant Handl [*Wiener Acad. Berichte*, t. XXXVII, p. 390], le malate de zinc forme des cristaux clinorhombiques avec les faces $m$, $g^1$, $h^1$, $a^1$, $o^1$ (les trois dernières formes communiquent aux cristaux l'apparence de prismes hexagonaux) et avec les angles $m : m$ dans le plan passant par l'axe principal et la clinodiagonale $= 97° 40'$, $h^1 : a^1 = 106° 5$, $h^1 : o^1 = 113° 25'$.

*Sel acide*, $(C^4H^5O^5)^2Zn + 4H^2O$. — On sursature le sel neutre par de l'acide malique, et on lave les cristaux avec de l'alcool. Ce sont des octaèdres quadratiques aigus ; ils fondent par la chaleur en une masse gommeuse.

*Sous-sel*, $(C^4H^4O^5)^2Zn, ZnO + 4H^2O$ (?). — Lorsqu'on maintient en ébullition la solution d'acide malique avec du carbonate de zinc, la liqueur se prend par le refroidissement en une gelée tremblante ; celle-ci, délayée dans l'eau, se convertit, par l'ébullition, en une poudre grenue. Chauffé à 200°, ce sel dégage de l'eau et se convertit en partie en fumarate.

Suivant Braconnot, l'ammoniaque ne décompose le malate de zinc qu'en partie, en produisant un malate de zinc et d'ammonium.

ACIDE ISOMALIQUE, $C^4H^6O^5$ [Kaemmerer, *Ann. der Chem. u. Pharm.*, t. CXXXIX, p. 257 ; *ibid.*, t. CXXXI, p. 372 ; *Bull. de la Soc. chim.*, 1863, p. 370 ; *ibid.*, 1865, t. IV, p. 137 ; *ibid.*, 1867, t. VII, p. 255]. — Cet acide, qui diffère par ses propriétés des acides malique et diglycolique et n'est qu'isomérique avec eux, a été rencontré par Kaemmerer dans un bain d'argent servant à la photographie.

Il était entré dans la composition de ce liquide du nitrate d'argent, des acides succinique, lactique et citrique, du sucre de lait et du miel ; Kaemmerer n'a pas réussi à préparer cet acide artificiellement, aussi pense-t-il que le jus de citron ou l'acide citrique du commerce le renferme tout formé.

On isole l'acide isomalique en décomposant par l'hydrogène sulfuré ou l'acide chlorhydrique chaud le sel d'argent finement pulvérisé tenu en suspension dans l'eau et en évaporant la liqueur filtrée.

Cet acide se présente sous la forme de cristaux transparents, inaltérables à l'air, bien développés, rappelant l'augite et appartenant au système clinorhombique. Il fond à 140°, mais il ne cristallise plus une fois qu'il a été fondu.

L'acide isomalique fondu réduit une dissolution

ammoniacale de sel d'argent; avant la fusion, il n'a pas cette propriété. Chauffé au bain d'huile, il bout à 170° ou 180°, et déjà au-dessous de 200° il passe de l'eau et une huile faiblement colorée en jaune, qui est l'*anhydride de l'acide pyro-isomalique*; il se prend au bout de quelque temps en grands cristaux incolores d'*acide pyro-isomalique*, $C^6H^8O^5$, qui, vus au microscope, apparaissent comme de longs prismes rhombiques groupés en étoiles. Ces cristaux tombent en déliquescence lorsqu'on les expose longtemps à l'air, et ne peuvent alors être régénérés par évaporation, car ils se volatilisent avec la vapeur d'eau.

Le sel de calcium est cristallin, insoluble dans l'eau. Le sel de baryum est amorphe, peu soluble dans l'eau. Le sel d'argent est une masse pâteuse qui, à l'ébullition avec l'eau, se décompose avec élimination d'argent. Le sel de plomb, $C^6H^6PbO^5$, est un précipité volumineux qui, par l'ébullition avec l'eau, devient granuleux et cristallin.

L'équation suivante rend compte de la formation de l'acide pyro-isomalique :

$$2C^4H^6O^5 = C^6H^8O^5 + CO^2 + CO + 2H^2O.$$

L'acide isomalique perd sa transparence à l'air, sans toutefois tomber en déliquescence; il se dissout facilement dans l'eau et dans l'alcool, il n'agit pas sur la lumière polarisée. Il est bibasique et fournit des sels neutres et acides; il n'empêche pas la précipitation de l'oxyde de fer par les alcalis. Les sels insolubles sont solubles dans l'acide isomalique libre.

Une solution aqueuse d'acide isomalique neutralisée par l'ammoniaque fournit par évaporation une liqueur sirupeuse, qui au bout de quelque temps dépose une masse rayonnée d'*isomalate d'ammonium*, $C^4H^5(AzH^4)O^5 + 2H^2O$. Celui-ci fond à 100° et se charbonne à une température plus élevée sans fournir d'amides.

Le *sel d'argent* forme un précipité blanc, d'abord floconneux, insoluble dans l'eau, mais qui chauffé avec de l'eau se transforme en tables hexagonales microscopiques. Ce sel est stable à 100°.

Le *sel de baryum* est amorphe, insoluble dans l'eau, même bouillante.

Le *sel de calcium*, $C^4H^4CaO^5 + H^2O$, est amorphe lorsqu'on précipite le sel ammoniacal par le chlorure de calcium ou qu'on neutralise l'acide par l'eau de chaux; il devient cristallin lorsqu'on le chauffe longtemps avec de l'eau et constitue alors des tables rhombiques effilées. Il n'est soluble dans l'eau ni à froid, ni à chaud. Il perd $1/2\ H^2O$ à 150° et n'en cède pas davantage à 225°.

Le *sel neutre* de plomb est tout à fait insoluble dans l'eau et ne fond pas dans l'eau bouillante.

Le *sel de potassium acide* est une masse sirupeuse non déliquescente, qui devient cristalline au bout d'un certain temps; il est très-soluble dans l'eau. Le *sel neutre*, $C^4H^4K^2O^5 + H^2O$, forme des cristaux clinorhombiques lamelleux.

Le sel d'argent, traité par de l'iodure d'éthyle, fournit l'*éther isomalique*, $C^4H^4O^5(C^2H^5)^2$; ce corps forme un liquide plus dense que l'eau qui le disssout en le décomposant.

Les isomalates, traités par du perchlorure de phosphore, fournissent du *chlorure d'isofumaryle*; c'est un liquide jaunâtre, d'une odeur pénétrante et suffocante; il ne peut pas être distillé sans altération, et l'eau le décompose peu à peu en acide chlorhydrique et acide isofumarique, $C^4H^4O^4$, isomérique avec les acides maléique et fumarique.

L'*acide isofumarique* forme des masses mamelonnées; il est bibasique; il est plus soluble dans l'eau que l'acide fumarique, mais moins que l'acide maléique. Son sel de potassium est déliquescent; le sel de plomb forme un précipité amorphe floconneux; le sel d'argent est soluble dans l'eau et donne par l'ébullition un miroir métallique.

ACIDE MONOSULFOMALIQUE, $C^4H^6O^4S$ [Carius, *Ann. der Chem. u. Pharm.*, t. CXXIX, p. 6 ; *Bull. de la Soc. chim.*, 1864, t. I, p. 373]. — On le prépare en dissolvant 1 molécule d'acide monobromosuccinique dans une solution concentrée renfermant 2 molécules de sulfure de potassium, et en chauffant le mélange, au bain d'huile, à 110° environ. La réaction s'exprime par l'équation

$$C^4H^3BrO^4.K^2 + SK^2 = BrK + C^4H^3O^4S.K^3.$$

On acidule la liqueur avec de l'acide acétique, on chasse l'hydrogène sulfuré, on neutralise par l'ammoniaque et on précipite exactement par l'acétate de plomb. Le précipité obtenu est un mélange de monosulfomalate et de bromure de plomb, qu'on décompose dans l'eau par l'hydrogène sulfuré; on chasse l'acide bromhydrique en évaporant et en ajoutant de l'eau à plusieurs reprises; on décolore par le charbon animal et l'on évapore à 40°, à la fin dans le vide.

L'acide monosulfomalique forme une masse cristalline, déliquescente, très-acide, qui brunit à 100° en dégageant des vapeurs fétides.

L'acide azotique très-étendu et non en excès transforme l'acide sulfomalique en *acide succinosulfurique*, probablement identique avec l'acide sulfomaléique (p. 283) et avec l'acide que Fehling a obtenu en faisant réagir l'acide sulfurique anhydre sur l'acide succinique. Si l'acide azotique est trop concentré, on n'obtient que des acides oxalique et sulfurique.

Le *sel de baryum*, $C^4H^4BaO^4S$, s'obtient sous forme d'un précipité floconneux lorsqu'on sature, par l'eau de baryte, une solution concentrée de l'acide. Il est un peu soluble dans l'eau.

Le *sel de plomb* est amorphe et soluble dans l'acide acétique.

Le *sel d'argent*, $C^4H^4Ag^2O^4S$, se présente comme un précipité blanc, volumineux, soluble dans l'acide acétique et dans l'ammoniaque. Il noircit sous l'influence de la chaleur ou de la lumière.

ACIDE MONOBROMOMALIQUE, $C^4H^5BrO^5$ [Kekulé, *Ann. der Chem. u. Pharm.*, t. suppl. I, p. 354; *Ann. de Chim. et de Phys.*, (3), t. LXV, p. 120]. — On l'obtient en faisant bouillir une solution aqueuse de bibromosuccinate de sodium; le liquide devient acide et il se dépose pendant l'évaporation du monobromomalate de sodium, qu'on purifie par expression, par des lavages avec de l'alcool et par des cristallisations répétées.

Lorsqu'on traite le sel de sodium par l'acide chlorhydrique, ou le sel de plomb par l'hydrogène sulfuré, on obtient un acide qui ressemble beaucoup à l'acide monobromomaléique et qui se forme sans doute par suite de l'élimination de $H^2O$.

Si on neutralise le sel de sodium acide par du carbonate de sodium, il se transforme en monobromomaléate de sodium; si on ajoute de l'eau de chaux à une solution bouillante du même sel de sodium jusqu'à réaction alcaline, il se dépose du tartrate de calcium inactif. L'amalgame de sodium transforme l'acide monobromomalique en acide succinique.

Le *monobromomalate de sodium*, $C^4H^4BrNaO^5$, constitue de fines aiguilles qui, pendant le refroidissement d'une solution saturée bouillante, s'agglomèrent en grumeaux composés d'écailles cristallines et qui, par une évaporation lente, se déposent sous forme de grandes aiguilles transparentes. Ce sel est très-soluble dans l'eau, peu soluble dans l'alcool.

Le *sel de plomb*, $C^4H^3BrPbO^5$, renferme 1 molécule d'eau d'hydratation qu'il perd à 170°; on l'obtient en précipitant la solution aqueuse de ce sel de sodium par l'acétate de plomb; il constitue une poudre blanche, amorphe, peu soluble dans l'eau bouillante; une solution bouillante d'acétate de plomb l'abandonne à l'état cristallisé. PH. DE C.

**MALIQUES (AMIDES)** [Demondésir, *Ann. de Chim. et de Phys.*, (3), t. XXXVIII, p. 457; — Pasteur, *ibid.*].

MALAMIDE.

$$C^4H^8Az^2O^3 = \begin{matrix} CO.AzH^2 \\ CH.OH \\ CH^2 \\ CO.AzH^2. \end{matrix}$$

— On prépare ce corps en faisant passer du gaz ammoniac dans une solution alcoolique de malate d'éthyle, il se dépose peu à peu des cristaux de malamide. Elle se produit aussi lorsqu'on sature d'ammoniaque une solution alcoolique de malamate d'éthyle.

La malamide cristallise dans le vide sous la forme de prismes rectangulaires avec un biseau aux extrémités. Combinaison observée, $g^1.h^1.e^1.e^{1/m}$. Valeur des angles, $e^1 : e^1 = 92°50'$; $e^{1/m} : e^1 = 178°15$; $e^1 : g^1 = 130°22'$; $h^1 : g^1 = 90°$.

La malamide, qui est isomérique avec l'asparagine, en diffère par sa forme cristalline, en ce qu'elle ne renferme pas d'eau de cristallisation et en ce qu'elle absorbe facilement les éléments de l'eau pour se transformer en $AzH^3$ et en acide malique. Son pouvoir rotatoire est aussi différent; $[\alpha]\, j = -47°,5$ vers la gauche.

La malamide se combine molécule à molécule avec la tartramide gauche et la tartramide droite. — Voyez TARTRAMIDE.

ACIDE MALAMIQUE,

$$C^4H^7AzO^4 = \begin{matrix} CO.AzH^2 \\ CH.OH \\ CH^2 \\ CO.OH. \end{matrix}$$

— Cet acide, isomérique avec l'acide aspartique, n'a pas été isolé; on n'en connaît que l'éther éthylique. Lorsqu'on sature de gaz ammoniac du malate d'éthyle, il se produit bientôt une masse cristalline, qui est du *malamate d'éthyle* ou de la *malamethane*,

$$C^4H^6AzO^4.C^2H^5.$$

AMIDES MALIQUES PHÉNYLÉES. — Arppe a fait connaître trois amides phénylées de l'acide malique : la diphényle-malamide, la phényle-malimide et l'acide phényle-malamique [*Ann. der Chem. u. Pharm.*, t. XCVI, p. 106; *Ann. de Chim. et de Phys.* (3), t. XLV, p. 408].

Lorsqu'on fait chauffer un mélange de 4 molécules d'aniline avec 3 molécules d'acide malique, jusqu'à fusion et qu'on maintient pendant plusieurs heures la masse fondue en légère ébullition, on obtient une masse sirupeuse brune, qui se solidifie après le refroidissement et qui est en partie soluble dans l'eau bouillante; la solution aqueuse abandonne, lorsqu'on la concentre, une matière grenue qui est de la *malanile*, la portion qui reste indissoute fournit la *malanilide*; on la purifie par le charbon animal et on la redissout dans l'alcool bouillant, qui pendant le refroidissement la laisse déposer sous forme cristalline.

La *malanilide* ou *diphényle-malamide*,

$$C^4H^6(C^6H^5)^2Az^2O^3 = \left.\begin{matrix} C^4H^4O^3 \\ (C^6H^5)^2 \\ H^2 \end{matrix}\right\} Az^2.$$

se présente sous la forme de paillettes cristallines incolores; elle fond à 175° en se décomposant partiellement; elle se volatilise à une température plus élevée sans altération notable et brûle avec une flamme fuligineuse éclairante; elle se dissout à chaud dans l'acide sulfurique, déjà à froid dans l'acide azotique avec une couleur jaunâtre; elle n'est pas plus soluble dans l'acide chlorhydrique, dans l'ammoniaque et la potasse étendue que dans l'eau; elle est peu soluble dans l'alcool et dans l'éther.

Lorsqu'on la fait bouillir avec de la potasse concentrée, elle se dissout en se décomposant en majeure partie, et il se forme une matière poisseuse; si l'on ajoute à la solution de l'eau, il se dépose une poudre blanche, que l'alcool dissout un peu et abandonne sous forme cristalline; c'est, suivant Arppe, de la tartranilide. — Voyez ce mot.

La *malanile* ou *phényle-malimide*,

$$C^4H^4(C^6H^5)AzO^3,$$

purifiée par le charbon animal et par des cristallisations dans l'eau, constitue de fines aiguilles, des paillettes nacrées ou de petites tables rectangulaires; elle est soluble dans l'eau, dans l'alcool et dans l'éther, elle fond à 170° environ et fournit un sublimé farineux ténu.

La malanile se dissout dans l'acide nitrique concentré sans dégagement notable de gaz ou de chaleur, en formant un liquide rouge dans lequel l'eau précipite un corps blanc, indistinctement cristallisé en même temps qu'une matière résineuse.

La malanile bouillie avec de l'ammoniaque aqueuse se transforme en *acide malanilique* ou *phényle-malamique*, $C^4H^6(C^6H^5)AzO^4$. — Le sel ammoniacal est grenu et cristallin; sa solution forme avec l'eau de baryte un précipité abondant de sel barytique, qui, décomposé par l'acide sulfurique, fournit l'acide libre; lorsqu'on évapore la solution d'acide phényle-malamique, en présence d'acide sulfurique libre, de la malanile peut être régénérée. Cet acide cristallise en petits grains blancs, légèrement brillants et composés de petites aiguilles; il a une saveur franchement acide, rougit le tournesol et déplace l'acide carbonique de ses combinaisons; il fond à 145° environ, il est soluble dans l'eau et dans l'alcool, moins soluble dans l'éther. La solution du sel ammoniacal n'est pas précipitée par l'eau de chaux; elle fournit avec l'acétate de plomb un précipité blanc, soluble dans l'eau, avec le chlorure de fer un précipité jaune. Le sel de baryum est assez soluble dans l'eau et forme des cristaux blancs agglomérés en boules; le sel d'argent, $C^{10}H^{10}AgAzO^4$, qui constitue un précipité blanc, est assez soluble dans l'eau et cristallise en paillettes brillantes. Ph. de C.

**MALIQUES (ÉTHERS)** [Demondésir, *Compt. rend. de l'Acad. des sc.*, t. XXXIII, p. 227].

*Acide amylmalique*, $C^4H^5O^5.C^5H^{11}$. — On fait digérer pendant quelque temps à 120° de l'alcool amylique avec une quantité équivalente d'acide malique, il se forme une masse sirupeuse, qui par le refroidissement se concrète en une masse cristalline molle. L'acide amylmalique est soluble dans l'alcool et dans l'éther. Le sel ammoniacal forme de longues aiguilles agglomérées. Le sel de baryum est basique et se présente sous la forme d'un précipité blanc qui à 100° fond en une masse résineuse. Le sel de calcium constitue des cristaux feuilletés fusibles à 100° en une matière sirupeuse. Le sel de plomb est insoluble dans l'eau et fusible dans l'eau bouillante [Breunlin, *Ann. der Chem. u. Pharm.*, t. XCI, p. 323].

L'*acide méthylmalique*, $C^4H^5O^5.CH^3$, se produit par l'action de l'esprit de bois sur l'acide malique et forme avec la chaux un sel soluble dans l'alcool. L'*acide éthylmalique* se produit d'une manière analogue.

*Malate de méthyle*, $C^4H^4O^5.(CH^3)^2$. — Pour le préparer, on fait passer du gaz acide chlorhydrique dans un mélange d'esprit de bois et d'acide malique; on neutralise par du carbonate de potasse et on agite avec de l'éther. Le malate de méthyle est liquide, miscible à l'eau; il agit sur la lumière polarisée; il ne se volatilise pas sans décomposition, et forme de la malamide sous l'influence de l'ammoniaque.

*Malate d'éthyle*, $C^4H^4O^5.(C^2H^5)^2$. — On l'obtient

comme le précédent, ou en faisant agir à la température d'ébullition de l'éther, de l'iodure d'éthyle sur du malate d'argent en présence d'éther anhydre [L. Henry, *Berichte der Deutschen chemischen Gesellschaft zu Berlin*, t. III, p. 707].

Le perchlorure de phosphore transforme le malate d'éthyle en fumarate d'éthyle.

*Éther nitromalique*, $C^4H^3O^5.AzO^2(C^2H^5)^2$. — Pour préparer l'éther nitromalique, on fait dissoudre l'éther malique dans un mélange d'acides nitrique et sulfurique concentrés et, en versant dans l'eau froide, on le précipite sous forme d'une huile épaisse. A l'état de pureté, il constitue un liquide épais, incolore, restant encore liquide à 10°. Densité à 16° = 1,2024. Il dégage des vapeurs nitreuses lorsqu'on le chauffe; vis-à-vis des alcalis et du sulfure d'ammonium, il se comporte comme les éthers nitriques ordinaires [L. Henry, *Berichte der Deutschen chemischen Gesellschaft zu Berlin*, t. III, p. 532; *Bull. de la Soc. chim.*, 1870, t. XIV, p. 248].

*Acétylomalate éthylique*,

$$C^4H^3O^5.C^2H^3O.(C^2H^5)^2$$

[Wislicenus, *Ann. der Chem. u. Pharm.*, t. CXXIX, p. 183; *Bull. de la Soc. chim.*, 1865, t. II, p. 291]. — Lorsqu'on met en présence l'éther malique neutre avec un excès de chlorure d'acétyle, il se produit une réaction énergique avec dégagement d'acide chlorhydrique; on chauffe à 100°, on dissout dans l'alcool, on précipite ensuite par l'eau; on sèche dans le vide et l'on chauffe longtemps à 110°.

Cet éther constitue une huile incolore, bouillant à 258° (265,7 avec correction), plus dense que l'eau, d'une odeur éthérée faible, mais agréable, d'une saveur amère, miscible à l'alcool et à l'éther en toutes proportions, insoluble dans l'eau froide; l'eau chaude en dissout une petite quantité. Ph. de C.

**MALOBIURIQUE (ACIDE)**, $C^5H^5Az^3O^4$ [Bæyer, *Ann. der Chem. u. Pharm.*, t. CXXXV, p. 312]. — L'acide barbiturique, longtemps chauffé à 160° avec de l'urée, s'y combine en donnant le sel ammoniacal de l'acide malobiurique, d'après l'équation

$$\underset{\text{Acide barbiturique.}}{C^4H^4Az^2O^3} + \underset{\text{Urée.}}{CH^4Az^2O} = \underset{\text{Malobiurate d'ammonium.}}{C^5H^4Az^3O^4.AzH^4}.$$

Le malobiurate d'ammonium ainsi obtenu est une masse grenue. L'acide chlorhydrique forme avec le sel de potassium un précipité grenu que l'on purifie en le dissolvant dans la potasse et en le précipitant de nouveau par l'acide chlorhydrique. La formule de l'acide libre est $C^5H^5Az^3O^4$.

Cet acide ressemble à l'acide bibarbiturique, il est seulement plus grenu et plus soluble. Ses sels sont amorphes ou cristallins et peu solubles. Par l'acide azotique, l'acide malobiurique se transforme en acide diliturique.

L'acide malobiurique est, par son mode de formation, du *malonyle-biuret*; sa formule rationnelle peut se représenter par

$$Az^3\left\{\begin{array}{l}2CO''\\(C^3H^2O^2)''\\H^3\end{array}\right.$$

A. G.

**MALONIQUE (ACIDE)**,

$$C^3H^4O^4 = \begin{array}{l}CO.OH\\CH^2\\CO.OH\end{array}$$

[Dessaignes, *Compt. rend.*, t. XLVII, p. 76; — Hugo Müller, *Chem. Soc. Journ.*, t. XVII, p. 109, et *Bull. de la Soc. chim.*, 1864, t. I, p. 168].

Cet acide, homologue des acides oxalique et succinique, bibasique et biatomique comme eux, a été découvert en 1858 par M. Dessaignes, qui l'a obtenu en oxydant l'acide malique libre par le bichromate de potasse. La réaction est exprimée par l'équation suivante:

$$\underset{\text{Acide malique.}}{C^4H^6O^5} + O^2 = CO^2 + H^2O + \underset{\text{Acide malonique.}}{C^3H^4O^4}.$$

On l'obtient également quand on traite l'éther cyanacétique par la potasse aqueuse (Müller). Dans cette réaction le groupe CAz du cyanacétate d'éthyle est remplacé par du carboxyle:

$$\underset{\text{Cyanacétate d'éthyle.}}{\begin{array}{l}CAz\\CH^2\\CO.OC^2H^5\end{array}} \qquad \underset{\text{Acide malonique.}}{\begin{array}{l}CO.OH\\CH^2\\CO.OH.\end{array}}$$

La solution de malonate de potassium ainsi obtenue est précipitée par le sulfate de cuivre, et le sel vert qui se forme, traité par l'acide sulfhydrique, qui met l'acide malonique en liberté.

Kolbe fait bouillir l'acide cyanacétique avec un excès de potasse, sursature le résidu salin par l'acide acétique pour mettre l'acide malonique en liberté, reprend par l'éther, et obtient par évaporation de cette solution éthérée l'acide malonique qu'il fait cristalliser de nouveau dans l'eau, d'où il se dépose en belles aiguilles [*Bull. de la Soc. chim.*, 1864, t. II, p. 379].

L'acide malonique est aussi un produit de la décomposition de l'acide barbiturique par la potasse. Cet acide n'est autre, suivant Bæyer, qu'une diamide malonyle-carbonique (voyez t. I, p. 501). Il suffit, pour obtenir l'acide malonique, de faire bouillir l'acide barbiturique avec la potasse caustique dans un ballon muni d'un réfrigérant ascendant. La liqueur alcaline saturée par l'acide acétique est précipitée par l'acétate basique de plomb. Le précipité est lavé sur un filtre et décomposé avec précaution par l'acide sulfurique étendu. La solution filtrée, évaporée dans le vide, donne des cristaux d'acide malonique. M. Heintzel a démontré l'identité de cet acide avec celui de Dessaignes [Beilstein, *Ann. de Chim. et de Phys.*, (4), t. IV, p. 482; — Heintzel, *Ann. der Chem. u. Pharm.*, t. CXXXIX, p. 129, et *Bull. de la Soc. chim.*, 1867, t. VII, p. 189].

Il se forme de l'acide malonique par l'oxydation de l'acide sarcolactique [L. Dossios, *Bull. de la Soc. chim.*, 1867, t. VIII, p. 210].

L'oxydation du propylène $C^3H^6$ et celle de l'allylène $C^3H^4$ par le permanganate de potasse en solution alcaline ont également fourni de l'acide malonique à M. Berthelot [*Bull. de la Soc. chim.*, t. VII, p. 127].

Enfin M. Catton a annoncé avoir obtenu cet acide en faisant passer un courant d'acide carbonique dans de l'acide acétique en présence du sodium, mais ce fait a été contesté. — Voyez *Zeitschrift. der Chem. u. Pharm.*, t. VI, p. 652, et *Bull. de la Soc. chim.*, 1865, t. IV, p. 90.

L'acide malonique cristallise en rhomboèdres (Dessaignes), en prismes anorthiques (Knop).

Il est très-soluble dans l'eau, dans l'alcool et même dans l'éther, et très-acide. Il fond à 140° (à 132° d'après Heintzel) et se décompose déjà à 150° en dégageant du gaz carbonique; on peut ainsi le dédoubler entièrement en acides carbonique et acétique.

L'acide malonique chauffé avec l'acide sulfurique se colore en se décomposant. L'acétate de plomb, le nitrate mercureux, le sulfate de cuivre le précipitent. Il réduit à l'ébullition les sels mercureux et auriques.

Les malonates sont en général peu solubles; ils se dissolvent dans les acides malonique, acétique et azotique. Ils ont été peu étudiés. — Voyez Finkelstein, *Ann. der Chem. u. Pharm.*, t. CXXXIII, p. 338, et *Bull. de la Soc. chim.*, 1865, t. IV, p. 372.

Le *malonate acide de potassium*,

$$[(C^3H^2O^4)''HK]^2 + H^2O,$$

cristallise en grands prismes incolores. Le *malonate neutre* constitue une masse cristalline déliquescente. Le *malonate acide de sodium* et celui d'*ammonium* sont bien cristallisés. Le *malonate de baryum*, $(C^3H^2O^4)''Ba$, forme un précipité blanc floconneux. Dissous dans l'eau bouillante, il donne des aiguilles soyeuses qui renferment 1 molécule d'eau. Le *malonate de calcium*,

$$[(C^3H^2O^4)''Ca]^4 + 7H^2O,$$

donne des aiguilles insolubles dans l'eau froide, et peu solubles dans l'eau chaude.

On connaît trois *malonates de magnésium* qui se forment suivant la concentration de la liqueur et répondent aux trois formules

$$(C^3H^2O^4)''Mg + 2H^2O, \quad [(C^3H^2O^4)''Mg]^2 + H^2O$$

et $$(C^3H^2O^4)''Mg + H^2O.$$

Le *malonate de manganèse*,

$$(C^3H^2O^4)''Mn + 2H^2O,$$

donne de petits prismes à quatre pans, d'un rouge pâle, peu solubles dans l'eau. Le *malonate cobalteux*, $(C^3H^2O^4)''Co + 2H^2O$, forme une poudre cristalline, peu soluble dans l'eau, de couleur brun rougeâtre. Le *malonate de nickel*, $(C^3H^2O^4)''Ni + 2H^2O$, est en poudre cristalline, bleu verdâtre, formée de petits cubes microscopiques. Le *malonate de zinc*,

$$[(C^3H^2O^4)''Zn]^2 + 5H^2O,$$

est en petits cristaux incolores. Le *malonate de cadmium*, $(C^3H^2O^4)''Cd$, est amorphe et déliquescent. Le *malonate de cuivre neutre*,

$$[(C^3H^2O^4)''Cu]^2 + 15H^2O,$$

est peu soluble. Il forme de petits cristaux bleus, très-brillants. Le *malonate de cuivre basique*,

$$(C^3H^2O^4)''Cu, CuO,$$

est une poudre bleu verdâtre, peu soluble dans l'eau et soluble dans l'acide acétique. Le *malonate de plomb*, $(C^3H^2O^4)''Pb$, est un précipité cristallin blanc. Le *malonate d'argent*,

$$(C^3H^2O^4)''Ag^2,$$

est insoluble et cristallin. Un peu au delà de 100°, il détone et laisse de l'argent métallique.

Le *malonate d'éthyle*, $(C^3H^2O^4)''2C^2H^5$, est un liquide incolore, plus dense que l'eau, d'une odeur aromatique faible et de saveur amère, qui bout à 195°.

L'acide malonique paraît identique avec *l'acide nicotique* extrait du tabac par M. Barral en 1845 (voyez *Compt. rend.*, t. XXI, p. 1374). Il est un isomère de *l'acide carbacétoxylique* de Wichelhaus. — Voyez t. I, p. 742. A. G.

ACIDES NITROSO-MALONIQUE et AMIDO-MALONIQUE. — Voyez NITROSO-MALONIQUE (ACIDE).

**MALONYLURÉE.** — Voyez BARBITURIQUE (ACIDE), t. I, p. 500.

**MALT.** — Voyez BIÈRE, t. I, p. 587.

**MALTHACITE**, Breithaupt (Min.). — Argile smectique blanc grisâtre, en petites masses ou plaques minces. Sans happement à la langue; infusible au chalumeau; dans les fentes du basalte, près de Bautzen (Saxe), et du trapp, près de Beraun (Bohême).

**MALTHE** (Min.). — Bitume visqueux.

**MALTOSE.** — Glucose produite par l'action du malt sur l'amidon; épurée à l'alcool, elle est cristalline et paraît offrir les formes rhomboédriques (?) de la glucose de raisin, elle augmente de volume en cristallisant. Elle est moins soluble dans l'alcool que la glucose de raisin. Son pouvoir rotatoire est trois fois plus considérable. et ce pouvoir ne se modifie pas après quelques heures de dissolution, comme cela a lieu pour la glucose.

Bouillie avec de l'acide sulfurique, elle fournit une glucose en tout point identique avec la glucose de raisin.

La maltose est le produit final de la réaction des matières azotées, analogues au gluten, sur l'amidon. On la retrouve parmi les produits de l'altération spontanée de l'amidon étudiée par de Saussure.

La glucose de raisin offrant, au moment de sa dissolution, un pouvoir rotatoire double de celui qu'elle possède après quelques heures, on peut l'envisager comme un mélange de glucose à rotation simple et de glucose à rotation triple, ou maltose.

La formation de la maltose par l'amidon est précédée de celle de la dextrine, dont le pouvoir rotatoire est quatre fois plus considérable que celui de la glucose [Dubrunfaut, *Ann. de Chim. et de Phys.*, (3), t. XXI, p. 178]. E. W.

**MAMANITE** (Min.). — Variété de polyhalite, blanche, d'un éclat soyeux, à structure foliacée ou fibreuse, trouvée dans la mine de sel de Maman, en Perse, avec carnallite.

**MANDÉLIQUE (ACIDE).** — Cet acide n'est autre que l'acide formobenzoylique, qui a été décrit t. I, p. 1492.

**MANGANBLENDE.** — Voyez ALABANDINE.

**MANGANÈSE**, Mn = 55 (équivalent = 27,5). — Ce métal se rencontre dans un grand nombre de minéraux à l'état d'oxyde; ces minéraux sont notamment la *hausmannite*, la *manganite* ou *acerdèse*, la *pyrolusite* et la *braunite*. Ils se trouvent généralement en filons, dans les terrains primitifs ou de transition. On rencontre en outre le manganèse à l'état de sulfure, de carbonate, de silicate, de phosphate.

C'est en 1774 que Scheele démontra que le minéral désigné alors sous le nom de *magnésie noire* et qui était utilisé dans la verrerie renferme un métal particulier auquel il donna le nom de *magnésium*, nom qui fut plus tard transformé en celui de *manganésium* ou *manganèse*, pour éviter les confusions. Gahn, vers la même époque, isola le premier le manganèse à l'état métallique en réduisant l'oxyde par le charbon, dans un creuset brasqué.

Le manganèse se rencontre quelquefois dans les cendres des plantes; Fourcroy et Vauquelin l'ont trouvé dans les os, et l'on a aussi signalé sa présence dans le sang; mais, d'après Béchamp, cette présence n'est pas normale.

*Propriétés physiques.* — Le manganèse est un métal d'un gris-blanc, dur et cassant; il raye l'acier et le verre. Sa densité est égale à 7,138-7,206 (Brunner). Sa chaleur spécifique est égale à 0,1217 (Regnault). Il n'est pas magnétique lorsqu'il est bien exempt de fer. Les caractères du manganèse varient du reste suivant le mode de préparation; la méthode de Brunner le donne très-compacte, mais accompagné de silicium. C'est un métal très-réfractaire; celui de Brunner fond plus facilement que celui de Deville.

*Propriétés chimiques.* — Le manganèse pur est inaltérable à l'air à la température ordinaire, d'après Brunner; néanmoins on le conserve généralement sous une couche de pétrole. Chauffé à l'air, il se recouvre rapidement d'une couche d'oxyde. Il décompose l'eau lentement à froid, plus rapidement à l'ébullition; quand il est pulvérulent, cette décomposition est très-rapide, même à la température ordinaire. Frotté entre les doigts humides, il exhale une odeur désagréable, rappelant celle des hydrocarbures dégagés par l'action des acides sur la fonte; ce caractère est évidemment dû à la présence d'impuretés, notamment de carbone. Les acides étendus dissolvent le manganèse avec dégagement d'hydrogène; le manganèse obtenu par le fluorure ne dégage que peu d'hydrogène lorsqu'on le traite à froid par l'acide sulfurique concentré; à chaud, il se dégage de l'acide sulfureux.

*Préparation.* — Les oxydes de manganèse sont réduits avec une grande difficulté. Un des procédés de réduct on les plus anciens (John) consiste à faire un mélange de protoxyde de manganèse, provenant de la calcination du carbonate, avec de l'huile, de calciner de manière à décomposer l'huile, qui laisse un charbon très-divisé, intimement mélangé à l'oxyde, puis de triturer de nouveau ce mélange avec de l'huile et d'en faire des boulettes que l'on chauffe pendant plusieurs heures au feu de forge, dans un creuset brasqué. On obtient ainsi des globules de manganèse qu'on purifie par une nouvelle fusion, avec du carbonate de manganèse.

*Procédé de Deville.* — Deville calcine le peroxyde de manganèse *pur,* obtenu artificiellement, de manière à le transformer en oxyde rouge qu'il mélange avec une quantité de charbon de sucre insuffisante pour réduire tout l'oxyde et qu'il calcine dans un double creuset de chaux (voyez CHROME, t. I, p. 884). Après une forte calcination, le métal se réunit en un seul culot dans le fond du creuset. On le trouve recouvert d'une matière cristalline violette, qui paraît être un spinelle manganico-calcique, $Mn^2CaO^4$.

Le métal ainsi obtenu est rosâtre, comme le bismuth, très-dur et très-cassant [*Ann. de Chim. et de Phys.*, (3), t. XLVI, p. 182].

*Procédé de Brunner.* — Ce procédé repose sur la décomposition du fluorure de manganèse par le sodium. On dispose dans un creuset de Hesse des couches alternatives de 2 p. de fluorure de manganèse et de 1 p. de sodium; on recouvre ce mélange bien comprimé d'une couche de sel marin, puis de fragments de fluorure de calcium. Pour arrêter les projections, le creuset, muni de son couvercle, est porté dans un fourneau à vent et chauffé d'abord doucement, puis au rouge blanc, lorsque la réaction est établie, ce qu'on reconnaît au petillement qui se fait entendre. Après un quart d'heure, on laisse refroidir lentement, en fermant toutes les issues du fourneau. Quand on casse le creuset, on y trouve un culot de manganèse métallique, dont la quantité répond à peu près à la moitié de celle indiquée par la théorie; si le culot n'était pas bien réussi, il faudrait soumettre le métal à une nouvelle fusion sous une couche de chlorure de sodium mélangé de 1/10 de salpêtre.

Au lieu de fluorure de manganèse, on peut employer le mélange obtenu par la fusion de parties égales de chlorure de manganèse et de spath fluor; il suffit de pulvériser la masse fondue et de la traiter par du sodium [*Poggend. Ann.*, t. CI, p. 264; *Ann. der Chem. u. Pharm.*, t. CII, p. 330].

D'après Fremy [*Compt. rend.*, t. XLIV, p. 632], on obtient du manganèse cristallin en réduisant le chlorure par de la vapeur de sodium.

Le manganèse obtenu par la méthode de Brunner renferme toujours du silicium; en effet, il laisse toujours un résidu de silice lorsqu'on l'attaque par un acide. La présence de ce silicium communique au métal des propriétés un peu différentes de celles du métal réduit par le charbon. Il est plus dur, plus fusible et moins altérable par les agents chimiques. Il est facile d'augmenter cette quantité de silicium, qui n'est qu'accidentelle et qui varie de 1 à 6 %, en faisant intervenir un silicate alcalin dans la préparation du manganèse. — Voyez SILICIURES, p. 304.

Lorsqu'on calcine dans un courant d'hydrogène l'amalgame de manganèse obtenu par l'action de l'amalgame de sodium sur une solution concentrée de chlorure de manganèse, on obtient du manganèse métallique pulvérulent [Giles, *Philos. Magaz.*, (4), t. XXIV, p. 328; — Roussin, *Bull. de la Soc. chim.*, 1866, t. VI, p. 93].

Enfin, Bunsen a préparé du manganèse métallique par l'électrolyse d'une solution concentrée de chlorure manganeux [*Poggend. Ann.*, t. XCI, p. 619; *Ann. de Chim. et de Phys.*, (3), t. XLI, p. 356].

ATOMICITÉ DU MANGANÈSE. — Le poids atomique du manganèse, d'après les déterminations de Berzelius, Dumas, de Hauer, est égal à 55 (équivalent = 27,5). R. Schneider a trouvé le nombre 54 (équivalent = 27). Ce poids atomique est très-voisin de ceux du fer, du chrome, du cobalt et du nickel, métaux avec lesquels le manganèse a une grande analogie. Comme eux, il peut manifester plusieurs degrés d'atomicité. Dans l'oxyde et les sels manganeux, il est diatomique,

$$Mn''O, MnCl^2, \text{ etc.}$$

Dans le sesquioxyde, la molécule doublée est hexatomique, comme pour le fer et l'aluminium, $(Mn^2)^{vi}O^3$; dans le peroxyde de manganèse, elle est très-probablement tétratomique, comme tend à le démontrer l'existence d'un tétrachlorure $Mn^{iv}Cl^4$ signalé par Nicklès. Cette tétratomicité démontrerait celle du fer, pour laquelle il reste des doutes (voyez FER, t. I, p. 1403). Enfin, le manganèse forme encore des combinaisons d'un ordre plus élevé, dans lesquelles le degré d'atomicité est difficile à déterminer; dans l'acide manganique $MnO^4H^2$, correspondant à l'anhydride inconnu $MnO^3$, le manganèse manifeste la même affinité que le soufre dans l'acide sulfurique $SO^4H^2$, et si l'on envisage ce dernier comme de l'hydrate de sulfuryle $SO^2(HO)^2$, l'acide manganique représentera de l'hydrate de manganyle $MnO^2(HO)^2$; l'isomorphisme des manganates et des sulfates a du reste été démontré pour plusieurs d'entre eux; dans ces combinaisons, le manganèse, comme le soufre est di- ou tétratomique.

Quant à l'acide permanganique, dont l'isomorphisme avec l'acide perchlorique a été établi, sa formule $MnO^4H$ peut être rapportée à un hydrate $MnO^3(HO)$ dans lequel Mn serait monoatomique comme le chlore. Les formules suivantes rendent compte de la structure des acides du manganèse:

$$Mn'' \begin{cases} O-O-H \\ O-O-H \end{cases} \qquad Mn'-O-O-O-O-H.$$

Acide manganique. Acide permanganique.

— Voyez l'article ATOMICITÉ, p. 451.

Il est à remarquer pourtant que Dumas a décrit un chlorure de manganèse qui paraît renfermer $MnCl^7$, correspondant à l'anhydride permanganique; Wœhler a de même obtenu un heptafluorure. Il serait donc possible que le manganèse pût être heptatomique. Néanmoins l'existence de ces combinaisons n'est pas mise hors de doute.

ALLIAGES DE MANGANÈSE. — On ne connaît guère d'alliages du manganèse; néanmoins, ce métal peut s'unir à l'or, à l'argent, à l'étain, au cuivre, au fer. Son alliage avec ce dernier métal est d'une grande importance, à cause des qualités qu'il communique au fer; il le rend plus blanc et plus dur, en même temps que plus cassant. C'est pourquoi le fer manganésifère est le meilleur pour la fabrication de l'acier.

On obtient un *amalgame* de manganèse en versant une dissolution de chlorure manganeux sur de l'amalgame de sodium. Cet amalgame ainsi obtenu est liquide, mais on peut l'obtenir solide en distillant une partie du mercure dans une atmosphère d'hydrogène (Bœttger). Il est gris et cristallin (Roussin). Calciné dans une atmosphère d'hydrogène, il laisse finalement du manganèse pulvérulent. Il s'oxyde peu à peu à l'air, ainsi que sous l'eau; si, placé sous l'eau, on le touche avec un fil de platine, le dégagement d'hydrogène devient tumultueux, et l'eau se remplit d'hydrate manganeux. Agité avec de l'air et de l'eau, il donne naissance à du peroxyde d'hydrogène (Schœnbein).

Wœhler et Michel ont obtenu un alliage défini de manganèse et d'*aluminium*, en fondant ensemble 10 grammes de chlorure de manganèse anhydre, 15 grammes d'aluminium et 30 grammes de chlorure de potassium et de sodium; il se forme un culot qui, traité par l'acide chlorhydrique, laisse une poudre cristalline gris foncé, où l'on reconnaît au microscope des prismes à base carrée. La densité de cet alliage est égale à 3,4; les acides azotique et chlorhydrique le dissolvent à chaud; la soude étendue lui enlève l'aluminium. Cet alliage répond à la formule $Mn^2Al^6$; une partie du manganèse y est remplacée par du fer [*Ann. der Chem. u. Pharm.*, t. CXV, p. 102].

On obtient un alliage de *chrome* et de manganèse par la réduction, au creuset brasqué, d'un mélange d'oxyde de chrome et de carbonate manganeux. Il est inaltérable à l'air et ne se dissout que par une ébullition prolongée dans l'eau régale (Bachmann).

CHLORURES DE MANGANÈSE. — CHLORURE MANGANEUX, $MnCl^2$. — Il s'obtient anhydre et fondu lorsqu'on chauffe l'oxyde brun ou le carbonate de manganèse dans un courant de gaz acide chlorhydrique sec, jusqu'à ce que celui-ci ne soit plus absorbé; après le refroidissement, qu'on laisse effectuer dans un courant d'air sec, pour chasser l'excès d'acide chlorhydrique, il reste une masse cristalline rouge. On l'obtient encore en chauffant dans un creuset un mélange de peroxyde de manganèse et de sel ammoniac. Le chlorure manganeux anhydre se dissout dans l'eau, avec élévation de température, et la solution abandonne par l'évaporation des tables quadrilatères épaisses, oblongues, rouge-rose, qui renferment d'après Graham $6H^2O$, et d'après Brandes, Schabus, Rammelsberg, Marignac, $4H^2O$; ces cristaux attirent l'humidité de l'air, mais à 35° ils se frittent et à 88° ils fondent en laissant une masse pulvérulente retenant 1 molécule d'eau qui se dégage à 100°.

On obtient le chlorure manganeux hydraté par la dissolution du carbonate de manganèse ou des oxydes de manganèse dans l'acide chlorhydrique; tous ces oxydes s'y dissolvent aisément, et, sauf l'oxyde manganeux, ils fournissent tous du chlore par cette décomposition :

$$MnO^2 + 4HCl = MnCl^2 + 2H^2O + Cl^2.$$

Le chlorure de manganèse s'obtient en grande abondance comme produit accessoire dans la fabrication du chlore; ce chlorure de manganèse n'a encore trouvé guère d'usages, à cause des frais relativement considérables qu'exige sa transformation en peroxyde de manganèse, car tel serait le problème à résoudre; on parvient bien à le transformer en sesquioxyde en le précipitant par la chaux et exposant à l'action de l'air le précipité de protoxyde ainsi obtenu, mais le sesquioxyde a un pouvoir oxydant beaucoup plus faible que le peroxyde : aussi n'y a-t-il pas d'avantage à opérer cette transformation.

Le chlorure de manganèse obtenu avec le peroxyde de manganèse naturel n'est pas pur; il renferme en effet, outre l'acide chlorhydrique libre, les chlorures de calcium, de baryum, de fer, et, quelquefois, de cobalt, de nickel, de cuivre et de plomb. Pour le purifier, on le soumet d'abord à de nouvelles cristallisations, puis on met le chlorure en digestion avec du carbonate de chaux ou de manganèse qui précipitent le fer, le cobalt et le nickel; quant au plomb et au cuivre, on s'en débarrasse par l'hydrogène sulfuré : on arrive plus simplement au but en précipitant une portion de la liqueur par le sulfhydrate d'ammonium et faisant ensuite digérer le produit obtenu avec le reste de la solution; le sulfure de manganèse précipite en effet les sels de fer, de cobalt, de nickel, de cuivre, de plomb, à l'état de sulfures; en faisant bouillir pour chasser l'hydrogène sulfuré, filtrant et faisant évaporer, on obtient le chlorure manganeux cristallisé à l'état de pureté.

Le chlorure manganeux est très-soluble dans l'eau, il est soluble dans l'alcool, insoluble dans l'éther : une solution saturée à 10° renferme 38,9 °/₀ de chlorure anhydre; à 31°, 46,2 °/₀, et à 62°, 55,5 °/₀; à partir de cette température sa solubilité diminue (Brandes).

Chauffé à l'abri de l'air, le chlorure manganeux fond au rouge sans se décomposer; au contact de l'air, il perd de l'acide chlorhydrique et donne probablement un oxychlorure. Chauffé avec du nitre, vers 280°, il se décompose en partie, il se dégage des vapeurs nitreuses, et le produit, lavé à l'eau, laisse une poudre noire qui est un oxychlorure $3Mn^2O^3.MnCl^2$, dont la composition varie sans doute avec les conditions de l'expérience [Péan de Saint-Gilles, *Compt. rend.*, t. LV, p. 320].

D'après Buchholz, la solution de chlorure manganeux s'altère peu à peu, surtout sous l'influence de la lumière, en donnant un précipité de sesquioxyde et un chlorure manganoso-manganique.

L'alcool dissout le chlorure manganeux, qui lui communique la propriété de brûler avec une flamme rouge; par l'évaporation de la solution alcoolique, il se dépose des cristaux incolores qui renferment 43,3 °/₀ d'alcool, nombre qui correspond à la formule $MnCl^2.2C^2H^6O$ (Brandes).

On obtient un *chlorure ammonio-manganeux* facilement cristallisable; sa solution n'est pas précipitée par l'ammoniaque.

CHLORURE MANGANIQUE, $(Mn^2)^{vi}Cl^6$. — Ce composé est extrêmement instable; on l'obtient par la dissolution de l'hydrate manganique dans l'acide chlorhydrique; il se forme ainsi une liqueur brunâtre qui répand l'odeur du chlore. Lorsqu'on chauffe, il se dégage du chlore, et la solution ne renferme plus que du chlorure manganeux.

Lorsqu'on fait passer un courant de chlore à travers une solution concentrée de chlorure manganeux refroidie au-dessous de + 5°, la liqueur, d'après John, se prend en une masse cristalline jaune, fusible à + 5°.

TÉTRACHLORURE DE MANGANÈSE, $MnCl^4$. — Ce chlorure, extrêmement instable, n'a été obtenu qu'en combinaison avec l'éther, par Nicklès [*Compt. rend.*, LX, 479], en faisant arriver du gaz chlorhydrique sec dans un vase refroidi à 0° et renfermant de l'éther et du peroxyde de manganèse; c'est un produit vert, soluble dans l'éther, insoluble dans le sulfure de carbone; il renferme $MnCl^4.12C^4H^{10}O + 2H^2O$.

HEPTACHLORURE DE MANGANÈSE, $MnCl^7$ (?). — M. Dumas a obtenu ce chlorure [*Ann. de Chim. et de Phys.*, (2), t. XXXVI, p. 81] en ajoutant peu à peu du chlorure de sodium fondu à une solution de manganate de potassium dans l'acide sulfurique concentré; il se dégage un gaz jaune qui se condense à — 15° ou — 20° en un liquide vert brunâtre. Ce liquide répand à l'air des fumées purpurines résultant de l'action de l'humidité. L'eau, en effet, décompose ce chlorure en acide chlorhydrique et acide permanganique :

$$MnCl^7 + 4H^2O = MnO^4H + 7HCl.$$

Les bases le décomposent d'une manière analogue. L'analyse de ce chlorure n'a pas été faite; il serait possible qu'il représentât un anhydride chloropermanganique; c'est ce que semble confirmer un travail plus récent de Aschoff, d'après lequel ce composé renfermerait $MnClO^3$. — Voyez *Acide permanganique*.

Ce perchlorure présente au spectroscope 8 raies

d'absorption placées aux numéros 66, 67, 68 et 69, et aux numéros 73 et 84, la raie de Na étant 50 et celle de Sr δ, 98 [Luck, *Zeitsch. Analyt. Chem.*, t. VIII, p. 245].

BROMURES DE MANGANÈSE. — On ne connaît que le bromure manganeux $MnBr^2$, qui se dépose de sa solution concentrée en petits cristaux incolores et déliquescents, renfermant $4H^2O$, et isomorphes avec le chlorure manganeux. Il devient rouge lorsqu'on le fond à l'abri de l'air; chauffé au contact de l'air, il se décompose.

Nicklès a décrit une combinaison d'éther avec un tétrabromure de manganèse, mais sans avoir pu isoler ce dernier.

IODURE DE MANGANÈSE, $MnI^2$. — Cet iodure cristallise, avec 4 molécules d'eau, en lamelles isomorphes avec le chlorure; il est déliquescent et brunit au contact de l'air; à l'abri de l'air, il est indécomposable au rouge.

FLUORURES DE MANGANÈSE. — FLUORURE MANGANEUX, $MnFl^2$. — On l'obtient en dissolvant le carbonate de manganèse dans l'acide fluorhydrique; par l'évaporation de l'excès d'acide, le fluorure se dépose en petits cristaux de couleur améthyste. Ce fluorure n'est pas décomposé au rouge.

Il forme des combinaisons doubles avec le fluorure de zirconium. — Voyez *Fluozirconates.*

FLUOSILICATE MANGANEUX, $SiFl^6Mn$. — Ce sel est rouge, très-soluble et se dépose par la concentration de sa solution en longs prismes hexagonaux ou en cristaux rhomboédriques. Il renferme $7H^2O$ ($6H^2O$, d'après Marignac), qu'il perd par la chaleur; à une température plus élevée, il dégage du fluorure de silicium, et il reste du fluorure manganeux.

FLUORURE MANGANIQUE, $Mn^2Fl^6$. — Lorsqu'on dissout le sesquioxyde de manganèse très-divisé dans l'acide fluorhydrique, on obtient une solution rouge foncé qui, par l'évaporation spontanée, dépose des cristaux prismatiques bruns ou rougerubis, se dissolvant dans une petite quantité d'eau froide, sans décomposition, mais si l'on étend sa solution dans beaucoup d'eau, ou qu'on la fasse bouillir, il se précipite un fluorure basique brun et la liqueur devient acide (Berzelius).

D'après Nicklès, ce fluorure serait un fluorure manganoso-manganique [*Compt. rend.*, t. LXVII, p. 448] :

$$Mn^3Fl^8, 10H^2O = MnFl^2.Mn^2Fl^6 + 10H^2O.$$

Le fluorure manganique se combine aux fluorures alcalins. Nicklès a également décrit un oxyfluorure double

$$Mn^2Fl^8OK^4 = Mn^2OFl^4.4KFl.$$

TÉTRAFLUORURE DE MANGANÈSE (acide fluomanganeux) $MnFl^4$. — Ce composé se forme :

1° Par l'action de l'acide fluorhydrique sur la combinaison éthérée du tétrachlorure de manganèse ;

2° Avec l'acide fluorhydrique concentré et le peroxyde de manganèse. La dissolution s'opère peu à peu et l'on obtient une liqueur brune qui agit comme un oxydant énergique; elle décolore l'indigo, transforme les sels ferreux en sels ferriques, donne avec l'aniline des dérivés colorés, résinifie l'acide phénique, etc.

Ce fluorure est soluble dans l'alcool; en présence de beaucoup d'eau et surtout des alcalis, il se décompose en donnant du peroxyde de manganèse.

La solution du tétrafluorure de manganèse additionnée de fluorure de potassium donne un précipité rose, anhydre à 100°, qui est un fluorure double (fluomanganite), $MnFl^4.2KFl$; le fluorure d'ammonium produit un composé semblable.

Le fluomanganite de potassium perd du tétrafluorure de manganèse par la fusion, et l'on obtient le fluorure $MnFl^4, 8KFl$, qui se produit aussi lorsqu'on traite le peroxyde de manganèse par le fluorhydrate de fluorure de potassium. Le fluomanganite de potassium est bleu quand il est fondu, mais il redevient rose par le refroidissement. On obtient d'autres fluomanganites, par exemple celui de plomb, par double décomposition; mais ils sont instables.

OXYFLUORURE DE MANGANÈSE (acide fluoxymanganeux), $MnFl^2O$. — On l'obtient à l'état d'une poudre rose, en ajoutant goutte à goutte du perchlorure de manganèse à une solution bouillante de fluorure de potassium ou d'ammonium. Il forme une combinaison potassique $MnFl^2O.2KFl$ [Nicklès, *Compt. rend.*, t. LV, p. 107].

HEPTAFLUORURE DE MANGANÈSE, $MnFl^7$. — Ce composé, qui a été obtenu par Wœhler, paraît être gazeux ; l'eau le décompose en acide permanganique et acide fluorhydrique. Lorsqu'on chauffe dans une cornue de platine un mélange de 2 p. de permanganate et de 1 p. de fluorure de calcium avec de l'acide sulfurique, il se produit un gaz jaune qui, à l'air humide, forme des vapeurs pourpres. L'eau l'absorbe en le décomposant. Le chlorure de calcium le décompose en produisant du chlore [Wœhler, *Poggend. Ann.*, t. IX, p. 619].

### OXYDES DE MANGANÈSE.

Le manganèse possède une grande affinité pour l'oxygène, et forme avec cet élément une série nombreuse de combinaisons qui correspondent aux oxydes du fer, sauf l'acide permanganique, qui n'a pas son représentant pour ce dernier métal.

| | |
|---|---|
| Oxyde manganeux... ........ | $MnO$. |
| Oxyde manganoso-manganique. | $Mn^3O^4 = MnO.Mn^2O^3$. |
| Oxyde manganique.......... | $Mn^2O^3$. |
| Peroxyde de manganèse...... | $MnO^2$. |
| Anhydride manganique (inconnu).................... | $MnO^3$ représenté par les manganates ($MnO^4K^2$). |
| Anhydrique permanganique... | $Mn^2O^7$ représenté par l'acide $MnO^4H$. |

En outre, il paraît exister un sous-oxyde vert, $Mn^2O$, qui se dépose lorsqu'on conserve longtemps du manganèse sous l'eau; d'après John, cet oxyde renferme 100 de manganèse et 14,9 d'oxygène; Bachmann y a trouvé un peu plus d'oxygène.

De tous ces oxydes, le plus stable sous l'influence de la chaleur est l'oxyde $Mn^3O^4$; c'est aussi lui qui prend naissance par la calcination du protoxyde au contact de l'air; le protoxyde seul, traité par les acides, donne des sels stables et bien définis; le sesquioxyde ne constitue qu'une base très-faible; l'oxyde $Mn^3O^4$ est un oxyde salin donnant lieu à un mélange de sels manganeux et manganiques; le peroxyde peut jouer dans certains cas le rôle d'un anhydride acide (acide manganeux); enfin les oxydes $MnO^3$ et $Mn^2O^7$, sont représentés par les acides manganique et permanganique, ou par leurs sels. On paraît cependant avoir isolé l'anhydride permanganique. Tous ces oxydes, ou leurs dérivés, sauf le protoxyde, décomposent l'acide chlorhydrique en dégageant du chlore.

OXYDE MANGANEUX (protoxyde), $MnO$. — C'est une poudre vert pâle ou vert-gris, qui devient momentanément plus pâle par la calcination; chauffé au feu de forge, il fond en une masse verte (Despretz), sans perdre d'oxygène. Il est réduit au rouge blanc par le charbon, mais non par l'hydrogène ou l'oxyde de carbone. Calciné dans un courant d'hydrogène sulfuré, il donne de l'eau et du sulfure de manganèse. Sa densité est égale à 5,091 (Rammelsberg).

On l'obtient par la calcination du carbonate, de l'oxalate ou de l'hydrate manganeux, à l'abri de l'air, ou mieux encore en réduisant les oxydes supérieurs par un courant d'hydrogène, au rouge. On peut aussi soumettre à la fusion un mélange de chlorure de manganèse fondu, de carbonate de sodium et de sel ammoniac (Liebig et Wœhler), et laver la masse fondue à l'eau. D'après Geuther, le peroxyde, chauffé au rouge vif dans un canon de fusil, donne du protoxyde vert et non de l'oxyde brun.

L'oxyde manganeux anhydre est inaltérable à l'air.

Deville a obtenu l'oxyde cristallisé en octaèdres transparents, vert-émeraude, d'un éclat adamantin, en dirigeant au rouge vif sur l'oxyde obtenu par réduction d'un oxyde supérieur, un courant d'hydrogène mélangé de fort peu de gaz acide chlorhydrique [*Compt. rend.*, t. LIII, p. 199].

On obtient l'hydrate manganeux $MnH^2O^2$ par l'action d'un alcali sur un sel de manganèse; cet hydrate forme un précipité floconneux blanc, très-oxydable, se transformant rapidement à l'air en hydrate manganique.

L'oxyde et l'hydrate manganeux se dissolvent dans l'acide chlorhydrique sans dégagement de chlore, ainsi que dans les autres acides en produisant les sels manganeux correspondants.

Oxyde manganoso-manganique (oxyde rouge, oxyde brun)

$$Mn^3O^4 = MnO.Mn^2O^3 \text{ ou } MnO^2.2MnO.$$

— Cet oxyde se rencontre dans la nature et est désigné sous le nom de *hausmannite* (voyez ce mot). Il se forme par l'oxydation du manganèse à l'air humide ou par le grillage de ce métal. L'oxyde manganeux, qui n'a pas été soumis à une trop *haute température*, se transforme lentement à l'air en oxyde $Mn^3O^4$, ou brûle comme de l'amadou si l'on en approche un charbon ardent; l'oxyde plus compacte ne brûle qu'au rouge naissant. L'oxyde rouge de manganèse se produit encore par l'action de la vapeur d'eau au rouge sur l'oxyde manganeux : il se dégage de l'hydrogène.

Tous les produits supérieurs d'oxydation du manganèse sont ramenés à cet état par la calcination seule.

Pour le préparer à l'état de pureté, il faut précipiter le chlorure ou le sulfate manganeux pur par un carbonate alcalin, laver et sécher le précipité, puis le calciner au contact de l'air.

On obtient l'oxyde manganoso-manganique cristallisé, avec la forme et les caractères physiques de l'hausmannite, par différents procédés :

Par l'action de la vapeur d'eau sur le chlorure de manganèse chauffé au rouge (Daubrée);

Par la calcination, dans un creuset, d'un mélange de sulfate manganeux et de sulfate de potassium [Debray, *Compt. rend.*, t. LII, p. 985];

Par la calcination d'un mélange de chlorure de calcium et d'oxyde manganeux, dans un têt à rôtir [Kuhlmann, *Compt. rend.*, t. LII, p. 1283];

Par l'action, au rouge naissant, d'un courant très-lent d'acide chlorhydrique sur l'oxyde rouge amorphe [H. Deville, *Compt. rend.*, t. LIII, p. 199]. Si la température est au rouge vif, il y a formation d'oxyde manganeux cristallisé;

Par dissolution de l'oxyde amorphe dans du borax fondu [Nordenskiœld];

L'oxyde manganoso-manganique cristallisé est d'un brun-noir; sa poudre est brune ou d'un brun-rouge. Sa densité à l'état cristallisé est 4,856; celle de l'oxyde amorphe qui est rouge-brun, est égale à 4,718. Il se dissout dans l'acide sulfurique, concentré et froid, en donnant une solution rouge qui renferme du sulfate manganeux et du sulfate manganique :

$$Mn^3O^4 + 4SO^4H^2$$
$$= SO^4Mn + (SO^4)^3(Mn^2)^{VI} + 4H^2O;$$

si l'on chauffe, il se dégage de l'oxygène.

L'acide chlorhydrique, concentré et froid, et l'acide oxalique se comportent de même, ainsi que l'acide phosphorique très-concentré et bouillant.

Mais, si on le fait bouillir avec de l'acide sulfurique étendu, il donne du sulfate manganeux et 38 % de peroxyde de manganèse, ce qui correspond à l'équation

$$Mn^3O^4 + 2SO^4H^2 = 2SO^4Mn + MnO^2 + 2H^2O.$$

On peut donc le regarder comme une combinaison de $Mn^2O^3$ et de MnO ou de $MnO^2$ et de 2MnO.

L'acide azotique bouillant dédouble également l'oxyde rouge en protoxyde (azotate manganeux) et en peroxyde dans le rapport

$$Mn^3O^4 = 2MnO + MnO^2.$$

A chaud, l'acide chlorhydrique le décompose en chlorure manganeux et chlore :

$$Mn^3O^4 + 8HCl = 3MnCl^2 + Cl^2 + 4H^2O.$$

Lorsqu'on précipite par un alcali la solution de l'oxyde manganoso-manganique, il se produit un précipité brun d'*hydrate* manganoso-manganique.

On a encore décrit, sous les noms de manganates et de permanganates de manganèse (voyez p. 298 et suiv.), d'autres *oxydes intermédiaires*.

Oxyde manganique (sesquioxyde), $Mn^2O^3$. — Cet oxyde est désigné par les minéralogistes sous le nom de *braunite*; son hydrate naturel constitue la *manganite* ou *acerdèse*. Il se forme par l'action prolongée du rouge sombre sur le peroxyde de manganèse ou sur l'azotate manganeux. Il se produit, d'après Schneider, par la calcination des oxydes inférieurs dans une atmosphère d'oxygène. Sa densité est égale à 4,325 [Rammelsberg]; celle de la braunite est égale à 4,75. Les acides sulfurique et azotique étendus le transforment en sels manganeux et peroxyde de manganèse. L'acide sulfurique concentré le dissout à chaud avec dégagement d'oxygène; l'acide chlorhydrique, avec dégagement de chlore.

La calcination au rouge vif le transforme en oxyde $Mn^3O^4$.

*Hydrate manganique*,

$$Mn^2O^4H^2 = Mn^2O^3.H^2O.$$

— Cet hydrate se produit par l'oxydation à l'air de l'hydrate manganeux précipité. On l'obtient, mélangé d'un peu d'hydrate de peroxyde, en faisant passer un courant de chlore dans du carbonate manganeux en suspension dans l'eau et maintenu en excès, lavant le précipité à l'acide azotique très-faible ou à l'acide acétique, pour dissoudre l'excès de carbonate (Berthier). Carius le prépare en chauffant du peroxyde de manganèse très-divisé avec de l'acide sulfurique concentré; quand le mélange est devenu fluide et vert, on le traite par l'eau et on sèche le précipité à 100° après l'avoir bien lavé [*Ann. der Chem. u. Pharm.*, t. XCVIII, p. 53].

C'est une poudre brun foncé, qui se comporte avec les acides comme l'oxyde anhydre. Il est insoluble dans l'acide sulfurique étendu et légèrement chauffé, mais s'il est mélangé de protoxyde, il se dissout avec une coloration violette. Il se dissout dans l'acide sulfurique concentré en donnant du sulfate manganique vert.

L'hydrate naturel cristallisé est noir et ressemble beaucoup au peroxyde, mais sa poudre est brune, comme l'hydrate précipité; il laisse sur le biscuit de porcelaine une trace brune, tandis que le peroxyde, avec lequel il peut être confondu, laisse une trace noire.

Peroxyde de manganèse (bioxyde, pyrolusite, manganèse), $MnO^2$. — Le peroxyde de manganèse est le principal minerai de ce métal; il se présente en masses cristallines radiées, à éclat métallique d'un gris d'acier, ou en prismes orthorhombiques, présentant une forme voisine de celle de l'acerdèse ou manganite; il est probable qu'il résulte de l'oxydation de ce dernier, avec perte d'eau; en effet, on rencontre des cristaux formés extérieurement de pyrolusite, intérieurement d'acerdèse [Haidinger, *Poggend. Ann.*, t. XI, p. 374]; nous avons déjà vu par quels caractères physiques on le distingue de cette dernière. D=4,7 à 5,026. La pyrolusite est généralement accompagnée de spath fluor, d'acerdèse, de psilomélane. — Voyez PYROLUSITE.

Le peroxyde de manganèse se produit à l'état de pureté dans un grand nombre de réactions.

Lorsqu'on fait bouillir de l'oxyde manganoso-manganique ou de l'oxyde manganique avec de l'acide azotique, il se dissout de l'oxyde manganeux et il reste une poudre noire qui est un oxyde hydraté renfermant, d'après Berthier, 4,5 % d'eau, soit $4MnO^2,H^2O$.

On l'obtient à l'état anhydre en calcinant de l'azotate manganeux au rouge sombre, reprenant le résidu par quelques gouttes d'acide azotique pour dissoudre l'oxyde manganeux et calcinant de nouveau (Berthier).

Le carbonate manganeux fournit également du peroxyde lorsqu'on le calcine vers 260° à l'air [Forchhammer, Reissig]. Le maximum de peroxyde se forme par l'action soutenue d'une température de 300°; le résidu renferme alors

$$2MnO^2 + MnO;$$

si l'on chauffe plus fort, il se dégage de l'oxygène et l'on obtient l'oxyde $Mn^3O^4$; le protoxyde contenu dans le résidu s'enlève très-facilement par l'acide chlorhydrique très-étendu.

Si l'on fond avec précaution du carbonate manganeux avec du chlorate de potasse, et qu'on épuise le résidu par l'eau, on obtient également du peroxyde (Gœbel).

Dans l'électrolyse lente d'une solution étendue d'un sel manganeux, il se dépose du peroxyde de manganèse au pôle positif (Fischer).

Calciné, le peroxyde de manganèse abandonne 12 % d'oxygène et se tranforme en oxyde $Mn^3O^4$; au rouge blanc, d'après Geuther, il ne laisse que de l'oxyde manganeux; calciné dans un creuset brasqué, il laisse 82 % d'oxyde manganeux (Berthier). Chauffé avec de l'acide sulfurique, il donne du sulfate manganeux en perdant la moitié de son oxygène.

L'acide chlorhydrique le décompose en produisant du chlore et du chlorure manganeux :

$$MnO^2 + 4HCl = MnCl^2 + 2H^2O + Cl^2:$$

on sait que, dans les mêmes circonstances, le peroxyde de baryum donne du peroxyde d'hydrogène; il appartient donc à la classe des peroxydes que Schœnbein a nommés ozonides, les antozonides étant ceux qui fournissent le peroxyde d'hydrogène (eau + antozone?).

L'acide sulfureux dissout le peroxyde de manganèse en donnant du sulfate et de l'hyposulfate manganeux :

$$MnO^2 + SO^2 = SO^4Mn$$

et

$$MnO^2 + 2SO^2 = S^2O^6Mn.$$

L'acide azoteux le transforme en azotate manganeux. Le bioxyde d'azote produit le même sel (Kastner) :

$$MnO^2 + 2AzO^2 = (AzO^3)^2Mn.$$

Un grand nombre de matières organiques agissent sur le peroxyde de manganèse en présence d'un acide, en lui enlevant de l'oxygène dans des conditions où l'acide seul ne produirait pas cette décomposition.

Calciné, à l'abri de l'air, avec de l'hydrate de potasse, il donne du manganate de potassium et de l'hydrate manganique :

$$3MnO^2 + 2KHO = MnO^4K^2 + Mn^2H^2O^4$$

(Forchhammer, Mitscherlich).

Au contact de l'air, tout le manganèse passe à l'état de manganate :

$$MnO^2 + 2KHO + O = MnO^4K^2 + H^2O.$$

La première de ces réactions a fait envisager par quelques chimistes le peroxyde de manganèse comme une combinaison d'anhydride manganique et de sesquioxyde de manganèse :

$$Mn^2O^3.MnO^3 = 3MnO^2.$$

*Hydrates de peroxyde.* — L'hydrate

$$4MnO^2,H^2O$$

se forme par l'action de l'acide azotique concentré, bouillant, sur l'hydrate de sesquioxyde; il est en masses denses d'un brun-noir, à cassure terreuse.

L'hydrate $3MnO^2,H^2O$ se précipite à l'état d'une poudre noire, lorsqu'on évapore une solution de bromate manganeux; il perd toute son eau à 200° [Rammelsberg].

Lorsqu'on fait passer du chlore en excès à travers du carbonate manganeux en suspension dans l'eau, il se produit une poudre noire qui, lavée à l'acide acétique et à l'eau pour lui enlever de l'oxyde manganeux, renferme

$$2MnO^2.H^2O, \text{ ou } 3MnO^2,2H^2O,$$

suivant Berthier. On obtient le même hydrate en précipitant un sel manganeux par du chlorure de chaux ou du chlorure de soude. C'est une poudre ténue, d'un brun foncé, tachant les doigts, formée de petites écailles brillantes. Au rouge sombre, cet hydrate perd de l'oxygène, en même temps que de l'eau. C'est un oxydant très-actif.

Enfin l'hydrate $MnO^2.H^2O$ se produit lorsqu'on fait bouillir l'hydrate manganique avec de l'acide azotique étendu [Forchhammer], ou par la décomposition des manganates ou permanganates par l'eau ou par les acides [Mitscherlich].

On obtient encore de l'hydrate de peroxyde de manganèse par l'action du permanganate de potassium sur les sels manganeux. — Voir plus loin *Manganite de manganèse.*

Gorgeu a signalé un peroxyde de manganèse *soluble* : au moment où, par suite des lavages, l'eau qui se trouve en contact avec le peroxyde de manganèse n'est plus acide, on obtient une liqueur brune qui paraît limpide par transparence et trouble par réflexion; cette solution se conserve bien pendant plusieurs semaines, mais il suffit de l'addition de quelques gouttes d'un acide ou d'un alcali pour provoquer la précipitation du peroxyde. Le peroxyde employé était celui préparé par l'action de l'acide azotique concentré sur l'hydrate de sesquioxyde [*Ann. de Chim. et de Phys.*, (3), t. LXVI, p. 153].

*Acétate de peroxyde de manganèse.* — Schœnbein a obtenu une solution de peroxyde de manganèse en traitant par le sulfate manganeux la solution acétique de peroxyde de plomb obtenue en agitant à froid de l'acide acétique et du minium (cette solution n'est stable que vers — 18°). La solution acétique du peroxyde de manganèse est rouge-brun; elle laisse déposer son peroxyde lentement à froid, rapidement à l'ébullition; elle jouit de propriétés très-oxydantes [*Journ. für prakt. Chem.*, t. LXXIV, p. 325].

*Acide manganeux.* — Le peroxyde de manganèse peut donner naissance à des sels, c'est ainsi que de l'hydrate de peroxyde *bien lavé* produit une effervescence avec les carbonates de calcium et de baryum. Ces sels correspondent à un hydrate

$$5MnO^2.H^2O = (Mn^5O^{11})H^2$$

[Gorgeu, *loc. cit.*].

*Manganite de potassium*, $Mn^5O^{11}K^2$. — Précipité jaune obtenu par l'action d'un courant d'acide carbonique sur une solution de manganate de potassium ; dès que toute la potasse libre est neutralisée, ce sel se décompose en manganite qui se dépose et permanganate qui reste dissous.

*Manganite de calcium*, $Mn^5O^{11}Ca$. — Lorsqu'on ajoute de l'azotate manganeux à de l'hypochlorite de calcium maintenu en excès, on obtient un précipité brun-noir qui constitue le manganite de calcium. On reconnaît, en effet, que le manganèse y est à l'état de peroxyde, ainsi que dans le sel précédent, en ce qu'il ne réduit pas le permanganate de potassium.

*Manganite de manganèse*, $Mn^5O^{11}Mn$. — C'est le composé qui prend naissance lorsqu'on traite le carbonate de manganèse par un courant de chlore. Il se produit aussi à l'état de précipité brun lorsqu'on verse une solution de permanganate dans une solution de chlorure manganeux ; si l'on continue l'addition de permanganate lorsque le manganite brun s'est déposé, la décoloration continue jusqu'à ce que le précipité soit transformé entièrement en peroxyde ; mais lorsqu'on a ajouté 2 molécules de permanganate à 4 molécules de chlorure manganeux, il ne reste plus de manganèse en dissolution :

$$4MnCl^2 + 2MnO^4K + 3H^2O$$
$$= 2KCl + 6HCl + Mn^5O^{11}Mn.$$

Si, au contraire, on verse la solution de chlorure manganeux dans le permanganate, il se forme immédiatement du peroxyde :

$$3MnCl^2 + 2MnO^4K + 2H^2O$$
$$= 2KCl + 4HCl + 5MnO^2.$$

*Usages.* — Le peroxyde de manganèse sert à la fabrication du chlore et des chlorures décolorants. Il est aussi employé à la préparation de l'oxygène. On s'en sert depuis très-longtemps dans les verreries pour décolorer le verre coloré par du protoxyde de fer qui se trouve ainsi transformé en sesquioxyde.

Nous verrons plus loin, à l'article MANGANÈSE (DOSAGE), les procédés à suivre pour déterminer la valeur d'un manganèse.

*Régénération du peroxyde de manganèse des résidus de la fabrication du chlore.* — Voyez CHLORE, t. I, p. 801.

ANHYDRIDE MANGANIQUE, $MnO^3$. — Cet anhydride est inconnu ainsi que l'acide manganique libre $MnO^4H^2$. Lorsqu'on traite le manganate de potassium par l'acide sulfurique concentré, en opérant comme pour la préparation de l'acide permanganique, c'est ce dernier qui se forme, en même temps que du peroxyde (Aschoff) :

$$3MnO^3 = MnO^2 + Mn^2O^7.$$

MANGANATES. — Ces sels ont été pour la première fois étudiés, en même temps que les permanganates, par Chevillot et Edwards, qui déterminèrent la nature du *caméléon minéral;* ils attribuèrent la coloration verte produite par un excès d'alcali à la présence d'un sel à excès de base, et dont l'acide est un oxyde du manganèse [*Ann. de Chim. et de Phys.*, (2), t. IV, p. 287; t. VIII, p. 337]. Forchhammer [*Ann. Philos.*, t. XVI, p. 130 ; t. XVII, p. 150], puis Frommherz [*Poggend. Ann.*, t. XXXI, p. 677], s'occupèrent du même sujet. Mitscherlich mit hors de doute l'existence des deux acides du manganèse, dont il fit connaître la nature et les propriétés [*Poggend. Ann.*, t. XXV, p. 287; *Ann. de Chim. et de Phys.*, (2), t. XLIX, p. 113].

Les manganates alcalins se produisent par la calcination d'un oxyde du manganèse avec un alcali ou une terre alcaline au contact de l'air; avec le peroxyde de manganèse, le contact de l'air n'est pas nécessaire, une partie du peroxyde cédant de l'oxygène et se transformant en sesquioxyde :

$$3MnO^2 + 2KHO = MnO^4K^2 + Mn^2O^3 + H^2O.$$

Chevillot et Edwards n'avaient pas observé la formation d'un manganate dans une atmosphère d'azote; Elliot et Storer expliquent ce fait par l'action même de l'azote sur le manganate qu'il réduit en produisant de l'acide azotique [*Répert. de Chim. appliquée*, 1861, t. III, p. 302].

Par la présence de l'air, ou en faisant intervenir un azotate, le rendement du manganate est plus considérable. Pour retirer le manganate formé, on épuise la masse par l'eau, qui dissout les manganates alcalins ; les autres sont insolubles.

Les manganates sont verts; ils fusent sur les charbons ardents; leur solution n'est stable qu'en présence d'un excès d'alcali ; dans le cas contraire, elle rougit facilement, et cela d'autant plus qu'il y a plus d'eau; celle-ci a pour effet d'enlever de l'alcali et de dédoubler le manganate en hydrate de peroxyde de manganèse et permanganate qui reste dissous avec une coloration rouge :

$$3MnO^4K^2 + 2H^2O$$
$$= 2MnO^4K + MnO^2 + 4KHO.$$

Si cette réaction exige une grande quantité d'eau pour se produire, ce qui a lieu quand le manganate contient un excès d'alcali, il peut ne pas se déposer de peroxyde ; cela tient alors à ce que tout le manganèse passe à l'état de permanganate sous l'influence de l'air dissous dans l'eau.

Les acides provoquent beaucoup plus facilement la transformation du manganate en permanganate; les acides les plus faibles, même l'acide carbonique, sont dans ce cas. Il se produit ainsi, outre le permanganate, un sel manganeux :

$$5MnO^4K^2 + 4SO^4H^2$$
$$= SO^4Mn + 3SO^4K^2 + 4MnO^4K + 4H^2O.$$

Inversement, les alcalis transforment les permanganates en manganates.

Avec l'acide chlorhydrique étendu, la solution devient bientôt brune, par suite de la formation de chlorure manganique.

L'acide chlorhydrique concentré décompose les manganates en mettant du chlore en liberté :

$$MnO^4K^2 + 8HCl$$
$$= MnCl^2 + 2KCl + 4H^2O + 2Cl^2.$$

Les manganates sont rapidement décomposés par un grand nombre de matières organiques, aussi ne peut-on filtrer leur solution sur du papier, il faut employer l'amiante. Tous les composés minéraux réducteurs, tels que les sels ferreux, l'acide sulfureux, l'acide phosphoreux, l'acide iodhydrique, etc., décomposent instantanément les manganates.

A une température de 450°, les manganates se décomposent par la vapeur d'eau en mettant de l'oxygène en liberté. Cette réaction a été utilisée pour la fabrication en grand de l'oxygène (voyez OXYGÈNE) :

$$MnO^4Na^2 + H^2O = MnO^2 + 2NaHO + O;$$

le résidu étant de nouveau calciné à l'air, le manganate est régénéré.

Les manganates sont, ainsi que l'a démontré Mitscherlich, isomorphes avec les sulfates et les séléniates.

*Manganate de baryum*, $MnO^4Ba$. — Sel cristallin insoluble dans l'eau, d'un vert-émeraude, inaltérable à l'air lorsqu'il est sec, facilement décomposable par les acides. Sa densité est égale à 4,85.

Il s'obtient par la calcination du peroxyde de manganèse avec de la baryte à l'air (Chevillot et Edwards). En employant du carbonate de baryte, à la température d'un fourneau à vent, on obtient une masse cristalline renfermant des cavités tapissées de petits prismes quadrangulaires [Abich, *Poggend. Ann.*, t. XXIII, p. 338].

Lorsqu'on calcine du peroxyde de manganèse avec de l'azotate de baryum et qu'on épuise par l'eau bouillante, le manganate reste à l'état d'une poudre verte formée de tables hexagonales microscopiques (Forchhammer, Rosenstiehl); on l'obtient dans le même état en ajoutant du peroxyde de manganèse finement pulvérisé à un mélange fondu de chlorate de potassium et de baryte (Wœhler).

On peut aussi préparer ce sel par voie humide en ajoutant un excès d'eau de baryte à une solution aqueuse d'acide permanganique, ou bien en faisant digérer du permanganate de baryum avec de l'eau de baryte; dans ce dernier cas, le sel se sépare à la surface en petits cristaux verts.

Le manganate de baryum peut être fixé sur tissu, par l'intermédiaire d'albumine [Rosenstiehl, *Journ. de Pharm.*, (3), t. XLVI, p. 344]. Ce produit, désigné sous le nom de *vert de Cassel*, s'obtient en chauffant un mélange de 14 p. de peroxyde de manganèse et de 80 p. d'azotate de baryum, auquel on ajoute 6 p. de sulfate de baryum, pour empêcher le mélange de fondre; ou bien 24 p. d'azotate de manganèse, 46 p. d'azotate de baryum et 30 p. de sulfate; quand la masse a pris une couleur verte uniforme, on la retire du four et on la broie.

*Manganates de manganèse.* — A. Guyard a décrit trois combinaisons de cet ordre, constituant des oxydes intermédiaires du manganèse, et obtenues par l'action du manganate de potassium sur 3, 4 ou 5 molécules d'un sel manganeux. Ces oxydes se précipitent à l'état hydraté; ils sont bruns, et ont pour composition

$$Mn^6O^8 = 5MnO, MnO^3;\ Mn^5O^7 = 4MnO, MnO^3;$$
$$Mn^4O^6 = 3MnO, MnO^3$$

[*Bull. de la Soc. chim.*, 1864, t. I, p. 91].

*Manganate de potassium* (caméléon minéral), $MnO^4K^2$. — Ce sel forme des cristaux verts, isomorphes avec le sulfate de potassium (Mitscherlich).

L'eau pure le décompose en donnant une solution rouge de permanganate et un précipité d'hydrate de peroxyde; il se dissout dans une lessive faible de potasse, sans décomposition, avec une couleur verte, et cristallise de nouveau par l'évaporation de cette solution dans le vide; abandonnée à l'air, cette solution se décompose en permanganate et peroxyde, par suite de l'action de l'acide carbonique.

Traités par un peu d'acide azotique étendu et bouillant, les cristaux de manganate de potassium fournissent du peroxyde de manganèse hydraté, en perdant 8,7 % d'oxygène.

Chauffé au rouge dans un courant de vapeur de sulfure de carbone, il donne du sulfure de manganèse, du polysulfure de potassium et du gaz carbonique; si le sel est exempt d'un excès de potasse, la réaction a lieu avec explosion [Müller, *Poggend. Ann.*, t. CXXVII, p. 404].

On prépare le manganate de potassium en calcinant 1 p. de peroxyde de manganèse pulvérisé et 2 p. de potasse ou de carbonate de potassium, à l'air, ou bien avec 3 p. de chlorate ou d'azotate de potassium; on reprend la masse par de l'eau qui dissout le manganate formé, en même temps que de la potasse et de l'azotate de potassium si l'on a employé l'azotate. Avec le peroxyde de manganèse et la potasse, la formation de manganate a déjà lieu à 130°, avec les oxydes inférieurs, elle n'a lieu que vers le rouge (Bekétoff). Le manganate cristallise par l'évaporation de la solution aqueuse dans le vide.

On obtient aussi du manganate cristallisé en faisant bouillir une solution concentrée de permanganate avec de la potasse; il se dégage de l'oxygène et il se dépose par le refroidissement une poudre cristalline verte qu'on redissout dans de la potasse étendue; par l'évaporation de cette solution dans le vide, le manganate se sépare en cristaux bien définis, presque noirs, à éclat métallique, mais se ternissant à l'air en devenant verts [Aschoff, *Poggend. Ann.*, t. CXI, p. 217].

*Manganate de plomb.* — Obtenu par Berthier à l'état d'un verre vert, en faisant fondre un mélange de 2 molécules d'oxyde manganoso-manganique et de 3 molécules d'azotate de plomb. Il attire l'oxygène de l'air en se colorant en brun.

*Manganate de sodium,* $MnO^4Na^2$. — Ce sel, qui ressemble au sel potassique par ses propriétés, se prépare dans les mêmes circonstances. On chauffe pendant 16 heures au rouge blanc, dans un creuset, un mélange de parties égales de peroxyde de manganèse et d'azotate de sodium brut; on reprend par l'eau la masse refroidie et pulvérisée, et l'on expose au froid la solution filtrée qui se prend en une masse de cristaux peu colorés, ressemblant au sulfate de sodium et renfermant 10 molécules d'eau de cristallisation. Ces cristaux se dissolvent dans l'eau en se décomposant en partie, et donnent une solution verte [Gentele, *Journ. prakt. Chem.*, t. LXXXII, p. 58].

*Manganate de strontium.* — Il s'obtient comme le sel barytique et constitue une poudre vért pâle, insoluble dans l'eau.

ANHYDRIDE PERMANGANIQUE, $Mn^2O^7$. — Ce composé, déjà entrevu par Chevillot, a été étudié plus récemment par P. Thenard [*Compt. rend.*, t. XLII, p. 389], par Aschoff [*Poggend. Ann.*, t. CXI, p. 217; *Répert. de Chim. pure*, 1861, t. III, p. 178] et par Terreil [*Bull. de la Soc. chim.*, mars, 1862, p. 40].

C'est un composé liquide, d'un vert-olive suivant Thenard, rouge foncé suivant Aschoff, noir verdâtre à reflets métalliques suivant Terreil.

Il est peu stable et répand l'odeur de l'ozone; chauffé à 40°, il détone avec production d'oxygène et de peroxyde de manganèse (Terreil); d'après Aschoff, cette décomposition a lieu à 65° et il se forme du sesquioxyde de manganèse. Si on le chauffe avec précaution, il produit des vapeurs violettes (Terreil).

Suivant Aschoff, il ne se solidifie pas à — 20°; cependant, d'après Terreil, il paraît pouvoir se solidifier.

Il est décomposé à froid par l'oxyde d'argent, l'oxyde de mercure, le peroxyde de manganèse (Thenard).

Il attire l'humidité de l'air et se dissout dans l'eau sans décomposition en donnant une solution violette.

L'anhydride permanganique est un oxydant très-énergique; il enflamme instantanément le papier et l'alcool; les corps gras le font détoner avec violence; dans toutes ces réactions, une partie de l'anhydride se volatilise en produisant des vapeurs violettes. Une solution de sulfite de potassium le décompose avec production de lumière (Terreil).

Il se dissout dans l'acide sulfurique concentré avec une coloration verte et dans l'acide sulfurique étendu de 3 molécules d'eau avec une coloration violette; il est probable que dans le premier cas c'est de l'anhydride, et dans le deuxième cas de l'acide permanganique qui se trouve dissous.

*Préparation.* — Chevillot avait déjà remarqué que, lorsqu'on chauffe vers 130° de l'acide sulfurique avec du permanganate de potassium, il se produit des vapeurs violettes condensables en un liquide rouge qu'il envisageait comme un mélange d'acides sulfurique et permanganique.

Aschoff prépare l'anhydride permanganique en introduisant 20 grammes environ de permanganate pulvérisé dans de l'acide sulfurique concentré, entouré d'un mélange réfrigérant; il se dissout avec une coloration verte et il se dépose peu à peu des gouttelettes oléagineuses qui se décomposent à la longue, surtout si la température s'élève.

Aschoff a fait l'analyse de ce produit dont la composition correspond exactement à la formule $Mn^2O^7$.

Si le permanganate de potassium est mélangé de chlorure, il se produit des vapeurs jaunes qui sont le chlorure décrit par Dumas, et il se dépose en même temps des gouttelettes oléagineuses rouges renfermant $MnO^3Cl$, et constituant peut-être un mélange d'un chlorure et d'acide permanganique.

Terreil dissout le permanganate de potassium dans de l'acide sulfurique étendu de 1/10 d'eau, puis chauffe au bain-marie vers 60°. Il se dégage des vapeurs violettes qui se condensent en un liquide épais, d'un noir verdâtre qui est l'anhydride permanganique. Terreil n'en a pas fait l'analyse.

Si l'on abandonne pendant quelque temps la solution sulfurique du permanganate ou si l'on y ajoute quelques gouttes d'eau, il se sépare des gouttes huileuses qui se solidifient quelquefois en tombant au fond de la liqueur.

Les différences que l'on remarque entre les propriétés des composés obtenus par Aschoff et par Terreil tiennent peut-être à ce que ce dernier a obtenu l'acide permanganique $MnO^4H$ ou un mélange de cet acide avec l'anhydride.

ACIDE PERMANGANIQUE (acide oxymanganique). — On ne connaît guère cet acide qu'en solution. Il se forme lorsqu'on ajoute un acide à un manganate ou à un permanganate, ou par l'action du peroxyde de plomb sur un mélange d'un sel de manganèse et d'acide sulfurique, ainsi que dans une foule de réactions qui seront indiquées plus loin (permanganates).

La solution d'acide permanganique est d'un beau rouge cramoisi par réflexion, violette par transparence; son pouvoir colorant est très-considérable. Sa saveur est d'abord douceâtre, puis amère et métallique.

Lorsqu'on place dans le spectre solaire une solution concentrée d'acide permanganique, il se produit une forte absorption dans le vert et le jaune, et si l'on étend ensuite la solution, le spectre s'éclaircit et il se manifeste cinq belles bandes, ce qui n'a pas lieu avec le phosphate de manganèse, qui présente le même phénomène que la solution concentrée [Hoppe-Seyler, *Journ. für prakt. Chem.*, t. CX, p. 303].

La solution aqueuse d'acide permanganique se décompose lentement sous l'influence de la lumière ou d'une température de 45°, la décomposition commence même au-dessous. Elle a lieu plus rapidement à l'ébullition en donnant un dépôt d'hydrate de peroxyde et un dégagement d'oxygène; plus la solution est étendue, plus la décomposition est rapide.

L'acide permanganique transforme peu à peu le phosphore en acide phosphorique, le soufre, après plusieurs jours, en acide sulfurique, l'iode et l'acide iodhydrique en acide iodique; le carbone même est lentement oxydé. Il oxyde un grand nombre de métaux, même le cuivre, l'antimoine, le bismuth, le mercure, l'argent, mais seulement après un contact prolongé ; il fait passer au maximum d'oxydation la plupart des oxydes métalliques. Sa solution attaque très-rapidement un grand nombre de substances organiques et décolore les matières colorantes à la manière du chlore. Dans toutes ces oxydations, l'acide permanganique est ramené à l'état d'hydrate de sesquioxyde ou d'hydrate de peroxyde. Dans certains cas, le manganèse est ramené au premier degré d'oxydation s'il peut rester dissous; ainsi avec l'acide sulfureux il se forme du sulfate manganeux ; avec l'acide chlorhydrique, du chlorure manganeux. — Voyez les réactions du permanganate de potassium.

L'acide permanganique décompose l'ammoniaque en produisant de l'eau et de l'azote (Mitscherlich) :

$$6MnO^4H + 8AzH^3 = \underset{\text{Hydrate manganique.}}{3Mn^2H^2O^4} + 8Az + 12H^2O.$$

L'acide permanganique est détruit par un grand nombre de corps simples ou composés, et les réactions sont généralement les mêmes qu'avec les solutions des permanganates, seulement elles se font plus facilement. La solution est décomposée par un courant d'hydrogène, d'hydrogène phosphoré, d'hydrogène sulfuré, etc.

*Préparation.* — On décompose le permanganate de baryum par une quantité équivalente d'acide sulfurique; ou bien on traite par un courant d'acide carbonique du manganate de baryum en suspension dans 30 p. d'eau jusqu'à ce que le dépôt, formé de carbonate barytique, de peroxyde de manganèse hydraté et d'un peu de permanganate non décomposé, soit devenu brun, puis on décante ou on filtre sur de l'amiante, et l'on précipite par 2 ou 3 gouttes d'acide sulfurique étendu la baryte qui peut être en dissolution.

Par l'évaporation de la solution d'acide permanganique dans le vide sec, il reste de l'oxyde brun, mais par le refroidissement de la dissolution, concentrée à une douce chaleur, Frommherz a obtenu de fines aiguilles d'un carmin foncé qu'il regarde comme de l'acide permanganique, mais que Mitscherlich et Wœhler pensent être un permanganate de baryum acide (?); ces cristaux fournissent par leur décomposition 8,4 % d'eau (l'acide permanganique $MnO^4H$ doit en donner 7,5 %.

Hünefeld prépare l'acide permanganique en décomposant le manganate barytique par l'acide phosphorique concentré, en quantité strictement nécessaire :

$$\underset{\text{Manganate.}}{3MnO^4\overset{''}{Ba}} + 2PO^4H^3 = \underset{\text{Acide permanganique.}}{2MnO^4H} + MnO^2.2H^2O + (PO^4)^2\overset{''}{Ba}{}^3.$$

On évapore à une douce chaleur la solution décantée, on redissout le résidu dans l'eau qui laisse un peu de phosphate barytique resté en dissolution, et l'on évapore de nouveau : l'acide permanganique reste alors sous forme d'une masse d'un rouge-brun, cristalline et rayonnée, ne renfermant plus ni baryte ni acide phosphorique.

PERMANGANATES. — Ces sels, qui renferment $MnO^4R'$ ou $(MnO^4)^2R''$, diffèrent des manganates par un atome de métal en moins, le manganèse y prenant une atomicité impaire ; il joue, en effet, dans ces sels le rôle du chlore dans les *perchlorates* $ClO^4R$, avec lesquels les permanganates sont isomorphes [Mitscherlich], tandis que les manganates $MnO^4R^2$ sont isomorphes avec les sulfates $SO^4R^2$.

Les permanganates résultent de l'action des acides sur les manganates :

$$5MnO^4K^2 + 4SO^4H^2 = SO^4Mn + 3SO^4K^2 + 4MnO^4K + 4H^2O,$$

de même que ces derniers se forment par l'action

des alcalis bouillants sur les permanganates :

$$2MnO^4K = MnO^4K^2 + MnO^2 + O^2.$$

Le chlore transforme également les manganates en permanganates :

$$MnO^4K^2 + Cl = KCl + MnO^4K.$$

Cette transformation, avec production de peroxyde, a aussi lieu par l'action de l'eau. — Voyez MANGANATES.

Les permanganates sont rouges ou brun-noir ; ils déflagrent avec les corps combustibles, comme les chlorates ou les azotates ; ils sont décomposés par l'acide chlorhydrique avec formation de chlorure manganeux, et dégagement de chlore :

$$MnO^4K + 8HCl = MnCl^2 + KCl + Cl^5 + 4H^2O.$$

Tous les permanganates sont solubles dans l'eau, quelques-uns sont déliquescents ; le moins soluble est celui d'argent. Les solutions des permanganates sont fortement colorées et se décolorent sous les mêmes influences que l'acide permanganique ; elles sont pourtant plus stables. Les réactions auxquelles ces sels donnent naissance seront examinées à l'occasion du permanganate de potassium.

*Permanganate d'ammonium*, $MnO^4(AzH^4)$. — Forme des cristaux anhydres, ressemblant au sel potassique ; il se décompose très-facilement par la chaleur. On l'obtient en faisant digérer du permanganate d'argent avec du chlorure d'ammonium et abandonnant la solution décantée à l'évaporation (Mitscherlich) ; ou bien en décomposant le permanganate barytique par le sulfate d'ammonium (Bœttger).

*Permanganate d'argent*, $MnO^4Ag$. — Se dépose en cristaux volumineux et réguliers par le refroidissement d'un mélange fait à chaud d'une dissolution de permanganate de potassium et d'azotate d'argent. Il exige 100 p. d'eau à 15° pour se dissoudre, mais il est beaucoup plus soluble à chaud ; l'ébullition le décompose. Ce sel peut servir à préparer les autres permanganates, qu'on obtient en le faisant digérer avec les chlorures correspondants (Mitscherlich).

*Permanganate de baryum*, $(MnO^4)^2Ba$. — Forme des aiguilles volumineuses, dures, presque noires, solubles dans l'eau, obtenues soit par double décomposition, soit en traitant le manganate barytique, en suspension dans l'eau, par un courant d'acide carbonique et évaporant la solution décantée.

*Permanganate de calcium*. — Sel déliquescent (Mitscherlich).

*Permanganate de cuivre*, $(MnO^4)^2Cu$. — Sel déliquescent (Mitscherlich).

*Permanganate de lithium*, $MnO^4Li$. — Cristaux inaltérables à l'air (Mitscherlich).

*Permanganate de magnésium*. — Sel déliquescent (Mitscherlich).

*Permanganates de manganèse*. — A. Guyard a décrit sous ce nom des oxydes intermédiaires du manganèse obtenus en précipitant 3, 4 ou 5 molécules d'un sel manganeux par 1 molécule de permanganate de potassium. Ces oxydes sont :

$$Mn^5O^{10} = 3MnO.Mn^2O^7 \text{ ou } (MnO^2)^5,$$
$$Mn^6O^{11} = 4MnO.Mn^2O^7,$$
$$Mn^7O^{12} = 5MnO.Mn^2O^7.$$

Le permanganate manganeux normal serait

$$Mn^3O^8 = (MnO^4)^2Mn.$$

Le premier oxyde ne se forme qu'à une température de 70° environ. Ces oxydes sont d'un brun violacé ; outre les caractères généraux des oxydes de manganèse, ils en présentent quelques-uns qui leur sont propres. Calcinés légèrement, ils donnent du sesquioxyde ; au rouge, ils donnent l'oxyde $Mn^3O^4$, qui est d'un jaune orangé si la calcination a lieu à l'abri de l'air, et de la couleur rouge ordinaire de cet oxyde si la calcination s'est faite à l'air ; l'oxyde jaune, calciné longtemps à l'abri de l'air à une température très-élevée, laisse du protoxyde presque pur [*Bull. de la Soc. chim.*, 1864, t. I, p. 90].

*Permanganate de plomb*, $(MnO^4)^2Pb$. — Précipité brun, soluble dans l'acide azotique (Forchhammer).

*Permanganate de potassium*, $MnO^4K$. — Ce sel est d'un usage fréquent dans les laboratoires, où on l'emploie surtout dans un but analytique, pour produire des oxydations. Il cristallise en prismes volumineux, presque noirs, doués d'un reflet vert métallique, devenant d'un bleu d'acier à la surface, par leur exposition à l'air, mais sans s'altérer autrement ; leur poudre est d'un rouge cramoisi. Il est isomorphe avec le perchlorate de potassium, avec lequel il peut cristalliser en toute proportion. Il est soluble dans 15 à 16 p. d'eau froide (Mitscherlich) en donnant une solution d'un très-beau pourpre ; ce pouvoir colorant est très-considérable. La densité des cristaux de permanganate de potassium est égale à 2,71. Son volume spécifique (58,3) est sensiblement égal à celui du perchlorate (54,5) ; les chaleurs atomiques sont aussi à peu près égales (H. Kopp).

Les matières organiques altèrent très-rapidement la solution de permanganate, en en précipitant du sesquioxyde brun de manganèse, ou en produisant une solution verte (manganate), suivant les circonstances. Ces réactions sont quelquefois très-nettes, mais elles ne s'accomplissent pas toujours dans les mêmes circonstances ; il faut opérer tantôt à froid, tantôt à chaud ; dans des liqueurs acides ou dans des liqueurs alcalines.

Ainsi le permanganate de potassium pur transforme l'ammoniaque en acide azoteux à froid, en acide azotique à chaud (Cloëz et Guignet), tandis qu'il se forme de l'ammoniaque par l'action du permanganate sur beaucoup de matières azotées, à chaud, en présence de la potasse caustique ; quelques alcaloïdes organiques, par exemple, fournissent ainsi la moitié de leur azote à l'état d'ammoniaque. Dans les composés nitrés, au contraire, tout l'azote passe à l'état d'acide azotique ; l'urée ne donne pas non plus d'ammoniaque ; elle n'est même pas attaquée [Wanklyn, *Journ. of Chem. Soc.*, 1868, n° 1 ; *Bull. de la Soc. chim.*, 1868, t. IX, p. 171 ; t. X, p. 590]. Le cyanogène et l'acide cyanhydrique réagissent à froid sur le permanganate, en donnant de l'azotate de potassium ; les combinaisons sulfurées donnent du sulfate ; le cyanure jaune est transformé en cyanure rouge. Le permanganate de potassium oxyde la naphtaline en produisant de l'acide phtalique ; le camphre, en donnant de l'acide camphorique ; l'alcool, en donnant de l'acide acétique ; les acides gras, en fournissant de l'acide succinique, etc., etc. [Cloëz et Guignet, *Comptes rendus*, t. XLVI, p. 1110 ; t. XLVII, p. 710].

On peut, dans un grand nombre de cas, purifier des matières organiques en les traitant par du permanganate de potassium, qui agit sur les impuretés ; c'est ainsi qu'on peut décolorer une foule de principes immédiats, souillés de principes colorants. Le permanganate est vite détruit par les matières organiques, notamment par le papier, qui se colore en brun par du sesquioxyde de manganèse ; il colore de même la peau en brun.

Les matières minérales réductrices agissent d'une manière encore plus rapide sur le permanganate qui, dans la plupart des réactions, si les liqueurs ne sont pas acides, se transforme en sesquioxyde et qui, en présence d'un acide, donnent le sel manganeux correspondant.

Les sels ferreux sont immédiatement transformés en sels ferriques ; les sels stanneux et les sels thalleux, en combinaisons stanniques et thalliques.

Le sesquioxyde de chrome, dans une liqueur alcaline, s'oxyde à l'état de chromate. La réduction du permanganate par l'hydrogène sulfuré, l'hydrogène phosphoré, l'acide iodhydrique, les acides sulfureux, phosphoreux, hypophosphoreux, arsénieux, etc., est instantanée. L'iodure de potassium est transformé en iodate, en même temps qu'il se forme de la potasse et du sesquioxyde de manganèse (Weltzien).

L'eau oxygénée décolore immédiatement la solution du permanganate et, si la liqueur est acide, on obtient un sel manganeux ; si elle est neutre ou alcaline, il se dépose des hydrates de sesquioxyde et de peroxyde de manganèse. Cette réaction est d'une grande sensibilité pour reconnaître la présence du peroxyde d'hydrogène.

Un grand nombre de ces réactions ont été utilisées dans l'analyse volumétrique à laquelle nous renverrons le lecteur. — Voyez t. I, p. 264.

Lorsqu'on chauffe à 240° le permanganate de potassium solide, il se décompose en dégageant de l'oxygène et en laissant un résidu de manganate de potassium et de peroxyde de manganèse :

$$2\,MnO^4K = MnO^4K^2 + MnO^2 + O^2$$

[P. Thenard, *Compt. rend.*, t. XLII, p. 382].

Chauffé dans un courant d'hydrogène, il donne de la potasse et de l'oxyde manganeux.

Il forme, avec le phosphore et avec le soufre, des mélanges détonant par le choc ou par la chaleur ; un mélange de charbon et de permanganate brûle comme de l'amadou.

Traité par l'acide sulfurique concentré, il dégage de l'ozone et des vapeurs roses et les parois du vase se recouvrent d'un enduit brun.

Sa solution aqueuse ne se décompose pas sensiblement par l'ébullition ; mais si on l'acidule d'acide sulfurique ou azotique, elle se comporte comme une solution d'acide permanganique et commence déjà à dégager de l'oxygène à 30°.

Un grand excès de potasse ramène le permanganate à l'état de manganate vert ; néanmoins, si la potasse est tout à fait pure, il n'y a pas d'altération, et il suffit d'une goutte d'alcool pour que la réduction ait lieu à l'état de manganate ; il en est de même lorsqu'on laisse la solution potassique exposée à l'air ; ce sont alors les poussières organiques qui agissent. Mais si l'on évapore dans le vide la solution des cristaux de permanganate dans la potasse pure, le permanganate cristallise de nouveau sans altération, une faible partie seulement subit une réduction ; la solution potassique, étendue de beaucoup d'eau, verdit lentement à froid, plus rapidement à chaud ; il faut qu'il y ait assez d'eau pour que l'oxygène produit par la réaction puisse rester dissous.

*Préparation.*— Le permanganate de potassium se forme chaque fois qu'on calcine les oxydes de manganèse avec des corps oxydants tels que le nitre, le chlorate de potassium, etc. ; il prend également naissance par la calcination du manganate dans un courant d'oxygène.

Pour le préparer, on calcine un mélange de 1 p. de peroxyde de manganèse et de 1 p. de potasse ou de 1 p. 8 de salpêtre, l'on dissout dans l'eau et l'on évapore à cristallisation ; si la dissolution est verte, on y ajoute une petite quantité d'acide azotique (Chevillot et Edwards).

On ajoute à du chlorate de potassium en fusion de la potasse, puis du peroxyde de manganèse, pulvérisé et en excès, qui se dissout dans la masse fondue avec une belle coloration verte ; on chauffe jusqu'à décomposition complète du chlorate, puis l'on traite la masse refroidie par de l'eau bouillante et l'on fait cristalliser ; si la calcination n'a pas été poussée assez loin, les eaux mères de la première cristallisation fournissent des cristaux de perchlorate de potassium associé à du permanganate [Wœhler, *Poggend. Ann.*, t. XXVII, p. 626].

Gregory a modifié le procédé de Wœhler, en ajoutant 10 p. de potasse dissoute dans fort peu d'eau à un mélange de 8 p. de peroxyde de manganèse et de 7 p. de chlorate de potassium ; on évapore à sec, ce qui donne déjà naissance à une certaine quantité de manganate, puis on calcine au rouge naissant, jusqu'à décomposition complète du chlorate. On fait bouillir avec de l'eau la masse refroidie et pulvérisée, on décante ou l'on filtre sur de l'amiante et l'on abandonne la solution au refroidissement. On obtient ainsi de longs prismes de permanganate [*Journ. Pharm.*, t. XXI, p. 312].

Béchamp utilise l'action de l'oxygène sur le manganate potassique. On fait une bouillie de 10 p. de peroxyde de manganèse lavé à l'acide azotique et très-divisé, et de 12 p. de potasse fondue avec un peu d'eau, on dessèche dans un vase en tôle, et l'on introduit ensuite la masse desséchée dans une cornue en grès tubulée. Un tube plongeant jusqu'au fond de la cornue amène l'oxygène, enfin un tube de verre est adapté au col de la cornue et plonge dans un bain de mercure pour indiquer la marche de l'opération. L'oxygène est rapidement absorbé, et, lorsque cette absorption n'a plus lieu, on laisse refroidir, on épuise par l'eau bouillante et l'on traite la solution par un courant d'acide carbonique, pour achever de transformer tout le manganate en permanganate. On décante après 24 heures, et on fait cristalliser. 1 kilogramme de peroxyde de manganèse donne ainsi, d'une première cristallisation, 350 à 400 grammes de permanganate [*Ann. de Chim. et de Phys.* (3), t. LVII, p. 293].

Grægor utilise pour la préparation du permanganate l'oxyde qui reste après la calcination du carbonate manganeux à l'air. Il calcine 130 p. de cet oxyde avec 100 p. de chlorate et 184 p. de potasse [*J. prakt. Chem.*, t. XCVI, p. 169].

Stædeler, opère la transformation du manganate en permanganate par l'action d'un courant de chlore ; on utilise ainsi intégralement tout le manganèse, car il ne se dépose pas d'oxyde :

$$MnO^4K^2 + Cl = KCl + MnO^4K.$$

On ajoute de l'eau chaude au manganate brut, préparé par les procédés ordinaires, puis on y fait passer le chlore en agitant constamment jusqu'à ce que la couleur de la solution soit devenue rouge ; on étend alors d'une plus grande quantité d'eau, on filtre sur de l'amiante, puis on évapore à cristallisation [*J. prakt. Chem.*, t. CIII, p. 107].

On obtient aussi le permanganate en faisant digérer à une douce chaleur un mélange d'un sel manganeux avec de l'hypochlorite et du bicarbonate potassiques.

On peut filtrer la solution du permanganate sur du coton-poudre (Bœttger).

*Permanganate et manganate de potassium,*

$$MnO^4K + MnO^4K^2 = (MnO^4)^2K^3.$$

— Cette combinaison s'observe quelquefois dans la préparation du permanganate de potassium ; on l'obtient en faisant cristalliser un mélange des deux sels. Elle cristallise en petits prismes hexagonaux monocliniques ; elle se dissout sans altération dans une eau alcaline en lui communiquant une couleur rouge-pensée [*Compt. rend.*, t. L, p. 610].

*Permanganate de sodium.* — Il cristallise plus difficilement que le sel potassique, et est déliquescent. On le prépare d'une manière analogue et ses propriétés sont les mêmes.

*Permanganate de strontium.* — Sel déliquescent (Mitscherlich).

*Permanganate de zinc.* — Déliquescent.

SULFURE DE MANGANÈSE, MnS. — Ce sulfure se trouve cristallisé dans la nature (voyez ALABANDINE). Le sulfure obtenu par voie sèche est une masse fondue, d'un gris d'acier, douée d'un éclat métalloïdique, à cassure cristalline et donnant une poudre d'un gris vert (Berthier); dans d'autres circonstances il forme une poudre d'un vert foncé, qui brunit à l'air. Calciné à l'air, il donne de l'acide sulfureux et de l'oxyde manganoso-manganique. Le chlore ne l'attaque que difficilement à chaud (H. Rose); cependant, celui obtenu par l'action de l'hydrogène sulfuré sur le carbonate de manganèse, s'attaque assez facilement, à chaud, en se transformant en chlorure de soufre et en chlorure de manganèse cristallin (Fellenberg). Calciné dans un courant de vapeur d'eau, il se décompose en donnant de l'hydrogène, de l'hydrogène sulfuré et de l'oxyde $Mn^3O^4$ :

$$3MnS + 4H^2O = Mn^3O^4 + 3H^2S + H^2.$$

Les acides le décomposent très-facilement.

Le sulfure obtenu par précipitation est couleur de chair, mais il se colore rapidement en brun à l'air. Chauffé à 100°, il se transforme peu à peu à l'air en un mélange de soufre, d'oxyde de manganèse et de sulfate manganeux. Par la calcination à l'air, il donne de l'acide sulfureux, du protoxyde et du peroxyde de manganèse, et 44 p. 100 environ de sulfate manganeux [P. W. Hofman, *Dingler's Polyt. J.*, t. CLXXXI, p. 364]. Calciné en vase clos, il perd de l'eau et donne un sulfure de manganèse anhydre vert (Berzelius); d'après Geuther, lorsqu'on fait congeler la liqueur dans laquelle le précipité se trouve en suspension, on obtient également du sulfure vert. Le sulfure de manganèse se dissout très-facilement dans les acides avec dégagement d'hydrogène sulfuré. Il se dissout en très-petite quantité dans le sulfure ammonique (Wackenroder) ainsi que dans la solution aqueuse d'hydrogène sulfuré (Gorgeu). Mis en présence de solutions de sels de fer, de cuivre, de plomb, de cobalt, de nickel, d'argent, il se dissout en précipitant les sulfures correspondants (Anthon). Cette action se fait, d'après Gorgeu, grâce à la solubilité du sulfure de manganèse dans l'hydrogène sulfuré [*Ann. de Chim. et de Phys.*, (3), t. XLII, p. 72].

On obtient facilement du sulfure *vert* en ajoutant du sulfure d'ammonium à une solution ammoniacale bouillante d'oxalate ammoniaco-manganeux.

Lorsqu'on précipite les solutions concentrées de chlorure ou de sulfate manganeux par du sulfure ammonique, on obtient du sulfure rose, mais qui devient peu à peu pulvérulent et *vert*. Les mêmes solutions, additionnées de sel ammoniac, fournissent lentement un précipité de sulfure compacte, noir verdâtre, apparaissant sous le microscope en tables octogones régulières. Le chlorure manganeux solide, ainsi que le phosphate et l'oxalate, sont transformés par le sulfure d'ammonium en sulfure vert.

Le sulfure vert renferme 7,43 °/₀ d'eau.

Le sulfure ammonique, en grand excès, transforme peu à peu le sulfure rose en sulfure vert, ce qui n'a pas lieu avec les sulfures alcalins fixes [F. Muck, *Zeitsch. f. Chem.*, t. V, p. 580, et t. VI, p. 6; *Bull. de la Soc. chim.*, 1870, t. XIII, p. 136 et 423].

La précipitation du sulfure de manganèse peut être empêchée ou être incomplète en présence des acides oxalique, tartrique et citrique [Terreil, *Bull. de la Soc. chim.*, 1868, t. IX, p. 442; — How, *Chem. News.*, t. XIX, p. 135; *Bull. de la Soc. chim.*, 1870, t. XIII, p. 48]. Cette précipitation est aussi entravée par la présence d'un grand excès d'ammoniaque ou de sels ammoniacaux (Classen).

Le sulfure de manganèse forme avec les sulfures alcalins des combinaisons très-oxydables et peu solubles dans l'eau, renfermant

$$(MnS)^3K^2S \text{ et } (MnS)^3Na^2S.$$

On les obtient à l'état de poudres cristallines rouges en calcinant un mélange de sulfate manganeux anhydre avec 1/5 de charbon, 3 p. de carbonate potassique ou sodique, et un excès de soufre; la combinaison reste après le traitement de la masse par l'eau bouillante [Voelker, *Ann. der Chem. u. Pharm.*, t. LIX, p. 35; *Annuaire de Millon*, 1847, p. 86].

Le sulfure de manganèse se dissout facilement dans les sels ammoniacaux, mais un excès de sulfure ammonique en reprécipite du sulfure vert, si la solution a été faite dans de l'oxalate, et du sulfure rose, si la solution a été faite dans du sulfate d'ammonium (F. Muck).

*Préparation.* — Le sulfure de manganèse se forme par l'action d'un courant de gaz sulfhydrique sur de l'oxyde, du sulfate ou du carbonate manganeux, à chaud (Arfvedson);

Par la calcination au rouge d'un mélange de soufre et de peroxyde de manganèse;

Par l'action de la vapeur de sulfure de carbone sur l'hydrate manganique; si ce dernier est cristallisé, le sulfure formé en conserve la forme;

Par la calcination du sulfate manganeux avec du charbon; ce sulfure est généralement mélangé d'oxysulfure (Dœbereiner, Berthier);

Par voie humide, on l'obtient en décomposant les sels manganeux par un sulfure alcalin. Celui obtenu par l'action de l'hydrogène sulfuré sur l'acétate de manganèse est d'un beau rouge (Wœhler). Obtenu ainsi, il est hydraté.

OXYSULFURE, $Mn^2OS$. — Cet oxysulfure, qui se forme par la calcination du sulfate manganeux dans un courant d'hydrogène constitue une poudre verte, plus pâle que le sulfure. Il est inaltérable à froid; calciné à l'air, il brûle et se convertit en oxyde rouge; il est soluble dans les acides.

PERSULFURE DE MANGANÈSE, $MnS^2$. — Ce sulfure, correspondant au peroxyde, se rencontre dans la nature et est désigné sous le nom de *hauérite*. De Senarmont l'a obtenu artificiellement à l'état d'une poudre rouge-brique, en chauffant en tubes scellés, à 180°, une solution de sel manganeux avec un persulfure alcalin, il est inaltérable à l'air quand il est sec [*Ann. de Chim. et de Phys.*, (3), t. XXXII, p. 163].

SÉLÉNIURE DE MANGANÈSE. — S'obtient à l'état hydraté par l'action des séléniures alcalins sur les sels manganeux; c'est un précipité rouge pâle qui se décompose à l'air en devenant plus foncé.

PHOSPHURE DE MANGANÈSE. — On obtient un phosphure de manganèse par l'action du phosphore sur le manganèse métallique chauffé au rouge, à l'état d'une masse cassante, grenue, plus fusible que le manganèse et inaltérable à l'air (Pelletier).

Lorsqu'on réduit au creuset brasqué du pyrophosphate manganeux par du charbon de sucre, on obtient un phosphure très-cassant, ressemblant à de la fonte grise, partiellement soluble dans l'acide sulfurique et dans l'acide chlorhydrique, facilement soluble dans l'eau régale. L'iode le dissout entièrement en présence de l'eau. Le culot de phosphure est entouré d'une scorie cristalline verdâtre formée de phosphate et de phosphure de manganèse. La composition de ce phosphure est intermédiaire entre

$$Mn^3P^2 \text{ et } Mn^4P^2$$

[A. Struve, *Journ. prakt. Chem.*, t. LXXIX, p. 321; *Répert. de Chim. pure*, 1860, t. II, p. 313].

Lorsqu'on dirige de l'hydrogène phosphoré sur du chlorure de manganèse chauffé et qu'on épuise le produit par de l'eau bouillante, il reste un phosphure à aspect métallique, insoluble dans l'acide chlorhydrique et renfermant probablement $Mn^3P^2$ (H. Rose).

ARSÉNIURE DE MANGANÈSE. — On rencontre dans la nature un arséniure de manganèse, ressemblant à la pyrolusite, dur, gris, se recouvrant à l'air d'une poudre noire; il renferme 51,8 % d'arsenic et 45,5 de manganèse [Kane, *Poggend. Ann.*, t. XIX, p. 145], ce qui correspond à la formule $Mn^6As^5$; c'est probablement un mélange.

CARBURES DE MANGANÈSE. — Le manganèse qu'on prépare par la réduction des oxydes par le charbon renferme toujours du carbone qui reste à l'état d'une poudre noire lorsqu'on dissout le métal dans un acide.

Lorsqu'on calcine le sulfocyanate de manganèse, il reste un carbure MnC, et par la calcination du cyanure, un carbure $MnC^2$ à l'état d'une poudre ténue, combustible; si l'opération est conduite avec précaution, on obtient des octaèdres incolores, brillants [Brown, *Journ. prakt. Chem.*, t. XVII, p. 492].

SILICIURES DE MANGANÈSE. — On obtient un régule d'un gris d'acier de siliciure de manganèse lorsqu'on réduit par le charbon, à une température élevée, un mélange de silice et d'oxyde de manganèse. Il est inattaquable par l'eau régale lorsqu'il contient 8 à 10 % de silicium (Sefstrœm).

On a vu, à l'occasion de l'histoire du manganèse métallique, que celui obtenu d'après le procédé de Brunner renferme toujours une proportion plus ou moins forte de silicium qui communique au métal une plus grande inaltérabilité.

Wœhler a obtenu des siliciures de manganèse en réduisant par le sodium un mélange de fluorure de manganèse, de silicate de potasse et de cryolithe, ou de chlorure de manganèse, de spath fluor et de silicate de potasse. On obtient ainsi des culots métalliques, durs et cassants, à texture feuilletée, difficilement attaquables par l'acide chlorhydrique avec dégagement d'hydrogène silicié; l'acide fluorhydrique attaque ces siliciures en dégageant un hydrogène fétide. Le siliciure le plus riche en silicium, obtenu par Wœhler, renfermait 13 % de ce dernier, ce qui correspond sensiblement à la formule $Si^2Mn^7$ [*Ann. der Chem. u. Pharm.*, t. CVI, p. 54; *Ann. de Chim. et de Phys.*, (3), t. LIV, p. 90].

SELS DE MANGANÈSE.

Comme le fer, le manganèse donne deux séries de sels, les sels manganeux renfermant Mn″ (ou MnO dans la théorie dualistique) et les sels manganiques qui renferment $(Mn^2)^{vi}$ (ou $Mn^2O^3$). Les premiers sont bien définis et très-stables, les autres ne présentent que fort peu de stabilité.

Les *sels manganeux* sont colorés en rose très-pâle ou incolores; cette coloration a été attribuée tantôt à la présence du cobalt, tantôt à celle de traces d'acide permanganique; mais, d'après les recherches de Gorgeu, cette coloration est en réalité propre aux sels manganeux [*Ann. de Chim. et de Phys.*, (3), t. XLII, p. 70]. Pour obtenir ces sels à l'état de pureté, on suit la marche indiquée pour la purification du chlorure manganeux.

La plupart des sels manganeux sont solubles dans l'eau et sont sans action sur les réactifs colorés; leur saveur est astringente; ceux qui sont insolubles dans l'eau sont solubles dans l'acide chlorhydrique. Les solutions sont inaltérables à l'air, l'acide azotique ne les oxyde pas, non plus que le chlore; les hypochlorites en précipitent lentement de l'oxyde manganique ou colorent leur solution en rouge par suite de la formation d'un permanganate.

La chaleur est sans action sur les sels manganeux dont l'acide est fixe.

Les *sels manganiques*, qu'on obtient en dissolvant le sesquioxyde ou son hydrate dans les acides, sont très-instables. Indépendamment du chlorure, on ne connaît guère que le sulfate et les phosphates. — Voyez plus loin les caractères analytiques des sels de manganèse.

AZOTATE MANGANEUX, $(AzO^3)^2Mn + 6H^2O$. — Ce sel cristallise difficilement en aiguilles striées blanches, hydratées, déliquescentes et très-solubles dans l'eau et dans l'alcool (John, Millon). Il fond à 25°,8 dans son eau de cristallisation et bout à 129°,5 en laissant déposer de l'oxyde noir. La densité des cristaux est égale à 1,82 (Ordway).

Xylander a décrit deux combinaisons de ce sel avec le cyanure de mercure; ces combinaisons qui renferment

$$(AzO^3)^2Mn + 2HgCy^2 + 7H^2O$$

et $$(AzO^3)^2Mn + HgCy^2 + 5H^2O$$

sont solubles dans l'alcool et décomposables par l'eau [*Journ. prakt. Chem.*, t. LXXIX, p. 379].

AZOTITE MANGANEUX. — Sel déliquescent; soluble dans l'alcool (Mitscherlich).

CHLORATE MANGANEUX, $(ClO^3)^2Mn$. — Sel instable, sa solution laisse déposer peu à peu du peroxyde de manganèse hydraté.

PERCHLORATE MANGANEUX, $(ClO^4)^2Mn$. — Forme de longues aiguilles déliquescentes, solubles dans l'alcool absolu (Serullas).

BROMATE MANGANEUX. — Se décompose spontanément comme le chlorate (Rammelsberg).

IODATE MANGANEUX, $(IO^3)^2Mn$. — Précipité cristallin rouge pâle, soluble dans 200 p. d'eau environ; par la calcination, il laisse un résidu d'oxyde $Mn^3O^4$ (Rammelsberg).

CARBONATE MANGANEUX, $CO^3Mn$. — On le rencontre à l'état anhydre dans la nature, associé généralement aux carbonates ferreux et calcique avec lesquels il est isomorphe. Il est rose et sa densité est égale à 3,5 [la densité du carbonate précipité est 3,13 (Schrœder)]. On l'obtient en précipitant un sel manganeux par un carbonate alcalin. Ainsi obtenu, il est hydraté (7 % à 13 % d'eau) et se présente sous la forme d'une poudre ténue, blanche, inaltérable à l'air. Il est soluble dans 7680 p. d'eau pure et dans 3840 p. d'eau chargée d'acide carbonique (John). La présence des sels ammoniacaux empêche en partie sa précipitation. La potasse caustique le transforme à l'ébullition en oxyde manganeux. Les hypochlorites le transforment soit en peroxyde hydraté, soit en permanganate (Bœttger).

En présence de l'eau, le chlore le transforme en peroxyde. Chauffé à l'état sec dans un courant de chlore, il donne de l'acide carbonique et se transforme en un mélange de chlorure manganeux et d'oxyde rouge, et finalement, si l'on élève la température, en chlorure manganeux (Wœhler, R. Weber).

Soumis à la calcination, il perd son acide carbonique, puis, au contact de l'air, il se transforme, à 300°, en oxyde $Mn^3O^5$, et si la température est plus élevée, en oxyde rouge $Mn^3O^4$ (Forchhammer, Reissig).

SULFOCARBONATE MANGANEUX, $CS^3Mn$. — Poudre jaune-orange, qui se dépose peu à peu d'un mélange de chlorure manganeux et de sulfocarbonate de calcium; elle devient un peu plus foncée par la dessiccation. Ce sel est un peu soluble dans l'eau. Chauffé, il laisse un résidu de sulfure vert de manganèse (Berzelius).

SULFATE MANGANEUX, $SO^4Mn$. — Ce sel se forme par l'action de l'acide sulfurique sur les oxydes de manganèse, tous les oxydes autres que le protoxyde dégagent dans ces circonstances de l'oxygène. Pour le préparer à l'état de pureté,

C. Brunner calcine dans un creuset 100 p. de peroxyde de manganèse avec 40 p. de soufre et 10 p. de poussier de charbon; la masse pulvérisée est traitée par un peu d'acide sulfurique étendu jusqu'à ce qu'il ne se dégage plus d'hydrogène sulfuré, puis épuisée par l'eau. La solution aqueuse est ensuite évaporée à sec avec addition d'un peu d'acide azotique pour peroxyder le fer; puis le résidu légèrement calciné est de nouveau repris par l'eau et mis en digestion avec du carbonate de chaux, pour précipiter tout le fer; après la séparation du sulfate calcique, le sulfate manganeux cristallise par l'évaporation à l'état de pureté [*Poggend. Ann.*, t. CI, p. 264]. On peut aussi précipiter la solution par une petite quantité de sulfure de baryum.

Ce sel peut cristalliser avec des quantités différentes d'eau de cristallisation; lorsqu'il se dépose de sa solution à une basse température de 0° à + 6°, il cristallise avec $7H^2O$, dans la forme du sulfate de fer, en cristaux transparents d'un rose pâle; entre 7° et 20°, il se dépose avec $5H^2O$, en cristaux isomorphes avec le sulfate de cuivre (Mitscherlich, Regnault); entre 20° et 30°, il se dépose en prismes orthorhombiques, à 6 pans, volumineux et transparents, rose pâle ou incolores, renfermant $4H^2O$, d'une densité égale à 2,092 (Kopp). Ce sel est quelquefois accompagné de croûtes cristallines opaques, qui sont du sulfate à $3H^2O$ (Brandes), le même qui se dépose d'une solution chaude, et qui s'obtient par la dessiccation du sel à $4H^2O$ dans le vide, ou par l'exposition du sel fondu à l'air.

Le sel à $7H^2O$ perd déjà 4,9 p. 100 d'eau entre 9° et 11°; entre 12° et 15°, il donne une masse opaque qui renferme $4H^2O$. L'alcool absolu enlève également de l'eau à ce sel (2 molécules à froid, 4 molécules à l'ébullition); l'alcool à 55 centièmes lui enlève à l'ébullition 5 molécules d'eau.

Enfin on obtient ce sulfate avec une seule molécule d'eau par la dessiccation vers 200° (Graham), ou par l'ébullition de sa solution aqueuse concentrée, à l'état d'une poudre jaune rougeâtre pâle.

Le sulfate manganeux desséché est une masse pulvérulente blanche, d'une densité égale à 3,1 (Bœdeker), indécomposable au rouge, mais donnant, par une plus forte calcination, de l'oxygène et un résidu d'oxyde rouge; calciné avec du charbon ou dans de l'hydrogène, il donne de l'oxysulfure de manganèse.

Le sulfate manganeux anhydre peut absorber 43,68 % de gaz ammoniac ($4AzH^3$), en formant une poudre blanche, instable [H. Rose, *Poggend. Annal.*, t. XX, p. 148].

La solution aqueuse saturée à froid (6°,25) renferme 36 % de sel anhydre et bout à 102°,1. Le sel à $4H^2O$ se dissout à 6°,25 dans 0,883 p. d'eau; à 10° dans 0,79 p., à 75° dans 0,69 p., et à 101° dans 1 p., 079; il est donc moins soluble à l'ébullition, aussi se sépare-t-il des croûtes cristallines qui se dissolvent de nouveau par le refroidissement (Brandes). Il est insoluble dans l'alcool absolu, peu soluble dans l'alcool faible.

Le sulfate de manganèse forme facilement des sulfates doubles avec les sulfates alcalins; ces sels appartiennent à la classe des sulfates doubles de la série magnésienne (Mitscherlich), cristallisant avec 6 molécules d'eau. Les recherches de Marignac ne paraissent pas confirmer celles de Mitscherlich. On connaît également un alun manganeux.

*Sulfate manganoso-ammonique,*

$$(SO^4)^2Mn(AzH^4)^2 + 6H^2O.$$

— Cristaux roses, transparents, isomorphes avec le sel magnésien correspondant (Mitscherlich), déliquescents à l'air humide, mais perdant une partie de leur eau vers 80-90°. Calciné, il perd toute son eau en même temps que le sulfate d'ammonium. Sa solution n'est pas précipitée par l'ammoniaque à l'abri de l'air.

*Sulfate manganoso-potassique,*

$$(SO^4)^2MnK^2 + 6H^2O.$$

— Cristaux incolores, obtenus par l'évaporation d'un mélange des deux sulfates (Mitscherlich).

Le même sel s'obtient avec seulement $4H^2O$, et forme alors des écailles légèrement rosées, en tables rectangulaires appartenant au type clinorhombique [I. Pierre, *Ann. de Chim. et de Phys.*, (3), t. XVI, p. 254; — Marignac, *Compt. rend.*, t. XLIII, p. 958; — Schabus, *Wiener Akad. Berichte*, t. XXIX, p. 441]. Marignac, qui a soumis ce sel à des mesures cristallographiques, a observé qu'il ne renferme que $2H^2O$ lorsqu'il se dépose vers 50°, mais ce chimiste n'a jamais pu l'obtenir avec $6H^2O$. Le sel, à $2H^2O$, est en cristaux clinorhombiques, non déliquescents.

*Sulfate manganoso-sodique.* — Ce sel a été obtenu par Geiger avec $2H^2O$ et avec $5H^2O$ ou plutôt, d'après Gmelin, avec $6H^2O$ [*Handbuch der Chem.*, 4e édit., II, p. 666]. Quand on prépare le chlore par l'action de l'acide sulfurique sur un mélange de chlorure de sodium et de peroxyde de manganèse et qu'on fait cristalliser le résidu dans l'eau, on obtient, en abandonnant à elles-mêmes les eaux mères d'où s'est déposé le sulfate de sodium, le sel à $6H^2O$, puis le sel à $2H^2O$. Le premier forme des prismes clinorhombiques, transparents et roses; le second cristallise de même.

Le sel à $2H^2O$ s'obtient aussi lorsqu'on évapore à 55° la solution des deux sulfates; à la température ordinaire, les deux sulfates cristallisent séparément (Arrot, Marignac). Marignac a obtenu ce sel avec $4H^2O$, comme le sel potassique, et c'est lui sans doute qui constitue le sel de Geiger [*loc. cit.*].

*Sulfate manganoso-aluminique,*

$$(SO^4)^4(Al^2)Mn + 24H^2O \text{ (ou } 25H^2O).$$

— Ce sel a été rencontré près d'Algoa-Bey (Afrique méridionale) en cristaux fibreux, brillants, analogues à l'amiante, incolores et solubles dans l'eau; il ne paraît pas cristalliser en octaèdres, et les analyses de Apjohn et Kane y indiquent $25H^2O$ [*Poggend. Ann.*, t. XLIV, p. 471]. La kéramohalite du canton d'Uri est un alun magnésien dont une partie du magnésium est remplacée par du manganèse [E. Schweitzer et Kenngott, *Jahresb.*, 1860, p. 789].

SULFATE MANGANIQUE, $(SO^4)^3(Mn^2)^{VI}$. — Le sesquioxyde de manganèse et son hydrate se dissolvent difficilement dans l'acide sulfurique; mais lorsqu'il est mélangé de protoxyde, on obtient une dissolution pourpre de sulfate manganoso-manganique, qui devient rouge lorsqu'on y ajoute de l'eau. On obtient la même solution en chauffant du peroxyde de manganèse avec de l'acide sulfurique, jusqu'à ce que la moitié de l'oxygène soit dégagé. La solution étendue d'eau ne s'altère pas par une évaporation ménagée; mais à l'ébullition il se dépose de l'oxyde manganique, et il reste en solution du sulfate manganeux; si la solution renferme peu d'eau, l'oxyde manganique, au lieu de se déposer, se décompose en oxygène et sulfate manganeux. On ne peut donc pas amener cette solution à cristallisation dans ces circonstances.

Pour obtenir le sulfate manganique pur, il faut traiter à chaud le peroxyde de manganèse précipité par l'acide sulfurique concentré; à 110°, le dégagement d'oxygène cesse tout à coup, et l'on obtient une bouillie gris violacé, qui redevient plus fluide à 138°, en se colorant en vert, et qui fournit le sulfate manganique à l'état d'une poudre vert foncé non cristalline. Pour l'isoler, on verse le produit encore chaud sur une plaque de pierre ponce chauffée, pour absorber l'acide sulfurique; on arrose alors le produit d'acide azotique, qui, s'il est exempt d'acide azoteux, est sans action sur le sulfate manganique, et on fait essorer le sel sur une nouvelle plaque de pierre ponce; après plusieurs traitements semblables, on chauffe le produit dans une capsule vers 150°, pour chasser tout l'acide azotique [Carius, *Ann. der Chem. u. Pharm.*, t. XCVIII, p. 53].

Le sulfate manganique vert peut être chauffé avec de l'acide sulfurique concentré; ce n'est qu'à l'ébullition qu'il se décompose en oxygène et sulfate manganeux; l'action d'une température de 100° produit la même décomposition. Il est insoluble dans l'acide sulfurique concentré, auquel il communique seulement une couleur violacée; il est peu soluble dans l'acide azotique. L'acide chlorhydrique le dissout en brun foncé; si l'on chauffe cette solution, il y a réduction et dégagement de chlore. Les agents réducteurs le transforment rapidement en sulfate manganeux.

Le sulfate manganique tombe rapidement en déliquescence, et fournit une liqueur violette, épaisse, d'abord limpide, mais qui se trouble rapidement en laissant déposer de l'hydrate manganique. L'addition d'eau ou d'un acide étendu produit la même décomposition (Carius).

Le sulfate manganique donne, comme le sulfate aluminique, des sels doubles, appartenant à la classe des aluns.

*Sulfate ou alun manganico-ammonique,*

$$(SO^4)^4(Mn^2)(AzH^4)^2 + 24H^2O.$$

— Octaèdres réguliers, d'un rouge foncé, ne se formant que dans une liqueur très-acide. Lorsqu'on les redissout dans l'eau, ils se décomposent en donnant de l'oxyde manganique. Il s'obtient comme le suivant (Mitscherlich).

*Sulfate manganico-potassique* (alun de manganèse) $(SO^4)^4(Mn^2)K^2 + 24H^2O$. — Octaèdres réguliers, d'un rouge violet foncé, décomposables par l'eau. On l'obtient en ajoutant du sulfate potassique à une solution acide de sulfate manganique et évaporant, à consistance sirupeuse, à l'aide d'une douce chaleur.

Sulfite manganeux, $SO^3Mn$. — Poudre blanche, grenue et cristalline, inaltérable à l'air, insoluble dans l'eau et dans l'alcool, soluble dans un excès d'acide sulfureux. Il renferme $2H^2O$. On l'obtient par l'action de l'acide sulfureux sur le carbonate manganeux en suspension dans l'eau [Berthier, *Ann. de Chim. et de Phys.*, (3), t. VII, p. 78].

Hyposulfate manganeux, $S^2O^6Mn$. — Ce sel se forme par l'action de l'acide sulfureux sur le peroxyde de manganèse pur, en suspension dans l'eau: $MnO^2 + 2SO^2 = S^2O^6Mn$. Pour le séparer du sulfate formé en même temps, on traite la solution par un peu de baryte.

Par l'évaporation de la liqueur filtrée, l'hyposulfate reste à l'état d'une masse saline déliquescente (Welter, Gay-Lussac).

Il forme des cristaux rhomboïdaux renfermant $3H^2O$ (Kraut).

Thiosulfate manganeux (hyposulfite), $S^2O^3Mn$. — Sel très-soluble dans l'eau, obtenu par l'action du sulfate manganeux sur le thiosulfate de baryum; par l'évaporation de la solution, il se décompose presque complétement en soufre et en sulfate manganeux. L'alcool précipite de cette liqueur une solution sirupeuse de thiosulfate manganeux.

On obtient encore ce sel en traitant le sulfure de manganèse, en suspension dans l'eau, par de l'acide sulfureux; il se dépose du soufre [Rammelsberg, *Poggend. Ann.*, t. LVI, p. 305].

Sélénite manganeux, $SeO^3Mn$. — Poudre cristalline blanche, insoluble dans l'eau, fusible sans décomposition à l'abri de l'air; au contact de l'air, la fusion le décompose en acide sélénieux et oxyde $Mn^3O^4$. Dans cette opération, le verre est fortement attaqué.

Il existe un sélénite acide ou anhydrosélénite $(SeO^3)Mn.SeO^2$, formant une masse saline, soluble dans l'eau (Berzelius).

Tellurate manganeux, $TeO^4Mn$. — Précipité floconneux blanc ou rosé.

Tellurite manganeux, $TeO^3Mn$. — Comme le tellurate (Berzelius).

Chromate manganeux. — Voyez t. I, p. 895.

Antimoniate manganeux. — Voyez t. I, p. 348.

Arséniates, Arsénites, Sulfarséniates et Sulfarsénites manganeux. — Voyez t. I, p. 404, 400, 406, 407, 409.

Phosphates manganeux. — Ces sels ont surtout été étudiés par Heintz [*Ann. der Chem. u. Pharm.*, t. LXXIV, p. 440], et par Debray [*Ann. de Chim. et de Phys.*, (3), t. LXI, p. 433]. On en connaît trois:

1° *Phosphate trimanganeux*, $(PO^4)^2Mn^3$. — Il s'obtient à l'état d'un précipité blanc, lorsqu'on ajoute du phosphate de sodium ordinaire à une solution de sulfate manganeux; il est amorphe, insoluble dans l'eau, soluble dans les acides étendus, un peu soluble dans le carbonate d'ammonium qui le laisse de nouveau déposer par l'ébullition. Ainsi préparé, il renferme $7H^2O$; il perd $4H^2O$ à 100° et le reste au rouge (Heintz).

Il s'obtient immédiatement avec $3H^2O$ lorsqu'on chauffe le phosphate dimanganeux à 100°, avec de l'eau; la liqueur devient acide:

$$4PO^4MnH = (PO^4)^2Mn^3 + (PO^4)^2MnH^4$$

(Debray).

2° *Phosphate dimanganeux*, $PO^4MnH$ ou $(PO^4)^2Mn^2H^2$. — Cristaux durs et grenus, tirant sur le rose, peu solubles dans l'eau, qui se forment lorsqu'on précipite, par le phosphate de sodium, une solution de sulfate manganeux légèrement acidulée. Ils renferment $3H^2O$, et n'en perdent que les 5/6 à 120°, le reste à 200° (Heintz). On obtient les mêmes cristaux en traitant le phosphate trimanganique, en suspension dans l'eau, par du phosphate monomanganique (Bœdcker), ou en faisant digérer à 70° du carbonate manganeux avec de l'acide phosphorique en excès, et ajoutant assez d'alcool à la solution pour qu'elle se trouble (Debray). Chauffés à 100° avec de l'eau, ces cristaux se transforment en phosphate trimanganeux.

3° *Phosphate monomanganeux*, $(PO^4)^2MnH^4$. — S'obtient en dissolvant les deux autres dans l'acide phosphorique et évaporant: il se dépose en petits cristaux prismatiques, solubles dans l'eau et renfermant $2H^2O$, qu'ils perdent à 120°; l'alcool leur enlève de l'acide phosphorique et les transforme en phosphate dimanganeux (Heintz):

$$(PO^4)^2MnH^4 = PO^4H^3 + PO^4MnH.$$

*Phosphate ammoniaco-manganeux,*

$$PO^4MnAzH^4 + H^2O.$$

— S'obtient comme le sel magnésien et forme des écailles nacrées, blanches. Si l'on n'avait soin, dans sa précipitation, d'éviter le contact de l'air, il serait mélangé d'hydrate manganique. Une fois formé, il est inaltérable à l'air. Il est insoluble dans l'eau bouillante. La calcination le transforme en pyrophosphate manganeux $P^2O^7Mn^2$.

*Pyrophosphate ammoniaco-sodico-manganeux,*

$$P^2O^7Mn''(AzH^4)Na + 3H^2O.$$

— Se précipite en flocons blancs, se transformant rapidement en une poudre cristalline rougeâtre, lorsqu'on ajoute une solution de sulfate manganeux à une solution de pyrophosphate de sodium additionnée d'ammoniaque. Inaltérable à l'air, insoluble dans l'eau, soluble dans les acides dilués. L'acide nitrique bouillant en sépare du peroxyde de manganèse, et la solution évaporée fournit des prismes rouges, probablement du phosphate manganique (Otto). Le résidu de la calcination renferme de l'acide phosphorique.

PHOSPHATES MANGANIQUES. — Les solutions de sesquioxyde de manganèse dans l'acide phosphorique présentent une coloration intense et une certaine stabilité qui les a fait confondre souvent avec les solutions de permanganates. Leurs caractères optiques ne sont néanmoins pas les mêmes, ainsi que l'a montré Hoppe-Seyler. Lorsqu'on traite du peroxyde de manganèse, ou un autre oxyde supérieur du manganèse, par de l'acide phosphorique concentré, en chauffant fortement, il se dégage de l'oxygène et on obtient une masse violette, devenant solide par le refroidissement, soluble dans l'eau et indécomposable par un grand excès de ce liquide; la potasse décolore complétement la solution en en précipitant de l'hydrate manganique. Il reste en outre dans cette opération une masse couleur fleurs de pêcher, insoluble dans l'eau, que Gmelin considérait comme du métaphosphate manganique [*Handb. der Chem.*, 4e édit., t. II, p. 645].

La solution violette laisse déposer, par un repos prolongé, des cristaux d'un rouge-brun pâle, qui ont été analysés par R. Herrmann.

Ils renferment $(PO^3)^6(Mn^2)^{VI}+2H^2O$, et représentent par conséquent le métaphosphate manganeux [*Ann. der Chem. u. Pharm.*, t. LXXIV, p. 303].

On obtient le même métaphosphate en ajoutant du métaphosphate de soude à une solution de chlorure manganeux; le précipité floconneux blanc que l'on obtient devient gris-violet lorsqu'on l'agite avec de l'oxyde puce de plomb. Il se dissout alors dans l'acide chlorhydrique avec une coloration violet-rouge.

On obtient une réaction analogue en employant le pyrophosphate de sodium, seulement la solution chlorhydrique du précipité oxydé est d'un beau bleu [C. Braun, *Zeitsch. analyt. Chem.*, t. VII, p. 340].

Les caractères de la solution violette de phosphate manganique sont tout à fait ceux des sels manganiques. Ces sels sont complétement décolorés par les agents réducteurs, mais c'est le seul caractère qui rapproche ces solutions de celles des permanganates [H. Rose, *Pogg. Ann.*, t. CV, p. 289; *Répert. de Chim. pure*, 1859, p. 239].

PHOSPHITE MANGANEUX, $(PO^3H)Mn''+1/2H^2O$. — Précipité blanc tirant sur le rouge, un peu soluble dans l'eau. On l'obtient en ajoutant une solution d'acide phosphoreux, saturée d'ammoniaque, à une solution concentrée de sulfate manganeux. Il renferme 1/2 molécule d'eau qu'il perd par une forte dessiccation. Calciné dans une cornue, il se transforme en phosphate, en produisant un phénomène d'incandescence et en dégageant de l'hydrogène phosphoré. Ce sel est peu soluble [H. Rose, *Poggend. Ann.*, t. IX, p. 33 et 224].

HYPOPHOSPHITE MANGANEUX, $(PO^2H^2)^2Mn''$. — Masse amorphe obtenue en faisant bouillir de l'oxalate manganeux avec de l'hypophosphite de calcium, et en évaporant la liqueur filtrée. Il se boursoufle par la chaleur, en donnant de l'hydrogène phosphoré (H. Rose).

BORATE MANGANEUX. — Précipité blanc obtenu par une solution de borax et un sel manganeux; il ne se forme pas en présence d'un sel magnésien (Berzelius).

SILICATES DE MANGANÈSE. — On rencontre plusieurs silicates de manganèse dans la nature, mais généralement hydratés et associés à des silicates isomorphes. Le *manganèse silicifère noir* représente l'orthosilicate manganeux $SiO^4Mn^2$; le *manganèse silicifère rouge*, ou *rhodonite*, est le silicate $SiO^3Mn$, correspondant au carbonate. — Voyez FOWLÉRITE, JEFFERSONITE, RHODONITE.

VANADATE, TUNGSTATE, MOLYBDATE de manganèse. — Voyez ces mots.

ANALYSE. — CARACTÈRES ANALYTIQUES DES SELS MANGANEUX. — Les dissolutions des sels manganeux (voir p. 304) donnent avec la *potasse* un précipité blanc d'hydrate manganeux, s'oxydant rapidement à l'air, en devenant brun et en se transformant en hydrate manganique. La précipitation est incomplète en présence des sels ammoniacaux.

La précipitation est empêchée par beaucoup de matières organiques fixes.

L'*ammoniaque* ne précipite qu'incomplétement les sels manganeux; en présence d'une grande quantité de sel ammoniacal, il n'y a pas de précipitation, mais la liqueur filtrée s'oxyde très-facilement et laisse alors déposer du sesquioxyde hydraté.

*Carbonates alcalins.* — Précipité blanc de carbonate manganeux, inaltérable à l'air, un peu soluble dans les sels ammoniacaux.

*Bicarbonates alcalins.* — Précipité blanc, soluble dans beaucoup d'eau.

*Carbonates de calcium et de baryum.* — Ils ne précipitent pas les sels manganeux.

*Hydrogène sulfuré.* — Rien en solution acide.

*Sulfhydrate ammonique.* — Précipité couleur de chair de sulfure hydraté, un peu soluble dans un excès de sulfhydrate, soluble dans les acides; lavé et exposé à l'air, il s'oxyde assez rapidement. — Voyez MANGANÈSE (SULFURE DE).

*Hyposulfite de sodium.* — Rien.

*Cyanure de potassium.* — Précipité rose, soluble dans un excès de cyanure avec une coloration brune.

*Ferrocyanure de potassium.* — Précipité blanc rougeâtre, soluble dans les acides.

*Ferricyanure de potassium* — Précipité brun, insoluble dans les acides. Dans une liqueur alcaline, il se sépare de l'hydrate manganique.

*Bioxyde de plomb.* — Précipite à l'ébullition le manganèse à l'état de peroxyde. Un mélange de $PbO^2$ et d'acide azotique donne de l'acide permanganique.

*Phosphate de sodium.* — Précipité blanc, soluble dans un excès de sel manganeux, d'où il est précipité à l'ébullition ou par l'ammoniaque. En présence d'un sel ammoniacal, il se forme du phosphate ammoniaco-manganeux.

*Acide oxalique.* — Précipité cristallin blanc ou rose, soluble dans les acides.

*L'acide phosphorique* dissout l'oxyde manganeux et ses sels; la solution incolore devient pourpre par l'addition d'acide azotique.

Avec le *borax*, au chalumeau, les sels manganeux donnent une perle violette dans la flamme oxydante et incolore dans la flamme réductrice.

Calcinés avec du nitre et de la potasse, tous les composés de manganèse fournissent du manganate vert, devenant rouge par les acides.

CARACTÈRES DES SELS MANGANIQUES. — Les *alcalis* et les *carbonates alcalins* occasionnent, dans les solutions manganiques, un précipité brun d'hydrate manganique. Le *carbonate de baryum* les précipite également.

*Hydrogène sulfuré.* — Dépôt de soufre et réduction à l'état de sel manganeux. Le *sulfure ammonique* y produit un précipité couleur de chair.

*Cyanure de potassium.* — Coloration brun clair; la solution n'est pas précipitée par l'hydrogène sulfuré.

*Ferrocyanure de potassium.* — Précipité gris verdâtre.

*Ferricyanure.* — Précipité brun.

*Acide sulfureux, acide oxalique.* — Réduction à l'état de sel manganeux. Il en est de même de *l'acide azoteux.*

Les solutions des phosphates manganiques présentent quelques particularités [H. Rose, *Poggend. Ann.*, t. CV, p. 289; *Répert. de Chim. pure*, 1859, p. 259]. L'ammoniaque n'y produit qu'une coloration brune, sans précipité. Le *carbonate de sodium* y produit un précipité brun clair, en même temps que la solution reste très-colorée; cette solution précipite par le sulfure d'ammonium, mais le cyanure de potassium empêche cette dernière précipitation.

Le *carbonate de baryum* produit immédiatement un précipité de phosphate manganique et la liqueur se décolore.

Au *chalumeau*, mêmes caractères que pour les combinaisons manganeuses.

*Caractères des manganates et permanganates.* — Voir p. 298 et 300.

DOSAGE DU MANGANÈSE. — Le manganèse est généralement pesé à l'état d'oxyde rouge, $Mn^3O^4$, de sulfure MnS, ou de sulfate. On le sépare de ses combinaisons solubles à l'état de carbonate, d'oxydes hydratés ou de sulfure. Quant aux combinaisons insolubles dans l'eau, on les dissout facilement dans l'acide chlorhydrique; si ce sont des silicates, il faut évaporer à sec la solution chlorhydrique, chauffer le résidu pour rendre la silice insoluble, puis reprendre par de l'eau acidulée. Pour les combinaisons qui renferment un degré supérieur d'oxydation du manganèse, l'ébullition avec de l'acide chlorhydrique concentré les ramène toutes à l'état de chlorure manganeux. En déterminant la quantité de chlore mise en liberté (voir t. I, p. 259) et la quantité de manganèse dissoute, on peut connaître aisément la quantité d'oxygène qui constituait le manganèse à l'état de suroxyde.

DOSAGE A L'ÉTAT D'OXYDE $Mn^3O^4$. — 1° *Précipitation à l'état de carbonate.* — On ajoute un excès de carbonate de sodium pur à la solution du sel manganeux chauffée vers le point d'ébullition; après quelque temps, on recueille le précipité sur un filtre, on le lave à l'eau bouillante et on le sèche. On incinère alors le filtre et l'on calcine le précipité dans un creuset de platine découvert, à une température aussi élevée que possible, jusqu'à ce qu'il ne change plus de poids; le résidu est rouge-brun et constitue l'oxyde $Mn^3O^4$, qui correspond à 72,052 °/₀ de manganèse, et à 93,01 de protoxyde.

2° *Précipitation à l'état d'hydrate manganeux.* — On précipite la solution par de la potasse caustique, on recueille le précipité et on le lave, sans se préoccuper de son oxydation à l'air, la calcination le transformant finalement en oxyde $Mn^3O^4$.

Dans la précipitation par la potasse ou par le carbonate de soude, il faut que la liqueur ne renferme pas de sels ammoniacaux, qui rendent la précipitation incomplète: s'il y en avait, il faudrait prolonger l'ébullition avec la potasse ou le carbonate, jusqu'à ce qu'il ne se dégage plus d'ammoniaque, ou bien évaporer d'abord la solution, calciner le résidu et reprendre celui-ci par l'eau.

3° *Précipitation à l'état de sulfure.* — Lorsque la liqueur renferme des matières organiques ou qu'on a à séparer le manganèse de certains autres métaux, la précipitation doit se faire par le sulfure ammonique. On neutralise d'abord la liqueur par de l'ammoniaque, puis on ajoute du sel ammoniac et un léger excès de sulfhydrate; on recueille le précipité sur un filtre et on le lave avec de l'eau additionnée d'un peu de sulfhydrate, pour en empêcher l'oxydation. Après un lavage suffisant, on décompose le contenu du filtre par de l'acide chlorhydrique et l'on chauffe jusqu'à ce que la solution ne dégage plus d'hydrogène sulfuré, puis on précipite la liqueur filtrée par le carbonate de soude.

*Précipitation à l'état de peroxyde.* — La solution, additionnée d'acétate de sodium, est chauffée à 50-60° et traitée par un courant de chlore: il se forme ainsi un précipité d'hydrate de peroxyde qu'on lave, d'abord par décantation, puis sur un filtre. Après dessiccation, on attaque le précipité, avec le filtre, par de l'acide chlorhydrique et on précipite de nouveau le manganèse par le carbonate de soude.

Il faut s'assurer que la liqueur filtrée, traitée de nouveau par du chlore, après une nouvelle addition d'acétate de soude, ne donne plus de précipité de peroxyde; s'il y en avait un, il faudrait l'ajouter au premier.

La calcination directe du peroxyde n'est pas avantageuse parce qu'il retient très-facilement de la soude.

DOSAGE A L'ÉTAT DE SULFURE. — Le précipité de sulfure, obtenu comme il a été dit plus haut, peut servir directement à la pesée: à cet effet, on dessèche le précipité, on incinère le filtre dont on ajoute les cendres au précipité, puis on calcine le tout avec un excès de soufre, dans un courant d'hydrogène, jusqu'à ce que le produit soit noir, puis on pèse:

$$Mn = MnS \times 0,6323; \quad MnO = MnS \times 0,8161$$

[H. Rose, *Poggend. Ann.*, t. CX, p. 122].

Cette méthode est applicable directement au sulfate manganeux et aux divers oxydes de manganèse.

DOSAGE A L'ÉTAT DE SULFATE. — Ce procédé ne donne pas de résultats satisfaisants: il vaut toujours mieux transformer le sulfate en sulfure. Du reste, on opère comme pour le dosage de la magnésie à l'état de sulfate (H. Rose).

DOSAGE A L'ÉTAT DE PYROPHOSPHATE. — Le manganèse est complétement précipité de ses solutions au minimum, par le phosphate de soude, en présence de l'ammoniaque, il se forme du phosphate ammoniaco-manganeux qui donne du pyrophosphate $P^2O^7Mn^2$ par la calcination. Cette méthode est utile dans certaines séparations; il est du reste toujours facile de ramener le précipité à l'état de carbonate ou de sulfure [Gibbs, *Sillim. Amer. Journ.*, (2), t. XLIV, p. 207].

DOSAGE VOLUMÉTRIQUE DE L'OXYDE MANGANEUX. — Lenssen a proposé une méthode de dosage du manganèse dans les sels manganeux, fondée sur l'action du ferricyanure de potassium en solution alcaline, qui donne avec ces composés un précipité de peroxyde de manganèse, tandis que lui-même se transforme en ferrocyanure:

$$\underset{\text{Ferricyanure.}}{(FeCy^6)^2K^6} + 4KHO + SO^4Mn$$

$$= \underset{\text{Ferro-cyanure.}}{2FeCy^6K^4} + SO^4K^2 + MnO^2 + 2H^2O.$$

Il faut que la liqueur ne renferme pas d'autre matière réductrice et que tout le manganèse soit au minimum. En dosant par le permanganate de potasse la quantité de ferrocyanure formée (voyez t. I, p. 266), on en déduit la quantité de manganèse: 2 molécules de ferrocyanure correspondent à 1 atome de manganèse [*Journ. prakt. Chem.*, t. LXXX, p. 408; *Analyse quantit. de Fresenius*, édit. française, p. 212].

Ant. Guyard dose le manganèse par le permanganate de potassium qui occasionne dans les sels manganeux un précipité de peroxyde de manganèse (permanganate manganeux) insoluble dans les acides étendus; dès que tout le manganèse est précipité, la liqueur se colore par le permanganate.

Dans cette manière d'opérer, tous les métaux accompagnant le manganèse, et dont les sels au minimum agissent sur le permanganate, doivent être suroxydés : on dissout le sel ou le minerai à essayer dans de l'eau régale et on fait bouillir jusqu'à ce que tout le manganèse soit ramené au minimum, puis on neutralise partiellement par un alcali, on étend la solution à 1 litre et on la maintient à 80°, puis on procède au titrage. On établit le titre du caméléon par du sulfate manganeux pur [*Bull. de la Soc. chim.*, 1864, t. I, p. 89].

Séparation du manganèse. — Le manganèse qui n'est pas précipité par l'hydrogène sulfuré dans des liqueurs acides se sépare très-facilement, par ce réactif, de tous les métaux qui sont précipités dans ces conditions : il reste dissous dans la liqueur filtrée, avec le fer, le cobalt, le nickel, le zinc, l'oxyde de chrome, l'alumine, ainsi que les alcalis et les terres alcalines.

La séparation du manganèse d'avec les alcalis et les terres alcalines ne présente pas de difficultés sérieuses. Pour le séparer des alcalis, on peut sursaturer la liqueur par du chlore et faire digérer la solution avec du carbonate barytique qui sépare le sesquioxyde de manganèse. On peut aussi précipiter le manganèse à l'état de peroxyde, par le bioxyde de plomb (voyez plus bas), ou bien à l'état de phosphate ammoniaco-manganeux. Enfin, on peut transformer le mélange des sels en azotates et calciner ceux-ci; l'azotate de manganèse laisse un résidu de peroxyde, séparable par l'eau (Deville).

Pour séparer le manganèse des terres alcalines (chaux, baryte, strontiane, magnésie), on peut employer le sulfhydrate d'ammoniaque, exempt de carbonate et de sulfate, mais il vaut souvent mieux suivre une autre voie. Le manganèse se sépare à l'état de sesquioxyde ou de peroxyde lorsqu'on fait digérer, pendant plusieurs heures, vers 80°, sa solution *neutre* avec de l'oxyde puce de plomb, préparé par l'action du chlore sur l'hydrate de plomb en suspension dans l'eau; la chaux, la baryte, etc., restent en dissolution [Gibbs, *Sillim. Amer. Journ.*, t. XIV, p. 204]. Ou bien, on précipite le manganèse à l'état de peroxyde en ajoutant de l'acétate de soude à la solution neutre et traitant par un courant de chlore, ou par une solution d'hypochlorite alcalin; dans ce cas, il faut aciduler légèrement.

La calcination des azotates peut aussi être utilisée (Deville).

Le manganèse se sépare également à l'état de peroxyde lorsqu'on fait bouillir ses solutions avec de l'oxyde de mercure; le précipité renferme en même temps l'alumine et le fer [C. Rube, *Journ. prakt. Chem.*, t. XCIV, p. 246].

*Manganèse et alumine.* — 1° On fait digérer pendant une heure la solution, amenée au maximum d'oxydation par du chlore, avec du carbonate de baryum. Tout le manganèse est précipité, tandis que l'alumine reste en solution.

2° On précipite par du sulfure de sodium la solution additionnée d'un grand excès d'acide tartrique qui empêche la précipitation de l'alumine.

3° On fait bouillir la solution avec un excès d'hyposulfite de sodium jusqu'à ce qu'il ne se dégage plus d'acide sulfureux. Ce sel est sans action sur les sels manganeux, tandis que toute l'alumine se précipite mélangée de soufre (Chancel).

*Manganèse et fer.* — Voyez Fer, t. I, p. 1428.

*Manganèse, nickel et cobalt.* — Le nickel et le manganèse se séparent facilement en précipitant le manganèse à l'état de peroxyde par l'oxyde puce de plomb; la liqueur filtrée contient le nickel, qu'on dose par les procédés ordinaires. Ou bien, on précipite le manganèse, en présence d'acétate de soude, par un courant de chlore (à l'état de $MnO^2$). On peut encore, après avoir suroxydé par le chlore, faire digérer la solution avec du carbonate barytique qui précipite l'hydrate manganique, tandis que le nickel reste dissous.

La séparation du cobalt et du manganèse est plus difficile. On l'opère (en même temps que celle du nickel) en précipitant les oxydes par la potasse, après s'être débarrassé des sels ammoniacaux, transformant ces oxydes en sulfures par l'action de l'hydrogène sulfuré, après les avoir desséchés, puis traitant les sulfures ainsi obtenus par voie sèche, par de l'acide chlorhydrique dilué qui ne dissout que le sulfure de manganèse et laisse le sulfure de cobalt (et de nickel) (Ebelmen, Brunner).

H. Rose attaque les oxydes précipités et desséchés, par du gaz acide chlorhydrique, à une température modérée; quand il ne se dégage plus de vapeur d'eau, on chauffe plus fortement dans un courant d'hydrogène qui réduit le cobalt et le nickel à l'état métallique, tandis que le chlorure de manganèse reste inaltéré et peut être dissous dans l'eau.

T. H. Henry opère cette séparation en précipitant le manganèse à l'état de phosphate ammoniacal; le cobalt et le nickel restent dissous dans la liqueur ammoniacale et sont alors séparés l'un de l'autre par les procédés ordinaires [*Phil. Mag.*, (4), t. XVI, p. 197].

Parmi les autres procédés, nous citerons encore celui de Flajolot qui, après avoir précipité la solution des trois métaux (plus le zinc), neutralisée avec du carbonate de sodium, par du cyanure de potassium, fait bouillir la liqueur avec un excès de carbonate de sodium qui dissout la totalité du précipité, sauf le carbonate manganeux [*Ann. de Chim. et de Phys.*, (3), t. XXXIX, p. 468].

*Manganèse et zinc.* — On peut séparer ces deux métaux en précipitant le zinc par l'hydrogène sulfuré dans une liqueur acide, en présence d'acétate de soude, ou bien on précipite le manganèse à l'état de peroxyde par un des procédés décrits plus haut.

*Manganèse et chrome.* — Voyez t. I, p. 897.

Essai des oxydes de manganèse. — Le peroxyde de manganèse que l'on trouve dans le commerce et celui qui provient de la régénération des résidus de la fabrication du chlore ont une composition variant dans des limites assez étendues et qu'il est important de pouvoir déterminer rapidement.

Le procédé le plus fréquemment employé consiste à doser la quantité de chlore fournie par un poids connu de peroxyde par l'action de l'acide chlorhydrique; ce procédé a été décrit t. I, p. 259 et 263, ainsi qu'une autre méthode volumétrique, p. 265. Il nous reste à indiquer quelques autres procédés qui ont été proposés. Dans tous les essais de manganèse, on sèche d'abord la substance à 100° ou à 120°.

1° *Procédé Fresenius et Will.* — Ce procédé, déjà appliqué par Berthier et Thomson, repose sur la décomposition de l'acide oxalique par le bioxyde de manganèse en présence d'acide sulfurique, réaction qui donne naissance à de l'acide carbonique :

$$MnO^2 + SO^4H^2 + C^2H^2O^4$$
$$= MnSO^4 + 2H^2O + 2CO^2.$$

On voit que 1 molécule de peroxyde, pesant 87, correspondant à 1 atome d'oxygène actif 16, donne 2 molécules d'acide carbonique, $2 \times 44$. Si donc l'on connaît le poids de ce dernier, on en déduira le poids de peroxyde contenu dans l'essai, en multipliant cette perte par $\frac{87}{2 \times 44} = 0{,}9886$, c'est-à-dire que le poids du bioxyde est très-rapproché du poids de l'acide carbonique. Pour connaître ce dernier poids, on opère dans un petit appareil taré qu'on pèse avant et après l'expérience; il est bien entendu qu'il ne doit sortir de l'appareil que de l'acide carbonique; à cet effet, la vapeur d'eau est retenue par un petit tube à chlorure de calcium. Pour faciliter les calculs, on pèse une quantité de manganèse répondant au rapport 0,9886. Si l'on pesait 0gr,9886, chaque centigramme de perte en $CO^2$ donnerait immédiatement la richesse en centièmes, 100 centigrammes correspondant précisément à 0gr,9886; comme cette dernière quantité est trop faible, on en prend un multiple, à volonté, suivant la richesse présumée de l'essai.

Au lieu de peser l'acide carbonique par perte, on peut le recueillir dans des tubes absorbants pesés.

Comme les manganèses bruts renferment généralement des carbonates, il faut commencer par les traiter par un acide très-dilué qui n'attaque que les carbonates.

*Procédé par le fer.* — Ce procédé consiste à déterminer la quantité de chlorure ferrique qui peut se former en solution acide au contact du peroxyde de manganèse.

On dissout 3gr,73 de fil de clavecin dans de l'acide chlorhydrique pur, dans un petit ballon muni d'un tube effilé, terminé par un entonnoir et plongeant dans le liquide; quand le fer est dissous, on introduit dans le ballon un petit tube contenant l'essai de manganèse (2gr,90), on referme, on agite le ballon et on fait bouillir; tout le chlore mis en liberté par le peroxyde se porte sur le chlorure ferreux. Le manganèse supposé pur suffirait pour perchlorurer tout le fer : en effet,

$$\frac{MnO^2}{Fe^2} = \frac{87}{112} = \frac{2,9}{3,73},$$

d'après l'équation

$$MnO^2 + 4HCl + 2FeCl^2 = Fe^2Cl^6 + MnCl^2 + 2H^2O.$$

Si, au contraire, il n'est pas pur, il faudra une certaine quantité de chlore pour achever la chloruration : on peut fournir ce chlore par l'addition d'une solution normale de chlorate de potassium (1 molécule de ce sel, en présence de HCl, fournit 6 atomes de chlore, et une solution de 13gr,6 de ce sel par litre correspond à 0gr,0236 de chlore par 1 centimètre cube). On reconnaît le terme de cette réaction par une bande de papier d'indigo fixée entre le bouchon et le verre; cette bande se décolore dès qu'il se produit du chlore libre.

Le titrage du fer non peroxydé peut aussi se faire par le permanganate de potassium.

Chaque centimètre cube de chlorate qui a été ajouté diminue de 1 centième la valeur du manganèse.

Ces essais peuvent s'appliquer tous à n'importe quel oxyde supérieur du manganèse; ils indiquent toujours la quantité d'oxygène actif, c'est-à-dire celui qui réagissant sur l'acide chlorhydrique met du chlore en liberté (2 atomes de chlore pour 1 atome d'oxygène). E. W.

**MANGANÈSE.** — Nom vulgaire du peroxyde de manganèse ou pyrolusite.

**MANGANÈSE CARBONATÉ.** — Voyez DIALLOGITE.

**MANGANÈSE OXYDÉ.** — Voyez ACERDÈSE, BRAUNITE, HAUSMANNITE, PYROLUSITE, etc.

**MANGANÈSE SILICATÉ.** — Voyez RHODONITE.

**MANGANÈSE SULFURÉ.** — Voyez ALABANDINE ET HAUERITE.

**MANGANITE.** — Voyez ACERDÈSE.

**MANGANKIESEL.** — Voyez RHODONITE.

**MANGANOCALCITE** (Min.). — Manganèse carbonaté fibreux ou bacillaire, mélangé avec une certaine quantité de carbonate de chaux et de magnésie et présentant, d'après Breithaupt, la forme de l'arragonite. Couleur rouge de chair, ou blanc rougeâtre. Clivages parallèles aux pans du prisme et à la petite diagonale. Trouvé à Chemnitz (Hongrie).

*Caractères.* — Ceux de la diallogite.

Dureté, 4 à 5. Poussière blanche.

Densité, 3,04.

**MANGOSTINE,** $C^{20}H^{22}O^5$ [W. Schmidt, *Ann. der Chem. u. Pharm.*, t. XCIII, p. 83]. — Substance cristallisée, contenue dans l'écorce des fruits du mangostan (*Garcinia Mangostana*, famille des Guttifères). Cette écorce a été employée comme fébrifuge. — On fait bouillir les écorces avec de l'eau, pour dissoudre un tannin noircissant les sels de fer, et on les épuise ensuite par l'alcool bouillant. L'extrait alcoolique dépose par l'évaporation une masse jaune et amorphe, un mélange de mangostine et de résine. On dissout cette masse dans l'alcool et l'on ajoute de l'eau à la solution bouillante jusqu'à formation d'un trouble : le liquide dépose, par le refroidissement, d'abord la résine, ensuite de petites lames jaunes de mangostine. On redissout ces cristaux dans l'alcool, on précipite par le sous-acétate de plomb et, après avoir lavé et délayé dans l'alcool le précipité, on le décompose par l'hydrogène sulfuré. La solution alcoolique est portée à l'ébullition et additionnée d'eau, jusqu'à ce qu'elle se trouble : la mangostine cristallise par le refroidissement. Finalement on la fait cristalliser plusieurs fois dans l'alcool étendu.

Elle est en lames minces, d'un jaune d'or, insipides, fusibles vers 190° ; à une température plus élevée, elle se décompose en même temps qu'une partie se sublime. Insoluble dans l'eau, elle se dissout facilement dans l'alcool et dans l'éther ; ses solutions sont neutres. Les acides étendus la dissolvent à chaud sans l'altérer ; l'acide nitrique concentré la convertit, à chaud, en acide oxalique ; l'acide sulfurique la dissout avec une coloration rouge foncé et la charbonne à chaud. Elle est soluble en jaune dans les alcalis. Elle réduit les solutions des métaux nobles, et colore le perchlorure de fer en vert noirâtre ; les acides font disparaître cette coloration. Elle précipite par le sous-acétate de plomb, mais le précipité n'offre pas une composition constante. A. H.

**MANNES.** — On comprend sous le nom de mannes des sucs concrets, sucrés, d'origines et de compositions très-diverses. Les unes renferment de la mannite, d'autres des principes sucrés différents.

La manne des pharmacies, manne proprement dite, est fournie par plusieurs espèces de frêne, principalement par les *Fraxinus Ornus* et *rotundifolia*. On en distingue trois sortes commerciales : la *manne en larmes*, formée de morceaux longs comme le doigt, stalactiformes, poreux et cristallins; la *manne en sorte*, composée de petits fragments unis par une matière molle et gluante, et la *manne grasse*, constituée par une masse molle et gluante. Ces différences proviennent des époques de la récolte. La manne vient de la Sicile.

Elle est soluble dans l'eau et dans l'alcool; elle renferme de la mannite, du sucre et de la dextrine. M. Buignet, qui a analysé avec soin la manne, a trouvé dans un échantillon de manne en larmes d'origine authentique 52 % de mannite, 11,30 de sucre fermentescible mélange de sucre non réducteur (4,25 p.), et de sucre réducteur (7,05), et 20 à 30 % environ de dextrine. Par la proportion de ses éléments, le mélange de sucre et de dextrine se confond avec le produit ordinaire de la saccharification de l'amidon; on peut donc admettre que sa production se rattache à la même cause, et qu'il dérive de l'amidon [Buignet, *Ann. de Chim. et de Phys.*, (4), t. XIV, p. 279]. La manne en larmes possède un pouvoir rotatoire très-énergique; ce pouvoir rotatoire est dextrogyre; sa valeur, rapportée au plan de polarisation du rayon jaune, est exprimée par $[\alpha]=+28°,40$; le pouvoir rotatoire n'est pas dû à la matière sucrée, car il se trouve le même dans la manne qui a perdu son sucre par la fermentation (Buignet).

La *manne des îles du cap Vert*, dont l'origine botanique est inconnue, fournit de la mannite [Berthelot, *Ann. de Chim. et de Phys.*, (3), t. XLVII, p. 86].

MANNE D'AUSTRALIE. — Elle est produite dans la terre de Van Diemen par diverses espèces d'eucalyptus; elle se présente en petites masses blanches, arrondies, peu cohérentes, grenues à la surface, d'un goût douceâtre; elle ne renferme pas de mannite, mais un sucre cristallin, le *mélitose*,

$$C^{12}H^{24}O^{12}$$

(Johnston, Berthelot). — Voyez MÉLITOSE.

MANNE DE BRIANÇON. — Elle est produite par le mélèze; elle fournit un principe cristallin différent de la mannite, le *mélésitoze*. — Voyez ce mot.

MANNE DU SINAÏ [Berthelot, *Ann. de Chim. et de Phys.*, (3), t. LXVII, p. 82]. — Elle provient du *Tamarix mannifera*; elle présente l'aspect d'un sirop jaunâtre, épais, contenant des débris végétaux, elle renferme un cinquième d'eau, le reste est composé de sucre de canne (55 p.), sucre interverti, lévulose et glucose (25 p.), dextrine et glucose (20 p.).

MANNE DU KURDISTAN (Berthelot). — Elle se présente sous la forme d'une masse pâteuse, presque solide, imprégnée de débris végétaux et surtout de feuilles de chêne à galles. Elle renferme: sucre de canne (61 p.), sucre interverti (16,5), dextrine (22,5), et de plus une petite quantité de matière cireuse verdâtre.

On désigne encore sous le nom de mannes diverses exsudations sucrées dont l'origine et la nature sont mal connues. E. G.

**MANNIDE.** — Voyez MANNITE.

**MANNITANE** — Voyez. MANNITE.

**MANNITE** [Syn. *Sucre de champignon, grenadine. fraxine*], $C^6H^{14}O^6$. — La mannite est très-répandue dans la végétation; elle fut découverte par Proust, qui l'a retirée de la manne [Proust, *Ann. de Chim.*, 1806, t. LVII, p. 143]. Liebig en fixa la composition [*Ann. de Chim. et de Phys.*, t. LV]. Elle existe toute formée dans une grande quantité de végétaux; dans le céleri ordinaire (Vogel et Hubner), dans le céleri-rave [Payen, *Ann. de Chim. et de Phys.*, t. LV, p. 219], dans différents champignons (*Cantharellus esculentus*, *Clavallaria coralloïdes*) et le seigle ergoté [Pelouze et Liebig, *Ann. de Chim. et de Phys.*, t. LXIII, p. 138], dans la racine de grenadier [Boutron-Charlard et Guillemette, *Journ. de Pharm.*, 1835, p. 169], dans la racine de chiendent [Voelcker, *Ann. der Chem. u. Pharm.*, t. LIX, p. 380], dans l'écorce de frêne [Rochleder et Schwarz, *même recueil*, t. LXXXVII, p. 198], dans les algues, dont les unes en renferment très-peu, et d'autres jusqu'à 12 %, comme la *Laminaria saccharinta* [Stenhouse, *même recueil*, t. LI, p. 349], l'écorce de cannelle blanche [Petroz et Robiquet, *Journ. de Pharm.*, t. VIII, p. 198], dans la graine d'avocat, fruit de l'avocatier, *Laurus persea* [Avequin, *Journ. de Chim. médicale*, t. VII, p. 467. et Melsens, *Ann. de Chim. et de Phys.*, t. LXXII, p. 109].

Elle se rencontre aussi dans le cidre, dans les fruits frais du *Cactus Opuntia* [Berthelot, *Ann. de Chim. et de Phys.*, (3), t. XLVI, p. 83], dans les olives [de Luca, *Bull. de la Soc. chim.*, 1863, p. 48].

La mannite se produit encore dans la fermentation visqueuse, par la métamorphose du sucre et de la glucose; on la trouve dans le suc fermenté d'oignon [Fourcroy et Vauquelin, *Ann. de Chim.*, t. LXV, p. 166], de betterave [Braconnot, *Ann. de Chim.*, t. LXXXV, p. 95; — Pelouze, *Ann. de Chim. et de Phys.*, t. XLVII, p. 410], dans le miel altéré par la fermentation [Guibourt, *même recueil*, t. XVI, p. 374], dans le jus de carotte [Vauquelin, *Ann. de Chim. et de Phys.*, t. XLI, p. 46]. Enfin, M. Fremy a reconnu qu'elle se produit accessoirement dans la transformation de l'amidon en glucose par l'ébullition avec l'acide sulfurique.

La mannite a été obtenue synthétiquement par l'hydrogénation du sucre interverti [Linnemann, *Ann. der Chem. u. Pharm.*, t. CXXXIII, p. 136, et *Bull. de la Soc. chim.*, 1863, p. 47]. On intervertit le sucre de canne par l'acide sulfurique à la température ordinaire; dans la solution débarrassée de l'acide sulfurique, concentrée et additionnée d'une petite quantité de potasse, on ajoute de petites quantités d'amalgame de sodium. Le mélange s'échauffe de telle sorte qu'il est utile de refroidir. La réaction terminée, on neutralise par l'acide sulfurique, on évapore, et on reprend par l'alcool. La solution alcoolique concentrée à consistance sirupeuse dépose peu à peu la mannite en cristaux.

Le sucre de lait interverti donne de la mannite en même temps que de la dulcite sous l'influence de l'hydrogène naissant fourni par l'amalgame de sodium (G. Bouchardat).

*Extraction de la mannite.* — La manne est généralement employée à l'extraction de la mannite. On la traite par l'alcool bouillant; la mannite se dépose par le refroidissement, et est purifiée par de nouvelles cristallisations. La manne en larmes en renferme 60 %. — Voyez MANNE.

Ruspini conseille le procédé suivant qui dispense de l'emploi de l'alcool. On fait fondre par la chaleur la manne en sorte avec moitié de son poids d'eau de pluie, dans laquelle on a battu un blanc d'œuf, on fait bouillir quelques minutes, et on passe. Le liquide se solidifie par le refroidissement; on introduit la masse dans un sac de toile et on l'exprime fortement, puis on y ajoute son poids d'eau froide et on exprime de nouveau. La masse exprimée est dissoute dans l'eau bouillante additionnée de charbon animal, la solution concentrée cristallise. On finit de la purifier par une nouvelle cristallisation dans l'eau [Ruspini, *Ann. der Chem. u. Pharm.*, t. LXV, p. 203].

M. Strecker obtient la mannite en grande quantité en faisant fermenter à une basse température le mélange employé par M. Bensch pour la préparation de l'acide lactique (voyez ACIDE LACTIQUE, t. II, p. 176). Ce mélange, ayant été abandonné durant l'hiver dans un appartement qui n'était chauffé que le jour, a fourni seulement au bout de deux à trois mois des croûtes de lactate de chaux, l'eau mère concentrée en a fourni de nouvelles quantités, ainsi qu'une masse de cristaux de mannite, qu'on a purifiés facilement par plusieurs cristallisations [Strecker, *Compt. rend. de l'Acad.*, t. XXXIX, p. 56].

Quand on veut extraire la mannite des sucs fermentés, on doit détruire par la fermentation toutes les parties sucrées, puis on évapore à consistance de sirop, on précipite par l'alcool les substances gommeuses, et on laisse cristalliser la liqueur alcoolique qui renferme la mannite.

La mannite est un alcool hexatomique (voyez plus bas ÉTHERS DE LA MANNITE); sa formule $C^6H^{14}O^6$ a été prouvée par l'action qu'exerce sur elle l'acide iodhydrique, action dont nous parlerons plus loin. Elle a été étudiée avec soin par M. Berthelot, qui en a fait l'objet de nombreuses recherches, et a prouvé sa fonction alcoolique en la combinant aux acides. Elle forme des combinaisons neutres, éthers mannitiques ou mannitides, analogues aux glycérides [Berthelot, *Ann. de Chim. et de Phys.*, (3), t. XLVII, p. 297].

*Propriétés.* — La mannite cristallise en prismes orthorhombiques, doués d'un éclat soyeux, et fréquemment réunis en groupes radiés groupés autour d'un centre commun. Schabus a déterminé leur forme cristalline. Ils appartiennent au type orthorhombique.

Formes observées : $m$; $g^1$; $g^3$; $h^1$; $e^1$.

Angles : $mm = 129°29'$; $g^3g^3 = 93°19'$; $e^1e^1 = 125°3'$.

Clivage parfait parallèlement à $g^1$; moins net parallèlement à $h^1$ [Schabus, *Bestimmung der Krystallgestalten*, 1855, p. 87].

La mannite a un goût faiblement sucré et ne possède pas de pouvoir rotatoire. 100 p. d'eau en dissolvent à 18°,15,6 parties; à 23°, 18,5 parties; la solution ne devient pas sirupeuse par l'évaporation spontanée. M. Berthelot, qui a déterminé cette solubilité, fait remarquer que la mannite se dissout quelquefois en plus forte proportion; il arrive que 100 p. d'eau en dissolvent jusqu'à 30 p. à 18°, mais ces solutions ne sont pas stables. 100 p. d'alcool à 0,89 en dissolvent à 15°,1,2 p. et 100 p. d'alcool absolu à 14° seulement 0,07 parties. Elle est facilement soluble dans l'alcool bouillant, insoluble dans l'éther. Elle ne fermente pas immédiatement sous l'influence de la levûre de bière, mais au contact de la craie et de divers ferments azotés, fromage blanc, tissu pancréatique, levûre de bière, etc., elle finit par subir la fermentation alcoolique; il se produit en même temps de l'acide lactique, de l'acide butyrique et de l'acide acétique. La quantité d'alcool produit varie entre 13 et 33 centièmes du poids de la mannite; dans les circonstances les plus favorables, il résulte de la transformation des deux tiers de la mannite employée [Berthelot, *Ann. de Chim. et de Phys.*, (3), t. L, p. 334]. Cette transformation est directe, et, à aucun moment de l'expérience, on ne peut saisir le moindre indice de l'existence d'un sucre proprement dit; mais sous l'influence du tissu du testicule, la mannite, comme la glycérine, se transforme en un sucre proprement dit, apte à réduire le tartrate cupricopotassique et fermentant immédiatement au contact de la levûre de bière [Berthelot, *même volume*, p. 369]. M. Fremy avait déjà constaté que la mannite peut subir la fermentation lactique et butyrique [*Compt. rend.*, t. IX, p. 16]. Le fait de la transformation de la mannite en sucre a été indiqué par M. Lhermite comme ayant lieu à la longue dans la manne. Cette substance, neutre et pure, est opaque, sèche et friable, et ne fermente pas immédiatement sous l'influence de la levûre de bière, tandis qu'à la longue elle devient rouge, translucide, gluante, et fermente immédiatement [*Compt. rend. de l'Acad.*, t. XXXIV, p. 114].

Elle fond à 166° et se solidifie à 162° [Favre, *Ann. de Chim. et de Phys.*, (3), t. XI, p. 76], entre 160° et 165°, et peut demeurer liquide jusqu'à 140° (Berthelot). Maintenue en fusion pendant quelque temps, elle se sublime en très-petite quantité. Elle entre en ébullition vers 200° en perdant un peu d'eau et se colorant légèrement. Une portion de la mannite se change alors en *mannitane* (voyez plus loin), mais la plus grande partie reste inaltérée. A une plus haute température, elle se décompose entièrement en laissant un résidu charbonneux.

Elle se dissout sans coloration dans une dissolution bouillante de potasse ou de soude. L'ammoniaque ne la colore pas. Elle dissout en grande quantité la chaux, la baryte, la strontiane, en donnant des combinaisons que nous étudierons plus loin. Sa solution aqueuse dissout l'oxyde de plomb en donnant une liqueur alcaline qui est précipitée par l'ammoniaque. Fondue avec de la potasse, elle dégage de l'hydrogène, et donne un mélange de formiate, d'acétate et de propionate de potasse. Distillée avec 8 fois son poids de chaux vive, elle donne de la métacétone (propione) (Favre). Elle n'est pas précipitée par l'acétate de plomb, mais avec l'acétate de plomb ammoniacal elle donne un composé, $C^6H^{10}O^6Pb^2$. — Voyez plus loin.

Lorsqu'on chauffe une solution de sulfate de cuivre avec de la mannite, celle-ci empêche la précipitation du cuivre par la potasse; la solution se colore en bleu foncé sans qu'il y ait de réduction. M. Bodenbender avance que la mannite en solution additionnée d'oxyde cuivrique et de chaux, et portée à 60-70°, réduit l'oxyde cuivrique à l'état d'oxyde cuivreux.

M. Wittstein constate que la mannite pure n'agit sur le tartrate cuprico-potassique ni à chaud ni à froid, et il pense que M. Bodenbender a employé une mannite mélangée de sucre. M. Berthelot a remarqué, en effet, que la mannite du commerce, même la plus belle, contient 1 à 2 centièmes de sucre, directement fermentescible au contact de la levûre de bière [Bodenbender, *Deutsche Chemisch. Gesellsch. zu Berlin*, 1868, p. 136; — Wittstein, *Bull. de la Soc. chim.*, 1868, t. X, p. 483; — Berthelot, *Ann. de Chim. et de Phys.*, (3), t. L, p. 333].

Les acides agissent sur la mannite, la plupart en donnant des éthers mannitiques. L'acide sulfurique la dissout en fournissant l'acide sulfomannitique (Favre). L'acide tartrique à 100° donne de l'acide mannitartrique, et l'acide phosphorique à 150°, un peu d'acide manniphosphorique; les acides acétique, butyrique, benzoïque, etc., donnent des éthers mannitiques, lorsqu'on les chauffe à 200-250°, en vase clos, avec la mannite; avec l'acide chlorhydrique à 100°, on obtient de même une mannite chlorhydrique; mais si l'on fait bouillir la mannite pendant plusieurs jours avec de l'acide chlorhydrique, il se forme un peu de mannitane (Berthelot). L'acide azotique fumant, la convertit en nitromannite (voyez plus loin). L'acide azotique ordinaire l'oxyde en fournissant de l'acide saccharique et de l'acide oxalique. Avec l'acide iodhydrique, elle subit une réduction remarquable : lorsqu'on la distille dans un courant d'acide carbonique, avec un grand excès d'acide iodhydrique concentré, elle est complétement transformée en iodhydrate d'hexylène :

$$\underset{\text{Mannite.}}{C^6H^8(OH)^6} + 11\,HI = \underset{\text{Iodhydrate d'hexylène.}}{C^6H^{12},HI} + 6\,H^2O + I^{10}.$$

Cette transformation prouve l'exactitude de la formule $C^6H^{14}O^6$, adoptée pour la mannite [Wanklyn et Erlenmeyer, *Répert. de Chim. pure*, 1862, p. 361, et *Ann. de Chim. et de Phys.*, (3), t. LXV, p. 364]. Chauffée avec l'acide oxalique, la mannite le transforme en acide formique, absolument comme le fait la glycérine (Berthelot). Dans certaines conditions, elle donne une combinaison d'acide formique et de mannite (voyez plus loin).

Par l'oxydation de la mannite sous l'influence du noir de platine, Gorup Besanez a obtenu, comme produits principaux, la *mannitose*,

$$C^6H^{12}O^6,$$

et *l'acide mannitique*, $C^6H^{12}O^7$. — Voyez ACIDE MANNITIQUE.

ANHYDRIDES DE LA MANNITE.

On connaît deux anhydrides de la mannite, la mannitane $C^6H^{12}O^5$, et la mannide $C^6H^{10}O^4$ (Berthelot).

MANNITANE $C^6H^{12}O^5$. — Cet anhydride se produit : 1° lorsqu'on décompose les éthers mannitiques par l'eau, l'alcool, les acides ou les alcalis. On chauffe la mannite stéarique avec de l'eau, à 240°, pendant quelques heures dans un tube scellé; on évapore au bain-marie, on reprend le résidu par l'alcool absolu, et l'on évapore de nouveau.

2° En chauffant la mannite vers 200°; on reprend par l'eau la masse refroidie et recristallisée, et l'on sépare par cristallisation une grande quantité de mannite inaltérée. Les dernières eaux mères sont évaporées au bain-marie; le résidu, repris par l'alcool absolu, évaporé, traité à 100° pendant quelques heures par l'oxyde de plomb, est dissous de nouveau dans l'alcool absolu; cette solution étant étendue d'eau, on en précipite l'excès d'oxyde de plomb par l'hydrogène sulfuré, on évapore de nouveau au bain-marie, on reprend une dernière fois par l'alcool absolu, on évapore et on sèche à 120°

3° Lorsqu'on fait bouillir pendant 59 heures de la mannite avec de l'acide chlorhydrique fumant, une grande partie de la mannite n'est pas altérée; on en sépare la mannitane comme précédemment.

La mannitane est neutre, sirupeuse, à peine liquide, douée d'un goût légèrement sucré; il est difficile de l'obtenir tout à fait incolore. Elle est très-soluble dans l'eau et dans l'alcool absolu, insoluble dans l'éther. Elle se volatilise un peu vers 140°. Chauffée au contact de l'air, elle se caramélise, puis brûle avec une flamme rougeâtre. Dans l'air humide, elle tombe en déliquescence, en absorbant de l'eau, et se transforme en mannite; cette transformation est plus rapide lorsqu'on fait digérer à 100° la mannitane avec de l'hydrate de baryte ou de l'oxyde de plomb.

Traitée à 100° par l'acide sulfurique concentré, elle forme un acide sulfoconjugué, dont le sel de baryte est soluble dans l'eau. Chauffée à 250° avec les acides benzoïque et stéarique, elle donne les mêmes combinaisons que la mannite. Se basant sur ce fait, et sur la régénération de la mannitane par saponification des éthers mannitiques, M. Berthelot admet que c'est elle, et non la mannite, qui remplit dans ces éthers le même rôle que la glycérine dans les glycérides. Nous discuterons cette opinion en traitant des éthers de la mannite.

MANNIDE $C^6H^{10}O^4$. — La mannide a été obtenue une fois par M. Berthelot dans l'action de l'acide butyrique sur la mannite. C'est une substance neutre, sirupeuse, à peine liquide, douée d'un goût sucré, puis amer, très-soluble dans l'eau et dans l'alcool absolu. Elle est très-déliquescente et se transforme en mannite au contact de l'air humide.

ÉTHERS DE LA MANNITE.

Lorsqu'on chauffe la mannite à 200-250°, en vases clos, avec les acides acétique, butyrique, stéarique, etc., il se forme des combinaisons neutres, prenant naissance dans les mêmes conditions que les glycérides. Ces combinaisons se forment également lorsqu'on emploie la mannitane au lieu de mannite, et par la saponification régénèrent de la mannitane et non de la mannite. De plus, elles donnent à l'analyse des nombres qui représentent des corps obtenus par union de la mannitane avec *n* molécules d'acides monobasiques, et élimination de *n* molécules d'eau; ainsi la combinaison de mannite et d'acide butyrique serait :

$$\underset{\text{Mannitane.}}{C^6H^{12}O^5} + \underset{\text{Acide butyrique.}}{2C^4H^8O^2} - 2H^2O = \underset{\text{Mannitane dibutyrique.}}{C^{14}H^{24}O^7},$$

et non :

$$\underset{\text{Mannite.}}{C^6H^{14}O^6} + \underset{\text{Acide butyrique.}}{2C^4H^8O^2} - 2H^2O = \underset{\text{Mannite dibutyrique.}}{C^{14}H^{26}O^8}.$$

Se basant sur ces différents faits, M. Berthelot pense que c'est la mannitane et non la mannite qui joue le rôle d'un alcool. M. Naquet ne trouve pas ces raisons suffisantes pour empêcher de considérer la mannite comme un alcool hexatomique.

Il objecte : 1° que l'existence d'une mannite hexanitrique indique l'hexatomicité de la mannite;

2° Que la production des éthers mannitiques par l'union de la mannitane aux acides est un fait commun aux anhydrides d'alcools polyatomiques, qui se combinent aux acides pour régénérer les éthers de ces alcools (exemple : oxyde d'éthylène et acide acétique, épichlorhydrine et acides);

3° Que la formation de l'anhydride mannitique (mannitane) par la saponification des éthers mannitiques n'est pas un fait sans précédent, l'étude des alcools polyatomiques montrant qu'à mesure que les molécules se compliquent, l'alcool est moins stable et son anhydride a plus de tendance à se former. C'est ainsi que les éthers du décylglycol fournissent, par saponification, l'oxyde de décylène. On peut rapprocher aussi de ce fait la formation de l'épichlorhydrine $C^3H^5OCl$, par l'action d'une molécule de potasse sur une molécule de dichlorhydrine : il se produit l'anhydride de la monochlorhydrine au lieu de cette chlorhydrine elle-même :

$$\underset{\text{Dichlorhydrine.}}{C^3H^5Cl^2OH} + KHO$$
$$= KCl + \underset{\text{Épichlorhydrine.}}{C^3H^5ClO} + H^2O,$$

la molécule $H^2O$ s'éliminant au lieu de se fixer sur l'épichlorhydrine.

4° Enfin, les analyses ne prouvent pas suffisamment l'opinion de M. Berthelot. Entre la composition d'un éther hexacide de la mannite et celle d'un éther hexacide de la mannitane, il y a une différence plus grande que celle qui peut résulter d'une erreur d'analyse (2 % de carbone), mais il est difficile d'être assuré de leur pureté absolue, car ces combinaisons ne sont ni volatiles, ni cristallisées. De plus, la mannitane, étant l'anhydride d'un alcool hexatomique, doit fonctionner comme un alcool tétratomique, et il se peut que, dans l'action des acides sur la mannite, il se forme un peu de mannitane, et par suite des éthers de mannitane mélangés aux éthers proprement dits de la mannite.

5° En outre, la formation de l'acide mannitique,

$$C^6H^{12}O^7,$$

est une preuve nouvelle que la mannite est un alcool hexatomique [Naquet, *Principes de Chim.*, 2e édit., t. II. p. 142].

Nous croyons, comme M. Naquet, que la mannite est un alcool hexatomique, et que le dérivé hexabenzoïque est bien un éther de la mannite, et non un éther de la mannitane, celle-ci pouvant jouer le rôle d'un alcool tétratomique, et par suite ne devant pas fournir de dérivé hexacide. Mais par cela même qu'elle est tétratomique, nous pensons que les éthers diacides et tétracides, obtenus par M. Berthelot, sont des anhydrides des véritables éthers mannitiques, ou sont, comme le veut M. Berthelot, des éthers de la mannitane (1) ; si l'on arrive à fixer sur ces éthers de nouvelles molécules d'acide, comme dans la mannite hexabenzoïque, l'acide s'y combine directement, sans élimination d'eau, comme il arrive avec les anhydrides, et c'est alors un éther de la mannite qu'on obtient. La réaction est tout à fait semblable à celle du glycide chlorhydrique ou épichlorhydrine qui, en s'assimilant les molécules d'acide, régénère les éthers de la glycérine.

Dans les composés que produisent les acides en agissant sur la mannite, nous avons donc deux séries de corps, les éthers mannitaniques et les véritables éthers mannitiques ; ces derniers comprennent la mannite hexacétique, hexabenzoïque, hexastéarique, les mannites nitriques, l'acide tartromannitique, les acides mannisulfuriques.

M. Berthelot ayant donné à la mannite la formule $C^3H^7O^3$, les composés qu'il appelle *mannite monobutyrique, dibutyrique, tribenzoïque*, etc., deviennent, avec la formule $C^6H^{14}O^6$, *mannite dibutyrique, tétrabutyrique, hexabenzoïque*, etc.

Tous les éthers mannitiques, excepté les mannites acétique, azotiques et l'acide sulfomannitique, ont été obtenus par M. Berthelot.

Les composés formés par les acides minéraux, ainsi que par l'acide tartrique, s'obtiennent soit à froid, soit vers 100° ; mais avec les autres acides organiques, la réaction a lieu entre 200° et 250°. Les éthers à 2 molécules d'acide (mannite dibutyrique, distéarique) s'obtiennent avec un excès de mannite. Les éthers hexacides résultent de l'action d'un grand excès d'acide sur les éthers tétracides ; ces derniers enfin se produisent, tantôt en faisant agir à 200° un excès d'acide sur la mannite, ou une nouvelle quantité d'acide sur les éthers diacides.

On obtient aussi ces éthers en ajoutant au mélange de mannite et d'acide un peu d'acide sulfurique, mais il reste toujours une certaine quantité de ce dernier dans le composé produit. Le procédé de purification est le même pour tous. — Voyez MANNITANE DIACÉTIQUE.

Tous ces composés se dédoublent en acide et en mannitane sous l'influence des alcalis, chaux, baryte, oxyde de plomb, de l'eau à 240°, de l'alcool mélangé d'acide chlorhydrique à 100°, et même à froid. La chaleur les décompose complétement.

### MANNITANIDES.

MANNITANE DIACÉTIQUE, $C^{10}H^{16}O^7$. — Elle se produit après 15 à 20 heures de chauffe entre 200° et 220° d'un mélange de mannite et d'acide acétique cristallisable. On sature le produit de la réaction par le carbonate de soude, et l'on agite avec de l'éther. Celui-ci est décanté et digéré sur du charbon animal. Après 8 à 10 traitements de ce genre, on filtre la solution éthérée et on l'évapore au bain-marie. Sa production est peu abondante.

La mannitane diacétique est un liquide neutre, sirupeux, très-amer, inodore à froid, ayant à chaud une odeur particulière, soluble dans l'eau, l'éther, l'alcool, insoluble dans le sulfure de carbone. Chauffée sur une lame de platine, elle se volatilise presque sans décomposition. Traitée par la baryte à 100°, elle se saponifie très-lentement. Dissoute dans un mélange d'alcool et d'acide chlorhydrique, elle se décompose à froid en quelques jours en donnant de l'éther acétique et de la mannitane.

MANNITANE DIBENZOÏQUE, $C^{20}H^{20}O^7$. — Elle s'obtient et se purifie comme la précédente. C'est une substance neutre, résineuse, presque solide, extrêmement visqueuse, très-soluble dans l'éther et l'alcool absolu, insoluble dans le sulfure de carbone. Comme la mannite acétique, elle se saponifie par la baryte, ou l'alcool chlorhydrique, mais plus difficilement.

MANNITANE DICHLORHYDRIQUE, $C^6H^{10}Cl^2O^3$. — Substance neutre, soluble, blanche, très-bien cristallisée, très-soluble dans l'éther.

MANNITANIDES BUTYRIQUES. — *Mannitane dibutyrique*, $C^{14}H^{24}O^7$. — Corps neutre, demi-liquide, très-visqueux, mêlé de cristaux microscopiques, d'un goût amer, inodore à froid, et à chaud d'une odeur rappelant celle de la butyrine. Il se saponifie comme la mannitane acétique.

*Mannitane tétrabutyrique*, $C^{22}H^{36}O^9$. — Liquide neutre, incolore, amer, assez fluide.

MANNITANE DIOLÉIQUE, $C^{42}H^{76}O^7$. — Substance incolore, semblable à la cire, se ramollissant très-facilement par la chaleur ; facilement soluble dans l'éther.

MANNITANE DIPALMITIQUE, $C^{38}H^{72}O^7$. — Elle est solide, blanche, semblable à la palmitine, d'une fusibilité analogue, soluble dans l'éther, insoluble dans l'eau. Sa solution éthérée, abandonnée à l'évaporation spontanée, fournit des cristaux microscopiques.

MANNITANE TÉTRASTÉARIQUE, $C^{78}H^{148}O^9$. — Neutre, solide, blanche, soluble dans le sulfure de carbone, peu soluble dans l'éther froid, insoluble dans l'eau. Sa solution éthérée dépose par refroidissement des cristaux microscopiques semblables à ceux de la stéarine.

MANNITANE MONOSUCCINIQUE, $C^{10}H^{14}O^7$ [Van Bemmelen, *Jahresb. für Chem.*, 1858, p. 435]. — Masse grisâtre, dure, amorphe, obtenue par l'action de l'acide succinique sur la mannite. Elle est insoluble dans l'eau, l'alcool et l'éther.

MANNITANE MONOCITRIQUE, $C^{12}H^{14}O^9$ (Van Bemmelen). — Masse amorphe, insoluble dans l'eau, l'alcool et l'éther.

ÉTHYLMANNITANE, $C^{10}H^{20}O^5$. — Liquide incolore, sirupeux, peu soluble dans l'eau, qu'on obtient en chauffant au bain-marie, pendant 30 ou 40 heures, un mélange de mannite, de potasse, d'un peu d'eau et de bromure d'éthyle.

### ÉTHERS MANNITIQUES.

MANNITE HEXABENZOÏQUE,

$$C^{48}H^{38}O^{12} = C^6H^8(C^7H^5O^2)^6, \text{ et } C^{48}H^{36}O^{11},$$

d'après M. Berthelot. — C'est une substance neutre solide, semblable à la résine.

MANNITE AZOTIQUE [Syn. *Nitromannite*]. — Par l'action de l'acide nitrique fumant, ou d'un mélange d'acide nitrique et d'acide sulfurique sur la mannite, on obtient la mannite azotique. Découverte par Domonte et Ménard [*Compt. rend. de l'Acad.*, t. XXIV, p. 390], la nitromannite fut représentée par ces chimistes comme un dérivé pentanitrique, $C^6H^8(AzO^3)^5,OH$ ; Svanberg et Staag analysèrent une nitromannite à laquelle ils attribuèrent la formule $C^6H^8(AzO^3)^4(OH)^2$, qui en fait un éther tétranitrique [*Jahresb. für*, 1847, p. 360]. D'après les analyses de Strecker, la nitro-

(1) Les analyses de M. Berthelot concordent parfaitement avec ses formules ; la mannitane dichlorhydrique étant bien cristallisée, on ne peut avoir de doutes sur sa pureté, et son existence entraîne par analogie celle des autres mannitanides di- et tétracides : la mannitane dipalmitique et la distéarique sont aussi cristallines

mannite est un éther hexanitrique, $C^6H^8(AzO^3)^6$ [Strecker, *Ann. der Chem. u. Pharm.*, t. LXXIII, p. 59].

La nitromannite se prépare, suivant Strecker, de la manière suivante : on triture dans un mortier 1 p. de mannite en poudre fine avec un peu d'acide azotique de 1,5 de densité. Quand tout s'est dissous, on ajoute une petite quantité d'acide sulfurique, puis alternativement de l'acide azotique et de l'acide sulfurique, jusqu'à ce qu'on ait employé 4 1/2 p. du premier et 10 1/2 p. du second. On fait égoutter sur un entonnoir en verre la masse pâteuse ainsi obtenue, on la lave à l'eau, on l'exprime, et on la traite par l'alcool chaud, qui l'abandonne en grande partie par le refroidissement. En ajoutant beaucoup d'eau au mélange nitrosulfurique, on sépare une nouvelle quantité de nitromannite.

La nitromannite cristallisée dans l'alcool forme une masse blanche, composée d'aiguilles feutrées et d'un aspect soyeux. Elle est peu soluble dans l'alcool froid, insoluble dans l'eau, soluble dans l'éther. L'acide sulfurique étendu ne la décompose pas à l'ébullition, l'acide concentré la dissout sans dégagement de gaz. Si l'on plonge une lame de cuivre dans cette solution, elle n'est pas attaquée, mais par l'addition de quelques gouttes d'eau, elle dégage des vapeurs rouges, et la solution se colore en vert. La potasse faible est sans action ; la potasse concentrée la dissout à chaud avec une coloration brune (Strecker). Suivant Reinsch, lorsqu'on verse de la potasse dans une solution éthérée de nitromannite, il se forme deux couches ; la supérieure, colorée en rouge, lorsqu'on la sépare de l'inférieure, laisse déposer de petits prismes jaunes, qui fournissent avec l'acide sulfurique une masse cristalline. Reinsch pense qu'il se forme là une base organique qu'il appelle *mannitrine* [*Journ. für prakt. Chem.*, t. XLVII, p. 477, et *Ann. de Chim.* de Millon, 1850, p. 359].

La nitromannite détone sous le marteau avec une aussi grande violence que le fulminate de mercure. La chaleur graduellement appliquée la fait fondre et la décompose sans détonation [Sobrero, *Compt. rend. de l'Acad.*, t. XXV, p. 121]. Dissoute dans l'alcool, elle est rapidement décomposée par le zinc, le cuivre, le fer, en donnant des sels ammoniacaux et des produits gazeux [Knop, *Journ. für prakt. Chem.*, t. XLVIII, p. 362]. Le sulfhydrate d'ammoniaque, suivant Dessaignes, et l'acétate ferreux, d'après Béchamp, la transforment en mannite [Dessaignes, *Compt. rend. de l'Acad.*, t. XXXIII, p. 462 ; — Béchamp, *Ann. de Chim. et de Phys.*, (3), t. XLVI, p. 354].

On a proposé la nitromannite pour remplacer le fulminate de mercure dans les capsules à percussion, mais l'emploi de ce corps ne paraît pas avantageux.

Mannite hexacétique, $C^6H^8(C^2H^3O^2)^6$ [Schützenberger et E. Grange, *Ann. de Chim. et de Phys.*, (4), t. XXI, p. 256]. Lorsqu'on chauffe la mannite cristallisée avec un excès d'anhydride acétique, on obtient un sirop épais, qui, traité par l'eau, donne lieu à la précipitation d'une certaine quantité de grains cristallins blancs dans une eau mère acétique. On les sépare par le filtre, et on les fait recristalliser dans l'eau bouillante.

Ces cristaux, qui constituent la mannite hexacétique, n'ont pas de pouvoir rotatoire ; ils fondent à 100°, et se prennent par le refroidissement en une masse cristalline.

L'eau mère acétique obtenue en même temps renferme la mannitane diacétique, qui a un pouvoir rotatoire dextrogyre très-prononcé.

Mannite hexastéarique, $C^{114}H^{218}O^{12}$. — Matière blanche, neutre.

Mannite formique,

$$C^6H^8(OH)^4(CHO^2)^2 = C^8H^{14}O^8 \ (?)$$

[Knop, *Journ. für prakt. Chem.*, t. XLVIII, p. 362]. — Ce corps peu stable n'a pas été analysé ; sa composition est présumée d'après la décomposition que lui font subir les carbonates de chaux ou de baryte ; dans ces conditions, il fournit 2 molécules de formiate pour 1 de mannite.

La mannite formique a été obtenue en faisant fondre de la mannite avec de l'acide oxalique ; quand on expose ces deux substances à une température de 110°, qu'on laisse peu à peu tomber à 100° et à 96°, on obtient, au bout de 6 à 8 heures, un liquide sirupeux à chaud, et qui se solidifie par le refroidissement ; il se dégage pendant la réaction de l'acide formique et de l'acide carbonique. Ce composé se dissout dans l'alcool et s'y décompose bientôt en mannite et acide formique.

La production de ce corps doit être rapprochée de celle de la glycérine formique obtenue par Henninger et Tollens. — Voyez t. I, p. 1582.

Acides sulfomannitiques. — La mannite se dissout dans l'acide sulfurique sans coloration ; la liqueur neutralisée par la craie est filtrée, additionnée d'acétate de baryte pour précipiter le sulfate de chaux dissous, et filtrée de nouveau. Elle renferme en solution du sulfomannitate de calcium, que l'on transforme en sel de plomb. Celui-ci a pour formule

$$C^6H^{10}S^2Pb^4O^{14} = C^6H^{10}Pb^2S^2O^{12},2PbO.$$

M. Berthelot a analysé un sel renfermant

$$C^6H^{10}Pb^2S^2O^{12},3PbO.$$

D'après ces analyses, l'acide serait

$$C^6H^{14}S^2O^{12} + 2H^2O,$$

c'est-à-dire un acide mannito-disulfurique,

$$C^6H^8 \left\{ \begin{matrix} (SO^4H)^2 \\ (OH)^4. \end{matrix} \right.$$

Les mannito-disulfates de chaux et de baryte sont solubles, mais, par une ébullition de quelques instants, ils se décomposent avec formation de sulfates de chaux et de baryte [Favre, *Ann. de Chim. et de Phys.*, (3), t. XI, p. 71].

MM. Knop et Schnedermann ont obtenu un acide trisulfomannitique en traitant la mannite par l'acide sulfurique, délayant dans l'eau, saturant par le carbonate de plomb ou de baryte, et précipitant par l'alcool [Knop et Schnedermann, *Ann. der Chem. u. Pharm.*, t. LI, p. 134].

L'acide mannito-trisulfurique est tribasique, ses sels correspondent à la formule

$$C^6H^{11}S^3O^{15}(M)^3,$$

M représentant 1 atome d'un métal monatomique. D'après leur analyse, l'acide libre renfermerait

$$C^6H^{14}S^3O^{15} = C^6H^8 \left\{ \begin{matrix} (SO^4H)^3 \\ (OH)^3. \end{matrix} \right.$$

Tous les sulfomannitates se décomposent par l'ébullition en sulfates et en mannite.

Le *sel de baryum*, $(C^6H^{11}S^3O^{15})^2Ba^3$, est en grains cristallins, insolubles dans l'alcool ; les sels de potasse sont gommeux, fort déliquescents ; il en est de même des sels de sodium, $C^6H^{11}S^3O^{15}Na^3$, d'ammonium, de plomb. Les sels de cuivre et d'argent sont très-altérables, et fort solubles dans l'eau.

Acide manniphosphorique. — Son sel de chaux est soluble dans l'eau, précipitable par l'alcool.

Acide mannitartrique (Berthelot). — Il n'est pas possible de le préparer pur, mais on connaît ses sels de chaux et de magnésie. D'après l'analyse de ses sels, on peut regarder l'acide mannitartrique comme renfermant, $C^{30}H^{38}O^{36}$, dérivant de 1 molécule de mannite et de 6 molécules d'acide tartrique, avec élimination de 6 molécules d'eau.

*Sel de calcium.* — Séché dans le vide, il renforme $C^{30}H^{32}O^{36}Ca^{3} + 5H^{2}O$. Séché à 140°, il contient $C^{30}H^{32}O^{36}Ca^{3} + H^{2}O$. — Ce sel est blanc, pulvérulent, soluble dans l'eau lorsqu'il est récemment préparé, mais s'il a été desséché dans le vide, sa dissolution ne s'opère qu'avec beaucoup de lenteur et de difficulté. Il est à peu près insoluble dans l'alcool étendu. Saponifié par la chaux, il régénère de la mannite cristallisée, mélangée avec un peu de mannitane.

*Sel de magnésium.* — C'est un sel basique; séché dans le vide, il renferme

$$C^{30}H^{32}O^{36}Mg^{3}, 4MgO + 14H^{2}O.$$

Séché à 140°, il perd toute son eau.

DIMANNITE MONOACÉTIQUE (*Mannite hémiacétique*), $C^{12}H^{23}O^{10}(C^{2}H^{3}O)$ [Schützenberger et E. Grange, *Ann. de Chim. et de Phys.*, (4), t. XXI, p. 256]. — Ce composé, qu'on peut regarder comme l'éther monoacétique d'un alcool dimannitique analogue à l'alcool diéthylénique, s'obtient en chauffant de la mannite cristallisée, en vase ouvert, avec de l'anhydride acétique, contenant de 10 à 15 °/₀ d'acide acétique cristallisable, à la température de l'ébullition; la mannite se dissout peu à peu complétement. Le liquide se prend par le refroidissement en une masse cristalline, qu'on filtre sur l'amiante et qu'on lave à l'alcool absolu bouillant.

La dimannite monoacétique se présente sous la forme d'une masse légère, très-blanche, à peine soluble dans l'alcool absolu bouillant, insoluble dans l'éther, très-soluble dans l'eau et l'acide acétique, d'une saveur légèrement sucrée et amère. Le produit de la saponification de ce corps paraît être identique avec la mannitane.

### COMBINAISONS AVEC LES OXYDES.

Quand on met en contact de la chaux, de la strontiane ou de la baryte, avec une solution concentrée de mannite, l'oxyde se dissout; la solution se trouble par l'ébullition et redevient limpide par le refroidissement. Il se forme des combinaisons qui ont été étudiées par Ubaldini [*Ann. de Chim. et de Phys.*, (3), t. LVII, p. 213], et par Hirzel [*Ann. der Chem. u. Pharm.*, t. CXXXI, p. 50, et *Bull. de la Soc. chim.*, 1865, t. III, p. 198]; les résultats de ces deux chimistes ne sont pas concordants.

La combinaison avec la chaux s'obtient en abandonnant dans un flacon bien bouché 200 grammes de mannite, 66 grammes de chaux éteinte, et 660 grammes d'eau, agitant de temps en temps pendant 2 jours, filtrant et ajoutant 3 ou 4 fois son volume d'alcool. Il se précipite des flocons blancs, qu'on redissout dans l'eau et qu'on précipite de nouveau par l'alcool; on répète cette opération une troisième fois, et finalement on lave à l'alcool faible. Séché sous une cloche en présence de l'acide sulfurique, le produit renferme

$$C^{6}H^{14}O^{6}, CaO + H^{2}O.$$

Il perd cette molécule d'eau entre 100° et 120°. Il se dissout dans son volume d'eau, mais si l'on chauffe la solution, elle se coagule à 80°, et la coagulation est assez complète à 90° pour qu'on puisse retourner le tube où l'on opère sans que le liquide s'écoule.

Suivant Hirzel, en opérant dans les mêmes conditions, on obtient un précipité vitreux, transparent, qui séché à 100° renferme

$$4C^{6}H^{14}O^{6}, 3CaO.$$

Outre cette combinaison, Ubaldini en a obtenu une autre, blanche, ayant l'aspect cristallin, et renfermant $2C^{6}H^{14}O^{6}, CaO$; elle se produit lorsqu'on abandonne sous une cloche, à côté de l'acide sulfurique concentré, la solution de chaux dans la mannite. Il se dépose d'abord de beaux cristaux de mannite; l'eau mère qui surnage, abandonnée à elle-même quelques semaines, fournit le composé $2C^{6}H^{14}O^{6}, CaO$.

En opérant de même avec la baryte et la strontiane, Ubaldini a obtenu une combinaison barytique, $C^{6}H^{14}O^{6}, 2BaO, 5H^{2}O$, perdant ses 5 molécules d'eau à 100°, et une combinaison strontianique, $C^{6}H^{14}O^{6}, 2SrO, 8H^{2}O$, perdant son eau à 100°.

D'après Hirzel, la combinaison barytique renferme $2C^{6}H^{14}O^{6}, BaO$, et la combinaison de strontiane, $4C^{6}H^{14}O^{6}, SrO$.

M. Favre a décrit une combinaison de mannite et d'oxyde de plomb renfermant $C^{6}H^{10}Pb^{2}O^{6}$. Elle se produit lorsqu'on verse une dissolution concentrée de mannite dans une solution chaude d'acétate de plomb ammoniacal, et se dépose sous la forme de minces lamelles amiantacées, qu'on sèche à 130°. Par les lavages, ce corps se décompose, et l'on obtient le composé $C^{6}H^{10}Pb^{2}O^{6}, PbO$ [Favre, *mém. cité*].

Dans la préparation de toutes les combinaisons de la mannite avec les alcalis, on doit éviter l'accès de l'air renfermant de l'acide carbonique.

*Combinaison avec le chlorure de sodium.* — M. Riegel a décrit une combinaison de mannite et de chlorure de sodium, en cristaux incolores, durs, solubles dans l'eau, presque insolubles dans l'alcool [*Pharm. central.*, 1841, p. 093]. Knop et Schnedermann n'ont pas réussi à la reproduire.

E. G.

**MANNITIQUE (ACIDE)**, $C^{6}H^{12}O^{7}$ [Gorup-Besanez, *Ann. der Chem. u. Pharm.*, t. CXVIII, p. 257, *Rép. de Chim. pure*, 1861, p. 401, et *Ann. de Chim. et de Phys.*, (3), t. LXII, p. 489]. — Par l'oxydation de la mannite sous l'influence du noir de platine, il se forme de l'*acide mannitique*, $C^{6}H^{12}O^{7}$, et un sucre fermentescible, la *mannitose*, $C^{6}H^{12}O^{6}$.

On broie 1 p. de mannite sèche avec 2 p. de noir de platine, on ajoute de l'eau, et l'on abandonne le tout à l'action d'une température de 30° à 40°, qu'il importe de ne pas dépasser. Quand toute la mannite a disparu, ce qui n'a lieu qu'au bout de trois semaines pour 20 à 30 grammes de mannite, on a un liquide incolore ou peu coloré, renfermant l'acide mannitique et la mannitose; pendant la réaction, il se dégage de petites quantités d'acides volatils.

On isole l'acide mannitique en précipitant la liqueur par le sous-acétate de plomb, et décomposant le précipité par l'hydrogène sulfuré; on obtient ainsi une solution aqueuse d'acide mannitique. L'acide mannitique est soluble dans l'alcool en toutes proportions, peu soluble dans l'éther, il est incristallisable; chauffé dans l'air sec, il commence à se décomposer à 80°.

Sa solution aqueuse concentrée est fortement acide, décompose les carbonates, et dissout le fer et le zinc avec dégagement d'hydrogène; elle est précipitée par un excès d'eau de baryte, mais seulement neutralisée par l'eau de chaux et l'eau de baryte, elle ne fournit pas de précipité.

Les mannitates sont solubles dans l'eau et incristallisables; seuls ceux de plomb et d'argent sont peu solubles.

Le *mannitate d'argent* est un précipité floconneux; il renferme $C^{6}H^{10}O^{7}Ag^{2}$; on l'a obtenu en ajoutant une solution sirupeuse d'azotate d'argent à une solution concentrée de mannitate de chaux.

Le *sel de calcium*, $C^{6}H^{10}O^{7}Ca$, a été préparé en faisant digérer l'acide mannitique avec du bicarbonate de calcium, et précipitant par l'alcool.

Le *mannitate de plomb*, $C^{6}H^{10}O^{7}Pb$, s'obtient en faisant bouillir l'acide avec de l'oxyde de plomb et filtrant la liqueur bouillante; il est grenu et cristallin.

Le *mannitate de cuivre* renferme $C^6H^{10}O^7Cu$.

**MANNITOSE**, $C^6H^{12}O^6$. — Ce sucre, qu'on peut considérer comme une aldéhyde de la mannite, se sépare en traitant par la chaux la liqueur acide que fournit l'oxydation de la mannite; il se forme du mannitate de chaux, qu'on précipite par l'alcool. La liqueur filtrée et concentrée, précipitée de nouveau par l'alcool, laisse, par l'évaporation au bain-marie, la mannitose sous forme d'un sirop jaunâtre, qu'on n'a pu faire cristalliser, mais qui présente toutes les réactions de la glucose.

La mannitose est optiquement inactive, comme la mannite dont elle dérive. E. G.

**MANNITOSE.** — Voyez MANNITIQUE (ACIDE).

**MARASMOLITHE.** — Blende altérée, renfermant, d'après M. Shepard, un peu de soufre libre.

**MARBRE** (Min.). — On donne ce nom à des calcaires saccharoïdes ou compactes qui sont employés dans les arts.

1° Les marbres peuvent se grouper en quatre classes principales :

La première renferme les marbres les plus purs, ou *marbres simples,* qui sont blancs ou colorés par diverses matières étrangères; la deuxième, les *marbres brèches* ou *brocatelles,* formés de fragments anguleux de diverses couleurs, agglomérés par un ciment calcaire; la troisième, les *marbres composés,* dans lesquels le calcaire est mélangé de diverses substances étrangères, telles que talc ou serpentine, disposées en feuilles ou nodules; la quatrième, les *marbres lumachelles,* renfermant des débris de coquilles ou de madrépores fossiles.

1° MARBRES SIMPLES. — Parmi les marbres *blancs,* ou marbres statuaires, les plus connus sont celui de Paros, qui présente des lamelles assez grandes et une translucidité très-marquée, et celui de Carrare et de Gênes, le seul employé aujourd'hui, qui est d'un grain beaucoup plus fin. Les anciens appelaient *albâtre* un marbre blanc ou jaunâtre concrétionné à structure rubanée, qui provenait d'Asie Mineure et d'Égypte, et qui a été déjà exploité par eux dans la province d'Oran. Cette exploitation a été reprise en grand dans ces derniers temps, et fournit de beaux produits connus dans le commerce sous le nom de *marbres onyx.* Il ne faut pas confondre l'albâtre calcaire avec l'albâtre ordinaire, qui n'est qu'une variété du gypse.

On nomme *bleu turquin* un calcaire saccharoïde mélangé de matières organiques qui lui donnent une couleur bleuâtre.

Le *jaune antique* est d'un beau jaune doré uniforme; il est fort rare. Le *jaune de Sienne* offre de grandes taches irrégulières entourées de veines rouges.

Les *marbres noirs* sont en général colorés par des matières bitumineuses. Les exploitations les plus importantes se trouvent à Dinant, aux environs de Namur, dans le Derbyshire, etc.

La Belgique fournit le *marbre Sainte-Anne* qui est d'un noir grisâtre avec taches blanches.

Parmi les *marbres rouges,* nous citerons la *griotte,* qui présente des taches d'un beau rouge vif entourées de bandes brun rougeâtre. Le plus beau vient de Cannes (Aude); il est connu sous le nom de griotte d'Italie. Le *rouge antique* est fort rare; son gisement a été retrouvé récemment en Grèce. Le *sarrancolin* est mélangé de rouge, de jaune et de gris violacé en grands dessins bréchiformes. Le *Languedoc* ou *marbre incarnat* est d'un rouge de feu mêlé de taches grises ou blanches, dues à des polypiers; ils viennent l'un et l'autre des Pyrénées.

Le *portor,* sur un fond noir foncé, offre des veines d'un jaune doré. Il vient de Porto-Venere, près de Gênes; on en rencontre aussi dans diverses autres localités.

2° MARBRES BRÈCHES. — La *brèche violette antique* présente un fond violacé avec de grands éclats blancs; la brèche violette de Villette en Tarentaise, s'en rapproche; elle renferme, dans une pâte violet foncé, des débris de fossiles et des fragments calcaires bruns, jaunes ou blancs. La *brèche d'Alet* (improprement dite d'Alep) et de *Tholonet,* près d'Aix, est à fragments jaunes et gris-noir violacé. Le *grand deuil,* le *petit deuil* et le *grand antique* sont des marbres à fragments noirs réunis par un ciment blanc (Pyrénées).

On appelle *marbre ruiniforme de Florence* un calcaire argileux, compacte, d'un gris jaunâtre marqué de dessins bruns qui rappellent des édifices ruinés; ces apparences sont produites par des infiltrations ferrugineuses qui ont pénétré dans des fissures planes entre-croisées.

La *brocatelle d'Espagne,* qui vient de Tortose, présente un fond lie de vin, tacheté de grains ronds jaune isabelle, gris jaunâtre ou blanc cristallin.

3° MARBRES COMPOSÉS.—Le *vert antique* résulte d'un mélange de calcaire saccharoïde et de serpentine verte en fragments anguleux; il vient des environs de Larisse, en Thessalie. Le *cipolin* renferme du mica ou du talc disséminé dans la masse de calcaire par veines irrégulières. Le *campan* est composé d'un calcaire saccharoïde rosé, traversé par des veines schisteuses; il en existe des variétés où dominent le rouge, le vert ou le jaune.

4° LUMACHELLES. — Le *drap mortuaire,* la *lumachelle de Narbonne* et le *petit granite* (de Mons), sur un fond noir, présentent des taches blanches produites par des fossiles.

La *lumachelle de Carinthie,* dans une pâte gris-brun, renferme des coquilles fossiles qui ont conservé des couleurs irisées du plus bel effet. La *lumachelle d'Astrakan* vient des bords du Gange; des fragments nombreux de coquilles d'un jaune clair s'y détachent sur un fond brun foncé. F. et S.

**MARCASSITE** (Min.) [Syn. *Fer sulfuré blanc, pyrite blanche, Wasserkies, Speerkies, Leberkies, Strahlkies*]. — Bisulfure de fer $FeS^2$, ayant la même composition que la pyrite, mais s'en distinguant par sa forme cristalline orthorhombique. Se rencontre en cristaux dans les filons, en boules et en rognons fibreux disséminés dans les argiles, les marnes et la craie; en particules souvent imperceptibles dans les schistes bitumineux, et dans les combustibles charbonneux. Elle se transforme facilement à l'air humide en sulfate ferreux (vitriolisation); cette propriété donne lieu à des exploitations importantes, pour la fabrication de ce sulfate et aussi de l'alun, les schistes alumineux

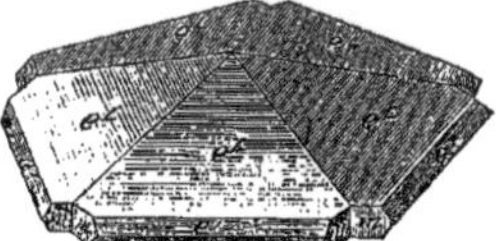

Fig. 397. — Marcassite.

qui renferment la pyrite se trouvant attaqués en même temps que la marcassite elle-même. Elle est d'un jaune plus clair que la pyrite, tirant sur le verdâtre ou le blanc métallique, et se présente fréquemment en formes imitatives, crêtées, dendritiques ou pseudomorphiques.

*Caractères.* — Insoluble dans l'acide chlorhydrique; attaquable par l'acide azotique. Dans le tube fermé, donne un sublimé de soufre et laisse un résidu magnétique. Sur le charbon, brûle et laisse un résidu, qui donne avec les flux les réactions du fer.

Dureté, 6 à 6,5. Poussière gris verdâtre foncé.

Densité, 4,6 à 4,8. Cassure inégale; fait feu au briquet.

*Forme cristalline.* — Prisme orthorhombique $mm = 100° 5'$; $a^1 a^1 = 64° 52'$; $b^{1/2} b^{1/2} = 115° 1(\ '$; $e^1 e^1 = 80° 20'$. Les formes les plus fréquentes sont prismatiques ou octaédriques. Les cristaux sont souvent maclés parallèlement à *m*, de manière à former, par l'assemblage des cinq cristaux, des lentilles pentagonales.

Clivages : *m* assez facile; $e^1$ traces. F. et S.

**MARCELINE** (Beudant). — Voyez Braunite.

**MARCELINE** (Berthier). — Altération de la rhodonite.

**MARÉCANITE** (Min.). —Obsidienne en boules, ou rognons de la grosseur d'un pois ou d'une noisette, engagée dans les obsidiennes ou dans les perlites, particulièrement à Ochotzk.

**MARGARIQUE (ACIDE)**, $C^{17}H^{34}O^2$. — En 1852, Heintz [*Poggend. Ann.*, t. LXXXVII, p. 553] a émis l'opinion que l'acide margarique extrait du suif n'est qu'un mélange d'acides stéarique et palmitique; cinq ans après [*Poggend. Ann.*, t. CII, p. 257], il prépara au moyen du cyanure de cétyle l'acide margarique véritable. Cet acide appartient à la série des acides gras.

*Préparation.* — Köhler [*Zeitsch. für die gesammten Naturwissenschaften*, t. VII, p. 352], en chauffant à 140° du cétylsulfate de potasse avec du cyanure de potassium renfermant de l'alcali libre, a obtenu une certaine quantité d'acide margarique, mais qu'il n'a pas purifié. Becker [*Ann. de Chim. et de Phys.*, (3), t. LII, p. 340], en faisant bouillir de l'iodure de cétyle avec une solution alcoolique de cyanure de potassium, a également obtenu une certaine quantité d'acide margarique impur; plus tard Heintz l'obtint à l'état de pureté. Voici le procédé qu'il a suivi :

On fait bouillir le cyanure de cétyle huileux avec de la potasse alcoolique, aussi longtemps qu'il se dégage de l'ammoniaque; le résidu solide est décomposé par de l'acide chlorhydrique bouillant étendu; on agite l'acide gras qui se sépare, avec de l'ammoniaque aqueuse, et l'on précipite la solution trouble par du chlorure de baryum. Le précipité lavé avec de l'eau et de l'alcool et bouilli à plusieurs reprises avec de l'éther cède à celui-ci un mélange d'éther et d'aldéhyde cétyliques fusible au-dessous de 40°. Pour décomposer le sel de baryum resté indissous, on l'agite avec de l'acide chlorhydrique et de l'éther; après avoir chassé celui-ci, on obtient l'acide margarique, jaunâtre, fusible à 56°,6 et se concrétant en écailles ou en aiguilles déliées. On le purifie en le faisant cristalliser à plusieurs reprises dans l'alcool, en effectuant des précipitations fractionnées du sel de sodium par l'acétate de magnésium et en faisant cristalliser les différentes portions d'acide; on sépare ainsi l'acide margarique pur d'un autre acide plus riche en carbone, qui n'a pu être entièrement purifié. Cet acide, dont la composition correspond à $C^{19}H^{38}O^2$ et semble dériver de $C^{18}H^{37}.CAz$ (cyanure de stéthyle), fond à 66°,2. Les dernières portions d'acide, précipitées par l'acétate de magnésium, renferment l'acide margarique. Convenablement purifié, il constitue des cristaux blancs fusibles à 59°.9 et se concrétant en écailles cristallines par le refroidissement, il présente tous les caractères d'un acide pur et ne peut plus être décomposé en acides d'un point de fusion différent.

Margarates. — *Sel d'argent.* — Précipité gris clair obtenu en précipitant le sel de sodium par le nitrate d'argent; poudre blanche, amorphe, légère après la dessiccation.

*Sel de baryum.* — On précipite la solution alcoolique du sel de sodium par le nitrate de baryum et on lave le précipité avec de l'eau. Poudre blanche, amorphe.

*Sel de sodium.* — On l'obtient comme le myristate de sodium. — Voyez ce mot.

Heintz a étudié les caractères des mélanges suivants dans la composition desquels entre de l'acide margarique :

| Acide margarique. | Acide myristique. | Point de fusion. | Caractères de la matière qui se solidifie. |
|---|---|---|---|
| 90 | 10 | 57° 5 | Écailles cristallines peu distinctes. |
| 80 | 20 | 55 5 | Cristaux indistincts. |
| 70 | 30 | 53 6 | Presque sans caractère cristallin, avec une surface assez unie. |
| 0 | 40 | 50 5 | Amorphe, opaque. |
| 50 | 50 | 46 2 | Idem. |
| 4[illegible] | 60 | 45 6 | Cristallin un peu granuleux. |
| 30 | 70 | 44 7 | Idem, en partie en plus gros grains. |
| 20 | 80 | 48 8 | Idem, grains très-indistincts. |
| 10 | 90 | 51 8 | Opaques, en aiguilles groupées concentriquement, à peine distinctes. |

| Acide margarique. | Acid palmitique. | Point de fusion. | Caractères de la matière qui se solidifie. |
|---|---|---|---|
| 90 | 10 | 58° 7 | Écailles cristallines. |
| 80 | 20 | 57 6 | Idem, ayant un peu l'aspect de fleurs. |
| 70 | 30 | 56 9 | Idem. |
| 60 | 40 | 56 5 | Idem. |
| 50 | 50 | 56 0 | Idem. |
| 40 | 60 | 56 0 | Idem. |
| 30 | 70 | 57 0 | Présente l'aspect de belles fleurs et a presque l'apparence de longues aiguilles. |
| 20 | 80 | 58 6 | En longues aiguilles. |
| 10 | 90 | 60 2 | Idem. |

Remarques sur l'acide margarique décrit dans les mémoires antérieurs a ceux de Heintz. — Chevreul, en 1820, a distingué les acides obtenus dans la saponification des graisses en acide margarique et acide margareux, appelé plus tard acide stéarique; le premier fusible à 60°, le second à 75° et se solidifiant à 70°. Il ne croyait pas avoir établi d'une manière absolue la différence entre ces deux acides, mais pensait que l'acide margarique était un mélange d'acide stéarique et d'un autre acide plus fusible et plus riche en oxygène. Plus tard, l'acide fusible à 60° a été étudié par un certain nombre de chimistes et considéré comme un acide particulier ayant pour formule $C^{17}H^{34}O^2$. En 1852, à la suite de recherches remarquables, Heintz a émis l'opinion que l'acide margarique des auteurs est un mélange d'acide stéarique et d'un autre acide gras plus fusible. Les principes qui ont guidé Heintz dans ses travaux peuvent se résumer ainsi qu'il suit : tous les acides obtenus dans la saponification des graisses renferment un nombre pair d'atomes de carbone; l'acide margarique de la plupart des chimistes peut être séparé en acides palmitique et stéarique; les acides gras sont des mélanges, lors même que ni leur composition ni leur point de fusion ne peuvent être modifiés par des cristallisations répétées; ces mélanges ne peuvent être séparés que par la précipitation fractionnée; ils diffèrent des acides purs par leur point de fusion et la manière de se concréter.

Nous indiquons ici les opinions émises par Heintz, en faisant cette réserve que l'acide phocénique de l'huile de dauphin (Chevreul) ou valérique renferme 5 atomes de carbone, fait qui détruit ce prétendu principe des nombres pairs d'atomes de carbone dans les acides gras naturels. Ajoutons que l'acide margarique synthétique se confond par son point de fusion (59°,9) avec l'acide margarique de M. Chevreul (60°). Ces réserves étant faites, nous rapportons ici l'opinion de M. Heintz: L'acide margarique de Chevreul est un mélange de 90 % d'acide palmitique et de 10 % d'acide stéarique environ; l'acide margarique que Varrentrapp [*Ann. der Chem. u. Pharm.*, t. XXXV, p. 84] a extrait de la graisse d'homme, celui que Gottlieb

[*Ann. der Chem. u. Pharm.*, t. LVII, p. 36] a retiré de la graisse d'oie, et d'autres encore sont des mélanges analogues. L'acide stéarique traité par l'acide azotique ne fournit pas d'acide margarique, comme l'avait indiqué Bromeis [*Ann. der Chem. u. Pharm.*, t. XXXV, p. 86]; c'est la formation de quelques acides volatils qui abaisse le point de fusion de l'acide stéarique indécomposé. L'acide margarique que Bromeis [*Ann. der Chem. u. Pharm.*, t. XXXV, p. 93] aurait obtenu par l'action de l'acide nitrique impur sur l'acide oléique impur n'en contiendrait pas. Oudemans [*Bull. de la Soc. chim.*, 1863, p. 570] a fait voir que l'acide margarique extrait du beurre de Shea par Thomson et Wood [*Journ. für prakt. Chem.*, t. XLVII, p. 237] est un mélange d'acide oléique et d'acide stéarique. L'acide margarique obtenu par la distillation sèche de l'acide stéarique [Redtenbacher, *Ann. der Chem. u. Pharm.*, t. XXXV, p. 46] est en majeure partie de l'acide stéarique indécomposé. Il est probable que l'acide obtenu par Varrentrapp [*Ann. der Chem. u. Pharm.*, t. XXXV, p. 65] dans la distillation sèche de la graisse de bœuf, du saindoux, de l'huile d'olive ou de l'acide oléique impur, possède une composition variant avec la nature de la graisse employée; et lorsque dans la distillation rapide de l'huile d'olive ou de l'acide oléique brut on a obtenu 35 °/₀ d'acide margarique [Varrentrapp, *Ann. der Chem. u. Pharm.*, t. XLV, p. 127], il faut admettre qu'il y a eu décomposition de l'acide oléique et formation d'acide palmitique. Suivant Anderson [*Ann. der Chem. u. Pharm.*, t. LXIII, p. 370], l'huile d'amande mélangée de soufre fournirait à la distillation sèche, à côté d'autres produits, de l'acide margarique; il est probable que c'est de l'acide palmitique provenant de la décomposition de l'acide oléique. L'acide margarique de Poleck, Lewy et d'autres, obtenu par la distillation sèche ou par la saponification de la cire, est sans doute de l'acide palmitique plus ou moins pur. Ph. de C.

**MARGARITE** (Min.) [Syn. *Perlglimmer, corundellite, clingmannite, émerylite*]. — Silicate hydraté d'alumine et de chaux, avec un peu de sesquioxyde de fer, de magnésie, de soude et de potasse. Les rapports de l'oxygène dans

$$CaO, Al^2O^3, SiO^2, H^2O = 1 : 6 : 4 : 1.$$

Petites lames entrelacées, nacrées, ressemblant au mica, d'un blanc quelquefois grisâtre, jaune ou rosé, formant des masses à structure écailleuse; accompagnant le clinochlore au mont Greiner, près Sterzing (Tyrol), et le corindon, dans l'Asie Mineure et en Pennsylvanie.

*Caractères.* — Attaquable par les acides. Dans le tube donne de l'eau. Au chalumeau, se gonfle et fond sur les arêtes.

Dureté, 3,5 à 4,5. Poussière blanche.

Densité, 2,99 à 3,03. Plus fragile que le mica.

*Forme cristalline.* — Orthorhombique $mm = 119°$ à $120°$; $pb^2 = 152°$ à $153°$; $pb^1 = 129°$ à $134°$. Les formes $b^2$, $b^{3/2}$, $b^1$, offrent l'hémiédrie à faces parallèles.

Clivage $p$ très-facile. Macles fréquentes parallèles à $m$. F. et S.

**MARGARODITE.** — Voyez MICA.

**MARIALITE.** — Voyez BERZELINE.

**MARIALITE** [vom Rath] (Min.). — Silicate d'alumine, de soude et de chaux. Les rapports d'oxygène dans $(RO + R^2O) : Al^2O^3 : SiO^2$ sont $1 : 2 : 6$. L'oxygène de la soude est le double de celui de la chaux. C'est par là seulement que cette espèce (?) se distingue de la wernerite. Se trouve dans une roche volcanique à Pianura, près de Naples.

**MARMATITE** (Min.). — Variété brune de blende riche en fer, $3ZnS + FeS$.

**MARMOLITE** (Min). — Variété de serpentine en petites lames facilement clivables dans une direction, plus difficilement dans une autre; sur les lames on peut constater l'existence de la double réfraction à deux axes très-rapprochés. Vert grisâtre pâle. Eclat nacré.

Dureté, 2,5 à 3.

Densité, 2,44 à 2,47.

Celle d'Orijarfvi (Finlande) renferme

$$SiO^2 = 40,0; MgO = 2,4; FeO = 1,8; H^2O = 15,8.$$

**MARNAGE.** — L'emploi de la marne remonte à la plus haute antiquité; Pline attribue aux Gaulois la découverte des effets utiles de cette matière sur les terres cultivées; il ne semble pas que l'usage de la marne ait jamais été abandonné complétement. Au XVIIe siècle, Bernard de Palissy attira de nouveau sur elle l'attention et rappela l'avantage qu'on peut tirer de son emploi.

Les quantités de marne à employer sur le sol sont très-variables; on croyait autrefois qu'une bonne terre arable devait renfermer environ 3 p. °/₀ de carbonate de chaux et on calculait le cube de marne à introduire pour atteindre ce chiffre; aujourd'hui on s'accorde généralement à reconnaître qu'on a, pendant longtemps, exagéré les proportions à employer. Dans le département de la Sarthe, où l'usage de la chaux est aussi très-répandu, on emploie de 50 à 170 hectolitres par hectare; dans la Brie, où les marnages sont très-fréquents, la dose varie entre 100 et 250 hectolitres par hectare.

Pour faciliter l'estimation des quantités à donner, Puvis a dressé un tableau que nous reproduisons et qui repose sur des données pratiques reconnues avantageuses.

| NOMBRE DE MÈTRES CUBES DE MARNE NÉCESSAIRE SUR 1 HECTARE | | | | | | |
|---|---|---|---|---|---|---|
| à une couche de terre labourée à une profondeur de | | | | | | lorsque 100 p. de marne contiennent en carbonate de chaux. |
| 8 centim. | 11 centim. | 14 centim. | 16 centim. | 19 centim. | 22 centim. | |
| 244 | 324,75 | 405 | 487 | 568 | 650 | 10 |
| 122 | 162,5 | 202,5 | 243,5 | 284 | 325 | 20 |
| 81,3 | 108,25 | 135 | 129 | 189,75 | 217 | 30 |
| 61 | 81,25 | 101 | 122 | 142 | 162 | 40 |
| 49 | 65 | 81 | 97,5 | 113,6 | 130 | 50 |
| 40,7 | 54 | 67,5 | 81 | 94,6 | 108 | 60 |
| 35 | 46 | 58 | 69,5 | 81 | 93 | 70 |
| 30,5 | 40,5 | 51 | 61 | 71 | 81 | 80 |
| 27 | 36 | 45 | 54 | 63 | 72 | 90 |
| 24,4 | 32,5 | 40,5 | 49 | 57 | 65 | 100 |

L'effet utile de la marne est dû au calcaire qu'elle renferme; nous avons étudié à l'article CHAULAGE l'action qu'exerce la chaux sur la terre arable, et nous y renvoyons le lecteur. P.-P. D.

**MARNE.** — On désigne sous ce nom une pierre formée d'un mélange de carbonate de chaux et d'argile, qui est assez poreuse pour s'imprégner d'eau quand elle reste exposée à la pluie; pendant l'hiver, cette eau en se gelant augmente de volume et détermine la pulvérisation de la marne, qui dès lors peut être répandue uniformément sur le sol comme de la chaux éteinte.

On distingue plusieurs variétés de marnes: celles qui renferment au moins 50 et au plus 90 ou 95 p. °/₀ de carbonate de chaux sont dites *marnes calcaires*; elles conviennent aux terrains pauvres en calcaires. Les *marnes argileuses* sont celles qui contiennent de 10 à 50 p. °/₀ de calcaire, de 50 à 75 p. °/o d'argile, le reste étant du sable. Quand la proportion de celui-ci atteint de 25 à 75 p. °/o, qu'il y a 10 à 50 p. °/o de calcaire, le reste étant de l'argile, les marnes sont dites *siliceuses*.

La détermination de la composition chimique d'une marne ne présente qu'un médiocre intérêt, car ce n'est pas tant la richesse de cette matière en carbonate de chaux que la facilité avec laquelle elle se délite par l'action de l'eau qui détermine sa qualité. Pour reconnaître si une terre calcaire peut être employée comme marne, il faut en peser 1 kilogramme environ, le placer dans une terrine, le couvrir d'eau, agiter, puis décanter immédiatement, et recommencer cette opération jusqu'au moment où l'eau passe claire; on recueillera les rognons qui ne se seront pas dilatés et on les pèsera séparément. En retranchant leur poids de celui de la marne employée à l'essai, on aura le poids réel de la marne contenue dans l'échantillon. P.-P. D.

**MARRUBIINE** [A. Kromayer, *Arch. der Pharm.*, (2), t. CVIII, p. 257; — E. Harms, *ibid.*, t. CXVI, p. 141]. — Principe amer du marrube (*Marrubium vulgare*). On épuise la plante à plusieurs reprises avec de l'eau bouillante, on traite les extraits réunis par du charbon animal récemment calciné, on lave le charbon à l'eau froide et on le fait bouillir avec de l'alcool.

La solution alcoolique est distillée, le résidu est lavé avec de l'eau et redissous dans l'alcool; la dissolution est additionnée d'eau jusqu'à ce qu'elle commence à se troubler, précipitée par l'acétate de plomb et traitée, après filtration, par l'hydrogène sulfuré. Par l'évaporation lente de la solution filtrée, on obtient des gouttes huileuses, brunâtres, qui, une fois séparées de l'eau mère, se solidifient après quelque temps. Une partie seulement de la marrubiine cristallise, la plus grande partie reste amorphe; ce corps amorphe possède toutes les réactions de la marrubiine cristallisée.

Harms épuise la plante trois fois par l'eau bouillante, évapore la décoction à consistance sirupeuse et traite le résidu par l'alcool à plusieurs reprises. Il ajoute beaucoup de sel marin à la solution alcoolique et l'agite avec 1/3 de son volume d'éther. L'éther dissout le principe amer et le dépose, par l'évaporation, sous forme de cristaux. 25 livres de plante fournissent environ 2 grammes de marrubiine.

Elle cristallise dans l'éther, en tables rhombiques ou en prismes maclés; dans l'alcool, en aiguilles. La modification amorphe ne peut pas être amenée à l'état cristallisé (Kromayer). Lorsqu'on fait cristalliser la marrubiine en la dissolvant à chaud, on obtient toujours une certaine quantité de la modification amorphe; mais il suffit de dissoudre cette dernière dans l'alcool et de faire évaporer lentement la solution pour l'amener de nouveau à l'état cristallisé (Harms). Presque insoluble dans l'eau froide, elle se dissout aisément dans l'alcool et l'éther; ses solutions sont neutres et très-amères. Elle fond vers 160°, et se fige de nouveau par le refroidissement; à une température plus élevée, elle dégage des vapeurs blanches irritantes. Chauffée dans un tube, elle se volatilise sous forme de gouttes huileuses, et il se dégage des vapeurs dont l'odeur rappelle l'essence de moutarde.

L'acide sulfurique concentré dissout la marrubiine en se colorant en jaune-brun; l'acide chlorhydrique chaud et l'acide azotique froid n'agissent pas sur elle; à chaud, ce dernier la dissout en jaune. Les alcalis ne l'altèrent pas. Elle réduit faiblement le nitrate d'argent ammoniacal, mais elle ne précipite ni les sels métalliques ni le tannin. A. H.

**MARTINSITE** (Kenngott). — Voyez KIESERITE.

**MARTINSITE** (Karsten). — Sel gemme renfermant 9 °/o de sulfate de magnésie.

**MARTITE** (Min.). — Ce nom a été donné à des octaèdres réguliers à poussière rouge, formés de sesquioxyde de fer, et qui sont des pseudomorphoses de magnétite en hématite. Le même nom a été appliqué à la magnoferrite, avant que M. Rammelsberg eût fait voir qu'elle renferme de la magnésie. Plusieurs minéralogistes ont pensé que ces cristaux n'étaient pas des pseudomorphoses, et que l'hématite était réellement dimorphe.

**MASCAGNINE** (Min.). — Sulfate d'ammoniaque, $SO^4(AzH^4)^2 + H^2O$, trouvé dans les fissures de la lave, à l'Etna, au Vésuve, etc.

*Forme cristalline.* — Prisme orthorhombique $mm = 107°40'$ $p\,a^1 = 122°56'$.

Clivages $g^1$ parfait; $p$ imparfait.

**MASONITE.** — Voyez SISMONDINE.

**MASOPINE**, $C^{12}H^{18}O^2$. — Substance blanche et cristalline qu'on obtient en épuisant par l'alcool absolu bouillant une matière végétale particulière que les Mexicains ont l'habitude de mâcher. Cette matière, qu'on dit extraite du *Dschilté*, est préalablement épuisée par l'eau bouillante. L'alcool abandonne par le refroidissement des flocons cristallins de masopine. On en obtient encore en ajoutant de l'eau.

La masopine se présente sous forme d'une poudre légère et cristalline, d'un blanc de neige, insipide et inodore, insoluble dans l'eau, soluble dans l'alcool et dans l'éther où elle cristallise en aiguilles ou en petits prismes. Elle s'agglomère sous les doigts. Les cristaux fondent à 155°, et la masse vitreuse qu'on obtient par le refroidissement fond vers 70°.

La distillation sèche de la masopine donne une masse visqueuse à réaction acide. En faisant digérer ce produit avec de l'ammoniaque, et en précipitant la liqueur par l'acide chlorhydrique, on en retire un acide en paillettes nacrées dont le sel d'argent renferme 45,49 °/o $Ag^2O$ et brûle avec une odeur aromatique. La partie insoluble dans l'ammoniaque, rectifiée sur de la chaux, donne une huile mobile d'une odeur de gingembre et contenant 88,02 °/o C et 11,49 °/o H. La masopine se dissout peu à peu dans l'acide nitrique et la solution renferme un acide visqueux, soluble dans l'eau et les alcalis, dont les sels alcalins précipitent en jaune la plupart des dissolutions métalliques [Genth, *Ann. der Chem. u. Pharm.*, t. XLVI, p. 124]. G. S.

**MASSICOT** (Min.). — Oxyde de plomb, PbO, trouvé à Badenweiler, dans le quartz, et au Mexique dans certaines roches volcaniques. Jaune ou rougeâtre, pulvérulent ou en lamelles cristallines.

Dureté, 2. Poussière jaune pâle.

Densité, 8.

**MASTIC (RÉSINE DE).** — Cette résine s'extrait par incision du *Pistacia Lentiscus*, espèce de térébinthacée de l'île de Chio. Elle est en larmes ou en grains jaunâtres, demi-transparentes, fragiles, à cassure vitreuse, d'une odeur agréable et d'une saveur aromatique. Elle se ramollit sous les dents et devient ductile. On l'a employée autrefois comme masticatoire.

Suivant Johnston, elle se compose de deux résines; l'une, $C^{20}H^{30}O^2$ (?), soluble dans l'alcool faible; l'autre, $C^{20}H^{30}O$ (?), insoluble dans ce liquide. Cette dernière a reçu le nom de *masticine* [*Ann. de Chim. et de Phys.*, t. XLIV, p. 338].

**MATICINE.** — Principe amer des feuilles de matico (*Artanthe elongata*, Miquel, ou *Piper angustifolium*), plante du Pérou, employée contre les maladies vénériennes. C'est une matière jaune-brun, d'une odeur désagréable et d'une saveur amère, soluble dans l'eau et dans l'alcool, insoluble dans l'éther. La solution aqueuse donne un précipité jaune avec les alcalis [Hodges, *Phil. Magaz.*, (3), t. XXV, p. 204].

**MATLOCKITE** (Min.). — Oxychlorure de plomb, $Pb^2OCl^2$. En cristaux et en lamelles cristallines superposées, d'un jaune de miel, quelquefois verdâtre, transparentes ou translucides, d'un éclat adamantin, quelquefois nacré, trouvé dans la mine de Cromford-Level, près de Matlock, Derbyshire. L'éruption du Vésuve de 1858 en a fourni des cristaux.

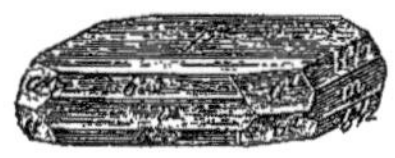
Fig. 398. — Matlockite.

*Caractères*. — Soluble dans l'acide azotique. Dans le tube bouché, décrépite et devient plus jaune. Fond au chalumeau et donne au feu de réduction un globule de plomb. Avec le sel de phosphore et l'oxyde de cuivre, colore la flamme en bleu.

Dureté, 2,5 à 3. Densité, 7,21.

*Forme cristalline*. — Cristaux tabulaires du type quadratique, $p, a^1 = 119°34'$, $p b^{1/2} = 111°50'$. Clivage $p$ imparfait. F. et S.

**MATRICAIRE (CAMPHRE DE)**. — Voyez CAMPHRE, t. I, p. 722.

**MATTE**. — Voyez CUIVRE, t. I, p. 1020.

**MAUILITE**. — Voyez LABRADORITE.

**MAUVÉINE**. — Voyez ANILINE, t. I, p. 311.

**MÉCHLOÏQUE (ACIDE)**. — Acide non chloré, obtenu en même temps qu'une résine chlorée, par l'action du chlore sur la méconine. Il se dissout dans la potasse et dans l'eau bouillante; il est peu soluble dans l'eau froide et cristallise en aiguilles. Composition : 48,72 °/₀ C, 4,07 °/₀ H.

**MÉCONAMIQUE (ACIDE)**. — Voyez ACIDE MÉCONIQUE, p. 324.

**MÉCONIDINE**, $C^{21}H^{23}AzO^4$ [Hesse, *Ann. der Chem. u. Pharm.*, t. CLIII, p. 47; *Bull. de la Soc. chim.*, 1870, t. XIV, p. 74]. — Cet alcaloïde existe, suivant Hesse, en petite quantité dans l'opium. Nous renvoyons pour son extraction à l'article OPIUM.

On l'isole de son chlorhydrate en dissolvant celui-ci dans un peu d'eau, agitant avec du bicarbonate de sodium et de l'éther, et évaporant la solution éthérée. Elle forme une masse amorphe jaunâtre, transparente, fusible à 58°; elle ne se sublime pas. Insoluble dans l'eau, elle se dissout facilement dans l'alcool, l'éther, la benzine, le chloroforme et l'acétone. Elle bleuit le tournesol et neutralise les acides sulfurique, chlorhydrique et acétique.

La méconidine est sans saveur, mais ses sels sont amers.

La potasse produit dans les sels de méconidine un précipité floconneux, soluble dans un excès d'alcali; les différents dissolvants de la base ne l'enlèvent pas à cette solution. L'ammoniaque ou l'eau de chaux en grand excès dissolvent aussi la méconidine, mais l'éther l'enlève à la dissolution.

Les acides forts altèrent facilement la méconidine, surtout à chaud; sa solution dans l'acide sulfurique étendu se colore en rose, puis en pourpre. L'ammoniaque forme dans cette solution un précipité blanc sale très-altérable. L'acide acétique, à chaud, ne décompose la méconidine qu'en partie. L'acide sulfurique concentré la dissout avec une coloration vert-olive, l'acide azotique en rouge-orangé.

Les sels de méconidine sont très-solubles; le *chlorhydrate* et l'*iodhydrate* sont amorphes, solubles dans l'eau et dans l'alcool. Le *chloroplatinate* est un précipité amorphe jaune, qui passe bientôt au rouge; il renferme

$$2(C^{21}H^{23}AzO^4.HCl) + PtCl^4.$$

Le *chloraurate* constitue un précipité amorphe jaune sale. Le *chloromercurate* est blanc et amorphe; l'acide chlorhydrique le colore en rose. A. H.

**MÉCONINE**, $C^{10}H^{10}O^4$ [Dublanc, 1826, *Ann. de Chim. et de Phys.*, t. L, p. 17; — Couerbe, *ibid.*, t. L, p. 337, et t. LV, p. 136; — Regnault, *ibid.*, t. LXVIII, p. 157; — Schindler, *Pharm. centralbl.*, t. V, p. 950; — Anderson, *Ann. Chem. Pharm.*, t. XCVIII, p. 47; — Berthelot, *Compt. rend.*, t. XLVII, p. 262; — Matthiessen et Foster, *Proceed. Roy. Soc.*, t. XVI, p. 39]. — La méconine est une substance neutre, ou plutôt une sorte d'alcool polyatomique (Berthelot) ou d'éther diméthylique (Matthiessen et Foster), signalée pour la première fois dans l'opium par Dublanc, et obtenue par Couerbe à l'état de pureté.

Pour l'obtenir, Couerbe épuisait l'opium de Smyrne par l'eau froide, filtrait et concentrait, précipitait les bases par l'ammoniaque, concentrait de nouveau jusqu'à consistance de mélasse, et abandonnait au froid. En opérant ainsi, on voit se séparer au bout de 15 jours environ des cristaux qu'on exprime et qu'on dessèche; ils renferment la méconine et des méconates. On les épuise alors par l'alcool bouillant, et on concentre ces liqueurs jusqu'à cristallisation. On reprend les cristaux par l'eau chaude, on décolore par le noir animal; enfin on les redissout dans l'éther.

Anderson sépare d'abord de l'extrait d'opium l'acide méconique à l'état de méconate de calcium, en traitant cet extrait par le chlorure de calcium, puis traite comme précédemment par l'ammoniaque; la partie filtrée est additionnée d'acétate de plomb, et l'excès de plomb enlevé par l'acide sulfurique; on filtre encore, on neutralise par l'ammoniaque, et l'on évapore à une chaleur modérée : on sépare ainsi la narcéine et du sel ammoniac. Les eaux mères sont mises en digestion avec 1/2 volume d'éther à 26°, l'éther est distillé et le sirop qui reste traité par l'acide chlorhydrique, qui dissout la papavérine et laisse la méconine, que l'on purifie en la faisant plusieurs fois cristalliser dans l'eau et traitant par du noir animal.

Anderson a aussi obtenu la méconine en traitant la narcotine par l'acide nitrique étendu. Matthiessen et Foster l'ont observée en même temps que l'acide hémipinique dans l'action de la potasse caustique sur l'acide opianique (voyez ces mots) [Matthiessen et Foster, *Chem. Soc. J.*, t. XV, p. 340]. L'équation de cette réaction est la suivante :

$$\underset{\text{Acide opianique.}}{2C^{10}H^{10}O^5} = \underset{\text{Méconine.}}{C^{10}H^{10}O^4} + \underset{\text{Acide hémipinique.}}{C^{10}H^{10}O^6}.$$

Ces derniers auteurs préfèrent obtenir la méconine par l'action de l'hydrogène naissant, produit par l'amalgame de sodium ou par le zinc et l'eau acidulée, sur l'acide opianique; ils précipitent la méconine de la solution en ajoutant de l'acide chlorhydrique. Ils conseillent d'employer des solutions diluées et de veiller à ce que la température s'élève peu. 5 grammes d'acide opianique leur ont fourni 3gr,6 de méconine pure.

La méconine est une substance incolore, inodore, d'abord sans goût, puis d'une saveur âcre, cristallisant en prismes hexagonaux à sommets dièdres. Elle fond à 90° (Couerbe), à 98° (Matthiessen et Foster); elle bout et peut distiller à une plus haute température, et se prend en refroidissant en une substance d'aspect graisseux.

La méconine se dissout dans l'eau, l'alcool et l'éther. La solution aqueuse froide n'en contient que 1/265, bouillante 1/18. Elle se dissout dans les alcalis fixes, peu ou pas dans l'ammoniaque; toutefois, chauffée avec celle-ci à 100°, elle donne une solution que l'eau précipite. Sa solution aqueuse précipite par le sous-acétate de plomb et non par l'acétate neutre.

L'acide chlorhydrique dissout la méconine sans l'altérer; mais si l'on chauffe cette solution en tube scellé, on obtient du chlorure de méthyle et un acide, $C^9H^8O^4$, auquel MM. Matthiessen et Foster, à qui est due cette observation, ont donné le nom d'*acide méthylnorméconique*. L'acide iodhydrique agit de même. Suivant ces auteurs, la méconine serait un éther diméthylique, d'une méconine normale (*norméconine*), dont la formule serait $\left.\begin{matrix}(C^8H^4O)^{\text{iv}}\\ H^2\end{matrix}\right\}O^3$, de sorte qu'on aurait les trois formules suivantes :

| $\left.\begin{matrix}(C^8H^4O)^{\text{iv}}\\ 2CH^3\end{matrix}\right\}O^3$, | $\left.\begin{matrix}(C^8H^4O)^{\text{iv}}\\ H.CH^3\end{matrix}\right\}O^3$, | $\left.\begin{matrix}(C^8H^4O)^{\text{iv}}\\ H^2\end{matrix}\right\}O^3$. |
|---|---|---|
| Méconine ou acide diméthylnorméconique. | Acide méthylnorméconique. | Norméconine (inconnue). |

Suivant Berthelot, il existerait toutefois une combinaison de la méconine avec l'acide stéarique.

L'acide sulfurique dilué dissout la méconine sans l'altérer; toutefois, si l'on évapore, on obtient une solution vert foncé, qui dépose par l'eau des flocons bruns. L'acide sulfurique concentré donne une solution incolore, qui devient pourpre si l'on chauffe. L'acide nitrique dilué ou concentré, chaud ou froid, donne de la nitroméconine. Le chlore forme de la chloroméconine; le chlorure d'iode, de l'iodoméconine; l'eau de brome, de la bromoméconine.

DÉRIVÉS DE SUBSTITUTION DE LA MÉCONINE.

BROMOMÉCONINE, $C^{10}H^9BrO^4$ [Anderson, *loc. cit.*]. — Cristaux incolores, fusibles à 167°, un peu solubles dans l'eau, plus solubles dans l'alcool et l'éther, que l'on obtient en traitant par l'eau de brome la méconine en solution aqueuse.

CHLOROMÉCONINE, $C^{10}H^9ClO^4$ [Anderson, *ibid.*]. — Quand on fait passer un courant de chlore dans une solution aqueuse concentrée de méconine, on obtient des cristaux de chloroméconine, que l'on purifie par des cristallisations dans l'alcool. On obtient ainsi des aiguilles incolores fusibles à 175° et sublimables. Elles sont peu solubles dans l'eau. La chloroméconine dissoute dans l'acide sulfurique froid donne une liqueur vert bleuâtre, dont l'eau précipite des flocons bruns.

IODOMÉCONINE, $C^{10}H^9IO^4$ [Anderson, *ibid.*]. — On l'obtient en abandonnant la solution aqueuse de méconine dans un lieu chaud en présence du chlorure d'iode. L'iode seul n'agit pas. Ces cristaux sont salis par de l'iode libre. On les purifie par une nouvelle cristallisation.

L'iodoméconine forme des aiguilles incolores, fusibles à 112°, presque insolubles dans l'eau, solubles dans l'éther et l'alcool. Elle se dissout dans l'acide sulfurique en s'altérant.

NITROMÉCONINE, $C^{10}H^9(AzO^2)O^4$ [Couerbe, *Ann. Chim. Phys.*, 1835, t. LIX, p. 141]. — Elle se produit en évaporant la méconine dans l'acide nitrique concentré. On la purifie par des cristallisations successives dans l'eau chaude et dans l'alcool.

Elle donne de longs prismes à base carrée, fusibles à 150°, volatilisables en partie vers 100°. Ils sont solubles dans l'eau, l'alcool et l'éther. Les acides eux-mêmes dissolvent la nitroméconine à chaud et la laissent ensuite se déposer par le refroidissement. Elle se dissout aussi dans les alcalis, et les acides l'en précipitent.

Les solutions de nitroméconine précipitent en jaune rougeâtre les sels de fer, en vert ceux de cuivre; elles ne précipitent pas les solutions de manganèse, de chaux, de mercure, de plomb et d'or.

A. G.

**MÉCONIQUE (ACIDE)**, $C^7H^4O^7$ [Sertuerner, *Gilb. Ann.*, t. LV, p. 72; t. LVII, p. 183; t. LXIV, p. 65; — Seguin, *Ann. de Chim.*, t. XCII, p. 228; — Robiquet, *Ann. de Chim. et de Phys.*, t. V, p. 282; — Liebig, *Ann. der Chem. u. Pharm.*, t. VII, p. 237, et t. XXVI, p. 115; — How, *ibid.*, t. LXXXIII, p. 350; — Korff, *ibid.*, t. CXXXVIII, p. 191]. — Cet acide, découvert par Sertuerner, en 1805, dans l'opium, en même temps que la morphine à laquelle il est combiné, a été successivement étudié par Robiquet, Seguin, Choulant, Vogel, Liebig, Gregory, How, Korff. Sa composition a été déterminée par Liebig.

Pour le préparer, on épuise l'opium par l'eau à 38°; on sature par du marbre en poudre, on filtre et l'on évapore à consistance sirupeuse. On ajoute alors un excès de solution concentrée de chlorure de calcium et l'on fait bouillir quelques instants : il se sépare ainsi du méconate de calcium. Le méconate impur obtenu est délayé dans 20 p. d'eau bouillante; on l'additionne de 3 p. d'acide chlorhydrique ordinaire, on agite, on chauffe sans faire bouillir et on obtient par refroidissement des cristaux de méconate acide de calcium, qu'on recueille, qu'on lave et qu'on exprime. Après avoir délayé ce sel dans son poids d'eau chaude, on le mélange avec autant d'acide chlorhydrique que précédemment, on chauffe au-dessous de 100° et on obtient par refroidissement des cristaux d'acide méconique. Ces cristaux, étant délayés dans 3 à 4 fois leur poids d'eau, sont saturés à chaud par la potasse; si on laisse refroidir, on obtient alors du méconate de potassium impur d'où l'on reprécipite l'acide méconique comme on l'a fait pour le sel de calcium; on le transforme de nouveau en sel de potassium que l'on dissout dans 16 p. d'eau chaude, et à cette dissolution on ajoute 3 p. d'acide chlorhydrique; il se dépose par refroidissement du méconate acide de potassium qui, traité à son tour par 3 p. d'acide chlorhydrique, donne des cristaux d'acide méconique pur.

How remplace dans ce procédé la potasse par l'ammoniaque. Le méconate d'ammonium cristallise mieux et peut plus facilement se purifier.

Il convient, dans ces diverses filtrations, d'employer de la toile ou du papier exempt de fer, qui colore en rouge les solutions d'acide méconique.

L'acide méconique cristallise en paillettes micacées, ou en aiguilles formées de petits prismes droits rhomboïdaux. La formule de ces cristaux est $C^7H^4O^7,3H^2O$. Il est doux au toucher, de saveur acide et astringente. Il se déshydrate complètement à 120°. Il se dissout dans 4 p. d'eau à 100°. Il est soluble dans l'alcool et un peu dans l'éther. L'ébullition avec l'eau le colore peu à peu et le transforme en *acide coménique*, suivant l'équation

$$C^7H^4O^7 = CO^2 + C^6H^4O^5.$$

Une addition d'acide au liquide bouillant hâte cette décomposition. La chaleur à 100° produit le même dédoublement. A une température plus élevée, l'acide coménique donne à son tour de *l'acide pyroméconique* en perdant une molécule d'acide carbonique.

Bouilli avec de la potasse concentrée, l'acide méconique donne de l'oxalate et du carbonate de potassium, ainsi qu'une matière brune. L'ammoniaque le transforme en *acide coménamique*. En général, un excès d'alcali colore en jaune l'acide méconique.

L'acide nitrique l'attaque vivement en donnant de l'acide oxalique et de l'acide cyanhydrique.

Le chlore et le brome agissent violemment sur lui et donnent des acides *chloro-* et *bromocoméniques* (voyez t. I, p. 964). L'iodure d'éthyle en dégage de l'acide carbonique et le convertit en acide éthylcoménique.

L'acide méconique n'est point saturé. M. de Korff, en traitant ses solutions par l'amalgame de sodium, lui a fait absorber 6 atomes d'hydrogène et l'a transformé en acide hydroméconique, $C^7H^{10}O^7$.

L'acide méconique, comme les acides coméniques et pyroméconique, prend une couleur rouge de sang quand on le traite par de faibles traces de sels ferriques. Les acides faibles, même à l'ébullition, et le chlorure d'or, qui fait disparaître la réaction analogue produite par les sulfocyanures, n'altèrent pas cette couleur; mais elle disparaît par les hypochlorites alcalins et par plusieurs agents réducteurs.

L'acide méconique est tribasique; cette propriété et le pouvoir qu'il a de fixer 6H et de perdre successivement $2CO^2$ sous l'influence de la chaleur, tendraient à lui faire attribuer la formule rationnelle

$$\begin{array}{l} C(CO^2H)^3 \\ \mid \\ C = \\ \mid \\ C = \\ \mid \\ COH. \end{array}$$

### MÉCONATES.

En tant que tribasique, l'acide méconique donne lieu à trois sortes de sels, dont les formules sont :

| $(C^7HO^7)'''R'^3$, | $(C^7HO^7)'''H.R'^2$, | $(C^7HO^7)'''H^2R'$. |
|---|---|---|
| Méconates trimétalliques. | Méconates bimétalliques. | Méconates monométalliques. |

Les méconates mono- et bimétalliques sont en général incolores; les méconates trimétalliques colorés en jaune. Beaucoup sont insolubles dans l'eau et solubles dans l'acide acétique. Les méconates se colorent en rouge de sang par les sels ferriques.

MÉCONATES D'AMMONIUM. — *a. Méconate monoammonique*, $(C^7HO^7)H^2, AzH^4 + H^2O$. — Ce sel se forme lorsqu'on fait passer un courant de chlore dans la solution du sel suivant. Cristaux durs et grenus, peu solubles dans l'eau froide, formés d'aiguilles microscopiques concentriques. Les eaux mères contiennent les acides chlorocoménique et oxalique.

*b. Méconate biammonique*, $(C^7HO^7)H.2AzH^4$ (à 100°). — On l'obtient en chauffant au bain-marie de l'acide méconique avec deux fois son poids d'eau et ajoutant de l'ammoniaque jusqu'à ce que tout soit dissous. Il cristallise en fines aiguilles radiées à réaction acide, qui paraissent contenir des quantités d'eau variables et qui, séchées à 100°, sont très-hygrométriques.

*c. Méconate triammonique*, $(C^7HO^7)3AzH^4$. — Prismes quadrilatères, solubles dans une fois et demie leur poids d'eau.

MÉCONATES DE POTASSIUM. — *a. Méconate monopotassique.* — On l'obtient en traitant le méconate bipotassique par une quantité insuffisante d'acide chlorhydrique. Aiguilles brillantes.

*b. Méconate bipotassique*, $(C^7HO^7)H.K^2$ (à 100°). — Aiguilles soyeuses, peu solubles à froid, qu'on obtient en ajoutant de la potasse caustique à une solution de méconate calcique.

*c. Méconate tripotassique.* — Se forme quand on ajoute au sel bipotassique un excès de potasse; à l'ébullition, celle-ci le décompose en donnant de l'oxalate.

MÉCONATES DE SODIUM. — *a. Méconate monosodique.* — Grains durs, peu solubles.

*b. Méconate disodique.* — S'obtient avec le méconate bibarytique et le sulfate de soude.

*c. Méconate trisodique.* — Cristallise; très-soluble et efflorescent.

MÉCONATES DE BARYUM. — *a.* Le *méconate barytique* s'obtient comme le sel ammonique correspondant, ou par double décomposition avec le chlorure de baryum et les méconates alcalins. Il est peu soluble dans l'eau et soluble dans l'acide acétique.

*b.* Le *méconate tribarytique* paraît exister dans les flocons jaunes qu'on obtient en traitant l'acide méconique par un excès d'eau de baryte.

MÉCONATES DE CALCIUM. — *a. Méconate monocalcique* $(C^7HO^7)^2.2H^2Ca'' + 2H^2O$. — On obtient ce sel en ajoutant du chlorure de calcium à une infusion d'opium dont on a séparé les alcaloïdes par l'ammoniaque et la potasse. Le mélange, saturé par l'acide chlorhydrique ou acétique, laisse déposer ce sel à l'état impur.

*b. Méconate bicalcique,*

$$(C^7HO^7)^2.H^2Ca^2 + 2H^2O.$$

— On l'obtient en saturant le méconate bipotassique par l'ammoniaque et ajoutant du chlorure de calcium. C'est un précipité jaunâtre gélatineux.

MÉCONATES DE MAGNÉSIUM. — *a.* Le *méconate monomagnésique* est soluble. Aiguilles aplaties.

*b.* Le *méconate bimagnésique* est peu soluble.

MÉCONATES DE FER. — *a.* Le *méconate ferreux* est incolore et très-soluble; il rougit à l'air.

*b. Méconates ferriques.* — Même avec des liqueurs concentrées, on n'a pas, en général, de précipité avec les méconates solubles et les persels de fer; la liqueur devient seulement d'un beau rouge de sang, les réducteurs la décolorent (voyez plus haut). En traitant le sulfate ferrique neutre par du méconate ammonique, on obtient un précipité couleur cinabre, pulvérulent, peu soluble à froid et de composition mal définie.

MÉCONATES DE CUIVRE. — Le *méconate monocuivrique* s'obtient quand on ajoute de l'acide méconique à une solution d'acétate de cuivre. Il est vert jaunâtre. Distillé, il donne beaucoup d'acide pyroméconique. Le méconate de potassium précipite l'acétate de cuivre en vert émeraude.

MÉCONATES D'ÉTAIN. — *a. Méconate stanneux.* — Précipité soluble dans un excès de protochlorure d'étain qu'on obtient en ajoutant ce dernier sel à un méconate alcalin.

*b. Méconate stannique.* — Précipité blanc, soluble dans l'acide nitrique, qui se forme avec les méconates alcalins et les sels de bioxyde d'étain.

MÉCONATES DE PLOMB. — *a. Méconate triplombique*, $(C^7HO^7)^2\ 3\ Pb'' + 2H^2O$. — C'est un précipité blanc, floconneux, insoluble à froid et à chaud, qu'on obtient en ajoutant de l'acide méconique en excès à de l'acétate neutre de plomb.

*b.* Des *méconates à excès de base* s'obtiennent lorsqu'on ajoute des méconates alcalins à du sous-acétate plombique.

MÉCONATES D'ARGENT. — *a. Méconate biargentique*, $(C^7HO^7)H.Ag^2$ (à 100°). — Poudre blanche, insoluble dans l'eau et soluble dans les acides, qu'on obtient en ajoutant du nitrate d'argent à une solution concentrée à chaud d'acide méconique. Chauffé avec l'eau, il se convertit peu à peu en méconate triargentique. Chauffé avec une petite quantité d'acide nitrique, il produit, avec effervescence, un précipité blanc de cyanure d'argent, et la liqueur contient de l'oxalate d'argent.

*b. Méconate triargentique*, $(C^7HO^7)Ag^3$ (à 120°). — On le prépare en sursaturant légèrement d'ammoniaque la solution d'acide méconique et ajoutant du nitrate d'argent. A l'état sec, ce sel se décompose avec explosion.

MÉCONATES DE MERCURE. — *a. Méconate mercureux.* — Flocons jaune clair, qu'on obtient par double décomposition.

*b. Méconate mercurique.* — Flocons jaune clair, solubles dans les acides et le sel marin, qu'on obtient aussi par double décomposition.

ÉTHERS MÉCONIQUES.

On ne connaît pas d'éthers méconiques où les 3 hydrogènes basiques soient remplacés par 3 radicaux alcooliques. Ceux dans lesquels 1 ou 2 radicaux alcooliques remplacent H ou $H^2$ sont donc des éthers acides. On ne connaît que l'acide éthylméconique $(C^7HO^7)H^2.C^2H^5$, et l'acide diéthylméconique $(C^7HO^7)H.2C^2H^5$.

Acide éthylméconique $(C^7HO^7)H^2.C^2H^5$ [How, *loc. cit.*]. — C'est un acide bibasique donnant deux séries de sels métalliques fort stables, des éthylméconates monométalliques,

$$(C^7HO^7)H.R'.C^2H^5,$$

et des éthylméconates bimétalliques,

$$(C^7HO^7).R'^2.C^2H^5.$$

Les sels acides cristallisent aisément.

Cet acide se forme quand on fait passer un courant d'acide chlorhydrique sec dans une solution d'acide méconique dans l'alcool absolu. On obtient ainsi des cristaux qui, purifiés par une nouvelle cristallisation dans l'eau chaude, constituent de petites aiguilles anhydres, solubles à chaud dans l'eau, l'alcool et l'éther. L'acide éthylméconique fond à 158°. Sa solution décompose les carbonates, coagule, altère même et colore en rouge vif les sels ferriques. Quand l'alcool n'est pas absolu, il paraît se former, dans la préparation de l'acide éthylméconique, une combinaison amorphe, peu soluble dans l'eau froide, d'acides méconique et éthylméconique. On connaît les sels barytique, cuivrique, ferrique, plombique et argentique de ce dernier acide.

Acide diéthylméconique. $(C^7HO^7)H.2C^2H^5$. — Acide monobasique qui se trouve dans l'eau mère d'où l'on a séparé l'acide éthylméconique. Quand on l'évapore au bain-marie, il reste une huile qui se concrète par le refroidissement. Purifié par une nouvelle cristallisation, l'acide diéthylméconique forme des prismes aplatis, incolores, fusibles à 110°, solubles dans l'eau et dans l'alcool. Il possède une réaction très-acide, décompose les carbonates et colore en rouge les sels ferriques. On a obtenu les sels ammonique, barytique, strontique, calcique, magnésique, cuivrique, plombique et argentique de cet acide.

DÉRIVÉS DE L'ACIDE MÉCONIQUE.

Acide hydroméconique. — Voyez t. II, p. 76.

Acide méconamique, $C^7H^5AzO^6$(?) [How, *loc. cit.*]. — Le sel ammoniacal de cet acide paraît se former quand on ajoute une solution d'ammoniaque à l'acide éthylméconique. Il se produit ainsi une substance gélatineuse, jaune foncé, qui, dissoute à chaud dans l'eau et traitée par l'acide chlorhydrique, donne l'acide méconamique auquel How attribue la formule $C^{84}H^{66}Az^7O^{73}$. Gerhardt a donné la formule précédente.

Le *méconamate d'ammonium* est une poudre jaune, amorphe, soluble dans l'eau bouillante, insoluble dans l'alcool. Le *sel de baryum* et celui *d'argent* sont aussi des précipités jaunes et gélatineux.

Lorsqu'on traite l'acide diéthylméconique par l'ammoniaque, il paraît se former l'acide méconodiamidique,

$$C^7H^6Az^2O^5 = C^7H^2(AzH^4)^2O^7 - 2H^2O.$$

A. G.

**MEDJIDITE** (Min.). — Sulfate d'uranyle et de calcium hydraté, d'une couleur jaune foncé, transparent, d'un éclat vitreux dans la cassure, trouvé à Andrinople (Turquie d'Europe), dans la pechblende, et aussi à Joachimsthal, avec liebigite.

Dureté, 2,5.

**MÉDULLINE.** — Variété de cellulose.

**MÉDULLIQUE (ACIDE)**, $C^{21}H^{42}O^2$. — Acide gras se trouvant, avec les acides palmitique et oléique, dans la moelle de bœuf. Le mélange acide provenant de la saponification de la moelle en renferme à peu près 10 %. Il fond à 72°,5 [C. Eylerts, *Arch. der Pharm.*, (2), t. CIV, p. 129].

**MÉGABASITE**, Breithaupt (Min.) [Syn. *Blumite*]. — Tungstate de manganèse et de fer, renfermant moins d'acide tungstique que le wolfram. On a indiqué les rapports d'oxygène

pour RO et $WO^3 = 4 : 9$.

Il se présente en fines aiguilles d'un brun violacé ou rougeâtre, qui sont orthorhombiques, avec les angles du wolfram.

*Caractères.* — Ceux du wolfram.

Dureté, 3,5 à 4. Poussière brun jaunâtre pâle.

Densité, 6,4 à 6,96.

Se trouve à Schlaggenwald (Bohême), où il est quelquefois altéré en une matière jaune, d'apparence argileuse.

**MÉINE.** — Huile épaisse et inodore, non volatile sans décomposition, qu'on obtient en épuisant la racine d'*Athamantha Meum* d'abord par l'eau bouillante, puis par l'alcool à 70 %, en reprenant l'extrait alcoolique par l'éther et en évaporant celui-ci.

**MÉIONITE.** — Voyez Wernerite.

**MÉLACONITE** (Min.) [Syn. *Tenorite*]. — Oxyde de cuivre CuO, d'un éclat demi-métallique, d'un gris de fer, pulvérulent ou en masses terreuses, rarement en cubo-octaèdres, paraissant être pseudomorphiques. Abondant dans les mines du Lac supérieur et à Duckton-Mine, Tennessee, et accompagnant dans d'autres localités aussi les divers minerais dont il est une altération. Dans la lave du Vésuve, en lamelles hexagonales ou triangulaires, flexibles.

Dureté, 3. Poussière grise; tache les doigts.

Densité, 5,9 à 7,2.

*Caractères.* — Infusible à la flamme oxydante; soluble dans les acides. Au chalumeau, réactions du cuivre.

**MÉLAÏNE.** — Matière noire contenue dans le liquide que la seiche répand autour d'elle pour obscurcir l'eau et se soustraire à la poursuite de ses ennemis. Elle est insoluble dans l'eau, dans l'alcool et dans l'éther, se dissout dans les acides nitrique ou sulfurique concentrés, mais ne se dissout ni dans l'acide chlorhydrique, ni dans l'acide acétique, ni dans les carbonates alcalins. La potasse concentrée donne avec elle un liquide brun, qui précipite par les acides sulfurique ou chlorhydrique. Ce sont là des caractères analogues à ceux du pigment noir de l'œil [Bizio, *Handw. der Chem.*, t. V, p. 160].

**MÉLAM.** — Voyez Cyanamides, t. I, p. 1054.

**MÉLAMINE.** — Voyez Cyanamides, t. I, p. 1054.

**MÉLAMPYRITE.** — Voyez Dulcite, t. I, p. 1188.

**MÉLANCHLORE** (Min.). — Altération de la triphylline. Phosphate de fer et de manganèse hydraté.

**MÉLANCHYME** (Min.) [Syn. *Rochlederite*]. — Résine fossile d'un brun rougeâtre, transparente ou translucide, fondant à 100°; trouvée en gros fragments dans le lignite de Zweifelsreuth, Bohême; soluble en partie dans l'alcool; c'est la partie soluble (C = 76,8; H = 9,1; O = 14,1) dont on a fait le mélanchyme; la partie insoluble constitue la mélanellite (C = 67,1; H = 4,8; O = 28,1), qui est noire et gélatineuse.

**MÉLANELLITE.** — Voyez Mélanchyme.

**MÉLANHYDRITE.** — Voyez Palagonite.

**MÉLANILINE.** — Voyez Phénylguanidine.

**MÉLANINE** [Berzelius, *Lehrb. der Chem.* 3e édit. allem., t. IX, p. 522; — Scherer, *Ann. der Chem. u. Pharm.*, t. XL, p. 63; — Heintz,

*Arch. f. pathol. Anat.*, t. III, p. 477; *Lehrb. der Zoochemie*, p. 811; — W. Dresler, *Vierteljahrsschr. f. prakt. Heilkunde*, Prag, t. LXXXVIII, p. 9]. — Matière noire qui s'étend en couche serrée sur la surface interne de la choroïde. Elle recouvre aussi les vaisseaux et les nerfs chez la grenouille et chez d'autres reptiles. La mélanine paraît constituer le pigment noir des ganglions bronchiques, du tissu pulmonaire, de la couche de Malpighi, de la peau des nègres, des tumeurs mélaniques, etc.

La mélanine est noire, insoluble dans l'eau, l'alcool, l'éther, le chloroforme, le sulfure de carbone et l'alcool acidulé par l'acide sulfurique. La potasse la dissout lentement avec dégagement d'ammoniaque. L'acide chlorhydrique précipite de cette solution des flocons bruns. Suivant Dresler, la mélanine sèche se gonfle dans l'eau et lui communique une teinte brunâtre; elle se dissout dans les alcalis et carbonates alcalins, et est précipitée par les acides, par l'acétate de plomb et le nitrate de baryum.

Les analyses qu'on a faites de cette matière ne concordent pas; elle renferme des cendres contenant du chlorure de sodium, du phosphate et du carbonate de calcium, ainsi qu'une grande quantité d'oxyde de fer. Nous citons les chiffres obtenus par MM. Scherer et Dresler.

| | Scherer. | Dresler. |
|---|---|---|
| Carbone............ | 57,79 | 51,73 |
| Hydrogène......... | 5,98 | 5,07 |
| Azote............. | 13,77 | 13,24 |
| Oxygène........... | 22,46 | 29,96 |
| | 100,00 | 100,00 |

La substance analysée par Dresler était isolée des granulations d'un cancer mélanique de l'œil; elle renfermait encore 1,47 °/o de cendres. Dresler déduit de cette analyse la formule $C^9H^{10}Az^2O^4$, qui manque de contrôle.

La présence du fer dans la mélanine et la nature des parties où on la rencontre semblent indiquer qu'elle résulte de la transformation de l'hématine (hématosine) (Lehmann). A. H.

**MÉLANIQUE (ACIDE)**, $C^{10}H^8O^5$ [Piria, *Ann. de Chim. et de Phys*, (2), t. LXIX, p. 281]. — Le salicylure de potassium exposé à l'état humide, à l'air, se couvre de taches, d'abord vertes, qui deviennent ensuite noires; le sel finit par se transformer en une masse d'aspect charbonneux. Lorsqu'on fait l'expérience dans une éprouvette remplie d'oxygène, ce gaz est absorbé peu à peu, sans qu'il se forme un autre gaz.

Le produit de cette métamorphose contient de l'acétate de potassium et un corps noir insoluble dans l'eau. Ce dernier ressemble au noir de fumée; il est insipide, insoluble dans l'eau, très-soluble dans l'alcool, dans l'éther et dans les solutions alcalines. Les acides le précipitent de nouveau sans altération de ses solutions dans les alcalis. Il décompose les carbonates.

Piria a nommé cette substance *acide mélanique*; il la représente par la formule $C^{10}H^8O^5$, et exprime la réaction par l'équation suivante :

$$\underset{\text{Salicylure de potassium.}}{2C^7H^5KO^2} + 3O + 2H^2O$$
$$= \underset{\text{Acide mélanique.}}{C^{10}H^8O^5} + \underset{\text{Acétate de potassium.}}{2C^2H^3KO^2}.$$

L'acide mélanique possède à peu près la composition de la substance noire qui se produit par l'action des alcalis sur la quinone.

Le *mélanate d'ammonium* s'obtient en traitant l'acide mélanique par l'ammoniaque.

Le *mélanate d'argent*, préparé par double décomposition, est un précipité noir. Sa composition se rapproche de la formule $C^{10}H^6Ag^2O^5$ (Exp. : C = 27,27 °/o ; H = 1,95 °/o ; Ag = 48,00). A. H.

**MÉLANITE**. — Voyez GRENAT.

**MÉLANOCHROÏTE** (Min.) [Syn. *Phœnicochroïte*. — Chromate de plomb, $3PbO,2CrO^3$, en cristaux tabulaires ou réticulés, clivables dans une direction, d'une couleur rouge cochenille ou hyacinthe, devenant jaune-citron à l'air, d'un éclat résineux ou adamantin; trouvé dans le quartz à Beresow, Oural, avec crocoïse, pyromorphite, vauquelinite, etc.

*Caractères.* — Ceux de la crocoïse.

Dureté, 3 à 3,5. Poussière rouge-brique.

Densité, 5,75.

*Forme cristalline.* — Orthorhombique (?).

**MÉLANOLITE** (Min.). — Silicate hydraté de fer et d'aluminium, en masses compactes, noires et opaques, se rapprochant de l'hissingérite.

**MÉLANOXYMIDE**. — Voyez PHÉNYLAMINE.

**MÉLANTÉRITE** (Min.) [Syn. *Fer sulfaté, vitriol vert*]. — Sulfate ferreux,

$SO^4Fe + 7H^2O$.

Se trouve en cristaux limpides, vert pâle, en masses fibreuses, concrétionnées ou stalactitiformes, provenant de la décomposition de la pyrite ou de la marcassite.

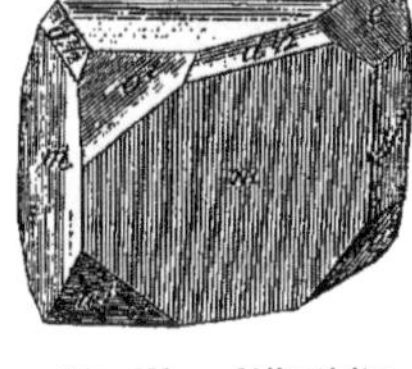
Fig. 399. — Mélantérite.

S'altère à l'air et devient brun de rouille.

Dureté, 2. Poussière blanche.

Densité, 1,83 à 2.

*Forme cristalline.* — Prisme clinorhombique, $mm = 82°21'$; $pa^1 = 136°18'$, $pd^{1/2} = 123°40'$.

**MÉLANURIQUE (ACIDE)**,

$$C^3H^4O^2 = (CAz)^3\begin{cases}OH\\OH\\AzH^2\end{cases}$$

[Liebig et Wœhler, *Ann. der Chem. u. Pharm.*, t. LIV, p. 371].

Cette substance se forme en même temps que l'acide cyanurique, par l'action prolongée de la chaleur sur l'urée. On fait bouillir le mélange avec de l'eau, qui dissout l'acide cyanurique et laisse l'acide mélanurique sous forme d'une poudre blanche, insoluble dans l'eau, soluble dans les acides et les alcalis. En neutralisant ces solutions, on en précipite l'acide mélanurique. Chauffé, il donne de l'ammoniaque et de l'hydromellon; l'ébullition avec les acides ou les alcalis le dédouble en ammoniaque et acide cyanurique :

$$(CAz)^3\begin{cases}OH\\OH\\AzH^2\end{cases} + HCl + H^2O$$
$$= (CAz)^3\begin{cases}OH\\OH\\OH\end{cases} + AzH^4Cl.$$

Récemment M. G. Bouchardat a trouvé de l'acide mélanurique dans les produits de l'action du chlorure de carbonyle sur le gaz ammoniaque [*Compt. rend.*, t. LXIX, p. 961]. A. H.

**MÉLASSIQUE (ACIDE)**. — L'eau de baryte saturée à chaud réagit vivement à 100° sur le glucose; il se forme de l'acide glucique (t. I, p. 1650); mais si l'on maintient pendant quelque temps le mélange à une température élevée, la masse se colore de plus en plus. Le résidu de la réaction, dissous dans l'eau et précipité par l'acide chlorhydrique, fournit des flocons noirs, insolubles dans l'eau, solubles dans l'alcool. Ce corps, qui a reçu le nom d'*acide mélassique*, a donné à l'analyse : C = 61,45 %; H = 5,35, chiffres qui conduisent sensiblement à la formule

$$C^{12}H^{10}O^{5} = C^{12}H^{24}O^{12} - 7H^{2}O$$

[Peligot, *Ann. de Chem. et de Phys.*, (2), t. LXVII, p. 157].

**MÉLÈNE.** — Voyez PARAFFINE.

**MÉLÉTINE.** — Syn. de QUERCÉTINE.

**MÉLÉZITOSE,** $C^{12}H^{22}O^{11}$ [Berthelot, *Ann. de Chim. et de Phys.*, (3), t. LV, p. 28 ]. Sous le nom de manne de Briançon on désigne une exsudation sucrée produite par le mélèze (*Pinus Larix*, Linn.), qui est presque entièrement formée par un sucre particulier, le *mélézitose*. Pour l'extraire, on traite la manne de Briançon par l'alcool bouillant, on évapore à consistance d'extrait, et on abandonne pendant quelques semaines. Le mélézitose cristallisé est comprimé, lavé à l'alcool tiède, et recristallisé dans l'alcool bouillant.

Le mélézitose se présente sous la forme de petits cristaux courts, durs et brillants, qui paraissent être des prismes clinorhombiques. Il a un goût sucré beaucoup plus faible que celui du sucre de canne. Séché à la température ordinaire, il renferme de l'eau de cristallisation qu'il perd facilement par efflorescence; chauffé à 110°, il renferme $C^{12}H^{22}O^{11}$; au-dessus de 140°, il fond en un liquide transparent qui, par le refroidissement, se solidifie en une masse vitreuse.

Il est très-soluble dans l'eau, peu soluble dans l'alcool ordinaire bouillant, presque insoluble dans l'alcool froid, insoluble dans l'éther. Sa solution aqueuse devient sirupeuse avant de cristalliser. Il est dextrogyre; son pouvoir rotatoire, rapporté à la teinte de passage, est égale à + 94°,1, et diminue sous l'influence des acides. Les réactions générales sont celles du sucre de canne; avec l'acide azotique, il donne de l'acide oxalique sans acide mucique. Sous l'influence de l'acide sulfurique étendu, il se change en un glucose analogue au glucose de raisin.

Le mélézitose ne diffère donc du sucre de canne que par son pouvoir rotatoire un peu plus grand, et qui ne change pas de signe sous l'influence des acides, et par une résistance un peu plus marquée à l'action du ferment et des réactifs. E. G.

**MÉLILITHE** (Min.). — Voyez HUMBOLDTILITHE.

**MÉLILOTIQUE (ACIDE)** [Syn. *Acide hydrocoumarique, acide oxyphényl-propionique*],

$$C^{9}H^{10}O^{3}$$

[Zwenger et Bodenbender, *Ann. der Chem. u. Pharm.*, t. CXXVI, p. 257, et *Bull. de la Soc. chim.*, 1864, t. I, p. 145; — Zwenger, *Ann. der Chem. u. Pharm.*, 1867; supplément, t. V, et *Bull. de la Soc. chim.*, 1868, t. IX, p. 126]. — Il existe en partie libre, en partie combiné avec la coumarine dans le mélilot, où il a été découvert par Zwenger et Bodenbender, et se forme aussi par l'action de l'hydrogène naissant sur la coumarine (Zwenger). Pour l'extraire du mélilot, on précipite par le sous-acétate de plomb (sans en employer un excès) la solution aqueuse de l'extrait éthéré de mélilot; on épuise le précipité par l'eau bouillante jusqu'à ce que celle-ci ne donne plus par le refroidissement des cristaux de mélilotate de plomb. On décompose ce sel par l'hydrogène sulfuré, et l'on évapore au bain-marie la liqueur filtrée. On précipite l'acide mélilotique en le transformant de nouveau en sel de plomb par l'acétate neutre, lavant le sel à l'éther, si son odeur indique qu'il retient encore de la coumarine, et décomposant par l'hydrogène sulfuré. Le mélilot sec fournit 1 à 1,25 pour mille d'acide mélilotique.

On transforme la coumarine en acide mélilotique, en traitant par l'amalgame de sodium à 40° ou 60° la coumarine en présence de beaucoup d'eau additionnée d'un peu d'alcool; on ne doit ajouter l'amalgame que peu à peu, à mesure que la réaction alcaline, qui s'établit d'abord, a disparu. Lorsque toute la coumarine est transformée, on ajoute de l'acide acétique; il se dépose un peu de coumarine non modifiée, et la solution additionnée d'acétate de plomb donne un précipité cristallin de mélilotate de plomb.

L'acide mélilotique, étudié par Zwenger, est en petits prismes incolores, transparents; il se sépare de sa solution aqueuse, saturée, en prismes volumineux; à 18°, il se dissout dans 20 p. d'eau, et dans 0,918 p. seulement à 40°; il est encore plus soluble dans l'alcool et dans l'éther. Il fond à 82°. Ses solutions sont très-acides; son odeur est faiblement aromatique, sa saveur est astringente. Les alcalis en excès donnent à sa solution une teinte verdâtre. Avec le chlorure ferrique, l'acide mélilotique se colore en bleu, puis donne un précipité brunâtre. Par la potasse en fusion, il se transforme en acide salicylique et en acide acétique :

$$C^{9}H^{10}O^{3} + 2H^{2}O$$
$$= C^{7}H^{6}O^{3} + C^{2}H^{4}O^{2} + 4H.$$

Il est isomérique avec l'acide phlorétique, l'acide hydroparacoumarique, l'acide phényllactique, etc. (voir p. 151). Soumis à l'action de la chaleur, il donne l'anhydride mélilotique $C^{9}H^{8}O^{2}$. — Voyez plus loin.

MÉLILOTATES MÉTALLIQUES. — Ils ne renferment qu'un seul atome de métal, l'acide mélilotique est monobasique et probablement diatomique; on n'a pas encore décrit de combinaison qui prouve sa diatomicité.

Les mélilotates sont cristallisables; les sels solubles s'obtiennent par l'action de l'acide sur les carbonates; les sels insolubles sont préparés par double décomposition. Par une température élevée, ils se colorent en violet en fournissant de l'anhydride mélilotique; par une plus forte chaleur, ils se charbonnent en donnant de l'acide phénique.

*Mélilotate d'ammonium.* — Aiguilles soyeuses, solubles dans l'eau et dans l'alcool.

*Mélilotate d'argent,* $C^{9}H^{9}O^{3}Ag$. — Il est un peu soluble dans l'eau bouillante, qui l'abandonne en aiguilles soyeuses presque toujours colorées en gris.

*Mélilotate de baryum,* $(C^{9}H^{9}O^{3})^{2}Ba + 6H^{2}O$. — Fines aiguilles nacrées, solubles dans l'eau et dans l'alcool, perdant leur eau de cristallisation à 100°.

*Mélilotate de calcium,* $(C^{9}H^{9}O^{3})^{2}Ca$. — Petits sphéroïdes blancs, à structure fibreuse, peu solubles à chaud dans l'eau et dans l'alcool, solubles dans l'acide acétique chaud, d'où ils cristallisent par le refroidissement.

*Mélilotate de cuivre,* $(C^{9}H^{9}O^{3})^{2}Cu + H^{2}O$. — Précipité cristallin vert, perdant son eau à 100°. Par l'ébullition de sa solution alcoolique, la liqueur se décolore et il se sépare un précipité blanc bleuâtre.

*Mélilotate de magnésium,*

$$(C^{9}H^{9}O^{3})^{2}Mg + 2H^{2}O.$$

— Il cristallise en écailles nacrées, grasses au toucher, efflorescentes, perdant toute leur eau à 100°.

*Mélilotate de plomb,* $(C^{9}H^{9}O^{3})^{2}Pb$. — Précipité blanc cristallin, soluble dans un excès de sous-acétate de plomb. Il se dissout facilement dans l'acide acétique, qui le laisse cristalliser sans altération; il est un peu soluble dans l'eau bouillante.

*Mélilotate de potassium,* $C^{9}H^{9}O^{3}K$. — Il fond à 125° en perdant de l'eau de cristallisation; il est très-soluble dans l'eau et dans l'alcool.

*Mélilotate de zinc*, $(C^9H^9O^3)^2Zn + H^2O$. — Il est en tables quadrangulaires, en partie blanches et mates, d'une réaction acide, peu solubles dans l'eau à froid. Il perd son eau à 100°.

ÉTHER MÉLILOTIQUE, $C^9H^9O^3,C^2H^5$. — Le mélilotate d'éthyle s'obtient soit par l'action du gaz chlorhydrique sur la solution alcoolique de l'acide, soit par l'action de l'iodure sur le sel d'argent au bain-marie, ou sur le sel de plomb en tubes scellés.

Il cristallise de sa solution éthérée en gros prismes incolores, clinorhombiques. Il fond à 34° et bout à 273°. Il est très-soluble dans l'alcool et dans l'éther, un peu soluble dans l'eau bouillante; son odeur est celle de la cannelle. La potasse le décompose rapidement.

DÉRIVÉS BROMÉ ET NITRÉ. — *Acide bibromomélilotique*, $C^9H^8Br^2O^3$. — Il s'obtient par l'action du brome sur l'acide mélilotique sec. Il est en aiguilles incolores, brillantes, transparentes, fusibles à 115°; il distille sans altération. Il est un peu soluble dans l'eau bouillante, et très-soluble dans l'alcool et dans l'éther.

Le *bibromomélilotate de baryum*,

$$(C^9H^7Br^2O^3)^2Ba + 10H^2O,$$

cristallise en aiguilles soyeuses, qui perdent leur eau à 100°.

ACIDE BINITROMÉLILOTIQUE, $C^9H^8(AzO^2)^2O^3$. — On le prépare par l'action de l'acide azotique, d'une densité de 1,2, ou par celle de l'acide azotique concentré à l'ébullition; dans le premier cas, il paraît être mélangé d'un peu du dérivé mononitré; dans le second cas, il se forme plus ou moins d'acide oxalique. On le purifie par de nouvelles cristallisations dans l'eau, puis dans l'alcool.

Il est en aiguilles brillantes, d'un jaune de miel, qui paraissent être des prismes orthorhombiques. Peu soluble à froid dans l'eau, il se dissout facilement dans l'alcool. Il fond à 155°, et ne détone pas par la chaleur. Il est doué d'un pouvoir colorant considérable, rappelant celui de l'acide picrique.

Ses sels sont jaunes, peu solubles, cristallins; le sel de baryum renferme

$$(C^9H^7(AzO^2)^2O^3)^2Ba + 2H^2O.$$

AMIDE MÉLILOTIQUE, $C^9H^9O^2,AzH^2$. — L'anhydride mélilotique se dissout à froid dans l'ammoniaque concentrée, et la solution abandonne par l'évaporation la mélilotamide ou amide mélilotique, en fines aiguilles soyeuses, fusibles à 70°. Un peu soluble dans l'eau, elle se dissout dans l'alcool et dans l'éther. Les acides et les alcalis la décomposent facilement; elle se colore en bleu indigo par le chlorure ferrique. Une température élevée paraît la décomposer en anhydride mélilotique et ammoniaque.

ANHYDRIDE MÉLILOTIQUE OU HYDROCOUMARINE, $C^9H^8O^2$. — Il se produit par la distillation de l'acide mélilotique; il se forme même en petite quantité lorsque celui-ci est maintenu en fusion. Par la distillation de l'acide mélilotique, on obtient l'anhydride mélilotique sous la forme d'un liquide incolore qui, séché sur le chlorure de calcium, redistillé et abandonné dans le vide, se prend en une masse cristalline.

Ce corps forme des tables rhomboïdales, dures et brillantes, fusibles à 25°; il bout à 272°. Son odeur rappelle celle de la coumarine; soluble dans l'éther et l'alcool; il se dissout en petite quantité dans l'eau bouillante. L'action prolongée de l'eau le transforme en acide mélilotique.

*Constitution de l'acide mélilotique* [Fittig, *Zeitsch. für Chem.*, nouv. sér., t. IV, p. 595, et *Bull. de la Soc. chim.*, 1869, t. XII, p. 65]. — M. Fittig déduit la constitution de l'acide mélilotique de celle qu'il attribue à l'acide coumarique. Il représente par l'équation suivante la synthèse de l'acide coumarique effectuée par Perkins en traitant l'hydrure de salicyle sodé par l'anhydride acétique :

$$C^6H^4\left\{\begin{matrix}OH\\CO\end{matrix}\right. + \left.\begin{matrix}CH^3.CO\\CH^3.CO\end{matrix}\right\}O$$

Salicylure de sodium. — Anhydride acétique.

$$= C^6H^4\left\{\begin{matrix}OH\\CH=CH-CO^2H\end{matrix}\right. + CH^3.CO^2Na.$$

Acide coumarique. — Acétate de sodium.

L'acide coumarique serait l'acide oxycinnamique ou oxyphénylacrylique.

Par suite, l'acide mélilotique ou hydrocoumarique, qui renferme $H^2$ de plus, serait l'acide oxyphénylpropionique,

$$C^6H^4\left\{\begin{matrix}OH\\CH^2.CH^2.CO^2H,\end{matrix}\right.$$

que l'on peut écrire

$$\begin{matrix}CH^2(C^6H^4.OH)\\|\\CH^2\\|\\CO^2H.\end{matrix}$$

Cette dernière formule montre qu'il est de l'acide propionique,

$$\begin{matrix}CH^3\\|\\CH^2\\|\\CO^2H,\end{matrix}$$

dont un atome d'hydrogène est remplacé par l'oxyphényle $C^6H^4,OH$, groupe monoatomique. Son isomérie avec l'acide phényllactique découvert par Glaser, s'exprime par les formules suivantes :

$$\begin{matrix}CH^2(C^6H^5)\\|\\CH.OH\\|\\CO^2H\end{matrix} \qquad \begin{matrix}CH^2(C^6H^4.OH)\\|\\CH^2\\|\\CO^2H\end{matrix}$$

Acide phényllactique. — Acide mélilotique.

Il est homologue de l'acide salicylique qui représente l'acide oxyphénylformique,

$$\begin{matrix}C^6H^4.OH\\|\\CO^2H.\end{matrix}$$

E. G.

**MÉLINITE** (Min.). — Argile ocreuse, jaune, happant fortement à la langue, prenant de l'éclat par le frottement; tendre et friable.

Densité, 2,24. Infusible au chalumeau. Devient noire et magnétique au feu de réduction.

**MELINOPHANE** (Min.). — Fluosilicate de calcium, de glucinium et de sodium, avec potasse, lithine, oxyde ferrique, alumine, oxyde manganeux, magnésie et eau. Les rapports d'oxygène dans $SiO^2$, RO, $R^2O$, sont, d'après M. Rammelsberg, = 10 : 6 : 1. Les bases $R^2O$ sont exactement saturées par Fl. Cristaux imparfaits, ou masses cristallines, lamelleuses et feuillées, d'un jaune de miel ou d'un jaune-citron, d'un éclat vitreux.

Transparent ou translucide. Traces de clivage hexagonal. Double réfraction à un axe négatif.

Se trouve dans la syénite zirconienne de Frederichswär (Norwége), accompagné d'éléolithe, de mica, de fluorine, etc.

*Caractères*. — Au chalumeau, colore la flamme en jaune. Avec le spectroscope, on aperçoit les raies de la soude, de la potasse et de la lithine. N'est pas phosphorescent.

Dureté, 5.

Densité, 3.

*Forme cristalline*. — Hexagonale. F. et S.

**MELINOSE**. — Voyez WULFÉNITE.

**MELISSINE**. — Voyez MYRICIQUE (ALCOOL).

**MÉLISSIQUE (ACIDE)**, $C^{30}H^{60}O^2$ [Brodie, *Phil. Mag.*, (3), t. XXXV, p. 244; *Ann. der Chem. u. Pharm.*, t. LXXI, p. 144]. — Acide gras correspondant à l'alcool mélissique. Il se forme avec dégagement d'hydrogène, lorsqu'on chauffe ce dernier avec de la chaux potassée. L'acide mélissique ressemble à l'acide cérotique, mais il fond entre 88° et 89°.

Son sel d'argent, $C^{30}H^{59}O^2.Ag$, est un précipité blanc renfermant 19,44 % d'argent.

**MÉLITOSE**, $C^{12}H^{22}O^{11}$ [Johnston, *Philosoph. Magazine*, juillet 1843, p. 14; — Berthelot, *Ann. de Chim. et de Phys.*, (3), t. XLVI, p. 66]. — Ce principe cristallin et sucré, obtenu pour la première fois par Johnston, a été étudié surtout par Berthelot. Celui-ci l'extrait en traitant par l'eau et le noir animal la manne d'Australie, abandonnant la dissolution à l'évaporation spontanée, comprimant les cristaux formés, et les faisant cristalliser de nouveau.

Le mélitose est en aiguilles entrelacées d'une extrême ténuité, d'un goût très-légèrement sucré; les dissolutions cristallisent jusqu'au bout sans devenir sirupeuses; séché à froid et à l'air libre, il renferme, $C^{12}H^{22}O^{11} + 3H^2O$. A 100°, il perd ses 3 molécules d'eau; par une plus haute température, il se colore et se caramélise.

Dissous dans l'eau, il est dextrogyre; son pouvoir rotatoire rapporté à la teinte de passage est $[\alpha]j = + 88°$. Par l'action de l'acide sulfurique, le pouvoir rotatoire du mélitose est modifié et diminué d'un tiers environ. Par la plupart de ses réactions, il se confond avec le sucre de canne; comme lui, il subit la fermentation alcoolique sous l'influence de la levûre de bière, mais il s'en distingue en ce qu'il donne par l'acide azotique une petite quantité d'un acide, qui paraît être de l'acide mucique, et que, dans la fermentation alcoolique, il donne en outre une matière sucrée particulière, sirupeuse, l'*eucalyne*, $C^6H^{12}O^6$ (voyez EUCALYNE, t. I, p. 1302). La formation de l'eucalyne a lieu en vertu de la réaction suivante :

$$\underset{\text{Mélitose.}}{C^{12}H^{22}O^{11}} + H^2O = 2CO^2 + \underset{\text{Alcool.}}{2C^2H^6O} + \underset{\text{Eucalyne.}}{C^6H^{12}O^6}.$$

E. G.

**MELLAM.** — Voyez t. I, p. 1054.

**MELLAMINE.** — Voyez t. I, p. 1054.

**MELLAMIQUE (ACIDE).** — Voyez MELLIQUE (ACIDE), p. 330.

**MELLIQUE (ACIDE)**, $C^{12}H^6O^{12} = C^6(CO^2H)^6$. — Cet acide a été découvert par Klaproth [*Allgem. Journ. der Chem.*, *von Scherer*, t. III, p. 461. 1799. *Beiträge*, t. III, p. 114], qui l'a extrait de la mellite ou mellate d'alumine, minéral qui se rencontre dans certains lignites. Malgré l'étude qu'en ont faite, après Klaproth, Vauquelin [*Ann. de Chim.*, t. XXXVI, p. 203], M. Wœhler [*Poggend. Ann.*, t. VII, p. 325, t. LII, p. 600, et *Ann. der Chem. u. Pharm.*, t. XXXVII, p. 263], MM. Liebig et Wœhler [*Poggend. Ann.*, t. XVIII, p. 161], Pelouze et M. Liebig [*Ann. der Chem. u. Pharm.*, t. XIX, p. 252], Erdmann et Marchand [*Journ. für prakt. Chem.*, t. XLIII, p. 129], Schwarz [*Ann. der Chem. u. Pharm.*, t. LXVI, p. 46], Erdmann [*Journ. für prakt. Chem.*, t. LII, p. 432], Karmrodt, *Ann. der Chem. u. Pharm.*, t. LXXXI, p. 164], Hugo Müller [*Kekulé, Lehrbuch*, t. II, p. 405], sa constitution et son poids moléculaire étaient restés inconnus, jusqu'aux récentes et belles recherches de M. Bæyer [*Ann. der Chem. u. Pharm.*, supp., t. VII, p. 1, et *Berichte der Deutsch. Chem. Gesellsch.*, t. IV, p. 273]. Ce chimiste a fait voir que l'acide mellique, auquel on attribuait jusqu'alors la formule $C^4H^2O^4$, a en réalité un poids moléculaire triple et est hexabasique au lieu d'être bibasique. Sa formule devient alors

$$C^{12}H^6O^{12} \quad \text{ou} \quad C^6(CO^2H)^6,$$

et l'on peut le considérer comme dérivé de la benzine par substitution de 6 fois le radical $CO^2H$, aux 6H du noyau benzénique. Cette relation est démontrée par la formation de la benzine aux dépens de l'acide mellique ou de ses sels, quand ils sont distillés avec de la chaux sodée, et mieux encore par la découverte d'une série d'acides intermédiaires entre l'acide mellique, $C^6(CO^2H)^6$, et l'acide benzoïque, $C^6H^5(CO^2H)$, et dérivant régulièrement du premier de ces acides. On verra plus loin les détails de ces expériences.

*Préparation.* — D'après M. Wœhler, on pulvérise le mellate d'alumine, et on le traite à chaud par le carbonate d'ammonium. On fait bouillir, pour chasser l'excès de carbonate d'ammonium, et l'on précipite par l'ammoniaque caustique l'alumine qui a pu rester dissoute à la faveur du mellate acide d'ammonium, produit par l'ébullition. Après avoir filtré, on évapore à cristallisation le mellate d'ammonium neutre. On purifie ce sel par de nouvelles cristallisations dans l'eau, avec addition d'ammoniaque. Finalement, on dissout dans l'eau le mellate d'ammonium, et on le précipite par l'acétate de plomb; on lave le précipité et on le décompose par l'hydrogène sulfuré; on filtre et on concentre par évaporation. On peut aussi précipiter le mellate d'ammonium par l'azotate d'argent, et décomposer le précipité par l'acide chlorhydrique.

D'après Erdmann et Marchand, le précipité plombique contient de l'ammoniaque, qui reste combinée avec l'acide mellique mis en liberté par l'hydrogène sulfuré. Il faut précipiter une deuxième fois le produit par l'acétate de plomb et décomposer de nouveau le précipité par l'hydrogène sulfuré, en répétant au besoin ces opérations jusqu'à ce que l'acide soit entièrement dépouillé d'ammoniaque.

Les mêmes chimistes indiquent un autre procédé de purification, qui consiste à faire bouillir le mellate d'ammonium avec un excès d'eau de baryte et à décomposer le bimellate de baryte par digestion avec un léger excès d'acide sulfurique. On filtre ensuite et on fait cristalliser à plusieurs reprises.

On ne peut pas, comme l'avait proposé Vauquelin, décomposer le mellate d'aluminium par le carbonate de potassium, et la liqueur filtrée par l'acide azotique; les cristaux qu'on obtient ainsi sont, d'après M. Wœhler, une combinaison d'azotate et de bimellate de potassium.

On peut, d'après Schwarz, précipiter le mellate d'ammonium impur et coloré, par une solution concentrée de sulfate de cuivre, faire cristalliser ce sel et le décomposer par le sulfhydrate d'ammonium. Le mellate d'ammonium pur ainsi obtenu est versé dans un excès d'azotate d'argent, afin d'éviter qu'il ne reste de l'ammoniaque en combinaison.

*Propriétés.* — L'acide mellique est obtenu par l'évaporation de sa solution aqueuse, sous la forme d'une poudre blanche, ayant à peine une apparence cristalline. Par l'évaporation lente de sa solution dans l'alcool froid, il se dépose en fines aiguilles soyeuses et rayonnées. Il est aisément soluble dans ces deux liquides. Il est fusible. Sa saveur est fortement acide. Il ne s'altère pas à l'air. Il ne perd pas d'eau à 100°. A une température plus élevée, il donne un sublimé cristallin; mais la plus grande partie de l'acide se décompose en laissant du charbon. D'après Erdmann, le sublimé consiste en acide pyromellique.

L'acide mellique, chauffé à l'air, brûle avec une flamme brillante, en laissant beaucoup de charbon. Les acides azotique et sulfurique bouillants ne le décomposent pas; mais ce dernier le dissout.

CHLORURE MELLIQUE. — Le perchlorure de phosphore, chauffé avec l'acide mellique, en léger excès, jusqu'à ce que tout soit entièrement liquéfié, fournit un hexachlorure, $C^6(COCl)^6$. Ce dernier peut être isolé en chauffant le produit de la réaction successivement jusqu'à 180°, et en y faisant passer un courant d'air.

Le chlorure mellique reste et distille à une température plus élevée, sous la forme d'un corps oléagineux qui se concrète par le refroidissement en une masse cristalline. Il est très-soluble dans l'éther, insoluble dans l'eau, qui le décompose lentement à l'ébullition, en régénérant de l'acide mellique (Bæyer). M. Hugo Müller avait décrit un chlorure mellique, mais qui était probablement impur et mélangé d'oxychlorure.

MELLATES. — L'acide mellique est hexabasique ; ses sels sont, en conséquence, nombreux et compliqués. Ceux d'ammonium, de potassium et de sodium sont très-solubles dans l'eau. Ceux de zinc et de manganèse sont plus solubles à froid qu'à chaud. Les autres sont insolubles ou très-peu solubles dans l'eau.

*Mellate d'aluminium*, $C^6(CO^2)^6Al^2 + 18H^2O$. — Ce composé, connu sous le nom de mellite (voyez ce mot), se rencontre dans les lignites de diverses localités, en grains ou en cristaux du type quadratique. C'est de la mellite qu'on extrait l'acide mellique.

Elle perd son eau à une température voisine du point d'ébullition de l'acide sulfurique. Les alcalis caustiques la décomposent en mettant de l'alumine en liberté. L'acide azotique la dissout ; elle se sépare sans altération de la solution.

Le mellate de potassium, ajouté à une solution d'alun, donne un précipité cristallin, renfermant 9,5 % d'aluminium, et 48 % d'eau (Wœhler).

*Mellates d'ammonium*. — Le *sel neutre*,

$$C^6(CO^2)^6(AzH^4)^6 + 9H^2O,$$

se présente en grands cristaux brillants, ayant une légère réaction acide. Ces cristaux ont deux formes différentes, appartenant toutes deux au type orthorhombique, mais dont les angles diffèrent beaucoup. Il est probable que ces différences sont accompagnées d'une variation dans l'eau de cristallisation.

Dans la première forme, on a observé les faces $p, m, g^1, e^1, a^1$. Angles $pa^1 = 151°\ 8'$; $pe^1 = 160°\ 24'$; $mm = 144°\ 15'$; $mg^1 = 122°\ 5'$.

Les faces $g^1$ sont striées longitudinalement. Pas de clivage parallèle à $p$.

Dans la deuxième forme, les faces dominantes sont : $p, b^{1/2}, m, g^1$. $pb^{1/2} = 144°\ 44'$ ; $b^{1/2}b^{1/2} = 146°\ 17'$ ; $b^{1/2}m = 125°\ 16'$ ; $mm = 119°\ 41'$ ; $mg^1 = 120°\ 9^{1/2}$. Clivage parallèle à $p$.

Les premiers cristaux s'effleurissent lentement à l'air et perdent $3H^2O$. Ils perdent 24,1 % d'eau à 100°.

Les cristaux de la deuxième forme s'effleurissent beaucoup plus rapidement ; à 150°, ils se décomposent avec dégagement d'ammoniaque et d'eau, et formation de *paramide* et d'*euchroate d'ammonium* :

$$\underset{\text{Mellate d'ammonium.}}{C^6(CO^2.AzH^4)^6} = \underset{\text{Paramide.}}{C^6\left\{\begin{matrix}CO\\CO\end{matrix}AzH\right\}^3} + 6H^2O + 3AzH^3;$$

$$\underset{\text{Mellate d'ammonium.}}{C^6(CO^2AzH^4)^6} = \underset{\text{Euchroate d'ammonium.}}{C^6\left\{\begin{matrix}CO\\CO\end{matrix}AzH\right\}^2(CO^2.AzH^4)^2} + 4H^2O + 2AzH^3.$$

Le *mellate acide d'ammonium*,

$$C^{12}H^4O^{12}(AzH^4)^2 + 4H^2O,$$

s'obtient en décomposant par l'hydrogène sulfuré le mellate neutre cuproammoniacal,

$$C^{12}O^{12}Cu^2(AzH^4)^2,$$

(Erdmann et Marchand). Il cristallise en prismes orthorhombiques, $mm = 122°$. Faces observées, $p, m, h^1, g^1$.

*Mellate d'argent*, $C^{12}Ag^6O^{12}$. — Précipité blanc, cristallin, pailleté et brillant, obtenu en mélangeant de l'acide mellique ou du mellate d'ammonium et de l'azotate, ou de l'acétate d'argent. Au microscope, il se présente en tables carrées, incolores et transparentes, dont les angles sont ordinairement tronqués. Le sel déflagre légèrement par la chaleur. Lorsqu'on le chauffe avec de l'iode après l'avoir préalablement séché à 180°, il donne de l'iodure d'argent et un sublimé blanc, cristallin, fort acide et très-soluble dans l'eau.

*Mellate d'argent et de potassium*. — D'après M. Wœhler, un mélange d'azotate d'argent et de mellate de potassium, additionné d'acide azotique, laisse déposer au bout de quelque temps de petits prismes transparents d'un sel double ($mb^{1/2} = 121°\ 30'$ ; $mg^1 = 119°\ 11'$). Lorsqu'on chauffe ces cristaux, ils deviennent d'abord opaques en perdant de l'eau, puis ils se boursouflent avec explosion et laissent un résidu d'argent et de carbonate de potassium.

*Mellate de baryum*, $C^{12}Ba^3O^{12} + 3H^2O$. — Lorsqu'on mélange des solutions saturées de mellate d'ammonium et d'un sel de baryum, on obtient un précipité blanc, gélatineux, qui se prend au bout de quelque temps en paillettes ; avec des solutions étendues, on obtient des aiguilles. Le sel retient énergiquement une petite quantité d'ammoniaque. L'acide mellique donne également un précipité en aiguilles avec le chlorure de baryum, au bout de quelques instants.

*Mellate de calcium*. — Précipité amorphe qui devient cristallin, obtenu par le mélange de mellate d'ammonium et de chlorure de calcium.

L'acide mellique donne avec l'eau de chaux des flocons blancs solubles dans l'acide chlorhydrique.

*Mellate de cobalt*, $C^{12}Co^3O^{12} + 18H^2O$. — Cristallise en prismes microscopiques de sa solution dans l'eau bouillante.

*Mellate de cuivre*. — Le sel neutre

$$C^{12}Cu^3O^{12} + 12H^2O$$

s'obtient en précipitant à l'ébullition l'acétate de cuivre par l'acide mellique. Il est d'abord floconneux et devient cristallin. En employant du mellate de potassium, on obtient un précipité d'un sel de cuivre renfermant de la potasse, qu'il est très-difficile d'enlever par les lavages.

La solution du mellate de cuivre dans l'ammoniaque donne, par l'évaporation spontanée, des rhomboèdres bleu foncé, qui verdissent promptement en perdant de l'ammoniaque.

Si l'on mélange de l'acétate de cuivre et de l'acide mellique à froid, il se produit, à une certaine concentration du liquide, une gelée d'un bleu très-clair, si épaisse qu'on peut renverser le vase sans qu'elle s'en échappe. Exprimée, elle est blanche ; par la dessiccation, elle devient bleue et cristalline. Abandonnée à elle-même, elle se tranforme en cristaux mesurables. Ce composé paraît être un sel acide, mais la formule indiquée par Erdmann et Marchand n'est guère acceptable ; elle exigerait que le sel renfermât 4 molécules d'acide. Il en est de même du sel suivant.

*Mellate de cuivre et d'ammonium*. — Cristaux microscopiques bleu de ciel, obtenus par le mélange du mellate d'ammonium avec un sel de cuivre. La liqueur séparée des cristaux donne par l'ammoniaque un précipité vert.

*Mellates de fer*. — *Sel ferreux*. — Le mellate d'ammonium donne, avec le sulfate ferreux, un précipité blanc verdâtre, qui disparaît par la chaleur.

Lorsqu'on fait bouillir la liqueur, il se produit un précipité de sous-sel,

$$(C^{12}O^{12})^{vi}(FeOH)^{6} + 6H^{2}O,$$

formé de cubo-octaèdres microscopiques de couleur jaune-citron. Ce sel est très-peu soluble dans l'eau, fort soluble dans l'acide chlorhydrique. Il devient par la dessiccation vert-olive, et perd à 100° toute son eau.

Le sel ferrique est un précipité pulvérulent de couleur isabelle, qui se forme lorsqu'on mélange l'acide mellique et l'azotate ferrique.

*Mellate de manganèse*, $C^{12}Mn^{3}O^{12} + 18H^{2}O$. — On l'obtient en saturant l'acide mellique par le carbonate de manganèse. Si l'on chauffe la liqueur, il se précipite une poudre blanche, composée d'aiguilles microscopiques. L'eau bouillante n'en dissout que 1/800.

*Mellate de magnésium*, $C^{12}Mg^{3}O^{12} + 18H^{2}O$. — Lorsqu'on neutralise à chaud l'acide mellique par le carbonate de magnésium, il se sépare des gouttes oléagineuses, qui se troublent par le refroidissement et deviennent cristallines à l'air. Ce sel est peu soluble dans l'eau ; il ne perd qu'à 120° toute son eau de cristallisation. Si l'on ajoute de l'alcool à la solution aqueuse, elle laisse déposer, au bout de quelque temps, de petits prismes renfermant $21H^{2}O$.

*Mellate de mercure*. — 1. Le sel mercureux séché à 100° contient, suivant Karmrodt,

$$C^{12}(Hg^{2})^{3}O^{12} + 6H^{2}O.$$

C'est un précipité grenu blanc, presque insoluble dans l'eau, soluble dans l'acide azotique, qui se forme par le mélange du nitrate mercureux et des mellates ou de l'acide mellique. L'eau s'en dégage à 190°.

2. Le sel mercurique, $C^{12}Hg^{3}O^{12} + 6H^{2}O$, constitue une masse blanche grenue, qui se forme lorsqu'on broie à chaud de l'oxyde de mercure avec l'acide mellique et un peu d'eau ; on peut aussi précipiter l'acide mellique ou les mellates par l'azotate mercurique.

*Mellate de nickel*, $C^{12}Ni^{3}O^{12} + 24H^{2}O$. — Masse vitreuse très-peu soluble dans l'eau, formée en saturant l'acide mellique par le carbonate de nickel. Il perd à 100° la moitié de son eau, et ne se sèche entièrement qu'à 300°.

*Mellates de palladium*. — L'oxyde de palladium obtenu en précipitant à l'ébullition le chlorure par le carbonate de sodium neutralise l'acide mellique. La liqueur concentrée en consistance sirupeuse ne donne pas de cristaux. L'ammoniaque dissout le sel précédent en donnant une liqueur incolore, qui laisse déposer des prismes rhomboïdaux, souvent hémitropes et renfermant, d'après Karmrodt, $C^{12}Pd^{3}(AzH^{3})^{12}O^{12} + 6H^{2}O$.

Le mellate de palladium et de potassium cristallise en prismes groupés en mamelons déliquescents. Celui de palladium et de sodium se dépose de sa solution évaporée en consistance sirupeuse sous la forme de pyramides triangulaires renfermant 34 % de palladium.

*Mellates de potassium*. — 1. Sel neutre,

$$C^{12}K^{6}O^{12} + 9H^{2}O.$$

Il est isomorphe avec le sel neutre d'ammonium. Faces observées : $p$, $m$, $g^{1}$, $e^{1}$, $a^{1}$. Angles, $mm = 114°$ ; $ma^{1} = 151°$ ; $pe^{1} = 160°$. Les cristaux sont efflorescents.

2. Le sel acide, $C^{12}K^{3}H^{3}O^{12} + 6H^{2}O$, s'obtient par le refroidissement de la solution d'une molécule du sel neutre et d'une molécule d'acide mellique, en gros prismes orthorhombiques. Ce sel est plus soluble que le précédent.

Traité par l'acide azotique, il donne une combinaison de bimellate et d'azotate de potassium,

$$4C^{12}H^{3}K^{3}O^{12}, 3AzO^{3}K + 9H^{2}O.$$

Ce sel se forme également lorsqu'on ajoute de l'acide azotique à du mellate de potassium concentré, aussi longtemps qu'il se forme un précipité, et qu'on chauffe ensuite pour le redissoudre. Le sel double cristallise en prismes hexagonaux du type orthorhombique ($m$, $g^{1}$, $e^{1}$). Il est peu soluble dans l'eau.

Erdmann et Marchand mentionnent un mellate de potassium acide obtenu sous la forme d'une poudre cristalline en ajoutant de l'acide mellique à une solution concentrée de sel neutre. Redissous dans l'eau chaude, il a donné des cristaux nacrés.

*Mellate de sodium*. — Déposé de la solution chaude et concentrée, il se présente en aiguilles contenant $12H^{2}O$, qui se dégagent entièrement à 180°. L'évaporation spontanée donne de gros cristaux striés anorthiques renfermant $18H^{2}O$, qu'ils perdent à 160°.

*Mellate de strontium*. — Précipité blanc soluble dans l'acide chlorhydrique.

*Mellate de zinc*, $C^{12}Zn^{3}O^{12} + 15H^{2}O$. — Petits prismes rectangulaires obtenus en saturant l'acide mellique par le carbonate de zinc. L'eau froide le dissout en grande quantité ; la solution chauffée à 50° ou 60° laisse déposer une partie du sel. Les acides étendus et l'acide mellique le dissolvent facilement. Il ne perd son eau qu'à 205°.

Si l'on ajoute de l'alcool à sa solution aqueuse, on précipite des flocons composés d'aiguilles microscopiques, plus solubles que le sel précédent, et renfermant $9H^{2}O$, qui se dégagent à 160°.

ÉTHERS MELLIQUES. — 1. *Acide éthylmellique*,

$$C^{12}H^{3}(C^{2}H^{5})^{3}O^{12}.$$

— Ce composé n'est connu qu'à l'état de sel de baryum. On le prépare, suivant Erdmann et Marchand, en faisant bouillir avec de l'alcool absolu, dans un ballon muni d'un réfrigérant ascendant, de l'acide mellique contenant encore un peu d'acide sulfurique. On sature par la baryte, qui précipite le mellate et le sulfate ; on abandonne à l'air pendant quelques jours, pour carbonater l'excès de baryte, et l'on filtre. Le liquide, évaporé dans le vide sur l'acide sulfurique, donne de l'éthylmellate de baryum,

$$[C^{12}(C^{2}H^{5})^{3}O^{12}]^{2}Ba^{3}.$$

Ce sel est amorphe, gommeux et très-soluble dans l'eau. Il tournoie à la surface de l'eau, comme le butyrate de baryum. Il se décompose en partie par la dessiccation à 160°. La solution ne précipite pas les autres sels métalliques.

2. *Mellate d'éthyle neutre*, $C^{12}(C^{2}H^{5})^{6}O^{12}$. — Il a été obtenu par MM. Limpricht et Scheibler sous la forme d'un liquide visqueux par l'action de l'iodure d'éthyle sur le mellate d'argent [Limpricht, *Lehrbuch der org. Chem.*, p. 1095]. M. Kraut a préparé par la même réaction les mellates de méthyle, d'éthyle et d'amyle, les deux premiers à l'état cristallin [*Jahresb.*, 1863, p. 281].

M. Hugo Müller a obtenu les éthers melliques par la décomposition du chlorure mellique par les alcools correspondants. L'éther méthylique est cristallisable ; l'éther éthylique liquide [Kekulé, *Lehrbuch*, t. I, p. 405].

AMIDES MELLIQUES. — L'acide mellique hexabasique peut fournir de nombreux dérivés amidés ; outre l'hexamide, on conçoit l'existence de 5 acides amidés, et d'un pareil nombre d'isomères. De plus, l'amide en perdant de l'ammoniaque se convertit en imide : la paramide en une tri-imide ; mais entre elle et l'amide, ou l'acide, il peut exister de nombreux corps intermédiaires, dont deux sont déjà connus, et sont les acides *paramidique* et *euchroïque*.

La *mellamide*, $C^{6}(COAzH^{2})^{6}$, et l'acide mellamique, $C^{6}(COAzH^{2})^{3}.(CO^{2}H)^{3}$, s'obtiennent, d'après MM. Limpricht et Scheibler, par l'action de l'ammoniaque sur le mellate d'éthyle.

La *paramide* ou *mellimide*, $C^6(C^2O^2AzH)^3$, s'obtient, ainsi qu'il a été dit plus haut, par la distillation sèche du mellate d'ammonium. Elle constitue une poudre blanche amorphe, jaunissant peu à peu à l'air, insoluble dans l'eau et dans l'alcool, soluble dans l'acide sulfurique et précipitable de sa solution par l'eau. Elle peut être chauffée à 200° sans altération ; plus haut, elle se charbonne en donnant du cyanhydrate d'ammoniaque et d'autres produits. Chauffée à 200° avec l'eau dans un tube scellé, ou maintenue quelque temps à l'ébullition avec l'eau, avec les alcalis ou l'ammoniaque, elle se transforme en mellate.

Une action moins complète des alcalis la transforme en acide euchroïque :

$$\underset{\text{Paramide.}}{C^6(C^2O^2AzH)^3} + 2H^2O = \underset{\text{Acide euchroïque.}}{C^{12}H^4Az^2O^8} + AzH^3.$$

Une solution ammoniacale de paramide, mélangée avec de l'azotate d'argent, donne un précipité gélatineux qui, séché à 150°, est d'un jaune pur et a une composition qui correspond à la formule $C^{12}Az^6H^9Ag^3O^6$. Ce produit brunit à 200° en perdant de l'ammoniaque ; à une température plus élevée, il dégage de l'acide cyanhydrique. Séché à 200°, il paraît être la paramide argentique, $C^{12}Az^3Ag^3O^6$ ou $C^6(C^2O^2AzAg)^3$.

L'*acide euchroïque*,

$$C^{12}Az^2H^4O^8 = C^6(C^2O^2AzH)^2(CO^2H)^2,$$

s'obtient en dissolvant l'euchroate d'ammonium dans une très-petite quantité d'eau bouillante, et en versant de l'acide chlorhydrique dans la solution encore chaude. L'acide euchroïque se sépare sous la forme d'une poudre blanche et cristalline, qu'on purifie par une nouvelle cristallisation. Il s'obtient alors en très-petits prismes rhomboïdaux, ordinairement groupés deux à deux ; il est peu soluble à froid et possède une réaction très-acide. La formule ci-dessus a été déduite des analyses faites sur l'acide séché à 200° et ayant perdu 10,54 °/₀ d'eau.

Chauffé à 200°, dans un tube scellé, avec une quantité d'eau insuffisante pour le dissoudre, l'acide se transforme en mellate acide d'ammonium.

Il donne, avec le zinc métallique, une réaction caractéristique ; au contact avec ce métal, la solution de l'acide se transforme en une matière bleue, qui se dépose sur la lame métallique. La couleur de ce produit est si intense, qu'une goutte de solution déposée sur la lame suffit pour la produire. Cette matière bleue se détache lorsqu'on plonge le zinc dans une dissolution très-étendue d'acide chlorhydrique. Lavée et desséchée, elle se présente sous la forme d'une masse noire ne renfermant pas de zinc. A la moindre chaleur, même sur le papier, elle devient immédiatement blanche, et se trouve de nouveau transformée en acide euchroïque. Cette substance bleue, nommée *euchrone* par M. Wöhler, et dont la production a valu le nom d'*euchroïque* (εὔχροος, de belle couleur) à l'acide dont elle dérive, se dissout dans l'ammoniaque et dans la potasse. La dissolution, d'un pourpre magnifique, se décolore promptement au contact de l'air. L'euchrone prend aussi naissance sous l'influence du protochlorure de fer et d'un alcali.

L'*euchroate d'ammonium*,

$$C^{12}Az^4H^{10}O^8 = C^6(C^2O^2AzH)^2(CO^2AzH^4)^2,$$

s'obtient par l'évaporation des eaux de lavage provenant de la préparation de la paramide sous la forme de croûtes blanches, à peine cristallisées.

Le *sel de baryum* se précipite sous la forme d'une poudre jaune clair, lorsqu'on verse de l'eau de baryte dans un excès d'une solution aqueuse d'acide euchroïque.

Le *sel de plomb* est un précipité cristallin, jaune, qui s'obtient en versant une solution aqueuse et bouillante d'acide euchroïque dans une solution diluée d'acétate de plomb. Le sel séché à l'air perd, à 100°, 11,36 °/₀ d'eau.

Le *sel d'argent*, $C^{12}Ag^4Az^2O^8$, forme une poudre jaune de soufre ; il s'obtient par le mélange d'une solution bouillante d'acide euchroïque avec de l'azotate d'argent étendu. Lorsqu'on le traite par l'ammoniaque, il devient si gélatineux qu'il traverse les filtres.

*Acide paramique* ou *paramidique*. — Ce nom a été donné par M. Schwarz au précipité blanc, composé d'aiguilles microscopiques, obtenu en faisant dissoudre la paramide dans l'ammoniaque, et en faisant tomber la solution dans l'acide chlorhydrique. Ce produit donne avec le zinc la réaction de l'acide euchroïque ; il se dissout dans l'eau bouillante, et s'en sépare par le refroidissement à l'état pulvérulent. Sa solution dans l'ammoniaque se transforme, par l'ébullition, en mellate d'ammonium. Le produit, séché à 179°, renfermait $C^{12}Az^3H^5O^7$. C. F.

### DÉRIVÉS DE L'ACIDE MELLIQUE.

Acide hydromellique, $C^{12}H^{12}O^{12}$. — D'après M. Bæyer, l'acide mellique est facilement réduit par l'amalgame de sodium, en présence de l'eau, surtout avec addition d'ammoniaque. On introduit dans un vase cylindrique du mellate d'ammonium avec assez d'eau pour couvrir le sel, et on y ajoute peu à peu de l'amalgame de sodium à 4 ou 5 °/₀. Tant qu'il reste de l'ammoniaque, il se forme de l'amalgame d'ammonium. Quand la réaction s'affaiblit à la température ordinaire, on chauffe au bain-marie jusqu'à ce que l'amalgame demeure sans action. On ajoute alors de l'eau et on neutralise par l'acide acétique, on précipite par l'acétate de plomb, et on décompose le sel de plomb par l'hydrogène sulfuré. Par l'évaporation de la liqueur, l'acide hydromellique, $C^{12}H^{12}O^{12}$, reste sous la forme d'un sirop qui se prend peu à peu en cristaux mamelonnés. Ces cristaux sont incolores, hygroscopiques, mais non déliquescents, très-solubles dans l'eau en formant une liqueur fortement acide, solubles dans l'alcool, insolubles dans l'éther.

Lorsqu'on le chauffe, l'acide hydromellique fond en perdant de l'eau, en un liquide incolore, qui brunit et se charbonne à une température plus élevée. L'acide employé pour l'analyse a été purifié par le procédé suivant : la solution aqueuse, additionnée de quelques gouttes d'acide sulfurique, a été agitée avec de l'éther, et l'éther a été évaporé.

La composition de l'acide ainsi purifié répond à la formule $C^{12}H^{12}O^{12}$.

Il a donc pris naissance par la fixation de 6 atomes d'hydrogène sur l'acide mellique,

$$\underset{\text{Acide mellique.}}{C^6(CO^2H)^6} + 3H^2 = \underset{\text{Acide hydromellique.}}{C^6H^6(CO^2H)^6}.$$

C'est un acide hexabasique, formant avec les alcalis des sels solubles et incristallisables. Il ne précipite pas l'acétate de calcium à froid ; mais lorsqu'on chauffe, il forme un précipité qui se redissout par le refroidissement. Il se comporte de même avec l'acétate de manganèse.

Il précipite à froid les acétates de baryum, de zinc, de cuivre et de plomb. Le sel de plomb est un précipité amorphe renfermant $C^{12}H^6O^{12}Pb^3$. Le sel d'argent renferme $C^{12}H^6O^{12}Ag^6$.

L'éther de l'acide hydromellique se forme par l'action du gaz chlorhydrique sur une solution alcoolique d'acide. C'est une huile épaisse, insoluble dans l'eau, qui se décompose par la distillation en formant un corps solide et un liquide. Le corps solide, cristallisable en prismes, fond entre 128° et 130°. Il paraît être un mélange des éthers de l'acide benzotricarbonique, et de l'acide benzotétracarbonique,

$C^6H^3(CO^2.C^2H^5)^3$ et $C^6H^2(CO^2.C^2H^5)^4$.

Le liquide est un mélange d'éthers formés par des acides plus riches en hydrogène.

Le perchlorure de phosphore convertit l'acide hydromellique en une masse jaunâtre, épaisse, qui paraît être un chlorure. Les agents oxydants n'exercent sur cet acide qu'une faible action.

Lorsqu'on le chauffe avec l'acide chlorhydrique ou l'acide bromhydrique, il se transforme en un composé isomérique, l'acide *isohydromellique*. La même transformation s'opère à la longue spontanément.

Le brome attaque l'acide hydromellique à 130°, mais sans séparer de l'hydrogène pour régénérer de l'acide mellique. Une partie de l'acide est entièrement détruite et l'acide bromhydrique formé transforme une autre portion en acide isohydromellique. Il se forme encore d'autres produits.

Ce qui est particulièrement intéressant, c'est l'action de l'acide sulfurique sur l'acide hydromellique. Lorsqu'on chauffe ce dernier avec 5 fois son poids d'acide sulfurique concentré, il se dégage à une douce chaleur de l'acide carbonique et de l'acide sulfureux. Si, après avoir atteint une température voisine du point d'ébullition, on laisse refroidir, et si l'on ajoute de l'eau à la liqueur brune, il se forme d'abord un précipité gris, qui se redissout dans une plus grande quantité d'eau. On agite le tout avec de l'éther. La solution éthérée étant distillée, on obtient une masse cristalline, mamelonnée, rougeâtre, qui se dissout presque entièrement dans l'eau. La partie soluble est un mélange des acides *prehnitique* et *mellophanique*, et la partie insoluble l'acide *trimésique*. Ce dernier est l'acide $C^6H^3(CO^2H)^3$, que M. Fittig a obtenu en soumettant le mésitylène à une oxydation complète [*Ann. der Chem. u. Pharm.*, t. CXLI, p. 153, et t. CXLVII, p. 104].

L'action de l'acide sulfurique consiste dans l'élimination d'une certaine quantité d'hydrogène et de plusieurs groupes carboxyle.

ACIDES PREHNITIQUE ET MELLOPHANIQUE (1),

$C^6H^2(CO^2H)^4$.

— Ces deux acides isomériques ont été obtenus comme on vient de voir. Le premier est très-soluble dans l'eau et se dépose de sa solution concentrée en prismes groupés ressemblant à la prehnite, minéral de la famille des zéolithes. Ces cristaux renferment deux molécules d'eau qui se dégagent à chaud. L'acide fond entre 237° et 250°, en formant un anhydride. La masse fondue se solidifie rapidement à 220° en une masse cristalline, fondant de nouveau à 239°. La solution aqueuse donne, avec le chlorure de baryum, un précipité formé de petits octaèdres et renfermant $(C^{10}H^5O^8)^2Ba$, avec 3 ou 4 molécules d'eau de cristallisation.

L'éther méthylique de l'acide prehnitique cristallise en prismes courts et gros, groupés concentriquement. Il fond de 104° à 108°, et se solidifie entre 81° et 70°. Il se sublime sans altération.

Par l'action de l'amalgame du sodium en présence de l'eau, l'acide prehnitique est transformé en acide hydroprehnitique sirupeux.

L'acide *mellophanique*, qui est très-soluble dans l'eau, se dépose en croûtes cristallines. Il est anhydre. Il cristallise en aiguilles, d'une solution renfermant de l'acide chlorhydrique. Il est tétrabasique, comme le précédent. Sa solution aqueuse n'est pas précipitée par le chlorure de baryum. A 215°, il commence à se ramollir, et à 238° il forme un liquide transparent, qui renferme l'anhydride, et qui se prend par le refroidissement en une masse cristalline. L'acide anhydre fond à 164°.

(1) Ces deux acides mélangés avaient été décrits d'abord par M. Bæyer sous le nom d'*acide isopyromellique*.

ACIDE PREHNOMALIQUE, $C^{10}H^8O^9$. — Lorsque l'action de l'acide sulfurique n'a pas été poussée jusqu'au bout, il se forme un quatrième acide, que l'auteur nomme prehnomalique. Il se produit en quantités variables, l'action de l'acide sulfurique le transformant à son tour en acide prehnitique. Il est tétrabasique. M. Baeyer l'avait décrit d'abord sous le nom d'acide *mésohydromellique*, en lui assignant la formule incorrecte $C^{12}H^{12}O^{13}$. Lorsqu'on évapore sa solution aqueuse au bain-marie, on obtient une masse amorphe $C^{20}H^{14}O^{17}$, qui est très-peu soluble dans l'eau. La solution se prend bientôt en un magma d'aiguilles volumineuses, renfermant $C^{20}H^{14}O^{17} + 4H^2O$, et très-peu solubles.

L'acide prehnomalique possède la composition de l'acide prehnitique plus de l'eau ; il est aisément converti en cet acide, non-seulement par l'acide sulfurique, mais par l'eau de brome. Quand on fait réagir l'iodure de méthyle sur son sel d'argent, on obtient du prehnitate de méthyle.

Séché à 100°, il fond à 210° en dégageant de l'eau, et en formant un liquide incolore; à une température plus élevée, il distille, et le produit de la distillation est une masse analogue à un vernis et fusible à 180°.

La constitution de l'acide prehnomalique peut être représentée par la formule

$C^6H^3(OH)(CO^2H)^4$.

ACIDE HYDRO-ISOPYROMELLIQUE, $C^{10}H^{10}O^8$. — L'acide prehnitique neutralisé par l'ammoniaque, étant soumis à l'action de l'amalgame de sodium et de l'eau, fixe 4H et se convertit en un acide sirupeux tétrabasique $C^6H^6(CO^2H)^4$. Il est très-soluble dans l'eau, qui le cède facilement à l'éther.

Lorsqu'on chauffe l'acide hydro-isopyromellique avec 5 fois son poids d'acide sulfurique, on observe un dégagement abondant d'acide carbonique et d'acide sulfureux ; en même temps, il se sublime de l'acide benzoïque, et beaucoup d'acide phtalique.

Dès que le dégagement de gaz a cessé, on étend la liqueur avec de l'eau et on épuise par l'éther. Par évaporation de l'éther, on obtient une masse brune renfermant trois acides, qui peuvent être séparés grâce à la différence de solubilité de leurs sels de baryum.

L'acide prehnitique, le premier, forme un sel de baryum insoluble; l'acide *isophtalique*, le deuxième, forme un sel de baryum très-soluble; le troisième donne un sel de baryum peu soluble, qui reste néanmoins en solution avec l'isophtalate dans la liqueur séparée du prehnitate insoluble. Pour l'isoler, on évapore à siccité et on reprend par l'eau froide. Le résidu est le sel de baryum d'un nouvel acide, l'acide *hémimellique*. Décomposé par l'acide sulfurique, le sel de baryum fournit le nouvel acide, mélangé avec un peu d'acide prehnitique. On l'en sépare en ajoutant à la solution aqueuse concentrée de l'acide chlorhydrique. L'acide hémimellique se dépose alors en belles aiguilles incolores.

ACIDE HÉMIMELLIQUE, $C^9H^6O^6 = C^6H^3(CO^2H)^3$. — C'est un acide tricarbonique de la benzine, isomérique avec l'acide trimésique. Il commence à fondre à 185° environ, mais une portion reste solide au delà de cette température. L'acide se décompose pendant la fusion; il se dégage de l'acide benzoïque et de l'anhydride phtalique, qui se sublime en longues aiguilles, lorsque l'opération s'exécute dans une cornue.

L'acide hémimellique est peu soluble dans

l'eau, dont il se sépare lentement, par cristallisation, ce qui le distingue de l'acide phtalique, peu soluble aussi, mais qui se sépare rapidement de sa solution aqueuse. L'acide chlorhydrique le précipite en aiguilles de sa solution aqueuse. Il se dissout difficilement dans l'acide sulfurique étendu, facilement dans l'acide sulfurique concentré, comme tous les acides aromatiques.

Son sel ammoniacal est très-soluble dans l'eau, et se dépose par l'évaporation en cristaux rayonnés. L'acide très-étendu n'est pas précipité par l'eau de baryte; l'acide concentré donne un précipité, propriété qui le distingue de l'acide phtalique. Le sel ammoniacal est précipité par le chlorure de baryum en aiguilles microscopiques; ces aiguilles constituent l'hémimellate de baryum neutre, $(C^9H^3O^6)^2Ba^3 + 5H^2O$.

L'acétate de plomb forme dans la solution de l'acide hémimellique un précipité floconneux. L'azotate d'argent en excès donne de même un précipité floconneux, soluble à chaud et cristallisable par le refroidissement, $C^9H^3Ag^3O^6$.

ACIDE PYROMELLIQUE, $C^{10}H^6O^8 = C^6H^2(CO^2H)^4$. — Ce corps a été découvert par Erdmann. Gerhardt a reconnu le premier sa vraie composition. Il prend naissance par la distillation de l'acide mellique; la réaction est exprimée par l'équation suivante :

$$\underset{\text{Acide mellique.}}{C^{12}H^6O^{12}} = 2CO^2 + 2H^2O + \underset{\text{Anhydride pyromellique.}}{C^{10}H^2O^6}.$$

Pour le préparer, il convient d'employer le procédé indiqué par Erdmann et qui consiste à distiller, par petites portions, du mellate de sodium avec de l'acide sulfurique. On transforme le produit brut en sel de sodium; on fait cristalliser ce dernier dans l'alcool faible, et on le décompose par l'acide chlorhydrique. On complète la purification de l'acide par une cristallisation dans l'eau. L'acide pyromellique montre une grande ressemblance avec l'acide phtalique et diffère de ses isomères les acides prohnitique et mellophanique par la facilité plus grande avec laquelle ses dérivés cristallisent. Par la distillation, il donne un anhydride qui se prend immédiatement en cristaux volumineux. Le chlorure et l'éther se présentent de même sous la forme de beaux cristaux. Pour obtenir le chlorure, on chauffe l'acide pendant quelque temps, avec du perchlorure de phosphore, jusqu'à ce que tout soit dissous. On chasse l'oxychlorure et le perchlorure en chauffant dans un courant d'air jusqu'à 180° et en distillant le résidu. Le chlorure se prend bientôt en une masse cristalline molle, qui finit par devenir dure et cassante. Il se dissout sans altération et facilement dans l'éther pur. Par l'ébullition avec l'eau, il se convertit en acide pyromellique. Les corps intermédiaires entre l'acide et le chlorure sont les suivants :

$$\underset{\text{Acide pyromellique.}}{C^6H^2(CO^2H)^4} \qquad \underset{\text{Anhydride.}}{C^6H^2\left[\begin{matrix}CO\\CO\end{matrix}\!\!>\!O\right]^2}$$

$$\underset{\text{Oxychlorure.}}{C^6H^2\left\{\begin{matrix}(CO\,Cl)^2\\ \begin{matrix}CO\\CO\end{matrix}\!\!>\!O\end{matrix}\right.} \qquad \underset{\text{Chlorure.}}{C^6H^2(CO\,Cl)^4}$$

L'acide pyromellique cristallise dans le type anorthique. Faces observées : $p$, $t$, $m$, $b^{1/2}$, $c^{1/2}$, $h^1$. Angles : $pt = 111°$; $pm = 94°\ 15'$; $mt = 76°\ 30'$; $pc^{1/2} = 62°$; $pb^{1/2} = 71°\ 45'$.

Les cristaux sont peu solubles dans l'eau froide, très-solubles dans l'eau bouillante; l'alcool les dissout facilement. Séchés à 100-120°, ils perdent $2H^2O$. Les pyromellates alcalins sont incolores, cristallisables, fort solubles dans l'eau, insolubles dans l'alcool fort, peu solubles dans l'alcool faible. Leur solution précipite un grand nombre de sels métalliques. Le sel de *baryum* est un précipité blanc insoluble dans l'eau bouillante. Le sel de *calcium* ne se précipite qu'à la longue à froid, ou immédiatement si l'on chauffe. Il est cristallin. Le sel de *zinc* se comporte de même. Les sels de *cobalt* et de *nickel* cristallisent par l'évaporation d'un mélange de pyromellate alcalin et de sulfate des métaux.

Le sel *ferrique* est un précipité brun qui se forme avec le perchlorure de fer. Les sulfates *ferreux et manganeux* ne précipitent pas les pyromellates alcalins.

Le sel de *plomb* est un précipité blanc, volumineux, cristallin, insoluble dans l'eau bouillante, qui s'obtient avec l'acétate de plomb neutre. Séché à 200°, il contient encore $H^2O$.

Le sel d'*argent* est un précipité blanc cristallin, presque insoluble dans l'eau bouillante. Il ne s'altère pas à la lumière. Chauffé très-fort, il se décompose brusquement, en donnant un charbon volumineux qui, suffisamment calciné, laisse de l'argent très-divisé.

Les sels *mercureux* et *mercurique* constituent des précipités blancs.

Le chlorure d'or ne précipite pas les pyromellates alcalins.

On obtient l'*éther pyromellique* en chauffant le pyromellate d'argent avec l'iodure d'éthyle à 100°. Il se dépose de sa solution alcoolique, en belles aiguilles courtes et plates. Il est insoluble dans l'eau. Il est fusible à 83° et se sublime en aiguilles à une plus haute température. Il renferme

$$C^6H^2(CO^2.C^2H^5)^4.$$

L'*anhydride pyromellique*, $C^{10}H^2O^6$, prend naissance lorsqu'on chauffe l'acide pyromellique vivement; il passe sous la forme d'une huile qui se prend rapidement en cristaux volumineux. Lorsqu'on le chauffe lentement, cet anhydride se sublime en longues aiguilles. Il se dissout aisément dans l'eau chaude et régénère l'acide beaucoup plus facilement que ne fait l'anhydride phtalique. Il fond à 286°, tandis que l'acide pyromellique lui-même commence à fondre à 264°.

ACIDE HYDROPYROMELLIQUE, $C^{10}H^{10}O^8$. — L'acide pyromellique fixe l'hydrogène naissant, comme l'acide mellique lui-même, mais plus lentement. Le produit de la réaction est un acide sirupeux, incolore, qui finit par se prendre en une masse cristalline. L'acide hydropyromellique se forme par l'addition de 4H à l'acide pyromellique. Solide, il est hygroscopique sans être déliquescent. Il est très-soluble dans l'eau. Lorsqu'on le chauffe, il fond, en se boursouflant, en un liquide incolore qui se prend en une masse cristalline très-fusible.

Ses sels offrent la plus grande analogie avec ceux de l'acide hydromellique, mais sont plus solubles.

Lorsqu'on chauffe doucement l'acide hydropyromellique avec 5 parties d'acide sulfurique concentré, il se produit un abondant dégagement de gaz carbonique et sulfureux. Il se sublime, en même temps, une petite quantité d'acide benzoïque, mais pas trace d'anhydride phtalique. Après le refroidissement, la masse a été étendue d'eau et la solution agitée avec l'éther. Le résidu de l'évaporation de la solution éthérée a été redissous dans l'eau, et la solution aqueuse a été précipitée par l'eau de baryte bouillante. Le précipité, lavé à l'eau bouillante, a été décomposé par l'acide sulfurique en excès et la liqueur acide a été concentrée. Elle s'est remplie, par le refroidissement, d'aiguilles groupées en étoiles. On les a fondues, puis épuisées par l'éther : le résidu insoluble était l'anhydride de l'acide pyromellique. L'éther a dissous un acide tricarbonique, isomérique avec les acides trimésique et hémimellique. C'est l'acide trimellique. Une portion de cet acide est encore contenue dans la solution barytique séparée du précipité dont il vient d'être question. Elle y est mélangée avec de l'isophtalate de baryum qu'on parvient à séparer du trimellate, en évaporant le tout à siccité et épuisant la masse par l'eau froide. L'isophtalate plus soluble est ainsi enlevé.

ACIDE TRIMELLIQUE, $C^9H^6O^6 = C^6H^3(CO^2H)^3$.— Cet acide est assez soluble dans l'eau et dans l'éther. Par l'évaporation lente de sa solution aqueuse, il se dépose en cristaux mamelonnés indistincts. Il fond à 216°. Par une plus forte chaleur, il ne se sublime pas, mais distille en gouttes oléagineuses, qui se prennent par le refroidissement en mamelons formés par des aiguilles concentriques. Son sel ammoniacal est très-soluble dans l'eau et cristallise par l'évaporation en aiguilles groupées.

Le sel de baryum est peu soluble dans l'eau. Le chlorure et l'acétate de baryum ne précipitent pas la solution de l'acide. Mais lorsqu'on ajoute du chlorure de baryum à une solution pas trop étendue du sel ammoniacal, le trimellate de baryum cristallise au bout de quelque temps en mamelons. Lorsqu'on chauffe l'eau mère, il s'en dépose une nouvelle quantité en petits mamelons. La composition du sel ainsi déposé à chaud est exprimée par la formule

$$(C^9H^3O^6)^2Ba^3 + 3H^2O.$$

L'action de l'acide sulfurique sur l'acide hydropyromellique peut être exprimée par une des équations suivantes :

$$\underset{\text{Acide hydropyromellique.}}{C^{10}H^{10}O^8} + 2SO^4H^2 - 4H^2O - 2SO^2 = \underset{\text{Acide pyromellique.}}{C^{10}H^6O^8}$$

$$= \underset{\text{Acide trimellique.}}{C^9H^6O^6} + CO^2 = \underset{\text{Acide isophtalique.}}{C^8H^6O^4} + 2CO^2.$$

ACIDE TÉTRAHYDROPHTALIQUE,

$$C^8H^{10}O^4 = C^6H^8(CO^2H)^2.$$

—Lorsqu'on distille l'acide hydropyromellique, on obtient l'anhydride tétrahydrophtalique, $C^8H^8O^3$, sous la forme d'une masse blanche feuilletée, insoluble dans l'eau, et qui se dépose de solutions éthérées en lames dures et brillantes. Lorsqu'on le fait bouillir avec l'eau, il se transforme en acide tétrahydrophtalique bibasique, très-soluble et cristallisant en lames. Cet acide fond à 96° et se transforme de nouveau en anhydride. Par l'action de l'amalgame de sodium, et de l'eau, ou de l'acide iodhydrique concentré, il est converti en acide *hexahydrophtalique*, $C^8H^{12}O^4$, qui forme de petits cristaux indéterminables et durs. Ce dernier acide est également bibasique. Il fond entre 203° et 205° et se solidifie de nouveau en aiguilles.

Cet acide est un dérivé de la benzine et renferme les atomes de carbone liés sous forme d'anneau. S'il en était autrement, il pourrait fixer 2H de plus et former de l'acide subérique. On a en effet la série suivante :

| | |
|---|---|
| Acide subérique, ........ | $C^8H^{14}O^4$; |
| — hexahydrophtalique, | $C^8H^{12}O^4$; |
| — tétrahydrophtalique, | $C^8H^{10}O^4$; |
| — hydrophtalique, .... | $C^8H^8O^4$; |
| — phtalique, ......... | $C^8H^6O^4$. |

La facile transformation de l'acide tétrahydrophtalique en son anhydride porte l'auteur à supposer que les deux carboxyles sont combinés à 2 atomes de carbone voisins, comme dans l'acide phtalique, et que les autres atomes de carbone sont saturés chacun par 2H. Ce qui donne pour la formule de constitution de cet acide :

```
          H²
          C
   H²C  /   \  C—CO²H
      |        ||
   H²C  \   /  C—CO²H
          C
          H²
```

Lorsqu'on ajoute du brome à sa solution aqueuse, il se forme de l'*acide bromomalophtalique,*

$$C^8H^{10}Br(OH)O^4.$$

Cet acide cristallise en croûtes blanches et dures. Il offre la même relation avec l'acide tétrahydrophtalique que l'acide bromomalique avec l'acide maléique :

$$\underset{\text{Acide maléique.}}{C^4H^4O^4} + BrOH = \underset{\text{Acide bromomalique.}}{C^4H^4Br(OH)O^4};$$

$$\underset{\text{Acide tétrahydrophtalique.}}{C^8H^{10}O^4} + BrOH = \underset{\text{Acide bromomalophtalique.}}{C^8H^{10}Br(OH)O^4}.$$

Cet acide bromé est très-soluble dans l'eau; lorsqu'on le chauffe avec l'eau de baryte, il se forme le sel de baryum de l'acide tartrophtalique, $C^8H^{10}(OH)^2O^4$. Ce dernier acide est bibasique, très-soluble dans l'eau, et cristallise en beaux prismes.

On voit par ce qui précède que l'acide tétrahydrophtalique forme des dérivés analogues à ceux de l'acide succinique, et que la constitution des deux séries, reliées par un mode particulier d'homologie, est représentée par les formules suivantes :

| Acide succinique. | Acide tartrique. | Acide maléique. |
|---|---|---|
| $CH^2.CO^2H$<br>$CH^2.CO^2H$ | $CH.OH.CO^2H$<br>$CH.OH.CO^2H$ | $CH.CO^2H$<br>$\parallel$<br>$CH.CO^2H$ |

```
       CO²H                 CO²H                  CO²H
  CO²H |                    |   CO²H              |   CO²H
   |   CH                 COH   |                 C    |
  HC /    \ CH²      H²C /    \ COH         H²C /   \\ C
   |        |          |        |             |        |
  H²C \   / CH²      H²C \   / CH²          H²C \   / CH²
        C                  C                      C
        H²                 H²                     H²
```

Acide hexahydrophtalique. — Acide tartrophtalique. — Acide tétrahydrophtalique.

ACIDE ISOHYDROMELLIQUE, $C^{12}H^{12}O^{12}$. — Lorsqu'on chauffe l'acide hydromellique pendant plusieurs heures à 160°, avec son volume d'acide chlorhydrique, dans lequel il est facilement soluble, on trouve, après le refroidissement, dans le tube, une abondante cristallisation de petites aiguilles courtes et épaisses. Ces cristaux se dissolvent aisément dans l'eau, et cette solution concentrée est précipitée par l'acide chlorhydrique. L'eau mère acide en laisse déposer à la longue de nouvelles quantités. La composition du nouvel acide est la même que celle de l'acide hydromellique. Ce dernier acide éprouve à la longue spontanément la même transformation.

L'acide isohydromellique est très-soluble dans l'eau ; il se dépose de ce liquide, par l'évaporation, en prismes quadrangulaires assez volumineux, d'une faible saveur acide et ne renfermant pas d'eau de cristallisation. Il ne montre pas les tendances de l'acide hydromellique à rester longtemps sirupeux, mais se dépose immédiatement à l'état cristallin de sa solution aqueuse. Chauffé, il fond et donne à la distillation une petite quantité d'une eau acide, en laissant un charbon volumineux. Chauffé avec la chaux, il ne donne qu'une petite quantité de gouttes oléagineuses. Il est d'une stabilité remarquable. L'acide chlorhydrique fumant ne l'altère pas à 300°. A 350°, une partie seulement est attaquée avec dégagement de gaz et formation d'un acide soluble dans l'acide chlorhydrique, et restant après l'évaporation sous la forme d'un vernis. Un mélange d'acide sulfurique et d'acide azotique fumant est sans action sur l'acide isohydromellique. Le permanganate de potassium le détruit lentement. Un mélange d'acide sulfurique et de bichromate de potassium l'attaque vivement avec dégagement de gaz carbonique, formation d'acide acétique et d'une petite quantité d'un acide cristallin semblable à l'acide trimésique.

L'acide isohydromellique forme avec l'ammoniaque un sel qui cristallise à la longue en mamelons ou houppes analogues à la wavellite. Avec l'acétate de baryum, il donne un précipité floconneux soluble dans une petite quantité d'acide acétique. Avec l'acétate de plomb, un précipité très-peu soluble dans l'eau, et même peu soluble dans l'acide acétique étendu et bouillant. Ce sel renferme $C^{12}H^6O^{12}Pb^3$.

Le sel d'argent est un précipité grenu, soluble dans l'acide azotique et dans l'ammoniaque.

Par l'action de l'iodure de méthyle sur le sel d'argent, on obtient l'isohydromellate de méthyle, $C^6H^6(CO^2.CH^3)^6$. Il cristallise en aiguilles fusibles à 125°, insolubles dans l'eau, très-solubles dans l'alcool.

L'acide sulfurique agit sur lui comme sur l'acide isohydromellique; seulement la température où la décomposition commence est plus élevée. Les produits de la réaction sont l'acide prehnitique et l'acide trimésique.

Le brome agit très-lentement, à 100°, sur une solution aqueuse d'acide isohydromellique. A la longue, il disparaît. En ouvrant les tubes, on constate un fort dégagement de gaz. Le résidu de l'évaporation renferme une quantité notable d'acide isohydromellique non altéré, ainsi qu'un acide bromé qui paraît être un mélange. Ce produit bromé cède aisément du brome à l'azotate d'argent. C'est sans doute un mélange d'acides hydrogénés moins riches en carboxyle, $CO^2H$, avec leurs produits de substitution.

Tous les acides dont il vient d'être question se divisent en deux groupes, celui des acides *benzocarboniques* et celui des acides *hydrobenzocarboniques*.

Les premiers peuvent être considérés comme formés par la substitution d'un ou de plusieurs H de la benzine par autant de carboxyles. La théorie de M. Kekulé permet de prévoir la formation de 12 de ces acides :

1 acide benzomonocarbonique,
3 acides benzodicarboniques,
3 acides benzotricarboniques,
3 acides benzotétracarboniques,
1 acide benzopentacarbonique,
1 acide benzohexacarbonique.

Tous ces acides, sauf l'acide benzopentacarbonique, sont maintenant connus; tous ont pu être dérivés de l'acide mellique, par la transformation de celui-ci en acide hydromellique, et par l'action de l'acide sulfurique sur ce dernier acide. En voici le tableau, en commençant par l'acide mellique, l'acide hexacarbonique :

$C^6(CO^2H)^6$, acide mellique.
$C^6H(CO^2H)^5$, inconnu.
$C^6H^2(CO^2H)^4$, acide pyromellique, acide prehnitique, acide mellophanique.
$C^6H^3(CO^2H)^3$, acide trimellique, acide trimésique, acide hémimellique.
$C^6H^4(CO^2H)^2$, acide téréphtalique, acide isophtalique, acide phtalique.
$C^6H^5(CO^2H)$, acide benzoïque.

Le groupe des acides hydrobenzocarboniques, qui renferme l'acide benzoléique de M. Herrmann et l'acide hydrophtalique de MM. Græbe et Born [*Ann. der Chem. u. Pharm.*, t. CXLII, p. 350], est formé des acides suivants :

$C^{12}H^{12}O^{12}$, acides hydromellique et isohydromellique.
$C^{10}H^{10}O^8$, acides hydropyromellique et isohydropyromellique.
$C^8H^{12}O^4$, acide hexahydrophtalique.
$C^8H^{10}O^4$, acide tétrahydrophtalique.
$C^8H^8O^4$, acide hydrophtalique.
$C^7H^{10}O^2$, acide benzoléique.

Tous ces faits mettent en évidence de la manière la plus frappante la relation qui existe entre l'acide mellique et les acides de la série aromatique.

**MELLITE** (Min.) [Syn. *Pierre de miel*]. — Mellate d'aluminium,

$$C^{12}Al^2O^{12},18H^2O = C^6(CO^2)^6Al^2 + 18H^2O.$$

Octaèdres quadratiques, légèrement surbaissés, ou nodules granulaires d'une couleur brune, jaune de miel ou blanc jaunâtre, d'un éclat résineux; transparent ou translucide; trouvé dans le lignite à Artern (Thuringe), à Luschitz (Bohême), dans le gouvernement de Toula (Russie).

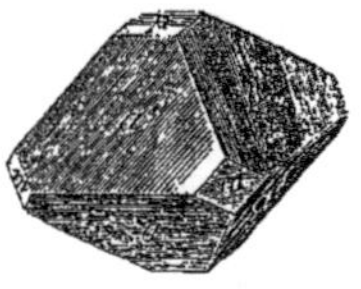
Fig. 400. — Mellite.

*Caractères*. — Soluble dans l'acide azotique. Décomposé par l'eau bouillante. Dans le matras, donne de l'eau. Au chalumeau, blanchit sans prendre feu.

Dureté, 2 à 2,5. Se coupe au couteau.

Densité, 1,55 à 1,65.

*Forme cristalline*. — Octaèdre quadratique : faces $p, m, h^1, a^1$, angles $pa^1 = 33°29'$; clivage $a^1$, indistinct. — Voyez Acide mellique. F. et S.

**MELLON, MELLONURES, MELLONHYDRIQUE (ACIDE), MELLONIQUE (ACIDE)**. — Voyez Mellon, t. I, p. 1056.

**MÉLOLONTHINE**, $C^5H^{12}Az^2S^3$. — Principe sulfuré, rencontré par Schreiner dans le hanneton (*Melolontha vulgaris*). On fait bouillir l'extrait aqueux de hannetons broyés, pour coaguler l'albumine, on précipite par le sous-acétate de plomb, et la liqueur filtrée, privée de l'excès de plomb, est évaporée à cristallisation ; il se sépare d'abord des urates, puis des aiguilles microscopiques et des globules cristallins de leucine. On dissout celle-ci dans l'alcool à 80° centigrades qui laisse la mélolonthine à l'état de flocons cristallins. Ce corps se dissout en petite quantité dans l'alcool bouillant à 70° centésimaux et s'en dépose par le refroidissement en fines aiguilles (prismes rhombiques tronqués). Il est peu soluble dans l'eau froide, encore moins dans l'alcool, insoluble dans l'éther, un peu soluble dans l'eau bouillante. Les alcalis et les acides le dissolvent. Sa solution ammoniacale l'abandonne en petites tables rhomboïdales. 15 kilogrammes de hannetons n'ont fourni que 1gr,6 de cette substance [*Ber. Chem. Gesells. zu Berlin*, t. IV, p. 763]. E. W.

**MELONITE** (Min.). — Tellurure de nickel avec traces d'argent, de plomb, de cobalt; trouvé dans la mine Stanislas (Calaveras Co. Californie); de forme hexagonale, avec clivage basal parfait; généralement en grains indistincts ou foliacés ; d'un blanc rougeâtre métallique. Poussière gris foncé.

*Caractères*. — Soluble en vert dans l'acide azotique ; laissant, par l'évaporation de l'acide, une poudre cristalline d'acide tellurique. Dans le tube ouvert, donne un sublimé fusible en gouttes incolores, et laisse un résidu gris. Sur le charbon, brûle avec une flamme bleue en donnant un enduit volatil et un résidu gris verdâtre. Avec la soude, au feu de réduction, poudre grise, magnétique (nickel). F. et S.

**MÉLOPSITE** (Min.). — Variété d'halloysite de Neudeck (Bohême), d'un blanc jaunâtre ou verdâtre.

**MÉNACONITE** — Voyez Ilménite.

**MÉNAPHTOXYLIQUE (ACIDE).** — Voyez Naphtoïque (acide).

**MÉNAPHTYLAMINE.** — On a donné ce nom à deux corps différents; l'un $C^{21}H^{17}Az^3$ est la carbodinaphtyltriamine ou dinaphtylguanidine. — Voyez Naphtylguanidine.

L'autre s'obtient par l'action de l'acide chlorhydrique et du zinc sur l'amide naphtoïque sulfurée $C^{11}H^9AzS$ (voyez Acide naphtoïque). C'est une base liquide, bouillant à 290-293°, absorbant rapidement l'acide carbonique de l'air. Le chlorhydrate cristallise en longues aiguilles peu solubles renfermant $C^{11}H^9AzH^2, HCl$. Le chloroplatinate $2(C^{11}H^9AzH^2, HCl)PtCl^4$ est un précipité jaune cristallin. Le sulfate et le nitrate cristallisent bien [Hofmann, *Zeitsch. für Chem.*, (2), t. IV, p. 503].

**MENDIPITE** (Min.) [Syn. *Berzelite* (Lecoq), *plomb chloruré, kerasine*]. — Oxychlorure de plomb, $Pb^3O^2Cl^2$; masses blanches ou légèrement colorées en jaune, en rose ou en bleu, fibreuses ou rayonnées, d'un éclat nacré ou adamantin sur les faces de clivage; se trouvant à Mendip-Hills, dans le Somersetshire, et à Brilon, en Westphalie.

*Caractères.* — Soluble dans l'acide azotique. Dans le tube bouché, décrépite et jaunit; sur le charbon, donne facilement un globule de plomb. Avec le sel de phosphore et l'oxyde de cuivre, colore la flamme en bleu.

Dureté, 2,5 à 3. Poussière blanche.

Densité, 7 à 7,1.

*Forme cristalline.* — Prisme orthorhombique $m\,m = 102°36'$.

*Clivages* : $m$ parfait; $h^1$, $g^1$ moins parfaits.

**MENDOZITE** (Min.). — Sulfate hydraté d'alumine et de soude, $SO^4Na^2 + (SO^4)^3Al^2 + 22H^2O$. Masses fibreuses blanches ressemblant au gypse, mais plus dures; de Mendoza, versant est des Andes.

Dureté, 3.

Densité, 1,88.

**MENEGHINITE** (Min.). — Antimoniosulfure de plomb, $4PbS, Sb^2S^3$. Petites aiguilles d'un gris de plomb brillant, ressemblant à la stibine et trouvées à Bottino, près de Serravezza (Toscane), avec galène, boulangerite et albite.

Dureté, 2,5.

Densité, 6,34

*Forme cristalline.* — Clinorhombique $m\,m = 140°16'$; $h^1\,o^1 = 107°54'$.

Macles parallèles à $h^1$.

**MENGITE** (Min.) [Syn. *Ilmenite de Brooke*]. — C'est, d'après M. G. Rose, un titanate de zircone et de fer. Petits cristaux noirs, brillants, trouvés dans l'albite en veine, dans le granit des monts Ilmen.

Fig. 401. — Mengite.

*Caractères.* — Infusible, mais devient magnétique au chalumeau. Avec le sel de phosphore, à la flamme réductrice, verre rouge jaunâtre, qui devient d'un beau rouge par l'addition de l'étain. Avec la soude, réaction du manganèse.

Dureté, 5 à 5,5. Poussière marron.

Densité, 5,48.

*Forme cristalline.* — Prisme orthorhombique, $m\,m = 100°28'$, $p\,a^1 = 133°42'$.

**MENGITE**, Brooke. — Voyez Monazite.

**MÉNILITE** (Min.). — Variété de silex en rognons opaques d'un gris terne, se trouvant dans les argiles feuilletées, à Ménilmontant.

**MÉNISPERMINE.** — La ménispermine est un alcaloïde retiré de la coque du Levant (*Anamirta Cocculus*) par Pelletier et Couerbe [*Ann. de Chim. et de Phys.*, t. LIV, p. 178]. Cette substance se présente sous la forme de prismes terminés en pyramide. Elle est insoluble dans l'eau, soluble dans l'alcool et dans l'éther. Elle fond à 120°, une température plus élevée la décompose. Pelletier et Couerbe lui ont attribué une formule qui n'est pas exacte; sa composition paraît, d'après les analyses, osciller entre $C^9H^{11}AzO$ et $C^9H^{13}AzO$; de nouvelles analyses seraient nécessaires pour fixer le poids moléculaire.

La ménispermine se dissout facilement dans les acides étendus; elle est transformée à chaud par l'acide azotique, en acide oxalique et une matière jaune résinoïde; elle forme avec l'acide sulfurique un sel cristallisé en aiguilles prismatiques, fusibles à 165°, et qui, chauffé à une température plus élevée, se décompose en dégageant de l'hydrogène sulfuré.

*Préparation.* — La ménispermine s'obtient en épuisant les graines de la coque du Levant par de l'alcool à 0,83. L'alcool est distillé, et l'extrait repris par de l'eau bouillante, on filtre, et par le refroidissement de la liqueur la picrotoxine se dépose. On reprend la partie insoluble dans l'eau bouillante par de l'eau acidulée, et la solution est précipitée par un alcali. Le précipité obtenu est ensuite repris d'abord par un peu d'alcool qui enlève une matière jaune, puis par l'éther qui laisse déposer la ménispermine à l'état cristallin. On la purifie par plusieurs cristallisations.

La ménispermine ne paraît pas être vénéneuse.

E. C.

**MENTHOL** [Syn. *Essence de menthe concrète, camphre de menthe*, $C^{10}H^{20}O$]. — La partie solide de l'essence de menthe poivrée (*Mentha piperita*), qui arrive du Japon en Angleterre sous le nom de camphre de menthe, renferme $C^{10}H^{20}O$. Sa composition a été établie par Dumas et vérifiée par Blanchet et Sell; Walter a étudié l'action qu'exercent sur elle l'anhydride phosphorique et le perchlorure de phosphore; Oppenheim a démontré que le camphre de menthe est un iso-alcool, et lui a donné le nom de *menthol* [Dumas, *Ann. de Chim. et de Phys.*, t. L, p. 232; — Blanchet et Sell, *Ann. der Chem. u. Pharm.*, t. VI, p. 293; — Walter, *Ann. de Chim. et de Phys.*, t. LXXII, p. 83; — Oppenheim, *Bull. de la Soc. chim.*, 1861, p. 97, et *même recueil*, 1864, t. I, p. 364].

Le menthol, tel qu'il arrive du Japon, est mélangé de sulfate de magnésium dont on le sépare en le traitant par l'eau. Purifié, il se présente sous forme de prismes incolores d'une saveur et d'une odeur très-fortes de menthe poivrée : peu soluble dans l'eau, il est très-soluble dans l'esprit de bois, l'alcool, l'éther, le sulfure de carbone, le pétrole, moins soluble dans l'essence de térébenthine. Il est soluble en quantité notable dans les acides chlorhydrique, azotique, formique, acétique et butyrique. L'eau et les alcalis le séparent inaltéré de ces solutions. Sa solution alcoolique dévie à droite le plan de polarisation; $\alpha = 59°,6$. Il fond à 34° (Walter), à 36° (Oppenheim); il bout à 213°,5 sous la pression de 760 millimètres (Walter), à 210° (Oppenheim). Fondu, il dissout le sodium avec dégagement d'hydrogène; le menthol sodé est une masse vitreuse, hygroscopique; avec l'anhydride phosphorique, il donne le *menthène* $C^{10}H^{18}$ (Walter); Oppenheim a également obtenu cet hydrocarbure en distillant le menthol avec du chlorure de zinc.

Le menthol chauffé en vases clos avec l'acide

acétique et l'acide butyrique donne l'acétate de menthyle, $C^{10}H^{19},C^2H^3O^2$, et le butyrate.

$$C^{10}H^{19},C^4H^7O^2;$$

avec l'acide chlorhydrique, il donne le chlorure de menthyle, $C^{10}H^{19}Cl$, que Walter avait déjà obtenu en employant le perchlorure de phosphore. Avec le bromure et l'iodure de phosphore, il se forme du bromure et de l'iodure de menthyle.

Avec l'acide sulfurique concentré, le menthol donne du menthène, et un liquide rouge acide dont la nature n'a pu être déterminée, mais qui ne renferme pas d'acide sulfoconjugué du menthol. Par l'action du chlore, Walter a obtenu des liquides épais qui paraissent des mélanges de dérivés chlorés; avec les oxydants, le menthol ne fournit ni aldéhyde ni acide.

ÉTHERS DU MENTHOL (Oppenheim). — *Bromure de menthyle*, $C^{10}H^{19}Br$. — Il s'obtient par la réaction du protobromure de phosphore sur le menthol; c'est un liquide presque incolore, décomposable à l'ébullition. Le brome le transforme en bromures solides, l'un d'eux a été isolé; purifié par dissolution dans le sulfure de carbone, il a pour composition $C^{10}H^{14}Br^6$.

*Chlorure de menthyle*, $C^{10}H^{19}Cl$. — Ce corps, déjà indiqué par Walter comme produit de l'action du perchlorure de phosphore sur le menthol se produit, suivant Oppenheim, lorsqu'on chauffe à 120° pendant 24 heures le menthol avec une solution concentrée d'acide chlorhydrique. C'est une huile réfringente, d'une odeur semblable à celle du géranium, bouillant à 160° en se décomposant. Le brome le transforme en un composé cristallisable, d'une odeur musquée, renfermant $C^{10}H^{14}Br^5Cl$.

Le chlorure de menthyle présente beaucoup de stabilité; néanmoins, il est attaqué par le zinc-éthyle, et réagit sur le menthol sodé : dans les deux cas, il ne se produit que du menthène. Il n'agit pas sur la lumière polarisée.

*Iodure de menthyle*, $C^{10}H^{19}I$. — Liquide dense, un peu jaunâtre, qui se forme lorsqu'on fait réagir le menthol sur l'iodure de phosphore; traité par le monosulfure de potassium en dissolution alcoolique, il fournit du menthène; le même hydrocarbure se produit lorsqu'on traite l'iodure par l'ammoniaque en solution alcoolique.

*Acétate de menthyle*, $C^{10}H^{19},C^2H^3O^2$. — Liquide incolore, réfringent, plus léger que l'eau, d'une odeur rappelant à la fois celle de l'acide acétique et celle de l'essence de menthe, distillant à 220°; il se produit, lorsqu'on chauffe à 170°, en vase clos, et pendant 36 heures, du menthol et de l'acide acétique cristallisable. Si on le chauffe à 120° pendant 3 heures, avec de la soude alcoolique, il se saponifie. Il dévie à droite le plan de polarisation.

*Butyrate de menthyle*, $C^{10}H^{19},C^4H^7O^2$. — Liquide incolore, léger, distillant de 230° à 240°, agissant sur la lumière polarisée, et qui se forme lorsqu'on chauffe à 200° pendant 3 jours l'acide butyrique et le menthol.

MENTHÈNE, $C^{10}H^{18}$. — Cet hydrocarbure a été découvert par Walter, qui l'obtint en distillant à trois reprises le menthol avec de l'anhydride phosphorique. Oppenheim a constaté qu'il se forme également par l'action du chlorure de zinc, et qu'il prend encore naissance lorsqu'on traite l'iodure de menthyle par l'ammoniaque ou le sulfure de potassium; ou dans l'action du chlorure de menthyle sur le zinc-éthyle et l'alcool menthylique sodé. C'est un liquide incolore, très-fluide, d'une odeur agréable, ne ressemblant pas à celle de la menthe, d'une saveur fraîche, insoluble dans l'eau, soluble dans l'alcool, l'éther, l'essence de térébenthine. Il bout à 163°; sa densité est de 0,85 à 21°. Traité par l'acide azotique concentré, il donne un acide jaune, oléagineux, dont la nature n'est pas connue. Avec le chlore, il donne un dérivé chloré, sirupeux, jaune, plus dense que l'eau, renfermant $C^{10}H^{13}Cl^5$ (Walter). Le brome l'attaque énergiquement. Il se forme des produits bromés peu stables, qui se décomposent, même à la température ordinaire. En traitant par la soude ou l'oxyde d'argent humide le produit que fournit la réaction d'une molécule de brome sur une molécule de menthol, et qui doit être du menthène monobromé, on obtient un hydrocarbure bouillant de 170° à 175°, probablement du camphène, $C^{10}H^{16}$.

Des expériences d'Oppenheim, il résulte que le menthol est un alcool, mais non un alcool normal; ses réactions le rapprochent des hydrates d'hydrocarbures (pseudo ou iso-alcools) découverts par M. Wurtz, comme l'hydrate d'amylène.

Le menthol chauffé à 250° avec 40 fois son poids d'acide iodhydrique fournit de l'hydrure d'amyle, $C^5H^{12}$, une petite quantité d'hydrure de décyle, $C^{10}H^{22}$, et surtout de l'hydrure de terpilène, $C^{10}H^{20}$, formant les trois quarts de la masse totale [Berthelot, *Bull. de la Soc. chim.*, 1869, t. XI, p. 102].

E. G.

**MÉNYANTHINE** [Brandes, *Arch. der Pharm.*, t. XXX, p. 154; — Kromayer, *ibid.*, (2), t. CVIII, p. 257, et t. CXXIV, p. 37]. — Matière amère trouvée par Brandes dans le trèfle d'eau (*Menyanthes trifoliata*). Voici le mode de préparation indiqué par Kromayer : on fait bouillir le trèfle d'eau avec de l'eau, on concentre l'extrait autant que possible, on le porte à 60° ou 70°, et on ajoute du charbon animal en grains (deux tiers du poids de la plante). Quand le liquide a perdu son amertume, on lave le charbon à l'eau froide, on le fait bouillir avec de l'alcool, on filtre à chaud et l'on distille. La solution aqueuse du résidu est agitée avec de l'éther, qui ne dissout pas la ményanthine, et précipitée par le tannin. Le précipité tannique est lavé à l'eau, dissous dans l'alcool, évaporé à sec avec du carbonate de plomb bien pulvérisé et repris par l'alcool bouillant, qui dissout la ményanthine. On la purifie en traitant sa solution aqueuse par le charbon animal, le tannin, etc., comme on vient de l'indiquer pour l'extrait de la plante.

La ményanthine constitue une masse amorphe, jaunâtre, friable, neutre, d'une saveur amère. Elle commence à se ramollir entre 60° et 65°, et fond complétement vers 115°; à une température plus élevée, elle dégage des vapeurs d'abord aromatiques, ensuite alliacées. Insoluble dans l'éther, peu soluble dans l'eau froide, elle se dissout aisément dans l'eau chaude et dans l'alcool; les alcalis la dissolvent sans l'altérer; les acides sulfurique, azotique et chlorhydrique en prenant différentes couleurs. La solution de la ményanthine ne précipite pas les sels métalliques, mais bien le tannin.

L'analyse de la ményanthine a conduit à la formule $C^{30}H^{46}O^{14}$; le corps contient en outre de l'eau en quantité variable.

Lorsqu'on fait bouillir la ményanthine avec l'acide sulfurique étendu, il se forme du glucose et il se volatilise avec les vapeurs aqueuses une substance qui a reçu le nom de *ményanthol;* c'est une huile d'une odeur d'essence d'amandes amères, faiblement acide et réduisant le nitrate d'argent ammoniacal. Kromayer représente ce produit de dédoublement, qui se transforme à l'air ou par la potasse fondante en un acide cristallisé et sublimable, par la formule $C^8H^8O$, qui en fait un homologue de l'hydrure de benzoyle; mais les analyses qu'il en a faites ne concordent pas avec cette formule. Ce dédoublement de la ményanthine en ményanthol et sucre (il s'en forme 27,9 %) serait représenté par l'équation

$$C^{30}H^{46}O^{14} = 3C^8H^8O + C^6H^{12}O^6 + 5H^2O.$$

A. H.

**MERCAPTAN.** — Voyez Sulfhydrate d'éthyle, t. I, p. 1325.

**MERCURE,** Hg″ (Hydrargyrum) = 200; poids moléculaire = 200.

*Historique.* — Ce métal liquide, désigné autrefois sous le nom de *vif-argent* (en allemand *Quecksilber*, qui est encore le nom actuel), à cause de son éclat et de sa grande mobilité, était connu des Grecs et des Romains qui le retiraient d'Espagne; les procédés d'extraction en ont été décrits par Dioscorides, Pline et Vitruve. Ces procédés, très-imparfaits, devaient exposer les ouvriers à une intoxication rapide et profonde, aussi n'est-il pas étonnant que les propriétés vénéneuses de ce métal aient été connues dès l'origine. Le mercure servait déjà dans l'antiquité pour la dorure de l'argent et du cuivre, ainsi que pour l'affinage de l'or. Vitruve rapporte que, pour retirer l'or des tissus brochés d'or, on les incinérait et on traitait les cendres par du mercure.

Le mercure joue un grand rôle dans les conceptions des alchimistes; il constitue pour eux l'un des éléments des métaux et un principe de tous les êtres; de là le mercure des philosophes, qui était un être abstrait, que les alchimistes distinguaient du mercure commun. Il ne faut donc pas s'étonner si ceux qui poursuivaient la recherche de la panacée universelle se sont emparés de ce métal pour l'appliquer sous toutes les formes à la guérison des maladies. Aussi le mercure et ses composés comptent-ils au nombre des remèdes les plus anciennement employés. On l'a administré à l'état liquide et en fumigations ou à l'état d'onguent; les composés qui servaient à cet usage étaient d'abord le précipité *per se* (oxyde de mercure), le turbith minéral (sulfate basique) et le sublimé corrosif.

Le mercure se rencontre dans la nature principalement à l'état natif et à l'état de sulfure rouge ou cinabre; on le rencontre aussi, beaucoup plus rarement, à l'état de calomel et à l'état d'amalgame d'argent ou d'or. Les deux premiers minerais sont seuls exploités. — Voyez Mercure (*Métallurgie*).

*Propriétés physiques.* — Le mercure est un métal liquide à la température ordinaire, opaque et doué d'un grand éclat; aussi, lorsqu'il est pur, sa surface forme-t-elle un miroir parfait. Il n'adhère pas aux corps, si ce n'est aux métaux auxquels il s'allie, tels que le cuivre, l'or, l'argent, etc.; c'est en vertu de cotte non-adhérence que sa surface forme un ménisque convexe, lorsqu'il est renfermé dans des vases de verre, de bois, etc., et que, isolé en petites quantités, il forme des gouttelettes sphéroïdales parfaitement arrondies si le métal est pur. S'il est souillé de métaux étrangers, il perd de sa fluidité, et ses gouttelettes prennent une forme allongée; on dit alors que le mercure fait la *queue*. Le mercure allié de 1/4000 de plomb forme sur le verre une surface plane adhérente.

Lorsqu'on agite le mercure avec certaines solutions salines, le chlorure de calcium par exemple, il se partage en une foule de petits globules se réunissant difficilement. Le mercure, qui se sépare à l'état métallique par la réduction de ses sels, forme une poudre noire qui ne se réunit en globules métalliques que par une ébullition prolongée avec de l'acide chlorhydrique.

La densité du mercure liquide est égale à 13,596 (Regnault), 13,589 (Biot et Arago); celle du mercure solide est égale à 14,391. Il est très-dilatable, et, entre 0° et 100° son coefficient de dilatation est sensiblement proportionnel aux quantités de chaleur absorbées. La conductibilité calorifique du mercure est égale à 53,3, celle de l'argent étant 1,000 (Calvert et Johnson); il est donc le moins conducteur des métaux. Sa conductibilité électrique à 22°,8, d'après Matthiessen, est égale à 1,63, celle de l'argent à 0° étant 100. Sa chaleur spécifique est égale à 0,03247 à l'état solide, et sa chaleur latente de fusion est de 2,84 calories; cette quantité de chaleur est à peu près 80 fois celle qui est nécessaire pour élever de 1° l'unité de poids du mercure solide, c'est le même rapport que celui que l'on observe pour l'eau (C. C. Person).

Le mercure se solidifie à — 40° (à — 39°,44, d'après Hutchins), en se contractant. Il cristallise en octaèdres. Les premières expériences de la congélation du mercure ont été faites dans les pays froids, et c'est Cavendish qui a fixé exactement le point de solidification à 31°,5 Réaumur (39°,375). En 1795, la solidification du mercure fut effectuée à l'École polytechnique à l'aide de mélanges réfrigérants. En se solidifiant, le mercure éprouve une contraction subite. Le mercure solide présente à peu près la malléabilité et la ténacité du plomb; il s'aplatit sous le marteau et l'on a pu en frapper des médailles au balancier. Ces expériences ont principalement été effectuées pendant l'expédition de Parry dans les mers polaires, et par Thilorier, qui avait solidifié le mercure par un mélange d'acide carbonique solide et d'éther.

Le mercure n'émet de vapeurs sensibles qu'à 20° ou 25°; on peut s'en assurer en suspendant une lame d'or dans un flacon renfermant une certaine quantité de mercure; la lame blanchit au contact de la vapeur de ce métal. Un réactif infiniment plus sensible est une feuille de papier imprégnée d'un sel d'argent, d'or ou de platine. Ce métal précieux est réduit par les vapeurs mercurielles et colore fortement le papier [Merget, *Ann. de Chim. et de Phys.*, (4), t. XXV, p. 21]. La vapeur d'eau facilite beaucoup la vaporisation du mercure. Le mercure bout à 357°,25 (Regnault), à 360° (Dulong et Petit).

La densité de sa vapeur a été trouvée par Dumas égale à 6,976 (ou à 100,74 rapportée à l'hydrogène); Bineau, qui l'a obtenue à 882°, a trouvé le nombre 6,7 (soit 96,8); c'est, comme nous le verrons plus loin, une densité anomale.

La tension de vapeur du mercure a été observée par Regnault (*Compt. rend.*, t. L, p. 1,063); elle est consignée dans le tableau suivant par des températures de 10° en 10° du thermomètre à air.

TENSIONS DE LA VAPEUR DE MERCURE.

| Température. | Tension en millimètres de mercure. | Température. | Tension en millimètres de mercure. |
|---|---|---|---|
| 0° | 0,0200 | 270° | 123,01 |
| 10 | 0,0268 | 280 | 155,17 |
| 20 | 0,0372 | 290 | 194,46 |
| 30 | 0,0530 | 300 | 242,15 |
| 40 | 0,0767 | 310 | 299,69 |
| 50 | 0,1120 | 320 | 368,73 |
| 60 | 0,1643 | 330 | 450,91 |
| 70 | 0,2440 | 340 | 548,35 |
| 80 | 0,3528 | 350 | 663,18 |
| 90 | 0,5142 | 360 | 797,74 |
| 100 | 0,7455 | 370 | 954,65 |
| 110 | 1,0734 | 380 | 1136,65 |
| 120 | 1,5341 | 390 | 1346,71 |
| 130 | 2,1752 | 400 | 1587,96 |
| 140 | 3,059 | 410 | 1803,73 |
| 150 | 4,266 | 420 | 2177,53 |
| 160 | 5,900 | 430 | 2533,01 |
| 170 | 8,091 | 440 | 2933,99 |
| 180 | 11,00 | 450 | 3384,35 |
| 190 | 14,84 | 460 | 3888,14 |
| 200 | 19,90 | 470 | 4449,45 |
| 210 | 26,35 | 480 | 5072,23 |
| 220 | 34,70 | 490 | 5761,32 |
| 230 | 45,35 | 500 | 6520,25 |
| 240 | 58,82 | 510 | 7353,44 |
| 250 | 75,75 | 520 | 8264,96 |
| 260 | 96,73 | | |

La vapeur de mercure est incolore; son indice de réfraction pour le rouge est exprimé par 1,000556 (Le Roux).

Le spectre de la vapeur de mercure présente 6 raies caractéristiques, dont les 3 principales sont situées dans le jaune, le vert et le violet (Plücker). Gladstone, qui a également étudié ce spectre, décrit 23 raies (3 dans le rouge, 3 dans l'orangé, 5 jaunes, 3 vertes, 1 indigo, 5 violettes et 3 couleur de lavande); la 23e, située bien au delà de la raie H de Frauenhofer, dans une région où le spectre solaire ne présente plus de lumière, est remarquable par son éclat; elle paraît rouge-violet lorsqu'on la regarde directement, ou gris rougeâtre lorsqu'on l'observe à travers un verre bleu [*Phil. Magaz.*, (4), t. XX, p. 249; *Ann. de Chim. et de Phys.*, (3), t. LXI, p. 158].

*Propriétés chimiques.* — Le mercure pur ne s'altère pas à l'air à la température ordinaire, mais quand il n'est pas tout à fait pur, il se recouvre d'une pellicule grisâtre, adhérente au verre et qui est un mélange de mercure métallique et d'oxyde rouge. Chauffé à l'air ou dans l'oxygène, vers 350°, il s'oxyde à la surface.

Le mercure ne décompose l'eau à aucune température; agité avec ce liquide, il paraît lui céder une petite quantité de substance, qui peut-être ne se trouve qu'à un extrême état de division, sans être en réalité dissoute. Cette *eau mercurielle* jouit de propriétés thérapeutiques qui l'ont fait employer autrefois comme vermifuge. L'eau commune prend ainsi plus de mercure que l'eau distillée.

Le soufre se combine directement au mercure, soit en vapeurs, soit lorsqu'on broie les deux corps ensemble. Le chlore s'unit à froid au mercure, il en est de même de l'iode et du brome. L'acide azotique attaque le mercure à froid ; l'acide sulfurique étendu est sans action, mais l'acide sulfurique concentré et chaud le dissout en dégageant de l'acide sulfureux. L'acide chlorhydrique ne réagit pas sur le mercure, même à 360° (Pebal et H. Deville). Si l'action de l'air intervient, il se forme de l'eau et du chlorure de mercure (Regnault). L'acide bromydrique est décomposé par le mercure, lentement à froid, plus rapidement à chaud; l'acide iodhydrique l'est beaucoup plus facilement. Le mercure ne décompose pas à 100° le gaz hydrogène sulfuré sec.

Ce métal, réduit un grand nombre de composés métalliques; il est oxydé par le manganate de potassium. Mis en présence d'une solution d'azotate d'argent, il déplace une partie de l'argent auquel le mercure se combine pour former un amalgame cristallisé. Mis en contact avec de l'acide osmique, il mouille le verre par suite d'une réduction accompagnée pareillement de la formation d'un amalgame (Deville et Debray).

*Purification du mercure.* — Le mercure est souvent souillé de métaux étrangers qui y sont dissous à l'état d'amalgame. Pour le débarrasser de ces métaux, on le distille, mais par cette opération on ne le purifie pas complétement, car une partie de ces métaux est entraînée par la distillation; en outre, la distillation elle-même est rendue plus difficile par la présence de métaux étrangers. On a recommandé, pour éviter cet inconvénient, de faire la distillation dans un courant de vapeur d'eau surchauffée. Mais il est préférable de purifier le mercure à l'aide d'agents chimiques qui attaquent les autres métaux avant le mercure ou qui sont sans action sur ce dernier. Dœrfurt a recommandé de distiller le mercure avec 1/10 de cinabre (sulfure de mercure), dont le soufre se porte sur les métaux étrangers. Si le mercure renferme du zinc et de l'étain, on peut le faire digérer à 80° avec de l'acide chlorhydrique ou avec une solution concentrée de chlorure ferrique. Le procédé le plus généralement applicable consiste à traiter le mercure par l'acide azotique étendu avec lequel on le laisse digérer pendant 24 heures; il se produit d'abord de l'azotate de mercure, qui ensuite se trouve de nouveau décomposé par les métaux étrangers. On peut encore traiter immédiatement le mercure par une solution d'azotate de mercure.

Enfin, lorsque le mercure se trouve seulement souillé par des matières en suspension ou des pellicules qui ternissent sa surface, on se contente de le filtrer en le faisant tomber en filet mince par un entonnoir effilé.

La distillation du mercure pour sa purification s'opère généralement dans les bouteilles en fer qui servent au transport de ce métal; ces bouteilles sont munies d'un canon de fusil recourbé, dont l'ouverture, entourée d'un linge mouillé, touche la surface d'un bain d'eau dans lequel se condense le mercure; il ne faut pas plonger ce canon de fusil dans l'eau pour éviter les absorptions.

Le mercure en vapeur exerce sur l'économie une action toxique très-énergique, dont les accidents plus ou moins graves affectent un caractère chronique.

Le mercure exerce également une action délétère sur les plantes; ainsi, il suffit des vapeurs émises par ce métal à la température ordinaire, dans un espace clos, pour que les feuilles d'une plante confinée dans une pareille atmosphère se flétrissent et tombent. La présence simultanée du soufre dans la même enceinte empêche cet accident de se produire, par suite de la combinaison de la vapeur du soufre avec celle du mercure (Boussingault).

*Usages du mercure.* — Le mercure métallique sert à un grand nombre d'usages industriels; nous citerons notamment l'extraction de l'argent, l'extraction de l'or par amalgamation (t. I, p. 378); la dorure (voyez OR), l'étamage des glaces (voyez ÉTAIN, t. I, p. 1285), la construction des baromètres, manomètres et thermomètres. Il sert en outre dans les laboratoires pour la manipulation et l'analyse des gaz. Enfin, il est fréquemment employé en médecine. Les préparations les plus usitées pour l'usage externe sont l'onguent napolitain ou onguent mercuriel double, fait en *éteignant* le mercure avec une partie d'axonge; l'onguent gris, qui est formé de 1 p. du précédent avec 3 p. d'axonge; l'emplâtre de Vigo, etc. On administre aussi le mercure métallique à l'intérieur, après l'avoir éteint et divisé dans diverses substances, sous forme de pilules, de tablettes, etc.

*Poids atomique et atomicité du mercure.* — Le poids atomique du mercure déduit de la chaleur spécifique ainsi que de ses analogies et de la densité des vapeurs de ses composés est égal à 200, tandis que sa densité de vapeur, rapportée à l'hydrogène, est égale seulement à 100; l'atome de mercure occupe donc deux volumes, comme sa molécule; et une molécule d'un composé de mercure renferme, à l'état de vapeur, son propre volume de mercure. Ainsi, le bichlorure de mercure, $Cl^2Hg''$, renferme deux volumes de vapeur de mercure; c'est ce que l'on observe aussi pour certains composés organiques, la molécule de chlorure d'éthylène par exemple, $Cl^2(C^2H^4)''$, qui renferme son propre volume de gaz éthylène: le mercure est donc comparable sous ce rapport aux radicaux organiques diatomiques [Wurtz, *Leçons de Philosophie chimique*, p. 70 (1864)].

Le mercure est un métal diatomique; ainsi, son chlorure saturé renferme $Cl^2$, son oxyde $Hg''O$, etc., et les combinaisons qui renferment ainsi le mercure diatomique sont les composés *mercuriques*. Mais il existe aussi des combinaisons renfermant dans leur molécule deux fois plus de mercure, ce sont les composés *mercureux*, tel est le chlorure mercureux $(Hg^2)Cl^2$, le protoxyde de mercure ($Hg^2$) O ; ce double atome de mercure est également diatomique, par suite de l'échange de deux atomicités ($Hg'' — Hg''$) = $(Hg^2)''$. Dans tous les composés mercureux l'atome est donc doublé, et ils renferment tous $(Hg^2)''$. Néanmoins, certains faits tendraient à faire croire que le mercure dans les composés mercureux est monatomique, et que le chlorure mercureux, par exemple, est Hg'Cl ; le principal de ces faits est celui de la non-dissociation de la vapeur du calomel ; en effet, une lame d'or plongée dans cette vapeur ne blanchit pas, ce qui indique qu'il n'y a pas de mercure mis en liberté, et que le calomel ne se dédouble pas suivant l'équation

$$Hg^2Cl^2 = HgCl^2 + Hg.$$

Or cette dissociation pourrait seule expliquer l'anomalie de la densité de vapeur du calomel, qui conduit à la formule HgCl (Debray). Malgré ces doutes, nous adopterons pour les combinaisons mercureuses le double atome diatomique $(Hg^2)''$, elles se rapprochent ainsi des combinaisons cuivreuses qui renferment $(Cu^2)''$.

AMALGAMES. — Le mercure possède une grande tendance à s'unir à beaucoup d'autres métaux, pour former des alliages souvent cristallisés, connus sous le nom d'amalgames. A ce qui a été dit t. I, p. 181, nous ajouterons les considérations suivantes relatives à leurs propriétés générales et à leur préparation.

Ces amalgames se produisent soit par l'union directe des métaux, comme cela a lieu pour les amalgames de potassium, de sodium, d'or, d'argent, etc., soit indirectement, en soumettant à l'électrolyse une solution métallique en présence de mercure servant de pôle négatif. C'est ainsi que Joule [*Institut*, 1850, p. 327, et *J. Chem. Soc.*, (2), t. I, p. 378 (1863)] a obtenu des amalgames cristallisés de plomb et de cuivre et même un amalgame de fer. On obtient un amalgame d'argent cristallisé (arbre de Diane) par la simple action du mercure sur une solution d'argent.

On obtient encore des amalgames par l'action des amalgames alcalins sur les solutions salines, ou sur les métaux eux-mêmes ; ainsi le fer, le platine, l'aluminium, s'amalgament superficiellement lorsqu'on les met en contact avec de l'amalgame d'ammonium ou de sodium, en présence de l'eau ; l'hydrogène naissant paraît donc favoriser l'amalgamation [Cailletet, *Compt. rend.*, t. LI, p. 778, et t. LXIV, p. 857].

J. Regnauld a particulièrement étudié les circonstances qui accompagnent l'amalgamation directe. Certains métaux s'amalgament en produisant un abaissement de température, tels sont le zinc, le plomb, l'étain, le fer, le nickel, le cobalt ; tandis que d'autres, tels que le potassium, le sodium, le cadmium, s'unissent au mercure avec élévation de température ; les amalgames des premiers de ces métaux deviennent plus positifs par rapport aux métaux eux-mêmes ; ceux des autres, au contraire, deviennent plus négatifs [*Compt. rend.*, t. LI, p. 778 ; t. LII, p. 233 (1851)]. Un des abaissements de température les plus considérables qui se produisent par l'amalgamation des métaux a lieu lorsqu'on mélange 207 grammes de plomb, 118 grammes d'étain, 284 grammes de bismuth et 1617 grammes de mercure ; la température s'abaisse de + 17° à — 10° [Phipson, *Bull. de la Soc. chim.*, 1866, t. V, p. 243].

Le plus souvent les amalgames renferment un excès de mercure ; Joule enlève cet excès par l'action d'une forte pression ; il a ainsi obtenu les amalgames définis Pt + 2Hg ; Ag + 2Hg ; Cu + Hg ; Fe + Hg ; 2Zn + Hg ; 2Pb + Hg ; 7Sn + Hg.

La plupart des amalgames sont décrits à propos de l'histoire de chaque métal. Nous ne traiterons ici que des amalgames d'antimoine et de cuivre.

*Amalgame d'antimoine.* — Le mercure se combine lentement avec l'antimoine, en donnant un amalgame grenu d'un blanc d'étain.

*Amalgame de cuivre.* — Cet amalgame, renfermant 30 p. de cuivre et 70 p. de mercure, possède une propriété remarquable, qui l'a fait employer comme mastic pour les dents : chauffé vers le point d'ébullition du mercure, il se gonfle et se recouvre de gouttelettes de mercure ; si, après l'avoir broyé dans un mortier, on le laisse refroidir, il est assez mou pour pouvoir être pétri entre les doigts. Au bout d'un certain temps, il durcit de nouveau en prenant une texture cristalline à grains fins ; il redevient plastique quand on le chauffe. Il est gris.

Pour préparer cet amalgame, on fait dissoudre une quantité déterminée de mercure dans de l'acide sulfurique, et l'on triture le mélange pâteux de sulfate mercuroso-mercurique avec du cuivre en poudre fine et de l'eau à 60° ou 70°. L'amalgame est ensuite lavé et exprimé dans une peau, pour en séparer le mercure libre. On l'obtient encore en triturant longtemps du cuivre précipité par le fer avec une solution de nitrate mercureux, lavant à l'eau et ajoutant du mercure [Pettenkofer, *Annal. der Chem. u. Pharm.*, t. LXX, p. 344]. On a remplacé cet amalgame comme mastic par celui d'étain et de cadmium, ou par celui de cadmium seul.

### COMBINAISONS DU MERCURE AVEC LES ÉLÉMENTS MONATOMIQUES.

BROMURE MERCUREUX, $Hg^2Br^2$ (ou HgBr) (Protobromure de mercure). — Composé blanc, insoluble dans l'eau, fusible et volatil au-dessous du rouge sombre. On l'obtient soit en traitant le bromure mercurique par du mercure, soit en précipitant un sel mercureux par de l'acide bromhydrique (Balard). Sublimé, il forme de longues aiguilles rhomboïdales, réunies en masses fibreuses (Lœwig), isomorphes avec le *bichlorure*, jaunes à chaud et blanchâtres à froid. Sa densité est égale à 7,307 (Karsten). Il est sans odeur et sans saveur. Ses réactions sont analogues à celles du chlorure mercureux.

Il paraît pouvoir se combiner avec d'autres bromures, notamment avec le bromure de strontium.

BROMURE MERCURIQUE, $HgBr^2$ (bibromure de mercure). — On l'obtient par l'union directe du mercure avec le brome en excès (Balard) ou par dissolution de l'oxyde de mercure dans l'acide bromhydrique chaud. On peut aussi évaporer une solution de nitrate mercurique avec du bromure de potassium et purifier le bromure mercurique qui se sépare par dissolution dans l'alcool ; on peut enfin sublimer un mélange de sulfate mercurique et de bromure de potassium (Lœwig).

Le bromure mercurique cristallise de sa solution aqueuse en lamelles déliées et brillantes ; l'alcool le laisse déposer en aiguilles blanches. Sa densité est égale à 5,92 (Karsten). Il est fusible à 222-223° et sublimable. Sa solution possède une faible réaction acide.

Ses réactions sont semblables à celles du bichlorure de mercure. Les acides azotique et sulfurique qui n'attaquent pas, ou qui attaquent très-difficilement ce dernier, décomposent aisément le bibromure en dégageant du brome (Balard). L'acide hypochloreux l'attaque en produisant du chlorure mercurique, du brome et du bromate mercurique (Balard). Il est soluble dans 94 p. d'eau froide et dans 4 ou 5 p. d'eau bouillante (Lassaigne). Il se dissout très-bien dans l'alcool et encore mieux dans l'éther ; il peut se combiner avec ce dernier.

Le bromure mercurique forme des oxybromures avec l'oxyde mercurique (voyez p. 349). Il se combine également au sulfure et au phosphure de mercure.

La solution d'acide bromhydrique, d'une densité de 1,18, dissout à 40° une quantité de bromure mercurique correspondant à 1 molécule $HgBr^2$ pour 1 molécule HBr; par le refroidissement, la moitié du bromure cristallise (Lœwig). Il paraît donc exister des bromures mercuriques acides correspondant à des bromomercurates; ceux-ci ont été étudiés par de Bonsdorff, et s'obtiennent par l'union directe des bromures [*Poggend. Ann.*, t. XIX, p. 339].

*Bromomercurate d'ammonium.* — Le bromure mercurique se dissout abondamment dans le bromure d'ammonium et fournit le bromure

$$HgBr^2 2(AzH^4Br);$$

les alcalis précipitent de cette solution du bromamidure de mercure $(AzH^2Hg'')Br$ (Lœwig).

*Bromomercurate de baryum.* — Prismes brillants et déliquescents.

*Bromomercurates de calcium.* — Il paraît s'en former deux; le premier, en octaèdres, est décomposable par une petite quantité d'eau; l'autre est en aiguilles très-déliquescentes.

*Bromomercurate ferreux.* — Prismes jaunes, déliquescents.

*Bromomercurate de magnésium.* — La solution de bromure mercurique dans le bromure de magnésium fournit d'abord de larges lamelles inaltérables à l'air, $MgBr^2,2HgBr^2$(?), puis des cristaux déliquescents, $MgBr^2,HgBr^2$(?).

*Bromomercurate manganeux.* — Prismes roses déliquescents.

*Bromomercurates de potassium.* —

$$1° \; HgBr^2,KBr + H^2O.$$

Prismes rhomboïdaux aplatis (de Bonsdorff). Lœwig a obtenu ce sel anhydre, en octaèdres jaunes, fusibles et volatils. Une grande quantité en sépare la moitié du bromure mercurique. On l'obtient en évaporant une solution de bromure de potassium concentrée, saturée de bromure mercurique.

2° $HgBr^2,2KBr$, s'obtient en prismes inaltérables à l'air, en ajoutant du bromure de potassium à la solution du sel précédent.

*Bromomercurate de sodium.* — Aiguilles ou prismes rhomboïdaux, déliquescents.

*Bromomercurate de strontium.* — Aiguilles inaltérables, solubles dans l'eau.

*Bromomercurate de zinc.* — Tables ou prismes déliquescents.

*Éther bromomercurique.* — Lorsqu'on ajoute du mercure à du brome dissous dans l'éther, on obtient deux couches dont l'inférieure, après avoir laissé déposer du bromure mercurique, possède la composition constante $HgBr^2 + 3\,C^4H^{10}O$ [Nicklès, *Compt. rend.*, t. LII, p. 869].

CHLORURES DE MERCURE. — Il existe deux chlorures, le protochlorure $Hg^2Cl^2$ et le bichlorure $HgCl^2$; on passe facilement de l'un à l'autre par fixation directe de chlore ou de mercure.

CHLORURE MERCUREUX, $Hg^2Cl^2$ (ou HgCl) (protochlorure, calomel, mercure doux). — Ce composé, qui se rencontre dans la nature, est très-usité en médecine sous le nom de *calomel*. Il est blanc, amorphe, insoluble dans l'eau, volatil et cristallisable en prismes à base carrée ($b^1m$ = 157° 55′), terminés par des pyramides. Il est mentionné pour la première fois par Béguin au XVII^e siècle, et un an plus tard par Oswald Croll.

Le calomel se forme: 1° par l'action directe du chlore sur le mercure maintenu en excès; 2° par l'action du mercure sur le gaz chlorhydrique soumis à l'action de l'étincelle; 3° par l'action du mercure sur le chlorure ferrique; 4° par l'action de l'acide chlorhydrique ou d'un chlorure sur l'oxyde mercureux ou sur un sel mercureux; 5° par réduction du chlorure mercurique par le mercure ou par des agents réducteurs en général. On le prépare par voie sèche ou par voie humide.

*Préparation par voie sèche.* — 1° On chauffe au bain de sable dans de grands matras en verre, à fond plat, un mélange de sulfate mercureux et de sel marin,

$$SO^4Hg^2 + 2NaCl = SO^4Na^2 + Hg^2Cl^2.$$

Comme le sulfate mercureux peut contenir du sulfate mercurique qui donnerait du chlorure mercurique, on le broie avec du mercure métallique. On peut aussi éteindre 8 p. de mercure avec 18 p. de sulfate mercurique sec et 6 p. d'eau, et chauffer le sulfate mercureux ainsi obtenu avec du sel marin (Planche). Le chlorure mercureux se sublime dans le haut des matras, à l'état compacte.

2° On broie 4 p. de chlorure mercurique avec 3 p. de mercure et un peu d'eau ou d'alcool dans un mortier de bois et, quand tout le mercure est éteint, on soumet le mélange à la sublimation:

$$HgCl^2 + Hg = Hg^2Cl^2 \text{ ou } 2HgCl.$$

3° Parmi les autres réactions utilisées pour préparer le calomel, nous citerons la suivante. On broie du mercure avec du sel marin, du sulfate ferrique et un peu d'eau jusqu'à extinction complète, puis on sublime (Schaffhäutl). La réaction a lieu suivant l'équation:

$$(SO^4)^3(Fe^2) + 6NaCl + 2Hg$$
$$= 3SO^4Na^2 + 2FeCl^2 + Hg^2Cl^2.$$

Le calomel préparé par ces procédés est en masses compactes et cristallines; pour l'usage, on le pulvérise et on le lave avec soin, car il peut renfermer du sublimé corrosif. Mais ce calomel est généralement soumis à une opération qui a pour but de le mettre dans un état beaucoup plus divisé; on le réduit en vapeurs et on conduit celles-ci dans une enceinte spacieuse où elles se condensent sous la forme d'une poudre impalpable qu'on désigne sous le nom de *calomel à la vapeur* (Soubeiran). Pour cela, on chauffe le calomel, ou le mélange qui lui donne naissance, dans des cylindres en fonte ou en terre, de 3 à 4 décimètres de diamètre sur 8 à 9 décimètres de long, placés horizontalement dans un fourneau et dont l'extrémité ouverte, fortement rétrécie, s'engage dans un récipient en grès ou dans une chambre en briques, de 3 mètres cubes environ de capacité; la vapeur de calomel se condense non sur les parois mêmes du récipient, mais dans la masse d'air qu'elle rencontre. Ce calomel à la vapeur doit encore être lavé soigneusement.

*Préparation par voie humide.* — On l'obtient lorsqu'on ajoute de l'acide chlorhydrique ou un chlorure alcalin à la solution d'un sel mercureux (azotate). Le calomel se dépose sous la forme d'un précipité blanc, caillebotté, qu'on lave avec soin. Le produit ainsi obtenu est beaucoup plus divisé et plus actif que le calomel à la vapeur; on le réserve généralement pour les usages chirurgicaux.

Wœhler et Bolley obtiennent le calomel par voie humide en dissolvant le sublimé corrosif (chlorure mercurique) dans environ 20 p. d'eau froide, le traitant par un courant de gaz sulfureux, ajoutant de l'eau et faisant bouillir jusqu'à élimination de tout l'acide sulfureux. Il ne reste qu'à filtrer, à laver le précipité et à le sécher.

*Propriétés.* — Le calomel sublimé, comme le calomel naturel, cristallise en prismes quadratiques, terminés par un pointement octaédrique; le produit sublimé est en masses compactes et fibreuses, d'un blanc grisâtre; celui qui est précipité forme une poudre dense. La densité du calomel est égale à 6,992 (Karsten), 7,140 (P. Boullay), 6,56 (H. Schiff). Le calomel se sublime entre 420° et 500°, sans fondre (Marignac). Sa densité de vapeur est égale à 8,21 ou 118,6 par rapport à H

(Deville et Troost), 8,35 ou 120,5 (Mitscherlich); la densité théorique pour $Hg^2Cl^2$ serait 16,7 ou 235,5; cette formule représente donc 4 volumes de vapeur, tandis que HgCl représente 2 volumes. Pour expliquer l'anomalie de la formule $Hg^2Cl^2$, il faut admettre que ce composé se dissocie lorsqu'il est réduit en vapeur, en donnant

$$HgCl^2 + Hg.$$

Erlenmeyer a observé en effet, vers 360°, un commencement de dissociation, car une lame d'or plongée dans la vapeur de calomel devenait blanche par suite de son amalgamation au contact du mercure métallique [*Ann. der Chem. u. Pharm.*, t. CXXXI, p. 124]; Odling a observé le même fait et a trouvé du chlorure mercurique dans la vapeur de calomel condensée. Marignac a également constaté un commencement de dissociation. Au contraire, Debray n'a pas vu la lame d'or blanchir dans la vapeur de calomel à 440°, ce qui indiquerait qu'il n'y a pas dissociation [*Compt. rend.*, t. LXVI, p. 1339].

Exposé à la lumière, le calomel devient jaune, puis gris, par suite d'une décomposition partielle en chlorure mercurique et mercure, aussi est-il bon de le conserver dans des flacons opaques. Le calomel devient phosphorescent par le frottement. Il est insoluble dans l'eau et dans l'alcool; il exige 12,000 p. d'eau bouillante pour se dissoudre. Soumis à une ébullition prolongée avec de l'eau, il cède à celle-ci une petite quantité de chlorure mercurique et il reste une quantité correspondante de mercure mélangé au calomel inaltéré. D'après Guibourt, l'oxygène dissous dans l'eau est absorbé et produit un oxychlorure mercurique.

Ces faits montrent que le chlorure mercureux présente une tendance marquée à se dédoubler en chlorure mercurique et en mercure; ce dédoublement est encore beaucoup plus marqué dans d'autres circonstances. Lorsqu'on le fait bouillir avec de l'acide chlorhydrique, il se dissout du chlorure mercurique; les chlorures alcalins exercent une action analogue, déterminée par la tendance que possède le sublimé à former des chlorures doubles.

C'est surtout le chlorure d'ammonium qui exerce cette action, car elle a lieu déjà à la température ordinaire; mais, d'après Soubeiran, elle n'a pas lieu à l'abri de l'air. Lorsqu'on chauffe un mélange sec de calomel et de sel ammoniac, on obtient du mercure métallique et un sublimé de chlorure ammonio-mercurique. Ces décompositions jouent un grand rôle dans l'emploi du calomel comme médicament; c'est, d'après Mialhe, sous l'influence des chlorures alcalins qui se rencontrent dans l'économie que le calomel peut exercer son action thérapeutique en se dissolvant en partie à l'état de chlorure mercurique. En outre, certaines substances organiques, notamment l'albumine, paraissent aussi dédoubler le calomel.

Le sulfate d'ammonium dissout beaucoup de calomel, tandis que l'azotate n'en prend que fort peu.

Les carbonates de baryum, de calcium, de magnésium décomposent le calomel, ainsi que les sulfates de calcium et de potassium.

Le chlore et l'eau régale transforment facilement le chlorure mercureux en chlorure mercurique. L'acide azotique le dissout avec production de vapeurs nitreuses, en donnant du chlorure et de l'azotate mercuriques. En général, les agents oxydants transforment le protochlorure de mercure en bichlorure.

Les agents réducteurs, au contraire, lui enlèvent du chlore et donnent du mercure métallique: tels sont l'acide sulfureux, le chlorure stanneux et certains métaux, notamment le cuivre.

L'acide cyanhydrique aqueux le décompose à froid en mercure, cyanure de mercure et acide chlorhydrique (Scheele).

Chauffé avec du soufre, le calomel donne du sulfure de mercure et du bichlorure:

$$Hg^2Cl^2 + S = HgS + HgCl^2.$$

Chauffé avec du sulfure d'antimoine, il donne du sulfure de mercure et du trichlorure d'antimoine.

Chauffé dans la vapeur de phosphore, il fournit du trichlorure de phosphore et du phosphure de mercure (Davy).

Broyé avec de l'iode et de l'eau, il donne de l'iodure et du chlorure mercuriques. Traité par l'iodure de potassium, il fournit d'abord une poudre verte d'iodure mercureux qui, sous l'influence d'un excès d'iodure alcalin, se dédouble en iodure mercurique qui se dissout, et en mercure métallique.

Le calomel est fréquemment accompagné de sublimé corrosif, dont on peut constater la présence en le traitant par de l'eau qui ne dissout que le sublimé. Bonnewyn recommande d'arroser le calomel d'eau ou d'alcool et d'y plonger une lame de fer décapée; celle-ci reste inaltérée si le calomel est pur; au contraire, s'il contient du sublimé, même 1/50000e, il s'y produit une tache noire.

Le calomel est un médicament très-usité comme purgatif et comme vermifuge. On l'emploie fréquemment dans le traitement des affections vénériennes et scrofuleuses.

*Chlorure mercureux et ammoniaque.*— Le chlorure mercureux se combine avec le gaz ammoniac sec en formant une poudre noire qui renferme

$$Hg^2Cl^2.2AzH^3.$$

L'ammoniaque en solution aqueuse le transforme en une poudre grise $Hg^2Cl^2.Hg^2Az^2H^4$. Nous reviendrons sur ces composés (voyez COMBINAISONS AMMONIÉES DU MERCURE, p. 358, n° 4 et 5).

*Chlorure mercureux et chlorure de soufre.*

$$Hg^2Cl^2.SCl^2.$$

— Composé solide, blanc, volatil et cristallisable en prismes rectangulaires droits.

L'eau le décompose immédiatement en donnant 94,45 % de chlorure mercurique et 5,55 de soufre. On l'obtient en broyant ensemble 94 p. de chlorure mercurique et 6 p. de soufre; en chauffant doucement, on voit la masse se recouvrir d'une efflorescence blanche, qui est la combinaison en question. On peut aussi faire digérer du calomel avec du chlorure de soufre, puis soumettre à la distillation en séparant d'abord l'excès de chlorure de soufre (Capitaine).

*Chlorure mercureux et chlorure stanneux,*

$$Hg^2Cl^2.SnCl^2.$$

— On l'obtient par sublimation en petits cristaux blancs et dendritiques, décomposables par des sublimations répétées en mercure et chlorure stannique. L'eau le décompose de même. On obtient ce composé, d'après Capitaine, en chauffant à 250° un mélange de 24 p. de calomel et de 4 p. d'un amalgame d'étain (3 d'étain et 1 de mercure), décantant le mercure qui se sépare et distillant le produit sec [*Journ. Pharm.*, t. XXV, p. 549].

*Chlorure mercureux et chlorure platinique,*

$$PtCl^4.2Hg^2Cl^2.$$

— Aiguilles rectangulaires, soyeuses et incolores, réunies en faisceaux aplatis, qu'on obtient en chauffant à 50° du calomel avec du chlorure platinique et laissant refroidir la liqueur filtrée; la partie insoluble renferme du calomel en excès et du platine.

La lumière colore ces cristaux en rose, la chaleur les décompose (Schwarzenbach).

Quand on ajoute du chlorure de platine à une

solution de nitrate mercureux, il se précipite une poudre brune qui se décompose par la chaleur en calomel, qui se sublime, et en oxyde platineux.

*Chlorure mercureux et anhydride sulfurique.* — Le calomel absorbe les vapeurs d'anhydride sulfurique en donnant une masse translucide [H. Rose, *Poggend. Ann.*, t. XLIV, p. 325].

CHLORURE MERCURIQUE, $HgCl^2$ (bichlorure de mercure, sublimé corrosif). — C'est une des préparations mercurielles les plus anciennement connues. Geber en décrit déjà la préparation au VIIIe siècle, par la distillation d'un mélange de mercure, de vitriol, d'alun calciné, de sel et de nitre.

Le bichlorure de mercure se forme par combinaison directe du mercure avec un excès de chlore; par dissolution de l'oxyde mercurique dans l'acide chlorhydrique; par la distillation des sels mercuriques avec les chlorures fixes. Il se produit aussi, comme on l'a vu, par le dédoublement du protochlorure, $Hg^2Cl^2$, dans un grand nombre de circonstances.

*Préparation.* — 1° On l'obtient en distillant un mélange de 5 p. de sulfate mercurique, 5 p. de sel marin décrépité et 1 p. de peroxyde de manganèse, destiné à oxyder le sulfate mercureux que pourrait renfermer le sulfate mercurique; ce mélange est introduit dans des matras de verre, à fond plat, surmontés d'un pot en grès, qu'on chauffe au bain de sable. On chauffe d'abord légèrement en enveloppant complétement les matras de sable, pour expulser l'humidité, puis plus fort pour provoquer la sublimation du bichlorure de mercure. Le résidu est formé de sulfate de soude et de l'excès de chlorure de sodium et de peroxyde de manganèse. L'opération terminée, ce qui a lieu après 8 à 10 heures, on donne un coup de feu pour fondre partiellement le sublimé et le rendre plus compacte, puis on laisse refroidir et on enlève le sublimé en cassant les matras.

La fabrication du bichlorure de mercure est très-insalubre et ne doit être faite, par sublimation, que sous des cheminées offrant un bon tirage.

2° Pour obtenir le sublimé complétement exempt de calomel, il est bon d'opérer la sublimation dans une atmosphère d'acide chlorhydrique.

On dissout 10 p. de mercure dans 12,5 p. d'acide sulfurique à 66° B, on évapore et l'on soumet le résidu (sulfate mercuroso-mercurique) à la distillation avec 9 p. de sel marin; il y a ainsi un excès d'acide sulfurique qui donne naissance à de l'acide chlorhydrique [Fleck, *Journ. für prakt. Chem.*, t. XCIX, p. 247; *Bull. de la Soc. chim.*, 1867, t. VIII, p. 39].

3° R. Wagner traite le *turbith minéral* (sulfate mercurique basique) par de l'acide chlorhydrique chaud; le chlorure mercurique étant séparé, ses eaux mères fournissent par la concentration un acide sulfurique mercuriel, propre à la préparation d'une nouvelle quantité de turbith minéral.

Ce turbith s'obtient en décomposant par l'eau le sulfate mercurique obtenu par l'action du mercure sur l'acide sulfurique (l'acide sulfureux qui se dégage peut être employé à la préparation du calomel, par la méthode de Wœhler, ou à tout autre usage).

4° On peut aussi faire digérer l'oxyde mercurique, obtenu par l'action de la soude sur le nitrate mercurique, avec une solution de chlorure de magnésium, par exemple avec les eaux mères de la carnallite (chlorure magnéso-potassique). Si l'on emploie la carnallite elle-même, on obtient par cristallisation le chlorure mercurico-potassique. La magnésie est précipitée dans ces circonstances par l'oxyde de mercure [R. Wagner, *Dinglers Polyt. Journ.*, t. CLXXVI, p. 135; *Bull. de la Soc. chim.*, 1865, t. III, p. 464].

5° En Angleterre, on fabrique le sublimé corrosif par l'action directe du chlore gazeux sur le mercure chauffé.

*Propriétés.* — Le chlorure mercurique sublimé se présente en masses blanches, translucides, compactes, cristallines et friables. Sa densité est égale à 5,403 (Karsten), 5,420 (P. Boullay), 5,320 (H. Schiff). Il fond vers 265° et bout vers 295°; sa densité de vapeur est égale à 9,42 ou 136 par rapport à l'hydrogène (densité théorique = 135,5). Les cristaux obtenus par sublimation sont des octaèdres à base rectangulaire ($mm = 10°85'$, $e^1 e^1 = 86°12'$); cristallisé dans l'eau ou dans l'alcool, il se présente en prismes rhomboïdaux droits, aplatis, terminés en biseaux; dans les deux cas, les cristaux sont anhydres.

Le bichlorure de mercure est soluble dans l'eau: 100 p. d'eau à 10° en dissolvent 6,57; à 20°, 7,39 p.; à 50°, 11,84 p.; à 80°, 24,3 p.; à 100°, 53,96 p. (Poggiale). Il se dissout plus facilement dans l'alcool qui, à froid, en prend 40 %, et à chaud, 66,6 %. Il est également soluble dans l'éther, qui l'enlève à sa solution aqueuse. L'acide chlorhydrique chaud le dissout en grande quantité; par le refroidissement, la solution se prend en masse. L'acide sulfurique ne l'attaque que très-lentement, à chaud.

Le sublimé corrosif possède une saveur âcre et styptique très-désagréable; c'est un poison violent.

Le bichlorure de mercure est assez facilement réduit, par un grand nombre d'agents, à l'état de calomel ou même de mercure métallique. Sa solution aqueuse, exposée à la lumière, laisse déposer du calomel. La présence de chlorure de sodium lui donne plus de stabilité, en raison de la combinaison qu'il forme avec lui. L'acide sulfureux le transforme en calomel et, par une action prolongée, en sépare du mercure métallique. L'acide hypophosphoreux, l'acide phosphoreux, le chlorure stanneux et d'autres agents réducteurs en précipitent immédiatement du calomel qui ne tarde pas lui-même à se réduire si l'agent réducteur est en excès. L'hydrogène sulfuré décompose le bichlorure de mercure en donnant d'abord un sulfochlorure jaune, puis, par une action prolongée, du sulfure de mercure noir. Chauffé avec du soufre, il donne du chlorure double de soufre et de mercure.

Chauffé dans la vapeur de phosphore, il donne du mercure métallique et du trichlorure de phosphore; le phosphore agit d'une manière analogue sur sa solution aqueuse. Traité à sec par l'hydrogène phosphoré, il fournit un sublimé jaune-orange de phosphure de mercure; en solution aqueuse, il donne un phosphochlorure de mercure jaune.

L'hydrogène arsénié précipite de la solution de sublimé un composé brun-jaune, renfermant de l'arséniure et du bichlorure de mercure.

Chauffé avec du mercure, il donne du calomel. Un grand nombre de métaux lui enlèvent facilement, par voie sèche, la moitié ou la totalité du chlore, en le transformant en calomel ou en mercure métallique avec lequel ils se combinent souvent pour former des amalgames. La solution aqueuse du sublimé se trouve également réduite par un grand nombre de métaux. Le zinc, le cadmium, le nickel précipitent rapidement le mercure; le fer le précipite plus lentement; le plomb, le cuivre, le bismuth encore plus lentement. Généralement, il y a du calomel précipité avec le mercure; le zinc et le cadmium, néanmoins, ne donnent que du mercure qui s'y amalgame, et l'on obtient avec le cadmium de belles aiguilles métalliques. Le cuivre se recouvre, dans une solution aqueuse concentrée de sublimé, d'un dépôt noir adhérent, renfermant du mercure, du calomel et de l'oxyde de cuivre; si la solution est acidulée d'acide chlorhydrique, il ne se dépose que du mercure. Une solution acide renfermant $\frac{1}{1000}$ de sublimé donne immédiatement un dépôt blanc sur le cuivre; une solution à $\frac{1}{5000}$ n'est pas attaquée à froid par le cuivre; à chaud, celui-ci se colore en jaune d'or, et, par l'addition d'acide chlorhydrique, il se recouvre du mercure. Les solutions alcooliques et éthérées du sublimé se comportent comme la solution aqueuse.

Le bichlorure de mercure décolore l'iodure d'amidon bleu; cette réaction est due à l'action qu'exerce l'iode sur le bichlorure, action qui donne naissance à du biiodure de mercure et à du chlorure d'iode (Millon).

Les alcalis caustiques donnent dans la solution de bichlorure de mercure un précipité jaune-orange d'oxyde mercurique ou, s'ils sont employés en quantité insuffisante, un précipité rouge-brun d'oxychlorure. Les carbonates alcalins et les bicarbonates donnent un précipité d'oxychlorure d'abord blanc et qui devient bientôt rouge foncé. On obtient encore des oxychlorures en faisant bouillir du sublimé avec de l'oxyde de mercure, comme on le verra plus loin (voyez Oxychlorures, p. 349). La chaux et la magnésie précipitent la solution de bichlorure de mercure; mais inversement, si l'on fait bouillir les chlorures de calcium et de magnésium avec de l'oxyde de mercure, il se forme du bichlorure de mercure et il se précipite de la chaux ou de la magnésie. La présence d'un chlorure alcalin empêche la précipitation de l'oxyde de mercure par la chaux ou la magnésie (Mialhe). La présence de beaucoup de matières organiques, sucre, gomme, etc., empêche aussi cette précipitation (Vogel). Les carbonates de calcium et de magnésium précipitent incomplétement le sublimé, en donnant de l'oxychlorure de mercure.

L'ammoniaque donne dans la solution de sublimé un précipité blanc de chloramidure de mercure ou chlorure de dimercurammonium,

$$HgCl^2, Az^2H^4Hg.$$

— Voyez les combinaisons ammonio-mercuriques, p. 359, nº 7.

Beaucoup de matières organiques réduisent le bichlorure de mercure en donnant du calomel et quelquefois du mercure, surtout sous l'influence de la lumière. Les formiates donnent à froid du calomel et à l'ébullition du mercure. Les tartrates, le sucre, la gomme, réduisent le sublimé, surtout à chaud, à l'état de calomel.

La solution de bichlorure de mercure donne avec l'albumine une combinaison qui se sépare à l'état d'un précipité blanc, insoluble dans l'eau, soluble dans un grand excès d'albumine et dans les solutions des chlorures alcalins, surtout du chlorure ammonique.

*Usages.* — Le sublimé corrosif sert à la conservation des bois, à la préparation de certaines couleurs d'aniline, à l'impression des tissus, à la conservation des pièces anatomiques. Il est fréquemment employé en médecine, surtout pour le traitement des maladies syphilitiques. On l'emploie pour l'usage externe en bains, lotions, collyres, pommades. On le donne aussi à l'intérieur. C'est un médicament qu'il ne faut administrer qu'avec une grande prudence. On l'associe souvent à des matières albuminoïdes, telles que le blanc d'œuf, le gluten frais, la farine, le lait. Il en résulte des combinaisons insolubles dans l'eau, et qui par conséquent sont beaucoup moins actives que le sublimé pur, mais qui se dissolvent néanmoins lentement dans l'organisme à la faveur des chlorures.

Chlorure mercurique acide. — Le chlorure mercurique se dissout à 23°,3 dans l'acide chlorhydrique d'une densité de 1,158, avec élévation de température. 2 molécules d'acide chlorhydrique ou 135,5 p. de l'acide indiqué dissolvent ainsi 1 molécule de chlorure mercurique (271 p.) en donnant une solution offrant une densité de 2,412, qui se prend en une masse d'aiguilles cristallines par un faible abaissement de température; la chaleur de la main suffit pour liquéfier de nouveau la masse (J. Davy). Les cristaux qui se séparent renferment $HgCl^2.HCl$. A une température plus élevée, l'acide chlorhydrique peut dissoudre 4 fois plus de sublimé, dont une partie se sépare par l'addition d'eau (Boullay).

Chlorures mercuriques doubles ou chloromercurates. — Le bichlorure de mercure forme des sels doubles avec un grand nombre de chlorures. On obtient ces chlorures doubles en faisant cristalliser le mélange des chlorures en proportion convenable. Ces chlorures présentent, en général, plus de stabilité que le sublimé corrosif lui-même. Un grand nombre d'entre eux correspondent au chlorhydrate de chlorure mercurique, $HgCl^2.HCl$.

*Chloromercurates d'ammonium.* — On en connaît plusieurs. Le plus important est celui qu'on désignait autrefois sous les noms de *sel de Science*, *sel de Sagesse*, ou de *sel Alembroth*. Il renferme

$$HgCl^2.2(AzH^4Cl) + H^2O,$$

et s'obtient par le refroidissement d'une solution bouillante de 271 p. de chlorure mercurique et de 107 p. de sel ammoniac ou d'un excès de ce dernier. Il se dépose en prismes rhomboïdaux aplatis et transparents, devenant opaques à 40° et perdant toute leur eau à 100°. Ce sel se dissout dans 0,66 p. d'eau à 10° et en toutes proportions dans l'eau bouillante (Soubeiran, Bonsdorff). On l'obtient aussi en faisant bouillir une solution de sel ammoniac avec de l'oxyde de mercure; il se dégage de l'ammoniaque (Wittstein). Ce composé est volatil, mais non sans décomposition. Sa densité de vapeur prise à 440° est égale à 3,50 ou 50,57 par rapport à H (théorie 47,00); ce chiffre montre que la molécule de ce sel donne huit volumes de vapeur (Deville et Troost). On en conclut qu'elle est entièrement dissociée à 440°.

La solution de sublimé dans le sel ammoniac donne du précipité blanc (chloramidure de mercure) par l'action des alcalis; les eaux chargées de carbonate de chaux produisent également ce précipité, surtout à chaud. Le sucre sépare à chaud du calomel de cette dissolution.

*Chloromercurate* $HgCl^2.AzH^4Cl$. — On l'obtient comme le précédent en employant seulement 53,5 p. de sel ammoniac. Suivant les circonstances, il se dépose à l'état anhydre ou à l'état hydraté. Le sel anhydre cristallise en rhomboèdres (Kane); il est fusible, et volatil à une température plus élevée que les deux chlorures isolés; la masse sublimée renferme des traces de calomel et d'acide chlorhydrique. Le sel hydraté forme de longues aiguilles soyeuses ayant la même forme que le sel potassique correspondant (Mitscherlich). Il renferme 1/2 $H^2O$.

Holmes a décrit deux autres chloromercurates d'ammonium; l'un d'eux, $9HgCl^2.4AzH^4Cl$, s'obtient à l'état cristallisé en dissolvant à chaud dans l'acide chlorhydrique, et laissant refroidir, 25 p. de chlorure mercurique et 1 p. de sel ammoniac. L'autre, $3HgCl^2.AzH^4Cl + 4H^2O$, se forme lorsqu'on traite le précédent par un grand excès d'acide chlorhydrique, ou lorsqu'on fait dissoudre dans ce dernier 3 molécules de chlorure mercurique et 1 molécule de sel ammoniac [*Chem. News*, t. V, p. 351].

*Chloromercurate de baryum,*

$$2HgCl^2.BaCl^2 + 4H^2O.$$

— Cristallise en groupes rayonnés efflorescents et en prismes rhomboïdaux obliques ou en tables dont les angles ont 93° et 85° (de Bonsdorff).

*Chloromercurates de calcium.* —

$$1^o\ 2HgCl^2.CaCl^2 + 6H^2O.$$

Grandes tables rhomboïdales ou prismes hexagonaux aplatis, efflorescents dans l'air sec, mais déliquescents à l'air humide.

2° $5HgCl^2.CaCl^2 + 8H^2O$. Tétraèdres ou octaèdres transparents et brillants. L'eau les blanchit en leur enlevant du chlorure de calcium, mais si l'on chauffe, ils se dissolvent entièrement et se déposent en partie par le refroidissement (de Bonsdorff).

*Chloromercurate de cérium.* — Cubes inaltérables à l'air (de Bonsdorff).

*Chloromercurate de cobalt.* — Prismes très-déliquescents, d'un rouge kermès (de Bonsdorff).

*Chloromercurate de cuivre.* — Aiguilles radiées inaltérables à l'air. Lorsqu'on ajoute une solution de chloromercurate de potassium à une solution de chlorure cuivrique, on obtient par évaporation des prismes rhomboïdaux, d'un vert émeraude, inaltérables à l'air sec, déliquescents à l'air humide, en se décomposant. L'alcool les décompose également. Ces cristaux renferment

$$3HgCl^2, 6KCl, CuCl^2 + 2H^2O$$

[de Bonsdorff, *Poggend. Ann.*, t. XXXIII, p. 81].

*Chloromercurate ferreux,*

$$HgCl^2, FeCl^2 + 4H^2O.$$

— Prismes rhomboïdaux jaune de miel, déliquescents, isomorphes avec le composé magnésien.

*Chloromercurate de glucinium.* — Prismes rhomboïdaux droits (de Bonsdorff).

*Chloromercurates de lithium.* — De Bonsdorff en a obtenu deux, l'un en aiguilles inaltérables à l'air, l'autre déliquescent.

*Chloromercurate de magnésium.* — Une solution concentrée de chlorure de magnésium dissout beaucoup de sublimé à chaud en donnant une solution épaisse, d'une densité de 2,8, qui fournit des aiguilles par le refroidissement (J. Davy). Par l'évaporation d'une solution moins concentrée, on obtient d'abord des lamelles rhomboïdales d'un sel, $3HgCl^2, MgCl^2 + 5H^2O$, puis des prismes rhomboïdaux, $HgCl^2.MgCl^2 + 6H^2O$ [de Bonsdorff, *Poggend. Ann.*, t. XVII, p. 133].

*Chloromercurate de manganèse,*

$$HgCl^2.MnCl^2 + 4H^2O.$$

— Gros prismes rhomboïdaux droits, transparents, rouge pâle, efflorescents dans un air desséché, déliquescents à l'air humide (de Bonsdorff).

*Chloromercurates de nickel.* — Petits octaèdres réguliers, vert-pomme, dont les eaux mères fournissent des prismes clinorhombiques, déliquescents. Ces sels ont probablement la composition des sels calciques (de Bonsdorff).

*Chloromercurates de potassium,* —

1° $HgCl^2, 2KCl + H^2O$.

Prismes orthorhombiques, incolores et volumineux, solubles dans l'eau, peu solubles dans l'alcool. On l'obtient en ajoutant de l'alcool à un mélange d'une solution de chlorure de potassium et d'une solution de sublimé (Liebig); ou bien on soumet à l'évaporation la solution du sel suivant additionnée d'une quantité de chlorure de potassium égale à celle qu'il contient déjà [de Bonsdorff, *Poggend. Ann.*, t. XVII, p. 123].

2° $HgCl^2, KCl + H^2O$. Prismes à quatre pans, aplatis et groupés en étoiles, peu solubles dans l'alcool. On l'obtient en ajoutant un excès d'une solution saturée à 30° de sublimé à une solution saturée à froid de chlorure de potassium ; on obtient d'abord des cristaux du sel suivant, dont les eaux mères fournissent les cristaux en question (de Bonsdorff). On l'obtient aussi, d'après Boullay, en saturant exactement par la potasse le chlorhydrate de chlorure mercurique.

3° $2HgCl^2, KCl + 2H^2O$. Aiguilles rhomboïdales très-solubles dans l'eau, peu solubles dans l'alcool, que l'on obtient en agitant une solution de chlorure de potassium à 50° ou 60° avec du sublimé pulvérisé et laissant refroidir (de Bonsdorff).

*Chloromercurates de sodium.* —

1° $HgCl^2, 2NaCl$.

Aiguilles transparentes qui se déposent par évaporation de la solution du sel suivant additionnée de chlorure de sodium. Elles se décomposent facilement par la dissolution en chlorure de sodium et en $HgCl^2$, NaCl [Voit, *Ann. der Chem. u. Pharm.*, t. CIV, p. 341].

2° $2(HgCl^2, NaCl) + 3H^2O$. On l'obtient par l'évaporation d'une solution de chlorure de sodium agitée avec un excès de sublimé en poudre. Aiguilles hexagonales réunies en faisceaux, inaltérables à l'air. Ce sel fond à 100° dans son eau de cristallisation; chauffé plus fort, il perd son eau. Il est soluble dans 0,33 p. d'eau à 15° (de Bonsdorff, Voit).

7 p. de chlorure de sodium, dissous dans 20 p. d'eau, dissolvent, à 15°, 32 p. de bichlorure de mercure. Cette solution n'est pas précipitée par une petite quantité de soude, une plus grande quantité de cette dernière y produit un précipité blanc d'oxychlorure, et un excès, de l'oxyde de mercure (Voit).

*Chloromercurate de strontium.* — Aiguilles inaltérables à l'air, facilement solubles.

*Chloromercurate d'yttrium.* — Cristaux cubiques déliquescents (de Bonsdorff).

*Chloromercurate de zinc.* — Aiguilles ou tables très-déliquescentes (de Bonsdorff).

AUTRES COMBINAISONS DU CHLORURE MERCURIQUE. — *Chlorure mercurique et chromate acide de potassium.* — Un mélange de ces deux sels, en solution bouillante, laisse déposer par le refroidissement des prismes orthorhombiques terminés par des octaèdres; ces cristaux sont rouges, solubles dans l'eau, décomposables par l'alcool et par l'éther qui lui enlèvent le bichlorure de mercure. Ils renferment $Cr^2O^7K^2.HgCl^2$ [Millon, *Compt. rend.*, t. XIX, p. 742].

Il existe de même une combinaison avec le bichromate d'ammonium, qui renferme

$$Cr^2O^7(AzH^4)^2, HgCl^2 + H^2O$$

et qui cristallise de même.

*Chlorure mercurique et sulfite d'ammonium,* $SO^3(AzH^4)^2, HgCl^2$. — Paillettes nacrées que l'eau bouillante décompose avec formation de calomel.

*Chlorure mercurique et acétate de cuivre,*

$$\left.\begin{matrix}(C^2H^3O)^2\\ 2Cu\end{matrix}\right\} O^3, 2HgCl^2.$$

— Composé cristallin bleu, presque insoluble dans l'eau froide, qui se dépose par l'évaporation d'une solution d'acétate neutre de cuivre et de bichlorure de mercure (Wœhler).

Le chlorure mercurique s'unit en outre à l'oxyde, au sulfure de mercure, etc. — Voyez OXYCHLORURES et OXYSULFURES, PHOSPHURE et ARSÉNIURE DE MERCURE.

Il se combine aussi avec le pentachlorure de phosphore.

FLUORURE MERCUREUX (protofluorure), $Hg^2Fl^2$. — Suivant Berzelius, ce corps se sublime avec du calomel lorsqu'on chauffe ce dernier avec du fluorure de sodium. On l'obtient en traitant le carbonate mercureux par de l'acide fluorhydrique; à un moment donné, le fluorure mercureux se précipite sous la forme d'une poudre cristalline jaune clair. On l'obtient aussi à l'état de pureté en décomposant le fluorure d'argent par le calomel; il se dépose du chlorure d'argent, et le fluorure mercureux resté en solution se dépose par l'évaporation en cristaux cubiques (?) jaunes.

Le fluorure mercureux est décomposé en partie par l'eau ; il noircit à la lumière. A l'air sec, il peut être chauffé sans altération à 260° ; à une température plus élevée, le verre est attaqué et il distille du mercure.

L'ammoniaque donne dans la solution de fluorure mercureux un précipité noirâtre, et la solution contient du mercure, du fluor et de l'ammoniaque. Le gaz ammoniac est absorbé par le fluorure mercureux sec (voyez COMBINAISONS AMMONIÉES DU MERCURE) [Finkener, *Poggend. Ann.*, t. CX, p. 142; *Répert. de Chim. pure*, 1860, p. 387].

*Fluosilicates de mercure.* — Voyez FLUOSILICATES, t. I, p. 1477.

FLUORURE MERCURIQUE (bifluorure), $HgFl^2$. — On l'obtient en dissolvant l'oxyde mercurique dans un excès d'acide fluorhydrique; la solution abandonne par l'évaporation de longues aiguilles incolores. D'après Fremy, celles-ci sont hydratées et décomposables par la chaleur en acide fluorhydrique et oxyfluorure. Berzelius a décrit un fluorure mercurique, qui est probablement un oxyfluorure, cristallisé en prismes jaune foncé, sublimable en partie en petits cristaux jaune clair. D'après Finkener, les cristaux blancs de fluorure mercurique renferment $2H^2O$ qu'ils perdent déjà à 50° en même temps que de l'acide fluorhydrique [*Poggend. Ann.*, t. CX, p. 628; *Répert. de Chim. pure*, 1861, p. 120].

L'eau décompose le fluorure mercurique en produisant un oxyfluorure; il est également décomposé par la lumière [Fremy, *Ann. de Chim. et de Phys.*, (3), t. XLVII, p. 38].

Le fluorure mercurique forme des oxyfluorures et des sulfofluorures (voyez p. 350 et 351, ainsi qu'un dérivé ammonié, p. 359, n^os 12 et 13).

IODURE MERCUREUX (protoïodure), $Hg^2I^2$ ou $HgI$. — On le prépare ordinairement par l'union directe de l'iode avec le mercure. On broie 200 p. de mercure avec 127 p. d'iode et une petite quantité d'alcool jusqu'à ce que le mercure ait disparu et qu'on ait obtenu une pâte verte; on continue encore à broyer pendant quelque temps pour rendre la pâte plus homogène, puis on la lave à l'alcool bouillant pour lui enlever un peu d'iodure mercurique, et on la sèche. Si l'on broyait le mercure avec l'iode, sans addition d'alcool, la réaction serait tellement énergique qu'une partie de l'iode serait brusquement volatilisée et que le produit entrerait en fusion. On peut aussi préparer d'abord l'iodure mercurique et broyer ensuite celui-ci avec une quantité de mercure égale à celle qu'il contient déjà, et un peu d'alcool.

Enfin l'iodure mercureux peut s'obtenir par précipitation, en ajoutant un iodure alcalin à un sel mercureux, azotate, acétate ou chlorure. On obtient ainsi un précipité vert. L'iodure alcalin ayant la propriété de décomposer l'iodure mercureux en mercure et iodure mercurique, il faut éviter d'en employer un excès. Il vaut mieux employer l'acétate ou le chlorure que l'azotate, car si ce dernier renfermait de l'acide azotique libre, celui-ci réagissant sur l'iodure alcalin mettrait un peu d'iode en liberté et l'on obtiendrait ainsi non l'iodure mercureux, mais un iodure intermédiaire, $Hg^4I^6 = Hg^2I^2 + 2HgI^2$. Si l'on emploie l'acétate, le produit peut renfermer un sous-acétate mercureux.

Le mieux est de traiter 471 p. de calomel par 332 p. d'iodure de potassium en solution. On obtient ainsi une poudre verte qu'on lave à l'eau bouillante et qu'on sèche à l'abri de la lumière.

L'iodure mercureux constitue une poudre d'un vert jaunâtre foncé ; à la lumière, il devient plus vert et puis noir. Sa densité est égale à 7,6445 (Karsten), 7,75 (P. Boullay). Conservé dans des flacons, même à l'abri de la lumière, il se dédouble après quelques semaines en mercure et biiodure ; sous l'eau, il est beaucoup plus stable. Ce dédoublement s'effectue en partie par la sublimation, qui donne du mercure métallique et un sublimé jaune-vert de $Hg^4I^6$ (Labouré). L'iodure de potassium le décompose instantanément en mercure et en biiodure qui se dissout en se combinant avec l'iodure alcalin : c'est ce qui se produit lorsqu'on ajoute un excès de celui-ci à du calomel en poudre. Une solution bouillante de sel ammoniac ou de chlorure de sodium donne lieu à la même décomposition, mais plus lentement ; il en est de même de l'acide chlorhydrique bouillant. L'ammoniaque le dissout en laissant un résidu gris, probablement du mercure. Il exige 2400 p. d'eau pour se dissoudre, et est insoluble dans l'alcool.

IODURE MERCURIQUE (biiodure), $HgI^2$. — S'obtient par combinaison directe de 1 atome de mercure avec 2 atomes d'iode, en observant les précautions indiquées pour l'iodure mercureux. Mais on le prépare généralement par double décomposition entre un sel mercurique et un iodure soluble (acide iodhydrique, iodure de potassium, iodure ferreux). Il se produit en outre par l'action de l'iode sur l'oxyde de mercure, avec dégagement d'oxygène et formation d'iodate mercurique (Rammelsberg), sur les sels mercuriques ou mercureux, sur le cyanure de mercure, avec production simultanée d'iodure de cyanogène, etc.

On précipite d'ordinaire le nitrate ou le chlorure mercurique par l'iodure de potassium, en évitant un trop grand excès de ce dernier qui redissout l'iodure mercurique. Si l'on verse le chlorure mercurique dans la solution d'iodure de potassium, le précipité rouge qui apparaît un instant se redissout aussitôt ; mais en continuant à ajouter tout le chlorure, le précipité devient permanent et d'un rouge vif. Il est d'abord d'un rouge pâle lorsqu'on opère en sens inverse, à cause de la formation de chloro-iodure mercurique, mais celui-ci se transforme intégralement en biiodure lorsqu'on ajoute tout l'iodure de potassium.

*Propriétés.* — Il existe deux modifications dimorphes de l'iodure mercurique: une modification rouge, cristallisant en octaèdres ($a^1$ $p^1$ $= 102°00'$) qui appartiennent au système quadratique, et une modification jaune, qui est la plus instable et qui cristallise en prismes orthorhombiques ($mm = 114°$) [Mitscherlich, *Poggend. Ann.*, t. XXVIII, p. 117] (prismes clinorhombiques suivant Frankenheim, *Journ. für prakt. Chem.*, t. XVI, p. 4).

*Iodure rouge.* — C'est le précipité qui se dépose dans la préparation indiquée plus haut. On l'obtient nettement cristallisé en octaèdres aigus en le dissolvant à chaud et à refus dans une solution d'iodure de potassium et laissant refroidir. Il cristallise également lorsqu'on laisse refroidir une solution de sel marin qui en est saturée à chaud (Mitscherlich). On l'obtient encore en dissolvant à l'ébullition de l'iode dans du nitrate mercurique, jusqu'à saturation, et laissant refroidir (Preuss). Sa densité est égale à 6,2 (Karsten), 6,32 (P. Boullay). Il fond à 238° en un liquide jaune foncé qui se prend par le refroidissement en une masse cristalline ; celle-ci constitue la modification jaune. Cette transformation a déjà lieu vers 150° (Oppenheim). A une température plus élevée, il se volatilise et se condense en cristaux jaunes ; si la distillation est conduite doucement, les cristaux jaunes sont quelquefois mélangés d'octaèdres rouges [Warington, *Ann. de Chim. et de Phys.*, (3), t. VII, p. 416].

*Iodure jaune.* — Les cristaux jaune-citron obtenus par la fusion ou la sublimation de l'iodure rouge forment des prismes orthorhombiques ; à la température ordinaire, ils présentent une grande tendance à se transformer dans la modification rouge. Lorsqu'on les refroidit fortement, cette transformation a lieu subitement; le frottement ou la pression suffisent pour produire le même effet (Mitscherlich). Cette transformation est accompagnée d'une élévation de température. 13 grammes environ d'iodure jaune produisent ainsi une élévation de 3° à 4° [R. Weber, *Poggend. Ann.*, t. C, p. 127].

L'iodure jaune peut aussi se former par voie humide. D'après Warington, l'iodure de potassium donne d'abord dans les sels mercuriques un précipité jaune pâle qui devient aussitôt rouge; si l'on observe ce précipité au microscope, on remarque qu'il est d'abord formé de lamelles rhomboïdales, jaunes par réflexion et se transformant rapidement en petits octaèdres rouges. La solution de l'iodure mercurique dans l'alcool donne un précipité d'iodure jaune; par l'addition d'eau, cet iodure ainsi séparé forme des tables rhomboïdales brillantes de 114° et 66° [Mitscherlich, H. Schiff, *Ann. der Chem. u. Pharm.*, t. CXI, p. 371].

L'iodure mercurique n'est que peu soluble dans l'eau : une partie exige 150 p. d'eau froide. Il se dissout dans un grand nombre d'acides aqueux, notamment dans les acides iodhydrique et chlorhydrique, ainsi que dans beaucoup de sels ammoniacaux et autres, tels que le chlorure de sodium, de potassium, etc. 387 p. de chlorure de potassium, en solution concentrée et chaude, dissolvent 226 p. d'iodure mercurique; le sel se dépose par le refroidissement en cristaux jaunes qui deviennent bientôt rouges; cette même solution donne un précipité jaune lorsqu'on l'additionne d'eau.

L'alcool dissout l'iodure mercurique, surtout à chaud; les cristaux qui se forment par le refroidissement sont jaunes; ceux qui se forment très-lentement au sein de cette solution sont rouges. La solution alcoolique est incolore. L'iodure mercurique est peu soluble dans l'éther.

L'iodure mercurique se dissout encore dans un grand nombre de sels mercuriques, mais il est surtout très-soluble dans les iodures alcalins et autres, avec lesquels il forme des combinaisons.

Beaucoup de métaux attaquent l'iodure mercurique en lui enlevant tout ou partie de son iode. Avec le zinc, il y a élévation de température, réduction complète et formation d'amalgame de zinc; le cadmium donne de l'iodure double de mercure et de cadmium. Avec l'étain, décomposition lente et incomplète. Avec le fer et le cuivre, il se produit d'abord de l'iodure mercureux, puis, si l'on chauffe, du mercure métallique. Avec le plomb et l'argent, il ne se produit que de l'iodure mercureux [Berthemot, *Journ. de Pharm.*, t. XIV, p. 610]. Le chlorure stanneux enlève à l'iodure mercurique tout son iode, en donnant successivement l'iodure jaune intermédiaire, $Hg^4I^6$, l'iodure mercureux et du mercure (Labouré). Le chlore décompose l'iodure mercurique en présence de l'eau en donnant une solution jaune qui renferme du chlorure mercurique et du chlorure d'iode; ce dernier n'attaque pas l'iodure mercurique (Filhol, Millon).

Les alcalis fixes décomposent l'iodure mercurique en en séparant de l'oxyde ou de l'oxyiodure mercurique et en donnant avec une portion non décomposée de l'iodure double soluble. Traité par l'ammoniaque aqueuse, il donne une poudre brune et une solution jaune qui laisse déposer des flocons blancs (Boettger). — Voyez COMBINAISONS AMMONIÉES DE MERCURE, p. 360.

*Iodure mercurique acide.* — Une solution concentrée d'acide iodhydrique dissout à chaud une quantité d'iodure mercurique correspondant à 1 molécule d'iodure pour 1 molécule d'acide. Cette solution abandonne, par le refroidissement, d'abord de l'iodure mercurique, puis des aiguilles transparentes jaunes, décomposables par l'eau en acide iodhydrique et iodure mercurique rouge. La solution primitive et les eaux mères de ces cristaux donnent un précipité d'iodure rouge par l'addition d'eau [Boullay, *Ann. de Chim. et de Phys.*, (2), t. XXXIV, p. 340]. Gmelin envisage ces cristaux jaunes comme renfermant $HgI^2,HI$; ce composé correspond à plusieurs iodomercurates. — Voyez plus loin.

La solution iodhydrique de l'iodure mercurique n'est précipitée par l'hydrogène sulfuré qu'en solution très-étendue; si la solution est concentrée, il ne se produit un précipité de sulfoïodure ou de sulfure mercurique que par l'addition d'eau [Kekulé, *Ann. der Chem. u. Pharm.*, suppl., t. II, p. 101, 1862].

L'iodure mercurique se dissout facilement dans le thiosulfate (hyposulfite) de sodium; cette solution incolore donne du sulfure rouge de mercure lorsqu'on la chauffe (Field).

IODOMERCURATES. — Le biiodure de mercure se dissout dans les iodures solubles en donnant des iodures doubles, ayant en général pour formule $HgI^2.2M'I$ et $HgI^2.M'I$. On les obtient par l'union directe des iodures (Boullay), ou par l'action des hydrates sur l'iodure mercurique (Berthemot).

*Iodomercurates d'ammonium,* $HgI^2.AzH^4I$. — Aiguilles jaunes, inaltérables à l'air, renfermant $H^2O$ qu'elles perdent dans le vide en devenant jaune-orange. Chauffé, ce sel fond, devient rouge foncé, et perd son eau. A une plus forte chaleur, une partie du sel se sublime, tandis que le reste se décompose. Il se dissout dans l'alcool, mais l'eau en excès le décompose [P. Boullay, *Ann. de Chim. et de Phys.*, (2), t. XXXIV, p. 345].

Il existe un autre iodomercurate d'ammonium, $HgI^2.2AzH^4I$. Sa densité de vapeur, égale à 6,38 ou 92, correspond à 8 volumes de vapeur (Deville et Troost).

*Iodomercurate d'argent.* — Précipité jaune, devenant rouge-brique à chaud, que Meusel envisage comme un mélange [*Deuts. Chem. Gesellsch.*, t. III, p. 123].

*Iodomercurates de baryum, de calcium, de strontium.* — Cristaux jaunes, solubles dans l'eau, renfermant 1 molécule d'iodure de baryum ou de strontium pour 1 ou 2 molécules d'iodure mercurique (Boullay).

*Iodomercurate de cadmium.* — Petites lamelles jaunâtres très-solubles (Berthemot).

*Iodomercurate cuivreux,*

$$HgI^2.Cu^2I^2 = Hg(Cu^2)I^4.$$

— Composé obtenu en ajoutant du sulfate de cuivre à une solution bouillante d'iodomercurate de potassium; il se dégage de l'iode et il se précipite une poudre d'un brun foncé. Il vaut mieux ajouter une solution de sulfate de cuivre saturée d'acide sulfureux. Ce sel, d'un beau rouge vermillon à froid, devient d'un brun presque noir quand on le chauffe, mais il reprend immédiatement sa couleur rouge par le refroidissement. L'ammoniaque chaude le transforme en belles aiguilles bleues et vertes, renfermant à la fois du cuivre et du mercure. Une solution d'iodure de potassium ne le décompose qu'à chaud. Meusel a considéré ce sel comme un mélange [Willm et Caventou, *Bull. de la Soc. chim.*, 1870, t. XIII, p. 220].

*Iodomercurate ferreux.* — Prismes jaune-brun, s'altérant à l'air (de Bonsdorff); en aiguilles très-déliquescentes, décomposables par l'eau et solubles dans l'alcool.

*Iodomercurate de magnésium,* $2HgI^2,MgI^2$. — Aiguilles d'un jaune verdâtre décomposables par l'eau, probablement avec formation de $HgI^2,MgI^2$ (Boullay).

*Iodomercurates de potassium.* — 1° $HgI^2,2KI$. On peut admettre l'existence de ce sel dans la solution aqueuse obtenue en traitant le sel $HgI^2KI$ par l'eau, car, dans ce cas, la moitié de l'iodure mercurique se sépare. On peut aussi envisager cette solution comme renfermant l'iodure $HgI^2.KI$ avec un excès d'iodure de potassium, car par l'évaporation on obtient des cristaux de cet iodomercurate, puis de l'iodure de potassium (Souville, Labouré).

2° $HgI^2, KI$. — Ce sel se prépare en saturant à chaud une solution d'iodure de potassium avec du biiodure de mercure. Par le refroidissement, l'excès de ce dernier cristallise, puis, par l'évaporation de la liqueur filtrée dans l'air desséché, l'iodomercurate se dépose en longs prismes jaunes. On peut aussi traiter l'iodure mercurique par la potasse bouillante, qui sépare de l'oxyde mercurique, tandis que la solution renferme l'iodomercurate et de l'iodure mercurique en excès, qui se dépose par le refroidissement :

$$3HgI^2 + 2KHO = 2(HgI^2, KI) + HgO + H^2O.$$

Inversement, lorsqu'on fait bouillir l'oxyde mercurique avec une solution d'iodure de potassium, l'iodomercurate se forme également et la liqueur renferme de la potasse libre; avec l'oxyde mercureux, la réaction est la même, seulement il se sépare du mercure réduit (Berthemot). Enfin on peut évaporer la solution de chlorure mercurique dans l'iodure de potassium, et reprendre le résidu par l'alcool, qui ne dissout que l'iodomercurate et laisse le chlorure de potassium (de Bonsdorff).

Les cristaux d'iodomercurate de potassium renferment 1 1,2 $H^2O$. Chauffés, ils perdent leur eau, puis fondent en un liquide rouge qui, par une température plus élevée, abandonne de l'iodure mercurique. L'eau décompose ce sel en en séparant la moitié de l'iodure mercurique et en dissolvant $HgI^2, 2KI$. L'acide acétique concentré le dissout, mais abandonne $HgI^2$ par l'addition d'eau. L'alcool et l'éther le dissolvent sans altération.

L'iodomercurate de potassium est un réactif très-sensible des alcaloïdes, qu'il précipite en solutions très-étendues. — Voyez t. I, p. 100.

*Iodomercurate de sodium*. — L'iodure de sodium en solution concentrée dissout à chaud $3HgI^2$ pour $2NaI$; mais par le refroidissement le tiers de l'iodure mercurique se sépare, et, après évaporation, on obtient une masse jaune qui abandonne facilement des cristaux d'iodure mercurique rouge, par le frottement, par un fort refroidissement, ou lorsqu'on la reprend par l'eau; celle-ci ne dissout en effet que l'iodomercurate $HgI^2, 2NaI$ qui, par une évaporation lente, se dépose en longues aiguilles jaunes très-déliquescentes (Boullay).

*Iodomercurate de zinc*. $HgI^2.ZnI^2$ (?).—Prismes hexagonaux jaunes, souvent pyramidés (de Bonsdorff).

*Iodomercurate mercureux*, $2HgI^2.Hg^2I^2$, ou *iodure intermédiaire*, $Hg^4I^6$.—Composé jaune obtenu en précipitant l'azotate mercureux par de l'iodure de potassium ioduré; on le débarrasse facilement par un lavage à l'alcool de l'iodure mercurique qui y est mélangé. L'iodure $Hg^4I^6$ lui-même ne cède pas d'iodure mercurique à l'alcool (P. Boullay). D'après Colin et Inglis, il est fusible et volatil sans décomposition; il se sublime en cristaux rouge cramoisi, redevenant jaunes par le refroidissement.

Iodobromure mercurique, $HgIBr$. — Cette combinaison s'obtient lorsqu'on fait cristalliser ensemble de l'iodure et du bromure mercurique dans l'éther ou dans l'acétone, ou lorsqu'on ajoute de l'iode à une solution de bromure mercurique dans l'acétone. Elle forme des aiguilles jaunes, isomorphes avec le biiodure jaune et avec le bibromure de mercure. Elle fond à 229° [Oppenheim, *Deutsch. Chem. Gesell.*, t. II, p. 571].

Iodochlorure mercurique. — Lorsqu'on ajoute jusqu'à refus du biiodure de mercure à une solution bouillante de sublimé, on obtient par refroidissement des lamelles incolores, réunies en feuilles de fougère (Liebig). D'après Boullay, on obtient ainsi une poudre jaune, qui rougit bientôt spontanément. Ces corps ne paraissent pas avoir une composition bien définie. On leur a assigné la formule, $HgI^2 + 2HgCl^2 = Hg^3I^2Cl^4$.

Quand on suspend des cristaux de protochlorure dans un flacon renfermant de l'iode, ils absorbent beaucoup de vapeur d'iode et deviennent rouges sans changer de forme; il se produit un chloroiodure de mercure, $2HgICl = HgI^2 + HgCl^2$ (Boutigny). Ce chloroiodure est fusible sans décomposition.

L'iodure mercurique se combine avec l'oxyde et le sulfure mercuriques. — Voyez Oxyiodures et Sulfoiodures, p. 350 et 351.

Il s'unit en outre à plusieurs sels mercuriques, notamment à l'azotate.

Cyanure de mercure. — Voyez t. I, p. 1109.

### COMBINAISONS DU MERCURE AVEC LES MÉTALLOÏDES DIATOMIQUES.

Oxydes de mercure. — On en connaît deux, l'oxyde mercureux et l'oxyde mercurique.

Oxyde mercureux, $Hg^2O$ (protoxyde, oxydule de mercure). — Cet oxyde, qui est très-instable, se prépare en traitant un sel mercureux, le calomel par exemple, par la potasse ou la soude; on obtient ainsi un précipité noir qu'il faut laver et sécher à une basse température, à l'abri de la lumière. Si la quantité de potasse est insuffisante, il se forme un sous-sel mercureux qui enlève de l'oxygène au protoxyde précipité et le ramène à l'état métallique. C'est pourquoi Duflos recommande de verser une solution d'azotate mercureux dans un excès de potasse.

L'oxyde précipité est noir-brun, sans saveur. Sa densité est égale à 8,95 (Karsten), 10,69 (Herapath). La lumière, même diffuse, le décompose en oxyde mercurique et mercure, facile à reconnaître à la loupe; une température de 100° produit également ce dédoublement. Traité par l'iodure de potassium, il se comporte comme le calomel. L'acide chlorhydrique le transforme immédiatement en chlorure mercureux, ce qui montre qu'il constitue un composé défini et non un mélange d'oxyde mercurique et de mercure. Le carbonate d'ammoniaque le dédouble en mercure et en bioxyde qui se dissout. Il se dissout dans les acides pour donner les sels mercureux dont les caractères seront décrits plus loin. — Voyez p. 363.

L'oxyde mercureux se produit par l'action de l'eau de chaux sur le calomel; la liqueur ainsi obtenue constitue l'eau phagédénique noire des anciennes pharmacopées.

Oxyde mercurique (bioxyde), $HgO$. — Le mercure, maintenu pendant longtemps au contact de l'air, dans le voisinage de son point d'ébullition, se recouvre d'une pellicule rouge qui est de l'oxyde mercurique, désigné autrefois sous le nom de *précipité per se*. Cet oxyde se forme beaucoup plus facilement lorsqu'on maintient le mercure en présence de l'air traversé par l'étincelle électrique.

*Préparation*. — Pour préparer l'oxyde de mercure, on a recours à la calcination de l'azotate ou à la décomposition d'un sel mercurique par la potasse.

1° Par l'azotate de mercure. On calcine ce sel, préparé par l'action de l'acide azotique sur le mercure, dans un matras de verre qu'on chauffe graduellement au bain de sable jusqu'à ce qu'il ne se dégage plus de vapeurs nitreuses. On peut mélanger une certaine quantité de mercure à l'azotate, car les vapeurs nitreuses qui se dégagent peuvent réagir sur le métal et augmenter ainsi le rendement en oxyde. Si l'opération est bien conduite, l'oxyde formé se présente sous forme d'une poudre rouge-brique, d'un brun foncé à chaud, grenue et cristalline. En opérant sur une petite échelle et avec de l'azotate pulvérisé, on obtient en général une poudre matte plus ténue. L'oxyde grenu et cristallin devient jaune-orangé lorsqu'on le réduit en poudre.

2° Par voie humide. On précipite la solution d'un sel mercurique, azotate ou chlorure, par un excès de potasse caustique; l'oxyde se précipite dans ce cas sous la forme d'une poudre jaune, qu'on lave à l'eau et qu'on dessèche. Cet oxyde, comme le précédent, est anhydre.

*Propriétés.* — Il paraît exister deux modifications de l'oxyde mercurique, l'une rouge, telle qu'on l'obtient par calcination du nitrate, l'autre jaune. La modification rouge se produit aussi par voie humide lorsqu'on chauffe une solution d'acétate mercurique ou lorsqu'on traite certains oxychlorures par la potasse. Quelques réactions semblent indiquer que ces deux modifications, qui diffèrent par leur activité chimique, ne doivent pas leurs propriétés spéciales à une simple différence dans leur état d'agrégation. Ainsi l'acide oxalique convertit immédiatement, à froid, l'oxyde jaune en oxalate blanc, tandis que l'oxyde rouge résiste à cette réaction même à l'ébullition. Traités par une solution alcoolique de bichlorure de mercure, les deux oxydes ne se comportent pas de même : l'oxyde jaune donne immédiatement de l'oxychlorure noir, tandis que l'oxyde rouge ne donne de l'oxychlorure blanc ou noir que par une ébullition prolongée.

C'est surtout par les oxychlorures qu'on peut dériver de ces oxydes que ces derniers se distinguent l'un de l'autre [Millon, *Compt. rend.*, t. XX, p. 1291; — Roucher, *Ann. de Chim. et de Phys.*, (3), t. XXVII, p. 353].

Le chlore attaque beaucoup plus énergiquement l'oxyde jaune, même lorsqu'il a été chauffé à 300-400°, que l'oxyde rouge : il se forme de l'acide hypochloreux.

L'oxyde mercurique cristallise en tables rhomboïdales; rapport des axes = 1 : 0,6522 : 0,9459 (Nordenskjöld). Densité = 11,29 (Royer et Dumas).

Exposé à la lumière solaire, l'oxyde mercurique noircit peu à peu par suite d'une décomposition superficielle. Chauffé au delà de 400°, il se décompose en oxygène et vapeur de mercure; ce caractère permet de reconnaître sa pureté, car il ne doit pas laisser de résidu. L'oxyde de mercure doit en outre se dissoudre complétement dans les acides (s'il était mélangé de sulfure, celui-ci resterait insoluble). L'oxyde mercurique se dissout en très-petite quantité dans l'eau, qui en prend $\frac{1}{200000}$ (Wallace), et à laquelle il communique une saveur métallique et une réaction alcaline. L'eau tenant en suspension et en dissolution de l'oxyde mercurique était employée autrefois sous le nom d'eau phagédénique jaune; on la préparait par l'action de l'eau de chaux sur le sublimé.

L'oxyde mercurique est un oxydant énergique; mélangé à du phosphore, il détone sous le marteau. Chauffé avec du soufre, il produit de violentes explosions (Proust). Les métaux divisés le décomposent à chaud avec production de lumière. L'acide sulfureux et le chlorure stanneux le réduisent complétement. Les sels ferreux le ramènent à l'état de protoxyde; il en est de même du sucre.

En s'unissant aux acides, l'oxyde mercurique donne des sels qui seront étudiés plus loin.

L'oxyde mercurique déplace un grand nombre d'oxydes dissous à l'état de chlorures, tandis qu'il est sans action sur les sels oxygénés des mêmes métaux. C'est ainsi que les chlorures manganeux et zincique sont décomposés, avec formation d'oxyde correspondant et d'oxychlorure de mercure. Les chlorures ferreux et ferrique, cuivrique, etc., sont également précipités, tandis que l'alun ferrico-ammonique, le sulfate de cuivre, etc., ne sont pas attaqués par l'oxyde de mercure [H. Rose, *Poggend. Ann.*, t. CVII, p. 298; *Rép. de Chim. pure*, 1859, p. 491].

L'oxyde de mercure déplace en outre l'ammoniaque du sel ammoniac, en donnant du chlorure ammoniaco-mercurique; il agit d'une manière analogue sur les chlorures alcalins et alcalino-terreux, déplaçant une partie de l'alcali et donnant, avec le reste du chlorure, un chloromercurate [Fonberg, *Ann. Chim. et Phys.*, (4), t. I, p. 300].

L'oxyde mercurique se combine avec la potasse en fusion, sans dégagement de gaz; par un refroidissement lent, on obtient une masse violette qui, lavée à l'eau, donne une poudre dense, violette et cristalline, et une poudre grise plus légère, qu'on peut séparer par décantation. La première est formée d'octaèdres rhomboïdaux microscopiques, $2\,HgO,K^2O$, leur densité est égale à 10,31. La poudre grise ne renferme que 2 à 5 % de potasse. La soude se comporte comme la potasse [Stan. Meunier, *Compt. rend.*, t. LX, p. 557 et 1232]. Berthollet avait déjà décrit une combinaison présumée de chaux et d'oxyde de mercure, qu'il avait obtenue en cristaux transparents jaunes, en faisant bouillir l'oxyde mercurique avec un lait de chaux et évaporant la liqueur filtrée.

L'oxyde de mercure est employé en médecine, surtout à l'état de pommade, pour les maladies des yeux.

Il se combine en diverses proportions au bromure, chlorure, fluorure et iodure mercuriques, et donne avec l'ammoniaque des dérivés intéressants (page 360).

Oxybromure de mercure. — Poudre cristalline jaune-citron obtenue par l'ébullition du bibromure avec l'oxyde ou par la décomposition incomplète du bromure par la potasse (Lœwig). En traitant le bibromure par un carbonate alcalin, on obtient une poudre brune renfermant, d'après Rammelsberg :

$$Hg^4Br^2O^3 = HgBr^2, 3\,HgO.$$

Ce dernier oxybromure est soluble dans l'alcool, peu soluble dans l'eau bouillante; celui de Lœwig est insoluble dans l'alcool.

Oxychlorures de mercure. — Ces composés sont très-nombreux; ils ont principalement été étudiés par Thaulow [*Journ. f. prakt. Chem.*, t. XXXI, p. 370], par Roucher [*Ann. Chim. et Phys.*, (3), t. XXVII, p. 353], et par Millon *Compt. rend.*, t. XX, p. 1291]. Ces oxychlorures diffèrent non-seulement par leur composition, mais ils semblent présenter des cas d'isomérie, suivant qu'ils dérivent de l'oxyde rouge ou de l'oxyde jaune.

1° $HgO, 2\,HgCl^2$. Petits prismes rhomboïdaux obliques, blanc jaunâtre, se distinguant des autres oxychlorures par leur solubilité dans l'eau et leur faible altérabilité par l'alcool. Il s'obtient en même temps que d'autres oxychlorures par l'action de l'oxyde rouge ou jaune sur la solution aqueuse et chaude du sublimé corrosif.

2° $2\,HgO, HgCl^2$. Paillettes cristallines noires qui se forment par l'action du chlore sur l'oxyde rouge, dans la préparation de l'acide hypochloreux (Thaulow). Cet oxychlorure se forme aussi par l'ébullition prolongée de l'oxyde rouge ou de l'oxyde jaune avec du bichlorure en excès, ou dans la précipitation par le bicarbonate de soude, sous l'influence du frottement. Il est quelquefois pourpre ou violet.

Il peut être aussi obtenu amorphe et rouge-brique lorsqu'on précipite le bichlorure par le carbonate acide de potassium. Dans ce cas, il fournit de l'oxyde jaune lorsqu'on le traite par la potasse, tandis que l'oxychlorure noir fournit toujours de l'*oxyde rouge* quelle que soit son origine.

3° $3\,HgO, HgCl^2$. Précipité rouge-brique, obtenu par l'addition du carbonate potassique à du bichlorure en excès; si l'on emploie un bicarbonate alcalin (solutions concentrées employées à volumes égaux), on l'obtient en paillettes d'un brun clair. Enfin, il se produit lorsque l'on fait digérer à froid de l'oxyde mercurique jaune avec une solution de bichlorure.

4° $4\,HgO, HgCl^2$. Paillettes brunes et amorphes ou jaunes et cristallines obtenues par précipitation ou par épuisement du précédent par l'eau bouillante. On l'obtient aussi en broyant énergiquement de l'oxyde rouge avec une solution de sublimé; l'oxyde devient d'abord floconneux et jaune, puis olivâtre et enfin noir foncé.

5° $5\,HgO, HgCl^2$. Aiguilles brun noirâtre formées par l'action lente du chlorure mercurique sur l'oxyde rouge en excès ou à froid.

6° $6\,HgO, HgCl^2$. Paillettes brunes qu'on obtient en traitant à froid l'oxyde rouge par une petite quantité de chlorure mercurique; il peut renfermer $H^2O$, et est alors en paillettes cristallines jaunes, formées de lamelles rhomboïdales.

En résumé, l'*oxyde rouge* donne avec le chlorure mercurique en solution aqueuse et chaude des prismes rhomboïdaux obliques, d'un blanc jaunâtre, $HgO, 2\,HgCl^2$, et en même temps l'oxychlorure noir $2\,HgO, HgCl^2$. Si la solution mercurique est froide, elle donne, avec un excès d'oxyde, l'oxychlorure noir. Si l'on verse la solution froide de bichlorure sur l'oxyde rouge, celui-ci devient jaune pâle, et l'on obtient finalement une poudre jaune-serin d'oxychlorure, $6\,HgO, HgCl^2 + H^2O$; celui-ci est anhydre si l'on emploie un peu plus de bichlorure.

L'*oxyde jaune* donne à chaud de l'oxychlorure noir et l'oxychlorure à $6\,HgO$.

Un grand nombre d'autres réactions donnent naissance aux oxychlorures de mercure.

Oxyfluorure mercurique, $HgO, HgFl^2 + H^2O$. — Ce composé a été envisagé par Berzelius comme du fluorure mercurique. On l'obtient en ajoutant de l'oxyde mercurique, récemment précipité, à de l'acide fluorhydrique dans lequel il se dissout d'abord avec élévation de température. A un certain moment, il cesse de se dissoudre et se transforme en une poudre cristalline jaune, qui présente la composition indiquée. Les cristaux jaunes que laisse déposer la solution fluorhydrique d'oxyde de mercure présentent la même composition. L'eau décompose cet oxyfluorure à froid en oxyde et acide fluorhydrique. Chauffé au-dessus de 100°, il perd de l'eau et de l'acide fluorhydrique, puis fond et se réduit finalement en mercure métallique [Finkener, *Poggend. Ann.*, t. CX, p. 628; *Répert. de Chim. pure*, t. III, p. 149].

Oxyiodure mercurique, $3\,HgO, HgI^2$. — Poudre brun jaunâtre obtenue en chauffant de l'iodure mercurique avec de la potasse étendue, ou en chauffant 3 molécules d'oxyde de mercure avec 1 molécule d'iodure mercurique [Rammelsberg, *Poggend. Ann.*, t. XLVIII, p. 182]. Séché à 120° et traité par le gaz ammoniac, il donne une combinaison rouge-brun,

$$\left.\begin{matrix} Hg.HO \\ Hg'' \\ H \end{matrix}\right\} Az.I$$

(iodure d'oxydimercurammonium). — Voyez p. 360, n° 17.

Sulfure mercureux, $Hg^2S$. — Composé peu stable obtenu par l'action de l'hydrogène sulfuré ou des sulfures alcalins sur les sels mercureux. C'est une poudre noire dans laquelle on peut, à l'aide du microscope, reconnaître souvent la présence du mercure métallique. Aussi peut-on concevoir des doutes sur l'existence de ce sulfure, qui ne représente peut-être qu'un mélange de sulfure $HgS$ et de mercure (Guibourt). En effet, traité par l'acide azotique, il lui cède du mercure, à l'état d'azotate mercurique, dont la moitié se dissout et l'autre se combine au sulfure $HgS$, pour former un composé blanc, $Hg(AzO^3)^2 . 2\,HgS$, insoluble dans l'acide azotique. Le sulfure $HgS$ est inattaquable, au contraire, par cet acide.

Sulfure mercurique, $HgS$. — Il en existe deux, le sulfure rouge et le sulfure noir. Ce dernier donne le sulfure rouge par la sublimation. Le sulfure rouge porte le nom de *cinabre* lorsqu'il est en masses compactes, et celui de *vermillon* lorsqu'il est obtenu dans un grand état de division.

Le cinabre se rencontre dans la nature en masses compactes ou en cristaux rouges dérivés d'un rhomboèdre de 71°; c'est le principal minerai du mercure.

Il se forme par voie sèche lorsqu'on soumet à la distillation un mélange de soufre et de mercure, d'oxyde ou de sulfate de mercure. La combinaison du soufre et du mercure, qui peut se faire par simple trituration, a lieu avec production de lumière lorsqu'elle se fait à la température de fusion du soufre.

La combinaison du soufre et du mercure faite à froid donne naissance à du sulfure noir, qui ne se transforme en cinabre que par la sublimation. Ce sulfure noir porte le nom d'*éthiops minéral*. On obtient encore le sulfure noir en précipitant un sel mercurique par l'hydrogène sulfuré, ou en agitant du mercure avec une solution de polysulfure alcalin, ou avec une solution de soufre dans le sulfure de carbone ou dans un autre dissolvant.

*Cinabre par voie sèche.* — L'union du soufre et du mercure a lieu à chaud ou à froid. Dans le premier cas on ajoute 170 p. de mercure à 50 p. de soufre fondu dans une bassine en fonte (procédé hollandais); on coule le produit sur une plaque de fonte, puis on l'introduit en fragments dans des pots en grès, que l'on chauffe au bain de sable; quand tout l'excès de soufre s'est volatilisé, on recouvre les pots d'une plaque de fonte sur laquelle se condense le cinabre. A Idria, on opère la combinaison à froid, dans des barillets mobiles sur un axe, de 8 p. de soufre et de 42 p. de mercure. On obtient ainsi une poudre brune qu'on distille dans des cylindres verticaux en fonte, surmontés d'un chapiteau et communiquant avec des récipients par des allonges. Le cinabre le plus pur est celui qui se condense dans le chapiteau; celui qu'on recueille plus loin est mélangé de soufre et doit être distillé de nouveau. Le cinabre sublimé est enfin moulu avec de l'eau, lavé à la potasse, à l'eau bouillante et à l'eau froide.

*Cinabre par voie humide ou vermillon.* — Le sulfure noir obtenu par précipitation se transforme en sulfure rouge lorsqu'on le fait digérer avec les sulfures alcalins; il en est de même de l'éthiops minéral. On broie 100 p. de mercure avec 38 p. de fleur de soufre pendant quelques heures, et l'on fait digérer l'éthiops ainsi obtenu avec 25 p. de potasse et 150 p. d'eau, en le triturant d'abord d'une manière continue, puis de temps en temps, à une température de 45° au plus. Après huit heures environ le dépôt commence à rougir, et quand il a atteint une belle nuance écarlate, on le décante et on le lave [Brunner, *Poggend. Ann.*, t. XV, p. 593]. On peut aussi triturer à chaud du mercure avec du polysulfure de potassium jusqu'à ce qu'il se soit transformé en une poudre rouge foncé; on décante alors et on fait digérer cette poudre à 45° avec de la lessive de potasse jusqu'à ce qu'elle ait acquis une belle nuance rouge de feu (Dœboreiner).

Ce dernier procédé a été un peu modifié par Firmenich, qui chauffe au bain-marie dans de grands flacons bien bouchés, et que l'on agite pendant plusieurs heures, 5 kilogrammes de mercure, 2 kilogrammes de soufre et 4 litres 1/2 d'une solution de pentasulfure de potassium obtenue en dissolvant dans 3 1/2 p. d'eau le sulfure de potassium préparé par la réduction de 20 p. de sulfate par du charbon et bouilli ensuite avec 15 p. de soufre. Au bout de 3 à 4 heures le mercure est transformé en une poudre brune. On laisse ensuite refroidir lentement jusque vers 50°, et l'on maintient cette température durant quelques jours en remuant de temps en temps. Quand on a atteint la nuance du vermillon, on le lave à la soude pour enlever l'excédant de soufre, puis à l'eau, et on le sèche enfin vers 60° [*Dingl. Polyt. Journ.*, t. CLXII, p. 370].

Le procédé de Gauthier Bouchard repose sur l'emploi du polysulfure d'ammonium ; il se rapproche du reste beaucoup du précédent [*Rép. de Chim. appl.*, 1862, p. 273].

Leuchs recommande de traiter le vermillon par de l'acide azotique pour lui donner de la fixité.

Si l'on a chauffé le vermillon trop longtemps avec de la potasse, il devient brun ; une ébullition avec l'eau suffit pour lui rendre sa couleur rouge.

Si l'on traite du chlorure mercurique, ou plutôt un chloromercurate alcalin par du thiosulfate (hyposulfite) de sodium, on obtient du sulfure noir si la liqueur devient acide, et du sulfure rouge si l'on ajoute assez de thiosulfate pour qu'elle soit neutre; seulement si l'on chauffe à 60° dans ce dernier cas, il se forme également du sulfure noir. On obtient plus facilement le sulfure rouge en mélangeant le chlorure mercureux avec du sulfate de zinc et en faisant agir le thiosulfate à 50° ; les trois quarts du sulfure de mercure se déposent à l'état de vermillon ; le reste ne se dépose que si l'on chauffe plus fort, à l'état de sulfure noir [Fleck, *Journ. für prakt. Chem.*, t. XCIX, p. 247].

Le sulfure noir ne se modifie pas par une digestion prolongée avec un thiosulfate.

Le vermillon est souvent falsifié par du minium, du colcothar, etc., dont on peut reconnaître facilement la présence, car le sulfure de mercure doit se sublimer sans résidu.

*Propriétés.* — La forme cristalline du cinabre naturel dérive d'un rhomboèdre de 71°48'. Les cristaux naturels sont transparents et présentent les phénomènes de la polarisation rotatoire (Des Cloizeaux). Celui obtenu par sublimation se présente en masses fibreuses. Densité = 8,0 à 8,124. Il est rouge ou rouge-brun, d'un éclat adamantin ; sa poudre est écarlate. Chauffé, il brunit, et au delà de 250° il devient noir pour ne redevenir rouge que par la sublimation. Il se volatilise sans fondre. Sa densité de vapeur est égale à 5,4, soit 78 (ce qui ne correspond ni à 2 ni à 4 volumes de vapeur). Chauffé à l'air, il brûle avec production de mercure et de gaz sulfureux. Il brûle dans le chlore. Il est réduit par l'hydrogène et par le charbon.

L'acide sulfurique concentré décompose le sulfure de mercure à chaud, en dégageant du gaz sulfureux et en donnant du sulfate de mercure. L'acide azotique est à peu près sans action sur lui, même à l'ébullition. Il en est de même de l'acide chlorhydrique; cependant, en présence des composés oxygénés (acide azotique, peroxyde de manganèse, acide antimonique), le sulfure de mercure est attaqué par ce dernier avec formation de bichlorure. Les chlorures ferrique et cuivrique l'attaquent également en présence de l'acide chlorhydrique. L'acide iodhydrique l'attaque facilement, même à froid, s'il est concentré, en donnant du biiodure de mercure (Kekulé); il en est de même de l'iodure ioduré de potassium (R. Wagner). Le chlorure stanneux l'attaque également [F. Field, *Chem. Soc.*, t. XII, p. 158].

Le fer, l'étain, l'antimoine et d'autres métaux lui enlèvent le soufre à chaud. Calciné avec les alcalis et les carbonates alcalins, il donne du mercure et un mélange de sulfate et de sulfure alcalins.

Le sulfure noir possède les mêmes propriétés, seulement il résiste moins bien aux agents chimiques.

Combinaisons du sulfure mercurique. — Le sulfure mercurique se combine avec les composés halogénés du mercure et avec quelques sels mercuriques. Il forme également des combinaisons avec les sulfures alcalins, et s'unit aux sulfures de phosphore. — Voyez Phosphore.

Lorsqu'on traite une solution d'un sel mercurique par un courant d'hydrogène sulfuré, on n'obtient jamais, si ce n'est dans le cas du cyanure, un précipité immédiat de sulfure noir; il se forme d'abord des précipités blancs et jaunes résultant de l'union du sulfure formé avec un excès de sel non décomposé ; ce n'est qu'en présence d'un excès d'hydrogène sulfuré que la décomposition est complète.

*Sulfobromure mercurique*, $2HgS, HgBr^2$. — Combinaison d'un blanc jaunâtre qui se dépose lorsqu'on précipite incomplétement le bromure mercurique par l'hydrogène sulfuré, ou lorsqu'on fait digérer du sulfure noir récemment précipité avec du bromure mercurique. Les alcalis la noircissent ; les acides sulfurique et azotique ne l'attaquent ni ne la dissolvent (H. Rose).

*Sulfochlorure mercurique,* $2HgS, HgCl^2$. — Précipité blanc obtenu, comme le précédent, avec le chlorure mercurique. Sublimé, il se sépare en chlorure qui occupe les parties les plus froides du tube et en cinabre ; une petite quantité se sublime inaltérée. Un excès d'hydrogène sulfuré transforme tout le mercure en sulfure. Les alcalis le décomposent en le noircissant. Le chlore le transforme en bichlorure de mercure et chlorure de soufre.

Le sulfure mercurique, mis en digestion avec une solution de chlorure cuivrique, se transforme en une poudre orangée, $2HgCl^2, 2HgS, 3CuS$, mélangée d'un hyposulfite double (Rammelsberg).

*Sulfofluorure,* $2HgS, HgFl^2$. — Poudre blanche et dense, ne devenant anhydre que par une dessiccation à chaud ; le corps anhydre est jaunâtre. L'eau bouillante dédouble ce corps en fluorure qui se dissout et sulfure noir qui se précipite. La calcination le décompose. Avec la potasse, il devient rouge à froid et noir à chaud. L'acide sulfurique le décompose en donnant de l'acide fluorhydrique et du sulfate sulfuré. Les acides chlorhydrique et azotique ne l'attaquent pas (H. Rose).

*Sulfoïodure,* $HgS, HgI^2$. — Poudre jaune, décomposable par la sublimation en iodure et sulfure (Rammelsberg). Une solution d'iodure mercurique dans l'acide iodhydrique ne précipite pas par l'hydrogène sulfuré si elle est concentrée ; mais si l'on étend ensuite d'eau, le sulfoïodure se précipite (Kekulé).

*Azotate mercurique sulfuré,* $2HgS, (AzO^3)^2Hg$. — Obtenu par précipitation incomplète de l'azotate mercurique par l'hydrogène sulfuré. Le précipité doit être lavé rapidement, puis séché. Chauffé, il se décompose. L'acide azotique l'attaque en oxydant le soufre. Chauffé avec les alcalis, il noircit (H. Rose). Il se produit aussi lorsqu'on attaque le sulfure mercureux par l'acide azotique. L'acide chlorhydrique le transforme en chlorosulfure ; l'acide sulfurique, moyennement concentré, en sulfate sulfuré [Barfœd, *Journ. für prakt. Chem.*, t. XCIII, p. 230 ; *Bull. de la Soc. Chim.*, 1865, t. III, p. 183].

*Sulfate mercurique sulfuré*, $2HgS,SO^4Hg$. — Poudre blanche obtenue dans des circonstances analogues aux précédentes (H. Rose). Jacobson a décrit un sel renfermant $SO^4Hg.HgO.HgS$, correspondant par conséquent au sulfate trimercurique [*Ann. der Chem. u. Pharm.*, t. LXVIII, p. 410].

*Chromate mercurique sulfuré*, $HgS,2CrO^4Hg$. — Poudre ocreuse, explosible par la chaleur ou le frottement, obtenue par double décomposition avec l'acétate mercurique sulfuré (Palm).

*Acétate mercurique sulfuré*,

$$HgS,(C^2H^3O^2)^2Hg.$$

— Cette combinaison, déjà décrite t. I, p. 16, est soluble dans 12 p. d'eau bouillante; elle peut servir à préparer d'autres sels analogues, par double décomposition. C'est ainsi qu'on peut obtenir les sulfochlorure, sulfobromure, sulfate sulfuré et chromate sulfuré.

Traité par l'ammoniaque de 0,96 de densité, ce sel fournit une poudre orange, d'apparence cristalline, qui renferme

$$\left.\begin{matrix}Hg.HS\\Hg\\H\end{matrix}\right\} Az.C^2H^3O^2.$$

Sulfures mercuriques doubles. — Le sulfure mercurique, quoique insoluble dans les sulfures alcalins, peut s'y combiner. (D'après A. Claus, il se dissout en petite quantité dans le sulfure ammonique.) Dans la préparation du vermillon, Brunner [*Poggend. Ann.*, t. XV, p. 596] a obtenu une solution qui a fourni par la concentration, d'abord des cristaux d'hyposulfite alcalin, puis un sel

$$HgS^2K^2 + 5H^2O.$$

R. Weber a pu reproduire cette combinaison en ajoutant de la potasse caustique à du sulfure de mercure obtenu en précipitant le bichlorure par le sulfure ammonique. La liqueur incolore donne par la concentration, d'abord des cristaux de chlorure de potassium, puis un magma de longues aiguilles déliées et soyeuses :

$$HgS^2K^2 + 6H^2O = HgS + K^2S + 6H^2O.$$

Avec la soude, on obtient un sel analogue, renfermant $8H^2O$. Ces sels retiennent une forte proportion d'alcali, auquel ils doivent leur stabilité, car ils se décomposent lorsqu'on cherche à enlever celui-ci par lavages ou par compression dans du papier; dans ce cas, il se sépare du sulfure noir de mercure. Si l'on traite la solution alcaline étendue d'un peu d'eau par de l'hydrogène sulfuré, celui-ci saturant l'alcali libre, le sulfure de mercure se précipite. Les acides produisent le même effet. On obtient aussi ces combinaisons en précipitant complétement le bichlorure de mercure par l'hydrogène sulfuré, délayant le sulfure mercurique dans la potasse et faisant passer de l'hydrogène sulfuré jusqu'à dissolution. Si l'on continuait l'action de ce gaz, le sulfure se précipiterait de nouveau. Enfin on obtient les mêmes cristaux en fondant un mélange de sulfure de mercure et de soufre avec de la potasse en excès, reprenant par l'eau et évaporant à cristallisation.

R. Schneider, en conservant la combinaison potassique précédente sous la potasse, a observé la formation de lamelles nacrées, d'un vert-olive, renfermant $Hg^2S^3K^2 = 2HgS,K^2S$, et décomposables par l'eau [*Poggend. Ann.*, t. CXXVII, p. 488].

Suivant Rammelsberg, le sulfure de mercure est un peu soluble dans le sulfure de baryum.

Séléniure mercurique. — Ce composé se rencontre dans la nature (tiemannite); il a pour composition $Hg^6Se^5$ ou $Hg^{11}Se^{10}$ (?). Il est souvent associé à d'autres séléniures et renferme généralement du soufre.

On peut l'obtenir par union directe du séléniure et du mercure, ou en précipitant le sublimé corrosif par l'hydrogène sélénié. C'est un composé noir, sublimable et décomposable par l'acide azotique qui le transforme en sélénite (Berzelius).

*Sulfoséléniure*, $HgSe,4HgS$. — Minéral dur et grenu, gris d'acier, à poudre noire, trouvé à Mexico et analysé par Karsten et par H. Rose. Il se sublime sous forme d'une poudre cristalline. Traité par la soude, il donne du mercure métallique.

Tellurure de mercure. — Composé grenu, d'un blanc d'étain (Berzelius).

*Sulfotellurure*, $3HgS.TeS^2$. — Jaune-brun. Chauffé, il dégage du soufre et il se sublime un mélange de sulfure et de tellurure de mercure (Berzelius).

### COMBINAISONS DU MERCURE AVEC LES MÉTALLOÏDES TRI-PENTATOMIQUES.

Azoture de mercure, $Hg^3Az^2$. — On le prépare en soumettant à l'action du gaz ammoniac l'oxyde de mercure précipité et desséché; lorsque celui-ci est saturé d'ammoniaque à froid, on élève peu à peu la température, au bain d'huile, à 130°, en continuant à faire passer le gaz jusqu'à ce qu'il ne se dégage plus de vapeur d'eau :

$$3HgO + 2AzH^3 = 3H^2O + Hg^3Az^2.$$

Le produit formé contient un peu de mercure métallique ou d'oxyde de mercure qu'on peut enlever par une digestion avec de l'acide azotique étendu et froid.

Il constitue une poudre d'un brun foncé. Il détone avec violence par le choc, le frottement ou la chaleur; l'acide sulfurique le décompose violemment en produisant une poudre blanche. L'hydrate de potasse en dégage de l'ammoniaque. L'acide azotique concentré le décompose en donnant de l'azotate mercurique ammoniacal. L'acide sulfurique étendu et chaud et l'acide chlorhydrique se comportent d'une manière analogue [Plantamour, *Nouv. Biblioth. univ.*, t. XXXII, p. 339].

Le mercure peut encore remplacer l'hydrogène dans une foule de combinaisons ammoniacales, donnant ainsi une série de composés que nous étudierons plus loin.

Phosphure de mercure. — Ce composé s'obtient en faisant digérer de l'oxyde de mercure avec du phosphore; il se forme en même temps du phosphate de mercure (Pelletier); en chauffant du calomel dans la vapeur de phosphore (Davy), ou encore par l'ébullition du chlorure mercurique avec du phosphore (Boullay). Il se forme aussi par l'action de l'hydrogène phosphoré sur la solution d'azotate mercureux (Thomson) ou par l'action de ce gaz sec sur le chlorure mercurique chauffé; dans ce cas le phosphure se sublime (H. Rose).

Obtenu par le phosphore, c'est un corps noir, se décomposant par la distillation et s'oxydant lentement à l'air. Préparé par l'hydrogène phosphoré, il forme des flocons bruns ou un sublimé jaune-orange.

Le phosphure de mercure s'unit aux composés halogénés du mercure et à ses sels pour former des combinaisons analogues aux combinaisons ammoniées.

*Bromure de mercure-phosphonium*. — L'hydrogène phosphoré produit dans la solution de bromure mercurique un précipité jaune-brun, décomposable par l'eau (H. Rose).

*Chlorure de mercure-phosphonium*,

$$3HgCl^2,Hg^3P^2 = 2[PHg^2.Cl] + 2HgCl^2.$$

— On l'obtient par l'action de l'hydrogène phosphoré sur une solution de chlorure mercurique. Si l'on opère à l'abri de l'air, et si l'on arrête l'action de l'hydrogène phosphoré avant que tout le bichlorure ne soit décomposé, la solution ne renferme ni acide phosphoreux ni acide phosphorique. Le précipité, lavé et desséché, forme une poudre jaune, décomposable par la chaleur. L'eau bouillante le décompose entièrement en mercure métallique et acides chlorhydrique et phosphoreux :

$$PHg^3Cl^3 + 3H^2O = 3HCl + PO^3H^3 + 3Hg.$$

Cette décomposition a aussi lieu lentement à froid. La potasse la produit également. L'acide azotique étendu et chaud l'attaque en produisant du calomel et de l'acide phosphorique. Le phosphore seul est donc oxydé [H. Rose, *Poggend. Ann.*, t. XL, p. 75].

Le phosphure de mercure se combine aussi aux azotates et au sulfate de mercure (voyez ces sels).

Arséniure de mercure. — L'arsenic s'unit directement au mercure en formant un composé gris, mal défini. Mais on connaît des combinaisons d'arséniures de mercure et de chlorure mercurique. Le premier, $Hg^3As^2.3HgCl^2 = 2(Hg^3AsCl^3)$ ou $Hg^2As.Cl + HgCl^2$, s'obtient par l'action de l'hydrogène arsénié sur la solution du bichlorure. L'eau le décompose à la longue en mercure, acide arsénieux et acide chlorhydrique. Il est jaune-brun (H. Rose).

L'arséniochlorure, $HgAs, HgCl^2 = Hg^2AsCl^2$, s'obtient en chauffant un mélange de 1 p. d'arsenic et de 3 p. de calomel ; le résidu forme une masse jaune rougeâtre, et le sublimé est composé de trois corps ; savoir, d'une masse dure, jaune ou rougeâtre, de composition variable, de gros cristaux rouge-hyacinthe, qui sont le composé en question, et de petits cristaux dendritiques bruns qui constituent un autre chloroarséniure, $HgAs^2, HgCl^2 = 2(HgAsCl)$. La chaleur décompose ces combinaisons ; il en est de même de l'eau bouillante, qui donne du mercure, de l'arsenic, et les acides arsénieux et chlorhydrique [Capitaine, *Journ. de Pharm.*, t. XXV, p. 559] :

$$3Hg^2AsCl^2 + 3H^2O$$
$$= 6Hg + As + As^2O^3 + 6HCl.$$

SELS DE MERCURE.

Le mercure donne lieu à deux classes de sels, les sels mercureux et les sels mercuriques. Les premiers renferment le *mercurosum* $(Hg^2)'' = 400$ et les autres, *mercuricum* $Hg'' = 200$. Nous passerons en revue concurremment ces deux classes de sels. Les sels de mercure présentent, en outre, une grande tendance à former des sels basiques, notamment des sels trimercuriques, tels que le turbith minéral $(SO^4)Hg.2HgO$, et l'azotate trimercurique $(AzO^3)^2Hg.2HgO$. Nous décrirons plus loin, dans la partie analytique, les caractères distinctifs des deux classes de sels de mercure (voyez p. 363).

Azotates mercureux. — *Sel neutre*,

$$(AzO^3)^2(Hg^2) + 2H^2O.$$

— On fait digérer du mercure en excès avec de l'acide azotique ordinaire, étendu de 1/2 volume d'eau, jusqu'à ce qu'il se forme des cristaux prismatiques courts. Ou bien on fait bouillir le mercure en excès avec de l'acide étendu de 10 volumes d'eau et concentrant à moitié (Lefort) ; comme il peut se former en même temps de l'azotate mercurique, on évapore à sec, et l'on mélange le résidu avec du mercure métallique, jusqu'à extinction de ce dernier, puis on reprend le mélange par de l'eau additionnée d'acide azotique (Bucholz).

Prismes courts et transparents, du système clinorhombique (Marignac), se déshydratant à l'air et fondant à 70°. Il se dissout dans une petite quantité d'eau chaude, mais une plus grande quantité le dédouble en sel acide qui se dissout et en sel basique insoluble.

Cet azotate forme un sel double cristallisé avec l'azotate d'ammonium,

$$(AzO^3)^2(Hg^2).2(AzO^3, AzH^4) + 5H^2O$$

(Rammelsberg). Il se combine avec les iodures de potassium, de mercure et d'argent (Preuss). Il donne avec l'hydrogène phosphoré une combinaison qui se sépare à l'état d'un précipité noir (H. Rose).

*Azotate basique*, $(AzO^3)^2(Hg^2), Hg^2O, H^2O$. — C'est le *turbith nitreux* des anciennes pharmacopées. Il représente l'orthoazotate,

$$(AzO^4)'''(Hg^2)''H,$$

correspondant au phosphate dimétallique. On l'obtient en traitant le sel précédent par de l'eau froide jusqu'à ce qu'il soit devenu jaune-citron ; une action prolongée de l'eau le décompose lui-même en donnant du mercure et de l'azotate mercurique. Il se forme aussi lorsqu'on reprend par l'eau bouillante le résidu obtenu en évaporant à sec le produit de l'action de l'acide azotique concentré sur le mercure en excès [Lefort, *Journ. de Pharm.*, (3), t. VIII ; — Marignac, *Ann. de Chim. et de Phys.*, (3), t. XXVII, p. 315].

Cet azotate basique forme avec l'azotate de plomb un sel double,

$$2(AzO^3)^2Pb + (AzO^3)^2(Hg^2).Hg^2O,$$

qu'on obtient à l'état d'un précipité formé d'octaèdres microscopiques, par le mélange des solutions concentrées des deux azotates. On obtient de même un azotate mercuroso-barytique; la combinaison strontique est beaucoup plus soluble. Ces sels, surtout le dernier, noircissent rapidement à la lumière (Stædeler).

L'azotate mercureux basique s'unit aussi à l'arséniate mercureux, formant des aiguilles ou des cristaux mamelonnés, d'un blanc jaunâtre, lorsqu'on ajoute de l'ammoniaque à la solution du pyroarséniate mercureux dans l'acide azotique. Ce sel renferme approximativement

$$As^2O^7(Hg^2)^2 + (AzO^3)^2(Hg^2)$$

[Simon, *Poggend. Ann.*, t. XLI, p. 424].

*Azotate*, $(AzO^3)^4(Hg^2)^2.Hg^2O + 3H^2O$. — Il est intermédiaire entre les deux précédents. On l'obtient en faisant bouillir, pendant 5 à 6 heures, du mercure en excès avec de l'acide azotique ordinaire, étendu de 5 p. d'eau, et rajoutant de l'eau à mesure qu'elle s'évapore (Lefort). Ou bien on opère, comme pour le sel neutre, en prolongeant l'action de l'acide jusqu'à ce que les premiers cristaux aient disparu pour faire place à d'autres. Mialhe recommande de traiter à froid 1 kilogramme de mercure, dans une fiole à fond plat, avec 1 kilogramme d'acide azotique ordinaire. Après 24 heures, il s'est formé des cristaux volumineux ; s'il se formait des cristaux mamelonnés, il faudrait les dissoudre dans une petite quantité d'eau chaude additionnée d'acide azotique ; cette solution abandonnée, par la concentration à l'étuve, de gros cristaux du sel en question [*Journ. de Pharm.*, t. XXII, p. 588]. Gros prismes rhomboïdaux, transparents et incolores, inaltérables à l'air. L'eau les décompose, surtout à chaud, en azotate acide, qui se dissout, et en azotate basique jaune.

Marignac a encore décrit un autre azotate basique, $3(AzO^3)^2(Hg^2), 2Hg^2O + 2H^2O$, obtenu en faisant bouillir les eaux mères des sels précédents avec du mercure. Il forme des cristaux incolores, dérivés d'un prisme anorthique.

Azotates mercuriques. — Ces sels ont surtout

été étudiés par Kane [*Ann. de Chim. et de Phys.*, (2), t. LXXII, p. 236], H. Rose [*Poggend. Ann.*, t. XL, p. 75] et Millon [*Ann. de Chim. et de Phys.*, (3), t. XVIII, p. 355].

*Azotate mercurique neutre*, $(AzO^3)^2Hg$. — Ce sel se forme lorsqu'on dissout le mercure ou l'oxyde de mercure dans l'acide azotique en excès et qu'on évapore à une douce chaleur. On obtient une liqueur sirupeuse qui laisse déposer, par son exposition sur de la chaux, des cristaux volumineux. Ces cristaux sont de l'azotate neutre, $2(AzO^3)^2Hg + H^2O$. Si l'on continue l'exposition sur la chaux, il se dépose des croûtes cristallines de même composition. Quant aux eaux mères de ces cristaux, elles présentent, d'après Millon, toujours la même composition ; elles constituent un azotate sirupeux, incristallisable,

$$(AzO^3)^2Hg + 2H^2O.$$

Les cristaux à 1/2 molécule d'eau sont déliquescents ; par une exposition prolongée sur de la chaux, ils tendent à perdre de l'acide azotique. Ditten en refroidissant à — 15° une solution concentrée d'azotate neutre a obtenu des paillettes rhomboïdales, qui constituent l'azotate neutre avec $8H^2O$ ; ces paillettes fondent à 6°,6 en un liquide incolore qui laisse ensuite déposer des aiguilles courtes, qui sont le sel dimercurique avec $3H^2O$.

*Azotate basique dimercurique,*

$$(AzO^3)^2Hg.HgO.H^2O.$$

— Ce sel, qu'on peut envisager comme un orthoazotate, $(AzO^4)'''Hg''H$, s'obtient lorsqu'on dissout jusqu'à refus de l'oxyde mercurique dans de l'acide azotique ordinaire étendu de son volume d'eau : on sature à chaud et le sel cristallise en aiguilles par un repos prolongé. On peut aussi ajouter de l'oxyde jaune, récemment précipité, à l'azotate sirupeux neutre (Millon). Kane avait déjà obtenu ce sel avec 1 molécule d'eau de plus, en prismes ou en aiguilles, en chauffant l'azotate sirupeux et laissant refroidir. Ce sel cristallise, d'après Marignac, dans le système rhombique.

Cet azotate dimercurique est décomposé par l'eau en azotate trimercurique et azotate neutre, qui reste dissous et qui se décompose lui-même par une plus grande quantité d'eau en sel trimercurique et sel acide.

L'azotate mercurique se dissout dans une solution de sulfate ammonique, sans formation de précipité (Renault).

*Azotate trimercurique*, $(AzO^3)^2Hg.2HgO$ ou $(AzO^4)^2Hg^3$ (orthoazotate neutre). — Ce composé, décrit quelquefois sous le nom de *turbith nitreux* (d'après Millon, le turbith nitreux est un azotate mixte, mercureux et mercurique), s'obtient par l'action de l'eau sur les azotates précédents. Certains auteurs le décrivent comme une poudre jaune. D'après Millon, il est incolore ; l'eau le décompose par des lavages prolongés, en laissant finalement de l'oxyde rouge. Ce sel renferme $H^2O$, qu'il perd à 120°. A 250° il se décompose.

*Azotate hexamercurique*, $(AzO^3)^2Hg.5HgO$. — Poudre rouge qui se forme, d'après Kane, par l'action de l'eau sur le sel précédent.

On a décrit des combinaisons d'azotate mercurique avec l'iodure, le cyanure et le sulfure de mercure. Cette dernière a été décrite p. 351.

*Iodoazotate mercurique,*

$$HgI^2,(AzO^3)^2Hg = 2\left[Hg\left\{\begin{matrix}I\\AzO^3.\end{matrix}\right.\right]$$

— Lamelles ou aiguilles blanches et nacrées, obtenues en mélangeant des solutions bouillantes d'azotate et d'iodure mercurique (Liebig) ; en ajoutant de l'iode en excès à une solution bouillante d'azotate mercurique, de 1,35 de densité, et laissant refroidir, ou en y dissolvant de l'iodure mercurique [Preuss, *Ann. de Pharm.*, t. XXIX, p. 326]. Souville l'obtient en dissolvant l'iodure mercureux dans l'acide azotique chaud ; il se dégage du bioxyde d'azote (et de l'iode si l'on emploie l'iodure mercurique) [*Journ. de Pharm.*, t. XXVI, p. 474].

Suivant Preuss, ce composé renferme

$$2(HgI^2).(AzO^3)^2Hg.HgO = Hg^4\left\{\begin{matrix}I^4\\(AzO^3)^2\\O.\end{matrix}\right.$$

On a aussi décrit la combinaison

$$3HgI^2, 2(AzO^3)^2Hg.$$

Ces sels sont décomposés par l'eau, ainsi que par l'alcool.

L'azotate de mercure se combine à l'urée et est utilisé pour son dosage. — Voyez URÉE.

*Azotate mercurique et phosphure de mercure,*

$$3[(AzO^3)^2Hg.HgO] + Hg^3P^2.$$

— Lorsqu'on dirige un courant d'hydrogène phosphoré à travers une solution étendue d'azotate mercurique acide, on obtient un précipité jaunâtre qui devient bientôt blanc. Ce précipité est jaune après dessiccation ; il détone par la chaleur et par le choc [H. Rose, *Poggend. Ann.*, t. XL, p. 75].

*Azotate de mercure et ammoniaque.* — Voyez p. 361.

*Azotate de mercure et d'argent,*

$$2AzO^3Ag,(AzO^3)^2Hg.$$

— Prismes solubles dans l'eau sans décomposition (Berzelius).

*Azotate mercurique et iodure d'argent,*

$$(AzO^3)^2Hg + 2AgI + 1/2H^2O.$$

— Magma de fines aiguilles obtenues en dissolvant à l'ébullition de l'iodure d'argent dans de l'azotate mercurique et laissant refroidir. Décomposable par l'eau (Preuss).

*Azotate mercurique et oxalate mercureux,*

$$2(C^2O^4)(Hg^2) + (AzO^3)^2Hg.$$

— Sel blanc, grenu et cristallin [Gilm, *Journ. für prakt. Chem.*, t. LXXV, p. 49].

AZOTATE MERCUROSO-MERCURIQUE,

$$(AzO^3)^2(Hg^2),Hg^2O + (AzO^3)^2Hg,3HgO = 2(AzO^4)^2Hg^2(Hg^2)$$

(*orthoazotate mercuroso-mercurique*). — Il résulte d'une altération de l'azotate mercureux ; ce sel se colore en jaune à la longue et absorbe de l'oxygène. Pour préparer ce composé mixte, on fait bouillir du mercure avec 1 p. 1/2 d'acide azotique d'une densité de 1,2 jusqu'à dissolution complète ; pendant l'ébullition, ce sel, qui est jaune, se dépose peu à peu. Il est anhydre ; chauffé, il devient momentanément plus jaune. A l'ébullition, il se décompose en noircissant [Brooks, *Ann. der Chem. u. Pharm.*, t. LXVI, p. 63]. D'après Gerhardt, ce sel s'obtient aussi par la fusion de l'azotate mercureux neutre.

AZOTITE MERCUREUX. — Il se forme lorsqu'on fait bouillir la solution d'azotate mercureux avec du mercure jusqu'à coloration jaune foncé (Mitscherlich). La solution sirupeuse de l'azotate neutre étendu d'eau, mise en contact avec du mercure, laisse déposer des cristaux d'azotite. On obtient également ce sel en chauffant 1 atome de mercure avec 2 molécules d'acide azotique, $AzO^3H,2H^2O$ (1,36 de densité).

D'après Lefort, il renferme $(AzO^2)^2(Hg^2)$.

L'azotite mercureux est peu soluble ; il ne se décompose pas jusqu'à 280° ; à 290° il dégage des vapeurs nitreuses et laisse de l'oxyde de mercure [Lefort, *Journ. de Pharm.*, (3), VIII, 7].

D'après Lang, l'azotite mercureux neutre n'existe pas.

AZOTITE MERCURIQUE. — On obtient le sel trimercurique $(AzO^2)^2Hg, 2HgO + H^2O$ en décomposant le bichlorure de mercure par l'azotite d'argent, et en évaporant la liqueur filtrée. En ajoutant de l'azotite de potassium à de l'azotate ou de l'acétate mercurique, on obtient de beaux prismes jaune-paille d'un azotite double

$$(AzO^2)K, (AzO^2)^2Hg$$

[Lang, *Journ. prakt. Chem.*, t. LXXXVI, p. 295; *Bull. de la Soc. chim.*, 1863, p. 77].

BROMATE MERCUREUX. — *Sel neutre*, $(BrO^3)^2(Hg^2)$. —Poudre blanche cristallisant en lamelles par le refroidissement de sa solution dans un excès d'acide bromique. S'obtient par double décomposition ou par dissolution de l'oxyde mercureux dans l'acide bromique en excès. Il est anhydre. Chauffé, il détone. L'eau le jaunit en le transformant en sel basique.

*Sel basique*, $(BrO^3)^2(Hg^2).Hg^2O$.—Poudre cristalline jaune, résultant de l'action de l'eau sur le sel neutre. Il noircit à la lumière. L'acide azotique le convertit en sel neutre [Rammelsberg, *Poggend. Ann.*, t. LV, 79].

BROMATE MERCURIQUE, $(BrO^3)^2Hg + 2H^2O$. — Petits prismes très-peu solubles dans l'eau froide. On l'obtient par l'action de l'oxyde de mercure sur le brome en présence de l'eau, et lavant le dépôt à l'alcool pour dissoudre le bromure mercurique formé (Lœwig). Il peut aussi s'obtenir directement ou par double décomposition. Il détone quand on le chauffe vers 140°. Il est un peu soluble dans l'acide azotique; il exige 650 p. d'eau froide et 64 p. d'eau bouillante pour se dissoudre (Rammelsberg).

CHLORATE MERCUREUX, $(ClO^3)^2(Hg^2)$.— Ce sel se sépare, d'après Vauquelin, à l'état de cristaux d'un jaune verdâtre lorsqu'on dissout l'oxyde mercureux dans de l'acide chlorique aqueux. Suivant Wæchert, la solution fournit, par l'évaporation, de longues aiguilles transparentes et anhydres, mais devenant opaques par leur exposition à l'air; le sel transparent se dissout dans l'eau et dans l'alcool, tandis que les cristaux opaques laissent un résidu.

Chauffé, il détone ; il en est de même lorsqu'on le frappe avec un marteau après l'avoir mélangé à un corps combustible.

CHLORATE MERCURIQUE. — Le chlorate neutre forme de petites aiguilles déliquescentes, solubles dans 4 p. d'eau, lorsqu'on fait cristalliser la solution de l'oxyde mercurique dans un excès d'acide chlorique. Il existe aussi un chlorate basique, $(ClO^3)^2Hg, HgO + H^2O$, cristallisé en octaèdres à sommets tronqués (Berzelius).

PERCHLORATE MERCUREUX, $(ClO^4)^2(Hg^2)$. — Petits prismes réunis en faisceaux, inaltérables à l'air (Sérullas). D'après Roscoe, ce sel renferme $6H^2O$, qu'il ne perd ni dans le vide ni à 100°.

PERCHLORATE MERCURIQUE, $(ClO^4)^2Hg$.— Prismes rectangulaires incolores, déliquescents; solubles partiellement dans l'alcool en laissant un résidu d'oxyde (Sérullas).

IODATE MERCUREUX, $(IO^3)^2(Hg^2)$. — Poudre blanche insoluble; il se décompose à 250° en iodure mercurique, oxyde de mercure et oxygène. L'eau bouillante ne l'altère pas; l'acide azotique le transforme en iodate mercurique. L'acide chlorhydrique le décompose en donnant du chlorure d'iode, de l'iodure de mercure, du chlorure mercurique et du chlore (Lefort).

IODATE MERCURIQUE, $(IO^3)^2Hg$. — Poudre insoluble obtenue par précipitation ou en chauffant du chlorure mercurique et de l'acide iodique sec, et lavant le produit à l'eau et à l'alcool [Millon, *Ann. de Chim. et de Phys.*, (3), t. XVIII, p. 367].

PERIODATE MERCUREUX. — Précipité jaune, qui devient rouge-brun à chaud en perdant de l'eau.

PERIODATE MERCURIQUE. — Précipité blanc, devenant jaune à chaud, soluble dans l'acide azotique étendu (Benckiser).

CARBONATE MERCUREUX, $CO^3(Hg^2)$. — Précipité blanc jaunâtre qu'on obtient en versant goutte à goutte de l'azotate mercureux dans une solution d'un bicarbonate alcalin. Si l'on employait un carbonate neutre, on obtiendrait un sel basique. Après avoir fait digérer pendant quelque temps avec le bicarbonate, on recueille le précipité qu'on lave rapidement et qu'on sèche dans le vide (Settenberg, Lefort). Ce sel montre une grande tendance à se décomposer en acide carbonique, mercure et oxyde mercurique; l'eau chaude produit cette décomposition.

CARBONATE MERCURIQUE. On ne connaît pas le carbonate neutre. Quand on ajoute un sel mercurique à un carbonate alcalin neutre en excès, on obtient un précipité rouge-brun qui renferme $CO^3Hg, 3HgO$; si l'on emploie un bicarbonate, le précipité est brun clair, et renferme

$$CO^3Hg, 2HgO$$

(Millon). Le premier est un peu soluble dans l'eau chargée d'acide carbonique et dans le carbonate de potasse (Berzelius); il se dissout dans le sel ammoniac (Wittstein).

SULFOCARBONATE MERCUREUX, $CS^3(Hg^2)$.— Masse translucide, brun foncé, noire après dessiccation, qu'on obtient en précipitant un sel mercureux par un sulfocarbonate alcalin.

SULFOCARBONATE MERCURIQUE, $CS^3Hg$. — Précipité jaune, devenant rapidement orange et finalement noir, en perdant du sulfure de carbone. Séché dans le vide, il se dédouble quand on le chauffe en $CS^2$ et $HgS$ (Berzelius).

CHROMATES, MANGANATES DE MERCURE, etc.—Voyez CHROME, MANGANÈSE, etc.

SULFATE MERCUREUX, $SO^4(Hg^2)$. — On chauffe 2 p. de mercure avec 1 à 2 p. d'acide sulfurique jusqu'à ce que la moitié environ du mélange se soit convertie en une masse saline; dans cette opération, il se dégage du gaz sulfureux. On décante ensuite l'excès d'acide et de mercure et on lave avec un peu d'eau froide. Si le mélange était chauffé jusqu'à dessiccation, le sel renfermerait du sulfate mercurique. On peut aussi obtenir ce sel en broyant du sulfate mercurique avec du mercure ou en précipitant de l'azotate mercureux par du sulfate de soude. Le sulfate mercureux se dissout dans 500 p. d'eau froide et dans 300 p. d'eau bouillante, qui ne le décomposent qu'à la longue en produisant un dépôt de sulfate mercurique et de mercure. Il cristallise en prismes incolores. Il fond vers 300° et se décompose en émettant beaucoup de gaz sulfureux. L'acide azotique étendu le dissout, mais l'addition d'acide sulfurique le précipite de nouveau. L'acide sulfurique concentré et chaud le dissout.

SULFATES MERCURIQUES. — *Sulfate neutre*,

$$SO^4Hg.$$

— On le prépare en chauffant du mercure (1 p.) avec un excès d'acide sulfurique (1 p. 1/2), jusqu'à ce que tout le mercure ait disparu, puis on dessèche la masse saline au bain-marie. Il est bon, avant la fin de la dessiccation, d'ajouter un peu d'acide azotique pour transformer tout le se en sulfate mercurique. Le sulfate mercurique constitue une poudre blanche, cristalline et anhydre. Il se décompose au rouge en mercure, acide sulfureux et oxygène. Il attire l'humidité de l'air. Il se dissout dans l'acide sulfurique. L'eau le décompose en sel acide qui se dissout et en sulfate trimercurique insoluble.

Le sulfate mercurique se combine au sulfure

de mercure (voyez p. 352), à l'iodure et au phosphure mercuriques.

*Combinaison avec l'iodure mercurique,*

$$Hg^2 \left\{ \begin{matrix} I^2 \\ SO^4. \end{matrix} \right.$$

— S'obtient par l'action de l'acide sulfurique sur l'iodure mercurique, il se dégage de l'acide sulfureux et de l'iode; on peut remplacer l'iodure mercurique par l'iodure mercureux :

$$Hg^2I^2 + 2SO^4H^2 = HgI^2.SO^4Hg + SO^2 + 2H^2O.$$

Il se forme des cristaux qu'on peut laver à l'alcool; l'eau les décompose. La chaleur les dédouble en iodure et sulfate mercuriques [Souville, *Journ. de Pharm.*, t. XXVI, p. 474].

*Combinaison avec le phosphure de mercure,*

$$Hg^3P^2, 2[(SO^4Hg)^2.HgO] + 4H^2O.$$

— Une solution acide de sulfate mercurique donne avec l'hydrogène phosphoré un précipité jaune devenant bientôt blanc, qu'on lave à l'eau et qu'on sèche dans le vide. Sec, ce composé est jaune, mais redevient blanc en attirant l'humidité. Chauffé, il laisse un résidu d'acide phosphorique. L'acide azotique le dissout [H. Rose, *Poggend. Ann.*, t. XL, p. 75].

*Sulfate mercurico-ammonique.* — Une solution de sulfate mercurique donne avec le sulfate d'ammonium un précipité blanc. L'oxyde de mercure se dissout dans une solution froide de sulfate d'ammonium; cette solution n'est pas précipitée par l'ammoniaque. — Voyez Composés ammoniés, p. 358.

*Sulfate trimercurique (turbith minéral),*

$$SO^4Hg, 2HgO.$$

— Poudre d'un jaune-citron qui se produit par l'action de l'eau sur le sulfate mercurique neutre. Densité = 6,444. Il se dissout dans 2,000 p. d'eau froide et dans 600 p. d'eau bouillante (Fourcroy). Il cristallise en petits rhomboèdres transparents (Lefort).

*Emploi des sulfates de mercure.* — Le sulfate mercurique sert à la fabrication du sublimé corrosif, et le sulfate mercureux à celle du calomel.

Hyposulfate mercureux, $S^2O^6(Hg^2)$. — S'obtient directement et forme des cristaux irréguliers très-peu solubles dans l'eau, qui les noircit en les décomposant; ils se dissolvent dans l'acide azotique.

Hyposulfate mercurique. — On n'a décrit qu'un sel très-basique, $S^2O^6Hg, 4HgO$, constituant une poudre blanc jaunâtre (Rammelsberg).

Sulfite mercureux. — Rammelsberg [*Rev. scientif.*, t. XXV, p. 268], en faisant passer à travers de l'oxyde de mercure, délayé dans l'eau, un courant de gaz sulfureux, a obtenu du sulfate mercureux restant dans les eaux mères, et un sel blanc auquel il assigne la formule $3[SO^3(Hg^2)]SO^2$, mais qui, d'après Péan de Saint-Gilles, est un mélange de sulfate mercureux et de sulfite mercurique.

Sulfites mercuriques. — Ces sels ont été étudiés par Péan de Saint-Gilles [*Ann. Chim. Phys.*, (3), t. XXVI, p. 80]. Le nitrate mercurique neutre donne avec un sulfite alcalin, en solution étendue, un précipité caséeux, dense, soluble dans l'acide chlorhydrique. Il renferme $SO^3Hg$. L'ébullition avec l'eau le transforme en sulfate mercureux mélangé de mercure métallique. Si l'on emploie l'azotate bimercurique, on obtient un sulfite bimercurique, $SO^3Hg, HgO$, que l'ébullition transforme intégralement en sulfate mercureux, $SO^3Hg.HgO = SO^4(Hg^2)$. A l'état sec, cette transformation est encore plus facile, il suffit souvent du frottement d'une lame métallique. Cette transformation est accompagnée d'une légère crépitation et d'une élévation de température.

Le sulfite mercurique montre une grande tendance à former des sulfites doubles. Ainsi, l'oxyde mercurique se dissout dans les sulfites alcalins en déplaçant une partie de l'alcali. Le calomel, traité par un sulfite alcalin, se dédouble en mercure et en sel mercurico-alcalin, sans que le pouvoir réducteur de l'acide sulfureux intervienne. Les sulfites mercuriques doubles sont solubles, non précipitables par les alcalis, les phosphates, carbonates, oxalates, tartrates, ferro- et ferri-cyanure de potassium. L'hydrogène sulfuré en excès les précipite. Ils sont décomposés par l'ébullition, à moins que la solution ne renferme un chlorure.

Lorsqu'on fait bouillir du chlorure mercurique avec 2 molécules de sulfite alcalin, il n'y a pas réduction, par suite de la formation d'un sulfite double; mais si l'on renverse les proportions, il se forme du calomel :

$$1^\circ \quad HgCl^2 + 2SO^3K^2 = (SO^3)^2HgK^2 + 2KCl;$$

$$2^\circ \quad 2HgCl^2 + SO^3K^2 + H^2O = Hg^2Cl^2 + SO^4K^2 + 2HCl.$$

On observe les mêmes phénomènes avec l'iodure mercurique, qui est soluble dans les sulfites alcalins.

*Sulfite mercurico-potassique,*

$$(SO^3)^2HgK^2 + H^2O.$$

— Il forme de petites aiguilles groupées en faisceaux, qui se déposent lorsqu'on mélange des solutions saturées de chlorure mercurique et de sulfite potassique. L'ébullition le décompose avec dégagement d'acide sulfureux, suivant l'équation

$$(SO^3)^2HgK^2 = Hg + SO^4K^2 + SO^2.$$

*Sulfites mercurico-sodiques.* —

1° $(SO^3)^2HgNa^2 + H^2O$. Petites tables rhomboédriques beaucoup plus solubles que le sel potassique.

2° $(SO^3)^3Hg^2Na^2 + H^2O$. On l'obtient en employant un excès de chlorure mercurique. Beaucoup plus soluble que le précédent. L'iodure de potassium en précipite la moitié du mercure; la potasse n'en précipite que le quart à chaud.

*Sulfite mercurico-ammonique.* — Analogue au précédent.

*Sulfite ammonique et chlorure mercurique.* — Voyez p. 345.

*Sulfite mercurico-cuivrique*, $(SO^3)^2CuHg$. — Composé non cristallisé, remarquable par sa solubilité dans l'eau, et qu'on obtient en traitant le sulfite jaune de cuivre (cuproso-cuivrique) par le cyanure de mercure. Sa solution est bleue; la potasse n'en précipite que l'hydrate cuivrique.

Thiosulfate mercureux (*hyposulfite*). — N'est connu qu'en combinaison avec le thiosulfate de cuivre. Quand on ajoute un hyposulfite à un sel mercureux, il se sépare du sulfure de mercure. Lorsqu'on mélange les solutions de thiosulfate mercurico-potassique avec du sulfate de cuivre, il se forme un précipité rouge-brun se décomposant par l'ébullition, et renfermant

$$5[S^2O^3(Cu^2)]3[S^2O^3(Hg^2)]$$

[Rammelsberg, *Poggend. Ann.*, t. LVI, p. 319]. Ce composé se forme aussi lorsqu'on traite du sulfure noir de mercure récemment précipité par une solution concentrée et chaude de chlorure cuivrique.

Thiosulfate mercurique. — Connu seulement en combinaison avec d'autres thiosulfates. Lorsqu'on cherche à l'obtenir par double décomposition avec un sel mercurique, on obtient un précipité blanc, mélange du sel mercurique avec du sulfure de mercure.

*Thiosulfate mercurico-potassique*, $(S^2O^3)^2HgK^2$. — Lorsqu'on introduit 2 p. d'oxyde mercurique dans 5 p. de thiosulfate de potassium dissous dans

24 p. d'eau et qu'on fait bouillir, l'oxyde se dissout, et l'on obtient par le refroidissement des aiguilles blanches qu'on fait recristalliser. Ce sel devient gris par la dessiccation et noir à la lumière (Kirchhoff). L'iodure de potassium n'en sépare pas de mercure.

*Thiosulfate mercurico-sodique.* — Incristallisable et se décomposant facilement. L'alcool le précipite à l'état sirupeux de sa solution aqueuse (Rammelsberg).

*Thiosulfates mercurico-barytique, calcique et strontique.* — Incristallisables et peu stables (Rammelsberg).

*Thiosulfate mercurico-ammonique.* — Très-altérable. L'alcool le précipite de sa solution en prismes colorés qui renferment

$$4[S^2O^3(AzH^4)^2].S^2O^3Hg + 2H^2O.$$

Séléniate mercureux. — Le séléniate de sodium ajouté à de l'azotate mercureux donne un précipité blanc, probablement de séléniate neutre, qui par les lavages devient jaune et renferme alors

$$5[SeO^4(Hg^2)].Hg^2O.$$

Séléniate mercurique. — Lorsqu'on fait bouillir de l'oxyde mercurique avec de l'acide sélénique, on obtient un sel basique d'un rouge vif, qui devient brun par la dessiccation, et qui renferme

$$2(SeO^4Hg, 2HgO) + H^2O.$$

La liqueur filtrée donne, par l'évaporation, le sel neutre $SeO^4Hg + H^2O$ (Kœhler).

Sélénite mercureux. — Poudre blanche, insoluble dans l'eau, fusible en une masse brune, devenant jaune à froid. Chauffé plus fort, il bout et laisse distiller des gouttes qui se concrètent en masses jaunes et transparentes. L'acide chlorhydrique le convertit en bichlorure et sélénium (Berzelius).

Sélénite mercurique, $SeO^3Hg$. — Poudre blanche, insoluble dans l'eau.

Lorsqu'on dissout de l'oxyde de mercure dans une solution d'acide sélénieux jusqu'à ce qu'il dépose du sélénite neutre, la liqueur filtrée fournit par l'évaporation de longs prismes striés de sélénite acide,

$$Se^2O^5Hg = SeO^3Hg, SeO^2,$$

renfermant de l'eau de cristallisation. Chauffés, ces cristaux fondent dans leur eau et finissent par se sublimer sans altération. Le sélénite mercureux est soluble dans l'eau et très-peu dans l'alcool. Sa solution n'est pas précipitée par l'ammoniaque, et seulement partiellement par les alcalis caustiques ou carbonatés (Berzelius).

Kœhler, en faisant bouillir l'oxyde mercureux avec de l'oxyde sélénieux, a aussi obtenu un sel insoluble, d'un jaune pâle, renfermant

$$4SeO^3Hg, 3HgO.$$

Tellurates de mercure. — Le sel mercureux forme un précipité jaune-brun qu'on obtient en arrosant de l'azotate mercureux cristallisé et en poudre avec une solution d'acide tellurique. Lorsqu'on opère par précipitation avec le tellurate potassique, le précipité devient jaune pâle.

Le sel mercurique forme des flocons blancs volumineux (Berzelius).

Tellurites de mercure. — Le sel mercureux est un précipité jaune foncé, devenant brun et se convertissant à l'air en sel mercurique. Ce dernier, obtenu par précipitation, forme une liqueur laiteuse, qui ne laisse pas déposer le précipité (Berzelius).

Arséniates, Arsénites, Sulfarséniates. — Voyez t. I, p. 400, 404, 409.

Phosphate mercureux, $PO^4(Hg^2)H$. — Poudre cristalline blanche, obtenue par double décomposition. Chauffé au rouge, il perd du mercure et fond à l'état de pyrophosphate mercurique (Dulong). L'eau bouillante le décompose de même en partie. Il est insoluble dans l'eau et dans l'acide phosphorique, soluble dans l'acide azotique; récemment précipité, il se dissout dans le pyrophosphate de soude.

Phosphate mercurique, $PO^4HgH$. — Poudre blanche, dense, obtenue en précipitant l'azotate mercurique par le phosphate de soude; le bichlorure de mercure n'est pas précipité. Chauffé, il fond en donnant un verre jaune qui est du pyrophosphate $(P^2O^7)Hg^2$; chauffé plus fort, il perd du mercure et de l'oxygène. Il est insoluble dans l'eau, soluble dans l'acide phosphorique. L'acide chlorhydrique concentré le dissout et cette solution évaporée à sec cède à l'alcool du bichlorure de mercure. Il se dissout aussi dans une solution de sel ammoniac en dégageant de l'ammoniaque; la solution renferme du chlorure mercurico-ammonique et du phosphate ammonique.

*Phosphate mercuroso-mercurique.* — Sel jaune, noircissant à l'air, obtenu par double décomposition avec l'azotate mixte; il renferme

$$(PO^4)^2(Hg^2)HgH^2;$$

il ne perd de l'eau qu'en se décomposant (Brooks).

Sulfhypophosphites mercuriques. —

1° $P^2S^3Hg^2 = 2HgS.P^2S$. S'obtient par l'action de la chaleur sur le sulfophosphite qui se dédouble en sulfhypophosphite et sulfophosphate; ce dernier se sublime d'abord, tandis que le premier reste à l'état d'une masse foncée ne se sublimant qu'à une température plus élevée, en cristaux brillants, rouge pâle (Berzelius).

2° $P^2S^2Hg = HgS.P^2S$. Le cinabre absorbe à chaud le sulfure de phosphore en donnant une masse rouge sale qui se colore en noir à l'air.

Baudrimont a décrit un sulfophosphite,

$$(PS^3)^2Hg^3 = 3(HgS)P^2S^3.$$

— Voyez Sulfures de phosphore.

Sulfophosphite mercurique,

$$P^2S^5Hg^2 = 2HgS.P^2S^3.$$

— On l'obtient en maintenant le composé précédent à une température de 400° environ; il se sublime une masse noire renfermant du mercure et le sulfophosphite reste à l'état d'un corps jaunâtre. Ce sulfophosphite chauffé plus fort se dédouble lui-même en sulfhypophosphite et sulfophosphate : $2P^2S^5Hg^2 = P^2S^3Hg^2 + P^2S^7Hg^2$.

Sulfophosphate mercurique (pyro-),

$$P^2S^7Hg^2 = 2HgS.P^2S^5.$$

— Se sublime, dans la décomposition du sulfophosphite, à l'état d'une masse cristalline, formée en partie de fines aiguilles jaunâtres transparentes et très-brillantes [Berzelius, *Ann. Pharm.*, t. XLVI, p. 279].

Borates de mercure. — Ces sels n'ont pas encore été obtenus. Le borate mercurique ne se forme pas lorsqu'on ajoute de l'acide borique ou un borate alcalin à un sel mercurique; dans ce dernier cas, le borate agit par son alcali et le précipité qui se forme est exempt d'acide borique. Lorsqu'on fond de l'acide borique avec de l'oxyde de mercure, on obtient une masse d'un gris jaune, qui abandonne son acide borique par l'action de l'eau.

Silicate mercureux. — Le silicate de soude donne avec l'acétate mercureux un précipité blanc; la solution de bichlorure n'est pas précipitée, mais par la concentration on obtient de petits cristaux foncés (Walker).

Fluosilicates de mercure. — Voyez t. I, p. 1477.

**COMPOSÉS AMMONIÉS DE MERCURE.**

Les combinaisons du mercure possèdent une affinité particulière pour l'ammoniaque, à laquelle ils s'unissent directement pour former une grande variété de composés, présentant certains caractères communs; les uns très-peu stables, les autres jouissant relativement d'une grande stabilité. Comme ces composés sont assez complexes, les différents auteurs qui s'en sont occupés les ont envisagés à divers points de vue. On les a d'abord considérés comme de simples produits d'addition, mais on a reconnu bientôt l'insuffisance de cette théorie, lorsqu'il s'agit de rattacher les uns aux autres les différents dérivés ammoniacaux du mercure. Kane, l'un des premiers, a envisagé ces derniers comme renfermant de l'amidure de mercure, $Hg''HAz$. Cette vue a été successivement adoptée par d'autres chimistes avec quelques modifications qui n'en altèrent pas le principe. Plus tard, Hofmann, appliquant aux dérivés ammonio-métalliques la théorie de l'ammonium, chercha à grouper les composés ammoniés du mercure en les envisageant comme dérivant de l'ammonium, par substitution de 1,2 atomes de métal à un nombre double d'atomes d'hydrogène.

Cette théorie, jointe à celles de la saturation des éléments et de la condensation des radicaux, permet de réunir dans plusieurs groupes la plupart de ces combinaisons; dans quelques-unes cependant, il faut, en outre, faire intervenir l'hydroxyle HO qui, uni au mercure diatomique, produit un groupe monatomique $(Hg.HO)'$; tel est notamment l'oxyde

$$\left(\left.\begin{matrix}Hg.HO\\ Hg\\ H\end{matrix}\right\} Az\right)^2 O$$

et ses différents dérivés. Pour d'autres, le chlore remplaçant l'hydroxyle, on peut y admettre le groupe monatomique $(HgCl)'$ ou le groupe

$$[(Hg^2)Cl]'.$$

Enfin on peut rapporter ces combinaisons à des types mixtes, eau et ammoniaque, chlorure et ammoniaque, etc.

En ce qui concerne l'oxyde que nous venons de citer, nous ferons remarquer encore qu'on peut l'envisager comme de l'oxyde de tétramercurammonium hydraté, $Hg^4Az^2.O + 2H^2O$, de sorte qu'en groupant à part les éléments de l'eau on peut le faire rentrer dans le dernier des types suivants :

Mercurdiammonium ..... $(Az^2H^6Hg'')''$.
Dimercurdiammonium.... $(Az^2H^4Hg^2)''$ ou $(AzH^2Hg'')'$.
Trimercurdiammonium... $(Az^2H^2Hg^3)'$.
Tétramercurdiammonium. $(Az^2Hg^4)''$ ou $(AzHg^2)'$.

Les composés mercureux donnant lieu à des dérivés analogues, ceux-ci peuvent se grouper de même. $(Hg^2)''$ y remplace $Hg''$.

Le deuxième et le quatrième de ces types se ramènent, comme on voit, à une seule molécule d'ammonium. Nous changerons les anciens noms de di- et tétramercurammonium, en les remplaçant par mono- et dimercurammonium [Mitscherlich, *Poggend. Ann.*, t. IX, p. 387, et t. XVI, p. 41; — Kane, *Ann. de Chim. et de Phys.*, (2), t. LXXII, p. 215; — Millon, *Ann. de Chim. et de Phys.*, (3), t. XVIII, p. 392; — Plantamour, *Ann. der Chem. u. Pharm.*, t. XL, p. 115; — Rammelsberg, *Poggend. Ann.*, t. LV, p. 248; — Hirzel, *Ann. der Chem. u. Pharm.*, t. LXXXIV, p. 258; — Schmieder, *Journ. für prakt. Chem.*, t. LXXV, p. 129, et *Répert. de Chim. pure*, 1850, p. 246].

Il existe quelques combinaisons phosphorées du même ordre qui ont déjà été décrites. — Voyez PHOSPHURE DE MERCURE, p. 352.

Pour faciliter l'étude des divers dérivés ammoniés du mercure, nous suivrons le même ordre que pour les sels mêmes du mercure.

AZOTURE DE MERCURE, $Hg^3Az^2$. — Voyez p. 352.

1. BROMURE DE MERCUROSAMMONIUM,

$$Br.AzH^2(Hg^2) \quad \text{ou} \quad (Hg^2)Br^2, (Hg^2)Az^2H^4.$$

— Poudre noire produite par l'action de l'ammoniaque aqueuse sur le bromure mercureux. Sec, ce dernier absorbe $2AzH^3$ qu'il perd à chaud.

2. BROMURE DE BROMOMERCURAMMONIUM,

$$Br.AzH^3(HgBr) \quad \text{ou} \quad HgBr^2, AzH^3.$$

— Poudre blanche, amorphe, obtenue par l'action du gaz ammoniac sur le bromure mercurique sec et chaud.

3. BROMURE DE MERCURAMMONIUM,

$$Br.AzH^2Hg \quad \text{ou} \quad (HgBr^2 + HgAz^2H^4)$$

(bromamidure). — Poudre blanche insoluble dans l'eau et dans l'alcool, obtenue par l'action de l'ammoniaque liquide sur le bromure mercurique. Chauffé, il fournit de l'ammoniaque et un sublimé du bromure précédent; le résidu renferme

$$Br^2.Az^2\left\{\begin{matrix}(HgBr)^2\\ Hg^3\end{matrix}\right. = Hg^3Az^2, 2HgBr^2$$

[Mitscherlich, *Journ. prakt. Chem.*, t. XIX, p. 455].

4. CHLORURE DE MERCUROSODIAMMONIUM,

$$Cl^2.Az^2[H^6(Hg^2)] \quad \text{ou} \quad Hg^2Cl^2, 2AzH^3.$$

— Le calomel sublimé n'absorbe que fort peu de gaz ammoniac en noircissant; le calomel, par voie humide, en absorbe environ 7 °/₀, ce qui correspond à la formule; on obtient ainsi une poudre noire qui perd de nouveau l'ammoniaque à chaud (H. Rose).

5. CHLORURE DE MERCUROSAMMONIUM,

$$Cl.AzH^2(Hg^2)$$

(chloramidure mercureux). — L'ammoniaque aqueuse transforme le calomel en une poudre noire; la solution renferme la moitié du chlore contenu dans le calomel. Chauffé, ce chlorure donne de l'azote et de l'ammoniaque, puis un sublimé de calomel et de mercure (Kane). Séché à 100° et traité par HCl sec, il donne un mélange de calomel et de sel ammoniac :

$$Cl.AzH^2(Hg^2) + 2HCl = Hg^2Cl^2 + AzH^4Cl.$$

6. CHLORURE DE MERCURODIAMMONIUM,

$$Cl^2.Az^2\left\{\begin{matrix}Hg\\ H^6.\end{matrix}\right.$$

— Ce composé, désigné sous le nom de *précipité blanc fusible*, représente un chlorure double de mercurammonium et d'ammonium,

$$Cl.AzH^2Hg + ClAzH^4.$$

Il s'obtient en précipitant par le carbonate de soude une solution de chlorure mercurico-ammonique ou plutôt une solution de parties égales de sublimé et de sel ammoniac. Mitscherlich ajoute une solution de sublimé à un mélange bouillant d'ammoniaque et de sel ammoniac aussi longtemps que le précipité se redissout, puis laissant refroidir. Le composé se dépose alors en petits dodécaèdres rhomboïdaux [*Journ. prakt. Chem.*, t. XIX, p. 453]; dans le premier cas, il se dépose à l'état d'une poudre blanche. Enfin, on l'obtient aussi en faisant bouillir le chloramidure avec du sel ammoniac. Chauffé, ce chlorure fond en un liquide jaunâtre, en dégageant de l'ammoniaque et en donnant un sublimé formé de sel ammoniac, de bichlorure et de protochlorure de mercure. L'eau bouillante lui fait éprouver la même transformation qu'au chloramidure. Les acides, même l'acide acétique, le dissolvent.

7. Chlorure de mercurammonium (chloramidure de mercure, précipité blanc infusible),

$$Cl.AzH^2Hg \quad \text{ou} \quad Az^2H^4Hg.HgCl^2.$$

— Ce composé, envisagé d'abord par Hennel comme une combinaison d'oxyde de mercure et de sel ammoniac et dans lequel Kane reconnut la présence de l'amidure de mercure, s'obtient en précipitant une solution de sublimé par un léger excès d'ammoniaque, lavant avec un peu d'eau et séchant à une douce chaleur :

$$HgCl^2 + 2AzH^3 = AzH^4Cl + ClAzH^2Hg.$$

La composition du précipité varie avec les circonstances de sa production. Dans les circonstances ci-dessus on obtient le chloramidure; mais si le chlorure mercurique est maintenu en excès ou si on lave le chloramidure à l'eau chaude, on obtient le chlorure (10); en présence d'un grand excès de chlorure mercurique, c'est le chlorure (9) qui prend naissance. Enfin on obtient des chlorures intermédiaires entre ces deux derniers en lavant le chlorure (10) à l'eau froide ou en versant la solution bouillante de sublimé dans l'ammoniaque [Millon, *Ann. de Chim. et de Phys.*, (3), t. XVIII, p. 413]. Le chloramidure de mercure se décompose au-dessous du rouge, sans fondre, en calomel, azote et ammoniaque :

$$6(ClAzH^2Hg) = 3Hg^2Cl^2 + 2Az + 4AzH^3.$$

Mais si l'on chauffe doucement, il se dégage de l'ammoniaque et il se sublime le chlorure (8),

$$Cl.Az(HgCl)H^3,$$

tandis que le résidu est formé de chlorure double de mercure et de dimercurammonium (Mitscherlich) :

$$6(Cl.AzH^2Hg)$$
$$= 3AzH^3 + Cl.AzH^3(HgCl) + (Cl^2Az^2Hg^4 + HgCl^2).$$

Traité par le sulfure de baryum ou l'iodure de potassium, le chloramidure perd tout son azote à l'état d'ammoniaque et donne du sulfure ou de l'iodure mercurique. Chauffé avec de la potasse, il ne perd que la moitié de l'ammoniaque pour donner une poudre jaune qui est le chlorure d'hydroxyltétramercurammonium (ou de tétramercurammonium hydraté) :

$$2ClAzH^2Hg + H^2O = AzH^4Cl + ClAzHg^2.H^2O.$$

L'eau bouillante seule opère déjà cette transformation. Chauffé dans un courant d'acide chlorhydrique, il donne du chlorure mercurico-ammonique, aussi bien que par l'action de cet acide en solution. Il se dissout dans le sel ammoniac et dans l'azotate d'ammonium.

L'acide sulfurique étendu transforme le chloramidure en sulfate d'ammonium, chlorure d'ammonium et chlorure mercurique; l'acide azotique agit d'une manière analogue. D'après Kossman, il se forme ainsi des combinaisons définies qu'il représente par les formules

$$(SO^4Hg)^2, (HgAz^2H^4, 2HCl)$$

et

$$AzO^3, AzH^4, 2HgCl^2.$$

Le même auteur a décrit une combinaison cristallisée, $AzH^4Cl, 4NaCl, HgCl^2$, obtenue en faisant bouillir le chloramidure avec du chlorure de sodium et de l'acide chlorhydrique. Le chlore ou le brome dégagent l'azote du chloramidure qu'ils transforment en chlorure ou bromure de mercure.

Le chloramidure broyé avec de l'iode et de l'alcool détone avec violence par suite de la formation d'iodure d'azote [Schwartzenbach, *Chem. Centralbl.*, 1862, p. 750].

8. Chlorure de chloromercurammonium,

$$Cl.AzH^3(HgCl)' \quad \text{ou} \quad HgCl^2.AzH^3.$$

— On l'obtient en chauffant le chlorure mercurique dans un courant de gaz ammoniac ou en distillant de l'oxyde de mercure avec du sel ammoniac. Il ressemble au sublimé corrosif, fond et se sublime sans perte notable d'ammoniaque. Il est insoluble dans l'eau qui le jaunit par une ébullition prolongée (H. Rose). D'après Kane, l'eau bouillante dissout du sel alembroth et laisse du chloramidure :

$$2(Cl.AzH^3HgCl) = ClAzH^2Hg + HgCl^2.AzH^4Cl.$$

9. Chlorure de dichloromercurammonium,

$$Cl.AzH^2(HgCl)^2 \quad \text{ou} \quad 3(HgCl^2).HgAz^2H^4.$$

— Il se forme par l'action de l'ammoniaque sur le chlorure mercurique maintenu en très-grand excès (Millon). Ce précipité, lavé à l'eau froide, fournit un corps insoluble, blanc, qui représente une combinaison de chloramidure et de 2 molécules du chlorure suivant. Une combinaison du même ordre prend naissance lorsqu'on verse une solution bouillante de chlorure mercurique dans de l'ammoniaque en excès.

10. Chlorure d'hydroxyldimercurammonium, $ClAzH(Hg.HO)Hg$ = chlorure de dimercurammonium hydraté, $ClAzHg^2.H^2O$. — Il représente le chlorure de la base ammonio-mercurique de Millon, $2HgO.Cl^2.HgAz^2H^4Hg$. Il se forme par l'action de l'eau bouillante sur le chloramidure (Kane, Millon), ou par l'action du gaz ammoniac sec, à 150°, sur l'oxychlorure $HgCl^2, 3HgO$ (Ullgren). Poudre jaune et dense, très-peu soluble dans l'eau, soluble dans les acides chlorhydrique et azotique. La solution d'iodure de potassium la transforme à chaud dans l'iodure brun correspondant, en dégageant un peu d'ammoniaque provenant d'une réaction secondaire. La potasse bouillante n'en dégage pas d'ammoniaque, mais donne l'oxyde ammoniomercurique.

On obtient ce chlorure à l'état anhydre, combiné à du sel ammoniac, lorsqu'on fait agir l'ammoniaque liquéfiée sur le chlorure mercurique, dans un tube fermé à deux branches (tube de Faraday). La potasse en sépare de l'oxyde de dimercurammonium (Weyl).

11. Chlorure double de mercure et de dimercurammonium,

$$2(Cl.AzHg^2).HgCl^2 \quad \text{ou} \quad Hg^3Az^2.2HgCl^2.$$

—S'obtient à l'état de résidu lorsqu'on chauffe avec précaution le chloramidure de mercure $ClAzH^2Hg$; il forme de petites lamelles cristallines rouges (Mitscherlich). Chauffé vers 400°, il se dédouble en azote, mercure et calomel. Il se dissout dans l'acide chlorhydrique en donnant du bichlorure et du sel ammoniac. Il est insoluble et n'est pas décomposé à l'ébullition par l'acide azotique concentré, les alcalis étendus et l'acide sulfurique dilué.

12. Fluorure de mercurosodiammonium,

$$Fl^2.Az^2H^6(Hg^2) = Fl^2Hg^2, 2AzH^3.$$

— La solution d'ammoniaque décompose le fluorure mercureux, mais ce dernier peut absorber le gaz ammoniac sec en donnant une combinaison noire inaltérable à l'air et se décomposant par l'eau (Finkener).

13. Fluorure de fluodimercurammonium,

$$2(HgFl^2).HgO.HgAz^2H^4 + H^2O,$$

formule qu'on peut écrire

$$Fl.Az\left\{\begin{matrix}(HgFl)'\\Hg\\H\end{matrix}\right. + H^2O.$$

— Lorsqu'on ajoute de l'ammoniaque à une solution de fluorure mercurique, il se sépare peu à peu à froid, immédiatement à chaud, une substance gélatineuse qui devient pulvérulente par la dessiccation et dont la composition répond à la formule ci-dessus [Finkener, *Poggend. Ann.*, t. CX, p. 142, 628].

14. Iodure mercureux ammoniacal (?). — L'iodure mercureux se transforme dans l'ammoniaque froide en une poudre noire qui perd presque toute son ammoniaque par la dessiccation. A chaud, il se sépare du mercure et il se forme de l'iodure ammoniaco-mercurique (Rammelsberg).

15. Iodure de mercurdiammonium,

$$I^2.Az^2H^6Hg \quad \text{ou} \quad HgI^2.2AzH^3.$$

— L'iodure mercurique sec absorbe 7 °/₀ d'ammoniaque en donnant une combinaison blanc sale perdant facilement son ammoniaque à l'air [H. Rose, *Poggend. Ann.*, t. XX, p. 161]. D'après Nessler, on l'obtient avec 9,4 °/₀ d'eau ($3H^2O$), par l'action de l'ammoniaque très-concentrée en grand excès sur l'iodure mercurique; pour l'obtenir anhydre, il faut le dissoudre dans l'éther et évaporer la solution dans un courant d'ammoniaque. Il cristallise en aiguilles. Traité par beaucoup d'eau, il lui cède toute son ammoniaque; avec un peu d'eau, il devient d'abord jaune, puis brun, en donnant sans doute l'iodure de dimercurammonium. L'alcool en dissout une partie et le résidu brunit. La potasse produit dans sa solution un précipité brun-kermès ou jaune; Nessler recommande son emploi pour la recherche de petites quantités d'ammoniaque, qui produit la même réaction [*Chem. Centralbl.*, 1856, p. 529].

16. Iodure d'iodomercurammonium,

$$I.Az(HgI)'H^3 \quad \text{ou} \quad (HgI^2.AzH^3).$$

— L'iodure mercurique arrosé d'ammoniaque concentrée devient blanc, puis s'y dissout en laissant un résidu rouge-brun (17). La solution abandonnée par évaporation à l'air de petites aiguilles blanches, tandis que les eaux mères retiennent de l'iodure d'ammonium [Caillot et Corriol, *Journ. de Pharm.*, t. IX, p. 381; — Rammelsberg, *Poggend. Ann.*, t. XLVIII, p. 170]. Une action prolongée de l'ammoniaque concentrée en excès produirait le premier iodure. On peut aussi précipiter par l'ammoniaque la solution de l'iodure mercurique dans les sulfures alcalins. On l'obtient en cristaux jaunâtres par l'action de l'ammoniaque sur une solution concentrée d'iodomercurate de potassium [Nessler, *loc. cit.*].

17. Iodure d'hydroxyldimercurammonium ou de dimercurammonium hydraté,

$$I.Az(HgHO)HgH \quad \text{ou} \quad I.AzHg^2 + H^2O.$$

— Il se produit lorsqu'on chauffe de l'iodure mercurique avec un grand excès d'ammoniaque concentrée; le produit, d'abord jaune, devient peu à peu brun-kermès; la solution renferme de l'iodure d'ammonium :

$$2HgI^2 + 4AzH^3 + H^2O = 3AzH^4I + IAzHg^2.H^2O.$$

Pour purifier cette substance, qui peut renfermer de l'iodure mercurique ainsi que l'iodure précédent, on la traite par l'éther qui dissout ces produits étrangers (Nessler). On obtient aussi cet iodure par l'action de l'ammoniaque à 180° sur l'oxyiodure de mercure :

$$3HgO.HgI^2 + 2AzH^3 = 2[I.Az(HgHO)HgH] + H^2O.$$

W. Weyl opère sous pression, dans un tube fermé, à deux branches, comme pour la préparation de l'oxyde correspondant. Ce composé se forme en outre par l'action de la potasse sur le premier iodure, ou bien par l'action de l'iodure de potassium sur le chlorure correspondant.

Weyl obtient l'iodure anhydre de dimercurammonium, $IAzHg^2$, très-instable, en traitant sous pression l'iodure mercurique par l'ammoniaque anhydre.

Ce composé constitue une poudre brune, qui fond lorsqu'on la chauffe et se décompose alors violemment. Il se dissout dans l'iodure de potassium avec dégagement d'ammoniaque, formation d'iodomercurate de potassium et mise en liberté de potasse. L'acide chlorhydrique chaud le dissout en le décomposant. La potasse bouillante ne l'altère pas (Rammelsberg).

18. Oxyde de dimercurammonium anhydre, $(AzHg^2)^2O$. — Il s'obtient par l'action de l'ammoniaque sous pression et à une basse température sur l'oxyde mercurique. Weyl opère dans un tube fermé, à deux branches; dans l'une des branches se trouve l'oxyde de mercure, refroidi à 0°, dans l'autre, du chlorure d'argent ammoniacal qu'on chauffe pour en dégager l'ammoniaque. On obtient ainsi une poudre jaune qui est de l'oxyde trihydraté; en chauffant celui-ci à 80° dans du gaz ammoniac, il perd $2H^2O$ en devenant brun clair; à 100° il devient brun foncé et anhydre. Si l'on fait agir l'ammoniac trop longtemps, on obtient un corps très-explosible, soluble dans l'acide chlorhydrique en laissant un résidu de calomel.

On peut aussi préparer l'oxyde de dimercurammonium en traitant l'oxyde mercurique par l'ammoniaque alcoolique.

La lumière décompose ce corps en mettant du mercure en liberté. Exposé à l'air, il absorbe de l'acide carbonique et perd de l'ammoniaque. Chauffé, il brunit et détone. L'oxyde anhydre est tout à fait exempt d'hydrogène, ce qui tend à montrer qu'il n'est pas identique avec la base suivante de Millon, quoique les autres caractères puissent le faire supposer.

Traité par une solution alcoolique d'acide chlorhydrique, cet oxyde s'y combine en augmentant de volume, mais sans changer d'aspect. Le produit est insoluble dans l'acide azotique étendu, soluble dans l'acide chlorhydrique; c'est le chlorure de dimercurammonium, qui détone par la chaleur. L'eau et les acides chauds décomposent cet oxyde en lui enlevant l'ammoniaque.

19. Oxyde de dimercurammonium hydraté ou d'hydroxyldimercurammonium,

$$\left[\left.\begin{matrix}(HgHO)\\ Hg\\ H\end{matrix}\right\} Az\right]^2 O = (AzHg^2)^2O + 2H^2O$$

(base ammonio-mercurique de Millon,

$$3HgO.Az^2H^4Hg).$$

— Ce composé déjà décrit par Fourcroy et Thenard, puis par Guibert, comme une combinaison d'oxyde de mercure et d'ammoniaque, et dans lequel Kane a montré la présence de l'amidure de mercure $Hg(AzH^2)^2$, a été plus particulièrement étudié par Plantamour [*Nouv. Bibl. univ.*, t. XXXII, p. 339] et par Millon [*Ann. de Chim. et de Phys.*, (3), t. XVIII, p. 393] qui en a reconnu les propriétés basiques. Dans ce composé, les éléments de l'eau paraissent faire partie intégrante de la molécule, car on ne peut les éliminer, même à 130°, et ils se retrouvent dans tous les sels que forme cette base; c'est pourquoi nous adoptons la première des formules ci-dessus qui est due à Wurtz [*Leçons de Philos. chim.*, p. 218].

Cet oxyde se forme par l'action de l'ammoniaque concentrée sur l'oxyde de mercure jaune (l'oxyde rouge est plus lent à se transformer) ou lorsqu'on précipite un sel ammoniaco-mercurique par un alcali; on obtient ainsi un composé jaune qui est un hydrate avec $3H^2O$, qui perd les deux tiers de son eau à 100° et le reste à 130°; à cette température l'oxyde présente la composition

$$(Az(HgHO)HgH)^2O$$

et est brun.

L'oxyde d'hydroxyldimercurammonium est insoluble dans l'eau et dans l'alcool; sec, il est inaltérable à l'air, mais humide, il en attire l'acide carbonique et devient blanc (c'est ce carbonate que Fourcroy et Thenard ont eu entre les mains). Il se décompose à la lumière; il décrépite lorsqu'on le broie dans un mortier, mais sans détoner violemment. La chaleur le fait quelquefois détoner, sans doute lorsqu'il renferme de l'azoture de mercure. La potasse bouillante ne l'attaque que si elle est très-concentrée. Il se combine directement avec les acides pour former des sels. Il se dissout dans l'azotate ou dans le chlorure d'ammonium, en déplaçant l'ammoniaque, et en donnant les sels correspondants. Les alcalis agissent sur ces sols en mettant de nouveau la base en liberté sans altération.

20. Azotate mercureux ammoniacal *(mercure soluble d'Hahnemann)*.— Lorsqu'on ajoute de l'ammoniaque à une solution d'azotate mercureux aussi neutre que possible, en agitant pour bien mêler les solutions, on obtient un précipité gris noirâtre qu'on lave rapidement et qu'on sèche à l'abri de la lumière. La composition de ce précipité n'est pas constante. Si l'on fractionne les précipités, celui qui se forme en premier lieu correspond à la formule $2[(AzO^3)Az(Hg^2)H^2]+H^2O$ *(azotate de mercurosammonium)*, tandis que le précipité final renferme

$$(AzO^3)^2.Az^2(Hg^2)^3H^2+3H^2O$$

*(azotate de trimercurosammonium.* — Kane, Mitscherlich). Le mercure soluble se décompose à la lumière. L'acide chlorhydrique bouillant le dissout à l'état de chloromercurate d'ammonium; l'acide étendu froid en sépare du calomel. Quelquefois il produit un composé détonant (Mitscherlich). L'acide acétique le dissout en totalité, sauf un peu de mercure (Bucholz). L'ammoniaque en excès le dédouble en donnant du mercure et de l'azotate mercurico-ammonique basique. D'après Soubeiran, le mercure soluble est un mélange et non une combinaison définie. Son emploi en pharmacie a été abandonné.

21. Azotates mercuriques ammoniacaux. — *Azotate de dimercurhydroxyldiammonium,*

$$(AzO^3)^2Az^2\left\{\begin{matrix}(HgHO)'\\Hg, H^5,\end{matrix}\right.$$

ou de *mercurammonium,*

$$2(AzO^3.AzHgH^2)+H^2O.$$

— Cristaux jaunes obtenus en évaporant la solution de l'azotate suivant dans l'azotate ammonique. Il se forme aussi en cristaux étoilés lorsqu'on sursature la solution d'azotate mercurique par de l'ammoniaque jusqu'à redissolution du précipité et évaporant la liqueur filtrée (C. Fr. Meyer). Les sulfures alcalins et l'acide chlorhydrique décomposent facilement ce composé, il n'en est pas de même des autres acides. Les alcalis ne l'attaquent que difficilement (Mitscherlich).

Si la solution d'où se dépose ce sel est assez concentrée, on obtient par le refroidissement des aiguilles brillantes qui deviennent peu à peu mates et opaques. L'eau enlève à ce sel du sel ammoniac et laisse le sel suivant qui lui avait donné naissance. C'est un azotate ammoniacal double,

$$(AzO^3)^3\left\{\begin{matrix}Az(HgHO)HgH\\(AzH^4)^2.\end{matrix}\right.$$

On l'obtient aussi en faisant bouillir l'oxyde mercurique avec de l'azotate d'ammonium [Kane, *Ann. de Chim. et de Phys.*, (2), t. LXXII, p. 242].

22. *Azotate de trimercurdiammonium,*

$$(AzO^3)^2.Az^2\left\{\begin{matrix}Hg^3\\H^2\end{matrix}\right.+H^2O=(AzO^3)^2.Az^2\left\{\begin{matrix}(HgHO)'\\Hg^2H^3.\end{matrix}\right.$$

—Il s'obtient à l'état d'un précipité blanc, ténu, se déposant lentement lorsqu'on ajoute de l'ammoniaque, non en excès, à une solution très-peu acide d'azotate mercurique. Il se produit aussi lorsqu'on fait bouillir quelques instants l'azotate trimercurique (orthoazotate) avec une solution d'azotate d'ammonium :

$$(AzO^4)^2Hg^3+2AzO^3AzH^4$$
$$=(AzO^3)^2Az^2Hg^3H^2+2AzO^3H+2H^2O.$$

Il se dessèche à 100° sans altération. L'eau bouillante lui enlève de l'azotate ammonique en donnant le sel suivant. Il est soluble dans l'azotate d'ammonium additionné d'ammoniaque et fournit alors les sels précédents. La potasse ne l'attaque pas (Mitscherlich).

23. *Azotate de dimercurammonium,*

$$AzO^3, Az\left\{\begin{matrix}(HgHO)'\\Hg.H\end{matrix}\right.=AzO^3AzHg^2+H^2O$$

[ou $(AzO^4)^2Hg^3.HgAz^2H^4$ correspondant au chloramidure (?)]. — Se produit par l'action d'un léger excès d'ammoniaque sur une solution étendue et chaude d'azotate mercurique; il se forme aussi par l'action de l'eau sur le sel précédent. C'est une poudre grenue blanche. Chauffé, il jaunit, puis se décompose. La potasse, même bouillante, ne l'attaque pas. L'acide chlorhydrique bouillant en dégage des vapeurs nitreuses; à froid, il le dissout et l'abandonne de nouveau par l'addition d'eau. Il se dissout également dans l'ammoniaque et est reprécipité partiellement par l'eau (Soubeiran, [*Ann. de Chim. et de Phys.*, (2), t. XXXVI, p. 220].

24. *Azotate ammoniacal basique,*

$$AzO^3, Az(HgHO)^2Hg$$
$$(\text{ou } HgAz^2H^4, (AzO^3)^2Hg, 4HgO).$$

—Précipité blanc jaunâtre, obtenu par l'action d'un grand excès d'ammoniaque sur la solution concentrée d'azotate mercurique ; c'est souvent l'un des deux sels précédents que l'on obtient (Kane).

Hirzel, en traitant à plusieurs reprises l'oxyde de mercure par une solution froide, puis par une solution chaude d'azotate ammonique, a obtenu un azotate double et basique :

$$(AzO^3)^4\left\{\begin{matrix}(AzHg^2)^2\\Hg''\end{matrix}\right.+4HgO=(AzO^4)^4\left\{\begin{matrix}(AzHg^2)^2\\Hg^5.\end{matrix}\right.$$

25. Bromate de dimercurhydroxylammonium,

$$BrO^3.Az\left\{\begin{matrix}(HgHO)'\\HgH\end{matrix}\right.=BrO^3.AzHg^2+H^2O.$$

— Précipité blanc jaunâtre, lent à se déposer, qui se forme par l'action de l'ammoniaque, en léger excès, sur le bromate mercurique. Il détone avec violence quand on le chauffe. La potasse bouillante l'attaque à peine, mais l'iodure de potassium et les sulfures alcalins en dégagent facilement de l'ammoniaque [Rammelsberg, *Poggend. Annal.*, t. LV, p. 82].

26. Iodate de dimercurhydroxylammonium. — Millon ne l'a obtenu qu'à l'état de combinaison avec l'iodate d'ammonium

$$3IO^3\left\{\begin{matrix}Az(HgHO)HgH\\2AzH^4\end{matrix}\right.$$

en faisant digérer de l'iodate mercurique avec de l'ammoniaque. Ce sel ne perd rien à 180°; chauffé à une température plus élevée, il détone en produisant de l'iodure mercurique [*Ann. de Chim. et de Phys.*, (3), t. XVIII, p. 410].

27. Carbonate de dimercurhydroxylammonium,

$$CO^3\left(Az\left\{\begin{matrix}(HgHO)'\\HgH\end{matrix}\right.\right)^2=CO^3(AzHg^2)^2+2H^2O.$$

—La base ammonio-mercurique de Millon absorbe l'acide carbonique de l'air en se transformant en une poudre jaune pâle, indécomposable par l'eau; on l'obtient plus rapidement en faisant passer un courant d'acide carbonique à travers la base en suspension dans l'eau. Ce carbonate est stable jusqu'à 130°; à 145° il perd de l'eau et devient plus foncé, il possède alors la composition indiquée; à 180° il continue à perdre de l'eau et de l'ammoniaque, sa couleur devient jaune intense, et il ne fait plus effervescence avec les acides; l'acide chlorhydrique concentré seul le décompose alors en dégageant un gaz dont la production s'accompagne d'une sorte de crépitation. Millon ne se prononce pas sur la nature de ce résidu [*loc. cit.*, p. 407].

Hirzel a obtenu le même carbonate en traitant l'oxyde de mercure par du carbonate ammonique froid ou bouillant.

28. Chromates mercuriques ammoniacaux. — Lorsqu'on traite l'oxyde de mercure par du chromate acide d'ammonium, on obtient un corps rose, qui a pour composition

$$(CrO^4)^4 \left\{ \begin{matrix} Az.(HgHO)HgH)^2 \\ Hg^3 \end{matrix} \right. + HgO.$$

Ce produit, arrosé d'ammoniaque, devient jaune et se transforme suivant Hirzel en

$$CrO^4 \left( Az \left\{ \begin{matrix} (HgHO) \\ Hg.H \end{matrix} \right. \right)^2$$

29. Sulfate de dimercurosammonium,

$$SO^4 \left( Az \left\{ \begin{matrix} (Hg^2)HO)' \\ (Hg^2)H \end{matrix} \right. \right)^2$$

ou

$$SO^4[Az(Hg^2)^2]^2 + 2H^2O.$$

— Poudre gris foncé, obtenue par l'action de l'ammoniaque sur le sulfate mercureux.

Chauffée, elle perd de l'eau et de l'ammoniaque, puis de l'acide sulfureux et de l'oxygène [Kane, *Ann. de Chim. et de Phys.*, (2), t. LXXII, p. 283].

30. Sulfate de mercurdiammonium,

$$SO^4.Az^2 \left\{ \begin{matrix} Hg'' \\ H^6 \end{matrix} \right. + H^2O \text{ ou } SO^4Hg.2AzH^3 + H^2O.$$

— Ce sulfate, que Schmieder considère comme un sulfate double,

$$SO^4 \left\{ \begin{matrix} AzHgH^2 \\ AzH^4, \end{matrix} \right.$$

s'obtient en ajoutant peu à peu de l'oxyde mercurique dans une solution froide de sulfate ammonique, et évaporant la solution dans le vide.

Il forme des cristaux appartenant au type orthorhombique. Il perd son eau à 115° et est alors rougeâtre. L'eau et la potasse froide le décomposent en donnant un sel basique; la potasse bouillante en sépare de l'oxyde de mercure. Ce sel se dissout dans les sels ammoniacaux.

Le sel basique, formé par l'action de l'eau jusqu'à ce que celle-ci n'enlève plus d'acide sulfurique, constitue une poudre blanche et dense, qui renferme

$$2\left( SO^4, Az^2 \left\{ \begin{matrix} H^4 \\ Hg^2 \end{matrix} \right. \right) + 3HgO;$$

à 115°, il jaunit sans perdre de son poids [Schmieder, *Journ. für prakt. Chem.*, t. LXXV, p. 129; *Répert. de Chim. pure*, 1859, p. 246].

Un autre sel basique, obtenu par l'action de l'eau bouillante, est le turbith ammoniacal (33).

31. Sulfate de mercurammonium,

$$SO^4(AzHgH^2)^2 + H^2O \text{ ou } SO^4Hg,HgO.2AzH^3$$

ou

$$SO^4\left[ Az^2 \left\{ \begin{matrix} (HgHO)' \\ HgH^5 \end{matrix} \right. \right]$$

— S'obtient à l'état de sels basiques, renfermant 1 1/2, 2, 3 molécules HgO; le second de ces sels basiques représente le sulfate de la base de Millon, ou le turbith ammoniacal. Le sulfate de mercurammonium neutre a été obtenu par Millon, parmi les produits de l'action de l'ammoniaque sur le sulfate mercurique.

32. Sulfate de trimercurdiammonium,

$$SO^4.Az^2Hg^3H^2 + 2H^2O$$

ou

$$SO^4\left[ Az^2 \left\{ \begin{matrix} (HgOH)^2 \\ HgH^4 \end{matrix} \right. \right]$$

— Sel cristallisable, que Millon a obtenu en faisant réagir de l'ammoniaque sur le sulfate mercurique.

33. Sulfate de dimercurammonium hydraté ou d'hydroxyldimercurammonium (*turbith ammoniacal*),

$$SO^4(AzHg^2)^2 + 2H^2O \text{ ou } SO^4\left( Az \left\{ \begin{matrix} (HgHO)' \\ HgH \end{matrix} \right. \right)^2$$

— Obtenu par l'action de l'ammoniaque sur le sulfate mercurique. Ce sel, pulvérisé, se dissout abondamment dans l'ammoniaque, et la solution additionnée d'eau laisse déposer le turbith ammoniacal. Si l'on évapore la solution ammoniacale à l'air libre, on obtient finalement des croûtes cristallines, dures et brillantes, qui offrent la même composition.

Si l'évaporation se fait dans une atmosphère de gaz ammoniac, en présence de la chaux, il se produit, après plusieurs semaines, des cristaux prismatiques, volumineux, efflorescents et fusibles, que l'eau décompose en produisant du turbith ammoniacal. Ces cristaux sont de composition variable; mais si l'on fractionne la cristallisation, on obtient les trois sels de mono-, de di- et de trimercurammonium cités plus haut.

Lorsqu'on dissout la base ammonio-mercurique dans le sulfate ammonique, on obtient une solution non précipitable par l'eau et qui, par conséquent, paraît contenir encore un autre sulfate ammoniacal [Millon, *Ann. de Chim. et de Phys.*, (3), t. XVIII, p. 402].

Schmieder a obtenu un autre sel, qui peut se rapporter au même type, en ajoutant de la potasse étendue au sulfate de mercurdiammonium; séché à 115°, il constitue une poudre jaunâtre qui représente le sulfate de dimercurammonium, plus 3HgO, et qu'on peut représenter par

$$SO^4.Az^2 \left\{ \begin{matrix} (Hg.HO)^3 \\ Hg^2H \end{matrix} \right. = SO^4(AzHg^2)^2 + HgO + 2H^2O.$$

Si la précipitation par la potasse se fait en présence d'acide chlorhydrique, on obtient une poudre blanche, jaunissant à 115°, et qui renferme

$$Cl^2.Az^2 \left\{ \begin{matrix} (Hg.HO)^3 \\ Hg^2H, \end{matrix} \right.$$

correspondant à ce dernier sulfate. Schmieder a encore décrit plusieurs autres composés du même ordre.

34. Sulfite de mercure et de dimercurammonium,

$$(SO^3)^2 \left\{ \begin{matrix} [Az.(HgHO).Hg.H]^2 \\ Hg \end{matrix} \right.$$

ou

$$(SO^3)^2 \left\{ \begin{matrix} (AzHg^2)^2 \\ Hg \end{matrix} \right. + 2H^2O.$$

— Précipité blanc, obtenu par l'action de la potasse sur le sulfite mercurico-ammonique (Hirzel).

35. Arséniate de dimercurammonium,

$$AsO^4 \left\{ \begin{matrix} AzHg^2 \\ H^2 \end{matrix} \right.$$

ou métarséniate $AsO^3.Az(HgHO)HgH$. — Composé blanc, obtenu en traitant l'arséniate ammonique par de l'oxyde de mercure (Hirzel).

36. Phosphate de mercure et de dimercurammonium,

$$PO^4 \left\{ \begin{matrix} AzHg^2 \\ Hg \end{matrix} \right. + H^2O$$

ou

$$PO^4 \left\{ \begin{matrix} Az(HgHO)HgH \\ Hg''. \end{matrix} \right.$$

— Composé blanc, insoluble, obtenu par Hirzel en ajoutant de l'oxyde mercurique précipité à une solution bouillante de phosphate diammonique. La potasse ne le décompose pas, mais il dégage de l'ammoniaque lorsqu'on le traite par de l'iodure ou du sulfure de potassium. E. W.

**MERCURE** (Réactions, dosage et séparation).

RÉACTIONS DES SELS DE MERCURE.

— Le mercure forme deux classes de composés, les composés *mercureux* ou au minimum et les composés *mercuriques* ou au maximum. Ces composés présentent certains caractères communs. Quelques-uns sont volatils, sans décomposition ; les autres se décomposent quand on les chauffe, en abandonnant généralement tout ou partie de leur mercure à l'état métallique. Tous, calcinés avec de la potasse, de la chaux, du fer ou quelques autres métaux, abandonnent leur mercure qui distille et qui, si l'on opère dans un tube, se condense dans les parties froides à l'état de gouttelettes métalliques, faciles à reconnaître à la loupe. Presque tous les composés de mercure, traités par la voie humide par le chlorure stanneux, les acides phosphoreux ou hypophosphoreux, l'acide sulfureux, ou par quelques autres agents réducteurs, fournissent du mercure métallique.

Le cuivre, le zinc, le fer et quelques autres métaux précipitent le mercure de ses solutions. Le cuivre se recouvre d'une couche grise ou noire, qui devient brillante par le frottement.

Les agents oxydants transforment les composés mercureux en composés mercuriques, tandis que la réaction inverse a lieu avec les corps réducteurs, lorsque leur action n'est pas assez profonde pour fournir du mercure métallique.

Les composés de mercure solubles possèdent une saveur métallique très-désagréable et caractéristique ; ils sont très-vénéneux (voyez p. 360). Ils sont incolores lorsque l'acide n'est pas coloré ; néanmoins, les sels basiques de mercure sont généralement jaunes.

Sels mercureux. — Ces sels s'obtiennent par l'action du mercure en excès sur certains acides (azotique et sulfurique) ou sur les sels mercuriques ; en dissolvant l'oxyde mercureux dans les acides ; par double décomposition. Les sels normaux offrent une réaction acide et sont, en général, décomposés par l'eau en sel acide qui se dissout, et sel basique qui se précipite. Voici les caractères analytiques de ces sels :

*Hydrogène sulfuré et sulfures solubles.* — Précipité noir de sulfure mercureux, insoluble dans les sulfures alcalins, les acides étendus et le cyanure de potassium. L'acide azotique bouillant lui enlève la moitié du mercure et laisse du sulfure mercurique.

*Potasse.* — Précipité noir d'oxyde mercureux insoluble dans un excès.

*Ammoniaque.* — Précipité gris ou noir, formé par un composé ammoniacal.

*Carbonate potassique.* — Précipité jaune sale, noircissant par l'ébullition.

*Carbonate ammonique.* — Précipité gris, analogue au précipité ammoniacal.

*Acide chlorhydrique et chlorures.* — Précipité de calomel (chlorure mercureux), noircissant par l'ammoniaque, insoluble dans l'eau et dans les acides, soluble dans l'eau régale et dans l'eau de chlore. Une ébullition prolongée avec l'acide chlorhydrique ou les chlorures le transforme en une poudre grise de mercure métallique et en bichlorure qui se dissout.

*Iodure de potassium.* — Précipité vert d'iodure mercureux, qu'un excès d'iodure alcalin transforme en mercure métallique et iodure mercurique qui se dissout.

*Phosphate de sodium.* — Précipité blanc.

*Ferrocyanure de potassium.* — Précipité blanc.

*Tannin.* — Précipité jaune.

*Acide oxalique.* — Précipité blanc.

Sels mercuriques. — Ils s'obtiennent par dissolution du mercure dans un excès d'acide (azotique, sulfurique), ou par dissolution de l'oxyde mercurique, ou encore par double décomposition. Les sels normaux ont une réaction acide; quelques-uns d'entre eux sont décomposés par l'eau en sel acide et sel basique qui se précipite. Les agents réducteurs les ramènent d'abord à l'état de sels mercureux, puis en séparent du mercure métallique.

*Hydrogène sulfuré.* — Précipité noir si l'hydrogène sulfuré est en excès, précipité blanc ou jaune si le sel mercurique est en excès, par suite de la formation de combinaisons sulfurées mixtes, analogues au sulfochlorure, $2HgS, HgCl^2$.

*Sulfures alcalins.* — Précipité noir de sulfure mercurique, à peu près insoluble dans le sulfure ammonique, mais soluble dans les alcalis fixes et dans leurs sulfures (en présence d'alcali libre).

*Potasse et soude.* — Précipité jaune d'oxyde mercurique anhydre, insoluble dans un excès d'alcali.

*Ammoniaque.* — Précipité blanc (combinaisons ammoniomercuriques), soluble dans un grand excès d'ammoniaque et dans les sels ammoniacaux.

*Carbonate ammonique.* — Précipité blanc.

*Carbonate potassique.* — Précipité rouge.

*Carbonates barytique et calcique.* — Précipitation à froid.

*Iodure de potassium.* — Précipité rouge, soluble dans un excès d'iodure ou dans un grand excès de sel mercurique.

*Acide chlorhydrique et chlorures.* — Rien.

*Phosphate sodique ; acide oxalique.* — Précipités blancs.

*Ferrocyanure de potassium.* — Précipité blanc, si la solution n'est pas trop étendue ; le précipité bleuit peu à peu à l'air par suite de la formation de bleu de Prusse et de cyanure de mercure.

Le cyanure de mercure présente des réactions particulières (voyez t. I, p. 1109) ; l'iodure présente aussi quelques particularités (voyez t. II, p. 347).

Dosage du mercure. — Le mercure peut être dosé à l'état métallique (par voie sèche ou par voie humide) ou sous la forme de protochlorure, de sulfure ou d'oxyde mercurique.

1° *A l'état métallique, par voie sèche.* — Cette méthode, qui s'applique à l'analyse de tous les composés mercuriels, repose sur l'action qu'exerce la chaux à une température élevée sur ces composés. L'opération s'exécute dans un tube en verre vert, comme pour les analyses organiques. Ce tube, d'une longueur de 50 centimètres et d'un diamètre de 1 centimètre environ, est fermé à l'une de ses extrémités. On mélange la matière à analyser avec un grand excès de chaux sodée, puis on l'introduit dans le tube dans lequel on a préalablement disposé une colonne de chaux hydratée de 12 à 15 centimètres ; on remplit ensuite le tube de chaux sodée, qu'on maintient par un tampon d'amiante, puis on étire le tube à la lampe en le recourbant, de manière à pouvoir faire plonger la pointe ouverte dans un ballon contenant de l'eau. Cela fait, on entoure le tube de clinquant et on le chauffe graduellement en commençant par la chaux sodée pure, pour finir par l'hydrate de chaux. Ce dernier a pour but de fournir de la vapeur d'eau chargée d'expulser les vapeurs mercurielles du tube. Le mercure mis en liberté par la chaux sodée distille et se condense dans l'eau du ballon. On remplace souvent la chaux par du bicarbonate de soude, ou bien on met le tube en communication avec un appareil d'hydrogène. Comme il reste généralement de petits globules de mercure dans la partie effilée du tube, on coupe celle-ci à la fin de l'opération et l'on fait tomber le mercure dans le ballon, à l'aide d'un filet d'eau. Le mercure recueilli dans le ballon est en petits globules qui finissent par se réunir en un globule unique qu'on fait tomber dans une petite capsule, et qu'on sèche dans le vide, après l'avoir lavé à l'eau distillée (Ettling, Millon).

Lorsque la substance à analyser renferme un nitrate ou un iodure, il faut placer en avant du tube une colonne de cuivre métallique, destinée à décomposer les vapeurs nitreuses ou à condenser l'iode qui pourraient agir sur le mercure dans la partie effilée.

Quand on veut doser le mercure dans de l'iodure, on peut attaquer celui-ci par le cyanure de potassium, auquel on ajoute de la chaux pour empêcher la fusion du mélange.

2° *Dosage à l'état métallique, par voie humide.* — On opère la réduction du mercure par le chlorure stanneux ou par l'acide phosphoreux bouillant. Il est indifférent pour ce dosage, comme pour le précédent, que le mercure soit, au maximum ou au minimum, à l'état d'oxyde, de chlorure ou de sulfate. S'il est à l'état d'azotate, il faut d'abord expulser l'acide azotique par plusieurs évaporations avec de l'acide chlorhydrique.

On introduit la solution dans un ballon avec une solution chlorhydrique claire de chlorure stanneux, et l'on fait bouillir; le mercure se dépose à l'état pulvérulent et finit par se réunir, après quelque temps de repos, à l'état d'un globule métallique qu'on lave d'abord à l'acide chlorhydrique faible, puis à l'eau distillée, et qu'on dessèche ensuite sur une cloche en présence de l'acide sulfurique; enfin on pèse. Quelquefois le mercure se réunit difficilement; il faut alors, après avoir décanté le liquide, le faire bouillir avec de l'acide chlorhydrique étendu. Avec l'acide phosphoreux, ce dernier inconvénient est plus rare. Cette méthode donne un résultat un peu trop faible.

3° *A l'état de protochlorure.* — On traite la solution mercurielle, additionnée d'acide chlorhydrique si elle n'en contient pas déjà, par un excès d'acide phosphoreux (l'acide dit phosphatique convient très-bien pour cet usage), on laisse reposer 12 heures, à froid ou à une douce chaleur inférieure à 60°, puis on recueille sur un filtre taré le protochlorure qui s'est formé; on le lave à l'eau chaude, on le sèche à 100° et on le pèse [H. Rose, *Poggend. Ann.*, t. CX, p. 529].

On peut remplacer l'acide phosphoreux par un formiate alcalin ajouté à la solution chlorhydrique neutralisée par de la potasse; on laisse digérer pendant quelques jours vers 60°, puis on recueille le protochlorure formé (de Bonsdorff). D'après H. Rose, la présence des chlorures alcalins entrave cette réduction. Dans les deux cas, il faut s'assurer que tout le mercure est précipité en laissant de nouveau séjourner la liqueur filtrée à une douce chaleur. Si la température ne dépasse pas 60°, on peut être sûr qu'il n'y a pas de mercure réduit à l'état métallique.

Hempel opère la réduction en ajoutant du sulfate ferreux à la liqueur filtrée, et en précipitant par la soude; il se dépose un précipité brun, mélange de chlorure mercureux et d'oxyde magnétique de fer, résultant de l'action de l'oxyde ferreux sur le sel mercurique. Ce précipité est mis en digestion avec de l'acide sulfurique étendu, jusqu'à ce qu'il soit devenu parfaitement blanc; puis on le recueille et on le pèse après lavage et dessiccation [*Ann. der Chem. u. Pharm.*, t. CVII, p. 97, et t. CX, p. 177].

4° *A l'état de sulfure mercurique.* — On précipite la solution acidulée d'acide chlorhydrique par l'hydrogène sulfuré; si la solution renferme de l'acide azotique libre, on neutralise presque complétement la liqueur par de la potasse. On laisse le précipité se déposer pendant quelque temps, puis on le lave rapidement à l'eau froide, on le sèche à 100° et on le pèse. Il peut arriver que le sulfure de mercure se trouve mélangé de soufre (par suite de la présence d'un sel ferrique, de chlore libre, etc. On peut alors traiter le précipité par de l'acide chlorhydrique, auquel on ajoute quelques gouttes d'acide azotique; le sulfure de mercure se dissout et le soufre reste; on précipite alors de nouveau la solution par l'hydrogène sulfuré, après l'avoir fait bouillir un instant pour n'avoir plus d'acide azotique ou de chlore. Mais il vaut mieux faire bouillir le précipité avec du sulfite de soude qui dissout le soufre (Lœw).

5° *A l'état d'oxyde.* — Cette méthode est particulièrement applicable à l'analyse des azotates. On chauffe le sel dans un tube à boule dont une extrémité, recourbée en pointe, plonge dans l'eau et dont l'autre est en communication avec un gazomètre, destiné à fournir un courant d'air sec pendant la calcination du sel. On obtient ainsi facilement la décomposition du sel, sans amener la réduction de l'oxyde lui-même (Marignac).

6° *Dosage volumétrique.* — On a proposé plusieurs méthodes pour doser le mercure par liqueurs titrées.

*Méthode de J.-J. Scherer.* — Elle est fondée sur l'action du thiosulfate de sodium (hyposulfite) sur le bichlorure ou sur l'azotate de mercure :

$$3(AzO^3)^2Hg + 2S^2O^3Na^2 + 2H^2O$$
$$= (AzO^3)^2Hg, 2HgS + 2SO^4Na^2 + 4AzO^3H;$$
$$3HgCl^2 + 2S^2O^3Na^2 + 2H^2O$$
$$= HgCl^2, 2HgS + 2SO^4Na^2 + 4HCl.$$

On ajoute, goutte à goutte, à la solution du sel, additionnée d'un peu d'acide azotique, une dissolution normale de thiosulfate (12$^{gr}$,4 par litre); il se produit un trouble jaune qui, par l'agitation, se résout en flocons, lesquels se déposent rapidement. Avec le bichlorure, qu'on additionne d'acide chlorhydrique et qu'il faut chauffer, le dépôt se fait plus lentement, et pour saisir la fin de l'opération, il faut opérer sur des liqueurs d'épreuve filtrées. Un excès de thiosulfate donnerait un dépôt gris ou noirâtre, et l'analyse serait manquée. Chaque centimètre cube de la solution, renfermant 0$^{gr}$,0124 de thiosulfate, correspond à 0$^{gr}$,0150 de mercure.

*Méthode de Liebig* [*Ann. de Chim. et de Phys.*, (3), t. XXXIX, p. 98]. — Le phosphate de soude donne dans les solutions d'azotate mercurique un précipité blanc de phosphate mercurique qui devient peu à peu cristallin, mais qui, avant de prendre cet état, se redissout facilement dans le chlorure de sodium (il faut 2NaCl pour dissoudre un atome Hg à l'état de phosphate). Si l'on connaît la quantité de chlorure de sodium nécessaire pour redissoudre le précipité, on en pourra conclure la quantité de mercure. La solution mercurique (azotate), qui ne doit renfermer ni chlorure, ni bromure, ni iodure, non plus qu'un métal étranger, et qui ne doit pas être trop acide, est additionnée d'un excès de phosphate de soude, puis immédiatement d'une solution titrée de NaCl (0$^{gr}$,005846 par cent. cube) jusqu'à dissolution nouvelle du précipité. Ou bien on opère en sens inverse, ajoutant la solution mercurique au phosphate de soude additionné d'une quantité connue de chlorure de sodium, jusqu'à ce qu'il se forme un précipité permanent. Il est bon de faire ces deux essais dont on prend la moyenne. La solution mercurique ne doit pas renfermer plus de 0$^{gr}$,2 par 10 cent. Si elle en renfermait davantage, ce qu'on reconnaît par un essai préalable, il faudrait l'étendre d'eau.

*Méthode de Hempel.* — Hempel a décrit deux méthodes [*Ann. der Chem. u. Pharm.*, t. CVII,

p. 228, et t. CX, p. 176; *Répert. de Chim. pure*, 1859, p. 60 et 407]. La première, très-compliquée, consiste à réduire d'abord la combinaison mercurique à l'état de calomel et de doser celui-ci par le permanganate de potasse.

La seconde est fondée sur l'action d'une quantité connue d'iodure ioduré de potassium sur le protochlorure de mercure (obtenu par l'action de l'oxyde ferreux sur un sel mercurique en présence de HCl); l'excès d'iodure ioduré est ensuite déterminé par du thiosulfate de soude. La réaction a lieu d'après l'équation

$$Hg^2Cl^2 + 6KI + I^2 = 2(HgI^2, 2KI) + 2KCl.$$

*Méthode de Personne* [*Bull. de la Soc. chim.*, 1863, p. 274]. — Elle est basée sur la formation de l'iodomercurate de potassium $HgI^2, 2KI$, soluble et dont la solution incolore donne immédiatement un précipité rouge par l'addition de chlorure mercurique. On emploie à cet effet une solution d'iodure de potassium contenant 33$^{gr}$,20 d'iodure par litre (10$^{cc}$ de cette solution correspondent à 0$^{gr}$,1 de mercure) et une solution de chlorure mercurique contenant 13$^{g}$,55 de chlorure par litre, additionné de 30 grammes de sel marin dont la présence facilite la dissolution de l'iodure mercurique (10$^{cc}$ de cette liqueur renferment 0$^{g}$,1 de mercure et correspondent par conséquent à 10$^{cc}$ de solution d'iodure de potassium). Cette liqueur sert à contrôler la solution d'iodure. Pour faire usage de cette méthode, on a soin de ramener le mercure à l'état de bichlorure, ce qui peut toujours se faire par l'action du chlore sur le composé mercuriel en présence de la potasse. La solution de ce chlorure est versée dans 10$^{cc}$ de solution titrée d'iodure de potassium jusqu'à ce qu'il se produise un trouble rouge persistant ; la quantité de solution mercurique ajoutée renferme alors 0$^{gr}$,1 de mercure qu'on multiplie par le rapport du nombre de divisions ajoutées au volume total de la liqueur mercurielle, étendue préalablement à 100 centimètres cubes. Cette méthode s'applique à la plupart des composés du mercure, au cinabre par exemple.

SÉPARATION DU MERCURE DES AUTRES MÉTAUX. — Le mercure se sépare facilement par l'hydrogène sulfuré des métaux dont les solutions acides ne sont pas précipitées par ce réactif. Mais il est précipité à l'état de sulfure en même temps que le plomb, l'argent, le bismuth, le cadmium, le cuivre, l'étain, l'antimoine, l'arsenic, l'or, le platine et plusieurs autres métaux rares.

*Mercure au maximum et au minimum.* — Quand le mercure se trouve sous ces deux états, on étend d'eau la liqueur acide et on y ajoute de l'acide chlorhydrique; on sépare ainsi du protochlorure de mercure, tandis que le mercure au maximum reste dissous et peut être séparé des métaux qui peuvent l'accompagner. Si la combinaison est insoluble, on la traite à froid par l'acide chlorhydrique étendu; dans la plupart des cas le protochlorure reste insoluble, tandis que le mercure au maximum se dissout. Ces opérations doivent être faites assez rapidement pour que le protochlorure ne puisse pas se redissoudre en partie à l'état de bichlorure.

*Mercure et métaux du même groupe* (Bi, Cd, Cu, Ag, Pb).

1° *Par l'action du cyanure de potassium sur les oxydes ou les sulfures.* — On ajoute du carbonate de soude à la solution, puis un excès de cyanure de potassium, et on laisse digérer à une douce chaleur, puis on filtre; on sépare ainsi les carbonates de plomb et de bismuth ; la liqueur filtrée traitée à chaud par un excès d'acide azotique laisse déposer du cyanure d'argent; on filtre de nouveau, on ajoute du carbonate de soude, puis du cyanure de potassium, et l'on traite la solution par l'hydrogène sulfuré qui précipite le mercure et le cadmium, tandis que le cuivre reste dissous. On sépare ensuite le mercure du cadmium comme il sera dit plus bas.

2° *Par l'action de l'acide azotique sur les sulfures.* — On traite le précipité de sulfure, bien lavé, par de l'acide azotique pur, de concentration moyenne et bouillant. Tous les sulfures se dissolvent, sauf celui de mercure. Il faut, pour la réussite de l'opération, l'absence complète d'acide chlorhydrique et de chlorure. Le plomb seul ne peut pas être séparé du mercure par cette opération.

3° *Par volatilisation du chlorure mercurique.* — Le mélange de sulfures est desséché à 100°, pesé et introduit dans un tube à boule que l'on chauffe lentement jusqu'au rouge faible dans un courant de chlore. Il distille du chlorure de soufre ainsi que du chlorure mercurique qui se condense en partie dans un petit ballon adapté au tube à boule, en partie dans la portion antérieure et froide de ce tube ; l'opération terminée, on coupe l'extrémité du tube et l'on fait tomber dans l'eau le bichlorure de mercure qui s'y est condensé, et on le dose.

*Mercure et argent.* — Le mercure doit être au maximum ; on précipite l'argent par l'acide chlorhydrique dans la solution acide suffisamment étendue ; on recueille le chlorure d'argent, on le lave à l'acide et l'on dose le mercure dans la liqueur filtrée. Il est à remarquer que l'azotate mercurique peut dissoudre un peu de chlorure d'argent. On peut du reste faire usage d'une des méthodes générales indiquées plus haut.

*Mercure et cadmium.* — On précipite le mercure sous forme de protochlorure, par l'acide phosphoreux ou par un formiate alcalin (voyez plus haut). On lave le précipité avec de l'eau renfermant de l'acide chlorhydrique, puis avec de l'eau pure. Ou bien on traite les sulfures par l'acide azotique.

*Mercure et bismuth.* — On les sépare par le cyanure de potassium ou par l'action de l'acide azotique sur les sulfures.

*Mercure et cuivre.* — Comme pour le mercure et le cadmium.

*Mercure et plomb.* — On peut ramener le mercure à l'état de protochlorure, et bien laver le dépôt pour enlever tout le chlorure de plomb. Cette méthode est défectueuse parce qu'il arrive trop facilement qu'une partie du calomel se redissolve. Il vaut mieux opérer par le cyanure de potassium ou par volatilisation du chlorure mercurique (voyez plus haut). Enfin on sépare facilement le plomb en le précipitant à l'état de sulfate dans une solution très-acide pour éviter la formation du sulfate basique de mercure. Ce dernier métal peut être dosé dans la liqueur filtrée, à l'état de sulfure ou de calomel.

*Mercure et or, platine, étain, antimoine, arsenic.* — Le sulfure de mercure peut être séparé des sulfures de ces métaux par le sulfhydrate d'ammoniaque qui laisse le sulfure de mercure ; néanmoins une petite quantité de ce dernier peut se dissoudre, surtout en présence de sulfures alcalins ou surtout d'alcalis caustiques, mais c'est la seule méthode générale.

*Mercure avec étain, arsenic, antimoine.* — On peut précipiter le mercure à l'état de protochlorure en traitant la solution chlorhydrique par l'acide phosphoreux. S'il y a de l'antimoine, on empêche sa précipitation à l'état d'oxychlorure par les lavages en ajoutant un peu d'acide tartrique ; ce dernier ne gêne pas la précipitation du chlorure mercureux. On peut encore séparer l'antimoine du mercure en traitant les sulfures par de l'acide chlorhydrique bouillant qui dissout le sulfure d'antimoine et laisse le sulfure de mercure (Field).

*Mercure avec or et platine.* — Voyez ces métaux.

ANALYSES SPÉCIALES. — *Essai du mercure commercial.* — La méthode suivante est dû à Fresenius [*Zeitsch. analyt. Chem.*, t. II, p. 343]. On dissout 100 grammes de métal dans un excès d'acide azotique. On filtre l'acide stannique, l'oxyde d'antimoine et l'or s'il y en a, puis on évapore la solution nitrique à sec avec 56 grammes d'acide sulfurique étendu de 120 grammes d'eau; le résidu salin est délayé dans l'eau et additionné d'un excès d'ammoniaque et de sulfure d'ammonium et laissé en digestion pendant 24 heures à une douce chaleur. On filtre alors et l'on sursature la liqueur filtrée par de l'acide chlorhydrique qui sépare du soufre mélangé de sulfures d'étain, d'antimoine et d'arsenic si ces métaux se trouvent dans le mercure analysé; on isole ces sulfures en dissolvant le soufre dans le sulfure de carbone, puis on les caractérise par les moyens ordinaires, après les avoir redissous dans du sulfure ammonique pour séparer un peu de sulfure de mercure qui s'était d'abord dissous. On traite enfin le précipité de sulfure mercurique par 50$^{cc}$ d'acide azotique et 1 gramme d'azotate d'ammoniaque et l'on cherche le plomb, l'argent, le bismuth, le cuivre, le cadmium, le zinc et le fer dans la liqueur filtrée.

*Essai des minerais sulfurés et de cinabre.* — La meilleure méthode est celle de Personne (voyez p. 365). On traite le cinabre pulvérisé par de la soude caustique et par un courant de chlore; il se dissout à l'état de chlorure mercurique qu'on dose volumétriquement par l'iodure de potassium. E. W.

**MERCURE** (ACTION SUR L'ÉCONOMIE ET RECHERCHE MÉDICO-LÉGALE). — Les composés mercuriels constituent des poisons violents; quelques-uns cependant, par suite de leur insolubilité, sont moins redoutables et s'assimilent beaucoup plus lentement, tels sont le calomel, l'oxyde, et le sulfure de mercure. Les plus dangereux sont le sublimé corrosif (bichlorure), les azotates et le cyanure de mercure. Ces composés doivent être rangés au nombre des poisons hypothénisants; mais en outre ils exercent souvent une action corrosive sur les tissus. Il existe deux formes d'empoisonnement par le mercure, l'une à marche très-aiguë pouvant déterminer la mort et provenant de l'administration d'une forte dose de poison, l'autre à marche chronique résultant de petites doses souvent répétées, et amenant des accidents plus ou moins graves.

Nous empruntons les indications suivantes, relatives à l'empoisonnement par le mercure au *Traité de Chimie médicale* de M. Wurtz, t. I, p. 632.

Le sublimé corrosif, qui est le composé mercuriel donnant lieu au plus grand nombre d'accidents, peut déterminer la mort chez l'homme à la dose de 50 centigrammes et même de 30 et de 15 centigrammes.

*Symptômes.* — Après l'ingestion du poison, le malade éprouve les symptômes suivants : Saveur âcre, métallique et styptique, crachotement continuel; sentiment de constriction et chaleur brûlante à la gorge; douleurs déchirantes dans toutes les parties que le poison a touchées, mais surtout dans l'estomac et les intestins; nausées, vomissements muqueux, quelquefois sanguinolents; diarrhée intense, souvent selles sanguinolentes; battements du cœur à peine sensibles, pouls petit, filiforme, tantôt lent, tantôt accéléré; peau froide, quelquefois insensible; respiration calme, parfois ralentie; urines rares, rouges, quelquefois supprimées; anxiété, plus tard accablement extrême; insensibilité générale; syncopes. Parmi les malades, les uns s'éteignent, d'autres succombent dans une syncope, quelques-uns sont emportés dans une crise convulsive.

*Antidotes.* — Un des antidotes les plus recommandés contre l'empoisonnement par le sublimé est l'albumine (blancs d'œufs délayés dans l'eau). Cette albumine exerce une double action : elle agit comme vomitif et se combine au sublimé pour former un composé insoluble (Orfila). Le sulfure ferreux, récemment précipité, donne également de bons résultats; il produit une double décomposition avec le sel mercurique, formant du chlorure ferreux et du sulfure de mercure qui est inoffensif; seulement l'administration de cet antidote doit être faite promptement (Mialhe). On a aussi préconisé l'emploi de la limaille de fer ou du fer réduit qui a pour effet de décomposer le sublimé en mettant du mercure en liberté.

*Intoxication chronique.* — Les personnes soumises pendant quelque temps à l'action de petites doses de mercure ou de composés mercuriels, et qui sont exposées aux vapeurs de ce métal, contractent des affections chroniques parmi lesquelles nous citerons la *stomatite* et la *salivation mercurielles;* différentes lésions de la peau, telles que rougeurs, éruptions vésiculeuses ou pustuleuses (*hydrargyrie*); le *tremblement mercuriel* et la *cachexie mercurielle.*

La stomatite mercurielle se déclare à la suite d'un empoisonnement aigu ou d'un traitement mercuriel; d'après certains auteurs, la salive rendue par les malades atteints de ptyalisme mercuriel renferme du mercure. Le tremblement mercuriel se manifeste principalement chez les individus exposés longtemps à l'action des vapeurs mercurielles, comme les doreurs, les miroitiers, les chapeliers, les ouvriers employés dans les mines de mercure.

Le mercure est éliminé lentement par les urines et par la bile; on admet aussi qu'il est éliminé par la salive (ou plutôt par le mucus buccal), le mucus intestinal et même par le lait. On a trouvé du mercure dans la sueur des malades et dans les vésicules qui se forment dans l'eczéma mercuriel. On rencontre aussi du mercure dans le périoste des os, dans le cerveau et surtout dans le foie des malades morts par intoxication mercurielle.

*Recherche du mercure dans les cas d'empoisonnement.* — Pour retrouver le mercure dans les matières des vomissements, les évacuations alvines et les organes des cadavres, il faut commencer par détruire les matières animales. A cet effet, on peut suivre la marche recommandée par Flandin et Danger, et qui consiste à délayer les matières dans de l'acide sulfurique concentré et à ajouter au liquide de l'hypochlorite de chaux en poudre et, s'il le faut, de l'eau distillée. Quand la liqueur est devenue claire et à peu près incolore, on filtre, on lave le résidu avec de l'alcool pour entraîner les dernières portions de chlorure mercurique formé et l'on soumet le liquide filtré à l'analyse. F. C. Schneider oxyde les matières organiques par le chlorate de potasse et l'acide chlorhydrique.

Un des procédés les plus sensibles pour retrouver de petites quantités de mercure repose sur l'emploi de la pile de Smithson, qui consiste en un fil d'or assez gros, enroulé d'une spirale d'étain laminé. On plonge cet élément de pile dans le liquide à essayer, après l'avoir acidulé d'acide chlorhydrique. Au bout de quelques heures, le fil d'or blanchit. Ce phénomène n'est pas, comme l'a démontré Orfila, un indice certain de la présence du mercure : il peut en effet résulter du transport d'une petite quantité d'étain sur l'or. Pour constater que l'enduit blanc qui recouvre l'or est bien dû à du mercure, il faut chauffer le fil d'or dans une petit tube fermé par un bout et que l'on effile à l'autre extrémité en un tube capillaire; par l'action de la chaleur, le mercure quitte l'or et se condense sur les parties froides du tube. Pour reconnaître plus facilement les globules, il faut amener par la chaleur le sublimé mercurique dans la partie capillaire du tube. Au reste, une tache blanche due à de l'étain disparaîtrait par l'action de l'acide chlorhydrique. Van den Broek remplace le fil d'or par un fil de platine.

Quelquefois le sublimé de mercure est en gouttelettes trop petites pour être examiné avec certitude; il suffit alors de le chauffer en présence d'un peu d'iode, pour avoir immédiatement un sublimé caractéristique jaune ou rouge d'iodure mercurique.

F. C. Schneider [*Rép. Chim. pure*, 1860, p. 290] soumet le liquide à essayer à l'action d'un courant voltaïque produit par 6 éléments de Smee, l'électrode positive étant formée d'une lame de platine, et l'électrode négative d'un fil d'or de 1 millimètre de diamètre. Il suffit de $0^{gr.},005$ de chlorure mercurique dissous dans $1^{lit.},5$ d'eau acidulée, pour produire sur l'or une tache blanche, qu'on peut traiter comme il vient d'être dit.

Pour des quantités de mercure un peu notables, on peut en outre caractériser ce métal par les réactifs ordinaires du mercure. E. W.

**MERCURE** (Métallurgie). — Minerais de mercure. — Le mercure ne se trouve en grandes masses que sur quelques points du globe. Les seuls minerais de mercure sont le sulfure ou cinabre et le mercure métallique qui paraît résulter d'une décomposition de cinabre; on le trouve en gouttelettes disséminées dans la roche ou dans les masses compactes de cinabre.

Le cinabre est disséminé dans les schistes argileux ou les calcaires compactes superposés au terrain houiller. Il est fréquemment accompagné de pyrites de fer ou de cuivre. (Pour ses caractères, voyez t. I, p. 903.) Ses principaux gisements sont à Idria en Carniole, à Almaden en Espagne, au Pérou, au Mexique, à New-Almaden en Californie, en Chine et au Japon.

Le mercure se rencontre en outre à l'état de protochlorure, d'amalgame d'argent et de séléniure.

*Essai des minerais.* — Si le mercure est natif on en soumet un échantillon à la simple distillation; s'il est à l'état de sulfure, on additionne le minerai de 50 % de limaille de fer ou de 30 à 40 % de chaux vive et autant de charbon en poudre, on le recouvre de chaux, et on distille dans une cornue en verre recouverte de lut, dont on élève peu à peu la température jusqu'au rouge; on rassemble le mercure distillé et celui qui est resté dans le col de la cornue, on le lave, on le sèche et on le pèse.

R. Wagner fait digérer le minerai pulvérisé avec une solution de sulfure de baryum. 1 litre de cette solution, renfermant 50 grammes de sulfure de baryum, peut dissoudre 60 à 65 grammes de cinabre, qu'elle abandonne à l'état de sulfure noir lorsqu'on l'additionne d'acide chlorhydrique; ce sulfure peut être pesé directement ou distillé avec du fer pour fournir le mercure. Cette méthode a été proposée même pour l'extraction du mercure des minerais ne renfermant que 2 à 3 % de cinabre [*Journ. für prakt. Chem.*, t. XCVIII, p. 23].

Traitement des minerais. — Ce traitement est très-simple, il consiste en une simple distillation, sans addition, si le mercure est natif, et avec addition de fer ou de chaux s'il est à l'état de sulfure; le plus souvent on soumet le cinabre à un grillage qui le transforme en acide sulfureux et mercure.

*Procédé d'Almaden.* — Les mines d'Almaden, connues dès la plus haute antiquité, sont les plus abondantes de l'Europe. Le traitement qu'on y fait subir au minerai est un simple grillage exécuté dans un fourneau prismatique muni de deux grilles de briques disposées l'une au-dessus de l'autre, l'inférieure recevant le combustible, et la supérieure servant au chargement du minerai;

Fig 402. — Procédé d'Almaden.

les gaz de la combustion se dégagent en partie par une cheminée latérale, tandis que les produits du grillage se rendent par des ouvertures pratiquées vers le haut du fourneau, dans des séries d'allonges en terre cuite, nommées *aludels*, s'emboîtant les unes dans les autres, formant un double plan incliné et dont les joints sont lutés avec de l'argile. A chaque fourneau correspond un plan d'aludels de 6 séries ayant chacune 25 aludels. Le mercure qui se condense se rend dans la partie médiane du plan d'aludels et s'écoule par des ouvertures pratiquées aux aludels du milieu, dans une rigole qui le conduit dans des bassins de réception. Les vapeurs de mercure qui ont échappé à la condensation dans les aludels se rendent dans une chambre de condensation, où elles rencontrent une cloison et un bassin rempli d'eau, qu'elles sont obligées de raser, de là se répandant dans toute la chambre où elles achèvent de se condenser.

On commence par charger sur la grille supérieure des fragments de minerai de la grosseur

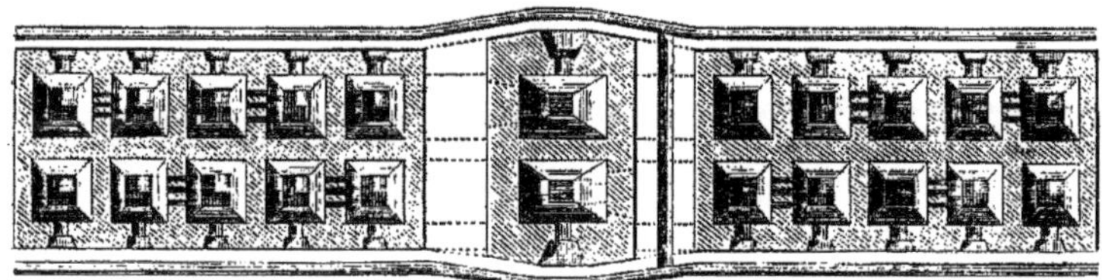

Fig. 408. — Procédé d'Idria.

du poing, puis des fragments plus petits et enfin le menu minerai moulé avec de l'argile, la terre des vieux aludels, imprégnée de mercure, en tout 9 à 10,000 kilogrammes. Chaque opération dure 10 à 15 heures. On laisse refroidir pendant 3 ou 4 jours, puis on délute les aludels pour en retirer le mercure. Pendant l'opération, toutes les jointures et les ouvertures doivent être soigneusement lutées.

Le procédé d'Almaden est aussi employé à New-Almaden en Californie (Silliman).

*Procédé d'Idria.* — Ce procédé repose également sur le grillage du cinabre, mais les appareils de condensation sont plus parfaits qu'à Almaden. Le fourneau consiste en une grille destinée à recevoir le combustible, qui est du bois, et en une série de soles superposées sur lesquelles on dispose le minerai, le plus gros sur la sole inférieure et le schlich sur les soles supérieures, dans de petites écuelles en terre de $0^{m},30$ de diamètre. Les vapeurs se rendent dans un conduit à peu près horizontal, et se répandent de là dans deux séries de 6 chambres de condensation placées de chaque côté du fourneau et reliées les unes aux autres par des ouvertures placées alternativement à la partie supérieure et à la partie inférieure.

Le minerai et le combustible se chargent par des portes latérales; on n'allume le feu que lorsque toute la charge est terminée et toutes les ouvertures lutées. L'opération dure 10 à 12 heures, puis on laisse refroidir complétement. Un double fourneau produit à chaque opération 4,000 à 4,500 kilogrammes de mercure (il y a toujours deux fourneaux accouplés, de même qu'à Almaden).

*Extraction par la chaux.* — Ce procédé est

Fig 404. — Extraction par la chaux.

utilisé dans le duché de Deux-Ponts, où le minerai est très-pauvre. On mélange le minerai, trié et broyé, avec de la chaux éteinte, et on en charge des cornues en fonte de $0^{m},80$ de longueur; elles sont placées sur deux rangées en hauteur dans un fourneau de galère qui en reçoit de 30 à 50. Le col de chaque cornue est adapté à un récipient en terre rempli d'eau aux deux tiers; les jointures sont lutées après une chauffe modérée pendant 2 heures, puis on porte la température peu à peu jusqu'au rouge; chaque opération dure 10 heures.

Cette méthode donne lieu à beaucoup moins de perte que les précédentes, mais elle ne permet pas de traiter de grandes quantités de minerai.

On a cherché à modifier la disposition des cornues en adoptant à peu près celle qui est usitée pour la distillation de la houille dans les usines à gaz, et qui permet de rendre les opérations moins intermittentes.

*Traitement du cuivre gris mercuriel.* — On a quelquefois à traiter du cuivre gris mercuriel. La méthode employée est analogue à celle qui est usitée pour recueillir le soufre dans le grillage des pyrites de cuivre.

Le cuivre gris de Hongrie renferme 1,3 % de mercure.

Voici quelle est en moyenne la production annuelle du mercure :

| | |
|---|---|
| New-Almaden | 2,000,000 kil. |
| Almaden | 1,100,000 — |
| Idria | 330,000 — |
| Bavière et Deux-Ponts | 30,000 — |
| Hongrie, Transylvanie et Bohême | 40,000 — |
| Pérou | 5,000 — |

E. W.

**MERCURE ARGENTAL.** — Voyez Amalgame.

**MERCURE IODURÉ.** — Voyez Coccinite.

**MERCURE NATIF.** — Ce métal se trouve fréquemment accompagnant le cinabre, et disséminé en petits globules dans les roches qui servent de gangue aux minerais de mercure. On en a signalé parfois dans des terrains où l'on ne connaît pas de filons de mercure.

**MERCURE SULFURÉ.** — Voyez Cinabre.

**MERCURIALINE.** — Base volatile extraite par M. E. Reichhardt des herbes et semences des *Mercurialis annua* et *perennis*. On distille la plante avec de l'eau et de la chaux, on sature le liquide distillé par de l'acide sulfurique, on évapore à sec et on reprend le résidu, mélange des sulfates d'ammonium et de mercurialine, par de l'alcool absolu qui dissout principalement le dernier sulfate. Pour effectuer la séparation complète des deux bases, M. Reichhardt les transforme en carbonates et volatilise le carbonate d'ammonium dans un courant de gaz carbonique.

La base libre constitue un liquide incolore, huileux, très-alcalin, bouillant vers 140°, qui se résinifie facilement à l'air. Elle provoque le larmoiement et paraît être très-narcotique; son odeur rappelle celles de la nicotine et de la conicine. La mercurialine renferme $CH^5Az$; elle serait donc un isomère de la méthylamine. Mais, comme ses sels chauffés avec de la chaux dégagent, vers 100°, un gaz incolore et vers 140° des gouttes huileuses, il nous paraît probable que la mercurialine n'est pas un corps unique et qu'elle contient de l'ammoniaque qui abaisse sa teneur en carbone.

M. Reichhardt a décrit plusieurs sels cristallisés, dont la composition correspond à la formule $CH^5Az$ : l'oxalate, le sulfate, le carbonate, l'azotate, le chlorhydrate et le chloroplatinate [*Chem. Centralbl.*, 1863, p. 65; *Journ. für prakt. Chem.*, t. CIV, p. 301, et *Bull. de la Soc. chim.*, 1869, t. XI, p. 160]. A. H.

**MÉROXÈNE.** — Voyez Mica.

**MÉROXÈNE** de Breithaupt (Min.). — Variété de mica du Vésuve avec de nombreuses facettes brillantes.

**MÉSACONIQUE (ACIDE),**

$$C^5H^6O^4 = \left.\begin{matrix}C^5H^4O^2\\H^2\end{matrix}\right\}O^2 = C^3H^4(CO.OH)^2.$$

— Cet acide, appelé citratartique par Baup, se forme lorsqu'on fait bouillir, pendant une demi-heure à peu près, une solution étendue d'acide citraconique avec environ le sixième de son volume d'acide nitrique. La liqueur laisse déposer, par le refroidissement, des masses cristallines de l'aspect de la porcelaine; on en obtient encore davantage par l'évaporation des eaux mères. Le produit est purifié par de nouvelles cristallisations et par l'ébullition avec du charbon animal. On prépare encore l'acide mésaconique en chauffant à 120° l'acide ou l'anhydride citraconique avec un égal volume d'acide chlorhydrique fumant, en dissolvant dans l'eau et en faisant cristalliser. L'acide iodhydrique concentré transforme également, à 100°, l'acide citraconique en acide mésaconique. Dans ces réactions il se produit d'abord les acides citramonoïodo- et citramonochloro-pyrotartriques, l'un et l'autre instables et fournissant en se décomposant de l'acide mésaconique; l'acide itacomono-chloropyrotartrique décomposé par l'ammoniaque donne aussi de l'acide mésaconique.

Cet acide, qui est isomérique avec les acides citraconique et itaconique, est diatomique et bibasique et possède la propriété de fixer directement 2 atomes monatomiques [Gottlieb, *Ann. der Chem. u. Pharm.*, t. LXXVII, p. 265; *Compt. rend. des trav. de Chim.* p. Laurent et Gerhardt, 1851, p. 113; — Pebal, *Ann. der Chem. u. Pharm.*, t. LXXVIII, p. 129; — Baup, *Ann. de Chim. et de Phys.*, (3), t. XXXIII, p. 192; — Kekulé, *Ann. der Chem. u. Pharm.*, suppl., t. II, p. 94, et *Bull. de la Soc. chim.*, 1863, p. 31; — Swarts, *Zeitschr. Chem.*, 1866, p. 721].

*Propriétés.* — L'acide mésaconique se présente sous la forme d'un amas de fines aiguilles un peu brillantes. 1 p. d'acide se dissout dans 38 p. d'eau à 14°, dans 29 p. d'eau à 22° et dans 0,848 p. d'eau bouillante. L'alcool et l'éther le dissolvent également : 2,6 p. d'alcool de 88 centièmes dissolvent à 22° 1 p. d'acide; 1 p. d'alcool bouillant dissout environ 1 p. d'acide. L'acide mésaconique fond à 208° en un liquide limpide, qui se prend par le refroidissement en une masse cristalline; il se sublime sans altération, déjà avant de fondre. En présence de l'amalgame de sodium et de l'eau, il se transforme en acide pyrotartrique; chauffé à 140-160° avec de l'acide iodhydrique, il éprouve la même transformation et il s'élimine de l'iode; avec le brome à 60-80°, il forme de l'acide mésadibromopyrotartrique, et à 100° il s'unit en partie avec de l'acide chlorhydrique en donnant de l'acide monochloropyrotartrique.

Mésaconates. — Le *mésaconate d'ammonium neutre* est incristallisable et perd de l'ammoniaque par l'ébullition, le *sel acide* cristallise en petits prismes, terminés par un sommet trièdre; il se dissout dans 8 p. d'eau à 15°.

Le *sel d'argent neutre* obtenu par double décomposition, est cristallin et peu soluble dans l'eau. Soumis à la calcination, il se décompose brusquement en se boursouflant comme le sulfocyanate de mercure et en laissant un résidu d'argent fort volumineux.

L'eau mère séparée de ce précipité fournit du mésaconate d'argent renfermant un atome d'eau de cristallisation.

Le *sel acide* s'obtient lorsqu'on dissout le sel neutre dans une solution bouillante d'acide mésaconique. Il forme des aiguilles assez solubles dans l'eau bouillante.

Le *sel de baryum neutre* avec $4H^2O$ s'obtient en saturant par le carbonate de baryum une solution bouillante d'acide mésaconique. Il forme des prismes ou des tables inaltérables à l'air. Il est assez soluble dans l'eau, et perd, à 100°, la plus grande partie de son eau de cristallisation.

Il se boursoufle considérablement quand on le calcine. Les cristaux appartiennent au type clinorhombique; on y reconnaît les combinaisons *m*, $h^1$, $a^1$, $o^1$. Inclinaison des faces *m* : *m* dans le plan de la diagonale droite et de l'axe principal = 68° 30'; $o^1$ : $h^1$ = 144° 20'; $a^1$ : *h* = 141° 50'. Clivage parfait, parallèlement à $h^1$.

Le *sel acide* avec $H^2O$ se présente sous la forme de mamelons cristallins ou de tables hexagonales d'un éclat nacré.

Le *sel neutre de calcium* avec $H^2O$ forme de petites aiguilles agglomérées, solubles dans 16 1/2 p. d'eau à 20°, insolubles dans l'alcool et ne perdant leur eau qu'à une température élevée.

Le *sel de cuivre neutre* avec $2H^2O$ forme de petits cristaux grenus d'un bleu d'azur.

Le *mésaconate neutre de plomb* est anhydre à 130°; il est produit par la double décomposition du mésaconate d'ammonium avec l'acétate de plomb ou du sel de baryum avec le nitrate de plomb; il est cristallin, peu soluble dans l'eau, fort soluble dans une solution de nitrate de plomb. On obtient le *sel acide* en faisant dissoudre le sel neutre dans une solution bouillante d'acide mésaconique. Il cristallise en petites aiguilles incolores. Suivant Otto [*Bull. de la Soc. chim.*, 1864, t. I, p. 195], le sel $C^{12}H^{12}O^{12}Pb^4$ représentant une combinaison de mésaconate neutre et de sous-acétate de plomb se forme lorsqu'on ajoute de l'acide mésaconique, en partie neutralisé par de l'ammoniaque, à du sous-acétate de plomb bouillant et en excès.

Le *mésaconate de potassium neutre* est déliquescent et cristallise en fines aiguilles; le *sel acide* forme de petites feuilles micacées, peu solubles dans l'alcool. Le *sel neutre de sodium* est fort soluble dans l'eau et cristallise en petits prismes à sommets tronqués; le *sel acide* cristallise en petits prismes rhomboïdaux inaltérables à l'air.

ÉTHERS MÉSACONIQUES. — On n'a préparé que le *mésaconate d'ethyle* $C^5H^4O^4(C^2H^5)^2$, soit par l'éthérification à l'aide de l'acide chlorhydrique, soit en distillant avec l'acide sulfurique concentré un mélange d'alcool et d'acide mésaconique.

Liquide incolore, fort mobile, d'une agréable odeur de fruits et d'une saveur amère. Sa densité est de 1,043 à 20°. Il bout à 220° sous la pression de 737 millimètres. Il est peu soluble dans l'eau froide; l'eau bouillante en dissout davantage. Le gaz ammoniac ne l'altère pas; bouilli avec de l'eau de baryte, il donne de l'alcool et du mésaconate de baryte. Ph. de C.

**MÉSADIBROMOPYROTARTRIQUE (ACIDE)**, $C^5H^6Br^2O^4$. — Cet acide se produit lorsqu'on chauffe de 60° à 80° de l'acide mésaconique avec du brome, il est beaucoup moins soluble dans l'eau que l'acide itadibromopyrotartrique. Par l'évaporation spontanée de la solution, il se dépose en gros mamelons durs et semi-transparents. Par l'ébullition de ses sels, il se dédouble en acide bromhydrique (bromure) et en un acide qui paraît identique avec l'acide bromocrotonique obtenu avec l'acide citradibromopyrotartrique [Kekulé, *Bull. de la Soc. chim.*, 1863, p. 37].

**MÉSAMONOCHLOROPYROTARTRIQUE (ACIDE)**, $C^5H^7ClO^4$. — Cet acide se produit lorsqu'on chauffe à 160° à plusieurs reprises de l'acide mésaconique avec de nouvelles portions d'acide chlorhydrique très-concentré.

Petits cristaux aplatis très-brillants, fusibles à 129-130°. Les alcalis le décomposent en acides carbonique et crotonique. Il est plus soluble que l'acide mésaconique dans l'eau froide, l'eau bouillante le dédouble en acides mésaconique et chlorhydrique; en même temps il se forme de l'*acide mésamalique*, HO se substituant à Cl. Ce dernier est déliquescent, fusible à 60° et se rencontre aussi dans les eaux mères de l'acide mésachloropyrotartrique [Th. Swarts, *Zeitschr. für Chem.*, t. IX, p. 724, et t. X, p. 648].

**MÉSÉTINE.** — Voyez QUERCÉTINE.

**MÉSIDINE.** — Voyez MÉSITYLÈNE, p. 374.

**MÉSITE et MÉSITINE.** — Liquides huileux, bouillant, l'un à 70°, l'autre à 63°; solubles dans 3 p. d'eau, et que Weidmann et Schweizer ont obtenus en distillant la lignone avec l'acide sulfurique.

**MÉSITINE** de Breithaupt (Min.). — Carbonate de magnésium et de fer, $2CO^3Mg + CO^3Fe$. Cristaux rhomboédriques *p p* = 107° 14', d'un blanc jaunâtre ou brunâtre, d'un éclat vitreux un peu nacré, trouvés à Traverselle.

Dureté, 4 à 5. Poussière blanche.

Densité, 3,33 à 3,36.

*Caractères.* — Difficilement soluble dans l'acide chlorhydrique à froid. Noircit et devient magnétique au feu de réduction.

**MÉSITIN-SPATH.** — Voyez MÉSITINE.

**MÉSITIQUE (ALCOOL).** — Nom donné par M. Kane à l'acétone qu'il regardait comme un alcool renfermant le radical mésityle $C^3H^5$.

**MÉSITIQUE (ALDÉHYDE).** — M. Kane, en traitant l'acétone par l'acide azotique avec précaution, en refroidissant et chauffant alternativement et en versant ensuite dans l'eau, a obtenu une huile qu'il regarde comme un mélange de deux corps; l'un, l'aldéhyde mésitique, serait un isomère de l'acroléine, $C^3H^4O$. Plus léger que l'eau, d'une odeur douce et pénétrante, peu soluble dans l'eau, il est soluble dans la potasse en donnant un liquide brun jaunâtre. Il absorbe l'ammoniaque avec avidité en donnant une masse résinoïde qui, dissoute dans l'eau, donne des cristaux par évaporation (ammonialdéhyde mésitique). Lorsqu'on ajoute de l'azotate d'argent à la solution de ces cristaux, il se produit un précipité jaune qui noircit par la chaleur. La potasse favorise cette réduction; il ne se forme pas de miroir d'argent. Gerhardt a supposé que l'aldéhyde mésitique pouvait être le nitrométsitylène.

L'autre produit, que M. Kane a nommé *nitrite d'oxyde de ptéléyle*, pourrait bien être le trinitromésitylène impur. C. F.

**MÉSITYLE.** — C'est le radical $C^3H^5$ dont M. Kane admettait l'existence dans l'acétone [*Poggend. Ann.*, t. XLIV, p. 476]. Ce chimiste a décrit le *chlorure de mésityle* $C^3H^5Cl$ qui s'obtient, selon lui, par l'action de l'acide chlorhydrique ou du perchlorure de phosphore (?) sur l'acétone.

La potasse alcoolique le transformerait en *oxyde de mésityle*. Ce dernier prendrait encore naissance par l'action de l'acide sulfurique sur l'acétone. M. Fittig [*Ann. der Chem. u. Pharm.*, t. CX, p. 32] a obtenu par l'action de la chaux vive sur l'acétone, en même temps que la phorone bouillant à 200°, un liquide bouillant à 131°, et qu'il considère comme l'oxyde de mésityle de M. Kane. Ce liquide renferme $C^6H^{10}O$. Il a une odeur de menthe. Densité à 23° = 0,848. Densité de vapeur, 3,67. Théorie = 3,39. Il est insoluble dans l'eau, miscible en toute proportion à l'alcool et à l'éther. L'acide azotique le transforme en une masse résineuse brune, et le chlore en une huile pesante, dont la composition paraît répondre à la formule

$$C^6H^8Cl^2O.$$

Il ne se combine pas avec les bisulfites alcalins, ce qui le distingue de la dumasine, son isomère.

M. Kane décrit encore un certain nombre de dérivés du mésityle, obtenus par l'action de l'iodure de phosphore et des acides phosphorique ou sulfurique sur l'acétone : ce sont les acides *mésityle-hypophosphoreux*, $C^3H^6O.PhHO$, *mésityle-phosphorique*, $C^3H^6O.PhHO^3.5/2H^2O$, *mésityle-sulfuriques*, $C^3H^6O.SO^4H^2$ et $2C^3H^6O,SO^4H^2$ (1).

(1) Ces formules, peu probables, sont celles de M. Kane, traduites dans la notation actuelle.

Gerhardt n'a pas réussi à obtenir trace de ces composés. S'ils existent, ce sont probablement des dérivés du mésitylène. — Voyez ACIDE MÉSITYLE-SULFURIQUE. C. F.

**MÉSITYLÈNE**, $C^9H^{12} = C^6H^3(CH^3)^3$. — Cet hydrocarbure a été découvert par M. Kane [*Poggend. Ann.*, t. XLIV, p. 474], en faisant réagir l'acide sulfurique sur l'acétone. Il se trouve avec d'autres hydrocarbures dans le cumène du goudron de houille. Pour le préparer, le procédé le plus avantageux consiste, suivant MM. R. Fittig et W.-H. Bruckner [*Ann. der Chem. u. Pharm.*, t. CXLVII, p. 42], à introduire dans une cornue spacieuse du sable et 1 volume d'acétone, et à y faire couler un courant lent, mais continu, de 1 volume d'acide sulfurique additionné de 1/2 volume d'eau. Il ne se produit pas un échauffement bien notable. On abandonne le mélange pendant au moins 24 heures, puis on distille. Il passe d'abord de l'acétone aqueuse qui peut être employée pour une nouvelle opération. Dès qu'on voit se produire, dans le col de la cornue, des stries huileuses, on change de récipient. Il passe alors avec l'eau une huile jaunâtre, renfermant beaucoup de mésitylène. L'huile distillée est décantée, lavée à l'eau et à la soude, déshydratée et soumise à la distillation fractionnée. Après trois ou quatre fractionnements sur le sodium, on obtient le mésitylène pur. Le rendement de ces opérations est très-faible.

Le mésitylène constitue un liquide léger et mobile, incolore, ayant une légère odeur alliacée. Il bout entre 150° et 160° (Hofmann) [*Chem. Soc. Journ.*, t. II, p. 104]; entre 162° et 164° (Cahours) [*Compt. rend.*, t. XXIV, p. 255]; 163° (Fittig). Densité de vapeur = 4,34 à 4,28 (Cahours). Théorie = 4,16. Il brûle avec une flamme éclairante et fuligineuse. Il dissout l'iode, mais sans qu'il y ait réaction, même au soleil. Avec le chlore, le brome et l'acide azotique, il fournit des produits de substitution. Ce dernier caractère le rapproche des hydrocarbures aromatiques, auxquels, d'après les recherches de M. Fittig et ses collaborateurs, il se rattache [*Ann. der Chem. u. Pharm.*, t. CXLVII, p. 1; *Ann.*, t. CXLI, p. 292; — Fittig et Furtenbach, *Ann.*, t. CXLVII, p. 292; — Fittig et Bruckner, *Ann.*, t. CXLVII, p. 42]. Il résulte, en effet, des recherches de ces chimistes que le mésitylène n'est autre chose qu'une benzine triméthylée.

Nous allons exposer d'abord les travaux qui ont pour objet l'étude de l'oxydation du mésitylène. Nous indiquerons ensuite les autres dérivés du même hydrocarbure.

OXYDATION DU MÉSITYLÈNE. — Lorsqu'on fait bouillir le mésitylène dans un appareil à reflux, avec un mélange de deux parties de bichromate de potassium, et de trois parties d'acide sulfurique étendu de 3 fois son volume d'eau, jusqu'à ce que l'oxydation de l'hydrocarbure soit à peu près complète, on ne voit se séparer par le refroidissement aucun produit peu soluble. Si l'on étend d'eau et que l'on distille, on recueille un liquide très-acide renfermant de l'acide acétique [*Zeitschr. für Chem.*, (2), t. I, p. 241; *Ann. der Chem. u. Pharm.*, t. CXLI, p. 142]. Si l'oxydation est poussée moins loin, et si on l'arrête après 12 heures, après distillation du mésitylène en excès, il se sépare une petite quantité d'un acide peu soluble dans l'eau froide, et cristallisant en prismes. Ce qui le caractérise surtout, c'est son sel de baryum cristallisé en aiguilles brillantes et très-peu soluble dans l'eau. D'ailleurs la proportion d'acide ainsi obtenue est toujours très-faible.

Si l'on remplace l'acide chromique par l'acide azotique étendu, on obtient de meilleurs résultats. En faisant bouillir le mésitylène dans l'appareil à reflux, avec un mélange de 2 volumes d'eau et de 1 volume d'acide azotique d'une densité de 1,4, on voit l'oxydation se produire rapidement; et au bout de 16 à 20 heures, toute la masse est transformée en un acide peu soluble.

ACIDE MÉSITYLÉNIQUE. — Le corps ainsi formé est l'acide mésitylénique, que l'on purifie en le volatilisant avec la vapeur d'eau; les cristaux déposés dans le récipient sont séparés par filtration et les eaux mères saturées par le carbonate de sodium, évaporées et décomposées par l'acide chlorhydrique. Le produit est réuni avec l'acide isolé par filtration, et le tout est chauffé et agité avec de l'étain et de l'acide chlorhydrique, pour enlever une certaine quantité d'acide nitré. L'acide filtré à froid est dissous dans le carbonate de sodium, précipité et soumis à une nouvelle cristallisation. Il est alors très-pur et son analyse conduit à la formule $C^9H^{10}O^2$. Cet acide a donc avec le mésitylène la même relation que l'acide benzoïque avec le toluène :

$$\underset{\text{Mésitylène.}}{C^9H^{12}} + 3O = \underset{\text{Acide mésitylénique.}}{C^9H^{10}O^2} + H^2O;$$

$$\underset{\text{Toluène.}}{C^7H^8} + 3O = \underset{\text{Acide benzoïque.}}{C^7H^6O^2} + H^2O.$$

— L'acide mésitylénique est peu soluble dans l'eau, même à chaud; il se dépose de sa solution aqueuse bouillante en fines aiguilles incolores. Il est très-soluble dans l'alcool, surtout à chaud, et s'en sépare en beaux prismes clinorhombiques. Si l'on ajoute à la solution alcoolique étendue et chaude de l'eau jusqu'à ce qu'il se produise un trouble persistant, par le refroidissement on voit l'acide se déposer en lamelles et en aiguilles larges ressemblant entièrement à l'acide benzoïque.

L'acide mésitylénique fond à 166°, et se sublime déjà à une température inférieure. Distillé avec de la chaux, il fournit de l'isoxylène.

*Mésitylénate de calcium*, $(C^9H^9O^2)^2Ca$. — L'acide mésitylénique se sature par l'ébullition avec le carbonate de chaux en suspension dans l'eau, et donne un sel de chaux qui reste par évaporation au bain-marie en croûtes cristallines incolores. Le sel n'est pas beaucoup plus soluble à chaud qu'à froid. Séché à l'air, il renferme $1/2\ H^2O$, qu'il perd lentement sur l'acide sulfurique.

*Mésitylénate de baryum*, $(C^9H^9O^2)^2Ba$. — Il s'obtient comme le sel de calcium et cristallise en grands prismes soyeux. Il est plus soluble que le sel de calcium, surtout à chaud. Séché sur l'acide sulfurique, il ne renferme pas d'eau.

Le sel de *sodium*, $C^9H^9O^2Na$, reste par évaporation de la solution aqueuse sous la forme d'une masse indistinctement cristalline. Il est aussi très-soluble dans l'alcool; il se sépare de la solution alcoolique d'abord comme un sirop épais, qui se prend ensuite en une masse cristalline rayonnée incolore. Il n'est pas déliquescent.

*Mésitylénate d'argent*, $C^9H^9O^2Ag$. — La solution étendue chaude d'un mésitylénate ne donne pas immédiatement de précipité avec l'azotate d'argent. Mais au bout de quelque temps, la liqueur se remplit d'une masse volumineuse de petites aiguilles brillantes presque insolubles à froid, peu solubles à chaud, mais qu'on peut néanmoins faire cristalliser par refroidissement de la solution aqueuse. On peut la faire bouillir avec l'eau sans l'altérer. Ce sel se colore à peine à la lumière ou lorsqu'on le chauffe à 100°.

Les sels de *fer* et de *cuivre* sont des précipités jaune rougeâtre ou bleu clair, amorphes, insolubles dans l'eau, qui se forment par l'addition du perchlorure de fer ou du sulfate de cuivre à un mésitylénate soluble.

Le sel de *plomb* se précipite amorphe dans les mêmes conditions, mais peut être obtenu cristallisé en fines aiguilles groupées en étoiles, par dissolution dans beaucoup d'eau bouillante.

*Acide nitromésitylénique*, $C^9H^9(AzO^2)O^2$. — L'acide mésitylénique se dissout facilement avec production de chaleur dans l'acide azotique fumant, et l'eau précipite de la solution l'acide nitromésitylénique presque pur. On l'obtient aussi dans la préparation de l'acide mésitylénique; il reste dans la liqueur aqueuse, après distillation de cet acide, avec les vapeurs d'eau, et se dépose par le refroidissement. On le purifie en le dissolvant dans la soude, et en précipitant par l'acide chlorhydrique; finalement on le transforme en sel de baryum, et l'on fait cristalliser celui-ci. Les premiers cristaux déposés sont du nitromésitylénate de baryum pur. Il reste en solution un mélange de nitromésitylénate et de mésitylénate. L'acide pur est précipité du sel de baryum par l'acide chlorhydrique, lavé à l'eau et dissous dans l'alcool, d'où il cristallise.

L'acide nitromésitylénique est peu soluble dans l'eau, même bouillante; il est très-soluble dans l'alcool, mais moins que l'acide mésitylénique. Par évaporation ou refroidissement de la solution alcoolique, il se dépose en grands cristaux incolores, limpides, qui paraissent être clinorhombiques. En ajoutant de l'eau bouillante à la solution alcoolique bouillante, on le précipite sous la forme de lamelles légèrement jaunâtres.

Il fond à 218° en un liquide presque incolore et se sublime déjà à une température inférieure en belles aiguilles brillantes.

Le *nitromésitylénate de baryum*,

$$(C^9H^8(AzO^2)O^2)^2Ba + 6H^2O,$$

cristallise lentement de sa solution aqueuse en mamelons hémisphériques.

Par refroidissement de la solution saturée à chaud, il se dépose en une poudre cristalline renfermant $H^2O$. Ce sel est bien moins soluble dans l'eau que le mésitylénate.

Le *sel de calcium*, $(C^9H^8(AzO^2)O^2)^2Ca$, ressemble beaucoup au mésitylénate. Il ne se dépose pas par le refroidissement de la solution saturée à chaud. Séché à 140°, il est anhydre.

Le *sel d'argent* est un précipité jaunâtre, volumineux, presque insoluble dans l'eau, même à chaud.

*Action de l'acide chromique sur l'acide mésitylénique.* — Lorsqu'on fait bouillir l'acide mésitylénique avec un mélange de 2 p. de bichromate de potassium, et de 3 p. d'acide sulfurique concentré étendu de 3 fois son volume d'eau, on voit se produire une rapide oxydation. Au bout de 2 ou 3 heures, l'acide a disparu. Si alors l'on ajoute de l'eau, et si l'on distille, on remarque que la vapeur d'eau n'entraîne plus d'acide mésitylénique; la partie distillée renferme de l'acide acétique et le liquide aqueux de la cornue contient un nouvel acide, l'*acide trimésique*,

$$C^9H^6O^6 = C^6H^3(CO^2H)^3,$$

qui se dépose par le refroidissement en prismes incolores et durs. Une portion notable de cet acide reste dissous et peut être retiré de la solution par agitation avec l'éther. Cet acide est identique avec celui que fournit l'oxydation du mésitylène par l'acide chromique.

Acide uvitique,

$$C^9H^8O^4 = C^6H^3(CO^2H)^2CH^3.$$

— L'oxydation de l'acide mésitylénique fournit, en même temps que l'acide trimésique, un autre acide, qui peut être séparé de l'acide trimésique en traitant le mélange par un léger excès d'ammoniaque, puis par le chlorure de baryum. Il se dépose du trimésate de baryum, qu'on recueille sur un filtre. La liqueur filtrée, additionnée d'acide chlorhydrique, fournit une quantité notable d'un acide insoluble dans l'eau et ressemblant beaucoup à l'acide mésitylénique précipité; il s'en distingue en particulier parce qu'il ne se volatilise pas avec les vapeurs d'eau. Cet acide est le corps intermédiaire entre l'acide mésitylénique et l'acide trimésique :

$$\underset{\text{Acide mésitylénique.}}{C^6H^3(CO^2H)(CH^3)^2} \qquad \underset{\text{Acide uvitique.}}{C^6H^3(CO^2H)^2CH^3}$$

$$\underset{\text{Acide trimésique.}}{C^6H^3(CO^2H)^3}$$

Il est identique avec l'acide uvitique que M. Finckh [*Ann. der Chem. u. Pharm.*, t. CXXII, p. 182] a obtenu en traitant l'acide pyruvique à l'ébullition par l'hydrate de baryte.

M. Fittig avait d'abord appelé cet acide *acide mésidique* [*Zeitschr. für Chem.*, t. IV, p. 1], mais ce nom doit disparaître.

L'acide pyruvique a, comme on sait, des relations de constitution avec l'acétone qui ont été mises en évidence par les travaux de M. Wislicenus [*Ann. der Chem. u. Pharm.*, t. CXLVIII, p. 208] et de M. Wichelhaus [*Ann. der Chem. u. Pharm.*, t. CXLII, p. 13]. On comprend donc que sa *polymérisation* puisse fournir un composé qui offre avec lui des rapports analogues avec ceux qui unissent l'acétone et le mésitylène.

L'acide uvitique s'obtient facilement par l'action de l'acide azotique étendu sur le mésitylène. Après refroidissement du mélange, on sépare les acides du mésitylène inattaqué et du nitromésitylène, par dissolution dans le carbonate de sodium, et on précipite par l'acide chlorhydrique. On traite ensuite par l'étain et l'acide chlorhydrique, pour décomposer l'acide nitromésitylénique. On sépare les acides restants, on les lave à l'eau, et on les redissout dans le carbonate de sodium, pour les précipiter de nouveau par l'acide chlorhydrique. Enfin on sépare les acides uvitique et mésitylénique par la volatilisation du premier à l'aide des vapeurs d'eau. L'acide uvitique reste dans la cornue et est obtenu pur par une cristallisation dans l'alcool.

L'acide uvitique pur cristallise dans l'eau bouillante en fines aiguilles incolores qui se réunissent en faisceaux dendritiques; l'alcool le laisse déposer en masses cristallines indistinctes.

Il est insoluble dans l'eau froide, peu soluble dans l'eau bouillante, facilement soluble dans l'alcool et dans l'éther, mais moins que l'acide mésitylénique. Il fond entre 287° et 288° et se solidifie de nouveau à 280°; il se sublime sans noircir à une température plus élevée.

*Uvitate de baryum*, $C^9H^6O^4Ba + H^2O$. — Obtenu par saturation de l'acide libre au moyen du carbonate de baryum. Très-soluble dans l'eau, il s'en sépare en agrégations cristallines ressemblant à des choux-fleurs. A 160° le sel est anhydre.

*Uvitate de calcium*, $C^9H^6O^4Ca + H^2O$. — Il se sépare par refroidissement de la solution chaude en petits cristaux d'un éclat argentin, difficilement solubles à froid, plus solubles à chaud.

L'*uvitate de potassium*, $C^9H^6O^4K^2$, a été obtenu en décomposant l'uvitate de baryum par le sulfate de potassium. Il cristallise dans l'alcool en jolis petits cristaux brillants et transparents. Il est très-soluble dans l'eau, moins soluble dans l'alcool. Séché à 150°, il est anhydre.

L'*uvitate d'argent*, $C^9H^6O^4Ag^2$, se sépare sous la forme d'un précipité floconneux, blanc, volumineux, lorsqu'on ajoute de l'azotate d'argent à un uvitate soluble. Il se colore à peine à la lumière ou par l'ébullition. Il est presque insoluble à froid, plus soluble à chaud, et cristallise en groupes dendritiques par le refroidissement de sa solution chaude. Séché à 100°, il ne renferme pas d'eau.

*Uvitate de cuivre*, $C^9H^6O^4Cu$. — L'uvitate d'ammonium donne avec le sulfate de cuivre un précipité bleu clair volumineux, presque insoluble même dans l'eau bouillante. Séché à 150°, il est anhydre.

Les sels de *plomb*, de *ferricum* et de *zinc* précipitent les uvitates solubles.

*Ether uvitique*, $C^9H^6O^4(C^2H^5)^2$. — La solution de l'acide dans l'alcool absolu, saturée d'acide chlorhydrique et bouillie dans un appareil à reflux pendant une demi-heure, laisse déposer par addition d'eau des gouttes huileuses, qui se solidifient. Lavées à l'eau et au carbonate de sodium, puis dissoutes dans l'alcool, elles ont fini par se prendre par l'évaporation de l'alcool en une masse cristalline rayonnée. L'éther uvitique est soluble en toute proportion dans l'éther comme dans l'alcool. Il fond à 35°.

L'oxydation de l'acide uvitique par l'acide chromique fournit l'acide trimésique. Ceci est vrai pour l'acide dérivé de l'acide pyruvique, comme pour celui du mésitylène.

Acide trimésique.—L'acide trimésique se forme aux dépens de l'acide mésitylénique, en vertu de l'équation $C^9H^{10}O^2 + 6O = C^9H^6O^6 + 2H^2O$.

Il cristallise de l'eau bouillante en prismes durs et incolores. Il est assez soluble dans l'eau chaude, et sensiblement soluble dans l'eau froide. Très-soluble dans l'alcool, il l'est moins dans l'éther. Quand on le chauffe sur une lame de platine, il reste longtemps inaltéré et ne se volatilise qu'à une température élevée et sans fondre d'abord. Dans un tube de verre, il fond à une température qui dépasse 300°; mais avant que la fusion ne soit complète, l'acide se sublime en aiguilles incolores, sans dépôt de charbon.

L'acide trimésique est un acide tribasique énergique.

*Trimésate de baryum*, $(C^9H^3O^6)^2Ba^3$. — Ce sel est très-caractéristique; il s'obtient en une masse d'aiguilles cristallines lorsqu'on traite le trimésate d'ammonium par le chlorure de baryum. Il est presque insoluble dans l'eau froide, très-peu soluble dans l'eau bouillante. L'acide libre lui-même est précipité de ses solutions par l'ébullition avec du carbonate de baryum. L'acide chlorhydrique chaud en excès décompose le trimésate de baryum. Le sel paraît retenir à 150° une molécule d'eau de cristallisation.

Le *trimésate acide de baryum*,

$$(C^9H^5O^6)^2Ba + 4H^2O,$$

se sépare en longues aiguilles capillaires et brillantes, lorsqu'on ajoute du chlorure de baryum à une solution étendue chaude d'acide trimésique. Il est peu soluble dans l'eau à froid, plus soluble à chaud. Le sel séché sur l'acide sulfurique perd, à 180°, $4H^2O$.

*Trimésate d'argent*, $C^9H^3O^6Ag^3$. — Dans la solution faiblement ammoniacale de l'acide, l'azotate d'argent détermine la formation d'un précipité volumineux blanc, qui devient ensuite plus compacte. Ce sel est insoluble dans l'eau, à chaud et à froid; il est inaltérable à 100° et ne se colore que très-lentement à la lumière.

*Trimésate neutre de sodium*, $C^9H^3O^6Na^3$. — Il s'obtient par neutralisation de la solution de l'acide par le carbonate de sodium. Il est très-soluble dans l'eau et se dépose de la solution très-concentrée en masses cristallines et indistinctes. Il est presque insoluble dans l'alcool, qui le précipite en flocons de sa solution aqueuse. Séché à 150°, il est anhydre.

*Trimésate acide de sodium*, $C^9H^5O^6Na$. — Ce sel est très-caractéristique. Si l'on ajoute peu à peu du carbonate de sodium en petite quantité à une solution chaude assez étendue d'acide trimésique, on voit toute la liqueur se remplir de petites lamelles de ce sel qui se redissolvent lorsqu'on ajoute davantage de carbonate. Il cristallise en magnifiques lamelles brillantes, peu solubles dans l'eau à froid, plus solubles à chaud. Séché à 100°, il est anhydre.

Le *sel acide de potassium*, $C^9H^5O^6K$, s'obtient comme le précédent; il cristallise en belles aiguilles groupées en faisceaux. Il est peu soluble dans l'eau à froid, plus soluble à chaud. Séché à 160°, il est anhydre. Le *sel neutre de potassium* est très-soluble dans l'eau.

*Trimésate de calcium*, $(C^9H^3O^6)^2Ca^3 + H^2O$. — Obtenu en faisant bouillir la solution d'acide avec du spath d'Islande en poudre fine. La liqueur filtrée donne par concentration des masses cristallines concrétionnées, qui se dissolvent difficilement à froid, plus facilement à chaud. Le chlorure de calcium ne précipite pas le trimésate d'ammonium moyennement concentré.

*Sel de zinc*, $(C^9H^3O^6)^2Zn^3 + 2H^2O$. — Si l'on ajoute du sulfate de zinc à une solution pas trop concentrée de trimésate neutre de sodium, on ne voit se produire d'abord qu'un léger trouble; au bout d'un certain temps, le sel de zinc se dépose en prismes transparents et durs, presque insolubles dans l'eau à froid, très-peu solubles à chaud.

Le *trimésate ferrique* est un précipité amorphe brun clair qui se produit par le mélange du perchlorure de fer et du sel de sodium neutre.

Le *sel de nickel* se présente en petites aiguilles vertes groupées en faisceaux. Il est plus soluble dans l'eau à chaud qu'à froid.

Le *sel de cuivre*, $(C^9H^3O^6)^2Cu^3 + H^2O$, est un précipité bleu clair volumineux, insoluble dans l'eau à froid, peu soluble à chaud. Séché sur l'acide sulfurique, il renferme $H^2O$.

L'*azotate de plomb* réagit sur le sel de sodium neutre, en donnant un précipité blanc volumineux, légèrement soluble dans l'eau chaude.

Les sulfates de magnésium et de manganèse ne précipitent pas le trimésate de sodium neutre.

*Ether trimésique*, $C^9H^3O^6(C^2H^5)^3$. — On sature d'acide chlorhydrique la solution d'acide trimésique dans l'alcool absolu, et on fait chauffer dans un appareil à reflux. Par le refroidissement, et surtout avec addition d'eau, l'éther se sépare en cristaux, qu'on purifie par une nouvelle cristallisation. Il se présente en longs prismes d'un éclat soyeux, fondant à 129°. Il est insoluble dans l'eau, peu soluble dans l'alcool et dans l'éther à chaud.

*Décomposition de l'acide trimésique*. — Lorsqu'on soumet à la distillation sèche un mélange intime de 1 p. d'acide trimésique et de 5 p. de chaux vive, on remarque que la décomposition n'a lieu qu'à une température élevée. Il distille une huile qui est pour la majeure partie de la benzine. On s'en est assuré en transformant celle-ci en dinitrobenzine fusible à 85-86°.

L'acide trimésique se décompose donc suivant l'équation $C^9H^6O^6 = C^6H^6 + 3CO^2$.

Ceci démontre que cet acide, aussi bien que le mésitylène dont il dérive, appartient à la série aromatique, et par conséquent qu'il s'est formé à l'aide de l'acétone un dérivé de la benzine, dont on peut extraire la benzine elle-même. On peut admettre que le mésitylène est formé par la condensation de 3 molécules d'allylène,

$$C^3H^4 = C^3H^6O - H^2O,$$

comme la benzine par celle des acétylènes.

Le mésitylène et l'acide mésitylénique seraient alors représentés par les formules

CH³ — HC, CH, C, C, C, CH, H³C, CH³ — et — CO²H — HC, CH, C, C, C, CH, H³C, CH³

Mésitylène. Acide mésitylénique.

et les acides uvitique et trimésique par les formules

$$\text{Acide uvitique: } C_6H_3(CH_3)(CO^2H)_2 \qquad \text{et} \qquad \text{Acide trimésique: } C_6H_3(CO^2H)_3$$

Acide uvitique. Acide trimésique.

On trouve, d'ailleurs, dans la position relative des groupes $CH^3$ et $CO^2H$, les raisons pour expliquer l'isomérie du mésitylène et de ses dérivés avec la triméthylbenzine artificielle et le pseudocumène de goudron de houille, qui est identique avec cette dernière.

### DÉRIVÉS CHLORÉS ET BROMÉS.

Trichloromésitylène, $C^9H^9Cl^3$. — Ce corps a été obtenu par M. Kane en faisant passer du chlore dans le mésitylène, jusqu'à ce que le liquide se prenne en aiguilles cristallines. Celles-ci, cristallisées du sein de l'éther, se présentent en petits prismes quadrangulaires ressemblant au sulfate de quinine, et volatils sans décomposition. La potasse alcoolique ne les attaque pas et l'on peut les volatiliser sans altération dans l'ammoniaque sèche.

Bromomésitylène, $C^9H^{11}Br$ [Fittig et Storer, *Ann. der Chem. u. Pharm.*, t. CXLVII, p. 6]. — Le brome agit énergiquement sur le mésitylène; si l'on ajoute très-lentement une molécule de brome à l'hydrocarbure bien refroidi, on voit le brome disparaître; après lavage à la soude, on distille. Il passe d'abord du mésitylène inaltéré, puis un liquide rouge, et entre 220° et 230°, la masse principale du produit. Le bromomésitylène est une huile incolore d'une faible odeur aromatique. Il bout à 225°, et possède à 10° une densité de 1,3191. Il se prend dans un mélange réfrigérant en une masse cristalline incolore, et fond à — 1°. Le sodium l'attaque à peine à une basse température.

Lorsqu'on le traite à froid par un mélange de volumes égaux d'acide azotique fumant et d'acide ordinaire, il se forme à la fois du *dinitro-* et du *nitrobromomésitylène*. Après lavage à l'eau, on reprend par l'alcool bouillant; il se dépose d'abord des cristaux capillaires de dinitrobromomésitylène. Par évaporation de l'eau mère et par une série de cristallisations fractionnées, on sépare la combinaison mononitrée. Celle-ci est très-soluble dans l'alcool à chaud, assez soluble à froid, et se dépose en cristaux incolores ressemblant à ceux du sel ammoniac cristallisé dans l'eau. Il fond à 54°.

Le corps dinitré s'obtient rapidement par l'action de l'acide azotique fumant à froid sur le bromomésitylène. Il se purifie par cristallisation dans l'alcool. Ses cristaux sont des aiguilles incolores, moins solubles que le nitrobromomésitylène. Il fond à 189-190°.

L'action de l'acide chromique (8 p. d'acide chromique et 3 p. d'acide sulfurique concentré, étendues de 3 fois son volume d'eau) transforme assez facilement le bromomésitylène en un acide incolore, difficilement soluble, qu'on obtient pur en l'exprimant, dissolvant dans le carbonate de sodium, précipitant de nouveau et faisant cristalliser dans l'alcool. Cet acide se produit également par une longue digestion à chaud du bromomésitylène avec l'acide azotique étendu (1 volume d'acide et 1,4 de densité, et 2 volumes d'eau); mais il renferme toujours dans ce cas une petite quantité d'un acide nitré. L'acide *bromomésitylénique* renferme $C^9H^9BrO^2$. Il est à peu près insoluble dans l'eau froide, très-peu soluble dans l'eau chaude, soluble dans l'alcool. Il s'en dépose en petits prismes transparents clinorhombiques. Il fond à 212° et se sublime en longues aiguilles à une température un peu supérieure.

*Bromomésitylénate de baryum*, $(C^9H^8BrO^2)^2Ba$. — Il s'obtient en saturant l'acide par le carbonate de baryum. Il est peu soluble dans l'eau à froid; plus soluble à chaud et cristallise en fines aiguilles incolores. Séché sur l'acide sulfurique, il est anhydre.

Le *sel de calcium*, $(C^9H^8BrO^2)^2Ca$, cristallise en longues aiguilles minces, très-solubles dans l'eau.

Le *sel de potassium*, $C^9H^8BrO^2K$, a été obtenu en décomposant le mésitylénate de baryum par le sulfate de potassium. La solution alcoolique laisse déposer le sel en cristaux indistincts. Il est très-soluble dans l'eau et dans l'alcool.

Dibromomésitylène, $C^9H^{10}Br^2$. — Il se produit en petite quantité dans la préparation du monobromomésitylène. Il se trouve dans le résidu de la distillation lorsqu'on a dépassé 230°. Ce résidu cristallise par le refroidissement, et peut être séparé par des cristallisations dans l'alcool en dibromo- et tribromomésitylène. Le tribromomésitylène est beaucoup moins soluble dans l'alcool que le dibromomésitylène. Ce dernier cristallise en longues aiguilles incolores, fondant à 60°, et distillant sans altération à 285°. On en obtient davantage en augmentant la proportion du brome.

Le tribromomésitylène, décrit par MM. Cahours et Hofmann, se produit toujours quand le brome en excès agit sur le mésitylène. Il est presque insoluble dans l'alcool à froid, peu soluble à chaud. Il cristallise en petites aiguilles incolores. La benzine le dissout mieux, et le dépose en jolis petits prismes clinorhombiques transparents. Il fond à 224°.

### DÉRIVÉS NITRÉS ET AMIDÉS.

Nitromésitylène, $C^9H^{11}(AzO^2)$. — L'acide azotique, de 1,38 de densité, attaque à peine le mésitylène à froid; si l'on chauffe au bain-marie, l'action commence bientôt et se continue ensuite d'elle-même. On verse le mélange dans l'eau et on voit se séparer une huile de couleur foncée, qu'on distille avec l'eau. Avec les vapeurs d'eau, il passe un liquide huileux, coloré faiblement en jaune; dans la cornue, il reste une masse résineuse brune. L'huile est soumise à la distillation; il passe d'abord du mésitylène et, entre 220° et 250°, un produit qui cristallise presque entièrement. Ces cristaux sont dissous dans l'alcool et amenés à cristallisation.

Le nitromésitylène se forme aussi en assez grande quantité dans la préparation de l'acide mésitylénique. Il passe tout au commencement avec les vapeurs d'eau, lorsqu'on purifie l'acide mésitylénique par distillation.

Il cristallise dans l'alcool en beaux prismes longs et épais, brillants et transparents, d'ordinaire un peu jaunâtres. Il est assez soluble dans l'alcool à froid, et à peu près en toute proportion à chaud. Il fond à 41°, et bout sans décomposition de 240° à 250°.

Il est différent de ses isomères, le nitrocumène et le nitropseudocumène. Le premier est liquide, le deuxième fond à 71° et bout à 265°. MM. Cahours et Hofmann l'avaient eu entre les mains, mais pas à l'état de pureté.

Le traitement par l'acide chromique ne le transforme pas en acide nitromésitylénique.

Dinitromésitylène, $C^9H^{10}(AzO^2)^2$. — Ce composé, découvert par M. Hofmann, s'obtient très-facilement à l'état de pureté. Il suffit de laisser tomber l'hydrocarbure pur dans l'acide azotique fumant refroidi, et de verser le mélange dans l'eau, de bien laver la masse caséeuse qui se dépose, puis de faire cristalliser une fois dans l'alcool. Il se dépose en longs cristaux brillants incolores. Ces cristaux sont orthorhombiques ; faces, $m, p, g^1$. Angles, $mg^1 = 118° 52'$ ; $mm = 122° 12'$. Le plan des axes optiques est parallèle à la grande diagonale du prisme ; l'angle des axes optiques d'environ 50° ; le caractère optique est négatif. Il fond à 86°.

TRINITROMÉSITYLÈNE, $C^9H^9(AzO^2)^3$. — Si l'on remplace l'acide azotique fumant par un mélange de 1 volume d'acide fumant et de 2 volumes d'acide sulfurique concentré, tout l'hydrocarbure est transformé à froid en trinitromésitylène. Ce dernier se distingue du dinitromésitylène en ce qu'il est très-peu soluble dans l'alcool à chaud, et presque insoluble à froid. Il cristallise de l'alcool en aiguilles blanches et minces ; de l'acétone, qui le dissout plus abondamment, en grands prismes incolores et transparents. Il fond entre 230° et 232°.

AMIDOMÉSITYLÈNE ou *mésidine*, $C^9H^{11}(AzH^2)$. — Ce n'est qu'à la longue que le nitromésitylène se dissout par l'ébullition avec l'étain et l'acide chlorhydrique. Après élimination de l'étain, l'évaporation fournit un chlorhydrate cristallisé. L'ammoniaque précipite de la solution la base libre sous la forme d'une huile, ayant à peu près la densité de l'eau, à peine soluble dans ce liquide et très-soluble dans l'alcool. Cette huile ne se concrète pas à 0°.

Le *chlorhydrate*, $C^9H^{11}AzH^2.HCl$, s'obtient par évaporation lente de sa solution aqueuse, en beaux prismes incolores. Il forme avec le protochlorure d'étain une combinaison,

$$2(C^9H^{13}Az.HCl) + SnCl^2,$$

cristallisable en aiguilles incolores, assez peu solubles, que l'eau pure décompose, mais que l'on peut faire cristalliser dans l'acide chlorhydrique.

L'*oxalate*, $(C^9H^{13}Az)^2C^2H^2O^4$, constitue un précipité cristallin blanc, peu soluble dans l'eau, qui se forme quand on mélange des solutions alcooliques d'amidomésitylène et d'acide oxalique. On ne peut pas faire cristalliser ce sel dans l'eau ; il s'y dissout à chaud, mais reste quand on évapore la solution sous la forme d'un résidu amorphe qui se redissout dans l'eau, mais dont l'ammoniaque ne sépare plus d'amidomésitylène.

MÉSITYLÈNE-DIAMINE, $C^9H^{10}(AzH^2)^2$. — Lorsqu'on chauffe le dinitromésitylène avec de l'étain et de l'acide chlorhydrique concentré, on le voit se dissoudre facilement. La solution étendue, traitée par l'hydrogène sulfuré pour éloigner l'étain, rapidement concentrée à feu nu, puis évaporée à sec au bain-marie, laisse du chlorhydrate de mésitylène-diamine qu'on purifie par plusieurs cristallisations dans l'acide chlorhydrique étendu. La solution moyennement concentrée du sel fournit la base par addition d'ammoniaque sous la forme d'une huile lourde. Par le refroidissement, celle-ci se solidifie et la solution se remplit de longs cristaux incolores. En filtrant, exprimant et faisant cristalliser encore une fois, on obtient le composé pur.

La mésitylène-diamine est soluble dans l'eau à chaud, moins à froid ; très-soluble dans l'alcool et dans l'éther. La solution éthérée l'abandonne en beaux cristaux transparents, clinorhombiques.

A la longue, surtout à la lumière, elle se colore en jaune rougeâtre. Elle fond à 90° et peut être sublimée en brillantes aiguilles.

*Chlorhydrate de mésitylène-diamine,*

$$C^9H^{14}Az^2.2HCl.$$

— Il cristallise de sa solution aqueuse en tables quadrangulaires, incolores ou légèrement jaunâtres. Il est très-soluble dans l'eau et dans l'alcool, presque insoluble dans l'acide chlorhydrique d'un certain degré de concentration. Le chlore de ce sel ne peut pas être dosé par simple précipitation avec l'azotate d'argent, parce que la base libre exerce une action réductrice, et que le chlorure d'argent qui se dépose est mélangé d'argent réduit. La liqueur se colore en même temps en cramoisi.

On n'a pas réussi à obtenir de chloroplatinate de la base.

*Azotate de mésitylène-diamine.* — La base sèche, arrosée d'acide azotique pur et concentré, fournit un sel incolore, très-soluble dans l'eau.

*Sulfate de mésitylène-diamine,*

$$C^9H^{14}Az^2.H^2SO^4.$$

— Lorsqu'on ajoute de l'acide sulfurique étendu à la solution alcoolique de la base, on voit le liquide se prendre en une bouillie cristalline. Ce sel est très-soluble dans l'eau, à peine soluble dans l'alcool à froid, assez soluble à chaud. L'alcool le laisse déposer en larges lames transparentes. Retirées de la solution, elles s'effleurissent. A 100°, le sel est anhydre.

L'*oxalate* s'obtient par le mélange de solutions alcooliques de la base et d'acide oxalique. C'est un précipité cristallin, presque insoluble dans l'alcool froid, peu soluble dans l'alcool chaud. Il se dissout facilement dans l'eau chaude, et cristallise par le refroidissement en grains durs.

NITROMÉSITYLAMINE ou NITROMÉSIDINE,

$$C^9H^{10}(AzO^2)AzH^2$$

[Maule, *Ann. der Chem. u. Pharm.*, t. LXXI, p. 137 ; *Chem. Soc. qu. Journ.*, t. II, p. 116]. — Cette base s'obtient en traitant par l'hydrogène sulfuré une solution alcoolique de dinitromésitylène. Il se dépose du soufre. En ajoutant de l'acide chlorhydrique, on voit se former encore un précipité de soufre, et, après filtration, on obtient un liquide limpide qui donne par l'ammoniaque un précipité de nitromésitylamine impure. On la redissout et on la précipite à plusieurs reprises, puis on la fait cristalliser dans l'alcool. Elle se présente en longues aiguilles d'un jaune d'or. Elle fond au-dessous de 100°, et se volatilise au-dessus de cette température sans décomposition.

Elle est très-soluble dans l'alcool et dans l'éther ; peu soluble dans l'eau, qu'elle colore faiblement en jaune. La solution a une saveur amère et est neutre au papier réactif.

Le brome et le chlore réagissent sur elle en formant des matières qui n'ont pas été étudiées.

Ses combinaisons avec les acides sont instables et décomposables par l'eau, à l'exception du phosphate et du chloroplatinate. Elles sont solubles dans l'alcool et ont une réaction acide.

Le *chlorhydrate*, $C^9H^{12}Az^2O^2.HCl$, se présente en aiguilles incolores.

Le *chloroplatinate*, $(C^9H^{12}Az^2O^2.HCl.)^2PtCl^4$, se précipite en cristaux jaunes lorsqu'on mélange du bichlorure de platine chaud en excès avec une solution saturée de chlorhydrate de la base.

L'*azotate* est très-instable et se décompose à l'évaporation.

Le *phosphate*, $(C^9H^{12}Az^2O^2)^3PhH^3O^4$, cristallise en lames d'un jaune-orange. Si l'on dissout la nitromésitylamine dans un grand excès d'acide phosphorique, on obtient une autre combinaison qui paraît ne contenir qu'une molécule de base.

Le *sulfate* se présente en cristaux soyeux.

La DINITROMÉSITYLAMINE ou *dinitro-amido-mésitylène*, $C^9H^9(AzO^2)^2AzH^2$. — Ce corps a été obtenu en même temps que la nitromésitylène diamine en mélangeant le trinitromésitylène avec l'ammoniaque concentrée et en faisant passer dans le mélange bouillant et contenu dans un appareil à reflux un courant d'hydrogène sulfuré. La réduction est très-lente. Quand on la juge assez avancée, on évapore au bain-marie, et on reprend par l'acide chlorhydrique très-étendu, pour enlever la nitromésitylène-diamine qui a pu se former. La dinitromésitylène-amine est ensuite extraite à son tour à l'aide de l'acide chlorhydrique assez concentré. Les liqueurs filtrées à chaud abandonnent par le refroidissement la base en grande partie à l'état libre, sous la forme d'un précipité amorphe jaune ; mais une partie se dépose à l'état de chlorhydrate en petits cristaux incolores que l'eau décompose instantanément. Par cristallisation dans l'alcool, on obtient le composé pur.

Il est à peu près insoluble dans l'eau, même bouillante ; assez soluble dans l'alcool à chaud, moins à froid. Il cristallise de sa solution alcoolique en prismes nets, jaune de soufre, fondant à 193-194°, et pouvant être sublimés sans décomposition. Ses propriétés basiques sont très-faibles.

NITROMÉSITYLÈNE-DIAMINE, $C^9H^9(AzO^2)(AzH^2)^2$. — Ce composé se produit lorsqu'on prolonge l'action du sulfhydrate d'ammoniaque sur le trinitromésitylène. Il se sépare du composé précédent en reprenant le produit brut qui les renferme mélangés par l'acide chlorhydrique étendu. L'ammoniaque le sépare de cette solution sous la forme d'un précipité jaune foncé amorphe, que l'on sèche et fait cristalliser dans l'alcool.

La nitromésitylène-diamine est presque insoluble dans l'eau froide, peu soluble à chaud ; très-soluble dans l'alcool surtout à chaud et dans l'éther. L'eau la laisse déposer en lamelles orangées, et l'alcool en beaux prismes très-brillants, transparents, et ayant la couleur du nitroprussiate de sodium. Ils sont clinorhombiques et présentent les faces *p, m, e*¹ ; $m\ m = 113°14'$ ; $m\ p = 101°\ 20'$ ; $e^1\ p = 158°\ 44'$.

Il fond à 184°.

Il forme des sels bien définis.

Le *chlorhydrate de nitromésitylène-diamine*,

$$C^9H^9(AzO^2)(AzH^2)^2,\ 2HCl,$$

cristallise en tables quadrangulaires jaunâtres. Il est facilement soluble dans l'eau et dans l'alcool, moins soluble dans l'éther.

DÉRIVÉ SULFURIQUE.

ACIDE MÉSITYLSULFUREUX ou *Sulfomésitylique*, $C^9H^{12}SO^3 = C^9H^{11}.SO^3H$. — L'acide sulfurique fumant dissout facilement le mésitylène à une douce chaleur, avec production d'un acide qui se sépare par le refroidissement en aiguilles incolores. On obtient ce composé à l'état de pureté en précipitant exactement le sel de baryum par l'acide sulfurique étendu et en évaporant sur l'acide sulfurique. Il forme d'abord un sirop épais, qui se prend ensuite en une masse cristalline rayonnée incolore. Cet acide est très-stable et n'est pas déliquescent comme la plupart des composés analogues.

Le *mésitylsulfite de baryum*,

$$(C^9H^{11}SO^3)^2Ba,$$

cristallise de l'eau chaude en lamelles incolores, facilement solubles dans l'eau bouillante, beaucoup moins solubles à froid.

Le sel de *potassium*, $C^9H^{11}SO^3K$, a été obtenu par décomposition du sel de baryum par le sulfate de potassium. Cristallisé dans l'alcool, il forme des lamelles réunies en boules, très-solubles dans l'eau.

Le sel de *plomb*, $(C^9H^{11}SO^3)^2Pb$, cristallise en aiguilles ; il est très-soluble dans l'eau et dans l'alcool.

Le sel d'*argent* est cristallisable, très-soluble dans l'eau et dans l'alcool ; il noircit à la lumière.

C. F.

**MÉSOLE** (Min.). — Variété de thomsonite un peu plus riche en silice, en petites sphères, ou en nodules irréguliers formant quelquefois des stalactites et tapissant des cavités dans les roches amygdaloïdes d'Écosse, de Suède, de la Nouvelle-Écosse, etc.

Dureté, 3,5 à 4.

Densité, 2,35 à 2,40.

**MÉSOLINE** (Min.). — Petits cristaux blancs de Faroë qui se rapportent ou bien à la léwyne, ou bien à la chabasie.

**MÉSOLITHE** (Min.) [Syn. *Antrimolithe, harringtonite*]. — Hydrosilicate d'alumine, de chaux et de soude, dans lequel les rapports d'oxygène $CaO + Na^2O, Al^2O^3, SiO^2, H^2O = 1 : 3 : 6 : 3$ et celui de $CaO : Na^2O = 2 : 1$. La mésolithe est une scolésite dans laquelle une partie de la chaux est remplacée par de la soude. Elle se présente très-rarement en cristaux nettement terminés ; mais ordinairement en longues aiguilles, accolées en groupes divergents, qui remplissent souvent les cavités des amygdaloïdes. Blanc ou jaunâtre, transparent ou translucide, d'un éclat plus ou moins soyeux.

*Caractères.* — Soluble en gelée dans l'acide chlorhydrique. Dans le tube fermé, donne de l'eau. Au chalumeau, devient opaque, gonfle, se tord et fond en un émail blanc.

Dureté, 5. Densité, 2,2 à 2,4.

*Forme cristalline.* — Anorthique, d'après les caractères optiques, $m\ t = 88°$ à $88°\ 15$.

Les cristaux sont toujours maclés, suivant $h^1$ ou $g^1$. Clivages *m* et *t* parfaits. F et S.

**MÉSOTARTRIQUE (ACIDE).** — Voyez TARTRIQUE (ACIDE).

**MÉSOTYPE** (Min.) [Syn. *Zéolithe* (Haussmann), *natrolithe, Faser-zéolith, brevicite, crocalithe, bergmannite, Spreustein, radiolithe, lehuntite, galactite, fargite, palæonatrolithe* (Scheerer), *savite* (Meneghini). — Hydrosilicate d'aluminium et de sodium,

$$3SiO^2, Al^2O^3, Na^2O, 2H^2O = 3(SiO^4)^{IV}Al^2Na^2H^4.$$

Une petite partie de la soude peut être remplacée par de la chaux ou de la potasse. Cristaux prismatiques allongés, groupés en touffes divergentes, ou rognons bacillaires ou fibreux ; d'un éclat vitreux, soyeux dans les variétés à fibres déliées, transparent ou translucide ; d'un blanc quelquefois teinté de gris, de jaune ou de rouge ; certaines variétés sont jaunes et zonées (natrolithe, Haüy) ; cassure inégale. Se trouve dans les amygdaloïdes, les basaltes, les phonolithes, en petits filons ou en géodes. Les plus beaux cristaux viennent du Puy de Marman et du Puy de la Piquette, Auvergne.

*Caractères.* — Soluble en gelée dans l'acide chlorhydrique et dans l'acide oxalique. Au chalumeau, se gonfle un peu et fond facilement en un verre incolore ou verdâtre. Ne perd pas d'eau dans l'air sec. Chauffée à 240°, elle perd, en devenant opaque, presque toute son eau, qu'elle reprend dans l'air humide. Elle dépasse même son poids primitif, sans retrouver sa transparence. Le rouge sombre ne lui enlève même pas complétement sa propriété hygroscopique.

Dureté, 5 à 5,5. Poussière blanche.

Densité, 2,17 à 2,25.

*Forme cristalline.* — Prisme orthorhombique, $m\ m = 91°0'$ ; $b^{1/2}\ m = 116°40'$ ; $b^{1/2}\ b^{1/2} = 120°\ 40'$. Clivage parfait, *m*.

Fig. 405. — Mésotype.

Cette espèce se rapproche beaucoup de la mésolithe et de la scolézite, qui en diffèrent par leur forme cristalline clinorhombique et le remplacement partiel ou total de la soude par la chaux. F. et S.

**MÉSOTYPE ÉPOINTÉE.** — Voyez APOPHYLLITE.

**MÉSOXALIQUE (ACIDE),**

$$C^3H^2O^5 = \begin{array}{l} CO.OH \\ | \\ CO \\ | \\ CO.OH \end{array}$$

[Liebig et Wöhler, *Ann. der Chem. u. Pharm.*, t. XXVI, p. 298; — Svanberg et Kolmodin; *Jahresb. Berzel.*, t. XXVII, p. 165; — Bæyer, *Ann. der Chem. u. Pharm.*, t. CXXXI, p. 291; — Th. Deichsel, *Berl. Acad. Ber.*, 1864, p. 587; *Bull. de la Soc. chim.*, t. III, p. 299, 1865; — Wichelhaus, *Ber. d. deutsch. Chem. Ges.*, Berlin, 1868, p. 263; *Bull. de la Soc. chim.*, 1869, t. XII, p. 278]. — Lorsqu'on fait bouillir l'alloxane ou l'acide alloxanique avec les alcalis, ces corps se dédoublent en urée et en acide mésoxalique :

$$\underset{\text{Alloxane.}}{C^4H^2Az^2O^4} + 2H^2O = \underset{\text{Acide mésoxalique.}}{C^3H^2O^5} + \underset{\text{Urée.}}{CH^4Az^2O}.$$

Il prend également naissance dans l'action d'un oxydant (iode) sur l'acide amidomalonique:

$$\underset{\text{Acide amidomalonique.}}{CH(AzH^2)\left\{\begin{array}{l}COOH\\COOH\end{array}\right.} + H^2O + I^2$$

$$= \underset{\text{Acide mésoxalique.}}{CO\left\{\begin{array}{l}COOH\\COOH\end{array}\right.} + HI + (AzH^4)I.$$

Théoriquement, il doit se former dans l'oxydation de l'acétone, de l'acide pyruvique, de l'acide oxymalonique, de l'acide carbacétoxylique, etc. MM. Friedel et Ladenburg ont obtenu récemment en oxydant l'acétone un acide en petite quantité, qui, d'après ses réactions, paraît être de l'acide mésoxalique [*Bull. de la Soc. chim.*, 1870, t. XIII, p. 99].

M. Wichelhaus a réalisé la transformation de l'acide pyruvique en acide mésoxalique, en traitant l'acide bibromopyruvique à froid par l'oxyde d'argent; à chaud, on obtient de l'acide oxalique :

$$\underset{\text{Acide bibromopyruvique.}}{\begin{array}{l}CH.Br^2\\CO\\COOH\end{array}} + 2Ag^2O = 2AgBr + 2Ag + \underset{\text{Acide mésoxalique.}}{\begin{array}{l}COOH\\CO\\COOH.\end{array}}$$

*Préparation.* — 1° On verse goutte à goutte une dissolution bouillante d'acétate de plomb dans une solution d'alloxane; il se précipite du mésoxalate de plomb, qu'on décompose exactement par l'acide sulfurique.

2° On ajoute à un litre d'eau à 80° environ 5 grammes d'alloxanate de baryum sec; on porte rapidement à l'ébullition et on filtre après une ébullition de 5 à 10 minutes. Le mésoxalate de baryum cristallise par le refroidissement. Si l'ébullition n'a pas duré assez longtemps, le sel se trouve mélangé d'un peu d'alloxanate; si, au contraire, elle a été prolongée trop longtemps, le mesoxalate est mélangé d'un peu d'oxalate. Une partie de l'acide mésoxalique reste en solution, et on peut la précipiter à l'état de sel de plomb, en ajoutant de l'acétate de plomb à la liqueur, après l'avoir aiguisée par l'acide acétique. Pour isoler l'acide, on décompose le sel de baryum exactement par l'acide sulfurique. Le sel de plomb est traité également par l'acide sulfurique, l'acide libre est converti en sel de baryum ou d'argent, et ces derniers sont décomposés par l'acide sulfurique ou chlorhydrique. On ne peut décomposer le sel de plomb par l'hydrogène sulfuré, parce que l'acide mésoxalique s'altère lui-même. La solution de l'acide, évaporée d'abord vers 40° ou 50°, ensuite dans l'air sec, laisse déposer des cristaux prismatiques (Deichsel).

3° On ajoute de l'iode à la solution aqueuse d'acide amidomalonique, renfermant un peu d'iodure de potassium, tant que la liqueur se décolore, et on précipite ensuite l'acide mésoxalique par l'acétate de baryum (Baeyer).

*Propriétés.* — L'acide mésoxalique est en cristaux prismatiques, incolores, très-déliquescents, très-solubles même dans l'alcool absolu; l'éther le dissout également. Il possède une réaction fortement acide. En solution aqueuse et concentrée, il se décompose déjà vers 70° ou 80°. Il fond sans perdre d'eau à 115°, et se concrète de nouveau à 55°. Sa composition est exprimée par la formule

$$C^3H^2O^5 + H^2O.$$

Il réduit à chaud les sels d'argent.

Lorsqu'on traite l'acide mésoxalique par l'amalgame de sodium en présence de l'eau, il se transforme en acide oxymalonique (tartronique) :

$$\underset{\text{Acide mésoxalique.}}{CO\left\{\begin{array}{l}COOH\\COOH\end{array}\right.} + H^2 = \underset{\text{Acide tartronique.}}{CH.OH\left\{\begin{array}{l}COOH\\COOH.\end{array}\right.}$$

Cette réaction, tout à fait analogue à celle qui donne naissance à l'alcool isopropylique, démontre que l'acide mésoxalique est un acide acétonique.

Par oxydation, l'acide mésoxalique fournit les acides carbonique et oxalique.

Mésoxalates. — L'acide mésoxalique est bibasique; ses sels sont presque tous solubles dans l'eau et cristallisables; insolubles dans l'alcool et dans l'éther. Ils retiennent, à l'exception du sel ammoniacal, une molécule d'eau, qui ne se dégage qu'à une température à laquelle les sels subissent une décomposition plus profonde. La solution aqueuse de l'acide donne avec les sels de baryum un précipité amorphe, qui devient grenu; l'azotate ne produit de précipité qu'après neutralisation par l'ammoniaque; les sels mercureux y forment également un précipité, mais le chlorure mercurique ne la précipite pas.

*Mésoxalate d'ammonium*, $C^3O^5(AzH^4)^2$. — Il s'obtient directement en neutralisant l'acide par l'ammoniaque. Il se dépose en cristaux grenus solubles dans l'alcool, qui se colorent en rouge à l'air. C'est le seul mésoxalate anhydre.

*Mésoxalate d'argent*, $C^3O^5Ag^2 + H^2O$. — Précipité amorphe, incolore, qui jaunit et prend un aspect cristallin. Bouilli avec de l'eau, il se décompose en vertu de l'équation :

$$\underset{\text{Mésoxalate d'argent.}}{C^3O^5Ag^2} + H^2O = \underset{\text{Acide oxalique.}}{C^2H^2O^4} + 2Ag + CO^2.$$

L'acide oxalique formé met en liberté l'acide d'une portion de mésoxalate non décomposé.

En présence de l'oxyde d'argent ammoniacal, il fournit de l'argent et de l'acide carbonique :

$$C^3O^5Ag^2 + Ag^2O = 3CO^2 + 4Ag.$$

*Mésoxalate de potassium.* — Liquide huileux, qui se concrète peu à peu.

*Mésoxalate de sodium*, $C^3O^5Na^2 + H^2O$. — On le prépare en ajoutant de l'acétate de sodium à l'acide mésoxalique, ensuite de l'alcool. Le sel se sépare en lamelles cristallines très-solubles dans l'eau. Il ne perd pas d'eau à 120°.

*Mésoxalate de baryum*, $C^3O^5Ba + 1\,1/2\,H^2O$. — Il est presque insoluble dans l'eau froide, soluble dans l'eau bouillante, et cristallise en prismes incolores. Vers 170° les cristaux perdent l'eau de cristallisation en se décomposant partiellement.

*Mésoxalate de cadmium.* — Prismes microscopiques.

*Mésoxalate de calcium*, $C^3O^5Ca + 3H^2O$. — Sel cristallisé qui perd, suivant Wichelhaus, son eau à 100°.

*Mésoxalate de cuivre.* — Beaux cristaux bleus.

*Mésoxalate de plomb*, $C^3O^5Pb + PbH^2O^2$. — Il est presque insoluble dans l'eau ; au-dessus de 120°, il perd un peu d'eau. C'est un sel basique ; le sel neutre n'est pas connu.

*Mésoxalate d'éthyle*, $C^3O^5(C^2H^5)^2 + H^2O$ (?). — On l'obtient en faisant agir l'iodure d'éthyle sur le mésoxalate d'argent. C'est un liquide huileux, dense, jaune, non distillable. L'eau le dissout en le décomposant en acide et en alcool. Traité par l'ammoniaque en solution alcoolique, l'éther mésoxalique donne une amide cristallisée qui se colore en rouge à l'air, comme le fait le mésoxalate d'ammonium. A. H.

**MÉTABRUSHITE** (Min.) [Syn. *Ornithite, zeugite*]. — Hydrophosphate de calcium avec traces d'alumine, de fer et de matières organiques,

$$PhO^4CaH + 3/2\,H^2O.$$

Cristaux clinorhombiques imparfaits, à éclat perlé sur le clivage $g^1$ qui est parfait, d'un jaune pâle, transparents ou translucides, fragiles, trouvés dans le guano des îles Sombrero ou dans la roche corallienne sous-jacente.

*Caractères.* — Se dissout facilement dans les acides. Dans le tube bouché, blanchit et donne de l'eau à une haute température. Au chalumeau, fond aisément, donne une flamme verte et une perle qui cristallise par le refroidissement.

Dureté, 2,5 à 3.

Densité, 2,28 à 2,36.

*Forme cristalline.* — Prisme clinorhombique : $h^1a^1 = 38°$ environ. Clivage, $g^1$ parfait. F. et S.

**MÉTACÉTIQUE (ACIDE).** — Syn. d'ACIDE PROPIONIQUE.

**MÉTACÉTONE**, $C^6H^{10}O$ (?) — M. Fremy [*Ann. de Chim. et de Phys.*, t. LIV, p. 6], a obtenu ce produit dans la distillation sèche du sucre, de la gomme, de l'amidon avec huit fois leur poids de chaux vive. On chauffe dans une cornue spacieuse, en ayant soin d'ôter le feu quand la réaction est en train ; elle s'achève seule. Si le mélange a été fait soigneusement, il ne se dégage presque pas de gaz, mais il passe une huile qu'on lave à l'eau pour lui enlever l'acétone qu'elle renferme ; et qu'on distille ensuite. L'amidon paraît fournir plus de métacétone que d'acétone. D'après Gottlieb, il vaut mieux n'employer que trois fois le poids de chaux.

C'est une huile incolore, d'une agréable odeur, bouillant à 84°, insoluble dans l'eau, miscible en toute proportion avec l'alcool et l'éther. Distillé avec le bichromate de potassium et l'acide sulfurique, ce corps donne de l'acide carbonique, de l'acide acétique et de l'acide propionique. Il est probable que la métacétone est identique avec la propione $C^6H^{10}O$ qui bout à 84°, et donne les mêmes produits d'oxydation.

D'après Gottlieb [*Ann. der Chem. u. Pharm.*, t. LII, p. 127], la métacétone versée goutte à goutte sur la chaux potassée chaude, ou sur l'hydrate de potasse fondu, distille en grande partie sans altération ; le résidu ne renferme que des traces d'acide propionique.

On a obtenu également la métacétone dans la distillation sèche du lactate de chaux [Favre, *Ann. de Chim. et de Phys.*, (3), t. XI, p. 80], et on l'a trouvée dans les huiles provenant de la distillation du bois [Cahours, *Comptes rendus*, t. XXX, p. 326].

**MÉTACHLORITE** (Min.). — Variété de ripidolithe en croûtes minces, lamelleuses ou bacillaires, clivables dans une direction perpendiculaire à la surface des croûtes opaques. D'un éclat vitreux. Vert-poireau à l'état frais, brunissant à l'air. Soluble en gelée dans l'acide chlorhydrique. Au chalumeau, fond difficilement sur les bords en un émail foncé.

Dureté, 2,5.

Dans une roche vert foncé, au Büchenberg, près Elbingerode (Hartz).

**MÉTACINNAMÉINE.** — Ce composé, découvert par M. Fremy dans le baume du Pérou, et que MM. Kopp et Kraut ont identifié avec la styracine, paraît être du cinnamate de benzyle pur, tandis que la cinnaméine est du cinnamate de benzyle que des traces de matières étrangères empêchent de cristalliser. Le cinnamate de benzyle préparé par le cinnamate de soude et le chlorure de benzyle reste en effet huileux lorsqu'il renferme de très-petites quantités d'alcool benzylique (E. Grimaux). Les analyses de la métacinnaméine de M. Fremy correspondent exactement à la formule du cinnamate de benzyle,

$$C^7H^7, C^9H^7O^2 = C^{16}H^{14}O^2.$$

— Voyez CINNAMÉINE, t. I, p. 655.

**MÉTACOPAHUVIQUE (ACIDE).** — Acide cristallisé contenu dans le copahu de Maracaïbo (Colombie). Le baume renferme une essence $C^{20}H^{32}$ insoluble dans la soude, bouillant de 250° à 260° (densité à 10° = 0,921 ; densité de vapeur, 9,5), et l'acide métacopahuvique, soluble dans la soude et précipitable par l'acide chlorhydrique.

Cet acide, $C^{22}H^{34}O^4$, est en lamelles fusibles vers 205-206° et solubles dans l'alcool, dans l'éther et dans le pétrole. Sa solution ammoniacale précipite les sels d'argent, de baryum, de calcium, de cuivre et de plomb.

*Sel d'argent*, $C^{22}H^{32}Ag^2O^4 + H^2O$ ; l'eau se dégage à 150°.

*Sel de cuivre*, $C^{22}H^{32}CuO^4 + H^2O$, précipité vert-bleuâtre.

Le *sel de sodium* est en cristaux très-hygroscopiques.

L'acide métacopahuvique est peut-être identique avec l'acide gurgunique. Voyez t. I, p. 1646 [E. Strauss, *Ann. der Chem. u. Pharm.*, t. CXLVIII, p. 148]. A. H.

**MÉTACROLÉINE.** — Voyez ACROLÉINE, t. I, p. 64.

**MÉTAFURFUROL.** — Voyez FURFUROL, t. I, p. 1505.

**MÉTAGALLIQUE (ACIDE).** — Voyez GALLULMIQUE (ACIDE), t. I, p. 1516.

**MÉTAGLYCÉRINE.** — Voyez GLYCÉRINE, t. I, p. 1597.

**MÉTAGUMMIQUE (ACIDE).** — Voyez GUMMIQUE (ACIDE), t. I, p. 1629.

**MÉTALLOÏDES, MÉTAUX.** — La classification des corps simples en métaux et métalloïdes a paru défectueuse à bon nombre de chimistes. Le mot même de *métalloïde* a semblé mal choisi pour désigner des éléments qui, d'après l'esprit de la classification, doivent présenter des propriétés générales opposées à celles des métaux. L'étymologie (μέταλλον, εἶδος, *d'apparence métallique*) indique en effet le contraire, d'où il suit que, si cette dénomination est bonne, la classification est mauvaise, et réciproquement.

Il est facile de s'expliquer cette inconséquence. Lorsque Berzelius sépara les éléments en deux grands groupes, il hésita à créer un mot nouveau et préféra donner aux substances non métalliques un nom que quelques-unes portaient déjà. L'arsenic et d'autres corps qui ont en effet l'apparence métallique étaient alors appelés des *métalloïdes*. C'était aussi le nom qu'on proposait pour les nouveaux métaux découverts par Davy. Le mot de Berzelius s'introduisit et se maintint dans la science en même temps que ses idées. Comme il arrive souvent, ce fut l'éloignement qu'on manifesta pour les néologismes qui détourna le terme de son acception primitive; le même sentiment nous empêche aujourd'hui d'en créer un autre. Celui-ci serait d'ailleurs inutile, car le mot *métalloïde* est entré à ce point dans l'usage, que, pour tout homme ayant lu un traité de chimie, il représente une idée aussi nette que celui de *métal*.

Berzelius appelle *métaux* tous les corps simples opaques et doués d'un vif éclat lorsqu'ils présentent une surface polie, qui se distinguent des autres éléments par une conductibilité généralement grande pour la chaleur et pour l'électricité, et qui se séparent au pôle négatif lorsqu'on électrolyse leurs composés. Il appelle *métalloïdes* les éléments gazeux ou sans éclat véritablement métallique qui présentent une moindre conductibilité et se portent généralement dans l'acte de l'électrolyse au pôle positif. Les premiers donnent surtout des bases en s'oxydant, les autres des acides; l'antagonisme qui existe entre les deux classes d'éléments se transmet à leurs produits d'oxydation; les acides se combinent aux bases comme les métaux aux métalloïdes, parce que ces corps sont doués d'aptitudes chimiques inverses, de propriétés électriques opposées. C'est donc, comme on pouvait le prévoir, le *dualisme* qui a amené à partager les éléments en *deux* classes.

Berzelius n'ignorait pas que les propriétés sur lesquelles est fondée sa classification varient graduellement d'un corps à un autre sans qu'on puisse discerner entre le dernier des métaux et le premier des métalloïdes une différence nettement tranchée; aussi range-t-il les divers éléments en une série linéaire continue, dont chaque terme diffère du précédent par un changement dans le même sens de ses propriétés principales, particulièrement de ses propriétés électrochimiques. Les corps les plus électronégatifs de la série sont les *métalloïdes*, mais on ne saurait donner de ce terme une définition précise, puisque chaque élément est électropositif par rapport à ceux qui le précèdent dans la liste et électronégatif par rapport à ceux qui le suivent. — Voyez AFFINITÉ, t. I, p. 76.

Si la plupart des chimistes acceptèrent la classification Berzelienne, tous n'adoptèrent pas le mot de métalloïdes, qu'on trouve souvent remplacé par ceux de *non-métaux, combustibles non métalliques, comburants et combustibles élémentaires non métalliques*, etc. Les uns réunirent l'arsenic et le tellure aux métaux, d'autres leur refusèrent cette place et classèrent l'antimoine et le bismuth avec les métalloïdes; mais ce sont là des questions de détail, et il reste bien entendu que, parmi les corps simples, ceux-là qui possèdent à un haut degré les propriétés attribuées de tout temps aux métaux doivent être séparés des autres, au moins pour la commodité du langage. Ces derniers sont les *métalloïdes*.

Dans le temps même du plus grand éclat de la théorie de Berzelius, les chimistes avaient signalé de remarquables analogies dans les propriétés de corps séparés par de nombreux termes dans la liste électrochimique. Une classification nouvelle des éléments, fondée sur ces analogies, fut formulée, en 1827, par M. Dumas, qui subdivisa la grande classe des métalloïdes en quatre familles naturelles. Telle était l'exactitude des principes de la nouvelle classification, que presque toutes les familles de M. Dumas restèrent unies au milieu de la variation des systèmes chimiques, et que ce fut affaire aux théories de s'accommoder avec elles, bien loin qu'elles dussent se modifier pour cadrer avec les théories. Le bore seul dut quitter sa place. Nous n'insisterons pas sur cette classification à laquelle la doctrine de l'atomicité s'applique merveilleusement (voyez ATOMICITÉ, t. I, p. 453). De fait, les chimistes actuels n'emploient pas d'autres méthodes pour la fixation de l'atomicité d'un élément que celles qui servaient à M. Dumas à faire entrer un corps simple dans l'une ou l'autre de ses familles (1).

Dans chacune de celles-ci, l'on observait la gradation électrochimique d'une façon beaucoup plus nette que dans la série même de Berzelius, de façon qu'on peut sans inconvénient garder dans chaque famille la sériation linéaire des éléments; les termes les plus positifs prennent l'aspect et les propriétés des métaux (tellure, arsenic, silicium), et l'on peut leur ajouter des corps franchement métalliques en prolongeant ainsi chaque série jusque sur le terrain même des métaux, sans lui faire perdre son caractère de famille naturelle

La classification des métaux d'après leur atomicité offre certaines difficultés dues à ce qu'ils sont très-nombreux et généralement moins bien connus que les métalloïdes. Sur ce sujet, nous ne saurions mieux faire que de renvoyer le lecteur à l'article ATOMICITÉ, t. I, p. 453.

M. Dumas avait été amené à comparer les séries homologues de la chimie organique aux familles naturelles de la chimie minérale. Il fut frappé de voir que la même gradation de propriétés chimiques et de volatilité s'observait dans les unes

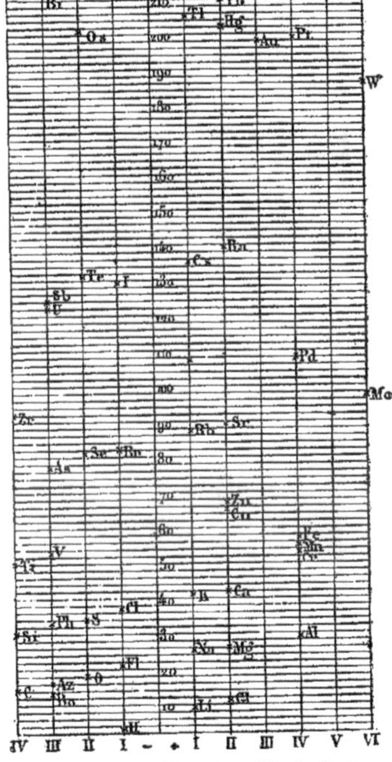


Fig. 406. — Tableau des poids atomiques.

(1) « La classification des corps non métalliques est fondée sur les caractères des composés qu'ils forment avec l'hydrogène, et sur le rapport en volumes des deux éléments qui se combinent et sur leur mode de condensation. Celle des métaux doit être fondée sur les caractères des composés qu'ils forment avec le chlore et autant que possible sur le rapport en volumes des deux éléments qui se combinent et sur leur mode de condensation. » Dumas, *Ann. de Chim. et de Phys.*, (3), t. LV, p. 199.

comme dans les autres. De plus, en comparant les poids atomiques des divers éléments d'une famille, il vit qu'ils suivaient une progression croissante comme les poids moléculaires des divers alcools homologues, ou que, si les différences entre les poids atomiques des corps d'une même série n'étaient pas toujours les mêmes, on retrouvait dans une autre série des différences égales et dans le même ordre [*Ann. de Chim. et de Phys.*, (3), t. LV, p. 129.]

Sans insister sur ces considérations ni sur les déductions qu'on en peut tirer touchant la décomposition possible des corps réputés simples, nous nous contenterons de donner ici un tableau des poids atomiques de quelques familles naturelles, où l'on peut observer les rapports numériques signalés par M. Dumas.

Thenard avait imaginé une classification des métaux qui, malgré son imperfection, est restée longtemps dans la science. Elle était fondée sur l'affinité des métaux pour l'oxygène, celle-ci étant constatée par la température : 1° où ils s'oxydent dans l'oxygène gazeux, 2° où ils décomposent l'eau, 3° où leurs oxydes se réduisent par la chaleur seule.

Nous la donnons ici, modifiée par M. Regnault, et telle qu'elle figure dans le *Traité de Chimie médicale* de M. Wurtz.

| | |
|---|---|
| 1° Décomposent l'eau à froid | K.Na.Li.Cæ.Rb.Ba.Sr.Ca.Tl. |
| 2° Décomposent l'eau vers 100° | Mg.Mn. |
| 3° Décomposent l'eau *vers le rouge*, décomposent l'acide sulfurique étendu à froid. Facilement oxydables | Fe.Zn.Ni.Co.V.Cr.Cd.U. |
| 4° Décomposent l'eau au rouge, mais ne décomposent pas l'acide sulfurique étendu à froid | Sn.Ti.Sb.Mo.W.Ta.Nb.Os. |
| 5° Décomposent faiblement l'eau au rouge blanc. Peu oxydables | Al.Gl.Ce.La.Di.Y.Er.Zr. |
| 6° Décomposent faiblement l'eau au rouge blanc, ne décomposent pas l'acide sulfurique étendu à froid. Facilement oxydables | Cu.Pb.Bi. |
| 7° Ne décomposent pas l'eau. Oxydes réductibles par la chaleur | Hg.Ag.Rh.Ir.Pd.Ru.Pt.Au. |

Les propriétés physiques des métalloïdes sont très-diverses ; on les trouvera décrites dans les différents articles qui leur sont consacrés. Quant à celles des métaux, elles présentent assez d'analogies pour qu'il ne soit pas inutile de les rapprocher.

*Forme cristalline.* — Type cubique : Au.Ag. Pt.Ir(?).Pd.Hg.Cu.Fe.Pb; type quadratique : Sn.K; type rhomboédrique : As.Sb.Bi.Te.Zn.Mg.

*Couleur.* — Après de nombreuses réflexions sur la surface des métaux, la lumière blanche se résout en une lumière colorée qui, d'après les recherches de Prevost, est celle-ci :

| | |
|---|---|
| Rouge écarlate | Cu. |
| Rouge vif | Au. |
| Jaune pur | Ag. |
| Bleu indigo | Zn. |
| Violet | Fe, acier. |

Observée à la façon ordinaire, la couleur de tous les métaux est le blanc plus ou moins lavé de gris, et de différentes nuances. L'or et le strontium sont jaunes. Le cuivre et le titane sont rouges.

Les métaux alcalins paraissent se dissoudre simplement dans l'ammoniaque anhydre et liquéfiée. Ces solutions sont fortement colorées en bleu.

*Dureté :*

| | |
|---|---|
| Rayent le verre. | Cr.Mn. |
| Rayés par le verre | Ni.Co.Fe.Sb.Zn. |
| Rayés par la calcite | Pd.Pt.Cu.Au.Ag.Cd.Sn.Mg.Al.Bi. |
| Rayé par l'ongle. | Pb, Te. |
| Mou à la tempér. ordinaire | K.Na. |
| Liquide | Hg. |

*Ductilité.* — Les différents métaux se présentent dans l'ordre suivant sous le rapport de la facilité avec laquelle on peut enfiler des fils à l'aide de la filière. L'or, l'argent et le platine sont les plus ductiles de tous :

Au.Ag.Pt.Al.Fe.Ni.Cu.Pd.Zn (à froid). Sn.Pb.

*Malléabilité.* — Ils peuvent être classés de la façon suivante sous le rapport de la facilité avec laquelle on peut en faire des lames à l'aide du laminoir :

Au.Ag.Al.Cu.Sn.Pb.Zn.Pt.Fe.Co.Ni.Pd.

Ils se succèdent dans l'ordre suivant sous le rapport de la facilité avec laquelle ils se laissent amincir sous le marteau :

Pb.Sn.Au.Zn.Ag.Al.Cu.Pb.Fe.

Les métaux suivants sont cassants et se réduisent en poudre par le choc :

Sb.Bi.Cr.Ta.Ti.Mn.Mo.W.

*Ténacité.* — Nombres de kilogrammes nécessaires pour provoquer la rupture d'un fil de 2 millimètres de diamètre :

| | | | | | |
|---|---|---|---|---|---|
| Fe... | 250 | Ag .. | 85 | Ni.... | 48 |
| Cu... | 137 | Au... | 68 | Sn... | 16 |
| Pt... | 125 | Zn... | 50 | Pb... | 5,5 |

Nombres de kilogrammes nécessaires pour provoquer la rupture d'une barre supposée d'un centimètre carré de section (*Dictionnaire* de Laboulaye) :

| | | |
|---|---|---|
| Fer forgé ou étiré en barres. Fort, petits échantillons | 6000 | |
| Fer forgé ou étiré en barres. Faible, gros échantillons | 2500 | |
| Fer. Tôle laminée tirée dans le sens du laminage | 4100 | Navier. |
| — Tôle laminée tirée dans le sens perpendiculaire | 3600 | Navier. |
| — dit *ruban*, très-doux | 4500 | |
| — en fil à carder non recuit, de 0mm,23 de diamètre | 9000 | |
| — en fil non recuit de 0mm,5 et 1 millimètre | 8000 | |
| — en fil non recuit de 1 millimètre et 3 millimètres | 6000 | |
| — en fil non recuit, plus gros | 5000 | |
| — en faisceau de fils (câble) | 3000 | Bornet. |
| Acier, en moyenne | 7500 | |
| Fonte grise, en moyenne | 1300 | |
| Bronze de canon, en moyenne | 2300 | |
| Cuivre laminé tiré dans le sens du laminage | 2100 | Navier. |
| Cuivre en fil non recuit de 1 à 2 millimètres de diamètre | 5000 | |
| Laiton en fil non recuit de plus de 1 millimètre de diamètre | 5000 | Ardant et Dufour. |
| Platine recuit (diamètre mesuré directement) | 3100 | |
| Platine écroui en fil de 0mm,127 de diamètre | 11600 | Baudrimont |
| Étain fondu | 300 | Rennie. |
| Zinc fondu | 600 | |
| — laminé | 500 | Navier. |
| Plomb fondu | 128 | Rennie. |
| — laminé | 135 | |

*Conductibilité relative pour la chaleur* (Wiedemann et Franz) :

| | | | |
|---|---|---|---|
| Ag..... | 100 | Fe..... | 11,9 |
| Cu..... | 73,5 | Pb..... | 8,5 |
| Au..... | 53,2 | Pt..... | 8,4 |
| Zn..... | 19,3 | Pd..... | 6,3 |
| Sn..... | 14,5 | Bi..... | 1,8 |

*Conductibilité relative pour l'électricité* (Matthiessen) :

| | |
|---|---|
| Ag...... | 100 écroui. |
| | 100 recuit. |
| Cu...... | 99,95 écroui. |
| | 102,2 recuit. |
| Au...... | 77,96 écroui. |
| | 79,33 recuit. |
| Al....... | 56,06 recuit. |
| Mg...... | 41,17 recuit. |
| Na....... | 40,52 p. (fil obtenu par pression). |
| Zn....... | 29,02 p. |
| Cd....... | 23,72 p. |
| K....... | 22,62 p. |
| Ca....... | 22,14 p. |
| Li....... | 19,00 p. |
| Pd....... | 18,44. |
| Pt....... | 18,03 |
| Co....... | 17,22 |
| Fe....... | 16,81 recuit. |
| Ni....... | 13,11 recuit. |
| Sn....... | 12,36 p. |
| Tl....... | 9,16 p. |
| Pb....... | 8,32 p. |
| As....... | 4,76 p. |
| Sb....... | 4,62 p. |
| Hg....... | 1,63 liquide. |
| Bi....... | 1,23 p. |

*Température de fusion :*

| | |
|---|---|
| Hg.............. | — 40° |
| K.............. | + 58 |
| Na.............. | 90 |
| Sn.............. | 228 |
| Bi.............. | 246 |
| Pb.............. | 322 |
| Cd.............. | 360 |
| Zn.............. | 374 |
| Mg.............. | Température voisine. |
| Sb.............. | 425 |
| Sr.Ba.......... | Un peu au-dessus du rouge. |
| Al.............. | Entre le zinc et l'argent. |
| Ag.............. | 1020 |
| Cu.............. | 1090 |
| Au.............. | 1100 |
| Fonte grise...... | 1590 |
| Acier. Mn.Ni.Co. | Entre la fonte et le fer. |
| Fe.............. | 2000 |
| Pt.............. | De 1800 à 2000 (Deville et Debray). |

*Température d'ébullition*

| | |
|---|---|
| Hg....... | 360 |
| Na,K..... | Rouge naissant. |
| Cd....... | 860 |
| Zn....... | 1040. Rouge blanc. |

G. S.

**MÉTALLURGIE.** — Art d'extraire industriellement les métaux des composés naturels qui les renferment, et qu'on nomme minerais. La métallurgie est intimement liée à la chimie, dont elle emploie les méthodes et dont elle est une des applications les plus importantes. Dans l'extraction industrielle des métaux, la considération du prix de revient est capitale; aussi les méthodes chimiques susceptibles d'être utilisées sont-elles seulement celles qui peuvent, par des moyens simples, rapides et économiques, donner naissance à des produits suffisamment purs pour les besoins auxquels ils sont destinés. Nous étudierons les diverses opérations que doivent subir les minerais une fois extraits de la mine, ainsi que les procédés généraux et les appareils qui servent à en extraire les métaux.

Ces opérations comprennent :

1° *La préparation mécanique des minerais;*
2° *Le traitement métallurgique proprement dit.*

PRÉPARATION MÉCANIQUE DES MINERAIS.

Les minerais sont généralement loin d'être des composés métalliques sans mélange; les métaux qu'ils renferment à l'état natif ou combiné et qui forment la partie utile, sont plus ou moins intimement mélangés de substances terreuses ou métalliques sans emploi, qu'on appelle *gangues.* — On doit le plus souvent les soumettre à une série d'opérations purement physiques, destinées à les enrichir en en séparant la majeure partie des gangues, de manière à rendre leur traitement métallurgique plus facile et moins coûteux. Ces opérations préliminaires constituent la *préparation mécanique.*

Les minéraux formant la partie utile des minerais et les gangues qui les accompagnent ayant des densités différentes, le problème de la séparation revient à un classement par densité. La partie utile est généralement la plus dense; pour simplifier, nous raisonnerons toujours dans cette hypothèse.

Les minéraux à séparer des gangues sont disséminés dans le minerai en fragments d'une grosseur variable; pour en opérer la séparation, il faudra donc subdiviser les morceaux en grains de grosseur telle que chacun d'eux ne soit formé que de gangue ou de matière utile. Les minerais devront donc être concassés ou broyés à une grosseur d'autant moindre que la partie utile sera plus disséminée.

PRINCIPES DE LA PRÉPARATION MÉCANIQUE.

Si tous les fragments avaient les mêmes dimensions et la même forme, la séparation par ordre de densité n'offrirait pas de bien grandes difficultés. Il suffirait en effet de laisser tomber verticalement les fragments dans l'eau (1) d'une hauteur

(1) NOTE 1. — *Chute libre d'un corps dans un liquide en repos.* Nous supposerons le corps de forme régulière : soient $a$ l'une de ses dimensions linéaires, $d$ sa densité, $u$ sa vitesse dans le liquide à un moment donné, $g$ l'accélération due à la pesanteur (9m,8088), J l'accélération à un moment donné de la vitesse de chute $\left(J = \frac{du}{dt}\right)$, $\delta$ la densité du liquide. Le poids du corps est $\mathrm{K}da^3$ (K étant une constante); sa masse sera $\frac{\mathrm{K}\,da^3}{g}$; et $\frac{\mathrm{K}\,da^3}{g} \times \mathrm{J}$, ou le produit de la masse du corps par son accélération, devra être égal à la force produisant cette accélération. Cette force est égale au poids du corps dans le liquide $\mathrm{K}(d-\delta)a^3$, diminuée de la résistance du fluide : celle-ci est proportionnelle au carré de la vitesse du corps, à la plus grande section du corps perpendiculairement à la direction du mouvement (ou à sa surface) et à la densité du liquide. En désignant par C une constante, on aura donc la relation :

$$\frac{\mathrm{K}da^3}{g}.\,\mathrm{J} = \mathrm{K}(d-\delta)a^3 - \mathrm{C}\,\delta a^2 u^2.$$

Cette formule montre que la résistance du liquide, augmentant comme le carré de la vitesse, arrivera rapidement à être égale à la force accélératrice; le corps tombera donc avec une vitesse croissante jusqu'à la vitesse limite

$$u = \sqrt{\frac{\mathrm{K}\,a\,(d-\delta)}{\mathrm{C}\,\delta}}$$

correspondant à l'accélération J devenue nulle; et il conservera cette vitesse constante pendant le reste de sa chute. D'après les expériences de M. de Rittinger, la vitesse de la chute libre arrive très-rapidement à être constante, même pour les grosses grenailles qui y parviennent en moins d'une seconde. Cette vitesse augmente, comme on le voit, avec la densité; d'où la séparation des fragments de même dimension et de densités différentes.

Pour un autre fragment de forme semblable, mais de

suffisante; ils arriveraient successivement au fond avec des vitesses inégales dans l'ordre de leurs densités, et se superposeraient dans le même ordre. Les couches successives contiendraient les grains de même densité, et la séparation serait opérée.

On cherche à remplir ces conditions d'égalité de dimensions en classant les fragments par grosseur au moye de cribles ou de trommels; mais ce classement est imparfait; il ne peut tenir en aucune façon compte de la forme qui détermine en partie la résistance du liquide, et il n'est pas applicable à la partie la plus fine des minerais broyés. Aussi, lorsqu'on applique au moyen d'appareils spéciaux cette méthode de chute dans un liquid , le classement ne se fait pas exactement par ordre de densité, par suite de l'inégalité de dimensions et de formes. L'augmentation de surface extérieure, augmentant le frottement contre le liquide, peut faire compensation à l'augmentation de densité, de sorte que chaque couche horizontale, dans le cas de fragments inégaux, n'est plus caractérisée par l'inégalité de densité, mais par un certain rapport entre la densité et la dimension.

Heureusement, en donnant au liquide une vitesse convenable et convenablement dirigée (²), on peut changer la loi qui lie la densité aux dimensions, de manière que, par l'application alternative et systématique de la chute libre dans un liquide sans vitesse et de la chute libre dans un liquide en mouvement, on parvient à effectuer la séparation par densité, le premier mode tendant à exagérer les différences de densité, le second les différences de grosseur.

On utilise aussi avec avantage le frottement des minerais soumis à un courant d'eau sur des surfaces planes. Un fragment de minerai placé en équilibre sur un plan incliné, et soumis à l'action d'une nappe de liquide coulant sur cette surface, restera en repos ou sera entraîné, suivant que la force développée par l'action du liquide sur ce corps sera inférieure ou supérieure à la résistance au mouvement due au frottement. La force motrice ne dépend que de la surface du corps; la résistance due au frottement ne tient qu'au poids. Pour des fragments de même dimension, les plus légers seront seuls entraînés; les fragments différents entraînés par un courant de même vitesse ont une relation entre leurs densités et leurs dimensions (³), la variation de l'une pouvant corriger la variation de l'autre. Le classement ainsi obtenu se rapproche du classement par la chute libre.

Nous citerons aussi un autre principe qui semble avoir une certaine influence dans quelques-uns des nouveaux appareils introduits dans la préparation mécanique. *Des fragments de minerai de densité et de dimension différentes prennent, à l'origine de leur chute et pendant un temps très-court, des accélérations qui sont indépendantes de leurs dimensions* (⁴). Il est du reste certain que les appareils qui pourraient être rapportés à ce principe donnent des résultats d'une précision remarquable; leur introduction a peut-être été le perfectionnement le plus utile apporté à la préparation mécanique depuis nombre d'années.

Dans d'autres appareils, enfin, une surface plane sur laquelle coule l'eau entraînant le minerai est soumise à une série de chocs. L'effet produit dans ce cas est la résultante de l'effet que produirait le courant d'eau seul, effet que nous avons indiqué précédemment, et qui tend à opérer un classement analogue à celui de la chute libre, et de l'effet que produiraient les chocs; ce dernier tend à opérer un classement par densité. Lorsque la vitesse dont la table est animée se trouve détruite par le choc, les divers fragments qui sont à sa surface et restent animés de la même vitesse sont projetés à des distances d'autant plus grandes que leur masse est plus grande ou leur densité plus forte, s'ils ont mêmes dimensions.

Telles sont les considérations sur lesquelles repose le jeu de la plupart des appareils employés dans les ateliers de préparation mécanique. Il serait très-utile, le plus souvent, d'avoir des liquides de densité intermédiaire entre celle du produit utile et des gangues qui l'accompagnent; on pourrait croire que c'est le cas réalisé dans l'extraction de l'or au moyen du mercure; mais, dans ce traitement, le point important est la pro-

dimensions et de densité différentes $(a', d')$, cette vitesse limite de chute sera

$$u' = \sqrt{\frac{K a'(d' - \delta)}{C\delta}}.$$

Elle sera donc la même pour les deux fragments, si la relation

$$a(d - \delta) = a'(d' - \delta)$$

entre les dimensions homologues et les densités se trouve remplie. Telle est la loi qui produit la compensation de la densité par la dimension des grains; elle fournit en même temps la composition des couches horizontales qui se superposent après la chute libre.

(2) NOTE 2. — *Chute d'un corps soumis à un courant liquide horizontal et de vitesse constante v.* — Le mouvement d'un fragment peut être considéré comme résultant de la superposition de sa chute verticale et d'un entraînement horizontal.

La force horizontale due au liquide est $C\delta a^2(v-u)^2$. Le corps prendra donc sous son action une vitesse croissante dont la limite sera égale à la vitesse du liquide; à partir de ce moment, il se mouvra horizontalement avec cette vitesse. Cette vitesse est indépendante de la densité, en sorte que le mouvement de l'eau tend à produire un entraînement d'après la surface seule comme si les grains étaient dépourvus de poids; les divers fragments tendent à se déposer à des distances plus ou moins grandes suivant l'ordre de leurs dimensions. La chute verticale altère, il est vrai, ce classement dans le sens indiqué par la loi précédente (voyez note 1), l'augmentation de densité équivalant à une diminution de surface; mais on voit qu'en augmentant la vitesse du courant on diminue de plus en plus cette influence.

(3) NOTE 3. — On démontre facilement (voyez *Lehrbuch der Aufbereitungskunde*, von P. von Rittinger) que les vitesses $v$ et $v'$, capables d'entraîner deux fragments sur un plan incliné, sont liées par la relation

$$\frac{v}{v'} = \sqrt{\frac{a\,(d - \delta)}{a'(d' - \delta)}}$$

Les corps entraînés par une vitesse $v$ seront donc ceux pour lesquels $a(d - \delta) = a'(d' - \delta)$. C'est la loi de superposition des diverses couches dans la chute libre. Ce mode d'action ne permettrait donc pas de séparer les fragments classés par la chute libre. Mais, pratiquement, l'influence de la surface est plus importante, les fragments offrant généralement à l'action du fluide leur plus petite section. On obtient des effets remarquables de ce mode d'action, surtout pour les minéraux qui se divisent facilement en lamelles.

(4) NOTE 4. — En effet, la formule générale de la chute libre démontrée dans une note précédente donne

$$J = \frac{g}{d}\left(d - \delta - \frac{C\delta}{Ka}u^2\right)$$

Pendant le premier temps de chute, lorsque la vitesse du corps est excessivement faible, l'accélération est représentée sensiblement par

$$J = \frac{g}{d}\left(d - \delta\right)$$

le second terme ayant une valeur d'autant plus faible qu'il contient comme facteur le carré d'une quantité très-petite. Cette accélération est indépendante de la dimension. Les minerais peuvent donc, d'après ce principe, en supposant qu'il soit réalisé pratiquement dans la suite des chutes auxquelles on les soumet et qui ont lieu pendant un temps appréciable, quoique très-court, être séparés par densité, même si le classement de grosseur est assez imparfait.

priété du mercure de mouiller les particules du métal, de les retenir mécaniquement et de les dissoudre. L'effet précédent n'acquerrait une véritable influence que pour des fragments d'une certaine grosseur, qui sont, d'habitude, séparés par d'autres méthodes.

Dans quelques cas spéciaux on peut fonder la séparation sur d'autres propriétés physiques des minéraux. C'est ainsi qu'en Piémont on a séparé le fer magnétique mélangé de pyrite au moyen d'électro-aimants. Il est très-facile d'imaginer des dispositions pouvant conduire à ce résultat.

La préparation mécanique est quelquefois la partie la plus importante et la plus coûteuse des traitements que doit subir le minerai : par exemple, pour des minerais d'étain pauvres (contenant 1 à 2 °/₀ d'oxyde d'étain) qui doivent être enrichis jusqu'à être de l'oxyde d'étain presque pur.

Les perfectionnements introduits depuis quelques années dans le traitement mécanique ont été tels, qu'ils ont permis de traiter de nouveau avec avantage des minerais considérés jusqu'alors comme trop pauvres, ou des résidus d'anciens ateliers.

La séparation étant, comme nous l'avons dit, fondée sur la différence de densité des minéraux, il peut être utile d'en rappeler la valeur pour ceux d'entre eux qui se présentent le plus fréquemment.

| | DENSITÉ. | |
|---|---|---|
| Or plus ou moins argentifère | 12 | à 20 |
| Mercure | 13,6 | » |
| Argent | 10,4 | » |
| Cuivre | 8,4 | 9 |
| Galène | 7,5 | » |
| Argyrose (argent sulfuré) | 6,9 | 7,2 |
| Wolfram | 7,1 | 7,3 |
| Cassitérite (étain oxydé) | 6,8 | 7,1 |
| Cinabre (mercure sulfuré) | 6,7 | 8,2 |
| Mispickel (pyrite arsenicale) | 6 | 6,2 |
| Argyrythrose (argent rouge) | 5,5 | » |
| Pyrite (fer sulfuré) | 5 | 5,2 |
| Cuivre gris | 5 | 5,1 |
| Phillipsite (cuivre panaché) | 4,9 | 5,1 |
| Magnétite (fer magnétique) | 4,8 | 5,2 |
| Stibine (antimoine sulfuré) | 4,6 | » |
| Barytine (baryte sulfatée) | 4,3 | 4,7 |
| Chalcopyrite (cuivre pyriteux) | 4,1 | 4,3 |
| Blende (zinc sulfuré) | 4,1 | » |
| Sidérose (fer carbonaté) | 3,6 | 3,9 |
| Calamine (zinc silicaté) | 3,3 | 3,6 |
| Fluorine (spath fluor) | 3,1 | » |
| Calcite (chaux carbonatée) | 2,6 | 3,0 |
| Feldspath | 2,5 | 2,9 |
| Quartz | 2,5 | 2,7 |
| Gypse | 2,2 | 2,4 |

On voit que les minéraux métalliques sont généralement plus denses que les minéraux qui leur servent de gangues. La facilité de séparation est en rapport avec la différence de densité de la partie utile et des gangues. C'est ainsi que la galène se sépare aisément du quartz et du calcaire, que la pyrite se sépare moins facilement de la blende, et cette dernière très-difficilement du fer carbonaté. Quant à la cassitérite, on ne peut la séparer du wolfram que par un traitement métallurgique intercalé dans la préparation mécanique (1).

OPÉRATIONS PRÉLIMINAIRES.

Dans la mine, le minerai subit généralement un premier triage : les parties exceptionnellement riches sont séparées ainsi que les parties complétement stériles qui servent au remblais, et ne passent pas à la préparation mécanique. Arrivé au jour, il est jeté sur des grilles qui le séparent en *gros* (*Wände*) et *menu* (*Grubenklein*). Le menu est envoyé immédiatement au débourbage; le gros subit sur la halde un *cassage* (*Auschlagen*), qui permet de séparer et rejeter encore des parties stériles, et amène les fragments à une grosseur de 10 à 15 centimètres environ.

Le minerai est alors transporté à l'atelier de préparation. Il est soumis à un nouveau cassage nommé *scheidage* (*Scheiden*), opéré par des femmes ou des enfants au moyen de marteaux de 1 à 2 kilogrammes sur des tas en fonte, ou des pierres suffisamment résistantes. On divise en même temps le minerai suivant la richesse des morceaux en

1° Minerai bon à traiter aux usines (*Derberze*);
2° Minerai mélangé à broyer gros (*Mittelerze*), où le mélange de la matière utile et de la gangue n'est pas très-intime (*grob eingesprengtes Erz*);
3° Minerai mélangé à broyer fin (*Bergerze*), le mélange étant très-intime (*fein eingesprengtes Erz*);
4° Stérile (*Taube Berge*).

Le stérile est rejeté. Les ouvriers sont généralement payés d'après la quantité de stérile qu'ils produisent.

L'opération du scheidage est très-importante. Elle permet, en séparant une partie de la gangue, de diminuer la quantité de minerai à passer aux appareils; elle donne généralement une certaine quantité de minerai bon à traiter, sur laquelle il ne se fait aucune perte; la teneur en métal que l'on exige de cette catégorie de minerai est souvent, vu l'absence de perte, abaissée au-dessous de la teneur moyenne que donnent les appareils de préparation mécanique. Lorsque le minerai contient plusieurs métaux dont les composés doivent être séparés par la préparation mécanique, on fait un nombre de classes plus considérable. Si le minerai contient, par exemple, comme matières utiles de la galène et de la blende, on pourra faire les catégories suivantes :

1° Galène propre à être traitée aux usines;
2° Blende *id.*;
3° Mélange de galène et blende à broyer gros;
4° Mélange de galène et blende à broyer fin;
5° Galène sans blende à broyer gros pour l'enrichissement;
6° Blende sans galène à broyer fin.
7° Stérile à rejeter.

Le traitement sera de la sorte simplifié, puisqu'une partie notable du minerai ne devra être traitée que pour en extraire un seul corps. De plus, on fera d'autant moins de menu que le cassage à la main aura été poussé plus loin; les pertes seront ainsi diminuées, car c'est surtout dans le traitement des parties très-fines qu'elles sont considérables. — Le scheidage devra donc être poussé le plus loin possible, eu égard à la nature du minerai qui peut être plus ou moins intimement mélangé, au prix de la main d'œuvre et aux exigences du traitement métallurgique.

APPAREILS DE BROYAGE.

Les minerais ainsi classés doivent être broyés. On les broie plus ou moins grossièrement, suivant la manière dont la partie utile est disséminée dans leur masse. Les appareils les plus employés sont les cylindres et les bocards; les premiers pour les minerais moyennement durs, les seconds le plus souvent pour les minerais durs à broyer fin.

CONCASSEUR AMÉRICAIN. — Lorsque le minerai est intimement mélangé à la gangue, le cassage

(1) On grille le mélange des deux minéraux avec du carbonate de soude, qui transforme le wolfram en tungstate de sodium, sel soluble, et oxyde de fer, de densité assez faible, séparé dans la suite du traitement mécanique. – Le mispickel mélangé au minerai d'étain, et dont la séparation complète est très-difficile, est, de même, transformé par grillage en acide arsénieux qui se volatise, et oxyde de fer plus facile à séparer.

sur la halde et le scheidage, qui seraient inutiles, sont avantageusement remplacés par un concassage mécanique à l'appareil connu sous le nom de *concasseur américain*.

L'organe principal de cet appareil (fig. 407) est une forte plaque de fonte mobile, commandée au moyen de pièces jouant le rôle de leviers, par un excentrique ou un arbre coudé, qui la rapproche ou l'éloigne alternativement d'une autre plaque de fonte fixe et verticale. Les gros morceaux de minerai introduits entre ces sortes de mâchoires de fer en sortent à la partie inférieure, concassés à une grosseur déterminée par l'écartement des deux plaques.

Cet appareil peut concasser par jour, avec une

Fig. 407. — Concasseur américain.

force de 8 à 10 chevaux, 75 à 80 tonnes de minerai dur à une grosseur de 4 à 5 centimètres.

Cylindres broyeurs. — L'appareil se compose de deux cylindres de même diamètre (fig. 408) à surface très-résistante, susceptibles de tourner autour d'axes métalliques dans des coussinets portés par un solide bâti en fonte. Les coussinets de l'un des cylindres sont fixes, ceux de l'autre sont mobiles dans une glissière horizontale.

En général, les deux cylindres se commandent mutuellement par l'intermédiaire d'engrenages calés sur leurs axes, de sorte que la rotation de l'un se communique à l'autre, même si leur écartement varie, les dents des engrenages ayant le profil de développantes de cercles. Pour le broyage fin, il est utile de supprimer les engrenages, de sorte que les cylindres se conduisent l'un l'autre par leur frottement. On arrive ainsi à une usure plus régulière.

Ces cylindres sont maintenus par des cales à une distance égale à la grosseur à laquelle on veut broyer le minerai. Néanmoins, pour éviter les bris d'appareils, si la résistance devenait trop considérable, le cylindre dont les coussinets sont mobiles peut s'écarter du cylindre fixe. Ils sont, en effet, pressés l'un contre l'autre par un ressort à pression variable formé d'épaisses rondelles de caoutchouc vulcanisé que séparent de minces plaques de tôle. Si un fragment présente une résistance trop forte, les ressorts qui maintiennent le cylindre mobile fléchissent, et le fragment passe sans altération.

Suivant que les roues d'engrenages auront même diamètre ou un diamètre différent, le mouvement de l'un des cylindres donnera lieu à un roulement ou à un roulement accompagné de glissement. Le premier cas est celui qui se présente le plus souvent dans la pratique ; il donne

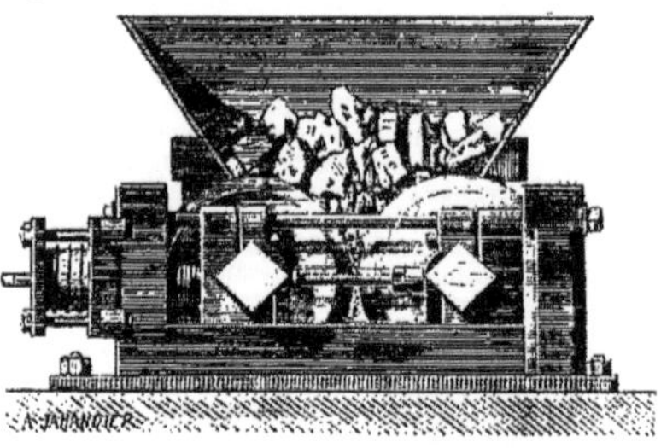

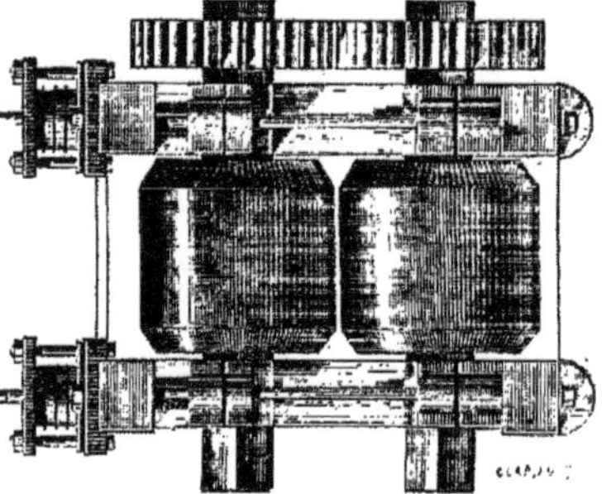

Fig. 408. — Cylindres broyeurs.

moins de poussières. Les cylindres étant mis en mouvement au moyen d'une poulie placée sur l'un des axes, on jette le minerai à broyer dans une trémie munie d'une ouverture longitudinale suivant l'écartement des cylindres ; les fragments tombent entre les cylindres tournant en sens inverse, et sont entraînés et broyés à une dimension égale à leur écartement. Le diamètre des cylindres doit être proportionné à la dimension des morceaux qu'ils sont appelés à broyer ; sur une paire de cylindre de diamètre donné, les fragments trop gros glissent sans être entraînés entre les deux. Le diamètre des cylindres varie de $0^m,35$ à 1 mètre. Leur vitesse à la circonférence est de $0^m,30$ à 1 mètre, leur longueur de $0^m,25$ à 1 mètre. Une paire de cylindres de $0^m,30$ de longueur et $0^m,30$ de vitesse à la circonférence est capable de broyer, d'une dimension de $0^m,05$ à une dimension de $0^m,004$, une quantité de minerai égale à environ 4 hectolitres en 1 heure. La production par cheval-vapeur et par heure est :

Pour les minerais quartzeux et durs, environ $0^{m.cub.},15$, et pour les minerais moyennement durs $0^{m.cub.},40$.

Dans un atelier de préparation mécanique, on a généralement une paire de cylindres de grand diamètre pour le broyage des gros morceaux, et une paire de plus faible diamètre pour broyer fin.

Quelquefois plusieurs paires de cylindres sont superposées, les cylindres inférieurs recevant directement le minerai broyé par les cylindres supérieurs et le broyant plus fin. Les cylindres supérieurs sont quelquefois cannelés et appelés *cylindres dégrossisseurs*, mais ils ne peuvent etre employés que pour les minerais relativement tendres.

Meules. — On emploie quelquefois des meules verticales d'un poids plus ou moins considérable, tournant dans des auges cylindriques, où elles écrasent le minerai par leur poids; cet appareil produit peu et donne beaucoup de poussière.

Dans les districts miniers du Mexique, les minerais argentifères destinés à l'amalgamation sont broyés dans des appareils nommés *arastras*. Ce sont des auges circulaires sur le fond desquelles frottent des pierres plates très-dures et assez pesantes, mises en mouvement par un manége.

Bocards. — L'organe essentiel du bocard (fig. 409) est un *pilon* A formé d'un madrier en bois

Fig. 409. — Bocard.

nommé flèche, ou d'une tige de fer portant à sa partie inférieure un lourd sabot en fonte B. Ce pilon est alternativement soulevé par une came C et vient retomber sur la sole D d'une auge où il broie le minerai. Les parties pulvérisées sous ces chocs répétés sont entraînées par un courant d'eau; le broyage à sec ne s'effectue que fort rarement pour les minerais.

Suivant la nature du minerai que l'on doit broyer, on fait varier soit le poids, soit la hauteur de chute du pilon, de manière à obtenir un choc plus ou moins puissant. Les pilons d'un bocard ont un poids variant de 50 à 250 kilog.; la hauteur de la chute varie de 10 à 30 centimètres. Les chutes les plus faibles sont surtout employées pour le bocardage fin. Les pilons sont associés par 3 ou 5 dans une même auge, formant une *batterie*. La sole de l'auge est en fonte ou en pierre; dans le premier cas, elle a une épaisseur de 10 à 12 centimètres; dans le second, elle est formée de pierrailles bien battues et tassées par le choc des pilons eux-mêmes, sur une hauteur de 40 à 50 centimètres; cette dernière présente l'avantage d'économiser l'usure de la sole qui peut aller jusqu'à 1/2 kilog. par tonne de minerai dur. Les pilons sont placés les uns contre les autres dans l'auge; on laisse entre les sabots un jeu de 2 à 3 centimètres; le même jeu existe entre eux et les parois de l'auge.

L'auge du bocard peut recevoir plusieurs dispositions pour l'évacuation du minerai broyé. Tantôt l'une des longues parois est formée par une grille ou une toile métallique : la dimension des trous détermine la grosseur du minerai broyé, entraîné par le courant d'eau. D'autres fois cette paroi est moins élevée, et c'est par le déversement de l'eau que le minerai broyé est entraîné. Une modification de cette auge, très-employée pour bocarder fin, est la suivante (*Schubersatz*) représentée sur la figure. La paroi par laquelle se produit l'évacuation du minerai est formée par deux fortes planches I et L maintenues à une distance de 3 à 4 centimètres; une ouverture horizontale règne sur toute la paroi et laisse communiquer l'intérieur de l'auge avec un déversoir formé par la planche extérieure de la cloison I. Le minerai broyé est entraîné avec l'eau par ce couloir; c'est la quantité d'eau qui détermine sa grosseur.

L'auge est alimentée de minerai à broyer soit à la pelle, soit automatiquement, ce qui est de beaucoup préférable. La figure 400 représente une des meilleures dispositions pour l'alimentation mécanique de l'auge. Le minerai est contenu dans une grande trémie T, dont la partie inférieure vient s'ouvrir sur une table E F G munie de rebords, inclinée de manière que le minerai ne glisse pas naturellement sur sa surface, et supportée par la pièce F sur laquelle elle se trouve en équilibre; l'extrémité antérieure de cette table est située au-dessus du rebord H de l'auge. Lorsque l'épaisseur de la couche de minerai contenue dans l'auge diminue, le pilon s'abaisse et un taquet K qu'il porte communique à cette table, en venant frapper sur la tige M qui lui est liée, des secousses qui font tomber dans l'auge une certaine quantité de minerai, jusqu'au moment où le pilon, étant ainsi soulevé, ne pourra plus agir sur la tige M.

Les flèches des pilons doivent être guidées. Elles sont maintenues entre des traverses Q, Q' et P, P', fixées aux quatre montants R, R.... de l'appareil, et portent souvent des glissières qui assurent leur direction.

Le soulèvement des pilons s'effectue au moyen de cames C, C'... portées sur un arbre S parallèle aux longs côtés de l'auge. Pour la régularité du fonctionnement, ces cames ont leur surface en forme de développante de cercle; elles agissent sur des mentonnets O, O... fixés dans les flèches des pilons. Les cames sont distribuées sur l'arbre de manière qu'un pilon soit soulevé et retombe, tandis que les deux pilons voisins de droite et de gauche restent en repos. Par exemple, dans une batterie à 5 pilons, celui du milieu est soulevé d'abord, puis celui à sa gauche, puis celui à sa droite, puis le plus éloigné à gauche et enfin le plus éloigné à droite.

Un pilon de 125 kilog., donnant 60 coups à la minute, avec une hauteur de chute de 20 centimètres, pulvérise en vingt-quatre heures une quantité de minerais durs égale à

$0^{m.cub.},8$ pour une dimension de 2 millimètres
$0^{m.cub.},4$ » 1 »
$0^{m.cub.},25$ » 1/2 »

Un pilon consomme environ la force d'un cheval-vapeur. — Voyez Rittinger, *Lehrbuch der Aufbereitungskunde;* Berlin, bei Ernst und Korn 1868.

Ces appareils de broyage sont à peu près les seuls employés dans les ateliers de préparation mécanique actuels. Leurs inconvénients sont principalement leur faible rendement, surtout s'il s'agit de pulvériser très-fin un minerai très-dur; la dépense pour le broyage est alors quelquefois la partie la plus importante de l'enrichissement du minerai.

Un appareil intéressant, le broyeur Carr (*Carr's desintegrator*), a été proposé dans ces dernières années. Il se compose d'une série de cages concentriques, de forme cylindrique, formées par des barreaux de fer horizontaux. Le minerai arrive dans l'intérieur de ces cages animées d'une grande vitesse de rotation, variant de sens de l'une à l'autre, s'y distribue sous l'influence de la force centrifuge, est projeté avec une grande vitesse d'un barreau sur l'autre et sort de la dernière cage broyé par cette série de chocs. C'est la vitesse communiquée aux fragments de minerai qui les brise dans l'intérieur de l'appareil. La vitesse de rotation des cages détermine la finesse du minerai pulvérisé. Le rendement de cet appareil est considérable, mais l'expérience n'a pas encore prononcé sur l'importance qu'il pourrait avoir dans la préparation mécanique. Il paraîtrait que, pour les minerais très-durs, l'échauffement et l'usure de l'appareil seraient énormes.

### APPAREILS DE CLASSEMENT PAR GROSSEUR.

Ce classement s'effectue au moyen de *cribles* ou de *trommels.*

CRIBLES. — Un crible est formé d'un cadre rectangulaire en bois, garni d'une toile métallique ou de barreaux. Si le crible est fixe, son inclinaison doit être telle, que les fragments tombant à sa partie supérieure et ne le traversant pas roulent naturellement sur sa surface. Si le crible est mobile, il est soit suspendu à des chaînes, soit maintenu par des planches élastiques faisant fonction de ressorts, et reçoit d'un arbre à cames une série de secousses qui tamisent le minerai. On superpose généralement une série de cribles; les plus gros occupent la partie supérieure; les minerais, ayant traversé le premier, passent successivement sur les autres, dont les mailles sont de plus en plus serrées et qui séparent les fragments de plus en plus fins.

On forme ainsi avec les minerais diverses catégories de grosseur. Une catégorie comprend les fragments dont les dimensions sont comprises entre celles des mailles du crible le plus fin qu'ils ont traversé et du crible le plus gros sur lequel ils sont restés. Les dimensions des mailles des cribles successifs forment généralement une progression géométrique (1). Il est très-important de faire des catégories très-rapprochées, surtout si la différence de densité des corps à séparer est assez faible. Par exemple, la cassitérite et le wolfram ne peuvent être séparés quelle que soit la perfection du classement, leurs densités étant très-voisines, tandis que, pour séparer la houille des schistes, il suffit d'un classement assez grossier. Le criblage se fait à sec ou en présence de l'eau arrosant les grilles; ce dernier cas est préférable: il diminue l'adhérence des menus fragments et des poussières avec les fragments plus gros.

On emploie aussi une sorte de crible fixe nommé *lavoir à grilles de friction* (*Reibegitterwäsche*), qui sert à faire quelquefois le débourbage du menu de mine lorsqu'il n'est pas trop difficile. Il consiste en une série de plaques de tôle perforées, superposées en gradins. Les tôles supérieures possèdent les ouvertures les plus grandes. Le minerai arrive avec un courant d'eau sur la grille supérieure, et un ouvrier, en promenant au moyen d'un balai le minerai sur la grille, force les parties qui peuvent passer à la traverser. Il en est de même sur chacune des grilles successives où arrive en même temps un courant d'eau. Les parties refusées par chaque grille constituent les diverses catégories de grenailles.

(1) NOTE 5. — $a$ et $a'$ étant les dimensions des mailles de deux cribles, c'est-à-dire celles des fragments extrêmes formant une catégorie, pour que leur séparation par chute libre soit possible, il faut que l'on ait

$$a(d-\delta) > a'(d'-\delta)$$

ou

$$\frac{a}{a'} > \frac{d'-\delta}{d-\delta}.$$

Si donc l'on prend pour $\frac{a}{a'}$ une valeur constante répondant à cette condition, les dimensions des mailles des cribles formeront une progression géométrique. — La variation dans la forme des grains conduit à prendre la raison de cette progression beaucoup plus rapprochée de l'unité que la valeur $\frac{d'-\delta}{d-\delta}$.

**Trommel.** — C'est l'appareil le plus généralement usité. Un trommel (fig. 410) se compose d'une enveloppe cylindrique ou conique en tôle perforée, pouvant recevoir un mouvement de rotation autour de l'axe du cylindre, soit qu'il soit relié à l'axe mis en mouvement, soit qu'il tourne autour de cet axe supposé fixe. L'appareil est incliné de façon que le minerai broyé, arrivant à l'intérieur avec un courant d'eau, descende progressivement sous l'influence du mouvement de rotation jusqu'à l'autre extrémité où se déverseront les fragments trop gros pour passer à travers les ouvertures de la tôle. Le trommel est généralement muni de tôles ayant des ouvertures croissantes depuis sa partie supérieure jusqu'à sa partie inférieure, de sorte qu'en recueillant séparément les matières qui ont traversé ses parois, on obtient les diverses catégories de grosseur. Nous ne décrirons pas les nombreuses dispositions adoptées pour les trommels; le plus souvent les diver trommels sont disposés de façon que le refus du trommel supérieur arrive dans le suivant sans nécessiter de main-d'œuvre.

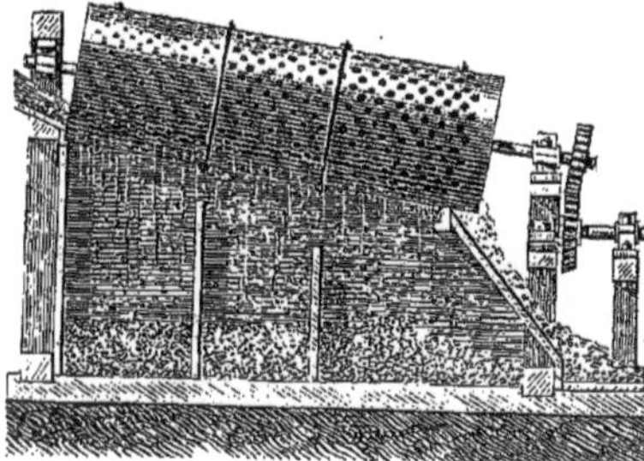

Fig. 410. — Trommel.

**Débourbage.** — Les menus de mine sont débourbés soit dans des *patouillets*, auges cylindriques, où ils sont brassés en présence de l'eau au moyen de palettes portées par un arbre horizontal, soit à la main dans des caisses métalliques percées de trous, qu'on agite dans l'eau (Corphalie), soit le plus souvent dans des *trommels débourbeurs*, tambours en tôle, tournant autour de leur axe et munis à l'intérieur de lames métalliques destinées à agiter le minerai en présence de l'eau. Au sortir de ces appareils, les minerais passent aux appareils de classification, cribles ou trommels, et sont distribués par grosseur comme les minerais broyés et soumis au même traitement mécanique. Les fragments les plus gros sont quelquefois, après le débourbage, soumis à un triage (*klaubage*).

On ne peut guère, au moyen des appareils ci-dessus décrits, classer les minerais utilement que jusqu'à 1 millimètre ou 3/4 de millimètre; au delà, l'adhérence des petits fragments de minerai entre eux rendrait le classement très-défectueux. Les catégories obtenues aux trommels portent le nom de grosses grenailles, grenailles, schlichs ou sables, suivant leur grosseur. Les parties plus fines, appelées *schlamms* ou *boues*, doivent subir d'autres traitements.

## APPAREILS FONDÉS SUR LA CHUTE LIBRE.

**Appareil à courant d'eau ascendant.** — On obtient un classement se rapprochant beaucoup du classement par chute libre dans l'appareil à courant d'eau ascendant, représenté figure 411 (*Spitzluttenapparat*). Il est formé d'une série de caisses

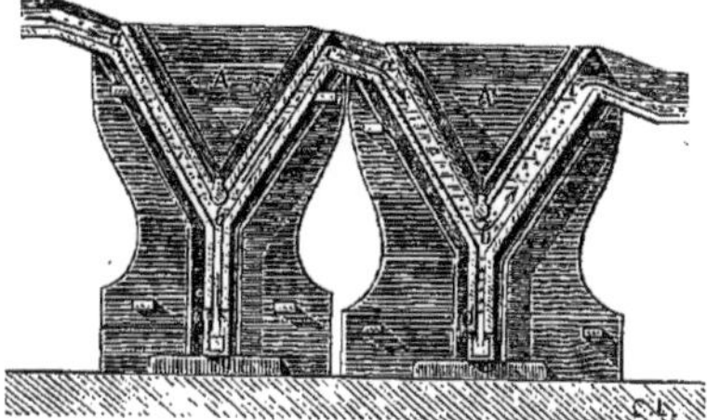

Fig. 411. — Appareil classificateur à courant d'eau ascendant.

A, A' à parois inclinées, portant à leur partie inférieure des ouvertures *o*, *o'* d'évacuation du minerai et divisées au moyen de cloisons en une série de canaux coudés, *a b c*, *a' b' c'*, à section croissante, de sorte que la vitesse du courant va en diminuant et qu'il se dépose dans chaque caisse les fragments qui acquerraient en tombant une vitesse supérieure à celle du courant d'eau dans cette caisse (1). Le tableau suivant (Rittinger) indique, pour divers corps, la vitesse du courant d'eau vertical capable de les entraîner, suivant leurs dimensions et leurs densités. Il peut donner des indications utiles pour la construction de l'appareil.

| NOMS des MINÉRAUX. | DENSITÉ. | DIAMÈTRE DES CRIBLES en millimètres. | | | | |
|---|---|---|---|---|---|---|
| | | 4 | 3 | 2 | 1 | 0,5 |
| Argent aurifère.. | 15 | 0,57 | 0,50 | 0,40 | 0,29 | 0.20 |
| Galène......... | 7,5 | 0,39 | 0,34 | 0,28 | 0,20 | 0,14 |
| Cuivre pyriteux. | 5,0 | 0,30 | 0,26 | 0,22 | 0,15 | 0,10 |
| Quartz......... | 2,6 | 0,19 | 0,17 | 0,14 | 0,10 | 0,07 |

Cet appareil est employé pour le classement des schlamms. Son inconvénient est la quantité d'eau assez considérable qu'il dépense. On le remplace quelquefois par des caisses en forme de pyramide quadrangulaire renversée, dans lesquelles se trouve un tube vertical, débouchant à la partie inférieure et terminé par une sorte de pomme

(1) Note 6. — *Chute d'un corps dans un courant de liquide ascendant de vitesse constante v.* — L'équation du mouvement devenu uniforme s'obtiendra en remplaçant dans la formule de chute libre la vitesse absolue $u$ du corps par sa vitesse relative $u+v$ par rapport au liquide supposé en repos :

$$K(d-\delta)a^3 = C\delta a^2 (u+v)^2.$$

Cette formule montre que la vitesse de chute sera égale à celle qu'aurait acquis le corps en tombant dans un liquide en repos, diminuée de la vitesse du liquide. La différence de vitesse pour des fragments qui prendraient des vitesses $u$ et $u'$ dans un liquide en repos restera donc la même. Suivant la valeur de $v$, la valeur de la vitesse $u$ pourra être positive, et, dans ce cas, le corps tombera; nulle, le corps restant en repos; négative, le corps se mouvra dans le sens du mouvement du liquide. On voit donc que, si on laisse tomber des fragments de minerai dans un liquide animé d'une vitesse ascendante $v$, ceux qui auraient acquis, dans le liquide supposé en repos, une vitesse supérieure à $v$ tomberont seuls; ceux qui auraient acquis une vitesse égale à $v$ resteront en suspension; ceux pour lesquels la vitesse de chute serait inférieure à $v$ seront entraînés dans le mouvement ascendant du fluide

d'arrosoir, qui sert à déterminer un courant d'eau ascendant.

Crible a secousses (*Setzsiebe*).—Le plus simple se compose d'une caisse en bois ou en métal, A, divisée en deux compartiments formant vases communiquants par une paroi verticale D C. Dans

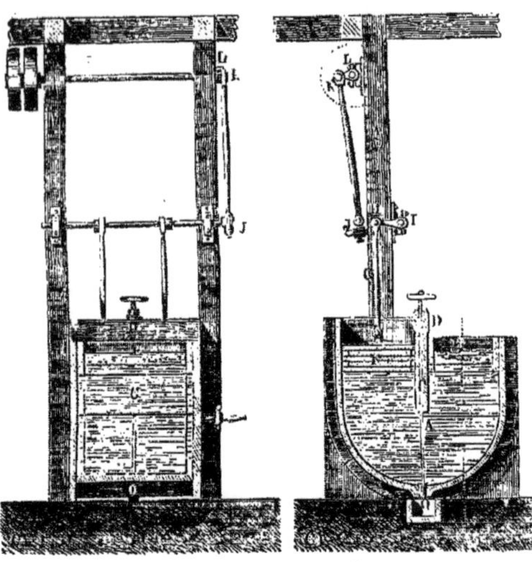

Coupe en long. Coupe en travers.

Fig. 412. — Crible mécanique à secousses.

l'un des compartiments se trouve fixé un cadre horizontal E, muni d'une toile métallique à mailles plus ou moins serrées. Dans l'autre peut se mouvoir un piston F, supporté par une tige G. Ce piston reçoit son mouvement d'une *manivelle différentielle* HIJ, qui lui communique un mouvement vertical alternatif dont l'amplitude est déterminée par le calage à une distance variable du bouton J, sur la manivelle I J. Cette dernière reçoit un mouvement alternatif au moyen d'une bielle J K commandée par la manivelle K L. Le minerai à traiter forme une couche horizontale, généralement de 10 à 25 centimètres, sur la grille du crible. La caisse est remplie d'eau jusque vers le niveau du minerai. Le mouvement alternatif du piston refoule l'eau sous le tamis; les fragments de minerai se trouvent soulevés et retombent librement. Sous l'influence de ce double mouvement ascendant et descendant (voyez notes 1 et 6), les fragments classés par grosseur sont soumis à une suite de chutes libres; ils se séparent progressivement; les plus denses se déposent sur le tamis; les plus légers restent à la surface. Les autres grains occuperont une place intermédiaire suivant leur densité. Au bout d'un certain nombre de coups, le classement par densité est arrivé au degré de perfection qu'il peut atteindre; l'ouvrier (généralement une femme ou un enfant) arrête le mouvement et, au moyen d'une racle en tôle, sépare les diverses couches en produits finis, produits intermédiaires à retraiter ou à rebroyer, et stérile qui est rejeté. Quelques minutes suffisent généralement pour cette opération. Le crible est le plus souvent rectangulaire, de 45 à 50 centimètres de largeur sur $0^{m},60$ à 1 mètre de longueur. En repassant les produits intermédiaires, on peut y traiter par jour $1^{m.cub.},5$ à $2^{m.cub.}$ de grenailles. Le nombre de coups de piston à la minute et la longueur de course du piston doivent varier avec la grosseur des grenailles; pour les grosses grenailles on donne généralement 30 à 40 coups de piston par minute, avec une course du piston de 7 à 10 centimètres; pour les grenailles moyennes, 40 à 60 coups, avec une course de 2 à 5 centimètres. Une partie du minerai (fonds de crible) passe à travers la grille; il provient des fragments qui se sont brisés pendant le travail; il est d'ordinaire très-riche et est considéré comme minerai fini ou retraité après une nouvelle classification par grosseur.

Nous ne décrirons pas les diverses modifications plus ou moins complexes qui ont permis de rendre cet appareil continu. Dans la plupart de ces appareils le minerai arrive par l'un des petits côtés du crible; il est entraîné sur la grille du crible par un courant d'eau; les grenailles, à l'autre extrémité, se trouvent disposées par couches successives de même densité, qui sont évacuées séparément. La description de ces divers moyens nous entraînerait trop loin; leur inconvénient général est la grande quantité d'eau nécessitée pour entraîner les grosses grenailles. — Une disposition préférable est utilisée à Przibram (Bohême); elle consiste dans l'emploi d'un crible mobile recevant des secousses qui transportent le minerai d'une extrémité à l'autre, en même temps que le piston refoule successivement l'eau sous le crible. La consommation d'eau est ainsi diminuée.

Les cribles mécaniques à secousses conviennent surtout pour le traitement des grosses grenailles; ils ont remplacé à peu près partout les cribles à main. Les moyennes grenailles et une partie des schlamms sont traités plus avantageusement sur les cribles continus à secousses rapides et à lit de grenailles, connus généralement sous le nom de *cribles continus du Harz*.

### APPAREILS FONDÉS SUR LA VITESSE.

Labyrinthe. — Cet appareil réalise l'application la plus directe de la chute dans un courant d'eau horizontal. Il se compose de rigoles de $0^{m},25$ et plus de largeur et de profondeur variable, situées sous le plancher de l'usine. Le minerai fin en suspension dans l'eau est conduit dans ces rigoles, où il se trouve soumis à un courant d'eau à peu près horizontal. Les fragments qui viennent toucher le fond à une même distance de leur point de départ se trouvent classés principalement d'après leur surface, et d'une manière d'autant plus exacte que la vitesse du courant d'eau est plus forte. — Voyez note 2.

Les rigoles formant les labyrinthes peuvent avoir un grand développement pour faciliter le dépôt des matières très-ténues; on leur donne souvent, sur leurs extrémités, une section plus considérable pour diminuer la vitesse du courant; ils peuvent être aussi, au besoin, suivis de grands bassins de dépôt, où la vitesse est sensiblement nulle.

Les matières qui se sont déposées dans le labyrinthe sont divisées en plusieurs catégories, suivant la distance de l'origine où elles ont touché le fond, et sont traitées séparément. — La classification effectuée au labyrinthe s'éloigne notablement de la classification théorique, tant à cause des remous naturels et de ceux produits lorsqu'on enlève à la pelle le minerai déposé, qu'en raison de la variation apportée dans le régime du courant par l'exhaussement du niveau sous l'influence du minerai qui se dépose.

Caissons allemands. — Les parties déposées les premières reçoivent quelquefois une nouvelle classification du même genre dans les caissons allemands (*Schlammgraben*), sorte de caisse allongée à base légèrement inclinée, où l'on fait arriver le minerai et l'eau par l'un des petits côtés en ouvrant, à l'autre extrémité, des ouvertures d'écoulement pour l'eau situées d'autant plus haut qu'il s'est déposé une couche de minerai plus épaisse au fond du caisson.

Spitzkasten. — On remplace avec avantage les labyrinthes par les spitzkasten ou caisses pointues, dues à M. de Rittinger. Cet appareil (fig. 413) est formé d'une suite de caisses A, A',

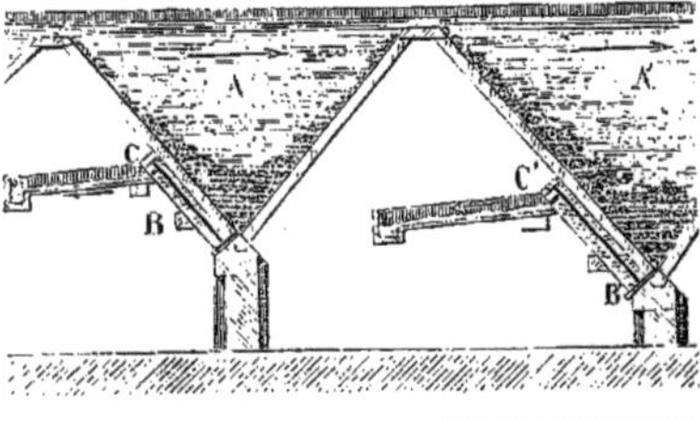


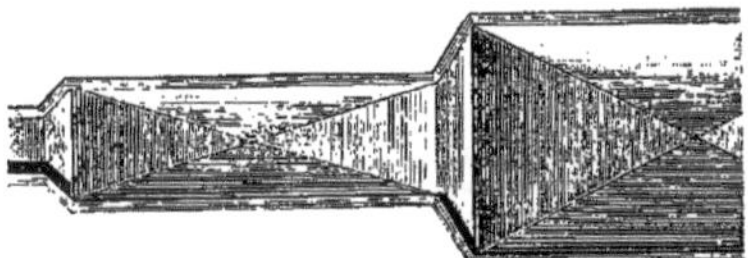

Fig. 413. — Spitzkasten.

en forme de pyramides quadrangulaires renversées. Le courant d'eau entraînant le minerai arrive successivement sur des caisses de dimensions plus grandes, où sa vitesse diminue; et il y laisse déposer le minerai à peu près comme cela se passerait dans un labyrinthe à section croissante. Le minerai qui tombe au fond des caisses est évacué d'une manière continue par un canal BC, formant siphon, s'ouvrant à la partie inférieure et remontant à une certaine hauteur le long des parois. Ce canal se trouve parcouru ainsi par un courant d'eau capable d'entraîner le minerai. Une suite de canaux peut conduire directement le minerai aux appareils de séparation. La classification est meilleure, les frais moindres, la marche continue, et on peut supprimer les appareils destinés à remettre en suspension dans l'eau les boues déposées. — De très-grandes caisses recueillent les dernières boues, et, au moyen du siphon, les séparent de l'eau en excès.

La largeur des caisses successives croît d'habitude suivant les nombres 1, 2, 4, 8. La longueur de la première est souvent de 2 mètres; les suivantes ont généralement 1 mètre de plus. Une grande caisse peut être remplacée par deux ou quatre autres accolées suivant les côtés de leur base carrée qui doivent être constamment submergés; on diminue ainsi le volume de l'appareil. Les parois ont une inclinaison d'au moins 50°. Il se dépose, pour du minerai ayant environ 1 millimètre de grosseur,

| | | | |
|---|---|---|---|
| Dans la | 1re caisse | environ | 40 % |
| » | 2e | » | 28 » |
| » | 3e | » | 18 » |
| » | 4e | » | 10 » |

4 % restent en suspension et doivent se déposer dans de plus grands spitzkasten ou des bassins de dépôt (Rittinger).

### APPAREILS FONDÉS SUR LES FROTTEMENTS.

Table dormante a balai. — Cet appareil (fig. 414) se compose d'un plan incliné fixe AB, garni de rebords sur ses côtés, et muni en tête d'un distributeur par lequel peut arriver à volonté l'eau chargée de minerai ou de l'eau pure. A l'extrémité inférieure de la table sont disposées deux ouvertures transversales, suivant la largeur de la table, fermées d'habitude par une pièce de bois C pouvant se relever autour d'une charnière, et une pièce de cuir cloué en D qui la recouvre et peut être rabattue dans l'intérieur de l'ouverture, de manière à y laisser tomber l'eau. Ces ouvertures

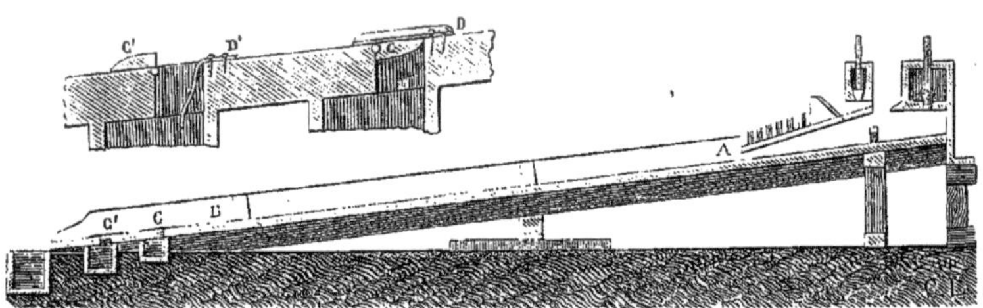


Fig. 414. — Table dormante à balai.

C et C' débouchent au-dessus de canaux correspondant avec des bassins de dépôt. Le travail se fait de la manière suivante : On laisse arriver sur la table pendant un certain temps, 4 à 5 minutes, l'eau chargée de minerai (*Trübe*); l'inclinaison de la table est telle, que les parties qui s'écoulent peuvent être considérées comme stériles et vont à la rivière; on ferme alors l'arrivée du minerai, et on fait arriver sur la table un léger courant d'eau pendant une ou deux minutes pour laver le minerai enrichi qui s'y est déposé, et entraîner les parties de gangue qui peuvent être restées et tomber dans l'une de ces ouvertures. Alors on fait arriver sur la table un courant d'eau assez rapide et, au moyen d'un balai, on force le minerai fini resté à la surface à s'écouler dans le second canal.

— L'action séparatrice (voyez note 3) sur le minerai, classé par exemple aux labyrinthes ou aux spitzkasten à peu près suivant la grosseur, tend à les classer suivant leur vitesse de chute libre, ce qui donne en définitive un classement par densité. — On traite en 10 heures par table environ 300 kilogrammes de minerai en boues fines. Les résultats obtenus avec cet appareil sont généralement bons, surtout pour les minerais qui se divisent facilement en paillettes; son inconvénient est la main-d'œuvre considérable qu'il nécessite.

TABLES A TOILES. — On garnit quelquefois la surface des tables de toiles ou de draps à longs poils, surtout pour les minerais très-pauvres et dont la matière utile est rugueuse, comme les sables et minerais aurifères. Les toiles sont enlevées toutes les 2 ou 3 heures et lavées dans des bassins spéciaux pour les toiles du haut et du bas de la table; les produits obtenus sont ensuite retraités.

TABLE BRUNTON.—Plusieurs modifications ont été apportées à la table dormante pour la rendre continue et diminuer la main-d'œuvre qu'elle nécessite. Dans la *table Brunton*, par exemple (voyez fig. 415), qui a été employée en Angleterre, la surface de la

Fig. 415. — Table Brunton.

table est formée par une lame de caoutchouc sans fin ABC portée sur des rouleaux D, E, dont l'un est mobile et lui communique un mouvement de translation suivant la flèche. — La matière riche qui reste à la surface de cette table sans être entraînée par le courant d'eau la suit dans son mouvement, et vient se déposer dans un bassin C rempli d'eau. L'inconvénient de l'appareil est de ne diviser le minerai qu'en deux catégories. Aussi la partie enrichie doit-elle être généralement retraitée.

TABLES TOURNANTES.—Les tables tournantes continues, fort employées au Harz, où elles ont été installées pour la première fois, sont une heureuse modification de la table dormante. La table, comme à Clausthal, est formée par une surface conique ABC en bois de $2^m,60$ de rayon dont les génératrices sont inclinées de 5° sur l'horizon, portée par un axe vertical en bois ou en fer BD, qui lui communique un mouvement de rotation au moyen d'un engrenage commandé par une vis sans fin. Une auge circulaire fixe *abc*, en zinc, entoure l'arbre; elle est divisée en deux compartiments dont l'un, *a*, reçoit au moyen d'un canal l'eau entraînant le minerai qui se déverse par le bord extérieur de l'auge dentelé; l'autre, *bc*, reçoit de l'eau pure se déversant de même. Dans ces conditions, le courant d'eau et de minerai arrivant sur la table s'épanouit en forme d'éventail en suivant les lignes de plus grande pente, c'est-à-dire les génératrices de la surface du cône; la vitesse diminuant depuis le sommet du cône jusqu'à la base, sa surface se garnit de minerais, dont les densités sont décroissantes. Le courant d'eau pure fourni par l'auge *bc*, auquel la table vient se soumettre dans le mouvement de rotation, la lave et entraîne la partie stérile; toute cette partie tombe dans un canal circulaire fixe en zinc, divisé en trois compartiments, qui entoure la table et qui sert à l'évacuation des divers produits par les ouvertures E, F, G. Le minerai se répand donc suivant le secteur *d* B*e*, la surface vient se laver jusqu'à la génératrice B*f*; la partie tombant dans le compartiment *def* est sensiblement stérile; au delà du point *f* un tuyau S, percé de trous et quelquefois accompagné d'une brosse, enlève la majeure partie du minerai qui s'est déposé à la base de la table, et qui forme un produit intermédiaire; cette partie est entraînée pendant que la table se meut dans le secteur *f* B *h*, tombe dans la portion *fgh* du canal circulaire et doit être retraitée; le mieux est de la recevoir directement sur une table disposée au-dessous de la première, comme à Clausthal; ce qui reste alors sur la table et qui est formé de minerai fini est entraîné dans la partie *hid* de l'auge, au moyen du courant d'eau venant de l'auge *bc*, d'un tube d'arrosage *t* et des brosses *m*, *m*, *m* frottant sur la surface, disposées sur la tige *pq* mise en mouvement au moyen d'un excentrique et d'une bielle *pr*.

En résumé, le minerai arrive d'abord et se répand sur la table, il est lavé par un courant d'eau; les parties entraînées forment le stérile. Le courant d'eau continuant à agir entraîne le minerai de densité intermédiaire en même temps que de petits jets d'eau nettoient la partie déposée à la base de la table, d'où formation d'un produit intermédiaire; enfin le produit fini vient, dans le mouvement de rotation, passer devant les brosses qui le balayent et l'entraînent dans un troisième chenal.

La disposition des appareils travaillant sur la table peut être différente; quelquefois des rables formés de petits balais de crin ou de ramilles viennent frotter sur la surface pour remettre les matières en suspension. — On traite sur une table

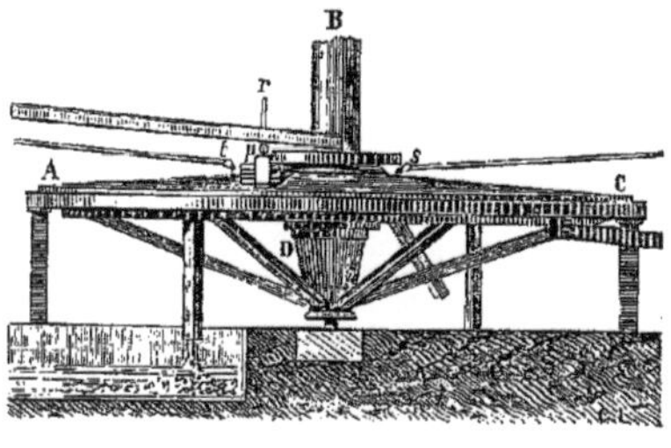


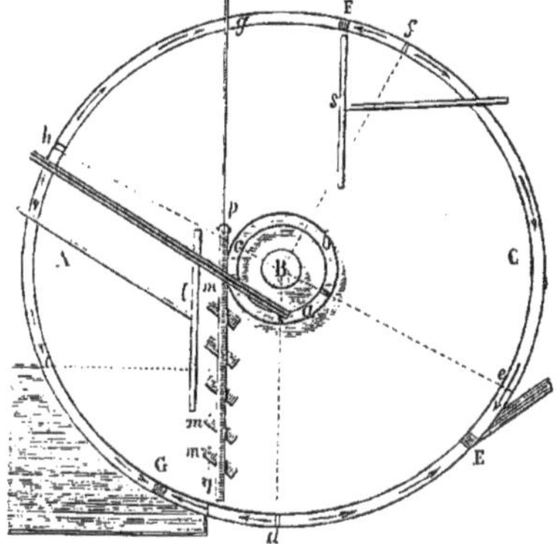


Fig. 416. — Table tournante continue.

tournante à peu près trois fois plus de matière dans le même temps que sur une table dormante; les produits sont plus purs, les pertes moindres et la main-d'œuvre presque nulle. La force motrice nécessaire est d'environ un quart de cheval par table.

TABLE DORMANTE ORDINAIRE ET RUND-BUDDLE. — Lorsqu'on laisse les minerais s'accumuler sur la table dormante, elle donne un classement mixte qui tient du classement obtenu au caisson allemand et du classement fourni par la table à balai. Mais l'accumulation des matières change continuellement l'inclinaison de la table et la surface sur laquelle se fait le frottement; le mode d'action varie donc depuis le commencement jusqu'à la fin du travail.

Le rund-buddle produit les mêmes effets. Ce n'est, en somme, qu'une table dormante circulaire à surface conique. Néanmoins cette disposition, en diminuant la vitesse de l'eau au fur et à mesure qu'on s'éloigne du sommet du cône, favorise le dépôt des minerais par densité. Le minerai et l'eau arrivent au sommet du cône. La surface est constamment balayée par une toile ou des balais qui la touchent suivant une génératrice du cône, et reçoivent un mouvement autour de l'axe du cône.

Cet appareil, très-employé en Angleterre, surtout pour le traitement des minerais d'étain, y reçoit quelquefois des dimensions énormes. Les quantités de minerai traitées peuvent être considérables, mais, comme pour la table dormante, le classement est complexe et assez défectueux.

## APPAREILS DIVERS.

CRIBLE CONTINU A SECOUSSES RAPIDES, DIT CRIBLE CONTINU DU HARZ. — Ce qui caractérise les cribles continus du Harz (*continuirliche Setzpumpe*) (fig. 417) est la rapidité des secousses du piston et la disposition sur la grille du crible d'un lit de grenailles plus grosses que les ouvertures de cette grille. La couche de grenailles et la grille sont traversées par le minerai enrichi que l'on sépare de cette façon. Le temps de chute très-court pendant lequel les minerais tombent progressivement (voyez note 4) paraît avoir une certaine influence sur le résultat obtenu. La séparation dépend plutôt des densités que des di-

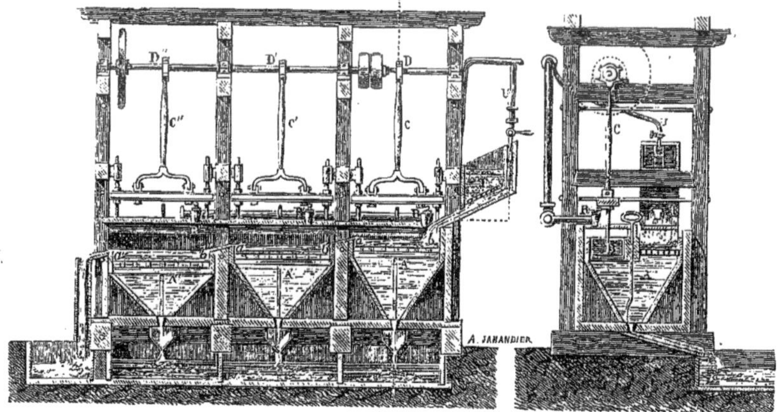


Coupe longitudinale. Fig. 417. — Crible continu à secousses rapides. Coupe transversale.

mensions, et donne des résultats que l'on n'obtiendrait pas par la chute libre. Ainsi, à la mine de Breinigerberg (Prusse rhénane), on traite sur ces appareils des minerais de plomb très-imparfaitement classés, formant les catégories de 0 à 2 millimètres, et de 2 à 8 millimètres. Le minerai est, sans grandes pertes, enrichi à 51 °/₀ de plomb et pourrait l'être davantage, si une partie des gangues qui restent n'était utilisée comme fondant. Lorsque le minerai a subi une classification préalable assez soignée par surface, comme aux spitzkasten, la classification par densité atteint une perfection extraordinaire. Le lit de grenailles disposé sur le crible joue aussi un rôle important. Supposons, par exemple, que la matière utile à séparer du minerai soumis au traitement soit la galène et que les diverses gangues aient une densité moindre; sous l'influence des secousses les fragments de galène arriveront sur le lit de grenailles, et, si nous le supposons formé de grenailles de galène, ces fragments, par une action presque uniquement mécanique, traverseront cette couche et passeront à travers la grille, tandis que les fragments plus légers resteront à la surface du lit. L'expérience a démontré que, *dans les conditions ordinaires du travail, un lit de grenailles placé sur la grille d'un crible se laisse traverser seulement par les fragments de minerai ayant une densité supérieure ou égale à celle des grenailles qui forment cette couche.*

L'emploi d'un lit de grenailles sur la grille des cribles semble être d'origine anglaise; en y combinant l'usage de secousses très-rapides, on est arrivé à cet appareil, le plus remarquable de tous ceux employés pour la préparation mécanique.

Supposons en effet une suite de cribles A, A', A'' disposés en gradins, de sorte que le minerai arrivant avec l'eau sur le crible A soit entraîné successivement sur les cribles A' et A''. Les pistons B, B', B'', par l'intermédiaire des tiges C, C', C'' commandées par des excentriques D, D', D'', communiquent au minerai dans chacune des caisses une série de secousses rapides et de petite amplitude. En disposant sur les grilles des cribles des couches *ab*, *a'b'*, *a''b''* des grenailles de densité décroissante, les fragments de minerai qui traverseront successivement ces couches seront ceux seulement dont la densité sera égale ou supérieure à celle des grenailles qui forment ces couches. Supposons, par exemple, qu'on ait à séparer de la galène, de la pyrite et de la blende associées à des gangues diverses de densité inférieure. On donnera au premier crible un lit de grenailles de galène, au second de pyrite, au troisième de blende. Les matières reçues dans chacune des caisses seront de la galène, de la pyrite et de la blende sensiblement pures. Comme moyen de contrôle on a souvent deux cribles pour chaque nature de minerai à séparer. Le second ne se laisse traverser que par une petite quantité de minerai un peu moins riche et un peu mélangé qui repasse quelquefois sur le même appareil.

Les caisses des cribles sont munies à leur partie inférieure d'ouvertures qui laissent écouler d'une manière continue le minerai qui les a traversées : des conduits l'amènent dans des réservoirs où on le recueille. Des robinets R, R', R'' permettent de faire arriver une quantité convenable d'eau dans les cribles. Une trémie distributrice T reçoit le minerai. Son double fond est percé de trous ; l'eau amenée par le tuyau U baigne constamment dans la trémie le minerai qui s'écoule d'une manière régulière avec l'eau sur les cribles.

Voici, d'après MM. Huet et Geyler, les éléments du travail les plus convenables pour l'emploi de ces cribles :

| MINERAI | | A TRAITER sur tôle perforée de millimètres. | GROSSEUR des grains du lit. | NOMBRE de tours de l'arbre par minute. | AMPLITUDE en millimètres. | QUANTITÉ d'eau en litres par minute. | QUANTITÉ de matière travaillée par heure en kilogr. | ÉPAISSEUR DES LITS en millimètres. |
|---|---|---|---|---|---|---|---|---|
| PASSÉ par toile de | RESTÉ sur toile de | | | | | | | |
| 16 | 7 | 17 | 18—17 | 100 | 30—20 | Variant | Variant | Variant |
| 8 | 4 | 9 | 10—9 | 150 | 20—16 | de | de | de |
| 4 | 2 | 5 | 8—5 | 200 | 16—8 | 30 litres | 1,500 kilog. | 30 millimètr. |
| 2 | 1 | 2 1/2 | 4—2 1/2 | 225 | 12—6 | | | |
| Classificateurs. 1re et 2e caisses. | | 1 1/4 | 2—1 1/4 | 250 | 8—4 | à | à | à |
| 3e et 4e » | | 3/4 | 1—3/4 | 275 | 6—3 | | | |
| 5e, 6e et 7e » | | Toile n° 50 | 3/4—n° 50 | 300 | 5—0 | 15 litres. | 250 kilog. | 40 millimètr. |

Force motrice nécessaire par crible, environ 1/10 de cheval.

L'appareil que nous venons de décrire donne des résultats si précis qu'on doit chercher à s'en servir le plus possible. Mais il arrive un moment pour les schlamms où leur vitesse de chute devient tellement faible, que l'appareil ne donne plus de résultats satisfaisants.

TABLES À SECOUSSES. — La *table à secousses ordinaire (Stossherd)* est formée d'une table inclinée suspendue par des chaînes qui permettent de faire varier son inclinaison. Les longs côtés sont garnis de planches formant rebord et maintenant le courant d'eau et de minerai qui coule sur la surface. Dans sa position d'équilibre, la table s'appuie vers la tête contre une pièce de bois fixe appelée *heurtoir*. Une came portée par un arbre tournant vient successivement écarter la table de sa position d'équilibre et la laisse retomber sous l'influence de son poids contre le heurtoir. Le minerai qui arrive sur toute la largeur de la table se trouve ainsi soumis à une double action, l'action de l'eau qui tend à l'entraîner d'autant plus loin que les fragments offrent plus de surface, et l'action des chocs qui tendent à faire remonter la table au minerai. Dans ces conditions les parties les moins denses sont entraînées et forment le stérile; le reste se dépose sur la table à une distance de la tête d'autant plus grande que la densité est plus faible. Lorsque le minerai déposé sur la table forme une épaisseur de 10 à 20 cent., on arrête le travail et on divise ce dépôt par des lignes parallèles aux petits côtés en plusieurs catégories : la partie la plus proche de la tête de la table est la plus riche et peut quelquefois être envoyée directement aux usines de traitement; les autres catégories sont retraitées.

L'inconvénient principal de cet appareil réside dans le dépôt successif du minerai sur sa surface, ce qui change les conditions pendant toute la durée du travail. Une modification ingénieuse y a été apportée par M. de Rittinger par sa transformation en *table continue à secousses latérales* (*continuirlicher Stossherd*). Deux tables accolées AB, A'B' sont portées par le même châssis et suspendues par des tringles à de solides montants en charpente. Elles s'appuient contre le heurtoir C, contre lequel elles sont maintenues par la réaction d'une planche D E formant ressort variable. Une came F portée par un arbre muni de volants est animée d'un rapide mouvement de rotation et écarte successivement la table de sa position d'équilibre en donnant lieu chaque fois à un choc contre le heurtoir. Le minerai est

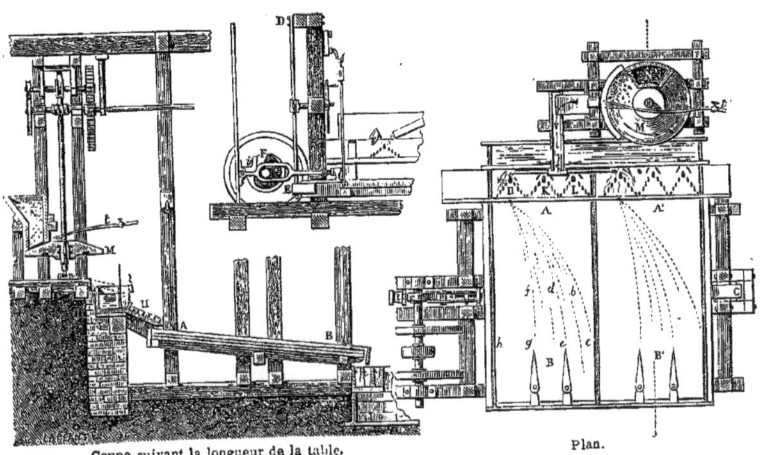

Coupe suivant la longueur de la table. Plan.

Fig. 418. — Table continue à secousses latérales.

Le dessin placé entre le plan et la coupe représente l'appareil qui donne les chocs.

fourni à l'angle de gauche de chaque table par un distributeur H formé d'un plan incliné triangulaire garni de petits prismes triangulaires de bois destinés à diviser le courant et à le répartir uniformément. Les distributeurs K, L amènent de l'eau en quantité variable. Si la table était immobile, le minerai serait entraîné avec l'eau parallèlement aux longs côtés de la table; mais sous l'action des chocs répétés imprimés à l'appareil, chaque fragment animé d'une certaine vitesse au moment du choc se trouve projeté vers la droite lorsque le choc vient détruire la vitesse de la table. L'espace parcouru est d'autant plus grand que la masse du fragment ou sa densité (en leur supposant la même dimension) est plus grande. Les divers fragments parcourront ainsi une série de lignes brisées dont l'ensemble formera des courbes H*bc*, H*de*, H*fg*, s'approchant d'autant plus du rebord de droite de la table que la densité des fragments sera plus forte, de sorte que en *ce* tomberont les fragments les plus denses (produit fini); en *eg* les fragments de densité moyenne (produits intermédiaires), en *gh* les fragments les plus légers (stérile). Des aiguilles ou lames de bois mobiles *e*, *g* permettent de divisor d'une manière convenable les produits qui s'écoulent à la base de la table et qui sont reçus dans des canaux les conduisant aux bâches de dépôt. La surface de la table doit être bien unie; elle est formée de bois, de fonte, ou recouverte d'une lame de caoutchouc vulcanisé. Le nombre de coups par minute est de 70 à 80 pour les premières classes; de 90 à 100 pour les boues les plus fines avec une amplitude variant de 7 à 2 cent. Une table double traite de 50 à 100 kilog. de matières par heure avec une force de 1/4 de cheval [Rittinger, *ouvrage cité*].

Pour obtenir de bons résultats avec cet appareil, il est nécessaire que le minerai lui soit fourni d'une manière régulière en quantité sensiblement constante. Le distributeur adopté dans ce but par M. de Rittinger se compose d'une petite table conique M animée d'un mouvement lent de rotation. Une trémie N remplie de minerai vient s'ouvrir à sa partie inférieure à une petite distance de la table, de sorte que cette dernière se couvre d'une épaisseur constante de minerai pendant son mouvement de rotation. Un tuyau *t* balaye par un jet d'eau assez vif la surface de la table suivant les génératrices qui viennent se présenter successivement à son action; l'eau et le minerai sont conduits par des canaux aux distributeurs des tables.

Comme exemple de la métallurgie d'un métal où la préparation mécanique a une importance prédominante, nous citerons les procédés d'extraction de l'or.

EXTRACTION DE L'OR. — Pour retirer ce métal des minerais qui le renferment à l'état natif, on utilise non-seulement la différence de densité du métal à séparer et des gangues qui l'accompagnent, mais encore l'existence d'un métal liquide, le mercure, qui, outre sa densité intermédiaire entre celle de l'or et des gangues, jouit encore de la propriété de retenir l'or en s'amalgamant avec lui et y adhérant mécaniquement.

Les minerais d'or se présentent soit sous forme de sables où sont disséminées des particules d'or plus ou moins fines, soit sous forme de roche.

L'exploitation des sables aurifères, qui pendant un certain temps a donné la plus grande partie de l'or fourni par la Californie, s'y est faite d'abord en recevant simplement les sables entraînés par un courant d'eau dans des rigoles dont le fond portait des cavités transversales contenant du mercure. Le mercure recueilli et passé à travers une peau abandonnait un amalgame d'où le métal libre était retiré par volatilisation du mercure. Les appareils employés encore dans le nouveau monde paraissent ne pas présenter un très-grand intérêt, et commencent à être remplacés par les nouveaux appareils de préparation mécanique.

Dans le Tyrol et en Hongrie, la préparation mécanique de l'or emploie, outre quelques-uns des appareils que nous avons déjà décrits, un appareil d'amalgamation connu sous le nom de *moulin tyrolien*. Il peut traiter indifféremment les sables aurifères ou les minerais en roche après broyage. Il se compose essentiellement (fig. 419) d'un vase

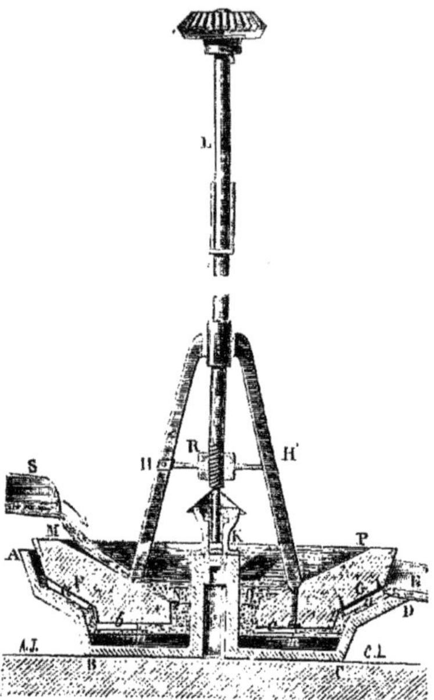


Fig. 419. — Moulin d'amalgamation tyrolien.

circulaire ABCD en fonte contenant une couche de mercure *m m*; dans ce vase et venant épouser la forme des parois tout en en restant à une distance de 2 à 3 cent., se trouve un *coursier* F G en bois, réuni par trois tiges H, H', H'' à un axe vertical en fer KL reposant sur une crapaudine K et servant à lui communiquer un mouvement de rotation dans l'auge par l'intermédiaire d'un engrenage. Ce coursier est évidé à sa partie intérieure suivant la forme d'un cône et ouvert pour livrer passage au tube Q venu de fonte avec l'auge et portant la crapaudine. Le coursier, cerclé de fer, porte sur sa surface extérieure une série de lames de tôle *a, a, a*... *b, b, b*... *c, c, c*... disposées comme le montre la figure 420 qui représente une vue en dessous du coursier. Ces lames, qui ne dépassent que de 1 à 2 centimètres la surface extérieure du coursier, viennent effleurer la surface du mercure et les parois de l'auge. Un écrou R permet de fixer le coursier sur l'arbre moteur à une hauteur convenable.

L'appareil étant en mouvement, l'eau chargée de minerai broyé fin tombe, par le canal S, dans l'intérieur du coursier et s'écoule par le déversoir DE; mais, avant de ressortir, les particules de minerai ont dû passer sur la surface du mercure et y être promenées par les lames de tôle pen-

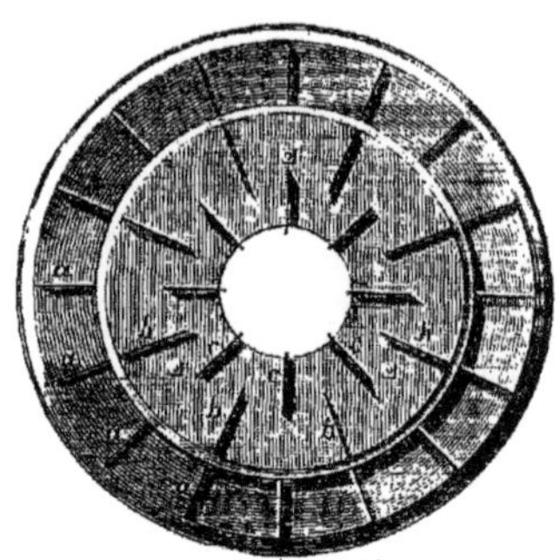


Fig. 420. — Vue en dessous du coursier du moulin tyrolien.

dant un ou plusieurs tours. Au contact du mercure, les particules d'or sont amalgamées et retenues ou tombent au fond, si elles sont assez grosses. Trois moulins sont généralement superposés et le minerai les traverse successivement. Ils recueillent respectivement 74 %, 20 %, et 6 % de la quantité d'or totale retenue par les moulins. On donne au coursier une vitesse de 12 à 25 tours par minute, suivant que les minerais sont plus ou moins pauvres; la quantité traitée est au plus de 50 kilog. par moulin et par heure; elle doit être beaucoup moindre pour les minerais riches. Quand le mercure de l'auge est suffisamment chargé d'or et commence à devenir pâteux, on le retire; on le passe à travers une peau; l'amalgame obtenu est distillé et donne l'or mélangé d'argent; le mercure rentre aux appareils. La perte de mercure entraîné par l'eau avec le minerai varie de 1 à 2 kilog. par 100 tonnes de minerai traité, suivant la nature des gangues.

La quantité d'or extraite par les moulins tyroliens n'est qu'une assez faible partie de la quantité totale contenue dans les minerais. Néanmoins, le traitement étant peu coûteux, on a pu l'employer pour traiter des sables pauvres donnant à peine quelques décigrammes d'or par tonne de minerai, et qui n'auraient pu supporter un traitement plus compliqué. Les minerais en roches doivent être notablement plus riches pour supporter les frais de broyage.

Pour les minerais plus riches, ils sont généralement (en Silésie et en Hongrie) traités sur des tables dormantes à toiles (*Goldplachen*), suivies ou non de moulins tyroliens. La perte est ainsi diminuée et l'augmentation des frais de traitement peut être compensée par le gain de matière utile. La matière enrichie sur les tables à toiles est traitée sur d'autres tables (*Goldherd*) et purifiée enfin par un lavage à la sébile à main (*Sichertrog*).

L'introduction des nouveaux appareils doit probablement apporter des changements dans la préparation mécanique des minerais d'or.

#### DE L'EMPLOI DES APPAREILS MÉCANIQUES.

C'est en appliquant les considérations mécaniques que nous avons indiquées, et au moyen des appareils que nous venons de décrire, qu'on peut classer les minerais d'une manière systématique et successive, tantôt suivant les grosseurs, tantôt d'après la chute libre ou d'une manière qui se rapproche plus ou moins de ces classements types, en sorte qu'on obtient en fin de compte le classement par densité, c'est-à-dire la séparation des divers produits.

Les premiers appareils auxquels on soumet le minerai broyé sont d'ordinaire destinés à opérer un classement par grosseur, ou un classement analogue : ce sont les cribles et les trommels pour les plus gros fragments; et pour la partie la plus menue, les labyrinthes et les spitzkasten, ou les caisses à courant d'eau ascendant, qui donnent un classement un peu différent. Les diverses catégories formées sont traitées séparément.

En les soumettant ensuite aux divers appareils, on cherche à obtenir, autant que possible, du stérile qui diminue la masse des matières à traiter et un produit fini, ou tout au moins un produit enrichi. Ce travail de dégrossissage simplifie notablement les opérations postérieures.

Lorsqu'on n'a qu'un seul minéral utile à extraire, le travail des matières soumises en dernier lieu aux appareils finisseurs les divise généralement en trois catégories.

1° Minerai fini bon à traiter aux usines métallurgiques;

2° Minerai mélangé renfermant des fragments de matière utile pouvant être séparés par le même traitement, ayant échappé à l'action séparatrice, et des fragments contenant des matières utiles et de la gangue; ce minerai est broyé plus fin et rentre dans le traitement, quelquefois après avoir été traité sur le même appareil;

3° Stérile à rejeter. Cette dernière catégorie, dans le traitement des grosses grenailles, peut contenir un peu de minerai utile disséminé dans la gangue en quantité telle qu'elle n'altère pas notablement leur densité moyenne, et est pour cette raison généralement rebroyée.

S'il y a plusieurs minéraux utiles à séparer, la démarcation entre les produits n'étant pas ordinairement absolument nette, on réserve entre les divers produits finis une portion mélangée qui doit être retraitée, quelquefois après broyage.

Il est impossible de donner des indications absolues sur la valeur respective des divers appareils. Il faut tenir compte de la nature du minerai à enrichir, de la valeur des produits à extraire, du prix de la main-d'œuvre et de la force motrice, de l'abondance plus ou moins grande de l'eau, de l'adresse des ouvriers, des habitudes du district minier, etc. L'Angleterre, par exemple, suit des méthodes de préparation mécanique assez différentes des méthodes continentales. — Voyez Moissenet, Préparation mécanique des minerais de plomb en Angleterre, *Annales des mines*, 1866; — du minerai d'étain dans le Cornwall, *ibid.*, 1860.

Néanmoins l'introduction des nouveaux appareils continus, cribles mécaniques, cribles à secousses rapides, table à secousses latérales, table tournante, doit modifier profondément les anciennes méthodes. La tendance générale est en effet vers l'économie de main-d'œuvre donnée par des appareils mécaniques et continus, fonctionnant d'une manière plus régulière, et la production immédiate de produits finis et de stériles, qui simplifie notablement le travail.

On doit signaler également la tendance de plus en plus marquée vers l'emploi d'appareils métalliques. Ces appareils, si leur prix est notablement plus élevé que celui des appareils construits en bois, présentent sur eux l'énorme avantage de ne pas se déformer, comme ces derniers, par les alternatives d'humidité et de sécheresse, et d'éviter ainsi les nombreux inconvénients qui en résultent.

Nous ne décrirons pas la suite des traitements que subissent les minerais dans tel ou tel atelier de préparation mécanique, nous bornant à renvoyer le lecteur aux divers mémoires publiés à ce sujet dans les *Annales des mines*. Nous remarquerons néanmoins que les minerais sont, le plus souvent, broyés entre des cylindres et classés au moyen de trommels. La partie la plus fine (audessous de 1 mill.) est ordinairement classée dans des appareils à courant d'eau, comme les labyrinthes, spitzkasten, etc. Pour les grenailles, le traitement se fait presque toujours sur des cribles continus ou non, de disposition assez variable : les moyennes et fines grenailles sont traitées avec grand avantage sur les cribles continus à secousses rapides. — La variation dans le mode de traitement apparaît surtout dans le travail des parties fines : ce sont elles qui présentent le plus de difficultés et donnent lieu aux plus grandes pertes. Nous pensons que le crible continu à secousses rapides est presque toujours le meilleur appareil pour le traitement des premières catégories des minerais classés par un courant d'eau et qu'on doit chercher à traiter sur cet excellent appareil le plus de classes possible. Les dernières boues sont, dans les ateliers le plus récemment construits, traitées sur des tables tournantes superposées, comme à Clausthal, ou sur des tables à secousses latérales, comme à Przibram.

Il a été, dans ces derniers temps, installé en Espagne des ateliers de préparation mécanique qui n'emploient que des cribles continus du Harz. On y traite des minerais de plomb argentifère classés au moyen de l'eau, et toutes les catégories, même les parties les plus fines, passent sur cet appareil. Néanmoins les pertes y seraient très faibles.

### TRAITEMENT MÉTALLURGIQUE.

Après avoir subi la préparation mécanique dont l'importance est variable suivant leur nature, les minerais sont soumis aux traitements métallurgiques destinés à en extraire le métal, et à séparer toutes les matières étrangères qui n'ont pu être éliminées par la préparation mécanique.

Les réactions s'opérant surtout entre les corps à l'état fluide, les combustibles seront les agents principaux employés. Les produits chimiques sont aussi quelquefois utilisés, surtout depuis que leur prix s'est notablement abaissé. Les procédés ainsi mis en œuvre forment deux catégories : ceux de la *voie sèche* et ceux de la *voie humide*.

Nous indiquerons les procédés généraux de la métallurgie; nous donnerons ensuite des indications sur les fourneaux et appareils employés, sur les combustibles, etc. Les méthodes spéciales employées pour extraire chaque métal de ses minerais doivent être décrites sous la rubrique de ce métal.

### VOIE SÈCHE.

L'action des combustibles sur les substances minérales donne lieu suivant les cas à des effets différents désignés sous les noms de *calcination*, *grillage*, *réduction*, *fusion*.

CALCINATION. — Cette opération consiste à exposer la matière à traiter à une température plus ou moins élevée à l'abri de l'air ou dans des conditions où l'air n'intervient pas dans les réactions, de manière à la rendre plus apte à subir les traitements postérieurs. Les actions qui se produisent sont quelquefois une simple désagrégation de la matière, comme c'est le cas pour certains minerais de fer qui subissent ce traitement : le plus souvent c'est un départ de corps volatils, eau, acide carbonique, soufre, etc. C'est ainsi que l'on calcine la pierre à chaux (voyez Chaux) pour en chasser l'acide carbonique, les minerais de fer spathique pour en chasser l'acide carbonique et une partie du soufre qu'ils contiennent, les calamines pour les transformer en oxyde de zinc (voyez Zinc, *Métallurgie*), la pyrite pour en retirer du soufre, etc. D'autres fois on ajoute aux matières à calciner des substances qui produisent une action chimique, sans que l'ensemble de la matière fonde. C'est ainsi qu'en calcinant les résidus de pyrite légèrement cuivreuses et argentifères, déjà grillées pour acide sulfureux, en présence de sel marin, on transforme le cuivre et l'argent en chlorures, que le soufre et l'arsenic sont entraînés en majeure partie et que l'oxyde de fer se transforme en oxyde cristallin (méthode Anderson employée en Angleterre pour le traitement des pyrites de Huelva).

La calcination s'exécute généralement dans des cornues ou des fours, suivant que l'on doit éviter ou non l'action de l'air. Le minerai contient quelquefois une matière combustible qui suffit à élever la température au point d'obtenir le résultat cherché; dans ce cas on peut le griller en tas à l'air libre ou dans des cases; dans le cas contraire on peut le mélanger avec le combustible et le charger dans des fours à cuve analogues à ceux qui servent à la cuisson de la chaux, ou le soumettre seulement à l'action de la flamme dans des fours à cuve à foyer extérieur ou des fours à réverbère.

La calcination appliquée aux combustibles s'appelle *carbonisation* (voyez Bois, Coke); elle est destinée à en chasser les matières volatiles.

Nous devons aussi citer la *cémentation* (voyez Acier), qui consiste à transformer du fer doux en acier en le chauffant au sein de matières carbonées solides; et la production de *fonte malléable* se rapprochant du fer ou de l'acier, obtenue en décarburant la fonte moulée au sein d'une masse de peroxyde de fer qui brûle une partie du carbone de la fonte.

Grillage. — Le grillage est une oxydation sous l'influence de l'air et de la chaleur. Il a généralement pour but d'éliminer de la matière une ou plusieurs substances en les transformant en produits volatils. C'est ainsi que, dans la métallurgie du cuivre, on grille les sulfures ou les mattes pour chasser une partie ou la totalité du soufre à l'état d'acide sulfureux; c'est encore par ce procédé qu'une partie de l'arsenic contenu dans les arséniures est éliminé à l'état d'acide arsénieux. L'élimination de divers produits comme l'arsenic et l'antimoine est notablement favorisée par l'élimination simultanée d'autres produits volatils comme le soufre. C'est pour cela que dans l'*extra-process* anglais on grille un grand nombre de fois les mattes impures contenant de l'arsenic et de l'antimoine, en y rajoutant des pyrites pauvres en cuivre.

Il est indispensable que la matière soumise au grillage ne fonde pas, car alors la surface d'action de l'air serait notablement diminuée ainsi que la porosité de la masse. Pour obtenir un grillage complet, il faut que la matière soit en fragments assez petits : le grillage des gros morceaux en tas ou en cases est toujours imparfait. Dans le cas des sulfures, qui sont généralement très-fusibles (excepté le sulfure de zinc), on emploie de grands fours à réverbère (voyez Cuivre, Plomb, Zinc, *Métallurgie*), souvent à plusieurs soles ayant jusqu'à 12 et 15 mètres de longueur. Le minerai est chargé dans la partie la moins chaude du four, où il forme une couche mince; il est remué très-fréquemment au moyen de *râbles* ou de *spadelles* et poussé progressivement vers la partie la plus chaude du four : il peut en effet, au fur et à mesure qu'il s'oxyde, généralement supporter une température plus élevée sans fondre, les composés oxydés étant peu fusibles; un dernier coup de feu termine l'opération. Le minerai grillé est retiré successivement à l'autre extrémité du four, de sorte que le four est constamment chargé de minerai. L'opération du râblage est très-pénible et malsaine pour l'ouvrier, car souvent il se trouve exposé aux vapeurs d'acide sulfureux et aux émanations métalliques. Les diverses dispositions proposées pour obtenir un râblage mécanique ne se sont guère répandues. On commence néanmoins à employer sur une assez grande échelle (surtout pour la blende) le four Gerstenhœfer (voyez Zinc, *Métallurgie*). Ce four est un four à cuve à section rectangulaire traversé par un certain nombre de prismes triangulaires en terre réfractaire disposés horizontalement, de façon que le minerai introduit à la partie supérieure du four tombe successivement de l'un sur l'autre avant d'arriver en bas. Le four a été chauffé à l'origine du travail; à partir de ce moment, la combustion du soufre, opérée par le courant d'air ascendant qui traverse le four, suffit pour entretenir la température. L'acide sulfureux peut de plus être recueilli et utilisé.

Le grillage est quelquefois employé à produire d'autres effets que la volatilisation d'un des composés de la matière soumise à l'opération. Il peut, par exemple, transformer les sulfures en sulfates (si l'opération est convenablement menée) : cette réaction est utilisée pour l'extraction de l'argent contenu dans les mattes de cuivre argentifères (méthode Ziervogel). On grille pour sulfates et l'on décompose par un coup de feu le sulfate de cuivre seul, et d'une manière presque complète. Le sulfate d'argent inattaqué est dissous dans l'eau et précipité par le cuivre. — Voyez Argent, *Métallurgie*.

Lorsque le métal du sulfure métallique soumis au grillage est peu oxydable, il peut être obtenu libre par le grillage. Exemple : grillage du cinabre. — Voyez Mercure, *Métallurgie*.

D'autres fois on soumet la matière à un grillage chlorurant en la mélangeant avec du chlorure de sodium (méthode Augustin). Dans d'autres cas enfin, comme cela a été proposé par Rivot pour les cuivres gris et les minerais d'or et d'argent contenant de l'arsenic et de l'antimoine, on injecte un courant de vapeur d'eau sur la matière soumise au grillage. Le soufre est entraîné à l'état d'acide sulfureux et d'hydrogène sulfuré, et l'arsenic et l'antimoine à l'état d'acide arsénieux et d'oxyde d'antimoine. — Voyez Or, *Métallurgie*.

Réduction. — La réduction produit l'effet inverse du grillage; elle enlève l'oxygène aux oxydes et donne le métal libre. Elle est le plus souvent obtenue au moyen du charbon ou de l'oxyde de carbone. Le métal qui en résulte peut, suivant la température, se présenter à l'état d'éponge ou à l'état fondu. C'est généralement l'oxyde de carbone qui agit comme réducteur, le contact du charbon et de l'oxyde métallique étant trop imparfait pour une réduction complète. Dans certains cas, en même temps que le métal est réduit, il peut être distillé ou sublimé (zinc, arsenic). Suivant les cas, on mélange le corps à réduire non-seulement avec le charbon destiné à la réduction, mais encore avec le charbon destiné à élever la température, par exemple pour la production de la fonte (voyez Fer); la combustion est alors produite par un courant d'air injecté par des tuyères; dans d'autres cas, le mélange de l'oxyde et du charbon est introduit dans des creusets chauffés dans un four, comme dans la métallurgie du zinc. Enfin, on peut réduire par l'oxyde de carbone le minerai chauffé sans addition de charbon.

Fusion. — Elle est employée pour liquéfier les matières sous l'influence de la chaleur. On obtient au sein des masses liquéfiées une série de réactions très-importantes, décrites spécialement avec la métallurgie de chaque métal.

Quand plusieurs substances inégalement fusibles sont mélangées, on peut en opérer une séparation plus ou moins complète en ne fondant que l'une d'elles : cette opération est connue sous le nom de *fonte crue*; elle a été employée autrefois pour séparer le bismuth métallique de sa gangue quartzeuse. Dans le cas d'un alliage, lorsque l'on sépare par fusion partielle l'un des métaux, l'operation est appelee *liquation*.

Mais le plus souvent il est nécessaire de fondre complétement la matière pour séparer les divers éléments. Les composés qui se forment, *mattes* (sulfure métallique), *speiss* (arséniure ou arsénio-sulfure), *scories* (silicate métallique), *laitier* (silicate terreux), se superposent par la fusion suivant leur densité et peuvent être séparés par une sorte de décantation.

Mais pour fondre les matières infusibles ou peu fusibles qui le plus souvent forment les gangues, il est nécessaire d'y ajouter des substances capables de donner par leur combinaison avec elles des composés fusibles; ces substances sont nommées *fondants*. C'est généralement à l'état de silicates que sont fondues les gangues. La fusibilité des divers silicates suivant leur composition est donc un élément utile à connaître [Berthier, *Traité des essais par la voie sèche*].

La fusibilité des silicates est liée à la fusibilité des bases qui les composent. Les bases fusibles donnent des silicates fusibles; les bases infusibles (sauf l'oxyde de fer) donnent des silicates d'autant moins fusibles qu'elles y entrent en plus forte proportion. On peut dire d'une manière générale que les silicates les plus fusibles sont ceux dans lesquels le rapport de l'oxygène de la silice à l'oxygène de la base est compris entre 2 et 3. Les silicates les plus fusibles donnés par la chaux correspondent à un rapport compris entre 3/2 et 2. Généralement on obtient des silicates multiples, doubles ou triples; ils sont plus fusibles que les silicates simples correspondants. Les silicates très-basiques ont l'inconvénient d'attaquer rapidement les parois siliceuses des fourneaux; les silicates trop pâteux, outre leur température plus élevée de fusion qui occasionne plus de frais de combustible, se séparent moins bien des mattes ou métaux obtenus dans la réaction. On peut, d'après ces données et les analyses connues de divers silicates obtenus dans les opérations métallurgiques, ajouter aux corps à fondre des fondants, de manière à obtenir un silicate de composition convenable. On arrive par l'habitude à juger de la composition des silicates, laitiers ou scories d'après leur aspect au moment où ils s'écoulent des fourneaux et leur texture lorsqu'ils sont refroidis.

Les scories ou silicates contenant des métaux réductibles peuvent être réduits sous l'influence du charbon ou des gaz réducteurs, surtout à une température un peu élevée et si on y ajoute un oxyde, comme la chaux destinée à remplacer dans la scorie l'oxyde métallique réduit et à former un laitier fusible. C'est le résultat que l'on obtient en passant avec la galène dans les fours Raschette qui servent à la métallurgie du plomb, des scories ferrugineuses additionnées de calcaire. Dans les silicates métalliques multiples, contenant par exemple du fer et du cuivre, le métal le moins oxydable, le cuivre, est le premier mis en liberté. Il se passe un phénomène analogue à celui de la précipitation des solutions métalliques par les métaux.

Un autre fondant employé assez souvent est le spath fluor. Il donne avec les silicates des fluosilicates assez fusibles; il donne aussi des composés très-fusibles avec les sulfates terreux.

La fusion peut être employée pour la réduction ou l'oxydation.

*Fonte oxydante.*

Dans cette opération on peut régler l'oxydation de façon à oxyder successivement les divers corps, métalloïdes ou métaux qui forment la matière fondue. C'est par ce moyen que sont généralement affinés les métaux impurs, que le cuivre noir est débarrassé du soufre et du fer qu'il peut encore contenir; que dans l'opération du puddlage et la fabrication de l'acier Bessemer (voyez Fer, Acier) le carbone et le silicium de la fonte sont progressivement éliminés, par l'action de l'air. De même, dans la coupellation, on opère la transformation du plomb en litharge et la séparation de l'argent : si le plomb contient du bismuth ce métal se concentrera avec l'argent et ne sera oxydé qu'en dernier lieu. On emploie quelquefois la vapeur d'eau comme oxydant préférablement à l'air. Ainsi, dans le procédé Cordurié pour la désargentation des plombs d'œuvre (voyez Plomb, *Métallurgie*), un courant de vapeur d'eau arrivant dans un alliage fondu de plomb et de zinc oxyde d'abord le zinc, puis les métaux étrangers, arsenic, antimoine et fer, sans oxyder sensiblement le plomb.

*Fonte de réduction.*

Dans la fonte réductrice, les composés oxydés sont réduits par le charbon ou les gaz réducteurs pour donner le métal.

La *fonte de réduction* peut donner lieu à un certain nombre d'actions spéciales. Elle peut n'avoir pour but que de réduire le métal oxydé en même temps que les éléments étrangers sont scorifiés : c'est l'effet obtenu dans la fonte, pour obtention du cuivre noir, des mattes de cuivre grillées que l'on mélange de matières siliceuses destinées à entraîner l'oxyde de fer. D'autres fois, elle a pour but la dissolution et l'entraînement de certains éléments : dans la *fonte plombeuse* des minerais argentifères ou aurifères, le plomb qui se forme entraîne les métaux précieux contenus dans le minerai. C'est un effet analogue qui est obtenu, par l'addition aux plombs d'œuvre de zinc pour entraîner l'argent. Enfin on appelle *fonte de précipitation* celle qui consiste à précipiter un métal par un autre dans les produits fondus. Par exemple, décomposition du sulfure de plomb fondu avec du fer métallique, du sulfure d'antimoine dans les mêmes conditions, etc.

VOIE HUMIDE.

Les procédés de la voie humide, si souvent utilisés dans les laboratoires, le sont plus rarement dans l'industrie métallurgique, à cause du prix des produits chimiques à employer. Dans ce genre de réaction rentre la méthode d'amalgamation américaine des minerais d'argent. Le plus souvent c'est une méthode mixte qui est suivie et c'est un produit d'art qui est soumis à l'action d'agents de dissolution pour en séparer les divers produits. Ainsi, au Harz, dans les usines d'Ocker et de Lautenthal, le cuivre noir argentifère est dissous par l'action successive de l'air et de l'acide sulfurique qui laisse l'argent à l'état métallique, le cuivre pouvant être obtenu à l'état de sulfate ou à l'état métallique par précipitation au moyen de fonte. Les minerais d'or sont quelquefois traités par le chlore en dissolution ou mieux gazeux; un lessivage sépare le chlorure d'or formé et l'or est précipité dans la solution par l'hydrogène sulfuré ou le sulfate ferreux. D'autres fois, les procédés métallurgiques conduisent à des composés qu'on peut dissoudre dans l'eau et précipiter d'une manière convenable : traitement du chlorure ou du sulfate d'argent obtenu dans les procédés Augustin et Ziervogel. — Voyez ARGENT, *Métallurgie*.

### DES FOURNEAUX.

Les fourneaux qui servent aux procédés de la voie sèche se composent généralement d'une partie extérieure formant le revêtement et d'une chemise intérieure réfractaire qui est plus directement soumise à l'action de la chaleur et des produits élaborés. Le massif extérieur est quelquefois formé par une simple chemise de tôle ou de fonte.

Les matériaux réfractaires employés pour garnir l'intérieur des fourneaux doivent remplir la double condition de résister à la température à laquelle ils sont soumis et de ne pas se laisser trop rapidement corroder par les produits en contact avec eux. Certains matériaux naturels, comme quelques grès siliceux, poudingues et silicates, peuvent assez bien remplir le but; mais le plus souvent on se sert de briques fabriquées avec des argiles réfractaires.

L'argile est un silicate d'alumine résistant d'autant mieux à la chaleur qu'il contient moins d'oxydes comme le fer, la chaux, la magnésie, la potasse et la soude. Voici la composition de quelques argiles réfractaires, citée par M. Grüner : il est regrettable que les alcalis n'y aient pas été dosés.

| | $SiO^2$ | $Al^2O^3$ | $Fe^2O^3$ | $CaO$ | $MgO$ | $H^2O$ | |
|---|---|---|---|---|---|---|---|
| Argile de Montet (Saône-et-Loire), et argile tertiaire de Blanzy, employées au Creuzot........ | 0,617 | 0,247 | 0,022 | » | » | 0,120 | |
| Argiles anglaises de Stombridge (terrain houiller)............ | 0,637 | 0,227 | » | » | » | 0,103 | Colorées par du carbone. |
| | 0,461 | 0,383 | » | 0,015 | » | 0,128 | |
| Argile d'Andennes (Belgique) (calcaire carbonifère et terrain houiller).................... | 0,520 | 0,270 | 0,020 | » | » | 0,190 | |
| Argile de Forges-les-Eaux....... | 0,650 | 0,240 | Traces. | » | » | 0,110 | |
| Argile de Montereau........... | 0,640 | 0,240 | » | » | » | 0,100 | |

Pour pouvoir faire des briques avec l'argile, il est nécessaire de la mélanger avec une substance inerte en grains, appelée *matière dégraissante*, qui les empêche de se fendiller par la cuisson. Cette substance est le quartz ou l'argile cuite et pulvérisée assez grossièrement, qu'on ajoute à l'argile crue en proportion variable suivant sa plasticité. Les briques sont le plus souvent cuites dans des fours spéciaux; quelquefois elles sont simplement séchées, et c'est dans le four même qu'on construit avec elles qu'elles subissent la cuisson par élévation progressive de la température. Les fours sont quelquefois construits en *pisé réfractaire* formé d'argile naturelle et d'argile cuite broyée : le mélange humecté est moulé et damé dans des moules déterminant la forme du four. Dans les constructions réfractaires, les briques sont réunies par un mortier formé d'argile réfractaire amaigrie.

Les soles et les parois des fourneaux, lorsqu'ils sont trop exposés à être corrodés par les matières qu'on y traite, sont quelquefois refroidies par des *caisses à eau*, où arrive un courant continu de liquide; on les maintient ainsi à une température assez basse pour que l'attaque en soit moins rapide. Dans d'autres cas la sole est formée par une plaque métallique assez mince que l'air suffit à refroidir pour l'empêcher d'être fondue, par exemple dans certains fours de puddlage dits *fours bouillants* (voyez ACIER); d'autres fois enfin, comme dans le four à plomb de la Pise (voyez PLOMB, *Métallurgie*), les parois du four sont en fonte et refroidies par un courant d'eau continu.

MM. Ponsard et Ligerot ont proposé, pour résister à une température très-élevée et à l'action oxydante des gaz de la flamme, des briques formées de fragments de coke réunis par une faible proportion d'argile, sur la surface desquelles on forme un vernis qui les rend incombustibles en les trempant dans une solution de chlorure de calcium. Il se produit, à une haute température, par la décomposition de chlorure de calcium, un silicate de chaux qui garantit la surface contre l'oxydation.

Les soles des fours à réverbère et les creusets des fours à cuve sont le plus souvent formés d'argile réfractaire damée ou de fraisil de charbon mélangé d'une certaine proportion d'argile.

DIVERSES SORTES DE FOURNEAUX. — Les fourneaux employés sont des fours sans chauffe distincte, à chauffe distincte ou à vases clos, suivant que le combustible est mélangé ou non à la matière minérale ou que celle-ci est placée dans des vases fermés. Ces fours peuvent de plus être à courant d'air naturel ou à courant d'air forcé, injecté par des tuyères.

Parmi les *fours sans chauffe distincte* citons les fours qui servent ordinairement à la calcination de la chaux, mélangée avec le combustible; ce sont des fours à courant d'air naturel. Le courant d'air forcé est employé dans les *bas foyers*, sortes de creusets où les matières à traiter sont mélangées avec le combustible et soumises à l'action du vent d'une tuyère, comme dans l'affinage du cuivre au petit foyer (voyez CUIVRE, *Métallurgie*) et dans les *fours à cuve*. Ces derniers sont appelés *fours à manche* lorsqu'ils ont 1 ou 2 mètres de hauteur; *demi-hauts-fourneaux*, de 2 à 6 ou 8 mètres; *hauts-fourneaux*, jusqu'à 20 mètres et plus. Les *fours à cuve* ont, comme l'indique leur nom, l'aspect d'une cuve de forme variable terminée à la partie supérieure par une ouverture qui sert au chargement et qui porte le nom de *gueulard*. La partie inférieure du four, souvent rétrécie, est percée d'une ou plusieurs ouvertures destinées à l'introduction des tuyères dont le vent produit la combustion. La base du four est généralement formée par un creuset destiné à recevoir les matières fondues : c'est dans ce creuset qu'elles se séparent par densités, la partie métallique gagnant le fond, tandis que les laitiers ou scories forment une couche à la surface. Pour obtenir cette séparation, le creuset est percé d'un *œil*, ouverture déterminant un niveau d'écoulement qui peut être constamment ouvert, ou ouvert seulement périodiquement : dans le premier cas, il est à craindre que les laitiers en s'écoulant, surtout s'ils ne sont pas très-liquides, entraînent des grenailles de matières métalliques. Le creuset est de plus muni d'un canal débouchant à sa partie la plus basse et qu'on appelle *trou de percée :* cette ouverture est généralement bouchée par un tampon d'argile, qu'on enlève pour recueillir la partie métallique lorsqu'elle s'est accumulée en quantité suffisante. Lorsque les matières traitées sont assez volatiles, comme le plomb et l'étain (voyez ÉTAIN, *Métallurgie*), on les fait s'écouler dès qu'elles sont arrivées à la partie inférieure du fourneau dans un creuset extérieur où s'opère la liquation des matières mélangées. D'autres fois enfin, la *poitrine*, partie du fourneau opposée à la tuyère, est *ouverte*, le creuset s'étendant un peu en dehors du fourneau, ce qui permet de travailler à l'intérieur du creuset avec des ringards pour détruire les engorgements qui peuvent se produire. Un jet de flamme s'échappe, dans ce cas, par cette ouverture : on le modère autant que possible avec du fraisil.

Les réactions qui se passent au four à cuve présentent généralement une régularité très-remarquable et peuvent être prévues avec une assez grande probabilité, d'après l'analyse des minerais et des combustibles, la forme du four, la quantité et la température de l'air insufflé ; on peut, par exemple, régler la marche d'un haut-fourneau de manière à obtenir à volonté de la fonte blanche ou de la fonte grise.

Les fours du second genre ou *fours à chauffe distincte* comprennent les *fours à réverbère* et les *fours à alandiers,* employés surtout pour la fusion du verre ou la cuisson de la porcelaine et des poteries. Ce qui distingue ces derniers, c'est la séparation de la voûte de la chauffe et de celle du laboratoire.

Les fours à réverbère peuvent être chauffés par des combustibles solides ou par des combustibles gazeux.

Dans le premier cas, un petit mur en matériaux réfractaires, appelé *pont* du four, le sépare en deux parties : le *laboratoire* qui reçoit la matière minérale et la *chauffe* qui est munie d'une grille recevant le combustible ; l'extrémité du four communique par un *rampant* avec une cheminée d'appel. Le laboratoire porte sur ses faces un certain nombre d'ouvertures disposées pour l'introduction des matières, l'entrée de l'air lorsqu'on veut produire un grillage, et le travail sur la sole. On peut, dans les fours à réverbère, obtenir une action oxydante ou réductrice, suivant qu'on laissera ouvertes ou fermées les portes du laboratoire et qu'on rendra oxydants ou réducteurs les gaz fournis par la chauffe. Quelquefois, pour obtenir une combustion plus active, on insuffle de l'air sous la chauffe.

Les *fours à chauffe distincte et à vases clos* comprennent les *fours à vent*, employés pour la fusion de l'acier au petit creuset (voyez ACIER), les *fours de galère* et les fours dans lesquels les gaz de la combustion viennent lécher les cornues ou tubes contenant les matières minérales, par exemple les fours servant à la distillation de la houille ou à la métallurgie du zinc. — Voyez ZINC, *Métallurgie*.

### COMBUSTIBLES ET COMBUSTION.

COMBUSTIBLES SOLIDES. — Nous ne parlerons que des combustibles hydrogénés et carbonés, quoique, dans certaines opérations métallurgiques, le soufre, le silicium, le fer jouent le rôle de combustibles et produisent par leur oxydation une élévation de température.

Les propriétés des combustibles sont très-variables au point de vue de la combustibilité, de la longueur des flammes qu'ils donnent en brûlant, de la quantité et de la nature des cendres qu'ils laissent, et de leur *pouvoir calorifique*. — Voyez HOUILLE.

La chaleur dégagée par des mêmes poids de corps combustibles, mesurée par le nombre de calories qu'ils fournissent, se trouve indiquée à l'article CHALEUR (table 8, p. 825). Remarquons que la quantité de chaleur produite par la transformation de 1 kilog. de carbone en acide carbonique, étant de 8080 calories, est fournie par la transformation successive du carbone en oxyde de carbone qui donne 2473 calories, et la transformation de l'oxyde de carbone formé en acide carbonique, qui en donne 5607 ; lors donc qu'on insuffle de l'air dans un haut-fourneau par les tuyères, le combustible est brûlé jusqu'à une certaine distance de la tuyère en donnant de l'acide carbonique et la température est très-élevée ; mais au delà, l'acide carbonique réagit sur le carbone et il se produit un abaissement de température considérable par sa transformation en oxyde de carbone. Aussi, lorsqu'on veut obtenir dans la région des tuyères une température très-élevée, donne-t-on en cet endroit au fourneau une largeur assez faible et en relation avec la pression du vent. L'oxyde de carbone lui-même peut être utilement employé comme combustible. — Voyez plus loin.

Les températures obtenues par la combustion peuvent être calculées, connaissant les chaleurs spécifiques des corps brûlés, ainsi que le poids et les chaleurs spécifiques des produits de la combustion. Il est néanmoins difficile de tenir compte de l'effet de *dissociation* qui a lieu sur ces produits. On augmente les températures produites par la combustion en brûlant les combustibles au moyen d'air chaud ; c'est un des résultats obtenus dans le système Siemens. — Voyez plus loin.

Les combustibles solides les plus répandus sont la houille et le coke, le bois et le charbon de bois, le lignite, la tourbe, l'anthracite. Ceux qui contiennent de l'eau, comme le bois et la tourbe, ou des matières volatiles, comme la houille, sont souvent, avant d'être employés, soumis à une torréfaction ou à la *carbonisation* (voyez BOIS, COKE). Dans le cas du bois, cette opération a pour but d'augmenter le pouvoir calorifique du produit obtenu ; dans le cas de la houille, elle permet d'obtenir un produit, le coke, qui, sans avoir un pouvoir calorifique plus élevé que celui de la houille, ne présente pas, comme elle, la propriété de se ramollir et de s'agglutiner par la chaleur ; cette propriété empêche l'emploi de la houille dans les fours à cuve. Le coke peut, de plus, être obtenu avec de la houille menue et de moindre valeur, et la carbonisation élimine une partie du soufre contenu dans la houille et qui est si nuisible dans la métallurgie du fer.

La combustion sur une grille, par exemple sur la grille d'un four à réverbère, dépend d'un grand nombre de conditions, la nature du combustible, l'épaisseur de la couche qu'il forme, l'écartement des barreaux de la grille, l'intensité du tirage, etc. Le combustible peut laisser passer l'air plus ou moins facilement, suivant la grosseur de ses fragments et la facilité avec laquelle il s'agglutine. L'épaisseur doit être telle, que l'oxygène de l'air soit le plus complétement brûlé et transformé en acide carbonique ; la formation d'oxyde de carbone donne lieu à une moins grande production de chaleur. L'épaisseur la plus convenable est généralement de 10 à 15 centimètres. L'écartement des barreaux doit varier avec la nature du combustible : la surface libre de la chauffe est le plus souvent le tiers ou le quart de la surface totale de la grille. L'expérience a montré qu'il était plus avantageux d'avoir un fort tirage avec des chauffes de moindre surface. C'est dans ce but que l'on injecte quelquefois l'air sous pression.

Ce qui caractérise un four, au point de vue de la température plus ou moins élevée qu'on y obtient, est le rapport entre la surface de chauffe et le volume du laboratoire. Voici, d'après M. Grüner, le volume du laboratoire de quelques fours par mètre carré de surface de chauffe :

| | | | |
|---|---|---|---|
| urs à briques......... | 6 | à 10 | mètres cubes. |
| — à zinc de Liége.... | 5 | à 6 | » |
| — à zinc silésien..... | 9 | à 10 | » |
| — à porcelaine...... | 12 | à 20 | » |
| — à acier............ | 0,80 | à 0,90 | » |
| — de puddlage et réchauffage...... | 1,10 | à 1,25 | » |
| — à cuivre.......... | 2,50 | à 3 | » |
| — de grillage........ | 10 | » | » |

La température variera, du reste, suivant l'activité du tirage.

COMBUSTIBLE GAZEUX. — Le seul *combustible gazeux* employé dans la métallurgie est le mélange d'oxyde de carbone et d'azote obtenu par la combustion incomplète des matières carbonées. Ce sont les gaz des hauts-fourneaux qui, les premiers, ont été utilisés soit pour chauffer des chaudières à vapeur, soit pour chauffer l'air qui est injecté dans les hauts-fourneaux. Les gaz sont recueillis d'une façon convenable et sont conduits dans le four, où ils sont brûlés, par un tube vertical arrivant au-dessus d'une grille sur laquelle se trouvent quelques fragments de charbon incandescents. L'extrémité du tube est aplatie de manière à livrer le gaz sous forme d'une nappe très-mince. L'air arrive perpendiculairement à cette nappe par des trous percés dans la porte du foyer située au-dessus de la grille; de cette façon le mélange est intime et la combustion parfaite.

La *gazéification totale*, en permettant de transformer un combustible solide en combustible gazeux, a conduit à des résultats très-importants. En effet, lorsqu'un fourneau contient une matière qui doit être portée à une très-haute température, les gaz de la combustion, en s'échappant du fourneau, possèdent encore une température très-élevée et emportent une quantité de chaleur considérable qui est totalement perdue. Cette chaleur peut être récupérée par l'artifice suivant, formant le principe des *fours à chaleur régénérée*, inventés par M. Siemens (voyez l'article GAZ). Les gaz de la combustion passent, au sortir des fours, dans de grandes chambres garnies de briques disposées de manière à offrir une très-grande surface et leur abandonnent la majeure partie de leur chaleur. Lorsque ces chambres sont échauffées, on y fait passer l'air destiné à brûler le combustible gazeux, de manière à reprendre cette chaleur en refroidissant peu à peu les chambres et élever d'autant la température des produits de la combustion. Avec deux systèmes de chambres dans lesquelles on fera passer alternativement l'air et les produits de la combustion, on peut arriver à un fonctionnement continu. Tel est le principe des fours Siemens qui donnent, avec une notable économie et par l'emploi de combustibles de toute nature et de toute qualité, des températures très-élevées et faciles à régler; ils ont conduit à des progrès importants dans l'industrie métallurgique; leur emploi permet de fondre économiquement des masses d'acier considérables, soit sur la sole d'un four à réverbère, soit dans des creusets; il permet d'affiner la fonte par le procédé Martin; il est également appliqué avec avantage dans la métallurgie du zinc.

Les générateurs destinés à transformer le combustible solide en combustible gazeux sont tous fondés sur la production d'oxyde de carbone seul lorsque la couche de combustible atteint une certaine épaisseur. A l'article GAZ se trouve représenté le générateur Siemens. Une grille dont les barreaux sont disposés en gradins ou recouverts d'une couche de mâchefer permet de brûler des combustibles de qualité inférieure, même très-menus. On a pu de la sorte utiliser la sciure de bois et les anthracites qui, par la chaleur, décrépitent et se réduisent en menus fragments. La tourbe elle-même a pu être employée dans ces générateurs. Les générateurs se trouvent souvent à une assez grande distance des fours où sont brûlés les gaz. Des canaux en maçonnerie ou des tubes en tôle les conduisent aux points voulus. On comprend qu'en brûlant les gaz dans les fours par une quantité d'air variable, on puisse y obtenir une atmosphère oxydante, neutre ou réductrice.

Une autre disposition assez répandue est celle du *générateur Boëtius*. Les gaz combustibles, produits dans un générateur analogue au précédent, sont brûlés par de l'air chauffé par les parois mêmes du gazogène. Dans ce but, la cuve prismatique remplie par le combustible à transformer en gaz est entourée d'une série de canaux s'ouvrant à la base, pour l'entrée de l'air froid, et débouchant à la partie supérieure dans le conduit qui relie le générateur au four à réverbère. Ces générateurs, sans donner une température aussi élevée que le système Siemens, offrent sur lui l'avantage de la simplicité; ils sont plus économiques que les chauffes ordinaires, mais ils n'utilisent que la chaleur perdue par le foyer. La chaleur entraînée par les gaz de la combustion peut être employée pour chauffer des chaudières à vapeur.

C'est en employant les procédés généraux et les appareils que nous avons indiqués qu'on arrive, après une série d'opérations très-variables, à obtenir sensiblement purs les métaux contenus dans les minerais. Ces minerais sont souvent très-pauvres, et nous donnerons une idée du degré de perfection auquel sont arrivées les diverses opérations de la métallurgie, en disant qu'on traite quelquefois avec avantage des minerais d'étain contenant à peine 1 °/₀ d'oxyde d'étain. Ils peuvent, moyennant cette teneur, être abattus dans la mine, broyés, soumis à la préparation mécanique, grillés et fondus, et, malgré ce traitement complexe, donner lieu à des bénéfices.

Enfin, l'importance de la métallurgie au point de vue de la société est considérable, et l'on a dit avec une apparence de raison que le degré d'activité industrielle d'un peuple pouvait, jusqu'à un certain point, s'évaluer d'après la quantité de houille ou de fer qu'il produisait. F. de L.

**MÉTALUMINE.** — Nom donné par Graham à la modification soluble de l'alumine. — Voyez t. I, p. 170.

**MÉTAMARGARIQUE (ACIDE).** — Acide isomérique avec l'acide margarique, fusible à 50°, obtenu par M. Frémy en décomposant l'huile d'olive par l'acide sulfurique.

**MÉTAMÉCONIQUE.** — Syn. d'ACIDE COMÉNIQUE. Voyez t. I, p. 963.

**MÉTAMÉRIE.** — Voyez ISOMÉRIE, t. II, p. 14.

**MÉTAMYLÈNE.** — M. Balard a nommé ainsi les produits inférieurs de la distillation de polymères de l'amylène, obtenus en chauffant l'alcool amylique avec l'acide sulfurique. Ils renferment surtout du tétramylène, $C^{20}H^{40}$.

**MÉTANAPHTALINE.** — Nom donné par Pelletier et Walter à un hydrocarbure solide qui se produit dans la distillation sèche des résines et qui passe avec les dernières portions. M. Dumas a changé ce nom contre *rétistérène*. Comprimée entre de doubles feuilles de papier buvard et cristalisée plusieurs fois dans l'alcool, la métanaphtaline est en lamelles incolores, nacrées, onctueuses au toucher, sans saveur, et d'une légère odeur de cire. Elle fond à 70° et bout à 325°. Insoluble dans l'eau, et peu soluble dans l'alcool froid, elle se dissout aisément dans l'alcool absolu et bouillant. Elle est encore plus soluble dans l'éther, le naphte et l'essence de térébenthine.

L'acide sulfurique ne paraît pas former d'acide sulfoconjugué avec la métanaphtaline; il la charbonne à chaud. L'acide nitrique produit à chaud une matière résineuse. Le chlore transforme la métanaphtaline fondue, avec dégagement d'acide chlorhydrique, en une matière résineuse verdâtre, beaucoup moins soluble que l'hydrocarbure primitif.

La métanaphtaline a donné à l'analyse :

| | Pelletier et Walter. | | | Dumas. |
|---|---|---|---|---|
| C | 92,48 | 92,30 | 92,59 | 92,1 |
| H | 6,45 | 6,99 | 6,75 | 6,9 |

Suivant Brœnner, la métanaphtaline ne serait autre que du diphényle, qui fond à 70° [*Ann. der Chem. u. Pharm.*, t. CLI, p. 50]. A. H.

**MÉTANÉTHOL.** — Produit bouillant à 232°,5, isomérique avec l'anisoïne et se formant par la distillation de cette dernière, en même temps qu'il reste une autre huile isomérique, l'*isanéthol* [K. Kraut et F. Schlun, *Archiv. de Pharm.*, (2), t. CXVI, p. 24]. — Voyez ANISOÏNE, t. I, p. 330.

**MÉTAPECTINE.** — Voyez PECTINE.

**MÉTAPECTIQUE (ACIDE).** — Voyez PECTIQUE (ACIDE).

**MÉTAPHOSPHORIQUE (ACIDE).** — Voyez PHOSPHORE.

**MÉTASTYROL.**—Voyez CINNAMÈNE, t. I, p. 913.

**MÉTATARTRIQUE (ACIDE).** — Voyez TARTRIQUE (ACIDE).

**MÉTATÉRÉBENTHÈNE.** — Voyez TÉRÉBENTHÈNE.

**MÉTAXITE** (Min.). — Serpentine en masses fibreuses, séparables, d'un blanc verdâtre et d'un éclat faiblement perlé. A Schwanzenberg (Saxe).

**MÉTAXOÏTE** (Min.). — Substance analogue à la métaxite, et renfermant une certaine proportion de chaux.

**MÉTÉORITES** (Min.). — Les météorites, ou pierres tombées du ciel, sont des agrégations de minéraux, de véritables roches qui, comme telles, ne rentrent pas dans le domaine du minéralogiste. Elles sont pour la plupart riches en fer métallique nickélifère; quelques-unes en sont même entièrement formées. Le métal renferme une assez forte proportion d'hydrogène et d'oxyde de carbone *occlus*. D'autres ne renferment que des matières pierreuses. Les classifications qu'on a données des météorites, et que nous n'avons pas à rappeler ici, sont fondées, en général, sur la plus ou moins grande richesse en fer métallique et sur la structure des matières pierreuses. Ces dernières sont des silicates magnésiens ou alumimiques, parmi lesquels les plus importants sont le péridot, un ou plusieurs feldspaths, le pyroxène, l'enstatite. On y a signalé également la pyrite magnétique, la chromite, la sidérose, le graphite.

On y a rencontré plusieurs espèces minérales, plus ou moins bien caractérisées, inconnues ailleurs, dont voici les principales : *Taénite*, variété de fer renfermant 13 % de nickel, moins attaquable aux acides que les parties environnantes, et formant des lames minces au contact de la variété qui a reçu le nom de *Kamazite*. De ces différences de solubilité résultent les figures régulières que l'on observe sur les fers météoriques polis et attaqués à l'aide d'un acide, et qui sont connues sous le nom de *figures de Widmanstaetten*.

*Schreibersite* ou *lamprite* de Reichenbach. — Phosphure de fer nickélifère, de composition variable, en petits grains d'un gris d'acier, à structure lamelleuse.

Dureté, 6,5. Densité, 7,0 à 7,2.

Haidinger l'a trouvé en examinant les grains attirables à l'aimant de la météorite d'Arva.

*Rhabdite*. — Phosphure de fer nickélifère, en petits prismes à base carrée, presque microscopiques, qui sont disposés d'une manière régulière, parallèlement aux trois arêtes du cube dans le fer météorique. Cette espèce ne fait peut-être qu'une seule avec la précédente.

*Troïlite*. — Protosulfure de fer, en nodules ou en grains irréguliers, plus ou moins gros, empâtés dans le fer météorique. Sa cassure est inégale.

*Shepardite*. — Silicate de magnésie,

$$2MgO,3SiO^2,$$

en cristaux imparfaits d'une assez grande dimension, blancs; presque inattaquable à l'acide chlorhydrique.

Un petit nombre de météorites renferment des matières charbonneuses; la composition de la matière charbonneuse de la météorite d'Orgueil la rapproche, d'après M. Cloëz, des substances humiques. Cette même météorite contient un carbonate de magnésie et de fer, analogue à la breunnerite. F. et S.

**MÉTHACRYLIQUE (ACIDE)**, $C^4H^6O^2$. — Cet isomère de l'acide crotonique prend naissance, à l'état d'éther éthylique, lorsqu'on traite le diméthoxalate d'éthyle (voyez t. I, p. 1171) par le chlorure de phosphore :

$$C^4H^7O^3(C^2H^5) - H^2O = C^4H^5O^2(C^2H^5).$$

On le met en liberté en décomposant son éther par la potasse alcoolique et distillant avec de l'acide sulfurique le sel potassique ainsi formé. C'est un liquide incolore, à réaction très-acide. Ses sels ont une grande tendance à perdre de l'acide.

Le *méthacrylate d'argent*, $C^4H^5O^2Ag$, est un précipité blanc; le *sel barytique* est gommeux et très-soluble; le sel de cuivre est aussi assez soluble.

Le *méthacrylate d'éthyle* est un liquide éthéré, d'une odeur très-prononcée de champignons pourris.

L'acide méthacrylique, chauffé fortement avec de la potasse, fournit du propionate et du formiate ou du carbonate :

$$C^4H^6O^2 + 2KHO = C^3H^5O^2K + CHO^2K + H^2.$$

Cette réaction rend compte de l'isomérie de l'acide méthacrylique avec l'acide crotonique, qui ne fournit dans ce cas que de l'acétate. Pourtant l'acide crotonique obtenu par le cyanure d'allyle se décompose, d'après M. Claus [*Deutsche Chem. Gesellsch.*, t. III, p. 180], comme l'acide méthacrylique [Frankland et Duppa, *Journ. of the Chem. Soc.*, (2), t. III, p. 133; *Ann. de Chim. et de Phys.*, (4), t. V, p. 502]. E. W.

**MÉTHAL.** — Voyez MYRISTIQUE (ALCOOL).

**MÉTHIONIQUE (ACIDE).** — Voyez MÉTHYLÈNE-DISULFUREUX, p. 418.

**MÉTHOXACÉTIQUE (ACIDE).** — Voyez GLYCOLIQUE (ACIDE), t. I, p. 1617.

**MÉTHYLACÉTAL.** — Le diméthylacétal de Wurtz (voyez t. I, p. 6), constitue, suivant Daner, la plus grande partie du composé décrit sous le nom de lignone; il y est mélangé d'acétone et d'acétate de méthyle.

**MÉTHYLACÉTONE**, $C^4H^8O$ (voyez t. I, p. 1172). — Fittig l'a obtenue dans la rectification d'acétones du commerce. Suivant lui, elle bout entre 75° et 77°, a une densité de 0,838 à 19°, et se combine au bisulfite de soude.

**MÉTHYLAL.** — Voyez DIMÉTHYLATE DE MÉTHYLÈNE, p. 417.

**MÉTHYLAMINES** [Syn. *Azotures de méthyle*]. — Les méthylamines représentent de l'ammoniaque dans laquelle un, deux ou trois atomes d'hydrogène sont remplacés par le méthyle, $CH^3$, ou de l'hydrate d'ammonium dont l'hydrogène est totalement remplacé par le méthyle.

On connaît, en outre, un grand nombre de bases renfermant des radicaux alcooliques divers, au nombre desquels se trouve le méthyle. Parmi celles-ci, nous ne décrirons ici que les ammoniaques renfermant de l'éthyle et du méthyle. (Pour les méthylamylamines, voyez AMYLAMINES; pour les méthylanilines, méthyltoluidines, etc., voyez PHÉNYLAMINE, TOLUIDINE, etc.)

La monométhylamine a été obtenue pour la première fois par M. Wurtz, dans l'action de la potasse sur le cyanate ou le cyanurate de méthyle; elle se produit dans une foule de circonstances, comme nous le verrons plus loin; elle se rencontre en même temps que les autres ammoniaques du méthyle dans l'action de l'azotate de méthyle sur l'ammoniaque (Carey Lea).

MÉTHYLAMINE, $CH^3AzH^2$ [Wurtz, 1849, *Ann. de Chim. et de Phys.*, (3), t. XXX, p. 449].

*Préparation et modes de production.* — La méthylamine se prépare :

1° Par l'action de la potasse sur le cyanurate de méthyle (Wurtz). On opère dans un ballon surmonté d'un serpentin; les vapeurs aqueuses se condensent dans le serpentin, tandis que la méthylamine gazeuse va se dissoudre dans un vase renfermant un peu d'eau pure. La décomposition du cyanurate de méthyle par une lessive de potasse est une opération très-longue. Elle marche plus rapidement si l'on fond l'éther méthylcyanurique avec de l'hydrate de potasse solide, auquel on n'ajoute qu'une petite quantité d'eau. La solution de méthylamine ainsi obtenue est saturée par l'acide chlorhydrique, évaporée à siccité, et le résidu repris par l'alcool absolu bouillant. Par le refroidissement, on obtient du chlorhydrate de méthylamine pur.

Pour en retirer la base à l'état de pureté, on mélange le chlorhydrate parfaitement desséché avec deux fois son poids de chaux vive, et l'on introduit le mélange dans un long tube fermé par un bout, de manière qu'il en occupe la moitié, l'autre moitié renfermant des fragments de potasse caustique. On chauffe doucement, et on recueille la méthylamine gazeuse sur le mercure.

2° M. Carey Lea obtient la méthylamine par l'action de l'azotate de méthyle sur l'ammoniaque. On introduit l'éther azotique dans un flacon, de manière qu'il en remplisse le quart; on y ajoute un volume d'ammoniaque aqueuse un peu supérieure, et l'on abandonne le tout au contact, jusqu'à ce que l'azotate de méthyle ait disparu (environ cinq ou six jours). Le liquide est alors distillé avec de la potasse caustique, et les vapeurs sont reçues dans l'eau.

La solution renferme de l'ammoniaque et les trois méthylamines, mais la séparation de celles-ci offre de grandes difficultés, et on parvient seulement à obtenir la méthylamine à l'état de pureté. A cet effet, on sature par l'acide oxalique, on évapore au bain-marie, on reprend par l'alcool bouillant, qui laisse l'oxalate d'ammoniaque à l'état insoluble; la liqueur filtrée se sépare en deux couches, dont l'inférieure renferme l'oxalate de méthylamine, qui ne tarde pas à se prendre en une masse cristalline. On purifie cet oxalate par l'alcool absolu, puis on le transforme en azotate qu'on décompose par la potasse [Carey Lea, *Chemical News*, t. VI, p. 66; *Répert. de Chim. pure*, 1862, p. 445].

La méthylamine prend naissance en outre dans une foule de circonstances :

1° Dans l'action du chlore sur la caféine (Rochleder);

2° Dans l'action de la potasse caustique sur différents alcalis; sur la caféine (Wurtz), la codéine [Anderson, *Ann. de Chim. et de Phys.*, (3), t. XXXIV, p. 500], ou de la chaux sodée sur la créatine, la sarcosine [Dessaignes, *Compt. rend. de l'Acad.*, t. XLI, p. 1258];

3° Par l'action de l'acide azotique sur la créatine, ou celle de l'oxyde puce de plomb sur le sulfate de sarcosine (méthylglycocolle) (Dessaignes), etc. M. Personne a trouvé de la méthylamine dans les produits de la torréfaction du café;

4° M. Hofmann a obtenu de la méthylamine dans l'action de l'iodure de méthyle sur l'ammoniaque (voyez plus loin, DIMÉTHYLAMINE);

5° M. Anderson l'a rencontrée dans les bases que renferme l'huile d'os [*Ann. de Chim. et de Phys.*, (3), t. XXXIV, p. 334], et Greville Williams en a trouvé de petites quantités dans la distillation du pyrolignite de chaux, *Jahresbericht für* 1853, p. 467;

6° Elle se produit à l'état de chlorhydrate lorsqu'on chauffe à 300° du chlorhydrate d'ammoniaque avec de l'esprit de bois [Berthelot, *Ann. de Chim. et de Phys.*, (3), t. XXXVIII, p. 69];

7° Elle se forme par l'hydrogénation de l'acide cyanhydrique, en vertu de la réaction générale qu'a fait connaître Mendius :

$$\underset{\text{Acide cyanhydrique.}}{CAzH} + H^4 = CH^3,AzH^2.$$

Cette réaction s'accomplit lorsqu'on fait réagir sur le zinc, soit une solution aqueuse d'acide cyanhydrique additionnée d'acide sulfurique, soit une solution alcoolique additionnée d'acide chlorhydrique. On opère comme il a été dit à l'article ÉTHYLAMINE, t. I, p. 1305 [Mendius, *Ann. der Chem. u. Pharm.*, t. CXXI, p. 29; *Répert. de Chim. pure*, 1862, p. 418; *Ann. de Chim. et de Phys.*, (3), t. LXV, p. 125];

8° On opère la même synthèse en faisant passer un courant d'hydrogène dans un appareil où se produit de l'acide cyanhydrique, et amenant le mélange des gaz dans un tube rempli de mousse de platine chauffée à 110°; à l'extrémité de ce tube, on recueille la méthylamine dans un appareil de Liebig rempli d'acide chlorhydrique étendu. De plus, si l'on reprend par l'eau la mousse de platine, on lui enlève du platinocyanure de méthylamine [Debus, *Ann. der Chem. u. Pharm.*, t. CXXVIII, p. 200, et *Bull. de la Soc. chim.*, 1864, t. I, p. 381];

9° Enfin la méthylamine se produit dans la décomposition de la méthylcarbylamine ou isocyanure de méthyle,

$$\underset{\text{Méthylcarbylamine.}}{Az\left\{\begin{matrix}C\\CH^3\end{matrix}\right.} + 2H^2O = \underset{\text{Acide formique.}}{CH^2O^2} + \underset{\text{Méthylamine.}}{CH^5Az}$$

[A. Gautier, *Bull. Soc. chim.*, 1867, t. VIII, p. 218].

*Propriétés et réactions* (Wurtz). — La méthylamine est gazeuse, mais à quelques degrés au-dessous de zéro elle se condense en un liquide fort mobile, qui ne se solidifie pas par le froid que produit un mélange d'acide carbonique solide et d'éther.

Son odeur est fortement ammoniacale; elle condense la vapeur d'eau dans l'air très-humide; c'est le plus soluble de tous les gaz connus. A 12°,5, un volume d'eau en dissout 1150 volumes, et à 25°, 959 volumes seulement. La méthylamine est fortement alcaline; comme l'ammoniaque, elle bleuit le papier rouge de tournesol et répand des fumées blanches au contact d'une baguette imprégnée d'acide chlorhydrique. Au contact d'une bougie, elle prend feu et brûle avec une flamme jaunâtre et livide; les produits de la combustion sont de l'eau, de l'acide carbonique et de l'azote; quand la combustion est incomplète, les gaz sont mélangés d'une petite quantité de cyanogène ou d'acide cyanhydrique. Cette production d'acide cyanhydrique a également lieu lorsqu'on dirige la méthylamine dans un tube de porcelaine long et étroit, rempli de fragments de porcelaine et chauffé au rouge. Il se forme en même temps du cyanhydrate d'ammoniaque. Chauffée avec du potassium, elle donne du cyanure et de l'hydrogène.

Avec le chlorure de cyanogène gazeux, elle donne du chlorhydrate de méthylamine et de la cyanométhylamide ou méthylcyanamide :

$$C^2Az^2H^4 = CAz^2H(CH^3);$$
$$CAzCl + 2CH^5Az = CH^6AzCl + C^2Az^2H^4$$

[Cahours et Cloez, *Compt. rend. de l'Acad.*, t. XXXVIII, p. 354].

La solution aqueuse de méthylamine possède l'odeur du gaz ; elle est très-caustique. Par l'ébullition, elle perd tout le gaz qu'elle renferme en dissolution. Le chlore la décompose en donnant du chlorhydrate de méthylamine et un liquide huileux, probablement de la méthylamine bichlorée. Avec le brome, il se forme du bromhydrate et un composé bromé. Avec l'iode, il se forme de la *méthylamine biiodée* (voyez plus loin). Si l'on chauffe à 275°, en tube scellé le chlorhydrate de méthylamine avec une solution saturée à froid d'acide iodhydrique, la base se dédouble en ammoniaque et hydrure de méthyle en fixant de l'hydrogène [Berthelot, *Bull. de la Soc. chim.*, 1868, t. IV, p. 179].

La solution de méthylamine agit sur un grand nombre de dissolutions métalliques comme l'ammoniaque elle-même ; c'est ainsi qu'elle précipite les sels de magnésie, de manganèse, de fer, de bismuth, de chrome, d'urane et d'étain. Les sels de zinc sont précipités en blanc, les sels de cuivre en blanc bleuâtre, et les précipités sont redissous par un excès de réactif. Les sels de cadmium sont précipités en blanc, mais, contrairement à ce que produit l'ammoniaque, la méthylamine ne redissout pas le précipité ; les sels de nickel, de cobalt se comportent de même. L'acétate de plomb n'est pas troublé, mais l'azotate de plomb est complétement précipité. Les sels mercureux sont précipités en noir ; le sublimé corrosif donne un précipité blanc floconneux. L'azotate d'argent est précipité complétement, et l'oxyde d'argent se dissout facilement dans un excès de méthylamine. La solution abandonnée à l'air sépare un corps noir, renfermant du carbone, de l'hydrogène, de l'azote et de l'argent, et qui est probablement le composé correspondant à l'argent fulminant. Cette substance cependant n'est pas explosible. Le chlorure d'argent se dissout dans la solution de méthylamine ; le chlorure d'or et le chlorure de platine donnent des sels doubles. La méthylamine donne avec le protochlorure de platine des sels de platosométhylamines. — Voyez Platine.

A ces réactions indiquées par M. Wurtz, M. Carey Lea ajoute les suivantes : la méthylamine précipite en blanc les sels de cérium, de zircone, et les précipités sont insolubles; elle précipite l'alumine qui se redissout dans un excès de réactif; avec le perchlorure d'antimoine, elle donne un précipité brun rougeâtre ; avec le chlorure palladeux, un précipité couleur de chair qui paraît être un chlorure de méthylpalladammonium (voyez Palladium). La méthylamine se distingue surtout de l'ammoniaque et des bases éthyliques, en ce qu'elle ne précipite pas le protochlorure de molybdène, et donne avec le bichlorure un précipité rougeâtre insoluble dans un excès de réactif [Carey Lea, *mémoire cité*].

Sels de méthylamine. — Les sels de méthylamine représentent les sels ammoniacaux correspondants dont un atome d'hydrogène est remplacé par le groupe méthyle $CH^3$.

Azotate de méthylamine, $CH^5Az, AzO^3H$ (Wurtz). — On sature la solution aqueuse de la méthylamine par l'acide azotique, et par l'évaporation de la solution on obtient l'azotate sous forme de beaux prismes droits rhomboïdaux, fort allongés, déliquescents et très-solubles dans l'alcool.

Bromhydrate de méthylamine, $CH^5Az, HBr$. — Lames larges et brillantes, d'un aspect gras, très-déliquescentes, solubles dans l'alcool (Wurtz).

Carbonate de méthylamine (Wurtz). — La méthylamine gazeuse et sèche se combine avec l'anhydride carbonique en fournissant du *méthylcarbamate de méthylammonium* ; lorsqu'on distille un mélange de carbonate de chaux et de chlorhydrate de méthylamine, on obtient outre le sel précédent le carbonate de méthylamine. Il n'a pas été possible d'obtenir ce dernier à l'état de pureté complète. Néanmoins on peut constater que le carbonate de méthylamine est un sel très-déliquescent, fort alcalin, et volatil, même à la température ordinaire.

Chlorhydrate de méthylamine (*chlorure de méthylammonium*), $CH^5Az, HCl$ (Wurtz). — Nous avons dit comment il s'obtient en parlant de la préparation de la méthylamine. Il cristallise en belles et larges feuilles, qui offrent des reflets irisés au moment de leur formation. Il est déliquescent, et ne fond qu'au-dessus de 100°.

*Chloraurate de méthylamine,*

$$CH^5Az, HCl, AuCl^3$$

(Wurtz). — On mélange une solution de chlorure d'or avec une dissolution de chlorhydrate de méthylamine. Par l'évaporation et le refroidissement de la liqueur, on obtient de magnifiques aiguilles d'un jaune d'or, solubles dans l'eau, l'alcool et l'éther.

*Chloromercurate de méthylamine,*

$$(CH^5Az, HCl)^2HgCl^2$$

(Wurtz). — Cristaux volumineux, qui se forment lorsqu'on concentre une solution de chlorure mercurique et de chlorhydrate de méthylamine.

*Chloropalladite de méthylamine,*

$$(CH^5Az, HCl)^2PdCl^2$$

(Carey Lea). — Il est en belles lamelles brun-rouge, qui prennent naissance lorsqu'on ajoute de la méthylamine à du protochlorure de palladium en excès. Si la méthylamine est en excès, on obtient un chlorure de méthylpalladammonium. — Voyez Palladium.

*Chloroplatinate de méthylamine,*

$$(CH^5Az, HCl)^2PtCl^4$$

(Wurtz). — Obtenu par l'action de la méthylamine sur le chlorure platinique, il forme de belles écailles d'un jaune d'or, solubles dans l'eau, insolubles dans l'alcool.

Iodhydrate de méthylamine, $CH^5Az, HI$ (Wurtz). — Lames incolores, brunissant à l'air, fort déliquescentes et solubles dans l'alcool.

Oxalates de méthylamine (Wurtz). — *Sel acide.* On le prépare en ajoutant à de l'oxalate neutre une quantité d'acide oxalique égale à celle qu'il contient déjà. Il se dépose de sa dissolution alcoolique sous forme de petites lamelles. Chauffé à 160°, il se transforme en acide méthyloxamique. — *Sel neutre,* $(CH^5Az)^2C^2H^2O^4$. Il cristallise difficilement, il se transforme par la chaleur en eau et en méthyloxamide.

Platinocyanure de méthylammonium,

$$PtCy^4(CH^6Az)^2$$

— Obtenu par Debus dans la synthèse de la méthylamine par l'action du noir de platine sur un mélange d'hydrogène et d'acide cyanhydrique, ce sel forme de longs prismes, d'un jaune-brun, aisément solubles dans l'eau.

Sulfate de méthylamine. — Extrêmement soluble dans l'eau, insoluble dans l'alcool. Il ne cristallise pas. En mélangeant sa solution à une solution de sulfate d'alumine, on obtient par l'évaporation spontanée le sulfate double ou *alun de méthylamine,*

$$(SO^4)^3Al^2, SO^4(CH^6Az)^2 + 24H^2O.$$

Cet alun est en gros octaèdres réguliers ; l'angle

que forme une face octaédrique avec l'autre a été trouvé de 10.° 20' à 109° 30' [T. von Alth, *Ann. der Chem. u. Pharm.*, t. XCI, p. 174, et *Ann. de Chim. et de Phys.*, (3), t. XLIII, p. 117].

MÉTHYLAMINE BIIODÉE, $CH^3I^2Az$ (Wurtz). — L'iode réagit instantanément sur la solution de méthylamine, en produisant une poudre rouge-grenat, insoluble, qui constitue la méthylamine biiodée. Il se forme en même temps de l'iodhydrate de méthylamine. La méthylamine biiodée se dissout dans l'alcool, qui paraît la décomposer. Avec la potasse, il se forme de l'iodure de potassium un résidu insoluble, jaune, qui n'est que de l'iodoforme et une petite quantité d'une matière douée d'une odeur fort pénétrante. Elle se décompose par la chaleur avec explosion.

DIMÉTHYLAMINE, $C^2H^7Az = (CH^3)^2,AzH$ [Hofmann, *Proceed. of the Roy. Soc.*, t. XII, p. 380]. — Cette base se produit en même temps que les autres ammoniaques du méthyle, lorsqu'on chauffe en vases scellés de l'iodure de méthyle avec de l'ammoniaque. On les isole par un procédé semblable à celui qui permet de séparer les diverses éthylamines (voyez t. I, p. 305) en les traitant par l'oxalate d'éthyle. On chauffe doucement l'iodure de méthyle avec une solution alcoolique d'ammoniaque dans un balion muni d'un réfrigérant qui permet aux vapeurs de refluer; quand la réaction est terminée, le tout se prend en une masse cristalline formée d'iodure d'ammonium et des iodures de méthyl-, diméthyl-, triméthyl-, et tétraméthylammonium. On reprend par l'eau qui sépare les premiers iodures facilement solubles de l'iodure de tétraméthylammonium difficilement soluble. La solution aqueuse est évaporée et distillée avec la potasse; les bases, qui se dégagent, se dessèchent en passant sur la potasse caustique et arrivent dans un tube étroit fortement refroidi, où se condensent la diméthylamine et la triméthylamine avec une portion de la méthylamine; une partie de la méthylamine et l'ammoniaque qui échappent à la condensation sont recueillies dans l'eau. Le mélange des trois bases, condensé, est additionné d'oxalate d'éthyle; la méthylamine se transforme immédiatement en une masse cristalline de diméthyloxamide,

$$\left.\begin{matrix} C^2O^2 \\ (CH^3)^2 \\ H^2 \end{matrix}\right\} Az^2,$$

et la diméthylamine, en diméthyloxamate d'éthyle,

$$\left.\begin{matrix} (C^2O^2)''\ (CH^3)^2\ Az \\ C^2H^5 \end{matrix}\right\} O,$$

liquide huileux; quant à la triméthylamine, elle n'est pas attaquée et peut être recueillie en chauffant le mélange au bain-marie. Le résidu formé de diméthyloxamide et de diméthyloxamate d'éthyle est repris par l'eau froide, qui dissout le premier de ces corps. La partie insoluble est distillée avec de la potasse, le produit de la distillation recueilli dans l'acide chlorhydrique; le chlorhydrate de diméthylamine ainsi formé est évaporé à cristallisation; distillé avec de la potasse, il fournit la d méthylamine pure.

Suivant Petersen, la distillation du sulfite d'aldéhyde ammoniaque avec la chaux fournirait de la diméthylamine, et non pas son isomère l'éthylamine, comme l'avait indiqué Gœssmann. En effet, en chauffant la base qui se forme dans cette réaction avec de l'iodure d'éthyle, Petersen a obtenu de l'iodure de diméthyl-diéthylammonium [Petersen, *Ann. der Chem. u. Pharm.*, t. CII, p. 31].

Lucius a aussi obtenu une très-petite quantité de diméthylamine en distillant le guano avec de la chaux [*Ann. der Chem. u. Pharm.*, t. CIII, p. 105].

La diméthylamine est facilement soluble dans l'eau; son odeur est fortement ammoniacale, sa réaction très-alcaline. Elle est liquide, mais elle bout entre 8° et 9°.

Le *chloraurate*, bien cristallisé, renferme

$$C^2H^8AzCl, AuCl^3.$$

Le *chloroplatinate*, $(C^2H^8AzCl)^2, PtCl^4$, est en longues et magnifiques aiguilles, tenant toute la largeur du vase dans lequel se fait la cristallisation.

TRIMÉTHYLAMINE, $C^3H^9Az = (CH^3)^3Az$. — Elle a été découverte par Hofmann, et s'obtient, comme nous l'avons dit plus haut, lorsqu'on traite par l'oxalate d'éthyle le mélange des méthylamines; ne réagissant pas sur l'oxalate d'éthyle, elle est recueillie par distillation du produit au bain-marie.

Elle se rencontre dans un grand nombre de substances; dans la saumure de harengs [Wertheim, *Ann. der Chem. u. Pharm.*, t. LXXXIII, p. 344. — Hofmann, *Compt. rend. de l'Acad.*, t. XXXV, p. 62], dans le seigle ergoté [Winkler, *Repert. der Pharm.*, de Buchner, (2), t. I, n° 3; — Ritthausen, *Bull. de la Soc. chim.*, 1863, p. 420], dans le *Chenopodium vulvaria* [Dessaignes, *Compt. rend.*, t. XXXIII, p. 358], dans les fleurs du *Cratœgus oxyacantha* [Wuke, *Jahresb. für* 1862, p. 330], dans celles des *Cratœgus monogyna*, *Pyrus aucuparia* et *Pyrus communis* (Wittstein).

Elle a été trouvée en outre dans l'urine humaine, et dans le sang de veau, quelques heures après la sortie de la veine [Dessaignes, *Journ. de Pharm.*, (3), t. XXXII, p. 43], et en très-petite quantité dans le guano [Hesse, *Jahresb. für* 1857, p. 402], dans la levûre de bière, et dans la pâte de farine en putréfaction (A. Muller-Sullivan), dans l'*Arnica montana* [Hesse, *Bull. de la Soc. chim.*, 1864, t. I, p. 284]. Elle se produit enfin dans la décomposition de la narcotine par la potasse (Wertheim), dans celle de la codéine par la chaux sodée (Anderson) et dans la décomposition par les alcalis de la lécithine et de la névrine. Dans ces différentes substances, la triméthylamine est souvent accompagnée de son isomère, la propylamine, avec laquelle elle avait été primitivement confondue.

La triméthylamine est fortement alcaline, huileuse, ayant l'odeur désagréable du poisson gâté. Elle bout à 9° comme la diméthylamine. Avec le bromure d'éthylène, elle donne du bromure de triméthylbrométhylammonium,

$$\left.\begin{matrix} (CH^3)^3 \\ C^2H^4Br \end{matrix}\right\} AzBr$$

(voyez t. I, p. 1379); avec l'iodure de méthyle, elle se combine directement, en fournissant l'iodure de tétraméthylammonium.

Les sels de triméthylamine sont cristallisables. La solution aqueuse du sulfate abandonnée à l'évaporation spontanée avec une solution de sulfate d'alumine fournit l'*alun de triméthylamine*,

$$(SO^4)^3(Al^2), SO^4(C^3H^{10}Az)^2 + 24H^2O.$$

Cet alun est en gros cristaux incolores, fort solubles dans l'eau, d'une odeur de harengs très-forte, d'une saveur à la fois douceâtre et astringente; il fond à 100°, et au-dessus de 120° perd de l'eau en se boursouflant [Rockenschuss, *Ann. der Chem. u. Pharm.*, t. LXXXIII, p. 344].

TÉTRAMÉTHYLAMMONIUM. — Les combinaisons de tétraméthylammonium représentent les sels ammoniacaux correspondants, dans lesquels les atomes d'hydrogène de l'ammonium sont remplacés par des groupes $CH^3$; comme l'ammonium, il n'existe pas à l'état isolé, mais, outre les sels, on connaît l'hydrate de tétraméthylammonium. Pour préparer ces composés, découverts par Hofmann, on part de l'iodure qui s'obtient en chauffant au bain-marie de l'iodure de méthyle avec une solution aqueuse et concentrée d'ammoniaque. Il se forme, outre l'iodure d'ammonium, un mélange d'iodure des différentes méthylamines, mais c'est celui de tétraméthylammonium, qui en constitue la plus grande partie. Par le refroidissement, la solution dépose de l'iodure sous forme de magnifiques aiguilles, dures, d'une blancheur éclatante, qu'on obtient facilement pures par un lavage à l'eau froide, et une cristallisation dans l'eau bouillante. Cet iodure se forme très-facilement, et la réaction a même lieu à la température ordinaire, lorsqu'on emploie une solution alcoolique d'ammoniaque [Hofmann, *Ann. de Chim. et de Phys.*, (3), t. XXXIII, p. 147].

HYDRATE DE TÉTRAMÉTHYLAMMONIUM. — Il s'obtient comme le composé correspondant éthylé (voyez t. I, p. 1309), par l'action de l'oxyde d'argent sur l'iodure, et présente des propriétés analogues. Évaporé sur l'acide sulfurique dans le vide, il se dessèche en une masse cristalline attirant avec avidité l'humidité et l'acide carbonique. Saturé par des acides, il donne des sels cristallisables; le chlorure, l'azotate, l'oxalate et le sulfate ont été préparés. Soumis à l'action de la chaleur, il donne un liquide entièrement volatil et fortement alcalin, sans dégager de gaz.

Le *chloroplatinate*, $(C^4H^{12}AzCl)^2PtCl^4$, cristallise en octaèdres parfaitement réguliers, d'une couleur orange foncée.

IODURES.—*Protoiodure*, $C^4H^{12}AzI = (CH^3)^4AzI$. — Nous avons dit plus haut comment il s'obtient. Il est soluble dans l'eau, presque insoluble dans l'alcool absolu, insoluble dans l'éther; il est moins soluble dans la potasse que dans l'eau pure. Sa dissolution aqueuse est neutre et très-amère. Il cristallise dans le système quadratique. Formes : $b^{1/2}$, $h^1$; angles : $b^{1/2}\,b^{1/2} = 119°18$.

*Triiodure et pentaiodure* [Weltzien, *Ann. der Chem. u. Pharm.*, t. XCI, p. 33, et t. XCIX, p. 7; *Ann. de Chim. et de Phys.*, (3), t. XLIII, p. 123, et t. XLIX, p. 113]. — Lorsqu'on ajoute à une solution alcoolique chaude d'iodure de tétraméthylammonium une solution alcoolique d'iode, on obtient un pentaiodure; et si la solution d'iode est en quantité insuffisante, il se forme en outre un triiodure.

En évaporant la solution, on obtient d'abord du pentaiodure, puis un mélange de pentaiodure et de triiodure dont on sépare les cristaux par le triage. On les purifie en les distillant séparément dans l'eau.

Le *triiodure*, $C^4H^{12}AzI^3$, cristallise en prismes colorés en violet, très-brillants. Les cristaux appartiennent au type rhombique. Formes : $m$, $h^1$, $g^1$, $e^1$, $e^2$. Angles : $mm = 61°$; $e^1\,e^1 = 70°56'$; $e^2\,e^2 = 39°12'$.

Le *pentaiodure*, $C^4H^{12}AzI^5$, est en tables moins solubles que le corps précédent. Il cristallise dans le système clinorhombique. Formes : $m$, $p$, $g^1$, $b^{1/2}$, $b^{1/4}$, $d^{1/2}$. Angles : $b^{1/2}\,b^{1/2} = 117°1'$; $p\,b^{1/2} = 131°56'$; $p\,d^{1/2} = 143°30'$.

CHLOROIODURES (Weltzien). — En faisant réagir le chlore sur une solution d'iodure de tétraméthylammonium, on obtient de l'iodopentachlorure, $C^4H^{12}AzICl^4$. Sa solution est incolore, et perd du chlore lorsqu'on l'évapore au bain-marie. Il se transforme en un iodotrichlorure, $C^4H^{12}AzICl^3$, que l'eau chaude dédouble en iodopentachlorure et iodobichlorure, $C^4H^{12}AzICl^2$. Ce dernier cristallise en tables quadratiques d'un jaune citron. Il est fort peu soluble et se décompose lorsqu'on le dissout dans l'eau. Formes : $p$, $b^{1/2}$. Angles : $b^{1/2}\,b^{1/2} = 122°8'$.

IODOMERCURATES. — Par l'action du mercure métallique sur le triiodure, on obtient le corps $C^4H^{12}AzI, HgI^2$. Avec le pentaiodure, il se dépose de l'iodure de mercure, il se forme le composé $(C^4H^{12}AzI)^2, 3HgI^2$ [Risse, *Ann. der Chem. u. Pharm.*, t. CVII, p. 223, et *Répert. de Chim. pure*, 1859, p. 101].

MÉTHYLAMINES ÉTHYLÉES.

Nous ne décrirons que les azotures renfermant à la fois du méthyle et de l'éthyle. Les autres bases méthylées sont décrites avec l'amylamine, la phénylamine, etc.

MÉTHYLTRIÉTHYLAMMONIUM [Hofmann, *Ann. de Chim. et de Phys.*, (3), t. XXXIII, p. 132]. — L'iodure de méthyle réagit sur la triéthylamine, même à la température ordinaire. Par l'ébullition, la réaction a lieu instantanément. L'*iodure de méthyltriéthylammonium*,

$$(C^2H^5)^3CH^3AzI = C^7H^{18}AzI,$$

est cristallisé, très-soluble dans l'eau et forme des sels cristallisés. Sa solution est neutre et très-amère. Avec l'oxyde d'argent, cet iodure donne l'hydrate correspondant, cristallisé, analogue à l'hydrate de tétraméthylammonium et fournissant des sels cristallisés. Lorsqu'on le traite par une solution alcoolique chaude d'iode, il donne, suivant M. Müller, un *triiodure*, $C^7H^{18}AzI^3$, cristallisé en tables carrées, d'un bleu violacé par réflexion, et d'un rouge-brun par transparence. Il fond à 62° : le pentaiodure n'a pu être obtenu. Avec le mercure métallique, il donne des iodomercurates analogues à ceux que fournissent les iodures de tétréthyl- et de tétraméthylammonium [R. Müller, *Ann. der Chem. u. Pharm.*, t. CVIII, p. 1, et *Répert. de Chim. pure*, 1859, p. 147].

TRIMÉTHYLÉTHYLAMMONIUM. — Son iodure s'obtient par l'action de l'iodure d'éthyle sur la triméthylamine. Additionné d'une solution alcoolique et chaude d'iode, il donne un triiodure, $(CH^3)^3(C^2H^5)AzI^3$, fusible à 64°, et se présentant sous la forme de petits prismes rhombiques d'un vert bleuâtre. Le *pentaiodure* cristallise en petites tablettes carrées, opaques, d'un beau reflet métallique; il se produit par l'action de l'eau sur le triiodure, ou par l'action de l'iode en excès sur le protoiodure (R. Müller).

TRIMÉTHYLBROMÉTHYLAMMONIUM et TRIMÉTHYLOXÉTHYLAMMONIUM. — Voyez t. I, p. 1379. E. G.

**MÉTHYLBUTYRAL.** — Voyez t. I, p. 684.

**MÉTHYLBUTYRONE.** — Voyez t. I, p. 685.

**MÉTHYLCAMPHÈNE.** — Voyez t. I, p. 785.

**MÉTHYLCAPRINOL.** — Voyez RUE (ESSENCE DE).

**MÉTHYLCHLORACÉTOL.** — Voyez PROPYLÈNE.

**MÉTHYLCROTONIQUE (ACIDE)**, $C^5H^8O^2$. — Lorsqu'on traite l'éthométhoxalate d'éthyle (voyez t. I, p. 1304) par le trichlorure de phosphore, on obtient le méthylcrotonate d'éthyle :

$$C^5H^9O^3.C^2H^5 - H^2O = C^5H^7O^2.C^2H^5.$$

L'acide obtenu par la décomposition de cet éther est plus soluble dans l'eau que l'acide éthylcrotonique et cristallise en aiguilles brillantes, fusibles à 62°. Chauffé avec de la potasse, il fournit du propionate et de l'acétate de potassium :

$$C^5H^8O^2 + 2KHO = C^3H^5O^2.K + C^2H^3O^2.K + H^2.$$

Son *sel barytique*, $(C^5H^7O^2)^2Ba$, est soluble et cristallise difficilement.

Le *sel d'argent*, $C^5H^7O^2.Ag$, forme une poudre cristalline peu soluble.

Le *méthylcrotonate d'éthyle*, obtenu par la réaction indiquée plus haut, constitue un liquide mobile, à saveur brûlante, ayant une odeur insupportable de champignons gâtés. Il bout à 156°, est insoluble dans l'eau et miscible à l'alcool et à l'éther [Frankland et Duppa, *Journ. of the Chem. Soc.*, (2), t. III, p. 133; *Ann. de Chim. et de Phys.*, (4), t. V, p. 502]. E. W.

**MÉTHYLDIACÉTIQUE (ACIDE)**, $C^5H^8O^3$ [Brandes *Zeits. fur Chem.*, nouv. sér., t. II, p. 454, et *Bull. de la Soc. chim.*, 1867, t. VII, p. 501]. — Cet acide, analogue à l'acide éthyldiacétique que Geuther obtient par l'action du sodium sur l'acétate d'éthyle, se forme de même avec l'acétate de méthyle pur. Celui-ci est traité par 12 % de sodium; l'action, d'abord assez vive, a besoin d'une faible chaleur pour se terminer; le liquide devient jaune et visqueux, et finit par déposer un sel jaune; les eaux mères de ce sel sont traitées par une nouvelle quantité de sodium. Le résidu est lavé à l'éther anhydre, et le sel obtenu est exprimé dans du papier, et séché sur l'acide sulfurique. L'auteur le considère comme du méthyldiacétate de sodium, mais il paraît être un mélange. Les solutions éthérées renferment du méthylate de sodium et du méthyldiacétate, qu'on peut retirer en le précipitant à l'état de sel de cuivre.

Pour obtenir l'acide méthyldiacétique, on dissout le méthyldiacétate de sodium dans l'eau, on ajoute de l'acide acétique, et on agite avec de l'éther qui s'empare de l'acide. Celui-ci étant évaporé donne un liquide jaunâtre qui, distillé, fournit l'acide méthyldiacétique entre 165° et 167°, et un résidu cristallin qui est de l'acide déhydracétique, $C^8H^8O^4$. — Voyez t. I, p. 1312.

On peut aussi obtenir l'acide méthyldiacétique en distillant le méthyldiacétate de sodium dans un courant d'acide carbonique; il reste dans la cornue une masse brune, qui est du déhydracétate de sodium.

L'*acide méthyldiacétique* bout à 169-170° (corrigé); sa densité est de 1,037 à 9°; il a une odeur agréable de fruits. Il colore le chlorure ferrique en rouge-cerise. On peut le distiller avec l'eau sans altération; mais, en présence d'un acide énergique, il se décompose en acide carbonique, en acétone et en alcool méthylique :

$$C^5H^8O^3 + H^2O = \underset{\text{Acétone.}}{C^3H^6O} + CO^2 + \underset{\text{Alcool méthylique.}}{CH^4O.}$$

Le composé appelé *méthyldiacétate de sodium* paraît être un mélange, puisqu'il fournit, outre l'acide méthyldiacétique, de l'acide déhydracétique. Ce sel est soluble dans l'eau avec une réaction alcaline; l'eau le décompose en acétone, carbonate et alcool méthylique.

Le *méthyldiacétate de cuivre*,

$$(C^5H^7O^3)^2Cu + 2H^2O,$$

est d'un vert pâle, peu soluble dans l'eau, insoluble dans l'alcool. Il se décompose par l'ébullition, en mettant en liberté l'acide méthyldiacétique. On l'obtient en ajoutant de l'acétate neutre de cuivre à une solution d'acide méthyldiacétique neutralisée par la baryte.

Le *méthyldiacétate d'éthyle*, $C^5H^7O^3, C^2H^5$, s'obtient par l'action à chaud de l'iodure d'éthyle sur le sel de sodium. Liquide incolore, bouillant à 189°,7 (corrigé); d'une densité de 0,995 à + 14°. Il est peu soluble dans l'eau, et colore le chlorure ferrique en rouge violet.

Le *méthyldiacétate de méthyle*, $C^5H^7O^3, CH^3$, bout à 177°,4 (corrigé), d'une densité de 1,020 à + 9°. Il est liquide, incolore, d'une odeur de menthe.

Lorsqu'on abandonne pendant 15 jours le méthyldiacétate d'éthyle avec 4 fois son volume d'ammoniaque, une partie s'y dissout; par l'évaporation de la partie aqueuse, elle fournit l'*amide méthyldiacétique*, $C^5H^9AzO^2$, cristalline, fondant à 82-83°, se concentrant à 70°, d'une odeur rappelant celle de l'acétamide. La portion non soluble dans l'ammoniaque est une amide, $C^7H^{13}AzO^2$, liquide oléagineux, qui se résinifie à l'air.

*Constitution des acides méthyldiacétique et éthyldiacétique.* — Suivant M. Lippmann, le composé décrit par Geuther sous le nom d'acide éthyldiacétique n'est pas un acide, mais bien l'éther acétone-carbonique; il se forme en traitant l'éther sodacétique par le chlorure d'acétyle :

$$\underset{\text{Éther sodacétique.}}{\begin{matrix} CH^2Na \\ | \\ CO,OC^2H^5 \end{matrix}} + \underset{\text{Chlorure d'acétyle.}}{\begin{matrix} CH^3 \\ | \\ COCl \end{matrix}} = \underset{\text{Acétone-carbonate d'éthyle (acide éthyldiacétique).}}{\begin{matrix} CO.CH^3 \\ | \\ CH^2 \\ | \\ CO,OC^2H^5 \end{matrix}}$$

[Lippmann, *Zeits. für Chem.*, nouv. sér., t. V, p. 28].

Cette formule nous paraît être la plus rationnelle, et s'accordant avec les réactions de ces corps, mais l'expérience de Lippmann n'est pas probante. On peut lui objecter que l'éthyldiacétate de sodium existe déjà dans le mélange qu'il appelle éther sodacétique, et que l'emploi du chlorure d'acétyle est inutile.

Une preuve plus rigoureuse de la constitution des acides éthyldiacétique et méthyldiacétique est leur dédoublement en acétone, acide carbonique, et alcool éthylique ou méthylique; de plus le caractère acétonique de ce composé est démontré par la synthèse de l'acide β-oxybutyrique qu'a faite M. Wisliscenus, en soumettant l'acide éthyldiacétique à l'action de l'hydrogène naissant [*Bull. de la Soc. chim.*, 1869, t. XII, p. 377]. L'acide méthyldiacétique est donc l'*acétone-carbonate de méthyle*,

$$\begin{matrix} CO.CH^3 \\ | \\ CH^2 \\ | \\ CO.OCH^3 \end{matrix}$$

Par saponification, il devrait fournir de l'alcool méthylique et de l'acide acétone-carbonique,

$$\begin{matrix} CO.CH^3 \\ | \\ CH^2 \\ | \\ CO^2H \end{matrix}$$

mais celui-ci, peu stable, se dédouble immédiatement en acétone et acide carbonique.

Quant aux composés appelés méthyldiacétate et éthyldiacétate de soude, ils sont analogues à l'éther sodacétique; et les éthers de ces prétendus acides représentent ces dérivés sodés, dont le sodium est remplacé par le méthyle ou l'éthyle :

$$\underset{\text{Sodacétocarbonate de méthyle (méthyldiacétate de soude).}}{\begin{matrix} CO.CH^2Na \\ | \\ CH^2 \\ | \\ CO^2CH^3 \end{matrix}} \qquad \underset{\text{Méthylacétocarbonate de méthyle (méthyldiacétate de méthyle).}}{\begin{matrix} CH^2(CH^3) \\ | \\ CO \\ | \\ CH^2 \\ | \\ CO^2CH^3 \end{matrix}}$$

Les analogues de ces composés sodiques et éthérés ont été décrits déjà par Frankland et Duppa (voyez DIÉTHYLACÉTONE, t. I, p. 1162), qui ont fait connaître le sodacétone-carbonate d'éthyle, le méthylacétone-carbonate d'éthyle (éthyldiacétate de méthyle de Geuther).

Ce dernier se dédouble par l'eau de baryte en

alcool éthylique, carbonate et éthylacétone $C^5H^{10}O$, ce qui prouve sa constitution :

$$\begin{array}{l} CH^2(C^2H^5) \\ \overset{|}{C}O \qquad\qquad + H^2O \\ \overset{|}{C}H^2.CO^2(C^2H^5) \end{array}$$

Éthyldiacétate d'éthyle.

$$= \begin{array}{l} CH^2(C^2H^5) \\ \overset{|}{C}O \qquad + CO^2 + C^2H^6O \\ \overset{|}{C}H^3 \end{array}$$

Éthylacétone

Son correspondant, le méthylacétone-carbonate de méthyle (*méthyldiacétate de méthyle*), se dédoublerait de la même manière, en fournissant seulement de l'alcool méthylique, au lieu de l'alcool ordinaire. E. G.

**MÉTHYLDITHIONIQUE (ACIDE)**,

$$SO^2(CH^3), H.$$

— Cet acide s'obtient à l'état de sel de zinc par l'action de l'anhydride sulfureux sur le zinc-méthyle. L'acide libre obtenu en traitant la solution du sel de baryum par l'acide sulfurique forme un liquide qui se décompose par la concentration. Hobson a donné à cet acide le nom impropre d'acide méthyldithionique. On doit plutôt l'envisager comme l'acide méthylhydrosulfureux

$$SO\left\{\begin{array}{l}CH^3\\OH,\end{array}\right.$$

correspondant à l'acide hydrosulfureux de Schützenberger,

$$SO\left\{\begin{array}{l}H\\OH.\end{array}\right.$$

Le *sel de zinc*, $(SO^2, CH^3)^2Zn$, formé par l'union de deux molécules d'anhydride sulfureux et d'une molécule de zinc-méthyle, constitue une masse blanche insoluble dans l'alcool et dans l'éther, mais soluble dans l'eau; il cristallise mal. Chauffé au-dessus de 100°, il se décompose en noircissant et en émettant des vapeurs fétides.

Le *sel barytique*, $(SO^2, CH^3)^2Ba$, obtenu par l'action de la baryte sur le sel de zinc, est un sel neutre, incolore, cristallin, soluble dans l'eau, insoluble dans l'alcool et dans l'éther. On peut le chauffer à 170° sans le décomposer. A 100° il est anhydre.

Le *sel de magnésium*, $(SO^2, CH^3)^2Mg$, renferme $H^2O$ à 100°, et se présente en petits cristaux transparents.

Le *sel de calcium* est incristallisable.

Le sels de cuivre et de nickel se décomposent par la concentration de leur solution [Hobson, *Chem. Soc. quart. J.*, t. X, p. 243; *Ann. de Chim. et de Phys.*, (3), t. LIV, p. 98]. E. W.

**MÉTHYLE.** — Le nom de *méthyle* a été donné au groupement $CH^3$, monatomique, qui existe dans les composés méthyliques (hydrate de méthyle ou alcool méthylique, $CH^3.OH$, méthylamine, $CH^3.AzH^2$, éthers méthyliques, etc.). On a aussi donné le nom de méthyle au composé $CH^3, CH^3 = C^2H^6$, appelé aussi diméthyle ou méthylure de méthyle, et obtenu par l'action du zinc sur l'iodure de méthyle; on avait longtemps considéré ce corps comme différent de l'hydrure d'éthyle, qui présente la même composition, mais de nouvelles recherches ont démontré l'identité de ces deux corps. — Voyez HYDRURE D'ÉTHYLE, t. I, p. 1362.

**MÉTHYLE (DÉRIVÉS MÉTALLIQUES).** — ALUMINIUM-MÉTHYLE, $Al(CH^3)^3$ ou $Al^2(CH^3)^6$. — Il a d'abord été obtenu par Cahours par l'action de l'iodure de méthyle sur des feuilles d'aluminium : il se forme un liquide incolore, renfermant de l'iode et constituant sans doute du méthyle-iodure d'aluminium, $Al^2(CH^3)^3I^3$. Ce liquide s'enflamme à l'air et décompose l'eau avec explosion en dégageant de l'hydrure de méthyle. Traité par le zinc-méthyle, il fournit l'aluminium-méthyle. Ce dernier s'obtient bien plus aisément, d'après Buckton et Odling, en faisant digérer de l'aluminium avec du mercure-méthyle, soit pendant quelques jours à la température ordinaire, soit pendant quelques heures à 100° :

$$Al^2 + 3[Hg(CH^3)^2] = 2[Al(CH^3)^3] + 3Hg.$$

Décanté et distillé à l'abri de l'air, l'aluminium-méthyle forme un liquide incolore, mobile, se solidifiant un peu au-dessous de 0° en une masse de petits cristaux tabulaires blancs. Il bout à 130°. Sa densité de vapeur, prise à 220° ou au-dessus, a été trouvée égale à 40,4, elle correspond par conséquent à la formule $Al(CH^3)^3$ qui exige 36,25; mais si on la prend à 160°, on trouve un nombre, 60 à 63, qui se rapproche plus de celui qu'exige la formule $Al^2(CH^3)^6$, c'est-à-dire de 72,5. On pourrait donc admettre que cette dernière formule représente la molécule d'aluminium-méthyle et que celle-ci correspond par conséquent au chlorure d'aluminium, $Al^2Cl^6$; mais il est à remarquer que l'aluminium-éthyle, d'après sa densité de vapeur, est $Al(C^2H^5)^3$. — Voyez t. I, p. 1353.

Exposé à l'air, l'aluminium-méthyle s'enflamme spontanément en produisant d'abondants flocons d'alumine noircis par du charbon. Soumis à l'action ménagée de l'air sec, il absorbe l'oxygène en produisant un composé qui est analogue, sans doute, à celui que fournit le bore-éthyle dans les mêmes conditions (t. I, p. 657). Il ne s'unit pas directement à l'iode, mais réagit avec lui en produisant du méthyliodure d'aluminium et de l'iodure de méthyle. L'eau le décompose violemment avec production d'hydrate d'aluminium et de gaz des marais, $Al^2(CH^3)^6 + 6H^2O = Al^2H^6O^6 + 6CH^4$ [Cahours, *Ann. de Chim. et de Phys.*, (3), t. LVIII, p. 22; — Buckton et Odling, *Roy. Soc. Proceed.*, t. XIV, p. 19, et *Bull. de la Soc. chim.*, 1865, t. IV, p. 39].

MAGNÉSIUM-MÉTHYLE, $Mg(CH^3)^2$. — Le magnésium attaque énergiquement l'iodure de méthyle; il y a élévation de température et l'on obtient une masse blanche qui, par la distillation dans un courant d'hydrogène, fournit de l'iodure de méthyle et du magnésium-méthyle. Celui-ci constitue un liquide mobile, très-odorant, inflammable à l'air et décomposant l'eau brusquement avec dégagement de gaz des marais [Cahours, *Ann. de Chim. et de Phys.*, (3), t. LVIII, p. 19].

MERCURE-MÉTHYLE. — Le mercure donne deux dérivés méthylés; l'un, $Hg(CH^3)^2$, est une combinaison saturée, l'autre, $Hg^2(CH^3)^2$ ou $HgCH^3$, n'a pas été isolé, mais constitue le radical d'une série de combinaisons bien définies. Ces combinaisons peuvent être envisagées comme du mercure-diméthyle, dont la moitié du méthyle est remplacée par un élément ou un groupe non saturé, I, Cl, $AzO^3$, $SO^4$, etc. Le premier composé mercuro-méthylique qui ait été connu est l'iodure méthylomercurique découvert par Frankland, et qui se forme par l'action du mercure sur l'iodure de méthyle au soleil. Quant au mercure-diméthyle, il n'a été obtenu que plus tard par Buckton.

MERCURE-DIMÉTHYLE (*méthylure ou méthide mercurique; hydrargyrométhyle*), $Hg(CH^3)^2$. — Ce composé s'obtient le plus aisément, d'après Buckton, en traitant l'iodure de mercurosométhyle ou iodométhylure de mercure par le zinc-méthyle. On opère dans un appareil rempli préalablement d'acide carbonique ou de gaz d'éclairage, et l'on distille le produit de la réaction. D'autres réactions encore, qui sont indiquées plus loin, transforment l'iodure de mercurosométhyle en mercurodiméthyle. Mais il est préférable de suivre la méthode indiquée par Frankland et qui consiste à traiter l'iodure de méthyle mélangé de 1/10 d'acétate d'éthyle par de l'amalgame de sodium renfermant 0,2 % de sodium, en suivant la marche indiquée pour la préparation du mercuréthyle. — Voyez t. I, p. 1353.

On peut l'obtenir enfin directement lorsqu'on traite le chlorure mercurique par un excès de zinc-méthyle :

$$HgCl^2 + Zn(CH^3)^2 = ZnCl^2 + Hg(CH^3)^2.$$

Si c'est le chlorure mercurique qui est en excès, on obtient du chlorure de mercuroso-méthyle :

$$2HgCl^2 + Zn(CH^3)^2 = ZnCl^2 + 2[Hg(CH^3)Cl].$$

Le mercurométhyle, purifié par des lavages à l'eau et par plusieurs rectifications, est un liquide incolore, très-réfringent, d'une odeur persistante et désagréable; c'est un composé très-vénéneux, qu'il est dangereux de respirer. Sa densité est égale à 3,069. Sa densité de vapeur a été trouvée égale à 120 (8,29 par rapport à l'air), la théorie exige 115. Il bout à 93-96°. Il est insoluble dans l'eau, soluble dans l'alcool et dans l'éther. Il dissout le caoutchouc, la résine, le phosphore.

Il est inflammable, mais non spontanément, et brûle avec une flamme éclairante, en répandant des vapeurs de mercure. Exposé à l'air, à la température ordinaire, il éprouve une oxydation lente et se décompose. Traité par l'aluminium, le zinc, le sodium, il fournit du mercure métallique et de l'aluminium-méthyle, du zinc-méthyle, du sodium-méthyle.

Le mercure-méthyle ne s'unit pas directement à l'oxygène, au chlore, etc., mais il peut facilement échanger un de ses méthyles contre un élément électronégatif. Ainsi, lorsqu'on le traite par de l'acide chlorhydrique ou de l'acide sulfurique concentré, il fournit de l'hydrure de méthyle et du chlorure ou du sulfate de mercuroso-méthyle cristallisés :

$$Hg(CH^3)^2 + HCl = Hg(CH^3)Cl + CH^4.$$

Avec l'iode ou le brome, on obtient de l'iodure ou du bromure de méthyle, et de l'iodure ou du bromure de mercuroso-méthyle :

$$Hg(CH^3)^2 + I^2 = Hg(CH^3)I + CH^3I.$$

Le chlorure mercurique agit d'une manière analogue :

$$Hg(CH^3)^2 + HgCl^2 = 2[Hg(CH^3)Cl.]$$

Il en est de même du trichlorure de phosphore.

Le chlorure stannique forme avec lui une combinaison cristallisée, décomposable par l'eau avec formation de chlorure mercuroso-méthylique. Le trichlorure d'antimoine produit une réaction énergique, il y a du mercure réduit et formation de chlorométhylure de mercure qui forme avec le chlorure de triméthylstibine une combinaison cristallisable dans l'alcool,

$$3Hg(CH^3)Cl + Sb(CH^3)^3Cl^2$$

[Buckton, *Ann. der Chem. u. Pharm.*, t. CVIII, p. 103].

*Combinaisons de mercure-monométhyle ou de mercurosométhyle.* — Le mercure-monométhyle n'existe pas à l'état de liberté, mais ses combinaisons s'obtiennent facilement, soit en partant du mercure-diméthyle, soit par une voie plus directe. Le mieux connu de ces composés est l'iodure, décrit par Frankland [*Ann. der Chem. u. Pharm.*, t. LXXXV, p. 361, et *Ann. de Chim. et de Phys.*, (3), t. XXXIX, p. 234]. Ces combinaisons sont solubles dans l'eau, sauf les combinaisons halogénées, qui sont solubles dans l'alcool et dans l'éther.

*Iodure de mercurosométhyle ou méthyliodure de mercure,* $Hg(CH^3)I$. — Lorsqu'on évapore au soleil de l'iodure méthylique avec du mercure, on voit, après quelques jours, le volume de ce dernier diminuer, en même temps qu'il se dépose des cristaux blancs sur les parois du vase; après une semaine, la liqueur est transformée en une masse incolore et cristalline formée en grande partie d'iodure de mercurosométhyle qu'on isole par dissolution dans l'éther.

L'iodure de mercurosométhyle se dépose de sa solution éthérée en petites paillettes incolores insolubles dans l'eau, assez solubles dans l'alcool, très-solubles dans l'éther et dans l'iodure de méthyle. Il a une odeur désagréable et une saveur nauséabonde. Il fond à 143° et se sublime sans altération; il commence déjà à se volatiliser à la température ordinaire (Frankland).

Ce sel se forme aussi par l'action de l'iode ou de l'iodure de mercure sur le mercure-diméthyle. Il donne du mercure-diméthyle par diverses réactions, ainsi par l'action de la potasse :

$$4Hg(CH^3)I + 4KHO$$
$$= Hg(CH^3)^2 + 2CH^4 + 3HgO + 4KI + H^2O;$$

ou lorsqu'on le distille par petites portions avec du cyanure de potassium :

$$2Hg(CH^3)I + 2KCy = Hg(CH^3)^2 + 2KI + 2Cy + Hg;$$

le cyanogène se retrouve à l'état de paracyanogène. Le zinc-méthyle, comme on l'a vu, donne le même produit.

Le *chlorométhylure de mercure,* $Hg(CH^3)Cl$, se forme dans des circonstances qui ont déjà été indiquées. Il est cristallisable et donne lieu aux mêmes réactions que l'iodure.

L'*hydrate de mercurosométhyle,* $Hg(CH^3)OH$, se forme par l'action de l'oxyde d'argent humide ou de la potasse sur l'iodure ou le chlorure. C'est un composé alcalin soluble, neutralisant les acides comme la potasse (Frankland).

Le *sulfate,* $[Hg(CH^3)]^2SO^4$, s'obtient à l'état cristallisé lorsqu'on traite le mercure-diméthyle par de l'acide sulfurique concentré (Buckton).

L'*azotate,* $Hg(CH^3).AzO^3$, se forme par l'action de l'azotate d'argent sur une solution de chlorure ou d'iodure. Il cristallise en paillettes nacrées, très-solubles dans l'eau, très-peu solubles dans l'alcool et fusibles à 100° [Strecker, *Compt. rend.*, t. XXXIX, p. 58].

L'*acétate de mercurosométhyle,*

$$Hg(CH^3).C^2H^3O^2,$$

s'obtient en chauffant le mercure-diméthyle en vase clos à 120°, avec de l'acide acétique; il se forme en même temps de l'hydrure de méthyle. Ce sel cristallise dans l'acide acétique en tables rhomboïdales fusibles à 142-143°. Il possède une odeur repoussante. Il est peu soluble à froid dans l'eau et dans l'acide acétique, plus soluble à chaud et dans l'alcool [R. Otto, *Zeitsch. für Chem.*, t. VI, p. 25, 1870].

Tous ces composés donnent avec le sulfhydrate d'ammoniaque un précipité floconneux jaunâtre de sulfure de mercuroso-méthyle (Frankland).

**MÉTHYLO-ÉTHYLURE DE MERCURE,**

$$Hg\left\{\begin{matrix}CH^3\\C^2H^5.\end{matrix}\right.$$

— Voyez t. I, p. 1354.

**PLOMBOMÉTHYLE.** — La combinaison saturée est le plombotétraméthyle, $Pb(CH^3)^4$, dans lequel le plomb est tétratomique comme l'étain. On ne connaît pas le plombotriméthyle libre, $[Pb(CH^3)^3]^2$ (le plombotriéthyle existe), mais on a décrit quelques-unes de ses combinaisons. Ces composés ont été étudiés par Cahours [*Ann. de Chim. et de Phys.*, (3), t. LXII, p. 283].

PLOMBOTÉTRAMÉTHYLE, $Pb(CH^3)^4$ (ancien *plombodiméthyle; méthide* ou *tétraméthylure plombique*). — On l'obtient en faisant agir un alliage de 5 p. de plomb et de 1 p. de sodium sur l'iodure de méthyle, épuisant le produit de la réaction par de l'éther, et distillant la solution éthérée au bain-marie, dans un courant d'hydrogène ou d'acide carbonique. Mais il vaut mieux décomposer le zinc-méthyle par le chlorure de plomb.

Le plombotétraméthyle est un liquide incolore très-mobile, dont l'odeur rappelle à la fois le camphre et le moisi. Suivant Boutlerow [*Bull. de la Soc. chim.*, 1863, p. 594], qui paraît avoir obtenu ce composé dans un assez grand état de pureté, il a une faible odeur de framboises et bout régulièrement à 110° (Cahours avait indiqué 150°). Sa densité de vapeur prise à 115-130° a été trouvée égale à 137-139 (9,52 à 9,66 rapportée à l'air), la formule $Pb(CH^3)^4$ exige 133,5. Il distille sans altération dans un gaz inerte, et même dans l'air suivant Boutlerow. Sa densité à l'état liquide est égale à 2,034 à 0°; sa dilatation entre 0° et 100° est égale à 0,4137 (Boutlerow). Insoluble dans l'eau, il se dissout facilement dans l'alcool et dans l'éther.

Il ne s'unit pas à l'oxygène, au chlore, à l'iode, etc., mais perd sous leur influence une partie de son méthyle pour donner une combinaison de plombotriméthyle. Les acides chlorhydrique, bromhydrique, sulfurique, etc., l'attaquent à une douce chaleur en dégageant du gaz des marais et en formant du chlorure, bromure, sulfate, etc., de plombotriméthyle, qui cristallisent très-facilement :

$$Pb(CH^3)^4 + HCl = CH^3.H + Pb(CH^3)^3Cl;$$
$$2Pb(CH^3)^4 + SO^4H^2 = 2CH^3.H + [Pb(CH^3)^3]^2SO^4.$$

PLOMBOTRIMÉTHYLE (ancien plombo-sesquiméthyle). — Les combinaisons de ce radical se produisent, comme on vient de le voir, par la décomposition du plombotétraméthyle. On n'a décrit jusqu'à présent que les chlorure, bromure et iodure.

*Chlorure de plombotriméthyle*, $Pb(CH^3)^3Cl$. — Il s'obtient facilement par l'action de l'acide chlorhydrique sur le plombotétraméthyle et se sépare par le refroidissement en longues aiguilles satinées ressemblant au chlorure de plomb. Il est assez soluble dans l'eau et dans l'alcool bouillants. Chauffé dans un petit tube, il se sublime en aiguilles brillantes. Il faut éviter, dans sa préparation, une ébullition trop prolongée avec l'acide chlorhydrique, sans quoi il se forme du chlorure de plomb.

*Bromure de plombotriméthyle*, $Pb(CH^3)^3Br$. — Ressemble au précédent et se prépare comme lui; il est un peu moins soluble.

*Iodure de plombotriméthyle*, $Pb(CH^3)^3I$. — On l'obtient par l'action de l'iode sur le plombotétraméthyle. Chaque parcelle d'iode produit un sifflement au contact de ce dernier; en continuant l'addition d'iode jusqu'à ce que le liquide cesse de se décolorer, on obtient une masse solide, blanche, qu'on débarrasse de l'iodure de plomb qu'elle renferme par dissolution dans l'alcool bouillant, qui laisse déposer par l'évaporation lente de longues aiguilles incolores, peu solubles dans l'eau. On peut sublimer cet iodure.

On obtient l'*hydrate de plombotriméthyle*

$$Pb(CH^3)^3OH$$

en distillant l'iodure avec des fragments de potasse caustique : il distille un liquide à odeur de moutarde, qui se concrète en aiguilles prismatiques. Ce produit est doué de propriétés alcalines très-prononcées (Cahours).

STANNOMÉTHYLE. — Les premières indications sur ces composés, tout à fait parallèles aux stannéthyles, sont dues à Frankland [*Ann. de Chim. et de Phys.*, (3), t. XXXIX, p. 220] et à Cahours et Riche [*Comptes rendus*, t. XXXVI, p. 1001, 1853]; mais ces combinaisons ont été principalement étudiées postérieurement par Cahours [*Ann. de Chim. et de Phys.*, (3), t. LVIII, p. 61]. Les combinaisons décrites se rapportent au *stannodiméthyle*, qui n'a pas été isolé à l'état de pureté, et au *stannotriméthyle*, qui n'a pas été obtenu à l'état libre. Quant au *stannotétraméthyle*, on ne l'a aussi obtenu qu'à l'état impur.

Voici les conditions dans lesquelles ces composés prennent naissance.

Lorsqu'on chauffe pendant 12 à 15 heures, à 150-160°, de l'étain en feuilles avec 2 à 3 p. d'iodure de méthyle, le métal disparaît complétement. Après le refroidissement les tubes renferment un liquide brun, contenant quelquefois des cristaux d'un jaune de soufre. La majeure partie du produit de la réaction passe à la distillation entre 180° et 230°, et laisse déposer des cristaux jaunes par le refroidissement; on obtient une nouvelle quantité de ces derniers en redistillant le liquide surnageant et l'abandonnant au repos. La première distillation laisse un résidu d'iodure d'étain rouge. Les cristaux jaunes sont de l'*iodure de stannodiméthyle*, $Sn(CH^3)^2I^2$, bouillant à 228°, tandis que la portion liquide qui bout à 188-190° est de l'*iodure de stannotriméthyle*, $Sn(CH^3)^3I$.

Lorsqu'on arrose d'iodure de méthyle un alliage de 5 p. d'étain et de 1 p. de sodium, et qu'on chauffe en tubes scellés à 130°, la réaction est complète. En reprenant le produit par de l'éther et évaporant la solution éthérée dans un courant d'acide carbonique, on obtient un liquide dense, huileux, d'une odeur de moisi, réduisant les sels d'argent, insoluble dans l'eau, soluble dans l'alcool et dans l'éther, et se décomposant en partie par la chaleur. Les portions qui distillent les premières entre 140° et 145°, offrent une composition qui se rapproche beaucoup de celle du *stannotétraméthyle*, $Sn(CH^3)^4$; mais la majeure partie est formée de *stannodiméthyle*, $Sn(CH^3)^2$.

STANNODIMÉTHYLE, $[Sn(CH^3)^2]''$ (*stannosométhyle*). — Il s'obtient, comme on vient de le voir, à l'état de liberté, mais impur, par l'action de l'iodure de méthyle sur un alliage d'étain et de sodium. C'est un radical diatomique, car des quatre atomicités de l'étain, deux seulement sont saturées.

*Chlorure de stannodiméthyle*,

$$Sn(CH^3)^2Cl^2 = Sn^{iv}\left\{\begin{matrix}(CH^3)^2\\ Cl^2.\end{matrix}\right.$$

Beaux prismes, fusibles vers 90° et bouillant entre 188° et 190°, qu'on obtient par l'évaporation de la solution chlorhydrique de l'oxyde de stannodiméthyle, ou par l'action du perchlorure de phosphore sur cet oxyde. Ce chlorure est soluble dans l'eau, dans l'alcool et dans l'éther. Sa densité de vapeur, prise à 265°, a été trouvée égale à 111,7, la densité théorique est 109,5 (ces nombres, rapportés à la densité de l'air, sont 7,731 et 7,572).

*Bromure de stannodiméthyle*, $Sn(CH^3)^2Br^2$. — Obtenu comme le précédent. Beaux prismes incolores, isomorphes avec le chlorure; solubles dans l'eau, plus solubles dans l'alcool. Il bout entre 208° et 210°, et distille sans altération.

*Iodure de stannodiméthyle*, $Sn(CH^3)^2I^2$. — Pour purifier ce corps qui constitue les cristaux jaunes obtenus dans l'action de l'étain sur l'iodure de méthyle, on l'exprime dans du papier et on le fait cristalliser de nouveau dans de l'alcool éthéré, à l'abri de la lumière. Il forme des prismes rhomboïdaux obliques, d'une grande netteté, fusibles vers 30° en un liquide ressemblant au soufre fondu et cristallisant bien par le refroidissement. Il bout régulièrement à 228° et se décompose vers 300°. Sa densité à 22° est égale à 2,872. Il est soluble dans l'eau, surtout à chaud, plus soluble dans l'alcool, l'éther et l'esprit de bois.

La solution alcoolique de ce sel donne, par l'action des sels d'argent, les sels de stannodiéthyle correspondants. L'ammoniaque décompose sa solution en produisant un précipité blanc amorphe.

*Oxyde de stannodiméthyle,* $[Sn(CH^3)^2]''O$. — Insoluble dans l'eau. La chaleur le décompose en produisant une odeur pénétrante due à la formation de l'oxyde de stannotriméthyle. La potasse le décompose en donnant du stannate de potasse et de l'hydrate de stannotriméthyle qui distille avec la vapeur d'eau :

$$3Sn(CH^3)^2O + 2KHO$$
$$= SnO^3K^2 + 2[Sn(CH^3)^3.HO]$$

Cet hydrate se dissout dans les acides chlorhydrique, sulfurique, azotique, formique, acétique, etc., en donnant des sels cristallisant avec facilité.

*Sulfate de stannodiméthyle,* $SO^4Sn(CH^3)^2$. — Obtenu par double décomposition ou par dissolution de l'oxyde, il forme, par évaporation dans le vide, des prismes transparents et volumineux, devenant opalins à l'air. L'eau le dissout très-bien, surtout à chaud, mais il est peu soluble dans l'alcool, même bouillant. La chaleur le décompose.

*Formiate de stannodiméthyle,*

$$(CHO^2)^2Sn(CH^3)^2.$$

— Prismes très-nets, devenant opalins à l'air, solubles dans l'eau et dans l'alcool. Chauffé, il se décompose en partie, tandis qu'une autre partie se sublime en prismes déliés.

*Acétate de stannodiméthyle,*

$$(C^2H^3O^2)^2Sn(CH^3)^2.$$

— Ressemble au formiate et peut être sublimé en partie sans altération.

Le *butyrate de stannodiméthyle,*

$$(C^4H^7O^2)^2Sn(CH^3)^2,$$

ainsi que le valérate et le caprylate, sont solubles dans l'alcool et cristallisent comme le formiate.

STANNOTRIMÉTHYLE, $[Sn(CH^3)^3]^2$ (ancien *sesquistannométhyle*). — Ce méthylure d'étain, qui est monatomique, n'a pas été obtenu à l'état de liberté.

Son *chlorure* et son *bromure* ressemblent tout à fait au chlorure et au bromure de stannotriéthyle (t. I, p. 1358).

*Iodure de stannotriméthyle,*

$$Sn^{iv}\left\{\begin{matrix}(CH^3)^3\\ I.\end{matrix}\right.$$

— Cet iodure constitue la partie liquide du produit de l'action de l'étain sur l'iodure de méthyle. Rectifié jusqu'à ce qu'il ne laisse plus déposer d'iodure rouge d'étain, il constitue un liquide incolore et mobile, d'une odeur rappelant l'essence de moutarde. Sa densité à 18° est égale à 2,155. Il ne se solidifie pas dans un mélange de glace et de sel, mais dans un mélange d'acide carbonique solide et d'éther ; il bout à 188-190°. Sa densité de vapeur, prise à 260°, a été trouvée égale à 149 (densité théorique = 145). Il est peu soluble dans l'eau et se dissout en toutes proportions dans l'alcool et dans l'éther.

*Hydrate de stannotriméthyle,* $Sn(CH^3)^3.HO$. — Il se forme par l'action de la potasse sur l'iodure de stannotriméthyle ; il reste dissous dans l'excès de potasse et peut en être séparé par la distillation, car il passe avec la vapeur d'eau. Il se forme aussi, comme on l'a vu, par l'action de la potasse sur l'oxyde de stannodiméthyle. Il se concrète par le refroidissement en une masse cristallin , qu'on purifie en l'exprimant dans du papier et le soumettant à la distillation.

Il forme des prismes incolores et transparents, se volatilisant sans décomposition, un peu solubles dans l'eau, beaucoup plus solubles dans l'alcool. Ses solutions ont une forte réaction alcaline ; il se dépose en cristaux assez volumineux par l'évaporation lente de sa solution alcoolique. Maintenu pendant quelque temps dans le voisinage de son point d'ébullition, il se dédouble en oxyde et en eau,

$$2[Sn(CH^3)^3.HO] = \left.\begin{matrix}Sn(CH^3)^3\\ Sn(CH^3)^3\end{matrix}\right\}O + H^2O.$$

Cet hydrate se dissout facilement dans les acides en formant des sels qui sont presque tous solubles, cristallisent avec facilité, et qui possèdent l'odeur piquante de l'iodure ; ils se volatilisent sans altération. Ses sels sont isomorphes avec ceux du stanno-triéthyle.

*Sulfate de stanno-triméthyle,* $SO^4[Sn(CH^3)^3]^2$. — On l'obtient soit par double décomposition, soit par dissolution de l'hydrate dans l'acide sulfurique. Il est soluble dans l'eau et dans l'alcool. Sa solution fournit par l'évaporation lente de petits prismes incolores et brillants.

*Formiate de stanno-triméthyle,*

$$CHO^2.Sn(CH^3)^3.$$

— Beaux cristaux prismatiques, peu solubles dans l'eau, beaucoup plus solubles dans l'alcool et dans l'éther. Il est fusible et se sublime en prismes déliés.

*Acétate de stanno-triméthyle,*

$$C^2H^3O^2.Sn(CH^3)^3.$$

— Peu soluble dans l'eau, beaucoup plus dans l'alcool et dans l'éther. Il peut être distillé et se condense dans le col de la cornue en fines aiguilles brillantes.

STANNOTÉTRAMÉTHYLE, $Sn(CH^3)^4$. — Ce composé saturé n'a pas été obtenu à l'état de pureté, comme on l'a vu plus haut. Mais on connaît des combinaisons mixtes éthyliques et méthyliques du même ordre :

Le *stanno-triméthyle-éthyle,*

$$Sn\left\{\begin{matrix}(CH^3)^3\\ C^2H^5\end{matrix}\right.$$

Le *stannodiméthyle-diéthyle,*

$$Sn\left\{\begin{matrix}(CH^3)^2\\ (C^2H^5)^2\end{matrix}\right.$$

Le *stanno-méthyle-triéthyle,*

$$Sn\left\{\begin{matrix}CH^3\\ (C^2H^5)^3\end{matrix}\right.$$

Ces composés ont été décrits t. I, p. 1360.

TUNGSTÈNE-MÉTHYLE (ou *Wolfram-méthyle*). — Le tungstène pulvérulent, obtenu par l'action du sodium sur le chlorure de tungstène, réagit facilement en vase clos sur l'iodure de méthyle. Par la distillation du produit de la réaction, on obtient une solution visqueuse qui, agitée avec de l'alcool éthéré chaud, laisse une huile indissoute, et la solution alcoolique abandonne par l'évaporation des aiguilles fusibles vers 110°, insolubles dans l'eau, solubles dans l'alcool et encore plus dans l'éther. Ces cristaux constituent l'*iodure de tungstène-tétraméthyle,* $W''(CH^3)^4I^2$ ($W = 184$), ainsi que l'a établi Cahours (*Ann. de Chim. et de Phys.*, (3), t. LXII, p. 200), et non un iodure d'hexaméthyle-tungstène, $W(CH^3)^6I^2$, comme Riche l'avait déduit de ses analyses.

Les acides décomposent cet iodure en mettant de l'iode en liberté.

Le *chlorure* correspondant, obtenu en décomposant l'iodure par une solution chaude de chlorure mercurique, se dépose par l'évaporation de sa solution en petits cristaux grenus, qu'on purifie par cristallisation dans l'alcool.

Le *sulfate,* obtenu en décomposant l'iodure par le sulfate d'argent, se dépose par l'évaporation dans le vide en cristaux déliquescents, peu solubles dans l'éther, plus solubles dans l'alcool à 40°.

L'*azotate* est encore plus déliquescent que le sulfate.

ZINC-MÉTHYLE,

$$Zn\left\{\begin{matrix}CH^3\\ CH^3\end{matrix}\right.$$

— Ce composé, découvert par Frankland, se forme par digestion à 150° du zinc grenaillé avec de l'iodure de méthyle, dans des tubes scellés : il se forme du diméthyle qui s'échappe lorsqu'on ouvre les tubes, et un résidu cristallin blanc fournissant le zinc-méthyle par la distillation dans un gaz inerte. L'attaque du zinc-méthyle se fait encore plus facilement, au bain-marie, lorsque l'iodure de méthyle est mélangé d'éther. Mais le procédé, recommandé autrefois par Frankland, pour préparer le zinc-éthyle en employant une solution éthérée d'iodure d'éthyle dans un digesteur en cuivre, donne difficilement du zinc-méthyle pur, car il reste énergiquement uni à l'éther employé [*Ann. de Chim. et de Phys.*, (3), t, XXXIX, p. 229, et t. LVI, p. 354]. Néanmoins, Wanklyn a utilisé ce procédé en mélangeant cette dissolution éthérée de zinc-méthyle avec de l'iodure de méthyle, et chauffant avec du zinc en tubes scellés, au bain-marie ; en distillant le produit de la réaction, on obtient une solution plus concentrée de zinc-méthyle qu'on traite de nouveau de la même manière : en répétant ces opérations un certain nombre de fois, on obtient un liquide dans lequel la proportion d'éther est devenue très-faible par rapport à celle du zinc-méthyle [*Journ. of Chem. Soc.*, t. XIII, p. 124 ; *Répert. de Chim. pure*, 1860, p. 402].

Les cristaux qui se forment dans l'action du zinc sur l'iodure de méthyle sont une combinaison d'iodure de zinc et de zinc-méthyle, ou plutôt du méthyliodure de zinc, $Zn(CH^3)I$, se dédoublant par la distillation :

$$2\left[Zn\left\{\begin{matrix}CH^3\\ I\end{matrix}\right.\right]=ZnI^2+Zn\left\{\begin{matrix}CH^3\\ CH^3.\end{matrix}\right.$$

Boutlerow recommande, pour la préparation du zinc-méthyle par l'action directe du zinc sur l'iodure de méthyle, de ne chauffer qu'à 100°, en ayant soin d'employer du zinc bien décapé par un acide et en quantité suffisante pour qu'il dépasse le niveau du liquide ; ce dernier doit remplir la moitié environ du tube. Après dix heures de chauffe au bain-marie, on ouvre les tubes après refroidissement, pour laisser échapper les gaz formés, puis on les referme et on continue à chauffer ; on répète cette opération plusieurs fois et après 4 ou 5 jours tout l'iodure de méthyle est décomposé. L'opération est beaucoup plus rapide lorsqu'on fait usage d'un alliage de zinc et de sodium obtenu comme pour la préparation du zinc-éthyle. Après avoir versé l'iodure de méthyle sur cet alliage, on attend une heure avant de fermer le tube, puis on l'ouvre de nouveau après une demi-heure de chauffe au bain-marie pour le refermer de nouveau et chauffer ensuite pendant 3 ou 4 heures, temps nécessaire pour achever la réaction [*Bull. de la Soc. chim.*, 1863, p. 504].

Le zinc-méthyle se forme aussi par l'action du zinc sur le mercure-méthyle :

$$Hg(CH^3)^2+Zn=Zn(CH^3)^2+Hg.$$

On chauffe pendant 24 heures le mercure-méthyle avec un grand excès de grenaille de zinc dans des tubes de verre horizontaux, ou dans un digesteur en fer, qu'on chauffe à 120°, après quoi on distille [Frankland et Duppa, *Journ. of Chem. Soc.*, (2), t. II, p. 29].

Le zinc-méthyle pur, tel qu'on l'obtient par ce dernier procédé, bout à 46°. C'est un liquide mobile, incolore et limpide, doué d'une odeur irritante, sa vapeur provoque la toux ; mais d'après Wanklyn et Boutlerow, elle n'est pas vénéneuse. Sa densité est égale à 1,386 à 10° (Frankland et Duppa). Sa densité de vapeur a été trouvée égale à 47,5 qui est la densité théorique.

Le zinc-méthyle ne se décompose pas à 200° ; mais à 270° il donne du zinc et des gaz carbonés (Wanklyn).

Le zinc-méthyle s'enflamme spontanément l'air et brûle avec une flamme bleu verdâtre pandant des fumées blanches d'oxyde de zinc ; au contact de l'oxygène pur, il s'enflamme avec explosion. Mais lorsqu'on agit avec précaution, c'est-à-dire qu'on soumet une solution éthérée de zinc-méthyle à l'action de l'oxygène sec, il éprouve une oxydation lente qui donne successivement naissance à du zinc-méthyle oxyméthylé et à du zinc-oxyméthyle ou méthylate de zinc :

$$Zn\left\{\begin{matrix}CH^3\\ CH^3\end{matrix}\right.+O=Zn\left\{\begin{matrix}CH^3\\ CH^3O\end{matrix}\right.$$

$$Zn\left\{\begin{matrix}CH^3\\ CH^3\end{matrix}\right.+O^2=Zn\left\{\begin{matrix}CH^3O\\ CH^3O\end{matrix}\right.$$

Le produit formé dans la première réaction et que Boutlerow, qui l'a décrit, représente par la formule

$$O\left\{\begin{matrix}(ZnCH^3)'\\ CH^3\end{matrix}\right.$$

est décomposé par l'eau suivant l'équation

$$Zn\left\{\begin{matrix}CH^3O\\ CH^3\end{matrix}\right.+2H^2O=CH^4+\underset{\text{Alcool méthylique.}}{CH^3OH}+ZnH^2O^2.$$

Il se forme du reste aussi par l'action du zinc-méthyle sur l'alcool méthylique :

$$CH^3OH+Zn(CH^3)^2=Zn(CH^3)(CH^3O)+CH^4.$$

Mais si dans cette dernière action on emploie un excès d'alcool méthylique, on obtient le deuxième produit d'oxydation du zinc-méthyle :

$$Zn(CH^3)^2+2CH^3OH=2CH^4+Zn(CH^3O)^2$$

[Boutlerow, *Bull. de la Soc. chim.*, 1864, p. 116].

L'eau décompose le zinc-méthyle pur avec explosion ; mais si l'on mélange ce dernier d'éther, la décomposition est régulière et l'on obtient de l'hydrure de méthyle et de l'hydrate de zinc :

$$Zn(CH^3)^2+2H^2O=ZnH^2O^2+2(CH^3.H).$$

L'ammoniaque le décompose en donnant lieu à de l'amidure de zinc et à de l'hydrure de méthyle :

$$Zn(CH^3)^2+2AzH^3=Zn(AzH^2)^2+2CH^4.$$

L'iode en agissant sur le zinc-méthyle lui enlève successivement les deux atomes de méthyle en donnant d'abord du méthyliodure de zinc, puis de l'iodure de zinc :

$$Zn(CH^3)^2+I^2=Zn(CH^3)I+CH^3.I;$$
$$Zn(CH^3)I+I^2=ZnI^2+CH^3.I.$$

Chauffé sous pression à 150°, l'iodométhylure de zinc donne de l'iodure de zinc, du zinc et du diméthyle (hydrure d'éthyle), et c'est ce qui explique la formation de ce gaz dans la préparation du zinc-méthyle :

$$Zn(CH^3)I+CH^3I=ZnI^2+(CH^3-CH^3).$$

On voit, d'après ces diverses réactions, que le zinc-méthyle échange facilement du méthyle contre d'autres radicaux, aussi est-il fréquemment employé pour transporter du méthyle sur d'autres composés. Ainsi il transforme l'éther borique en bore-méthyle :

$$2(C^2H^5O)^3Bo+3Zn(CH^3)^2$$
$$=2Bo(CH^3)^3+3Zn(C^2H^5O)^2;$$

le trichlorure de phosphore en triméthylphosphine :

$$2PCl^3+3[Zn(CH^3)^2]=2P(CH^3)^3+3ZnCl^2;$$

le chlorure d'acétyle en acétone :

$$2C^2H^3OCl + Zn(CH^3)^2 = ZnCl^2 + 2(CH^3.C^2H^3O), etc.$$

Le zinc-méthyle absorbe l'oxychlorure de carbone en produisant une masse cristalline blanche que l'eau décompose en dégageant de l'oxyde de carbone et probablement de l'hydrure de méthyle et en produisant un liquide bouillant vers 80° et qui paraît être un mélange d'alcools propylique et butylique [Boutlerow, *Bull. de la Soc. chim.*, 1863, p. 582].

Le sulfure de carbone s'unit au zinc-méthyle, comme au zinc-éthyle (Grabowski). — Voyez t. I, p. 1362.

Le zinc-méthyle absorbe le bioxyde d'azote, mais plus lentement que le zinc-éthyle, et il se forme des cristaux incolores qui sont une combinaison de zinc-méthyle et de *dinitrométhylate de zinc*,

$$Zn(CH^3)^2 + Zn(CH^3.Az^2O^2)^2 = 2Zn\begin{cases} CH^3 \\ CH^3Az^2O^2 \end{cases}$$

se décomposant par l'eau en hydrure de méthyle et *dinitrométhylate basique de zinc* [Frankland, *Ann. der Chem. u. Pharm.*, t. XCIX, p. 342; *Ann. de Chim. et de Phys.*, (3), t. XLIX, p. 108].

Le zinc-méthyle en solution éthérée absorbe énergiquement l'anhydride sulfureux sec en donnant le sel de zinc de l'acide méthylthionique $SO^2CH^3H$ (voyez ce mot). Le zinc-éthyle dans les mêmes circonstances donne de l'acide éthyltrithionique $S^3O^6(CH^3)^2H^2$ (Hobson). E. W.

**MÉTHYLE (SÉLÉNIURE DE)**, $(CH^3)^2Se$. — On l'obtient en distillant une solution de méthylsulfate de baryum avec du séléniure de potassium.

C'est un liquide jaune rougeâtre, très-mobile, plus dense que l'eau, d'une odeur désagréable. Il est très-inflammable et brûle avec une flamme bleuâtre.

L'acide azotique concentré dissout aisément le séléniure de méthyle en s'échauffant. La solution n'est pas précipitée par l'acide chlorhydrique, mais l'acide sulfureux en sépare de nouveau le séléniure de méthyle. Si l'on cherche à concentrer la solution nitrique, il se manifeste une vive réaction, avec dégagement de bioxyde d'azote : il se produit dans ce cas de l'acide méthylsélénieux cristallisable (voyez SÉLÉNITES DE MÉTHYLE) [Wœhler et Dean, *Ann. der Chem. u. Pharm.*, t. XCVIII, p. 5, 1855].

L'iodure de méthyle s'unit au séléniure de méthyle pour donner une combinaison analogue à l'iodure de triméthylsulfine (Cahours). E. W.

**MÉTHYLE (SULFURES DE)**. — Il existe plusieurs sulfures de méthyle ; le plus simple est le sulfhydrate ou mercaptan méthylique, $CH^3.SH$, correspondant à l'alcool méthylique. Le monosulfure de méthyle $(CH^3)^2S$ correspond à l'éther méthylique. Enfin on connaît un bisulfure et un trisulfure. Il existe en outre des composés renfermant trois groupes méthyle pour un atome de soufre, ce sont les combinaisons de triméthylsulfine dont le point de départ, l'iodure, résulte de l'union de l'iodure de méthyle et du monosulfure de méthyle. Le soufre y est tétratomique et on peut les comparer aux combinaisons de stannotriméthyle. Il existe d'autres combinaisons du même ordre renfermant $2CH^3$, les combinaisons de diméthylsulfine.

SULFHYDRATE DE MÉTHYLE, $CH^3.SH$ (*mercaptan méthylique*). On le prépare en distillant au bain-marie un mélange à volumes égaux de méthylsulfate de calcium et de sulfhydrate de potassium en solutions aqueuses de 1,25 de densité ; il faut bien refroidir le récipient. On lave le produit à la potasse et on le redistille sur du chlorure de calcium. C'est un liquide incolore, d'une odeur fétide, peu soluble dans l'eau et bouillant à 21°.

Le sulfhydrate de méthyle donne avec l'acétate de plomb un précipité jaune. Il donne avec l'oxyde de mercure une combinaison soluble dans l'alcool et se déposant en cristaux feuilletés blancs ne fondant pas à 100° [Gregory, *Ann. der Chem. u. Pharm.*, t. XV, p. 239, 1835].

L'acide iodhydrique décompose à 100° le sulfhydrate de méthyle en produisant l'iodure de triméthylsulfine (Cahours).

*Sulfhydrate de méthyle bromé*, $CH^2Br.SH$. — Octaèdres d'un jaune-citron, très-volatils, obtenus par l'action du brome sur le sulfhydrate de méthyle (Cahours).

SULFURE DE MÉTHYLE, $(CH^3)^2S$. — On le prépare facilement en faisant réagir le chlorure de méthyle sur une solution de monosulfure de potassium pur dans l'esprit de bois, placée dans une cornue au bain-marie. Lorsque cette solution n'absorbe plus de chlorure de méthyle, on chauffe au bain-marie : il se dépose du chlorure de potassium et il distille du sulfure de méthyle qu'on reçoit dans un récipient bien refroidi.

Liquide très-mobile, d'une odeur extrêmement désagréable, bouillant à 41°. Densité à 21° = 0,845. Densité de vapeur observée = 30,55 (densité théorique = 31, par rapport à l'hydrogène). Ses réactions sont analogues à celles du sulfure d'éthyle. — Voyez t. I, p. 1327.

L'acide azotique fumant et froid le transforme en oxysulfure de méthyle $(CH^3)^2SO$.

Le chlore agit avec une grande énergie sur le sulfure de méthyle. Si on laisse tomber ce liquide dans un flacon rempli de chlore sec, il se produit une flamme rouge et un dépôt de charbon ; si l'on fait passer du chlore bulle à bulle dans le sulfure de méthyle, on observe les mêmes phénomènes. Pour déterminer une action plus modérée, il faut bien refroidir le sulfure et faire arriver le chlore très-lentement en éloignant l'orifice du tube conducteur de 3 à 4 centimètres du liquide. Si l'on opère à la lumière diffuse, on obtient le *sulfure de méthyle bichloré* $(CH^2Cl)^2S$, qu'on débarrasse de l'acide chlorhydrique formé et de l'excès de sulfure en maintenant le mélange à 50° et y faisant passer un courant d'acide carbonique sec. C'est une huile jaune d'une odeur forte et désagréable, plus dense que l'eau, et qui ne distille pas sans altération.

Si l'on continue à faire agir le chlore sur ce premier produit, en ayant soin de refroidir au commencement de l'opération, on finit par obtenir un liquide jaune, se décomposant en partie par la distillation et constituant le *sulfure de méthyle tétrachloré* $(CHCl^2)^2S$.

Ce sulfure tétrachloré n'absorbe plus de chlore à la lumière diffuse ; mais si l'on fait intervenir la lumière du soleil, l'absorption continue et il se forme un liquide pesant, rouge de rubis qu'on peut distiller et qui ne renferme plus d'hydrogène ; c'est le *sulfure de méthyle perchloré* $(CCl^3)^2S$. Le produit brut commence à bouillir à 70°, mais le thermomètre s'élève peu à peu et la majeure partie passe entre 156° et 160° ; les premières portions sont du chlorure de soufre et du chlorure de carbone $CCl^4$, celles qui passent de 156° à 160° sont d'un jaune ambré et constituent le produit pur. Il est insoluble dans l'eau, soluble dans l'alcool et dans l'éther. La potasse aqueuse ne l'altère pas. Les chlorures de soufre et de carbone se produisent en quantité d'autant plus grande que le produit primitif était moins sec [A. Riche, *Ann. de Chim. et de Phys.*, (3), t. XLIII, p. 292, 1855].

Le sulfure de méthyle se combine avec le chlorure et l'iodure mercuriques et avec le chlorure platinique [Loir, *Ann. de Chim. et de Phys.*, (3), t. XXXIX, p. 448, et t. LIV, p. 42].

Le *composé mercurique* $(CH^3)^2S\,HgCl^2$ est blanc, cristallin, d'une odeur désagréable. Il fond à 150° en un liquide visqueux qui cristallise par le refroidissement; chauffé plus fort, il donne un sublimé blanc et des vapeurs fétides. L'alcool et l'éther le dissolvent à chaud et l'abandonnent par le refroidissement en petites aiguilles. Il perd peu à peu du sulfure de méthyle à l'air.

Le *composé* $(CH^3)^2S\,HgI^2$ s'obtient en chauffant à 100° le composé précédent avec de l'alcool et de l'iodure de méthyle, ou bien en chauffant à 100° de l'iodure de méthyle avec du sulfure de mercure. Il se forme des cristaux jaunes qu'on lave à l'alcool, dans lequel ils sont peu solubles. Ce composé fond à 87° en un liquide jaune qui se concrète en une masse cristalline. Il commence à s'altérer à 105° et émet des vapeurs fétides. L'acide nitrique l'attaque à froid.

Le sulfure de méthyle se combine également aux iodures de plomb, d'argent et de platine.

Le *composé platinique* $[(CH^3)^2S]^2, PtCl^4$ cristallise en aiguilles orangées, faiblement odorantes, solubles dans l'alcool bouillant.

COMPOSÉS SULFINÉS — Le soufre étant considéré comme élément tétratomique, le sulfure de méthyle $(CH^3)^2S$ n'est pas un composé saturé et il doit pouvoir fixer encore deux atomicités. En effet, il peut se combiner à $Br^2$, à $O''$, etc., et donner des sels de diméthylsulfine. Une des atomicités libres du sulfure de méthyle étant saturée par du méthyle et l'autre par un élément électronégatif tel que l'iode, on a une combinaison de *triméthylsulfine.*

BROMURE DE DIMÉTHYLSULFINE, $(CH^3)^2SBr^2$. — Lorsqu'on laisse tomber goutte à goutte du brome dans du sulfure de méthyle mélangé d'un peu d'eau, il s'établit une réaction assez vive. Si l'on arrête l'addition de brome lorsqu'il ne se décolore plus, on obtient une masse cristalline déliquescente dont la solution aqueuse fournit par l'évaporation dans le vide de beaux cristaux octaédriques, d'un jaune d'ambre.

Le chlore paraît se comporter comme le brome, mais il faut opérer avec de grandes précautions.

L'acide iodhydrique gazeux et sec, dirigé dans du sulfure de méthyle refroidi, donne une combinaison cristallisée que l'eau décompose de nouveau. Chauffé en vase clos, ce composé se scinde en mercaptan méthylique et iodure de triméthylsulfine. L'acide bromhydrique se comporte de même.

OXYDE DE DIMÉTHYLSULFINE OU OXYSULFURE DE MÉTHYLE, $(CH^3)^2SO$. — Ce corps s'obtient par l'action de l'oxyde d'argent humide sur le bromure Saytzeff [*Ann. der Chem. u. Pharm.*, t. CXLIV, p. 148; *Bull. de la Soc. chim.*, 1867, t. VIII, p. 273] l'a aussi préparé par l'action de l'acide nitrique fumant sur le sulfure de méthyle. Si l'on ajoute ce dernier goutte à goutte à l'acide fumant et refroidi, on obtient une solution qui, par l'évaporation, donne une masse cristalline qui est l'azotate de diméthyloxysulfine

$$(CH^3)^2SO.HAzO^3.$$

Purifiée par expression, exposition sur la chaux et cristallisation, cette combinaison forme des aiguilles incolores, déliquescentes, solubles dans l'eau avec une réaction acide, peu solubles dans l'alcool et dans l'éther, fusibles à 100° et se décomposant avec une légère explosion. La solution aqueuse de cet azotate, traitée par le carbonate de baryte, puis évaporée à sec donne un résidu qui, dissous dans l'alcool, laisse par l'évaporation un liquide sirupeux et inodore se concrétant par le refroidissement et constituant l'oxysulfure

$$(CH^3)^2SO.$$

Cet oxyde, qui n'est pas volatil sans décomposition, est soluble dans l'eau, l'alcool et l'éther. L'hydrogène naissant le transforme en sulfure de méthyle.

L'azotate précédent, chauffé à 100° avec de l'acide sulfurique, fournit une masse cristalline qui est la *diméthylsulfane*, $(CH^3)^2SO^2$ (voyez ÉTHYLSULFANE, t. I, p. 1329). — Celle-ci se dissout dans l'eau et dans l'alcool, ainsi que dans l'acide azotique concentré, d'où elle se dépose en prismes. Elle fond à 109° et se concrète à 99°; elle se sublime déjà à 100° et bout à 238°. Le zinc et l'acide sulfurique la réduisent à l'état de sulfure (Al. Saytzeff).

COMBINAISONS DE TRIMÉTHYLSULFINE. — Le point de départ de ces combinaisons est l'iodure de triméthylsulfine qui s'obtient par l'union directe de l'iodure de méthyle et du sulfure de méthyle :

$$(CH^3)^2S + ICH^3 = (CH^3)^3SI.$$

*Iodure de triméthylsulfine,* $(CH^3)^3SI$. — Masse cristalline blanche, soluble dans l'eau et s'en séparant en prismes volumineux; l'alcool l'abandonne en tables rhomboïdales blanches (Dehn) Ces cristaux se colorent en brun à l'air.

Il est insoluble dans l'éther. Il se forme aussi par l'action de l'acide iodhydrique à 100° sur le sulfure de méthyle ou le sulfhydrate :

$$2(CH^3)^2S + IH = (CH^3)^3SI + CH^3.SH;$$
$$3CH^3SH + IH = (CH^3)^3S.I + 2H^2S.$$

Le même iodure se forme par l'action de l'iodure de méthyle sur le sulfocyanate de méthyle [Dehn, *Ann. der Chem. u. Pharm.*, suppl., t. IV, p. 83]. On obtient de même, mais moins facilement, le bromure de triméthylsulfine.

L'oxyde d'argent humide décompose l'iodure de triméthylsulfine en iodure d'argent et *hydrate de triméthylsulfine* $(CH^3)^3SOH$. La solution de cet hydrate, fortement alcaline, étant neutralisée par l'acide chlorhydrique, fournit, après évaporation, des prismes incolores et déliquescents. La solution de ce chlorure donne avec le chlorure platinique le *chloroplatinate* $[(CH^3)^3S.Cl]^2PtCl^4$ cristallisable dans l'eau bouillante en prismes orangés. Le chlorure forme également des chlorures doubles avec les chlorures d'or et de mercure. La plupart des autres *sels de triméthylsulfine,* obtenus par double décomposition entre l'iodure et les sels d'argent, sont solubles et déliquescents [Cahours, *Bull. de la Soc. chim.*, 1865, t. IV, p. 40]. L'azotate forme avec l'azotate d'argent un sel double peu soluble, cristallisé en aiguilles (Dehn).

L'iodure d'ethyle agit également sur le sulfure de méthyle en donnant l'iodure de *diméthyl éthylsulfine* $(CH^3)^2(C^2H^5)SI$ qui fournit un oxyde et des sels bien définis (Cahours).

L'iodure de méthyle donne avec le sulfure d'éthyle de l'iodure de *diéthylméthylsulfine,* dont le chloroplatinate cristallise en aiguilles $[CH^3(C^2H^5)^2S.Cl]^2PtCl^4$ (Dehn).

Si l'on fait agir l'iodure de méthyle sur le sulfure d'éthyle-amyle, on n'obtient pas l'iodure de méthyle-éthyle-amyle-sulfine, mais les iodures d'éthyle et d'amyle et de l'iodure de triméthylsulfine (Saytzeff).

Le sulfure de méthyle peut aussi se combiner avec les bromures ou iodures polyatomiques.

Si l'on chauffe à 100° un mélange de 1 vol. de bromure d'éthylène et de 2 vol. de sulfure de méthyle, il se prend en une masse de petits cristaux solubles dans l'eau froide et par conséquent faciles à séparer du produit brut. La solution évaporée dans le vide fournit des cristaux incolores bien définis qui ont pour composition

$$C^6H^{16}S^2Br^2 = \left.\begin{matrix}(CH^3)^4\\(C^2H^4)''\end{matrix}\right\} S^2.Br^2.$$

Ce bromure résulte donc d'une addition directe. Il est déliquescent, soluble en toute proportion dans l'eau chaude, moins soluble dans l'alcool bouillant et pas du tout dans l'éther, qui le précipite de sa solution alcoolique. Les sels d'argent donnent avec sa solution aqueuse un précipité de bromure d'argent et un sel se déposant en général par l'évaporation en petits cristaux déliquescents.

L'oxyde d'argent humide, agité avec la solution du bromure, donne une liqueur très-alcaline et caustique renfermant l'*oxyde*

$$\left.\begin{matrix}(CH^3)^4\\(C^2H^4)''\end{matrix}\right\}S^2.O$$

ou son hydrate. Neutralisée par l'acide chlorhydrique, cette solution alcaline donne un chlorure cristallisable et déliquescent. Le *chloroplatinate*

$$\left.\begin{matrix}(CH^3)^4\\(C^2H^4)''\end{matrix}\right\}S^2Cl^2.PtCl^4$$

est en beaux cristaux orangés.

Le *bromure d'éthylène bromé* s'unit de même, à 100°, au sulfure de méthyle en donnant la combinaison

$$\left.\begin{matrix}(CH^3)^6\\(C^2H^3)'''\end{matrix}\right\}S^3.Br^3$$

qui forme de beaux cristaux incolores, très-déliquescents. Traité par l'oxyde d'argent, ce tribromure fournit un liquide très-alcalin, donnant un chloroplatinate cristallisé.

L'iodoforme se dissout abondamment dans le sulfure de méthyle et s'y combine à 100° : la solution brunit et laisse déposer une masse cristalline brunâtre, sans doute

$$\left.\begin{matrix}(CH^3)^6\\(CH)'''\end{matrix}\right\}S^3.I^3$$

[Cahours, *loc. cit.*].

SULFURE ÉTHYLE-MÉTHYLIQUE. — Voyez t. I, p. 1330.

BISULFURE DE MÉTHYLE, $(CH^3)^2S^2$. — On le prépare facilement, soit en faisant passer un courant de chlorure de méthyle dans une solution alcoolique de bisulfure de potassium, soit en distillant un mélange de solutions concentrées de bisulfure de potassium et de méthylsulfate de calcium.

C'est un liquide limpide, jaunâtre, très-réfringent, commençant à bouillir à 110°, et dont le point d'ébullition s'élève peu à peu jusqu'à 160-170°. Si le bisulfure de potassium est bien pur, le produit passe presque en totalité de 110° à 120°. On le purifie en le séchant sur du chlorure de calcium, et le soumettant à plusieurs rectifications. Il bout alors de 115° à 118°. Il possède une odeur d'oignon très-persistante. Densité à 18° = 1,048. Densité de vapeur = 47,8 (densité théorique = 47, par rapport à l'hydrogène). Il est à peine soluble dans l'eau. Il est inflammable et brûle avec une flamme bleue [Regnault, *Ann. de Chim. et de Phys.*, t. LXXI, p. 391, 1840].

L'acide nitrique l'attaque vivement à chaud, en produisant de l'acide méthylsulfureux. Si on le traite par l'acide d'une densité de 1,2, étendu de son volume d'eau, il donne une huile incolore et dense, qui est de l'*oxybisulfure*, $(CH^3)^2S^2O^2$ [Lukaschewicz, *Zeitz. für Chem.*, t. IV, p. 641; *Bull. de la Soc. chim.*, (2), t. XII, p. 276].

L'acide sulfurique le dissout tout à fait et le décompose à chaud. On peut le distiller sur de la potasse sans qu'il s'altère.

*Dérivés chlorés.* — Si on laisse tomber du bisulfure de méthyle dans un flacon de chlore sec, il se dépose sur les parois des lames rhomboïdales jaunes, qu'un excès de chlore transforme en un liquide jaune, et même rouge sous l'influence de la radiation solaire.

Les cristaux renferment $CH^3SCl$, et on pourrait les envisager comme une combinaison de chlorure de soufre et de sulfure de méthyle,

$$(CH^3)^2S.SCl^2.$$

Le liquide résultant de l'action ultérieure du chlorure sur les cristaux est un mélange de sulfure de méthyle perchloré $(CCl^3)^2S$ et de chlorure de soufre, ou peut-être une combinaison des deux, car l'eau ne l'attaque qu'avec lenteur [Regnault, *loc. cit.*; — Riche, *Ann. de Chim. et de Phys.*, (3), t. XLIII, p. 292].

Le brome agit sur le bisulfure de méthyle en donnant des dérivés de substitution (Regnault).

TRISULFURE DE MÉTHYLE, $(CH^3)^2S^3$. — Lorsqu'on remplace le bisulfure de potassium par du polysulfure, on obtient encore une quantité notable de bisulfure, mais il distille en dernier lieu, vers 200°, un produit jaunâtre, qui est le trisulfure de méthyle. Ses réactions sont analogues à celles du bisulfure [Cahours, *Ann. de Chim. et de Phys.*, (2), t. XVIII, p. 258]. E. W.

**MÉTHYLE (TELLURURE DE)**, $(CH^3)^2Te$. — On l'obtient facilement en soumettant à la distillation un mélange de solutions de tellurure de potassium et de méthylsulfate de baryum. Ses combinaisons ont été étudiées par Wœhler et Dean [*Ann. der Chem. u. Pharm.*, t. XCIII, p. 233; *Ann. de Chim. et de Phys.*, (3), t. XLIII, p. 234], et par Heeren [*Chem. Centralb.*, 1861, p. 910].

C'est un liquide incolore ou d'un jaune rougeâtre, très-mobile, plus pesant que l'eau, d'une odeur alliacée très-prononcée. Il est peu soluble dans l'eau et dans l'acide chlorhydrique. L'alcool le dissout et l'abandonne à l'état oléagineux par l'évaporation. Il bout à 82°, sa vapeur est jaune. Il brûle avec une flamme blanc bleuâtre.

Le *tellure-méthyle* se comporte comme les radicaux organo-métalliques. Il s'unit à l'oxygène, au chlore, etc., et forme des sels bien définis.

Il se dissout dans l'acide azoteux en dégageant du bioxyde d'azote, et la solution renferme de l'azotate de tellure-méthyle, qui est le point de départ des autres combinaisons telluro-méthyliques.

*Oxyde de tellure-méthyle*, $(CH^3)^2TeO$. — Masse blanche cristalline, sans odeur, mais d'une saveur très-désagréable, obtenue en décomposant le chlorure ou l'iodure par l'oxyde d'argent humide. Il se liquéfie à l'air en absorbant l'humidité et l'acide carbonique; il décompose les sels ammoniacaux et le sulfate de cuivre; c'est donc un alcali énergique. L'acide sulfureux le réduit en régénérant le tellurure de méthyle.

*Bromure de tellure-méthyle*, $(CH^3)^2Te.Br^2$. — Il s'obtient à l'état d'un précipité blanc volumineux par l'addition d'acide bromhydrique à la solution de l'azotate. Il fond à 89°, et est isomorphe avec le chlorure; il cristallise en prismes hexagonaux courts.

Il se dissout dans l'ammoniaque en donnant de l'*oxybromure*,

$$(CH^3)^2TeO.(CH^3)^2TeBr^2 = (CH^3)^4Te^2.O.Br^2,$$

se déposant en beaux cristaux par l'évaporation.

*Chlorure de tellure-méthyle*, $(CH^3)^2Te.Cl^2$. — Précipité volumineux obtenu en ajoutant de l'acide chlorhydrique à la solution de l'azotate; il se dissout à chaud dans l'eau et se dépose par le refroidissement en prismes transparents fusibles à 97°,5. Il ne paraît pas être volatil sans décomposition.

La solution chaude a une odeur légèrement alliacée. Ce chlorure se dissout dans l'ammoniaque, et la solution fournit par évaporation du sel ammoniac et des cristaux d'*oxychlorure de tellure-méthyle* :

$$(CH^3)^2TeO.(CH^3)^2TeCl^2 = (CH^3)^4Te^2.O.Cl^2.$$

Cet oxychlorure cristallise dans l'alcool en prismes

courts et incolores. Sa solution, traitée par l'acide chlorhydrique, donne un précipité de chlorure.

*Iodure de tellure-méthyle*, $(CH^3)^2Te.I^2$. — Précipité d'un beau jaune, devenant après quelque temps d'un rouge-cinabre. On l'obtient en ajoutant de l'acide iodhydrique ou de l'iodure de potassium à la solution de l'azotate. Si l'on opère à chaud, on obtient immédiatement des cristaux rouges. Il présente donc deux modifications, comme l'iodure mercurique. L'iodure de tellure-méthyle est soluble dans l'eau chaude et dans l'alcool ; par le refroidissement, il se dépose en petits cristaux clinorhombiques brillants, d'un beau rouge. Ces cristaux ont été mesurés par Keferstein ; ils présentent la face dominante $g^1$ et les faces $h^1$, $b^{1/2}$, $p$, $b^{1/4}$. Rapport des axes = 0,6252 : 1 : 1,0830. Inclinaison des deux derniers axes = 79°7'. Angles : $b^{1/2}b^{1/2}$ = 86°44' ; $b^{1/4}b^{1/4}$ = 124°12' ; $h^1b^{1/2}$ = 122°55 et $h^1b^{1/4}$ = 134°23' [*Poggend. Ann.*, t. XCIX, p. 275].

Il se décompose à 130°, sans fondre, en donnant de l'iodure de tellure noir.

*Sulfure de tellure-méthyle*. — Il paraît exister un sulfure liquide qui se produit lorsqu'on traite le chlorure par l'hydrogène sulfuré. Il se forme un précipité floconneux blanc (sulfochlorure ?) qui jaunit peu à peu et qui donne à la distillation un corps huileux sulfuré, d'une odeur très-désagréable. D'après Heeren, les sels basiques de tellure-méthyle donnent par l'hydrogène sulfuré un précipité jaune orange, qui s'agglutine par la chaleur, et finit par se déposer en gouttelettes noires. Celles-ci, traitées par l'éther, lui abandonnent du tellurure de méthyle et laissent un résidu de sulfure de tellure noir :

$$(CH^3)^2Te(HO)^2 + (CH^3)^2TeCl^2 + 2H^2S$$
$$= (CH^3)^2Te + TeS^2 + 2HCl + (CH^3)^2 + 2H^2O.$$

*Azotate de tellure-méthyle*, $(CH^3)^2Te.(AzO^3)^2$. — Longs prismes incolores obtenus comme on l'a vu plus haut. D'après Heeren, c'est un sel basique, $(CH^3)^2Te.(HO)^2 + (CH^3)^2Te(AzO^3)^2$.

*Sulfate de tellure-méthyle*, $(CH^3)^2Te.SO^4$. — Cubes volumineux très-solubles dans l'eau, insolubles dans l'alcool.

Lorsqu'on traite l'oxychlorure par du sulfate d'argent, on obtient un sulfate basique :

$$(CH^3)^2Te.(HO)^2 + (CH^3)^2Te.SO^4.$$

*Phosphate de tellure-méthyle*. — Précipité jaune, insoluble, se colorant en gris à la lumière. L'acide phosphorique en excès dissout ce précipité, et, par l'évaporation, on obtient des cristaux dont la solution donne avec l'ammoniaque le précipité primitif (Heeren).

*Carbonate*. — Il cristallise difficilement et renferme, d'après Heeren,

$$(CH^3)^2Te.(HO)^2 + (CH^3)^2Te.CO^3.$$

*Acétate basique*,

$$(CH^3)^2Te(HO)^2 + (CH^3)^2Te.(C^2H^3O^2)^2.$$

— Cubes limpides se transformant à l'air en une poudre amorphe blanche, soluble dans l'eau et insoluble dans l'alcool.

Le *formiate basique* forme des aiguilles déliquescentes, et incolores.

L'*oxalate* est très-soluble. L'*oxalate basique* est soluble dans l'eau et dans l'alcool, et cristallise dans la forme quadratique (Heeren).

Le tartrate est très-soluble.

Triméthyle-tellurine. — Le tellurure de méthyle se combine énergiquement à l'iodure de méthyle en donnant une masse cristalline peu soluble dans l'eau, assez soluble dans l'alcool, qui constitue l'*iodure de triméthyle-tellurine*. Cet iodure, traité par l'oxyde d'argent humide fournit un composé très-alcalin. Celui-ci, neutralisé par l'acide chlorhydrique et additionné de chlorure de platine, donne un chloroplatinate orange,

$$[(CH^3)^3TeCl]^2.PtCl^4,$$

isomorphe avec le chloroplatinate de triméthylesulfine [Cahours, *Bull. de la Soc. chim.*, (2), t. IV, p. 44]. E. W.

**MÉTHYLE-ALLYLE.** — Voyez Butylène.

**MÉTHYLE (HYDRURE DE).** — Voyez p. 421.

**MÉTHYLÈNE (ET SES COMPOSÉS).** — Méthylène, $CH^2$. — L'existence du méthylène, premier terme de la série des hydrocarbures, $C^nH^{2n}$, peut être encore mise en doute. M. V. Regnault n'a pu l'obtenir en traitant l'éther méthylique, ou l'esprit de bois, par un excès d'acide sulfurique. M. A. W. Hofmann ne l'a pas observé dans la décomposition de l'hydrate de tétraméthyl-ammonium par la chaleur, réaction qui produit si aisément l'éthylène avec le composé éthylique correspondant. M. Perrot ne l'a pas noté au nombre des corps qu'il a obtenus en soumettant à une forte chaleur l'éther méthylchlorhydrique, $CH^3Cl$ [Perrot, *Ann. der Chem. u. Pharm.*, t. CI, p. 375]. Toutefois, en 1835, en tentant cette dernière réaction, MM. Dumas et Peligot obtinrent un gaz qu'ils regardèrent comme du méthylène libre. Il avait, en effet, la propriété de faire explosion dans l'eudiomètre avec l'oxygène, de façon que 2 volumes de ce gaz consommaient 3 volumes d'oxygène et donnaient 2 volumes d'eau et 2 volumes de gaz acide carbonique. Cette expérience semblerait bien devoir faire assigner à ce corps la formule $CH^2$ et exclure l'hypothèse d'un polymère [*Ann. de Chim. et de Phys.*, t. LVIII, p. 28]. Il paraît se former aussi une petite quantité de méthylène libre quand on traite l'iodure de méthylène par les métaux alcalins. — Voyez plus loin.

On connaît quelques combinaisons de ce radical diatomique.

Iodure de méthylène, $CH^2I^2$ [Boutlerow, *Ann. der Chem. u. Pharm.*, t. CVII, p. 110; t. CXI, p. 242, et t. CXX, p. 356. — On l'obtient en versant une solution alcoolique pas trop concentrée d'éthylate de sodium sur de l'iodoforme en poudre. Lorsqu'on ajoute de l'eau au produit de la réaction, l'iodure de méthylène se sépare à l'état d'une couche huileuse que l'on lave à l'eau et rectifie. Cette réaction est probablement exprimée par l'équation suivante :

$$CHI^3 + C^2H^5(ONa) = CH^2I^2 + NaI + C^2H^4O.$$

| Iodoforme. | Éthylate de sodium. | Iodure de méthylène. | Iodure de sodium. | Oxyde d'éthylène. |
|---|---|---|---|---|

Pour préparer l'iodure de méthylène, il est plus avantageux de chauffer l'iodoforme ou le chloroforme avec de l'acide iodhydrique concentré à 150° en vase clos (Boutlerow).

Boutlerow pensait que le corps obtenu par Serullas dans l'action du perchlorure de phosphore sur l'iodoforme n'est autre que l'iodure de méthylène. Les propriétés physiques et l'action du potassium rapprochent en effet le corps de Serullas de celui de Boutlerow, mais A. Gautier s'est assuré qu'à l'exception d'une très-faible quantité d'un corps à point d'ébullition plus élevé, le produit principal de cette réaction n'est autre que le chloroforme [*Bull. de la Soc. chim.*, t. XIII, p. 316, 1870]. Le corps observé par Brüning dans l'action de la potasse alcoolique sur l'iodoforme est probablement identique avec le diiodure de méthylène (Boutlerow).

L'iodure de méthylène est un liquide jaune, réfringent, de densité égale à 3,342 à + 5°, se solidifiant à + 2° en une masse cristalline de lamelles brillantes.

Le potassium ne le décompose que si on chauffe, mais alors il se produit une réaction des plus violentes et une explosion; le sodium agit un peu moins vivement. L'amalgame de sodium au 1/8 donne de l'iodure et une poudre blanche d'une matière carbonée. Les gaz qui se dégagent dans ces conditions sont un mélange d'hydrogène et peut-être d'un peu de méthylène. On obtient en effet, en les lavant dans l'eau et l'alcool et les faisant passer dans du brome, un liquide ressemblant beaucoup à la liqueur des Hollandais. L'iodure de méthylène chauffé avec le cuivre et l'eau en tubes scellés donne du gaz des marais, de l'acide carbonique, de l'oxyde de carbone, mais pas de méthylène. Par l'acétate d'argent, l'iodure de méthylène se convertit en diacétate de méthylène. Sous l'influence de la triéthylphosphine, l'iodure de méthylène donne un iodure cristallisé d'*iodure d'iodométhyltriéthylphosphonium*,

$$P^{v}\begin{cases}3C^2H^5\\CH^2I\\I.\end{cases}$$

Le chlore transforme l'iodure de méthylène en chlorure correspondant.

CHLORURE DE MÉTHYLÈNE, $CH^2Cl^2$ [Boutlerow, *loc. cit.*]. — Il se forme quand, dans de l'iodure de méthylène, placé au-dessous d'une couche d'eau et chauffé légèrement, on fait passer un courant de chlore. Le liquide qui distille est lavé à la potasse et séché sur le chlorure de calcium, enfin rectifié. C'est une huile plus lourde que l'eau, d'odeur pénétrante analogue à celle du chloroforme, bouillant à 40° et n'ayant pu être solidifiée avec la glace et le sel. On a longtemps considéré ce corps comme isomère avec le chlorure de méthyle chloré obtenu par M. V. Regnault en faisant agir le chlore au soleil sur l'éther méthylchlorhydrique, et qui bout à 30°,5. Perkin a obtenu le chlorure de méthyle chloré bouillant à 40-41°, et l'a trouvé identique avec le chlorure de méthylène [*Chem. Society*, t. VII, p. 260, et *Bull. de la Soc. chim.*, 1870, t. XIII, p. 237]. Il a également obtenu du chlorure de méthylène en traitant le chloroforme en solution alcoolique par le zinc et l'ammoniaque. La densité du chlorure de méthylène est de 1,3604 à 0°; son coefficient de dilatation pour 1° entre 0° et 120° =0,00137 [Perkin, *Chemic news*, 1868, p. 106, et *Bull. de la Soc. chim.*, 1869, t. XII, p. 49].

*Chlorure de dinitrométhylène*, $C(AzO^2)^2Cl^2$. — Du corps précédent il faut rapprocher l'*huile de Marignac*, obtenue par cet auteur dans l'action de l'acide nitrique sur le tétrachlorure de naphtaline. En recevant les gaz dans un réfrigérant refroidi et lavant à l'eau, puis distillant avec les vapeurs aqueuses, on obtient un liquide neutre transparent d'une densité de 1,685 à 15°, d'odeur vive rappelant le chlorure de cyanogène et attaquant les yeux. Cette huile est soluble dans l'alcool et l'éther, fort peu dans l'eau. La potasse aqueuse ne l'attaque pas, la potasse alcoolique forme avec elle un composé cristallin qui déflagre quand on le chauffe. Le mercure décompose le chlorure de dinitrométhylène [Marignac, *Rev. scient.*, t. V, p. 375].

BROMURE DE MÉTHYLÈNE, $CH^2Br^2$. — Il s'obtient en traitant par le brome l'iodure de méthylène [Boutlerow, *loc. cit.*].

OXYDE DE MÉTHYLÈNE, $CH^2O$. — Cet oxyde se confond avec l'aldéhyde méthylique (voyez ce mot), mais cette aldéhyde se polymérise avec la plus grande facilité et donne le trioxyméthylène, $(CH^2)^3O^3$, dont nous allons parler.

TRIOXYMÉTHYLÈNE, $(CH^2)^3O^3$ [Boutlerow, *Ann. der Chem. u. Pharm.*, t. CXI, p. 242; t. CXX, p. 295; — Hofmann, *Bull. de la Soc. chim.*, t. XII, p. 352]. — Ce corps, auquel Boutlerow avait d'abord donné le nom de *dioxyméthylène*, et assigné la formule $(CH^2)^2O^2$ d'après une densité de vapeur reconnue plus tard fautive par lui-même et par A. W. Hofmann, s'obtient : 1° dans l'action de l'oxalate d'argent sur le biiodure de méthylène :

$$\underset{\text{Iodure de méthylène.}}{3CH^2I^2} + \underset{\text{Oxalate d'argent.}}{3C^2Ag^2O^4}$$
$$= \underset{\text{Oxyde de méthylène.}}{(CH^2O)^3} + 6AgI + 3CO^2 + 3CO.$$

2° Dans l'action de l'oxyde d'argent sur le même biiodure. 3° De l'oxyde de plomb sur l'acétate de méthylène. 4° Dans la distillation sèche de l'acide éthylglycollique (Heintz). C'est la méthode à laquelle M. Hofmann donne la préférence :

$$\underset{\text{Acide éthylglycollique.}}{3\begin{pmatrix}CH^2.OC^2H^5\\CO.OH\end{pmatrix}} = \underset{\text{Oxyde de méthylène.}}{(CH^2O)^3} + 3CO + \underset{\text{Alcool.}}{3C^2H^6O}.$$

5° Enfin il provient de la polymérisation spontanée de l'aldéhyde méthylique (Hofmann). Pour obtenir l'oxyméthylène, Boutlerow fait réagir à une douce chaleur un mélange d'un équivalent de biiodure de méthylène sur un équivalent d'oxalate d'argent, le tout doit être dilué par du verre pilé. On peut aussi éviter une réaction trop vive en opérant sous une couche de naphte. Le trioxyméthylène est entraîné en partie par les gaz et les vapeurs et se condense sur les parois du récipient. On le presse dans du papier, on le lave à l'éther, puis à l'alcool et à l'eau, enfin à l'alcool et à l'éther, et après l'avoir séché sur l'acide sulfurique on le sublime.

C'est un corps formant des croûtes blanches à structure mal cristallisée, insipide, inodore, mais donnant, quand on le chauffe, une odeur particulière très-irritante. Il est neutre aux papiers. Il se sublime déjà à 100°, mais ne fond qu'à 152° et bout presque aussitôt. Il est insoluble dans l'eau l'alcool et l'éther; toutefois, quand on le chauffe à 100° avec l'eau en tube scellé, il s'y dissout complétement et se dépose inaltéré par l'évaporation du dissolvant.

La densité de vapeur de cet oxyde solide de méthylène a été trouvée de 1,05, 1,04 et 1,03, par M. Hofmann. Calcul théorique pour $CH^2O$=1,04. Boutlerow a depuis confirmé cette expérience. Cet oxyde de méthylène réduit en vapeur correspond donc à l'aldéhyde méthylique. Toutefois, comme on sait que celle-ci est un gaz à la température ordinaire, il faut que l'oxyméthylène solide soit un polymère. M. Hofmann lui attribue la formule probable $(CH^2O)^3$. On verra, en effet, qu'à cet oxyde correspond un sulfure : or M. Hofmann a obtenu une combinaison de ce dernier avec l'azotate d'argent qui a la formule $(CH^2S)^3.AzO^3Ag$, et un chloroplatinate, $2[(CH^2S)^3], PtCl^4$.

Le trioxyméthylène a une grande tendance à s'oxyder à l'air pour donner de l'acide carbonique et de l'eau, quelquefois un peu d'acide formique et oxalique. Il réduit à chaud les sels d'argent et de mercure; avec l'oxyde puce de plomb, il donne du carbonate et du formiate plombiques; avec l'acide nitrique de l'acide carbonique et de l'eau, l'acide chlorhydrique sec donne avec l'oxyde de méthylène une combinaison huileuse qui se décompose rapidement au contact de l'eau et reproduit le trioxyméthylène. Par l'hydrogène sulfuré et l'acide chlorhydrique, on obtient le sulfure de méthylène (Hofmann). — Voyez plus loin.

L'iodure rouge de phosphore transforme l'oxyméthylène en biiodure de méthylène.

La potasse et la chaux le dissolvent et donnent du formiate et de la *méthylénitane*. Traité par l'ammoniaque, le trioxyméthylène donne l'*hexaméthylénamine*, $C^6H^{12}Az^4$.

*Hexaméthylénamine*,

$$C^6H^{12}Az^4 = Az\begin{cases}Az(CH^2)^2\\Az(CH^2)^2\\Az(CH^2)^2\end{cases}$$

[Boutlerow, *Répert. de Chim. pure*, 1860, p. 425]. — Cette base s'obtient en faisant arriver le gaz ammoniac sur l'oxyméthylène en poudre, ou en évaporant l'ammoniaque aqueuse avec ce dernier corps à une douce chaleur. On obtient une bouillie de cristaux qu'on fait recristalliser dans l'alcool chaud. Ils sont blancs, brillants, rhomboédriques, et peuvent se volatiliser sans altération déjà à 100° quand on opère avec précaution. L'hexaméthylénamine est très-soluble dans l'eau, l'alcool bouillant, et presque insoluble dans l'éther. Elle est alcaline. Elle donne un chlorhydrate,

$$(C^6H^{12}Az^4)HCl,$$

en longues aiguilles prismatiques, qui se décompose partiellement quand on le fait bouillir avec l'eau; le chloroplatinate correspondant a pour formule $(C^6H^{12}Az^4, HCl)^2PtCl^4$.

L'équation qui indique la formation de l'hexaméthylénamine est la suivante :

$$\underset{\text{Trioxyméthylène.}}{2C^3H^6O^3} + 4AzH^3 = \underset{\text{Hexaméthylénamine.}}{C^6H^{12}Az^4} + 6H^2O.$$

Cette base s'hydrate de nouveau au sein de l'eau et se dédouble ainsi en trioxyméthylène et ammoniaque (Hofmann).

Les iodures d'éthyle et de méthyle donnent avec l'hexaméthylénamine des composés cristallisés.

SULFURE DE MÉTHYLÈNE, $C^3H^6S^3 = (CH^2S)^3$ [A. Husemann, *Ann. der Chem. u. Pharm.*, t. CXXVI, p. 293; — A. Girard, *ibid.*, t. C, p. 306; — W. Hofmann, *Bull. de la Soc. chim.*, t. XII, p. 35]. — Husemann a obtenu ce corps sulfuré entièrement analogue à l'oxyméthylène en chauffant le biiodure de méthylène avec le monosulfure de sodium. W. Hofmann l'a produit en faisant agir à la fois les acides sulfhydrique et chlorhydrique sur l'aldéhyde méthylique ou le trioxyméthylène. A. Girard l'avait obtenu an érieuremnt en faisant agir l'hydrogène naissant s r le sulfure de carbone; tous ces composés sont identiques (Hofmann).

C'est un corps blanc, sublimable, cristallisant en prismes clinorhombiques, d'une forte odeur d'oignon, fondant à 216° (Hofmann), mais volatil bien avant cette température. Un peu soluble dans beaucoup de liquides, plus spécialement dans la benzine et le sulfure de carbone. Il forme avec l'iode, non avec le chlore, un composé cristallin. Il s'unit aux sels d'or, de platine, de mercure, d'argent. Quand l'azotate d'argent est en grand excès, on obtient de fines aiguilles qui renferment $(CH^2S)^3, 3AzO^3Ag$. Si l'on fait cristalliser le précipité dans l'eau bouillante, on obtient de belles lames irisées répondant à la formule

$$(CH^2S)^3, AzO^3Ag.$$

Traité par l'acide nitrique fumant, le sulfure de méthylène s'oxyde violemment et donne des cristaux rhomboédriques qui sont probablement un oxysulfure de méthylène, $(CH^2S)^3O^3$ (Husemann).

SULFOCARBONATE DE MÉTHYLÈNE,

$$\left.\begin{matrix}(CS)''\\ CH^2\end{matrix}\right\} S^2$$

[Husemann, *loc. cit.*]. — Ce corps se forme quand on traite à une douce chaleur l'oxyméthylène en solution alcoolique par le sulfocarbonate de sodium.

C'est une poudre jaunâtre, amorphe, inodore, que l'acide nitrique transforme en acide méthylénosulfureux ou disulfométholique de Buckton et Hofmann.

ACÉTATE DE MÉTHYLÈNE,

$$C^5H^8O^4 = CH^2\left\{\begin{matrix}C^2H^3O^2\\ C^2H^3O^2\end{matrix}\right.$$

[Boutlerow, *Ann. der Chem. u. Pharm.*, t. CXI, p. 242]. — Il se forme quand on chauffe à 100°, en présence de l'acide acétique cristallisable, l'iodure de méthylène avec l'acétate d'argent. On distille, rectifie, et sépare ce qui passe vers 150°. Cette portion est saturée de chaux et lavée à l'eau. L'acétate est ensuite redistillé sur un peu d'acétate d'argent sec et enfin sur une petite quantité de chaux vive.

C'est un liquide plus léger que l'eau, de goût aromatique et brûlant. L'eau le dissout un peu. Chauffé avec elle en tube scellé à 100° pendant 20 heures, il se décompose en acide acétique et en une substance solide incolore qui reste pour résidu. Les alcalis le décomposent aussi, mais sans produire de glycol méthylénique. Chauffé en tube scellé avec l'oxyde de plomb, il donne de l'acétate de plomb et de l'oxyméthylène,

$$3\left[CH^2\left\{\begin{matrix}C^2H^3O^2\\ C^2H^3O^2\end{matrix}\right.\right] + 3PbO$$
$$= 3(C^2H^3O^2)^2Pb + C^3H^6O^3.$$

L'acétate de méthylène est aussi décomposé par l'ammoniaque. A. G.

**MÉTHYLÈNE (DIMÉTHYLATE DE).** — MÉTHYLAL,

$$CH^2\left\{\begin{matrix}OCH^3\\ OCH^3.\end{matrix}\right.$$

Ce composé comparable à l'acétal

$$CH^3\text{-}CH\left\{\begin{matrix}OC^2H^5\\ OC^2H^5\end{matrix}\right.$$

s'obtient dans les mêmes conditions que celui-ci. Quand on distille un mélange d'alcool méthylique, d'acide sulfurique et de peroxyde de manganèse, il passe un liquide huileux, éthéré, miscible à l'eau, que Dumas avait appelé *formométhylal*, mais qui, d'après Malaguti, est un mélange de formiate de méthyle et de méthylal. On isole ce dernier en agitant le produit brut avec de la potasse caustique, qui détruit le formiate de méthyle, sans attaquer le méthylal.

Le méthylal est un liquide limpide, d'une odeur acétique; il se dissout dans trois fois son volume d'eau, la potasse le sépare de cette solution. Il se dissout dans l'alcool et dans l'éther, il bout à 42°, et sa densité est de 0,8551. Les oxydants le convertissent en acide formique. Le chlore agit lentement sur lui, et le transforme en sesquichlorure de carbone et acide formique [Malaguti, *Ann. de Chim. et de Phys.*, t. LXX, p. 390; 1839.]

Wurtz a décrit, sous le nom de *méthylacétal* $C^5H^{12}O^2$ et de *diméthylacétal* $C^4H^{10}O^2$, deux composés obtenus par l'oxydation d'un mélange d'alcool méthylique et d'alcool éthylique au moyen du peroxyde de manganèse et de l'acide sulfurique : on a représenté ces deux composés par les formules suivantes (voyez t. I, p. 6) :

$$\underset{\text{Méthylacétal.}}{CH^3\text{-}CH\left\{\begin{matrix}OC^2H^5\\ OCH^3\end{matrix}\right.} \qquad \underset{\text{Diméthylacétal.}}{CH^3\text{-}CH\left\{\begin{matrix}OCH^3\\ OCH^3\end{matrix}\right.}$$

Ils pourraient aussi bien être

$$CH^2\left\{\begin{matrix}OC^2H^5\\ OC^2H^5\end{matrix}\right. \text{ et } CH^2\left\{\begin{matrix}OC^2H^5\\ OCH^3\end{matrix}\right.$$

Il y a là une isomérie possible, et on ne pourrait déterminer la nature de ces corps qu'en les chauffant avec de l'acide acétique. Si le méthylacétal est

$$CH^3CH\left\{\begin{matrix}OC^2H^5\\ OCH^3\end{matrix}\right.$$

il doit donner de l'aldéhyde, de l'acétate d'éthyle et de l'acétate de méthyle; si, au contraire, il a pour formule

$$CH^2\left\{\begin{matrix}OC^2H^5\\ OC^2H^5\end{matrix}\right.$$

il ne doit donner que de l'acétate d'éthyle et de l'aldéhyde formique. E. G.

**MÉTHYLÈNE-DISULFUREUX (ACIDE)** [*acide méthionique, disunométholique*],

$CH^2(SO^3H)^2$.

— Cet acide paraît avoir été obtenu par Liebig, à l'état de sel de baryum dans l'action de l'acide sulfurique sur l'éther à une basse température. Buckton et Hofmann l'ont préparé en traitant l'acétonitrile ou cyanure de méthyle par l'acide sulfurique fumant [Buckton et Hofmann, *Ann. der Chem. u. Pharm.*, t. C, p. 129, et *Ann. de Chim. et de Phys.*, (3), t. XLIX, p. 497].

On mélange en refroidissant volumes égaux d'acide sulfurique et d'acétonitrile, puis on chauffe le liquide jusqu'à ce qu'il ne se dégage plus d'acide carbonique et d'acide acétique. Le résidu est dissous dans l'eau et saturé à l'ébullition par le carbonate de baryum; la liqueur filtrée bouillante dépose des cristaux de méthylène-disulfite de baryum.

On décompose le sel de baryum par l'acide sulfurique, on sature la liqueur acide par l'oxyde de plomb, puis on précipite le plomb par l'hydrogène sulfuré, et l'on filtre le liquide. Celui-ci se prend dans le vide en une masse cristalline rayonnée, très-déliquescente d'acide méthylène-disulfureux.

Cet acide se produit également par l'action de l'acide sulfurique fumant sur l'acide sulfacétique et sur l'acétamide. Strecker l'a obtenu en traitant l'acide lactique par l'acide sulfurique fumant.

Il se forme aussi dans l'action du chloroforme sur le sulfite de potassium [Strecker, *Zeitsch. für Chem.*, (2), t. IV, p. 214, et *Bull. de la Soc. chim.*, 1868, t. X, p. 258].

Le *sel d'argent* $CH^2(SO^3Ag)^2$ cristallise en groupes d'aiguilles minces ou en larges tables.

Le *sel d'ammonium* $CH^2(SO^3AzH^4)^2$ est en prismes rhomboïdaux très-volumineux.

Le *sel de baryum* $CH^2(SO^3)^2Ba + 2H^2O$ est en lamelles rectangulaires, douées d'un grand éclat. Il perd à 150° son eau de cristallisation; chauffé fortement, il devient lumineux.

Avec l'acide méthylène-disulfureux, nous décrirons un composé analogue, l'acide méthényltrisulfureux.

ACIDE MÉTHÉNYLTRISULFUREUX (*acide méthintrisulfonique*), $CH(SO^3H)^3$ [Teilkuhl, *Ann. der Chem. u. Pharm.*, t. CXLVII, p. 134, et *Bull. de la Soc. chim.*, 1868, t. X, p. 400]. — Cet acide se prépare à l'état de sel de calcium par l'action de l'acide sulfurique fumant sur le méthylsulfate de calcium $(CH^3SO^4)^2Ca$. Mis en liberté de son sel de plomb par l'hydrogène sulfuré, il cristallise en longues aiguilles incolores, déliquescentes, très-solubles dans l'alcool.

Le *sel de calcium* $[CH(SO^3)^3]^2Ca^3 + 2H^2O$ est soluble dans l'eau, insoluble dans l'alcool absolu; il se présente en beaux cristaux formés de prismes courts et durs.

Le *sel de baryum* $[CH(SO^3)^3]^2Ba^3$ forme des lamelles brillantes solubles dans l'eau bouillante.

Le *sel de potassium* $CH(SO^3)^3K^3$ forme de petits prismes durs et brillants.

Le *sel de plomb* est un précipité cristallin peu soluble dans l'eau.

L'acide méthénylirisulfureux est le troisième terme d'une série d'acides dérivés de l'hydrure de méthyle, par substitution du groupe $SO^3H$ à l'hydrogène de $CH^4$.

$CH^3.SO^3H$... acide méthylsulfureux.
$CH^2(SO^3H)^2$. acide méthylène-disulfureux.
$CH(SO^3H)^3$.. acide méthényle-trisulfureux.

E. G.

**MÉTHYLÉNITANE,** $C^7H^{14}O^6$ [Boutlerow, *Ann. der Chem. u. Pharm.*, t. CXX, p. 295]. — Substance analogue à la mannite, que l'on a obtenue en traitant le trioxyméthylène par les solutions alcalines. On a ainsi la réaction

$$\underset{\text{Trioxy-méthylène.}}{8C^3H^6O^3} = \underset{\text{Méthylé-nitane.}}{3C^7H^{14}O^6} + \underset{\text{Acide formique.}}{3CH^2O^2}.$$

En traitant par l'alcool le résultat de l'action de l'eau de baryte sur le trioxyméthylène, on obtient par l'évaporation la méthylénitane sous forme d'une substance amorphe, de goût sucré. Sa solution est légèrement acide, elle réduit les solutions alcalines de cuivre; elle n'a pas de pouvoir rotatoire et ne fermente pas. Les alcalis la colorent en jaune; cette solution se décolore par les acides. Chauffée avec l'acide butyrique, la méthylénitane paraît former un butyrate, d'odeur caséeuse, que l'on peut saponifier par l'eau de baryte. A. G.

**MÉTHYLHEXYLE** [Syn. *Méthyle-caproyle*], $C^7H^{16}$. — En électrolysant un mélange d'acide œnanthylique et d'acide acétique, M. Wurtz a obtenu un liquide bouillant entre 60° et 85°; les portions les plus volatiles paraissent être formées d'hexylène et d'hydrure d'hexyle; les moins volatiles, bouillant vers 85°, ont donné à l'analyse des nombres qui conduisent à la formule $C^7H^{16}$, confirmée par la densité de vapeur [Wurtz, *Ann. de Chim. et de Phys.*, t. XLIV, p. 296]. — Voyez les isomères à l'article HEPTYLE (HYDRURE D').

**MÉTHYLIQUE (ALCOOL)** (*hydrate de méthyle, esprit de bois*), $CH^4O = CH^3.OH$. — Il existe dans les produits de la distillation sèche du bois une substance volatile, inflammable, qui fut d'abord confondue avec l'alcool ordinaire, mais que Philippe Taylor, en 1812, décrivit comme un produit particulier et qu'il appela *éther pyroligneux* [*Philosoph. Magaz.*, t. LX, p. 315]. Plusieurs chimistes s'occupèrent ensuite de son étude, mais ils confondirent avec l'éther pyroligneux de Taylor des corps étrangers également retirés de la distillation sèche du bois. En 1835, MM. Dumas et Peligot, étudiant les réactions de l'esprit de bois de Taylor, établirent ses propriétés principales et constatèrent que ce corps se comporte comme l'alcool ordinaire, auquel il est comparable, et lui donnèrent le nom d'alcool méthylique (μέθυ, vin, liqueur spiritueuse, ὕλη, bois) [*Ann. de Chim. et de Phys.*, 2e sér., t. LVIII, p. 5]. Do ce mémoire remarquable, qui renferme l'histoire de l'alcool méthylique et auquel il a été peu ajouté depuis lors, il résulte que l'alcool ordinaire est un des termes d'une fonction générale, la fonction *alcool* dont le premier terme est l'alcool méthylique; c'est à la suite de ces recherches que furent découverts les autres homologues de l'alcool.

L'alcool méthylique se rencontre non-seulement dans les produits de la distillation sèche du bois, mais on le trouve à l'état d'éther salicylique, constituant l'huile essentielle de *Gaultheria procumbens* (Cahours). Sa synthèse a été réalisée par M. Berthelot, en partant du gaz des marais. Celui-ci, mélangé avec son volume de chlore et exposé à la lumière solaire réfléchie, donne du chlorure de méthyle, $CH^3Cl$, qui, chauffé à 100°, pendant une semaine avec de la potasse aqueuse, se transforme en alcool méthylique; on peut également convertir le chlorure de méthyle en acide méthylsulfurique et, par suite, en esprit de bois en le chauffant un jour à 100° avec de l'acide sulfurique et du sulfate d'argent [*Ann. de Chim. et de Phys.*, (3), t. LII, p. 97].

En préparant de la méthylamine par l'action de l'hydrogène naissant sur l'acide cyanhydrique, et traitant cette méthylamine par l'acide azoteux, Linnemann a obtenu de l'alcool méthylique synthétique [*Ann. der Chem. u. Pharm.*, t. CXLV, p. 38, et *Bull. de la Soc. chim.*, 1869, t. XII, p. 271].

Le ligneux, chauffé avec son poids de potasse,

fournit une grande quantité d'esprit de bois [Peligot, *Ann. de Chim. et de Phys.*, t. LXXIII, p. 219].

On a aussi réalisé la synthèse de l'alcool méthylique en hydrogénant par l'amalgame de sodium le liquide brut obtenu par la distillation du formiate de calcium et constitué en plus grande partie d'aldéhyde formique [Lieben et Rossi, *Bull. de la Soc. chim.*, 1871, t. XVI, p. 205].

*Préparation et purification.* — On prépare l'esprit de bois commercial, qui constitue environ la centième partie des produits de la distillation sèche de celui-ci, en séparant par décantation les liquides des matières goudronneuses, distillant, recueillant le premier dixième qui passe, le mêlant à de la chaux éteinte, ce qui amène un grand dégagement d'ammoniaque, le distillant une seconde fois sur la chaux, l'additionnant d'acide sulfurique qui s'empare de l'ammoniaque et précipite des matières goudronneuses, et le rectifiant de nouveau, deux fois sur de la chaux vive : toutes ces distillations sont effectuées au bain-marie.

L'esprit de bois renferme souvent de grandes quantités de matières étrangères, acétone, acétate de méthyle, et un liquide appelé xylite ou lignone qui, suivant Dancer, n'est qu'un mélange de diméthylacétal de Wurtz,

$$C^2H^4 \left\{ \begin{matrix} OCH^3 \\ OCH^3 \end{matrix} \right.$$

et d'acétate de méthyle [Dancer, *Chem. Soc. quart. Journ.*, t. XVII, p. 222].

Pour débarrasser l'esprit de bois brut de ces diverses substances, on met à profit la combinaison que forme l'alcool méthylique avec le chlorure de calcium, combinaison qui résiste à la température de 100°, mais qui se dédouble par l'addition de l'eau en mettant l'esprit de bois en liberté; à cet effet, on mélange l'esprit de bois brut avec du chlorure de calcium et l'on rectifie de nouveau au bain-marie; les matières étrangères passent à la distillation, et il reste dans la cornue la combinaison de chlorure de calcium et d'esprit de bois qu'on détruit par l'addition de l'eau; l'esprit de bois se sépare, et on le prive d'eau en le rectifiant au bain-marie sur de la chaux vive [Kane, *Ann. der Chem. u. Pharm.*, t. XIX, p. 164]. Comme l'esprit de bois renferme souvent de grandes quantités d'acétate de méthyle, on augmente le rendement en alcool méthylique en le distillant avec son volume d'une solution concentrée de soude caustique, avant de le combiner au chlorure de calcium [Gould, *Chem. Soc. Journ.*, t. VII, p. 311].

Pour obtenir l'alcool méthylique complétement pur, il est nécessaire de le faire passer dans une combinaison cristalline; à cet effet, on transforme l'esprit de bois en oxalate de méthyle et on décompose cet éther, qui est cristallisé, en le distillant avec de l'eau [Wœhler, *Ann. der Chem. u. Pharm.*, t. LXXXI, p. 376]. On peut également dissoudre de l'acide benzoïque dans de l'esprit de bois, y faire passer un courant de gaz chlorhydrique, distiller, recueillir les produits au-dessus de 100°, précipiter le benzoate de méthyle par l'eau et le chauffer pendant quelques heures à l'ébullition avec de lessive de soude, après quoi on distille au bain-marie et on rectifie sur de la chaux vive.

*Propriétés.* — L'alcool méthylique est un liquide très-fluide, incolore, d'une odeur particulière, à la fois alcoolique et aromatique, brûlant avec une flamme semblable à celle de l'alcool, mais plus pâle.

Il est très-difficile de rectifier l'esprit de bois, même au bain-marie, quand il est pur ou à peu près pur, à cause des soubresauts continuels qu'on éprouve; on peut les éviter en mettant dans la cornue 30 ou 40 grammes de mercure.

| | | |
|---|---|---|
| Point d'ébullition : | 66°,5 à 0,761mm | (Dumas et Peligot). |
| — | 60° à 0,760mm | (Delffs). |
| — | 66°,5 à 0,734° | (Linnemann). |
| Tension de vapeur : | De 0,083 à 13° | (Dumas et Peligot). |
| Densité .......... | 0,798 à + 20° | (Id.). |
| — | 0,8142 à 0° | (H. Kopp). |
| — | 0,8136 à 0° | (Ure). |
| — | 0,8574 à 21° | (Linnemann, pour l'alcool artificiel, probablement impur). |
| — | 0,8070 | (Deville). |

Volume aux diverses températures :

$$1 + 0{,}0011342\,t + 0{,}000001365\,t^2 + 0{,}000000008471\,t^3.$$

| | | |
|---|---|---|
| Chaleur de combustion........ | 5307 cal. 1 | (Favre et Silbermann). |
| Chaleur spécifique : | 0,6713 | (Id.). |
| Chaleur latente... | 26,386 unités de chaleur | (Id.). |

La densité de l'alcool méthylique étendu d'eau, à la température de 15°,5, a été déterminée par Ure [*Phil. Mag.*, t. XIX, p. 511].

| Densité. | Alcool méthylique °/o. | Densité. | Alcool méthylique °/o. |
|---|---|---|---|
| 0,8136 | 100,00 | 0,9008 | 69,44 |
| 0,8216 | 98,11 | 0,9032 | 68,50 |
| 0,8256 | 96,11 | 0,9060 | 67,57 |
| 0,8320 | 94,34 | 0,9070 | 66,66 |
| 0,8384 | 92,22 | 0,9116 | 65,00 |
| 0,8418 | 90,90 | 0,9154 | 63,36 |
| 0,8470 | 88,50 | 0,9184 | 61,73 |
| 0,8514 | 87,72 | 0,9218 | 60,24 |
| 0,8564 | 86,20 | 0,9242 | 58,82 |
| 0,8596 | 84,75 | 0,9266 | 57,73 |
| 0,8642 | 83,33 | 0,9296 | 56,18 |
| 0,8674 | 82,06 | 0,9344 | 53,70 |
| 0,8712 | 80,64 | 0,9386 | 51,54 |
| 0,8742 | 79,35 | 0,9414 | 50,00 |
| 0,8784 | 78,13 | 0,9448 | 47,62 |
| 0,8822 | 77,00 | 0,9484 | 46,00 |
| 0,8842 | 75,76 | 0,9518 | 43,48 |
| 0,8876 | 74,63 | 0,9540 | 41,66 |
| 0,8918 | 73,53 | 0,9564 | 40,00 |
| 0,8930 | 72,46 | 0,9584 | 38,46 |
| 0,8950 | 71,43 | 0,9600 | 37,11 |
| 0,8984 | 70,42 | 0,9620 | 35,71 |

M. Deville, opérant à la température de 9°, a obtenu des nombres un peu différents; il a déterminé en même temps les indices de réfraction des mélanges d'alcool méthylique et d'eau, [*Ann. de Chim. et de Phys.*, (3), t. V, p. 139].

| Alcool méthylique °/o. | Densité. | Indice de réfraction. |
|---|---|---|
| 100 | 0,807 | 1,3358 |
| 90 | 0,8371 | 1,3405 |
| 80 | 0,8619 | 1,3429 |
| 70 | 0,8873 | 1,3452 |
| 60 | 0,9072 | 1,3462 |
| 50 | 0,9232 | 1,3462 |
| 40 | 0,9429 | 1,3452 |
| 30 | 0,9576 | 1,3428 |
| 20 | 0,9709 | 1,3394 |
| 10 | 0,9751 | 1,3380 |
| 5 | 0,9857 | 1,3360 |

MM. Dales et Gladstone ont mesuré les indices de réfraction de l'alcool méthylique relatifs aux principales raies du spectre et à diverses températures; leurs résultats sont consignés dans le tableau suivant. L'expression *sensibilité* indique la variation de l'indice de la raie D, produite par 5° d'élévation de température [*Phil. Transact.*, 1858, et *Ann. de Chim. et de Phys.*, (3), t. LVIII, p. 121].

| Température. | Raie A. | D. | H. | Sensibilité. | Coefficient de dispersion. | Pouvoir dispersif. |
|---|---|---|---|---|---|---|
| 6° | 1,3378 | » | 1,3519 | 0,0017 | 0,0141 | » |
| 5 | 1,3361 | » | 1,3500 | 0,0018 | 0,0139 | » |
| 10 | 1,3343 | 1,3379 | 1,3483 | 0,0013 | 0,0140 | 0,0414 |
| 30 | 1,3292 | » | 1,3432 | 0,0022 | 0,0140 | » |
| 40 | 1,3247 | 1,3297 | 1,3387 | 0,0030 | 0,0140 | 0,0424 |
| 50 | 1,3187 | » | 1,3331 | » | 0,0144 | » |

L'alcool méthylique dissout un peu de soufre et de phosphore, il dissout un grand nombre de résines, et se mêle en toutes proportions à l'alcool, à l'éther et à l'eau ; il agit sur les sels à peu près comme l'alcool et précipite les sulfates de leur solution aqueuse. Il dissout la potasse, la soude ; ces solutions se colorent rapidement à l'air et l'addition de la potasse à de l'alcool ordinaire mêlé d'esprit de bois permet de déceler celui-ci par la coloration que prend le mélange. L'alcool méthylique se combine avec la baryte anhydre en s'échauffant et donnant un corps cristallisé qui renferme $BaO,2CH^4O$ ; il dissout le chlorure de calcium, avec une grande élévation de température, et par le refroidissement il se sépare des tables hexagones, déliquescentes, renfermant $CaCl^2, 4CH^4O$, qui se décomposent par l'addition de l'eau, avec mise en liberté de l'alcool méthylique. Si l'on chauffe du chlorure de calcium cristallisé à 360° avec de l'alcool méthylique, celui-ci se détruit en produisant des liquides huileux et de l'oxyde de méthyle (Berthelot). Sa vapeur dirigée dans un tube chauffé au rouge fournit de l'acétylène, entre autres produits.

L'alcool méthylique se conserve sans altération au contact de l'air ; mais, en présence du noir de platine, il s'oxyde et se transforme en hydrure de formyle (aldéhyde formique ou méthylique) et en acide formique. Chauffé avec de la chaux potassée, il donne du formiate avec dégagement d'hydrogène, et si la température est trop élevée, il donne de l'oxalate. Une solution concentrée de potasse le décompose en donnant un corps huileux qui n'a pas été étudié [Weidmann et Schweizer, *Ann. de Poggend.*, t. XLIII, p. 596, et t. XLIV, p. 135 et 323].

Chauffé dans un tube à 300° avec du chlorhydrate d'ammoniaque, il fournit des chlorhydrates de mono-, di- et triméthylamine (Berthelot). Avec le chlorure de chaux, il se convertit en chloroforme (Dumas et Peligot) ; une solution de potasse dans l'alcool méthylique traitée par le brome donne du bromoforme. L'action de l'iode sur l'alcool méthylique ne fournit pas d'iodoforme [Lieben, *Bull. de la Soc. chim.*, 1870, t. XIV, p. 228].

L'alcool méthylique dissout le potassium et le sodium avec dégagement d'hydrogène, en fournissant le méthylate de potassium $CH^3OK$ ou de sodium $CH^3ONa$.

L'acide azotique le décompose à chaud en produisant des vapeurs nitreuses, de l'acide formique et de l'azotate de méthyle ; chauffé avec l'acide azotique et l'azotate d'argent, l'alcool méthylique ne produit pas de fulminate, mais seulement de l'oxalate (Dumas et Peligot).

L'acide sulfurique le convertit en acide méthylsulfurique ; lorsqu'on chauffe, il se forme de l'oxyde de méthyle $C^2H^6O = (CH^3)^2O$, et du sulfate de méthyle $(CH^3)^2SO^4$ (Dumas et Peligot).

Distillé avec de l'acide sulfurique et du peroxyde de manganèse, il donne du méthylal $C^3H^8O^2$ (voyez p. 417) ; dans les mêmes conditions, un mélange d'alcool éthylique et d'alcool méthylique donne du méthyléthylacétal et du méthylacétal (Wurtz). — Voyez Acétal, t. I, p. 6.

Les perchlorures d'antimoine, de fer, d'étain, se combinent avec l'alcool méthylique ; ces combinaisons fournissent, lorsqu'on les distille, de l'oxyde de méthyle, du chlorure de méthyle, et des hydrocarbures huileux. Avec le fluorure de bore, il se produit de l'oxyde de méthyle [Kuhlmann, *Ann. der Chem. u. Pharm.*, t. XXXIII, p. 213].

Avec les acides organiques, l'esprit de bois donne des éthers comme tous les alcools.

L'action du chlore sur l'alcool méthylique a donné des résultats variables ; plusieurs chimistes ont obtenu des acétones chlorées, mais il est à supposer qu'ils ont employé un esprit de bois renfermant de l'acétone.

M. Cloëz a obtenu avec le brome et le chlore des composés qu'il a d'abord considérés comme isomères du bromal et du chloral, et qu'il a appelés parabromalide et parachloralide ; depuis il a reconnu l'identité du premier avec l'acétate de méthyle pentabromé ou bromoxaforme de M. Cahours, que celui-ci avait préparé d'abord par l'action du brome sur les citrates alcalins. De même le parachloralide n'est autre que l'acétate de méthyle pentachloré ; on obtient en même temps de l'acétate de méthyle mono-, bi- et trichloré dans l'action du chlore sur l'alcool méthylique [Cloëz, *Compt. rend.*, t. LIII, p. 1220, 1861, et *Bull. de la Soc. chim.*, 1861, p. 119].

Suivant M. Riche, un mélange d'acide chlorhydrique et d'alcool méthylique soumis à l'influence d'un courant électrique donne une huile chlorée $C^2H^3ClO$.

Le chlorure de soufre rouge $SCl^2$ agit vivement sur l'alcool méthylique, en produisant du chlorure de méthyle, du gaz sulfureux, du gaz chlorhydrique, et du chlorure de thionyle $SOCl^2$. Le sous-chlorure $S^2Cl^2$ ou chlorure de sulfothionyle transforme l'alcool méthylique en sulfite de méthyle $SO^3(CH^3)^2$. Le chlorure de thionyle $SOCl^2$ donne avec cet alcool de l'acide méthylsulfureux, du sulfite de méthyle et de l'acide chlorhydrique [Carius, *Ann. der Chem. u. Pharm.*, t. CX, p. 209, et *Ann. de Chim. et de Phys.*, (3), t. LVII, p. 345].

E. G.

**MÉTHYLIQUE (ALDÉHYDE)**, $CH^2O$. — Nous avons décrit la préparation de ce corps par l'alcool méthylique à l'article Hydrure de formyle (t. I, p. 1493). Depuis, on a constaté que le trioxyméthylène est un polymère de l'aldéhyde formique ; et ce trioxyméthylène se dissocie par la volatilisation et offre la densité de vapeur correspondant à la formule $CH^2O$ (voyez Méthylène, t. II, p. 416). L'aldéhyde méthylique obtenue par la distillation du formiate ou l'oxydation de l'alcool méthylique se transforme spontanément en trioxyméthylène. L'hydrogène naissant la convertit en alcool méthylique (Lieben et Rossi, Linnemann, p. 419).

**MÉTHYLIQUE (HYDRURE)** (*gaz des marais, formène, méthane*), $CH^4$. — Cet hydrocarbure est le premier terme de la série des hydrocarbures saturés $C^nH^{2n+2}$, auxquels on a donné le nom générique de *paraffines*, parce qu'ils offrent tous, comme la paraffine, qui est un des termes supérieurs de la série, une grande résistance à l'action des réactifs.

L'hydrure de méthyle a été signalé pour la première fois par Volta ; il se rencontre dans la vase des marais, où il se produit par la putréfaction des matières organiques. Lorsqu'on remue le fond des eaux stagnantes, on voit monter à la surface des bulles d'un gaz inflammable, formé par un mélange d'hydrure de méthyle, d'azote et de gaz carbonique ; de là le nom de gaz des marais, qui lui a été donné.

L'hydrure de méthyle se rencontre souvent dans les galeries des mines de houille ; il constitue le *feu grisou* ou *feu terrou* des mineurs ; mélangé avec l'air, il forme un mélange explosif qui prend feu au contact des flammes et amène de graves accidents. La lampe de Davy a été imaginée pour prévenir les explosions de grisou.

On trouve dans divers endroits du globe des sources de gaz inflammable, qui sortent spontanément de terre, comme en Chine, en Perse, dans l'Asie Mineure, autour de la mer Caspienne ; ces gaz sont essentiellement formés d'hydrure de méthyle. Ce dernier forme aussi la plus grande partie des gaz qu'émettent les pétroles d'Amérique et du Canada. Il se trouve également dans les fumerolles de la Sicile. Les *volcans de boue* qu'on rencontre dans beaucoup de localités sont des espèces d'éruptions boueuses causées par une éruption d'hydrure de méthyle à travers des couches d'argile délayées dans l'eau et imprégnées de matières bitumineuses. L'hydrure de méthyle constitue près de la moitié du gaz de l'éclairage formé par la distillation de la houille.

*Préparation et modes de formation.* — L'hydrure de méthyle a été préparé pour la première fois à l'état de pureté par la distillation sèche des acétates alcalins en présence d'un excès d'alcali; réaction qui a été signalée d'abord par Persoz. Les proportions les plus avantageuses ont été déterminées par Dumas [*Ann. de Chim. et de Phys.*, t. LXXVIII, p. 93]. On mélange 40 parties d'acétate de soude cristallisé, 40 parties de potasse et 60 parties de chaux vive en poudre; la présence de la chaux en grande quantité empêche la potasse d'attaquer le verre des cornues dans lesquelles on introduit le mélange. C'est le procédé le plus avantageux pour obtenir ce gaz.

Il se produit aussi : 1° par l'action de l'eau sur le zinc-méthyle (Frankland);

2° Dans l'action du cuivre au rouge sur un mélange d'hydrogène sulfuré et de sulfure de carbone; c'est là une synthèse totale au moyen des éléments. Il se forme en même temps de l'éthylène et de la naphtaline [Berthelot, *Ann. de Chim. et de Phys.*, (3), t. LIII, p. 121];

3° Dans la distillation sèche du formiate de baryte, et dans l'action de la chaleur rouge sur l'hydrure d'éthyle ou sur un mélange d'acétylène et d'éthylène (Berthelot);

4° Par hydrogénation du tétrachlorure de carbone $CCl^4$, au moyen de l'eau et de l'amalgame de potassium (Regnault);

5° Dans la distillation sèche d'un grand nombre de substances organiques. Il s'en produit enfin dans la décomposition de l'acide carbonique par les feuilles des plantes exposées à la lumière solaire [Boussingault, *Ann. de Chim. et de Phys.*, (3), t. LXVI, p. 417].

*Propriétés.* — L'hydrure de méthyle est un gaz permanent, incolore, sans odeur ni saveur, d'une densité de 0,5566. 100 volumes d'eau à 0° en dissolvent 5,449 volumes [Bunsen, *Ann. de Chim. et de Phys.*, (2), t. XLIII, p. 502]. L'alcool en dissout à peu près la moitié de son volume. Le coefficient d'absorption de l'hydrure de méthyle dans l'alcool a été déterminé par Carius, qui a trouvé que la valeur de ce coefficient et la loi de ses variations sont représentées par la formule

$$C = 0,522586 - 0,002865\,t + 0,0000142\,t^2$$

[*Ann. de Chim. et de Phys.*, (3), t. XLVII, p. 419].

L'hydrure de méthyle brûle avec une flamme jaunâtre et peu éclairante. Dirigé dans un tube rouge, il donne de l'acétylène; en même temps, il se produit de la benzine et de la naphtaline; par sa combustion incomplète il donne de l'acétylène. Il est aussi décomposé par une succession d'étincelles électriques en se dédoublant, en partie, en hydrogène et carbone, et en fournissant ainsi de l'acétylène (Berthelot).

Un mélange de 1 vol. d'hydrure de méthyle et de 3 vol. de chlore produit, même à la lumière diffuse, une violente explosion; il se forme de l'acide chlorhydrique, et il se dépose du charbon : mais si l'on dispose sur un flacon plein de chlore un flacon renversé plein de gaz des marais, et communiquant avec le premier au moyen d'un tube étroit, le mélange des gaz se fait lentement, et ils réagissent en donnant du chloroforme $CHCl^3$, et du chlorure de carbone $CCl^4$ [Dumas, *Ann. de Chim. et de Phys.*, t. LXXIII, p. 95]. M. Dumas n'avait pas réussi à obtenir le chlorure de méthyle. M. Berthelot a été plus heureux et a pu transformer l'hydrure de méthyle en chlorure, et, par suite, en alcool méthylique, réalisant ainsi la synthèse de l'alcool méthylique au moyen des éléments. Il mélange volumes égaux de chlore et de gaz des marais, et expose le flacon à la lumière solaire, réfléchie irrégulièrement, comme elle l'est à la surface d'un mur blanc; dans ces conditions, il se produit de l'acide chlorhydrique et du chlorure de méthyle [Berthelot, *Ann. de Chim. et de Phys.*, (3), t. LII, p. 98].

DÉRIVÉS DE L'HYDRURE DE MÉTHYLE. — Pour les dérivés chlorés, voyez *Chlorure de méthyle*, t. II, p. 421; *Chlorure de méthyle chloré* ou *Chlorure de méthylène*, t. II, p. 422 et 416; *Chloroforme*, t. I, p. 877; — *Tétrachlorure de carbone*, t. I, p. 758; — pour les autres dérivés, voyez *Chloropicrine*, t. I, p. 880, et *Nitroforme*. E. G.

**MÉTHYLIQUES (ÉTHERS).** — Nous décrivons sous ce titre les éthers simples comprenant le bromure, le chlorure, le fluorure, l'iodure et les oxydes; les éthers composés comprenant les azotates, les borates, les phosphates, les silicates, les phosphites et les sulfites.

Nous traiterons à part les sulfures, les séléniures et les tellurures, car on ne peut séparer le sulfhydrate ou mercaptan méthylique des autres sulfures, et le mercaptan se rapproche plus d'un alcool que d'un éther.

Pour les azotures, voyez MÉTHYLAMINES, t. II, p. 401; pour les arséniures, voyez ARSINES, t. I, p. 422; les phosphures et les antimoniures seront étudiés avec les phosphines et les stibines. Quant aux combinaisons du méthyle avec l'étain, le plomb, etc., elles sont étudiées sous le titre de MÉTHYLE (DÉRIVÉS MÉTALLIQUES).

ÉTHERS SIMPLES.

BROMURE DE MÉTHYLE, $CH^3Br$ [I. Pierre, *Journ. de Pharm.*, (3), t. XII, p. 56]. — Pour le préparer, on dissout peu à peu, à une température inférieure à + 5 ou 6 degrés, 50 parties de brome dans 200 parties d'alcool méthylique, et on ajoute, à la même température, 7 parties de phosphore par portions successives. La réaction s'établit d'elle-même, et la température s'élève assez pour fondre le phosphore. On laisse refroidir, on décante, et on distille avec beaucoup de précautions, car si la température s'élève trop on a de violents soubresauts. Le produit de la distillation est lavé à l'eau, puis à l'eau alcaline et de nouveau à l'eau distillée, séparé par décantation, séché sur du chlorure de calcium et distillé. Le bromure de méthyle bouillant à une très-basse température, on doit employer pour les lavages de l'eau à 0°, et le sécher sur du chlorure de calcium dans des fioles refroidies.

Le bromure de méthyle est un liquide incolore, d'une odeur éthérée, pénétrante et alliacée. Il bout à + 13° sous la pression de 759 millimètres. Il ne subit aucun changement par un froid de 35° au-dessous de 0°. Sa densité est de 1,664.

Lorsqu'on chauffe doucement du bromhydrate d'acide cacodylique, on obtient un gaz incolore, qui présente la composition du bromure de méthyle [Bunsen, *Ann. der Chem. u. Pharm.*, t. XLVI, p. 32]; Gerhardt le regardait comme un isomère du bromure de méthyle, mais ce corps n'est autre que du bromure de méthyle. Bæyer a, en effet prouvé que le composé analogue chloré obtenu en chauffant le chlorhydrate d'acide cacodylique est réellement du chlorure de méthyle (voyez p. 422.) Gerhardt le considère comme de l'hydrure chloré [Bæyer, *Ann. der Chem. u. Pharm.*, t. CVII, p. 181].

CHLORURE DE MÉTHYLE, $CH^3Cl$ [Dumas et Peligot, *Ann. de Chim. et de Phys.*, t. LVIII, p. 25]. — On l'obtient en chauffant doucement un mélange de deux parties de sel marin, une partie d'alcool méthylique et trois parties d'acide sulfurique concentré. On recueille le gaz sur l'eau qui retient les impuretés, alcool méthylique, oxyde de méthyle, acide sulfureux.

Le chlorure de méthyle est un gaz incolore, d'une odeur éthérée et d'une saveur sucrée, d'une densité de 1,736; il brûle avec une flamme blanche au milieu et verte sur les bords. Il ne se liquéfie pas par un froid de 18° au-dessous de zéro, à — 36° il se liquéfie, et distille ensuite à — 22° [Berthelot, *Ann. de Chim. et de Phys.*, (3), t. XLIV, p. 349]. L'eau en dissout 2,8 fois son volume à la température de 16°, et sous la pression de 0,765 (Dumas et Peligot). Il se dissout dans 1/40 de son volume d'acide acétique cristallisable et 1/35 de son volume d'alcool absolu [Berthelot, *Ann. de Chim. et de Phys.*, (3), t. LII, p. 100].

Dirigé sur de la chaux potassée, il donne du formiate et du chlorure, en même temps qu'il se dégage du gaz hydrogène. Lorsqu'on le fait passer dans un tube de porcelaine chauffé au rouge, il donne un dépôt de charbon, du gaz chlorhydrique et un gaz carburé que Dumas et Peligot regardaient comme du méthylène libre. A. Perrot, en répétant l'expérience, a obtenu de l'hydrure de méthyle, $CH^4$, de l'éthylène, $C^2H^4$, du gaz chlorhydrique, de l'oxyde de carbone, de la naphtaline, et un corps qui se combine au brome en fournissant un dérivé bromé, fusible à 40°, bouillant à 220°, et dont la formule n'est pas établie. Ce dérivé bromé renferme, pour 100 : carbone, 21,64; hydrogène, 1,61; brome, 76,68 [Perrot, *Ann. de Chim. et de Phys.*, (3), t. XLIX, p. 94].

Dirigé sur du phosphure de chaux à 200° ou 300°, il donne plusieurs dérivés phosphorés (P. Thenard). — Voyez PHOSPHINES.

Chauffé à 100° pendant plusieurs jours avec la potasse aqueuse, il donne de l'alcool méthylique (Berthelot).

Le chlorure de méthyle se produit encore dans l'action de la chaleur sur le chlorhydrate d'acide cacodylique (Bunsen), et dans l'action du chlore au soleil sur l'hydrure de méthyle [Kolbe et Varentrapp, *Ann. der Chem. u. Pharm.*, t. LXXVI, p. 37]; dans les deux cas, on avait considéré le corps obtenu dans ces deux réactions comme isomère du chlorure de méthyle; mais de nouvelles recherches ont démontré qu'il y a identité. Bæyer a étudié le chlorure de méthyle dérivé du chlorhydrate d'acide cacodylique, et lui a reconnu les mêmes propriétés qu'au chlorure fourni par l'alcool méthylique, mais il crut que le produit de l'action du chlore sur l'hydrure de méthyle en différait. M. Berthelot a fait voir que Bæyer a étudié du chlorure de méthyle impur mélangé d'hydrogène et de gaz des marais; il l'a purifié en mettant à profit sa solubilité dans l'acide acétique cristallisable, lui a reconnu des propriétés identiques à celles du chlorure de méthyle, et a prouvé cette identité d'une façon irréfutable, en le transformant en alcool méthylique, acétate de méthyle et méthylsulfate [Berthelot, *Ann. de Chim. et de Phys.*, (3), t. LII, p. 98].

DÉRIVÉS CHLORÉS. — Le *chlorure de méthyle monochloré*, $CH^2Cl^2$, se produit à la lumière solaire par l'action du chlore sur le chlorure de méthyle; M. Regnault se sert pour le préparer du même appareil que pour les chlorures d'éthyle chlorés (voyez t. I, p. 316); seulement, à partir du flacon à 3 tubulures destiné à condenser la plus grande partie des produits, les gaz sont dirigés dans un matras bien refroidi, où se réunit le chlorure de méthyle chloré, qu'on purifie par rectification. Ce corps se forme aussi en même temps que du chloroforme, du chlorure et de l'hydrure de méthyle, lorsqu'on soumet le chlorure de carbone $CCl^4$ à l'action de l'hydrogène naissant [Regnault, *Ann. de Chim. et de Phys.*, t. LXXI, p. 377]. Perkin a constaté que le chlorure de méthyle chloré est identique avec le chlorure de méthylène (voyez ce mot, t. II, p. 416).

*Chlorure de méthyle bichloré* ou *chloroforme*. — Voyez t. I, p. 877.

*Chlorure de méthyle perchloré* ou *tétrachlorure de carbone*. — Voyez t. I, p. 758.

IODURE DE MÉTHYLE, $CH^3I$ [Dumas et Peligot, *mém. cité*, p. 29].

On l'obtient en distillant une partie de phosphore, 8 parties d'iode et 12 ou 15 d'alcool méthylique. On dissout l'iode dans l'alcool méthylique, on place la dissolution dans une cornue, et l'on ajoute le phosphore peu à peu. Les premiers fragments déterminent une vive réaction. Quand elle est calmée, on ajoute le reste du phosphore, on agite et on distille. On ajoute de l'eau au produit qui a passé dans le récipient; l'iodure de méthyle se précipite, on le distille sur du chlorure de calcium, puis sur du massicot.

Le résidu de la cornue renferme de l'acide phosphoreux, de l'acide phosphométhylique et du phosphore. On obtient en iodure de méthyle le poids de l'iode employé.

M. Hofmann conseille, comme plus avantageuses, les proportions suivantes pour la préparation de l'iodure de méthyle : 1000 grammes d'iode, 500 grammes d'alcool méthylique et 60 grammes de phosphore [*Journ. Chem. Soc.*, t. XIII, p. 69].

Dans l'industrie, suivant M. Wanklyn, on obtient très-facilement de l'iodure de méthyle en traitant l'iodure de potassium ou de sodium par son poids d'une solution concentrée d'acide chlorhydrique dans l'alcool méthylique et distillant ce mélange dans une cornue; le produit distillé contient l'iodure de méthyle qu'on précipite par l'eau; ce procédé est breveté [*Bull. de la Soc. chim.*, 1867, t. VII, p. 92].

L'iodure de méthyle est incolore, d'une densité de 2,237 à 22° (Dumas et Peligot), de 2,1992 à 0° (I. Pierre). Il bout à 43°,8, sous la pression de 750 millimètres (I. Pierre), à 42°,2 sous la pression de 752 millimètres (Andrews).

Il n'est pas attaqué par l'acide chlorhydrique, le chlore le convertit en chlorure de méthyle avec dépôt d'iode.

L'oxyde d'argent le convertit en oxyde de méthyle [Wurtz, *Ann. de Chim. et de Phys.*, (3), t. XLVI, p. 222].

Chauffé avec du zinc, il donne du zinc-méthyle et du diméthyle (Frankland); avec les autres métaux, il donne des dérivés métalliques du méthyle (voyez MÉTHYLE, DÉRIVÉS MÉTALLIQUES); avec les arséniures, phosphures, etc., il donne des arsines, des phosphines, etc.; avec l'ammoniaque, les méthylamines, etc.

DÉRIVÉS CHLORÉS, BROMÉS, IODÉS. — *Iodure de méthyle bichloré*, ou *chloroiodoforme*, $CHCl^2I$. — Il se produit lorsqu'on chauffe de l'iodoforme avec du chlorure mercurique. Il passe à la distillation un liquide rouge foncé, qui, décoloré par la potasse et rectifié, se présente sous l'aspect d'un liquide jaunâtre, d'une odeur aromatique, d'une saveur sucrée, d'une densité de 1,96. La potasse alcoolique le dédouble en formiate, iodure et chlorure de potassium [Serullas, *Ann. de Chim. et de Phys.*, t. XXV, p. 314, et t. XXXIX, p. 225; — Bouchardat, *Journ. de Pharm.*, t. XVIII, p. 6].

*Iodure de méthyle bromé* ou *bromoiodoforme*. — Voyez t. I, p. 670.

*Iodure de méthyle biiodé* ou *iodoforme*. — Voyez t. II, p. 125.

FLUORURE DE MÉTHYLE, $CH^3Fl$ [Dumas et Peligot, *Ann. de Chim. et de Phys.*, t. LXI, p. 193]. — Il prend naissance lorsqu'on chauffe doucement un mélange de fluorure de potassium et d'acide méthylsulfurique. Il se forme du sulfate de potasse et du fluorure de méthyle, qui est gazeux. On le recueille sur l'eau, où il se dépouille de tout corps étranger.

Il est incolore, d'une odeur éthérée et agréable;

il est peu soluble dans l'eau; 100 p. d'eau à 15° en dissolvent 166 p. Sa densité est de 1,186.

OXYDE DE MÉTHYLE, $C^2H^6O = (CH^3)^2O$ [Dumas et Peligot, *mém. cité*, p. 19]. — L'oxyde de méthyle, isomérique de l'alcool ordinaire, se produit par l'action de l'acide sulfurique concentré ou de l'acide borique anhydre sur l'alcool méthylique. Il prend encore naissance par l'action de l'oxyde d'argent sur l'iodure de méthyle (Wurtz), ou celle des alcalis sur l'azotate de méthyle [Berthelot, *Ann. de Chim. et de Phys.*, (3), t. LVIII, p. 447].

Lorsqu'on distille un mélange de 1 p. d'alcool méthylique avec 4 p. d'acide sulfurique concentré, le mélange brunit et finit par noircir. Il se dégage, outre de l'oxyde de méthyle, de l'acide carbonique et de l'acide sulfureux; on se débarrasse de ces deux derniers en laissant les gaz en contact, pendant 24 heures, avec des fragments de potasse caustique.

L'oxyde de méthyle est gazeux, incolore, d'une odeur éthérée, et brûle avec une flamme pâle comme celle de l'alcool. L'eau en dissout 37 fois son volume à 18°. Il est encore plus soluble dans l'alcool ordinaire et dans l'alcool méthylique. L'acide sulfurique le dissout en grande quantité, mais l'abandonne par l'addition de l'eau. L'acide sulfurique anhydre s'y combine en donnant du sulfate de méthyle.

Il se liquéfie à 36° au-dessous de zéro, et distille à — 21° (Berthelot).

DÉRIVÉS CHLORÉS [Regnault, *Ann. de Chim. et de Phys.*, t. LXXI, p. 390]. — Le chlore réagit vivement sur l'oxyde de méthyle, et si l'on mélange les deux gaz, ils se combinent avec explosion. On doit faire arriver les deux gaz séparément dans un grand ballon, où ils se rencontrent, par deux tubes dont les orifices sont assez écartés, et encore, malgré cette précaution, il peut survenir des explosions si les gaz arrivent en trop grande quantité, et si le chlore vient à dominer dans le mélange; il faut donc des précautions minutieuses indiquées dans le mémoire de M. Regnault. Le premier produit de la réaction est de *l'oxyde de méthyle bichloré* (improprement appelé monochloré) $C^2H^4Cl^2O$, liquide très-mobile, d'une odeur suffocante, répandant des fumées acides à l'air, distillant à 105°, sans décomposition, et d'une densité de 1,315 à 20°. L'eau le décompose très-lentement. Il est attaqué par le chlore dans un endroit bien éclairé, au soleil il peut y avoir inflammation; par l'action du chlore, ce composé fournit divers autres dérivés chlorés.

*L'oxyde de méthyle tétrachloré* (appelé autrefois *bichloré*), $C^2H^2Cl^4O$, est un liquide d'une odeur forte, bouillant vers 130°, d'une densité de 1,606 à 20°.

*L'oxyde de méthyle perchloré*, $C^2Cl^6O$, est un liquide d'une odeur extrêmement vive et suffocante, d'une densité de 1,594. La distillation le décompose; Gerhardt pense qu'il se dédouble en tétrachlorure de carbone et en gaz chloroxycarbonique, de même que l'oxyde d'éthyle perchloré se dédouble en chlorure de trichloracétyle et sesquichlorure de carbone $C^2Cl^6$, ainsi que l'a montré Malaguti.

ÉTHERS COMPOSÉS.

AZOTATE DE MÉTHYLE, $AzO^3.CH^3$ [Dumas et Peligot, *mém. cité*, p. 37]. — On le prépare en mettant dans une cornue 50 grammes d'azotate de potasse pulvérisé, et y ajoutant un mélange de 100 grammes d'acide sulfurique et de 50 grammes d'esprit de bois; la réaction s'accomplit d'elle-même, et il se condense dans le récipient refroidi une couche éthérée qu'on distille au bain-marie et à plusieurs reprises sur un mélange de massicot et de chlorure de calcium, en recueillant ce qui passe à 66°.

L'azotate de méthyle est incolore, d'une odeur faible et éthérée, d'une densité de 1,182 à 22°; il bout à 66°, et sa vapeur surchauffée détone avec une grande violence. Il brûle avec une flamme jaune. La potasse alcoolique le décompose facilement en azotate et alcool méthylique.

AZOTITE DE MÉTHYLE, $AzO^2.CH^3$ (Strecker). — On le prépare en chauffant l'alcool méthylique avec de l'acide azotique et du cuivre métallique, recevant les produits de la distillation dans un récipient fortement refroidi. L'azotite de méthyle est un liquide jaunâtre qui se réduit déjà en vapeurs à — 12°.

Il se forme également de l'azotite de méthyle dans les produits d'oxydation de la brucine par l'acide azotique.

BORATES DE MÉTHYLE [Ebelmen et Bouquet, *Ann. de Chim. et de Phys.*, (3), t. XVII, p. 59; — Ebelmen, *ibid.*, t. XVI, p. 137].

BORATE ACIDE, $B^4O^7(CH^3)^2$. — C'est une masse vitreuse, molle, s'étirant en fils à la température ordinaire, brûlant avec une flamme verte, et se décomposant immédiatement par l'eau en alcool méthylique et acide borique. On le prépare en mêlant parties égales de ceux-ci, chauffant à 100° et 110°, cohobant à plusieurs reprises, jusqu'à ce qu'il ne distille plus rien à 110°; on pulvérise le résidu, on le fait digérer 24 heures avec de l'éther ordinaire anhydre, et on chasse ce dernier en chauffant la masse jusqu'à 200° (Ebelmen). Il n'a donné à l'analyse que 70 % d'anhydride borique, tandis que la formule ci-dessus en exige 75,16; sa formule est donc douteuse (Gerhardt).

ORTHOBORATE, $BO^3(CH^3)^3$. — Il se produit lorsqu'on fait passer du chlorure de bore dans l'alcool méthylique anhydre; il se dégage de l'acide chlorhydrique et le liquide se sépare en deux couches, la couche supérieure est décantée et rectifiée (Ebelmen et Bouquet).

C'est une huile très-fluide, d'une odeur pénétrante, que l'eau décompose facilement. Le borate de méthyle bout à 72°; sa densité est de 0,9951 à 0°.

SULFATES DE MÉTHYLE [Dumas et Peligot, *mém. cit.*, p. 54, et *Ann. de Chim. et de Phys.*, (2), t. LXI, p. 190].

ACIDE MÉTHYLSULFURIQUE, $SO^4H.CH^3$. — Quand on mélange de l'acide sulfurique concentré et de l'alcool méthylique, il se dégage beaucoup de chaleur, et il se forme de l'acide méthylsulfurique, qui quelquefois même se prend en une masse cristallisée par l'évaporation spontanée du mélange; on le produit facilement à l'état de pureté en traitant le méthylsulfate de baryum par l'acide sulfurique, filtrant et évaporant la liqueur dans le vide en consistance sirupeuse: l'acide méthylsulfurique cristallise alors en aiguilles. Il est très-altérable, très-soluble dans l'eau, moins soluble dans l'alcool.

Les méthylsulfates sont tous solubles; les méthylsulfates alcalins donnent à la distillation sèche du sulfate de méthyle en grande quantité.

Le *sel de potassium*, $2(SO^4.(CH^3)K) + H^2O$, est en tables rhombes et déliquescentes.

Le *sel de baryum*, $(SO^4.CH^3)^2Ba + 2H^2O$, s'obtient facilement en ajoutant une partie d'alcool méthylique à 2 parties d'acide sulfurique concentré, saturant par un léger excès de carbonate de baryte, filtrant et évaporant dans le vide. Il cristallise en belles lames, fort solubles dans l'eau, incolores, d'une saveur fraîche, efflorescentes, se décomposant par l'ébullition de leur solution aqueuse. La distillation sèche en dégage du gaz sulfureux, des gaz inflammables et du sulfate de méthyle.

Le *sel de calcium*, $(SO^4.CH^3)^2Ca$, est en octaèdres anhydres déliquescents.

Le *sel de plomb* est en prismes contenant

$$(SO^4.CH^3)^2Pb + H^2O,$$

ou en tables renfermant $2H^2O$.

Le *sel d'uranyle*, $2(SO^4.CH^3.U^2O) + H^2O$, se prépare par double décomposition entre le sel de baryum et le sulfate d'uranyle, et évaporant la solution filtrée dans le vide : il est en cristaux très-déliquescents [Peligot, *Ann. de Chim. et de Phys.*, (3), t. XII, p. 560].

SULFATE DE MÉTHYLE, $SO^4(CH^3)^2$ [Dumas et Peligot, *mém. cit.*, p. 32]. — On distille avec lenteur, mais par une ébullition soutenue, 1 partie d'alcool méthylique avec 8 ou 10 parties d'acide sulfurique concentré; on recueille un liquide oléagineux, qu'on sépare par décantation du liquide aqueux, on le lave à l'eau, on le sèche sur le chlorure de calcium, et on le rectifie sur de la baryte caustique en poudre.

Il est incolore, d'une odeur alliacée, d'une densité de 1,324 à 22°; il bout à 188° sous la pression de 761mm; il peut être chauffé à 200° sans s'altérer. L'eau le décompose lentement à froid, rapidement à l'ébullition, les alcalis agissent de même.

Il se prête facilement aux doubles décompositions, et permet de préparer un grand nombre de dérivés méthyliques : ainsi, chauffé avec du chlorure de sodium, il donne du chlorure de méthyle; avec le cyanure de potassium, le cyanure de méthyle; avec le formiate de sodium, du formiate de méthyle, etc.

SULFAMATE DE MÉTHYLE (*sulfaméthylane*) [Dumas et Peligot, *mém. cit.*, p. 59]. — Ce corps, qui n'a pas été analysé, renferme probablement

$$SO^2 \begin{cases} AzH^2 \\ OCH^3. \end{cases}$$

Quand on dirige un courant de gaz ammoniac sec dans du sulfate de méthyle, celui-ci ne tarde pas à s'échauffer, et se convertit en une masse cristalline molle, qui paraît être un mélange de sulfate de méthyle et de sulfaméthylane. On obtient cette dernière en traitant du sulfate de méthyle par l'ammoniaque liquide; en agitant les deux corps, on détermine une action tellement violente, que, si l'on opère sur 8 ou 10 grammes de sulfate de méthyle, la masse est projetée hors du vase comme par une sorte d'explosion. Le liquide produit par la réaction, étant abandonné dans le vide sec, fournit une cristallisation de sulfaméthylane en larges lames transparentes et fort belles, mais très-déliquescentes.

SULFITES DE MÉTHYLE. — Ils comprennent l'acide méthylsulfureux et le sulfite neutre de méthyle; au premier se rattachent de nombreux dérivés chlorés. Quelques auteurs désignent ces corps sous les noms d'acide méthylsulfurique, chlorométhylsulfurique, etc. Ce sont des noms impropres, car ces corps ne dérivent pas de l'acide sulfurique $SO^4H^2$.

ACIDE MÉTHYLSULFUREUX,

$$CH^4SO^3 = CH^3.SO^3H = SO \begin{cases} OCH^3 \\ OH. \end{cases}$$

— Il a été découvert en 1845 par M. Kolbe, et se forme par l'action du courant électrique sur l'acide trichlorométhylsulfureux; il se produit aussi en traitant cet acide par l'amalgame de potassium. M. Muspratt l'a obtenu en traitant par l'acide azotique le bisulfure de méthyle et le sulfocyanure de méthyle; l'oxydation du mercaptan méthylique par l'acide azotique fournit également de l'acide méthylsulfureux [Kolbe, *Ann. der Chem. u. Pharm.*, t. LIV, p. 174, et *Annuaire de Chimie* de Millon, 1845, p. 431; — Muspratt, *Ann. der Chem. u. Pharm.*, t. LXV, p. 251, et *Quart. Journ. of the Chem. Societ.*, t. III, p. 22]. Lorsqu'on chauffe du chloroforme à 160-180° avec un sulfite alcalin, il se produit de l'acide méthylsulfureux, les dérivés chlorés de celui-ci, en même temps que l'acide méthylène-disulfureux et de l'acide méthénytrisulfureux [Strecker, *Zeitsch. für Chem.*, (2), t. IV, p. 214]. Collmann prépare une combinaison de méthylsulfite de potassium et d'iodure de potassium en faisant réagir le sulfite de potasse sur l'iodure de méthyle [*Bull. de la Soc. chim.*, 1869, t. XI, p. 320]. Pour obtenir l'acide méthylsulfureux avec le sulfhydrate de méthyle, on chauffe légèrement celui-ci avec de l'acide azotique d'une densité de 1,23; on évapore au bain-marie pour chasser l'excès d'acide azotique, on étend d'eau, on traite le résidu par du carbonate de plomb, on filtre, on concentre la solution, et on laisse cristalliser le sel de plomb. On redissout ce sel dans l'eau, on le traite par l'hydrogène sulfuré, on filtre et l'on évapore au bain-marie.

Kolbe l'obtient par voie galvanique en dissolvant 70 grammes de trichlorométhylsulfite de potasse dans trois fois leur poids d'eau, et décomposant la liqueur qui doit être neutre par le courant de deux éléments de Bunsen, les électrodes étant formées de plaques de zinc amalgamées. La décomposition se fait lentement, avec une élévation de température assez sensible, et à la fin de l'hydrogène se dégage. L'action du courant électrique doit être prolongée pendant dix heures environ, pour que la décomposition soit complète; on a le soin d'interrompre l'opération pour précipiter le zinc dissous par du carbonate de potasse, et maintenir la liqueur alcaline, car, si elle est acide, la substitution de l'hydrogène au chlore ne porte que sur deux atomes de cet élément; la liqueur filtrée est soumise de nouveau à l'action du courant électrique. On évapore au bain-marie la solution, on reprend le résidu par l'alcool bouillant de 80° centésimaux; on chasse l'alcool par la distillation, et l'on sature l'acide par du carbonate de plomb. La solution filtrée est décomposée par un courant d'hydrogène sulfuré.

On obtient plus aisément le méthylsulfite de potasse en mettant en contact une solution de trichlorométhylsulfite de potasse avec de l'amalgame de potassium ou de sodium. Il ne se dégage de l'hydrogène que lorsque la transformation est complète (Kolbe).

L'acide méthylsulfureux est liquide, épais, incolore, il brunit et se décompose vers 130°; il donne des sels bien définis.

Le *sel d'ammonium* est en longs cristaux déliquescents.

Le *sel d'argent*, $CH^3.SO^3Ag$, cristallise en feuillets minces, anhydres, acides, d'une saveur métallique; il reste longtemps inaltéré à la lumière solaire (Kolbe).

Le *sel de baryum*, $(CH^3.SO^3)^2Ba + H^2O$, est en tables rhomboédriques, inaltérables à l'air, que l'alcool précipite de leurs solutions aqueuses.

Le *sel de cuivre*, $(CH^3.SO^3)^2Cu + 5H^2O$, est en beaux cristaux très-solubles.

Le *sel de plomb*, $(CH^3.SO^3)^2Pb + H^2O$, perd son eau à 100°; il se sépare de sa solution aqueuse en beaux prismes rhomboïdaux, inaltérables à l'air, d'une réaction faiblement acide. Kolbe a obtenu en outre un sous-sel, $(CH^3SO^3)^2Pb, PbO$ (à 100°), en faisant bouillir le sel neutre avec de l'oxyde de plomb et évaporant la solution dans le vide; ce sous-sel est une masse blanche amorphe, qui attire l'acide carbonique de l'air.

Le *sel de potassium*, $(CH^3.SO^3)K$ (à 100°), cristallise d'une solution dans l'alcool de 90° centésimaux, saturée à chaud, sous forme de fibres soyeuses; il est très-soluble dans l'eau, insoluble dans l'alcool absolu; sa solution aqueuse est neutre; il devient humide à l'air sans tomber en déliquescence. La chaleur le décompose en bisulfure de potassium, charbon, oxyde de carbone et eau. Il existe un *sel acide* qui cristallise facilement en gros prismes à 4 pans, très-acides, déliquescents et renfermant $CH^3SO^3K,CH^3.SO^3H$, à 100°. On l'obtient en abandonnant dans le vide sec une solution d'acide méthylsulfureux dans le méthylsulfite neutre de potassium.

Le *sel de zinc* obtenu en dissolvant e zinc dans l'acide méthylsulfureux possède une réaction acide; il cristallise avec des quantités d'eau variables.

*Chlorure méthylsulfureux,* $CH^3SO^2,Cl$ [Carius, *Ann. der Chem. u. Pharm.*, t. CXIV, p. 140, et *Rép. de Chim. pure,* 1860, p. 256]. — On l'obtient en ajoutant à l'acide méthylsulfureux 2 fois son poids de perchlorure de phosphore, et successivement encore de petites portions du réactif, jusqu'à ce qu'il ne se dégage plus d'acide chlorhydrique; on distille et l'on recueille le chlorure méthylsulfureux entre 150° et 153°. C'est un liquide mobile, incolore, d'une odeur pénétrante, plus dense que l'eau, qui le décompose lentement en acide chlorhydrique et acide méthylsulfureux. Chauffé en vases clos à 150-160° avec du perchlorure de phosphore, il se décompose suivant l'équation

$$SO^2\left\{\begin{matrix}CH^3\\Cl\end{matrix}\right. + PhCl^5$$

Chlorure méthylsulfureux. — Perchlorure de phosphore.

$$= SOCl^2 + CH^3Cl + PhOCl^3.$$

Chlorure de thionyle. — Chlorure de méthyle. — Oxychlorure de phosphore.

Chauffé dans un tube scellé avec de l'alcool absolu, il donne du chlorure de méthyle, de l'acide méthylsulfureux et du sulfite d'éthyle et de méthyle.

### DÉRIVÉS CHLORÉS DE L'ACIDE MÉTHYLSULFUREUX.

On connait trois acides chlorés correspondant à l'acide méthylsulfureux, ils ont été décrits par Kolbe [*mém. cité*].

ACIDE CHLOROMÉTHYLSULFUREUX (*acide chlorométhyldithionique*),

$$CH^2Cl.SO^3H = SO^3\left\{\begin{matrix}CH^2Cl\\H.\end{matrix}\right.$$

— On l'obtient par une substitution inverse opérée sur l'acide trichlorométhylsulfureux à l'aide du courant électrique. On commence la réduction en employant le zinc; à cet effet, on dissout dans l'eau 50 grammes environ de trichlorométhylsulfite de potassium, on y ajoute de l'acide sulfurique, puis du zinc, jusqu'à ce que la solution soit entièrement saturée de sels de zinc; par le refroidissement de la solution concentrée, la plus grande partie du zinc se dépose à l'état de sulfate de zinc; on décante la liqueur, on la précipite à l'ébullition par le carbonate de p tassium, et après avoir filtré, on évapore à siccité et l'on épuise la masse pulvérisée par de l'alcool bouillant de 80° centésimaux. La masse qui reste après l'évaporation de l'alcool se compose d'un mélange de chlorométhylsulfite et de trichlorométhylsulfite de potassium. On le dissout dans l'eau acidulée d'acide sulfurique, et on le soumet à l'action d'une pile de Bunsen; on interrompt l'opération lorsque le dégagement d'hydrogène s'arrête et qu'il se dépose du zinc métallique au pôle négatif. On précipite alors par le carbonate de potassium, on filtre, on acidule la liqueur, et on la soumet de nouveau à l'action du courant électrique : on répète cette opération à trois ou quatre reprises, jusqu'à ce que tout le sel soit transformé en chlorométhylsulfite de potassium. On reconnait que la transformation est complète lorsque le sel ne dégage plus d'acide chlorhydrique par la calcination. On sépare l'acide de son sel de potassium en neutralisant par le carbonate de potassium la liqueur acide, filtrant, évaporant à siccité et épuisant par l'alcool bouillant. La solution alcoolique est additionnée d'acide sulfurique, filtrée, évaporée, puis étendue d'eau et neutralisée par le carbonate de plomb. La solution filtrée renferme alors le chlorométhylsulfite de plomb, que l'on décompose par l'hydrogène sulfuré.

L'acide chlorométhylsulfureux est un liquide sirupeux, très-acide, qui peut être chauffé jusqu'à 140° sans se décomposer; il ne cristallise pas à — 16°, mais il devien très-visqueux. Ses sels sont solubles et en grande partie cristallisables.

Le *sel d'ammonium* cristallise par une évaporation lente en prismes déliquescents.

Le *sel d'argent,* $CH^2Cl.SO^3Ag$ est facilement altérable par la lumière et la chaleur; en évaporant la solution dans le vide et à l'abri de la lumière, on l'obtient en petits cristaux déliquescents.

Le *sel de baryum* une réaction acide; il cristallise en petites tablettes rhomboïdales.

Le *sel de plomb,* $(CH^2Cl.SO^3)^2Pb + H^2O$, perd son eau de cristallisation à 100°; il n'est pas très-soluble dans l'eau; sa solution aqueuse est acide; évaporée au-dessus de l'acide sulfurique, elle cristallise en aiguilles fines, soyeuses, groupées en faisceaux.

Le *sel de potassium,* $CH^2Cl.SO^3K$ (à 100°), se sépare d'une solution alcoolique saturée à chaud sous forme de petits cristaux aciculaires, presque insolubles dans l'alcool absolu froid, attirant l'humidité sans être déliquescents. Par la calcination, il laisse dégager de l'acide sulfureux, de l'eau, et laisse du chlorure de potassium mélangé de charbon.

Le *sel de sodium* est en aiguilles groupées en étoiles déliquescentes à l'a .

Le chlorure, $CH^2Cl.SO ,Cl$, correspondant à l'acide chlorométhylsulfureux, n'a pas été préparé.

ACIDE BICHLOROMÉTHYLSULFUREUX (*bichlorométhyldithionique*),

$$CHCl^2.SO^3H = SO^3\left\{\begin{matrix}CHCl^2\\H.\end{matrix}\right.$$

Kolbe le prépare à l'état de sel de zinc en dissolvant du zinc dans l'acide trichlorométhylsulfureux, ou plus facilement à l'état de sel potassique, en faisant bouillir avec la potasse le chlorure bichlorométhylsulfureux (voir plus loin). Pour isoler l'acide de son sel de potassium, on dissout celui-ci dans l'alcool, on précipite la solution alcoolique par l'acide sulfurique, on filtre, on évapore la solution tant qu'elle ne se décompose pas, puis on l'étend eau; on ajoute de l'eau de baryte pour précipiter l'acide sulfurique, on filtre, on réduit la soluti n par l'évaporation, et on épuise par l'éther, qui s'empare de l'acide bichlorométhylsulfureux. Par l'évaporation de l'éther, on obtient un liquide acide, coloré, qu'on décolore par le sulfure de plomb. Le liquide se prend dans le vide en petits cristaux incolores, excessivement déliquescents. L'acide bichlorométhylsulfureux supporte une température de 140° sans se détruire; à une plus forte chaleur, il fond en répandant d'épaisses vapeurs blanches et laissant un résidu de charbon; ses sels sont solubles dans l'eau et en partie dans l'alcool; il décompose les chlorures métalliques solubles. Ses propriétés se rapprochent de celles de l'acide trichlorométhylsulfureux.

Le *sel d'ammonium* cristallise en prismes incolores, très-longs et ina térables à l'air.

Le *sel d'argent,* $CHCl^2.SO^3Ag$, obtenu en neutralisant l'acide libre par le carbonate d'argent, forme de petits cristaux transparents, très-altérables, qu'on ne peut isoler que par concentration dans le vide et à l'abri de la lumière.

*Le sel de potassium,* $CHCl^2.SO^3K$, s'obtient par l'ébullition du chlorure bichlorométhylsulfureux avec la potasse ; l'excès de potasse est neutralisé par l'acide carbonique, la solution évaporée à siccité, et épuisée par l'alcool bouillant.

Ce même sel se forme lorsqu'on chauffe le trichlorométhylsulfite de potassium avec du sulfite neutre au bain-marie.

Il est en paillettes nacrées, inaltérables à l'air, solubles dans l'eau et l'alcool bouillant, presque insolubles dans l'alcool absolu à froid. Sa réaction est neutre ; il ne se décompose qu'au-dessus de 250°, en dégageant de l'acide sulfureux, de l'acide chlorhydrique, de l'acide carbonique, de l'oxyde de carbone, et laissant un résidu de chlorure de potassium mêlé d'un peu de charbon.

M. Loew a décrit un isomère de cet acide qu'il obtient en traitant le chlorure trichlorométhylsulfureux par le cyanure de potassium. Lorsqu'on introduit le chlorure peu à peu dans une solution de cyanure de potassium, il se dégage du cyanogène et de l'acide prussique, en même temps qu'il se forme du paracyanogène. On épuise par l'alcool éthéré, on chasse l'éther par distillation, et on purifie le résidu par plusieurs cristallisations dans l'alcool. On obtient ainsi un sel de potassium qu'on décompose par l'acide sulfurique, et on épuise par l'éther ; celui-ci en s'évaporant abandonne le nouveau composé sous forme d'aiguilles agglomérées.

M. Loew l'appelle acide dichlorométhylsulfureux, réservant à tort le nom d'acide dichlorométhylsulfurique à celui de Kolbe (voyez plus loin HYDRURE TRICHLOROMÉTHYLSULFUREUX). Il représente l'isomérie de ces deux acides par les formules suivantes :

$$CCl^2H,SO^3H, \qquad CCl^2(OH),SO^2H.$$

Acide de Kolbe. Acide de Loew.

L'acide de Loew serait l'hydrure bichloroxyméthylsulfureux ; il représente sa formation par l'équation

$$CCl^3.SO^2Cl + 2KCy + H^2O$$
$$= CCl^2(OH).SO^2K + Cy + CyH + KCl$$

Ce corps est peu stable ; bouilli avec une lessive de potasse, il donne un corps dont l'odeur rappelle celle du chloroforme, du sulfite et du chlorure de potassium. Traité par le zinc et l'acide chlorhydrique, il donne du sulfure de méthyle [Loew, *Zeitsch. für Chem.*, nouv. sér., t. IV, p. 518, et *Bull. de la Soc. chim.*, 1869, t. XI, p. 486].

*Chlorure bichlorométhylsulfureux* (appelé aussi *sulfite de chlorure de carbone*),

$$CHCl^2SO^2Cl = SO\begin{cases}OCHCl^2\\Cl\end{cases}$$

— Ce composé n'a pu être obtenu à l'état de pureté à cause de son altérabilité, mais sa nature est bien connue par la décomposition que lui fait subir la potasse. On le prépare en faisant arriver un courant de gaz sulfureux dans une solution alcoolique de chlorure trichlorométhylsulfureux jusqu'à ce que l'addition de l'eau à quelques gouttes de la solution ne donne plus de précipité. Il se décompose, sous l'influence de la chaleur, en acide sulfureux, acide sulfurique et en chloroxyde de carbone.

L'hydrogène sulfuré, l'hydrogène naissant, le chlorure stanneux agissent comme l'acide sulfureux.

Chauffé avec une solution de potasse, ce corps donne du chlorure de potassium et du bichlorométhylsulfite de potassium. Sa solution aqueuse, traitée par le chlore, régénère le chlorure trichlorométhylsulfureux.

ACIDE TRICHLOROMÉTHYLSULFUREUX (*acide trichlorométhyldithionique*),

$$CCl^3.SO^3H + H^2O = SO^3\begin{cases}CCl^3\\H\end{cases} + H^2O.$$

— On l'obtient à l'état de sel en traitant par la potasse ou la baryte le chlorure trichlorométhylsulfureux (voyez plus bas). Pour isoler l'acide, on précipite le sel de baryum par l'acide sulfurique, on enlève l'excès d'acide sulfurique par le carbonate de plomb, on filtre et on sépare le plomb par l'hydrogène sulfuré. Cet acide cristallise par l'évaporation de sa solution en petits prismes incolores, qui, desséchés dans le vide, forment une masse inodore, blanche, transparente et déliquescente ; il est difficile de l'obtenir parfaitement sec. Il fond à environ 130° dans son eau de cristallisation, et commence à bouillir au-dessus de 160° en se volatilisant en partie, et en partie se décomposant en acide chlorhydrique, acide sulfureux et gaz chloroxycarbonique. Il peut être longtemps bouilli avec l'acide azotique fumant, l'eau régale, l'acide chromique sans s'altérer. Il déplace de leurs sels tous les acides minéraux plus volatils que lui, et complétement l'acide chlorhydrique.

Ses sels sont solubles dans l'eau et dans l'alcool ; leur saveur est métallique et astringente. Calcinés, ils donnent du gaz chloroxycarbonique, du gaz sulfureux, de l'acide chlorhydrique et un résidu de chlorure. La formation du gaz chloroxycarbonique distingue les trichlorométhylsulfites des mono- et bichlorométhylsulfites.

Le *sel d'ammonium* est en gros prismes réguliers, inaltérables à l'air.

Le *sel d'argent*, $CCl^3.SO^3Ag + H^2O$, cristallise en prismes incolores lorsqu'on évapore sa solution concentrée dans le vide et à l'abri de la lumière ; il perd son eau à 100°. Sa réaction est acide.

Le *sel de baryum*, $(CCl^3.SO^3)^2Ba + H^2O$ (à 100°), perd sa molécule d'eau de cristallisation à 150° ; on l'obtient en chauffant de l'eau de baryte et du chlorure trichlorométhylsulfureux jusqu'à neutralisation, filtrant, évaporant et épuisant le résidu par l'alcool absolu bouillant. Par l'évaporation, le sel cristallise en petites lamelles incolores.

Le *sel de cuivre*, $(CCl^3.SO^3)^2Cu + 5H^2O$, cristallise en tablettes bleues, inaltérables à l'air ; à 180°, il perd deux molécules d'eau ; les trois autres ne peuvent être chassées qu'à une température où le sel lui-même se décompose.

Le *sel de plomb*, $(CCl^3.SO^3)^2Pb + H^2O$, perd son eau à 100° ; il est en larges paillettes d'une saveur métallique ; il rougit le papier de tournesol.

Le *sel de potassium*, $CCl^3.SO^3K + H^2O$, perd son eau de cristallisation dans le vide ou à 100° ; on le prépare en chauffant le chlorure trichlorométhylsulfureux avec une solution de potasse jusqu'à neutralisation complète, concentrant la liqueur à une douce chaleur jusqu'à ce qu'elle donne une croûte cristalline. Par le refroidissement, le sel se prend en lames minces et transparentes ; il est efflorescent.

Chauffé à 100° avec une solution de sulfite neutre de potassium, ce sel se transforme en dichlorométhylsulfite ; à 120-130° et en vase clos, la réaction va plus loin, et l'on obtient le méthylène-disulfite de potassium [Rathke, *Ann. der Chem. u. Pharm.*, t. CLXI, p. 149 ; *Bull. de la Soc. chim.*, 1872, t. XVII, p. 311].

Le *sel de soude* s'obtient comme le précédent. Il est beaucoup plus soluble dans l'eau ; il est en tables minces rhomboïdales, déliquescentes.

*Chlorure trichlorométhylsulfureux*,

$$SO^2CCl^4 = CCl^3.SO^2Cl = SO\begin{cases}O.CCl^3\\Cl.\end{cases}$$

— Ce corps, découvert par Berzelius et Marcet en 1813, et appelé sulfite de perchlorure de carbone, a été étudié par M. Kolbe [*mém. cité*]. Il se produit par l'action du chlore humide sur le sulfure de carbone,

$$CS^2 + 12Cl + 2H^2O$$

Sulfure de carbone. Chlore. Eau.

$$= SO^2.CCl^4 + SCl^4 + 4HCl.$$

Chlorure trichlorométhylsulfureux. Chlorure de soufre. Acide chlorhydrique.

Pour le préparer, M. Kolbe opère comme il suit : on remplit à moitié un grand flacon de la capacité d'environ 6 litres, bouché à l'émeri, avec un mélange de peroxyde de manganèse et d'acide chlorhydrique propre à fournir du chlore, on y ajoute environ 50 grammes de sulfure de carbone, on ferme le flacon et on l'abandonne au repos pendant plusieurs jours dans un endroit frais, puis on l'agite à plusieurs reprises ; on l'expose ensuite pendant quelques jours à la température de 30°, jusqu'à ce que le sulfure de carbone soit en grande partie transformé ; l'addition de 100 à 120 grammes d'acide azotique du commerce facilite la réaction. En soulevant de temps en temps le bouchon du flacon, on empêche celui-ci de se briser.

Tout le contenu du flacon est ensuite soumis à la distillation dans un bain d'huile, et les produits de la distillation sont reçus dans un récipient refroidi ; il passe d'abord du sulfure de carbone, mêlé d'un liquide jaunâtre et fétide, puis il distille du chlorure trichlorométhylsulfureux; qui se condense sur les parois du tube abducteur. 50 grammes de sulfure de carbone fournissent plus de 100 grammes de chlorure trichlorométhylsulfureux.

C'est un corps blanc, cristallin, soluble dans l'alcool, l'éther et le sulfure de carbone ; sa solution alcoolique est précipitée par l'eau. Il fond vers 135°, bout à 170° ; son odeur est pénétrante, il excite le larmoiement et produit dans le gosier une sensation pénible. Sa solution alcoolique ne précipite l'azotate d'argent que lorsqu'elle est préparée depuis quelque temps. Il a l'aspect du camphre et se sublime, comme celui-ci, en vases clos, sous forme de petites tables rhomboédriques ayant beaucoup d'éclat.

Il ne se décompose qu'au rouge sombre en donnant du chlore, de l'acide sulfureux et du chlorure de carbone (éthylène perchloré) $C^2Cl^4$. Chauffé avec un grand excès d'acide sulfurique concentré, il se décompose en acide sulfureux, en acide chlorhydrique et en gaz chloroxycarbonique. Au contact de l'air, il se dédouble lentement en acide chlorhydrique, acide sulfureux et gaz carbonique.

Lorsqu'on introduit peu à peu du chlorure trichlorométhylsulfureux dans une solution de cyanure de potassium, on obtient le sel de potassium de l'acide dichlorométhylsulfureux (Loew).— Voir plus haut.

En soumettant le chlorure trichlorométhylsulfureux en solution alcoolique à l'action de l'hydrogène sulfuré, neutralisant après la réaction par du carbonate de sodium sec, filtrant et évaporant, on obtient les cristaux d'un sel de sodium $CCl^3.SO^2Na$, qui traité par l'acide chlorhydrique fournit le composé $CCl^3.SO^2H$, hydrure trichlorométhylsulfureux [Loew, *Zeitsch. für Chem.*, nouv. sér., t. V, p. 82, et *Bull. de la Soc. chim.*, 1869, t. XII, p. 366]. Le même sel prend naissance lorsqu'on fait réagir le chlorure trichlorométhylsulfureux sur une solution de sulfite neutre de potassium [Rathke, *loc. cit.*].

*Hydrure trichlorométhylsulfureux*, $CCl^3.SO^2H$. Ce composé obtenu à l'état de sel de sodium, comme nous venons de le voir, dans la réduction du chlorure correspondant, s'isole de son sel de sodium en traitant celui-ci par l'acide chlorhydrique étendu, épuisant le liquide par l'éther et évaporant la solution éthérée. Loew lui donne le nom d'acide trichlorométhylsulfureux, en appelant *trichlorométhylsulfurique* l'acide découvert par Kolbe. Mais, outre que cette dernière dénomination est impropre, et qu'il n'y a aucune raison de changer le nom appartenant à l'acide de Kolbe, un tel changement de désignation amène une confusion des plus regrettables. Le composé découvert par Loew est au chlorure trichlorométhylsulfureux ce que l'aldéhyde est au chlorure d'acétyle ; le nom d'hydrure trichlorométhylsulfureux est donc celui qui convient le mieux, quoiqu'il ait l'inconvénient de ne pas rappeler les propriétés acides du composé. Ce corps est en cristaux blancs, qui se décomposent peu à peu à chaud en dégageant de l'acide chlorhydrique.

Il remplace son hydrogène soit par le sodium, l'ammonium ou par d'autres métaux, soit par le chlore et le brome. Nous avons vu comment s'obtient le *dérivé sodé* $CCl^3.SO^2Na$, qui est cristallisé. Le *dérivé ammonique* se prépare par l'action de l'ammoniaque sur le chlorure trichlorométhylsulfureux ; le chlorure se dissout lentement dans l'ammoniaque avec dégagement d'azote et élévation de température ; par évaporation on obtient le sel d'ammonium $CCl^3.SO^2AzH^4$.

Avec le chlore et le brome, il se forme du chlorure ou du bromure trichlorométhylsulfureux. Avec l'acide azotique, il se produit un *azotite* $CCl^3.SO^2(AzO^2)$ : la réaction est très-violente ; il se sépare d'abord une huile bleue qui se transforme peu à peu en cristaux blancs, en dégageant de l'acide azoteux. Ce dérivé est soluble dans l'alcool, insoluble dans l'eau, passant à la distillation avec les vapeurs aqueuses; il a une odeur suffocante, et sa vapeur irrite fortement les yeux. Par réduction au moyen du zinc et de l'acide chlorhydrique, il fournit de l'ammoniaque et du mercaptan méthylique.

Sulfite de méthyle, $SO^3(CH^3)^2$ [Carius, *Ann. der Chem. u. Pharm.*, t. CX, p. 209, et *Ann. de Chim. et de Phys.*, (3), t. LVII, p. 346]. — Le sous-chlorure de soufre, $Cl^2S^2$, réagit d'une manière énergique sur l'alcool méthylique ; il se dégage de l'acide sulfureux, de l'acide chlorhydrique et du chlorure de méthyle ; le résidu renferme de l'acide méthylsulfureux et du sulfite de méthyle. On isole ce dernier par des distillations fractionnées. Il se forme aussi dans l'action du chlorure de thionyle, $SOCl^2$, sur l'esprit de bois.

Le sulfite de méthyle est un liquide incolore, mobile, d'une odeur agréable ; il bout à 121°,5 sous la pression de 0,7554. Sa densité est de 1,0456 à + 16°,2. Il attire promptement l'humidité de l'air en se décomposant ; l'eau le dissout en lui faisant subir la même décomposition, qui est aussi très-rapide avec les alcalis. Il est très-soluble dans l'alcool, et cette solution additionnée d'une petite quantité de potasse caustique précipite des aiguilles de méthylsulfite de potasse (Carius). Est-ce bien du méthylsulfite ou ne serait-ce pas un isomère analogue à l'éther-sulfite ? — Voyez t. I, p. 1352.

Sa solution alcoolique saturée d'ammoniaque et chauffée en vase clos, à 120-140°, donne du sulfite d'ammoniaque et de la méthylamine.

*Sulfite de méthyle et d'éthyle,*

$$SO^3\left\{\begin{matrix}C^2H^5\\CH^3\end{matrix}\right.$$

(Carius). — Obtenu par l'action du chlorure éthylsulfureux sur l'alcool méthylique sodé, il est liquide, incolore, d'une odeur agréable, attirant l'humidité de l'air en se décomposant. Il bout entre 140° et 141°,5 ; sa densité est de 1,0675 à 18°.

E. G.

**MÉTHYLIRISINE.** — Matière résineuse basique obtenue par l'action du sulfate de méthyle sur la quinoléine. On traite le liquide obtenu par de la potasse, qui en sépare la méthylirisine. On purifie celle-ci en la dissolvant dans l'eau, ajoutant de l'acide sulfurique, évaporant presque à sec, séparant l'acide sulfurique par la baryte, reprenant par de l'alcool absolu, précipitant l'excès de baryte par un courant d'acide carbonique, filtrant, évaporant à sec et reprenant le résidu par l'éther. Ce dernier abandonne, par l'évaporation, la méthylirisine à l'état d'une masse violette soluble dans l'eau avec une coloration rouge foncé et des reflets bleus. Son pouvoir colorant est considérable.

La méthylirisine est une base faible, soluble dans les acides qui en modifient la couleur. Les solutions acides concentrées sont brunes; étendues, elles sont incolores, mais se colorent en violet par l'addition d'un alcali. Ses sels sont incristallisables. Le chloroplatinate et le chloromercurate sont gris, tirant sur le violet. Les agents oxydants l'altèrent rapidement; il en est de même des acides en excès.

La quinoléine fournit 1/30 de son poids de méthylirisine [Babo, *Journ. für prakt. Chem.*, t. LXXII, p. 73; *Journ. de Pharm.*, (3), t. XXXIII, p. 77]. E. W.

**MÉTHYLNORMÉCONIQUE (ACIDE).** — Voyez MÉCONINE, p. 322.

**MÉTHYLNORNARCOTINE.** — Voyez NARCOTINE.

**MÉTHYLNOROPIONIQUE (ACIDE).** — Voyez OPIANIQUE (ACIDE).

**MÉTHYLŒNANTHOL,**

$$C^8H^{16}O = CO \left\{ \begin{array}{l} CH^3 \\ C^6H^{13}. \end{array} \right.$$

— Ce composé, dont il a été question à l'article *Aldéhyde caprylique* (t. I, p. 730), avait été considéré par Limpricht et par Bouis comme étant l'aldéhyde caprylique. Stædeler et Dachauer le regardèrent comme étant l'acétone méthylœnanthylique, et Stædeler le reproduisit par la distillation d'un mélange d'œnanthylate et d'acétate de sodium, c'est-à-dire par le procédé général qui fournit les acétones. Au corps ainsi obtenu, il reconnut une densité égale à 0,817 à 23°, et un point d'ébullition situé entre 171° et 171°,5. De plus, ce composé fournissant à l'oxydation de l'acide acétique, $C^2H^4O^2$, et de l'acide caproïque, sa nature acétonique est mise hors de doute.

Le méthylœnanthol s'obtient également comme produit d'oxydation de l'alcool octylique secondaire de Bouis, et de l'hydrate d'octylène de de Clermont; d'autre part, il fixe de l'hydrogène et reproduit de l'alcool octylique secondaire.

Limpricht a préparé par la distillation sèche d'un mélange de formiate et de caprylate de sodium la véritable aldéhyde caprylique, qu'il avait crue identique avec le produit de la distillation du savon de l'huile de ricin. E. G.

**MÉTHYLPHÉNYLE.** — Voyez TOLUÈNE.

**MÉTHYLTHIONIQUE (ACIDE),** $(CH^3)SO^3H$. — Voyez ACIDE MÉTHYLDITHIONIQUE, t. II, p. 407.

**MÉTHYLTOLUÈNE** ou *diméthylbenzine*, $C^8H^{10}$. — Ce composé, qui constitue une partie des xylènes du goudron de houille, a été obtenu par l'action du sodium sur un mélange de toluène bromé et d'iodure de méthyle. Il sera étudié avec ses isomères, à l'article XYLÈNE.

**MÉTHYLURAMINE,** $C^2H^7Az^3$ [Syn. *Carbométhyltriamine*,

$$\left. \begin{array}{r} C^{iv} \\ CH^3 \\ H^4 \end{array} \right\} Az^3$$

[Dessaignes, *Compt. rend. de l'Acad. des Sc.*, t. XXXVIII, p. 839; *ibid.*, t. XLI, p. 1258]. — Lorsqu'on chauffe une solution aqueuse de créatine ou de créatinine avec de l'oxyde mercurique, il se dégage de l'acide carbonique avec des traces d'ammoniaque: l'oxyde de mercure est réduit, et il se forme des cristaux d'oxalate de méthyluramine:

$$\underset{\text{Créatine.}}{2C^4H^9Az^3O^2} + O^5$$

$$= (C^2H^7Az^3)^2C^2H^2O^4 + 2CO^2 + H^2O.$$

$$\underset{\text{Créatinine.}}{2C^4H^7Az^3O} + O^5$$

$$= \underset{\text{Oxalate de méthyluramine.}}{(C^2H^7Az^3)^2C^2H^2O^4} + 2CO^2$$

Lorsqu'on emploie un excès d'oxyde mercurique, la transformation est complète. On purifie l'oxalate de méthyluramine par des dissolutions répétées dans l'alcool. Un mélange de peroxyde de plomb et d'acide sulfurique fournit la même base, mais cette méthode est moins avantageuse. Pour isoler la base, on chauffe l'oxalate avec un petit excès de lait de chaux, on filtre et on évapore dans le vide.

Substance blanche, solide, à surface cristalline, due probablement à l'absorption de l'acide carbonique de l'air; elle est très-déliquescente. Saveur caustique ammoniacale. Chauffée sur la lame de platine, elle s'évapore complétement en développant une forte odeur de créatine brûlée.

Elle renferme les éléments de l'urée et de la méthylamine, moins 1 molécule d'eau. D'après Gerhardt [*Traité de Chim. org.*, t. III, p. 941], sa constitution serait

$$Az^2 \left\{ \begin{array}{l} CAz \\ CH^3 \\ H^4 \end{array} \right.$$

A. W. Hofmann la considère comme une triamine

$$\underset{\text{Carbométhyltriamine.}}{Az^3 \left\{ \begin{array}{l} C^{iv} \\ CH^3 \\ H^4 \end{array} \right.}$$

[*Ann. der Chem. u. Pharm.*, t. CXXXIX, p. 107].

La méthyluramine déplace à froid l'ammoniaque des sels ammoniacaux, donne avec les chlorures de baryum et de calcium des précipités volumineux, blancs, solubles dans beaucoup d'eau et dans l'acide acétique étendu.

Le sulfate d'aluminium et le perchlorure de fer donnent avec la méthyluramine des précipités solubles dans un excès de réactif. Elle précipite les sels de plomb, de cuivre, de mercure. Avec le nitrate d'argent elle donne un précipité jaune clair; elle dissout l'oxyde et le chlorure d'argent.

Chauffée avec l'eau de baryte elle est décomposée avec dégagement d'ammoniaque accompagné d'une odeur d'eau de mer.

Chauffée avec de la potasse caustique en solution, la méthyluramine dégage de l'ammoniaque et de la méthylamine.

La méthyluramine forme, avec les acides, des sels cristallisables à réaction faiblement alcaline. Le *sulfate*, le *chlorhydrate* et le *nitrate* se préparent facilement par double décomposition avec l'oxalate de méthyluramine et le sulfate, le chlorure ou le nitrate de calcium.

Le *chloroplatinate*, $(C^2H^7Az^3HCl)^2,PtCl^4$, se forme par le mélange de solutions concentrées de chlorhydrate de méthyluramine et de chlorure de platine. Il cristallise en magnifiques rhomboïdes de couleur orangée. Ceux-ci prennent souvent la forme de prismes groupés parallèlement, lorsqu'on les soumet à une seconde cristallisation par refroidissement. Ce sel chauffé dégage une odeur de triméthylamine.

L'*oxalate* obtenu comme il a été dit plus haut se présente sous forme de prismes groupés parallèlement. Composition:

$$(C^2H^7Az^3)^2C^2H^2O^4 + 2H^2O.$$

Il perd son eau de cristallisation à 100°; il est très-soluble dans l'eau, de saveur désagréable, et bleuit faiblement le papier rouge de tournesol. Chauffé sur la lame de platine, il dégage la même odeur que la créatine. P. S.

**MÉTHYSTICINE.** — La racine du *Piper methysticum* désignée dans les îles du Sud sous les noms de kawa ou d'ava, renferme 1 °/₀ d'un principe analogue à la pipérine, et que Gobley a nommé méthysticine, et 2 °/₀ d'une résine âcre et aromatique à laquelle sont dues probablement les propriétés sudorifiques du *Piper methysticum*. Cuzent, qui le premier a étudié ce composé, lui avait donné le nom de *kawaïne* [*Compt. rend.*, t. L, p. 435, et t. LII, p. 205]. La méthysticine cristallise dans l'alcool en petites aiguilles soyeuses, blanches, sans odeur ni saveur, insolubles dans l'eau, peu solubles dans l'alcool froid et dans l'éther. Elle fond à 130° et se décompose à une température supérieure. L'acide chlorhydrique et l'acide azotique la colorent en jaune, l'acide sulfurique en violet. La méthysticine renferme, suivant Gobley,

$$C = 72,03; \ H = 6,10; \ Az = 1,12; \ O = 30,75$$

[Gobley, *Journ. de Pharm.*, (3), t. XXXVII, p. 19]. Ce produit avait déjà été signalé par Morson en 1844; il a aussi été étudié par O'Rorke [*Compt. rend.*, t. L, p. 598], et par Cuzent. D'après ce dernier, il n'est pas azoté et renferme 65,85 °/₀ de carbone et 5,64 d'hydrogène. E. W.

**MÉTOCTYLÈNE.** — Voyez OCTYLÈNE.

**MÉTOLUIDINE.** — Voyez TOLUIDINE.

**MIARGYRITE** (Min.) [Syn. *Hypargyrite, kenngottite*), méta-sulfo-antimonite d'argent, $SbS^2Ag$. — Petits cristaux, d'un gris d'acier, passant au noir de fer, d'un vif éclat; d'un rouge de sang en lames extrêmement minces; accompagnant la panabase, l'argyrythrose, etc., à Braunsdorf (Saxe), et dans diverses localités de Bohême et du Mexique.

*Caractères.* — Décomposé par l'acide azotique avec séparation d'acide antimonique. La potasse dissout le sulfure d'antimoine en laissant le sulfure d'argent. Dans le tube bouché, décrépite, fond facilement, en donnant un sublimé de sulfure d'antimoine. Sur le charbon, fond et donne des fumées d'antimoine avec une odeur sulfureuse, et laisse un globule d'argent renfermant une trace de cuivre.

Dureté, 2 à 2,5. Fragile; cassure conchoïdale; tendre. Poussière d'un beau rouge-cerise.

Densité, 5,3 à 5,4.

*Forme cristalline.* — Prisme clinorhombique, $mm = 106° 31'$, $mp = 122° 16'$, $ph^1 = 131° 46'$. Clivages, $a^1, a^{1/2}$ imparfaits. F. et S.

**MICAPHYLLITE.** — Voyez ANDALOUSITE.

**MICARELLE** (Min.). — Pseudomorphose de wernerite en mica.

**MICA TRIANGULAIRE.** — Voyez PENNINE.

**MICAS** (Min.).—On donne ce nom à un groupe de minéraux caractérisés par un clivage basal très-facile, qui permet de les séparer en lames extrêmement minces, flexibles et élastiques. Ce sont essentiellement des silicates d'alumine et d'alcalis ou de magnésie. Leur forme cristalline a donné lieu à de nombreuses discussions; les uns présentent une apparence hexagonale, d'autres sont orthorhombiques ou paraissent clinorhombiques. De l'examen optique, fait principalement par H. de Senarmont, il résulte que l'on peut considérer les diverses variétés comme résultant du mélange d'un petit nombre d'espèces définies, isomorphes entre elles et présentant des propriétés optiques opposées, c'est-à-dire que les unes ont le plan de leurs axes optiques parallèle à la grande diagonale de la base, et les autres, parallèle à la petite diagonale, la bissectrice de l'angle aigu des axes étant toujours normale à la base. Leur union peut constituer des mélanges à un axe optique.

Leur forme cristalline commune est un prisme orthorhombique, très-voisin de 120°.

Dureté, 2,5 à 3.

I. MICAS MAGNÉSIENS. — Ils sont généralement à un axe optique ou à deux axes rapprochés (l'angle ne dépassant pas 20°). On distingue ceux dont l'écartement des axes est à peu près insensible sous le nom de *biotite* (méroxène, Breithaupt). La composition de cette espèce peut être exprimée par la formule $2RO, SiO^2$, dans laquelle

$$R = (Mg, K^2, Al\tfrac{2}{3})$$

La moitié de l'oxygène des bases appartient à l'alumine. Une partie de l'alumine est remplacée par du sesquioxyde de fer; ce dernier est en petite quantité. Il y a toujours une certaine proportion d'eau et de fluor, ce dernier en petite quantité. Ces micas se rencontrent dans les roches éruptives de la Somma, en cristaux bien définis, à faces lisses, verts ou brun de miel; dans les roches volcaniques, en lames noires ou brunes, etc.

Ils fondent difficilement en un verre gris ou noirâtre. Avec les flux, ils donnent les réactions du fer.

Densité, 2,7 à 3,1. Éclat vif.

La *rubellane* paraît provenir de l'altération d'une biotite calcique; elle est en petites lames hexagonales, d'un brun rougeâtre, d'un éclat nacré, dépourvues d'élasticité; dans une roche amygdaloïde de Schmia (Mittelgebirg). A la simple flamme d'une bougie, elle s'exfolie en se gonflant à la manière de la vermiculite.

La *fuchsite* ou *chromglimmer* est un mica magnésien chromifère, en jolies lamelles vertes, de Schwarzenstein (Tyrol).

Les variétés à axes un peu plus écartés, *phlogopites*, renferment plus de magnésie et se rencontrent d'ordinaire dans les serpentines, dans les dolomies et dans les calcaires cristallins. Les cristaux ont l'aspect orthorhombique et les faces latérales sont d'ordinaire fortement striées.

Densité, 2,78 à 2,85.

II. MICAS FERRO-MAGNÉSIENS. — La *lépidomélane*, à laquelle se rattachent la *ptérolite*, l'*annite* et la *bastonite*, est un mica très-ferrifère et moins riche en magnésie que les précédents; la magnésie est remplacée par du protoxyde de fer. Il se présente en écailles noires, hexagonales, à poussière verte. Il est à axes optiques très-rapprochés.

Densité = 3,0.

Fond au chalumeau en un globule noir magnétique. Facilement décomposé par l'acide chlorhydrique en laissant de la silice en écailles.

III. MICAS POTASSIQUES. — La *muscovite*, syn. *mica proprement dit, phengite* (Kobell), est orthorhombique (angles de 44 à 78°) à axes écartés; les cristaux sont fréquemment maclés parallèlement à *m*, et forment parfois des groupes de 6 individus. Leur éclat est plus ou moins nacré. Ils sont blancs, gris, bruns, vert pâle, violets, jaunes, rarement roses; souvent dichroïques. Ils se rencontrent dans les granites, les gneiss, les micaschistes, etc., dans les sables, quelquefois aussi dans les dolomies et les calcaires métamorphiques, etc. Quelquefois en lames assez grandes pour servir de vitres. Ces micas renferment plus de silice et d'alumine que les précédents, à peu près autant de potasse qu'eux, et souvent une forte proportion d'eau et de fluor. Quand on regarde l'eau comme basique, l'oxygène des bases devient égal à celui de la silice; ils présentent donc le même rapport que la biotite. Le rapport d'oxygène de l'alumine et de la potasse varie entre 1 : 6 et 1 : 12.

Densité, 2,75 à 3,1.

Dans le tube, donne de l'eau; l'eau présente la réaction du fluor et brunit le papier de curcuma. Au chalumeau, fond plus ou moins rapidement en un verre bulleux, gris ou jaunâtre.

La variété très-riche en eau (de 3 à 5 %) est appelée *margarodite ;* elle est plus nacrée, moins transparente et moins élastique que les autres. La *corundophilite*, qui avait été regardée comme une muscovite, paraît être un clinochlore ; il accompagne l'émeri à Chester, Mass.

*L'adamsite*, la *damourite*, et la *fuchsite* se classent ici. Ce dernier minéral est un mica chromifère non magnésien qui est de Zillerthal comme la fuchsite magnésienne.

La *paragonite*, l'*amphilogite* ou *didrimite* et la *pihlite* sont des roches micacées. La première est celle qui renferme au Saint-Gothard la staurotide et le disthène.

La *nacrite* en petites écailles d'un éclat nacré, tendre, d'un toucher onctueux, paraît aussi se rapporter à la muscovite, ou peut-être plutôt à la margarite.

IV. Micas lithifères. — La *lépidolithe* (*lithionite, zinnwaldite, lilalite*) est un mica à base de potasse et de lithine en masses composées de petites écailles rosées ou jaunes, à deux axes très-écartés ; elle fond facilement au chalumeau en colorant la flamme en pourpre ; l'analyse spectrale permet d'y reconnaître la présence, outre la lithine (3 à 6 %), du césium et du rubidium. La proportion de fluor est considérable (jusqu'à 10 %), et introduit une grande incertitude dans l'établissement de la formule. Le rapport de l'oxygène des bases à celui de la silice est de 1 à 1 1/2 environ.

Dureté, 2,5 à 4.

Densité, 2,84 à 3.

Se trouve à Zinnwald (Bohême), Rosena (Moravie,) Altenberg (Saxe), Utö (Suède), Limoges, Chanteloube (Haute-Vienne).

La *cryophyllite* est en masses écailleuses d'un vert sombre par transparence suivant l'axe, et d'un rouge-brun parallèlement au clivage ; elle renferme également de la lithine (4 %), et beaucoup de fer, et offre les mêmes caractères que la lépidolithe. Elle vient du cap Ann (Nouvelle-Écosse).

La *snarumite* est un minéral micacé de Snarum (Norwége), renfermant de la lithine.

V. Appendice. — L'*astrophyllite* renferme une proportion notable d'acide titanique (7 à 9 %), d'oxyde manganeux (10 %), et d'après Pisani 5 % de zircone. Elle ne contient pas de fluor. Cristaux prismatiques ou tabulaires à six faces, très-allongés dans le sens de la petite diagonale, souvent groupés en étoiles, facilement clivables parallèlement à la base, et transparents en lames très-minces. Couleur bronzée ou jaune d'or. Fragile, peu élastique. Trouvé dans le feldspath laminaire de la syénite zirconienne de Brevig (Norwége). Facilement fusible au chalumeau en un globule noir magnétique. Attaqué par l'acide chlorhydrique avec dépôt de silice écailleuse. F. et S.

**MICHAËLITE** (Min.). — Incrustations blanches, nacrées, d'opale commune, de Saint-Michel (Açores).

**MICHAELSONITE** (Min.). — Minéral ressemblant à l'allanite, en aiguilles minces transparentes ou translucides, d'un éclat vitreux, amorphe. Il contient, d'après Michaelson, $SiO^2 = 29,21$ ; $Al^2O^3 = 2,81$ ; $Fe^2O^3 = 6,42$ ; $ZrO^2 = 5,44$ ; $BeO = 4,27$ ; $CeO = 9,79$ ; $(La, Di)O = 15,60$ ; $YO = 1,03$ ; $MgO = 0,45$ ; $CaO = 14,93$ ; $No^2O = 2,45$ ; $H^2O = 5,50$ ; total $= 98,41$.

Dureté, 4 à 5.

Densité, 3,44.

**MICROBROMITE** (Min.). — Variété d'embolite contenant peu de brome.

**MICROCLINE** (Min.). — Orthose chatoyant de la syénite zirconienne de Norwége. D'après Breithaupt, l'angle des clivages différerait d'un tiers de degré de l'angle droit. Ce minéralogiste rapporte au microcline certains autres feldspaths d'Arendal, de l'Oural, de Bodenmais.

**MICROLITHE**. — Voyez Pyrochlore.

**MIDDLETONITE** (Min.). — Résine fossile trouvée en petites couches, ou en masses arrondies de la grosseur d'un pois, aux mines de houille de Middleton, près de Leeds et à Newcastle. Formule brute, $C^{20}H^{22}O$.

Éclat résineux, couleur brune ; transparent en petits fragments. Presque insoluble dans l'alcool et dans l'éther.

Densité, 1,6.

**MIEL**. — Le miel provient des matières sucrées contenues dans le nectaire des fleurs, matières qui, après avoir été absorbées et digérées dans l'estomac de l'abeille ouvrière, sont ensuite regorgées par elles dans des cellules formées de cire dont l'ensemble constitue les rayons ou gâteaux de miel.

Le miel de l'abeille commune (*Apis mellifica*) est surtout formé d'un excès de glucose dextrogyre, mélangé à du sucre de canne et à du sucre interverti. Mais, suivant l'époque où on l'examine, la quantité relative de sucre de canne diminue et celle de sucre interverti augmente sous l'influence d'un ferment spécial et peut-être de l'acide qui contient le miel. Suivant Soubeiran [*Compt. rend.*, t. XXVIII, p. 774, et *Journ. de Chim. et de Pharm.*, t. XVI, p. 252], le sucre incristallisable lévogyre contenu dans le miel a un pouvoir rotatoire trois fois aussi grand que celui du sucre interverti. Le miel contient en outre un ou plusieurs acides libres, des principes aromatiques très-complexes rappelant le parfum des fleurs dont s'est nourrie l'abeille et variant avec chaque pays, un peu de cire, etc. Le miel de Bretagne contient en outre du *couvain*, ferment qui en détermine rapidement la décomposition.

Le miel le plus renommé est celui de Narbonne. Toutefois le miel recueilli aux environs de cette ville a moins de valeur que celui qui vient des montagnes de Corbières situées à 10 ou 15 kilomètres au sud-ouest. Il est blanc, très-grenu, d'un goût agréable et extrêmement aromatique ; cet arome même déplaît à certains palais par sa vivacité. Tout le Languedoc produit un miel estimé. Après le miel de Narbonne, celui du Gâtinais est le plus renommé ; il est blanc généralement, moins aromatique, et son sirop est moins facile à se candir que celui de Narbonne. Tout le monde connaît de réputation le miel du mont Hymette.

Une sorte de guêpe de l'Amérique tropicale, le *Polybia apicipennis*, produit un miel qui, suivant Karsten, dépose du sucre de canne en gros cristaux [*Poggend. Ann.*, t. C, p. 550]. — Une fourmi du Mexique donne un miel qui est presque une solution aqueuse pure et concentrée d'un sucre incristallisable, qui, desséché dans le vide, répond à la formule $C^6H^{14}O^7$. La réaction de ce miel est légèrement acide, et, quand on le distille, il donne une liqueur réduisant les sels d'argent [Wetherill, *Chem. Gaz.*, 1853, p. 72]. A. G.

**MIÉMITE** (Min). — Dolomie en cristaux ou en agrégations fibreuses d'un vert d'asperge pâle, de Miémo (Toscane).

**MIGRATION** des principes immédiats dans les végétaux. — Les feuilles sont le laboratoire de la plante ; c'est dans leurs cellules qu'a lieu la décomposition de l'acide carbonique et de l'eau, la réduction des nitrates, et que les hydrates de carbone et les albuminoïdes prennent naissance ; si ces substances séjournent pendant quelque temps dans les feuilles, elles n'y persistent pas cependant indéfiniment ; dans les plantes herbacées, elles abandonnent successivement les feuilles du bas qui jaunissent et tombent pour s'accumuler dans les feuilles supérieures, puis enfin dans la graine ; la conservation de l'espèce est dès lors assurée, l'individu se flétrit et meurt.

Dans les plantes vivaces, le réceptacle des principes immédiats est non-seulement la graine, mais encore le bois dans lequel on découvre facilement de l'amidon, qui, resorbé au premier printemps, se transforme en glucose, puis en cellulose, pour former les jeunes feuilles à l'aide desquelles la plante va puiser de nouveau dans l'air ses aliments carbonés; enfin, dans certains cas, c'est dans les tiges souterraines, tubercules ou rhizomes, ou même dans les racines, que s'accumulent les principes immédiats élaborés par les feuilles pendant la belle saison.

Les substances minérales se déplacent aussi d'un point de la plante à l'autre; il convient même de commencer l'étude des migrations qui se succèdent dans les végétaux par celle des substances minérales, car la démonstration du fait même de la migration est plus facile pour des substances indestructibles que pour les matières combustibles, qu'on peut supposer se détruire en un point par combustion lente et être formées de nouveau de toutes pièces en un autre point avec l'acide carbonique, l'eau, etc.; cette opinion est certainement difficile à soutenir, car on ne comprendrait pas pourquoi, dans les plantes herbacées, la formation de la graine n'a lieu qu'à la fin de la végétation et non au commencement, si cette graine élaborait elle-même les principes qu'elle renferme et si elle ne bénéficiait pas du travail accompli par les feuilles; mais, sans avoir recours à ce mode de raisonnement, on peut démontrer l'existence de ces migrations en déterminant à diverses époques la composition des cendres des différentes parties de la plante. Leur destruction, puis leur formation, ne saurait être invoquée comme elle l'est pour les principes combustibles, et si nous voyons des phosphates, par exemple, en quantités notables dans les feuilles à un certain moment, puis qu'après avoir constaté leur disparition des feuilles, nous les trouvions ensuite dans les graines, nous serons obligés de convenir qu'ils ont passé de l'une à l'autre.

Or, si on jette les yeux sur le tableau de la page 1453 (t. I) où sont résumées les analyses exécutées par M. le Dr Zœller sur les cendres des feuilles de hêtre, prises à diverses époques, on reconnaîtra que la composition de ces cendres a singulièrement varié du printemps à l'automne et que la potasse et l'acide phosphorique, qui étaient abondants au mois de mai dans les jeunes feuilles, ne se rencontrent plus dans les cendres des feuilles cueillies en octobre.

Ce fait n'est pas isolé, il apparaît avec la plus grande netteté dans les plantes herbacées, quand on a la précaution d'en examiner successivement les organes, il ressort, notamment, très-clairement du mémoire de M. J. Pierre sur le *développement du blé.*

Voici les résultats trouvés pour la quantité d'acide phosphorique contenue dans les feuilles à diverses époques du développement de la plante.

PROPORTION D'ACIDE PHOSPHORIQUE PAR KILOGRAMME DE MATIÈRE SÈCHE.

| Désignation des parties. | 11 mai. | 8 Juin. | 22 Juin. | 6 Juillet. | 25 Juillet. |
|---|---|---|---|---|---|
| Troisièmes feuilles.. | 6.63 | 3.51 | 2.64 | 2.90 | 3.33 |
| Quatrièmes feuilles. | 5.68 | 2.57 | 3.06 | 1.99 | 2.34 |
| Cinquièmes feuilles. | 5.66 | 2.67 | 3.31 | 1.48 | 1.14 |

La diminution est donc bien sensible, et elle l'est encore plus qu'elle ne le paraît dans les nombres précédents; en effet, au 25 juillet, les feuilles ont non-seulement perdu de l'acide phosphorique, mais aussi du glucose qui s'est transformé d'abord en sucre de canne, puis s'est condensé dans la graine sous forme d'amidon, de l'albumine qui est devenu du gluten, et on conçoit que si la perte de matières organiques subie par la plante est plus grande que la perte de matières minérales celle-ci ne soit pas sensible quand on présente les résultats, comme nous l'avons fait plus haut, bien que cette perte cependant soit très-réelle.

C'est ce que M. I. Pierre a très-bien fait voir en comparant la quantité d'acide phosphorique contenue dans les épis et dans les feuilles développées, sur un hectare, à diverses périodes de la végétation.

POIDS TOTAL D'ACIDE PHOSPHORIQUE PAR HECTARE.

| Désignation des parties. | 11 Mai. | 3 Juin. | 22 Juin. | 6 Juillet. | 25 Juillet. |
|---|---|---|---|---|---|
| Épis pleins......... | » | 2k43 | 4k33 | 8k31 | 10k88 |
| Troisièmes feuilles.. | 1.90 | 0 59 | 1 05 | 0 85 | 0 86 |
| Quatrièmes feuilles.. | 1.42 | 0 97 | 0 72 | 0 34 | 0 40 |
| Cinquièmes feuilles. | 0.86 | 0 67 | 0 16 | 0 05 | 0 05 |

Le transport est donc ici bien certain; l'épi a gagné ce que les feuilles ont perdu.

Les mêmes faits se reproduisent pour la migration de l'acide phosphorique dans le colza [Mémoire de M. I. Pierre, *Ann. de Chim. et de Phys.*, t. LX, p. 129, 1860].

Nous donnerons deux des tableaux dans lesquels cette migration apparait avec le plus d'évidence.

ACIDE PHOSPHORIQUE CONTENU DANS LA RÉCOLTE DE COLZA OBTENUE D'UN HECTARE.

| ÉPOQUES des observations | RACINES. | TIGES effeuillées et étêtées | SOMMITÉS DES rameaux avec fleurs ou siliques. | FEUILLES VERTES. | FEUILLES MORTES. | RÉCOLTE ENTIÈRE. |
|---|---|---|---|---|---|---|
| 1859 | | | | | | |
| 22 mars..... | 7k67 | 9k59 | 3k77 | 17k56 | » | 27k59 |
| 2 avril..... | 8 00 | 14 61 | 5 09 | 15 65 | 1k58 | 44 96 |
| 6 mai...... | 10 35 | 31 14 | 23 23 | 12 06 | 6 53 | 83 31 |
| 6 juin..... | 8 30 | 14 50 | 47 34 | 0 84 | 0 95 | 71 93 |
| 20 juin..... | 8 32 | 10 45 | 64 66 | » | » | 83 43 |

Dans le tableau suivant, le fait de la migration est encore, s'il est possible, plus nettement établi.

ALIQUOTE PAR KILOGRAMME D'ACIDE PHOSPHORIQUE IMPUTABLE A CHACUNE DES PARTIES DE LA PLANTE.

| ÉPOQUES des observations. | RACINES. | TIGES effeuillées et étêtées. | SOMMITÉS DES rameaux avec fleurs ou siliques. | FEUILLES VERTES. | FEUILLES MORTES. | PLANTE ENTIÈRE. |
|---|---|---|---|---|---|---|
| 1859. | | | | | | |
| 22 mars..... | 199 | 248 | 97 | 456 | » | 1000 |
| 2 avril..... | 178 | 326 | 113 | 348 | 35 | 1000 |
| 6 mai...... | 124 | 374 | 279 | 145 | 78 | 1000 |
| 6 juin...... | 115 | 202 | 658 | 12 | 13 | 1000 |
| 29 juin...... | 100 | 125 | 775 | » | » | 1000 |

Les commentaires sont inutiles; il est bien évident que, tandis que, sur 1 kilogr. d'acide phosphorique contenu dans la plante le 22 mars, les feuilles en avaient 456 et les tiges ajoutées aux sommités des rameaux 345, au 6 juin les feuilles en contenaient 25 grammes et le haut des tiges et les sommités des rameaux 860 grammes; il est donc certain que l'acide phosphorique a passé d'un point de la plante à l'autre.

M. Garreau a fait en 1859 des observations dans le même sens que les précédentes; il a reconnu que les cendres des axes et des jeunes feuilles des bourgeons sont riches en acide phosphorique au premier printemps, mais qu'au contraire les tiges herbacées après maturation des graines donnent des cendres qui n'en renferment plus que de faibles proportions.

Les mêmes faits s'observent pour les pois; M. Corenwinder a trouvé dans de jeunes tiges de 7 centimètres de hauteur 27,66 d'acide phosphorique pour 100 de cendres, et après maturité des graines il a trouvé dans les cendres des tiges sèches, acide phosphorique 4,44 %.

Dans les cendres de jeunes fèves dont les deux premières feuilles seulement étaient épanouies, il a trouvé 24,62 % d'acide phosphorique et seulement des traces dans les tiges après maturité des graines.

La migration de l'acide phosphorique, son transport d'un organe à l'autre, n'est donc pas douteuse; on pourrait citer des faits tout aussi concluants relativement à la migration de la potasse, car en général il ne reste dans les vieilles feuilles que les éléments minéraux solubles dans l'eau chargée d'acide carbonique, mais insolubles dans l'eau pure, qui s'y sont déposés par l'évaporation ou la décomposition de l'acide carbonique. C'est ce qui apparaît notamment dans les analyses du Dr Zœller.

*Migration des principes organiques.* — Il y a longtemps que les cultivateurs ont observé que, lorsqu'on laisse monter un fourrage en graine pour récolter celle-ci séparément, il a une valeur nutritive beaucoup moindre que s'il avait été consommé avant la production et la maturation des graines : cette ancienne observation de la pratique se trouve justifiée par les travaux récents sur la maturation du blé et du colza de M. I. Pierre, que nous citons plus haut.

Dans le travail sur le colza [*Ann. de Chim. et de Phys.*, 3e série, 1860, t. LX, 129] M. Isidore Pierre donne plusieurs tableaux indiquant la quantité d'azote contenue dans les diverses parties de la plante, à l'état vert et à l'état sec; mais le fait du transport des matières azotées pendant la durée de la végétation est mis plus complétement en lumière dans le tableau suivant, où nous voyons l'azote, d'abord contenu en plus grande quantité dans les feuilles et les racines, les abandonner pour s'accumuler dans les sommités des rameaux.

ALIQUOTE PAR KILOGRAMME D'AZOTE TOTAL, IMPUTABLE AUX DIVERSES PARTIES DE LA PLANTE.

| ÉPOQUES des observations. | RACINES. | TIGES effeuillées et étêtées | SOMMITÉS DES rameaux avec fleurs ou siliques. | FEUILLES VERTES. | FEUILLES MORTES. | TOTAL. |
|---|---|---|---|---|---|---|
| 1859. | | | | | | |
| 22 mars..... | 117gr | 210 | 135 | 538 | » | 1000 |
| 2 avril..... | 116 | 233 | 174 | 451 | 26 | 1000 |
| 6 mai..... | 74 | 272 | 378 | 199 | 77 | 1000 |
| 6 juin...... | 61 | 183 | 688 | 13 | 55 | 1000 |
| 20 juin...... | 51 | 114 | 835 | » | » | » |

« On remarquera, dit M. Pierre, que les sommités des rameaux, au moment de la maturité, contiennent plus des quatre cinquièmes de l'azote de la récolte entière. »

Dans le tableau suivant, nous voyons la quantité d'azote contenue dans la récolte totale d'un hectare atteindre un certain maximum, puis retomber à un chiffre un peu plus bas; mais nous voyons encore tous les organes s'appauvrir peu à peu aux dépens de la sommité des rameaux avec fleurs ou siliques.

AZOTE COMBINÉ RENFERMÉ DANS LA RÉCOLTE PRODUITE PAR UN HECTARE.

| ÉPOQUES des observations. | RACINES. | TIGES effeuillées et étêtées | SOMMITÉS DES rameaux avec fleurs ou siliques. | FEUILLES VERTES. | FEUILLES MORTES. | RÉCOLTE ENTIÈRE. |
|---|---|---|---|---|---|---|
| 1859. | | | | | | |
| 22 mars.... | 10k28 | 18k42 | 11k84 | 47k30 | » | 87k84 |
| 2 avril.... | 10 86 | 21 75 | 16 26 | 42 02 | 2k33 | 93 22 |
| 6 mai..... | 9 78 | 35 83 | 49 63 | 26 16 | 10 07 | 181 40 |
| 6 juin..... | 7 53 | 22 69 | 85 52 | 1 60 | 6 86 | 124 19 |
| 20 juin..... | 5 96 | 13 41 | 99 77 | » | » | 117 11 |

Si enfin nous comparons à ces nombres ceux que renferme le tableau de la page 431, nous verrons que le transport de la matière azotée est bien évident, puisque la matière sèche augmente notamment dans la racine, tandis que la matière azotée y diminue.

Dans les tiges étêtées dépouillées de leurs feuilles, la quantité totale d'azote augmente jusqu'à l'époque de la formation des graines, puis diminue ensuite et tombe au-dessous de la quantité qui s'y trouvait au moment de la première observation, tandis que le poids de la matière sèche triple dans le même laps de temps.

Les sommités des rameaux seules offrent un accroissement constant et toujours considérable depuis la première jusqu'à la dernière observation.

Si dans la récolte entière on voit, à partir de l'observation du 6 mai, la quantité totale d'azote diminuer, il est naturel de l'attribuer à ce que, dans les dernières observations, une partie des feuilles mortes ont disparu et n'ont pu être recueillies.

« Il est curieux de voir qu'en négligeant dans l'observation du 6 juin la quantité d'azote contenue dans les feuilles mortes, on retrouve exactement la même quantité totale d'azote dans la récolte du 6 juin et dans celle du 20 juin, malgré les grandes différences que l'on observe dans les différentes parties, ce qui semble indiquer qu'à partir de la première de ces deux époques les principes azotés de l'organisme de la plante, abstraction faite des transformations qu'ils y peuvent encore subir, n'éprouvent plus d'accroissement important, mais obéissent à une action qui tend à les entraîner de la base de la plante vers la partie supérieure. »

Nous extrayons encore du remarquable travail de M. I. Pierre le tableau suivant, dans lequel nous voyons la matière sèche d'abord contenue pour moitié dans les feuilles arriver ensuite aux tiges et aux sommités des rameaux.

MATIÈRE SÈCHE PRODUITE SUR UN HECTARE.

| DATES des observations. | RACINES. | TIGES effeuillées et étêtées | SOMMITÉS DES rameaux avec fleurs ou siliques. | FEUILLES VERTES. | FEUILLES MORTES. | RÉCOLTE ENTIÈRE. |
|---|---|---|---|---|---|---|
| 1859. | | | | | | |
| 22 mars..... | 810k | 943k | 208k | 1745k | » | 3712k |
| 2 avril. ... | 898 | 1810 | 323 | 1610 | 150k | 4291 |
| 6 mai...... | 1285 | 3861 | 1493 | 911 | 907 | 8457 |
| 6 juin...... | 1156 | 3278 | 1887 | 66 | 814 | 9201 |
| 20 juin...... | 1189 | 2987 | 5018 | » | » | 9194 |

*Migrations des matières organiques dans le blé.* — Les conclusions du travail du savant doyen de la Faculté des Sciences de Caen ont une telle importance, que nous les reproduisons en entier [*Recherches expérimentales sur le développement du blé*, 1866].

1° Quinze ou vingt jours au moins avant la moisson, le poids total de la récolte, prise en masse et dans son ensemble, cesse d'augmenter.

2° Pendant ces quinze à vingt derniers jours, l'épi emprunte aux différentes parties de la tige qui le supporte à peu près tout l'accroissement de poids qu'il éprouve.

3° Il semble résulter de là que, plusieurs semaines avant la moisson, la vie de la plante est une vie tout intérieure dans laquelle l'intervention du sol et en général des agents extérieurs doit être peu importante (1); que la plante doit contenir alors toute sa provision de substance et que les derniers efforts de la vie végétative ne semblent plus avoir alors d'autre but et d'autre effet qu'un complément d'élaboration et une répartition différente des principes nutritifs de la plante principalement au profit de la graine.

4° Dans les feuilles considérées à part et toutes ensemble, la diminution de poids quelle qu'en soit l'explication, paraît commencer environ quatre semaines avant la moisson.

5° Une diminution analogue se manifeste également dans les entre nœuds supérieurs dépouillés de leurs feuilles.

Quant aux migrations de l'azote, voici à quels résultats ont conduit les nombreux dosages exécutés.

« La proportion d'azote contenue dans 1 kilogramme de chacune des parties de la plante éprouve une diminution graduelle et rapide à mesure que la plante avance vers la maturité (les épis pleins et complets forment une exception sur laquelle nous reviendrons plus loin).

« Si, au lieu de suivre une même subdivision de la plante aux diverses époques successives d'observations, nous comparons, à une même époque quelconque, les subdivisions de même nature, soit les diver es feuilles entre elles, soit les nœuds entre eux, soit les entre-nœuds en descendant du sommet d la plante vers la base, nous observons également une diminution progressive de richesse dans les entre-nœuds successifs, aussi bien que dans les feuilles et dans les nœuds, en sorte que les parties ayant terminé le plus anciennement leur développement sont toujours les plus pauvres en azote.

« Cet appauvrissement ne peut pas être attribué uniquement, comme on pourrait être tenté de le faire, à une augmentation du poids des parties, augmentation par suite de laquelle la même quantité d'azote, répartie entre un plus grand nombre de kilogrammes, en fournirait naturellement moins à chacun d'eux; en effet, le poids total des feuilles, celui des nœuds et celui des entre-nœuds, éprouvent eux-mêmes, pendant les quatre dernières semaines qui précèdent l'époque de la moisson, une très-notable diminution.

« C'est surtout l'absorption due au développement de l'épi qui est la principale cause de l'appauvrissement que nous venons de signaler dans les autres parties. »

*Poids total de l'azote.* — Pendant le dernier mois, certaines parties en ont perdu les trois quarts de ce qu'elles en contenaient auparavant, principalement les parties supérieures, les plus jeunes, celles dans lesquelles les phénomènes de la vie s'accomplissent avec le plus d'activité (1).

Mais tandis que les autres parties de la plante perdent ainsi la majeure partie de leur azote, l'épi en gagne énormément pendant le même temps (dans les expériences exécutées par M. I. Pierre en 1864, il en a gagné pendant le dernier mois environ 200 %). C'est donc par suite d'un phénomène de transport vers l'épi que le reste de la plante perd dans les dernières semaines les deux tiers de son azote. Le poids total de l'azote contenu dans la récolte entière (épis compris) paraît atteindre son maximum environ un mois avant la maturité du blé. Le poids total de l'azote contenu dans la totalité des feuilles ou dans la totalité des tiges nues, après avoir progressé jusqu'après la floraison, commence à décroître ensuite d'une manière continue plus de six semaines avant la moisson.

A ces résultats si nets et si précis, nous pourrions ajouter ceux que nous ont donnés nos recherches sur la migration des principes hydrocarbonés; mais nous préférons ne les résumer que lorsque nous aurons étudié les causes mêmes de cette migration.

MÉCANISME DE LA MIGRATION DANS LES VÉGÉTAUX HERBACÉS. — Les faits précédents établissent nettement que les principes immédiats formés dans un des organes de la plante n'y persistent pas indéfiniment, mais abandonnent cet organe pour pénétrer dans un autre; la feuille, ainsi que nous l'avons dit plus haut, nous apparaît donc comme le laboratoire dans lequel prennent naissance les principes immédiats, et sans doute aussi comme le réservoir dans lequel ils séjournent provisoirement pour arriver enfin jusqu'à la graine.

Toutefois, si les considérations précédentes établissent nettement le fait de la migration, elles n'indiquent en aucune façon le mécanisme de celle-ci, et nous devons nous efforcer de le découvrir.

Il est dû, pour nous, à la différence de puissance évaporatoire des feuilles dans le jeune âge et à une époque plus avancée de leur maturité.

Nous avons reconnu, en effet, que les feuilles du bas des tiges de seigle évaporaient dans le même temps et à la même lumière une quantité d'eau infiniment plus faible que les feuilles du haut, la différence pouvant aller du simple au double; nous avons reconnu le même fait dans les feuilles de maïs, et il n'y a aucune raison pour qu'il n'en soit pas ainsi dans toutes les plantes herbacées. C'est de cette différence d'évaporation que nous voulons tirer l'explication du transport des principes immédiats des feuilles du pied à celles du sommet, et nous aurons recours, pour éclaircir la question, à une expérience exécutée à l'aide d'appareils de laboratoire.

Dans un flacon renfermant une petite quantité d'eau, plongent deux mèches de coton assujetties dans des tubes de verre : l'une est imprégnée de sulfate de cuivre, et son extrémité supérieure s'épanouit librement à l'air; l'autre a été trempée dans une dissolution de ferrocyanure de potassium, et son extrémité est enfermée dans un tube d'essai dont l'atmosphère, bientôt saturée de vapeur d'eau, empêche toute évaporation. Il n'en est pas de même pour la mèche à sulfate de cuivre : elle évapore constamment; après quelques jours, une partie importante du sulfate de cuivre qu'elle renfermait est venue cristalliser à son extrémité, et un peu plus tard de larges taches brunes produites par la réaction du ferrocyanure de potassium sur le sulfate de cuivre annoncent que le sel soluble contenu dans la mèche A, appelé par le courant ascensionnel que détermine l'évaporation de B, a quitté la mèche dans laquelle il avait été

(1) Nous verrons plus loin que nous différons ici d'opinion avec M. I. Pierre et que c'est, pour nous, sous l'influence de l'évaporation déterminée par la lumière qu'a lieu le transport des éléments dans la plante.

(1) Les épis ne sont pas compris dans cette appréciation.

placé ; il s'est transporté au travers de l'eau jusqu'à la mèche où l'évaporation est active.

La différence d'évaporation a donc suffi pour déterminer dans cet appareil un mouvement analo-

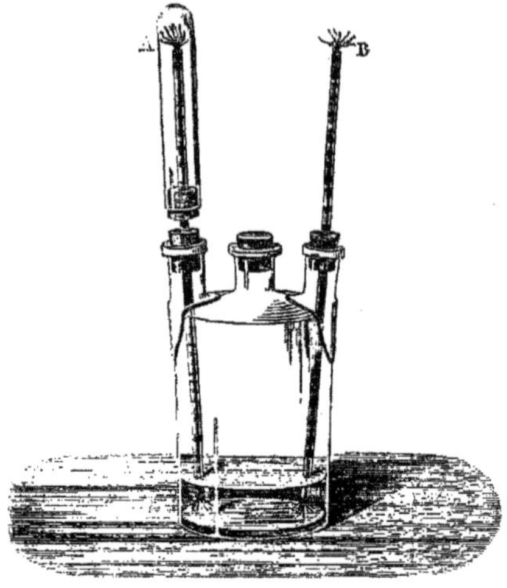


Fig. 421.

gue à celui qui a lieu dans le végétal gorgé d'eau, lorsque l'évaporation, activée par la lumière éclatante des longues journées d'été, lance dans l'air les quantités énormes d'eau que nous avons signalées dans les paragraphes précédents.

Quand le sol se dessèche, durcit, que son humidité s'épuise, les jeunes feuilles ne peuvent suffire à leur dépense incessante qu'en puisant l'eau de tous côtés ; c'est alors qu'elles dépouillent les feuilles plus anciennes, dans lesquelles cette fonction est déjà affaiblie, de l'eau qu'elles renferment et des principes que celle-ci tient en dissolution ; c'est alors aussi que la maturation s'avance.

Dans les régions septentrionales l'été est court, mais les jours y sont d'une grande longueur, et, l'évaporation fonctionnant plus activement que dans les régions où le soleil ne reste pas aussi longtemps au-dessus de l'horizon, les plantes accomplissent en un temps plus court leur cycle de végétation.

Quand les années sont sèches, que le soleil se montre chaque jour avec une implacable sérénité, l'évaporation est trop active et les récoltes ne sont pas aussi abondantes que dans les années où la lumière est moins éclatante ; pendant cette année 1870, les mois de mai et de juin ont été presque constamment beaux et la végétation a été trop hâtée. L'avoine, à Grignon, avait à peine la moitié de sa hauteur ordinaire, et on conçoit que les feuilles ont vécu trop vite, qu'elles ont été desséchées trop tôt par une évaporation trop active et qu'elles n'ont pu former, pendant leur vie de courte durée, la même quantité de principes immédiats que si elles avaient fonctionné pendant un temps plus prolongé.

Si, au contraire, le temps est couvert, que la pluie soit fréquente, et que la terre soit gorgée d'eau, alors tout s'arrête, le transport n'a pas lieu; les feuilles, en effet, dans ce cas, trouvent dans le sol des quantités d'eau notables ; les plus jeunes n'enlèvent pas aux plus anciennes l'eau qu'elles évaporent, et on ne voit plus les principes immédiats émigrer d'un organe à l'autre pour venir s'accumuler dans le haut des tiges. Ce sont là les saisons, comme chacun sait, favorables aux herbages, mais non à la culture des plantes dont on veut obtenir des graines.

Ainsi, d'après nous, l'évaporation, plus rapide chez les jeunes feuilles que chez les anciennes, est la cause déterminante du mouvement des principes immédiats nécessaires à la maturation, et, comme cette évaporation est produite par la lumière et non par la chaleur, on conçoit que deux années également chaudes pourront être inégalement favorables à la végétation si elles sont inégalement lumineuses.

*Métamorphoses des principes immédiats dans les plantes herbacées.* — Nous avons vu déjà que la glucose paraissait être le premier principe formé par les feuilles dans les premiers temps de la végétation, et qu'il était probable qu'elle prenait naissance par l'union directe de l'oxyde de carbone et de l'hydrogène ; avec le tannin, elle forme la plus grande partie de la matière ternaire, soluble au premier printemps, dans les feuilles de blé.

C'est ce que démontre l'analyse suivante des feuilles de blé recueillies le 25 mars :

| | |
|---|---|
| Eau............................ | 72,30 |
| Matière azotée totale............ | 6,14 |
| Glucose......................... | 3,10 |
| Tanin........................... | 2,30 |
| Matière verte soluble dans l'alcool. | 2,50 |
| Cendres......................... | 2,50 |
| Cellulose par différence (1)....... | 11,16 |
| | 100,00 |

Une grande partie de l'albumine étant soluble dans l'eau, il est facile de s'assurer qu'il en est habituellement ainsi en faisant, au printemps, un extrait des feuilles et en le portant à l'ébullition : on voit se produire un abondant précipité qui entraîne habituellement la matière verte. Si on continue l'examen du blé vers la fin du mois de juin, quand les feuilles qui se sont développées les premières commencent à jaunir, il se produit une métamorphose importante, la glucose disparaît peu à peu et, au contraire, on voit apparaître du sucre de canne.

Il semble que, tant que la plante forme de nouveaux organes qui exigent pour leur formation de la cellulose, la glucose soit le seul hydrate de carbone qu'on rencontre, mais que plus tard au contraire, quand la maturité avance et que la plante commence à former ses grains, ce soit le sucre de canne qui se produise.

Le 1er juillet 1869, on a prélevé simultanément dans un champ de blé des feuilles au bas de la tige, des feuilles en haut de la tige, et on a analysé également le haut des tiges et enfin les grains eux-mêmes. Voici les résultats obtenus :

ANALYSE DU FROMENT RÉCOLTÉ DU 1er JUILLET 1869.

| | Feuilles du bas. | Feuilles du haut. | Haut des tiges. | Grains. |
|---|---|---|---|---|
| Eau.......... | 78,1 | 85,1 | 84,8 | 86,5 |
| Sucre de canne | 1,9 | 4,1 | 4,2 | 0,2 |
| Glucose...... | 0,6 | 1,8 | 0,6 | 3,6 |
| Amidon...... | » | » | » | 4,6 |

(1) En dosant la cellulose à l'aide du réactif de Schweizer, on a trouvé 12,34. Il y aurait donc des éléments dosés trop haut; mais les personnes qui ont eu occasion de faire des recherches de ce genre savent qu'il est difficile d'arriver tout à fait exactement, d'autant plus que la matière verte soluble dans l'alcool est en partie azotée et qu'elle est comptée, dans l'analyse précédente, comme matière azotée et comme matière verte, et qu'elle force ainsi un peu les nombres.

On reconnait qu'à cette époque, dans les organes autrefois si riches en glucose, il n'existe plus que du sucre de canne, ou que la glucose y a singulièrement diminué, mais qu'elle reparait en partie dans les grains. Dans ceux-ci, au contraire, on ne trouve guère de sucre de canne.

Le fait n'est pas particulier au froment. On trouve dans le maïs des faits tout à fait analogues, qui ont été observés depuis longtemps et notamment par E. Pallas en 1817; en examinant des feuilles et des tiges de maïs avant la maturité des grains, on a trouvé dans 100 p. de matière sèche, 7 p. de glucose et des traces à peine sensibles de sucre dans les feuilles, et au même moment des traces de glucose dans les tiges et 27 °/₀ de sucre dans 100 p. de tiges sèches.

Quand l'amidon apparaît dans l'épi, le sucre devient moins abondant dans les tiges et finit par disparaître complétement; il suffit de mâcher des tiges encore vertes de maïs, de froment ou de seigle, quelque temps avant la maturité ou quand celle-ci a eu lieu, pour rester convaincu de cette disparition du sucre de canne au moment où l'amidon se rencontre dans les grains.

On sait encore que le sucre de canne, tenu en réserve pendant l'hiver dans la betterave, disparait au printemps au moment où la plante se développe, et il est vraisemblable qu'une partie du sucre disparu a été employée à la fabrication de l'amidon qu'on trouve dans la graine.

Le sucre de canne nous paraît donc être un produit intermédiaire entre la glucose et l'amidon; la glucose, formée directement dans les feuilles par l'union de l'oxyde de carbone et de l'hydrogène, donnerait en s'unissant à lui, même sous l'influence de la chaleur solaire, le sucre de canne avec élimination d'eau, comme deux molécules d'alcool réagissant l'une sur l'autre pour former de l'éther :

$$\underset{\text{Glucose.}}{C^6H^{12}O^6} + \underset{\text{Glucose.}}{C^6H^{12}O^6} = \underset{\text{Sucre de canne.}}{C^{12}H^{22}O^{11}} + \underset{\text{Eau.}}{H^2O}.$$

Le sucre de canne enfin pourrait se transformer plus ou moins rapidement en amidon; dans quelques plantes, la transformation serait assez lente pour que l'extraction soit facile, et la betterave, plante bisannuelle, qui, semée tardivement, ne peut la première année qu'accumuler les éléments nécessaires à la formation de la graine et ne les utilise que l'année suivante, est particulièrement favorable à cette extraction.

Dans les céréales, au contraire, la transformation est très-rapide et le sucre de canne n'est qu'une forme transitoire; il est vraisemblable qu'en agissant sur une nouvelle quantité de glucose, le sucre de canne s'unit à lui avec élimination d'eau pour fournir une matière encore plus complexe, $C^{18}H^{30}O^{15}$, l'amidon.

L'idée que ces différents corps peuvent dériver les uns des autres n'est pas absolument nouvelle. C'est ainsi que Gerhardt avait admis depuis longtemps que le sucre de canne dérive de la glucose, et que M. Berthelot, en étendant cette idée, supposait l'amidon formé par l'union du sucre de canne et de la glucose [*Leçons professées devant la Société chimique* en 1862]; mais jusqu'à présent le travail du laboratoire a été impuissant à reproduire ces métamorphoses, et on n'a pas de procédé pour passer du glucose au sucre et à l'amidon; il est donc intéressant de voir ici l'observation attentive des faits démontrer que les choses se passent dans les végétaux comme l'avait prévu une théorie éclairée (¹).

**Accumulation dans les graines des matériaux formés dans les feuilles. — Maturation des céréales.** — Quand on examine les feuilles et les tiges de blé ou de seigle, après que la maturation a eu lieu, on n'y rencontre plus aucun des principes immédiats, ou si on les trouve encore, c'est en très-faible quantité. Les analyses de paille montrent que les matières azotées solubles n'y sont qu'en petite quantité, et que les principes sucrés ont eux-mêmes disparu, en même temps les phosphates et la potasse ont émigré; les nombreuses expériences de M. I. Pierre donnent la netteté d'une observation régulière à un fait observé depuis longtemps.

Toutefois, s'il n'est pas douteux que c'est aux dépens des feuilles et des tiges que l'épi se nourrit, s'il est démontré que, pendant les derniers jours de sa vie, la plante herbacée ne prend plus rien au sol ou à l'air, mais accumule seulement dans sa graine les principes déjà élaborés, on n'avait pas, avant nos travaux, indiqué quel est le mécanisme de cette accumulation.

Pour le faire comprendre, remarquons que, dans les graines des céréales au moins, tous les éléments sont insolubles; l'on y trouve, en effet, surtout de l'amidon et du gluten, l'un et l'autre insolubles dans l'eau; c'est de cette insolubilité que nous allons tirer l'explication de l'accumulation.

Essayons encore de reproduire, dans un appareil inerte, les phénomènes de transport dont nous voulons donner l'explication et rappelons pour cela une expérience déjà citée : dans un vase poreux de porcelaine dégourdie, semblable à ceux dont on fait usage dans la pile de Bunsen, plaçons de l'eau distillée, puis immergeons ce vase dans un verre renfermant une solution de sulfate de cuivre, et nous ne tarderons pas à reconnaître que ce sel, se diffusant au travers de la paroi poreuse, a pénétré dans le vase intérieur. A ce moment, ajoutons dans celui-ci quelques gouttes d'eau de baryte, qui détermine la précipitation du sel intérieur et détruit l'égale concentration des liqueurs des deux côtés de la paroi poreuse que la diffusion tendait à établir. Aussitôt que la précipitation a eu lieu et que l'équilibre est rompu, une nouvelle quantité de sulfate de cuivre pénètre dans le vase poreux; il y est précipité de nouveau par l'addition de l'eau de baryte, et l'on conçoit qu'en renouvelant plusieurs fois ces précipitations, on puisse faire pénétrer dans le vase poreux tout le sulfate de cuivre de la solution extérieure par cette seule raison que, dans ce vase, ses éléments deviennent insolubles.

Ainsi quand, dans un système gorgé de liquide, il est un point où les éléments dissous deviennent insolubles, ils s'acheminent vers ce point et s'y accumulent.

(1) Un physiologiste distingué, M. J. Sachs, professe que l'amidon se forme presque toujours en même temps que la chlorophylle qu'il accompagne habituellement; toutefois il n'affirme pas que l'amidon soit le premier produit formé. Il s'exprime en effet dans les termes suivants : « Lorsque j'ai dit que l'amidon était un des premiers produits de l'assimilation dans la chlorophylle, je n'ai pas voulu prétendre que les molécules d'eau et d'acide carbonique produisissent directement de l'amidon après l'élimination d'oxygène. Il y a probablement, au contraire, entre ces deux points extrêmes une longue série de modifications et de transformations chimiques compliquées. » [*Phys. végét.*, trad. Micheli, p. 356.] Il est probable que dans les plantes étudiées par M. Sachs les feuilles renferment de l'amidon; mais je puis affirmer l'avoir cherché sans succès dans les plantes herbacées que j'ai étudiées; sans doute on le trouve dans les tiges des pommes de terre comme dans le bois d'un grand nombre d'arbres; mais quand on le recherche au microscope ou par l'analyse dans les feuilles des graminées, on ne peut l'y découvrir, tandis que les réactifs accusent immédiatement la présence du glucose. Il y a donc entre M. Sachs et nous cette différence d'opinion, que nous considérons que l'ordre dans lequel les principes hydrocarbonés apparaissent est : glucose, sucre de canne, amidon, tandis que, sans l'affirmer, M. Sachs paraît croire que l'amidon est le premier hydrate de carbone bien défini qui apparaisse dans les cellules à chlorophylle.

Or nous avons vu que, dans la graine, les principes immédiats sont insolubles; c'est donc dans la graine qu'ils doivent s'accumuler. Le végétal est, en effet, gorgé d'eau et les phénomènes de diffusion doivent s'y produire comme dans l'appareil précédent. Au moment où l'ovaire apparaît, une petite quantité des principes qui existent dans la tige et dans les feuilles y pénètre; mais, par suite d'une transformation dont nous ignorons encore le mécanisme, ces principes y deviennent insolubles, et l'eau qui existe dans ce jeune organe ne renferme plus les principes immédiats en aussi grande quantité que l'eau extérieure; l'équilibre tend donc à s'établir de nouveau; un afflux de ces matières solubles pénètre dans l'ovaire, y devient insoluble, et un courant régulier ne tarde pas à s'établir, qui amène tous les éléments solubles et détermine leur accumulation au point même où ils deviennent insolubles (1).

Ce travail peut s'accomplir sans que l'eau du végétal se déplace; il est donc essentiellement différent de celui qui avait déterminé le transport des principes immédiats d'une fécule à l'autre; il peut avoir lieu quand la plante est séparée de ses racines et il justifie la pratique assez répandue de moissonner avant une maturité complète.

MATURATION DE QUELQUES AUTRES PLANTES HERBACÉES. — L'explication que nous venons de donner de la maturation du blé, de l'avoine, du seigle, de l'orge, du maïs, en un mot, de toutes les plantes herbacées dans lesquelles les éléments contenus dans les graines sont insolubles, ne s'étend pas aux plantes qui portent des semences dont les éléments sont encore solubles; c'est ainsi que dans les pois, les haricots, on rencontre une matière azotée soluble, la légumine, et nous ne comprenons plus aussi bien le mécanisme de son accumulation; il est possible cependant que ce soit sous forme insoluble que la matière azotée s'est accumulée dans le grain, et que seulement après son arrivée elle se soit transformée en légumine soluble. Quant aux graines oléagineuses, il ne nous a pas été possible jusqu'à présent de suivre complétement leur maturation. Nous indiquerons cependant les points que nos études nous ont permis d'éclaircir.

On trouve dans les jeunes feuilles de colza ou de radis des quantités sensibles de glucose comme dans les plantes étudiées précédemment, puis, quand les fleurs apparaissent, la métamorphose du glucose en sucre de canne a lieu. Enfin quand la plante mûrit, que les graines apparaissent, la glucose disparaît à peu près entièrement des feuilles; mais on en trouve toujours une certaine quantité dans la graine où l'on rencontre en même temps de l'amidon. C'est ainsi que, le 4 juin, on a trouvé dans les feuilles de colza :

| | |
|---|---|
| Eau | 85,7 |
| Sucre | 3,1 |
| Glucose | 0,7 |

et dans les graines :

| | |
|---|---|
| Eau | 84,5 |
| Glucose et dextrine | 5,7 |
| Amidon | 2,5 |

(1) Nous trouvons cette idée développée dans la physiologie végétale de M. Sachs, et on pourrait croire que nous la lui avons empruntée; ce serait une erreur : nous avons indiqué que la raison de l'accumulation des matières azotées et des phosphates dans les graines était due à l'insolubilité qu'ils y acquièrent, dans l'Annuaire de 1867, page 408; or cet ouvrage, paru dans les premiers jours de 1867, a été écrit en 1866, et l'introduction du livre de M. Sachs est de 1868; il nous était inconnu avant la traduction du livre de M. Micheli. Il est donc certain que M. Sachs et moi nous sommes rencontrés sur cette interprétation, et, en même temps que c'est un honneur pour moi, c'est peut-être aussi la preuve que cette interprétation est exacte.

On ne trouve dans les grains, à cette époque, aucune trace de matière grasse, le contenu du grain paraît d'abord tout à fait liquide et on y distingue aisément au microscope les globules d'amidon; mais bientôt ceux-ci disparaissent à mesure que l'embryon s'étend et occupe une place de plus en plus grande. Il semble que, dans ce cas, on ait assisté à la transformation de l'amidon en cellulose, probablement en passant par la dextrine, ainsi qu'on le remarque souvent; ce qu'on peut au moins certifier, c'est que, contrairement à ce qui a lieu pour les graines amylacées où l'amidon persiste, dans les graines oléagineuses l'amidon n'a qu'une durée bien éphémère et qu'il est bientôt remplacé par un embryon très-vivement coloré en vert; c'est seulement au moment où l'embryon est formé qu'on peut dissoudre à l'aide de l'éther un peu de matière grasse, et, quand la graine est mûre et qu'elle renferme une quantité notable de matière grasse, la coloration verte de l'embryon est remplacée par une coloration jaune; il n'y a aucune preuve que la matière grasse provienne de la matière verte qui a disparu: on peut seulement dire que, dans les graines de radis et de colza, ces deux matières se succèdent.

En 1870, la récolte de colza a manqué absolument à l'école de Grignon, de telle sorte que nous n'avons pas eu les éléments pour poursuivre ce travail d'une façon complète.

Si, dans les crucifères, l'apparition de la matière grasse coïncide avec la disparition de la matière verte, il n'en est pas ainsi dans nombre d'autres plantes où la matière grasse prend naissance dans un embryon incolore, ainsi qu'on peut le constater dans les amandes, les noix, les noisettes, etc.; sur ce sujet nous n'avons encore que des renseignements très-incomplets, toutefois nous devons signaler un travail important de M. de Luca sur la formation des matières grasses dans les olives (*Compt. rend.*, 1861 et 1862, et notamment t. LV, p. 506).

Après avoir montré qu'on extrait facilement de la mannite des feuilles de l'olivier quand elles sont en pleine végétation, M. de Luca reconnaît que la mannite disparaît quand les feuilles se dessèchent et qu'elle est généralement absente des feuilles tombées de l'arbre. On rencontre encore la mannite dans les fleurs de l'olivier, puis dans les jeunes olives; mais cette matière ne se trouve en forte proportion que pendant la période du développement, ensuite elle diminue progressivement à l'accroissement des olives; mais lorsque ces fruits sont parfaitement mûrs et ont perdu leur teinte verte, ils ne contiennent plus de mannite.

La chlorophylle ou matière verte analogue, qu'on rencontre en abondance dans les feuilles et dans les olives, accompagne toujours la mannite et disparaît avec elle, de manière que les feuilles sèches et les olives mûres ne contiennent ni chlorophylle ni mannite.

Ces observations importantes de M. de Luca laissent, comme on voit, la question indécise; la mannite remplit-elle dans l'olivier le même rôle que la glucose, et sert-elle à former la cellulose des jeunes olives comme l'amidon formait la cellulose dans le radis et le colza, ou bien peut-elle donner directement par réduction la matière grasse; celle-ci au contraire ne prend-elle naissance que par une métamorphose d'un des principes habituellement confondus sous le nom de chlorophylle? C'est ce que l'état de la science ne permet pas encore d'affirmer.

Il n'existe pas non plus jusqu'à présent d'explication convenable de l'accumulation d'une matière soluble dans les racines d'une plante; si nous concevons comment la fécule insoluble peut s'accumuler dans les tubercules des pommes de terre, nous ne voyons pas comment le sucre soluble dans l'eau s'accumule peu à peu dans les racines de la betterave et nous sommes forcés de signaler le problème à l'attention du lecteur sans pouvoir en donner aucune interprétation. P.-P. D.

**MILLÉRITE** (Min.) [Syn. *Haarkies, nickel sulfuré, trichopyrite*]. — Sulfure de nickel NiS avec un peu de fer, de cuivre et de cobalt, en cristaux capillaires, d'un beau jaune d'or tournant au bronze; souvent avec des irisations superficielles; opaques, d'un éclat métallique, accompagnant la sidérose, etc., à Johanngeorgenstadt (Saxe), Przibram (Bohême), Riechelsdorf (Hesse), Anvers (New-York), etc.

*Caractères.* — Soluble dans l'eau régale, en donnant une liqueur verte. Dans le tube ouvert donne de l'acide sulfureux. Sur le charbon, fond en un globule magnétique. Avec le borax, réaction du nickel.

Dureté, 3 à 3,5. Poussière brillante.

Densité, 5,2 à 5,6.

*Forme cristalline.* — Rhomboèdre $pp = 114° 8'$; formes dominantes, les deux prismes $d^1$ et $e^2$. Clivages $p$, $b^1$ parfaits. F. et S.

**MILOSCHINE** (Min.). — Argile chromifère (3,61 de $Cr^2O^3$—8,11 d'après Bechi, pour la miloschine de Volterra), compacte, à cassure conchoïdale; translucide sur les bords; d'un bleu indigo ou d'un vert céladon, happant à la langue. Friable. Trouvé à Rudniak (Serbie) et à Volterra (Toscane).

*Caractères.* — Incomplètement attaqué par l'acide chlorhydrique. Difficilement soluble dans le borax avec réaction du chrome.

Dureté, 2. Poussière un peu plus claire que la substance.

Densité, 2,13. F. et S.

**MIMÉTÈSE** (Min.) [Syn. *Plomb arséniaté, hédiphane et campylite* (Breithaupt)]. — Chloroarséniate de plomb, avec remplacement d'une partie de l'acide arsénique par l'acide phosphorique :

$$Pb^5As^3ClO^{12} = 3(AsO^4)''' \left\{ \begin{array}{l} Pb^4 \\ PbCl. \end{array} \right.$$

— Cristaux hexagonaux, en masses cristallines ou compactes d'un jaune clair, passant au jaune orangé, au brun, quelquefois incolores ou verdâtres, d'un éclat résineux assez vif. Cassure conchoïdale. Translucide.

Accompagne fréquemment les autres minerais de plomb.

*Caractères.* — Soluble dans l'acide azotique. Dans le tube bouché donne un sublimé blanc de chlorure de plomb. Sur le charbon fond facilement et donne à la flamme réductrice une odeur arsenicale et un globule de plomb. Avec le sel de phosphore saturé d'oxyde de cuivre, colore la flamme en bleu d'azur.

Fig. 422. — Mimétèse.

Dureté, 3,5 à 4. Poussière blanche.

Densité, 7,18 à 7,28.

*Forme cristalline.* — Prisme hexagonal régulier surmonté d'une pyramide à six faces $b^1$, tronquée par la face $p$. Angles $pb^1 = 139° 58'$; $b^1 b^1 = 142° 29'$. Clivage $b^1$ imparfait.

Une variété renfermant une forte proportion de chaux et d'acide phosphorique est incolore et a été nommée *hédyphane*.

Densité, 5,4 à 5,5. F. et S.

**MIMOTANNIQUE (ACIDE).** — Syn. d'ACIDE CACHOUTANNIQUE, t. I, p. 688.

**MINIUM.** — Voyez PLOMB.

**MINIUM** (Min.) [Syn. *Plomb oxydé rouge*]. — Oxyde de plomb, $Pb^3O^4$, d'une couleur rouge, pulvérulent, trouvé à Badenweiler (Bade), à Leadhills (Écosse), etc., ordinairement sur la galène, ou en pseudomorphoses de cérusite ou de galène.

Dureté, 2 à 3.

Densité, 4,6.

**MIRABILITE** (Min.) [Syn. *Sel admirable de Glauber, soude sulfatée*]. Sulfate de sodium,

$$SO^4Na^2 + 10H^2O.$$

— Se trouve en incrustations cristallines à Ischl et Hallstadt (Autriche), à Carlsbad (Bohême), etc. Existe aussi dans l'atmosphère.

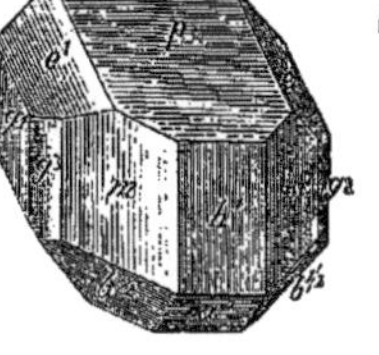

Fig. 423. — Mirabilite.

Dureté, 1,5 à 2.

Densité, 1,481.

*Forme cristalline.* — Prisme clinorhombique $mm = 86° 31'$, $p\ h^1 = 107° 45'$, $b^1 b^1 = 93° 12'$. Clivage $h^1$ parfait. F. et S.

**MISÉNITE** (Min.) — Sulfate acide de potassium $SO^4HK$, trouvé en fibres soyeuses blanches dans une caverne au cap Misène.

**MISPICKEL** (Min.) [Syn. *Pyrite arsenicale, fer arsenical, arsénopyrite, sulfoarséniure de fer*],

$$FeAsS = 1/2(FeS^2 + FeAs^2).$$

— Cristaux prismatiques allongés, ou masses cristallines, fibreuses, compactes, d'un beau blanc d'argent, quelquefois jaunâtres à la surface, et d'un vif éclat métallique. Se rencontre principalement dans les roches cristallines, associé aux minerais d'étain et d'argent; fréquemment dans la serpentine.

*Caractères.* — Attaqué par l'acide azotique avec séparation d'acide arsénique et de soufre. Dans le tube fermé, donne d'abord un sublimé rouge de sulfure d'arsenic, puis un sublimé noir d'arsenic métallique. Dans le tube ouvert, sublimé blanc d'acide arsénieux et odeur sulfureuse. Sur le charbon, donne une odeur arsenicale et laisse un globule attirable à l'aimant, lequel présente quelquefois les réactions du cobalt.

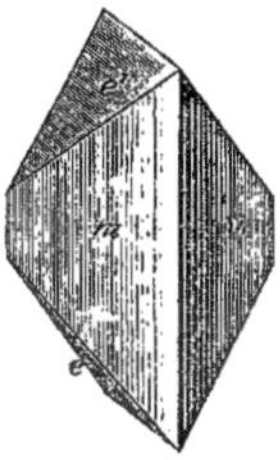

Dureté, 5,5 à 6. Fait feu au briquet en émettant une odeur arsenicale. Poussière gris noirâtre.

Fig. 424. — Mispickel.

Densité, 6 à 6,4.

*Forme cristalline.* — Prisme orthorhombique $mm = 111° 53'$; $e^1 e^1 = 99° 52'$. Clivages : $m$ indistinct, $p$ traces. Macles parallèles à $m$ et à $a^1$. F. et S.

**MISY.** — Voyez COPIAPITE.

**MIZZONITE** (Min.) — Variété de Meïonite de la Somma qui s'éloignerait de cette substance par de très-légères différences d'angle.

**MODUMITE.** — Voyez SKUTTERUDITE.

**MOHITLINE** [Thomas, *Journ. de Pharm.*, (4), t. III, p. 251]. — Le *Sericographis mohitli*, de la famille des acanthacées, employé au Mexique comme antidissentérique, fournit une matière colorante bleue, que rougissent les acides. Cette substance (*acide mohitlique*) est soluble dans l'eau et forme des sels; elle est le produit de transformation d'une matière incolore (*mohitline*) que renferme la plante, et par l'oxydation se convertit elle-même en un produit vert (*mohitléine*). Tous ces corps n'ont évidemment pas été obtenus à l'état de pureté.

**MOIRÉ MÉTALLIQUE.** — On étame une feuille de tôle avec l'étain le plus pur et sous une assez forte épaisseur; puis on choisit la surface où les cristaux d'étain sont le mieux développés, on l'expose au-dessus d'un fourneau jusqu'à ce qu'elle devienne légèrement jaune et on la nettoie avec de l'eau acidulée (1/2 p. d'acide sulfurique pour 1 p. d'eau), puis avec de l'eau pure. Cela fait, on applique avec une éponge ou autrement un acide composé de 3 parties d'eau, 2 d'acide nitrique, 1 d'acide chlorhydrique; les proportions de cette composition varient à l'infini. Après le passage de l'acide, les cristaux d'étain mis à nu présentent un bel aspect moiré : si on le trouve trop uniforme, on réchauffe la plaque presque au point de fusion de l'étain, puis l'on détermine les différences de cristallisation en y projetant des gouttes d'eau ou des pincées de sel ammoniac, et en la plongeant dans l'eau de diverses façons. Le moiré étant obtenu, on vernit la plaque au copal. G. S.

**MOLYBDÈNE.** — Poids atomique, 96 (Dumas, Debray). Le sulfure naturel de molybdène ressemble tellement au graphite par ses propriétés extérieures, qu'il a été confondu avec cette substance jusqu'en 1778, où Scheele en retira un oxyde métallique volatil, l'acide molybdique. Ce fut un autre Suédois, Hjelm, qui réduisit le premier cet acide et en retira le molybdène métallique en 1782. Le nom de ce métal est précisément tiré du mot grec μολύβδαινα sous lequel le graphite était connu des anciens.

*Préparation du molybdène.* — On réduit l'acide molybdique ou l'oxyde brun de molybdène par l'hydrogène, mais cette préparation exige de nombreuses précautions si l'on veut obtenir le métal pur. Comme c'est sur cette réduction qu'est fondée l'une des méthodes qui ont servi à déterminer l'équivalent du molybdène, il est utile d'indiquer les nombreuses précautions qu'elle nécessite.

L'acide molybdique doit être sublimé dans un tube de platine. Celui qui a été volatilisé dans la porcelaine contient dans les parties plus compactes qui touchent le tube un peu de silice et d'alumine, que l'on met en évidence en dissolvant l'acide dans l'ammoniaque. L'acide molybdique attaque en effet la porcelaine à la température à laquelle il peut se condenser.

L'acide sublimé est extrêmement volumineux; pour le rendre compacte afin d'opérer sur une grande quantité de matière, il faut le transformer en molybdate d'ammonium. Ce sel donne, par une calcination ménagée à l'air, un acide dense et parfaitement exempt d'oxydes inférieurs.

On opère d'abord la transformation de l'acide, qui est volatil, en oxyde rouge fixe, en le chauffant dans un courant d'hydrogène à la plus basse température possible; cette réduction s'effectue dans un tube de verre, elle est toujours accompagnée du transport d'une partie de la matière qui va former un anneau brun en avant de la nacelle (1). On achève la réduction dans un tube de porcelaine non vernissée, à une température très-élevée.

A ces températures le molybdène attaque et réduit la porcelaine partout où il la touche. Il faudra donc rejeter toutes les portions du métal qui ont touché les parois de la nacelle, si l'on opère la réduction dans une nacelle de porcelaine. Mais pour la détermination du poids atomique, il est nécessaire d'employer des nacelles de platine qu'il est facile de fabriquer avec une feuille de ce métal. L'alliage des deux métaux assez limité n'a d'ailleurs aucun inconvénient dans ce cas, mais il faut avoir soin de protéger la nacelle contre l'action de la porcelaine au moyen d'une lame intermédiaire de platine. Cette lame devient rapidement cassante parce que, sous l'influence de l'hydrogène, le platine réduit la porcelaine et lui prend du silicium et de l'aluminium.

Enfin il faut éviter l'emploi des bouchons de liége, susceptibles de fournir, lorsqu'ils sont un peu trop chauffés, des gaz carburés auxquels le molybdène emprunte facilement du carbone. Il faut employer un long tube de porcelaine, muni à une extrémité d'une tubulure étroite faisant l'office de tube adducteur pour l'hydrogène (1), à l'autre extrémité en adaptant une allonge afin que l'appareil ne contienne aucune matière susceptible de fournir du charbon au métal.

On purifie l'hydrogène en le faisant passer sur une longue colonne de cuivre maintenue au rouge; le cuivre retient l'arsenic, le silicium, en un mot les impuretés susceptibles de se combiner aux métaux; on dessèche le gaz avec de la potasse fondue [H. Debray, *Compt. rend. de l'Acad.*, 13 avril 1868].

Le tube de porcelaine doit être chauffé dans un fourneau dont le dôme est muni d'un long tuyau de tôle pour activer le tirage; la réduction du molybdène n'est complète qu'à une température très-élevée et voisine de celle du ramollissement de la porcelaine.

*Propriétés du molybdène.* — Le molybdène ainsi préparé ne s'agglomère pas et se présente sous la forme de petits grains métalliques gris. Berzelius prétend qu'en réduisant dans un creuset brasqué du molybdate acide de potassium on obtient un régule poreux qui, dans tous les points où il était au contact du charbon, ainsi qu'à la partie interne de ses excavations, est métallique et d'un blanc mat, semblable à de l'argent allié, dont la surface a été blanchie. A l'intérieur, il est gris. D'après lui, Hjelm et Buchholz sont parvenus à obtenir du molybdène à moitié fondu, et Buchholz s'en est même procuré des culots arrondis du poids de 4 grammes [Berzelius, *Traité de Chimie*, t. II, p. 320, édit. franç., 1846].

M. Debray attribue la fusibilité du métal de Buchholz à quelque matière étrangère. Il a vainement essayé de fondre du molybdène réduit par l'hydrogène dans un creuset de charbon de cornue entouré d'une enveloppe épaisse en chaux vive, dans un foyer où l'on brûlait des escarbilles dans un courant d'air forcé. C'était précisément dans ce foyer de chaleur intense que H. Sainte-Claire Deville venait de fondre du platine et du quartz. Cependant les particules de molybdène ne subirent aucun rapprochement. M. Debray n'a réussi à fondre le molybdène qu'en chauffant le creuset de charbon contenant le molybdène et protégé par son enveloppe en chaux contre l'oxydation, dans la flamme du chalumeau oxhydrique (2). On obtient ainsi une température bien supérieure à celle de la fusion du platine et capable de fondre le rhodium, l'iridium et le tungstène, mais insuffisante pour fondre l'osmium. Le molybdène paraît néanmoins un peu plus facile à fondre que le rhodium ou le tungstène.

On obtient ainsi un corps blanc, dont l'éclat se rapproche de celui de l'argent. Il raye le verre et la topaze avec facilité. On ne peut pas le polir avec l'acier ni même avec la poudre de bore, tant il est dur; on l'égrène seulement par un frottement prolongé. Sa densité est 8,6, c'est-à-dire la moitié de celle du tungstène. Mais ce n'est pas du mo-

(1) On recueille cette matière en la traitant successivement par l'acide azotique et l'ammoniaque s'il s'agit de déterminer le poids atomique du métal.

(1) On se procure aujourd'hui ces tubes à la fabrique de porcelaine de Bayeux, où ils ont été faits sur les indications de M. H. Sainte-Claire Deville.

(2) La description de l'appareil se trouve dans le mémoire de MM. H. Sainte-Claire Deville et Debray, *Sur le platine et les métaux qui l'accompagnent* [*Ann. de Chim. et de Phys.*, (3), t. LVI, p. 12].

lybdène pur, il contient 4 à 5 pour 100 de charbon qui ont dû lui donner de la fusibilité. On n'a donc pas fondu jusqu'ici le molybdène pur, propriété qui le rapproche du tungstène.

La chaleur spécifique du molybdène divisé est 0,07218 d'après Regnault.

Le molybdène est inaltérable à l'air à la température ordinaire, mais si on le chauffe, il passe d'abord à l'état d'oxyde brun et enfin à l'état d'acide volatil. Aussi, si on le porte tout de suite à une haute température, il brûle sans flamme, en donnant des fumées d'acide molybdique qui cristallise sur les corps froids voisins. Le molybdène n'est dissous ni par l'acide sulfurique étendu, ni par l'acide chlorhydrique, ni par l'acide fluorhydrique, mais il se dissout dans l'acide sulfurique concentré avec dégagement d'acide sulfureux et formation d'une masse brune. L'acide azotique concentré le transforme en acide molybdique blanc qui se dépose. L'eau régale le dissout facilement. L'hydrate de potasse en dissolution ne l'attaque pas, et s'il est fondu, il ne l'oxyde qu'avec une extrême lenteur en dégageant de l'hydrogène. Le nitrate de potassium fondu l'oxyde violemment. Si l'on chauffe le molybdène dans un courant de chlore, il se transforme en chlorure de molybdène auquel Berzelius attribuait la formule $MoCl^4$ et qui en réalité a pour formule $MoCl^5$ [H. Debray, *Compt. rend. de l'Acad.*, 13 avril 1868]. A une température élevée, le molybdène métallique décompose lentement la vapeur d'eau : il se dégage du gaz hydrogène, et le molybdène se transforme en oxyde bleu et finalement en acide molybdique qui se volatilise à mesure qu'il s'est formé (Regnault).

OXYDES DE MOLYBDÈNE.

Berzelius admettait trois degrés d'oxydation du molybdène représentés par les formules $MoO$, $MoO^2$ et $MoO^3$. Mais, depuis les recherches de Blomstrand et de Rammelsberg, on sait que le protoxyde de Berzelius est en réalité un sesquioxyde [Rammelsberg, *Bull. de la Soc. chim.*, 1866, t. VI, p. 381].

Blomstrand a en outre préparé le véritable protoxyde en décomposant le protobromure de molybdène par la potasse. Enfin Berzelius désigne sous le nom de molybdate de molybdène,

$$Mo^2O^5 = MoO^2, MoO^3,$$

un oxyde qui correspond au chlorure $MoCl^5$ qu'on obtient, d'après H. Debray, dans l'action directe du chlore sur le molybdène métallique. Il en résulte donc que la série des oxydes du molybdène aujourd'hui bien connue se compose de 5 termes,

$MoO$
$Mo^2O^3$
$MoO^2$
$Mo^2O^5$
$MoO^3$

Rammelsberg a vérifié le degré d'oxydation des hydrates de trois oxydes intermédiaires $Mo^2O^3$, $MoO^2$ et $Mo^2O^5$ au moyen de la solution d'hypermanganate qui les transforme en acide molybdique. Nous ne décrirons pas le protoxyde, dont on a peu étudié les propriétés; les autres offrent plus d'intérêt.

SESQUIOXYDE DE MOLYBDÈNE, $Mo^2O^3$.—On obtient ce composé en versant de l'acide chlorhydrique dans la solution concentrée d'un molybdate soluble jusqu'à ce que l'acide molybdique qui se précipite soit redissous. On ajoute alors à la liqueur du zinc distillé qui s'oxyde aux dépens de l'acide molybdique, et la liqueur devient d'abord bleue, puis d'un rouge-brun et enfin noire. A ce moment, elle contient du chlorure de zinc et un sesquichlorure de molybdène d'où la potasse précipite une masse noire floconneuse que Berzelius croyait être un protoxyde de molybdène, mais qu'on sait être aujourd'hui du sesquioxyde [Rammelsberg, *Poggend. Ann.*, t. CXXVII, p. 341]. Cette masse s'oxyde facilement pendant les lavages et elle retient opiniâtrément de l'oxyde de zinc même quand on la lave avec une eau ammoniacale.

On l'obtient exempt de zinc en traitant la solution chlorhydrique d'acide molybdique par un amalgame de potassium ou de sodium peu riche en métal alcalin pour que l'action soit lente et précipitant ensuite la solution noire par l'ammoniaque.

L'hydrate de sesquioxyde de molybdène se dissout difficilement dans les acides. La dissolution est presque noire et opaque quand elle n'est pas très étendue. Sa saveur est purement astringente et n'a rien de métallique, s'il est exempt de zinc. Si l'on chauffe doucement dans le vide l'hydrate précipité par l'ammoniaque, il abandonne son eau avec lenteur, et si, après que toute l'eau est dégagée, on continue à chauffer le sesquioxyde de molybdène dans le vide jusqu'au rouge naissant, il prend feu et produit une déflagration vive et scintillante, s'il est bien exempt d'oxyde de zinc, après quoi le sesquioxyde anhydre qui reste présente une couleur noire comme celle de la poix et n'est plus soluble dans les acides [Berzelius, t. II, p. 329]. Il est probable que cette incandescence est due à une transformation isomérique du sesquioxyde de molybdène analogue à celle qui se produit avec le sesquioxyde de chrome lorsqu'on chauffe son hydrate.

Le sesquioxyde de molybdène n'est soluble ni dans la potasse caustique, ni dans les carbonates alcalins fixes. Le carbonate d'ammonium en excès le dissout lorsqu'on se sert de ce réactif pour le précipiter de ses dissolutions. L'ébullition le précipite de cette liqueur.

BIOXYDE DE MOLYBDÈNE. — OXYDE MOLYBDIQUE, $MoO^2$. — Buchholz l'a obtenu le premier en décomposant par la chaleur du molybdate d'ammonium fortement tassé dans un creuset. Comme il le chauffait très-fortement, il obtenait ainsi une masse agglomérée, formée d'écailles cristallines douées du brillant métallique, ayant une couleur foncée de cuivre et d'un poids spécifique égal à 5,666. La réduction de l'acide a lieu par l'hydrogène de l'ammoniaque. Mais ce procédé ne donne l'oxyde que mélangé avec de l'acide molybdique. Il vaut mieux, comme le conseille Berzelius, chauffer un mélange intime de molybdate de sodium et de chlorhydrate d'ammoniaque dans un creuset de platine ou de porcelaine jusqu'à ce qu'il ne se dégage plus de fumée de sel ammoniac. On dissout le sel marin formé dans l'eau bouillante; l'oxyde reste sous la forme d'une poudre brun foncé qu'on lave avec une dissolution alcaline pour enlever l'acide molybdique qui pourrait s'y trouver mélangé.

Cette poudre cristalline paraît pourpre et métallique à la lumière du soleil. Debray a montré qu'on obtenait facilement cet oxyde en chauffant l'acide molybdique dans un mélange à volumes égaux d'acide carbonique et d'oxyde de carbone.

Ullik a obtenu l'oxyde molybdique sous forme cristalline en fondant du molybdate de sodium dans un creuset de porcelaine avec le tiers de son poids de zinc qu'il ajoute par petites portions. Il chauffe jusqu'à ce que la masse cristalline qui entoure le zinc remplisse le liquide tout entier. La masse refroidie est mise en digestion alternativement avec de la potasse caustique et de l'acide chlorhydrique. Après des lavages à l'eau l'oxyde molybdique reste sous forme de prismes d'un bleu violet foncé, d'un rouge violet par transmission et d'un bel éclat métallique.

*Propriétés.* — L'oxyde molybdique préparé par ces diverses méthodes est insoluble dans les acides sulfurique, chlorhydrique et fluorhydrique; l'acide nitrique le transforme rapidement en acide molybdique. La potasse en dissolution n'agit pas sur lui, mais à la fusion elle le transforme à la longue en acide molybdique, en dégageant de l'hydrogène. Si l'on fait passer un courant de chlore sec sur de l'oxyde molybdique légèrement chauffé, il y a combinaison des deux corps et formation d'un oxychlorure de molybdène $MoO^2Cl^2$, volatil, qui se dépose en cristaux sur les parois froides du tube.

Hydrate d'oxyde molybdique. — Berzelius indique plusieurs méthodes de préparation de ce corps :

1° On fait digérer du molybdène en poudre avec une dissolution concentrée d'acide molybdique (ou mieux d'un molybdate) dans l'acide chlorhydrique jusqu'à ce que la liqueur qui se colore en bleu ait pris une couleur rouge très-foncée. On précipite alors l'hydrate par l'ammoniaque.

2° On dissout dans l'eau le chlorure molybdique obtenu en faisant passer du chlore sur le molybdène métallique et on précipite la dissolution par l'ammoniaque. — Voyez Chlorure de molybdène, p. 447.

3° On fait digérer de l'acide molybdique et du cuivre avec de l'acide chlorhydrique jusqu'à ce que tout l'acide molybdique soit dissous. La liqueur est d'un rouge foncé; on y verse assez d'ammoniaque pour retenir tout l'oxyde cuivrique en dissolution et on lave avec une solution ammoniacale.

Kobell prétend que la dernière réaction ne fournit que du sesquioxyde; Rammelsberg, en déterminant par l'hypermanganate le degré d'oxydation de l'oxyde ainsi réduit, arrive à la même conclusion. Il faudrait donc rejeter ce mode de préparation; on conçoit cependant que Berzelius, en arrêtant la réduction à un point convenable, ait pu obtenir le bioxyde.

L'hydrate molybdique possède la couleur rouille de l'oxyde de fer hydraté et pourrait être confondu avec lui par l'aspect. D'après Braun [*Journ. für prakt. Chem.*, 1863, t. LXXXIX, p. 125, et *Bull. de la Soc. chim.*, 1863, p. 553], le sulfocyanure de potassium donnerait une coloration rouge avec la dissolution de cet oxyde comme avec les sels ferriques. Cet oxyde est soluble dans l'eau qu'il colore en rouge; il est précipité de sa dissolution aqueuse par les matières salines. Cette même solution, conservée dans un flacon fermé, se prend en gelée au bout de quelque temps sans perdre sa transparence. L'hydrate molybdique desséché perd la propriété de se dissoudre dans l'eau. Il devient alors d'un brun foncé presque noir, comme l'oxyde colloïdal de fer, avec lequel il présente évidemment la plus grande ressemblance. Ces observations de Berzelius, faites au commencement de ce siècle et passées presque inaperçues, reçoivent aujourd'hui un nouvel intérêt de la découverte des oxydes solubles ou colloïdaux de Graham et mériteraient un nouvel examen.

L'hydrate molybdique dissous montre une réaction acide au papier de tournesol; on démontre que cette réaction appartient bien à l'hydrate dissous lui-même en ajoutant à la liqueur du chlorhydrate d'ammoniaque neutre, l'oxyde se précipite et la liqueur perd son acidité. Cependant il ne se combine pas aux alcalis, mais il est soluble dans les acides et les bicarbonates, qui le laissent précipiter à l'ébullition.

Acide molybdique anhydre (anhydride molybdique, $MoO^3$). — On le prépare en grillant le sulfure de molybdène naturel réduit en poudre fine à une température qui ne doit pas dépasser le rouge pour éviter de fondre et de volatiliser l'acide molybdique formé. On dissout dans l'ammoniaque, on filtre la liqueur et on l'évapore (en filtrant de nouveau s'il est nécessaire) et on laisse cristalliser par refroidissement le molybdate d'ammonium. Les cristaux de ce sel calcinés à l'air donnent facilement de l'acide molybdique bien blanc et compacte. Mais le moyen le plus commode pour obtenir de grandes quantités d'acide molybdique consiste à traiter l'oxyde molybdique par l'acide nitrique; on évapore pour chasser l'excès d'acide nitrique et l'on calcine ensuite pour enlever les dernières traces de cet acide.

Si l'on veut avoir l'acide molybdique en cristaux, on peut effectuer le grillage du sulfure de molybdène, ou mieux de l'oxyde rouge, dans un tube de terre ou de porcelaine incliné dans son fourneau et chauffé au rouge. Les deux extrémités du tube sont bouchées imparfaitement par deux tampons de terre. Sous l'influence du faible courant d'air qui circule dans le tube, l'acide molybdique se volatilise et vient se déposer dans la partie supérieure du tube en lames cristallines d'une grande beauté, comme celles de la naphtaline sublimée.

Ces lames attaquent malheureusement la porcelaine ou la terre aux points où elles la touchent; il faut donc opérer dans un tube de platine s'il est indispensable d'obtenir un produit absolument exempt d'alumine et de silice. On peut alors avoir recours à la calcination du molybdate d'ammonium comme il a été dit à propos de la préparation du molybdène.

*Propriétés.* — L'acide molybdique anhydre est blanc; il devient jaune quand on le chauffe; il est fusible et volatil. Il se dépose alors en lamelles cristallines. Sa densité est 3,5.

Il est à peine soluble dans l'eau (1/570 à froid, un peu plus à chaud), sa dissolution est légèrement acide. Il se dissout dans le bitartrate de potassium comme l'oxyde d'antimoine, mais on ne connaît pas bien le produit qui se forme dans cette circonstance.

Les acides minéraux, l'acide phosphorique excepté, ne le dissolvent point sensiblement; cependant le mélange, en présence des corps réducteurs tels que les métaux, fournit de l'oxygène à ces corps; l'acide molybdique se trouve ramené alors à un degré inférieur d'oxydation. Le produit de l'action de l'acide phosphorique sur l'acide molybdique sera étudié à propos des phosphomolybdates, p. 445.

On reconnaîtra facilement l'acide molybdique à ce caractère. Mais il est plus facile de fondre d'abord cet acide avec un peu de carbonate de sodium et d'ajouter à la dissolution de molybdate de sodium de l'acide chlorhydrique; en plongeant dans la liqueur une petite lame de cuivre bien décapée, on la voit aussitôt prendre une belle couleur bleu d'azur due à la formation d'un oxyde inférieur (molybdate d'oxyde de molybdène).

*Acide molybdique soluble.* — L'acide molybdique soluble a été préparé pour la première fois par Graham en soumettant à la dialyse la dissolution du molybdate de sodium dans l'acide chlorhydrique en excès. Après une diffusion de plusieurs jours, à peu près 60 % de l'acide restent purs, le sel marin et l'acide chlorhydrique ayant traversé le dialyseur avec le reste. Cette solution pure est jaune, astringente au goût, acide aux papiers réactifs, et fait effervescence avec les carbonates [*Compt. rend. de l'Acad.*, t. LIX, p. 174, et *Bull. de la Soc. chim.*, 1864, t. II, p. 186].

Fr. Ullik obtient directement l'acide molybdique soluble en décomposant le molybdate de baryum par la quantité d'acide sulfurique justement nécessaire pour saturer la base. La solution filtrée est incolore, d'une saveur acide et métallique; elle se colore en vert par la concentration et laisse, après évaporation sur l'acide sulfurique, une masse amorphe toujours colorée en bleu ou bleu verdâtre, par suite d'une réduction partielle sous l'influence de la lumière et des poussières de l'air. Récemment préparé, ce résidu est soluble dans l'eau froide, mais après un certain temps il ne se dissout plus qu'à chaud. Si on évapore sa solution au bain-marie, il s'en sépare une poudre blanche qui est sans doute un hydrate d'acide molybdique.

MOLYBDATE D'ACIDE MOLYBDIQUE, $Mo^2O^5$. — Buchholz a obtenu le premier ce composé en faisant bouillir avec de l'eau un mélange d'acide molybdique et de molybdène. Il le considérait à tort comme un acide molybdeux; Berzelius a montré qu'il ne formait pas de sels, mais qu'il se décomposait à la manière des composés salins, sous l'influence des alcalis, en acide molybdique et bioxyde de molybdène.

Il l'obtenait en versant une dissolution concentrée de chlorure molybdique dans une dissolution concentrée de molybdate d'ammonium jusqu'à ce qu'il ne se formât plus de précipité bleu. Il se formait du chlorure d'ammonium et un molybdate molybdique bleu, soluble dans l'eau, mais très-peu soluble dans les liqueurs salines. Aussi ne peut-on laver ce précipité à l'eau pure, qui le dissout en prenant une teinte d'un bleu si foncé qu'elle paraît noire. C'est la belle couleur bleue qui se forme quand on verse un sel stanneux dans une solution acide d'acide molybdique, seulement dans ce cas l'oxyde $Mo^2O^5$ bleu est mélangé de molybdate stannique blanc; il ne se forme pas dans cette circonstance, comme on l'avait cru autrefois, un molybdate stanneux de couleur bleue. On n'a pas tiré parti jusqu'ici de cette belle matière bleue dans la teinture.

D'après Rammelsberg, la liqueur brune renfermant $MoO^2$, additionnée de molybdate d'ammonium, donne $Mo^2O^5 + 2H^2O$ ou $3H^2O$, qui reste dissous dans l'eau qu'il colore en brun, mais qui se précipite par l'addition du sel ammoniac. Dans la préparation de ce corps, il s'en sépare un autre en cristaux bruns qui ont pour composition

$$2(MoO^2, MoO^3) + (AzH^4)^2O, 2MoO^3 + 9H^2O.$$

Chauffée à l'abri du contact de l'air, cette combinaison perd de l'eau et se transforme en oxyde bleu, $Mo^3O^8 = (MoO^2, 2MoO^3)$. Berzelius admettait aussi l'existence d'un composé de cette formule. Enfin, d'après Rammelsberg, il existerait même un troisième oxyde bleu ayant pour formule $MoO^2, 4MoO^3$.

### MOLYBDATES.

Les molybdates ont été l'objet de nombreux travaux, dont nous donnerons tout d'abord l'indication :

Berzelius, *Traité de Chimie.*

Swanberg et Struve, *Journ. für prakt. Chem.*, t. XLIV, p. 257, ou *Annuaire* de Milon et Reiset, 1849, p. 153.

Berlin. Trimolybdate et quadrimolybdate d'ammonium, *Journ. für prakt. Chem.*, t. XLIX, p. 444.

Marignac. Forme cristalline et analyse du molybdate neutre, et du bimolybdate d'ammonium, *Mémoires de la Société de Physique et d'Histoire naturelle de Genève.*

Zenker. Molybdate neutre et molybdate acide de sodium, *Journ. für prakt. Chem.*, t. LVIII, p. 486.

R. Maly. Sur le quadrimolybdate d'ammonium, *ibid.*, t. LXXVIII, p. 320, et *Bull. de la Soc. chim.*, 1860, p. 112.

Gentele. Molybdates, *Journ. für prakt. Chem.*, t. LXXXI, p. 441, et *Bull. de la Soc. chim.*, 1861, p. 294.

Schultze. Sur quelques molybdates cristallisés, etc., *Ann. der Chem. u. Pharm.*, t. CXXVI, p. 49, et *Bull. de la Soc. chim.*, 1863, p. 403.

Marc Delafontaine. Recherches sur la composition des molybdates alcalins, *Archives des sciences physiques et naturelles de Genève*, mai 1865.

*Id.* Recherches sur quelques molybdates et sur les principaux fluoxymolybdates, *Archives*, etc., novembre 1867, ou *Bull. de la Soc. chim.*, 1865, t. IV, p. 257.

Rammelsberg, *Poggend. Ann.*, t. CXXVIII.

Fr. Ullik. Recherches sur l'acide molybdique et sur ses sels, *Ann. der Chem. u. Pharm.*, t. CXLIV, p. 204 et 320, 1867, et t. CLIII, p. 368, ou *Bull. de la Soc. chim.*, 1869, t. XI, p. 229.

Malgré ces nombreux travaux, l'histoire des molybdates est loin d'être complète, et il reste encore beaucoup d'incertitudes à lever relativement à la composition d'un grand nombre de ces corps. H. D.

[Avant de les décrire d'une manière spéciale, nous donnerons ici un aperçu général de la constitution des sels dont il s'agit.

L'anhydride molybdique étant $MoO^3$ peut être comparé aux anhydrides chromique $CrO^3$, ou sulfurique $SO^3$. Son hydrate est $MoO^3, H^2O = MoO^4H^2$. Les molybdates normaux sont $MoO^4R'^2$ ou $MoO^4R''$. Ils sont analogues aux chromates et aux sulfates. Mais, indépendamment de ces molybdates, il en existe un grand nombre d'autres, dans lesquels les molécules d'acide molybdique s'accumulent en nombre plus ou moins considérable, comme nous voyons les molécules de l'acide métaphosphorique s'accumuler dans les polymétaphosphates, celles de l'acide silicique s'accumuler dans les polysilicates.

Élucidons par deux exemples le mode de formation de ces polymolybdates.

Deux molécules d'acide sulfurique, en perdant une molécule d'eau, se soudent par un atome d'oxygène et deviennent une molécule d'acide sulfurique glacial :

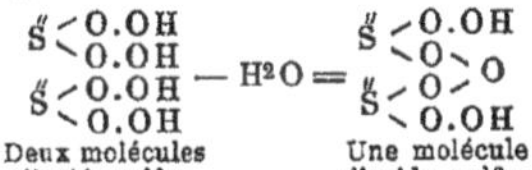

$$\begin{matrix} S'' \begin{cases} O.OH \\ O.OH \end{cases} \\ S'' \begin{cases} O.OH \\ O.OH \end{cases} \end{matrix} - H^2O = \begin{matrix} S'' \begin{cases} O.OH \\ O \end{cases} \\ \quad\;\; O \\ S'' \begin{cases} O \\ O.OH \end{cases} \end{matrix}$$

Deux molécules d'acide sulfurique. — Une molécule d'acide sulfurique glacial.

L'acide bichromique, auquel correspond le bichromate de potassium, aurait une constitution analogue à celle de l'acide sulfurique glacial :

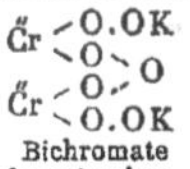

$$\begin{matrix} Cr'' \begin{cases} O.OK \\ O \end{cases} \\ \quad\;\; O \\ Cr'' \begin{cases} O \\ O.OK \end{cases} \end{matrix}$$

Bichromate de potassium.

Deux molécules d'acide molybdique, en perdant une molécule d'eau, se soudent par un atome d'oxygène et deviennent une molécule d'acide dimolybdique :

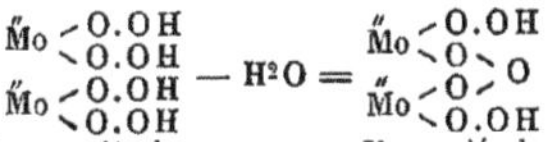

$$\begin{matrix} Mo'' \begin{cases} O.OH \\ O.OH \end{cases} \\ Mo'' \begin{cases} O.OH \\ O.OH \end{cases} \end{matrix} - H^2O = \begin{matrix} Mo'' \begin{cases} O.OH \\ O \end{cases} \\ \quad\;\; O \\ Mo'' \begin{cases} O \\ O.OH \end{cases} \end{matrix}$$

Deux molécules d'acide molybdique. — Une molécule d'acide dimolybdique.

Trois molécules d'acide molybdique, en perdant deux molécules d'eau, se soudent par deux atomes d'oxygène et forment une molécule d'acide trimolybdique :

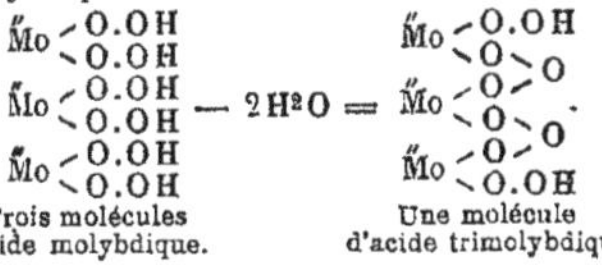

$$\begin{matrix} Mo'' \begin{cases} O.OH \\ O.OH \end{cases} \\ Mo'' \begin{cases} O.OH \\ O.OH \end{cases} \\ Mo'' \begin{cases} O.OH \\ O.OH \end{cases} \end{matrix} - 2H^2O = \begin{matrix} Mo'' \begin{cases} O.OH \\ O \end{cases} \\ \quad\;\; O \\ Mo'' \begin{cases} O \\ O \end{cases} \\ \quad\;\; O \\ Mo'' \begin{cases} O \\ O.OH \end{cases} \end{matrix}$$

Trois molécules d'acide molybdique. — Une molécule d'acide trimolybdique.

Quatre molécules d'acide molybdique, en perdant trois molécules d'eau, se soudent par trois atomes d'oxygène et forment une molécule d'acide tétramolybdique :

$$\begin{array}{l}\mathrm{Mo}<\begin{matrix}\mathrm{O.OH}\\\mathrm{O.OH}\end{matrix}\\\mathrm{Mo}<\begin{matrix}\mathrm{O.OH}\\\mathrm{O.OH}\end{matrix}\\\mathrm{Mo}<\begin{matrix}\mathrm{O.OH}\\\mathrm{O.OH}\end{matrix}\\\mathrm{Mo}<\begin{matrix}\mathrm{O.OH}\\\mathrm{O.OH}\end{matrix}\end{array} - 3\mathrm{H^2O} = \begin{array}{l}\mathrm{Mo}<\begin{matrix}\mathrm{O.OH}\\\mathrm{O}\end{matrix}\\\qquad\qquad>\mathrm{O}\\\mathrm{Mo}<\begin{matrix}\mathrm{O}\\\mathrm{O}\end{matrix}\\\qquad\qquad>\mathrm{O}\\\mathrm{Mo}<\begin{matrix}\mathrm{O}\\\mathrm{O}\end{matrix}\\\qquad\qquad>\mathrm{O}\\\mathrm{Mo}<\begin{matrix}\mathrm{O}\\\mathrm{O.OH}\end{matrix}\end{array}$$

Quatre molécules d'acide molybdique. — Une molécule d'acide tétramolybdique.

Il est facile d'interpréter par des formules du même genre la constitution des acides polymolybdiques plus condensés. Si l'on voulait exprimer cette constitution par des formules rationnelles analogues à celles qui sont en usage en chimie organique, on serait conduit à admettre dans ces composés des radicaux diatomiques plus ou moins condensés ou unis à deux groupes oxhydryle.

$\overset{''}{\mathrm{Mo}}\mathrm{O^2}\left\{\begin{matrix}\mathrm{OH}\\\mathrm{OH}\end{matrix}\right. = \mathrm{MoO^3 + H^2O}$ acide molybdique.

$\overset{''}{\mathrm{Mo}}{}^2\mathrm{O^5}\left\{\begin{matrix}\mathrm{OH}\\\mathrm{OH}\end{matrix}\right. = \mathrm{(MoO^3)^2.H^2O}$ acide dimolybdique.

$\overset{''}{\mathrm{Mo}}{}^3\mathrm{O^8}\left\{\begin{matrix}\mathrm{OH}\\\mathrm{OH}\end{matrix}\right. = \mathrm{(MoO^3)^3.H^2O}$ acide trimolybdique.

$\overset{''}{\mathrm{Mo}}{}^4\mathrm{O^{11}}\left\{\begin{matrix}\mathrm{OH}\\\mathrm{OH}\end{matrix}\right. = \mathrm{(MoO^3)^4.H^2O}$ acide tétramolybdique.

$\overset{''}{\mathrm{Mo}}{}^8\mathrm{O^{23}}\left\{\begin{matrix}\mathrm{OH}\\\mathrm{OH}\end{matrix}\right. = \mathrm{(MoO^3)^8.H^2O}$ acide octomolybdique.

$\overset{''}{\mathrm{Mo}}{}^{10}\mathrm{O^{29}}\left\{\begin{matrix}\mathrm{OH}\\\mathrm{OH}\end{matrix}\right. = \mathrm{(MoO^3)^{10}.H^2O}$ acide décamolybdique.

$\overset{''}{\mathrm{Mo}}{}^{16}\mathrm{O^{47}}\left\{\begin{matrix}\mathrm{OH}\\\mathrm{OH}\end{matrix}\right. = \mathrm{(MoO^3)^{16}.H^2O}$ acide hexdécamolybdique.

Les sels correspondant à tous ces acides polymolybdiques ont été décrits. Quant aux sels renfermant 7 molécules d'acide molybdique pour 3 molécules de base et correspondant à l'hydrate

$$\mathrm{(MoO^3)^7.3H^2O},$$

on peut les envisager comme des sels doubles formés de deux molécules de bimolybdate et de une molécule de trimolybdate, ou bien de deux molécules de trimolybdate et de une molécule de monomolybdate.

La comparaison établie plus haut entre la constitution des sulfates, chromates et molybdates paraît justifiée par divers faits. M. Ullik a décrit des molybdates doubles dans lesquels une partie de molybdène est remplacée par le soufre et par le chrome. Un mélange de solutions de sulfate d'ammonium et de molybdate de magnésium laisse déposer des cristaux bien définis possédant une composition analogue à celle du sulfate double de magnésium et d'ammonium,

$$\mathrm{(SO^4)^2Mg(AzH^4)^2 + 6H^2O},$$

et dans lesquels des quantités variables de soufre peuvent être remplacées par des quantités équivalentes de molybdène, sans que la forme cristalline subisse une altération essentielle. D'un autre côté, une solution de quantités équivalentes de molybdate de magnésium neutre et de chromate de potassium donne par l'évaporation lente des cristaux jaunes d'un sel

$$\left.\begin{matrix}\mathrm{MoO^3}\\\mathrm{CrO^3}\end{matrix}\right\}\begin{matrix}\mathrm{K^2O}\\\mathrm{MgO}\end{matrix} + \mathrm{2H^2O}$$

très-soluble dans l'eau et qui ressemble, quant à sa forme cristalline et à la manière dont il se comporte à une température élevée, au molybdate de potassium et de magnésium qui est décrit plus loin. — Voyez p. 444.] A. W.

Molybdates de potassium. — Molybdate neutre, $\mathrm{MoO^4K^2 = MoO^3.K^2O}$. — Swanberg et Struve le préparaient en ajoutant petit à petit à une solution alcoolique de potasse du molybdate acide de potassium ; le sel neutre se sépare en couche huileuse, qu'on décante et qu'on lave à l'alcool. En la plaçant dans une capsule sur de la chaux vive ou de l'acide, elle cristallise en prismes à 4 pans tronqués par 2 facettes. Il est plus simple de préparer ce sel en fondant équivalents égaux d'acide molybdique et de carbonate de potassium, reprenant par l'eau et faisant cristalliser sur l'acide sulfurique (Fr. Ullik) ; il se dépose alors en cristaux microscopiques qui sont anhydres. Swanberg et Struve admettaient l'existence, peu probable, d'un demi-équivalent d'eau dans ce sel.

Ce sel est fusible au rouge ; exposé à l'air, il se liquéfie, absorbe de l'acide carbonique et se transforme peu à peu en d'autres sels, d'après les mêmes auteurs.

M. Marc Delafontaine n'a pu reproduire le sel anhydre d'Ullik ou demi-hydrate de Swanberg et Struve ; par l'évaporation spontanée d'une dissolution concentrée obtenue en traitant par l'eau le produit de la fusion d'un équivalent d'acide molybdique avec un équivalent de carbonate de potassium, il a obtenu un sel à 5 équivalents d'eau de cristallisation en prismes hexagonaux réguliers très-volumineux. Fr. Ullik n'a pas obtenu ce sel, mais il a préparé un molybdate double,

$$\mathrm{3MoO^3}\left\{\begin{matrix}\mathrm{K^2O}\\\mathrm{2Na^2O}\end{matrix}\right. + \mathrm{14H^2O},$$

qui a la forme et les caractères du sel obtenu par Delafontaine. Ce chimiste aurait-il opéré à son insu avec un carbonate de potassium contenant beaucoup de sodium ?

Molybdates acides de potassium. — Le plus important de ces sels est le molybdate

$$\mathrm{7MoO^3, 3K^2O + 4H^2O},$$

que Swanberg et Struve avaient décrit dans leur mémoire sous le nom de sel double de bi- et de trimolybdate. M. Delafontaine a montré que la formule qu'il propose rend mieux compte de la composition des molybdates représentés jusqu'ici par les formules $\mathrm{9MoO^3, 4R''O}$ et $\mathrm{5MoO^3, 2R''O}$. Ce rapport de 7 à 3, fréquent dans les tungstates, a été d'ailleurs confirmé pour les molybdates par les recherches de M. Ullick.

M. Delafontaine l'obtient en traitant l'acide molybdique par du carbonate de potassium, même en excès, évaporant le tout presque à sec, et reprenant le résidu farineux par une quantité d'eau chaude exactement suffisante pour le dissoudre. Par le refroidissement, au bout de quelques jours seulement, il se dépose des prismes rhomboïdaux obliques, isolés ou groupés, isomorphes avec le molybdate d'ammonium ordinaire $\mathrm{5MoO^3,(AzH^4)^2O^2 + 3H^2O}$ de Swanberg et Struve.

On ne peut pas purifier ce produit par des cristallisations répétées ; l'eau pure le décompose soit à froid, soit à chaud, en trimolybdate très-volumineux, peu soluble, et en molybdate neutre.

Trimolybdate,

$$\mathrm{Mo^3O^{10}K^2 + 3H^2O = (MoO^3)^3K^2O + 3H^2O}.$$

— L'eau chaude dissout une très-petite quantité du trimolybdate caséiforme, qui se produit dans la réaction précédente, et le laisse déposer à froid sous forme d'aiguilles flexibles, soyeuses, enchevêtrées en une sorte de feutre.

Lorsqu'on fond un mélange de 2 équivalents d'acide molybdique et 1 équivalent de carbonate de potassium, on obtient un produit qui a bien la composition du bimolybdate de potassium, mais qu'on ne peut mettre en présence de l'eau sans le décomposer en donnant le sel triacide (Ullik). Mais, d'après ce que l'on sait de la réaction du sel de sodium correspondant, il est probable que l'action mieux ménagée d'une certaine quantité fournisse le sel 7/3 acide.

POLYMOLYBDATES DE POTASSIUM PLUS CONDENSÉS. — L'action de l'acide nitrique sur les sels précédents fournit d'autres sels plus acides que les précédents. Swanberg et Struve ont admis l'existence d'un quadri- et d'un quintimolybdate; Ullik rejette l'existence des quintimolybdates, mais il décrit un octomolybdate de potassium,

$$Mo^8O^{25}K^2 + 13H^2O = (MoO^3)^8K^2O + 13H^2O,$$

qui est le type d'une classe de sels cristallisés en prismes obliques, solubles à chaud et la plupart même à froid. Celui de potassium a été obtenu en ajoutant du trimolybdate à de l'acide molybdique soluble; il s'y dissout en assez grande quantité, et à un certain moment il se dépose un précipité alcalin qui se redissout quand on chauffe. Le sel cristallise par le refroidissement de la liqueur filtrée en cristaux brillants que l'eau pure décompose.

En résumé, les molybdates de potassium se rapportent à un assez grand nombre des types qui ont été indiqués plus haut.

Le type $12MoO^3\,5R''O$, si fréquent dans les tungstates, ne se retrouverait pas dans les molybdates. Les trois derniers types s'obtiennent d'ordinaire dans l'action des acides sur les molybdates précédents.

D'après Ullik, les octomolybdates se distingueraient des autres molybdates par l'action du cyanure jaune, qui y produit un précipité rouge-brun, tandis qu'il ne précipite pas en général les autres molybdates, il colore les tétramolybdates en rouge foncé, les trimolybdates en rouge pâle, et ne donne rien avec les molybdates neutres.

MOLYBDATES DE SODIUM. — MOLYBDATE NEUTRE,

$$MoO^4Na^2 + 2H^2O = MoO^3,Na^2O + 2H^2O.$$

— On l'obtient soit en fondant des équivalents égaux d'acide molybdique et de carbonate de sodium, soit en neutralisant ces deux corps l'un par l'autre en présence de l'eau. Ce sel, très-soluble, cristallise assez difficilement en écailles nacrées, d'après Zenker, Delafontaine et Ullik. D'après ce dernier, ces cristaux ressembleraient beaucoup à ceux du tungstate de sodium correspondant

$$(WO^3,Na^2O + 2H^2O).$$

Swanberg et Struve prétendent l'avoir obtenu en rhomboèdres aigus qui cristallisent facilement. Ce sel est très-fusible.

Gentele a décrit un hydrate à 10 molécules d'eau, isomorphe avec le sulfate de sodium ordinaire, et qui devient facilement opaque. Mais cette observation n'a pu être confirmée.

BIMOLYBDATE DE SODIUM,

$$Mo^2O^7Na^2 = (MoO^3)^2,Na^2O.$$

— En fondant 1 équivalent de carbonate de sodium et 2 équivalents d'acide molybdique, on obtient une masse cristalline peu soluble dans l'eau froide, mais qui se dissout à la longue dans l'eau chaude; l'évaporation de la liqueur donnerait le bimolybdate hydraté $(MoO^3)^2Na^2O + H^2O$, d'après Swanberg et Struve. Il ne paraît pas facile de reproduire ce sel, parce que le bimolybdate de sodium se transforme facilement en molybdate neutre et molybdate 7/3 acide, d'après la réaction

$$4(2MoO^3.Na^2O) = 7MoO^3.3Na^2O + MoO^3.Na^2O,$$

lorsqu'on le met en présence de l'eau (Delafontaine).

Gentele a décrit dans son mémoire un molybdate biacide à 7 équivalents d'eau. En précipitant son molybdate neutre de sodium

$$MoO^4Na^2 + 10H^2O = MoO^3.Na^2O + 10H^2O,$$

isomorphe avec le sulfate de sodium, par une dissolution d'alun, en ajoutant au précipité assez d'acide azotique pour le redissoudre dans le but de préparer un alun avec le molybdate d'aluminium, il a obtenu de gros octaèdres rhomboïdaux, auxquels il attribue la composition $2MoO^3,Na^2O + 7H^2O$. Aucun chimiste n'a reproduit ce corps, dont l'existence est bien peu probable d'après ce qui précède. Il est plus probable que l'acide molybdique de Gentele contenait de l'acide phosphorique, et que les sels dont il s'agit, molybdate neutre et bimolybdate, sont des phosphomolybdates.

HEPTAMOLYBDATE DE SODIUM,

$$Mo^7O^{24}(Na^2)^3 + 22H^2O = 7MoO^3,3Na^2O + 22H^2O.$$

— La dissolution concentrée du bimolybdate de sodium fondu, abandonnée à elle-même, fournit une cristallisation très-nette en tables épaisses, à six côtés, efflorescentes à l'air (Delafontaine). C'est le sel que Zenker représentait par la formule $9MoO^3.4Na^2O + 28H^2O$.

TRIMOLYBDATE,

$$Mo^3O^{10}Na^2 + 7H^2O = 3MoO^3,Na^2O + 7H^2O.$$

— On l'obtient, d'après Ullik, dans diverses circonstances, soit directement, soit en ajoutant de l'acide acétique au sel précédent, ou du carbonate de sodium au molybdate $8MoO^3,Na^2O$. On l'obtient, comme tous les trimolybdates, en petites aiguilles soyeuses, souvent mamelonnées. 100 p. d'eau en dissolvent 3,8 p. à 20°, et 137 p. à 100°.

QUADRIMOLYBDATE DE SODIUM,

$$Mo^4O^{13}Na^2 + 6H^2O = 4MoO^3,Na^2O + 6H^2O.$$

— D'après Ullik, il se forme par l'addition d'une quantité convenable d'acide chlorhydrique au sel neutre; il cristallise en croûtes brillantes, peu solubles dans l'eau froide, et très-solubles dans l'eau bouillante.

OCTOMOLYBDATE DE SODIUM,

$$Mo^8O^{25}Na^2 + 17H^2O = 8MoO^3,Na^2O + 17H^2O.$$

— S'obtient en ajoutant 7 équivalents d'acide chlorhydrique à 8 équivalents de molybdate neutre; il se forme des cristaux de 1 à 2 millimètres de long, d'un aspect semi-vitreux, qui deviennent opaques à l'air en perdant de l'eau; ils sont alors gras au toucher, friables, et ressemblent à l'acide stéarique fondu. Ce sel est très-soluble à froid et à chaud; il fond en un liquide qui cristallise en se solidifiant; à une température plus élevée, il perd de l'acide molybdique.

MOLYBDATE DOUBLE DE SODIUM ET DE POTASSIUM,

$$Mo^8O^{12}K^2Na^4 + 14H^2O = (MoO^3)^3,2Na^2O,K^2O + 14H^2O.$$

— On l'obtient en saturant avec le carbonate de sodium le trimolybdate de potassium humecté d'eau, ou bien en saturant de carbonate de potassium le trimolybdate de sodium; dans ce cas les eaux mères retiennent du molybdate neutre de potassium. Ce sel double cristallise en prismes hexagonaux transparents; nous avons dit qu'Ullik le considère comme identique avec le molybdate neutre à 5 équivalents d'eau de Delafontaine.

MOLYBDATES D'AMMONIUM. — MOLYBDATE NEUTRE $MoO^4(AzH^4)^2$. — On l'obtient en ajoutan de l'alcool à une dissolution ammoniacale d'acid molybdique. C'est un sel peu stable, anhydre, dont la forme, déterminée par Marignac, dérive d'un prisme rhomboïdal oblique. Il se décompose très-facilement en molybdate acide ordinaire.

MOLYBDATE ORDINAIRE D'AMMONIUM,

$$Mo^7O^{24}(AzH^4)^6 + 4H^2O = (MoO^3)^7,3(AzH^3)^2O + 4H^2O.$$

— C'est le sel qui se forme quand on évapore la

dissolution d'acide molybdique dans l'ammoniaque. On peut l'obtenir en prismes clinorhombiques volumineux, possédant souvent une teinte bleuâtre faible, par suite de la présence d'une petite quantité d'un oxyde inférieur de molybdène dans la dissolution, mais on peut l'obtenir parfaitement incolore. Une ébullition prolongée le décompose en un sel plus acide insoluble peu étudié.

On a attribué au molybdate ordinaire d'ammonium des formules diverses :

$$2(AzH^4)^2O, 5MoO^3 + 3H^2O \text{ (Svanberg et Struve)};$$
$$MoO^3(AzH^4)^2O + H^2O \text{ (Marignac et Delffs)}.$$

Nous adoptons ici la formule proposée par M. Delafontaine, qui rend mieux compte de la composition trouvée par divers chimistes.

Suivant R. Maly, le molybdate d'ammonium aurait pour formule $(MoO^3)^4(AzH^4)^2O + 3H^2O$; mais la composition du sel analysé par cet auteur diffère trop de celle qui résulte des analyses des autres chimistes, assez concordantes entre elles, pour qu'on puisse l'admettre. L'analyse de Maly, qui indique 80,77 d'acide au lieu de 81,3 ou 81,5, semblerait faire croire qu'il a opéré sur un sel double contenant une base fixe dosée avec l'acide molybdique.

Molybdates ammoniaco-sodiques. — Il existe plusieurs molybdates de sodium et d'ammonium, mais ils ont été peu étudiés. — Voyez le premier mémoire de M. Delafontaine.

Autres molybdates alcalins. — Trimolybdate de rubidium,

$$Mo^3O^{10}Rb^2 + 2H^2O = (MoO^3)^3Rb^2O + 2H^2O.$$

— M. Delafontaine a obtenu ce sel en faisant fondre du carbonate de rubidium avec un excès d'acide molybdique et faisant dissoudre dans l'eau bouillante. Par refroidissement, il se dépose de petits prismes rhomboïdaux, minces, éclatants, peu solubles à froid, mais très-solubles à chaud.

Molybdate neutre de lithium. — Rammelsberg a décrit un molybdate neutre de lithium,

$$5(MoO^4Li^2) + 2H^2O = 5(MoO^3, Li^2O) + 2H^2O,$$

dont la composition, anomale en ce qui concerne l'eau, a été vérifiée par Delafontaine. On le prépare en fondant équivalents égaux d'acide molybdique et de lithium et dissolvant dans l'eau. La dissolution évaporée jusqu'à consistance sirupeuse laisse déposer au bout de quelques jours de petits grains cristallins ou le plus souvent des prismes minces et courts, en mamelons, et dont les sommets seuls sont apparents.

M. Delafontaine décrit encore un autre hydrate anomal qu'il a obtenu dans une de ses préparations, en tétraèdres du système clinorhombique ou anorthique. Ce sel, représenté par la formule

$$3(MoO^3, Li^2O) + 8H^2O,$$

correspond par son hydratation aux sulfates de cadmium, de didyme et d'yttrium.

Molybdate de thallium, $MoO^4Tl^2 = MoO^3, Tl^2O$. — M. Œttinger [*Zeitsch. für Chem. u. Pharm.*, 1864, p. 440] a préparé ce sel par double décomposition. M. Delafontaine l'a obtenu directement en écailles nacrées un peu plus solubles dans une eau ammoniacale que dans l'eau pure. Il est fusible en un verre jaune à chaud, blanc à froid.

Molybdates alcalino-terreux et terreux. — M. Schultze a préparé un grand nombre de molybdates neutres en fondant les chlorures correspondants avec du molybdate neutre de sodium, en présence du chlorure de sodium, pour faciliter la cristallisation du molybdate. Il a ainsi préparé, entre autres sels, les molybdates de calcium, de baryum et de strontium cristallisés dans le système tétragonal. On peut également obtenir ces molybdates par voie de double décomposition, car ils sont insolubles dans l'eau. Ces composés sont infusibles. Comme ils offrent peu d'intérêt, ainsi que les molybdates acides de ces mêmes bases, nous renverrons le lecteur aux mémoires de Swanberg et Struve, et de Fr. Ullik, qui donnent quelques renseignements sur ces derniers sels. Les molybdates de magnésium ont plus d'importance.

Molybdate neutre de magnésium. — Ce sel peut exister à deux états d'hydratation, qui ont leurs correspondants dans les hydrates du sulfate de magnésium, soit avec 5 équivalents d'eau, soit avec 7.

L'hydrate $MoO^4Mg + 5H^2O$ s'obtient, comme l'a indiqué Struve [*Journ. für prakt. Chem.*, t. LXI, p. 449], en faisant bouillir de la magnésie blanche avec de l'acide molybdique dans de l'eau et ajoutant de l'acide tant que dure l'effervescence. La liqueur filtrée et convenablement concentrée abandonne le molybdate par refroidissement en cristaux transparents, probablement des prismes clinorhombiques, très-nets, très-éclatants, ayant souvent plusieurs millimètres de côté, inaltérables à l'air, infusibles au rouge, doués de la saveur habituelle des sels de magnésium (Delafontaine).

L'hydrate $MoO^4Mg + 7H^2O$ a été obtenu par Delafontaine en abandonnant à l'évaporation spontanée une dissolution de molybdate neutre de magnésium; le sel se dépose en partie sur les bords de la capsule sous forme d'une couronne d'excroissances en choux-fleurs, mais en même temps il se produit au fond du vase des aiguilles assez minces, groupées en rayons, transparentes, qui s'effleurissent facilement à l'air libre et deviennent opaques en conservant leur forme. Fr. Ullik a également reproduit cet hydrate.

Molybdate de magnésium et de potassium,

$$(MoO^4)^2\overset{''}{Mg}K^2 + 2H^2O.$$

— M. Ullick l'a obtenu en évaporant la solution des deux molybdates neutres, en cristaux brillants, mamelonnés. Ce sel se dissout lentement dans l'eau froide; il perd facilement son eau et fond à chaud en un liquide incolore qui se concrète en une masse cristalline.

Molybdate ammoniaco-magnésien,

$$(MoO^4)^2\overset{''}{Mg}(AzH^4)^2 + 2H^2O.$$

— Se prépare comme le précédent, avec lequel il est isomorphe; il forme des cristaux plus volumineux. M. Ullik a fait quelques expériences dans le but de démontrer l'isomorphisme de ces composés avec les chromates ou avec les sulfates doubles de composition analogue :

$$(SO^4)^2\overset{''}{Mn}K^2 + 2H^2O \quad \text{et} \quad (SO^4)^2\overset{''}{Fe}K^2 + 2H^2O.$$

Il a obtenu un sel complexe, bien cristallisé, renfermant de l'acide molybdique, de l'acide sulfurique, de l'ammoniaque et de la magnésie, mais sa composition ne paraît pas semblable à celle des composés précédents. Par contre il a obtenu un chromo-molybdate

$$\left.\begin{matrix}MoO^4\\CrO^4\end{matrix}\right\}\overset{''}{Mg}K^2 + 2H^2O$$

en cristaux jaune clair, en faisant cristalliser une solution renfermant équivalents égaux de chromate neutre de potassium et de molybdate neutre de magnésium. Ce sel paraît isomorphe avec le molybdate double correspondant.

Ce ne sont pas les seuls faits qui tendent à établir l'isomorphisme des molybdates et des chromates. Bien avant M. Ullik, Schultze avait établi que ces sels peuvent cristalliser ensemble en fondant des proportions variables de chromate de potassium, de molybdate de sodium, de chlorure de plomb et de sel marin. Il obtenait ainsi un chromomolybdate de plomb, qui cristallisait avec la forme du chromate ou avec celle du molybdate de plomb suivant la prédominance du chromate ou du molybdate.

POLYMOLYBDATES DE MAGNÉSIUM.—M. Ullik a décrit plusieurs molybdates acides de magnésium que l'on obtient par l'action des acides sur le molybdate neutre. Nous ne ferons que les énumérer ici, en renvoyant pour le reste le lecteur au mémoire de l'auteur. Ce sont les composés

$$Mo^7O^{24}Mg^3 + 20H^2O = (MoO^3)^7, 3MgO + 20H^2O;$$
$$Mo^3O^{10}Mg + 10H^2O = (MoO^3)^3MgO + 10H^2O;$$
$$Mo^8O^{25}Mg + 20H^2O = (MoO^3)^8MgO + 20H^2O.$$

MOLYBDATES DES MÉTAUX LOURDS. — Les molybdates métalliques sont peu connus. Schultze a préparé les molybdates neutres et anhydres de zinc, de cadmium, de cobalt, de nickel, de fer, de manganèse et de plomb, par la méthode indiquée à propos du molybdate de calcium, et qui consiste à fondre un molybdate alcalin avec le chlorure du métal additionné de sel marin. Le molybdate de zinc est tétragonal comme les molybdates terreux; ceux de cadmium, nickel, cobalt, fer et manganèse, affectent les formes rhombiques des tungstates correspondants.

Le molybdate de plomb est blanc s'il est complétement exempt d'acide phosphorique, mais il est jaune lorsqu'il en renferme des traces et il ressemble au molybdate naturel.

M. Ullik a obtenu des trimolybdates de zinc, de cobalt et de cuivre hydratés solubles.

MOLYBDATE DE PLOMB. — Lorsqu'on précipite un molybdate soluble par un sel de plomb, il se précipite une poudre blanche, soluble dans les acides et dans les alcalis, qui est du molybdate neutre de plomb. La composition du molybdate est indifférente, pourvu que la liqueur ne contienne pas assez d'acide pour empêcher la précipitation du sel. On trouve le molybdate de plomb dans la nature, en petits cristaux jaunes. On s'en sert pour obtenir l'acide molybdique.

On le mélange avec son poids de carbonate sodique et un excès de charbon en poudre, on calcine pendant longtemps la masse, on dissout dans l'eau le molybdate sodique formé (Wöhler). Le meilleur moyen de retirer le molybdène de ce composé consiste à le chauffer avec du chlorhydrate d'ammoniaque, qui donne un chlorure alcalin et de l'oxyde rouge de molybdène plus ou moins pur (1), qu'on transforme en acide molybdique par le grillage ou par l'action de l'acide azotique. On dissout ensuite dans l'ammoniaque pour avoir le molybdate d'ammonium que l'on fait cristalliser et qu'on peut ainsi purifier.

On peut aussi traiter le molybdate de plomb d'abord par l'acide chlorhydrique étendu pour le débarrasser de sa gangue de carbonate de calcium; puis par l'acide concentré, avec lequel on le fait bouillir. Il se forme du chlorure de plomb et l'acide molybdique se dissout en éprouvant une réduction partielle. On ajoute un peu d'acide sulfurique à la liqueur bleue pour la débarrasser du plomb, on la filtre sur l'amiante, et l'on évapore à sec en ajoutant un peu d'acide nitrique pour réoxyder. On dissout dans l'ammoniaque la masse desséchée, il reste de l'oxyde de fer et de l'alumine. On fait cristalliser ce sel; les eaux mères renfermant toujours un peu de magnésie, il est absolument exempt d'acide phosphorique qui est dissous avec la gangue calcaire (Ullick). En soumettant le molybdate de plomb à un traitement à peu près semblable, j'ai toujours trouvé que le molybdate d'ammonium obtenu contenait un peu de vanadate d'ammonium, que l'on sépare par une solution concentrée de chlorure d'ammonium. Le vanadate y est insoluble, le molybdate reste dissous.

(1) Cet oxyde contient du sulfure si le molybdate de sodium contenait du sulfate, mais ce sulfure n'a pas d'inconvénients pour les opérations subséquentes. Le phosphore se trouve avec le sel marin, à l'état de phosphate soluble; l'oxyde rouge n'en retient pas.

MOLYBDATE D'ARGENT, $MoO^4Ag^2$. — On obtient facilement le molybdate d'argent en cristaux octaédriques réguliers, incolores et très-réfringents, en laissant évaporer spontanément une solution ammoniacale de molybdate alcalin et d'azotate d'argent (H. Debray). On l'obtient également en précipitant l'azotate d'argent par un molybdate neutre, mais il n'est pas cristallisé. Il est un peu soluble dans l'eau pure, beaucoup plus dans l'eau acidulée d'acide nitrique.

FLUOXYMOLYBDATES. — Dans un mémoire publié en 1825 sur l'acide fluorhydrique et ses combinaisons les plus remarquables, Berzelius a fait connaître le fluoxymolybdate neutre de potassium, qui est le type d'une nouvelle classe de sels que M. Delafontaine a récemment étudiée. On trouvera à l'article *Fluosels* un chapitre détaillé sur cette classe de corps (t. I, p. 1481).

PHOSPHOMOLYBDATES. — Lorsqu'on ajoute à une solution de molybdate d'ammonium dans l'acide nitrique une petite quantité de phosphate de sodium, il se forme, surtout à chaud, un précipité jaune contenant de l'acide molybdique, de l'acide phosphorique et de l'ammoniaque, qui est insoluble dans l'acide nitrique, mais qui se dissout dans un excès de phosphate. Cette réaction est très-sensible et permet de reconnaître des traces de phosphates à la condition d'employer le molybdate en excès. Svanberg et Struve [*Ann. de Millon et Reiset*, 1849, p. 163] s'étaient servis de cette réaction pour reconnaître la présence de traces d'acide phosphorique dans divers corps. M. Sonnenschein avait remarqué qu'on pouvait l'employer pour doser l'acide phosphorique, en dissolvant le précipité jaune dans l'ammoniaque et ajoutant à la liqueur incolore ainsi obtenue un sel ammoniacal de magnésium qui précipitait l'acide phosphorique à l'état de phosphate ammoniaco-magnésien. M. Lepowitz avait montré que la composition du précipité jaune pouvait être obtenue assez constante pour servir directement au dosage de l'acide phosphorique, qui y entrait pour 3,6 pour 100 du poids total [*Bull. de la Soc. chim.*, 1860, p. 117].

En traitant le sel jaune par un excès de soude pour chasser l'ammoniaque et reprenant par l'acide azotique, M. Sonnenschein avait préparé une liqueur qui précipitait les alcalis organiques comme l'ammoniaque et devenait un réactif précieux de ces corps. Mais la nature de ce précipité jaune ammoniacal et de ses dérivés n'est connue que depuis les recherches de M. H. Debray [*Recherches sur les combinaisons de l'acide molybdique et de l'acide phosphorique; Compt. rend. de l'Acad.*, 6 avril 1868].

Si l'on fait bouillir le phosphomolybdate jaune avec un excès d'eau régale, on détruit l'ammoniaque et l'on obtient un liquide jaune qui fournit par évaporation spontanée de beaux prismes doublement obliques, de couleur jaune, qui sont formés par la combinaison de 1 équivalent d'acide phosphorique anhydre avec 20 équivalents d'acide molybdique, également anhydre, et une certaine quantité d'eau correspondant à 13,3 % du poids de l'hydrate (1).

Ces cristaux, extrêmement solubles dans l'eau, peuvent fournir deux autres hydrates : l'un contenant 23,4 % d'eau, c'est-à-dire le double de ce que contient le premier pour la même quantité d'acide anhydre ; l'autre 19,6 seulement. L'hydrate à 23,4 % s'obtient par l'évaporation spontanée des solutions aqueuses d'acide phosphomolybdique, en octaèdres réguliers volumineux, l'hydrate à 19,6 se dépose dans des liqueurs concentrées et fortement chargées d'acide azotique ; ses cristaux, moins beaux que ceux des précédents et plus altérables, appartiennent au prisme rhomboïdal.

La petite quantité d'acide phosphorique qui s'unit, dans ces composés, à l'acide molybdique (3,7 à 4,1 %) suffit pour en modifier profondément les propriétés. L'acide molybdique peut bien donner un hydrate soluble, qui a été isolé pour la première fois par Th. Graham dans la dialyse des molybdates en solution acide, et que plus récemment M. Ullik a préparé au moyen du molybdate de baryum et de l'acide sulfurique ; mais cet hydrate donne des solutions incolores et il est incristallisable, tandis que les hydrates de l'acide phosphomolybdique sont jaunes et facilement cristallisables. D'ailleurs, les réactions de cet acide diffèrent essentiellement de celles de l'acide molybdique et de l'acide phosphorique. Ainsi, tandis que les molybdates sont tous solubles dan les acides, l'acide phosphomolybdique précipite, de leurs solutions fortement acides, la potasse, les oxydes de rubidium, de césium et de thallium, l'ammoniaque et les alcalis organiques azotés. La soude et la lithine, qui ne donnent aucun précipité dans ces conditions, se séparent ainsi, par cette réaction comme par beaucoup d'autres, de la potasse et de ses congénères, tandis que le thallium s'en rapproche d'une manière extrêmement nette.

Les oxydes métalliques ne sont pas précipités par l'acide phosphomolybdique dans une liqueur suffisamment acide. Il n'y a pas d'exception pour l'oxyde de bismuth, qui forme cependant avec l'acide phosphorique un composé presque insoluble dans l'acide azotique même concentré, ainsi que M. Chancel l'a démontré ; de plus, le mélange évaporé laisse déposer des cristaux d'acide phosphomolybdique dans la li ueur acide de bismuth.

La composition des ph sphomolybdates jaunes de potassium, de thallium et d'ammonium, obtenus en précipitant ces bases dans les liqueurs acides, peut se représenter par la formule générale (2)

$$3\,R^2O, Ph^2O^5, 20\,MoO^3 = 2\,(MoO^3)^{10}\,PhO^4R^3 ;$$

les sels de potassium et d'ammonium contiennent en outre 3 molécules d'eau d'hydratation.

Ce sont des composés bien définis et non des mélanges, car il est facile de les obtenir cristallisés. Il suffit de fondre, au rouge obscur, les sels de potassium et de thallium, pour obtenir un liquide huileux donnant par refroidissement une masse de cristaux ; dans le sel de thallium, ces cristaux sont assez distincts et assez brillants pour qu'on puisse distinguer à l'œil nu la pyramide hexagonale qui les termine. Quelques grammes de matière suffisent pour ces expériences.

On obtient le sel ammoniacal en petits cristaux jaunes très-brillants, en mélangeant deux dissolutions de pyrophosphate de sodium et de molybdate acide d'ammonium ; le précipité se produit lentement au fur et à mesure que la transformation de l'acide pyrophosphorique en acide phosphorique ordinaire s'effectue sous l'influence du milieu acide.

La solution d'acide phosphomolybdique précipite l'azotate d'argent neutre ; le précipité se transforme peu à peu en cristaux microscopiques, dont la composition peut être représentée par la formule $7\,Ag^2O, Ph^2O^5, 20\,MoO^3 + 24\,H^2O$.

Ce sel se dissout dans l'acide azotique étendu, et la liqueur fournit par évaporation de petits cristaux jaunes, brillants, d'un sel à 2 équivalents de base $2\,Ag^2O, Ph^2O^5, 20\,MoO^3 + 7\,H^2O$.

*Transformation de l'acide phosphomolybdique sous l'influence des alcalis.* — L'acide phosphomolybdique et ses sels ne sont stables qu'en présence des acides ; les alcalis les transforment

(1) La composition de cet hydrate correspondrait assez bien à la formule $20\,MoO^3, Ph^2O^5 + 25\,H^2O$, mais il est difficile de déterminer le nombre d'équivalents d'eau avec un peu de précision quand on arrive à de tels coefficients.

(2) Les phosphomolybdates sont des polymolybdates dans lesquels une ou deux molécules d'acide molybdique sont remplacées par une ou deux molécules d'acide phosphorique. Ils appartiennent à deux types : dans l'un, 1 molécule d'acide phosphorique est associée à 10 molécules d'acide molybdique ; dans l'autre, 2 molécules d'acide phosphorique sont associées à 5 molécules d'acide molybdique. Le mode de génération du phosphodécamolybdate est très-simple. 10 molécules d'acide molybdique et 1 molécule d'acide phosphorique se soudent avec élimination de 10 molécules d'eau, et il se forme un acide anhydride mixte.

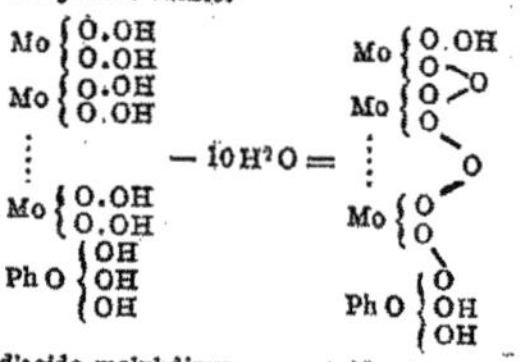

```
Mo { O.OH                          Mo { O.OH
   { O.OH                             { O  >
Mo { O.OH                                    O
   { O.OH                          Mo { O  <
  ⋮             — 10 H²O =            { O
  ⋮                                ⋮       \
Mo { O.OH                          ⋮        O
   { O.OH                                  /
     { OH                          Mo { O
PhO  { OH                             { O
     { OH                                  \
                                         { O
                                   PhO   { OH
                                         { OH
```

10 mol. d'acide molybdique. 1 mol. d'acide phosphorique. — Acide phosphodécamolybdique.

Cet acide est tribasique : on voit en effet qu'il reste dans sa molécule complexe trois oxhydryles. Il en serait de même, si contrairement à la supposition que nous avons faite ici, la molécule d'acide phosphorique était située au milieu de la chaîne. La formule rationnelle de l'acide phosphodécamolybdique est donc

$$\begin{matrix}(MoO^2)^{10} \\ PhO\end{matrix}\Big\{\begin{matrix}O^{10} \\ (OH)^3.\end{matrix}$$

Les phosphodécamolybdates, qui sont les phosphomolybdates jaunes, renferment

$$Mo^{10}PhO^{34}R'^3 = \begin{matrix}(MoO^2)^{10} \\ PhO\end{matrix}\Big\{\begin{matrix}O^{10} \\ (OR)^3\end{matrix} = (MoO^3)^{10}PhO^4R^3.$$

Cette formule est la moitié de celles qui ont été données dans le texte.

Les phosphomolybdates du second type sont formés par l'union de 2 molécules d'acide phosphorique avec 5 molécules d'acide molybdique. S'ils étaient formés d'après le principe de déshydratation qui a été développé plus haut, ils devraient être tétrabasiques. Or ils sont hexabasiques. On doit admettre qu'ils constituent une espèce de sels doubles formés par l'union d'un phosphodimolybdate et d'un phosphotrimolybdate, l'un et l'autre d'après le principe de déshydratation ci-dessus indiqué et soudés par du molybdène tétratomique :

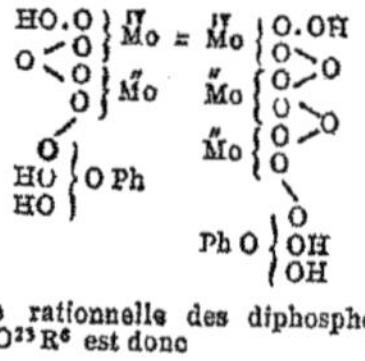

```
HO.O }  IV      IV   { O.OH
   O } Mo  =  Mo     { O  >
O <                            O
   O }  ''      ''   { O  <
   O } Mo     Mo     { O  >
  /                            O
 O  }           ''   { O  <
HO  } O Ph    Mo     { O
HO  }                     \
                         { O
                   Ph O  { OH
                         { OH
```

La formule rationnelle des diphosphopentamolybdates $Mo^5Ph^2O^{23}R^6$ est donc

$$\begin{matrix}(MoO^2)^5 \\ (PhO)^2\end{matrix}\Big\{\begin{matrix}O^5 \\ (OH)^6\end{matrix} = (MoO^3)^5.(PhO^4)^2.R^6.$$

Ces formules sont identiques avec celles qui ont été données dans le texte.

A. W.

ordinairement en molybdates ordinaires et en phosphomolybdates, dans lesquels les deux acides sont unis dans les rapports les plus simples de 2 à 5 :

$$Ph^2O^5, 20\,MoO^3, 3\,H^2O$$
$$= Ph^2O^5, 5\,MoO^3, 3\,H^2O + 15\,MoO^3.$$

Ces phosphomolybdates sont incolores ou peu colorés, d'un aspect nacré ; ils sont solubles dans l'eau et cristallisent facilement en cristaux souvent volumineux ; un excès d'acide les ramène à l'état de phosphomolybdates jaunes en mettant de l'acide phosphorique en liberté :

$$4(Ph^2O^5, 5\,MoO^3) + 12\,H^2O$$
$$= 3(Ph^2O^5, 3\,H^2O) + Ph^2O^5, 20\,MoO^3, 3\,H^2O.$$

Voici les formules de quelques sels de ce nouvel acide :

| | |
|---|---|
| Sel de potassium.. | $3K^2O, Ph^2O^5.5MoO^3 + 7H^2O.$ |
| Sel d'ammonium... | $3(AzH^4)^2O, Ph^2O^5.5MoO^3 + 7H^2O.$ |
| Sel de sodium..... | $3Na^2O, Ph^2O^5.5MoO^3 + 14H^2O.$ |
| Sel d'argent....... | $3Ag^2O, Ph^2O^5 5.MoO^3 + 14H^2O.$ |

Ces formules peuvent être écrites de la manière suivante :

| | |
|---|---|
| Diphosphopentamolybdate de potassium.......... | $(MoO^3)^5(PhO^4)^2K^6 + 7H^2O.$ |
| Diphosphopentamolybdate d'ammonium.......... | $(MoO^3)^5(PhO^4)^2,(AzH^4)^6 + 7H^2O.$ |
| Diphosphopentamolybdate de sodium.......... | $(MoO^3)^5(PhO^4)^2, Na^6 + 14H^2O.$ |
| Diphosphopentamolybdate d'argent. | $(MoO^3)^5(PhO^4)^2, Ag^6 + 14H^2O.$ |

Le sel d'ammonium a été d'abord obtenu en évaporant la solution du molybdophosphate jaune dans l'ammoniaque ; il se dépose d'abord du molybdate ordinaire ; l'eau mère laisse cristalliser de longs prismes nacrés de phosphomolybdate blanc. Mais il est plus simple de le préparer en évaporant une solution contenant du molybdate d'ammonium et du phosphate d'ammonium en quantité telle, que le rapport des acides soit de 5 à 2. On prépare les sels de potassium et de sodium en fondant le sel ammoniacal avec du nitrate de potassium ou de sodium en quantités équivalentes, et reprenant par l'eau.

Le sel d'argent s'obtient par double décomposition (1).

Lorsqu'on chasse l'ammoniaque du molybdophosphate d'ammonium par un excès d'alcali et qu'on soumet le produit à l'action ménagée de l'acide azotique, on obtient facilement des sels doubles. Voici la formule d'un de ces sels doubles :

$$6(AzO^3, K) + 3K^2O.Ph^2O^5.5MoO^3 + 9H^2O.$$

La facilité avec laquelle l'acide phosphomolybdique des sels blancs se transforme en acide phosphorique et en acide jaune n'a pas encore permis de l'isoler.

L'analyse des composés précédents présente de très-grandes difficultés quand on a recours aux méthodes de séparation actuellement connues pour les corps qui les constituent. M. H. Debray s'est servi pour l'effectuer de deux nouveaux procédés qui méritent d'être signalés, parce qu'ils sont susceptibles de généralisation.

On sépare l'acide phosphorique de l'acide molybdique en faisant passer sur un mélange d'acide phosphomolybdique et de chaux, chauffé au rouge naissant, dans une nacelle de porcelaine, d'abord un courant de gaz sulfhydrique, puis d'acide chlorhydrique. Il se forme du chlorure de calcium, du sulfure de molybdène cristallisé comme le sulfure naturel, et du chlorophosphate de calcium ou apatite également cristallisée. Le chlorure de calcium s'enlève par l'eau, l'apatite par l'acide chlorhydrique qui n'attaque pas le sulfure de molybdène ; celui-ci, facile à laver et à recueillir, est pesé avec beaucoup d'exactitude. On dose facilement le phosphore dans la liqueur chlorhydrique qui a dissous le chlorophosphate.

Lorsqu'il s'agit des phosphomolybdates alcalins, une partie de l'alcali, transformée en chlorure, se volatilise, à la température élevée de l'opération, dans le courant gazeux ; pour doser l'alcali, il faut recourir au procédé suivant : on dissout le phosphomolybdate dans un excès d'ammoniaque, et l'on ajoute à la liqueur une solution ammoniacale d'azotate d'argent ; par l'ébullition, on obtient d'abord du phosphate tribasique d'argent cristallisé, puis du molybdate d'argent incolore et cristallisé également ; l'alcali reste seul dans la liqueur, où il est facile de le doser.

CHLORURES DE MOLYBDÈNE. — Le molybdène en poudre, chauffé doucement dans un tube de verre, dans un courant de chlore exempt d'air, se transforme en s'enflammant à la surface, en un gaz rouge foncé, d'une couleur très-intense, qui se condense en cristaux brillants, noirs, à reflets verdâtres sur les parties froides du tube. Il fond à 194° et bout à 268°. Facilement altérable à l'air et très-soluble dans l'eau. Sa dissolution produit une véritable ébullition par suite de la chaleur dégagée, mais sans aucun dégagement de gaz. Le liquide qui en résulte est bleu ou vert. Berzelius, et après lui tous les auteurs, attribuent à ce composé la formule $MoCl^4$, sans doute parce que sa dissolution précipitée par l'ammoniaque donne un abondant précipité couleur de rouille de bioxyde de molybdène hydraté. Mais il est facile de s'assurer que la liqueur filtrée retient encore une grande quantité d'acide molybdique. D'ailleurs, trois analyses de ce corps (préalablement distillé dans un courant d'acide carbonique pour enlever l'excès de chlore) ont donné de 35 à 35,2 % de molybdène (1). La formule $MoCl^5$ en exige 35 %, tandis que la formule $MoCl^4$ en demanderait un peu plus de 40.

La densité de vapeur prise à 360° confirme cette formule. On a trouvé 9,53 et 9,40, la densité théorique correspondant à 9,47 (H. Debray).

Lorsqu'on distille ce chlorure en chauffant fortement sa vapeur, il se dégage du chlore ; il est donc possible qu'on puisse obtenir ainsi le chlorure $MoCl^4$, mais jusqu'ici on ne connaît pas ce corps à l'état de pureté.

Berzelius, en faisant passer le chlorure de molybdène, qu'il croyait être le tétrachlorure, sur du molybdène divisé chauffé au rouge, avait obtenu une masse agglomérée qui est rouge lorsqu'elle est refroidie. Elle est presque insoluble dans l'eau et l'acide chlorhydrique, qui ne dissolvaient que l'excès de chlorure molybdique. On la sublime à une haute température, pourvu qu'on la chauffe à l'abri du contact de l'air. Il admettait que c'était le bichlorure de molybdène $MoCl^2$. Blomstrand le considère comme un sesquichlorure, et il prétend qu'on peut l'obtenir en chauffant le chlorure

(1) Dans son mémoire, l'auteur avait doublé les formules parce qu'il avait cru trouver dans l'action ménagée des acides sur le sel de potassium un type

$$5R^2O, 2Ph^2O^5, 10MoO^3, H^2O.$$

Mais un examen plus approfondi de ces sels, difficiles à analyser, lui a démontré qu'ils contenaient bien 6 équivalents au lieu de 5. Il n'y a donc pas lieu, pour le moment, de doubler les formules.

(1) Il est difficile de doser directement le chlore dans les chlorures de molybdène, mais en transformant un poids connu du chlorure en acide molybdique par de l'eau aiguisée d'acide azotique et pesant cet acide molybdique, après l'avoir évaporé et légèrement calciné, il est facile de doser le molybdène.

ordinaire dans un courant de gaz carbonique, ou en le réduisant partiellement par l'hydrogène.

D'après le même chimiste, en chauffant à une haute température le sesquichlorure dans un courant d'acide carbonique, il se dédoublerait en bichlorure et en tétrachlorure (?). Le chlorure $MoCl^2$ reste sous la forme d'une poudre jaune, amorphe, soluble dans les hydracides et l'acide sulfurique concentré.

Il est possible que la décomposition par la chaleur du chlorure ordinaire puisse fournir le tétrachlorure et même le sesquichlorure, comme l'indique Blomstrand, mais nos connaissances sur ce sujet sont évidemment insuffisantes. L'étude des chlorures de molybdène réclamerait donc un nouvel examen.

Les combinaisons hydratées des chlorures offrent peu d'intérêt. Nous renvoyons le lecteur, pour plus de détails, au *Traité de Chimie* de Berzelius, et au mémoire de M. Blomstrand. Nous indiquerons seulement, d'après ce chimiste, l'action, particulièrement intéressante, des alcalis sur le bichlorure de molybdène.

Les dissolutions alcalines concentrées décomposent complétement le bichlorure, et donnent le protoxyde noir de molybdène hydraté. Les dissolutions étendues donnent une liqueur jaune clair qui laisse précipiter au contact de l'air un oxychlorure hydraté, amorphe, quelquefois cristallisé en petits cristaux jaunes.

Le précipité amorphe aurait pour composition $Mo^3Cl^4.O, 3H^2O$. Les cristaux renferment 9 équivalents d'eau. Il se comporterait comme un oxyde d'un radical particulier, le chloromolybdène

$$Mo^3Cl^4.$$

En effet, on peut le dissoudre dans l'acide nitrique sans qu'on puisse déceler dans la liqueur la présence du chlore par l'azotate d'argent.

L'acide bromhydrique forme, avec cet oxyde, les composés $Mo^3Cl^4.Br^2 + 3H^2O$ ou $6H^2O$, qui se déposent, le premier en écailles rougeâtres et le second en petits cristaux prismatiques. Avec les acides iodhydrique et chlorhydrique on obtient les composés

$$Mo^3Cl^4I^2 + 3H^2O \text{ et } Mo^3Cl^4I^2 + 6H^2O,$$
$$Mo^3Cl^4,Cl^2 + 3H^2O \text{ et } Mo^3Cl^4,Cl^2 + 6H^2O,$$

analogues aux précédents.

Tous ces corps se dissolvent dans l'alcool; le nitrate d'argent précipite tout le brome et l'iode des premiers, et le tiers seulement du chlore du troisième, c'est-à-dire la quantité correspondante à la quantité d'iode et de brome qui entre dans les précédents.

Oxychlorure de molybdène, $MoO^2Cl^2$. — Quand on chauffe de l'oxyde rouge de molybdène dans un courant de gaz chlore bien desséché, on obtient des paillettes cristallines d'un blanc légèrement jaunâtre, et il reste de l'acide molybdique dans le tube. Ce composé est volatil au-dessous du rouge, sans fondre. Il est très-soluble dans l'eau et dans l'alcool. Berzelius, qui l'a découvert, le considérait comme un trichlorure de molybdène. C'est H. Rose qui a établi sa véritable composition, elle est représentée par la formule $MoO^2Cl^2$. Ce corps a son correspondant dans la série du tungstène.

M. Geuther dit avoir obtenu ce produit en faisant passer des vapeurs de perchlorure de fer sur de l'acide molybdique chauffé. Blomstrand, en faisant passer un courant de chlore sur un mélange intime de bioxyde de molybdène et de charbon chauffé à diverses températures, a obtenu cet oxychlorure à basse température, et un autre contenant des quantités équivalentes de chl.re et d'oxygène, $Mo^2Cl^6O^3$. L'existence de ce dernier comme composé défini aurait besoin d'être démontrée; avec un pareil mode de préparation, on peut évidemment obtenir des mélanges variables de chlorure et d'oxychlorure, suivant la température, qui fait varier la proportion de molybdène réduit.

La même remarque s'applique aux produits obtenus par ce chimiste en faisant passer du chlore sur le mélange de sesquioxyde de molybdène et de charbon.

Oxychlorure de molybdène hydraté (*chlorhydrine molybdique*), $MoO^3, 2HCl$. — Lorsqu'on fait passer de l'acide chlorhydrique gazeux sur de l'acide molybdique légèrement chauffé (à 150° ou 200°), il se produit un composé blanc, cristallisé en longues aiguilles, très-volatil et très-soluble dans l'eau. La chaleur le décompose en acide molybdique et acide chlorhydrique. Sa dissolution évaporée laisse un dépôt d'acide molybdique amorphe [H. Debray, *Compt. rend. de l'Acad.*, t. XLVI].

Bromures de molybdène. — D'après M. Blomstrand, il existe un tétrabromure, $MoBr^4$, un sesquibromure, $Mo^2Br^6$ et un bibromure, $MoBr^2$ [*Journ. für prakt. Chem*, t. LXXXII, p. 433, et *Répert. de Chim. pure*, 1862, p. 56].

Tétrabromure de molybdène. — Ce corps paraît se produire en petite quantité dans l'action directe du brome sur le molybdène. Il se forme en effet dans cette réaction, indépendamment du sesquibromure et du bibromure, des aiguilles noires brillantes, décomposables par la chaleur en sesquibromure et en brome libre. Elles sont déliquescentes et donnent avec l'eau une solution d'un jaune brun, d'où les alcalis précipitent de l'hydrate de bioxyde couleur de rouille. On n'obtient jamais qu'une faible proportion de ce corps, la température à laquelle il se décompose étant très-voisine de celle à laquelle il prend naissance (Blomstrand).

On n'est pas parvenu à le préparer par l'action du brome sur le bibromure et le sesquibromure. Il me semble que cette circonstance peut faire craindre que le tétrabromure ne soit qu'une combinaison du sesquibromure de molybdène avec un bromure des corps étrangers (phosphore, soufre) qu'on rencontre souvent en petite quantité dans ce métal.

Sesquibromure. — Le sesquibromure est le produit principal de l'action du brome sur le molybdène métallique chauffé. Il est d'un vert noirâtre, il se présente le plus souvent en masses feutrées formées d'aiguilles longues et minces. Une forte chaleur le dédouble en monobromure et brome. L'eau ne le dissout pas et ne le mouille même pas. L'acide chlorhydrique bouillant ne l'attaque pas. Les alcalis étendus le décomposent à l'ébullition avec formation d'un hydrate noir de sesquioxyde.

Bibromure, $MoBr^2$. — La décomposition du sesquibromure donne ce composé qui se comporte d'une manière analogue au bichlorure en présence des alcalis. Insoluble dans l'eau et les acides, il se dissout facilement dans les alcalis bouillants en donnant une solution d'un beau jaune, qui laisse déposer peu à peu des cristaux brillants d'un jaune rougeâtre, qui ont pour composition $Mo^3Br^4.O + 9H^2O$. Cette même solution, saturée par l'acide carbonique ou par l'acide acétique, donne un précipité amorphe

$$Mo^3Br^4.O + 3H^2O.$$

Mais si l'on y ajoute de l'acide chlorhydrique, il se forme un composé $Mo^3Br^4Cl^2$. Les acides iodhydrique et bromhydrique donnent des réactions analogues. Dans ces réactions, le groupe $Mo^3Br^4$ se comporte donc comme un radical dont $Mo^3Br^4,Br^2$ serait le bromure anhydre.

Les alcalis concentrés décomposent complétement le bibromure de molybdène, en donnant du protoxyde de molybdène.

Oxybromure de molybdène $MoO^2Br^2$. — Il correspond à l'oxychlorure; on l'obtient dans l'action du brome sur l'oxyde molybdique chauffé. On peut aussi le préparer en fondant de l'acide molybdique avec de l'acide phosphorique ou de l'acide borique, pulvérisant la masse après refroidissement, et chauffant la poudre avec du bromure de potassium.

Cristaux tabulaires ou lamelles d'un beau rouge orangé et d'un éclat gras particulier, déliquescents et donnant une solution incolore avec l'eau.

IODURE DE MOLYBDÈNE. — On ne connaît que les composés obtenus en dissolvant le sesquioxyde et le bioxyde de molybdène dans l'acide iodhydrique. Ils ont été peu étudiés.

FLUORURES DE MOLYBDÈNE. — On ne connaît pas de fluorure ou d'oxyfluorure anhydre de molybdène. On sait seulement que les oxydes de molybdène et l'acide molybdique se dissolvent dans l'acide fluorhydrique, pour donner, les oxydes, des composés noirs, et l'acide, un composé jaune citron, probablement l'hydrate de l'acide des fluoxymolybdates ($MoO^2Fl^2 + H^2O$).

En traitant du chlorure vert de molybdène par l'acide fluorhydrique, Gladstone a obtenu une riche coloration pourpre qui a rapidement disparu pour se transformer en un précipité blanc, insoluble dans un excès d'acide fluorhydrique, mais qui, en se dissolvant dans l'acide chlorhydrique, régénère la coloration verte primitive.

Ce précipité est insoluble dans l'eau, son aspect est cristallin, et il ne renferme pas d'eau de cristallisation. Bouilli au sein de l'eau, il se décompose et cède à l'eau du chlore et du molybdène, tandis qu'il reste une poudre blanche insoluble. Chauffé dans un tube, il fond au rouge, se colore en jaune et produit un sublimé blanc. Il se dissout aisément dans les acides nitrique et chlorhydrique. Traité par l'acide sulfurique à froid, il se dissout lentement, et laisse dégager un gaz dont l'odeur rappelle celle du chlorure de soufre. Si l'on élève la température, il s'en dégage des acides chlorhydrique et fluorhydrique. Il n'est pas attaqué par l'ammoniaque, mais la potasse le dissout et l'on peut, au moyen de l'acide chlorhydrique, précipiter de cette solution le corps lui-même, ou tout au moins une poudre blanche. Un excès d'acide redissout ce précipité. Une lame de zinc plongée dans cette solution ne tarde pas à faire déposer de l'oxyde molybdeux [*Répert. de Chim. pure*, 1860, p. 386].

Il n'est pas impossible que le composé de Gladstone soit un fluoxymolybdate de molybdène, dans lequel une partie du fluor soit remplacée par du chlore. Mais l'étude de ce singulier corps reste complétement à faire.

SULFURE DE MOLYBDÈNE. — Il existe, d'après Berzelius, trois sulfures de molybdène, le sulfure naturel, $MoS^2$, et 2 sulfures artificiels, dont l'un correspond à l'acide molybdique $MoS^3$, et dont l'autre, $MoS^4$, n'a aucun correspondant dans la série oxygénée du molybdène.

SULFURE NATUREL, $MoS^2$ (molybdénite). — Il se rencontre dans le règne minéral, ordinairement dans les terrains granitiques, mais rarement en quantité un peu considérable. Il ressemble beaucoup au graphite. Il est gras au toucher, comme lui, et peut servir à écrire sur le papier, mais il laisse une trace d'un vert foncé sur la porcelaine. Ses cristaux paraissent appartenir au système hexagonal régulier, mais les lames, facilement clivables, sont toujours assez mal cristallisées. Son poids spécifique est plus considérable que celui du graphite (4,138 à 4,569). Il est infusible et inaltérable à la chaleur, mais il s'oxyde facilement à l'air et se transforme en acide molybdique volatil. L'acide sulfurique bouillant l'attaque avec dégagement d'acide sulfureux, et donne une liqueur bleue. L'acide azotique l'oxyde facilement sans le dissoudre. On utilise souvent cette réaction pour la préparation de l'acide molybdique. Les alcalis ont peu d'action sur lui.

SULFIDE MOLYBDIQUE, $MoS^3$. — On l'obtient en versant une solution d'un molybdate alcalin et du sulfhydrate d'ammoniaque dans un excès d'acide chlorhydrique. On obtient ainsi un précipité brun foncé, presque noir, qui devient tout à fait noir par la dessiccation. Il s'est formé d'abord un sulfomolybdate $MoS^3, R^2S$, que l'acide a décomposé en précipitant le sulfacide insoluble. On utilise souvent cette réaction pour précipiter le molybdène; mais, pour qu'elle réussisse, il est essentiel de laisser le sulfure et le molybdate alcalin en contact pendant un temps assez long et même de soumettre le mélange à une ébullition prolongée, sans cela la précipitation du molybdène n'est que partielle, et il reste une liqueur bleue contenant encore du molybdène, difficile alors à précipiter. Il est probable qu'il se forme d'abord des composés sulfurés où la substitution du soufre à l'oxygène est incomplète, qui sont décomposés par les acides en sulfure $MoS^3$ et acide $MoO^3$.

Le sulfide de molybdène se transforme à chaud en bisulfure et en soufre. Il se dissout facilement à chaud dans les sulfures alcalins et forme avec eux de très-beaux composés.

HYPERSULFIDE MOLYBDIQUE, $MoS^4$? — D'après Berzelius, on l'obtient en traitant par l'acide chlorhydrique une dissolution de sulfomolybdate de potassium que l'on a fait bouillir pendant longtemps avec du sulfide de molybdène et qui s'est transformée en molybdo-hypersulfide de potassium $K^2S, MoS^4$, en prenant du soufre au sulfide de molybdène qui passe à l'état de sulfure ordinaire. Celui-ci étant séparé par la filtration de la liqueur bouillante, on y ajoute l'acide chlorhydrique, qui détermine un précipité volumineux, rouge foncé, translucide, qu'on lave sur un filtre.

SULFOMOLYBDATES, $R^2S, MoS^3$. — Le plus intéressant de tous ces sels est celui de potassium. Voici, d'après Berzelius qui a découvert ce genre de sels, le meilleur procédé à suivre pour l'obtenir [*Traité de Chimie*, t. III, p. 193, deux. édit. française]. On mêle du carbonate potassique avec un peu plus de soufre qu'il n'en faut pour donner naissance au persulfure de potassium et avec un peu de charbon en poudre afin de décomposer le sulfate de potassium qui se forme en même temps. On ajoute à ce mélange un grand excès de sulfure molybdique naturel réduit en poudre, puis on met le tout dans un creuset de Hesse, en le couvrant avec de la poudre de charbon, et on le chauffe d'abord assez doucement pour qu'il se produise un persulfure de potassium, ce que n'exige pas la chaleur rouge. Lorsqu'on ne voit plus brûler de soufre à travers la jointure du couvercle et du creuset, on pousse la chaleur jusqu'au rouge et l'on soutient cette température tant que l'air qui s'élève du fourneau sent l'acide sulfureux; on élève ensuite la température au rouge blanc et on l'y maintient pendant trois heures. La masse refroidie est noire, poreuse et non fondue, elle s'échauffe légèrement avec l'eau, et donne une dissolution d'un rouge foncé qui est tout à fait opaque. On l'évapore à 40° environ. Il se forme des cristaux d'un rouge foncé qui, après avoir été égouttés sur du papier gris, offrent par réflexion, un éclat métallique du plus beau vert, tout à fait semblable à celui des élytres de certains coléoptères, tels que les cantharides. Ils représentent des prismes à 4 ou 8 pans, terminés par des sommets dièdres, dont les facettes presque triangulaires ressemblent, au premier coup d'œil, à un amas d'octaèdres. La dissolution de ces cristaux dans l'eau a une belle couleur rouge, semblable à celle d'une dissolution très-concentrée de bichromate potassique. Lorsqu'elle a été saturée à chaud, le sel cristallise par refroidissement. Ce sel est un des plus beaux que la chimie puisse produire sous le rapport de la richesse et du jeu des couleurs.

Il s'altère à l'air au bout d'un certain temps, le sulfure potassique s'oxyde en partie; les beaux cristaux tombent en poudre brune. L'eau dissout partiellement cette poudre, la liqueur contient du molybdate et du sulfomolybdate, et il reste du sulfure de molybdène non dissous.

L'alcool concentré ne dissout pas le sel non altéré, mais ce dernier est soluble dans l'alcool étendu. La chaleur ne le décompose que partiellement en donnant du sulfure de molybdène ordinaire qu'on peut séparer par l'eau du reste du sol.

L'action des acides, d'après Berzelius, conduirait à un résultat fort remarquable. En mélangeant une dissolution de sulfomolybdate qui ne soit pas trop étendue avec une certaine quantité d'acide fort inférieure à celle qui serait nécessaire pour décomposer ce sel, elle change de couleur et devient plus foncée, sans qu'il s'en précipite rien. Abandonnée à l'évaporation spontanée, elle commence par se prendre en gelée, puis elle se dessèche en une masse brillante, d'un gris noirâtre. Ce phénomène tient à la formation d'un sursulfomolybdate, que l'on isole en mêlant la dissolution de sulfomolybdate neutre avec de l'acide acétique jusqu'à ce qu'elle rougisse le papier de tournesol. C'est une poudre d'un jaune foncé tirant sur le brun, peu soluble dans l'eau froide, mais facilement soluble dans l'eau chaude.

Les expériences de Berzelius sur la production des hypersulfomolybdates auraient besoin d'être reprises. Le composé $MoS^4$ n'a jamais été analysé, et, sa production ayant lieu lorsqu'on laisse une substance oxydable comme le sulfomolybdate au contact prolongé de l'air, on peut se demander si ce n'est pas plutôt un oxysulfure qui devrait se former dans ces conditions. La préparation du persulfure de molybdène n'est pas en contradiction avec cette supposition. Par une ébullition prolongée d'une solution de sulfomolybdate avec du sulfide de molybdène au contact de l'air, on constate la production de sulfure ordinaire de molybdène; il n'en résulte pas nécessairement que le soufre du sulfide s'est porté sur le sulfomolybdate. Le sulfure de molybdène $MoS^2$ est au contraire un des produits de l'oxydation à l'air du sulfomolybdate de potassium. Il faut remarquer en outre qu'à l'époque où Berzelius exécutait son beau travail sur les sulfacides, on n'avait aucune idée de l'existence de produits de substitution tels que les oxysulfures et les oxychlorures. On se rappelle que beaucoup d'oxychlorures métalliques, celui de molybdène par exemple, avaient été considérés comme des perchlorures à l'époque de leur découverte parce qu'ils correspondaient à l'acide métallique, ce qu'il était facile de constater par l'action directe de l'eau, sans le secours d'aucune analyse. Ce fut H. Rose qui démontra dans ces corps l'existence de l'oxygène.

*Composé de sulfomolybdate et de nitrate de potassium.* — Si l'on mêle ensemble des dissolutions de parties égales de nitrate et de sulfomolybdate de potassium et qu'on les abandonne à l'évaporation spontanée, on obtient des cristaux verts, doués de l'éclat métallique comme le sulfomolybdate. Ces cristaux, lorsqu'on les chauffe, brûlent comme de la poudre à canon.

*Autres sulfomolybdates.* — Berzelius a fait également connaître les sulfomolybdates de sodium et d'ammonium qui sont cristallisés, et qu'il a obtenus, le premier en traitant par l'hydrogène sulfuré le molybdate neutre de soude, et le second en dissolvant le sulfide molybdique, récemment précipité, dans le sulfhydrate d'ammonium. Ce dernier mode de préparation s'applique aux sulfomolybdates de lithium, de baryum, de strontium, de calcium et de magnésium, dont les sulfures sont solubles : tous ces sels peuvent être obtenus cristallisés. Mais leurs propriétés sont peu intéressantes.

Les sulfomolybdates terreux et métalliques, qu'on obtient en précipitant leurs sels par le sulfomolybdate de potassium, sont insolubles : ils sont peu connus.

Je renverrai le lecteur au traité de Berzelius pour les hypersulfomolybdates.

SÉLÉNIURE DE MOLYBDÈNE. — Lorsqu'on sature d'hydrogène sélénié une dissolution de molybdate d'ammoniaque, elle se colore en brun, les acides en précipitent un séléniure de molybdène qui est brun. C'est sans doute le composé correspondant du sulfacide $MoS^3$.

PHOSPHURE DE MOLYBDÈNE. — Wöhler et Rautenberg ont préparé un phosphure de molybdène $MoPh$ en chauffant fortement dans un creuset de charbon un mélange d'acide molybdique jaune et d'acide phosphorique fondu contenant un peu de chaux. On obtient une masse métallique grise, dont les cavités sont tapissées de petits cristaux.

Sa densité est de 6,167. Il est peu fusible, l'acide azotique concentré l'attaque, le salpêtre fondu l'oxyde avec flamme. Chauffé dans le chlore, il se convertit en chlorure de phosphore et en chlorure de molybdène.

AZOTURE DE MOLYBDÈNE. — L'action de l'ammoniaque sur le chlorure de molybdène donne, au rouge vif, un azoture $Mo^3Az^2$ en poudre grise. A une plus haute température, il se réduit en molybdène métallique.

On ne connaît pas de siliciure et de borure de molybdène. H. D.

**MOLYBDÈNE (ANALYSE).** — CARACTÈRES DES COMBINAISONS MOLYBDIQUES. — Nous avons à examiner les caractères des solutions de molybdène à l'état de composés molybdeux (oxyde $MoO$), de composés molybdiques (oxyde $MoO^2$) et de molybdates ($MoO^3$).

Les caractères généraux des combinaisons molybdiques au chalumeau sont les suivants :

Chauffées sur le charbon, dans la flamme de réduction, elles fournissent du molybdène métallique qui imprègne le charbon et qu'on peut séparer par lévigation. Dans la flamme d'oxydation, il se produit un dépôt d'acide molybdique, jaune à chaud, incolore à froid. Elles colorent la flamme du chalumeau en jaune verdâtre.

Avec le *borax*, dans la flamme d'oxydation, perle limpide, jaune à chaud, incolore à froid ; en présence de beaucoup de molybdène, la perle est rouge foncé à chaud et gris bleuâtre à froid. Dans la flamme de réduction, la perle est brune et opaque.

Avec le *sel de phosphore*, dans la flamme oxydante, perle claire, verdâtre à chaud. Dans la flamme de réduction, perle vert noirâtre, verte à froid.

COMPOSÉS MOLYBDEUX. — La solution chlorhydrique du protoxyde de molybdène est brune. Les *alcalis* en précipitent l'oxyde, insoluble dans un excès de réactif.

*Carbonate ammonique.* — Précipité brun foncé, soluble dans un excès de réactif et se séparant de nouveau par l'ébullition.

*Phosphate de sodium.* — Précipité brun-noir.

*Cyanures jaune et rouge.* — Précipités rouge-brun.

*Hydrogène sulfuré.* — Précipité brun-noir ne se produisant que lentement.

*Sulfure ammonique.* — Précipité jaune-brun, soluble dans un excès de sulfure.

COMPOSÉS MOLYBDIQUES ($MoO^2$). — Les solutions acides de l'hydrate molybdique sont noires ; lorsqu'on les étend d'eau, elles deviennent vertes puis brunes, puis jaunes ; à l'air, elle se colorent en bleu.

*Alcalis.* — Précipité volumineux brun, insoluble dans un excès.

*Carbonate ammonique* et *bicarbonate de potassium.* — Précipités brun clair, solubles dans un excès de réactif.

*Phosphate de sodium.* — Précipité blanc brunâtre.

*Cyanures jaune et rouge.* — Précipité brun.

*Sulfure d'ammonium.* — Précipité brun, soluble dans un excès de sulfure. L'*hydrogène sulfuré* ne donne que lentement un précipité.

ACIDE MOLYBDIQUE. — Les molybdates alcalins et celui de magnésium sont seuls solubles dans l'eau ; ils sont incolores. Les acides minéraux en précipitent l'acide molybdique (sublimable en aiguilles, fusible en un liquide jaune, soluble dans 570 p. d'eau). La présence d'acides organiques entrave cette précipitation. Un excès d'acide redissout l'acide molybdique. Voici les caractères des molybdates solubles :

Les solutions de molybdates, neutralisées par l'acide chlorhydrique, colorent le curcuma en brun.

*Chlorure de calcium.* — Précipité blanc, soluble dans les acides, se formant lentement.

*Chlorure de baryum.* — Précipité blanc, immédiat, soluble dans les acides.

*Azotate d'argent.* — Précipité blanc, soluble dans l'acide azotique et dans l'ammoniaque.

*Azotate mercureux.* — Précipité jaunâtre, soluble dans l'acide azotique.

*Chlorure mercurique.* — Précipité blanc formé lentement.

*Azotate de plomb.* — Précipité blanchâtre.

*Ferrocyanure de potassium.* — Dans les solutions acides, précipité rouge-brun, soluble dans l'ammoniaque.

*Ferricyanure de potassium.* — Précipité rouge-brun, se formant lentement.

*Hydrogène sulfuré.* — D'abord coloration brune, puis précipité brun de sulfure de molybdène dans une solution acide. La précipitation est complète. Le précipité est soluble dans le *sulfure ammonique.*

*Noix de galle.* — Coloration rouge de sang, ou précipité rouge, suivant la concentration.

*Chlorure stanneux.* — Précipité bleu-vert, soluble en vert dans les acides.

*Acide sulfureux.* — A chaud, en présence d'acide chlorhydrique, coloration bleue.

*Zinc* ou *étain métalliques.* — En présence d'acide chlorhydrique, coloration bleue, puis verte, et finalement brune, selon la durée de l'action. La solution brune produite par cette réduction donne avec les molybdates solubles une coloration ou un précipité bleu de molybdate de molybdène. La même coloration *bleue* se produit par l'addition d'un corps organique (sucre, alcool, acide tartrique) à la solution sulfurique chaude d'un molybdate.

*Phosphate de sodium.* — Coloration, puis précipité jaune, avec la solution du molybdate ammonique sursaturée d'acide azotique.

DOSAGE DU MOLYBDÈNE. — Le molybdène est généralement dosé à l'état de sulfure $MoS^2$. Quel que soit l'état dans lequel se trouve le molybdène dans une dissolution, il en est entièrement précipité par l'hydrogène sulfuré à l'état d'un sulfure qu'on peut toujours ramener en bisulfure $MoS^2$. Dans les solutions d'acide molybdique, la précipitation par l'hydrogène sulfuré est très-longue ; si l'on filtre trop rapidement, la liqueur qui passe est bleue et fournit, par l'addition d'hydrogène sulfuré, une nouvelle quantité de sulfure qu'il faut ajouter au premier. On n'est sûr de la précipitation complète que lorsque la solution passe incolore. D'après Tuttle, la précipitation du sulfure est rendue instantanée par l'addition de zinc à la solution chlorhydrique.

On recueille le sulfure sur un filtre taré, on le dessèche et on le pèse. On en calcine ensuite un poids déterminé dans un creuset dans lequel on fait arriver un courant d'hydrogène, jusqu'à ce que le poids ne change plus. On a ainsi le poids de $MoS^2$ fourni par le sulfure brun.

On peut aussi, après avoir neutralisé par l'ammoniaque, ajouter à la solution un excès de sulfure ammonique, de manière à redissoudre le précipité d'abord formé ; après quelque temps de repos, on étend d'eau et l'on précipite le sulfure par un acide pour le traiter comme ci-dessus. Ce procédé peut même servir à séparer le molybdène de la combinaison jaune qu'il forme avec le phosphate ammonique.

On dose quelquefois le molybdène à l'état d'oxyde $MoO^2$, produit par une calcination modérée de l'acide molybdique dans un courant d'hydrogène.

M. Kobell a fondé un procédé de dosage du molybdène sur l'action d'un poids connu de cuivre sur une solution chlorhydrique d'acide molybdique, à l'abri de l'air. Dans cette opération, il se dissout une quantité de cuivre correspondant précisément à la quantité d'oxygène que perd l'acide molybdique pour se transformer en oxyde $Mo^2O^3$ (ou $MoO^2$?).

*Précipitation par le nitrate mercureux.* — Ce procédé doit en général être préféré aux précédents. On acidule la solution avec l'acide azotique, puis on y ajoute un excès de nitrate mercureux basique. On obtient ainsi un précipité volumineux jaune, tout à fait insoluble dans un excès de sel mercureux. On le recueille sur un filtre taré, après l'avoir lavé avec une solution étendue de nitrate mercureux et non avec de l'eau pure. On enlève le précipité du filtre après l'avoir séché à 100° et pesé, puis on le calcine dans un creuset de platine ou de porcelaine traversé par un courant d'hydrogène, On obtient ainsi de l'oxyde de molybdène qu'on pèse. On pèse avec le filtre la portion qui y reste adhérente et on calcule, d'après l'expérience précédente, le poids d'oxyde de molybdène qu'elle fournirait. On ne doit pas incinérer le filtre.

Wittstein a proposé de doser l'acide molybdique à l'état de phosphomolybdate d'ammoniaque (qui renferme 92,7 °/₀ $MoO^3$). H. Rose déconseille cette méthode.

SÉPARATION DU MOLYBDÈNE. — On peut séparer le molybdène d'un grand nombre d'autres métaux par le sulfure ammonique qui redissout le sulfure de molybdène. On filtre et on précipite de nouveau le sulfure de molybdène par l'acide azotique étendu.

Ce procédé peut servir à l'analyse du molybdate de plomb naturel, finement pulvérisé et qu'on fait digérer soit directement avec du sulfure ammonique, soit d'abord avec de l'acide azotique. Dans ce dernier cas, on neutralise la solution par l'ammoniaque et l'on y ajoute du sulfure ammonique.

Si le molybdate à analyser est inattaquable par le sulfure ammonique et par les acides, on le fait fondre avec 3 p. de soufre et 3 p. de carbonate de sodium ; on reprend par l'eau, on filtre pour séparer la solution de sulfomolybdate et l'on en précipite le sulfure de molybdène par un acide.

On peut aussi fondre le molybdate avec 3 p. de carbonate de potassium ou de sodium, reprendre par l'eau et filtrer ; la solution filtrée renferme le molybdate alcalin ; les autres oxydes restent sur le filtre. Applicable au molybdate de plomb.

Pour séparer le molybdène de l'étain, Clarke utilise la solubilité du sulfure d'étain dans l'acide oxalique. On fait bouillir le mélange de sulfures avec de l'acide oxalique, en présence d'un peu d'acide chlorhydrique ; tout le sulfure d'étain se dissout, tandis que celui du molybdène reste entièrement insoluble.

On rencontre souvent le molybdène uni à de grandes quantités de fer et à de petites quantités d'autres métaux, dans certains fers non scorifiés (*Eisensauen*) de Mansfeld. On dissout ces alliages dans un acide (azotique, chlorhydrique ou eau régale). On précipite le molybdène à l'état de sulfure, après avoir chassé l'acide nitrique, si l'on a employé cet acide, ajouté de l'acide chlorhydrique et étendu de beaucoup d'eau, sans quoi il se précipiterait du sulfure de fer. S'il y a du cuivre, on ajoute du sulfure de sodium à la solution additionnée de carbonate de sodium ; le sulfure de molybdène se dissout et les sulfures de fer, de cuivre, de nickel et de cobalt restent insolubles.

Pour séparer l'acide molybdique des oxydes terreux, on fond le molybdate avec du carbonate de sodium, on reprend par l'eau qui dissout le molybdate alcalin et laisse les carbonates terreux.

Enfin pour le séparer des métaux alcalins, on peut le précipiter par le nitrate mercureux. Pour doser en même temps les alcalis, on calcine le molybdate avec du sel ammoniac : il se forme de l'oxyde de molybdène. En reprenant par l'eau, on redissout les alcalis à l'état de chlorures.

On peut aussi calciner le molybdate dans un courant de gaz acide chlorhydrique ; le molybdène fournit du chlorure volatil, et les chlorures alcalins restent.

La séparation la plus difficile est celle de l'acide tungstique. H. Rose propose de sursaturer par l'acide chlorhydrique le mélange de molybdate et de tungstate alcalin, en présence d'acide tartrique, de précipiter le molybdène par l'hydrogène sulfuré, puis d'évaporer à sec la liqueur filtrée et de calciner le résidu à l'air, en ajoutant au besoin du carbonate et du nitrate de potassium. On redissout la masse fondue dans l'eau et on précipite dans la solution l'acide tungstique par le nitrate mercureux. E. W.

**MOLYBDÉNITE** (Min.) [Syn. *Molybdène sulfuré*]. Sulfure de molybdène $MoS^2$. Rarement en petits cristaux tabulaires hexagonaux ; souvent en lamelles cristallines ou en masses foliacées d'un gris de plomb bleuâtre, d'un vif éclat métallique. Très-flexible, mais non élastique, se trouvant disséminé dans le granit, le gneiss, la zyénite zirconienne, les calcaires cristallisés, dans un grand nombre de localités.

*Caractères.* — Difficilement décomposé par l'acide azotique en laissant un résidu d'acide molybdique et de soufre. Dans le tube ouvert, donne des vapeurs sulfureuses. Dans la pince à bout de platine, ne fond pas, mais donne à la flamme une couleur jaune verdâtre. Sur le charbon, à la flamme oxydante, donne une odeur sulfureuse et un enduit cristallin d'acide molybdique, jaune à chaud, blanc à froid. Près de l'essai, l'enduit est rouge, et la partie blanche, soumise à une légère réduction, prend une belle couleur bleue.

Dureté, 1 à 1,5. Tache le papier, poussière gris verdâtre.

Densité, 4,44 à 4,8.

*Forme cristalline.* — Hexagonale ou rhombique. Clivage basal parfait. Macles triples indiquées par des stries sur la base. F. et S.

**MOLYBDÉNOCHRE** (Min.) — Acide molybdique $MoO^3$, provenant de l'altération de la molybdénite, en très-petits cristaux soyeux, ou en enduits terreux jaunes de paille ou jaune-serin.

*Caractères.* — Sur le charbon fond et donne de petits cristaux jaunes d'acide molybdique, devenant blancs à froid ; au feu de réduction, bleuit, puis passe au rouge. Avec le borax, dans la flamme d'oxydation, perle jaune à chaud, incolore à froid. Au feu de réduction, une perle saturée devient noire et opaque ; avec le sel de phosphore, perle jaune dans la flamme oxydante, verte à froid dans la flamme réductrice.

Dureté, 1 à 2.

Densité, 4,49 à 4,5.

*Forme cristalline* (déterminée sur des cristaux artificiels). — Prisme orthorhombique $m\ m = 136° 48'$. Isomorphe avec la valentinite. F. et S.

**MOLYBDINE.** — Voyez MOLYBDÉNOCHRE.

**MOLYSITE** (Min.) — Incrustations d'un brun-rouge, formées de chlorure ferrique, trouvées sur la lave, dans les éruptions récentes du Vésuve.

**MOMORDICINE.** — Voyez ÉLATÉRINE, t. I, p. 1218.

**MONAZITE** (Min.) [Syn. *Mengite, urdite, eremite et edwardsite* (Shepard), phosphate de cérium, de lanthane et de thorium], $(PhO^4)^2R^3$ ; $R = Ce, La, Di, 1/2 Th$. — Petits cristaux isolés, d'un brun rougeâtre ou jaunâtre, translucides, trouvés dans le granite avec un feldspath couleur de chair, à Slataoust (Ilmen) ; près de Nöterö (Norwége), en plus gros cristaux (variété urdite), etc.

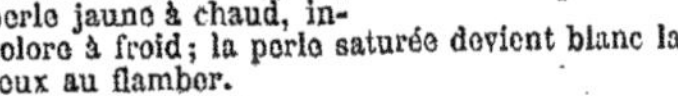

Fig. 425. — Monazite.

*Caractères.* — Difficilement soluble dans l'acide chlorhydrique ; au chalumeau ne fond pas, mais devient grisâtre ; humecté avec l'acide sulfurique, colore la flamme en vert bleuâtre. Avec le borax, perle jaune à chaud, incolore à froid ; la perle saturée devient blanc laiteux au flamber.

Dureté, 5 à 5,5.

Densité, 4,9 à 5,2.

*Forme cristalline.* — Prisme clinorhombique $mm = 93° 10'$ ; $h^1a^1 = 126° 8'$, $pb^{1/2} = 121° 0'$. Clivage $p$, très-parfait et brillant. Plan de macle $p$. F. et S.

**MONÉSINE.** — Substance semblable à la saponine, contenue dans le monésia, écorce du *Chrysophyllum glycyphlœum*, plante brésilienne de la famille des Sapotées.

**MONHEIMITE.** — Voyez KAPNITE.

**MONIMOLITE** (Min.) — Antimoniate de plomb, avec fer, manganèse, calcium et magnésium. Le rapport de l'oxygène des bases à celui de l'acide $= 4 : 5$. Octaèdres quadratiques ou incrustations d'une couleur jaune, d'un éclat submétallique tirant sur le gris.

*Caractères.* — Insoluble dans les acides. Sur le charbon donne un globule gris de plomb malléable ; réactions du plomb et de l'antimoine.

Dureté, 4,5 à 5. Poussière jaune-citron.

Densité, 5,94.

**MONOPHANE.** — Voyez ÉPISTILBITE, t. I, p. 1251.

**MONRADITE** (Min.). — Paraît être une variété altérée de pyroxène ou d'amphibole. Renferme environ 4 % d'eau.

**MONROLITE** (Min.). — Fibrolite de Monroë.

**MONTANITE** (Min.). — Enduit jaune terreux ou cireux, recouvrant la tétradymite à Highland (Montana), et renfermant un mélange des acides tellureux et bismuthique hydratés,

$$Bi^2O^3, TeO^2, 2H^2O.$$

**MONTICELLITE** (Min.). — Péridot renfermant une molécule de chaux et une molécule de magnésie, avec remplacement d'une partie de cette dernière par du protoxyde de fer $(Mg, Ca)_2 SiO^4$. En petits cristaux incolores, blancs, jaunâtres ou verdâtres, ayant les formes et à très-peu près les angles du péridot. Éclat vitreux. Avec mica et pyroxène dans les blocs de la Somma.

Dureté, 5,5.

Densité, 3,12 à 3,24.

Au chalumeau, s'arrondit sur les bords. Donne avec l'acide chlorhydrique une solution claire qui fait gelée par l'ébullition.

**MONTMORILLONITE** (Min.) [Syn. *Confolenuite, delanosite*]. — Argile compacte, tendre, d'un faible éclat, d'une couleur rose, devenant onctueuse dans l'eau, et ne happant que peu à la langue; de Montmorillon et Confolens, et de Millac, près Nontron (France).

Sa composition se rapproche de la formule

$$Al^2O^3, 4SiO^2 + 7/2H^2O.$$

Infusible au chalumeau; devient assez dure pour rayer le verre.

**MORDÉNITE** (Min.). — Petites concrétions réniformes, à structure fibreuse, d'un éclat soyeux et d'une couleur blanc jaunâtre ou rosé, translucides en lames minces, trouvées dans un trap, avec apophyllite, barytine, etc., à Morden (Nouvelle-Écosse).

Silicate hydraté d'alumine, de chaux et de soude; le rapport d'oxygène dans

$$RO + R^2O, Al^2O^3, SiO^2, H^2O = 1 : 3 : 18 : 6.$$

*Caractères*. — Imparfaitement décomposé par les acides. Dans le tube, donne de l'eau. Au chalumeau, fond sans se gonfler.

Dureté, 5.

Densité, 2,08.

**MORÉNOSITE** (Min.). — Sulfate hydraté de nickel, provenant de l'altération des minerais de nickel, au cap Ortegal (Espagne), sur magnétite avec millérite; à Riechelsdorf (Hesse), etc. Cristaux aciculaires et efflorescences cristallines.

Dureté, 2 à 2,25.

Densité, 2,004.

**MORESNETITE** (Min.). — Silicate hydraté de zinc, d'alumine avec nickel, fer et magnésie, d'un vert plus ou moins beau, se trouvant avec la calamine à la Vieille-Montagne, près d'Aix-la-Chapelle.

Difficilement soluble dans les acides. Sur le charbon, donne avec l'oxalate de cobalt une masse verte.

**MORIN** (matière colorante du bois jaune, du bois de Cuba). — Les matières colorantes du bois jaune ont été étudiées par Chevreul [*Leçons de chimie appl. à la teinture*, t. II, p. 150], Wagner [*Journ. für prakt. Chem.*, t. LI, p. 82], et en dernier lieu par Hlasiwetz et Pfaundler [*Ann. der Chem. u. Pharm.*, t. CXXXVII, p. 351, et *Journ. für prakt. Chem.*, t. XCIV, p. 65]. Ces auteurs s'accordent à y reconnaître deux principes distincts, l'un presque insoluble dans l'eau et l'autre assez soluble. Le premier a reçu le nom de *morin* et le second celui d'acide *morintannique* ou *maclurine*. D'après Delffs [*Zeitsch. für Chem. Pharm.*, 1862, p. 143], le dépôt cristallin du bois jaune n'est que du morin, et l'acide morintannique de Wagner ne serait que du morin impur mélangé à de la matière colorante. Malgré cette opinion de Delffs, R. Wagner [*Chem. Centr.*, 1862, p. 399] maintient la distinction entre le morin et l'acide morintannique. Le morin décrit par lui est très-peu soluble dans l'eau, incolore; il se colore en rouge grenat par le perchlorure de fer et en jaune par les alcalis. La solution sulfurique est jaune. L'acide morintannique, qui forme la partie principale des dépôts cristallisés du bois jaune, est très-soluble dans l'eau, précipitable par la gélatine; il se colore en noir avec le perchlorure de fer et donne avec l'acide sulfurique de l'acide rufimorique semblable à l'acide rufiérythrique.

D'après Stein [*loc. cit.*], l'extrait aqueux fait à froid du bois jaune donne, après addition d'un peu d'acétate de plomb basique, un précipité jaune sale passant au brun par l'acide acétique; en filtrant et ajoutant de nouveau de l'acétate basique, on obtient un beau précipité vert, puis enfin un précipité jaune pur. Le liquide filtré additionné d'ammoniaque donne un précipité blanc qui, décomposé par l'hydrogène sulfuré en présence de l'alcool, fournit une substance dont la solution éthérée contient un principe cristallisable en aiguilles groupées, d'une saveur à la fois douce et amère (phloroglucine). La présence de la phloroglucine dans l'extrait de bois jaune n'étonnera pas si l'on se rend compte des faits suivants.

Voici comment Hlasiwetz et Pfaundler prescrivent d'opérer la séparation du morin et de la maclurine. La décoction aqueuse de bois jaune est fortement concentrée et le liquide est abandonné à lui-même pendant plusieurs jours. Il fournit un abondant dépôt cristallin, qui est exprimé et épuisé à deux reprises par l'eau bouillante. Celle-ci laisse un résidu composé de morin brut et d'une combinaison calcaire de morin, tandis que l'acide morintannique se dissout. Le résidu est d'abord traité par l'eau acidulée à l'acide chlorhydrique, à chaud, pour enlever la chaux, puis par l'alcool bouillant. La solution filtrée additionnée de 2/3 volumes d'eau chaude laisse déposer la plus grande partie du morin en cristaux jaunes que l'on purifie par une nouvelle cristallisation dans l'alcool faible. Il est bon de former au sein de la solution un peu de sulfure de plomb, par addition d'acétate de plomb et dégagement d'hydrogène sulfuré; les filtres employés doivent être exempts de chaux et d'oxyde de fer. Le morin ainsi purifié se présente sous la forme d'aiguilles groupées en houppes de quelques millimètres de long, à peine solubles dans l'eau froide, difficilement solubles dans l'eau bouillante et dans l'éther, insolubles dans le sulfure de carbone, très-solubles avec une coloration jaune foncé dans les alcalis et les sels à réaction alcaline; les acides reprécipitent le morin de ces solutions alcalines. Le perchlorure de fer colore la solution de morin en vert-olive. La solution ammoniacale réduit à froid le nitrate d'argent et à chaud l'oxyde de cuivre. Le morin perd très-difficilement les dernières traces d'eau de cristallisation. Séché longtemps à 100° dans un courant d'air sec ou chauffé entre 200° et 250° (vers 300° il se sublime en se décomposant partiellement) il donne des nombres correspondant à la formule $C^{12}H^8O^5$. L'hydrate de morin est représenté par

$$C^{12}H^8O^5 + H^2O.$$

Sa combinaison potassique $C^{12}H^9KO^6$ cristallise de ses solutions chaudes dans le carbonate de potassium concentré, en aiguilles jaunes, molles, de couleur brun verdâtre après dessiccation. On ne peut la faire recristalliser que dans une solution de carbonate de potassium; l'eau la décompose. La combinaison sodique $C^{12}H^9NaO^6$ se comporte et se prépare d'une manière analogue. La combinaison calcique $(C^{12}H^9O^6)^2Ca$ s'obtient en ajoutant du chlorure de calcium à la combinaison potassique, sous la forme d'un précipité jaune.

La combinaison zincique $(C^{12}H^9O^6)^2Zn$ se prépare en ajoutant du zinc et de l'acide sulfurique à une solution alcoolique bouillante de morin. Elle forme des aiguilles jaune-orangé; elle est insoluble dans l'eau, soluble dans l'alcool chaud.

Dans le gaz ammoniac sec le morin augmente de 12,3 % de son poids et prend une coloration jaune intense.

Le morin bromé $C^{12}H^7Br^3O^6$ s'obtient en broyant le morin avec du brome. Il cristallise dans l'alcool en aiguilles microscopiques groupées en houppes. Une solution alcoolique de morin additionnée d'acide chlorhydrique, mise en contact avec l'amalgame de sodium, devient pourpre et fournit de la phloroglucine. Si, lorsque la réaction est terminée, on évapore au bain-marie le liquide pourpre décanté, il se sépare des prismes pourpres qui ont la même composition que le morin et auxquels MM. Hlasiwetz et Pfaundler donnent le nom d'*isomorin*. Chauffé seul ou en solution alcoolique étendue, mieux sous l'influence des alcalis, l'isomorin se convertit en morin même à l'abri de l'air. En ajoutant de l'alun à une solution d'isomorin, on forme un liquide dichroïque (1). L'amalgame de sodium en solution alcaline transforme le morin comme la quercétine en phloroglucine et en un second corps non déterminé [H. Hlasiwetz, *Ann. der Chem. u. Pharm.*, t. CXXIV, p. 358]. D'après W. Stein [*Zeitsch. Chem. Pharm.*, 1863, p. 469; *Journ. für prakt. Chem.*, t. LXXXIX, p. 495], le morin, comme la quercétine (mélétine de Stein), traité par l'amalgame de sodium, même en solution acide, est transformé en *paracarthamine*.

La potasse fondue transforme le morin entièrement en phloroglucine avec formation d'un peu d'acide oxalique.

Une solution de morin dans l'acide sulfurique, additionnée d'eau jusqu'à la limite de la précipitation, fournit de l'isomorin, si l'on y introduit du zinc en grenailles.

M. Hlasiwetz fait ressortir les analogies de propriétés qui rapprochent le morin de la quercétine.

1° Tous deux fournissent un corps rouge lorsqu'on les traite en solution alcoolique acide par l'amalgame de sodium.

2° Ils donnent tous deux de la phloroglucine sous l'influence de l'amalgame de sodium en solution alcaline.

3° Le morin zincique et la quercétine zincique prennent naissance dans les mêmes circonstances. Les solutions sulfuriques des deux pigments se modifient d'une manière analogue sous l'influence du zinc et donnent des corps rouges.

4° Le morin et la quercétine s'unissent à la potasse et à la soude.

5° La potasse en fusion les convertit en phloroglucine.

6° Ils sont tous deux stables à une haute température et perdent très-difficilement leur eau de cristallisation. Ils se subliment d'une façon analogue en se décomposant en grande partie. Enfin le morin et la quercétine donnent en solution les mêmes colorations avec divers réactifs.

Il suppose d'après cela que la quercétine renferme les éléments du morin et de l'acide quercétique :

$$C^{27}H^{18}O^{12} = C^{12}H^{8}O^{5} + C^{15}H^{10}O^{7}.$$

Quercétine. Morin. Acide quercétique.

Les nuances fournies par le morin, qui constitue la principale matière colorante du bois jaune, sont les mêmes que celles que donne la quercétine. Le morin n'est pas employé à l'état de pureté et isolé, mais c'est à lui qu'il faut attribuer en grande partie les qualités tinctoriales du bois jaune.

P. S.

**MORINDINE.** — Anderson [*Ed. Phil. Trans.* t. XVI, p. 435, (6); *Ann. de Chim. et de Phys.*, (3), t. LXXI, p. 216] a retiré de l'écorce de la racine du Morinda citrifolia (Al'root des Indous) un principe cristallin auquel il a donné le nom de morindine. C'est à ce principe que cette racine doit ses propriétés tinctoriales. Les racines sont épuisées par l'alcool bouillant. Les premières décoctions déposent par refroidissement la morindine qu'elles renferment, en flocons bruns, salis par une matière rouge étrangère. Les solutions subséquentes donnent, au contraire, des cristaux minces, radiés et jaunes. On purifie par des cristallisations répétées dans l'alcool étendu additionné d'un peu d'acide chlorhydrique. La morindine cristallise en aiguilles fines de couleur jaune à éclat satiné. Peu soluble dans l'alcool froid étendu, plus soluble à chaud; très-peu soluble dans l'alcool absolu, insoluble dans l'éther. L'eau froide en dissout assez pour prendre une couleur jaune; à l'ébullition, elle en dissout beaucoup et la dépose par refroidissement sous la forme de flocons gélatineux non cristallins. Séchée à 100°, elle a donné C=55,4; H=5,1, nombres traduits par Anderson par la formule $C^{28}H^{30}O^{15}$.

Les alcalis dissolvent la morindine avec une coloration rouge-orangé. L'acide sulfurique concentré la dissout en pourpre violacé. Cette solution étendue d'eau dépose au bout de 24 heures des flocons jaunes presque insolubles dans l'eau froide et solubles en violet dans l'ammoniaque. L'acide nitrique d'une densité de 1,38 dissout à froid la morindine avec une coloration rouge; à chaud il s'établit une réaction violente. Le liquide qui en résulte, neutralisé par l'ammoniaque, ne précipite pas les sels de calcium. La morindine précipite l'acétate basique de plomb (flocons cramoisis peu stables et auxquels l'eau enlève de la matière colorante); les solutions de baryte, de strontiane et de chaux donnent des précipités colorés peu solubles. Le perchlorure de fer donne une coloration brune; une solution ammoniacale de morindine donne avec l'alun un liquide rouge et avec le perchlorure de fer un précipité rouille.

Chauffée en vase clos la morindine fond, bout et émet des vapeurs orangées qui se condensent en longues aiguilles jaune-orangé (*morindone*). L'ébullition avec l'acide sulfurique étendu dédouble la morindine et fournit la matière appelée morindone par Anderson; mais il se forme en même temps une si forte proportion de matière brune qui ternit les couleurs, que la fabrication de la garancine avec la racine de morinda, en vue de l'utiliser en teinture, n'offre pas grand avantage.

Rochleder [*Jahresb.* f. 1851, p. 548] considère la morindine comme identique avec l'acide rubérythrique qu'il a extrait de la garance; la morindone, produit du dédoublement de la morindine sous l'influence des acides, serait identique avec l'alizarine [Stenhouse, *Chem. Soc. Journ.*, t. XVII, p. 334]. Sa solution éthérée offre les mêmes raies

(1) M. F. Goppelsröder a observé que le bois de Cuba et les meilleures espèces de bois jaune (*Morus tinctoria*) renferment une substance qui offre la même fluorescence que celle observée par Hlasiwetz et Pfaundler avec l'isomorin [*Pogg. Ann.*, t. CXXXI, p. 464]. L'extrait alcoolique de la solution aqueuse du bois de Cuba est rouge-grenat foncé par transparence et fluorescent vert foncé à la lumière réfléchie. Après une forte addition d'alcool, l'alun ou un autre sel d'alumine donnent une fluorescence semblable à celle du verre d'urane, qui disparaît par l'intervention d'un excès d'alcali ou d'acide chlorhydrique et revient après neutralisation exacte. Les extraits éthéré, amylique et méthylique se comportent de même. Goppelsröder a depuis démontré par de nombreux essais que la solution alcoolique ou éthérée de bois de Cuba n'est pas fluorescente sans la présence de l'alumine, mais le devient après addition d'un sel de cette base et d'un acide [*Journ. prakt. Chem.*, t. CIV, p. 10].

La laque alumineuse de Cuba se dissout dans l'alcool acidulé par l'acide chlorhydrique en un liquide offrant une magnifique fluorescence verte. Les solutions de morin et de maclurine ne sont pas fluorescentes par elles-mêmes, mais si à une solution de morin on ajoute un sel d'alumine, elle le devient, ainsi que par la présence d'un peu d'alumine hydratée. La maclurine pure ne possède pas cette propriété. Par ce moyen on peut facilement reconnaître 1/6000 de milligramme de morin dans 1 centimètre cube d'alcool par la coloration verte du faisceau lumineux, projeté par une lentille à travers le liquide, ainsi que 1/600 de milligramme d'alumine dissoute par un acide dans 1 centimètre cube d'eau au moyen d'une solution de morin. D'autres sels métalliques ne développent pas la fluorescence, qui semble dépendre de la formation du composé aluminique. Les agents oxydants (nitrate d'argent à froid), les alcalis caustiques, fournissent avec le morin une substance fluorescente jaune, mais l'oxydation paraît aller facilement trop loin.

d'absorption, d'après Stokes, que l'alizarine, et la solution dans le carbonate de sodium se comporte optiquement de même. Stein [*J. für prakt. Chem.*, t. XCVII, p. 234] combat cette opinion. La morindine se distingue de l'acide rubérythrique par son insolubilité dans l'éther, par la coloration violette de sa combinaison barytique et par sa manière de se comporter avec les alcalis.

Comme l'acide rubérythrique, la morindine est un glucoside; elle se dédouble par la chaleur seule et par l'action des acides en une substance incristallisable, réduisant les solutions alcalines de cuivre. Elle fond à 245° et donne déjà au-dessous de cette température un sublimé cristallin de morindone, environ 45 °/₀ de la substance primitive.

Pour obtenir la morindone, on chauffe la morindine avec de l'alcool étendu additionné d'acide chlorhydrique, à l'ébullition, jusqu'à ce qu'un peu de liquide prélevé, agité avec 20 volumes d'éther, ne dépose plus rien par le refroidissement. La plus grande partie de la morindone se sépare par refroidissement avec une belle couleur rouge vif. Une autre portion moins pure (en tout 51 °/₀) s'obtient par l'évaporation de l'alcool. La solution sulfurique de morindone est d'abord bleu indigo; peu à peu elle passe au bleu, puis au pourpre et enfin au jaune rougeâtre (l'alizarine donne de suite du pourpre). L'hydrate de soude en excès provoque alors une coloration violet foncé. Le perchlorure de fer colore la solution alcoolique de morindone en vert foncé, celle de l'alizarine en rouge-brun. Avec l'acide nitrique on n'obtient que de l'acide oxalique sans acide phtalique. Les propriétés optiques de la morindone s'accordent avec celles données par Stokes. L'analyse a donné des nombres conduisant à la formule $C^{14}H^{8}O^{3}$. P. S.

**MORINDONE.** — Voyez MORINDINE.

**MORINGIQUE (ACIDE)**, $C^{15}H^{28}O^{2}$. — Acide gras liquide, homologue de l'acide oléique. Il s'obtient en même temps que les acides stéarique, palmitique et benique, par la saponification de l'huile de ben (*Moringa aptera*). Incolore; densité = 0,908. Saveur âcre, irritant la gorge, odeur fade. Soluble dans l'alcool ordinaire même à froid, se solidifie vers 0°; il rougit la teinture de tournesol; l'acide sulfurique concentré et chaud le décompose.

**MORINTANNIQUE (ACIDE)** [Syn. *Maclurine*]. — Nous avons dit, en traitant du morin (voyez ce mot), que les eaux mères qui ont fourni ce dernier corps contiennent l'acide morintannique ou maclurine et peuvent servir à sa préparation. La maclurine se sépare en partie après évaporation, une autre portion se dépose après addition d'acide chlorhydrique. On la fait recristalliser une première fois dans l'eau contenant de l'acide chlorhydrique, puis une seconde fois dans l'eau acidulée avec de l'acide acétique, en provoquant au sein de la solution la formation d'un peu de sulfure de plomb (par addition préalable d'un peu d'acétate de plomb et précipitation par l'hydrogène sulfuré); on peut aussi utiliser avec avantage les dépôts cristallins que l'on rencontre dans l'intérieur des bûches de bois jaune. On dissout ces dépôts dans l'eau bouillante et l'on fait cristalliser plusieurs fois.

Séchée à 100°, la maclurine offre une composition représentée par la formule $C^{13}H^{10}O^{6} + H^{2}O$. L'eau de cristallisation s'élimine entre 130° et 140°. L'acide morintannique se dépose de ses solutions à l'état d'une poudre cristalline jaune, formée de prismes microscopiques. Il est soluble dans 64 parties d'eau froide, 2,14 parties d'eau bouillante; la solution possède une faible réaction acide et une saveur astringente. Très-soluble dans l'alcool, l'esprit de bois et l'éther, insoluble dans l'essence de térébenthine et les huiles fixes. La solution éthérée est verdâtre par réflexion et brune par transmission [Wagner, *Journ. für prakt. Chem.*, t. LI, p. 82]. Il fond à 200°, noircit vers 250° en donnant de l'eau et des vapeurs acides; à 270°, il se décompose complétement avec production d'acide carbonique en même temps qu'il distille une huile qui se solidifie partiellement par le refroidissement (mélange de phénol et de pyrocatéchine). La solution aqueuse ne précipite pas par les acides chlorhydrique, sulfurique, arsénique, phosphorique, mais elle est précipitée complétement par la gélatine.

Chauffé avec l'acide sulfurique concentré, l'acide morintannique donne du phénol et de l'acide sulfureux.

Par l'ébullition avec l'acide chlorhydrique concentré et par oxydation, il est décomposé et dégage du phénol.

Avec un mélange d'acide sulfurique et de peroxyde de manganèse, il se dégage de l'acide carbonique et de l'acide formique. L'acide azotique concentré donne de l'acide oxypicrique. L'acide chromique le décompose facilement et complétement. Le chlore dirigé à travers une solution aqueuse de ce corps donne lieu à la formation de flocons résineux.

L'acide morintannique s'unit directement aux alcalis caustiques; il décompose par l'ébullition les carbonates alcalins et alcalino-terreux. Les solutions des morintannates alcalins sont jaunes, mais passent rapidement au brun et au noir au contact de l'air.

La solution aqueuse d'acide morintannique précipite le sulfate ferroso-ferrique en vert, l'acétate de plomb en jaune, l'émétique en brun, le sulfate de cuivre en jaune-brun, le chlorure stanneux en jaune-rouge, le chlorure platinique en jaune. Il ne précipite par l'alun qu'après addition de carbonate alcalin (laque jaune). Une solution moyennement concentrée d'acide morintannique mélangée à l'ébullition avec une solution étendue d'acétate neutre de plomb et filtrée aussitôt dépose des lames minces et jaunes d'un sel de plomb. La combinaison plombique obtenue en précipitant à chaud par l'acétate de plomb une solution de maclurine offre une composition représentée par la formule $(C^{13}H^{9}O^{6})^{2}Pb + PbH^{2}O^{2}$.

Évaporé dans une capsule d'argent avec une solution concentrée de potasse caustique (3 part. hydrate de potasse, 1 partie eau), l'acide morintannique donne un résidu qui, neutralisé par l'acide sulfurique étendu, cède à l'alcool, après une seconde évaporation à sec, de la phloroglucine $C^{6}H^{6}O^{3} + 2H^{2}O$, plus un acide qui offre la composition et les propriétés de l'acide protocatéchique $C^{7}H^{6}O^{4}, H^{2}O$, isomère de l'acide carbohydroquinonique et de l'acide oxysalicylique :

$$\underset{\text{Maclurine.}}{C^{13}H^{10}O^{6}} + H^{2}O = \underset{\text{Phloroglucine.}}{C^{6}H^{6}O^{3}} + \underset{\text{Acide protocatéchique.}}{C^{7}H^{6}O^{4}}.$$

Si, après élimination de l'alcool, on précipite la solution aqueuse du résidu par l'acétate de plomb, on a un précipité de protocatéchate de plomb. Le liquide débarrassé de plomb par l'hydrogène sulfuré et évaporé, puis décoloré par le charbon animal, fournit la phloroglucine.

Le précipité plombique d'acide protocatéchique est délayé dans l'eau, décomposé par l'hydrogène sulfuré, filtré et concentré; l'acide protocatéchique se sépare sous forme de cristaux prismatiques, minces, fusibles à 199°, solubles dans l'eau, l'alcool, l'éther. Il se colore en bleu verdâtre par le perchlorure de fer, réduit à chaud le nitrate d'argent, ne réduit pas l'oxyde de cuivre.

Par la distillation sèche l'acide protocatéchique se décompose en pyrocatéchine $C^{6}H^{6}O^{2}$ sans formation d'hydroquinone.

D'après ce qui précède, la maclurine aurait pour formule de constitution

$$\left.\begin{matrix} C^7H^4O^2 \\ H.\ C^6H^5O^2 \end{matrix}\right\} O.$$

Une solution pas trop concentrée de maclurine bouillie avec l'acide sulfurique et du zinc devient rouge foncé au début, puis jaune clair, et contient alors, outre la phloroglucine, un nouveau corps auquel Hlasiwetz et Pfaundler ont donné le nom de *machromine* en raison des changements de couleur qu'il est susceptible de donner. Le liquide décanté du zinc et additionné de 1/3 de volume d'alcool est agité avec de l'éther tant que celui-ci se colore. Les liquides éthérés sont évaporés et le résidu étendu d'eau est précipité par l'acétate tribasique de plomb. La phloro glucine reste en solution. Le précipité jaune qui verdit rapidement à l'air est délayé dans l'eau chaude, décomposé par l'hydrogène sulfuré. On filtre, on lave le sulfure de plomb avec de l'alcool étendu, et la solution est évaporée dans le vide. Il reste une masse grumeleuse que l'on fait recristalliser plusieurs fois dans l'alcool bouillant étendu.

La *machromine* ainsi obtenue est peu soluble dans l'eau et dans l'alcool, plus soluble dans l'éther; elle forme des cristaux incolores, miroitants en forme d'aiguilles fines microscopiques groupées en étoiles, se colorant en bleu foncé à l'air sous l'influence de la lumière ou par la dessiccation à chaud. La solution aqueuse chaude se colore en bleu au contact de l'air et donne avec l'acide chlorhydrique un précipité amorphe, bleu indigo. Le perchlorure de fer produit, le mieux en solution alcoolique étendue, une coloration rouge violacé, puis bleue. La solution de machromine dans l'ammoniaque étendue ou dans les alcalis caustiques se colore aussi en bleu à l'air. Le nitrate d'argent et le sublimé corrosif donnent, le premier avec réduction de l'oxyde d'argent, une coloration violette. La solution de machromine dans l'acide sulfurique concentré est d'abord rouge-orangé, puis jaune, et passe au vert par l'action de la chaleur; la coloration est violette après neutralisation.

Chauffée avec une solution alcaline d'oxyde de cuivre, la machromine la réduit. La formule probable de ce corps est $C^{14}H^{10}O^5 + 3H^2O$; on aurait

$$2(C^7H^6O^4) + 4H = C^{14}H^{10}O^5 + 3H^2O.$$

Acide protocatéchique. Machromine.

L'action de l'hydrogène naissant sur l'acide protocatéchique ne donne pas de machromine; l'équation précédente ne peut donc se réaliser qu'avec l'acide protocatéchique naissant.

Le produit bleu d'oxydation de la machromine, obtenu par l'action du perchlorure de fer, forme, après lavage à l'eau et traitement à l'éther, une masse bleu foncé, soluble en bleu dans l'alcool. Cette solution se décolore par l'amalgame de sodium, le zinc et l'acide sulfurique, avec régénération de machromine. Sa composition diffère peu de celle de ce dernier corps.

Lorsqu'on chauffe une solution de maclurine dans 10 parties d'eau avec l'amalgame de sodium, qu'on neutralise le liquide jaune à l'abri de l'air, par l'acide sulfurique, enfin qu'on agite avec de l'éther, on obtient, outre la phloroglucine, un corps amorphe, soluble dans l'eau et dans l'alcool, brunissant facilement, précipitable par l'acétate tribasique de plomb, ayant pour formule probable $C^{14}H^{12}O^5$. Il se formerait aux dépens de l'acide protocatéchique dont les éléments se trouvent dans la maclurine, suivant l'équation

$$2(C^7H^6O^4) + H^6 = C^{14}H^{12}O^5 + 3H^2O.$$

Ce corps donne avec le perchlorure de fer une coloration vert d'herbe devenant rouge après addition de carbonate de sodium; il réduit les sels d'argent et les solutions alcalines d'oxyde de cuivre. Soumis à la distillation sèche, il fournit de la pyrocatéchine.

*Acétyle-maclurine*, $C^{13}H^9(C^2H^3O)O^6 + 1/2H^2O$. — S'obtient en chauffant en vase clos à 100° un mélange de maclurine et de chlorure d'acétyle. C'est une huile épaisse, précipitable par l'eau de sa solution alcoolique.

Une solution d'acide morintannique dans l'acide sulfurique dépose au bout de quelque temps de l'acide *rufimorique* sous la forme d'un précipité cristallin rouge-brique, soluble en pourpre dans l'ammoniaque. L'ébullition avec l'acide chlorhydrique étendu donne également de l'acide rufimorique. Ce corps rouge soluble dans l'alcool, peu soluble dans l'eau, regénère la maclurine par simple ébullition avec de la potasse caustique étendue. Il est probablement isomère avec la maclurine. Wagner [*Jahresber. für 1851*, p. 422] avait admis l'identité de l'acide rufimorique avec l'acide carminique de la cochenille. P. Bolley [*Zeitsch. für Chem. u. Pharm.*, 1864, p. 187; *Jahresb. für Chem.*, t. XCI, p. 242] fait ressortir les différences suivantes entre les deux produits :

1° L'acide rufimorique bouilli avec les alcalis se convertit en acide morintannique, ce que ne fait pas l'acide carminique.

2° L'acide rufimorique n'est pas susceptible d'être employé en teinture; il donne avec l'eau de baryte, l'acétate de plomb, le bichlorure d'étain, l'acétate d'aluminium, des précipités rouge sale et rouge-brun, tandis que l'acide carminique donne des précipités rouge violacé, ponceau et cramoisi. Wagner [*Dingler's Polytech. Journ.*, t. CLXXI, p. 458] s'est rangé plus tard à l'opinion de Bolley. L'acide rufimorique séché à 100° lui a donné à l'analyse C = 54,8; H = 4,00. P. S.

**MORNITE.** — Voyez LABRADORITE.

**MORONOLITHE.** — Voyez JAROSITE.

**MOROXITE.** — Voyez APATITE.

**MOROXYLIQUE.** — Acide cristallin volatil trouvé à l'état de sel de calcium dans la tige et les exsudations du mûrier blanc (*Morus alba*) [Klaproth, Landerer. Voyez *Handw. der Chem.*, t. CXLII].

**MORPHÉTINE.** — Voyez MORPHINE.

**MORPHINE**, $C^{17}H^{19}AzO^3 + H^2O$. — La morphine est un alcaloïde cristallisé qui existe dans l'opium, dont il constitue l'élément le plus important. Jusque dans ces derniers temps, cette base n'avait été rencontrée que dans les espèces du genre Papaver; mais M. Charbonnier vient de prouver qu'on peut l'extraire d'une plante d'un genre voisin, l'*Argemone mexicana*.

On peut faire remonter la découverte de la morphine au XVII$^e$ siècle; en effet, Boyle, sans s'en douter, avait obtenu cet alcaloïde à l'état impur, en traitant l'opium par du carbonate de potassium et de l'alcool qui dissolvait la morphine; il rendait ainsi, disait-il, l'*opium plus actif* [*Usefulness of Philosophy*, p. 71].

Plus tard, vers 1803, Séguin, Derosne, Sertuerner, retirèrent presque simultanément de l'opium des principes cristallisés sans en reconnaître la nature alcaline. Ce n'est qu'en 1817 que Sertuerner établit d'une manière incontestable l'alcalinité de la morphine; il acquit ainsi la gloire d'avoir découvert le premier alcaloïde végétal.

La morphine a été étudiée par Robiquet, par Pelletier, par M. Liebig et par d'autres chimistes.

*Préparation.* — 1° Pour extraire la morphine, on coupe l'opium par tranches aussi minces que possible, et on le fait macérer pendant 24 heures environ dans 7 à 8 fois son poids d'eau distillée froide; l'opium, devenu friable, se laisse malaxer avec facilité. Le liquide est ensuite décanté, le résidu exprimé et l'opération continuée jusqu'à ce que l'opium soit privé de tout principe soluble. Les solutions réunies sont évaporées en consistance d'extrait et ce dernier repris par de l'eau distillée froide, qui laisse indissoute une certaine quantité de matières résinoïdes, de principes oléagineux, de narcotine et de matières colorantes, qu'on sépare par le filtre. On évapore la solution jusqu'à ce qu'elle marque 5° à l'aréomètre; après refroidissement, on la mélange avec de l'ammoniaque (10 grammes environ pour 1 kilogramme d'opium), qui précipite une nouvelle quantité de matières étrangères à la morphine. Filtrée de nouveau, la solution est portée à l'ébullition; on ajoute alors un excès d'ammoniaque, et l'ébullition est prolongée pendant quelques minutes pour chasser en grande partie l'excès d'alcali. La morphine est recueillie sur une toile et lavée à l'eau froide.

Pour purifier la base, il faut la transformer en chlorhydrate en la traitant par l'acide chlorhydrique faible. On fait cristalliser le sel, on le dissout dans l'eau de nouveau, et l'on précipite la morphine par l'ammoniaque, dont il faut éviter un excès pour ne pas redissoudre d'alcaloïde.

Pour obtenir la base cristallisée, on la fait dissoudre dans l'alcool à 88° bouillant, qui l'abandonne à l'état cristallin par le refroidissement. Si la morphine n'est pas suffisamment blanche, on la purifie complétement en la dissolvant dans de l'alcool à 90° auquel on ajoute un peu de charbon animal; la solution, portée à l'ébullition et filtrée bouillante, abandonne la morphine cristallisée par le refroidissement. Les eaux mères en fournissent une certaine quantité par l'évaporation.

2° M. Merck remplace l'ammoniaque par le carbonate de sodium pour la précipitation de la morphine [*Ann. der Chem. u. Pharm.*, t. XVIII, p. 79; t. XXI, p. 202]. Il ajoute à de l'extrait aqueux d'opium sirupeux un grand excès de carbonate de sodium et chauffe légèrement aussi longtemps qu'il se dégage de l'ammoniaque. Au bout de 24 heures, il recueille le précipité, le lave à l'eau froide, l'épuise à froid avec de l'alcool faible, le sèche de nouveau et le traite à froid avec de l'acide acétique très-étendu, en ayant soin d'ajouter l'acide graduellement et d'en éviter un excès. L'acide acétique dissout la morphine et laisse la narcotine. La solution décolorée par le charbon animal est précipitée par l'ammoniaque. Le précipité de morphine est dissous dans l'alcool.

3° On doit à M. Robertson un autre procédé qui a été légèrement modifié par Robinet, puis par M. Gregory; il consiste à traiter successivement l'opium, aussi bien divisé que possible, par 8 à 10 fois son poids d'eau froide, et à l'épuiser complétement. La solution évaporée à consistance d'extrait mou est reprise par de l'eau distillée froide. On filtre cette nouvelle solution, on l'évapore, et lorsqu'elle marque 10° à l'aréomètre de Baumé, on ajoute à la liqueur bouillante du chlorure de calcium en solution (environ 120 grammes par kilogramme d'opium), puis à peu près son volume d'eau froide, qui détermine la précipitation d'une assez grande quantité de méconate et de sulfate de calcium, mêlés à de la matière résineuse. On continue l'évaporation du liquide, qui laisse déposer par la concentration une nouvelle quantité de matières, composées presque entièrement de méconate de calcium. Ce dépôt est séparé; la liqueur convenablement évaporée se prend au bout de quelques jours en une masse cristalline composée de chlorhydrate de morphine et de chlorhydrate de codéine. On laisse égoutter ces cristaux, on les exprime dans un linge, puis on les dissout de nouveau dans l'eau distillée chaude et légèrement acidulée par de l'acide chlorhydrique. Cette solution évaporée abandonne des cristaux qui ne sont pas encore suffisamment purs. Pour obtenir les sels de morphine et de codéine tout à fait blancs, il faut les redissoudre dans l'eau chaude en quantité suffisante pour que les sels restent dissous après refroidissement; l'excès d'acide étant ensuite neutralisé par un peu de carbonate de calcium, on ajoute du charbon animal, et l'on chauffe au bain-marie en ayant soin de ne pas dépasser 80° à 88°. La liqueur refroidie est acidulée à l'aide de quelques gouttes d'acide chlorhydrique; par une nouvelle concentration les cristaux se déposent incolores.

Pour séparer la morphine de la codéine, on dissout le mélange des sels dans l'eau bouillante, et l'on y ajoute un excès d'ammoniaque qui précipite la morphine seule; on peut faire ultérieurement cristalliser l'alcaloïde en le dissolvant dans l'alcool qu'on abandonne à l'évaporation spontanée.

4° D'après MM. Thiboumery et Mohr, on épuise l'opium avec de l'eau bouillante, ou concentre la liqueur et on la verse peu à peu dans un lait de chaux bouillant (1 p. de chaux sur 4 p. d'opium) qui retient la morphine en dissolution. Après une courte ébullition, on filtre, on exprime et on lave le dépôt; on concentre la liqueur, on filtre de nouveau et on ajoute à la liqueur chaude du sel ammoniac qui précipite la morphine sous forme d'un dépôt jaune qui augmente par le refroidissement. On la purifie en la transformant en chlorhydrate [*Ann. der Chem. u. Pharm.*, t. XXV, p. 119].

Malgré les précautions prises dans la préparation de la morphine pour l'obtenir dans un état complet de pureté, il arrive quelquefois qu'elle contient encore de la narcotine; on peut constater le fait à l'aide des trois procédés suivants :

La morphine est dissoute dans une solution étendue d'acide chlorhydrique, à laquelle on ajoute un léger excès d'une solution de potasse caustique. Si la morphine essayée est pure, le précipité formé se redissout instantanément dans l'alcali, et la liqueur reste limpide; si elle renferme de la narcotine, cette dernière reste non dissoute.

L'autre procédé est fondé sur l'action différente que les bicarbonates alcalins exercent sur les sels de morphine et de narcotine additionnés d'un excès d'acide tartrique. Lorsque la morphine est pure, la solution reste limpide quand on ajoute une solution de bicarbonate alcalin; si elle contient de la narcotine, il se forme un précipité incolore et volumineux.

Enfin un troisième procédé consiste à verser une solution de sulfocyanure de potassium dans la solution neutre du sel de morphine; si cette dernière est pure, la liqueur reste limpide. S'il reste un peu de narcotine, le sulfocyanure de potassium forme un dépôt abondant coloré en rose [Oppermann, *Compt. rend.*, t. XXI, p. 884].

*Propriétés et réactions.* — La morphine cristallise en prismes incolores, orthorhombiques. Combinaisons observées : $m g^1 e^1$; $mm = 120°20'$; $mg^1 = 116°20'$; $g^1 g^1 = 132°20'$; $e^1 e^1 = 95°20'$. — Clivage $g^1$.

M. Decharme a étudié avec soin les formes hémiédriques de la morphine; à l'état de pureté parfaite, cet alcaloïde cristallise dans le système orthorhombique; la forme la plus fréquente est celle d'un prisme droit à base rhombe, portant des troncatures sur les arêtes aiguës du prisme. La morphine est hémièdre à gauche. M. Decharme a en outre étudié les formes variées, bizarres même, qu'affectent les cristaux de morphine lorsqu'ils prennent naissance au sein d'une dissolution renfermant des matières étrangères, ou dans des circonstances différentes de température, de degré de concentration des dissolvants, etc. [*Ann. de Chim. et de Phys.*, t. LXVIII, p. 160, 3e série, 1863].

La morphine est sans odeur et possède une saveur amère persistante. Elle contient une molécule-

d'eau de cristallisation qu'elle peut perdre par la chaleur; l'eau froide la dissout à peine; l'eau bouillante peut en dissoudre environ 1/500e, dont la plus grande partie se dépose à l'état cristallin par le refroidissement. Elle se dissout dans 40 parties d'alcool absolu froid, et dans 24 à 30 parties d'alcool absolu bouillant; son meilleur dissolvant est l'alcool à 0,82. Elle se dissout à froid dans 20 parties de cet alcool et dans 13 parties du même alcool bouillant.

Cet alcaloïde est presque insoluble dans l'éther et le chloroforme purs; les huiles grasses et les huiles essentielles n'en dissolvent qu'une proportion insignifiante. Il est aisément soluble dans les alcalis fixes, assez bien dans l'eau de chaux, à peine dans l'ammoniaque.

La morphine est inaltérable à l'air. Lorsqu'on la chauffe, elle perd son eau de cristallisation; à 120°, elle entre en fusion sans se décomposer, et se prend par le refroidissement en une masse cristalline rayonnée. Au-dessus de 200°, elle se détruit en laissant un résidu charbonneux. Lorsqu'on la chauffe au-dessus de 200° en présence d'un alcali caustique, elle dégage de la méthylamine. D'après M. Decharme, la morphine serait volatilisée ou entraînée lorsqu'on fume l'opium. Ce serait à cette circonstance que serait due l'action narcotique de la fumée d'opium [*Répert. de Pharm.*, t. XVIII, p. 214; *Répert. de Chim. appliquée*, 1861, p. 469].

La morphine, et les sels qu'elle forme avec les acides, dévient à gauche le plan de la lumière polarisée [α] r = — 88,04 [Bouchardat, *Ann. de Chim. et de Phys.*, (3), t. IX, p. 213].

La morphine verdit le sirop de violettes et sature les acides en donnant des sels qui sont généralement cristallisables.

Elle exerce sur un certain nombre de corps une action réductrice telle, qu'il est possible à l'aide de cette réaction de distinguer la morphine des autres alcaloïdes végétaux. L'acide iodique, même en solution étendue, est réduit par une solution alcoolique de morphine : de l'iode est mis en liberté et colore la liqueur en brun ou en jaune; coloration qui est rendue plus intense, d'après M. Lefort, si l'on ajoute une goutte d'ammoniaque.

L'acide periodique agit de même, et si l'on a pris soin d'ajouter au mélange un peu d'empois d'amidon, la couleur bleue caractéristique de l'iodure d'amidon se manifeste aussitôt.

Lorsqu'on ajoute un peu de morphine pulvérisée à une solution de chlorure ferrique ou de sulfate de la même base, ces sels sont réduits, la liqueur se colore en bleu, et passe au vert s'il y a excès de solution ferrique. Cette dernière réaction est caractéristique. Elle est importante au point de vue des recherches médico-légales.

La morphine manifeste une action réductrice dans d'autres cas encore : elle réduit les sels d'or en produisant une couleur bleue; il se dépose de l'or métallique. L'azotate d'argent est aussi réduit, mais plus lentement : il en est de même du permanganate de potassium, qui prend alors une teinte verte.

Triturée avec de l'acide chromique, la morphine peut s'enflammer en laissant de l'oxyde de chrome vert [Decharme, *Mém. cité*, p. 175].

L'acide azotique concentré mis en contact avec de la morphine donne naissance à un liquide d'une couleur rouge-sang qui prend peu à peu une teinte jaune clair permanente. D'après Anderson, il se produit dans cette réaction un corps acide qui, bouilli avec de la potasse, dégage un alcali volatil [Anderson, *Ann. der Chem. u. Pharm.*, t. LXXV, p. 80].

Un cristal de morphine placé dans une dissolution ammoniacale d'oxyde de cuivre se recouvre au bout d'un certain temps d'un nuage floconneux; puis le cristal disparaît peu à peu pour être remplacé par un précipité d'hydrate de cuivre. Un résultat analogue s'obtient avec une dissolution d'oxyde d'argent dans l'ammoniaque, il se dépose de l'argent métallique; l'acétate de morphine produit le même effet. D'après M. Kieffer, cette réaction pourrait conduire à un mode de dosage de la morphine [*Ann. der Chem. u. Pharm.*, t. CIII, p. 271, et *Journ. de Pharm.*, (3), t. XXXII, p. 457].

Lorsqu'on mélange une dissolution au 1/100e d'acétate ou de sulfate de morphine avec une dissolution contenant 1,77 % d'azotate d'argent, celui-ci est promptement réduit, de l'argent métallique se dépose à l'état cristallin et la liqueur décantée et additionnée d'acide azotique prend la couleur rouge-orangé de la morphine [Horsley, *Chem. Centralbl.*, 1862, p. 656; *Journ. de Pharm.*, t. XLIV, p. 456].

D'après M. Frœhde, quand on laisse tomber goutte à goutte une solution d'acide molybdique dans l'acide sulfurique concentré (environ 5 milligrammes du premier dans 1 centimètre cube du second), sur la morphine libre ou un sel de cette base, il se produit une belle coloration violette qui passe au bleu, puis au vert sale, et finit par disparaître.

Les azotates peuvent aussi servir à déceler la présence de la morphine, mais cette réaction est moins sensible que la précédente. On l'obtient en versant une solution de sulfate de morphine sur des cristaux de salpêtre ou d'un autre azotate; ceux-ci s'entourent peu à peu d'une zone rouge de sang. Des colorations analogues se produisent avec le cyanure rouge et les nitroprussiates, solides ou en solution. Enfin l'acide tannique même coloré s'entoure également d'une zone d'un rouge-violet [*Arch. der Pharm.*, (2), t. CXXVI, p. 54; *Zeitsch. für Chem.*, nouv. sér., t. II, p. 378; *Bull. de la Soc. chim.*, 1867, t. VII, p. 166].

ACTION DE L'ACIDE CHLORHYDRIQUE SUR LA MORPHINE. — *Apomorphine*, $C^{17}H^{17}AzO^2$. — D'après M. Matthiessen, lorsqu'on chauffe entre 140° et 150° dans des tubes scellés de la morphine avec un excès d'acide chlorhydrique, il ne se produit pas de chlorure de méthyle; néanmoins cette base a subi une transformation, il s'est formé un nouvel alcaloïde qui diffère de la morphine par $H^2O$ en moins (la composition répond à la formule $C^{17}H^{17}AzO^2$) et que l'auteur désigne sous le nom d'apomorphine. On obtient cette base en neutralisant le contenu des tubes par du bicarbonate de sodium; il y a production d'un précipité qu'on épuise par de l'éther ou du chloroforme; la nouvelle base se dissout, et la morphine non transformée reste dans le résidu. Quelques gouttes d'acide chlorhydrique ajoutées à la solution éthérée forment le chlorhydrate de la nouvelle base, qui ne tarde pas à cristalliser sur les parois du vase. On le purifie en le lavant d'abord avec un peu d'eau froide, dans laquelle il est peu soluble, ensuite par une nouvelle cristallisation dans l'eau bouillante.

Ce chlorhydrate d'apomorphine ne renferme pas d'eau de cristallisation; il se colore en vert lorsqu'on le laisse exposé à l'air, et cette coloration est due à une oxydation, car il y a augmentation de poids. La solution de ce sel donne avec le bicarbonate de sodium un précipité blanc non cristallin qui se colore rapidement en vert en présence de l'air. La masse verte provenant de la base libre se dissout en partie dans l'eau et dans l'alcool avec une coloration vert-émeraude, dans l'éther avec une coloration rouge-pourpre, et dans le chloroforme avec une coloration violette.

D'après l'auteur, l'apomorphine posséderait des propriétés thérapeutiques tout à fait différentes de celles de la morphine; 15 milligrammes pris à l'intérieur produiraient, au bout de 5 à 10 minutes, des vomissements et un effet purgatif énergique.

La codéine, traitée dans les mêmes conditions, perd les éléments du méthyle ; il se produit du chlorure de méthyle et une base qui est de l'apomorphine; la réaction a lieu suivant l'équation

$$C^{17}H^{17}(CH^3)HAzO^3 + HCl$$
Codéine
$$= CH^3Cl + H^2O + C^{17}H^{17}AzO^2$$
Apomorphine.

[Matthiessen, *Chem. News*, t. XIX, p. 289 et p. 302; *Bull. de la Soc. chim.*, 1869, t. XII, p. 484 et 485].

ACTION DE L'ACIDE AZOTEUX SUR LA MORPHINE. — *Oxymorphine*, $C^{17}H^{19}AzO^4$. — M. Schützenberger a fait réagir l'acide azoteux sur une solution d'azotate de morphine: une réaction se produit; mais elle n'est pas aussi nette que lorsqu'on emploie un mélange en proportions équivalentes d'azotite d'argent et de chlorhydrate de morphine. Il se forme dans ce cas une base nouvelle que M. Schützenberger a désignée sous le nom d'oxymorphine.

*Préparation.* — L'oxymorphine s'obtient en ajoutant à une solution de chlorhydrate de morphine une quantité équivalente d'azotite d'argent; il se produit immédiatement un abondant dépôt de chlorure d'argent. On chauffe le mélange vers 60° environ, il se dégage une grande quantité de bioxyde d'azote pur, sans mélange d'acide carbonique, la liqueur prend une teinte jaune et devient légèrement alcaline, la nouvelle base formée se trouve précipitée avec le chlorure d'argent; pour isoler l'oxymorphine, il suffit de recueillir le précipité argentin sur un filtre et de le traiter à chaud par de l'eau aiguisée d'acide chlorhydrique; on filtre de nouveau, on fait évaporer, et par la concentration le chlorhydrate de la nouvelle base cristallise. Pour retirer l'oxymorphine, il suffit, après purification, de précipiter la solution du chlorhydrate par l'ammoniaque.

Cet alcaloïde se présente sous la forme d'une poudre nacrée qui paraît constituée par de fines aiguilles. Il est complétement insoluble dans l'eau même bouillante, insoluble aussi dans l'alcool et dans l'éther; sa saveur est très-faiblement amère. Il résiste à une température de 200°, mais vers 250° il fond, noircit et se décompose. L'ammoniaque en grand excès dissout l'oxymorphine récemment précipitée; par l'ébullition de la liqueur, la base se sépare de nouveau à l'état de petites aiguilles prismatiques.

Cette base forme avec l'acide chlorhydrique et l'acide sulfurique des sels cristallisés, peu solubles dans l'eau froide, plus solubles dans l'eau chaude et insolubles dans l'alcool. Le tétrachlorure de platine donne avec elle une combinaison qui se présente sous la forme d'une poudre jaune amorphe et qui s'altère sous la moindre élévation de température.

M. Schützenberger a obtenu un autre produit d'oxydation en faisant réagir pendant un certain temps de l'azotite d'argent sur une solution bouillante de chlorhydrate de morphine; cette base est très-analogue à l'oxymorphine. Comme cette dernière, elle est insoluble dans l'eau, l'alcool et l'éther bouillants, et dépourvue de saveur. Elle s'en distingue cependant par une plus grande solubilité à froid dans l'ammoniaque, et par sa manière de se précipiter en grains cristallins assez volumineux, lorsque la solution ammoniacale est portée à l'ébullition. Cette base répond à la formule $C^{17}H^{21}AzO^5$. Ce serait de l'hydrate d'oxymorphine.

En résumé, la formule de la morphine étant $C^{17}H^{19}AzO^3$, M. Schützenberger a obtenu deux bases oxydées :

1° $C^{17}H^{19}AzO^4$, oxymorphine;
2° $C^{17}H^{21}AzO^5$, hydrate d'oxymorphine.

L'oxymorphine ne paraît pas exercer une action bien marquée sur l'économie animale, car 3 décigrammes de cette base administrés à un lapin n'ont produit aucun effet toxique [*Bull. de la Soc. chim.*, 1865, t. IV, p. 176].

*Morphétine.* — En faisant bouillir du sulfate de morphine avec du peroxyde de plomb puce, en présence d'acide sulfurique étendu jusqu'à ce que la liqueur ne soit plus précipitée par l'ammoniaque, M. Marchand a obtenu une matière brune, amorphe et légèrement amère, qu'il a nommée *morphétine*. Cette substance est soluble dans l'eau, peu soluble dans l'alcool, et rougit le tournesol ; elle ne précipite pas l'acétate de plomb, et prend une teinte plus foncée par les alcalis. Par une ébullition prolongée avec le peroxyde de plomb, la morphétine est transformée en un corps jaune, acide et déliquescent. M. Marchand obtient la morphétine en enlevant d'abord l'excès d'acide sulfurique, après l'ébullition, par du carbonate de plomb, et l'excès de plomb par l'hydrogène sulfuré : la liqueur filtrée et concentrée abandonne la morphétine [E. Marchand, *Jahresb. v. Berzelius*, t. XXV, p. 508].

*Iodomorphine*, $4(C^{17}H^{19}AzO^3)3I^2$ (?). — La morphine forme avec l'iode une combinaison brune amorphe, insoluble à froid dans les liqueurs acides ou alcalines, mais soluble à chaud. On obtient cette matière en mélangeant parties égales d'iode et de morphine, ajoutant de l'eau et portant le tout à l'ébullition; la masse se dissout entièrement et, par l'évaporation spontanée, l'iodomorphine se dépose. Les eaux mères contiennent de l'iodhydrate de morphine. On peut encore obtenir l'iodomorphine en ajoutant de l'iode à une solution de sulfate de morphine et en chauffant la liqueur.

L'iodomorphine, triturée avec du mercure et quelques gouttes d'alcool, perd presque complétement sa couleur; il se forme en même temps du protoïodure de mercure. Si l'on reprend la masse par de l'alcool, on obtient une solution jaune-ambré qui abandonne par l'évaporation une substance amorphe, d'abord insipide, mais qui développe bientôt une saveur chaude et persistante. Cette matière, peu soluble dans l'eau froide, est sensiblement soluble dans l'eau bouillante; son meilleur dissolvant est l'alcool. Elle est aussi très-soluble dans les liqueurs alcalines, mais insoluble dans les acides. Traitée par l'azotate d'argent, elle donne de l'iodure d'argent; chauffée, elle fond et se décompose en dégageant de l'ammoniaque sans donner trace d'iode. Cette anomalie s'explique par la présence de quantités variables d'iodure de mercure que cette matière retient toujours [Pelletier, 1836, *Ann. de Chim. et de Phys.*, t. LXIII, p. 185].

ACTION DE L'IODURE DE MÉTHYLE ET DE L'IODURE D'ÉTHYLE SUR LA MORPHINE. — *Iodure de méthyle-morphine*,

$$C^{17}H^{18}(CH^3)AzO^3, HI + H^2O.$$

— L'iodure de méthyle chauffé avec la morphine forme une combinaison se présentant sous la forme d'aiguilles rectangulaires incolores, fort solubles dans l'eau chaude. Traité par l'oxyde d'argent humide, ce sel donne une masse brune amorphe, qui est elle même promptement attaquée par l'iodure de méthyle.

*Iodhydrate d'éthyle-morphine*

$$[C^{17}H^{18}(C^2H^5)AzO^3, HI]^2 + H^2O.$$

— Ce sel s'obtient en chauffant pendant quelques heures au bain-marie un mélange de morphine finement pulvérisée, d'iodure d'éthyle et d'alcool absolu; après la réaction, la masse est reprise par l'eau bouillante qui laisse déposer, par le refroidissement, de fines aiguilles d'iodhydrate d'éthylemorphine. Ce sel est inaltérable à l'air; il est fort soluble dans l'eau bouillante, soluble dans l'alcool ordinaire, et à peine soluble dans l'alcool absolu. La potasse et l'ammoniaque ne précipitent pas la solution aqueuse, l'oxyde d'argent la décompose. La liqueur filtrée est colorée, très-caustique, et laisse une masse amorphe par l'évaporation.

Le chlorure d'amyle ne réagit pas sur la morphine; un mélange de ces deux corps chauffés pendant plus de quinze jours ne donne pas de chlorhydrate d'amyle-morphine; il se dépose des cristaux de chlorhydrate de morphine, et de l'hydrate d'amyle est régénéré [Host, *Quart. Journ. of the Chem. Soc.*, 1853, t. VI, p. 125; *Ann. der Chem. u. Pharm.*, t. LXXXVIII, p. 336; *Ann. de Chim. et de Phys.*, (3), 1853, t. XXXIX, p. 487].

SELS DE MORPHINE. — Les sels de morphine s'obtiennent en traitant la morphine par des acides étendus. Ces combinaisons possèdent une saveur amère; elles sont en général cristallisables, fort solubles dans l'eau et dans l'alcool, et insolubles dans l'éther.

Le tannin et l'infusion de noix de galle forment dans leurs solutions un précipité blanc.

Le phosphate de sodium produit un précipité cristallin, très-soluble dans l'acide chlorhydrique.

Un grand nombre des sels de morphine ont été étudiés par M. Decharme. Ce chimiste a fait connaître leur mode de préparation, leurs propriétés, les formes cristallines, et a établi la composition des trois principaux sels, les plus remarquables par leurs figures, leur grosseur, ainsi que par leur solubilité dans l'eau.

*Acétate de morphine.* — Cette combinaison est peu stable; elle se décompose en partie par l'évaporation spontanée. D'après Merck, on peut cependant l'obtenir cristallisée en aiguilles groupées en aigrettes fort solubles dans l'eau [Merck, *Ann. der Chem. u. Pharm.*, t. XXIV, p. 46].

En général, lorsqu'une solution d'acétate de morphine est évaporée à une douce chaleur, une partie de l'acide acétique est mise en liberté, des cristaux de morphine se déposent tandis qu'une autre partie du sel reste en dissolution dans l'excès d'acide; par l'évaporation la liqueur se colore, et il se dépose une masse grisâtre en partie soluble dans l'eau. D'après Soubeiran, l'acétate de morphine s'obtient à peine coloré et entièrement soluble, lorsqu'on prend 2 p. de morphine finement pulvérisée et qu'on ajoute 1 p. d'acide acétique pyroligneux à 8°; le mélange trituré ne tarde pas à se prendre en une masse qui, séchée à l'air libre et réduite en poudre, se conserve bien dans un flacon à l'abri du contact de l'air [Soubeiran, *Traité de Pharmacie*, édit. rev. par M. J. Regnauld, t. I, p. 846].

*Aspartate de morphine.* — Sel se présentant sous la forme d'une masse gommeuse.

*Azotate de morphine.* — Sel cristallisé en aiguilles groupées en étoiles.

*Butyrate de morphine*, $C^{17}H^{19}AzO^3, C^4H^8O^2$. — Ce sel cristallise dans le système orthorhombique sous la forme de tétraèdres irréguliers, et les cristaux peuvent atteindre un volume de 2 centimètres cubes; ils exhalent l'odeur de l'acide butyrique. Le butyrate de morphine est soluble dans l'eau; 100 p. d'eau à 12°,5 dissolvent 13,88 p. de ce sel; l'alcool froid le dissout assez bien, il est neutre aux réactifs colorés.

On l'obtient en faisant dissoudre à chaud de la morphine dans une solution d'acide butyrique; la solution se colore toujours au contact de l'air, et les cristaux de cette première cristallisation sont d'une nuance blond pâle; ils se ternissent à l'air sec; on les conserve en les laissant séjourner dans l'eau mère ou dans l'essence de térébenthine (Decharme).

*Carbonate de morphine.* — Cette combinaison ne se forme que lorsque la morphine est mise en contact avec de l'eau chargée d'acide carbonique sous pression. La base se dissout, et si l'on refroidit fortement la solution, le carbonate de morphine se dépose sous forme de prismes raccourcis.

*Chlorate de morphine.* — Prismes allongés, altérables par la chaleur.

*Chlorhydrate de morphine,*

$$C^{17}H^{19}AzO^3, HCl + 3H^2O.$$

— Ce sel s'obtient en traitant la morphine par de l'acide chlorhydrique faible; par l'évaporation de la liqueur, le sel cristallise en aiguilles soyeuses solubles dans 16 à 20 p. d'eau à 15° et dans 1 p. d'eau bouillante, très-solubles dans l'alcool. 100 p. de ce sel contiennent 80 p. de morphine cristallisée. Le chlorhydrate de morphine chauffé à 200° en vase clos avec de l'alcool noircit: à l'ouverture du tube, il n'y a pas de dégagement de gaz et la liqueur contient de faibles proportions d'éther. Le sel qui a servi à éthérifier l'alcool peut cristalliser de nouveau. Le chlorhydrate de morphine est le sel le plus employé en médecine.

*Chloromercurate de morphine,*

$$C^{17}H^{19}AzO^3, HCl, 2(HgCl^2).$$

— Sel blanc cristallisé, très-peu soluble à froid dans l'eau, dans l'alcool et dans l'éther, plus soluble dans l'alcool bouillant, soluble dans l'acide chlorhydrique qui le laisse déposer sous forme de gros cristaux par l'évaporation spontanée. Le chloromercurate de morphine s'obtient en mélangeant des solutions aqueuses de chlorhydrate de morphine et de bichlorure de mercure: il se forme un précipité abondant blanc cristallin, et la solution filtrée abandonne, quelque temps après, un grand nombre d'aiguilles soyeuses; mais ces deux précipités possèdent la même composition.

*Chloroplatinate* $(C^{17}H^{19}AzO^3, HCl)^2PtCl^4$. — Précipité jaune caillebotté, qui se ramollit dans l'eau chaude et devient résineux. Une partie se dissout et cristallise par l'évaporation de la solution à une douce chaleur. Lorsqu'on chauffe la morphine avec du chlorure de platine, la solution se colore en noir; elle renferme alors le chloroplatinate d'une base particulière ainsi qu'un acide brun, insoluble dans l'eau, l'alcool et l'éther, dont les sels alcalins sont solubles (Blyth).

*Chlorure de zinc et morphine.* — La morphine se combine avec le chlorure de zinc et donne un corps cristallisant dans l'alcool en grains brillants de la formule $C^{17}H^{19}AzO^3, ZnCl^2 + 2H^2O$ [Gräfinghoff, *Journ. für prakt. Chem.*, t. XCV, p. 221, et *Bull. de la Soc. chim.*, 1865, t. IV, p. 393].

*Chromate neutre de morphine.* — Sel cristallisé en houppes d'un beau jaune-citron.

*Cyanurate de morphine.* — Sel cristallisé en prismes, souvent mélangé d'acide cyanurique libre.

*Émétique de morphine.* — Ce sel s'obtient en faisant bouillir une solution de tartrate acide de morphine avec de l'oxyde, du chlorure ou de l'oxychlorure d'antimoine; on filtre et, par l'évaporation spontanée, l'émétique de morphine se dépose. Ce sel est couleur rose clair, extrêmement peu soluble dans l'eau froide, soluble dans l'eau chaude, et se décomposant par une ébullition prolongée.

*Iodhydrate de morphine,*

$$(C^{17}H^{19}AzO^3, HI)^2 + 3H^2O\ (?).$$

— Sel cristallisé en petits prismes brillants, solubles dans l'eau.

*Lactate de morphine*, $C^{17}H^{19}AzO^3, C^3H^6O^3$. — S'obtient en ajoutant peu à peu la morphine en poudre à une dissolution d'acide lactique. Ce sel pur est incolore, sans odeur, d'une saveur amère; l'eau à 13° en dissout 10,8 %. Il est soluble en toute proportion dans l'eau bouillante, beaucoup moins soluble dans l'alcool, à peine soluble dans l'éther à chaud, presque insoluble dans l'éther froid, ainsi que dans le chloroforme et l'huile d'olive; soluble dans la potasse, insoluble dans l'ammoniaque; ses cristaux blanchissent au contact de cet alcali. Le lactate neutre de morphine cristallise dans le système du prisme oblique à base rectangle; ce sel paraît être le plus remarquable des combinaisons de la morphine, tant par la limpidité, l'éclat, la netteté et la grosseur de ses cristaux, que par son inaltérabilité à l'air (Decharme).

*Malate de morphine*. — Sel soluble dans l'eau, incristallisable.

*Mucate de morphine*. — Au contact de l'eau chaude, l'acide mucique, qui y est soluble, ainsi que la morphine, se dissolvent mutuellement avec facilité; la dissolution neutre ne donne pas de cristaux [Decharme, *Ann. de Chim. et de Phys.*, t. LXVIII, p. 160, 3e sér., 1863].

*Oxalate neutre de morphine*,

$$(C^{17}H^{19}AzO^3)^2, C^2H^2O^4 + H^2O.$$

— Sel doué d'un assez grand éclat, incolore et diaphane, friable, sans odeur, très-amer, cristallisé dans le système orthorhombique. L'oxalate de morphine est soluble dans l'eau, qui en dissout 4,6 %, à peu près insoluble dans l'alcool, soluble à froid dans la potasse, insoluble dans l'ammoniaque; ce sel est neutre et inaltérable à l'air (Decharme).

*Perchlorate de morphine*,

$$C^{17}H^{19}AzO^3, ClO^4H + 2H^2O.$$

— Se présente sous la forme d'aiguilles blanches réunies en aigrettes, assez solubles dans l'eau et dans l'alcool. Il fait explosion au-dessus de 150°.

*Sulfate neutre de morphine*,

$$(C^{17}H^{19}AzO^3)^2SO^4H^2 + 5H^2O.$$

— Sel cristallisé en aiguilles prismatiques, groupées en faisceaux très-solubles dans l'eau; on l'obtient en traitant la morphine par l'acide sulfurique très-dilué.

*Sulfomorphide*, $C^{34}H^{36}Az^2O^8S$ (?). — Lorsqu'on évapore une solution de sulfate de morphine contenant un excès d'acide sulfurique, jusqu'à ce qu'elle commence à se décomposer, on obtient, en ajoutant de l'eau, un précipité blanc caillebotté non cristallin; ce précipité est un produit de décomposition du sel de morphine et paraît renfermer les éléments d'une molécule de sulfate neutre de morphine moins 2 molécules d'eau, d'après l'équation suivante :

$$(C^{17}H^{19}AzO^3)^2SO^4H^2 = C^{34}H^{36}Az^2O^8S - 2H^2O.$$

Ce produit prend au bout d'un certain temps une couleur verte qui ne paraît pas due à l'action de l'air, mais qui se manifeste surtout lorsqu'on chauffe le corps entre 130° et 150°. L'eau bouillante le dissout en prenant une belle teinte vert-émeraude.

La sulfomorphide est insoluble dans l'alcool et dans l'éther. Elle est facilement soluble dans les liquides acides, mais sans former de combinaison. Les acides concentrés et les alcalis altèrent la sulfomorphide en produisant un corps brun. Elle n'est pas volatile.

*Sulfocyanhydrate de morphine*,

$$C^{17}H^{19}AzO^3, CySH.$$

— Petites aiguilles brillantes, qui fondent déjà à 100°.

*Tartrates de morphine*. — La morphine forme avec l'acide tartrique un sel neutre et un sel acide.

1° *Tartrate neutre de morphine*,

$$(C^{17}H^{19}AzO^3)^2C^4H^6O^6 + 3H^2O.$$

— On l'obtient en mettant en digestion un excès de morphine avec une solution d'acide tartrique : par l'évaporation à une douce chaleur, le sel cristallise en mamelons. A 20° il s'effleurit, et perd toute son eau de cristallisation à 130°. Ce sel est soluble dans l'eau et dans l'alcool; la solution n'est précipitée ni par les alcalis caustiques ni par les carbonates alcalins; lorsqu'on ajoute du chlorure de calcium à la solution, il ne se forme un précipité qu'après que l'on a ajouté de la potasse; l'ammoniaque est sans action.

*Tartrate acide de morphine*,

$$(C^{17}H^{19}AzO^3, C^4H^6O^6)^2 + H^2O.$$

— Ce sel cristallise sous la forme de longs prismes rectangulaires, aplatis et groupés en faisceaux; il s'obtient en ajoutant à une solution du sel précédent un équivalent d'acide tartrique; par l'évaporation spontanée, le sel acide se dépose.

*Valérate de morphine*. — Sel en gros cristaux, d'un aspect gras et butyreux, doué d'une forte odeur d'acide valérique. Ces cristaux appartiennent au système rhombique; ils sont toujours hémiédres.

ACTION DE LA MORPHINE SUR L'ÉCONOMIE. — La morphine est un poison énergique; absorbée en quantité assez faible pour ne pas causer la mort, elle exerce sur l'économie une action stupéfiante, la sensibilité se trouve considérablement émoussée, et lorsque le sommeil tend à diminuer, il existe une grande excitabilité et, au réveil, des troubles intellectuels se produisent.

D'après l'étude physiologique que M. Claude Bernard a faite des principaux alcaloïdes de l'opium, la morphine occupe le second rang dans l'ordre soporifique, et le cinquième dans l'ordre convulsivant et dans l'ordre de l'action toxique [Claude Bernard, *Compt. rend.*, t. LIX, p. 406, 1864].

RECHERCHE DE LA MORPHINE DANS LES CAS D'EMPOISONNEMENT. — Voyez ALCALOÏDES NATURELS.

TITRAGE DE LA MORPHINE DANS L'OPIUM — Voyez OPIUM.

E. C.

**MORTIERS (CIMENTS)**. — On donne le nom de *mortiers* en général aux mélanges ou aux préparations destinées à servir de lien entre les pièces solides et isolées d'une construction. Par leur entremise les diverses parties superposées ou adjacentes ne forment plus qu'un tout continu au point de vue de la résistance, au moins dans certaines limites. C'est toujours en pâte plus ou moins épaisse, délayée avec de l'eau, que les éléments d'un mortier sont disposés entre les briques, les pierres de taille, les moellons, ou entre la pierre et la charpente. Une des premières conditions que cette pâte doit par conséquent remplir, c'est d'être susceptible de durcir dans les conditions où elle se trouve exposée. Ainsi pour les constructions aériennes (exposées à l'atmosphère) le mortier interposé, d'abord à l'état pâteux, doit durcir et prendre la consistance pierreuse au contact de l'air; tandis que dans les constructions placées sous l'eau ou dans la terre humide, il doit pouvoir durcir en contact permanent avec ce liquide. Il est facile de comprendre *a priori* que ces deux modes de faire prise doivent dépendre de réactions internes ou d'influences extérieures tout à fait différentes, et que, partant, la composition des deux sortes de mortiers ne peut être la même. En pratique, on divise les mortiers en deux classes distinctes, savoir : 1° les *mortiers* *ordinaires,* mortiers aériens ne durcissant qu'au contact de l'air, par dessiccation, action des agents atmosphériques (acide carbonique), et aussi par suite de réactions internes entre les divers éléments du mortier; 2° les *mortiers hydrauliques* et les ciments qui durcissent sous l'eau par suite de réactions internes entre les éléments constitutifs, y compris l'eau.

Nous nous occuperons successivement de la composition de ces deux espèces de mortiers et de la théorie ou plutôt des théories proposées pour expliquer leur durcissement.

Quelle que soit l'espèce du mortier, il ne suffit pas, pour qu'il puisse servir d'une manière utile, qu'il soit de nature à durcir plus ou moins de manière à former une masse compacte susceptible d'une certaine résistance; il doit encore adhérer énergiquement aux matériaux entre lesquels il est placé et offrir par conséquent pour eux une affinité d'adhérence très-prononcée. Dans la plupart des mortiers durcis, l'adhérence aux pierres ou matériaux de construction est même plus grande que celle des particules du mortier entre elles. Ce fait se démontre par une expérience journalière, lorsqu'on démolit une maison en séparant par le marteau les briques ou les moellons, les pierres gardent toutes un enduit de mortier durci et la séparation se fait par fracture de la couche de celui-ci suivant un plan médian parallèle aux deux surfaces reliées. De là à l'idée d'augmenter la solidité et la résistance des couches de mortier en mélangeant à la pâte liante des fragments plus ou moins gros de substances inertes, de nature analogue à celle des matériaux de construction, il n'y a qu'un pas que la pratique a franchi depuis des temps immémoriaux.

MORTIERS ORDINAIRES, AÉRIENS, DURCISSANT A L'AIR. — Le mortier ordinaire dont on fait généralement et partout usage est à base de chaux grasse préalablement éteinte et réduite en bouillie épaisse. L'hydrate de chaux à l'état de lait en forme l'élément essentiel; placé en couche mince entre deux briques, il pourrait *seul* servir de lien, car il durcirait en adhérant aux deux surfaces. Dans ce cas, si l'épaisseur de la couche de mortier était un peu sensible, on aurait une solidité très-médiocre comparable à celle d'un bloc façonné avec de la pâte de chaux grasse éteinte durcie à l'air. On obtient des résultats infiniment meilleurs en mélangeant à la bouillie de chaux éteinte des matières inertes en poudre grossière, telles que sable quartzeux, feldspath, sable calcaire, cendres de houille, scories de hauts-fourneaux ou de forges réduits en poudre grossière, sables volcaniques de l'Auvergne, etc. etc. Le rôle utile de ces substances est facile à expliquer. Intimement mélangées à la chaux, il s'établit entre chaque particule et la chaux qui l'enveloppe une adhérence assez forte (du même ordre que celle qui se produit entre la chaux et les briques) qui ne peut que considérablement augmenter la solidité de la tranche de mortier interposée. Nous examinerons plus loin s'il ne faut pas attribuer un rôle chimique aux matières ajoutées à la chaux, dans la théorie du durcissement.

L'extinction de la chaux grasse servant à la préparation du mortier est une opération importante, toute simple qu'elle paraisse.

Le plus souvent on jette la chaux dans une quantité d'eau suffisante pour la transformer en bouillie épaisse. La chaux s'échauffe, se fend et se réduit en pâte. Une trop grande quantité d'eau donne une bouillie claire ne fournissant plus que de médiocres résultats. S'il reste des morceaux qui n'ont été atteints que par une petite dose d'eau, ils se divisent mal en donnant une chaux grenue.

Les chaux grasses éteintes en bouillie épaisse donnent 2 à 3 volumes pour 1. 1 partie en poids retient 2,91 parties d'eau.

Préparée ainsi, la chaux éteinte est dite coulée, fondue ou amortie; renfermée dans une fosse humide, elle peut se conserver très longtemps.

Si l'on n'a que peu de chaux à éteindre, les maçons qui préparent leur mortier commencent par former une aire circulaire avec des bords en terre, ayant l'apparence d'une calotte sphérique. Les fragments de chaux grasse sont régulièrement arrosés avec de l'eau et abandonnés jusqu'à délitation; puis on ajoute assez d'eau pour former un lait, une bouillie convenablement épaisse.

Dans les grands chantiers de construction, l'atelier d'extinction se compose d'une fosse en maçonnerie ou en planches de $0^m,50$ à $0^m,70$ de profondeur et pouvant atteindre 12 à 15 mètres carrés.

La fosse d'extinction est placée un peu au-dessus d'une fosse plus grande dans laquelle on fait tomber par une vanne la chaux en pâte.

L'extinction *par immersion* consiste à plonger la chaux vive dans l'eau pendant quelques secondes et à la retirer avant qu'elle ne commence à fuser. On obtient ainsi de la chaux éteinte en poussière que l'on conserve pour la délayer selon les besoins, 100 parties en poids de chaux grasse éteinte par ce procédé retiennent 18 parties d'eau et 100 volumes donnent 150 à 170 volumes de poussière non tassée. Il est bon de réduire préalablement la chaux en petits fragments et de la renfermer, avant qu'elle ne fuse, dans des futailles. L'immersion s'exécute rapidement en plaçant les fragments dans des paniers ou des seaux à fond mobile suspendus à une grue tournante. Après quelques secondes d'immersion, le panier est soulevé et amené au-dessus du sol d'une chambre en maçonnerie où la délitation se fait. La poussière est séparée par un cylindre-blutoir des fragments mal cuits qui n'ont pas foisonné.

Dans certains cas on abandonne la chaux à la délitation spontanée au contact de l'air. Elle augmente alors de 2 fois 1/2 son volume et des 2/5 de son poids. Outre l'eau, elle fixe une certaine quantité d'acide carbonique. Cette troisième méthode est donc moins convenable que les deux premières.

Cette bouillie est mélangée intimement avec une proportion déterminée de la matière inerte et le mortier est prêt à servir. Nous donnerons plus loin, à propos des mortiers hydrauliques, les indications sur les procédés mécaniques de mélange des matériaux composant un mortier. Il ne doit pas être conservé longtemps sans emploi. S'il y a de grands vides à remplir entre des matériaux à surfaces inégales qui ne s'appliquent pas l'une sur l'autre, on ajoute au mortier ordinaire des pierres de diverses grosseurs à surfaces anguleuses et l'on a soin de combler les vides avec des fragments de pierres de manière à donner au mortier le plus possible le rôle de lien et non celui de matériel de construction.

Le sable doit être exempt autant que possible de matières terreuses telles qu'argile, terre végétale, qui diminuent la solidité du mortier tout en lui communiquant une faible hydraulicité; la présence de matières organiques favorise la formation des végétations qui nuisent également à sa durée. On éloigne, du reste, les matières terreuses par un lavage mécanique facile à exécuter. Le sable de mer doit être privé complétement, par une exposition à la pluie, des sels solubles alcalins dont il est imprégné; en effet, le chlorure de sodium produirait par décomposition du chlorure de calcium hygrométrique qui s'opposerait à la dessiccation et l'on verrait se former des efflorescences salines de carbonate de sodium, de sulfate de sodium, de carbonate de potassium et de chlorure de sodium, ainsi que du nitrate de calcium s'il y a présence de matières organiques azotées.

Il est plus avantageux d'employer du sable à grains irréguliers offrant des arêtes minces telles qu'en présente le sable de carrière; celui des rivières et des bords de la mer, sable roulé, en grains arrondis, offre sous le même volume moins de surfaces de contact et d'adhérence. Quant à la grosseur, on le partage en plusieurs catégories. Le sable fin est employé pour les travaux soignés et la couverte des toits. Il fournit un mortier homogène et long à durcir. Le sable moyen de la grosseur de grains de lentilles sert aux travaux ordinaires de maçonnerie. Le gravier entre dans la composition des mortiers destinés à relier les moellons. Pour éviter que dans ce cas les divers fragments de graviers ne laissent entre eux des espaces notables uniquement remplis de chaux, on ajoute du sable fin ou moyen, et cela dans des proportions telles, que ce sable tamisé dans le récipient contenant le gravier remplisse les espaces vides sans augmenter le volume apparent.

La proportion de sable varie avec la nature plus ou moins grasse de la chaux. On peut dire d'une manière approximative qu'il convient d'ajouter au sable en volume autant de bouillie de chaux que celui-ci est susceptible d'absorber d'eau par imbibition.

Pour 1 volume de pâte de chaux grasse on compte 3 à 3 1/2 à 4 volumes de sable; pour 1 volume de chaux maigre, seulement 1 à 2 volumes de sable. Trop ou trop peu de sable diminue la résistance et la dureté du mortier. L'addition de poils de vache ou de paille de lin est favorable, si l'on diminue proportionnellement le sable. Pour les trottoirs on prend 1 p. chaux blanche et 9 à 12 p. sable avec peu d'eau, on travaille le tout pour faire un mélange intime et on applique en couche de 10 à 12 centimètres, puis on bat fortement.

Avant d'appliquer le mortier sur la brique, on mouille la surface de celle-ci pour éviter la succion due à la porosité. Il convient pour une raison analogue de mouiller préalablement les sables maigres qui absorbent l'eau.

*Théorie du durcissement du mortier ordinaire* [Vogel, *Dingler's polyt. Journ.*, t. CXLVII, p. 190; — Bauer, *Dingler's polyt. Journ.*, t. CL, p. 62; t. CLII, p. 366; — Harms, *Chem. Centralbl.*, 1859, p. 212; *Wagner's Jahresb.*, 1859, p. 231; — Latzko, *Chem. Centralbl.*, 1859, p. 818; — Dullo, *Landwirthsch. Jahrb. aus Ost-Preussen*, Königsberg, 1859, p. 518; — Wallace, *Dingler's polyt. Journ.*, t. CLXXVII, p. 372; — E. Mulder, *Shceik. Onderz*, t. III, *Deel Stuck*, 34]. — Un bon mortier commence à durcir peu de jours après son emploi et ce phénomène se poursuit d'une manière lente et continue pendant très-longtemps. On voit souvent pendant la démolition d'anciens édifices séculaires la pierre céder plutôt que la couche de ciment. Les causes du durcissement sont multiples. En première ligne on peut placer l'absorption lente et continue de l'acide carbonique de l'air se faisant de dehors en dedans, absorption qui est accompagnée d'une élimination progressive d'eau. Ces phénomènes d'absorption d'acide carbonique et de dessiccation consécutive sont favorisés par le renouvellement de l'air, par la présence d'une atmosphère riche en acide carbonique et par une élévation convenable de température qui ne doit pas cependant dépasser certaines limites au risque de nuire à la dureté du produit; il n'est donc pas possible de diminuer outre mesure la durée du durcissement.

D'après certains auteurs, la silice, même sous forme de sable, peut dans un grand état de division réagir sur la chaux caustique et former des silicates. On a pensé d'après cela que la production de silicates de chaux pouvait être un des facteurs du durcissement. Dans tous les cas, le fait que le mortier durcit bien, même quand on remplace le sable siliceux par du sable calcaire, ne laisse pas une grande portée à cette opinion.

Le mortier de Lariot se compose de 1 partie de chaux éteinte, 3 parties de sable, eau q. s., mélange dans lequel on éteint assez de chaux vive en poudre pour épaissir; or, d'après Artus, ces conditions sont très-favorables à la formation de silicate de chaux.

La cristallisation de l'hydrate de chaux dissous, à mesure que l'eau s'évapore, doit aussi entrer en ligne de compte. Enfin le durcissement peut dépendre de phénomènes d'adhésion analogues à ceux que présentent la gélatine et les diverses matières collantes.

Nous n'entrerons pas dans les détails de la cuisson des calcaires servant à la fabrication des chaux à mortier aérien; cette opération a été étudiée à l'article CHAUX.

ANALYSE DE QUELQUES MORTIERS. — 1° *Composition d'un certain nombre de calcaires et des chaux aériennes qu'ils fournissent* (d'après Hervé-Mangon).

| Lieux d'extraction. | Composition des calcaires par 100 parties. | | | | | Composition des chaux par 100 parties. | | | | | Observations. |
|---|---|---|---|---|---|---|---|---|---|---|---|
| | $CO^3Ca$ | $CO^3Mg$ | $Fe^2O^3$ | Argile. | Sable. | CaO | MgO | $Fe^2O^3$ | Argile. | Sable. | |
| Marbre de Carrare... | 100,0 | » | » | » | » | 100,0 | » | » | » | » | Très-grasse. |
| Vaugirard (Paris).... | 98,5 | » | » | 1,5 | » | 97,2 | « | » | 2,8 | » | Id. |
| Lagneux (Ain)....... | 94,0 | 1,6 | 3,9 | 0,5 | » | 91,6 | 1,5 | » | 6,0 | » | Grasse. |
| Vichy (Allier)....... | 87,2 | 10,0 | 2,8 | » | » | 86,0 | 9,0 | » | 5,0 | » | Médiocr. grasse. |

2° D'après Vohl [*Dingler's polyt. J.*, t. CLVII, p. 359], les chaux à mortiers des environs de Cologne contiennent :

| | Calcaire de Berg. | Calcaire d'Oppenheim. |
|---|---|---|
| Acide carbonique......... | 3,60 | 7,841 |
| Chaux...... .............. | 89,75 | 96,00 |
| Alumine................... | 5,62 | 0,17 |
| Magnésie.................. | 6,89 | 1,03 |
| Silice.................... | 3,56 | 0,58 |
| Fer, manganèse, ac. phosph. | 0,74 | 2,04 |

La chaux de Berg, meilleure que celle d'Oppenheim, est blanche et très-grasse.

*Analyse de mortiers antiques d'après W. Wallace* [*Chem. News*, t. XI, p. 185; *Dingler's polyt. J.*, t. CLXXVII, p. 372]. — I. Mortiers phéniciens : *a*, ruines d'un temple à Larnaca en Chypre, avec sable gros et gravier très-dur; — *b*, ciment joignant des conduites d'eau enfouies à 10 pieds sous terre, à Larnaca. — II. Mortiers grecs : *a*, pris au Pnyx à Athènes, exposé à l'air, gris blanc, très-dur; — *b*, pris dans l'intérieur d'un temple au Pentélique à Athènes, jaune pâle, moyennement dur. — III. Mortiers romains : *a*, villa Adrian à Tivoli, gris foncé; — *b*, revêtement mural à Herculanum, exposé au contact de la lave chaude; — *c*, toit des tombes latines à Rome, rouge-brun; — *d*, mosaïque du sol des bains de Caracalla à Rome.

| | I | | | | III | | | |
|---|---|---|---|---|---|---|---|---|
| | *a* | *b* | *a* | *b* | *a* | *b* | *c* | *d* |
| CaO | 26,40 | 51,58 | 45,70 | 49,65 | 15,30 | 29,88 | 19,71 | 25,19 |
| MgO | 0,97 | 0,70 | 1,00 | 1,00 | 0,30 | 0,25 | 0,71 | 0,90 |
| $K^2O$ | » | » | » | » | 1,01 | 3,40 | Non déterminé. | |
| $Na^2O$ | » | » | » | » | 2,12 | 3,49 | Non déterminé. | |
| $Fe^2O^3$ | 0,99 | » | 0,92 | 0,82 | 4,92 | 2,32 | 1,23 | 3,67 |
| $Al^2O^3$ | 2,16 | 0,40 | 2,64 | 0,98 | 14,70 | 2,86 | 16,39 | 10,64 |
| $SO^3$ | 0,21 | 0,82 | — | 1,04 | — | — | — | — |
| $CO^2$ | 20,23 | 40,60 | 37,00 | 38,33 | 11,80 | 23,80 | 13,61 | 17,97 |
| $SiO^2$ et sable | 16,20 (1) | 0,96 | 12,06 | 8,90 | 41,10 | 33,36 | 36,26 | 30,24 |
| Sable grossier | 3,37 | — | — | — | — | — | — | — |
| Petites pierres | 28,63 | — | — | — | — | — | — | — |
| Matières organiques | 0,56 | 0,24 | — | — | 2,28 | 1,50 | — | 2,48 |
| Eau | 0,54 | 3,09 | 0,36 | 3,07 | 5,20 | 1,00 | 8,20 | 5,50 |
| Somme | 100,26 | 96,39 | 99,68 | 98,88 | 98,73 | 101,86 | — | — |

Dans tous ces mortiers la chaux est à peu près saturée par l'acide carbonique. Les silicates alcalins et alcalino-terreux ne se trouvent que dans les mortiers longtemps exposés à l'air libre. Le mortier I*a*, contenant du sable grossier, est le plus dur.

*Mortiers des pyramides de Chéops.* — A, intérieur. B, extérieur.

| | Sulfate de calcium. | $CO^3Ca$ | $CO^3Mg$ | $Fe^2O^3$ | $Al^2O^3$ | $SiO^2$ | Somme. |
|---|---|---|---|---|---|---|---|
| A. | 81,50 | 9,47 | 0,59 | 0,25 | 2,41 | 5,30 | 99,52 |
| B. | 82,89 | 9,80 | 0,79 | 0,21 | 3,00 | 4,31 | 101,00 |

Ce mortier était donc d'une nature spéciale et presque exclusivement composé de plâtre.

*Analyses de mortiers plus récents.* — *a*, mortier d'une porte à Vienne (50 ans, d'après Bauer). — *b*, tour de forteresse à Dresde (300 ans). — *c*, maison à Dresde (100 ans).

| | *a* | *b* | *c* |
|---|---|---|---|
| Sable grossier | — | 6,1 | 79,2 |
| Sable fin | 51,42 | | |
| Chaux | 18,26 | 4,2 | 4,3 |
| Alumine et oxyde de fer | 4,3 | — | — |
| Alumine | — | 0,4 | 0,016 |
| Oxyde de fer | — | 1,4 | 0,16 |
| Silice soluble | 1,11 | 6,2 | 2,1 |
| Acide carbonique | 18,70 | 18,7 | 18,6 |
| Eau | 3,31 | | |
| Magnésie | 5,04 | — | — |

Mortiers, bétons, ciments hydrauliques. — Les calcaires purs ou à peu près fournissent par calcination des chaux dites grasses qui s'échauffent beaucoup au contact de l'eau, foisonnent, se délitent rapidement en tombant en poussière et augmentant de volume; d'autres calcaires moins purs dans lesquels le carbonate de calcium se trouve plus ou moins intimement mélangé à des matières étrangères, telles qu'argile, carbonate de magnésium, silice, etc., donnent par calcination des chaux qui se délitent très-lentement sans augmentation considérable de volume, sans élévation notable de température, qui ne foisonnent pas; parmi ces chaux dites maigres dont la composition varie avec celle des calcaires, la pratique a depuis longtemps su en distinguer qui se caractérisent par la remarquable propriété de former avec l'eau des pâtes susceptibles de durcir plus ou moins vite au contact de l'eau même, et de se convertir en masses pierreuses, compactes, sur lesquelles ce liquide n'a pas de prise. Ces variétés de chaux maigres ont reçu le nom de chaux hydrauliques et de ciments, et sont employées dans la confection des mortiers et des bétons, dans les constructions en contact avec l'eau, de la même manière que les chaux grasses servent pour les mortiers aériens.

L'examen de la composition des calcaires à chaux hydrauliques a conduit à la découverte très-importante des conditions qui président à l'hydraulicité et partant à la fabrication des chaux hydrauliques artificielles. Il est facile de mettre en relief l'utilité majeure de cette découverte.

En effet, les calcaires à chaux hydraulique ne sont, de loin, pas aussi répandus que les calcaires à chaux grasses, et manquent complétement dans certaines localités, où il sera par conséquent très-important de pouvoir constituer de toutes pièces avec les matériaux dont on dispose, les éléments d'un mortier hydraulique. On doit aux travaux de M. Vicat sur ce sujet l'initiative de cette précieuse industrie. M. Vicat divise les chaux hydrauliques en trois classes. Les *chaux moyennement hydrauliques* font prise après 15 ou 20 jours d'immersion, mais n'atteignent jamais une grande dureté. Les *chaux hydrauliques* font prise du sixième au huitième jour, elles continuent à durcir jusqu'au douzième mois; après six mois leur résistance est déjà remarquable. Les *chaux éminemment hydrauliques* durcissent du deuxième au quatrième jour; après six mois elles ont acquis la dureté de la pierre. Cette classification n'a rien d'absolu, mais elle est commode en pratique. Le tableau suivant donne la composition de quelques calcaires hydrauliques et des chaux correspondantes (Hervé-Mangon).

| Lieux d'extraction. | Composition des calcaires sur 100 parties. | | | | | Composition des chaux sur 100 parties. | | | | | Observations. |
|---|---|---|---|---|---|---|---|---|---|---|---|
| | $CO^3Ca$ | $CO^3Mg$ | $Fe^2O^3$ | $MnO^2$ | Argile. | CaO | MgO | $Fe^2O^3$ | $MnO^2$ | Argile. | |
| Saint-Germain (Ain) | 87,0 | 0,5 | 7,1 | » | 5,4 | 83,0 | 0,4 | 9,6 | » | 7,10 | Moyen. hydr. |
| Chanay (près Mâcon) | 89,2 | 3,0 | » | » | 7,8 | 84,0 | 2,5 | » | » | 13,5 | Id. |
| Nîmes (Gard) | 86,0 | 5,0 | » | » | 9,0 | 82,5 | 4,1 | » | » | 13,4 | Hydraulique. |
| Metz (Moselle) | 78,0 | 3,0 | 4,0 | trace | 15,0 | 68,3 | 2,0 | 5,7 | » | 24,0 | Éminem. hydr. |
| Fenonches (Eure-et-Loir) | 80,0 | 1,0 | » | » | 19,0 | 70,0 | 1,0 | » | » | 29,0 | Id. |

*Analyse d'un calcaire hydraulique des bords du Wochow* [Schulatschenko, *Zeitsch. Chem.*, 1869, p. 281]. — A, partie soluble dans l'acide chlorhydrique; B, partie insoluble dans l'acide chlorhydrique.

| | $CO^3Ca$ | $CO^3Mg$ | $Fe^2O^3$ | $Al^2O^3$ | $SO^4Ca$ | $H^2O$ |
|---|---|---|---|---|---|---|
| A. | 63,84 | 5,78 | 3,22 | » | 0,32 | 1,04 |

| | $SiO^2$ | $Al^2O^3$ | $Fe^2O^3$ | $K^2O$; $Na^2O$ |
|---|---|---|---|---|
| B. | 18,16 | 2,02 | 3,56 | 1,66 |

Calciné avec précaution, ce calcaire donne un produit gris qui s'échauffe beaucoup avec l'eau et

(1) Avec 0,52 de silice soluble.

durcit lentement sous l'eau. Fortement calcinée, la masse ne s'échauffe plus avec l'eau, mais durcit fortement et vite.

Chaux hydraulique de Höring en Tyrol, et ciment provenant de sa calcination à haute température, par A. V. Kripp [*Osterr. Zeitsch. für Berg-und Hüttenwesen*, 1865, nos 40 et 41]. A, partie soluble dans l'acide chlorhydrique, 77,49 %. B, partie insoluble dans l'acide chlorhydrique, 22,51 %. C, ciment. D, ciment durci après un jour et demi sous l'eau.

| | $CO^3Ca$ | $CO^3Mg$ | $SiO^2$ | $Al^2O^3$ | $Fe^2O^3$ | $K^2O$ | $Na^2O$ | CaO | MgO | $Ph^2O^5$ | $SO^3$ | $H^2O$ | × | Somme. |
|---|---|---|---|---|---|---|---|---|---|---|---|---|---|---|
| A. | 66,20 | 4,44 | » | 2,31 | 1,68 | 0,16 | 0,05 | » | » | 0,07 | 0,05 | 1,87 | 0,66 (1) | 77,49 |
| B. | » | » | 8,60 | 2,42 | 0,54 | 0,78 | 0,22 | 0,38 | 0,17 | » | » | » | 9,55 (2) | 22,66 |

| | CaO | MgO | $K^2O$ | $Na^2O$ | $Al^2O^3$ | $Fe^2O^3$ | $SiO^2$ | Argile. | $CO^2$ | $H^2O$ | Somme. |
|---|---|---|---|---|---|---|---|---|---|---|---|
| C. | 56,73 | 3,04 | 1,32 | 0,31 | 6,45 | 2,80 | 21,48 | 2,94 | 3,15 | 2,06 | 100,28 |
| D. | 46,18 | 2,01 | » | » | 6,62 | 2,44 | 21,31 | | 13,91 | 6,70 | 99,22 |

A, *chaux hydraulique d'Alland*, près Bade (Autriche), par Kletzinsky [*Mitheilungen aus dem Gebiete der reinen und angewandten Chemie, Wien*, 1865, p. 30]. Partie soluble dans l'acide chlorhydrique, 73,12; partie insoluble, 26,08. B, ciment obtenu avec le calcaire hydraulique.

| | $SiO^2$ | $CO^3Ca$ | $CO^3Mg$ | CaO | MgO | $Fe^2O^3$ | $Al^2O^3$ | $K^2O$ et $Na^2O$ | $H^2O$ | Mat. bitumineuse. | Somme. |
|---|---|---|---|---|---|---|---|---|---|---|---|
| A. | 18,97 | 66,07 | 3,52 | » | » | 3,53 | 6,15 | 0,96 | 0,38 | 0,42 | 100 |
| B. | 27,64 | » | » | 54,41 | 2,50 | 5,15 | 8,89 | 1,41 | » | » | 100 |

*Analyses de M. F. Crace Calvert* [*Compt. rend.*, t. LXI, p. 1168]. — A, dolomie de Carigeraet de l'île d'Anglesee, fournissant du ciment. B, dolomie de Port-Cynfor, employée comme matière première à chaux hydraulique. C, calcaire de Hell'Smouth Bay, servant pour stuc.

| | $CO^3Mg$ | $CO^3Ca$ | $CO^3Fe$ | $SiO^2$ | $Al^2O^3$ | $H^2O$ et mat. organ. | Somme. |
|---|---|---|---|---|---|---|---|
| A. | 61,15 | 21,41 | 8,76 | 5,58 | 2,07 | 1,10 | 100,07 |
| B. | 55,23 | 33,99 | 3,85 | 5,58 | 2,27 | 3,40 | 101,32 |
| C. | 15,86 | 72,23 | 3,21 | 2,70 | | 6,00 | 100,00 |

*Analyses de calcaires hydrauliques anglais, par Knauss* [*Dinglers polyt. Journ.*, t. CXXXV, p. 361]. — A, calcaire du duché de Kent. A′, ciment résultant. A″, ciment durci à l'eau. B, calcaire d'Essex. B′, ciment résultant. B″, ciment durci à l'eau. C, calcaire du Yorkshire. C′, ciment résultant. C″, durci à l'eau.

| Parties insolubles dans ClH. | A | A′ | A″ | B | B′ | B″ | C | C′ | C″ |
|---|---|---|---|---|---|---|---|---|---|
| Quartz | 6,0 | 6,2 | 8,4 | 12,3 | 8,3 | 3,1 | 9,2 | 11,0 | 7,8 |
| Silice | 10,5 | 0,3 | 3,8 | 9,0 | 0,5 | 1,2 | 8,1 | 2,8 | 1,2 |
| Oxyde de fer | 1,2 | | | | | | 2,1 | | |
| Oxyde de manganèse | » | 1,3 | 2,5 | 1,9 | 1,7 | 0,6 | » | 4,4 | 0,4 |
| Alumine | 2,5 | | | 2,4 | | | 3,8 | | |
| | 20,2 | 7,8 | 14,7 | 25,6 | 10,5 | 4,9 | 23,2 | 18,2 | 9,1 |
| **Parties solubles dans ClH.** | | | | | | | | | |
| Silice | 0,7 | 19,4 | 8,1 | 0,6 | 17,4 | 17,6 | 0,5 | 9,1 | 9,2 |
| Oxyde de fer | 11,6 | 9,2 | 6,6 | 6,3 | 12,4 | 9,5 | 2,3 | 7,1 | 6,1 |
| Alumine | 4,8 | 7,3 | 5,9 | 1,1 | 4,6 | 6,6 | 68,7 | » | » |
| $CO^3Ca$ | 52,4 | » | » | 57,8 | » | » | 2,3 | » | » |
| $CO^3Mg$ | 7,0 | » | » | 5,7 | » | » | » | » | » |
| CaO | » | 48,2 | 42,8 | » | 46,1 | 36,6 | » | 49,6 | 40,0 |
| MgO | » | 2,7 | 1,9 | » | 3,7 | 1,7 | » | 1,6 | 1,6 |
| $K^2O$ | 0,8 | 0,8 | 1,0 | 0,9 | 0,9 | 1,1 | 0,7 | 0,8 | 1,0 |
| $Na^2O$ | 0,2 | 0,2 | 0,3 | 0,2 | 0,1 | 0,2 | 0,3 | 0,2 | 0,2 |
| $CO^2$ | » | 3,4 | 11,8 | » | 3,6 | 13,5 | » | 2,7 | 8,6 |
| $H^2O$ | 2,8 | 1,0 | 6,9 | 1,8 | 0,7 | 8,3 | 0,4 | 0,9 | 8,6 |
| | 100,0 | 100,0 | 100,0 | 100,0 | 100,0 | 100,0 | 100,0 | 100,0 | 100,0 |
| **Composition générale.** | | | | | | | | | |
| $CO^3Ca$ | 54,0 | 33,0 | 35,3 | 58,8 | 60,5 | 60,0 | 69,0 | 64,6 | 64,9 |
| $CO^3Mg$ | 7,2 | 4,2 | 3,4 | 5,8 | 5,7 | 3,3 | 2,3 | 2,4 | 3,0 |
| $K^2O$ | 0,8 | 0,6 | 0,8 | 1,0 | 0,7 | 1,0 | 0,7 | 0,7 | 0,9 |
| $Na^2O$ | 0,2 | 0,2 | 0,2 | 0,2 | 0,1 | 0,2 | 0,3 | 0,1 | 0,1 |
| Quartz, silice, alumine, oxyde de fer | 37,8 | 32,0 | 30,3 | 34,2 | 33,0 | 35,5 | 27,7 | 32,2 | 31,1 |

*Fabrication des chaux hydrauliques naturelles et artificielles.* — Étant donné un calcaire hydraulique, la fabrication de la chaux hydraulique est une opération du même ordre que celle d'une chaux grasse au moyen d'un calcaire pur. Il s'agit de chasser l'acide carbonique du carbonate de calcium par une cuisson poussée assez loin. Mais si la température à laquelle on cuit la chaux grasse est peu importante, un excès de chaleur n'altérant pas ses propriétés, il n'en est pas de même des chaux hydrauliques. Il faut beaucoup d'adresse pour arriver à une cuisson parfaite, chasser tout l'acide carbonique sans fritter la masse. Nous verrons, en effet, à propos du ciment de Portland ou à prise lente, qu'une cuisson poussée jusqu'à fusion modifie entièrement les qualités du produit. On emploie pour la cuisson des calcaires hydrauliques des fours analogues à ceux qui servent pour la chaux grasse (fours

(1) Eau et matière organique.
(2) Sable quartzeux.

intermittents, fours à feu continu, cuisson en tas).

Pour fabriquer *artificiellement* la chaux hydraulique, on mélange dans des proportions convenables de l'argile avec de la chaux grasse. Le mélange peut se faire avant ou après la cuisson du calcaire. La première méthode, appelée de première cuisson, est plus économique que la seconde, dite de seconde cuisson, qui donne de meilleurs résultats. Dans la fabrique de M. de Saint-Léger, près Paris, la craie de Meudon est mélangée avec 14,3 °/₀ d'argile de Vanves. Les matières sont délayées dans l'eau et triturées par une meule verticale tournant dans une auge circulaire. La bouillie claire est abandonnée au repos dans des réservoirs en maçonnerie; on décante et on moule en briquettes la pâte convenablement durcie. Les briques sont cuites avec précaution. Le produit obtenu renferme :

| | |
|---|---|
| Chaux | 74,60 |
| Silice | 15,86 |
| Alumine | 7,93 |
| Oxyde de fer | 1,61 |
| | 100,00 |

Les acides la dissolvent entièrement. Délitée, elle augmente de 0,65 de son volume. Les marnes étant des mélanges en proportions variables d'argile et de calcaire, on peut obtenir de bonnes chaux hydrauliques en y ajoutant du calcaire, ou plus rarement de l'argile, pour obtenir un mélange contenant 20 parties d'argile et 140 de calcaire. La chaux hydraulique artificielle à double cuisson s'obtient en mélangeant l'argile à la chaux grasse cuite et éteinte, le reste de l'opération est semblable à la précédente; après le mélange, on façonne des briquettes que l'on soumet à une nouvelle cuisson ménagée.

*Ciments.* — On donne le nom de ciments à prise rapide à des chaux très-hydrauliques, susceptibles de se solidifier en quelques heures au contact de l'eau ou de l'air, après avoir été gâchées. Le ciment dit *romain*, fabriqué pour la première fois en Angleterre par MM. Wyatts et Parker, fait prise au bout de 15 à 20 minutes et finit par acquérir une grande dureté sans éprouver de retrait. Le calcaire employé à sa préparation renferme :

| | |
|---|---|
| Carbonate de calcium | 65,7 |
| Carbonate de magnésium | 0,5 |
| Carbonate de fer | 6,0 |
| Carbonate de manganèse | 1,6 |
| Silice | 18,0 |
| Alumine | 6,6 |
| Eau | 1,6 |

Ce calcaire à grain fin, dur, de couleur gris-bleu, est cuit dans des fours à houille continus, en évitant avec soin la fusion partielle; la masse cuite est réduite en poudre par des meules verticales et conservée à l'abri de l'air. Les galets calcaires des falaises de Boulogne enclavés dans des lits d'argile fournissent après cuisson une chaux à ciment semblable au ciment romain (chaux, 56; argile, 31; oxyde de fer, 13).

Le calcaire de Pouilly, découvert par M. Lacordaire, donne de meilleurs résultats que les deux précédents. Le ciment de Vassy a sur les premiers l'avantage d'être beaucoup moins coloré et de pouvoir servir par conséquent dans les constructions en pierre blanche. Les ciments naturels à prise rapide rendent de grands services dans les constructions en contact avec l'eau douce ou l'eau de mer. On peut grâce à leur secours mettre à l'abri des vagues une partie de maçonnerie construite à la marée basse, en la recouvrant d'une couche de ciment qui permet au mortier qui relie les pierres entre elles de durcir. Dans l'application de ces ciments on doit les gâcher par petites quantités à la fois, les appliquer en pressant fortement et en mettant une couche sur une autre encore fraîche sans interrompre le travail. Les matériaux secs sur lesquels on les applique doivent être délayés et préalablement mouillés.

Jusqu'à présent on n'a pu réussir à fabriquer des ciments artificiels aussi bons que les ciments naturels en mélangeant les calcaires avec 30 °/₀ ou 35 °/₀ d'argile. On obtient, il est vrai, par la cuisson de semblables mélanges des composés très-hydrauliques, mais peu durs et peu résistants.

*Ciments à prise lente dits de Portland.* — Ces ciments ont acquis une très-grande importance dans l'art des constructions et permettent d'exécuter avec facilité les travaux les plus difficiles; leur consommation est considérable et l'on peut prévoir qu'ils remplaceront un jour les autres composés calcaires employés jusqu'à présent dans les constructions. Leur maniement est presque aussi facile que celui des mortiers ordinaires, leur adhérence et leur dureté dépassent de beaucoup celle des meilleurs ciments à prise rapide (ciments romains); ils résistent à l'eau de mer et aux causes habituelles de destruction des autres mortiers.

Nous empruntons à l'excellent article de M. Hervé-Mangon, *Dictionnaire des arts et manufactures*, 3ᵉ édition, complément, 6ᵉ livraison, quelques données sur leur préparation.

Le ciment de Portland n'est autre chose que le produit désigné par Vicat sous le nom de calcaire à chaux limite, cuit jusqu'à un commencement de vitrification. Il suffit donc, pour obtenir un ciment à prise lente, de cuire jusqu'à commencement de ramollissement un composé contenant 21 °/₀ à 23 °/₀ d'argile et 79 °/₀ à 77 °/₀ de carbonate de calcium mélangés à quelques autres matières qui, sans être essentielles, jouent un rôle important dans la fabrication et exercent une influence sur les propriétés du produit fabriqué. Il importe avant tout que le rapport entre l'argile et le carbonate de calcium ne s'écarte que dans des limites très-restreintes du rapport 22/78 donné plus haut. Si l'argile ou la silice augmentent de 4 °/₀ à 5 °/₀, le produit devient une sorte de pouzzolane qui ne fait plus prise sous l'eau. Si la proportion de carbonate de calcium tombe à 70 °/₀, on ne peut obtenir que des ciments à prise très-rapide facilement altérables par les agents extérieurs.

Voici d'après M. Hervé-Mangon la composition de quelques ciments de Portland : *a*, ciment anglais; *b*, ciment de Boulogne; *c*, ciment de Boulogne de fabrication ancienne; *d*, très-bon ciment pesant 1,500 kilogrammes le mètre cube, employé à Boulogne; *e*, ciment de fabrique anglaise; *f*, ciment Sturge; *g*, ciment anglais des environs de Londres.

| | *a* | *b* | *c* | *d* | *e* | *f* | *g* |
|---|---|---|---|---|---|---|---|
| Silice | 24,45 | 25,10 | 24,50 | 24,45 | 21,10 | 23,30 | 26,15 |
| Alumine | 10,95 (alumine et peroxyde de fer) | 8,60 | 9,20 | 8,70 (alumine et peroxyde de fer) | 1,35 | 7,75 | 10,85 (alumine et peroxyde de fer) |
| Peroxyde de fer | | 1,30 | 2,30 | | 8,65 | 8,00 | |
| Chaux | 59,30 | 63,15 | 60,35 | 65,60 | 57,75 | 62,75 | 60,20 |
| Magnésie | 0,80 | 0,95 | traces | traces | traces | 0,85 | 0,85 |
| Acide sulfurique | 1,75 | 0,90 (acide sulfurique, alcalis, eau…) | 0,70 | 0,45 | 1,45 | 2,85 (acide sulfurique, alcalis, eau…) | 1,05 |
| Alcalis | | | 0,45 | 0,80 (alcalis, eau…) | 1,20 | | 1,40 (alcalis, eau…) |
| Eau, acide carbonique et matières non dosées | 2,75 | | 2,50 | | 8,50 | | |

En raison de ces conditions assez strictes de composition, le fabricant de ciments à prise lente doit analyser exactement les matières qu'il emploie pour varier les dosages en raison des changements de composition des bancs marneux; il est également utile de faire des essais de cuisson en petit (voyez le four d'épreuve de l'article Mortier du *Dictionnaire des arts et manufactures*, 3e édition).

Le ciment à prise lente peut s'obtenir en cuisant à un degré convenable, soit un mélange de chaux grasse ou de calcaire friable et pur et d'argile, soit un mélange d'argile ou de calcaire pur et de marne, soit enfin un calcaire argileux naturel, présentant la composition indiquée ci-dessus. Il est rare de rencontrer des bancs d'une composition convenable, étendus et assez homogènes pour alimenter une fabrication un peu considérable.

Les fabriques de ciment, dit de Portland, établies aux environs de Londres, qui produisent de 200,000 à 300,000 tonnes par an, emploient la craie pure, qui forme plusieurs collines près de la ville, et l'argile des dépôts d'alluvion plus ou moins récents de la Tamise. Dans d'autres parties de l'Angleterre, en Allemagne, en France, on emploie pour fabriquer le ciment de Portland des marnes calcaires, de compositions différentes, mêlées ensemble ou additionnées de craie pure ou d'argile, de manière à obtenir un mélange présentant exactement à l'état sec la composition voulue, c'est-à-dire environ 78 % de carbonate de calcium et 22 % d'argile avec quelques centièmes d'oxyde de fer et d'alcalis. Les alcalis paraissent sinon indispensables, au moins très-utiles à une bonne fabrication et, en cas d'absence, l'addition de 1/2 à 1 % de carbonate de sodium ou de potassium, ou de sel marin, est nécessaire.

Les matériaux employés doivent se délayer facilement dans l'eau et se réduire sans difficulté en poussière impalpable. *Leur mélange intime* en proportion convenable est la première opération de la fabrication. Ce travail s'exécute ordinairement dans un bassin annulaire, pavé de grandes pierres dures. Deux râteaux à dents en fer aciérées à la pointe, très-solides, tournent dans cette auge et agitent l'eau avec les matières calcaires et argileuses; ce qui réduit en très-peu de temps le mélange en un lait argilo-calcaire bien homogène. L'auge est alimentée d'eau par un fort tuyau à robinet régulateur. Elle présente, sur un de ses bords extérieurs, une échancrure de $0^m,50$ de large, servant de déversoir. La surface de ce déversoir est à ras du niveau de l'eau au repos dans le bassin. Une toile métallique très-fine en prolonge horizontalement le bord et s'étend sur une longueur de 1 mètre au-dessus du canal d'écoulement du liquide boueux. Pendant le travail, la vague, provoquée par le mouvement du râteau, fait passer une partie du liquide au-dessus du déversoir; il passe à travers la toile en y déposant les corps flottants, tandis que les sables, graviers ou noyaux résistants restent au fond de l'auge et sont extraits à l'aide d'une vanne de fond spéciale ou à l'aide de pelles. Les matières à mélanger sont versées régulièrement à la brouette dans l'auge circulaire, l'eau y arrive par le tuyau d'alimentation et le lait s'écoule continuellement par le canal d'échappement. Le travail est donc parfaitement continu.

La bouillie très-claire qui sort du mélangeur est conduite par une rigole convenable dans une série de bassins placés les uns à côté des autres, construits en briques, de 1 mètre de profondeur sur 30 mètres de longueur et 20 mètres de largeur, munis d'une petite vanne pour l'écoulement de l'eau claire, lorsque les matières solides se sont déposées au fond. On amène de nouveau le liquide trouble et on continue ainsi jusqu'à ce que le bassin soit rempli. Ces bassins doivent pouvoir recevoir le produit de 55 à 65 journées de travail.

Lorsque le mélange est amené à pâte molle, on le brasse énergiquement pour lui rendre l'homogénéité perdue par le dépôt par ordre de densité. Par évaporation et infiltration, ce dépôt acquiert assez de consistance pour pouvoir être divisé en briquettes que l'on laisse sécher à l'air libre ou sous des hangars.

On peut aussi, d'après Lipowitz [*Traité allemand de la fabrication des ciments*], procéder de la manière suivante : les marnes et autres matériaux sont desséchés dans un four, réduits en poudre fine dans un casse-pierre et sous des meules verticales, et enfin dans un moulin à farine à meules horizontales. La poudre est arrosée avec une faible dissolution alcaline, versée dans un tonneau à mortier avec très-peu d'eau; elle sort à la base de ce tonneau sous forme de briquettes en pâte ferme, qui sont desséchées.

Dans ce procédé, les dosages sont plus faciles et plus réguliers et le travail plus rapide, mais le broyage exige beaucoup plus de force mécanique.

*La cuisson* du ciment est une opération importante. Non-seulement elle permet d'expulser l'acide carbonique, mais elle détermine entre les éléments du ciment une combinaison intime qui exige une température à laquelle les fragments commencent à se vitrifier à la surface.

Les fours de cuisson ont la forme d'un tronc de cône, ou sont formés par la réunion de plusieurs troncs de cône placés les uns à la suite des autres. Le gueulard est surmonté d'une coupole ou partie conique pour régulariser le tirage. La cuisson a lieu à feu intermittent. On dispose sur la grille quelques fagots, puis une couche de gros fragments de coke, puis des couches alternatives de coke et de matières à calciner en fragments de la grosseur d'un poing au maximum. Après la cuisson, on laisse refroidir et on défourne en enlevant les barreaux de la grille. Ces fours peuvent contenir généralement 20 à 25 tonnes de ciment cuit; il y en a de 60 tonnes et d'autres de 6 à 7 tonnes. Le combustible le plus favorable est le coke, cependant on peut aussi faire usage de la houille.

En moyenne, il faut brûler 200 à 350 kilog. de coke par tonne de ciment cuit, mais la dose de combustible varie avec la qualité de la matière employée.

Les fragments de ciment cuit sont triés. On sépare ceux dont la cuisson est incomplète, et on procède au concassage au moyen de diverses machines (double jeu de cylindres broyeurs, moulins à meules, à roues verticales pesantes, en fonte ou en granit, machines à briser les pierres pour commencer, avec moulin à meules verticales pour terminer le concassage). La matière, réduite en fragments suffisamment petits, est broyée à la machine en poudre impalpable.

Les meules de cette machine sont en meulière de la Ferté-sous-Jouarre; elles ont $1^m,20$ à $1^m,50$ de diamètre, avec une vitesse de 100 à 120 tours par minute. La poussière, en sortant des meules, passe dans un bluteau ordinaire qui fournit le ciment prêt à ensacher ou à être mis en baril pour la vente.

Les ciments bien préparés sont d'un gris plus ou moins foncé, légèrement verdâtre, en poudre très-fine. Le mètre cube ras et non tassé pèse de 1,400 à 1,600 kilogrammes pour les travaux de sujétion et 1,300 à 1,400 kilogrammes pour les travaux ordinaires. On doit refuser ceux pesant moins de 1,200 kilogrammes.

Comme essai du ciment on forme un mortier

avec 2 p. sable et 1 p. ciment, on moule le mortier sous forme de briquettes ayant la forme de la figure 426, on laisse durcir ces briquettes dans le sable humide ou dans l'eau. Au bout d'un temps convenable on place la briquette dans un étrier fixe (fig. 427). On suspend au-dessous un plateau que l'on charge de poids jusqu'à ce que la rupture ait lieu.

Fig. 426. Briquette.

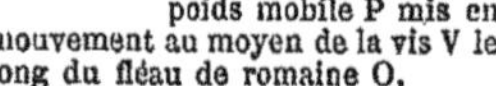

Fig. 427. Essai sur une briquette.

La figure 428 représente un appareil dû à M. Hervé-Mangon pour l'essai des mortiers. Dans cette balance à mortier la force de résistance de la briquette est aussi mesurée par le poids qui détermine la rupture de la briquette B. On augmente progressivement la tension au moyen du poids mobile P mis en mouvement au moyen de la vis V le long du fléau de romaine O.

Le mortier formé de 2 p. sable et 1 p. ciment ne doit pas faire prise en moins de 6 à 10 heures et la briquette d'essai ayant 0$^{m}$,04 de côté dans sa partie la plus étroite ou 16 centimètres carrés de section doit supporter, après 5 jours, au moins 10 kilogrammes sans se rompre.

*Applications.* — Le mortier de ciment est à peu près aussi facile à employer que le mortier de chaux hydraulique. Les maçonneries en ciment de Portland sont d'une solidité à toute épreuve et résistent même à l'action de l'eau de mer; il sert à maçonner et à enduire les grands réservoirs d'eau des villes, donne des enduits et des moulures aussi délicates que le plâtre et de plus d'une inaltérabilité absolue. Il sert à exécuter des dallages d'une dureté comparable à celle des pierres les plus résistantes et d'un prix très-modique; enfin il entre dans la composition des bétons agglomérés de M. Coignet, employés en si grande quantité dans les travaux de Paris. Ces bétons sont un mélange de ciment, de chaux hydraulique et de sable, dont les proportions varient beaucoup suivant l'emploi qu'on destine au béton.

Pouzzolanes. — On donne le nom de *pouzzolanes*, en général, à toutes les substances qui, mélangées en certaines proportions à la chaux grasse éteinte, lui communiquent directement la propriété de durcir et de faire prise au contact de l'eau, au bout d'un temps plus ou moins long, sans cuisson préalable. Ce sont des composés argilo-siliceux, ayant subi, soit naturellement, soit artificiellement, l'action d'une température élevée.

La *pouzzolane naturelle*, ou tuff volcanique, exploitée pour la première fois par les Romains, près de Pouzzoles, et qui se rencontre dans d'autres terrains volcaniques brûlants ou anciens tels que les contrées volcaniques à cratères de l'Auvergne, les Ardennes, est une matière pulvérulente, rouge-violet, rouge-brun ou noire, caverneuse, scoriacée et portant l'empreinte évidente de l'action du feu. Les couches souvent très-puissantes de pouzzolanes se trouvent généralement au pied des coulées de lave ou entre deux coulées successives. Certaines

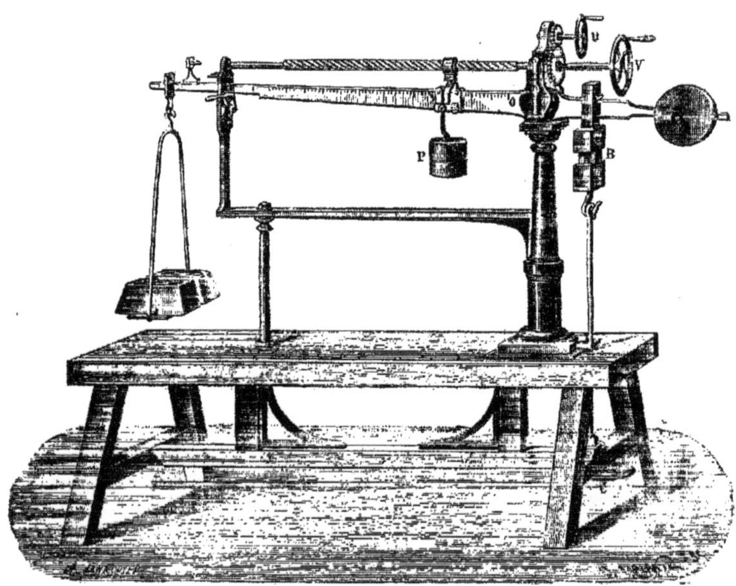


Fig. 428. — Appareil Hervé-Mangon pour l'essai des ciments.

laves poreuses, réduites en poudre, servent aussi comme pouzzolanes. La pouzzolane d'Italie a été pendant longtemps seule exploitée pour la préparation des mortiers hydrauliques.

*Analyses de pouzzolanes naturelles,* par Rivot :

| Partie soluble dans l'acide chlorhydrique. | Italie. | Hérault. | Auvergne. |
|---|---|---|---|
| Silice | 19,5 | 21,0 | 28,2 |
| Alumine | 9,7 | 10,7 | 2,0 |
| Oxyde de fer | 6,5 | 6,8 | 21,8 |
| Chaux | 8,0 | 1,5 | 9,0 |
| Magnésie | 0,9 | 1,1 | » |
| Alcalis | 2,6 | 3,0 | 1,2 |

| Partie insoluble dans l'acide chlorhydrique. | Italie. | Hérault. | Auvergne. |
|---|---|---|---|
| Silice | 32,7 | 33,5 | 25,0 |
| Alumine | 8,1 | 8,2 | 6,7 |
| Chaux | 1,2 | 1,3 | 1,3 |
| Perte à la calcination | 10,2 | 12,4 | 4,1 |

*Analyse de la pouzzolane d'Italie,* par Berthier :

| | | |
|---|---|---|
| Silice | 44,5 | 59,15 |
| Alumine | 15,0 | 21,27 |
| Chaux | 8,8 | 1,90 |
| Magnésie | 4,7 | » |
| Oxyde de fer | 12,0 | 4,76 |
| Potasse | 1,4 | 10,60 |
| Soude | 4,1 | |
| Eau | 9,2 | 2,56 |

D'après M. Sauvage, la pouzzolane des Ardennes renferme 56 °/₀ de silice soluble, 7 p. alumine, 17 p. de sable quartzeux fin, 12 p. chlorite et 8 p. d'eau. Les pouzzolanes calcinées jusqu'à expulsion de l'eau qu'elles ont peu à peu enlevée à l'atmosphère ou qu'elles ont absorbée sous l'influence des vapeurs chlorhydriques perdent la propriété de reprendre cette eau et aussi celle de communiquer à la chaux grasse un degré quelconque d'hydraulicité.

On obtient des pouzzolanes artificielles, ou plutôt des produits pouvant dans leurs applications remplacer la pouzzolane naturelle, par la cuisson convenable des argiles.

L'argile est réduite en poudre que l'on chauffe au rouge sur des plaques de fer, en remuant constamment la masse; le contact de l'air pendant la cuisson développe la puissance pouzzolanique des produits calcinés. La raison de ce fait n'est pas encore bien établie. Pour atteindre ce but et rendre l'argile très-poreuse, on peut la mélanger avec des matières organiques telles que sciure de bois, paille hachée, qui disparaissent sous l'influence du feu. Le plus souvent on se contente de placer l'argile réduite en fragments de la grosseur d'un poing à la partie supérieure des fours à chaux, ou bien encore on se sert de fours à réverbères à soles superposées que la matière à calciner parcourt successivement. La durée et l'intensité de la torréfaction influent beaucoup sur les qualités du produit. Le point le plus convenable correspond à la température de cuisson de la chaux.

M. Vicat divise les pouzzolanes naturelles ou artificielles en trois classes : 1° les matières très-énergiques qui mêlées à la chaux grasse éteinte font prise du 1er au 3e jour d'immersion. Au bout d'un an leur dureté atteint celle de la bonne brique.

2° Les matières énergiques ne font prise que du 4e au 8e jour. Au bout d'un an la dureté du mortier égale celle d'une pierre tendre.

3° Les pouzzolanes peu énergiques ne font prise avec la chaux grasse que du 10e au 20e jour.

Le degré d'énergie d'une pouzzolane ne peut s'apprécier par les caractères physiques. Le procédé le plus sûr et le plus convenable pour arriver à cette donnée consiste à déterminer la dose de chaux qu'un produit donné réduit en poudre peut enlever à l'eau de chaux et précipiter. L'essai est bien simple : on projette la poudre de pouzzolane par petites portions dans un volume déterminé d'eau de chaux, en s'arrêtant quand toute la chaux est précipitée; le liquide ne se trouble plus alors par l'addition de carbonate de soude. Voici d'après M. Vicat les quantités d'eau de chaux qui peuvent être dépouillées par différentes matières pouzzolaniques :

| | | |
|---|---|---|
| Argiles crues. | 100 p. d'argile des arènes | 1,100 |
| | 100 p. de bonnes argiles à pouzzolane à l'état naturel | 400-500 |
| Argiles cuites. | 100 p. de bonne argile à pouzzolane calcinée au rouge à l'air | 260 |
| | 100 p. de bonne argile à pouzzolane calcinée en vase clos | 100 |
| | 100 p. d'argile donnant une pouzzolane médiocre | 60-80 |
| | 100 p. d'argile donnant une pouzzolane mauvaise | 25-38 |
| | 100 p. pouzzolane d'Italie | 147 |

La puissance pouzzolanique est proportionnelle au volume d'eau de chaux décomposé : et la dureté du mortier fabriqué paraît suivre la même loi.

Parmi les substances pouzzolaniques signalons encore : les *arènes* ou sables formés sur place par la décomposition des roches anciennes. Elles doivent leurs propriétés à l'argile qu'elles contiennent en plus ou moins grande quantité : une légère calcination augmente leur énergie; — les *psammites schistoïdes*, à grains fins, onctueux, faisant pâte argileuse avec l'eau, provenant de la décomposition des roches schisteuses primitives; — certains grès friables à gangue argileuse; les cendres des houilles et des tourbes; les laitiers de haut-fourneau, le mâchefer. Ce sont en général des matières peu énergiques.

*Fabrication des mortiers et des bétons.* — Nous avons vu plus haut comment on éteint les chaux destinées à la fabrication des mortiers. Il nous reste à parler du dosage et du mélange des matériaux entrant dans la composition des mortiers.

Pour 100 parties de chaux grasse éteinte par le procédé ordinaire, la résistance du mortier exposé à l'air va en croissant quand la proportion de sable augmente de 50 à 240 parties; pour 100 parties de chaux grasse éteinte par immersion ou spontanément l'augmentation est sensible de 50 à 220 parties de sable. Avec du sable non doué de propriétés pouzzolaniques et de la chaux grasse on n'obtient jamais des mortiers très-durs ; pour atteindre ce résultat, il faut employer des mélanges de chaux hydraulique ou éminemment hydraulique et de sable. Pour les mortiers destinés à l'immersion ou au contact constant de l'humidité on emploie soit :

1° Un mélange de chaux grasse et de pouzzolane énergique;

2° Un mélange de chaux moyennement hydraulique et de pouzzolane énergique mêlée ou non à la moitié de sable;

3° Un mélange de chaux hydraulique et de pouzzolane peu énergique;

4° Un mélange de chaux éminemment hydraulique et de sable.

On emploie généralement 1 volume de pouzzolane et 0,3 à 0,5 volume de pâte ferme de chaux grasse, ou 0,40 à 0,60 de pâte de chaux moyennement hydraulique, ou encore 1 volume de sable et 0,50 à 0,60 de chaux éminemment hydraulique. On voit donc qu'en général il convient de rapprocher les chaux grasses des pouzzolanes énergiques et les sables ou matières inertes des chaux très-hydrauliques. Lors du mélange des parties constitutives d'un mortier, il y a une contraction de volume considérable, mais variable avec la composition du mortier.

Le mélange ou la trituration des matières peut se faire à bras ou par des machines. Le mélange à bras n'est avantageux que quand il ne s'agit de fabriquer que de petites quantités de mortier; il s'exécute au moyen de rabots que l'ouvrier pousse en avant en appuyant sur la partie plate de l'instrument qu'il ramène à lui en appuyant sur le tranchant.

Parmi les diverses machines qui ont été construites pour la fabrication du mortier, nous parlerons du tonneau à mortier qui est le plus employé, et de la bétonnière Franchot. Le tonneau (fig. 429), dont les dimensions peuvent varier, est

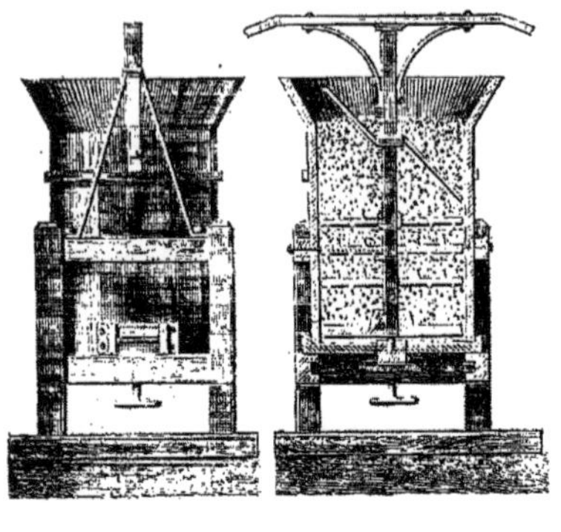

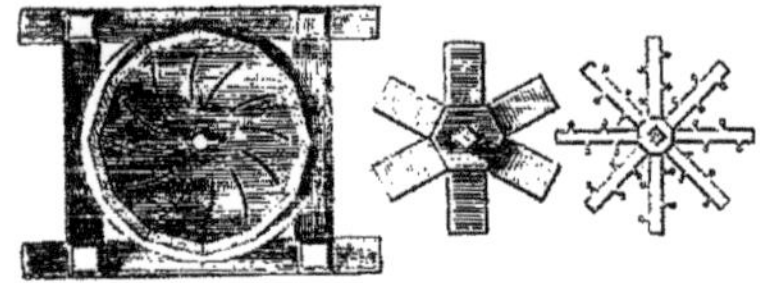

Fig. 429. — Tonneau à mortier.

cylindrique et évasé par le haut pour faciliter l'introduction des matériaux, souvent aussi il a la forme d'un tronc de cône dont la grande base est en haut, plus rarement en bas. Le fond est percé d'ouvertures par où passe le mortier, ou bien il est plein, la matière est alors enlevée par une porte latérale placée à la partie inférieure. Les parois latérales sont formées de fortes douves cerclées, le fond est en fonte ou formé de barreaux mobiles que l'on rapproche plus ou moins. L'axe du tonneau est traversé par un arbre en fer mis en rotation au moyen d'un manége ou d'une machine à vapeur. Sur la longueur de cet arbre sont fixés des râteaux en fer malaxeurs, et enfin à la partie inférieure une pièce de fonte qui broie les matériaux sur le fond du tonneau. Quelquefois, on ajoute des râteaux en fer fixés aux parois intérieures du tonneau et alternant avec ceux de l'axe. Le rapport de la hauteur à la base doit être d'autant plus petit que les appareils sont plus puissants, et la hauteur, toutes choses égales d'ailleurs, doit être d'autant plus grande que les matériaux sont plus difficiles à mélanger.

La coupe du corps de la bétonnière Franchot a la forme d'un oméga ($\omega$). Il se compose de deux cylindres siamois dans lesquels tournent des hélices conjuguées, c'est-à-dire à pas enchevêtrés.

Le double corps est horizontal, et couché sur un essieu en fer entre deux roues lorsqu'on le transporte d'un lieu à un autre. Il est incliné comme une charrette dételée lorsqu'on l'installe sur le chantier.

Les cylindres siamois se terminent par deux embouchures rétrécies (ovoïdes accouplées). Les hélices conjuguées se continuent en escargot dans l'intérieur des ovoïdes.

**Béton.** — Le béton est un mélange de mortier et de petites pierres; il est surtout employé pour les fondations hydrauliques.

On emploie :

| | | |
|---|---|---|
| Pierres cassées........ | $0^{m.c.}$ 45 ou $0^{m.c.}$ 63 | |
| Mortier hydraulique... | 0 90 ou 0 64 | |

Le mélange se fait à bras ou au moyen du couloir à béton de M. l'ingénieur Krantz. Les matériaux (mortier et pierres cassées) sont jetés pêle-mêle à l'entrée d'une caisse rectangulaire formée de madriers et tombent sur une série de plans inclinés en sens inverse. Ils arrivent à la partie inférieure parfaitement mélangés et sans frais.

Le coulage du béton au fond de l'eau est une opération délicate et qui exige une grande surveillance : il se fait à la trémie, espèce de grand cylindre creux en fonte terminé par un entonnoir à la partie supérieure, ou au moyen de caisses que l'on descend jusqu'au fond de l'eau pour les ouvrir et laisser écouler le béton. Ce coulage doit se faire par grandes masses à la fois pour éviter le délayage. Entre deux coulées superposées, il ne doit pas rester de couche de chaux pulvérulente séparée du béton, car l'adhérence n'aurait plus lieu.

Le béton comprimé de M. Coignet est comme le béton ordinaire un mélange de mortier hydraulique et de pierres, mais on donne de la consistance au produit et on détermine l'adhérence entre deux couches superposées au moyen d'une forte compression qui chasse les bulles d'air emprisonnées.

**Théorie du durcissement des mortiers hydrauliques.** — Les éléments essentiels, d'après les travaux de Vicat, d'un calcaire à chaux maigre hydraulique sont le carbonate de chaux et l'argile mélangés en proportions convenables; le carbonate de magnésie, l'oxyde de fer ne jouent pas un rôle important et portent plutôt atteinte, lorsque leur proportion dépasse certaines limites, aux qualités hydrauliques de la chaux. Après la cuisson l'argile a subi une espèce de désagrégation; la combinaison entre la silice et l'alumine n'est plus intime; en un mot, les principes sont dans un état convenable pour s'hydrater et réagir les uns sur les autres.

M. Keldt [*Journ. für prakt. Chem.*, t. XCIV, p. 129, 202] a fait des recherches étendues sur les éléments des ciments au point de vue des conséquences à en tirer pour la théorie du durcissement des ciments. Ce chimiste admet que le durcissement des ciments repose dans tous les cas sur la formation d'un silicate de calcium hydraté

$$5\,CaO, 3\,SiO^2 + 5\,H^2O.$$

Dans les produits qui, comme la pouzzolane, durcissent après addition d'un lait de chaux, il existe de la silice hydratée libre qui fixe de la chaux jusqu'aux limites voulues par la formule précédente. Dans le ciment de Portland et le ciment romain obtenus par calcination avec excès de chaux, le silicate surbasique $2\,CaO, SiO^2$ se transformerait en silicate $5\,CaO, 3\,SiO^2 + 5\,H^2O$ par élimination de chaux.

Lieven [*Arch. für die Naturkunde*, t. IV, p. 45] conclut de ses essais que la dureté dépend non-seulement de la formation d'hydrosilicates de chaux, mais que la magnésie joue un rôle tout aussi important que la chaux; elle forme comme elle des silicates hydratés simples ou doubles avec ou sans le concours des alcalis.

D'après M. Fremy [*Compt. rend.*, t. LX, p. 993], la fixation d'eau par l'aluminate de chaux et la combinaison de la chaux avec les silicates seraient les causes du durcissement. P. S.

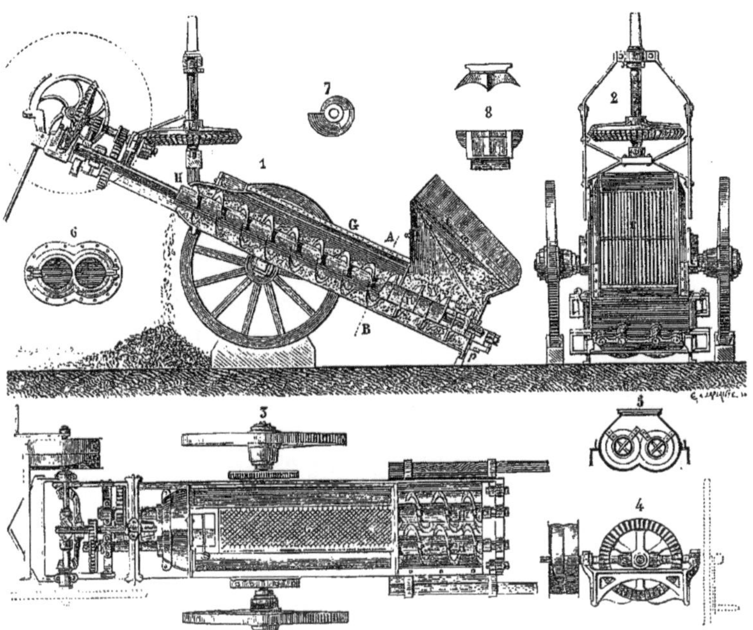


Fig. 480. — Bétonnière Franchot.

*Bétonnière Franchot.* — Fig. 1. Élévation et coupe de la bétonnière. — Fig. 2. Projection d'avant en arrière faisant voir l'extrémité des axes du côté de l'avant — Fig. 3. Vue en plan de la bétonnière ramenée à l'horizontalité laissant voir les hélices. — Fig. 4. Projection d'arrière en avant des mécanismes du mouvement (perpendiculaire des axes). — Fig. 5. Coupe perpendiculaire au corps du malaxeur, faisant voir les barrettes hélicoïdales montées sur manchons en fer creux. — Fig. 6. Vue du côté des cylindres jumeaux. — Fig. 7. Projection de l'escargot sur un plan perpendiculaire à l'axe. — Fig. 8. Vue en avant et en plan de la chape mobile formant double entonnoir pour faire pénétrer le béton dans les ovoïdes. — C. Trémie ou réceptacle extérieur du sable pouvant être surmonté d'une grille de tamisage et portant une coulisse servant à faire varier l'ouverture de l'introduction dans le bassin inférieur P. — P. Réceptacle des matières à l'entrée et à l'origine des hélices du malaxeur. — G. Couvercle à grillage placé au-dessus des matières à trituration.

**MORWÉNITE.** — Voyez HARMOTOME.

**MOSANDRITE** (Min.). — Silicate hydraté de cérium, de lanthane, de didyme et de calcium avec acide titanique, soude, sesquioxyde de fer et potasse : $SiO^2 = 29,9$ ; $TiO^2 = 9,9$ ; $Fe^2O^3 = 1,83$ ; $CeO, LaO, DiO = 26,6$ ; $CaO = 19,1$ ; $MgO = 0,7$ ; $Na^2O = 2,9$ ; $K^2O = 0,5$ ; $H^2O = 8,9$. Longs prismes aplatis, paraissant être facilement altérables, et quelquefois traversés par de la fluorine violette ou de l'eucolite. Se trouve dans la syénite avec leucophane, éléolithe, etc., près de Brevig (Norwége). Faiblement translucide. Éclat entre le vitreux et le gras sur la face de clivage, résineux dans les cassures. Brun rougeâtre ; brun jaunâtre ou verdâtre, quand elle est altérée.

*Caractères.* — Complétement attaquable par l'acide chlorhydrique avec séparation de silice, en donnant une liqueur rouge qui dégage du chlore quand on la chauffe. Dans le matras, dégage de l'eau et devient brun-jaune. Au chalumeau, fond facilement avec gonflement en une perle d'un brun-vert. Avec le borax, donne un verre améthyste, qui devient presque incolore au feu de réduction. Avec le sel de phosphore, réaction du titane.

Dureté, 4. Poussière jaune pâle.

Densité, 2,93 à 3,03.

*Forme cristalline.* — Prisme orthorhombique, d'environ 117° 16'. Clivage assez net, $g^1$. F. et S.

**MOSCHATINE**, $C^{21}H^{27}AzO^7$. — Substance amère, peu soluble dans l'eau chaude, soluble dans l'alcool, extraite, par M. Planta-Reichenau, de l'iva (*Achillea moschata*) [*Ann. der Chem. u. Pharm.*, t. CLV, p. 145].

**MOSSOTITE** (Min.). — Aragonite radiée d'un vert clair, du lias de Gerfaclo (Toscane), contenant près de 7 % de carbonate de strontium et une trace de carbonate de cuivre.

Densité, 2,884.

**MOUTARDE (ESSENCE DE).** — Voyez ALLYLE, t. I, p. 155.

**MUCINE.** — Voyez MUCUS, t. II, p. 475.

**MUCIQUE (ACIDE),**

$$C^6H^{10}O^8 = \left.\begin{matrix} C^6H^8O^6 \\ H^2 \end{matrix}\right\} O^2$$

$$= [C^4H^4]^{iv}(OH)^4(CO.OH)^2.$$

— Cet acide isomérique avec l'acide saccharique a été découvert par Scheele en 1780 [*Opuscules,*

t. II, p. 111]; il est hexatomique et bibasique. Il se produit par l'action de l'acide azotique sur le sucre de lait, la dulcite, les gommes, les mucilages, la pectine, l'acide pectique et la mélitose. Suivant Barth et Hlasiwetz [*Ann. der Chem. u. Pharm.*, t. CXXII, p. 107], l'acide isodiglycoléthylénique traité par l'acide azotique fournit également de l'acide mucique [Laugier, *Ann. de Chim.*, t. XLI, p. 79; — Berzelius, *ibid.*, t. XCII, p. 141; t. XCIV, p. 5; t. XCV, p. 51; — Malaguti, *Ann. de Chim. et de Phys.*, (2), t. LX, p. 195; t. LXIII, p. 86; — Liebig et Pelouze, *ibid.*, t. LXIII, p. 131; — Liebig, *Ann. der Chem. u. Pharm.*, t. XXVI, p. 16].

*Préparation.* — On chauffe d'abord 1 p. de sucre de lait avec 2 p. d'acide azotique d'une densité de 1,42, ensuite on laisse refroidir pendant quelque temps; à la fin on chauffe modérément. Par le refroidissement, l'acide mucique se dépose et le liquide soumis à l'évaporation en fournit une nouvelle quantité; les eaux mères renferment beaucoup d'acide oxalique et tartrique. En conduisant ainsi l'opération, la quantité d'acide mucique produite s'élève à 60-65 % de la quantité de sucre de lait employée [Guckelberger, *Ann. der Chem. u. Pharm.*, t. LXIV, p. 348]. Selon Pasteur [*Compt. rend.*, t. XLII, p. 347], la galactose traitée par l'acide nitrique fournit deux fois plus d'acide mucique que le sucre de lait. On peut faire usage aussi de gomme arabique dans la préparation de l'acide mucique; on chauffe à cet effet 1 p. de gomme avec 4 p. d'acide nitrique d'une densité de 1,35; mais l'acide ainsi obtenu renfermant des sels de calcium, il faut le redissoudre dans la potasse et le précipiter de nouveau par l'acide chlorhydrique.

*Propriétés.* — L'acide mucique est une poudre blanche cristalline qui craque sous la dent; les cristaux sont des prismes clinorhombiques, microscopiques, se transformant quelquefois en prismes rectangulaires par suite de la troncature des arêtes latérales. Sa saveur est légèrement acide. Il est très-peu soluble dans l'eau froide, soluble dans 80 p. d'eau bouillante et insoluble dans l'alcool.

L'acide mucique qu'on fait bouillir pendant quelque temps avec de l'eau éprouve une modification isomérique, il se change en *acide paramucique*, plus soluble et plus énergique que l'acide mucique; ses sels sont plus solubles que les mucates, mais leurs solutions laissent déposer, après qu'on les a fait bouillir avec de l'eau, des mucates pendant le refroidissement.

Lorsqu'on chauffe l'acide mucique, il fond d'abord et se décompose plus tard en fournissant entre autres produits de l'acide pyromucique et de l'anhydride carbonique :

$$C^6H^{10}O^8 = C^5H^4O^3 + CO^2 + 3H^2O.$$

L'acide nitrique bouillant le transforme en acides racémique et oxalique. Chauffé avec du peroxyde de manganèse et de l'acide sulfurique, il fournit de l'acide formique. La potasse caustique le transforme à chaud en un mélange d'acétate et d'oxalate : $C^6H^{10}O^8 = 2C^2H^4O^2 + C^2H^2O^4$.

L'acide mucique est transformé par le perchlorure de phosphore en acide muconique bichloré [Liès-Bodart, *Compt. rend.*, t. XLIII, p. 391; — Bode, *Bull. de la Soc. chim.*, 1865, t. IV, p. 134]. Wichelhaus [*Bull. de la Soc. chim.*, 1866, t. V, p. 375] obtient dans cette réaction des cristaux de chlorure de chloromuconyle, $C^6H^2Cl^2O^2.Cl^2$. — Voyez Acide muconique.

Chauffé à 140°, pendant vingt heures, avec de l'acide iodhydrique en excès et du phosphore, l'acide mucique fournit de l'acide adipique [A. Crum-Brown, *Bull. de la Soc. chim.*, 1863, t. V, p. 372]. A. Rigault [*Compt. rend.*, t. L, p. 782], ayant fait fermenter du mucate de calcium avec du tissu musculaire du gésier de poulet, de l'eau et du carbonate de calcium, a obtenu de l'acide carbonique, de l'hydrogène, de l'acide acétique et un peu d'acide butyrique.

Mucates. — L'acide mucique est bibasique et donne deux espèces de sels : mucates neutres, $C^6H^8M^2O^8$, et mucates acides, $C^6H^9MO^8$. Les sels à base d'alcali sont fort solubles, les autres peu solubles dans l'eau. Les acides précipitent de l'acide mucique dans les solutions aqueuses des mucates. Soumis à l'action de la chaleur, les mucates exhalent une odeur de caramel [Hagen, *Poggend. Ann.*, t. LXXI, p. 531, et *Journ. de Pharm.*, (3), t. XII, p. 310; — Johnson, *Ann. der Chem. u. Pharm.*, t. XCIV, p. 225; — Schwanert, *Ann. der Chem. u. Pharm.*, t. CXVI, p. 227].

Mucate d'aluminium. — L'hydrate d'aluminium se dissout lentement dans une solution aqueuse bouillante d'acide mucique; pendant le refroidissement le sel neutre se précipite sous la forme d'une poudre blanche presque insoluble dans l'eau bouillante. L'eau mère dépose par la concentration des croûtes cristallines d'un sel acide fort soluble dans l'eau bouillante.

Mucates d'ammonium. — Le *sel bimétallique*,

$$C^6H^8(AzH^4)^2O^8,$$

se produit en saturant par du carbonate d'ammonium une dissolution aqueuse bouillante d'acide mucique et en faisant cristalliser plusieurs fois les cristaux qui se déposent pendant le refroidissement. Ce sont des prismes quadrangulaires aplatis, sans saveur. Ce sel se ramollit et jaunit à 220°; entre 220° et 240°, il se dégage de l'ammoniaque, de l'acide carbonique, du carbonate d'ammonium, de l'acide pyromucique et de la dipyromucamide et il reste un peu de charbon et de paracyanogène. Ce composé se dissout peu dans l'eau froide, mieux dans l'eau chaude; il est plus soluble que le paramucate correspondant.

Le *sel monométallique*, $C^6H^9(AzH^4)O^8 + H^2O$, obtenu en évaporant le sel précédent à chaud ou en y ajoutant de l'acide mucique, constitue des aiguilles ou des prismes minces beaucoup plus solubles dans l'eau que le sel bimétallique. Les deux sels d'ammonium peuvent s'associer entre eux en proportions variables et se présenter alors sous la forme de grands cristaux transparents.

Mucate d'argent, $C^6H^8Ag^2O^8$. — On l'obtient sous la forme d'un précipité blanc caillebotté en versant de l'acide mucique ou du mucate d'ammonium dans de l'azotate d'argent.

Mucate de baryum, $2C^6H^8BaO^8 + 3H^2O$. — Le mucate d'ammonium est précipité par le chlorure de baryum au bout de quelque temps; lorsqu'on frotte les parois du verre avec une baguette, on voit le précipité s'y déposer; l'ébullition en active la formation. En présence de l'ammoniaque, le chlorure de baryum détermine dans l'acide mucique un précipité cristallin de mucate de baryum.

Mucate de calcium, $2C^6H^8CaO^8 + 3H^2O$. — Ce sel, qui est soluble dans l'acide acétique, se produit lorsqu'on précipite le mucate d'ammonium par le chlorure de calcium.

Chromomucate de potassium. — Suivant Malaguti [*Compt. rend.*, t. XVI, p. 457], le bichromate de potassium traité par l'acide mucique fournit le sel $2C^6H^8O^7.Cr^2O^3.K^2O + 7H^2O$.

Mucate de cuivre, $2C^6H^8CuO^8 + H^2O$. — Poudre bleuâtre, insoluble dans l'eau, qu'on obtient en précipitant une solution de mucate d'ammonium par le sulfate de cuivre.

Mucate de fer, $C^6H^8FeO^8 + 2H^2O$. — Le sulfate ferreux précipité par le mucate de sodium ou d'ammonium fournit une poudre blanche inaltérable à l'air, qui, chauffée à 150° ou 160°, se convertit en une masse brune prenant feu au contact de l'air.

MUCATE DE LITHIUM. — Petites aiguilles blanches et brillantes, fort solubles dans l'eau.

MUCATE DE MAGNÉSIUM, $C^6H^8MgO^8 + 2H^2O$. — Le mucate d'ammonium précipite le sulfate de magnésium.

MUCATE DE MERCURE. — Le mucate de potassium précipite l'acétate de mercure en blanc.

MUCATE DE PLOMB. — L'acide mucique ainsi que ses sels d'alcalis précipitent les sels de plomb. Il se forme une poudre blanche grenue dont la composition est $C^6H^8PbO^8 + H^2O$. Suivant Krug [*Zeitschr. für die ges. Naturw.*, t. XVIII, p. 209], il se forme un mucate sexbasique lorsqu'on verse 2 grammes d'acide mucique aqueux bouillant dans 200 grammes d'acétate basique de plomb et qu'on fait bouillir une heure et demie.

MUCATES DE POTASSIUM. — Le sel neutre,

$$2C^6H^8K^2O^8 + H^2O,$$

s'obtient en saturant l'acide mucique par la potasse caustique ou carbonatée. Il se dépose dans une solution bouillante sous la forme de grains blancs et cristallisés. A 150°, ce sel est anhydre. Le sel acide, $C^6H^9KO^8 + H^2O$, préparé comme le sel d'ammoniaque correspondant, forme de petits cristaux transparents plus solubles dans l'eau que le sel neutre.

MUCATES DE SODIUM. — Le sel neutre,

$$2C^6H^8Na^2O^8 + 9H^2O,$$

perd 8 molécules d'eau à 100°. Sa solution soumise à une ébullition énergique laisse déposer le sel $2C^6H^8Na^2O^8 + H^2O$ sous la forme d'une poudre blanche. Le sel acide, $2C^6H^9NaO^8 + 7H^2O$, constitue des prismes incolores et brillants qui perdent leur eau de cristallisation à 100°.

Le MUCATE DE STRONTIUM est analogue à celui de baryum.

ÉTHERS MUCIQUES. — MUCATE MÉTHYLIQUE,

$$C^6H^8(CH^3)^2O^8.$$

— On le prépare comme le mucate d'éthyle. Il est solide, incolore et insipide; on peut l'obtenir cristallisé, dans l'alcool et dans l'eau, en lamelles ou en prismes à six pans aplatis. Il est très-soluble dans l'eau bouillante et se dissout dans 200 p. d'alcool bouillant. Il se décompose à 163° avant de fondre, et se change alors en un liquide noir qui se boursoufle et dégage du gaz carburé.

MUCATE ÉTHYLIQUE, $C^6H^8(C^2H^5)^2O^8$. — On le prépare en dissolvant 1 p. d'acide mucique dans 4 p. d'acide sulfurique concentré à l'aide d'une douce chaleur; aussitôt que le mélange devient noir, on laisse refroidir et l'on y verse 4 p. d'alcool d'une densité de 0,814. Après 24 heures, la masse est figée; on l'agite avec de l'alcool et on filtre. On obtient une masse cristalline qu'on purifie par de nouvelles cristallisations dans l'alcool bouillant.

Les cristaux sont des prismes à six pans, terminés par une seule face droite et d'une limpidité parfaite. Ils sont sans saveur d'abord, mais laissent un arrière-goût d'amertume. Ils fondent à 150°, et se prennent à 135° en une masse cristalline. A une température plus élevée, ils se décomposent en alcool, eau, acide carbonique, acide acétique, hydrogène carboné, acide pyromucique et charbon. L'éther mucique est insoluble dans l'éther, très-soluble dans l'alcool bouillant, très-peu soluble dans l'alcool froid; très-soluble aussi dans l'eau bouillante, qui le dépose par le refroidissement en cristaux bien déterminés. Les alcalis hydratés le décomposent comme tous les éthers, l'ammoniaque le transforme en mucamide [Malaguti, *Ann. de Chim. et de Phys.*, t. LXIII, p. 86].

ACIDE ÉTHYLMUCIQUE OU MUCOVINIQUE,

$$C^6H^9(C^2H^5)O^8.$$

— Dans la préparation de l'éther mucique, il arrive quelquefois qu'une dissolution aqueuse de cet éther non encore pur dégage subitement une odeur alcoolique très-prononcée, et donne par l'évaporation de l'acide éthylmucique. On le purifie par des traitements à l'alcool, qui enlève l'éther mucique dont il est mêlé; on dissout le résidu dans l'eau et on le fait cristalliser deux ou trois fois. Le produit est pur lorsque sa dissolution n'est pas troublée par l'ammoniaque.

L'acide mucovinique cristallise en prismes droits à base rhombe, enchevêtrés de manière à présenter l'aspect de l'amiante. Il possède une saveur acide, fond à 190°, en éprouvant une altération, et se prend en masse vitreuse par le refroidissement; mais, à la longue, il devient noir et opaque. Il est très-soluble dans l'eau et peu soluble dans l'alcool.

Le *sel d'ammonium*, $C^8H^{13}(AzH^4)O^8$, s'obtient en saturant d'ammoniaque l'acide mucovinique. Il est très-soluble, sans saveur et d'une réaction faiblement acide. En dissolution, il précipite les sels de baryum, de strontium, de plomb, de cuivre et d'argent, les sels de calcium faiblement et pas du tout les sels de magnésium et de zinc. Ces précipités sont solubles dans l'acide acétique.

Lorsqu'on fait bouillir la dissolution d'acide mucovinique avec de l'oxyde d'argent, une partie de l'oxyde est réduite à l'état métallique, et il se forme une combinaison qui fait explosion à une douce chaleur [Malaguti, *Compt. rend.*, t. XXII, p. 857].

*Tétracétylmucate d'éthyle,*

$$C^6H^4(C^2H^3O)^4(C^2H^5)^2O^8.$$

— Lorsqu'on ajoute 4 molécules de chlorure d'acétyle à du mucate d'éthyle, le mélange s'échauffe, devient demi-fluide, dépose des cristaux et laisse dégager de l'acide chlorhydrique en abondance. La réaction s'achève au bain-marie. On exprime les cristaux et on fait cristalliser dans l'alcool bouillant.

Ce composé se présente sous la forme d'aiguilles d'un éclat vitreux, fusibles à 177°, se concrétant pendant le refroidissement en une masse cristalline rayonnée. Il commence à se sublimer à une température un peu supérieure à 150°. Chauffé davantage, il bout et se décompose. Il se dissout à 17° dans 244 p. d'alcool à 95 centièmes; il est plus soluble dans l'alcool bouillant; l'éther le dissout moins bien que l'alcool, l'eau en dissout une petite quantité à chaud [A. Werigo, *Bull. de la Soc. chim.*, nouv. sér., 1864, t. II, p. 204].

L'*acide amyl-mucique*, $C^6H^9(C^5H^{11})O^8$, se produit par l'action de l'acide sulfurique sur un mélange d'alcool amylique et d'acide mucique en présence d'acide chlorhydrique concentré. Il constitue des cristaux indistincts ou des aiguilles transparentes si la cristallisation s'effectue lentement [S. W. Johnson, *Journ. für prakt. Chem.*, t. LXIV, p. 157].

MUCIQUE (AMIDE), *mucamide,*

$$(C^6H^4O^2)^{vi}(OH)^4(AzH^2)^2$$

[Malaguti, *Compt. rend.*, t. XXII, p. 854]. — On obtient ce composé par l'action de l'ammoniaque aqueuse sur le mucate d'éthyle. Il est blanc, très-légèrement soluble dans l'eau bouillante d'où il se précipite, par le refroidissement, en cristaux microscopiques ayant la forme d'un octaèdre à base rhombe, tronqué aux deux sommets et présentant l'aspect de tables biselées.

La mucamide est insipide; elle est insoluble dans l'alcool et l'éther. Sa densité est de 1,589 à 13°,5. Chauffée à 130-140° en tube scellé avec de l'eau, elle se convertit en mucate d'ammonium.

Une solution aqueuse bouillante de mucamide, mise en contact avec de l'acétate de plomb ammoniacal, donne un précipité de mucate de plomb ammoniacal, $C^6H^7O^8Pb(AzH^4) + 3H^2O$ ou $(C^6H^8O^8)^2Pb(Az^2H^6Pb) + 6H^2O$. Décomposé par l'hydrogène sulfuré, ce sel donne du sulfure de plomb et du mucate d'ammoniaque acide; avec du nitrate d'argent ammoniacal, la solution bouillante de mucamide donne une couche miroitante d'argent métallique.

La mucamide brunit à 200°, dégage à 208° beaucoup d'eau et fond à 220°; à partir de cette température jusqu'à 240°, il se volatilise de l'eau, de la dipyromucamide, de l'acide carbonique et du carbonate d'ammonium; le résidu fixe renferme du charbon et du paracyanogène. Ph. de C.

**MUCOBROMIQUE (ACIDE)**, $C^4H^2Br^2O^3$. — Lorsqu'on ajoute du brome à un mélange refroidi d'acide pyromucique et d'eau, il se dépose, en même temps qu'il se dégage de l'acide carbonique, une huile qui disparaît, si on la laisse pendant quelque temps en contact avec un excès de brome. La solution fournit des cristaux d'acide mucobromique qui se produit en vertu de l'équation suivante :

$$C^5H^4O^3 + 2H^2O + 8Br$$
$$= C^4H^2Br^2O^3 + CO^2 + 6HBr.$$

Les pyromucates en présence d'un excès de brome sont décomposés d'une manière analogue [Cahours, *Ann. de Chim. et de Phys.*, (3), t. XIX, p. 484]. L'acide mucobromique cristallise d'une solution aqueuse moyennement concentrée en feuilles agglomérées blanches et nacrées, plus solubles dans l'eau chaude que dans l'eau froide et très-solubles dans l'alcool. Il fond à 120° environ et se sublime en se décomposant partiellement. Calciné avec de la chaux, il fournit de l'acétylène bromé. Sa solution aqueuse rougit le tournesol et décompose les carbonates, mais sans former de combinaisons stables.

Lorsqu'on fait bouillir de l'acide mucobromique en solution aqueuse avec de l'oxyde d'argent, il se produit en même temps que du bromure d'argent un sel d'argent peu soluble, explosif, cristallisant en aiguilles, $C^7H^2Br^3O^5Ag^3$, selon l'équation suivante :

$$2C^4H^2Br^2O^3 + 2Ag^2O$$
$$= C^7H^2Br^3O^5Ag^3 + CO^2 + AgBr + H^2O.$$

L'acide mis en liberté par l'hydrogène sulfuré peut cristalliser; bouilli avec de la baryte, il se décompose d'une manière analogue à celle de l'acide mucobromique. Ph. de C.

**MUCOCHLORIQUE (ACIDE)**, $C^4H^2Cl^2O^3$ — Le chlore transforme l'acide pyromucique en acide mucochlorique, constituant de petits cristaux transparents, très-solubles dans l'eau et dans l'alcool et fusibles à 125° environ.

**MUCONIQUE (ACIDE)**, $C^4H^2O^3$ [Schmelz et Beilstein, *Ann. der Chem. u. Pharm.*, suppl., t. III, p. 280; *Institut*, 1865, p. 326]. — Lorsqu'on fait bouillir de l'acide mucobromique avec de l'hydrate de baryte en excès, il se dégage de l'acétylène bromé, il se précipite du carbonate de baryum et la solution renferme du bromure de baryum et de l'acide muconique :

$$2C^4H^2Br^2O^3 + H^2O$$
(Acide mucobromique.)

$$= C^4H^2O^3 + C^2HBr + 2CO^2 + 3HBr.$$
(Acide muconique. — Acétylène bromé.)

Le muconate de baryum, $C^4BaO^3 + 1/2H^2O$, cristallise après traitement de la solution par l'acide carbonique, en croûtes minces peu solubles dans l'eau. L'acide muconique extrait du sel de plomb au moyen de l'hydrogène sulfuré est cristallisable et bibasique. Ph. de C.

**MUCONIQUE (ACIDE)**, $C^6H^6O^4$ [F. Bode, *Ann. der Chem. u. Pharm.*, 1864, t. CXXXII, p. 95, et *Bull. de la Soc. chim.*, 1865, t. IV, p. 134]. — Cet acide, qu'il ne faut pas confondre avec celui qui porte le même nom et qui dérive de l'acide pyromucique, se produit lorsqu'on chauffe l'acide dichloromuconique (voir plus loin) avec de l'eau et de l'amalgame de sodium, qu'on le traite par le zinc et l'acide chlorhydrique, ou qu'on le chauffe avec du zinc à 140°. Il cristallise en solution chlorhydrique par le refroidissement; on l'extrait de la solution alcaline en évaporant avec de l'acide chlorhydrique et en traitant le résidu par l'éther. Il forme de beaux prismes blancs, fréquemment groupés en étoiles, fusibles à 195°, se concrétant à 185° et brunissant lorsqu'on les chauffe pendant quelque temps à 100°. Marquardt [*Berichte der deutschen chemischen Gesellschaft zu Berlin*, t. II, p. 385] a transformé l'acide muconique en acide adipique en traitant sa solution aqueuse par l'amalgame de sodium. Il se dissout dans 110 p. d'eau à 10°, il est très-soluble dans l'eau bouillante; ses sels sont pour la plupart très-solubles, amorphes ou cristallisent indistinctement. Le *sel de zinc* neutre est assez soluble dans l'eau bouillante; il se sépare par le refroidissement sous la forme d'une masse amorphe blanche et ne renfermant pas d'eau de cristallisation. Le *muconate de cadmium* est une matière sirupeuse qui ne cristallise pas. Le *sel de plomb* et celui d'*argent* sont solubles dans l'eau bouillante; par le refroidissement, ils se déposent en partie sous forme d'une masse farineuse blanche. On prépare facilement l'*éther muconique* en dissolvant l'acide dans l'alcool absolu et en chassant ensuite celui-ci par distillation. Le muconate éthylique est un liquide huileux, incolore, plus dense que l'eau et d'une odeur agréable.

L'acide muconique en présence de l'eau froide ou bouillante fournit différents dérivés bromés qui, traités par l'oxyde d'argent humide ou l'eau de baryte, se transforment en combinaisons où le brome est remplacé par l'hydroxyle [Marquardt, *Bull. de la Soc. chim.*, 1870, t. XIV, p. 262].

On a ainsi obtenu l'acide muconique bromé,

$$C^6H^7BrO^4 + H^2O,$$

sous forme d'aiguilles brillantes, fusibles à 183°; l'acide adipique tribromé, $C^6H^7Br^3O^4$, en aiguilles fusibles à 177-180°, et l'acide adipique tétrabromé, $C^6H^6Br^4O^4$, en cristaux fusibles à 210° avec décomposition.

Les acides ne renfermant pas de brome fondent facilement et cristallisent difficilement. On a analysé leurs sels de baryte.

L'acide oxymuconique, $C^6H^8O^5$, constitue une masse visqueuse, très soluble dans l'alcool et dans l'eau. Le sel de baryum, $C^6H^6BaO^5 + 2H^2O$, a été obtenu en précipitant la solution aqueuse par l'alcool.

On a préparé par un procédé analogue les acides adipotartrique $C^6H^{10}O^6$ et trioxyadipique $C^6H^{10}O^7$. L'acide adipique tétrabromé n'a pas fourni encore l'acide mucique $C^6H^{10}O^8$.

Si on ajoute du brome à de l'acide muconique dissous dans l'acide acétique cristallisable, il y a décoloration immédiate et il se forme exclusivement de l'acide adipique bibromé, même si on emploie un excès de brome. L'oxyde d'argent décompose l'acide adipique bibromé en donnant naissance à l'acide $C^6H^6O^4$, en vertu de l'équation

$$C^6H^8Br^2O^4 + Ag^2O = 2AgBr + H^2O + C^6H^6O^4.$$

Cet acide se présente sous la forme de grands cristaux bien développés, incolores et très-solubles dans l'eau. Limpricht [*Berichte der deutschen chemischen Gesellschaft zu Berlin*, t. IV, p. 805] l'appelle *acide muconique*, et désigne sous le nom d'*acide hydromuconique* l'acide $C^6H^8O^4$.

Suivant Ador [*Berichte der deutschen chemischen Gesellschaft zu Berlin*, t. IV, p. 627], il se produit un acide $C^6H^8Br^2O^4$ lorsqu'on agite l'acide muconique avec du brome aqueux; cet acide est isomérique avec l'acide adipique dibromé de MM. Gal et Gay-Lussac. Il fond à 205° en se décomposant; il est très-soluble dans l'alcool, l'éther et l'eau bouillante. Il se dépose de sa solution aqueuse en cristaux opaques indistincts. Chauffé pendant deux heures à 150°, il abandonne de l'acide brombhydrique et fournit un autre acide bromé, cristallisant en longues aiguilles déliées, ne fondant pas encore à 280°. Si l'on chauffe très-longtemps avec de l'eau, tout le brome est éliminé et on obtient un acide très-soluble dans l'eau, qui est peut-être l'acide adipotartrique.

Acide dichloromuconique, $C^6H^4Cl^2O^4$ (1), [F. Bode, *loc. cit.*; — Liès-Bodart, *Compt. rend. de l'Acad. des sciences*, t. XLIII, p. 391]. — On chauffe peu à peu jusqu'à 120° dans une cornue un mélange intime de 1 molécule d'acide mucique et de 6 molécules de perchlorure de phosphore; le mélange fond et il se volatilise de l'oxychlorure de phosphore; on verse goutte à goutte le résidu liquide dans une grande masse d'eau et on sépare l'acide qui se précipite par la filtration. On le purifie en dissolvant dans du carbonate de sodium, en traitant par le charbon animal et en précipitant par l'acide chlorhydrique. On extrait le reste de l'acide de l'eau mère qui renferme de l'acide phosphorique, en neutralisant par un lait de chaux, en filtrant, concentrant et précipitant par l'acide chlorhydrique. Suivant Ador [*loc. cit.*], on augmente le rendement en acide dichloromuconique en ajoutant dès le commencement de l'opération un peu d'oxychlorure de phosphore. L'acide dichloromuconique se présente sous la forme d'aiguilles effilées, infusibles à 215°, très-solubles dans l'alcool, moins solubles dans l'éther, solubles dans 19 p. d'eau bouillante, beaucoup moins dans l'eau à 90°. Le *sel ammoniacal* cristallise en prismes; il est moins soluble que les sels alcalins. Le sel de *baryum* cristallise d'une solution saturée bouillante en prismes droits rectangulaires. Le sel de *calcium* cristallise à l'évaporation spontanée en prismes agglomérés, suivant Liès-Bodart en grumeaux. Il est sans action sur la lumière polarisée. Le sel de *zinc*, qui est un précipité cristallin dense, se dissout dans 270 p. d'eau froide et dans presque autant d'eau bouillante; lorsqu'on fait bouillir l'acide avec de l'eau et de l'oxyde de zinc, il se produit un sel basique insoluble. L'acide aqueux et le sel ammoniacal précipitent d'une solution d'azotate d'argent même très-étendue le sel $C^6H^2Cl^2O^4.Ag^2$. Ils forment un précipité rougeâtre avec le perchlorure de fer. Le sel de sodium détermine dans le sulfate de cuivre la formation d'une poudre cristalline vert pâle. Le sel de plomb est insoluble. On ne connaît pas de sels acides.

*L'éther*, $C^6H^2Cl^2O^4(C^2H^5)^2$, se forme lorsqu'on dissout le chlorure de dichloromuconyle dans l'alcool et cristallise par évaporation en longs prismes ou en tables [Wichelhaus, *Ann. der Chem. u. Pharm.*, t. CXXXV, p. 251]. Suivant Bode [*loc. cit.*], cet éther est une huile plus lourde que l'eau.

*Chlorure de dichloromuconyle*, $C^6Cl^2H^2O^2.Cl^2$ [Wichelhaus, *loc. cit.*]. — Lorsqu'on chauffe 1 molécule d'acide mucique avec 6 molécules de perchlorure de phosphore assez longtemps pour que la majeure partie de l'oxychlorure de phosphore ait distillé, et qu'on laisse refroidir, il se forme des cristaux de chlorure de dichloromuconyle qu'on purifie en les dissolvant dans le sulfure de carbone anhydre, en filtrant à l'abri de l'air humide et en refroidissant la solution. Ce sont de beaux cristaux avec des faces terminales octaédriques, probablement quadratiques, qui deviennent opaques à l'air humide, et se décomposent en présence de l'eau en acides chlorhydrique et dichloromuconique. Ils forment avec le carbonate d'ammonium une poudre blanche insoluble, qui est sans doute de la dichloromucamide. Ph. de C.

(1) Il faut remarquer que ce nom est impropre et pourrait induire en erreur. Le véritable acide muconique bichloré, qui n'est pas connu, serait $C^6H^6Cl^2O^4$.

**MUCUS.** — Le mucus est sécrété par les membranes muqueuses sous forme d'un liquide légèrement alcalin, visqueux, filant. Au microscope, il offre généralement des éléments morphologiques, globules graisseux, cellules épithéliales, et des globules muqueux qui ressemblent beaucoup aux globules du pus. Le nombre des globules muqueux varie beaucoup suivant l'origine du mucus, mais très-rarement ils font complétement défaut.

Le mucus doit ses propriétés filantes à une matière mucilagineuse spéciale qui a reçu le nom de *mucine*. Celle-ci se trouve à l'état de pseudo-dissolution, dans un état de gonflement qui la rend transparente et lui fait occuper tout le volume du liquide. La mucine se rencontre dans la bile, la synovie, l'urine (en petite quantité), à la surface des muqueuses du canal intestinal et des voies respiratoires, dans le liquide de beaucoup de kystes ovariques. On obtient la mucine de la bile en précipitant celle-ci, après filtration, par l'alcool, lavant le précipité à l'alcool étendu, redissolvant dans l'eau et précipitant par l'acide acétique. Ainsi préparée la mucine retient un peu de matière colorante biliaire. D'après Stædeler [*Ann. der Chem. u. Pharm.*, t. III, p. 14], on peut préparer de la mucine très-pure en découpant les glandes salivaires, lavant pour enlever le sang; le résidu délayé dans beaucoup d'eau est filtré et le liquide est peu à peu additionné d'acide acétique qui finit par donner un précipité fibro-floconneux qu'on débarrasse de graisse par un lavage à l'alcool et à l'éther. E. Eichwald jun. [*Ann. der Chem. u. Pharm.*, t. CXXXIV, p. 177] extrait la mucine des limaces (*Helix pomatia*) par le procédé suivant, applicable aussi à l'extraction de la mucine des tissus d'animaux d'un ordre plus élevé. La matière organique, découpée en petits morceaux, est broyée avec du sable pur et réduite en bouillie. On épuise par l'eau bouillante, on filtre et on ajoute un excès d'acide acétique. Après quelques heures de repos, on sépare l'eau mère surnageant le dépôt floconneux, on lave celui-ci à l'acide acétique étendu tant que le liquide se trouble par le tannin, puis on lave à l'eau pure et on fait digérer à froid avec de l'eau de chaux faible. La solution est filtrée après 24 heures et reprécipitée par un grand excès d'acide acétique. Le précipité, lavé comme avant, est conservé sous l'alcool. Obtenue ainsi avec les limaces, la mucine forme une matière floconneuse jaune-brun. Celle qu'on obtient avec d'autres produits mucilagineux animaux est blanche ou grisâtre. La mucine est à proprement dire insoluble dans l'eau, mais elle s'y gonfle fortement, et si les liqueurs sont très-étendues, elles peuvent être filtrées. Une solution concentrée de chlorure de sodium favorise le gonflement, la liqueur ainsi obtenue mousse par l'agitation et dépose une partie de la mucine par addition d'eau. La mucine gonflée par l'eau pure se sépare en flocons dès que l'on ajoute de l'alcool ou un acide. Le précipité est insoluble dans les acides organiques ou les acides minéraux étendus. Avec les acides minéraux concentrés, il se forme une liqueur claire précipitable par l'eau et les alcalis. Le sublimé et l'acétate de plomb ne précipitent pas la mucine; il en est de même du cyanure jaune en présence de la solution chlorhydrique de mucine. L'ébullition ne la coagule pas. La mucine se dissout facilement, avec production de liqueurs claires, dans les alcalis caustiques ou les terres alcalines; si la mucine est en excès, la réaction est neutre; la solution est précipitable par les acides forts, mais pas par l'acide carbonique.

Ces précipités sont plus solubles dans les acides minéraux, surtout en présence du sel marin, que la mucine pure. Les solutions alcalines de mucine ne précipitent pas par l'ébullition, mais bien par l'alcool et l'acétate basique de plomb. Une solution de mercure dans l'acide azotique colore la mucine en rose, à chaud; l'acide azotique étendu la colore en jaune-paille. L'acide nitrique concentré la dissout avec une coloration jaune; le liquide, neutralisé par l'ammoniaque, donne un précipité floconneux, soluble en brun dans un excès de réactif.

Séchée à 110°, elle forme une masse difficile à broyer, semblable à la gélatine. Elle ne contient pas de soufre ni de cendres. L'analyse a donné C = 48,94, H = 6,81, Az = 8,50, O = 35,75. Elle n'est pas diffusible en pseudo-solution. Les liquides neutres alcalins ou acides de la digestion ne la modifient pas. Bouillie avec un acide minéral étendu ou avec l'acide acétique concentré, la mucine se dédouble en une matière protéique insoluble se rapprochant de l'acide albumine de Panum et en sucre de raisin. Bouillie longtemps avec de l'eau de chaux étendue, la mucine se convertit en un corps très-soluble et diffusible (peptone mucique). Après l'ébullition avec l'eau de chaux, suffisamment prolongée pour que le liquide ne précipite plus par l'acide acétique, on enlève la chaux par l'acide carbonique et on précipite par l'alcool après concentration. On obtient ainsi une masse gélatineuse très-soluble dans l'eau et diffusible. Les solutions de mucine-peptone ne précipitent pas par les acides, les alcalis, les sels alcalins neutres, le tannin et les sels métalliques, à l'exception de l'acétate basique de plomb. Bouillie avec les acides, la mucine-peptone se décompose sans production de sucre et avec formation d'une substance blanche, insoluble, grenue et floconneuse, distincte de l'acide-albumine. P. S.

**MULLERINE** (Beudant). — Voyez SYLVANITE.

**MULLICITE** (Thomson). — Voyez VIVIANITE.

**MUNJISTINE.** — Le *munjeet* ou *Rubia munjista*, garance de l'Inde orientale, a cela de particulier que la tige fournit plus de parties colorantes que la racine. A l'état sec, elle est presque aussi riche que la bonne garance d'Avignon, mais elle renferme beaucoup de parties jaunes et acides; aussi ne peut-on obtenir avec elle des teintes solides. Le rouge huilé et avivé, quoique très-intense au début, se détruit rapidement sous l'influence des rayons solaires. Ce phénomène semble indiquer que la coloration ne dérive pas de l'alizarine ou de la purpurine : en effet, J. Stenhouse [*Ann. der Chem. u. Pharm.*, t. CXXX, p. 325] a prouvé que ce produit tinctorial ne contient pas d'alizarine, mais de la purpurine accompagnée d'une matière colorante jaune-orangé spéciale, à laquelle il a donné le nom de *munjistine*. Pour isoler cette dernière, on fait bouillir à plusieurs reprises une livre de munjeet, pendant 5 à 6 heures, avec une solution de 2 parties de sulfate d'aluminium dans 16 parties d'eau (pendant cette ébullition il se dégage du furfurol). La liqueur rouge, filtrée sur de la toile, est acidulée par l'acide chlorhydrique. Après 12 heures, il se sépare un précipité rouge clair qui est lavé à l'eau froide, séché et épuisé par le sulfure de carbone. Ce liquide dissout la munjistine et la purpurine en laissant une résine brune. Après élimination du sulfure de carbone, l'extrait rouge est traité par l'eau bouillante acidulée avec de l'acide acétique qui dissout la munjistine et laisse la purpurine. On précipite la munjistine de sa solution par addition d'acide chlorhydrique ou d'acide sulfurique. La matière colorante est purifiée par des dissolutions répétées dans l'alcool chaud acidulé par l'acide chlorhydrique suivies d'une distillation partielle de l'alcool. Au moyen de l'eau bouillante on peut aussi enlever la munjistine au munjeet, mais avec moins d'avantage que par la méthode précédente. La méthode à l'acide sulfureux de Kopp ne réussit pas.

La munjistine cristallise en feuillets jaune d'or, brillants, solubles dans l'eau chaude avec une teinte jaune clair; par le refroidissement la matière colorante se sépare en gelée ou en flocons. Les solutions alcooliques ne précipitent pas par l'eau. La solution dans le carbonate de sodium est rouge clair; la solution ammoniacale est rouge-brun; avec la soude caustique on a une solution rouge cramoisi. L'hydrate d'alumine enlève, à chaud, la matière colorante à ses solutions aqueuses ou alcooliques. La munjistine fond par la chaleur et se solidifie par refroidissement en une masse cristalline. Elle se sublime plus facilement que la purpurine ou l'alizarine, en donnant des feuillets jaune d'or ou des aiguilles larges et plates. L'eau de baryte la précipite en jaune, l'acétate de plomb en rouge cramoisi. L'acide sulfurique concentré la dissout à froid, avec une teinte orangé clair qui se modifie peu à chaud, avec un faible dégagement d'acide sulfureux. Avec l'eau de brome, la solution aqueuse fournit un produit de substitution peu soluble, difficile à purifier.

L'acide nitrique concentré transforme la munjistine en acide phtalique accompagné de très-peu d'acide oxalique. L'ammoniaque transforme la munjistine en une substance brune de nature ulmique accompagnée d'une petite quantité d'une substance amorphe qui teint la soie non mordancée en brun-orangé.

Stenhouse déduit de ses analyses la formule $C^8H^6O^3$; le composé plombique serait

$$5(C^8H^5O^3)^2Pb + PbO.$$

La munjistine se distingue de la rubiacine, avec laquelle elle présente, du reste, les plus grandes analogies, par sa composition, une plus grande solubilité dans l'eau, par l'action optique de ses solutions (Stokes). La solution dans le carbonate de sodium, étendue, est rouge virant à l'orangé; celle de la rubiacine est rouge vin de clairet. Toutes deux offrent un seul et unique minimum de lumière dans le spectre, mais pour la rubiacine ce minimum s'étend de la raie D à la raie F; pour la munjistine, il commence avant D et finit assez loin après F. La solution éthérée de munjistine est fluorescente, jaune verdâtre; celle de rubiacine est fluorescente jaune-orangé.

La munjistine teint en orangé clair les tissus mordancés à l'alumine et en brun-pourpre les tissus mordancés au fer. Avec les tissus préparés pour rouge turc, on a une nuance orangé foncé.

La garancine préparée avec le munjeet donne des nuances plus vives, mais moins solides que celles des autres garances. P. S.

**MURCHISONITE** (Min.). — Variété d'orthose, présentant un troisième clivage, plus difficile, mais encore net, perpendiculaire à $g^1$ et faisant avec la base un angle de 106° 50'. Elle est brune et présente des reflets analogues à ceux de la pierre de soleil.

**MUREXANE** [Prout, *Ann. de Chim. et de Phys.*, 1818, t. XI, p. 48; — Kodweiss, *Poggend. Ann.*, t. XIX, p. 12; — Liebig et Wöhler, *Ann. der Chem. u. Pharm.*, t. XXVI, p. 327; — Laurent, *Compt. rend.*, t. XXXV, p. 629; — Gerhardt, *Traité de Chim. org.*, t. I, p. 517; — Beilstein, *Ann. der Chem. u. Pharm.*, t. CVII, p. 191] [Syn. *Acide* *purpurique*]. — Ce corps, dérivé de la *murexide* (purpurate d'ammonium), présente une composition encore incertaine.

Liebig et Wöhler ont proposé la formule

$$C^6H^8Az^4O^5.$$

Gerhardt considère la murexane comme identique avec la dialuramide, $C^4H^5Az^3O^3$. Beilstein partage cette manière de voir. Gmelin et Laurent proposent la formule $C^8H^7Az^5O^6$, qui s'accorde assez bien avec les nombres trouvés par Kodweiss. Laurent considère la murexane comme de la dialurimide.

La murexane se forme par l'action des acides énergiques, de l'hydrogène sulfuré, de la potasse sur la murexide. On la prépare en ajoutant de l'acide sulfurique ou de l'acide chlorhydrique à une solution bouillante de murexide dans l'eau ou dans la potasse. Le précipité cristallin qui prend naissance est purifié par dissolution dans l'acide sulfurique concentré et précipitation par l'eau; on peut aussi le dissoudre dans la potasse et le précipiter par un acide.

La murexane forme une poudre cristalline blanche, lustrée, sans saveur, neutre au papier, infusible. En présence d'une atmosphère ammoniacale, elle passe au rouge. Insoluble dans l'eau, l'alcool, l'éther, l'acide sulfurique étendu, l'acide chlorhydrique, les acides phosphorique, acétique étendus, tartrique et citrique. Soluble dans les solutions d'alcalis caustiques, sans qu'il y ait neutralisation de l'alcali; les liqueurs conservées à l'abri de l'air sont incolores.

La distillation sèche la décompose en divers produits parmi lesquels on trouve de l'acide cyanique. L'eau de chlore la dissout et la décompose. L'acide nitrique concentré et chaud la dissout avec effervescence en donnant des vapeurs nitreuses et de l'acide carbonique; le résidu évaporé fournit des cristaux d'oxalate de murexane (Kodweiss). Chauffée avec l'acide sulfurique concentré, elle dégage de l'acide carbonique, de l'azote, tandis qu'il reste une liqueur brune, non précipitable par l'eau et renfermant de l'ammoniaque. Sa solution ammoniacale, d'abord incolore, passe au pourpre lorsqu'elle est exposée à l'air, et laisse après évaporation des cristaux de murexide :

$$\underset{\text{Murexane.}}{C^8H^7Az^5O^6} + O + AzH^3 = \underset{\text{Murexide.}}{C^8H^8Az^6O^6} + H^2O.$$

La solution pourpre se décolore au contact du gaz oxygène en donnant de l'oxalurate d'ammonium.

La murexane paraît susceptible de s'unir aux acides dans certaines conditions. Ainsi, elle se dissout sans effervescence dans l'acide nitrique étendu et chaud; la solution évaporée fournit de petits rhomboèdres qui paraissent être de l'oxalate de murexane. Avec l'acide oxalique en solution aqueuse contenant un peu d'acide nitrique, on obtient de l'oxalate de murexane qui se forme encore dans l'action de l'acide nitrique concentré et chaud. — Voyez plus haut. P. S.

**MUREXIDE** [Syn. *Purpurate d'ammonium*],

$$C^8H^8Az^6O^6 = C^8H^4(AzH^4)Az^5O^6.$$

— La murexide ou purpurate d'ammonium est un des termes du groupe urique; elle dérive de l'acide urique indirectement et se forme dans les circonstances suivantes :

1° Oxydation de la dialuramide par l'oxyde de mercure ou l'oxyde d'argent :

$$\underset{\text{Dialuramide.}}{2C^4H^5Az^3O^3} + O = \underset{\text{Murexide.}}{C^8H^8Az^6O^6} + H^2O.$$

2° Par l'action de l'ammoniaque sur l'alloxantine :

$$\underset{\text{Alloxantine.}}{C^8H^4Az^4O^7} + 2AzH^3 = \underset{\text{Murexide.}}{C^8H^8Az^6O^6} + H^2O.$$

3° Par l'action de l'ammoniaque ou du carbonate d'ammonium sur l'alloxane, ou mieux sur un mélange d'alloxane et d'alloxantine.

4° Par la décomposition sèche de l'alloxane seule, ou mieux encore en présence d'une matière organique azotée.

Cette belle matière colorante pourpre a été découverte par Scheele, étudiée par Prout [*Ann. of Philos.*, t. XIV, p. 368], et particulièrement par Liebig et Wöhler [*Ann. der Chem. u. Pharm.*, t. XXVI, p. 319] qui établirent sa véritable composition [Kodweiss, *Ann. Pogg.*, t. XIX, p. 12; — Fritzsche, *Poggend. Ann.*, t. XXXII, p. 316; — Gregory, *Ann. der Chem. u. Pharm.*, t. XXXIII, p. 334; — Beilstein, *Ann. der Chem. u. Pharm.*, t. CCVII, p. 176; — Hofmann, *Rapport du jury international*, 1862, p. 118; — Brooman, *Répert. of Pat. univ.*, 1857, p. 425; — Schützenberger, *Traité des matières color.*, t. I, p. 406; — Sacc, *Bull. de la Soc. ind. de Mulhouse*, t. XXVI, p. 305]. On considère la murexide comme le sel ammoniacal d'un acide non encore isolé, l'acide *purpurique*. Lorsqu'on cherche à remplacer, dans le purpurate d'ammonium, l'ammonium par de l'hydrogène par voie de double échange avec un acide minéral fort, l'acide purpurique se dédouble en alloxane et dialuramide,

$$\underset{\text{Acide purpurique.}}{C^8H^5Az^5O^6} + H^2O = \underset{\text{Alloxane.}}{C^4H^2Az^2O^4} + \underset{\text{Dialuramide.}}{C^4H^5Az^3O^3}.$$

Dans cette équation, proposée par Gerhardt, le second produit du dédoublement est supposé être de la dialuramide, en réalité c'est de la murexane dont la vraie formule n'est pas établie.

La murexide cristallise en prismes quadrilatères d'un beau vert doré, comme les ailes de scarabée (vert cantharide). Placés entre l'œil et la lumière, ils paraissent rouge-grenat. La poudre est rouge. Les cristaux contiennent 1 atome d'eau qu'ils perdent à 100°. La murexide est insoluble dans l'alcool et dans l'éther, peu soluble à froid dans l'eau qu'elle colore néanmoins en rouge, plus soluble dans l'eau chaude. Le purpurate d'ammonium se dissout beaucoup mieux dans une solution de nitrate de plomb, avec lequel il ne fait pas double décomposition; il donne avec un certain nombre de sels métalliques (baryum, argent, mercure), des précipités de purpurates insolubles. L'acétate de plomb précipite également, au bout d'un certain temps, la murexide. Elle se dissout dans la potasse caustique en dégageant de l'ammoniaque avec une magnifique coloration bleue qui disparaît sous l'influence de la chaleur, avec production de murexane (voyez ce mot) précipitable par les acides.

L'acide nitrique convertit la murexide en alloxane. Une solution aqueuse de murexide est décomposée par l'hydrogène sulfuré; il se précipite de la murexane et l'eau mère retient de l'alloxantine et de l'acide dialurique.

Chauffée avec du cyanate de potassium, la murexide donne du pseudo-urate de potassium [Schlieper et Baeyer, *Jahresbericht*, 1860, p. 327].

Les acides chlorhydrique ou sulfurique décomposent la murexide avec précipitation de murexane et formation d'alloxane, d'alloxantine, d'urée et d'ammoniaque.

M. Beilstein considère l'acide purpurique comme bibasique. La murexide serait du purpurate acide d'ammonium; les sels acides se formeraient plus facilement que les sels neutres. Il donne l'analyse d'un certain nombre de purpurates obtenus par double décomposition.

*Purpurate acide de potassium*, $C^8H^4KAz^5O^6$. — Poudre rouge-brun, cristalline, obtenue en précipitant une solution concentrée de murexide par un excès de salpêtre et en faisant bouillir pour décomposer toute la murexide. Recristallisé, il ressemble à la murexide. Peu soluble dans l'eau, moins soluble en présence d'un sel. A 100°, il perd 2,95 % d'eau.

*Purpurate acide de sodium*, $C^8H^4NaAz^5O^6$. — Sel rouge peu soluble; il se prépare comme le précédent. La coloration due à l'action des alcalis dérive de la production d'un sel neutre.

*Purpurate acide de baryum*. — Précipité vert foncé, rouge-pourpre en poudre, assez soluble dans l'eau, en pourpre; perd 8,78 % d'eau à 100°. Se prépare par double décomposition entre la murexide et l'acétate de baryum.

*Purpurates de calcium et de strontium*. — Sels peu solubles dans l'eau, en pourpre. Se préparent avec la murexide et le nitrate de strontium ou le chlorure de calcium.

*Purpurate de magnésium*. — Sel très-soluble dans l'eau en pourpre.

*Purpurate de plomb*. — N'a pas été obtenu pur. La murexide mise en présence d'une solution acide d'acétate de plomb donne une liqueur rouge, qui laisse déposer peu à peu des cristaux non homogènes.

*Purpurate acide d'argent*. — Précipité pourpre clair, obtenu en décomposant la murexide en solution étendue par le nitrate d'argent en présence d'un léger excès d'acide azotique :

$$C^8H^4AgAz^5O^6.$$

Forme des cristaux semblables à la murexide. Perd à 100° 5,71 % d'eau.

*Purpurate neutre d'argent*, $C^8H^3Ag^2Az^5O^6$. — Précipité rouge-brun obtenu en précipitant une solution saturée à froid de murexide par le nitrate d'argent. Avec le nitrate d'argent ammoniacal, on obtient un précipité violet foncé de la formule $C^8H^3Ag^2Az^5O^6.2Ag^2O$.

La murexide en solution aqueuse passe au jaune, mais ne précipite pas, par le chlorure d'or et le tétrachlorure de platine.

*Préparation*. — En grand aussi bien que dans les laboratoires, cette opération est délicate et difficile, vu l'extrême facilité avec laquelle le produit se transforme dès que l'on dépasse les proportions convenables des corps réagissants et le degré de chaleur voulu. La murexide a été préparée industriellement, d'abord en pâte, puis en poudre et enfin en cristaux. Nous indiquerons ici le procédé industriel pour l'obtenir en cristaux, procédé qui peut servir dans les laboratoires. On forme une solution d'alloxane à 30° Baumé, on la sature par l'ammoniaque, en ayant soin de n'ajouter cette dernière que peu à peu, et en attendant chaque fois que le bain soit redevenu acide. Quand la saturation est complète, ce qui exige environ 30 % en volume, on chauffe. La solution rougit promptement et devient d'un pourpre magnifique. A ce moment, on abat le feu et on laisse refroidir. La murexide se sépare alors en cristaux. M. C. Koechlin obtenait la murexide cristallisée en versant directement l'acide urique dans l'acide azotique, traitant la solution par une quantité convenable d'ammoniaque et chauffant à 60°.

*Application*. — La murexide a été employée pendant quelque temps à la teinture et à l'impression. Les premiers essais sérieux de coloration des fibres par cet agent datent de 1853. Ils ont été faits par Al. Schlumberger, sous l'inspiration de M. le Dr Sacc [*Bull. de la Soc. ind. de Mulhouse*, t. XXV, p. 242]. Le procédé primitif de MM. Sacc et Schlumberger ne s'applique qu'à la laine. On mordance la fibre dans une solution de parties égales de bichlorure d'étain et d'acide oxalique, marquant 1° Baumé, pendant une heure, à 37°,5; on lave et on sèche. La laine ainsi préparée est plongée dans un bain d'alloxane à 25 ou 30 gr. par litre, puis exposée à l'air pendant quelque temps, dans une atmosphère humide, à 25°. On développe la nuance rouge amarante en appliquant le tissu sur une plaque en tôle chauffée à la vapeur et en le repassant de l'autre côté avec un fer également chauffé à 100°. La chaleur sèche est ici nécessaire et ne peut être remplacée par le vaporisage.

*Procédé Depouilly* frères (juillet 1855). — Le procédé Depouilly repose sur ce fait qu'une solution de murexide donne avec l'acétate de mercure une belle laque pourpre, laque de Prout ou purpurate de mercure.

On prépare séparément des solutions aqueuses de murexide et de sublimé contenant chacune 5 % de matière. Les deux liqueurs sont mélangées à froid dans des proportions convenables et le bain est acidulé avec de l'acide azotique; on y manœuvre la soie à tiède jusqu'à ce que la teinte convenable ait été obtenue. Une immersion subséquente en sublimé à 3 % avive la couleur; on lave ensuite à l'eau alcalinisée avec du carbonate de sodium, puis à l'eau pure.

En remplaçant le sel de mercure par un sel de zinc, on obtient de beaux orangés à base de purpurate de zinc.

Pour teindre la laine, on peut la passer d'abord dans un bain de sublimé, puis en murexide, ou procéder inversement, passer en murexide, puis en sublimé chaud additionné d'un peu d'acétate de sodium. On ajoute quelquefois du nitrate de plomb au bain colorant pour favoriser la fixation. M. Lauth (brevet du mois d'août 1856) imprime sur coton un sel de plomb, acétate et nitrate mélangés, fixe l'oxyde ou un sous-sel par un agent saturant (ammoniaque étendue), lave et teint en murexide, à froid. On forme ainsi du purpurate de plomb. Après lavage, on transforme ce sel d'une nuance médiocre en purpurate de mercure par un passage en bain de bichlorure de mercure, additionné d'acétate de sodium et d'acide acétique. Cette méthode a été remplacée par la suivante, généralement adoptée et expérimentée en premier chez MM. Dollfus Mieg et Cie à Mulhouse. La murexide est dissoute dans du nitrate de plomb. La couleur est épaissie et imprimée et le tissu est suspendu quelque temps dans une chambre d'oxydation, puis passé dans une atmosphère ammoniacale ou même en ammoniaque liquide, enfin en acétate mercurique.

Les couleurs murexides, qui n'ont eu qu'un succès éphémère par suite de la découverte faite bientôt après des couleurs d'aniline, résistent assez bien au soleil, mais se décolorent très-facilement sous l'influence de l'acide sulfureux.

Il est probable, d'après les travaux de Bernard de Jussieu, de Gonfreville, de M. de Saulcy et de M. Sacc, que la pourpre des anciens, pourpre de Tyr, obtenue avec le coquillage appelé *murex*, dérive d'une substance identique ou au moins très-voisine de la murexide. P. S.

**MUREXOÏNE.** — Produit de l'action simultanée de l'air et de l'ammoniaque sur la tétraméthyl-alloxantine. Elle cristallise dans l'eau ou dans l'alcool en prismes quadrilatères rouge vermillon, dont deux faces réfléchissent une lumière jaune doré. Sa solution aqueuse est décolorée par la potasse. Ce composé analogue à la murexide renferme, suivant Rochleder, $C^{36}H^{16}Az^{10}O^{15}$; Gerhardt lui assigne la formule $C^{12}H^{16}Az^6O^6$, qui en ferait la *tétraméthylmurexide*.

Comme la description de la tétraméthyl-alloxantine a été omise dans cet ouvrage, nous en dirons quelques mots ici.

TÉTRAMÉTHYL-ALLOXANTINE [Syn. *Acide amalique*], $C^{12}H^{12}Az^4O^7 = C^8(CH^3)^4Az^4O^7$. — Rochleder a obtenu cette substance en faisant agir le chlore sur la caféine [*Ann. der Chem. u. Pharm.*, t. LXXI, p. 1, et t. LXXIII, p. 56 et 123].

Lorsqu'on fait passer du chlore dans une bouillie épaisse de caféine, celle-ci se dissout peu à peu.

En arrêtant l'opération avant que toute la caféine ait disparu, et en évaporant, on obtient des cristaux grenus de tétraméthyl-alloxantine et peu à peu des flocons de chlorocaféine (voyez CAFÉINE). On lave ces cristaux avec de l'eau froide, on les fait bouillir avec de l'alcool absolu, qui ne les dissout pas, et on les fait cristalliser dans l'eau bouillante. La tétraméthyl-alloxantine est en cristaux incolores, transparents, renfermant 1 molécule d'eau, qu'elle ne perd pas à 100°. A une température plus élevée, elle fond, jaunit, rougit et se volatilise en laissant à peine des traces de charbon; il se dégage de l'ammoniaque et il se forme une huile et un corps cristallin. Elle donne avec la potasse, la soude et la baryte, des combinaisons d'un violet foncé, coloration qu'un excès de base fait disparaître. La tétraméthyl-alloxantine réduit les sels d'argent, et donne avec l'acide nitrique une substance cristallisée. Elle produit sur la peau des taches rouges d'une odeur désagréable. A. H.

**MURIACITE**. — Voyez KARSTÉNITE.

**MUROMONTITE** (Min.). — Petits grains amorphes, d'un éclat vitreux, d'une couleur noir verdâtre, ayant une composition voisine de celle de l'allanite, mais contenant plus d'yttria (YO = 37,14 °/₀).

Dureté, 7.

Densité, 4,26.

Avec bodénite, dans l'oligoclase, à Mauersberg, près Marienberg (Saxe).

**MURRAYINE**, $C^{36}H^{44}O^{20}$ [Blas, *Acad. roy. de Belgique*, oct. 1868; *Bull. de la Soc. chim.*, 1869, t. XII, p. 323]. — Ce glucoside, contenu dans la *Murraya exotica*, L., des Indes orientales, a été découvert par de Vry. Toutes les parties de la plante en renferment, mais notamment les pétales. M. Blas prépare la murrayine en évaporant la décoction aqueuse des pétales, épuisant le résidu par l'eau froide, qui enlève les matières colorantes et extractives, et en le traitant ensuite par l'alcool absolu. La solution alcoolique contient le glucoside et un de ses produits de décomposition, la murrayétine, dont on le débarrasse par l'acétate de plomb. La solution filtrée et traitée par l'hydrogène sulfuré fournit, par évaporation, de la murrayine qu'on décolore en solution alcoolique par le charbon animal et qu'on fait cristalliser de nouveau.

La murrayine pure constitue une poudre légère, formée de petites aiguilles blanches, d'une saveur légèrement amère, insoluble dans l'éther, peu soluble dans l'eau froide, soluble dans l'eau chaude et dans l'alcool; elle ne cristallise que dans l'alcool absolu. Elle fond à 170° et renferme $C^{36}H^{44}O^{20} + H^2O$; l'eau se dégage vers 115°.

La murrayine n'est pas précipitée par les sels de fer, de cuivre, de plomb et de mercure; le sous-acétate de plomb précipite la solution aqueuse au bout de quelques heures. Les alcalis et les carbonates alcalins la dissolvent en formant une dissolution jaune que les acides décolorent sans produire de précipité; ces solutions offrent une fluorescence verte, due au produit de dédoublement de la murrayine.

Cette substance réduit à 100° le nitrate d'argent ammoniacal et la liqueur de Fehling. L'acide azotique concentré la dissout avec une coloration jaune. Les acides chlorhydrique et sulfurique étendus la dédoublent à chaud en glucose et *murrayétine;* après quelques heures le dédoublement est complet et le nouveau corps cristallise par refroidissement :

$$\underset{\text{Murrayine.}}{C^{36}H^{44}O^{20}} + 2H^2O = \underset{\text{Murrayétine.}}{C^{24}H^{24}O^{10}} + \underset{\text{Glucose.}}{2C^6H^{12}O^6}.$$

La murrayine est sans action sur l'économie et se retrouve en grande partie dans les urines; celles-ci ne renferment pas de sucre.

MURRAYÉTINE. — Elle cristallise en aiguilles blanches ou en prismes rhombiques, fusibles à 110° et se sublimant en partie en cristaux brillants. Sa composition est exprimée par la formule : $C^{24}H^{24}O^{10} + H^2O$; elle perd son eau dans une atmosphère séchée par l'acide sulfurique.

La murrayétine est sans saveur, peu soluble dans l'eau à froid, plus soluble dans l'eau bouillante et dans l'alcool, moins dans l'éther. Ses solutions sont légèrement acides et montrent une belle fluorescence verte. Elle est soluble dans les alcalis qui augmentent sa fluorescence, mais à chaud la dissolution jaunit et perd cette propriété; les acides ne font pas reparaître la fluorescence.

Le chlorure ferrique colore en bleu verdâtre la solution aqueuse de murrayétine; l'acétate de plomb la colore en jaune et y produit ensuite un précipité jaune, qu'un lavage prolongé décompose. A. H.

**MUSC**. — Substance résinoïde qui se rencontre dans une poche particulière dépendante du canal de l'urètre d'un animal assez commun dans la Tartarie, le chevrotin, *Moschus moschiferus*. D'autres animaux encore fournissent des produits musqués. La civette et le castoréum sont une variété de musc.

Le musc, chez l'animal vivant, est semi-fluide, mais il se concrète après la mort. On le trouve dans le commerce en grains irréguliers d'un brun rougeâtre, doux au toucher et répandant une odeur forte et pénétrante; sa saveur est amère. On l'emploie quelquefois comme antispasmodique.

Le musc le plus estimé est le musc Tonquin, qui vient de Chine.

Voici la composition du musc d'après Geiger et Reimann :

| | |
|---|---|
| Graisse | 1,1 |
| Cholestérine | 4,0 |
| Résine amère | 5,0 |
| Extrait alcoolique, acide lactique, sels.. | 7,5 |
| Sels solubles dans l'eau | 36,5 |
| Ammoniaque (à l'état de lactate) et eau. | 45,5 |

**MUSCLES**. — Un muscle se compose d'éléments divers, parmi lesquels le plus important, celui qui caractérise l'organe, est la fibre contractile; quant aux tissus cellulaire et élastique, aux vaisseaux sanguins et lymphatiques et aux nerfs, ils se rencontrent dans d'autres organes et nous ne nous y arrêterons pas.

*Fibre musculaire striée*. — Elle est formée d'une enveloppe élastique appelée sarcolemme et d'un contenu contractile avec quelques noyaux et corpuscules.

D'après Brücke, le contenu contractile est formé d'un liquide homogène à réfraction simple (plasma musculaire) et d'une substance solide douée du pouvoir biréfringent. Les parties élémentaires de la substance solide (disdiaklasten de Brücke) se réunissent pour former des prismes (prismes musculaires); ceux-ci à leur tour se groupent les uns à côté des autres, de telle sorte que leur grand axe est parallèle à l'axe de la fibre. Les diverses couches ou étages de prismes musculaires sont séparées les unes des autres par une couche de plasma. Cette disposition amène l'apparence striée de la fibre et l'alternance de raies claires et obscures, lorsqu'on examine l'objet avec deux nicols croisés. Optiquement, les prismes sont positifs à un axe.

On doit à Kühne l'étude du plasma musculaire. L'obtention de ce plasma est fort difficile à cause des modifications rapides éprouvées par le contenu du sarcolemme après la mort (rigidité cadavérique).

En opérant à basse température avec les muscles d'animaux à sang froid, chez lesquels la rigidité cadavérique est moins rapide, on arrive au résultat voulu. L'animal, tué et saigné, est débarrassé du sang restant par injection d'une solution de sel marin à 1/2 %, jusqu'à ce que le liquide sortant des veines soit incolore. On détache les muscles avec précaution, on les lave dans l'eau salée, refroidie à 0°, en les malaxant doucement. Ainsi purifiés, ils sont enveloppés dans du linge sous forme de paquet et soumis à un froid congelant de —7°. La masse durcie est découpée au moyen d'un couteau froid en tranches très-minces. Celles-ci sont broyées au mortier froid. La poudre, placée dans un nouet de linge, est exprimée à une forte presse après un dégel, dont la température ne doit pas dépasser 0°. Le liquide exprimé et à 0° peut être filtré sur du papier froid humecté de solution saline. On obtient ainsi une liqueur jaunâtre, opalescente, à réaction alcaline faible, sirupeuse, mais non filante. Ce plasma, abandonné à lui-même à une douce température, se coagule comme le sang.

Kühne donne le nom de *myosine* à la matière solide qui se sépare ainsi spontanément. La syntonine de Liebig ne serait qu'un produit de transformation ultérieure.

La myosine se présente sous la forme d'une masse gélatineuse, demi-transparente. Sa séparation d'avec le plasma est ralentie par un abaissement de température; à 40°, elle est presque instantanée; l'addition d'eau, d'acides étendus, de sel marin à 10-20 %, déterminent la séparation de la myosine. On l'obtient pure en faisant tomber goutte à goutte le plasma musculaire dans de l'eau distillée; il se forme ainsi un précipité granuleux facile à laver. La myosine est neutre, insoluble dans l'eau, soluble dans le sel marin à 5 ou 10 %, dans les acides très-étendus et les alcalis.

On peut utiliser la solubilité de la myosine dans le sel marin à 10 % pour la préparer par un procédé moins délicat.

De la viande fraîche lavée à l'eau est finement découpée et broyée avec du sel marin. On ajoute ensuite assez d'eau pour former avec le sel marin une solution à 10 %; le liquide exprimé est étendu de beaucoup d'eau qui sépare la myosine.

La solution de myosine dans le sel marin (10 %) se comporte comme le plasma musculaire lui-même, sauf qu'il ne se coagule pas spontanément; chauffée à 60°, elle fournit un coagulum floconneux qui se rapproche par ses caractères des matières albuminoïdes coagulées par la chaleur. L'addition d'un excès de sel la sépare de sa solution à 10 %.

La myosine décompose énergiquement l'eau oxygénée.

La solution de myosine dans les acides étendus ne contient plus que de la syntonine, très-soluble dans les acides étendus et les alcalis, mais *insoluble* dans l'eau salée à 10 % (caractère unique de distinction entre les deux corps) Pour le reste, la myosine se comporte comme les matières albuminoïdes en général.

*Syntonine* (fibrine musculaire). — S'obtient en traitant les muscles préalablement lavés par l'acide chlorhydrique faible (à 1 p. 1000). La masse gonflée est exprimée dans un linge et le liquide filtré est exactement neutralisé. La syntonine se sépare sous la forme de flocons gélatineux.

Les solutions acides de syntonine ne se coagulent pas par la chaleur; elles sont précipitées par le sel marin, le sel ammoniac, les sulfates de sodium et de magnésium, le chlorure de calcium.

Dissoute dans le carbonate de sodium à 1 %, la syntonine donne un liquide non coagulable par la chaleur et qui se trouble légèrement, surtout à chaud, après addition de sel marin ou d'un mélange de sulfate de magnésium et de sel ammoniac. L'eau de chaux dissout la syntonine; la solution se trouble légèrement et écume par l'ébullition. La syntonine précipitée, chauffée en présence de l'eau à 85°, perd la propriété de se dissoudre dans l'acide chlorhydrique étendu. Pour le reste des caractères, elle se rapproche des matières albuminoïdes en général.

*Sérum musculaire.* — On donne ce nom au liquide qui se sépare après coagulation spontanée de la myosine. Il renferme, d'après Kühne, trois principes albuminoïdes dissous: 1° un albuminate qui précipite lorsque la liqueur est acidulée ou est devenue acide par le repos; 2° une matière coagulable vers 45°; 3° une matière albuminoïde coagulable à 75°.

Outre ces principes albuminoïdes éliminables par la chaleur et l'addition d'un acide, les muscles renferment un certain nombre de principes solubles qui entrent dans la composition de ce qu'on appelle extrait de viande.

Les composés définis solubles retirés de l'extrait de viande sont: la créatine, la créatinine, la sarcine, l'acide urique, la xanthine, l'hypoxanthine, la taurine, l'urée, l'acide inosique, le sucre, l'inosite, la dextrine, le glycogène, l'acide sarcolactique, l'acide lactique, l'acide formique, les acides acétique et butyrique. — Voir ces mots.

Le meilleur procédé d'extraction consiste à traiter la viande finement hachée à froid, pendant 24 heures, par son volume d'eau; on exprime et on reprend le résidu deux fois par l'eau à 55°. On évite ainsi la formation de la gélatine. On porte le liquide à l'ébullition pour coaguler l'albumine, on filtre et l'on ajoute de l'eau de baryte pour précipiter l'acide phosphorique; on filtre, on précipite l'excès de baryte par un courant d'acide carbonique dirigé dans le liquide chaud, on filtre de nouveau et on évapore à un petit volume. Le résidu, abandonné à lui-même pendant quelques jours dans un lieu frais, abandonne, sous forme de cristaux, la plus grande partie de la créatine qu'il renferme. L'eau mère filtrée, additionnée d'alcool, laisse déposer la taurine, la dextrine et la sarcine; la solution alcoolique retient les lactates et la créatinine. On peut aussi précipiter directement la sarcine de l'eau mère de la créatinine au moyen de l'acétate de cuivre ou du nitrate d'argent.

Städeler [*Ann. der Chem. u. Pharm.*, t. CXVI, p. 102] suit une autre méthode pour l'obtention et la séparation des matières extractives de la viande. Celle-ci, hachée menu, est délayée dans l'alcool à bouillie claire, chauffée et exprimée; le résidu est mis en digestion pendant quelques heures avec de l'eau à 50°, et le liquide exprimé est mélangé à la solution alcoolique. L'alcool est chassé par distillation; la liqueur, filtrée pour séparer les flocons d'albumine, réduite à un petit volume est précipitée par l'acétate neutre de plomb; le liquide filtré est additionné d'acétate tribasique de plomb et filtré de nouveau après 12 heures; de l'acétate de mercure est ajouté au liquide tant qu'il se forme un précipité; le liquide filtré, après 12 heures de repos, est précipité par l'hydrogène sulfuré, évaporé à une douce température à consistance demi-sirupeuse, puis concentré entre 40° et 50° sur des assiettes plates. La créatine se sépare en cristaux. Le précipité fourni par le sous-acétate de plomb est délayé dans l'eau et décomposé par l'hydrogène sulfuré, filtré et évaporé. Le liquide concentré fournit par des cristallisations successives de la xanthine et de l'inosite. Enfin, le précipité mercurique, traité de même, donnera de la xanthine et de la sarcine en flocons et en grains.

En précipitant l'extrait aqueux de viande débarrassé d'albumine et d'acide phosphorique par un mélange d'acétate de plomb et d'ammoniaque décomposant le précipité par l'hydrogène sulfuré, et en précipitant le liquide par la potasse et l'alcool, Meissner [*Göttinger Nachrichten*, 1862, p. 157] isole une matière sucrée qui réduit les sels de cuivre alcalins. S'agit-il d'extraire les acides volatils et de démontrer leur présence, on traitera par l'alcool l'eau mère des cristaux de créatine (procédé Liebig). Celle-ci est précipitée par l'alcool, le liquide filtré est évaporé à sec, et le résidu est distillé avec de l'acide sulfurique.

L'extrait de viande desséché laisse après incinération 82,2 °/₀ de cendres. 100 p. de cette cendre contiennent, d'après Keller :

| | |
|---|---|
| Acide phosphorique | 26,27 |
| Chlore | 8,63 |
| Potassium | 9,40 |
| Acide sulfurique | 3,59 |
| Potasse | 40,10 |
| $Ph^2O^5.2CaO$ | 3,06 |
| $Ph^2O^5.2MgO$ | 5,76 |
| $Ph^2O^5.2Fe^2O^3$ | 0,57 |

Cette cendre est fortement acide, et se compose en grande partie de phosphate acide de potassium.

Le résidu solide de la viande épuisée par l'eau contient 17,8 °/₀ de cendre formée de

| | |
|---|---|
| Acide phosphorique | 38,40 |
| Potasse | 26,89 |
| $Ph^2O^5.2CaO$ | 9,34 |
| $Ph^2O^5.2MgO$ | 16,83 |
| $Ph^2O^5.2Fe^2O^3$ | 8,02 |

Le phosphate de potassium qui se retrouve ici et qui est soluble dans l'eau doit être dans un état de combinaison particulier qui le rend insoluble.

Voici, d'après Lehmann, la composition de la viande de bœuf :

| | | | |
|---|---|---|---|
| Eau | 74,0 | à | 80,0 |
| Matières solides | 26,0 | à | 20,0 |
| Albuminoïdes coagulés; Myosine, sarcolemme, noyaux, vaisseaux et fibres élastiques | 15,4 | à | 17,7 |
| Glutine | 0,6 | à | 1,9 |
| Albuminate, albumine coagulable à 45°; Albumine ordinaire | 2,2 | à | 3,0 |
| Créatine | 0,07 | à | 0,14 |
| Graisse | 1,5 | à | 2,30 |
| Potasse | 0,50 | à | 0,54 |
| Soude | 0,07 | à | 0,09 |
| Magnésie | 0,04 | à | 0,05 |
| Acide lactique | 1,5 | à | 2,30 |
| Acide phosphorique | 0,66 | à | 0,70 |
| Sel marin | 0,04 | à | 0,09 |
| Chaux | 0,02 | à | 0,03 |

Tous les muscles contiennent de la graisse libre sous forme de globules très-fins. La substance musculaire du cœur desséchée contient en moyenne, chez l'homme, 10 °/₀ de graisse; dans les cas de dégénérescence dite graisseuse, elle n'en contient guère plus.

Les noyaux observés dans les fibres résistent longtemps à l'action de l'acide chlorhydrique étendu, moins énergiquement à celle des alcalis. Dans le muscle vivant ces noyaux sont gonflés, leur contenu est limpide. Le sarcolemme n'est pas aussi inattaquable par les acides et les alcalis qu'on le croyait autrefois; le suc gastrique le dissout; chauffé avec de l'acide azotique, il ne se colore pas en jaune par l'ammoniaque (Kölliker). Cette réaction éloignerait le sarcolemme des principes protéiques. Les muscles contiennent une matière colorante propre, qui ne peut pas être attribuée au sang. Cependant cette matière colorante ne diffère en rien de l'hémoglobine. La couleur foncée que prennent les muscles après la mort dérive de la présence de l'hémoglobine réduite.

*Considérations sur le développement de la force musculaire.* — Dans l'état actuel de la science, il est certain que, puisque le tissu musculaire mis en activité exécute un travail mécanique évaluable en unités de travail, la force motrice qui exécute ce travail doit dériver des réactions chimiques, et notamment des combustions internes susceptibles de développer du calorique ou un travail équivalent. La question revient donc à savoir si c'est surtout la substance musculaire elle-même qui, pendant le travail, est chargée par ses altérations, ses combustions de développer la force motrice, ou s'il faut faire entrer en ligne de compte plus ou moins sérieux les combustions qui se produisent aux dépens des matières grasses et hydrocarbonées dans le sang et dans les autres organes.

Plusieurs recherches ont été instituées en vue de résoudre cette question importante; la plus remarquable est due à MM. Fick et Wislicenus [*Philos. Mag.*, (4), t. XXXI, p. 485].

Admettant que la teneur en azote de l'urine peut servir de mesure pour l'oxydation interne des matières azotées protéiques, les auteurs dosent l'urée et l'azote de l'urine sécrétée pendant une alimentation non azotée, 1° pendant le repos musculaire, 2° après un mouvement musculaire sérieux (ascension du Faulhorn en Suisse).

Le tableau suivant résume leurs observations :

| | | | |
|---|---|---|---|
| *a*, | Urine sécrétée pendant les | | 11 heures 50′ précédant l'ascension. |
| *b*, | — | — | 3 heures 10′ de l'ascension. |
| *c*, | — | — | 5 heures 40′ de repos après l'ascension. |
| *d*, | — | — | 11 heures de nuit suivantes après une alimentation riche en azote. |

I. Fick, observateur et sujet (66 kilogrammes).
II. Wislicenus, observateur et sujet (76 kilogrammes).

| | | Urée. | Azote de l'urine. | Contenance totale de l'urine en azote. En tout. | Contenance totale de l'urine en azote. Pour 1 heure. | Dose de matière protéique oxydée correspondante. |
|---|---|---|---|---|---|---|
| *a* | I. | 12,4820 | 5,8249 | 6,9153 | 0,63 | 46,1020 |
| | II. | 11,7614 | 5,4827 | 6,6841 | 0,61 | 44,5607 |
| *b* | I. | 7,0330 | 3,2681 | 3,313 | 0,41 | 22,086 |
| | II. | 6,6973 | 3,1254 | 3,1336 | 0,39 | 20,890 |
| *c* | I. | 5,1718 | 2,4151 | 2,4293 | 0,40 | 16,1953 |
| | II. | 5,1020 | 2,3809 | 2,4165 | 0,40 | 16,1100 |
| *d* | I. | non déterminé. | » | 4,8167 | 0,45 | 32,1118 |
| | II. | » | » | 5,3462 | 0,51 | 35,6418 |
| *b+c* | I. | » | » | 5,7432 | » | 38,2820 |
| | II. | » | » | 5,5501 | » | 37,0007 |

Pendant l'ascension de la montagne, en s'élevant à 1,956 mètres, I a oxydé 37gr,17, et II 37 grammes de matière protéique. Or Frankland [*Philos. Mag.* (4), t. XXXII, p. 182] a déterminé expérimentalement la chaleur dégagée par la combustion des matières albuminoïdes; les résultats étant rapportés à 1 gramme de matière sèche, l'albumine pure donne en brûlant 4,998 unités de chaleur; le muscle de bœuf lavé à l'éther, 5,103 unités de chaleur. On fait donc une supposition légitime en admettant, avec les auteurs, que la combustion de 1 gramme d'albumine peut produire, au maximum, 6,730 unités de chaleur. Il en résulterait que I a pu produire tout au plus 250,000 unités de chaleur, correspondant à 106,250 kilogrammètres, et II 249,000 unités, correspondant à 105,825 kilogrammètres. Le travail ascensionnel peut être évalué pour I à 159,637 kilogrammes, pour II à 184,287 kilogrammes. Or, d'après Heidenhain, la moitié *au plus* du calorique de combustion peut être utilisée pour le travail mécanique. En doublant les valeurs précédentes, on a :

| | I. | II. |
|---|---|---|
| Minimum de force employée pour l'ascension | 319,274 | 368,574 |
| Maximum de force produite par l'oxydation des matières albuminoïdes. | 106,250 | 105,825 |

En calculant d'après les nombres de Frankland, la différence est encore plus accusée.

| | I. | II. |
|---|---|---|
| Minimum de la force employée pour l'ascension | 319,274 | 368,574 |
| Maximum de la force produite par la combustion des matières protéiques. | 68,690 | 68,376 |

Ainsi la combustion musculaire ne peut fournir qu'une faible fraction de la force. Celle-ci dérive plus probablement de la combustion des matières non azotées (graisses et substances hydrocarbonées). Le muscle serait d'après cela un mécanisme pour transformer l'énergie latente en force mécanique, et celle-ci dériverait principalement de l'oxydation des substances fournies par le sang et non du muscle lui-même. Comme toute partie de l'organisme, la substance musculaire se renouvelle constamment, mais son altération n'est pas en rapport direct avec les fonctions du muscle, vu que cette altération ne se modifie pas sensiblement pendant une plus grande activité. A. G.

**MUSCOVITE.** — Voyez MICA.

**MUSCULINE** [Syn. *Syntonine*]. — Voyez MUSCLES, p. 480.

**MUSÉNINE.** — Matière amorphe, soluble dans l'eau et dans l'alcool, insoluble dans l'éther, d'une saveur forte, trouvée par M. Thiel dans le *Musenna*, écorce de l'*Albizzia anthelminthica*. Cette écorce est employée en Abyssinie comme ténifuge [*Journ. de Pharm.*, (3), t. XLII, p. 176].

**MUSENITE.** — Voyez SIEGENITE.

**MUSSITE.** — Variété de pyroxène laminaire verdâtre, caractérisée par l'existence d'un clivage assez net, parallèle à *p*; d'Ala (Piémont) et de Zermatt (Valais).

**MYCINULINE**, $C^{12}H^{22}O^{11} + H^2O$. — Composé analogue à l'inuline, contenu dans la truffe (*Elaphomyces granulatus*). Sa solution aqueuse n'est pas modifiée par l'iode, le chlorure ferrique, le sulfate ferreux, le bichlorure de mercure, le nitrate mercureux, le sous-acétate de plomb, l'eau de baryte. Elle est neutre et empêche la précipitation de l'oxyde de cuivre par les alcalis, mais ne le réduit pas, même à chaud. Chauffée avec de l'acide sulfurique, la mycinuline se convertit en sucre [H. Ludwig, *Archiv. für Pharm.*, (2), t. CXXXIX, p. 24].

**MYCOMÉLIQUE (ACIDE)**, $C^4H^4Az^4O^2.1/2H^2O$ [Syn. *Alloxenide, alloxamide*] [Liebig et Wöhler, *Ann. der Chem. u. Pharm.*, t. XXVI, p. 304; — Laurent, *Compt. rend.*, t. XXXV, p. 620; — Hlasiwetz, *Ann. der Chem. u. Pharm.*, t. CIII, p. 211].

*Modes de formation.* — 1° Lorsqu'on chauffe un mélange d'alloxane et d'ammoniaque caustique à une température suffisamment élevée, il devient jaune et laisse déposer, par le refroidissement ou après concentration, une gelée jaune et transparente de mycomélate d'ammonium. Ce sel, dissous dans l'eau, et traité par l'acide sulfurique dilué, donne tout de suite un précipité transparent et gélatineux d'acide mycomélique qui se présente sous la forme d'une poudre jaune poreuse, après lavage et dessiccation.

2° L'acide urique, chauffé en vase clos avec de l'eau à 180-190°, donne aussi de l'acide mycomélique.

*Propriétés.* — L'acide mycomélique est très-peu soluble dans l'eau à froid, plus soluble à chaud, soluble dans l'ammoniaque et les alcalis fixes. Il rougit la teinture de tournesol, mais il ne donne pas de sels cristallisables.

L'acide mycomélique déplace l'acide carbonique des carbonates alcalins. Bouilli avec de la potasse, il se décompose en dégageant de l'ammoniaque.

Une solution de mycomélate d'ammonium donne avec le nitrate d'argent un précipité floconneux, jaunâtre, qui paraît renfermer

$C^4H^3AgAz^4O^2$. P. S.

**MYCOSE**, $C^{12}H^{26}O^{13} = C^{12}H^{22}O^{11},2H^2O$. — Matière sucrée particulière, retirée du seigle ergoté; elle y a été trouvée d'abord par Wiggers, et avait été envisagée par Liebig et Pelouze comme de la mannite. Mais les recherches de Mitscherlich ont fait voir depuis que ce sucre constitue une espèce particulière, identique peut-être avec la tréhalose de Berthelot : la forme cristalline et les propriétés sont les mêmes, sauf le pouvoir rotatoire qui est beaucoup plus fort pour la tréhalose [Mitscherlich, *Ann. der Chem. u. Pharm.*, t. CVI, p. 15; *Ann. de Chim. et de Phys.*, (3), t. LIII, p. 232; — Berthelot, *Ann. de Chim. et de Phys.*, (3), t. LV, p. 280]. H. Ludwig a rencontré aussi la mycose dans le champignon appelé vulgairement Oreille de Judas (*Fungus Sambuci*).

Pour préparer la mycose, on épuise le seigle ergoté par l'eau, on précipite la liqueur filtrée par le sous-acétate de plomb, puis on évapore la solution à consistance sirupeuse, après avoir précipité l'excès de plomb. Le sirop, abandonné à lui-même, laisse déposer des cristaux qu'on lave à l'alcool. On purifie la mycose par plusieurs cristallisations dans l'eau. Le seigle ergoté n'en fournit environ qu'un millième.

La mycose est sucrée et très-soluble dans l'eau, peu soluble dans l'alcool bouillant, insoluble dans l'éther. Ses cristaux dérivent d'un octaèdre rhomboïdal; ils fondent à 100° et se prennent, par le refroidissement, en une masse vitreuse. A 130°, la mycose perd $2H^2O$; à 210°, on observe une nouvelle fusion et la masse brunit et répand une odeur de caramel.

La solution de mycose n'est précipitée ni par la chaux, ni par la baryte; chauffée avec de la soude, elle ne se colore pas. Chauffée avec de la soude et du sulfate de cuivre, elle ne produit une faible réduction que par une ébullition prolongée. L'acide sulfurique concentré dissout la mycose sans l'altérer à froid. L'acide étendu et bouillant la transforme en glucose.

La mycose est dextrogyre. Une solution renfermant 9,68 % de ce sucre produit, sur une longueur de 200 millimètres, une déviation de 34°,75 à droite.

La mycose est fermentescible. E. W.

**MYELINE** (Min.) [Syn. *Talksteinmark*]. — Silicate d'alumine hydraté, amorphe, d'un blanc jaunâtre ou rougeâtre, se séparant parfois en écailles minces; translucide sur les bords, un peu gras au toucher, happant faiblement à la langue.

Les analyses n'indiquent pas d'eau, mais, d'après Breithaupt, il y en a 5 %. Se trouve en nodules dans le porphyre à Rochlitz, en Saxe.

*Caractères.* — En partie attaqué par les acides. Infusible au chalumeau. Dans le tube, donne de l'eau.

Dureté, 2,5.

Densité, 2,48 à 2,50.

**MYÉLINE.** — En évaporant l'extrait alcoolique de jaune d'œuf cuit, de matière cérébrale, de cristallin et d'autres tissus animaux, on obtient un extrait gras, hygroscopique, qui offre au microscope, sous un grossissement de 280, une manière d'être particulière lorsqu'il est mis en contact avec l'eau ou l'eau sucrée. La masse se gonfle en prenant des formes remarquables; elle présente l'apparence de nœuds, de filaments spiroïdaux ou de fils avec des renflements ovoïdes.

Virchow, qui a décrit le premier ces formes, donne à la substance génératrice le nom de myéline, et aux formes le nom de formes myéliques.

D'après Bencke [*Ann. der Chem. u. Pharm.*, t. CXXII, p. 249], la myéline ne se trouve pas seulement dans les animaux des classes inférieures, comme l'*Helix pomata*, mais aussi dans le règne végétal (bourgeons, fleurs, semences); elle y est accompagnée de cholestérine.

D'après M. Liebreich [*Ann. der Chem. u. Pharm.*, t. CXXXIV, p. 29], la myéline serait un mélange de protagon, et des produits de sa décomposition spontanée (acide stéarique, acide phosphoglycérique, névrine).

Suivant C. Neubauer [*Zeitsch. für anal. Chem.*, t. VI, p. 189], les formes myéliques peuvent s'obtenir même sans la présence du protagon et de la cholestérine. Une goutte d'acide oléique placée sur le porte-objet, recouverte d'un verre plat, développe ces formes lorsqu'on dépose une goutte d'ammoniaque sur les bords; de même, en ajoutant de l'eau à une émulsion d'acide oléique dans l'ammoniaque. Les acides caprylique et caprique les donnent aussi si on les met en contact avec l'ammoniaque, et si après évaporation de l'excès d'alcali on ajoute une goutte d'eau. Ainsi l'apparition des formes myéliques est due à un simple phénomène physique que l'on peut reproduire avec divers corps; elle n'est pas caractéristique de la cholestérine et du protagon. P. S.

**MYÉLOÏDINE, MYÉLOÏDIQUE (ACIDE).**— H. Köhler [*Inaugural Dissertation : De myelini quod vocant constitutione chemica disquisitio, Halae*, 1867; *Bull. de la Soc. chim.*, t. IX, p. 394] donne ces noms à des produits qu'il a extraits du cerveau. Comme les résultats obtenus ne s'accordent pas avec les faits admis par la plupart des auteurs, nous nous contentons de citer le travail.

**MYOSINE.** — Nom donné par M. Kühne à une matière albuminoïde, distincte de la syntonine, se rencontrant dans le tissu musculaire après la coagulation qui accompagne la rigidité cadavérique. Ses caractères, d'après M. Hoppe-Seyler, sont les suivants :

Elle est insoluble dans l'eau pure et dans une solution saturée de sel marin; mais elle se dissout dans une solution de sel à 10 °/₀, c'est là-dessus qu'est basé son mode de préparation. L'acide chlorhydrique très-étendu la dissout; en ajoutant immédiatement du carbonate de sodium à la solution, on la reprécipite, mais à la longue elle se transforme en syntonine. Elle se dissout dans les alcalis. Le jaune d'œuf, le cristallin de l'œil renferment des matières analogues à la myosine [*Zeitsch. Chem. u. Pharm.*, 1864, p. 737]. — Voyez MUSCLES.

**MYRICINE.** — Cette substance, une des parties constituantes de la cire d'abeilles, n'est autre que l'éther palmitique de l'alcool myricique. — Voyez PALMITIQUE (ACIDE).

**MYRICIQUE (ALCOOL)**, $C^{15}H^{32}O$ [Syn. *Hydrate de myricyle, mélissine, alcool mélissique*] [Brodie, *Ann. der Chem. u. Pharm.*, t. LXXI, p. 145]. — La partie de la cire d'abeilles peu soluble dans l'alcool bouillant, appelée myricine, est l'éther palmitique d'un alcool particulier, qu'on obtient en fondant la myricine avec la potasse fondante à une température peu élevée. On dissout dans l'eau le produit de la réaction; la liqueur est laiteuse et tient en suspension l'alcool myricique; on le précipite en ajoutant du chlorure de calcium, et on épuise le précipité par l'éther. La solution éthérée dépose de l'alcool myricique qu'on purifie par de nouvelles cristallisations dans l'éther.

L'alcool myricique est cristallin, d'un éclat soyeux, fusible à 85°. Soumis à la distillation sèche, il donne un hydrocarbure, le mélène ou paraffine de la cire, fusible à 62° (Brodie), à 52°,5 (Ettling), et qui renferme probablement $C^{30}H^{60}$. — Voyez PARAFFINE.

Fondu avec la chaux potassée, l'alcool myricique dégage de l'hydrogène et se convertit en acide mélissique qui reste combiné à la potasse :

$$C^{15}H^{32}O + KOH = C^{15}H^{29}O^2K + H^4.$$

| Alcool myricique. | Potasse. | Mélissate de potasse. | Hydrogène. |
|---|---|---|---|

Par l'action du chlore, il donne une matière résineuse, mélange de divers produits de substitution. E. G.

**MYRICYLE (HYDRATE DE).** — Voyez MYRICIQUE (ALCOOL).

**MYRISTINE.** — Voyez t. I, p. 1584.

**MYRISTIQUE (ACIDE)**, $C^{14}H^{28}O^2$ [Playfair, *Ann. der Chem. u. Pharm.*, t. XXXVII, p. 153; — Heintz, *Poggend. Ann.*, t. LXXXVII, p. 267; *ibid.*, t. XC, p. 137; *ibid.*, t. XCII, p. 429; l'ensemble des travaux de Heintz se trouve *Journ. für prakt. Chem.*, t. LXVI, p. 1; — Uricoechea, *Ann. der Chem. u. Pharm.*, t. XCI, p. 369; — Schlippe, *Ann. der Chem. u. Pharm.*, t. CV, p. 1]. — Cet acide, qui appartient à la série grasse, a été découvert par Playfair et obtenu à l'état de pureté par Heintz. Les principales sources de l'acide myristique sont les beurres de muscade, de coco et de vache, la graisse d'Otoba et de pain de Dika et l'huile de croton; là il se trouve à l'état de myristine. Dans la graisse d'Otoba il est associé à de l'acide oléique; il constitue plus de la moitié des acides gras que renferme le pain de Dika; dans le beurre de coco, il n'existe qu'en petite quantité. On le trouve aussi dans le blanc de baleine, où il accompagne l'éthal ou un corps analogue, enfin l'alcool myristique le fournit par oxydation.

*Préparation.* — Le blanc de baleine renferme de l'acide myristique en petite quantité, c'est de là que Heintz l'a extrait; il est à remarquer que le procédé décrit ici est aussi applicable à la séparation des acides que renferment les autres graisses. Lorsqu'on fait dissoudre dans l'alcool les acides gras obtenus par la saponification du blanc de baleine en même temps que l'éthal (voyez t. I, p. 619), il cristallise pendant le refroidissement un mélange d'acides palmitique et stéarique, tandis qu'il reste en solution une certaine quantité de ces deux acides, avec la totalité des acides myristique et laurique. Par des précipitations partielles au moyen de l'acétate de magnésium effectuées à la fin en présence de l'ammoniaque en excès, la solution alcoolique est partagée en deux portions; les acides stéarique et palmitique et une partie de l'acide myristique se déposent à l'état de sels de magnésium, l'acide laurique et le reste de l'acide myristique demeurent en solution.

On sépare la magnésie des acides gras en faisant bouillir avec de l'acide chlorhydrique étendu, on détermine le point de fusion de chaque portion d'acide ainsi obtenue et on mélange les portions dont les points de fusion sont à peu près les mêmes et qui se concrètent d'une manière analogue.

En faisant cristalliser le mélange d'acides à plusieurs reprises dans l'alcool et en déterminant chaque fois le point de fusion des cristaux, on obtient de chaque mélange d'acides un certain nombre de cristallisations. On peut les considérer comme pures, 1° si leur point de fusion reste constant (53°,8) après de nouvelles cristallisations, 2° si par le refroidissement, ils donnent des écailles, cristallines, et 3° si par des précipitations partielles de leurs solutions alcooliques avec de l'acétate de magnésium on n'obtient que des échantillons ayant le même point de fusion. De plus, les fractions d'un même acide ainsi obtenues présentent, si elles sont pures, après leur mélange, le même point de fusion qu'elles ont chacune isolément. Parfois, dans la préparation de l'acide myristique particulièrement, il est nécessaire de soumettre de nouveau les différentes cristallisations à la précipitation fractionnée par l'acétate de magnésium et de reprendre avec ces sels de magnésium le traitement et l'examen qui viennent d'être exposés.

M. Heintz [*Pogg. Ann.*, t. XCII, p. 429], en opérant avec infiniment de soins, a ainsi obtenu de l'acide myristique pur.

Pour retirer l'acide myristique du beurre, on saponifie celui-ci, et, après avoir décomposé le savon, on fait bouillir avec de l'eau pour chasser les acides volatils; on transforme ensuite les acides en sels de plomb et l'on traite ceux-ci par l'éther, qui dissout l'oléate de plomb. On isole l'acide du sel de plomb non dissous et on les soumet à une série de cristallisations fractionnées. On élimine les acides palmitique et stéarique en écartant les portions qui ont un point de fusion compris entre 56° et 57°, et on soumet toutes les eaux mères alcooliques à la précipitation fractionnée par l'acétate de magnésium; l'acide myristique se trouve dans les dernières portions précipitées et peut en être extrait par de nouvelles cristallisations; au besoin, on élimine les premières fractions en les précipitant par l'acétate de baryum [Heintz, *Poggend. Ann.*, t. XC, p. 137].

Lorsqu'on soumet les acides obtenus par la saponification du pain de Dika à des cristallisations répétées dans l'alcool, il se dépose de l'acide myristique. Les eaux mères renferment de l'acide laurique avec une certaine quantité d'acide myristique qu'on extrait aussi en soumettant à la précipitation fractionnée par l'acétate de magnésium, en éloignant la magnésie et en faisant cristalliser par fractions dans l'alcool jusqu'à ce que le point de fusion devienne 53°,8 [Oudemanns, *Répert. de Chim. appl.*, 1860, p. 390].

Playfair [*Ann. der Chem. u. Pharm.*, t. XXXVII, p. 153] a obtenu de l'acide myristique impur, fusible à 49°,8, en décomposant la myristine du beurre de muscade par une lessive de potasse concentrée, en lavant à plusieurs reprises avec une solution de sel marin et en décomposant la solution bouillante par de l'acide chlorhydrique. L'acide a été lavé avec de l'eau et cristallisé plusieurs fois dans de l'alcool.

Lorsqu'on saponifie la graisse d'Otoba, on obtient des acides dans la solution alcoolique desquels l'acétate de magnésium précipite de l'acide myristique presque pur; il reste en solution de l'acide oléique [Uricoechea, *Ann. der Chem. u. Pharm.*, t. XCI, p. 369].

*Propriétés.* — L'acide myristique se présente sous la forme de petites feuilles cristallines, blanches et brillantes, ressemblant beaucoup à l'acide palmitique. Il est fusible à 53°,8 et se concrète par le refroidissement en écailles cristallines (voyez LAURIQUE (ACIDE) et PALMITIQUE (ACIDE) pour les points de fusion des mélanges de ces acides avec l'acide myristique). Il est insoluble dans l'eau, fort soluble dans l'alcool bouillant, qui l'abandonne sous la forme de cristaux pendant le refroidissement, et fort soluble dans l'éther. Lorsqu'on soumet l'acide myristique à la distillation sèche, une partie se décompose, l'autre se volatilise sans altération. L'acide nitrique bouillant ne l'attaque qu'en partie, en formant des produits solubles et en dégageant des vapeurs rutilantes. En distillant un mélange de myristate et de formiate de calcium, on obtient une huile d'une odeur repoussante qui dépose une faible quantité d'un produit solide. Celui-ci, purifié par des cristallisations, forme des écailles blanches renfermant plus de carbone et d'hydrogène que n'en contiendrait l'aldéhyde myristique [Limpricht, *Ann. der Chem. u. Pharm.*, t. XCVII, p. 371].

L'acide stéarolique $C^{18}H^{32}O^2$, fondu avec un excès de potasse à une température aussi élevée que le comporte la matière organique sans se détruire complétement, se transforme en acide myristique [Marasse, *Bull. de la Soc. chim.*, 1870, t. XIII, p. 59. — Voyez, pour les autres réactions, la myristone, l'anhydride myristique et l'anhydride myristo-benzoïque].

MYRISTATES. — Le *myristate d'argent* obtenu par double décomposition est une poudre amorphe, blanche, légère, qui à la lumière devient légèrement grise; il se décompose au delà de 100°, sans fondre (Heintz). Il est soluble dans l'ammoniaque, et cristallise dans ce liquide, par l'évaporation spontanée, en gros cristaux transparents. Le *sel de baryum* est obtenu en décomposant le myristate de potassium par le chlorure de baryum ou en précipitant une solution alcoolique d'acide myristique par de l'acétate de baryum en solution aqueuse, bouillante, ou en précipitant l'acide dissous dans l'ammoniaque par le chlorure de baryum; c'est une poudre nacrée, très-légère, composée de paillettes microscopiques très-peu solubles dans l'eau et dans l'alcool. Le *sel de cuivre* obtenu par la décomposition du sel de sodium par le sulfate de cuivre est un précipité vert bleuâtre, très-léger, composé d'aiguilles microscopiques. Le *sel de magnésium* obtenu par le mélange d'une solution alcoolique d'acide myristique, additionnée d'un excès d'ammoniaque et d'une solution aqueuse de chlorhydrate d'ammoniaque, avec une solution de sulfate de magnésium, est une poudre légère, composée d'aiguilles microscopiques; elle s'agglomère par la chaleur; à 140°, elle devient transparente sans se liquéfier; elle se décompose sans fondre à une température plus élevée. Séchée à l'air, elle contient 1 molécule 1/2 d'eau.

Le *sel de plomb* $(C^{14}H^{27}O^2)^2Pb$, obtenu en précipitant une solution alcoolique faible du sel de sodium par le nitrate de plomb, forme une poudre blanche, légère, non cristalline, et qui fond entre 110° et 120° en un liquide incolore, se prenant, par le refroidissement, en une masse opaque, non cristalline (Heintz).

Lorsqu'on fait chauffer pendant plusieurs jours de la myristine avec du sous-acétate de plomb, on obtient une poudre blanche, lourde, insoluble dans l'eau, dont la composition est

$$(C^2H^3O^2)^2Pb.\ 4[(C^{14}H^{27}O^2)^2Pb]$$

(Playfair). On obtient le *myristate de potassium* en faisant digérer l'acide myristique avec une solution concentrée de carbonate de potassium, évaporant ensuite à siccité et reprenant par l'alcool absolu. C'est un savon blanc, cristallin, très-soluble dans l'eau et dans l'alcool, insoluble dans l'éther.

MYRISTIQUES (ÉTHERS). — *Myristate d'éthyle*, $C^{14}H^{27}(C^2H^5)O^2$. — On l'obtient en faisant passer de l'acide chlorhydrique dans une dissolution bouillante d'acide myristique dans l'alcool. Il constitue un liquide, qui par un froid intense se fige en cristaux gros et durs, très-fusibles. Il est soluble à chaud dans l'alcool et dans l'éther [Playfair, *loc. cit.*; — Heintz, *Poggend. Ann.*, t. XCII, p. 447].

*Myristate de glycéryle*. — Voyez t. I, p. 1584.

Ph. de C.

**MYRISTIQUE (ALCOOL).** [Syn. *Méthal*],

$$C^{14}H^{30}O = C^{14}H^{29}.OH.$$

— Ce corps existe, suivant Heintz, dans le blanc de baleine, à côté de l'alcool cétylique et d'autres alcools homologues. — Voyez BLANC DE BALEINE, t. I, p. 619.

**MYRISTIQUE (ANHYDRIDE).** — *Acide myristique anhydre*, $(C^{14}H^{27}O)^2.O$. — Ce composé qu'on obtient au moyen du myristate de potassium et de l'oxychlorure de phosphore, par le procédé général de préparation des acides anhydres, est une matière grasse, d'une texture à peine cristalline, et qui fond à quelques degrés au-dessous du point de fusion de l'acide myristique hydraté. Chauffé légèrement, l'anhydride émet des vapeurs d'une odeur désagréable; la potasse caustique et bouillante le saponifie lentement [Chiozza et Malerba, 1854, *Traité de Chimie organique* de Gerhardt, t. II, p. 789].

*Acide myristo-benzoïque anhydre*,

$$C^{14}H^{27}O, C^7H^5O.O.$$

— Produit par l'action du chlorure de benzoyle sur le myristate de potassium, il cristallise en lamelles douées d'un éclat argentin et d'une odeur agréable; il fond à 38°, et se solidifie à 36°. Il n'est pas très-soluble dans l'éther. PH. DE C.

**MYRISTONE**, $C^{27}H^{54}O = C^{14}H^{27}O.C^{13}H^{27}$. — On l'obtient en distillant le myristate de calcium par petites portions et à une température progressive. On la purifie en la faisant cristalliser à plusieurs reprises dans l'alcool absolu et en décolorant par le charbon animal. La myristone, qui est l'acétone de l'acide myristique, forme des paillettes nacrées, incolores, sans odeur ni saveur, et devenant électriques par le frottement. Elle fond à 75° et se prend, par le refroidissement, en une masse radiée; elle ne se combine pas avec les bisulfites alcalins [Overbeck, *Poggend. Ann.*, t. LXXXVI, p. 587]. PH. DE C.

**MYRISTYLE (HYDRURE DE)**,

$$C^{14}H^{30} = C^{14}H^{29}.H.$$

— MM. J. Pelouze et A. Cahours ont trouvé ce corps dans les pétroles d'Amérique. C'est un liquide incolore et très-limpide, d'une odeur térébenthinée, bouillant entre 236° et 240°. Densité de vapeur rapportée à l'air, 7,019 (théor. 6,974). L'hydrure de myristyle n'est pas attaqué à froid par le brome, l'acide nitrique fumant et l'acide sulfurique. Avec le chlore, il donne des produits de substitution [*Compt. rend.*, t. LVII, p. 62; *Bull. de la Soc. chim.*, 1863, p. 410].

**MYRONIQUE (ACIDE)** [Bussy, *Journ. Pharm.*, (2), t. XVI, p. 39; — Winckler, *Jahresb.*, 1849, p. 436; — Thielau, *Jahresb.*, 1858, p. 307; — H. Ludwig et W. G. Lange, *Zeitsch. Chem., Pharm.*, 1860, p. 430 et 577; — Will et Körner, *Ann. der Chem. u. Pharm.*, t. CXIX, p. 376, et t. CXXV, p. 257]. — L'acide myronique existe sous la forme de sel de potassium dans la graine de moutarde noire; c'est à lui que l'on doit attribuer le développement d'essence de moutarde lorsque l'on ajoute de l'eau à la moutarde noire pulvérisée. La production de l'essence est due à un dédoublement du myronate de potassium sous l'influence d'un ferment soluble, la *myrosine*, contenu également dans la moutarde blanche.

Le myronate de potassium a été découvert et étudié en premier lieu par M. Bussy. Winckler en a signalé la présence dans le raifort. Son existence a été mise en doute par Thielau, confirmée par les travaux de Ludwig et Lange et par ceux de Will et Körner. On doit à ces derniers chimistes une étude complète de l'acide myronique.

*Préparation.* — Nous décrirons ici le procédé d'extraction de Bussy, modifié légèrement par Will et Körner. On prend 1 kilogramme de semence de moutarde noire pulvérisée, mais non exprimée, et l'on traite dans un ballon en verre par 1 litre et demi d'alcool à 80 ou 85 °/₀. On maintient à l'ébullition au bain-marie jusqu'à distillation de un quart de litre d'alcool. On exprime à chaud et on répète la même opération avec le résidu. Celui-ci bien exprimé, séché à 100°, pulvérisé et pesant de 660 à 670 grammes, est mis à digérer pendant 12 heures avec 3 p. d'eau froide. On exprime et on reprend le résidu avec 2 p. d'eau froide. Les solutions aqueuses sont évaporées après addition d'un peu de carbonate de baryum, jusqu'à consistance sirupeuse. Le résidu est chauffé à l'ébullition avec 1 à 1 litre et demi d'alcool à 85 °/₀; le résidu insoluble est repris encore par 1 litre d'alcool. Les extraits alcooliques sont filtrés après 24 heures de repos. L'alcool est chassé par distillation, et le résidu est abandonné à cristallisation dans des assiettes plates. La masse cristalline déposée après quelques jours est délayée dans l'alcool à 75 °/₀ et exprimée dans un linge de batiste. Le résidu est soumis à plusieurs cristallisations dans l'alcool à 84-90 °/₀.

On obtient ainsi 5 à 6 grammes de sel. Celui qui reste dans les eaux mères peut servir à la préparation du cyanure d'allyle.— Voyez plus loin.

Le *myronate de potassium* cristallise au sein de l'alcool en aiguilles groupées, semblables à la wavellite, au sein de l'eau en prismes courts, transparents, à éclat vitreux, de forme rhombique; il est sans odeur, d'une saveur fraîche et amère, très-soluble dans l'eau, peu soluble dans l'alcool étendu, à peine soluble dans l'alcool absolu, insoluble dans l'éther, la benzine, le chloroforme. Il est sans action sur la lumière polarisée. Ses réactions sur les couleurs végétales sont celles d'un sel neutre. Il ne renferme pas d'eau de cristallisation. Sa composition est représentée par la formule suivante, qui rend compte aussi de son mode de dédoublement :

$$\underset{\text{Myronate de potassium.}}{C^{10}H^{18}AzKS^2O^{10}}$$

$$= \underset{\text{Glucose.}}{C^6H^{12}O^6} + \underset{\text{Sulfocyanate d'allyle.}}{C^4H^5AzS} + \underset{\text{Bisulfate de potassium.}}{SO^4KH.}$$

La solution aqueuse concentrée, mélangée à de l'acide tartrique, puis additionnée d'alcool absolu, donne un précipité de crème de tartre; le liquide décanté, saturé par le carbonate de baryum, fournit du myronate de baryum $(C^{10}H^{18}AzS^2O^{10})^2Ba$, cristallisant en tables très-solubles dans l'eau. Ce sel devient opaque et blanc laiteux à l'air; sous l'influence de la chaleur, il se décompose en sulfate de baryum et essence de moutarde. Mis en contact avec la myrosine, matière azotée fonctionnant comme ferment soluble et contenue dans les semences de moutarde noires ou blanches, ou avec l'extrait aqueux de moutarde blanche, le myronate de potassium devient acide et développe l'odeur de moutarde. La solution laiteuse renferme alors de l'acide sulfurique, du sucre et du soufre en suspension, auquel est dû l'aspect laiteux. L'émulsine, l'extrait aqueux d'amandes douces, la levûre de bière, la salive sont sans action analogue. Bouilli avec un peu d'eau de baryte, le myronate de potassium donne du sulfate de baryum avec formation d'essence A froid, l'eau de baryte précipite aussi la moitié du soufre du sel, mais le reste des éléments se trouve sous la forme d'une combinaison soluble, précipitable par les sels de plomb, et facilement décomposable en sucre et en essence.

Si l'on met le sel sec en contact avec une lessive de potasse caustique d'une densité de 1,28, il y a échauffement; le liquide commence à bouillir, développe l'odeur d'essence de moutarde, de cyanure d'allyle et d'ammoniaque. Avec le zinc et l'acide chlorhydrique, il se forme de l'hydrogène sulfuré. L'ébullition seule avec l'acide chlorhydrique dégage aussi de l'hydrogène sulfuré, quoique plus difficilement. La solution renferme alors du sucre, un sel ammoniacal et la moitié du soufre du sel primitif, sous forme d'acide sulfurique.

Une solution aqueuse moyennement étendue de myronate de potassium donne, avec le nitrate d'argent, un précipité caséeux blanc; la liqueur devient acide par de l'acide azotique mis en liberté. Le précipité, lavé et séché au-dessus de l'acide sulfurique, a donné des nombres qui correspondent à la formule

$$C^4H^5AzAg^2S^2O^4 = \underset{\text{Essence de moutarde.}}{C^4H^5AzS} + \underset{\text{Sulfate d'argent.}}{SO^4Ag^2}.$$

Le précipité argentique se forme suivant l'équation

$$\underset{\text{Myronate de potasse.}}{C^{10}H^{18}KAzS^2O^{10}} + \underset{\text{Nitrate d'argent.}}{2AzO^3Ag}$$

$$= \underset{\text{Composé argentique.}}{C^4H^5AzAg^2S^2O^4} + \underset{\text{Sucre.}}{C^6H^{12}O^6} + \underset{\text{Nitrate de potassium.}}{AzKO^3} + \underset{\text{Acide azotique.}}{AzHO^3}.$$

— Cette combinaison argentique chauffée à sec ou avec l'eau se dédouble en essence de moutarde, sulfate et sulfure d'argent. Le chlorure de baryum, le sulfure de baryum et le zinc la décomposent avec mise en liberté d'essence. Si on la traite à froid par l'acide chlorhydrique, le liquide séparé du chlorure d'argent contient la moitié du soufre sous forme d'acide sulfurique, sans qu'il y ait production d'hydrogène sulfuré ou d'essence.

L'acétate de plomb donne, dans les solutions aqueuses de myronate de potassium additionnées d'ammoniaque, un précipité blanc jaunâtre, très-soluble dans l'acide acétique, qui renferme tous les éléments de l'acide myronique. L'azotate de mercurosum donne un précipité blanc jaunâtre qui se décompose à chaud avec formation d'essence de moutarde.

La combinaison argentique dont nous avons parlé plus haut, délayée dans beaucoup d'eau et traitée par l'hydrogène sulfuré, donne 1 molécule de sulfure d'argent et 1 atome de soufre. Le liquide filtré très-acide contient la moitié du soufre de l'acide myronique sous la forme d'acide sulfurique. Ce liquide, soumis à une distillation fractionnée, donne une couche huileuse surnageant l'eau qui a passé et qui possède la composition du cyanure d'allyle, $C^4H^5Az = CAz.C^3H^5$. On a, en effet,

$$C^4H^5AzAg^2S^2O^4 + H^2S$$
$$= C^4H^5Az + SAg^2 + S + SH^2O^4.$$

L'eau mère du myronate de potassium bouillie avec un peu de carbonate de baryum, filtrée et précipitée à froid par le nitrate d'argent, après avoir été acidulée par l'acide azotique, se prête à la préparation du composé argentique qui fournit le cyanure d'allyle.

Une solution aqueuse de myronate de potassium chauffée en vase clos entre 110° et 120° fournit du soufre, de l'acide sulfurique, et, comme produits secondaires, de l'hydrogène sulfuré et du cyanure d'allyle. Puisque dans la fermentation du myronate de potassium il se sépare du soufre libre, M. Will a pensé que l'essence de moutarde doit contenir du cyanure d'allyle indépendamment du sulfocyanure; c'est en effet ce que l'expérience confirme. Le cyanure d'allyle ainsi obtenu diffère de celui qui se forme par l'action d'un mélange de cyanure d'argent et d'iodure d'allyle.

Le sucre mis en liberté par le dédoublement du myronate de potassium est identique avec le sucre de raisin.

On obtient l'*acide myronique libre* en mélangeant, en solutions aqueuses, 100 p. de myronate de potassium et 38 p. d'acide tartrique, évaporant et extrayant l'acide du résidu au moyen de l'alcool; ou bien on précipite la solution de myronate de baryum par une quantité équivalente d'acide sulfurique. Le liquide filtré laisse, après concentration, un sirop incristallisable, inodore, de saveur acide et amère, qui rougit fortement le tournesol, soluble dans l'alcool, insoluble dans l'éther. Sous l'influence de la chaleur, il donne divers produits volatils; la solution étendue dégage par l'ébullition de l'hydrogène sulfuré; avec la myrosine, elle donne de l'essence de moutarde.

Les myronates sont sans odeur et fournissent du sulfocyanure d'allyle par l'action de la myrosine; ils sont généralement solubles, même ceux de baryum, de plomb et d'argent. Les sels de baryum, d'ammonium, de potassium et de sodium sont cristallisables. P. S.

**MYROSINE.** — On donne le nom de myrosine au ferment soluble (voyez FERMENTATIONS, *ferments solubles*) de nature azotée contenu dans la graine de moutarde blanche et de moutarde noire, caractérisé par la propriété de dédoubler le myronate de potassium en sucre, sulfocyanure d'allyle et bisulfate de potassium. La myrosine se trouve encore dans les semences d'autres Crucifères tels que le *Raphanus sativus*, le *Brassica napus*, le *Brassica campestris*, le *Thlaspi arvense*, etc. (Lepage).

On prépare une myrosine impure en traitant la poudre de moutarde blanche par l'eau froide, filtrant et évaporant à consistance sirupeuse, à une température qui ne doit pas dépasser 40°. Le sirop est précipité par l'alcool, le précipité, lavé à l'alcool et séché, est redissous dans l'eau, filtré et évaporé à sec à 40°. La chaleur coagule la solution aqueuse de myrosine et lui fait perdre la propriété de dédoubler le myronate de potassium. Cette solution est sans action sur l'amygdaline. Elle est transparente, gommeuse, et mousse par l'agitation [Bussy, *Journ. de Pharm.*, t. XXVI, p. 44; — Winckler, *Jahrb. für Pharm.*, t. III, p. 93]. P. S.

**MYROXOCARPINE,** $C^{48}H^{70}O^6$(?). — Principe cristallisable extrait par Stenhouse d'un baume blanc provenant d'une espèce de myrospermum des environs de San-Sonate (Amérique centrale). On traite ce baume par l'alcool : la solution dépose peu à peu par le repos des cristaux volumineux de myroxocarpine accompagnée de résine. On purifie les cristaux par le charbon animal.

La myroxocarpine forme des prismes volumineux, aplatis, incolores, durs et brillants, appartenant au système orthorhombique (Miller). Rapport des axes = 1 : 0,0363, 0,7553. Angles : $mm = 102°\,12'$; $a^1p = 127°\,4'$; $e^1p = 133°\,7'$.

La myroxocarpine est insoluble dans l'eau, très-soluble à chaud dans l'alcool et dans l'éther. Elle fond à 115° et se prend par le refroidissement en une masse vitreuse. Chauffée plus fort, elle donne un sublimé, de l'acide acétique et une résine.

Elle ne se combine ni aux acides, ni aux alcalis; la potasse bouillante ne l'altère pas. L'acide nitrique et le chlore la résinifient [Stenhouse, *Ann. der Chem. u. Pharm.*, t. LXXVIII, p. 306]. E. W.

**MYROXYLIQUE (ACIDE).** — Nom donné par M. Plantamour à un produit de l'action de la potasse sur la cinnaméine brute, et qui n'est autre que de l'acide benzoïque. — Voyez t. I, p. 918.

**MYRRHE.** — Gomme résine qui découle d'un arbuste de l'Arabie et de la Nubie, le *Balsamodendron Myrrha* (Térébinthacées). Elle est en larmes rougeâtres, irrégulières, lisses ou rugueuses, dont la cassure est tout à la fois vitreuse et comme huileuse; sa saveur est âcre, son odeur forte et peu agréable. Elle se dissout dans l'alcool; l'extrait alcoolique distillé avec de l'eau fournit une huile volatile. — Voyez t. I, p. 1280.

Elle renferme, en outre, de la gomme, des sels minéraux et deux résines de solubilité différente dans l'alcool, solubles dans l'éther; la résine la plus soluble dans l'alcool fond entre 90° et 95°; on l'a appelée myrrhine. L'analyse de la myrrhe a donné les chiffres suivants :

| | Braconnot. | Brandes. | Ruickholdt. |
|---|---|---|---|
| Résine | 23,0 | 27,8 | 44,76 |
| Huile volatile | 2,5 | 2,6 | 2,18 |
| Gomme | 46,0 | 54,4 | 40,82 |
| Mucilage | 12 | 9,3 | |
| *A reporter* | 83,5 | 94,1 | |
| *Report* | 83,5 | 94,1 | |
| Sels de potassium (acétate, sulfate, malate) | » | 1,4 | Matières étrangères et cendres. 7,51 |
| Impuretés et eau | » | 1,6 | » |
| Perte | 16,5 | 2,9 | » |
| | 100,00 | 100,0 | |

[Braconnot, *Ann. de Chim.*, t. LXVIII, p. 60; — Ruickholdt, *Arch. der Pharm.*, t. XLI, p. 1]. E. G.

**MYRTE.** — Voyez Essences, t. I, p. 1280.

**MYSORINE** (Min.). — Paraît être une malachite déshydratée; brun, rouge, vert; mélangée fréquemment de limonite. Vient de Mysore (Indoustan).

# N

**NACRITE** (Min.) [Syn. *Talc granulaire*, Haüy]. — On a donné ce nom à plusieurs substances différentes, qui se présentent sous la forme de masses écailleuses ou de paillettes disséminées, d'un éclat fortement nacré, d'une couleur blanche, d'un toucher gras. La plupart des variétés paraissent devoir être rapportées au mica.

**NADELERZ.** — Voyez Aikinite.

**NAGYAGITE** (Min.) [Syn. *Elasmose*, Beudant, *Blätterz*]. — Tellurure de plomb aurifère, avec un peu de soufre, de sélénium, d'argent et de cuivre. Le tellure varie de 15 à 32 %, le plomb, de 51 à 60 %, et l'or, de 9 à 15 %. Lamelles tendres et flexibles, d'un gris de plomb foncé et d'un vif éclat métallique, facilement clivables dans une direction. Se rencontre à Nagyag et à Offenbanya (Transylvanie); dans la première localité, avec blende, rhodonite et or, dans la seconde, avec des minerais d'antimoine.

*Caractères.* — Soluble dans l'eau régale. Dans le tube ouvert, donne un sublimé d'acide antimonieux et d'acide telluroux mélangés de sel de plomb, et plus loin, un sublimé des acides libres. Sur le charbon, donne, en dehors de l'auréole d'oxyde de plomb, un enduit d'antimonite, de tellurite et de sulfate de plomb. A la flamme oxydante, il reste un globule d'or.

Dureté, 1 à 1,5. Poussière gris de plomb foncé. Densité, 6,85 à 7,2.

*Forme cristalline.* — Prisme quadratique; faces observées, $p$, $b^{1/2}$, $a^1$. Angles, $p\ b^{1/2} = 111°\ 4'$, $p\ a^1 = 118°\ 37'$. Clivage $p$ facile.

**NAPELLINE.** — Cet alcaloïde se trouve à côté de l'aconitine dans l'aconit napel (*Aconitum Napellus*). Pour le préparer, on lave l'aconitine brute avec peu d'éther, on dissout dans l'alcool la partie restée insoluble, et l'on précipite par l'acétate de plomb. Le liquide filtré, débarrassé du plomb qu'il contient par l'hydrogène sulfuré, et additionné de carbonate de potassium, est évaporé, le résidu est repris par l'alcool absolu et la solution alcoolique est décolorée par le charbon animal. La napelline reste après l'évaporation de la solution sous la forme d'une poudre blanche, amère, peu soluble dans l'éther, plus soluble que l'aconitine dans l'eau et dans l'alcool. Sa solution est alcaline et neutralise les acides; l'ammoniaque ne précipite pas ses sels [Hübschmann, *Jahresb. f. Chem.*, 1857, p. 416]. A. H.

**NAPHTADILE** (Min.). — Mélange de paraffine avec une matière résineuse, se rencontrant en abondance dans l'île de Tscheleken, mer Caspienne. Couleur brun-chocolat. Point de fusion, 75°.

**NAPHTALHYDRURES** (*hydrures de naphtaline*) [Berthelot, *Bull. de la Soc. chim.*, 1868, t. IX, p. 287]. Dans l'action de l'acide iodhydrique concentré sur la naphtaline, les produits varient suivant les proportions d'hydracide employé; lorsqu'on chauffe à 180° 1 p. de naphtaline avec 20 p. d'acide iodhydrique, il se produit un hydrocarbure liquide qui correspond à la formule $C^{10}H^{10}$ et qui représente un hydrure de naphtaline.

Ce corps bout entre 200° et 210°; il est liquide, peu mobile, d'une odeur désagréable et forte; il se dissout à froid dans l'acide azotique fumant, sans dégagement de vapeurs nitreuses; l'eau précipite de cette solution un liquide épais, dont l'odeur rappelle à la fois la nitrobenzine et la naphtaline. Le brome l'attaque violemment en donnant un produit de substitution bromé. Le même carbure se rencontre aussi dans les produits de la distillation de la houille.

En même temps que cet hydrocarbure, on en obtient un autre, bouillant vers 190°, de propriétés analogues, et qui paraît être $C^{10}H^{12}$; il est peu abondant. E. G.

**NAPHTALINE,** $C^{10}H^8$. — La naphtaline fut découverte en 1820 par Garden, qui l'obtint en chauffant au rouge du goudron de houille; l'année suivante, Kidd en fit connaître les principales propriétés physiques, mais il ne l'analysa pas; Faraday en détermina la composition et décrivit l'acide sulfonaphtalique qui le conduisit à la formule $C^{10}H^8$ pour la naphtaline. Dumas en prit la densité de vapeur et en fixa ainsi le poids moléculaire; c'est surtout à Laurent qu'on en doit une investigation approfondie; ce chimiste étudia, pendant plusieurs années, l'action du chlore, du brome, de l'acide azotique et des oxydants sur la naphtaline, et décrivit une foule de dérivés. Depuis Laurent, la naphtaline a été l'objet de nombreux travaux qui ont ajouté beaucoup de faits à l'histoire si riche de cet hydrocarbure [Garden, *Annals of Philosoph.* de Thomson, t. XV, p. 74; — Kidd, *Philosoph. Trans.*, 1821, et *Ann. de Chim. et de Phys.*, 1821, t. XIX, p. 273; — Faraday, *Philos. Trans.*, 1826, et *Ann. de Chim. et de Phys.*, (1827), t. XXXIV, p. 164; — Dumas, *Ann. de Chim. et de Phys.*,

t. L, p. 182; — Laurent, même recueil, t. XLIX, p. 214]. — Dans la bibliographie précédente, nous n'avons rapporté que les mémoires ayant trait à la découverte de la naphtaline et à celle de ses propriétés qui l'ont caractérisée comme espèce chimique; les autres mémoires seront cités à mesure que nous étudierons les dérivés de la naphtaline.

La naphtaline se produit par l'action d'une température rouge sur les matières organiques; le goudron obtenu dans la fabrication du gaz d'éclairage par la distillation sèche de la houille, des résines ou des huiles en fournit de notables quantités. Reichenbach l'a trouvée dans le noir de fumée, dans le goudron des matières animales; il a également reconnu que le corps cristallisé obtenu par de Saussure en décomposant l'alcool à une température élevée était de la naphtaline, ce qui a été confirmé par les recherches ultérieures de M. Berthelot. La naphtaline a été également observée par Pelletier et Walter dans la distillation sèche de la poix, et par d'Arcet dans la destruction du camphre au rouge. M. Berthelot en a constaté la formation dans un grand nombre de circonstances: dans la décomposition par la chaleur rouge de l'acide acétique, du toluène, du xylène, du cumène, par la réaction pyrogénée du chlorure de Julin (benzine perchlorée), par l'action réciproque au rouge de l'éthylène et du cinnamène, ainsi que celle de l'acétylène et du cinnamène, de l'éthylène et de la benzine, de l'éthylène et de l'anthracène; la naphtaline se forme également lorsque de l'acétylène pur est dirigé à travers un tube chauffé au rouge vif (voyez RÉACTIONS PYROGÉNÉES). La naphtaline se forme aussi lorsqu'on dirige un mélange de sulfure de carbone et d'hydrogène sulfuré sur de la tournure de cuivre chauffée au rouge (Berthelot). Le chlorure de méthyle, dirigé dans un tube de porcelaine chauffé au rouge, donne de la naphtaline (A. Perrot) [Reichenbach, *Ann. de Chim. et de Phys.*, t. XLIX, p. 36; — Berthelot, *Chimie fondée sur la synthèse*, t. I, p. 34, p. 50, et *Bull. de la Soc. chim.*, 1866, t. VII, p. 217, p. 274, p. 303; — A. Perrot, *Ann. de Chim. et de Phys.*, t. XLIX, p. 95].

*Préparation.* — La préparation de la naphtaline est aujourd'hui une opération industrielle. — Voyez GOUDRON, t. I, p. 1633, et NAPHTALINE (*couleurs*), t. II, p. 502.

La naphtaline du commerce peut être obtenue très-pure par sublimation et recristallisation.

*Propriétés.* — La naphtaline se présente sous la forme de lamelles blanches et brillantes, d'une odeur goudronneuse, d'une saveur âcre et aromatique. Obtenue par sublimation, elle est en lames rhomboïdales extrêmement minces de 122° et 78°; d'après Laurent, en abandonnant à l'évaporation spontanée une solution éthérée de naphtaline, on obtient des prismes monocliniques. Sa densité est de 1,158 à 18° (Reichenbach). D'après Kopp, la naphtaline présente à 79°,2 (point de fusion qu'il lui attribue) une densité de 0,9778; à 99°,32 la densité est de 0,96228 (Alluard).

Elle fond à 79° (Dumas), 79°,2 (Kopp), 79°,91 (Alluard). Sa chaleur spécifique à l'état solide entre 0° et 20° = 0,3207; entre 20° et 66° = 0,3249, et à l'état liquide entre 80° et 130° = 0,4176. Sa chaleur latente de fusion = 35,6792 [Alluard, *Ann. de Chim. et de Phys.*, (3), t. LVII, p. 681].

Elle bout à 220°; de 216°,8 à 217°,2 sous la pression de 760 millimètres (Kopp).

Elle se sublime à une température moins élevée; elle distille facilement avec les vapeurs d'eau et avec les hydrocarbures liquides. Elle brûle avec une flamme excessivement fuligineuse. Elle est insoluble dans l'eau froide, et très-peu soluble dans l'eau bouillante qui devient laiteuse par le refroidissement; elle est très-soluble dans l'alcool, l'éther, les huiles grasses et les huiles essentielles. Une dissolution de naphtaline dans 4 fois son poids d'alcool bouillant se prend par le refroidissement en une masse cristalline solide. Elle est également soluble dans l'acide acétique, l'acide oxalique et un peu dans l'acide chlorhydrique chaud (Kidd). Sa solution dans l'essence de térébenthine est accompagnée d'un abaissement de température.

Vohl a constaté quelques propriétés intéressantes de la naphtaline: lorsqu'elle est fondue, elle absorbe une très-grande quantité d'air qu'elle abandonne de nouveau par le refroidissement. Lorsqu'on opère sur un kilogramme de naphtaline, le dégagement de l'air se fait avec effervescence. Cet air est beaucoup plus riche en oxygène que l'air ordinaire. Fondue, la naphtaline dissout l'indigo, le phosphore, le soufre, les sulfures d'arsenic, d'étain et d'antimoine, qui s'en séparent cristallisés par le refroidissement [Vohl, *Dingler's polyt. Journ.*, t. CLXXXVI, et *Bull. de la Soc. chim.*, 1868, t. IX, p. 336].

Les alcalis sont sans action sur la naphtaline. Traitée par l'acide sulfurique, elle fournit des dérivés sulfoconjugués (voyez plus loin). L'acide azotique la transforme en dérivés nitrés; par une action prolongée de l'acide azotique, on obtient de l'acide phtalique ou nitrophtalique et de l'acide oxalique (Laurent) [voyez *Dérivés nitrés*]. Les autres agents oxydants (acide chromique, peroxyde de manganèse et acide sulfurique) donnent de l'acide phtalique et des matières colorantes (Laurent, Vohl, Lossen); l'une de ces matières colorantes a été appelée *carminaphte* (voyez ce mot). Laurent avait signalé, comme produit d'oxydation de la naphtaline par le bichromate de potassium et l'acide sulfurique, un acide blanc qu'il avait appelé *naphtésique*. D'après Lossen, cet acide n'est autre que l'acide phtalique. L'oxydation par le permanganate de potassium fournit également de l'acide phtalique. Avec le peroxyde de manganèse et l'acide sulfurique, il se forme du *dinaphtyle* $(C^{10}H^7)^2$ et des matières colorantes complexes (voyez NAPHTYLE) [Lossen, *Zeitsch. für Chem.*, nouv. sér., t. III, p. 419, et *Bull. de la Soc. chim.*, 1867, t. VIII, p. 342]. D'après Vohl (mém. cité), on peut facilement isoler le *carminaphte*. — Voyez t. I, p. 769.

La naphtaline soumise à l'action du chlore fournit un bichlorure $C^{10}H^8Cl^2$ et un tétrachlorure $C^{10}H^8Cl^4$, qui, eux-mêmes, donnent des dérivés chlorés. Avec le brome, il se produit de la bromonaphtaline et des bromures de naphtaline bromée (Laurent). Un mélange de chlorate de potassium et d'acide chlorhydrique froid transforme la naphtaline en un mélange de tétrachlorure de naphtaline et de tétrachlorure de naphtaline chlorée (P. et E. Depouilly. — Voyez plus loin *Dérivés chlorés et nitrés*).

Par l'action de l'acide iodhydrique concentré, on obtient divers hydrocarbures suivant la durée de la réaction, la température et la concentration de l'acide: 1 p. de naphtaline chauffée à 280° avec 80 p. d'une solution saturée d'acide iodhydrique fournit de l'hydrure d'hexyle $C^6H^{14}$, de l'hydrure de décyle $C^{10}H^{22}$ et de l'hydrure d'éthyle $C^2H^6$. Avec 20 p. d'acide iodhydrique seulement, on obtient de l'hydrure de naphtaline $C^{10}H^{10}$ (voyez *Naphtalhydrures*) et probablement de l'hydrure $C^{10}H^{12}$. En prolongeant la réaction avec les mêmes proportions de naphtaline et d'acide iodhydrique, on obtient de la benzine, de l'éthylbenzine $C^6H^5.C^2H^5$, de la diéthylbenzine $C^6H^4(C^2H^5)^2$. Enfin avec 25 p. d'acide iodhydrique, on obtient la diéthylbenzine, l'hydrure de décyle, l'hydrure d'hexyle, la benzine, et peut-être de l'hydrure d'amyle et de l'hydrure d'octyle [Berthelot, *Bull. de la Soc. chim.*, 1868, t. IX, p. 285].

Lorsque la naphtaline dissoute dans le sulfure

de carbone est traitée par l'oxychlorure de sulfuryle

$$SO^2 \left\{ \begin{array}{l} OH \\ Cl \end{array} \right.$$

molécule pour molécule, il se produit une violente réaction qui donne naissance aux acides naphtyl-sulfureux $\alpha$ et $\beta$. Par l'action de deux molécules d'oxychlorure sur la naphtaline, il se produit de l'acide naphtène-disulfureux [Armstrong, *Journ. of the Chem. Society*, t. IX, p. 176]. La naphtaline, traitée par l'acide hypochloreux suivant la méthode de Carius, fournit une chlorhydrine $C^{10}H^{10}Cl^2O^2$?, qui, saponifiée, donne un composé tétratomique, l'alcool *napthénique* $C^{10}H^{12}O^4$. — Voyez t. II, p. 513.

Traitée par le chlorate de potassium et l'acide sulfurique, mélange qui donne de l'acide chloreux, la naphtaline donne lieu à plusieurs produits; il se forme un acide $C^{10}H^7ClO^5$, amorphe, que l'eau décompose à chaud en acide chlorhydrique et en un acide $C^{10}H^8O^6$, assez soluble, amorphe et dont les sels acides cristallisent bien; le sel barytique qui renferme $(C^{10}H^7O^6)^2Ba$ donne par la chaleur un sublimé blanc (anhydride phtalique?) et de la naphtoquinone. Dans la même réaction il se produit aussi de l'acide phtalique, de l'acide carbonique, de la bichloronaphtaline, et un sulfacide dont le sel potassique brun cristallin renferme $C^{10}H^4KClSO^6$; il donne de la naphtoquinone par la distillation sèche [Th. Hermann, *Zeitsch. für Chem.*, nouv. sér., t. IV, p. 551, et *Bull. de la Soc. chim.*, 1869, t. XI, p. 166]. — Voyez NAPHTOXALIQUE (ACIDE), t. II, p. 523.

Lorsqu'on dissout dans l'alcool bouillant de l'acide picrique et de la naphtaline et qu'on laisse refroidir, on obtient une combinaison de molécules égales des deux corps en longues aiguilles d'un jaune d'or, fusibles à 149°; l'ammoniaque leur enlève tout l'acide picrique et laisse la naphtaline [Fritzsche, *Compt. rend.*, t. XLVII, p. 723, et *Répert. de Chim. pure*, 1859, p. 264]. On obtient cette combinaison en ajoutant une solution alcoolique saturée à froid de naphtaline à une solution alcoolique d'acide picrique saturée vers 30° ou 40°; il se forme immédiatement un précipité caractéristique formé de belles aiguilles jaunes, qui, traitées par un excès d'alcool, se dissolvent rapidement en se décomposant [Berthelot, *Bull. de la Soc. chim.*, 1867, t. VII, p. 31]. La naphtaline se combine de même à l'acide binitrophénique, en donnant des aiguilles microscopiques, solubles dans la benzine bouillante, dans l'eau bouillante et dans l'éther [J. Gruner, *Journ. für prakt. Chem.*, t. CII, p. 222, et *Bull. de la Soc. chim.*, 1868, t. IX, p. 236].

Lorsqu'on fait dissoudre dans l'alcool faible du cyanure de mercure et de la naphtaline, et qu'on fait passer du chlore dans la liqueur la naphtaline disparaît et se trouve remplacée par une huile jaune, dont la nature n'est pas connue.

Le protochlorure de soufre chauffé avec la naphtaline donne du soufre et de la naphtaline bichlorée.

*Usages de la naphtaline.* — La grande quantité de naphtaline produite dans la distillation des houilles a depuis longtemps attiré l'attention sur ce corps, et a engagé les personnes qui s'occupent d'applications industrielles à lui trouver un emploi : malgré de nombreux travaux, les usages de la naphtaline sont encore fort restreints. Lors de la découverte des couleurs d'aniline, on obtint des couleurs analogues avec la naphtylamine, mais leur manque d'éclat s'est opposé à leur introduction dans l'industrie.

Récemment Clavel a obtenu une matière rouge, *rouge de naphtaline*, qui, suivant l'auteur, serait plus solide que la fuchsine, et s'en rapprocherait comme nuance [voyez pour les détails NAPHTALINE (*couleurs de*), t. II, p. 506]. Le naphtol et la nitronaphtaline fournissent des matières jaunes douées d'un grand pouvoir tinctorial.

M. E. Pelouze recommande l'emploi de la naphtaline pour préserver les plantes des insectes, qu'elle ne détruit pas, mais qu'elle fait fuir [*Bull. de la Soc. d'Encourag.*, nov. 1867, p. 737].

On a aussi employé la naphtaline en médecine soit à l'intérieur dans les affections des bronches, soit à l'extérieur contre des maladies de la peau.

*Constitution de la naphtaline.* — M. Erlenmeyer considère la naphtaline comme formée par la soudure de deux anneaux benzéniques, qui auraient deux atomes de carbone communs, et la représente par la formule de constitution suivante :

```
        H           H
        C           C
     ⁄⁄   ╲       ╱   ╲╲
  HC         C          CH
  |          ‖           |
  HC         C          CH
     ╲╲   ╱       ╲   ⁄⁄
        C           C
        H           H
```

M. Græbe a rapporté les faits suivants à l'appui de cette manière de voir :

Lorsqu'on traite la naphtoquinone bichlorée

$$C^6H^4 \left\{ \begin{array}{l} C^4(O^2)'' \\ Cl^2 \end{array} \right.$$

par les agents d'oxydation, elle fournit de l'acide phtalique par suite de la destruction du groupe de droite. Mais si l'on traite par le perchlorure de phosphore la naphtoquinone bichlorée, on obtient la naphtaline pentachlorée $C^6H^3Cl, C^4Cl^4$, qui par oxydation devrait donner de l'acide phtalique monochloré. Or ce corps fournit de l'acide phtalique tétrachloré, ce qui prouve que le groupe $C^4Cl^4$ forme avec deux atomes de carbone du groupe $C^6H^3Cl$ un noyau benziné chloré, que la naphtaline, par conséquent, est formée par deux groupes symétriques [Erlenmeyer, *Ann. Chem. Pharm.*, t. CXXXVII, p. 346; — Græbe, *Zeitsch. für Chem.*, (2), t. IV, p. 114, et *Bull. de la Soc. chim.*, 1868, t. X, p. 423].

### DÉRIVÉS BROMÉS ET CHLORÉS DE LA NAPHTALINE.

La naphtaline fournit de nombreux dérivés bromés et chlorés, dont l'étude est due surtout à Laurent [*Ann. de Chim. et de Phys.*, (2e sér.), t. XLIV, p. 218, t. LII, p. 275; *Revue scient.*, t. XI, p. 261, t. XII, p. 193, t. XIII, p. 66 et 579, t. XIV, p. 74 et 313]. Depuis, quelques faits ont été ajoutés à l'histoire des naphtalines bromées, par Glaser, et à celle des naphtalines chlorées, par Faust et Saame.

Les dérivés bromés et chlorés de la naphtaline sont, les uns, des produits d'addition ou d'addition et de substitution; ils renferment un nombre d'atomes monatomiques supérieur à 8, et sont rangés dans les deux types $C^{10}X^{10}$ et $C^{10}X^{12}$, X représentant des proportions différentes d'hydrogène et de chlore, ou d'hydrogène, de chlore et de brome, etc.; les autres sont des produits de substitution, dans lesquels l'hydrogène est remplacé par du chlore ou du brome, ou par ces deux éléments à la fois. On peut classer tous ces composés dans l'ordre suivant :

#### I. PRODUITS D'ADDITION.

| | |
|---|---|
| Bichlorure de naphtaline............ | $C^{10}H^8Cl^2$. |
| Tétrachlorure....................... | $C^{10}H^8Cl^4$. |
| Bromotrichlorure.......... ......... | $C^{10}H^8Cl^3Br$. |

#### II. PRODUITS D'ADDITION ET DE SUBSTITUTION.

*A. Produits bromés.*

| | |
|---|---|
| Bibromure de naphtaline tribromée.. | $C^{10}H^5Br^3, Br^2$. |
| Tétrabromure de naphtaline bibromée. | $C^{10}H^6Br^2, Br^4$. |
| Tétrabromure de naphtaline tribromée | $C^{10}H^5Br^3, Br^4$. |

*B. Produits chlorés.*

Tétrachlorure de naphtaline chlorée $C^{10}H^7Cl, Cl^4$.
Tétrachlorure de naphtaline bichlorée $C^{10}H^6Cl^2, Cl^4$.

*C. Produits chlorobromés.*

Bichlorure de naphtaline bromée... $C^{10}H^7BrCl^2$.
Tétrachlorure de naphtaline bibromée $C^{10}H^6Br^2Cl^4$.
Tétrabromure de naphtaline bichlorée $C^{10}H^6Cl^2, Br^4$.
Tétrabromure de naphtaline bromochlorée........................ $C^{10}H^6BrCl, Br^4$.
Tétrachlorure de naphtaline bibromochlorée........................ $C^{10}H^5Br^2Cl, Cl^4$.

III. PRODUITS DE SUBSTITUTION.

*A. Produits bromés.*

Naphtaline monobromée.............. $C^{10}H^7Br$.
— bibromée.................. $C^{10}H^6Br^2$.
— tribromée.................. $C^{10}H^5Br^3$.
— tétrabromée.............. $C^{10}H^4Br^4$.

*B. Produits chlorés.*

Naphtaline chlorée..................... $C^{10}H^7Cl$.
— bichlorée................... $C^{10}H^6Cl^2$.
— trichlorée.................. $C^{10}H^5Cl^3$.
— tétrachlorée.............. $C^{10}H^4Cl^4$.
— pentachlorée.............. $C^{10}H^3Cl^5$.
— sexchlorée................. $C^{10}H^2Cl^6$.
— perchlorée................. $C^{10}Cl^8$.

*C. Produits chlorobromés.*

Naphtaline bromobichlorée.......... $C^{10}H^5BrCl^2$.
— bromotrichlorée......... $C^{10}H^4BrCl^3$.
— bibromobichlorée........ $C^{10}H^4Br^2Cl^2$.
— bibromotrichlorée....... $C^{10}H^3Br^2Cl^3$.

En outre, plusieurs de ces corps offrent de nombreux cas d'isomérie; ainsi Laurent a décrit sept naphtalines bichlorées isomères.

Dans l'étude de ces dérivés, nous reproduirons l'excellent résumé des travaux de Laurent donné par Gerhardt dans son *Traité de Chimie*, t. III, p. 417, en ayant soin d'y ajouter quelques faits récemment découverts; nous modifierons seulement la nomenclature de Gerhardt, qui n'est plus en harmonie avec les dénominations chimiques actuellement adoptées; ainsi ce chimiste désignait le composé $C^{10}H^8Cl^4$ sous le nom de bichlorure, tandis que nous l'appellerons tétrachlorure, pour indiquer le nombre des atomes de chlore ajoutés à la naphtaline; la nomenclature de Gerhardt indiquait le nombre de molécules de chlore $Cl^2$.

### I. — Produits d'addition.

BICHLORURE DE NAPHTALINE (*chlorure de naphtaline*, Gerhardt), $C^{10}H^8Cl^2$. — Ce composé, premier produit de l'action du chlore sur la naphtaline, est difficile à obtenir à l'état de pureté; pour le préparer, on fait passer du chlore dans de la naphtaline jusqu'à ce qu'elle ait une consistance butyreuse, on maintient le tout pendant quelques jours à 50-60° pour chasser l'excès de naphtaline, puis on ajoute de l'éther qui laisse presque tout le tétrachlorure de naphtaline; la solution éthérée, abandonnée au froid, dépose le reste de ce tétrachlorure; après distillation de l'éther, il reste une huile qui constitue le bichlorure de naphtaline $C^{10}H^8Cl^2$. Ce corps est très-soluble dans l'éther, moins soluble dans l'alcool; par des distillations répétées, il se convertit en chloronaphtaline; la potasse alcoolique à l'ébullition amène rapidement cette transformation.

TÉTRACHLORURE DE NAPHTALINE (*bichlorure*, Gerhardt), $C^{10}H^8Cl^4$. — Laurent a décrit deux modifications de ce tétrachlorure:

1° *Modification α.* — Lorsqu'on dirige un courant rapide de chlore sur de la naphtaline, celle-ci entre en fusion, puis s'épaissit peu à peu et se prend en une masse semblable à l'huile d'olive figée; d'autres fois, il se dépose des cristaux grenus, recouverts d'une couche huileuse. Le produit de la réaction est formé de bichlorure huileux, des deux tétrachlorures α et β, et de tétrachlorure de chloronaphtaline. On additionne le tout d'éther, on filtre et on traite le résidu par l'huile de naphte bouillante, qui dissout facilement le tétrachlorure α et l'abandonne presque entièrement par le refroidissement; on lave les cristaux recueillis sur un entonnoir avec un peu d'éther, pour enlever les dernières traces d'huile de naphte.

Le tétrachlorure de naphtaline α est en prismes courts, appartenant au système monoclinique, incolores, transparents, inodores insolubles dans l'eau, peu solubles dans l'alcool et dans l'éther, très-solubles dans l'huile de naphte bouillante. Il fond à 160°, d'après Laurent, et se solidifie à 150°, par l'addition d'un petit cristal, en tables rhomboïdales parfaitement nettes. Si on le laisse refroidir sans addition, il peut rester en surfusion jusqu'à 100-110°, et alors se prend en aiguilles concentriques. Par la distillation sèche, il se décompose en fournissant quatre naphtalines bichlorées, *a*, *c*, *f* et *x*. Avec la potasse alcoolique, il se décompose à l'ébullition en donnant deux naphtalines bichlorées, *e* et *ad*.

Lorsqu'on a fait recristalliser plusieurs fois le tétrachlorure obtenu suivant le procédé de Laurent, dans l'huile de naphte, son point de fusion s'élève jusqu'à 180° (E. Grimaux).

Le tétrachlorure de naphtaline, chauffé avec 30 fois son poids d'eau à 200°, ou bouilli avec de l'eau pendant deux ou trois jours, se saponifie en partie et fournit un glycol chloré $C^{10}H^8Cl^2(OH)^2$. Bouilli avec l'azotate d'argent, ou avec de l'acide azotique très-faible, il donne le même glycol et un corps fusible à 193°, qui paraît être la première aldéhyde de ce glycol. — Voyez NAPHTHYDRÈNE, t. II, p. 513 (E. Grimaux).

Bouilli avec l'acide azotique concentré, ce tétrachlorure donne de l'acide phtalique (Laurent).

MM. Faust et Saame ont obtenu un tétrachlorure qui paraît identique avec le précédent, cristallisable dans le chloroforme en rhomboèdres volumineux, fusibles à 182°, et donnant par la potasse alcoolique une naphtaline bichlorée, fusible à 35-36°, et bouillant à 280-282°. Ils n'ont pas pu obtenir les autres naphtalines bichlorées décrites par Laurent [*Zeitsch. für Chem.*, t. V, p. 705, et *Bull. de la Soc. chim.*, 1870, t. XIII, p. 364].

2° *Modification β.* — Ce tétrachlorure se distingue du précédent par sa solubilité dans l'éther, il se trouve dans l'éther avec lequel on a lavé le *tétrachlorure α*. On soumet cette solution éthérée à l'action du froid; il se sépare un mélange cristallin, qu'on dissout dans l'alcool bouillant; celui-ci dépose du tétrachlorure α par le refroidissement. L'évaporation spontanée, si elle est lente, abandonne d'abord ce même composé, puis des mélanges du corps α avec le corps β; on lave tous ces dépôts avec de l'éther, qui dissout le second immédiatement; on réitère les cristallisations jusqu'à ce que la matière se dissolve instantanément dans l'éther sans laisser de résidu.

Le tétrachlorure β est incolore, inodore, très-soluble dans l'alcool, l'éther et l'huile de pétrole; il cristallise en petites lamelles sans forme déterminable, et réunies en boule qui ont souvent un grand diamètre. Par la distillation, il donne de la bichloronaphtaline *c*; par la potasse alcoolique, de la naphtaline bichlorée *f*.

BROMOTRICHLORURE, $C^{10}H^8Cl^3Br$. — Il se produit par l'action du brome sur le tétrachlorure, en abandonnant le mélange pendant 48 heures dans un flacon. On lave dans de l'alcool tiède, puis on dissout le résidu dans l'éther bouillant. Ce corps est en prismes monocliniques, plus solubles dans l'éther que le tétrachlorure α, mais moins que le tétrachlorure β.

## II. — Produits d'addition et de substitution.

### A. *Produits bromés.*

BIBROMURE DE TRIBROMONAPHTALINE,

$C^{10}H^5Br^3,Br^2$.

— Il se rencontre quelquefois avec le tétrabromure de naphtaline tribromée; pour le séparer, on fait bouillir le mélange avec l'éther, qui dissout seulement le bibromure et l'abandonne par le refroidissement sous la forme d'une poudre blanche composée d'aiguilles microscopiques.

TÉTRABROMURE DE BIBROMONAPHTALINE,

$C^{10}H^6Br^2,Br^4$.

— Laurent le prépare en versant du brome sur de la naphtaline ou de la naphtaline bibromée; au bout de quelques heures, il se sépare une poudre blanche cristalline, qu'on purifie en la lavant avec de l'éther dans lequel elle est très-peu soluble. Dissous dans l'éther bouillant, ce corps se dépose sous la forme de tables rhomboïdales microscopiques; par la distillation, il fournit de la naphtaline tétrabromée.

TÉTRABROMURE DE TRIBROMONAPHTALINE,

$C^{10}H^5Br^3,Br^4$.

— Il se produit lorsqu'on chauffe du brome avec de la bibromonaphtaline; il cristallise en prismes tricliniques, très-peu solubles dans l'éther. Par la distillation il se décompose en dégageant du brome, et fournit un produit qui n'a pas été étudié.

### B. *Produits chlorés.*

TÉTRACHLORURE DE CHLORONAPHTALINE,

$C^{10}H^7Cl,Cl^4$.

— Deux modifications isomériques de ce corps ont été décrites par Laurent : l'une solide, fusible à 105°, l'autre liquide. Faust et Saame, en prolongeant l'action du chlore sur la naphtaline, et reprenant le produit par l'huile légère de pétrole, ont vu se déposer de la solution un composé de même formule, solide, cristallisant dans le chloroforme en prismes clinorhombiques, fusibles à 128-130°, et que la potasse alcoolique transforme en une trichloronaphtaline fusible à 81°.

*Modification solide.* — Dans la préparation du tétrachlorure $\alpha$, lorsqu'on a séparé celui-ci par l'éther, on évapore ce dernier, et, dans la partie huileuse, on dirige un courant de chlore pendant deux ou trois jours; lorsque la liqueur devient trop épaisse, on la chauffe légèrement pour la rendre plus fluide; on l'abandonne ensuite au repos dans un endroit frais, après y avoir ajouté quelques gouttes d'éther; il se forme ainsi un dépôt cristallin. On décante l'huile, qui constitue le tétrachlorure de chloronaphtaline liquide, on lave le résidu solide avec un peu d'éther, et on le fait dissoudre dans l'éther bouillant, on laisse la solution éthérée s'évaporer lentement. Il se dépose au bout de quelques jours du tétrachlorure de naphtaline $\alpha$ et du tétrachlorure de chloronaphtaline. Comme les cristaux de ce dernier sont très-gros, ils sont faciles à reconnaître; on les trie avec une pince.

Ce corps est incolore, transparent, inodore, insoluble dans l'eau, peu soluble dans l'alcool, assez soluble dans l'éther; il cristallise en prismes du système rhombique. Il fond à 105°; complètement fondu, il reste en surfusion jusqu'à 54°, et cristallise alors en mamelons formés de zones concentriques; mais si l'on projette un petit fragment de cristal dans la matière fondue, elle se prend à 105° en belles tables obliques à base rhombe. La potasse alcoolique bouillante le transforme en trois naphtalines trichlorées, $a$, $c$ et $g$. L'acide azotique bouillant le convertit en acide chloroxynaphtalique, en acides phtalique et oxalique et en chlorure de chloroxynaphtyle.

*Modification liquide.* — Par la distillation, elle ne fournit presque que de la trichloronaphtaline $a$.

MM. P. et E. Depouilly obtiennent facilement des mélanges de tétrachlorure de naphtaline et de tétrachlorure de chloronaphtaline solide en traitant à froid la naphtaline par l'acide chlorhydrique et le chlorate de potassium [*Bull. de la Soc. chim.*, 1865, t. IV, p. 10].

En reprenant par un excès d'huile de naphte bouillante le produit brut qui se forme ainsi, décantant l'huile aussitôt après le refroidissement, comprimant les cristaux, et les lavant avec un peu d'éther, on obtient près de 40 % de tétrachlorure de naphtaline fondant à 179° et ne renfermant que des traces de tétrachlorure chloré (E. Grimaux).

TÉTRACHLORURE DE NAPHTALINE BICHLORÉE, $C^{10}H^6Cl^2,Cl^4$. — Laurent en a décrit trois modifications : deux liquides et une solide fusible à 141°; Faust et Saame ont décrit une modification fusible à 172°.

*Modification cristallisée.* — Elle se produit par l'action du chlore sur la naphtaline bichlorée $c$ fondue, ou en faisant passer du chlore dans le mélange brut des bichloronaphtalines obtenues par la distillation du tétrachlorure de naphtaline $\alpha$. On l'isole en lavant le produit avec de l'éther froid, puis faisant dissoudre dans l'éther bouillant. Il se dépose de petits cristaux nets, brillants, appartenant au système monoclinique, peu solubles dans l'éther, encore moins solubles dans l'alcool, fondant à 141°. La distillation le décompose en tétrachloronaphtaline $b$, mélangée d'un peu de tétrachloronaphtaline $a$; avec la potasse alcoolique, il se forme de la tétrachloronaphtaline $k$.

*Modification liquide A.* — Produit de l'action du chlore sur la dichloronaphtaline $a$; à la distillation, elle donne la tétrachloronaphtaline $a$.

*Modification liquide X.* — Elle résulte de l'action du chlore sur la dichloronaphtaline $x$; à la distillation, elle donne la tétrachloronaphtaline $e$.

Le *tétrachlorure de bichloronaphtaline* décrit par Faust et Saame est en prismes clinorhombiques à quatre pans, fusibles à 172°. L'acide azotique bouillant le convertit en acide dichlorophtalique $C^8H^4Cl^2O^4$. Il a été obtenu en décomposant par la potasse alcoolique les chlorures bruts de naphtaline séparés du tétrachlorure $\alpha$, rectifiant le produit de la réaction, et traitant par le chlore les portions qui n'ont pas de point d'ébullition fixe.

### C. *Produits d'addition et de substitution chlorobromés.*

BICHLORURE DE BROMONAPHTALINE,

$C^{10}H^7Br,Cl^2$.

— On fait passer du chlore dans de la bromonaphtaline brute, celle-ci s'épaissit et laisse déposer une matière cristalline; on ajoute un peu d'éther, et 24 heures après on décante la matière huileuse, on lave le produit solide avec de l'éther froid, et on le fait dissoudre dans une grande quantité d'éther bouillant. Le bichlorure de bromonaphtaline est en petites tables qui dérivent d'un prisme oblique à base rhombe. Il fond vers 165°.

TÉTRACHLORURE DE BIBROMONAPHTALINE,

$C^{10}H^6Br^2,Cl^4$.

— Ce composé s'obtient par l'action du chlore sur la naphtaline bibromée fondue; il se forme une huile épaisse qu'on additionne d'un peu d'éther, et qui laisse déposer une poudre cristalline de tétrachlorure de bibromonaphtaline. Ce corps cristallise en longs prismes monocliniques, incolores, très-peu solubles dans l'alcool et dans l'éther, fusibles vers 155°. Par la distillation, il donne un mélange de bromotrichloronaphtaline β et de tétrachloronaphtaline *α*.

TÉTRABROMURE DE BICHLORONAPHTALINE,

$C^{10}H^{6}Cl^{2}, Br^{4}$.

— Lorsqu'on verse du brome sur de la naphtaline bichlorée *c* en ayant soin d'employer un excès de celle-ci, elle se dissout d'abord, puis laisse déposer une croûte cristalline qu'on lave à l'éther froid, et qu'on fait dissoudre à chaud dans l'éther. Il se dépose des cristaux appartenant au système monoclinique, très-irréguliers, présentant rarement des modifications symétriques. Ce corps est incolore, très-peu soluble dans l'éther, fusible au-dessus de 100°; la chaleur le décompose en mettant du brome en liberté et régénérant de la naphtaline bichlorée. Avec un excès de brome, il se produit divers composés difficiles à séparer les uns des autres.

TÉTRABROMURE DE BROMOCHLORONAPHTALINE,

$C^{10}H^{6}ClBr, Br^{4}$.

— Lorsqu'on verse un excès de brome sur de la chloronaphtaline, il se dégage de l'acide bromhydrique, et le tétrabromure se dépose par le refroidissement; on le fait dissoudre dans une grande quantité d'éther bouillant. Il est en petits prismes incolores appartenant au système triclinique, et fond vers 110° en se décomposant avec dégagement de brome et d'acide bromhydrique.

TÉTRACHLORURE DE BIBROMOCHLORONAPHTALINE, $C^{10}H^{5}Br^{2}Cl, Cl^{4}$. — Produit par l'action du chlore sur le tétrachlorure de naphtaline bibromée; il cristallise en prismes tricliniques, très-peu solubles dans l'éther, fusibles vers 150°. Une dissolution alcoolique et bouillante de potasse le change en naphtaline bibromotrichlorée *α*.

### III. — PRODUITS DE SUBSTITUTION.

#### A. *Produits de substitution bromés.*

NAPHTALINES BROMÉES [Laurent; — H. Glaser, *Ann. der Chem. u. Pharm.*, t. CXXXV, p. 40, et *Bull. de la Soc. chim.*, 1866, t. V, p. 365].

NAPHTALINE MONOBROMÉE, $C^{10}H^{7}Br$. — On peut l'obtenir par l'action directe du brome sur la naphtaline (Laurent), ou sur la naphtaline recouverte d'une couche d'eau (Wahlforss); mais on la prépare plus commodément en dissolvant la naphtaline dans le sulfure de carbone, y ajoutant peu à peu le brome, et distillant le sulfure de carbone quand il ne se dégage plus d'acide bromhydrique; on purifie la bromonaphtaline par la distillation fractionnée.

La bromonaphtaline est huileuse, incolore, d'une densité de 1,555. Elle bout à 285° (Glaser), 277° (Wahlforss). Elle est soluble dans l'alcool et dans l'éther, inattaquable par une solution alcoolique et bouillante de potasse. Traitée par le sodium, elle donne une petite quantité de dinaphtyle (Lossen). L'acide azotique concentré la décompose par une ébullition prolongée. Chauffée pendant quelque temps avec de l'iodure de potassium et de l'alcool à 250°, elle se décompose en partie et l'iode se substitue au brome.

NAPHTALINE BIBROMÉE, $C^{10}H^{6}Br^{2}$. — Par l'addition de 2 molécules de brome à la naphtaline, il se forme de la naphtaline bibromée qui cristallise en longues aiguilles, très-solubles dans l'alcool et dans l'éther, fusibles à 59° (Laurent), à 81° (Glaser), et se solidifiant entre 50° et 70°. Elle est volatile sans décomposition, et inattaquable par la potasse alcoolique bouillante, soluble dans l'alcool et dans l'éther. Lorsqu'on fait cristalliser la naphtaline bibromée brute dans l'alcool, les eaux mères laissent déposer des cristaux mamelonnés d'une bibromonaphtaline isomérique, plus soluble dans l'alcool et fondant à 76° (Glaser).

NAPHTALINE TRIBROMÉE, $C^{10}H^{5}Br^{3}$. — Laurent l'a obtenue en aiguilles plates, extrêmement déliées, fusibles vers 60°, en chauffant la naphtaline bibromée avec un excès de brome. Suivant Glaser, elle distille sans altération et fond à 75°. Dans la préparation du tétrabromure de naphtaline bibromée, il se forme des produits secondaires huileux, qui laissent déposer de petits grains solides de naphtaline tribromée, qu'on débarrasse de produits liquides par compression et cristallisation. Les produits huileux eux-mêmes, qui sont des mélanges de divers bromures de naphtaline bromée, étant soumis à l'ébullition avec la potasse, se décomposent en fournissant une huile qui, distillée, se concrète en donnant de la tribromonaphtaline.

NAPHTALINE TÉTRABROMÉE, $C^{10}H^{4}Br^{4}$. — En distillant le tétrabromure de bibromonaphtaline, il se produit un mélange de deux substances, qu'on sépare en lavant le mélange à l'éther, puis l'introduisant dans un tube de verre scellé avec de l'éther, et chauffant à 100°; après le refroidissement, le tube renferme deux corps cristallisés, l'un en prismes courts, brillants, l'autre en aiguilles fines. Le premier est de la naphtaline tétrabromée, volatile sans décomposition, peu soluble dans l'alcool et dans l'éther; le second paraît être un isomère. Les aiguilles qui se forment sont élastiques, cassantes, très-peu solubles dans l'éther (Laurent).

Suivant Glaser, on obtient également la naphtaline tétrabromée en maintenant pendant quelques jours à 60-70° parties égales de brome et de naphtaline bibromée, laissant refroidir, lavant avec de l'éther et faisant dissoudre dans la benzine bouillante.

NAPHTALINE PENTABROMÉE, $C^{10}H^{3}Br^{5}$. — On chauffe en vase clos pendant quelque temps à 150° 2 p. de naphtaline tétrabromée avec 1 p. de brome, on purifie le produit par lavage à l'éther et cristallisation dans la benzine. La naphtaline pentabromée est en grains cristallins blancs, insolubles dans l'alcool et dans l'éther, volatils sans décomposition, inaltérables par le brome. Par l'ébullition prolongée avec l'acide azotique, au bout de deux ou trois jours, elle est attaquée avec production d'un corps qui paraît être de la bromoxynaphtoquinone $C^{10}H^{3}BrO^{3}$, et d'un acide blanc, soluble dans l'eau, probablement de l'acide bromophtalique.

#### B. *Produits de substitution chlorés.*

NAPHTALINE CHLORÉE (Laurent), $C^{10}H^{7}Cl$. — Appelée aussi chlorure de naphtyle; elle se forme par l'ébullition avec la potasse alcoolique du bichlorure de naphtaline. Le chlorure naphtylsulfureux obtenu par Kimberly (voyez p. 498), soumis à l'action du perchlorure de phosphore, se décompose en fournissant de la naphtaline chlorée; il se produit en même temps de l'oxychlorure de phosphore et du chlorure de thionyle [Carius, *Ann. der Chem. u. Pharm.*, t. CXIV, p. 140].

La naphtaline chlorée est liquide, incolore, huileuse; elle bout à 260° (Carius), à 250-252° (Faust et Saame). Soumise à l'action du brome, elle fournit du tétrabromure de naphtaline bromochlorée, $C^{10}H^{6}BrCl, Br^{4}$. Le chlore à chaud la convertit en naphtaline tri- ou tétrachlorée; à froid, il s'y fixe en donnant une matière huileuse que l'ébullition avec la potasse alcoolique transforme en naphtaline trichlorée *α*.

NAPHTALINES BICHLORÉES, $C^{10}H^{6}Cl^{2}$. — Laurent en décrit sept modifications isomériques; quatre d'entre elles, *a*, *c*, *f*, *x*, s'obtiennent en distillant le tétrachlorure de naphtaline *α*; deux, *ad* et *e*, en traitant ce tétrachlorure par la potasse; et la septième, *y*, en soumettant la naphtaline à l'action du chlore. Pour les isoler, Laurent a eu recours aux cristallisations fractionnées, au triage des cristaux, etc.

Nous nous contenterons de reproduire le tableau donné par Gerhardt des principaux caractères de ces différentes naphtalines chlorées; pour les détails des expériences de Laurent, voyez le t. III du *Traité de Chimie* de Gerhardt, p. 430 et suivantes.

NAPHTALINES BICHLORÉES.

| | *a.* | *c.* | *ad.* | *e.* | *f.* | *x.* | *y.* |
|---|---|---|---|---|---|---|---|
| FORME. | Liquide. | Aiguilles. Rhombe de 112°,30. | Aiguilles. Rhombe de 122°. | Aiguilles. Rhombe de 94°. | Tables. Rhombe de 103°. | Liquide. | Lamelles sublimées. |
| POINTS DE FUSION. | » | 50°. | 28° à 30°. | 31°. | 101°. | » | 95°. |
| CHLORE. | Tétrachlorure de naphtaline bichlorée, liquide, se changeant par la potasse en tétrachloronaphtaline *a*. | Tétrachlorure de naphtaline bichlorée solide. | Trichloronaphtaline *ac*. | | Lamelles. | Tétrachlorure de naphtaline bichlorée, liquide, se changeant par la potasse en tétrachloronaphtaline *e*. | |
| BROME. | | Tétrabromure de naphtaline bichlorée. | Bichlorobromonaphtaline *a*. | | Bichlorobromonaphtaline *b*. | Donne un liquide. | |

MM. Faust et Saame ont obtenu deux naphtalines dichlorées α et β; on ne sait si elles doivent se confondre avec quelques-unes de celles que Laurent a décrites ou si elles sont distinctes.

L'une d'elles, qu'ils désignent par la lettre α, a été obtenue par l'action de la potasse alcoolique sur le tétrachlorure de naphtaline fusible à 182°, que les auteurs ont signalé, et qui paraît identique avec le tétrachlorure de naphtaline *a* de Laurent. Par cette action de la potasse, ils n'ont obtenu que la bichloronaphtaline α, et n'ont pas rencontré les modifications décrites par Laurent.

La *bichloronaphtaline* α bout à 280-282°, et se concrète en une masse cristalline fusible à 35-36°; l'acide azotique fumant la convertit en un produit jaune, nitré, difficilement cristallisable.

Traitée par 4 atomes de brome, puis par la potasse alcoolique, elle produit de longues aiguilles blanches et tendres, fusibles à 74-76°, que les auteurs représentent par la formule

$$C^{20}H^9Cl^4Br^3 = C^{10}H^5Cl^2Br + C^{10}H^4Cl^2Br^2,$$

*dinaphtaline tétrachlorée tribromée:* cette composition ne se rapporte-t-elle pas plutôt à un mélange?

La *dichloronaphtaline* β a été obtenue en traitant par la potasse le produit brut de l'action du chlore sur la naphtaline, lorsqu'on a séparé par l'éther le tétrachlorure α, rectifiant le produit, recueillant les portions qui passent entre 280° et 285°, les exprimant et faisant cristalliser dans l'alcool éthéré. La naphtaline dichlorée β est en prismes cassants, incolores, brillants, fusibles à 68°, bouillant à 281-283°. Par l'action successive du brome et de la potasse, elle donne comme son isomère un composé fusible à 71-73°,

$$C^{20}H^9Cl^4Br^3.$$

La même naphtaline dichlorée a été obtenue par M. Hermann, avec différents autres produits, en traitant la naphtaline par le chlorate de potassium et l'acide sulfurique.

NAPHTALINES TRICHLORÉES. — Laurent en a décrit sept modifications : elles ont été obtenues en décomposant par la distillation ou par la potasse alcoolique les deux modifications du tétrachlorure de naphtaline chlorée. — Voyez Gerhardt, *loc. cit.*

NAPHTALINES TRICHLORÉES.

| | *a.* | *ac.* | *c.* | *g.* | *d.* | *ad.* | *ae.* |
|---|---|---|---|---|---|---|---|
| FORME. | Prismes à 6 pans de 120°. | Prismes à 6 pans. Rhombe de 113°. | Longues aiguilles uniformes. Rhombe de 113°. | Prismes terminés par des aiguilles. Rhombe de 130°. | Comme *g*. Rhombe de 124°. | Aiguilles soyeuses. Rhombe de 122°. | Aiguilles lamelleuses dont la section est un hexagone dérivant d'un rhombe de 122°. |
| DURETÉ. | Molle. | Molle. | Élastique cassante. | Non élastique cassante. | Comme *g*. | | Molle. |
| POINTS DE FUSION. | 75°. | 66°. | 78° à 80°. | 69° à 70°. | 88° à 90°. | 160°. | 93°. |

NAPHTALINES TRICHLORÉES (SUITE).

| | a. | ac. | c. | g. | d. | ad. | ac. |
|---|---|---|---|---|---|---|---|
| ÉTAT APRÈS LA FUSION. | Rectangles mous. | Rectangles mous. | Rosaces translucides, devenant lentement opaques par le repos. | Rosaces translucides, devenant subitement opaques par le contact d'un corps étranger. | Aiguilles d'un aspect moiré, translucides, devenant opaques par le repos. | Rosaces translucides, devenant opaques par le repos. | Rectangles d'abord mous, puis durs. |
| ÉTHER. | Extrêmement soluble. | Très-soluble. | Soluble. | Soluble. | Soluble. | Peu soluble. | Moins soluble que a. |
| ALCOOL. | Très-peu soluble. | Soluble. | Soluble. | Soluble. | Soluble. | Peu soluble. | Plus soluble que a. |
| ORIGINE. | Action de la potasse alcoolique sur le tétrachlorure de chloronaphtaline liquide. | Action du chlore sur la naphtaline bichlorée ad fondue. | Action de la potasse alcoolique sur le tétrachlorure de chloronaphtaline a solide. | En même temps que a etc., par la potasse alcoolique sur le tétrachlorure de chloronaphtaline a solide. | Distillation du tétrachlorure de chloronaphtaline solide; on obtient en même temps la trichloronaphtaline a. | | Action de l'acide sulfurique fumant sur l'huile brute qui accompagne le tétrachlorure de chloronaphtaline. |

En traitant par la potasse alcoolique le tétrachlorure de chloronaphtaline fusible à 128-130°, Faust et Saame ont isolé une trichloronaphtaline en prismes cassants, fusibles à 81°, et dont le dérivé nitré est une masse cristalline jaune.

NAPHTALINE TÉTRACHLORÉE, $C^{10}H^4Cl^4$. — Laurent en a décrit quatre modifications isomères; le tableau suivant, emprunté à Gerhardt, résume leurs propriétés :

NAPHTALINES TÉTRACHLORÉES.

| | a. | b. | c. | k. |
|---|---|---|---|---|
| FORME. | Prismes à 6 pans de 120°. | Prismes anorthiques de 103°, 101°, 100°. | Longues aiguilles. Rhombe de 91°. | Courtes aiguilles. Rhombe de 100°. |
| POINTS DE FUSION. | 106°. | 125°. | 170°. | 125°. |
| ÉLASTICITÉ. | Molle. | Cassante. | Flexible. | Flexible. |
| CRISTALLISATION APRÈS LA FUSION. | Rosaces microscopiques. | Aiguilles. | Aiguilles. | Rosaces. |
| ÉTHER. | Très-soluble. | Très-peu soluble. | Très-peu soluble. | Très-peu soluble. |
| HUILE DE NAPHTE. | | | Solution bouillante très-étendue, se remplit immédiatement de longues aiguilles. | Solution très-étendue, laissant déposer de petites aiguilles groupées en un manchon qui n'occupait qu'une petite partie du liquide. |
| ORIGINE. | Action du chlore sur la naphtaline trichlorée a fondue. | Distillation de tétrachlorure de bichloronaphtaline b. | Distillation ou décomposition par la potasse de tétrachlorure de bichloronaphtaline x. | Action de la potasse alcoolique sur le tétrachlorure de bichloronaphtaline c. |

MM. Faust et Saame décrivent deux naphtalines tétrachlorées : l'une, la *modification* α, obtenue par la décomposition avec la potasse de leur tétrachlorure de dichloronaphtaline, fusible à 172°, est en aiguilles blanches, fusibles à 130°, et dont le dérivé nitré est jaune et cristallise en mamelons.

La *modification* β constitue, suivant eux, le produit final de l'action du chlore sur la naphtaline; elle est en longues aiguilles incolores, fusibles à 156-158°; son dérivé nitré forme une masse jaune et molle.

NAPHTALINE PENTACHLORÉE, $C^{10}H^3Cl^5$ [Græbe, *Ann. der Chem. u. Pharm.*, t. CXLIX, p. 1, et *Bull. de la Soc. chim.*, 1869, t. XII, p. 407]. — Elle se produit par l'action du perchlorure de phosphore sur la bichloronaphtoquinone; on chauffe le mélange à 180-200° en vases clos, en présence d'oxychlorure de phosphore. On distille ce dernier, on lave le résidu à l'eau et à la soude et l'on distille de nouveau. La naphtaline pentachlorée distille vers le point d'ébullition du mercure.

Elle cristallise dans l'alcool bouillant en aiguilles incolores, insolubles dans l'eau, peu solubles dans l'alcool froid, fusibles à 168°,5. Elle est transformée en acide tétrachlorophtalique lorsqu'on la chauffe à 180-200° en vases clos avec de l'acide azotique de 1,15 à 1,20 de densité. L'ébullition avec l'acide chromique ou l'acide azotique de 1,35 de densité ne l'altère pas.

NAPHTALINE HEXACHLORÉE, $C^{10}H^2Cl^6$. — Laurent l'a préparée en faisant passer pendant longtemps du chlore à une haute température sur la naphtaline trichlorée *a*; on purifie le produit en le dissolvant dans l'éther, et le faisant cristalliser.

La naphtaline hexachlorée cristallise en prismes à six pans dont les angles sont de 120°; elle est molle comme de la cire et se laisse tordre en tous sens. Très-peu soluble dans l'alcool, très-soluble dans l'huile de pétrole, elle se dissout dans environ 20 fois son poids d'éther. Elle se solidifie à 143° en rosaces microscopiques; elle est volatile sans décomposition : l'acide azotique bouillant l'attaque difficilement, mais finit par la transformer en $C^{10}Cl^6O^2$, naphtoquinone perchlorée.

NAPHTALINE PERCHLORÉE, $C^{10}Cl^8$. — Elle a été obtenue par Laurent en traitant pendant longtemps par le chlore la naphtaline trichlorée *a* maintenue en fusion; lavant avec de l'éther bouillant pour enlever la naphtaline hexachlorée, et faisant cristalliser le résidu dans l'huile de pétrole bouillante.

Elle forme des aiguilles légèrement colorées en jaune pâle, très-cassantes, formant des prismes à quatre pans dont les angles sont de 112° 30′ et de 67° 30′. Très-peu soluble dans l'éther bouillant, elle est inattaquable par la potasse et volatile sans décomposition.

MM. Berthelot et Jungfleisch ont obtenu une perchloronaphtaline qui paraît différente, en faisant agir le chlore sur la naphtaline, puis épuisant l'action du chlore avec le concours du chlorure d'antimoine, sublimant le produit et le faisant cristalliser dans le sulfure de carbone. Cette perchloronaphtaline est en gros prismes droits rhomboïdaux, à base rectangulaire, dont les axes sont entre eux :: 2,375 : 1,460 : 1,000. Elle fond à 135°, et bout à 403° du thermomètre à air de M. Berthelot; 20 centimètres cubes d'une solution saturée à 15° en renferment 5g,860 dans le sulfure de carbone. Par la distillation, elle perd du chlore en fournissant de nouveaux chlorures de carbone, résinoïdes, rouge orangé, moins volatils que la perchloronaphtaline; chauffée avec l'hydrate de potasse, elle est vivement attaquée en émettant des vapeurs violettes. L'acide iodhydrique à 275° la transforme en hydrure d'octyle, $C^8H^{18}$, et hydrure d'éthyle, $C^2H^6$. Dirigée dans un tube de verre chauffé au rouge en même temps qu'un courant d'hydrogène, elle se décompose avec production de naphtaline, et de carbures résineux et colorés, parmi lesquels semble se trouver le dinaphtyle [Berthelot et Jungfleisch, *Bull. de la Soc. chim.*, 1868, t. IX, p. 446].

Aux dérivés chlorés de la naphtaline, rattachons un dérivé chloré de la naphtaline décrit par Faust et Saame, comme renfermant $C^{20}H^9Cl^7$, et qu'ils appellent *heptadichloronaphtaline*. Ce corps est constitué par de longues aiguilles jaunâtres, de consistance de la cire, fusibles à 100°, et qu'une ébullition prolongée avec la potasse transforme en prismes hexagonaux durs, ayant la même composition et fondant à 100° centigrades. Il est à remarquer que Laurent a décrit un certain nombre de corps analogues, qui doivent être rapportés à deux molécules de naphtaline ou qu'on ne peut représenter que par des nombres fractionnaires si on les rapporte à la molécule de naphtaline renfermant 10 atomes de carbone; l'un d'eux, appelé par Laurent *chlorophtone* F, a la composition de l'heptachlorodinaphtaline; les analyses de Laurent le conduisaient en effet à la formule $C^{10}H^{4.5}Cl^{3.5}$. Comme une telle formule n'est que la traduction immédiate des résultats analytiques, il serait intéressant d'étudier l'action de l'hydrogène naissant sur ces deux corps, pour savoir s'ils dérivent d'une dinaphtaline, ou s'ils ne constituent pas des mélanges de plusieurs dérivés chlorés, que leur solubilité peu différente dans les solvants ne permettrait pas de séparer.

### C. *Produits de substitution chlorobromés.*

NAPHTALINE BROMOBICHLORÉE, $C^{10}H^5BrCl^2$. — Elle se produit lorsqu'on abandonne pendant un ou deux jours de la naphtaline bichlorée *ad* avec un léger excès de brome; on lave le nouveau produit avec quelques gouttes d'alcool additionné d'ammoniaque, puis on le fait dissoudre dans l'alcool bouillant. La naphtaline bromobichlorée cristallise par le refroidissement; elle est incolore, assez soluble dans l'alcool, très-soluble dans l'éther. Elle a la consistance de la cire, et cristallise, par l'évaporation spontanée dans l'éther, en aiguilles à six pans dont les angles sont de 120° à 121°; elle entre en fusion vers 80°; on peut la distiller sans décomposition.

NAPHTALINE BIBROMOBICHLORÉE, $C^{10}H^4Br^2Cl^2$. — Laurent en a décrit deux modifications; la *modification* α (*chlorébronaphtose b* de Laurent) se prépare par l'action du brome sur la naphtaline bichlorée *f*. Par l'évaporation lente d'une solution éthérée, elle se dépose en petits prismes brillants, transparents et parfaitement nets, appartenant au système triclinique; à peine solubles dans l'alcool et dans l'éther bouillant, entrant en fusion à 170°.

La *modification* β (*broméchlonaphtose b* de Laurent) provient de l'action du chlore sur la naphtaline bibromée; elle est en petits prismes tricliniques, à peine solubles dans l'éther et dans l'alcool bouillant, fusibles à 166°.

NAPHTALINE BIBROMOTRICHLORÉE,

$C^{10}H^3Br^2Cl^3$.

— Il en existe deux modifications : la *modification* α (*broméchlonaphtuse b* de Laurent) se prépare en faisant bouillir le tétrachlorure de naphtaline bibromochlorée avec une dissolution alcoolique de potasse, et purifiant le produit par dissolution dans une très-grande quantité d'éther bouillant; elle est en petits prismes très-brillants, qui, après avoir été fondus, se solidifient à 165° en longs prismes.

La *modification* β (*chloribronaphtuse*, Laurent) provient de l'action du brome sur le tétrachlorure de naphtaline; elle forme une poudre blanche, presque insoluble dans l'éther.

### D. *Produit de substitution iodé.*

NAPHTALINE MONOIODÉE, $C^{10}H^7I$ [Otto et Mœries, *Zeitsch. für Chem.*, nouv. sér., t. IV, p. 162, et *Bull. de la Soc. chim.*, 1868, t. X, p. 477]. On ajoute de l'iode à une solution de biiodure de mercure-naphtyle dans le sulfure de carbone, jusqu'à ce que la coloration violette persiste, on sépare l'iodure de mercure par filtration, on chasse le sulfure de carbone, et on lave la naphtaline iodée avec une solution d'iodure de potassium. La naphtaline iodée est une huile épaisse, incolore, plus dense que l'eau, qui ne la dissout pas, soluble en toutes proportions dans l'alcool, la benzine, l'éther, le sulfure de carbone; elle bout au-dessus de 300°, et ne se solidifie pas dans un mélange de neige et de sel marin. La potasse alcoolique l'attaque à 160° en tubes scellés avec production de naphtaline et de produits résineux.

DÉRIVÉS NITRÉS DE LA NAPHTALINE.

NAPHTALINE MONONITRÉE (*nitronaphtaline, nitronaphtalase*), $C^{10}H^7(AzO^2)$ [Laurent, *Ann. de Chim. et de Phys.*, t. LIX, p. 376]. — Ce composé a été découvert par Laurent. On l'obtient en faisant bouillir la naphtaline pendant 15 à 20 minutes avec de l'acide azotique; il se forme une huile jaune, dense, qui se solidifie par le refroidissement; on brise la masse, on la comprime fortement pour séparer une matière huileuse dont elle est imprégnée, puis on la dissout dans l'alcool bouillant, qui la dépose par le refroidissement sous la forme de longues et belles aiguilles jaunes; on la purifie par une nouvelle cristallisation dans l'alcool. La nitronaphtaline se produit également, plus pure et exempte du liquide rougeâtre qui l'accompagne dans sa préparation à chaud, lorsqu'on laisse la naphtaline pendant cinq ou six jours en contact avec 5 ou 6 fois son poids d'acide azotique d'une densité de 1,33, et qu'on a soin d'empêcher l'agglomération du produit en remuant de temps en temps le mélange avec une spatule.

Les vapeurs nitreuses obtenues par la décomposition de l'azotate de plomb, étant dirigées dans de la naphtaline, la convertissent promptement en nitronaphtaline.

Suivant M. Roussin, le mode opératoire le plus avantageux consiste à introduire dans un ballon de 8 litres 1 kilogramme de naphtaline avec 5 kilogrammes d'acide azotique du commerce, et de chauffer l'appareil à 100° au bain-marie. La naphtaline fond d'abord, surnage le liquide, puis devient plus dense et gagne le fond. Au bout d'une demi-heure l'opération est terminée. On décante la partie aqueuse, et on verse la matière huileuse dans une terrine, où elle se fige rapidement; on la divise au moment de sa solidification, et on la lave à plusieurs reprises avec de l'eau tiède pour enlever l'excès d'acide. Pour la purifier, on la comprime fortement à la presse. On obtient par ce procédé à peu près la quantité théorique de nitronaphtaline [Roussin, *Bull. de la Soc. chim.*, 1861, p. 57].

La nitronaphtaline se présente sous la forme de longs prismes à six faces terminés par des pyramides très-aiguës; elle a une couleur jaune de soufre. Elle fond à 43°, et lorsqu'elle se solidifie la température monte brusquement à 54°. Suivant Beilstein et Kuhlberg, elle fond à 58°,5. Elle distille à 304° (Koninck et Marquart). Elle fond à 61° (d'Aguiar). Elle est volatile sans décomposition, et sa vapeur se dépose sur les corps froids en petites aiguilles; mais si l'on chauffe brusquement une grande quantité, elle se décompose tout d'un coup avec production d'une lumière rouge sombre.

Elle est neutre, insoluble dans l'eau, très-soluble dans l'alcool et dans l'éther; le chlore et le brome y déplacent le groupe $AzO^2$ et la convertissent soit en naphtaline trichlorée *a* ou naphtaline tétrachlorée *a*, soit en bibromonaphtaline. L'acide azotique bouillant la transforme en naphtaline binitrée. L'acide sulfurique la dissout avec production d'acide sulfonitronaphtalique ou mieux nitronaphtylsulfureux,

$$SO^3\left\{\begin{matrix}C^{10}H^6(AzO^2)\\H.\end{matrix}\right.$$

Le sulfhydrate d'ammoniaque réduit la nitronaphtaline en naphtylamine (Zinin); d'autres agents réducteurs agissent de même (acide acétique et fer, acide chlorhydrique et étain, etc.). — Voyez NAPHTYLAMINE, t. II, p. 523.

Dissoute dans l'alcool et traitée par l'amalgame de sodium, elle donne *l'azoxynaphtalide*, $C^{20}H^{14}Az^2O$, analogue à l'azoxybenzide.

L'azoxynaphtalide est jaune, amorphe, décomposable par la chaleur, soluble seulement dans le chloroforme [Jaworsky, *Journ. für prakt. Chem.*, t. XCIV, p. 283, et *Bull. de la Soc. chim.*, 1865, t. IV, p. 131].

Le sulfite d'ammonium convertit la nitronaphtaline en acides thionaphtamique et naphthionique (Piria). — Voyez ACIDE AMIDONAPHTHYLSULFUREUX (*acide naphthionique*), p. 500.

Chauffée avec 7 ou 8 fois son poids de chaux, elle fournit entre autres produits de la naphtase (voyez ce mot). Si l'on chauffe à 140° un mélange intime de potasse, de chaux et de nitronaphtaline, et qu'on dirige dans ce mélange un courant d'air, au bout de quelque temps la nitronaphtaline est transformée en naphtol mononitré (Dusart). — Voyez NAPHTOLS NITRÉS, p. 517.

Traitée par le perchlorure de phosphore, elle donne la naphtaline chlorée, bouillant à 251-253° [Koninck et Marquart, *Deuts. Chem. Gesellsch.*, t. V, p. 11]. Avec l'acide bromhydrique, elle donne de la naphtaline bromée [Baumhauer, *Deuts. Chem. Gesellsch.*, t. IV, p. 926, et *Bull. de la Soc. chim.*, 1872, t. XVII, p. 80].

NAPHTALINE BINITRÉE (*binitronaphtaline, nitronaphtalèse* de Laurent), $C^{10}H^7(AzO^2)$ [Laurent, *Mémoire cité*, p. 381]. — D'après Laurent, on la prépare en faisant bouillir de l'acide azotique dans un grand ballon, et y jetant peu à peu de la naphtaline, tant qu'il s'en dissout; par le refroidissement, il se dépose des aiguilles de binitronaphtaline qu'on purifie par des lavages à l'acide nitrique, à l'eau et à l'alcool.

Pour obtenir la binitronaphtaline plus commodément, on ajoute de la nitronaphtaline à de l'acide azotique à son maximum de concentration (50° Baumé) et placé dans un vase refroidi; elle s'y délite comme de la chaux vive dans l'eau et se prend en une masse cristalline homogène qui, si l'on a bien opéré à froid et évité tout dégagement de vapeurs rutilantes, est de la binitronaphtaline pure [Troost, *Bull. de la Soc. chim.*, 1861, p. 74].

On l'obtient aussi en projetant peu à peu et en agitant sans cesse une partie de naphtaline dans 3 à 4 parties d'acide azotique concentré, en ayant soin d'empêcher un trop grand échauffement du liquide et le développement de vapeurs rutilantes. Par le refroidissement, tout le liquide se prend en une masse cristalline de binitronaphtaline presque pure [Roussin, *Compt. rend.*, 1861, t. LII, p. 968].

La binitronaphtaline est très-peu soluble dans l'éther, encore moins soluble dans l'alcool, et cristallise en prismes rhomboïdaux, fusibles à 185° (Laurent). Suivant Lautemann et d'Aguiar, elle se dissout facilement dans l'acide acétique bouillant et dans l'essence de térébenthine, d'où elle se dépose cristallisée en longues aiguilles, et son vrai point de fusion est situé à 210° [*Bull. de la Soc. chim.*, 1865, t. III, p. 260]. Plus récemment, d'Aguiar a donné le chiffre de 216° pour point de fusion de la binitronaphtaline. Les alcalis la décomposent; le chlore et le brome la transforment en dérivés chlorés ou bromés de la naphtaline. Traitée en solution alcoolique par le cyanure de potassium, elle s'y combine et fournit du naphtocyanate de potassium. — Voyez ACIDE NAPHTOCYANIQUE, p. 514.

Elle se dissout assez facilement dans l'alcool ammoniacal en formant un liquide cramoisi foncé, qui, traité par l'hydrogène sulfuré, donne naissance à de la naphtène-diamine, $C^{10}H^{10}Az^2$, et à de la ninaphtylamine, $C^{10}H^8Az^2O$ (voyez NAPHTYLAMINE, p. 526). La solution de dinitronaphtaline dans l'alcool ammoniacal étant chauffée avec une solution de sulfite d'ammonium, la teinte rouge se change en une couleur rose foncé, beaucoup plus riche et plus brillante que la teinte originale [Carey-Lea, *Amer. Journ.*, t. XXII, p. 213, 1861].

Les sulfures, les polysulfures, les sulfocyanures alcalins agissant en présence des alcalis, la convertissent en matières colorantes rouges, violettes ou bleues, qui n'ont pas assez de solidité et de brillant pour être employées industriellement [Troost, *Mémoire cité*].

Une substance colorante bleue se produit également par l'action du protochlorure d'étain dissous dans les alcalis caustiques (Roussin).

Chauffée à 200° avec de l'acide sulfurique concentré et additionnée alors de grenaille de zinc, elle se transforme en une matière rouge, la naphtazarine $C^{10}H^{8}O^{4}$ ou dioxynaphtoquinone. — Voyez NAPHTOQUINONE, p. 522.

Dans la préparation de la dinitronaphtaline, lorsqu'on dissout le produit dans l'alcool bouillant, qui la dissout fort peu, celui-ci s'empare d'une dinitronaphtaline isomérique, qu'il abandonne par le refroidissement, et qu'on purifie en la dissolvant dans le chloroforme ; elle s'en sépare sous la forme de tables hexagonales assez volumineuses, présentant les faces $m$, $g^1$, $p$, avec des angles de 137° et 43° pour le prisme.

Cette dinitronaphtaline est insoluble dans l'acide azotique et dans la benzine, soluble dans l'éther bouillant, le sulfure de carbone, le chloroforme et l'alcool bouillant ; elle fond à 176° et se concrète à 157-158°.

L'acide sulfurique la dissout en se colorant en jaune, tandis que l'autre dinitronaphtaline se dissout avec une belle coloration pourpre [Wichelhaus et Darmstædter, *Bull. de la Soc. chim.*, 1869, t. XII, p. 312]. Réduite par l'hydrogène sulfuré et l'ammoniaque, elle se distingue de son isomère, qui fournit la ninaphtylamine, en donnant la *nitro-amidonaphtaline* $C^{10}H^{6}(AzO^{2})AzH^{2}$ (voyez NAPHTYLAMINE) [Beilstein et Kuhlberg, *Zeitsch. für Chem.*, t. VII, p. 211, et *Bull. de la Soc. chim.*, 1871, t. XVI, p. 150].

TRINITRONAPHTALINE (*nitronaphtalise*, Laurent), $C^{10}H^{5}(AzO^{2})^{3}$. — Ce composé a été préparé par Laurent en faisant bouillir pendant un ou deux jours la dinitronaphtaline avec de l'acide azotique concentré. D'après Lautemann et d'Aguiar, on l'obtient en introduisant dans une cornue 200 grammes de naphtaline et y ajoutant par petites portions un demi-litre d'acide azotique fumant ; on chauffe ensuite le mélange pendant douze à quatorze jours, la cornue étant en communication avec un réfrigérant ascendant. Quand la couche huileuse qui occupait le fond de la cornue a disparu, on arrête l'opération : il se dépose par le refroidissement une substance jaune et cristalline qui est un mélange de di- et de trinitronaphtaline. On ajoute alors de l'eau au contenu de la cornue, on lave la matière solide avec de l'eau à plusieurs reprises, puis avec de l'éther froid qui dissout des matières résineuses, et finalement on la traite par l'alcool bouillant, puis on la fait cristalliser dans ce liquide. 200 grammes de naphtaline ont fourni 14 grammes de trinitronaphtaline, et les résidus soumis au même traitement en ont encore donné 46 grammes.

La trinitronaphtaline est très-peu soluble dans l'éther et dans l'alcool froids, et se dissout difficilement dans l'alcool bouillant où elle est encore moins soluble que la dinitronaphtaline. Elle est en petits cristaux prismatiques appartenant au système monoclinique. Elle fond à 214° (Lautemann et d'Aguiar), à 218° (d'Aguiar). Traitée par une solution alcoolique de potasse, elle donne lieu à une coloration rouge, puis se transforme peu à peu en une matière noire.

L'iodure de phosphore réagit vivement sur la trinitronaphtaline en produisant de l'iodure de naphtyltriammonium, $C^{10}H^{14}Az^{3}.I^{3}$.

Par l'acide azotique fumant à 100°, en vase clos, elle se convertit en tétranitronaphtaline.

Laurent a décrit une modification de la trinitronaphtaline se déposant de la solution azotique en tables rhomboïdales, très-irrégulières et dentelées en scie, fusibles à 210° ; suivant Lautemann et d'Aguiar, ce corps n'est autre que de la dinitronaphtaline.

Quant à la modification décrite par Marignac (substance en poudre jaune, cristalline, fusible à quelques degrés au-dessus de 100°), c'est de la trinitronaphtaline dont le point de fusion et l'aspect sont modifiés par la présence d'une petite quantité de matière résineuse.

En traitant la dinitronaphtaline, fusible à 176°, par de l'acide azotique, on obtient une *trinitronaphtaline* B, fusible à 122° [d'Aguiar, *Deut. Chem. Gesellsch.* 1872, avril].

TÉTRANITRONAPHTALINE, $C^{10}H^{4}(AzO^{2})^{4}$ (Lautemann et d'Aguiar). — On chauffe une dissolution de trinitronaphtaline dans de l'acide azotique, à 100°, en vases clos, pendant quatre jours ; on lave le produit avec de l'eau, et on le reprend par l'alcool bouillant ; la tétranitronaphtaline se dépose par le refroidissement.

Ce corps est en aiguilles très-longues, minces et flexibles, très-légères, fusibles à 220° ; une solution alcoolique d'ammoniaque le dissout avec une coloration rouge intense ; avec l'iodure de phosphore, il donne de l'iodure de naphtaltétrammonium (voyez p. 510). On obtient aussi une naphtaline tétranitrée fusible à 159° et cristallisant difficilement (d'Aguiar).

### *Dérivé bromonitré.*

DINITROBROMONAPHTALINE, $C^{10}H^{5}Br(AzO^{2})^{2}$ (Laurent). — La naphtaline bibromée traitée par l'acide azotique bouillant s'y dissout lentement ; la solution additionnée d'eau précipite une huile épaisse qui se solidifie par le refroidissement ; ce dérivé est cristallin, jaune, très-soluble dans l'éther, peu soluble dans l'alcool.

## DÉRIVÉS SULFURIQUES DE LA NAPHTALINE.

L'acide sulfurique en réagissant sur la naphtaline donne naissance à deux acides naphtylsulfureux isomériques, et à un acide naphtyldisulfureux. Par l'action de l'acide sulfurique anhydre, il se produit de la sulfonaphtaline analogue à la sulfobenzide. En outre, les dérivés chlorés, bromés, nitrés, de la naphtaline donnent naissance à des acides chloro-, bromo-, nitronaphtylsulfureux.

### ACIDES NAPHTYLSULFUREUX.

Ils ont été découverts par Faraday, qui en a décrit deux modifications ; Berzelius, Wœhler, Regnault, Laurent, ont étudié et décrit les sels de l'acide qu'on obtient par l'action à 90° de l'acide sulfurique sur la naphtaline. Merz a préparé comparativement ces deux acides, qu'il désigne par les lettres α et β, et en collaboration avec Weith a déterminé les conditions dans lesquelles on obtient une plus forte proportion de l'un ou de l'autre de ces acides [Faraday, *Ann. de Chim. et de Phys.*, t. XXXIV, p. 164 ; — Berzelius, *même recueil*, t. LXV, p. 290 ; *Ann. der Chem. u. Pharm.*, t. XXII, p. 70 ; t. XXVIII, p. 30 ; — Wœhler, *même recueil*, t. XXXVII, p. 197 ; — Regnault, *Ann. de Chim. et de Phys.*, t. LXV, p. 87 ; — Laurent, *Revue scientif.*, t. XIII, p. 587 ; Merz, *Zeitsch. für Chem.*, nouv. sér., t. IV, p. 393, et *Bull. de la Soc. chim.*, 1868, t. X, p. 472 ; — Merz et Weith, *Deut. Chem. Gesellsch.*, t. III, p. 195, et *Bull. de la Soc. chim.*, 1870, t. XIV, p. 174].

ACIDE NAPHTYLSULFUREUX α, appelé aussi *acide*

*sulfonaphtalique, naphtyldithionique, hyposulfonaphtalique,*

$$C^{10}H^8SO^3 + H^2O = SO\left\{\begin{matrix}OC^{10}H^7\\OH\end{matrix}\right. + H^2O.$$

— On dissout de la naphtaline à 90° dans de l'acide sulfurique concentré jusqu'à saturation, et on abandonne ensuite le tout à l'air; au bout de quelque temps, elle se concrète entièrement, et on peut enlever la plus grande partie de l'acide sulfurique en excès, en laissant la masse sur une plaque poreuse et recouvrant d'une cloche. Le produit est dissous dans l'eau, saturé par le carbonate de baryum; le sel α se dissout, et le sel β, insoluble dans l'eau froide, reste mélangé au sulfate de baryum. La solution, concentrée par l'évaporation, est additionnée d'alcool, qui précipite le naphtyldisulfite de baryum, tandis que le naphtylsulfite α reste en solution; il peut s'obtenir cristallisé par l'évaporation de l'alcool (Faraday). On obtient d'autant plus de sel α que la réaction a lieu à une température plus basse; la plus convenable est 80°; si l'on chauffe à 100° la naphtaline et l'acide sulfurique, on en obtient 80 %, et 25 % seulement lorsque l'on chauffe à 170° (Merz et Weith).

Merz obtient les deux acides et les sépare en opérant comme il suit: on chauffe 3 p. d'acide sulfurique concentré avec 4 p. de naphtaline, au bain-marie, pendant 10 heures; on verse la solution dans 10 à 12 fois son poids d'eau bouillante, on sépare la naphtaline non attaquée, on sature la liqueur bouillante par du carbonate de plomb, on filtre, et l'on épuise le dépôt par l'eau bouillante. Par le refroidissement, il se sépare des croûtes cristallines ou des amas de petits cristaux de β-naphtylsulfite de plomb qu'on purifie par l'alcool bouillant, qui dissout le sel α. Les eaux mères du sel β fournissent, par la concentration, le sel α en mamelons volumineux, durs et colorés, formés de lamelles cristallines; il est accompagné d'un peu de sel β. Les dernières eaux mères fournissent le naphtyldisulfite de plomb, incristallisable, très-soluble dans l'eau, insoluble dans l'alcool. Le sel α ainsi obtenu est très-coloré, on le dissout dans 10 p. d'alcool bouillant, on distille la liqueur filtrée, et on dissout le résidu dans l'eau.

La solution laisse déposer au bout de quelques jours des flocons bruns; lorsqu'ils sont séparés par le filtre, la liqueur est incolore, et fournit du sel α par évaporation.

On extrait l'acide naphtylsulfureux α en précipitant le sel de baryum par l'acide sulfurique, enlevant l'excédant d'acide sulfurique au moyen du carbonate de plomb, précipitant l'excès de plomb par l'hydrogène sulfuré, et évaporant la liqueur filtrée dans le vide à consistance de sirop.

L'acide naphtylsulfureux forme une masse cristalline irrégulière et déliquescente, très-soluble dans l'eau, l'essence de térébenthine, l'alcool, les huiles grasses, d'une saveur fort acide, astringente et métallique. Il fond entre 85° et 90°, et noircit vers 120° en se décomposant, donnant de la naphtaline, de l'acide sulfureux et laissant un résidu de charbon. L'acide naphtylsulfureux brut fournit par la distillation sèche une petite quantité d'anhydride phtalique $C^8H^4O^3$ (E. Grimaux). Chauffé à 200°, avec de l'acide chlorhydrique concentré, il se dédouble en naphtaline et acide sulfurique.

*Naphtylsulfites α.* — L'acide naphtylsulfureux est monobasique; fondus avec un excès de potasse ou de soude, ses sels fournissent du naphtol α, $C^{10}H^8O$. Distillé avec du cyanure de potassium, le sel de potassium ou de sodium donne du cyanure de naphtyle (voyez p. 515). En traitant le sel de sodium par le perchlorure de phosphore à 100°, on obtient le chlorure naphtylsulfureux $C^{10}H^7.SO^2Cl$ (Kimberly).

Le sel de plomb chauffé avec un excès d'acide sulfurique se transforme en grande partie en sel de plomb β.

Les naphtylsulfites sont solubles dans l'eau et pour la plupart solubles dans l'alcool; ils ont une saveur amère.

Le *sel d'ammonium* cristallise en fines aiguilles, dont la solution devient acide par l'évaporation.

Le *sel d'argent*, $C^{10}H^7SO^3Ag$, est assez soluble; 100 p. d'eau à 20° en dissolvent environ 10,3 p.; par l'évaporation lente, le sel se dépose en paillettes micacées.

Le *sel de baryum*, $(C^{10}H^7SO^3)^2Ba + H^2O$, cristallise dans l'eau ou dans l'alcool en grandes lames incolores; il perd son eau à 80-90°, et se décompose à 240°; il se dissout à 10° dans 87 p. d'eau et 350 p. d'alcool; il y est beaucoup plus soluble à chaud et se dissout également dans l'éther.

Le *sel de calcium*, $(C^{10}H^7SO^3)^2Ca + 2H^2O$, ressemble au précédent; il se décompose vers 280°; il se dissout à 10° dans 16,5 p. d'eau et dans 19,5 p. d'alcool.

Le *sel de cuivre* est en paillettes un peu verdâtres.

Le *sel de potassium*, $C^{10}H^7SO^3K + H^2O$, est soluble à 11° dans 13 p. d'eau et dans 103 p. d'alcool; il se dépose de l'alcool bouillant en lamelles soyeuses.

Le *sel de plomb*, $(C^{10}H^7SO^3)^2Pb + 3H^2O$, est cristallisé, soluble dans 27 p. d'eau et dans 11 p. d'alcool froid de 85° cent. et se charbonne à 240°. Bouillie avec de l'oxyde de plomb, sa solution dépose par le refroidissement un sous-sel,

$$(C^{10}H^7SO^3)^2Pb + PbO,$$

et par un grand excès d'oxyde de plomb on obtient un sel insoluble dans l'eau, $(C^{10}H^7SO^3)^2Pb, 3PbO$.

Le *sel de sodium* ressemble à celui de potassium; les *sels de nickel*, de *magnésium*, de *strontium*, de *zinc* sont cristallisables; le *sel mercurique* est jaune et déliquescent.

*Naphtylsulfite d'éthyle,*

$$C^{10}H^7SO^3, C^2H^5 = SO\left\{\begin{matrix}OC^{10}H^7\\OC^2H^5\end{matrix}\right.$$

[Kimberly, *Ann. der Chem. u. Pharm.*, t. CXIV, p. 129, et *Répert. de Chim. pure*, 1860, p. 259]. — On dissout le chlorure naphtylsulfureux dans l'alcool absolu à chaud, on chasse l'excès d'alcool par la distillation, et on lave le résidu avec de l'eau. Il se présente sous la forme d'un liquide visqueux, qui cristallise après quelques jours en lamelles agglomérées, si l'on a eu le soin de ne pas dépasser la température de 50° dans sa préparation ou sa purification; il est insoluble dans l'eau, facilement soluble dans l'alcool et dans l'éther.

La potasse le transforme en alcool et naphtylsulfite de potassium. Avec le perchlorure de phosphore, il régénère du chlorure naphtylsulfureux, en même temps que du chlorure d'éthyle et de l'oxychlorure de phosphore. Chauffé à 150° avec de l'eau, il fournit de l'alcool, de la naphtaline et de l'acide sulfurique.

CHLORURE NAPHTYLSULFUREUX,

$$C^{10}H^7SO^2Cl = SO\left\{\begin{matrix}OC^{10}H^7\\Cl\end{matrix}\right.$$

(Kimberly). — On mélange intimement, dans une capsule légèrement chauffée, une molécule de naphtylsulfite de sodium séché à 100° avec une molécule de perchlorure de phosphore, puis on lave, en broyant la masse solidifiée avec de l'eau pour enlever l'oxychlorure de phosphore et le chlorure de sodium; le résidu est du chlorure naphtylsulfureux qu'on purifie en le séchant avec du papier Joseph, le dissolvant dans l'éther pur, filtrant et évaporant la solution.

Le chlorure naphtylsulfureux est blanc, inodore, fusible à 65°, et se solidifiant en masses lamelleuses arrondies. Il se dissout dans l'éther, la benzine et le sulfure de carbone. L'eau, les alcalis, l'alcool le décomposent surtout à chaud. Distillé avec du perchlorure de phosphore, il donne du chlorure de thionyle et de la naphtaline chlorée

$$C^{10}H^7Cl$$

[Carius, *Ann. der Chem. u. Pharm.*, t. CXIV, p. 140].

Ajouté à un mélange d'acide sulfurique et de zinc granulé, il se transforme en sulfhydrate de naphtyle, $C^{10}H^8S$ (Schertel). En solution éthérée et par l'amalgame de sodium, il donne l'hydrure naphtylsulfureux,

$$SO\left\{\begin{matrix}OC^{10}H^7\\H\end{matrix}\right.$$

(Otto et Möries). En solution alcoolique, il est décomposé en naphtaline et en sulfite.

AMIDE NAPHTYLSULFUREUX (*naphtylthionamide* ou *sulfonaphtylamide*),

$$C^{10}H^7SO^2.AzH^2 = SO\left\{\begin{matrix}OC^{10}H^7\\AzH^2\end{matrix}\right.$$

(Kimberly). — Le chlorure naphtylsulfureux, broyé avec de l'ammoniaque, s'échauffe et fond en une huile jaune qui se prend en une masse amorphe, qu'on lave à l'eau et qu'on dissout dans l'alcool. La sulfonaphtylamide se sépare en cristaux microscopiques, qui paraissent appartenir au type du prisme à base carrée; elle est jaune, soluble dans l'alcool, l'éther, l'acide chlorhydrique, l'acide acétique et l'ammoniaque; elle fond dans l'eau bouillante en une masse visqueuse. Elle fond à 150° (Maikopar). La potasse la décompose en ammoniaque et naphtylsulfite.

Fondue avec le chlorure de benzoyle, cette amide donne la *benzoylsulfonaphtylamide*,

$$SO\left\{\begin{matrix}OC^{10}H^7\\AzH.C^7H^5O,\end{matrix}\right.$$

soluble dans l'alcool et l'acide acétique, cristallisant en prismes et qui, dissoute dans l'alcool absolu, donne avec l'azotate d'argent ammoniacal un dérivé argentique floconneux amorphe. Ce composé argentique se dépose en aiguilles brillantes, microscopiques, lorsqu'on précipite sa solution alcoolique et ammoniacale par un léger excès d'acide acétique et qu'on porte la température pendant quelques instants à 30° ou 40° (Kimberly).

La sulfonaphtylamide dissoute dans l'alcool ammoniacal et additionnée d'azotate d'argent, abandonne peu à peu des aiguilles blanches, solubles dans l'alcool, l'éther et l'ammoniaque de *sulfonaphtylamide argentique*,

$$SO\left\{\begin{matrix}OC^{10}H^7\\AzH.Ag\end{matrix}\right.$$

(Kimberly).

HYDRURE NAPHTYLSULFUREUX,

$$C^{10}H^8SO^2 = SO\left\{\begin{matrix}OC^{10}H^7\\H.\end{matrix}\right.$$

— Ce composé, improprement appelé *acide naphtaline-sulfureux*, se produit par l'action de l'amalgame de sodium sur une solution éthérée de chlorure naphtylsulfureux. Il est à l'acide précédent ce que l'acide hydrosulfureux de M. Schützenberger est à l'acide sulfureux. C'est une huile épaisse, peu soluble dans l'eau, soluble dans l'alcool et dans l'éther; il se change à l'air en acide naphtylsulfureux. Par le zinc et l'acide sulfurique, il subit une réduction plus avancée et passe à l'état de sulfhydrate de naphtyle [Otto et Möries, *Zeitsch. für Chem.*, (2), t. IV, p. 102, et *Bull. de la Soc. chim.*, 1868, t. X, p. 479].

ACIDE NAPHTYLSULFUREUX β. — Découvert par Faraday, étudié par Berzelius, et plus récemment par M. Merz. Il se produit par l'action de l'acide sulfurique sur la naphtaline, et en proportion d'autant plus grande que la température est plus élevée; à 170°, il se forme 75 % de cet acide et 25 % seulement de l'acide α (Merz).

Nous avons vu plus haut comment on l'obtien en recueillant les premiers cristaux qui se déposent par le refroidissement de la solution aqueuse bouillante du sel de plomb, et les lavant à l'alcool bouillant.

Les *β-naphtylsulfites* sont moins solubles et plus stables à chaud que les α-naphtylsulfites. L'acide lui-même n'est pas altéré quand on le chauffe à 200° avec de l'acide chlorhydrique concentré.

Le *sel de baryum* est en fines aiguilles blanches, solubles dans 290 p. d'eau et dans 1,950 p. d'alcool à 10°.

Le *sel de calcium*, $(C^{10}H^7SO^3)^2Ca$, cristallise facilement; il se dissout à 10° dans 76 p. d'eau et dans 437 p. d'alcool.

Le *sel de potassium*, $C^{10}H^7SO^3K$, à 100°, cristallise en fines aiguilles, solubles à 10° dans 15 p. d'eau et dans 115 p. d'alcool.

Le *sel de plomb* est en petites lames épaisses, dures et limpides, ne se décomposant pas à 240°, solubles dans 115 p. d'eau et dans 305 p. d'alcool à 10°.

CHLORURE NAPHTYLSULFUREUX β, $C^{10}H^7SO^2Cl$ [Maikopar, *Zeitsch. für Chem.*, nouv. sér., t. V, p. 710, et *Bull. de la Soc. chim.*, 1870, t. XIII, p. 360]. — Il s'obtient comme le chlorure α-naphtylsulfureux; il est insoluble dans l'eau et fond à 76°. Par l'hydrogénation, il donne le mercaptan naphtylique β, fusible à 136°, et avec l'ammoniaque, la *sulfonaphtylamide*, peu soluble dans l'eau et dans l'éther, soluble dans l'alcool bouillant, d'où elle cristallise en petites lamelles.

## ACIDES NAPHTYLSULFUREUX CHLORÉS ET BROMÉS.

ACIDE BROMONAPHTYLSULFUREUX, appelé aussi *bromonaphtaline-sulfurique*,

$$C^{10}H^7BrSO^3 = SO\left\{\begin{matrix}OC^{10}H^6Br\\OH\end{matrix}\right.$$

[Laurent, *Compt. rend. des trav. de chim.*, 1849, p. 392; — Darmstædter et Wichelhaus, *Deutsch. Chem. Gesellsch.*, 1869, p. 356, et *Bull. de la Soc. chim.*, 1869, t. XII, p. 480]. — On le prépare en dissolvant la naphtaline bromée dans l'acide sulfurique de Nordhausen. On étend la solution d'eau, on la neutralise par la potasse, on porte à l'ébullition et on filtre. Le liquide se prend par le refroidissement en une bouillie cristalline de sel de potassium.

L'acide est en belles aiguilles fusibles à 139° (Darmstædter et Wichelhaus), solubles dans l'eau, l'alcool et l'éther.

L'hydrogène naissant en présence des alcalis le transforme en naphtaline et sulfite.

Les sels ont été étudiés par Laurent, par Otto et Möries [*Mém. cit.*].

Le *sel d'argent* est un précipité blanc, noircissant par l'ébullition avec l'eau. Le *sel de calcium*,

$$(C^{10}H^6BrSO^3)^2Ca + 3H^2O,$$

est en petites lamelles blanches, solubles dans l'eau et dans l'alcool. Le *sel de baryum*,

$$(C^{10}H^6BrSO^3)^2Ba + 2H^2O,$$

lui ressemble.

Le *sel de potassium*, $C^{10}H^{6}BrSO^{3}K$, est incolore, peu soluble dans l'eau froide, assez soluble dans l'eau et l'alcool bouillants. Distillé avec du cyanure de potassium, il fournit de la *dicyannaphtaline* ou *cyanure de naphtène*,

$$C^{10}H^{6}(CAz)^{2}.$$

— Voyez Naphtène, p. 511.

Le *sel de sodium* ressemble au précédent; traité par le perchlorure de phosphore, il fournit le chlorure *bromonaphtylsulfureux*,

$$SO\left\{\begin{matrix}OC^{10}H^{6}Br\\Cl,\end{matrix}\right.$$

masse huileuse, épaisse, analogue à la térébenthine, soluble dans l'éther, la benzine et l'alcool. Traité par l'ammoniaque, ce corps fournit l'amide correspondante, la *sulfobromonaphtylamide*,

$$SO\left\{\begin{matrix}OC^{10}H^{6}Br\\AzH^{2},\end{matrix}\right.$$

en petites aiguilles blanches, fusibles vers 195° (Otto et Möries).

On obtient deux isomères de l'acide bromonaphtylsulfureux précédent en soumettant à l'action du brome l'acide α-naphtylsulfureux et l'acide β-naphtylsulfureux. L'acide, dérivé du premier, forme un sirop qui ne cristallise qu'à la longue et fond à 104°; l'acide β fond à 92°. Leurs sels potassiques distillés avec du cyanure de potassium donnent deux dicyanaphtalines α et β, différentes de celle que fournit l'acide bromonaphtylsulfureux de Laurent (Wichelhaus et Darmstædter).

Acide bibromonaphtylsulfureux,

$$C^{10}H^{6}Br^{2}SO^{3} = SO\left\{\begin{matrix}OC^{10}H^{5}Br^{2}\\OH\end{matrix}\right.$$

[Laurent, 1849, *Compt. rend. des trav. de chim.*, p. 373]. — On le produit en faisant réagir l'acide sulfurique fumant sur la naphtaline bibromée, saturant par la potasse, filtrant et abandonnant à la cristallisation; on débarrasse ce sel de sulfate de potassium en le dissolvant dans l'alcool bouillant. Le bibromonaphtylsulfite de potassium renferme

$$C^{10}H^{5}Br^{2}SO^{3}K.$$

Le *sel de baryum* contient $(C^{10}H^{5}Br^{2}SO^{3})^{2}Ba$; il constitue un dépôt floconneux formé d'aiguilles microscopiques.

Acide chloronaphtylsulfureux,

$$C^{10}H^{7}ClSO^{3} = SO\left\{\begin{matrix}OC^{10}H^{6}Cl\\OH\end{matrix}\right.$$

[Zinin, *Journ. für prakt. Chem.*, t. XXXIII, p. 36]. — Par l'action de l'acide sulfurique concentré sur la chloronaphtaline à 140° pendant un quart d'heure, il se produit un liquide que quelques gouttes d'eau transforment en une masse blanche et butyreuse d'acide chloronaphtylsulfureux, qu'on fait sécher sur des plaques poreuses.

Cet acide est soluble dans l'eau et l'alcool.

Le *sel d'ammonium* est amorphe; le *sel d'argent* est blanc, caillebotté, un peu soluble dans l'eau. Le *sel de baryum* est en aiguilles microscopiques, peu solubles, renfermant

$$(C^{10}H^{6}ClSO^{3})^{2}Ba.$$

Les *sels de cuivre*, *de fer*, *de plomb* sont amorphes.

Acide bichloronaphtylsulfureux,

$$C^{10}H^{6}Cl^{2}SO^{3} = SO\left\{\begin{matrix}OC^{10}H^{5}Cl^{2}\\OH\end{matrix}\right.$$

(Zinin). — On le prépare comme le précédent. Il est blanc, butyreux, très-soluble dans l'eau. Le *sel d'argent* renferme $C^{10}H^{5}Cl^{2}SO^{3}Ag$, et cristallise en paillettes incolores. Le *sel de baryum*, $(C^{10}H^{5}Cl^{2}SO^{3})^{2}Ba$, est en petites aiguilles brillantes, peu solubles. Le *sel de potassium* est également cristallisé en aiguilles.

Acide trichloronaphtylsulfureux,

$$C^{10}H^{5}Cl^{3}SO^{3} = SO\left\{\begin{matrix}OC^{10}H^{4}Cl^{3}\\OH\end{matrix}\right.$$

[Laurent, *Mém. cité*]. — On traite à chaud la trichloronaphtaline par l'acide sulfurique fumant, on étend d'eau, on neutralise par la potasse, on porte à l'ébullition et on filtre. Par le refroidissement, il se sépare une masse gélatineuse composée de fines aiguilles du sel de potassium, on le lave à l'eau froide et on le fait redissoudre dans l'eau bouillante. On le transforme en sel de plomb, qu'on décompose par l'hydrogène sulfuré.

L'*acide trichloronaphtylsulfureux* se sépare par le refroidissement de sa solution alcoolique bouillante sous la forme d'une bouillie cristalline, soluble dans l'alcool bouillant. Il décompose les azotates de potassium et de sodium, de magnésium, de nickel, de cuivre, les chlorures de baryum et de calcium.

Le *sel d'ammonium* est soluble dans l'eau; il précipite en gelée le chlorure de baryum, le chlorure de calcium, le sulfate de magnésium.

Le *sel de baryum* renferme $(C^{10}H^{4}Cl^{3}SO^{3})^{2}Ba$; il est très-peu soluble dans l'eau bouillante. Le *sel de cuivre ammoniacal*,

$$(C^{10}H^{4}Cl^{3}SO^{3})^{2}Cu, 4AzH^{3} + 4H^{2}O,$$

est gélatineux, bleu-lilas, et devient bleu par la dessiccation. Le *sel de potassium*, très-soluble dans l'eau bouillante, peu soluble dans l'alcool, presque insoluble dans l'eau froide, est en paillettes opaques et microscopiques.

Acide tétrachloronaphtylsulfureux,

$$C^{10}H^{4}Cl^{4}SO^{3}$$

(Laurent). — Il est en flocons blancs, cristallins; le *sel de potassium* renferme $C^{10}H^{3}Cl^{4}SO^{3}K$; il est presque insoluble dans l'eau froide, peu soluble dans l'eau bouillante, très-soluble dans l'alcool bouillant.

Acide nitronaphtylsulfureux,

$$C^{10}H^{7}(AzO^{2})SO^{3}$$

[Laurent, *Revue scient.*, t. XIII, p. 588]. — Ce composé, résultant de l'action à chaud de l'acide sulfurique fumant sur la nitronaphtaline, forme des paillettes rhomboïdales microscopiques.

Le *sel d'ammonium* cristallise en aiguilles microscopiques. Le *sel de calcium*,

$$[C^{10}H^{6}(AzO^{2})SO^{3}]^{2}Ca,$$

est assez soluble dans l'eau et dans l'alcool. Le *sel de potassium* est en cristaux irréguliers.

Acide binitronaphtylsulfureux,

$$C^{10}H^{6}(AzO^{2})^{2}SO^{3},$$

se prépare à l'aide de la dinitronaphtaline; son *sel d'ammonium* cristallise en aiguilles jaunes.

Acide amidonaphtylsulfureux (*acide naphthionique*),

$$C^{10}H^{9}AzSO^{3} = SO\left\{\begin{matrix}OC^{10}H^{6}(AzH^{2})\\OH\end{matrix}\right.$$

[Piria, *Ann. de Chim. et de Phys.*, (3), t. XXXI, p. 217]. — L'acide naphthionique de Piria, produit de l'action du sulfite d'ammonium sur la naphtylamine, n'est autre que l'acide amidonaphtylsulfureux; Laurent l'a obtenu, en effet, en réduisant l'acide nitronaphtylsulfureux par le sulfhydrate d'ammoniaque [Laurent, *Compt. rend. de l'Acad.*, t. XXXI, p. 537].

Piria le prépare en chauffant au bain de sable une solution de 200 grammes de nitronaphtaline dans 1 kilogramme d'alcool, et y ajoutant 1 kilogramme d'une solution de sulfite d'ammonium d'une densité de 1,34; et continuant à chauffer à l'ébullition, il se forme bientôt une couche cristalline très-épaisse de bisulfite d'ammonium, qui se dépose sur les parois du ballon ; il faut alors saturer la liqueur acide par du carbonate d'ammonium en poudre, jusqu'à dissolution complète des cristaux ; la liqueur doit être essayée de temps en temps et toutes les fois qu'elle paraît acide, on doit y ajouter de nouveau carbonate d'ammonium ; dans ces conditions, l'opération est terminée au bout de 8 heures, ce qu'on reconnaît à ce qu'une goutte du liquide, se dissolvant entièrement dans l'eau, ne renferme plus de nitronaphtaline.

Le liquide du ballon se sépare par le refroidissement en deux couches : l'inférieure n'est qu'une solution aqueuse saturée de sulfite d'ammonium, et de l'excès du sulfite employé ; la supérieure renferme les produits de transformation de la nitronaphtaline, c'est du thionaphtamate et du naphthionate d'ammonium. On décante cette couche supérieure, on la concentre par la chaleur jusqu'à consistance huileuse, puis on l'abandonne à elle-même pendant 24 heures. Elle se prend en une masse de cristaux lamellaires de thionaphtamate d'ammonium, dont on sépare l'eau mère dense et incristallisable qui renferme le sel ammoniacal de l'acide amidonaphtylsulfureux. On chauffe à 100° cette eau mère, et on l'additionne d'acide chlorhydrique; l'acide se sépare sous la forme d'une poudre cristalline, d'un blanc rougeâtre, qu'on purifie en la lavant d'abord à l'eau, puis à l'alcool, et la dissolvant dans la soude. On soumet ensuite le sel de sodium à des cristallisations répétées, et lorsqu'il est incolore, on le décompose par l'acide chlorhydrique pur. 200 grammes de nitronaphtaline fournissent 62gr,5 de naphthionate de sodium cristallisé, et 60 grammes de thionaphtamate de potassium.

L'acide naphtionique forme de petits cristaux soyeux, blancs, légers, qui ressemblent à l'amiante ; ils sont inodores, insipides, à peine solubles dans l'eau et dans l'alcool; il faut 2,000 p. d'eau froide pour le dissoudre, mais il est plus soluble dans l'eau bouillante d'où il se sépare en cristaux blancs et aiguillés. Il s'altère au contact de l'air, surtout lorsqu'il est humide; aussi, dans sa préparation, doit-on avoir soin de le laver avec de l'eau privée d'air par l'ébullition.

Chauffé avec une solution de soude très-concentrée, il n'est pas altéré ; mais, avec les agents oxydants, il se détruit en donnant des résines brunes. Il n'est pas attaqué par l'acide chlorhydrique concentré et bouillant, et peut être chauffé à 200° avec l'acide sulfurique sans altération. Il possède une réaction acide énergique et déplace l'acide acétique des acétates, même à la température ordinaire.

NAPHTHIONATES. — Les naphtionates sont très-solubles et cristallisent parfaitement. Leurs solutions sont opalines, et vues sous des angles différents, elles transmettent les plus belles nuances rouges, azurées et violacées. Ce phénomène est tellement sensible, que pour le produire il suffit de dissoudre 1 p. de naphtionate de sodium dans 200,000 p. d'eau. Les naphthionates en solution sont décomposés par les acides minéraux qui en séparent l'acide.

A l'état solide, ces sels ne s'altèrent pas au contact de l'air, mais leurs solutions se colorent en rouge, sous l'influence de l'air et de la lumière : il est très-difficile de les obtenir incolores.

Le *naphtionate d'ammonium* est très-soluble dans l'eau; il ne cristallise que difficilement.

Le *sel d'argent*,

$$SO\left\{\begin{matrix}OC^{10}H^6(AzH^2)\\OAg\end{matrix}\right. + H^2O,$$

est un peu soluble dans l'eau, surtout à chaud ; il est amorphe et quelquefois se transforme en petits cristaux, grenus, durs et brillants ; sa solution dans l'eau chaude additionnée d'ammoniaque fournit du naphtionate d'argent ammoniacal,

$$C^{10}H^8SO^3Ag, 2AzH^3 + H^2O.$$

Le *sel de baryum* se sépare d'une solution chaude étendue en larges lames transparentes, rhomboïdales; d'une solution chaude et concentrée, il se sépare en petites lames micacées.

Le *sel de calcium*,

$$[C^{10}H^6(AzH^2)SO^3]^2Ca + 8H^2O,$$

est très-soluble dans l'eau, presque insoluble dans l'alcool ; il se présente après purification sous la forme de lames blanches, imparfaitement transparentes, d'un aspect gras, et qui vues en masse présentent une belle nuance rose ; ces cristaux appartiennent au système monoclinique.

Le *sel de magnésium*, $[C^{10}H^6(AzH^2)SO^3]^2Mg$, est en larges prismes rhomboïdaux terminés par des sommets dièdres, renfermant 8 molécules d'eau de cristallisation, lorsqu'il se produit par le refroidissement d'une solution concentrée; par l'évaporation spontanée de sa solution aqueuse, il se sépare en cristaux volumineux, appartenant au système monoclinique et renfermant 10 molécules d'eau.

Le *sel de plomb*,

$$[C^{10}H^6(AzH^2)SO^3]^2Pb + H^2O,$$

cristallise en petites aiguilles courtes, rougeâtres, peu solubles dans l'eau ; il s'altère par l'ébullition avec l'eau.

Le *sel de potassium*, $C^{10}H^6(AzH^2)SO^3K$, est anhydre, très-soluble dans l'eau et dans l'alcool ; il est en petites lames micacées, légèrement colorées.

Le *sel de sodium*,

$$C^{10}H^6(AzH^2)SO^3Na + 4H^2O,$$

est en beaux prismes volumineux, transparents, peu colorés, très-solubles dans l'eau et l'alcool; il est anhydre à 130°.

Le *sel de zinc* est en lames allongées, de forme rhomboïdale, transparentes, colorées en rouge.

ACIDE NAPHTÈNE-DISULFUREUX (*acide disulfonaphtalique, thionaphtique*),

$$C^{10}H^8S^2O^6 = C^{10}H^6\left\{\begin{matrix}SO^3H\\SO^3H\end{matrix}\right.$$

[Berzelius, *Ann. de Chim. et de Phys.*, t. LXV, p. 290; — Laurent, *Compt. rend. des trav. de chim.*, 1849, p. 390]. — Il se produit en même temps que les acides naphtylsulfureux par l'action de l'acide sulfurique sur la naphtaline. On sature à moitié seulement la solution sulfurique de la naphtaline par le carbonate de baryum et l'on concentre; il se sépare du naphtylsulfite. L'eau mère est saturée par le carbonate de baryum, et la solution concentrée est additionnée de 2 à 3 fois son volume d'alcool qui précipite le naphtène-disulfite de baryum, d'où l'on retire l'acide libre.

La solution aqueuse de ce corps se prend dans le vide en une masse lamellaire, colorée en brun, attirant l'humidité de l'air et se dissolvant dans l'alcool. Les sels sont fort solubles dans l'eau, moins solubles dans l'alcool ; fondus avec un excès de potasse ou de soude, ils fournissent l'oxynaphtol $C^{10}H^8O^2$ (Dusart).

Le *sel d'ammonium* est une masse blanche et grenue ; il en est de même du *sel de potassium*.

Le *sel de baryum*,

$$C^{10}H^6\left\{\begin{matrix}SO^3\\SO^3\end{matrix}\right.>Ba,$$

est peu soluble dans l'eau même bouillante, très-peu soluble dans l'alcool ; il est amorphe.

Le *sel de sodium*, assez soluble dans l'alcool cristallise difficilement.

Le *sel de plomb*, fort soluble dans l'eau, presque insoluble dans l'alcool, est amorphe et renferme, à 100°,

$$C^{10}H^6\begin{cases}SO^3\\SO^3\end{cases}>Pb+2H^2O.$$

SULFONAPHTALINE (*sulfonaphtide*), $SO^2(C^{10}H^7)^2$ [Berzelius, Laurent, *Revue scientif.*, t. XIII, p. 587]. — Ce composé, analogue à la sulfobenzide, résulte de l'action de l'anhydride sulfurique sur la naphtaline; celle-ci absorbe les vapeurs de l'anhydride en se colorant en rouge; on ajoute de l'eau au produit, et l'on fait bouillir jusqu'à ce que toute la naphtaline en excès ait été entraînée avec les vapeurs d'eau. La sulfonaphtalide reste sous forme d'une masse onctueuse, qui se concrète par le refroidissement, et qu'on fait ensuite cristalliser dans l'alcool aqueux, qui laisse une certaine quantité d'une autre substance peu soluble dans ce liquide, et qui paraît être, suivant Gerhardt, de la naphtaline mélangée d'un peu de sulfonaphtaline.

La sulfonaphtaline cristallise en mamelons inodores, insipides, fusibles à 70°; par le refroidissement, elle se prend en une masse transparente qui devient électrique par le frottement. Elle est très-peu soluble dans l'eau, plus soluble dans l'alcool. E. G.

**NAPHTALINE (COULEURS DE).** — Nous décrirons ici la préparation industrielle de la naphtaline, de la nitronaphtaline, de la naphtylamine, du naphtol et des matières colorantes qui en dérivent, sans nous occuper de l'histoire chimique de ces corps, qui sont décrits parmi les dérivés de la naphtaline.

La naphtaline qui se trouve en si grande quantité dans les huiles lourdes du goudron de houille est relativement peu employée. Malgré de nombreuses tentatives faites en vue de préparer des matières colorantes en partant de cette substance, on ne connaît jusqu'aujourd'hui qu'un nombre très-restreint de couleurs, qui trouvent réellement leur application industrielle. Telles sont le *rose* de naphtylamine, le *jaune* de naphtol et peut-être le *violet*.

### PRÉPARATION DE LA NAPHTALINE.

Pour extraire la naphtaline des huiles lourdes (voyez t. I, p. 1632), on les abandonne pendant 6 à 8 jours au froid ou simplement dans un endroit frais, la naphtaline cristallise et se dépose. On la recueille, on concasse grossièrement ces cristaux, on les jette ensuite dans une essoreuse afin d'enlever les parties huileuses qui les imprègnent, puis on les soumet à l'action d'une presse hydraulique. On obtient ainsi des gâteaux de naphtaline contenant des phénols; pour enlever ces derniers, on fond ces gâteaux à deux reprises, avec l'aide de la chaleur, en présence de quelques centièmes de soude caustique. Cette opération s'effectue dans des chaudières closes, en fer et munies d'un agitateur et d'un serpentin dans lequel circule de la vapeur d'eau; on lave ensuite plusieurs fois à l'eau chaude jusqu'à ce que cette dernière ne soit plus alcaline. Un traitement à chaud dans de grandes caisses de plomb avec 5 à 10 % d'acide sulfurique d'une densité de 1,407, enlève les alcaloïdes qu'elle peut retenir. Un ou deux lavages à l'eau chaude pour enlever toutes traces d'acide terminent ces traitements par voie humide.

La naphtaline est alors soumise à la distillation dans de grandes cornues en fonte ou en fer. Au début de l'opération, la naphtaline qui distille est mélangée avec un peu d'eau, la température est alors inférieure à 200°, mais elle s'élève rapidement à 210-220° et la naphtaline passe à l'état de pureté et en grande quantité. Elle est condensée dans des serpentins chauffés à 80° ou plus simplement dans de grandes chambres. Lorsque le thermomètre atteint 230° on change les récipients et on traite les produits qui distillent à partir de cet instant comme de la naphtaline brute. Il est souvent plus avantageux de distiller la naphtaline en l'entraînant mécaniquement au moyen d'un courant de vapeur d'eau surchauffée; après refroidissement complet de la masse, on recueille la naphtaline par filtration [Vohl, *Journ. für prakt. Chem.*, t. CII, p. 29].

### NITRONAPHTALINE.

On a déjà indiqué, à l'article NAPHTALINE, le mode de préparation industriel dû à M. Roussin; nous ajoutons ici un procédé indiqué par M. E. Kopp [*Répert. de Chim. appl.*, 1861, p. 209]. On attaque à froid la naphtaline avec un mélange d'acide sulfurique et d'acide nitrique concentré, ou même d'acide nitrique d'une densité de 1,33. On évite ainsi la production de produits secondaires et de vapeurs nitreuses.

Les proportions les plus convenables sont, pour 1 p. de naphtaline, 5 à 6 p. d'acide nitrique ou 1 volume d'acide sulfurique avec 5 à 6 d'acide nitrique. Dans les deux cas la naphtaline doit être broyée et introduite peu à peu dans l'acide.

L'appareil dans lequel la réaction s'opère est une marmite en fonte d'une capacité d'un demi-mètre cube et munie d'un agitateur. Il faut avoir soin, surtout au commencement de l'opération, de maintenir l'agitation afin d'empêcher la naphtaline de s'agglomérer et d'échapper ainsi à la réaction. Au bout de 2 ou 3 jours la transformation est complète; on sépare l'acide en excès de la nitronaphtaline et on procède au lavage, à l'eau chaude, puis à l'eau froide. On se sert, afin d'éviter l'attaque des vases en fer par les acides faibles, d'abord d'une solution chaude de soude caustique ou d'eau de chaux. On continue les lavages à l'eau chaude et enfin à l'eau froide. Le produit ainsi obtenu présente une couleur d'un jaune citron pur et ne contient pas l'huile rougeâtre qui accompagne la nitronaphtaline préparée à chaud d'après le procédé de Roussin.

MATIÈRES COLORANTES DÉRIVÉES DE LA NITRONAPHTALINE. — Ces matières colorantes ont été signalées par Laurent [*Compt. rend.*, t. LII, p. 1183], puis étudiées par MM. Gélis et Dusart [*Brevet*, n° 400, 473, 13 mai 1859], au point de vue des applications industrielles que l'on pourrait en tirer. En distillant la nitronaphtaline avec un grand excès de chaux ou de baryte légèrement hydratée, Laurent a obtenu une matière qu'il a nommée naphtase; l'acide sulfurique dissout cette matière avec une coloration bleu violacé; l'eau la précipite sans altération de cette solution. Nous décrirons ces corps, quoiqu'ils n'aient pas reçu d'applications industrielles d'une manière continue.

*Acide nitroxynaphtalique, jaune français* ou *acide chryséique.* — On mélange intimement :

| | |
|---|---|
| Nitronaphtaline.............. | 100 p. |
| Potasse...................... | 75 p. |
| Chaux........................ | 200 p. |

puis on introduit ce mélange dans une cornue tubulée, on l'humecte d'eau et on fait passer dans la masse un courant d'air ou d'oxygène pendant 10 à 12 heures, en même temps qu'on chauffe la cornue à une température de 140°. La masse jaune ainsi obtenue est reprise par l'eau, puis saturée par un acide : la matière colorante se sépare sous forme de belles aiguilles, fusibles à 100° et non volatiles.

L'acide nitroxynaphtalique donne avec les alcalis des sels diversement colorés ainsi que des laques avec la plupart des oxydes métalliques; il teint la laine et la soie en jaune d'or; cette couleur est peu stable et ne résiste pas aux alcalis. Avec les agents réducteurs, il se forme une base nommée oxynaphtylamine. L'acide nitroxynaphtalique chauffé de nouveau à 230° environ, avec un mélange de potasse caustique et de chaux hydratée, produit un acide rouge qu'on isole comme le précédent.

*Procédé Knab* [*Brevets*, 4 avril 1863, n° 58,034; 30 avril 1864, n° 62,867]. — Dans le premier brevet, le procédé décrit consiste à faire réagir l'acide nitrique fumant sur la naphtaline; il se forme, en même temps que d'autres corps, une petite quantité d'un produit jaune applicable à la teinture. Dans le second brevet, l'inventeur fait réagir l'acide azotique (densité 40°) étendu de deux fois son poids d'eau sur la naphtaline et maintient l'ébullition pendant un certain temps. Le produit qui en résulte est chauffé avec une solution étendue d'ammoniaque pendant une heure environ. Cette solution filtrée, puis décomposée par un acide, donne un précipité jaune. Cette matière est peu soluble dans l'eau froide, plus soluble dans l'eau bouillante et teint la soie ou la laine en un beau jaune d'or. Elle est probablement identique avec celle décrite sous le nom d'acide nitroxynaphtalique par MM. Dusart et Gélis.

### NAPHTYLAMINE.

Nous ne décrirons ici que les deux procédés industriels dus à MM. Béchamp et Drion et à M. Roussin [*Compt. rend.*, t. LII, p. 797], ainsi que les modifications qui ont été apportées à ces procédés par la pratique.

Le procédé décrit par MM. Béchamp et Drion est sensiblement le même que celui qui sert à préparer l'aniline. Dans une grande cornue en fonte de la même capacité que celle qui sert à la réduction de la nitrobenzine en aniline, communiquant avec un cohobateur, munie d'un agitateur mû mécaniquement, et placée sur voûte au-dessus d'un foyer, on introduit 2 p. de nitronaphtaline que l'on fond en chauffant légèrement. Aussitôt la masse fondue, on ajoute 2 p. de limaille de fer et on maintient le mélange intime au moyen de l'agitateur. La température ne doit pas dépasser 45°. On ajoute alors peu à peu 2 p. d'acide acétique concentré du commerce. La réaction est très-vive, la masse s'échauffe fortement; lorsque tout l'acide est versé, que la température est retombée à 100° environ, et que la réduction est terminée, on ajoute 2 p. de chaux vive et l'on distille.

Il passe dans le récipient vers 380-400°, en même temps que la naphtylamine, de l'eau et un peu d'acide acétique. Il faut avoir soin (la naphtylamine se solidifiant au-dessous de 50°) de maintenir l'eau des bâches dans lesquelles s'opère la condensation à cette température, sans quoi les serpentins seraient inévitablement bouchés. On peut remédier à cet inconvénient en faisant communiquer directement les cornues avec des condensateurs formés de deux grands cylindres de diamètres différents et dont le plus petit est renversé dans le plus grand de manière à former une sorte de gazomètre. Le bec des cornues est en communication avec la partie supérieure du petit cylindre renversé et le joint se fait au moyen d'une tubulure. Le bas du grand cylindre est muni d'une cornière dans laquelle vient s'adapter la partie inférieure du petit cylindre et qui permet de faire un joint. Autour de ce cylindre, on fait arriver de l'eau de manière à refroidir. Il suffit pour recueillir la naphtylamine de laisser écouler l'eau au moyen d'un robinet, de défaire le joint et d'enlever le petit cylindre renversé ou d'ajouter de l'eau chaude et de recueillir la naphtylamine liquide au moyen d'un vase placé à la partie inférieure du grand cylindre servant de cuve. Enfin au moyen de la vapeur d'eau injectée dans la masse sous une forte pression, on peut encore entraîner mécaniquement et distiller la naphtylamine; la séparation de l'eau de la naphtylamine est des plus simples, cette dernière étant solide, il suffit pour la recueillir de jeter sur un filtre.

La naphtylamine provenant de la distillation à feu nu est loin d'être pure; elle est colorée en noir et renferme en outre un autre alcali, la phtalamine, $C^8H^4NO^2$. Pour la purifier, on doit la laver, la presser, et la distiller de nouveau, soit au moyen de la vapeur d'eau, soit dans un courant de gaz hydrogène, d'azote, etc.

On peut encore la purifier en mettant à profit les différences de solubilité de son chlorhydrate et des impuretés qui l'accompagnent. Nous décrirons ce mode de purification en même temps que le procédé que l'on doit à M. Roussin.

*Procédé de M. Roussin.*— On introduit dans un vase en fonte émaillée, d'une capacité de 1 mètre cube au moins et communiquant avec un cohobateur, 100 kilogrammes de nitronaphtaline et 600 kilogrammes d'acide chlorhydrique du commerce et une quantité de grenailles d'étain telle qu'elle atteigne la surface du mélange. Le liquide ne doit pas occuper plus de la moitié de la capacité du vase dans lequel se fait la réaction.

On chauffe légèrement en agitant la masse. Au bout de quelques instants une réaction énergique se déclare, la nitronaphtaline disparaît en entier, il ne reste qu'une petite quantité de matières résineuses au fond du vase.

La liqueur limpide colorée en brun est décantée dans un vase en fonte émaillée contenant un mélange de 3 p. d'eau et de 6 p. d'acide chlorhydrique. Par le refroidissement, elle se prend en une espèce de bouillie formée par des cristaux de chlorhydrate de naphtylamine. On filtre sur une toile forte afin de recueillir les cristaux, on laisse égoutter et on les soumet à une pression énergique. Il ne reste plus qu'à les purifier et à les séparer du chlorure d'étain qui les accompagne; pour cela, il suffit de les redissoudre dans l'eau bouillante et d'ajouter du sulfure de sodium, petit à petit, et jusqu'à ce qu'il ne se produise plus de précipité. On sépare le sulfure d'étain et une certaine quantité de matières goudronneuses par filtration et l'on évapore la solution. Par le refroidissement, il se dépose des cristaux de chlorhydrate de naphtylamine presque purs. On les recueille, on les presse, et on les sèche. Les eaux mères de la dernière cristallisation peuvent être traitées par un des procédés directs pour le chlorhydrate de naphtylamine, ou être employées directement à la production de matières colorantes. Pour avoir la naphtylamine, on décompose à chaud la solution aqueuse du chlorhydrate par une lessive de potasse ou de soude caustique et on sépare par filtration la base mise en liberté; ou bien on la distille par entraînement mécanique au moyen de la vapeur d'eau; on évite ainsi la production des matières secondaires qui se forment lorsqu'on distille à feu nu. Enfin on peut distiller directement le chlorhydrate de naphtylamine sur de la chaux vive.

Le seul inconvénient que l'on puisse reprocher à ce procédé au point de vue industriel est l'emploi de l'étain, qui est d'un prix assez élevé; on peut diminuer, par une cohobation prolongée, le poids indiqué par M. Roussin et régler en même temps la réaction. On peut encore remplacer ce métal par du zinc en grenailles ou en rognures, ou un mélange d'étain et de zinc; ce dernier métal exige surtout lors de la réduction, un peu plus de soins et de temps que l'étain. En tout cas il est indispensable de régénérer par un des procédés connus l'étain employé.

*Réactions colorées de la naphtylamine.*— Avant de donner la description des différents procédés permettant d'obtenir les matières colorantes dérivées de la naphtylamine, nous donnerons un aperçu général des différentes réactions colorées de la naphtylamine observées par les savants qui se sont occupés de ce corps.

Exposée à l'air, la naphtylamine s'altère en se colorant en violet; la plupart de ses sels à l'état humide prennent dans les mêmes conditions une coloration rougeâtre ou rouge violacé.

Tous les sels de naphtylamine sont colorés en violet par l'acide nitrique, si l'acide est concentré; la naphtylamine se transforme dans cette réaction en une poudre brune, soluble dans l'alcool en rouge violacé. Dans certaines conditions, il se forme des cristaux mordorés semblables à ceux de la murexide.

La naphtylamine chauffée pendant 20 à 25 minutes, entre 120° et 130°, avec l'azotate de mercure donne une matière colorante rouge, soluble dans l'alcool ou dans l'acide acétique; le bioxyde de mercure, l'acide arsénieux, le bichlorure de mercure, se comportent dans des conditions analogues de la même manière.

Une des réactions les plus caractéristiques est celle décrite par Piria, et qui peut servir à reconnaître les sels de naphtylamine.

Les corps oxydants, en général, comme le perchlorure de fer, le bichromate de potassium, le permanganate de potassium, le nitrate d'argent, le chlorure d'or, etc., fournissent avec les solutions des sels de naphtylamine un précipité d'une belle couleur azurée qui passe ensuite peu à peu au pourpre : c'est la naphtaméine.

Le chlore sec, à la température ordinaire, ne réagit pas sur la naphtylamine; la réaction commence vers 200°. Une solution aqueuse de chlore réagit sur les sels de naphtylamine : la liqueur se colore en violet, et il se dépose une résine brunâtre.

Un mélange de 1 p. de bichlorure d'étain, de 1 p. 1/2 de naphtylamine, chauffé pendant 15 minutes environ, brunit promptement et produit un liquide sirupeux noir qui durcit par le refroidissement. Cette masse se dissout dans de l'alcool faible en rouge cramoisi. La matière colorante peut être précipitée au moyen du sel marin ou du carbonate de sodium. Si l'on emploie un excès de naphtylamine par rapport au bichlorure d'étain (2 p. de naphtylamine, 1 p. de bichlorure d'étain) et que l'on maintienne, un certain temps, la température à 200°, la masse rouge passe d'abord au violet, puis bleuit. Cette matière colorante bleue se dissout dans l'alcool et dans l'acide acétique. Un mélange de nitrate de mercure et de naphtylamine maintenu pendant 20 minutes entre 120° et 130° fournit une masse noirâtre, se dissolvant en rouge dans l'alcool étendu ou l'acide acétique.

Les vapeurs d'acide cyanique dirigées dans une solution éthérée de naphtylamine donnent naissance à l'urée naphtylique $C^{11}H^{10}Az^{2}O$. Ce corps est peu stable et se décompose spontanément en produisant un corps résineux qui se dissout en rouge dans l'alcool; cette couleur vire, par les acides, au violet; les alcalis ramènent la couleur primitive.

Un mélange d'acide sulfurique et d'acide nitrique produit, suivant Hugo Schiff, dans une solution de chlorhydrate de naphtylamine, une matière colorante rouge écarlate.

Dans la solution du même sel, l'azotite de potassium produit à froid un précipité rouge-brun, soluble dans l'alcool en rouge-orangé, c'est la nitrosonaphtaline.

En chauffant le mélange des deux sels, il se produit une substance brune poreuse, et il se dégage de l'azote. Cette matière est insoluble dans tous les dissolvants, excepté l'acide sulfurique concentré, à qui elle communique une coloration bleu-indigo foncé. MM. Schützenberger et Willm la considèrent comme un polymère de l'hydrure d'oxynaphtyle et l'ont nommée naphtulmine.

MATIÈRES COLORANTES DÉRIVÉES DE LA NAPHTYLAMINE. — Nous venons de voir avec quelle facilité la naphtylamine et ses sels se colorent en présence des agents oxydants. Les matières colorantes violettes ainsi produites peuvent être classées en deux sortes : les unes résultent de l'action des corps oxydants sur les sels de naphtylamine en solution aqueuse; elles ont été découvertes par Piria et portent le nom de naphtaméines [Piria, *Ann. de Chim. et de Phys.*, (2), t. XXXI, p. 217]. Les circonstances dans lesquelles elles se produisent permettent de supposer que leur constitution, encore inconnue, est analogue à celle de la mauvéine de Perkin : les autres prennent naissance lorsqu'on fait réagir à la température de 200° environ des corps déshydrogénants sur la naphtylamine anhydre. Leur production accompagne en général celle de la rosanaphtylamine : elles ont été étudiées par MM. Scheurer-Kestner, A. Richard, et depuis par plusieurs autres observateurs. Aucune de ces deux espèces de violets n'est devenue l'objet d'une fabrication industrielle suivie.

NAPHTAMÉINE. — MM. Hugo Schiff [*Chem. Gaz.*, p. 211, 1857], Perkin [*Chem. News*, p. 352, 1861], E. Kopp [*Répert. de Chim. pure et appl.*, 1861], ont décrit les propriétés et les procédés permettant d'obtenir cette matière. Elle prend naissance chaque fois que l'on fait réagir sur un sel de naphtylamine un corps oxydant ou déshydrogénant, tel que bichromate de potassium, permanganate de potassium, perchlorure de fer, chlorure de zinc, bichlorure d'étain, bichlorure de mercure, etc., etc.; on comprend facilement que, suivant le mode d'action et la température employée, les nuances obtenues puissent varier.

Le produit formé est d'abord d'une couleur azurée, très-belle, qui passe peu à peu au pourpre.

*Préparation.* — Piria prépare cette matière colorante en faisant réagir sur une solution aqueuse de chlorhydrate de naphtylamine du perchlorure de fer en présence d'un peu d'alcool (ce dernier corps facilite la réduction du sel de fer); il se dégage de l'ammoniaque et la naphtaméine se précipite à l'état amorphe. Sa couleur est d'un pourpre foncé rappelant l'orcéine. On la recueille sur un filtre, on la lave à l'eau et on la sèche. Ce corps est peu soluble dans l'eau et dans les alcalis caustiques; l'alcool et l'éther, l'acide acétique, la dissolvent assez facilement. La naphtaméine se dissout dans l'acide sulfurique en se colorant en un bleu intense ressemblant à l'indigo. L'addition de l'eau reprécipite la naphtaméine qui est déjà un peu altérée.

La solution de la naphtaméine dans l'acide acétique n'est précipitée ni par l'eau ni par l'acide tartrique; la plupart des acides, des alcalis et des sels alcalins, terreux et métalliques, précipitent la naphtaméine de cette solution acétique. Chauffée, la naphtaméine commence par fondre, puis se décompose, en dégageant des vapeurs aromatiques ayant l'odeur de la naphtaline, et en laissant un charbon qui brûle difficilement. La naphtaméine est réduite par les agents désoxydants; au contact de l'air ou de l'oxygène, elle reprend sa couleur primitive (E. Kopp). Cette matière n'a pas été appliquée jusqu'à présent en teinture et en impression à cause des nuances peu brillantes et peu vives qu'elle communique aux tissus.

Hugo Schiff a obtenu une matière colorante bleue à laquelle il a donné la formule $C^{10}H^{9}AzO$

et qui présente les mêmes propriétés que celles indiquées par Piria. Cette substance est incristallisable et ne produit pas de combinaisons avec les bases et les acides; l'acide sulfureux est sans action sur elle.

NITROSONAPHTYLINE, $C^{10}H^8Az^2O$. — Cette substance a été étudiée par MM. Perkin et Church, Schützenberger et E. Willm, et par M. Roussin [Church et Perkin, *Quart. Journ. of Chem. Soc.*, avril 1856; *Institut*, 1856, 299; — Canahl et Chiozza, *Chem. Centralb.*, 1856; — Schützenberger et Willm, *Compt. rend.*, t. XLVI, p. 894; — Roussin, *Compt. rend. de l'Acad.*, 1861, t. LII, p. 796]. Ces chimistes ont fait réagir l'acide nitreux ou les nitrites alcalins sur la naphtylamine ou sur ses sels. En faisant agir à froid une solution de nitrite de potassium sur une solution de chlorhydrate de naphtylamine dans l'eau, on voit se former immédiatement un précipité rouge-brun. On le recueille par filtration, on le lave, et on le sèche. Pour le purifier, on le dissout dans l'alcool, on filtre et on évapore la solution au bain-marie. On obtient ainsi une matière colorante rouge foncé, présentant des reflets métalliques. L'équation suivante rend compte de la réaction :

$$C^{10}H^9Az + AzO^2H = C^{10}H^8Az.AzO + H^2O.$$

Perkin dit avoir obtenu la nitrosonaphtyline par la réduction, au moyen de l'hydrogène naissant, de la binitronaphtaline.

Cette matière colorante est insoluble dans l'eau et les acides étendus; l'acide sulfurique concentré la dissout en se colorant en pourpre bleuâtre. La nitrosonaphtyline est soluble dans l'alcool et la benzine, l'eau précipite ses dissolutions, les alcalis sont sans action; si l'on ajoute à la solution alcoolique, qui est d'un beau rouge-orange, un acide, la coloration passe immédiatement au violet; la couleur primitive est ramenée par un alcali. M. Perkin, qui s'est occupé de l'application de cette matière colorante sur étoffes, soit en teinture, soit en impression, signale les propriétés suivantes :

Pour la teinture, il suffit de passer les tissus dans un bain de chlorhydrate de naphtylamine chauffé à 50°, de les tordre pour enlever l'excès de liquide et de les plonger dans une solution étendue et froide d'azotite de potassium. On rince ensuite à grande eau et l'on passe dans un bain légèrement alcalin. Les nuances que l'on peut ainsi produire varient suivant la concentration et l'acidité des bains employés depuis le rouge aurore jusqu'au rouge-marron très-foncé. Pour l'impression, il suffit d'appliquer un sel de naphtylamine avec un épaississant séchant, puis de teindre en passant l'étoffe dans un bain contenant du nitrite de potassium; la nitrosonaphtyline se dépose sur la toile en la colorant en rouge-orange. Un des grands inconvénients est le peu de brillant et de solidité que cette matière colorante présente lorsqu'on la passe dans un bain bouillant de savon. Elle résiste à la lumière, aux chlorures décolorants, et aux acides faibles; l'acide sulfureux ne l'altère pas. Les acides concentrés la font virer au violet, l'eau rétablit la couleur primitive.

Malgré l'identité que l'on est tenté d'admettre pour les naphtaméines, les analyses sont loin de donner des résultats concordants.

NAPHTULMINE [Schützenberger et Willm, *Compt. rend.*, t. XLVI, p. 894]. — MM. Schützenberger et Willm ont observé que dans la réaction du chlorhydrate de naphtylamine sur le nitrite de potassium, on obtient une masse poreuse légère, brune, insoluble dans l'eau et qui cède à l'alcool ainsi qu'à l'éther une matière colorante rouge virant au bleu par les acides (la nitrosonaphtyline étudiée par M. Perkin); la production de cette matière est accompagnée d'un abondant dégagement d'azote. Il reste, après le traitement à l'alcool et à l'éther, un résidu assez volumineux, noir, ulmique, insoluble dans tous les dissolvants, dans les acides et les alcalis. Ce corps ne contient plus d'azote et correspond à la formule

$$C^{20}H^6O^6.$$

La naphtulmine se dissout dans l'acide sulfurique concentré avec une couleur bleu indigo foncé; l'eau précipite de nouveau le produit non altéré de cette dissolution. En répétant ce traitement 2 ou 3 fois, on arrive à purifier cette matière colorante.

En chauffant du chlorhydrate de naphtylamine brute, provenant de la réduction de la nitronaphtaline par l'étain et l'acide chlorhydrique et renfermant un mélange de chlorure stanneux et stannique, vers 230-250°, M. Roussin [*Compt. rend.*, t. LII, p. 726] a obtenu une masse noire, brillante, comme frittée. Épuisée par l'eau bouillante, puis séchée et reprise par l'alcool bouillant, elle présente une coloration rouge-violet très-intense. Cette couleur s'applique très-bien sur les étoffes et résiste à la lumière, aux acides et aux alcalis. Malheureusement toutes ces matières présentent le défaut général des naphtaméines, de ne posséder ni brillant, ni éclat.

MM. Scheurer-Kestner et A. Richard [*Bull. de la Soc. indust. de Mulhouse*, juillet 1861] ont fait réagir sur la naphtylamine, dans les mêmes conditions, les réactifs qui ont été préconisés pour la préparation du rouge d'aniline.

Nous décrirons l'action du bichlorure d'étain et du nitrate de mercure.

Pour effectuer cette préparation, il suffit de chauffer à l'ébullition, pendant quelques minutes, un mélange de 5 à 10 p. de naphtylamine et de 3 à 4 p. de bichlorure d'étain fumant.

La masse brunit et forme un liquide sirupeux noir qui durcit par le refroidissement. En reprenant cette masse par de l'alcool étendu de son volume d'eau, on voit le liquide se colorer en rouge cramoisi; la matière colorante est précipitée de cette dissolution au moyen du sel marin ou du carbonate de sodium. Si l'on a employé du nitrate de mercure, il n'est pas nécessaire de pousser aussi loin la température et la réaction peut même s'achever au bain-marie. Au bout de quelques minutes la masse devient violette, et au fur et à mesure que l'on ajoute le nitrate de mercure la couleur se développe; lorsque la réaction est terminée, la masse se présente sous l'aspect d'un vernis rouge. On isole la matière colorante, comme il a été dit précédemment.

L'azotate de naphtylamine chauffé dans certaines conditions fournit également une matière colorante rouge; l'acide nitrique en présence d'un excès de naphtylamine donne aussi les mêmes produits. Si l'on prolonge la réaction et si l'on a eu soin d'employer un grand excès de naphtylamine, la nuance rouge passe au violet et finalement au bleu foncé.

M. du Wildes [*Rép. de Chim. appl.*, 1861, p. 172] a préparé une matière colorante violette en faisant réagir sur la naphtylamine à 100° du protoxyde ou du bioxyde de mercure (3 p. naphtylamine pour 1 de protoxyde de mercure); la réaction est assez vive et il suffit de maintenir quelques minutes au bain-marie pour voir la masse devenir entièrement noire. On enlève alors le ballon du bain-marie et on coule le contenu dans de l'huile de pétrole ou de la benzine, en ayant soin de séparer le mercure qui est resté à l'état métallique au fond du ballon. Cette substance est soluble dans l'esprit de bois, l'alcool, l'éther, auxquels elle communique une magnifique couleur violette. On peut s'en servir pour teindre ou imprimer les tissus en violet.

IONNAPHTINE [Carey Lea, *Silliman's Americ. Journ.*, n° 95, sept. 1861; *Répert. de Chim. appl.*, 1861, p. 405]. — M. Carey Lea a observé que, dans la réduction de la nitronaphtaline par la limaille de fer et l'acide acétique dans une cornue communiquant avec un récipient bien refroidi, en chauffant le mélange pendant assez longtemps (avant l'addition d'alcali), il distille une liqueur présentant des réactions intéressantes. Elle possède l'odeur de la naphtaline, elle est d'une couleur rougeâtre pâle. Les acides minéraux en font passer la teinte au violet. Chauffée avec l'acide sulfurique, elle devient de plus en plus violette et se convertit en un bleu pourpre. Au bout d'un certain temps, il se précipite une matière cristalline noirâtre (*ionnaphtine*) qu'on sépare par filtration. La liqueur filtrée brune, si l'on continue à la chauffer, passe de nouveau au violet pourpré et dépose une nouvelle quantité de précipité. Les eaux mères deviennent enfin troubles et d'un brun sale. Ces dernières, saturées par de l'ammoniaque, déposent des flocons bruns, qui, traités par du bichromate de potassium et de l'acide sulfurique, deviennent noirs. Ce corps est insoluble dans l'eau et dans l'alcool. Il se dissout dans l'acide nitrique faible en donnant une solution violette foncée. M. Carey Lea pense que cette matière pourrait être identique avec celle obtenue par M. du Wildes en traitant la naphtylamine par le nitrate de mercure.

L'ionnaphtine se présente sous la forme d'aiguilles d'un reflet vert doré très-brillant. Elle se dépose par l'évaporation spontanée de la solution alcoolique sous l'aspect d'une poudre rouge foncé qui, frottée avec un corps dur et poli, reprend l'éclat métallique verdâtre. La solution alcoolique est d'un rouge de sang intense, une petite quantité d'acide la fait passer au rouge vif, au cramoisi, au violet pourpré, enfin au bleu violacé. Chauffée en présence de l'acide sulfurique étendu, la couleur n'est pas détruite; l'acide nitrique la transforme en une masse jaune-paille pâle.

Parmi les nombreux procédés que nous venons de décrire pour transformer la naphtylamine en matières colorantes, deux seulement sont encore appliqués industriellement. Le premier est relatif à la préparation d'une matière colorante jaune (binitronaphtol). Son application est due à M. Martius; encore devons-nous ajouter qu'aujourd'hui ce corps se produit en grande partie directement au moyen du naphtol. Nous donnerons son mode de préparation en traitant du binitronaphtol. Le second procédé a été exploité pour la première fois dans la maison A. Clavel, de Bâle; il est dû à M. Schiendl [*Deutsch. Chem. Gesells.*, 1869, p. 374 et 412; *Bull. de la Soc. chim.*, 1870, t. XIII, p. 95]. Il consiste à faire réagir sur un sel de naphtylamine, l'azodinaphtyldiamine $C^{20}H^{15}Az^{3}$ de MM. Perkin et Church. Il se forme une matière colorante rouge (*rosanaphtylamine*) qui donne sur soie un rose vif magnifique possédant des reflets particuliers de dichroïsme. Il n'en est pas malheureusement de même pour la laine; la couleur est terne, aussi sa préparation et son emploi sont-ils, comparativement avec les couleurs d'aniline, assez restreints.

ROSANAPHTYLAMINE. — Lorsqu'on fait réagir l'azotate de mercure ou le bichlorure d'étain sur la naphtylamine, il se forme des traces de matière colorante rouge. Cette matière a été décrite plus haut; elle avait été signalée par MM. Scheurer-Kestner et Richard, mais il avait été impossible de l'obtenir avec ces réactifs en quantité suffisante pour la produire d'une manière industrielle.

Sa formule a été établie par M. Hofmann : c'est une triamine. Le véritable moyen de l'obtenir consiste à faire réagir sur l'azodinaphtyldiamine un sel de naphtylamine; l'équation suivante rend compte de sa formation :

$$\underset{\text{Naphtylamine.}}{2C^{10}H^{9}Az} + HAzO^{2} = \underset{\text{Azodinaphtyldiamine.}}{C^{20}H^{15}Az^{3}} + 2H^{2}O;$$

$$\underset{\text{Azodinaphtyldiamine.}}{C^{20}H^{15}Az^{3}} + C^{10}H^{9}Az = \underset{\text{Rosanaphtylamine.}}{C^{30}H^{21}Az^{3}} + AzH^{3}.$$

Nous rappellerons ici que l'azodinaphtyldiamine se prépare en faisant réagir 2 molécules de chlorhydrate de naphtylamine sur 1 molécule de nitrite de potassium et 1 molécule de potasse caustique.

*Préparation.* — Dans un ballon de 10 à 12 litres, chauffé au bain de sable, on introduit :

8 kilogr. d'azonaphtyldiamine pulvérisée;
8 kilogr. de naphtylamine pulvérisée;
2 kilogr. 500 d'acide acétique cristallisable.

On chauffe jusqu'à ce que la solution soit complète, mais en ayant soin de maintenir la température vers 150°. La matière colorante rouge se développe petit à petit, et en même temps il se dégage de l'ammoniaque.

Il faut avoir soin que la couleur ne passe pas au violet. Aussitôt que l'on voit apparaître sur les bords du ballon une coloration violette, on arrête immédiatement l'opération, et on ajoute de suite 150 à 200 grammes d'acide acétique cristallisable, puis on coule le contenu sur des plaques en fonte émaillée. Dans cet état la matière brute contient, indépendamment de la matière colorante rose, de l'acétate de naphtylamine, des matières colorantes violettes et quelques autres produits secondaires. Pour isoler et purifier la rosanaphtylamine, on traite 10 kilogrammes de matière brute par 500 litres d'eau acidulée avec de l'acide chlorhydrique. Lorsqu'on juge la dissolution terminée et la solution aqueuse saturée de rosanaphtylamine, on la filtre avec soin sur des filtres de laine. La liqueur filtrée est saturée exactement par le carbonate de sodium et additionnée de chlorure de sodium en excès. Le chlorhydrate de rosanaphtylamine se précipite à l'état cristallin. Ces cristaux encore impurs sont purifiés par des dissolutions dans l'eau acide et par des précipitations par le chlorure de sodium. Deux dissolutions et précipitations successives suffisent pour amener le produit au degré de pureté exigé par les besoins de la teinture. On peut encore traiter la matière brute par l'eau, en présence de la soude caustique qui décompose les sels de naphtylamine, puis entraîner l'excès de naphtylamine par un courant de vapeur d'eau. La masse restant dans l'alambic est reprise par l'acide chlorhydrique concentré ou l'acide acétique, puis traitée comme il vient d'être dit. Un procédé plus expéditif, pour retirer la matière colorante du liquide restant dans l'alambic, consiste à l'étendre d'eau, à le saturer, le filtrer et le décomposer directement par l'acide chlorhydrique; la matière colorante en est précipitée par le chlorure de sodium.

Le chlorhydrate de rosanaphtylamine se dissout facilement dans l'alcool bouillant, qui l'abandonne par le refroidissement à l'état cristallisé. La base libre n'a pas été obtenue à l'état de pureté; il est probable, d'après M. Hofmann, qu'elle renferme, comme la rosaniline, 1 molécule d'eau, et que sa formule doit s'écrire $C^{30}H^{21}Az^{3}, H^{2}O$. Elle contient 3 atomes d'hydrogène substituables. Les produits de substitution obtenus avec les sels d'aniline, de toluidine, ou de naphtylamine, sont violets et bleus. Ces matières ne présentent aucun intérêt industriel à cause de leur peu d'éclat. Il en est de même de celles obtenues au moyen des iodures à radicaux alcooliques; leurs nuances ne diffèrent que très-peu de la nuance de la triamine non-substituée.

*Chlorhydrate de rosanaphtylamine,*

$C^{30}H^{21}Az^3, H\,Cl.H^2O.$

— Ce sel présente l'aspect d'un précipité cristallin, d'une couleur brun foncé. Il est peu soluble dans l'eau froide, plus soluble dans l'eau bouillante, assez soluble dans l'alcool bouillant. Sa solution alcoolique bouillante le laisse déposer peu à peu par le refroidissement. Par une évaporation lente, il cristallise en belles aiguilles vertes à éclat métallique. Il est insoluble dans l'éther.

Il retient encore à 100° une molécule d'eau; il est très-stable : on peut, en effet, le chauffer avec de l'ammoniaque et même avec de la soude caustique sans lui enlever la totalité de l'acide chlorhydrique. Pour mettre la base en liberté, il faut le laisser en digestion avec l'oxyde d'argent pendant un temps assez long.

La solution alcoolique du chlorhydrate de rosanaphtylamine présente une fluorescence très-remarquable. Ce phénomène permet de distinguer facilement le rouge de naphtylamine du rouge d'aniline. En laissant tomber quelques gouttes d'une solution concentrée de chlorhydrate de rosanaphtylamine dans une éprouvette à pied contenant de l'eau ou de l'alcool, et regardant le liquide par réflexion, on voit des nuages rouge de feu se répandre dans toute la liqueur, comme s'il se formait un précipité; si au contraire on le regarde par transmission, on voit une solution parfaitement limpide et transparente, d'une teinte rouge rosé.

*Picrate de rosanaphtylamine,*

$C^{30}H^{21}Az^3, C^6H^3(AzO^2)^3O.H^2O.$

— Ce sel est à peine soluble dans l'eau.

*Chloroplatinate de rosanaphtylamine.* — Précipité cristallin, peu soluble.

La méthode qui a permis de préparer le violet et le bleu d'aniline fournit également avec la naphtylamine des matières colorantes; ainsi la rosaniline chauffée avec la naphtylamine ou un sel de naphtylamine donne naissance à des matières colorantes violettes et bleues. Ces matières colorantes ont, jusqu'à présent, reçu peu d'applications industrielles.

D'après M. Ballo [*Dingler's polyt. Journ.*, t. CXCV, p. 82], on obtient encore une matière colorante violette en faisant réagir la bromonaphtaline $C^{10}H^7Br$ sur la rosaniline. On la prépare en chauffant le mélange des deux corps; cette matière colorante violette possède l'éclat métallique et la couleur verte des cantharides; les solutions alcooliques sont tellement foncées, qu'elles paraissent opaques. Les alcalis font virer la couleur au brun, l'addition de l'eau précipite la base.

Avec l'acide chlorhydrique, la couleur devient bleue; si l'on augmente la quantité d'acide, elle passe au vert.

### NAPHTOLS.

On connaît deux modifications isomériques du naphtol. Une de ces modifications, l'α-naphtol, a été obtenue par MM. Griess et Martius dans l'action de l'acide nitreux sur le chlorhydrate de naphtylamine (voyez NAPHTOL, t. II, p. 515). Ce même naphtol se forme lorsqu'on fond avec de la potasse l'α-naphtylsulfite de potassium.

La seconde modification, le β-naphtol, a été préparée par M. L. Schæffer [*Deutsch. Chem. Gesellsch.*, t. II, p. 90] par l'action de la potasse fondante sur le β-naphtylsulfite de potassium.

De ces deux modifications, la première (α) seulement fournit la belle matière colorante jaune; il est, par conséquent, important de pouvoir produire à volonté l'acide α-naphtylsulfureux.

Nous rapporterons donc ici les travaux de MM. Merz et Weith sur les conditions de formation des acides sulfoconjugués de la naphtaline; au point de vue de l'application, ils présentent un certain intérêt, puisqu'ils permettent de préparer presque exclusivement telle ou telle modification. Dans la préparation de l'acide naphtylsulfureux, on ne doit pas dépasser une température de 80°; si l'on élève la température, une partie de l'acide α se transforme en acide β. La naphtaline chauffée pendant 4 heures à 170° avec de l'acide sulfurique fournit 75 % d'acide β-naphtylsulfureux, tandis qu'à 100° cette proportion n'est que de 20 %. Pour préparer l'acide α-naphtylsulfureux, on dissout donc à une température aussi basse que possible (vers 80°) la naphtaline dans l'acide sulfurique, on étend d'eau la solution, on sature par la craie et l'on filtre. La solution, concentrée convenablement, dépose une certaine quantité du sel de calcium, de l'acide β qui est le moins soluble. On décante et on transforme l'α-naphtylsulfite de calcium qui se trouve en dissolution, au moyen du sulfate de sodium, en sel de sodium [V. Merz et W. Weith, *Deutsch. Chem. Gesellsch.*, t. III, p. 195].

*Naphtol α.* — On décompose dans une capsule de fonte argentée le sel de sodium de l'acide α-naphtylsulfureux par un mélange de potasse et de soude caustique. Il faut avoir soin de bien mélanger les substances mises en réaction; on arrive facilement à ce résultat en prenant des matières finement pulvérisées, et en ajoutant un peu d'eau à la masse, de manière à obtenir une pâte; on évapore doucement au début de l'opération, puis on porte la masse vers 280° ou 300°, et on la maintient pendant un certain temps à cette température. Il se dégage de la vapeur d'eau et des gaz.

Cette masse est reprise par un peu d'eau et saturée par l'acide chlorhydrique ou sulfurique; il se produit un abondant dégagement d'acide sulfureux et d'acide carbonique. Lorsque la saturation est complète, le naphtol se sépare; on le recueille après refroidissement de la liqueur et on le verse dans une cornue chauffée à feu nu, et dans laquelle on dirige un violent courant de vapeur d'eau qui entraîne le naphtol; on le recueille et le purifie par cristallisation dans l'eau bouillante.

Un procédé qui a été indiqué par M. Ch. Girard [*Tit. cach. Société industrielle de Mulhouse*] pour la préparation des phénols, en général, consiste à exécuter la décomposition de l'acide sulfoconjugué en présence du mélange de soude et de potasse en partie à la pression ordinaire, en partie sous pression. Industriellement on opère dans des autoclaves que l'on ne ferme que lorsque la masse commence à se boursoufler, et on maintient la température à 250-300°. On parvient ainsi à augmenter sensiblement le rendement.

On peut encore employer, pour la préparation du naphtol, directement le sel de sodium brut, obtenu en dissolvant 1 p. de naphtaline au bain-marie dans 2 p. d'acide sulfurique à 66° B, en saturant directement par du carbonate de sodium et évaporant à sec. Le sel de sodium brut est fondu, comme on l'a indiqué, avec un mélange de potasse et de soude.

L'α-naphtol est un corps cristallisé, fusible à 94°, insoluble dans l'eau froide, et distillant facilement avec la vapeur d'eau. L'acide sulfurique le dissout en produisant un acide sulfoconjugué; si l'on ajoute de l'acide azotique, il se produit du binitronaphtol. Le chlorure de chaux colore la solution aqueuse en violet; si l'on élève la température, il se forme un précipité brun.

Chauffé à 150° avec un mélange d'acides sulfurique et oxalique, il donne une matière colorante rouge, analogue à l'acide rosolique. Cette substance produit des laques qui deviennent vertes par l'ammoniaque, et bleues sous l'influence d'une solution alcoolique de potasse; ces couleurs sont malheureusement peu stables.

Le β-*naphtol* se prépare comme la modification α avec le β-naphtylsulfite de sodium. Il fond à 122° et ressemble beaucoup à l'α-naphtol, seulement il ne donne pas de matière colorante jaune, et n'a, en conséquence, aucune valeur industrielle.

Binitronaphtol (*jaune d'or*). — Cette matière colorante, obtenue primitivement en partant de la naphtylamine, a été préparée industriellement, dans ces derniers temps, en partant directement du naphtol. Le procédé est dû à MM. L. Darmstædter et H. Wichelhaus [*Deutsch. Chem. Ges.*, t. II, p. 113]. Nous décrivons successivement ces deux modes de préparation.

Lorsqu'on traite la naphtylamine par l'acide nitrique d'une densité de 1,35, une réaction se manifeste presque instantanément. Le produit est une masse noire qui cède à l'eau du binitronaphtol [Ballo, *Dingler's polyt. Journ.*, t. CXCIV, p. 501].

M. Ballo donne comme avantageux le mode de préparation suivant du binitronaphtol. Il prend 1 p. de naphtylamine et 4 à 6 p. d'acide azotique de 1,35; le mélange s'échauffe spontanément et très-souvent il se dégage des vapeurs rouges. Le produit de la réaction est une substance brune, légère, qui surnage l'acide. Lorsqu'on étend le liquide d'eau et qu'on chauffe à l'ébullition, il se dégage de l'azote et on obtient une nouvelle quantité de matière colorante [Ballo, *Jahresb. der Chem. Technol.* pour 1870, p. 506].

D'après M. C. A.-Martius, le procédé le plus économique, qui a été exploité industriellement chez M. Dale, à Manchester, consiste à verser dans une solution neutre de chlorhydrate de naphtylamine, une solution étendue de nitrite de sodium jusqu'à ce que toute la naphtylamine soit transformée en diazonaphtol, ce qui se reconnaît en versant dans la liqueur un alcali: on obtient un précipité rouge. La liqueur qui contient le chlorhydrate de diazonaphtol est mélangée avec de l'acide nitrique et chauffée jusqu'à l'ébullition; la matière colorante jaune se sépare et vient surnager sous la forme de petites aiguilles jaunes qu'on recueille avec une grande écumoire; en même temps, il se produit un abondant dégagement d'azote. Pour les purifier, on les dissout dans l'ammoniaque et on filtre; le sel d'ammoniaque cristallise par le refroidissement. On trouve encore dans l'industrie le sel de calcium, qui s'obtient directement comme le sel d'ammoniaque. Les équations suivantes expriment la réaction dont il s'agit :

$$\underset{\text{Naphtylamine.}}{C^{10}H^9Az} + HAzO^2 = 2H^2O + \underset{\text{Diazonaphtol.}}{C^{10}H^6Az^2};$$

$$\underset{\text{Diazonaphtol.}}{C^{10}H^6Az^2} + 2HAzO^3$$

$$= Az^2 + H^2O + \underset{\text{Binitronaphtol.}}{C^{10}H^6(AzO^2)^2O}.$$

Le mode opératoire indiqué par MM. L. Darmstædter et H. Wichelhaus est des plus simples : à une solution de l'α-naphtol dans l'acide sulfurique on ajoute peu à peu de l'acide azotique; la liqueur se colore en rose. Suivant la concentration de la solution et des acides, la masse s'échauffe plus ou moins; si l'on a opéré avec des acides concentrés, il se dépose directement, par le refroidissement, du dinitronaphtol cristallisé; si l'on a agi sur des liqueurs moyennement concentrées, il faut, après la réaction, porter la température à 100°. En tout cas, avec le temps cette réaction peut se produire à froid, même en employant des solutions étendues. Enfin on peut encore atteindre le même résultat en projetant le naphtol dans un mélange d'acides sulfurique et nitrique; pour achever l'opération, il suffit de chauffer la masse à 100°. On recueille les cristaux et on les lave avec un peu d'eau froide.

Le dinitronaphtol est très-peu soluble dans l'eau bouillante; l'alcool, l'éther et la benzine le dissolvent difficilement; il se dépose de sa solution dans le chloroforme en beaux prismes transparents, jaunes. Ce corps est un acide énergique; il décompose les carbonates alcalins et forme des sels d'un jaune foncé; ceux des alcalis et des terres alcalines sont solubles dans l'eau bouillante et se fixent directement sur la fibre.

Dans le commerce on le trouve ordinairement sous la forme d'une poudre brun jaunâtre qui constitue le sel calcique ou ammonique.

Le dinitronaphtol est une matière colorante des plus remarquables par les nuances brillantes jaune d'or qu'elle communique aux tissus; ces nuances sont solides. Les solutions teignent la laine et la soie sans mordants; elles se distinguent très-nettement des nuances obtenues avec l'acide picrique, ces dernières étant d'un jaune beaucoup plus vert. Là ne se borne pas l'avantage que cette matière colorante présente sur l'acide picrique, les teintes qu'elle fournit peuvent être vaporisées, tandis qu'au contraire celles de l'acide picrique sont détruites par cette opération. Le pouvoir colorant du dinitronaphtol est extrêmement puissant; 1 kilogramme de la combinaison sodique ou calcique suffit pour teindre 200 kilogrammes de laine en un jaune intense.

### VIOLET DE NAPHTYLAMINE DIRECT.

Les sels de naphtylamine s'emploient actuellement comme les sels d'aniline en impression. Ces derniers ont été employés pour produire le noir d'aniline directement sur les tissus; les premiers, dans les mêmes conditions, donnent des matières colorantes violettes, solides, pouvant, jusqu'à un certain point rivaliser avec les violets obtenus par la garance. Depuis les expériences de Piria et les essais de Perkin pour produire en teinture sur tissus la naphtaméine, une foule de recettes ont été indiquées pour engendrer des matières colorantes sur les tissus avec les sels de naphtylamine; toutes ont fourni des nuances sans éclat ou pas assez solides; ce n'est que dans ces derniers temps que l'on est parvenu à obvier à ces inconvénients et à obtenir des résultats à peu près satisfaisants.

Nous n'indiquerons ici que les recettes qui ont donné quelques résultats industriels.

M. Kilmeyer prépare un violet de naphtylamine pour l'impression, en suivant un procédé analogue à celui qui est en usage pour l'obtention du noir d'aniline. Il délaye 450 grammes d'amidon dans 1,100 grammes d'eau, ajoute 118 grammes de naphtylamine sèche, 1,500 grammes d'eau, 59 grammes d'acide chlorhydrique d'une densité de 1,12, et porte le tout à l'ébullition. Après refroidissement, il ajoute 13gr,5 de chlorate de potassium dissous dans 300 grammes d'eau. Il imprime ce mélange sur l'étoffe et l'abandonne pendant 3 jours dans les chambres de vaporisation. A ce moment l'étoffe offre une couleur grise, qui passe au violet par lavage au carbonate de sodium.

Le violet ainsi obtenu est assez stable, bon marché, et la nuance possède assez d'éclat, mais elle est inférieure aux violets de garance [Kilmeyer, *Dingler's polyt. Journ.*, t. CXCVI, p. 67].

M. Blumer-Zweifel [*Monit. scient.*, 1870, t. XII, p. 93] indique le procédé suivant. Dans un litre d'épaississant convenable et chaud on fait dissoudre 30 grammes de chlorhydrate de naphtylamine, puis, lorsque le tout est refroidi, on ajoute 15 grammes de bichlorure de cuivre à 51° B;

en augmentant la quantité de chlorhydrate de naphtylamine, on fait varier la nuance.

Les étoffes imprimées ou foulardées sont exposées pendant deux ou trois jours dans les chambres d'oxydation, dans lesquelles on maintient une température de 25°. Lorsque la couleur est assez développée, on lave à l'eau chaude. Pour la teinture ou le foulardage, il suffit de supprimer l'épaississant et de diminuer d'un quart la quantité de chlorure cuivrique.

D'après M. Albert Scheurer [*Bull. de la Soc. industr. de Mulhouse*, juin 1870, p. 330], pour obtenir une oxydation complète, il faut maintenir les étoffes imprimées avec le mélange de sel de naphtylamine et de sel de cuivre pendant 36 heures à une température de 30°. Après ce temps, en passant les étoffes dans un bain alcalin ou mieux dans un bain de savon bouillant, on voit la couleur violette se développer; cette couleur se rapproche de celle obtenue avec la garancine.

L'oxydation du sel de naphtylamine est favorisée par la présence de vapeurs d'acide acétique. Après le fixage, la couleur devient grise, puis rougeâtre, et acquiert la nuance obtenue par la simple oxydation lorsqu'on passe à froid au bain de chlore; par les acides la couleur vire au bleu; passée au savon bouillant, la nuance violette se développe sur l'étoffe. Cette couleur violette est décolorée en partie par le sel d'étain; si on maintient à l'ébullition un morceau d'étoffe imprimé en violet dans une solution de sel d'étain, le violet est transformé en gris olivâtre; l'acide sulfureux produit le même résultat. Le chlorure de chaux, le bichromate de potassium font virer le violet au brun; la couleur primitive n'est ramenée ni par l'action des acides, ni sous l'influence des bases faibles.

La lumière agit sur cette matière colorante comme le chlore; avec le temps (5 ou 6 heures), la nuance se dégrade; sous l'influence des alcalis ou du savon, l'intensité de la couleur primitive ne reparaît pas.

Les acides moyennement concentrés font virer légèrement la nuance au bleu; les acides et les alcalis étendus sont sans action.

M. A. Scheurer a essayé de remplacer le chlorhydrate de naphtylamine par l'acétate, mais il n'a obtenu au fixage qu'un violet gris. Les vapeurs d'acide chlorhydrique, pendant le fixage, empêchent la couleur d'atteindre son intensité maximum; le violet obtenu est plus clair. Il conclut que la présence simultanée des vapeurs d'acides chlorhydrique et acétique est indispensable. Quant à la nuance obtenue par le fixage en présence de l'acide acétique, elle n'est pas le résultat d'un virage produit sous l'influence de cet acide, puisque les alcalis ne la modifient pas; elle paraît être le produit d'une oxydation incomplète, et il n'est pas probable qu'elle puisse trouver de l'emploi dans l'impression du coton.

### VIOLETS DE NAPHTÈNE-DIAMINE.

Ces matières colorantes ont été étudiées par MM. Troost [*Bull. de la Soc. chim.*, 1861, n° 4, p. 74], Roussin [*Compt. rend.*, 1861, t. LII, p. 968 et p. 1034], Tichborne [*Chem. News*, 1861, n° 9, p. 197], Persoz [*Compt. rend.*, 1861, t. LII, p. 1179]. Elles prennent naissance lorsque l'on fait réagir sur la binitronaphtaline des corps réducteurs, et peuvent être considérées comme des produits de transformation, soit de la naphtènediamine, soit des combinaisons intermédiaires entre cette base et la naphtylamine.

*Procédé de M. Troost.* — On traite la binitronaphtaline en présence des alcalis par des corps réducteurs, tels que les sulfures, polysulfures, sulfhydrates de sulfures, cyanures, sulfocyanures alcalins. Dans cette réaction, il faut avoir soin de ne faire réagir l'alcali libre qu'après les corps réducteurs, sans quoi il se forme une matière brune qui ternit la nuance des matières colorantes violettes produites.

Les violets ainsi formés sont solubles dans les alcalis, les sulfures alcalins, les carbonates, l'alcool : les acides étendus les précipitent de leurs solutions, sans leur faire subir d'altération. Ils se fixent directement sur les étoffes sans mordants. On peut faire virer leur nuance au rouge et au bleu par certaines opérations.

Les sulfures, polysulfures employés pour la réduction ne doivent pas renfermer d'hyposulfite, ce dernier détruisant peu à peu la matière colorante produite.

*Procédé de M. Roussin.* — La binitronaphtaline traitée par les protosels d'étain dissous dans les alcalis caustiques est réduite aussi facilement que par les sulfures. A la température ordinaire, la réaction exige plusieurs heures. Au bain-marie, dès que la masse a atteint la température de 80°, la réaction est complète. On jette le liquide sur un filtre et on lave le précipité jusqu'à ce qu'il ne cède plus rien à l'eau. Il reste sur le filtre une poudre bleu-violet qui se dissout facilement dans l'alcool ordinaire, l'alcool méthylique, le sulfure de carbone, etc. D'après M. Tichborne, on peut remplacer le sel stanneux par un sel ferreux. Cette matière colorante teint très-bien les étoffes et est assez solide.

### NAPHTAZARINE.

M. Roussin, en vue d'obtenir un résultat analogue à celui que lui avaient donné les protosels d'étain, a soumis la binitronaphtaline à un mélange réducteur, formé de limaille de zinc et d'acide sulfurique étendu, de limaille de fer et d'acide acétique, de grenaille d'étain et d'acide chlorhydrique; dans ces conditions, la binitronaphtaline ne subit pas d'altération et il n'obtint que des résultats négatifs; c'est alors qu'il eut l'idée de faire réagir sur la binitronaphtaline les corps réducteurs en présence de l'acide sulfurique concentré.

Dans une grande capsule chauffée au bain de sable, on fait un mélange intime de binitronaphtaline et d'acide sulfurique concentré. On chauffe lorsque la solution de la binitronaphtaline dans l'acide sulfurique est complète (la liqueur doit rester incolore ou prendre une teinte à peine ambrée); on porte la température à 200°, puis on y projette peu à peu de la grenaille de zinc. Il se dégage de l'acide sulfureux et la réaction est terminée au bout d'une demi-heure environ. Il faut avoir soin, surtout si l'on opère sur une certaine quantité, de n'ajouter le zinc que peu à peu et de bien surveiller la température; la réaction étant très-énergique, l'acide sulfurique entre en ébullition, il se dégage des torrents de vapeurs blanches et la quantité de matière colorante formée diminue considérablement.

On reconnaît la fin de l'opération en projetant une goutte du mélange acide dans l'eau froide : il doit se produire une magnifique couleur rouge-violet. On enlève la capsule du feu, on la laisse refroidir, on verse le contenu dans 8 à 10 p. d'eau, et on porte le tout à l'ébullition. On filtre; par le refroidissement, la matière colorante se dépose sous forme d'une gelée rouge; ce magma, examiné au microscope, se compose d'une réunion de cristaux aiguillés filiformes très-nets. Les eaux mères peuvent être saturées par la craie et appliquées directement sur les étoffes mordancées ou évaporées. La matière colorante restée sur le filtre est dissoute dans des solutions alcalines et précipitée par un acide.

M. Persoz obtient une matière colorante semblable en chauffant à 300°, soit la binitronaphtaline avec l'acide sulfurique concentré, soit un mélange d'acides nitrique et sulfurique avec la naphtaline. La marche de l'opération est facile à suivre; en projetant une goutte de la liqueur dans l'eau, on obtient en premier lieu un précipité blanc laiteux, puis légèrement violacé, et enfin violet foncé, lorsque la réaction est achevée. La masse est retirée du feu, abandonnée au refroidissement, puis traitée comme il a été dit précédemment. On peut en tout cas épuiser la matière colorante, restée insoluble dans l'eau, dans un digesteur Payen, avec le sulfure de carbone.

*Procédé de M. Tichborne.* — Pour préparer industriellement la naphtazarine, on doit d'abord chauffer l'acide sulfurique jusqu'à 200° et n'ajouter la binitronaphtaline que peu à peu et seulement lorsque l'acide a atteint cette température; on évite ainsi de volatiliser une grande quantité de binitronaphtaline. La solution étant complète et ayant été maintenue à la température de 200° la masse est enlevée du feu. On projette alors peu à peu le corps réducteur, qui doit être dans un grand état de division; il faut avoir soin de maintenir une agitation constante. Malgré la chaleur dégagée par la réaction, le thermomètre reste à peu près à la même température par suite des pertes causées par la conductibilité et le rayonnement.

Pour isoler la naphtazarine, on traite la masse par l'eau bouillante, on sature par un carbonate alcalin, on filtre, on sèche, puis on épuise le précipité par l'alcool éthylique ou méthylique. Dans une bonne opération, on extrait du précipité produit 60 à 70 % de matière colorante.

On peut remplacer le zinc, dans cette réaction, par tous les corps pouvant réagir à une température élevée sur l'acide sulfurique, tels que l'étain, le fer, le cuivre, le charbon, etc.

*Propriétés de la naphtazarine,* $C^{10}H^{6}O^{4}$. — Cette matière colorante, qui avait été nommée pendant un certain temps pseudo-alizarine et qui a été presque confondue avec l'alizarine, quoique présentant certaines analogies avec cette dernière, s'en distingue par des caractères très-tranchés.

La naphtazarine est soluble dans l'alcool et l'éther; elle communique à ce dernier une teinte rouge violacé; elle est peu soluble dans l'eau. Elle se volatilise sans décomposition, entre 215° et 240°, en aiguilles cristallines rouge foncé. Elle se dissout dans les alcalis caustiques, les carbonates alcalins, avec une belle couleur bleu-pourpre foncé; les acides la précipitent de ses solutions en flocons rouge-orangé. Les acides sulfurique et chlorhydrique concentrés ne l'attaquent pas. L'acide hypochloreux en petite quantité ne réagit pas sensiblement; une plus grande quantité d'acide fait virer la nuance à l'orangé, et, avec un excès, la solution aqueuse est complétement décolorée.

La solution aqueuse de naphtazarine abandonnée au contact de l'air en présence d'un excès d'ammoniaque passe au bout de quelques heures au brun; il se précipite une matière noire qui se dissout en bleu dans l'alcool et qui vire au rouge avec les acides. En présence de l'alun, la potasse et l'ammoniaque donnent dans les solutions aqueuses une laque d'un beau violet. La naphtazarine forme également avec les oxydes de zinc et d'étain des laques violettes plus ou moins bleues, la laque cuivrique est brun rougeâtre, la laque ferreuse brun violacé, la laque ferrique brune.

Avec l'acétate plombique, la solution aqueuse de la naphtazarine additionnée de quelques gouttes de carbonate de sodium produit un précipité violet-bleu; l'acétate triplombique forme dans les mêmes conditions un précipité bleu violacé clair.

Les tissus de coton mordancés avec des solutions de fer faibles sont teints en gris plus ou moins verdâtre, ceux mordancés en alumine donnent des teintes violettes. Ces nuances sont solides, résistent au savonnage et à l'acide acétique concentré.

L'étude de ces matières, dont quelques-unes paraissent susceptibles d'applications industrielles, mériterait d'être reprise. Ch. G.

**NAPHTALINE (HOMOLOGUES DE LA).** — On connaît deux homologues de la naphtaline, la méthylnaphtaline $C^{11}H^{10}$ et l'éthylnaphtaline $C^{12}H^{12}$.

MÉTHYLNAPHTALINE, $C^{11}H^{10} = C^{10}H^{7}, CH^{3}$ [Fittig et Remsen, *Ann. der Chem. u. Pharm.*, t. CLV, p. 112, et *Bull. de la Soc. chim.*, 1870, t. XIV, p. 456]. On l'obtient en mettant en contact de la bromonaphtaline étendue d'éther anhydre avec de l'iodure de méthyle et du sodium, en ayant soin d'entourer le vase d'eau froide pour modérer la réaction. Par un grand nombre de fractionnements on sépare la méthylnaphtaline.

Cet hydrocarbure est un liquide incolore, légèrement aromatique, soluble dans l'alcool et dans l'éther, bouillant à 231-232°, d'une densité de 1,0287 à 11°,5; il ne se solidifie pas à — 18°. Il donne avec l'acide sulfurique un acide méthylnaphtylsulfureux dont le sel de baryum, peu soluble, amorphe, renferme $(C^{11}H^{9}SO^{3})^{2}Ba$. Les dérivés nitrés et bromés de cet hydrocarbure sont des substances visqueuses. Oxydé par le bichromate de potassium et l'acide sulfurique, il est complétement converti en eau et en acide carbonique.

ÉTHYLNAPHTALINE, $C^{12}H^{12} = C^{10}H^{7}, C^{2}H^{5}$. (Fittig et Remsen). — Elle est liquide, épaisse, ne se concrétant pas à — 14°; elle bout à 251-252°; sa densité à 10° = 1,0184. Dissoute dans l'acide sulfurique, elle fournit un acide sulfoconjugué dont le sel de baryte est amorphe; l'éthylnaphtylsulfite de cuivre $(C^{12}H^{11}SO^{3})^{2}Cu + 2H^{2}O$ est soluble et cristallise en belles lamelles bleu verdâtre; il est anhydre à 100°. L'acide azotique et le brome donnent avec l'éthylnaphtaline des produits de substitution mal définis. Traitée à l'ébullition par le brome, elle fournit un produit qui, soumis à l'action de la potasse alcoolique, donne de l'*acénaphtène* $C^{10}H^{7}, C^{2}H^{3}$. Elle donne le même corps lorsqu'on la dirige dans un tube chauffé au rouge [Berthelot et Bardy, *Bull. de la Soc. chim.*, 1872, t. XVIII, p. 11]. E. G.

**NAPHTALTÉTRAMINE,**

$$C^{10}H^{12}Az^{4} = C^{10}H^{4}(AzH^{2})^{4}$$

[d'Aguiar et Lautemann, *Bull. de la Soc. chim.*, 1865, t. III, p. 267]. — La tétranitronaphtaline traitée par l'iodure de phosphore dans les mêmes conditions que la naphtaline trinitrée (voyez plus loin NAPHTALTRIAMINE) fournit de l'iodhydrate de naphtaltétramine $C^{10}H^{12}Az^{4}, 4HI$. Il est indispensable dans cette préparation d'employer un excès d'iodure de phosphore pour empêcher l'oxydation; la réaction terminée, la liqueur est filtrée rapidement sur l'amiante et abandonnée au repos pendant quelques heures dans l'obscurité. Les cristaux qui se déposent doivent être desséchés pendant 24 heures sur la porcelaine dégourdie, et chauffés ensuite dans une étuve entre 50° et 60°.

Cet iodhydrate cristallise en lamelles jaunâtres et brillantes, solubles dans l'eau et dans l'alcool, noircissant à la lumière et par l'action des agents oxydants. E. G.

**NAPHTALTRIAMINE,**

$$C^{10}H^{11}Az^{3} = C^{10}H^{5}\left\{\begin{array}{l}AzH^{2}\\AzH^{2}\\AzH^{2}\end{array}\right.$$

[d'Aguiar et Lautemann, *Bull. de la Soc. chim.*, 1865, t. III, p. 265]. — Produit de réduction de la trinitronaphtaline par l'iodure de phosphore;

la naphtaltriamine n'a été obtenue qu'à l'état de sel et n'a pas été isolée.

L'*iodhydrate* $C^{10}H^{11}Az^3,3HI$ s'obtient en ajoutant à de l'iodure de phosphore, préparé avec 20 grammes d'iode et 4 grammes de phosphore, 1 gramme de trinitronaphtaline et quelques grammes d'eau. Au bout de quelques instants, une vive réaction a lieu et la trinitronaphtaline se transforme en un iodure qui cristallise par le refroidissement. On le purifie en y ajoutant une petite quantité d'eau, dissolvant les cristaux à une douce chaleur et filtrant la solution chaude sur l'amiante. Les cristaux bien égouttés sur une porcelaine dégourdie sont séchés à l'étuve à une température de 50° à 60°. Cet iodhydrate est en aiguilles blanches et transparentes; à l'état sec, il s'altère à la lumière diffuse et plus rapidement à la lumière directe du soleil en noircissant rapidement : il en est de même de ses solutions qui sont plus stables en présence d'un excès d'acide iodhydrique. Les agents oxydants donnent un précipité rougeâtre qui noircit presque instantanément. Il réduit les sels d'argent, de plomb et de platine. La potasse caustique en sépare une matière blanche, huileuse, soluble dans l'éther, qui paraît être la naphtaltriamine; cette substance rougit à l'air en s'oxydant, puis devient noire. L'ammoniaque précipite la même matière huileuse qui est soluble dans un excès d'ammoniaque.

Chauffé une heure et demie entre 70° et 80°, cet iodhydrate perd 1 molécule d'acide iodhydrique et se transforme en $C^{10}H^{11}Az^3,2HI$; entre 110° et 120°, il se décompose en se colorant.

Le *sulfate* $C^{10}H^{11}Az^3(SO^4H^2)^2$ se prépare en traitant 2gr,5 de l'iodhydrate par 8 grammes d'acide sulfurique, étendu du double de son volume d'eau, à une température qui ne doit pas dépasser 60°. Lorsque l'iodhydrate est dissous, on filtre, et, 24 heures après, la solution se prend en une masse de cristaux de sulfate. Ce sel séché à 100° est stable, mais à l'état humide, il s'oxyde facilement. D'après sa formule, c'est un sel acide.

Le *chlorhydrate* est en cristaux analogues à ceux de l'iodure; on le prépare par double décomposition entre le sulfate et le chlorure de baryum. E. G.

**NAPHTAMÉINE** [Piria, *Ann. de Chim. et de Phys.*, (3), t. XXXI, p. 251]. En traitant les sels de naphtylamine par le perchlorure de fer, l'azotate d'argent, le bichromate de potassium ou d'autres agents oxydants, Piria a obtenu une matière bleue qu'il a appelée naphtaméine. Les analyses de ce corps ne lui ont pas donné de résultats concordants. M. H. Schiff la représente par la formule $C^{10}H^9AzO$, très-contestable, et lui donne le nom d'*oxynaphtylamine*, nom impropre, car la naphtaméine ne se comporte pas comme une base [*Ann. der Chem. u. Pharm.*, t. CI, p. 90].

Pour préparer la naphtaméine, on dissout le chlorhydrate de naphtylamine dans l'alcool, on étend la solution d'eau de manière qu'elle reste limpide, et on y ajoute goutte à goutte une solution étendue de perchlorure de fer en remuant continuellement. Après quelques heures de repos, on filtre, on lave le précipité à l'eau, puis à l'alcool, et on sèche le produit dans le vide (Piria).

La naphtaméine est une poudre légère, amorphe, d'une couleur pourpre foncé, insoluble dans l'eau, l'ammoniaque et la potasse caustique. Elle se dissout facilement dans l'éther, un peu dans l'alcool. L'acide sulfurique concentré la dissout à froid, en produisant un liquide bleu, d'où l'addition de l'eau reprécipite la naphtaméine un peu altérée. Elle se dissout aussi dans l'acide acétique concentré; la solution est précipitée par tous les sels, les acides et les alcalis; l'eau et l'acide tartrique seuls ne précipitent pas la solution acétique de la naphtaméine (Piria).

Plusieurs matières colorantes obtenues avec la naphthylamine paraissent renfermer de la naphtaméine. Cette substance n'a pas d'emploi industriel; récemment, cependant, on a commencé à produire un violet sur tissus, qui paraît être de la naphtaméine, en imprimant sur le coton un mélange d'un sel de naphtylamine et de bichlorure de cuivre. — Voyez NAPHTALINE (*couleurs de*), t. II, p. 508. E. G.

**NAPHTASE.** — Lorsqu'on mélange la nitronaphtaline avec 8 à 10 fois son poids de chaux abandonnée un ou deux jours à l'air, et qu'on introduit le mélange dans une petite cornue de manière qu'elle soit pleine jusqu'au col, on obtient, en chauffant très-légèrement, une huile brune renfermant de la naphtaline, de l'ammoniaque, de la nitronaphtaline non décomposée et une huile épaisse qui se condense dans le col de la cornue, et qui se solidifie par le refroidissement. En lavant ce produit avec de l'éther, pour enlever les matières étrangères, on obtient une poudre jaune qui constitue la naphtase.

La naphtase est jaune, insoluble dans l'eau et dans l'alcool, à peine soluble dans l'éther; elle ne fond qu'au-dessus de 250° et se prend par le refroidissement en une masse fibreuse; elle distille sans altération et sa vapeur se condense en longues aiguilles jaunes. L'acide sulfurique concentré la dissout en prenant une couleur bleu-violet très-intense, que l'addition d'eau fait disparaître; après avoir été traitée par l'acide azotique ou le chlore, elle se colore en bleu avec l'acide sulfurique. Elle a donné à l'analyse $C = 87,0$; $H = 4,8$. Sa formule n'a pas été établie [Laurent, *Ann. de Chim. et de Phys.*, t. LIX, p. 384]. E. G.

**NAPHTAZARINE.** — Voyez p. 509, et NAPHTOQUINONE, t. II, p. 522.

**NAPHTE.** — Voyez PÉTROLE.

**NAPHTÈNE** (*naphtylène*). — Ce nom est donné au groupe $C^{10}H^6$, qui existe dans les diamines dérivées de la réduction des binitronaphtalines (voyez NAPHTÈNE-DIAMINES) et dans l'acide naphtène-disulfureux ou disulfonaphtalique (p. 501),

$$C^{10}H^6(SO^3H)^2.$$

Il existe également combiné au cyanogène dans des composés de la formule $C^{10}H^6(CAz)^2$, *cyanures de naphtène*, appelés aussi *dicyanaphtalines*.

CYANURES DE NAPHTÈNE, $C^{10}H^6(CAz)^2$ [Wichelhaus et Darmstædter, *Deutsch. Chem. Gesellsch.*, 1869, p. 356, et *Bull. de la Soc. chim.*, 1869, t. XII, p. 480].

On connaît cinq isomères obtenus par la distillation, avec le cyanure de potassium, des sels de potassium des acides bromonaphtylsulfureux isomériques, ou des acides naphtène-disulfureux.

1. *Cyanure de naphtène*, dérivé de l'acide bromonaphtylsulfureux que fournit l'action de l'acide sulfurique sur la bromonaphtaline. Il est en longues aiguilles jaunâtres, aplaties, peu solubles dans l'éther, fusibles à 204°.

2. *Cyanure de naphtène*, dérivé de l'acide bromonaphtylsulfureux que fournit l'action du brome sur l'acide α-naphtylsulfureux. Il est en petites aiguilles jaunâtres, fusibles à 236°, solubles dans l'alcool.

3. *Cyanure de naphtène*, dérivé de l'acide bromonaphtylsulfureux que fournit l'action du brome sur l'acide β-naphtylsulfureux. Il est en petites aiguilles solubles dans l'alcool, fusibles à 170°.

4. *Cyanure de naphtène*, dérivé de l'acide naphtène-disulfureux (disulfonaphtalique). Aiguilles jaunâtres, peu solubles dans l'alcool, fusibles à 262°.

5. *Cyanure de naphtène*, décrit par Baltzer et Merz, et qui, suivant ces chimistes, s'obtient en même temps que le précédent, avec l'acide disul-

fonaphtalique. Plus soluble dans l'alcool bouillant que le précédent, il cristallise en longues aiguilles soyeuses, fusibles à 181° [Baltzer et Merz, *Zeitsch. für Chem.*, t. V, p. 614, et *Bull. de la Soc. chim.*, 1870, t. XIII, p. 303].

ACIDE NAPHTÈNE-DICARBOXYLIQUE,

$$C^{10}H^{6}\begin{cases}CO^{2}H\\CO^{2}H\end{cases}$$

(Wichelhaus et Darmstædter). On fait bouillir le cyanure 1 avec la potasse concentrée et on précipite la solution par l'acide chlorhydrique. Cet acide est très-peu soluble dans l'eau; séparé de sa solution alcoolique par l'addition d'eau, il se présente en aiguilles microscopiques, à peine colorées, ne fondant pas encore à 240°. Ses solutions sont fluorescentes.

Le *sel de baryum* renferme

$$C^{10}H^{6}(CO^{2})^{2}Ba+2H^{2}O;$$

il est très-soluble.

Le cyanure de naphtène 5 fournit par la potasse un acide probablement isomérique avec le précédent, qui cristallise dans l'eau bouillante en fines aiguilles blanches. E. G.

**NAPHTÈNE-DIAMINES.** — Nous décrivons sous ce nom les produits de réduction des naphtalines dinitrées, et le corps obtenu par Perkin dans l'action de l'hydrogène naissant sur l'*azodinaphtyldiamine*.

NAPHTÈNE-DIAMINE α,

$$C^{10}H^{6}\begin{cases}AzH^{2}\\AzH^{2}\end{cases}$$

[Zinin, *Journ. für prakt. Chem.*, t. XXXIII, p. 29, et t. VII, p. 173]. — La dinitronaphtaline α ou dinitronaphtaline, décrite par Laurent et fusible à 210°, fournit, par l'action du sulfhydrate d'ammoniaque, une naphtène-diamine qui avait été d'abord appelée *seminaphtalidam* ou *azonaphtylamine*. D'Aguiar, en traitant la même naphtaline dinitrée par l'iodure de phosphore, a obtenu un iodhydrate de naphtène-diamine, dont il a décrit le sulfate et le chlorhydrate correspondants; mais il n'a pas isolé la base, et les caractères qu'il indique ne permettent pas de certifier l'identité de cette naphtène-diamine avec celle de Zinin, quoique cette identité soit très-probable [d'Aguiar, *Deuts. Chem. Gesells.*, 1870, p. 27, et *Bull. de la Soc. chim.*, 1870, t. XIII, p. 402].

Zinin dissout la naphtaline dinitrée dans l'alcool saturé d'ammoniaque; la liqueur se colore en rouge foncé, et, lorsqu'on la sature par l'hydrogène sulfuré, elle perd peu à peu sa couleur et devient d'un brun verdâtre. On la porte à l'ébullition, et dès qu'il ne se précipite plus de soufre on ajoute de l'eau, on fait bouillir de nouveau et on filtre rapidement le liquide bouillant. Il se forme par le refroidissement des aiguilles minces et brillantes, colorées en rouge-cuivre par un corps étranger. Par des cristallisations alternatives dans l'alcool et dans l'eau, ces aiguilles deviennent incolores.

La naphtène-diamine α est peu soluble dans l'eau, fort soluble au contraire dans l'alcool et dans l'éther; les solutions se colorent promptement à l'air. La base sèche se conserve bien; elle fond à 160°, et distille au-dessus de 200° en se décomposant partiellement. Délayée dans l'acide sulfurique concentré, elle se dissout en se colorant en violet; cette solution ne change pas de couleur avec le temps, mais l'addition de l'eau la fait prendre en une masse cristalline rougeâtre.

*Sels de naphtène-diamine.* — Le *chlorhydrate*

$$C^{10}H^{10}Az^{2},2HCl$$

s'obtient en ajoutant de l'acide chlorhydrique à la solution alcoolique de naphtène-diamine; il se sépare des paillettes brillantes qu'on lave à l'alcool. Leur solution se colore rapidement.

Le *chloroplatinate* est une poudre brun jaunâtre peu soluble.

Le *chloromercurate* cristallise en grosses lamelles fort solubles.

L'*oxalate* est une poudre blanche, cristalline, peu soluble dans l'eau, encore moins soluble dans l'alcool et dans l'éther.

Le *phosphate* forme des paillettes brillantes, peu solubles dans l'eau et dans l'alcool.

Le *sulfate* $C^{10}H^{10}Az^{2},SO^{4}H^{2}$ cristallise en paillettes incolores, peu solubles dans l'eau et dans l'alcool.

Les sels décrits par d'Aguiar ont été obtenus en partant de l'iodhydrate.

L'*iodhydrate* $C^{10}H^{10}Az^{2},2HI$ se prépare par l'action de l'iodure de phosphore sur la dinitronaphtaline α en présence d'un peu d'eau. Il se précipite de petits cristaux d'iodhydrate de naphtène-diamine α, sous la forme de petites tables demi-transparentes et fragiles, appartenant au système clinorhombique. Chauffés, ils perdent de l'acide iodhydrique et de l'iode; avec le perchlorure de fer, ils se colorent en rouge, puis en violet, et finalement en noir; lorsque cet iodhydrate en solution concentrée est mélangé d'acide sulfurique, il se dépose le sulfate

$$C^{10}H^{10}Az^{2},SO^{4}H^{2}$$

cristallisé en fines aiguilles. Il se colore en violet avec l'hypochlorite de potassium, en rouge avec l'acide azotique fumant.

Le *chlorhydrate* $C^{10}H^{10}Az^{2},2HCl$ est en aiguilles déliées présentant les mêmes colorations avec les agents oxydants.

NAPHTÈNE-DIAMINE β [d'Aguiar, *Mém. cit.*] — Cette base n'a pas été isolée; on connaît son iodhydrate, son chlorhydrate et son sulfate.

L'iodhydrate préparé par l'action de l'iodure de phosphore sur la dinitronaphtaline β est en cristaux appartenant au système orthorhombique; il n'est pas très-stable et s'altère en passant du blanc au jaune-paille; exposé à une douce chaleur, il perd une molécule d'acide. Il est soluble dans l'eau et dans l'alcool; sa solution aqueuse rougit et se décompose à une douce chaleur. Il réduit les sels d'argent et de platine; les alcalis donnent avec lui un précipité blanchâtre qui se colore à l'air. L'acide oxalique est sans action sur sa solution étendue; mais, si l'on concentre par évaporation, il se produit un précipité rouge dont l'éclat augmente au contact de l'air. Cette réaction est caractéristique pour l'iodhydrate de la β-naphtène-diamine.

Le *sulfate de naphtène-diamine* β s'obtient en ajoutant de l'acide sulfurique à une solution concentrée de l'iodhydrate. Il est en petits cristaux facilement solubles dans l'eau; sa solution est précipitée par les alcalis, l'ammoniaque redissout le précipité formé. L'acide azotique fumant colore la solution en noir; avec l'hypochlorite de potassium, il se produit un précipité bleu qui, à l'air, passe au rouge. L'azotite de potassium donne immédiatement un précipité rouge-cinabre, insoluble même dans l'eau bouillante.

Le *chlorhydrate* se prépare en précipitant la solution concentrée de l'iodhydrate par l'acide chlorhydrique fumant. Il ne se décompose pas avant 80°; à l'état neutre, il est soluble dans l'eau; sa solubilité diminue par l'addition de l'acide chlorhydrique.

NAPHTÈNE-DIAMINE γ (*naphtyldiamine* de Perkin). — Nous désignons sous ce nom le corps obtenu par M. Perkin dans l'action de l'hydrogène naissant sur l'*azodinaphtyldiamine*

$$C^{20}H^{15}Az^{3}.$$

Il se forme suivant l'équation

$$C^{20}H^{15}Az^{3} + H^{4} = C^{10}H^{10}Az^{2} + C^{10}H^{9}Az.$$

M. Perkin l'a comparé avec la naphtène-diamine α et l'a trouvé différent; peut-être cette base est-elle identique avec la *naphtène-diamine* β dont d'Aguiar a décrit les sels; à l'époque où M. Perkin obtint ce composé, on ne connaissait encore qu'une dinitronaphtaline [Perkin, *Journ. of the Chem. Society*, 2e sér., t. III, p. 173, et *Bull. de la Soc. chim.*, 1866, t. VI, p. 399]. Quoi qu'il en soit, il n'y a pas de raison, en dehors de cette isomérie, pour considérer ce corps comme renfermant un groupe triatomique $C^{10}H^{7}$, et pour l'écrire

$$\left.\begin{matrix} C^{10}H^{7'''} \\ H^{3} \end{matrix}\right\} Az^{2},$$

ainsi que le fait Perkin.

On prépare cette base en ajoutant à une solution alcoolique d'azodinaphtyldiamine de l'acide chlorhydrique concentré, puis de l'étain; la liqueur prend une coloration d'un jaune rougeâtre pâle; on décante, on chasse l'excès d'alcool par la distillation; on étend le résidu d'eau et l'on traite par l'hydrogène sulfuré qui précipite l'étain; on filtre, on évapore à siccité, on dissout dans une petite quantité d'eau bouillante, et on ajoute de l'acide chlorhydrique concentré pour favoriser la cristallisation. Les eaux mères renferment de la pyridine $C^{5}H^{5}Az$ et de l'ammoniaque.

Les cristaux sont un mélange de chlorhydrate de naphtylamine et de chlorhydrate de *naphtène-diamine* γ; on les sépare en les traitant par l'alcool absolu qui dissout seulement le premier. On isole la base par l'addition d'un alcali à la solution concentrée du chlorhydrate. La *naphtène-diamine* γ est en belles feuilles brillantes, solubles dans l'alcool, l'éther et la benzine, possédant un point d'ébullition plus élevé que celui du mercure, volatiles sans décomposition dans un courant d'hydrogène. Son odeur rappelle celle de la naphtylamine. Elle s'oxyde rapidement à l'air en se colorant en vert foncé.

Mélangée, en solution alcoolique, avec du sulfure de carbone, elle donne de petits cristaux d'un rouge grenat; les dissolutions de ces cristaux sont très-fluorescentes. Les eaux mères contiennent une seconde substance, qui se dépose sous forme de tables brillantes incolores.

Les *sels de naphtène-diamine* γ se colorent par les agents oxydants en un beau vert; dans les dissolutions concentrées, il se sépare un précipité floconneux de même couleur. L'ammoniaque fait virer cette couleur au violet foncé, et l'acide chlorhydrique au rouge brunâtre. Par la distillation sèche des sels avec ou sans addition de potasse, la base est régénérée.

Le *chlorhydrate* $C^{10}H^{10}Az^{2}, 2HCl$ est en petites tables cristallines peu solubles dans l'eau, presque insolubles dans l'acide chlorhydrique. Il forme avec les chlorures d'or et de platine des précipités d'un vert sale, qui sont des produits d'oxydation.

L'*azotate* est en cristaux mamelonnés, noircissant rapidement à l'air humide; on l'obtient en faisant bouillir des quantités équivalentes d'une dissolution d'azotate de strontium et de sulfate de naphtène-diamine.

L'*oxalate* est en petits cristaux agglomérés.

Le *sulfate* $C^{10}H^{10}Az^{2}, SO^{4}H^{2}$ est en aiguilles cristallines groupées concentriquement; il est peu soluble dans l'eau froide, insoluble dans l'alcool et s'oxyde à l'air. On le prépare en ajoutant de l'acide sulfurique faible à une dissolution de chlorhydrate.

Avec l'azotate d'argent, la solution alcoolique de naphtène-diamine γ donne un précipité blanc qui se transforme rapidement en une masse d'un vert foncé, en même temps il y a élimination d'argent métallique. Avec le sublimé corrosif il se forme un précipité jaunâtre qui se décompose et se colore en vert. E. G.

**NAPHTÉNIQUE (ALCOOL),**

$$C^{10}H^{8}(OH)^{4} = C^{10}H^{12}O^{4}$$

[R. Neuhoff, *Annal. der Chem. und Pharm.*, t. CXXXVI, p. 342, et *Bull. de la Soc. chim.*, 1866, t. VI, p. 66].

En traitant la naphtaline par l'acide hypochloreux, suivant la méthode de Carius, et agitant la solution aqueuse avec de l'éther, on extrait un composé cristallisable en prismes jaunâtres, fondant à une douce chaleur, brunissant à l'air, et que M. Neuhoff considère comme renfermant $C^{10}H^{10}Cl^{2}O^{2}$ (l'analyse a donné 34,52 de chlore, le calcul exige 30,47).

Cette chlorhydrine étant chauffée avec de la potasse, l'excès de potasse neutralisé par l'acide chlorhydrique, et la liqueur étendue d'eau étant agitée avec de l'éther, celui-ci s'empare de l'alcool naphténique, qu'il abandonne par évaporation.

L'alcool naphténique est cristallisé en prismes fusibles à une température peu élevée, ne distillant point sans altération, presque insolubles dans l'eau, facilement solubles dans l'alcool et dans l'éther. Il donne un composé plombique $C^{10}H^{8}O^{4}Pb^{2}$ et se combine avec l'acide sulfurique en donnant un acide sulfoconjugué

$$(SO^{2})^{2}(C^{10}H^{8})H^{4}O^{6}.$$

L'acide iodhydrique le réduit au-dessus de 100° en produisant de la naphtaline et un hydrocarbure liquide. L'acide azotique le convertit en *acide naphtoxalique*, $C^{10}H^{8}O^{6}$. E. G.

**NAPHTÉSIQUE (ACIDE).** En oxydant la naphtaline par le bichromate de potassium et l'acide sulfurique, Laurent avait obtenu un acide qu'il avait représenté par la formule $C^{10}H^{6}O^{4}$, mais qui, suivant Lossen, n'est autre que de l'acide phtalique. — Voyez NAPHTALINE (*action des oxydants*), p. 488.

**NAPHTHIONIQUE (ACIDE).** — Voyez NAPHTALINE (DÉRIVÉS SULFURIQUES), p. 501.

**NAPHTHYDRÈNE.** — On peut donner ce nom à l'hydrure de naphtaline, $C^{10}H^{10}$, décrit par M. Berthelot. A cet hydrocarbure se rattachent les composés suivants, que vient de faire connaître M. E. Grimaux [*Compt. rend.*, t. LXXV, p. 351 (1872)].

GLYCOL NAPHTHYDRÉNIQUE BICHLORÉ,

$$C^{10}H^{8}Cl^{2}(OH)^{2}.$$

— On l'obtient en faisant bouillir avec 30 fois son poids d'eau le tétrachlorure de naphtaline α, pendant 48 heures. La solution filtrée bouillante et concentrée à moitié par l'évaporation laisse déposer le glycol sous la forme de plaques brillantes, dures, d'une saveur franchement amère. Ce corps, peu soluble dans l'eau froide, exige environ 30 fois son poids d'eau bouillante pour se dissoudre; il est soluble dans l'alcool et dans l'éther. Il fond à 155-156°.

Par l'action du chlorure d'acétyle, il donne un *diacétate* $C^{10}H^{8}Cl^{2}(C^{2}H^{3}O^{2})^{2}$ en petites plaques nacrées et brillantes, fusibles à 131°.

Avec le chlorure de benzoyle, il fournit de même un *dibenzoate*, $C^{10}H^{8}Cl^{2}(C^{7}H^{5}O^{2})^{2}$, en grains blancs et durs, fusibles à 148-150°.

Lorsqu'on distille le glycol naphthydrénique bichloré avec de l'acide chlorhydrique ou bromhydrique, il passe à la distillation des aiguilles légères de *naphtol chloré* $C^{10}H^{6}Cl(OH)$, soluble dans l'eau bouillante et fusible à 109°.

L'acide azotique étendu transforme le glycol en acide phtalique. On obtient indirectement un produit d'oxydation en faisant bouillir le tétrachlorure de naphtaline avec 30 fois son poids d'acide azotique très-étendu (à 2 %). Ce corps,

$$C^{10}H^{8}Cl^{2}O^{2},$$

très-peu soluble dans l'eau, cristallise dans l'éther en plaques hexagonales fusibles à 195-196°. Il ne s'en forme qu'une très-petite quantité; la majeure partie du produit d'oxydation consiste en acide phtalique. A. H.

**NAPHTOCYANIQUE (ACIDE)**, $C^{28}H^{16}Az^{8}O^{9}$ [Mülhæuser, *Zeitschr. für Chem.*, t. IX, p. 728, et *Bull. de la Soc. chim.*, 1867, t. VII, p. 427].

Il se produit à l'état de sel potassique lorsqu'on dissout 3 p. de binitronaphtaline dans 38 p. d'alcool, qu'on ajoute à la solution 6 p. de cyanure de potassium, dissous dans 57 p. d'eau, et qu'on porte le tout à l'ébullition. Sa liqueur dégage de l'ammoniaque et passe successivement au rouge, au brun et finalement à un vert bleuâtre assez pur. On retire alors du feu, on laisse reposer, puis on décante la solution limpide, qui, au bout de douze heures, dépose du naphtocyanate de potassium. La solution concentrée de ce sel, additionnée d'acide chlorhydrique, laisse précipiter de l'acide naphtocyanique, qui constitue une matière noirâtre, brillante, insoluble dans l'éther, très-peu soluble dans l'eau, plus soluble dans l'alcool qu'elle colore en jaune brunâtre, et assez soluble dans l'alcool amylique avec une coloration d'un brun-rouge foncé. Les alcalis font virer cette solution au vert, puis au bleu.

On purifie le naphtocyanate de potassium obtenu comme nous l'avons dit plus haut, en le dissolvant dans l'eau chaude et en précipitant par le carbonate de potassium; on le lave avec de l'eau froide, puis avec de l'éther qui enlève une matière goudronneuse très-adhérente. Il se présente en masses d'un éclat métallique cuivré, très-brillantes, insolubles dans l'éther, solubles dans l'alcool et l'eau avec une magnifique couleur bleue, que des traces d'acide font virer au bleu verdâtre.

Dissous dans une solution concentrée de chlorure ammonique, il fournit du naphtocyanate ammonique, sous la forme d'un dépôt bleu, très-volumineux, soluble dans l'eau et l'alcool. E. G.

**NAPHTOÏQUES (ACIDES)**,

$$C^{11}H^{8}O^{2} = C^{10}H^{7}.CO^{2}H.$$

— On connaît deux acides naphtoïques isomériques dérivés de la naphtaline, on les a désignés sous le nom d'acides naphtoïques α et β.

ACIDE α-NAPHTOÏQUE. — Syn. *Acide ménaphtoxylique* ou *naphtaline-carboxylique* [Hofmann, *Compt. rend.*, t. LXVI, p. 473 et 480, et *Bull. de la Soc. chim.*, 1868, t. X, p. 480; — Merz, *même recueil*, 1868, t. IX, p. 335; — Merz et Mülhæuser, *Zeitsch. für Chem.*, nouv. sér., t. V, p. 70, et *Bull. de la Soc. chim.*, 1869, t. XII, p. 316; — Eghis, *même recueil*, 1869, t. XII, p. 197].

Cet acide a été découvert par M. Hofmann, qui en a décrit les dérivés; il l'obtint en soumettant à la distillation l'oxalate de naphtylamine, qui fournit alors la naphtylformiamide. Le produit de la distillation étant chauffé avec de l'acide chlorhydrique, il distille, avec l'eau, l'α-cyanure de naphtyle, ou nitrile de l'acide α-naphtoïque, qui se forme par soustraction des éléments de l'eau à la naphtylformiamide :

$$Az\left\{\begin{matrix}CHO\\C^{10}H^{7}\\H\end{matrix}\right. - H^{2}O = C^{10}H^{7},CAz.$$

Naphtylformiamide. — Cyanure de naphtyle.

Merz obtient le même cyanure en distillant à un feu doux, dans une cornue de grès, une partie d'α-sulfonaphtalate de potassium (voyez NAPHTALINE, *dérivés sulfuriques*) et une demi-partie de cyanure de potassium; il passe à la distillation du cyanure de naphtyle qui, chauffé avec une solution alcoolique de potasse ou de soude, se transforme en α-naphtoate alcalin, d'où l'on précipite l'acide naphtoïque par l'acide chlorhydrique.

Eghis a préparé le même acide naphtoïque en faisant réagir l'éther chloroxycarbonique en présence de l'amalgame de sodium sur la naphtaline bromée, selon le procédé de M. Wurtz pour la synthèse des acides aromatiques. Il prend 120 gr. de naphtaline monobromée, 60 grammes d'éther chloroxycarbonique et 2kg,300 d'amalgame de sodium à 1 % de sodium. Le tout est chauffé pendant plusieurs heures de 105° à 110° dans un ballon surmonté d'un réfrigérant ascendant, jusqu'à ce que le liquide ait disparu. La masse poreuse est alors épuisée par l'éther, qui laisse, à la distillation, un liquide brun; on décompose celui-ci par la potasse alcoolique, et le produit obtenu, traité par l'acide chlorhydrique, donne de l'acide α-naphtoïque, qu'on purifie par un lavage à l'eau froide et plusieurs cristallisations dans l'eau bouillante.

L'acide α-naphtoïque est en aiguilles incolores, fusibles à 160°, peu solubles dans l'eau, plus solubles dans l'alcool bouillant, solubles dans l'éther. Il bout vers 300°, il se sublime en belles paillettes; distillé avec la baryte caustique, il donne de l'acide carbonique et de la naphtaline.

α-NAPHTOATES (Hofmann). — *Sel d'argent*,

$$C^{11}H^{7}O^{2},Ag.$$

Précipité insoluble dans l'eau. — *Sel de baryum*,

$$(C^{11}H^{7}O^{2})^{2}Ba + 4H^{2}O.$$

Aiguilles peu solubles dans l'eau, devenant anhydres à 110°. — *Sel de calcium*,

$$(C^{11}H^{7}O^{2})^{2}Ca + 2H^{2}O.$$

Ressemble au précédent, comme lui devient anhydre à 110° et se dissout dans 93 p. d'eau à 15°. — Le *sel de cuivre* et le *sel de plomb* sont des précipités amorphes. — Le *naphtoate d'éthyle*,

$$C^{11}H^{7}O^{2},C^{2}H^{5},$$

obtenu par l'action du chlorure de naphtoïle sur l'alcool, est un liquide bouillant à 370°.

ANHYDRIDE α-NAPHTOÏQUE, $(C^{11}H^{7}O)^{2}O$. — Il se forme par la réaction du chlorure sur le sel de calcium à 110°; on le lave à l'eau et à l'alcool, et on le fait cristalliser dans la benzine bouillante, il constitue des prismes fusibles à 145°, insolubles dans l'eau, peu solubles dans l'alcool, solubles dans l'éther et la benzine (Hofmann).

NAPHTAMIDE α (*ménaphtoxylamide*),

$$C^{11}H^{7}O(AzH^{2})$$

[Hofmann]. — On l'obtient soit en traitant le chlorure de naphtoyle par l'ammoniaque, soit en faisant dissoudre le nitrile (cyanure de naphtyle) dans la soude caustique, et précipitant par l'acide chlorhydrique. Ce sont des aiguilles peu solubles dans l'alcool, fusibles à 244° et volatiles à une température plus élevée. — Le dérivé sulfuré $C^{11}H^{7}S,AzH^{2}$ prend naissance dans l'action du sulfure d'ammonium sur le nitrile, il fond à 126°; il est soluble dans l'alcool.

La naphtamide phénylée

$$Az\left\{\begin{matrix}C^{11}H^{7}O\\C^{6}H^{5}\\H\end{matrix}\right.$$

et la naphtamide naphtylée

$$Az\left\{\begin{matrix}C^{11}H^{7}O\\C^{10}H^{7}\\H\end{matrix}\right.$$

se forment par l'action du chlorure de naphtoyle sur l'aniline ou sur la naphtylamine ; la première est en cristaux soyeux, fusibles à 160° ; la seconde fond à 244°.

NITRILE α-NAPHTOÏQUE (α-cyanure de naphtyle ou α-cyanaphtaline. — Voyez t. I, p. 1066). — L'α-cyanure de naphtyle obtenu, comme nous l'avons dit, par la naphtylformiamide, ou par la distillation d'un mélange d'α-sulfonaphtalate et de cyanure de potassium, se présente, après sa préparation, sous la forme d'un liquide qui ne se concrète qu'au bout de plusieurs jours ou par l'action d'un mélange réfrigérant; tandis que son isomère, le β-cyanure, se concrète immédiatement. Pour purifier l'α-cyanure, on le fait solidifier, on le comprime, et on le fait cristalliser dans l'alcool. Il fond alors à 33°,5 et bout à 296°,5 (Hofmann) ; il fond à 37°,5, et distille à 297-298° (Merz et Mülhæuser). Dissous dans la soude caustique, il se transforme en naphtamide, mais, par l'action prolongée des alcalis, il fournit l'acide α-naphtoïque. Son dérivé nitré cristallise dans l'alcool en aiguilles jaunes, fusibles à 81°, se concrétant à 74° ; il fournit par réduction une base liquide dont le chlorhydrate renferme

$$C^{10}H^6(CAz).AzH^2,HCl$$

[Welkow, *Bull. de la Soc. chim.*, 1870, t. XIII, p. 271].

CHLORURE α-NAPHTOÏQUE (Hofmann), $C^{11}H^7OCl$. — Produit de l'action du perchlorure de phosphore sur l'acide ; il bout à 297°,5, et est solide à une basse température. Il se comporte avec l'eau, l'alcool, l'ammoniaque, etc., comme le chlorure de benzoyle.

ALDÉHYDE NAPHTOÏQUE, $C^{11}H^8O$ [Battershall, *Zeitsch. für Chem.*, t. VII, p. 292, et *Bull. de la Soc. chim.*, 1871, t. XVI, p. 337]. — Obtenue par la distillation d'un mélange de naphtoate et de formiate de calcium, elle se présente sous la forme d'une huile incolore, plus dense que l'eau, distillant avec les vapeurs d'eau. Elle bout à 280° en s'altérant en partie.

ACIDE β-NAPHTOÏQUE, $C^{11}H^8O^2$ [Merz et Mülhæuser, *Mémoire cité*]. Le β-sulfonaphtalate de potassium, distillé avec le cyanure de potassium, donne le β-cyanure de naphtyle, qui, traité par la potasse alcoolique bouillante, se transforme en acide β-naphtoïque.

L'acide β-naphtoïque est peu soluble dans l'eau bouillante d'où il cristallise en longues aiguilles, facilement soluble dans l'alcool et dans l'éther, inodore, insipide ; il émet, lorsqu'on le chauffe, des vapeurs irritantes et se sublime en aiguilles brillantes. Il fond à 182° (184° corrigé) et bout au-dessus de 300°. Comme son isomère, il se dédouble en acide carbonique et naphtaline par la distillation avec la baryte.

β-NAPHTOATES. — Ils paraissent moins solubles que les α-naphtoates. — *Sel d'argent*,

$$C^{11}H^7O^2Ag.$$

Flocons cristallins, peu solubles dans l'eau bouillante. — *Sel de baryum*, $(C^{11}H^7O^2)^2Ba + 4H^2O$. Aiguilles blanches qui se dissolvent dans 1,400 p. d'eau à 15°. — *Sel de calcium*,

$$(C^{11}H^7O^2)^2Ca + 3H^2O.$$

Il est en longues aiguilles soyeuses, qui exigent pour se dissoudre 1,800 p. d'eau à 15°.

NITRILE β-NAPHTOÏQUE (β-cyanure de naphtyle ou β-cyanaphtaline), $C^{11}H^7Az$. — Lorsqu'on distille un mélange de β-sulfonaphtalate et de cyanure de potassium, le nitrile qui passe à la distillation se concrète immédiatement ; on le purifie par plusieurs distillations et cristallisations dans l'huile de pétrole légère. Il est soluble dans l'alcool et dans l'éther ; par évaporation lente de sa solution alcoolique, il s'obtient en belles lames, fusibles à 66°,5, et bouillant à 304-305° (corrigé). Son odeur est faible, sa saveur brûlante et aromatique. Il se transforme facilement en acide par la potasse alcoolique bouillante ou par l'acide chlorhydrique. Avec l'acide azotique, il donne un dérivé nitré cristallisé en lamelles jaunâtres (Welkow).

## APPENDICE.

ACIDE OXYNAPHTOÏQUE ou CARBONAPHTYLIQUE, $C^{11}H^8O^3$. — On peut considérer comme un acide oxynaphtoïque l'acide $C^{11}H^8O^3$, qui est aux acides naphtoïques ce que l'acide salicylique et ses isomères sont à l'acide benzoïque. Cet acide, découvert par Eller, se forme par l'action du sodium et de l'acide carbonique sur le naphtol $C^{11}H^8O$, de même que le phénol, dans les mêmes conditions, fournit l'acide salicylique [Eller, *Deutsch. Chem. Gesellsch.*, 1868, p. 248, et *Bull. de la Soc. chim.*, 1869, t. XII, p. 311].

Le mélange de naphtol et de sodium s'échauffe lorsqu'on y dirige un courant d'acide carbonique sec ; la transformation est complète après qu'on a chauffé au bain-marie. On laisse la masse exposée à l'air pour que le sodium en excès soit complètement oxydé ; on reprend par l'eau et l'on précipite par l'acide chlorhydrique ; le précipité est en flocons jaunes qu'on fait cristalliser dans l'alcool et dans l'éther.

Suivant Schæffer, il existe deux naphtols isomériques, et c'est avec l'α-naphtol que se forme l'acide décrit par Eller ; avec le β-naphtol, il se produit plus difficilement un acide qui ressemble à celui d'Eller, mais qui donne avec le chlorure ferrique une coloration noir bleuâtre, tandis que l'acide de l'α-naphtol se colore en bleu [Schæffer, *Deutsch. Chem. Gesellsch.*, 1869, t. II, p. 90, et *Bull. de la Soc. chim.*, 1869, t. XII, p. 314].

L'acide carbonaphtalique

$$C^{11}H^8O^3 = C^{10}H^6\begin{cases}CO^2H\\OH\end{cases}$$

cristallise en aiguilles incolores, peu solubles dans l'eau, même à chaud, solubles dans l'alcool et dans l'éther ; il fond en se colorant à 186-188°.

Ses sels sont peu solubles ; le sel de potassium cristallise par le refroidissement de sa solution aqueuse en aiguilles étoilées. Les sels d'argent, de cuivre et de plomb sont amorphes. Le chlorure ferrique colore fortement le sel de sodium en bleu.

E. G.

**NAPHTOLS** (*phénols naphtyliques*), $C^{10}H^8O$. — Griess, le premier, signala le phénol naphtylique

$$C^{10}H^8O,$$

qu'il obtint sous la forme d'aiguilles blanches, très-fusibles, d'une odeur de créosote, en soumettant à l'action de l'eau bouillante l'azotate de diazonaphtol :

$$\underset{\text{Azotate de diazonaphtol.}}{C^{10}H^6Az^2,AzO^3H} + H^2O = \underset{\text{Naphtol.}}{C^{10}H^8O} + 2Az + AzO^3H ;$$

il n'analysa pas ce corps, que Wurtz, d'une part, et Dusart, de l'autre, indiquèrent comme prenant naissance dans la fusion avec la potasse des acides sulfoconjugés de la naphtaline. Eller étudia le naphtol obtenu par ce dernier procédé ; mais Merz ayant montré que l'action de l'acide sulfurique sur la naphtaline fournit deux acides sulfoconjugés isomères (voyez p. 497), Schæffer obtint avec chacun de ces deux acides des phénols naphtyliques différents, et les désigna par les lettres α et β [Griess, *Proceed. of the Royal Society*, t. XII, p. 655 ; — Wurtz, *Compt. rend. de l'Acad.*

t. LXIV, p. 749; — Dusart, *ibid.*, t. LXIV, p. 859; — Eller, *Deutsch. Chem. Gesellsch.*, 1868, p. 165, et *Bull. de la Soc. chim.*, 1869, t. XII, p. 311; — Schæffer, *Deutsch. Chem. Gesellsch.*, t. II, p. 90 et 131; *Bull. de la Soc. chim.*, 1869, p. 313 et 315].

NAPHTOL α, $C^{10}H^8O$. — M. Eller obtient le naphtol α, qu'il a trouvé identique avec le naphtol signalé par Griess, soit en chauffant avec de la potasse les sulfosels de naphtaline dans des tubes scellés, à 150-200°, soit en projetant le sulfosel en poudre dans la potasse fondue. Il emploie de préférence le sulfonaphtalate de plomb. Le naphtol se purifie par distillation avec la vapeur d'eau et cristallisation dans l'eau bouillante.

Le naphtol α est en aiguilles brillantes, d'une saveur de phénol, fusibles à 92° (Eller), à 94° (Schæffer), solubles dans l'éther, l'alcool, le chloroforme, presque insolubles à froid dans l'eau, peu solubles dans l'eau bouillante.

En présence d'acide chlorhydrique à la lumière, il colore le bois de sapin en vert, puis en brun; la solution aqueuse donne une coloration violette par le chlorure de chaux. Chauffé à 150° avec l'acide oxalique et l'acide sulfurique, il produit une laque rouge, qui devient verte par l'ammoniaque et bleue par l'action de la potasse alcoolique; ces couleurs sont instables. Traité par le chlorate de potassium et l'acide chlorhydrique, il fournit de la dichloronaphtoquinone (Darmstæder et Wichelhaus). — Voyez NAPHTOQUINONE.

Il se dissout dans l'acide sulfurique en donnant une combinaison. — Voyez plus loin.

Lorsqu'on chauffe pendant deux heures, à 110-115°, un mélange de naphtol, d'acide sulfurique et d'acide oxalique, on obtient une masse brune, partiellement soluble dans les alcalis; la portion insoluble, dissoute dans la benzine chaude, cristallise par le refroidissement en mamelons incolores, d'où, par des cristallisatians répétées, on sépare des cristaux brillants, de la composition

$$C^{21}H^{12}O^2.$$

En chauffant le naphtol α avec l'anhydride phtalique, on obtient un dérivé analogue renfermant

$$C^{28}H^{16}O^3$$

(J. Grabowski). Ils représentent 2 molécules de naphtol et 1 molécule d'anhydride carbonique ou phtalique moins 2 molécules d'eau.

L'*ethylnaphtol* α, $C^{10}H^7O,C^2H^5$, obtenu par l'action, à 100°, de l'iodure d'éthyle sur un mélange de naphtol et de potasse alcoolique, est un liquide oléagineux, qui ne se concrète pas à — 5°. Il distille avec la vapeur d'eau et bout à 270° (Schæffer).

L'éthylnaphtol, dissous dans l'acide sulfurique, donne un acide sulfoconjugué, l'acide éthylnaphtolsulfureux, qui a plusieurs isomères (Maikopar). — Voyez plus loin, ACIDE NAPHTOLSULFUREUX.

L'*acétate de naphtyle*, $C^{10}H^7O,C^2H^3O$, est un liquide limpide, jaunâtre, insoluble dans l'eau, soluble dans l'éther et dans le chloroforme, se saponifiant par l'ébullition avec l'eau, et qu'on prépare par l'action du chlorure d'acétyle sur le naphtol α (Schæffer).

Le *benzoate de naphtyle*, $C^{10}H^7O,C^7H^5O$, est en plaques ou prismes incolores, fondant à 56°, très-solubles dans l'éther; l'acide sulfurique le décompose en acide benzoïque et acide oxynaphtylsulfureux [Maikopar, *Zeitsch. für Chem.*, nouv. sér., t. V, p. 215, et *Bull. de la Soc. chim.*, 1870, t. XIII, p. 175].

Le *phosphate naphtylique*, $(C^{10}H^7)^3PhO^4$, fond à 145°; on le prépare en traitant le naphtol α par le chlorure de phosphore, lavant le produit avec de l'eau et de la potasse, et épuisant par l'alcool (Schæffer).

Le *phtalate de naphtyle*,

$$C^{28}H^{18}O^4 = C^8H^4O^4\left\{\begin{matrix}C^{10}H^7\\C^{10}H^7,\end{matrix}\right.$$

obtenu par l'action, au bain-marie, du chlorure de phtalyle sur le naphtol α et purifié par cristallisation dans la benzine, est en petits cristaux bruns, qui se dissolvent dans la potasse avec une coloration bleue [J. Grabowski, *Deutsch. Chem. Gesellsch.*, t. IV, p. 725].

NAPHTOL β, $C^{10}H^8O$ (Schæffer). — Obtenu par la fusion avec la potasse des sulfonaphtalates β ou paranaphtaline-sulfates (voyez *Dérivés sulfuriques de la naphtaline*); il est en petites lames brillantes, presque inodores, fusibles à 122°, colorant le bois de sapin en bleu verdâtre; sa solution aqueuse devient jaune par le chlorure de chaux.

Il donne avec l'acide sulfurique un acide sulfoconjugué. Soumis à l'action du chlorate de potassium et de l'acide chlorhydrique, il ne fournit que des produits oléagineux et résineux sans dichloronaphtoquinone.

L'*éthylnaphtol* β est cristallin, d'une odeur d'ananas, insoluble dans l'eau. Il fond à 33°.

L'*acétate de naphtyle* β est en petites aiguilles brillantes, douées d'une odeur d'anis, insolubles dans l'eau; l'ébullition avec l'eau le décompose.

Le *phosphate de naphtyle* β fond à 108°.

Le *benzoate de naphtyle* β fond à 107°; peu soluble dans l'éther, il se dissout facilement dans l'alcool bouillant et cristallise en aiguilles fines réunies en mamelons.

### DÉRIVÉS SULFURIQUES DES NAPHTOLS.

Ils ont été obtenus par Schæffer en dissolvant le naphtol α ou le naphtol β dans l'acide sulfurique et saturant par le carbonate de plomb ou le carbonate de calcium, filtrant et concentrant la solution. Les α-naphtolsulfites (1) restent incolores par l'addition de l'acide azotique, tandis que les β-naphtolsulfates sont colorés en rose par cet acide.

L'*α-naphtolsulfite de plomb*,

$$(C^{10}H^6,OH.SO^3)^2Pb + 4H^2O,$$

est une masse cristalline mamelonnée, soluble dans l'eau, peu soluble dans l'alcool.

L'*α-naphtolsulfite de calcium* forme des lames brillantes, renfermant $3H^2O$, et se colorant à 100°.

Le *β-naphtolsulfite de plomb* renferme $6H^2O$; il est en petites lames brillantes, solubles dans l'eau, peu solubles dans l'alcool.

Le *β-naphtolsulfite de calcium* se décompose déjà à 100°; il est en lamelles blanches renfermant $5H^2O$, qu'elles perdent dans le vide.

Maikopar a obtenu les dérivés éthylés des sels des deux acides précédents; la formule des acides naphtolsulfureux,

$$SO^3\left\{\begin{matrix}C^{10}H^6,OH\\H,\end{matrix}\right.$$

montre en effet qu'ils sont diatomiques et monobasiques.

L'*acide α-éthylnaphtolsulfureux* a été préparé à l'état de sel de potassium,

$$SO^3\left\{\begin{matrix}C^{10}H^6,OC^2H^5\\K\end{matrix}\right. + 1/2H^2O,$$

(1) Schæffer les appelle naphtolsulfates; mais leur nom rationnel est *oxynaphtylsulfites*, car ils dérivent de l'acide sulfureux dont un atome d'hydrogène est remplacé par le groupe monatomique $(C^{10}H^6,OH)$, *oxynaphtyle*, relations que montrent les formules suivantes :

$$SO^3\left\{\begin{matrix}H\\K\end{matrix}\right. \qquad\qquad SO^3\left\{\begin{matrix}(C^{10}H^6\,OH)'\\K\end{matrix}\right.$$

Bisulfite de potassium. — Naphtolsulfite de potassium.

sous la forme d'une poudre cristalline, peu soluble, en chauffant au bain-marie l'α-naphtolsulfite de potassium, dissous dans l'alcool additionné de potasse alcoolique, avec de l'iodure d'éthyle. Maikopar le désigne sous le nom d'acide γ-éthylnaphtolsulfureux.

En remplaçant dans la préparation précédente le sel α par le β-naphtolsulfite de potassium, on obtient un autre acide éthylnaphtolsulfureux, que l'auteur désigne par la lettre δ et qui se dépose de sa solution aqueuse bouillante en aiguilles anhydres.

En traitant les éthers éthyliques des deux naphtols α et β par l'acide sulfurique, on obtient deux autres acides éthylnaphtolsulfureux, dont on a préparé les sels de baryum et de potassium, et que l'auteur considère comme isomériques avec les précédents.

L'α-éthylnaphtol se dissout dans l'acide sulfurique; en saturant par la baryte, on obtient l'*α-éthylnaphtolsulfite de baryum*,

$$(C^{10}H^6, OC^2H^5.SO^3)^2Ba.$$

Il cristallise en mamelons incolores, fusibles à 55-60° en se décomposant, très-peu solubles dans l'eau froide, solubles dans l'eau bouillante. Le *sel de potassium* correspondant renferme

$$SO^3\left\{\begin{matrix}C^{10}H^6, OC^2H^5\\K\end{matrix}\right. + H^2O;$$

il cristallise en grandes lames brillantes, peu solubles dans l'eau froide.

Le β-éthylnaphtol donne de même un acide sulfoconjugé dont le *sel de baryum* cristallise en aiguilles fines, non fusibles, groupées sphériquement et moins solubles que le sel α; le sel de potassium renferme $H^2O$ et se dépose en fines aiguilles de sa solution dans l'eau bouillante.

En résumé, Maikopar a préparé les sels de quatre acides éthylnaphtolsulfureux : l'acide α, l'acide β, dérivés des éthylnaphtols α et β; l'acide γ et l'acide δ, dérivés des acides naphtolsulfureux α et β [Maikopar, *Zeitsch. für Chem.*, t. VI, p. 366, et *Bull. de la Soc. chim.*, 1870, t. XIV, p. 322].

### DÉRIVÉS NITRÉS DES NAPHTOLS.

NITRONAPHTOL, $C^{10}H^6(AzO^2), OH$ [Dusart, *Ann. de Chim. et de Phys.*, t. XLV, p. 338, et *Compt. rend.*, t. LII, p. 1183 (1861)]. — M. Dusart a décrit sous le nom d'acide nitronaphtalinique, et plus tard sous le nom d'acide nitroxynaphtalique, un composé qu'il a obtenu par oxydation de la nitronaphtaline en présence des alcalis, et qu'il a représenté d'abord par la formule

$$C^{16}H^{14}Az^2O^8,$$

puis par la formule $C^{10}H^9(AzO^2)O$ : ce corps est le mononitronaphtol $C^{10}H^7(AzO^2)O$. On prépare ce composé en chauffant dans une cornue tubulée, à une température de 140°, un mélange de 1 p. de nitronaphtaline, 1 p. de potasse caustique, et de 2 p. de chaux éteinte et y faisant passer un courant très-lent d'oxygène ou d'air. Le gaz est absorbé lentement; le mélange jaunit et au bout de 10 à 12 heures l'oxydation de la nitronaphtaline est presque complète. La matière retirée de la cornue cède à l'eau un sel de potassium coloré en jaune et, par l'addition d'un acide en excès, il se sépare une bouillie jaune formée de nitronaphtol qu'on purifie par des lavages à l'eau froide.

Le nitronaphtol est soluble dans l'eau, l'alcool, l'esprit de bois, l'acide acétique; ce dernier le laisse cristalliser en belles aiguilles jaunes. Il fond vers 100° (Dusart), à 151°-152° (Darmstædter et Nathan); il forme avec les alcalis des sels très-solubles, cristallisables, d'une coloration intense. L'acide azotique le transforme à l'ébullition en acide oxalique et en acide phtalique. Chauffé en solution alcoolique avec l'acide azotique, il donne du binitronaphtol α, avec les agents réducteurs il fournit l'oxynaphtylamine $C^{10}H^9AzO$.

DINITRONAPHTOL α, $C^{10}H^5(AzO^2)^2, OH$ [Martius, *Bull. de la Soc. chim.*, 1868, t. IX, p. 408; *Zeitsch. für Chem.*, t. IV, p. 80, et *Bull. de la Soc. chim.*, 1868, t. X, p. 51]. — Ce dinitronaphtol correspond au naphtol α; on l'obtient en ajoutant à une solution acide étendue de chlorhydrate de naphtylamine une solution faible de nitrite de potassium jusqu'à ce que l'addition d'un alcali détermine dans la liqueur un précipité rouge de diazoamidonaphtaline; quand la transformation est effectuée, on ajoute au mélange de l'acide azotique et on chauffe à l'ébullition. La diazoamidonaphtaline est transformée par l'eau, à l'ébullition, en naphtol qui, prenant naissance en présence de l'acide azotique, passe à l'état de dinitronaphtol; la réaction commence déjà à 50°, et le dinitronaphtol se sépare sous la forme d'une masse spongieuse et cristalline, qui surnage la liqueur. On l'obtient tout à fait pur en le faisant cristalliser dans l'alcool ou en le transformant en sel ammoniacal.

Le dinitronaphtol employé dans la teinture sous le nom de jaune d'or se prépare aussi par la nitration du naphtol. On dissout 1 p. de naphtaline dans 2 p. d'acide sulfurique, on sature avec de la soude, on dessèche le mélange de naphtylsulfites et on le fond avec de la soude caustique. Le produit de la réaction étant dissous dans l'eau et sursaturé par l'acide chlorhydrique, les naphtols bruts se séparent; on les transforme en dérivés binitrés en les traitant à 100° par un mélange d'acide sulfurique et d'acide azotique [Wichelhaus et Darmstædter, *Bull. de la Soc. chim.*, 1869, t. XII, p. 502].

Le dinitronaphtol est cristallisé, jaune, presque insoluble dans l'eau bouillante, difficilement soluble dans l'alcool, l'éther et la benzine; il décompose les carbonates; ses sels sont de couleur orangée. — Voyez plus loin l'action des agents réducteurs.

Le *sel d'ammonium*, qui sert à la purification du dinitronaphtol, se dépose sous la forme d'un précipité jaune-orange par l'addition d'une solution concentrée de chlorhydrate d'ammoniaque à une solution ammoniacale de dinitronaphtol. Sa solution dans l'eau bouillante l'abandonne par le refroidissement en fines aiguilles, renfermant 1 molécule d'eau, qu'elles perdent à 110°.

Les *sels de potassium et de sodium* ressemblent au précédent.

Le *sel de calcium*,

$$[C^{10}H^5(AzO^2)^2O]^2Ca + 6H^2O,$$

est en longues aiguilles oranges, peu solubles, perdant leur eau à 120°; anhydre, il est rouge-cinabre.

Le *sel de baryum*,

$$[C^{10}H^5(AzO^2)^2O]^2Ba + 3H^2O,$$

est assez soluble dans l'eau bouillante; il renferme $3H^2O$ qu'il perd à 120°.

Le *sel de strontium*,

$$[C^{10}H^5(AzO^2)^2O]^2Sr + 3H^2O,$$

ressemble au précédent.

Le *sel d'argent*, $C^{10}H^5(AzO^2)^2OAg$, est floconneux et d'un rouge-cinabre.

Le *dinitronaphtate d'éthyle* est en longues aiguilles jaunes, solubles dans l'alcool bouillant, insolubles dans l'eau, fusibles à 88°.

Le dinitronaphtol est une belle matière colorante jaune, qui teint directement la laine et la soie, et dont le pouvoir colorant est extrêmement intense. 1 kilogramme de la combinaison sodique qui constitue le produit commercial suffit pour teindre 200 kilogrammes de laine en jaune intense.

DINITRONAPHTOL β [Wallach et Wichelhaus, *Deut. Chem. Gesell.*, t. III, p. 846, et *Bull. de la Soc. chim.*, 1871, t. XV, p. 133]. — On chauffe de l'acide azotique étendu avec une solution alcoolique de β-naphtol au bain marie; la liqueur se colore en rouge. On distille la moitié de l'alcool, on précipite par l'eau, et on dissout le résidu dans la soude. On additionne la solution sodique d'acide chlorhydrique, on dissout le précipité dans l'alcool, on décolore par le charbon animal, et on fait cristalliser dans le chloroforme.

Le dinitronaphtol β est en aiguilles brillantes, jaune pâle, fusibles à 195°, très-peu solubles dans l'eau bouillante, très-solubles dans l'éther et le chloroforme.

Le *sel ammoniacal* forme des aiguilles brillantes, rouges, perdant de l'ammoniaque à l'air; le *sel de baryum* cristallise dans l'eau, en aiguilles jaunes, soyeuses et flexibles, devenant rouges à 100°.

### PRODUITS DE RÉDUCTION DU DINITRONAPHTOL.

Ils ont été étudiés par Martius et Griess, et par Græbe et Ludwig [Martius et Griess, *Ann. der Chem. u. Pharm.*, t. CXXXIV, p. 375, et *Bull. de la Soc. chim.*, 1866, t. V, p. 389; — Græbe et Ludwig, *Ann. der Chem. u. Pharm.*, t. CLIV, p. 303, et *Bull. de la Soc. chim.*, 1870, t. XIV, p. 323].

DIAMIDONAPHTOL,

$$C^{10}H^{10}Az^2O = C^{10}H^5 \begin{cases} AzH^2 \\ AzH^2 \\ OH. \end{cases}$$

— Ce composé n'a été obtenu qu'à l'état de combinaison avec l'acide sulfurique ou le chlorure d'étain; il est très-soluble et ses solutions au contact de l'air s'oxydent en fournissant du diimidonaphtol,

$$C^{10}H^5 \begin{cases} AzH \diagdown \\ AzH \diagup \\ OH. \end{cases}$$

Le sel double de chlorure d'étain et de chlorhydrate de diamidonaphtol s'obtient en chauffant dans une capsule spacieuse 1 p. de dinitronaphol α, 2 p. d'étain et 7 p. 5 d'acide chlorhydrique, jusqu'à ce qu'il s'établisse une réaction violente. On enlève alors du feu, et la réaction se termine très-vite d'elle-même; filtrée sur de l'amiante, la liqueur dépose des cristaux qui, par l'évaporation lente d'une solution aqueuse, se présentent en beaux prismes légèrement colorés en jaune, et appartenant au type clinorhombique. Ce sel renferme

$$C^{10}H^5(OH)(AzH^2)^2(HCl)^2, SnCl^2 + H^2O,$$

suivant Græbe et Ludwig. Il existe aussi un autre sel cristallisant avec 4 molécules d'eau. Les sels décomposés par l'hydrogène sulfuré pour séparer l'étain fournissent une solution incolore, qui peu à peu devient rouge et fournit alors des cristaux de chlorhydrate de diimidonaphtol. Cette solution additionnée d'un grand excès d'acide sulfurique concentré dépose le *sulfate de diamidonaphtol*

$$C^{10}H^5(OH)(AzH^2)^2, SO^4H^2 + 2H^2O$$

en aiguilles incolores, peu solubles dans l'eau froide, très-solubles dans l'eau chaude et dans l'alcool, s'oxydant rapidement à l'air en se colorant en rouge.

DIIMIDONAPHTOL,

$$C^{10}H^8Az^2O = C^{10}H^5 \begin{cases} AzH \diagdown \\ AzH \diagup \\ OH. \end{cases}$$

— Lorsque le chlorhydrate double d'étain et de diamidonaphtol a été débarrassé d'étain par l'hydrogène sulfuré, la solution incolore devient peu à peu rouge à l'air et dépose du chlorhydrate de diimidonaphtol. Pour obtenir celui-ci, il est préférable, après avoir réduit le binitronaphtol par l'étain et l'acide chlorhydrique, d'ajouter des lames de zinc à la solution ainsi obtenue pour précipiter tout l'étain, puis de filtrer la liqueur et d'y ajouter du perchlorure de fer tant qu'il se forme un précipité. Ce précipité est du chlorhydrate de diimidonaphtol, qu'on fait cristalliser dans l'eau qui le dissout facilement.

Sa solution additionnée d'ammoniaque laisse précipiter le diimidonaphtol en aiguilles réunies en faisceaux; cette base est presque insoluble dans l'eau, très-soluble dans l'alcool. Chauffée avec de l'eau ou de l'alcool, elle se transforme en oximidonaphtol

$$C^{10}H^5(OH) \begin{cases} AzH \\ O \end{cases} \rangle$$

suivant l'équation

$$C^{10}H^5(OH) \begin{matrix} AzH \diagdown \\ AzH \diagup \end{matrix} + H^2O$$

$$= AzH^3 + C^{10}H^5(OH) \begin{cases} AzH \diagdown \\ O \diagup \end{cases}$$

Les solutions alcalines ou l'action à 120° de l'acide chlorhydrique ou de l'acide sulfurique la convertissent en oxynaphtoquinone (voyez NAPHTOQUINONE) :

$$C^{10}H^5(OH) \begin{cases} AzH \\ AzH \end{cases} \rangle + 2H^2O$$

$$= 2AzH^3 + C^{10}H^5(OH) \begin{cases} O \\ O \end{cases} \rangle$$

Le *chlorhydrate*, $C^{10}H^5(OH)(AzH)^2, HCl$, dont nous avons indiqué plus haut la préparation, est très-soluble dans l'eau et dans l'alcool, à peine soluble dans l'acide sulfurique. Il cristallise en prismes clinorhombiques, d'un rouge foncé par transparence, d'un éclat métallique vert par réflexion.

Le *chloroplatinate*,

$$2[C^{10}H^5(OH)(AzH)^2, HCl] + PtCl^4,$$

est en longues aiguilles rouges, soyeuses et flexibles, qui se dissolvent en petite quantité dans l'eau et l'alcool froid; à l'ébullition, il se décompose.

Le *sulfate*, $C^{10}H^5(OH)(AzH)^2, SO^4H^2$, s'obtient en ajoutant de l'acide sulfurique et ensuite de l'éther à la solution alcoolique du chlorhydrate; il est en prismes rouges, d'un éclat métallique, très-solubles dans l'eau et dans l'alcool, insolubles dans l'éther.

OXIMIDONAPHTOL,

$$C^{10}H^7AzO^2 = C^{10}H^5 \begin{cases} AzH \diagdown \\ O \diagup \\ OH. \end{cases}$$

— Ce corps que les auteurs comparent à une quinone se produit par l'ébullition avec l'eau du diimidonaphtol, tant qu'il se dégage de l'ammoniaque. L'oximidonaphtol qui se sépare en partie pendant la réaction ou qui cristallise par le refroidissement est en aiguilles rougeâtres, insolubles dans l'éther, peu solubles dans l'eau, très-solubles dans l'alcool. L'acide chlorhydrique bouillant, l'acide sulfurique concentré et froid, les alcalis bouillants transforment ce corps en oxynaphtoquinone, avec dégagement d'ammoniaque.

Avec les agents réducteurs, il fixe 2 atomes d'hydrogène; mais le corps qu'il produit,

$$C^{10}H^5 \begin{cases} AzH^2 \\ (OH)^2, \end{cases}$$

*oxamidonaphtol* ou *amidodioxynaphtaline*, s'altère

rapidement et ne peut être isolé; on ne connaît que son chlorhydrate, $C^{10}H^5(OH)^2(AzH^2),HCl$, lequel, additionné d'ammoniaque et en présence de l'air, se réoxyde et dépose de l'oximidonaphtol.

OXYNAPHTOLS.

NAPHTOBIOXYLE (*oxynaphtol*),

$$C^{10}H^8O^2 = C^{10}H^6(OH)^2$$

[Dusart, *Compt. rend.*, t. LXIV, p. 859]. — Il s'obtient par la fusion avec la potasse du naphtyldisulfite de potassium. Il est en petits cristaux rhomboédriques, assez solubles dans l'eau; sa solution dans la potasse noircit rapidement au contact de l'air. Suivant Wichelhaus et Darmstædter, il est en petites aiguilles peu solubles dans l'eau bouillante, solubles dans l'alcool, l'éther et le chloroforme. Ses solutions présentent un dichroïsme très-prononcé bleu et brun. Chauffé à 230°, il se colore en jaune, puis en brun sans fondre. Par la dessiccation, les aiguilles d'oxynaphtol se réduisent en une poudre brillante, qu'on peut sublimer de nouveau en aiguilles [*Bull. de la Soc. chim.*, 1869, t. XII, p. 314].

NAPHTOHYDROQUINONE. — Isomère du précédent; on ne connaît que son dérivé bichloré.

OXYNAPHTOL BICHLORÉ (*dichlorodioxynaphtaline*), $C^{10}H^4Cl^2(OH)^2$ [Græbe, *Ann. der Chem. u. Pharm.*, t. CXLIX, p. 1, et *Bull. de la Soc. chim.*, 1869, t. XII, p. 407. — Ce corps résulte de l'hydrogénation de la naphtoquinone bichlorée, c'est donc de la naphthydroquinone bichlorée.

Pour la préparer, on chauffe au bain-marie un mélange de dichloronaphtoquinone et d'acide iodhydrique, additionné d'un fragment de phosphore jusqu'à ce que les cristaux soient devenus incolores; on les lave avec de l'eau, et on les dissout dans l'alcool, qui abandonne par l'évaporation l'oxynaphtol dichloré en prismes incolores, s'altérant très-rapidement à l'air quand ils sont humides, fusibles à 135-140° avec un commencement de décomposition. Ce corps se dissout dans les alcalis; la solution rougit promptement à l'air en donnant des chloroxynaphtalates.

*Dichlorodiacétoxylnaphtaline*,

$$C^{10}H^4Cl^2\left\{\begin{matrix} O,C^2H^3O \\ O,C^2H^3O. \end{matrix}\right.$$

— Ce composé n'est autre que l'éther acétique du corps précédent; il se produit par l'action du chlorure d'acétyle. Il est en longs prismes insolubles dans l'eau, peu solubles dans l'alcool froid, très-solubles dans l'alcool bouillant et dans l'éther; il n'est pas attaqué par la potasse bouillante.

DIOXYNAPHTOL (*trioxynaphtaline*),

$$C^{10}H^8O^3 = C^{10}H^5(OH)^3$$

[Græbe et Ludwig, *Ann. der Chem. u. Pharm.*, t. CLIV, p. 303, et *Bull. de la Soc. chim.*, 1870, t. XIV, p. 327]. — Il se produit par la réduction de l'oxynaphtoquinone, $C^{10}H^6O^3$, au moyen de l'étain et de l'acide chlorhydrique; quand l'oxynaphtoquinone est entièrement dissoute, on débarrasse le liquide d'étain par l'hydrogène sulfuré, on déplace ce dernier par un courant d'acide carbonique, on filtre à l'abri de l'air et on agite avec l'éther. On distille l'éther dans un courant d'acide carbonique, et il reste du dioxynaphtol sous forme d'aiguilles jaunes, moins solubles dans l'eau que dans l'alcool et dans l'éther.

Le dioxynaphtol est un réducteur énergique; il réduit les solutions d'azotate d'argent ou de chlorure mercurique, et l'oxyde cuivrique surtout, en solutions alcalines. Dissous dans la potasse, il s'oxyde rapidement en perdant 2 atomes d'hydrogène et se transformant en dérivé potassique de l'oxynaphtoquinone.

D'après ses réactions, le dioxynaphtol est à la naphtaline ce que l'acide pyrogallique est à la benzine.

E. G.

**NAPHTOQUINONES.** — On sait que la quinone $C^6H^4O^2$ peut être considérée, ainsi que l'a démontré Græbe, comme de la benzine $C^6H^6$ dont 2 atomes d'hydrogène sont remplacés par un groupe diatomique $O^2$, formé de 2 atomes d'oxygène unis comme dans l'eau oxygénée. La quinone peut être écrite

$$C^6H^4\left\{\begin{matrix} O \\ O \end{matrix}\right\rangle$$

Græbe a prouvé de plus que les composés découverts par Laurent et décrits sous les noms de chlorure de chloroxynaphtyle, acide chloroxynaphtalique, etc., sont des dérivés chlorés ou hydroxylés d'une naphtoquinone

$$C^{10}H^6\left\{\begin{matrix} O \\ O \end{matrix}\right\rangle$$

ayant les mêmes rapports avec la naphtaline que la quinone avec la benzine. Cette naphtoquinone a été isolée ultérieurement par Hermann.

Les composés qu'on peut rapporter à la série de la naphtoquinone sont les suivants :

| | |
|---|---|
| Naphtoquinone... | $C^{10}H^6O^2 = C^{10}H^6\left\{\begin{matrix} O \\ O \end{matrix}\right\rangle$ |
| Naphtoquinone dichlorée (chlorure de chloroxynaphtyle... | $C^{10}H^4Cl^2O^2 = C^{10}H^4Cl^2\left\{\begin{matrix} O \\ O \end{matrix}\right\rangle$ |
| Naphtoquinone hexachlorée (chlorure de perchloroxynaphtyle).......... | $C^{10}Cl^6O^2 = C^{10}Cl^6\left\{\begin{matrix} O \\ O \end{matrix}\right\rangle$ |
| Chloroxynaphtoquinone (acide chloroxynaphtalique)... | $C^{10}H^4Cl(OH)O^2 = C^{10}H^4Cl\left\{\begin{matrix} OH \\ O \\ O \end{matrix}\right.$ |
| Oxynaphtoquinone (acide naphtalique). | $C^{10}H^5(OH)O^2 = C^{10}H^5\left\{\begin{matrix} OH \\ O \\ O \end{matrix}\right.$ |

On connaît en outre deux acides sulfoconjugués :

| | |
|---|---|
| L'acide oxynaphtoquinosulfurique ............... | $C^{10}H^6SO^6 = C^{10}H^4\left\{\begin{matrix} (O^2)'' \\ OH \\ SO^3H \end{matrix}\right.$ |
| L'acide chloronaphtosulfoquinonique ....... | $C^{10}H^5ClSO^5 = C^{10}H^4\left\{\begin{matrix} (O^2). \\ Cl \\ SO^3H \end{matrix}\right.$ |

La quinone et ses dérivés en fixant de l'hydrogène fournissent l'hydroquinone ou les dérivés de celle-ci. La naphtoquinone ou ses dérivés chlorés et hydroxylés fixent également de l'hydrogène et donnent des produits analogues à l'hydroquinone ou à ses dérivés. Ainsi la naphtoquinone dichlorée $C^{10}H^4Cl^2(O^2)''$ donne avec l'hydrogène le dichloroxynaphtol $C^{10}H^4Cl^2(OH)^2$, l'oxynaphtoquinone $C^{10}H^3(OH)(O^2)''$ donne la trioxynaphtaline $C^{10}H^5(OH)^3$. Les oxynaphtols sont décrits avec le naphtol. — Voyez t. II, p. 51!'.

On peut encore rattacher aux composés naphtoquinoniques les corps suivants :

| | |
|---|---|
| Diimidonaphtol............... | $C^{10}H^5(OH)\left\{\begin{matrix} AzH \\ AzH \end{matrix}\right\rangle$ |
| Diamidonaphtol............... | $C^{10}H^5(OH)\left\{\begin{matrix} AzH^2 \\ AzH^2 \end{matrix}\right.$ |
| Imidoxynaphtol............... | $C^{10}H^5(OH)\left\{\begin{matrix} AzH \\ O \end{matrix}\right\rangle$ |
| Amidoxynaphtol............... | $C^{10}H^5(OH)\left\{\begin{matrix} AzH^2 \\ OH \end{matrix}\right.$ |

car en partant de ces composés on arrive à l'oxynaphtoquinone avec laquelle ils ont des relations étroites; mais, comme ce sont en même temps des dérivés directes du naphtol binitré, nous les avons étudiés avec le naphtol. — Voyez t. II, p. 518.

NAPHTOQUINONE, $C^{10}H^6(O^2)''$ [Th. Hermann, *Ann. der Chem. u. Pharm.*, t. CLI, p. 63]. — Elle se produit dans la distillation sèche du sel de potassium de l'acide chloronaphtosulfoquinonique, acide qui se forme dans l'action du chlorate de potassium et de l'acide sulfurique sur la naphtaline (voyez plus loin). Dans cette distillation sèche, il se dégage de l'acide sulfureux et des vapeurs jaune-rouge qui se condensent. On traite par l'éther le produit de la distillation et le résidu charbonneux de la cornue, et on obtient des solutions jaune d'or qui, après évaporation de l'éther, laissent des flocons jaunes et rouges. Après avoir séché cette matière, on la sublime entre deux verres de montre; la naphtoquinone fournit alors un sublimé jaune formé de lames molles.

La naphtoquinone se dissout difficilement dans l'alcool et dans l'éther, en donnant des solutions jaune d'or, qui offrent une belle fluorescence verte, et qui, en présence de l'ammoniaque, réduisent l'azotate d'argent à la température de l'ébullition. Elle est difficilement attaquée par le zinc et l'acide chlorhydrique. Avec la potasse alcoolique, elle donne une solution brun foncé; elle se dissout dans l'acide sulfurique concentré, avec une belle couleur pourpre, et en est précipitée sans altération par l'eau. Bouillie avec de l'acide azotique en présence de l'argent, elle est oxydée, et la solution, par le refroidissement, donne des lames rhombiques qui ont l'aspect du phtalate d'argent.

NAPHTOQUINONE DICHLORÉE (*chlorure de chloroxynaphtyle, oxychloronaphtose*), $C^{10}H^4Cl^2(O^2)''$ [Laurent, *Ann. de Chim. et de Phys.*, t. LXXIV, p. 35; *Revue scient.*, t. XIII, p. 501; — Græbe, *Ann. der Chem. u. Pharm.*, t. CXLIX, p. 1, et *Bull. de la Soc. chim.*, 1869, t. XII, p. 406]. — Laurent a découvert ce composé en faisant réagir l'acide azotique bouillant sur le tétrachlorure de chloronaphtaline. Ce dernier corps est lentement attaqué par l'acide azotique, il devient jaune et de plus en plus fusible. En arrêtant l'opération lorsque la matière jaune reste sous la forme d'une huile très-épaisse, on obtient une solution nitrique qui renferme de l'acide phtalique et de l'acide oxalique. En ajoutant de l'éther à la substance huileuse, on observe, au bout de deux ou trois jours, un dépôt jaune, pulvérulent, qu'on lave avec de l'éther et qu'on fait cristalliser en le dissolvant dans 30 ou 40 fois son poids d'alcool bouillant.

Græbe obtient plus avantageusement la naphtoquinone bichlorée en traitant par le chlorate de potassium et l'acide chlorhydrique le sel de potassium du binitronaphtol. Dans cette préparation, il se forme en outre de l'acide phtalique et des acides chlorophtaliques qu'on enlève facilement en traitant d'abord le produit de la réaction par l'eau bouillante.

La naphtoquinone bichlorée est en aiguilles jaunes, insolubles dans l'eau, peu solubles dans l'alcool et dans l'éther à froid, solubles dans l'alcool bouillant. Elle fond à 187° (Græbe) et distille sans altération. L'acide sulfurique la dissout en se colorant en rouge-acajou. L'acide azotique bouillant la transforme en acide phtalique. La soude et la potasse la dissolvent en donnant immédiatement une couleur cramoisie, et la transforment en chloroxynaphtalate (chloroxynaphtoquinonate) de sodium ou de potassium (Laurent). L'acide iodhydrique la réduit et la transforme en bioxynaphtaline bichlorée, $C^{10}H^4Cl^2(OH)^2$. — Voyez NAPHTOL, t. II, p. 519.

La bichloronaphtoquinone se dissout à chaud dans le sulfite de potassium neutre ou acide, et si la solution est concentrée, elle dépose par le refroidissement un sulfosel cristallisé en octaèdres qu'on obtient incolores et purs par cristallisation dans l'eau. Ce sel renferme

$$C^{10}H^4\begin{cases}OH\\O(SO^3K)\\(SO^3K)^2\end{cases} + H^2O$$

Il perd la moitié de son eau à 100°. Il est très-soluble dans l'eau, surtout à chaud, insoluble dans l'alcool. La potasse le transforme en *oxynaphtoquinosulfite de potassium*. — Voyez plus loin.

Avec le sulfite de sodium, on obtient le sel de sodium correspondant, renfermant $3H^2O$. Il est plus soluble que le sel de potassium, cristallise moins bien et se dépose en tables dures, mal définies [Græbe, *Mém. cit.*].

NAPHTOQUINONE HEXACHLORÉE,

$$C^{10}Cl^6O^2 = C^{10}Cl^6(O^2)''$$

[Laurent, *Revue scientif.*, t. XIII, p. 595]. — En faisant bouillir pendant trois ou quatre jours une dizaine de grammes de naphtaline hexachlorée avec de l'acide azotique concentré, Laurent a obtenu une substance résineuse jaune qui, lavée avec de l'éther, puis dissoute à l'ébullition dans l'huile de pétrole, se sépare par le refroidissement à l'état de belles paillettes jaune d'or, très-éclatantes, de naphtoquinone hexachlorée. C'est le corps désigné dans le *Traité* de Gerhard sous le nom de chlorure de perchloroxynaphtyle ou oxyde de chloroxénaphtose.

La naphtoquinone perchlorée est insoluble dans l'eau et dans l'alcool, un peu soluble dans l'éther bouillant. La potasse et l'ammoniaque l'attaquent en fournissant le sel de potassium ou d'ammonium de l'acide perchloronaphtylique ou oxynaphtoquinone perchlorée.

OXYNAPHTOQUINONE (*acide naphtalique*),

$$C^{10}H^6O^3 = C^{10}H^5\begin{cases}OH\\O\searrow\\O\nearrow\end{cases}$$

[Martius et Griess, *Ann. der Chem. u. Pharm.*, t. CXXXIV, p. 375, et *Bull. de la Soc. chim.*, 1866, t. V, p. 389; — Græbe et Ludwig, *Ann. der Chem. u. Pharm.*, t. CLIV, p. 303, et *Bull. de la Soc. chim.*, 1870, t. XIV, p. 327]. — Ce composé a été découvert par MM. Griess et Martius en traitant par l'acide chlorhydrique bouillant une base renfermant $C^{10}H^7AzO^2$ et provenant de l'action de l'eau bouillante sur le produit de la réduction du binitronaphtol, après l'oxydation de ce produit à l'air. MM. Græbe et Ludwig ont isolé et étudié plus complétement les corps intermédiaires de la transformation du binitronaphtol, et montré comment se forme la naphtoquinone. Ces corps sont décrits à l'article NAPHTOL; nous nous contenterons de les rappeler pour montrer comment en dérive l'oxynaphtoquinone.

Le dinitronaphtol $C^{10}H^5(AzO^2)^2,OH$, réduit par l'acide chlorhydrique et l'étain, donne le chlorhydrate de diamidonaphtol,

$$C^{10}H^5(AzH^2)^2,OH,2HCl,$$

qui, oxydé à l'air ou par le perchlorure de fer, se transforme en chlorhydrate de diimidonaphtol:

$$C^{10}H^5\begin{cases}AzH\searrow\\AzH\nearrow\\OH\end{cases}+HCl$$

Le diimidonaphtol, bouilli avec l'eau ou l'alcool, échange un groupe AzH par un atome d'oxygène et donne l'oximidonaphtol,

$$C^{10}H^5\begin{cases}AzH\searrow\\O\nearrow\\OH\end{cases}$$

qui n'est autre que la base $C^{10}H^7AzO^2$ de

MM. Griess et Martius. Mais si on chauffe le diamidonaphtol en vases clos, à 120°, avec de l'acide chlorhydrique faible ou de l'acide sulfurique étendu, les deux groupes AzH du diimidonaphtol sont remplacés chacun par un atome d'oxygène, et on obtient l'oxynaphtoquinone :

$$C^{10}H^5\left\{\begin{matrix}AzH\\AzH\\OH\end{matrix}\right\} + 2H^2O$$

Diimidonaphtol. Eau.

$$= C^{10}O^5\left\{\begin{matrix}(O^2)''\\OH\end{matrix}\right. + 2AzH^3.$$

Oxynaphtoquinone. Ammoniaque.

Pour obtenir l'oxynaphtoquinone, on chauffe à 120° pendant une heure du diimidonaphtol avec de l'acide sulfurique étendu, on traite l'oxynaphtoquinone brute, dans l'eau bouillante, par le carbonate de baryum, on filtre et on décompose le sel de baryte de l'oxynaphtoquinone par l'acide chlorhydrique (Græbe et Ludwig).

Ce corps cristallise en aiguilles jaunes, peu solubles dans l'eau, assez solubles dans l'alcool, très-solubles dans l'éther. Il teint la laine et la soie en jaune, mais il n'a pas d'action sur le coton mordancé à l'alumine (Martius et Griess).

Il peut se sublimer en aiguilles rougeâtres, qui ressemblent beaucoup à celles de l'alizarine sublimée; les agents réducteurs le convertissent en trioxynaphtaline $C^{10}H^8O^3$. Chauffé avec de la poudre de zinc, il donne de la naphtaline (Græbe et Ludwig). Il forme avec les alcalis des sels rouges solubles dans l'eau; il déplace l'acide carbonique des carbonates.

Le *sel d'ammonium* forme une masse cristalline rouge. Le *sel d'argent* renferme $C^{10}H^5O^3,Ag$; il est en aiguilles rouges peu solubles dans l'eau, solubles dans l'ammoniaque. Le *sel de baryum* est un précipité rouge, soluble dans l'eau bouillante et cristallisable. Le *sel d'ammonium* précipite le perchlorure de fer, l'acétate de plomb, le sulfate de cuivre en brun rougeâtre; il donne avec les sels mercuriques des précipités solubles dans l'eau bouillante, qui les dépose sous forme d'aiguilles soyeuses, rouges.

OXYCHLORONAPHTOQUINONE (*chloroxynaphtoquinone, acide chloroxynaphtalique*),

$$C^{10}H^5ClO^3 = C^{10}H^4Cl\left\{\begin{matrix}(O^2)''\\OH.\end{matrix}\right.$$

— Ce composé a été découvert par Laurent [*Ann. de Chim. et de Phys.*, t. LXXIV, p. 26]. Il s'obtient par l'action de la potasse alcoolique et bouillante sur la naphtoquinone bichlorée. Lorsqu'on a fait bouillir le tétrachlorure avec de l'acide azotique jusqu'à ce que le produit soit transformé en une huile jaune épaisse, et qu'on a additionné cette huile d'éther pour amener la séparation de la naphtoquinone bichlorée brute, on dissout celle-ci dans la potasse alcoolique faible, on porte à l'ébullition, puis on neutralise la liqueur chaude par l'acide azotique. Il se dépose peu à peu des cristaux de chloroxynaphtoquinone; celle-ci prend naissance en vertu de l'équation suivante :

$$C^{10}H^4Cl^2(O^2)'' + 2KHO$$

Naphtoquinone bichlorée. Potasse.

$$= C^{10}H^4Cl(O^2)''OK + KCl + H^2O.$$

Chloroxynaphtoquinonate de potassium. Chlorure de potassium. Eau.

MM. P. et E. Depouilly obtiennent plus avantageusement l'acide chloroxynaphtalique en oxydant par l'acide azotique le mélange de tétrachlorure de naphtaline et de tétrachlorure de chloronaphtaline, obtenu par l'action du chlorate de potassium et de l'acide chlorhydrique, à froid, sur la naphtaline. Ce mélange de chlorures solides et de naphtaline, débarrassé par compression des chlorures huileux, est oxydé au bain-marie par l'acide azotique. Dans cette action lente, le tétrachlorure de naphtaline est transformé en acide phtalique, et le tétrachlorure de chloronaphtaline en naphtoquinone bichlorée. On extrait l'acide phtalique par l'eau bouillante, et on reprend le résidu insoluble dans l'eau par une solution aqueuse de soude. On obtient une solution de chloroxynaphtalate de sodium qu'on sépare du résidu; on ajoute un peu d'alun pour précipiter une matière colorante brune qui souille le produit, puis on filtre la solution et on l'additionne d'acide chlorhydrique. La chloroxynaphtoquinone se sépare sous la forme d'une poudre cristalline d'un jaune pâle.

La chloroxynaphtoquinone est jaune, inodore, fusible à 200° ; elle se laisse sublimer en belles aiguilles; elle est peu soluble dans l'eau froide, plus soluble dans l'eau bouillante, soluble dans l'alcool, l'éther et la benzine. L'acide sulfurique concentré la dissout; l'eau la sépare inaltérée de cette solution. Le perchlorure de phosphore la transforme en naphtaline pentachlorée (Græbe).

Elle donne des sels bien définis, colorés en jaune, en orangé ou en cramoisi. Les sels alcalins sont d'un rouge foncé. Ils sont très-solubles dans l'eau, moins solubles en présence d'un excès d'alcali, plus solubles en présence de l'acide acétique, que l'acide chloroxynaphtalique déplace de ses sels.

Le *sel d'ammonium* $C^{10}H^4Cl(O^2)''O,AzH^4$ cristallise en aiguilles soyeuses.

Le *sel de baryum* $(C^{10}H^4Cl(O^2)''O)^2Ba$ est peu soluble, en aiguilles soyeuses, orangées.

Le *sel de calcium* est en cristaux soyeux d'un jaune d'or.

Le *sel d'aluminium* est d'un rouge foncé; les *sels de cuivre*, de *cadmium*, de *cobalt*, de *plomb*, de *nickel* sont cramoisis. Le *sel de fer* est brun. Le *sel d'aniline* est d'un beau rouge; le *sel de rosaniline* est vert.

Les chloroxynaphtalates donnent par la chaleur de l'anhydride phtalique, du chlorure de potassium et du charbon (Græbe).

La chloroxynaphtaquinone teint la laine sans mordant en rouge intense. Les sels sont employés dans la peinture, l'impression et la teinture. Le sel ammoniacal teint la soie en un jaune d'or très-brillant et très-stable à la lumière [Perkin, *Chem. News*, 8 juin 1861].

Les produits de réduction de l'acide chloroxynaphtalique ne sont pas encore connus; on a tenté de remplacer le chlore par l'hydrogène naissant dans l'espoir d'obtenir l'alizarine, alors qu'on regardait l'alizarine comme renfermant $C^{10}H^6O^3$, et l'acide chloroxynaphtalique comme de l'alizarine chlorée. MM. Wolff et Strecker n'ont pas réussi à opérer ce remplacement. M. Græbe a constaté que l'amalgame de sodium décolore la solution des chloroxynaphtalates, mais cette solution rougit de nouveau rapidement à l'air. Il a quelquefois obtenu des cristaux incolores, mais en trop petite quantité pour pouvoir les étudier. Ces cristaux constituent peut-être la chlorotrioxynaphtaline $C^{10}H^4Cl(OH)^3$.

M. H. Kœchlin, en faisant bouillir une solution alcaline de chloroxynaphtalate de sodium ou d'ammonium avec du zinc en poudre impalpable, a constaté qu'il y a décoloration. Au bout de 20 minutes la réaction commence et l'on obtient une solution d'un jaune pâle. On décante, on ajoute de l'ammoniaque, et en quelques heures la solution devient verte. En neutralisant avec un acide, on obtient un précipité floconneux brun, qui, lavé et séché, est vert et doué de reflets métalliques. Ce corps est insoluble dans l'eau; soluble en violet dans l'alcool, et en bleu dans les solutions alcooliques étendues d'eau. Il se fixe en violet sur la laine; la solution alcoolique étendue teint en bleu la soie, la laine et le coton mordancé en alumine. Elle passe au rouge par les acides.

La solution alcoolique ammoniacale est bleue par transparence, et rouge carminé par réflexion.

Ce composé n'a pas été analysé; peut-être est-ce un sel ammoniacal de l'oxynaphtoquinone.

Oxynaphtoquinone pentachlorée (*pentachloroxynaphtoquinone, acide pentachloroxynaphtalique*),

$$C^{10}HCl^5O^3 = C^{10}Cl^5 \left\{ \begin{matrix} (O^2)'' \\ OH \end{matrix} \right.$$

[Laurent, *Revue scientifique*, t. XIII, p. 596]. — La naphtoquinone perchlorée traitée par la potasse, se transforme immédiatement en perchloroxynaphtalate insoluble dans l'eau; en ajoutant un acide à ce sel, celui-ci fournit l'acide pentachloroxynaphtalique, qu'on purifie en le combinant de nouveau à la potasse et décomposant le sel par un acide, puis en le faisant cristalliser dans l'alcool ou dans l'éther.

Les sels que forme l'oxynaphtoquinone perchlorée sont rouges et cramoisis, d'une très-belle teinte; ils sont très-peu solubles dans l'eau bouillante, insolubles dans l'eau froide. Pour les obtenir cristallisés, il faut neutraliser par un alcali la solution de l'oxynaphtoquinone pentachlorée dans l'alcool bouillant.

Bioxynaphtoquinone (*naphtazarine*),

$$C^{10}H^6O^4 = C^{10}H^4 \left\{ \begin{matrix} (O^2)'' \\ (OH)^2 \end{matrix} \right.$$

[Roussin, *Compt. rend.*, 1861, t. LII, p. 1034]. M. Roussin a découvert cette matière en traitant la binitronaphtaline fusible à 214° par l'acide sulfurique concentré, chauffant la solution à 200°, et y projetant de la grenaille de zinc. Il se fait au bout de quelques instants un dégagement d'acide sulfureux, et après une demi-heure environ, l'opération est terminée. On étend le liquide de 8 à 10 fois son volume d'eau, et l'on porte à l'ébullition. La liqueur, jetée après quelques instants sur un filtre, dépose la matière colorante par le refroidissement sous la forme d'une gelée rouge. M. Persoz a constaté que la binitronaphtaline chauffée à 300° avec l'acide sulfurique concentré donne de la naphtazarine sans addition d'aucun corps réducteur [*Compt. rend.*, t. LII, p. 1178]. M. Tichborne a donné les indications suivantes pour la préparation de la naphtazarine. On chauffe l'acide sulfurique seul jusqu'à 200°, et on n'y ajoute la binitronaphtaline qu'après que l'acide a atteint cette température, pour empêcher qu'il ne s'en perde par volatilisation. A ce moment on enlève le feu, et on projette dans le mélange le zinc qui doit être dans un grand état de division. Quand la couleur est développée, après 20 minutes, on traite le produit de la réaction par l'eau bouillante, on filtre, on neutralise exactement par une solution de soude, on recueille le précipité sur un filtre et on extrait la matière colorante par de l'esprit de bois bouillant. On en obtient 60 à 70 % du précipité [Tichborne, *Chem. News*, 1861, p. 197, et *Répert. de Chim. appliquée*, 1861, p. 414].

MM. d'Aguiar et Bayer introduisent la binitronaphtaline dans de l'acide sulfurique chauffé à 200°, et ajoutent peu à peu la poudre de zinc. Après 20 minutes, ils versent le produit dans l'eau bouillante, décantent, lavent le précipité à l'eau froide, puis le dissolvent dans la potasse pour séparer la naphtaline binitrée non attaquée. La solution potassique est additionnée d'acide sulfurique étendu, qui précipite la naphtazarine brute. Celle-ci renferme une matière noire, presque insoluble dans l'eau bouillante, et qui reste non dissoute quand on traite la naphtazarine brute par l'acide acétique concentré. Cet acide dissout la naphtazarine ou bioxynaphtoquinone, et l'abandonne après distillation à l'état d'une masse cristalline à reflets métalliques [*Deuts. Chem. Gesells.*, t. IV, p. 251 et 438; *Bull. de la Soc. chim.*, 1871, t. XV, p. 280].

M. Liebermann a fixé la formule de la naphtazarine et montré qu'elle constitue la bioxynaphtoquinone $C^{10}H^6O^4$ [*Deuts. Chem. Gesells.*, t. III, p. 905, et *Bull. de la Soc. chim.*, 1871, t. XV, p. 128].

La naphtazarine ou bioxynaphtoquinone est peu soluble dans l'eau, soluble dans l'alcool et l'éther. Elle se volatilise entre 215° et 240°, et sa vapeur se condense en aiguilles cristallines d'un rouge foncé. Elle se dissout dans les alcalis caustiques et dans les carbonates alcalins, en donnant une solution d'un bleu pourpre d'où les acides précipitent des flocons rouge orangé. Elle est inattaquable par l'acide chlorhydrique et l'acide sulfurique concentré. Elle se fixe sur les étoffes mordancées, mais les teintures ne résistent pas au bain de savon bouillant et finissent par disparaître (Roussin). Jusqu'à présent la naphtazarine est restée sans emploi.

Trioxynaphtoquinone,

$$C^{10}H^6O^5 = C^{10}H^3 \left\{ \begin{matrix} (O^2)'' \\ (OH)^3 \end{matrix} \right.$$

[d'Aguiar et Bayer, *Mém. cité*]. — Nous avons dit plus haut que, dans la préparation de la bioxynaphtoquinone, on obtient une matière noire, presque insoluble dans l'eau bouillante, insoluble dans l'acide acétique concentré, et qui constitue la trioxynaphtoquinone. Ce corps est amorphe, rougeâtre, à éclat métallique; il se dissout dans les alcalis avec une couleur bleu-violet.

## *Dérivés sulfoconjugués des naphtoquinones.*

Acide oxynaphtoquinosulfurique (ou mieux *sulfureux*) [Græbe, *Ann. der Chem. u. Pharm.*, t. CXLIX, p. 1; *Bull. de la Soc. chim.*, 1879, t. XII, p. 408]. — Cet acide s'obtient à l'état de sel de potassium en traitant par la potasse le sel sulfoconjugué que fournit l'action du sulfite de potassium sur la naphtoquinone bichlorée, sel que nous avons décrit plus haut. L'oxynaphtoquinosulfite de potassium renferme

$$C^{10}H^4 \left\{ \begin{matrix} (O^2)'' \\ OK \\ SO^3K. \end{matrix} \right.$$

Il est difficile à séparer de la potasse en excès et du sulfite formé à cause de sa grande solubilité. Il est insoluble dans l'alcool, peu soluble dans une liqueur très-alcaline. La solution aqueuse le dépose en aiguilles microscopiques, d'un jaune rougeâtre, recourbées. Le chlorure de baryum y produit un précipité jaune, peu soluble; le précipité calcique est plus soluble. L'étain et l'acide chlorhydrique le transforment en un dérivé hydrogéné incolore.

Acide chloronaphtosulfoquinonique [Hermann, *Jahresbericht*, 1868, p. 320]. — Ce composé a été obtenu sous la forme d'un sel de potassium, qui paraît être

$$C^{10}H^4Cl \left\{ \begin{matrix} (O^2)'' \\ SO^3K. \end{matrix} \right.$$

La formule donnée par Hermann renferme 1 atome d'oxygène en plus; elle nous paraît improbable, car ce sel donne de la naphtoquinone à la distillation et non de l'oxynaphtoquinone.

Il provient de l'action du chlorate de potassium et

de l'acide sulfurique sur la naphtaline à chaud. Quand le liquide brun foncé qui reste après que le produit de cette action a été épuisé par l'éther est abandonné à lui-même, il dépose lentement des croûtes cristallines brunes de chloronaphtosulfoquinonate de potassium. On lave ces croûtes, on les sèche sur du papier buvard, et on les purifie par de nouveaux lavages à l'eau et à l'alcool pour enlever le sulfate acide de potassium. Ce sel est assez soluble dans l'alcool et dans l'eau, insoluble dans l'éther. Ses solutions sont brun-rouge, d'une réaction acide, et réduisent le nitrate d'argent en présence de l'ammoniaque.

Lorsqu'on traite la naphtaline par le chlorate de potassium et l'acide sulfurique à froid en agitant souvent le mélange et laissant longtemps les substances en contact, le liquide devient jaune-rouge, et fournit le sel de potassium d'un acide sulfoconjugué, sel qui renferme $C^{20}H^9Cl^3S^2O^{12}K^2$ ; ce sel forme une poudre jaune clair, et est un peu plus soluble que le précédent dans l'alcool et dans l'éther. E. G.

**NAPHTOXALIQUE (ACIDE),**

$$C^{10}H^8O^6 = C^8H^4\left\{\begin{matrix}(CO^2H)^2\\(OH)^2\end{matrix}\right. (?)$$

[R. Neuhoff, *Ann. der Chem. u. Pharm.*, t. CXXXVI, p. 342]. — Obtenu par l'oxydation de l'alcool naphténique, il cristallise en prismes solubles dans l'eau et dans l'alcool, se sublimant au-dessus de 100° ; le sel d'argent renferme $C^{10}H^6O^6,Ag^2$.

Sous le nom d'acide dioxynaphtalique, M. Hermann a décrit un acide de la même formule que l'acide naphtoxalique de M. Neuhoff, et qui est peut-être identique avec lui.

ACIDE DIOXYNAPHTALIQUE,

$$C^{10}H^8O^6 = C^8H^4\left\{\begin{matrix}(OH)^2\\(CO^2H)^2\end{matrix}\right.$$

[Th. Hermann, *Jahresb. f. 1868*, p. 382]. — On l'obtient en faisant bouillir l'acide chlorodioxynaphtalique $C^{10}H^7ClO^5$ (voyez plus bas) avec de l'eau, ou mieux, de l'eau de baryte. On le transforme en un sel acide de baryum, qu'on fait cristalliser pour le purifier, et on l'extrait de son sel de baryum par l'acide sulfurique. Il se présente sous la forme d'une substance épaisse qui, au bout de quelques jours, se prend en une masse cristalline radiée. Cet acide est très-soluble dans l'eau, l'alcool et l'éther. Il possède une forte réaction acide, décompose les carbonates, et réduit à l'ébullition les solutions ammoniacales d'azotate d'argent. Il se ramollit vers 100°, fond à 126° et reste longtemps en surfusion.

L'acide azotique le transforme en acide phtalique. Chauffé entre deux verres de montre, il donne un acide qui se sublime et qui est peu soluble dans l'eau, et un résidu brun ; celui-ci, plus fortement chauffé, donne des cristaux et des gouttes huileuses. A 180°, l'acide iodhydrique le convertit, avec dégagement d'acide carbonique et sans mise en liberté d'iode, en un acide peu soluble, cristallisé en prismes rhombiques.

Cet acide est bibasique ; la plupart de ses sels sont solubles dans l'eau ; ses sels acides cristallisent plus facilement que ses sels neutres. — L'auteur a obtenu les sels suivants :

*Sel d'ammonium*, $C^{10}H^7O^6(AzH^4)$. — Fines aiguilles.

*Sel de baryum acide*, $(C^{10}H^7O^6)^2Ba$. — Prismes monocliniques.

*Sel de baryum neutre*, $C^{10}H^6O^6,Ba + 3H^2O$. — Prismes rhombiques, anhydres à 110°.

*Sel de cuivre*, $(C^{10}H^6O^6)^4Cu^3H^2 + 2H^2O$. — Combinaison du sel neutre avec le sel acide en prismes monocliniques, microscopiques.

*Sel ammoniocuivrique*, $(C^{10}H^6O^6)^2Cu(AzH^4)^2$. — Prismes rhombiques bleus.

*Sel de plomb neutre*, $C^{10}H^6O^6,Pb$. — Précipité blanc amorphe.

*Sel de plomb basique*,

$$C^{10}H^6O^6Pb,PbH^2O^2 + 4H^2O.$$

— Tables monocliniques.

*Sel de potassium acide*, $C^{10}H^7O^6, K + H^2O$. — Aiguilles groupées en sphères.

*Sel de potassium neutre*, $C^{10}H^6O^6,K^2$. — Prismes rhombiques, microscopiques, déliquescents.

Traité par le chlorure de phosphore, cet acide donne le chlorure $C^{10}H^6O^4Cl^2$, liquide huileux que l'alcool décompose avec production de dioxynaphtalate d'éthyle, $C^{10}H^6O^6(C^2H^5)^2$.

ACIDE CHLOROXYNAPHTALIQUE,

$$C^{10}H^7ClO^5 = C^8H^4Cl\left\{\begin{matrix}OH\\(CO^2H)^2\end{matrix}\right.$$

[Hermann, *Mém. cité*]. — Il se forme lorsqu'on ajoute par petites portions du chlorate de potassium à un mélange de naphtaline et d'acide sulfurique modérément concentré. Le produit de la réaction est un mélange d'un liquide et d'une masse jaune butyreuse. On décante le liquide, et on épuise le résidu avec de l'eau chaude. On agite la solution acide avec de l'éther, on évapore l'éther et on reprend le résidu par la benzine. On évapore la benzine et on dissout le corps dans l'eau chaude qui dépose des gouttes huileuses d'acide chloroxynaphtalique, qu'on dissout de nouveau dans la benzine et qu'on abandonne à l'évaporation spontanée. Il se dépose d'abord des cristaux d'acide phtalique qu'on peut séparer en précipitant la solution étendue et aqueuse par l'acétate du plomb, et débarrassant le liquide du plomb à l'aide de l'hydrogène sulfuré. L'acide chloroxynaphtalique est une masse amorphe, peu soluble dans l'eau, facilement soluble dans l'alcool, l'éther et la benzine. Par l'ébullition avec l'eau ou avec l'eau de baryte, il se convertit en acide dioxynaphtalique. E. G.

**NAPHTULMINE**, $C^{10}H^8O^2$ [Schützenberger et Willm, *Compt. rend.*, t. XLVI, p. 894]. — Dans l'action de l'azotite de potassium sur le chlorhydrate de naphtylamine, il se forme, outre l'azodinaphtyldiamine de Perkin, une matière noire, volumineuse, amorphe, non azotée, insoluble dans tous les dissolvants neutres, dans les acides et les alcalis. Elle se dissout cependant dans l'acide sulfurique concentré avec une couleur bleu d'indigo foncé ; l'eau la reprécipite inaltérée. Cette substance (*naphtulmine*) renferme $nC^{10}H^8O^2$.

**NAPHTYLAMINE** (*naphtalidam*),

$$C^{10}H^9Az = C^{10}H^7,AzH^2.$$

— La naphtylamine ou azoture de naphtyle a été découverte par Zinin dans le cours de ses belles recherches sur la réduction des corps nitrés par le sulfhydrate d'ammoniaque [Zinin, *Ann. der Chem. u. Pharm.*, t. XLIV, p. 283]. Plus tard Piria l'obtint par la décomposition des thionaphtamates produits dans l'action du sulfite d'ammonium sur la nitronaphtaline [*Ann. de Chim. et de Phys.*, (3), t. XXXI, p. 217]. Depuis, de nombreux procédés plus expéditifs ont été donnés pour l'obtention de la naphtylamine par Béchamp, Roussin, etc. La naphtylamine, d'abord étudiée par Zinin et par Laurent, a été dans ces derniers temps l'objet de recherches qui en ont considérablement multiplié les dérivés.

PRÉPARATION. — 1° *Par le procédé de Zinin*. On introduit une partie de nitronaphtaline dans 10 p. d'alcool concentré, et on sature successivement la solution par l'ammoniaque et l'hydrogène sulfuré jusqu'à ce que toute la nitronaphtaline soit dissoute ; après 24 heures, on chasse l'alcool par la distillation, jusqu'à ce que le liquide se sépare en deux couches : l'inférieure est de la naphtylamine, la supérieure, une solution de ce corps dans l'alcool faible ; on sature le tout par l'acide sulfurique, on purifie le sulfate par plusieurs cristallisations, on le dissout dans l'eau, puis on sursature la solution par l'ammoniaque qui en précipite la naphtylamine.

Ce procédé et celui de Piria, fondé sur la décomposition des thionaphtamates par l'acide sulfurique (voyez ACIDE THIONAPHTAMIQUE), n'ont plus qu'un intérêt historique, des procédés plus avantageux les ayant remplacés.

2° *Par le procédé de Béchamp.* On introduit dans une cornue munie de son récipient 1 p. de nitronaphtaline, 1,5 p. de fer en limaille, et assez d'acide acétique ordinaire du commerce pour que le mélange soit complétement immergé. La réaction ne s'établit pas à froid, mais, en mettant quelques charbons sous la cornue, elle commence dès que la nitronaphtaline est entrée en fusion : il faut alors se hâter d'enlever le feu, car la réaction devient très-vive, et tout passerait par suite du boursouflement de la masse, si la cornue n'était pas d'un volume triple au moins de celui du mélange qu'on y a introduit. Quand la réaction a cessé, on distille au bain de sable de manière que toute la panse de la cornue y soit plongée ; il distille de l'acide acétique et vers 300° de la naphtylamine ; on les sépare par une seconde distillation en fractionnant les produits [Béchamp, *Ann. de Chim. et de Phys.*, (3), t. XLII, p. 195].

Suivant MM. Schützenberger et Willm, le produit de la réduction de la nitronaphtaline par l'acétate ferreux renferme, indépendamment de la naphtylamine, une autre base, la phtalamine

$$C^8H^9AzO^2,$$

dont le sulfate est plus soluble que celui de naphtylamine [*Compt. rend. de l'Acad.*, t. XLVII, p. 82].

Le procédé de Béchamp a été modifié de la manière suivante par M. du Wildes. On fond dans une capsule 3 p. de nitronaphtaline, on y mélange intimement 2 p. de limaille de fer très-divisée, on retire du feu et on traite par 2 p. d'acide acétique concentré. L'action est très-vive; quand elle est terminée, on mélange le produit avec 1 1/2 p. de chaux vive, on introduit dans une cornue et on distille. La naphtylamine est purifiée par distillation dans un courant d'hydrogène. Il est important d'employer de la chaux vive, car, suivant du Wildes, la chaux hydratée transforme une grande partie de la naphtylamine en naphtaline [*Répert. de Chim. appl.*, 1861, p. 171].

3° *Par le procédé de Roussin.* On introduit dans un ballon 6 p. d'acide chlorhydrique du commerce, 1 p. de nitronaphtaline, et l'on ajoute une quantité de grenaille d'étain telle qu'elle atteigne la surface du mélange. Le liquide doit occuper à peine la moitié de la capacité du ballon. On chauffe alors ce dernier au bain-marie et l'on agite de temps en temps. Au bout de quelques instants une réaction énergique s'opère ; la nitronaphtaline disparaît et la liqueur devient limpide. On décante alors le liquide dans une terrine en grès contenant 2 kilogrammes d'acide chlorhydrique du commerce, où bientôt il se solidifie presque complétement par la cristallisation du chlorhydrate de naphtylamine. Lorsque cette bouillie est complétement froide, on la met à égoutter, puis on la comprime énergiquement ; on purifie le chlorhydrate en le desséchant complétement, le dissolvant dans l'eau, précipitant par l'hydrogène sulfuré et filtrant la solution bouillante sur un filtre mouillé, pour retenir quelques traces de matières résineuses.

M. Bœttger emploie un procédé analogue ; il dissout à chaud la nitronaphtaline dans l'alcool à 80 centièmes, il ajoute à cette solution son volume d'acide chlorhydrique d'une densité de 1,1, puis de la tournure de zinc ; il chauffe de nouveau à l'ébullition, puis il abandonne le mélange à lui-même, et quand celui-ci est éclairci, il le verse dans une capsule de porcelaine. Après 12 heures environ, tout le chlorhydrate de naphtylamine se sépare en cristaux mamelonnés. On peut de même obtenir le sulfate [*Bull. de la Soc. chim.*, t. XVI, p. 461].

Pour extraire la naphtylamine de ses sels, on précipite leurs solutions aqueuses par l'ammoniaque ou on les distille avec de la chaux vive. M. Ballo a proposé, dans la préparation de la naphtylamine par l'acide acétique et le fer, de distiller le produit de la réaction dans un courant de vapeur d'eau pour entraîner la naphtylamine, mais ce procédé ne donne pas de bons résultats ; la naphtylamine ne se solidifie que très-lentement, et de plus elle ne distille souvent avec l'eau que difficilement et incomplétement [*Deutsch. Chem. Gesellsch.*, t. III, p. 675].

La naphtylamine est en aiguilles blanches, fines, soyeuses et aplaties, qui se colorent rapidement en violet à l'air. Son odeur, très-forte et très-tenace, est excessivement désagréable. Elle fond à 50° et bout vers 300° en distillant sans altération ; presque insoluble dans l'eau, elle est très-soluble dans l'alcool et dans l'éther. A l'abri de l'air et de la lumière, elle reste inaltérée pendant des années. Le chlore la transforme en chlorhydrate de naphtylamine et en matières résineuses. L'acide nitrique contenant de l'acide nitreux la convertit en une substance volatile qui est probablement l'*azodinaphtyldiamine* de Perkin e Church (Zinin).

L'oxychlorure de phosphore convertit la naphtylamine en *trinaphtylphosphamide,*

$$PhO, Az^3H^3(C^{10}H^7)^3$$

[H. Schiff, *Ann. de Chim. et de Phys.*, (3), t. LII, p. 112]. Par l'action de l'acide cyanique, la naphtylamine fournit de la naphtylurée,

$$CO\,Az^2H^3(C^{10}H^7)$$

(Schiff. — Voyez NAPHTYL-CARBAMIDE). En solution alcoolique, elle donne avec l'essence de moutarde de l'*allylnaphtylsulfocarbamide,*

$$CS\left\{\begin{array}{l}AzH(C^3H^5)\\AzH(C^{10}H^7)\end{array}\right.$$

(Zinin), et avec le sulfocyanate de phényle, de la *phényl-naphtyl-sulfocarbamide* (Hofmann). Par l'action du sulfure de carbone sur une solution alcoolique de naphtylamine, il se produit de la *dinaphtyl-sulfocarbamide,* $CSAz^2H^2(C^{10}H^7)^2$ (Laurent, Delbos). La naphtylamine fondue, traitée par le chlorure de cyanogène gazeux, donne de la *ménaphtylamine* ou *dinaphtylguanidine,* $C^{21}H^{17}Az^3$ (Perkin). — Voyez NAPHTYLGUANIDINE, p. 527.

Sous l'influence des agents oxydants, comme le perchlorure de fer, l'azotate d'argent, le chlorure d'or, le chlorure de platine, le bichlorure de mercure, la naphtylamine et ses sels donnent une substance bleue, la *naphtaméine,* découverte par Piria ; chauffée avec le nitrate de mercure, le chlorure d'étain, elle donne des matières colorantes rouges (Scheurer-Kestner). — Voyez, pour les dérivés colorés de la naphtylamine, l'article NAPHTALINE (*couleurs de*).

L'action de l'acide azoteux sur la naphtylamine donne des produits divers selon les conditions de la réaction. — Voyez plus bas.

SELS DE NAPHTYLAMINE. — AZOTATE,

$$C^{10}H^9Az, AzHO^3.$$

— La naphtylamine se dissout dans l'acide azotique étendu et bouillant, en donnant un liquide incolore ou rougeâtre, et la solution dépose par le refroidissement l'azotate de naphtylamine en petites paillettes brillantes.

BROMHYDRATE DE NAPHTYLAMINE, $C^{10}H^9Az, HBr$. — On l'obtient en décomposant une solution alcoolique concentrée de sulfate de naphtylamine par le bromure de baryum. Il est cristallisé, très-soluble dans l'alcool, peu soluble dans l'eau.

CHLORHYDRATE, $C^{10}H^9Az, HCl$. — Nous avons vu qu'on l'obtient par la réduction de la nitronaphtaline au moyen de l'acide chlorhydrique et de l'étain. Piria le préparait par la décomposition d'un thionaphtamate alcalin au moyen de l'acide chlorhydrique. Ce sel est en fines aiguilles soyeuses, solubles dans l'eau, fort solubles dans l'alcool et l'éther; on ne peut pas le purifier par des cristallisations répétées, car en présence de l'eau il se colore rapidement à l'air. On peut le sublimer en grande partie par l'action de la chaleur.

Le *chloromercurate* est un précipité qui se produit par l'addition de sublimé corrosif à une solution alcoolique de naphtylamine; ce précipité est soluble dans l'alcool bouillant, d'où il se dépose à l'état cristallin.

Le *chloroplatinate* est un précipité jaune, peu soluble dans l'eau froide, encore moins soluble dans l'alcool et dans l'éther; il cristallise sans altération par le refroidissement d'une solution aqueuse et bouillante.

OXALATES. — *Sel neutre*, $2C^{10}H^9Az, C^2O^4H^2$. — Paillettes minces, douées d'un éclat argentin et groupées en étoiles. Soumis à la distillation sèche, ce sel laisse un résidu de dinaphtyloxamide que l'action prolongée de la chaleur transforme en dinaphtylurée, $CO\,Az^2H^2(C^{10}H^7)^2$ (Zinin).

*Oxalate acide*, $C^{10}H^9Az, C^2O^4H^2$. — Il cristallise en mamelons blancs, solubles dans l'alcool et dans l'eau. Soumis à la distillation, il se transforme en un mélange de naphtylformiamide et de dinaphtyloxamide, qu'on sépare en traitant le résidu par l'alcool bouillant qui s'empare seulement de la première (Zinin). Par l'application d'une plus forte chaleur, la naphtylformiamide perd elle-même de l'eau et donne du cyanure de naphtyle qui passe à la distillation (Hofmann).

PHOSPHATE. — Il est en aiguilles fines, fort solubles dans l'eau et dans l'alcool.

SULFATE, $(C^{10}H^9Az)^2SO^4H^2$. — La naphtylamine se dissout dans l'acide sulfurique concentré et légèrement chauffé, en donnant une solution limpide qui se remplit instantanément de cristaux quand on y ajoute un peu d'eau.

NAPHTYLAMINES SUBSTITUÉES (Schiff). — ÉTHYLNAPHTYLAMINE. — Son *bromhydrate* a été seul préparé; il renferme

$$C^{12}H^{14}AzBr = Az\left\{\begin{matrix}C^{10}H^7\\ C^2H^5\\ H.\end{matrix}\right., \ HBr$$

On l'obtient en chauffant pendant quelques heures entre 40° et 50° un mélange de bromure d'éthyle et de naphtylamine, dans un ballon avec un réfrigérant de Liebig disposé en sens inverse. On enlève l'excès de bromure d'éthyle par la distillation, on épuise la masse par de l'eau bouillante. La solution filtrée donne des cristaux de bromhydrate d'éthylnaphtylamine, très-peu solubles dans l'eau froide, facilement solubles dans l'eau chaude, l'alcool et l'éther; ces cristaux sont colorés en rose pâle. Chauffé avec de l'hydrate de potasse, ce bromhydrate donne du bromure, de la naphtylamine et de l'alcool.

DINAPHTYLAMINE, $C^{20}H^{15}Az$. — On prépare cette base par la méthode générale due à MM. Ch. Girard et de Laire, en chauffant la naphtylamine avec son chlorhydrate vers 300° pendant 30 heures. La base se dépose dans l'alcool ou dans la benzine en cristaux d'apparence carrée avec biseaux sur les arêtes; elle fond à 113° et bout sous $0^m,015$ de pression vers 310-315° [Ch. Girard et G. Vogt, *Bull. de la Soc. chim.*, 1872, t. XVIII, p. 67].

NITROSONAPHTYLAMINE (*ninaphtylamine*),

$$C^{10}H^8Az^2O = C^{10}H^6(AzO), AzH^2$$

[Ch. Wood, *Phil. Mag.*, n° 117, t. XVIII, p. 68, et *Répert. de Chim. pure*, 1859, p. 515]. — Laurent, en traitant la dinitronaphtaline par l'hydrogène sulfuré, avait obtenu un alcali de couleur rouge-carmin, qu'on avait jusqu'à présent considéré comme de la nitronaphtylamine obtenue récemment par Beilstein (voir plus loin). M. Wood a reconnu que ce corps représente de la naphtylamine, dont 1 atome d'hydrogène est remplacé par le groupe $AzO$, et l'a appelé ninaphtylamine. Pour l'obtenir, on dirige un courant d'hydrogène sulfuré dans une solution de dinitronaphtaline dans l'alcool ammoniacal bouillant et concentré. Après 2 ou 3 heures, on acidule par l'acide sulfurique étendu, on chauffe le liquide à l'ébullition, et l'on filtre. Le sulfate brun jaunâtre qui se sépare par le refroidissement est purifié par plusieurs cristallisations dans l'eau bouillante, puis décomposé par l'ammoniaque. La base mise en liberté est lavée à froid et purifiée par une cristallisation dans l'eau ou l'alcool étendu. La ninaphtylamine est d'un rouge-carmin; elle se présente sous l'aspect d'une masse légère, floconneuse, formée de petits cristaux aciculaires; elle se décompose partiellement à 100°. Peu soluble dans l'eau bouillante, elle est très-soluble dans l'alcool et dans l'éther.

Le *sulfate de ninaphtylamine* renferme

$$2[C^{10}H^6(AzO), AzH^2], \ SO^4H^2.$$

Il est en paillettes blanches, décomposables par l'ébullition avec l'eau.

MM. Perkin et Church avaient obtenu avant M. Wood la ninaphtylamine en traitant la dinitronaphtaline par l'hydrogène naissant, et l'avaient appelée nitrosonaphtyline; ils l'avaient représentée par la formule $C^{10}H^8Az^2O$. Mais ils l'avaient confondue avec le produit de l'action du nitrite de potassium sur le chlorhydrate de naphtylamine, produit qui renferme $C^{20}H^{15}Az^3$, et qui constitue l'azodinaphtylamine, ainsi que M. Perkin l'a reconnu depuis [Perkin et Church, *Chem. Soc. quart. Journ.*, 1856, t. IX, p. 1]. — Voyez plus bas.

NITRONAPHTYLAMINE, $C^{10}H^6(AzO^2)AzH^2$. — Si l'on fait passer de l'hydrogène sulfuré sur de la dinitronaphtaline $\alpha$, arrosée d'alcool et d'ammoniaque, il se forme de la nitronaphtylamine, et la réduction ne va pas jusqu'à la ninaphtylamine.

La nitronaphtylamine cristallise dans l'eau en petits cristaux rouges et brillants, fusibles à 118-119°. Le *sulfate*

$$[C^{10}H^6(AzO^2)(AzH^2)]^2SO^4H^2 + 2H^2O$$

est en longues aiguilles incolores et brillantes [Beilstein et Kuhlberg, *Zeitsch. für Chem.*, t. VII, p. 211, et *Bull. de la Soc. chim.*, 1871, t. XVI, p. 150].

### *Action de l'acide azoteux sur la naphtylamine.*

L'action de l'acide azoteux ou des azotites alcalins sur la naphtylamine ou ses sels a été l'objet de nombreux travaux. MM. Perkin et Church, les premiers, en traitant le chlorhydrate de naphtylamine par l'azotite de potassium, obtinrent une substance qu'ils appelèrent nitrosonaphtyline, et qu'ils considérèrent comme identique avec le produit de la réduction de la dinitronaphtaline, mais ils reconnurent bientôt que leur nitrosonaphtyline était de l'azodinaphtyldiamine, $C^{20}H^{15}Az^3$, souillée d'impuretés.

Dans l'action de l'acide azoteux sur la naphtylamine, il se produit, suivant les conditions de la réaction, soit de l'azotate de diazonaphtaline, $C^{10}H^6Az^2,AzO^3H$, soit de l'azodinaphtyldiamine ou amidodinaphtylamide, $C^{20}H^{15}Az^3$, soit de la diazo-amidonaphtaline, isomérique avec la précédente (Griess, Martius et Griess).

AZOTATE DE DIAZONAPHTALINE, $C^{10}H^6Az^2.AzO^3H$ [Griess, *Proceeding of the Royal Society*, t. XII, p. 418, et *Bull. de la Soc. chim.*, 1864, t. I, p. 42]. — Il se produit par l'action de l'acide nitreux sur le nitrate de naphtylamine délayé dans l'eau froide. La solution filtrée et évaporée dans le vide donne des aiguilles blanches, solubles, explosives. La solution de ce corps se décompose par l'ébullition avec production d'azote et de naphtol (Griess).

Lorsqu'on fait bouillir le nitrate de diazonaphtaline avec de l'acide azotique étendu, le naphtol, au moment où il est mis en liberté, est attaqué par l'acide azotique et se transforme en binitronaphtol (Martius). M. Ganahl avait dès longtemps observé la production d'un corps qui paraît être, d'après les propriétés et les analyses, soit un mélange de mononitronaphtol et de binitronaphtol, soit du binitronaphtol impur, en dirigeant un courant de gaz nitreux dans de l'eau où est délayé du nitrate de naphtylamine, jusqu'à ce que le produit ait pris une couleur brun jaunâtre. A ce moment M. Ganahl soumettait la solution à l'ébullition, et obtenait, avec un dégagement considérable d'azote, un acide brun-jaune, colorant fortement en jaune la peau et les tissus, donnant un sel d'ammonium en feuillets jaunâtres, des sels de potassium et de sodium jaune-orangé [Ganahl, Gerhardt, *Traité de Chimie*, t. IV, p. 1026].

L'azotate de diazonaphtaline donne, sous l'influence du brome, le *perbromure* $C^{10}H^6Az^2,HBr^3$, en cristaux rouge-orangé. Quand on traite ce perbromure par l'ammoniaque et qu'on distille avec de l'eau le produit de la réaction, il distille une huile jaune constituant la diazonaphtylimide,

$$C^{10}H^6Az^2,AzH$$

[Griess, *Jahresb. für*, 1866, p. 459]. La combinaison de chlorure de platine et de chlorure de diazonaphtaline forme des prismes jaunâtres, courts, presque insolubles, renfermant

$$2(C^{10}H^6Az^2,HCl)PtCl^4.$$

DIAZOAMIDONAPHTALINE,

$$C^{20}H^{15}Az^3 = C^{10}H^7Az = Az''' - AzH(C^{10}H^7)$$

[Martius et Griess, *Bull. de la Soc. chim.*, 1866, t. VI, p. 159]. — Ce composé se produit facilement par l'action d'une solution étendue de nitrite de sodium sur le chlorhydrate neutre et cristallisé de naphtylamine. Il se produit aussi en dirigeant un courant de gaz nitreux dans une solution bien refroidie de naphtylamine, ou en traitant le chlorhydrate de diazonaphtaline par une solution de naphtylamine.

Ce sont des lames jaunâtres, fusibles à 100°, se décomposant avec explosion à une plus haute température. Chauffé avec les acides, il se décompose en naphtylamine et en naphtol.

AZODINAPHTYLDIAMINE (*amidodinaphtylimide*),

$$C^{20}H^{15}Az^3 = C^{10}H^6(AzH^2) - Az = AzC^{10}H^7.$$

— Ce composé, isomère du précédent, a été découvert par MM. Perkin et Church, étudié en outre par MM. Chapmann, Martius et Griess.

MM. Perkin et Church le préparent en traitant le chlorhydrate de naphtylamine par un mélange d'azotite de potassium et de potasse dans les proportions indiquées par l'équation

$$2(C^{10}H^9Az,HCl) + KHO + AzO^2K$$
$$= C^{20}H^{15}Az^3 + 2KCl + 3H^2O.$$

Il se forme un précipité foncé qu'on purifie en le faisant recristalliser une ou deux fois dans l'alcool bouillant [Perkin et Church, *Chem. Soc. Journ.*, t. XVI, p. 207, et t. LX, p. 1].

M. Chapmann a constaté que la naphtylamine soumise à l'ébullition pendant 1 heure environ, avec les acides phosphorique, acétique, oxalique, tartrique, etc., donne une solution incolore, qui, saturée par les alcalis, fournit un précipité d'azodinaphtyldiamine [Chapmann, *Chem. News*, t. XIII, p. 338]. MM. Martius et Griess obtiennent aussi l'azodinaphtyldiamine, soit en chauffant la naphtylamine avec du stannate de sodium, soit en traitant une solution alcoolique chaude de naphtylamine par l'acide azoteux. Enfin on peut obtenir ce corps sans partir de la naphtylamine, en réduisant par le zinc et l'acide chlorhydrique en solution alcoolique un mélange de binitronaphtaline et de nitronaphtaline. M. Chapmann, à qui est due cette observation, admet qu'il se forme de la ninaphtylamine ou nitrosonaphtyline,

$$C^{10}H^6(AzO)AzH^2,$$

par réduction de la première (voyez plus haut), et de la naphtylamine par réduction de la seconde, et que les deux bases ainsi formées s'unissent en éliminant de l'eau pour produire l'azodinaphtyldiamine [Chapmann, *Journ. of the Chem. Soc.*, 2e sér., t. IV, p. 135, et *Bull. de la Soc. chim.*, 1867, t. VII, p. 519].

L'azodinaphtyldiamine, suivant MM. Perkin et Church, est en belles aiguilles rouges, ayant un reflet vert clair. Elle fond à 136° en un liquide rouge de sang, et supporte une température élevée sans décomposition. Insoluble dans l'eau, elle la colore en jaune à l'ébullition. Elle se dissout incomplétement dans l'alcool, l'éther et la benzine.

L'azodinaphtyldiamine par l'ébullition avec la potasse est transformée en naphtylamine; par l'action de l'hydrogène naissant dégagé par un mélange d'acide chlorhydrique et d'étain, elle fournit de la naphtylamine et une naphtène-diamine (Perkin. — Voyez NAPHTÈNE-DIAMINE). Par l'ébullition prolongée avec l'acide chlorhydrique, elle se convertit en chlorhydrate de naphtylamine avec production d'une substance soluble dans la potasse, probablement du naphtol.

Elle forme des sels assez stables dont les solutions sont violettes. On connaît trois *chlorhydrates* : l'un, $(C^{20}H^{15}Az^3)^4HCl$, est cristallisé en prismes brillants d'un brun-jaune; le second,

$$C^{20}H^{15}Az^3,HCl,$$

est en cristaux d'un rouge-pourpre foncé; le troisième, $C^{20}H^{15}Az^3,2HCl$, est en grands cristaux d'un jaune-brun à la lumière transmise, et verts quand ils sont humides.

Le sulfate, $C^{20}H^{15}Az^3,SO^4H^2$, forme des cristaux brun-vert ayant un éclat doré et métallique.

L'azodinaphtyldiamine traitée par la naphtylamine donne la belle matière colorante connue sous le nom de rouge de naphtaline ou rouge de Magdala :

$$C^{20}H^{15}Az^3 + C^{10}H^9Az = \underset{\text{Rouge de naphtaline.}}{C^{30}H^{21}Az^3} + AzH^3$$

[Hofmann, *Deutsch. Chem. Gesells.*, 1869, p. 374 et 412, et *Bull. de la Soc. chim.*, 1870, t. XIII, p. 96].

E. G.

**NAPHTYLCARBAMIDE** (*naphtylurée*),

$$C^{11}H^{10}Az^2O = CO\left\{\begin{matrix}AzH(C^{10}H^7)\\AzH^2\end{matrix}\right.$$

[H. Schiff, *Chem. Gaz.*, 1857, p. 211]. — On l'obtient en faisant arriver de l'acide cyanique gazeux dans de la naphtylamine dissoute dans l'éther anhydre : on évapore la solution, et on fait recristalliser le résidu dans l'alcool chaud.

Elle se présente en aiguilles flexibles et brillantes, presque insolubles dans l'eau, un peu solubles dans l'alcool, très-solubles dans l'éther.

DINAPHTYLCARBAMIDE (*dinaphtylurée*),

$$C^{21}H^{16}Az^{2}O = CO(AzH, C^{10}H^{7})^{2}$$

[Delbos, *Ann. de Chim. et de Phys.*, 1847, (3), t. XXI, p. 68; — Zinin, *Journ. für prakt. Chem.*, t. LXXIV, p. 376, et *Rép. de Chim. pure*, 1859, p. 148]. — La dinaphtylurée a été découverte par Delbos dans la distillation sèche de l'oxalate acide de naphtylamine; il l'a également obtenue en faisant bouillir avec la potasse la dinaphtylsulfocarbamide (voyez plus loin). Zinin, en étudiant la décomposition par la chaleur de l'oxalate acide de naphtylamine, a observé qu'il se produit de la naphtylformiamide et de la dinaphtyloxamide $C^{2}O^{2}(AzH, C^{10}H^{7})^{2}$, et que c'est la distillation sèche de cette dernière qui fournit la dinaphtylurée en même temps que de l'oxyde de carbone :

$$C^{2}O^{2}(AzH, C^{10}H^{7})^{2} = CO + CO(AzH, C^{10}H^{7})^{2}.$$

La dinaphtylurée se présente sous la forme d'une masse légère, très-blanche, d'un aspect un peu soyeux, rougissant promptement à la lumière. Elle distille au-dessus de 300° en se décomposant en grande partie. Elle est insoluble dans l'eau, et très-peu soluble dans l'alcool bouillant.

DINAPHTYLSULFOCARBAMIDE, $CS(AzH, C^{10}H^{7})^{2}$ (Delbos). En mélangeant des solutions très-étendues de naphtylamine et de sulfure de carbone dans l'alcool absolu, on voit se déposer au bout de quelques jours la dinaphtylsulfocarbamide en aiguilles brillantes et incolores. Elle est insoluble dans l'eau et dans l'alcool. Bouillie avec une solution alcoolique de potasse, elle se transforme en dinaphtylcarbamide.

NAPHTYLPHÉNYLSULFOCARBAMIDE. — Voyez PHÉNYLCARBAMIDE.

NAPHTYLALLYLSULFOCARBAMIDE. — Voyez NAPHTYLTHIOSINNAMINE, t. I, p. 160. E. G.

**NAPHTYLDIAMINES.** — On a désigné sous le nom de naphtyldiamines des corps divers et de constitution différente. D'Aguiar donne ce nom aux produits de réduction complète des naphtalines dinitrées, mais ces composés,

$$C^{10}H^{6}, Az^{2}H^{4},$$

ne renferment plus le radical naphtyle $C^{10}H^{7}$; ils renferment le groupe diatomique $C^{10}H^{6}$, naphtène ou naphtylène; il est donc plus logique de les décrire sous le nom de naphtène-diamines (voyez ce mot). Perkin a appelé naphtyldiamine un corps de la formule $C^{10}H^{10}Az^{2}$, isomérique des naphtène-diamines, et qu'il considère comme renfermant le groupe $C^{10}H^{7}$, se comportant comme radical triatomique (voyez NAPHTÈNE-DIAMINES). Enfin dans le *Dictionnaire de Chimie* de Watts, sous le nom de naphtyldiamines, on a rangé l'*azodinaphtyldiamine* $C^{20}H^{15}Az^{3}$, que nous décrivons à l'article NAPHTYLAMINE, p. 526, comme produit de l'action de l'acide azoteux sur cette base. E. G.

**NAPHTYLE.** — Le groupement $C^{10}H^{7}$, qui se trouve dans la naphtaline $C^{10}H^{8}$ et dans un grand nombre de ses dérivés, constitue le radical *naphtyle*. La naphtaline est l'hydrure de naphtyle; le naphtol

$$C^{10}H^{7}, OH,$$

son hydrate, etc. On a isolé un grand nombre de combinaisons dans lesquelles existe ce radical; tels sont le cyanure, le cyanate, le sulfocyanate, etc. — Voyez NAPHTYLIQUES (COMBINAISONS), p. 528.

Par l'oxydation de la naphtaline ou par l'action du sodium sur la monobromonaphtaline, on a isolé ce radical, qui, mis en liberté, se double pour former la molécule $C^{20}H^{14} = C^{10}H^{7}, C^{10}H^{7}$, *naphtylure de naphtyle* ou *dinaphtyle*.

DINAPHTYLE, $C^{20}H^{14}$ [Lossen, *Zeitsch. für Chem.*, t. III, p. 419, et *Bull. de la Soc. chim.*, 1867, t. VIII, p. 342]. — Il se produit dans l'oxydation à chaud de la naphtaline par le peroxyde de manganèse et l'acide sulfurique étendu de son volume d'eau; la naphtaline fondue se colore fortement en jaune-rouge foncé en devenant pâteuse. On étend d'eau et on obtient une masse résineuse insoluble, tandis que dans la solution se trouve de l'acide phtalique. On épuise la masse résineuse par l'alcool bouillant; il se sépare d'abord des gouttelettes oléagineuses jaunes, puis on décante la solution quand elle dépose des mamelons cristallins jaunes, qu'on purifie par une nouvelle cristallisation dans l'alcool en présence du noir animal et par sublimation. On obtient aussi le dinaphtyle en traitant la naphtaline bromée dissoute dans la benzine par le sodium; la solution de benzine évaporée laisse un résidu de dinaphtyle mélangé de naphtaline; la quantité ainsi obtenue est très-faible, car le sodium se recouvre d'une couche brune, formée par un corps insoluble dans l'alcool, l'éther et le sulfure de carbone, qui présente la composition du dinaphtyle et qui en est probablement un isomère.

Le dinaphtyle est facilement soluble dans l'éther; lorsqu'on le fait cristalliser par refroidissement lent d'une solution éthéroalcoolique, il se dépose en octaèdres réguliers, bien formés. Il fond à 154° et se volatilise à une température supérieure au point d'ébullition du mercure. Par l'oxydation, il fournit de l'acide phtalique.

DINAPHTYLE DIBROMÉ, $C^{20}H^{12}Br^{2}$. — Le dinaphtyle absorbe très-facilement les vapeurs de brome; le dérivé dibromé cristallise dans la benzine bouillante en beaux prismes monocliniques, incolores et très-réfringents; il fond à 125° et se volatilise sans décomposition. Il est assez peu soluble dans l'éther, très-soluble dans le sulfure de carbone. Il est doué d'une grande stabilité; la potasse alcoolique ne l'attaque pas à 180°.

DINAPHTYLE HEXABROMÉ, $C^{20}H^{8}Br^{6}$. — Poudre jaune, soluble dans l'éther, le sulfure de carbone; peu soluble dans l'alcool, qui le précipite de sa solution éthérée. Ce corps se produit par l'action d'un excès de brome sur le dinaphtyle.

DINAPHTYLE HEXACHLORÉ, $C^{20}H^{8}Cl^{6}$. — L'action du chlore sur le dinaphtyle est très-énergique; le produit est un dérivé hexachloré, résineux, fusible.

DINAPHTYLE TÉTRANITRÉ, $C^{20}H^{10}(AzO^{2})^{4}$. — On ajoute du dinaphtyle à de l'acide azotique fumant et on précipite la solution par l'eau; on purifie le produit en le dissolvant dans l'alcool bouillant. C'est une poudre d'un jaune-orangé, d'un aspect résineux sous le microscope.

Il donne, par réduction, une base très-altérable, ainsi que ses sels, et dont le caractère principal est de se colorer en bleu ou en violet avec le bichromate de potassium.

ISODINAPHTYLE, $C^{20}H^{14}$ [Watson Smith, *Chem. News*, t. XXIV, p. 183]. — On obtient un isomère du dinaphtyle en faisant passer des vapeurs de naphtaline dans un tube de fer chauffé au rouge. L'isodinaphtyle fond à 204° et bout bien au-dessus de 360°. Il cristallise dans l'alcool en magnifiques lamelles rhomboïdales, solubles dans le pétrole léger, la benzine, etc. E. G.

**NAPHTYLE (CYANATE ET SULFOCYANATE).** — Voyez NAPHTYLIQUES (COMBINAISONS), p. 528.

**NAPHTYLE (CYANURE DE).** — Voyez NAPHTOÏQUES (ACIDES), p. 515.

**NAPHTYLFORMIAMIDE.** — Voyez tome I, p. 1487.

**NAPHTYLGUANIDINES** [Tremann, *Deutsch. Chem. Gesellsch.*, t. VI, p. 25, et *Bull. de la Soc. chim.*, 1870, t. XIII, p. 530]. — On connaît un grand nombre de bases qui représentent la guanidine ou la carbotriamine $CAz^3H^5$, dont l'hydrogène est en partie remplacé par des groupements alcooliques. Parmi ces composés, il en est trois qui renferment le naphtyle $C^{10}H^7$.

DINAPHTYLGUANIDINE [Syn. *Ménaphtylamine, carbodiphényltriamine*],

$$C^{21}H^{17}Az^3 = Az^3 \left\{ C^{IV}(C^{10}H^7)^2H^3 \right.$$

[Perkin, *Quarterly Journ. of the Chem. Society*, t. IX, p. 8]. — On l'obtient en dirigeant un courant de chlorure de cyanogène gazeux à travers une série de tubes renfermant de la naphtylamine maintenue en fusion par l'application d'une douce chaleur. Il se forme une masse résineuse qu'on fait bouillir avec une grande quantité d'eau; à la solution filtrée on ajoute de l'ammoniaque qui précipite la base. On purifie celle-ci par lavage à l'eau et cristallisation dans l'alcool. Cette base cristallise en petites aiguilles blanches, d'une saveur amère. Elle bleuit le papier de tournesol rouge, et se colore à l'air. Elle fond vers 200° et se décompose à 260°. Elle donne avec les acides des sels amorphes ou difficilement cristallisables. Le *chlorhydrate*, $C^{21}H^{17}Az^3, HCl$, est amorphe; le *chloroplatinate*, $[C^{21}H^{17}Az^3, HCl]^2PtCl^4$, est en petites écailles jaunes, brillantes. L'*azotate*, le *bromhydrate*, l'*iodhydrate* et le *phosphate* sont cristallins.

Lorsqu'on dirige un courant de chlorure de cyanogène dans une solution éthérée de ménaphtylamine, il se forme de la *dicyanoménaphtylamine*, $C^{23}H^{17}Az^5 = C^{21}H^{17}Az^3(CAz)^2$. Ce corps est difficilement cristallisable, jaune pâle, insoluble dans l'eau, peu soluble dans l'alcool et l'éther. Il se dissout dans les acides et se transforme promptement par absorption des éléments de l'eau en *carbodinaphtyloxamide*, $C^2O^2(Az^2C^{21}H^{15}Az)$.

NAPHTYLDIPHÉNYLGUANIDINE,

$$C^{23}H^{19}Az^3 = Az^3 \} C^{IV}(C^{10}H^7)(C^6H^5)^2H^2.$$

— On chauffe une molécule de sulfocarbanilide (diphénylsulfurée) et une molécule de naphtylamine en solution alcoolique avec de l'oxyde de plomb, on filtre, on évapore l'alcool, on reprend par l'acide chlorhydrique étendu et on additionne la solution d'acide chlorhydrique concentré qui précipite le chlorhydrate de la nouvelle base. La réaction est représentée par l'équation

$$\underset{\text{Diphényl-sulfo-urée.}}{CSAz^2H^2(C^6H^5)^2} + \underset{\text{Naphtyl-amine.}}{C^{10}H^7AzH^2} + \underset{\text{Oxyde de plomb.}}{PbO}$$
$$= \underset{\text{Nouvelle base.}}{C^{23}H^{19}Az^3} + \underset{\text{Sulfure de plomb.}}{PbS} + \underset{\text{Eau.}}{H^2O}$$

Cette base est en croûtes cristallines, fusibles à 155°; son chlorhydrate et son azotate sont cristallisés.

NAPHTYLCRÉSYLPHÉNYLGUANIDINE,

$$C^{24}H^{21}Az^3 = Az^3 \} C^{IV}(C^{10}H^7)(C^7H^7)(C^6H^5)H^2.$$

— Elle se prépare, comme la précédente, avec la phénylcrésylsulfocarbamide ou phénylcrésylsulfourée. Elle est résineuse, fusible à 60°. Le chlorhydrate, l'azotate et le chloroplatinate sont cristallisés.

E. G.

**NAPHTYLIQUES (COMBINAISONS).** — On désigne sous le nom de combinaisons naphtyliques les composés qui renferment le groupe $C^{10}H^7$, *naphtyle*. Ce sont :

L'hydrure de naphtyle ou naphtaline $C^{10}H^8$, la naphtaline monochlorée ou chlorure de naphtyle $C^{10}H^7Cl$, la naphtaline bromée $C^{10}H^7Br$, etc.;

L'hydrate de naphtyle ou naphtol $C^{10}H^7, OH$;

Les azotures de naphtyle, comme la naphtylamine, $C^{10}H^7Az, H^2$, la dinaphtylamine, $(C^{10}H^7)^2, AzH$, le naphtyle, dinaphtyle, ou naphtylure de naphtyle, $C^{20}H^{14} = (C^{10}H^7)^2$, la naphtylcarbamide ou naphtylurée. — Voyez URÉE.

Ces différents corps sont décrits dans ce livre sous les noms qu'on leur donne plus généralement: *naphtaline, naphtol, naphtylamine*, etc. Il nous reste à parler de quelques composés naphtyliques qui n'ont pu trouver place autre part.

NAPHTYLE-CARBAMATE D'ÉTHYLE (*naphtyluréthane*),

$$C^{13}H^{13}AzO^2 = CO \left\{ \begin{matrix} AzH(C^{10}H^7) \\ OC^2H^5 \end{matrix} \right.$$

[Hofmann, *Deutsch. Chem. Gesellsch.*, t. III, p. 653 et *Bull. de la Soc. chim.*, 1870, t. XIV, p. 283]. Elle se produit par l'action de la naphtylamine sur l'éther chloroxycarbonique. Elle cristallise en aiguilles fusibles à 79°, insolubles dans l'eau, solubles dans l'alcool; distillée avec de l'anhydride phosphorique, elle donne du cyanate de naphtyle.

CYANATES DE NAPHTYLE,

$$C^{11}H^7AzO = COAz, C^{10}H^7.$$

— M. V. Hall a obtenu, en distillant la dinaphtylurée $(C^{10}H^7)^2COAz^2H^2$ avec l'anhydride phosphorique, un composé cristallisé, en trop petite quantité pour en faire l'analyse, et qu'il a considéré comme étant du cyanate de naphtyle, produit par le dédoublement de la dinaphtylurée, suivant l'équation

$$\underset{\text{Dinaphtylurée.}}{(C^{10}H^7)^2COAz^2H^2} = \underset{\text{Cyanate de naphtyle.}}{COAz, C^{10}H^7} + \underset{\text{Naphtylamine.}}{C^{10}H^7, AzH^2}.$$

Depuis, M. Hofmann, en distillant avec l'anhydride phosphorique la naphtyluréthane (naphtylcarbamate d'éthyle), a obtenu du cyanate de naphtyle qu'il décrit comme un liquide huileux, incolore, bouillant à 269-270°, presque inodore. Lorsqu'on y plonge une baguette imprégnée de triéthylphosphine, ce cyanate se solidifie en se transformant en un composé isomère, probablement du dicyanate [V. Hall, *Philos. Magaz.*, t. XVII, p. 304 (1859); — Hofmann, *Mém. cité*].

SULFOCYANATE DE NAPHTYLE, $C^{10}H^7, CSAz$ (V. Hall). — Il se produit par la distillation de la dinaphtylsulfocarbamide avec l'anhydride phosphorique. C'est une belle substance cristallisée, aisément fusible, facilement soluble dans l'alcool et dans l'éther, insoluble dans l'eau; chauffée légèrement avec de l'aniline, elle donne de la phénylnaphtylsulfocarbamide

$$CS \left\{ \begin{matrix} AzHC^6H^5 \\ AzHC^{10}H^7 \end{matrix} \right.$$

ou phénylnaphtylsulfo-urée.

MERCURE-NAPHTYLE (*mercure-dinaphtyle*),

$$(C^{10}H^7)^2Hg$$

[Otto et Möries, *Zeitsch. für Chem.*, nouv. série, t. IV, p. 162, et *Bull. de la Soc. chim.*, 1868, t. X, p. 476; — Otto, *Zeitsch. für Chem.*, nouv. sér., t. VI, p. 23, et *Bull. de la Soc. chim.*, 1870, t. XIV, p. 62].

On fait bouillir de la naphtaline bromée dissoute dans la benzine avec un excès d'amalgame de sodium pâteux, pendant 16 à 18 heures, en présence d'un peu d'éther acétique, et on filtre bouillant; par le refroidissement il se sépare du mercure-naphtyle, qu'on purifie par cristallisation dans la benzine ou le sulfure de carbone.

Le mercure-naphtyle est en petits cristaux blancs, brillants, formés de prismes rhomboïdaux avec des pointements à quatre faces, inaltérables à l'air et à la lumière, insolubles dans l'eau, peu solubles dans l'alcool bouillant, la benzine froide et l'éther, solubles à l'ébullition dans la benzine, le sulfure de carbone et le chloroforme. Ils fondent à 243° et se décomposent par une plus forte chaleur. Calciné avec de la chaux sodée, le mercure-naphtyle donne de la naphtaline, de l'oxyde mercurique et une très-petite quantité d'un hydrocarbure solide, peut-être le dinaphtyle. Il est décomposé par les acides chlorhydrique, bromhydrique, avec production de naphtaline; par les acides azotique et sulfurique, en donnant naissance à des sels de mercure et à de la nitronaphtaline pour le premier, et à de l'acide naphtylsulfureux pour le second. L'acide sulfhydrique est sans action. Il n'est pas attaqué par l'eau, par l'iodure d'éthyle à 140°, ni par l'hydrogène naissant.

Iodure de mercure-mononaphtyle, $(C^{10}H^7Hg)I$. — On ajoute deux atomes d'iode à du mercure-naphtyle dissous dans du sulfure de carbone et on chasse ce dernier par la distillation, on fait cristalliser le résidu dans l'alcool bouillant; il se produit en même temps de la naphtaline iodée suivant l'équation

$$(C^{10}H^7)^2Hg + I^2 = (C^{10}H^7Hg)I + C^{10}H^7I.$$

| Mercure-naphtyle. | Iode. | Iodure de mercure-mononaphtyle. | Naphtaline iodée. |
|---|---|---|---|

L'iodure de mercure-mononaphtyle prend aussi naissance quand on chauffe l'iodure de mercure avec du mercure-naphtyle et de l'alcool à 150°.

Cet iodure cristallise en belles aiguilles satinées, flexibles, formées de prismes rhombiques allongés, insolubles dans l'eau, peu solubles dans l'alcool froid et dans l'éther, solubles dans l'alcool bouillant, le chloroforme, la benzine et le sulfure de carbone, fusibles à 185°; par l'action d'un excès d'iode, il est converti en iodure de mercure et en naphtaline iodée. L'hydrogène naissant le transforme en mercure-dinaphtyle $(C^{10}H^7)^2Hg$, acide iodhydrique et mercure.

Bromure de mercure-mononaphtyle. — Il s'obtient avec le brome comme le précédent, il est en aiguilles satinées et flexibles, fondant entre 195° et 196°.

Acétate de mercure-mononaphtyle,

$$(C^{10}H^7Hg)(C^2H^3O^2).$$

— On fait dissoudre le mercure-dinaphtyle dans l'acide acétique cristallisable bouillant, on évapore et on fait cristalliser dans l'alcool bouillant. Ce corps fond à 154°, il est en petites aiguilles blanches, satinées, groupées en sphères, inodores, insolubles dans l'eau, solubles dans l'acide acétique bouillant, l'alcool, le sulfure de carbone, la benzine, le chloroforme, peu solubles dans l'éther. L'acide chlorhydrique, l'acide bromhydrique, l'acide iodhydrique, l'hydrogène naissant, l'acide sulfhydrique le décomposent, avec mise en liberté de naphtaline.

Le *butyrate de mercure-mononaphtyle* s'obtient comme le précédent; il cristallise en aiguilles fusibles à 200°, peu solubles dans l'eau froide. Le *formiate* est huileux. E. G.

**NAPHTYLIQUES (MERCAPTANS)** (*sulfhydrates de naphtyle, sulfonaphtols*),

$$C^{10}H^8S = C^{10}H^7,SH.$$

— On en connaît deux isomères.

Sulfhydrate de naphtyle α [Schertel, *Ann. der Chem. u. Pharm.*, t. CXXXII, p. 91, et *Bull. de la Soc. chim.*, 1865, t. IV, p. 123]. — On le prépare en faisant dégager de l'hydrogène dans un ballon assez grand, au moyen de zinc granulé et d'acide sulfurique, et en ajoutant du chlorure naphtylsulfureux dès que le dégagement de gaz devient abondant. Quand l'action de l'hydrogène a duré de 18 à 20 heures, on distille : le sulfhydrate de naphtyle passe alors avec la vapeur d'eau.

C'est une huile incolore, très-réfringente, d'une odeur désagréable, insoluble dans l'eau, très-soluble dans l'alcool et dans l'éther, un peu soluble dans les dissolutions aqueuses des alcalis. Sa densité est de 1,146 à 25°; il bout à 285°. Il peut former des combinaisons métalliques : le composé *mercurique*, $(C^{10}H^7S)^2Hg$, se produit par l'oxyde de mercure; il se dissout dans l'alcool absolu bouillant qui l'abandonne, par le refroidissement, sous la forme d'une poudre légère, jaune pâle. Le *composé plombique*, $(C^{10}H^7S)^2Pb$, est un précipité jaune-citron, qui se sépare par le mélange de dissolutions alcooliques d'acétate de plomb et de sulfhydrate de naphtyle. Le *composé cuivrique* est jaune pâle, peu soluble dans l'alcool.

Sulfure de naphtyle, $(C^{10}H^7)^2S$. — Il se dépose en cristaux jaunes, transparents, appartenant au système clinorhombique, lorsqu'on abandonne à elle-même une solution alcoolique de sulfhydrate naphtylique saturée d'ammoniaque.

Le sulfure de naphtyle est insoluble dans l'eau, peu soluble dans l'alcool, assez soluble dans l'éther; il fond à 85°.

Sulfhydrate de napthyle β [Maikopar, *Zeitsch. für Chem.*, t. V, p. 740, et *Bull. de la Soc. chim.*, 1870, t. XIII, p. 366]. — Il se prépare avec le chlorure naphtylsulfureux β; il ne distille pas avec la vapeur d'eau; il faut l'extraire par l'éther d'où il cristallise en petites lamelles brillantes, fusibles à 136°, insolubles dans l'eau, solubles dans l'alcool. E. G.

**NAPHTYLMERCURE.** — Voyez Naphtyliques (combinaisons), p. 528.

**NAPHTYLOXAMIDE.** — Voyez Oxamide.

**NAPHTYLPURPURIQUE (ACIDE),**

$$C^{11}H^7Az^3O^4$$

[Hlasiwetz; — E. de Sommaruga, *Deutsch. Chem. Gesellsch.*, t. IV, p. 94, et *Bull. de la Soc. chim.*, 1871, t. XV, p. 281]. — Lorsqu'on ajoute une solution alcoolique de cyanure de potassium au binitronaphtol, on obtient un naphtylpurpurate de potassium, cristallisé, d'un jaune brun avec des reflets métalliques; mais on ne peut en isoler l'acide naphtylpurpurique libre. Traités par l'acide azotique, les naphtylpurpurates donnent un mélange de dérivés mono- et binitrés du naphtol. Par l'action de la potasse à chaud, ils se décomposent en acides benzoïque, phtalique et hémimellique.

Lorsqu'on emploie le cyanure de potassium en solution aqueuse, au lieu d'acide naphtylpurpurique, on obtient un composé qui diffère par 2 molécules d'eau et deux groupes AzO, enlevés à 2 molécules d'acide naphtylpurpurique, et qui a reçu le nom d'indophane.

Indophane, $C^{22}H^{10}Az^4O^4$. — On chauffe à l'ébullition 300 grammes de binitronaphtol avec 2 litres d'eau, et l'on ajoute de l'ammoniaque jusqu'à dissolution complète, puis l'on verse dans la liqueur une solution aqueuse, concentrée et bouillante de 45 grammes de cyanure de potassium. Après 10 minutes la réaction est achevée, on lave le précipité à l'eau bouillante, puis à l'acide chlorhydrique faible et de nouveau à l'eau bouillante.

L'indophane est violette, d'un éclat métallique, insoluble dans les dissolvants neutres, soluble dans l'acide sulfurique concentré et dans l'acide acétique cristallisable; l'acide azotique l'oxyde et la transforme en un corps brun. Elle ne peut pas être sublimée; elle ne réduit pas les sels de fer en présence de la chaux. Chauffée avec la soude ou la potasse étendues, elle donne des combinaisons $C^{22}H^9Az^4O^4K$ et $C^{22}H^9Az^4O^4Na$, dont la couleur se rapproche de celle de l'indigo. E. G.

**NAPHTYLTRIAMINES.** — (Voyez Naphtaltriamine.) On a aussi rangé parmi les naphtyltriamines la ménaphtylamine ou dinaphtylguanidine $C^{21}H^{17}Az^3$. — Voyez Naphtylguanidines.

**NAPHTYLURÉE.** — Voyez NAPHTYLCARBAMIDE.

**NAPHTYLURÉTHANE.** — Voyez NAPHTYLIQUES (COMBINAISONS), p. 528.

**NARCÉINE**, $C^{23}H^{29}AzO^{9}$. — La narcéine est une base végétale découverte par Pelletier dans l'opium [Pelletier, *Ann. de Chim. et de Phys.*, 1832, t. L, p. 262; — Couerbe, *ibid.*, t. LIX, p. 151; — Anderson, *Transact. of the roy. Soc. of Edinburgh*, 3e partie, t. XX, p. 347, et *Ann. der Chem. u. Pharm.*, t. LXXXVI, p. 179].

*Préparation de la narcéine.* — La narcéine se retire ordinairement des eaux mères incristallisables qui proviennent de la préparation de la morphine, par le procédé Robertson. On procède de la manière suivante. On ajoute de l'ammoniaque à ces eaux mères, il se produit un précipité composé de narcotine, de thébaïne et d'une matière résineuse; la liqueur filtrée est additionnée d'une solution d'acétate de plomb, qui forme un précipité. On filtre de nouveau, on enlève par l'acide sulfurique l'excès du sel de plomb resté dans la solution, on neutralise la liqueur par de l'ammoniaque et on l'évapore à une douce chaleur, jusqu'à ce qu'il se produise une pellicule à sa surface. Par le refroidissement, il se forme un dépôt cristallin qui augmente encore par le repos. Cette masse est ensuite jetée sur une toile : on la lave d'abord à l'eau froide, puis on la fait bouillir avec une assez grande quantité d'eau; par le refroidissement, il se dépose des cristaux soyeux de narcéine.

Cette base ainsi obtenue contient quelquefois un peu de sulfate de calcium qu'on sépare en dissolvant le produit dans l'alcool fort; enfin on purifie complétement la narcéine, en la traitant par un peu de charbon animal et en la faisant cristalliser une dernière fois dans l'eau.

Pelletier avait obtenu primitivement cet alcaloïde de la manière suivante :

L'opium est traité par de l'eau froide, et les liqueurs sont évaporées au bain-marie en consistance d'extrait; cet extrait est ensuite repris par l'eau distillée, la solution est filtrée, puis traitée par l'ammoniaque qui élimine la narcotine et la morphine. On filtre, et on évapore la liqueur à la moitié de son volume; on y ajoute ensuite de l'eau de baryte qui enlève l'acide méconique. L'excès de baryte est lui-même éliminé à l'aide d'un peu de carbonate d'ammonium. La solution, après ces divers traitements, est évaporée en consistance sirupeuse; après quelques jours, elle se prend en une masse pulpeuse dont on enlève la narcéine en la reprenant par l'alcool à 40° bouillant [*loc. cit.*].

Cette base est souvent mélangée avec de la méconine; on la sépare aisément à l'aide de l'éther dans lequel la narcéine est insoluble.

Elle cristallise en longues aiguilles fines et soyeuses qui forment une masse volumineuse et légère. Ces cristaux, qu'on obtient facilement très-blancs, n'ont point d'odeur, leur saveur est amère et styptique. La narcéine est très-soluble dans l'alcool, insoluble dans l'éther, peu soluble dans l'eau froide, mais plus soluble dans l'eau bouillante dont elle exige 230 p. pour se dissoudre : c'est de tous les alcaloïdes de l'opium le plus soluble dans l'eau bouillante. Les dissolutions de narcéine dévient à gauche les rayons de la lumière polarisée. $[\alpha]j = -6°,67$ [Bouchardat et F. Boudet, *Journ. de Pharm.*, (3), t. XXIII, p. 294].

La narcéine fond à 92° environ, et se prend par le refroidissement en une masse blanche translucide, d'un aspect cristallin. Elle jaunit vers 110° et se décompose à une température plus élevée.

D'après M. O. Hesse, la narcéine est soluble dans l'eau et dans l'alcool bouillants, ainsi que dans l'acide acétique étendu chaud. Il faut 1,285 p. d'eau, 945 p. d'alcool à 80° centésimaux et 80 p. d'acide acétique étendu à la température de 13° pour dissoudre 1 p. de narcéine. Cette base cristallise de ses solutions dans l'eau bouillante en longs prismes blancs, qui ne perdent toute leur eau de cristallisation qu'entre 110° et 115°; d'après le même auteur, elle ne fond qu'à 145°,2 en un liquide qui se solidifie par le refroidissement en restant amorphe [*Ann. der Chem. u. Pharm.*, t. CXXIX, p. 250; *Bull. de la Soc. chim.*, 1864, t. I, p. 384].

Cette base se dissout plus facilement dans l'ammoniaque et les solutions étendues de potasse ou de soude que dans l'eau pure; par la concentration des liqueurs, ou par l'addition d'une grande quantité de potasse concentrée, elle se dépose même de sa solution chaude sous la forme d'un liquide huileux, et reste longtemps dans cet état.

*Action des acides.* — Les acides minéraux concentrés agissent avec beaucoup d'énergie sur la narcéine et l'altèrent profondément; ces mêmes acides étendus d'eau se combinent avec elle.

L'acide azotique concentré décompose à froid la narcéine, en produisant de l'acide oxalique; bouillie avec le même acide étendu, la liqueur se colore en jaune, et si l'on sature la solution par la potasse, on perçoit l'odeur d'un alcali volatil.

L'acide sulfurique concentré dissout à froid la narcéine en développant une couleur rouge intense, qui passe au vert lorsqu'on la chauffe.

D'après Pelletier, l'acide chlorhydrique étendu d'un tiers de son poids d'eau mélangé avec de la narcéine développe immédiatement une couleur bleu d'azur plus ou moins foncée.

D'après Anderson, l'acide chlorhydrique concentré dissout cette base sans l'altérer, et ne produit point la teinte bleue lorsqu'elle est convenablement purifiée.

Le chlore et le brome exercent sur la narcéine une action complexe.

L'iode se combine avec la narcéine en produisant un composé bleu foncé; cependant, d'après Winckler, cette réaction ne se produit pas constamment : si l'on ajoute trop d'iode, la narcéine se colore en brun, mais on peut faire apparaître la nuance bleue en saturant l'excès d'iode par une quantité suffisante d'ammoniaque, qui elle-même fait disparaître toute coloration si elle est employée en trop grande quantité.

M. W. Stein propose d'utiliser cette propriété de la narcéine pour déceler sa présence dans une solution : il suffit d'ajouter à celle-ci une solution d'iodure double de zinc et de potassium, et un peu d'eau iodée, puis d'agiter avec un peu d'éther qui enlève l'excès d'iode. Ainsi traitée, une liqueur qui renferme seulement 1/2500 d'alcaloïde se colore nettement en bleu, caractère qui n'appartient à aucun des autres alcaloïdes de l'opium [*Journ. für prakt. Chem.*, t. CVI, p. 310].

SELS DE NARCÉINE. — La narcéine forme avec les acides affaiblis des sels incristallisables pour la plupart.

*Azotate de narcéine.* — Ce sel est assez peu soluble dans l'eau froide; il se dépose d'une solution faite à chaud en groupes radiés.

*Chlorhydrate de narcéine,*

$$C^{23}H^{29}AzO^{9}, HCl \text{ (à } 100°).$$

— Cristallise en groupes d'aiguilles concentriques ou quelquefois en gros prismes courts, acides, très-solubles dans l'eau et dans l'alcool; ils présentent une réaction acide.

D'après M. Hesse [*loc. cit.*], une solution de chlorhydrate de narcéine est précipitée par le bichlorure de mercure, sous la forme d'une huile qui se transforme à la longue en petits cristaux.

*Chloroplatinate de narcéine,*

$$2(C^{23}H^{29}AzO^{9}, HCl)PtCl^{4} \text{ (à } 100°).$$

— Se présente sous la forme d'une poudre cristalline ou même de petits cristaux prismatiques. On l'obtient en versant une solution de tétrachlorure de platine dans une solution du sel précédent. D'après M. Hesse, ce sel renferme 1 molécule d'eau.

*Chlorure d'or et de narcéine.* — Le chlorure d'or donne dans la solution du chlorhydrate de narcéine un précipité jaune, soluble à chaud, et qui se sépare de sa solution sous la forme d'un liquide huileux. Une ébullition prolongée détermine la réduction d'une partie de l'or.

*Sesquiiodure de narcéine,* $2(C^{23}H^{29}AzO^9)H^2I^3$. — D'après M. Jœrgensen, on obtient cette combinaison en traitant une solution assez étendue d'un sel de narcéine par une solution d'iodure ioduré de potassium, de manière que cette dernière ne puisse y provoquer un précipité. Après quelques semaines de repos, le sesquiiodure se dépose en fines aiguilles. La solution alcoolique de ce sel, abandonnée avec un excès d'iode, donne au bout d'un certain temps de belles aiguilles de *triiodure de narcéine,* $C^{23}H^{29}AzO^9HI^3$. Il est à remarquer que la formule $2(C^{23}H^{29}AzO^9)H^2I^3$, donnée plus haut, ne satisfait pas à la loi des nombres pairs des atomes d'hydrogène [*Deutsch. Chem. Gesells.*, 1869, p. 460; *Bull. de la Soc. chim.*, 1870, t. XIII, p. 178].

*Sulfate de narcéine.* — Ce sel cristallise en aiguilles groupées en faisceaux; il est assez peu soluble dans l'eau froide, fort soluble dans l'eau bouillante.

*Action de la narcéine sur l'économie animale.* — La narcéine est un poison énergique; comme la morphine, elle provoque le sommeil; mais le réveil n'est point suivi de cette pesanteur de tête qu'on observe après l'emploi de cette dernière base. Elle paraît en outre posséder une action spéciale sur les reins et sur la vessie, en suspendant notamment la sécrétion des urines.

Dans l'étude remarquable qu'il a faite des principes actifs de l'opium, M. Claude Bernard assigne à la narcéine le premier rang dans l'ordre soporifique, le sixième dans l'ordre convulsivant, c'est-à-dire qu'elle fait exception : elle n'est ni excitante, ni convulsivante; enfin il lui attribue le quatrième rang dans l'ordre de l'action toxique [*Compt. rend. de l'Instit.*, 1864, t. LIX, p. 406]. E. C.

**NARCÉTINE.** — La narcétine paraît être un alcali particulier, très-amer, fort soluble dans l'eau et dans l'alcool, peu soluble dans l'éther. L'acide sulfurique concentré le dissout en produisant une belle couleur rouge; l'acide azotique, une couleur jaune. L'action prolongée d'un mélange d'acide sulfurique et de peroxyde puce de plomb semble la transformer en acide opianique. On l'obtient en faisant bouillir une solution sulfurique de narcotine avec du peroxyde puce de plomb, et y ajoutant goutte à goutte de l'acide sulfurique. On filtre la liqueur et, par l'évaporation, il reste une matière brune qui est la narcétine [E. Marchand, *Jahresb. v. Berzelius*, t. XXV, p. 507].

**NARCOGÉNINE.** — Voyez COTARNINE, t. I, p. 979.

**NARCOTINE,** $C^{22}H^{23}AzO^7$. — Cet alcali, découvert par Derosne en 1803 et désigné pendant longtemps sous le nom de *sel de Derosne,* n'est bien connu que depuis les travaux de Robiquet et de Pelletier; plus tard MM. Wœhler, Blyth, Anderson, et tout récemment MM. Matthiessen et G. C. Foster ont fait l'étude de ses métamorphoses. La narcotine existe à l'état naturel dans l'opium : pendant longtemps on lui avait attribué la formule $C^{23}H^{25}AzO^7$; mais les récents travaux de MM. Matthiessen et Foster ont fait voir que cet alcaloïde devait être représenté par la formule $C^{22}H^{23}AzO^7$.

[Derosne (1803), *Ann. de Chim.*, t. XLV, p. 257; — Robiquet, *Journ. de Pharm.*, t. XVII, p. 637; *Ann. de Chim. et de Phys.*, t. V, p. 275, et t. LI, p. 225; *Ann. der Chem. u. Pharm.*, t. V, p. 83; — Dumas et Pelletier, *Ann. de Chim. et de Phys.*, t. XXIV, p. 185; — Pelletier, *ibid.*, t. L, p. 269; — Liebig, *ibid.*, t. LI, p. 441, et *Ann. der Chem. u. Pharm.*, t. VI, p. 35; — R. Brandes, *Ann. der Chem. u. Pharm.*, t. II, p. 274; — Couerbe, *Ann. de Chim. et de Phys.*, t. IX, p. 159; — Regnault, *ibid.*, t. LXVIII, p. 137, et *Ann. der Chem. u. Pharm.*, t. XXVI, p. 37, et t. XXIX, p. 58.]

*Préparation.* — La narcotine se retire des eaux mères colorées qui ont servi à la préparation de la morphine par le procédé Grégory (voyez MORPHINE). On étend ces eaux mères avec de l'eau, et, après les avoir filtrées, on y ajoute de l'ammoniaque tant qu'il se forme un précipité. Ce dernier, d'abord grenu et coloré, est soumis à l'action de la presse, sous laquelle il ne faut pas le laisser séjourner trop longtemps, car il deviendrait résineux. Il est préférable de le retirer promptement, de le délayer dans l'eau, de l'exprimer de nouveau et de répéter plusieurs fois cette opération. Le précipité renferme beaucoup de résine, de la narcotine et un peu de thébaïne; la liqueur contient une certaine quantité de narcéine et peut être utilisée pour l'extraction de cet alcali. Une partie de ce précipité est alors traitée par de l'alcool bouillant; par le refroidissement la narcotine impure se dépose. Les eaux mères servent de nouveau à épuiser une autre partie du précipité : on continue ainsi jusqu'à ce que tout le précipité soit épuisé. La narcotine impure est ensuite traitée par une petite quantité de lessive concentrée de potasse, lavée à l'eau, puis traitée de nouveau par l'alcool bouillant. La narcotine cristallise par le refroidissement et toute la thébaïne contenue dans le premier précipité se retrouve dans ces dernières eaux mères.

La narcotine se retire aussi directement de l'opium en traitant ce dernier par l'éther; l'alcaloïde se dépose par l'évaporation spontanée de la solution éthérée.

On peut encore se procurer la narcotine en séchant à une basse température le marc d'opium épuisé par l'eau et qui a servi à la préparation de la morphine; il suffit de le faire bouillir avec de l'acide acétique à 2° ou 3°. La solution est filtrée, puis précipitée par l'ammoniaque, on recueille la narcotine et on la purifie par des cristallisations dans l'alcool à 95° auquel on ajoute un peu de charbon animal.

*Propriétés de la narcotine.* — La narcotine se présente sous la forme de cristaux prismatiques brillants et incolores. Elle est insoluble dans l'eau froide, l'eau bouillante en dissout 1/7000. Elle est peu soluble dans l'éther et dans l'alcool : il faut, pour dissoudre 1 p. de narcotine, environ 300 p. d'alcool à 77° froid et seulement 128 p. du même alcool bouillant. Elle est plus soluble dans l'alcool absolu, 1/60 à + 15°, 1/12 à 79°. L'éther en dissout 1/33 à + 15°, 1/19 à + 35°,6, caractère qui la distingue de la morphine.

La narcotine peut se dissoudre dans les huiles fixes et dans certaines huiles volatiles; soumise à l'action de la chaleur, elle entre en fusion à 170° et se solidifie à 130°. Chauffée à 220°, elle dégage de l'ammoniaque, et laisse un résidu d'acide hémipinique.

En solution, elle possède une saveur amère et n'a pas de réaction alcaline. Elle est insoluble dans la potasse et l'ammoniaque, les solutions de narcotine ne colorent pas en bleu les sels ferriques.

Les solutions alcooliques ou éthérées de narcotine dévient fortement à gauche le plan de polarisation de la lumière, elles sont *lévogyres,* [a]

= — 130°,5 approximativement : les solutions des sels de cet alcali sont au contraire *dextrogyres;* la neutralisation produit donc une inversion de son pouvoir rotatoire moléculaire [Bouchardat, *Ann. de Chim. et de Phys.*, 3e série, t. IX, p. 213].

L'acide sulfurique concentré dissout la narcotine en formant une solution jaune ; si l'acide contient des traces d'acide azotique, la solution se colore en rouge de sang. L'acide sulfurique étendu transforme à chaud la narcotine en une substance verte.

D'après M. Husemann, la narcotine dissoute à froid dans l'acide sulfurique et additionnée d'acide azotique donne une coloration d'un jaune rougeâtre. Avec l'hypochlorite de sodium la coloration jaune se produit aussi, mais elle est précédée d'une nuance carmin. Lorsqu'on chauffe les liquides provenant de ces deux réactions, il se produit immédiatement une couleur jaune clair.

La solution sulfurique de narcotine, préalablement chauffée se colore en rouge foncé par l'addition du perchlorure de fer; elle passe ensuite au rouge-cerise, coloration qui persiste encore au bout de 24 heures [*Ann. der Chem. u. Pharm.*, t. CXXVIII, p. 305, et *Bull. de la Soc. chim.*, t. I, p. 283, 1864].

Sous l'influence de l'acide azotique fumant, la narcotine se colore en rouge, puis se boursoufle, dégage des vapeurs rouges et finit par s'enflammer.

L'acide azotique étendu froid dissout la narcotine; mais si l'on chauffe vers 50°, il se forme des produits d'oxydation, tels que la cotarnine, l'acide opianique, l'acide hémipinique, le teropiamon [Anderson, *Transactions of the royal Society of Edinburgh*, t. XXX, part. III, p. 347; *Ann. der Chem. u. Pharm.*, t. LXXXVI, p. 179; *Ann. de Chim. et de Phys.*, (3), t. XXXIX, p. 237].

D'après Blyth, la cotarnine et l'acide opianique prennent aussi naissance lorsqu'on fait bouillir la solution chlorhydrique de narcotine avec le tétrachlorure de platine. La même réaction a été produite par M. Wœhler en faisant bouillir une solution sulfurique de narcotine avec du peroxyde de manganèse. — Voyez COTARNINE.

*Action de la potasse.* — La narcotine est insoluble dans la potasse, même à l'ébullition, et elle n'éprouve aucun changement. Mais si on prolonge l'ébullition avec une solution de potasse concentrée, il se forme un corps amer, oléagineux, très-soluble dans l'eau, et qui paraît constituer le sel de potasse d'un acide particulier, l'*acide narcotique*. Une dissolution alcoolique de potasse dissout la narcotine en quantité si considérable, que la liqueur s'épaissit ; si l'on fait passer un courant d'acide carbonique dans la solution alcoolique, elle se prend en une gelée transparente. Cette dernière, lavée à l'alcool, puis délayée dans l'eau, abandonne une grande quantité de cristaux.

La narcotine, chauffée vers 220° avec de l'hydrate de potasse, donne de la méthylamine, de la diméthylamine et de la triméthylamine.

*Sels de narcotine.* — La narcotine forme avec les acides puissants des sels peu stables, dont les solutions se décomposent souvent sous l'influence d'une grande quantité d'eau ajoutée ou simplement par l'évaporation ; la plus grande partie de la narcotine se dépose. Cependant Robiquet a pu obtenir le chlorhydrate de narcotine cristallisé.

Ces sels sont amers; ils rougissent le papier bleu de tournesol. Lorsqu'on ajoute de l'acide tartrique à une solution acide de narcotine, puis qu'on sursature par un carbonate alcalin, il se forme tout de suite un précipité blanc. Le sulfocyanure de potassium, ajouté à une solution acide de narcotine, donne un précipité rose foncé ; cette réaction se produit même avec une quantité impondérable de narcotine [Oppermann, *Compt. rend. de l'Acad. des sciences*, t. XXI, p. 811].

*Chlorhydrate de narcotine.* — Robiquet est parvenu à obtenir ce sel cristallisé en abandonnant, dans une étuve, une solution sirupeuse de narcotine dans l'acide chlorhydrique. Il se forme au bout d'un certain temps des groupes de fines aiguilles qui envahissent bientôt tout le vase. Ce sel, repris par l'alcool bouillant, cristallise par le refroidissement.

*Chloromercurate de narcotine.* — Un mélange d'une solution alcoolique de narcotine, aiguisée d'acide chlorhydrique, avec une solution aqueuse de bichlorure de mercure, donne un précipité blanc ; ce sel, séché au bain-marie, puis dissous de nouveau dans un mélange d'alcool et d'acide chlorhydrique, abandonne de petits cristaux de chloromercurate de narcotine. M. Hinterberger suppose que l'alcali contenu dans ce sel est une narcotine différente de la narcotine ordinaire [Hinterberger, *Ann. der Chem. u. Pharm.*, t. LXXXII, p. 311].

*Triiodure de narcotine,* $C^{22}H^{23}AzO^7,HI^3$. — Lorsqu'on ajoute une quantité calculée d'une solution d'iodure ioduré de potassium à une solution alcoolique de narcotine additionnée d'acide chlorhydrique, il se forme un précipité de triiodure de narcotine en lamelles brillantes. Les eaux mères en fournissent encore une nouvelle quantité lorsqu'on y ajoute de l'eau. Ce triiodure est soluble dans l'alcool, mais sa solution éprouve par l'ébullition une singulière transformation ; par le refroidissement, il se précipite un nouveau sel : c'est le triiodure d'un nouvel alcaloïde que l'auteur, M. Jœrgensen, appelle *tarconium*. Dans cette réaction, la narcotine se dédouble en cet alcaloïde nouveau et en acide opianique, d'après l'équation suivante :

$$3(C^{22}H^{23}AzO^7,HI^3) + H^2O$$
$$= \underset{\text{Triiodure de tarconium.}}{C^{12}H^{12}AzO^3I^3} + \underset{\text{Acide opianique.}}{C^{10}H^{10}O^5} + 4HI$$
$$+ \underset{\text{Iodhydrate de narcotine.}}{2(C^{22}H^{23}AzO^7,HI)}.$$

L'acide opianique produit dans cette réaction a été séparé et analysé.

*Tarconium.* — Cette nouvelle base, dissoute dans l'eau, donne une solution très-alcaline qui précipite les sels d'alumine, de zinc et de cuivre ; elle chasse l'ammoniaque de ses combinaisons. Évaporée dans le vide, la solution laisse une masse incristallisable qui, humectée d'eau et exposée à l'air, absorbe l'acide carbonique et forme un carbonate cristallisé.

On obtient la base en traitant le chlorhydrate de tarconium par l'oxyde d'argent. La solution alcaline et le chlorhydrate présentent une fluorescence verte, que possède aussi le chloroplatinate, qui, cependant, est peu soluble.

L'auteur a encore obtenu un heptaiodure,

$$C^{12}H^{12}AzO^3I^7,$$

cristallisé en belles lames gris verdâtre, à éclat métallique. La solution bouillante du triiodure donne, avec l'iodhydrate d'iodure de bismuth, un beau sel double, cristallin, rouge écarlate,

$$C^{12}H^{12}AzO^3I,BiI^3$$

[*Deutsch. Chem. Gesellsch.*, 1869, p. 460 ; *Bull. de la Soc. chim.*, 1870, t. XIII, p. 178].

*Recherches sur la constitution de la narcotine.* — *Action de l'acide iodhydrique.* — La narcotine distillée avec de l'acide iodhydrique concentré donne comme produits de dédoublement de l'iodure de méthyle et l'iodure d'une base nouvelle,

$$\underset{\text{Narcotine.}}{C^{22}H^{23}AzO^7} + 3HI = \underset{\text{Nornarcotine.}}{C^{19}H^{17}AzO^7} + 3\underset{\text{Iodure de méthyle.}}{(CH^3I)}.$$

Cette base s'oxyde rapidement à l'air ; au moment où on l'isole, elle est blanche, mais elle ne tarde pas à noircir à l'air. Elle se dissout dans l'ammoniaque, dans les alcalis caustiques et carbonatés. Elle est soluble dans l'alcool bouillant, insoluble dans l'eau et dans l'éther. MM. Matthiessen et G.-C. Foster lui ont donné le nom de *nornarcotine* (narcotine normale) ; la narcotine naturelle étant de la *nornarcotine triméthylée.*

La nornarcotine, $C^{19}H^{17}AzO^7$, traitée par l'eau, donne de la norméconine $C^8H^6O^4$ et de la cotarnimide $C^{11}H^{11}AzO^3$ ; les agents oxydants la transforment en cotarnimide et acide noropianique

$$C^8H^6O^5.$$

*Action de l'acide chlorhydrique.* — La narcotine, chauffée pendant 2 heures en vase clos, à 100°, avec de l'acide chlorhydrique, perd une molécule de méthyle et il se forme une base nouvelle, la *diméthylnornarcotine* $C^{21}H^{21}AzO^7$. Si la réaction est prolongée pendant huit jours, 2 molécules de méthyle sont enlevées, et l'on obtient la *méthylnornarcotine.*

La diméthylnornarcotine se présente sous la forme d'une poudre blanche amorphe, presque insoluble dans l'eau et dans l'éther, soluble dans l'alcool ; ses sels paraissent être amorphes. La diméthylnornarcotine, chauffée à 100° avec de l'eau, paraît donner de la cotarnine et de la méthylnorméconine $C^8H^5(CH^3)O^4$.

Le chlorure ferrique transforme son chlorhydrate en cotarnine et acide *méthylnoropianique.*

La méthylnornarcotine est une poudre amorphe, insoluble dans l'eau et dans l'éther, un peu soluble dans l'alcool, soluble dans le carbonate de sodium, propriété qui permet de la séparer de la narcotine qui y est insoluble. Les sels de cette base sont incristallisables.

La méthylnornarcotine donne, avec de l'eau à 100°, de la cotarnine (méthylcotarnimide) et de la norméconine $C^8H^6O^4$. Les agents oxydants la transforment en acide noropianique et cotarnine. — Voyez pour ces transformations l'article OPIANIQUE (ACIDE).

D'après ces faits, il existe quatre narcotines homologues entre elles, et qui ont été classées de la manière suivante :

| | |
|---|---|
| Narcotine normale ou nornarcotine | $C^{19}H^{17}AzO^7$. |
| Méthylnornarcotine | $C^{19}H^{16}(CH^3)AzO^7$. |
| Diméthylnornarcotine | $C^{19}H^{15}(CH^3)^2AzO^7$. |
| Triméthylnornarcotine (narcotine naturelle) | $C^{19}H^{14}(CH^3)^3AzO^7$. |

La narcotine naturelle contient donc 3 molécules de méthyle, fait confirmé par l'action de l'acide iodhydrique et par celle de la potasse avec laquelle on obtient, selon les conditions de l'expérience, de la méthylamine, de la diméthylamine ou de la triméthylamine. Ces faits tendent à infirmer les expériences de M. Wertheim, qui avait annoncé l'existence d'une éthylnarcotine et d'une propylnarcotine parmi les échantillons de narcotine du commerce. M. Wertheim avait confondu la diméthylamine et la triméthylamine avec leurs isomères, l'éthylamine et la propylamine.

La narcotine, chauffée seule vers 200°, ou bien à 100° avec de l'eau, se dédouble en méconine et cotarnine :

$$\underset{\text{Narcotine.}}{C^{22}H^{23}AzO^7} = \underset{\text{Méconine.}}{C^{10}H^{10}O^4} + \underset{\text{Cotarnine.}}{C^{12}H^{13}AzO^3}.$$

Le chlorhydrate de narcotine réduit à chaud le chlorure ferrique et il se forme de la cotarnine et de l'acide opianique.

Ainsi la narcotine, sous des influences relativement faibles, se scinde en deux groupes distincts : la méconine et la cotarnine ; on sait d'ailleurs que la méconine, sous l'influence des acides chlorhydrique ou iodhydrique, peut perdre 2 molécules de méthyle.

La cotarnine, sous l'influence de l'acide azotique étendu, se scinde à son tour en deux groupes : un acide bibasique, l'*acide cotarnique,* et de la méthylamine. La formule de l'acide cotarnique étant

$$(C^{11}H^{10}O^3)'' \left\{ \begin{matrix} OH \\ OH, \end{matrix} \right.$$

celle de la cotarnine doit être exprimée ainsi :

$$\left. \begin{matrix} (C^{11}H^{10}O^3)'' \\ CH^3 \end{matrix} \right\} Az ;$$

c'est la méthylcotarnimide.

D'après les réactions de la narcotine et celle de ses produits de dédoublement, la formule rationnelle de cet alcaloïde pourrait être écrite :

$$O^3 \left\{ \begin{matrix} H \\ (CH^3)^3 \\ (C^8H^4O)^{iv} \end{matrix} \right. - O - \left. \begin{matrix} (C^{11}H^9O^2)''' \\ CH^3 \end{matrix} \right\} Az.$$

Cette formule représente la narcotine comme résultant d'une combinaison de la cotarnine avec la méconine. Celle-ci enlevant à la cotarnine un oxhydryle qui se fixe sur la méconine, les deux molécules se soudent par l'intermédiaire d'un atome d'oxygène.

[A. Matthiessen et G. C. Foster, *Proceed. of the Roy. Society,* t. XVI, p. 39 ; — A. Matthiessen, *Proceed. of the Roy. Society,* t. XVII, p. 337 ; — A. Matthiessen et C. R. A. Wright, *Proceed. of the Roy. Society,* t. XVII, p. 340, et *Bull. de la Soc. chim.,* t. X, p. 52, et t. XIII, p. 470 ; *Journ. de Pharm. et de Chim.,* t. XI, p. 347, 4ᵉ série]. E. C.

**NARTHÉCINE.** — Substance cristalline blanche, fusible à 35°, extraite par Walz du *Narthecium ossifragum.* Soluble dans l'alcool et dans l'éther, elle est très-peu soluble dans l'eau, assez cependant pour lui communiquer une réaction acide. La narthécine se dissout dans les alcalis et les acides la précipitent de nouveau [Walz, *Neu. Jahrb. für Pharm.,* 1860, t. XIV, p. 345].

**NARTHÉCIQUE (ACIDE).** — Cet acide se trouve à côté de la narthécine, d'une résine et de plusieurs matières colorantes dans le *Narthecium ossifragum.* Il est en cristaux aciculaires blancs, solubles dans l'eau, l'alcool et l'éther ; ses solutions sont fortement acides. Il forme des sels non cristallisables ; ceux des alcalis et terres alcalines sont solubles dans l'eau, et leurs solutions précipitent la plupart des autres sels métalliques [Walz, *loc. cit.*].

**NATALOÏNE.** — Principe cristallisé retiré de l'aloès du Natal, par un traitement à l'alcool. Il diffère de l'aloïne par une plus grande solubilité dans l'eau et dans l'alcool. Traité par l'acide nitrique, il ne fournit pas d'acide chrysamique, mais de l'acide picrique et de l'acide oxalique. Chauffée à 110°, la nataloïne commence à s'altérer, puis elle fond et brunit. L'acide sulfurique la dissout avec une coloration brune. Cette solution est reprécipitée par l'eau. Traitée par un courant d'acide azoteux, elle prend une belle coloration verte.

La potasse en fusion transforme la nataloïne en acide paroxybenzoïque et en β-*orcine.*

Flückiger représente la nataloïne par la formule $C^{34}H^{38}O^{15}$ (aloïne hydratée), tandis que Tilden lui assigne la formule $C^{25}H^{28}O^{11}$, en mentionnant à l'appui l'existence d'un dérivé hexacétylé

$$C^{25}H^{22}(C^2H^3O)^6O^{11}$$

obtenu par l'action du chlorure d'acétyle, et cristallisé en lamelles rhombiques microscopiques [Flückiger, *Arch. für Pharm.*, t. CXCIX, p. 11; *Bull. de la Soc. chim.*, 1872, t. XVII, p. 328; W. A. Tilden, *Chem. News*, t. XXV, p. 220; *Bull. de la Soc. chim.*, 1872, t. XVIII, p. 182]. E. W.

**NATROBOROCALCITE.** — Voyez ULEXITE.

**NATROLITHE.** — Voyez MÉSOTYPE.

**NATROLITHE** d'Hesselkula, synonyme d'*Ekebergite*. — Voyez WERNERITE.

**NATRON** (Min.). — Soude carbonatée. Carbonate de sodium, $CO^3Na^2 + 10H^2O$. Se trouve en solution ou mélangé avec d'autres carbonates (trona et thermonatrite).

*Forme cristalline.* — Prisme clinorhombique, $m\,m = 76°\,28'$, $p\,e^1 = 140°\,9'$. Clivage $p$ distinct, $m$ traces, $g^1$ imparfait.

Dureté, 1 à 1,5. Densité, 1,423.

**NATRONSPODUMÈNE.** — Voyez OLIGOCLASE.

**NAUMANNITE** (Min.) [Syn. *Argent sélénié, séléniure d'argent et de plomb*, $Ag^2Se + nPbSe$. — Petits cristaux cubiques ou masses granulaires, d'un vif éclat métallique, ressemblant à la galène. Se trouve à Tilkerode dans le Hartz.

*Caractères.* — Sur le charbon, fond facilement en émettant l'odeur caractéristique du sélénium. Avec la soude et le borax, donne un globule d'argent.

Dureté, 2,5. Poussière gris de fer. Densité, 8.

*Forme cristalline.* — Cubique; clivage cubique. Suivant M. Del Rio, un autre séléniure d'argent trouvé à Tasko, Mexique, cristalliserait en tables hexagonales.

**NÉCRONITE.** — Variété de feldspath compacte, d'un gris bleuâtre, qui développe une odeur fétide par le frottement.

**NEFTGIL.** — Voyez NAPHTADILE.

**NÉMALITE** (Min.) — Variété fibreuse de BRUCITE.

**NÉOCTÈSE.** — Voyez SCORODITE.

**NÉOLITHE** (Min.) — Silicate hydraté magnésien et aluminique, avec oxyde ferreux, oxyde manganeux et chaux, en masses étoilées et fibreuses, d'un vert plus ou moins foncé, se formant actuellement dans les mines de fer d'Arendal et dans les cavités du basalte d'Eisenach, par l'infiltration des eaux à travers les roches magnésiennes.

Dureté, 1 à 2. Densité, 2,77.

**NÉOPLASE.** — Voyez BOTRYOGÈNE.

**NÉOTOKITE** (Min.) — Variété altérée de rhodonite.

**NÉPHÉLINE** (Min.) [Syn. *Sommite*, de Lamétherie; *éléolithe, phonite, cavolinite, cancrinite, beudantine, davyne*]. — Silicate d'aluminium et de sodium avec potasse, chaux, oxyde ferrique, eau, acide carbonique et traces de chlore. Rapports d'oxygène dans $H^2O, Al^2O^3, SiO^2 = 2 : 6 : 9$.

La néphéline se rencontre dans les roches volcaniques et particulièrement dans les blocs de la Somma, en petits cristaux hexagonaux, vitreux, blancs ou jaunâtres; dans certaines roches métamorphiques, en relation avec le granite et le gneiss, en masses compactes jaunes, verdâtres ou brunes, d'un éclat gras, à cassure conchoïdale (éléolithe). La cancrinite est rose, jaune clair ou bleuâtre, et translucide. La variété qui a reçu le nom de davyne renferme une proportion notable d'acide carbonique.

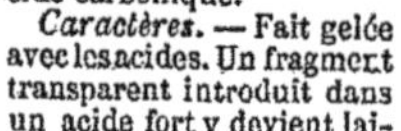

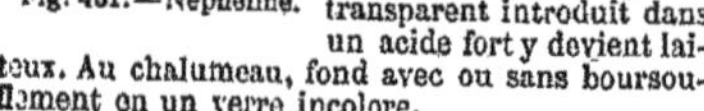

Fig. 431. — Néphéline.

*Caractères.* — Fait gelée avec les acides. Un fragment transparent introduit dans un acide fort y devient laiteux. Au chalumeau, fond avec ou sans boursouflement en un verre incolore.

Dureté, 5,5 à 6. Poussière blanche. Densité, 2,5 à 2,65.

*Forme cristalline.* — Prismes hexagonaux réguliers, terminés par des pyramides hexagonales: faces $m, p, b^1, b^{1/2}, h^1, a^1$, etc. Angles: $p\,b^1 = 136°\,1'$; $p\,a^1 = 120°\,53'$. Clivages imparfaits: $p, m$. F. et S.

**NÉPHRITE.** — Voyez JADE.

**NERTSCHINSKITE** (Min.) — Variété d'halloysite, blanchâtre et bleuâtre, de Nertschinsk (Sibérie).

**NEUKIRCHITE.** — Variété d'acerdèse, de Neukirchen (Alsace).

**NEUROLITE** (Min.) — D'après M. Sterry Hunt, cette substance est une variété riche en silice ($SiO^2 = 55\ \%$) d'agalmatolithe, à structure ligneuse.

Dureté, 4,25. Densité, 2,47.

De Stamstead (Bas Canada).

**NÉVRINE.** — M. O. Liebreich a désigné sous ce nom une base résultant du dédoublement par l'eau de baryte du protagon qu'il considérait comme le principal élément du tissu nerveux et qui paraît identique avec la lécithine de M. Gobley [Liebreich, *Ann. der Chem. u. Pharm.*, t. CXXXIV, p. 29, 1865]. M. Bæyer a indiqué la vraie constitution de la névrine, qui est l'hydrate de triméthylhydroxéthylène-ammonium [*Ann. der Chem. u. Pharm.*, t. CXL, p. 306, et *Ann. de Chim. et de Phys.*, 4e série, t. X, p. 492]. M. Wurtz en a réalisé la synthèse en faisant réagir la triméthylamine sur la chlorhydrine du glycol [*Compt. rend.*, t. LXV, p. 1015]. MM. Bæyer, Dyblowski et Strecker ont démontré l'identité de la névrine avec une base que M. Strecker avait retirée dès 1849 de la bile et désignée sous le nom de *choline* [Strecker, *Compt. rend.*, t. LII, p. 270, 1861; — Dyblowski, *Journ. für prakt. Chem.*, t. C, p. 163, et *Jahresb. f. 1867*, p. 493].

*Préparation.* — 1° *Par extraction de la bile.* — Les procédés que Strecker a indiqués pour extraire la choline de la bile de bœuf et de porc ont été simplifiés par M. Dyblowski. Ce chimiste conseille d'opérer de la manière suivante:

On évapore la bile à siccité, on dissout le résidu dans l'alcool et l'on précipite la solution par l'éther. Pour bien épuiser le précipité, on le triture à plusieurs reprises au sein de la liqueur alcoolique-éthérée. Celle-ci renferme la choline. On la décante, on la distille et l'on fait bouillir pendant 24 à 48 heures le résidu avec de l'eau de baryte. On enlève ensuite l'excès de baryte à l'aide d'un courant de gaz carbonique, on réduit la liqueur à un petit volume et l'on ajoute peu à peu à la solution concentrée de l'alcool absolu. Il se forme un précipité qu'on sépare par le filtre et qu'on lave une ou deux fois avec de l'alcool absolu. La liqueur alcoolique présente une réaction alcaline. On l'acidule par l'acide chlorhydrique et on l'abandonne pendant 24 heures dans un endroit froid. Il se forme un précipité de taurine. On filtre après avoir ajouté de l'éther, et on précipite la liqueur alcoolique-éthérée par le chlorure de platine. Le précipité augmente par l'addition de l'éther si la liqueur n'en renfermait pas une quantité suffisante. On le recueille sur un filtre, on le dissout dans l'eau bouillante, qui laisse une substance brune visqueuse, et l'on concentre la liqueur filtrée. Elle laisse déposer deux sortes de cristaux: des lames minces, hexagonales, avec pointements dièdres, d'un rouge-orangé; des cristaux jaunes octaédriques, ces derniers moins solubles dans l'eau. On triture le mélange avec de l'eau froide qui dissout surtout les cristaux rouge-orangé qui sont le chloroplatinate de névrine et qui se déposent du sein de la liqueur aqueuse.

2° *Par extraction du cerveau.* — Des cerveaux de bœuf, débarrassés, autant que possible, des membranes et des vaisseaux, sont broyés et passés à travers un tamis fin. La pulpe, additionnée d'un peu d'eau, est épuisée par l'éther. La solution éthérée, fortement colorée en jaune, est distillée et le résidu est soumis à l'ébullition avec l'eau de baryte. La solution, débarrassée de baryte par l'acide sulfurique, est soumise au traitement qui vient d'être indiqué pour la choline.

3° *Par synthèse.* — On ajoute à du glycol chlorhydrique (4 parties) bien refroidi, de la triméthylamine (3 parties). On enferme le mélange dans un tube scellé et l'on chauffe à 100° pendant quelques heures. Après le refroidissement le tout est pris en une masse de cristaux prismatiques parfaitement incolores et déliquescents. C'est du chlorhydrate de névrine. On obtient ce sel parfaitement pur en le dissolvant dans l'alcool absolu bouillant et en laissant refroidir la solution très-concentrée. La solution aqueuse, traitée par l'oxyde d'argent humide, donne la névrine, qui demeure en dissolution dans la liqueur et reste, après l'évaporation, sous la forme d'un liquide sirupeux très-alcalin.

*Composition.* — La névrine est l'hydrate de triméthylhydroxéthylène-ammonium

$$C^8H^{15}AzO^2 = \left.\begin{matrix}(CH^3)^3\\ C^2H^4.OH\end{matrix}\right\} Az.OH.$$

C'est une base ammoniée dont le chlorure se forme par l'action de la triméthylamine sur le glycol chlorhydrique en vertu de la réaction suivante :

$$C^2H^4\left\{\begin{matrix}OH\\ Cl\end{matrix}\right. + (CH^3)^3Az = \left.\begin{matrix}(CH^3)^3\\ (C^2H^4.OH)'\end{matrix}\right\} Az.Cl.$$

Glycol chlorhydrique. — Triméthylamine. — Chlorure de triméthylhydroxéthylène-ammonium.

Le groupe hydroxéthylène,

$$-C^2H^4.OH = \begin{matrix}CH^2.OH\\ |\\ CH^2-\end{matrix}$$

qu'il ne faut pas confondre, comme on l'a fait quelquefois, avec l'oxéthyle

$$C^2H^5.O = \begin{matrix}CH^3\\ |\\ CH^2O-\end{matrix}$$

y joue le rôle de radical monatomique.

*Propriétés.* — Convenablement concentrée, la névrine se présente sous forme d'un liquide sirupeux très-alcalin, soluble dans l'eau en toutes proportions, et qui se dédouble facilement par l'ébullition de sa solution aqueuse en dégageant de la triméthylamine.

CHLORHYDRATE DE NÉVRINE. — CHLORURE DE TRIMÉTHYLHYDROXÉTHYLÈNE-AMMONIUM,

$$\left.\begin{matrix}(CH^3)^3\\ C^2H^4.OH\end{matrix}\right\} Az.Cl.$$

— Prismes incolores, très-déliquescents, très-solubles dans l'alcool.

Lorsqu'on chauffe pendant quelques heures de 120° à 150° une solution très-concentrée de chlorhydrate de névrine avec plusieurs fois son volume d'acide iodhydrique très-concentré, et une petite quantité de phosphore amorphe, on obtient par le refroidissement des cristaux incolores, prismatiques, faciles à purifier par une cristallisation dans l'eau bouillante. C'est l'*iodure de triméthyle-iodéthylammonium,*

$$\left.\begin{matrix}(CH^3)^3\\ C^2H^4I\end{matrix}\right\} AzI$$

[Bæyer, *Ann. der Chem. u. Pharm.*, t. CXL, p. 309]. Ce sel, très-soluble dans l'eau bouillante, se dissout peu dans l'eau froide et forme des cristaux brillants, denses, peu définis et semblables, quant à leur aspect, à l'iodure de potassium.

M. Bæyer fait remarquer que cet iodure correspond à un bromure

$$\left.\begin{matrix}(CH^3)^3\\ C^2H^4.Br\end{matrix}\right\} AzBr$$

que M. Hofmann a obtenu en faisant réagir le bromure d'éthylène sur la triméthylamine. Les éléments de ces deux corps se combinent intégralement pour former le *bromure de triméthylbrométhylammonium.*

*Chloroplatinate de névrine,*

$$\left[\left.\begin{matrix}(CH^3)^3\\ C^2H^4.OH\end{matrix}\right\} Az.Cl\right]^2 PtCl^4.$$

Le chlorure de platine ne forme pas de précipité dans une solution aqueuse de chlorure de triméthyle-oxéthylène-ammonium; mais lorsqu'on ajoute de l'alcool, le sel double se précipite sous la forme d'un précipité ou d'une poudre jaune, soluble dans l'eau, et dont la solution, abandonnée à l'évaporation spontanée, laisse déposer de magnifiques cristaux d'un rouge-orangé : ces cristaux, qui peuvent acquérir un volume considérable, dérivent d'un prisme clinorhombique. D'après les mesures de M. Friedel, ils sont parfaitement identiques, soit qu'ils proviennent de la névrine extraite du cerveau, soit qu'ils aient été obtenus avec le chlorure de triméthyloxéthylène-ammonium préparé synthétiquement.

*Chloraurate de névrine,*

$$\left.\begin{matrix}(CH^3)^3\\ C^2H^4.OH\end{matrix}\right\} AzCl.AuCl^3.$$

— On l'obtient sous la forme d'un précipité jaune en ajoutant une solution de chlorure d'or à une solution de chlorhydrate de névrine. Presque insoluble dans l'eau froide, ce sel double se dissout assez bien dans l'eau bouillante et s'en dépose par le refroidissement sous la forme d'une poudre grenue d'un jaune pur. Son insolubilité le rend très-propre à découvrir et à isoler la névrine dans les solutions où elle se rencontre.

### DÉRIVÉS ET CONGÉNÈRES DE LA NÉVRINE.

Nous rattacherons à la névrine quelques corps qui en dérivent ou qui en sont voisins, tels que l'hydrate de triméthyle-vinylammonium, l'hydrate de triéthyle-hydroxéthylène-ammonium et l'hydroxamylénamine.

HYDRATE DE TRIMÉTHYLE-VINYLAMMONIUM,

$$\left.\begin{matrix}(CH^3)^3\\ C^2H^3\end{matrix}\right\} Az.OH.$$

— Ce corps prend naissance par l'action de l'oxyde d'argent sur l'iodure de triméthyle-iodéthylammonium :

$$\left.\begin{matrix}(CH^3)^3\\ C^2H^4.I\end{matrix}\right\} AzI + Ag^2O = \left.\begin{matrix}(CH^3)^3\\ C^2H^3\end{matrix}\right\} Az.OH + 2AgI.$$

On obtient ainsi une liqueur alcaline, laquelle, saturée par l'acide chlorhydrique, donne le chlorhydrate de triméthyle-vinylammonium. Celui-ci forme avec le chlorure de platine un chloroplatinate moins soluble que celui de triméthyle-oxéthylène-ammonium, et qui est en petits cristaux grenus, d'un jaune-orangé. Il forme, avec le chlorure d'or, un précipité jaune, très-peu soluble dans l'eau et très-semblable au chloraurate de triméthyle-oxéthylène-ammonium.

M. Bæyer admet que la névrine brute retirée du cerveau est un mélange de la base oxéthylénée et de la base vinylique qui vient d'être décrite. Quant à l'opinion récemment émise par M. Liebreich, et qui consiste à admettre que le chloroplatinate de triméthyle-oxéthylène-ammonium se convertit en chloroplatinate de la base vinique par plusieurs dissolutions et cristallisations successives dans l'eau chaude, nous ne la croyons pas fondée.

HYDRATE DE TRIÉTHYLE-HYDROXÉTHYLÈNE-AMMONIUM,

$$\left.\begin{matrix}(C^2H^6)^3\\ C^2H^4.OH\end{matrix}\right\}Az.OH.$$

— Cette base correspond à la névrine, dont elle est l'homologue. Son chlorhydrate se forme lorsqu'on chauffe au bain-marie un mélange en proportions équivalentes de triéthylamine et de glycol chlorhydrique. La réaction, tout à fait semblable à celle qui a été indiquée pour la synthèse de la névrine (voyez p. 535), donne lieu à la formation d'une masse cristalline parfaitement incolore, qui est le chlorure de triéthyle-hydroxéthylène-ammonium,

$$\left.\begin{matrix}(C^2H^5)^3\\ C^2H^4.OH\end{matrix}\right\}Az.Cl.$$

Ce sel est très-soluble dans l'eau et dans l'alcool, et cristallise en beaux prismes striés. Il forme, avec le chlorure de platine, un sel double très-bien cristallisé. Le chloraurate de triéthyloxéthylène-ammonium,

$$\left.\begin{matrix}(C^2H^5)^3\\ C^2H^4.OH\end{matrix}\right\}Az.Cl + AuCl^3,$$

moins soluble que le chloroplatinate, se dépose de l'eau bouillante sous la forme de magnifiques lames d'un jaune d'or [A. Wurtz, *Compt. rend.*, t. LXVIII, p. 1435].

HYDROXAMYLÉNAMINE,

$$\left.\begin{matrix}C^5H^{10}.OH\\ H^2\end{matrix}\right\}Az.$$

— L'hydrate de cette base,

$$\left.\begin{matrix}C^5H^{10}.OH\\ H^3\end{matrix}\right\}Az.OH,$$

serait isomérique avec la névrine. En se déshydratant, l'hydroxamylénamine forme une base valérylique,

$$\left.\begin{matrix}C^5H^9\\ H\\ H\end{matrix}\right\}Az.$$

Le chlorhydrate de cette dernière se forme en même temps que le chlorhydrate de la base hydroxamylénique lorsqu'on chauffe au bain-marie l'amylglycol chlorhydrique avec un excès d'ammoniaque :

$$C^5H^{10}\left\{\begin{matrix}OH\\ Cl\end{matrix}\right. + AzH^3 = (C^5H^{10}.OH)H^2Az, ClH.$$

Amylglycol chlorhydrique. — Chlorhydrate d'hydroxamylénamine.

Le produit de la réaction, évaporé au bain-marie, forme une liqueur sirupeuse au sein de laquelle se déposent des cristaux de sel ammoniac. On les sépare en dissolvant le tout dans l'alcool absolu. On ajoute du chlorure de platine à la solution alcoolique; après avoir filtré pour séparer du chloroplatinate d'ammonium, on abandonne la liqueur à l'évaporation spontanée. Elle laisse déposer d'abord des croûtes cristallines de *chloroplatinate de valérylammonium*,

$$\left[\left.\begin{matrix}C^5H^9\\ H^3\end{matrix}\right\}Az.Cl\right]^2PtCl^4.$$

Le *chloroplatinate d'hydroxamylène-ammonium*,

$$\left[\left.\begin{matrix}C^5H^{10}.OH\\ H^3\end{matrix}\right\}Az.Cl\right]^2PtCl^4,$$

se dépose en dernier lieu sous la forme de cristaux d'un rouge-orangé, très-solubles dans l'eau et dans l'alcool [A. Wurtz, *Compt. rend.*, t. LXVIII, p. 1435]. A. W.

**NÉVROLIQUE (ACIDE).** — Nom donné par M. Köhler à un acide rougeâtre visqueux, qui se forme lorsqu'on décompose la combinaison de myéloïdine et d'oxyde de plomb par l'hydrogène sulfuré. Les résultats obtenus par Köhler sont contraires à tous les travaux qui ont été faits sur la composition du cerveau, et les produits qu'il décrit n'offrent aucune garantie de pureté [*Virchow's Archiv.*, t. XLV, p. 265].

**NEWJANSKITE.** — Voyez IRIDOSMINE.

**NICKEL,** poids atomique = 59,0 (équivalent = 29,5). — Ce métal a été découvert en 1751 par le minéralogiste suédois Cronstedt, dans le kupfernickel ou nickéline, qui est un arséniure de nickel. Il se trouve encore dans la nature, mais rarement, à l'état de sulfure ou millérite (haarkies), de sulfantimoniate, de sulfobismuthate, de sulfarséniate, d'arséniate, d'antimoniure (breithauptite), etc. En outre, le nickel natif accompagne toujours le fer dans les météorites. Il accompagne le cobalt dans la smaltine et reste comme résidu à l'état d'un culot d'arséniure de nickel dans le traitement de ce minerai pour l'extraction du cobalt; ce produit, désigné sous le nom de speisscobalt, est, avec le kupfernickel, la principale source de nickel. — Voyez NICKEL (*Métallurgie*).

*Propriétés physiques.* — Le nickel est un métal brillant, d'un blanc d'argent tirant sur le gris d'acier. La densité du métal fondu est égale à 8,279 (Richter), 8,38 (Tupputi); celle du nickel forgé est 8,666 (Richter), 8,82 (Tupputi); d'après Zew. Thompson, le nickel réduit par l'hydrogène et fondu sous du borax a pour densité 8,575; d'autres auteurs ont trouvé des chiffres qui se rapprochent plus ou moins de ceux-ci. Le nickel est entièrement ductile; il se forge avec une grande facilité; sa ténacité est plus considérable encore que celle du fer; tandis qu'un fil de fer se rompt sous un poids de 60 kilogrammes, un fil de nickel de même diamètre ne se rompt que sous un poids de 90 kilogrammes (Deville). On peut le réduire en feuilles de 0mm,028 d'épaisseur et en fils de 0mm,014 de diamètre (Richter). Il encrasse fortement la lime. Ces propriétés sont considérablement modifiées si le nickel est impur.

Le nickel ne fond qu'à une température très-élevée; il est à peu près aussi réfractaire que le manganèse; la présence du charbon le rend presque aussi fusible que la fonte. Sa chaleur spécifique est égale à 0,1108 (Regnault). Sa conductibilité électrique est à peu près celle du fer.

Le nickel est un métal magnétique comme le fer et qui, une fois aimanté, perd son magnétisme à une température de 350° (Pouillet).

Il s'aimante dans les mêmes conditions que le fer doux; sous l'influence de forces magnétisantes faibles, il s'aimante cinq fois et demie plus que le fer, mais avec des forces magnétisantes considérables il s'aimante cinq fois moins; le maximum d'aimantation est donc beaucoup plus faible que pour le fer [Arndsten, *Poggend. Ann.*, t. CIV, p. 587].

D'après H. Rose, le nickel cristallise dans le système cubique.

*Propriétés chimiques.* — Le nickel est inaltérable à l'air; chauffé, il s'enflamme dans le gaz oxygène, comme le fer. L'eau est sans action sur lui à froid; au rouge, elle est décomposée. L'eau oxygénée le recouvre d'une couche d'oxyde. L'acide chlorhydrique et l'acide sulfurique étendu ne le dissolvent que très-lentement, avec dégagement d'hydrogène; il se dissout dans l'acide azotique étendu, l'acide azotique concentré le rend passif comme le fer (Deville). Le nickel s'unit directement au chlore, au phosphore, au soufre, à l'arsenic.

Le poids atomique du nickel, d'après les déterminations de Dumas, est égal à 59. Winckler est arrivé au même résultat. R. Schneider, ainsi que Sommaruga, ont trouvé 58; Russell a obtenu le nombre 58,75.

Le nickel est diatomique, il appartient à la famille du magnésium, du zinc, etc.

*Préparation.* — Le nickel du commerce n'est jamais pur; il se présente en petits pains cubiques renfermant toujours des quantités plus ou moins considérables de métaux étrangers, fer, cuivre, cobalt; quelques-uns contiennent encore de l'arsenic. Voici la composition de quelques échantillons de nickel du commerce.

| | 1 | 2 | 3 | 4 |
|---|---|---|---|---|
| Nickel......... | 56,25 | 73,30 | 86,40 | 97,29 |
| Cobalt......... | » | 22,10 | 12,00 | 1,25 |
| Cuivre......... | 27,50 | traces. | traces. | 0,32 |
| Fer............ | 12,55 | 1,60 | 0,22 | 0,89 |
| Soufre......... | » | 2,50 | 0,10 | » |
| Résidu de silice. | 3,70 | 0,50 | 1,40 | » |
| | 100,00 | 100,00 | 100,12 | 99,75 |

1. Nickel d'Allemagne (Lassaigne). — 2. Nickel d'Angleterre (Lassaigne). — 3. Nickel de Joachimsthal. — 4. Nickel de Dillenburg (Nassau) (Heusler).

Pour purifier ce nickel commercial, on le dissout dans de l'acide azotique, on évapore la solution en présence d'un excès de métal qui précipite le fer. On reprend le résidu par l'eau, on traite la solution étendue par l'hydrogène sulfuré et l'on fait bouillir la liqueur filtrée qu'on additionne, après concentration, d'acide oxalique. Par l'ébullition, l'oxalate de nickel, qui est insoluble dans un excès d'acide oxalique, se dépose. On calcine ce dépôt à l'abri de l'air, puis on le fond dans un double creuset de chaux. Le nickel se réunit ainsi en un culot métallique homogène. C'est du nickel sensiblement pur, car il renferme :

| | |
|---|---|
| Nickel............... | 99,6 |
| Cuivre............... | 0,1 |
| Silicium............. | 0,3 |
| | 100,0 |

[H. Sainte-Claire Deville, *Ann. de Chim. et de Phys.*, (3), t. XLVI, p. 201].

On obtient ce même oxalate à l'état de pureté, par le procédé suivant. Après avoir séparé le cuivre et l'arsenic, dans la solution de nickel du commerce, par l'hydrogène sulfuré, on ramène le fer au maximum et on le précipite par l'ammoniaque. On traite la liqueur filtrée par le sulfure ammonique; on lave le précipité des sulfures à l'acide chlorhydrique, puis on le redissout dans l'eau régale. On évapore la solution à sec et on reprend le résidu par de l'eau aiguisée d'acide chlorhydrique. On traite alors la liqueur par le carbonate de baryum et le chlore qui précipite le cobalt (procédé de H. Rose). Après séparation de la baryte dissoute, on fait évaporer la solution à cristallisation, on redissout les cristaux dans de l'eau aiguisée d'acide chlorhydrique et on précipite la solution par une solution concentrée et froide d'acide oxalique [R. Schneider, *Poggend. Ann.*, t. CI, p. 387].

On peut du reste, pour obtenir de l'oxyde de nickel pur, suivre l'un des procédés qui seront indiqués plus loin pour séparer le nickel des autres métaux. — Voyez NICKEL (ANALYSE).

Le nickel pur s'obtient à l'état de liberté en réduisant l'oxyde de nickel par l'hydrogène; la température nécessaire à cette réduction complète est de 270° (W. Mueller). On obtient ainsi une masse grise, légèrement frittée, qui est pyrophorique si la température n'a pas été trop élevée.

Enfin, on obtient du nickel métallique pur par l'électrolyse faible d'une solution de sulfate de nickel pur ou plutôt de sulfate double de nickel et d'ammonium, maintenue neutre par l'addition d'ammoniaque. Le nickel ainsi déposé est d'un blanc brillant avec un faible reflet jaunâtre (Becquerel).

*Usages.* — Le nickel entre dans la composition de l'alliage nommé packfung, maillechort, argentan, dans la proportion de 20 à 30 % ou seulement de 15 % environ. La Belgique et la Suisse font entrer ce métal dans la composition de leur monnaie de billon (pièces de 5, 10 et 20 centimes).

La galvanoplastie tire profit des dépôts de nickel sur les autres métaux qu'il recouvre d'une couche régulière très-adhérente. Il faut pour cet usage que le sulfate de nickel employé soit parfaitement exempt de potasse ou de soude; la neutralisation doit toujours s'effectuer par l'ammoniaque [Becquerel, Is. Adams, *Compt. rend.*, t. LXX, p. 123]. On a proposé depuis une foule de recettes pour la composition du bain.

ALLIAGES DE NICKEL. — *Nickel et aluminium.* — On obtient un alliage $Al^6Ni$ en grandes lames cristallines d'un blanc d'étain en fondant 8 p. d'aluminium avec 3 p. de chlorure de nickel sublimé et 20 p. d'un mélange de chlorures de potassium et de sodium, et lavant le culot à l'acide chlorhydrique étendu. Cet alliage est soluble dans l'acide chlorhydrique concentré. Chauffé dans du gaz chlorhydrique sec, il donne du chlorure d'aluminium volatil et un résidu de nickel métallique [Wœhler et Michel, *Ann. der Chem. u. Pharm.*, t. CXV, p. 102, et *Répert. de Chim. pure*, 1861, p. 50].

*Nickel et antimoine.* — Cet alliage constitue un minéral cristallisé, la breithauptite (voyez t. I, p. 661), ayant pour composition Ni Sb; on peut l'obtenir artificiellement en fondant les deux métaux à équivalents égaux (59 Ni et 122 Sb); il possède les mêmes caractères que l'antimoniure naturel (Stromeyer).

*Nickel et argent.* — L'alliage ne se forme que difficilement, il est malléable (Lampadius).

*Nickel et bismuth.* — Alliage lamelleux et cassant.

*Nickel et cobalt.* — Ces deux métaux s'allient facilement par fusion.

*Nickel et cuivre.* — Voyez t. I, p. 1008.

*Nickel et étain.* — Alliage blanc, dur et cassant.

*Nickel et fer.* — Voyez t. I, p. 1404.

*Nickel et mercure.* — On obtient un amalgame de nickel en opérant comme pour le cobalt (voyez t. I, p. 937). Il est solide, attirable à l'aimant et laisse par la calcination du nickel spongieux. Il se recouvre à l'air d'une couche d'oxyde de nickel, jusqu'à ce qu'il se fluidifie. Il cède lentement à chaud du nickel aux acides chlorhydrique et sulfurique étendus (Damour).

*Nickel et or.* — Ces deux métaux s'unissent facilement pour former un alliage dur, très-malléable, susceptible d'un beau poli; il est magnétique comme le nickel (Lampadius).

*Nickel et palladium.* — Alliage brillant, très-malléable (Clarke). L'alliage à parties égales est blanc, dur, très-ductile; sa densité est égale à 11,22; il absorbe environ 70 volumes d'hydrogène, en se dilatant de 0,2 % de sa longueur (Graham).

*Nickel et platine.* — Combinaison fusible au chalumeau oxhydrique; alliage blanc jaunâtre, ductile, ayant à peu près la fusibilité du cuivre; il est magnétique (Lampadius).

*Nickel et plomb.* — Ces métaux s'allient très-difficilement; l'alliage est gris, lamelleux et cassant (Cronstedt, Tupputi).

*Nickel, zinc et cuivre.* — Voyez t. I, p. 1009.

## COMBINAISONS DU NICKEL AVEC LES ÉLÉMENTS MONATOMIQUES.

NICKEL ET HYDROGÈNE. — Le nickel cubique du commerce, qui est très-poreux, étant employé comme électrode négative dans un voltamètre à eau, condense en 12 heures 165 fois son volume d'hydrogène, qu'il perd de nouveau après quelques jours lorsqu'on le retire du circuit. Si l'on fait subir cette expérience 4 ou 5 fois au même morceau de nickel, il tombe en poussière. Le nickel compacte absorbe beaucoup plus difficilement l'hydrogène, mais il le retient aussi plus énergiquement [Raoult, *Compt. rend.*, t. LXIX, p. 826]. L'alliage de nickel et de palladium absorbe 70 fois son volume d'hydrogène (Graham).

Chlorure de nickel, $NiCl^2$. — Le nickel, chauffé dans un courant de chlore sec, s'y combine avec incandescence en fournissant un sublimé de lamelles cristallines jaunes, onctueuses, de chlorure de nickel anhydre. On l'obtient encore dans cet état en desséchant le chlorure hydraté et le calcinant ensuite dans une cornue (H. Rose, Erdmann, Proust). Le chlorure simplement desséché forme une masse terreuse jaune brunâtre; il se sublime sans fondre. Si cette sublimation a lieu au contact de l'air, il se forme une petite quantité d'oxydule de nickel et il se dégage un peu de chlore.

Le chlorure de nickel chauffé au rouge dans un courant d'hydrogène est facilement réduit à l'état métallique [H. Rose, *Poggend. Ann.*, t. XXVII, p. 117]. L'hydrogène phosphoré le décompose avec formation de phosphure de nickel (Rose).

L'ammoniaque le dissout facilement en donnant une solution bleue.

La densité du chlorure de nickel anhydre est égale à 2,52 (H. Schiff).

Le chlorure de nickel desséché attire l'humidité de l'air en devenant d'abord jaune-citron, puis vert; il se dissout dans l'eau avec élévation de température. Le chlorure sublimé est également hygroscopique et se dissout dans l'eau après être devenu humide; mais avant d'avoir été exposé à l'air, il ne se dissout dans l'eau que par une ébullition prolongée; il se dissout aussi avec difficulté dans l'acide chlorhydrique. Sa dissolution est verte.

On obtient la même solution en traitant le nickel par l'eau régale ou bien l'oxyde ou le carbonate par l'acide chlorhydrique. En concentrant cette solution, on obtient des cristaux d'un beau vert paraissant être de courts prismes quadrangulaires. Ces cristaux s'effleurissent ou tombent en déliquescence suivant l'état hygrométrique de l'air. D'après Proust, ils renferment $NiCl^2 + 9H^2O$; Laurent leur attribue seulement $6H^2O$.

Le chlorure de nickel hydraté se dissout dans 1,5 à 2 p. d'eau; il est beaucoup moins soluble dans l'alcool.

Berzelius a décrit un oxychlorure basique, peu soluble, à réaction alcaline.

*Chlorure ammoniacal*, $NiCl^2,6AzH^3$. — Le chlorure de nickel absorbe le gaz ammoniac sec, avec élévation de température, en produisant une poudre blanche, violacée. Ce composé ammoniacal étant calciné perd de l'ammoniaque et du chlorure d'ammonium, et laisse un résidu de nickel métallique mélangé de chlorure non décomposé. L'eau le décompose en mettant de l'hydrate de nickel en liberté [H. Rose, *Poggend. Ann.*, t. XX, p. 155]. On obtient la même combinaison en dissolvant à chaud le chlorure de nickel dans l'ammoniaque et ajoutant de l'alcool, ou laissant refroidir: dans le premier cas, elle se précipite à l'état d'une poudre violacée; dans le second cas, elle cristallise en grands octaèdres, tronqués sur les arêtes et sur les sommets, d'un bleu violacé (Erdmann).

*Chlorure de nickel et d'ammonium*

$$NiCl^2, AzH^4Cl + 6H^2O;$$

cristaux déliquescents verts, isomorphes avec le chlorure ammoniaco-magnésien (Hautz).

*Chloromercurate de nickel.* — Voyez Chlorure mercurique.

*Chloraurate de nickel.* — Voyez Chlorure d'or.

*Chloropalladate et chloroplatinate.* — Voyez Chlorures de palladium et de platine.

Bromure de nickel, $NiBr^2$. — Se forme par l'action du brome sur le nickel chauffé, et se sublime au rouge en lamelles ressemblant au chlorure. Il est peu soluble dans l'eau, l'alcool et l'éther. Il cristallise de sa solution aqueuse en cristaux verts renfermant $3H^2O$.

Calciné à l'air, il donne du brome et un résidu d'oxyde de nickel.

*Bromure ammoniacal*, $NiBr^2,6AzH^3$. — Poudre d'un violet pâle produite par l'action du gaz ammoniac sec sur le bibromure de nickel; poudre cristalline bleu clair, se déposant par le refroidissement d'une solution de bromure de nickel dans l'ammoniaque concentrée et chaude [Rammelsberg, *Poggend. Ann.*, t. LV, p. 243].

Iodure de nickel, $NiI^2$. — On l'obtient par l'action de l'iode sur le nickel réduit par l'hydrogène, soit à sec et à chaud, soit en présence de l'eau. Dans le premier cas, on obtient, par une température élevée, un sublimé d'iodure de nickel; dans le second cas, il se forme une solution verte qui devient brune par la concentration et laisse finalement un résidu noir, qui donne, par la calcination à l'abri de l'air, de l'iodure de nickel sublimé. On obtient la même solution en dissolvant l'hydrate de nickel dans l'acide iodhydrique.

L'iodure de nickel se sublime à l'abri de l'air, sans fondre et sans se décomposer; au contact de l'air, il fournit de l'iode et de l'oxyde de nickel. L'iodure de nickel sublimé se présente en lamelles noires, très-brillantes, d'un aspect gras.

Il devient humide à l'air, et donne avec une petite quantité d'eau une solution brune qui, concentrée à consistance sirupeuse, fournit des cristaux vert-bleu très-déliquescents, renfermant $NiI^2 + 6H^2O$ [Erdmann, *Journ. f. prakt. Chem.*, t. VII, p. 254].

*Oxyiodure.* — Lorsqu'on évapore à sec une solution d'iodure de nickel et qu'on reprend le résidu par l'eau, il reste une poudre brune insoluble; celle-ci se dissout pourtant en petite quantité et communique sa couleur brune à la solution. On obtient le même produit en faisant digérer de l'hydrate ou du carbonate de nickel avec une solution d'iodure de nickel ou avec de la teinture alcoolique d'iode. Ce composé est un oxyiodure $NiI^2,9NiO,15H^2O$ (Erdmann).

*Iodure de nickel ammoniacal.* — Il en existe deux, $NiI^2,4AzH^3$ et $NiI^2,6AzH^3$.

Le premier s'obtient en traitant l'iodure de nickel anhydre par le gaz ammoniac sec; celui-ci n'est absorbé que si l'on chauffe légèrement; l'iodure augmente de volume et se transforme en une masse jaunâtre (Rammelsberg).

Le second forme une poudre cristalline bleu clair ou de petits octaèdres bleus, très-brillants, qu'on obtient en ajoutant de l'ammoniaque à une solution concentrée d'iodure de nickel, chauffant pour redissoudre le précipité floconneux qui se forme et laissant refroidir (Erdmann, Rammelsberg). Chauffé à l'air, ce corps perd de l'ammoniaque, de l'iodure d'ammonium, et laisse un résidu d'oxyiodure. Exposé à l'air, il devient d'abord vert en perdant de l'ammoniaque, puis brun. L'eau le dissout en le décomposant en partie; l'ammoniaque concentrée ne le dissout que difficilement.

Fluorure de nickel, $NiFl^2$. — Cristaux verts irréguliers, solubles dans l'acide fluorhydrique, se préparant et se comportant comme le fluorure de cobalt (renferme-t-il, comme celui-ci, $2H^2O$?). L'eau le décompose en donnant un oxyfluorure (Berzelius).

*Fluorure nickélo-ammonique.* — Cristaux grenus, vert pâle, facilement solubles dans l'eau (Berzelius).

*Fluorure nickélo-potassique.* — Comme le précédent.

*Fluorure nickélo-aluminique.* — Longues aiguilles vert pâle, se dissolvant lentement dans l'eau. On l'obtient par l'évaporation d'une solution de fluorure d'aluminium mélangé de fluorure de nickel (Berzelius).

*Fluosilicate de nickel.* — Voyez Fluosilicates, t. I, p. 1477.

COMBINAISONS AVEC LES ÉLÉMENTS DIATOMIQUES.

Oxydes de nickel. — On connaît deux oxydes de nickel : le protoxyde NiO, correspondant aux sels de nickel et le sesquioxyde ou peroxyde $Ni^2O^3$, dont on ne connaît aucune combinaison saline.

Protoxyde de nickel, NiO. — Le nickel ne s'oxyde pas à l'air, même humide, à la température ordinaire; au rouge, il se recouvre d'une couche d'oxyde d'un gris verdâtre. Par une action prolongée de l'air, on obtient une masse cassante brune, attirable à l'aimant, qui est un mélange de nickel et d'oxyde (Tupputi). Le nickel très-divisé brûle à l'air, et un fil de nickel chauffé brûle dans l'oxygène. On obtient de petits cristaux d'oxyde de nickel vert-olive en décomposant la vapeur d'eau par le nickel chauffé au rouge [Regnault, *Ann. de Chim. et de Phys.*, (2), t. LXII, p. 352]. Debray a aussi obtenu cet oxyde à l'état cristallisé en fondant du sulfate de nickel avec du sulfate de potassium ; l'oxyde de nickel cristallise dans le sulfate de potassium fondu.

Bergemann a trouvé dans de l'arséniate de nickel naturel des cristaux d'oxyde de nickel (*bunsenite*). Ces cristaux forment des octaèdres réguliers, modifiés par les faces du dodécaèdre, d'un vert pistache, à éclat vitreux. Dureté, 5,5. Densité, 6,398. Ils sont difficilement attaquables par les acides. M. Geuther en a trouvé également sur un échantillon de cuivre noir, avec une densité égale à 5,745.

On l'obtient à l'état amorphe par la calcination de l'hydrate, du carbonate ou de l'azotate. Obtenu ainsi, il constitue une poudre gris verdâtre. Il n'est pas magnétique. Quelquefois il renferme un peu de sesquioxyde dont on le débarrasse en le chauffant à 100° dans un courant d'hydrogène (Erdmann).

L'oxyde de nickel est réduit par le charbon au feu de forge; l'hydrogène le réduit totalement à 270° (W. Mueller). D'après Sidot, il peut être réduit par la seule action de la chaleur; cette observation avait déjà été faite par Richter, qui, pour cette raison, rangeait le nickel parmi les métaux précieux; mais cette assertion avait été combattue par Liebig, Wœhler et Laurent, qui mettaient cette réduction sur le compte de l'oxyde de carbone répandu dans le four à porcelaine. Sidot a opéré dans un creuset de platine placé dans un creuset de terre.

A une température élevée, l'ammoniaque réduit l'oxyde de nickel.

*Hydrate de nickel.* — On a trouvé en Pensylvanie, accompagnant le fer chromé, un hydrate de nickel $NiO,2H^2O$, d'un vert-émeraude. On obtient l'hydrate $NiH^2O^2 = NiO,H^2O$, sous la forme d'une poudre cristalline, par l'ébullition d'une solution ammoniacale d'oxyde ou de carbonate de nickel.

L'addition de potasse ou de soude à un sel de nickel en sépare de l'hydrate de nickel en flocons volumineux vert-pomme. D'après Tupputi, l'hydrate de nickel est légèrement soluble dans l'eau. Il ne se déshydrate pas par son ébullition avec de l'eau, mais seulement par la calcination.

L'ammoniaque dissout lentement l'oxyde de nickel anhydre, mais rapidement l'hydrate, en donnant une solution bleu violacé si elle renferme beaucoup d'ammoniaque, d'un bleu d'azur si elle renferme beaucoup de nickel. Portée à l'ébullition, cette solution perd de l'ammoniaque et laisse déposer de l'hydrate cristallin; exposée à l'air, elle fournit des flocons verts de carbonate de nickel mélangé d'oxyde. La potasse et la soude en précipitent tout l'oxyde de nickel qui retient beaucoup d'alcali; il en est de même de la baryte.

L'oxyde de nickel ammoniacal gonfle la soie et finit par donner une solution jaune-brun, qui est précipitée par les acides, mais non par les sels alcalins. Il ne dissout ni la cellulose ni l'amidon (Schossberger).

L'hydrate ou l'oxyde de nickel se dissolvent dans le sel ammoniac avec dégagement d'ammoniaque (Demarçay).

Sesquioxyde de nickel, $Ni^2O^3$. — Cet oxyde, qui a été trouvé dans la nature (*micomélane*), s'obtient par une calcination modérée de l'azotate de nickel ou du carbonate de nickel à l'air (Berzelius, Proust). C'est une poudre noire d'une densité de 4,846 (Herapath).

L'*hydrate nickélique*, $Ni^2O^3,3H^2O = Ni^2H^6O^6$, s'obtient par l'action du chlore ou d'un hypochlorite sur l'hydrate nickéleux (Proust, Demarçay). Avec le chlore une partie du nickel se trouve dissous à l'état de chlorure :

$$3NiH^2O^2 + Cl^2 = NiCl^2 + Ni^2H^6O^6.$$

Le brome agit comme le chlore (Balard). Lorsqu'on chauffe un sel de nickel avec de l'acide acétique et de l'hypochlorite de sodium, on obtient également de l'hydrate nickélique sous la forme d'un dépôt bleu foncé, presque noir (O. Popp). Le même hydrate se forme par l'action d'un courant énergique sur un sel de nickel; il se dépose au pôle positif (Fischer). Le peroxyde d'hydrogène, en agissant sur le nickel ou sur le protoxyde de nickel, paraît aussi donner du sesquioxyde; néanmoins il est possible qu'il se forme dans ce cas un oxyde supérieur.

Wicke a signalé un mode de formation du sesquioxyde de nickel dû à l'ozonisation. Lorsqu'on expose de l'hydrate nickéleux, récemment précipité et renfermant encore de l'alcali, dans une atmosphère contenant de l'acide sulfureux, sa surface se recouvre de sesquioxyde qui disparaît de nouveau par l'action d'un excès d'acide sulfureux.

Le sesquioxyde de nickel ne donne pas de sels. Lorsqu'on le traite par l'acide sulfurique ou l'acide azotique, il laisse dégager de l'oxygène avec formation un sel nickéleux. Avec l'acide chlorhydrique, il se dégage du chlore :

$$Ni^2O^3 + 6HCl = 2NiCl^2 + 3H^2O + Cl^2.$$

Il ne se combine pas non plus aux alcalis, mais ceux-ci ne le décomposent pas à l'ébullition. L'ammoniaque le décompose immédiatement avec dégagement d'azote et en donnant de l'hydrate nickéleux qui se dissout dans un excès d'ammoniaque :

$$3Ni^2O^3 + 3H^2O + 2AzH^3 = Az^2 + 6NiH^2O^2.$$

L'acide sulfureux et tous les agents réducteurs transforment le sesquioxyde en protoxyde ou en sel nickéleux.

La calcination seule le dédouble en protoxyde et oxygène.

Peroxyde de nickel. — On envisage généralement le produit de l'action du peroxyde d'hydrogène sur le nickel ou sur son protoxyde comme un degré d'oxydation supérieur au sesquioxyde (Thenard, Schœnbein). Cette manière de voir paraît confirmée par les expériences de Wicke, qui a obtenu un oxyde $Ni^4O^7$ par l'action de l'hypochlorite de sodium sur le sesquioxyde de nickel, à froid. Mais cet oxyde est très-instable, car il se décompose de nouveau en sesquioxyde et oxygène lorsqu'on chauffe le mélange; le sesquioxyde remis en liberté peut de nouveau donner l'oxyde $Ni^4O^7$, de telle sorte que, si l'on opère à chaud, le sesquioxyde décompose l'hypochlorite en dégageant de l'oxygène sans paraître se modifier lui-même. C'est ce que l'on observe également avec le sesquioxyde de cobalt.

La formation de l'oxyde $Ni^4O^7$ paraît indiquer l'existence d'un peroxyde $NiO^2$, car on peut le représenter par $Ni^2O^3 + 2NiO^2$ [Wicke, *Zeitsch. für Chem.*, nouv. série, t. I, p. 86, 303].

SULFURES DE NICKEL. — *Sous-sulfure.* — Lorsqu'on réduit par l'hydrogène du sulfate de nickel chauffé au rouge, il se dégage de l'acide sulfureux, de l'eau, et, finalement, un peu d'hydrogène sulfuré, et il reste 48,3 % d'une masse métallique demi-fondue, jaune pâle, cassante et magnétique, dont la composition répond à la formule $Ni^2S$ (Arfvedson). C'est probablement le même sulfure qu'a obtenu Berthier en chauffant du sulfate de nickel au creuset brasqué. Peut-être ce sous-sulfure ne représente-t-il qu'un mélange de sulfure et de nickel?

*Sulfure* NiS. — Le soufre et le nickel se combinent avec incandescence à une température peu supérieure au point de fusion du soufre (Proust, Rose). Le nickel en poudre brûle dans la vapeur de soufre (Winkelblech). On obtient ainsi le protosulfure sous la forme d'une masse fondue, jaune, cassante et non magnétique. On l'obtient dans le même état en chauffant du protoxyde de nickel avec du soufre.

Ce sulfure se rencontre dans la nature en prismes déliés (millerite, haarkies) difficilement attaquables par l'acide azotique. La *nicopyrite* est un sulfure double de nickel et de fer, 2FeS,NiS (Scheerer). Associé au sulfure de bismuth, il constitue la *saynite* ou *grünauite* (Kobell).

Le sulfure de nickel s'obtient par voie humide en précipitant les sels de nickel par les sulfures ou les sels neutres, additionnés d'acétate de sodium, par l'hydrogène sulfuré. C'est un précipité hydraté brun-noir qui donne, par la calcination, du sulfure anhydre.

Calciné à l'air, le sulfure de nickel se transforme en une masse verte, probablement du sous-sulfate. Il n'est pas réduit par l'hydrogène (H. Rose, Arfvedson). Il n'est pas attaqué par la vapeur d'eau au rouge (Regnault). Le chlore le transforme au rouge en chlorure de soufre et en chlorure de nickel qui se sublime (Fellenberg). L'acide azotique et l'eau régale le dissolvent, mais non l'acide chlorhydrique.

Le sulfure précipité s'oxyde lentement à l'air. Il se dissout dans l'acide sulfureux (Berthier), très-difficilement dans l'acide chlorhydrique concentré et bouillant, facilement dans l'eau régale. Il est insoluble dans le sulfure d'ammonium. Mis en digestion avec des solutions de sulfate de cadmium, d'acétate de plomb, de chlorure ferrique, de sulfate de cuivre ou d'azotate d'argent, il en sépare les métaux à l'état de sulfures (Anthon).

*Bisulfure de nickel*, $NiS^2$. — Poudre d'un gris d'acier, onctueuse au toucher, obtenue en calcinant, au rouge sombre, un mélange de carbonate de nickel, de carbonate de potassium et de soufre, et lavant le produit à l'eau [Fellenberg, *Poggend. Ann.*, t. L, p. 75].

*Sulfure* $Ni^3S^4$. — Il a été obtenu par H. de Senarmont en décomposant à 160° le chlorure de nickel par le persulfure de potassium; il a un aspect semi-métallique, de couleur jaunâtre. Il correspond au sulfure de nickel et de cobalt naturel $(CoNi)^3S^4$ [*Ann. de Chim. et de Phys.*, (3), t. XXXII, p. 165]. Geitner a obtenu ce sulfure en cristaux rhomboédriques, en chauffant à 200° du nickel avec de l'acide sulfureux, ou une solution de sulfite de nickel.

SÉLÉNIURE DE NICKEL, NiSe. — Cristaux d'un jaune d'or, d'une densité égale à 8,46, obtenus en fondant, sous une couche de borax, le produit de l'action de la vapeur de sélénium sur le nickel chauffé au rouge (Little).

TELLURURE DE NICKEL, $Ni^2Te^3$. — Minéral désigné par Genth sous le nom de *mélonite*, fusible et attaquable par l'acide azotique.

### COMBINAISONS DU NICKEL AVEC LES AUTRES ÉLÉMENTS.

AZOTURE DE NICKEL. — Inconnu. D'après Schrœtter, il prendrait naissance dans l'action de l'ammoniaque sur l'oxyde de nickel chauffé à 160°.

ARSÉNIURES DE NICKEL. — Le nickel s'unit directement à l'arsenic qui le rend beaucoup plus fusible (Berzelius). On connaît plusieurs arséniures de nickel dont quelques-uns sont des produits naturels.

*Diarséniure*, $NiAs^2$ (nickéline blanche, chloanthite, rammelsbergite). — Voyez t. I, p. 855.

*Monoarséniure*, NiAs (kupfernickel, nickéline). — Voyez p. 547.

*Arséniure*, $Ni^3As^2$ (speisscobalt cristallisé). — Se rencontre quelquefois dans le speiss obtenu par la fusion de la smaltine. Système orthorhombique. Brillant, d'un rouge plus pâle que le kupfernickel, non magnétique (Wœhler).

*Sous-arséniure*, $Ni^2As$. — Masse pulvérulente ou cassante obtenue en chauffant à l'abri de l'air 100 p. de nickel pulvérisé avec 200 p. d'arsenic (Gehlen). En chauffant, au blanc, de l'arséniate de nickel dans un creuset brasqué, on obtient 61,5 % d'arséniure, en grains cassants, gris, non magnétiques (Berthier).

PHOSPHURES DE NICKEL. — *Phosphure* $Ni^3P^2$. — Composé pulvérulent noir, insoluble dans l'acide chlorhydrique, décomposable par l'acide azotique, qui se forme par l'action de l'hydrogène phosphoré sur le chlorure de nickel chauffé, ou par l'action de l'hydrogène sur le phosphate de nickel tribasique.

On obtient un phosphure de nickel moins riche en phosphore, $Ni^2P$ : 1° en dirigeant des vapeurs de phosphore sur du nickel chauffé au rouge; 2° en chauffant de la limaille de nickel ou de l'oxyde de nickel avec des cendres d'os, du charbon et de la silice dans un creuset brasqué. Ce phosphure est cassant, d'un blanc d'argent, fibreux ou lamelleux. Il est plus fusible que le nickel, non magnétique, et s'oxyde par la calcination à l'air (Berthier, Pelletier).

D'après Struve [*Journ. f. prakt. Chem.*, t. LXXIX, p. 321], le phosphure obtenu par l'action de l'hydrogène sur le phosphate de nickel chauffé au rouge renferme $Ni^4Ph^2$, il est gris, métallique, soluble dans l'acide azotique.

CARBURE DE NICKEL. — Le nickel s'unit au charbon comme le fer. En fondant du nickel en présence du charbon, on augmente sa fusibilité et l'on obtient une fonte de nickel qui laisse des cristaux de graphite lorsqu'on dissout le métal dans l'acide chlorhydrique concentré (W. Ross et Irwing).

### SELS DE NICKEL.

On obtient les sels de nickel en dissolvant l'oxyde ou le carbonate dans les acides, ou par double décomposition. Pour les obtenir purs, il faut suivre un des procédés indiqués pour la purification du nickel. Pour les caractères chimiques de ces sels, voyez p. 544.

AZOTATE DE NICKEL, $(AzO^3)^2Ni$. — On le prépare en dissolvant le nickel ou l'oxyde de nickel dans l'acide azotique. Il cristallise dans l'eau en cristaux monocliniques renfermant

$$(AzO^3)^2Ni + 6H^2O,$$

isomorphes avec ceux de l'azotate de cobalt. Ces cristaux s'obtiennent en évaporant la solution vers 49° ou en laissant refroidir une solution très-concentrée. Ils fondent à 56°,7 et le liquide bout à 136°,7, en perdant 3 $H^2O$ et en redevenant épais. Chauffés plus fort, ils perdent le reste de leur eau, en même temps qu'un peu d'acide (Ordway). Ces cristaux sont efflorescents ou déliquescents suivant l'état hygrométrique de l'air; ils se dissolvent dans 2 p. d'eau froide et sont également solubles dans l'alcool (Tupputi).

L'azotate de nickel anhydre est jaune. Chauffé, il se transforme d'abord en azotate basique, puis en peroxyde de nickel (Berzelius) et finalement en protoxyde. L'*azotate basique*, ainsi obtenu, est une poudre jaune verdâtre, insoluble dans l'eau.

*Azotate de nickel ammoniacal,*

$$(AzO^3)^2Ni,4AzH^3 + H^2O.$$

— Ce sel se dépose d'une solution concentrée d'azotate de nickel dans l'ammoniaque, fortement refroidie. Il cristallise en beaux octaèdres réguliers, à sommets tronqués, transparents et d'un bleu de saphir. Ils perdent une partie de leur eau à l'air sec; avant cette perte d'eau, ils renferment, d'après Laurent, 2 $H^2O$.

Il se sépare aussi de la solution par l'addition d'alcool fort, sous la forme d'un précipité grenu qu'on lave à l'alcool. Exposé à l'air, ce composé se transforme en une poudre d'un bleu pâle, déliquescente à l'air humide. Il est très-soluble dans l'eau; sa solution bleue perd de l'ammoniaque par l'ébullition et laisse alors déposer des flocons d'hydrate nickéleux (Erdmann).

D'après Schwartz, ce composé se combine au chlorure de nickel ammoniacal pour former des cristaux octaédriques assez volumineux renfermant $NiCl^2,6AzH^3+6[(AzO^3)^2Ni,4AzH^3,H^2O]+10H^2O$ [*Journ. für prakt. Chem.*, t. LI, p. 319].

*Azotate double de nickel et d'ammonium.* — Cristaux verts, indistincts, solubles dans 3 p. d'eau (Thenard).

Azotite de nickel, $(AzO^2)^2Ni$. — Ce sel s'obtient en dissolution en décomposant l'azotite d'argent par le chlorure de nickel. La solution verte, évaporée à basse température, fournit des cristaux jaune-rouge, anhydres et inaltérables à l'air. Ces cristaux sont stables à 100°, mais leur solution se décompose déjà à 80° [Lang, *Journ. für prakt. Chem.*, t. LXXXVI, p. 295; *Bull. de la Soc. chim.*, 1863, p. 77]. D'après Hampe le sel obtenu par double décomposition entre le sulfate de nickel et l'azotite de baryum forme une masse gélatineuse dont la solution se décompose déjà à la température ordinaire, en dégageant du bioxyde d'azote et en laissant déposer un sel basique vert,

$$(AzO^2)^2Ni, NiO = Az^2O^5Ni^2$$

(para-azotite) [*Ann. d. Chem. u. Pharm.*, t. CXXV, t. 334; *Bull. de la Soc. chim.*, 1863, p. 334].

*Azotite de nickel ammoniacal,* $(AzO^2)^2Ni, 4AzH^3$. — Lorsqu'on mélange des solutions d'azotite d'ammonium et d'acétate de nickel, on obtient une solution verte, assez altérable, mais qui prend de la stabilité par l'addition d'alcool et qui laisse déposer peu à peu, à froid, de petits cristaux orthorhombiques brillants, d'un rouge cerise. On les obtient aussi en ajoutant plus d'alcool, en même temps que de l'ammoniaque, à la solution des mêmes sels. On peut faire recristalliser ce composé dans l'ammoniaque additionnée d'alcool. Il s'altère à 100° en perdant de l'ammoniaque et devenant vert [O. L. Erdmann, *Journ. für prakt. Chem.*, t. XCVII, p. 385, et *Bull. de la Soc. chim.*, 1866, t. VI, p. 377].

L'azotite de nickel forme des azotites doubles et triples appartenant tous au type $(AzO^2)^6NiH^4$. Ces derniers, très-peu solubles, peuvent gêner dans la séparation du cobalt et du nickel par l'azotite de potassium.

*Azotite double de nickel et de potassium,*

$$(AzO^2)^6NiK^4 = (AzO^2)^2Ni + 4AzO^2K.$$

— Cristaux octaédriques bruns, solubles dans l'eau avec une coloration verte, insolubles dans l'alcool qui décompose ce sel à l'ébullition (Lang); on l'obtient en mélangeant des solutions d'azotite de potassium et d'acétate de nickel.

*Azotite double de nickel et de baryum,*

$$(AzO^2)^6NiBa^2 = (AzO^2)^2Ni + 2(AzO^2)^2Ba.$$

— Poudre rouge pâle, soluble dans l'eau avec une coloration verte (Lang).

*Azotite triple de nickel, de baryum et de potassium,* $(AzO^2)^6NiBaK^2$. — On obtient ce sel triple en ajoutant de l'acétate de nickel à de l'azotite de baryum et de potassium ou de l'acétate de baryum à l'azotite nickélo-potassique. Il forme des tables microscopiques, d'un jaune-rouge, peu solubles dans l'eau froide (Lang, Erdmann); il se sépare même en employant des solutions très-étendues. Il cristallise par refroidissement en petits cubo-octaèdres.

*Azotate triple de nickel, de calcium et de potassium*, $(AzO^2)^6NiCaK^2$. — Précipité cristallin jaune, peu soluble dans l'eau froide, même en présence d'acide acétique libre; il se forme dans les mêmes circonstances que le composé barytique. Si l'on opère à chaud avec des solutions étendues, le sel triple se dépose, par le refroidissement, en cristaux grenus, microscopiques; par l'évaporation lente, on obtient des octaèdres réguliers bien formés. L'eau bouillante décompose en partie ce sel en donnant du bioxyde d'azote et de l'azotite basique de nickel (Erdmann).

*Azotite triple de nickel, de strontium et de potassium*, $(AzO^2)^6NiSrK^2$. — Précipité cristallin jaune rougeâtre.

Bromate de nickel, $(BrO^3)^2Ni + 6H^2O$. — Octaèdres réguliers, obtenus par évaporation lente, après double décomposition entre le bromate de baryum et le sulfate de nickel. Ce sel est soluble dans 3,58 p. d'eau froide. La chaleur lui fait perdre de l'eau, de l'oxygène et du brome, et laisse un résidu d'oxyde [Rammelsberg, *Poggend. Ann.*, t. LV, p. 69].

*Bromate de nickel ammoniacal,*

$$(BrO^3)Ni, 2AzH^3.$$

— Poudre cristalline bleu verdâtre, se précipitant par l'addition d'alcool à une solution de bromate de nickel dans l'ammoniaque. L'eau le décompose en partie en séparant de l'hydrate de nickel (Rammelsberg).

Chlorate de nickel, $(ClO^3)^2Ni + 6H^2O$. — Octaèdres réguliers, déliquescents, d'un vert foncé, solubles dans l'alcool, fusibles à 80° dans leur eau de cristallisation. Ce sel s'altère déjà à 100° en perdant de l'eau, du chlore et de l'oxygène, et en laissant un résidu noir, mélange de chlorure et de sesquioxyde de nickel.

Iodate de nickel, $(IO^3)^2Ni + H^2O$. — Poudre cristalline vert pâle, obtenue en concentrant et laissant refroidir une solution d'hydrate de nickel dans l'acide iodique. Ce sel perd son eau à 100° et donne par la calcination un résidu d'oxyde; il se dissout dans 120 p. d'eau à 15° et dans 77 p. d'eau bouillante [Rammelsberg, *Poggend. Ann.*, t. XLIV, p. 562]. Ditte, en évaporant un mélange d'azotate de nickel et d'iodate de potassium, en solutions étendues, a obtenu des cristaux prismatiques renfermant 3 $H^2O$.

*Iodate de nickel ammoniacal,*

$$(IO^3)^2Ni, 4AzH^3.$$

— Précipité cristallin et pulvérulent se déposant par l'addition d'alcool à un mélange d'iodate de nickel et d'ammoniaque (Rammelsberg).

**Periodate de nickel.** — Le carbonate de nickel se dissout dans l'acide periodique avec une coloration verte, en donnant en même temps du peroxyde de nickel, de l'iodate et du periodate basique insoluble. La solution acide verte, concentrée sur l'acide sulfurique, fournit des prismes droits à base carrée, renfermant, outre de l'eau de cristallisation, $I^8O^{35}Ni^7 = (IO^4)^2Ni, 3I^2O^9Ni^2$. Ce sel est insoluble dans l'eau pure; l'eau bouillante le décompose en donnant du peroxyde et de l'iodate [Rammelsberg, *Ber. der Akad. zu Berlin*, 1868, p. 207].

**Carbonate de nickel.** — Le *carbonate neutre* anhydre $CO^3Ni$ n'existe pas dans la nature. H. de Senarmont l'a obtenu sous la forme d'un sable cristallin vert pâle, en traitant, à 150°, du chlorure de nickel par du carbonate de calcium ou par une solution de bicarbonate de sodium. Il forme de petits rhomboèdres transparents, inattaquables à froid par l'acide chlorhydrique et par l'acide azotique [*Ann. de Chim. et de Phys.*, (3), t. XXXII, p. 153].

Les carbonates alcalins donnent, avec les sels de nickel, des précipités vert pâle de carbonate de nickel hydraté, de composition variable, suivant la nature du carbonate employé et suivant les conditions de la précipitation. L'oxyde et l'hydrate de nickel absorbent l'acide carbonique de l'air pour donner des carbonates plus ou moins basiques (Proust).

Le *carbonate neutre* hydraté, $CO^3Ni + 6H^2O$, se forme lorsqu'on verse une solution d'azotate de nickel dans un grand excès de bicarbonate de sodium; c'est un précipité cristallin formé de rhomboèdres ou de prismes obliques microscopiques [Deville, *Ann. de Chim. et de Phys.*, (3), t. XXXV, p. 452].

Lorsqu'on précipite à froid du sulfate de nickel par du carbonate neutre de sodium, on obtient un précipité qui, séché à 100°, renferme

$$2CO^3Ni + 3NiH^2O^2 + 2H^2O$$

(H. Rose). Chaque fois qu'on ajoute ainsi du carbonate alcalin à un sel de nickel, le précipité que l'on obtient est plus ou moins basique et hydraté, comme cela a lieu pour les carbonates de cuivre et de zinc. On obtient des résultats plus nets en employant des bicarbonates ou des sesquicarbonates en grand excès, en y versant le sel de nickel; les carbonates que l'on obtient ainsi sont des carbonates doubles [H. Deville, *Ann. de Chim. et de Phys.*, (3), t. XXXIII, p. 96, et t. XXXV, p. 452].

Les carbonates de nickel donnent tous de l'oxyde par la calcination. Ils sont solubles dans l'ammoniaque et dans le carbonate d'ammonium.

*Carbonate acide double de nickel et d'ammonium*, $(CO^3)^2Ni(AzH^4)H + 4H^2O$. — Cristaux vert-pomme obtenus par addition d'azotate de nickel à du bicarbonate d'ammonium en excès (Deville).

*Carbonate de nickel et de potassium*,

$$(CO^3)^2NiK^2 + 4H^2O.$$

— Aiguilles brillantes microscopiques, d'un vert-pomme, obtenues avec le sesquicarbonate de potassium en excès (Deville).

*Carbonate acide de nickel et de potassium*,

$$(CO^3)^2NiKH + 4H^2O.$$

— Beaux cristaux verts (prismes de 109°, d'après H. Rose), obtenus avec le bicarbonate de potassium (Deville).

*Carbonate de nickel et de sodium*,

$$(CO^3)^2NiNa^2 + 10H^2O.$$

— Petits rhomboèdres presque cubiques, d'un vert d'herbe (Deville).

**Sulfocarbonate de nickel**, $CS^3Ni$. — Les sels de nickel donnent, avec le sulfocarbonate de calcium, une solution brun foncé, qui laisse déposer après 24 heures des flocons noirs et qui devient elle-même jaune-brun (Berzelius).

**Sulfate de nickel**, $SO^4Ni$. — Il se forme en traitant le nickel par l'acide sulfurique ou en dissolvant l'hydrate ou le carbonate de nickel dans l'acide étendu. Anhydre, il est jaune clair; une légère calcination le transforme en sulfate basique qui se décompose complètement au rouge en laissant un résidu d'oxyde. Le charbon le réduit à l'état métallique en donnant plus ou moins de sulfure de nickel. Il attire l'humidité de l'air en devenant vert.

La solution de sulfate de nickel, abandonnée à la cristallisation entre 15° et 20°, laisse déposer des prismes rhomboïdaux droits, d'un vert-émeraude, renfermant 7 molécules d'eau de cristallisation, isomorphes avec le sulfate de magnésium. Si la cristallisation s'effectue entre 30° et 40°, les cristaux affectent la forme de prismes à base carrée, ou d'octaèdres du même système, et renfermant $6H^2O$; enfin, si elle a lieu entre 50° et 70°, on obtient des prismes clinorhombiques [Mitscherlich, *Poggend. Ann.*, t. XII, p. 144].

Les cristaux orthorhombiques, à $7H^2O$, ont pour densité 2,037 (H. Kopp); ils deviennent blancs à l'air en s'effleurissant. Ils perdent $6H^2O$ à 103°,3 et la dernière molécule d'eau ne se dégage qu'à 280° (Graham). Ils se dissolvent dans 3 p. d'eau froide et sont insolubles dans l'alcool et dans l'éther.

Exposés quelque temps à une douce chaleur, ces cristaux perdent leur transparence et se transforment en un amas d'octaèdres à base carrée; cette transformation est due à la perte d'une molécule d'eau et à la transformation du sel $SO^4Ni, 7H^2O$ en $SO^4Ni, 6H^2O$; ce n'est donc pas là un cas de polymorphisme comme le pensait Mitscherlich. La même chose arrive lorsque les cristaux à $7H^2O$ sont exposés au soleil. C'est à Marignac que l'on doit l'explication de ces faits; mais les analyses de Mitscherlich montrent déjà que la composition de ces sels n'est pas la même, quant à leur eau de cristallisation.

Le sel à $6H^2O$ se dépose aussi à froid d'une solution renfermant un excès d'acide sulfurique ou de l'acide chlorhydrique concentré (de Hauer). Quant aux cristaux clinorhombiques, ils constituent une variété dimorphe du sel à $6H^2O$.

*Sulfate basique.* — On l'obtient en précipitant la solution du sel neutre par une proportion insuffisante de potasse, ou par une légère calcination. Dans ce dernier cas, il est un peu soluble dans l'eau et possède une faible réaction alcaline (Berzelius).

*Sulfate de nickel ammoniacal.* — Le sulfate de nickel sec absorbe 66 % de gaz ammoniac, avec élévation de température, et se transforme en une poudre d'un violet pâle, soluble dans l'eau avec une coloration bleue et avec séparation d'hydraté de nickel. Ce composé renferme $SO^4Ni, 6AzH^3$. Chauffé, il dégage de l'ammoniaque, du sulfite d'ammonium, et laisse un résidu jaune, soluble en partie dans l'eau; la partie insoluble est du nickel réduit [H. Rose, *Poggend. Ann.*, t. XX, p. 151].

Le sulfate de nickel, dissous dans l'ammoniaque, fournit par le refroidissement, par la concentration dans le vide ou par addition d'alcool, un composé cristallin bleu qu'on peut faire recristalliser dans un peu d'eau chaude. Il forme alors des prismes rectangulaires bleus, transparents; exposés à l'air ou dans le vide, ils se réduisent en une poudre bleuâtre. Ces cristaux renferment

$$SO^4Ni, 4AzH^3, 2H^2O$$

(Erdmann).

Le sulfate de nickel forme avec les sels alcalins des sels doubles, isomorphes avec les sulfates magnésiens doubles, renfermant $6H^2O$. Il s'unit aussi à quelques autres sulfates métalliques.

*Sulfate de nickel et d'ammonium,*

$$(SO^4)^2Ni(AzH^4)^2 + 6H^2O.$$

— Cristaux d'un bleu-vert. Densité = 1,801 (Thomson), 1,915 (Kopp). 100 p. de dissolution saturée de ce sel renferment 9,4 p. de ce sel supposé anhydre à 20°; 13,2 p. à 40°; 18,6 p. à 60° et 23,1 p. à 80° (de Hauer). Ce sel double est insoluble dans une solution de sulfate d'ammonium; le sulfate cobaltoammonique présente la même insolubilité, ce qui permet de séparer le nickel et le cobalt du cuivre, du fer, du manganèse et du zinc (Thompson).

*Sulfate de nickel et de potassium,*

$$(SO^4)^2NiK^2 + 6H^2O.$$

— Cristaux vert bleuâtre, transparents, inaltérables à l'air. Densité = 2,124 (H. Kopp). Il se dissout dans 8 à 9 p. d'eau froide. D'après de Hauer, 100 p. de solution saturée de ce sel renferment à 20° 8,7 p. de sel supposé anhydre, 12,3 p. à 40°; 17,6 p. à 60° et 22 p. à 80°.

Le sel anhydre est jaune et fond par une légère calcination à l'état d'un liquide qui, refroidi dans de l'eau, donne une poudre jaune se dissolvant peu à peu.

*Sulfate de nickel et de thallium,*

$$(SO^4)^2NiTl^2 + 6H^2O.$$

*Sulfate de nickel et de cuivre.* — Voyez t. I, p. 1022.

*Sulfate de nickel et de zinc.* — Cristaux vert pâle ressemblant à ceux du sulfate de nickel à $7H^2O$, efflorescents, solubles dans 3 à 4 p. d'eau froide (Tupputi).

SULFITE DE NICKEL, $SO^3Ni$. — En saturant une solution d'acide sulfureux par de l'oxyde de nickel on obtient une poudre cristalline verte, qui renferme $4H^2O$ et une solution qui fournit, par l'évaporation sur l'acide sulfurique, des tétraèdres verts, renfermant $6H^2O$ (Muspratt). Le sulfite de nickel se forme aussi, en même temps que du thiosulfate, lorsqu'on dissout le nickel dans une solution d'acide sulfureux (Fordos et Gélis).

THIOSULFATE DE NICKEL, HYPOSULFITE, $S^2O^3Ni$. — On l'obtient en faisant digérer la solution de sulfite de nickel avec de la fleur de soufre, dans un flacon rempli et bouché; par l'évaporation de la liqueur filtrée, le thiosulfate se dépose en cristaux avec $6H^2O$. La solution de ce sel fournit du sulfure de nickel par l'ébullition.

Le nickel se dissout dans l'acide sulfureux sans dégagement de gaz; la solution verte donne d'abord par l'évaporation des cristaux de sulfite, puis des cristaux plus jaunâtres de thiosulfate (Fordos et Gélis). On obtient enfin ce sel en ajoutant du sulfate de nickel à du thiosulfate de baryum, filtrant et faisant évaporer (Rammelsberg).

*Thiosulfate de nickel ammoniacal,*

$$S^2O^3Ni,4AzH^3 + 6H^2O.$$

— Poudre cristalline bleue, qui se sépare par l'addition d'alcool à un mélange de thiosulfate et d'ammoniaque. Ce composé verdit rapidement à l'air [Rammelsberg, *Poggend. Ann.*, t. LVI, p. 306].

HYPOSULFATE DE NICKEL, $S^2O^6Ni$. — Longs prismes verts, renfermant $6H^2O$, obtenus par double décomposition entre le sulfate de nickel et l'hyposulfate de baryum, et concentration de la liqueur filtrée (Rammelsberg).

*Hyposulfate de nickel ammoniacal,*

$$S^2O^6Ni + AzH^3.$$

— Poudre cristalline qui se précipite par l'addition d'alcool à un mélange d'hyposulfate et d'ammoniaque. Si ce dernier mélange est fait à chaud avec des solutions concentrées, on obtient des petits prismes aplatis, d'un bleu-violet, par le refroidissement [Rammelsberg, *Poggend. Ann.*, t. LVIII, p. 295].

L'eau pure décompose ce sel en mettant de l'hydrate de nickel en liberté.

SÉLÉNIATE DE NICKEL, $SeO^4Ni$. — Octaèdres à base carrée, isomorphes avec ceux du sulfate de nickel à 6 molécules d'eau [Mitscherlich, *Poggend. Ann.*, t. XII, p. 144].

D'après de Hauer, il se dépose avec $6H^2O$ en pyramides quadratiques par l'évaporation des solutions neutres. Ces cristaux perdent $4H^2O$ à 100°.

Le *séléniate de nickel et de potassium,*

$$(SeO^4)^2NiK^2 + 6H^2O,$$

et le *séléniate nickélo-ammonique* cristallisent comme les sulfates doubles de la série magnésienne.

Le composé potassique perd $4H^2O$ à 100°, ce qui n'a pas lieu pour le sulfate correspondant [de Hauer, *Journ. für prakt. Chem.*, t. LXXXII, p. 97].

SÉLÉNITES DE NICKEL. — Le *sel neutre* forme un précipité blanc, devenant vert pomme par la dessiccation, et insoluble dans l'eau.

Le *sel acide* forme une masse gommeuse verte, soluble dans l'eau (Berzelius).

TELLURATE ET TELLURITE DE NICKEL. — Précipités floconneux d'un vert très-pâle (Berzelius).

Le *sulfotellurite* forme un précipité noir.

CHROMATE DE NICKEL. — Voyez t. I, p. 895.

BORATE DE NICKEL. — Précipité pulvérulent, vert pâle, insoluble dans l'eau, soluble dans les acides. Par la fusion, il donne un verre rouge-hyacinthe (Berzelius).

PHOSPHATES DE NICKEL. — Le *phosphate trinickélique*, $(PO^4)^2Ni^3$ se précipite en flocons d'un vert-pomme pâle par l'addition de phosphate de sodium à du sulfate de nickel. Il se présente aussi en grains cristallins vert-émeraude. Ce sel est insoluble dans l'eau, soluble dans l'acide phosphorique, ainsi que dans les acides sulfurique, chlorhydrique et azotique, à l'état de *sel acide*. La solution du *phosphate acide* s'obtient en traitant le nickel par une solution bouillante d'acide phosphorique; il se dissout avec dégagement d'hydrogène.

D'après Struve, le phosphate qui se précipite par l'addition d'un excès de phosphate de sodium ne serait pas du phosphate trimétallique, car il donne par la calcination une poudre brune qui renferme $2P^2O^5,5NiO$, et qui est sans doute un mélange de pyrophosphate et de phosphate $(P^2O^7)Ni^2 + (PO^4)^2Ni^3$ [*Bull. Acad. Saint-Pétersb.*, t. I, p. 453 (1860); *Répert. de Chim. pure*, 1860, p. 313].

Le phosphate de nickel donne du phosphure de nickel par la calcination dans un courant d'hydrogène.

*Pyrophosphate de nickel*, $P^2O^7Ni^2$. — S'obtient sous la forme d'une poudre verte en décomposant le sulfate de nickel par du pyrophosphate de sodium. Ce sel est soluble dans l'ammoniaque, les acides minéraux et le pyrophosphate de sodium en excès. Il se dépose à l'état cristallin, avec $6H^2O$, lorsqu'on fait bouillir sa solution dans l'acide sulfureux (Schwartzenberg). Ce sel se forme aussi par la calcination du phosphate ammoniaco-nickélique.

*Métaphosphate de nickel*, $(PO^3)^2Ni$. — Poudre verte tirant sur le jaune, obtenue par la calcination du sulfate de nickel avec un excès d'acide phosphorique (Maddrell).

*Phosphate ammoniaco-nickélique*, $PO^4Ni,AzH^4$. — Composé insoluble, obtenu en faisant digérer le phosphate de nickel avec du phosphate d'ammonium, et se formant en général dans les mêmes circonstances que le phosphate ammoniaco-magnésien.

PHOSPHITE DE NICKEL, $(PO^3H)Ni$. — Paillettes cristallines, un peu solubles dans l'eau, qui se déposent peu à peu, surtout à chaud, lorsqu'on ajoute un phosphite alcalin à un sel de nickel. Calciné dans un tube, il fournit de l'eau et de l'hydrogène pur (H. Rose).

HYPOPHOSPHITE DE NICKEL, $(PO^2H^2)^2Ni$. — Ce sel, très-soluble dans l'eau, paraît cristalliser en cubes. On l'obtient en évaporant la solution de l'hydrate de nickel dans l'acide hypophosphoreux. Chauffé dans un tube, il devient jaune en perdant de l'eau, puis dégage de l'hydrogène phosphoré et laisse un résidu de phosphate (H. Rose).

ARSÉNITE ET ARSÉNIATES DE NICKEL. — Voyez t. I, p. 400 et 404.

SULFARSÉNITE ET SULFARSÉNIATE. — Voyez t. I, p. 407 et 409.

ANTIMONIATE. — Voyez t. I, p. 349.

VANADATES, MOLYBDATES, etc. — Voyez ces mots.

E. W.

**NICKEL** (RÉACTIONS ET DOSAGE). — RÉACTIONS, SÉPARATION DES SELS DE NICKEL. — Les sels de nickel sont jaunes quand ils sont anhydres; hydratés ou en dissolution, ils sont d'un vert-pomme ou d'un vert-émeraude. Leur réaction est toujours acide; leur saveur, d'abord douceâtre, devient ensuite âcre et métallique. La solution du sulfate ou du chlorure, traitée à l'ébullition par du zinc pulvérisé en excès, laisse déposer tout le nickel à l'état d'*une poudre magnétique*, probablement un mélange d'oxydes (Becquerel).

Voici les caractères que présentent ces sels avec les divers réactifs :

*Potasse et soude.* — Précipité vert-pomme d'hydrate de nickel, ne se modifiant pas par l'ébullition, insoluble dans un excès d'alcali. La présence de l'acide tartrique empêche cette précipitation.

*Ammoniaque.* — Précipité vert, facilement soluble dans un excès d'ammoniaque, en donnant une solution violette qui abandonne l'hydrate de nickel par l'addition de potasse. La solution ammoniacale de cobalt n'est pas précipitée par la potasse (Pisani).

*Carbonates de potassium et de sodium.* — Précipité vert de carbonate basique hydraté, insoluble dans un excès de réactif.

*Carbonate d'ammonium.* — Précipité verdâtre soluble dans un excès, avec une coloration blanc verdâtre.

*Chlore* (en présence des alcalis). — Formation de peroxyde de nickel brun-noir. L'hypochlorite de sodium précipite également, à l'ébullition, du sesquioxyde de nickel.

*Carbonate de baryum*, etc. — Rien à froid; précipitation complète à l'ébullition (Demarçay). D'après Fuchs, le carbonate de calcium ne précipite pas les sels de nickel, même à l'ébullition.

Le nickel est aussi déplacé par l'hydrate de cobalt, ainsi que par les sulfures de manganèse et de cobalt.

*Hydrogène sulfuré.* — Pas de précipité dans une solution acide; précipité à peu près complet dans un sel de nickel additionné d'acétate de sodium.

*Sulfure ammonique.* — Précipité noir de sulfure de nickel hydraté, insoluble dans le sulfure ammonique incolore et peu soluble dans le sulfure ammonique jaune; la solution est brune et se trouble bientôt à l'air en laissant déposer du persulfure de nickel. L'acide tartrique n'empêche pas la précipitation par le sulfure ammonique. Le sulfure est difficilement soluble dans l'acide chlorhydrique, même bouillant.

*Phosphate de sodium.* — Précipité blanc-vert soluble dans un excès de sel de nickel, mais s'en précipitant de nouveau par l'ébullition.

*Cyanure de potassium.* — Précipité blanc verdâtre soluble dans un excès de cyanure. L'addition d'acide chlorhydrique le reprécipite. Les sulfures alcalins ne précipitent pas le nickel de cette solution.

*Ferrocyanure de potassium.* — Précipité blanc verdâtre, insoluble dans l'acide chlorhydrique.

*Ferricyanure de potassium.* — Précipité jaune-vert.

*Noix de galle.* — Pas de précipité avec le sulfate ou le chlorure de nickel; avec l'acétate, précipité brun-jaune volumineux.

*Acide oxalique.* — Précipité vert clair se formant seulement après quelque temps, soluble dans l'ammoniaque. On peut précipiter ainsi presque tout le nickel à l'état d'oxalate.

*Thiosulfate de sodium* (hyposulfite). — Séparation complète de sulfure de nickel, mais seulement après plusieurs heures d'ébullition. Séparation plus rapide à 120° en tubes scellés; elle est favorisée par la présence de l'acide acétique et empêchée par celle de l'acide chlorhydrique. L'ammoniaque est sans influence (W. Gibbs).

RÉACTIONS AU CHALUMEAU. — Avec le *borax* dans la flamme extérieure, perle rouge-hyacinthe, jaune à froid; si la perle est très-chargée, elle est opaque et brune à chaud, limpide et rouge foncé après le refroidissement. La flamme intérieure colore la perle en gris par suite d'une réduction partielle de nickel.

L'oxyde de nickel ne se dissout pas dans le *carbonate de sodium* fondu.

Avec le *sel de phosphore*, la couleur de la perle disparaît presque totalement par le refroidissement; elle est plus jaune à chaud qu'avec du cobalt.

DOSAGE DU NICKEL. — Le nickel est toujours dosé à l'état de protoxyde; on le précipite, soit à l'état d'hydrate, par la potasse, soit à l'état de sulfure, par le sulfure ammonique. Ce dernier procédé est toujours applicable. Si le nickel est à l'état d'azotate ou d'un sel organique, il suffit d'évaporer la solution et de calciner le résidu au contact de l'air. Le carbonate de nickel se change également en protoxyde, et ce dernier n'est pas modifié par sa calcination à l'air.

1° *Précipitation à l'état d'hydrate.* — On ajoute à la solution de sel de nickel un excès de potasse ou de soude et l'on chauffe presque à l'ébullition, on décante alors et on chauffe le précipité avec une nouvelle eau, on décante de nouveau pour répéter l'opération et on recueille finalement le précipité sur un filtre, on le lave à l'eau chaude, on le sèche, on le calcine et on le pèse. La présence des sels ammoniacaux ne gêne pas. Mais la présence de matières organiques, telles que le sucre, l'acide tartrique, ne permet pas d'employer ce procédé. Dans ce cas, il faut détruire l'acide organique par la calcination ou précipiter le nickel par le sulfure d'ammonium.

2° *Précipitation à l'état de sulfure.* — Cette précipitation exige certaines précautions. Elle n'est complète qu'en présence d'une quantité notable de sel ammoniac en évitant la présence d'ammoniaque libre, car, dans ce cas, il reste du nickel dissous et la solution est brune. La solution renfermant le nickel est étendue et saturée complétement par de l'ammoniaque, additionnée de chlorure d'ammonium, si elle n'en contient pas déjà, puis de sulfure ammonique exempt d'ammoniaque libre, en évitant d'en ajouter un trop grand excès. On laisse alors séjourner le tout pendant 24 heures dans un ballon qu'on remplit et qu'on bouche; le sulfure de nickel est alors bien déposé et la solution surnageante doit être incolore ou jaunâtre. On le recueille sur un filtre et on le lave avec de l'eau chargée de sel ammoniac et d'un peu de sulfure ammonique, et finalement avec de l'eau chargée seulement d'un peu de sulfure; cette précaution est nécessaire pour empêcher l'oxydation partielle du sulfure de nickel. Quand le précipité est lavé, on le sèche, on le détache du filtre et on incinère celui-ci. Le sulfure et les cendres du filtre sont ensuite dissous dans l'eau régale, et le nickel est précipité par la potasse dans la solution étendue d'eau et filtrée. L'incinération du filtre est nécessaire; car, si on l'attaquait directement par l'eau régale, la matière organique du papier empêcherait la précipitation par la potasse.

Si la liqueur dans laquelle s'est faite la précipitation du sulfure de nickel est colorée en brun, c'est qu'elle tient du nickel en dissolution. Il faut alors la faire bouillir avec de l'acide acétique, qui précipite le sulfure de nickel dissous.

H. Rose opère la précipitation du sulfure de nickel en saturant sa solution par un léger excès de bicarbonate d'ammonium et le traitant ensuite par un courant d'hydrogène sulfuré; de cette manière, il ne peut rester de sulfure de nickel dissous.

W. Gibbs précipite le sulfure de nickel en chauffant à 120°, en tubes scellés, la solution avec de l'hyposulfite de sodium, et lavant le précipité à l'eau bouillante.

On ne peut faire servir le précipité de sulfure de nickel à la pesée directe, car le sulfure obtenu par la calcination du précipité n'offre pas une composition constante.

*Dosage volumétrique.* — M. Wicke a imaginé un dosage volumétrique du nickel fondé sur la réduction du sesquioxyde par l'acide arsénieux :

$$2Ni^2O^3 + As^2O^3 = As^2O^5 + 4NiO.$$

On précipite le nickel par la potasse, on transforme le protoxyde de nickel en sesquioxyde par l'addition d'un excès d'hypochlorite de sodium, et l'on fait bouillir jusqu'à ce qu'il ne se manifeste plus de chlore libre, puis on verse dans la liqueur une quantité déterminée d'une solution titrée d'acide arsénieux, et l'on titre l'excès de ce dernier par l'iode, après que tout le sesquioxyde a été réduit, et après avoir ajouté de l'acide tartrique pour dissoudre l'arséniate de nickel [*Zeitsch. für Chem.*, t. I, p. 86 (1865)].

SÉPARATION DU NICKEL. — *Nickel et métaux alcalins.* — Séparation facile par le sulfure ammonique. On peut aussi calciner les chlorures dans un courant d'hydrogène; celui de nickel (et celui de cobalt, mais pas celui de manganèse) est réduit à l'état métallique.

*Nickel et métaux alcalino-terreux.* — Séparation du nickel à l'état de sulfure, en suivant les précautions indiquées. On peut aussi séparer les métaux alcalino-terreux à l'état de carbonates, après avoir traité la solution par du cyanure de potassium en excès.

*Nickel et métaux précipitables par* $H^2S$ *en solution acide.* — En général, le nickel se sépare très-facilement par la précipitation des autres métaux à l'état de sulfure (hydrogène sulfuré en présence d'un acide fort).

D'après Rivot et Bouquet, le *cuivre* et le nickel ne peuvent pas être séparés exactement par ce procédé, une partie du nickel se trouvant entraînée avec le cuivre. M. Flajolot, qui a fait la même remarque, sépare ces deux métaux en précipitant le cuivre, à l'ébullition, par l'hyposulfite de soude [*Ann. de Chim. et de Phys.*, (3), t. XXXIX, p. 460]. Mais, d'après Wolcott Gibbs, le nickel se trouve aussi précipité dans les mêmes circonstances, quoique plus lentement [*Sill. Amer. Journ.*, (2), t. XXXVII, p. 346, et *Bull. de la Soc. chim.*, 1865, t. IV, p. 355]. Flajolot a aussi proposé de séparer le cuivre à l'état d'iodure cuivreux, par l'iodure de potassium et l'acide sulfureux.

Voici la méthode recommandée par de Wilde [*Bull. de la Soc. chim.*, 1862, p. 82]. La solution des métaux, ramenés à l'état de chlorures, est additionnée d'une quantité de crème de tartre représentant à peu près le double du poids des métaux, et chauffée pour faciliter la dissolution de ce sel. On ajoute ensuite à la solution une quantité de potasse pure (potasse à l'alcool) suffisante pour redissoudre les oxydes d'abord précipités. Après le refroidissement, on ajoute à la solution du glucose ou du sucre interverti et l'on fait bouillir pendant une ou deux minutes; le cuivre se précipite sous forme d'oxydule. qu'il est difficile de bien laver si l'on n'a pas laissé refroidir la solution avant l'addition de glucose. Après s'être assuré que la précipitation du cuivre est complète en ajoutant un peu de glucose à la solution claire, on recueille l'oxydule de cuivre qu'on dose par transformation en oxyde. Le liquide renfermant le nickel est évaporé à sec et le résidu soumis à l'incinération. Le résidu, lavé à l'eau et calciné une seconde fois, est redissous dans l'eau régale d'où l'on précipite le nickel par la potasse.

*Nickel et métaux du même groupe.* — *Nickel et aluminium.* — Ces deux métaux, dissous à l'état de chlorures ou d'azotates, sont mis en digestion avec du carbonate de baryum qui précipite toute l'alumine, tandis que le nickel reste dissous. Pour empêcher qu'il ne s'en précipite des traces, il est bon d'ajouter du sel ammoniac à la solution (Schwarzenberg). L'oxyde de chrome peut être séparé de même par le carbonate de baryum.

On peut aussi séparer le nickel de l'aluminium par un sulfure alcalin, après avoir additionné la solution d'acide tartrique qui empêche la précipitation de l'alumine. Ou bien on fond les oxydes avec de la potasse, au creuset d'argent; la masse fondue reprise par l'eau laisse un résidu contenant tout l'oxyde de nickel, tandis que l'alumine est dissoute dans la liqueur alcaline.

*Nickel et chrome.* — Voyez t. I, p. 897.

*Nickel et cobalt.* — La séparation complète de ces deux métaux, qui sont fréquemment associés, présente des difficultés.

1° *Procédé Pisani.* — On mélange la solution des deux métaux avec de l'ammoniaque caustique et du sel ammoniac, puis on l'additionne de potasse caustique et on abandonne le liquide au repos dans un flacon bouché. L'oxyde de nickel seul est précipité [*Compt. rend.*, t. XLV, p. 349]. Ce procédé n'est pas rigoureux.

2° *Procédé Laugier.* — Ce procédé est basé sur la différence de solubilité des oxalates; il ne produit qu'une séparation incomplète. Les deux oxalates sont presque insolubles dans l'eau et dans un excès d'acide oxalique; mais si l'on abandonne leur solution ammoniacale à l'évaporation spontanée, l'oxalate de nickel se dépose d'abord, et celui de cobalt seulement plus tard.

3° *Procédés H. Rose.* — *A. Par l'oxyde puce de plomb.* — On fait bouillir la solution des sulfates avec de l'oxyde puce de plomb; le cobalt se précipite à l'état de peroxyde, avec le sulfate de plomb, tandis que le nickel reste en solution et peut être précipité par les procédés ordinaires [*Poggend. Ann.*, t. CX, p. 413].

*B. Par le chlore.* — La solution du cobalt et du nickel, à l'état de chlorures, est étendue d'eau (1 litre par 2 grammes environ d'oxyde), puis saturée de gaz chlore. On y verse alors une bouillie de carbonate de calcium ou de baryum en excès, et on laisse digérer à froid pendant 12 à 18 heures, en agitant fréquemment. Tout le nickel reste dissous, tandis que le cobalt se précipite à l'état de peroxyde [*Pogg. Ann., t.* LXXI, p. 545].

Henry remplace le chlore par du brome. Le cobalt ainsi déposé retient un peu de nickel, ainsi que l'a fait voir H. Rose lui-même.

4° *Séparation par les azotites.* — Ce procédé, imaginé par Fischer [*Poggend. Ann.*, t. LXXII, p. 477], repose sur l'insolubilité de l'azotite double de potassium et de cobalt et sur la solubilité du sel de nickel correspondant. Cette méthode est aussi recommandée par Stromeyer [*Ann. der Chem. u. Pharm.*, t. XCVI, p. 218], et par H. Rose [*Pogg. Ann.*, t. CX, p. 412].

Après avoir séparé le fer, s'il y en a, on concentre la solution renfermant le cobalt et le nickel, on neutralise par de la potasse et l'on ajoute une solution concentrée d'azotite de potassium neutralisée par de l'acide acétique et filtrée, s'il y a lieu. On ajoute ensuite une plus grande quantité d'acide acétique et on laisse reposer le tout pendant 24 heures dans un endroit chaud. Le cobalt se précipite entièrement sous la forme d'une poudre jaune qu'on recueille sur un filtre, qu'on lave avec de l'eau ammoniacale et qu'on décompose ensuite pour doser le cobalt. Tout le nickel, au contraire, reste dissous et peut être précipité par la potasse.

La présence de la baryte, de la strontiane ou de la chaux ne permet pas de séparer ainsi le cobalt du nickel parce qu'elle donne lieu à la formation de sels triples de nickel, très-peu solubles. — Voyez p. 541.

5° *Procédé de Liebig.* — Lorsqu'on ajoute à un sel de cobalt du cyanure de potassium et de l'acide cyanhydrique et qu'on chauffe, le cyanure double de cobalt et de potassium qui se produit d'abord se transforme en cobalticyanure de potassium, avec dégagement d'hydrogène :

$$2CoK^2Cy^4 + 2KCy + 2HCy = (Co^2Cy^{12})K^6 + H^2.$$

Le cyanure double de nickel et de potassium n'est au contraire pas modifié dans ces conditions.

A la solution des deux métaux, qui doit être débarrassée de tout autre métal, on ajoute du cyanure de potassium exempt de cyanate, ou bien de l'acide cyanhydrique et de la potasse; on chauffe jusqu'à dissolution complète et expulsion de tout l'acide cyanhydrique libre (l'opération doit se faire sous une cheminée à bon tirage).

Pour séparer le nickel de cette solution, on y ajoute à chaud de l'oxyde de mercure très-divisé et l'on fait bouillir de nouveau. Le mercure se substitue au nickel qui se précipite en partie à l'état d'oxyde, en partie à l'état de cyanure; en même temps la liqueur devient alcaline. On recueille le précipité vert ou jaune-gris sur un filtre; on le lave, on le sèche et on le calcine; le résidu est de l'oxyde de nickel. On peut aussi précipiter le nickel à l'état de peroxyde par l'action d'un courant de chlore et par l'addition de potasse [*Ann. der Chem. u. Pharm.*, t. LXV, p. 244, et t. LXXXVII, p. 128].

Quant au cobalt, la meilleure manière de l'isoler de la liqueur filtrée consiste, d'après Wœhler, à neutraliser presque complétement la solution par l'acide azotique et à y ajouter une solution neutre d'azotate mercureux; on obtient ainsi un précipité blanc de cobalticyanure de mercure qui donne par la calcination au contact de l'air de l'oxyde de cobalt pur [*Ann. der Chem. u. Pharm.*, t. LXX, p. 256].

6° *Procédé de Terreil.* — Ce procédé est fondé sur l'insolubilité du chlorure roséocobaltique dans les acides et dans les sels ammoniacaux et sur la transformation des composés cobaltiques en dérivés roséocobaltiques sous l'influence de l'ammoniaque et des agents oxydants. La dissolution des deux métaux est sursaturée par de l'ammoniaque et la solution ammoniacale est additionnée de permanganate de potassium jusqu'à ce que la coloration violette persiste pendant quelque temps. On chauffe à l'ébullition pendant quelques minutes, puis on ajoute à la solution un peu d'acide chlorhydrique pour redissoudre l'oxyde de manganèse précipité. Après 24 heures, tout le cobalt se dépose sous la forme d'une poudre cristalline rouge-violet qui est du chlorure roséocobaltique; on le lave avec un sel ammoniacal, puis à l'alcool, on le dessèche à 110° et on le pèse (il renferme alors 22,761 °/₀ de cobalt). La liqueur filtrée, et les eaux de lavage renfermant le nickel, sont de nouveau additionnées d'ammoniaque, traitées par un léger excès de permanganate et portées à l'ébullition. Tout le manganèse se précipite, on filtre et on sépare le nickel à l'état de sulfure [*Bull. de la Soc. chim.*, 1866, t. V, p. 88].

*Nickel et fer.* — Voyez t. I, p. 1429.

*Nickel et manganèse.* — Voyez t. II, p. 309.

*Nickel et zinc.* — Voyez ZINC. E. W.

**NICKEL** (MÉTALLURGIE). — Autrefois le nickel s'extrayait exclusivement du kupfernickel; depuis le développement qu'a pris la fabrication des alliages dans la composition desquels entre ce métal, on traite la pyrite magnétique nickélifère, l'arséniosulfure de nickel et les speiss.

Les minerais de nickel sont souvent associés à ceux de cobalt, le plus souvent intimement mélangés aux minerais de cuivre : le nickel se concentre alors dans un produit secondaire du traitement des minerais de cuivre désigné sous le nom de *speiss*. La matière première de l'extraction du nickel est donc souvent ce produit d'art intermédiaire.

*Traitement pour speiss des minerais ne contenant pas d'argent.* — On grille les minerais à basse température et on fond avec du sable et un alcali. Lorsque le grillage est bien conduit, c'est-à-dire poussé d'autant plus loin que le minerai est plus riche en cobalt, la fonte donne une scorie contenant la presque totalité du cobalt, une faible proportion de nickel et une matte contenant plus de moitié de son poids de nickel, de 2 à 10 °/₀ de cobalt, peu de cuivre, peu de soufre, peu d'antimoine, et 40 °/₀ d'arsenic. Cette matte, qui prend le nom de speiss, est compacte, se rapproche par sa composition et ses propriétés du kupfernickel.

*Traitement pour speiss des minerais argentifères.* — On ajoute de la litharge au lit de fusion renfermant des minerais grillés. On obtient par cette addition, qui fournit un plomb d'œuvre, une matte argentifère que l'on traite de nouveau de la même manière que les minerais jusqu'à ce qu'on arrive à un speiss à peine argentifère. Le speiss ainsi privé d'argent est toujours plus ou moins plombeux.

Les minerais de nickel étant presque toujours associés à ceux de cuivre, l'extraction de ce métal est subordonnée à celle du cuivre. Le nickel s'employant principalement en combinaison avec le cuivre, on prépare souvent directement les alliages de cuivre et de nickel.

Les procédés métallurgiques employés pour extraire le nickel ou préparer l'alliage de cuivre varient avec la composition des minerais. Nous indiquerons les méthodes de la voie humide et de la voie sèche pour l'élaboration d'un minerai renfermant 3 °/₀ de nickel et 95 °/₀ de cuivre : ces méthodes s'appliqueraient facilement au traitement de la pyrite de fer magnétique nickélifère du Piémont.

1° La matte concentrée obtenue par deux grillages et deux fusions est grillée à mort et imprégnée d'acide sulfurique concentré. On chasse l'excès d'acide par la chaleur, on reprend par l'eau, puis par le carbonate de calcium finement pulvérisé. Le fer et le cuivre se précipitent. Le fer se précipitant avant le cuivre, on cherche à séparer ces deux corps parce que le cuivre entraîne un peu de nickel. Le nickel dissous est précipité par un lait de chaux. L'oxyde de nickel qu'on obtient ainsi est souillé d'un peu de sulfate de calcium qu'on parvient à enlever en fondant le précipité avec du carbonate de sodium. Le résidu insoluble de cette opération est mélangé avec du charbon, moulé en cubes et réduit au creuset. Le métal obtenu contient 98 °/₀ de nickel.

On peut, en raffinant la matte avant le dernier grillage, simplifier ce traitement, on traite alors la matte grillée par l'acide chlorhydrique qui ne dissout que le nickel et le cuivre qu'on précipite par la chaux à l'état d'oxydes. La réduction donne un alliage renfermant 73 °/₀ de nickel.

2° Lorsqu'on n'emploie que la voie sèche, les opérations se succèdent dans l'ordre suivant :

On grille le minerai dans un four coulant, puis on le fond dans un four assez peu élevé pour ne pas réduire l'oxyde de fer. Le cuivre et le nickel passent, en totalité, dans une matte poreuse qu'on bocarde et qu'on grille dans un four à réverbère. La fusion de cette matte grillée donne une autre matte dont la composition oscille entre 34 à 50 °/₀ de cuivre, 27 à 33 °/₀ de nickel. On la soumet au raffinage dans un petit foyer chauffé au coke et garni intérieurement de grès pulvérisé. La matte, en tombant en gouttelettes sous le vent de la tuyère, s'oxyde avant d'arriver au fond du creuset, les oxydes se scorifiant occasionnent une perte de 4 à 5 °/₀ de nickel ; mais la matte blanche que l'on obtient ne renferme plus que 1/2 °/₀ de fer.

Il ne reste plus qu'à griller à mort cette matte raffinée et à réduire les oxydes dans un petit four à manche pour obtenir un alliage gris d'acier ou blanc d'argent du cuivre avec le nickel. P. H.

**NICKEL ANTIMONIAL.** — Voyez Breithauptite.

**NICKEL ARSENICAL.** — Voyez Nickéline.

**NICKEL BIARSENICAL.** — Voyez Chloanthite.

**NICKEL-BISMUTH.** — Voyez Grunauite.

**NICKEL CARBONATÉ.** — Voyez Zaratite.

**NICKELGLANZ.** — Voyez Gersdorffite.

**NICKÉLINE** (Min.) [Syn. *Kupfernickel*]. — Arséniure de nickel Ni As, avec traces de cobalt, de fer, d'antimoine, de soufre. Se rencontre en petits cristaux et plus souvent en masses compactes, caractérisées par leur couleur d'un rouge cuivré et leur association presque constante avec l'annabergite. A Allemont (Dauphiné), Annaberg (Saxe), Riechelsdorf (Hesse), etc., accompagnant les minerais d'argent, de cuivre et de cobalt.

*Caractères.* — Soluble dans l'acide azotique en donnant une liqueur verte et une poudre blanche d'acide arsénique. Dans le tube ouvert, donne un sublimé d'acide arsénieux avec une légère odeur sulfureuse ; l'essai devient jaune verdâtre. Sur le charbon, fumée arsenicale et production d'un globule qui, fondu avec des perles successives de borax, donne les réactions du fer, du cobalt et du nickel.

Dureté, 5 à 5,5. Poussière brun grisâtre. Densité, 7,33 à 7,67.

*Forme cristalline.* — Hexagonale ; isomorphe avec la breithauptite. Faces $p, m, b^1$ ; angles $pb^1$ = 136° 25'. F. et S.

**NICKELOCHRE.** — Voyez Annabergite.

**NICKEL OXYDÉ** (Min.) [Syn. *Bunsénite*, Dana]. — Oxyde de nickel NiO. Petits octaèdres réguliers, portant quelquefois des troncatures sur les angles, d'un beau vert, d'un éclat vitreux ; translucides en lames minces. Ils ont été trouvés par M. Bergmann dans d'autres minerais de nickel et d'urane à Johanngeorgenstadt (Saxe).

Ebelmen et M. Regnault avaient obtenu ce même oxyde cristallisé en octaèdres longtemps avant la découverte des cristaux naturels.

Dureté, 5,5. Poussière brun-noir. Densité, 6,40.

**NICKEL SILICATÉ.** — Voyez Genthite.

**NICKEL SULFATÉ.** — Voyez Morenosite.

**NICKEL SULFURÉ.** — Voyez Millerite.

**NICOLITE.** — Voyez Nickéline.

**NICOPYRITE.** — Voyez Pentlandite.

**NICOTIANINE.** — La nicotianine ou essence de tabac est une matière qu'Hermbstædt a signalée le premier dans la distillation des feuilles fraîches ou sèches du tabac avec une certaine quantité d'eau. On obtient un liquide trouble à la surface duquel une substance cristalline apparaît au bout de quelques jours. Cette matière a l'apparence du camphre, elle est volatile, insoluble dans l'alcool et dans l'éther. Elle possède une odeur qui, quoique faible, ressemble à celle de la fumée de tabac ; sa saveur est âcre et amère.

La nicotianine est soluble dans la potasse et insoluble dans les acides dilués.

D'après M. Barral, cette substance donnerait de la nicotine par la distillation avec la potasse. Elle contient de l'oxygène. Sa formule n'a pas été déterminée [Hermbstædt, *Journ. für Chem. u. Phys. v. Schweiger*, t. XXXI, p. 442 ; — Posselt et Reimann, *Magaz. für Pharm.*, t. XXIV, p. 138 ; — Barral, *Compt. rend. de l'Acad.*, t. XXI, p. 1374]. E. C.

**NICOTINE**, $C^{10}H^{14}Az^2$. — *Historique.* — La nicotine est un alcaloïde naturel, signalé pour la première fois par Vauquelin dans les feuilles de tabac, mais dont la découverte est due à MM. Posselt et Reimann qui, les premiers, l'ont isolé à l'état de pureté et ont reconnu ses propriétés alcalines. Plus tard cette base fut étudiée par d'autres chimistes, MM. Boutron, Ortigosa, Henry, Barral, Melsens ; elle a été aussi l'objet d'un travail important de la part de M. Schlœsing qui a donné un procédé pour la préparer en grande quantité, et a fait connaître en même temps une méthode ingénieuse pour la doser exactement dans toute espèce de tabac.

Enfin un empoisonnement célèbre est devenu l'occasion d'un remarquable travail de M. Stas et de divers mémoires d'Orfila.

La nicotine se rencontre dans les différentes variétés de tabac probablement à l'état de citrate et de malate. C'est un poison des plus violents [Vauquelin, 1809, *Ann. de Chim. et de Phys.*, t. LXXI, p. 139 ; — Posselt et Reimann, *Magaz. für Pharm.*, t. XXIV, p. 138 ; — E. Davy, *Ann. der Chem. u. Pharm.*, t. XVIII, p. 63 ; — Ortigosa, *ibid.*, t. XLI, p. 114 ; — Melsens, *Ann. de Chim. et de Phys.*, 3e série, t. IV, p. 465].

Diverses formules ont été proposées pour représenter la nicotine ; mais celle qui est indiquée plus haut, $C^{10}H^{14}Az^2$, doit seule être adoptée, car son poids moléculaire a été déduit de l'analyse des combinaisons qu'elle forme avec l'acide chlorhydrique et le tétrachlorure de platine, et confirmé par la détermination de la densité de sa vapeur.

*Préparation.* — M. Barral a proposé le procédé suivant pour retirer la nicotine :

On épuise les feuilles de tabac par de l'eau aiguisée d'acide chlorhydrique ou sulfurique ; on évapore la solution à la moitié de son volume environ, puis on distille sur de la chaux.

La nicotine entraînée avec la vapeur d'eau se trouve dans le produit de la distillation ; on la sépare à l'aide de l'éther. On chasse l'éther par la chaleur, et l'on abandonne le résidu pendant une quinzaine de jours dans un endroit chaud. On le soumet alors à une température de 140° qui provoque un dégagement d'ammoniaque et de quelques autres substances étrangères, puis on ajoute de nouveau de la chaux et on distille dans un courant d'hydrogène. La nicotine passe à peu près pure ; par une seconde distillation dans l'hydrogène, on l'obtient tout à fait incolore.

M. Schlœsing a indiqué un procédé qui paraît

préférable. Le tabac grossièrement haché est traité par l'eau bouillante, la dissolution filtrée sur une toile est ensuite concentrée jusqu'à ce qu'elle se prenne en masse. On la traite alors par le double de son volume d'alcool à 30° et l'on abandonne au repos; il se forme deux couches, l'une noire, presque solide, et composée en grande partie de malate de chaux; une supérieure, liquide et fortement colorée : elle contient la nicotine. On décante ce liquide, puis on le distille; il reste un extrait sirupeux qu'on traite une seconde fois par de l'alcool qui précipite encore des matières étrangères. Cette solution est ensuite additionnée d'une solution concentrée de potasse qui met la nicotine en liberté. On sépare celle-ci à l'aide de l'éther. On ajoute à cette solution éthérée de l'acide oxalique en poudre : toute la nicotine est entraînée à l'état d'oxalate qui se réunit au fond du vase en une couche sirupeuse. L'éther est décanté et le sel est lavé à plusieurs reprises avec ce véhicule, puis traité par la potasse; le tout est repris par de l'éther qu'on distille au bain-marie. On maintient ensuite la nicotine dans un bain d'huile, à une chaleur de 140°, pendant un jour entier. Enfin on la rectifie dans un courant d'hydrogène : on l'obtient ainsi pure et incolore [Schlœsing, *Ann. de Chim. et de Phys.*, t. XIX, p. 230, 3e série].

Des modifications ont été proposées pour la préparation de la nicotine. Ainsi M. Debize opère de la manière suivante :

Il fait un mélange de tabac et de chaux en poudre, qu'il introduit dans un cylindre à travers lequel il fait passer de la vapeur d'eau; cette dernière entraîne la nicotine ainsi que d'autres bases et surtout de l'ammoniaque. Pour épuiser 1 kilogramme de tabac, il faut environ 4 kilogrammes d'eau. La nicotine est ensuite purifiée par les moyens déjà indiqués [*Journ. de Pharm. et de Chim.*, 1860, t. XXXVIII, p. 281].

M. Pribram emploie le moyen suivant : on pulvérise grossièrement les feuilles de tabac et les met à digérer pendant 24 heures dans de l'eau acidulée par de l'acide sulfurique, puis on passe et on exprime énergiquement. On ajoute une certaine quantité de poussier de charbon et l'on fait évaporer le tout en consistance pilulaire. On étend ensuite ce mélange sur un tamis et on achève la dessiccation à une douce chaleur. On réduit alors en poudre fine, et on fait digérer pendant 24 heures dans de l'alcool à 90°. La solution est filtrée, l'alcool séparé par la distillation, et le résidu repris par l'eau. Il se forme un précipité brun résineux que surnage un liquide jaunâtre qui contient à l'état de sels de l'ammoniaque et la nicotine qu'on purifie par les procédés déjà décrits [Pribram, *Zeitsch. für Chem.*, 1867, p. 381].

La présence de la nicotine dans la fumée condensée du tabac a été signalée par M. Melsens.

M. Schlœsing a recherché les proportions de nicotine contenues dans les différentes espèces de tabac; voici les résultats auxquels il est parvenu :

| Noms des tabacs. | Nicotine pour 100 p. de tabac sec. |
|---|---|
| Lot | 7,96 |
| Lot-et-Garonne | 7,34 |
| Nord | 6,58 |
| Ille-et-Vilaine | 6,29 |
| Pas-de-Calais | 4,94 |
| Alsace | 3,21 |
| Virginie | 6,87 |
| Kentucky | 6,09 |
| Maryland | 2,29 |
| Havane moins de | 2,00 |

*Propriétés physiques et chimiques.* — La nicotine constitue un liquide oléagineux, incolore tant qu'on le conserve dans des tubes bouchés, mais qui devient jaunâtre, brunit et s'épaissit peu à peu au contact de l'air en absorbant l'oxygène. Elle ne contient pas d'oxygène.

Suivant M. Barral, elle possède, à l'état liquide, une densité de 1,033 à 4°, de 1,027 à 15°, de 1,018 à 30°, de 1,0006 à 50°, de 0,9424 à 101°,5; la densité de vapeur est de 5,030 à 5,607. Cette vapeur brûle avec une flamme blanche, fuligineuse, en déposant du charbon comme le ferait une huile essentielle. Son odeur est faible à froid, mais à chaud elle est excessivement âcre et plus ou moins aromatique selon le tabac d'où elle a été retirée. Ses vapeurs sont si irritantes qu'on éprouve de la peine à respirer dans un appartement où l'on en a vaporisé une goutte [Barral, *Ann. de Chim. et de Phys.*, (3), t. VII, p. 151, et t. XX, p. 345].

La nicotine est très-soluble dans l'eau, dans l'alcool et dans les huiles grasses, ainsi que dans l'éther qui la sépare avec facilité d'une dissolution aqueuse. Elle est peu soluble dans l'essence de térébenthine. Elle est très-hygrométrique, et peut absorber jusqu'à 177 °/o d'eau et ensuite la perdre complétement dans une atmosphère desséchée par la potasse. Plongée dans un mélange de glace et de sel lorsqu'elle est hydratée, elle s'y prend en masse cristalline; mais à l'état anhydre, elle ne se concrète pas par un froid de — 10°.

La nicotine est volatile, elle bout vers 250° en s'altérant légèrement; mais, en présence de l'eau, elle peut distiller sans éprouver ce commencement de décomposition.

La nicotine dévie énergiquement à gauche le plan de polarisation de la lumière $[\alpha]_r = -93°,5$ [Laurent, *Compt. rend. des trav. de chim.*, 1845, p. 110].

Elle dissout 10,58 p. de soufre à 100°, mais elle n'a pas d'action sur le phosphore.

La nicotine est un alcali puissant, elle se combine aux acides pour former des sels : elle précipite les solutions salines de presque tous les métaux; ainsi elle donne un précipité blanc avec les sels de mercure, de plomb, d'étain et de zinc, mais avec ce dernier le précipité se redissout dans un excès de nicotine.

Avec le tétrachlorure de platine, le précipité est jaune clair; bleu gélatineux avec les sels de cuivre et soluble dans un excès de nicotine. Cette base précipite en jaune d'ocre les sels de fer, mais le précipité n'est pas soluble dans un excès d'alcali; elle précipite en blanc le sulfate de magnésium, le précipité se colore promptement à l'air; le permanganate de potassium est instantanément décoloré; avec le chlorure d'or, elle donne un précipité jaune rougeâtre très-soluble dans un excès de nicotine; avec le chlorure de cobalt, un précipité bleu qui passe au vert, et qui est peu soluble dans un excès de nicotine.

La nicotine n'est déplacée de ses combinaisons salines que par l'ammoniaque et les oxydes des métaux alcalins et terreux, l'alumine exceptée.

L'acide tannique forme un précipité blanc, insoluble dans la solution aqueuse de nicotine.

La nicotine prend à froid une couleur rouge vineux avec l'acide sulfurique pur; si l'on chauffe, la couleur devient lie de vin; si l'on fait bouillir, la masse noircit, et il se dégage de l'acide sulfureux.

La nicotine répand comme l'ammoniaque des vapeurs blanches en présence de l'acide chlorhydrique à froid; si l'on chauffe, le mélange devient d'un violet d'autant plus foncé qu'on prolonge davantage l'action de la chaleur.

L'acide azotique prend, avec la nicotine, une couleur jaune-orangé; lorsqu'on élève un peu la température, il se dégage des vapeurs rouges; si l'on chauffe davantage, la liqueur jaunit, et, par une ébullition prolongée, il reste une masse noire.

La nicotine est promptement altérée au contact de l'acide chlorique.

Le chlore exerce une action très-énergique sur la nicotine; il se produit de l'acide chlorhydrique et l'on obtient une liqueur d'un aspect rouge de sang. Sous l'influence des rayons solaires et par une température de 80°, il se forme de longues aiguilles qui disparaissent à une chaleur plus élevée.

L'iode et le brome réagissent avec énergie sur la nicotine en donnant des produits cristallisés.

### SELS DE NICOTINE.

*Acétate de nicotine*, sel incristallisable.

*Azotates de nicotine et d'argent.*— Il existe deux combinaisons selon que l'on emploie dans la réaction un excès de nicotine ou un excès d'azotate d'argent.

1° $2(C^{10}H^{14}Az^2), AzO^3Ag$. — Ce sel s'obtient en mélangeant à froid une solution alcoolique de nicotine, assez étendue et en excès, avec une solution alcoolique d'azotate d'argent. Il se dépose par l'évaporation spontanée de beaux prismes qui semblent appartenir au système clinorhombique.

2° $C^{10}H^{14}Az^2, AzO^3Ag$. — S'obtient comme le précédent, seulement on emploie la solution alcoolique d'azotate d'argent, en excès; il se dépose de beaux prismes incolores.

*Chlorhydrate de nicotine*, $C^{10}H^{14}Az^2, 2HCl$. — Sel fort déliquescent, qu'on peut cependant obtenir cristallisé en longues fibres, en traitant de la nicotine par l'acide chlorhydrique sec et plaçant la combinaison sous la machine pneumatique. Ce sel est blanc, plus volatil que la nicotine et insoluble dans l'éther. Il dévie à droite la lumière polarisée.

*Chloromercurates de nicotine.* — On connaît trois combinaisons de bichlorure de mercure et de nicotine.

1° $C^{10}H^{14}Az^2, HgCl^2$. — Sel blanc, cristallin, insoluble dans l'eau et dans l'éther, peu soluble dans l'alcool; peu stable, il se décompose en partie en présence de l'eau à une température inférieure à 100°. M. Ortigosa l'a obtenu en traitant une solution de bichlorure de mercure par une solution de nicotine.

2° $C^{10}H^{14}Az^2, 3HgCl^2$. — Ce sel se présente sous la forme de cristaux incolores atteignant souvent la longueur de 3 centimètres, peu solubles dans l'alcool et dans l'eau froide. L'eau bouillante les décompose en les transformant en une matière résineuse brune. Ils se dissolvent avec facilité dans de l'eau acidulée; ils appartiennent au système orthorhombique.

Formes observées : $m$, $g^1$, $g^3$, $h^1$, $e^1$.

Angles : $mm = 100°40'$; $g^3g^3 = 62°10'$; $e^1e^1 = 114°6'$.

Clivage : $h^1$ [Dauber, *Ann. der Chem. u. Pharm.*, t. LXXIV, p. 201].

M. Bædeker a obtenu cette combinaison en ajoutant une solution saturée de bichlorure de mercure à une solution étendue de chlorhydrate de nicotine, jusqu'à ce que le précipité ne se redissolve plus. Au bout de quelques jours le sel se dépose à l'état cristallin. Si la solution du sel de nicotine employée était trop concentrée, la nouvelle combinaison se déposerait en un corps huileux, insoluble dans l'eau, mais qu'on peut redissoudre avec facilité en le traitant par l'acide chorhydrique faible; le sel cristallisé peut s'obtenir de nouveau en ajoutant une solution de bichlorure de mercure [Bædeker, *Ann. der Chem. u. Pharm.*, t. LXXIII, p. 372].

3° $C^{10}H^{14}Az^2, HCl, 4HgCl^2$. — Composé cristallisant dans l'eau bouillante sous forme d'aiguilles, que M. Wertheim a obtenu en traitant à froid une solution neutre de chlorhydrate de nicotine par une solution aqueuse de bichlorure de mercure en grand excès.

Lorsqu'on mélange une solution neutre de chlorhydrate de nicotine avec un même volume d'une solution saturée de cyanure de mercure, il se forme du cyano-chloromercurate de nicotine qui se dépose par l'évaporation en prismes soyeux incolores, et réunis en aigrettes. Ce composé est soluble dans l'eau froide ou bouillante et dans l'alcool; la potasse n'y produit pas de précipité. Au contact de l'acide chlorhydrique, il se dégage de l'acide cyanhydrique; sous l'influence de la potasse, les cristaux deviennent jaune rougeâtre. M. Bædeker attribue à ces cristaux la formule $C^{10}H^{14}Az^2, 2HgCl^2, HgCy^2$.

*Chloroplatinate de nicotine,*

$$C^{10}H^{14}Az^2, 2HCl, PtCl^4.$$

— Une solution de tétrachlorure de platine, versée dans la solution neutre de nicotine, y produit un précipité cristallin de couleur jaune, peu soluble dans l'eau froide et insoluble dans l'alcool et dans l'éther. Mais ce sel est très-soluble dans un excès de nicotine; l'acide chlorhydrique, étendu à chaud, le dissout également; par le refroidissement, le sel se dépose en prismes rhomboïdaux obliques.

*Chloroplatinites de nicotine.* — M. Raewsky, en ajoutant une solution de nicotine à une solution de bichlorure de platine, a obtenu deux combinaisons cristallines différentes, l'une rouge-orangé qui se précipite immédiatement, l'autre rouge qui reste en dissolution dans les eaux mères. Elles diffèrent l'une de l'autre par 2 molécules d'acide chlorhydrique.

Sel rouge orangé $= C^{10}H^{14}Az^2, 4HCl, PtCl^2$.
Sel rouge........ $= C^{10}H^{14}Az^2, 2HCl, PtCl^2$.

Le sel orangé est insoluble dans l'eau froide, soluble dans l'eau bouillante d'où il se dépose par le refroidissement à l'état cristallisé; il est soluble dans l'acide chlorhydrique, dans l'acide azotique et dans un excès de nicotine; avec cette dernière, il donne une dissolution rouge foncé miscible à l'eau sans résidu, qu'on ne peut parvenir à faire cristalliser. Sous l'influence de l'acide sulfurique, à froid, le sel orangé blanchit; à chaud, il se carbonise en même temps qu'il se dégage de l'acide sulfureux. La potasse dégage de la nicotine. Le sel orangé, suivant la nature du dissolvant employé, présente différentes modifications : ainsi la solution chlorhydrique, par une évaporation lente dans le vide, l'abandonne en magnifiques prismes à base rhombe d'une couleur orangée; l'acide azotique, au contraire, donne de petits cristaux jaunes.

Le sel rouge est peu soluble dans l'eau froide, plus soluble dans l'eau chaude; il est insoluble dans l'alcool et l'éther; il se dissout à froid dans les acides chlorhydrique et azotique.

On obtient ce sel en faisant évaporer les eaux mères dans le vide, d'où il se dépose en cristaux prismatiques rouges. Ce sel présente aussi des cas d'isomérie, car il se dépose, par le refroidissement de la solution aqueuse chaude, en écailles cristallines jaunes [Raewsky, *Ann. de Chim. et de Phys.*, 3e série, t. XXV, p. 332].

L'*iodhydrate de nicotine* $C^{10}H^{14}Az^2, 2HI$ est en aiguilles incolores; il se forme lorsqu'on traite une solution alcoolique d'iodo-nicotine par le phosphore.

*Iodomercurates de nicotine.*— D'après M. Wertheim, lorsqu'on broie du biiodure de mercure en présence de la nicotine et qu'on reprend la masse par l'eau bouillante, on obtient des paillettes incolores qui répondent à la formule

$$C^{10}H^{14}Az^2, HgI^2;$$

la réaction est tellement énergique, que le mélange s'échauffe au point de vaporiser en partie la nicotine.

$C^{10}H^{14}Az^2, 2HI, HgI^2$. — M. Bœdeker a obtenu ce sel en ajoutant à une solution étendue d'iodhydrate acide de nicotine une solution de biiodure de mercure dans l'acide iodhydrique jusqu'à ce que le précipité ne se redissolve plus. On obtient ainsi de petits prismes jaunâtres, peu solubles dans l'eau froide et dans l'alcool; l'eau bouillante les décompose en produisant une matière résineuse jaune rougeâtre, insoluble dans la potasse. Les eaux mères d'où ce sel s'est déposé se décomposent par l'évaporation.

*Iodure de zinc et nicotine*, $C^{10}H^{14}Az^2, ZnI^2$. — Cristaux jaunâtres obtenus par l'action du zinc sur une solution aqueuse d'iodhydrate de nicotine.

*Oxalate de nicotine.* — Sel cristallisé fort soluble dans l'eau et dans l'alcool bouillant, insoluble dans l'éther.

*Phosphate de nicotine.*—Cristallise sous la forme de larges lames ayant l'aspect de la cholestérine.

*Sulfate de nicotine.* — Sel incristallisable, fort soluble dans l'eau et dans l'alcool.

*Tartrate de nicotine.* — Sel soluble cristallisé en grains.

ACTION DE L'IODE SUR LA NICOTINE.

*Iodonicotine*, $C^{10}H^{14}Az^2I^3$ d'après M. Wertheim, et $C^{10}H^{14}Az^2, HI^3$ d'après M. Huber; cette dernière formule paraît plus vraisemblable.

L'iodonicotine s'obtient en mélangeant des solutions éthérées d'iode (7gr,5) et de nicotine (20 grammes). Si l'on opère avec des solutions concentrées, la réaction développe une quantité de chaleur suffisante pour faire bouillir l'éther, et la masse se prend en une bouillie cristalline. Lorsque les solutions sont étendues, l'iodonicotine se dépose lentement sous la forme de belles aiguilles d'un rouge de rubis. Cette combinaison fond à 100° sans s'altérer; on peut même l'exposer à une température plus élevée; mais si on la chauffe avec de l'eau, elle perd de l'iode, et émet déjà des vapeurs de ce métalloïde à une température inférieure au point d'ébullition de ce liquide.

Chauffée à 200° dans un tube scellé en présence du zinc métallique bien divisé, l'iodonicotine n'est pas attaquée. Le cyanogène paraît sans action sur elle.

L'iodonicotine agitée à froid avec une lessive faible de potasse caustique est décomposée; la nicotine est mise en liberté, et son identité a été constatée par l'analyse du chloroplatinate. Il se forme de l'iodure et de l'iodate de potassium.

L'iodonicotine forme une combinaison avec l'acide chlorhydrique. Le *chlorhydrate d'iodonicotine*, $C^{10}H^{14}Az^2, I^3, HCl$, est un sel cristallisé en belles paillettes d'un rouge de rubis clair. Il s'obtient en saturant légèrement par l'acide chlorhydrique une solution alcoolique d'iodonicotine, et abandonnant dans le vide [Th. Wertheim, 1853; *Traité de Chimie* de Gerhardt, t. IV, p. 191; *Ber. d. Wien. Acad.*, t. XLVII, p. 307].

M. Huber a repris les recherches de M. Wertheim sur l'action qu'exerce l'iode sur la nicotine: ce dernier avait attribué à l'iodonicotine la formule brute $C^{10}H^{14}Az^2I^3$. D'après les résultats auxquels il est arrivé, M. Huber propose d'ajouter à cette formule 1 atome d'hydrogène et de la représenter de la manière suivante:

$$C^{10}H^{14}Az^2, HI.I^2.$$

Cette formule ainsi modifiée correspond au bromure de bromhydrate de nicotine bibromée de M. Huber, avec cette différence que ce n'est pas de l'iodonicotine que cette formule renferme, mais simplement de la nicotine. M. Huber, dans ce travail, a en effet observé deux combinaisons, celle qui vient d'être indiquée, et une autre qui serait l'iodure d'iodhydrate de nicotine diiodée: l'iode agirait donc d'une manière analogue au brome [C. Huber, *Ann. Chem. Pharm.*, t. CXXXI, p. 257, et *Bull. de la Soc. chim.*, 1865, t. III, p. 439].

ACTION DU BROME SUR LA NICOTINE.

Lorsqu'on mélange une solution formée de 1 p. de nicotine étendue de 5 à 6 fois son volume d'éther avec une solution de brome contenant 3 p. 1/2 de brome, étendu d'une égale quantité d'éther, le mélange se trouble, s'échauffe, et au bout de quelques moments il se forme des gouttes huileuses d'un rouge de sang qui se réunissent peu à peu. On lave la combinaison avec de l'éther, on la dissout dans l'alcool et on l'abandonne à l'évaporation; au bout d'un certain temps il se dépose des cristaux de couleur rose et très-brillants. Leur composition est exprimée par la formule $C^{10}H^{13}Az^2Br^5$ qu'on doit écrire ainsi:

$$\left.\begin{matrix} C^5H^6Br \\ C^5H^6Br \end{matrix}\right\} Az^2, HBr.Br^2.$$

C'est le bromure de bromhydrate de nicotine bibromée. Ces cristaux dégagent de l'acide bromhydrique à l'air, ils perdent leur éclat et prennent de l'humidité. Dans le vide, ils conservent leur couleur, mais ils dégagent aussi de l'acide bromhydrique. Ils sont peu solubles dans l'eau et à peu près insolubles dans l'éther. Lorsqu'on fait chauffer ces cristaux avec de l'eau ou de l'alcool, ils fondent, dégagent du brome et forment ensuite une dissolution limpide et incolore. A chaud dans le cas de l'alcool, il se forme de l'aldéhyde par suite de l'oxydation de l'alcool par le brome: à la température ordinaire, le brome mis en liberté produit avec l'alcool du bromal et de l'acide bromhydrique. A 100°, ces cristaux perdent de l'acide bromhydrique.

*Nicotine bibromée*, $C^{10}H^{12}Br^2Az^2$. — Lorsqu'on broie les cristaux rouges avec de la potasse, ils perdent leur couleur, deviennent blancs et disparaissent; au bout de quelques moments, il se forme un dépôt caséeux qu'on lave avec un peu d'eau froide jusqu'à ce que la réaction alcaline ait disparu; on reprend par l'eau à 60° ou 70°; la masse se dissout en formant une solution incolore qui laisse déposer par le refroidissement des aiguilles blanches et soyeuses: c'est la nicotine bibromée.

L'ammoniaque produit les mêmes phénomènes, seulement il se dégage de l'azote qui provient de la décomposition de l'alcali par le brome. L'oxyde d'argent récemment préparé agit en présence de l'eau comme la potasse.

A l'état de pureté, ces cristaux sont inaltérables à l'air, mais il suffit qu'il y adhère une faible trace d'alcali pour qu'ils prennent dans cette circonstance une coloration brune.

La nicotine bibromée est soluble dans l'eau chaude, peu soluble dans l'eau froide, très-soluble dans l'alcool et peu dans l'éther. Par une évaporation lente des liqueurs, ces cristaux peuvent atteindre jusqu'à 5 centimètres de longueur.

La solution aqueuse donne, avec du tétrachlorure de platine, par l'évaporation, un sel double de platine sous la forme d'aiguilles jaunes groupées en étoiles, $C^{10}H^{12}Br^2Az^2, 2HCl, PtCl^4$. La nicotine bibromée se dissout dans les acides; chauffée avec de la potasse, la nicotine est régénérée: les cristaux rouges se comportent de la même manière.

La nicotine bibromée ne donne pas de précipité avec les solutions métalliques, excepté avec le bichlorure de mercure et l'acétate de plomb. Elle forme avec ce sel un précipité blanc soluble dans l'eau chaude et cristallisant par le refroidissement.

Les sels de nicotine bibromée cristallisent plus facilement que les sels correspondants de nicotine. Elle est biacide.

La nicotine bibromée forme deux combinaisons avec l'acide bromhydrique.

*Bromhydrate basique de nicotine bibromée,*

$$C^{10}H^{12}Br^{2}Az^{2}, HBr.$$

— Ce sel ne paraît pas cristalliser.

*Bromhydrate neutre de nicotine bibromée,*

$$C^{10}H^{12}Br^{2}Az^{2}, 2HBr.$$

— Ce sel se présente sous la forme de cristaux incolores. On l'obtient en traitant une dissolution alcoolique de cristaux rouges par l'hydrogène sulfuré; du soufre se dépose et il reste une solution acide incolore qui renferme le sel neutre qu'on obtient cristallisé par l'évaporation [C. Huber, *Ann. der Chem. u. Pharm.*, t. CXXXI, p. 257, et *Bull. de la Soc. chim.*, 1865, t. III, p. 439].

### DÉRIVÉS MÉTHYLIQUES, ÉTHYLIQUES DE LA NICOTINE.

La nicotine se combine directement avec l'iodure ou le bromure de méthyle; on aide la réaction par la chaleur, en chauffant au bain-marie; par le refroidissement la masse se prend en cristaux. C'est l'iodure de méthyle-nicotine.

*Hydrate de méthyle-nicotine.* — Cette base possède le caractère d'une base ammoniée. Elle est soluble dans l'eau, incristallisable, possède une saveur amère et agit sur la peau comme la potasse caustique; elle possède une réaction fortement alcaline, elle précipite les sels de cuivre et les protosels de fer; elle redissout facilement l'alumine récemment précipitée.

On l'obtient en traitant l'iodure de méthyle-nicotine par de l'oxyde d'argent récemment précipité. On évapore la liqueur au bain-marie, et il reste un résidu visqueux coloré, sans aucune trace de cristallisation.

Cette base forme des sels qui cristallisent difficilement et qui sont fort solubles dans l'eau.

*Chloraurate*, $C^{10}H^{14}Az^{2}, (CH^{3})^{2}Cl^{2}, 2AuCl^{3}$, est un précipité jaune clair à peu près insoluble dans l'alcool et dans l'eau froide.

*Chloromercurate de méthyle-nicotine.* — Sel qui se présente sous la forme de cristaux mamelonnés.

*Chloroplatinate de méthyle-nicotine.* — Ce sel se dissout dans l'eau bouillante et se dépose par le refroidissement en poudre cristalline, insoluble dans l'alcool.

Le *sulfate*, l'*azotate*, le *chlorure*, le *sulfocyanure* cristallisent difficilement.

Le *fluorure*, l'*oxalate*, l'*acétate* et le *tartrate* ne cristallisent pas [Stahlschmidt, 1854, *Ann. der Chem. u. Pharm.*, t. XC, p. 222].

*Combinaisons d'éthyle-nicotine.* — L'iodure d'éthyle mis en contact avec de la nicotine réagit déjà à froid, mais la réaction est favorisée par une élévation de température. On enferme le mélange des deux substances dans un tube scellé à la lampe, et l'on chauffe au bain-marie pendant 1 heure environ. Il faut avoir le soin d'éviter un excès de nicotine, cette base donnant naissance à un produit secondaire coloré en rouge, de nature résinoïde, et dont la quantité est d'autant plus grande que la réaction a duré plus longtemps.

L'*iodure d'éthyle-nicotine* se présente sous la forme de prismes incolores groupés en mamelons, fort solubles dans l'eau, peu solubles dans l'alcool et dans l'éther. La potasse ne décompose pas l'iodure d'éthyle-nicotine. Soumis à la distillation à l'état sec, une partie de ce sel distille en se dédoublant en nicotine et en iodure d'éthyle, tandis qu'une autre partie passe sans altération.

L'*hydrate d'éthyle-nicotine* est une base énergique qu'on ne peut isoler; la solution aqueuse est incolore, possède une réaction fort alcaline, elle est sans odeur et possède une saveur très-amère. Lorsque la solution est concentrée, elle produit sur la peau une action analogue à celle de la potasse caustique. On ne peut cependant pas faire évaporer complétement cette solution, même dans le vide; lorsqu'elle arrive à un certain degré de concentration, elle brunit et il se sépare des gouttelettes brunes, épaisses, peu solubles dans l'eau, et qui possèdent une odeur pénétrante de poisson pourri. Abandonnée à l'air libre, cette solution se colore peu à peu. Elle attire promptement l'acide carbonique de l'air. On obtient l'hydrate d'éthyle-nicotine en traitant l'iodure ou le bromure de cette base par de l'oxyde d'argent récemment précipité. Il se forme du bromure ou de l'iodure d'argent, et la base nouvelle reste en solution dans l'eau.

L'hydrate d'éthyle-nicotine forme, avec les acides, des sels qui sont généralement cristallins et solubles dans l'eau. L'acide picrique produit dans leur solution un précipité jaune de soufre; l'acide tannique est sans action.

L'*azotate*, l'*oxalate* et le *sulfate d'éthyle-nicotine* se présentent sous la forme de sirops épais laissant apercevoir quelques rudiments de cristaux.

L'*acétate* est complétement incristallisable

Le *bromure* s'obtient comme l'iodure.

Le *chloraurate* $C^{10}H^{14}Az^{2}(C^{2}H^{5})^{2}Cl^{2}, 2AuCl^{3}$ est un sel jaune soluble dans l'eau bouillante, d'où il se dépose par le refroidissement en belles aiguilles d'un jaune d'or. On l'obtient en versant un sel d'or dans une solution chlorhydrique de la base.

Le *chloromercurate*

$$C^{10}H^{14}Az^{2}(C^{2}H^{5})^{2}Cl^{2}, 4(HgCl^{2})$$

est un sel blanc qui se présente sous la forme de flocons blancs, lesquels s'agglutinent peu à peu et fondent par la chaleur. Ce sel est soluble dans l'eau bouillante; la solution dépose au bout d'un certain temps des mamelons blancs. On l'obtient en versant une solution de bichlorure de mercure dans une solution chlorhydrique de la base.

Le *chloropalladite* est une masse brune, soluble dans l'alcool, et qui cristallise par l'évaporation en grosses tables rhombes de couleur brune. On l'obtient comme les sels précédents.

Le *chloroplatinate* $C^{10}H^{14}Az^{2}(C^{2}H^{5})^{2}Cl^{2}, PtCl^{4}$ est un sel cristallin de couleur orangée, soluble dans l'eau bouillante, dont il se précipite par le refroidissement sous la forme de prismes rhomboïdaux; il est fort peu soluble dans l'alcool bouillant et insoluble dans l'éther. Il se produit en mélangeant une solution de tétrachlorure de platine avec une solution chlorhydrique de la base.

Le *chlorure* s'obtient par l'évaporation dans le vide de la solution chlorhydrique, sous la forme d'une masse radiée [Kekulé et V. Planta, 1853, *Ann. der Chem. u. Pharm.*, t. LXXXVII, p. 1].

*Combinaison d'amyle-nicotine.* — M. Stahlschmidt a obtenu par les mêmes procédés l'hydrate d'amyle-nicotine; c'est une base soluble dans l'eau, qui précipite les sels de cuivre et les protosels de fer; elle dissout aussi l'alumine hydratée. Les sels qu'elle forme paraissent être tous incristallisables.

La combinaison de la nicotine avec l'iodure d'amyle ne se produit pas avec la même énergie que les précédentes; il faut chauffer le mélange plusieurs jours au bain-marie. Il se forme une masse sirupeuse qui ne prend pas de forme cristalline.

*Combinaison de la nicotine avec le chlorure de benzoyle.* — Lorsqu'on ajoute du chlorure de benzoyle à une solution éthérée de nicotine parfaitement privée d'eau, on voit se déposer une masse visqueuse qui se transforme au bout d'un certain temps en mamelons blancs fibreux et rayonnés, déliquescents à l'air humide. Ces cristaux renferment $C^{10}H^{14}Az^2(C^7H^5OCl)^2$. L'auteur les considère comme un chlorure de benzoyle-nicotylammonium,

$$\left.\begin{matrix}C^5H^{7''}\\C^7H^5O\end{matrix}\right\}Az, Cl.$$

Le chlore renfermé dans la combinaison est précipitable par l'azotate d'argent.

D'après la formule indiquée ci-dessus, on voit que l'auteur considère la nicotine comme une monamine tertiaire; mais comme on admet généralement que cette base est une diamine tertiaire, il conviendrait de doubler cette formule [H. Will, *Ann. der Chem. u. Pharm.*, t. CXVIII, p. 206].

*Action physiologique de la nicotine* [*Répert. de Chim. pure*, 1862, p. 46]. — La nicotine est un poison violent, une seule goutte suffit pour tuer un chien. Les effets se font sentir presque instantanément; les individus empoisonnés sont pris de vertiges, de douleurs abdominales très-aiguës, de nausées, de vomissements très-pénibles. La respiration devient stertoreuse, s'embarrasse, et la mort survient au bout de 15 à 20 minutes. En dehors du traitement rationnel, il convient d'employer à l'intérieur, dans le cas d'empoisonnement, une solution de tannin ou une infusion concentrée de thé, de café vert, d'écorce de chêne ou de quinquina.

La nicotine ne produit pas la dilatation de la pupille. — Voyez le mot TABAC. E. C.

**NIGRINE** (Min.) — Variété noire et ferrifère de rutile (Karsten).

**NIGRIQUE (ACIDE).** — Matière ulmique, obtenue parmi les produits de l'action du potassium sur l'oxalate d'éthyle, et que Löwig et Weidmann représentent par la formule $C^7H^8O^4$.

**NINAPHTYLAMINE.** — Voyez NAPHTYLAMINE, t. II, p. 525.

**NIOBITE** (Min.) [Syn. *Columbite, baierine, torrélite, groenlandite, dianite*]. — Niobo-tantalate ferroso-manganeux, $RO.M^2O^5$; $R = Fe, Mn$; $M = Nb, Ta$ renfermant au moins $2Nb^2O^5$ pour $Ta^2O^5$; la densité va croissant avec la proportion d'acide tantalique. Se présente en cristaux isolés ou en groupes de cristaux, d'un noir quelquefois légèrement métallique, souvent irisés à la surface; opaque, cassure subconchoïdale. Dans les roches anciennes, granite ou pegmatite, à Rabenstein, près de Bodenmais (Bavière); à Chanteloube, près Limoges; à Tammela (Finlande); à Miask (Ilmen); dans la cryolithe, en beaux cristaux complets, à Evigtok (Groënland); à Haddam (Connecticut), etc.

Fig. 432. — Niobite.

*Caractères.* — Partiellement décomposé par l'acide sulfurique concentré bouillant; le produit donne avec le zinc métallique une coloration bleue. Infusible au chalumeau. Avec le borax, donne les réactions du fer, et à un certain point de saturation un verre qui devient opaque au flamber, après avoir été traité par le feu de réduction. Avec le sel de phosphore, se dissout lentement en donnant un verre coloré par le fer qui, à la flamme réductrice, devient jaune pâle par le refroidissement et vert avec addition d'étain. Le verre est rouge et conserve sa couleur lorsqu'il y a de l'acide tungstique dans l'essai.

Dureté, 6. Poussière rouge foncé ou noire. Densité, 5,4 à 6,5.

*Forme cristalline.* — Prisme orthorhombique $mm = 135°40'$; $b^{1/2}b^{1/2}$ adj. $= 151°$. Clivages $h^1, g^1$ distincts. F. et S.

**NIOBIUM**, $Nb = 94$ (équiv. $= 47$). — Ce métal fut entrevu pour la première fois, en 1801, par Hatchett, qui lui avait donné le nom de *columbium*, parce qu'il l'avait observé dans la columbite ou tantalite de Massachusetts. Presque à la même époque, Ekeberg découvrit le *tantale* dans un minéral de Kimito, en Finlande, auquel il donna le nom de tantalite, et dans un minerai d'Itterby, l'yttrotantalite. Wollaston crut reconnaître plus tard, en 1809, l'identité du columbium avec le tantale; mais il reconnut en même temps une grande différence de densité entre les minéraux d'où ces métaux et leurs composés avaient été extraits. Cette opinion fut admise jusqu'en 1846, époque à laquelle H. Rose reconnut que la columbite d'Amérique et la tantalite de Bodenmais (Bavière) renferment deux acides distincts ayant beaucoup d'analogie avec l'acide tantalique et qu'il pensa être, l'un et l'autre, différents de cet acide. Il admit donc dans ces acides l'existence de deux nouveaux métaux, le *niobium* et le *pélopium*. Il reconnut plus tard que ce dernier n'existe pas, et que ce qu'il avait pris pour de l'acide pélopique était un degré d'oxydation du niobium, différent de l'acide niobique [Hatchett, *Ann. de Crell*, 1802, t. I, p. 357; — Ekeberg, *ibid.*, 1803, t. I, p. 1; — Wollaston, *Journ. de Schweigger*, t. I, p. 520; — H. Rose, *Poggend. Ann.*, t. LXIII, p. 317; *Ann. de Chim. et de Phys.*, t. XIII, p. 350, et t. LXIX, p. 115; *Poggend. Ann.*, t. XC, p. 456].

H. Rose admit donc que, outre le tantale, les minéraux tantalifères renferment un autre métal, le niobium, et que ce métal forme deux degrés d'oxydation ou de chloruration. Mais une particularité, dont la raison lui échappait, était la grande difficulté de passer d'un de ces degrés à l'autre; dans un cas seulement, il a conclu à une réduction de l'acide niobique, d'après une diminution de poids éprouvée par cet acide lors de sa fusion avec le bisulfate d'ammonium; jamais, par contre, il ne put passer, par oxydation directe, du degré inférieur d'oxydation au degré supérieur. Il crut trouver une explication de ces faits en admettant que les deux termes d'oxydation renfermaient deux modifications allotropiques de niobium et il donna le nom d'*hyponobium* au radical de l'oxyde inférieur [*Poggend. Ann.*, t. CVIII, p. 273; *Ann. de Chim. et de Phys.*, (3), t. LVIII, p. 104].

Tous ces travaux de M. Rose sont consignés dans les *Annales de Poggendorff*, de 1844 à 1862 [*loc. cit.* et t. LXX, p. 572; t. LXXI, p. 157; t. LXXII, p. 155 et 471; t. LXIII, p. 313 et 455; t. LXXIV, p. 85 et 285; t. XCIX, p. 65, 481 et 575; t. C, p. 146, 417 et 551; t. CI, p. 11; t. CII, p. 55 et 289; t. CIV, p. 310, 432 et 581; t. CV, p. 424; t. CXI, p. 193 et 426; t. CXII, p. 468 et 549; t. CXIII, p. 105 et 292; t. CXVIII, p. 339].

Il y aurait donc, suivant H. Rose, deux acides: l'*acide niobique* (ancien acide pélopique) et l'*acide hyponiobique*; deux chlorures: le *chlorure de niobium* et le *chlorure d'hyponiobium*, et ainsi de suite. Ce savant était arrivé pour le poids atomique du niobium au nombre 98 (équivalent $= 49$) et il représentait ses composés par les formules $NbO^2$ et $Nb^2O^3$, $NbCl^4$ et $NbCl^3$, etc., par suite de l'analogie de l'acide niobique avec l'acide tantalique pour lequel il avait cru devoir admettre la formule $TaO^2$. Il est à remarquer que cette manière de formuler les combinaisons du niobium n'était pas du tout d'accord avec les analyses faites par H. Rose lui-même.

Un autre fait anormal, signalé également par H. Rose, est la différence que l'on remarque dans les propriétés de l'acide hyponiobique de diverses provenances; ainsi sa densité varie de 5,208 à 6,5. Il était difficile de croire à l'identité de ces acides hyponiobiques, aussi M. de Kobell crut-il reconnaître un nouvel acide, l'*acide dianique*, dans les colombites d'Amérique, dans l'æschynite, et dans la samarskite. Cet acide, en effet, donne une belle dissolution bleue par l'action de l'étain en présence de l'acide chlorhydrique bouillant, tandis que l'acide hyponiobique extrait de la columbite de Bodenmais ne donne rien de semblable [*Journ. für prakt. Chem.*, t. LXXIX, p. 291, et t. LXXXII, p. 193 et 449].

L'existence de l'acide dianique a été contestée par H. Rose et par Hermann qui attribue à la présence de l'acide tantalique dans la columbite de Bodenmais les différences de propriétés de l'acide hyponiobique qui en est extrait [*Journ. für prakt. Chem.*, t. LXXXIII, p. 106; *Répert. de Chim. pure*, 1862, p. 50]. Deville et Damour ont également soutenu l'identité de l'acide dianique avec l'acide hyponiobique [*Compt. rend.*, t. LIII, p. 1044]. L'argument mis en avant par Hermann a été confirmé par les travaux de Marignac. Mais tandis que le savant allemand s'appliquait à nier l'existence de l'acide dianique, il tombait dans une erreur analogue en admettant dans un minéral de l'Oural, l'*yttro-ilménite*, un acide nouveau, l'*acide ilménique*, qui n'est en réalité, d'après les recherches de Marignac, qu'un mélange d'acide niobique avec les acides tantalique et titanique [*Ann. de Chim. et de Phys.*, (4), t. VIII, p. 49]. Blomstrand est arrivé au même résultat. Malgré cela Hermann maintient l'existence de son acide. Récemment encore [*Journ. für prakt. Chem.*, (2), t. III, p. 273, et t. IV, p. 178; *Bull. de la Soc. chim.*, 1871, t. XVI, p. 256] il a publié un long mémoire sur les combinaisons de l'ilménium et du niobium. Pour les combinaisons de ce dernier, si bien étudiées par Marignac, il les envisage toutes comme renfermant plus ou moins (1/4, 1/3, 5/6) d'ilménium.

L'interprétation par H. Rose des faits observés fut admise dans la science jusqu'à la publication des beaux travaux de Marignac sur le tantale et sur le niobium, et de ceux de Blomstrand sur le même sujet. Ce dernier savant a reconnu en 1864 [*Oefversigt af Akad. Færh.*, t. XXI, p. 541 (1864); *Journ. fur prakt. Chem.*, t. XCVII, p. 37, et t. XCIX, p. 40] que le niobium ne forme qu'un acide auquel correspond un chlorure et un oxychlorure qui est le chlorure hyponiobique blanc de H. Rose. Seulement il conserva pour l'acide la formule $NbO^2$ de H. Rose et la formule $NbCl^4$ pour le chlorure; quant à l'oxychlorure, il le représente par la formule $Nb^4O^3Cl^{10}$, admettant le nombre 80 pour le poids atomique du niobium. Marignac alla plus loin. Guidé par l'étude des fluoniobates et des fluoxyniobates, il démontra que le niobium est pentatomique, que son chlorure renferme $NbCl^5$ et que le seul acide que forme le niobium est l'acide niobique dont l'anhydride est $Nb^2O^5$. En même temps il fixa le poids atomique du niobium au nombre 94 qu'il ne regarde que comme approximatif. Dans cette manière de voir, l'oxychlorure (chlorure hyponiobique) devient $NbOCl^3$, correspondant à l'oxychlorure de phosphore. Cette formule répond sensiblement à la même composition que celle qu'avait admise Blomstrand. Nous ajouterons que Blomstrand s'est immédiatement rallié aux interprétations de Marignac.

On voit donc que l'erreur dans laquelle était tombé H. Rose est la même que celle qu'avait commise Berzelius à l'égard du vanadium; il avait méconnu la présence de l'oxygène dans le chlorure hyponiobique et avait regardé comme un chlorure simple ce qui est en réalité un oxychlorure. Une autre erreur de Rose tenait à la présence de l'acide tantalique dans son acide niobique. Les seules combinaisons niobiques, exemptes de tantale, s'obtiennent par l'oxychlorure (*chlorure d'hyponiobium*). C'est ainsi que s'expliquent l'impossibilité qu'avait rencontrée Rose de passer d'un de ses acides à l'autre, et les différences que présentaient au chalumeau les combinaisons hyponiobiques et les combinaisons niobiques. Quant aux données expérimentales de Rose, elles n'ont rien perdu de leur valeur si l'on considère que toutes ses analyses ne portent pas sur des mélanges; ainsi celles qui ont trait aux combinaisons hyponiobiques s'accordent mieux avec les formules de Marignac qu'avec les siennes propres.

Les principaux minéraux, tous très-rares, dans lesquels se rencontre l'acide niobique, sont les columbites, la samarskite, la fergusonite, la tyrite, le pyrochlore et l'euxénite. Caron l'a également rencontré dans un minerai d'étain de Montebras. La columbite est formée principalement de niobates ferreux et manganeux, l'euxénite est un niobotitanate d'yttria et d'urane, la fergusonite et la tyrite sont des niobates d'yttria; la samarskite, un niobate d'urane. Ces minéraux renferment en outre beaucoup d'autres métaux. L'acide titanique et l'acide stannique accompagnent fréquemment le niobium et le tantale.

Attaque des minéraux niobifères. — Cette attaque se fait facilement en chauffant le minéral avec trois fois son poids de bisulfate potassique dans une marmite en fonte et reprenant la masse par l'eau et par l'acide chlorhydrique étendu. L'acide niobique reste avec l'acide tantalique qui l'accompagne. Il ne reste plus qu'à séparer ces acides.

Marignac opère cette séparation en se basant sur la solubilité du fluotantalate et du fluoxyniobate de potassium.

Le premier exige pour se dissoudre 151 à 157 p. d'eau acidulée d'acide fluorhydrique à la température ordinaire; l'eau pure le dissout aussi, mais sa dissolution se trouble au bout de peu de temps. Le fluoxyniobate se dissout dans 12,5 à 13 p. d'eau froide. L'un et l'autre sont beaucoup plus solubles à l'ébullition et cristallisent facilement par le refroidissement; le premier se dépose en fines aiguilles anhydres, le second en lamelles nacrées. Pour transformer le mélange d'acides en fluorures, on le traite par l'acide fluorhydrique pour le dissoudre. Si l'on avait calciné le mélange pour le peser, il faudrait le refondre avec du bisulfate de potassium. On ajoute ensuite une petite quantité de fluorhydrate de fluorure de potassium (environ 0,25 par gramme d'acide) à la solution fluorhydrique bouillante, concentrée au besoin; par le refroidissement, le fluotantalate se dépose; on le recueille sur un filtre et on le lave jusqu'à ce que les eaux de lavage ne soient plus colorées par la noix de galle. On concentre alors la liqueur filtrée et on y ajoute une nouvelle quantité de fluorure de potassium. Si par le refroidissement les aiguilles sont mélangées de lamelles, on redissout celles-ci par l'addition d'un peu d'eau et on réunit les aiguilles sur un filtre. Si l'on opère un dosage, on pèse le fluotantalate et on déduit la quantité de niobium par différence. Sinon on peut continuer à faire passer l'acide niobique à l'état de fluoxyniobate, mais il vaut mieux décomposer la solution par l'acide sulfurique, évaporer et laver l'acide niobique [Marignac, *Ann. de Chim. et de Phys.*, (4), t. VIII, p. 60].

Gibbs conseille d'évaporer à sec le minerai pulvérisé, avec trois fois son poids de fluorhydrate de potassium. En fondant le résidu, on obtient une masse rose qui, redissoute dans l'acide fluorhydrique, fournit des cristaux incolores de fluoniobate de potassium qu'on obtient exempts de fer et de manganèse par plusieurs recristallisations.

On peut aussi épuiser la masse fondue par l'eau, évaporer la liqueur filtrée et la faire bouillir avec de l'acide sulfurique jusqu'à expulsion de tout l'acide fluorhydrique. L'acide niobique se précipite. On le débarrasse du fer, du manganèse, du tungstène et de l'étain qui peuvent encore l'accompagner, en le traitant par le tartrate sodico-potassique [*Sill. Amer. Journ.*, (2), t. XXXVII, p. 355; *Bull. de la Soc. chim.*, 1865, t. IV, p. 350].

Niobium métallique. — Le niobium métallique n'a pas encore été isolé à l'état de liberté. Celui qu'avait décrit H. Rose et qu'il avait obtenu par l'action du sodium sur le fluoxyniobate de potassium ou sur l'oxyfluorure de niobium (fluorure d'hyponiobium) est une poudre noire, conduisant l'électricité, d'une densité de 6,30 à 6,67. Chauffé, il absorbe l'oxygène de l'air en devenant incandescent et en donnant de l'acide niobique. Seulement la quantité d'oxygène n'est que de 20 % à 22 %, tandis que théoriquement elle devrait être de 42,5 %. M. Delafontaine a reconnu que ce que Rose prenait pour du niobium est un *oxyde inférieur*, NbO; celui-ci, en effet, doit absorber 22,7 % d'oxygène pour se transformer en acide niobique.

Chauffé dans un courant de chlore, ce produit donne l'oxychlorure $NbOCl^3$ (chlorure hyponiobique de H. Rose). L'acide chlorhydrique bouillant le dissout avec dégagement d'hydrogène et formation d'une solution incolore. La formation d'oxychlorure, qui est soluble dans l'acide chlorhydrique, doit en effet se faire avec dégagement d'hydrogène : $NbO + 3HCl = NbOCl^3 + H^3$. L'acide azotique ne le dissout pas, mais l'acide fluorhydrique l'attaque en dégageant de l'hydrogène.

L'acide sulfurique concentré le dissout avec une coloration brune. La fusion avec le bisulfate ou avec le carbonate de potassium, ou encore l'ébullition avec la potasse, le transforment en acide niobique.

Marignac a cherché à obtenir le niobium métallique par l'action du sodium sur le fluoniobate de potassium (préparé par l'action d'un excès d'acide fluorhydrique sur le fluoxyniobate). Il se produit une réaction fort vive qu'on peut modérer en fondant le fluoniobate avec du fluorure de potassium. L'opération a lieu en faisant agir 1 p. de sodium sur 2 p. de fluoniobate sous une couche de chlorure de sodium, dans un creuset en fer. On obtient ainsi une poudre noire disséminée dans une scorie blanche qu'on épuise à l'eau froide. Le résidu insoluble est traité par l'acide fluorhydrique étendu, qui laisse la poudre noire si son action n'est pas trop prolongée.

Le produit ainsi obtenu est d'un noir foncé, ou grisâtre si la température a été trop élevée. Sa densité varie de 6 à 6,6; il est insoluble dans l'acide chlorhydrique ainsi que dans les acides azotique et sulfurique étendus et bouillants. L'acide fluorhydrique étendu et bouillant l'attaque, ainsi que la potasse bouillante et le bisulfate potassique. Ce corps n'est pas du niobium pur, mais bien un hydrure de niobium NbH. En effet, il donne de l'eau lorsqu'on le chauffe dans un courant d'oxygène, et cette eau correspond à 0,9-1,06 % d'hydrogène, la formule NbH en exige 1,06; chauffé dans un courant d'hydrogène au rouge sombre, il ne perd rien de son poids. Calciné à l'air, il absorbe 35 à 38 % d'oxygène; la formule NbH en exigerait 41 %. Cet hydrure se forme évidemment par l'action de l'eau sur le produit de la réaction qui retenait sans doute du sodium. Si l'on cherche à opérer la réduction du fluoniobate par le magnésium, il se produit toujours des détonations violentes.

Enfin Marignac a tenté cette réduction par l'aluminium, dans un creuset brasqué, et il a obtenu un culot métallique, attaquable à froid par l'acide chlorhydrique, avec dégagement d'hydrogène. Ce produit est un alliage de niobium et d'aluminium, renfermant 53 à 56 % du premier et 47 à 44 % du second; la formule $NbAl^3$ exige 53,4 de niobium et 46,6 d'aluminium. Il renferme en outre du silicium. Par l'oxydation, il donne de la silice, de l'alumine et de l'anhydride niobique. La quantité d'oxygène fixée par le niobium de cet alliage, abstraction faite de l'aluminium et du silicium, a été de 41,9 à 42,7 %, tandis que le niobium exigerait théoriquement 42,5 % [Marignac, *Arch. des sciences nat. de Genève*, 1868, t. XXXI, p. 89; *Bull. de la Soc. chim.*, 1868, t. IX, p. 465].

Hydrure de niobium, NbH. — Voyez Niobium métallique.

Bromures de niobium. — Il existe un bromure niobique $NbBr^5$ qui est rouge-pourpre et un oxybromure, $NbOBr^3$, jaunâtre; ils s'obtiennent comme les chlorures.

Chlorures de niobium. — Rose admettait l'existence de deux chlorures, qu'il obtenait simultanément par l'action du chlore sur un mélange de charbon et d'acide niobique, et qui donnaient naissance à deux acides différents par l'action de l'eau. Ces deux chlorures étaient le chlorure d'hyponiobium et le chlorure niobique. On sait aujourd'hui, grâce aux recherches de Blomstrand et de Marignac, que, des deux chlorures de Rose, l'un renferme de l'oxygène et que tous deux donnent le même acide, savoir l'acide niobique $Nb^2O^5$. Les recherches de Deville et Troost sur la densité de vapeur des chlorures de niobium sont venues à l'appui des interprétations de Marignac. Les deux chlorures ne dérivent en réalité l'un de l'autre que par substitution et renferment

$$\overset{v}{Nb}Cl^5 \quad \text{et} \quad \overset{v}{Nb}OCl^3.$$

Il est évident qu'ils ne peuvent donner qu'un seul acide, dont l'anhydride est $\overset{v}{Nb}{}^2O^5$, de même que l'oxychlorure et le perchlorure de phosphore donnent l'un et l'autre l'acide phosphorique [Marignac, *Ann. de Chim. et de Phys.*, (4), t. VIII, p. 44; — Deville et Troost, *Compt. rend.*, t. LVI, p. 891, et t. LX, p. 1221; *Bull. de la Soc. chim.*, 1866, t. V, p. 119].

*Chlorure niobique*, $NbCl^5$. — Le chlorure niobique décrit par H. Rose était mélangé de chlorure de tantale, comme le montrent ses analyses; il a trouvé qu'il renferme en moyenne 59,23 de chlore, ce qui correspond à un mélange de 4 p. de chlorure niobique et de 3 p. de chlorure tantalique. Marignac l'a par contre obtenu pur, renfermant 65,25 de chlore (au lieu de 65,38).

On l'obtient sous la forme d'une masse cristalline jaune, fusible à 194° et bouillant à 240°,5. Sa densité de vapeur, déterminée à 350°, a été trouvée égale à 138,8 (Deville et Troost avaient d'abord obtenu le nombre 158), tandis que la densité théorique, rapportée à l'hydrogène, est 135,75, et la formule de H. Rose exigerait 120.

Pur et exempt d'oxygène, il ne donne pas de sulfure lorsqu'on le chauffe dans la vapeur de sulfure de carbone. Il est décomposé par l'eau, en donnant de l'acide niobique :

$$2NbCl^5 + 5H^2O = Nb^2O^5 + 10HCl;$$

d'après Rose, il reste un peu d'acide niobique en dissolution dans la liqueur acide.

Il se dissout dans l'alcool, et la solution, soumise à la distillation, fournit de l'alcool, du chlorure d'éthyle et de l'acide chlorhydrique, tandis qu'il reste un liquide épais, soluble dans l'eau, qui est sans doute du *niobate d'éthyle* (H. Rose).

L'acide chlorhydrique donne avec le chlorure de niobium une solution qui se trouble avec le temps et qui se prend en gelée; si l'on étend d'eau et si l'on filtre, il passe de l'acide niobique dans la liqueur filtrée, qui se précipite presque complétement par l'ébullition. Si l'on fait bouillir d'abord la solution acide, et qu'on ajoute ensuite de l'eau, on obtient une solution limpide qui ne donne un précipité que par l'ébullition, après addition d'acide sulfurique. La solution chlorhydrique donne avec le zinc une belle coloration bleue.

L'acide sulfurique dissout le chlorure de niobium; la solution se trouble par l'ébullition et se prend en gelée par le refroidissement.

*Oxychlorure de niobium*, $NbOCl^3$ (*chlorure hyponiobique* de Rose). — Il se forme en même temps que le chlorure précédent par l'action du chlore sur le mélange de charbon et d'acide niobique. On l'obtient à l'état de pureté en faisant passer le chlorure niobique en vapeur sur l'acide niobique (Deville et Troost) :

$$3NbCl^5 + Nb^2O^5 = 5NbOCl^3.$$

La décomposition inverse de l'oxychlorure a lieu lorsqu'on le chauffe dans un gaz inerte (Blomstrand).

L'oxychlorure de niobium est blanc et d'un éclat soyeux. Il est infusible, mais volatil. Deville et Troost ont trouvé pour sa densité de vapeur, prise à 440° et à 860°, les nombres 113,7 et 114; la densité théorique est 108,25 (par rapport $H = 1$).

H. Rose l'avait obtenu à l'état de pureté, comme cela résulte de ses analyses; il avait obtenu en moyenne 61,82 °/₀ d'anhydride niobique; la théorie en exige 61,9.

La présence constante de l'oxygène dans ce composé n'avait pas échappé à Rose, et l'on peut s'étonner que cet habile observateur n'ait pas tenu compte de ce fait, si l'on se rappelle que c'est à lui qu'on doit la découverte des oxychlorures métalliques. Chauffé dans un courant d'hydrogène sulfuré, l'oxychlorure de niobium est converti en sulfure, en donnant de l'eau, dont il attribuait la formation à la présence accidentelle d'une petite quantité d'un oxychlorure.

Lorsqu'on fait passer les vapeurs d'oxychlorure sur des fils de magnésium, il se forme, outre du chlorure de magnésium, des petits cristaux brillants d'un oxyde inférieur, probablement $NbO$, car il se transforme de nouveau en oxychlorure par l'action du chlore (Deville et Troost).

L'oxychlorure de niobium est décomposé par l'eau, en donnant de l'acide niobique :

$$2NbOCl^3 + 3H^2O = Nb^2O^5 + 6HCl.$$

Il est insoluble dans l'acide chlorhydrique froid, mais à l'ébullition il se dissout, et l'on obtient par l'addition d'eau une solution semblable à celle que donne le chlorure, mais qui se trouble déjà à froid par l'addition d'acide sulfurique. Il se dissout dans la potasse et même dans le carbonate de potassium.

Fluorure de niobium, $NbFl^5$.— L'acide niobique précipité se dissout facilement dans l'acide fluorhydrique, et, par l'addition du fluorure de potassium, on obtient un fluorure double. L'acide calciné ne se dissout que difficilement. Lorsqu'on dissout les niobates alcalins dans l'acide fluorhydrique, on obtient les fluoxyniobates, combinaisons d'oxyfluorures de niobium et de fluorures alcalins. Ces fluoxyniobates traités par un excès d'acide fluorhydrique fournissent les fluoniobates qui ne s'obtiennent purs que par ce moyen. Rose avait déjà décrit des fluoniobates et des fluoxyniobates, ces derniers comme renfermant le fluorure d'hyponiobium. Marignac a soumis ces combinaisons à des recherches plus attentives et est arrivé à déterminer ainsi la constitution des combinaisons du niobium. Quant aux fluorures du niobium simples, on n'en sait que peu de chose. Pour les fluorures doubles, voyez t. I, p. 1474.

Oxydes de niobium. — Comme nous l'avons vu, H. Rose admettait qu'il existe deux oxydes acides du niobium, l'un $Nb^2O^3$ correspondant à son chlorure d'hyponiobium, et qu'il appelait *acide hyponiobique*, l'autre, l'*acide niobique* ($NbO^2$, d'abord acide pélopique), dérivant du chlorure niobique. Blomstrand et Marignac ont montré que ces deux acides n'en forment qu'un, le véritable acide niobique $Nb^2O^5$, qui n'est autre que l'acide hyponiobique de Rose, tandis que l'acide niobique de ce dernier n'était qu'un mélange d'acide hyponiobique et d'acide tantalique. C'est cet acide qui existe dans tous les minéraux niobifères.

Indépendamment de cet oxyde acide, il existe des oxydes inférieurs de niobium, dont l'étude a surtout été faite par Delafontaine et qui sont un bioxyde $NbO^2$ et un protoxyde $NbO$ (correspondant aux oxydes de l'azote $AzO^2$ et $AzO$).

Protoxyde de niobium, $NbO$. — C'est la poudre noire que Rose avait prise pour du niobium métallique, et qu'il obtenait par l'action du sodium sur les fluoxyniobates alcalins. On a indiqué plus haut ses propriétés et l'on a fait remarquer qu'il absorbe, pour se transformer en acide niobique, une quantité d'oxygène correspondant au rapport $2NbO$ à $O^3$, c'est-à-dire 22,6 °/₀. En faisant agir le magnésium sur l'oxychlorure de niobium, Deville et Troost ont obtenu un oxyde cristallin qui était évidemment le protoxyde.

Ce corps peut être considéré comme un radical, le *niobyle*, analogue à l'uranyle, s'unissant à 3 atomes de chlore ou de fluor pour former des combinaisons très-stables et parfaitement définies. Il convient sans doute de doubler sa formule, à l'état de liberté [M. Delafontaine, *Arch. des sc. phys. et nat. de Genève*, octobre 1866].

Bioxyde de niobium, $NbO^2$. — H. Rose avait trouvé que l'hydrogène réduit partiellement l'acide niobique, mais que celui-ci ne perd que 1,5 °/₀ de son poids. Delafontaine [*loc. cit.*] a constaté que l'acide niobique pur, chauffé au blanc, dans un courant d'hydrogène sec et pur, devient noir et perd 5,96 °/₀ de son poids (la transformation de $Nb^2O^5$ en $NbO^2$ indique une perte de 6,03 °/₀). Cette perte est beaucoup plus faible si l'acide niobique renferme de l'acide tantalique; ce dernier, en effet, n'est point réduit. Le produit obtenu par l'action de l'hydrogène sur l'acide niobique porté à une température élevée est une poudre dense, homogène, d'un noir foncé avec reflets bleuâtres. C'est un oxyde indifférent, inaltérable à l'air, brûlant rapidement au rouge sombre. Ni l'eau ni les acides bouillants ne l'attaquent.

Marignac a en outre signalé l'existence d'un oxyde intermédiaire qui aurait pour formule

$$Nb^3O^5 = 2NbO^2, NbO$$

et qu'on obtient par l'action du zinc sur la solution des niobates alcalins. L'acide niobique qui se sépare prend une belle teinte bleue, qui devient de plus en plus pâle, et qui finit par passer au brun. La solution elle-même devient brune, et fournit, par l'action de l'ammoniaque, un précipité brun.

On n'est pas encore fixé sur la nature de l'oxyde bleu qui prend ainsi naissance. Il ne se forme qu'avec l'acide niobique pur; en présence d'acide tantalique il peut ne pas se produire, et c'est sa formation dans ces cas spéciaux qui avait fait croire à de Kobell à l'existence de son acide dianique, qui n'est en réalité que de l'acide niobique à l'état de pureté. En effet, on peut toujours le produire avec l'acide niobique exempt d'acide tantalique [*Ann. de Chim. et de Phys.*, (4), t. VIII, p. 15].

ANHYDRIDE NIOBIQUE, $Nb^2O^5$ (*acide hyponiobique* de Rose; *acide niobeux* de Hermann). — Cet anhydride se prépare en décomposant le chlorure, l'oxychlorure ou les fluorures de niobium par l'acide sulfurique concentré, ajoutant de l'eau froide et faisant bouillir; l'anhydride se précipite. On l'obtient directement, mais à l'état impur, en fondant les minéraux niobifères avec du bisulfate de potassium et traitant la masse fondue par l'eau.

On obtient l'*hydrate niobique*, en décomposant le chlorure ou l'oxychlorure par l'eau, sous la forme d'une masse amorphe, devenant peu à peu cristalline. Il renferme 6,05 à 9,45 % d'eau qui se dégage à 100° (H. Rose). Un hydrate

$$Nb^2O^5 + H^2O = 2NbO^3H$$

fournirait 6,29 d'eau, et l'hydrate $2Nb^2O^5, 3H^2O$ en donnerait 9,15.

L'anhydride niobique est blanc, mais devient momentanément jaune quand on le chauffe. La densité de l'anhydride niobique calciné varie, d'après Marignac, de 4,37 à 4,46, quelle que soit son origine minérale; celui qu'on obtient par la calcination du fluoxyniobate d'ammonium a pour densité 4,52. H. Rose avait rencontré des divergences beaucoup plus considérables, car les densités qu'il a observées varient de 4,56 à 5,94, et elles étaient d'autant plus faibles que la calcination avait été plus forte; probablement que les nombres les plus élevés se rapportaient à un *mélange* avec de l'acide tantalique dont la densité varie de 7,60 à 8. Il est insoluble dans les acides, sauf dans l'acide sulfurique s'il n'a pas été trop fortement calciné; cette solution ne se trouble pas par l'addition d'eau, mais elle laisse déposer tout l'anhydride par l'ébullition. Récemment précipité, il se dissout dans les alcalis; calciné, il ne s'y dissout que par la fusion.

Chauffé au chalumeau dans la flamme intérieure, l'anhydride niobique devient momentanément jaune verdâtre. Avec le sel de phosphore dans la flamme réductrice, il donne une perle claire et incolore, ou, s'il est en grande quantité, une perle violette ou d'un beau bleu (H. Rose).

Traité par le nitre fondu, il ne donne pas de produit plus oxygéné, et, fondu avec du cyanure de potassium, il n'est pas réduit (Marignac).

Quant à l'acide niobique de H. Rose, ses caractères sont ceux d'un mélange d'acides niobique et tantalique.

NIOBATES. — L'acide niobique forme des sels qui ont été en partie étudiés par H. Rose, mais dont on doit la connaissance plus exacte à Marignac [*loc. cit.*]. Les niobates alcalins sont seuls solubles, les autres s'obtiennent à l'état de précipités; les niobates alcalins colorent le curcuma en brun. Les niobates insolubles renferment en général de l'eau de cristallisation. Calcinés, ils sont attaqués très-difficilement par les acides, mais ils sont tous décomposés par la fusion avec le bisulfate potassique. Voici les caractères des niobates solubles :

L'acide niobique en est complétement précipité par l'acide sulfurique étendu.

L'acide chlorhydrique produit dans leur solution un précipité volumineux qui se redissout dans la potasse en excès, ce qui n'a pas lieu pour l'acide tantalique.

Avec l'acide azotique ou l'acide acétique, il se produit un précipité abondant, insoluble à l'ébullition. L'acide phosphorique ne donne un précipité qu'avec les solutions concentrées.

*Acide cyanhydrique*. Précipité immédiat qui distingue les niobates des tantalates.

*Chlorure ammonique*. Précipité assez lent et incomplet d'acide niobique.

*Sulfure ammonique*. Pas de précipité.

*Chlorures de baryum et de calcium*. Précipités blancs, insolubles dans l'eau et dans les sels ammoniacaux.

*Azotate d'argent*. Précipité blanc jaunâtre se dissolvant un peu à l'ébullition.

*Azotate mercureux*. Précipité jaune verdâtre.

*Bichlorure de mercure*. Pas de précipité.

*Ferrocyanure de potassium*. Point de précipité si la liqueur est neutre; précipité brun si elle est un peu acide.

*Cyanure de potassium*. Précipité blanc, très-rapide.

*Infusion de noix de galle*. Précipité rouge orangé foncé, volumineux, dans les solutions additionnées d'acide sulfurique ou chlorhydrique. La présence de l'acide tartrique empêche cette précipitation. Ce précipité est caractéristique.

Les acides arsénique, oxalique, tartrique et citrique ne précipitent pas les solutions des niobates alcalins.

Les niobates secs, chauffés avec de l'acide concentré, se dissolvent et la solution ne se trouble pas par l'eau, mais l'ammoniaque en précipite l'acide niobique.

Les niobates, en présence de l'acide chlorhydrique et d'une lame de zinc, donnent une belle coloration bleue qui devient peu à peu brune.

*Niobates de potassium*. — Rose n'a pas pu obtenir de niobate potassique cristallisé, ce que Marignac attribue à l'état impur de son acide niobique, car il en a préparé plusieurs espèces très-bien cristallisées en cristaux volumineux, en évaporant dans le vide les dissolutions obtenues après la fusion de l'acide niobique avec 2 ou 3 fois son poids de carbonate de potassium. Les cristaux se déposant ainsi dérivent d'un prisme rhomboïdal oblique dont les éléments ont pu être nettement déterminés [*Ann. de Chim. et de Phys.*, (4), t. VIII, p. 20]. Ils sont limpides et brillants, mais s'effleurissent à l'air. Chauffés, ils fondent dans leur eau, puis se dessèchent et se colorent en jaune, mais la masse redevient blanche par le refroidissement et ne se dissout alors plus qu'en partie dans l'eau. Séchés à 100°, ils perdent 14,5 % d'eau. Ce sel, séché à 100°, a pour composition

$$3Nb^2O^5, 4K^2O, 4H^2O = Nb^6O^{19}K^8 + 4H^2O.$$

Redissous dans l'eau, ce sel fournit, par évaporation lente, des cristaux octaédriques tronqués sur tous leurs sommets, dérivant d'un prisme rhomboïdal droit. Ces cristaux ont été mesurés; leur analyse conduit aux rapports

$$7Nb^2O^5, 8K^2O, 9H^2O + 23H^2O.$$

Ces 23 molécules d'eau se dégageant à 100°, le sel complétement sec aurait pour formule

$$K^{16}Nb^{14}O^{43}.$$

Si l'on sature l'excès de potasse par l'acide carbonique et qu'on évapore la solution, on n'obtient pas de sel neutre cristallisé.

On obtient un autre niobate potassique, cristallisé en octaèdres tronqués sur quatre sommets et dérivés d'un prisme rhomboïdal, lorsqu'on ajoute un excès de potasse à la solution des sels précédents et qu'on laisse concentrer lentement. Ce sel renferme $2Nb^2O^5, 3K^2O, 6H^2O + 7H^2O$; ces $7H^2O$ se dégagent à 100°.

Enfin, si l'on fait bouillir une dissolution de fluoxyniobate avec du bicarbonate potassique, la presque totalité de l'acide niobique est précipitée sous la forme d'un niobate acide, insoluble dans l'eau, pulvérulent, qui renferme

$$3Nb^2O^5.K^2O, 5H^2O$$

(Marignac).

*Niobates de sodium.* — Rose a décrit le niobate neutre

$$Nb^2O^5,Na^2O + 6H^2O \text{ ou } NbO^3Na + 3H^2O,$$

et ces analyses s'accordent assez bien avec la formule de Marignac. Ce sel cristallise très-bien et s'obtient en fondant l'acide niobique avec de la soude et reprenant par l'eau qui dissout d'abord l'excès de soude. Le niobate de sodium est soluble dans 200 p. d'eau à 14°, et dans 75 à 100 p. d'eau bouillante. Rose a également obtenu ce sel avec 4 1/2 $H^2O$. Il perd la plus grande partie de son eau à 100°. Un excès de soude précipite ce sel de sa solution. Calciné, il se dédouble en un sel acide et en soude qui attire l'acide carbonique de l'air.

La solution de niobate de sodium n'est pas modifiée par l'ébullition; traitée par un courant d'acide carbonique, elle fournit au bout d'un temps très-long un précipité de sel acide. Le sel ammoniac y produit un précipité de niobate acide d'ammonium.

Rose a obtenu une fois un sel basique,

$$2Nb^2O^5,3Na^2O + 24H^2O,$$

perdant $22H^2O$ par une calcination modérée.

Si l'on maintient en fusion de l'acide niobique avec du carbonate de sodium jusqu'à ce que le poids ne soit plus modifié (100 p. d'acide niobique déplacent 50,1 p. d'acide carbonique), on obtient le sel $Nb^2O^5.3Na^2O = 2NbO^4Na^3$ que l'eau décompose en sel neutre et soude.

Si cette opération a lieu à une température qui ne soit pas trop élevée, on obtient des sels acides, solubles et se séparant en masse cristalline par l'évaporation de leur solution. Le sel qui se forme le plus fréquemment renferme

$$5Nb^2O^5,4Na^2O + 40H^2O.$$

Le niobate neutre, en solution, traité par un courant d'acide carbonique, laisse déposer un sel acide gélatineux, $4Nb^2O^5,Na^2O + 5H^2O$ [H. Rose, *Poggend. Ann.*, t. CXIII, p. 292].

Marignac n'a jamais pu obtenir de niobate sodique nettement cristallisé. Il a décrit un sel sodico-potassique qui, séché à 100°, renferme

$$3Nb^2O^5.3K^2O.Na^2O + 9H^2O.$$

*Niobate d'ammonium.* — Le précipité volumineux obtenu par l'addition de sel ammoniac au niobate de sodium est, d'après les analyses de Rose, un sel sodico-ammonique. On peut le représenter par les rapports

$$4Nb^2O^5.[5/6\,(AzH^4)\,1/6\,Na]^2O + 5H^2O.$$

Le sel sodique neutre de Rose a donné par double décomposition les sels suivants dont les analyses cadrent assez bien avec la formule assignée par Marignac à l'acide niobique [H. Rose, *loc. cit.*]. Voyez aussi la révision des combinaisons niobiques faites par Rammelsberg [*Poggend. Ann.*, t. CXXXVI, p. 352, et *Journ. für prakt. Chem.*, t. CVIII, p. 77].

*Niobate d'argent,* $NbO^3Ag + H^2O$. — Précipité blanc jaunâtre, devenant brun par la dessiccation et noircissant à 100°.

*Niobate de magnésium,* $(NbO^3)^2Mg$. — Précipité retenant $4H^2O$ à 100°.

*Niobate de cuivre,* $(NbO^3)^2Cu + 2H^2O$. — Précipité vert clair.

*Niobate mercureux,* $(NbO^3)^2Hg^2 + 3H^2O$. — Précipité jaune pâle, devenant verdâtre et rougissant à 100°; le lavage paraît le rendre un peu basique.

*Niobate mercurique.* — Précipité gélatineux.

*Niobate ferrique,* $3Nb^2O^5,2Fe^2O^3$, soit

$$(NbO^3)^6(Fe^2) + Fe^2O^3 + 8H^2O.$$

— Lorsqu'on ajoute un excès de chlorure ferrique à une solution de niobate de sodium neutre, on obtient une liqueur brune et un précipité brun se desséchant en fragments amorphes.

Les minéraux niobifères constituent des niobates complexes; nous examinerons plus loin la composition des principaux d'entre eux.

SULFURE DE NIOBIUM. — H. Rose a fait de nombreux essais pour obtenir ce composé en traitant l'anhydride niobique par la vapeur de sulfure de carbone. Il a obtenu ainsi une poudre noire, prenant l'éclat métallique sous le brunissoir, et se transformant en acide niobique par la calcination à l'air. Les analyses mêmes de Rose indiquent trop peu de soufre. Le même corps se forme par l'action de l'hydrogène sulfuré sur l'oxychlorure niobique ou sur le niobate sodique chauffé au rouge. Les quantités de soufre de ce sulfure variaient de 29,9 à 33,85. La formule $Nb^2S^5$ en exigerait 36,2, et celle d'un oxysulfure $Nb^2O^2S^3$ 30,38 %. L'analyse se rapproche le plus de cette dernière (M. Delafontaine).

AZOTURES DE NIOBIUM. — Lorsqu'on fait passer du gaz ammoniac sur de l'acide niobique ou sur l'oxychlorure chauffés au rouge vif, il se forme de l'eau et un azoture de niobium. 100 p. d'anhydride niobique fournissent 94,8 p. de ce composé, qui est une poudre noire, et perdent 14,31 d'oxygène à l'état d'eau. La perte totale de l'oxygène serait de 22,4 %; il reste donc de l'oxygène dans l'azoture et celui-ci constitue probablement l'azoture de niobyle $NbO.Az$.

Le gaz ammoniac, en agissant sur le chlorure niobique, donne une combinaison jaune qui, si on la chauffe plus fort, abandonne du sel ammoniac et devient noire. Ce produit n'est pas attaqué par l'eau régale.

On obtient un produit analogue lorsqu'on chauffe l'anhydride niobique dans un courant de cyanogène; seulement dans ce cas le produit retient toujours du carbone.

Tous ces azotures, fondus avec de la potasse, dégagent de l'ammoniaque [H. Rose, *Pogg. Ann.*, t. CXI, p. 426].

MINÉRAUX NIOBIFÈRES. Les minéraux renfermant du niobium sont toujours tantalifères, et l'on a vu que c'est cette circonstance qui, avant les travaux de Marignac, a jeté le plus d'obscurité sur l'histoire du niobium. Tantôt c'est le tantale qui domine, et dans la tantalite il est à peu près exempt de niobium, tantôt c'est le niobium qui est en plus grande quantité, comme cela a lieu pour la columbite du Groënland. La densité du minéral est déjà un très-bon guide à cet égard, car cette densité va en augmentant avec la proportion de tantale, comme le montre le tableau suivant dressé par Marignac d'après ses analyses :

| | Densité. | Acide tantalique %. |
|---|---|---|
| Columbite du Groënland..... | 5,36 | 3,3 |
| — d'Acworth (New-Hampshire)..... | 5,65 | 15,8 |
| — de la Vilatte près Limoges ....... | 5,70 | 13,8 |
| — de Bodenmais (dianite de M. de Kobell)........... | 5,74 | 13,4 |
| — de Haddam (Connecticut)........ | 5,85 | 10,0 |
| — de Bodenmais..... | 5,92 | 27,1 |
| — de Haddam....... | 6,05 | 30,4 |
| — de Bodenmais.... | 6,06 | 35,4 |
| — de Haddam....... | 6,13 | 31,5 |
| Hjelmite....... .......... | 6,77 | 54,5 |
| Tantalite .... ............. | 7,03 | 65,6 |

Les irrégularités qu'on remarque dans cette série tiennent en partie à l'incertitude du dosage des acides de la columbite, en partie aux éléments qui y sont associés.

Voici maintenant, d'après différents auteurs, la composition de ces minéraux. Nous ferons seulement remarquer que généralement l'acide tantalique n'est pas évalué et qu'il a été dosé avec l'acide niobique, mais la densité du minéral peut donner une indication assez juste à cet égard.

*Columbites.* —

| | De Middleton (Connecticut) Schlieper | De Middleton (Connecticut) Chandler | Chanteloube (Limoges) Damour | Miask (Oural) Hermann | Tantalite de Suède Marignac | Groënland Oesten |
|---|---|---|---|---|---|---|
| Densité | 5,49 | 5,58 | 5,6 à 5,7 | 5,4 à 5,7 | 7,03 | 5,375 |
| $Ta^2O^5$. | — | — | — | — | 65,60 | |
| $Nb^2O^5$. | 78,88 | 76,79 | 78,74 | 80,47 | 10,88 | 77,80 |
| $SnO^2$.. | 0,29 | 0,60 | — | — | 6,10 | 0,17 |
| FeO.. | 16,65 | 18,23 | 14,50 | 8,50 | 8,95 | 16,52 |
| MnO.. | 4,70 | 3,14 | 7,17 | 6,09 | 6,61 | 4,95 |
| CaO.. | 0,07 | — | — | — | — | — |
| NiO... | 0,22 | — | — | — | — | — |
| CuO... | 0,45 | 0,48 | — | — | — | 0,98 |
| YO.... | — | — | — | 2,00 | — | — |
| MgO.. | — | — | — | 2,44 | — | — |
| UrO... | — | — | — | 0,50 | — | — |
| | 101,21 | 92,24 | 100,41 | 100,00 | 98,14 | 99,88 |

Les columbites correspondent assez exactement à la formule générale $(NbO^3)^2(FeMn)$.

Samarskite ou Uranotantale D = 5, 6 à 5, 7.

| | Chandler. |
|---|---|
| $Nb^2O^5$ | 55,10 |
| $WO^2$ | 0,48 |
| $SnO^2$ | 0,26 |
| $Ur^2O^3$ | 19,22 |
| FeO | 15,05 |
| MnO | 0,56 |
| YO | 4,91 |
| CaO | 0,44 |
| MgO | 0,26 |
| CuO | 0,07 |
| | 96,85 |

| | Hjelmite D — 6,77 Rammelsberg | | Fergusonite Groënland D — 5,612 | Fergusonite Ytterby D — 5,56 | Tyrite de Helle D — 5,13 à 5,56 |
|---|---|---|---|---|---|
| $Ta^2O^5$.. | 54,52 | $Nb^2O^5$.. | 44,84 | 40,16 | 45,00 |
| $Nb^2O^5$.. | 16,35 | $Ta^2O^5$... | — | 8,78 | |
| $SnO^2$... | 4,60 | $ZrO^2$... | 6,93 | — | |
| $WO^3$... | 0,28 | $SnO^2$.... | 0,85 | 0,91 | |
| UrO.... | 4,51 | YO..... | 38,61 | 30,45 | 30,00 |
| MnO... | 5,68 | CeO.... } (La,Di)O } | 8,05 | 7,80 | 5,74 / 8,51 |
| FeO.... | 2,41 | FeO.... | 1,33 | 4,09 | 1,48 |
| CuO.... | 4,05 | UrO.... | 0,35 | 1,98 | 6,52 |
| YO..... | 1,81 | CuO.... | — | 3,40 | 2,36 |
| CeO.... | 0,48 | $Al^2O^3$... | — | — | 1,05 |
| MgO.... | 0,45 | $H^2O$.... | — | 4,47 | 4,88 |
| $H^2O$.... | 4,57 | | | | |
| | 99,71 | | 99,46 | 101,98 | 100,54 |

Ces analyses sont dues à Rammelsberg [*Deutsch. Chem. Gesellsch.*, t. III, p. 947].

La hjelmite a pour formule générale

$$\overset{''}{R}^4(Nb\ Ta)^6O^{19} + 4H^2O.$$

*Pyrochlore.*

| | De Frederichsaern Hayes | De Brevig Wœhler | Miask Hermann | De Chesterfield (Massachusetts) Hayes |
|---|---|---|---|---|
| $Nb^2O^5$ | 53,10 | 67,02 | 62,25 | 75,70 |
| $TiO^2$ | 20,20 | traces | 2,23 | |
| $ZrO^2$ | — | — | 5,57 | |
| YO | — | — | 0,70 } | 7,42 } |
| CeO (avec LaO) | — | 5,16 | 5,32 } | (avec $WO^3$) |
| UrO | 1,20 | 4,60 | — | |
| FeO | 2,25 | 1,33 (FeO) | 5,68 | |
| MnO | — | 1,69 | — | |
| CaO | 19,45 | 9,88 | 13,54 | 10,87 |
| Alcali | — | — | 3,72 | |
| $H^2O$ | 0,80 | 7,06 | 0,50 | |
| | 97,10 | 96,74 | 99,51 | |

| | Euxénite Forbes et Dale | Aeschinite Hermann |
|---|---|---|
| $Nb^2O^5$ | 38,58 | 33,20 |
| $TiO^2$ | 14,36 | 25,90 |
| $Al^2O^3$ | 3,12 | — |
| $Ce^2O^3$ | | 22,20 |
| UrO | 5,22 | — |
| FeO | 1,98 | 5,45 |
| YO } | 29,35 | 1,28 |
| CeO, etc. } | 3,31 | 11,33 |
| CaO | 1,38 | — |
| MgO | 0,19 | — |
| $H^2O$ | 1,88 | 1,20 |
| | 100,37 | 100,57 |

Le *wolfram* de Zinnwald laisse, après le traitement pour extraire le tungstène, un résidu assez considérable renfermant d'après Marignac :

| | |
|---|---|
| $Nb^2O^5$ | 76,3 |
| $Ta^2O^5$ | 17,3 |
| $TiO^2$ | 5,4 |
| | 99,0 |

Analyse. — Quant à la séparation et au dosage du niobium, nous nous bornerons à ce qui en a été dit page 553, renvoyant pour sa séparation du tantale, du titane, du tungstène, de l'urane, de l'yttria, du zirconium, à l'histoire de ces différents métaux. Pour les autres séparations, elles s'effectuent comme celles du tantale. E. W.

**NITRACROL** (*cholacrol*). — Voyez Nitrocholique (acide).

**NITRE** (Min.) [Syn. *Salpêtre*]. — Azotate de potassium, $AzO^3K$ ; se trouve assez abondamment dans les pays chauds, en efflorescences ou en croûtes cristallines.

Fig. 433. — Nitre.

*Forme cristalline.* — Prismes orthorhombiques $mm = 119°14'$ ; $g^1e^1 = 125°6'$ ; $b^{1/2}m = 135°28'$.

**NITRE (INDUSTRIE).** — Nous sommes loin de l'époque où l'acide azotique et ses composés destinés à l'industrie ou aux besoins de la guerre étaient demandés au lessivage des plâtras provenant des vieux murs, et à celui des matériaux accumulés pour constituer les nitrières artificielles. Maintenant les produits nitrés sont tous, ou à peu près, dus à des transformations du nitrate de sodium du Pérou. Quand l'industrie puise si largement dans ces nitrières, il n'est pas sans utilité d'en exposer brièvement l'histoire et l'exploitation.

On trouve dans l'Amérique du Sud plusieurs gisements de nitrate de sodium auxquels on a attribué diverses origines, et dont on a évalué diversement l'importance. Dans les Cordillères de la Bolivie, en particulier, autour de certains lacs salés provenant d'inondations maritimes, bien que leur altitude actuelle ne puisse s'expliquer que par des convulsions terrestres, se rencontrent des dépôts de sel gemme plus ou moins nitré.

Enfin, dans les environs de la presqu'île de Mejillones, à l'extrémité sud du bas Pérou, d'immenses pampas sablonneuses recouvrent de grandes quantités de sel commun, qui renferme de 10 à 12 et même 15 °/ₒ de nitrate de sodium.

Mais le gisement le plus important, celui qui est connu depuis plusieurs siècles, qui a commencé à être exploité vers 1830, et dont l'exploitation s'accroît tous les jours, est celui de la province de Tarapaca, dans la grande pampa de Tamarugal, et la *Sierra* de la côte qui la limite à l'ouest.

Si nous étudions les conditions nécessaires à la nitrification naturelle, nous verrons qu'elles existent dans ce point du globe de manière que ce phénomène se réalise dans une grande proportion. Les principales causes de la production et de l'accumulation de l'acide azotique sont : 1° la présence de bases alcalines ou terreuses; 2° le sable poreux et très-perméable à l'air malgré l'épaisseur de sa couche; 3° les matières organiques représentées par de petits bancs de guano enfouis sous la croûte de chlorure de sodium; 4° l'absence complète de pluie; 5° la température constamment élevée, l'atmosphère pure, sèche et transparente pendant le jour, tandis que la nuit l'air est assez froid et le brouillard assez épais pour que l'obscurité soit complète, pour que le dépôt de givre soit abondant le matin, et que la dissolution au lever du soleil imbibe le sol dans l'épaisseur de quelques millimètres.

Examen fait, on peut conclure que la nitrification doit avoir lieu d'une manière continue, et donner des produits abondants en vertu des lois établies dans l'article nitrification : 1° combinaison directe des éléments de l'air sous des influences météorologiques diverses, dont le brouillard emmagasine les produits pour les déposer sur le sol avec la rosée ou le givre du matin; 2° combustion lente des matières organiques, ammoniacales et ferrugineuses enfouies sous le sel au milieu d'un sable très-pénétrable aux gaz atmosphériques et très-favorable aux réactions déterminées par l'accumulation de ces gaz.

Ces phénomènes se réalisant constamment sur une surface de plus de quarante lieues nord et sud, et quinze est et ouest, doivent, quelque faible qu'on suppose la quantité produite dans un point, accumuler une somme énorme de nitre après un certain laps de temps. Aussi découvre-t-on journellement de nouveaux dépôts à mesure que s'épuisent ceux qu'on exploite depuis quelque temps, et comme en définitive l'exploitation a des limites, en même temps que la production est continue, on peut raisonnablement admettre que l'enlèvement annuel est amplement compensé par le produit des réactions actuelles. De sorte qu'on serait en présence d'une source inépuisable datant du moment où ont commencé d'exister les conditions de production, et devant continuer tant que subsisteront les éléments nécessaires à sa réalisation.

Il ne faudrait pas croire cependant que les dépôts constituent un banc sans solution de continuité sur toute l'étendue des lieux de gisement. Les nitrières sont plus ou moins grandes (de quelques mètres de surface à des centaines de mètres), mais elles sont toujours séparées par des masses de terre compacte où abonde le sel commun, et où le nitre n'existe pas, ou bien se rencontre en quantités si minimes qu'il ne serait pas exploitable.

Voici, du reste, comment se présentent les choses. Sur un sable très-fin et aggloméré en prismes octogones assez réguliers, s'étalent des nodules de carbonate de chaux et des fragments de la roche primitive renfermant du fer. Au-dessous, un magma très-dur composé de terre et de sel commun constitue une croûte (*costra*) de 30 à 40 centimètres d'épaisseur. Enfin, au-dessous encore, et se prolongeant jusque sur un sable rouge à gros grains qui recouvre la roche, de grosses cristallisations de nitrate de sodium de formes, de couleurs et de densités variables, s'arrondissent et s'épandent au milieu des parties voisines. On devine tout de suite que ce nitre s'est formé sur place, tant son lit entre le sel et le sable paraît avoir échappé à toute atteinte.

L'*exploitation* consiste à extraire le nitrate de sodium de son lit de gisement, à le concasser, à le faire dissoudre à chaud, cristalliser par refroidissement, et conduire après dessiccation vers le port où on l'embarque sur les navires qui le transportent vers tous les points du globe.

La seule extraction demande déjà un travail très-complexe. On commence par creuser dans le sol des trous étroits, profonds et élargis à la partie inférieure. On en remplit la cavité de poudre dont l'explosion ébranle les terres voisines. Alors le pic, la pioche et la pelle complètent l'enlèvement des terres et du sel, en même temps qu'ils permettent la récolte des cristaux de minerai divisé en morceaux de 10 à 20 kilogrammes. Selon que ce minerai a la cassure blanche ou à reflets jaunes, qu'il est dur ou léger, mêlé de terre ou pur, etc., il prend divers noms indiquant sa nature et sa qualité; les principales variétés sont les nitres ou *caliches* blancs, soufrés, compactes, poreux, terreux, congelés, etc.

Les parties constituantes de ce minerai varient dans leur nature et leurs proportions. Celles qui se rencontrent à peu près toujours sont :

Le nitrate de sodium,
Le chlorure de sodium,
Des sulfates et des chlorures solubles,
De l'iodate de sodium,
Du sable fin,
Des morceaux de roche ferrugineuse.

L'exploitation, se faisant en vue du nitrate, n'est possible qu'autant que ce sel existe dans une proportion suffisante. Au-dessous de 40 °/ₒ on le rejette comme trop pauvre. Sa plus grande richesse en grandes masses ne dépasse pas 65 °/ₒ, mais on rencontre des morceaux choisis contenant plus de 80.

Le chlorure de sodium varie de 15 à 40 °/ₒ. Plus un caliche en contient, moins il est estimé.

Les corps autres que ceux que je viens de désigner sont en si petite quantité, qu'on n'a pour ainsi dire pas à en tenir compte. Un d'eux, cependant, mérite qu'on s'en occupe : c'est l'iode, qui se rencontre à la dose d'un millième, sous la forme d'iodate de sodium dans les nitrières du centre de la province. Dans certains points ce corps manque absolument.

Enfin la quantité de terre, pierres, etc., dépend de la nature du caliche et aussi du mode d'exploitation. Elle varie de 5 à 20 °/ₒ.

Extraits de la nitrière, les blocs s'en vont à la fabrique à dos de mules, ou mieux sur des charrettes. Là on les concasse de manière à les réduire en poudre grossière et en morceaux de la grosseur d'un œuf de poule. Puis on les jette dans des chaudières qu'on remplit d'eau, ou plutôt d'eaux mères provenant d'opérations antérieures.

Quand cette industrie était encore dans l'enfance, les chaudières employées étaient analogues à celles qui servent pour le sucre. On les accouplait de manière à pouvoir en chauffer deux avec le même foyer, et le combustible employé sous ces appareils, nommés *paradas*, n'était autre que le bois récolté à grand'peine dans la pampa de Tamarugal.

Tout le bois de la province fut vite épuisé, et bientôt il fallut avoir recours au charbon minéral provenant de l'Angleterre et du Chili. Plus tard, les chaudières chauffées à feu nu furent remplacées par des bacs où arrivaient, au milieu du minerai mêlé d'eau mère, des torrents de vapeur conduite par des tuyaux dits barboteurs. C'est à ce procédé qu'on a encore recours aujourd'hui, et les choses se passent de la manière suivante :

Vapeur amenée par des barboteurs dans des bassins découverts ; ébullition pendant 4 ou 5 heures ; décantation dans un premier récipient où le liquide restant 2 heures environ, sans se refroidir sensiblement, dépose toutes les parties terreuses qu'il tenait en suspension ; nouvelle décantation dans des bacs où la cristallisation se complète en quatre ou cinq jours, selon leur capacité, une dernière décantation enlève l'eau mère, qui se rend dans un puits pour remonter de là vers de nouveau minerai mis en œuvre. Quant au nitre, après qu'on l'a bien laissé s'égoutter, on le jette sur un tas le long d'un mur assez élevé, avec plan légèrement incliné où il se sèche complétement.

Au bout de quinze, vingt ou trente jours, on le met en sacs et on le charroie au port où les navires l'attendent.

Ce procédé d'extraction et de préparation, malgré les améliorations de détail apportées par l'expérience, est loin de la perfection, et laisse, au contraire, beaucoup à désirer. Ainsi, pour économiser le combustible, on emploie une quantité insuffisante d'eau, et on ne retire guère du minerai que la moitié du nitre qu'il renferme. Sur une richesse de 60 à 65 % on n'obtient pas au-dessus de 34 à 35. C'est, comme on voit, une perte énorme ; et pour la supporter sans grand préjudice, il faut que les gisements soient assez riches pour fournir à tous les besoins, la nitrification assez active pour combler vite les vides augmentés par une mauvaise exploitation, et que l'avenir réserve aux résidus jetés aujourd'hui une exploitation d'autant plus avantageuse que le temps en aura augmenté la richesse.

Malgré ce qu'on peut dire pour défendre l'exploitation actuelle, il faut reconnaître que c'est une opération défectueuse, et qu'il est fortement à désirer qu'on y apporte une amélioration notable.

C'est pour remédier à la perte du minerai que dernièrement un essai fut tenté en France pour rendre cette exploitation en même temps plus fructueuse et plus économique. Voici le procédé tel qu'il a été expérimenté :

1° Le minerai est embarqué en grenier sur les navires qui doivent l'amener en Europe ;

2° Il est assez finement broyé et mis dans une chaudière de dissolution chauffée à l'aide d'un barboteur ;

3° La solution laissée en repos pendant une demi-heure est décantée dans une chaudière évaporatoire à double fond, où va d'abord la vapeur qui finit sa course dans le mélange d'eau et de minerai dont je viens de parler. A mesure que la liqueur se concentre par suite de l'évaporation de l'eau, le sel commun, dont la solubilité augmente très-peu avec la température, se dépose et est enlevé à l'aide d'une écumoire. Placé dans un panier et lavé à l'eau bouillante, il s'égoutte et est déposé en tas pour servir à des usages divers ;

4° Le bain de nitrate, en se saturant, arrive à marquer 47°, environ, à l'aréomètre de Baumé. On arrête alors la vapeur, on laisse reposer le liquide une demi-heure et on le décante au siphon sans remuer le sel déposé au fond de la chaudière. Ce dépôt, composé de plusieurs matières, rentre dans la fabrication dans une opération suivante. Quant à la solution de nitre, elle va dans le cristallisoir sous la forme d'un liquide très-limpide, et produit par le refroidissement des cristaux qui, bien séchés, peuvent être considérés comme purs. Cependant, grâce à une petite opération complémentaire, et sans avoir recours à une nouvelle dissolution, comme on le faisait encore naguère, on peut obtenir du nitre épuré à un assez bon titre pour servir avantageusement à la préparation de l'acide azotique. Il suffit, au moment où on le retire du cristallisoir, de le placer dans des paniers disposés au-dessus d'une rigole destinée à réunir le liquide, et de l'arroser avec de l'eau bien fraîche arrivant en pluie fine pendant quelques secondes seulement. Après ce lavage les cristaux humides sont portés dans une turbine où une rotation suffisamment rapide pendant 10 à 12 minutes donne un produit sec, blanc et relativement très-pur.

Cette opération imaginée en vue de faire des économies sur le prix du charbon, et de profiter de tout le nitrate du minerai en même temps que du chlorure de sodium et même de l'iode qu'il renferme, n'aurait pas manqué de réussir si elle n'avait été arrêtée par une prohibition expresse d'exportation provenant du gouvernement péruvien.

Une méthode d'exploitation très-différente est, dans ce moment même, en cours d'expérience au Pérou. Quel succès lui est réservé ? l'avenir seul nous l'apprendra. Voici en quoi elle consiste :

1° Dissoudre à froid le minerai près de la nitrière ; 2° faire arriver la solution sur le bord de la mer à l'aide de conduites métalliques disposées avec une inclinaison suffisante ; 3° faire l'opération du raffinage tout près des navires chargés de porter les produits en Europe ; 4° réaliser par suite l'économie du transport du charbon à 10 ou 12 lieues dans l'intérieur et le retour du nitrate fabriqué vers le port d'embarquement. Ce sera là sans doute un avantage notable. Si pourtant on considère qu'une longueur de tubes de 12 lieues et des établissements coûteux sur une immense surface pour favoriser l'évaporation naturelle doivent occasionner de très-grandes dépenses, on ne se prononcera pas à la légère sur l'avenir de l'entreprise.

Le nitrate de sodium arrivé en Europe est vendu selon sa richesse ou sa pureté relative. Les essais ou analyses que l'industrie réclame de la science portent sur trois points principaux :

1° Titrage des chlorures fait avec le nitrate d'argent (méthode volumétrique) ;

2° Détermination de l'acide sulfurique au moyen d'un sel soluble de baryum ;

3° Dosage de l'eau par la dessiccation.

Les autres impuretés étant infinitésimales peuvent être négligées.

La vente du nitre du Pérou est toujours basée sur son titre. Une convention mutuelle admet la moyenne de 94 ou 95 % d'azotate réel. L'excès est compté au profit du vendeur, le défaut à son préjudice.

Les analyses du nitrate des bonnes fabriques ont à peu près la teneur suivante :

| | |
|---|---|
| Nitrate de sodium | 96,00 |
| Chlorure de sodium | 1,00 |
| Sulfates solubles | 0,50 |
| Matières insolubles | 0,25 |
| Eau | 2,25 |
| | 100,00 |

A l'aide du lavage à l'eau froide et de la dessiccation à la turbine, on ramène la quantité de chlorure au-dessous de 1/2 % tout en enlevant à peu près complétement l'acide sulfurique et l'eau. C'est donc un procédé d'épuration qui devrait être toujours employé.

*Préparation du nitrate de potassium avec le nitre du Pérou.* — Pour obtenir le nitrate de potassium en partant du nitrate de sodium, il suffit de provoquer une double décomposition au moyen d'un sel de potassium qui donne naissance à deux sels de solubilités différentes. C'est ce qu'on obtient en mêlant à chaud le chlorure de potassium à une solution de nitrate de sodium. Il se forme immédiatement du chlorure de sodium qui se dépose et du nitrate de potassium qui reste dissous et dont on concentre la solution jusqu'à 52° de l'aréomètre de Baumé, avant de le faire cristalliser.

On emploie habituellement pour cette opération du nitrate ayant déjà subi une main d'œuvre qui l'a débarrassé du sel commun qu'il renfermait. Il serait plus économique d'employer le minerai brut mêlé à 25 ou 30 °/₀ de sel commun. La réaction ne s'en ferait pas moins bien et on aurait à enlever en même temps le sel marin qui viendrait de se former et celui qui existait déjà dans le nitrate employé. On aurait ainsi une économie d'argent et de main-d'œuvre.

Pour la purification du nitrate de potassium on a recours à une dissolution et à une cristallisation nouvelles. Le lavage à l'eau froide et le turbinage complètent admirablement l'opération. Enfin pour l'obtenir susceptible d'entrer dans la poudre, on le fait cristalliser en *neige*, c'est-à-dire en tout petits cristaux, but qu'on atteint en troublant la cristallisation. Le produit étant bien égoutté dans de grands récipients en bois troués à leur partie inférieure, on le sèche sur des plaques métalliques chauffées en l'étendant en couches légères et le remuant constamment. Dr Thiercelin.

**NITRÉS** ou **NITROGÉNÉS (COMPOSÉS).** — On nomme *corps nitrés* les composés dans lesquels un ou plusieurs *restes* monatomiques $AzO^2$ remplacent un ou plusieurs atomes d'hydrogène.

Plusieurs méthodes sont employées pour obtenir les corps nitrés :

1° On fait agir sur les composés où l'on veut substituer la vapeur nitreuse, l'acide azotique fumant, ou mieux, un mélange de nitre et d'acide sulfurique concentré en excès :

$$C^{10}H^8 + AzO^3H = C^{10}H^7(AzO^2) + H^2O;$$

Naph-taline. Acide azotique. Nitronaphtaline.

$$C^7H^6O^2 + AzO^3H = C^7H^5(AzO^2)O^2 + H^2O.$$

Acide benzoïque. Acide nitrobenzoïque.

Les corps nitrés ainsi produits peuvent être des mélanges de composés isomères. Il pourra arriver que dans certains cas une portion de la molécule soit brûlée à l'état d'eau et d'acide carbonique : c'est ainsi qu'en faisant bouillir l'acide cinnamique avec l'acide nitrique fumant on obtient l'acide nitrobenzoïque.

2° On peut aussi obtenir des corps nitrés en faisant agir l'acide nitrique étendu sur les composés amidés correspondants et remplacer ainsi $(AzH^2)'$ par $(AzO^2)'$; toutefois ce procédé donne quelquefois des réactions complexes et entraîne souvent l'oxydation complète de la molécule :

$$C^6H^5(AzH^2) + 6AzO^3H$$

Aniline.

$$= C^6H^3(AzO^2)^3O + 4AzO^2H + 3H^2O.$$

Acide trinitrophénique.

3° On peut obtenir des corps nitrés par l'action des azotites de potassium, de plomb ou d'argent sur les composés chlorés, bromés ou iodés correspondants. L'action est différente suivant qu'on emploie les nitrites de potasse ou de plomb ou celui d'argent. Avec les iodures de méthyle ou d'éthyle, on obtient dans le premier cas les éthers nitreux correspondants, tandis que le sel d'argent fournit des corps nouveaux (voyez NITROMÉTHANE et NITRÉTHANE) qui sont de véritables corps nitrés de la série grasse, analogues à la nitrobenzine. Par réduction ils donnent de la méthylamine et de l'éthylamine (Meyer).

4° On peut faire agir directement les vapeurs nitreuses, soit sur un hydrocarbure non saturé auquel elles s'unissent directement, soit sur un composé sur lequel elles agissent par une véritable substitution :

$$C^5H^{10} + Az^2O^4 = C^5H^{10}(AzO^2)^2;$$

Amylène. Vapeurs nitreuses. Azotylure d'amylène.

$$C^{10}H^8 + Az^2O^4 = C^{10}H^7(AzO^2) + AzO^2H.$$

Naphtaline. Nitronaphtaline. Acide azoteux.

Qu'ils aient été produits par l'une ou l'autre de ces méthodes, les corps nitrés se divisent en deux classes bien distinctes.

En effet, parmi ces composés, certains peuvent par l'action des réducteurs (sels ferreux, poudre de zinc et eau acidulée, acide chlorhydrique et étain, hydrogène sulfuré, sulfhydrates alcalins) donner des composés dans lesquels un ou plusieurs $(AzO^2)'$ sont remplacés par un ou plusieurs *restes* $(AzH^2)'$ :

$$C^6H^5(AzO^2) + H^6 = C^6H^5(AzH^2) + 2H^2O;$$

Nitrobenzine. Aniline.

$$C^2H^5(AzO^2) + H^6 = C^2H^5(AzH^2) + 2H^2O.$$

Nitréthane. Éthylamine.

Le radical $(AzO^2)$ du reste peut être remplacé en totalité ou en partie par l'amidogène :

$$C^6H^3(AzO^2)^3O + H^6$$

Acide picrique.

$$= C^6H^3(AzH^2)(AzO^2)^2O + 2H^2O.$$

Acide picramique.

Au contraire, il existe une seconde classe de composés nitrés qui, par l'action des mêmes réducteurs, perdent tout leur azote soit à l'état d'ammoniaque, soit à l'état d'azote libre ou même de vapeur nitreuse, un atome d'hydrogène venant alors simplement remplacer $AzO^2$ :

$$C^5H^{10}(AzO^2)^2 + H^{10} = C^5H^{12} + Az^2 + 4H^2O;$$

Azotylure d'amylène. Amylène.

$$C^2H^5(AzO^2) + H^6 = C^2H^5.OH + AzH^3 + H^2O;$$

Éther azoteux. Alcool.

$$C^2H^5O(AzO^2) + 2Na = AzO^2,Na + C^2H^5O,Na.$$

Éther nitrique. Azotite de sodium. Éthylate de sodium.

On voit, d'après ces réactions caractéristiques pour chacun de ces groupes, que l'on pourrait admettre que, dans la première classe de corps nitrés, l'azote de l'azotyle $(AzO^2)$ est en rapport direct avec le carbone de la chaîne carburée de la molécule, de telle sorte que ces composés nitrés sont bien les représentants des composés amidés correspondants. Les formules suivantes indiquent cette constitution :

$$(C^6H^5)' - Az \begin{smallmatrix} \nearrow O \\ \searrow O \end{smallmatrix}$$

Nitrobenzine.

correspondant à

$$(C^6H^5)'Az \begin{smallmatrix} \nearrow H \\ \searrow H \end{smallmatrix}$$

Amidobenzine ou aniline.

$$(C^6H^4)'' \begin{smallmatrix} \nearrow CO.OH \\ \searrow Az \end{smallmatrix} \quad Az \text{ lié à } O-O$$

Acide nitrobenzoïque.

correspondant à

$$(C^6H^4)'' < \begin{matrix} CO,OH \\ AzH^2 \end{matrix}$$

Acide amido-benzoïque.

$$(C^2H^5)'\text{-}Az < \begin{matrix} O \\ | \\ O \end{matrix}$$

Nitréthane.

correspondant à

$$(C^2H^5)'\text{-}Az < \begin{matrix} H \\ H \end{matrix}$$

Éthylamine.

La réduction des corps nitrés de cette première classe produit des bases puissantes, ou des corps qui tendent à devenir basiques par l'union du groupe amidogène au groupe carboné de la molécule. Mais il peut résulter aussi de cette réduction des composés intermédiaires *azoïques* ou *hydrazoïques*. C'est ainsi que l'action des réducteurs sur la nitrobenzine donne l'azobenzide, l'azoxybenzide et l'hydrazobenzol. — Voyez COMPOSÉS DIAZOÏQUES.

Les corps qui entrent dans la deuxième classe de composés nitrés sont de véritables éthers nitreux où l'oxygène sert de lien entre le radical AzO et le reste de la molécule carbonée. Aussi celle-ci se brise-t-elle à la façon d'un nitrite, soit par l'effet des réducteurs, soit par l'action saponifiante des bases. Les formules suivantes suffiront par quelques exemples à indiquer la constitution des corps de cette seconde classe :

$$\begin{matrix} Az''' = O \\ | \\ O \\ | \\ (C^5H^{10})'' \\ | \\ O \\ | \\ Az''' = O \end{matrix}$$

Azotylure d'amylène ou amylglycol diazoteux.

$$C^2H^5\text{-}O\text{-}Az'''{=}O \qquad C^2H^5\text{-}O\text{-}Az''' < \begin{matrix} O \\ | \\ O \end{matrix}$$

Éther azoteux. Éther azotique.

Soumis à l'action de la chaleur, les corps qui forment la seconde classe de composés nitrés se décomposent brusquement, souvent en détonant avec violence. Cette propriété se trouve rarement chez les corps de la première classe (l'acide picrique et les picrates détonent toutefois). Il résulte des travaux de M. Berthelot que ces corps détonants se forment avec emmagasinement d'énergie chimique, de telle sorte que leur combustion produit plus de chaleur que la combustion totale du carbone et de l'hydrogène qui entrent dans leur molécule. A. G.

**NITRÉTHANE**, $C^2H^5.AzO^2$. — V. Meyer et O. Stüber donnent ce nom à un isomère de l'azotite d'éthyle, que l'on obtient par la réaction de l'iodure d'éthyle sur l'azotite d'argent. Il correspond aux dérivés nitrés de la série aromatique et représente le dérivé nitré de l'éthane ou hydrure d'éthyle $C^2H^6$, ainsi que le démontrent ses réactions fondamentales. Il donne notamment de l'éthylamine par réduction.

L'iodure d'éthyle réagit immédiatement sur l'azotite d'argent. On termine la réaction en faisant bouillir au réfrigérant ascendant, puis l'on distille au bain d'huile. A la rectification, il passe d'abord un peu d'azotite d'éthyle mélangé d'iodure non décomposé, puis le thermomètre monte rapidement au-dessus de 100° et le produit qui passe alors distille d'une manière constante à 111-113°; c'est le nitréthane (l'azotite d'éthyle bout à 16°).

C'est un liquide incolore, très-réfringent, d'une odeur éthérée spéciale. Densité à 13° = 1,0582; il bout à 113-114° (737 millim.). Il brûle avec une flamme pâle et sa vapeur ne détone pas. Densité de vapeur trouvée = 36,9 (densité théorique par rapport à H = 37,5).

Le nitréthane fournit de l'*éthylamine pure* par l'action du fer et de l'acide acétique. Il faut d'abord chauffer légèrement, puis refroidir, pour que la réaction ne devienne pas tumultueuse. Cette réaction montre bien que le nitréthane renferme $C^2H^5\text{-}AzO^2$ et non $C^2H^5\text{-}O\text{-}AzO$ comme l'azotite d'éthyle.

Le nitréthane constitue un acide faible; il est soluble dans les alcalis et s'en sépare par l'addition d'un acide. Le sodium l'attaque avec dégagement d'hydrogène (il faut le dissoudre dans la benzine) et formation d'une poudre blanche très-hygrométrique détonant avec une grande violence quand on cherche à la dessécher.

Mais cette détonation n'a pas lieu lorsqu'on prépare le composé sodique en mélangeant à froid le nitréthane avec une solution alcoolique de soude. Le composé sodique, peu soluble dans l'alcool se précipite et peut être séché vers 100°; il ne se décompose qu'au delà, à la manière du fulmicoton.

La solution aqueuse du sodium-nitréthane ne précipite pas les sels de baryum et de plomb; avec le nitrate d'argent on obtient un précipité caillebotté blanc, noircissant immédiatement. Le chlorure mercurique en précipite des aiguilles renfermant

$$Hg < \begin{matrix} Cl \\ C^2H^4AzO^2 \end{matrix} \quad \text{ou} \quad Hg(C^2H^4AzO^2)^2, HgCl^2.$$

Le sodium-nitréthane absorbe l'iode en donnant une huile iodée, qui est probablement l'iodonitréthane,

$$C^2H^4IAzO^2.$$

On n'obtient pas le potassium-nitréthane comme la combinaison sodique, car il est soluble dans l'alcool.

La potasse à 100° décompose le nitréthane en ammoniaque, azotite de potassium et en une huile à odeur de menthe.

Les auteurs ont obtenu de même l'isomère de l'azotite d'amyle, $C^5H^{11}\text{-}AzO^2$, bouillant à 150-160° (l'azotite d'amyle bout à 95°), et celui de l'azotite de méthyle (voyez NITROMÉTHANE) [*Deutsch. Chem. Gesells.*, t. V, p. 203, 399 et 514; *Bull. de la Soc. chim.*, t. XVII, p. 354, et t. XVIII, p. 74]. E. W.

**NITRIFICATION.** — Les nombreux usages industriels de l'acide azotique, la consommation considérable de salpêtre qu'entraîne la fabrication de la poudre et des autres matières explosibles, dans lesquelles entrent toujours l'acide azotique ou ses éléments (dynamite, coton-poudre, picrate, etc.), enfin l'influence remarquable qu'exercent les nitrates sur la végétation, ont depuis longtemps attiré l'attention des chimistes sur le mode de formation de ces sels, qui prennent toujours naissance par le jeu des forces naturelles, sans que l'art intervienne autrement que pour favoriser leur action ou recueillir les produits dont elles ont déterminé la formation; jusqu'à présent, en effet, il n'existe aucune méthode régulière de production artificielle des nitrates.

L'acide azotique prend naissance :

1° Par l'union directe de l'azote et de l'oxygène;

2° Par l'oxydation de l'ammoniaque;

3° Par l'oxydation des matières organiques azotées plus complexes.

I. *Formation de l'acide azotique par union directe de l'azote et de l'oxygène.* — C'est en 1786 que Cavendish a exécuté sa mémorable expérience, constamment répétée aujourd'hui dans les cours de chimie, où il a obtenu l'union directe de l'azote et de l'oxygène [1].

Cavendish mêlait ensemble, dans un tube muni d'armatures métalliques entre lesquelles il faisait jaillir des étincelles électriques, 3 parties d'azote et 7 parties d'oxygène, on introduisait en outre dans le tube de l'eau de chaux ou une dissolution de potasse. Chaque étincelle diminue le volume du mélange gazeux, et en continuant à faire passer l'électricité pendant quelque temps, on voit disparaître presque entièrement les gaz; en évaporant les dissolutions alcalines, on y trouve une petite quantité de nitrates.

Les alcalis ne sont pas nécessaires à la production du phénomène; toutefois MM. Fremy et Ed. Becquerel ont reconnu que, si on fait passer des étincelles électriques fournies par une bobine de Ruhmkorff au travers d'un mélange d'oxygène et d'azote secs, il se produit surtout des vapeurs d'acide hypoazotique reconnaissables à leur couleur; quand on fait intervenir de l'eau, il y a une absorption immédiate, et l'on constate dans le liquide la présence de l'acide azotique.

Il est probable que l'étincelle électrique agit surtout comme source de chaleur; car H. Davy a encore obtenu l'union des deux éléments de l'air en introduisant dans un mélange d'oxygène et d'azote une spirale de platine dont il déterminait l'incandescence au moyen d'un courant de pile.

Les deux gaz de l'air s'unissent donc directement lorsqu'ils sont mis en présence de l'étincelle électrique : cette réaction présente une véritable importance, puisqu'elle explique la présence des nitrates dans l'eau de la pluie; elle ne fournit toutefois que de petites quantités d'acide azotique.

MM. Barral et Bence Jones, puis plus récemment M. Boussingault, ont recherché, en effet, l'acide azotique dans un grand nombre d'eaux de pluie, d'eaux de neige, de grêle, de rosée, et si habituellement, surtout au commencement des ondées, on y a trouvé de l'acide azotique saturé d'ammoniaque, la quantité ainsi constatée par M. Boussingault [2] a toujours été très-faible (voyez pour les procédés de dosage l'article ACIDE AZOTIQUE). Il est arrivé parfois que la proportion d'acide azotique atteignît 3 milligrammes par litre d'eau de pluie, mais habituellement cette proportion a été bien moindre, et elle restait au-dessous d'un 1/2 milligramme par litre. Le brouillard est souvent plus riche : on a constaté le 18 décembre 1857, dans un brouillard très-épais qui s'est étendu sur Paris, $10^{mm},108$ d'acide azotique par litre [Boussingault, *Agronomie*, t. II, p. 311].

L'oxygène et l'azote s'unissent encore quand ils se trouvent en présence au moment d'une combustion vive ou même d'une combustion lente. Cavendish, puis plus tard Lavoisier et Laplace, reconnurent que, lorsqu'on fait détoner un mélange d'hydrogène et d'oxygène souillé d'azote, il se forme une proportion notable d'acide azotique. Dans une expérience faite en 1785, Lavoisier et Laplace obtinrent environ 210 grammes d'eau, renfermant assez d'acide nitrique pour qu'après saturation ils aient pu recueillir plus de 3 grammes de salpêtre; le fait n'est pas douteux, et dans la leçon à laquelle nous avons fait allusion déjà, M. Cloëz a pu répéter cette formation d'acide azotique devant son auditoire.

L'hydrogène n'est pas la seule matière combustible qui donne de l'acide azotique en brûlant dans de l'oxygène mêlé d'azote. M. Chevreul a constaté la formation de produits nitreux aux environs d'une lampe à huile, et on peut vérifier leur présence en condensant l'eau formée par la combustion de l'huile; on reconnaît qu'elle a une saveur aigrelette, et si on la sature par de la litharge, on recueille une petite quantité de nitrate de plomb. M. Bence Jones a fait des observations analogues.

M. Cloëz a enfin reconnu que, si l'on fait passer pendant un temps assez prolongé un courant d'air dans des flacons renfermant des corps poreux, imprégnés de carbonates alcalins, on constate la formation de nitrates dans ceux de ces flacons qui renfermaient des matières oxydables; c'est ainsi que les flacons contenant du biscuit de porcelaine ou de la ponce concassée ne donnaient aucune trace de nitre, tandis qu'au contraire on en trouve une quantité sensible dans le flacon où était placée de la brique confectionnée avec de l'argile de Gentilly, qui renferme une petite quantité de sulfure de fer.

Cette observation est importante, puisqu'elle montre qu'à froid la combustion lente d'une matière oxydable peut entraîner l'union des deux éléments de l'air.

Toutefois on n'avait pas démontré que cette combinaison a lieu régulièrement dans le sol arable, avant les travaux récemment publiés par l'auteur de cet article [*Compt. rend.*, t. LXXII, p. 1352 (1871)]. Il a reconnu que, si l'on enferme dans des tubes de verre ou des matras des matières carbonées telles que le glucose, l'acide humique, l'humus du vieux bois avec des dissolutions alcalines, et qu'on les maintienne au bain-marie pendant quelques heures, on trouve, en ouvrant les tubes sous l'eau, que non-seulement tout l'oxygène a disparu, mais qu'aussi une fraction importante de l'azote introduit a été absorbée. Voici le détail de deux expériences. Le gaz introduit renfermait, sur 100 parties : oxygène, 58,40; azote; 41,60; le liquide glucose et ammoniaque occupait 30 centimètres cubes, et le gaz contenu dans le matras 184 centimètres cubes, avant l'expérience : il y avait donc $76^{cc},5$ d'azote dans le mélange. Quand, après avoir chauffé le matras, on a cassé la pointe sous l'eau, on n'a plus retrouvé que 70 centimètres cubes de gaz, qui ne renfermait ni oxygène ni oxyde carbonique : il y avait donc eu $6^{cc},5$ d'azote absorbé, ou 8,6 %.

Dans une des expériences faites avec le glucose azoté de M. P. Thenard et de l'ammoniaque avec un gaz renfermant 52 d'azote pour 48 d'oxygène, on a constaté une absorption de $11^{cc},3$, sur 53 introduits, c'est-à-dire de 21,5 % d'azote.

Dans quelques expériences heureuses on a même obtenu des résultats encore plus marqués, bien qu'on ait pris toutes les précautions indiquées par la délicatesse de ces recherches pour éviter toutes les causes d'erreur : c'est ainsi qu'on a introduit le mélange de glucose et d'ammoniaque dans de petits tubes effilés, qu'on a cassé par une secousse, après que le grand tube renfermant les gaz avait été soudé à la lampe; on évitait ainsi une petite perte de gaz déplacé au moment où, dans les premières expériences, on introduisait dans les tubes effilés le mélange de glucose et d'ammoniaque. Dans deux de ces expériences exécutées à l'aide de l'air atmosphérique et du glucose ammoniacal, on a constaté la disparition de 16 centimètres cubes et de 13 centimètres cubes d'azote, correspondant à plus de 40 % du gaz introduit. Il est à remarquer que, dans ces dernières expériences, la quantité d'azote fixé est bien supérieure à celle qui aurait pu former de l'acide nitrique avec l'oxygène existant dans le mélange; d'où il faut conclure que la substance qui prend naissance n'est pas l'acide azotique : c'est peut-être du cyanogène.

Ces expériences établissent que l'azote atmo-

(1) Le lecteur consultera avec fruit, pour la partie des travaux de la nitrification qui remontent aux siècles précédents, la leçon professée en 1861 par M. Cloëz devant la Société chimique de Paris.

(2) Les nombres donnés par d'autres observateurs, notamment Barral, Bineau et Poceriau, sont plus élevés.

sphérique s'engage en combinaison dans la terre arable sous l'influence de la combustion lente des matières carbonées qu'y laissent les récoltes; toute plante qui abandonne des débris sur le sol qui l'a porté est donc l'occasion d'une fixation d'azote plus ou moins grande; cette réaction se continue pendant de longues années, et finit par accumuler dans les terres abandonnées à une végétation spontanée, comme les landes, une quantité d'azote suffisante pour qu'au moment du défrichement le cultivateur puisse en tirer plusieurs récoltes de céréales sans faire intervenir d'engrais azotés; c'est ainsi également que la prairie ou la forêt suffisent à l'exploitation régulière du foin ou du bois, sans que jamais l'homme intervienne pour compenser les pertes d'azote qu'elles subissent périodiquement et depuis un temps immémorial.

L'énergie avec laquelle le sol de la forêt ou celui de la prairie fixe l'azote atmosphérique n'est cependant pas comparable à celle de la terre arable; les débris végétaux ne s'y trouvent pas dans un état aussi favorable à la combustion que ceux qui constituent le fumier que reçoit cette dernière; car on a reconnu que, de tous les mélanges employés, le glucose azoté qui se forme pendant la fermentation du fumier est celui qui favorise davantage la fixation de l'azote atmosphérique. Ce n'est donc pas seulement par les 6 millièmes d'azote qu'il renferme que le fumier exerce son action sur la végétation, c'est aussi par la matière carbonée en décomposition qui en constitue la masse tout entière; enfouie dans le sol, cette matière s'y conserverait peut-être longtemps si le cultivateur ne s'efforçait de déterminer son oxydation; pour y réussir, il déchire la terre du soc de sa charrue, il l'aère, il la pulvérise, il lui prodigue les façons, et, en même temps qu'a lieu la combustion de la matière carbonée, l'azote est fixé et désormais entraîné dans la série de métamorphoses qui le conduisent du sol à la plante et de la plante à l'animal.

Toutefois, pour bien saisir ces transformations, il importe maintenant de suivre les réactions qu'exercent d'une part l'oxygène de l'air sur les matières azotées, et d'autre part les matières combustibles sur les nitrates.

II. *Sur la formation de l'acide nitrique par l'oxydation de l'ammoniaque.* — On doit à M. Kuhlmann une expérience aujourd'hui classique, et qui permet de montrer dans les cours la transformation facile et rapide du gaz ammoniac en acide nitrique. On dirige dans un flacon à trois tubulures un courant de gaz ammoniac provenant d'un ballon renfermant de l'ammoniaque du commerce, portée à une température voisine de l'ébullition; en même temps on envoie dans le flacon à trois tubulures un courant d'air rapide au moyen d'un soufflet, de manière à faire arriver dans un tube renfermant de la mousse de platine légèrement chauffée un mélange d'air et de gaz ammoniac : on ne tarde pas à voir la mousse de platine devenir incandescente; il sort du tube d'épaisses fumées, et, si on les fait passer au travers d'un verre rempli d'eau, on y condense bientôt une quantité suffisante d'azotate d'ammonium pour qu'il soit possible de décolorer quelques gouttes d'indigo en chauffant avec de l'acide chlorhydrique 1 ou 2 centimètres cubes du liquide dans lequel l'acide nitrique s'est condensé.

Sous l'influence d'un corps poreux, le gaz ammoniac se brûle donc à 300° environ au contact de l'air; à la température ordinaire, cette action se produit encore sous l'influence de corps poreux et elle va nous guider pour comprendre comment se forme le nitre dans les matériaux des maisons habitées.

Prenons un cas très-simple, celui d'une écurie ou d'une bergerie dans laquelle séjournent de nombreux animaux qui y émettent des quantités notables d'urée bientôt métamorphosée en carbonate d'ammonium. Celui-ci, qui est très-volatil, se répand dans l'atmosphère des locaux où séjournent les animaux et pénètre jusqu'aux murs sur lesquels se condense l'humidité; c'est là que le carbonate d'ammonium éprouve, sous l'influence du mur (qui remplace la mousse de platine) et de l'air, une transformation semblable à celle qui a lieu dans l'expérience de Kuhlmann citée plus haut. La base qui sature l'acide azotique formé est fournie par la chaux des constructions, par la potasse contenue dans les argiles, et, quand survient la saison sèche, les nitrates ainsi produits viennent s'effleurir à la surface des constructions; on est souvent averti de leur présence dans les étables par les animaux eux-mêmes qui aiment la saveur fraîche du salpêtre et qui lèchent les murs sur lesquels il apparaît.

La condition pour qu'un mur se couvre de salpêtre, c'est donc qu'il se trouve en contact avec des vapeurs ammoniacales, et on conçoit que dans les étables ou dans les caves voisines des fosses d'aisance ces conditions se rencontrent plus habituellement que dans les étages supérieurs des maisons; on conçoit encore que, plus les habitations seront mal tenues, plus les fosses laisseront suinter les matières qu'elles renferment et plus la nitrification sera active. On a remarqué, en effet, que le rendement des terres des caves était infiniment plus grand dans les maisons anciennes, où les fosses d'aisance n'étaient pas étanches, que dans les maisons actuelles, où les constructions des fosses sont bien plus soignées; dans l'enquête publiée pendant le siége de Paris sur la recherche du salpêtre, on trouva que la richesse moyenne des plâtres, ciments et pierres calcaires, variait de 1 à 1 1/2 °/₀. Les plus riches ne dépassaient pas 3 à 4 °/₀. « Cette richesse, dit le rapport, est en raison directe de la vétusté et de la malpropreté des habitations. » [*Bull. de la Soc. chim.*, t. XIV, p. 363 (1870).]

Les conditions précédentes, c'est-à-dire la présence de matières ammoniacales déposées sur des corps poreux qui favorisent leur oxydation, sont aussi celles qui déterminent la formation du salpêtre dans les pays chauds.

Les terres à nitre de l'Inde se trouvent aux environs des villages anciens, et le salpêtre s'y produit tant qu'ils sont habités; elles cessent de produire peu à peu quand ils sont abandonnés. Le nitre s'y forme par la dispersion des déjections des habitants autour du village. Il cesse de s'y former quand ces déjections ne se renouvellent plus.

Dans les villages nouvellement construits, où on recueille les déjections, le nitre ne se manifeste plus autour des habitations. Les déjections recueillies, étant mêlées de terres calcaires ou alcalines, constituent les nitrières artificielles et donnent lieu à une exploitation de nitre [Dumas, *Compt. rend.*, 1868, t. LXVII, p. 448, résumant une note de M. Palmer dans *The Journ. of the Chem. Soc.*, août 1838].

Il est clair, au reste, que, si c'est encore par suite de l'oxydation des matières ammoniacales que le salpêtre se forme dans l'Inde, il y a une autre condition extrêmement favorable dans ce pays, c'est l'absence de pluie pendant une grande partie de l'année qui laisse le salpêtre dans le sol; dans les climats humides les nitrates se forment sans doute hors des habitations, mais ils sont dissous à mesure qu'ils prennent naissance, entraînés dans le sol, absorbés par les végétaux, ou conduits jusque dans les cours d'eau qui renferment toujours des quantités dosables de nitrates.

Une condition également très-favorable à la

formation du salpêtre (quelques auteurs la pensent même indispensable à son apparition), c'est la présence, dans le sol, de détritus feldspathiques qui fournissent facilement des composés renfermant de la potasse soluble.

Il est vraisemblable que très-habituellement le salpêtre apparaît aux endroits où ont séjourné autrefois des populations aujourd'hui disparues, et que, par suite, l'acide azotique provient de l'oxydation de l'ammoniaque, due elle-même à la décomposition des matières organiques; mais il importe de remarquer qu'il n'en est pas toujours ainsi, comme le montrent les considérations suivantes.

III. *Terrains fournissant du salpêtre et ne renfermant pas de matières ammoniacales.* — On doit à M. Boussingault une étude très-importante sur la nitrière de Tacunga (États de l'Équateur) [*Compt. rend.*, 1864, t. LIX, p. 218, et *Bull. de la Soc. chim.*, 1864, t. III, p. 60], dans laquelle il a donné l'analyse de la terre qui compose la nitrière. On a trouvé, après dessiccation au soleil :

| | |
|---|---|
| Azote engagé dans les substances organ. | 0,243 |
| Acide azotique | 0,974 |
| Ammoniaque | 0,010 |
| Acide phosphorique | 0,460 |
| Chlore | 0,395 |
| Acide carbonique | traces |
| Acide sulfurique | 0,023 |
| Potasse et soude | 1,030 |
| Chaux | 1,256 |
| Magnésie | 0,875 |
| Oxyde de fer | 2,450 |
| Sable, débris de ponce | 83,195 |
| Eau | 3,150 |
| Mat. organ. et pert | 6,181 |
| | 100,00 |

Quand on examine les nombres inscrits dans cette analyse, on est très-frappé de voir la quantité considérable d'acide nitrique contenue dans cette terre, et qui atteint près de 1 %, tandis que l'azote des matières organiques compte seulement pour 0,243 : on est en droit de se demander si l'acide azotique provient bien de l'oxydation de cette faible quantité de matière organique azotée, ou si celle-ci n'a d'autre effet que de provoquer la fixation de l'azote de l'air, au moment où elle se brûle lentement dans le sol. La terre est très-poreuse, c'est un sable assez fin, coloré par une matière humique; il est clair que celle-ci n'est aussi qu'en assez faible proportion et que si le sol ne recevait pas, par infiltrations, d'autres matières combustibles que celle que l'analyse décèle dans la terre, la nitrification s'arrêterait rapidement; il nous paraît probable que cette terre doit recevoir par diffusion des autres parties du territoire des matières organiques, et que celles-ci éprouvent, sous l'influence de la porosité particulière du terrain de Tacunga, une combustion lente qui favorise la formation du salpêtre, ou encore que, la nitrification s'opérant dans plusieurs des localités voisines de Tacunga, l'évaporation est plus facile dans le terrain nitrifère en ce point que dans tous les autres, et que c'est là que le salpêtre vient s'effleurir.

Les expériences de diffusion de Graham et celles que nous avons poursuivies sur le même sujet ont établi, en effet, ce point capital : dans une dissolution ou dans un mélange humide, une matière cristalloïde se déplace en dehors de tout mouvement du liquide, de façon que chaque point du liquide renferme un même poids de la matière dissoute; si donc l'équilibre est troublé en un point, c'est précisément vers ce point que la matière dissoute se dirigera pour remplacer celle qui aura disparu, et on conçoit dès lors que si le sol de la nitrière de Tacunga est particulièrement propice à la formation du salpêtre, si la matière organique s'y brûle rapidement, disparaît par conséquent, un nouvel afflux de cette matière y arrivera des points voisins, et ainsi de proche en proche, de telle sorte que ce ne seront pas seulement les éléments contenus primitivement dans le sol de Tacunga qui serviront à la nitrification, mais encore tous les éléments des localités voisines qui pourront s'y transporter.

Une autre cause peut encore provoquer l'afflux du salpêtre en un point déterminé, c'est la dessiccation plus rapide qui se produit en ce point. L'auteur de cet article en a observé un exemple curieux; le laboratoire qu'il occupe à l'école de Grignon est un bâtiment qui servait autrefois d'écurie. A l'époque où il fut transformé, on gratta les murs, puis on les peignit; ils étaient cependant imprégnés de salpêtre par suite du long séjour qu'y avaient fait les animaux, et on rencontra bientôt des quantités notables de nitrates sous la peinture craquelée et tombée en certains points; toutefois il est à remarquer que les seuls endroits où le salpêtre apparut furent ceux qui étaient voisins de la cheminée. C'était là que la dessiccation du mur était la plus active, que l'évaporation fonctionnait particulièrement, et c'est là que le salpêtre s'était accumulé. Dans les recherches qu'ils firent du salpêtre pendant le siége de Paris, MM. Willm et Thiercelin en rencontrèrent des proportions très-inégales dans un mur abrité par des végétaux dans certaines parties et exposé au soleil dans d'autres; la partie exposée au soleil était celle qui renfermait le plus de salpêtre, sans doute encore parce que l'évaporation y était plus active.

Il est donc possible que le salpêtre apparaisse particulièrement dans certaines localités, non pas seulement parce que la production y serait plus abondante, mais encore par suite d'une évaporation plus active, due à une porosité plus grande du sol de ces localités.

IV. *Fabrication artificielle du salpêtre; nitrières artificielles.* — La fabrication du salpêtre est à peu près abandonnée en Europe, le nitre de l'Inde, le nitrate de sodium du Chili suffisent amplement aux besoins de la consommation; aussi n'avons-nous pas l'intention de décrire en détail la disposition des nitrières; nous voulons voir seulement dans cette fabrication la justification des idées que nous avons développées dans les premiers paragraphes de cet article.

Les matières premières employées à la fabrication du salpêtre étaient des terres riches, bien fumées, du fumier avec lesquelles elles étaient stratifiées de façon à favoriser l'aération de la masse. On ajoutait des cendres lavées ou non, et on maintenait toute la masse humide en l'arrosant avec des urines, des eaux ménagères ou même de l'eau pure si les liquides ammoniacaux faisaient défaut. Pour favoriser les arrosages, on avait soin de disposer entre les assises de paille des claies d'osier dont les mailles permettaient d'introduire jusqu'au milieu du tas un tuyau d'arrosage percé de trous qui, employé de l'un et de l'autre côté de la masse, distribuait également l'humidité. L'*Instruction sur l'établissement des nitrières,* publiée en 1777 par les régisseurs généraux des poudres et des salpêtres [Boussingault, *Agronomie*, t. II, p. 23], recommande d'apporter une attention particulière à la pratique des arrosages, elle prescrit qu'ils soient plus fréquents qu'abondants; enfin, si pendant la durée de la nitrification elle préconise l'emploi des matières animales et notamment des urines, elle l'interdit huit mois ou un an avant le moment fixé pour la récolte du salpêtre.

Millon, qui a étudié il y a quelques années la nitrification en Algérie [*Compt. rend.*, 1864, t. LIX, p. 232], a remarqué en effet que la matière organique ne devient active pour la nitrification qu'après avoir subi la transformation ulmique; jusque-là cette substance contrarie la marche des combustions azotiques, sans doute en réduisant les nitrates déjà formés. Il est facile de reconnaître, en effet, que si on fait bouillir des nitrates avec des matières carbonées, comme du glucose mélangé de potasse, les nitrates sont réduits. Millon a reconnu que l'addition de l'urine ne détermine nullement, dans un mélange terreux convenable, l'apparition du salpêtre, tandis que celui-ci se montre au bout de trois jours à la suite d'une addition de chaux et d'ammoniaque. Les détritus organiques ne produisent d'effet utile qu'à partir du moment où ils sont convertis en terreau; c'est alors qu'ils sont à l'état de combustible propre à s'oxyder spontanément et à brûler l'ammoniaque.

*Résumé. — Origine de l'azote des végétaux et des animaux.* — Il n'est pas douteux que ce soit dans le réservoir inépuisable de l'atmosphère que les végétaux trouvent l'azote nécessaire à la constitution de leurs tissus; mais avant les recherches auxquelles nous avons fait allusion dans cet article, il était impossible de se rendre compte nettement de la série de métamorphoses dans lesquelles cet azote était successivement engagé avant d'arriver aux plantes, puis aux animaux.

Il est clair, en effet, que la quantité d'azote fournie à une terre cultivée par les divers météores aqueux, sous forme d'acide azotique, provenant de l'union directe de l'azote et de l'oxygène sous l'influence de l'étincelle électrique, est très-faible et est loin de compenser la perte énorme d'azote organique qui a lieu dans les villes qui envoient aux cours d'eau les déjections de leurs habitants.

S'il n'y avait pas une cause encore mal connue de restitution, on trouverait que la quantité d'azote circulant de la plante à l'animal, puis de celui-ci au sol arable, irait toujours en diminuant, que, par suite, la fécondité des terres cultivées serait de plus en plus faible, et que la quantité de vie végétale ou animale existant sur le globe, serait sans cesse en décroissance; or ce n'est pas ce qui a lieu pour les pays qui ont adopté depuis des siècles la culture au fumier de ferme; on remarque non-seulement que le rendement à l'hectare augmente constamment, et que, par suite, la population devient plus dense, mais encore que la quantité d'azote contenue dans le sol cultivé régulièrement va en augmentant, et qu'elle atteint deux millièmes, tandis qu'elle est beaucoup plus faible dans les terres qui ne sont pas fumées; il se trouve enfin qu'habituellement les récoltes renferment plus d'azote que les engrais qui ont été répandus sur le sol qui les a portés, de telle sorte qu'on ne saurait attribuer à un résidu des anciennes fumures cette quantité considérable et toujours en progrès d'azote combiné existant dans le sol.

Si M. G. Ville avait pu démontrer que les plantes prennent directement l'azote de l'air pour en constituer des principes albuminoïdes, on comprendrait l'origine de l'azote combiné, on suivrait le mécanisme de sa fixation; mais ses expériences, répétées un grand nombre de fois en France et en Angleterre, ont donné toujours des résultats négatifs, et il faut en conclure qu'elles ne sont pas exactes, ce qu'il était, au reste, possible de prévoir. En effet, à mesure que nous pénétrons davantage dans l'histoire des végétaux et des animaux, nous arrivons à reconnaître que, si les réactions qui se produisent dans leurs tissus sont plus délicates et plus compliquées que celles que nous pouvons actuellement mettre en jeu dans nos appareils, elles ne sont pas essentiellement différentes, et l'on ne saurait admettre que les matières réagissent dans une plante tout autrement que dans des tubes et des cornues; or, si nous cherchons quelles conditions déterminent l'union de l'azote libre avec l'oxygène ou le carbone, nous trouvons que c'est toujours au moment où leurs affinités sont exaltées par un dégagement de chaleur. — L'azote et l'oxygène, nous l'avons vu, s'unissent seulement par l'action de l'étincelle électrique ou sous l'influence d'une combustion; le cyanogène, d'autre part, ne se produit que lorsque du carbone et de l'azote se rencontrent, en présence d'un alcali, à une température élevée; or ces conditions ne se réalisent pas dans la végétation, qui est au contraire le siége d'une absorption de chaleur considérable; dans ses tissus, les combinaisons les plus stables, acide carbonique et eau, se détruisent, et le travail ainsi produit ne peut avoir lieu que par une disparition correspondante de chaleur ou de lumière solaire; il n'est donc pas vraisemblable qu'il s'y produise du même coup des matières qui exigent pour leur formation un dégagement de chaleur considérable.

Il n'en est pas de même de la terre arable; là toutes les conditions favorables à la combustion se trouvent réunies; aussi les combustions s'y produisent-elles d'une façon constante; l'air qui y est confiné est riche en acide carbonique, les eaux ammoniacales qui y coulent perdent leur alcali, mais se trouvent bientôt chargées de nitrates; les argiles s'oxydent et prennent une teinte rouge qui montre que l'oxyde de fer qu'elles renferment est passé au maximum; c'est à la faveur de ces oxydations que l'azote entre en combinaison. Nous avons vu plus haut que la chaleur dégagée pendant la combustion des matières organiques attaquées par les alcalis était suffisante pour déterminer la fixation de l'azote atmosphérique, nous avons reconnu que la quantité de ce gaz disparu dans nos tubes était parfois supérieure à celle qui aurait pu former avec l'oxygène contenu dans l'atmosphère confinée qu'ils renfermaient de l'acide azotique, en admettant que l'oxygène tout entier se fût uni à l'azote; aussi croyons-nous que ce n'est pas sous forme d'acide azotique que l'azote entre en combinaison, mais peut-être sous celle de cyanogène; il se forme ainsi, sans doute, un cyanure d'ammonium qui se métamorphose bientôt en produits insolubles, plus compliqués, dont l'histoire est encore à élucider.

Bien que l'expérience capitale de la fixation de l'azote atmosphérique par les matières noires, contenues dans le sol, soit encore capricieuse et que nous ne réussissions pas chaque fois à obtenir une fixation considérable, le nombre des expériences réussies est assez grand, et la quantité d'azote disparu dans quelques-unes d'entre elles, dans des conditions qui excluent toute cause d'erreur grave, est assez notable pour qu'il soit établi aujourd'hui que c'est dans le sol pourvu de débris végétaux que pénètre d'abord l'azote atmosphérique pour y subir diverses métamorphoses encore mal connues qui le conduisent jusqu'aux tissus végétaux et animaux.

P.-P. D.

**NITRILES.** — Ce nom a été donné, en 1847, par M. Dumas, à la classe des corps qui dérivent des sels ammoniacaux par perte de 2 molécules (4 équivalents) d'eau, et qui peuvent, par leur hydratation complète, reproduire les sels ammoniacaux primitifs. Dès 1834, Pelouze, en distillant le cyanure de potassium avec le sulfovinate de potassium, avait découvert le cyanure d'éthyle et la méthode qui sert à obtenir les homologues supérieurs; Fehling, en 1844, avait, en distillant le benzoate d'ammonium, recueilli un composé qui en différait par 2 molécules d'eau. M. Dumas, généralisant ses observations sur la distillation sèche de l'oxalate d'ammonium, prouva que par leur déshydratation les sels ammoniacaux des acides monobasiques donnent naissance à deux classes de corps : les amides, qui dérivent de ces sels par perte de 1 molécule d'eau, et les nitriles qui en dérivent par perte de 2 molécules d'eau, et qui sont eux-mêmes aux amides ce que ceux-ci sont aux sels ammoniacaux. En collaboration avec MM. Malagutti et Leblanc, M. Dumas montra ensuite que les nitriles ainsi obtenus et caractérisés étaient identiques avec les cyanures alcooliques obtenus par la méthode de Pelouze [*Compt. rend. de l'Acad.*, t. XXV, p. 383, 442, 473 et 657].

Observons que rien n'empêche de généraliser la conception précédente, et d'admettre qu'à la façon des sels ammoniacaux les sels d'éthylamine, de méthylamine, d'aniline,... puissent perdre aussi par déshydratation 2 molécules d'eau, et les reprendre inversement ensuite pour reformer le sel primitif, de sorte qu'on peut dire que les nitriles sont des corps qui peuvent dériver d'un sel d'ammonium ou d'amine par perte de 2 molécules d'eau, et le reproduire par une action d'hydratation inverse. Nous plaçant maintenant à ce dernier point de vue, nous pouvons remarquer qu'il est théoriquement possible d'obtenir divers nitriles ayant *même composition*, mais dérivant de composés différents. Le propionitrile $C^3H^5Az$, que nous prendrons pour exemple, s'obtient par déshydratation du propionate d'ammonium,

$$(C^3H^5O^2)AzH^4 = C^3H^5Az + 2H^2O;$$

Propionate d'ammonium. — Propionitrile.

mais on peut concevoir qu'un corps isomère ou identique dérive aussi par déshydratation de l'acétate de méthylamine ou du formiate d'éthylamine. Ainsi l'on conçoit que l'on puisse avoir les deux équations

$$(C^2H^3O^2),Az\begin{cases}CH^3\\H^2\end{cases} = C^3H^5Az + 2H^2O,$$

Acétate de méthylamine.

$$(CHO^2)Az\begin{cases}C^2H^5\\H^2\end{cases} = C^3H^5Az + 2H^2O,$$

Formiate d'éthylamine.

et l'on voit qu'en général un nitrile contenant *n* atomes de carbone pourra ainsi être obtenu par la déshydratation de *n* sels différents.

Mais nous ne connaissons encore que les nitriles qui dérivent des sels ammoniacaux (les *nitriles proprement dits*), et ceux qui, théoriquement, dériveraient de la déshydratation des formiates d'amines et peuvent, en tout cas, reproduire ces formiates par leur hydratation complète. On a donné à ces derniers le nom de *carbylamines*. Nous donnerons successivement les caractères et les propriétés générales de ces deux classes de nitriles. Pour ne rien omettre, nous aurons aussi à dire un mot de quelques corps offrant une constitution analogue, mais à radicaux oxygénés, et que l'on peut aussi considérer comme des nitriles.

1° *Nitriles proprement dits.* — Ces corps s'obtiennent par deux méthodes principales : 1° par la distillation sèche du cyanure de potassium avec les sulfoalcoolates alcalins (méthode de Pelouze) :

$$CAzK + SO^4(K.C^2H^5) = SO^4K^2 + C^3H^5Az;$$

Cyanure de potassium. — Éthylsulfate de potassium. — Propionitrile.

2° par la déshydratation des sels ammoniacaux, acides gras ou aromatiques (méthode de Dumas). Exemple :

$$(C^3H^5O^2)AzH^4 + C^3H^5Az = 2H^2O,$$

Propionate d'ammonium. — Propionitrile.

ou encore :

$$(C^7H^5O^2)AzH^4 = C^7H^5Az + 2H^2O.$$

Benzoate d'ammonium. — Benzonitrile.

Cette déshydratation s'effectue soit en chauffant et distillant directement les sels ammoniacaux, soit plutôt en les distillant avec l'acide phosphorique anhydre ou les corps très-avides d'eau, soit quelquefois en faisant agir sur eux le perchlorure ou le persulfure de phosphore.

Les propriétés principales de cette classe de corps sont les suivantes :

Les nitriles proprement dits possèdent la constitution de l'ammoniaque ; comme elle ils s'unissent directement aux hydracides, mais le produit de combinaison tend à reproduire aisément, par simple dissociation, les corps primitifs (A. Gautier). Les chlorures, bromures, iodures acides, tels que ceux de phosphore, d'étain, de bore, forment aussi avec eux des combinaisons cristallines peu stables, se détruisant par l'eau.

Les oxacides minéraux ne s'unissent pas directement à ces nitriles, ils chassent les hydracides de leurs combinaisons avec eux et paraissent pouvoir les remplacer quelquefois.

Les oxacides organiques s'unissent aux nitriles partiellement vers 250°, pour donner des amides (même auteur), ainsi :

$$CAzH + C^2H^3O,OH = Az\begin{cases}CHO\\C^2H^3O\\H.\end{cases}$$

Formonitrile. — Acide acétique. — Formoacétamide.

Les nitriles ne peuvent à la façon de l'ammoniaque ou des amines s'unir aux iodures ou bromures alcooliques ; ils s'unissent directement à 2 atomes de brome. Ils résistent aux moyens d'oxydation les plus énergiques.

Ils peuvent, sous l'influence de l'hydrogène naissant, s'unir à lui pour donner des amines (Mendius), ainsi :

$$C^2H^3Az + H^4 = Az\begin{cases}C^2H^5\\H^2.\end{cases}$$

Acétonitrile. — Éthylamine.

Enfin, pour donner leur caractère le plus important, ils reproduisent par l'absorption de 2 molécules d'eau le sel ammoniacal dont ils peuvent inversement dériver (Dumas) :

$$C^2H^3Az + 2H^2O = (C^2H^3O^2)AzH^4.$$

Acétonitrile. — Acétate d'ammonium.

L'acétate d'ammonium ayant la constitution

$$\begin{array}{c}CH^3\\|\\CO\\|\\OAzH^4,\end{array}$$

si on lui enlève tout son oxygène à l'état d'eau nous aurons l'acétonitrile

$$\begin{array}{c}CH^3\\|\\CAz\end{array}$$

ou, plus simplement, $Az(C^2H^3)'''$. La théorie atomique nous conduit donc à considérer ces corps comme de l'ammoniaque, où un groupe unique triatomique, dérivé par désoxydation d'un radical d'acide et contenant la totalité du carbone de ce radical, remplace les 3 atomes d'hydrogène.

2° *Carbylamines.* — Ces nouveaux nitriles, isomères des précédents, s'obtiennent aussi par deux méthodes :

Quand on traite un iodure alcoolique par le cyanure d'argent sec, on obtient de l'iodure d'argent et une combinaison double de cyanure alcoolique uni au cyanure d'argent ; en ajoutant ensuite à cette combinaison une solution de cyanure de potassium concentrée et distillant, on obtient les nouveaux nitriles [A. Gautier, *Compt. rend. de l'Acad.*, t. LXIII, p. 924, et t. LXV, p. 468 et 862].

Exemples :

$$C^2H^5I + CAzAg = C^2H^5.CAz, CAzAg + AgI;$$

Iodure d'éthyle. — Combinaison double de carbylamine et de cyanure d'argent.

$$C^2H^5.CAz, CAzAg + CAzK = CAzK, CAzAg + C^2H^5.CAz.$$

Cyanure double de potassium et d'argent. — Éthylcarbylamine.

Les mêmes corps s'obtiennent en traitant les amines par le chloroforme et la potasse caustique [Hofmann, *Compt. rend. de l'Acad.*, t. LXV, p. 335, 389 et 418].

Exemple :

$$AzC^6H^7 + CHCl^3 + 3KHO = C^6H^5, CAz + 3KCl + 3H^2O.$$

Phénylamine. — Isocyanure de phényle.

Les propriétés principales de ces corps sont les suivantes :

Par leur hydratation complète les carbylamines produisent toujours un formiate d'amine :

$$C^2H^5, CAz + 2H^2O = (CHO^2)Az\left\{\begin{matrix}C^2H^5\\H^2.\end{matrix}\right.$$

Éthylcarbylamine. — Formiate d'éthylamine.

Par leur hydratation ménagée elles donnent une amine formique :

$$C^2H^5, CAz + H^2O = Az\left\{\begin{matrix}CHO\\C^2H^5\\H\end{matrix}\right.$$

Éthylcarbylamine. — Éthylformiamide.

Ces corps s'unissent vivement et directement à la température ordinaire aux acides oxygénés ou hydrogénés ; ces combinaisons se décomposent par l'eau qui remplace les acides molécule à molécule.

Les iodures alcooliques agissent sur les carbylamines souvent à la température ordinaire et donnent des corps résineux.

Les carbylamines sont d'une extrême oxydabilité : par leur oxydation ménagée, elles produisent les cyanates de M. Wurtz ou carbimides :

$$CAz, CH^3 + HgO = Az\left\{\begin{matrix}CO\\CH^3\end{matrix}\right. + Hg.$$

Méthylcarbylamine. — Méthylcarbimide.

Par leurs caractères physiques comme par leurs propriétés chimiques les carbylamines proprement dites diffèrent des nitriles. Elles sont d'une odeur extrêmement désagréable, moins denses que leurs isomères, et bouillent à une température inférieure.

La transformation par hydratation des carbylamines en formiamides, et leur passage par oxydation à l'état de carbimides, ne permet pas de leur assigner une autre formule que

$$Az\left\{\begin{matrix}C''\\R'\end{matrix}\right.$$

où R représente un radical alcoolique monatomique.

*Nitriles oxygénés.* — Une nouvelle classe de nitriles est celle qui dérive des sels ammoniacaux à acides monobasiques, mais contenant plus de deux atomes d'oxygène, tels que les acides lactique, formobenzoïlique, salicylique. De tels nitrites dérivent encore des sels acides bibasiques où un H seulement est remplacé par $AzH^4$ (premier nitrile de l'acide malonique ou acide cyanacétique). Ces corps peuvent être considérés comme de vrais nitriles, car ils reproduisent le sel ammoniacal par hydratation. On obtient par la déshydratation des sels ammoniacaux à acides contenant plus de deux atomes d'oxygène des nitriles oxygénés comme l'a fait remarquer, le premier, M. E. Grimaux [voyez *Bull. de la Soc. chim.*, t. XIII, p. 27]. — Exemple :

$$C^6H^4(OH)CO.OAzH^4 - 2H^2O = C^7H^5AzO.$$

Salicylate d'ammonium. — Salicylonitrile.

Le salicylonitrile de Limpricht, et la monocyanhydrine du glycol entrent dans cette classe. Il en est de même de la combinaison de l'acide cyanhydrique avec l'hydrure de benzoyle obtenue par Winckler et de celle qui a été obtenue par MM. Max-Simpson et A. Gautier entre l'acide cyanhydrique et l'aldéhyde ordinaire. En effet, quoique la déshydratation du sarcolactate d'ammonium n'ait pas encore été tentée à ce point de vue, on sait que la réaction inverse a lieu, et que l'hydratation de la monocyanhydrine du glycol donne le sarcolactate ammonique. De même l'hydratation, sous l'influence des acides, du cyanhydrate d'aldéhyde donne de l'acide lactique ordinaire et de l'ammoniaque, et réciproquement, dans la distillation sèche du lactate d'ammonium on observe la producti n d'acide cyanhydrique [E. Grimaux, *loc. cit.*]. Tous ces corps se comportent donc comme de véritables nitriles. La théorie fait prévoir un grand nombre de composés analogues et un grand nombre d'isomères tels que la monocyanhydrine du glycol et le cyanhydrate d'aldéhyde.

*Nitriles à plusieurs atomes d'azote.* — La déshydratation complète du sel ammoniacal d'un acide bibasique donne un nitrile contenant les restes de 2 molécules d'ammoniaque. Il y a seulement dans ce cas perte de 4 molécules d'eau :

$$C^2(AzH^4)^2O^4 - 4H^2O = C^2Az^2;$$

Oxalate neutre d'ammonium. — Cyanogène.

$$C^4H^4(AzH^4)^2O^4 - 4H^2O = C^4H^4Az^2.$$

Succinate neutre d'ammonium. — Succinonitrile (cyanure d'éthylène).

La génération de ces corps et leurs propriétés principales, spécialement celle de reproduire les sels ammoniacaux générateurs par hydratation, les font rentrer aussi dans la classe des nitriles.

On conçoit que l'on pourrait obtenir de même des nitriles à 3,4...*n* atomes d'azote. A. G.

**NITRO...** — Voir le mot qui suit pour les composés qui ne se trouveraient pas ici dans leur rang alphabétique.

**NITROCALCITE** (Min.). — Azotate de calcium hydraté, $Ca(AzO^3)^2 + H^2O$. Efflorescences soyeuses, grises ou blanches, se rencontrant dans les cavernes creusées dans les roches calcaires.

**NITROCHOLIQUE (ACIDE)** [Redtenbacher, *Ann. der Chem. u. Pharm.*, t. LVII, p. 145]. — Lorsqu'on traite par l'acide nitrique l'acide choloïdique, qui suivant Hoppe-Seyler n'est qu'un mélange d'acide cholonique, de dyslisine, d'acide cholalique, etc. (voyez t. I, p. 601), et qu'on opère comme il est dit à l'article ACIDE CHOLESTÉRIQUE (t. I, p. 883), on obtient, outre l'acide cholestérique, une huile épaisse qui distille et qui est un mélange d'acide *nitrocholique* et de *cholacrol*. On lave cette huile avec de l'eau, on la délaye dans un alcali, on décante la partie non soluble, et on abandonne la solution dans le vide ; on sépare les cristaux de leur eau mère, on les fait recristalliser de nouveau dans le vide, et on obtient ainsi le nitrocholate de potassium, d'un jaune citronné, ressemblant au ferrocyanure de potassium. Ce corps est très-peu stable; il ne peut pas être desséché, même dans le vide; les cristaux éclatent et se réduisent en petits fragments, en paraissant se décomposer. Les cristaux simplement comprimés ont donné à l'analyse des chiffres qui conduisent à la formule $CHAz^4O^5K$.

La solution de ce corps fournit du nitrate de potassium par une longue ébullition.

L'huile non soluble dans la potasse obtenue dans cette opération constitue le *cholacrol* ou *nitracrol;* ce corps, lavé à l'eau jusqu'à ce qu'il ne soit plus acide est huileux, jaunâtre, d'une odeur âcre, peu soluble dans l'eau, fort soluble dans l'alcool et dans l'éther. Les chiffres que le cholacrol a donnés à l'analyse conduisent à la formule

$$C^8H^{10}(AzO^2)O^5 ?$$

E. G.

**NITROFORME**, $C(AzO^2)^3H$, *formène trinitré* [L. Schischkoff, *Ann. de Chim. et de Phys.*, (3), t. XLIX, p. 324, *Ann. der Chem. u. Pharm.*, t. CI, p. 215; t. CIII, p. 364; *Compt. rend.*, t. XLV, p. 144]. — Le nitroforme ou hydrure de méthyle trinitré est un acide; on l'obtient à l'état de sel ammoniacal, en faisant bouillir le trinitracétonitrile avec de l'eau (voyez t. II, p. 140) :

$$\underset{\text{Trinitracétonitrile.}}{C^2(AzO^2)^3Az} + 2H^2O$$
$$= CO^2 + \underset{\text{Sel ammoniacal du nitroforme.}}{C(AzO^2)^3.AzH^4}$$

Pour préparer le nitroforme, on fait bouillir le trinitracétonitrile avec de l'eau, et l'on évapore : il se dépose des cristaux du sel d'ammonium qu'on traite par l'acide sulfurique concentré. Le nitroforme vient surnager la couche acide sous forme d'un liquide très-fluide qui se solidifie au-dessous de 15°; l'acide sulfurique contient de l'ammoniaque. On le purifie en le faisant cristalliser plusieurs fois par refroidissement et en décantant la partie restée liquide.

Le sel jaune, produit de l'action de la potasse sur l'acétonitrile trinitré, fournit également du nitroforme lorsqu'on le traite par l'acide sulfurique.

Il est en cubes (ou rhomboèdres?) incolores, fusibles à 15° et solubles dans l'eau en jaune foncé; son odeur est très-désagréable et sa saveur fortement amère. Il est très-inflammable et détone avec énergie lorsqu'on le chauffe brusquement; vers 100° il s'altère profondément en dégageant du gaz. Le nitroforme bien sec peut se conserver dans un endroit frais.

Les *sels* du nitroforme sont d'un beau jaune et cristallisables; ils détonent et se décomposent quelquefois spontanément.

M. Schischkoff a préparé les sels d'ammonium d'argent, de potassium, de sodium, de mercure, de zinc, etc.

Celui d'*ammonium*, $C(AzO^2)^3.AzH^4$, est en beaux prismes jaunes, qui paraissent dériver du prisme clinorhombique. Sa préparation a été indiquée plus haut; on peut encore l'obtenir en combinant directement le nitroforme avec l'ammoniaque ou en dissolvant à une douce chaleur le trinitracétonitrile dans l'alcool. Il ne se dégage pas d'acide carbonique et la solution dépose des cristaux du sel ammoniacal.

Formène bromotrinitré, $C(AzO^2)^3Br$. — Pour obtenir ce corps, on fait agir le brome sur le nitroforme, en exposant le mélange pendant plusieurs jours au soleil. La même substance se forme plus facilement lorsqu'on traite le sel de mercure du nitroforme, $[C(AzO^2)^3]^2Hg$, par le brome.

Le formène bromotrinitré est cristallisable et fusible à 12°; vers 140° il se décompose; mais on peut le distiller dans un courant d'air ou de vapeur d'eau. Il se dissout en petite quantité dans l'eau [Schischkoff, *Bull. de la Soc. chim.*, 1861, p. 82, et *Ann. der Chem. u. Pharm.*, t. CXIX p. 247].

Formène tétranitré, $C(AzO^2)^4$. — Ce composé prend naissance dans l'action directe de l'acide nitrique sur le nitroforme. On fait passer un courant d'air sec dans un mélange de nitroforme, d'acide nitrique fumant et d'acide sulfurique chauffé à 100°; il distille un liquide qui, additionné d'eau, laisse déposer le formène tétranitré.

C'est un liquide incolore et très-fluide, qui se solidifie en une masse cristalline au-dessous de 13° et qui bout sans altération à 126°. Il est insoluble dans l'eau, très-soluble dans l'alcool et l'éther.

Le formène tétranitré est beaucoup plus stable que le nitroforme; chauffé brusquement, il ne fait pas explosion, mais se décompose en dégageant des vapeurs nitreuses [Schischkoff, *loc. cit.*]. A. H.

**NITROHÉMATIQUE (ACIDE).** — Voyez Picrique (acide).

**NITROMAGNÉSITE** (Min.) — Efflorescences d'azotate de magnésium ressemblant à la nitrocalcite.

**NITROMÉTHANE** [Syn. *Nitrocarbol*],

$$CH^3(AzO^2).$$

Ce corps isomérique avec le nitrite de méthyle, constitue l'hydrure de méthyle mononitré. Il est homologue du *nitréthane* [H. Kolbe, *Journ. für prakt. Chem.*, (2), t. V, p. 427; — V. Meyer et O. Stüber, *Deutsch. Chem. Gesellsch.*, t. V, p. 517].

Pour le préparer, on chauffe un mélange de chloracétate et de nitrite de potassium en solution aqueuse; le liquide se colore en jaune, puis en brun, et dégage de l'acide carbonique. En même temps il distille une huile plus lourde que l'eau qu'on lave, qu'on sèche sur du chlorure de calcium et qu'on rectifie (Kolbe). La réaction a lieu probablement en deux phases, comme l'indiquent les équations suivantes :

$$\underset{\text{Chloracétate de potassium.}}{CH^2Cl.CO^2K} + AzO^2K = KCl + \underset{\text{Nitracétate de potassium.}}{CH^2(AzO^2)CO^2K};$$

$$CH^2(AzO^2)CO^2K + H^2O = \underset{\text{Nitrométhane.}}{CH^3(AzO^2)} + CO^3KH.$$

MM. Meyer et Stüber font agir le nitrite d'argent sur l'iodure de méthyle (la réaction est très-vive) et distillent le produit au bain d'huile. Il passe du nitrométhane qu'on purifie par lavage et par distillation :

$$CH^3I + \underset{\text{Nitrite d'argent.}}{AzO^2Ag} = AgI + \underset{\text{Nitrométhane.}}{CH^3(AzO^2)}.$$

C'est un liquide plus lourd que l'eau et insoluble dans ce solvant, d'une odeur particulière, bouillant à 99° (à 101°, Kolbe).

Le nitrométhane se comporte comme un acide faible; il donne avec une solution alcoolique de soude un précipité formé d'aiguilles transparentes et renfermant $CH^2Na(AzO^2)$. La solution aqueuse de ce sel précipite l'acétate de plomb en blanc, le chlorure mercurique en jaune clair, le nitrate mercureux en noir, le chlorure ferrique en rouge brun et le sulfate de cuivre en vert. Avec l'azotate d'argent, il donne un précipité jaune, qui noircit aussitôt.

Le nitrométhane brunit par la potasse et dégage de l'ammoniaque à chaud. Avec l'ammoniaque, il donne un sel cristallisé. A. H.

**NITROPHTALINE.** — Ce composé, décrit par M. Dusart comme résultant de l'action de la potasse et de la chaux sur la naphtaline nitrée, n'est autre que cette dernière qui a en partie échappé à la réaction. Toutes les propriétés de la nitrophtaline concordent avec celles de la naphtaline nitrée; quant à l'analyse qui en a été donnée, elle ne prouve rien, quoiqu'elle ait donné 2 °/₀ environ de carbone de moins que n'en exige la formule $C^{10}H^7(AzO^2)$. En effet, dans le même mémoire, l'auteur publie une analyse du mononitronaphtol (acide nitrophtalinique) qui lui a donné 61,3 °/₀ de charbon, tandis que la formule du nitronaphtol que M. Dusart a appelé ultérieurement acide nitroxynaphtalique avec la formule

$$C^{10}H^8(AzO^2)O$$

en exige plus de 63 °/₀.

**NITROPHTALINIQUE (ACIDE).** — Voyez NAPHTOL NITRÉ, t. II, p. 517.

**NITROPRUSSIATES.** — Voyez CYANOGÈNE, t. I, p. 1106.

**NITROSÉS (CORPS).** — On nomme ainsi en chimie organique des composés dont un atome d'hydrogène est remplacé par le groupe AzO (bioxyde d'azote), résidu monatomique de l'acide azoteux (AzO.OH). On les produit soit par double échange à l'aide d'un azotite alcalin :

$$\underset{\text{Chlorhydrate de diéthylamine.}}{C^4H^{11}Az.HCl} + \underset{\text{Azotite de potassium.}}{AzO.OK}$$

$$= \underset{\text{Nitrosodiéthyline.}}{C^4H^{10}(AzO)Az} + H^2O + KCl,$$

soit à l'aide de l'acide nitreux lui-même :

$$\underset{\text{Pipéridine.}}{C^5H^{11}Az} + AzO.OH = \underset{\text{Nitrosopipéridine.}}{C^5H^{10}(AzO)Az} + H^2O,$$

soit enfin par réduction d'un corps nitré :

$$\underset{\text{Acide nitrobarbiturique (dilitarique).}}{C^4H^3(AzO^2)Az^2O^3} + H^2$$

$$= \underset{\text{Acide nitrosobarbiturique (violurique).}}{C^4H^3(AzO)Az^2O^3} + H^2O,$$

ou par des réactions moins systématiques :

$$\underset{\text{Acide hydurilique.}}{C^8H^6Az^4O^6} + \underset{\text{Acide nitrique.}}{AzO^3H}$$

$$= \underset{\text{Acide violurique.}}{C^4H^3Az^3O^4} + \underset{\text{Alloxane.}}{C^4H^2Az^2O^4} + H^2O.$$

M. Bæyer pense que la formation de ces corps dépend essentiellement de la présence dans la molécule primitive du groupe imidogène AzH dont l'atome d'hydrogène s'échange facilement contre (AzO)' [*Zeitsch. für Chem.*, (2), t. VI, p. 215].

La réduction des composés nitrosés donne généralement des composés amidés :

$$R.AzO + H^4 = RAzH^2 + H^2O.$$

G. S.

**NITROSO...** — Voir le mot qui suit pour les composés qui ne se trouvent pas dans leur rang alphabétique.

**NITROSOMALONIQUE (ACIDE),**

$$C^3H^3AzO^5 = \begin{array}{l} CO^2H \\ \vert \\ CH(AzO) \\ \vert \\ CO^2H \end{array}$$

[Bæyer, *Ann. der Chem. u. Pharm.*, t. CXXXI, p. 293]. — Cet acide n'a pas été obtenu directement avec l'acide malonique, mais il se produit par le dédoublement de l'acide violurique, qui n'est autre que la nitrosomalonylurée ou acide nitrosobarbiturique. La nitrosomalonylurée, sous l'influence de la potasse, fixe de l'eau pour se convertir en urée et acide nitrosomalonique, de même que la malonylurée se dédouble en urée et en acide malonique :

$$\underset{\text{Nitrosomalonylurée.}}{CO(Az^2H^2)C^3H(AzO)O^2} + \underset{\text{Eau.}}{2H^2O}$$

$$= \underset{\text{Urée.}}{COAz^2H^4} + \underset{\text{Acide nitrosomalonique.}}{C^3H^3(AzO)O^4}.$$

Pour préparer cet acide, on chauffe le violurate de potassium avec une solution de potasse d'une densité de 1,2; on ajoute au liquide brun un léger excès d'acide acétique et quelques gouttes d'alcool, on le filtre et on le mêle avec 2 fois environ son volume d'alcool. Le sel de potassium, qui se sépare en gouttes huileuses qui cristallisent ensuite, est converti en sel d'argent, et le sel d'argent décomposé par l'acide chlorhydrique.

La solution ainsi obtenue étant évaporée dans le vide fournit de l'acide nitrosomalonique en aiguilles prismatiques brillantes, très-solubles dans l'eau et contenant de l'eau de cristallisation qu'elles perdent dans l'air desséché par l'acide sulfurique. La solution aqueuse se décompose lorsqu'on la chauffe, et à l'ébullition l'acide se détruit entièrement en produisant de l'acide cyanhydrique, de l'eau et de l'acide carbonique. Traité par l'amalgame de sodium, il donne l'acide amidomalonique.

L'acide nitrosomalonique est bibasique, mais on a seulement obtenu les sels neutres.

Le *sel de potassium* renferme $C^3H(AzO)O^4K^2$. L'alcool le précipite de ses solutions aqueuses en gouttes huileuses qui se solidifient, ou en larges lames, suivant qu'on ajoute l'alcool rapidement ou lentement.

Le *sel d'argent* renferme une molécule d'eau de cristallisation qu'il ne perd pas à 110°; la lumière le noircit.

Le *sel de plomb* est un précipité cristallin renfermant $C^3HO^4(AzO)Pb, 2H^2O$. Les nitrosomalonates solubles se colorent en rouge avec les sels ferriques, et donnent un précipité vert-olive avec les sels de cuivre.

ACIDE AMIDOMALONIQUE, $C^3H^3(AzH^2)O^4$ [Bæyer, *Mém. cité*]. — Il se produit par la réduction de l'acide nitrosomalonique :

$$C^3H^3(AzO)O^4 + H^4 = C^3H^3(AzH^2)O^4 + H^2O.$$

Il est représenté par la formule de constitution

$$\begin{array}{l} CO^2H \\ \vert \\ CH(AzH^2) \\ \vert \\ CO^2H \end{array}$$

Il cristallise par évaporation de sa solution aqueuse dans le vide en prismes brillants; lorsqu'on le précipite par l'alcool, il se sépare en aiguilles. Ces cristaux renferment de l'eau de cristallisation qu'ils perdent dans le vide. Lorsqu'on chauffe cet acide à son point de fusion ou qu'on chauffe sa solution aqueuse, il se décompose en acide carbonique et en glycocolle.

Par l'action de l'iode en présence de l'eau, il s'oxyde, donne de l'acide iodhydrique, de l'iodure d'ammonium et de l'acide mésoxalique $C^3H^2O^5$.

Les amidomalonates alcalins sont facilement solubles dans l'eau et précipités par l'alcool. Les autres sels sont des précipités cristallins, difficilement solubles. Le *sel de plomb* renferme

$$2[C^3H^2(AzH^2)O^4]Pb.$$

E. G.

**NITROSOPHÉNYLINE.** — Voyez PHÉNYLAMINE.

**NITROSULFATES** [Syn. *Nitrososulfates*] [H. Davy, *Chemical and philosophical researches chiefly concerning nitrous oxide*, London, 1800, p. 317; — Pelouze, *Ann. de Chim. et de Phys.*, t. LX, p. 151]. — Les nitrosulfates qui se produisent par l'action simultanée du bioxyde d'azote et de l'acide sulfureux sur les alcalis peuvent être envisagés comme des sulfates dans lesquels un tome d'oxygène est remplacé par deux atomes de nitrosyle : $M^2.(AzO)^2SO^3$. — Une solution concentrée de potasse ou de soude caustiques absorbe peu à peu un mélange d'un volume d'acide sulfureux et de 2 volumes de bioxyde d'azote, en formant du nitrosulfate alcalin. On prépare le *nitrosulfate d'ammonium* en faisant passer un courant de bioxyde d'azote dans un mélange glacé d'un volume d'une solution concentrée de sulfite d'ammonium et de 5 à 6 volumes d'ammoniaque aqueuse. Il se dépose au bout de quelque temps de grands prismes rhombiques transparents, qu'on lave avec de l'ammoniaque refroidie à la glace et qu'on dessèche dans le vide. A l'état sec, ces cristaux restent inaltérés jusqu'à 110°, un peu au-delà ils se décomposent avec explosion, en fournissant du protoxyde d'azote; à l'air, ils se décomposent petit à petit en sulfate d'ammonium et dégagent du protoxyde d'azote. La solution aqueuse se décompose plus rapidement, lorsqu'on ajoute l'un des corps suivants : charbon, peroxyde de manganèse, oxyde d'argent, argent métallique ou mousse de platine; en présence d'un excès d'ammoniaque, la décomposition est ralentie. Les acides énergiques, même l'acide carbonique, ainsi que des dissolutions de sesquichlorure de chrome, de sulfate ferreux, de sulfate cuivrique, etc., décomposent le nitrosulfate d'ammonium à quelques degrés même au-dessous de 0° en protoxyde d'azote et en sulfate d'ammonium.

Les *nitrosulfates de potassium* et *de sodium* se préparent comme le sel d'ammonium; celui de sodium est plus soluble que celui de potassium. Ce dernier constitue des prismes à six pans, irréguliers, incolores, ressemblant au nitre; il ne s'altère pas à 115°. A 130°, il se décompose en bioxyde d'azote et en sulfite de potassium. Il est décomposé par les mêmes corps que le sel d'ammonium, mais plus lentement que celui-ci; il est soluble dans l'eau et sa solution ne se décompose que partiellement même à l'ébullition. Ph. de C.

**NITROSULFURES.** — Voyez Fer.

**NITROTHÉINE.** — Voyez Théine.

**NITROXYNAPHTALIQUE (ACIDE).** — Voyez Naphtol nitré, t. II, p. 517.

**NOIR ANIMAL.** — Voyez Carbone, t. I, p. 748.

**NOMENCLATURE.** — Nous nous bornons à donner dans cet article un exposé sommaire des principes qui ont servi de base à la nomenclature chimique, en laissant de côté un grand nombre de détails et de considérations historiques.

I. La nomenclature est l'ensemble des mots qui servent à désigner les substances chimiques, simples ou composées. On sait la confusion qui régnait à cet égard à la fin du siècle dernier. Les noms des principaux métaux étaient empruntés aux divinités de l'Olympe, ceux de leurs combinaisons arbitrairement choisis pour rappeler soit l'origine, soit quelque propriété physique, soit le nom de l'inventeur. De là l'obscurité et la confusion introduites dans le langage, par l'emploi de synonymes aussi nombreux que bizarres. On peut citer aujourd'hui comme détail curieux la collection des noms par lesquels on désignait autrefois le sulfate de potassium : *panacea duplicata, panacea holsatica, sal duplicatum, arcanum duplicatum, arcanum holsteiniense, tartarus vitriolatus, nitrum vitriolatum, sal polychrestum Glaseri, vitriolium potassinatum.* Dans le dernier nom on remarque un progrès dû à Bergman. Macquer et Baumé avaient réuni certains sulfates sous le nom de vitriols. Bergman spécifie chacun d'eux en ajoutant au mot *vitriolium,* qui marque le genre, un adjectif désignant le nom de la base et marquant l'espèce. Dans un autre essai de nomenclature dû au même chimiste, le nom du genre est tiré de la base, celui de l'espèce de l'acide. Ainsi Bergman désigne les sels de sodium par les noms : *alcali minerale aëratum* (carbonate), *vitriolatum, nitratum, salitum,* etc.; les sels de magnésium par les noms : *magnesia aërata, vitriolata, nitrata, salita,* etc. [Hermann Kopp, *Geschichte der Chemie,* t. II, p. 415].

On aperçoit là le germe d'une nomenclature régulière; les sels étaient désignés par des noms formés de deux mots et rappelant leur composition binaire. Mais c'était un essai isolé qui n'eut pas de suite. Celui que tenta Guyton de Morveau, en 1782, fut plus heureux, bien que portant l'empreinte de la théorie du phlogistique à laquelle l'auteur adhérait encore à cette époque. Tous les acides, les bases, les sels sont réunis dans une sorte de tableau où l'on voit le nom générique des sels formé d'après celui des acides, et, du moins pour quelques-uns d'entre eux, d'après des règles qui ont été généralisées depuis. Voici le tableau dont il s'agit, et que M. Dumas cite dans sa *Philosophie chimique,* p. 328 :

| *Acides* | *Sels* | *Bases* |
|---|---|---|
| Vitriolique, | Vitriols. | Phlogistique. |
| Nitreux, | Nitres. | Calce. |
| Arsenical, | Arséniates. | Barote. |
| Boracin, | Boraxs. | Or. |
| Fluorique, | Fluors. | Argent. |
| Citronien, | Citrates. | Mercure. |
| Oxalique, | Oxaltes. | Cuivre. |
| Sébacé. | Sébates. | Esprit-de-vin. |

Guyton de Morveau disait donc vitriol d'argent, vitriol de barote (baryte), nitre de mercure, fluor de calce, *arséniate* d'argent, *citrate* de cuivre. Cet essai de nomenclature rencontra une forte opposition soit de la part des partisans du phlogistique, qui le trouvèrent empreint de hardiesse et de nouveautés dangereuses, soit de la part des adversaires de la fameuse théorie dont les principes y étaient encore respectés. Il paraît avoir obtenu l'assentiment de Bergman qui y retrouva quelques-unes de ses idées.

II. Quelques années plus tard les choses ont changé de face. Guyton de Morveau, étant venu à Paris au commencement de l'année 1787, fut gagné à la nouvelle doctrine et se réunit à Lavoisier, Berthollet et Fourcroy pour introduire une réforme dans la nomenclature. Dans le mois d'avril de cette année, Lavoisier exposa à l'Académie les bases de cette réforme, d'après laquelle le nom d'une substance chimique devait en marquer la composition en rappelant non-seulement la nature, mais encore les proportions relatives des éléments. On sait que la nomenclature des composés oxygénés est le fondement du système. Ces composés sont binaires, c'est-à-dire formés de deux éléments. Les plus simples et les plus importants d'entre eux renferment de l'oxygène uni à un autre élément, le radical, et se partagent en deux classes, les *oxydes* et les *acides.* Les premiers résultent ordinairement de l'union d'un métal avec l'oxygène. On les désigne en ajoutant le nom de ce métal au nom générique oxyde, et lorsque le métal en question forme avec l'oxygène plusieurs combinaisons, on en rappelle le degré par les noms *protoxyde, deutoxyde, tritoxyde, sesquioxyde, peroxyde.* De même les acides résultant de l'union d'un corps simple, ordinairement non métallique, avec l'oxygène sont désignés par le nom générique acide auquel on ajoute un adjectif qualificatif de l'espèce. Ainsi on dit acide *sulfurique, phosphorique, boracique,* et, pour marquer dans les cas de ce genre le degré d'oxydation, il suffit de changer la désinence de l'adjectif, la terminaison en *eux* marquant une proportion d'oxygène moindre que la terminaison en *ique.* Tel est le sens des termes acide phosphor*ique* acide phosphor*eux*, auxquels on ajouta plus tard, les termes *hypophosphorique* et *hypophosphoreux*, *perchlorique*, *hypochloreux*, pour marquer des degrés d'oxydation tantôt supérieurs, tantôt inférieurs à ceux qui avaient été primitivement découverts et nommés.

Mais la propriété fondamentale des oxydes et des acides est la faculté qu'ils possèdent de s'unir entre eux pour former des sels. Dans ceux-ci on retrouve, d'après Lavoisier, tous les éléments des acides et des oxydes unis, mais non confondus. Les sels sont des composés binaires, mais du second ordre, et renferment deux éléments composés eux-mêmes, ceux de l'acide ajoutés à ceux de l'oxyde. Cette idée est exprimée par les noms mêmes, qui sont toujours formés de deux mots. C'est le dualisme dans le système et dans la langue, et cette dernière n'a pas peu contribué à propager les nouvelles doctrines, ainsi que nous l'avons fait remarquer ailleurs (*Introduction*, p. x). Chaque sel est donc désigné par deux mots, un substantif qui est formé d'après le nom de l'acide et qui marque le genre, un adjectif qui indique l'oxyde et qui marque l'espèce. Pour former les noms génériques indiquant les acides, on fait subir aux adjectifs qui désignent chaque espèce d'acide une légère transformation. Ainsi l'acide sulfurique donne des sulf*ates*, l'acide sulfureux des sulf*ites*, l'acide phosphorique des phosph*ates*, l'acide phosphoreux des phosph*ites*. On dit donc *sulfate d'oxyde de plomb* ou par abréviation *sulfate de plomb, sulfite de potasse, borate de chaux, phosphate de magnésie, arséniate d'oxyde d'argent* ou *arséniate d'argent* pour désigner les combinaisons de l'acide sulfurique avec l'oxyde de plomb, de l'acide sulfureux avec la potasse, de l'acide borique avec la chaux, de l'acide phosphorique avec la magnésie, de l'acide arsénique avec la chaux.

La nomenclature des composés qui ne renferment point d'oxygène était fondée sur des principes analogues. Les composés du soufre, du phosphore, de l'arsenic avec les métaux sont des sulfures, des phosphures, des arséniures, et les divers degrés d'une telle combinaison, par exemple du soufre avec un métal donné, sont exprimés par les prépositions *bi* (sulfure), *tri* (sulfure), *sesqui* (sulfure).

Tels sont les traits principaux de cette nomenclature française, inaugurée par Guyton de Morveau, Lavoisier, Fourcroy, Berthollet, et qui a exercé une si grande influence sur la marche de la science. De fait, elle est encore en usage, car elle s'est pliée sans efforts aux progrès de la science, et les altérations qu'elle a subies peuvent être considérées comme peu importantes.

La découverte de Davy, en établissant la vraie nature des alcalis, fut à la fois une confirmation éclatante des idées de Lavoisier sur les sels, et une occasion d'étendre et de régulariser la nomenclature. Le sulfate de potasse, c'est bien le sulfate d'oxyde de potassium, comparable au sulfate d'oxyde de cuivre. Mais sur un autre, les définitions de Lavoisier se sont trouvées en défaut. Berthollet avait montré, dès 1789, que deux corps qui offrent un caractère acide bien marqué, l'hydrogène sulfuré et l'acide prussique, ne renferment point d'oxygène. Gay-Lussac et Thenard ayant découvert, en 1809, la vraie nature de l'acide chlorhydrique, il devenait impossible de maintenir la définition de Lavoisier. On créa une classe particulière d'acides sous le nom d'*hydracides*, dont les principaux furent les acides *hydrosulfurique, hydrocyanique, hydrochlorique*. Leurs combinaisons avec les bases furent longtemps dirigées sous le nom d'hydrosulfates, d'hydrocyanates, d'hydrochlorates. On finit par reconnaître plus tard, à la suite de longues discussions, que l'action de ces acides sur les oxydes donne lieu à la formation de l'eau et que les sels qui en résultent ne sont autres que des sulfures, des cyanures, des chlorures, même à l'état de solution dans l'eau.

Berzelius apporta à la nomenclature quelques perfectionnements qui ne sont pas sans importance, mais qui, à tort selon nous, n'ont jamais été adoptés franchement dans notre pays. Sans porter atteinte au principe de la nomenclature, qui est conservé et fortifié, ils ont apporté quelques modifications à la nomenclature des oxydes, des sels, des sulfures, etc. Les noms protoxyde de fer, sesquioxyde de fer sont remplacés par les dénominations oxyde *ferreux*, oxyde *ferrique*. Le sulfate de protoxyde de fer devient le *sulfate ferreux*, le sulfate de sesquioxyde de fer le *sulfate ferrique*, et ce mode de désignation est étendu à tous les autres sels, même à ceux dont les métaux ne renferment qu'une seule base salifiable. Berzelius avait adopté les dénominations sulfate potassique, carbonate calcique, nitrate barytique. Dans la nomenclature latine ces noms sont restés, dans la langue usuelle ils sont quelquefois employés. Aujourd'hui, on doit les préférer sans hésitation aux noms anciens, par la raison qu'ils ne préjugent rien sur la constitution des sels, c'est-à-dire sur l'état des métaux dans ces combinaisons. Ce n'est pas là sans doute le motif de la préférence que leur accordait Berzelius. Ce grand maître avait là-dessus, on le sait, des idées bien arrêtées et conformes entièrement à celles de Lavoisier. N'a-t-il pas étendu aux combinaisons non oxygénées les idées dualistiques du créateur de la chimie moderne? Les découvertes qu'il a faites concernant les combinaisons des sulfures, des chlorures entre eux doivent être considérées comme une addition importante à l'œuvre de Lavoisier. Il appelait *sulfides* les sulfures pouvant jouer le role d'acide, *chlorides* les chlorures électronégatifs et acides par opposition aux sulfures et chlorures électropositifs et basiques. Il nommait *sulfosels* les combinaisons des sulfides avec les sulfures, *chloroseis* les combinaisons des chlorides avec les chlorures. Ainsi, *le sulfocarbonate potassique* était la combinaison du sulfide carbonique avec le sulfure potassique; *le chloroplatinate de potassium* la combinaison du chloride platinique avec le chlorure de potassium.

On le voit, les principes de la nomenclature étaient comme le reflet des idées théoriques régnantes. Les progrès de la chimie organique ont peu à peu modifié ces dernières et ont fini par mettre en question les idées de Lavoisier sur la constitution des sels. La combinaison de l'acide sulfurique avec la potasse renferme-t-elle de l'acide sulfurique anhydre, plus de l'oxyde de potassium? Est-elle bien du sulfate d'oxyde de potassium? La plupart des chimistes répondent aujourd'hui par la négative et nous partageons leur avis. Mais la nomenclature s'est pliée sans effort à cette évolution de la théorie. Comme on disait autrefois par abréviation ou par habitude sulfate de fer, on dit aujourd'hui par conviction sulfate de potassium, acétate de calcium, tartrate de sodium et de potassium, ou quelquefois, bravant des désinences peu harmonieuses, sulfate potassique, acétate calcique, tartrate sodico-potassique.

Les indications qui précèdent concernant la nomenclature des composés minéraux nous paraissent suffisantes, notre intention n'étant pas d'entrer dans des détails sur ce sujet.

III. En chimie organique le problème qui consiste à désigner les corps par des noms indiquant leur composition a été souvent abordé, mais avec un succès médiocre. En raison de la variété infinie des combinaisons organiques et de la complication de leur composition, il présente des difficultés particulières, et qui seraient insurmontables si l'on voulait tenter, en chimie organique, l'application rigoureuse des règles de la nomenclature qui est en usage pour les composés minéraux. Une simple réflexion prouvera qu'il en est ainsi. Considérons les nombreux composés que peut former un métal. Cet élément qui leur est commun en forme pour ainsi dire la caractéristique; son nom entre nécessairement dans la désignation du composé. C'est un seul mot, court, précis, auquel vient s'ajouter un autre mot, tout au plus deux, pour indiquer le reste des éléments : la composition du composé étant relativement simple, son nom, peu compliqué lui-même, suffit à indiquer clairement cette composition. Rien de pareil ne se présente en chimie organique. Trois ou quatre éléments dont les atomes s'accumulent dans les composés et se groupent différemment sont capables de former une multitude infinie de composés, et il paraît impossible de représenter par une nomenclature à la fois simple et claire et le nombre des atomes qui se sont accumulés et leur groupement. Tel serait cependant le problème à résoudre. On a cherché pourtant à l'aborder et les essais qui ont été tentés, à diverses époques, portent nécessairement la trace des idées théoriques régnantes. Celle qui a apporté le plus grand secours aux essais de nomenclature est sans contredit la théorie des radicaux. Les radicaux étaient, en effet, en chimie organique, les représentants des métaux en chimie minérale. Des noms courts, généralement terminés en *yle*, servant à les distinguer les uns des autres, rien n'était plus facile que de désigner leurs combinaisons, par la simple application des règles usitées en chimie minérale.

Ces principes ont guidé MM. Liebig et Wœhler, en 1828, dans la nomenclature des dérivés de l'essence d'amandes amères; les noms *hydrure de benzoyle, chlorure de benzoyle; oxyde de benzoyle, hydrate d'oxyde de benzoyle*, etc., donnaient des indications précises sur la composition des composés dont il s'agit et ont beaucoup contribué au succès de la célèbre théorie des radicaux.

Une remarque semblable s'applique à la nomenclature des dérivés de l'alcool : le mot éthyle inventé par Berzelius et servant à désigner le radical de l'alcool et de l'éther a servi de base à une nomenclature courte, précise, et, somme toute, encore usitée aujourd'hui. On dit toujours *hydrate d'éthyle, oxyde d'éthyle, acétate d'éthyle*, etc.

Si, comme nous venons de le montrer, la théorie des radicaux a été l'occasion d'un progrès sérieux dans la nomenclature, il s'en faut que les essais tentés dans cette direction aient pu se généraliser et qu'ils répondent, d'ailleurs, à toutes les exigences auxquelles ils devraient satisfaire.

Remarquons d'abord que le nombre des radicaux organiques est bien plus considérable que celui des métaux ou même des corps simples, et qu'en conséquence la multiplicité des mots qu'il devient nécessaire de créer et de retenir constitue une difficulté, au point de vue de la langue, et un embarras pour la mémoire.

En second lieu il ne faut point oublier qu'il existe de très-nombreuses combinaisons organiques dont la constitution est inconnue et que la théorie des radicaux est par conséquent hors d'état de classer et de nommer.

Enfin, dernier et plus grave inconvénient, les noms des radicaux eux-mêmes, le plus souvent choisis au hasard, ne donnent aucune indication sur leur composition. Et puis ces radicaux ne peuvent-ils pas se modifier, et la plupart d'entre eux n'ont-ils pas été dans ces derniers temps décomposés en des éléments plus simples? Comment exprimer dans la langue ces modifications et cette constitution intime, dont la représentation graphique sur le papier prend une si grande place et exige de la part du lecteur un véritable travail d'esprit? Toute tentative qui serait faite dans ce sens semble condamnée d'avance. La complication des choses qu'il s'agirait d'exprimer amènerait nécessairement dans la formation des mots des longueurs incompatibles avec les habitudes prises, et, disons-le, avec les exigences de la langue qu'il n'est pas permis de braver. Aussi bien a-t-on souvent critiqué des mots destinés à exprimer la constitution de corps même relativement simples. La névrine

$$\left.\begin{matrix}(CH^3)^3 \\ (C^2H^4.OH)\end{matrix}\right\} Az$$

est l'*hydrate de triméthylhydroxéthylène-ammonium;* le violet Hofmann

$$\left.\begin{matrix}(C^7H^6)^2 \\ (C^6H^4) \\ (C^2H^5)^3\end{matrix}\right\} Az^3$$

est la *ditoluylène-phénylène-triéthyl-triamine.*

De tels noms sont longs et incommodes, cela est vrai, mais ils sont clairs, et il est plus facile de s'en moquer, comme on l'a fait, que d'en créer de meilleurs.

Quoi qu'il en soit, les détails dans lesquels on vient d'entrer mettent en lumière quelques-unes des difficultés du problème qu'il s'agirait de résoudre. On peut affirmer qu'on n'a pu arrêter aucun principe général pour la nomenclature des corps organiques et que jusqu'ici il a fallu se contenter d'expédients. Quelques-uns de ces derniers méritent pourtant une attention particulière.

Rappelons d'abord une idée de Laurent. A l'époque où les premiers faits relatifs aux substitutions de l'hydrogène par le chlore furent connus, ce chimiste a essayé d'exprimer le degré de chloruration en variant les terminaisons des noms.

Pour le premier degré, c'est-à-dire pour un corps formé par la substitution d'un atome de chlore à un atome d'hydrogène, le nom de ce corps était terminé en *ase*. La terminaison en *èse* indiquait le second degré de chloruration, et ainsi de suite pour les terminaisons en *ise, ose*. Ainsi Laurent nommait *chloronaphtalase* ou *chloronaphtase* le corps $C^{10}H^7Cl$, *chloronaphtalèse* le corps $C^{10}H^6Cl^2$, *chloronaphtalise* le troisième produit de substitution $C^{10}H^5Cl^3$, *chloronaphtose* le quatrième $C^{10}H^4Cl^4$.

Comme il n'y a que cinq voyelles, Laurent ne pouvait exprimer dans cette nomenclature que cinq degrés de chloruration. De là des expédients et des obscurités dans la désignation des composés suivants. La naphtaline hexachlorée était pour Laurent *la chloronaphtalase* A, la naphtaline octochlorée était *la naphtalise* A. On sait qu'indépendamment des produits de substitution, la naphtaline forme avec le chlore et le brome des produits d'addition. Laurent avait émis sur la constitution de ces corps des idées fidèlement exprimées dans sa nomenclature, le dichlorure de naphtaline $C^{10}H^8Cl^2$ était pour lui *le chlorhydrate de chloronaphtalase* $C^{10}H^7Cl, HCl$, le tétrachlorure de naphtaline $C^{10}H^8Cl^4$, *le dichlorhydrate de chloronaphtalèse* $C^{10}H^6Cl^2, 2HCl$. Ajoutons que Laurent a étendu ce principe de nomenclature aux produits de substitution bromés et nitrogénés de la naphtaline ainsi qu'à divers dérivés de l'acide phénique. Il nommait *nitronaphtalase, nitronaphtalèse*, la nitro- et la dinitronaphtaline. On lui doit les noms acide *chlorophénésique* ($C^6H^4Cl^2O$), *chlorophénisique* ($C^6H^3Cl^3O$), *nitrophénisique* (picrique) $C^6H^3(AzO^2)^3O$. Ils sont abandonnés aujourd'hui ainsi que le principe qui avait servi à les former.

Lorsqu'une substance donne, par substitution, divers dérivés, on rappelle, dans le nom, l'élément qui s'est substitué, et l'on indique les divers degrés de la substitution par des prépositions grecques ou latines. Ainsi on dit *monochloronaphtaline, dichloronaphtaline, tétrachloronaphtaline, hexachloronaphtaline*, ou *naphtaline monochlorée, dichlorée, hexachlorée*.

Ces dénominations sont précises, mais ne laissent pas que d'être un peu longues, et cet inconvénient devient surtout sensible lorsqu'il s'agit d'exprimer des cas de substitution un peu plus compliqués.

Ici les exemples abondent malheureusement. Nous ne citerons que les suivants pour ne pas sortir du groupe que nous venons de considérer. Le composé $C^{10}H^5Br^2Cl.Cl^4$ est le *tétrachlorure de dibromochloronaphtaline*, le composé

$$C^{10}H^4Br^4,2HBr$$

le *dibromhydrate* de *tétrabromonaphtaline*.

Des dénominations analogues aux précédentes sont en usage pour exprimer d'autres cas de substitution. Les groupes $(AzO)$, $(AzO^2)$, $(AzH^2)$, $(OH)$, $(CH^3)$, $(C^2H^5)$, etc., peuvent remplacer l'hydrogène, au même titre que le chlore ou le brome, et il est facile d'exprimer ce remplacement en faisant précéder le nom du corps où il s'est effectué de celui du groupe.

Ainsi on dit :

| | |
|---|---|
| Acide nitrosomalonique..... | $C^3H^3(AzO)O^4$ |
| Acide nitrobenzoïque....... | $C^7H^5(AzO^2)O^2$ |
| Acide amidobenzoïque...... | $C^7H^5(AzH^2)O^2$ |
| Acide oxybenzoïque........ | $C^7H^5(OH)O^2$ |
| Méthylbenzine............... | $C^6H^5(CH^3)$ |
| Éthylbenzine.................. | $C^6H^5(C^2H^5)$ |
| Triméthylbenzine............ | $C^6H^3(CH^3)^3$ |

On voit que de tels noms donnent certaines indications sur la composition des corps, en marquant la nature et le nombre des atomes ou des groupes qui sont entrés par substitution dans un corps donné. Quelques-uns d'entre eux fournissent un renseignement d'un autre genre : ils indiquent la fonction que le corps est capable de remplir. Les acides nitrobenzoïque, amidobenzoïque, oxybenzoïque, peuvent s'unir aux bases pour former des sels, à la façon des acides minéraux : ils remplissent la fonction acide et l'on sait aujourd'hui que cette fonction est en rapport avec leur composition même. Nous touchons ici à une notion des plus importantes au point de vue de la classification et de la nomenclature.

Il existe en chimie organique des groupes de corps qui se rapprochent par l'ensemble de leurs propriétés. Tels sont les acides, les alcaloïdes, les alcools, les glycols, les phénols, les éthers, les aldéhydes, les acétones, les amides, les acides amidés, les nitriles, les hydrocarbures, les quinones, etc.

Nous n'avons pas à donner ici la définition de tous ces termes, elle fait l'objet d'articles spéciaux et importants. Rappelons seulement que la fonction acide, facile à constater, a été reconnue dès le siècle dernier à l'origine même de la chimie organique. La découverte de Sertürner introduisit dans la science la fonction alcaloïde; les travaux de MM. Dumas et Peligot sur l'esprit de bois, la fonction alcool.

Le développement de cette notion féconde a été l'occasion d'un grand progrès en chimie organique : elle sert de base à la formation des séries; elle a fourni à la nomenclature des données qui ne sont pas sans importance. D'abord, et à un point de vue général, elle a permis de former certains noms d'après les règles que l'histoire naturelle a adoptées pour la nomenclature. Les noms *alcool méthylique, aldéhyde benzoïque, acide acétique, quinone naphtalique*, sont formés de deux mots, dont le premier, générique, marque la fonction, et dont le second, spécifique, indique le groupe. Mais il s'en faut que cette règle ait été appliquée généralement; et les noms mêmes que nous venons de citer ne sont pas les seuls qu'on ait donnés aux corps dont il s'agit.

D'un autre côté il arrive souvent qu'on contracte ces dénominations en un seul mot, et l'on doit avouer que dans certains cas il en résulte des abréviations heureuses. On dit *naphtoquinone*, *anthraquinone* au lieu de quinone naphtalique ou anthracique. Le terme *naphtazarine* remplace la dénomination alizarine naphtalique. Souvent les abréviations sont plus fortes, et l'on ne conserve du nom générique que la terminaison. Au lieu de dire acétone propionique, acétone valérique, acétone stéarique, on dit propione, valérone, stéarone. Dans ces derniers noms la fonction est simplement marquée par la terminaison. Il en est ainsi dans une foule d'autres dénominations usitées en chimie organique. Nous donnerons à cet égard les indications suivantes :

La terminaison *one* indique, comme nous venons de le rappeler, la fonction acétone, sauf pour le mot quinone.

La terminaison *al* désigne la fonction aldéhyde. Citons les mots *butyral, valéral*. Mais ici encore il y a des exceptions à signaler : l'acétal n'est pas une aldéhyde.

La terminaison *ol* désigne un alcool ou un phénol; nous rappelons ici les mots *crésol, xylol* ou *xylénol, bornéol*. Les mots *butyrol, amylol*, etc., ne sont pas usités. Le mot *glycol* est formé avec la première syllabe du mot glycérine et la terminaison du mot alcool : il indique un alcool diatomique.

Le mot plus récent *carbinol* indique également un alcool, ou plutôt l'existence dans un composé de l'un ou de l'autre des groupes $CH^2.OH$, $CH.OH$, $C.OH$ caractéristique des alcools (voyez le mot Alcool). C'est une terminaison un peu longue, mais que l'on a introduite néanmoins dans certains noms nouveaux.

Nous donnerons les exemples suivants en mettant en regard des noms les formules destinées à indiquer la constitution des corps :

| | |
|---|---|
| Méthylcarbinol (alcool)........ | $CH^3$<br>$CH^2.OH$ |
| Diméthylcarbinol (alcool isopropylique)..................... | $CH^3$<br>$CH.OH$<br>$CH^3$ |
| Éthylcarbinol (alcool propylique normal)..................... | $C^2H^5$<br>$CH^2.OH$ |
| Triméthylcarbinol............... | $CH^3$<br>$CH^3-C.OH$<br>$CH^3$ |
| Isopropylcarbinol (alcool butylique de fermentation)........ | $CH^3$<br>$CH^3-CH$<br>$CH^2.OH$ |
| Éthylméthylcarbinol (éthyl alcool éthylé).......................... | $C^2H^5$<br>$CH.OH$<br>$CH^3$ |
| Propylcarbinol (alcool butylique normal)......................... | $C^3H^7$<br>$CH^2.OH$ |
| Éthyldiméthylcarbinol......... | $CH^3$<br>$CH^3-C.OH$<br>$C^2H^5$ |
| Diméthylvinylcarbinol (isobutylcarbinol), alcool amylique de fermentation.................. | $CH^3$<br>$CH^3-CH$<br>$CH^2$<br>$CH^2.OH$ |

Ici les formules et les noms expriment la constitution des corps, et indiquent même clairement celle des composés isomères. Il est vrai qu'ils sont un peu longs, mais on peut dire néanmoins qu'il y a là un essai sérieux d'une nomenclature scientifique. Pourra-t-il se généraliser? Il est permis d'en douter par la raison que les alcools dont il s'agit offrent une constitution relativement simple, et que, pour d'autres cas moins simples, les noms s'allongeraient outre mesure si l'on voulait exprimer le groupement atomique. En voici un exemple.

M. Wiscelinus a découvert, il y a quelques années, des dérivés mercuriques du monosulfoglycolate d'éthyle. L'un d'eux renferme

$$C^4H^7HgClSO^2,$$

c'est l'*éthylchlorhydrargyromercaptoglycolate;* l'autre, $C^8H^{14}HgS^2O^4$, est le *diéthylhydrargyrodimercaptoglycolate.*

Ces essais me paraissent de nature à décourager les chimistes qui voudraient tenter d'indiquer, par une dénomination rationnelle, la constitution de corps un peu compliqués. Mais poursuivons notre sujet.

La terminaison *ose* désigne généralement les composés de la nature du sucre : on dit *saccharose, lactose, glucose, lévulose, tréhalose.* D'autres fois les combinaisons de cet ordre sont désignées par la terminaison *ite,* comme dans les mots *mannite, dulcite, sorbite;* d'autres fois par la terminaison *ine,* comme dans *lactine, sorbine.* Ainsi nulle règle fixe pour la nomenclature des sucres. Rappelons que certains anhydrides se rattachant aux matières sucrées ont été désignés par la terminaison *ane.* M. Berthelot a créé les mots *mannitane, dulcitane,* on ne confondra pas cette terminaison avec la terminaison *éthane,* dans *uréthane, oxaméthane, lectaméthane;* celle-ci désigne l'éther d'un acide amidé.

Parmi les terminaisons qui ont été appliquées aux corps les plus divers et dont la signification est par conséquent des plus indécises, il faut compter la terminaison *ine.* On l'a principalement appliquée à des alcaloïdes dans les mots *morphine, narcotine, quinine;* d'autres fois à des corps neutres de la nature la plus diverse, hydrocarbures, glucosides, corps gras neutres, comme dans *benzine, naphtaline, valérine, amygdaline, populine, phloridzine, stéarine, margarine, oléine, butyrine.* Ces dernières dénominations ont donné naissance aux mots *acétine, chlorhydrine,* etc., qui se prêtent à certaines transformations propres à indiquer d'une manière précise la nature du composé glycérique qu'elles désignent. Les mots *diacétine, trichlorhydrine, acétochlorhydrine, monopalmitine* sont très-clairs et pas trop longs.

La terminaison *ène* est généralement appliquée aux noms des hydrocarbures. On dit *formène, éthylène, propylène, amylène, acétylène, allylène, toluène, xylène, anthracène, pyrène, chrysène, térébenthène,* etc.

M. Hofmann a proposé pour les carbures d'hydrogène un essai de nomenclature que nous avons exposé ailleurs (p. 64), et qui est fondé sur un principe analogue à celui qui a été appliqué par Laurent. Le degré de saturation et par conséquent la série sont indiqués par la voyelle de la terminaison. Prenons par exemple les carbures d'hydrogène du quatrième groupe, $C^4H^{10}$, $C^4H^8$, $C^4H^6$, $C^4H^4$, $C^4H^2$, qui appartiennent à cinq séries, d'après le nombre décroissant des atomes d'hydrogène. Ils ont été désignés par les dénominations suivantes : *tétrane, tétrène, tétrine, tétrone, tétrune.* Comme il n'y a que cinq voyelles, il est impossible d'aller au delà de la cinquième série, et par conséquent il serait difficile de désigner, d'après ce principe, un carbure tel que la naphtaline $C^{10}H^8$, qui appartient à la huitième série du dixième groupe. En tout cas cet essai ingénieux ne paraît pas susceptible d'une application générale, et les mots dont il s'agit, comme ceux créés autrefois par Laurent, ne sont pas entrés définitivement dans la langue chimique.

En terminant nous devons mentionner une réforme de la nomenclature que L. Gmelin avait tenté d'introduire dans la science. Dans cet essai l'auteur, s'affranchissant complétement des traditions, avait donné aux éléments des noms nouveaux, courts, terminés par un *e* muet. Exemples :

| | |
|---|---|
| O...ane | Ph...ape |
| H...ale | C....ase |
| Cl...ake | Az...ate |
| Br..ame | |

Dans les combinaisons l'*e* muet de l'un des noms disparaît et est remplacé par une syllabe indiquant le corps qui s'est uni au premier, le nombre d'atomes de ce dernier étant marqué par les différentes voyelles ou diphtongues, selon l'idée de Laurent. Exemples :

| | |
|---|---|
| HO.......alan | $PhCl^5$......apuk |
| $HO^2$......alen | $AzH^3HCl$..atil-alak |
| $AzH^3$ ....atil | $AzH^4Cl$....atolak |
| $PhCl^3$.....apik | |

Ce procédé de réforme, que Gmelin avait développé d'une manière très-conséquente, était très-radical, comme on voit. L'auteur lui-même ne s'était pas dissimulé l'étrangeté des mots formés. Aucun d'eux n'a été adopté [L. Gmelin, *Handbuch der Chem.*, t. V, p. 132]. **A. W.**

**NONTRONITE** (Min.) — Silicate ferrique hydraté avec alumine, oxyde de cuivre et chaux (*nontronite de Montmort, par Jacquelain,* $SiO^2$ = 41,31, $Fe^2O^3$ = 35,69, $Al^2O^3$ = 3,31, CuO = 0,90, CaO = 0,19, $H^2O$ = 18,63). Amorphe, à cassure inégale ou écailleuse; opaque, mate. Jaune-serin, jaune-paille, blanc jaunâtre. Très-tendre ; onctueuse au toucher. Devient translucide dans l'eau. En rognons de diverses grosseurs, à Saint-Pardoux, Dordogne, Andreasberg, Hartz (Fossile terreux vert-serin d'Andreasberg).

*Caractères.* — Attaquable à chaud par les acides en faisant gelée. Au chalumeau, brunit, puis noircit et devient magnétique sans fondre.

Densité, 2,08. F. et S.

**NONYLÈNE**, $C^9H^{18}$ [Syn. *Élaène, pélargonène*]. — Il se forme, en même temps que de l'hexylène et d'autres produits, lorsqu'on soumet à la distillation sèche de l'acide hydroléique ou de l'acide métaoléique ; pour le purifier, on chauffe pendant quelque temps à 100°, on distille plusieurs fois sur de la potasse caustique afin d'éloigner une huile empyreumatique. Le nonylène est une huile incolore, moins dense que l'eau, bouillant à 110° (Fremy), à 140° (Wurtz). Sa densité de vapeur a été trouvée égale à 4,488 et 4,071 (Fremy), à 4,54 (Wurtz), théorie = 4,359. Il a une odeur pénétrante et brûle avec une flamme blanche éclairante ; l'acide sulfurique ne le décompose pas ; il est insoluble dans l'eau, mais il se dissout dans l'alcool et dans l'éther [Fremy, *Ann. de Chim. et de Phys.*, (2), t. LXV, p. 143]. On trouve aussi le nonylène parmi les produits de la distillation de l'alcool amylique avec le chlorure de zinc [Wurtz, *Bull. de la Soc. chim.*, 1863, p. 300]. L'huile d'une espèce de hareng (*Alosa menhaden*) saponifiée par la chaux fournit un savon qui, soumis à la distillation, donne naissance à un certain nombre de carbures d'hydrogène, parmi lesquels se trouvent 7,8 % environ de nonylène, bouillant à 153°, et ayant une densité de 0,7618 à 0° [Warren et Storer, *Mem. Amer. Acad.*, nouv. sér., t. IX, p. 177, et *Bull. de la Soc. chim.*, 1868, t. IX, p. 324].

Le *bromure de nonylène*, $C^9H^{18}Br^2$, produit par la combinaison directe du brome avec le nonylène, est un liquide non volatil qui, comme les bromures d'heptylène et d'octylène, est vivement attaqué par la potasse caustique; il se forme du bromure de potassium et un liquide bromé volatil, mais dont le point d'ébullition n'est pas constant. Il bout de 140° à 200° et au delà [Wurtz, *loc. cit.*].

Le *chlorure de nonylène*, $C^9H^{18}Cl^2$, formé par la combinaison directe du chlore avec le nonylène à la température ordinaire, est un liquide huileux, plus dense que l'eau et d'une odeur agréable rappelant celle de l'anis. Il brûle avec une flamme verte fuligineuse [Fremy, *loc. cit.*]. Ph. de C.

**NONYLIQUES (COMBINAISONS).** — Le groupe $C^9H^{19}$ s'appelant nonyle, on doit réserver le nom de pélargonyle ou pélargyle au groupe oxygéné $C^9H^{17}O$.

*Hydrure de nonyle*, $C^9H^{19}H$ [Syn. *Nonane*]. — Il se forme en même temps que le nonylène et un grand nombre de carbures d'hydrogène de la série $C^nH^{2n}$ et $C^nH^{2n+2}$, lorsqu'on distille de l'alcool amylique avec du chlorure de zinc anhydre. L'hydrure de nonyle et le nonylène sont renfermés dans le liquide qui passe entre 135° et 150°, on les sépare l'un de l'autre au moyen du brome [Wurtz, *Bull. de la Soc. chim.*, 1863, p. 300].

Les pétroles d'Amérique contiennent aussi de l'hydrure de nonyle [Pelouze et Cahours, *Ann. de Chim. et de Phys.*, (4), t. I, p. 5]. Il bout de 134° à 137°. Sa densité de vapeur = 4,50 (Wurtz), théorie, 4,432. Son odeur rappelle les oranges. L'hydrure de nonyle pourrait bien être identique avec le *butylamyle* $C^4H^9.C^5H^{11}$, qu'on obtient en même temps que du butyle et de l'amyle lorsqu'on fait bouillir pendant plusieurs jours 160 grammes d'un mélange d'iodures de butyle et d'amyle avec 20 grammes de sodium. Ce composé est liquide, a une densité de 0,7247 à 6°, bout de 130° à 132° et exerce le pouvoir rotatoire à droite; sa densité de vapeur a été trouvée = 4,465 [Wurtz, *Ann. de Chim. et de Phys.*, (3), t. XLIV, p. 290].

L'hydrure de nonyle se produit encore lorsqu'on chauffe à 280° du cumène de goudron de houille avec 80 p. d'une dissolution aqueuse d'acide iodhydrique saturée à froid [Berthelot, *Bull. de la Soc. chim.*, 1868, t. IX, p. 100]. H. Vohl [*Dingler's polytech. Journ.*, t. CLXXVII, p. 133] l'a obtenu en faisant passer du tétradécane $C^{14}H^{30}$ à travers un tube de fer forgé chauffé au rouge.

Le *chlorure de nonyle*, $C^9H^{19}Cl$, obtenu par l'action du chlore sur l'hydrure, est un liquide incolore, mobile, d'une odeur aromatique, ayant une densité de 0,899 à 16° et bouillant à 196°. Chauffé à 150° avec de l'acétate de potassium, il fournit de l'*acétate de nonyle*, qui est un liquide d'une odeur de fruits, bouillant de 208° à 212° et qui, lorsqu'on le fait bouillir avec de la potasse caustique, se transforme en *hydrate de nonyle* ou *alcool nonylique*. C'est un liquide huileux, bouillant à 200° environ. La *nonylamine*, qu'on obtient par l'action de l'ammoniaque sur le chlorure de nonyle, est un liquide incolore, d'une odeur à la fois aromatique et ammoniacale; il bout de 190° à 192°, et est un peu soluble dans l'eau [Pelouze et Cahours, *loc. cit.*]. Ph. de C.

**NORALITE** (Min.) — M. Dana a donné ce nom à une amphibole noire, alumineuse et ferrifère de Nora (Westmoreland).

**NORDENSKIILDITE** (Min.) — Amphibole trémolite de Ruscula, près du lac Onéga.

**NOSINE** ou **NOSÉANE**. — Voyez Hauyne.

**NOTITE** (Min.). — Variété de palogonite.

**NUCINE**. — Substance cristalline trouvée par Reischauer et A. Vogel dans le brou de noix (*Juglans regia*). Buchner avait désigné sous le nom de *juglandine* une substance mal définie, extraite de même du brou de noix.

Pour préparer la nucine, on épuise par de l'éther le suc du brou de noix récemment préparé, on ajoute à l'extrait éthéré une solution parfaitement neutre d'azotate de cuivre, jusqu'à ce que le liquide ait pris une couleur rouge sang. On décante la couche éthérée et, après avoir filtré la solution cuivrique, on y ajoute peu à peu de l'acide azotique qui fait passer la coloration au bleu verdâtre. La nucine se trouve alors à l'état libre dans la dissolution, et il suffit de l'agiter avec de l'éther et d'évaporer celui-ci pour obtenir de la nucine pure.

La couche éthérée qui surnageait la solution cuivrique fournit encore de la nucine lorsqu'on l'évapore et qu'on chauffe le résidu mélangé avec du sable vers 90°; il se sublime alors de belles aiguilles ou lamelles jaune rougeâtre de nucine pure.

Ce corps est insoluble dans l'eau, peu soluble dans l'alcool, et se dissout dans les alcalis ou dans les sels à réaction alcaline, avec une belle couleur rouge; la solution ammoniacale donne avec l'acide chlorhydrique un précipité rouge-brun. La nucine ne contient pas d'azote, mais sa composition n'est pas encore établie [Reischauer et A. Vogel, *Neu. Jahrb. für Pharm.*, t. VI, p. 96, et t. IX, p. 328].

Suivant Rochleder, les fleurs mâles du *Juglans regia* renferment une substance qui, sous l'influence des acides, fournit de la nucine [*Wien. Acad. Ber.*, t. LIV, p. 566]. A. H.

**NUCITANNIQUE (ACIDE)** [Phipson, *Chem. News*, t. 20, p. 116]. — L'épisperme des noix contient un tannin particulier, qui est soluble dans l'eau et dans l'alcool, et précipitable par le sous-acétate de plomb. Les acides étendus et bouillants le dédoublent en glucose et en un corps rouge (*acide rothique*), soluble dans l'ammoniaque. La substance rouge, séchée pendant longtemps à 118°, renferme $C^{14}H^{12}O^7$; son sel de plomb, qui est d'un vert-olive, a pour formule

$$C^{14}H^{12}PbO^8.$$

Les sels de calcium et d'argent constituent des précipités bruns; les sels alcalins sont solubles.

**NUSSIÉRITE** (Min.). — Variété de pyromorphite arsénifère renfermant une certaine proportion de chaux; de Nussière, département du Rhône.

**NUTRITION** (1). — Le mot Nutrition comprend l'ensemble des faits relatifs à l'absorption, la digestion, l'assimilation, l'élimination des divers matériaux qui servent ou ont servi à former les organes de l'animal et à en entretenir les fonctions. La vie se manifeste et se perpétue par une série de phénomènes (force, chaleur, phénomènes sensoriaux) corrélatifs avec le dépérissement de l'animal; la nutrition a pour but de fournir sans cesse à l'organisme les matériaux qui doivent le rétablir dans l'état normal. L'*alimentation*, c'est-à-dire la quantité et qualité des aliments nécessaires à l'animal; la *digestion*, c'est-à-dire la transformation de ces aliments dans le tube digestif en un fluide nourricier complexe, destiné à être versé dans le sang et divers organes; l'*assimilation* et la *désassimilation*, c'est-à-dire l'absorption par chaque tissu de diverses parties du fluide nourricier, et le rejet des matériaux qui ont servi ou ne peuvent être assimilés, tels sont les trois grands chapitres de la nutrition. Aucun d'eux n'ayant encore été traité dans ce livre, nous avons donc à étudier ici la nutrition dans chacune de ses trois phases principales.

(1) La nutrition ou assimilation végétale a été traitée au mot Assimilation de cet ouvrage.

ALIMENTATION.

La *nature chimique* des aliments propres à être absorbés et à entretenir la vie, la *valeur nutritive* de chacun de ces aliments, la *quantité nécessaire* pour une bonne alimentation, tels sont les points principaux que comporte l'étude de l'alimentation.

En nous bornant ici à l'alimentation animale (l'assimilation végétale ayant été déjà traitée dans ce livre), tout le monde sait que les aliments les plus usuels sont un mélange d'espèces chimiques. Le pain, la viande, le lait contiennent à la fois des matières azotées dites *protéiques*, des matières non azotées dites *hydrates de carbone* (amidon, sucre), de la graisse, de l'eau et des sels. La constance de ce mélange d'espèces chimiques dans tous les aliments qui peuvent à eux seuls suffire à entretenir la vie et la santé amène à penser déjà que la réunion de ces diverses espèces alimentaires doit être nécessaire dans toute bonne alimentation.

On peut poser en principe qu'aucune *espèce chimique* ne peut à elle seule suffire à l'entretien normal des fonctions. Cette proposition paraît *a priori* évidente pour les substances telles que l'amidon, le sucre, ou pour les substances grasses; ces matières en effet ne contenant pas d'azote, l'excrétion continue de cet élément à l'état d'urée ne peut être balancée par l'absorption d'aliments non azotés. Mais les matières protéiques azotées elles-mêmes, telles que la fibrine, l'albumine, l'osséine, ne peuvent, prises isolément, entretenir longtemps la vie. Les expériences faites à ce sujet sur les animaux sont nombreuses et ne laissent pas de doute. Ranke, en nourrissant longtemps des chiens avec de la viande maigre en excès (1,800 grammes par jour), a remarqué qu'au bout d'un certain temps ils dépérissaient; il a fallu, pour qu'ils gagnassent en poids, qu'il ajoutât de l'amidon ou de la graisse à leurs aliments.

Outre les matières protéiques azotées, les hydrates de carbone et les corps gras (ces deux derniers pouvant se remplacer mutuellement dans une certaine mesure), d'autres corps sont nécessaires à l'alimentation : ce sont des substances minérales, savoir l'eau et divers sels. L'utilité de la première de ces deux substances est incontestable. Quant aux sels, les études de Chossat sur l'ossification des pigeons, de Boussingault sur celle du porc, et la présence des nombreux matériaux salins dans l'urine de tous les animaux, mettent hors de doute la nécessité de certains sels dans notre alimentation. Les sels nécessaires sont ceux qui, existant dans l'économie, en sont sans cesse excrétés. On les retrouve d'ailleurs dans tous les aliments complets naturels, le lait, le pain par exemple. Ce sont les sels de soude, particulièrement le chlorure de sodium, les phosphates, les sels de chaux, la silice et quelques autres corps.

L'étude des aliments végétaux nous montre en outre que les herbivores retrouvent dans les plantes l'ensemble des principes nutritifs qui font la base de l'alimentation des autres animaux.

L'alimentation doit donc comprendre diverses classes de corps. Les matières azotées, les hydrates de carbone, les substances grasses, l'eau, les sels minéraux sont les principales, résultat qu'on peut déduire de la composition des aliments les plus usuels et de la nécessité de réparer sans cesse les pertes faites par les excrétions de l'organisme.

NATURE DES ALIMENTS. — Les aliments usuels sont presque toujours un mélange complexe d'espèces chimiques ou de principes alimentaires. Dumas et Boussingault [*Statique chimique des êtres organisés*, Paris, 1841] les ont divisés en principes alimentaires *assimilables* et principes alimentaires *combustibles*. Les premiers sont les matériaux azotés, destinés à reformer les divers tissus au fur et à mesure de leur destruction; les seconds sont les sucres, les corps gras, plus particulièrement propres par leur combustion à produire dans les organes tout formés la chaleur et la force. Liebig, reproduisant cette théorie en 1842, divisa les principes alimentaires en *plastiques* et *respiratoires*. Cette division des aliments est restée admise presque généralement jusqu'à nos jours. Mais en réalité tous les aliments sont plastiques dans le sens propre du mot. La cellule osseuse, la cellule nerveuse contiennent l'une la matière minérale, l'autre la matière grasse, au même titre que la fibre musculaire contient la matière azotée.

En réalité on doit diviser les aliments d'après leur nature propre et non d'après celle de leurs fonctions variables dans les divers points de l'organisme; à ce point de vue nous les diviserons en : 1° matières azotées protéiques; 2° matières azotées non protéiques; 3° aliments hydrocarbonés; 4° matières grasses; 5° eau et sels minéraux.

1° *Matières protéiques.* — Les substances azotées qui forment la trame même des tissus de l'animal se distinguent par leur composition complexe, la délicatesse de leurs réactions, leurs faciles transformations isomériques et, en général, leur état amorphe. Elles sont remarquables par leur richesse en azote, leur pauvreté en oxygène et la présence constante du soufre. Elles se divisent, suivant leur composition, en deux classes : les unes, dont l'albumine est le type, plus riches en carbone, moins riches en azote, ont la propriété d'être facilement transformées par le suc gastrique en produits solubles et dialysables, ce sont les *albuminoïdes* proprement dits; les autres, moins riches en carbone, plus riches en azote, ne peuvent être que difficilement changées dans l'estomac en produits solubles et dialysables, elles forment les tissus qui, chez l'animal, subissent les plus lentes transformations; l'osséine peut être citée comme exemple des corps de cette seconde classe.

Parmi les *albuminoïdes proprement dits*, nous citerons :

Les *albumines* des œufs de mammifères, d'oiseaux et de poissons, et celles qui se trouvent dans le plasma musculaire, la *sérine* du sérum, la *vitelline*, la *globuline*, l'*hémoglobine* du sang... toutes ces substances sont solubles et coagulables par l'action de la chaleur;

La *caséine* des divers laits, la *légumine*... qui sont solubles dans l'eau, non coagulables par la chaleur et précipitables par l'acide acétique;

La *fibrine du sang*, la *musculine* des muscles, la *fibrine du gluten*, insolubles dans l'eau et solubles dans l'eau acidulée par un millième d'acide chlorhydrique;

La *glutine*, partie du gluten soluble dans l'alcool;

Les *albumines coagulées*, la *musculine cuite*, insolubles dans l'eau, même acidulée par un à deux millièmes d'acide chlorhydrique.

Toutes ces substances, éminemment nutritives, ont une composition chimique presque identique exprimée très-approximativement par les chiffres suivants :

| | |
|---|---|
| C......... | 53,3 |
| H......... | 7,1 |
| Az......... | 15,8 |
| S......... | 1,4 |
| O......... | 22,4 |
| | 100,0 |

Les *substances comparables à l'osséine* des os et auxquelles on a donné le nom de *collagènes* sont moins riches en carbone que les précédentes et plus oxygénées. Elles sont d'ailleurs difficiles à assimiler par la digestion, quoiqu'il ait été démontré, comme on le verra plus loin, qu'elles sont utiles à l'alimentation. Parmi ces substances, on citera l'*osséine* des os et celle des arêtes de poissons, ainsi que la *gélatine* qui en provient par l'action de l'eau bouillante, l'*épidermose* de la peau, la *cartilagéine* des gros cartilages et la *chondrine* dans laquelle ils se transforment par l'ébullition dans l'eau, la *substance organique des tendons*, le *tissu élastique*... etc.

Voici quelle est à peu près leur composition :

1er Type. *Osséine et substance des tendons. Épidermose :*

| | |
|---|---|
| C......... | 49,8 |
| H......... | 7,1 |
| Az......... | 17,5 |
| S+O..... | 25,6 |
| | 100,0 |

2e Type. *Cartilagéine. Chondrine :*

| | |
|---|---|
| C.......... | 49,8 |
| H.......... | 6,7 |
| Az......... | 14,7 |
| S+O...... | 28,8 |
| | 100,0 |

2° *Matières azotées non protéiques.* — Dans tous les aliments azotés, tels que les viandes, le lait, il existe de nombreux corps, en général cristallisés ou pouvant donner des composés cristallins, de composition moins complexe que les précédents, mais que nous trouvons presque constamment associés à eux. Ces corps, parmi lesquels nous citerons la leucine, la tyrosine, la créatine, la xanthine, l'hypoxanthine, l'acide urique et l'urée elle-même, semblent se trouver dissous dans le plasma qui baigne nos organes plutôt que former ces organes eux-mêmes. Plusieurs d'entre eux peuvent subir d'ailleurs des oxydations successives dans l'économie avant que d'être rejetés à l'état d'urée ou de matières extractives par l'urine ou les sueurs. Un animal à qui l'on fait absorber de l'acide urique ou de la créatine produit un excès d'urée. A ce titre, et aussi parce qu'ils se trouvent presque constamment dans les aliments d'origine animale, nous devons en tenir compte ; mais leur état presque constant de dissolution dans le plasma, leur présence dans les urines et les sueurs et les autres produits d'excrétion, leur quantité variable dans un même organe, avec son état de fonctionnement ou de repos, enfin leur composition où l'on constate une proportion d'oxygène plus forte par rapport au carbone que pour les albuminoïdes, doivent dès lors nous les faire considérer comme des aliments très-imparfaits. Ils forment en très-grande partie, avec quelques sels, la portion soluble de l'extrait de viande, du bouillon, et jouent moins dans l'assimilation le rôle d'aliments que celui d'excitants, comme nous le verrons au chapitre de l'assimilation.

3° *Hydrates de carbone.* — Il est des substances nécessaires à l'alimentation dont la molécule, quoique complexe au point de vue de leur constitution et de leur fonction chimique, a une grande simplicité de composition et revient à du carbone uni à un certain nombre d'équivalents d'eau. Ce sont les substances hydrocarbonées, telles que l'amidon, le sucre, le glucose, la dextrine. Elles forment la partie la plus abondante des céréales et par conséquent du pain. Elles se brûlent en partie dans le sang et se transforment partiellement aussi en corps gras, comme l'ont montré Dumas, Liebig, Persoz et Boussingault. — Voyez plus loin.

On peut joindre à ces matières les alcools, spécialement l'alcool proprement dit, qui peuvent être considérés non comme des hydrates de carbone, mais comme provenant de l'association des éléments de l'eau à un hydrocarbure, c'est-à-dire encore à un élément éminemment combustible.

4° Les *corps gras.* — Les graisses, les beurres, les huiles, les acides gras eux-mêmes sont des aliments qui peuvent être remplacés par les précédents, et sont comme eux éminemment propres à entretenir la chaleur par leur combustion.

5° Les *matières minérales.* — Le premier des aliments de cette classe est l'eau, qui forme les 75 centièmes du poids de nos tissus et dont nous excrétons sans cesse des quantités considérables par les sueurs, les urines et la respiration. Les sels minéraux qui existent dans nos organes, et que l'on retrouve presque constamment dans les eaux potables et dans les aliments les plus usuels le chlorure de sodium, le carbonate et le phosphate de calcium, le sulfate de potassium, de traces de magnésie, de silice, de fluor, tous ce. corps rentrent dans cette division.

Telles sont les 5 classes principales de substances alimentaires. Il nous reste à rechercher, dans les divers aliments complexes dont on fait usage, quelle est la teneur de ces divers matériaux et par suite quelle est la valeur nutritive de chaque aliment.

ALIMENTS COMPLEXES. — On peut tout naturellement classer les aliments complexes usuels en *aliments végétaux, aliments d'origine animale* et *aliments d'origine minérale.* Mais nous devons dire d'avance qu'il est résulté des nombreux travaux modernes (Dumas, Liebig, Boussingault, de Gasparin) que les principes alimentaires animaux sont presque entièrement retirés par l'herbivore du règne végétal où il les trouve tout formés. Tout au plus l'animal leur fait-il subir de légères transformations ou des dédoublements. La plante au contraire les produit de toutes pièces en partant d'aliments purement minéraux, qu'elle transforme en principes aptes à subir de nouveau l'oxydation et à reproduire l'énergie chimique emmagasinée sous l'influence des rayons solaires dans les substances qui composent les diverses parties du végétal.

*Aliments d'origine végétale.* — Les principaux sont : les céréales, les fruits, les légumes. Une grande proportion d'amidon, du sucre, des graisses et une certaine quantité de matières protéiques sont les principes alimentaires les plus répandus dans les végétaux.

*a. Céréales.* — Le blé, le riz, l'orge, l'avoine, le seigle sont les principaux aliments végétaux ; ils fournissent *le pain* dans tous les pays. Nous donnons ici le tableau de leur composition :

TABLEAU DE LA COMPOSITION MOYENNE DES CÉRÉALES.

| NOMS. | Amidon. | Matière azotée. | Dextrine et glucose. | Matières grasses. | Cellulose. | Matières minérales. | Eau. |
|---|---|---|---|---|---|---|---|
| Blé, en moyenne | 59,7 | 14,60 | 7,2 | 1,2 | 1,7 | 1,6 | 14,0 |
| Seigle ........ | 57,5 | 9,00 | 10,0 | 2,0 | 3,0 | 1,9 | 16,6 |
| Orge d'hiver. | 54,9 | 13,40 | 8,8 | 2,8 | 2,6 | 4,5 | 13,0 |
| Avoine........ | 53,6 | 11,00 | 7,9 | 5,5 | 4,1 | 3,0 | 14,0 |
| Maïs.......... | 58,4 | 12,80 | 1,5 | 7,0 | 1,5 | 1,1 | 17,7 |
| Riz, en moyenne | 77,55 | 6,43 | ? | 0,14 | 0,50 | 0,03 | 14,1 |
| Sarrasin ..... | 44,17 | 6,84 | ? | 1,51 | ? | 1,75 | 18,0 |

Ces céréales, soumises à la mouture, donnent une quantité variable de farine ; le blé en donne de 70 à 74 %. Les farines avec lesquelles se fabrique le pain, notre aliment le plus usuel, ont, suivant Vauquelin, en gluten et amidon, la composition moyenne suivante :

TABLEAU DE LA COMPOSITION MOYENNE DE 100 PARTIES DE FARINES EN GLUTEN ET AMIDON.

| Farines. | Gluten sec. | Amidon. |
|---|---|---|
| De blé dur d'Odessa........ | 14,55 | 50,50 |
| De blé tendre d'Odessa.... | 12,10 | 75,42 |
| Des hospices, 2e qualité.... | 10,30 | 71,20 |
| Des boulangers de Paris.... | 10,20 | 72,80 |
| Des hospices, 3e qualité.... | 9,02 | 67,78 |
| De méteil.................... | 9,80 | 75,50 |
| De service, dite seconde... | 7,30 | 72,00 |

100 kilogrammes de farine des boulangers de Paris donnent en moyenne 135 kilogrammes de pain blanc *bien cuit;* le pain de Paris contient donc à peu près en moyenne pour 100 parties :

| | |
|---|---|
| Gluten sec | 7,55 |
| Amidon | 53,18 |
| Matières grasses | 0,70 |
| Matières minérales | 0,90 |
| Eau | 37,67 |
| | 100,00 |

La proportion d'eau peut varier d'ailleurs de 34 à 51 °/₀. Suivant M. Rivot, elle serait pour :

| | |
|---|---|
| Le pain de munition de | 50,86 |
| — de ménage | 47,00 |
| — blanc ordinaire de Paris | 45,50 |
| — blanc des collèges | 45,70 |

Elle varierait de 36 à 42 °/₀ pour le pain des manutentions militaires, suivant M. Millon.

*b. Légumes.* — On peut les diviser en légumes secs et légumes herbacés. Parmi les premiers, les pois, les haricots, les fèves, les pois chiches, les lentilles sont les plus usuels. Voici un tableau de leur composition :

TABLEAU DE LA COMPOSITION CENTÉSIMALE DES PRINCIPALES SEMENCES DE LÉGUMINEUSES USUELLES.

| NOMS. | Légumine. | Amidon, dextrine et sucre. | Matières grasses. | Cellulose. | Matières minérales. | Eau. |
|---|---|---|---|---|---|---|
| Fèves décortiquées et desséchées, vertes | 29,05 | 55,85 | 2,00 | 1,05 | 3,65 | 8,40 |
| Haricots flageolets desséchés par les procédés de Masson et Chollet | 27,00 | 60,00 | 2,60 | 2,00 | 3,30 | 5,10 |
| Haricots blancs | 25,50 | 55,70 | 2,80 | 2,90 | 3,20 | 9,90 |
| Pois verts, desséchés, concassés | 25,40 | 58,50 | 2,00 | 1,90 | 2,50 | 9,70 |
| Lentilles | 25,20 | 56,00 | 2,60 | 2,40 | 2,30 | 11,50 |
| Pois jaunes à la maturité | 23,80 | 58,70 | 2,10 | 3,50 | 2,10 | 9,80 |
| Féveroles | 30,30 | 48,30 | 1,90 | 3,00 | 3,50 | 12,50 |
| Vesces | 27,30 | 48,90 | 2,70 | 3,50 | 3,00 | 14,60 |

On voit, par la composition de ces semences, qu'elles sont, à poids égal, plus riches en matières nutritives et spécialement protéiques que le meilleur pain ou la meilleure viande. Mais il faut observer que, la légumine étant incoagulable à 100° en présence d'un excès d'eau, le bouillon de légumes doit entrer dans l'alimentation en même temps que la partie solide, si on veut obtenir tout l'effet nutritif. L'alimentation riche en légumineuses, donne plus de sang et de lait; mais, sans doute à cause de la légère différence de composition qui existe entre la légumine et la musculine, la première nourrit moins le muscle et fournit moins de force. On doit remarquer aussi que la légumine est de tous les albuminoïdes le plus riche en phosphore. Elle paraît donc, avec les œufs et le poisson, être un des aliments les plus propres à nourrir le cerveau.

Les pommes de terre occupent une place à part entre les légumes secs que nous venons de considérer et les légumes herbacés. Nous donnons ici leur composition moyenne ainsi que celle de l'igname (*Dioscorea alata*) qui s'en rapproche beaucoup.

100 parties de ces tubercules frais contiennent :

| | Pommes de terre. | Igname d'Algérie. |
|---|---|---|
| Eau | 74,00 | 77,05 |
| Matières protéiques | 1,58 | 2,54 |
| Fécule | 20,00 | 16,76 |
| Matière grasse | 0,13 | 0,30 |
| Dextrine, glucose | 1,09 | ? |
| Malates, asparagine, Cellulose | 1,64 | 1,45 |
| Sels | 1,56 | 1,90 |
| | 100,00 | 100,00 |

Parmi les légumes herbacés, citons le chou, l'artichaut, un grand nombre de crucifères, de liliacées et d'ombellifères dont on mange les pousses ou les racines. Leur composition est très-variable; ils contiennent une certaine proportion de ligneux et de cellulose non assimilables. Il faut joindre aux légumes les champignons, remarquables par leur teneur en azote : le petit tableau suivant dû à Schlossberger et Döpping se rapporte à quelques espèces comestibles :

| | Pour 100 parties séchées à 100° | |
|---|---|---|
| | Azote. | Matières grasses. |
| Agaric comestible | 7,3 | 0,25 environ. |
| — délicieux | 4,7 | |
| Cèpe noir | 4,7 | |
| Bussule | 4,3 | |
| Chanterelle | 3,1 | |
| Champignon de couche | 7,3 | |

Les champignons contiennent du reste de 85 à 92 °/₀ d'eau.

*c. Fruits.* — Parmi les fruits secs, il en est beaucoup qui servent, soit en totalité, soit en partie, à l'alimentation. On peut citer l'amande, la noix, la noisette, l'olive, le colza, les semences de pavot; ces substances donnent surtout des huiles comestibles. Voici un tableau de leur teneur en huile :

| | Teneur en matières grasses pour 100 p. |
|---|---|
| Noisette | 60 |
| Amande | 26 à 55 |
| Pavot | 34 à 63 |
| Cacao | 45 à 49 |

Le tableau ci-joint donnera une idée de la composition de l'amande de la plupart des amygdalées. Il est dû à Boullay [*Journ. de Pharm.*, 1817, p. 337] :

100 parties d'amandes douces de l'amandier contiennent :

| | |
|---|---|
| Albumine végétale | 24 |
| Amidon et huile | 54 |
| Sucre | 6 |
| Gomme | 3 |
| Cellulose | 4 |
| Eau | 3,5 |
| Pellicules extérieures | 5 |
| Partie acide et pertes | 0,5 |
| | 100,0 |

Parmi les fruits usuels proprement dits viennent en première ligne les fruits à pepins et à noyaux des rosacées, puis d'autres fruits, tels que oranges, citrons, figues, dattes. Beaucoup d'entre eux contiennent, outre le sucre, des acides divers et des matières pectiques.

*d. Vin, bière, thé, café, chocolat, épices.* — Les liqueurs fermentées peuvent être nutritives par leurs matières fixes dissoutes, telles que le sucre, l'albumine, quelques sels. La bière et surtout le khumiz (lait fermenté des Tartares) sont dans ce cas. Mais elles agissent surtout par leur alcool qui, transporté presque immédiatement dans le sang, modère l'oxydation des parties désassimilables en s'oxydant sans doute lui-même, quoique ce dernier fait ait été nié.

Les infusions de thé et de café accélèrent plus spécialement la circulation par leurs aromates qui agissent sur les centres nerveux, mais ne nourrissent pas, comme on l'a longtemps pensé, par leurs matières azotées cristallisables; la théine, par exemple, passe presque immédiatement de l'estomac au sang et aux urines sans être oxydée.

L'alimentation par le chocolat est comparable à celle qui résulte de l'absorption des semences de rosacées riches en graisse.

Les épices accélèrent la circulation ou augmentent la sécrétion du suc gastrique, mais elles n'agissent pas notablement comme matières alimentaires proprement dites.

*Aliments d'origine animale.* — Ces aliments contiennent encore les trois types de principes alimentaires: protéiques, gras et minéraux; mais les principes hydrocarbonés y font presque défaut. Les viandes proprement dites ont été distinguées par l'usage en rouges, blanches et noires. Les viandes rouges sont celles des mammifères; elles présentent entre elles une grande analogie de composition, mais l'estomac les digère avec une plus ou moins grande facilité suivant leur origine, et leur saveur permet de les distinguer. Ces différences de goût paraissent dues à des matières extractives variables avec l'espèce de l'animal. Ces matières sont toutes très-nutritives.

Nous donnons ici un tableau, dû à Moleschott [*Physiologie der Nahrungsmittel*, Giessen, 1859], de la composition de quelques-unes de ces viandes.

100 parties de viande privée de graisse et de parties tendineuses contiennent:

| | Bœuf. | Veau. | Cochon. | Chevreuil. |
|---|---|---|---|---|
| Albumines solubles et hématine | 2,25 | 2,27 | 1,63 | 2,10 |
| Musculine et analogues | 15,21 | 14,36 | 15,50 | 16,08 |
| Matières gélatinisant par la coction | 3,21 | 5,01 | 4,08 | 0,50 |
| Graisses | 2,87 | 2,56 | 5,73 | 1,90 |
| Matières extractives | 1,39 | 1,27 | 1,29 | 2,52 |
| Créatine | 0,07 | ? | ? | ? |
| Cendres | 1,60 | 0,77 | 1,11 | 1,12 |
| Eau | 73,39 | 73,75 | 70,66 | 75,17 |

On voit que, suivant Moleschott, la viande de bœuf contiendrait 73,4 °/o d'eau. Elle en contiendrait de 73 à 76 suivant Payen, 77 suivant Berzelius, 76 suivant Pettenkofer et Voit. D'après ces derniers auteurs, les 24 centièmes de parties sèches restants auraient la composition élémentaire suivante:

| | |
|---|---|
| C | 12,52 |
| H | 1,73 |
| Az | 3,40 |
| O + S | 5,15 |
| Sels | 1,30 |
| | 24,10 |

ce qui revient en centièmes à:

| | |
|---|---|
| C | 51,91 |
| H | 7,20 |
| Az | 14,10 |
| O + S | 21,39 |
| Sels | 5,40 |
| | 100,00 |

Les viandes blanches sont fournies par les oiseaux de basse-cour (poule, canard), par le gibier (caille, perdrix); on peut en rapprocher les viandes des poissons comestibles. Elles sont en général agréables et de facile digestion. Voici encore un tableau de leur composition dû à Moleschott [*loc. cit.*]:

| | Poulet. | Oiseaux en général. | Carpe. | Saumon. |
|---|---|---|---|---|
| Albumines solubles et hématine | 3,03 | 3,13 | 2,93 | 4,34 |
| Musculine et analogues | | 17,13 | 10,21 | |
| Matières gélatinisant | 16,69 | | | 10,96 |
| par la coction | | 1,40 | 2,02 | |
| Graisses | 1,42 | 1,95 | 2,84 | 4,79 |
| Matières extractives | 0,94 | 1,92 | 1,45 | 1,78 |
| Créatine | 0,32 | 0,20 | ? | ? |
| Cendres | 1,38 | 1,30 | 2,00 | 1,26 |
| Eau | 76,22 | 72,08 | 78,54 | 76,87 |

La viande des poissons comestibles, en général plus légère à l'estomac que les précédentes, n'en est pas moins nutritive. Elle contient moins de musculine et plus d'albumine. Elle est plus riche en graisse phosphorée; la cervelle et le foie des vertébrés sont dans le même cas. — Voyez tableau de la valeur nutritive des aliments.

Les viandes noires sont celles de la plupart des animaux sauvages: le chevreuil, le sanglier, le lièvre, le gibier d'eau; elles diffèrent des précédentes par une couleur plus foncée, un fumet plus énergique, une plus grande quantité de matières extractives, une moindre digestibilité.

Il faut joindre à ces aliments d'origine animale quelques crustacés et certains mollusques (homard, langouste, huître).

Enfin, parmi les aliments animaux les plus sains et les plus complets, il faut citer les œufs, le lait et le fromage.

*Aliments d'origine minérale.* — L'eau et les sels que l'on trouve dans les organes des animaux, et qui s'éliminent à chaque instant par les urines, doivent aussi s'assimiler sans cesse. Nous les ingérons avec nos eaux potables et par nos principaux aliments. Une portion entre dans la composition même des tissus (chlorure de sodium, de potassium, phosphates), une autre reste dans le plasma sanguin et musculaire pour y jouer un rôle très-important dont on parlera plus loin. La nécessité de l'addition de sel marin à nos aliments s'explique quand on sait que ceux-ci contiennent une quantité relativement plus considérable de sels de potassium que de sels de sodium, tandis que c'est l'inverse qui a lieu dans le sérum du sang.

Valeur nutritive des aliments. — En considérant un aliment unique, complexe, tel que le pain, le lait, la viande, comme devant suffire à lui seul à l'alimentation, il est clair que sa valeur nutritive sera d'autant plus grande qu'il permettra de réparer plus exactement toutes les pertes de l'organisme. Or, d'après un grand nombre de moyennes, nous arrêtant ici simplement à l'homme, un individu adulte moyen expulse en 24 heures 20 grammes d'azote et 290 grammes de carbone sous divers états. On arrive à très-peu près aux mêmes chiffres quand on calcule l'azote et le carbone répondant à l'alimentation moyenne, dans divers pays, de l'homme adulte travaillant modérément (voyez plus loin). Or 20 grammes d'azote correspondent à 124 grammes de matières protéiques sèches qui sont la seule source à laquelle l'économie puise l'azote quand elle n'est pas soumise à une alimentation insuffisante, et ces 124 grammes de matières protéiques contiennent 64 grammes de carbone; donc la différence 290 — 64 = 226 grammes représente le nombre de grammes de carbone que l'adulte puise dans la partie de son alimentation non azotée. Ces 226 grammes proviennent des hydrates de carbone et des graisses. En admettant que le sixième soit emprunté aux corps gras (et ce nombre n'a que peu d'importance, puisque ces deux espèces alimentaires peuvent aisément se remplacer l'une l'autre), Moleschott conclut d'après une grande série de moyennes des régimes alimentaires qu'il faut 84 grammes de graisse pour 404 grammes d'amidon ou de sucre. Nous devrions donc absorber par jour $\frac{226}{6}$ grammes de carbone provenant de corps gras, soit 55 grammes environ de graisses et $\frac{226}{6} \times 5$, soit 188gr,4 de carbone provenant de l'amidon ou de corps analogues, ce qui revient à 430 grammes d'hydrates de carbone.

L'aliment qui réparerait le mieux possible les pertes de l'économie devrait donc lui fournir par jour :

| | |
|---|---|
| Matière protéique....... | 124 gr. |
| Amidon sec ou analogues. | 430 |
| Corps gras.............. | 55 |

Et le rapport de la substance protéique aux hydrates de carbone et aux corps gras devrait être de 1 : 3,47 : 0,45.

Liebig, en partant de la composition du lait (ce qui ne laisse pas que de donner place à l'arbitraire), a admis le rapport 1 : 3 entre les matières azotées et la somme des hydrates de carbone et des graisses, et Moleschott est arrivé par des moyennes à exprimer le même rapport par 1 : 3,75.

On voit donc que le meilleur aliment doit contenir la matière albuminoïde sèche et l'amidon ou la graisse dans le rapport de 1 à 3,8 environ.

Une alimentation mixte, fondée sur l'usage de la viande et du pain blanc, devrait, pour un adulte ordinaire, se composer comme il suit, par vingt-quatre heures :

| | |
|---|---|
| Pain blanc, 819 grammes, contenant | 435g amidon.<br>61 83 gluten.<br>5 82 graisse. |
| Viande maigre, 250 grammes, contenant........................ | 62g 17 matière azotée.<br>1 2 graisse. |

Rapport de la matière azotée sèche à l'amidon et aux corps gras, 1 : 3,5 : 0,45. Une portion de la graisse et de l'amidon peut d'ailleurs être remplacée par une certaine quantité de liqueurs fermentées.

Le tableau suivant, extrait des *Nouvelles Lettres sur la Chimie* de Liebig, montre que les meilleurs aliments ne présentent pas le rapport nécessaire entre les substances protéiques, amylacées et grasses, preuve évidente de la nécessité d'une alimentation mixte :

| Nom des aliments. | Matières albuminoïdes. | Fécule et graisse. |
|---|---|---|
| Lait................ | 1 | 3 |
| Chair de mouton gras. | 1 | 3 |
| Bœuf moyen........ | 1 | 2 |
| Froment............ | 1 | 4,6 |
| Seigle.............. | 1 | 5,7 |
| Pommes de terre .... | 1 | 9 |
| Riz................. | 1 | 12 |
| Lentilles........... | 1 | 2,1 |
| Pois................ | 1 | 2,3 |
| Fèves............... | 1 | 2,2 |

Le pain blanc de Paris donne le rapport 1 : 7,1.

Mais, pour ne pas être complet, un aliment, par son association avec d'autres, peut contribuer pour une part *plus* ou *moins* grande à la nutrition. Par ses principes azotés assimilables, il sert surtout au renouvellement des organes, par la combustion de ses principes gras et de ses hydrates de carbone il produit la chaleur et la force nécessaires au jeu des fonctions. La *valeur nutritive* de l'aliment peut donc être regardée comme proportionnelle à la fois à la quantité d'azote des principes protéiques et à la quantité de carbone et d'hydrogène réellement combustibles. Si l'on admet avec Payen que la chaleur due à la combustion d'un principe alimentaire est approximativement égale à celle que produirait la quantité de carbone et d'hydrogène qui reste quand on suppose que tout l'oxygène de cet aliment s'élimine dans l'organisme à l'état d'eau au moyen de l'hydrogène même de cet aliment, et si par le calcul on transforme ce carbone et cet hydrogène excédants dans le poids de carbone qui donnerait une même quantité de chaleur [1], on voit que ce dernier chiffre pourra exprimer la *valeur calorifique* de l'aliment. Le poids de l'azote, représentant la valeur plastique de l'aliment, et celui du carbone ainsi calculé, représentant sa valeur calorifique, l'ensemble de ces deux nombres donnera la valeur ou l'*équivalent nutritif* de l'aliment. Telles sont les considérations qui ont permis à Payen (*Traité des Substances alimentaires*) de dresser une table des valeurs nutritives des principales substances alimentaires, table d'où nous extrayons les nombres suivants :

VALEUR NUTRITIVE EN AZOTE ET CARBONE DES PRINCIPAUX ALIMENTS

(nombres rapportés à 100 parties de substance fraîche).

| NOM DE L'ALIMENT. | AZOTE [2]. | C + H combustibles calculés en carbone. | NOM DE L'ALIMENT. | AZOTE. | C + H combustibles calculés en carbone. |
|---|---|---|---|---|---|
| Viande de bœuf........... | 3 » | 11 » | Chair d'anguilles.......... | 2 » | 30,05 |
| Bœuf rôti.................. | 3,53 | 17,76 | — de moule.......... | 1,80 | 9 » |
| Foie de veau............. | 3,09 | 15,68 | — d'huîtres.......... | 2,13 | 7,18 |
| Foie gras (d'oie)......... | 2,12 | 65,58 | — de homard (crue)... | 2,93 | 10,96 |
| Rognons de mouton ...... | 2,66 | 12,13 | Œufs...................... | 1,90 [3] | 13,50 |
| Chair de raie............ | 3,83 | 12,25 | Lait de vache............ | 0,66 | 8 » |
| — de morue salée..... | 5,02 | 16 » | — de chèvre........... | 0,69 | 8,60 |
| — de harengs salés.... | 3,11 | 23 » | Fromage de Brie.......... | 2,93 | 35 » |
| — de harengs frais.... | 1,83 | 21 » | — de Gruyère....... | 5 » | 38 » |
| — de merlan.......... | 2,41 | 9 » | — de Roquefort..... | 4,21 | 44,44 |
| — de maquereau...... | 3,74 | 19,26 | Chocolat.................. | 1,52 | 58 » |
| — de sole............ | 1,91 | 12,25 | Blé dur du midi (moyenne variable)............... | 3 » | 41 » |
| — de saumon......... | 2,09 | 16 » | Blé tendre (id.)........... | 1,81 | 39 » |
| — de carpe........... | 3,49 | 12,10 | Farine blanche (Paris)..... | 1,64 | 38,50 |
| — de goujon.......... | 2,77 | 13,50 | | | |

(1) D'après les expériences de M. Berthelot, la chaleur produite par la combustion des hydrocarbures de poids moléculaire un peu élevé diffère peu de celle que produit la combustion de chacun de leurs atomes à l'état libre.

(2) Les nombres de l'azote, multipliés par 6,5, donnent très-approximativement le poids de la substance protéique sèche contenue dans 100 grammes d'aliment frais.

(3) Le vrai nombre est 2,6.

VALEUR NUTRITIVE EN AZOTE ET CARBONE DES PRINCIPAUX ALIMENTS (SUITE).

| NOM DE L'ALIMENT. | AZOTE. | C + H combustibles calculés en carbone. |
|---|---|---|
| Farine de seigle | 1,75 | 41 » |
| Orge d'hiver | 1,90 | 40 » |
| Maïs | 1,70 | 44 » |
| Sarrasin | 2,20 | 42,50 |
| Riz | 1,80(1) | 41 » |
| Gruau d'avoine | 1,95 | 44 » |
| Pain blanc de Paris (33 °/° eau) | 1,08 | 29,50 |
| Pain de munition français (ancien) | 1,07 | 28 » |
| Pain de munition actuel | 1,20 | 30 » |
| Pain de farine de blé dur | 2,20 | 31 » |
| Châtaignes fraîches | 0,64 | 35 » |
| — sèches | 1,04 | 48 » |
| Pommes de terre | 0,33 | 11 » |
| Fèves | 4,50 | 42 » |
| Haricots secs | 3,92 | 43 » |
| Lentilles sèches | 3,87 | 43 » |
| Pois secs | 3,66 | 44 » |
| Carottes | 0,31 | 5,50 |
| Champignons de couche | 0,66 | 4,52 |
| Figues fraîches | 0,41 | 15,50 |
| — sèches | 0,92 | 34 » |
| Pruneaux | 0,75 | 28 » |
| Infusion de 100 gr. de café | 1,10 | 9 » |
| — de thé | 1 » | 10,50 |
| Lard | 1,28 | 71,14 |
| Beurre ordinaire frais | 0,61 | 83 » |
| Huile d'olive | traces. | 98 » |
| Bière forte | 0,08 | 4,50 |
| Vin (?) | 0,015 | 4 » |

Il est bon de remarquer qu'il n'y a pas toujours proportionnalité même approchée entre la quantité de carbone, augmentée de l'hydrogène combustible, et la chaleur dégagée par la combustion complète des aliments. Ainsi 100 p. de bœuf maigre et 100 p. de pommes de terre contiennent également et respectivement 11 p. de carbone, tandis que la chaleur dégagée par la viande est de 157 calories, et celle due aux pommes de terre n'est que de 101. Pour l'œuf de poule et le lait de vache, les éléments combustibles sont entre eux :: 1 : 1,72 et les calories respectivement dégagées :: 1 : 3,6.

Il faut observer aussi que cette table, avec les inexactitudes qui lui sont inhérentes d'ailleurs, ne s'applique qu'aux aliments naturels, et qu'il ne conviendrait pas de soumettre au même calcul toutes les préparations qui en dérivent. En effet, l'azote est contenu en majeure partie dans les aliments à l'état de substances protéiques, mais sa valeur alimentaire ne serait plus comparable s'il était contenu plus spécialement sous tout autre état, comme cela a lieu dans le bouillon ou l'extrait de viande.

RATIONNEMENT DE L'ALIMENTATION. — Il est impossible d'indiquer les quantités absolues et relatives de chacune des classes d'aliments (protéiques, hydrocarbonés, minéraux) nécessaires pour une bonne alimentation quotidienne. Ces quantités, en effet, varient avec le travail produit, avec le climat, l'âge, l'individu. Mais pour l'homme on peut résoudre approximativement la question pour un climat tempéré, l'âge adulte et un travail moyen d'ouvrier.

Deux méthodes peuvent nous servir à fixer l'alimentation : l'une fondée sur la quantité habituelle de nourriture absorbée par de grandes populations ouvrières ; l'autre sur la quantité moyenne de matériaux excrétés journellement. Ces deux genres de considérations amènent à peu près au même résultat.

Suivant Edward Smith, les agriculteurs anglais absorbent journellement dans leurs aliments 20 grammes d'azote et 420 grammes de carbone. Suivant M. Michel-Lévy, le soldat français reçoit par jour 22gr,5 d'azote et 277 grammes de carbone. D'après M. Gasparin, la ration d'un ouvrier français se livrant à un très-fort travail contient 25 grammes d'azote et 309 grammes de carbone. On voit que ces nombres peuvent différer dans la limite du travail produit et de la nature des climats. Ces nombres varient peu à la condition que l'alimentation reste substantielle et normale. Au contraire, l'ouvrier irlandais, obligé de rechercher dans 6 à 7 kilogrammes de pommes de terre la quantité d'azote qui lui est indispensable, est amené à absorber une quantité beaucoup trop grande de carbone ; sa ration est de 19 grammes d'azote et 669 grammes de carbone par jour.

D'un autre côté, d'après un assez grand nombre de moyennes que nous avons pu réunir, les quantités d'azote et de carbone excrétées journellement par l'homme adulte accomplissant un travail très-modéré sont de 21gr,7 d'azote et 280 grammes de carbone; presque les nombres qui correspondent à l'alimentation du soldat français. M. Payen admet que les pertes journalières faites par un adulte soumis à un travail modéré se répartissent ainsi :

| | |
|---|---|
| Azote dans les urines | 14,5 gr. |
| — dans les excréments, les sueurs, mucus | 5,5 |
| | 20,0 gr. |
| Carbone exhalé par la respiration | 250 gr. |
| — excrété par les reins | 45 |
| — perdu par les excréments et la peau | 15 |
| | 310 gr. |

C'est donc, d'après cet auteur, 310 grammes de carbone et 20 grammes d'azote que l'homme adulte doit retrouver dans ses aliments quotidiens.

On voit que tous ces nombres concordent assez bien.

Mais il faut toujours observer que l'alimentation doit être proportionnelle au travail et varie avec lui. Ainsi, tandis que le laboureur anglais absorbe quotidiennement 20 grammes d'azote et 420 grammes de carbone, d'après E. Smith, l'alimentation des tisserands en soie et des couturières du même pays a donné à cet auteur une moyenne de 11 grammes d'azote et 207 grammes de carbone.

Nous devons donc, avec M. de Gasparin, diviser le rationnement en deux parts : la *ration d'entretien* et la *ration de travail*. Le célèbre agronome fixe ces rations comme il suit :

| | Ration d'entretien. | Excédant pour le travail. | Ration totale. |
|---|---|---|---|
| Azote | 12,5 | 12,5 | 25 |
| Carbone | 264 | 45 | 309 |

(1) Ce chiffre est trop élevé, il est à peu près égal à 1.

Dans les climats froids, la quantité de carbone absorbée devient très-grande; c'est ainsi que, suivant Carpenter, les Esquimaux arrivent à absorber jusqu'à 15 kilogrammes (?) d'aliments formés principalement de graisses, et que des voyageurs du haut Canada absorbent journellement jusqu'à 8 kilogrammes de viande.

Quant aux proportions relatives des divers aliments qu'on doit trouver dans la nourriture, ne pouvant ici nous étendre sur ce sujet, nous renvoyons aux considérations exposées plus haut. Moleschott [*Phys. der Nahrungsmittel*] admet que la ration journalière de l'homme adulte doit se composer comme il suit : substances protéiques (calculées sèches), 130 gr.; graisse, 84 grammes; amidon, 404 grammes; sel marin, 30 grammes; eau, 2,800 grammes.

Nous donnons en terminant le tableau des quantités d'azote et de carbone contenues dans les rations journalières moyennes d'ouvriers de divers pays :

| | Azote. | Carbone. |
|---|---|---|
| Ouvrier agriculteur des fermes de Vaucluse | 22,15 | 502,27 |
| Ouvrier agriculteur de la Corrèze. | 24,26 | 710,60 |
| — de la Lombardie | 27,60 | 694 » |
| — anglais du Nord | 20 » | 420 » |
| Ouvrier anglais (au chemin de fer de Rouen) | 31,90 | 484,10 |
| Ouvriers anglais (tisserands et couturières) | 11 » | 267 » |
| Soldat français (d'après Lévy) | 22,50 | 277 » |
| Marin français | 22,50 | 435,30 |
| Ouvrier irlandais | 18,50 | 669,80 |

## DIGESTION DES ALIMENTS.

Nous ne traitons ici de la digestion que parce qu'elle est un des temps de la nutrition, et nous n'avons, dans ce sujet complexe, à nous occuper que des changements matériels et surtout chimiques que les aliments subissent dans le tube digestif avant d'être assimilés. Tout ce qui se rapporte aux organes du tube digestif, à leurs annexes, à leurs fonctions et même à leurs produits de sécrétion considérés en eux-mêmes, ne saurait trouver place dans cette étude des phénomènes chimiques de la nutrition.

Digestion salivaire. — La *ptyaline* (voyez ce mot), découverte par Mialhe et préparée dans un état plus grand de pureté par Conheim, est le ferment actif de la salive; elle transforme l'amidon en dextrine et en glucose. Cet effet se passe non-seulement dans la bouche pendant la mastication, mais se poursuit encore et surtout dans l'estomac où coule la salive, sous l'influence de l'excitation reflexe produite sur les glandes salivaires, par l'intermédiaire des filets du pneumo-gastrique dont les extrémités sont en contact dans l'estomac avec les aliments. Le suc gastrique normal, en se mélangeant à la salive, n'en arrête pas les effets, à moins qu'il ne soit *anormalement très-acide*. La digestion de l'amidon par la salive mélangée de suc gastrique ne s'arrête pas si on neutralise exactement ce mélange; si on l'alcalinise, même très-légèrement, pour le neutraliser ensuite, l'action de la ptyaline est désormais éteinte (M. Schiff).

L'alcalinité très-légère de la salive, puis sa neutralisation, n'altèrent pas la propriété saccharifiante de la ptyaline (Kühne). Des solutions aqueuses contenant 1,5 à 2,5 °/₀ de glucose ou de dextrine empêchent le pouvoir saccharifiant de la ptyaline. Mais, si on étend la liqueur, on rend au ferment la propriété de dissoudre de nouvelles quantités d'amidon.

Digestion stomacale. — La *pepsine* (voyez ce mot) est le ferment actif du suc gastrique; son effet est de transformer en produits solubles et dialysables presque toutes les substances protéiques. Elle agit plus activement dans un liquide acide, comme est le suc gastrique, que dans un liquide neutre. De plus, les substances qui proviennent de la digestion des matières albuminoïdes enrayent l'action de la pepsine; aussi, dans les digestions artificielles, une même quantité de pepsine digère, jusqu'à une certaine limite, d'autant plus d'albumine cuite, par exemple, que cette pepsine est plus étendue. M. Schiff a trouvé que, tandis qu'une quantité de pepsine constante, dissoute dans 200 grammes d'eau, digérait dans un temps déterminé 196 grammes d'albumine, avec 400 grammes d'eau cette même pepsine en digérait 391; avec 1,200 d'eau elle digérait 888; avec 1,600 d'eau, 870 grammes d'albumine.

La digestion due à une même quantité de pepsine est indéfinie, suivant Brücke, à la condition que l'on enlève sans cesse par dialyse, comme cela se passe partiellement dans l'estomac, les produits solubles de la digestion. Mais Moritz Schiff croit au contraire que l'action d'une même quantité de pepsine a une limite, ce qui paraît probable.

Suivant M. Schiff, l'estomac, quand il s'est *épuisé* de pepsine par une forte digestion, ne s'en *charge* plus que par l'absorption de certaines substances dites *peptogènes*. La principale de ces substances serait la dextrine; le pain, l'extrait de viande, le fromage sont aussi peptogènes. Cette théorie hypothétique, mais qui a l'autorité d'un nom important, expliquerait le rôle du bouillon et du fromage dans la digestion.

Rien ne démontre que la pepsine soit identique chez les diverses espèces animales.

*Digestion des matières protéiques.* — Deux théories principales se trouvent aujourd'hui en présence pour expliquer l'action que le suc gastrique exerce sur les matières albuminoïdes. D'après la première, qui résulte des travaux de de Beaumont, Müller, Tiedemann et Gmelin, Dumas et surtout de ceux de Mialhe, de Lehmann et de Brücke, les matières protéiques se transforment d'abord par le suc gastrique en des substances très-analogues entre elles et à celle qui résulte de l'action de l'acide chlorhydrique au millième sur la fibrine ou la chair musculaire (albuminose de Bouchardat et Sandras, syntonine de Liebig). Ce premier état de transformation paraît être dû principalement aux acides libres du suc gastrique, spécialement à l'acide chlorhydrique. La pepsine chlorhydrique, en agissant sur ces syntonines, les transforme peu à peu en des produits constants, les *peptones*, légèrement variables avec chaque substance protéique, mais très-analogues entre elles (Corvisart). Leur composition et leur pouvoir rotatoire sont les mêmes que celles des albuminoïdes qui leur ont donné naissance, mais elles en diffèrent surtout en ce qu'elles sont très-aisément dialysables et directement assimilables par l'économie (Corvisart).

A l'état solide, les peptones sont des substances blanches, inodores, hygrométriques, très-solubles dans l'eau, insolubles dans l'alcool. Leur solution aqueuse est acide aux papiers. Elles se combinent aisément avec les bases alcalines et terreuses, et forment avec elles des *sels neutres très-solubles dans l'eau*. Les sels métalliques proprement dits ne les précipitent pas; le chlore, l'iode, le tannin, les sels mercureux et mercuriques seuls les précipitent (Lehmann). Elles précipitent aussi par le nitrate d'argent (Meissner). L'acétate de plomb fait naître dans leur solution un trouble qui disparaît dans un excès de réactif; le sous-acétate de plomb ammoniacal les précipite. Dans leur solution, les acides ne produisent ni précipité ni trouble.

Telles sont les réactions principales du produit ultime, unique pour chaque substance, dans lesquelles la digestion transforme les substances protéiques d'après cette première théorie.

Il faut observer toutefois que, sauf le cas d'une digestion prolongée pendant plusieurs jours des matières protéiques avec la pepsine chlorhydrique, digestion qui arrive même jusqu'à un commencement de putréfaction de ces matières, on trouve toujours de la syntonine dans la liqueur : celle-ci se précipite par la neutralisation. Cette observation empêche d'affirmer d'une manière absolue que le résultat de la digestion par la pepsine chlorhydrique soit entièrement différent de celui que l'on obtient par la digestion prolongée avec l'acide chlorhydrique seul, étendu au millième, auquel cas on retrouve encore dans la liqueur des substances précipitables et non précipitables par la neutralisation, et que l'on n'a malheureusement pas étudiées séparément.

D'après la seconde théorie, qui est due à Meissner, la digestion gastrique des matières albuminoïdes, et particulièrement de la pepsine chlorhydrique, a pour résultat de dédoubler ces substances en deux matières principales, la *parapeptone* et les *peptones*. La première, qui se précipite du produit de la digestion quand on le sature exactement, ne se transforme jamais dans les secondes, seules assimilables. La parapeptone donne, d'une manière constante, par le progrès de la digestion, une substance insoluble, la *dyspeptone*, qui ne se dissout pas dans le suc gastrique contenant 2 millièmes d'acide chlorhydrique. Après avoir extrait la parapeptone par la neutralisation du produit digéré, si l'on filtre, on trouve dans la liqueur successivement ou simultanément, suivant le temps qu'a duré l'action du suc gastrique, trois corps appelés *peptones* par Meissner, et qui paraissent se transformer peu à peu dans le dernier d'entre eux. Ces trois substances sont : la peptone $\alpha$, précipitable par l'acide nitrique concentré et par le ferrocyanure de potassium après addition d'un peu d'acide acétique ; la peptone $\beta$, qui ne se trouble pas par l'acide nitrique, mais précipite par le ferrocyanure de potassium dans une liqueur additionnée d'un excès d'acide acétique ; la peptone $\gamma$, qui ne précipite ni par l'acide nitrique, ni par le ferrocyanure de potassium.

Cette théorie du dédoublement des albuminoïdes par le suc gastrique en parapeptone et peptone me paraît fondée sur des faits très-insuffisants, et l'existence des trois peptones $\alpha$, $\beta$, $\gamma$, ainsi que leurs caractères, ne sont pas suffisamment établis.

L'action de la pepsine sur les matières protéiques est arrêtée complétement quand on ajoute un peu de bile au liquide, ce qui explique certaines indigestions et embarras gastriques.

Chacune des matières protéiques a sa loi de digestibilité. L'albumine cuite se modifie et se dissout, l'albumine crue se modifie sans subir de coagulation (Tiedemann et Gmelin, Frerichs), ou en se coagulant, puis en se redissolvant (Prout, Braconnot). Le produit est incoagulable par la chaleur, c'est l'*albuminose* de Mialhe, qui a découvert le premier l'action fluidifiante rapide, propre à la pepsine ; on lui a donné plus tard le nom de *peptone*.

L'albumine cuite se gonfle, puis se dissout en un liquide transparent.

La caséine se coagule, puis se redissout assez lentement.

La musculine se gonfle et devient pultacée.

Le tissu cellulaire et la fibrine du sang sont, de toutes les matières protéiques, celles qui se fluidifient avec le plus de rapidité.

Le gluten et la légumine se comportent d'une manière analogue (Cnoop-Coopmans).

L'osséine et la chondrine se transforment très-rapidement en gélatine dans le suc gastrique, puis tout ou partie considérable de cette gélatine se modifie, se dialyse dans l'estomac, passe à travers l'organisme et est excrété par les urines (Cl. Bernard).

*Autres matières alimentaires.* — L'amidon et la dextrine continuent dans l'estomac à se transformer en glucose par l'action de la salive. Mais, sous l'influence de certains états morbides, la fécule peut y passer à l'état d'acide lactique ou butyrique ; de là les aigreurs stomacales et l'arrêt de certaines digestions.

Les matières grasses ne sont nullement modifiées dans l'estomac.

L'alcool et beaucoup de substances solubles y sont absorbés directement et passent dans le sang.

CHYME. — Le fluide acide, épais et grisâtre, qui passe au pylore contient donc les produits de la transformation de la fibrine, du sang, du gluten, de l'albumine, des albuminoïdes végétaux, de l'osséine ; la caséine partiellement transformée avec un fort résidu de dyspeptone ; la viande à l'état pultacé ; les tendons, cartilages, membranes diverses, à peine altérés ; les matières grasses, intactes ; les féculents, surtout cuits, transformés en petite quantité en dextrine et glucose. Les matières solubles résultant des transformations précédentes ont été en partie absorbées dans l'estomac. C'est le résidu de la digestion stomacale, qu'on désigne sous le nom de chyme.

DIGESTION DANS L'INTESTIN GRÊLE. — En arrivant dans le duodenum le suc gastrique et le chyme rencontrent la bile alcaline qui sature partiellement les produits de la digestion stomacale. La syntonine et quelques autres substances non entièrement digérées se précipitent ainsi à l'état de grumeaux ; quoi qu'en ait dit Frerichs, les acides biliaires ne sont pas précipités. Le chyme se mélange en même temps avec le suc pancréatique et ensuite avec le suc intestinal.

Le suc intestinal fourni par les glandes de Lieberkühn est alcalin, mais les auteurs ont varié sur la réaction de l'intestin grêle pendant la digestion. Suivant P. Bert, si le repas a été fait exclusivement de viande, la réaction acide du chyme va en diminuant à partir du pylore, devient bientôt neutre et très-légèrement alcaline vers la fin de l'intestin grêle, puis acide à partir du cœcum. Si le repas a été fait exclusivement d'amidon, presque tout l'intestin grêle et une grande partie du gros intestin sont alcalins.

Les *albuminoïdes* ne sont plus altérés dans l'intestin par la pepsine, car la moindre quantité de bile suffit à enrayer son action (Brücke), mais le suc intestinal continue la série de transformations des matières protéiques (Bidder et Schmidt). La fibrine est rendue soluble par le suc intestinal (Thiry). En même temps le suc pancréatique agit pour sa part sur tous ces composés, mais spécialement sur la musculine. Il transforme la para- et la métapeptone en peptone (Meissner), et produit un dédoublement des matières albuminoïdes d'où dérive l'indol. La bile n'a eu d'autre effet que d'enrayer l'action de la pepsine et d'émulsionner les corps gras.

D'après L. Corvisart et M. Schmidt, le suc pancréatique jouissant des propriétés digestives précédentes ne se produirait que sous l'influence de l'absorption des peptones par l'estomac. Celles-ci auraient pour effet de *charger* le pancréas, qui sécrète seulement alors le liquide actif.

Les *substances grasses* sont émulsionnées par le suc pancréatique, et cela si parfaitement, que dans cet état de division extrême elles peuvent être absorbées par les villosités intestinales (Cl. Bernard, de Seynes). Le suc intestinal et la bile concourent pour leur part à cette émulsion. En même temps le suc pancréatique dissout une petite quantité de corps gras.

L'*amidon cru* ou *cuit*, les *gommes*, le *sucre de canne*, qui ont pu échapper à l'action de la salive, ne se transforment pas en glucose sous l'influence du suc intestinal pur, mais subissent cette transformation dans l'intestin quand le suc des glandes de Lieberkühn est mélangé au mucus et au suc pancréatique.

La *bile* n'agit directement sur aucune des substances précédentes, mais sa présence a pour résultat d'enrayer les fermentations putrides.

Digestion dans le gros intestin. — *Matières fecales*. — Les réactions précédentes se continuent faiblement dans une partie du gros intestin; l'absorption s'y fait imparfaitement. Outre les gaz, on y trouve le plus souvent chez l'homme :

1° Des substances alimentaires non attaquées à cause de leur trop grande masse : féculents, sucres, albuminoïdes, mais spécialement des corps gras;

2° Des substances digérées, mais non complétement absorbées : matières grasses émulsionnées, acides gras, peptones, leucine et tyrosine;

3° Des aliments difficilement digestibles : tendons, féculents crus, phosphates alcalino-terreux;

4° Des substances non assimilables : fibres végétales, cellulose, résines, gommes, tissu élastique, chitine, sels insolubles;

5° Des matières provenant du tube digestif : mucus, épithélium, bile et ses acides, dyslysine (Frerichs), excrétine (Marcet), taurine (Lehmann), séroline, cholestérine (niée par Flint);

6° Des produits putrides, de l'indol et de la naphtylamine (Kühne) qui donne son odeur aux excréments;

7° Des gaz;

8° Environ 75 % d'eau.

La composition des excréments et des gaz de l'intestin présente un grand intérêt, autant pour établir le contrôle de l'alimentation et des excrétions que pour se faire une idée nette de l'assimilation de certaines substances. D'après divers auteurs, l'homme adulte en émet de 130 à 150 grammes par jour, contenant 35 à 40 grammes de matières sèches. — Voir quelques analyses au mot Excréments.

D'après des expériences de Bischoff et Voit [*Die Gesetze der Ernährung des Fleischfressers*, Leipsig und Heidelberg, 1860] sur le chien, le poids des fèces secs s'est trouvé, pour une alimentation exclusivement azotée, de 1/10 à 1/40 du poids de la viande calculée sèche; pour l'alimentation par le pain le poids des excréments secs est devenu de 1/6 à 1/8 du poids du pain calculé sec.

Dans le premier cas on a eu :

| | Viandes. | Fèces. |
|---|---|---|
| C | 51,9 | 45,4 |
| H | 7,2 | 6,5 |
| Az | 14,1 | 4,5 |
| O | 21,4 | 13,6 |
| Sels | 5,4 | 30,0 |
| | 100,0 | 100,0 |

Dans le deuxième cas on a eu :

| | Pain. | Fèces. |
|---|---|---|
| C | 45,4 | 47,4 |
| H | 6,4 | 6,6 |
| Az | 2,4 | 2,9 |
| O | 41,7 | 36,1 |
| Sels | 4,1 | 7,0 |
| | 100,0 | 100,0 |

*Gaz intestinaux*. — On trouve des gaz dans tout l'appareil digestif. Chevreul et Magendie, Marchand, Ruge et d'autres en ont donné des analyses intéressantes [voyez Béclard, *Physiologie*, p. 126]. Mais les plus concluantes sont dues à Planer [*Wiener Sitzungsberichte*, t. XLII]; ce sont celles que nous reportons ci-dessous :

1° *Gaz de l'estomac*. — I. Chien nourri depuis six jours avec de la viande, tué cinq heures après le dernier repas. — II. Chien semblable nourri quatre jours avec des haricots, tué cinq heures après le dernier repas.

| | I. | II. |
|---|---|---|
| O | 6,12 | 0,79 |
| Az | 68,68 | 66,39 |
| $CO^2$ | 25,20 | 32,91 |

L'oxygène indiqué dans le numéro I semble avoir été absorbé par déglutition. Chevreul et Magendie ont aussi signalé le même gaz. On trouve quelquefois dans l'estomac un peu d'hydrogène (3,5 % suivant ces derniers auteurs). Ce gaz vient de l'intestin.

2° *Gaz de l'intestin grêle*. — Les numéros I et II répondent aux animaux ci-dessus.

| | I. | II. |
|---|---|---|
| Az | 45,52 | 3,97 |
| $CO^2$ | 40,01 | 47,34 |
| H | 13,86 | 48,69 |

Pendant que le contenu du tube digestif traverse l'intestin grêle, l'azote paraît s'absorber, l'hydrogène se dégage en quantité surtout dans le cas d'alimentation féculente, fait qui semble être lié à la fermentation butyrique du glucose.

3° *Gaz du gros intestin*. — Les numéros I et II se rapportent toujours aux animaux ci-dessus.

| | I. | II. |
|---|---|---|
| O | 0,63 | » |
| Az | 23 » | 5,90 |
| $CO^2$ | 74,19 | 65,12 |
| H | 1,41 | 28,97 |
| $H^2S$ | 0,77 | » |

Chez le chien, Planer n'a pas trouvé d'hydrogène protocarboné. Ruge et Planer lui-même l'ont rencontré chez l'homme. Chevreul et Magendie l'ont noté les premiers dans le gros intestin.

4° *Gaz rendus par l'anus* chez l'homme. Les chiffres de Ruge [*Wiener Sitzungsberichte*, t. XLIV] sont des moyennes assez concordantes.

| | Analyses de Ruge. | | | Analyses de Marchand. |
|---|---|---|---|---|
| | Viande. | Légumes farineux. | Lait pur. | Alimentation mixte. |
| Az | 56,10 | 20,57 | 37,55 | 14,0 |
| $CO^2$ | 11,50 | 29,30 | 12,94 | 44,5 |
| H | 1,92 | 1,58 | 49,05 | 25,8 |
| $CH^4$ | 30,48 | 48,55 | 0,46 | 15,5 |
| $H^2S$ | » | » | » | 1,0 |
| | 100,00 | 100,00 | 100,00 | 100,8 |

La quantité d'hydrogène recueillie pendant l'alimentation au lait pur semble indiquer que le sucre de lait subit la fermentation butyrique pendant la digestion.

Digestibilité des matières alimentaires. — Pour un état normal de l'organisme on peut rechercher quelle est la rapidité avec laquelle chaque aliment disparaît pour se résoudre en chyme. La *digestibilité* de l'aliment sera proportionnelle à la rapidité de cette transformation Chez l'homme, d'après Leuret et Lassaigne, Lallemand, Gannal, les aliments, d'après le temps croissant de leur digestion, peuvent être rangés comme il suit : pain rassis, œufs, laitage, légumes féculents, poissons, légumes herbacés, volaille à chair blanche, viandes d'animaux jeunes et châtrés, viande d'animaux âgés et fatigués, gibier, viande de porc. La digestibilité des matières protéiques chez les divers animaux dépend en grande partie de la richesse de leur suc gastrique en acide chlorhydrique.

## NUTRITION PROPREMENT DITE.

### (*Assimilation et désassimilation.*)

Le sang apporte sans cesse aux divers organes les matériaux destinés à les nourrir, et se charge des produits de désassimilation.

Ce double travail constitue la nutrition intime des tissus. Quoique son mécanisme soit encore bien obscur, nous allons succinctement exposer : 1° comment se fait et comment varie *dans l'organisme tout entier* la nutrition générale sous l'influence de la mise en jeu des diverses fonctions ; 2° quelles sont les lois du renouvellement de la matière organisée *dans les divers tissus ;* 3° comment s'assimilent et se désassimilent *les divers principes alimentaires.*

NUTRITION CONSIDÉRÉE DANS L'ORGANISME TOUT ENTIER. — Étant donnés pour un certain état initial de l'organisme l'alimentation et l'ensemble des sécrétions et excrétions, on peut en déduire les variations subies par l'ensemble des organes dans le temps considéré (variations égales à la différence de ce qui entre à ce qui sort), et étudier ainsi indirectement les lois de la nutrition générale si obscure et si malaisée à poursuivre dans chaque tissu en particulier.

*Modifications de la nutrition par le travail musculaire.* — Le travail musculaire accélère la respiration et les combustions. Lavoisier [*Mém. de l'Acad. des sciences,* 1789, p. 175] remarquait déjà que, tandis qu'un homme en repos consommait par heure 37,6 litres d'oxygène, il lui en fallait 91,25 litres dans le même temps pour élever en quinze minutes un poids de $7^{k},34$ à 211 mètres de hauteur. La quantité d'acide carbonique exhalé varie à peu près dans le même rapport. D'après E. Smith, elle peut être, pendant un travail fatigant, dix fois égale à celle qui est expirée pendant le sommeil. Sczelow et Ludwig ont montré que non-seulement la quantité d'oxygène absorbée et celle d'acide carbonique exhalée augmentent pendant le travail musculaire, mais que, tandis qu'au repos l'acide carbonique exhalé est à l'oxygène absorbé dans le rapport de 1 : 2, pendant le travail ces quantités sont presque égales entre elles, et que même quelquefois ce rapport est supérieur à l'unité.

Ce premier fait reste acquis que, pendant le travail, le carbone de l'organisme est brûlé en plus grande quantité ; mais si, comme le veut Liebig, la production de la force vive est spécialement due à la combustion de la fibre musculaire, l'élimination de l'azote à l'état de gaz libre et surtout d'urée sera augmentée aussi proportionnellement à l'excès d'acide carbonique exhalé multiplié par le rapport du carbone à l'azote dans la matière musculaire. Cette considération est bien loin d'être vérifiée par l'expérience. L'urée en effet n'augmente pas notablement dans l'urine pendant le travail musculaire. Voit a montré qu'un chien, laissé sans nourriture, sécrétait, en trois jours de travail, à raison de 150,000 kilogrammètres par jour, $36^{gr},09$ d'urée, tandis qu'il en sécrétait $32^{gr},64$ pendant la même période au repos. L'auteur s'est assuré en même temps que les pertes d'azote par la perspiration et la respiration étaient insignifiantes. Si l'on calcule à quelle quantité d'albumine correspond la faible différence d'urée observée, on verra que cette quantité est incapable, par sa combustion, de produire la chaleur que représente le nombre de kilogrammètres produit. Pettenkoffer et Voit, le Dr Parkes, ont obtenu des résultats analogues [*Proceed. of the Roy. Soc.*, n° 94, 1867]. M. Ritter, dans une série de bonnes expériences relatées dans sa thèse [Thèse de doctorat ès sciences, n° 333, Paris, 1872, p. 25], a fait voir aussi que l'augmentation de l'urée due à la marche était peu notable. Voici quelques-uns de ses chiffres, moyennes calculées de trois jours de repos et quatre jours de marche :

| | Quantité d'urine. | Azote total. | Ammoniaque. | Urée. | Acide urique. |
|---|---|---|---|---|---|
| Repos..... | 1,340 gr. | $17^{gr},89$ | $0^{gr},48$ | $32^{gr},90$ | $0^{gr},98$ |
| 4 heures de marche.. | 1,910 | 20 » | 0, 62 | 39, 25 | 0, 88 |
| 4 jours de marche.. | 2,120 | 20, 30 | 0, 59 | 40, 30 | 0, 62 |

L'acidité de l'urine avait aussi augmenté ; la créatinine était restée stationnaire.

On pourrait objecter à ces expériences que, si l'augmentation de l'urée ne correspond pas à une quantité d'albumine correspondant au travail produit, celle-ci a été brûlée de telle manière que l'azote a disparu non à l'état d'urée, mais de gaz libre perspiré ou expiré. Toutefois, outre que les expériences de Voit montrent que la quantité d'azote ainsi mise en liberté est insignifiante, les analyses de gaz du sang d'un muscle de Sczelow n'indiquent pas un excès d'azote dans le sang veineux du muscle en activité.

Une expérience de MM. Fick et Wislicenus permet de démontrer que pendant le travail musculaire la combustion des matières non azotées concourt certainement à la production de la force. Ces deux savants partent des bords du lac de Brienz et montent au sommet du Faulhorn par une pente roide, après s'être préalablement soumis durant dix-huit heures à un régime exempt d'azote. En tenant compte du poids de chaque observateur et calculant (comme minimum de ce travail) le transport vertical de ce poids au sommet du mont, on trouve que M. Fick a produit 129,096 kilogrammètres, et M. Wislicenus 148,656 kilogrammètres. Les urines ayant été recueillies pendant l'ascension et six heures encore après, on y dose l'urée et par le calcul on transforme les quantités d'azote correspondantes en matière musculaire sèche. On trouvait ainsi pour M. Fick $37^{gr},17$. D'un autre côté, pour M. Wislicenus 37 grammes de matière albuminoïde correspondant à toute l'urée. M. Frankland ayant montré qu'un kilogramme de substance protéique donne, en se transformant en urée, eau et acide carbonique, 4,368 calories, on voit que M. Fick, en brûlant $37^{gr},17$ de matière protéique, a produit $162^{cal.},36$, ayant pour équivalent mécanique 69,003 kilogrammètres, c'est-à-dire les $\frac{53}{100}$ seulement du travail minimum effectué par lui. 37 grammes de matière azotée brûlée par M. Wislicenus donnent $161^{cal.},62$ dont l'équivalent mécanique est 68,589 kilogrammètres, c'est-à-dire les $\frac{46}{100}$ du travail minimum effectué par M. Wislicenus. Il a donc fallu que les $\frac{47}{100}$, tout au moins, du travail d'ascension dû à M. Fick, et les $\frac{54}{100}$ de celui dû à M. Wislicenus aient eu pour origine la combustion des matériaux non azotés du plasma musculaire ou du sang qui baigne les muscles [voyez *Phil. Mag.*, t. XXXI, p. 485]. Les auteurs cités n'ont tenu compte, il est vrai, ni de l'azote dégagé à l'état de gaz, ni des sels ammoniacaux produits, ni de toute l'urée formée qui, d'après Parkes, ne s'excrète que plus de 24 heures après le travail ; mais ces erreurs sont faibles et ne peuvent balancer l'augmentation du travail réel due à ce que l'ascension n'était point verticale.

comme on l'a calculée, mais oblique, ainsi qu'aux mouvements communiqués aux objets du sol, aux frottements de toute espèce, etc.

A ce qui a été dit ci-dessus ajoutons que pendant la période d'activité musculaire la quantité d'acide urique excrétée diminue, la créatinine paraît rester stationnaire, l'albumine soluble disparaît dans le muscle, l'inosite, au contraire, y augmente; la réaction du muscle d'alcaline tend à devenir acide par l'acide lactique, en même temps qu'augmente l'acidité des urines.

*Modifications de la nutrition par le travail intellectuel.* — Le sang artériel pénètre rutilant à travers le tissu nerveux et en sort sang veineux noir. D'un autre côté, M. Lombard et surtout M. Moritz Schiff ont montré que toute mise en activité du système nerveux, telle que la simple vue d'un changement de couleur d'un objet, produit dans l'organe une élévation instantanée de température [*Archives de Physiologie*, t. I, II et III]. M. Byasson, dans un travail sur la *Relation qui existe entre l'activité cérébrale et la composition des urines* (Thèses de Paris 1868), nous apprend que le travail intellectuel augmente la teneur des urines en urée.

| | Moyenne de 24 heures. Urée. |
|---|---|
| 1re période de 8 jours de repos.......... | 20g46 |
| 2e — de travail musculaire. | 22 90 |
| 3e — de travail cérébral.. | 23 88 |

On sait aussi que par une forte contention d'esprit, par la mise en jeu des passions vives, telles que la colère, la quantité d'oxygène absorbé et l'acide carbonique expiré augmentent notablement. « On a vu, dit Burdach, la température monter ainsi de 35°,5 à 37°,5. »

Quant aux phénomènes intimes qui se passent dans les tissus nerveux, ils sont entièrement inconnus. On sait seulement, d'après O. Funke, que, de neutre à l'état de repos, le nerf devient acide quand on l'excite fortement, et que la lécithine semble disparaître dans le cerveau sous l'influence de la douleur.

*Influence de la veille et du sommeil.* — Pendant le sommeil, les combustions respiratoires s'affaiblissent. Scharling a remarqué chez l'homme que pendant le jour la quantité d'acide carbonique produit était constamment supérieure d'un quart à celle de la nuit. Boussingault a montré que, tandis qu'une tourterelle éveillée consommait en moyenne par heure 0gr,258 de carbone, endormie elle n'en consommait plus que 0gr,162 [*Ann. de Chim. et de Phys.*, (3), t. XI, p. 445]. On sait aussi que dans l'engourdissement hibernal la quantité d'acide carbonique exhalée diminue encore davantage, et que, d'après V. Regnault et Reiset, chez la marmotte elle peut descendre au vingtième de la quantité que produit l'animal en état de veille.

D'après Vogel, la quantité d'urée sécrétée diminue aussi pendant le sommeil (moyenne pendant les 12 heures de jour, 42gr,48; moyenne pendant les 12 heures de nuit, 36gr,24).

Enfin Pettenkofer et Voit ont fait voir que durant le sommeil l'oxygène s'accumule dans l'économie, de telle sorte que, tandis que pendant la veille le volume d'acide carbonique exhalé est supérieur à celui de l'oxygène fixé, il lui est notablement inférieur pendant que l'animal dort.

*Influence de l'inanition.* — La quantité d'acide carbonique exhalée par un animal privé de nourriture baisse rapidement durant les deux ou trois premiers jours, ensuite elle se maintient presque constante jusqu'à l'agonie. Les tissus de l'animal, la graisse spécialement, puis les muscles, disparaissent pendant ce temps; Boussingault [*loc. cit.*] a montré fort bien ces effets sur la tourterelle, Bidder et Schmidt sur le chat. Mêmes résultats pour la combustion de la matière azotée (urée produite avec une nourriture normale par jour et par kilogramme de chat, 3gr,0; — moyenne de l'urée excrétée pendant les seize jours suivants de privation entière d'aliments, 1gr,95; — 1er jour, 2gr,3; 2e jour, 1gr,9; 3e jour, 1gr,7; 4e jour, 2gr,2; .....; 13e jour, 2gr,2; 14e jour, 2gr,1; 15e jour, 2gr,1 (Bidder et Schmidt).

Nutrition considérée dans les divers tissus. — Chaque tissu a ses lois propres de nutrition. L'étude du renouvellement des os, des nerfs, des muscles présente certes un très-grand intérêt, mais ce n'est point dans un article général sur la nutrition et dans ce livre que nous devons aborder avec détails ce problème de chimie physiologique, et nous abrégerons autant que possible.

Le tissu musculaire, pendant qu'il est en activité, consomme de l'albumine soluble; en même temps apparaît de l'inosite et peut-être de la créatine (Sarokin), enfin, et surtout, de l'acide carbonique; l'urée n'a jamais été rencontrée ni dans le sang ni dans le plasma du muscle contracté. Si l'on se rappelle en outre que, d'après les expériences de Voit et Bischoff, Fick et Wislicenus et bien d'autres, l'augmentation d'urée dans les urines est tout à fait insuffisante pour expliquer la chaleur correspondant au travail produit, on verra que la nutrition des muscles doit être apte à leur fournir à la fois la matière protéique soluble et la matière hydrocarbonée ou grasse, que le travail tend à détruire simultanément, ainsi que l'eau et les sels, surtout les phosphates, que ce travail élimine par les urines en plus grande quantité que pendant le repos.

Le tissu nerveux consomme par son activité des matières azotées (augmentation de l'urée) et de la lécithine (augmentation des phosphates secrétés). La nutrition devra donc fournir à ce tissu l'azote, le phosphore et les matières grasses qui se rencontrent en plus grande quantité dans les produits de la désassimilation.

Comment se nourrissent les tissus conjonctifs et cartilagineux? C'est là une question encore plus obscure, s'il se peut, que la précédente. On sait seulement qu'une longue abstinence agit à peine sur le mouvement nutritif de ces tissus.

Le tissu adipeux semble se produire moins aux dépens des corps gras directement absorbés par l'alimentation qu'au moyen de transformations des matières amylacées et protéiques. Persoz, Liebig, Boussingault ont montré que des animaux nourris avec des aliments pauvres ou tout à fait exempts de graisse n'en fixent pas moins dans leur organisme des corps gras en quantité très-supérieure à celle qu'on leur a fournie. Tscherinoff a observé que des poules exclusivement nourries avec de la viande privée de corps gras arrivent cependant à devenir polysarciques. Enfin, depuis longtemps, Huber (de Genève) a montré, et W. Edwards et Dumas ont confirmé que des abeilles exclusivement nourries de glucose n'en continuent pas moins à fournir de la cire.

La nutrition des os est lente, mais continue, et l'alimentation doit leur fournir sans cesse leurs sels propres, car ceux-ci sont constamment éliminés par les excrétions, et sans eux le squelette s'atrophie et l'animal devient rachitique (Chossat, W. Edwards). Il ne suffit même pas que la matière osseuse soit avalée à l'état d'os; elle doit, partiellement du moins, se trouver à l'état soluble ou facilement soluble dans les eaux et les aliments. Il paraît très-probable qu'après s'être quelque temps fixée dans l'os, elle est ensuite éliminée, dissoute dans le plasma sanguin à la faveur de l'acide carbonique et du chlorure de sodium.

ASSIMILATION ET DÉSASSIMILATION DES DIVERS PRINCIPES NUTRITIFS.

Il nous reste à dire sous quelle forme sont assimilés et éliminés les divers principes alimentaires ou plus généralement l'azote, le carbone, l'hydrogène, etc., absorbés sans cesse et rejetés par l'économie. Nous chercherons ensuite à établir la balance entre la somme de ces divers matériaux à leur entrée et à leur sortie du corps d'un animal bien portant dont le poids ne varie pas.

ASSIMILATION ET DÉSASSIMILATION DES MATIÈRES AZOTÉES. — La classe principale d'aliments azotés est celle que l'on est convenu de nommer *substances protéiques*. Mais nous avons déjà fait observer précédemment qu'on doit établir des distinctions entre ces matières, et qu'il en existe de deux espèces, les unes moins oxygénées et plus assimilables (musculine, albumine, etc.), les autres plus oxygénées et difficiles à assimiler (tissus connectif, tendineux, cartilagineux, osséine, gélatine, etc.). Toutefois ces dernières substances peuvent, quoique plus difficilement, être absorbées, comme il résulte des travaux de W. Edwards et autres. MM. Bischoff et Voit ont montré [*Die Gesetze der Ernährung der Fleischfresser*, 1852] qu'une large addition de gélatine aux matières protéiques usuelles augmentait chez l'animal le poids des muscles sans ajouter à celui des graisses, alors que chacune de ces rations de gélatine ou de matière protéique, *prise isolément*, était impuissante à augmenter ce poids. Nous avons dit aussi plus haut combien la désassimilation de ces mêmes matières protéiques et collagènes était longue et incomplète dans l'organisme, par exemple à la suite d'une longue abstinence, ce qui démontre que la rapidité de l'assimilation est en général corrélative de celle de la désassimilation.

La deuxième classe de matières azotées est celle que l'on comprend sous le nom générique de *matières extractives*. L'extrait de viande en est le type. On a insisté plus haut sur leur peu d'utilité dans l'alimentation. On a dit que Moritz Schiff admet que ces substances servent à *charger* l'estomac et le pancréas de pepsine et de pancréatine. On ajoutera seulement que les quantités de matières extractives que l'on recueille en 24 heures dans les urines du carnivore sont presque égales en poids et en nature à celles qui se trouvent déjà dans la ration alimentaire azotée qu'il absorbe (1).

L'assimilation des matières protéiques est liée à celle des matières hydrocarbonées. Rappelons-nous l'expérience de Ranke, qui montre qu'un chien nourri d'une quantité plus que suffisante de viande dépérit, tandis qu'il engraisse, au contraire, dès que l'on joint à son alimentation de la graisse ou de l'amidon. Henneberg et Stohmann, dans leurs expériences sur les bœufs, ont fait voir que la quantité de matière protéique nécessaire pour les faire arriver à un certain état d'accroissement constant diminue en proportion des matériaux non azotés qu'on leur donne en même temps.

Toutefois une partie des matières protéiques paraît pouvoir se transformer et s'assimiler à l'état de corps gras. Persoz et Liebig l'ont démontré en analysant la quantité de graisse de divers animaux avant l'expérimentation et après leur alimentation par une nourriture dosée contenant un poids déterminé de corps gras. Bidder et Schmidt sont arrivés au même résultat, ce qu'ils expliquent en admettant que la transformation des matières azotées débute par un dédoublement en deux substances dont l'une est exempte d'azote. L'on sait aussi que Cl. Bernard a démontré la production du sucre dans le foie, sous l'influence d'une alimentation exempte d'hydrates de carbone. Rappelons enfin que l'activité musculaire dépose de l'inosite dans les muscles, aux dépens de leurs matières albuminoïdes.

L'azote se désassimile principalement à l'état d'urée. L'homme adulte rend en 24 heures 1,250 à 1,300 grammes d'urine, qui contiennent 30 à 35 grammes d'urée. Inutile d'ajouter que le régime alimentaire influe sur cette quantité. Lehmann, en se mettant successivement à un régime purement animal et à un régime entièrement exempt de matières protéiques, excrétait par jour 53gr,19 d'urée dans le premier cas, et 15gr,41 dans le second. Ces quantités varient naturellement avec les diverses conditions où vit l'animal. L'enfant, on l'a vu, assimile, et par conséquent désassimile dans les 24 heures et par kilogramme une dose d'azote double de celle de l'homme adulte.

Enfin le travail influe sur la désassimilation des matières azotées. On a vu qu'il augmente faiblement l'urée, diminue l'acide urique et augmente la sécrétion des sels ammoniacaux.

L'azote se désassimile encore en petite quantité à l'état de matières extractives : acide urique, créatine, xanthine, acide hippurique, acide inosique, etc., sels ammoniacaux.

Enfin MM. V. Regnault et Reiset ont montré qu'il existe presque toujours une faible quantité d'azote libre dans les produits de l'expiration et de la perspiration cutanée; le même gaz se retrouve aussi dans les intestins. Cette voie de désassimilation de l'azote ne doit être en aucun cas négligée. Les expériences de M. Boussingault [*Mém. de Chim. agric.* et *Ann. de Chim. et de Phys.*, t. XI, p. 410] semblent bien démontrer que chez les tourterelles on ne retrouve dans les fèces et l'urine que les 2/3 de l'azote ingéré. Reiset [*Ann. de Chim. et de Phys.*, 1863] a fait voir que chez les veaux, les moutons, les oies, il y avait un dégagement considérable d'azote par la perspiration. Barral, Dulonguet et Despretz sont arrivés à la même conclusion. Ces expériences paraissent concluantes. Toutefois il faut ajouter que MM. Bidder et Schmidt disent avoir trouvé tout l'azote ingéré par les chats dans les urines ou les fèces de ces animaux; et que Voit, en soumettant quelque temps les pigeons aux expériences de Boussingault, annonce avoir trouvé dans leurs urines ou leurs excréments tout l'azote ingéré, à l'exception de 2 à 3 centièmes qu'il met sur le compte d'une augmentation de poids des animaux.

Pour ne rien omettre, ajoutons qu'une certaine quantité d'azote se perd par dépilation et desquamation.

ASSIMILATION ET DÉSASSIMILATION DES GRAISSES ET DES HYDRATES DE CARBONE. — Les matières grasses, à l'état d'émulsion, sont absorbées, comme nous l'avons vu, par les villosités intestinales. Une très-minime portion est saponifiée, et l'on en trouve les acides gras dans le chyle; les hydrates de carbone sont en très-grande partie absorbés à l'état de dextrine et surtout de glucose; l'alcool, les acides gras sont absorbés directement par l'estomac et l'intestin.

On sait que les graisses s'accumulent dans les cellules du tissu adipeux et qu'elles y restent comme en réserve pour servir aux besoins de la combustion respiratoire. On ne saurait cependant affirmer que ce soit là le fait d'un véritable dépôt des matières grasses absorbées par la digestion. La composition de cette graisse varie en effet très-peu pour le même animal quel que soit son mode d'alimentation, et l'on a vu de plus que l'alimentation riche en matières protéiques et dénuée de corps gras suffit pour engraisser l'animal. — Voyez

(1) L'homme nourri normalement absorbe par jour 1gr,2 de créatine ou d'acide inosique dans ses aliments, et il en excrète 1gr,3 à 1gr,5.

à ce sujet Liebig, *Ann. der Chem. u. Pharm.*, t. XLV, p. 112, et *Compt. rend. de l'Acad. des sciences*, t. XVI, p. 552 et 663.

On ne sait pas encore bien exactement par quelles transformations les graisses passent pour s'oxyder. On sait seulement qu'elles disparaissent les premières, souvent avec une extrême rapidité, quand l'alimentation devient insuffisante. Réciproquement, comme l'a montré Ranke, un excès d'aliments azotés empêche l'oxydation des matières grasses. Celle qui existe dans les organes est conservée, et celle qui se trouve dans les aliments est emmagasinée. Henneberg, de son côté, est arrivé aux mêmes résultats.

Les hydrates de carbone, principalement absorbés à l'état de glucose, semblent être la source de la calorification rapide. Ils paraissent se transformer déjà dans les intestins par une fermentation préalable, comme l'indique le dégagement d'hydrogène, et passer en partie dans le sang à l'état d'acides gras. MM. Bischoff et Voit ont montré directement que l'alimentation en sucre et amidon empêche l'oxydation des graisses assimilées. D'un autre côté, MM. Regnault et Reiset ont fait voir que l'acide carbonique expiré augmente pour une même absorption d'oxygène si la nourriture s'enrichit en hydrates de carbone, et Pettenkofer et Voit ont trouvé que, chez les chiens au moins, soumis à une nourriture mixte, la quantité d'acide carbonique exhalée dépasse celle de l'oxygène absorbé. Ils expliquent ces résultats en admettant que les substances hydrocarbonées subissent dans l'intestin et le sang une sorte de dédoublement dont un des termes est l'acide carbonique formé sans l'intervention de l'oxygène respiré. Les analyses des gaz intestinaux, par Planer, confirment cette manière de voir. En partant d'expériences très-différentes sur l'alimentation du bétail, Grouven est arrivé de son côté à admettre que les aliments hydrocarbonés de l'herbivore se dédoublent en deux parts, l'une très-riche en oxygène qui est éliminée, l'autre riche en carbone et en hydrogène qui, selon lui, serait la graisse ou contribuerait à la former. Des expériences très-concluantes de Liebig permettent d'ailleurs d'affirmer que les corps gras n'ont pas seulement pour origine les graisses absorbées. Une oie très-maigre, de 2 kilogrammes, est nourrie 36 jours exclusivement avec du maïs; elle augmente de 2,500 grammes et donne alors 1,750 grammes de graisse. Elle avait absorbé 12 kilogrammes de maïs contenant 800 grammes de graisse environ; en admettant qu'aucune parcelle de celle-ci n'ait été brûlée, il reste 950 grammes de graisse, quantité très-supérieure à celle qu'il a retirée d'oies semblables, et que l'on ne peut d'ailleurs admettre exister primitivement chez une oie très-maigre pesant 2,000 grammes seulement. Il s'est donc formé de la graisse aux dépens de l'amidon ou même des matières protéiques du maïs.

Assimilation et désassimilation des matières minérales. — Les sels minéraux, tels que le carbonate et le phosphate tribasique de chaux, le chlorure de sodium, les sels de magnésie qui forment partie intégrante de nos os, de notre sang et de tous nos organes, s'éliminant sans cesse par les reins doivent être aussi sans cesse absorbés. Nous excrétons chaque jour par les urines de 4 à 8 grammes de sel marin; nous absorbons un 1/2 gramme par la nourriture et les boissons et nous additionnons nos aliments de 6 à 12 grammes de ce sel.

Il résulte des expériences de Boussingault que l'addition de sel marin à la nourriture des animaux augmente leur appétit et produit un engraissement plus rapide, sans qu'ils gagnent pour cela davantage pour une même quantité d'aliments, comme plusieurs auteurs l'avaient cru.

Les phosphates qui se trouvent dans le pain et la viande; les sels de calcium, de sodium et de potassium qui se trouvent dans presque tous nos aliments; les mêmes sels, ainsi que la silice et les fluorures qui font partie de toutes les eaux potables, sont également absorbés, assimilés et éliminés après un temps variable.

Équilibre entre les aliments et les produits de désassimilation. — Il est évident que, pour que la santé se maintienne dans le même état, il faut que les organes reçoivent exactement ce qu'ils dépensent par leur activité. Si nous ne connaissons que bien imparfaitement le double mouvement intermédiaire et intime d'assimilation et de désassimilation, au moins pouvons-nous établir exactement la balance entre ce qui entre et ce qui sort de l'organisme. C'est M. Boussingault qui a résolu le premier le problème expérimentalement. Il opérait sur divers animaux de ferme et sur une grande échelle, et analysait leurs divers aliments et les produits excrétés. Il montra qu'il y a, dans l'état de santé, balance entre les éléments des *ingesta* et les éléments des *excreta*. Après lui, MM. Barral, Valentin, Bidder et Schmidt sont aussi arrivés au même résultat sur divers animaux.

Il résulte de ces premières expériences que la quantité d'oxygène fixée est un peu plus grande que celle qui se retrouve dans l'acide carbonique exhalé; chez l'homme, ces quantités sont, d'après Valentin et Brunner, dans le rapport de 487 : 426. Il y a donc, pour 487 volumes d'oxygène inspirés, 426 volumes qui brûlent le carbone de la matière organique pour donner de l'acide carbonique, et 61 volumes qui se fixent sur les aliments pour donner d'autres produits oxygénés d'excrétion. Ceux-ci sont spécialement l'urée et l'eau. La richesse de l'urée en oxygène, relativement à la composition centésimale des matières albuminoïdes d'où elle dérive, empêche de douter que l'urée n'ait été formée par l'oxydation de ces dernières; quant à la formation directe de l'eau dans l'organisme au moyen de l'oxygène inhalé, elle a été mise aussi en évidence par des dosages directs de l'eau totale ingérée et excrétée.

Mais les expériences qui permettent d'établir le plus nettement le parallèle entre les éléments ingérés et excrétés sont dues à MM. Pettenkofer et Voit [*Ann. der Chem. u. Pharm.*, 1863, *Supplément* II]. Les animaux étaient placés dans une sorte de guérite entièrement close, où ils pouvaient vivre et se mouvoir à l'aise, l'air et les aliments qui leur étaient nécessaires étaient d'avance dosés, les excrétions de toute nature recueillies et analysées; ces expériences ont été faites avec le plus grand soin. Nous rapportons ici, pour les conclusions que nous devrons en tirer, le tableau des nombres donnés par ces auteurs pour une série d'expériences faites sur un chien:

A. — Aliments : *viande*, 1,500 grammes; *oxygène fixé*, 477gr,2; total, 1,977gr,2.

| | | | | C. | H. | Az. | O. | Sels minéraux. |
|---|---|---|---|---|---|---|---|---|
| La viande analysée contenait : | Partie sèche .... | 361gr,5 | contenant.. | 187gr,8 | 25gr,95 | 51gr, » | 77gr,25 | 19gr,5 |
| | Eau ............ | 1138 5 | contenant.. | » | 126 50 | » | 1012 » | » |
| | Total..... | 1500gr,0 | | | | | | |
| L'oxygène absorbé était de | | | | » | » | » | 477 20 | » |
| Total de chaque élément dans les aliments.. | | | | 187gr,8 | 152gr,45 | 51gr, » | 1566gr,45 | 19gr,5 |

B. — Excrétions : *somme totale :* 2,011gr,8 se divisant comme il suit :

| | | | C. | H. | Az. | O. | Sels minéraux. |
|---|---|---|---|---|---|---|---|
| Matières sèches. | 704gr,7 | Urée | 21gr,6 | 7gr,2 | 50gr,1 | 28gr,8 | »gr,» |
| | | Divers composés de l'urine | 9 6 | 2 5 | » | 15 9 | 16 3 |
| | | Fèces sèches | 4 9 | 0 7 | 0 7 | 1 5 | 3 4 |
| | | Acide carbonique expiré et perspiré | 146 7 | » | » | 391 5 | » |
| | | Gaz des marais.. id. | 1 2 | 0 4 | » | » | » |
| | | Hydrogène...... id. | » | 1 4 | » | » | » |
| Eau excrétée... | 1307 1 | Eau de l'urine (922 gr. 8) | » | 102 5 | » | 820 3 | » |
| | | Eau des fèces (29 gr. 5) | » | 3 2 | » | 26 3 | » |
| | | Eau expirée et perspirée (354 gr. 8) | » | 39 4 | » | 315 4 | » |
| Total excrété. | 2011gr,8 | Total de chaque élément dans les excrétions | 184gr,0 | 157gr,3 | 51gr,1 | 1599gr,7 | 19gr,7 |

On remarquera que tout l'azote est noté à l'état d'urée ; les auteurs, dosant celle-ci par la méthode de Liebig, ont admis qu'un équivalent de matières extractives azotées (créatine, hypoxanthine, etc.) demandait très-approximativement, pour être précipité, le même poids de nitrate de mercure qu'un équivalent d'urée, et qu'un équivalent de chacune de ces diverses substances répondait à la même quantité d'azote. C'est là une faible erreur qui augmente un peu l'azote et le carbone relatifs aux matières extractives. En revanche on n'a pas tenu compte de la petite quantité d'azote expulsé normalement par la respiration. Cette erreur n'atteint pas du reste les remarques principales suivantes.

Observons d'abord que les excrétions l'emportent sur les aliments, augmentés de l'oxygène inhalé, de 34gr,6. Cette différence, faible en elle-même, pourrait s'expliquer de diverses manières ; mais remarquons qu'elle porte presque entièrement sur l'oxygène, et que la quantité excrétée est supérieure de 33gr,25 à celle qu'a reçue l'animal. La même différence en faveur de l'oxygène excrété s'est renouvelée chaque fois que l'expérience a suivi le repos ou le sommeil de l'animal. On en a tiré cette conclusion très-remarquable que, pendant le sommeil, l'animal emmagasine, sans le dépenser, une certaine quantité d'oxygène qu'il brûle pendant l'activité de l'état de veille.

Remarquons aussi que le chien n'a absorbé que 1138gr,5 d'eau et qu'il en a excrété 1307gr,1. Il s'est donc formé de toute pièce par la combustion respiratoire 168gr,6 d'eau. Sur 510gr,45 d'oxygène disponible, 391gr,5 se trouvent dans l'acide carbonique expiré et 168gr,6 dans l'eau produite. Ces quantités sont entre elles, dans ce cas particulier :: 2,32 : 1. Des expériences de MM. Brunner et Valentin, il résulte qu'en moyenne, chez l'homme, ces quantités sont dans le rapport de 7,1 : 1, et les chaleurs qui en dérivent dans le rapport de 4,43 : 1 ; c'est-à-dire que, sur 100 calories développées chez l'homme, 81,5 sont dues à la combustion du carbone et 18,5 à la combustion de l'hydrogène des matières nutritives.

Ces nombres nous permettront d'établir tout à l'heure quel est le rendement en travail de la machine humaine, car nous pouvons approximativement calculer maintenant, pour un travail extérieur, produit dans un temps donné, la quantité de chaleur correspondant à l'excès d'oxygène absorbé pour accomplir ce travail, oxygène ayant servi à brûler la matière organique principalement à l'état d'acide carbonique, d'urée et d'eau.

### APPENDICE.

*Des rapports de la nutrition avec la production de la chaleur et de la force.* — Nous savons que dans l'organisme la désassimilation qui résulte de l'oxydation d'une substance produit de la chaleur. Telle est la source d'activité qui entretient la vie animale. Connaissant la ration quotidienne alimentaire moyenne et les produits principaux d'excrétion, nous pouvons savoir de quelle quantité de calories dispose chaque jour l'animal.

Rappelons d'abord ce principe, qu'étant donnée une matière combustible quelconque, quelles que soient les différentes voies par lesquelles on passe pour l'oxyder, si les produits de combustion sont constants, la chaleur produite restera toujours la même.

Si l'on brûle 1 gramme d'albumine de façon à obtenir de l'azote, de l'eau et de l'acide carbonique, on obtiendra une certaine quantité de chaleur A. Si, par un moyen quelconque, on l'avait transformée d'abord en urée et en ses autres éléments, et qu'on représente par X la quantité de chaleur développée pour obtenir d'abord ce dédoublement, puis brûler entièrement les éléments qui n'entrent pas dans la composition de l'urée, enfin, si on représente par B la chaleur de combustion de l'urée elle-même quand elle se transforme en azote, eau et acide carbonique, on aura, d'après le principe précédent, $A = B + X$, équation où la combustion de l'albumine dans l'oxygène et celle de l'urée dans le même gaz nous donneront expérimentalement la valeur de A et de B et par conséquent celle de X, c'est-à-dire la chaleur qui résulte de la transformation de l'albumine en urée, acide carbonique et eau, que cette combustion ait eu lieu par les oxydations qui se passent dans l'organisme ou par tout autre moyen. Frankland a fait cette recherche, et a ainsi trouvé que 1,000 grammes d'albumine sèche donnent, en se transformant en urée dans l'organisme, 4,368 unités de chaleur (calories de 1 kilogramme). Ce chiffre se rapporte très-approximativement aussi à la transformation en urée de 1 kilogramme de toutes les autres substances protéiques.

D'après les nombres de Williamson, donnés plus bas, on arrive, pour la combustion de 1 kilogramme d'amidon sec dans l'organisme, au chiffre de 4,200 calories environ.

Enfin, 1 kilogramme de gras de bœuf a donné, par sa combustion, 9,000 calories.

Si nous calculons avec ces chiffres la chaleur produite dans les 24 heures par l'absorption de la ration moyenne d'un homme adulte dans nos climats, nous aurons pour l'alimentation correspondant à un travail très-modéré (voyez plus haut) :

| | Calories. |
|---|---|
| Pour 124 gr. de matière protéique sèche... | 541,6 |
| Pour 430 gr. d'amidon sec | 1806 |
| Pour 49 gr. de graisse | 444,4 |
| | 2792,0 |

Les nombres donnés par Moleschott pour le rationnement alimentaire moyen conduisent au résultat suivant :

| | Calories. |
|---|---|
| Pour 130 gr. de matière protéique sèche.. | 568 |
| Pour 404 gr. d'amidon | 1696 |
| Pour 84 gr. de graisse | 762 |
| | 3026 |

On peut donc dire en général qu'un homme, moyennement nourri, a, dans nos climats,

3,000 calories environ à dépenser quotidiennement. Pour arriver à faire ces calculs, nous donnons ci-dessous le tableau des expériences de Frankland.

*Tableau du nombre de calories développées par la combustion totale dans l'oxygène de 1 kilogramme des substances alimentaires usuelles.*

| NOM DES ALIMENTS. | État naturel | État sec. | Eau °/₀. | NOM DES ALIMENTS. | État naturel | État sec. | Eau °/₀. |
|---|---|---|---|---|---|---|---|
| Pommes de terre.... | 1 013 | 3 752 | 73,0 | Gras de bœuf....... | 9 069 | » | » |
| Gruau d'avoine...... | 4 004 | » | » | Pain (mie)......... | 2 231 | 3 984 | 44,0 |
| Farine de blé....... | 3 941 | » | » | Pain (croûte)........ | 4 459 | » | » |
| — de pois..... | 3 936 | » | » | Bœuf (maigre)...... | 1 567 | 5 313 | 70,5 |
| — de riz........ | 3 813 | » | » | Veau (maigre)....... | 1 314 | 4 514 | 70,9 |
| Arow-root.......... | 3 912 | » | » | Jambon (maigre).... | 1 980 | 4 343 | 54,4 |
| Carotte............. | 537 | 3 967 | 86,0 | Maquereau.......... | 1 789 | 6 064 | 70,5 |
| Choux.............. | 434 | 3 776 | 88,5 | Merlan............. | 904 | 4 520 | 80,0 |
| Sucre de canne...... | 3 348 | » | » | Blanc d'œuf......... | 671 | 4 896 | 86,3 |
| Cacao.............. | 6 873 | » | » | Œufs durs.......... | 2 383 | 6 321 | 62,3 |
| Beurre.............. | 7 264 | » | » | Jaune d'œuf........ | 3 423 | 6 460 | 47,0 |
| Huile de foie de morue | 9 107 | » | » | Lait................ | 662 | 5 098 | 87,0 |

La chaleur animale produite par l'oxydation des matières alimentaires sert à entretenir à peu près constante la température des organes nécessaire pour l'accomplissement normal des fonctions, et elle devient en même temps la source où l'animal puise son énergie.

En effet, chaque manifestation extérieure de la force chez l'animal fait disparaître une partie de cette chaleur. En voici une preuve frappante : Béclard [*de la Contraction musculaire dans ses rapports avec la température animale*, Paris, 1851] place un fort poids à l'extrémité du bras d'un homme vigoureux, et prend la température de son biceps ; il fait ensuite soulever le poids, et observe que pendant ce travail extérieur la température du muscle baisse sensiblement. Une partie de sa chaleur s'est transformée pendant l'effort en travail proportionnellement à l'équivalent mécanique de la chaleur disparue. L'expérience de Béclard nous démontre autre chose : pendant que le muscle se tend pour soutenir le poids, et avant même qu'il ne se contracte, il s'échauffe relativement aux parties voisines. La mise en jeu de la tension musculaire, avant même qu'elle n'ait effectué aucun *travail extérieur*, produit l'échauffement du muscle ; seulement, pendant que par la contraction le poids est soulevé, cet échauffement disparaît partiellement. La tension passive d'un muscle soutenant un poids suffit donc pour y faire affluer une plus grande masse de sang et augmenter les combustions organiques : on peut le démontrer expérimentalement. C'est cette chaleur, ainsi mise en réserve, qui servira, par sa transformation dans le muscle, à produire le travail.

On sait que dans une machine, quelque parfaite qu'elle soit, une partie seulement de la chaleur est transformable en travail utile. M. Hirn et M. Helmholtz se sont demandé quel était le rapport de la chaleur produite au travail utile effectué par la machine humaine. Le premier faisait manœuvrer une roue à échelons ou un cabestan à un homme chez lequel il avait déterminé la quantité d'oxygène consommée à l'état de repos. Pendant le travail, la circulation et la respiration s'accélérant, une quantité plus grande d'oxygène disparaissait à l'état d'acide carbonique et d'eau, pour produire l'énergie nécessaire à la consommation continue du travail. Or, comme on sait que les 4/5 d'oxygène respiré s'unissent au carbone, et que 1/5 seulement brûle l'hydrogène, on connaît très-approximativement la quantité de chaleur produite dans l'organisme par l'excès de consommation d'oxygène pendant le travail ; et cette chaleur, multipliée par son équivalent mécanique, donne le nombre de kilogrammètres correspondant.

On connaît donc la valeur totale en unités de travail qui devrait correspondre théoriquement à la production de chaleur, et on connaît de plus le travail réel effectué. On peut donc obtenir aussi le rapport du travail réel à la force disponible totale. Ce rapport a été trouvé par M. Hirn égal, au maximum, à 18 centièmes, et par Helmholtz, d'après d'autres considérations, à 20 centièmes.

Ainsi, étant donné 100 unités de chaleur, produites par les combustions dans les organes, 20 seulement, au maximum, c'est-à-dire 1/5, sont transformables en travail réel dans la machine humaine. Le reste sert à entretenir la chaleur de nos organes et explique ce fait singulier, qui paraîtrait aller contre la théorie mécanique de la chaleur, que, chaque fois qu'il y a travail produit, il y a finalement augmentation de chaleur dans l'organe qui travaille.

D'après les nombres précédents, remarquons encore qu'un homme, soumis à l'alimentation moyenne, ne peut transformer par jour en travail réel que 540 calories, dont l'équivalent mécanique est de 229,500 kilogrammètres ; encore est-ce là une quantité maximum. Un homme travaillant pendant 7 heures produit, au maximum, 165,000 kilogrammètres, d'après Hirn. D'après nos propres expériences, un homme bien nourri, en élevant de l'eau avec une pompe, peut, en 7 heures de travail, produire 190,000 à 200,000 kilogrammètres, et recommencer ainsi plusieurs jours sans perdre sensiblement de son poids.

Ainsi, sous l'influence de l'action nerveuse qui augmente la circulation et, par contre, les oxydations dans un muscle qui se tend et travaille, sur 100 parties de chaleur produite, 25 sont, d'après le deuxième principe de la théorie mécanique de la chaleur, absolument inaptes à se transformer en travail et chauffent simplement les organes, sur les 75 parties qui restent, 20 au maximum sont transformées en travail extérieur, et 55 par conséquent, représentent les frottements de la machine qui, après avoir produit un travail intérieur, transforme de nouveau en chaleur, par des mouvements ou des oscillations de sens contraire, une partie du travail intérieur produit.

Nous avons vu qu'il résulte des statistiques diverses que, pour accomplir le travail musculaire, le régime doit être riche en matériaux azotés. On ne saurait, *a priori*, s'expliquer que les substances hydrocarbonées ne soient pas suffisantes. Mais remarquons que, pendant le travail, l'oxydation énergique de ces substances dans le plasma musculaire interstitiel ne saurait se faire sans que la circulation plus rapide et la rutilance plus grande du sang entraînent également une plus grande oxydation du muscle. Aussi remarque-t-on que, pendant le travail, la quantité d'urée excrétée augmente légèrement, et que l'albumine soluble disparaît dans le muscle, ce qui explique parfaitement la nécessité de l'alimentation en matières protéiques. Il est très-probable aussi que l'azote libre apparaît en plus grande quantité dans les produits de la respiration pendant l'activité musculaire.

Les manifestations vitales dans tous les organes se produisent au moyen de contractions et de dilatations internes; on conçoit que ce travail, tant qu'il reste *entièrement intérieur*, ne consomme pas de chaleur; mais il ne saurait se produire sans qu'il y ait dans l'organe élévation de température. Supposons deux mouvements alternatifs et contraires de contraction et de distension dans une fibrille, une augmentation de l'énergie vitale y entraîne une augmentation d'oxydation et de chaleur. Pendant la contraction, une partie de celle-ci est, il est vrai, consommée, mais une partie reste et échauffe l'organe; dans le mouvement de dilatation opposé, une augmentation de chaleur égale à celle qui avait été consommée par le travail inverse reparaît et le résultat final, on le voit, est une augmentation de température de l'organe.

Les expériences très-importantes et fort remarquables de Moritz Schiff [voyez *Archives de Physiologie*, t. II et III] démontrent que le tissu nerveux lui-même n'échappe pas à cette loi. Toute mise en action de son activité produit un échauffement instantané. Le passage d'un courant, d'une sensation, dans un nerf vivant en produit l'échauffement. Une impression sensible de douleur quelconque produit dans le cerveau une élévation de température; toutes les impressions sensorielles de la vue et de l'ouïe produisent le même résultat [*ibid.*, t. III, p. 201]. Il suffit de faire passer devant les yeux d'un poulet, par exemple, un papier diversement coloré pour qu'au moment du passage d'une nouvelle couleur son cerveau s'échauffe; enfin, les impressions psychiques elles-mêmes lui ont donné les mêmes résultats [*ibid.*, p. 333]. Ces expériences démontrent que toutes les manifestations de la vie organique, même les plus intimes et les plus délicates, ont lieu par un mécanisme analogue, et que la source unique de toute *énergie* vitale est la chaleur due aux combustions qui se passent dans l'organisme.

A. G.

**NUTTALITE** (Min.). — Variété de wernerite de Bolton, Massachusetts. Sa composition varie par suite d'altérations.

# O

**OBSIDIENNE** (Min.) [Syn. *Marékanite, verre volcanique*]. — Matière vitreuse d'origine volcanique, d'une composition variable, qui se rapproche néanmoins le plus souvent du feldspath.

Analyses d'obsidienne :

I. Obsidienne en boule explosive de l'Inde, par M. Damour.
II. Du Cerro de las Navajas, Mexique, par Vauquelin.
III. Marékanite extraite de la perlite d'Ochotzk, par Klaproth.

| | I. | II. | III. |
|---|---|---|---|
| $SiO^2$ | 70,34 | 78,0 | 81,0 |
| $Al^2O^3$ | 8,63 | 10,0 | 9,50 |
| FeO | 10,52 | 2,0 | 0,60 |
| MnO | 0,32 | 1,6 | » |
| $Na^2O$ | 3,34 | » | 7,20 (Na²O + K²O) |
| $K^2O$ | » | 6,0 | |
| CaO | 4,56 | 1,0 | 0,83 |
| MgO | 1,67 | » | » |
| Perte au feu | » | » | 0,50 |
| Cl | » | » | » |
| | 99,38 | 98,6 | 99,13 |

L'obsidienne est d'un noir de poix, d'un gris blanchâtre, ou d'un vert-bouteille; à cassure fortement conchoïde. Elle est transparente en lames minces. Son éclat vitreux est prononcé. Elle présente parfois un reflet chatoyant.

Elle se rencontre dans les terrains trachytiques et dans les volcans anciens ou actuels. Elle forme des boules isolées de diverses grosseurs, ou bien des coulées ayant parfois une grande puissance, en Hongrie, en Islande, aux îles Lipari, aux Açores, au Mexique, etc. On s'en servait au Mexique pour en faire des couteaux et des pointes de flèches.

La marékanite forme des rognons de la grosseur d'une noisette ou d'un pois dans les perlites.

L'obsidienne passe à la ponce en devenant fibreuse.

*Caractères.* — Inattaquable aux acides. Au chalumeau, fond avec boursouflement et avec plus ou moins de facilité en un verre blanc.

Dureté, 6 à 7.

Densité, 2,2 à 2,5.

F. et S.

**OCCLUSION.** — Les métaux ont la propriété d'absorber, de condenser à différents degrés, les gaz et de les conserver même dans le vide; Graham, à qui nous devons les recherches sur ces intéressants phénomènes, les a désignés par le nom *occlusion*.

Il y avait là un fait physique analogue à l'absorption de l'oxygène par le caoutchouc, et la comparaison est d'autant plus juste que la quantité de gaz absorbé n'est pas réglée ici par la loi des racines carrées des densités (voyez ABSORPTION, DIFFUSION) : l'occlusion est élective. Ce dernier caractère la rapproche de la dissolution et par suite des phénomènes chimiques; mais Graham est allé peut-être trop loin en assimilant l'état des gaz absorbés par le métal à celui des éléments d'un alliage.

D'un autre côté, il est vrai, le gaz occlus a changé de propriétés. Dans le cas de l'occlusion de l'hydrogène par le palladium, qui a été le mieux étudié, nous voyons le métal augmenter de volume, diminuer de densité, de ténacité, de conductibilité électrique, et acquérir des propriétés magnétiques; l'hydrogène occlus possède des affinités bien plus énergiques que l'hydrogène libre. — Voyez t. II, p. 71 [*Phil. Mag.*, (4), t. XXXII, p. 503; *Bull. de la Soc. chim.*, 1867, p. 88; *Proc. Roy. Soc. London*, t. XVI, p. 422, et t. XVII, p. 212; *Ann. de Chim. et de Phys.*, (4), t. XIV, p. 315, et t. XVI, p. 188].

L'occlusion paraît indépendante de l'étendue de la surface du métal, fait qui a été constaté très-nettement avec le platine.

Le passage du gaz à travers le platine, le fer, le palladium chauffés au rouge, observé par MM. Deville et Troost avant les travaux de Graham sur l'occlusion (voyez DIFFUSION, t. I, p. 1163), s'explique jusqu'à un certain point par l'occlusion.

Pour déterminer la quantité de gaz occlus à haute température par le métal, Graham le chauffe dans un tube en porcelaine vernissé, qui est mis en communication d'un côté avec le générateur de gaz, de l'autre côté avec un appareil de Sprengel (trompe à mercure). On commence par faire passer le gaz, on chauffe graduellement jusqu'au rouge, et l'on maintient cette température pendant un certain temps; ensuite on laisse refroidir lentement, on chasse l'excès de gaz par un courant d'air, on fait le vide au moyen de l'appareil Sprengel, et, continuant à faire fonctionner celui-ci, on expulse le gaz occlus en chauffant le tube de porcelaine pendant une heure ou plus au rouge blanc. Le gaz aspiré par la trompe est recueilli et mesuré.

Certains métaux ont la propriété d'occlure les gaz et surtout l'hydrogène, même à la température ordinaire; l'occlusion est très-considérable si l'hydrogène se trouve à l'état naissant. Pour faire les expériences, Graham place le métal dans de l'eau acidulée, et le fait communiquer avec le pôle négatif d'une batterie de six éléments, le pôle positif étant formé par une lame de platine.

Graham a étudié un grand nombre de métaux sous le rapport de l'occlusion des différents gaz à chaud ou à froid; nous analyserons brièvement les résultats qu'il a obtenus, en classant les métaux par ordre alphabétique.

ANTIMOINE. — L'antimoine n'absorbe l'hydrogène ni au-dessous, ni au-dessus de son point de fusion.

ARGENT. — L'argent vierge en fils s'est trouvé contenir 0vol.,29 d'oxyde de carbone presque pur; au rouge, 0vol.,211 d'hydrogène et 0vol.,745 d'oxygène; il a fixé 0vol.,545 de ce dernier lorsqu'on l'a chauffé dans l'air. L'argent en feuilles minces absorbe, dans ces dernières conditions, 1vol.,37 d'oxygène, 0vol.,20 d'azote et 0vol.,04 d'acide carbonique. L'argent en poudre obtenu par réduction de son chlorure possède un pouvoir absorbant beaucoup plus considérable; il retient 6,15 à 7vol.,47 d'oxygène; 0,907 à 0vol.,938 d'hydrogène; 0,486 à 0vol.,545 d'acide carbonique et 0vol.,15 d'oxyde de carbone.

L'oxygène occlus par l'argent ne se dégage qu'au rouge.

CUIVRE. — Le métal poreux obtenu par réduction de l'oxyde absorbe, au rouge, 0vol.,6 d'hydrogène; le cuivre en fils seulement 0vol.,306. Un morceau de cuivre travaillé, chauffé dans le vide, a dégagé de l'hydrogène et une petite quantité de carbone.

FER. — Du fil de fer mince bien décapé avec de la potasse et de l'eau, lorsqu'on le chauffe au rouge dans le vide, dégage de l'oxyde de carbone presque pur, en quantité assez considérable (jusqu'à 12vol.,5). Le fer ainsi privé de gaz absorbe au rouge sombre 0vol.,46 d'hydrogène et 4vol.,15 d'oxyde de carbone; ce dernier gaz est retenu très-énergiquement, et son occlusion par le fer joue certainement un rôle dans la métallurgie du fer et dans la fabrication de l'acier par cémentation. Le fer chargé d'oxyde de carbone ne peut être trempé, même lorsqu'on le refroidit très-brusquement; quant aux autres propriétés, elles ne sont pas altérées.

Le fer météorique de Lenarto renferme également des gaz occlus (2,85 volumes) formés principalement d'hydrogène, d'un peu d'oxyde de carbone, d'azote et d'une trace de carbure d'hydrogène [Graham, *Proc. Roy. Soc. London*, t. XV, p. 502; *Compt. rend.*, t. LXIV, p. 1067].

Le fer doux plongé à la température ordinaire dans l'acide sulfurique absorbe une petite quantité d'hydrogène (0vol.,57).

OR. — Ce métal fixe au rouge 0vol.,48 d'hydrogène, 0vol.,29 d'oxyde de carbone et 0vol.,16 d'acide carbonique; chauffé à l'air, il retient 0,19 à 0vol.,24 d'un gaz plus riche en azote que l'air atmosphérique. L'or absorbe les gaz du foyer dans lequel on le chauffe et les retient très-longtemps; 1 volume d'or, dans ces conditions, absorbe 2vol.,12 d'un gaz très-riche en oxyde de carbone.

OSMIURE D'IRIDIUM. — Ce corps n'absorbe pas d'hydrogène.

PALLADIUM. — Le métal en lames forgé, mais non fondu, absorbe à la température ordinaire 376 volumes d'hydrogène; de 90° à 97° il en retient 643 volumes et 526 volumes à 245°. L'éponge de palladium préparée par calcination du cyanure absorbe, à 200°, 686 volumes d'hydrogène; le métal fondu et réduit en lames n'en absorbe que 68 volumes. Le palladium absorbe de minimes quantités de certains liquides; il est perméable à la vapeur d'éther.

L'hydrogène absorbé se dégage, en partie, déjà à la température ordinaire, mais le métal en conserve une grande partie, et dans ces conditions il est imperméable pour l'hydrogène; il est au contraire perméable à un haut degré à chaud. Dans le vide, surtout à chaud, il laisse échapper facilement le gaz. A l'état occlus, l'hydrogène possède un pouvoir réducteur très-énergique (voyez HYDROGÈNE, t. II, p. 75); M. Kolbe a fait voir récemment qu'on peut, au moyen de l'hydrogène occlus par le palladium, réduire le chlorure de benzoyle à l'état d'alcool benzylique, et transformer la nitrobenzine en aniline [H. Kolbe, *Journ. für prakt. Chem.*, (2), t. IV, p. 418].

Un alliage de 4 p. d'*argent* et de 5 p. de *palladium* absorbe au rouge sombre 20vol.,5 d'hydrogène.

Si l'on charge d'hydrogène une lame de palladium en la plaçant dans un voltamètre comme électrode négative et en la mettant en communication avec une pile de six éléments Bunsen, on n'observe aucun dégagement d'hydrogène pendant les vingt premières secondes : la lame condense 200vol.,4 d'hydrogène à 12°. Cet hydrogène ne manifeste aucune tension à la température ordinaire, mais au-dessus de 100° il se dégage complétement. Un fil de palladium absorbe dans les mêmes conditions jusqu'à 936 volumes d'hydrogène, et subit en même temps des changements considérables dans ses propriétés physiques (voyez plus haut et t. II, p. 74). Au pôle positif le palladium n'absorbe pas d'oxygène.

Lorsqu'on charge d'hydrogène un fil de palladium, il s'allonge considérablement, et lorsqu'on expulse l'hydrogène occlus le fil se raccourcit, mais, au lieu de revenir à sa longueur primitive, il subit une contraction à peu près égale à l'allongement qu'il avait éprouvé.

Ce phénomène très-singulier disparaît dès qu'on allie le palladium avec un autre métal; ainsi, les alliages suivants s'allongent si on les charge d'hydrogène, mais reviennent à leur longueur primitive lorsqu'on expulse le gaz occlus.

Un alliage de 34 % d'*argent* et de 66 % de *palladium* étiré en fils (densité, 11,45) condense 411vol.,37 d'hydrogène, et se dilate de 4,97 % (dil. cubique).

Un alliage cassant de parties égales de *bismuth* et de *palladium* n'absorbe pas d'hydrogène.

L'alliage de 1 p. de *cuivre* et de 6 p. de *palladium* est ductile, mais ne condense pas d'hydrogène.

Un alliage de parties égales de *nickel* et de *pal-*

*ladium*, possédant une densité de 11,22, absorbe 69$^{vol.}$,76 d'hydrogène.

Un alliage de 24,79 % d'*or* et de 75,21 % de *palladium* (densité, 13,1) absorbe 464$^{vol.}$,2 d'hydrogène en se dilatant de 5,84 % (dil. cubique).

L'alliage de 23,97 % de *platine* et de 76,03 % de *palladium* (densité, 12,64) condense 702 volumes d'hydrogène, et se dilate de 8,423 % (dil. cubique).

PLATINE. — Le platine fondu en fils absorbe au rouge 0$^{vol.}$,17 d'hydrogène; la mousse de platine 1$^{vol.}$,48; du vieux platine qui n'avait jamais été fondu, mais seulement forgé, a fixé 3,83 à 5$^{vol.}$,53 d'hydrogène. Si l'on augmente la surface d'un même volume de platine, son pouvoir absorbant n'augmente pas.

Le platine en lames condense à 230° 1$^{vol.}$,45 d'hydrogène et 0$^{vol.}$,76 entre 97° à 100°. L'aspect et le brillant du métal ne sont pas changés par l'absorption du gaz, mais, après l'expulsion de ce dernier, la surface possède une apparence terne et paraît couverte de petites bulles.

Placé comme pôle négatif dans un voltamètre, le platine absorbe 2$^{vol.}$,19 d'hydrogène, et acquiert les propriétés polarisantes bien connues. Au pôle positif il ne condense pas d'oxygène.

ZINC. — Ce métal n'absorbe pas d'hydrogène lorsqu'on le plonge dans un acide étendu. A. H.

**OCHROÏTE** (Min.). — Variété de cérérite mélangée de quartz et analysée par Klaproth.

**OCRANE** (Min.). — Espèce de bol de couleur jaune, d'Orawitza (Banat).

**OCRE JAUNE** (Min.). — Variété argileuse de limonite.

**OCRE ROUGE** (Min.). — Variété terreuse d'hématite.

**OCTAÉDRITE.** — Voyez ANATASE.

**OCTYLAMINE** [Syn. *Caprylamine, caprylique*], $C^8H^{17}.H^2.Az$ [Squire, *Chem. Soc. quart. Journ.*, t. VII, p. 108; — Cahours, *Compt. rend.*, t. XXXIX, p. 254; — Bouis, *Ann. de Chim. et de Phys.*, (3), t. XLIV, p. 139]. — L'octylamine se produit lorsqu'on fait chauffer à 100° pendant 2 jours de l'iodure d'octyle avec de l'ammoniaque alcoolique; on évapore, on distille les cristaux avec de la potasse et on déshydrate le produit avec de l'hydrate de potasse. On peut aussi saturer de gaz ammoniac une solution alcoolique d'iodure d'octyle et chauffer à 100° ce mélange en tube scellé; après réaction, on évapore l'alcool et l'ammoniaque et l'on décompose le résidu par la potasse. Le tube renferme quelquefois une couche huileuse, mélange de di- et de tri-octylamine, et qui traitée de nouveau par l'ammoniaque alcoolique ne disparaît pas. Pelouze et Cahours [*Ann. de Chim. et de Phys.*, (4), t. I, p. 5], préparent l'octylamine en faisant agir l'ammoniaque alcoolique sur le chlorure d'octyle (du pétrole). L'octylamine est un liquide limpide, incolore, excessivement caustique, d'une saveur amère, d'une odeur ammoniacale rappelant le poisson (Squire), ressemblant à celle qu'exhale le bouc (Bouis), bouillant à 164° (Squire), de 172° à 175° (Cahours), à 175° (Bouis), 168-172° (Pelouze et Cahours). Densité, 0,786. Elle est insoluble dans l'eau. Elle brûle facilement. Par l'action de l'iodure d'octyle, elle fournit des ammoniaques dans lesquelles un plus grand nombre d'atomes d'hydrogène sont remplacés par de l'octyle. Elle forme avec les chlorures de benzoyle et de cumyle des composés analogues à la benzamide et à la cuminamide. L'octylamine précipite les sels métalliques; elle dissout le chlorure d'argent.

Le *sulfate* $(C^8H^{20}Az)^2SO^4$ et l'*azotate d'octylamine* sont très-solubles dans l'eau et s'obtiennent à l'état cristallisé. L'*iodhydrate* $C^8H^{19}Az.HI$ cristallise en grandes tables et est très-soluble dans l'eau bouillante. Le *chlorhydrate* est un sel très-déliquescent cristallisé en grandes feuilles nacrées. Le *chloraurate d'octylamine*,

$$C^8H^{19}Az.HCl, AuCl^3,$$

constitue de petites feuilles cristallines déliquescentes, ressemblant à l'iodure de plomb; à l'état humide, il s'altère à l'air, il fond au-dessous de 100° en un liquide rouge; à une température plus élevée, il s'enflamme et brûle avec une belle flamme. Il est soluble dans l'alcool et dans l'éther.

Le *chloroplatinate d'octylamine*,

$$[C^8H^{19}Az, HCl]^2 + PtCl^4,$$

cristallise en écailles brillantes jaune d'or ou en grandes feuilles minces, plus solubles dans l'eau à chaud qu'à froid, très-solubles dans l'alcool et dans l'éther. Ph. de C.

**OCTYLE**, $C^8H^{17}$. — Radical dont on admet l'existence dans les dérivés des alcools octyliques.

OCTYLE ou DIOCTYLE, $C^{16}H^{34}$. — Ce corps est, suivant Schorlemmer, un hydrocarbure normal; il se produit en même temps que de l'hydrure d'octyle lorsqu'on chauffe de l'iodure d'octyle primaire avec de l'amalgame de sodium et qu'on rectifie ensuite le produit sur du sodium. Comme il est moins volatil que l'hydrure, on l'en sépare facilement par la distillation; on le purifie en le dissolvant dans une petite quantité d'un mélange d'alcool et d'éther, et en refroidissant la solution dans un mélange réfrigérant; il se prend en une masse cristalline, qui, soumise rapidement à la filtration à une basse température, est lavée avec de l'alcool bien refroidi et comprimée à plusieurs reprises. Il se présente alors sous la forme de belles lames blanches nacrées, solubles dans l'alcool absolu bouillant et dans l'éther, et se déposant pendant le refroidissement sous la forme de cristaux bien définis. Pendant le refroidissement, ces solutions se troublent et il se forme des gouttes huileuses qui peu à peu se concrètent. L'octyle fond à 21° et bout à 278° [Zincke, *Ann. der Chem. u. Pharm.*, 1869, t. CLII, p. 1]. Ph. de C.

**OCTYLE (HYDRURE D')** [Syn. *Hydrure de capryle, octane*], $C^8H^{18}$. — Cet hydrocarbure se produit dans un grand nombre de cas. Suivant Riche [*Bull. de la Soc. chim.*, 1858-1859, p. 91], l'hydrure d'octyle se produit lorsqu'on chauffe l'acide sébacique avec un grand excès de baryte et une petite quantité de sable :

$$C^{10}H^{18}O^4 = C^2O^4 + C^8H^{18}.$$

Il se trouve dans la portion des pétroles d'Amérique bouillant de 115° à 120° [Pelouze et Cahours, *Ann. de Chim. et de Phys.*, (4), t. I, p. 5], et parmi les huiles légères obtenues dans la distillation du cannel-coal de Wigan, faite à une température peu élevée [Schorlemmer, *Chem. Soc. Journ.*, t. XV, p. 419, et *Ann. de Chim. et de Phys.*, (3), 1862, t. LXVIII, p. 210]. Le carbure d'hydrogène que G. Williams [*Phil. Trans.*, 1857, p. 447] a extrait des huiles de boghead et a nommé *butyle* est de l'hydrure d'octyle. Il se produit en même temps que d'autres homologues, lorsqu'on fait agir du chlorure de zinc sur l'alcool amylique; la portion du liquide passant entre 110° et 130° renferme de l'octylène et de l'hydrure d'octyle. En traitant par le brome et en distillant sous une pression de 20 millimètres, l'hydrure distille à 80° [Wurtz, *Bull. de la Soc. chim.*, 1863, p. 303]. Il prend naissance lorsqu'on fait agir du zinc et de l'acide chlorhydrique sur l'iodure d'octyle secondaire dérivé du méthylhexyle-carbinol [Schorlemmer, *Ann. der Chem. u. Pharm.*, 1868, t. CXLVII, p. 222, et *Bull. de la Soc. chim.*, (2), 1869, t. XI, p. 149]; lorsqu'on traite l'iodure d'octyle primaire par l'amalgame de sodium [Zincke, *Ann. der Chem. u. Pharm.*, 1869, t. CLII, p. 1]; lorsqu'on chauffe de l'acide phtalique, du bleu d'indigo, de l'acénaphtène, du styrolène et de l'éthylbenzine avec 80 p. d'une solution aqueuse saturée d'acide iodhydrique [Berthelot, *Bull. de la Soc. chim.*, 1867, t. VIII, p. 254, et *ibid.*, 1868, t. IX, p. 189, 272, 282, 300]; lorsqu'on fait réagir à 270° 1 p. d'acide camphorique sur 60 p. d'acide iodhydrique (densité = 2) [Berthelot, *Bull. de la Soc. chim.*, 1869, t. XI, p. 105]. Le savon de chaux fait avec l'huile de Menhaden fournit à la distillation sèche, en même temps que de l'octylène, de l'hydrure d'octyle bouillant de 128° à 129°; cet hydrure se forme aussi, suivant Vohl [*Bull. de la Soc. chim.*, 1865, t. IV, p. 302], lorsqu'on fait passer de la vapeur d'hydrure de coccinyle $C^{13}H^{28}$ à travers un tube en fer chauffé au rouge.

Schorlemmer [*Ber. der deutsch. chem. Gesellsch.*, t. IV, p. 395, et *Bull. de la Soc. chim.*, 1871, t. XV, p. 208] pense que les hydrures d'octyle dérivés du méthylhexyle-carbinol, de l'alcool primaire de Zincke, de l'acide sébacique et le dibutyle sont des hydrocarbures normaux, c'est-à-dire que les atomes de carbone y sont unis l'un à l'autre dans une chaîne unique; en effet, le dibutyle est préparé avec l'iodure de butyle normal, et tous ces hydrocarbures ont un point d'ébullition qui permet de les considérer comme normaux. Le dibutyle et les hydrures d'octyle dérivés du méthylhexyle-carbinol et de l'alcool primaire sont en réalité identiques entre eux.

En transformant l'hydrure d'octyle dérivé du méthylhexyle-carbinol et celui du pétrole en alcools, Schorlemmer [*Ann. der Chem. u. Pharm.*, 1869, t. CLII, p. 152, et *Bull. de la Soc. chim.*, 1870, t. XIV, p. 251] a reconnu qu'ils fournissaient un mélange d'alcools primaire et secondaire; il semble donc que ces hydrocarbures sont eux-mêmes des mélanges de deux composés isomériques; il faut ajouter que l'hydrure d'octyle du pétrole peut être séparé par une distillation fractionnée prolongée en deux hydrocarbures, bouillant l'un à 119-122°, l'autre à 122-125°.

*Propriétés.* — L'hydrure d'octyle est un liquide incolore, ayant une odeur faiblement éthérée.

Voici un tableau donnant le point d'ébullition, la densité et la densité de vapeur des différents hydrures d'octyle :

| Origine. | Point d'ébullition. | Densité. | Densité de vapeur. Théorie 3,95. |
|---|---|---|---|
| 1° Dérivé du pétrole... (Pelouze et Cahours.) | 116-118° | 0,726 à 15° | 4,010 |
| 2° Dérivé du pétrole... (Schorlemmer.) | 123-124° | | |
| 3° Dérivé du cannel-coal. | 119-120° | 0,719 à 17°,5 | 3,98 |
| 4° Dérivé du boghead.. | 119° | 0,6945 à 18° | 3,88 |
| 5° Dérivé du méthylhexyle-carbinol...... | 124° | 0,7088 à 12°,5 | |
| 6° Dérivé de l'acide sébacique............. (Schorlemmer.) | 124° | | |
| 7° Dérivé de l'alcool amylique............... | 115-118° | 0,728 à 0° | 4,01 |
| 8° Dibutyle dérivé de l'iodure de butyle normal................. (Schorlemmer.) | 123-125° | | |

Le chlore attaque l'hydrure d'octyle en formant du chlorure d'octyle. L'oxychlorure de carbone à 180° n'agit pas sur l'hydrure d'octyle dérivé du méthylhexyle-carbinol [de Clermont et Fontaine, *Bull. de la Soc. chim.*, 1870, t. XIII, p. 494].

L'acide azotique fumant n'agit pas à froid sur l'hydrure d'octyle; mais, si l'on chauffe légèrement, il s'établit une réaction très-vive; il se forme de l'eau, de l'acide carbonique, de l'acide succinique, des acides gras volatils, des nitriles et un produit oléagineux fixe, jaunâtre et azoté. Tous ces corps sont peu abondants et c'est l'acide succinique qui domine; l'huile azotée non volatile, insoluble dans l'eau, se décompose par la chaleur et se transforme en une résine rouge par l'action de la potasse caustique; l'acide azotique la transforme en un acide cristallisable dans l'alcool en grandes aiguilles aplaties blanches [Schorlemmer, *Bull. de la Soc. chim.*, 1869, t. XI, p. 150].

L'*amyle-isopropyle*, CH (CH³. CH³) $C^5H^{11}$ [Schorlemmer, *Ann. der Chem. u. Pharm.*, 1867, t. CXLIV, p. 184, et *Bull. de la Soc. chim.*. 1868, t. X, p. 129], est un isomère de l'hydrure d'octyle; il se trouve parmi les produits de l'action du sodium sur un mélange d'iodures d'amyle et d'isopropyle dissous dans l'éther; on le purifie en traitant par l'acide sulfurique et l'acide azotique la portion du produit bouillant entre 100° et 120°, puis on rectifie sur du sodium. Il est liquide, mobile, incolore, bouillant de 109° à 110°, d'une densité égale à 0,698 à 16°. Le chlore l'attaque à froid en donnant un chlorure bouillant à 165°, d'une odeur d'orange, et ressemblant beaucoup au chlorure d'octyle bouillant à 172°. Densité à 10°,5 = 0,8834. Le même chlorure paraît se former principalement par l'action du chlore en présence de l'iode. L'acide chromique attaque lentement l'amyle-isopropyle en ne donnant que des acides carbonique et acétique. Ph. de C.

**OCTYLÈNE** [Syn. *Caprylène*], $C^8H^{16}$ [Cahours, *Compt. rend.*, t. XXXI, p. 143; — Bouis, *Compt. rend.*, t. XXXIII, p. 144; t. XXXVIII, p. 935; *Ann. de Chim. et de Phys.*, (3), t. XLIV, p. 77; — Berthelot, *Compt. rend.*, t. XLIV, p. 1350]. — L'octylène se forme lorsqu'on chauffe presque au rouge sombre un mélange intime de 1 p. d'acide pélargonique et de 4 p. de chaux potassée. On rectifie le produit, qui commence à bouillir à 105°; la majeure partie passe entre 106° et 110° : c'est de l'octylène; à la fin la température s'élève jusqu'à 140° (Cahours). On l'obtient d'une manière analogue dans la distillation des autres acides gras, tels que les acides œnanthylique, caprylique, palmitique, etc.; il semble prendre naissance dans la distillation de la plupart des huiles fixes; il se produit aussi par l'action du chlorure de zinc sur l'alcool amylique (Wurtz).

Un mélange d'alcool octylique et d'acide sulfurique soumis à la distillation noircit, laisse dégager de l'acide sulfureux, et il se volatilise de l'octylène.

L'octylène se produit aussi lorsqu'on chauffe l'iodure ou le chlorure d'octyle avec du sodium ou du mercure, ou en chauffant du chlorure d'octyle avec de la potasse alcoolique [Pelouze et Cahours, *Ann. de Chim. et de Phys.*, (4), t. I, p. 5]. En faisant agir du chlore sur de l'hydrure d'octyle extrait du cannel-coal, Schorlemmer [*Chem. Soc. Journ.*, t. XV, p. 419, et *Ann. de Chim. et de Phys.*, (3), t. LXVIII, p. 210] a obtenu des produits plus chlorés que le chlorure d'octyle qui, traités à plusieurs reprises par du sodium, ont fourni de l'octylène. L'huile d'une espèce de hareng (*Alosa Menhaden*) saponifiée par la chaux fournit un savon qui, soumis à la distillation, donne naissance à un certain nombre de carbures d'hydrogène, parmi lesquels se trouve de l'hydrure d'octylène et de l'octylène, bouillant de 121° à 122°, et possédant une densité de 0,7396 à 0°.

Le produit brut rectifié renferme ces deux carbures à peu près dans la proportion de 12,5 % [Warren et Storer, *Mem. Amer. Acad.*, nouv. sér., t. IX, p. 177, et *Bull. de la Soc. chim.*, 1868, t. IX, p. 324].

Le procédé le plus avantageux de préparation de l'octylène consiste à chauffer de l'alcool octylique avec du chlorure de zinc fondu; il distille de l'eau et de l'octylène. L'octylène est un liquide incolore très-réfringent, d'une odeur assez forte, bouillant à 125° (Bouis), de 106° à 110° (Cahours), de 118° à 120° (Pelouze et Cahours), au-dessous de 120° (Wurtz), de 115° à 117° (Schorlemmer). Densité = 0,723 à 17° (Bouis), = 0,708 à 16° (Cahours

Densité de vapeur = 3,954 (Cahours), 3,86 et 3,90 (Bouis), 4,0 (Wurtz), 4,17 (Schorlemmer). Théorie, = 3,878. Il brûle avec une flamme très-éclairante. Il est insoluble dans l'eau, soluble dans l'alcool et l'éther; il dissout l'iode en se colorant en rouge; par l'agitation, il enlève l'iode des dissolutions aqueuses; il dissout à chaud du biiodure de mercure.

Il se combine avec le brome en s'échauffant, et forme le composé $C^8H^{16}Br^2$, qui est un liquide épais, incolore. Pour préparer ce corps, Rubien [*Ann. der Chem. u. Pharm.*, t. CXLII, p. 294] recommande d'ajouter petit à petit du brome et de l'octylène en présence de l'eau; on évite ainsi le contact direct du brome et du carbure d'hydrogène, et par suite une trop grande élévation de température. L'octylène, moins dense que l'eau, surnage d'abord sur l'eau, tandis que le bromure d'octylène qui se forme coule peu à peu au fond.

Lorsqu'on fait passer un courant lent de chlore dans l'octylène refroidi, il y a absorption de gaz, dégagement de chaleur et d'acide chlorhydrique; on achève la chloruration au soleil, on lave et on dessèche l'*octylène quintichloré* $C^8H^{11}Cl^5$, qui est un liquide visqueux, brûlant mal avec une flamme fuligineuse.

Un volume d'octylène absorbe rapidement, à la température ordinaire, 7 à 8 volumes de gaz chlorhydrique, ensuite davantage, de sorte qu'après 2 heures, 10 volumes sont absorbés; après 5 jours, 12 volumes; après 11 jours, 13 volumes; après 17 jours, 14 volumes; après 23 jours, 15 volumes; lorsqu'on chauffe à 100° de l'octylène avec une solution aqueuse saturée d'acide chlorhydrique, il y a combinaison partielle des deux corps.

L'*octylène mononitré* $C^8H^{15}.AzO^2$ se produit par l'action de l'acide azotique sur l'octylène. Lorsqu'on soumet l'octylène dinitré à la distillation, et qu'on retire du feu au moment où la température a atteint 200°, celle-ci monte encore à 212°, et la presque totalité du liquide passe en dégageant des vapeurs rouges; il reste dans la cornue un résidu noir plus dense que l'eau, soluble dans la potasse, d'où l'acide azotique le précipite. L'octylène mononitré est un liquide moins dense que l'eau, soluble dans l'alcool à chaud; il a une odeur forte, piquante, désagréable. La potasse le colore en rouge et le dissout, si elle est concentrée.

Toutes les fois qu'on ajoute de l'acide azotique par petites portions à de l'octylène, et qu'on laisse la réaction s'apaiser avant une nouvelle addition d'acide, il se produit un acide très-soluble dans l'eau et dans l'alcool, et cristallisant en prismes blancs fusibles, répandant, lorsqu'on le chauffe, des vapeurs blanches, épaisses et irritantes. Cet acide se combine avec la potasse et l'oxyde d'argent, le sel d'argent détone lorsqu'on le chauffe; il est insoluble dans l'eau et soluble dans l'ammoniaque et l'acide azotique.

Lorsqu'on traite l'octylène par l'acide azotique à 4 équivalents d'eau, ensuite par un mélange d'acide azotique fumant et d'acide sulfurique, il se manifeste une action vive qui se continue à froid, et il se forme de l'*octylène dinitré* $C^8H^{14}(AzO^2)^2$. On le purifie en le lavant et en le desséchant. L'octylène dinitré est une huile plus dense que l'eau; il se dissout un peu dans l'eau, qu'il colore en jaune, et à laquelle il communique une odeur irritante.

Une solution alcoolique d'octylène traité par de l'acide azotique, ensuite par de l'ammoniaque et enfin par de l'hydrogène sulfuré, laisse déposer du soufre, et il se forme des aiguilles jaunes déliées, devenant blanches à la lumière, fusibles par la chaleur, se boursouflant et brûlant avec une flamme blanche, laissant comme résidu du charbon. Il se produit peut-être le corps $C^8H^{17}Az$ (Bouis). Le sodium n'attaque pas à chaud l'octylène; si l'on fait agir en même temps du chlore, il se dégage de l'hydrogène, et il se forme le composé $C^8H^{15}ClNa^2$, selon l'équation

$$C^8H^{16} + 2Na + Cl = C^8H^{15}Na.NaCl + H.$$

L'iode et le brome produisent, dans ces mêmes circonstances, les composés iodés et bromés correspondants.

*Oxydation de l'octylène.* — L'octylène s'oxyde plus difficilement, par un mélange de bichromate de potasse, d'acide sulfurique et d'eau, que l'hydrate d'octylène; en le faisant bouillir pendant 15 heures avec un tel mélange, on n'obtient pas de méthylœnanthol, mais des acides caproïque et propionique [Ph. de Clermont, *Bull. de la Soc. Chim*, 1869, t. XII, p. 212].

Bouis a obtenu un polymère de l'octylène en faisant agir pendant quelque temps de l'acide sulfurique fumant sur de l'alcool octylique, il se forme à la surface du mélange une couche huileuse qui augmente graduellement. Par des lavages à l'eau, à l'alcool et à la potasse aqueuse, on obtient ce liquide à l'état de pureté. Il est sans odeur, incolore, commence à bouillir à 250°, mais son point d'ébullition s'élève constamment, et il acquiert alors une odeur désagréable qui rappelle celle de la sueur. Sa densité est de 0,814 à 15°. Il brûle avec une flamme fuligineuse; la potasse bouillante ne l'altère pas. Il est insoluble dans l'eau et à peine soluble dans l'alcool froid.

GLYCOL OCTYLÉNIQUE [Ph. de Clermont, *Bull. de la Soc. chim.*, (2), t. II, p. 98, 1865; *Compt. rend.*, t. LIX, p. 80; *Bull. de la Soc. chim.*, (2), t. XII, p. 96, 1869, et *Thèse de doctorat, présentée à la Faculté des sciences de Paris*, 1870],

$$C^8H^{18}O^2 = C^8H^{16}\left\{\begin{matrix}OH\\OH.\end{matrix}\right.$$

— On l'obtient en faisant réagir sur l'acétate d'octylglycol soit la potasse, soit la baryte caustique. Le mieux est d'ajouter de la potasse récemment calcinée et finement pulvérisée, jusqu'à ce que le papier de tournesol accuse une réaction alcaline, et de soumettre à la distillation; généralement il faut procéder à plusieurs saponifications successives.

Le glycol octylique est un liquide oléagineux incolore, inodore, d'une saveur brûlante et aromatique, insoluble dans l'eau, soluble dans l'alcool et dans l'éther. Densité à 0° = 0,932; à 20° = 0,920. Il bout vers 237°.

Le sodium se dissout dans l'octylglycol avec dégagement d'hydrogène en donnant un glycol sodé. L'acide azotique, renfermant plus de 4 équivalents d'eau, n'attaque l'octylglycol ni à froid ni à chaud; l'acide à 4 équivalents d'eau ne l'attaque pas à froid; mais à l'ébullition, il y a dégagement d'oxyde d'azote et d'acide carbonique, et il se forme de l'acide oxalique et un acide huileux. Si l'oxydation est poussée moins loin, il se forme un acide solide et cristallin dont le sel de baryum est fusible à 120° et brûle à une température plus élevée avec une flamme éclairante, en laissant un résidu charbonné; il renferme 38,5 % de baryum.

*Diacétate d'octylglycol*,

$$C^8H^{16}(C^2H^3O^2)^2 = C^8H^{16}\left\{\begin{matrix}O.C^2H^3O\\O.C^2H^3O.\end{matrix}\right.$$

— On le prépare en faisant réagir de l'acétate d'argent sur du bromure d'octylène dans la proportion de 1 molécule du premier pour 2 du second, on ajoute de l'acide acétique cristallisable; on chauffe à 100° d'abord, à 120° à la fin. On épuise par l'éther, et par des distillations fractionnées on purifie l'acétate d'octylglycol. On peut remplacer l'acétate d'argent par l'acétate de plomb, mais la réaction est moins nette. Le diacétate d'octylglycol est un liquide incolore, oléagineux, d'une odeur aromatique, d'une saveur brûlante et rappelant les corps gras. Il bout vers 247°. Densité à 0° = 0,990; à 160° = 0,976. Soumis à la saponification par la baryte ou la potasse, il fournit l'octylglycol. Il est insoluble dans l'eau, et soluble dans l'alcool et l'éther. Densité de vapeur = 7,41. Théorie = 7,94.

*Chlorhydrine du glycol octylique,*

$$(C^8H^{16})'' \left\{ \begin{matrix} OH \\ Cl. \end{matrix} \right.$$

— Il ne semble pas se former de chlorhydrine dans l'action directe de l'acide chlorhydrique sur l'octylglycol. Il se forme des produits moins chlorés. Par l'action de l'acide hypochloreux étendu sur l'octylène, on obtient la chlorhydrine. Si l'on fait usage d'une solution renfermant de 2 à 3 °/₀ d'acide hypochloreux, on obtient un liquide bouillant de 206° à 208°, présentant la composition de la chlorhydrine heptylique

$$C^7H^{14''}.OH.Cl.$$

Une solution d'acide hypochloreux à 3/4 °/₀ fournit la chlorhydrine octylique. On fait passer dans le liquide obtenu un courant d'acide carbonique à 125° pour chasser l'excès d'octylène. La chlorhydrine octylique est un liquide mobile, légèrement jaunâtre, doué d'une odeur aromatique camphrée, d'une saveur brûlante, insoluble dans l'eau, soluble dans l'alcool et l'éther, brûlant avec une flamme fuligineuse, éclairante, blanche, bordée de vert; elle ne bout pas sans décomposition. Densité à 0° = 1,003; à 31° = 0,987. Chauffée en vase clos à 180° avec de la potasse caustique en morceaux et un peu d'eau, la chlorhydrine fournit de l'oxyde d'octylène :

$$C^8H^{16''}.HO.Cl + KHO$$
$$= KCl + H^2O + C^8H^{16}.O.$$

*Acétochlorhydrine du glycol octylique,*

$$(C^8H^{16})'' \left\{ \begin{matrix} Cl \\ C^2H^3O^2. \end{matrix} \right.$$

— Pour la préparer, on ajoute de l'octylène étendu d'acide acétique anhydre et d'acide acétique cristallisable à de l'acide acétique anhydre saturé au quart d'acide hypochloreux anhydre; on a soin de refroidir, car la réaction s'effectue avec dégagement de chaleur; en étendant d'eau, l'acétochlorhydrine vient surnager, on la dessèche et on la sépare par la distillation fractionnée de produits plus chlorés et moins volatils. L'équation suivante rend compte de la réaction :

$$\left. \begin{matrix} C^2H^3O \\ Cl \end{matrix} \right\} O + C^8H^{16} = (C^8H^{16})'' \left\{ \begin{matrix} Cl \\ C^2H^3O^2. \end{matrix} \right.$$

L'acétochlorhydrine octylique est un liquide incolore, mobile, doué d'une odeur aromatique, agréable, d'une saveur brûlante; elle est soluble dans l'alcool, l'éther et l'acide acétique, insoluble dans l'eau. Elle brûle avec une flamme fuligineuse bordée de vert; elle bout à 225°. Densité à 0° = 1,026; à 18° = 1,011. Densité de vapeur = 7,32. Théorie = 7,12.

*Oxyde d'octylène,* $C^8H^{16}O$. — En chauffant l'acétochlorhydrine pendant 40 heures à 180° avec de la potasse, on obtient de l'oxyde d'octylène bouillant vers 145° :

$$(C^8H^{16})'' \left\{ \begin{matrix} Cl \\ C^2H^3O^2 \end{matrix} \right. + 2KHO$$
$$= C^8H^{16}O + KCl + C^2H^3O^2.K + H^2O.$$

La chlorhydrine fournit, dans les mêmes circonstances, le même oxyde d'octylène. Cette combinaison est un liquide mobile, d'une odeur aromatique, agréable. Densité à 15° = 0,831. Ph. de C.

**OCTYLIDÈNE** [Syn. *Caprylidène*], $C^8H^{14}$ [Limpricht et Rubien, *Zeitsch. für Chem.*, 1867, t. II, p. 500; *Bull. de la Soc. chim.*, 1867, t. VII, p. 346; — Rubien, *Ann. der Chem. u. Pharm.*, t. XLII, p. 294, 1867, et *Bull. de la Soc. chim.*, 1868, t. IX, p. 480]. — On le prépare en traitant le bromure d'octylène par la potasse alcoolique. L'octylène bromé qui se forme d'abord possède une odeur agréable et bout à 185°. Traité à 140° par la potasse alcoolique, il fournit l'octylidène, bouillant de 133° à 134°. Ce corps est plus léger que l'eau et soluble dans l'alcool, l'éther et la benzine. Le brome s'y combine énergiquement en donnant le tétrabromure $C^8H^{14}Br^4$, qui est une huile incolore, d'une odeur de fenouil, décomposable par la distillation, soluble dans l'éther et la benzine, peu soluble dans l'alcool. Le sodium agit assez vivement sur sa solution dans la benzine. La potasse alcoolique l'attaque brusquement, à chaud, en donnant un produit qui bout en grande partie entre 190° et 235°, en laissant un résidu poisseux. La portion bouillant à 203-205° renferme $C^8H^{11}Br$; c'est un liquide très-alliacé, plus dense que l'eau, soluble dans l'alcool, l'éther et la benzine. Le sodium ne l'attaque pas à froid; à chaud, l'action est très-énergique. Le brome l'attaque en dégageant de l'acide bromhydrique. Ph. de C.

**OCTYLIQUES (ALCOOLS).** — On connaît des alcools octyliques primaires et secondaires et un alcool tertiaire; l'hydrate d'octylène semble être un alcool secondaire.

ALCOOLS PRIMAIRES. — *Alcool octylique primaire de l'Heracleum* [Zincke, *Zeitschr. für Chem.*, t. V, p. 55; *Bull. de la Soc. chim.*, 1869, t. XII, p. 144; *Ann. der Chem. u. Pharm.*, t. CLII, p. 1]. — En distillant les fruits de l'*Heracleum Spondylium* avec de l'eau (30 kilogrammes de fruits en ont fourni 120 grammes), on obtient une huile essentielle qui est formée principalement d'acétate d'octyle. On purifie ce corps par distillation fractionnée en recueillant ce qui passe à 200-212°. L'acétate d'octyle est un liquide incolore, mobile, d'une odeur de pomme et d'une saveur épicée brûlante. Il bout à 206-208°, est insoluble dans l'eau, soluble dans l'alcool et l'éther. Densité à 16° = 0,8717. La potasse alcoolique le transforme en alcool octylique primaire et acétate de potasse. L'alcool ainsi obtenu est à peu près insoluble dans l'eau; il bout à 190-192°, possède une odeur aromatique et une saveur d'abord douceâtre, puis brûlante. Sa densité à 16° = 0,83.

On prépare le *chlorure d'octyle primaire*

$$C^8H^{17}Cl$$

en saturant l'alcool primaire à une température modérée par du gaz acide chlorhydrique, en chauffant ensuite pendant quelque temps à 120°, et en traitant la petite quantité d'alcool non transformée par le perchlorure de phosphore. On obtient le bromure et l'iodure en traitant l'alcool par le brome, l'iode et le phosphore rouge. Ces trois éthers sont des liquides incolores, insolubles dans l'eau, peu solubles dans l'alcool faible, facilement solubles dans l'alcool absolu et dans l'éther. Leurs points d'ébullition et leurs densités sont les suivants :

| | Points d'ébullition. | Densités. |
|---|---|---|
| Chlorure.... | 179°,5 à 180°,5 | 0,8802 à 16° |
| Bromure.... | 198-200° | 1,1116 » |
| Iodure...... | 220-222° | 1,338 » |

Les éthers octyliques primaires des acides gras sont des liquides incolores huileux, insolubles dans l'eau, solubles dans l'alcool et dans l'éther et présentant une différence moyenne de 15° dans leur point d'ébullition pour chaque différence de $CH^2$ :

| | | Point d'ébullition. | Densité. |
|---|---|---|---|
| Acétate.... | $C^8H^{17}.C^2H^3O^2$ | 206-208° | 0,8717 à 16 |
| Valérate... | $C^8H^{17}.C^5H^9O^2$ | 249-251° | 0,8642 » |
| Caproate.. | $C^8H^{17}.C^6H^{11}O^2$ | 268-271° | » » |
| Caprylate.. | $C^8H^{17}.C^8H^{15}O^2$ | 297-299° | 0,8625 » |

L'acétate et le caproate existent tout formés dans l'huile d'Heracleum; le caproate se produit lorsqu'on oxyde l'alcool par l'acide chromique; le valérate, lorsqu'on chauffe en tube scellé le bromure avec du valérate de potassium.

L'alcool d'Heracleum est primaire, car il fournit par oxydation avec le bichromate de potasse et l'acide sulfurique un acide gras, $C^8H^{16}O^2$, et l'éther octylique de cet acide, sous la forme d'une huile incolore bouillant à 297-299°, et d'une densité égale à 0,8625 à 16°.

Zincke donne à cet alcool la formule

$$CH^2OH.CH^2.CH^2.CH^2.CH^2.CH\left\{\begin{matrix}CH^3\\CH^3\end{matrix}\right.$$

et à l'acide qui en dérive la suivante :

$$CO^2H.CH^2.CH^2.CH^2.CH^2.CH\left\{\begin{matrix}CH^3\\CH^3.\end{matrix}\right.$$

On obtient encore des alcools octyliques primaires au moyen de l'hydrure d'octyle qu'on transforme en chlorure d'octyle, puis en acétate, et en saponifiant ce dernier par la potasse alcoolique; il se forme en même temps des alcools secondaires. L'alcool primaire obtenu avec l'hydrure d'octyle, dérivé de l'iodure d'octyle secondaire, diffère de l'alcool primaire extrait de l'Heracleum, dont les dérivés possèdent un point d'ébullition plus élevé. Il fournit, lorsqu'on l'oxyde par un mélange de bichromate de potasse et d'acide sulfurique, un acide de la composition $C^8H^{16}O^2$, différent de l'acide caprylique des graisses naturelles et de celui obtenu par l'oxydation de l'alcool de l'Heracleum. En effet, il ne se solidifie pas à 0°.

L'hydrure d'octyle du pétrole fournit aussi un alcool primaire qui par oxydation donne un acide $C^8H^{16}O^2$ [Schorlemmer, *Ann. der Chem. u. Pharm.*, t. CLII, p. 152, et *Bull. de la Soc. chim.*, (2), 1870, t. XIV, p. 251].

ALCOOLS SECONDAIRES. — On en connaît deux, savoir : l'alcool octylique découvert par M. Bouis, et l'hydrate d'octylène de M. Ph. de Clermont.

ALCOOL OCTYLIQUE [Syn. *Méthylhexylcarbinol*], $C^8H^{18}O$ [Bouis, *Compt. rend.*, 1851, t. XXXIII, p. 141; *Institut*, 1851, p. 257; *Compt. rend.*, 1854, t. XXXVIII, p. 935, et t. XXXIX, p. 288; *Ann. de Chim. et de Phys.*, (3), 1855; t. XLIV, p. 77; *Compt. rend.*, 1855, t. XLI, p. 603; *Ann. de Chim. et de Phys.*, (3), 1856, t. XLVIII, p. 99; — Moschnine, *Ann. der Chem. u. Pharm.*, 1853, t. LXXXVII, p. 111; — Railton, *Chem. Soc. quart. Journ.*, 1853, t. VI, p. 205; — Wills, *Chem. Soc. quart. Journ.*, 1853, t. VI, p. 307; *Ann. de Chim. et de Phys.*, (3), t. XLI, p. 103; — Squire, *Chem. Soc. quart. Journ.*, 1854, t. VII, p. 108; — Faget, *Compt. rend.*, 1853, t. XXXVII, p. 730; — Cahours, *Compt. rend.*, 1854, t. XXXIX, p. 254]. — L'alcool octylique se produit lorsqu'on fait agir de l'hydrate de potasse sur l'huile de ricin, sur la ricinolamide ou sur l'acide ricinolique. On a controversé pendant quelque temps sur la nature des produits de cette réaction, l'exposé des différentes opinions émises à ce sujet se trouve à l'article HEPTYLIQUE (ALCOOL), t. II, p. 17. Voici les détails de la préparation : on saponifie l'huile de ricin par la potasse, et on ajoute ensuite un excès d'alcali, de telle sorte qu'il représente environ la moitié en poids de l'huile employée, on chauffe modérément dans une cornue ou un alambic; la masse qui se boursoufle d'abord s'épaissit ensuite, la mousse tombe, on élève la température au point de fondre l'alcali, l'alcool octylique distille, et de l'hydrogène se dégage en abondance. L'opération est terminée lorsqu'il se produit des vapeurs blanches irritantes d'une odeur désagréable. Le résidu renferme du sébaçate de potasse, l'équation suivante rend compte de la réaction :

$$\underset{\text{Acide ricinolique.}}{C^{18}H^{34}O^3} + 2KHO = \underset{\text{Sébaçate de potassium.}}{C^{10}H^{16}O^4.K^2} + C^8H^{18}O + 2H.$$

La réaction a lieu vers 250°; si on ne porte pas la température à ce degré, il se produit de l'aldéhyde octylique. Lorsqu'on fait usage d'un alambic, on a soin de placer entre le chapiteau et le réfrigérant un gros tube en verre que l'on casse, dans le cas où le savon, se boursouflant trop, est entraîné dans le serpentin où il se solidifie, et empêche par suite le dégagement de gaz qui est considérable; de plus, on met un bouchon de liége à la place de la vis qui ferme l'ouverture destinée à l'introduction des liquides dans l'appareil distillatoire. L'alcool octylique obtenu est le quart en volume ou le cinquième en poids de la quantité d'huile soumise à l'expérience. Il est mélangé avec de l'aldéhyde caprylique et avec des homologues de l'éthylène, notamment avec de l'octylène. L'acide sébacique constitue également le quart en poids, le restant est un mélange d'acides, l'un liquide ressemblant à l'acide oléique, l'autre solide ayant la composition de l'acide éthalique.

On purifie l'alcool octylique en le distillant plusieurs fois sur la potasse en fragments, et en changeant de cornue à chaque opération : de cette manière l'aldéhyde octylique qui accompagne l'alcool est détruite.

Dans certaines contrées de l'Afrique, surtout dans les îles de l'archipel du Cap-Vert, il existe une plante décrite par Andanson vers le milieu du siècle dernier, le *Curcas purgans*, de la famille des Euphorbiacées. On extrait du fruit de cette plante des quantités considérables d'une huile fixe, douée des mêmes propriétés physiologiques que l'huile de ricin, mais beaucoup exagérées. En saponifiant cette huile par la potasse, Silva [*Bull. de la Soc. chim.*, 1869, t. XI, p. 41] a obtenu l'alcool octylique bouillant de 178° à 180°.

L'alcool octylique est un liquide huileux, incolore, transparent, d'une odeur aromatique très-forte et persistante, tachant le papier, bouillant à 180° (Bouis), à 179° (Moschnine, Wills, Squire). Densité = 0,823 à 17° (Bouis), 0,792 à 16°,5 (Wills). Densité de vapeur = 4,51 (théorie); 4,55 (Bouis), 4,019 (Railton).

L'alcool octylique est insoluble dans l'eau, il dissout le phosphore, le soufre et l'iode; il absorbe rapidement le gaz acide chlorhydrique en s'échauffant; par la chaleur, on peut chasser l'acide. Sa combinaison avec le chlorure de calcium constitue des prismes très-déliquescents qui sont plus solubles à chaud qu'à froid dans l'alcool octylique et que l'eau décompose. Il dissout le chlorure de zinc. Il est soluble dans l'esprit de bois, l'alcool, l'éther, et très-soluble dans l'acide acétique. Il dissout les corps gras, les résines et le copal tendre, le copal dur s'y gonfle et finit par s'y dissoudre.

L'alcool octylique brûle avec une flamme blanche, éclairante.

En faisant agir l'acide azotique concentré sur l'alcool octylique, on obtient des acides œnanthylique, caproïque et butyrique; en employant de l'acide étendu, on obtient des cristaux blancs, aiguillés, identiques avec ceux produits dans des circonstances semblables avec l'octylène, une huile particulière dégageant des vapeurs ammoniacales lorsqu'on la chauffe avec la potasse concentrée et des acides caprylique et œnanthylique.

L'acide sulfurique dissout l'alcool octylique en se colorant en rouge; si on ne refroidit pas, la couleur devient plus foncée et il se forme de l'acide octylsulfurique; généralement il se produit aussi du sulfate d'octyle et de l'octylène. En faisant agir l'acide sulfurique fumant sur l'alcool octylique, on obtient de l'acide octylsulfurique et, après un temps plus long, un polymère de l'octylène. Le perchlorure de phosphore réagit vivement sur l'alcool octylique en produisant du chlorure d'octyle et de l'oxychlorure de phosphore. L'acide chlorhydrique à 120° ou 130° le transforme en chlorure d'octyle; le chlorure de zinc produit à 125° de l'eau et de l'octylène. L'acide phosphorique vitreux formé, après un contact prolongé, de l'acide octylphosphorique donnant des sels de plomb, de chaux et de baryte solubles. Le brome et l'iode en présence du phosphore produisent les éthers correspondants. Lorsqu'on chauffe de l'alcool octylique avec du phosphore et de l'iode, il se forme presque toujours un carbure d'hydrogène, dont la production est due sans doute à l'action de l'acide phosphorique sur l'alcool octylique; on constate en effet la présence de cet acide et de l'hydrogène phosphoré qui se forment l'un et l'autre aux dépens de l'acide hypophosphoreux. Le potassium en contact avec l'alcool octylique dégage de l'hydrogène en formant la combinaison $C^8H^{17}KO$; l'eau régénère l'alcool octylique; à mesure que le composé potassé se produit, le mélange devient pâteux, se colore en jaune d'abord, puis en rouge-brun. Le sodium prend de l'éclat dans l'alcool octylique et ne se modifie pas; si l'on chauffe, il s'établit une vive réaction, et le composé $C^8H^{17}NaO$ prend naissance. Ce corps est blanc, se colore en brun à l'air, est infusible et se dissout dans l'alcool octylique en plus grande quantité à froid qu'à chaud. Les alcalis, à une température supérieure à 250°, changent l'alcool en carbures d'hydrogène et en acides avec dégagement d'hydrogène. La chaux caustique décompose l'alcool à une haute température, en produisant de l'hydrogène et des carbures d'hydrogène gazeux. L'alcool octylique réduit, à chaud, l'oxyde d'argent en produisant un très-beau miroir métallique; il est sans action sur l'azotate d'argent.

Kolbe regarde l'alcool octylique comme un alcool secondaire, le méthylhexylcarbinol. Suivant Schorlemmer [*Bull. de la Soc. chim.*, t. XI, p. 149, 1869; *Ann. der Chem. u. Pharm.*, t. CXLVII, p. 222, 1868], il bout à 181° (corrigé).

L'alcool octylique oxydé à froid par de l'acide sulfurique et du chromate de potasse, puis soumis à la distillation, fournit du méthyle-œnanthol

$$\begin{array}{c}CH^3\\ |\\ CO\\ |\\ C^6H^{13}\end{array}$$

bouillant à 170-172°. Chauffé avec le mélange oxydant, il donne des acides caproïque et acétique. C'est donc de l'alcool iso-octylique ou du méthylhexylcarbinol $CH^3\text{-}CH.OH\text{-}C^6H^{13}$.

Quant à la constitution de l'hexyle $C^6H^{13}$ contenu dans cet alcool, ainsi que dans l'acide caproïque, elle doit être semblable à celle de l'amyle de l'alcool amylique, puisque l'acide caproïque obtenu par l'oxydation de l'alcool secondaire est identique avec celui obtenu par le cyanure d'amyle et les corps gras. La formule de l'alcool octylique est donc

$$\begin{array}{c}CH^3\\ CH^3\end{array}\!\!\!>CH\text{-}CH^2\text{-}CH^2\text{-}CH^2\text{-}CH.OH\text{-}CH^3.$$

On obtient encore le méthylhexylcarbinol, en même temps qu'une petite quantité d'un alcool primaire, au moyen de l'hydrure d'octyle du pétrole. Traité par le chlore, cet hydrocarbure fournit un chlorure qui a une odeur d'oranges et qui bout de 173° à 176°. Ce chlorure, chauffé à 200° avec de l'acide acétique concentré et de l'acétate de potasse, se transforme principalement en octylène. Il se produit en même temps une petite quantité d'un acétate d'octyle liquide d'une odeur de poire et bouillant de 200° à 205°. En chauffant cet acétate avec de la potasse alcoolique, en traitant le liquide obtenu par l'eau, en lavant avec de l'eau le liquide huileux qui se sépare alors et en séchant sur de la potasse fondue, on obtient un alcool octylique bouillant à 180-182°, ayant la même odeur que l'alcool préparé avec l'huile de ricin et donnant par l'oxydation (en même temps qu'un peu d'acide caprylique) les mêmes produits que celui-ci.

Il se produit un autre alcool secondaire en même temps qu'un alcool primaire en plus grande quantité, en effectuant les mêmes opérations sur l'hydrure d'octyle obtenu artificiellement avec l'iodure d'octyle préparé avec l'alcool de l'huile de ricin. Cet hydrure d'octyle fournit un chlorure ayant une faible odeur d'orange, bouillant à 174-176°, et donne, par l'action de l'acétate de potasse, un mélange d'octylène et d'acétate octylique en quantités à peu près égales. L'hydrure d'octyle du pétrole, au contraire, donne naissance à environ trois fois plus d'octylène que d'acétate. L'acétate ainsi obtenu a une odeur de poire et bout à 198-202°. L'alcool correspondant qu'on obtient en chauffant cet acétate avec de la potasse alcoolique bout entre 180° et 190°, la majeure partie distille entre 182° et 186°. Il possède une odeur rappelant le méthylhexylcarbinol et fournit, comme lui, par l'oxydation avec le mélange renfermant de l'acide chromique, un acide de la formule $C^8H^{16}O^2$, isomérique avec l'acide caprylique, et une acétone isomérique avec le méthylœnanthol: mais cette acétone fournit par une oxydation plus avancée des acides propionique et valérique sans traces d'*acide acétique;* cette acétone est donc l'acétone éthyl-caproylique ou éthylamylique

$$\begin{array}{c}C^2H^5\\ |\\ CO\\ |\\ C^5H^{11}\end{array}$$

et l'alcool qui lui donne naissance est l'éthylamylcarbinol

$$\begin{array}{c}C^2H^5\\ |\\ CH.OH\\ |\\ C^5H^{11}\end{array}$$

[Schorlemmer, *Ann. der Chem. u. Pharm.*, t. CLII, p. 152, et *Bull. de la Soc. chim.*, 1870, t. XIV, p. 251].

### ÉTHERS SIMPLES DE L'ALCOOL OCTYLIQUE DE L'HUILE DE RICIN.

Bromure d'octyle, $C^8H^{17}Br$. — On le prépare en faisant réagir le phosphore et le brome sur l'alcool octylique tant que celui-ci reste incolore, après cela on chauffe légèrement pour chasser l'acide bromhydrique, on fait bouillir et on recueille le liquide qui passe vers 190°, on lave avec une solution étendue de carbonate de soude et on redistille. Le bromure d'octyle est un liquide plus dense que l'eau; son odeur est analogue à celle de l'éther octylchlorhydrique; il est insoluble dans l'eau, soluble dans l'alcool; il brûle avec une flamme très-fuligineuse, verte sur les bords; il bout à 190°, mais le point d'ébullition s'élève pendant la distillation, il y a coloration et décomposition. En le dissolvant dans l'alcool et en le versant dans une dissolution alcoolique d'azotate d'argent, on précipite tout le brome à l'état de bromure d'argent; la réaction correspondante est plus rapide avec l'iodure d'octyle.

Chlorure d'octyle, $C^8H^{17}Cl$. — On le prépare en faisant agir le perchlorure de phosphore ou l'acide chlorhydrique sur l'alcool octylique. L'action du perchlorure de phosphore est énergique au commencement; on chauffe vers la fin de l'opération; après purification, le chlorure d'octyle constitue un liquide incolore, insoluble dans l'eau, très-peu soluble dans l'alcool, brûlant avec une flamme fuligineuse, verte sur les bords; sa densité est plus faible que celle de l'eau. Il possède une odeur d'oranges; son point d'ébullition est assez longtemps fixe à 175°, mais s'élève graduellement. L'alcool octylique absorbe rapidement l'acide chlorhydrique gazeux en s'échauffant et en augmentant de volume; en chauffant, l'acide chlorhydrique part; mais si, après avoir saturé l'alcool d'acide chlorhydrique, ou bien après l'avoir mélangé avec une dissolution concentrée du même acide, on le porte à 120° ou 130° dans un tube scellé, il y a formation d'éther chlorhydrique; par ce mode d'opération, on n'obtient jamais d'éther pur.

*Corps violet*, $C^8H^{15}Na.NaCl$. — On fait agir du chlorure d'octyle sur du sodium, sous la pression ordinaire ou en tube scellé; on peut aussi chauffer de l'octylène avec du sodium et faire arriver du chlore sec; il se dégage de l'hydrogène et le corps violet se produit; si le sodium est en excès, il reste de l'octylène. Enfin on peut faire agir du sodium sur de l'octylène additionné d'un peu de chlorure d'octyle ou sur de l'octylène traité par du chlore.

Desséché à 130°, ce corps violet ne se décompose pas, mais blanchit un peu; comprimé entre du papier et exposé à l'air, il devient blanc en produisant de la soude et du chlorure de sodium; parfois il s'enflamme, sans doute à cause de la présence du sodium. Si on le chauffe, il dégage de l'hydrogène; il reste du charbon et du sodium divisé. Tous les liquides oxygénés le décomposent en général; il réagit vivement sur l'eau; il se dégage un peu d'hydrogène provenant probablement du sodium qui lui adhère, et il se forme de la soude, du chlorure de sodium et de l'octylène. Le chlore et le chlorure d'octyle en excès le détruisent. Il se conserve sans altération dans l'huile de naphte et dans l'octylène.

Iodure d'octyle, $C^8H^{17}I$. — On fait dissoudre de l'iode dans un égal poids d'alcool octylique et l'on fait digérer avec du phosphore jusqu'à décoloration, ou bien on ajoute à de l'alcool alternativement du phosphore et de l'iode par petites portions, en évitant de mettre un excès du premier. Pour 100 d'alcool, on prend 50 d'iode et 6 de phosphore, on distille le liquide; il passe de l'eau et de l'octylène, et le point d'ébullition s'élève jusqu'à 200°. Il passe alors un liquide violet avec des vapeurs de phosphore et d'hydrogène phosphoré. On lave le produit distillé avec du carbonate de soude, ensuite avec de l'eau, et on le soumet à la distillation fractionnée. L'iodure d'octyle passe à 210°.

L'iodure d'octyle est un liquide huileux, ayant une odeur d'orange; il bout à 210° (Bouis), à 191-196° (Wills), à 193° (Squire), en se décomposant et en se colorant en rouge-brun foncé par l'iode libre. Sa densité à 16° est de 1,31. A la lumière, l'iodure d'octyle se colore en rouge; à l'ébullition, il se transforme en carbures d'hydrogène et en acide iodhydrique. Il brûle avec une flamme fuligineuse. Chauffé avec de l'ammoniaque alcoolique, il fournit de l'iodhydrate d'octylamine; si l'iodure est en excès, il se produit aussi des di- et tri-octylamines. Le sodium et le potassium le décomposent comme le chlorure d'octyle. Lorsqu'on le chauffe avec du mercure, il se forme de l'iodure de mercure vert, insoluble, soluble à chaud et cristallisant par le refroidissement; par une action prolongée, il se dégage de l'hydrogène et il se forme de l'octylène :

$$2C^8H^{17}I + Hg^2 = 2C^8H^{16} + Hg^2I^2 + H^2.$$

En solution alcoolique, l'iodure d'octyle précipite les sels d'argent en formant de l'iodure d'argent et l'éther octylique correspondant à l'acide du sel d'argent.

Oxyde d'octyle ou éther octylique (?), $(C^8H^{17})^2O$. — En distillant de l'alcool octylique sodé avec du chlorure d'octyle, on obtient un liquide d'une odeur particulière, commençant à bouillir à 50°, mais sans point d'ébullition constant. Ce corps, qui paraît être un mélange, renferme des traces de chlore. En chauffant à 100°, en vase clos, du chlorure d'octyle avec de la potasse alcoolique, on obtient le même composé.

Sulfure d'octyle, $(C^8H^{17})^2.S$. — On fait chauffer une solution alcoolique de monosulfure de sodium avec de l'iodure d'octyle, jusqu'à ce que le mélange se trouble et qu'il se produise une huile insoluble dans l'alcool chargé de sulfure et d'iodure de sodium. Le sulfure d'octyle est plus léger que l'eau, possède une odeur désagréable, se décompose par la chaleur et est peu soluble dans l'alcool.

### ÉTHERS A OXACIDES DE L'ALCOOL OCTYLIQUE DE L'HUILE DE RICIN.

Acétate d'octyle. — Voyez Acétate de caprylé, t. I, p. 21.

Azotate d'octyle, $C^8H^{17}.AzO^3$. — On dissout l'iodure d'octyle dans l'alcool bouillant et on ajoute un excès d'une solution alcoolique d'azotate d'argent, il se précipite de l'iodure d'argent et l'azotate d'octyle reste dissous; l'eau sépare l'éther octyle-azotique sous forme huileuse. Cet éther est plus léger que l'eau; son odeur est agréable et se rapproche de celle de l'acétate d'octyle; il brûle bien. Il commence à bouillir vers 80°; la température s'élevant, il noircit et se décompose en laissant un résidu de charbon. Soumis à l'ébullition avec de la potasse alcoolique, il donne naissance à de l'azotate de potasse et à de l'alcool octylique.

Acide octylsulfurique ou sulfoctylique,

$$C^8H^{17}.SO^4H.$$

— On mélange lentement 2 p. d'alcool octylique avec 1 p. d'acide sulfurique, on refroidit pour empêcher le dégagement d'acide sulfureux, on abandonne ensuite à une douce chaleur; au bout de 6 à 7 jours, il se forme deux couches, dont la supérieure renferme de l'acide octylsulfurique. En faisant usage de parties égales d'alcool et d'acide, on observe généralement un dégagement d'acide sulfureux, et le mélange se fonce, si on ne refroidit pas avec soin. Lorsqu'on se sert d'acide fumant, il n'y a pas de coloration et il se dégage moins d'acide sulfureux, cependant il faut éviter un contact trop prolongé. Le liquide saturé par les carbonates de plomb, de chaux ou de baryte donne des sels solubles qui fournissent l'acide octylsulfurique. Il est liquide, incolore, sirupeux, très-soluble dans l'eau et dans l'alcool; lorsqu'on le chauffe, il noircit et se décompose; sa dissolution, soumise à l'ébullition, régénère de l'alcool.

Le *sulfoctylate de potassium*,

$$2(C^8H^{17}.SO^4K) + H^2O,$$

cristallise en écailles nacrées blanches, grasses au toucher, solubles dans l'eau et dans l'alcool; il est très-amer et laisse un arrière-goût sucré; il brûle parfaitement et laisse un résidu de sulfate de potasse. On ne peut le sécher fortement sans le décomposer; vers 100°, il rougit déjà et devient acide. Chauffé avec une dissolution de potasse, il forme du sulfate de potasse et de l'alcool.

Le *sulfoctylate de baryum*,

$$(C^8H^{17}.SO^4)^2Ba.3H^2O,$$

constitue des cristaux nacrés, flexibles, lorsqu'on l'obtient par le refroidissement de sa solution aqueuse suivant Moschnine, et des mamelons d'apparence gommeuse, présentant au centre des cristaux rayonnés suivant Bouis; dans l'alcool il cristallise parfois en fines aiguilles; il est difficile de le sécher; au-dessus de 100° il perd de l'eau, rougit et se décompose même dans le vide; il est très-soluble dans l'eau et dans l'alcool, il est amer et laisse un arrière-goût sucré. Le *sel de calcium* cristallise en tables blanches. L'acide sulfoctylique forme deux sels avec l'oxyde de plomb : le *sel neutre* obtenu par la saturation de l'acide avec le carbonate de plomb cristallise facilement et a une réaction acide. Le *sel basique* se forme lorsqu'on fait digérer le sel neutre avec de l'oxyde de plomb, il constitue une masse transparente, sa solution absorbe l'acide carbonique à l'air et il se régénère du sel neutre.

ALCOOL OCTYLIQUE SECONDAIRE DÉRIVÉ DE L'OCTYLÈNE [Ph. de Clermont, *Bull. de la Soc. chim.*, t. X, p. 217; *ibid.*, 1869, t. XII, p. 212, et *Thèse de doctorat, présentée à la Faculté des sciences de Paris*, 1870].

*Hydrate d'octylène*, $(C^8H^{16})H^2O$. — On le prépare en distillant l'acétate d'octylène avec de la potasse caustique récemment calcinée, et en rectifiant le produit qui renferme de l'octylène. On l'obtient encore en chauffant pendant quelques heures en vase clos, vers 180°, de l'acétate d'octylène avec de la potasse caustique et un peu d'eau. L'hydrate d'octylène est un liquide transparent, incolore, très-mobile, non oléagineux, ne tachant le papier que d'une manière passagère, d'une odeur aromatique, d'une saveur brûlante et persistante. Il est inflammable et brûle avec une flamme éclairante; il est insoluble dans l'eau, soluble dans l'alcool et dans l'éther. Il dissout un peu de chlorure de calcium. Il bout à 175°. Sa densité est égale à 0,811 à 0° et à 0,793 à 23°. Il ne se décompose pas à une température de 280°; l'acide chlorhydrique gazeux ne le décompose pas à froid; mais, chauffé avec une solution concentrée du même acide en vase clos, il noircit légèrement, et il se forme sans doute un peu de chlorhydrate d'octylène. Chauffé en tube scellé à 100° avec un excès d'une dissolution aqueuse d'acide iodhydrique saturée à 0°, l'hydrate d'octylène donne naissance à de l'iodhydrate d'octylène. Si l'on chauffe à 100° pendant quelques heures de l'hydrate d'octylène avec du brome, il se forme du bromhydrate et du bromure d'octylène. Bouilli pendant quelque temps avec un mélange de bichromate de potasse, d'acide sulfurique et d'eau, l'hydrate d'octylène fournit à la distillation du méthylœnanthol et des acides caproïque et acétique.

*Chlorhydrate d'octylène*, $C^8H^{16}.HCl$. — Ce corps se forme plus difficilement que les composés iodé et bromé correspondants; il faut plus de temps et une température plus élevée. On le prépare en chauffant à 160° en tube scellé pendant 24 heures de l'octylène avec une solution concentrée d'acide chlorhydrique dans l'eau. Le chlorhydrate purifié bout vers 165°. C'est un liquide mobile, incolore, moins dense que l'eau, d'une odeur aromatique, brûlant avec une flamme éclairante bordée de vert. Il se produit aussi en chauffant en tube scellé l'hydrate d'octylène avec une solution concentrée d'acide chlorhydrique.

*Bromhydrate d'octylène*, $C^8H^{16}.HBr$. — Il se produit lorsqu'on fait chauffer au bain-marie, en vase clos, de l'octylène avec un excès d'une solution d'acide bromhydrique saturée à 0° [Berthelot, *Compt. rend.*, t. XLIV, p. 1350, 1857]. Il bout à 95° sous la pression de 20 millimètres environ; distillé sous la pression ordinaire, il se décompose en partie. C'est un liquide incolore, très-réfringent, d'une odeur aromatique; à la longue il s'altère en prenant une teinte rougeâtre. Sa densité à 16° = 1,117. Traité par l'oxyde d'argent en présence de l'eau, il produit de l'octylène. L'acétate d'argent le transforme à la température ordinaire en acétate d'octylène et en bromure d'argent.

*Iodhydrate d'octylène*, $C^8H^{16}.HI$. — Pour le préparer, on chauffe à 100° en vase clos de l'octylène avec de l'acide iodhydrique saturé à 0°. Convenablement purifié, ce composé constitue un liquide huileux d'un jaune ambré, d'une odeur agréable de fruits, insoluble dans l'eau, soluble dans l'alcool et dans l'éther; il se décompose à la lumière en se colorant d'abord en rouge; à la longue, de l'iode est éliminé à l'état solide; l'altération peut être plus profonde encore, car on voit quelquefois se former une matière charbonnée noire. L'iodhydrate coloré par l'iode est instantanément décoloré à froid par le mercure, et il se produit de l'iodure de mercure vert; il ne peut être distillé sous la pression ordinaire sans se décomposer; sous une pression de 20 millimètres environ, il bout à 120°. Il n'est pas inflammable, mais en le chauffant on peut l'allumer et le faire brûler avec une flamme fuligineuse. Densité à 8° = 1,337; à 21° = 1,314. L'oxyde d'argent le décompose en octylène et acide iodhydrique, il ne se produit que des traces d'un corps oxygéné. L'acétate d'argent le transforme en acétate d'octylène et en iodure d'argent.

Suivant Mills [*Journ. Chem. Soc.*, (2), t. II, p. 153], le dinitroctylène traité par l'acide iodhydrique fournit, au-dessous de 100° déjà, de l'iodhydrate d'octylène :

$$C^8H^{14}(AzO^2)^2 + 19HI$$
$$= C^8H^{16}HI + 2AzH^4I + 4H^2O + 16I.$$

*Acétate d'octylène*. — On le prépare en faisant agir, en présence de l'éther, de l'acétate d'argent sur de l'iodhydrate ou du bromhydrate d'octylène; la réaction est très-vive et s'achève à froid. Il se forme de l'iodure ou du bromure d'argent, et le liquide éthéré renferme de l'acétate d'octylène; par suite d'une réaction secondaire, il se forme toujours une certaine quantité d'acide acétique et d'octylène. L'acétate d'octylène est obtenu par des distillations fractionnées. Il est liquide, incolore, non oléagineux, d'une odeur de fruits agréable et d'une saveur brûlante aromatique; il est insoluble dans l'eau, soluble dans l'alcool et dans l'éther. Il brûle avec une flamme éclairante. Densité = 0,822 à 0° et 0,803 à 26°. Il bout vers 175°.

ALCOOL OCTYLIQUE TERTIAIRE. — *Alcool pseudoctylique* ou *propyldiéthylcarbinol*,

$$C^8H^{18}O = C^3H^7-\overset{C^2H^5}{\underset{C^2H^5}{C}}.OH$$

[Boutlerow, *Bull. de la Soc. chim.*, 1866, t. V, p. 17]. — Il se forme lorsqu'on fait réagir le chlorure de butyryle $C^3H^7.COCl$ sur le zinc-éthyle. On chauffe au bain-marie le mélange de ces deux substances qui après quelques jours est devenu visqueux; il se dégage, lorsqu'on ajoute de l'eau, beaucoup de gaz combustibles; on distille après avoir acidulé avec l'acide chlorhydrique. L'alcool tertiaire passe, on le débarrasse de l'acétone qui l'accompagne en l'agitant avec du bisulfite de sodium et on le distille sur du carbonate de potassium sec. Il bout de 145° à 155°. Sa production s'explique par les équations suivantes :

$$\underset{\text{Chlorure de butyryle.}}{C^3H^7.COCl} + Zn(C^2H^5)^2 = ZnO + \underset{\text{Propyl-diéthylchlorométhane.}}{C\begin{cases}-C^3H^7\\=(C^2H^5)^2\\-Cl;\end{cases}}$$

$$C\begin{cases}C^3H^7\\(C^2H^5)^2\\Cl\end{cases} + H^2O = HCl + \underset{\text{Propyl-diéthylcarbinol.}}{C\begin{cases}-C^3H^7\\=(C^2H^5)^2\\-OH.\end{cases}}$$

Cet alcool est un peu visqueux, moins dense que l'eau et y est un peu soluble, il a une odeur à la fois alcoolique et camphrée, il ne se solidifie pas. Avec le perchlorure de phosphore, il forme le chlorure $C^8H^{17}Cl$ bouillant à 155°; l'odeur de celui-ci est particulière et désagréable; il se décompose en partie à la distillation. Ph. de C.

**ODMYLE (SULFURE D'),**

$$C^4H^{10}S = C^4H^9SH(?).$$

— Cette substance a été obtenue par Anderson dans la distillation de l'huile d'olive, de l'huile d'amandes douces ou de l'acide oléique avec du soufre; elle paraît avoir la composition du *mercaptan butylique.*

Lorsqu'on chauffe du soufre avec de l'huile d'olive, il s'y dissout en donnant un liquide visqueux rouge; à une température voisine du point où l'huile se décompose, une réaction violente s'établit, la matière se boursoufle par suite d'un dégagement abondant d'hydrogène sulfuré, et il distille une huile fétide à odeur d'ail, mais encore plus désagréable. Il ne se forme pas d'acroléine.

L'huile fétide qui a passé à la distillation est très-complexe; les portions les plus volatiles donnent avec une solution alcoolique de bichlorure de mercure un précipité cristallin qui paraît renfermer $(C^4H^9S)^2Hg + HgCl^2$.

Décomposé par l'hydrogène sulfuré, ce sel fournit une huile limpide plus légère que l'eau, d'une odeur désagréable, que Anderson a nommée *sulfure d'odmyle*, et qui renferme probablement $C^4H^{10}S$. La solution alcoolique de ce corps précipite le chlorure de mercure en blanc, le tétrachlorure de platine en jaune [Anderson, *Transact. of the Roy. Soc. Edinburgh*, vol. XVII, 3e part., et *Ann. der Chem. u. Pharm.*, t. LXIII, p. 370]. A. H.

**ODONTOLITHE** (Min.) [Syn. *Turquoise de nouvelle roche* ou *occidentale*]. — Dents fossiles colorées en bleu par du phosphate de fer.

**ŒLLACHERITE** (Min.) [Syn. *Margarite de Pfitsch*]. Silicate hydraté d'alumine, de potasse, de baryte et de manganèse, avec chaux, protoxydes de fer, de manganèse, etc. — Les rapports d'oxygène sont dans

$$RO + R^2O, R^2O^3, SiO^2, H^2O = 1 : 4 : 6 : 1.$$

Lamelles cristallines, d'un éclat nacré, d'une couleur blanche ou blanc grisâtre, transparentes si elles sont minces, élastiques.

Densité, 2,88 à 2,90.

*Forme cristalline.* — Orthorhombique ou clinorhombique.

**ŒNANTHIQUE (ACIDE)**, de οἶνος, vin, et ἄνθος, fleur [Syn. *Acide sitique*] [Liebig et Pelouze, *Ann. der Chem. u. Pharm.*, t. XIX, p. 241, 1836; — Mulder, *Poggend. Ann.*, t. XLI, p. 528, et Delffs, *Poggend. Ann.*, t. LXXXIV, p. 505; *Ann. de Chim. et de Phys.*, (3), t. XXXIV, p. 328]. — Liebig et Pelouze ont extrait cet acide de l'éther œnanthique et lui ont attribué la composition exprimée par la formule $C^{14}H^{14}O^3$ (notation en équivalents); nous doublerons cette formule : $C^{14}H^{28}O^3$. Suivant Laurent, l'acide œnanthique se produit aussi par l'oxydation de l'acide oléique. Delffs pense qu'il est identique avec l'acide pélargonique; les principaux caractères et la composition de ces deux acides sont en effet les mêmes, mais, sous l'influence de la chaleur, l'acide œnanthique se dédouble en eau et en acide anhydre, tandis que l'acide pélargonique distille sans décomposition.

On prépare l'acide œnanthique en traitant l'éther œnanthique par un alcali et on décomposant le produit par l'acide sulfurique; on lave avec de l'eau chaude et l'on dessèche en agitant avec du chlorure de calcium ou dans le vide sur l'acide sulfurique.

A 13°,2, l'acide œnanthique est une matière solide, incolore, de consistance butyreuse; à une température supérieure, il fond en une huile incolore; il est sans saveur et sans odeur; il rougit le tournesol; il se dissout facilement dans les alcalis caustiques et carbonatés; il est soluble dans l'alcool et dans l'éther. Soumis à la distillation, il donne d'abord un mélange d'eau et d'acide non altéré, puis de l'acide œnanthique anhydre $C^{14}H^{26}O^2$ qui commence à bouillir à 260°; finalement son point d'ébullition s'élève; à 295°, il se colore légèrement. Après fusion, l'acide anhydre se concrète à 31°.

Suivant Liebig et Pelouze, les œnanthates diffèrent des pélargonates; ils se décomposent aisément et s'obtiennent difficilement à l'état de pureté. On prépare le *sel de potassium* en neutralisant une solution chaude d'acide œnanthique par de la potasse caustique; par le refroidissement, la liqueur se prend en une masse pâteuse formée d'aiguilles soyeuses, extrêmement fines. Le *sel de sodium* s'obtient lorsqu'on dissout à chaud l'acide œnanthique dans du carbonate de sodium, qu'on évapore à siccité et qu'on reprend par l'alcool; la dissolution se prend, par le refroidissement, en une masse gélatineuse. Elle précipite en blanc l'azotate d'argent et l'acétate de plomb. Le *sel de plomb* a donné à l'analyse 38,8 et 39,4 % de plomb; le *sel d'argent* 35,4 et 35,8 % d'argent (Liebig et Pelouze). Delffs, au contraire, a trouvé des nombres qui se rapprochent de ceux qu'exige le pélargonate d'argent. Le *sel de baryum*, suivant le même auteur, présente la même composition que le pélargonate correspondant. Le *sel de cuivre* se précipite lorsqu'on mélange une solution chaude d'acétate de cuivre dans l'alcool avec une solution d'acide œnanthique dans le même liquide. Le précipité s'agglutine dans l'eau bouillante, mais, après refroidissement, il constitue une masse dure et friable qui, traitée par l'alcool bouillant, se dédouble en deux corps, dont l'un, à peine soluble dans l'alcool, renferme 28,30 % d'oxyde de cuivre, et l'autre se dissout et se dédouble par le refroidissement de la liqueur bouillante et contient 18,79 % d'oxyde de cuivre. Toutes ces divergences rendent probable que Liebig et Pelouze ont eu entre les mains un corps différent de celui sur lequel Delffs a expérimenté.

*Éther œnanthique*, $C^{14}H^{26}(C^2H^5)^2O^3$. — Liebig et Pelouze ont retiré cet éther du vin; on le rencontre aussi dans l'eau-de-vie des céréales, c'est pour cette raison que Berzelius donne à l'acide œnanthique le nom d'acide sitique, de σῖτος, blé; suivant Wöhler [*Ann. der Chem. u. Pharm.*, t. XLI, p. 239], le même éther se trouve aussi dans l'écorce de coings et leur communique leur odeur particulière; Delffs le regarde comme identique avec le pélargonate d'éthyle.

On sait qu'un mélange d'alcool et d'eau, dans les mêmes proportions que celles que présente le vin, n'a pour ainsi dire aucune odeur, tandis qu'on distingue facilement s'il y a eu du vin dans une bouteille vide qui en renferme des traces; cette odeur caractéristique que tous les vins présentent à un degré plus ou moins marqué est déterminée par l'éther œnanthique; elle n'a rien de commun avec celle qui donne l'arome, le bouquet au vin.

Lorsqu'on distille de grandes quantités de vin, il passe, à la fin de l'opération, une petite quantité d'une huile qui est de l'œnanthate d'éthyle. On en obtient encore dans la distillation de la lie de vin, particulièrement de celle qui se dépose au fond des tonneaux, après que la fermentation a commencé. Pour le préparer, on distille la lie de vin avec la moitié de son volume d'eau, en ayant soin de préserver la matière de la carbonisation; le produit renferme toujours un peu d'acide œnanthique libre, dont on le dépouille par des lavages avec du carbonate de soude. L'éther œnanthique est un liquide très-mobile, d'une odeur de vin extrêmement prononcée et qui est presque enivrante quand on la respire de près; sa saveur est très-forte et désagréable. Il se dissout facilement dans l'éther et dans l'alcool même étendu; il est insoluble dans l'eau. Densité, 0,862 (Liebig et Pelouze); 0,8725 à 15°,5 (Delffs). Il bout de 225 à 230° (Liebig et Pelouze), à 224° (Delffs). Densité de vapeur = 9,8 (Liebig et Pelouze), 7,04 à 270° (Delffs); théorie = 6,45.

A. Fischer [*Ann. der Chem. u. Pharm.*, t. CXV, p. 247, 1860; *Compt. rend.*, t. LI, p. 104, et *Ann. der Chem. u. Pharm.*, t. CXVIII, p. 307, 1861, et *Journ. de Pharm.*, (3), t. XXXIX, p. 463] a examiné l'*éther œnanthique* fabriqué par Lichtenberger, à Hambach, près Neustadt an der Hardt (Bavière rhénane). C'est une huile colorée en vert par de l'oxyde de cuivre, d'une odeur narcotique et bouillant de 220° à 312° en laissant un résidu solide semblable à une graisse. Elle renferme du caprate et du caprylate d'éthyle, et un peu de butyrate; le résidu solide semble contenir un acide d'un équivalent plus élevé que celui des acides caprique et caprylique.

*Éther œnanthique chloré*, $C^{18}H^{28}Cl^{8}O^{3}$ [Malaguti, *Ann. de Chim. et de Phys.*, t. LXX, p. 363, 1849]. — Cet éther, produit par l'action du chlore sur l'éther œnanthique, en même temps que beaucoup d'acide chlorhydrique se dégage, est un liquide sirupeux, peu soluble dans l'alcool, d'une odeur agréable et d'une saveur amère et repoussante. Densité à 16° = 1,2912. Il se décompose par la distillation, dégage de l'acide chlorhydrique et laisse un résidu de charbon.

*Acide chlorœnanthique*, $C^{14}H^{24}Cl^{4}O^{3}$. — L'éther œnanthique chloré est attaqué peu à peu par la potasse aqueuse qui finalement le dissout. Si on ajoute un acide, il se précipite de l'acide chlorœnanthique sous forme d'huile, et il reste en dissolution des acides acétique et chlorhydrique. Cet acide est incolore et sans odeur, il a une saveur désagréable et une réaction acide; il est très-fluide et se décompose avant d'entrer en ébullition; il forme avec les bases métalliques des sels que l'eau décompose. Ph. de C.

**ŒNANTHOL.** — Voyez ŒNANTHYLIQUE (ALDÉHYDE).

**ŒNANTHYLAMIDE** [Syn. *Azoture d'œnanthyle*],

$$C^7H^{13}O.AzH^2 = \left.\begin{matrix}C^7H^{13}O\\H^2\end{matrix}\right\}Az$$

[Malerba, *Ann. der Chem. u. Pharm.*, t. XCI, p. 102, et *Traité de Chimie organique* de Gerhardt, t. II, p. 728]. — Lorsqu'on ajoute à l'anhydride œnanthylique un solution aqueuse d'ammoniaque concentrée, il se produit une masse blanche, composée de petites aiguilles qui, dissoutes dans l'eau bouillante, se déposent pendant le refroidissement sous la forme de petites feuilles nacrées, fusibles à 95°, et volatiles sans décomposition à une température plus élevée.

**ŒNANTHYLE**, $C^7H^{13}O = C^6H^{13}.CO$. — Radical des combinaisons œnanthyliques. On a aussi donné ce nom au radical $C^7H^{15}$ de l'alcool œnanthylique ou heptylique. Fidèle aux principes que nous avons suivis pour les autres radicaux, nous désignerons ce dernier sous le nom d'*heptyle*. — Voyez HEPTYLE.

**ŒNANTHYLE (CHLORURE D')**, $C^7H^{13}OCl$ [Cahours, *Compt. rend.*, t. XXV. p. 724]. — Obtenu par la distillation avec le perchlorure de phosphore, il est décomposé par l'eau en acides chlorhydrique et œnanthylique.

**ŒNANTHYLE (HYDRURE D')**. — Voyez ŒNANTHYLIQUE (ALDÉHYDE).

**ŒNANTHYLÈNE**. — Voyez HEPTYLÈNE.

**ŒNANTHYLIDÈNE**. — Voyez HEPTYLIDÈNE.

**ŒNANTHYLIQUE (ACÉTONE)** [Syn. *Œnanthylone*], $C^{13}H^{26}O = C^7H^{13}O.C^6H^{13}$ [von Uslar et Seekamp, *Ann. der Chem. u. Pharm.*, t. CVIII, p. 179, 1858, *Rép. de Chim. pure*, 1858-59, p. 182]. — On prépare cette acétone par la distillation sèche de l'œnanthylate de chaux, on purifie le produit par la distillation fractionnée, et on recueille à part ce qui passe au-dessus de 245°. C'est un liquide qui se solidifie dans le récipient; on le fait cristalliser à plusieurs reprises dans l'alcool, et on le distille de nouveau. L'acétone œnanthylique cristallise en larges lames incolores, fusibles à 30°. Fondue, elle se solidifie de nouveau à 29°,5. Elle bout à 264°. Sa densité à 30° est de 0,825.

Lorsqu'on chauffe une partie d'œnanthol avec 5 ou 6 p. de potasse caustique, on obtient une huile bouillant à 120°, à laquelle Tilley [*Ann. der Chem. u. Pharm.*, t. LXVII, p. 105; *Journ. de Pharm.*, (3), t. XV, p. 237] assigne la formule $C^{14}H^{14}O$ (notation en équivalents) et qu'il nomme hydrure d'œnanthyle. Suivant Gmelin [*Handbuch der Chemie*, 4e édition, t. VI, p. 358], ce corps pourrait bien être l'acétone œnanthylique, mais cette opinion n'est pas probable. Ph. de C.

**ŒNANTHYLIQUE (ACIDE)**, $C^7H^{14}O^2$ [Syn. *Acide azoléique, acide aboléique*] [Laurent, *Ann. de Chim. et de Phys.*, t. LXVI, p. 173, 1837; — Tilley, *Ann. der Chem. u. Pharm.*, t. XXXIX, p. 160; — Bussy, *Journ. de Pharm.*, (3), t. VIII, p. 321, 1845; — Schneider, *Ann. der Chem. u. Pharm.*, t. LXX, p. 107, 1849; — Arzbächer, *Ann. der Chem. u. Pharm.*, t. LXXIII, p. 199, 1850; — Brazier et Gossleth, *Chem. Soc. quart. Journ.*, t. III, p. 210; *Ann. der Chem. u. Pharm.*, t. LXXV, p. 249, 1850; *Journ. de Pharm.*, (3), t. XVIII, p. 451]. — L'acide œnanthylique se rencontre dans l'alcool de riz et de maïs [Wetherill, *Chem. Gaz.*, 1853, p. 281]; il est le produit de l'oxydation de l'œnanthol à l'air ou dans l'oxygène; ce même corps le fournit lorsqu'on le fait bouillir avec l'acide azotique ou avec l'acide chromique; la potasse en fusion produit le même effet. Il se forme encore lorsqu'on fait bouillir l'huile de ricin avec de l'acide azotique étendu, lorsqu'on chauffe le produit obtenu par la distillation de l'huile de ricin avec l'acide azotique, ou qu'on traite le produit obtenu par l'ébullition de l'acide oléique avec de l'acide azotique concentré; lorsqu'on oxyde l'alcool heptylique par le chromate de potasse et l'acide sulfurique [Schorlemmer, *Proc. Roy. Soc.*, t. XIV, p. 171]; lorsqu'on traite la cire de Chine par l'acide azotique [Buckton, *Chem. Soc. Journ.*, t. X, p. 166]; lorsqu'on oxyde l'huile grasse d'amandes ou le blanc de baleine par l'acide azotique [Arppe, *Ann. der Chem. u. Pharm.*, t. CXX, p. 288; *Répert. de Chim. pure*, 1862, p. 192]; lorsqu'on traite l'acide sébacique par de la potasse fondue [Koch, *Ann. der Chem. u. Pharm.*, t. CXIX, p. 173, 1861 et *Répert. de Chim. pure*, 1862, p. 148].

L'acide œnanthylique résulte aussi de l'oxydation du diamyle par l'acide azotique fumant, en même temps qu'il se forme d'autres produits [Schorlemmer, *Lond. Roy. Soc. Proc.*, t. XVI, p. 372; *Ann. der Chem. u. Pharm.*, t. CXLVII, p. 214]. Le même acide se produit en quantité notable dans l'oxydation de la paraffine par l'acide azotique [Gill et Meusel, *Chem. Soc. Journ.*, (2), t. VI, p. 466]. Il se forme aussi de l'acide œnanthylique en petite quantité, en même temps que d'autres substances, dans l'action de la craie sur l'alcool [Béchamp, *Ann. de Chim. et de Phys.*, (4), t. XIII, p. 103].

*Préparation.* — On chauffe de l'huile de ricin avec de l'acide azotique, l'action étant énergique, on n'opère pas à feu nu, on la prolonge suivant la concentration de l'acide, et on l'interrompt quand il ne se dégage plus de vapeurs nitreuses. Le liquide distillé renferme de l'eau et de l'acide œnanthylique; le résidu mélangé avec de l'eau et soumis à la distillation en donne une nouvelle quantité, il reste dans la cornue des acides subérique et oxalique. On rectifie l'acide œnanthylique avec de l'eau, et on le dessèche sur l'acide phosphorique anhydre (Tilley). On peut aussi utiliser l'action de l'acide azotique étendu sur l'œnanthol pour préparer l'acide œnanthylique (Bussy).

*Propriétés.* — L'acide œnanthylique est une huile incolore, d'une odeur très-faible à froid, plus forte à chaud, rappelant la morue (Bussy); suivant Tilley, son odeur est particulière et aromatique. Il commence à bouillir à 148° et se charbonne pendant une distillation prolongée; il bout à 212° suivant Strecker, à 218° sous la pression de 725mm,9 [Städeler, *Journ. für prakt. Chem.*, t. LXXII, p. 241]. Sa densité à 24° = 0,9167; il est soluble dans l'alcool et l'éther, l'acide azotique le dissout et l'eau le précipite de sa solution. Il brûle avec une flamme éclairante. Il ne se solidifie pas encore à — 17°. Chauffé avec une lessive de soude, l'acide œnanthylique fournit une huile neutre; chauffé avec de la chaux potassée, il donne naissance à des carbures d'hydrogène gazeux et liquides de la série $C^nH^{2n}$ [Cahours, *Compt. rend.*, t. XXXI, p. 141]. Suivant Riche [*Ann. de Chim. et de Phys.*, (3), t. LIX, p. 426], il se produit, lorsqu'on chauffe l'acide œnanthylique avec de la baryte caustique et du sable, de l'hydrure d'hexyle bouillant vers 58°. Densité, 0,668 à 0°. Le perchlorure de phosphore transforme l'acide œnanthylique en chlorure d'œnanthyle. Chauffé avec 2 équivalents de brome, l'acide œnanthylique se transforme en acide œnanthylique monobromé $C^7H^{13}BrO^2$, de consistance butyreuse et bouillant à 250° en se décomposant partiellement [Cahours, *Compt. rend.*, t. LIV, p. 506]. L'œnanthylate de potassium en solution concentrée est décomposé par un courant de six éléments de Bunsen, il se dégage de l'hydrogène et de l'acide carbonique, il se forme du carbonate et du bicarbonate de potassium, et il se produit une huile qui, chauffée avec de la potasse, laisse un résidu d'œnanthylate de potassium, en même temps qu'il distille de l'hexyle et un carbure d'hydrogène de la formule $C^{12}H^{24}$, bouillant à 175°. Suivant Frankland et Duppa [*Ann. der Chem. u. Pharm.*, t. CXXXVIII, p. 328, 1866], l'acide œnanthylique serait identique avec l'acide amylacétique; selon Geuther [*Jenaische Zeitsch. für Medizin und Naturwissenschaften*, t. III, p. 205], il en différerait.

ŒNANTHYLATES. — Le sel d'ammonium est très-soluble dans l'eau, celui de potassium ne cristallise pas et est également très-soluble dans l'eau. Le sel de baryum constitue de belles lames nacrées solubles dans 57 p. d'eau à 23°, très-solubles dans l'eau bouillante, plus solubles encore dans l'alcool à 85 centièmes et insolubles dans l'éther. Le sel de potassium donne, avec le sous-acétate de plomb, une poudre d'un jaune-citron insoluble dans l'eau, peu soluble dans l'alcool bouillant, et s'y déposant par le refroidissement sous la forme de petites écailles.

Le sel de cuivre cristallise en belles aiguilles soyeuses vertes. L'acide œnanthylique neutralisé par l'ammoniaque est précipité par l'azotate d'argent en blanc. Ce précipité brunit à la lumière et est insoluble dans l'eau. Lorsqu'on le chauffe, il passe de l'acide œnanthylique et il se forme un acide qui cristallise dans l'alcool bouillant en aiguilles.

ÉTHER ŒNANTHYLIQUE. — *Œnanthylate d'éthyle*, $C^7H^{13}(C^2H^5)O^2$ [Tilley, *Ann. der Chem. u. Pharm.*, 1841, t. XXXIX, p. 162; — Williamson, *Ann. der Chem. u. Pharm.*, t. LXI, p. 38]. — On l'obtient en faisant passer de l'acide chlorhydrique dans une solution alcoolique d'acide œnanthylique ou dans un mélange de 1 volume d'œnanthol et de 4 volumes d'alcool (?) (voyez ALDÉHYDE ŒNANTHYLIQUE). C'est une huile incolore, moins dense que l'eau, se concrétant dans un mélange réfrigérant. Cet éther a une odeur particulière, agréable et une saveur brûlante (Tilley); suivant Williamson, sa saveur est agréable et rappelle les fruits; il se volatilise facilement et en totalité, toutefois le point d'ébullition s'élève constamment. Il brûle avec une flamme éclairante non fuligineuse, il est soluble dans l'alcool et dans l'éther, insoluble dans l'eau.

*Œnanthylate de méthyle*, $C^7H^{13}(CH^3)O^2$ [Neuhof, *Jenaische Zeitschrift für Medizin und Naturwissenschaften*, 1866, t. III, p. 299]. — On le prépare en saturant un mélange de 1 volume d'acide œnanthylique et de 3 volumes d'esprit de bois par de l'acide chlorhydrique et en étendant d'eau. L'éther distille en se décomposant un peu à 180° environ; sa densité est de 0,887 à 8° et il a une odeur agréable rappelant l'éther éthylique et le méthylœnanthol.

L'*œnanthylate de phényle*, $C^7H^{13}(C^6H^5)O^2$, produit par l'action du chlorure d'œnanthyle sur le phénol, est une huile bouillant de 275° à 280° [Cahours, *Comptes rendus*, t. XXXVIII, p. 257].

Ph. de C.

**ŒNANTHYLIQUE (ALCOOL).** — Voyez HEPTYLIQUE (ALCOOL).

**ŒNANTHYLIQUE (ALDÉHYDE)** [Syn. *Hydrure d'œnanthyle, œnanthol*],

$$C^7H^{14}O = C^7H^{13}O.H$$

[Bussy et Lecanu, *Journ. Pharm.*, 1827, t. XIII, p. 62; — Bussy, *Journ. de Pharm.*, (3), t. VIII, p. 321; *Compt. rend.*, t. XXI, p. 84; — Williamson, *Ann. der Chem. u. Pharm.*, t. LXI, p. 38; — Tilley, *Philos. Magaz.*, t. XXXIII, p. 81; *Ann. der Chem. u. Pharm.*, t. LXVII, p. 105; *Journ. de Pharm.*, (3), t. XV, p. 237; — Bertagnini, *Ann. der Chem. u. Pharm.*, t. LXXXV, p. 281; *Compt. rend.*, t. XXXV, p. 800; — Bouis, *Ann. de Chim. et de Phys.*, 1855, t. XLIV, p. 87]. — L'aldéhyde œnanthylique est isomérique avec la butyrone. Elle se produit dans la distillation sèche de l'huile de ricin et, en même temps que l'aldéhyde propylique et d'autres produits, dans la distillation sèche du sébate de calcium [Calvi, *Ann. der Chem. u. Pharm.*, t. XCI, p. 110; — Petersen, *ibid.*, t. CIII, p. 184].

*Préparation.* — En soumettant à la distillation de l'huile de ricin, on obtient un liquide huileux jaune qu'on distille de nouveau avec 5 à 6 fois son volume d'eau; le liquide volatil qu'on obtient alors consiste en œnanthol avec de faibles quantités d'acroléine, d'acide œnanthylique et d'acides gras huileux; il est agité avec 6 fois son poids d'eau qui dissout la majeure partie de l'acroléine; le reste, additionné d'eau, est soumis à une nouvelle distillation jusqu'à ce que toute l'huile soit volatilisée, le produit est agité avec de l'eau de baryte étendue jusqu'à neutralisation complète, il est décanté et distillé; la portion qui passe de 155° à 158° est de l'œnanthol; ce qui passe au-dessous de 150° est de l'acroléine; l'œnanthol est desséché sur du chlorure de calcium (Bussy, Williamson).

Suivant Bertagnini [*loc. cit.*; voyez aussi Delffs, *Neues Jahrbuch für Pharmacie*, 1860, t. XIII, p. 345], il convient de procéder ainsi qu'il suit dans la préparation de l'œnanthol : le produit de la distillation sèche de l'huile de ricin, agité avec une solution de carbonate de potassium, donne un liquide qui, chauffé jusqu'à l'ébullition, fournit de l'œnanthol venant surnager à la surface sous forme d'une couche huileuse. Cette huile étant traitée par une solution moyennement concentrée de bisulfite de sodium, l'œnanthol se dissout et les huiles étrangères restent à l'état insoluble. Par le refroidissement, la solution dépose des cristaux de sulfite d'œnanthyl-sodium, dont on sépare l'aldéhyde œnanthylique en les décomposant à chaud par de l'eau aiguisée d'acide chlorhydrique ou sulfurique.

*Propriétés.* — L'œnanthol est un liquide transparent, incolore, très-mobile, d'une densité de 0,8271 à 17°, d'une odeur pénétrante non désagréable et d'une saveur d'abord sucrée, puis âcre et pénétrante. Il est très-réfringent et bout de 155° à 158° (Bussy), de 155° à 156° (Williamson), à 155° (Tilley), de 151° à 152° [Staedeler, *Journ. für prakt. Chem.*, 1857, t. LXXII, p. 241]. Densité de vapeur = 4,139 (Bussy), 4,08 à 5,01 (Bouis); théorie = 3,952.

L'œnanthol est très-peu soluble dans l'eau et communique à ce liquide son odeur particulière; il se mélange en toutes proportions avec l'alcool et l'éther. Exposé à l'état humide pendant quelque temps à une basse température, il fournit des cristaux incolores de l'hydrate $2C^7H^{14}O.H^2O$, qui a la même saveur et la même odeur que lui et qui est soluble dans l'alcool et insoluble dans l'eau.

En contact avec l'air ou avec l'oxygène pur, l'œnanthol s'acidifie très-rapidement.

Lorsqu'on soumet l'œnanthol d'une manière continue à la distillation, son point d'ébullition s'élève, il change de nature, et le résidu devient plus riche en carbone [Tilley, Bouis, *loc. cit.*].

En chauffant en tube scellé jusque vers 240° de l'aldéhyde œnanthylique, on obtient des produits de condensation en même temps que de l'eau est éliminée; en chauffant le sulfite de l'aldéhyde avec de la lessive de potasse, on obtient les mêmes composés [Borodine, *Bull. de la Soc. chim.*, 1870, t. XIII, p. 238].

Lorsqu'on ajoute petit à petit à de l'œnanthol refroidi du brome en quantité suffisante pour le colorer en rouge-brun et qu'on distille à plusieurs reprises avec de l'eau, on obtient un liquide incolore, qui devient brun après dessiccation sur du chlorure de calcium ou sur de l'acide sulfurique, et dont la composition se rapproche de $C^7H^{13}BrO$; ce corps distillé avec de l'eau laisse comme résidu une résine.

Traité par le chlore, l'œnanthol fournit de l'acide chlorhydrique et du chlorœnanthol.

L'œnanthol mélangé avec de l'iode et du phosphore donne lieu à une violente explosion.

L'acide azotique ordinaire transforme à froid l'œnanthol en métœnanthol; distillé avec 2 p. d'un mélange de 1 volume d'acide azotique concentré et de 1 volume d'eau, l'œnanthol se transforme peu à peu en acide œnanthylique.

Lorsqu'on le chauffe avec 2 p. d'acide azotique concentré, on observe un fort dégagement de chaleur, il se développe des vapeurs rutilantes et la majeure partie de l'œnanthol est détruite. Si on ajoute de l'œnanthol goutte à goutte à de l'acide azotique dans une cornue, il s'établit une vive réaction et il distille un mélange de nitracrol, d'acides œnanthylique et caproïque; il reste dans la cornue des acides œnanthylique et caproïque.

Lorsqu'on verse goutte à goutte de l'œnanthol sur de l'acide chromique cristallisé, il s'enflamme en déterminant une violente explosion, l'acide chromique aqueux le transforme en acide œnanthylique.

L'acide sulfurique fumant forme avec l'œnanthol un acide conjugué qui donne des sels cristallisés avec la baryte, la chaux et l'oxyde de plomb. Distillé à plusieurs reprises sur de l'acide phosphorique anhydre, l'œnanthol se transforme en heptylène.

Lorsqu'on fait passer de l'acide chlorhydrique dans une solution alcoolique d'œnanthol, il se forme de l'œnanthylate d'éthyle [Williamson, *loc. cit.*].

Suivant Schiff [*Bull. de la Soc. chim.*, 1870, t. XIII, p. 525], l'œnanthol, dissous dans 4 volumes d'alcool saturé de gaz acide chlorhydrique, ne fournit d'éther œnanthylique qu'autant qu'il renferme de l'acide œnanthylique.

Lorsqu'une solution alcoolique d'œnanthol est saturée d'acide chlorhydrique, il se sépare une huile moins dense que l'œnanthol et qui est du *chlorure d'œnanthylidène-oxéthyle,*

$$C^7H^{14}\left\{\begin{array}{l}O.C^2H^5\\Cl.\end{array}\right.$$

Ce corps, insoluble dans l'eau, est soluble dans l'alcool et l'éther; l'eau chaude le décompose peu à peu, il ne résiste pas à la distillation. Il se dégage de l'acide chlorhydrique, de l'éthylène, du chlorure d'éthyle, de la vapeur d'eau, et il distille divers carbures d'hydrogène mêlés à une ou deux combinaisons oxygénées. Si l'on chauffe jusqu'à 320°, il reste un résidu brun épais qui, à une température plus élevée, se décompose en heptylène, en une huile jaune d'une odeur empyreumatique faible, $C^{14}H^{26}$, bouillant de 245° à 260°, et en une huile épaisse vert-jaune, qui par le refroidissement se prend en une masse ressemblant à de la térébenthine. Sa formule est $C^{14}H^{32}$, elle bout de 320° à 330°. A 320°, il reste un résidu très-épais, poisseux, jaune-brun, dont la formule est $C^{14}H^{18}$. Parmi les produits de la distillation du chlorure d'œnanthylidène-oxéthyle, on trouve un corps dont la composition est ou $C^{16}H^{32}O$ ou $C^{14}H^{26}O$; ce corps bout à 240° environ, réduit à chaud les sels d'argent en solution ammoniacale faible et se combine aux bisulfites alcalins [Schiff, *Bull. de la Soc. chim.*, 1870, t. XIII, p. 525].

Mis en contact avec le perchlorure de phosphore, l'œnanthol se transforme en chlorure d'heptylène (voyez ce mot, t. II, p. 16).

L'œnanthol versé goutte à goutte sur de la potasse en fusion dégage de l'hydrogène et il se forme de l'œnanthylate de potassium:

$$C^7H^{14}O + KHO = C^7H^{13}O^2.K + H^2.$$

Mélangé avec une solution aqueuse concentrée de potasse, il dégage beaucoup de chaleur et il donne de l'œnanthylate de potassium et une huile, que la simple distillation décompose et qui, lavée et distillée avec de l'eau, renferme 76,4 °/₀ de carbone et 12,4 °/₀ d'hydrogène. Chauffé avec de la potasse alcoolique, l'œnanthol fournit de l'acide œnanthylique et une huile qui, après dessiccation sur du chlorure de calcium, renferme 77,1 °/₀ de carbone et 12,7 °/₀ d'hydrogène (Williamson).

L'œnanthol distillé avec de la chaux caustique fournit de l'heptylène, de l'octylène, du nonylène, un carbure d'hydrogène d'un point d'ébullition beaucoup plus élevé, de l'alcool heptylique et de l'acétone œnanthylique ou hexylœnanthyle [Fittig, *Ann. der Chem. u. Pharm.*, t. CXVIII, p. 76].

L'œnanthol porté à une douce température en présence du zinc-éthyle forme le composé $C^{14}H^{26}O$ en même temps qu'il se produit de l'hydrure d'éthyle et de l'oxyde de zinc:

$$4C^7H^{14}O + Zn(C^2H^5)^2$$
$$= 2C^{14}H^{26}O + 2C^2H^6 + ZnH^2O^2.$$

Le composé $C^{14}H^{26}O$ n'a pas de point d'ébullition fixe [Rieth et Beilstein, *Ann. der Chem. u. Pharm.*, t. CXXVI, p. 248; *Bull. de la Soc. chim.*, 1863, p. 242].

L'œnanthol absorbe le gaz ammoniac en grande quantité, en formant d'abord un composé cristallisé qui, plus tard, se liquéfie et que l'eau décompose complétement. Cette combinaison, chauffée doucement avec les acides cyanhydrique et chlorhydrique, donne un corps amorphe jaunâtre, qui cristallise en aiguilles dans l'acide chlorhydrique concentré et semble avoir la composition exprimée par la formule $C^8H^{17}AzO^2.HCl$ [Erlenmeyer et Schöffer, *Verhandlungen des naturhistorisch-medicinischen Vereins zu Heidelberg*, t. I, p. 214, 1859]. — Voyez aussi le mot HYDROENANTHAMIDE, t. II, p. 72.

L'œnanthol réduit l'azotate d'argent; lorsqu'on ajoute de l'ammoniaque à de l'œnanthol et qu'on y verse ensuite de l'azotate d'argent, il se produit une masse blanche qui, chauffée au sein du liquide, donne lieu à un miroir métallique.

Lorsqu'on fait réagir à 150-160° de l'œnanthol sur du sulfocyanure d'ammonium en présence de l'humidité, il se forme de l'*oxysulfure d'œnanthylidène* en vertu de l'équation suivante :

$$CH^4Az^2S + 2C^7H^{14}O + H^2O$$
$$= 2AzH^3 + CO^2 + C^{14}H^{28}OS$$

[Schiff, *Ann. der Chem. u. Pharm.*, t. CXLVIII, p. 330].

L'hydrogène sulfuré agit très-lentement sur l'œnanthol; l'action devient plus rapide si, en ajoutant 1 °/₀ de perchlorure de phosphore, on détermine la formation de $C^7H^{14}Cl^2$; comme il ne se produit pas d'acide chlorhydrique lorsqu'on fait agir l'hydrogène sulfuré, il faut admettre qu'il se forme de nouvelles quantités de chlorure d'œnanthylidène avec l'œnanthol; en rectifiant le produit, on obtient un liquide bouillant de 200° à 250°, dont la densité est de 0,875 à 23°. C'est de l'*oxysulfure d'œnanthylidène*,

$$S\left\{\begin{matrix}C^7H^{14}\\C^7H^{14}\end{matrix}\right\}O$$

[Schiff, *Ann. der Chem. u. Pharm.*, supplém., t. VI, p. 1].

L'œnanthol forme, avec l'ammoniaque et le sulfure de carbone, des prismes incolores auxquels on enlève facilement le soufre et qui alors régénèrent de l'œnanthol. — Voyez pour la composition de ce corps, Schiff, *loc. cit.*

Les bisulfites alcalins se combinent directement avec l'œnanthol, en dégageant de la chaleur et en formant des composés plus ou moins cristallins, qu'on peut obtenir aussi en faisant passer de l'anhydride sulfureux dans de l'œnanthol récemment dissous dans une solution alcoolique de potasse, de soude ou d'ammoniaque. La combinaison à base de soude, cristallisant facilement, permet de caractériser l'œnanthol et de le préparer à l'état de pureté.

Le sel d'ammonium, $C^7H^{14}O(AzH^4)HSO^3$, constitue de petits prismes très-brillants, peu solubles dans l'eau et dans l'alcool; l'eau froide les altère peu à peu; bouillis avec de l'eau, ils dégagent de l'œnanthol et le liquide renferme alors du bisulfite d'ammoniaque. Chauffé avec de la chaux potassée ou seul, en tube scellé, à 260-270°, le sulfite d'œnanthyl-ammonium fournit de la trihexylamine, $Az(C^6H^{13})^3$ [Petersen et Gössmann, *Ann. der Chem. u. Pharm.*, t. CI, p. 310, et Petersen, *ibid.*, t. CII, p. 312].

Le sulfite d'œnanthyl-potassium est une masse pulpeuse qui, peu à peu, devient cristalline et se sépare de sa solution alcoolique sous la forme de petites aiguilles.

Le sulfite d'œnanthyl-sodium,

$$C^7H^{14}O.Na, H.SO^3,$$

s'obtient sous la forme de paillettes enchevêtrées, très-brillantes, d'une légère odeur d'œnanthol et grasses au toucher. Ces cristaux sont très-solubles dans l'eau, tant froide que chaude, dans l'alcool chaud, mais presque insolubles dans l'alcool froid.

La solution aqueuse de sulfite d'œnanthyl-sodium précipite les sels de baryte, de plomb et d'argent; ces précipités renferment de l'œnanthol en combinaison chimique. A l'ébullition, cette solution abandonne de l'œnanthol; cette décomposition est favorisée par l'addition d'un acide ou d'un alcali.

L'ammoniaque détermine, dans la solution aqueuse, un abondant précipité caillebotté, qui disparaît bientôt en même temps qu'une huile vient surnager.

A froid, la solution d'œnanthyl-sodium est stable; en effet, une grande quantité d'acide chlorhydrique ou sulfurique ne l'altère pas, le composé cristallise même dans une liqueur acide. Le brome et le chlore le décomposent immédiatement à la température ordinaire; l'iode ne le décompose qu'à chaud.

L'œnanthol traité par l'allylaniline se transforme en *œnanthylidène-diallyle-diphénamine*,

$$C^7H^{14}(C^3H^5)^2(C^6H^5)^2Az^2,$$

qui est une huile jaune, douée d'une odeur de géranium, d'une saveur amère, bouillant au-dessus de 230° en se décomposant partiellement, et ne se combinant ni aux acides, ni aux chlorures métalliques [Schiff, *Bull. de la Soc. chim.*, t. III, p. 139, 1865].

Lorsqu'on chauffe un mélange d'amylamine sèche et d'aldéhyde œnanthylique, il y a élimination d'eau et l'on obtient de la *diœnanthylidène-diamylamine*, $(C^7H^{14})^2(C^5H^{11})^2Az^2$, sous la forme d'un liquide huileux, insoluble dans l'eau, exempt de propriétés basiques. A une température élevée, il brunit et distille avec une légère décomposition. La conine s'échauffe à peine avec l'œnanthol, il y a élimination d'eau et formation d'un liquide dense qui ne se combine pas aux acides [Schiff, *Bull. de la Soc. chim.*, t. III, p. 439, 1865].

Lorsque l'œnanthol réagit sur l'aniline, il y a élimination d'eau et il se forme de la *diœnanthylidène-diphénamine*, $(C^6H^5)^2(C^7H^{14})^2Az^2$, qui est un liquide huileux ne se combinant ni aux acides, ni au perchlorure de platine [Schiff, *Bull. de la Soc. chim.*, t. II, p. 456, 1864].

Lorsqu'on chauffe du sulfite d'œnanthyl-sodium avec de l'aniline, il se produit de la *diœnanthylidène-diphénamine*, en vertu de l'équation suivante :

$$2(C^7H^{14}O,NaHSO^3) + 2C^6H^7Az$$
$$= \underbrace{\left.\begin{matrix}(C^7H^{14})^2\\(C^6H^5)^2\end{matrix}\right\}Az^2}_{\text{Diœnanthylidène-diphénamine.}} + Na^2SO^3 + SO^2 + 3H^2O.$$

Ce composé reste à l'état insoluble lorsqu'on traite toute la masse par l'acide acétique étendu et par l'eau [Schiff, *Ann. der Chem. u. Pharm.*, t. CXL, p. 92; *Ann. de Chim. et de Phys.*, (4), t. X, p. 504].

La diphénylurée chauffée avec de l'œnanthol fournit également de la diœnanthylidène-diphénamine, ainsi que l'indique l'équation suivante :

$$CO\left\{\begin{matrix}AzH.C^6H^5\\AzH.C^6H^5\end{matrix}\right\} + 2C^7H^{14}O$$
$$= Az^2\left\{\begin{matrix}2C^7H^{14}\\2C^6H^5\end{matrix}\right\} + CO^2 + H^2O$$

[Schiff, *Ann. der Chem. u. Pharm.*, t. CXLVIII, p. 330].

Lorsqu'on fait réagir de l'œnanthol sur de la benzanilide ou de la succinanilide à 110° environ, il se forme de l'eau et des produits de substitution aldéhydiques cristallisés. A 150-160°, l'œnanthol et la succinanilide donnent naissance à de la *diœ-*

*nanthylidène-diphénamine* et de l'acide succinique :

$$C^4H^4O^2\left\{\begin{matrix}AzH.C^6H^5\\AzH.C^6H^5\end{matrix}\right\} + 2C^7H^{14}O$$

$$= Az^2\left\{\begin{matrix}2C^7H^{14}\\2C^6H^5\end{matrix}\right\} + C^4H^6O^4$$

[Schiff, *loc. cit.*].

Lorsqu'on soumet à la distillation le produit épais de l'action de l'œnanthol sur la benzanilide à 150-160°, une partie du produit se concrète dans le col de la cornue, et le liquide huileux qui distille dépose, après quelque temps, des cristaux. Si l'on traite toute la masse par de l'éther, celui-ci dissout de la *diœnanthylidène-diphénamine* et ses produits de décomposition, et il reste de l'acide benzoïque et de l'anhydride benzoïque. Il se forme d'abord une *œnanthylidène-benzanilide* :

$$2(C^7H^5O.AzH.C^6H^5) + C^7H^{14}O$$

$$= H^2O + \left\{\begin{matrix}C^7H^5O.Az.C^6H^5\\C^7H^5O.Az.C^6H^5\end{matrix}\right\}C^7H^{14}.$$

Celle-ci se décompose avec une deuxième molécule d'œnanthol suivant l'équation

$$\left.\begin{matrix}C^7H^5O.Az.C^6H^5\\C^7H^5O.Az.C^6H^5\end{matrix}\right\}C^7H^{14} + C^7H^{14}O$$

$$= \underset{\text{Anhydride benzoïque.}}{(C^7H^5O)^2O} + \underset{\text{Diœnanthylidène-diphényldiamine.}}{Az^2\left\{\begin{matrix}2C^7H^{14}\\2C^6H^5\end{matrix}\right.}$$

[Schiff, *loc. cit.*].

L'aldéhyde œnanthylique réagit sur l'éthylaniline en fournissant un liquide jaune, qui brunit au-dessus de 100° et qui distille entre 215° et 220°. Cette substance est l'*œnanthylidène-diéthyle-diphényldiamine* $C^7H^{14}(C^6H^5)^2(C^2H^5)^2Az^2$, matière qui ne se combine ni aux acides ni aux chlorures métalliques [Schiff, *Bull. de la Soc. chim.*, t. III, p. 139, 1865].

L'aldéhyde œnanthylique forme, suivant Schiff [*Compt. rend.*, t. LXI, p. 45 ; *Bull. de la Soc. Chim.*, 1866, t. V, p. 291], avec de l'acétate de rosaniline cristallisé, déjà à la température ordinaire, une combinaison soluble dans l'alcool avec une couleur bleue. Les alcalis caustiques précipitent de cette solution des flocons rouges cristallins de *triœnanthylidène-dirosaniline.* Cette base qui forme avec les acides des sels cristallisés, rouge de cuivre, insolubles dans l'eau, et qui donne naissance à plusieurs sels de platine, se produit en vertu de l'équation suivante :

$$2\underset{\text{Rosaniline.}}{\left(\left.\begin{matrix}C^{20}H^{16}\\H^3\end{matrix}\right\}Az^3\right)} + \underset{\text{Œnanthol.}}{3C^7H^{14}O}$$

$$= \underset{\text{Triœnanthylidène-dirosaniline.}}{\left.\begin{matrix}(C^{20}H^{16})^2\\(C^7H^{14})^3\end{matrix}\right\}Az^6} + 3H^2O.$$

Elle se décompose, ainsi que ses sels, même au-dessous de 100°, notamment en présence d'un excès d'œnanthol, en une masse jaune résineuse, qui, pour la plus grande partie, consiste en *œnanthylidène-ditoluylidène-diamine*, $C^7H^{14}(C^7H^6)^2Az^2$.

Ce dernier composé possède des propriétés basiques très-effacées, mais il produit un sel de platine

$$C^{21}H^{26}Az^2, HCl, PtCl^2,$$

et sa formation s'explique peut-être par l'équation suivante :

$$2\underset{\text{Rosaniline.}}{\left[\left.\begin{matrix}C^6H^4\\(C^7H^6)^2\\H^3\end{matrix}\right\}Az^3\right]} + 3C^7H^{14}O$$

$$= \underset{\text{Œnanthylidène-diphénylène-diamine.}}{\left.\begin{matrix}(C^6H^4)^2\\C^7H^{14}\end{matrix}\right\}Az^2} + 2\underset{\text{Œnanthylidène ditoluylidène-diamine}}{\left[\left.\begin{matrix}(C^7H^6)^2\\C^7H^{14}\end{matrix}\right\}Az^2\right]} + 3H^2O.$$

Si l'on agite une solution sulfureuse diluée soit de sulfite, soit de tout autre sel de rosaniline, avec quelques gouttes d'aldéhyle œnanthylique, il se dégage de l'acide sulfureux, la solution se colore en rouge, puis en violet, et peu à peu il se forme un précipité constitué par de petites écailles cristallines, d'un violet cuivré. C'est un sel de *rosaniline œnanthylique*, $(C^{20}H^{16})(C^7H^{14})H.Az^3$, qui ne renferme qu'un seul équivalent d'acide. Cette base forme un arséniate de couleur cuivrée,

$$C^{27}H^{31}Az^3.AsHO^3,$$

et un chloroplatinate jaune, $C^{27}H^{31}Az^3, H^2PtCl^6$ [Schiff, *Compt. rend.*, t. LXIV, p. 182, 1867, et *Bull. de la Soc. chim.*, 1867, t. VII, p. 518].

L'œnanthol en réagissant sur la toluylène-diamine produit la *diœnanthylidène toluylène-diamine*, $(C^7H^6)(C^7H^{14})^2Az^2$, qui est un liquide soluble dans l'alcool, insoluble dans l'eau, et dont les propriétés basiques sont peu appréciables [Schiff, *Bull. de la Soc. chim.*, 1865, t. IV, p. 221].

Lorsque l'œnanthol réagit sur la disulfocarbanilide, il y a élimination d'eau et il se forme une *diphénylsulfo-urée* dans laquelle 2 atomes d'hydrogène sont remplacés par de l'œnanthylidène

$$CS.(C^6H^5)^2.C^7H^{14}.Az^2.$$

En opérant avec peu de grammes à la fois, une certaine quantité de ce composé se forme ; on traite par l'éther qui ne dissout pas la disulfocarbanilide, on évapore et on dessèche sur de l'acide sulfurique ; il reste une masse jaune indistinctement cristallisée, d'une odeur rance et d'une saveur très-amère. Cette combinaison est soluble dans les acides, mais ne possède pas de propriétés basiques. Si l'on opère sur une plus grande échelle, il se forme toujours en petite quantité de la *diœnanthylidène-diphényldiamine*, $(C^7H^{14})^2(C^6H^5)^2Az^2$, qui ne cristallise pas et qui est le produit unique de la réaction à 150-160° :

$$3CS\left\{\begin{matrix}AzH.C^6H^5\\AzH.C^6H^5\end{matrix}\right\} + 6C^7H^{14}O$$

$$= 3Az^2\left\{\begin{matrix}2C^7H^{14}\\2C^6H^5\end{matrix}\right\} + 2H^2O + 2CO^2 + H^2S + CS^2$$

[Schiff, *Ann., der Chem. u. Pharm.*, t. CXLVIII, p. 330].

*L'œnanthylidène-dibenzodiamine* se forme lorsqu'on chauffe 1 molécule d'œnanthol avec 2 molécules de benzamide :

$$C^7H^{14}O + 2C^7H^7AzO = C^{21}H^{26}Az^2O^2 + H^2O.$$

Le produit se dépose de l'alcool bouillant en une masse floconneuse cristalline, insoluble dans l'eau, peu soluble dans l'éther. Il fond à 128°, et est neutre ; la potasse, même bouillante, ne le décompose pas. L'acide chlorhydrique bouillant le dédouble en œnanthol et benzamide.

Le composé nitré correspondant

$$C^{21}H^{24}(AzO^2)^2Az^2O^2)$$

s'obtient en remplaçant la benzamide par la nitrobenzamide. Il se comporte comme le précédent vis-à-vis des dissolvants. Il fond à 170°, le sulfure ammonique le transforme en dérivé amidé [Medicus, *Bull. de la Soc. chim.*, 1871, t. XV, p. 90 ; *Ann. der Chem. u. Pharm.*, t. CLVII, p. 44].

*Aldéhyde œnanthylique trichlorée*, $C^7H^{11}Cl^3O$. — L'aldéhyde œnanthylique absorbe aisément le chlore ; le produit constitue une huile plus dense que l'eau, peu fluide, d'une odeur agréable, rappelant celle du caoutchouc. Soumis à la distillation, il noircit en dégageant de l'acide chlorhydrique.

*Métœnanthol*, $nC^7H^{14}O$. — Ce corps, isomérique avec l'œnanthol, se produit à l'état cristallisé lorsqu'on agite celui-ci avec de l'acide azotique à 0°, qu'on abandonne le mélange pendant 24 heures, puis qu'on le verse dans une capsule évasée, et qu'on l'expose dans un lieu frais. Le métœnanthol reste solide à + 5° ou 6°; il est sans odeur, se dissout dans l'alcool bouillant et y cristallise en partie par le refroidissement. Il fond par la chaleur et bout à 230°; il n'est pas altéré à la température ordinaire par la potasse, la soude et l'ammoniaque. Ph. de C.

**ŒNANTHYLIQUE (ANHYDRIDE),**

$$\left.\begin{matrix} C^7H^{13}O \\ C^7H^{13}O \end{matrix}\right\} O$$

[Syn. *OEnanthylate d'œnanthyle, acide œnanthylique anhydre*] [Chiozza, *Ann. der Chem. u. Pharm.*, t. XCI, p. 102, 1854]. — C'est une huile incolore, d'une densité de 0,91 à 14°, produite par l'action du perchlorure de phosphore sur l'œnanthylate de potassium. A la température ordinaire son odeur est faible, analogue à celle de l'anhydride caprylique; si on la chauffe, elle prend une odeur aromatique; conservée dans des vases complétement clos, son odeur devient rance. L'anhydride œnanthylique se comporte avec les alcalis comme les autres anhydrides; avec l'ammoniaque, il forme de l'œnanthylamide.

**ŒNANTHYLO-BENZOÏQUE (ANHYDRIDE),**

$$\left.\begin{matrix} C^7H^{13}O \\ C^7H^5O \end{matrix}\right\} O$$

[Syn. *OEnanthylate de benzoyle, benzoate d'œnanthyle*] [Chiozza, *Ann. der Chem. u. Pharm.*, t. XCI, p. 102]. — Obtenu par l'action du chlorure de benzoyle sur l'œnanthylate de potassium; cette huile incolore possède une densité de 1,043; son odeur ressemble à celle de l'anhydride œnanthylique. Fraîchement préparé, ce corps est neutre au papier à réactif; exposé à l'air, il se remplit de cristaux d'acide benzoïque. Ph. de C.

**ŒNANTHYLO-CUMINIQUE (ANHYDRIDE).** — Voyez t. I, p. 1047.

**ŒNANTHYLONE.** — Voyez ŒNANTHYLIQUE (ACÉTONE).

**ŒNOLINE.** — Matière colorante du vin rouge. A l'état sec, elle constitue une poudre violette qui renferme $C^{10}H^{10}O^5$. L'œnoline est très-peu soluble dans l'eau pure, insoluble dans l'éther, mais l'alcool la dissout aisément. Elle donne avec le sous-acétate de plomb un précipité dont la composition correspond à la formule $(C^{10}H^9O^5)^2Pb$ [Glénard, *Ann. de Chim. et de Phys.*, (3), t. LIV, p. 366].

**ŒRSTEDITE** (Min.). — Variété de zircon titanifère.

**OGCOITE** (Min.). — Ripidolithe de Rauris en Pinzgau.

**OISANITE** (Min.). — Anatase du bourg d'Oisans (Dauphiné).

**OISANITE** (Min.). — Épidote du bourg d'Oisans (Dauphiné).

**OKÉNITE** (Min.) [Syn. *Dysclasite, bordite*, Adam]. — Silicate hydraté de calcium,

$$CaSi^2O^5 + 2H^2O.$$

Masses blanches, jaunâtres ou bleuâtres, formées de cristaux aciculaires accolés, fortement agglomérés. Cassure fibreuse ou compacte, très-tenace, translucide. Éclat légèrement nacré. Se trouve dans les amygdaloïdes du Groënland, des îles Feroë et d'Islande.

*Caractères.* — Soluble dans les acides en gelée imparfaite. Dans le tube, donne de l'eau. Au chalumeau, devient opaque et blanc et fond en un verre blanc.

Dureté, 4,5 à 5.

Densité, 2,28 à 2,36.

*Forme cristalline.* — Orthorhombique (?) $mm = 122°20'$, $mg^1 = 118°50'$.

**OLAFITE** (Breithaupt) (Min.). — Variété d'albite de Snarum.

**OLÉANDRINE.** — Substance se trouvant à côté de la *pseudo-curarine* dans le laurier-rose (*Nerium oleander*). Pour l'en extraire, on précipite la décoction aqueuse concentrée des feuilles et des branches par le tannin, en ayant soin de ne pas mettre un excès, on lave le précipité avec peu d'eau froide et on le fait digérer avec une solution aqueuse de tannin. Dans ces conditions, le tannate d'oléandrine reste insoluble, tandis que le tannate de pseudo-curarine se dissout (voyez ce mot). On dissout le tannate d'oléandrine dans l'éther, on traite la solution par de la chaux, qui s'empare du tannin et d'un peu de chlorophylle, et on abandonne la solution filtrée à l'évaporation spontanée.

L'oléandrine ainsi obtenue est un corps résinoïde fusible, légèrement jaunâtre, inodore et très-amer. Elle est peu soluble dans l'eau, mais l'alcool et l'éther la dissolvent facilement. Elle est azotée et paraît se rapprocher des alcaloïdes et former des sels incristallisables avec les acides. Ces sels sont précipités par les chlorures d'or et de platine.

L'oléandrine agit localement comme un irritant; appliquée sur la conjonctive, elle produit une forte cuisson; introduite dans les fosses nasales, elle cause des éternuments violents; ingérée dans le tube digestif, elle provoque des vomissements, de la diarrhée et des convulsions tétaniques intermittentes et peut amener la mort. Injectée en solution aqueuse dans la veine jugulaire d'un chien, elle amène presque instantanément la mort [J. Lukomski, *Répert. de Chim. appl.*, 1861, p. 77]. A. H.

**OLÉFIANT (GAZ).** — Voyez ÉTHYLÈNE, t. I, p. 1364.

**OLÉFINES.** — Voyez HYDROCARBURES, t. II, p. 64.

**OLÉIQUE (ACIDE),** $C^{18}H^{34}O^2$ ou $C^{18}H^{33}O.OH$. — On désigne particulièrement sous le nom d'acide oléique l'acide gras liquide, solidifiable à une basse température, qui résulte de la saponification des huiles grasses non siccatives (huiles d'olive, d'amandes) et de la partie liquide des graisses animales.

On l'obtient en grandes quantités comme produit secondaire dans la fabrication de l'acide stéarique et des bougies; mais l'acide oléique du commerce est loin d'être pur. Il retient en dissolution des acides gras solides et se trouve mélangé aux produits de l'altération qu'il subit au contact de l'air. On verra aux articles STÉARINE, ACIDE STÉARIQUE, le détail des procédés au moyen desquels il est préparé industriellement; contentons-nous de dire ici que les suifs, mélangés ou non à de l'huile de palme, sont saponifiés par la chaux éteinte, soit par l'ébullition à la pression ordinaire, soit à une pression de 4 à 6 atmosphères; dans ce dernier cas, l'opération est plus rapide et exige moins de chaux. Le savon calcaire insoluble, séparé de l'eau glycérique, est décomposé à chaud par de l'acide sulfurique étendu dans de grandes cuves; il se sépare du sulfate de chaux et des acides gras qui viennent nager à la surface sous forme d'une couche huileuse, se solidifiant par le refroidissement.

On exprime l'acide gras solidifié à la presse hydraulique entre des plaques de fonte et dans des sacs en crin. L'expression, commencée à froid, se termine à une température de 40° environ, obtenue en chauffant les plaques par l'introduction de vapeur d'eau dans un serpentin réservé dans l'épaisseur de la masse métallique. Grâce à cette expression, on élimine l'acide oléique; celui-ci entraîne en outre la plus grande partie de la matière brune qui altérait la couleur des pains, ceux-ci sont blancs après l'expression à chaud, de jaune sale qu'ils étaient. Dans certaines usines, la saponification des graisses neutres se fait avec l'acide sulfurique ou même sous l'influence seule de la vapeur d'eau surchauffée, et les acides gras sont distillés à la vapeur surchauffée. Dans ces deux cas, on a recours à l'expression pour éliminer les acides huileux.

Ainsi tous les procédés de fabrication de stéarine (acide stéarique) reviennent à saponifier, d'une manière ou de l'autre, les glycérides contenues dans les graisses employées (stéarine, margarine, palmitine, oléine) et à soumettre à une forte pression les acides gras libres, afin de séparer l'acide oléique. En raison de la solubilité des acides gras solides dans l'acide oléique, il est évident que le produit commercial en contiendra de notables quantités, dont une partie cristallise lorsqu'on abandonne l'acide oléique à une température de 7° à 8° au-dessus de zéro ou même voisine de 0°. Les matières brunes dissoutes et la présence d'une proportion assez notable d'acide oxyoléique (produit d'altération) communiquent à l'acide brut du commerce des propriétés qui masquent en partie ses vrais caractères physiques.

Pour le purifier, on commence par l'exposer à une température voisine de zéro, afin de favoriser la cristallisation des acides solides; le liquide huileux, séparé par décantation et expression, est ensuite refroidi vers —10°. L'acide oléique se solidifie mélangé avec de l'acide stéarique. En exprimant à une basse température, on sépare une grande partie de l'acide oxyoléique resté liquide. Le résidu, fondu de nouveau, pourra être solidifié et exprimé une seconde fois.

Pour arriver à une purification plus complète, on transforme l'acide gras en oléate et stéarate de plomb au moyen du massicot.

Le sel de plomb est traité, après dessiccation, par l'éther, qui dissout l'oléate en laissant le stéarate. Le liquide décanté est additionné d'acide chlorhydrique qui forme du chlorure de plomb insoluble, tandis que l'acide oléique reste en solution éthérée; on décante, on ajoute de l'eau et on distille l'éther. Il reste de l'acide oléique à peu près pur, que l'on débarrasse d'un peu d'acide oxyoléique de la manière suivante.

L'acide gras est transformé en savon ammoniacal au moyen de l'ammoniaque caustique. Le savon est précipité par le chlorure de baryum et le sel de baryte séché est épuisé par l'alcool bouillant. Par le refroidissement, il se sépare de l'oléate de baryte cristallisé, tandis que l'oxyoléate, beaucoup plus soluble, reste dans l'eau mère. L'oléate de baryte cristallisé est décomposé par une solution d'acide tartrique purgée d'air et l'acide oléique est lavé à l'eau bouillante.

On peut aussi extraire l'acide oléique pur de l'huile d'olive ou de l'huile d'amandes. Dans ce cas, on pourra agiter l'huile avec une solution froide et concentrée de potasse caustique. Celle-ci saponifie la stéarine, la palmitine et la margarine avant l'oléine; l'huile, surnageant après quelques jours de contact, est décantée et saponifiée par la potasse bouillante. Le savon est décomposé par l'acide tartrique, les acides gras sont transformés en savons de plomb, que l'on traite comme il a été dit plus haut.

Ainsi purifié, l'acide oléique se présente sous la forme d'un corps solide, cristallisant dans l'alcool en aiguilles blanches nacrées, fusibles à 14° en un liquide incolore, se solidifiant à 4° en une masse cristalline blanche et dure, occupant le même volume que le liquide primitif. Il est sans saveur et sans odeur. Sa solution alcoolique est neutre aux réactifs. On peut le distiller dans le vide sans l'altérer. Densité à 19°, 0,808. Insoluble dans l'eau, très-soluble dans l'alcool, soluble en toutes proportions dans l'éther. L'acide sulfurique concentré et froid le dissout sans altération.

*Propriétés chimiques.* — Soumis à la distillation sèche, l'acide oléique fournit de l'acide sébacique en proportions d'autant plus fortes qu'il est plus pur; on obtient en même temps divers acides gras impurs, caprylique, caproïque et acétique, des gaz hydrocarbonés et de l'acide carbonique. La production de l'acide sébacique est caractéristique de l'acide oléique et sert à le distinguer d'autres acides gras liquides.

*Action de l'oxygène.* — L'acide oléique solide s'altère peu au contact de l'air; à l'état liquide, il absorbe assez rapidement l'oxygène de l'air en prenant un goût rance et une réaction acide prononcée; en même temps le produit perd la propriété de se solidifier facilement par le refroidissement. L'absorption d'oxygène est plus active à 100° et, dans ce cas, il se dégage de l'acide carbonique.

Varrentrapp a observé une réaction intéressante: l'oléate de potasse, chauffé vers 260° avec un excès de potasse, dégage de l'hydrogène et se convertit en un mélange de palmitate et d'acétate de potasse.

On a tenté plusieurs efforts sérieux pour utiliser cette réaction industriellement et convertir l'acide oléique, qui ne peut servir généralement qu'à la fabrication des savons mous, noirs, en acide gras solide, susceptible d'être employé dans la fabrication des bougies.

On a proposé à cet effet de chauffer l'oléate de potasse ou de soude avec un grand excès de potasse caustique fondue, ou encore d'un mélange de potasse et de soude ou même de soude caustique, en maintenant l'oléate au-dessous de l'alcali fondu au moyen d'un couvercle en tôle percé de trous. La réaction se fait vers 250° avec dégagement d'hydrogène; lorsqu'elle est terminée, on laisse refroidir et on dissout dans l'eau l'excès de potasse. Le palmitate alcalin nage à la surface de la lessive concentrée; on le sépare et on le décompose par l'acide chlorhydrique ou sulfurique. L'acide gras solide, assez fortement coloré, qui se sépare, est distillé à la vapeur surchauffée.

En opérant de la manière suivante, on obtient des résultats industriels et susceptibles d'être réalisés en grand. Dans une grande chaudière en tôle, à fond plat, de 2 mètres de profondeur sur 1m,50 de diamètre, cylindrique, munie d'un agitateur à palettes de fer, solides, horizontales, ayant la forme de couteaux dont la lame fait avec la verticale un angle de 40° environ, on chauffe une lessive de potasse caustique marquant 36° environ ou même plus. Pour 1 p. d'acide oléique on emploie 2 p. 1/2 de potasse fondue. On ajoute l'acide oléique, qui forme immédiatement un savon, puis on pousse le feu pour chasser l'excès d'eau jusqu'à apparition de vapeurs blanches. Au début, le savon, presque solide ou fortement pâteux, est intimement mélangé à l'excès de potasse. Lorsque l'action commence, le savon se sépare de l'alcali fondu, puis se ramollit, devient spongieux par suite du dégagement d'hydrogène qui s'opère dans toute la masse; il convient alors de régler le feu de manière à ne pas avoir une décomposition trop rapide et un boursouflement qui pourrait faire déborder le produit.

Vers la fin de l'opération, on peut abattre le feu; la masse s'affaisse et la température due à la réaction s'élève assez pour la fondre. L'agitateur, qui exigeait d'abord beaucoup de force motrice, fonctionne facilement. Si on ne se hâtait à ce moment d'ajouter de l'eau en petites proportions, pour rafraîchir, la réaction irait trop loin et une partie de l'acide palmitique formé serait détruite.

Après un refroidissement suffisant, on ajoute assez d'eau pour former, avec la potasse et l'acétate, une lessive de 20° à 25°, au-dessus de laquelle se trouve du savon palmitique gonflé et fondu; on laisse refroidir, on soutire la lessive qui est concentrée à sec et calcinée; il reste du carbonate de potasse que l'on rend caustique pour une nouvelle opération.

Le savon palmitique est dissous à chaud dans 10 fois son poids d'eau et traité par un lait de chaux; la masse est chauffée dans un autoclave à 6 atmosphères. Dans ces conditions, on obtient un savon calcaire palmitique, en grains durs, ressemblant à du sable grossier, facile à laver. Le liquide concentré donne de la potasse caustique.

Le palmitate de chaux est décomposé par l'acide sulfurique; les acides gras sont distillés à la vapeur surchauffée et exprimés. Le rendement est d'environ 80 à 85 d'acide palmitique pour 100 d'acide oléique, et l'on retrouve la majeure partie de l'alcali employé.

Malgré la durée de l'opération, la transformation n'est jamais complète, il reste de l'acide oléique non décomposé. Pendant la réaction la masse d'où se dégage l'hydrogène est lumineuse dans l'obscurité.

L'équation suivante rend compte de la réaction:

$$\underset{\text{Acide oléique.}}{C^{18}H^{34}O^2} + 2KHO$$

$$= \underset{\text{Palmitate de potasse.}}{C^{16}H^{31}KO^2} + \underset{\text{Acétate de potasse.}}{C^2H^3KO^2} + H^2.$$

Outre l'acide acétique, on obtient de petites quantités d'acides gras volatils supérieurs.

En chauffant 10 p. d'acide oléique brut avec 3 p. de chaux éteinte et 3 p. de chaux sodée, on obtient à la distillation divers gaz (éthylène, butylène, amylène, etc.) et un liquide représentant les 2/3 de l'acide oléique employé.

Distillé avec la chaux, l'acide oléique donne de l'oléone. — Voyez ce mot.

L'acide sulfurique concentré dissout à froid l'acide oléique; le liquide additionné d'eau laisse précipiter de l'acide oléique inaltéré; chauffé, il brunit en dégageant de l'acide sulfureux.

Lorsqu'on distille l'acide oléique avec du soufre, il se dégage de l'hydrogène sulfuré et il reste une huile brune fétide [sulfure d'odmyle ou mercaptan tétrylique, p. 602 (Anderson)].

L'acide oléique est vivement attaqué par l'acide nitrique concentré; on obtient un grand nombre d'acides de la série $C^nH^{2n}O^2$ (acétique, propionique, butyrique, valérique, caproïque, œnanthylique, caprylique, pélargonique, caprique) et de la série $C^nH^{2n-4}O^2$ (subérique, pimélique, adipique, lipique, azélaïque). La nature et la proportion des produits obtenus varient avec les conditions de l'expérience.

Les vapeurs nitreuses convertissent l'acide oléique en sa modification isomérique, l'acide élaïdique.

Le chlore et le brome attaquent l'acide oléique. — Voyez Dérivés chlorés et bromés.

Oléates. — Les oléates neutres ont pour formule générale

$$C^{18}H^{33}O^2M' \text{ ou } (C^{18}H^{33}O^2)^2M''.$$

A l'exception des oléates alcalins, ils sont insolubles dans l'eau, solubles dans l'alcool absolu et l'éther froid; fusibles vers 100° ou au-dessous. On les obtient à l'état de pureté en faisant digérer à une douce température un mélange en proportions équivalentes d'oléate de baryte et du sulfate de la base dont on veut former l'oléate, en présence de l'alcool d'une densité de 0,833. On filtre et on distille l'alcool dans un courant d'hydrogène.

*Oléate d'ammonium.* — Sel très-soluble dans l'eau froide, gélatineux; sa solution chauffée perd de l'ammoniaque et se trouble. On l'obtient directement.

*Oléate d'argent.* — Ce sel se réduit très-peu de temps après sa formation par double décomposition.

*Oléate de baryum*, $(C^{18}H^{33}O^2)^2Ba$. — Sel cristallisé; s'il est pur, il ne fond pas à 100°; se ramollit au contraire à cette température s'il a subi une altération; s'obtient en précipitant par le chlorure de baryum une solution aqueuse d'oléate d'ammonium et faisant cristalliser dans l'alcool.

Selon Gössmann, les flocons qui se séparent par refroidissement d'une solution chaude dans l'alcool étendu sont formés par un oléate acide,

$$(C^{18}H^{33}O^2)^2Ba + 2C^{18}H^{34}O^2.$$

*Oléate de chrome.* — Sel pulvérulent, fusible à une douce température; forme un précipité violet, mou et amorphe.

*Oléate de cobalt.* — Poudre bleu verdâtre, se précipitant lorsqu'on ajoute du sulfate de cobalt à une solution d'oléate de sodium.

*Oléate de cuivre.* — Sel vert très-fusible, liquide à 100°. Très-soluble en bleu verdâtre dans l'alcool. Se précipite quand on ajoute du sulfate de cuivre à une solution aqueuse d'oléate de potassium ou de sodium.

*Oléate de magnésium.* — Grains blancs et diaphanes se ramollissant entre les doigts.

*Oléate de mercure.* — *Sel mercurique.* Flocons blancs devenant gris par dessiccation; peu solubles dans l'alcool froid, plus solubles dans l'alcool et l'éther chauds. — *Sel mercureux.* Flocons gris, devenant bleuâtres par dessiccation, insolubles dans l'alcool froid, solubles dans l'éther et dans l'alcool chaud; il forme avec l'ammoniaque une poudre noire.

*Oléate de nickel.* — Précipité pulvérulent, vert-pomme.

*Oléate de plomb.* — Séché dans le vide, il se présente sous la forme d'une poudre blanche, légère, fusible à 80° en un liquide jaune. Soluble à froid et à chaud dans l'éther; soluble à chaud dans l'essence de térébenthine et l'huile de naphte; le liquide se prend par le refroidissement en une masse gélatineuse. Pour préparer ce sel pur, on sature par le carbonate de soude à l'ébullition une solution d'acide oléique pur dans l'alcool absolu, on décante, on ajoute de l'eau, et, après refroidissement, on précipite par l'acétate neutre de plomb; on filtre rapidement et on lave dans un endroit frais, puis on sèche dans le vide. Toutes ces manipulations doivent être faites à l'abri de l'air.

L'oléate de plomb altéré à l'air est gluant.

En faisant bouillir l'acide oléique avec un excès d'acétate basique de plomb, on obtient un oléate basique mou à 20° et liquide à 100°.

*Oléate de potassium.* — Le sel neutre est incolore, déliquescent, soluble dans 4 p. d'eau. Un excès d'eau le décompose en précipitant un sel acide gélatineux, soluble dans l'alcool, qui permet de le purifier. On le prépare en chauffant avec de l'eau parties égales de potasse et d'acide oléique. Le sel acide est insoluble dans l'eau, soluble dans l'alcool, auquel il communique une réaction acide.

*Oléate de strontium.* — Semblable au sel barytique.

*Oléate de sodium.* — Sel non déliquescent, soluble dans 10 à 12 p. d'eau, soluble dans l'alcool absolu, d'où il peut cristalliser; se prépare comme le sel de potassium.

*Oléate de zinc.* — Poudre blanche, fusible vers 100°.

Oléates a radicaux alcooliques. — *Éthers oléiques.* — On connait l'oléate d'éthyle et l'oléate de méthyle obtenus tous deux par l'action de l'acide chlorhydrique gazeux sur une solution d'acide oléique dans l'alcool correspondant (3 p. en volume) ; le liquide s'échauffe légèrement, et au bout de quelque temps l'éther se sépare soit spontanément, soit après addition d'eau.

*Oléate éthylique.* — Liquide incolore ; densité, 0,871 à 18° ; soluble dans l'alcool. La chaleur le décompose. Sous l'influence du nitrate mercureux il se convertit en son isomère, l'élaïdate d'éthyle, $C^{18}H^{33}(C^2H^5)O^2$.

*Oléate méthylique*, $C^{18}H^{33}(CH^3)O^2$. — Huile incolore. Densité, 0,879 à 18°. Le nitrate mercureux le convertit en élaïdate de méthyle.

Oléates glycériques ou oléines. — Voyez t. I, p. 1588.

Mannitane oléique. — Cette substance se prépare en faisant réagir l'acide oléique sur la mannite à 120° pendant 15 ou 20 heures, dans des tubes scellés. Après réaction, on ouvre les tubes ; la couche de matière grasse est traitée par l'éther et la chaux éteinte ; on chauffe au bain-marie et on ajoute de l'éther bouillant. Après refroidissement, on fait bouillir quelques minutes la solution éthérée dans le vide, afin de déterminer la précipitation de l'oléate de chaux dissous ; on filtre et on achève l'évaporation.

Substance neutre, incolore, cireuse, facile à ramollir et à fondre.

Saponifiée par la chaux, elle donne de l'acide oléique et de la mannitane.

Formule : $C^6H^8.O(C^{18}H^{33}O^2)^2(OH)^2$.

Dérivés chlorés et bromés de l'acide oléique [Lefort, *Journ. de Pharm.*, (3), t. XXIV, p. 113; — Burg, *Journ. für prakt. Chem.*, t. XCIII, p. 227 ; — Overbeck, *Journ. für prakt. Chem.*, t. XCVII, p. 159 ; *Zeitsch. für Chem.*, (2), t. I, p. 509 ; t. II, p. 180]. — Par l'action du chlore et du brome sur l'acide oléique, Lefort a obtenu les acides chloroléique et bromoléique

$$C^{18}H^{32}Cl^2O^2 \quad \text{et} \quad C^{18}H^{32}Br^2O^2$$

sous la forme de liquides bruns, acides aux réactifs. L'acide chloré aurait, à 7°,9, une densité de 1,082, et entrerait en ébullition à 190°. L'acide bromé posséderait à 7°,5 une densité de 1,272 et bouillirait à 200°.

En ajoutant goutte à goutte du brome à de l'acide oléique pur, Burg obtient un liquide visqueux, d'odeur agréable, soluble dans l'alcool et l'éther, décomposable à 170°, dont la composition est représentée par la formule

$$\underset{\text{Acide tribromo-dioléique.}}{C^{36}H^{65}Br^3O^4} = 2(C^{18}H^{34}O^2) - H^3 + Br^3.$$

D'après lui, cet acide est monobasique et donne des sels incristallisables. Le sel de baryte est poisseux, soluble dans l'éther, insoluble dans l'alcool.

L'acide tribromodioléique traité par l'oxyde d'argent humide se décompose avec formation de bromure d'argent et d'un acide visqueux susceptible de se solidifier au bout de quelques heures, à odeur rance, monobasique (acide oxyoléique) ; son sel de baryte est gommeux, déliquescent. Si l'on ajoute peu à peu, d'après Overbeck, 1 molécule de brome à de l'acide oléique pur et refroidi, on obtient de l'acide oléique bibromuré ou stéarique bibromé $C^{18}H^{34}Br^2O^2$. On traite par une solution étendue et froide de potasse ne contenant pas plus de 1 molécule de potasse pour 1 molécule d'acide ; le savon obtenu est dissous dans l'alcool étendu et décomposé par l'acide chlorhydrique ; il se sépare une huile qu'on lave à l'eau. Celle-ci est dissoute dans l'éther et la solution est évaporée dans le vide au-dessus d'un vase contenant de l'acide sulfurique. L'acide dibromoléique se présente sous la forme d'un liquide huileux jaune, de consistance sirupeuse, insoluble dans l'eau, soluble dans l'alcool et l'éther, décomposable vers 100°, plus lourd que l'eau. Il donne des sels visqueux ou gommeux.

Traité en solution alcoolique par au moins 2 molécules d'hydrate de potasse, l'acide dibromoléique $C^{18}H^{34}Br^2O^2$ perd 1 molécule d'acide bromhydrique.

Le liquide, additionné de beaucoup d'eau, fournit un précipité huileux jaune clair, qui cristallise dans le vide. Les cristaux incolores ainsi obtenus fondent à 35-36°. Ce nouveau corps est en grande partie formé d'*acide oléique monobromé*

$$C^{18}H^{33}BrO^2,$$

contenant un peu d'acide stéaroléique. L'acide oléique monobromé s'unit au brome directement en donnant l'acide dibromuroléique monobromé $C^{18}H^{33}Br.Br^2O^2$, huile limpide, visqueuse, soluble dans l'alcool et l'éther. Une solution alcoolique de potasse enlève à ce dernier une partie de son brome à froid, et la totalité à chaud avec production d'acide stéaroléique $C^{18}H^{32}O^2$.

L'hydrogène naissant (amalgame de sodium) convertit l'acide oléique monobromé en acide oléique.

Dérivés sulfuriques de l'acide oléique. — En ajoutant peu à peu de l'acide sulfurique concentré (1/2 partie) à de l'huile d'olive bien refroidie et en évitant toute élévation de température, il se forme une masse visqueuse peu colorée. Au bout de 24 heures de contact on ajoute à la masse 2 fois son volume d'eau, il se sépare une masse sirupeuse formée d'un mélange d'acide sulfoléique et d'acide sulfomargarique, peu solubles dans l'eau chargée d'acide sulfurique, tandis que l'acide sulfoglycérique reste en solution. L'acide sulfoléique est soluble dans l'eau pure, incristallisable, d'une saveur huileuse, amère. Les sels de potasse, de soude et d'ammoniaque sont solubles dans l'eau ; les autres sels sont insolubles. On n'a pas encore pu séparer l'acide sulfoléique de l'acide sulfomargarique qui l'accompagne. D'après Fremy [*Ann. de Chim. et de Phys.*, t. LXV, p. 113], l'acide sulfoléique se transforme peu à peu par l'eau froide en donnant de l'acide métaoléique ; si l'on chauffe ensuite à l'ébullition le liquide qui a déposé cet acide, on obtiendrait de l'acide hydroléique. L'acide métaoléique serait huileux, très-soluble dans l'éther, peu soluble dans l'alcool, insoluble dans l'eau ; l'acide hydroléique serait insoluble dans l'eau, très-soluble dans l'alcool et l'éther. Ces produits ne paraissent pas définis. P. S.

**OLÉONE.** — Liquide oléagineux, neutre, non saponifiable, obtenu par Bussy [*Ann. der Chem. u. Pharm.*, t. IX, p. 271] par la distillation de l'acide oléique avec 1 fois 1/2 son poids de chaux, et considéré comme l'acétone correspondant à l'acide oléique. Jusqu'à présent ce liquide n'a pas été obtenu pur.

Vohl [*Dingler's polyt. Journ.*, t. CXLVII, p. 304] nomme oléone une matière grasse destinée à l'éclairage, préparée en précipitant les eaux de savon par du chlorure de calcium, et en distillant le sel de chaux à acide gras ainsi préparé avec de la chaux.

**OLÉOPHOSPHORIQUE (ACIDE)** [Fremy, *Ann. de Chim. et de Phys.*, (3), t. II, p. 463]. — Acide phosphoré trouvé par Fremy dans le cerveau ; d'après les recherches plus récentes sur la lécithine, il est probable que cet acide n'existe pas tout formé dans le cerveau, mais qu'il est un produit de décomposition de la lécithine ou d'un corps analogue et qu'il se forme dans le cours de la préparation. MM. Berthelot et de Luca ont proposé la formule suivante :

$$C^{73}H^{143}PO^{12}$$
$$= 2C^3H^3O^3 + 4C^{18}H^{34}O^2 + PH^3O^4 - 6H^2O$$

[*Ann. de Chim. et de Phys.*, (3), t. LII, p. 433].

On prépare cet acide en traitant l'extrait éthéré du cerveau (voyez Lécithine, t. II, p. 212) par l'éther, qui dissout l'acide oléophosphorique, tandis que l'acide cérébrique reste insoluble. L'éther étant évaporé au bain-marie, on ajoute un acide et l'on reprend par l'alcool bouillant, qui dissout l'acide oléophosphorique et le laisse précipiter par le refroidissement. Toutefois il est très-difficile d'obtenir l'acide parfaitement exempt d'oléine et de cholestérine.

L'acide oléophosphorique est un liquide visqueux, jaune, insoluble dans l'eau et dans l'alcool froid; mais l'alcool bouillant et l'éther le dissolvent facilement. Son analyse a donné des chiffres très-variables; il contient 1,9 % à 2 % de phosphore.

Avec les alcalis, il donne des sels savonneux; avec les autres bases, des combinaisons insolubles.

L'acide azotique fumant transforme l'acide oléophosphorique en acide gras et acide phosphorique. Les alcalis le convertissent en phosphates, en oléates et en glycérine. Une ébullition prolongée avec l'eau le change en oléine et acide phosphorique (Fremy); en oléine, margarine, acides oléique et margarique libres et en acide phosphoglycérique (Gobley). Cette décomposition est beaucoup accélérée par la présence d'une petite quantité d'acide minéral. A. H.

**OLIBAN.** — Voyez Encens, t. I, p. 1226.

**OLIGISTE.** — Voyez Hématite.

**OLIGOCLASE.** — Voyez Feldspath.

**OLIGOCLASE-ALBITE** (Scheerer) (Min.). — Variété d'albite de Pensylvanie.

**OLIVE (HUILE D').** — Voyez t. II, p. 4..

**OLIVÉNITE** (Min.) [Syn. *Cuivre arséniaté en octaèdres aigus*, Bournon; *pharmacochalzite*, Haussmann]. — Arséniate hydraté de cuivre avec un peu d'acide phosphorique $AsO^4Cu(CuOH)'$. Petits cristaux d'un vif éclat ou masses fibreuses concrétionnées, d'un vert-olive devenant clair dans les masses finement fibreuses. Translucide sur les bords. Trouvé dans les cavités du quartz à Redruth (Cornouailles), Tavistock (Devonshire), en Thuringe, en Sibérie, au Chili.

Fig. 434. Olivénite.

*Caractères.* — Soluble dans l'acide azotique. Dans le tube, donne de l'eau. Au chalumeau, fond en colorant la flamme en bleu verdâtre; cristallise par le refroidissement. Sur le charbon, fumées arsenicales, et avec le carbonate de soude, globule de cuivre. Avec les flux, réactions du cuivre.

Dureté, 3. Poussière vert-olive clair.

Densité, 4,1 à 4,4.

*Forme cristalline.* — Prisme orthorhombique $mm = 92°30'$; $pa^1 = 144°14'$; isomorphe avec la libéthénite et l'adamine. Clivages: $m$; $a^1$ traces. F. et S.

**OLIVILE,** $C^{14}H^{18}O^5$. — Cette substance a été trouvée par Pelletier dans la racine de l'olivier [Pelletier, *Ann. de Chim. et de Phys.*, 1816, t. III, p. 105]; sa composition a été fixée par Sobrero [*Journ. de Pharm.*, (3), t. III, p. 286, et *Ann. der Chem. u. Pharm.*, t. LIV, p. 67].

Pour la préparer, il suffit de traiter la résine d'olivier pulvérisée d'abord par l'éther et de dissoudre ensuite le résidu dans l'alcool bouillant. La solution bouillante dépose par le refroidissement l'olivile sous forme de cristaux, qu'on débarrasse d'une matière résineuse (résine d'olivier) par des lavages à l'alcool froid et qu'on fait recristalliser dans l'alcool bouillant.

L'olivile ainsi obtenue se présente sous forme d'aiguilles incolores, brillantes, aplaties et rayonnées. Elle est sans odeur et d'une saveur à la fois amère et sucrée. L'eau la dissout, surtout à chaud; elle est soluble en toutes proportions dans l'alcool bouillant; l'éther et les huiles fixes et volatiles la dissolvent à chaud en petite quantité. Les cristaux d'olivile fondent à 120° et se concrètent par le refroidissement en une masse résineuse transparente. Cette substance fond déjà à 70°; dissoute dans l'alcool, elle fournit de nouveau des cristaux d'olivile fusibles à 120°. L'olivile résineuse devient électrique par le frottement.

L'olivile anhydre renferme:

$$C = 63,42;\ H = 6,81;\ O = 29,74.$$

Sobrero a déduit de ces chiffres la formule

$$C^{14}H^{18}O^5,$$

qui manque de contrôle. La matière cristallisée dans l'eau renferme 1 molécule d'eau qu'elle perd en partie par suite de la dessiccation dans le vide; par la fusion, la totalité de l'eau se dégage.

L'olivile possède une réaction neutre. Elle se dissout dans l'ammoniaque, la soude et la potasse: l'acide acétique la reprécipite sans altération de la solution concentrée. La solution potassique brunit à l'air. L'acide acétique concentré dissout également l'olivile, l'eau ne précipite pas la solution.

Les acides sulfurique et chlorhydrique étendus n'ont pas d'action sur l'olivile; mais à l'état concentré ces acides la transforment en une matière rouge, l'*olivirutine*.

L'acide nitrique dissout l'olivile en se colorant en rouge foncé; à chaud cette dissolution dégage des vapeurs nitreuses et de l'acide cyanhydrique et renferme alors beaucoup d'acide oxalique.

L'olivile étant chauffée avec du peroxyde de plomb puce et de l'eau, il se forme la combinaison plombique d'un nouveau corps. Il ne se dégage pas de gaz pendant la réaction. En ajoutant du bichromate de potassium à la solution d'olivile, on obtient immédiatement des flocons brunâtres, qui finissent par devenir grenus et verdâtres et qui paraissent être le sel de chrome d'un acide. Lorsqu'on fait agir le chlore sur une solution aqueuse d'olivile, il se forme un corps fluorescent brun, soluble dans l'alcool; un excès de chlore le décompose avec dégagement d'acide carbonique.

L'olivile réduit les sels d'or et d'argent; étant chauffée avec du sulfate de cuivre, elle fait virer la couleur au vert clair.

L'olivile précipite par le sous-acétate de plomb. Lorsqu'on ajoute de l'ammoniaque à un mélange de nitrate de plomb et d'olivile en grand excès, on obtient un précipité blanc, renfermant

$$C^{14}H^{18}O^5, PbO.$$

En précipitant la solution de l'olivile directement par le sous-acétate de plomb, on obtient des précipités qui ne possèdent pas une composition constante.

L'olivile soumise à la distillation sèche fournit de l'eau, de l'acide acétique, et une matière huileuse, l'*acide pyrolivilique* (voyez plus loin); il reste un résidu abondant de charbon.

*Olivirutine.* — Lorsqu'on verse de l'acide sulfurique concentré dans une dissolution concentrée d'olivile, il se précipite des flocons rouges, qui se dissolvent peu à peu dans l'acide, mais que l'eau précipite de nouveau. L'olivile chauffée dans un courant d'acide chlorhydrique, ou avec de l'acide chlorhydrique aqueux, se transforme également en un corps rouge insoluble dans l'eau, qui présente tous les caractères du produit obtenu avec l'acide sulfurique. Ce corps se dissout dans l'ammoniaque avec une belle coloration violette.

L'olivirutine a donné à l'analyse:

$$C = 68,57;\ H = 6,25;\ O = 25,18.$$

Acide pyrolivilique. — La matière huileuse qui se forme dans la distillation sèche de l'olivile est plus lourde que l'eau et possède une odeur et une saveur analogues à celles de l'essence de girofle. Elle bout au-dessus de 200° et se dissout en petite quantité dans l'eau en lui communiquant une réaction acide; l'alcool et l'éther la dissolvent facilement. L'acide nitrique la convertit en acide picrique et en une matière résineuse.

L'acide pyrolivilique brunit à l'air; sa solution dans la potasse noircit au contact de l'air. Il réduit le nitrate d'argent.

Il renferme : C = 70,00; H = 7,31; O = 22,69.

Sa solution alcoolique donne avec le sous-acétate de plomb un précipité qui contient C = 30,59; H = 2,89; Pb = 53,50. A. H.

**OLIVINE.** — Lorsqu'on chauffe de la salicine avec de l'acide sulfurique, il se produit une coloration rouge et il se forme une matière résinoïde, à laquelle Mulder a donné le nom d'*olivine*. C'est une poudre cristalline d'un vert d'olive foncé, insoluble dans l'eau, l'alcool et l'éther. Ce corps est probablement de la salirétine impure [*Ann. der Chem. u. Pharm.*, t. XXXIII, p. 228].

**OLIVINE.** — Voyez Péridot.

**OMICHMYLE.** — Scharling a nommé oxyde d'omichmyle une substance résineuse contenue dans l'extrait éthéré de l'urine. Elle est soluble dans l'alcool, l'éther et les alcalis, et est convertie par le chlore en une substance qui possède la composition du chlorure de salicyle [*Ann. der Chem. u. Pharm.*, t. XLII, p. 265].

**OMPHACITE** (Min.). — Variété de pyroxène de Baireuth et de Carinthie, qui forme une roche avec grenat et disthène.

**ONCOSINE** (Min.). — Masses amorphes, arrondies, à cassure écailleuse, translucides, d'un faible éclat gras, vert-pomme, grisâtres ou brunâtres, engagées dans la dolomie à Tamsweg en Salzbourg.

C'est un silicate hydraté d'alumine, de potasse et de magnésie, se rapprochant de l'agalmatolithe.

*Caractères.* — Attaquable par l'acide sulfurique. Au chalumeau, fond en se gonflant en un verre bulleux incolore. Dureté, 2. Densité, 2,8.

**ONÉGITE.** — Voyez Goethite.

**ONOCÉRINE**, $C^{12}H^{20}O$ [Hlasiwetz, *Journ. für prakt. Chem.*, t. LXV, p. 419]. — Substance cristalline contenue à côté de l'ononine dans la racine d'*Ononis spinosa;* elle se sépare après quelques jours de l'extrait alcoolique concentré de la racine sous la forme de cristaux fortement colorés, qu'on purifie par compression, lavage à l'alcool froid et cristallisation dans l'alcool bouillant avec addition de charbon animal. Elle est en fines aiguilles enchevêtrées, insolubles dans l'eau, peu solubles dans l'éther et assez solubles dans l'alcool bouillant et l'essence de térébenthine. Elle fond en un liquide incolore, qui se fige par le refroidissement en une masse cristalline; les acides et les alcalis ne l'altèrent pas, même à chaud. Le chlore à 100° transforme l'onocérine en un produit de substitution $C^{12}H^{18}Cl^2O$, résineux, insoluble dans l'eau et dans l'alcool, soluble dans l'éther. A. H.

**ONOFRITE** (Min.). — Mélange de sulfure et de séléniure de mercure, correspondant à la formule HgSe + 4HgS. Masses finement granulaires, d'un gris de plomb foncé, prenant de l'éclat par le frottement. Densité, 5,56.

**ONONÉTINE**, $C^{48}H^{44}O^{13}$ (?). — Produit de dédoublement de l'onospine, qui prend également naissance par l'action de la baryte sur la formonétine.

On délaye l'onospine dans dix fois environ son poids d'eau et l'on fait bouillir pour la dissoudre, puis on verse goutte à goutte, dans la solution, de l'acide sulfurique étendu jusqu'à ce qu'il se produise un trouble permanent. En prolongeant l'ébullition, il se forme des gouttes oléagineuses qui se rassemblent au fond et qui se concrètent par le refroidissement en une masse cristalline qui est l'ononétine; la solution surnageante renferme de la glucose.

L'ononétine cristallise dans l'alcool en longs prismes incolores, cassants, groupés en rayons ou en faisceaux. Elle est soluble dans l'alcool et un peu dans l'éther. Les alcalis la dissolvent aisément.

L'ononétine ne précipite pas les solutions métalliques, sauf le sous-acétate de plomb. Le chlorure ferrique la colore en rouge, ainsi qu'un mélange de peroxyde de manganèse et d'acide sulfurique concentré. L'acide azotique concentré la résinifie et produit de l'acide oxalique et probablement de l'acide picrique.

Sa solution ammoniacale se colore peu à peu à l'air en vert foncé, et l'acide chlorhydrique en précipite alors une matière résineuse rouge, soluble dans l'alcool.

La formation de l'ononétine par l'onospine se représente par l'équation

$$\underset{\text{Onospine.}}{C^{60}H^{68}O^{25}} = \underset{\text{Ononétine.}}{C^{48}H^{44}O^{13}} + \underset{\text{Glucose.}}{2C^6H^{12}O^6}.$$

Elle aurait lieu ainsi sans fixation d'eau, ce qui n'est pas probable. Sa formation par la formonétine se représente par

$$\underset{\text{Formonétine.}}{C^{50}H^{40}O^{13}} + 2H^2O = \underset{\text{Ononétine.}}{C^{48}H^{44}O^{13}} + \underset{\text{Acide formique.}}{2CH^2O^2}$$

(Hlasiwetz). E. W.

**ONONINE**, $C^{62}H^{68}O^{27}$ (?). — Principe cristallisé découvert par Reinsch dans la racine de bugrane, *Ononis spinosa* L. [*Répert. de Pharm.*, (2), t. XXVI, p. 12, et t. XXVIII, p. 18]. Hlasiwetz l'a soumise à une étude approfondie [*Sitzungsber. d. Akad. zu Wien*, t. XV, p. 142, et *Journ. für prakt. Chem.*, t. LXV, p. 419]. Pour l'extraire de la racine de bugrane, on fait bouillir celle-ci avec de l'eau pendant une heure, on précipite par l'acétate de plomb la liqueur clarifiée et l'on fait passer un courant d'hydrogène sulfuré dans la solution filtrée. Le sulfure de plomb, lavé et desséché, est ensuite épuisé par de l'alcool fort et bouillant. On distille l'alcool et on abandonne le résidu à la cristallisation. L'ononine se dépose en mamelons cristallins qu'on débarrasse d'une résine brune par un lavage à l'alcool froid.

L'ononine forme des aiguilles ou des paillettes sans odeur et sans saveur, insolubles dans l'eau froide, peu solubles dans l'eau bouillante et dans l'éther, solubles dans l'alcool bouillant. Elle fond vers 235° en brunissant.

L'ononine, en solution alcoolique, donne avec le sous-acétate de plomb un précipité floconneux blanc; elle ne précipite pas les autres solutions métalliques. Le perchlorure de fer ne la colore pas. La potasse et l'eau de baryte dissolvent l'ononine et la transforment à l'ébullition en acide formique et onospine :

$$\underset{\text{Ononine.}}{C^{62}H^{68}O^{27}} + H^2O = \underset{\text{Onospine.}}{C^{60}H^{68}O^{25}} + \underset{\text{Acide formique.}}{2CH^2O^2}.$$

Les acides chlorhydrique et sulfurique dilués la transforment en formonétine et glucose :

$$\underset{\text{Ononine.}}{C^{62}H^{68}O^{27}} = \underset{\text{Formonétine.}}{C^{50}H^{40}O^{13}} + \underset{\text{Glucose.}}{2C^6H^{12}O^6} + 2H^2O.$$

L'acide sulfurique concentré la dissout et l'addition de peroxyde de manganèse colore cette solution en rouge cramoisi. L'acide azotique la transforme en acide oxalique (Hlasiwetz). E. W.

**ONOSPINE**, $C^{60}H^{88}O^{25}$ (?). — Elle se produit par l'action de la baryte sur l'ononine. La liqueur est traitée par un courant d'acide carbonique, et le précipité de carbonate de baryum est ensuite épuisé par l'eau bouillante qui dissout l'onospine et la dépose, par le refroidissement, en paillettes feutrées, fusibles à 162° et se prenant, par le refroidissement, en une masse amorphe et gommeuse. Elle est soluble dans l'alcool qui la laisse déposer en prismes radiés. Elle est soluble dans les alcalis et précipitable de nouveau par les acides. Sa solution aqueuse ne précipite pas les solutions métalliques, sauf le sous-acétate de plomb. Le perchlorure de fer la colore en rouge-cerise. Elle ne réduit ni l'azotate d'argent, ni le tartrate alcalin de cuivre. Avec l'acide sulfurique concentré et le peroxyde de manganèse, l'onospine se colore en rouge cramoisi.

Les acides sulfurique et chlorhydrique étendus la dédoublent en ononétine et glucose (Hlasiwetz). E. W.

**ONYX** (Min.). — Variété d'agate à couches de couleurs très-distinctes, employée dans les arts pour y tailler les camées.

**ONYX** (Min.). — Certains marbres rubanés ont reçu le nom de marbres onyx.

**OOSITE** (Min.). — Variété de pinite en petits prismes à six pans d'un blanc de neige, opaques, engagés dans un porphyre de la vallée d'Oos, près de Bade.

**OPALE** (Min.) [Syn. *Quartz résinite, demi-opale, ménilite, cacholong, florite, hyalite, hydrophane, geysérite, michaëlite, alumocalcite, tripoli, quartz nectique, randanite*]. — Silice hydratée, avec des quantités d'eau qui varient de 3 jusqu'à 10 %.

Amorphe, n'agit pas sur la lumière polarisée; à cassure conchoïdale, transparent ou translucide, incolore, blanc, jaune, rouge, brun, vert, noir. Fragile.

Dureté, 3,5 à 6,5. Poussière blanche.

Densité, 1,9 à 2,3.

L'*opale noble* présente dans une pâte laiteuse des couleurs irisées très-belles, dues sans doute à un phénomène de réseaux ou de lames minces. Elle se trouve dans les porphyres trachytiques en Hongrie, au Guatemala, à Feroë.

L'*opale de feu* est presque transparente; rouge-jaune; se trouve à Zimapan (Mexique), à Washington.

Le *girasol* est d'un blanc laiteux bleuâtre ou jaunâtre.

L'*opale commune*, la *demi-opale*, la *ménilite*, le *quartz résinite* sont translucides ou à peu près opaques, et présentent diverses couleurs. Ils se trouvent en Hongrie, en Moravie, en Saxe, en Bohême, en Islande; une belle variété de Quincy (Cher) est colorée en rouge par une matière organique.

L'*hydrophane* blanche ou jaunâtre happe à la langue et absorbe l'eau en devenant translucide ou même transparente (Hongrie et Saxe).

Le *cacholong* est opaque et blanc de porcelaine (Iles Feroë).

L'*hyalite* et la *florite* se présentent en petites concrétions globulaires translucides ou transparentes, blanches ou incolores (Santa Fiora, Toscane; Kaiserstuhl, Bade).

Le *geysérite* est en concrétions d'un gris terreux; elle est déposée par les eaux des geysers d'Islande.

Le *quartz nectique* forme des masses poreuses légères, nageant sur l'eau; il vient de Saint-Ouen, près Paris.

Le *tripoli* se compose principalement de débris d'infusoires; se trouve à Bilin (Bohême), à Corfou, à Tripoli.

La *randanite* est une variété pulvérulente analogue à la silice gélatineuse.

La *silice hydratée* a la propriété de se substituer à la matière organique des divers bois, et de former de vraies *pétrifications*, dans lesquelles la structure végétale est parfaitement conservée. On trouve des gisements de bois silicifiés à Saïba et Kremnitz (Hongrie), en Transylvanie, en Bohême, aux îles Feroë, en Australie, en Auvergne et dans un grand nombre d'autres localités.

*Caractères*. — Soluble dans la potasse. Dans le tube, il donne de l'eau. Infusible au chalumeau, mais devenant opaque.

Ebelmen a obtenu l'opale artificiellement par la décomposition lente à l'air humide des éthers siliciques. F. et S.

**OPHIOLITE** (Min.). — Nom donné par M. Sterry Hunt aux roches serpentineuses du Canada; il les distingue en ophiolites normales et ophiolites calcaires, dolomitiques ou magnésiennes, selon leur pureté ou leur état de mélange avec la calcite, la dolomie ou la gioberite.

**OPHITE** (Min.). — Voyez SERPENTINE.

**OPIAMMONE**. — Voyez OPIANIQUE (ACIDE).

**OPIANINE**, $C^{66}H^{72}Az^4O^{21}$ (?) [Hinterberger, *Ann. der Chem. u. Pharm.*, t. LXXXII, p. 319]. — Cet alcaloïde a été obtenu en précipitant l'extrait aqueux de l'opium d'Égypte par l'ammoniaque; il est moins soluble que la morphine et se dépose le premier lorsqu'on fait cristalliser le précipité. Il est insoluble dans l'eau, soluble en petite quantité dans l'alcool; sa saveur est fortement amère et son action sur l'organisme se rapproche de celle de la morphine. Suivant Schabus [*Bestimm. d. Krystallgest*, p. 76, Wien, 1855], les cristaux de l'opianine appartiennent au type rhombique.

Formes observées: $m$, $g^1$, $h^1$, $e^1$, $b^{1/2}$.

Angles: $mm = 92°52'$; $e^1e^1 = 127°51'$.

Clivage parfait suivant $g^1$.

L'opianine a donné à l'analyse: C = 62,99; H = 5,70; Az = 4,26.

La solution du chlorhydrate donne, avec le bichlorure de mercure, un précipité blanc, cristallisant dans un mélange d'alcool et d'acide chlorhydrique en aiguilles; Hinterberger établit pour ce composé la formule

$$C^{66}H^{72}Az^4O^{21}, 2\,HCl + HgCl^2.$$

Analyse: C = 49,14; H = 4,61; Hg = 12,28; Cl = 9,31.

L'existence de l'opianine n'est pas suffisamment démontrée; par sa composition et ses propriétés, elle se rapproche de la narcotine, et pourrait bien être identique avec cet alcaloïde, car la forme cristalline de la narcotine ne diffère pas de celle de l'opianine (Schabus). A. H.

**OPIANIQUE (ACIDE)**, $C^{10}H^{10}O^5$ [Liebig et Wöhler, *Ann. der Chem. u. Pharm.*, t. XLIV, p. 126; — Wöhler, *ibid.*, t. L, p. 1; — Blyth, *ibid.*, t. L, p. 29; — Laurent, *Ann. de Chim. et de Phys.*, (3), t. XIX, p 370; — Anderson, *Transact. Roy. Soc. Edinburgh*, t. XX, 3e partie, p. 347; *Ann. der Chem. u. Pharm.*, t. LXXXVI, p. 179].

Cet acide, découvert par Liebig et Wöhler, prend naissance dans l'oxydation de la narcotine, sous l'influence d'un mélange de peroxyde de manganèse ou d'oxyde puce de plomb et d'acide sulfurique étendu (Liebig et Wöhler), du perchlorure de fer, du tétrachlorure de platine (Blyth), de l'acide nitrique étendu (Anderson); il se forme encore lorsqu'on fait bouillir le triiodure de narcotine avec de l'alcool [S. M. Jörgenson, *Deutsch. Chem. Gesell.*, t. II, p. 460; *Bull. de la Soc. chim.*, 1870, t. XIII, p. 179].

La transformation de la narcotine en acide opianique, réaction qui fournit en même temps de la cotarnine (voyez t. I, p. 978), peut être exprimée par l'équation suivante :

$$C^{22}H^{23}AzO^7 + O = C^{10}H^{10}O^5 + C^{12}H^{13}AzO^3$$

Narcotine. Acide opianique. Cotarnine.

[Laurent, A. Matthiessen et G. C. Foster, *Chem. Soc. Journ.*, t. XVI, p. 345; *Bull. de la Soc. chim.*, 1861, p. 22].

*Préparation.* — 1° On dissout 100 grammes de narcotine dans 150 grammes d'acide sulfurique étendu de 1,500 grammes d'eau, on porte à l'ébullition, et l'on ajoute aussi vite que possible 150 grammes de manganèse (contenant 60 °/₀ de peroxyde). Lorsque tout le peroxyde est ajouté, on filtre rapidement : le liquide filtré laisse déposer des cristaux d'acide opianique en telle quantité qu'il se transforme en une masse demi-solide. Pour purifier cet acide opianique, on le sépare par filtration, on le lave avec un peu d'eau froide, et on le décolore en faisant bouillir avec de l'eau renfermant un peu d'hypochlorite de sodium. La solution chaude additionnée d'acide chlorhydrique laisse déposer par le refroidissement des cristaux incolores d'acide opianique, qu'on soumet à une dernière cristallisation dans l'eau bouillante (Wöhler, Matthiessen et Foster). 2° Blyth dissout la narcotine dans l'acide chlorhydrique dilué, précipite par le chlorure de platine, et, après l'avoir étendu d'eau, fait bouillir la masse avec un excès de chlorure de platine. Le liquide se colore en rouge, et l'on voit se former, après quelque temps à la surface, des cristaux rouges de chloroplatinate de cotarnine. On arrête alors l'ébullition, on filtre et on laisse refroidir : l'acide opianique cristallise en fines aiguilles qu'on purifie comme il a été indiqué plus haut. Les eaux mères fournissent des cristaux d'acide hémipinique.

*Propriétés.* — L'acide opianique cristallise en prismes minces, souvent groupés concentriquement et enchevêtrés. Il est incolore, d'une saveur amère et d'une faible réaction acide. Peu soluble dans l'eau froide, il se dissout aisément dans l'eau bouillante, dans l'alcool et dans l'éther. L'acide opianique fond à 140° sans perdre de poids; chauffé dans une cornue au-dessus de son point de fusion, il grimpe le long des parois, mais ne se volatilise pas. Chauffé au contact de l'air, il répand des vapeurs inflammables d'une odeur rappelant celle de la vanille.

Sous l'influence d'une chaleur prolongée l'acide opianique subit une modification profonde. Après refroidissement, il reste mou et transparent et peut être tiré en fils; peu à peu il durcit et devient opaque, sans cependant prendre une texture cristalline. L'acide ainsi modifié présente la même composition que l'acide primitif, mais il est insoluble dans l'eau, dans l'alcool et dans les alcalis étendus; une solution bouillante de potasse les dissout. Lorsqu'on le délaye dans l'eau, il devient blanc; chauffé avec ce liquide, il se change en une masse blanche et terreuse en même temps qu'une petite quantité se dissout et se dépose par le refroidissement sous la forme de flocons. MM. Matthiessen et A. Wright sont arrivés à un résultat différent : lorsqu'on chauffe l'acide opianique à quelques degrés au-dessus de son point de fusion, il perd de l'eau et se transforme en une nouvelle substance qu'on peut faire cristalliser dans l'alcool bouillant. Ils établissent pour ce corps la formule $C^{40}H^{38}O^{19} = 4C^{10}H^{10}O^5 - H^2O$ [*Proc. of the Roy. Soc. London*, t. XVII, p. 340; *Bull. de la Soc. chim.*, 1870, t. XIII, p. 470].

Les oxydants (acide azotique, peroxyde de plomb puce et acide sulfurique, bichromate de potassium et acide sulfurique étendu, tétrachlorure de platine) convertissent l'acide opianique en acide *hémipinique* $C^{10}H^{10}O^6$. — Voyez t. II, p. 10.

Chauffé avec un grand excès de potasse caustique très-concentrée, l'acide opianique se dédouble en acide hémipinique et *méconine* (Matthiessen et Foster) :

$$2C^{10}H^{10}O^5 = C^{10}H^{10}O^6 + C^{10}H^{10}O^4.$$

Acide opianique. Acide hémipinique. Méconine.

L'hydrogène naissant (amalgame de sodium et eau, zinc et acide sulfurique étendu) transforme l'acide opianique en *méconine*. — Voyez t. II, p. 321.

Lorsqu'on traite l'acide fondu par le chlore, il cède de l'eau et de l'acide chlorhydrique en fournissant un produit résineux.

Chauffé en vase clos à 100° avec 3 à 4 fois son poids d'acide chlorhydrique, il se scinde en chlorure de méthyle et acide méthylnoropianique

$$C^9H^8O^5$$

(voyez plus loin); l'acide iodhydrique amène une décomposition analogue [Matthiessen et Foster, *Journ. Chem. Soc.*, (2), t. I, p. 342, et t. VI, p. 357; *Ann. der Chem. u. Pharm.*, suppl. II, p. 370; *Bull. de la Soc. chim.*, 1868, t. X, p. 52].

L'acide sulfureux le dissout en produisant l'acide *opianosulfureux*. — Voyez plus loin.

L'acide opianique chauffé avec l'acide sulfurique à 180° donne une matière colorante rouge, qui, sur étoffe, avec des mordants d'alumine et de fer, produit toutes les teintes de la garance [Anderson, *Transac. Roy. Soc. of Edinburgh*, t. XXI, 1re partie, p. 204; *Ann. de Chim. et de Phys.*, (3), t. XLVI, p. 105]. Tout récemment on a repris l'étude de cette substance; elle est soluble en rouge violacé dans la potasse et dans l'acide sulfurique. Lorsqu'on la chauffe, une petite proportion se sublime en flocons orangés, mais la majeure partie se carbonise.

Son analyse a donné C = 62,4, H = 3,95, et l'on voit qu'elle se rapproche, par sa composition, de l'alizarine $C^{14}H^8O^4$. Chauffée avec du zinc en poudre, cette matière fournit de l'*anthracène* [C. Liebermann et C. Chojnacki, *Deutsch. Chem. Gesell.*, t. IV, p. 194, et *Bull. de la Soc. chim.*, 1871, t. XV, p. 283].

L'hydrogène sulfuré à froid est sans action sur l'acide opianique; à chaud, il le convertit en acide *sulfopianique* $C^{10}H^{10}O^4S$.

Opianates. — L'acide opianique est un acide monobasique; il décompose à chaud les carbonates d'argent, de baryum, de calcium et de plomb. Ses sels cristallisent.

L'*opianate d'ammonium* s'obtient en grands cristaux tabulaires par l'évaporation spontanée d'un mélange d'alcool et d'une solution saturée d'acide opianique dans l'ammoniaque. Par évaporation d'une solution ammoniacale d'acide opianique, même à une douce chaleur, on obtient une masse amorphe, translucide, qui ne se dissout qu'en partie dans l'eau, en laissant pour résidu une amide de l'acide opianique.

*Sel d'argent*, $C^{10}H^9O^5,Ag$. — Prismes transparents et raccourcis, d'une teinte légèrement jaunâtre; ce sel renferme de l'eau de cristallisation, qu'il perd vers 100°. A 200°, il fond en se décomposant.

Le *sel de baryum*, $(C^{10}H^9O^5)^2Ba + 2H^2O$, forme des prismes radiés qui s'effleurissent à chaud.

Le *sel de calcium* est soluble et incristallisable.

L'*opianate de plomb*, $(C^{10}H^9O^5)^2Pb + 2H^2O$, est en cristaux brillants, transparents, mamelonnés et peu solubles. Il fond à 150° et commence à se décomposer vers 180°. A chaud, ce sel se dépose quelquefois à l'état anhydre et forme alors de petits prismes soyeux, réunis en faisceaux. Il est soluble dans l'alcool.

*Éther opianique*, $C^{10}H^9O^5.C^2H^5$ [Wöhler, *loc. cit.*; Anderson, *loc. cit.*] — On le prépare en faisant passer un courant de gaz sulfureux dans une solution alcoolique chaude d'acide opianique, et en concentrant le liquide : l'éther se dépose à l'état cristallisé.

Wöhler n'a pu l'obtenir en saturant d'acide chlorhydrique une solution alcoolique d'acide opianique. Mais, lorsqu'on chauffe la solution en vase clos à 100°, il se forme, et on n'a qu'à précipiter le produit de la réaction par l'eau et à faire cristalliser pour l'obtenir à l'état de pureté (Matthiessen et Foster).

L'opianate d'éthyle est en aiguilles ou petits prismes brillants, réunis en faisceaux ou en sphères, sans odeur, d'une saveur légèrement amère. Insoluble dans l'eau, il se dissout facilement dans l'alcool et dans l'éther. Il fond à 92° et reste longtemps mou et amorphe après refroidissement (Wöhler); à 88°, il se fige en une masse cristalline radiée (Matthiessen et Foster). Il peut être sublimé entre deux verres de montre et supporte une température assez élevée sans se décomposer. Bouilli avec de l'eau, il se dédouble lentement en alcool et acide opianique. La potasse le décompose plus rapidement; l'ammoniaque est sans action à froid.

### DÉRIVÉS DE L'ACIDE OPIANIQUE.

AMIDES DE L'ACIDE OPIANIQUE. — On connaît deux amides de l'acide opianique : l'opiammon, dérivé de 2 molécules d'acide et de 1 molécule d'ammoniaque, et le teropiammon, dérivé de 3 molécules d'acide et de 1 d'ammoniaque. On peut les représenter par les formules

$$\left.\begin{matrix}(C^{10}H^9O^4)^2\\ H\end{matrix}\right\}Az, \qquad (C^{10}H^9O^4)^3Az,$$

Opiammon. Teropiammon.

*Opiammon*, $C^{20}H^{19}AzO^8$. — Il se forme par déshydratation de l'opianate d'ammonium. Lorsqu'on évapore la solution du sel, on obtient un résidu translucide qui ne se dissout qu'incomplétement dans l'eau, et laisse une poudre blanche qui est l'opiammon.

Le sel d'ammoniaque se transforme entièrement en opiammon lorsqu'on le chauffe à une température un peu supérieure à 100°. Il donne un résidu jaune-citron, insoluble, qu'on traite par l'eau bouillante pour enlever les dernières traces de sel :

$$2[C^{10}H^9O^5(AzH^4)]$$
Opianate d'ammonium.
$$= C^{20}H^{19}AzO^8 + AzH^3 + 2H^2O.$$
Opiammon.

L'opiammon est une poudre jaune pâle, composée de parcelles cristallines. Il est insoluble dans l'eau ; l'eau bouillante ne l'attaque que très-lentement, mais à 150° et en vase clos, elle le dédouble en acide opianique qui cristallise par le refroidissement et en opianate d'ammonium qui reste dissous.

L'opiammon ne se sublime pas lorsqu'on le chauffe; il grimpe seulement le long du vase ; chauffé à l'air libre, il dégage l'odeur de l'acide opianique en fusion, en même temps qu'il émet une vapeur jaune.

Les acides dilués sont sans action sur l'opiammon.

Il se dissout au bout de quelque temps dans la potasse, en colorant le liquide en jaune et en dégageant de l'ammoniaque. Le carbonate de potassium agit de même. Lorsqu'on fait bouillir la solution tant qu'il se forme de l'ammoniaque, elle retient encore 1/4 de l'azote contenu dans l'opiammon, et renferme de l'acide opianique et un acide azoté auquel Wöhler a donné le nom d'*acide xanthopénique*. L'acide chlorhydrique précipite de la solution cet acide sous la forme de flocons jaunes.

*Teropiammon*, $C^{30}H^{27}AzO^{12} + H^2O$. — Cette amide n'a pas encore été obtenue directement avec l'acide opianique : elle se trouve parmi les produits de l'action de l'acide azotique dilué sur la narcotine. On mélange 3,5 p. d'acide nitrique (densité, 1,4) avec 10 p. d'eau, on y ajoute 1,4 p. de narcotine et l'on chauffe au bain-marie à 49°. La narcotine fond et se dissout peu à peu sans dégagement de gaz, et le liquide dépose bientôt un précipité blanc cristallin de teropiammon. La quantité de ce corps est faible et paraît dépendre beaucoup de la rapidité avec laquelle s'effectue l'oxydation de la narcotine. Quand le précipité n'augmente plus, on sépare par filtration le liquide acide qui renferme les acides opianique et hémipinique et de la méconine, et l'on fait cristalliser le précipité dans l'alcool bouillant (Anderson). Le teropiammon est en fines aiguilles incolores, insolubles dans l'eau, peu solubles dans l'alcool froid et dans l'éther, plus solubles dans l'alcool bouillant. Il a donné à l'analyse C = 59,10, H = 4,98, Az = 2,12, chiffres qui conduisent à la formule adoptée.

L'acide chlorhydrique n'attaque pas le teropiammon; l'acide azotique le décompose. L'acide sulfurique le dissout avec une coloration jaune ; à chaud, la solution prend une belle teinte cramoisie.

L'ammoniaque n'altère pas le teropiammon; la potasse à chaud en dégage de l'ammoniaque et le convertit en opianate.

ACIDE MÉTHYLNOROPIANIQUE, $C^9H^8O^5$ [Matthiesson et Foster, *loc. cit.*; — Matthiessen et Wright, *Proc. Roy. Soc. London*, t. XVII, p. 340; *Bull. de la Soc. chim.*, 1870, t. XIII, p. 470]. — L'acide opianique chauffé avec les acides chlorhydrique ou iodhydrique fournit du chlorure ou de l'iodure de méthyle et un acide nommé par Matthiesson et Foster acide méthylnoropianique, intermédiaire entre l'acide opianique et l'acide noropianique :

$$C^{10}H^{10}O^5 + HI = C^9H^8O^5 + CH^3I.$$

Le même acide se forme encore lorsqu'on oxyde la diméthylnornarcotine au moyen du perchlorure de fer ou du tétrachlorure de platine (voyez NARCOTINE, t. II, p. 533) :

$$C^{21}H^{21}AzO^7 + O = C^9H^8O^5 + C^{12}H^{13}AzO^3.$$

Diméthylnornarcotine. — Acide méthylnoropianique. — Cotarnine.

L'acide méthylnoropianique se dissout dans l'eau froide, plus facilement dans l'eau chaude, et cristallise de sa solution avec 2 molécules 1/2 d'eau. Il donne avec le perchlorure de fer une coloration bleu foncé, que l'ammoniaque fait passer au rouge clair. Il est monobasique. L'acide nitrique étendu le transforme en acide méthylnoropianique nitré $C^9H^7(AzO^2)O^5$, qui cristallise avec 1 molécule d'eau.

ACIDE NOROPIANIQUE, $C^8H^6O^5$. — L'acide opianique est, suivant MM. Matthiessen et Foster, le dérivé diméthylé de l'acide noropianique. Ce dernier prend naissance quand on oxyde par le perchlorure de fer ou le tétrachlorure de platine la méthylnornarcotine ou la nornarcotine :

$$C^{20}H^{19}AzO^7 + O = C^8H^6O^5 + C^{12}H^{13}AzO^3;$$

Méthylnornarcotine. — Acide noropianique. — Cotarnine.

$$C^{19}H^{17}AzO^7 + O = C^8H^6O^5 + C^{11}H^{11}AzO^3.$$

Nornarcotine. — Acide noropianique. — Cotarnimide.

L'acide noropianique n'est pas encore étudié.

Acide opianosulfureux [Wöhler, *loc. cit.*]. — L'acide opianique se dissout en quantité considérable dans une dissolution chaude d'acide sulfureux, et ne se dépose pas par le refroidissement. Cette dissolution possède une saveur amère et un arrière-goût douceâtre. Évaporée à une douce chaleur, elle laisse un résidu cristallin transparent, sans odeur, formé d'acide opianosulfureux; si on l'étend d'eau, elle développe du gaz sulfureux et se trouble par l'acide opianique mis en liberté (?). Les cristaux de l'acide opianosulfureux sont ordinairement imprégnés d'acide sulfurique que Wöhler considère comme accidentel, car la solution récemment préparée n'en renferme pas.

Chauffé avec de l'acide chlorhydrique et de l'acide sélénieux, l'acide opianosulfureux met du sélénium en liberté; il réduit aussi le chlorure d'or.

Les carbonates de baryum et de plomb se dissolvent dans l'acide opianosulfureux, en donnant des sels cristallisables.

La formule de ce singulier acide est encore douteuse; Wöhler avait adopté les rapports

$$C^{10}H^8SO^6$$

et supposé que l'acide sulfureux s'unit avec l'acide opianique en éliminant 1 molécule d'eau. Il nous paraît plus probable que l'acide sulfureux commence par réduire l'acide opianique et le transforme en méconine, et que cette dernière, sous l'influence de l'acide sulfurique produit, fournit un acide *méconine-sufureux* :

$$C^{10}H^{10}SO^7 = C^{10}H^9O^4.SO^3H.$$

Le *sel de baryum* est en tables rhomboïdales incolores et brillantes, qui se dissolvent lentement dans l'eau. A 140°, il perd son eau de cristallisation en devenant opaque.

Le *sel de plomb*

$$(C^{10}H^7SO^6)^2Pb + 3H^2O$$

ou $$(C^{10}H^9O^4.SO^3)^2Pb + 2H^2O$$

forme des prismes à quatre faces, surmontés d'un biseau et modifiés de telle façon, que les cristaux offrent ordinairement l'aspect de tables hexagonales. A 130°, le sel perd 6,5 % d'eau et le reste à 170°, en même temps qu'il commence à s'altérer. A l'état cristallisé, il a donné à l'analyse: C = 29,23; H = 3,00; S = 8,10; Pb = 24,75.

Acide sulfopianique, $C^{10}H^{10}O^4S$ (Wöhler). — L'existence de cet acide, qui se forme dans l'action directe de l'hydrogène sulfuré sur l'acide opianique, démontre bien la nature aldéhydique de ce dernier. L'hydrogène sulfuré n'agit pas sur l'acide opianique, ni à froid, ni à l'ébullition; mais, lorsqu'on fait passer ce gaz dans une solution chauffée à 70°, elle se trouble et dépose l'acide sulfopianique, ayant l'aspect du soufre précipité. Après plusieurs jours la réaction est terminée; on dissout alors le précipité dans l'alcool, et l'on abandonne la solution à l'évaporation spontanée.

L'acide sulfopianique est en prismes déliés jaunes, qui se ramollissent au-dessous de 100° et fondent complétement à 100°. L'acide fondu se prend par le refroidissement en une masse amorphe et transparente, qui, dissoute dans l'alcool, se dépose de nouveau à l'état amorphe par l'évaporation spontanée.

Chauffé au delà de 100°, l'acide sulfopianique se décompose en dégageant une fumée jaunâtre, qui se condense en fines aiguilles, insolubles dans l'eau et solubles dans l'alcool. A l'air, l'acide brûle en dégageant de l'acide sulfureux.

Les alcalis dissolvent l'acide sulfopianique amorphe, et les acides précipitent cette solution en donnant une sorte d'émulsion.

A la longue, les alcalis enlèvent du soufre à l'acide. La solution ammoniacale de l'acide produit, avec l'acétate de plomb, un précipité jaune brunâtre, qui se transforme en sulfure de plomb, peu à peu à froid, immédiatement à chaud. Avec le nitrate d'argent, on observe une réaction analogue.

L'action des bases sur l'acide sulfopianique cristallisé n'a pas encore été étudiée.

### CONSTITUTION DE L'ACIDE OPIANIQUE ET DE SES DÉRIVÉS.

L'acide opianique, d'après ses réactions, renferme un groupe acide $CO^2H$, un groupe aldéhydique COH et deux groupes oxyméthyle $O.CH^3$. D'un autre côté, le dédoublement par l'acide iodhydrique de son produit d'oxydation, l'*acide hémipinique*, en iodure de méthyle et en acide hypogallique (voyez t. II, p. 11 et 85, et p. 617, Acide opinique) démontre que l'acide opianique appartient à la série benzénique.

Partant de là, on arrive pour cet acide à la formule

$$C^6H^2\begin{cases}(OCH^3)^2\\COH\\CO.OH\end{cases}$$

Pour les deux acides qui en dérivent par substitution de H à $CH^3$ on a de même :

$$C^6H^2\begin{cases}OCH^3\\OH\\COH\\CO.OH\end{cases}\qquad C^6H^2\begin{cases}OH\\OH\\COH\\CO.OH\end{cases}$$

Acide méthyl-noropianique. — Acide noropianique.

L'acide opianique est donc l'*acide diméthylnoropianique*.

L'acide opianique renfermant un groupe aldéhydique doit fournir par l'oxydation un *acide bibasique* et par réduction un *alcool-acide*.

L'acide hémipinique, produit d'oxydation, est représenté par la formule

$$C^6H^2\begin{cases}(OCH^3)^2\\CO.OH\\CO.OH\end{cases}$$

Le produit d'hydrogénation de l'acide opianique

$$C^6H^2\begin{cases}(OCH^3)^2\\CH^2.OH\\CO.OH\end{cases}$$

n'a pas encore été isolé; mais on connaît son anhydride, qui est à l'*alcool-acide* inconnu ce que la lactide est à l'acide lactique. Cet anhydride est la *méconine*,

$$C^6H^2\begin{cases}(OCH^3)^2\\CH^2>O\\CO\end{cases}$$

A. H.

**OPINIQUE (ACIDE)**, $C^{14}H^{10}O^8 + 3H^2O$ [Liechti, *Ann. der Chem. u. Pharm.*, suppl., t. VII, p. 129, et *Bull. de la Soc. chim.*, 1870, t. XIII, p. 536]. — En chauffant l'acide hémipinique avec de l'acide iodhydrique, MM. Matthiessen et Foster ont obtenu l'acide hypogallique,

$$2(C^7H^6O^4) + 3H^2O,$$

et à 100°, $C^7H^6O^4$. Par l'action de l'acide chlorhydrique, ils ont obtenu en outre un acide,

$$C^8H^8O^4 = C^7H^5(CH^3)O^4,$$

acide méthylhypogallique. M. Liechti, en reprenant l'étude de cette réaction, est arrivé à d'autres résultats. Suivant lui, il se forme deux acides isomères de la formule $C^{14}H^{10}O^8 + 3H^2O$ : le premier est l'acide opinique, différent de l'acide méthyl-hypogallique; le second est l'acide isopinique, identique avec l'acide hypogallique de MM. Matthiessen et Foster. Lorsqu'on a chauffé l'acide hémipinique avec de l'acide iodhydrique concentré, en ayant soin de retirer du feu, de laisser refroidir et de chauffer de nouveau jusqu'à ce qu'il ne se dégage plus de gaz, on étend d'eau, on ajoute de l'oxyde de mercure pour enlever l'acide iodhydrique, on décolore par le charbon et on évapore; il se sépare des prismes incolores d'acide opinique, et les eaux mères renferment l'acide isopinique (hypogallique).

L'*acide opinique* est en longs prismes brillants et en tables incolores, jaunissant à l'air, renfermant $C^{14}H^{10}O^{8} + 3H^{2}O$, et, à 100°, $C^{14}H^{10}O^{8}$. A 105°, ils se ramollissent, et fondent à 148° en répandant une odeur de vanille. L'acide opinique ne réduit que très-lentement l'azotate d'argent et pas du tout le tartrate cupropotassique. Le chlorure ferrique le colore en lilas.

L'*acide isopinique* (hypogallique) renferme

$$C^{14}H^{10}O^{8},3H^{2}O;$$

séché dans le vide, $C^{14}H^{10}O^{8},H^{2}O$, et, séché à 100°, $C^{14}H^{10}O^{8}$. — Voyez ACIDE HYPOGALLIQUE, t. II, p. 185, et ACIDE ISOPIQUE, t. II, p. 155.

Le chlorure ferrique le colore en bleu; il fond à 148° (180°, Matthiessen et Foster). Il réduit l'azotate d'argent ammoniacal et le tartrate cupropotassique.

M. Liechti admet qu'il n'y a pas isomérie entre les acides oxysalicylique et dioxybenzoïque et l'acide hypogallique, mais c'est là une assertion dont on ne trouve aucune preuve dans ses expériences : en effet, les formules $C^{14}H^{10}O^{8}$ des acides opinique et isopinique, séchés à 100°, exigent presque les mêmes chiffres à l'analyse que la formule $C^{7}H^{6}O^{4}$, et il n'y a pas de raison de les préférer à la formule de MM. Matthiessen et Foster.

E. G.

**OPIUM.** — On désigne sous le nom d'opium (grec ὄπιον, de ὀπός, suc) un produit demi-solide provenant de l'évaporation du suc laiteux fourni par les capsules du pavot (*Papaver somniferum*, Papavéracées).

*Historique.* — Cette substance est originaire de l'Asie. Depuis les temps les plus anciens, le pavot y est cultivé afin d'en retirer ce précieux médicament. Belon, naturaliste français fort distingué du XVIe siècle, eut le premier la pensée de cultiver le pavot dans notre pays, et d'en extraire l'opium d'après le procédé usité dans la Natolie. Mais ce n'est qu'au commencement de ce siècle que des recherches nombreuses furent entreprises en Europe et particulièrement en France pour la production de l'opium indigène.

MM. Cowley Staines Young, en Angleterre; Petit, le général Lamarque, en France; Hardy, Simon, en Algérie, et plus tard MM. Aubergier, Besnard, Lallier, Roux, ont récolté de l'opium d'excellente qualité.

Ainsi on en a récolté dans les environs de Provins qui contenait 16 à 18 % de morphine, ce qui le rend comparable au meilleur opium de Smyrne. Il en est de même d'un autre opium recueilli sur le pavot-œillette, et qui renfermait 17 % de morphine; malheureusement un inconvénient fort grave ne permet pas d'utiliser cette variété, la paroi des capsules étant tellement mince qu'il est impossible d'y faire des incisions sans la percer complétement, ce qui empêche la graine de mûrir.

Le général Lamarque avait recueilli dans les Landes de l'opium analysé par M. Caventou, contenant 14 % d'alcaloïde. Enfin M. Aubergier a contribué à établir par de nombreux travaux que l'opium récolté en France offre la même composition et possède une intensité d'action égale à celle de l'opium du Levant [Guibourt, *Histoire des drogues simples*, édition revue par Planchon, t. III, p. 705; — Petit, *Journ. de Pharm.*, t. XIII, p. 183; — Caventou, *Compt. rend.*, t. XVII, p. 1075; — Pelletier, *Journ. de Pharm.*, t. XXI, p. 571; — Payen, *Compt. rend.*, t. XVII, XVIII, XX et XXII; — Aubergier, *Compt. rend. de l'Acad. des sciences*, t. XXII, p. 838, et *Bull. de l'Acad. de méd.*, 1855, t. XIX, p. 49].

L'opium récolté dans notre pays pourrait donc remplacer avec avantage celui qui vient du Levant, et permettre à la France de s'affranchir d'un tribut onéreux; malheureusement le prix élevé de la main-d'œuvre, l'irrégularité des saisons dans le nord de l'Europe, les pluies fréquentes qui détruisent le produit de la récolte au moment où l'on pratique les incisions, la routine des paysans qui ne se prêtent pas volontiers à ce genre de culture, sont autant de circonstances qui rendent fort difficile l'exploitation de l'opium indigène.

Quel est le pavot qui fournit l'opium? D'après Dioscoride et Pline, l'opium serait retiré du pavot noir par l'incision soit de la capsule, soit de la tige. Il est cependant certain que, dans tout l'Orient, on retire l'opium du pavot blanc depuis fort longtemps. Ainsi Belon et, plus récemment, Olivier indiquent positivement le pavot blanc et, du reste, toutes les capsules qui viennent de l'Asie Mineure, de la Perse, de l'Inde ou de l'Égypte appartiennent à cette variété.

M. Aubergier, dans les recherches qu'il a faites sur les diverses variétés de pavot cultivées dans notre pays, dit que le pavot blanc fournit peu de graines, mais qu'il donne une plus grande quantité d'opium ne renfermant, il est vrai, que 5 % environ de morphine, tandis que la variété dite pavot-œillette, ou pavot noir, donne de l'opium renfermant 17 % de morphine. Mais, ainsi qu'on vient de l'indiquer, cette dernière ne pouvant être employée, M. Aubergier a préconisé la variété dite *pourpre*, parce que, selon lui, elle renfermerait constamment 10 % de morphine; Guibourt cependant a contesté cette fixité de l'opium retiré du pavot pourpre, et il a prouvé, par des expériences précises, qu'elle ne se maintient pas lorsqu'on s'adresse au produit naturel des capsules de ce pavot.

Il est donc possible de recueillir, en France, de l'opium aussi actif que celui qui arrive d'Orient, et le climat paraît même n'exercer qu'une influence nulle ou douteuse sur la qualité des opiums et sur leur teneur en morphine.

Or, comme, d'après M. Aubergier, l'opium recueilli en France, sur le pavot blanc, ne contient en moyenne que 5 % d'alcaloïdes, la récolte dans nos climats d'un opium riche en morphine devient fort difficile, car le pavot-œillette seul pourrait le fournir, et l'on vient de voir que la culture en est impossible, puisque la récolte du suc des capsules prive d'un produit important, la graine.

En résumé, le pavot blanc est seul cultivé dans l'Orient; or, la presque totalité de l'opium employé dans la consommation venant de ces contrées, c'est à cette variété qu'il faut attribuer la production de ce puissant narcotique.

*Récolte et caractères de l'opium.* — L'opium s'obtient en pratiquant, sur les parois des capsules de pavot proches de leur maturité, des incisions qui ne doivent pas pénétrer jusque dans la cavité de la capsule. Cette opération se fait à l'aide d'un instrument à cinq lames courtes; on ouvre ainsi les vaisseaux laticifères, et il s'écoule au dehors un suc lactescent qui se concrète sous la forme de larmes. Le lendemain ce suc est enlevé à l'aide d'un racloir, et recueilli dans un vase suspendu à la ceinture de l'opérateur; on incise ensuite une autre face de la capsule afin de recueillir une autre quantité de suc. Le tout est ensuite rassemblé, façonné en pains de différentes grosseurs.

D'après Kæmpfer [*Amœnitates Academicæ*, p. 643], la préparation de l'opium en Perse consiste à humecter la récolte d'un peu d'eau, et à la pétrir dans un vase de bois aplati jusqu'à ce qu'elle ait acquis la consistance de la poix. On la malaxe alors entre les mains en lui donnant la forme de petits cylindres. D'après d'autres auteurs, tels que M. Texier [*Journ. de Pharm.*, t. XXI, p. 197] et M. Bourlier [*Journ. de Pharm.*, t. XXXIII, p. 99, 3e sér.], les paysans de l'Asie Mineure *crachent* sur leurs récoltes pour les malaxer avec plus de facilité, l'eau, disent-ils, faisant gâter l'opium.

Ainsi certains auteurs, tels qu'Olivier et Belon, décrivent l'opium comme formé par l'assemblage de petites larmes récoltées sur les capsules; d'autres, tels que Dioscoride, Kæmpfer, MM. Texier, Bourlier, soutiennent qu'on pile l'opium pour en faire une masse homogène. L'étude des opiums du commerce prouve que ces deux opinions sont également vraies, ce qui vient confirmer l'exactitude des faits observés.

Dans certaines localités, l'on ne se contente pas de faire des incisions aux têtes des pavots et d'en recueillir le suc qui découle; on contuse les capsules et les feuilles de la plante, on en exprime un suc qui, évaporé, constitue une masse qui est vendue pour de l'opium. Les anciens connaissaient bien ces deux sortes de produits; ils désignaient le premier, obtenu par exsudation, sous le nom d'*opium*, le second par celui de *meconium*. Certains auteurs modernes prétendent que le meconium seul parvient en Europe, et que l'opium vrai n'est plus préparé, ou que, si l'on en prépare encore, il est tellement rare et d'un prix si élevé que les riches du pays peuvent seuls se le procurer; l'Europe n'en recevrait plus.

Tel n'est pas l'avis de Guibourt, qui démontre le contraire dans son mémoire sur le dosage de l'opium [*Journ. de Pharm.*, t. XLI, p. 5, 97 et 177].

Kæmpfer et Geoffroy ont fait connaître ce fait curieux, que la larme recueillie la première, et nommée *gobaar*, est d'un jaune pâle et la plus calmante, que la seconde est d'une couleur plus foncée et moins énergique, et qu'enfin une troisième opération ne donne qu'un suc noirâtre et n'ayant presque plus d'action. M. Aubergier a confirmé par l'analyse chimique cette observation intéressante, et il a constaté que le premier opium recueilli sur le pavot blanc contenait 0,03 de morphine, le second 5,53, le troisième 3,27.

Il existe dans le commerce français trois variétés d'opium qui diffèrent entre elles par leurs caractères extérieurs ainsi que par leurs propriétés calmantes plus ou moins prononcées. Ce sont les opiums de Smyrne, de Constantinople et d'Égypte. On doit aujourd'hui leur adjoindre les opiums de Perse et de l'Inde.

D'après Guibourt, l'opium de bonne qualité, quelle que soit sa provenance, doit posséder les propriétés suivantes : une *odeur vireuse* très-prononcée qui lui est propre, de l'amertume, de l'âcreté, enfin de l'inflammabilité. A ces caractères, il faut ajouter la présence de la résine, de la cire et du caoutchouc, principes insolubles dans l'eau, qui appartiennent aux sucs laiteux et qu'on ne retrouverait pas dans un produit obtenu par des manipulations frauduleuses exigeant l'emploi de l'eau. A ces propriétés générales se joignent les caractères extérieurs qui distinguent chacune de ces variétés d'opium et dont on trouvera la description dans les livres spéciaux.

Il suffira d'indiquer que le bon opium se présente en masses presque toujours déformées et aplaties, et que la surface est couverte de feuilles de pavot et de semences de *Rumex*. D'après Guibourt, ce produit ne renferme que 7 à 8 % d'eau, et c'est à cet état qu'il doit être employé pour la préparation des médicaments et le dosage de la morphine.

Enfin l'action plus ou moins calmante que l'opium peut exercer sur l'économie est le caractère le plus important dont le praticien doive se préoccuper; et, quoique ce produit contienne un certain nombre de substances fort énergiques, c'est à sa richesse en morphine qu'on attribue ordinairement sa valeur comme médicament.

D'après l'opinion de Guibourt, rapportée dans le mémoire si important qu'il a publié sur le dosage de la morphine, la proportion d'alcaloïde que renferme le bon opium du commerce varie entre 12 à 13,5 % [*loc. cit.*].

Composition de l'opium. — L'opium est probablement la substance organique la plus complexe que l'on connaisse; ses éléments constituants sont fort nombreux, sont même si nombreux, et les caractères qui différencient certains d'entre eux sont si peu prononcés, qu'il est permis d'émettre quelques doutes sur la préexistence de tous dans l'opium. Il est possible que quelques-uns de ces principes immédiats soient le résultat d'une transformation éprouvée par le fait même des opérations qui ont servi à les extraire.

Voici la liste de tous les alcaloïdes qui ont été retirés jusqu'à présent de l'opium :

| | |
|---|---|
| Morphine. | Porphyroxine. |
| Codéine. | Papavérine. |
| Narcotine. | Pseudomorphine. |
| Narcéine. | Opianine? |
| Thébaïne ou paramorphine. | Rhédine. |

Il faut ajouter les alcaloïdes suivants contenus, il est vrai, en très-petite quantité dans l'opium et que M. Hesse a retirés des eaux mères provenant de l'extraction de la morphine et de la codéine :

| | | | |
|---|---|---|---|
| Méconidine, | Codamine, | Cryptopine, | Laudanosine, |
| Laudanine, | Lanthopine, | Protopine, | Hydrocotarnine. |

L'opium renferme en outre de la *méconine*, de l'*acide méconique*, de l'*acide thébolactique* dont M. Buchanan a prouvé l'identité avec l'acide lactique ordinaire [Buchanan, *Deuts. Chem. Gesellsch.*, t. III, p. 182, 1870, n° 4, et *Bull. de la Soc. chim.*, t. XIV, p. 79, 1870], de la bassorine, du caoutchouc, de la gomme, de l'albumine, un principe volatil, de la cire [Hesse, *Deuts. Chem. Gesellsch.*, t. III, p. 637, 1870, n° 12, et *Bull. de la Soc. chim.*, t. XIV, p. 333, 1870], des débris végétaux, enfin des sulfates de chaux et de potasse.

MM. Smith ont indiqué la quantité des principales substances contenues dans un bon opium; le tableau suivant donnera une idée de leurs proportions relatives :

| | |
|---|---|
| Morphine | 10,00 % |
| Narcéine | 0,02 |
| Codéine | 0,30 |
| Papavérine | 1,00 |
| Thébaïne | 0,15 |
| Narcotine | 6,00 |
| Méconine | 0,01 |
| Acide méconique | 4,00 |
| Acide thébolactique | 1,25 |

Le procédé d'extraction des principaux alcaloïdes est décrit à l'article spécial consacré à chacun de ces alcaloïdes; on ne trouvera ici que les procédés indiqués plus récemment par M. Hesse pour séparer les alcaloïdes nouveaux qu'il a découverts dans l'opium.

On prend les eaux mères alcalines dont la morphine et la codéine ont été retirées et on les agite avec de l'éther; les alcalis contenus dans cette solution se partagent en deux catégories; les uns insolubles, les autres solubles dans un excès d'alcali.

1° Voici les procédés indiqués par l'auteur pour isoler les bases solubles dans un excès d'alcali: on agite la solution éthérée avec de l'acide acétique qui lui enlève tous les alcaloïdes qu'elle peut contenir, on chauffe doucement cette solution acide pour en chasser la petite quantité d'éther qu'elle pouvait retenir, puis on la verse lentement dans une solution alcaline maintenue en excès et agitée continuellement pour que la résine qui se sépare ne puisse pas s'agglomérer. Si l'opération a été faite avec soin, toute la méconidine et d'autres bases restent en dissolution. On laisse déposer pendant 24 heures, puis la liqueur séparée est sursaturée par l'acide chlorhydrique et immédiatement précipitée par l'ammoniaque qui sépare la méconidine. On agite ensuite la solution alcaline, sans la filtrer, avec du chloroforme, qu'on traite, comme précédemment, par de l'acide acétique; le chloroforme est chassé, puis la liqueur neutralisée exactement par l'ammoniaque; il se forme un précipité résineux rougeâtre, devenant cristallin, et qui renferme la lanthopine. On laisse reposer pendant 24 heures, puis, après avoir filtré la liqueur, on la verse dans une petite quantité de solution de potasse, et l'on agite ensuite avec de l'éther afin d'enlever un peu de codéine qui la rendait trouble. Dans ces conditions la méconidine, la codamine, la laudanine et une substance que l'auteur ne désigne que sous le nom de base X, restent en solution dans la liqueur potassique. Mais l'éther enlève très-bien toutes ces bases lorsqu'on a pris soin d'ajouter du sel ammoniac à la solution potassique. Il suffit maintenant de laisser évaporer lentement la solution éthérée, la laudanine cristallise d'abord, et les autres bases restées en dissolution ne donnent qu'un résidu amorphe par l'évaporation complète des eaux mères de la laudanine. Pour obtenir les autres alcaloïdes, on décante les eaux mères après la cristallisation de la laudanine, et on les traite par une solution aqueuse de bicarbonate de soude; l'éther décanté et soumis de nouveau à l'évaporation fournit bientôt des cristaux de *codamine*. On sépare les eaux mères de cette dernière base, on les agite avec de l'acide acétique étendu, puis on ajoute du chlorure de sodium; il se dépose alors du chlorhydrate de méconidine et la base X reste en dissolution. On purifie la méconidine en répétant plusieurs fois cette opération, en dissolvant son chlorhydrate avec un peu d'eau, agitant avec du bicarbonate de soude et de l'éther, et faisant évaporer la solution éthérée.

2° La seconde catégorie renferme les bases insolubles dans un excès d'alcali. Ce précipité est en grande partie formé de thébaïne, de papavérine, de narcotine et de bases nouvelles. Pour effectuer leur séparation, on dissout le précipité dans de l'acide acétique, on ajoute de l'alcool et on neutralise exactement la liqueur par un alcali; la papavérine et la narcotine se déposent à l'état cristallin. La solution acétique neutre étant séparée, on en retire la thébaïne en y ajoutant de l'acide tartrique en poudre; elle se dépose à l'état de bitartrate. La cryptopine en est séparée à son tour à l'état de chlorhydrate en ajoutant aux eaux mères de l'acide chlorhydrique concentré. Enfin en combinant ces divers procédés, l'auteur a encore pu séparer trois autres bases nouvelles: la *protopine* $C^{20}H^{19}AzO^5$, la *laudanosine* $C^{21}H^{27}AzO^4$ et l'*hydrocotarnine* $C^{12}H^{15}AzO^3$. M. Hesse fait d'ailleurs remarquer que ces nouvelles bases sont très-peu abondantes; de l'opium renfermant 8,3 % de morphine a fourni seulement 0,0058 % de laudanine, 0,0058 % de lanthopine et 0,0033 % de codamine.

Tous ces alcaloïdes donnent des réactions caractéristiques avec l'acide sulfurique concentré pur, ou auquel on a ajouté un peu de chlorure ferrique.

| | Acide sulfurique pur. | | Acide sulfurique avec chlorure de fer. | |
|---|---|---|---|---|
| | vers 20°. | vers 150°. | vers 20°. | vers 150°. |
| Codéine | Incolore. | Vert sale. | Bleu. | Vert sale. |
| Codamine | » | Rouge sale ou violet. | Vert bleuâtre foncé. | Violet foncé. |
| Laudanine | Rose très-pâle. | Violet. | Rouge-brun. | D'abord vert, puis violet foncé. |
| Laudanosine | Rose pâle. | » | » | » |
| Cryptopine | Dabord jaune, puis violet, finalement violet foncé. | Vert sale. | Violet foncé. | Vert sale. |
| Protopine | D'abord jaune, puis rouge, finalement rouge bleuâtre. | Vert-brun sale. | » | Vert-brun sale. |

Tels sont les procédés de séparation de ces bases nouvelles, voici maintenant la description des propriétés de quelques-unes d'entre elles.

LAUDANINE, $C^{20}H^{25}AzO^4$. — Cette base se présente sous la forme de prismes incolores, hexagonaux, terminés par des pyramides et groupés en étoiles. Elle possède une saveur amère et une réaction alcaline; elle est soluble dans la benzine, le chloroforme, l'alcool bouillant; l'alcool froid n'en dissout que 1/540e de son poids. 646 p. d'éther à 18° dissolvent 1 p. de laudanine. Elle fond à 160° et ne se sublime pas.

La potasse et l'ammoniaque la précipitent de ses solutions sous la forme d'un précipité blanc qui devient cristallin et qui se redissout dans un excès d'alcali: le chloroforme l'enlève facilement à ses solutions alcalines. Le chlorure de fer la colore en vert et la dissout. L'acide sulfurique concentré la dissout avec une coloration orange, l'acide azotique avec une coloration rose; cette dernière solution devient violet foncé par la chaleur.

On la sépare de la cryptopine en ajoutant un grand excès de soude étendue à sa solution acétique. La cryptopine se précipite; il suffit d'ajouter ensuite du sel ammoniac à la liqueur filtrée pour précipiter à son tour la laudanine sous la forme d'une masse qui devient cristalline.

Elle donne avec la potasse une combinaison cristallisée en petites aiguilles groupées en étoiles.

La laudanine forme avec les acides des combinaisons cristallisées. On connaît les sels suivants:

L'*acétate de laudanine* est en petites aiguilles blanches très-solubles dans l'eau.

Le *bromhydrate de laudanine* cristallise avec $2H^2O$. Il est soluble dans l'alcool et se dissout à 20° dans 29 p. d'eau.

Le *chlorhydrate de laudanine* se présente sous

la forme de prismes incolores et déliés solubles dans l'eau et dans l'alcool. Ce sel renferme $6 H^2O$, qu'il perd complétement à 90°; au delà de 100°, il fond sans perdre de poids.

*Chloromercurate de laudanine.* — Précipité blanc soluble dans l'eau bouillante.

*Chloroplatinate de laudanine,*

$$(C^{20}H^{25}AzO^4, HCl)^2PtCl^4 + 2H^2O.$$

— Précipité amorphe jaune, un peu soluble dans l'eau bouillante.

*Iodhydrate de laudanine.* — Sel blanc très-soluble et cristallisable, renfermant 1 molécule d'eau; soluble dans 500 p. d'eau froide, beaucoup plus soluble dans l'eau bouillante. En présence de l'iodure ou du chlorure de potassium, il est presque insoluble.

*Iodomercurate de laudanine.* — Précipité blanc amorphe, fondant dans l'eau bouillante, s'y dissolvant, soluble aussi dans l'alcool.

*Oxalate de laudanine.* — Le sel neutre est très-soluble et incristallisable. L'oxalate acide $C^{20}H^{25}AzO^4, C^2H^2O^4 + 6H^2O$ ne se dissout que dans 45,7 p. d'eau froide. La dissolution bouillante de ce sel le laisse déposer par le refroidissement en prismes groupés concentriques. Il se déshydrate à 90° et fond à 110°.

*Tartrate de laudanine.* — Le sel neutre est incristallisable; le sel acide se dissout dans 26,6 p. d'eau froide, il cristallise en mamelons blancs renfermant 3 molécules d'eau. A 100°, il fond et se déshydrate.

*Sulfate de laudanine.* — Sel cristallisé en aiguilles concentriques.

Le *sulfocyanate de laudanine* cristallise en mamelons solubles dans l'eau bouillante.

CODAMINE, $C^{20}H^{25}AzO^4$. — Cet alcaloïde d'une saveur amère, doué d'une réaction alcaline, est isomérique avec la laudanine; il cristallise de sa solution éthérée en prismes hexagonaux terminés par des pyramides; les cristaux sont anhydres. La codamine se dépose également en cristaux de sa solution alcoolique. Elle est aussi un peu soluble dans l'eau, mais ses vrais dissolvants sont le chloroforme et la benzine. Elle forme des sels amorphes et amers. Elle fond à 121°, puis se décompose en donnant un beau sublimé cristallin.

L'acide sulfurique la colore en vert; le chlorure ferrique et l'acide azotique en vert foncé à froid, ce qui la distingue de la laudanine; à chaud, en violet. Elle est soluble dans un excès d'alcali; le bicarbonate de soude la précipite en flocons blancs qui se réunissent en une masse résineuse.

Le *chloroplatinate de codamine* répond à la formule $(C^{20}H^{25}AzO^4, HCl)^2PtCl^4 + 2H^2O$.

L'*iodhydrate*, $C^{20}H^{25}AzO^4HI + 1 1/2 H^2O$, est une poudre cristalline blanche, soluble dans l'alcool et dans l'eau bouillante, peu soluble dans l'eau froide.

LANTHOPINE, $C^{23}H^{25}AzO^4$. — Cette base est une poudre blanche, formée de prismes microscopiques à peine solubles dans l'alcool et très-peu solubles dans la benzine et dans l'éther. Elle n'a point de saveur; sa réaction est alcaline. On la purifie en décolorant sa solution chlorhydrique par le charbon; on précipite le chlorhydrate par le chlorure de sodium, on ajoute ensuite de l'ammoniaque et on fait cristalliser dans le chloroforme. La lanthopine ne se dissout que dans un grand excès d'acide acétique; elle est soluble dans un excès de potasse et l'addition du sel ammoniac à cette solution alcaline en précipite la base libre.

La lanthopine se dissout dans l'acide sulfurique concentré sans coloration. La solution brunit à 150°.

Le perchlorure de fer ne la colore pas, caractère qui la distingue de la morphine. Sous l'influence de l'acide azotique, elle se transforme en une résine rouge, l'acide sulfurique la colore en violet. Lorsqu'on la chauffe, elle brunit vers 190° et fond à 200°.

La *lanthopine* forme des sels avec les acides; on connaît :

Le *chlorhydrate de lanthopine,*

$$C^{23}H^{25}AzO^4, HCl + 6(H^2O).$$

— Ce sel se présente sous la forme d'une masse gélatineuse composée de très-petits cristaux, se réunissant par la dessiccation en une masse cornée qui se gonfle dans l'eau pour s'y dissoudre ensuite. L'eau bouillante le décompose en mettant une partie de la base en liberté.

Le *chloroplatinate de lanthopine* forme une poudre cristalline jaune-citron insoluble dans l'alcool, cette combinaison renferme 1 molécule d'eau.

L'*iodhydrate de lanthopine* se présente sous la forme d'une masse gélatineuse.

L'*iodomercurate de lanthopine* est un sel soluble dans l'eau bouillante et dans l'alcool.

L'*oxalate acide de lanthopine* forme une masse gélatineuse devenant cristalline, soluble dans l'eau et dans l'alcool.

Le *sulfate de lanthopine* cristallise en aiguilles très-déliées.

Le *tartrate acide de lanthopine* forme des prismes déliés très-solubles dans l'eau et dans l'alcool.

CRYPTOPINE, $C^{21}H^{23}AzO^5$. — Cette base n'a pu être isolée à l'état de pureté complète; les analyses qui en ont été faites ont toujours donné trop peu de carbone. L'auteur attribue cette différence à la présence d'un homologue $C^{20}H^{21}AzO^5$ auquel il donne le nom de *deutéropine*. Cette base est très-soluble dans le chloroforme, peu soluble dans l'alcool, insoluble dans l'éther. Elle fond à 217°. Elle forme des sels d'abord gélatineux, mais qui finissent par devenir cristallins. Elle a été découverte dans les eaux mères du chlorhydrate de thébaïne par T. et H. Smith; on la sépare facilement de la thébaïne en se fondant sur l'insolubilité de son chlorhydrate dans l'acide chlorhydrique. La solution de la *cryptopine* dans l'acide azotique concentré se colore peu à peu en jaune, et il se forme de la nitrocryptopine. La cryptopine est une base forte. L'acide chlorhydrique concentré précipite cet alcaloïde de ses solutions sous la forme d'une masse gélatineuse à froid, et en petits prismes lorsque la solution est chaude.

*Sels de cryptopine.*

*Azotate de cryptopine.* — Sel cristallisé en petits prismes.

*Acétate de cryptopine.* — Sel très-soluble, cristallisant en prismes déliés.

Le *chlorhydrate de cryptopine,*

$$C^{21}H^{23}AzO^5, HCl,$$

est un sel qui présente deux modifications différentes, l'une contient 4 et l'autre 5 molécules d'eau. La cryptopine ne forme pas de bichlorhydrate.

*Chloroplatinate de cryptopine,*

$$(C^{21}H^{23}AzO^5, HCl)^2PtCl^4 + 6H^2O.$$

— Sel peu coloré cristallisant en fines aiguilles solubles dans l'eau bouillante.

*Chloraurate de cryptopine.* — Sel d'un rouge orangé, cristallisant en mamelons par le refroidissement de sa solution chlorhydrique.

*Chloromercurate de cryptopine,*

$$C^{21}H^{23}AzO^5, HCl, HgCl^2 + H^2O.$$

— Se présente sous la forme de mamelons formés de petits prismes, solubles dans l'eau bouillante.

*Chromate acide de cryptopine*,

$$(C^{21}H^{23}AzO^{5})^{2}Cr^{2}H^{2}O^{7}.$$

— Cristallise sous la forme de petits prismes jaunes, solubles dans l'eau bouillante.

*Iodhydrate de cryptopine*. — Sel cristallisé en prismes déliés blancs, insolubles dans l'iodure de potassium.

*Oxalates de cryptopine*. — L'acide oxalique forme deux sels avec cet alcaloïde : l'oxalate acide se présente sous la forme d'une poudre cristalline blanche, peu soluble dans l'eau bouillante, insoluble dans l'alcool; ce sel est anhydre. L'oxalate neutre cristallise en longues aiguilles très-solubles.

*Picrate de cryptopine*. — Forme un sel cristallin, renfermant 1 molécule d'eau.

*Tartrates de cryptopine*. — Il existe deux tartrates de cryptopine, le sel acide cristallisé en petits prismes peu solubles à froid, renfermant 4 molécules d'eau, et le sel neutre qui est amorphe et soluble.

NITROCRYPTOPINE, $C^{21}H^{22}(AzO^{2})AzO^{5}$. — Cette base s'obtient par l'action de 20 p. d'acide azotique d'une densité de 1,06 sur 1 p. de cryptopine; on chauffe à 50°. Il se dépose des cristaux qu'on décompose par l'ammoniaque, on redissout dans l'acide acétique la base mise en liberté, on décolore par le charbon, et on traite de nouveau à chaud par l'ammoniaque : la base se dépose à l'état amorphe et se transforme bientôt en petits prismes.

La nitrocryptopine cristallise dans l'alcool bouillant en tables ou en prismes d'un jaune pâle. Son meilleur dissolvant est le chloroforme.

L'acide sulfurique colore cette base en rouge de sang, et la dissout avec une coloration violette qui finit par passer au brun.

La nitrocryptopine est insoluble dans l'eau froide et dans la potasse; elle se dissout un peu dans l'ammoniaque; elle fond à 185°.

Les sels de nitrocryptopine sont généralement cristallins :

L'*acétate* est cristallisé en petits prismes solubles dans l'eau et dans l'alcool.

L'*azotate* se présente sous forme gélatineuse et en prismes déliés, peu solubles dans l'eau et insolubles dans l'acide azotique faible.

Le *chlorhydrate*,

$$C^{21}H^{22}(AzO^{2})AzO^{5},HCl + 3H^{2}O,$$

est neutre et amer, perdant facilement son eau de cristallisation. On peut l'obtenir en prismes déliés; sa solution aqueuse bouillante l'abandonne à l'état gélatineux.

Le *chloromercurate* est amorphe et peu soluble.

Le *chloroplatinate* est une poudre cristalline jaune, peu soluble à l'ébullition et renfermant $10H^{2}O$.

L'*iodhydrate* est en cristaux solubles dans l'eau, insolubles en présence de l'iodure de potassium.

L'*oxalate neutre* est soluble dans 148 p. d'eau froide et se dépose de la solution alcoolique bouillante en petits prismes jaunes :

$$2[C^{21}H^{22}(AzO^{2})AzO^{5}],C^{2}H^{2}O^{4} + 12H^{2}O.$$

L'*oxalate acide* est cristallisé en prismes d'un jaune pâle renfermant

$$[C^{21}H^{22}(AzO^{2})AzO^{5}],C^{2}H^{2}O^{4} + 3H^{2}O.$$

Il se déshydrate à 115° et se décompose à 125°.

PROTOPINE, $C^{20}H^{19}AzO^{5}$. — Base qui se rencontre dans la cryptopine brute et qui a beaucoup de ressemblance avec cet alcaloïde; on l'obtient sous la forme d'une poudre blanche, insoluble dans l'eau, un peu soluble dans l'alcool, la benzine et l'acétone bouillants, plus soluble dans le chloroforme. L'éther l'enlève facilement à ses solutions précipitées par l'ammoniaque. La protopine est insoluble dans les alcalis, un peu soluble dans l'ammoniaque. Elle n'est pas colorée par le perchlorure de fer. L'acide sulfurique la colore d'abord en jaune, puis en rouge : en présence du sel ferrique la coloration est violette. Elle fond à 202°. Elle neutralise les acides, ses sels sont cristallins. On sépare la protopine de la cryptopine en dissolvant le mélange des chlorhydrates de ces deux bases dans une solution d'acide oxalique; la protopine reste dans les eaux mères du bioxalate de cryptopine; on isole ensuite l'alcaloïde en traitant la solution par l'ammoniaque et agitant avec l'éther qui enlève la protopine. On la purifie en la transformant en chlorhydrate et la précipitant de nouveau par l'ammoniaque.

LAUDANOSINE, $C^{21}H^{27}AzO^{4}$. — Cette base possède une réaction alcaline; elle cristallise en prismes. Elle est insoluble dans l'eau, soluble dans l'alcool, l'acétone et le chloroforme. Elle se dissout à 16° dans 19 p. d'éther. Elle est insoluble dans les alcalis. Elle fond à 89° et commence à se décomposer à 110°. Le perchlorure de fer ne la colore pas. L'acide sulfurique la dissout avec une coloration rose devenant violette vers 150°. L'acide azotique faible la transforme en une nouvelle base cristallisable. La laudanosine diffère de la laudanine par $CH^{2}$ en plus. Elle est anhydre; ses sels sont amers et plus solubles que ceux de la laudanine. On la sépare facilement des bases précédentes par l'action de l'éther, dans lequel elle est très-soluble. Les sels qu'elle forme cristallisent difficilement.

Le *chlorhydrate* est neutre et incristallisable.

Le *chloroplatinate* forme un précipité amorphe, ainsi que l'*oxalate neutre*.

L'*iodhydrate* forme de petits prismes peu solubles dans l'eau froide, plus solubles dans l'alcool, et renfermant 1/2 molécule d'eau.

L'*oxalate acide* cristallise en prismes; ce sel est très-soluble et renferme 3 molécules d'eau.

HYDROCOTARNINE, $C^{12}H^{15}AzO^{3}$. — Base cristallisée en prismes volumineux incolores renfermant 1/2 molécule d'eau de cristallisation, soluble dans l'alcool et dans l'éther. Chauffée lentement, elle fond vers 50° et se volatilise vers 100°, mais en se décomposant en partie. Chauffée brusquement, elle répand une odeur d'acide phénique. L'acide sulfurique se comporte avec cette base comme avec la narcotine.

Le *chlorhydrate d'hydrocotarnine*,

$$C^{12}H^{15}AzO^{3},HCl + 1/2H^{2}O,$$

est très-soluble dans l'eau et dans l'alcool; il forme difficilement des cristaux.

Le *chloroplatinate* est un précipité jaune devenant peu à peu cristallin; il est anhydre.

Le *chloraurate* s'obtient en lamelles rhomboïdales.

L'*iodydrate* forme des prismes courts, jaunâtres, solubles dans 50 p. d'eau à 18°; il est anhydre [Hesse, *Ann. der Chem. u. Pharm.*, janvier 1870, t. CLIII, p. 47; *Deutsch. Chem. Gesells.*, n° 13, 1871, t. IV, p. 693, et *Bull. de la Soc. chim.*, 1870, t. XIV, p. 73, et 1871, t. XVI, p. 344; *Ann. der Chem. u. Pharm.*, supp. t. VIII, p. 261 à 335, janvier 1872; *Bull. de la Soc. chim.*, 1872, t. XVII, p. 463].

TITRAGE DE L'OPIUM. — L'opium est une substance dont l'action est si énergique, que dans l'usage médical il est fort important d'en connaître l'intensité. Quoique l'opium contienne un grand nombre de principes qui tous sont doués de propriétés très-actives, on rapporte ordinairement la valeur thérapeutique de ce médicament à la quantité de morphine qu'il contient : on a vu, du reste, par le tableau indiqué plus haut (p. 619), que la morphine existe dans ce produit en quantité si considérable comparativement à celle des autres bases, qu'il est tout naturel de fixer la valeur médicale de l'opium d'après la quantité de morphine qu'il renferme.

Un grand nombre de procédés ont été proposés pour doser cet alcaloïde. On doit à M. Guillermond un mode de dosage auquel on a fait subir plusieurs modifications, mais qui en résumé forme la base de la méthode suivie généralement et qui est décrite plus loin [*Journ. de Pharm. et de Chim.*, t. XVII, p. 439].

M. Kieffer a proposé une autre méthode qui repose sur le fait suivant qu'il a observé : les sels de morphine préalablement sursaturés par un alcali possèdent la propriété de transformer molécule à molécule le prussiate rouge de potassium en prussiate jaune, propriété que ne possèdent pas les autres substances de l'opium. Le dosage se fait donc au moyen du ferricyanure de potassium, dont l'excès employé dans la réaction et non décomposé est titré d'après le procédé de M. Mohr au moyen de l'iodure de potassium et de l'acide chlorhydrique concentré. L'iode rendu libre dans la réaction est dosé au moyen d'une liqueur titrée d'hyposulfite de soude [Kieffer, *Ann. der Chem. u. Pharm.*, t. III, p. 278, et *Journ. de Pharm. et de Chim.*, (3), t. XXXII, p. 455].

Guibourt, dans le remarquable travail qu'il a publié sur le dosage de l'opium, a fait connaître la quantité de morphine que doit contenir ce produit, lorsqu'il est destiné à l'usage médical ; il donne le procédé qu'il a suivi, et à l'aide duquel il lui a été possible d'indiquer les *minima* et *maxima* au-delà desquels l'opium ne doit plus être affecté qu'à l'extraction de la morphine. Ce procédé est analogue à celui indiqué plus loin.

| | A l'état mou, 15 c. d'eau. Morphine. | A l'état dur, 7,50 d'eau. Morphine. | A l'état sec. Morphine. |
|---|---|---|---|
| Au minimum... | 10,20 | 11,10 | 12 |
| Au maximum.. | 12,75 | 13,87 | 15 |

M. Schacht a fait connaître un procédé qui diffère à peine de celui que Guibourt a suivi [*Arch. de Pharm.*; — *Journ. de Pharm. et de Chim.*, t. XLVI, p. 126].

Schonbroodt propose de faire l'essai de l'opium au point de vue des besoins pharmaceutiques à l'aide d'une liqueur titrée, qu'il prépare en dissolvant 0gr,3 de bromure de potassium dans 72 grammes d'eau distillée, légèrement acidulée par une goutte d'acide sulfurique, ajoutant à cette solution 28 centimètres cubes d'un hypochlorite titré contenant son volume de chlore gazeux, soit pour les 28 centièmes de liqueur 0gr,0886 de chlore. Cette solution est d'un beau rouge orange.

Voici comment on procède pour utiliser cette liqueur : on pèse 1 gramme d'opium que l'on broie à trois ou quatre reprises avec de l'eau acidulée par l'acide acétique, de manière à obtenir un volume de 10 centimètres cubes de liquide d'essai ; on décolore par le charbon, on jette sur un filtre et on lave le charbon avec de l'eau acidulée par l'acide acétique, pour compléter le volume de 10 centimètres cubes. On ajoute alors 20 centigrammes d'acide iodique et on chauffe lentement jusqu'à 100° ; le liquide doit se colorer très-sensiblement pour peu qu'il contienne de la morphine. La liqueur refroidie est ensuite versée dans une éprouvette graduée. On laisse tomber alors goutte à goutte la solution titrée d'hypochlorite, jusqu'à décoloration complète. Le nombre de degrés dont la colonne liquide est augmentée dans l'éprouvette indique la quantité d'hypochlorite employée. Il suffit donc de savoir que 0,0145 milligrammes de chlore représentent 0,01 centigramme de morphine, pour pouvoir déterminer par le calcul la quantité de morphine contenue dans l'opium à essayer [*Répert. de Chim. appliq.*, 1861, p. 282].

De tous les procédés indiqués jusqu'à présent, celui qui présente probablement le plus de garantie est le mode opératoire adopté à la Pharmacie centrale des hôpitaux de Paris, car il réunit les perfectionnements introduits par plusieurs chimistes, en particulier par Guibourt, Fordos, etc. Voici cette méthode, telle qu'elle est indiquée dans le *Traité de pharmacologie* de Soubeiran, revu par M. J. Regnauld, t. I, p. 839 (1869) :

« On prélève environ 50 grammes d'opium en petits fragments sur les divers pains dont l'ensemble constitue la matière à essayer. Cet opium est divisé, au moyen du couteau ou des ciseaux, aussi finement que le permet sa consistance. On pèse exactement 50 grammes du produit mélangé et on les introduit dans un vase à précipité avec 150 grammes d'alcool à 70° centésimaux.

« Le vase est couvert par un obturateur de verre percé d'un trou dans lequel s'engage un tube de verre plein ; il est placé, durant 12 heures environ (la durée de cette macération varie non-seulement suivant l'état d'hydratation de l'opium, mais encore d'après certaines conditions d'agrégation différentes chez des opiums dont la mollesse est la même), dans une étuve dont la température est comprise entre 35° et 40°, et l'on a soin d'agiter de temps en temps le mélange jusqu'à ce que l'opium soit parfaitement désagrégé et délayé dans l'alcool.

« Le liquide refroidi est séparé par la décantation de la partie insoluble et versé sur un filtre ; dans le vase qui a servi à la macération, on introduit 50 grammes d'alcool à 70°, on y divise parfaitement le résidu d'opium et, après quelques minutes de contact, on jette le tout sur le même filtre.

« On laisse le marc s'égoutter parfaitement et, lorsqu'il ne s'écoule plus de solution alcoolique, on lave en deux fois le vase à précipité au moyen de 100 grammes d'alcool à 70°. Les liqueurs de lavage sont versées par fractions sur le filtre, de façon à lessiver complétement le marc d'opium qu'il contient, lequel est soumis à une compression modérée au moyen d'un poids posé sur le filtre dans l'entonnoir même, dès que le liquide, dont il est imbibé, cesse de couler spontanément.

« On prend dans un vase à précipité un tiers de la liqueur alcoolique chargée des alcaloïdes de l'opium et, à l'aide d'une burette graduée, on y verse goutte à goutte de l'ammoniaque, en ayant soin d'agiter pendant l'affusion, jusqu'à ce que la solution en renferme un très-léger excès appréciable à l'odorat. On y réunit alors les deux autres tiers de la liqueur, dans laquelle on verse immédiatement le double du volume d'ammoniaque employé dans la première partie.

« Après avoir agité vivement le mélange avec un tube de verre pendant quelques minutes, puis à plusieurs reprises pendant 2 heures, on abandonne le vase au repos durant 12 à 15 heures. La réaction au bout de ce temps est terminée, et au fond du vase se trouve un dépôt cristallin, peu cohérent et à peine coloré, qui est constitué par la morphine et la narcotine, que l'ammoniaque a précipitées de leurs combinaisons solubles.

« Le dépôt mixte de morphine et de narcotine est recueilli et égoutté sur un petit filtre Berzelius, puis lavé avec de l'alcool très-faible (40°), que l'on instille goutte à goutte jusqu'à ce qu'il passe incolore. Le filtre est séché à + 100°, et le précipité d'alcaloïdes est détaché avec grand soin et introduit dans un petit mortier de verre. Afin de séparer la narcotine de la morphine, on broie le dépôt dans le mortier une première fois avec 25 grammes de chloroforme, que l'on verse sur un petit filtre Berzelius sec et taré, puis on renouvelle le même traitement au moyen d'une dose égale de chloroforme. On fait tomber le dépôt de morphine humecté de chloroforme sur le même filtre et on lave le mortier avec de petites quantités de ce même véhicule, afin d'éviter toute perte et de compléter la séparation des dernières traces de narcotine qui peuvent rester sur le filtre.

« Le filtre chargé de morphine est séché à +100°, et, lorsque la pesée ne varie plus, la différence entre son poids et celui du filtre vide donne la quantité de morphine contenue dans 50 grammes d'opium.

« Si l'on veut connaître la proportion de narcotine renfermée dans ce même opium, il suffit de soumettre le chloroforme à l'évaporation; ce liquide laisse comme résidu la narcotine sensiblement pure. »

Falsifications et usage de l'opium. — L'opium, étant un produit d'une valeur assez considérable, a été de tout temps l'objet de nombreuses falsifications. Ainsi il a été adultéré par des extraits de chélidoine, de laitue vireuse, de réglisse, par de l'huile de sésame ou de lin, par de la gomme arabique, de la terre, et quelquefois même par du plomb placé dans l'intérieur des pains, par des feuilles de rumex juxtaposées et parsemées de semences et de grains. Une autre falsification consiste à piler l'épiderme de la capsule de pavot et celle des tiges avec du blanc d'œuf, et à introduire ce mélange dans l'opium. Enfin, M. Landerer a signalé la fraude suivante : l'opium encore frais et mou est mélangé avec du raisin bien écrasé et débarrassé des pepins. D'autres ont indiqué aussi la pulpe d'abricot. Reveil avait, du reste, signalé la présence de la glucose dans certains échantillons d'opium, dans lesquels il avait constaté plus de 15 °/₀ de matière sucrée. Cependant, d'après Guibourt, la présence du sucre dans l'opium ne serait pas toujours la preuve d'une fraude, car en Perse, dit-il, on ajoute souvent du *miel* à l'opium, dans le but d'en faire une préparation particulière, qui est supposée plus apte à l'application médicale. Ce produit porte le nom de *bœhrs*.

L'opium est un toxique puissant, et cependant, pris à dose convenable, c'est un médicament précieux, c'est le meilleur des narcotiques; aussi cette substance rend-elle les plus grands services à la médecine, qui en fait un usage fréquent comme calmant dans les névralgies.

On doit à M. Claude Bernard un travail remarquable sur l'étude physiologique des principaux alcaloïdes de l'opium, en voici les conclusions : « En résumé, il y a trois propriétés principales dans les alcaloïdes de l'opium : 1° action soporifique; 2° action excitante ou convulsivante; 3° action toxique.

« Voici l'ordre dans lequel on peut ranger les six principes que j'ai étudiés relativement à ces trois propriétés : dans l'ordre soporifique nous avons, au premier rang, la narcéine, au second la morphine, au troisième la codéine. Les trois autres principes sont dépourvus de propriété soporifique. Dans l'ordre convulsivant, nous trouvons : 1° la thébaïne ; 2° la papavérine; 3° la narcotine; 4° la codéine; 5° la morphine; 6° la narcéine. Dans l'ordre de l'action toxique nous avons : 1° la thébaïne ; 2° la codéine; 3° la papavérine; 4° la narcéine; 5° la morphine; 6° la narcotine. » [Cl. Bernard, *Compt. rend. de l'Acad. des sciences*, t. LIX, p. 406, 1864.]

Enfin, il faut rappeler cette funeste habitude, contractée par de nombreuses populations de l'Orient, de fumer l'opium ou d'en préparer des boissons. En vain les gouvernements ont-ils cherché à entraver cet usage par les peines les plus sévères, par la mort même, les Orientaux ont toujours recherché dans les propriétés exhilarantes de cette substance soit un bonheur factice de courte durée, soit un moyen d'échapper pendant quelques instants aux peines physiques et morales. Les mahométans, spécialement les Turcs, prennent l'opium en nature; les Persans en composent une liqueur qui est vendue dans les cafés sous le nom de Coquenar ou Kokenaar, et les Chinois, ainsi que quelques habitants de l'archipel Indien, le fument.

Les mangeurs d'opium, les *theriakis*, comme on les appelle en Turquie, commencent en général par prendre 0gr,025 à 0gr,10 d'opium par jour, et ils arrivent ainsi, par des doses successivement croissantes, jusqu'à ingérer 6 grammes d'opium et même davantage; il se produit ce fait que bientôt toute dose devient insuffisante; le theriaki y mêle alors du sublimé corrosif, et la dose peut en être portée progressivement jusqu'à 0gr,50 par jour. Est-il nécessaire d'ajouter qu'il survient d'atroces douleurs : l'homme qui a contracté l'habitude de manger de l'opium, l'*opiophage*, est facilement reconnaissable à son extérieur, rarement il vit au delà de 40 ans; certains individus cependant, durant de longues années, ont pu absorber chaque jour, sans inconvénient apparent, jusqu'à 2 ou 3 grammes d'opium [Reveil, *Thèse pour le doctorat en médecine*, p. 57 et suiv.]. E. C.

**OPOPANAX.** — Gomme-résine produite par l'*Opopanax Chironium*, Koch, famille des Ombellifères, et provenant de la Syrie.

L'opopanax se présente soit en larmes anguleuses, irrégulières, légères, friables, d'une saveur âcre et amère, d'une odeur forte, rougeâtres, demi-transparentes à l'intérieur, soit en masses formées par des larmes agglutinées, pesant depuis 50 grammes jusqu'à 500 ou 1,000 grammes. On n'en importe plus en Europe.

D'après Pelletier, l'opopanax renferme :

| | |
|---|---|
| Résine | 42,00 |
| Gomme | 33,40 |
| Amidon | 4,20 |
| Acide malique et extractif | 4,40 |
| Cire | 0,30 |
| Ligneux | 9,80 |
| Caoutchouc | traces |
| Huile volatile, eau et perte | 5,90 |
| | 100,00 |

L'opopanax brûle avec flamme; à la distillation sèche, il laisse un résidu composé de carbonate de chaux et de potasse, de silice et des traces de sulfate de potassium.

M. J. Vigier a étudié l'huile essentielle d'opopanax, et en a trouvé en moyenne 3,25 °/₀.

L'huile essentielle brute est d'un jaune clair. A la distillation, elle passe pour la plus grande partie à 250°, puis le thermomètre monte jusqu'à 320° et le produit qui passe à cette température est d'un beau vert-émeraude. La portion qui a passé à 250° est incolore, fluide; elle se colore en vert par le chlorure ferrique. Avec l'acide sulfurique, le brome, l'acide azotique, elle se résinifie. Sa densité est de 0,974 à 16°; elle n'agit pas sur la lumière polarisée. Elle a donné à l'analyse :

$$C = 81,38 \quad 80,99$$
$$H = 11,11 \quad 11,83$$

[J. Vigier, *Thèse de l'École de Pharm.*, 1869].

La résine d'opopanax est jaune rougeâtre, fusible à 65°, soluble dans les alcalis, l'éther, l'alcool, le chloroforme. Johnston qui l'a analysée représente sa composition par la formule $C^{20}H^{24}O^{7}$.

Fondue avec trois fois son poids de potasse, elle fournit entre autres produits de l'acide protocatéchique et un peu de pyrocatéchine [Barth et Hlasiwetz, *Ann. der Chem. u. Pharm.*, t. CXXVIII, p. 77, et *Bull. de la Soc. chim.*, 1867, t. XX, p. 432]. E. G.

**OPOSINE.** — Nom donné par M. Commaille à une substance albuminoïde soluble contenue avec la syntonine dans le muscle. Elle se trouve en plus forte proportion dans la chair de mouton que dans celle de bœuf. Ses solutions sont précipitées par l'acide chlorhydrique et par le bichlorure de mercure. Le précipité qu'elle donne avec le chlorure de platine contient de 10 à 11 °/₀ de platine [Commaille, *Journ. de Pharm. et de Chim.*, (4), t. IV, p. 112].

**OPSIMOSE** (Min.). — Silicate hydraté de manganèse, noir brunâtre, d'un éclat légèrement métallique, d'une poussière brun jaunâtre; de Klaperude en Dalécarlie. Elle provient de l'altération de la rhodonite. Renferme de 9 à 13 °/₀ d'eau.

*Caractères.* — Attaquable par les acides. Fusible au chalumeau en un verre vert au feu de réduction, et noir au feu d'oxydation.

**OR**, Au (*aurum*). Poids atomique = 196,5. — *Historique.* — L'or, se rencontrant généralement à l'état natif, est de tous les métaux celui qui a attiré le premier l'attention de l'homme; son éclat et son inaltérabilité en ont fait immédiatement une matière précieuse. Il était considéré comme le plus parfait, comme le *roi* des métaux. Les alchimistes le comparaient au soleil et lui attribuaient les plus grandes vertus; aussi tous leurs efforts tendaient-ils à transformer les autres métaux en or. Les propriétés physiques de l'or ont été décrites par Pline et par Vitruve; ces auteurs ont aussi mentionné la dorure du cuivre par amalgamation. Les alchimistes, notamment Basile Valentin, connaissaient la solubilité de l'or dans l'eau régale, ainsi que l'or fulminant. André Cassius fit connaître, en 1685, le pourpre d'or, que Kunkel a appliqué plus tard à la fabrication des verres rouges.

*État naturel.* — L'or se rencontre presque toujours à l'état natif, tantôt en cristaux du système régulier ou en dendrites, tantôt en paillettes ou en grains irréguliers; les grains qui atteignent une certaine grosseur sont désignés sous le nom de pépites. L'or natif se rencontre le plus souvent dans les terrains de transports anciens, dits alluvions aurifères, formés de cailloux quartzeux roulés, liés entre eux par un ciment argileux dans lequel on rencontre les débris des roches primitives, fer oxydulé, fer titané, etc. L'or natif existe aussi en filons dans les terrains anciens, où il a pour gangue le quartz; il y est fréquemment accompagné d'autres minerais métalliques, notamment de pyrite, de sulfure d'antimoine, de minerais d'argent.

L'or natif n'est jamais pur; il est toujours allié à d'autres métaux, surtout à l'argent, dont la proportion varie beaucoup, comme le constate le tableau suivant. Quand cette proportion est de 1/3, l'alliage natif porte le nom d'*electrum*. Certaines variétés d'or natif renferment du platine, du palladium, du rhodium.

| | | Or. | Argent. | Cuivre. | Fer. | Densité. | Observateurs. |
|---|---|---|---|---|---|---|---|
| Europe. | Wicklow (Irlande)......... | 92,32 | 6,17 | » | 0,78 | 16,342 | Mallet. |
| | Fueses (Transylvanie)..... | 84,89 | 14,68 | 0,04 | 0,13 | » | G. Rose. |
| | Vœrœspatak............... | 60,49 | 38,74 | » | » | » | G. Rose. |
| | Rhin...................... | 93,00 | 6,6 | 0,069 | » | » | Daubrée. |
| Asie. | Schabrowski (Oural)....... | 98,96 | 0,16 | 0,35 | 0,05 | 19,10 | » |
| | Electrum de Schlangenberg. | 64,00 | 36 | » | » | » | Klaproth. |
| | Boruschka (Nischne Tagil).. | 83,85 | 16,15 | » | » | 17,06 | » |
| | Beresow (cristaux)........ | 91,88 | 8,03 | 0,09 | » | » | » |
| | Siam (or en grains)........ | 90,89 | 8,98 | Traces. | | » | Terreil. |
| Afrique. | Sénégal (or en grains)...... | 94,6 | 5,85 | Pt 0,15 | | » | Levol. |
| | Sénégal (poudre d'or)...... | 84,5 | 15,3 | 0,2 | | » | Idem. |
| Amérique. | Sacramento............... | 93,0 | 6,7 | » | » | 16,23 | Rivot. |
| | Rivière du Loup (Canada).. | 89,24 | 10,76 | » | » | 16,57 | Hunt. |
| | Bucaramanga.............. | 98,0 | 2,0 | » | » | » | Boussingault. |
| | Titiribi (cristaux).......... | 76,41 | 23,12 | 0,03 | » | » | G. Rose. |
| | Rio Cajones.............. | 78,0 | 20,11 | » | » | 16,54 | D. Forbes. |
| Australie. | Pépite d'or (1)............. | 94,55 | 5,07 | » | 3,75 | » | Golfier-Besseyre. |
| | Or d'alluvion............. | 93,48 | 3,59 | » | » | 15,60 | Kerl. |

Quelques savants ont cru pouvoir envisager tous ces alliages natifs comme des combinaisons en proportions définies, mais cette opinion ne paraît pas fondée.

L'or natif se rencontre dans une foule de localités, mais il est toujours très-disséminé et son exploitation n'est pas toujours rémunératrice. Parmi les localités en Europe où se rencontrent des filons aurifères, nous citerons les Alpes de Salzburg, la Gardette (Dauphiné), Beresowsk (Oural). Les principales rivières qui roulent de l'or sont le Rhin, l'Ariége, le Rhône; le Pactole en Lydie était célèbre aux temps héroïques.

Les pays qui fournissent la plus grande quantité d'or sont la Californie, l'Australie, la Nouvelle-Zélande, la Russie d'Asie, le Thibet, le Brésil, le Mexique, la Nouvelle-Grenade, la Hongrie et la Transylvanie, etc.

La production annuelle totale peut être évaluée à 250 ou 300,000 kilogrammes, d'une valeur de 800 millions à 1 milliard.

Les autres minerais d'or sont très-peu abondants; ce sont le tellure aurifère et l'amalgame d'or $Au^{2}Hg^{3}$ trouvé à Choco (Nouvelle-Grenade).

(1) Cet échantillon contenait dans l'intérieur de sa masse une poudre très-ténue, formée d'or par mélangé de 1 1/2 °/₀ d'oxyde ferrique et de fragments de silice [*Ann. de Chim. et de Phys.*, (3), t. XL p. 221].

Pour le traitement des minerais d'or, voyez OR (MÉTALLURGIE), p. 637.

*Propriétés physiques.* — L'or possède une couleur jaune, un peu rougeâtre; il est très-brillant. Réduit en feuilles minces, il laisse passer une lumière verte et paraît plus rouge par réflexion. Précipité dans un grand état de division, et en suspension dans l'eau, il laisse passer une lumière bleue, violacée ou même rouge (Faraday). En poudre impalpable et sec, il est d'un jaune violacé ou rouge pourpre.

L'or est plus mou que l'argent, il est peu élastique; le martelage le durcit un peu. Il possède une ténacité assez faible : un fil de 2 millimètres de diamètre se rompt sous un poids de 68k,216.

C'est le plus malléable et le plus ductile de tous les métaux. On peut le réduire en feuilles de 1/12000e de millimètre d'épaisseur et l'on peut étirer un poids de 5 centigrammes d'or en un fil de 162 mètres de longueur. L'épaisseur de ces feuilles peut encore être réduite beaucoup par l'action du cyanure de potassium (Faraday).

L'or fond à 32° du pyromètre de Wedgwood, ce qui correspond à 1100° environ du thermomètre à air. D'après Pouillet, il fond à 1381°; d'après Ed. Becquerel, à 1037°.

L'or en fusion paraît vert. Il est à peu près fixe à la température la plus élevée de nos fourneaux; pourtant Elsner a observé la volatilisation totale d'une faible couche d'or sur un fragment de porcelaine exposé à une température évaluée à 2500° ou 3000°. Il se volatilise sensiblement au foyer d'un grand miroir ardent; en exposant une plaque d'argent dans le voisinage du foyer, Homberg a constaté qu'elle se recouvrait d'une couche d'or. Lorsqu'on expose des feuilles d'or au chalumeau à gaz oxygène et hydrogène ou à l'action d'une forte batterie électrique, le métal se volatilise également et brûle avec une flamme verte.

De 0° à 100°, l'or se dilate de 0,001466 ou 1/682e de sa longueur; il se contracte plus que les autres métaux en passant de l'état liquide à l'état solide. La chaleur spécifique de l'or est égale à 0,0298; sa conductibilité calorifique est 981, celle de l'argent étant 1000 (Calvert et Johnson; 532 d'après Wiedmann et Franz). Conductibilité électrique = 73 à 19°, celle de l'argent étant 100; un alliage de quelques millièmes d'argent l'abaisse à 60. Son magnétisme spécifique est — 3,47 (Becquerel).

La densité de l'or fondu est égale à 19,258, et celle de l'or écroui à 19,367.

L'or peut se souder à lui-même, sans fusion préalable; ainsi l'or précipité prend l'éclat métallique sous le brunissoir et se transforme en une masse cohérente lorsqu'on le soumet à une forte compression.

L'or cristallise en octaèdres réguliers, en dodécaèdres rhomboïdaux ou en d'autres formes dérivées du cube. On peut l'obtenir cristallisé par la décomposition de l'amalgame. On traite 1 p. d'or précipité par 20 p. de mercure; on chauffe pendant 8 jours cet amalgame vers 80°, puis on le traite par de l'acide azotique de 1,35 de densité, également à 80°; l'or reste ainsi en cristaux mats renfermant encore un peu de mercure qu'on chasse par une chaleur modérée; les cristaux sont alors brillants [Knaffl, *Dingler's polyt. Journ.*, t. CLXVIII, p. 282].

L'or divisé, tel qu'on l'obtient en cornets dans les essais d'or, peut condenser de petites quantités de gaz : 0vol. 48 d'hydrogène; 0,20 d'oxyde de carbone; 0,16 d'acide carbonique; 0,19 à 0,24 d'air dans lequel l'azote domine (Graham).

*Propriétés chimiques.* — L'or est un des métaux les plus inaltérables; il résiste à l'action de l'eau, de l'air, de l'oxygène dans toutes les conditions. Il n'est pas dissous par les acides sulfurique, azotique, chlorhydrique. Mais le mélange de ces deux derniers acides, c'est-à-dire l'eau régale, l'attaque rapidement; il en est de même du mélange d'acide chlorhydrique avec d'autres composés oxygénés susceptibles de mettre du chlore en liberté, tels que les acides chromique, sélénique, etc. L'eau régale que l'on emploie pour dissoudre l'or est formée de 4 p. d'acide chlorhydrique et de 1 p. d'acide azotique. L'acide sélénique attaque l'or en se transformant en acide sélénieux.

L'acide iodique en combinaison avec l'acide sulfurique oxyde l'or à 300° [Prat, *Compt. rend.*, t. LXX, p. 840].

Le chlore attaque très-facilement l'or; des feuilles d'or se dissolvent rapidement dans l'eau de chlore. Le brome le dissout également. L'iode est sans action sur lui à froid; mais sous pression et à 50° ou bien au soleil, l'attaque a lieu. L'acide iodhydrique attaque l'or en présence de l'éther, mais non en solution aqueuse. Les perchlorures, perbromures ou periodures métalliques instables, combinés ou non à l'éther, attaquent l'or; le perchlorure et le perbromure de fer sont sans action sur lui [Nicklès, *Compt. rend.*, t. LXII, p. 755, et t. LXIII, p. 21; *Ann. de Chim. et de Phys.*, (4), t. X, p. 318].

L'or, surtout quand il est divisé, se dissout dans l'acide sulfurique concentré et chaud, additionné d'acide azotique; on obtient ainsi une solution jaune qui abandonne de nouveau de l'or à l'état métallique lorsqu'on l'étend d'eau ou qu'on la laisse absorber l'humidité de l'air. On obtient une solution analogue par l'électrolyse d'un mélange de 9 p. d'acide sulfurique avec 1 p. d'acide azotique, en employant une lame d'or comme électrode positive et une lame de platine comme électrode négative [A. Reynolds, J. Spiller, *Chemical News*, t. X, p. 167, 173].

Les alcalis n'attaquent l'or ni par voie humide ni par voie sèche; néanmoins les alcalis en fusion l'oxydent au contact de l'air. Le nitre fondu l'attaque, mais non le chlorate de potasse. Le soufre ne se combine pas directement à l'or; l'hydrogène sulfuré ne l'altère pas; mais les persulfures alcalins l'attaquent en le transformant en sulfure. Le phosphore, l'arsenic, l'antimoine se combinent à l'or sous l'influence de la chaleur.

*Atomicité.* — L'or forme deux séries de combinaisons. Dans les unes, comme le protoxyde $Au^2O$, le protochlorure $AuCl$, il est *monatomique;* dans les autres, comme le perchlorure $AuCl^3$, il est *triatomique;* c'est, avec le thallium, le seul métal qui manifeste ces deux atomicités.

Le poids atomique de l'or a été déterminé par Berzelius en réduisant par l'hydrogène le chlorure double d'or et de potassium; il a ainsi obtenu le nombre 195,66.

Levol, en suivant une voie différente, réduction du chlorure d'or par l'acide sulfureux et détermination de l'acide sulfurique formé, est arrivé au nombre 196,30 qui est celui qu'avait trouvé précédemment Berzelius en déplaçant l'or par le mercure.

Nous adopterons le nombre 196,5.

*Préparation de l'or pur.* — Pour obtenir de l'or chimiquement pur, il faut avoir recours à la voie humide. La coupellation faite avec inquartation suivie de l'opération du départ donne de l'or fin qui retient encore des traces d'argent (voyez t. I, p. 1268). On opère en général en transformant d'abord l'or en chlorure, ce qui permet de le séparer facilement du chlorure d'argent insoluble, puis le reprécipitant à l'état métallique par un agent réducteur. Les réducteurs que l'on emploie sont le sulfate ferreux, le trichlorure d'antimoine, le nitrate mercureux, l'acide oxalique. On obtient toujours ainsi de l'or plus ou moins divisé ou spongieux. Quand on veut réunir l'or en lingot, l'état de division est sans importance et l'on emploie alors le sulfate ferreux. On dissout l'or dans l'eau régale, on évapore à sec, on reprend par l'eau, on filtre et on y ajoute du sulfate de fer. Si l'on verse la solution de chlorure d'or dans celle de fer, l'or qui se précipite est plus ténu. On obtient un or très-divisé en versant le chlorure d'or dans une solution bouillante de nitrate mercureux, ou en le précipitant par le trichlorure d'antimoine. Pour réunir cet or en lingot, on le fond dans un creuset avec un peu de nitre et de borax.

Pour l'emploi que l'on fait de l'or dans la décoration de la porcelaine, il faut de l'or pulvérulent très-divisé. Knaffl ajoute de l'acide oxalique, additionné d'un peu d'acide chorhydrique à une solution de chlorure d'or exempte d'acide nitrique, il étend cette solution de 10,000 p. d'eau et chauffe à 30° ou 40°.

La poudre que l'on obtient paraît bleuâtre par transmission, lorsqu'elle est en suspension dans l'eau [*Dingl. polyt. Journ.*, t. CLXVII, p. 191].

Brescius préfère opérer dans un milieu alcalin. Il dissout 120 p. d'or dans de l'eau régale (500 p. acide azotique de 1,2 et 1000 p. acide chlorhydrique d'une densité de 1,12) et sature peu à peu cette solution par 360 p. de carbonate de potasse dissous dans 5 à 6 p. d'eau. Il étend ensuite de 4 litres d'eau et y ajoute une solution saturée à froid de 500 p. d'acide oxalique en agitant le liquide. L'or se précipite sous la forme d'une poudre spongieuse brune [*Dingl. polyt. Journ.*, t. CLXXV, p. 217; *Bull. de la Soc. chim.*, 1865, t. III, p. 467].

Usages. — Indépendamment des usages bien connus de l'or, on emploie ce métal dans plusieurs industries, surtout dans la décoration de la porcelaine et dans la fabrication du verre de Bohême, auquel il communique une belle couleur rouge.

Pour la *décoration de la porcelaine*, on applique sur celle-ci l'or très-divisé, obtenu par précipitation, à l'état d'une pâte faite avec de l'eau gommée ou de la colle de peau et de la céruse (Chine), ou du sous-nitrate de bismuth (Sèvres), destinés à jouer le rôle de fondant, puis on porte au four.

Les *verres aurifères* se préparent en ajoutant au mélange vitrifiable une solution de chlorure d'or. Voici un de ces mélanges.

1k,640 sable fin.
0k,936 salpêtre.
0k,405 soude.
0k,124 carbonate de calcium
0k,070 acide arsénieux.
0k,140 minium.
3k,124 verre d'antimoine.

On ajoute à ce mélange 3gr,41 d'or dissous dans l'eau régale et l'on chauffe au rouge blanc [Splittgerber, *Poggend. Ann.*, t. LXI, p. 144]. Le verre qui sort du creuset est incolore et transparent; mais si on le recuit au rouge sombre, il devient d'un beau rouge. Pour expliquer ce fait, H. Rose admet qu'à une température élevée il se forme un silicate aureux incolore qui par le réchauffage, à une température inférieure, abandonne une partie de son protoxyde d'or.

L'or battu est employé dans la dorure sur bois, sur pierre, sur plâtre, etc. Les différents procédés de dorure seront décrits plus loin. On emploie aussi l'or battu en peinture en le broyant avec du miel et le plaçant en couches minces dans des coquilles. C'est l'*or en coquilles*.

Enfin, l'or en dissolution est employé en photographie comme révélateur.

Dorure. — La dorure consiste à recouvrir d'une faible couche d'or des objets d'une valeur relativement faible, pour leur donner l'aspect de l'or et communiquer à leur surface l'inaltérabilité de ce métal. Nous nous occuperons d'abord de la dorure des métaux, la plus importante comme art chimique. Cette dorure se fait par trois procédés différents : la *dorure au mercure*, la *dorure au trempé* et la *dorure galvanique*. Cette dernière a déjà été décrite à l'article Galvanoplastie.

Dorure au mercure. — Ce procédé, connu des anciens, comme l'attestent les écrits de Pline le naturaliste, consiste à appliquer sur le métal à dorer une couche d'amalgame d'or qu'on décompose ensuite par la chaleur pour chasser le mercure. Il ne peut s'appliquer qu'à la dorure des métaux attaquables eux-mêmes par le mercure, tels que l'argent, le cuivre, le bronze. Cela tient à ce qu'il se forme d'abord un amalgame double d'or et du métal sous-jacent, amalgame qui laisse après la calcination un alliage adhérent d'or et du métal. Si l'on veut dorer au mercure le fer ou l'acier, il faut préalablement le recouvrir d'une couche de cuivre.

Le bronze, qui est le métal qu'on dore le plus souvent par ce procédé, doit être bien homogène et exempt de gerçures ; d'Arcet recommande l'alliage suivant : cuivre, 82 p.; zinc, 18 p.; étain, 3 à 1 p.; plomb, 1,5 à 3 p.

L'amalgame d'or que l'on emploie renferme 67 °/o d'or et 33 de mercure. On le prépare en chauffant de l'or en lames minces dans un creuset; quand celui-ci est rouge sombre, on y verse 8 p. de mercure pour 1 p. d'or en brassant avec une tige de fer jusqu'à dissolution complète de l'or; on verse ensuite l'amalgame dans de l'eau où il se sépare à l'état pâteux de l'excès de mercure dont on le prive enfin complétement en le comprimant dans une peau de chamois ; le mercure qui s'écoule ainsi renferme de l'or et est employé aux opérations suivantes. Ces opérations doivent se faire dans un bon tirage pour soustraire l'ouvrier aux vapeurs mercurielles; l'ouvrier doit en outre ne manier l'amalgame qu'avec des gants de peau ou de taffetas gommé.

Le bronze, pour être doré, doit être soumis à une série d'opérations : le *recuit*, le *dérochage* et le *décapage*. Le recuit se pratique dans une espèce de moufle cylindrique en briques, appelé *moufti*. Un grillage en fer placé à certaine distance des briques reçoit le charbon et laisse intérieurement un espace cylindrique où l'on suspend les objets. On porte ceux-ci au rouge-cerise, puis on les enlève et on les laisse refroidir à l'air. Le dérochage a pour but d'enlever la couche d'oxyde qui s'est formée pendant le recuit : il se fait en plongeant les pièces dans de l'acide sulfurique étendu et les brossant avec une brosse dure. Comme ces pièces sont encore irisées, on les décape en les plongeant dans de l'acide nitrique ordinaire, puis dans de l'acide nitrique additionné de chlorure de sodium, après quoi on les lave et on les sèche dans de la sciure de bois chaude. Les pièces devront être d'un jaune pâle et d'un aspect grenu.

Avant d'appliquer l'amalgame, on dépose sur le bronze une couche d'une dissolution de nitrate acide de mercure, à l'aide du *gratte-bosse*, espèce de pinceau fait avec des fils de laiton assez fins, qui sert ensuite à étendre l'amalgame sur les parties à dorer, après quoi l'on expose les pièces dans le fourneau à moufti. Cette opération est délicate et exige une grande pratique ; les pièces ne doivent être chauffées que progressivement pour que l'amalgame ne puisse pas entrer en fusion. Si l'ouvrier juge que la dorure n'est pas assez épaisse ou pas assez uniforme, il y applique une nouvelle couche d'amalgame.

Les pièces ainsi dorées sont mates, et si on veut leur donner l'éclat métallique il faut les passer au *brunissoir*; celui-ci consiste en une dent de loup ou de chien, ou, le plus souvent, en un morceau d'hématite (sanguine) monté sur un manche en bois; on frotte ce brunissoir sur l'objet à polir. Comme on tient souvent à conserver le mat sur certaines parties de l'objet, on recouvre ces parties d'une *épargne* formée de blanc d'Espagne, de cassonade et de gomme délayés dans l'eau. Pour enlever l'épargne après le brunissage, on expose la pièce à la chaleur de manière à calciner en partie l'épargne, puis on recouvre celle-ci d'une couche saline formée de sel marin (10 p.), de nitre (25 p.) et d'alun desséché (35 p.), et on chauffe de nouveau jusqu'à fusion de ces sels, puis on plonge brusquement les pièces dans de l'eau froide. On peut encore modifier l'aspect de l'or par différents autres procédés.

La quantité d'or fixée sur les pièces par la dorure au mercure varie entre 0gr,042 et 0gr,260 par décimètre carré de surface.

La dorure au mercure a le grave inconvénient d'être très-insalubre, et elle a été en partie abandonnée depuis la découverte de la dorure au trempé et de la galvanoplastie.

Dorure par immersion ou au trempé. — Les objets en cuivre ou en fer, plongés dans une solution de chlorure d'or, s'y recouvrent d'une couche d'or, mais ce dépôt présente beaucoup d'imperfection et la dorure par ce procédé n'a trouvé que peu d'usage; on ne s'en servait guère que pour dorer certaines pièces d'horlogerie; mais il offrait ce grave inconvénient d'altérer les pièces par suite de l'acidité du bain qui allait en augmentant à mesure que se faisait le dépôt d'or. On savait bien que les métaux se doraient aussi par leur immersion dans un bain alcalin d'or, mais on n'avait pas songé à mettre ce fait à profit, et c'est à Elkington qu'on doit le procédé de dorure qui en découle et qu'il breveta en 1836.

La dorure par immersion comprend quatre opérations : la préparation du bain, la préparation des bijoux à dorer, la dorure, la mise en couleur.

1° *Préparation du bain.* — On dissout 100 gr. d'or laminé dans 250 gr. d'acide azotique pur à 36° Baumé, mélangé de 250 gr. d'acide chlorhydrique, puis de 250 gr. d'eau. On fait chauffer 20 litres d'eau dans une marmite en fonte, dorée par les opérations antérieures, et l'on y ajoute 30 kilogrammes de bicarbonate de potassium; on ajoute de même, peu à peu, 3 kilogrammes de ce sel dans la solution de chlorure d'or, puis on verse celle-ci dans la marmite en fonte. On fait bouillir pendant 2 heures en remplaçant l'eau évaporée.

On peut remplacer le bicarbonate de potassium par d'autres sels à réaction alcaline, tels que les cyanures, les borates, les phosphates et pyrophosphates; l'emploi de ces derniers a été indiqué par Roseleur et Lanaux.

2° *Préparation des bijoux.* — Les bijoux à dorer doivent être recuits, dérochés, décapés et ravivés. Les premières opérations sont les mêmes que pour la dorure au mercure; le *ravivage*, qui précède immédiatement la dorure, a pour but de rendre les surfaces plus neuves; il peut se faire dans le bain de décapage, mais il vaut mieux employer des mélanges d'acides nitrique, sulfurique et chlorhydrique. Le mélange qui donne les meilleurs résultats est, d'après Bochet, 40 p. d'acide sulfurique à 60°, 40 p. d'acide nitrique à 36° et 1 p. de sel marin; le mélange doit être fait plusieurs heures avant d'être employé.

L'aspect brillant ou mat des bijoux dépend du mode de décapage et de ravivage; le liquide précédent fournit le brillant; quant au mat, on l'obtient en ajoutant un peu de sulfate de zinc au mélange des acides sulfurique et nitrique.

Souvent le ravivage n'est pas assez parfait pour obtenir une belle dorure; il faut alors plonger les objets dans une dissolution faible de nitrate de mercure. Cette opération est aussi quelquefois effectuée pour corriger une dorure imparfaite; elle doit toujours être suivie d'une immersion dans le bain d'or.

3° *Dorure.* — Le doreur plonge successivement les objets à dorer dans le bain à raviver, dans des terrines d'eau et, au besoin, dans du nitrate de mercure, puis dans le bain d'or, pendant 30 secondes; après ce temps, l'épaisseur de la couche d'or n'augmente plus. La quantité d'or déposée ne dépasse jamais 45 milligrammes par décimètre carré. Quand le bain commence à s'épuiser, on peut le relever par un peu de nitrate d'argent, mais alors le dépôt d'or prend un ton tirant sur le vert. Au sortir du bain d'or, l'ouvrier plonge les bijoux dans de l'eau, puis les fait sécher dans de la sciure de bois.

Le bain laisse peu à peu déposer une poudre noire renfermant du carbonate de chaux provenant de l'eau, de l'hydrocarbonate de cuivre, du chlorure de potassium et du pourpre de Cassius; ce dernier résultant de l'action de l'étain employé comme soudure (Barral).

4° *Mise en couleur.* — Cette opération a pour but d'augmenter l'éclat et la durée de la couche d'or. Elle se fait en plongeant les objets dorés dans une solution formée de 6 p. de nitre, 2 p. de sulfate de fer et 1 p. de sulfate de zinc; on fait sécher sur un feu clair, on plonge dans l'eau et on sèche.

Le *platinage* des objets de cuivre peut s'effectuer comme la dorure, en remplaçant le bicarbonate de potasse par le bicarbonate de soude.

La dorure par immersion a, sur la dorure au mercure, de grands avantages; outre qu'elle supprime la présence des vapeurs mercurielles si préjudiciables à la santé des ouvriers, elle peut s'appliquer à la dorure d'objets très-délicats qui seraient abîmés par le contact du mercure et qui ne pouvaient pas toujours recevoir de l'amalgame dans tous leurs creux. Lorsqu'on a de grandes pièces à dorer, il faut préalablement les plonger dans l'eau bouillante afin que leur immersion dans le bain d'or n'abaisse pas la température de ce bain. Le prix de la dorure d'un kilogramme de bijoux, par immersion, est de 20 fr. au lieu de 50 à 120 fr. pour la dorure au mercure.

Pour reconnaître si des bijoux ont été dorés par immersion ou au mercure, on en dissout un essai dans l'acide azotique étendu; il reste une pellicule qui est brillante sur ses deux faces lorsque la dorure a eu lieu par immersion; la face interne est, au contraire, noire dans la dorure au mercure par suite d'une couche d'alliage d'or et de cuivre. D'après Struve, cet alliage retient toujours un peu de mercure.

L'argent, le platine, le maillechort, etc., ne peuvent pas directement être dorés dans le bain d'immersion; mais si l'on met ces métaux en contact avec du cuivre ou du zinc, il s'y fera immédiatement un dépôt qui va en augmentant avec le temps de l'immersion. On peut de même augmenter la couche d'or sur le cuivre lui-même lorsqu'on le met en contact avec une lame de cuivre non décapée, qui puisse fournir du cuivre au bain pour remplacer l'or qui se dépose; car, pour chaque atome d'or qui se dépose, il y a un atome de cuivre dissous et qui se précipite à l'état de carbonate (Barral).

*Théorie de la dorure au trempé.* — Elkington admettait que l'or se trouvait ramené dans la liqueur à l'état de protochlorure, ou plutôt de protoxyde. Dumas, dans son rapport à l'Académie sur les procédés Elkington et de Ruolz [*Compt. rend.*, t. XIII, p. 998], partageait cette opinion et pensait que cette réduction était due à la présence accidentelle des matières organiques. Figuier, qui prenait le dépôt formé dans le bain pour du protoxyde d'or, pensait au contraire que celui-ci était soustrait à l'action du cuivre et que c'était un composé suroxygéné de l'or, l'acide peraurique, en dissolution dans la potasse, qui provoquait la dorure [*Ann. de Chim. et de Phys.*, (3), t. XI, p. 341].

On doit à Barral des expériences précises à ce sujet [*Ann. de Chim. et de Phys.*, (3), t. XVIII, p. 5]. D'après l'analyse du bain d'or ayant servi à l'immersion, et du dépôt produit dans le bain et renfermant du cuivre, il est arrivé à cette conclusion que, pour chaque atome d'or, il se dissout un atome de cuivre, ce qui prouve que c'est bien le protoxyde qui est décomposé; en effet, si c'était le trioxyde, il devrait se dissoudre 3 atomes de cuivre pour 2 atomes d'or déposés. Que devient donc le chlore, ou mieux l'oxygène, qui constituait l'or à l'état de combinaison aurique? L'examen du bain, après la dorure, a fait voir à Barral qu'il renferme du chlorate de potasse, et ainsi se trouve éclairci ce point si controversé. Les réactions produites par la dorure peuvent se résumer par l'équation

$$6AuCl^3 + 6CO^3.KH + 6Cu$$
$$= 6CuCl^2 + 5KCl + ClO^3K + 6Au + 6CO^2 + 3H^2O$$

et il se dégage en effet de l'acide carbonique. Le chlorure cuivrique, en présence de l'excès de bicarbonate, fournit du carbonate de cuivre qui se précipite.

Dorure d'objets divers. — On dore aussi le verre et la porcelaine, la pierre, le plâtre, le bois, etc. Ce genre de dorure a toujours lieu par application, en employant l'or en poudre ou l'or en feuilles. Pour le verre et la porcelaine, on l'applique généralement en l'incorporant à de l'essence de térébenthine et à un fondant, le sous-nitrate de bismuth, on passe ensuite la pièce dorée au moufle.

Pour les autres objets, on applique l'or en feuilles sur une ou plusieurs couches *d'impression*. Celle-ci est formée d'huile de lin lithargyrée, mélangée à de la céruse et à de l'essence de térébenthine, et d'une couche d'un *mordant* consistant en huile siccative additionnée d'un peu de vernis au copal. La dorure achevée, on la recouvre d'un vernis à l'esprit-de-vin.

Pour dorer le cuir, on fait le mordant avec du blanc d'œuf et on y fixe l'or par application de fers d'impression, chauffés pour coaguler l'albumine.

Alliages d'or. — L'or se combine directement avec la plupart des métaux. Les plus importants de ces alliages sont ceux que forme l'or avec l'argent, le cuivre et le mercure.

*Alliages d'or et d'antimoine.* — Ces deux métaux s'allient facilement; un mélange de 9 p. d'or et de 1 p. d'antimoine est blanc et très-cassant. Il suffit, du reste, de 1/2000 d'antimoine pour altérer la malléabilité de l'or (Hatchett). L'antimoine de cet alliage s'oxyde facilement par la fusion à l'air.

*Or et bismuth.* — L'alliage de 11 p. d'or avec 1 p. de bismuth est jaune verdâtre, cassant, grenu; sa densité est égale à 18,038. 1/2000 de bismuth rend l'or cassant (Hatchett).

*Or et cobalt.* — L'alliage de 18 p. d'or et de 1 p. de cobalt est jaune foncé, très-cassant; sa cassure est terreuse et d'un jaune pâle. 1/65 de cobalt rend l'or cassant (Hatchett).

*Alliages d'or et d'argent.* — Ces alliages se rencontrent dans la nature avec une composition très-variable (voyez p. 625). Leur densité est à peu près la moyenne des densités des métaux qui les constituent; les données sont, du reste, contradictoires à cet égard, car, tandis que Boussingault et G. Rose avaient trouvé une densité inférieure à cette moyenne, A. Matthiessen a observé pour des alliages variant de $Ag^6Au$ à $AgAu^6$ une densité supérieure [*Poggend. Ann.*, t. CX, p. 21]. Ces alliages sont plus durs, plus sonores et plus fusibles que l'or; l'alliage à 25 °/₀ fond à 1120°. L'alliage le plus dur est celui qui est formé de 1 p. d'argent et de 2 p. d'or. Fondus, ils éprouvent une liquation partielle.

Les alliages d'or et d'argent sont très-employés en orfévrerie et désignés sous les noms d'*or jaune*, d'*or pâle*, d'*or vert*, d'*électrum*. L'or vert renferme 70 °/₀ d'or et 30 °/₀ d'argent; l'électrum renferme environ 20 °/₀ d'argent. Le *vermeil* est de l'argent doré.

Levol a particulièrement étudié les alliages $AuAg$, $AuAg^2$, $AuAg^4$ et $AuAg^{20}$. Ils sont parfaitement homogènes dans toute leur masse lorsqu'ils ont été convenablement brassés, le premier est d'un jaune verdâtre, le second est d'un blanc à peine jaunâtre. Le dernier a une certaine importance pratique, car il appartient au groupe des alliages désignés sous le nom de *doré* [*Ann. de Chim. et de Phys.*, (3), t. XXXIX, p. 163].

*Or et cuivre.* — L'or s'allie facilement et en toutes proportions avec le cuivre, qui augmente sa dureté, diminue sa malléabilité, le rend plus fusible et rehausse sa couleur. Ces alliages ont une densité plus faible que la moyenne de la densité des métaux alliés. On fait un grand usage des alliages d'or et de cuivre; ce sont eux qui constituent l'alliage des monnaies et des bijoux d'or. L'emploi de l'or pur pour ces usages serait défectueux à cause de son peu de dureté.

En France, les monnaies d'or sont au titre de 900 millièmes, avec une tolérance de 2 millièmes. La composition de cet alliage se rapproche beaucoup de la formule $Au^8Cu$. Les médailles d'or sont à 916 millièmes et les bijoux à 750 millièmes, avec une tolérance de 3 millièmes. Ce dernier alliage se rapproche de la formule $AuCu$.

On emploie encore pour soudure, sous le nom d'or rouge, un alliage de 5 p. d'or et de 1 p. de cuivre auquel on associe quelquefois de l'argent.

Les alliages d'or et de cuivre se ternissent à l'air, d'autant plus vite que leur titre est plus bas. Pour leur rendre leur éclat, on les passe à l'acide ou à l'ammoniaque. Pour protéger les alliages contre l'oxydation, on les recouvre d'une couche d'or pur, ou l'on dissout le cuivre contenu dans la partie superficielle; c'est ce qu'on appelle *mettre en couleur*.

L'oxydation du cuivre est très-rapide lorsqu'on fond l'alliage au contact de l'air.

*Or et étain.* — Voyez t. I, p. 1286.

*Or et fer.* — Voyez t. I, p. 1404.

*Or et iridium.* — Alliage ductile, de la couleur de l'or. Traité par l'eau régale, il laisse l'iridium à l'état d'une poudre noire (Tennant).

*Or et mercure* (amalgames d'or). — L'or a une grande tendance à s'unir au mercure. Une lame d'or blanchit immédiatement au contact de vapeurs mercurielles. Plongée dans le mercure ou frottée avec ce dernier, elle s'y unit et devient blanche et cassante. Si le mercure est chaud, l'or s'y dissout rapidement en donnant un amalgame liquide ou pâteux suivant la proportion d'or. L'amalgame liquide, filtré à travers une peau de chamois laisse passer du mercure ne contenant qu'une petite quantité d'or, tandis qu'il reste dans la peau un alliage blanc, mou, formé d'environ 2 p. d'or pour 1 p. de mercure.

L'alliage de 6 p. de mercure avec 1 p. d'or cristallise en prismes à 4 pans, d'un blanc jaunâtre, facilement fusibles.

D'après Croockewit, on obtient un amalgame $AuHg^4$ en lamelles cristallines blanches, dures et nacrées, lorsqu'on dissout de l'or précipité dans du mercure chauffé à 120° et qu'on laisse refroidir; les lamelles se séparent à la surface, leur densité est égale à 15,412 [*Journ. für prakt. Chem.*, t. XLV, p. 87].

Tous les amalgames d'or laissent un résidu d'or

pur par la distillation. C'est ainsi qu'on obtient l'*or en écailles* employé en peinture. Pour expulser tout le mercure, il faut porter la température au rouge vif.

L'amalgame d'or est employé pour la dorure dite au mercure. — Voyez p. 627.

*Or et nickel.* — Ces deux métaux donnent facilement un alliage blanc jaunâtre, dur, très-ductile, magnétique comme le nickel et susceptible d'être poli (Lampadius).

*Or et palladium.* — Ces deux métaux s'allient en toutes proportions. L'alliage à parties égales est gris, dur comme le fer, moins ductile que les métaux isolés, d'un grain grossier et d'une densité égale à 11,079 (Chenevix). L'alliage de 4 p. d'or et de 1 p. de palladium est blanc, dur et ductile (Cock).

*Or, palladium et argent.* — L'alliage de ces trois métaux se rencontre dans la nature. L'auropoudre (*oro pudre*) est un minerai formé de petits grains cristallins d'un jaune pâle, renfermant :

| | |
|---|---|
| Or | 85,98 |
| Palladium | 9,85 |
| Argent | 4,17 |
| | 100,00 |

*Or et platine.* — L'alliage de 2 p. de platine pour 1 p. d'or est cassant; celui à parties égales est ductile et possède presque la couleur de l'or (Clarke). L'alliage avec 1 1/2 de platine est gris. Ces alliages ne sont pas attaqués par l'acide azotique; mais s'ils renferment en outre de l'argent, cet acide dissout le platine en même temps que l'argent et laisse l'or pour résidu.

*Or et plomb.* — L'alliage de 11 p. d'or avec 1 p. de plomb est jaune pâle, cassant, à texture grenue, d'une densité de 18,08. Il suffit de 1/2000 de plomb pour diminuer la ductilité de l'or. Le plomb s'oxyde rapidement par la fusion de l'alliage à l'air (Hatchett).

*Or et rhodium.* — L'or forme avec 1/4 ou 1/5 de rhodium un alliage très-ductile, difficilement fusible; sa couleur est celle de l'or. Avec 1/6 de rhodium, l'alliage est plus fusible; mais il l'est moins que l'or pur. L'acide azotique n'attaque pas ces alliages (Wollaston). André del Rio a découvert un alliage naturel renfermant 61,2 % d'or, 38,6 de rhodium et 0,20 d'argent.

*Or et zinc.* — L'alliage de 11 p. d'or et de 1 p. de zinc est jaune verdâtre, cassant; sa densité est égale à 16,937 (Hatchett). L'alliage à parties égales est blanc, dur, susceptible de prendre le poli et peu oxydable à l'air. L'alliage avec 2 p. de zinc est plus blanc que le zinc, à texture grenue fine (Gehlen).

### COMBINAISONS DE L'OR AVEC LES ÉLÉMENTS MONATOMIQUES.

Il existe deux chlorures d'or, le chlorure aureux ou protochlorure et le chlorure aurique ou perchlorure. D'après M. Prat, il existerait en outre des chlorures intermédiaires et un chlorure plus chloré que le chlorure aurique [*Compt. rend.*, t. LXX, p. 840].

CHLORURE AUREUX (protochlorure), $AuCl$. — Ce composé, d'un jaune pâle, insoluble dans l'eau et très-instable, se forme par l'action d'une température de 200° sur le chlorure aurique. Chauffé plus fort, il se décompose lui-même en or et en chlore libres.

Traité par l'eau, le chlorure aureux se décompose en chlorure aurique et or,

$$3AuCl = Au^2 + AuCl^3;$$

à l'ébullition, ce dédoublement est immédiat; la lumière l'accélère également, tandis qu'à froid et dans l'obscurité il est assez lent. La potasse transforme le chlorure aureux en protoxyde d'or.

*Chloraurite de potassium*, $AuCl.KCl$. Il s'obtient par la fusion du chloraurate $AuCl^3.KCl$; fondu, il est brun noir, et refroidi il est jaune. Lorsqu'on le traite par l'eau, il se sépare de l'or métallique et il se dissout du chloraurate et du chlorure de potassium (Berzelius).

CHLORURE AURIQUE (perchlorure, trichlorure), $AuCl^3$. — Ce chlorure se forme par l'action du chlore sur l'or. On peut l'obtenir anhydre et sublimé en faisant passer un courant de chlore sec sur de l'or en lames minces, chauffé vers 300°; il se sublime ainsi de longues aiguilles rougeâtres [Debray, *Compt. rend.*, t. LXIX, p. 984]. D'après Prat, on pourrait obtenir ainsi un chlorure plus élevé. On prépare généralement le chlorure aurique par la dissolution de l'or dans l'eau régale. Par l'évaporation un peu au-dessus de 100°, il reste sous la forme d'une masse rouge-brun, déliquescente, plus foncée à chaud qu'à froid, n'ayant qu'une apparence confusément cristalline. Si la température de dessiccation s'est un peu trop élevée, le chlorure aurique est mélangé de protochlorure qui reste lorsqu'on reprend la masse par l'eau ou bien qui se dédouble sous l'influence de cette dernière en or et chlorure aurique; de sorte que ce commencement d'altération est sans inconvénient.

Le trichlorure d'or perd facilement du chlore sous l'influence de la chaleur; la lumière l'altère pareillement. Chauffé au-dessus de 200°, il se décompose entièrement en laissant de l'or spongieux. Il est très-soluble dans l'eau et dans l'alcool et se dissout également bien dans l'éther qui, par l'agitation, l'enlève à sa solution aqueuse. Cette dernière est d'un jaune foncé et même d'un rouge-brun lorsqu'elle est concentrée; sa réaction est acide. On ne peut obtenir une solution complétement exempte d'acide libre, d'après Berzelius, qu'en décomposant le chlorure aureux par l'eau chaude. Généralement la présence d'un excès d'acide chlorhydrique est sans inconvénient.

Le chlorure d'or se combine à l'acide chlorhydrique et aux chlorures métalliques; ces combinaisons seront étudiées plus loin; elles ont été principalement décrites par Bonsdorff [*Poggend. Ann.*, t. XVII, p. 26, et t. XXXIV, p. 64], et par Johnston, *Edinb. Journ. of Sc.*, t. III, p. 131 et 201]. La solution de chlorure d'or dépose à la longue de petites écailles d'or, même dans l'obscurité; cela n'arrive pas en présence d'un excès d'acide chlorhydrique. D'après Fischer, c'est l'azote de l'air qui agit comme réducteur (?).

Cette solution est réduite par un grand nombre de corps simples ou composés. L'hydrogène gazeux la colore en rouge pourpre et si on la soumet ensuite à l'ébullition, la couleur jaune reparaît en même temps qu'il se dépose de l'or métallique (Oberkampf). On obtient d'après Prat une solution analogue lorsqu'on fait dissoudre de l'or en éponge dans le chlorure d'or; d'après ce chimiste, la coloration rouge est due à un chlorure intermédiaire [*Compt. rend.*, t. LXX, p. 840]. Suivant Becquerel, l'hydrogène réduit rapidement le chlorure d'or au contact du platine.

Le phosphore et l'arsenic, l'antimoine, le bismuth se recouvrent dans une solution de chlorure d'or, neutre ou avec excès d'acide, d'une pellicule d'or métallique. Il en est de même du soufre et du sélénium, mais seulement à l'ébullition. La plupart des métaux réduisent le chlorure d'or en donnant de l'or métallique. Le cadmium, le cobalt, le cuivre, le fer, le nickel, le zinc précipitent l'or sous la forme d'une poudre brune. Avec le mercure, il se forme de l'amalgame d'or. Le plomb sépare de l'or dendritique. Le platine ne précipite l'or que dans les solutions des chloraurates neutres. L'étain précipite au premier moment de l'or métallique, puis du pourpre de Cassius.

L'hydrogène phosphoré colore d'abord en brun la solution du chlorure d'or, puis il en précipite de l'or ou du phosphure d'or; en même temps il se forme de l'acide phosphorique. L'hydrogène arsénié et l'hydrogène antimonié réduisent également le chlorure d'or, le premier avec formation d'acide arsénieux.

L'hydrogène sulfuré donne dans la solution acide de chlorure d'or un précipité de sulfure d'or.

Le gaz d'éclairage, privé d'ammoniaque, y occasionne un précipité qui est explosible après dessiccation; cette réaction est évidemment due à l'acétylène.

L'acide sulfureux, les acides phosphoreux et hypophosphoreux donnent immédiatement un dépôt d'or métallique.

Le bioxyde d'azote, le peroxyde d'azote, l'acide azoteux et les azotites produisent la même réaction [Fischer, *Poggend. Annal.*, t. XVII, p. 137, 480].

L'acide arsénieux réduit le chlorure d'or, lentement à froid, rapidement à chaud.

Le trichlorure d'antimoine ajouté à une solution étendue de chlorure d'or en sépare l'or sous la forme d'une poudre mate; si la solution est concentrée, il se dépose de l'or dendritique [Levol, *Ann. de Chim. et de Phys.*, (3), t. I, p. 504].

Le chlorure stanneux, en solution concentrée, précipite une poudre brune (stannure d'or?); si la solution est étendue, on obtient du pourpre de Cassius (voyez p. 635). Cette réaction est très-sensible: une solution renfermant 1/320000 d'or prend encore une coloration violacée par transparence (Lassaigne).

Les sels ferreux précipitent immédiatement de l'or métallique, qui se réunit facilement quand on chauffe, mais qui à froid reste en suspension et communique à la liqueur une coloration brune par réflexion et bleue par transmission, coloration qui se perçoit encore avec une solution renfermant 1/640000 d'or (Lassaigne). La réaction est représentée par l'équation

$$2\,AuCl^3 + 6\,(SO^4Fe)$$
$$= 2\,Au + Fe^2Cl^6 + 2\,(SO^4)^3Fe^2.$$

Elle est fréquemment mise à profit pour séparer l'or ou pour l'obtenir dans un grand état de division.

Le nitrate mercureux et le chlorure cuivreux, ce dernier en solution chlorhydrique, précipitent également de l'or métallique.

Un grand nombre de matières organiques réduisent le chlorure d'or. Toutes en séparent de l'or métallique en présence de la potasse et à l'ébullition.

La laine, la soie, la peau se colorent en pourpre au contact du chlorure d'or.

L'acide oxalique produit une réduction immédiate et l'on utilise fréquemment cette réaction dans l'analyse :

$$2\,AuCl^3 + 3\,C^2H^2O^4 = 6\,HCl + 6\,CO^2 + 2\,Au.$$

Le tannin et l'acide gallique donnent aussi un dépôt d'or métallique.

La lumière favorise la réduction du chlorure d'or par un grand nombre de substances. Les matières sucrées, amylacées, etc., ne le réduisent que lentement à l'ombre, mais rapidement au soleil. Il en est de même des essences et du charbon récemment calciné. La solution éthérée de chlorure d'or, exposée au soleil, donne un miroir d'or métallique.

L'iodure de potassium, ajouté à une solution de chlorure d'or, donne un précipité jaune d'iodure aureux et de l'iode libre.

L'azotate d'argent y produit un précipité qui est un mélange de chlorure d'argent et d'oxyde d'or, et il reste de l'acide azotique et de l'acide chlorhydrique libres en solution.

L'acide sulfurique précipite le chlorure d'or de sa solution concentrée, et, si l'on chauffe, il se dégage du chlore et il se forme du chlorure aureux.

L'ammoniaque caustique ou carbonatée donne un précipité d'or fulminant (oxyde d'or ammoniacal), mais la précipitation est incomplète. Il n'y a pas de précipitation dans la solution des chloraurates alcalins.

La potasse, ajoutée en petite quantité au chlorure d'or, y produit un précipité jaune rouge d'oxyde d'or, soluble dans un excès de potasse.

La baryte en excès produit à l'ébullition de l'oxyde d'or, mais la précipitation est incomplète.

Les carbonates alcalins ne donnent pas de précipité à froid ; à chaud, il se dépose de l'hydrate d'or, ce qui n'a pas lieu lorsqu'on emploie les bicarbonates.

Le cyanure de potassium produit un précipité soluble dans un excès de réactif. Le cyanure jaune colore la solution de chlorure aurique en vert-émeraude.

L'acide sulfhydrique donne avec les solutions neutres ou acides de chlorure d'or un précipité brun soluble dans le sulfure ammonique. L'hyposulfite de sodium donne également un précipité de sulfure.

Le phosphate de sodium ne donne pas de précipité.

*Chlorhydrate de chlorure aurique* (acide chloraurique), $AuCl^3HCl = AuCl^4H$. — Le chlorure aurique, qui a une si faible tendance à cristalliser, donne avec l'acide chlorhydrique une combinaison cristallisant facilement en longs prismes quadrangulaires ou en octaèdres tronqués. Ces cristaux fondent quand on les chauffe et perdent de l'acide chlorhydrique et du chlore, laissant un résidu de chlorures aurique et aureux, ou d'or métallique, si la température a été poussée trop loin. Ces cristaux sont déliquescents, mais ils sont moins solubles dans l'eau que le chlorure d'or (Berzelius). D'après R. Weber, ils renferment 3 molécules d'eau de cristallisation. Pour obtenir ces cristaux, on traite l'or en excès par une eau régale ne renfermant que peu d'acide azotique; on chauffe jusqu'à décomposition totale de cet acide; après concentration et refroidissement, la combinaison cristallise.

*Chloraurate d'ammonium*, $AuCl^4(AzH^4).3H^2O$. — La solution de chlorure d'or, mélangée de sel ammoniac, fournit par l'évaporation des aiguilles transparentes, d'un jaune d'or, des prismes rectangulaires surmontés d'un pointement ou des tables rhomboïdales. Ces cristaux s'effleurissent rapidement à l'air et perdent toute leur eau à 100°. D'après Darmstaedter ces cristaux renferment $3H^2O$ et appartiennent au système orthorhombique, avec l'angle $p : p = 120°18'$.

D'après Johnston, il existerait un autre chloraurate d'ammonium rouge obtenu en traitant le sel précédent par l'eau régale bouillante.

Le chlorure d'or se combine également à tous les chlorhydrates d'ammoniaques composées ou d'alcaloïdes organiques.

*Chloraurate de baryum*. — Tables rhomboïdales jaunes inaltérables à l'air sec (Bonsdorff).

*Chloraurate de cadmium*. — Aiguilles d'un jaune foncé, inaltérables à l'air (Bonsdorff).

*Chloraurate de calcium*,

$$(AuCl^4)^2Ca + 7\,H^2O \text{ ou } (AuCl^3)^2CaCl^2.$$

— Longs prismes rhomboïdaux, en masses radiées, déliquescents à l'air humide (Bonsdorff).

*Chloraurate de cobalt*. — Longs prismes rhomboïdaux, d'un jaune foncé (Bonsdorff).

*Chloraurate de lithium*. — Aiguilles quadrangulaires, d'un jaune orangé, très-déliquescentes, perdant leur eau à 100° et devenant opaques (Johnston).

*Chloraurate de magnésium*,

$(AuCl^4)^2Mg.12H^2O$.

— Prismes rhomboïdaux courts, jaune citron. Ce sel perd facilement son eau de cristallisation quand on le chauffe. Les cristaux fondent dans leur eau en été, mais se conservent bien en hiver (Bonsdorff).

*Chloraurate de manganèse*. — Ressemble à celui de magnésium.

*Chloraurate de nickel*. — Prismes courts, d'un jaune verdâtre, isomorphes avec le sel de magnésium (Bonsdorff).

*Chloraurate de potassium*, $AuCl^4K + x\,H^2O$. — Cristaux jaunes qui perdent leur eau à 100°, et se transforment en une poudre jaune-citron, perdant déjà leur eau par l'exposition dans de l'acide sulfurique. D'après Darmstædter, les cristaux constituent des prismes hexagonaux du système orthorhombique, avec l'angle $p : p = 98°20'$, et renferment $2H^2O$, soit 8,71 % [*Ann. Chem. Pharm. Suppl.*, t. V, p. 127, 1867]. Berzelius avait trouvé 10,62 % d'eau, ce qui correspond à $2\frac{1}{2}H^2O$, Johnston 9,45, et Javal seulement 7,10 %. — Chauffé au-dessus de 100°, ce sel commence à perdre du chlore, fond et se transforme en chloraurite $AuCl,KCl$ beaucoup plus stable (Berzelius).

*Chloraurate de sodium*, $AuCl^4Na.2H^2O$. — Tables ou prismes rhomboïdaux, inaltérables à l'air, d'un jaune-rouge. Ces cristaux ne perdent leur eau que difficilement, et on ne peut la chasser entièrement sans perdre également du chlore (Berzelius, Johnston). D'après R. Weber, ce sel renferme $2\frac{1}{2}H^2O$. Johnston a également décrit un chloraurate de sodium rouge, obtenu en traitant le sel jaune par l'eau régale.

*Chloraurate de strontium*. — Prismes rhomboïdaux jaunes (Bonsdorff).

*Chloraurate de zinc*. — Sel isomorphe avec celui de magnésium.

Bromure aurique (tribromure, perbromure), $AuBr^3$. — L'or se dissout lentement dans une solution aqueuse de brome. En évaporant la solution, le bromure d'or reste sous la forme d'une masse gris noirâtre, cristallisable en cristaux écarlates. La solution de ce corps est rouge écarlate, et son pouvoir colorant est considérable (Balard, Lampadius). Le bromure d'or se forme aussi par l'action de l'acide bromhydrique sur le trichlorure; en effet, si l'on chauffe ce mélange, l'acide chlorhydrique se dégage, et le bromure d'or peut être enlevé au résidu en agitant celui-ci avec de l'éther (Wilson). Les réactions du bromure d'or sont analogues à celles du chlorure.

Le bromure d'or se combine aux autres bromures pour donner des sels rouge foncé (Bonsdorff, Johnston).

*Bromaurate de baryum*. — Prismes rouge-brun inaltérables à l'air.

*Bromaurate de magnésium*. — Prismes rhomboïdaux, brun foncé, déliquescents à l'air humide (Bonsdorff).

*Bromaurate de manganèse*. — Comme le précédent.

*Bromaurate de potassium*, $AuBr^4K + 2\frac{1}{2}H^2O$. — Prismes rhomboïdaux droits, de 102°30', doués d'un éclat métallique, et de la couleur du fer par réflexion, d'un beau pourpre par transmission. Ces cristaux s'effleurissent à l'air sec et à 60° ils perdent toute leur eau. Ils ne sont que peu solubles dans l'eau, avec une coloration rouge-brun, plus solubles dans l'alcool. On obtient le même sel anhydre en faisant cristalliser dans l'alcool absolu un mélange de bromure d'or et de bromure de potassium. Les cristaux anhydres ont la couleur des cristaux hydratés et constituent des prismes rhomboïdaux ou hexagonaux irréguliers (Bonsdorff).

*Bromaurate de sodium*. — Ressemble au sel potassique, mais est moins efflorescent.

*Bromaurate de zinc*. — Prismes d'un rouge foncé, très-déliquescents (Bonsdorff).

Iodure aureux (protoiodure), $AuI$. — C'est le plus stable des iodures d'or. L'iode n'agit que faiblement sur l'or, l'acide iodhydrique est sans aucune action. L'iodure aureux se forme par l'action de l'acide iodhydrique sur le sesquioxyde d'or, avec mise en liberté d'iode :

$$Au^2O^3 + 6HI = 2AuI + 4I + 3H^2O.$$

De même, lorsqu'on traite le chlorure d'or par une solution d'iodure de potassium, les 2/3 de l'iode de ce dernier sont mis en liberté, et il se produit de l'iodure aureux :

$$AuCl^3 + 3HI = AuI + 2I + 3HCl$$

[Pelletier, *Ann. de Chim. et de Phys.*, (3), t. XV, p. 116]. Comme l'iodure de potassium décompose l'iodure aureux, il faut éviter d'en employer un excès. On peut remplacer l'iodure de potassium par l'iodure ferreux ou par l'acide iodhydrique, mais ici encore un excès serait nuisible. On lave le précipité à l'eau, par décantation, puis on l'expose dans une étuve chauffée à 30° ou 35° pendant quelques jours, pour chasser l'iode libre. On ne peut enlever celui-ci ni par l'ébullition avec l'eau, ni par un traitement à l'alcool, parce que l'iodure serait décomposé; on peut pourtant opérer un premier lavage à l'alcool [Fordos, *Journ. de Pharm.*, t. XXVII, p. 653].

On obtient de même de l'iodure aureux en arrosant le chlorure aureux par une solution d'iodure de potassium en excès (Johnston).

Enfin, en traitant de l'or très-divisé par de l'acide iodhydrique bouillant, auquel on ajoute de temps en temps quelques gouttes d'acide azotique, et filtrant bouillant, on obtient par le refroidissement de l'iodure aureux sous la forme d'une poudre cristalline jaune. En ajoutant ensuite de l'acide azotique au reste de la solution, et chauffant jusqu'à décomposition de tout l'acide iodhydrique, on en obtient une nouvelle portion moins pure, colorée en jaune grisâtre (Pelletier).

L'iodure aureux constitue une poudre jaune-citron, sans odeur; quelquefois il est verdâtre, ce que Fordos attribue à la présence d'un peu d'or libre. Conservé longtemps, il perd de l'iode et forme un enduit d'or métallique sur les parois du flacon. Chauffé à 60°, il se recouvre bientôt d'une couche d'or; à 120°, il se décompose complétement en or métallique et iode (Fordos).

L'eau, l'acide sulfurique, l'acide azotique, sans action à froid, le décomposent rapidement à l'ébullition. Le brome et le chlore le transforment en tribromure et trichlorure. Le fer, en présence de l'eau, le décompose en iodure ferreux et or. La potasse le décompose en donnant de l'or métallique, de l'iodure et de l'iodate de potassium. Un grand nombre de matières organiques réduisent l'iodure aureux, notamment l'alcool et l'éther.

L'acide iodhydrique décompose l'iodure aureux en mettant en liberté les 2/3 de l'or, et en donnant une solution fortement colorée renfermant de l'iodure aurique. L'iodure de potassium agit de même (Fordos).

Iodure aurique, $AuI^3$. — Ce composé, très-instable, se produit lorsqu'on ajoute du chlorure d'or à une solution aqueuse d'iodure de potassium. Il se forme un précipité vert foncé, qui se redissout de nouveau par l'agitation, et qui constitue le triiodure d'or soluble dans l'iodure de potassium à l'état d'iodaurate :

$$4KI + AuCl^3 = 3KCl + AuI^3KI.$$

Une plus grande quantité de chlorure d'or ajoutée à cette solution y produit un précipité vert permanent, $3AuI^3KI + AuCl^3 = 3KCl + 4AuI^3$. Ce précipité ne peut pas être séché sans perdre beaucoup d'iode; il se transforme alors en iodure aureux [Johnston, *Philos. Magaz.*, t. IX, p. 266].

*Iodhydrate d'iodure aurique* (acide iodaurique). — On obtient ce corps en solution brune, lorsqu'on traite l'or très-divisé ou l'iodure aureux par l'acide iodhydrique saturé d'iode. L'acide iodhydrique seul dissout le chlorure aureux avec mise en liberté d'or métallique et formation d'iodure aurique qui reste dissous.

Cette solution brune donne à l'évaporation spontanée de petits prismes noirs, se colorant en pourpre à l'air en perdant de l'iode. Il est probable que ces cristaux constituent l'iodhydrate d'iodure. L'ammoniaque donne avec la solution brune un composé explosible.

*Iodaurate d'ammonium.* — Prismes rectangulaires aplatis, noirs et brillants, déliquescents (Johnston).

*Iodaurate ferreux.* — Combinaison cristallisable.

*Iodaurate de potassium*, $AuI^3, KI = AuI^4K$. — Ce corps s'obtient en dissolution, comme on l'a vu plus haut, par l'addition du chlorure d'or à de l'iodure de potassium en excès. La solution fournit par l'évaporation lente de longs prismes quadrangulaires striés sur deux de leurs faces. Ces cristaux sont noirs, brillants et opaques; ils perdent déjà de l'iode à 66°. Chauffés dans un tube, ils laissent un squelette d'or métallique pseudomorphique. Ils se dissolvent dans l'eau en se décomposant en partie (Johnston).

*Iodaurate de sodium.* — Prismes quadrangulaires noirs et brillants, très-déliquescents.

### OR ET ÉLÉMENTS DIATOMIQUES.

L'or forme avec l'oxygène au moins deux combinaisons : l'*oxyde aureux*, $Au^2O$, et l'*oxyde aurique*, $Au^2O^3$, mais il reste encore certains points obscurs dans leur histoire. Quelques auteurs ont décrit en outre un oxyde $AuO$, dont l'existence n'est pas assurée; enfin Figuier admet l'existence d'un oxyde supérieur, l'anhydride peraurique $Au^2O^5$.

OXYDE AUREUX (protoxyde d'or), $Au^2O$. — Cet oxyde a été principalement étudié par Berzelius [*Ann. de Chim. et de Phys.*, (2), t. XVIII, p. 151], et par Figuier [*Ann. de Chim. et de Phys.*, (3), t. XI, p. 336]. Les données de ces deux auteurs sont quelquefois contradictoires. Ces différences sont dues, d'après Figuier, à ce que Berzelius avait obtenu un mélange de protoxyde et d'or métallique.

On l'obtient par l'action d'une solution froide de potasse sur le chlorure aureux (Berzelius). Figuier le prépare de préférence en ajoutant une solution d'azotate mercureux à une solution de chlorure d'or sans excès d'acide; le protoxyde d'or se sépare sous la forme d'un précipité violet foncé : quelquefois il ne se précipite que par l'ébullition. Il faut éviter d'employer un excès d'azotate mercureux, sans quoi il se précipiterait en même temps du calomel. La réaction peut se représenter par l'équation

$$2AuCl^3 + 2(AzO^3)^2Hg^2 + H^2O$$
$$= 3HgCl^2 + (AzO^3)^2Hg + 2AzO^3H + Au^2O.$$

Il se forme aussi par l'ébullition prolongée de l'oxyde aurique avec la potasse. La solution se trouble et laisse déposer de l'oxyde aureux; il se formerait en même temps, d'après Figuier, du peroxyde d'or, $Au^2O^5$. Les carbonates et bicarbonates alcalins produisent la même décomposition.

Enfin le protoxyde d'or prend encore naissance par l'action de beaucoup de matières organiques notamment des citrates, tartrates et acétates alcalins, sur la solution d'aurate potassique et par l'ébullition de l'oxyde aurique avec l'acide acétique concentré.

Séché, l'oxyde aureux forme une poudre bleu-violet, se décomposant à 250° en or et oxygène. L'acide chlorhydrique le décompose en trichlorure d'or et or métallique :

$$3Au^2O + 6HCl = 2AuCl^3 + 2Au^2 + 3H^2O.$$

Il ne se combine ni aux acides ni aux alcalis, cependant ces derniers le dissolvent lorsqu'il est récemment précipité. La solution potassique est verte et ne tarde pas à donner un miroir d'or métallique sur les parois du vase. Les combinaisons d'oxyde aureux avec la baryte et la magnésie sont insolubles dans l'eau (Pelletier).

OXYDE INTERMÉDIAIRE ou *Oxyde pourpre*, $AuO$ (?). — Berzelius admettait l'existence de cet oxyde, se formant par l'action de certaines matières réductrices, par exemple le chlorure stanneux sur le trichlorure d'or, sous l'influence de la lumière ou de la chaleur. Cet oxyde serait aussi le produit de la combustion de l'or; ce métal brûle avec une flamme verte en déposant un enduit rouge pourpre lorsqu'on le soumet à l'action d'une puissante batterie électrique. D'autres auteurs, Proust, Buisson, Figuier, envisagent ce produit comme de l'or métallique très-divisé.

Prat [*Compt. rend.*, t. LXX, p. 840] a décrit un oxyde d'or renfermant 7,7 % d'oxygène et correspondant par conséquent à la formule $AuO$ et se produisant dans les conditions suivantes : de l'or dissous dans une eau régale à excès d'acide chlorhydrique, mais employée en quantité insuffisante pour le dissoudre en totalité, fournit une solution qui, traitée par le bicarbonate de potasse, donne un précipité se redissolvant avec une coloration jaune-orange. Cette solution se trouble lorsqu'on la chauffe vers 60° et dépose un hydrate vert-olive; il reste en solution du chloraurate de potassium. Cet hydrate se dessèche en une masse dure, presque noire, inaltérable à la lumière et constituant l'oxyde $AuO$. Cet oxyde se décompose totalement à 250°. L'acide chlorhydrique le dissout avec une coloration vert foncé. Il s'unit à l'acide fluorhydrique sans se dissoudre, et se combine aux oxacides concentrés.

OXYDE AURIQUE, $Au^2O^3$ (tritoxyde, sesquioxyde, anhydride aurique). Cet oxyde n'est guère connu à l'état anhydre, mais ses hydrates ont été l'objet de plusieurs travaux intéressants [Oberkampf, *Ann. de Chim.*, t. LXXX, p. 140; — Pelletier, *Ann. de Chim. et de Phys.*, (2), t. XV, p. 5; — Dumas, *ibid.*, (2), t. XLIV, p. 179; — Figuier, *ibid.*, (3), t. XI, p. 361; — Fremy, *ibid.*, (3), t. XXXI, p. 480]. Ces hydrates perdent à la longue leur eau dans le vide sec; à 100° cette séparation est plus rapide, mais il est difficile d'éviter en même temps une perte d'oxygène et la production d'or métallique.

L'*hydrate d'or* ou *acide aurique* se produit lorsqu'on décompose les aurates alcalins ou alcalino-terreux par l'acide azotique ou l'acide sulfurique, ou lorsqu'on précipite le chlorure aurique par un alcali, en ayant soin de n'en pas ajouter un excès, ou par un carbonate alcalin.

Pelletier recommandait de précipiter le chlorure d'or par la magnésie ou l'oxyde de zinc. Il se forme des aurates insolubles qui, traités par l'acide azotique étendu, fournissent l'hydrate aurique; celui-ci renferme, d'après Figuier, $10H^2O$. Dumas précipite le chlorure d'or à chaud par de la baryte et décompose par l'acide azotique concentré l'aurate de baryum ainsi formé.

On peut aussi neutraliser exactement une solution de chlorure d'or par du carbonate de sodium et faire bouillir aussi longtemps qu'il se forme un précipité; les 7/8 de l'or se déposent ainsi sous la forme d'un hydrate brun foncé, renfermant $8H^2O$. On sursature par le carbonate alcalin la solution qui contient le reste de l'or et on obtient une solution jaune, renfermant de l'aurate de sodium d'où l'acide sulfurique étendu précipite le reste de l'acide aurique, mais il faut neutraliser exactement pour ne pas mettre d'acide chlorhydrique en liberté (Figuier).

Enfin Fremy fait bouillir le chlorure d'or avec un excès de potasse et décompose la solution par l'acide sulfurique. Lorsqu'on ajoute de la potasse à une solution concentrée de chlorure aurique, celle-ci se colore d'abord en rouge-brun, puis laisse précipiter un corps jaune, soluble dans une plus grande quantité d'eau et constituant un *oxychlorure d'or* (Oberkampf, Fremy). On ajoute assez de potasse pour redissoudre ce précipité, puis on fait bouillir jusqu'à ce que la solution, d'abord d'un brun foncé, soit devenue jaune; c'est alors qu'on précipite l'hydrate d'or par l'acide sulfurique.

Pour purifier l'acide aurique, Fremy utilise sa solubilité dans l'acide nitrique concentré et sa précipitation lorsqu'on étend cette solution avec de l'eau.

D'après Wittstein [*Zeitschr. für Chem.*, 1866, p. 59], l'hydrate, séché à l'air, perd à 100° une quantité d'eau conduisant à la formule

$$Au^2O^3 + 3H^2O$$

soit $AuH^3O^3$ ou $Au(OH)^3$.

*L'hydrate d'or* constitue une poudre brun-noir ou une masse brune, altérable à la lumière, décomposable à 245° en or et oxygène (Figuier). L'hydrogène le réduit facilement à l'aide d'une douce chaleur; il en est de même du charbon et de l'oxyde de carbone. L'alcool bouillant et un grand nombre d'autres corps le réduisent également. Les acides azotique et sulfurique concentrés le dissolvent, mais l'eau le précipite de ces solutions. Les acides chlorhydrique et bromhydrique le dissolvent facilement; l'acide iodhydrique le décompose; l'acide fluorhydrique ne le dissout pas.

L'ammoniaque forme avec lui un composé fulminant.

La potasse et la soude le dissolvent facilement pour former des aurates solubles dans l'eau avec une coloration jaune, décomposables par les acides avec séparation d'hydrate d'or. La potasse bouillante transforme l'hydrate d'or en oxyde aureux $Au^2O$ et oxyde peraurique $Au^2O^5$ (Figuier). Les aurates de magnésium, de zinc, etc., sont insolubles et s'obtiennent par double décomposition; mais ils peuvent se dissoudre dans un excès de précipitant; ainsi le chlorure de calcium dissout l'aurate de calcium.

L'hydrate aurique peut se dissoudre dans les solutions bouillantes de chlorure de potassium et de chlorure de sodium, la liqueur devient alcaline et se colore en jaune; il se forme de l'aurate et du chloraurate alcalins (Pelletier) :

$$4KCl + Au^2O^3 + H^2O$$
$$= 2KHO + AuCl^4K + AuO^2K.$$

*Aurate de potassium*, $AuO^2K, 3H^2O$. — Fremy a obtenu cette combinaison à l'état cristallisé en concentrant dans le vide une solution d'hydrate aurique dans un léger excès de potasse. Ce sel forme de petites aiguilles mamelonnées, faiblement colorées en jaune; on les fait cristalliser de nouveau, puis on les dessèche dans le vide après les avoir fait essorer sur de la porcelaine dégourdie. Pendant l'évaporation, il se dépose souvent de l'or métallique.

Ce sel est très-soluble dans l'eau, qu'il colore en jaune; sa réaction est fortement alcaline. Presque tous les corps organiques le réduisent en précipitant de l'or métallique; les agents réducteurs minéraux agissent de même. Les acides séparent de l'hydrate aurique.

Chauffé légèrement, l'aurate de potassium se décompose avec une sorte de décrépitation en dégageant de l'oxygène.

On a vu plus haut comment on obtient la solution d'aurate potassique. Ce sel se forme aussi lorsqu'on traite l'or par le salpêtre fondu : le produit se dissout dans l'eau avec une couleur jaune, et la solution, traitée par un acide, donne de l'or métallique, probablement par suite de l'action de l'azotite de potassium sur l'hydrate aurique (Tennant).

La solution d'aurate de potassium donne avec les sels métalliques des précipités d'aurates insolubles.

Le cuivre, le laiton, le bronze, plongés dans une solution d'aurate de potassium, s'y recouvrent d'une couche d'or, mais ce métal n'y contracte pas d'adhérence, ce qui ne permet pas d'employer cette solution pour la dorure au trempé.

Les sulfites alcalins agissent sur les aurates alcalins pour donner des sels particuliers, que Fremy a nommés *aurosulfites*. — Voyez p. 635.

Oxyde, $AuO^2$(?). — Cet oxyde s'obtient, suivant Prat [*Compt. rend.*, t. LXX, p. 840], en traitant de l'or en excès par de l'eau régale à excès d'acide azotique, et précipitant la dissolution par du bicarbonate de potasse. Il se dépose à l'état d'hydrate jaune-orange, inaltérable à la lumière et perdant déjà de l'oxygène à 200°, avec émission de lumière.

Peroxyde, $Au^2O^5$(?). — Figuier admet que ce composé se produit à l'état de combinaison potassique (*peraurate*) par l'action de la potasse bouillante sur le trioxyde :

$$2Au^2O^3 = Au^2O + Au^2O^5.$$

La solution, saturée par un acide et filtrée, se décompose rapidement; de jaune, elle devient verte, se trouble et dépose de l'or; en même temps, il se dégage de petites bulles gazeuses. Cette solution donne, par le chlorure de baryum, un précipité verdâtre [*Ann. de Chim. et de Phys.*, (3), t. XI, p. 341].

### Sels d'or.

Les oxydes d'or ne donnent naissance, par l'action des acides, qu'à des sels mal définis et très-instables. Indépendamment du chlorure décrit plus haut, on ne connaît que des sulfites et des hyposulfites aureux doubles doués de caractères particuliers.

Néanmoins H. Allen dit avoir obtenu une solution assez stable de *sulfate d'or* par l'action de l'acide sulfurique concentré et du permanganate de potassium solide sur l'or très-divisé. Cette solution ne laisse pas déposer l'or par la dilution, mais seulement par les agents réducteurs [*Chem. News*, t. XXV, p. 8].

Azotate aurique. — L'acide azotique concentré dissout l'hydrate aurique, mais la solution jaune-brun ainsi produite se décompose par l'évaporation ou par l'addition d'eau; dans les deux cas, l'hydrate se sépare de nouveau (Pelletier). On obtient, d'après Tennant, une solution douée des mêmes caractères lorsqu'on attaque l'or par l'acide azotique concentré. D'après H. Allen, la solution d'azotate d'or est plus stable qu'on ne le pense généralement.

Iodate aurique. — Précipité jaune, soluble dans beaucoup d'eau, obtenu par l'addition d'acide iodique ou d'un iodate au trichlorure d'or (Pleischl).

Sulfates d'or. — L'acide sulfurique concentré dissout l'hydrate aurique avec une coloration jaune, mais cette solution abandonne de nouveau l'hydrate lorsqu'on l'étend d'eau (Pelletier).

Prat a fait connaître les faits suivants relatifs aux sulfates d'or. L'éponge d'or est oxydée à 300° par la combinaison d'acide sulfurique et d'acide iodique; si l'on dissout le produit dans l'acide azotique concentré, qu'on l'étende d'eau et qu'on chauffe, il se dépose du *protosulfate d'or* (?) sous la forme d'un précipité brun, très-altérable à la lumière. Le *sesquisulfate* (?) est difficilement cristallisable, rouge pourpre, hygroscopique et décomposable par l'eau en protosulfate qui se précipite et en sulfate acide qui reste dissous. Il donne, avec le sulfate de potassium, un sel cristallisable en octaèdres et qui paraît être un alun; ces sels n'ont pas été analysés [*Compt. rend.*, t. LXX, p. 840].

Sulfites d'or. — *Aurosulfite de potassium.* — Ce sel, découvert par Fremy [*Ann. de Chim. et de Phys.*, (3), t. XXXI, p. 485], se produit lorsqu'on ajoute, goutte à goutte, du sulfite de potassium à de l'aurate de potassium dissous dans un léger excès de potasse. La solution se colore en brun et dépose bientôt de fines aiguilles jaunes, presque insolubles dans une liqueur alcaline. Il a la composition d'un sulfite double,

$$(SO^3)^3Au^2, 5SO^3K^2 + 5H^2O,$$

ou celle d'une combinaison d'aurate et de bisulfite de potassium; cette dernière opinion est inadmissible, puisque le sel n'est stable qu'en présence d'un excès de potasse. Fremy pense que ce sel présente une constitution particulière analogue à celle des acides sulfazotés, se formant par l'action du sulfite sur l'azotite de potassium. Haase, qui a étudié des sels du même genre, les envisage comme des sulfites aureux doubles [*Zeitsch. für Chem.*, t. V, p. 535; *Bull. de la Soc. chim.*, 1870, t. XIII, p. 137].

L'aurosulfite de potassium est décomposé par l'eau, surtout à l'ébullition, en acide sulfureux et en une solution incolore qui laisse déposer de l'or. Les acides produisent la même décomposition. Séché, il se conserve pendant quelque temps, mais finit par se décomposer. Chauffé, il laisse un résidu d'or et de sulfate potassique.

D'après Haase, il est très-soluble et se sépare de sa solution par l'addition d'alcool, en fines aiguilles blanches, jaunissant par la dessiccation.

Les propriétés des combinaisons auriques, notamment la couleur, sont masquées dans cette combinaison.

*Aurosulfite de sodium.* — Haase le prépare en ajoutant du bisulfite de sodium à une solution alcaline presque bouillante d'aurate de sodium; on obtient d'abord un précipité jaune qui se redissout en formant une liqueur incolore. Cette combinaison ne donne pas directement l'aurosulfite de sodium par cristallisation; il faut d'abord transformer ce sel en sel barytique, ce qui se fait par l'addition de chlorure de baryum aussi longtemps qu'il se produit un précipité. Cet *aurosulfite de baryum* est rouge pourpre, altérable à l'air; il a pour composition $(SO^3)^4Au'^2Ba^3 + 2H^2O$; traité par le carbonate sodique, il fournit une solution incolore, renfermant le sel de sodium qui se sépare par l'addition d'alcool sous la forme d'un précipité rouge-orange, ayant pour composition $(SO^3)^2Au'Na^3 + 1/2\,H^2O$; il est très-soluble dans l'eau.

La solution neutre de ce sel n'est pas précipitée par l'hydrogène sulfuré; il est nécessaire d'ajouter un acide. Elle ne précipite pas les sels de calcium, de magnésium, de zinc, de cuivre, etc.; avec l'azotate d'argent, elle donne un précipité blanc qui se colore en jaune; le précipité plombique est rouge.

Nous décrirons un autre sulfite double ammoniacal, à l'occasion de l'or fulminant (ammoniure d'or).

Hyposulfite d'or et de sodium,

$$(S^2O^3)^2Au'Na^3 + 2H^2O.$$

— Ce sel, qui est sans doute analogue aux précédents, s'obtient en mêlant des dissolutions concentrées de chlorure d'or et d'hyposulfite de sodium, et précipitant par l'alcool. Il est très-soluble dans l'eau, peu soluble dans l'alcool, et se dépose en fines aiguilles blanches, qu'on purifie par dissolution dans l'eau et précipitation par l'alcool. Sa saveur est sucrée.

Chauffé, il laisse un résidu d'or et de sulfate de sodium. L'hydrogène sulfuré donne dans ses solutions un précipité noirâtre. L'acide azotique le décompose en séparant de l'or. Ce sel n'est pas réduit par le chlorure stanneux, le sulfate ferreux et l'acide oxalique. L'acide chlorhydrique, l'acide sulfurique n'y produisent pas de dépôt de soufre; ainsi non-seulement les propriétés de l'or, mais aussi celles des hyposulfites sont masquées dans ce sel.

La solution de ce sel, traitée par le chlorure de baryum, donne un précipité gélatineux d'hyposulfite auroso-barytique.

Ce dernier, traité par l'acide sulfurique, fournit l'*hyposulfite aureux*, qui est incristallisable et assez stable à la température ordinaire.

Les dissolutions métalliques décomposent profondément l'hyposulfite d'or et de sodium; le chlorure d'or lui-même, employé en excès, l'oxyde et met de l'or en liberté.

L'hyposulfite d'or et de sodium a été employé pour fixer les images daguerriennes. A cet effet, on en dissout 1 gramme dans 1 litre d'eau distillée.

Stannate aureux? (pourpre de Cassius). — On désigne sous le nom de *pourpre de Cassius* un précipité de composition problématique qu'on obtient par l'action des sels d'étain sur le chlorure d'or. Ce composé, découvert par Cassius à Leyde, en 1683, a fait l'objet d'un grand nombre de travaux conduisant à des conclusions fort différentes.

Lorsqu'on ajoute du chlorure stanneux à une solution de trichlorure d'or, on obtient un précipité qui est toujours brun; le chlorure stannique n'y produit rien, mais un mélange de chlorures stanneux et stannique y donne naissance à un précipité d'un beau pourpre. Celui-ci se forme encore par l'action de l'étain métallique sur le chlorure d'or (Pelletier, Figuier); en arrosant l'hydrate stannoso-stannique avec une solution de chlorure d'or (Fuchs); en chauffant du protoxyde d'or avec du stannate de potassium (Figuier); en oxydant des alliages renfermant de l'or et de l'étain par de l'acide azotique (Marcadieu, Gay-Lussac, Sarzeau, etc.)

*Préparation.* — On précipite le chlorure d'or par une solution de sulfate ferrique à laquelle on a ajouté du chlorure stanneux jusqu'à ce que sa couleur ait passé du jaune au vert pâle (Fuchs).

On dissout 1 p. d'étain dans 10 p. de chlorostannate d'ammonium dissous dans 40 p. d'eau, on étend ensuite la solution de 140 p. d'eau, puis l'on ajoute peu à peu cette liqueur à une solution légèrement chauffée de 1 p. 34 d'or dans de l'eau régale, étendue après dissolution de 480 p. d'eau (Bolley).

Buisson l'obtient en ajoutant d'abord du chlorure stannique à du chlorure d'or, ce qui ne produit rien, puis peu à peu du chlorure stanneux.

On obtient, d'après Figuier, un pourpre de composition constante en décomposant le trichlorure d'or par l'étain, réaction utilisée déjà par Pelletier.

On dissout 20 grammes d'or dans une eau régale formée de 80 grammes d'acide chlorhydrique et de 20 grammes d'acide azotique, on chasse l'excès d'acide par évaporation et on redissout le résidu dans 750 grammes d'eau. On ajoute de la grenaille d'étain à cette solution : le liquide se trouble et devient brunâtre, puis pourpre; on recueille le précipité et on le lave. Pour l'empêcher de passer à travers le filtre, on le fait bouillir avec du sel marin. La solution retient de l'or.

*Constitution.* — Le pourpre de Cassius a été envisagé successivement comme un mélange d'or métallique et d'acide stannique (Wagner, Proust, Pelletier, Gay-Lussac, Fischer), d'or et d'un oxychlorure basique d'étain (Buisson), d'oxyde, d'or métallique et d'oxyde stannique (Vauquelin). Berzelius l'a regardé d'abord comme une combinaison de SnO et de l'oxyde d'or AuO, puis de SnO, de $SnO^2$, et de $Au^2O$; Fuchs l'envisageait de même, et cette opinion a également été appuyée par Barral. Dumas a admis qu'il représente une combinaison de $SnO^2$, SnO et AuO.

Enfin Figuier lui a trouvé une composition constante correspondant à celle d'un stannate aureux $Sn^3O^7Au^2 + 4H^2O$, soit

$$(SnO^2)^3 Au^2O + 4H^2O.$$

Les raisons sur lesquelles il s'appuie pour faire admettre cette formule sont la constance dans la composition ainsi que certaines réactions. Pour obtenir le pourpre de Cassius de composition constante, il suffit de traiter par la potasse le pourpre obtenu par un procédé quelconque, l'excès d'acide stannique est enlevé. On l'obtient de même directement par l'oxyde aureux et le stannate de potassium; enfin par l'action de l'étain sur le chlorure d'or. L'acide chlorhydrique dissout le pourpre de Cassius sans produire de chlorure stanneux; de l'or se dépose, mais il ne se dégage pas de chlore. Cette réaction ne justifie pas la formule de Figuier.

Le mercure n'enlève pas d'or au pourpre de Cassius (Proust, Fuchs, Figuier), cependant à 100-150° cette séparation a lieu, d'après Buisson, ce que l'on peut expliquer avec Berzelius en admettant qu'à cette température le mercure agit comme réducteur. L'action négative du mercure ne permet pas d'admettre que le pourpre renferme de l'or métallique, mais il paraît probable que la dernière opinion de Berzelius est la vraie, qui fait du pourpre de Cassius un stannate auroso-stanneux.

Nous citerons enfin l'opinion émise récemment par Debray. Ce savant envisage le pourpre de Cassius comme une laque d'acide stannique colorée par de l'or très-divisé. Il a obtenu une laque toute semblable avec de l'alumine précipitée.

*Propriétés.* — Le pourpre de Cassius retient de l'eau à 100°; calciné, il perd son eau, mais pas d'oxygène et il devient rouge-brique; il constitue alors un mélange d'or et d'oxyde stannique; D'après Berzelius, l'oxygène de l'oxyde d'or se porte sur l'oxyde stanneux dont il admet la présence dans le pourpre non calciné. D'après Fuchs, le résidu calciné ne cède pas d'or au mercure. Vu au microscope, le pourpre de Cassius apparaît sous la forme de grains amorphes, translucides, rouge pâle, de 0mm,0045 environ de diamètre. Il prend l'éclat métallique sous le brunissoir (Fischer). La potasse n'attaque pas le pourpre de Cassius, l'ammoniaque le dissout et cette solution se décompose peu à peu à la lumière en devenant d'abord bleue, puis incolore, et en laissant déposer de l'or métallique.

L'acide azotique, ainsi que l'acide sulfurique étendu, avivent la couleur du pourpre de Cassius et lui enlèvent un peu d'étain et d'oxyde d'or (Proust).

Fondu avec du salpêtre, il donne du stannate de potassium et un régule d'or et d'étain (Berzelius).

Le chlorure stanneux et les autres agents réducteurs le noircissent (Desmarest).

Introduit dans du verre fondu, il le colore en rose ou en rouge rubis : aussi est-il employé à cet usage.

[Berzelius, *Traité de Chimie*; — Proust, *Journ. de Phys.*, t. LXII, p. 131; — Marcadieu, *Ann. de Chim. et de Phys.*, (2), t. XXXIV, p. 147; — Gay-Lussac, *ibid.*, (2), t. XLIV, p. 396; — Fuchs, *Poggend. Ann.*, t. XXVII, p. 634; — Buisson, *Journ. de Pharm.*, t. XVI, p. 629; — Bolley, *Ann. de Pharm.*, t. XXXIX, p. 244; — Figuier, *Ann. de Chim. et de Phys.* (3), t. XI, p. 348; — Barral, *ibid.*, (3), t. XVIII, p. 10; — Fischer, *Dingler's polyt. Journ.*, t. CLXXXII, p. 31, 120; — Debray, *Compt. rend.*, t. LXXV, p. 1025.]

SULFURE AUREUX, $Au^2S$. — Poudre d'un brun foncé qui se précipite lorsqu'on fait passer un courant d'hydrogène sulfuré dans une solution bouillante de chlorure aurique (Berzelius). Il serait possible pourtant que ce précipité ne fût que de l'or métallique.

SULFURE AURIQUE, $Au^2S^3$(?). — D'après Berzelius, c'est le précipité noir, produit par la réaction, à froid, de l'hydrogène sulfuré sur le chlorure d'or. Il se forme aussi lorsqu'on décompose par un acide le sulfure double d'or et de potassium obtenu en fondant de l'or avec du polysulfure de potassium.

Ce sulfure se décompose déjà par une faible élévation de température. En présence du chlorure d'or en excès, il donne de l'or métallique et de l'acide sulfurique (Jacquelain). Le sulfure aurique se combine aux autres sulfures et se dissout dans les sulfures alcalins. Il se dissout également en partie dans la potasse à l'état de sulfaurate, en laissant de l'or métallique.

D'après Levol, le sulfure obtenu par précipitation du chlorure d'or à froid renferme AuS, résultat confirmé par l'analyse du sulfaurate de sodium.

*Sulfaurate de potassium.* — Ce composé, formé comme on vient de le voir, n'a pas été analysé; sa solution est d'un jaune rougeâtre et ne cristallise que très-difficilement.

*Sulfaurate de sodium*, $AuS^2Na + 8H^2O$. — On fond, au rouge vif, dans un creuset de porcelaine, un mélange d'or métallique, de monosulfure de sodium et de soufre. On l'obtient aussi en dissolvant le persulfure d'or précipité dans le monosulfure de sodium. La solution, évaporée dans le vide, abandonne le sulfaurate en prismes incolores, à six pans, qui ont été analysés (Yorke).

*Sulfocarbonate d'or.* — Le sulfocarbonate de calcium donne peu à peu avec le trichlorure d'or un précipité gris-brun, noir après dessiccation (Berzelius).

*Sulfarséniates d'or.* — Voyez t. I, p. 408 et 410.

SÉLÉNIURE D'OR, $Au^2Se^3$. — Précipité noir obtenu par l'action de l'hydrogène sélénié sur la solution de trichlorure d'or (Ulsmann).

TELLURURE D'OR. — Se précipite par l'action de l'hydrogène telluré ou du tellurure de potassium sur le trichlorure d'or. Il s'obtient aussi comme résidu, à l'état fondu, par la calcination du sulfotellurure d'or (Berzelius). On trouve dans la nature des tellurures d'or et d'argent (*petzite*), d'or et de plomb (*nagyagite*).

*Sulfotellurure d'or*, $Au^2S^3TeS^2$(?). — Flocons volumineux, noirs, se formant lentement dans un mélange de trichlorure d'or et de sulfotellurure de potassium.

### OR ET ÉLÉMENTS TRIATOMIQUES.

AMMONIURES D'OR (or fulminant). — Traités par l'ammoniaque, les oxydes d'or, ainsi que le chlorure, produisent des composés explosibles qu'on a nommés or fulminant et qui sont connus depuis longtemps. Ils ont été particulièrement étudiés par Bergman [*Opuscules*, t. II, p. 133] et par Scheele; mais c'est à Dumas qu'on doit les recherches les plus précises à ce sujet [*Ann. de Chim. et de Phys.*, (2), t. XLIV, p. 167].

Lorsqu'on traite l'oxyde d'or par de l'ammoniaque caustique ou par des sels ammoniacaux (dans ce cas la solution devient acide), il se transforme en un composé vert-olive, plus ou moins foncé, qu'on peut sécher à 100°, mais qui, une fois sec, détone avec une grande violence, avec production de lumière, par le choc, le frottement, la chaleur ou l'électricité; d'après Dumas, c'est à 143° qu'il fait explosion; mais si on le chauffe avec précaution pendant quelque temps au-dessous de cette température, il cesse d'être fulminant. Dans la décomposition brusque de l'or fulminant il se dégage de l'azote, de l'ammoniaque et de l'eau, tandis que l'or mis en liberté reste ou est projeté par l'explosion. Des mélanges de corps inertes tels que des sels ou des oxydes métalliques empêchent l'explosion de l'or fulminant.

L'hydrogène sulfuré, ainsi que le chlorure stanneux, décomposent l'or fulminant sans explosion. L'acide sulfurique le dissout sans l'altérer; à l'ébullition seulement de l'or est mis en liberté et il se forme du sulfate d'ammonium. L'acide chlorhydrique peut également en dissoudre sans altération, et si l'on ajoute de la potasse à la solution, il se précipite. Il est probable que, dans ce cas, l'or fulminant donne des sels en jouant le rôle d'un ammoniure métallique. D'après les analyses de Dumas, l'or fulminant renferme $Au^2O^3, 4AzH^3$ qu'il formule $2(AzH^3AuAz).3H^2O$ et qu'on peut aussi écrire

$$2\left[Az^2\left\{\begin{matrix}Au'''\\H^3\end{matrix}\right.\right].3H^2O.$$

Lorsqu'on ajoute de l'ammoniaque ou du carbonate ammonique au trichlorure d'or, on obtient également un composé fulminant, mais celui-ci retient du chlore, tandis que de l'or reste en solution. Dumas attribue à ce composé la formule

$$4AzH^3AuAz + 4AzH^3AuCl + 9H^2O.$$

Gmelin l'envisage comme un mélange d'or fulminant ordinaire et de chloraurate d'ammonium. Peut-être est-ce un mélange d'or fulminant et de son chlorure.

*Sulfite d'aurammonium.* — L'or fulminant se dissout dans une solution de sulfite d'ammonium, surtout lorsqu'on le forme au sein de la solution chaude de ce sel, en additionnant celle-ci d'ammoniaque, puis de chlorure d'or. Il arrive un moment où le précipité que forme ce dernier cesse de se redissoudre. En laissant refroidir, ce précipité augmente; il est formé de petites tables rhomboïdales blanches et soyeuses. Ce composé, stable en présence de l'ammoniaque, se dissout dans celle-ci et peut en cristalliser de nouveau par refroidissement. A l'ébullition, l'ammoniaque le décompose en séparant de l'or. Les acides le décomposent en séparant de l'or et de l'acide sulfureux. L'eau pure ne le dissout que difficilement et finit par le décomposer entièrement en précipitant l'or; aussi ne faut-il laver le précipité qu'à l'eau ammoniacale. Ce précipité, séché dans le vide, renferme, d'après Haase, le sulfite d'aurosammonium $SO^3(AzH^3Au')^2$ et les cristaux constituent un sulfite ammoniacal double,

$$SO^3(AzH^4)^2.3SO^3(AzH^3Au)^2 + 3H^2O$$

$$\text{ou}\quad 2SO^3(AzH^4)^2.5SO^3(AzH^3Au)^2 + 2H^2O$$

[*Zeitsch. für Chem.*, t. V, p. 535, et *Bull. de la Soc. chim.*, 1870, t. XIII, p. 137].

PHOSPHURE D'OR. — En chauffant de l'or divisé avec du phosphore dans un tube privé d'air, Ed. Davy a obtenu une masse métallique grise, plus fusible que l'or, et volatile, renfermant 14 % de phosphore, c'est-à-dire AuPh.

L'hydrogène phosphoré dirigé dans une solution de chlorure d'or en sépare de l'or métallique qui se transforme ensuite en une masse noire contenant du phosphore.

ARSÉNIURE D'OR. — Lorsqu'on chauffe de l'or dans de la vapeur d'arsenic, il donne une masse grise à grain grossier, facilement fusible (Hatchett). E. W.

**OR** (RÉACTIONS, DOSAGE, et SÉPARATION).

RÉACTIONS DES SELS D'OR. — Nous renvoyons, pour les caractères des combinaisons de l'or, aux réactions indiquées pour le chlorure d'or, pour l'hyposulfite d'or et de sodium, ainsi que pour l'hydrate aurique.

DOSAGE DE L'OR. — On dose toujours l'or à l'état métallique en le précipitant par le sulfate ferreux ou par l'acide oxalique. Il faut pour cela que la solution ne renferme pas d'acide azotique ou d'eau régale en excès; si elle en renfermait, on la ferait bouillir avec de l'acide chlorhydrique jusqu'à ce qu'il ne se dégage plus de chlore. La précipitation par le sulfate ferreux se fait en présence d'un excès d'acide chlorhydrique, en abandonnant le mélange dans un endroit chaud; l'or se précipite ainsi sous la forme d'une poudre brune qu'on sèche, qu'on recueille et qu'on calcine. L'or en poudre s'agrége par une forte calcination. Avec l'acide oxalique, on opère de même.

On peut encore obtenir l'or métallique en le précipitant à l'état de sulfure en présence d'un excès d'acide chlorhydrique, le recueillant immédiatement, le lavant, le séchant et le calcinant. Par cette dernière opération, le sulfure laisse un résidu d'or métallique.

La précipitation de l'or à l'état métallique permet de le séparer de la plupart des autres métaux. C'est un des métaux précipitables par l'hydrogène sulfuré dans une solution acide. S'il y a en même temps de l'étain, de l'arsenic ou de l'antimoine, on chauffe le précipité des sulfures dans un courant de chlore; l'or reste avec le platine s'il y en a, tandis que les autres chlorures sont volatilisés. Si ces métaux sont à l'état d'alliage, la séparation peut s'effectuer de même. Pour séparer l'or du platine, on peut, après avoir redissous les sulfures ou l'alliage, précipiter d'abord le platine à l'état de chloroplatinate de potassium, ou l'or à l'état métallique.

Pour la séparation de l'or d'avec l'argent, le plomb, le bismuth, voyez ESSAIS, t. I, p. 1267.

Si l'or est dissous en même temps que du plomb, du bismuth, du cadmium et du cuivre, on peut précipiter ceux-ci par l'hydrogène sulfuré après addition de cyanure de potassium qui empêche la précipitation de l'or, ainsi que du cuivre. On fait ensuite bouillir la solution de cyanure double d'or et de potassium avec de l'acide chlorhydrique jusqu'à expulsion de tout l'acide cyanhydrique, puis on précipite l'or à l'état métallique. Quant à la séparation de l'or et du mercure, on peut l'effectuer facilement, qu'on ait affaire à un alliage ou à des combinaisons, en mettant à profit la volatilité du mercure ou de son chlorure. E. W.

**OR (MÉTALLURGIE DE L')**. — ÉTAT NATUREL, MINERAIS, GISEMENTS. — L'*or natif* est le minerai le plus important. Son gisement principal est le quartz. Il semble s'être déposé en même temps que cette gangue dans les filons d'âge quelquefois assez récent, qui traversent des micaschistes ou des schistes talqueux anciens, des granites, des porphyres, des serpentines, etc.; la présence de l'or s'étend quelquefois aux parties voisines des veinules ou filets quartzeux, de sorte que la roche peut se trouver elle-même minéralisée. L'or existe dans ces filons sous la forme de grains irréguliers, de filaments, de masses ramifiées, de lamelles, de particules souvent invisibles. L'or natif se trouve également dans des alluvions anciennes provenant de la destruction de filons ou de roches quartzeuses aurifères, sous la forme de paillettes ou de grains très-petits, plus rarement de pépites à angles arrondis : ce mode de formation se présente encore de nos jours dans les alluvions déposées par les eaux de certains fleuves et torrents. L'or natif est constamment associé à une certaine quantité d'argent variant suivant les localités; l'or de Californie, d'Australie et de Sibérie en contient en moyenne environ 7 à 8 %; cette quantité s'élève jusqu'à 14 % dans les minerais de l'Amérique méridionale; le fer et le cuivre s'y rencontrent d'habitude en très-faible proportion.

L'or forme divers alliages naturels : dans l'*électrum*, il est uni à 30 ou 40 % d'argent. Au Brésil se trouve un *or palladié* contenant de 10 à 25 % de palladium; en Colombie et au Mexique, un alliage d'or et de rhodium contenant de 35 à 60 % de ce dernier métal; l'or de Californie renferme parfois une faible proportion d'iridium.

L'or se trouve en outre associé au tellure dans quelques espèces spéciales, rencontrées seulement en Transylvanie, telles que la *nagyagite* qui en renferme jusqu'à 40 %.

Certains minerais métalliques renferment quelquefois une assez notable proportion d'or. Tels sont : les pyrites arsenicales, les pyrites de fer, les cuivres pyriteux et panachés, le sulfure d'antimoine, les cuivres gris, la galène, la blende, les minerais d'argent; le métal est le plus souvent invisible au milieu de sa gangue; quelquefois il se présente sous forme de grains ou de ramifications. Certains de ces minerais sont très-riches en or : ainsi en Californie, les pyrites de Maxwell et les pyrites arsenicales de Tolédo rendent à l'essai de 0,60 à 1,00 % d'or.

*Filons quartzeux.* — Les filons les plus riches sont ceux des deux Amériques. D'après Rivot [*Ann. des Mines*, (6), 1870, t. XVIII, p. 1], les filons aurifères de Californie peuvent être divisés en :

1° *Filons quartzeux, aurifères.* — L'or est accompagné de pyrites de fer peu abondantes vers les affleurements, mais qui augmentent en profondeur; ces pyrites sont souvent fortement aurifères.

2° *Filons quartzeux et pyriteux, aurifères.* — Ils contiennent, dès les affleurements, de la pyrite arsenicale généralement riche en or, quelquefois visible à l'état métallique.

La matière principale de remplissage de ces filons est presque toujours le quartz blanc. L'or s'y trouve quelquefois dans du carbonate de chaux spathique ou du sulfate de baryte. La venue de l'or, contemporaine de celle du quartz, paraît, à cause de sa disposition dans le calcaire ou la barytine auxquels il n'est jamais intimement mélangé, être postérieure à ces deux remplissages. Quelques cavités, dans ces filons, sont tapissées d'oxydes de fer ou de manganèse renfermant de l'or métallique : ces oxydes proviennent de l'altération des pyrites par les eaux de la surface.

La richesse de ces filons est excessivement variable aux divers points de leur longueur : le minerai riche se trouve disposé en *colonnes*. Ce fait et diverses autres considérations géologiques ont conduit Rivot à cette conclusion : les grands filons quartzeux exploités ne seraient que des croiseurs qui se seraient rouverts au moment du remplissage de filons ou de veines ayant des directions différentes et une puissance moins grande; ces derniers seraient les véritables filons aurifères dont l'or et les pyrites auraient pénétré aux croisements dans les réouvertures des grands filons quartzeux.

*Alluvions aurifères.* — Ce sont les alluvions anciennes dont l'exploitation fournit la plus grande partie de l'or livré à la circulation. Les plus importantes sont celles de Sibérie, Californie, Australie, etc. Leur composition est très-variable : elles sont le plus souvent formées de fragments de roches roulés, de sables ou d'argile, renfermant l'or en pépites, en grains de forme irrégulière, en paillettes, etc. Comme on trouve souvent l'or encore engagé dans sa gangue quartzeuse, il n'y a aucun doute sur leur origine : elles proviennent de la destruction des filons ou des roches quartzeuses aurifères sous l'influence des eaux et des agents atmosphériques.

La disposition de ces gisements nommés *placers* en Amérique est variable suivant les localités : en Californie, ils forment des bancs puissants généralement composés de trois assises : l'assise inférieure est constituée par de gros graviers et des galets, la partie moyenne par des sables, la surface par des argiles. La richesse va en croissant rapidement des argiles aux gros graviers.

Ces alluvions, notamment en Californie, ont été quelquefois imprégnées, postérieurement à leur formation, de quartz et de pyrites aurifères qui ont plus ou moins consolidé la masse de galets ou de sables, de manière à nécessiter le broyage pour l'extraction de l'or. L'or contenu dans ces alluvions appartient donc à deux époques distinctes.

Quelques minéraux accompagnent à peu près constamment l'or dans les alluvions : tels sont le fer magnétique et le fer titané. Les matières enrichies par le lavage contiennent fréquemment quelques petites gemmes, zircon, topaze, corindon, spinelle, grenat, rutile, etc.; plus rarement du diamant ou du platine.

Un grand nombre de fleuves et de torrents coulant sur les terrains anciens roulent des paillettes d'or. L'enrichissement produit par l'action de l'eau permet quelquefois d'exploiter ces alluvions modernes en quelques points, bien que les roches d'où l'or paraît avoir été extrait ne contiennent qu'une quantité excessivement faible de ce métal.

L'or, s'il existe rarement en quantité suffisante pour permettre une exploitation profitable, se trouve néanmoins répandu en un grand nombre de points à la surface de la terre. C'est ainsi qu'en France, par exemple, outre les nombreux ruisseaux et rivières qui roulent des paillettes d'or, Ariége, Salat, Garonne, Rhône (à partir du moment où il reçoit l'Arve), etc., on peut signaler la présence de l'or à l'ancienne mine aurifère de la Gardette (Isère), où il se rencontre dans le quartz [*Journ. des Mines*, t. XX, p. 103], dans les filons de cuivre gris de Plancher-les-Mines (Haute-Savoie), dans ceux de Pontvioux (Puy-de-Dôme) où il est associé à l'antimoine sulfuré, dans la mine d'étain de Cieux et de Vaulry (Haute-Vienne), dans quelques sables également stannifères déposés par la mer sur les grèves du Morbihan, etc. Ces différents gisements ne sont pas exploités ou ne fournissent qu'une quantité d'or insignifiante. Les Gaules, au temps de la conquête romaine, étaient renommées pour leur production d'or; Pline (liv. XXXIII) cite même la mine Abulcare comme étant une des plus importantes, mais la position et la richesse de ces mines restent complétement ignorées.

Les anciens ont également exécuté des travaux considérables pour l'exploitation de l'or dans le nord de l'Espagne. Le gîte de l'or paraît être une couche de quartzite terreux en relation avec des diorites amphiboliques : les points reconnus de nos jours ont été trouvés très-pauvres [Paillette, *Bull. de la Soc. géolog.*, (2), t. IX, p. 52].

Les mines aurifères proprement dites, exploitées en Europe, sont rares et peu productives. Les principales sont celles de Hongrie, de Transylvanie, où l'or est associé au tellure; la quantité d'or produite par ces mines a été d'environ 6,500,000 fr. en 1865. Citons également les exploitations de Silésie, du Tyrol, d'Italie, qui donnent lieu à une faible production d'or. Les pyrites du Rammelsberg (Harz), de Wicklow (Irlande) et d'Edelfors (Suède), contiennent une certaine quantité du métal précieux. En Italie, des gisements d'or sont connus depuis fort longtemps dans le Piémont [Robilant, *Mém. de l'Acad. des sciences de Turin*, t. I et III; — Balbe, *ibid.*, t. II]. Les filons quartzeux et pyriteux aurifères existent en un assez grand nombre de points des environs du Mont-Rose et des vallées d'Aoste et d'Anzasque; les filons de Pestarena, du val Anzasca, du val Toppa, etc., sont exploités, et les ruisseaux et torrents qui descendent de ces vallées sont plus ou moins aurifères. Les anciens avaient des lavages d'or importants sur la Doria-Baltea. Il y existe également des terres aurifères provenant de la décomposition des roches qui contiennent une certaine quantité d'or disséminé. — Le gisement de l'or en Ligurie est assez remarquable : le massif serpentineux qui le renferme est traversé par des filons quartzeux dans lesquels l'or est associé à la pyrite et au fer magnétique, et donne lieu à une petite exploitation à la Vagnina. Les terres rouges aurifères, provenant de la décomposition de la serpentine souvent traversée par de nombreux filets de quartz, sont assez répandues à Belforte, Frasconi, etc. La production de l'Italie est d'environ 500,000 fr. par an.

La découverte de gisements importants de métaux précieux, et le grand développement de leur exploitation, dans des régions jusqu'alors improductives, constitue un des faits les plus remarquables que présente l'industrie minérale depuis le commencement de ce siècle. En 1814, l'or est découvert dans les alluvions du versant oriental de l'Oural; en 1848, en Californie; en 1851, en Australie.

L'exploitation de l'or dans l'empire russe a lieu par lavage : les trois districts exploités ont fourni, en 1863, une valeur de 77,228,000 fr. d'or. Dans le district de Miask, les 432 millions de kilogrammes d'alluvions traités en 1863 ont fourni 720 kilogrammes d'or, ce qui correspond à une teneur de 16 millionièmes pour les sables aurifères exploités dans cette région.

En Californie, on exploite les alluvions anciennes et les filons. Le lavage de l'or dans les rivières qui, de 1850 à 1856, avait été fort actif, est actuellement à peu près abandonné aux Chinois et aux travailleurs isolés. Les alluvions, dont l'épaisseur atteint 80 mètres, rendent environ 4 fr. d'or par mètre cube pour les gros graviers qui constituent la base de la formation, $0^{f},26$ seulement pour les sables fins et argiles terminant le dépôt, et $1^{f},50$ comme moyenne de la série des terrains [Laur, *Ann. des Mines*, 6e sér., t. III, p. 410]. Cette teneur correspond à environ 1 kilogramme d'or par 4 millions de kilogrammes d'alluvions.

Les alluvions et dépôts aurifères les plus riches, dont quelques-uns avaient, à l'origine de l'exploitation de l'or en Californie, donné des résultats fabuleux (jusqu'à 9 ou 10 °/₀ d'or), commencent à s'épuiser. L'exploitation des filons, un peu négligée d'abord à côté de celle des placers où le travail était facile et rémunérateur, s'est développée peu à peu; au 1er octobre 1866, soixante-dix-neuf compagnies exploitaient l'or en roche dans les districts de Grass Valley et de Névada. Néanmoins l'appoint dû à l'or des filons n'a pas compensé la diminution de richesse des alluvions qui fournissaient la plus grande partie du métal précieux, et la production a diminué dans ces dernières années. Le maximum de la production de l'or en Californie s'est produit en 1853 : il était de 306,716,000 fr. En 1856, la production n'était plus que de 135,972,000 fr. Depuis la découverte de l'or en Californie, jusqu'en 1867, la production totale peut être estimée à environ 4 milliards de francs.

Citons encore les nombreux filons aurifères connus dans le Colorado, dans les Alleghanis et dans la Nouvelle-Écosse. Ce dernier pays, de 1862 à 1866, a rendu 8,161,000 fr. d'or.

A côté de la Californie vient se placer, comme importance de production, l'Australie et surtout la province de Victoria. L'or se rencontre dans des filons, où il est associé dans sa gangue quartzeuse à du mispickel et à de la galène, ainsi que dans les terrains déposés par les eaux, alluvions proprement dites et dépôts stratifiés appartenant aux terrains tertiaires. Ces filons et les terrains aurifères, qui sont quelquefois recouverts par des couches de basalte épanchées à la surface, sont, les uns et les autres, activement exploités. L'Australie est remarquable par le poids des pépites qui y ont été trouvées : de 28, 56 et 84 kilogrammes, cette dernière, la plus forte connue. On en avait précédemment trouvé une de 36 kilogrammes dans l'Oural et une de 42 kilogrammes en Californie. La province de Victoria a fourni, en 1867, 228,095,000 fr. d'or. La Nouvelle-Galles du Sud donne aussi une assez importante production d'or. L'Australie et la Nouvelle-Zélande ont versé dans la circulation, jusqu'en 1867, une valeur en or de près de 4 milliards et demi de francs.

Mentionnons enfin le Chili, le Venezuela et la Guyane française. La production de l'or, dans ce dernier pays, qui n'était que de 8 kilogrammes en 1856, s'est développée peu à peu; elle était de 288 kilogrammes en 1866, et de 561 kilogrammes évalués à 1,685,000 fr. pour les dix premiers mois de l'année 1871.

La production totale de l'or en 1869 est évaluée à 1,500 millions de francs : cette somme peut être décomposée de la façon suivante :

| | |
|---|---|
| Amérique | 786,250,000 fr. |
| Russie | 112,250,000 |
| Europe (sans la Russie) | 87,500,000 |
| Asie et Afrique | 52,500,000 |
| Nouvelle-Zélande et Tasmanie | 63,750,000 |
| Australie, Nouvelle-Galles du Sud, Queensland, etc. | 414,375,000 |
| Autres pays | 33,375,000 |
| Total | 1,500,000,000 fr. |

### EXTRACTION DE L'OR.

La grande densité de l'or natif, qui descend rarement au-dessous de 14,8, permet souvent d'enrichir les minerais par simple lavage. Cet enrichissement par préparation mécanique peut être poussé jusqu'à obtention de l'or sensiblement pur, ou suivi d'un traitement métallurgique spécial.

L'or paraît ne posséder d'affinités énergiques que pour certains métaux et notamment le plomb et le mercure; d'où les méthodes par amalgamation et par fonte plombeuse avec ou sans enrichissement préalable par lavage.

L'affinité de l'or ou du sulfure d'or pour les autres sulfures semble assez faible; on ne peut pas, comme pour l'argent, concentrer l'or dans une matte sans perte notable.

Dans certains cas, l'or est attaqué par le chlore et traité par voie humide.

Un assez grand nombre de minerais d'or ou de

minerais d'argent aurifères, ceux surtout renfermant de l'arsenic, de l'antimoine ou des minéraux complexes arséniés ou antimoniés, sont rebelles aux divers modes de traitement, préparation mécanique ou amalgamation avant ou après grillage, et n'abandonnent qu'une portion souvent assez faible des métaux précieux qu'ils contiennent. Nous indiquons plus loin la méthode proposée par Rivot pour en extraire l'or et l'argent. Il semblerait que l'or forme, avec l'arsenic et l'antimoine, une combinaison qu'on n'a pas pu isoler, mais qui résiste à l'action du mercure et au grillage.

Essai des minerais d'or. — La sébile ou battée, d'une forme assez variable, est, dans les pays aurifères, l'instrument employé par les chercheurs d'or pour reconnaître la plus ou moins grande richesse des alluvions ou des terres aurifères qu'ils peuvent traiter. Nous ne décrirons pas le maniement assez complexe et délicat de cet outil qui, entre les mains d'un laveur d'or expérimenté, peut donner des indications rapides et précises. Ces indications sont d'autant plus utiles qu'elles correspondent à la quantité d'or qu'on peut obtenir par le traitement mécanique. Après avoir enlevé, par un mouvement de secousse spécial ou au moyen d'un barreau aimanté, le fer magnétique qui généralement reste avec l'or à la fin de ce lavage, on peut juger à simple vue, d'après le nombre et la grosseur des paillettes ou grains d'or obtenus, de la richesse de la matière soumise à l'essai.

L'essai des minerais aurifères par fonte plombeuse repose sur la formation d'un culot de plomb renfermant tout l'or contenu dans le minerai. L'opération est conduite d'une manière un peu variable suivant la nature du minerai.

Pour les quartz aurifères contenant très-peu de pyrites, on fond 1 p. de minerai, de 20 grammes à 100 grammes par exemple, avec 1 p. de carbonate de soude desséché, une petite quantité de borax desséché et 2 p. de litharge. Lorsque la masse est en fusion tranquille, on y ajoute en deux ou trois fois un mélange de 60 grammes de litharge et 2 grammes de charbon de bois broyés ensemble, en attendant pour faire une nouvelle addition que la masse soit revenue à la fusion tranquille; on donne un léger coup de feu de manière à bien réunir le culot de plomb; on casse le creuset refroidi : le culot de plomb pesant 40 à 50 grammes doit se séparer nettement de la scorie.

Les alluvions sont traitées de la même manière; mais, comme leur teneur est le plus souvent très-faible, elles sont enrichies par lavage avant d'être soumises à l'essai.

Les minerais pyriteux doivent d'abord être grillés complétement : on se sert d'un têt à rôtir dont l'intérieur est frotté à la sanguine. On élève très-lentement la température du moufle, en remuant fréquemment le minerai avec une tige de fer, de manière à éviter la formation de sulfates et d'arséniates, et on termine le grillage au rouge vif. On emploie les mêmes quantités de fondants que dans le cas précédent, sauf la quantité de borax qu'on prend égale au poids du minerai grillé. — Avec les minerais riches, on peut opérer d'une manière un peu différente : le soufre, l'arsenic, etc., sont oxydés au moyen du nitre. On commence par fondre 1 gramme de minerai avec 100 grammes de litharge : soit $p$ le poids du culot de plomb formé. Le nitre équivalant comme oxydant à environ 4 fois son poids de litharge, on ajoute au poids P de minerai que l'on veut traiter un poids de nitre égal à $P \times \frac{p}{4}$; on y mélange les fondants et on achève l'essai comme précédemment. Il faut employer d'assez grands creusets et il est difficile de traiter plus de 15 à 20 grammes de minerai à cause du boursouflement qui se produit.

Pour les tellurures, on en fond 5 à 10 grammes avec 3 p. de nitre, 2 p. de carbonate de soude et 10 p. de litharge. On ajoute ensuite le mélange de litharge et de charbon [Rivot, *Docimasie*, t. IV, p. 986].

Les culots de plomb sont coupellés; le bouton d'or et d'argent obtenu est ensuite analysé (voyez Essai des matières d'or et d'argent); du poids du bouton d'or obtenu en dernier lieu, on déduit la richesse du minerai soumis à l'essai. Les culots de plomb que l'on obtient sont souvent assez impurs; il faut quelquefois, quoiqu'ils soient d'un poids considérable, y ajouter du plomb pauvre pour les passer à la coupellation. L'or est déterminé avec assez d'exactitude à cause de sa fixité, mais une portion notable de l'argent est volatilisée; il faut un essai spécial pour le déterminer avec précision.

On peut employer aussi pour la détermination de l'or dans les minerais assez riches la méthode par scorification. On introduit sous un moufle, dans un vase appelé scorificatoire, un mélange de 10 grammes de minerai avec 150 grammes de plomb granulé et 15 à 20 grammes de borax. La fusion s'opère, la porte du moufle étant fermée; on oxyde ensuite une partie du plomb et on coule les matières parfaitement fondues dans une lingotière de fer. Le culot de plomb doit bien se séparer de la scorie et pèse 40 à 50 grammes.

Un certain nombre d'essayeurs ajoutent directement au minerai le charbon destiné à produire la rédution, et s'arrangent de manière à obtenir un culot de plomb d'un poids beaucoup plus faible : il est difficile, dans ces conditions, de réunir dans le culot de plomb tout l'or contenu dans le minerai.

Rivot [*Ann. des Mines*, 6e sér., t. XVIII, 1870, p. 9] a fait des expériences synthétiques pour se rendre compte des pertes d'or et d'argent dans les essais par voie sèche. En mélangeant de la limaille fine d'or et d'argent avec des minerais divers, pyrites, pyrite arsenicale, cuivre gris, etc., préalablement essayés, de manière que la teneur restât au-dessous de 1 millième pour l'or et 10 millièmes pour l'argent, et appliquant les procédés d'essai les mieux appropriés, il a reconnu que la perte n'était jamais inférieure à 30 % de l'or ou de l'argent employé. Avec les cuivres gris et les pyrites arsenicales, les pertes ont souvent dépassé 50 %.

Pour avoir des indications sur le rendement du minerai à l'amalgamation, on peut faire des essais en triturant le minerai dans un mortier avec du mercure, rassemblant l'amalgame formé en y ajoutant du mercure neuf, distillant et pesant l'or obtenu; ces opérations doivent être faites en se rapprochant le plus possible des conditions pratiques.

Préparation mécanique des minerais d'or. — Nous avons décrit ce traitement à l'article Métallurgie, *extraction de l'or*. Malgré la grande densité du métal, les pertes sont souvent très-fortes, tant à cause de la finesse extrême qu'ont souvent les particules d'or, qu'en raison de la facilité avec laquelle les paillettes flottent sur l'eau. Une partie de cette poudre, qui serait perdue au lavage proprement dit, peut être retenue par les moulins tyroliens. D'autre part, l'or semble exister dans certains minéraux sous la forme d'une combinaison dont on ne connaît pas la nature et qui ne peut être séparée par préparation mécanique.

*Exploitation des alluvions aurifères en Californie*. — L'histoire des procédés employés pour extraire l'or dans les placers californiens présente un certain intérêt. Les pertes sont généralement énormes, mais les procédés suivis sont absolument adaptés aux conditions locales. Le minerai, en effet, existe en telle abondance que le mineur ne considère que la production et ne s'inquiète pas des pertes; des procédés plus perfectionnés, mais moins rapides, donneraient sans doute de moindres bénéfices.

Dans les premiers temps de la découverte, au moment de la *fièvre de l'or*, le premier instrument employé fut la sébile ou *battée*: on peut, par ce moyen, laver environ 1/4 de mètre cube, soit 400 kilogrammes par jour. La battée avait l'avantage d'une extrême simplicité et permettait en outre le travail isolé, condition recherchée alors par la défiance des mineurs.

Mais la faible production de cet appareil lui en a fait substituer rapidement un autre, le *berceau* (*rocker, cradle*), dérivé de la machine employée au Mexique pour le lavage des alluvions. C'est un coffre sans couvercle, à base rectangulaire, incliné vers l'un de ses petits côtés qui est ouvert, et suspendu de manière à pouvoir osciller comme un berceau d'enfant. Le fond est garni d'une toile grossière. On dispose sur l'appareil une grille sur laquelle on charge les terres aurifères qu'on arrose d'eau en même temps qu'on berce l'appareil; les gros graviers sont séparés par la grille, les boues et les sables la traversent et s'écoulent par la partie ouverte de l'appareil, tandis que l'or est retenu sur la toile. Les matières recueillies sur la toile sont purifiées à la battée. Deux hommes associés passaient sur cet appareil 3,000 kilogrammes de sable par jour, soit quatre fois plus par homme qu'avec la battée. Ces appareils, plus ou moins modifiés, perfectionnés par une disposition qui permet d'obtenir immédiatement l'amalgamation, furent bientôt remplacés par d'autres travaillant plus rapidement, jusqu'au moment où l'on trouva la méthode de lavage au *sluice* qui ouvrit une ère nouvelle à l'exploitation de l'or [Laur, *Revue des Deux Mondes*, t. XLIII, 15 janvier 1863, p. 461].

Le *sluice* est formé par un long canal en planches, de $0^{m},30$ environ de largeur, d'inclinaison variable, ayant de 100 à 1,000 mètres et plus de longueur. Le fond doit en être raboteux, garni d'aspérités et de cavités dans lesquelles on dépose du mercure. Au sommet du canal, les mineurs poussent les terres aurifères qui y sont entraînées par un fort courant d'eau. Les sables et galets sont transportés par l'eau et rejetés à l'extrémité du *sluice;* l'or gagne le fond du canal et se trouve en partie retenu par les aspérités ou par le mercure; on le recueille toutes les semaines. Le mineur peut ainsi laver 18,000 kilogrammes par jour, soit quarante-cinq fois plus qu'avec la battée.

Armés de cet appareil, les mineurs abandonnèrent bientôt le lit des rivières qui commençait à s'épuiser et se portèrent vers les terrains diluviens déposés au bas des vallées de la Sierra-Nevada. Il était assez facile d'y conduire et d'y distribuer les eaux; l'exploitation fut fort active. On estime que ces gisements peuvent, avec l'appareil cité, produire un bénéfice net de 3 à 4 grammes d'or par tête de mineur et par jour.

On fit plus: l'appareil que l'on possédait pouvait travailler avec toute la rapidité désirable; il suffisait de l'alimenter d'une manière plus active. L'exploitation abandonna les vallées pour les *placers des montagnes*, dépôts formés par la destruction des roches et filons aurifères pendant la première période de l'époque diluvienne. Ces dépôts, de 12 à 60 mètres de puissance, sont aurifères dans toute leur masse et d'une richesse sensiblement constante; ils rendent de 1 fr. à 1 fr. 50 au mètre cube. Les eaux provenant de la fonte des neiges furent empruntées aux lacs ou recueillies dans d'immenses bassins et de là conduites au moyen de canaux souvent très-importants jusqu'aux chantiers d'exploitation. Ces canaux, de toutes dimensions, présentent en Californie un développement de plus de 8,000 kilomètres. C'est l'eau qui est employée pour l'abatage; un aqueduc, le plus élevé possible, la conduit jusqu'au bord de l'exploitation des dépôts aurifères taillés à pic sur toute leur hauteur. L'eau descend par une large conduite et est projetée en masse considérable et avec une vitesse très-forte contre la base du dépôt, qu'elle dégrade et qu'elle sape, de manière à produire des éboulements et à désagréger ces alluvions. Toute cette masse s'écoule dans d'immenses *sluices* qui retiennent l'or et conduisent les sables et les galets dans les vallées où ils se déversent. Ainsi, au chantier d'Eureka, près de San-Juan, on exploite des alluvions ayant 43 mètres de puissance au moyen de quatre jets d'eau, débitant 15,000 mètres cubes en 10 heures de travail et abattant 2,800 mètres cubes par jour. La quantité d'or obtenue est d'environ 3,000 fr. Quatre hommes suffisent à conduire l'exploitation; le bénéfice net par homme et par jour est de 581 francs [Laur, *loc. cit.*].

*Exploitation des filons.* — L'exploitation des filons ne présente rien de bien particulier. D'après Laur, le rendement des quartz aurifères de Californie varie de 350 à 35 francs par tonne, teneur au-dessous de laquelle toute exploitation devient impossible. La teneur moyenne est de 85 francs environ. Cette richesse est énorme à côté de celle des alluvions ordinaires; mais les frais d'extraction de l'or sont considérables et estimés à environ 60 francs par tonne de quartz. Il faut en effet abattre une roche très-résistante, la transporter aux usines, la soumettre au broyage, au lavage, à l'amalgamation, etc.

Ces minerais sont généralement soumis à une préparation mécanique destinée seulement à les enrichir: le produit obtenu est, le plus souvent, traité par amalgamation.

Amalgamation. — Les moulins tyroliens décrits à l'article Métallurgie ne peuvent extraire qu'une partie de l'or contenu dans les minerais, parce que le contact des parcelles de métal avec le mercure est difficilement rendu très-intime. Pour enlever aux minerais le plus de métal précieux possible, il est nécessaire de rendre le contact des deux métaux très-intime et prolongé, de triturer le minerai avec le mercure; c'est ce qui se pratique dans les divers appareils d'amalgamation. Mais l'amalgame d'or et d'argent qui se forme se divise très-facilement en globules d'une finesse extrême, qu'il faut réunir et séparer des gangues pour éviter le plus possible la perte de mercure et de métaux précieux. On y arrive généralement en mélangeant les matières avec une nouvelle dose de mercure neuf et favorisant autant que possible le contact des particules d'amalgame avec le métal liquide. Cette opération très-importante est quelquefois négligée; les pertes sont alors énormes.

Ainsi, en Piémont, les pyrites et les quartz aurifères sont amalgamés en les broyant avec du mercure. Le moulin d'amalgamation se compose d'un tonneau en bois au fond duquel est fixée une meule en pierre. Cette meule est munie à son centre d'une ouverture dans laquelle est fixé un tube de bois traversé par un axe vertical mettant en mouvement une seconde meule ou plus simplement une pierre plate. On introduit dans cet appareil une certaine quantité de minerai pulvérisé, 15 à 20 kilogrammes, avec la quantité d'eau convenable, et l'on fait tourner la meule avec une vitesse de 20 à 30 tours à la minute de manière à bien porphyriser le minerai. On ajoute alors le mercure et l'on fait tourner de nouveau pour produire l'amalgamation. L'opération étant terminée, on enlève la meule supérieure, et on fait arriver dans le tonneau un courant d'eau qui entraîne la majeure partie du minerai. On reçoit alors dans une sébile le mercure et le peu de minerai qui restent, et on les sépare avec cet appareil autant qu'il est possible. On passe le mercure à travers une peau de chamois, et on distille l'amalgame qui abandonne l'or argentifère sous la forme d'une masse plus ou moins poreuse. Dans cette opération, la réunion du mercure et de l'amalgame très-divisés est très-imparfaite, et la perte en mercure et en métaux précieux est considérable.

L'amalgamation se fait mieux sous des meules verticales d'un poids assez considérable, tournant dans des auges circulaires. Le *pan*, très-employé en Californie, est une modification de cet appareil, dans lequel c'est l'auge qui reçoit le mouvement de rotation.

Voici, d'après Rivot [*Mém. cité*], les conditions qui paraissent les meilleures pour obtenir un bon rendement. On charge sur la sole annulaire une épaisseur de 10 à 15 centimètres de minerai auquel on ajoute, en le répartissant, une quantité de mercure égale à 30 ou 40 fois le poids de l'or et de l'argent contenu. On fait d'abord tourner à sec pendant 4 heures environ avec une vitesse de 1 à 2 tours par minute, de manière que le mercure soit réduit à l'état de poussière presque impalpable répartie dans la masse du minerai. On mouille alors les matières au moyen de pommes d'arrosoir en diminuant un peu la vitesse de rotation, de façon qu'elles passent à l'état de pâte coulante, le mercure apparaissant en petits globules brillants, mais restant divisé. La rotation est continuée pendant 7 à 8 heures; puis on fait arriver dans l'auge de l'eau en quantité suffisante pour que les matières forment une sorte de bouillie très-liquide, et on fait tourner les roues très-lentement pendant environ 3 heures : cette partie de l'opération a pour but de réunir le mercure et de lui faire dissoudre les amalgames d'or et d'argent qui ont été formés. On ouvre alors peu à peu une sorte de déchargement et on fait tomber très-lentement les matières dans une petite cuve munie d'un déversoir qui conduit les boues dans les débourbeurs.

La majeure partie du mercure renfermant les métaux précieux se trouve réunie dans cette petite cuve. On le retire au moyen d'une ouverture placée à la partie inférieure. On peut alors soit le filtrer à travers une peau ou un sac en toile, pour recueillir l'amalgame solide contenant environ 30 °/₀ d'or et d'argent et le soumettre à la distillation, soit le distiller directement, ce qui donne un métal se comportant mieux à l'amalgamation.

Les débourbeurs sont formés de grands cylindres verticaux percés de trous espacés le long d'une génératrice et bouchés par des tampons de bois. Un axe vertical armé de bras en fer se meut dans l'intérieur de la cuve avec une vitesse juste assez grande pour maintenir les matières fines en suspension et laisser tomber les parties lourdes. On ajoute dans les débourbeurs 10 à 12 p. de mercure neuf pour 100 p. de mercure employé à l'amalgamation. Au bout d'une heure de rotation, on enlève le tampon supérieur et on laisse écouler les boues légères aux bassins de dépôt. On remplit le débourbeur avec de l'eau claire, on accélère un peu le mouvement; et, une heure après, on fait écouler le liquide boueux par le trou fermé par le second tampon, etc. On arrive ainsi à ne laisser à la surface du mercure qu'une couche peu épaisse des boues les plus lourdes. Le mercure accumulé dans les débourbeurs est soutiré à de longs intervalles pour en extraire les métaux précieux.

Les procédés ou artifices divers proposés pour faciliter l'amalgamation et la dissolution des amalgames, tels que addition d'huile, de chaux ou de cendres de bois, d'amalgame de sodium, etc. [*Sill. Amer. Journ.*, t. XLI, p. 217, et *Bull. de la Soc. chim.*, nouv. sér., 1866, t. VI, p. 348], semblent, d'après les essais de Rivot [*Mém. cité*, p. 71], être plutôt nuisibles qu'utiles.

Traitement par fusion. — Lorsqu'on fond les minerais pyriteux aurifères après grillage, l'or, plutôt en vertu de sa densité que de son affinité pour le sulfure métallique, passe en partie dans la matte. On concentre quelquefois de la sorte des minerais trop pauvres pour être soumis directement à la fonte plombeuse.

Le traitement par fonte plombeuse est coûteux à cause de la consommation de plomb assez considérable qu'entraîne la gangue de quartz et de pyrites. Aussi ne peut-on traiter de la sorte que des minerais enrichis par la préparation mécanique, ou par des fontes de concentration ou encore des minerais naturellement riches. Les minerais pyriteux doivent être préalablement grillés aussi complétement que possible. Pour la fusion, on ajoute ordinairement aux minerais de la chaux ou de l'oxyde de fer pour scorifier la gangue quartzeuse : les pyrites grillées renferment en elles leur fondant. On doit éviter que la scorie soit trop acide ou renferme des sulfures.

Ce traitement est assez répandu au Mexique. Les minerais sont fondus avec de la litharge, et le plomb d'œuvre obtenu est soumis à la coupellation; la litharge qui en résulte sert aux nouvelles fusions. On l'applique aussi en Hongrie et en Transylvanie à des minerais aurifères et argentifères. L'or est enlevé aux mattes par fonte plombeuse plus facilement que l'argent.

On emploie aussi quelquefois la méthode par imbibition, comme pour les minerais d'argent. — Voyez Argent (métallurgie de l').

Voie humide. — Ce procédé, dû à Plattner, a d'abord été appliqué aux pyrites arsenicales de la mine de Reichenstein (Basse-Silésie). Ces pyrites, rendant à l'essai 25 grammes d'or à la tonne, ne donnent rien au lavage ou à l'amalgamation tyrolienne avant ou après grillage; la fonte plombeuse réussit assez bien, mais ce traitement est trop coûteux. En traitant le minerai bien grillé et pulvérisé par une dissolution concentrée de chlore, on n'arrive à dissoudre que la moitié du métal précieux. Le traitement adopté est le suivant [*Bergwerksfreund*, 1851, t. XIV, p. 202, et *Journ. des mines de Carnall*, 1856, t. III, p. 111] : le minerai grillé et légèrement humecté est introduit dans un tonneau en bois enduit d'asphalte, muni d'un double fond percé de trous sur lequel est placée une couche de quartz en morceaux. On fait arriver dans le double fond un courant de chlore gazeux, qui traverse la masse de minerai et transforme l'or en chlorure. Au bout de 6 heures d'action, le minerai est lavé avec 400 litres d'eau environ par tonne, et l'or précipité par l'hydrogène sulfuré, recueilli et fondu. Il est nécessaire de laver le chlore avant de le faire agir sur le minerai, de manière à le débarrasser d'acide chlorhydrique, qui, en réagissant sur les sulfures encore contenus dans le minerai, pourrait donner naissance à du protochlorure de fer et à de l'hydrogène sulfuré précipitant l'or déjà attaqué.

Cette méthode est également appliquée en Californie, notamment à la mine Eureka (Grass Valley). Les pyrites arsenicales qui accompagnent le quartz aurifère sont séparées par lavages, grillées et traitées par le chlore.

On suit actuellement à Swansea une méthode nouvelle et tenue secrète pour l'extraction de l'or contenu en faible proportion dans les anciennes scories provenant du traitement des minerais de cuivre. Une seule usine en retire par an une valeur de plus de 8 millions de francs d'or. Si les indications qui nous sont parvenues à ce sujet sont exactes, le procédé consisterait essentiellement dans une série de fontes de concentration conduisant à un cuivre noir argentifère et aurifère. Le cuivre serait éliminé par un traitement à l'acide sulfurique; le résidu, débarrassé de l'argent par l'une des méthodes Ziervogel ou Augustin (voyez ARGENT, *métallurgie*), serait alors traité par le chlore ou les hypochlorites dans des appareils qui, par une trituration énergique, permettraient la dissolution complète de l'or. — Cette action mécanique paraît être le point important de ce traitement.

MÉTHODE PROPOSÉE PAR RIVOT. — Elle a pour but de traiter les minerais rebelles qui ne cèdent pas ou ne cèdent qu'incomplétement les métaux précieux aux divers traitements indiqués. Ces minerais contiennent généralement du soufre, de l'arsenic ou de l'antimoine. Guidé par les expériences de Cumenge [*Ann. des Mines,* 1853], Rivot a reconnu qu'en grillant au rouge sombre, au moyen de la vapeur d'eau surchauffée, les minerais d'or et d'argent rebelles, mélangés avec de l'oxyde de manganèse, de l'oxyde de fer ou des pyrites grillées à l'air, et soumettant ces minerais à l'amalgamation dans de bonnes conditions, on peut en retirer une quantité de métaux précieux dépassant d'au moins 10 % la teneur à l'essai. L'application de ce procédé, qui avait commencé à donner de bons résultats dans les essais industriels faits en Californie, a subi un temps d'arrêt par suite de la mort de l'auteur.

La marche du traitement est la suivante :

1° Les minerais pulvérisés sont intimement mélangés avec l'un des corps oxydants cités, généralement la pyrite de fer grillée à l'air, le plus souvent par parties égales.

2° Le mélange est grillé au rouge sombre par la vapeur d'eau surchauffée dans un four tournant d'une disposition spéciale pour la description duquel nous renvoyons au mémoire cité.

3° Les minerais ainsi grillés sont amalgamés directement, sans intervention d'aucun réactif, dans des pans ou sous des meules verticales.

AFFINAGE DES PRODUITS. — Quelle que soit la méthode de traitement suivie, l'or est obtenu allié à l'argent et à une très-faible quantité d'autres métaux, principalement de cuivre : il est généralement livré tel quel aux hôtels de monnaies ou aux affineurs qui séparent l'or et l'argent par affinage. — Voyez ce mot.

L'or de Californie contient quelquefois de l'iridium à l'état de mélange. On le sépare par liquation de la manière suivante : après avoir ajouté la quantité d'argent nécessaire à l'inquartation, si on laisse reposer pendant quelque temps la masse fondue, l'iridium se rassemble au fond; en décantant les couches supérieures, il reste dans le creuset un alliage riche en iridium. Cette opération est répétée plusieurs fois dans le même creuset; puis on fait deux ou trois fontes en n'ajoutant que de l'argent de manière à appauvrir l'alliage en or. L'alliage d'iridium et d'argent contenant un peu d'or est traité par l'acide sulfurique, qui dissout l'argent; l'or en particules très-fines reste longtemps en suspension et peut être séparé de l'iridium par simple lavage.

*Affinage de l'or cassant.* — Il suffit de la présence de quantités presque inappréciables de plomb, d'arsenic ou d'antimoine, pour communiquer à l'or des propriétés qui le rendent impropre à la fabrication des monnaies : les pièces sortant des coins n'offrent aucune résistance et se brisent sous le moindre effort. Ce défaut se rencontre souvent dans l'or d'Australie. Les méthodes de purification proposées au moyen du chlorure de mercure ou de l'oxyde de cuivre [Warrington, *Journ. of the Chem. Society, quarterly Journ.*, t. XIII, p. 34] ont dû être abandonnées : on emploie actuellement, et sur une grande échelle, à la Monnaie de Londres, la méthode de Bowyer-Miller. Ce procédé [*Chem. Soc. Journ.*, (2), t. VI, p. 506] consiste à faire passer un courant de chlore dans l'or fondu et recouvert d'une couche de borax. Il suffit d'un passage de 3 à 5 minutes pour affiner un poids d'or de 30 à 40 kilogrammes. Les chlorures volatils s'échappent; le chlorure d'argent se retrouve dans le borax. La perte en or, dont le chlorure ne saurait exister à cette température, est excessivement faible. Le borax chargé de chlorure d'argent est placé entre deux plaques de fer dans de l'eau acidulée par l'acide sulfurique, et l'argent est réduit de cette façon.

F. de L.

**OR** (Min.) [Syn. *Or natif*]. — Or allié avec des proportions variables d'argent, parfois avec de petites quantités de fer et de cuivre. Certaines variétés contiennent du palladium (porpézite) ou du rhodium. Il se rencontre en cristaux ou en lamelles, en veines disséminées dans les terrains schisteux cristallins, ou dans les roches métamorphiques, surtout au voisinage de certaines roches éruptives, telles que porphyres, diorites et serpentines.

Dans les mines de Gorgo Socco (Brésil), par exemple, l'or est répandu dans les roches schisteuses formées de quartz, de mica et de fer oligiste, et renfermant du manganèse. Ces roches (itabirite et iacotinga) se rattachent à l'itacolumite.

On le trouve aussi dans les filons pierreux qui traversent ces mêmes terrains. Ces filons sont généralement quartzeux et renferment l'or disséminé souvent en si petites proportions qu'ils ne sont pas exploitables. Parfois l'or est associé à la pyrite (Californie, Australie, Salzbourg, Beresow, Oural, la Gardette (Isère), Macugnaga (Piémont, etc.).

Enfin, les gisements les plus avantageux pour l'exploitation sont les alluvions superficielles provenant de la désagrégation des roches précédentes; ils consistent ordinairement en sables quartzeux ou ferrugineux, qui sont souvent en même temps platinifères et riches en diverses pierres précieuses. L'or y est contenu en petites paillettes ou en pépites de diverses grosseurs, qui se sont accumulées en certains points par lévigation naturelle (Californie, Australie, Brésil, Cordofan, Sibérie, la plupart des fleuves descendant des Alpes, tels que le Rhin, le Rhône, etc.).

ANALYSES D'OR. — I. De Schabrowski, Sibérie. Densité, 19,1. — II. D'Australie. — III. De Californie. — IV. Sénégal. — V. Canada, Chaudière. Densité, 17,6. — VI. Transylvanie. — VII. Vöröspatak, Transylvanie. Variété. Électrum d'un blanc jaunâtre. — VIII. Porpézite, de Porpez.

| | Au. | Ag. | | | |
|---|---|---|---|---|---|
| I..... | 98,96 | 0,16 | | » | » |
| II.... | 99,28 | 0,44 | Fe 0 20 | Cu 0,07 | Bi 0,01 |
| III... | 96,42 | 3,58 | | » | » |
| IV... | 86,80 | 11,80 | » | Cu 0,90 | » |
| V.... | 87,77 | 12,23 | » | » | » |
| VI... | 84,80 | 14,68 | Fe 0,18 | Cu 0,04 | » |
| VII.. | 60,49 | 38,74 | » | » | » |
| VIII. | 85,98 | 4,17 | Pd 9,85 | » | » |

L'or rhodifère du Mexique renferme, d'après del Rio, de 34 à 43 % de rhodium. Celui de Choco (Colombie) en renferme environ 3 %.

*Caractères.* — Soluble dans l'eau régale. Fusible au chalumeau. Avec le sel de phosphore, donne un verre opalin lorsqu'il renferme de l'argent.

Dureté, 2,5 à 3.

Densité de 15,6 à 19,5.

*Forme cristalline.* — Cubique : cubo-octaèdre, dodécaèdre $b^1$; hexatétraèdre $b^3$; $a^2$; $(b^1 b^{1/2} b^{1/4})$. Macles parallèles à $a^1$.

F. et S.

**OR DES CHATS.** — Voyez MICA.

**OR GRAPHIQUE.** — Voyez SYLVANE.

**ORANGE (ESSENCE D')**. — Voyez t. I, p. 935.

**ORANGITE**. — Voyez THORITE.

**ORAWICZITE** (Min.). — Argile mélangée de calamine d'Orawicza, Banat.

**ORCANETTE**. — Voyez ANCHUSINE.

**ORCÉINE**, $C^7H^7AzO^3$. — Ce corps est renfermé dans l'orseille du commerce, mélangé avec d'autres matières colorantes semblables. Il résulte de l'action simultanée de l'ammoniaque, de l'air et de l'eau sur l'orcine :

$$C^7H^8O^2 + AzH^3 + O^3 = C^7H^7AzO^3 + 2H^2O.$$

On place de l'orcine en poudre dans une capsule, en présence d'une autre capsule renfermant de l'ammoniaque, et l'on recouvre le tout d'une cloche. L'orcine se colore peu à peu en rouge. Après 24 heures, on dissout le produit dans l'eau et l'on ajoute à la solution de l'acide acétique qui précipite l'orcéine sous la forme de flocons. Une action trop prolongée de l'air et de l'ammoniaque transforme l'orcéine en une matière brune [Robiquet, *Ann. de Chim. et de Phys.*, (2), t. XLII, p. 235]. L'érythrine, chauffée pendant plusieurs jours à 40° avec de l'ammoniaque, donne également de l'orcéine (Heeren).

De Luynes chauffe à 60° ou 80° pendant quatre à cinq jours, en agitant fréquemment, un mélange d'orcine et de 1 p. d'ammoniaque aqueuse, 25 p. de carbonate de sodium sec et 5 p. d'eau. La solution violette étant alors neutralisée par de l'acide chlorhydrique, la matière colorante se précipite à l'état de pureté et forme après dessiccation une masse cassante, à éclat métallique [*Compt. rend.*, t. LIX, p. 49].

L'orcéine est d'une belle couleur rouge, peu soluble dans l'eau qu'elle colore en rouge vineux, devenant rouge pelure d'oignon par les acides et violette par les alcalis. L'addition d'un sel neutre à sa solution aqueuse la précipite. Elle est très-soluble dans l'alcool qu'elle colore en écarlate et d'où l'eau la reprécipite en partie. L'éther n'en dissout que fort peu et se colore en jaune. Elle est insoluble dans le sulfure de carbone, l'essence de térébenthine et la benzine.

Elle se dissout aisément dans la potasse et dans l'ammoniaque en donnant une solution pourpre qui abandonne l'orcéine par l'addition de sel marin.

L'acide sulfurique concentré dissout l'orcéine en se colorant en violet foncé; l'addition d'eau à cette solution la fait virer au rouge-cerise.

La solution alcoolique d'orcéine, étendue d'eau, est un excellent réactif pour les alcalis qui la font virer au violet (de Luynes).

Chauffée, l'orcéine sèche perd de l'ammoniaque en se décomposant.

Sa solution éthérée, traitée par une solution éthérée d'ammoniaque, donne un précipité soluble dans l'eau et perdant de l'ammoniaque à 60-80° (de Luynes).

Une solution ammoniacale d'orcéine, rendue légèrement acide par de l'acide chlorhydrique, se décolore par l'action d'une lame de zinc, mais elle reprend sa couleur au contact de l'air. Si l'on y ajoute de l'ammoniaque après décoloration, il se produit un abondant précipité blanc que Kane a nommé *leucorcéine*, et qui devient violet à l'air, puis pourpre. Le sulfhydrate d'ammoniaque décolore également l'orcéine. Il en est de même d'un mélange de chaux et de sulfate ferreux ou de sucre et de potasse alcoolique. La coloration reparaît à l'air (de Luynes).

La leucorcéine de Kane renferme de l'oxyde de zinc; ce chimiste lui attribuait la formule peu probable $C^{18}H^{20}Az^2O^8, 3ZnO + 2H^2O$ [*Ann. de Chim. et de Phys.*, (2), t. II, p. 147].

Les solutions alcalines d'orcéine donnent, avec les solutions métalliques, des laques colorées. Ces combinaisons ont principalement été étudiées par Kane [*loc. cit.*] qui les considère comme renfermant $C^{18}H^{20}Az^2O^8$, outre 3 molécules d'oxyde métallique. Mais les chiffres de ses analyses se rapprochent presque autant des formules renfermant $C^7H^7AzO^3$, plus 2 molécules d'oxyde.

La *combinaison zincique* est violette. La *combinaison plombique* est pourpre ainsi que la *combinaison cuivrique*. La combinaison argentique étudiée par Dumas s'obtient en ajoutant quelques gouttes d'ammoniaque à une solution d'orcéine, faisant bouillir pour chasser l'excès d'ammoniaque et ajoutant de l'azotate d'argent. C'est un précipité violet foncé, presque noir après dessiccation. Sa composition s'écarte notablement de la formule $C^7H^5AzAg^2O^3$.

CHLORORCÉINE. — Ce composé, mal défini, auquel Kane a assigné la formule $C^9AzClH^9O^5.HCl$, s'obtient par l'action du chlore sur l'orcéine. C'est une substance jaune-brun, insoluble dans l'eau, soluble dans l'alcool et dans l'éther.

Les données contradictoires qui existent sur différents points de l'histoire de l'orcéine permettent de penser que l'on a quelquefois confondu sous cette dénomination des substances différentes, ou que le produit était mélangé d'autres principes mal définis contenus dans l'orseille. — Voyez TOURNESOL. E. W.

**ORCINE**, $C^7H^8O^2$. — Ce principe, découvert en 1829 par Robiquet [*Ann. de Chim. et de Phys.*, (2), t. XLII, p. 345; t. LVIII, p. 320; *Journ. Pharm.*, t. XXI, p. 269] dans le *Variolaria dealbota*, paraît exister tout formé dans plusieurs lichens, mais, le plus souvent, il résulte de la métamorphose des acides contenus dans les lichens. Ainsi l'orcine prend naissance par la décomposition de l'acide orsellique qui, lui-même, est un produit de dédoublement de l'érythrine, de la picroérythrine, de l'acide lécanorique, de l'acide évernique (voyez t. I, p. 1256, 1257, 1397, et t. II, p. 211) :

$$\underset{\text{Acide orsellique.}}{C^8H^8O^4} = \underset{\text{Orcine.}}{C^7H^8O^2} + CO^2;$$

$$\underset{\text{Acide évernique.}}{C^{17}H^{16}O^7} + H^2O = \underset{\text{Acide éverninique.}}{C^9H^{10}O^4} + \underset{\text{Orcine.}}{C^7H^8O^2} + CO^2, \text{ etc.}$$

D'après Hlasiwetz, on trouve aussi de l'orcine parmi les produits de l'action de la potasse en fusion sur l'aloès; on en obtient environ 2 % [*Ann. der Chem. u. Pharm.*, t. CXXXIV, p. 287].

La synthèse de l'orcine vient d'être récemment réalisée : MM. G. Vogt et A. Henninger ont en effet obtenu ce corps en fondant avec de la potasse l'acide *chlorocrésylsulfureux* α (voyez TOLUÈNE)

$$C^7H^6\begin{cases}Cl\\SO^3H,\end{cases}$$

et ont montré par cette synthèse que l'orcine est un diphénol dérivé du toluène [*Ann. de Chim. et de Phys.*, (4), t. XXVII, p. 129].

*Préparation*. — Robiquet épuise la variolaire par de l'alcool bouillant, laisse refroidir l'extrait, décante la liqueur après qu'il s'y est déposé des cristaux, évapore cette liqueur à sec et reprend le résidu par de l'eau bouillante. La solution aqueuse, évaporée à consistance d'extrait, dépose au bout de quelques jours des cristaux colorés d'orcine qu'on purifie par le charbon animal et par plusieurs cristallisations.

Mais on l'obtient beaucoup plus facilement en suivant la méthode de préparation de l'érythrite recommandée par de Luynes (voyez t. I, p. 1258); c'est l'orcine qui se dépose en premier lieu et l'érythrite cristallise dans les eaux mères. Pour purifier l'orcine brute ainsi obtenue, on la redissout dans l'eau, on la fait bouillir avec du noir animal et on la fait cristalliser de nouveau. Elle est alors d'un rouge jaunâtre et hydratée. On la fond dans une capsule de porcelaine pour en chasser l'eau de cristallisation; après l'avoir laissée refroidir, on la soumet à la distillation par portions de 20 à 30 grammes dans une cornue d'un demi-litre traversée par un courant d'acide carbonique; l'orcine se sublime et vient se condenser dans le col de la cornue et dans le récipient. Il faut éviter l'application d'une température trop élevée qui décompose l'orcine.

On peut aussi opérer cette distillation en faisant le vide à 2 ou 3 centimètres.

L'orcine sublimée est anhydre. Il est essentiel d'opérer la sublimation sur de l'orcine recristallisée, car si elle renfermait de l'érythrite, celle-ci distillerait en même temps [de Luynes, *Ann. de Chim. et de Phys.*, (4), t. VI, p. 184].

Stenhouse sépare l'orcine du produit obtenu par le dédoublement de l'érythrine, en évaporant la solution aqueuse à sec et reprenant le résidu par de la benzine, qui dissout l'orcine et laisse l'érythrite et la matière colorante brune qui l'accompagne. On agite la solution benzinique avec de l'eau; celle-ci lui enlève l'orcine dissoute, et l'on remet cette même benzine avec le résidu, répétant cette opération jusqu'à épuisement complet. Finalement on concentre la solution aqueuse d'orcine à cristallisation [*Ann. der Chem. u. Pharm.*, t. CXLIX, p. 288; *Bull. de la Soc. chim.*, 1869, t. XII, p. 322].

*Propriétés.* — L'orcine anhydre fond a 86° (Lamparter) et bout à 280-287° (Dumas). Sa densité de vapeur avait été trouvée par Dumas égale à 82,31 (5,7 par rapport à l'air). De Luynes, en opérant à 350°, est arrivé à un nombre très-voisin de la théorie, 60,7 au lieu de 62 (4,20 par rapport à l'air, au lieu de 4,28). Les cristaux déposés au sein de l'eau renferment de l'eau de cristallisation. L'éther dépose toujours l'orcine à l'état anhydre.

Sublimée, elle se présente en longues aiguilles d'un blanc éclatant; conservée à l'abri des vapeurs acides ou ammoniacales, elle reste incolore.

L'orcine hydratée, $C^7H^8O^2 + H^2O$, fond déjà à 59°, d'après Lamparter, et perd son eau dans le vide sec ou par la fusion; d'un autre côté, l'orcine anhydre attire l'humidité de l'air.

L'orcine hydratée cristallise en prismes clinorhombiques incolores [Laurent et Gerhardt, *Ann. de Chim. et de Phys.*, (3), t. XXIV, p. 317; — Miller, *Ann. der Chem. u. Pharm.*, t. LXVIII, p. 99]. Forme observée : $m.h^1o^1$, quelquefois avec $p$. Inclinaison des faces $m : m$ dans le plan de la diagonale horizontale et de l'axe principal = 102° 24'; $h^1 : p$ = 83° 57'; $h^1 : o^1$ = 136° 16'. Clivage parallèle à $h^1$. Les cristaux sont fort solubles dans l'eau et dans l'alcool; ils se dissolvent également dans l'éther et dans la benzine, mais très-peu dans le sulfure de carbone.

La solution aqueuse d'orcine est neutre; sa saveur est sucrée et désagréable. Elle n'est pas précipitée par le chlorure mercurique, l'acétate de plomb neutre, le sulfate de cuivre, la gélatine et le tannin. Mais elle est précipitée par le sous-acétate de plomb, et le perchlorure de fer y forme un précipité rouge tirant sur le noir; l'ammoniaque détruit cette teinte. L'azotate d'argent n'est réduit qu'en solution ammoniacale; en même temps la solution rougit. Le chlorure d'or est réduit lentement à froid, rapidement à l'ébullition.

Le contact de l'air rougit peu à peu l'orcine, surtout sous l'influence de la lumière. L'orcine jouit, à la manière du phénol, de propriétés antiseptiques très-prononcées (de Luynes).

Action des bases sur l'orcine. — Quoique n'ayant aucune réaction acide, l'orcine se combine aux bases, à la manière du phénol, mais ces combinaisons sont extrêmement altérables à l'air. La solution d'orcine dissout des quantités notables de chaux; la solution se trouble par la chaleur, mais s'éclaircit de nouveau par le refroidissement. L'alcool précipite une combinaison se colorant rapidement à l'air et paraissant renfermer 1 molécule de chaux pour 2 molécules d'orcine. On obtient de même une combinaison barytique qui renferme 37,2 % de baryte, tandis que la formule $(C^7H^8O^2)^2BaO$ en exige 38,2 [de Luynes, *loc. cit.*].

La potasse fondue dissout l'orcine sans l'altérer. L'orcine fondue décompose avec effervescence le carbonate de soude sec et pulvérisé. Elle déplace également la silice du silicate de potassium (de Luynes).

On obtient une *combinaison plombique*

$$C^7H^6PbO^2.PbO$$

en précipitant l'orcine par le sous-acétate de plomb, ou l'orcine ammoniacale par l'azotate de plomb. Cette combinaison est incolore, mais elle rougit peu à peu à l'air pendant le lavage (Schunck, Dumas).

*Orcine ammoniacale.* — L'orcine anhydre absorbe le gaz ammoniac sec. La combinaison s'accomplit très-bien lorsqu'on chauffe doucement l'orcine dans un courant de gaz ammoniac sec, ou qu'on dirige ce gaz dans une solution éthérée d'orcine renfermant de 25 à 35 % d'orcine. Il se dépose du jour au lendemain des cristaux volumineux, incolores, inodores, très-solubles dans l'alcool et très-peu dans l'éther. Ils sont inaltérables dans le vide sec ainsi que dans l'oxygène sec. Mais exposés à l'air, ils en attirent rapidement l'humidité, deviennent ternes, en perdant de l'ammoniaque et se transformant en matière colorante (voyez Orcéine). Cette combinaison renferme $C^7H^8O^2,AzH^3$ (de Luynes). A l'air humide, l'ammoniaque agit immédiatement sur l'orcine pour la transformer en matière colorante :

$$\underset{\text{Orcine.}}{C^7H^8O^2} + AzH^3 + O^3 = \underset{\text{Orcéine.}}{C^7H^7AzO^3} + 2H^2O.$$

L'orcine paraît aussi s'unir aux alcaloïdes; ainsi, l'addition d'une solution concentrée d'orcine à une solution concentrée de sulfate acide de quinine en sépare un liquide huileux, se solidifiant peu à peu, et renfermant de l'orcine et de la quinine. Réaction analogue avec le sulfate de cinchonine (de Luynes).

Réactions et décompositions de l'orcine. — *L'acide azotique* dissout l'orcine; si l'on chauffe, il se dégage des vapeurs nitreuses, la solution rougit et laisse déposer une matière résineuse soluble dans les acides; une action prolongée donne de l'acide oxalique (Robiquet, Schunck). Cependant, si l'on ajoute de l'orcine à de l'acide azotique concentré, refroidi à — 10°, on obtient un dérivé trinitré, qui est décrit plus loin.

Lorsque sous une cloche on place de l'orcine pulvérisée en présence d'acide azotique à 40°, elle se colore peu à peu en rouge et se transforme en une substance amorphe très-peu soluble dans l'eau, soluble dans l'alcool et dans l'éther; l'eau bouillante la laisse déposer en flocons. Elle est soluble sans altération dans l'acide sulfurique concentré, avec une coloration violette très-intense; l'eau la précipite de nouveau de cette solution sous la forme d'une poudre rouge. Les alcalis dissolvent pareillement cette matière colorante avec une couleur violette qui passe au rouge par les acides. La chaux et la baryte donnent des colorations bleues. En présence de l'ammoniaque, le sous-acétate de plomb et l'acétate d'alumine donnent des laques bleues. Elle teint à chaud, sans mordant, la laine et la soie (de Luynes).

Le chromate acide de potassium en solution aqueuse attaque l'orcine en donnant une matière brune; l'addition d'acide sulfurique rend cette décomposition plus prompte. Les bioxydes de manganèse et de plomb, le peroxyde d'hydrogène, etc., l'altèrent d'une manière analogue, sans qu'on ait pu encore obtenir un produit défini par ces réactions.

L'orcine, additionnée de quelques gouttes d'une solution de chlorure de chaux, se colore en rouge pourpre, mais cette coloration devient aussitôt jaune (Stenhouse). La solution concentrée d'orcine ne s'oxyde pas à l'air sous l'influence du noir de platine.

Le chlore et le brome agissent sur l'orcine en ne donnant que des produits de substitution. L'iode n'attaque pas l'orcine, mais paraît s'y combiner sans substitution. Le chlorure d'iode la transforme en triiodorcine.

Le chlorure de soufre attaque l'orcine : il y a dégagement d'acide chlorhydrique et formation d'un produit amorphe jaune, insoluble dans les dissolvants neutres, soluble dans les alcalis (Stenhouse).

L'acide iodhydrique concentré est sans action sur l'orcine (de Luynes).

### DÉRIVÉS DE SUBSTITUTION DE L'ORCINE.

MONOBROMORCINE, $C^7H^7BrO^2$. — Cristaux rhomboïdaux durs et jaunes, solubles dans l'eau bouillante, peu solubles dans l'eau froide. Elle se forme par l'action de l'eau bromée sur une solution aqueuse d'orcine, tant qu'il ne se produit pas de précipité. Ces cristaux sont anhydres, très-solubles dans l'alcool et dans l'éther, fusibles à 135°, et volatils déjà au-dessous de cette température; une chaleur plus forte les altère. La bromorcine donne, avec l'acétate de plomb, un précipité blanc, d'où l'on peut la retirer de nouveau par l'action de l'hydrogène sulfuré. Sa solution dans la potasse brunit par l'ébullition; les acides en séparent alors une résine brune [Lamparter, *Ann. der Chem. u. Pharm.*, t. CXXXIV, p. 243; *Bull. de la Soc. chim.*, 1866, t. V, p. 295].

TRIBROMORCINE, $C^7H^5Br^3O^2$.—Aiguilles soyeuses obtenues par l'action du brome sur l'orcine. L'attaque a déjà lieu à froid, avec dégagement d'acide bromhydrique; le produit, d'abord fluide, se prend en masse; on le fait cristalliser de nouveau dans l'alcool faible. Hesse l'a obtenu par l'action du brome sur l'érythrine, et cristallisation dans l'alcool et dans l'acide acétique étendu, à l'état de prismes blanc rougeâtre, fusibles à 98°. D'après Lamparter, ce produit fond à 103°. Il fond plus facilement sous l'eau.

La tribromorcine est insoluble dans l'eau, soluble dans l'alcool et dans l'éther. Elle est inodore et sans saveur.

La tribromorcine fondue se prend par le refroidissement en une masse cristalline radiée. Par l'action d'une forte chaleur, elle se décompose avec dégagement d'acide bromhydrique et résidu de charbon, tandis qu'il distille une huile qui se solidifie par le refroidissement. La potasse versée sur la tribromorcine la colore en brun-violet foncé; de l'eau qu'on ajoute dissout le tout avec une coloration rouge brunâtre, qui disparaît par les acides. L'ammoniaque ne produit pas cette coloration [Laurent et Gerhardt, *Ann. de Chim. et de Phys.*, (3), t. XXIV, p. 317; — Stenhouse, *Ann. der Chem. u. Pharm.*, t. LXVIII, p. 96].

PENTABROMORCINE, $C^7H^3Br^5O^2$. — On ajoute par petites portions de l'orcine en solution concentrée à 7 p. de brome et 200 p. d'eau. On fait cristalliser le produit dans le sulfure de carbone d'où il se dépose en cristaux transparents fusibles à 126°. Réactions analogues à celles de la pentachlororcine (Stenhouse).

TRICHLORORCINE, $C^7H^5Cl^3O^2$. — Ce produit se forme par l'action du chlore sec sur l'orcine. On obtient une masse cristalline qu'on reprend par de l'eau bouillante ou par de l'alcool. Lorsqu'on opère avec une solution d'orcine, il se produit en même temps une résine brune qui rend la purification de la chlororcine difficile (Schunck, Stenhouse). Le même produit se forme par l'action du chlorate de potassium sur une solution d'orcine dans l'acide chlorhydrique concentré; il s'établit une vive réaction, et il se forme une matière résineuse noire qui se sépare sous la forme d'une couche huileuse qu'on sépare et qu'on épuise par l'eau bouillante. La trichlororcine se dépose à l'état de longues aiguilles soyeuses, qu'on purifie par le noir animal et par une nouvelle cristallisation (de Luynes).

La trichlororcine fond vers 159° et cristallise par le refroidissement; elle se volatilise en partie sans décomposition. Elle se dissout dans l'eau bouillante et dans l'alcool. Sa solution aqueuse réduit le chlorure d'or; elle est décomposée à l'ébullition par l'azotate d'argent avec formation de chlorure d'argent.

Elle se dissout dans les alcalis et est de nouveau mise en liberté par les acides. D'après Schunck, elle forme une combinaison insoluble avec la baryte.

Stenhouse pense avoir obtenu une trichlororcine différente, fusible déjà à 123°; elle se formerait par l'action de l'acide iodhydrique sur la pentachlororcine.

PENTACHLORORCINE, $C^7H^3Cl^5O^2$. — On l'obtient en ajoutant une solution concentrée d'orcine à de l'hydrate de chlore; elle se dépose sous la forme d'une masse cristalline blanche. Elle se forme aussi, en même temps que la trichlororcine, par l'action du chlorate de potassium sur l'orcine. On ajoute alternativement, et par petites portions à 35 p. d'acide chlorhydrique refroidi, d'une densité de 1,17, 2 p. d'orcine dissoute dans 7 p. d'acide chlorhydrique et 4 p. de chlorate en poudre; ce dernier doit toujours être en excès.

La pentachlororcine cristallise dans le sulfure de carbone en prismes volumineux et incolores, fusibles à 120°,5. L'eau bouillante la décompose peu à peu, en paraissant donner de la trichlororcine et un produit oléagineux.

Stenhouse a obtenu accidentellement, par l'action de l'hypochlorite de calcium sur une solution chlorhydrique d'orcine, *un hypochlorite de pentachlororcine*, $C^7H^3Cl^5O^2.HClO$, sous la forme de prismes blancs et transparents, solubles dans la benzine, fort peu dans le sulfure de carbone. Ce corps fond à 145°,5. L'ébullition avec l'eau ou avec l'alcool le décompose [*Ann. der Chem. u. Pharm.*, t. CLXIII, p. 174; *Bull. de la Soc. chim.*, t. XVIII, p. 130].

MONOIODORCINE, $C^7H^7IO^2$. — On l'obtient en agitant avec de l'oxyde de mercure une solution éthérée d'orcine et d'iode. Après distillation de l'éther, on reprend le résidu par de la benzine bouillante qui abandonne l'iodorcine à l'état cristallin. On la purifie par cristallisation dans une solution étendue d'iodure de potassium. C'est un corps insoluble, fusible à 86°, soluble dans l'éther, dans l'alcool bouillant et un peu dans la benzine [Stenhouse, *Chem. News*, t. XXVI, p. 279].

TRIIODORCINE, $C^7H^5I^3O^2$. — Grandes tables brunâtres et cassantes qui se forment par l'action du chlorure d'iode sur l'orcine. On lave le produit de la réaction avec un peu de sulfure de carbone, et l'on fait cristalliser dans l'alcool. Ce produit est insoluble dans l'eau, soluble dans l'éther et le sulfure de carbone, moins soluble dans l'alcool. L'acide azotique et les alcalis le décomposent [Stenhouse, *Journ. Chem. Soc.*, (2), t. II, p. 327].

La solution aqueuse d'orcine dissout l'iode sans se colorer et sans donner d'acide iodhydrique; elle enlève l'iode à sa solution dans le sulfure de carbone. Par l'évaporation de la liqueur dans le vide, l'orcine se sépare de nouveau inaltérée et l'iode se sublime [Hlasiwetz, *Journ. für prakt. Chem.*, t. CI, p. 315].

TRINITRORCINE, $C^7H^5(AzO^2)^3O^2$. — Pour préparer ce dérivé, Stenhouse ajoute 6 grammes d'orcine dissous dans 6 centimètres cubes d'eau bouillante à 40 centimètres cubes d'acide azotique d'une densité de 1,45, refroidi à — 10°; il verse ensuite la solution brune dans 120 centimètres cubes d'acide sulfurique concentré; puis, après 15 à 20 minutes, dans 300 centimètres cubes d'eau à laquelle on ajoute 400 grammes de glace. La trinitrorcine se précipite; après l'avoir lavée, on la fait cristalliser dans l'eau bouillante.

Elle forme de longues aiguilles jaunes, peu solubles dans l'eau froide, solubles dans la benzine bouillante et dans le chloroforme. Elle fond à 162° en se décomposant bientôt avec une légère explosion. Le chlorure de chaux la transforme à froid en chloropicrine. Le chlorure ferrique la colore en brun.

La trinitrorcine constitue un acide énergique, se distinguant de l'acide picrique par la solubilité de ses sels.

*Sel de potassium*, $C^7H^3(AzO^2)^3O^2K^2$. — Fines aiguilles orange foncé, solubles dans l'eau bouillante.

*Sel ammoniacal*. — Aiguilles soyeuses solubles dans l'eau, peu solubles dans l'alcool.

*Sel de baryum*, $C^7H^3(AzO^2)^3O^2Ba + 3H^2O$. — Aiguilles brillantes, jaunes, perdant leur eau à 100° en devenant oranges.

*Sel de plomb*, $C^7H^3(AzO^2)^3O^2Pb$. — Précipité insoluble dans l'eau froide.

Le *sel de cuivre* cristallise difficilement en aiguilles rouge-brun.

*Sel d'argent*, $C^7H^3(AzO^2)^3O^2Ag^2$. — Il se prend en gelée par le refroidissement de sa solution bouillante. Une ébullition prolongée le décompose.

*L'éther*, $C^7H^3(AzO^2)^3(OC^2H^5)^2$, cristallise dans l'alcool en aiguilles jaunes, fusibles à 61°,5. L'éther méthylique fond à 69°,5 [Stenhouse, *Chem., News*, t. XXIII, p. 193 et 230; *Bull. de la Soc. chim.*, t. XV, p. 243].

TRIAMIDORCINE, $C^7H^5(AzH^2)^3O^2$. — Elle se forme par l'action de l'amalgame de sodium sur la trinitrorcine. Sa solution alcaline s'oxyde rapidement à l'air, en devenant d'un beau bleu, par suite de la formation d'*amido-diimidorcine*

$$C^7H^5(AzH^2)(AzH)^2O^2.$$

Le sulfate de cette dernière base cristallise en paillettes peu solubles, d'un pourpre foncé. Le nitrate lui ressemble, mais est plus soluble. Le chlorhydrate, beaucoup plus soluble, est en aiguilles soyeuses brunes. Le picrate forme des lamelles vertes, à reflets irisés, fort peu solubles. La base elle-même cristallise en aiguilles mordorées, solubles dans la soude avec une belle coloration qui disparaît par l'ébullition [Stenhouse, *Chem. News*, t. XXIII, p. 292, et *Bull. de la Soc. chim.*, t. XVI, p. 138].

DÉRIVÉ SULFO-CONJUGUÉ. — L'acide sulfurique forme directement avec l'orcine un acide sulfoconjugué $C^7H^8S^2O^8 = C^7H^6O^2(SO^3H)^2$. Lorsqu'on la chauffe vers 60-80° avec de l'acide sulfurique concentré, qu'on neutralise par du carbonate de plomb et qu'on concentre la liqueur filtrée, on obtient une masse cristalline qui, privée d'orcine par un traitement à l'éther et reprise par l'eau bouillante, fournit un sel de plomb cristallisé en lamelles rectangulaires, brunâtres et nacrées, renfermant $C^7H^6PbS^2O^8 + PbH^2O^2 + 4\frac{1}{2}H^2O$. Les eaux mères de ces cristaux fournissent encore un *orcinosulfite de plomb*, moins basique, $(C^7H^6PbS^2O^8)^2 + PbH^2O^2 + 6H^2O$, formé de prismes microscopiques [Hesse, *Ann. der Chem. u. Pharm.*, t. CXVII, p. 297; *Répert. de Chim. pure*, 1862, p. 121].

ÉTHERS DE L'ORCINE.

*Orcine diacétique*, $C^{11}H^{12}O^4 = C^7H^6(C^2H^3O^2)^2$ (l'orcine étant considérée comme $(C^7H^6)''(HO)^2$). — L'acide acétique cristallisable ne se combine pas directement à l'orcine. Mais le chlorure d'acétyle réagit sur cette dernière en donnant une masse visqueuse qui, lavée à l'eau pour décomposer le chlorure en excès, puis mélangée à du carbonate de soude et traitée par l'éther, lui cède l'orcine diacétique. Celle-ci se dépose, après l'évaporation de l'éther, sous la forme d'une huile cristallisant par le froid. Elle est solide au-dessus de 25° et cristallise en aiguilles entrelacées, ayant l'apparence d'un corps gras. A peine soluble dans l'eau, l'orcine diacétique se dissout très-bien dans l'alcool et dans l'éther. Sa saveur est fade et douceâtre; elle tache le papier momentanément. Les alcalis la dédoublent à chaud en acide acétique et orcine. Le chlorure de chaux y développe une coloration rouge qui disparaît rapidement [de Luynes, *loc. cit.*].

*Orcine dibenzoïque*,

$$C^{21}H^{16}O^4 = C^7H^6(C^7H^5O^2)^2.$$

— Le chlorure de benzoyle réagit à chaud sur l'orcine en donnant une orcine dibenzoïque qu'on sépare comme l'orcine diacétique. Elle est incolore, inodore, à saveur très-sucrée, et cristallise en aiguilles radiées très-dures, fusibles à 40°. Elle est insoluble dans l'eau, très-soluble dans l'alcool et dans l'éther. Les alcalis bouillants la saponifient (de Luynes).

*Orcine dibutyrique*,

$$C^{15}H^{20}O^4 = C^7H^6(C^4H^7O^2)^2.$$

— S'obtient par l'action du chlorure de butyryle sur l'orcine. C'est un liquide incolore, insoluble dans l'eau, soluble dans l'alcool et dans l'éther. Les alcalis la saponifient à chaud. Chauffée dans un tube, elle se réduit en vapeurs en laissant un léger résidu charbonneux (de Luynes).

Tous ces composés donnent de l'orcéine en présence de l'ammoniaque humide et de l'air.

*Orcine stéarique*. — On l'obtient en faisant agir l'acide stéarique sur l'orcine à 250° et lavant le produit à l'eau bouillante. Elle se dépose de sa solution éthérée sous forme d'une masse cireuse. Elle est saponifiée à 100° par un lait de chaux [Berthelot, *Ann. de Chim. et de Phys.*, (3), t. LVI, p. 74].

DÉRIVÉS ALCOOLIQUES DE L'ORCINE. — En faisant agir 1 molécule d'iodure de méthyle, d'éthyle ou d'amyle sur l'orcine, de Luynes et Lionet ont obtenu les dérivés monoalcooliques suivants de l'orcine :

| | |
|---|---|
| La méthylorcine........ | $C^7H^7(CH^3)O^2$ |
| L'éthylorcine........... | $C^7H^7(C^2H^5)O^2$ |
| L'amylorcine............ | $C^7H^7(C^5H^{11})O^2$ |

Les deux premiers sont liquides et sirupeux, le dernier cristallise en aiguilles.

En opérant sur un mélange de 1 molécule d'orcine et de 2 molécules d'iodure, en présence de potasse, on obtient :

| | |
|---|---|
| La diéthylorcine.... | $C^7H^6(C^2H^5)^2O^2$ |
| La diamylorcine.... | $C^7H^6(C^5H^{11})^2O^2$ |

Ces deux corps sont sirupeux; le second distille sans altération à 240-250°.

Enfin, en présence d'un grand excès d'iodure alcoolique et de potasse, les produits sont :

| | |
|---|---|
| La triméthylorcine...... | $C^7H^5(CH^3)^3O^2$ |
| La triéthylorcine........ | $C^7H^5(C^2H^5)^3O^2$ |
| La triamylorcine........ | $C^7H^5(C^5H^{11})^3O^2$ |

La triméthylorcine est liquide et distille sans altération vers 250°. La triéthylorcine bout vers 265° [*Compt. rend.*, t. LXV, p. 213].

CONSTITUTION DE L'ORCINE. — L'orcine, par ses propriétés, se rapproche de la résorcine et présente une constitution analogue. MM. G. Vogt et A. Henninger, en réalisant la synthèse de l'orcine, ont démontré en effet que ce corps est un diphénol du toluène, et que par suite sa constitution peut être exprimée par la formule

$$C^7H^6\left\{\begin{matrix}OH\\OH\end{matrix}\right. = C^6H^3\left\{\begin{matrix}CH^3\\OH\\OH.\end{matrix}\right.$$

Toutefois l'existence des dérivés triméthylique et triéthylique ne peut s'expliquer facilement par cette formule; mais il se pourrait, d'après les recherches de M. Hofmann sur la transformation de la méthylaniline en toluidine, que la triméthylorcine ne fût pas autre chose qu'un dérivé diméthylique d'un homologue supérieur de l'orcine (A. Henninger):

$$C^6H^2\left\{\begin{matrix}(CH^3)^2\\(OCH^3)^2.\end{matrix}\right.$$

L'orcine est un isomère de la *saligénine*; mais, tandis que celle-ci donne de l'acide salicylique par l'action de la potasse fondue, l'orcine n'est pas attaquée. Le chlore transforme la saligénine en trichlorophénol, l'orcine donne de la trichlororcine. E. W.

β-**ORCINE**, $C^8H^{10}O^2$. — Cette substance, qui constitue probablement l'homologue de l'orcine, se produit par l'action de la chaleur sur l'acide usnique, $C^{19}H^{16}O^7$ (?), ainsi que par l'ébullition de cet acide avec de la baryte, de la potasse ou de la chaux [Stenhouse, *Ann. der Chem. u. Pharm.*, t. LXVIII, p. 104]. Elle se forme également par le dédoublement de la β-érythrine et de la β-picroérythrine (Menschutkine). — Voyez t. I, p. 1257.

Lorsqu'on soumet l'acide usnique à la distillation, il donne un sublimé ainsi qu'un liquide empyreumatique et laisse un résidu abondant de charbon. On reprend le produit distillé par l'eau et l'on évapore la solution à consistance sirupeuse. La β-orcine se dépose au bout de quelques jours en cristaux bruns qu'on purifie par le charbon animal et par cristallisation dans l'alcool faible.

L'action des alcalis sur l'acide usnique fournit moins de β-orcine parce que cet acide se résinifie en grande partie.

La β-orcine cristallise dans le type quadratique; les cristaux sont brillants et souvent assez volumineux. Formes observées : $m.b^{1/2}.b^1.p.h^1.a^1$. Inclinaison des faces : $b^1;p = 130°27'$; $b^{1/2}:p = 113°27'$; $a^1:p=121°31'$; $b^{1/2}:m=156°33'$; $b^1:m=130°3'$; $a^1:h^1=148°20'$. On n'y découvre pas de clivage (Miller).

La β-orcine est assez soluble dans l'eau froide, mais moins que l'orcine; elle se dissout aisément dans l'eau bouillante, l'alcool et l'éther. Sa saveur est légèrement sucrée. Elle se sublime sans altération. Ses réactions sont différentes de celles de l'orcine.

Les cristaux de β-orcine ne perdent rien dans le vide sec, mais chauffés au bain-marie, ils fournissent beaucoup d'eau. Ils ne fondent pas encore à 100°.

Avec l'ammoniaque, la β-orcine prend, après quelques minutes, une belle coloration rouge; cette coloration se produit bien plus vite qu'avec l'orcine.

Avec la potasse caustique ou carbonatée, elle donne une belle matière pourpre.

Une solution de chlorure de chaux la colore immédiatement en rouge de sang.

La solution de β-orcine ne précipite pas le nitrate d'argent, même ammoniacal, ni les sels de fer, de baryte, de cuivre, ni l'acétate neutre de plomb. Elle donne avec le sous-acétate de plomb un précipité abondant soluble dans un excès de sous-acétate. Ce précipité s'altère promptement en se colorant en rouge.

Le brome agit sur une solution aqueuse de β-orcine en fournissant un corps cristallisable en aiguilles, peu solubles dans l'eau, solubles dans l'alcool et dans l'éther. Ce composé correspond sans doute à la tribromorcine [Stenhouse, *Ann. der Chem. u. Pharm.*, t. CXXV, p. 353]. L'acide azotique concentré et froid transforme la β-orcine en dérivé trinitré (Stenhouse). E. W.

**ORELLINE**. — Substance jaune, soluble dans l'eau et l'alcool, peu soluble dans l'éther, que Chevreul a extraite du rocou. Elle colore en jaune les étoffes alunées.

**ORGANO-MÉTALLIQUES (COMPOSÉS)**. — La plupart des métaux se combinent avec les radicaux des alcools monatomiques, $CH^3$, méthyle; $C^2H^5$, éthyle; $C^6H^5$, phényle, etc., qui saturent tout ou partie de leurs atomicités, à la manière des éléments monatomiques tels que les halogènes; dans certains cas même, pour le plomb par exemple, la série de ces dérivés alcooliques est plus complète que la série des dérivés haloïdes. Aussi ces combinaisons constituent-elles peut-être le meilleur criterium pour établir l'atomicité des métaux. Ainsi on ne connaît qu'un seul chlorure de plomb, $PbCl^2$, d'après lequel le plomb est diatomique, et l'existence du bioxyde de plomb $PbO^2$ ne peut pas infirmer cette conclusion, car les quatre atomicités d'oxygène qu'il renferme peuvent se saturer mutuellement en partie. Mais il existe des composés dans lesquels le plomb est uni à quatre groupes monatomiques, tels sont le plombotétréthyle, ou tétréthylure de plomb,

$$\overline{\overline{Pb}}(C^2H^5)^4,$$

le chlorure de plombotriéthyle, $\overline{\overline{Pb}}(C^2H^5)^3Cl$, etc. L'existence de ces composés met hors de doute la tétratomicité du plomb.

Lorsque toutes les affinités du métal sont satisfaites par l'union de radicaux alcooliques, la combinaison est évidemment saturée et ne peut plus fixer de nouveaux éléments; telles sont les combinaisons $K'(C^2H^5)$; $Zn''(C^2H^5)^2$; $Hg''(C^2H^5)^2$; $Sn^{iv}(C^2H^5)^4$, etc. Lorsque, au contraire, un métal polyatomique est uni à un nombre de radicaux alcooliques inférieur à la valeur de son atomicité, la combinaison résultante est susceptible de fixer d'autres éléments, de manière à donner une combinaison saturée. Elle se comporte alors comme un *radical*.

Ainsi, dans le mercure-monométhyle, $HgCH^3$, inconnu à l'état de liberté, et dont la formule devrait être doublée, une seule des atomicités du mercure est satisfaite par le radical alcoolique, aussi peut-il encore s'unir à un atome d'iode, de chlore, d'hydroxyle, etc., pour former les combinaisons $Hg''(CH^3)I$; $Hg(CH^3).Cl$; $Hg(CH^3).(OH)$.

Le stanno-diméthyle $Sn(CH^3)^2$ est de même un composé non saturé, car il reste deux atomicités de l'étain libres. Ces atomicités peuvent être satisfaites soit par deux éléments ou groupes monatomiques, soit par un élément ou un groupe diatomique; par exemple :

| | |
|---|---|
| Chlorure de stanno-diméthyle..... | $Sn^{iv}(CH^3)^2Cl^2$ |
| Oxyde de stanno-diméthyle....... | $Sn^{iv}(CH^3)^2O''$ |
| Sulfate de stanno-diméthyle....... | $Sn^{iv}(CH^3)^2SO^4$ |

Le stannotriméthyle, $[Sn(CH^3)^3]^2$, tendra de même à donner ces combinaisons saturées, en fixant de l'iode, de l'hydroxyle, etc.

| | |
|---|---|
| Iodure de stanno-triméthyle... | $Sn^{iv}(CH^3)^3I'$ |
| Hydrate.................... | $Sn^{iv}(CH^3)^3(OH)'$ |
| Sulfate.................... | $[Sn^{iv}(CH^3)^3]^2(SO^4)''$. |

Ces relations ont été énoncées pour la première fois par Frankland [*Proceed. of the Roy. Soc.*, t. IX, mars 1859, et *Répert. de Chim. pure*, t. I, p. 416] et développées par Cahours dans son beau mémoire sur les radicaux organo-métalliques [*Ann. de Chim. et de Phys.*, (3), t. LVIII, p. 5]. Elles sont fondamentales pour la théorie de l'atomicité.

Certains radicaux organo-métalliques sont mixtes, c'est-à-dire qu'ils renferment à la fois deux ou même trois radicaux d'alcools unis au même métal; tel est, par exemple, le stanno-méthyltriéthyle.

Les radicaux organo-métalliques se partagent donc en deux groupes bien distincts; les composés saturés et les composés non saturés.

Nous venons de citer quelques exemples des seconds.

Les composés organo-métalliques se forment en général par l'action des métaux libres, ou unis au sodium, sur les iodures alcooliques. Un certain nombre d'entre eux peuvent être obtenus par l'action du métal sur la combinaison zincique correspondante; ainsi le mercure-méthyle se produit par l'action du mercure sur le zinc-méthyle. De même le mercure-méthyle peut servir à préparer d'autres radicaux, par exemple, l'aluminium-méthyle, par l'action de l'aluminium. Enfin, il en est qui se forment par double décomposition, par exemple, le mercure-éthyle, par l'action du bichlorure de mercure sur le zinc-éthyle.

Nous allons maintenant passer en revue les caractères essentiels et les réactions principales de ces importantes combinaisons qui sont décrites individuellement dans d'autres parties de cet ouvrage. — Voyez t. I, p. 616, 1352, 1652, et t. II, p. 407, ainsi que les articles Arsines, t. I, p. 417, et Stibines. Nous renvoyons également à ces articles pour les indications des sources.

Radicaux a métaux monatomiques. — Les combinaisons du *potassium*, du *sodium* et du *lithium* sont peu connues; elles se forment par l'action de ces métaux sur la combinaison zincique, par exemple, sur le zinc-éthyle.

Radicaux a métaux diatomiques (*magnésium, zinc, mercure*). — Ils se forment par l'action du métal libre, ou uni au sodium, sur les iodures alcooliques. Le mercure-éthyle ou méthyle se forme également par l'action du mercure ou du chlorure mercurique sur le zinc-éthyle (ou méthyle).

On ne connaît pas de dérivés des combinaisons organo-métalliques du magnésium.

Le zinc également ne donne guère que des combinaisons saturées. Cependant le composé que l'on a envisagé comme une combinaison d'iodure de zinc et de zinc-méthyle, par exemple, doit être envisagé comme de l'iodure de monométhylure de zinc, $Zn(CH^3)I$. Ce composé, qui se forme par l'action du zinc sur l'iodure de méthyle se décompose par la distillation en donnant le zinc-méthyle :

$$Zn\left\{\begin{matrix}CH^3\\I\end{matrix}\right. + Zn\left\{\begin{matrix}CH^3\\I\end{matrix}\right. = ZnI^2 + Zn\left\{\begin{matrix}CH^3\\CH^3\end{matrix}\right.$$

Le mercure ne donne à l'état de liberté qu'une seule série de radicaux, les radicaux saturés. Mais on peut facilement enlever à ceux-ci un de leurs groupes alcooliques, et le remplacer par un autre élément monatomique. Ainsi le chlore ou l'iode lui enlèvent un groupe alcoolique et s'y substituent :

$$Hg(CH^3)^2 + I^2 = Hg(CH^3)I + CH^3I.$$

Le chlorure mercurique donne de même :

$$Hg(CH^3)^2 + HgCl^2 = 2Hg(CH^3)Cl.$$

Inversement, on passe facilement de ces combinaisons au radical saturé; par exemple, par l'action de la potasse :

$$4(HgCH^3.I) + 4KHO$$
$$= Hg(CH^3)^2 + 2CH^4 + 3HgO + 4KI + H^2O.$$

Radicaux a métaux tri- et pentatomiques. — Dans ce groupe se placent, outre les dérivés du *bismuth*, les *arsines*, les *stibines* et même les *phosphines* qui se rattachent par d'autres relations aux *amines* ou ammoniaques composées. Les arsines se rapprochent pourtant plus des radicaux métalliques, car elles renferment des combinaisons qui ne peuvent pas être rapportées à l'hydrogène arsénié; tel est le cacodyle $As^2(CH^3)^4$. Mais ce radical fixe directement les éléments en donnant des dérivés tri- ou pentatomiques. En fixant du chlore, par exemple, il se dédouble et fournit 2 molécules de chlorure de cacodyle

$$As'''(CH^3)^2Cl$$

et, en s'unissant à l'iodure de méthyle, il donne l'iodure de tétréthylarsonium, $\overset{v}{A}s(CH^3)^4I$, en même temps que de l'iodure de cacodyle :

$$As^2(CH^3)^4 + 2(CH^3)I$$
$$= \overset{v}{A}s(CH^3)^4I + As'''(CH^3)^2I.$$

Les dérivés alcooliques trisubstitués de l'hydrogène arsénié, tels que la triéthylarsine

$$As(CH^3)^3,$$

sont diatomiques; ils s'unissent directement à O, $Cl^2$, $I^2$, $CH^3I$, etc.

On ne connaît qu'une stibine, $[Sb(C^5H^{11})^2]$, correspondant au cacodyle; les autres correspondent toutes à l'hydrogène antimonié et donnent alors, par fixation d'une molécule d'iodure alcoolique, les iodures de tétraméthylstibonium.

Les combinaisons du bismuth renferment un ou trois radicaux d'alcool, les premières sont diatomiques et inconnues à l'état de liberté; le type de leurs dérivés est le chlorure de bismuthéthyle $Bi(C^2H^5)Cl^2$. Les secondes, telles que $Bi(C^2H^5)^3$, se comportent presque comme des combinaisons saturées, leurs affinités sont très-faibles et l'on ne connaît qu'un sulfure de bismuthtriéthyle. Les premières combinaisons se forment par l'action du chlorure mercurique sur les secondes, et celles-ci par l'action du bismuthure de sodium sur les iodures alcooliques.

Radicaux a métal tétratomique (*plomb, étain, titane*). — Le plomb forme deux séries de combinaisons, les unes saturées et renfermant quatre groupes alcooliques, les autres en renfermant trois, la quatrième atomicité étant satisfaite par un élément ou un groupe électronégatif, chlore, oxygène, groupe sulfurique, etc., ou les molécules se doublant à l'état de liberté.

Les combinaisons de l'étain sont celles qui ont été le mieux étudiées. En prenant les combinaisons éthyliques pour types, on a les trois genres de combinaisons $(SnEt^2)''$; $(SnEt^3)'''$ ou $Sn^2Et^6$ à l'état de liberté; $SnEt^4$, combinaison saturée. Les deux premières se forment simultanément par l'action d'un alliage d'étain et de sodium sur l'iodure d'éthyle; la dernière se produit entre autres par l'action du zinc-éthyle sur l'iodure $SnEt^2I^2$. On connaît aussi un certain nombre de composés mixtes, renfermant à la fois plusieurs radicaux alcooliques.

Les combinaisons du titane sont peu connues.

Les dérivés du *silicium* font partie de ce groupe de composés organo-métalliques, auquel peuvent également se rattacher les *sulfines*.

Radicaux a métal hexatomique (*aluminium* $Al^2$, *tungstène*). — Ils sont encore peu connus; l'aluminium-méthyle, par exemple, se forme par l'action de l'aluminium sur le mercure-méthyle. Peut-être sa formule doit-elle être écrite $Al(CH^3)^3$

et non $Al^2(CH^3)^6$ (voyez t. II, p. 407). On connaît un iodure produit par substitution d'iode à l'éthyle $Al^2(C^2H^5)^3I^3$.

Le tungstène forme un dérivé tétraméthylé uni à $I^2$ représentant deux autres atomicités,

$$W^{vi}(CH^3)^4I^2.$$

Nous indiquons dans le tableau suivant les principales combinaisons organo-métalliques, en désignant les radicaux d'alcools par : Me = $CH^3$; Et = $C^2H^5$; Am = $C^5H^{11}$; allyle, All = $C^3H^5$; phényle, Ph = $C^6H^5$; naphtyle, Nph = $C^{10}H^7$.

MÉTAUX MONATOMIQUES.

| | Éthyle. |
|---|---|
| POTASSIUM......... | K Et |
| SODIUM............ | Na Et |
| LITHIUM .......... | Li Et (?) |

MÉTAUX DIATOMIQUES.

| | Méthyle. Me = $CH^3$ | Éthyle. Et = $C^2H^5$ | Allyle. All = $C^3H^5$ | Butyle. Bu = $C^4H^9$ | Amyle. Am = $C^5H^{11}$ | Phényle. Phe = $C^6H^5$ | Crésyle. Cre = $C^7H^7$ | Naphtyle. Nph = $C^{10}H^7$ |
|---|---|---|---|---|---|---|---|---|
| ZINC.... | $ZnMe^2$ | $ZnEt^2$ | » | » | $ZnAm^2$ | » | » | » |
| | $(ZnMe)I$ | $(ZnEt)I$ | » | » | » | » | » | » |
| CADMIUM.. | » | $CdEt^2$ | » | » | » | » | » | » |
| MAGNÉSIUM | $MgMe^2$ | $MgEt^2$ | » | » | » | » | » | » |
| GLUCINIUM | » | $GlEt^2$ (?) | » | » | » | » | » | » |
| MERCURE. | $HgMe^2$ | $HgEt^2$ | $HgAll^2$ | $HgBu^2$ | $HgAm^2$ | $HgPhe^2$ | $HgCre^2$ | $HgNph^2$ |
| | $HgMeEt$ | $HgEtMe$ | » | » | » | » | » | » |
| | $Hg^2Me^2$ non isolé. | $Hg^2Et^2$ non isolé. | $Hg^2All^2$ non isolé. | » | $Hg^2Am^2$ non isolé. | $Hg^2Phe^2$ non isolé. | $Hg^2Cre^2$ non isolé. | $Hg^2Nph^2$ non isolé. |
| | $(HgMe)'Cl$ | $(HgEt)'Cl$ | $(HgAll)'Cl$ | » | $(HgAm)'Cl$ | $(HgPhe)'Cl$ | $(HgCre)'Cl$ | » |
| | $(HgMe)Br$ | $(HgEt)Br$ | » | » | » | $(HgPhe)Br$ | » | » |
| | $(HgMe)I$ | $(HgEt)I$ | $(HgAll)I$ | » | $(HgAm)I$ | $(HgPhe)I$ | $(HgCre)I$ | $(HgNph)'I$ |
| | » | $(HgEt)Cy$ | » | » | » | $(HgPhe)Cy$ | » | » |
| | $(HgMe)OH$ | $(HgEt)OH$ | $(HgAll)OH$ | » | » | $(HgPhe)OH$ | » | » |
| | » | $(HgEt)AzO^3$ | » | » | » | $(HgPhe)AzO^3$ | » | » |
| | » | $(HgEt)^2S$ | » | » | » | » | » | » |
| | $(HgMe)^2SO^4$ | $(HgEt)^2SO^4$ | » | » | » | » | » | » |
| | $(HgMe)^2CO^3$ | $(HgMe)^2CO^3$ | » | » | » | $(HgPhe)^2CO^3$ | » | » |
| | » | » | » | » | » | $(HgPhe)CyS$ | » | » |
| | » | » | » | » | » | » | » | $(HgNph)CHO^2$ |
| | » | » | » | » | » | $(HgPhe)C^2H^3O^2$ | $(HgCre)C^2H^3O^2$ | $(HgNph)C^2H^3O^2$ |
| | » | Phosphate. | » | » | » | » | » | $(HgNph)C^4H^9O^2$ |
| | | Oxalate. | | | | | | |

MÉTAUX TRI- ET PENTATOMIQUES.

| | Méthyle. | Éthyle. | Amyle. |
|---|---|---|---|
| BISMUTH. | » | $(BiEt^3)''$ | » |
| | » | $(BiEt^3)S.Bi^2S^3$ | » |
| | » | $(BiEt)''$ non isolé. | » |
| | » | $(BiEt)''Cl^2$ | » |
| | » | $(BiEt)I^2$ | » |
| | » | $(BiEt)O$ | » |
| | » | $(BiEt)S$ | » |
| | » | $(BiEt)(AzO^3)^2$ | » |
| | » | $(BiEt)SO^4$ | » |
| ANTIMOINE (stibines). | $(SbMe^4)'$ non isolé. | $(SbEt^4)'$ non isolé. | » |
| | $(SbMe^4)Cl$ | $(SbEt^4)Cl$ | » |
| | $(SbMe^4)Br$ | $(SbEt^4)Br$ | » |
| | $(SbMe^4)I$ | $(SbEt^4)I$ | » |
| | $(SbMe^4)Cy$ | » | » |
| | $(SbMe^4)^2O$ | $(SbEt^4)^2O$ | » |
| | $(SbMe^4)^2S$ | » | » |
| | $(SbMe^4)AzO^3$ | $(SbEt^4)AzO^3$ | » |
| | $(SbMe^4)^2SO^4$ | $(SbEt^4)^2SO^4$ | » |
| | $(SbMe^4)^2CO^3$ | » | » |
| | » | $(SbEt^3Me)I$ | » |
| | » | $(SbEt^3All)CyS$ | » |
| | » | $(SbEt^3)''$ | $(SbAm^3)''$ |
| | » | $(SbEt^3)Cl^2$ | $(SbAm^3)Cl^2$ |
| | » | $(SbEt^3)Br^2$ | $(SbAm^3)Br^2$ |
| | » | $(SbEt^3)I^2$ | $(SbAm^3)I^2$ |
| | » | $(SbEt^3)Cy^2$ | » |
| | » | $(SbEt^3)O$ | $(SbAm^3)O$ |
| | » | $(SbEt^3)S$ | $(SbAm^3)S.Sb^2S^3$ |
| | » | $(SbEt^3)^2O.I^2$ | » |
| | » | $(SbEt^3)(AzO^3)^2$ | $(SbAm^3)(AzO^3)^2$ |
| | » | $(SbEt^3)SO^4$ | » |
| | » | » | $(SbAm^2)^2$ |
| | » | » | $(SbAm^2)^2O$ |
| | » | » | $(SbAm^2)^2CO^3$ |

| | Méthyle. | Éthyle. |
|---|---|---|
| ARSENIC (arsines). | $(AsMe^4)'$ non isolé. | $(AsEt^4)'$ non isolé. |

MÉTAUX TRI- ET PENTATOMIQUES (SUITE).

| | Méthyle. | Éthyle. |
|---|---|---|
| ARSENIC (arsines). (Suite.) | » | $(AsEt^4)Cl$ |
| | $(AsMe^4)Br$ | $(AsEt^4)Br$ |
| | $(AsMe^4)I$ | $(AsEt^4)I$ |
| | » | $(AsEt^4)I.AsI^2$ |
| | $(AsMe^4)OH$ | $(AsEt^4)OH$ |
| | $(AsMe^4)AzO^3$ | » |
| | $(AsMe^4)^2SO^4$ | $(AsEt^4)^2SO^4$ |
| | $(AsMe^3Et)'I$ | $(AsEt^3.C^2H^4Br)Br$ |
| | $(AsMe^2Et^2)^2S$ | $[(AsEt^3)^2C^2H^4]Br^2$ |
| | $(AsMe^2Am^2)I$ | $(AsEt^3.C^2H^3)OH$ |
| | $(AsMe^2All^2)I$ | $(AsEt^3.C^2H^4.PEt^3)Br^2$ |
| | » | $(AsEt^3.C^2H^4.AzEt^3)Br^2$ |
| | $(AsMe^3)$ | $(AsEt^3)$ |
| | » | $[(AsEt^3)Cl^2]^2HgO$ |
| | » | $(AsEt^3)Br^2$ |
| | » | $(AsEt^3)I^2$ |
| | » | $(AsEt^3)O$ |
| | » | $(AsEt^3)S$ |
| | $(AsMe^2)^2$ Cacodyle. | $(AsEt^2)^2$ |
| | $(AsMe^2)Cl$ | » |
| | $(AsMe^2)Br$ | » |
| | $(AsMe^2)I$ | $(AsEt^2)I$ |
| | $(AsMe^2)Fl$ | » |
| | $(AsMe^2)Cy$ | » |
| | $(AsMe^2)'''Cl^3$ | » |
| | $(AsMe^2)^2O$ | » |
| | $(AsMe^2)^2O^2$ | » |
| | $(AsMe^2)^2O^3$ | » |
| | $(AsMe^2)O.OH$ Acide cacodylique | $(AsEt^2)O.OH$ |
| | $(AsMe^2)^2S$ | » |
| | $(AsMe^2)^2Se$ | » |
| | $(AsMe^2)^2S^2$ | » |
| | $(AsMe^2)^2S^3$ | » |
| | $(AsMe^2)S.SH$ | » |
| | $(AsMe^2)AzO^3$ | $(AsEt^2)AzO^3$ |
| | $(AsMe^2)^2SO^4$ | $(AsEt^2)^2SO^4$ |
| | $(AsMe)''$ non isolé. | $(AsEt)''$ non isolé. |

MÉTAUX TRI- ET PENTATOMIQUES (SUITE).

| | Méthyle. | Éthyle. |
|---|---|---|
| ARSENIC (arsines). (Suite). | $(AsMe)'Cl^2$ | » |
| | $(AsMe)I^2$ | $(AsEt)I^2$ |
| | $(AsMe)^{IV}Cl^4$ | » |
| | $(AsMe)''O$ | » |
| | $(AsMe)S$ | » |
| | $(AsMe)^{IV}O(OH)^2$ | $(AsEt)^{IV}O(OH)^2$ |

MÉTAUX TÉTRATOMIQUES.

| | Méthyle. | Éthyle. | Amyle. |
|---|---|---|---|
| ÉTAIN. | $(SnMe^4)$ | $SnEt^4$ | $SnAm^4$ |
| | $SnMe^3Et$ | $SnEt^3Me$ | » |
| | $SnMe^2Et^2$ | $SnEt^2Me^2$ | » |
| | $(SnMe^3)^2$ | $(SnEt^3)^2$ | » |
| | $(SnMe^3)'Cl$ | $(SnEt^3)'Cl$ | » |
| | » | $(SnEt^3)Br$ | » |
| | $(SnMe^3)I$ | $(SnEt^3)I$ | » |
| | » | $(SnEt^3)I.2AzH^3$ | » |
| | » | $(SnEt^3)Cy$ | » |
| | $(SnMe^3)OH$ | $(SnEt^3)OH$ | » |
| | $(SnMe^3)^2O$ | $(SnEt^3)^2O$ | » |
| | » | $(SnEt^3)SH$ | » |
| | » | $(SnEt^3)^2S$ | » |
| | » | $(SnEt^3)AzO^3$ | » |
| | $(SnMe^3)^2SO^4$ | $(SnEt^3)^2SO^4$ | » |
| | » | $(SnEt^3)PO^4H^2$ | » |
| | » | $(SnEt^3)CyS$ | » |
| | » | $(SnEt^3)Az^2H^3CO$ (urée). | » |
| | Formiate, acétate, etc. | Iodate, formiate, cyanate, oxalate, etc. | |
| | $SnMe^2$ | $SnEt^2$ | $SnAm^2$ |
| | $(SnMe^2)''Cl^2$ | $(SnEt^2)''Cl^2$ | $(SnAm^2)''Cl^2$ |
| | $(SnMe^2)Br^2$ | $(SnEt^2)Br^2$ | » |
| | $(SnMe^2)I^2$ | $(SnEt^2)I^2$ | » |
| | » | $(SnEt^2)Fl^2$ | » |
| | » | $(SnEt^2)ICy$ | » |
| | $(SnMe^2)O$ | $(SnEt^2)O$ | » |
| | » | $(SnEt^2)S$ | » |
| | » | $(SnEt^2)^2Cl^2.O$ | » |
| | » | $(SnEt^2)^4I^2.O^3$ | » |
| | » | $(SnEt^2)(AzO^3)^2$ | » |
| | $(SnMe^2)SO^4$ | $(SnEt^2)SO^4$ | $(SnAm^2)SO^4$ |
| | » | $(SnEt^2)CO^3$ | » |
| | $(SnMe^2)(CHO^2)^2$ | » | » |
| | » | » | $(SnAm)^2$ (?) |
| | » | » | $(SnAm)'Cl$ |
| | » | » | $(SnAm)^2O$ |
| PLOMB. | $(PbMe^4$ | $PbEt^4$ | » |
| | $(PbMe^3)^2$ | $(PbEt^3)^2$ | $(PbAm^3)^2$ |
| | $(PbMe^3)'Cl$ | $(PbEt^3)'Cl$ | $(PbAm^3)'Cl$ |
| | $(PbMe^3)Br$ | $(PbEt^3)Br$ | » |
| | $(PbMe^3)I$ | $(PbEt^3)I$ | $(PbAm^3)I$ |
| | » | $(PbEt^3)Cy$ | » |
| | $(PbMe^3)OH$ | $(PbEt^3)OH$ | » |
| | » | » | $(PbAm^3)^2O$ |
| | » | $(PbEt^3)AzO^3$ | » |
| | » | $(PbEt^3)PO^4H^2$ | » |
| | » | $(PbEt^3)^2SO^4$ | » |
| | » | $(PbEt^3)^2CO^3$ | » |
| | » | $(PbEt^3)^2C^2O^4$ | » |
| TITANE. | » | $TiEt^4$ (?) | » |

MÉTAUX HEXATOMIQUES.

| | Méthyle. | Éthyle. |
|---|---|---|
| ALUMINIUM. | $AlMe^3$ ou $Al^2Me^6$ | $AlEt^3$ ou $Al^2Et^6$ |
| | $Al^2Me^3I^3$ | $Al^2Et^3I^3$ |
| TUNGSTÈNE. | $(WMe^4)''$ | » |
| | non isolé. | » |
| | $(WMe^4)I^2$ | » |

E. W.

**ORGE.** — Voyez CÉRÉALES, t. I, p. 791.

**ORNITHITE.** — Voyez MÉTABRUSHITE.

**OROPION.** — Voyez SAVON DE MONTAGNE.

**OROSÉLINE**, $C^7H^6O^2$ [Schnedermann et Winckler, *Ann. der Chem. u. Pharm.*, t. LI, p. 315; — Wagner, *Journ. für prakt. Chem.*, t. LXII, p. 275]. — Cette substance paraît être un alcool diatomique

$$\left.\begin{matrix}C^7H^4\\H^2\end{matrix}\right\}O^2$$

(Berthelot).

Lorsqu'on traite la combinaison chlorhydrique de l'athamantine par l'eau bouillante, elle se dissout et dépose par le refroidissement des cristaux d'oroséline (Schnedermann et Winckler). Quelquefois, dans cette préparation, on n'obtient pas d'oroséline, mais de l'orosélone. Wagner a fait voir que la peucédanine se dédouble par la potasse alcoolique en oroséline et acide angélique :

$$C^{12}H^{12}O^3 + KHO = C^7H^6O^2 + C^5H^7O^2K.$$

Peucédanine. — Oroséline. — Angélate de potassium.

Elle est en fines aiguilles soyeuses, peu solubles dans l'eau froide, fort solubles dans l'alcool et dans l'éther. La potasse et l'ammoniaque la dissolvent aisément en se colorant en jaune; la dissolution dans l'ammoniaque donne avec l'acétate de plomb un précipité jaune.

Elle fond par la chaleur, mais ne paraît pas se volatiliser sans décomposition. A. H.

**OROSÉLONE**, $C^{14}H^{10}O^3$ [Schnedermann et Winckler, *loc. cit.*]. — Ce corps, qui paraît être un anhydride de l'oroséline (voyez t. I, p. 448), se forme par le dédoublement de l'athamantine :

$$C^{24}H^{30}O^7 = 2C^5H^{10}O^2 + C^{14}H^{10}O^3.$$

Athamantine. — Acide valérique. — Orosélone.

On prépare l'orosélone en faisant passer du gaz chlorhydrique sur de l'athamantine sèche jusqu'à ce qu'elle soit entièrement liquéfiée, et en chauffant ensuite la masse pour volatiliser l'acide valérique formé. Celui-ci étant entièrement expulsé, la masse se concrète de nouveau et il suffit de la faire cristalliser dans l'alcool bouillant pour obtenir l'orosélone pure.

L'orosélone cristallise en mamelons ou en choux-fleurs, formés de fines aiguilles groupées concentriquement. Elle ne possède ni odeur ni saveur et est peu soluble dans l'alcool. Insoluble dans l'eau, elle se dissout dans les alcalis avec une couleur rouge; les acides la précipitent, légèrement altérée. Elle fond vers 120° en un liquide limpide qui se charbonne à une température plus élevée. A. H.

**ORPIMENT** (Min.) [Syn. *Arsenic sulfuré jaune*]. — Sulfure d'arsenic jaune, $As^2S^3$. Petits cristaux ou masses cristallines, d'un jaune d'or, translucides, d'un éclat assez vif, demi-résineux, nacré sur les faces de clivage; ces masses sont foliacées ou fibreuses, et se trouvent associées avec réalgar et arsenic dans l'argile à Neusohl en Hongrie, à Kapnick (Transylvanie), à Moldava (Banat) et à Felsobanya (Hongrie); dans le gypse, à Hall (Tyrol); dans la dolomie, au Saint-Gothard, à la solfatare de Naples, à Fohnsdorf (Styrie); dans le lignite, en Chine, au Japon, etc.

*Caractères.* — Soluble dans l'eau régale et dans la potasse. Dans le tube bouché, fond, se volatilise et donne un sublimé jaune foncé. Sur le charbon, brûle avec une flamme bleue, en émettant des fumées blanches et une odeur sulfureuse et alliacée.

Fig. 435. — Orpiment.

Dureté, 1,5 à 2. Poussière jaune clair.

Densité, 3,48.

*Forme cristalline.* — Prisme orthorhombique $mm = 100°40'$. $e^1e^1 = 83°30'$. Faces habituelles : $m$, $h^1$, $g^1$, $e^1$, $g^3$, $h^3$. Clivages : $h^1$ parfait, $g^1$ moins facile.

**ORSEILLE.** — L'orseille, encore usitée de nos jours, est une substance tinctoriale offrant des teintes qui varient du rouge-grenat au rouge violacé et au violet. Elle s'obtient en faisant subir à certains lichens une préparation spéciale. La matière colorante contenue dans l'orseille du commerce n'est pas un principe défini et unique. En effet, suivant les conditions de la fabrication, les produits diffèrent beaucoup par la nuance et la solidité. L'histoire chimique de l'orseille est encore incomplète et peu connue; on ne peut, d'après ce que nous venons de dire, attribuer à l'orcéine seule son pouvoir colorant. Il est probable que l'orseille du commerce renferme à côté de l'orcéine, et en proportions variables, diverses matières colorantes, rouges et violettes, formées par l'action simultanée de l'air et de l'ammoniaque caustique sur les principes incolores des lichens. La présence d'un alcali fixe, carbonaté ou non, la température pendant le développement de la nuance, peuvent modifier profondément la teinte et la richesse de la couleur. C'est en 1300 qu'un Florentin d'origine allemande nommé Federigo (Frédéric) a découvert, par hasard, dans le Levant les propriétés colorantes des lichens. Pendant plus d'un siècle l'Italie livra exclusivement l'orseille fabriquée avec les lichens des îles de la Méditerranée. Plus tard, on exploita les lichens des îles Canaries, des îles du Cap-Vert, de Madagascar, de Zanzibar, de Lima, Guayaquil, Angola, etc.

Ces espèces appartiennent au genre Roccella (*tinctoria* et *fuciformis*); on les connaît sous le nom d'orseille de mer, parce qu'elles croissent sur les rochers au bord de la mer. On les distingue par la finesse plus ou moins grande des rameaux, par la teinte variant du blanc grisâtre au blanc brunâtre. Ces différences correspondent à des richesses colorantes souvent très-éloignées. Le fabricant d'orseille a soin de choisir la matière première qui, à prix égal, fournit le plus de couleur, et la plus belle. — Voyez plus loin le dosage des lichens.

On sait aujourd'hui par les travaux de Robiquet, Dumas, Heeren, Schunck, Stenhouse, Rochleder, Hesse, de Luynes, Menschutkine, que le lichen à orseille ou plutôt les lichens à orseille doivent leurs propriétés caractéristiques, et notamment celle de développer une belle couleur rouge sous certaines influences, à la présence de principes immédiats ou espèces chimiques bien définis (érythrine, acide lécanorique ou lécanorine, β-érythrine, acide évernique, acide usnique (α et β), acide roccellique, roccellinine, paralline) susceptibles d'être isolés par des procédés spéciaux. Nous renvoyons pour l'histoire chimique de ces divers corps à chaque nom en particulier. Rappelons seulement les réactions les plus importantes et qui semblent jouer un rôle capital dans la formation de la matière colorante.

L'*érythrine*, $C^{20}H^{22}O^{10}$, découverte par Heeren, étudiée par Schunck, Stenhouse, Hesse et de Luynes, est contenue dans la plupart des lichens à orseille (*Roccella tinctoria, fuciformis, Montagnei*); elle en constitue le principe le plus important. Elle est insoluble ou à peu près dans l'eau froide, facilement soluble à froid dans les alcalis, les carbonates alcalins, l'hydrate de chaux, l'hydrate de baryte. Les acides la précipitent de ces solutions sous la forme d'une gelée blanche volumineuse. On peut donc isoler l'érythrine en traitant à froid les lichens par un lait de chaux, filtrant rapidement et précipitant par l'acide chlorhydrique. Si l'on attendait quelque temps avant d'acidifier, il ne se formerait plus de précipité. En effet, l'érythrine se dédouble par l'ébullition avec l'eau en picroérythrine et acide orsellique :

$$C^{20}H^{22}O^{10} + H^2O = C^{12}H^{16}O^7 + C^8H^8O^4.$$

Érythrine. — Picroérythrine. — Acide orsellique.

L'acide orsellique lui-même se convertit en acide carbonique et orcine :

$$C^8H^{18}O^4 = CO^2 + C^7H^8O^2.$$

Acide orsellique. — Acide carbonique. — Orcine.

La présence des alcalis et de la chaux favorise ce dédoublement, surtout à chaud; voilà pourquoi il est nécessaire de ne pas conserver trop longtemps le liquide calcaire sans le précipiter.

La picroérythine, substance amère, peu soluble à froid, soluble à chaud, se dédouble elle-même par l'ébullition avec les alcalis et la chaux en donnant : 1° de l'érythrite, et 2° de l'acide orsellique ou de l'acide carbonique et de l'orcine. On a en effet :

$$C^{12}H^{16}O^7 + H^2O = C^4H^{10}O^4 + C^8H^8O^4.$$

Picroérythrine. — Érythrite. — Acide orsellique.

$$C^8H^8O^4 = CO^2 + C^7H^8O^2.$$

Orcine.

En résumé, l'érythrine peut fournir de l'érythrite (matière sucrée jouant le rôle d'alcool tétratomique) non colorable, de l'acide carbonique et de l'orcine ou principe colorable. On obtient le plus facilement l'orcine en chauffant, en vase clos à 150°, l'érythrine précipitée et lavée comme il est dit plus haut, pendant deux heures, avec une quantité de lait de chaux insuffisante pour la décomposer entièrement. On filtre pour enlever le carbonate de chaux, on évapore légèrement. L'orcine se sépare par le refroidissement sous la forme de beaux cristaux. Les eaux mères évaporées donnent de l'érythrite cristallisée qu'on débarrasse d'orcine par l'éther.

Sous la double influence de l'ammoniaque caustique et de l'oxygène de l'air, l'orcine se colore en rouge violacé et se convertit en orcéine. D'après M. Dumas, la réaction se fait suivant l'équation

$$C^7H^8O^2 + AzH^3 + O^3 = C^7H^7AzO^3 + (2H^2O).$$

Orcine. — Orcéine.

Le temps et une température de 30° à 50° sont des éléments nécessaires au développement de la couleur.

Nous avons déjà dit plus haut que l'orcéine n'est pas la seule matière colorante contenue dans l'orseille. Kane a extrait de l'orseille du commerce et décrit deux autres principes rouges, l'orcéine α et l'azoérythrine, plus une substance pourpre semi-fluide (acide érythroléique).

L'azoérythrine est insoluble dans l'eau, l'alcool et l'éther, soluble dans les alcalis qu'elle colore en rouge vineux.

FABRICATION DE L'ORSEILLE. — Pendant longtemps les fabricants d'orseille méconnurent le fait important de l'existence dans les lichens de principes colorables susceptibles d'être séparés du ligneux. Aussi la plante entière était mise en œuvre. Voici, d'après M. Cocq, des renseignements sur la manière de procéder vers 1810. Le lichen est introduit dans une auge en bois évasée par le haut, de 6 à 7 centimètres de profondeur. Cette auge est fermée hermétiquement avec un couvercle. On arrose avec de l'urine en brassant le tout de trois en trois heures pendant deux jours et deux nuits. Le troisième jour, on ajoute de la chaux éteinte passée au tamis, un peu d'arsenic blanc pilé et d'alun de roche, et l'on brasse souvent. La fermentation s'établit, on ajoute encore une fois de la chaux en ralentissant peu à peu le nombre des brassages. Après un mois le travail est terminé et le produit embarillé; il s'améliore avec le temps. D'après ce que nous avons vu plus haut, la coloration est déterminée dans ce cas par l'action simultanée de l'air (oxygène) et de l'ammoniaque formée par la putréfaction de l'urine et l'action ultérieure de la chaux sur le carbonate d'ammoniaque. On donne au produit, obtenu ainsi ou par des procédés analogues, le nom d'orseille d'herbe.

Un des premiers progrès que l'intervention de la chimie fit faire à cette industrie tout empirique au début fut de conduire à l'emploi exclusif de l'ammoniaque. Le fabricant d'orseille trouve ainsi, outre l'avantage de remplacer une matière d'un emploi désagréable et répugnant (l'urine), celui de mieux pouvoir régler et graduer l'intervention de l'agent actif, et de se débarrasser de l'action plus ou moins défavorable de la chaux. La pâte rouge obtenue de cette manière fut connue dans le commerce sous les noms d'orseille épurée, d'orseille molette, d'orseille d'herbe.

Sous les noms de *persio* ou *cudbear, indigo rouge*, on a livré au commerce un produit pulvérulent rouge pourpre doué d'une odeur résineuse, de saveur alcaline et salée, préparé à Glasgow, d'abord, par Guthbert Gordon, puis à Liverpool et en Allemagne, en desséchant et pulvérisant les orseilles préparées en Suède, en Norwége et d'autres localités (Allemagne, Angleterre, Canada). La matière *colorante* de l'orseille d'herbe étant soluble dans l'eau, on a aussi cherché à l'extraire et à la séparer des parties ligneuses qui l'accompagnent dans l'orseille d'herbe en épuisant celle-ci par l'eau et en concentrant plus ou moins le liquide. Cette manière de procéder avait pour inconvénient d'altérer plus ou moins les matières colorées, pendant la concentration à chaud.

Les progrès les plus importants dans la fabrication de l'orseille ont été réalisés en prenant, comme point de départ, la séparation préalable des matières *colorables* des lichens, et leur transformation ultérieure en matière colorée.

La matière colorable des lichens n'imprègne pas uniformément la plante; elle se trouve déposée à la surface sous la forme d'une poudre grise, facile à détacher, au moins en grande partie, par des opérations mécaniques. Cette observation a donné lieu à l'exploitation d'un procédé intéressant imaginé par Frezon. Les lichens épluchés et lavés sont broyés à la meule avec de l'eau et soumis à une espèce de friction sur des cribles. On sépare ainsi une fécule blanche représentant la presque totalité du pouvoir colorable des lichens.

On peut aussi épuiser la pâte liquide par des lavages répétés à l'eau froide; les liqueurs sont filtrées sur un feutre lâche qui retient les débris ligneux et laisse passer les acides colorables, en partie dissous, en partie seulement en suspension. En ajoutant au liquide un peu de bichlorure d'étain on coagule ces acides, on les recueille sur des filtres en toile où on les lave.

On traite séparément la matière colorable par l'ammoniaque et l'on obtient ainsi une couleur incomparablement plus pure que toutes celles que l'on peut obtenir en laissant l'herbe dans la macération.

M. Gaultier de Claubry fait observer avec raison que le contact prolongé de l'eau fait passer peu à peu la matière colorable du lichen de l'état insoluble à l'état soluble; il convient donc, quand on procède comme nous venons de l'expliquer, d'opérer la précipitation aussi rapidement que possible.

M. Stenhouse a proposé de traiter les lichens sur place par un lait de chaux (30 p. de chaux pour 100 de lichen), de filtrer et de précipiter les acides érythrique et lécanorique par l'acide chlorhydrique. La pâte blanche est filtrée, lavée et séchée; elle représente, sous un petit volume, tout le pouvoir colorable des lichens. Ce mode de traitement pourrait aussi être utilisé dans les fabriques d'orseille, mais il offre l'inconvénient d'exiger une filtration et une précipitation rapides après l'addition de chaux. L'ammoniaque pourrait également servir à la dissolution des acides colorables, mais la pâte obtenue par précipitation au moyen de l'acide chlorhydrique est jaune, par suite de la dissolution simultanée d'un principe brun; du reste le même effet de décomposition rapide s'observe dans ce cas.

Un autre procédé consiste à cuire les lichens avec de l'eau alcaline; le liquide est concentré à consistance convenable, et soumis ensuite à l'action de l'air et de l'ammoniaque sous l'influence d'une température convenable (40° à 50°). Il est évident que par cette ébullition on altère les acides colorables; mais, comme on n'a pas en vue de les précipiter et que les produits de leur dédoublement sont précisément ceux qui fournissent la couleur, il n'y a aucun inconvénient à cela. Le développement de la couleur peut se faire dans des cuves munies d'agitateurs.

En résumé, la préparation de l'orseille par les nouveaux procédés comprend trois phases : 1° la *séparation* des parties utiles d'avec le ligneux; elle s'effectue soit mécaniquement (Frezon), soit par voie de dissolution avec la chaux ou l'ammoniaque (Stenhouse), ou par l'ébullition avec de l'eau seule ou de l'eau alcaline.

2° La *concentration* des parties colorables. Lorsqu'on a opéré à froid avec de la chaux ou de l'ammoniaque, on précipite par de l'acide chlorhydrique et on filtre la gelée d'acides érythriques et lécanoriques. Dans le cas de l'ébullition, on concentre.

3° La *coloration*. On ajoute une quantité déterminée d'alcali volatil et on abandonne au contact de l'air, dans des cuves, en remuant d'une manière continue et en favorisant la réaction par une température convenable. Les couleurs de l'orseille ordinaire sont belles, mais peu solides; en se plaçant dans des conditions de coloration spéciales, MM. Guinon, Marnas et Bonnet ont préparé, en 1857, un produit remarquable par la vivacité et la stabilité des teintes qu'il fournit. On a donné à ce produit le nom de pourpre française.

On commence par préparer par le procédé Stenhouse le précipité d'acides colorables (érythrine, lécanorine). La pâte blanche (nom donné en fabrique à ce précipité) est dissoute dans l'ammoniaque et abandonnée, *à froid*, au contact de l'air. Lorsqu'il s'est développé une teinte rouge-cerise, le liquide est porté à l'ébullition, et y est maintenu pendant quelque temps, puis introduit en couches de 5 à 6 centimètres dans des vases à fond plat de 2 à 3 litres de capacité, qui sont chauffés dans une étuve maintenue à une température constante de 70° à 75°. Lorsque la liqueur a pris une belle teinte pourpre, et que, étendue sur une feuille de papier blanc, elle ne change plus de nuance en se desséchant, l'opération est terminée. On précipite par le chlorure de calcium; la laque calcaire est filtrée, lavée et séchée, et se présente alors sous la forme de masses d'un beau bleu pourpré, à reflets cuivrés après frottement. En opérant la précipitation en deux fois, on a des laques de première et deuxième qualité. L'eau mère retient une substance rouge et peut servir à teindre des grenats sur soie.

La laque calcaire décomposée par l'acide oxalique et épuisée par l'alcool fournit la matière colorante sous forme de cristaux, par l'évaporation du dissolvant. Cette matière colorante ne vire pas au rouge vineux, même sous l'influence des acides végétaux, comme l'orseille ordinaire.

Il semble résulter de toutes les expériences pratiques que l'orseille préparée à une température de 50° à 60° renferme un principe plus solide comme couleur que l'orseille ordinaire faite à froid.

On trouve aujourd'hui dans le commerce diverses espèces d'orseilles qui diffèrent par la nuance qu'elles communiquent à la laine non mordancée. Cette nuance est tantôt violette, tantôt rouge ou grenat. Bien que l'on connaisse sommairement le mode de préparation de l'orseille, chaque fabricant garde comme un secret les conditions de temps, de température, et les proportions des ingrédients qu'il emploie.

*Essai des lichens.* — L'essai des lichens se fait ordinairement par la méthode indiquée par Stenhouse. D'après ce chimiste, on apprécie rapidement le pouvoir colorant comparatif de diverses sortes de lichens en en faisant macérer des poids égaux (100 grammes) avec un lait de chaux, filtrant et exprimant au bout de quelques minutes. Le liquide précipité par l'acide chlorhydrique donne une pâte blanche que l'on fait égoutter sur des tamis de soie et que l'on pèse. Stenhouse emploie une solution titrée de chlorure de chaux. Cette solution, ajoutée goutte à goutte à l'extrait calcaire, y détermine une coloration, et, lorsque celle-ci est arrivée à son maximum, le chlorure de chaux la détruit par une action subséquente. Au lieu de chaux et de chlorure de chaux, il est plus avantageux d'employer la soude et l'hypochlorite de soude (Stenhouse).

On peut aussi épuiser un poids connu de lichen (100 grammes) par de l'eau alcaline, réduire le liquide par concentration à 100 grammes, et mettre en coloration avec 30 grammes d'ammoniaque. Un essai de teinture fait avec de la laine non mordancée, comparativement avec un extrait d'orseille type au même titre de lichen, donne une idée suffisante de la richesse.

Pour les essais de teinture on prend 0gr,5 à 1 gramme d'orseille, 300 grammes d'eau et un rectangle de tissu de laine (mérinos) de 5 centimètres de long sur 2 centimètres de large. On teint au bain-marie au bouillon pendant une demi-heure, on lave et on sèche.

L'orseille sert dans la teinture et l'impression de la laine et de la soie. Elle se fixe sur ces fibres sans mordant en donnant des nuances rouge, grenat, rouge violacé, violet, suivant la qualité du produit. Pour les nuances groseille, on mordance la laine avec crème de tartre et dissolution d'étain.

Alliée à d'autres matières colorantes (cochenille, cochenille ammoniacale, carmin d'indigo, cuba, etc.), elle entre dans la composition des amarantes, des rouges, bois, carmélite. P. S.

**ORSELLIQUE (ACIDE)**, $C^8H^8O^4$ [Syn. *Acide orsellinique, acide α-orsellinique, acide β-orsellique*]. Cet acide résulte du dédoublement de plusieurs principes des lichens. L'érythrine et la picroérythrine sont des orsellates d'érythrite qui, sous l'influence de l'eau ou des alcalis, se dédoublent en érythrite et acide orsellique :

$$\underset{\text{Érythrine.}}{C^{20}H^{22}O^{10}} + 2H^2O = \underset{\text{Érythrite.}}{C^4H^{10}O^4} + \underset{\text{Acide orsellique.}}{2C^8H^8O^4};$$

$$\underset{\text{Picro-érythrine.}}{C^{12}H^{16}O^7} + H^2O = \underset{\text{Érythrite.}}{C^4H^{10}O^4} + \underset{\text{Acide orsellique.}}{C^8H^8O^4}.$$

Il dérive beaucoup plus simplement de l'acide lécanorique, par fixation directe d'eau :

$$\underset{\text{Acide lécanorique.}}{C^{16}H^{14}O^7} + H^2O = \underset{\text{Acide orsellique.}}{2C^8H^8O^4}$$

[Stenhouse, *Phil. Transac.*, 1848, p. 66; *Ann. der Chem. u. Pharm.*, t. LXVIII, p. 61; *Philos. Magaz.*, t. XXXII, p. 200].

Pour le préparer, on délaye l'acide lécanorique dans l'eau, on le neutralise exactement par de la baryte ou de la chaux, et l'on fait bouillir jusqu'à éclaircissement de la liqueur; tout le lécanorate s'est alors transformé en orsellate plus soluble. Il faut éviter un excès de chaux ou de baryte et une ébullition trop prolongée, sans quoi l'orsellate se transforme en orcine et carbonate. La solution, étant alors additionnée d'acide chlorhydrique, laisse déposer l'acide orsellique sous la forme d'un précipité gélatineux, qu'on fait recristalliser dans l'alcool ou dans l'eau chaude; ces dissolvants l'abandonnent en cristaux prismatiques incolores.

Pour l'obtenir à l'aide de l'érythrine, on traite celle-ci par la soude bouillante, et l'on ajoute à la solution de l'acide chlorhydrique qui y produit un précipité cristallin, mélange d'érythrite et d'acide orsellique. Ou bien on traite au bain-marie l'érythrine par de l'eau de baryte [Hesse, *Ann. der Chem. u. Pharm.*, t. CXVII, p. 297, et t. CXXXIX, p. 22; *Répert. de Chim. pure*, 1862, t. IV, p. 121, et *Bull. de la Soc. chim.*, 1866, t. VII, p. 267].

L'acide orsellique cristallise dans l'eau ou dans l'alcool en longues aiguilles étoilées. Sa saveur est légèrement acide et amère; il rougit le tournesol. Il est plus soluble que l'acide lécanorique. Il se dissout à 20° dans 4,5 p. d'éther. Il fond à 176° en fournissant de l'orcine :

$$C^8H^8O^4 = C^7H^8O^2 + CO^2.$$

La même décomposition se produit sous l'influence de l'eau ou de l'alcool bouillants, et plus facilement encore en présence des alcalis. Sa solution prend par le chlorure de chaux une teinte rouge violacé fugitive. Le chlorure ferrique la colore en violet pourpre.

Elle donne avec l'acétate de plomb ammoniacal un précipité amorphe (Hesse).

Le brome en solution éthérée transforme l'acide orsellique en acide bibromé; mais un excès de brome produit de la tribromorcine (Hesse).

Les orsellates alcalins ou alcalino-terreux sont solubles dans l'eau. Ils se décomposent facilement à chaud.

*Orsellate de baryum*, $(C^8H^7O^4)^2Ba$. — Ce sel s'obtient en ajoutant de la baryte à une solution alcoolique d'acide orsellique maintenu en excès. Il est très-soluble dans l'eau et dans l'alcool, qui l'abandonnent en prismes à quatre faces. Il se décompose à 100° (Stenhouse).

L'acide orsellique est un acide monobasique. Grimaux l'envisage comme triatomique et renfermant

$$\left.\begin{matrix}(C^8H^5O)'''\\ H^3\end{matrix}\right\} O^3.$$

Les 3 atomes d'hydrogène typique peuvent être remplacés par des métaux ou par des groupes alcooliques; ainsi Hesse a obtenu un sel de plomb du dibromorsellate d'éthyle, qui renferme

$$\left.\begin{matrix}C^8H^3Br^2O\\ C^2H^5\\ Pb''\end{matrix}\right\} O^3;$$

en général les éthers orselliques à un seul groupe de radical alcoolique se comportent comme des acides. L'acide orsellique renferme, en effet, indépendamment d'un groupe carboxyle, deux oxhydryles phénoliques : sa constitution peut se représenter par la formule

$$C^7H^5\begin{cases}COOH\\ OH\\ OH.\end{cases}$$

Son dédoublement en acide carbonique et orcine (phénol diatomique),

$$C^7H^5\begin{cases}COOH\\ OH\\ OH\end{cases} = C^7H^6\begin{cases}OH\\ OH\end{cases} + CO^2,$$

est comparable au dédoublement de l'acide salicylique diatomique en acide carbonique et phénol :

$$C^6H^4 \langle {}^{COOH}_{OH} = C^6H^5.OH + CO^2.$$

ACIDE DIBROMORSELLIQUE, $C^8H^6Br^2O^4$. — Ce dérivé s'obtient en ajoutant peu à peu une solution éthérée de brome à une solution éthérée d'acide orsellique ; par l'évaporation, l'acide bromé cristallise. On le lave à l'eau pour enlever l'acide bromhydrique ; on le dissout dans l'alcool bouillant et on le décolore par le charbon. Par le refroidissement, on obtient des prismes colorés, qu'on purifie par plusieurs cristallisations dans l'alcool aqueux.

L'acide dibromorsellique forme des prismes incolores, peu solubles dans l'eau chaude, solubles dans l'alcool et dans l'éther. Le chlore le décompose. L'ébullition avec l'eau produit un dégagement d'acide carbonique et des cristaux incolores, qui sont peut-être de la *dibromorcine*. Les alcalis le dédoublent en carbonate et en une substance jaune. Sa solution alcoolique possède une réaction acide. Elle est colorée en bleu foncé par le chlorure ferrique et en rouge de sang par le chlorure de chaux. Avec l'acétate de plomb, elle donne un précipité blanc amorphe, peu soluble dans l'acide acétique. L'azotate d'argent décompose cet acide par une ébullition prolongée, ou en présence de l'acide azotique (Hesse).

ÉTHERS ORSELLIQUES. — Ces éthers prennent naissance par l'action des alcools correspondants sur l'érythrine, qui se dédouble à l'ébullition en éthers orselliques et picroérythrine :

$$\underset{\text{Érythrine.}}{C^{20}H^{22}O^{10}} + \underset{\text{Alcool.}}{C^2H^5,OH}$$
$$= \underset{\text{Éther orsellique.}}{C^8H^7(C^2H^5)O^4} + \underset{\text{Picroérythrine.}}{C^{12}H^{16}O^7}.$$

La β-érythrine se dédouble en éther et β-picroérythrine. — Voyez t. I, p. 1267.

L'acide lécanorique se dédouble en éther orsellique et orcine :

$$C^{16}H^{14}O^7 + C^2H^5.OH$$
$$= CO^2 + C^7H^8O^2 + C^8H^7(C^2H^5)O^4.$$

L'érythrine elle-même et la picroérythrine ne sont autre chose que les éthers orselliques de l'érythrite. — Voyez t. I, p. 1256.

Les éthers orselliques sont des éthers acides ou plutôt des éthers renfermant encore des oxhydryles phénoliques, et pouvant, par conséquent, donner certaines combinaisons métalliques.

*Orsellate d'amyle*, $C^8H^7(C^5H^{11})O^4$. — Produit par l'action de l'alcool amylique bouillant sur l'érythrine, il se sépare à l'état d'une huile qui se concrète bientôt en une masse cristalline. Celle-ci, exprimée entre du papier, redissoute dans de l'éther et décolorée par le charbon, se dépose par l'évaporation de l'éther en prismes blancs d'un éclat vitreux, très-solubles dans l'éther et dans les alcools éthylique et amylique, peu solubles dans l'eau bouillante et insolubles dans l'eau froide. Sa solution alcoolique est neutre aux réactifs colorés ; le chlorure ferrique la colore en violet et le chlorure de chaux en rouge de sang.

L'orsellate d'amyle fond à 76° et se concrète à 68° ; chauffé plus fort, il distille sans altération.

Il est soluble dans l'ammoniaque et dans le carbonate de soude. La solution ammoniacale l'abandonne de nouveau par l'addition d'acide chlorhydrique.

La baryte bouillante le décompose en acide carbonique, orcine et alcool amylique :

$$C^8H^7(C^5H^{11})O^4 + H^2O$$
$$= CO^2 + C^7H^8O^2 + C^5H^{11}.OH.$$

*Dibromorsellate d'amyle*, $C^8H^5Br^2(C^5H^{11})O^4$. — Prismes allongés blancs, fusibles à 73°,8 en une huile incolore qui se concrète à 47°, obtenus par l'action du brome sur l'orsellate d'amyle. Ce composé est insoluble dans l'eau, soluble dans l'alcool, l'éther et l'ammoniaque aqueuse. La solution alcoolique donne avec l'acétate de plomb un précipité amorphe blanc, qui paraît renfermer $C^8H^5Br^2(C^5H^{11})O^4.PbO$ (?) (Hesse).

*Orsellate d'éthyle*, $C^8H^7(C^2H^5)O^4$. — Il a été décrit autrefois par Heeren sous le nom de *pseudo-érythrine*. Pour l'obtenir à l'aide de l'érythrine (voir plus haut), on fait bouillir celle-ci pendant plusieurs heures avec de l'alcool. Par l'addition d'eau bouillante, on obtient alors, après refroidissement, une bouillie cristalline d'orsellate d'éthyle ; la picroérythrine reste dans les eaux mères (Schunck, Hesse). Pour séparer ces deux produits, Stenhouse distille l'alcool après 5 heures d'ébullition, épuise le résidu par de l'eau chaude, et, après l'avoir séché à 100°, il le traite par la benzine, qui dissout l'orsellate d'éthyle et laisse la pycroérythrine et une matière résineuse. Par la distillation de la benzine, l'éther orsellique reste à l'état de cristaux volumineux, qu'on purifie par plusieurs cristallisations dans l'eau bouillante [*Ann. der Chem. u. Pharm.*, t. CXLIX, p. 288].

Pour l'obtenir à l'aide de l'acide lécanorique, on peut, ou bien ajouter de l'eau après son ébullition avec l'alcool, ou bien saturer d'acide chlorhydrique la solution alcoolique d'acide lécanorique, évaporer au bain-marie, épuiser le résidu par l'eau bouillante et purifier les cristaux déposés par le refroidissement (Rochleder et Heldt).

L'orsellate d'éthyle est à peine soluble dans l'eau froide, très-soluble dans l'alcool et dans l'éther. Il se dissout sans altération dans les solutions alcalines, et en est de nouveau séparé par l'addition d'un acide. Ses solutions, surtout lorsqu'elles sont alcalines, se colorent à l'air ; la solution ammoniacale devient rouge.

L'orsellate d'éthyle fond à 132° (Hesse ; à 104°,5, Kane ; vers 120°, Heeren) et se concrète à 127° ; mais il fond plus facilement sous l'eau. Il peut être sublimé sans altération.

Les alcalis bouillants le décomposent en carbonate, orcine et alcool.

L'acide sulfurique concentré le dissout à froid sans altération ; l'eau le précipite. A chaud, il y a décomposition. L'acide azotique transforme l'orsellate d'éthyle en acide oxalique (Schunck) ; il se forme en même temps, d'après Hesse, un corps cristallisable, fusible à 60°, et qui renferme

$$C^8H^{10}O^6.$$

Les solutions d'orsellate d'éthyle réduisent le chlorure d'or et l'azotate d'argent ammoniacal. Elles ne précipitent pas les solutions aqueuses d'acétate neutre de plomb, de bichlorure de mercure, de sulfate de cuivre, mais celle de sous-acétate de plomb, en donnant un composé qui paraît renfermer $C^8H^7(C^2H^5)O^4, 4PbO$.

Kane a décrit sous le nom d'*amarythrine* et de *télérythrine* deux produits de décomposition de l'orsellate d'éthyle [*Ann. de Chim. et de Phys.*, (3), t. II, p. 17].

La première est une masse brune très-soluble dans l'eau, moins soluble dans l'alcool, insoluble dans l'éther, qui se forme lorsqu'on expose pendant quelques jours à l'air une solution aqueuse et chaude d'orsellate d'éthyle et évaporant dans le vide. Elle donne avec l'azotate de plomb un précipité rougeâtre que Kane représente par les rapports $C^{11}H^{14}O^7, PbO$.

La *télérythrine* se forme par l'action prolongée de l'air (plusieurs mois) sur l'amarythrine sirupeuse ; celle-ci se transforme en cristaux grenus, un peu colorés, très-solubles dans l'eau, peu solubles dans l'alcool et insolubles dans l'éther. Elle possède une saveur douce et amère, et précipite le sous-acétate de plomb. Sa solution ammoniacale rougit à l'air. Kane lui assigne la formule $C^{22}H^{20}O^{10}$, et au précipité plombique séché à 100°,

$$C^{22}H^{18}PbO^{10},4PbO\ (?).$$

*Dichlororsellate d'éthyle*, $C^8H^6Cl^2(C^2H^5)O^4$. — Il s'obtient par l'action du chlore sur une solution éthérée d'orsellate d'éthyle. Il cristallise dans l'alcool en prismes minces, fusibles à 162° et solidifiables à 159°,5 [Hesse, *Ann. der Chem. u. Pharm.*, t. CXVII, p. 299].

*Dibromorsellate d'éthyle*, $C^8H^5Br^2(C^2H^5)O^4$.— Cet éther, qui se forme par l'action du brome sur l'orsellate d'éthyle, fond à 144°, et se concrète à 138°. Sa solution alcoolique donne avec l'acétate de plomb un précipité blanc ayant pour composition $C^8H^3Br^2Pb(C^2H^5)O^4$ (Hesse).

Porté à l'ébullition avec de la baryte, il fournit de l'alcool, mais pas d'orcine bibromée, celle-ci se décomposant en acide bromhydrique et en une résine rouge.

*Diiodorsellate d'éthyle*, $C^8H^5I^2(C^2H^5)O^4$. — On l'obtient par l'action d'une solution étendue de chlorure d'iode sur la solution aqueuse d'orsellate d'éthyle; on lave le précipité à l'eau froide, et on le dissout, après dessiccation, dans du sulfure de carbone, qui abandonne par l'évaporation l'éther biiodé en petites aiguilles solubles dans l'alcool bouillant, peu solubles dans l'alcool froid et dans l'eau bouillante. Chauffé au-dessus de 100°, il fond en émettant des vapeurs d'iode [Stenhouse, *Ann. der Chem. u. Pharm.*, t. CXLIX, p. 288].

*Orsellate de méthyle*, $C^8H^7(CH^3)O^4$. — On l'obtient comme l'éther éthylé, en remplaçant l'alcool ordinaire par l'esprit de bois. Ses réactions sont semblables à celles de l'orsellate d'éthyle. Il est plus soluble dans l'eau que ce dernier [Schunck, *Ann. der Chem. u. Pharm.*, t. LIV, p. 268; — Stenhouse, *ibid.*, t. LXVIII, p. 75, et t. CXLIX, p. 288].

Il cristallise dans l'eau en aiguilles soyeuses ou en lamelles. Il est volatil sans décomposition. Il fond dans l'eau bouillante si celle-ci est insuffisante pour le dissoudre.

*Dibromorsellate de méthyle*, $C^8H^5Br^2(CH^3)O^4$. — S'obtient en traitant par le brome le produit de la réaction de l'alcool méthylique bouillant sur l'érythrine. Il cristallise en aiguilles aplaties, incolores [Stenhouse, *Proceed. Roy. Soc.*, t. XII, p. 203; *Bull. de la Soc. chim.*, 1863, p. 503].

Le *diiodorsellate de méthyle* se prépare comme le composé éthylique auquel il ressemble (Stenhouse). E. W.

**ORTHITE.** — Voyez ALLANITE.

**ORTHOCLASE** [Syn. *Orthose*]. — Voyez FELDSPATH.

**ORTHOSE.** — Voyez FELDSPATH.

**ORTHOSILICATES.** — Voyez SILICATES.

**OS.** — La matière des os de mammifères, représentée spécialement par le tissu lamellaire des diaphyses des os longs, est principalement formée de deux parties, l'une organique, l'*osséine*, l'autre minérale, la *terre osseuse*. Quand, après avoir lavé la poudre d'os à l'eau, à l'alcool et à l'éther pour enlever le mieux possible le sang, la graisse et les tissus accessoires, on cherche le rapport de l'osséine à la terre osseuse, on trouve, pour 30 à 40 p. de la première, 70 à 60 p. de la seconde.

La matière minérale et l'osséine sont tellement associées qu'il est impossible, même avec les plus forts grossissements, de voir au microscope le moindre dépôt calcaire dans une lamelle osseuse. On a même dit qu'il y avait combinaison entre l'osséine et les phosphates terreux. Mais le rapport variable entre ces deux substances, surtout si l'on passe d'une espèce à l'autre, et si l'on tient compte des os de poisson souvent très-pauvres en terre, ne permet pas d'admettre autre chose qu'une véritable attraction élective entre l'osséine et la terre osseuse. Et, en effet, si l'on précipite une solution de gélatine (isomère de l'osséine et qui lui est très-analogue) par le tannin en présence du phosphate de chaux, le précipité formé entraîne avec lui jusqu'à 20 % de ce sel.

L'*osséine* (voyez ce mot) s'extrait de l'os en traitant celui-ci par l'acide chlorhydrique dilué. Elle reste à l'état humide, comme résidu, mêlée à une trace de sels terreux et à un peu de tissu élastique provenant des vaisseaux et peut-être aussi des canalicules et cellules osseuses. Suivant Fremy [*Ann. de Chim. et de Phys.*, (3), t. XLIII, p. 47], l'osséine est identique dans l'os d'un animal jeune ou vieux, bien portant ou malade.

Hoppel a observé que les os d'un fœtus de lapin arrivé à terme ne donnent pas de gélatine par la coction dans la marmite de Papin [*Archiv. für Pathol. Anat.*, t. V, p. 174], et Fremy a noté le même fait pour les os de certains poissons et de quelques oiseaux aquatiques. Les *fibres perforantes* ou de Sharpey, qui partent du périoste de l'os et traversent les lamelles osseuses, paraissent aussi avoir pour nature organique fondamentale un tissu non susceptible de donner de la gélatine par la coction (Kölliker).

Les *matières minérales de l'os* se composent: 1° *d'eau* en quantité variable mal déterminée; 2° de *matières minérales* fixes ou *terre osseuse*, spécialement formée: (*a*) de phosphate tribasique de chaux, mêlé ou combiné à une quantité de fluorure de calcium telle, que le poids de cette dernière substance n'est pas suffisant pour admettre que tout le phosphate calcaire soit à l'état d'apatite

$$3\left[\left.\begin{matrix}2PO'''\\3Ca''\end{matrix}\right\}O^6\right],CaFl^2;$$

(*b*) d'un peu de phosphate tribasique de magnésie $(PO^4)^2Mg^3$; (*c*) de carbonate de chaux en quantité assez variable; (*d*) d'un peu de chlore à l'état insoluble, peut-être à l'état d'apatite contenant $CaCl^2$, de traces de silice, de fer, de sels de soude.

Pour déterminer le poids de ces matières minérales, après avoir lavé, comme il a été dit, la poudre d'os à l'eau (pas trop longtemps, car l'eau enlève un peu de phosphate de chaux d'après Wöhler), on traite cette poudre par l'alcool et l'éther et on l'incinère au rouge pour brûler toute la matière organique; le résidu de la calcination est mouillé avec une petite quantité de carbonate d'ammoniaque, qu'on évapore et chasse ensuite, et on pèse les cendres. La différence avec la poudre d'os employée donne la matière organique. Observons toutefois que la quantité d'acide carbonique doit être d'abord dosée dans la poudre d'os, par les moyens ordinaires, avant calcination, et que la différence entre le poids de l'acide carbonique des cendres et le poids, plus petit, qu'on trouve dans la poudre d'os, donne, d'après cet excès d'acide carbonique, la quantité de carbonate de chaux provenant de la décomposition par la chaleur des sels calcaires organiques.

Voici quelques analyses de *terre osseuse* et de *cendres d'os*:

100 p. d'os frais de fémur humain seraient, suivant Hintz, composées de 28,76 de matières organiques et de 71,24 de terre osseuse. Celle-ci contient pour 100:

| | I. | II. |
|---|---|---|
| Phosphate tribasique de chaux........ | 84,405 | 87,7 |
| — de magnésie..... | 1,727 | 1,7 |
| Carbonate de chaux................. | 8,926 | 9,1 |
| Fluorure de calcium................ | 4,942 | 3,0 |
| | 100,000 | 101,5 |

100 grammes de cendres d'os contiennent, d'après Zaleski [*Med. Chem. Unters*, t. I, p. 19] :

| | Homme. | Bœuf. | Cochon d'Inde. |
|---|---|---|---|
| Chaux | 52,965 | 53,887 | 54,025 |
| Magnésie | 0,521 | 0,468 | 0,483 |
| Acide phosphorique | 39,019 | 40,034 | 40,381 |
| Acide carbonique | 5,734 | 6,197 | ? |
| Chlore | 0,188 | 0,200 | 0,133 |
| Fluor | 0,229 | 0,300 | ? |

On remarquera dans ces analyses que, dans la première colonne relative aux cendres d'os humains, la chaux et la magnésie sont suffisantes pour donner avec les acides phosphorique et carbonique des phosphates tribasiques et du carbonate de calcium, et qu'il y a même un petit excès (0gr,350) de chaux, combiné sans doute au chlore et au fluor.

Pour la seconde colonne relative aux os de bœuf, si l'on transforme tout l'acide phosphorique en phosphates tribasiques (86 gr,096 de phosphate tribasique de calcium et 1gr,024 de phosphate tribasique de magnésium), il ne reste plus assez de calcium pour saturer les 6gr,197 d'acide carbonique ou les acides organiques correspondants (il faudrait, pour faire du carbonate de calcium, 7gr,887 de chaux, et il n'en reste que 7gr,357). L'analyse précédente des os de bœuf semblerait donc montrer que tout l'acide phosphorique n'est pas à l'état de phosphate tribasique de calcium, si l'on ne tenait compte de ce qu'une partie de cet acide phosphorique peut se former, pendant la calcination, aux dépens du phosphore des matières organiques. On n'a pu encore retrouver, dans les os sains, de phosphate bibasique ou acide de calcium, et la manière dont les phosphates tribasiques sont dissous, déposés et désassimilés pendant la vie de l'os reste encore à connaître. Le chlore est en grande partie à l'état de combinaison insoluble dans les os, probablement sous forme d'apatite.

Les tableaux suivants montrent que les os des différentes parties du squelette chez la même espèce n'ont pas la même proportion de matière terreuse et d'osséine; mais ils ne résolvent pas la question de savoir si leur composition varie avec les différents âges. La terre osseuse augmenterait dans les os, d'après Bibra, à mesure que l'animal vieillit; au contraire, sa quantité resterait constante d'après Fremy. On remarquera, d'après ce dernier auteur [*loc. cit.*], une grande analogie entre les os d'animaux très-divers. Les arêtes des poissons seules subissent de notables variations.

TABLEAU DE LA COMPOSITION DES OS DE DIVERS ANIMAUX.

| NOMS DES OS. | D'APRÈS FREMY. | | | | D'APRÈS BIBRA. |
|---|---|---|---|---|---|
| | Cendres °/₀ d'os. | Phosphate de chaux. | Phosphate de magnésie. | Carbonate de chaux. | Cendres °/₀ d'os. |
| Fœtus de 7 mois (fémur) | » | » | » | » | 59,6 |
| Garçon de 2 mois — | » | » | » | » | 65,32 |
| Garçon de 18 mois — | 64,6 | 61,5 | » | » | » |
| Garçon de 5 ans — | » | » | » | » | 67,80 |
| Fille de 19 ans — | » | » | » | » | 67,85 |
| Femme de 22 ans — | 64,6 | » | » | » | » |
| Femme de 25 ans — | » | » | » | » | 68,60 |
| Homme de 40 ans — | 64,2 | 56,9 | 1,3 | 10,2 | » |
| Femme de 78 ans — | » | » | » | » | 66,81 |
| Femme de 80 ans — | 64,6 | 60,9 | 1,2 | 7,5 | » |
| Femme de 97 ans — | 64,9 | 57,0 | 1,2 | 9,3 | » |
| Femme de 22 ans, fémur | 64,6 | » | » | » | 68,6 |
| — humérus | 64,1 | » | » | » | 69,25 |
| — crâne | 64,1 | » | » | » | » |
| — omoplate | 63,3 | » | » | » | 65,48 |
| — vertèbre | » | » | » | » | 54,25 |
| — sternum | » | » | » | » | 51,43 |
| Homme, partie compacte du fémur | 65,0 | » | » | » | 68,58 |
| — partie spongieuse du fémur | 61,0 | » | » | » | 64,18 |
| Lapin (fémur) | 66,3 | 58,7 | 1,1 | 6,3 | » |
| Éléphant indien | 66,8 | 62,2 | 1,2 | 5,6 | » |
| Bœuf (humérus) | 70,4 | 61,4 | 1,7 | 8,6 | » |
| Mouton | 70,0 | 62,9 | 1,3 | 7,7 | » |
| Cachalot | 62,9 | 51,9 | 0,5 | 10,6 | » |
| Aigle | 70,5 | 60,6 | 1,7 | 8,4 | » |
| Dindon | 67,7 | 63,8 | 1,2 | 5,6 | » |
| Héron | 70,6 | 62,5 | 1,5 | 10,2 | » |
| Carapace de tortue | 64,3 | 58,0 | 1,2 | ? | » |
| Crocodile (os) | 64,0 | 53,3 | 0,5 | 7,7 | » |
| Morue | 61,3 | 55,1 | 1,3 | 7,0 | » |
| Sole | 54,0 | » | » | » | » |
| Carpe | 61,4 | 58,1 | 1,1 | 4,7 | » |
| Anguille | 57,0 | 56,1 | traces. | 2,2 | » |
| Raie (arêtes cartilagineuses) | 30,0 | 27,7 | traces. | 4,3 | » |
| Lamproie (tête) | 2,2 | ? | ? | ? | » |

Le régime influe légèrement sur la composition des os. Toutefois la privation continue des phosphates terreux, qui se retrouvent dans les aliments ordinaires, produit un véritable rachitisme artificiel; W. Edwards a même fait voir qu'il ne suffit pas de remplacer dans l'alimentation les phosphates naturels par une certaine quantité de poudre d'os. Celle-ci ne paraît être que très-difficilement assimilée, différant en cela profondément des phosphates terreux précipités ou de ceux que les aliments fournissent à l'organisme.

Les expériences de M. Roussin [*Journ. de Pharm.*, (3), t. XLIII, p. 102] ont montré qu'on pouvait, en faisant entrer une petite quantité d'arséniate de calcium dans l'alimentation, remplacer par ce sel une certaine quantité du phosphate tribasique de calcium des os. M. Papillon est aussi parvenu à remplacer, par la même méthode, une portion de la chaux par de la magnésie, de la strontiane et même de l'alumine [*Compt. rend.*, t. LXXI, p. 372].

Dans les *os fossiles*, la matière organique disparaît plus ou moins complétement, et la portion qui persiste est transformée totalement ou partiellement en une matière de même composition que l'osséine, mais soluble dans les acides dilués, peut-être de la gélatine. En général, on n'en trouve qu'une faible quantité dans ces os; elle est remplacée par du carbonate et du fluorure de calcium ou par de la silice. Le phosphate de calcium tantôt augmente, tantôt diminue; celui de magnésium ne varie presque pas. Le fluor peut, dans certains cas, être considérablement augmenté [voyez Fremy, *loc. cit.*, et Scheurer-Kestner, *Bull. de la Soc. chim.*, 1870, t. XIII, p. 199, et t. XIV, p. 11].

DENTS.

Les dents se composent de trois portions: 1° le *corps de la dent* formé d'*ivoire* ou *dentine* et portant à son centre le *noyau* ou *bulbe dentaire*, où viennent aboutir les vaisseaux et les nerfs; 2° l'*émail* formé de prismes placés perpendiculairement par rapport aux surfaces triturantes, et qui recouvre tout ou partie du corps de la dent; 3° le *cément* qui entoure la racine jusqu'au *collet*, c'est-à-dire jusqu'au point où la dent émerge de la gencive. Nous avons, au point de vue chimique, à considérer ces trois portions.

*Dentine* ou *ivoire*. — Elle est très-analogue au tissu osseux. Elle est formée d'une trame organique, qui paraît être de l'osséine imprégnée des mêmes sels calcaires que les os. L'ivoire perd à 100-110° environ 10 °/₀ d'eau. Voici quelques analyses:

| | BERZELIUS. | | BIBRA. | |
|---|---|---|---|---|
| | Homme. | Bœuf. | Homme adulte. | Femme de 25 ans. |
| Matière organique (osséine fraîche) et vaisseaux... | 28,0 | 31,0 | 27,61 | 20,42 |
| Matière grasse........... | » | » | 0,40 | 0,58 |
| Phosphate de calcium et fluorure............... | 64,3 | 63,15 | 66,72 | 67,54 |
| Phosphate de magnésium. | 1,0 | 2,07 | 1,08 | 2,49 |
| Carbonate de calcium.... | 5,8 | 1,88 | 3,36 | 7,97 |
| Autres sels (un peu de chlorure de sodium, etc.) | 1,4 | 2,40 | 0,83 | 1,00 |
| | 100,0 | 100,00 | 100,00 | 100,00 |

*Émail*. — On peut le détacher avec des pinces coupantes après qu'on a chauffé la dent pendant quelque temps à 120°. Cet émail, dissous dans les acides, laisse un léger tissu brun, membraneux, peu considérable. Il reste ainsi 4 °/₀ environ de matière organique non susceptible de donner de la gélatine par la coction.

Les cendres représentent 95 à 97 °/₀ du poids de l'émail. 100 p. d'émail donnent 80 à 90 °/₀ de phosphate de calcium, 1 à 2 °/₀ de phosphate de magnésium, 4 à 9 °/₀ de carbonate de calcium, 3 à 4 °/₀ de fluorure de calcium, une trace de sels de soude et d'eau (Berzelius).

*Cément*. — Le cément, qui entoure la racine, a une structure anatomique et une composition tout à fait analogues à celle des os. Le cément de dent de bœuf donne 67,1 °/₀ de cendres, contenant: phosphate de calcium, 60,7; phosphate de magnésium, 1,2; carbonate de calcium, 2,9 [Fremy, *Ann. de Chim. et de Phys.*, (3), t. XLIII, p. 92]. Bibra a obtenu, chez l'homme: matières organiques avec un peu de graisse, 29,42; cendres, 70,58. A. G.

**OSERSKITE** (Min.). — Aragonite bacillaire de Nertschinsk (Sibérie).

**OSMÉLITE** (Min.). — Pectolithe de Niederkirchen, près Wolfstein (Bavière).

**OSMIAMIQUE (ACIDE)**. — Voyez t. II, p. 662.

**OSMIRIDIUM**. — Voyez IRIDOSMINE, t. II, p. 131.

**OSMIUM**, Os = 199 (équivalent = 99,5), de ὀσμή, *odeur*, à cause de l'odeur très-prononcée de l'acide osmique. Il est contenu dans la mine de platine en combinaison avec l'iridium et a été découvert par Tennant en 1803 [*Philosoph. Transact.*, 1804, p. 411; — voyez IRIDIUM, t. II, p. 126]. Son extraction se fait en même temps que celle de l'iridium, et nous ne rappellerons que les principes sur lesquels elle est fondée, le traitement de l'osmiure d'iridium ayant été décrit à l'article IRIDIUM.

Le procédé le plus simple est celui recommandé par Fremy et fondé sur le *grillage* de l'osmiure dans un courant d'air. L'osmium formant avec l'oxygène un composé très-volatil, celui-ci distille. On le condense dans une série de ballons reliés entre eux, et rattachés par simple frottement au tube dans lequel se fait le grillage; l'excès d'air, saturé de vapeurs osmiques, traverse ensuite un flacon rempli d'une lessive de potasse [*Ann. de Chim. et de Phys.*, (3), t. XLIV, p. 389].

Le procédé de Wœhler consiste à mélanger intimement l'osmiure d'iridium avec du chlorure de sodium et à soumettre le mélange à un courant de chlore humide; l'osmium se transforme en acide osmique qui distille.

Le procédé de Deville et Debray, plus compliqué, permet une séparation plus complète des métaux existant dans les résidus de la mine de platine, et doit surtout être employé pour leur séparation analytique.

Fritzsche projette l'osmiure d'iridium en poudre dans un mélange en fusion de potasse et de chlorate de potassium. On obtient une masse d'un jaune-brun qu'on reprend par l'eau. La solution orange renferme l'osmium et le ruthénium.

Quel que soit le mode d'attaque, on obtient toujours l'acide osmique facile à isoler en raison de sa volatilité. Toutes les opérations doivent être faites avec beaucoup de prudence, les vapeurs osmiques étant fort dangereuses à respirer. Elles affectent surtout violemment les organes de la vue, et produisent sur les yeux, d'après l'expression même de Deville et Debray, l'effet d'un coup vigoureusement asséné.

OSMIUM MÉTALLIQUE. — Jusqu'à l'époque du grand travail de Deville et Debray sur le platine et les métaux qui l'accompagnent, l'osmium n'avait été obtenu que sous la forme d'une masse spongieuse, semi-métallique, ou d'une poudre noire prenant l'éclat métallique par le frottement. On l'obtenait par la calcination du chlorosmiate d'ammonium ou en réduisant l'acide osmique ou le chlorure jaune $2AzH^4Cl, Az^2OsO^2H^4$ (voyez p. 663) par l'hydrogène (Berzelius, Fremy), ou par l'action du zinc sur la solution chlorhydrique (Vauquelin). Deville et Debray l'ont obtenu sous différents états rappelant la multiplicité de formes du silicium et du bore. L'osmium de Berzelius était odorant et sa densité n'était que de 7 à 10 [*Ann. de Chim. et de Phys.*, (3), t. LVI, p. 385].

*Osmium pulvérulent*. — On l'obtient par la calcination du sulfure à l'abri de l'air. Voici comment il faut procéder: on mélange intimement de l'osmiure d'iridium pulvérisé avec 5 p. 1/2 de bioxyde de baryum et on chauffe le mélange dans un creuset fermé, à la température de fusion de l'argent. On pulvérise la matière noire obtenue et on la distille avec 8 p. d'acide chlorhydrique et 1 p. d'acide azotique, en refroidissant bien le récipient. On redistille le produit distillé et l'on recueille les vapeurs dans de l'ammoniaque étendue. La solution ammoniacale, traitée par un courant d'hydrogène sulfuré, donne un précipité de sulfure d'osmium qu'on recueille, qu'on lave et qu'on sèche à une basse température (à chaud, ce sulfure prend feu). Enfin on calcine, à la température de fusion du nickel, le sulfure dans un creuset de charbon renfermé dans un creuset de terre réfractaire, l'intervalle étant rempli par du sable.

L'osmium reste à l'état métallique en petits fragments pulvérulents, d'un bleu clair. Il est tout à fait sans odeur, d'une densité de 21,3 à 21,4. Il ne s'oxyde qu'à une température supérieure à celle de la fusion du zinc.

*Osmium cristallisé.* — On dissout l'osmium dans de l'étain fondu, d'où il cristallise par le refroidissement. On isole les cristaux en dissolvant l'étain dans l'acide chlorhydrique. C'est une poudre cristalline, microscopique, formée de dodécaèdres rhomboïdaux avec les faces du cube.

Si l'on fond l'osmiure d'iridium avec du zinc, ce dernier forme un alliage avec l'iridium tandis que l'osmium cristallise par le refroidissement.

*Osmium compacte.* — Si l'on dissout l'osmium dans le zinc fondu, il ne s'en sépare pas par le refroidissement; si l'on dissout ensuite le zinc dans l'acide chlorhydrique, il reste une poudre amorphe, très-combustible. Mais si l'on distille le zinc, et si l'on maintient ensuite le résidu à la température de fusion du rhodium, il reste de l'osmium compacte, caverneux et non fondu; cet osmium raye le verre.

L'osmium est le plus dense et le moins fusible des métaux du platine (ordre de fusibilité : Pd, Pt, Rh, Ir, Ru, Os); son poids atomique est également le plus élevé. Sa chaleur spécifique est égale à 0,03113 (Regnault). Chauffé à la température de fusion du ruthénium, il éprouve une volatilisation sensible (Deville et Debray).

L'osmium servant d'électrode positive dans un bain acide donne de l'acide osmique qui se dissout. Dans une solution alcaline, il se produit de l'osmiate, qui colore la solution en jaune, et un dépôt métallique au pôle négatif (Wœhler). L'acide azotique dissout l'osmium en le transformant en anhydride osmique; mais si l'osmium a subi l'action d'une température très-élevée, il n'est plus attaqué. Les alcalis et l'azotate de potasse en fusion transforment l'osmium en osmiates.

Calciné à l'air, l'osmium se transforme en anhydride osmique en répandant l'odeur caractéristique de ce dernier.

Les caractères chimiques de ses combinaisons le rangent plutôt parmi les métalloïdes que parmi les métaux. Deville et Debray le rattachent au silicium, tandis que M. Mallet a cru pouvoir le ranger à côté de l'arsenic et de l'antimoine.

Les combinaisons de l'osmium sont de plusieurs ordres; outre celles qui correspondent aux composés du platine, il y en a d'autres, notamment un chlorure $Os^2Cl^6$ et les oxydes $Os^2O^3$, $OsO^3$ et $OsO^4$.

On ne connaît pas d'alliages de l'osmium en proportions définies. L'osmiure d'iridium lui-même, qui entre dans la composition des minerais de platine, a une composition assez variable.

Tennant a décrit des alliages très-ductiles de cuivre et d'osmium, d'or et d'osmium, et un amalgame mou, obtenu par l'action du mercure sur une solution d'acide osmique. Par la distillation de cet amalgame, l'osmium reste à l'état pulvérulent. Cet amalgame se produit très-facilement et adhère au verre.

*L'osmiure d'iridium* ne possède pas une composition assez définie pour pouvoir être représentée par des formules; l'iridium y domine presque toujours; souvent il renferme du rhodium et du ruthénium; la densité varie aussi beaucoup d'un échantillon à un autre, de 16 à 21. Mais quelle que soit la composition de l'osmiure d'iridium, sa forme cristalline est la même, ce qui indique que les éléments qui le composent sont isomorphes (G. Rose). Voici la composition d'un certain nombre de variétés d'osmiure d'iridium d'après Deville et Debray.

| | Colombie. | | Californie. | Australie. | Bornéo. | Russie. | | | | |
|---|---|---|---|---|---|---|---|---|---|---|
| | 1 | 2 | 3 | 4 | 5 | 6 | 7 | 8 | 9 | 10 |
| Iridium | 70,40 | 57,80 | 53,50 | 58,13 | 58,27 | 77,20 | 43,28 | 64,50 | 43,94 | 70,36 |
| Rhodium | 12,30 | 0,63 | 2,60 | 3,04 | 2,64 | 0,50 | 5,73 | 7,50 | 1,65 | 4,72 |
| Platine | 0,10 | » | » | » | 0,15 | 1,10 | 0,62 | 2,80 | 0,14 | 0,41 |
| Ruthénium | 0,00 | 6,37 | 0,50 | 5,22 | » | 0,20 | 8,49 | » | 4,68 | » |
| Osmium | 17,20 | 35,10 | 43,40 | 33,46 | 38,94 | 21,00 | 40,11 | 22,90 | 48,85 | 28,01 |
| Cuivre | » | 0,06 | » | 0,15 | » | traces. | 0,78 | 0,90 | 0,11 | 0,21 |
| Fer | » | 0,10 | » | » | » | » | 0,99 | 1,40 | 0,63 | 1,29 |
| | 100,00 | 100,06 | 100,00 | 100,00 | 100,00 | 100,00 | 100,00 | 100,00 | 100,00 | 100,00 |

On a vu à l'article Iridium, t. II, p. 126, l'aspect sous lequel se présente l'osmiure, ainsi que les procédés employés pour sa purification et pour son traitement. Voyez aussi Iridosmine, p. 131.

### CHLORURES D'OSMIUM.

Il existe trois chlorures d'osmium, $OsCl^2$, $OsCl^3$ ou $Os^2Cl^6$ et $OsCl^4$. Berzelius en admettait un quatrième, $OsCl^6$, mais son existence n'est pas bien établie. On ne connaît pas de chlorure $OsCl^8$ correspondant au tétroxyde.

Bichlorure d'osmium (ou *protochlorure*), $OsCl^2$. — Il se forme en même temps que le tétrachlorure, par l'action du chlore sur l'osmium, action qui nécessite l'application d'une température élevée. Berzelius a décrit le protochlorure d'osmium comme un sublimé d'un vert foncé. Claus a fait voir que le chlorure vert ne se forme que lorsque l'osmium, ainsi que le chlore, n'a pas été bien desséché. Si l'on dessèche d'abord complétement l'osmium, ce qui est difficile lorsqu'il a été obtenu au moyen de l'hydrogène, et qu'on le traite ensuite par du chlore sec, après que tout l'air a été expulsé, le protochlorure se dépose près du métal sous la forme d'un sublimé noir, tandis qu'à une distance plus grande, il se dépose du tétrachlorure sous la forme d'une poudre rouge. Néanmoins les premières portions de chlorure sont colorées en vert, la dessiccation de l'osmium n'étant complète que lorsque le chlore commence à agir. Claus admet que ce composé vert est un chlorure supérieur. Ne serait-ce pas plutôt un oxychlorure?

L'action du chlore sur l'osmium s'arrête bientôt, le métal devenant plus compacte sous l'influence de la chaleur.

Le protochlorure d'osmium se dissout dans l'eau avec une coloration d'un bleu violet foncé. On ne peut l'obtenir à l'état de pureté.

Il se produit en dissolution par réduction des chlorures supérieurs.

Lorsqu'on mélange la solution avec une solution de tétrachlorure d'osmium, elle se colore d'abord en vert, mais cette coloration ne tarde pas à passer au pourpre, et bientôt il y a décomposition complète des chlorures avec production d'anhydride osmique, d'acide chlorhydrique et d'un oxyde noir. La présence de chlorures alcalins donne de la stabilité à la solution.

D'après Berzelius, le bichlorure d'osmium donne avec le chlorure de potassium un sel double cristallisable en prismes d'un brun clair.

TRICHLORURE D'OSMIUM, $OsCl^3$ ou plutôt $Os^2Cl^6$. — Ce chlorure, très-instable, existe dans les solutions roses de l'osmium. Il se produit par le mélange des chlorures osmieux et osmique, ou par réduction incomplète du tétrachlorure, par exemple; par l'action de l'hydrogène sulfuré sur une solution d'acide osmique additionnée d'acide chlorhydrique. En évaporant la solution rose avec du sel ammoniac, on obtient un chlorure double bien cristallisé, $Os^2Cl^6, 4AzH^4Cl + 3H^2O$.

Le *chlorure osmio-potassique* (chlorosmite),

$$Os^2Cl^6, 6KCl + 6H^2O,$$

se forme lorsqu'on reprend par l'eau le produit de l'action du chlore sec sur un mélange d'osmium et de chlorure de potassium. Mais on l'obtient plus facilement en décomposant par l'acide chlorhydrique l'osman-osmiate (voir p. 662) de potassium : on ajoute de l'ammoniaque à une solution d'osmiate de potassium, puis, avant que le sel ait le temps de se déposer, on neutralise par de l'acide chlorhydrique, puis on évapore au bain-marie, et on lave le résidu à l'eau glacée.

Ce sel double est d'un rouge foncé; effleuri, il renferme $3H^2O$ et est rose; il perd toute son eau à 150-180°. Il est très-soluble dans l'eau et dans l'alcool, insoluble dans l'éther; ses solutions sont roses. Elles donnent avec la potasse ou l'ammoniaque un précipité brun-rouge d'un hydrate partiellement soluble dans la potasse. Les agents réducteurs donnent le chlorure bleu, l'hydrogène sulfuré, un sulfure brun noir.

TÉTRACHLORURE D'OSMIUM, $OsCl^4$ (ancien bichlorure). — Poudre rouge produite par l'action du chlore sur l'osmium (voyez plus haut), soluble dans l'eau et dans l'alcool avec une coloration jaune. Il forme des chlorures doubles qui ont déjà été décrits par Berzelius. La solution de tétrachlorure d'osmium se décompose peu à peu en donnant de l'acide osmique, de l'acide chlorhydrique et un oxyde noir. La présence d'acide chlorhydrique ou d'autres chlorures retarde cette décomposition qui, au contraire, est activée par l'ébullition. Ses solutions sont colorées en bleu par les agents réducteurs, par suite de la formation du protochlorure d'osmium.

*Chlorosmiate de potassium,*

$$OsCl^6K^2 = OsCl^4, 2KCl.$$

— Il forme des octaèdres bruns ou d'un rouge de minium, peu solubles dans l'eau, insolubles dans l'alcool. Pour le préparer, le mieux est de traiter par le chlorure de potassium la solution du sel sodique correspondant, obtenu par l'action du chlore humide sur un mélange de sulfure d'osmium et de chlorure de sodium. La solution de ce sel double s'altère à la longue en devenant verte et en déposant ensuite de l'oxyde d'osmium. La potasse décolore cette solution qui, par l'ébullition, dépose alors de l'hydrate d'osmium. L'ammoniaque y produit un précipité jaunâtre qui devient brun en se transformant en $(AzH^3)^2Os.O^2.H^2O$. L'azotate d'argent y produit un précipité gris verdâtre de *chlorosmiate d'argent,* $OsCl^6Ag^2$, soluble dans l'ammoniaque avec une coloration jaune.

*Chlorosmiate d'ammonium,* $OsCl^6(AzH^4)^2$. — Précipité rouge-brun, cristallisable en octaèdres, obtenu comme le sel potassique. Il est plus altérable que ce dernier. Calciné, il laisse de l'osmium spongieux.

*Chlorosmiate de sodium,* $OsCl^6Na^2$. — Il cristallise en longs prismes rhombiques, de couleur orange, solubles dans l'eau et dans l'alcool.

HEXACHLORURE D'OSMIUM, $OsCl^6$. — Ce chlorure existe, d'après Berzelius, à l'état de chlorure double ammoniacal qui s'obtient en traitant par le mercure, au soleil, une solution ammoniacale d'acide osmique sursaturée par l'acide chlorhydrique, évaporant à sec et reprenant par l'alcool qui dissout le chlorure double avec une belle coloration rouge et l'abandonne, par le refroidissement, en une masse cristalline brune.

On ne connaît pas de *chlorure osmique* correspondant à l'anhydride $OsO^4$, à moins qu'on n'admette qu'il existe dans la solution chlorhydrique de ce dernier.

Les données relatives à ces chlorures, ainsi qu'aux autres combinaisons de l'osmium, n'avaient, en grande partie, été déduites par Berzelius que de leur analogie avec les combinaisons de l'iridium [*Poggend. Ann.*, t. XIII, p. 463, et t. XV, p. 208 et 527]. C'est à Claus surtout qu'on doit une connaissance plus exacte de ces chlorures [*Acad. de Saint-Pétersb.*, t. VI, p. 145; *Journ. f. prakt. Chem.*, t. XC, p. 65; *Bull. de la Soc. chim.*, 1865, t. III, p. 116].

CYANURES D'OSMIUM. — Voyez t. I, p. 1113.

### OXYDES D'OSMIUM.

L'étude de ces composés est surtout due à Berzelius [*loc. cit.*], à Fremy [*Ann. de Chim. et de Phys.*, (3), t. XII, p. 511, et t. XLIV, p. 387] et à Claus [*loc. cit.*].

Les oxydes de l'osmium sont nombreux. Voici ceux qui ont été décrits :

| | |
|---|---|
| Protoxyde | $OsO$ |
| Sesquioxyde | $Os^2O^3$ |
| Bioxyde | $OsO^2$ |
| Trioxyde (anhydride osmieux) | $OsO^3$ |
| Peroxyde (anhydride osmique) | $OsO^4$ |

L'hydrogène réduit tous ces oxydes à l'état métallique.

PROTOXYDE D'OSMIUM, $OsO$. — On l'obtient par une calcination modérée, à l'abri de l'air, de l'hydrate $OsH^2O^2$ (Berzelius), ou par la calcination du sulfite osmio-potassique avec du carbonate de sodium dans un courant d'acide carbonique (Claus), ou par celle du sulfite anhydre bleu (Jacobi). Il est gris, insoluble dans l'eau et dans les acides.

L'*hydrate*, $OsH^2O^2$, se précipite lentement, d'après Berzelius, lorsqu'on ajoute de la potasse au chlorure osmioso-potassique, mais cet hydrate renferme toujours de la potasse qu'on ne peut enlever par lavage.

Claus le prépare en chauffant le sulfite bleu avec une lessive de potasse, dans une atmosphère d'acide carbonique, et lavant à l'eau chaude, à l'abri de l'air. C'est un précipité d'un bleu noir, soluble dans les acides. Sa solution chlorhydrique est d'un bleu indigo et s'oxyde rapidement à l'air, en devenant d'abord pourpre, puis jaune. La solution bleue s'obtient par réduction des chlorures supérieurs par l'alcool, le zinc, le cyanure jaune, etc.

Les seuls sels bien caractérisés, à base d'osmium, sont les sulfites. Ils ont été décrits par Claus.

*Sulfite osmieux,* $SO^3Os$. — On l'obtient par l'action de l'acide sulfureux sur une solution aqueuse de tétroxyde d'osmium. La solution se colore d'abord en jaune (sulfite osmique), puis en pourpre et enfin en indigo foncé. Par l'évaporation ou par l'addition à chaud de sulfate ou de carbonate de sodium, le sel se dépose sous la forme d'une poudre bleue qu'on lave et qu'on sèche rapidement. Humide, ce sel s'oxyde rapidement à l'air, mais, après dessiccation, il est inaltérable. Il est insoluble dans l'eau; il se dissout avec une coloration bleue dans l'acide chlorhydrique, sans perdre d'acide sulfureux. La potasse bouillante le décompose.

Chauffé, il se décompose en fournissant du sulfure d'osmium, du peroxyde d'osmium et du gaz sulfureux; les parties froides du tube se recouvrent de sulfite bleu régénéré.

*Sulfite osmioso-potassique,*

$$3SO^3K^2 + (SO^3)^2OsH^2 + 4H^2O.$$

— Il se dépose sous la forme d'une poudre blanche lorsqu'on chauffe une solution de chlorure osmio-potassique avec de l'acide sulfureux. Séché, il présente l'aspect cristallin et une teinte rose. Il se décompose à 180° en devenant violet.

*Sulfite osmieux acide et chlorure de potassium,* $6KCl.SO^3Os.SO^2$. — Il se forme par l'action de l'acide chlorhydrique sur le sel précédent. C'est un sel cristallin d'un brun-rouge, très-soluble.

Berzelius a également décrit un *sulfate,* un *azotate* et un *phosphate osmieux.* Le premier s'obtient en dissolvant le sulfure d'osmium dans une quantité insuffisante d'acide azotique et évaporant la solution brune. Il reste un résidu brun présentant des ramifications dendritiques, soluble dans l'eau et dans l'alcool.

Le second forme un vernis transparent vert, lorsqu'on évapore la solution nitrique verte du protoxyde d'osmium. L'existence de ces sels n'a pas été vérifiée.

Le *phosphate osmieux* se produirait soit par l'oxydation du phosphure d'osmium, soit en traitant l'hydrate osmieux par l'acide phosphorique. Il est peu soluble dans l'eau, soluble dans l'acide azotique avec une coloration verte.

Sesquioxyde d'osmium, $Os^2O^3$. — Poudre noire insoluble dans les acides, obtenue en chauffant avec du carbonate de sodium, dans un courant d'acide carbonique, les chlorures alcalins doubles que forme le sesquichlorure d'osmium et reprenant le produit par l'eau. Il forme un *hydrate* $Os^2H^6O^6$(?) d'un brun sale, soluble dans les acides, mais ne donnant pas de sels définis (Claus).

Bioxyde d'osmium, $OsO^2$. — Fragments brillants, d'un rouge de cuivre, obtenus par la calcination de l'hydrate dans un creuset fermé.

L'*hydrate* $OsH^4O^4$ s'obtient en décomposant le chlorosmiate de potassium par la potasse bouillante, ou plutôt en précipitant l'osmite de potassium par de l'acide azotique étendu. Ce sel se décompose alors en bioxyde d'osmium et acide osmique : $2OsO^3 = OsO^2 + OsO^4$.

C'est un produit noir et gélatineux, à cassure conchoïde après dessiccation, peu soluble dans l'acide chlorhydrique. Par la calcination, il se décompose en oxyde $OsO^2$, acide osmique, hydrogène et eau, d'après l'équation

$$2OsH^4O^4 = OsO^2 + OsO^4 + 2H^2 + 2H^2O$$

(Claus).

D'après Eichler [*Bull. Soc. nat. de Moscou,* 1859, p. 152], cet oxyde forme une combinaison potassique $Os^3O^7K^2 = 3OsO^2.K^2O$ qu'on obtient sous la forme d'un précipité noir par l'action de la lumière sur une solution potassique de peroxyde d'osmium additionnée d'alcool. Sa solution chlorhydrique ne se comporte pas comme celle du tétrachlorure. Ainsi elle ne donne pas de chlorosmiate de potassium octaédrique avec le chlorure de potassium; elle est violette et donne par la potasse un précipité violacé. Les solutions métalliques (d'argent, de plomb, de mercurosum) y produisent des précipités gris.

Anhydride osmieux (*tritoxyde d'osmium, acide osmieux*), $OsO^3$. — D'après Fremy, ce corps ne peut pas exister à l'état de liberté. Néanmoins Mallet pense l'avoir isolé [*Chem. News,* avril, 1860; *Répert. de Chim. pure,* 1860, p. 209]. Le produit de l'attaque de l'osmiure d'iridium par le nitre, au creuset de fer, étant traité par l'acide sulfurique concentré, fournit à la distillation des gouttes huileuses d'un jaune pâle se prenant par le refroidissement en une masse cireuse qu'on peut redistiller. Ce corps paraît moins fusible et moins volatil que l'acide osmique, d'une odeur différente. Exposé au soleil, dans un tube fermé, il se sublime en croûtes cristallines qui ne tardent pas à noircir, par suite, sans doute, d'un dédoublement en oxyde inférieur et acide osmique.

Osmites. — Ces sels se forment par la réduction du tétroxyde en présence des alcalis. Claus les désigne sous le nom d'osmiates, les dérivés alcalins du tétroxyde (anhydride perosmique de Claus) ne pouvant être isolés. Traités par un acide, ils se décomposent en donnant du tétroxyde et du bioxyde d'osmium. Ils ont principalement été étudiés par Fremy.

*Osmite de potassium,* $OsO^4K^2, 2H^2O$. — Il s'obtient sous la forme d'une poudre cristalline rose par l'addition d'alcool à la solution potassique de tétroxyde d'osmium (osmiate de potassium). Dans cette réaction, l'alcool se transforme en aldéhyde. L'osmite de potassium est soluble dans l'eau, insoluble dans l'alcool et dans l'éther. Il cristallise en octaèdres volumineux; mais pour l'obtenir à cet état, il faut réduire l'osmiate de potassium en solution très-alcaline par l'azotite de potassium. Dans ce cas, l'osmite se forme lentement.

La dissolution de ce sel se décompose facilement, surtout à l'ébullition, en osmiate de potassium et bioxyde d'osmium. Elle s'oxyde lentement à l'air. Les cristaux qui renferment $2H^2O$ se déshydratent, sans éprouver d'autre altération, lorsqu'on les chauffe dans un courant d'azote. Calciné dans un courant d'hydrogène, ce sel fournit de l'eau, de la potasse et de l'osmium métallique.

Chauffé avec les acides, il se décompose en bioxyde d'osmium qui se précipite et en tétroxyde qui se volatilise.

La dissolution de ce sel est décomposée par l'hydrogène sulfuré : il se dépose du sulfure d'osmium.

L'acide sulfureux y produit un précipité d'un beau bleu qui est du sulfite osmieux (Claus).

L'ammoniaque réduit l'osmite de potassium; la solution se décolore, et si l'on chauffe, elle brunit et laisse déposer de l'oxyde d'osmium ammoniacal, en même temps qu'il se dégage de l'azote.

Avec le chlorure d'ammonium, on obtient un précipité insoluble dans un excès de chlorure, d'un jaune citron, soluble dans l'eau, et qui a pour composition $OsO^2, 2AzH^3 + 2AzH^4Cl$ (Fremy).

*Osmite de sodium.* — Il s'obtient comme le sel potassique, mais ne cristallise pas aussi facilement (Fremy).

Le *sel d'ammonium* ne paraît pas pouvoir exister.

Les autres osmites sont insolubles et peu stables.

Tétroxyde d'osmium (peroxyde d'osmium, acide osmique, anhydride osmique), $OsO^4$. — C'est le composé qui se forme par le grillage de l'osmium ou de l'osmiure d'iridium, ainsi que par l'action de l'acide azotique ou de l'eau régale. Sa propriété la plus caractéristique est sa grande volatilité.

On ne peut guère l'envisager comme un oxyde acide; en effet, sa solution potassique en abandonne la majeure partie par l'ébullition, tandis que le surplus se dédouble en oxygène et osmite de potassium.

Le meilleur moyen d'obtenir cet oxyde consiste, d'après Claus, à attaquer l'osmiure d'iridium très-divisé par l'eau régale et à distiller plusieurs fois le produit. Le peroxyde d'osmium se condense soit en solution très-concentrée, soit en cristaux volumineux.

Il est très-soluble dans l'eau, qui cependant ne le dissout que lentement. Sa saveur est âcre et brûlante, mais non acide. Il se dissout également dans l'alcool et dans l'éther, mais ces solutions s'altèrent rapidement en laissant déposer de l'osmium métallique.

Le peroxyde d'osmium est en longs prismes réguliers, brillants et flexibles; il a une odeur très-piquante de raifort. Il se ramollit comme de la cire à la chaleur de la main. Il fond vers 40° en un liquide incolore et bout à une température voisine de 100°. Deville et Debray ont pris sa densité de vapeur à la température de 246°; ils ont trouvé le nombre 128,6 au lieu de 131,5, la densité de l'hydrogène étant prise pour unité (soit 8,9 au lieu de 9, par rapport à l'air).

Le peroxyde d'osmium communique au verre la propriété d'être mouillé par le mercure.

La vapeur du peroxyde d'osmium est très-vénéneuse; elle excite la toux et exerce notamment une action très-vive sur les yeux. Son meilleur antidote, d'après Claus, est l'hydrogène sulfuré.

Le peroxyde d'osmium se dissout dans les alcalis en donnant des solutions jaunes ou rouges, inodores à froid, mais émettant des vapeurs osmiques à chaud; par l'évaporation on obtient des résidus solides que Berzelius envisageait comme des osmiates, sans toutefois donner des analyses à l'appui. Suivant Claus, ce résidu est de l'osmite. Lorsqu'on dissout de la potasse dans une solution de peroxyde d'osmium, on obtient une solution rouge de sang fournissant rapidement de l'osmite de potassium et un dégagement d'oxygène.

Le peroxyde d'osmium est un oxydant énergique : il décolore l'indigo, transforme l'alcool en aldéhyde et acide acétique, les hydrates de carbone en acide oxalique. Il tache la peau et le linge en noir. Le tannin le réduit en le faisant passer par des teintes bleues et pourpres d'une grande richesse.

Plusieurs métaux, notamment le fer, le zinc, le cuivre, réduisent complétement la solution osmique et en séparent de l'osmium.

L'ammoniaque le décompose en donnant de l'oxyde osmique,

$$3OsO^4 + 4AzH^3 = 3OsO^2 + Az^4 + 6H^2O,$$

ou, si elle est en excès, une combinaison ammoniacale :

$$3OsO^4 + 10AzH^3$$
$$= 3OsO^2,Az^2H^6 + Az^4 + 6H^2O.$$

En présence de la potasse, il se forme de l'osman-osmiate de potassium (voir plus bas) :

$$6OsO^4 + 8AzH^3 + 6KHO$$
$$= 3Os^2Az^2O^5K^2 + Az^2 + 15H^2O.$$

### SULFURES D'OSMIUM.

On admet l'existence de cinq sulfures d'osmium, correspondant aux oxydes. On obtient directement du sulfure d'osmium en faisant brûler de l'osmium dans la vapeur de soufre. Cependant, si l'on expose le sulfure d'osmium à une température élevée, il perd tout son soufre et laisse de l'osmium métallique pulvérulent (Deville et Debray).

Les sulfures correspondant aux quatre premiers oxydes s'obtiennent par l'action de l'hydrogène sulfuré sur la solution chlorhydrique de ces oxydes; ils sont un peu solubles dans l'eau en formant des solutions jaunes (Berzelius).

Le *bisulfure* $OsS^2$ est un précipité d'un jaune-brun foncé (Berzelius).

Le *trisulfure* $OsS^3$ ne se précipite que lentement, vers 70°.

Suivant Berzelius, on obtient un sulfure intermédiaire $Os^2S^5$ en calcinant le tétrasulfure dans le vide.

Le *tétrasulfure d'osmium* $OsS^4$ se forme, d'après Berzelius, par l'action de l'hydrogène sulfuré sur la solution de peroxyde d'osmium; il est brun-noir et n'est entièrement précipité qu'en présence d'acide chlorhydrique. Il est insoluble dans l'eau, les alcalis et les sulfures alcalins. Il est probable que ce sulfure est un sulfure inférieur.

### COMBINAISONS AZOTÉES DE L'OSMIUM.

L'histoire de ces combinaisons est encore assez obscure. Elles résultent en général de l'action de l'ammoniaque sur le tétroxyde d'osmium ou sur les osmites. Les principales recherches sur ce sujet sont dues à Fremy [*Ann. de Chim. et de Phys.*, (3), t. XII, p. 521], à Fritzsche et Struve [*Journ. für prakt. Chem.*, t. XLI, p. 97 ; *Annuaire de Millon*, 1848, p. 104], à Gibbs et Genth [*Sillim. Amer. Journ.*, (2), t. XXV, p. 248; *Répert. de Chim. pure*, 1859, p. 326], et à Claus [*Bull. Acad. de Saint-Pétersbourg*, t. I, p. 97, et t. VI, p. 145; *Journ. für prakt. Chem.*, t. XC, p. 65; *Bull. de la Soc. chim.*, 1865, t. III, p. 121].

ACIDE OSMAN-OSMIQUE, $Os^2Az^2O^5H^2$ (*acide osmiamique*).— L'anhydride $Os^2O^4Az^2$ de cet acide découvert par Fritzsche et Struve représente une combinaison d'azoture d'osmium et de tétroxyde d'osmium, $OsAz^2.OsO^4$. Il n'a pas été isolé. Fritzsche et Struve l'envisageaient comme une combinaison de $OsO^3 + OsAz^2$, et Gerhardt avait cru pouvoir adopter la formule $Os^2Az^2O^5$, résultant de l'équation

$$2OsO^4 + 2AzH^3 = Os^2Az^2O^5 + 3H^2O.$$

La formule que nous avons adoptée est celle de Claus. Elle semble justifiée par ce fait que l'acide osmique subit une réduction partielle sous l'influence de la potasse. — Voyez plus haut.

Les sels alcalins de cet acide se produisent par l'action de l'ammoniaque sur une solution alcaline de tétroxyde d'osmium (osmiates alcalins).

L'acide libre est peu stable et s'obtient à l'état d'une solution jaune lorsqu'on décompose le sel barytique par l'acide sulfurique, ou le sel d'argent par l'acide chlorhydrique. Cette dissolution se décompose par la concentration, avec dégagement de gaz et dépôt d'un précipité brun.

Elle décompose les carbonates et même les chlorures.

Les osman-osmiates alcalins et alcalino-terreux sont solubles dans l'eau; ceux de plomb, de mercure et d'argent sont insolubles. Ces sels détonent par la chaleur et par le choc.

*Osman-osmiate d'ammonium*, $Os^2Az^2O^5(AzH^4)^2$. — Il s'obtient en décomposant le sel d'argent par le chlorure d'ammonium, filtrant et faisant évaporer lentement. Il forme de grands cristaux anhydres, isomorphes avec le sel de potassium, très-solubles dans l'eau et dans l'alcool; la solution alcoolique ne se décompose pas par l'ébullition. Le sel sec détone à 125°.

*Osman-osmiate d'argent*, $Os^2Az^2O^5.Ag^2$. — Poudre cristalline jaune, obtenue par double décomposition, ou en dissolvant du tétroxyde d'osmium dans une solution ammoniacale d'un sel d'argent, et neutralisant par l'acide nitrique. Il noircit à la lumière; chauffé à 80°, il détone avec violence. Il est soluble dans l'ammoniaque et s'en dépose par l'évaporation à l'état d'une combinaison ammoniacale.

*Osman-osmiate de baryum*, $Os^2Az^2O^5.Ba$. — Aiguilles jaunes, brillantes, détonant à 150°, très-solubles dans l'eau. Il s'obtient par double décomposition entre le sel argentique et le chlorure de baryum.

*Osman-osmiate mercureux.*— Précipité cristallin jaune. Chauffé, il se sublime peu à peu, sans détoner.

Le *sel mercurique* obtenu avec le sel argentique se dépose de la liqueur filtrée en prismes qui noircissent rapidement.

*Osman-osmiate de plomb*, $Os^2Az^2O^5.Pb$.— Précipité cristallin jaune, qui brunit pendant le lavage; on l'obtient en ajoutant l'osman-osmiate de sodium à une solution d'azotate de plomb. Il forme une combinaison avec le chlorure plombique.

*Osman-osmiate de potassium*, $Os^2Az^2O^5.K^2$.— On le prépare en ajoutant de l'ammoniaque à une solution de $OsO^4$ dans un excès de potasse. Il se dépose par l'évaporation en cristaux anhydres jaunes, formés d'octaèdres quadratiques dont l'angle terminal est de 106°16' et les angles latéraux de 110°5'. Il est soluble dans l'eau et dans l'alcool, insoluble dans l'éther. Il ne se décompose avec explosion qu'au-dessus de 180°.

Chauffé avec de l'acide chlorhydrique et du chlorure de potassium, il produit du chlore et du chlorosmite de potassium :

$$Os^2Az^2O^5.K^2 + 4KCl + 18HCl$$
$$= Os^2Cl^6,6KCl + 2AzH^4Cl + 5H^2O + Cl^4.$$

*Osman-osmiate de sodium*, $Os^2Az^2O^5Na^2$. — Il se dépose de sa solution sirupeuse en prismes volumineux hydratés, fusibles dans leur eau de cristallisation, qu'ils perdent à une température peu élevée. Il est très-soluble.

*Osman-osmiate de zinc*, $Os^2Az^2O^5.Zn$. — Il est extrêmement soluble; il n'a été obtenu solide qu'à l'état de sel ammoniacal insoluble renfermant $4AzH^3$. Ce sel se précipite en une poudre jaune pâle par l'addition de peroxyde d'osmium à une solution ammoniacale d'oxyde de zinc. Il détone à 150°.

Le cadmium donne un sel analogue.

OSMIAMIDE, $OsO^2Az^2H^4$. — Fremy admet l'existence de ce composé uni au sel ammoniac, dans le précipité cristallin jaune que produit une solution d'osmite de potassium dans une solution de chlorure d'ammonium :

$$OsO^2Az^2H^4.2AzH^4Cl.$$

Ce sel est très-peu soluble dans l'eau.

Gibbs et Genth envisagent ce sel comme le chlorure d'une base ammoniée

$$OsO^2(AzH^3)^4.Cl^2,$$

pouvant fournir un chloroplatinate, ainsi que des oxysels, par double décomposition avec les sels d'argent; ces sels sont d'un jaune-orange, presque insolubles dans l'eau froide; leur solution bouillante laisse dégager du tétroxyde d'osmium.

D'après Claus, le chlorure de Fremy renferme $Os(AzH^3)^4Cl^2 + 2H^2O$ (soit 4 atomes d'hydrogène de plus que dans les formules précédentes); il est arrivé à cette formule par analogie avec le composé correspondant de ruthénium. Ce serait le *dichlorure d'osmiotétrammonium*

$$\left.\begin{matrix}Os^{IV}\\H^{12}\end{matrix}\right\}Az^4.Cl^2.$$

Traité par l'oxyde d'argent, ce chlorure fournit une solution alcaline jaune, ne contenant pas d'ammoniaque libre, attirant l'acide carbonique de l'air et neutralisant les acides.

Le sulfate correspondant donne avec la baryte une solution alcaline très-instable, que Claus suppose renfermer une base dérivée du protoxyde d'osmium.

W. Gibbs a obtenu des combinaisons analogues en ajoutant de l'osmite de potassium aux chlorhydrates de cinchonine, de narcotine, etc. Ces combinaisons perdent facilement du tétroxyde d'osmium. Elles sont plus stables en présence de l'acide chlorhydrique, et fournissent des chloraurates et des chloroplatinates cristallisés.

OXYDE D'OSMIO-DIAMMONIAQUE,

$$Os(AzH^3)^2O^2 + H^2O.$$

— Ce dérivé s'obtient par l'action de l'ammoniaque en excès sur le chlorosmiate de potassium ou d'ammonium. On le prépare le plus facilement en faisant digérer à chaud le peroxyde d'osmium $OsO^4$ avec de l'ammoniaque concentrée. C'est une poudre d'un brun-noir, sans saveur, se décomposant brusquement par la chaleur, soluble dans les alcalis, un peu dans les acides. Sa solution potassique perd de l'ammoniaque par l'ébullition; l'oxyde qui reste est encore ammoniacal.

Les solutions acides sont d'un rouge-brun, incristallisables. Évaporées, elles laissent pour résidu un sel basique incomplétement soluble dans l'eau; les alcalis en précipitent la base.

Le chlorure que l'on obtient ainsi est une masse brune, partiellement soluble dans l'eau et paraissant renfermer $Os(AzH^3)^2Cl^4 + xH^2O$ (Claus).

PHOSPHURE D'OSMIUM. — Chauffé dans la vapeur de phosphore, l'osmium s'y combine avec incandescence. La combinaison, fortement calcinée, est blanche et douée de l'éclat métallique. Elle prend feu à l'air, quelquefois spontanément, sans flamme et sans production de vapeurs osmiques, en donnant, d'après Berzelius, du phosphate osmique.

## CARACTÈRES ANALYTIQUES ET DOSAGE DE L'OSMIUM.

Tous les composés de l'osmium, traités par l'acide azotique bouillant, dégagent l'odeur caractéristique du tétroxyde d'osmium. Chauffés dans un courant d'hydrogène, ils donnent de l'osmium ou ses oxydes inférieurs, qui tous se transforment en tétroxyde d'osmium par la calcination à l'air. Le zinc précipite l'osmium métallique de toutes ses solutions.

Les *chlorosmites* (renfermant $Os^2Cl^6$) donnent, avec la *potasse*, l'*ammoniaque* ou les *carbonates alcalins*, un précipité rouge-brun de sesquioxyde d'osmium, soluble dans l'ammoniaque, incomplétement soluble dans la potasse, d'où la chaleur le reprécipite.

L'*azotate d'argent* donne un précipité gris-brun, soluble dans l'ammoniaque.

Le *tannin* ou l'*alcool* colorent la solution en bleu par suite de la formation de chlorure osmieux $OsCl^2$.

L'*hydrogène sulfuré* donne un précipité brun, insoluble dans les sulfures alcalins.

Le *chlorure osmique* et les *chlorosmiates* donnent, avec l'*hydrogène sulfuré*, un précipité jaune-brun, insoluble dans les sulfures alcalins.

Le *chlorure stanneux* donne un précipité brun, et l'*azotate d'argent* un précipité vert-olive.

Le *tannin* produit à chaud une coloration bleue, mais point de précipité.

L'*iodure de potassium* colore la solution en rouge pourpre foncé.

La *potasse* donne un précipité noir, et l'*ammoniaque* un précipité brun, soluble à l'ébullition.

*Dosage et séparation.* — On dose généralement l'osmium à l'état métallique. Le meilleur moyen pour le séparer des métaux auxquels il est généralement associé consiste à le transformer en peroxyde d'osmium volatil, soit par grillage dans un courant d'oxygène, soit par distillation avec de l'eau régale. On reçoit les vapeurs osmiques dans la potasse concentrée, on ajoute un peu d'alcool à la solution alcaline, pour transformer le tétroxyde d'osmium en *osmite de potassium*, insoluble dans l'alcool. On fait ensuite digérer à froid cet osmite avec une solution de sel ammoniac, qui le transforme dans le chlorure ammoniacal jaune $2AzH^4Cl,Az^2OsO^2H^4$. On calcine enfin ce dernier dans un courant d'hydrogène, et l'on pèse l'osmium métallique produit (Fremy).

Berzelius traitait par le mercure le produit de la distillation avec l'eau régale. Le précipité, renfermant du calomel et de l'amalgame d'osmium, était ensuite chauffé avec l'excès de mercure dans un courant d'hydrogène; l'osmium métallique restait ainsi pour résidu.

Le produit le plus difficile à analyser est l'osmiure d'iridium; la principale difficulté réside dans la dureté de ce corps; on arrive à le pulvériser facilement en suivant la marche indiquée par Deville et Debray. — Voyez t. II, p. 127.

La méthode suivante est la plus recommandable pour l'analyse de l'osmiure d'iridium; elle est due à Deville et Debray [*Ann. de Chim. et de Phys.*, (3), t. LVI, p. 476].

On mélange intimement 2 grammes d'osmiure bien pulvérisé avec 6 grammes de bioxyde de baryum et 2 grammes d'azotate de baryum décrépité, l'un et l'autre exactement pesés; la quantité de baryum contenue dans ces derniers doit être connue avec précision, afin qu'on puisse ensuite déterminer exactement la quantité d'acide sulfurique nécessaire pour précipiter toute la baryte. On chauffe au rouge pendant deux heures dans un creuset d'argent fermé. La masse non fondue est retirée du creuset et placée dans une capsule de porcelaine; on l'arrose d'eau, puis on l'additionne d'acide chlorhydrique jusqu'à dissolution.

On ajoute ensuite un peu d'acide azotique et l'on maintient le tout à une douce ébullition, jusqu'à ce que l'odeur du tétroxyde d'osmium ne soit plus sensible.

Les vapeurs de cet oxyde peuvent être recueillies dans une dissolution d'ammoniaque, dans laquelle il est facile de doser l'osmium.

On évapore alors jusqu'à siccité, on reprend le résidu par l'eau chaude, et l'on décante la liqueur des parcelles d'osmiure non attaqué. On lave celles-ci, on les sèche et on les pèse pour défalquer leur poids du poids primitivement employé. On précipite dans la solution la baryte par l'acide sulfurique, on laisse déposer et l'on filtre.

A la liqueur jaune rougeâtre filtrée on ajoute environ 8 grammes de sel ammoniac pur, et on évapore presque à sec. On arrose ensuite la masse avec une solution alcoolisée de sel ammoniac; on filtre le sel d'iridium, qu'il faut laver d'abord avec une dissolution de sel ammoniac, puis avec de l'eau alcoolisée, enfin avec de l'alcool. Le sel desséché et son filtre sont chauffés très-lentement jusqu'au rouge dans un creuset de platine couvert. Le charbon du filtre est ensuite brûlé et le métal ramené complétement à l'état métallique, soit par un courant d'hydrogène, soit par l'addition d'un fragment de carbonate ammonique.

Le ruthénium est contenu dans l'iridium ainsi obtenu. Le rhodium se trouve dans la dissolution restante de sel ammoniac. Ces deux métaux doivent être déterminés par les méthodes qui seront décrites plus loin.

Le fer et le cuivre contenus dans l'osmiure restent avec le rhodium. E. W.

**OSMOSE.** — Voyez Diffusion.

**OSSÉINE.** — L'osséine, qui forme la trame organique des os, s'extrait de ceux-ci en les traitant par l'acide chlorhydrique étendu de 9 p. d'eau. Au bout d'un certain temps les sels terreux se dissolvent entièrement dans le liquide, et il reste une masse semi-transparente ayant la forme et la structure microscopique de l'os, qui est formée presque uniquement d'osséine mêlée à quelque peu de graisse et de tissu élastique. — Voyez Os.

Pour obtenir l'osséine pure, il est bon de traiter la poudre d'os ou d'ivoire par l'acide chlorhydrique étendu, de renouveler à deux ou trois reprises la liqueur acide, de laver finalement à l'eau, de s'assurer que le résidu ne laisse plus de cendres, de laver enfin à l'alcool et à l'éther pour enlever les corps gras [voyez Fremy, *Ann. de Chim. et de Phys.*, (3), t. XLIII, p. 52]. Il reste encore, mélangée à l'osséine, une petite quantité de substance albumineuse provenant des parois des vaisseaux.

L'osséine est insoluble dans l'eau, mais elle se change en gélatine, soluble et isomérique avec elle, par l'action prolongée de l'eau bouillante. Cette transformation, très-lente lorsque l'osséine est parfaitement pure, est au contraire très-rapide, et peut s'opérer en quelques minutes, lorsqu'on acidule la liqueur. Cette remarque suffit à expliquer peut-être pourquoi l'osséine pure des os se transforme bien plus lentement en gélatine que les fibrilles du tissu conjonctif des viandes et du derme, qui sont presque toujours en contact avec des plasmas acidifiés par un peu d'acide acétique ou lactique. La gélatine produite dans les deux cas est la même.

L'osséine des jeunes tissus osseux se transforme plus rapidement en gélatine que celui des os d'adulte.

Les compositions de l'osséine et celles de la gélatine sont identiques. Du reste, l'osséine donne exactement son poids de gélatine par la coction (Fremy) :

| | C | H | Az | O | |
|---|---|---|---|---|---|
| Gélatine pure d'os. | 50,0 | 6,5 | 17,5 | 26,0 | Fremy. |
| Colle de poisson (Mulder)....... | 50,76 | 6,65 | 18,32 | 24,09 | Mulder. |
| Osséine d'os de bœuf.......... | 50,4 | 6,50 | 16,9 | 26,2 | Fremy. |
| Osséine d'os de bœuf.......... | 49,31 | 7,14 | 17,8 | 25,67 | Fremy. |
| Osséine de fémur de bœuf....... | 50,18 | 7,07 | 18,45 | 24,35 | V. Bibra. |

L'osséine contient en outre du soufre : environ 0,216 °/₀ d'après Bibra.

Cette substance se retrouve très-approximativement la même dans les os des jeunes et des vieux animaux, et dans les divers os d'un même animal, de ceux qui sont bien portants et de ceux qui sont malades; les matières telles que les os de poisson, la corne, l'ivoire, les fanons de baleine fournissent des osséines très-analogues, sinon identiques [Fremy, *loc. cit.*, p. 57]. La matière organique qui existe dans les écailles de tortue, outre qu'elle n'est modifiée que très-lentement par l'eau et les acides, contient une quantité de soufre qui peut s'élever à 2 °/₀. Dans les os de fœtus se trouve une matière organique incapable de se transformer en gélatine par la coction [Schwaren, Hoppel]. Dans les os de palmipèdes et dans les arêtes de poisson, outre l'osséine qu'on peut enlever par ébullition avec l'eau acidulée, il existe une matière transparente, élastique, qui conserve la forme de l'os, mais qui, tout en ayant la composition de l'osséine, est incapable de se transformer en gélatine [Fremy, *loc. cit.*, p. 60]. A. G.

**OSTÉOLITHE** (Min.). — Variété compacte et impure d'apatite, trouvée dans les fissures d'une dolérite, et en couches dans les roches stratifiées, à Ostheim (Hanovre) et à Schönwald (Bohême).

**OSTRANITE** (Min.). — Zircon brun altéré de Brevig (Norwége).

**OTTRÉLITE** (Min.). — Silicate hydraté alumino-ferreux, renfermant $SiO^2 = 43,43$; $Al^2O^3 = 24,20$; $FeO = 16,77$; $MnO = 8,10$; $H^2O = 5,64$. Total $= 98,20$ ou

$$RO.2Al^2O^3.6SiO^3.3H^2O.$$

Se rencontre en petites lamelles arrondies d'un gris noirâtre, verdâtres par transparence, disséminées dans les schistes siluriens d'Ottrez (Belgique), du Luxembourg, de la vallée d'Ossau (Basses-Pyrénées).

*Caractères.* — N'est attaquable que par l'acide sulfurique à chaud. Au chalumeau, fond difficilement sur les bords en un émail noir magnétique. Avec le borax, réactions du fer ; avec le carbonate de soude, réaction du manganèse. Dans le matras, donne de l'eau.

Dureté : raye difficilement le verre. Poussière blanc grisâtre.

Densité, 3,3.

*Forme cristalline.* — D'après ses caractères optiques, probablement clinorhombique.

**OUTREMER.** — Nous parlerons ici principalement du produit artificiel. L'outremer naturel n'est que la poudre d'un minéral connu sous le nom de lapis-lazuli ou lazulite (voyez HAÜYNE). Pour l'obtenir, on chauffe la pierre au rouge et on la plonge dans le vinaigre ou l'alcool, pour l'étonner, puis on la pulvérise. La poudre est pétrie à chaud sous l'eau tiède avec un mastic de poix, de cire et d'huile de lin. L'eau ne tarde pas à se colorer en bleu ; on décante et, par le dépôt, on obtient l'outremer de première qualité. En continuant, on obtient une poudre gris de lin ou cendre d'outremer. Cette couleur, employée autrefois dans la peinture fine, valait 125 fr. l'once.

En 1814, Tassaert observa la formation d'une matière bleue dans les fours à soude de Saint-Gobain ; Kuhlmann fit la même remarque dans les fours à calcination du sulfate de sodium. D'après les analyses de Vauquelin, les produits artificiels offraient la composition de l'outremer naturel.

Sur ces données, la Société d'encouragement pour l'industrie fonda un prix en vue de provoquer des recherches sur la production industrielle et artificielle de l'outremer (1824). La question fut résolue presque simultanément (1827) par Guimet, qui garda son procédé secret, et par Gmelin, qui publia ses expériences. Depuis cette époque, la fabrication de l'outremer se développa et se perfectionna au point que, la concurrence aidant, on en est arrivé à vendre 2 francs à 1 fr. 50 des produits qui valaient autrefois 500 francs le kilogramme.

*Caractères physiques et chimiques, composition.* — L'outremer naturel est un produit constant par sa couleur et sa composition. Il offre toujours une nuance d'un bleu pur et résiste toujours également bien à l'action de l'alun en solution et de l'acide acétique. Il n'en est pas de même des outremers artificiels provenant de diverses fabriques. On observe entre eux des différences notables au point de vue de la couleur et de la résistance aux acides.

Sous le rapport de la couleur, on divise les outremers en diverses espèces qui sont :

1° Les outremers d'un bleu pur et foncé comme celui du lapis-lazuli ;

2° Les outremers d'un bleu plus pâle et même légèrement teintés de vert avec un éclat remarquable ;

3° Les outremers à reflets violacés ou rosés ;

4° L'outremer vert qui n'a pas d'éclat.

Ce dernier étant, dans certains procédés de fabrication, un terme de passage avant d'arriver au bleu, il est évident qu'en ménageant les actions qui transforment l'outremer vert en bleu, on peut obtenir toutes les nuances intermédiaires entre le vert et le bleu. Ainsi M. Rœhr, de Clarenthal, près Wiesbaden, a exposé, en 1855, trente-six échantillons offrant des teintes graduées entre le vert et le bleu pur (rapport de M. Stas sur l'exposition de 1855).

Les outremers bleu pur ou bleu verdâtre mélangés à de l'oxyde de zinc s'affaiblissent proportionnellement à la quantité de blanc ajouté, tandis que les violets et les violets rosés perdent presque entièrement leur teinte, même avec des quantités relativement restreintes de blanc de zinc. Ce phénomène singulier ne s'observe pas si on remplace le blanc de zinc par d'autres poudres blanches, telles que sulfates de baryte ou de chaux, blanc de Meudon, talc, etc. Ces dernières substances, incorporées à l'outremer, lui conservent sa teinte propre.

Comme l'outremer naturel, les produits artificiels fondent difficilement au chalumeau en donnant un globule incolore ; avec le borax, on obtient une perle incolore, dont la formation est précédée d'une effervescence.

L'acide chlorhydrique décompose les outremers artificiels et naturels en dégageant de l'hydrogène sulfuré et une odeur irritante qui provoque les larmes, analogue à celle que l'on observe en décomposant un polysulfure alcalin par l'acide chlorhydrique.

Le liquide restant est gélatineux et laiteux, il passe trouble à travers le filtre. Ce trouble est dû à du soufre libre.

La poudre de lazulite résiste à l'action d'une solution saturée d'alun et à celle de l'acide acétique, tandis qu'aucun produit artificiel ne réalise d'une manière absolue la condition de résister aux solutions d'alun. Les uns sont décolorés au bout de peu de temps ; les autres au bout de 1/2, 2 ou 3 heures. Les plus altérables sont les verts, les bleus purs, les bleus teintés de vert. Les violets et violets rosés sont les plus stables. L'outremer bleu violacé passe, avant de se décolorer, au bleu pur, puis au bleu verdâtre ; le rosé garde sa teinte propre jusqu'à décoloration complète.

*Composition.* — Les analyses de diverses espèces d'outremers offrent des divergences sensibles ; elles démontrent cependant que tous ces produits appartient à la même espèce minérale et se rapprochent beaucoup par la composition de l'outremer naturel. Les éléments constitutifs sont les mêmes ou à peu près, au moins ceux qui semblent nécessaires à la production de la couleur. Les éléments essentiels et dominants sont le silicium, l'aluminium, le sodium, le soufre et l'oxygène.

Le fer et le calcium ne s'y trouvent qu'accidentellement et n'interviennent pas dans la production du bleu. Les différences sont donc plutôt quantitatives que qualitatives.

Le rapport entre la silice et l'alumine peut varier de $\frac{100}{78,8}$ à $\frac{100}{67,6}$. Le soufre qui se dégage sous forme d'hydrogène sulfuré, par l'influence des acides, et que les auteurs désignent par S$\alpha$, varie de 0,5 °/₀ à 5,89 °/₀. Le soufre précipité ou S$\beta$ varie de 0,34 à 9 ou 10 °/₀. Mais ces différences ne prouvent pas que le composé bleu a une composition variable ; il est très-probable, au contraire, qu'elles dérivent d'un excès de l'une ou l'autre partie intégrante dont la présence, dans certaines limites, n'est pas de nature à nuire à la teinte.

Le tableau suivant résume les analyses les plus récentes d'outremers artificiels [Scheurer-Kestner, *Répert. de Chim, appliq.*, 1861, p. 485].

| | Varrentrapp. | Elsner. | Brunner. | Breunlin. | Boeckmann. |
|---|---|---|---|---|---|
| Silice | 46,60 | 40,00 | 32,54 | 37,40-40,90 | 28,82-29,32 |
| Alumine | 23,30 | 29,50 | 25,25 | 29,99-34,18 | 38,89-37,64 |
| Soude | 21,46 | 23,00 | 16,91 | 14,89-16,17 | 16,09-14,14 |
| Sodium | » | » | » | » » | 3,11-0,83 |
| Soufre α | 1,68 | 0,05 | 11,63 | 1,98-2,20 | 2,08-2,00 |
| Soufre β | | 3,05 | | 7,10-8,45 | 7,51-8,21 |

| | Varrentrapp. | Elsner. | Brunner. | Breunlin. | Boeckmann. |
|---|---|---|---|---|---|
| Potasse | 1,75 | » | » | » » | » » |
| Fer | 1,06 | » | » | » » | » » |
| Chaux | 1,02 | » | » | 0,47-0,82 | » » |
| Acide sulfurique | 8,08 | 3,04 | 2,37 | 2,33-1,80 | » » |
| Chlore | traces. | » | » | » » | » » |
| Oxyde de fer | » | 1,00 | 3,24 | » » | » » |
| Oxygène | » | » | 9,04 | » » | » » |
| Argile | » | » | » | 2,83-1,46 | 2,90-4,81 |

Quelques auteurs font dériver la couleur bleue de l'outremer d'une modification bleue du soufre. Cette opinion ne s'appuie que sur une hypothèse gratuite et n'est pas sérieusement soutenable. D'autres admettent l'existence d'un sulfure bleu d'aluminium. Mais alors, comme le fait remarquer Gentele, le chlore, en agissant sur ce sulfure, devrait produire du chlorure d'aluminium, ce qui n'a pas lieu. Il paraît certain que l'outremer renferme son silicium et son aluminium à l'état de silicate d'aluminium, tel que le fournit le kaolin employé dans la préparation (voyez plus loin), les proportions relatives de silice et d'alumine pouvant varier dans certaines limites sans inconvénients graves.

Il est de plus prouvé, par le calcul de ces analyses, qu'une partie du sodium existe à l'état d'oxyde; une autre portion est unie à du soufre sous forme de sulfure (poly- ou mono-); enfin ce sulfure alcalin est uni chimiquement au silicate d'alumine ou au silicate double d'alumine et de sodium. On ne peut, en effet, expliquer autrement, en l'absence de sulfure d'aluminium ou de silicium, le dégagement d'hydrogène sulfuré par les acides; d'un autre côté, un simple mélange d'un sulfure alcalin avec un silicate alumineux ne pourrait produire un bleu; enfin, comme le fait remarquer Gentele, le sulfure de l'outremer résiste mieux à l'action des agents désulfurants et oxydants (potasse caustique bouillante, plombite de potassium, mélange de carbonate et d'azotate de potassium) que les sulfures alcalins libres.

Ceci posé, plusieurs questions non encore résolues se présentent à l'esprit :

1° La soude qui se trouve dans l'outremer est-elle combinée au silicate d'alumine sous forme de silicate double, ou se trouve-t-elle unie à un acide du soufre et dans ce cas quel est cet acide?

2° Quelle est la composition du sulfure alcalin, est-ce un mono- ou un polysulfure?

M. Guignet ayant montré que l'outremer renferme du soufre libre éliminable par le sulfure de carbone, les raisonnements basés sur des analyses de produits non débarrassés de ce soufre libre sont sans valeur.

On a fait, sur la constitution de l'outremer, diverses hypothèses que nous allons passer rapidement en revue.

Brunner envisage l'outremer comme une combinaison de kaolin avec 20,157 °/ₒ de sulfate de sodium et 17,421 °/ₒ de sulfure de sodium.

Breunlin admet la préexistence dans l'outremer vert et l'outremer bleu d'un silicate double d'alumine et de sodium uni à du pentasulfure de sodium pour le bleu, à du bisulfure dans le vert.

M. Ritter partage l'opinion qui admet l'existence du silicate double, mais ce sel serait combiné à la fois à un polysulfure et à de l'hyposulfite de sodium.

En effet, par l'action des acides, il se dégagerait non-seulement de l'hydrogène sulfuré, mais encore de l'acide sulfureux; si l'on avait méconnu la présence de ce dernier, cela tient à l'action réciproque des deux gaz qui se détruisent mutuellement en donnant du soufre. Si l'on a soin de décomposer l'outremer par une solution chlorhydrique contenant de l'émétique qui précipite l'hydrogène sulfuré, on peut recueillir de l'acide sulfureux.

Schützenberger a décomposé l'outremer bien lavé à l'eau chaude par de l'acide chlorhydrique étendu et chaud dans un courant d'acide carbonique. Les gaz dégagés étaient entraînés par le courant d'acide carbonique et se rendaient, après avoir traversé un tube rempli de coton, dans un flacon laveur contenant de l'eau. Le liquide aqueux s'est rapidement troublé par dépôt de soufre, comme cela arrive lorsqu'on mélange de l'acide sulfureux et de l'hydrogène sulfuré. Enfin, M. R. Hoffmann a fait digérer de l'outremer avec de l'acide acétique et de l'acétate de plomb, et a démontré la production d'hyposulfite de plomb, qu'il sépare par la potasse caustique. Ces expériences tendent bien à établir la présence d'un composé oxygéné de soufre, mais il n'est pas prouvé que cette présence soit nécessaire à la constitution du bleu.

Selon Ritter, en calcinant à l'abri de l'air un mélange de kaolin de Cornouailles, de sulfate de sodium et de charbon, on obtient une masse brun rougeâtre dont l'eau sépare du polysulfure de sodium. Il reste une poudre jaune formée d'un silicate double aluminico-sodique uni à du sulfure de sodium, et renfermant :

| | |
|---|---|
| Silice | 39,06 |
| Alumine | 31,17 |
| Soude | 14,75 |
| Potasse | 1,60 |
| Sulfure de sodium (mélange à équivalents égaux de mono- et de bisulfure) | 12,97 |
| Sulfure de fer (outremer blanc) | 0,11 |

Si on remplace le sulfate de sodium par du sulfate de potassium, on n'obtient après lavage qu'un composé formé de silice, d'alumine et de potassium. L'outremer blanc grillé au contact de l'air avec du soufre devient d'abord vert, puis bleu. D'après Gentele, l'agent actif dans cette expérience serait l'acide sulfureux, qui peut être remplacé par du chlore.

L'acide sulfureux ou le chlore enlèveraient du sodium au monosulfure, le feraient passer à l'état de polysulfure; en même temps, il se produit du sulfate de sodium, du soufre ou du chlorure de sodium. Si dans cette expérience on évite l'accès de l'air, le produit est vert; pour arriver au bleu, il faut l'intervention de l'oxygène pour former de l'hyposulfite aux dépens du polysulfure.

Dans ces derniers temps, M. Stein [*Journ. für prakt. Chem.*, nouv. sér., t. III, p. 38] cherche à démontrer : 1° que l'outremer bleu contient de l'acide sulfureux et non de l'acide hyposulfureux, mais que ni les sulfites, ni les hyposulfites ne sont nécessaires à sa constitution; 2° que l'outremer doit sa couleur à du sulfure d'aluminium noir, formé par l'action à haute température du sulfure de sodium sur l'alumine. L'outremer ne serait pas, d'après l'auteur, une combinaison chimique; la coloration bleue est indépendante de la composition; elle est due au *rôle optique* des parties qui entrent dans le mélange. L'outremer serait une masse blanche avec laquelle est mélangé du sulfure noir d'aluminium à l'état de division moléculaire.

*Préparation.* — Le procédé exploité par Guimet est resté secret. Nous dirons quelques mots du procédé de Gmelin, le premier qui ait été connu

[Gmelin, *Ann. de Chim. et de Phys.*, (2), t. XXXVII, p. 409]. On se procure de la silice et de l'alumine hydratées, précipitées en gelée de leurs solutions et bien lavées. On détermine par calcination la quantité de terre sèche correspondant à 100 p. de ces précipités. L'hydrate de silice employé par Gmelin contenait 66 % $SiO^2$ anhydre, l'hydrate d'alumine renfermait 32 %.

On dissout à chaud dans une lessive de soude autant de silice qu'elle peut en dissoudre; pour 72 p. de silice (anhydre) dissoute, on prend un poids d'hydrate d'alumine correspondant à 70 p. d'alumine anhydre que l'on ajoute à la lessive silicique, on évapore en remuant jusqu'à consistance de poudre humide. Dans un creuset de Hesse pourvu d'un bon couvercle, on place un mélange de 2 p. de soufre et 1 p. de carbonate de sodium sec; on chauffe au rouge moyen jusqu'à fusion de la masse, puis on projette peu à peu dans le creuset le silicate aluminico-sodique, par petites portions. Aussitôt que l'effervescence due aux vapeurs d'eau a cessé, on y projette une nouvelle portion. On maintient le creuset pendant une heure au rouge, puis on laisse refroidir. La masse est traitée par l'eau, qui enlève du sulfure de sodium et laisse l'outremer.

On peut aussi mélanger parties égales de silice et d'alumine précipitées et supposées sèches, de carbonate de sodium et de soufre avec une quantité de lessive de soude caustique suffisante pour dissoudre la silice; le mélange introduit dans un creuset est séché et porté à un rouge vif que l'on maintient pendant une heure. La masse, d'abord d'un gris bleuâtre clair, devient d'un beau bleu par le grillage.

Selon A.-W. Hofmann [*Rapport sur l'exposition de 1867*], la première opération consiste à faire un mélange de kaolin, de soufre et de carbonate de sodium, auquel on ajoute souvent une certaine quantité de sulfate de sodium, de charbon et de colophane. Ces produits doivent être réduits en poudre très-fine, excepté la colophane qui est ajoutée en morceaux de la grosseur d'une noix. Pour le bleu foncé et pur, on augmente la proportion de sulfate de sodium et l'opération est conduite de façon à fixer le plus possible de soufre (8 à 10 %). Pour les bleus violacés, capables de résister à l'alun, on augmente la dose de carbonate de sodium aux dépens du sulfate, et le kaolin est mélangé à de la silice en poudre, de manière que la silice et l'alumine soient dans le rapport de 65 à 35.

Voici la composition de deux mélanges employés dans la préparation de l'outremer bleu foncé. Le premier, indiqué par Stas [*Rapport sur l'exposition de 1855*], renferme à la fois du carbonate et du sulfate de sodium; le second, indiqué par Furstenau, directeur d'une manufacture d'outremer à Cobourg, ne contient que du carbonate de sodium.

| | Stas. | Furstenau. |
|---|---|---|
| Kaolin | 37 | 32,2 |
| Sulfate de sodium anhydre | 15 | 0,0 |
| Carbonate de sodium | 22 | 29,8 |
| Soufre pur | 18 | 33,2 |
| Charbon de bois | 8 | 19,0 |
| Colophane | 0 | 19,0 |

Ces ingrédients sont bien mélangés et introduits dans 150 à 200 creusets dont chacun peut contenir 24 à 30 livres du mélange; les creusets sont empilés les uns sur les autres dans un four, ou dans de larges moufles en terre réfractaire disposés deux par deux au-dessus de la grille d'un four à deux étages. Le premier compartiment reçoit directement l'action du feu, tandis que le second n'est chauffé que par les gaz de la combustion avant leur passage dans la cheminée. Avec le premier mélange la température du four doit être élevée très-lentement jusqu'au rouge sombre et maintenue 48 heures à cette température. Pour le second, au contraire, M. Furstenau recommande une élévation rapide de température jusqu'au point de fusion d'un alliage formé de parties égales d'or et d'argent, et maintient le feu 6 à 8 heures jusqu'à ce qu'un échantillon retiré du four offre après refroidissement une couleur verte. On laisse refroidir lentement, pendant 36 heures, en fermant les issues du four. Le point principal est de maintenir une température convenable; trop élevée, elle liquéfie la masse; si elle est trop basse le sulfate de sodium ne se réduit pas, les polysulfures ne se forment pas et l'opération est manquée. La masse refroidie, si l'opération a été bien conduite, doit être verte, friable ou seulement légèrement agglutinée. On pulvérise et on introduit la poudre dans un moufle en fer fermé par un couvercle; on chauffe de nouveau pendant huit heures à une température modérée produite par la chaleur perdue du four à calcination. Le produit obtenu est finement pulvérisé, lavé avec soin et desséché. Si la couleur bleue demandée n'apparaît pas avec toute son intensité, on grille dans un four à réverbère chauffé au rouge naissant. L'oxygène est absorbé, une partie du soufre se change en acide sulfureux. On continue le grillage jusqu'à ce qu'un échantillon refroidi ne soit pas plus foncé que le précédent. Enfin, on lave, on broie et on sèche. Le broyage se fait sous des meules semblables à celles qui servent à pulvériser le feldspath dans les fabriques de porcelaine; le plus grand soin est nécessaire dans cette opération, car l'extrême ténuité est une condition exigée pour l'outremer destiné à l'impression des tissus. L'eau employée au lavage doit être pure et exempte de chaux.

M. R. Hoffmann, directeur de la fabrique de Marienberg, classe de la manière suivante les procédés actuellement suivis dans la préparation de l'outremer :

1° Procédés employant le kaolin, le sulfate de sodium et le charbon;

2° Procédés employant le kaolin, le sulfate de sodium et le charbon, du carbonate de sodium et du soufre;

3° Procédés employant du kaolin, de la silice, du charbon, du carbonate de sodium et du soufre.

Le produit brut fourni par le premier procédé, le plus ancien, est généralement un peu fritté, par suite de l'emploi d'une température élevée; sa couleur est verte avec une teinte bleue superficielle. Il est facile d'en séparer des portions uniformément vertes après le broyage et le lavage. La variété verte mélangée à du soufre et soumise à l'action de la chaleur, en présence de l'air, devient bleue. Cette méthode donne un bleu clair, contenant de 6 à 8 % de soufre.

Le second procédé exige une température plus basse. Le produit brut est vert, friable, poreux, absorbant facilement l'oxygène pendant le refroidissement : aussi prend-il généralement une teinte bleue. En ajoutant du soufre à ce produit et en opérant comme ci-dessus, on développe un bleu remarquable par une teinte foncée et une grande richesse de couleur. A mesure que les proportions de carbonate de sodium et de soufre augmentent, le produit brut offre après refroidissement une coloration bleue de plus en plus intense, et le bleu ne réclame plus pour être achevé un second grillage avec du soufre. Ces bleus contiennent de 10 à 12 % de soufre.

Avec le procédé n° 3 (addition de silice très-divisée), le produit brut est toujours bleu et le traitement au soufre peut être négligé. L'outremer obtenu est remarquable par une teinte rougeâtre et une plus grande résistance à l'alun.

D'après H. Gruneberg [*Zeitsch. des Vereines*

*deutsch. Ingen.*, 1868, p. 471], le magnifique bloc d'outremer que la fabrique de Kaiserslautern avait envoyé à l'exposition de 1867 a été fabriqué par le procédé suivant : le kaolin, le soufre et le carbonate de sodium sont pulvérisés finement, mélangés, pulvérisés de nouveau et séchés. A ce moment, on porte le mélange dans des fours à moufles. Les moufles ont environ 0m,94 de large sur 1m,88 de long et 0m,78 de haut. La flamme passe d'abord sur le moufle, puis le traverse. On maintient au rouge pendant trois semaines. Lorsque la nuance est atteinte, on défourne, on broie, on mélange le produit avec de l'albâtre et on calcine de manière à obtenir les différents tons du commerce. Voir, pour plus de détails sur la fabrication, l'article de M. Carimantran dans le *Moniteur scientifique* du Dr Quesneville, t. IX, p. 105.

Bibliographie. — *Rapports de MM. Stas et Hofmann* sur les expositions universelles de 1855 et 1862. — *Dictionnaire des sciences naturelles* de Levrault. — *Dictionnaire des arts et manufactures*, de Laboulaye. — *Bulletin de la Soc. d'encouragement pour l'industrie*, 1823, p. 125 ; 1824, p. 7 ; 1825, p. 307 ; 1827, p. 22 ; 1826, p. 24 ; 1828, p. 217, 346, 349 ; 1831, p. 227 ; 1837, p. 496 ; 1842, p. 236 ; 1845, p. 263, 387 ; 1849, p. 325, 386 ; 1850, p. 264, 345 ; 1853, p. 327 ; 1855, p. 840 ; 1860, p. 558. — *Ann. de Chim.*, (1), t. XXI, p. 150 ; LVII, p. 317 ; XXXIV, p. 65 ; LXXXIX, p. 88. — *Ann. de Chim. et de Phys.*, (2), t. XL, p. 439 ; XLVI, p. 431. — *Ann. de Chim. et de Phys.*, (3), t. XLVIII, p. 64. — *Compt. rend.*, t. XIV, p. 761. — Gentele, *Dingl.*, t. CXL, p. 223 ; t. CXLI, p. 116 ; t. CXLII, p. 351 ; t. CLX, p. 453. — Wilkens, *Ann. der Chem. u. Pharm.*, t. XCIX, p. 21. — Ritter, *Répert. de Chim. appliquée*, 1861, p. 15. — Boeckmann, *Ann. der Chem. u. Pharm.*, t. CXVIII, p. 312. — Scheurer-Kestner, *Rép. de Chim. appl.*, 1861, p. 420. P. S.

**OUWAROWITE** (Min.). — Grenat chromico-calcaire. — Voyez Grenat.

**OWENITE.** — Voyez Thuringite.

**OXACÉTIQUE (ACIDE).** — Voyez Glycolique (Acide), t. I, p. 1614.

**OXACÉTYLURÉE.** — Voyez Hydantoïque (acide), t. II, p. 55.

**OXALANE.** — Voyez Oxalurique (acide).

**OXALANTINE**, $C^6H^4Az^4O^5 + H^2O$ [Limpricht, *Ann. der Chem. u. Pharm.*, t. CXI, p. 133, et *Répert. de Chim. pure*, 1860, p. 30]. — L'oxalantine est un produit de réduction de l'acide parabanique ou oxalylurée ; ce corps est à l'acide parabanique ce que l'alloxantine est à l'alloxane :

$$\underset{\text{Alloxane.}}{2(C^4H^2Az^2O^4)} + H^2 = \underset{\text{Alloxantine.}}{C^8H^4Az^4O^7} + H^2O;$$

$$\underset{\text{Acide parabanique.}}{2(C^3H^2Az^2O^3)} + H^2 = \underset{\text{Oxalantine.}}{C^6H^4Az^4O^5} + H^2O.$$

L'hydrogène sulfuré est sans action sur l'acide parabanique, mais, lorsqu'on ajoute à celui-ci du zinc et de l'acide chlorhydrique étendu, il se dégage de l'hydrogène et il se forme une poudre blanche, cristalline, qui est une combinaison d'oxalantine et d'oxyde de zinc.

On délaye cette poudre dans l'eau et l'on fait passer dans le mélange un courant d'hydrogène sulfuré, pour précipiter le zinc. La solution convenablement concentrée fournit des croûtes cristallines d'oxalantine.

L'oxalantine est peu soluble dans l'eau, presque insoluble dans l'alcool et l'éther. Sa solution est légèrement acide ; chauffée avec de l'oxyde de mercure ou de l'azotate d'argent, elle reste transparente, mais il y a réduction instantanée des métaux par addition d'ammoniaque. L'acide azotique moyennement concentré ou le peroxyde de plomb ne l'oxydent pas.

L'oxalantine renferme une molécule d'eau que l'on considère comme de l'eau de cristallisation, mais qu'on ne peut enlever sans altérer profondément le corps. Elle se dissout dans les alcalis caustiques et dans les carbonates avec effervescence. E. G.

**OXALDINES.** — Nom donné par M. Schiff à une série de bases oxygénées, formées par la combinaison, avec élimination d'eau, de 1 molécule d'ammoniaque et d'un nombre variable de molécules d'aldéhyde. Dans le cas de l'aldéhyde ordinaire, la composition de ces bases est représentée par la formule générale $C^{2n}H^{2n+3}AzO$ et leur formation peut être expliquée par l'équation

$$nC^2H^4O + AzH^3 = C^{2n}H^{2n+3}AzO + (n-1)H^2O.$$

### OXALDINES DÉRIVÉES DE L'ALDÉHYDE.

Le premier terme de la série est l'aldéhydate d'ammoniaque, le second est inconnu. Le troisième terme a été obtenu par M. Schiff, les quatrième et cinquième ont été préparés d'abord par M. Babo (voyez t. I, p. 49), et par MM. Heintz et Wislicenus ; mais l'étude de ces corps est due à M. Schiff [Babo, *Journ. für prakt. Chem.*, t. LXXII, p. 88 ; — Heintz et Wislicenus, *Poggend. Ann.*, t. CV, p. 577, et *Répert. de Chim. pure*, 1859, p. 312 ; — Schiff, *Compt. rend.*, t. LXV, p. 320 ; *Ann. der Chem. u. Pharm.*, Suppl. VI, p. 1, et *Bull. de la Soc. chim.*, 1869, t. XI, p. 241].

Oxytrialdine, $C^6H^{11}AzO$. — Cette base se forme par la décomposition de l'hydracétamide, par l'action de l'aldéhyde vers 50° ou 60° sur l'aldéhydate d'ammoniaque ; on l'obtient encore en chauffant vers 50° la solution alcoolique de l'aldéhydate d'ammoniaque. Pour la préparer, on évapore à feu nu la solution obtenue par l'action de l'ammoniaque alcoolique sur l'aldéhyde (voyez Hydracétamide, t. II, p. 55). On précipite par la potasse le liquide fortement concentré, on dissout le précipité résineux formé dans l'acide chlorhydrique étendu, et l'on concentre au bain-marie. On précipite de nouveau la solution évaporée par la potasse, on dissout le précipité dans l'alcool, on traite par l'acide carbonique, pour précipiter l'excès de potasse, on filtre et l'on évapore d'abord au bain-marie, finalement dans une atmosphère séchée par l'acide sulfurique. Les dernières traces de sels minéraux que l'oxytrialdine contient sont enlevées par un traitement à l'alcool éthéré.

L'oxytrialdine constitue une poudre amorphe jaune brunâtre, hygroscopique, assez soluble dans l'eau, très-soluble dans l'alcool. Presque insoluble dans l'éther et le sulfure de carbone, elle se dissout en petite quantité dans la benzine et le chloroforme. Une température de 150° ne l'altère pas ; au delà de cette température, elle se décompose en fournissant de l'oxytétraldine, de l'ammoniaque et de l'eau.

Le perchlorure de phosphore ne réagit que lentement sur l'oxytrialdine, en la charbonnant en partie ; l'acide iodhydrique la convertit en une substance iodée résineuse.

Elle forme des sels solubles dans l'eau, peu solubles dans l'alcool et insolubles dans l'éther.

Le *chlorhydrate* renferme $C^6H^{11}AzO, HCl$.

L'*oxalate* $C^6H^{11}AzO.C^2H^2O^4$ est amorphe, brun-rouge, soluble dans l'eau.

Le *sulfate* a pour formule $(C^6H^{11}AzO)^2SO^4H^2$.

Le *chloroplatinate* $(C^6H^{11}AzO, HCl)^2 + PtCl^4$ constitue un précipité floconneux rouge-brun, insoluble dans l'eau et dans l'alcool.

Oxytétraldine, $C^8H^{13}AzO$. — Elle se forme lorsqu'on chauffe vers 90° à 100° une solution alcoolique d'aldéhydate d'ammoniaque; la réaction est lente et il est préférable d'élever la température vers 110° ou 120°. On obtient dans ce cas un mélange d'oxytétraldine et d'oxypentaldine qu'on peut séparer facilement. On chauffe dans un autoclave parties égales d'aldéhydate d'ammoniaque et d'alcool de 110° à 120° pendant 24 heures; à l'ouverture on constate un dégagement considérable d'ammoniaque. En opérant comme on l'a indiqué pour l'oxytrialdine, on obtient un mélange d'oxytétraldine et d'oxypentaldine, qu'on réduit en poudre et qu'on fait bouillir avec de l'eau. L'oxytétraldine se dissout, tandis que la seconde base reste insoluble.

L'oxytétraldine forme une poudre amorphe brun jaunâtre, d'un goût amer, assez soluble dans l'eau, mais moins que l'oxytrialdine; la solution verdit le papier de mauve et est sans action sur le tournesol.

L'eau chargée d'acide carbonique dissout une grande quantité d'oxytétraldine; mais dès qu'on chauffe, on observe un dégagement de gaz carbonique, et la base se précipite. Elle s'unit directement sans élimination d'eau avec l'acide chlorhydrique, et se comporte avec l'acide iodhydrique et avec le perchlorure de phosphore comme l'oxytrialdine.

Les sels de l'oxytétraldine sont incristallisables, solubles dans l'eau, mais insolubles dans l'alcool.

Le *chlorhydrate* $C^8H^{13}AzO, HCl$ est d'une couleur brun-violet foncé.

L'*oxalate* $C^8H^{13}AzO, C^2H^2O^4$ est un sel acide et constitue une poudre amorphe soluble dans l'eau. MM. Heintz et Wislicenus ont décrit un sel de la formule $C^{16}H^{24}Az^2O\,C^2O^3$, qui diffère du sel neutre par $2\,H^2O$.

Le *picrate* est jaune et floconneux.

Le *sulfate* forme un précipité brunâtre; il paraît exister un sulfate acide.

Le *tannate* est rouge-brun et insoluble dans l'eau.

Le *chloroplatinate* est brun; séché à 130°, il renferme $(C^8H^{13}AzO, HCl)^2 + PtCl^4$; vers 150° il se décompose. Heintz et Wislicenus ont analysé un sel séché à 150°, et le représentent par la formule $(C^8H^{12}AzCl)^2 + PtCl^4$

L'oxytétraldine se combine avec le chlorure de mercure, mais elle est sans action sur les chlorures de fer, de cuivre, d'étain, et sur le prussiate jaune de potassium.

Traitée par la potasse alcoolique ou chauffée vers 150°, elle dégage de l'ammoniaque et de l'eau, et se transforme en oxypentaldine. Suivant M. Baeyer, elle fournit à chaud de l'eau et une base $C^8H^{11}Az$, qui se rapproche beaucoup de la collidine :

$$C^8H^{13}AzO = C^8H^{11}Az + H^2O.$$

Cette base, que Baeyer a nommée *aldéhydine*, bout de 178° à 180°, et présente les caractères de la collidine; seulement elle diffère de cette base par son action sur le chlorure mercurique : la collidine précipite ce sel, tandis que l'aldéhydine ne produit qu'un léger trouble [A. Baeyer, *Ber. Chem. Gesell. Berlin.*, t. II, p. 398; *Bull. de la Soc. chim.*, 1869, t. XII, p. 474].

Oxypentaldine, $C^{10}H^{15}AzO$. — On l'obtient dans la préparation de l'oxytétraldine sous la forme d'une poudre brillante brun foncé, presque insoluble dans l'eau pure, mais soluble dans l'eau chargée d'acide carbonique et dans l'alcool. Elle est inodore et d'une saveur amère faible. Elle s'unit directement avec l'acide chlorhydrique, et n'est presque pas attaquée par le pentachlorure de phosphore. La potasse bouillante est sans action sur elle. Ses sels sont amorphes, bruns, insolubles dans l'alcool, solubles dans l'eau; un excès d'eau leur enlève une partie de l'acide.

Le *picrate* $C^{10}H^{15}AzO, C^6H^3Az^3O^7$ forme des flocons jaunes.

Le *chloroplatinate* est brun et insoluble dans l'eau et dans l'alcool; séché à 140°, il renferme

$$(C^{10}H^{15}AzO, HCl)^2 + PtCl^4.$$

A une température plus élevée, il perd de l'acide chlorhydrique et se décompose profondément.

Constitution des oxaldines. — La constitution de ces bases n'est pas suffisamment établie. On peut, en effet, développer des formules très-différentes qui rendent toutes compte de la formation et des réactions de ces corps. Nous ne croyons donc pas utile de citer ces formules, seulement nous ferons remarquer que l'oxytétraldine et l'oxypentaldine ne dérivent plus de l'aldéhyde, mais, probablement de son produit de condensation, l'*aldéhyde crotonique* $C^4H^6O$.

### OXALDINES DÉRIVÉES DE L'ŒNANTHOL.

Lorsqu'on chauffe l'hydrœnanthamide (voyez t. II, p. 72) avec de l'eau à l'ébullition, on obtient la *triœnanthoxaldine* $C^{21}H^{41}AzO$ sous la forme d'un liquide oléagineux jaune, se colorant à la longue en rouge, insoluble dans l'eau et dépourvu de propriétés basiques. La *tétrœnanthoxaldine* $C^{28}H^{53}AzO$ se forme par l'action de l'eau vers 130°; elle ressemble à la précédente. Distillés avec de la chaux, ces corps fournissent des carbures d'hydrogène et des bases de l'odeur de la quinoléine; par l'oxydation, ils se convertissent en acide gras (Schiff). A. H.

**OXALHYDROXAMIQUE (ACIDE)**, $C^2H^4Az^2O^4$ [Syn. *hydroxyloxamide*] [Lossen, *Zeitsch. für Chem.*, nouv. sér., t. III, p. 129; *Ann. der Chem. u. Pharm.* t. CL, p. 314, et *Bull. de la Soc. chim.*, t. VIII, p. 117, et t. XII, p. 355].

Lorsqu'on ajoute de l'éther oxalique à un excès de solution alcoolique bouillante d'hydroxylamine et qu'on laisse refroidir après une minute d'ébullition, il se dépose d'abondantes lamelles minces d'un corps ayant la formule $C^2H^7Az^3O^5$, qui constitue une sorte de sel d'hydroxylamine $AzH^3O$, sel que l'on peut écrire $C^2H^4Az^2O^4, AzH^3O$. On met en liberté l'acide de ce sel en traitant par l'acide chlorhydrique étendu, et on le purifie par une nouvelle cristallisation dans l'eau bouillante.

Il se présente alors sous la forme de prismes microscopiques terminés par des faces pyramidales. L'eau bouillante ne le décompose pas, mais la potasse étendue donne avec lui de l'oxalate à l'ébullition. L'acide chlorhydrique chaud le dédouble à la longue en hydroxylamine et acide oxalique. L'acide azotique le détruit partiellement. Chauffé à 105°, l'acide oxalhydroxamique détone et s'éparpille au loin.

La constitution de l'acide oxalhydroxamique est, d'après Lossen, analogue à celle de l'oxamide; ce corps ne serait autre que la dihydroxyloxamide, et l'auteur la représente par

$$C^2O^2\left\{\begin{matrix}AzH.OH\\AzH.OH\end{matrix}\right. \quad \text{ou} \quad \begin{matrix}CO.AzH.OH\\|\\CO.AzH.OH\end{matrix}$$

dihydroxyloxamide ou acide oxalhydroxamique.

analogue à

$$\begin{matrix}CO.AzH^2\\|\\CO.AzH^2\end{matrix}$$

Oxamide.

Suivant l'auteur, il se pourrait qu'on dût tripler la formule $C^2H^4Az^2O^4$, à cause de la composition du sel de baryum.

Ce corps jouissant des propriétés acides, on voit qu'il diffère des acides organiques en général en ce que le groupement habituel CO.OH est remplacé par le groupe CO.AzH.OH où l'hydrogène de l'oxhydryle n'en conserve pas moins la propriété d'être remplaçable par des métaux formant ainsi des sels susceptibles de doubles décompositions.

L'acide oxalhydroxamique est bibasique comme le démontre la formule de son sel d'argent,

$$C^2H^2Az^2O^4Ag^2,$$

et celles des sels de calcium, de zinc. Mais les oxalhydroxamates alcalins ne contiennent qu'un atome de métal ; ce sont donc des sels acides. Ils sont peu solubles dans l'eau froide. Les autres sont insolubles. Tous détonent avec violence quand on les chauffe.

*Sel de potassium,*

$$C^2H^3Az^2O^4.K = C^2O^2 \begin{cases} AzH.OK \\ AzH.OH. \end{cases}$$

— On l'obtient par la neutralisation directe de l'acide. Il cristallise en mamelons dans l'eau bouillante.

*Sel de sodium,* $C^2H^3Az^2O^4,Na$. Tables microscopiques.

On n'a pu obtenir le *sel dipotassique* et le *sel disodique.*

*Sel de baryum,* $C^6H^8Az^6O^{12},Ba^2$. Il a toujours la même composition de quelque manière qu'on l'obtienne. Poudre formée de cristaux lenticulaires réunis en croix ou rosettes. — *Sel de calcium,* $C^2H^2Az^2O^4,Ca''$. Précipité volumineux se réunissant en une poudre cristalline. — *Sel de zinc,* $C^2H^2Az^2O^4Zn''$, mêmes caractères. — *Sel d'argent,* $C^2H^2Az^2O^4.Ag^2$. Précipité blanc, détonant au-dessous de 100°.

Outre l'acide oxalhydroxamique, il se forme dans la même réaction, surtout si l'on emploie un excès d'éther oxalique, un autre acide de même composition, mais doué d'autres caractères et notamment plus soluble. A. G.

**OXALIQUE (ACIDE),**

$$C^2H^2O^4 = \begin{matrix} CO.OH \\ | \\ CO.OH. \end{matrix}$$

— Cet acide important, le premier de la série des acides diatomiques et bibasiques correspondant aux glycols, observé déjà par Savary en 1773 [*Diss. de sale acetosellæ, Argentor.*] et Wiegleb en 1779 dans la distillation sèche du sel d'oseille, fut obtenu à l'état pur par Scheele en 1784 en précipitant ce même sel par l'acétate de plomb, et traitant le précipité par l'acide sulfurique dilué [*Opusc.*, t. II, p. 187]. Scheele démontra en outre, en 1784, que l'acide du sel d'oseille était identique avec l'*acide saccharin* observé dès 1776 par Bergman, et restant comme résidu dans le traitement du sucre par l'eau forte [*De acido sacchari*, dissert. inaug. réimp. en *Opusc. physic.*, t. I, p. 251, t. II, p. 364 et 370]. C'était là le premier exemple de la formation artificielle d'un corps d'origine organique. La composition de l'acide oxalique fut établie définitivement par Dulong [*Mém. de la classe des sc. math. et phys. de l'Inst.*, 1813, 1814 et 1815] et par Berzelius qui s'occupa surtout de la composition des divers oxalates [*Ann. der Phys. de Gilbert*, t. XL, p. 250; *Ann. de Chim.*, t. XC, p. 185; *Ann. de Chim. et de Phys.*, t. XVIII, p. 155]. Un grand nombre de chimistes se sont encore occupés de l'acide oxalique. — Voyez pour les mémoires anciens : Thomson, *Phil. Transact.*, 1808, p. 63; — Bérard, *Ann. de Chim.*, t. LXXIII, p. 263; — F.-C. Vogel, *Journ. für Chem. u. Phys. von Schweiger*, t. II, p. 435, t. VII, p. 1; — Doebereiner, *ibid.*, t. XVI, p. 107, t. XXIII, p. 66; — Gay-Lussac, *Ann. de Chim. et de Phys.*, t. XLVI, p. 46; — Turner, *Phylos. Mag. and Ann.*, t. IX, p. 161, t. X, p. 348; — Graham, *Ann. der Chem. u. Pharm.*, t. XXIX, p. 2; — Schlesinger, *Répert. de Buchner*, 2e sér., t. LXXIV, p. 24.

L'acide oxalique, combiné sous la forme de sels neutres ou acides, est extrêmement répandu dans le règne végétal. L'oxalate de calcium est en solution dans la sève de plusieurs plantes. Il se dépose sur le tissu vasculaire ou dans les cellules à l'état d'aiguilles microscopiques. Il forme, d'après Braconnot, la moitié du poids de certains lichens des terrains calcaires. Schmidt l'a trouvé dans la levûre de bière. Il existe souvent dans les urines et peut y former des calculs ; il existe dans le mucus de la vésicule biliaire. Les oxalates acides de potassium sont contenus dans le suc de diverses variétés de *Rumex* et d'*Oxalis*. Chevreul l'a trouvé dans le suint. L'oxalate de sodium se trouve dans les plantes qui croissent dans les terrains salés, tels que les *Salicornia* et les *Salsola*. L'acide libre a été noté dans le périsperme des pois chiches, le *Boletus igniarius.*

L'acide oxalique se produit dans un très-grand nombre de réactions et spécialement par l'oxydation des matières organiques. On citera l'action de l'acide nitrique sur l'alcool, le glycol, le sucre, l'amidon, la cellulose, celle de la potasse fondue sur ces trois dernières substances, sur l'acide pectique, la sciure de bois, ainsi que sur le sesquichlorure de carbone :

$$C^2Cl^6 + 8KHO = \underset{\text{Oxalate de potassium.}}{C^2O^4K^2} + 6KCl + 4H^2O$$

[Geuther, *Répert. de Chim. pure*, 1860, t. II, p. 29].

On l'obtient également par la réaction suivante :

$$C^2Cl^4 + 6KHO = C^2O^4K^2 + 4KCl + 2H^2O + 2H.$$

Berthelot a aussi obtenu de petites quantités d'acide oxalique par l'oxydation des cyanures. Il se forme encore par l'action d'un excès de potasse sur les formiates alcalins ; il se dégage ainsi de l'hydrogène, on a sans doute :

$$\underset{\text{Formiate de potassium.}}{4CHO^2K} + \underset{\text{Hydrate de potassium.}}{2KHO} = \underset{\text{Oxalate de potassium.}}{C^2O^4K^2} + \underset{\text{Carbonate de potassium.}}{2CO^3K^2} + H^6.$$

On l'a encore obtenu par l'action du chlore sur l'acide acétique (Dumas) ; par celle du permanganate de potassium sur l'acétate de sodium alcalin (Lossen), et l'action du chlore humide sur l'acide urique.

On peut obtenir l'acide oxalique par synthèse. Ainsi, avec le cyanogène et l'eau, outre d'autres produits formés, on a :

$$\underset{\text{Cyanogène.}}{C^2Az^2} + \underset{\text{Eau.}}{4H^2O} = \underset{\text{Oxalate d'ammonium.}}{C^2(AzH^4)^2O^4}.$$

On peut encore le produire par la réduction des carbonates. C'est ainsi qu'il se forme en petite quantité dans les produits de la réduction du carbonate de potassium par le charbon, et que Drechsel en a obtenu en faisant agir vers 350° le sodium sur l'acide carbonique [*Bull. de la Soc. chim.*, 1868, t. X, p. 121].

*Préparation.* — On peut extraire l'acide oxalique du sel d'oseille, en traitant celui-ci par du carbonate de potassium, précipitant l'oxalate neutre ainsi obtenu par du chlorure de baryum ou de l'acétate de plomb, décomposant l'oxalate précipité par l'acide sulfurique dilué, filtrant et faisant cristalliser par évaporation.

Ce procédé n'est plus guère employé ; la préparation de l'acide oxalique est devenue aujourd'hui l'objet d'une industrie assez importante, qui se trouve décrite à l'article OXALIQUE (PRÉPARATION INDUSTRIELLE DE L'ACIDE).

Pour obtenir l'acide oxalique à l'état de pureté,

on n'a qu'à faire cristalliser à plusieurs reprises l'acide du commerce dans l'eau bouillante ou dans l'alcool.

On emploie l'acide oxalique comme mordant ou rongeant dans la fabrication des toiles peintes; on s'en sert aussi pour aviver certaines couleurs, blanchir la paille des chapeaux, enlever des taches d'encre et nettoyer les objets de cuivre (eau de cuivre).

*Propriétés.* — L'acide oxalique cristallise en prismes incolores répondant à la formule

$$C^2H^2O^4, 2H^2O.$$

Ces cristaux appartiennent au système clinorhombique [Brooke, *Ann. of Phil.*, t. XXII, p. 119, et de la Provostaye, *Ann. de Chim. et de Phys.*, (3), t. IV, p. 453; — Rammelsberg, *Poggend. Ann.*, t. XCIII, p. 24].

Faces dominantes : $m$, $p$, $a^1$, $o^1$, $e^1$. Angles : $mm = 116°54'$; $ma^1 = 117°2'$; $o^1p = 129°20'$; $o^1a = 127°16'$; $a^1p = 103°24'$; $me^1 = 140°19'$.

La face $p$ prédomine le plus souvent.

L'acide oxalique fond à 98° dans son eau de cristallisation. Dès 110°, une partie se sublime à l'état anhydre, une autre se décompose sans laisser de charbon en donnant 6 volumes d'acide carbonique pour 5 volumes d'oxyde de carbone; en même temps, il se fait de l'acide formique [Gay-Lussac, *Ann. de Chim. et de Phys.*, t. XLVI, p. 218]. L'acide, desséché au préalable, se sublime à 165° et se décompose un peu au-dessus en donnant une moindre proportion d'oxyde de carbone (Turner). L'acide oxalique se dessèche entièrement, mais très-lentement, dans une atmosphère sèche. Poids spécifique : acide cristallisé = 1,63; acide sublimé, 2,0.

L'acide oxalique se dissout dans 15,5 p. d'eau à 10°, dans 9,5 p. à 13°9 et dans une très-petite quantité d'eau à 100°. Imprégné d'acide nitrique, il se dissout déjà dans 2 p. d'eau froide (Berzelius). Ces dissolutions sont fort acides et vénéneuses. Les solutions très-étendues (0gr,4 par litre) se décomposent entièrement avec le temps en s'oxydant [Bizio, *Bull. de la Soc. chim.*, t. XIII, p. 420]. D'après M. Bourgoin, ces solutions, soumises à l'électrolyse, se décomposent comme si elles contenaient l'hydrate $C^2H^2O^4, 2H^2O$ [voyez *Bull. de la Soc. chim.*, 1868, t. X, p. 3, et 1870, t. XIII, p. 119]. A 100° déjà la solution aqueuse d'acide oxalique paraît se dissocier faiblement en acide carbonique et acide formique,

$$C^2H^2O^4 = CO^2 + CH^2O^2$$

[Carles, *Bull. de la Soc. chim.*, 1870, t. XIV, p. 142].

L'acide oxalique est assez soluble dans l'alcool.

L'acide oxalique en dissolution s'oxyde quand on le chauffe avec l'acide nitrique, le peroxyde de manganèse, les acides chromique et vanadique, le permanganate de potasse acide ou alcalin, le chlore, le brome, l'acide hypochloreux humides, le bichlorure de platine et l'oxalate d'urane, tous deux sous l'influence de la lumière.

Lorsqu'on triture 4 p. d'acide oxalique sec avec 21 p. d'oxyde puce de plomb, l'oxydation est tellement vive que la masse s'échauffe jusqu'au rouge.

Tous ces corps donnent, avec l'acide oxalique, de l'acide carbonique et de l'eau. Il en est de même du chlorure d'or qu'il réduit à l'ébullition en or métallique. L'acide oxalique est aussi oxydé par l'air seul en présence de l'eau et du noir de platine.

Les corps déshydratants, tels que l'acide sulfurique ou phosphorique, l'acide chlorhydrique humide, le perchlorure et le protochlorure de phosphore, décomposent l'acide oxalique en eau, acide carbonique et oxyde de carbone :

$$C^2H^2O^4 = H^2O + CO^2 + CO.$$

On a vu que la chaleur seule agit de même, mais qu'il se fait dans ce cas un peu d'acide formique. Lorsqu'on chauffe la glycérine, la mannite ou la dulcite avec l'acide oxalique, celui-ci se dédouble en acide carbonique et en acide formique. — Voyez t. I, p. 1491.

Chauffé avec un excès d'acide iodhydrique, l'acide oxalique est transformé en un mélange d'acide carbonique, d'oxyde de carbone et d'eau (Berthelot).

En présence de la potasse en fusion ou de l'hydrate de baryte, l'acide oxalique se comporte comme il suit :

$$\underset{\text{Acide oxalique.}}{C^2H^2O^4} + 4KHO = \underset{\text{Carbonate de potasse.}}{2(C^2O^3K^2)} + 2H^2O + H^2.$$

L'hydrogène naissant obtenu avec l'amalgame de sodium et l'eau ou le zinc et l'acide sulfurique transforment l'acide oxalique en acide glycolique $C^2H^4O^3$ (Schulze et Church), en acide glyoxylique $C^2H^2O^3$ (Church) et en acide acétique $C^2H^4O^2$ [Claus, *Ann. der Chem. u. Pharm.*, t. CXLV, p. 253].

Les métaux alcalins chauffés avec l'acide oxalique sec donnent, avec incandescence, du charbon et de l'hydrogène.

### OXALATES MÉTALLIQUES.

La composition et les propriétés des oxalates ont été le sujet de nombreuses recherches de la part de Berzelius d'abord [*Traité de Chimie*], de Rammelsberg [*Pogg. Ann.*, t. XCIII, p. 24], et surtout de Souchay et Lenssen [*Ann. der Chem. u. Pharm.*, t. XCIX, p. 31; t. C, p. 308; t. CII, p. 35 et 41; t. CIII, p. 308; t. CV, p. 245; *Jahresb.*, 1856, p. 446; 1857, p. 289; 1858, p. 243]. Leurs formes cristallines ont été bien étudiées, spécialement dans ces derniers temps, par Lohschmidt [*Jahresb.*, 1865, p. 374].

L'acide oxalique est bibasique. Il doit donc donner deux séries de sels : les oxalates neutres

$$C^2O^4R'^2 \text{ ou } \begin{array}{l} CO.OR' \\ | \\ CO.OR' \end{array}$$

et les oxalates acides ou bioxalates

$$C^2O^4HR' \text{ ou } \begin{array}{l} CO.OH \\ | \\ CO.OR' \end{array}$$

Il existe aussi des quadroxalates, combinaisons des bioxalates avec l'acide oxalique

$$C^2O^4HR', C^2H^2O^4.$$

La plupart des oxalates appartiennent à la première de ces séries. Les alcalis donnent les trois séries d'oxalates; le strontium et le baryum peuvent aussi donner des quadroxalates.

Les oxalates neutres, sauf ceux à bases d'alcalis, sont tous insolubles dans l'eau, mais ils s'y dissolvent à l'aide des acides minéraux. Les oxalates acides de baryum et strontium sont aussi un peu solubles. L'acide oxalique donne de nombreux oxalates doubles. — Voir, pour la solubilité des oxalates alcalins, le tableau de W. R. Nichols [*Bull. de la Soc. chim.*, 1871, t. XV, p. 206].

La chaleur décompose tous les oxalates; les oxalates alcalins sont aussi transformés en carbonates avec dégagement d'oxyde de carbone; les oxalates de métaux facilement réductibles, tels que le cuivre ou l'argent, laissent le métal pour résidu et donnent de l'acide carbonique; les oxalates des métaux dont les carbonates se décomposent par la chaleur abandonnent de l'oxyde par la calcination.

Chauffés avec l'acide sulfurique concentré, les oxalates donnent de l'acide carbonique et de l'oxyde de carbone à volumes égaux et sans dépôt de charbon. Les oxalates solubles sont précipités entièrement par les sels de chaux, dans une liqueur neutre alcaline, ou acidulée par l'acide acétique. Ces deux réactions permettent de reconnaître les oxalates. Fondus avec les alcalis, les oxalates donnent des carbonates et de l'hydrogène. Plusieurs oxalates se rencontrent dans la nature.

OXALATES D'ALUMINIUM. — L'alumine se dissout dans l'acide oxalique. Si l'on évapore cette solution, on obtient une masse amorphe, d'un goût douceâtre et astringent, acide au tournesol, déliquescente à l'air, se boursouflant par la chaleur. On l'a employée pour donner de la dureté aux pierres calcaires. — Voyez *Monit. scientif.*. 1868, p. 919.

*Oxalate alumino-sodique.* — La solution d'alumine dans le bioxalate de soude donne, par évaporation lente, des lames minces, se déshydratant à 100°, et laissant, quand on les calcine, de l'alumine et du carbonate de sodium.

En faisant bouillir longtemps un excès de sulfate basique d'alumine avec une solution d'oxalate acide de soude mêlée d'acide oxalique libre, puis laissant la liqueur à elle-même pendant quelques mois, MM. Lenssen et Löwenthal ont obtenu des cristaux rhombiques ayant la formule

$$(Al^2)^{vi}\left\{\begin{matrix}(C^2O^4)^2\\(OH)^2\end{matrix}\right. + 2C^2O^4Na^2 + 9H^2O$$

[*Journ. für prakt. Chem.*, t. LXXXVI; p. 314].

Ce corps se dissout un peu dans l'eau en se décomposant.

En mélangeant de l'oxalate acide d'alumine à une solution concentrée de chlorure de baryum, on obtient des aiguilles soyeuses, solubles dans 30 p. d'eau bouillante. C'est un *oxalate double d'alumine et de baryte*. Le chlorure de strontium donne un composé analogue [*Compt. rend. de l'Acad. des sciences*, t. XXI, p. 1116].

OXALATES D'AMMONIUM — *a. Oxalate neutre,*

$$C^2O^4(AzH^4)^2 + H^2O.$$

— On l'obtient en saturant par l'ammoniaque l'acide oxalique en solution aqueuse. On l'a trouvé dans le guano. Il forme des prismes incolores orthorhombiques. Faces : $m$, $p$, $g^1$, $e^{1/2}$, $b^1$. Angles : $mm = 76°\,10'$ ; $pb^1 = 148°\,58'$ ; $e^{1/2}p = 143°\,26'$. Deux seulement des quatre faces $b^1$ se rencontrant à chaque sommet, le cristal est partiellement hémiédrique. Les cristaux sont souvent aplatis, et dans ce cas les deux faces $m$ disparaissent. — Voir de la Provostaye [*Ann. de Chim., et de Phys.*, (3), t. IV, p. 454] et Brooke [*Ann. of Philos.*, t. XXII, p. 374].

L'oxalate neutre d'ammonium est soluble dans 3 p. d'eau froide, beaucoup moins soluble dans de l'eau chargée de sels ammoniacaux (Heintz). Soumis à la distillation sèche, il donne entre autres produits de l'oxamide. En présence des moisissures apportées par l'air, il donnerait un peu d'alcool (?). — Voir à ce sujet Béchamp [*Compt. rend. de l'Acad. des sciences*, t. LXX, p. 591].

*b. Oxalate acide,* $C^2O^4(AzH^4)H + H^2O$ [Syn. *Bioxalate d'ammonium*]. — Il se forme quand on emploie un excès d'acide oxalique, ou quand à la solution de l'oxalate neutre on ajoute un acide minéral. Sa réaction est acide, il est moins soluble que le précédent ; à la distillation sèche, il donne, entre autres produits, de l'oxamide et de l'acide oxamique. Cristaux prismatiques du système orthorhombique. Formes : $m$, $p$, $g^1$, $h^1$, $e^1$, $a^1$, $(b^1b^{1/3}g^1)$. Angles : $mg^1 = 114°\,23'$ ; $e^1p = 150°\,47'$ ; $mh^1 = 155°\,37'$ ; $e^1g^1 = 119°\,13'$ ; $pa^1 = 120°\,1'$ [de la Provostaye, *loc. cit.*].

*c. Quadroxalate,*

$$C^2O^4(AzH^4)H, C^2H^2O^4 + 2H^2O.$$

— Ce sel s'obtient en faisant cristalliser ensemble un mélange de parties égales du sel précédent et d'acide oxalique. Il est très-soluble dans l'eau chaude. Ses formes cristallines sont celles du quadroxalate de potassium.

OXALATES D'ANTIMOINE. — Ils ont été étudiés par Bussy [*Journ. de Pharm.*, t. XXIV, p. 616], Peligot [*Ann. de Chim. et de Phys.*, (3), t. XX, p. 291], Souchay et Lenssen [*loc. cit.*]. — Voyez plus haut OXALATES MÉTALLIQUES.

*a. Oxalate d'antimoine,*

$$C^2O^4Sb'''(OH) + 1/2H^2O.$$

Ce sel se prépare en faisant bouillir le protochlorure d'antimoine ou l'oxychlorure d'antimoine avec l'acide oxalique (Peligot), ou bien encore en dissolvant le chlorure d'antimoine dans l'acide chlorhydrique et le faisant bouillir avec l'acide oxalique (Souchay et Lenssen). Le sel ainsi formé se sépare peu à peu en petits cristaux granuleux qui perdent une molécule d'eau à 100°, et commencent à se décomposer à 220°. L'eau chaude décompose partiellement ce sel en lui enlevant de l'acide.

*b. Oxalate d'antimoine et d'ammonium,*

$$(C^2O^4)^3Sb'''(AzH^4)^3 + 2H^2O.$$

— Pour le préparer, on ajoute d'abord un peu d'alcool absolu à un mélange d'oxalate acide d'ammonium et d'oxyde antimonieux. Il se précipite ainsi de l'oxalate acide d'ammonium, on filtre et on ajoute à la solution 3 volumes environ d'alcool absolu, qui précipite le sel (Souchay et Lenssen). Prismes orthorhombiques. Faces : $p$, $b^{1/2}$, $b^{1/4}$, $g^1$. Rapport des axes secondaires à l'axe vertical = 0,3616 : 1 : 0,5305 [Rammelsberg, *loc. cit.*].

*c. Oxalate d'antimoine et de potassium,*

$$(C^2O^4)^3SbK^3 + 6H^2O.$$

— Sel obtenu d'abord par Bussy [*loc. cit.*] en faisant bouillir le sel d'oseille avec un excès d'oxyde d'antimoine. En se refroidissant après filtration, la liqueur dépose des cristaux solubles dans 9 p. 5 d'eau chaude, indécomposables en présence d'une quantité modérée d'eau froide, décomposables par un excès d'eau et par les acides minéraux qui précipitent un oxalate d'antimoine basique. Peligot pense que la quantité d'eau de cristallisation est variable avec les circonstances. Souchay et Lenssen ont trouvé que 3 molécules d'eau seulement sont chassées à 100°. Suivant Rammelsberg, le sel préparé comme il est dit plus haut a la formule $2[(C^2O^4)^3SbK^3] + 3H^2O$, et forme des prismes clinorhombiques. Formes : $m$, $p$, $h^1$, $g^1$, $e^1$. Angles : $mm = 105°\,40'$ ; $mp = 106°\,8'$ ; $e^1e^1 = 134°\,56'$.

Le composé qui reste en solution dans l'eau quand le sel précédent est mis en présence d'un grand excès de ce dissolvant et qu'il se décompose partiellement en déposant de l'oxyde d'antimoine, forme de beaux prismes orthorhombiques ayant la formule $2[(C^2O^4)^3SbK^3] + 9H^2O$. Formes : $m$, $e^1$, $a^1$, $h^1$. Angles : $mm = 67°\,40'$ ; $e^1e^1 = 97°\,48'$ ; $a^1a^1 = 119°\,23'$.

Les eaux mères déposent de petits cristaux triclíniques de ce sel double en même temps que du bioxalate et du quadroxalate potassique (Rammelsberg).

*d. Oxalate d'antimoine et de sodium,*

$$(C^2O^4)^3SbNa^3, C^2O^4Na^2.$$

— Il se prépare comme l'oxalate antimonio-potassique. Il forme des cristaux brillants qui perdent la moitié de leur eau à 100°, et se dissolvent sans décomposition dans l'eau froide ou chaude et un peu dans l'alcool. Les acides minéraux le décomposent [Souchay et Lenssen, *loc. cit.*].

OXALATES D'ARGENT. — *a. Oxalate d'argent neutre,* $C^2O^4Ag^2$. — L'acide oxalique donne, avec le nitrate d'argent, un précipité blanc cristallin très-peu soluble dans l'eau froide, un peu plus soluble à chaud, soluble dans l'acide nitrique, dans l'ammoniaque et dans le carbonate d'ammonium, tout à fait insoluble dans l'alcool et l'éther. Sa dissolution évaporée dans l'obscurité donne de beaux prismes incolores et brillants, qui brunissent quand on les expose à la lumière. Ils paraissent retenir 2 % d'eau à 100°, mais ils se dessèchent entièrement à 110°. Chauffés au delà de 130° à 140°, ils se décomposent souvent avec détonation. A 110°, dans un courant d'hydrogène, ce sel se colore en brun clair et paraît se réduire en partie.

Avec l'iodure de méthylène, l'oxalate d'argent donne le dioxyméthylène $C^2H^4O^2$; avec l'iodure d'éthylène ou le bromure d'amylène, il ne se fait qu'un mélange d'oxyde de carbone et d'acide carbonique, en même temps qu'un dépôt d'iodure d'argent. Le chlorobenzol $C^7H^6Cl^2$ donne avec l'oxalate d'argent de l'aldéhyde benzoïque $C^7H^6O$ :

$$C^7H^6Cl^2 + C^2O^4Ag^2$$
$$= C^7H^6O + 2AgCl + CO^2 + CO$$

*b. Oxalate d'argent-ammonium,*

$$C^2O^4Ag^2, 4AzH^3.$$

— Masse spongieuse obtenue en faisant passer du gaz ammoniac sur l'oxalate d'argent sec. Sa solution aqueuse est alcaline et se décompose par les acides (Souchay et Lenssen).

*c.* Il existe un oxalate d'argent et de chrome. — Voyez plus loin.

OXALATE D'ARSENIC. — Un oxalate potassico-arsénieux présentant une composition qui répond à peu près à la formule $(C^2O^4)^3AsK^3 + 3H^2O$ se dépose en petits cristaux durs et vitreux d'une solution chaude d'acide arsénieux dans l'oxalate acide de potassium [Souchay et Lenssen, *loc. cit.*].

OXALATES DE BARYUM. — *a. Sel neutre,*

$$C^2O^4Ba'' + H^2O.$$

— Ce sel se précipite en poudre blanche quand on verse de l'eau de baryte dans une solution d'acide oxalique, ou quand on précipite l'oxalate de potassium par un sel barytique. Il se dissout dans 2590 p. d'eau froide et 2500 p. d'eau chaude. Une solution de sel ammoniac le dissout mieux; à 100° il perd la moitié de son eau et possède la composition $2[C^2O^4Ba''] + H^2O$, qui est aussi celle de la poudre qui se précipite quand on ajoute du chlorure de baryum à une solution bouillante d'oxalate d'ammonium.

*b. Oxalate acide de baryum,*

$$(C^2O^4H)^2Ba + 4H^2O.$$

— Ce sel acide se forme quand on verse une solution saturée de chlorure de baryum dans un volume égal de solution concentrée d'acide oxalique [Wicke, *Ann. der Chem. u. Pharm.*, t. XC, p. 101, et Clapton, *Chem. Soc. qu. J.*, t. V, p. 223]. Il se produit aussi, suivant Bergman, quand on fait bouillir le carbonate, le nitrate ou le chlorure de baryum avec un excès d'acide oxalique. Il se dissout dans 336 p. d'eau à 15°,5 et forme des prismes aciculaires. L'eau chaude le décompose en donnant de l'oxalate neutre. Sa solution est acide. Suivant Souchay et Lenssen [*loc. cit.*], les cristaux d'oxalate acide de baryum ne contiendraient que 2 molécules d'eau de cristallisation, qui ne seraient chassées entièrement qu'à 145° en même temps qu'une certaine quantité d'acide oxalique.

OXALATES DE BISMUTH. — *a. Sel neutre,*

$$(C^2O^4)^3Bi^2 + 15H^2O.$$

— On obtient un précipité blanc cristallin ayant cette composition, quand on mêle le nitrate de bismuth avec une solution d'acide oxalique un peu concentrée. Il est insoluble dans l'eau, et soluble dans les acides minéraux. L'eau, surtout lorsqu'elle est en excès, le décompose peu à peu en acide oxalique et oxalate basique de bismuth. Chauffé à 100°, il retient $2H^2O$ ; à une température plus élevée, il se transforme en un mélange de sous-oxyde de bismuth $Bi^2O^2$ et d'oxalate acide de bismuth [Souchay et Lenssen, *loc. cit.*]; à une plus forte chaleur, il dégage de l'acide carbonique, de l'eau, et il laisse du bismuth métallique [Boussingault, *Ann. de Phys.*, (2), t. LIV, p. 266].

*b. Oxalate basique.* — Ce sel, qu'on obtient en faisant bouillir le précédent avec l'eau, a suivant Heintz une composition correspondant à la formule

$$2\left[(C^2O^4)^2\left\{\begin{matrix}Bi'''\\BiO\end{matrix}\right.\right] + 3H^2O,$$

qui correspond à 73 % d'acide. MM. Souchay et Lenssen, en faisant bouillir avec de l'eau l'oxalate neutre récemment précipité, tant que cette eau s'acidifie, n'ayant obtenu à l'analyse que 72,39 % d'oxyde, attribuent au sel la formule

$$(C^2O^4)^2\left\{\begin{matrix}Bi'''\\BiO\end{matrix}\right. + 2H^2O,$$

qui demande 72,05 d'oxyde de bismuth.

*c. Oxalate de bismuth et d'ammonium,*

$$(C^2O^4)^3Bi'''(AzH^4)^3, 6[C^2O^4(AzH^4)^2] + 12H^2O.$$

— Ce composé cristallise par le refroidissement en petits cristaux prismatiques, quand on ajoute une solution chaude et saturée d'oxalate de bismuth à une solution d'oxalate d'ammonium. Repris par l'eau pure, il se dissout à chaud et se trouble presque aussitôt en déposant de l'oxalate de bismuth (Souchay et Lenssen).

*d. Oxalate de bismuth et de potassium,*

$$(C^2O^4)^3Bi'''K^3, 2C^2O^4K^2 + 12H^2O.$$

— D'après les mêmes auteurs, ce sel se prépare comme le précédent et se comporte comme lui. Les eaux-mères déposent un autre composé ayant la formule

$$(C^2O^4)^3\left\{\begin{matrix}Bi\\K^3\end{matrix}\right., 4C^2O^4K^2 + 12H^2O.$$

OXALATES DE CADMIUM. — *a. Sel neutre,*

$$C^2O^4Cd + 3H^2O.$$

— Il se forme quand on ajoute de l'acide oxalique ou de l'oxalate d'ammonium au chlorure de cadmium. Cristaux tabulaires microscopiques, solubles dans 13000 p. d'eau froide et 11000 p. d'eau chaude, un peu plus solubles dans l'eau chargée d'acide oxalique, solubles dans les acides minéraux, l'ammoniaque et les sels ammoniacaux. Chauffé à 100°, ce sel perd son eau; à 340°, il se décompose et laisse un mélange d'oxyde de cadmium et de cadmium métallique. La poudre blanche amorphe obtenue par la digestion du carbonate de cadmium avec une solution d'acide oxalique est de l'oxalate neutre anhydre.

*b. Oxalates de cadmium et d'ammonium.* — Ce sel, qui a la composition

$$C^2O^4Cd, 6[C^2O^4(AzH^4)^2] + 9H^2O,$$

forme des cristaux microscopiques qui se précipitent quand, après avoir saturé à chaud une solution d'oxalate d'ammonium par de l'oxalate de cadmium, et filtré, on ajoute au liquide un égal volume d'eau (Souchay et Lenssen).

Le sel $C^2O^4Cd, 8[C^2O^4(AzH^4)^2] + 11H^2O$ forme des croûtes cristallines dures quand la solution, faite à chaud, d'oxalate cadmique dans l'oxalate ammonique est laissée à elle-même sans addition d'eau (Souchay et Lenssen).

Un sel ayant d'après Rammelsberg la formule $C^2O^4Cd, 4[C^2O^4(AzH^4)^2] + 8H^2O$ se produit quand on dissout l'oxyde de cadmium dans l'oxalate ammonique. Il ne contiendrait, d'après Lenssen et Souchay, que 7 $H^2O$.

*c. Oxalate de cadmium et de potassium,*

$$C^2O^4Cd, C^2O^4K^2 + 2H^2O.$$

— Ce sel se forme quand on sature par l'oxalate de cadmium une solution bouillante d'oxalate de potassium. Octaèdres carrés microscopiques, que l'eau décompose.

*d. Oxalate de cadmium et de sodium,*

$$C^2O^4Cd, C^2O^4Na^2 + 2H^2O.$$

— Entièrement analogue à celui qui précède.

*e. Oxalate de cadmi-ammonium,*

$$C^2O^4[Cd(AzH^3)^2] + 2H^2O.$$

— Quand on ajoute à chaud de l'oxalate de cadmium à de l'ammoniaque, tant qu'il s'en dissout, et qu'on laisse ensuite refroidir, il se forme des aiguilles qui, exposées à l'air, perdent rapidement une partie de leur ammoniaque et qu'une température de 100° prive de leur eau et de leur ammoniaque, tandis qu'une partie du cadmium se sépare à l'état d'oxyde (Souchay et Lenssen).

Oxalates de calcium. — *a. Oxalate neutre de calcium.* — L'oxalate de calcium est très-répandu dans la nature (voyez plus haut); le sel anhydre $C^2O^4Ca$ paraît se combiner suivant son mode de formation avec diverses quantités d'eau d'hydratation. Les cristaux prismatiques à base carrée que l'on trouve dans les plantes ont, suivant Schmidt, la formule $C^2O^4Ca, 3H^2O$ et perdent facilement à l'air les 2/3 de leur eau [*Ann. der Chem. u. Pharm.*, t. XCVII, p. 225]. Les cristaux qui se précipitent quand on mêle doucement une solution neutre d'oxalate de potassium à une solution de chlorure de calcium sont des dendrites ou des lames microscopiques formées de tables obliques prismatiques qui paraissent être, d'après le même auteur, un mélange des deux hydrates $C^2O^4Ca, 2H^2O$ et $C^2O^4Ca, H^2O$. D'après Schmidt et d'après Thompson et Graham, les cristaux d'oxalate obtenus en versant du chlorure de calcium dans une solution d'oxalate de potassium, séchés à l'air ou dans le vide, ont la formule $C^2O^4Ca, 2H^2O$; on a trouvé : eau, 12,3 %; calcul, 12,1; d'après Souchay et Lenssen, ces cristaux ainsi séchés renfermeraient tantôt 1, tantôt 3 molécules d'eau. Si on les sèche, la dernière molécule n'est chassée qu'à une température supérieure à 200°. Le sel anhydre exposé à l'air reprend 1 molécule d'eau. D'après les derniers auteurs, le précipité qui se forme quand on mêle des solutions bouillantes de chlorure de calcium et d'oxalate d'ammonium a pour formule $C^2O^4Ca, H^2O$, que les liqueurs soient neutres ou alcalines. Si les solutions sont froides et diluées, le précipité est un mélange de $C^2O^4Ca, H^2O$ et $C^2O^4Ca, 3H^2O$. En ajoutant un peu de chlorure de calcium à une solution saturée d'acide oxalique, on a le sel

$$C^2O^4Ca, H^2O.$$

Même composition pour la masse gommeuse obtenue en mêlant une petite quantité d'acide oxalique à une solution riche en chlorure de calcium. Avec des solutions diluées des deux sels, on a des prismes carrés à 3 molécules d'eau, mélangés de prismes obliques à 1 molécule d'eau. La solution d'oxalate de calcium dans l'acide chlorhydrique dépose, d'après S. Schmidt, des cristaux contenant $C^2O^4Ca, H^2O$. Suivant Lenssen et Souchay, si on ajoute un excès d'oxalate de calcium à de l'acide chlorhydrique de densité inférieure à 1,1, l'oxalate qui se dépose contient 1 molécule d'eau; si l'acide est en excès, il se dépose des cristaux prismatiques carrés à 3 molécules d'eau. Ce sel se comporte de même avec l'acide nitrique. Si l'on prend de l'acide chlorhydrique de densité supérieure à 1,1, on obtient des sels doubles d'oxalate et de chlorure de calcium dont nous traitons ci-après.

L'oxalate de calcium se précipite sous la forme d'une poudre blanche cristalline, toutes les fois que l'acide oxalique ou un oxalate est versé dans un sel de calcium soluble et réciproquement. C'est Bergman qui, en 1776, a introduit ce réactif en analyse pour doser les sels de calcium. L'oxalate ainsi formé est insoluble dans l'eau, dans l'acide acétique et les solutions de sel ammoniac, presque insoluble en présence d'un excès d'acide oxalique, peu soluble dans l'acide lactique; mais il se dissout assez aisément dans l'eau acidulée par l'acide chlorhydrique ou nitrique, ou très-riche en acide phosphorique; les alcalis et leurs carbonates le précipitent de nouveau. Les solutions de chlorure de magnésium le dissolvent légèrement à froid; à chaud, les sels solubles de la série magnésienne le dissolvent notablement (Souchay et Lenssen, Turner); mais l'oxalate neutre de calcium est précipité par un excès d'oxalate alcalin. Les solutions, même chaudes et concentrées, des chlorures alcalins et alcalino-terreux ne le dissolvent nullement. Bouilli avec des sels solubles, cuivriques, argentiques, plombiques, cadmiques, zinciques, nickéliques, cobaltiques, strontiques ou barytiques, l'oxalate de calcium éprouve une double décomposition et donne les oxalates de ces métaux et un sel soluble de calcium [A. Reynoso, *Compt. rend.*, t. XXIX, p. 527]. L'oxalate de calcium se dissout dans le jus sucré de la betterave [Scheibler, *Zeitsch. für Chem.*, (2), t. I, p. 62]. L'oxalate de calcium séché à 150° est très-électrique; le moindre attouchement le projette hors des vases. Cette propriété disparaît à mesure qu'il attire l'humidité atmosphérique (Berzelius).

*b. Combinaison d'oxalate et de chlorure de calcium.* — Un sel ayant pour formule

$$C^2O^4Ca, CaCl^2, 12H^2O$$

a été obtenu par Souchay et Lenssen, en dissolvant de l'oxalate de calcium dans de l'acide chlorhydrique en excès, de densité égale à 1,2. Fritzsche, se servant d'acide chlorhydrique d'une densité de 1,14, dit avoir obtenu le composé

$$C^2O^4Ca, CaCl^2 + 7H^2O$$

en tables ou lamelles rhomboïdales [voyez *Journ. für prakt. Chem.*, t. XCIII, p. 321]. Il aurait aussi obtenu le corps $3(C^2O^4Ca), CaCl^2 + 8H^2O$. Mais ni Schmidt, ni Souchay et Lenssen n'ont pu reproduire ce corps. L'eau pure décompose ces cristaux en chlorure et oxalate de calcium.

Oxalates de cérium. — *a. Oxalate céreux.* — Quand, à un sel céreux, on ajoute de l'acide oxalique ou un oxalate soluble, on obtient un précipité blanc d'oxalate céreux hydraté, qui, chauffé, donne de l'eau, de l'oxyde de carbone, de l'acide carbonique, et laisse de l'oxyde céroso-cérique mélangé d'un peu de carbure de cérium (Berzelius). Avec un oxyde céreux entièrement exempt de lanthane, on obtient un oxalate contenant 3 molécules d'eau, qui ne s'échappent pas entièrement même si l'on chauffe à 260°. Plus haut, on obtient une poudre noire pyrophorique, qui se convertit à l'air en oxyde cérique [Beringer, *Ann. der Chem. u. Pharm.*, t. XLII, p. 143]. L'oxalate céreux est insoluble dans l'eau pure, ou acidulée par l'acide oxalique. Il se dissout sans décomposition dans l'acide nitrique chaud assez concentré, et cristallise par refroidissement en beaux rhomboèdres. Si l'acide est trop concentré, ou si l'on chauffe jusqu'à l'ébullition, il y a une décomposition partielle [Holzmann, *Journ. für prakt. Chem.*, t. LXXXIV, p. 81]. On ne connaît pas de sel acide.

*b. Oxalate céroso-potassique,*

$C^2O^4Ce, C^2O^4K^2$

— Poudre blanche insoluble dans l'eau, qui chauffée donne un mélange d'oxyde céroso-cérique et de carbonate de potassium. On se fonde sur l'insolubilité de ce sel pour séparer le cérium de plusieurs autres métaux (Berzelius).

*c. Oxalate cérique.* — Sel insoluble dans l'eau, soluble en présence du sel ammoniac. Si l'on évapore sa solution, elle dépose d'abord une poudre jaune, puis des cristaux de couleur citrine (Berzelius).

OXALATES DE CHROME. — *a. Oxalate de chrome.* — La solution d'oxyde de chrome dans l'acide chlorhydrique donne un précipité vert pâle par l'oxalate neutre d'ammoniaque. La solution du même oxyde, dans l'acide oxalique, est cerise à froid, elle est verte à l'ébullition et redevient cerise à froid. La solution verte, évaporée au bain-marie, donne une masse vitreuse verte. Toutes ces solutions sont précipitées par l'eau de chaux, et à l'ébullition par la potasse; mais elles ne le sont ni par l'ammoniaque, ni par les sels calciques. Les oxalates de chrome donnent avec les oxalates de potassium, de sodium, de baryum, de calcium, d'argent, de plomb, deux séries de composés en général solubles et cristallisables : des *sels bleus* répondant à l'une des deux formules générales $(C^2O^4)^6(Cr^2)^{vi}R'^6$ et $(C^2O^{4,6}(Cr^2)^{vi}R''^3$. Tous ces sels sont *bleus* ou *violets*. Il y a ensuite des *sels rouges* correspondant à la formule générale

$(C^2O^4)^4(Cr^2)^{vi}R^2$.

*b¹. Oxalate bleu de chrome et d'ammonium,*

$(C^2O^4)^6Cr^2(AzH^4)^6 + 6H^2O$.

— Il s'obtient en saturant d'oxyde de chrome l'oxalate acide d'ammonium (H. Kopp). Paillettes bleues isomorphes avec le sel potassique bleu correspondant, solubles dans 1,5 p. d'eau à 15°.

*b². Oxalate rouge de chrome et d'ammonium,* $(C^2O^4)^4Cr^2(AzH^4)^2 + 8H^2O$. — Analogue en tous points au sel de potassium correspondant. Sa couleur est rouge-grenat.

*c. Oxalate bleu de chrome et d'argent,*

$(C^2O^4)^6(Cr^2)Ag^6 + 18H^2O$.

— Aiguilles brillantes d'un bleu foncé, solubles dans 9 p. d'eau bouillante et 65 p. d'eau froide; elles se déposent quand on abandonne un mélange d'*oxalate bleu de chrome et de potassium*, avec du nitrate d'argent.

*d. Oxalate violet de chrome et de baryum,* $(C^2O^4)^6(Cr^2)Ba^3 + 12H^2O$ et aussi $+ 18H^2O$. — Petites aiguilles d'un violet foncé qui se précipitent par l'addition d'un sel soluble de baryum à une solution d'oxalate bleu de chrome et de potassium. Sel soluble dans 30 p. d'eau bouillante.

*e. Oxalate violet de chrome et de calcium,*

$(C^2O^4)^6(Cr^2)Ca^3 + 18H^2O$ et aussi $+ 36H^2O$.

— Analogue au précédent. Aiguilles d'un violet foncé, peu solubles dans l'eau.

*f. Oxalate bleu de chrome et de plomb,*

$(C^2O^4)^6(Cr^2)Pb^3 + 15H^2O$.

— Précipité gris bleuâtre qui se fait quand on verse de l'acétate de plomb dans de l'oxalate bleu de chrome et de potassium.

*g¹. Oxalate bleu de chrome et de potassium,*

$(C^2O^4)^6(Cr^2)K^6 + 6H^2O$.

— On le prépare, d'après Malaguti, en saturant le bioxalate de potassium par l'oxyde de chrome, ou, d'après Grégory, en mêlant 1 p. de bichromate de potassium à 2 p. de bioxalate de potassium et 2 p. d'acide oxalique dissous dans 1 p. d'eau; l'acide oxalique, en partie oxydé, donne un dégagement d'acide carbonique, tandis que l'acide chromique donne de l'oxyde de chrome. Ce sel est soluble dans 5 p. d'eau à 15°. Solution verte. Cristaux isomorphes avec l'oxalate de fer et de potassium, appartenant au système clinorhombique. Formes : $m$, $p$, $g^1$, $e^1$, $(d^{1/4}d^{1/2}h^1)$. Angles : $mm = 67°23'$; $e'e' = 139°51'$; $mp = 100°21'$ [Schabus, Vienne, 1855, *Bestimmung der Krystall. in Chem. Laborat. erzeugter Producte*; — et aussi Rammelsberg, *loc. cit.*]. Ce sel se dissout dans 5 p. d'eau à 15°. Il perd 11 % d'eau à 100°.

*g². Oxalate rouge de chrome et de potassium,* $(C^2O^4)^4(Cr^2)K^2 + 8H^2O$. — On l'obtient en saturant d'hydrate de chrome le quadroxalate de potassium. Petites tables rhombes ou grains d'un rouge foncé qui se déposent, au bout de quelques jours, de la liqueur abandonnée bouillante; sa solution est rouge-cerise à froid, vert noirâtre à chaud, et laisse une masse verte amorphe, si on l'évapore au bain-marie. Cristaux du système clinorhombique. Formes : $p$, $m$, $h^1$, $g^1$, $h^3$, $a^1$, $o^1$. Angles : $mm = 81°17'$; $h^3h^3 = 46°27'$; $mp = 120°41$; $po^1 = 142°25'$ (*mêmes auteurs*).

*h. Oxalate bleu de chrome et de sodium,*

$(C^2O^4)^6Cr^2Na^6 + 9H^2O$.

— Ce sel s'obtient en saturant d'hydrate d'oxyde de chrome une solution bouillante d'oxalate acide de sodium. Tables hexagonales ou prismes rhomboïdaux, noirs par réflexion, bleu foncé par transmission, très-solubles, un peu efflorescents, appartenant au système clinorhombique. Formes : $m$, $p$, $b^{1/2}$, $d^{1/2}$, $h^1$, $g^1$. Angles : $mm = 73°25'$; $pb^{1/2} = 120°$; $pd^{1/2} = 128°12'$; $mp = 96°20'$. Clivage parfait, parallèle à $p$ [Rammelsberg, *loc. cit.*].

Suivant Rammelsberg, la solution d'hydrate de chrome dans l'oxalate acide de sodium donne d'abord un sel rouge clinorhombique, puis un sel bleu ayant même composition.

OXALATES DE COBALT. — *a. Oxalates cobalteux.* — 1° *Sel neutre*, $C^2O^4Co + 2H^2O$. — Poudre rose qu'on obtient en faisant digérer le carbonate de cobalt dans l'acide oxalique. Il est presque insoluble dans l'eau et dans l'acide oxalique, et soluble dans l'ammoniaque.

2° *Sel basique*, $C^2O^4Co, 2CoO^2H^2$. — Sel bleu qui se produit quand on traite le sel précédent par la potasse caustique.

3° *Oxalate potassico-cobalteux.* — Cristaux roses rhomboïdaux, presque insolubles, qu'on obtient en dissolvant à l'ébullition l'oxalate cobalteux dans l'oxalate de potassium neutre. L'oxalate de cobalt se dissout aussi dans le bioxalate d'ammonium, mais la solution donne par évaporation des cristaux d'un rose pâle ne renfermant qu'une petite quantité de cobalt.

4° *Oxalate double nickélo-cobalt-ammonique,*

$2(C^2O^4(CoAz^2H^6), C^2O^4(NiAz^2H^6)] + 9H^2O$

[Kautenberg, *Ann. der Chem. u. Pharm.*, t. CXIII, p. 360]. — Ce sel a été obtenu dans la séparation du nickel et du cobalt par la méthode de Laugier. Il se dépose de la solution ammoniacale au bout de plusieurs semaines, après que la majeure partie de l'oxalate de nickel a été séparée. Prismes anorthiques de couleur cerise qui, à 100°, se transforment en une poudre rouge-brique anhydre; l'ammoniaque s'en va à 180°. Ce sel n'est soluble dans l'eau qu'à la faveur d'un excès d'ammoniaque. Si l'on évapore, on obtient seulement un dépôt d'oxalate de nickel-ammonium.

*b. Oxalates cobaltiques.* — 1° *Oxalate dodécammoniocobaltique.* — Quand on dissout dans l'ammoniaque aqueuse de l'oxalate cobalteux, et qu'on abandonne la solution à l'air, il se dépose des cristaux rouge foncé, peu solubles, qui, bouillis avec la potasse, donnent de l'ammoniaque et déposent du peroxyde de cobalt. D'après Gmelin [*Handb. der Chem.*, 4e édit., t. IV, p. 860] ces cristaux sont de l'oxalate cobaltico-ammonique répondant à la formule

$$(C^2O^4)^3\overset{VI}{Co^2}, 12\,AzH^3 + 3\,H^2O.$$

2° *Oxalate décammoniocobaltique,*

$$(C^2O^4)^3\overset{VI}{Co^2}, 10\,AzH^3 + 6\,H^2O.$$

— Ce sel se précipite sous la forme de cristaux rouge-cerise, presque insolubles dans l'eau, quand on verse de l'oxalate d'ammonium dans un sel cobaltique, spécialement dans le chlorure. On peut le faire recristalliser dans l'eau ammoniacale.

3° *Oxalosulfate acide décammoniocobaltique,*

$$(SO^4)(C^2O^4)^2\overset{VI}{Co^2}H^2, 10\,AzH^3 + 3\,H^2O.$$

— S'obtient en faisant bouillir plusieurs heures le *sulfate roseo-cobaltique* avec un excès d'acide oxalique. Aiguilles rouge-brique. Solution acide. Si la liqueur est exactement saturée par de l'ammoniaque, on obtient le sel suivant :

4° *Oxalosulfate basique décammoniocobaltique,* $SO^4, C^2O^4, Co^2O, 10\,AzH^3, 7\,H^2O$. — Plus soluble que le précédent, mais se décomposant quand on en fait bouillir la solution.

OXALATES DE CUIVRE. — *a. Oxalate neutre,*

$$2(C^2O^4Cu) + H^2O.$$

— Précipité bleu verdâtre, un peu soluble dans l'acide oxalique, soluble dans les oxalates neutres alcalins. L'eau n'est chassée tout entière qu'à 120°. Un peu plus haut ce sel se décompose [Löwe, *Jahresb.*, 1860, p. 243].

*b. Oxalate de cuivre et d'ammonium,*

$$C^2O^4Cu, C^2O^4(AzH^4)^2 + 2\,H^2O.$$

— Se produit quand on dissout l'oxalate de cuivre dans l'oxalate d'ammonium, ou l'oxyde de cuivre dans le bioxalate d'ammonium. Paillettes rhombes, bleu foncé, peu solubles dans l'eau, qui les décompose partiellement.

*c. Oxalate de cuivre et de lithium,*

$$C^2O^4Cu, C^2O^4Li^2 + 2\,H^2O.$$

— Il se forme pendant l'évaporation spontanée de la solution d'oxyde de cuivre dans l'oxalate acide de lithium. L'eau redissout ce sel, non sans le décomposer partiellement [Troost, *Ann. de Chim. et de Phys.*, (3), t. LI, p. 103].

*d. Oxalate de cuivre et de potassium,* obtenu comme le sel d'ammonium correspondant. Il se présente sous deux formes : rhomboèdres bleus, un peu solubles dans l'eau, ayant la composition $C^2O^4Cu, C^2O^4K^2 + 2\,H^2O$, ou aiguilles aplaties contenant 4 molécules d'eau. L'eau bouillante les décompose : il se précipite de l'oxalate de cuivre.

*e. Oxalate de cuivre et de sodium,*

$$C^2O^4Cu, C^2O^4Na^2 + 2\,H^2O.$$

— Aiguilles bleues, souvent aplaties.

*f. Oxalate de cuprammonium,*

$$C^2O^4Cu, (AzH^3)^2 + H^2O.$$

— On l'obtient par l'évaporation d'une solution ammoniacale d'oxalate de cuivre. Petits prismes bleus hexagonaux aplatis. Exposés à l'air, ils s'effleurissent et perdent de l'eau et de l'ammoniaque.

*g. Oxalate de cuivre et de cuprammonium,* $C^2O^4Cu, C^2O^4(CuAz^2H^6)$. — Poudre cristalline brillante, qui se dépose lorsqu'à de l'ammoniaque on ajoute une trop grande quantité d'oxalate de cuivre pour que celui-ci se dissolve entièrement.

OXALATE DE DIDYME, $C^2O^4Di + 4H^2O$. — Si l'on précipite les sels de didyme par les oxalates alcalins neutres, on obtient un sel pulvérulent blanc jaunâtre, insoluble dans l'eau, presque insoluble dans l'acide oxalique et les acides minéraux, mais qui, dissous à l'aide de la chaleur et de l'acide chlorhydrique, cristallise par refroidissement à l'état de petits cristaux grenus rosés, ayant la forme de prismes rectangulaires surmontés d'une pyramide à quatre faces placées sur les angles du prisme. Chauffé à 100°, ce sel conserve encore 1 molécule d'eau [Marignac, *Ann. de Chim. et de Phys.*, (3), t. XXXVIII, p. 175].

OXALATES D'ÉTAIN. — *a. Sels stanneux.* — 1° *Oxalate neutre,* $C^2O^4Sn$. — Ce sel s'obtient aisément quand on verse une solution de protoxyde d'étain dans l'acide acétique, dans une solution chaude d'acide oxalique. Il se dépose dans la liqueur bouillante. Il est insoluble dans l'eau froide; l'eau à 100° en décompose une petite partie, en formant un sous-sel. Les cristaux neutres et anhydres se dissolvent dans les oxalates alcalins, en donnant les oxalates doubles ci-dessous décrits [Bouquet, *Recueil des trav. de la Soc. d'émul. pour les sciences pharmac.*, janvier 1847, p. 3]. Ce sel se précipite aussi quand on ajoute de l'acide oxalique à une solution de protochlorure d'étain. Il est insoluble dans l'acide oxalique, assez soluble à chaud dans les acides minéraux. A l'ébullition l'acide chlorhydrique concentré le décompose; il met en liberté l'acide oxalique et reforme du chlorure stanneux. La potasse précipite de sa solution de l'oxyde stanneux anhydre [Böttger, *J. pr. Chem.*, t. LXXVI, p. 238].

2° *Oxalate stannoso-ammonique,*

$$C^2O^4Sn, C^2O^4(AzH^4)^2 + H^2O.$$

— Pour l'obtenir, on dissout l'oxalate stanneux dans une solution bouillante et concentrée d'oxalate ammonique et on ajoute à froid de l'alcool. On peut l'obtenir aussi avec l'hydrate stanneux et le bioxalate de potassium. Cristaux isomorphes avec le sel analogue de potassium, efflorescents, d'un goût sucré, qui fondent et détonent vivement quand on les chauffe [Bouquet, *loc. cit.*].

3° *Oxalate stannoso-potassique,*

$$C^2O^4Sn, C^2O^4K^2 + H^2O.$$

— On obtient ce sel soit en dissolvant l'hydrate stanneux dans le bioxalate de potassium (Bouquet), soit même en le dissolvant dans une dissolution chaude d'oxalate potassique neutre [Hausmann et Löwenthal, *Ann. der Chem. u. Pharm.*, t. LXXIX, p. 104]. Cristaux transparents prismatiques, facilement solubles dans l'eau chaude et même froide, de goût sucré, puis amer, rougissant le tournesol et ne se décomposant pas à 100°.

4° *Oxalate stannoso-sodique,* $C^2O^4Sn, C^2O^4Na^2$. — Sel anhydre et cristallisable, qui se prépare comme le précédent.

*b. Sels stanniques.* — L'acide stannique récemment préparé se dissout à chaud dans l'acide oxalique. Une solution à peu près saturée cristallise à froid et donne des lames brillantes où l'acide oxalique augmente à mesure que l'on répète les cristallisations. La même solution donne avec les acides, les alcalis et leurs carbonates, les chlorures, les nitrates, un précipité auquel MM. Hausmann et Löwenthal [*loc. cit.*] attribuent la formule $C^2O^3, 12\,SnO^2 + 12\,H^2O$, qui paraît répondre à un mélange contenant un excès d'acide stannique.

OXALATES DE FER. — *a. Oxalates ferreux.* — 1° L'*oxalite, humboldtite,* ou *fer oxalaté,* est un minéral que l'on trouve dans les lignites et dont la formule est $[C^2O^4Fe]^2 + 3\,H^2O$. Nous renvoyons à ces mots pour sa description.

2° Le fer se dissout dans une solution d'acide oxalique en dégageant de l'hydrogène. Peu à peu le liquide dépose une poudre jaune clair d'oxalate ferreux. Le même corps se dépose aussi sous la forme de petits cristaux jaune brillant, très-peu solubles dans l'eau bouillante (3,800 p.), quand on traite un sel ferreux par l'oxalate neutre de potasse ou par l'acide oxalique. Ce sel a la formule $(C^2O^4Fe) + 2H^2O$ [voyez à ce sujet *Répert. de Chim. pure*, 1862, p. 230]. La poudre jaune qui se précipite quand on expose au soleil la solution d'oxalate ferrique dans l'acide oxalique est aussi de l'oxalate ferreux.

L'oxalate ferreux donne par la potasse caustique un précipité d'oxyde ferreux, et par les carbonates alcalins du carbonate ferreux, qui l'un et l'autre s'oxydent rapidement à l'air [Böttger, *J. pr. Chem.*, t. LXXXVI, p. 238]. Chauffé avec de l'acide sulfurique monohydraté, le même sel donne du sulfate ferreux et un mélange d'acide carbonique et d'oxyde de carbone. L'acide chlorhydrique bouillant en sépare de l'acide oxalique.

L'oxalate ferreux, quand on le chauffe au rouge naissant, donne de l'oxyde de carbone et de l'acide carbonique et laisse un résidu pyrophorique brun qui est, suivant les conditions de température, de l'oxyde ferreux, du fer réduit, du carbure de fer ou plutôt un mélange de ces divers corps.

3° *Oxalate ferroso-potassique*,

$$C^2O^4Fe, C^2O^4K^2 + 2H^2O.$$

— Il se dépose en gouttes huileuses, qui cristallisent ensuite, quand on mêle de l'alcool à une solution d'oxalate ferreux dans l'oxalate de potasse.

*b. Oxalates ferriques.* — 1° *Sel neutre.* — Il paraît être constitué par la poudre jaune presque insoluble dans l'eau que l'on obtient quand on ajoute de l'hydrate ferrique en excès à de l'acide oxalique. On obtient aussi ce corps en mêlant les sels ferriques à de l'oxalate de potasse. Ce composé, soluble dans l'acide oxalique, se réduit à la lumière en oxalate ferreux.

2° *Oxalate ferrico-ammonique*,

$$(C^2O^4)^3(\overset{vi}{Fe^2}), C^2O^4(AzH^4)^2$$

(anhydre suivant Bussy, cristallisant avec $6H^2O$ suivant H. Kopp). — Octaèdres rhombes de couleur vert clair, qui se déposent d'une solution chaude d'hydrate ferrique dans le bioxalate d'ammonium. Ce sel se dissout dans 1,1 p. d'eau à 20° et dans 0,79 p. d'eau bouillante. La lumière le décompose en donnant de l'acide carbonique et précipitant une poudre jaune.

3° *Oxalate ferrico-barytique*,

$$(C^2O^4)^3(Fe^2)(C^2O^4Ba)^3 + 6H^2O\ (?).$$

— Précipité formé d'aiguilles vert jaunâtre brillantes, qui se forme quand on mêle à chaud le corps précédent avec le chlorure de baryum.

4° *Oxalate ferrico-calcique* et *oxalate ferrico-strontique*. — Précipités incristallisables.

5° *Oxalate ferrico-potassique*,

$$(C^2O^4)^3(Fe^2), (C^2O^4K^2)^3 + 6H^2O.$$

— Petits prismes aplatis ou paillettes vert-émeraude, s'effleurissant à l'air, déposant à la lumière de l'oxalate ferreux. Isomorphe avec l'*oxalate de chrome et de potassium bleu* (H. Kopp).

6° *Oxalate ferrico-sodique*,

$$(C^2O^4)^3(Fe^2), (C^2O^4Na^2)^3 + 6H^2O.$$

Petits cristaux verts clinorhombiques. Formes : $p$, $m$, $b^{1/2}$, $d^{1/2}$. Angles : $mm = 73°10'$ ; $b^{1/2}b^{1/2} = 91°12'$ ; $d^{1/2}d^{1/2} = 101°22'$ ; $pb^{1/2} = 119°58'$. Clivage assez facile suivant $p$ [Rammelsberg, *Poggend. Ann.*, t. XCIII, p. 24].

Oxalates de glucinium. — *a. Oxalate neutre.* — L'hydrate de glucinium dissous dans l'acide oxalique donne une solution très-sucrée qui, évaporée, laisse une masse gommeuse transparente (Vauquelin).

*b. Oxalate de glucinium et d'ammonium*,

$$C^2O^4Gl, C^2O^4(AzH^4)^2.$$

— Cristaux orthorhombiques présentant les formes : $m$, $p$, $g^1$, $h^1$, $b^{1/2}$, $b^{1/4}$, $a^1$, $a^{1/2}$, $a^{1/4}$. Angles : $b^{1/2}b^{1/2} = 111°24'$, $121°50'$ et $98°44'$ ; $b^{1/4}b^{1/4} = 93°10'$, $105°56'$ et $132°4'$ ; $mg^1 = 138°47'$ ; $pa^1 = 139°45'$ (de Senarmont).

Oxalate de lanthane, $C^2O^4La$. — Précipité blanc de cristaux rhomboédriques, qui se forme quand à un sel de lanthane on ajoute de l'acide oxalique ou un oxalate alcalin. Ce sel est presque insoluble dans l'acide oxalique, soluble dans l'acide nitrique (Holzmann).

Oxalates de lithium. — *a. Oxalate neutre*, $C^2O^4Li^2$. — On l'obtient en saturant l'acide oxalique avec du carbonate de lithium. Sel anhydre, en mamelons, mal cristallisé, se dissolvant dans 13 p. d'eau à 19°5.

*b. Oxalate acide*, $C^2O^4HLi + H^2O$. — Grands cristaux tabulaires, solubles dans 12,8 p. d'eau à 17°, qui perdent leur eau à 100° et une partie de leur acide à 160°.

*Oxalate double de lithium et d'ammonium.* — On obtient un oxalate double de lithium et d'ammonium en ajoutant de l'ammoniaque au bioxalate de lithium, et abandonnant la liqueur à l'évaporation spontanée. Il se dépose ainsi des cristaux qui appartiennent au système du prisme oblique dissymétrique, et dont la formule est

$$C^2O^4(AzH^4)Li + H^2O.$$

Oxalates de magnésium. — *a. Oxalate neutre*, $C^2O^4Mg + 2H^2O$. — Le mélange d'un sel de magnésium soluble et d'oxalate neutre de potassium donne un oxalate neutre de magnésium qui contient un excès d'oxalate alcalin. Il vaut mieux préparer l'oxalate de magnésium en saturant l'acide oxalique par l'hydrocarbonate de magnésium. On obtient ainsi une poudre blanche soluble dans 1500 p. d'eau à 18°, dans 1300 p. à 100°, qui ne perd toute son eau qu'à 150°, non sans se décomposer partiellement.

*b. Oxalate double de magnésium et de potassium*, $C^2O^4Mg, C^2O^4K^2 + 6H^2O$. — Si l'on traite un sel de magnésium par le bioxalate de potassium ou de sodium, il se précipite de l'oxalate neutre de magnésium. L'oxalate double de magnésium et de potassium se forme en ajoutant de l'oxalate de magnésium récemment précipité à une solution bouillante d'oxalate de potassium. En filtrant à chaud, on l'obtient par refroidissement à l'état de cristaux mamelonnés, insolubles dans l'eau froide, décomposables par l'eau chaude, s'effleurissant à l'air [Kayser, *Poggend. Ann.*, t. LX, p. 143].

*c. Oxalates doubles de magnésium et d'ammonium.* — Quand on mêle une solution concentrée de chlorure de magnésium avec de l'oxalate d'ammonium, on obtient un précipité d'oxalate de magnésium mêlé d'oxalate double ; les solutions étendues, additionnées ou non d'ammoniaque libre, donnent divers produits variables suivant les conditions. On a décrit les suivants :

1° $C^2O^4Mg, 5C^2O^4(AzH^4)^2 + 8H^2O$ [Souchay et Lenssen, *loc. cit.*] $+ 2H^2O$ [Kayser, *loc. cit.*]. — Ce sel se forme en ajoutant de l'oxalate de magnésium récent, et tant qu'il se dissout, à une solution bouillante et concentrée d'oxalate d'ammonium. Croûtes cristallines dures, mamelonnées, qui se séparent par le refroidissement. Ce sel, soluble dans l'eau avec décomposition partielle, efflorescent à l'air, perd 7 molécules d'eau à 120°, et se décompose partiellement à 140°.

2° $C^2O^4Mg, 7C^2O^4(AzH^4)^2 + 8H^2O$. — Les eaux mères du sel précédent, mélangées d'un peu d'ammoniaque, déposent au bout de quelques semaines des croûtes blanches ayant la composition indiquée par cette formule. Elles se décomposent en partie en se redissolvant dans l'eau, et se déshydratent à 100°.

3° $3[C^2O^4Mg], C^2O^4(AzH^4)^2 + 2H^2O$. — Ce sel, que Souchay et Lenssen n'ont pu obtenir, se dépose, suivant Brandes, en croûtes cristallines quand on mêle le chlorure de magnésium à une solution d'oxalate d'ammonium ammoniacal [*Schw. Journ.*, t. XXVII, p. 18].

4° $C^2O^4Mg, 6C^2O^4(AzH^4)^2 + 9H^2O$. — Ce sel s'obtient en mélangeant d'oxalate d'ammonium une solution de sel magnésien rendue fortement ammoniacale, de façon que la magnésie soit à l'acide oxalique hydraté à 2 molécules d'eau dans la proportion de 1 : 12,6, et ajoutant ensuite au précipité assez d'ammoniaque pour tout redissoudre (Souchay et Lenssen).

5° $5[C^2O^4Mg], 13[C^2O^4(AzH^4)^2] + 24H^2O$. — D'après les mêmes auteurs, ce corps s'obtient comme le précédent, pourvu que la magnésie soit à l'acide oxalique :: 1 : 0,3.

Oxalates de manganèse. — *a. Sel neutre.* — Ce sel s'obtient soit en traitant le carbonate de manganèse par l'acide oxalique, soit en traitant par le même acide un sel de manganèse soluble. Suivant Croft [*Chem. Gaz.*, 1857, p. 62], la quantité d'eau de cristallisation est variable. Le précipité granuleux et blanc qui se forme par le mélange de solutions chaudes de sulfate manganeux et d'acide oxalique a la formule

$$C^2O^4Mn + 2H^2O;$$

il est alors blanc et octaédrique (Gorgeu). Lorsque, à du sulfate manganeux dissous dans 30 à 100 p. d'eau, on ajoute de l'oxalate de potassium, on observe la précipitation d'un composé violet pâle, cristallin, ressemblant à l'acide benzoïque (Croft); lorsque, à une solution froide de sulfate manganeux en excès, on ajoute de l'acide oxalique, il se forme des aiguilles prismatiques rosées (Gorgeu). Ces deux composés roses ont la formule

$$C^2O^4Mn + 3H^2O.$$

Le sel rosé se transforme à l'air dans le sel blanc, rapidement à 100° en perdant une molécule d'eau. Chauffé à l'air pendant quelque temps, il donne de l'oxyde rouge cristallin de manganèse [Gorgeu, *Compt. rend.*, t. XLVII, p. 929]. Souchay et Lenssen [*Ann. der Chem. u. Pharm.*, t. CII, p. 47] attribuent au sel formé en traitant les sels solubles de manganèse et son carbonate par l'acide oxalique, et abandonnant à l'air sec, la formule $2[C^2O^4Mn] + 5H^2O$. Une partie de ce sel hydraté se dissout dans 2400 p. d'eau froide et 1250 p. d'eau bouillante; une trace d'oxalate alcalin augmente beaucoup cette solubilité. Calciné, l'oxalate de manganèse sec donne volumes égaux d'acide carbonique et d'oxyde de carbone, et laisse du protoxyde de manganèse vert [Liebig, *Ann. der Chem. u. Pharm.*, t. XCV, p. 116].

*b. Oxalates doubles de manganèse et d'ammonium.* — Suivant les degrés de dilution des liqueurs et leur température, les oxalates de manganèse et d'ammonium s'unissent pour donner plusieurs combinaisons, étudiées par Souchay et Lenssen [*loc. cit.*]. Elles sont toutes de couleur blanche ou rosée, efflorescentes à l'air, et décomposées par un excès d'eau.

1° $C^2O^4Mn, C^2O^4(AzH^4)^2 + 2H^2O$. — Croûtes cristallines, composées de petits prismes carrés, qui se déposent les premières quand on ajoute de l'oxalate de manganèse à une solution saturée et bouillante d'oxalate d'ammonium, et qu'on filtre à chaud la liqueur.

2° $C^2O^4Mn, 2C^2O^4(AzH^4)^2 + 4H^2O$. — Au bout de 30 à 40 heures, les eaux mères du sel précédent déposent des croûtes formées de prismes microscopiques qui répondent à la formule 2°.

3° $C^2O^4Mn, 5C^2O^4(AzH^4)^2 + 8H^2O$. — Les eaux mères du sel 2° mêlées d'eau laissent au bout d'un jour ou deux déposer de nouvelles incrustations cristallines qui auraient la formule 3°.

4° $C^2O^4Mn, 2C^2O^4(AzH^4)^2 + 8H^2O$. — Ce sel se dépose en croûtes cristallines au bout de quelque temps dans les eaux mères du sel 3°.

*c. Oxalates de manganèse et de potassium.* — On connaît, d'après les mêmes auteurs, un sel manganeux et un sel manganique.

1° *Oxalate potassico-manganeux,*

$$C^2O^4Mn, C^2O^4K^2 + 2H^2O.$$

— Croûtes rougeâtres, qu'on obtient en dissolvant l'oxalate manganeux dans une solution bouillante et concentrée d'oxalate de potassium, filtrant et laissant cristalliser.

2° *Oxalate potassico-manganique.* — On l'obtient le plus aisément en saturant de carbonate de potassium 3 p. d'acide oxalique, ajoutant à la solution 4 p. d'acide oxalique, puis du peroxyde de manganèse jusqu'à ce qu'elle n'ait plus qu'une faible réaction acide. La liqueur pourpre ainsi formée est très-altérable par la lumière et la chaleur. On la filtre, on la mêle d'alcool, on la refroidit dans l'obscurité, et on obtient des cristaux rouge pourpre, qu'on ne peut entièrement sécher sans décomposition, mais qui paraissent répondre à la formule

$$(C^2O^4)^6 \left\{ \begin{matrix} (Mn^2)^{vi} \\ K^6 \end{matrix} \right. 6H^2O.$$

*d. Oxalate sodico-manganeux.* — On l'obtient comme le sel de potasse correspondant. Croûtes cristallines, contenant des quantités variables de manganèse.

*e. Oxalate de manganèse et de manganammonium,* $C^2O^4Mn, C^2O^4(MnAz^2H^6)'' + 6H^2O$. — On ajoute de l'oxalate de manganèse à une solution bouillante d'oxalate d'ammonium. On filtre, puis on additionne la liqueur d'ammoniaque en excès. Il se précipite alors une poudre blanche ou verdâtre, formée de prismes microscopiques carrés, ressemblant à des cubes. Ce corps se décompose aisément au contact de l'eau, et devient brun en absorbant de l'oxygène.

Oxalates de mercure. — *a. Oxalate mercureux,* $C^2O^4(Hg^2)''$. — Suivant Harff [*Brandes Archiv.*, (2), t. V, p. 264], le précipité blanc que l'on obtient en traitant un sel mercureux par l'acide oxalique a la formule $C^2O^4Hg^2 + H^2O$ après avoir été séché à 100°. Souchay et Lenssen l'ont obtenu anhydre en chauffant l'oxalate mercurique à 103°, ou en portant à la même température l'azotate mercureux avec l'acide oxalique. Ce sel est insoluble dans l'eau chaude, même en présence de l'acide oxalique, soluble à chaud à la faveur de l'acide nitrique ou des sels ammoniacaux. Sec, il ne se décompose qu'à 175° et détone. Le cyanure et le sulfocyanate de potassium le dissolvent aisément, mais en précipitant du mercure métallique. L'ammoniaque donne avec lui un composé vert foncé de *mercurosammonium*.

*b. Oxalate mercurique,* $C^2O^4Hg$. — Poudre blanche, amorphe, obtenue par l'action d'un excès d'acide oxalique sur une solution de nitrate mercurique, ou par digestion, avec le même acide, de l'oxyde jaune mercurique. La chaleur le décompose, au rouge naissant; il détone aussi violemment. Ce sel est très-soluble dans l'acide chlorhydrique, moins soluble dans l'acide nitrique, insoluble dans l'acide oxalique. Chauffé avec une solution de sel ammoniac, il donne de l'acide carbonique, de l'oxalate ammonique et du chlorure mercureux (Souchay et Lenssen). Le carbonate et le phosphate de soude le décomposent.

c. *Oxalate mercurico-potassique*,

$$C^2O^4Hg, C^2O^4K^2 + 2H^2O.$$

— On l'obtient en ajoutant de l'oxalate mercurique récemment préparé à une solution chaude et concentrée d'oxalate potassique. Petites écailles cristallines irisées, formées de prismes carrés microscopiques. L'eau le décompose. Il noircit et perd son eau à 100°. La lumière l'altère.

L'oxalate de sodium ne dissout pas l'oxalate de mercure.

d. *Oxalate mercurico-ammonique*,

$$C^2O^4Hg, C^2O^4(AzH^4)^2 + 2H^2O.$$

— S'obtient, comme le sel de potassium correspondant, sous la forme d'aiguilles microscopiques blanches, altérables par la lumière et la chaleur. Il se décompose, avec sifflement, au-dessus de 100° sans laisser de résidu.

e. *Oxalate de tétramercurammonium*,

$$C^2O^4(AzHg^2)^2 + 2H^2O$$

[Millon, *Ann. de Chim. et de Phys.*, (3), t. XVIII, p. 409; — Hirzel, *Ann. der Chem. u. Pharm.*, t. LXXXIV, p. 262]. — Ce composé s'obtient en faisant digérer l'oxalate mercurique avec l'ammoniaque caustique, puis lavant tant que les eaux sont alcalines. Il se produit aussi par l'action d'une solution concentrée d'oxalate d'ammonium sur l'oxyde de mercure. C'est une poudre blanche, amorphe, s'altérant quand on la fait bouillir avec l'eau, faisant explosion si on la chauffe.

Oxalates de molybdène [Berzelius, *Poggend. Ann.*, t. VI, p. 348]. — a. *Oxalate molybdeux*. — Précipité gris foncé, un peu soluble dans un excès d'acide oxalique.

b. *Oxalate potassico-molybdeux*. — De couleur pourpre. Soluble dans l'eau.

c. *Oxalate molybdique*. — Cristaux bleu foncé, obtenus en faisant digérer l'hydrate molybdique avec l'acide oxalique et laissant évaporer cette solution de couleur rouge. Si à celle-ci on ajoute de l'ammoniaque en excès, on obtient un précipité rouge brique pâle qui est un sel basique.

d. *Acide molybdico-oxalique*. — On l'obtient en faisant digérer de l'acide molybdique dans une solution d'acide oxalique. Cette solution incolore laisse à l'évaporation une gelée qui devient cristalline, se dissout dans l'eau et donne une teinture alcoolique jaune. Un *molybdico-oxalate* de potassium incristallisable s'obtient en dissolvant l'acide molybdique dans le sel d'oseille.

Oxalates de nickel. — a. *Sel neutre*,

$$C^2O^4Ni + 2H^2O.$$

— Précipité vert blanchâtre, insoluble dans l'eau, se dissolvant dans l'ammoniaque et les sels ammoniacaux.

b. *Sels doubles*. — Le sel précédent donne avec la potasse un oxalate cristallisable, *nickélico-potassique*. L'oxalate de nickel en se dissolvant dans l'oxalate d'ammonium donne une solution qui, évaporée, laisse cristalliser des prismes d'un *oxalate nickélico-ammonique* vert. Si à la solution de celui-ci on ajoute un peu d'ammoniaque, on obtient un précipité vert pâle, qui serait, suivant Winkelblech, un oxalate de nickel et de nickelammonium ayant la composition

$$C^2O^4Ni, C^2O^4(Az^2H^6Ni)'' + 6H^2O$$

[*Ann. der Chem. u. Pharm.*, t. XIII, p. 278]. — Voyez à Oxalates de cobalt l'oxalate de *nickel-cobalt-ammonium*.

Oxalates de palladium. — a. *Oxalate proprement dit*. — Les oxalates alcalins donnent un précipité jaune clair avec les sels palladeux.

b. *Oxalate ammonico-palladeux*,

$$C^2O^4Pd, C^2O^4(AzH^4)^2 + 2H^2O.$$

— Il s'obtient en dissolvant l'hydrate ou le carbonate de palladium dans l'oxalate acide d'ammonium. Prismes rhombes de couleur bronzée. Il peut cristalliser aussi en aiguilles contenant 8 molécules d'eau.

Oxalates de platine. — a. *Oxalate platineux*. — Le platinate de sodium se dissout aisément à chaud dans l'acide oxalique aqueux, de l'acide carbonique se dégage et l'oxyde platinique se transforme en oxyde platineux. La solution d'abord rouge, puis violette, enfin bleu indigo, dépose des aiguilles rouge de cuivre, que Döbereiner, qui ne les a pas analysées, supposait être de l'oxalate platineux, mais auxquelles Souchay et Lenssen ont trouvé la formule

$$C^2O^4Pt, C^2O^4Na^2 + 2H^2O.$$

Cet *oxalate sodico-platineux*, insoluble dans l'alcool et l'éther, donne dans l'eau chaude une solution verte, qui devient bleue quand on la concentre et se décolore par l'acide chlorhydrique.

b. *Oxalate platinique*. — Bergman a obtenu, mais non analysé, des cristaux jaunes, qui se séparent quand on ajoute de l'hydrate platinique à de l'acide oxalique.

c. *Oxalates de platinammonium*. — Voyez Platine (bases).

Oxalates de plomb. — a. *Oxalate neutre*,

$$C^2O^4Pb.$$

— Il s'obtient comme tous les oxalates insolubles. Précipité blanc que l'acide acétique ne dissout pas, soluble dans l'acide nitrique, insoluble dans l'ammoniaque caustique et son carbonate; soluble à l'ébullition dans les chlorhydrate, nitrate, succinate ammoniques. Chauffé à 300° au bain d'huile, le sel sec donne 3 volumes de $CO^2$ pour 1 volume de $CO$ et laisse pour résidu des sous-oxydes de plomb [Pelouze, *Ann. de Chim. et de Phys.*, (3), t. IV, p. 104]. D'après M. Maumené, il se dégagerait à la fin de l'expérience de l'acide carbonique presque pur, et le résidu serait un mélange de protoxyde $PbO$ et de plomb métallique [*Bull. de la Soc. chim.*, 1870, t. XIII, p. 194].

b. *Oxalate basique de plomb*, $C^2O^4Pb, 2PbO$. — C'est une poudre blanche qu'on obtient soit en précipitant l'oxalate neutre d'ammonium par le sous-acétate de plomb, soit en faisant bouillir l'oxalate neutre de plomb avec du sous-acétate de plomb. On l'a observé sous la forme de petites lamelles lorsqu'on mélange une solution bouillante d'oxamide avec du nitrate ou de l'acétate de plomb ammoniacal. L'acide carbonique de l'air le transforme en un mélange d'oxalate neutre et de carbonate.

c. *Oxalate de plomb et de potassium*. — L'oxalate acide de potassium dissout un peu d'hydrate de plomb et donne des aiguilles que les alcalis décomposent (Wenzel).

d. *Oxalo-nitrates de plomb*. — 1° *Sel normal*, $C^2O^4Pb, (AzO^3)^2Pb + 2H^2O$. — Il se forme quand on verse de l'acétate de plomb dans un mélange d'acide oxalique et de beaucoup d'acide nitrique très-dilué, ou quand on verse de l'acide oxalique dans un mélange très-étendu d'acétate de plomb et d'acide nitrique. Tables rhombes ou hexagonales, nacrées, que l'eau décompose lentement à froid, rapidement à chaud [Johnston, *Phil. Magaz.*, t. XIII, p. 25; — Dujardin, l'*Institut.*, janv. 1838].

2° *Sel basique*,

$$C^2O^4Pb, 3[(AzO^3)^2Pb], 2PbO + 3H^2O.$$

— Ce sel se forme quand on fait bouillir l'oxamide avec une solution concentrée de nitrate de plomb ammoniacal. Il se dépose à l'état de grains cristallins, brillants, que l'on peut laver à l'eau froide et sécher. Si l'ébullition continue trop longtemps, le *sel basique* se transforme dans le *sel normal* ci-dessus décrit. Le sel basique se forme aussi quand l'oxalate basique de plomb est mis à bouillir avec du nitrate neutre de plomb dissous dans deux fois son poids d'eau, mais sans trop prolonger l'ébullition [Pelouze, *Ann. de Chim. et de Phys.*, (2), t. LXXIX, p. 104].

Oxalates de potassium. — *a. Sel neutre*,

$$C^2O^4K^2 + H^2O.$$

— On l'obtient en saturant, par la potasse ou son carbonate, l'un des oxalates acides de potassium. M. Bérard dit l'avoir obtenu avec 3 molécules d'eau de cristallisation; il est très-soluble dans l'eau, insoluble dans l'alcool. Il a été étudié par de la Provostaye [*Ann. de Chim. et de Phys.*, (3), t. IV, p. 454].

Ses cristaux appartiennent au système clinorhombique; leurs faces sont souvent concaves ou convexes. Formes : $p$, $b^{1/2}$, $d^{1/2}$, $h^1$, $o^1$, $a^1$. Angles : $p b^{1/2} = 106° 54'$; $p d^{1/2} = 126° 10'$; $a^1 h^1 = 130° 35'$; $o^1 h^1 = 118° 20'$; $b^{1/2} h^1 = 113° 25'$.

*b. Bioxalate de potassium*, $C^2O^4HK$. — Le *sel d'oseille*, dont il est parlé pour la première fois au commencement du XVIIe siècle par Angelus Sala, décrit par Duclos en 1688, fut ensuite étudié par Margraaf qui y reconnut la potasse, et par Scheele qui, en 1784, y découvrit l'acide oxalique. Il est le plus souvent un mélange de bioxalate et de quadroxalate de potassium. On le trouve dans le suc d'un grand nombre de végétaux, spécialement des *Rumex*, des *Oxalis*. Dans la Forêt-Noire, ces sucs sont chauffés avec de la glaise ou du sérum de sang de bœuf et abandonnés ensuite dans des cristallisoirs. On s'en sert pour décaper les métaux, enlever les taches d'encre, de rouille...

Le bioxalate de potassium forme des cristaux acides, transparents, solubles dans 40 p. d'eau froide et 6 p. d'eau chaude, d'après Berzelius; dans 14 p. d'eau bouillante; d'après Wenzel, il serait soluble dans 34 p. d'alcool bouillant. Il parait exister plusieurs combinaisons cristallines de ce sel.

Les cristaux de bioxalate du sel d'oseille cristallisent, d'après La Provostaye [*loc. cit.*], avec 1 molécule d'eau, et appartiendraient probablement au système orthorhombique. Faces : $a^1$, $h^1$, $g^1$, $(b^{1/6} b^{1/8} h^1)$, $(b^{1/5} b^{1/9} h^{1/2})$. Angles : $a^1 g^1 = 103° 38'$; $a^1 h^1 = 133° 26'$; $a^1 (b^{1/6} b^{1/8} h^1) = 127° 50'$.

D'après Marignac [*Jahresb.*, 1855, p. 462], les cristaux ordinaires du sel d'oseille seraient anhydres, et appartiendraient au système clinorhombique. Faces : $m$, $h^1$, $g^1$, $p$, $b^{1/2}$; $e^1$, $e^{1/2}$; $a^2$, $(b^1 b^{1/3} h^1)$. Angles : $m m = 152° 36'$; $e^1 e^1 = 110° 40'$; $e^{1/2} e^{1/2} = 81° 24$; $p h^1 = 133° 29'$; $p m = 131° 57$. Clivage très-aisé parallèle à $h^1$; moins facile suivant $g^1$. Ce sont là évidemment des cristaux différents de ceux de La Provostaye.

Rammelsberg a étudié les cristaux qu'on obtient quand on sature l'acide oxalique par la moitié du carbonate de potassium qui serait nécessaire pour produire le sel neutre. Ils auraient la formule

$$4C^2O^4HK + H^2O$$

et seraient orthorhombiques. Formes : $b^{1/2}$, $b^{1/4}$, $m$, $h^1$, $p$, $e^{1/7}$. Angles : $b^{1/2} p = 139° 30'$; $b^{1/4} m = 149° 39'$; $e^{1/7} e^{1/7} = 152° 40'$. Clivage net parallèle à $p$.

Rammelsberg, dans la préparation de l'*oxalate potassico-antimonique* (voyez plus haut), a observé aussi des cristaux facilement efflorescents, ayant la formule $2C^2O^4HK + H^2O$, appartenant au système orthorhombique. Faces : $b^{1/2}$, $m$, $h^1$, $g^3$, $(b^{1/2} b^{1/4} h^1)$. Angle : $m m = 130° 42'$. Rapport des axes : 0,4500 : 1 : 0,1059. Ces mesures ont été confirmées par Marignac.

*c. Quadroxalate de potassium*,

$$C^2O^4HK, C^2H^2O^4 + 2H^2O.$$

— Ce sel forme quelquefois en grande partie le sel d'oseille du commerce (Bérard). On peut l'obtenir en prenant 4 p. d'acide oxalique, en saturant une par le carbonate de potasse, ajoutant les 3 autres et faisant cristalliser. Une partie de ce sel se dissout dans 20,17 parties d'eau à 20°. Il perd son eau de cristallisation à 128°. Une solution de poids égaux d'acide oxalique et de chlorure de potassium dépose aussi ce sel en cristallisant [Anderson, *Chem. Soc. qu. J.*, t. I, p. 231].

Le quadroxalate de potasse cristallise en beaux prismes anorthiques, mesurés par de la Provostaye (*loc. cit.*, mesures confirmées aussi par Rammelsberg). Faces : $m$, $t$, $h^1$, $g^1$, $o^{1/2}$; $a^{1/2}$, $p$, $a^{1/4}$, $o^{1/4}$, $f^{1/2}$, $d^{1/2}$, $f^1$, $(f^{1/4} d^{1/2} h^1)$ $c^{1/2}$. Angles : $p t = 82° 30'$; $g^1 t = 111° 20'$; $m t = 146° 33$; $p o^{1/2} = 144° 40'$; $h^1 o^{1/2} = 119° 25'$; $g^1 o^{1/2} = 127° 55'$.

Oxalates de rubidium. — *a. Oxalate neutre*, $C^2O^4Rb^2 + H^2O$. — Il cristallise d'une solution saturée à chaud en cristaux clinorhombiques mal développés, isomorphes avec le sel correspondant de potassium. Faces dominantes : $p$, $b^{1/2}$, $d^{1/2}$, $h^1$, $a^1$. Inclinaison (approchée) des faces : $b^{1/2} b^{1/2} = 73°$; $b^{1/2} d^{1/2} = 122$ à $113° 30'$; $b^{1/2} h^1 = 129°$ à $130°$ [Piccard, *Journ. für prakt. Chem.*, t. LXXXVI, p. 449].

*b. Oxalate acide*, $C^2O^4HRb$. — Petits cristaux clinorhombiques, isomorphes avec le sel de potassium correspondant. Faces dominantes : $m$, $p$, $g^1$, $e^1$, $e^{1/2}$. Inclinaison des faces : $m m = 152° 30'$; $e^1 e^1 = 122°$; $g^1 e^{1/2} = 137° 45'$. Les faces du prisme sont striées verticalement [Piccard, *loc. cit.*].

*c. Quadroxalate*, $C^2O^4HRb, C^2H^2O^4$. — Beaux cristaux, obtenus par M. Grandeau, en dissolvant l'oxalate acide dans l'acide nitrique et laissant évaporer lentement [*Ann. de Chim. et de Phys.*, (3), t. LXVII, p. 155].

Oxalates de sodium. — *a. Sel neutre*, $C^2O^4Na^2$. — Il se trouve dans beaucoup de plantes, notamment dans les varechs. Il est anhydre et difficile à obtenir en beaux cristaux. Une partie se dissout dans 26,78 parties d'eau à 21°,8 et dans 16,2 parties d'eau bouillante (Pohl); dans 36,4 parties d'eau à la température ordinaire et 24,6 parties d'eau bouillante (Rammelsberg).

*b. Bioxalate*, $C^2O^4HNa + H^2O$. — Cristaux acides.

*c.* On n'a pu obtenir l'oxalate double de potassium et de sodium (Rammelsberg).

Oxalates de strontium. — *a. Sel neutre*,

$$C^2O^4Sr + H^2O.$$

— Poudre blanche qui se précipite en ajoutant un oxalate alcalin à un sel de strontium. Il est un peu soluble à froid, soluble dans 19,2 parties d'eau bouillante; plus soluble dans les solutions de chlorure ou de nitrate ammoniques. Il retient son eau de cristallisation à 100°. L'hydrate $C^2O^4Sr, 3H^2O$ a été obtenu par Wicke à l'état de cristaux microscopiques, à base carrée, en précipitant le nitrate de strontium par l'acide oxalique.

*b. Sel acide.* — Souchay et Lenssen [*loc. cit.*] ont obtenu un sel ayant la composition

$$C^2O^4Sr, C^2H^2O^4, 2H^2O,$$

en mêlant une solution un peu concentrée de chlorure de strontium avec 1 ou 2 volumes d'acide chlorhydrique fumant et 3 à 4 volumes d'une solution d'acide oxalique saturée à 60°. En refroidissant la liqueur à 0°, elle dépose, outre de l'acide oxalique et de l'oxalate neutre en croûtes, des cristaux prismatiques, à sommet pyramidé, souvent réunis en géodes, d'oxalate acide. Ces cristaux s'effleurissent à l'air et se décomposent en donnant le sel neutre.

Clapton [*Chem. Soc. Journ.*, t. VI, p. 123] a obtenu des cristaux qui paraissent être des mélanges de sel neutre, et de sel acide, en mêlant des solutions concentrées d'acide oxalique et de chlorure strontique.

*c. Oxalo-chlorure de strontium,*

$$C^2O^4Sr.SrCl^2 + 6H^2O.$$

— Ce sel s'obtient par le contact prolongé de l'oxalate de strontium récemment préparé avec une solution saturée de chlorure de strontium. L'eau pure le décompose en chlorure et en oxalate. Prismes rhombiques perdant 4 molécules d'eau à 100°. Si, à ces cristaux, on ajoute encore du chlorure de strontium et de l'eau goutte à goutte, il apparait bientôt des cristaux prismatiques ayant la composition $3C^2O^4Sr, SrCl^2 + 16H^2O$ [G. Rainey, *Proc. Roy. Soc.*, t. XIV, p. 144].

Oxalate de tantale. — L'oxyde de tantale se dissout bien dans le sel d'oseille; cette solution est incolore. Les acides en précipitent de l'oxyde de tantale. Celui-ci se dissout à peine dans l'acide oxalique (Berzelius).

Oxalate de tellure. — L'acide oxalique dissout l'hydrate de tellure. Par le refroidissement, on obtient des grains à cristallisation radiée, facilement solubles dans l'eau sans décomposition (Berzelius).

Oxalates thalleux. — *a. Sel neutre*, $C^2O^4Tl^2$. — On le prépare en dissolvant, à chaud, équivalents égaux de carbonate thallique et d'acide oxalique dans la plus petite quantité d'eau possible. Par le refroidissement, le sel neutre cristallise en lames à quatre pans presque droits. Il se dissout dans 69,3 p. d'eau à 15°,5 et dans 11,07 p. d'eau bouillante. L'acide chlorhydrique le décompose. On peut le chauffer à 271° sans qu'il perde de son poids; au rouge, il laisse du thallium pur (E. Willm). Carstanjen a décrit un oxalate neutre à petits cristaux prismatiques, auquel il attribue la formule $C^2O^4Tl^2 + 4H^2O$ [*Jahresb.*, 1867, p. 281].

*b. Sel acide*, $C^2O^4HTl + H^2O$. — Il cristallise en larges lames nacrées, un peu efflorescentes, solubles dans 18,7 parties d'eau à 15°,5, très-solubles à chaud. Il se déshydrate entièrement à 132°. — Voir au sujet de ces sels Crookes [*Chem. News*, t. IX, p. 150], Kuhlmann fils [*Compt. rend.*, t. LV, p. 607] et E. Willm [*Ann. de Chim. et de Phys.*, (4), t. V, p. 60]. En faisant cristalliser le sel acide en présence d'un grand excès d'acide oxalique, on obtient le sel acide

$$C^2O^4HTl, C^2H^2O^4 + 2H^2O$$

en larges lames cristallines [Carstanjen, *loc. cit.*].

*Oxalate double de cuivre et de thallium,*

$$(C^2O^4)^2Tl^2Cu + 2H^2O.$$

— Aiguilles fines et aplaties, ressemblant au sel de potassium correspondant. Il se décompose par des cristallisations répétées [E. Willm, *loc. cit.*].

Oxalate thallique, $(C^2O^4)^3\overset{vi}{Tl^2}$. — Lorsqu'on traite le peroxyde de thallium par une solution aqueuse d'acide oxalique, il se transforme rapidement en une poudre blanche d'oxalate thallique, très-peu soluble dans l'eau bouillante. On peut aussi préparer ce sel par double décomposition. Il est très-difficile de l'obtenir à l'état de pureté, car il se transforme facilement en oxalate thalleux; vers 150°, cette transformation est presque complète [E. Willm, *loc. cit.*, p. 76].

Oxalates de thorium. — *a. Sel neutre,*

$$C^2O^4Th + H^2O.$$

Poudre blanche, pesante, insoluble dans l'eau, un peu soluble dans l'acide oxalique et les acides minéraux [Chydenius, *Poggend. Ann.*, t. CXIX, p. 43, et Berzelius, *Traité de Chimie*, t. IV, p. 157].

*b. Oxalate de thorium et de potassium.* — Précipité blanc, insoluble dans l'eau, l'acide oxalique et les autres acides étendus, qui noircit quand on le chauffe à l'air, et laisse un mélange de thorine et de carbonate potassique [Berzelius, *loc. cit.*].

Oxalate de titane. — Lorsqu'on fait bouillir avec de l'acide oxalique une solution d'un sel de titane, il se précipite une masse grumeleuse; l'oxyde de fer que peut contenir le titane reste dans la solution (Laugier). Le précipité est soluble dans un excès d'acide oxalique et de sel titanique. Il a, d'après H. Rose, la formule

$$(C^2O^4)^2Ti^{iv}, 12TiO^2.12H^2O.$$

Oxalates d'uranium. — Ces oxalates ont été étudiés par Peligot [*Ann. de Chim. et de Phys.*, (3), t. V, p. 26 et 32; — Rammelsberg, *Ann. de Poggend.*, t. LIX, p. 20; — Ebelmen, *Ann. Chim. et Phys.*, (3), t. V, p. 89]. De la Provostaye et Ebelmen ont mesuré les cristaux [*Ann. de Chim. et de Phys.*, (3), t. V, p. 49]. — *a. Oxalates uraneux.* — 1° *Sel neutre*, $C^2O^4U, 3H^2O$. — Précipité grisâtre qui se forme en ajoutant de l'acide oxalique à une solution de chlorure uraneux. Le vide lui enlève 2 molécules d'eau.

2° *Oxalate d'uranium et d'ammonium,*

$$C^2O^4U, C^2O^4(AzH^4)^2.$$

— On l'obtient, suivant Rammelsberg, en faisant dissoudre l'hydrate uraneux récemment préparé dans le bioxalate d'ammonium.

3° *Oxalate d'uranium et de potassium.* — Poudre grise obtenue comme la précédente.

*b. Oxalates uraniques.* — 1° *Oxalate neutre uranique* ou *oxalate d'uranyle*, $C^2O^4(UO)^2 + 3H^2O$. — Grains cristallins de couleur jaune qui se déposent quand on laisse refroidir une solution chaude concentrée de nitrate d'uranyle mêlée d'acide oxalique. De 100° à 120°, ce sel perd 2 molécules d'eau, qu'il reprend quand on le laisse à l'air, et ne se dessèche entièrement qu'en se décomposant presque tout à coup à 300°, en dégageant de l'acide carbonique, et laissant un résidu de couleur cuivreuse d'oxyde uraneux :

$$C^2O^4(UO)^2 = 2UO + 2CO^2.$$

La calcination à l'air transforme cet oxyde en oxyde intermédiaire *uranoso-uranique* [Ebelmen, *loc. cit.*].

2° *Oxalate uranico-ammonique,*

$$C^2O^4(UO)^2, C^2O^4(AzH^4)^2 + 4H^2O.$$

— Peligot a obtenu ce corps en dissolvant à chaud l'oxalate d'uranyle dans l'ammoniaque caustique. Beaux cristaux jaunes appartenant au système orthorhombique. Formes : $m, h^1, g^1, e^1, h^3$. Angles : $e^1e^1 = 112°28'$; $g^1h^3 = 139°55'$; $mh^3 = 160°45$; $e^1h^3 = 115°15'$; $e^1m = 106°30'$.

3° *Oxalate uranico-potassique,*

$$C^2O^4(UO)^2, O^4C^2K^2 + 3H^2O.$$

— Prismes obliques rhomboïdaux, inaltérables à l'air. Faces dominantes : $m, h^1, p$. Angles : $mm = 131°2'$; $mp = 111°28'$.

Oxalates de vanadium. — *a. Oxalate vanadique.* — Lorsqu'on sature l'acide oxalique d'hydrate vanadique et qu'on évapore, on obtient une gelée bleu clair, peu soluble dans l'eau froide. Cette solution, mêlée de beaucoup d'acide oxalique, donne, par l'évaporation lente, des cristaux bleus assez solubles [Berzelius, *Poggend. Ann.*, t. XXII, p. 33].

*b. Oxalate potassico-vanadique.* — S'obtient

en saturant le sel d'oseille d'hydrate vanadique sous la forme d'un vernis amorphe bleu foncé, peu soluble dans l'eau (Berzelius).

*c. Acide oxalo-vanadique.* — On l'obtient en traitant l'oxalate vanadique par l'acide nitrique, évaporant, reprenant par l'eau, filtrant, évaporant la solution orangée. Extrait jaune rougeâtre amorphe, soluble. Un excès d'acide oxalique réduit l'acide vanadique en oxyde vanadique (Berzelius).

*Oxalate d'yttrium*, $C^2O^4Y + 3H^2O$. — Précipité blanc, insoluble dans l'eau, dans l'acide oxalique et l'acide chlorhydrique étendu; soluble dans cet acide concentré et dans l'acide nitrique (Berlin). Suivant Mosander, cette description s'applique aux oxalates d'yttrium mêlé d'erbium et de terbium. Mais la solubilité plus grande de l'oxalate d'yttrium dans les acides permet de le séparer des oxalates des deux autres métaux.

On connaît un *oxalate double d'yttrium et de potassium*, $C^2O^4Y, C^2O^4K^2$, précipité lourd, incolore, insoluble.

OXALATES DE ZINC. — *a. Oxalate neutre,*

$$C^2O^4Zn, 2H^2O.$$

— Précipité blanc, très-peu soluble dans l'eau, soluble dans l'acide chlorhydrique et l'ammoniaque, et à chaud dans le sel ammoniac (Schindler).

*b. Oxalate de zinc et d'ammonium.* — Aiguilles qui se précipitent quand on ajoute de l'acide oxalique à une solution de chlorure de zinc ammoniacal.

Si l'on fait digérer du carbonate de zinc dans du bioxalate d'ammonium, il se précipite de l'oxalate de zinc, tandis que la liqueur donne, par évaporation, des mamelons blancs peu solubles à froid, décomposables par l'eau chaude, ayant la formule $C^2O^4Zn, 2C^2O^4(AzH^4)^2 + 3H^2O$ [Kayser, *Poggend. Ann.*, t. LX, p. 140].

*c. Oxalate de zinc et de potassium,*

$$C^2O^4Zn, C^2O^4K^2 + 4H^2O.$$

— Petites tables transparentes à peine solubles dans l'eau froide, qui se précipitent quand on laisse refroidir une solution d'oxalate de zinc dans l'oxalate de potassium concentré et chaud. L'eau bouillante sépare ce sel en ses deux constituants [Kayser, *loc. cit.*].

OXALATE DE ZIRCONIUM. — Précipité floconneux opalin, insoluble dans l'eau et l'acide oxalique aqueux bouillant, que l'on obtient en traitant un sel de zirconium par l'acide oxalique et par l'oxalate d'ammonium. A. G.

**OXALIQUE (ACIDE).** — PRÉPARATION INDUSTRIELLE. — 1° *Ancien procédé.* — L'ancienne méthode de préparation de l'acide oxalique est fondée sur la réaction bien connue de l'acide nitrique sur le sucre (cassonade ou mélasse). On emploie, pour 1 p. de bonne mélasse, 3 p. d'acide nitrique monohydraté étendu d'eau de manière à avoir une densité de 1,2 à 1,27. Le rendement est d'environ 1/2 p. d'acide oxalique pur cristallisé. On chauffe à une température qui ne doit pas beaucoup s'écarter de 50° centigrades. La réaction se fait dans de grands cuviers en bois doublés de plomb, ou dans des vases en grès de petites dimensions chauffés au bain-marie. Lorsque l'on opère sur une grande échelle dans des cuviers en plomb, la densité de l'acide nitrique n'a pas besoin d'être aussi forte que si l'on agit sur de plus faibles doses. Quand l'opération est bien conduite, le gaz se dégage régulièrement sans trop d'énergie et sans production de vapeurs nitreuses. Le gaz se compose principalement d'acide carbonique et de bioxyde d'azote. L'acide carbonique s'oppose avec énergie, par sa présence, à la transformation du bioxyde d'azote en hypoazotide sous l'influence de l'oxygène de l'air; cette influence remarquable rend difficile l'emploi des gaz dégagés dans cette préparation pour la fabrication de l'acide sulfurique, comme on l'avait proposé. L'acide nitrique formant la principale dépense de la fabrication, on a cherché divers moyens propres à en diminuer l'emploi, ou à utiliser les produits de sa décomposition partielle. Ainsi on a cherché à diriger un courant d'air à travers la masse en réaction.

M. Jullion a pris, en 1846, un brevet pour un procédé de conversion du bioxyde d'azote obtenu en acides nitreux et nitrique; l'oxydation du bioxyde d'azote et sa conversion en acide nitrique peut être favorisée par le passage des gaz mélangés d'air et de vapeur d'eau dans un tube rempli d'éponge de platine chauffée vers 400°, puis dans un condensateur, où l'acide nitrique se dépose. On peut aussi éviter l'emploi du platine et faire arriver le mélange gazeux dans un vase fermé contenant de l'eau ou bien y faire agir du chlore. L'opération est conduite de la manière suivante : l'eau mère d'une préparation antérieure d'acide oxalique est introduite dans un vase fermé à paroi de pierre inaltérable par les acides, on chauffe vers 90°, puis on laisse couler dans cette eau mère un filet d'acide nitrique et un filet de mélasse, en proportions convenables pour entretenir une réaction modérée. Le produit de la réaction est écoulé dans des cristallisoirs où l'acide oxalique se dépose. Les gaz arrivent dans un réservoir contenant de l'eau et dans lequel on fait arriver un courant de chlore en quantité suffisante pour transformer les gaz nitreux en acide nitrique.

Dans certaines fabriques, on remplace la mélasse par la glucose obtenue au moyen des pommes de terre traitées par la diastase ou l'acide sulfurique très-étendu à l'ébullition.

2° *Nouveau procédé.* — Ce procédé, exploité depuis 1856, chez MM. Roberts, Dale et C^ie^, de Manchester, repose sur les réactions indiquées par Vauquelin, puis par Gay-Lussac, et qui consistent à traiter par une solution alcaline la cellulose, la dextrine, l'amidon, etc.

Pour fabriquer cet acide, on se sert de sciure de bois qu'on amène à l'état de pâte en la mélangeant avec une solution alcaline caustique marquant 37° à 38° Baumé et renfermant pour 1 équivalent de potasse 2 équivalents de soude (30 à 40 p. de sciure pour 100 d'alcali réel tenu en solution).

Cette pâte, au début de la fabrication, était étendue en couche mince sur des plaques en fer, que l'on chauffait graduellement par dessous à feu nu, jusqu'à la température d'environ 200°, en ayant soin d'agiter constamment la masse. Par l'évaporation, la matière se gonfle et se boursoufle en donnant lieu à un dégagement d'hydrogène et d'hydrocarbures et finit par se transformer en une substance d'une couleur foncée, entièrement soluble dans l'eau, mais ne contenant que de 1 à 4 % d'acide oxalique et 0,5 % d'acide formique. On faisait alors sécher la masse jusqu'à siccité complète, sur d'autres plaques moins chauffées que dans l'opération précédente, en ayant soin d'agiter continuellement. Le produit après ce traitement contient 28 à 30 % d'acide oxalique cristallisé et un peu plus d'acide formique qu'auparavant. La durée de cette opération varie de 4 à 6 heures, la matière refroidie est alors traitée par de l'eau à 16° centigrades qui dissout les alcalis carbonatés ou caustiques et laisse l'oxalate de sodium, sel relativement peu soluble.

Dans ces dernières années seulement, MM. Roberts, Dale et C^ie^ ont substitué à ce mode de traitement à feu nu sur des plaques un mode de torréfaction qui leur a permis non-seulement de pouvoir fabriquer en plus grande quantité et plus facilement, mais encore à un prix de revient beaucoup inférieur à celui obtenu avec le premier procédé. Cet appareil consiste en un vaste cylindre tournant autour de son axe, dans lequel se meut en sens inverse une vis d'Archimède; le tout est placé dans un four et chauffé; le mélange de sciure et d'alcali est pris à la partie inférieure de l'appareil par la vis d'Archimède. Cette dernière se charge du mélange, lui fait traverser complétement le cylindre et le rejette sous la forme d'une masse poreuse composée en plus grande partie d'oxalate de sodium. Les gaz qui se dégagent pendant la réaction peuvent servir à chauffer d'autres fours.

La matière, au sortir du cylindre, est reprise comme nous l'avons dit plus haut par l'eau à 16° centigrades afin d'isoler l'oxalate de sodium. La liqueur décantée est évaporée à sec et le résidu calciné dans un four à réverbère fournit un mélange de carbonates de potassium et de sodium, qu'on caustifie pour de nouvelles opérations, après l'avoir ramené au titre soit par évaporation, soit en ajoutant une nouvelle quantité de soude afin de remplacer celle qui s'est combinée avec l'acide oxalique.

L'oxalate sodique est ensuite lavé à l'eau froide, puis décomposé à l'ébullition avec un lait de chaux; on régénère ainsi de la soude caustique qui reste dans la liqueur et on obtient de l'oxalate de calcium à l'état insoluble. Ce dernier est lavé à l'eau, puis décomposé par un grand excès d'acide sulfurique faible (3 équivalents d'acide pour 1 équivalent d'oxalate calcique).

La liqueur claire est évaporée et abandonnée à la cristallisation dans des vases en plomb. Les cristaux d'acide oxalique sont un peu colorés; on les purifie par une nouvelle cristallisation. 100 p. de sciure de bois rendent ordinairement 50 à 60 p. d'acide oxalique. Dans ce procédé où les alcalis caustiques rentrent constamment dans le travail, la plus grande dépense est celle du combustible, dont il faut jusqu'à 40 kilogrammes pour fabriquer 1 kilogramme d'acide oxalique.

Malgré cette grande dépense, ce procédé a permis de livrer l'acide oxalique à un prix inférieur d'au moins 50 % à celui de l'acide obtenu par les anciens procédés. P. S.

**OXALIQUES (AMIDES).** — Les deux oxalates d'ammonium, l'oxalate acide et l'oxalate neutre, dérivés de l'acide oxalique bibasique, donnent 2 amides oxaliques, en perdant le premier une, le second deux molécules d'eau :

1° $$\begin{matrix} CO.OAzH^4 \\ CO.OH \end{matrix} = H^2O + \begin{matrix} CO.AzH^2 \\ CO.OH \end{matrix}$$

Oxalate acide d'ammonium. — Acide oxamique.

2° $$\begin{matrix} CO.OAzH^4 \\ CO.OAzH^4 \end{matrix} = 2H^2O + \begin{matrix} CO.AzH^2 \\ CO.AzH^2 \end{matrix}$$

Oxalate neutre d'ammonium. — Oxamide.

Ces deux composés jouissent des propriétés que leur constitution fait prévoir. Le premier est un acide parce qu'il renferme le groupe CO.OH; le le second une amide indifférente, comparable à l'urée $AzH^2$-CO-$AzH^2$, dont il possède la constitution. Mais on peut prévoir que les deux oxalates d'ammonium puissent se déshydrater par pertes successives de 1, 2, 3, 4 molécules d'eau, et donner ainsi naissance aux corps suivants :

3° $$\begin{matrix} CO.OAzH^4 \\ CO.OH \end{matrix} = 2H^2O + \left(\begin{matrix} CO \\ CO \end{matrix}\right)'' AzH$$

Oxalate acide d'ammoniaque. — Oximide inconnue.

4° $$\begin{matrix} CO.OAzH^4 \\ CO.OAzH^4 \end{matrix} = H^2O + \begin{matrix} CO.AzH^2 \\ CO.OAzH^4 \end{matrix}$$

Oxalate neutre d'ammonium. — Oxamate d'ammonium.

5° $$\begin{matrix} CO.OAzH^4 \\ CO.OAzH^4 \end{matrix} = 3H^2O + \begin{matrix} CO.AzH^2 \\ C\equiv Az \end{matrix}$$

Oxalate neutre d'ammonium. — Correspondant au monosulfhydrate de cyanogène connu.

6° $$\begin{matrix} CO.OAzH^4 \\ CO.OAzH^4 \end{matrix} = 4H^2O + \begin{matrix} C\equiv Az \\ C\equiv Az \end{matrix}$$

Oxalate neutre d'ammonium. — Cyanogène.

On ne connaît pas encore le corps $C^2HO^2Az$, ni le composé $C^2H^2OAz^2$, dont la théorie et les analogies font prévoir l'existence, mais le cyanogène a été signalé par Dumas parmi les produits de la distillation sèche de l'oxalate d'ammonium.

### OXAMIDE ET SES DÉRIVÉS.

Oxamide. — Cette substance, observée pour la première fois en 1817 par Bauhof dans la réaction de l'ammoniaque sur l'éther oxalique, fut d'abord prise pour une combinaison de ces deux corps. Dumas, en 1830, l'obtint de nouveau dans la distillation sèche de l'oxalate d'ammonium; il en donna la composition, les propriétés, et, jusqu'à un certain point, la constitution : « L'oxamide, dit-il, peut être à volonté considérée comme un composé de cyanogène et d'eau ;..... quoi qu'il en soit, en y ajoutant 2 volumes de vapeur d'eau, on en fait de l'oxalate d'ammonium sec » [*Ann. de Chim. et de Phys.*, (2), t. XLIV, p. 142]. Dumas lui imposa le nom qu'elle porte. C'était là la première amide et les premières notions sur l'origine et les propriétés de cette classe de corps. En 1833, Liebig observa que le corps de Bauhof était identique à l'oxamide de Dumas, qui étudiait aussi ce produit à la même époque, et dont les analyses confirmèrent l'observation de Liebig [Dumas, *Ann. de Chim. et de Phys.*, (2), t. LIV, p. 240, et Liebig, *Ann. der Chem. u. Pharm.*, t. IX, p. 11 et 129].

L'oxamide se forme dans la distillation sèche de l'oxalate neutre d'ammonium en même temps que de l'ammoniaque, du carbonate d'ammonium, de l'acide carbonique, de l'oxyde de carbone, un peu de charbon, de l'*eau* et du *cyanogène* (Dumas). Mais l'oxamide elle-même se détruisant par la chaleur, 100 p. d'oxalate ammonique donnent seulement de 4 à 5 p. d'oxamide. Il suffit de laver à l'eau froide les produits distillés pour que l'oxamide reste comme résidu.

L'oxamide se forme encore dans diverses circonstances. L'acide cyanhydrique en solution aqueuse mêlé d'eau oxygénée donne de l'oxamide $2CAzH + H^2O^2 = C^2H^4Az^2O^2$ [Attfield, *Journ. of the Chem. Society*, t. I, p. 94, et *Bull. de la Soc. chim.*, 1864, t. I, p. 39]. Liebig a annoncé aussi que l'eau saturée de cyanogène et additionnée d'aldéhyde laisse déposer des croûtes d'oxamide [*Répert. de Chim. pure*, 1860, p. 181]. L'aldéhyde peut plusieurs fois servir d'intermédiaire à cette hydratation. Quand on fait passer du cyanogène à travers de l'acide chlorhydrique ou iodhydrique concentré, il s'hydrate aussi et donne de l'oxamide [Schmidt et Glutz, *Deut. Chem. Gesel. Berlin*, 1868, p. 66]. L'oxamide se trouve aussi en petite quantité dans les produits de l'oxydation du ferrocyanure de potassium par l'acide nitrique (Playfair), dans le résultat de l'action d'un mélange de peroxyde de manganèse et d'acide sulfurique sur le cyanure de potassium (Attfield), dans les produits qui résultent de l'oxydation de l'acétone par l'acide nitrique (Riche).

Le meilleur procédé pour préparer l'oxamide consiste à traiter l'éther oxalique, ou simplement le produit brut de la distillation de l'alcool sur l'acide oxalique fondu, par un excès d'ammoniaque aqueuse [Liebig, *loc. cit.*].

L'oxamide est une poudre blanche, légère, cristalline, inodore et sans saveur, neutre aux papiers; l'eau froide ne la dissout pas, l'eau chaude la dissout un peu et donne des petits cristaux clinorhombiques. Combinaisons observées : $m$, $h^1$, $p$, $b^{1/2}$. Angles : $mm = 116°20'$; $mp = 117°22'$; valeur des axes : $a$ (principal) : $b$ (oblique) : $c$ :: 1 : 1,317 : 1,784. Angle de $a$ et $b = 57°15'$. Les cristaux forment ordinairement des hémitropies avec la face de jonction $h^1$.

Chauffée dans un tube, l'oxamide se volatilise partiellement et donne un sublimé cristallin confus, en laissant un peu de charbon léger. Les produits de l'action de la chaleur rouge sur sa vapeur sont, d'après Liebig, exprimés dans l'équation qui suit :

$$2\,C^2H^4Az^2O^2 = CO + CO^2 + AzH^3 + CAzH + \underset{\text{Urée.}}{CH^4Az^2O}$$

Malaguti, en chauffant quelques instants à 310° l'oxamide dans un tube de métal bien clos, l'a décomposée principalement en eau, cyanogène, acide carbonique, ammoniaque et oxyde de carbone, ce qui s'explique en admettant les réactions successives suivantes :

$$C^2H^4Az^2O^2 = 2\,CAz + 2H^2O,$$

$$2H^2O + C^2H^4Az^2O^2 = \underset{\text{Oxalate d'ammonium.}}{C^2O^4(AzH^4)^2},$$

puis de 220° à 300° :

$$C^2O^4(AzH^4)^2 = CO^2 + CO + 2AzH^3 + H^2O.$$

Le cyanogène serait donc à l'oxamide ce que celle-ci serait à l'oxalate neutre d'ammonium. C'est l'*oxalonitrile*. En effet, traité par l'eau, il redonne l'oxamide (voyez plus haut), et celle-ci, traitée par les méthodes de déshydratation, par la chaleur, mais surtout par l'anhydride phosphorique, donne du cyanogène [Bertagnini, *Ann. der Chem. u. Pharm.*, t. CIV, p. 176].

L'acide sulfurique concentré donne, à chaud, volumes égaux d'acide carbonique et d'oxyde de carbone, ainsi que du sulfate d'ammonium.

Les acides aqueux minéraux et l'acide oxalique lui-même, ainsi que les alcalis hydratés, transforment l'oxamide en acide oxalique et ammoniaque (Dumas, O. Henry et Plisson). Les acides acétique, formique et benzoïque n'ont pas la même efficacité. L'eau froide ou bouillante, même par un contact prolongé, ne paraît pas suffisante pour hydrater l'oxamide; mais sa transformation en oxalate d'ammonium paraît se faire en tube scellé vers 220° (O. Henry et Plisson).

La transformation de l'oxamide en oxalate d'ammonium a lieu plus facilement si l'on fait bouillir ensemble l'oxamide avec de l'eau légèrement ammoniacale, additionnée d'un sel soluble de plomb (Pelouze). L'action prolongée de l'ammoniaque aqueuse et bouillante sur l'oxamide la transforme en oxamate d'ammonium (Toussaint). L'eau de chlore agit sur l'oxamide comme sur un sel ammoniacal. On a un résidu d'acide oxalique et pas de sel ammoniac.

Soumise à l'action du pentasulfure de phosphore, l'oxamide donne de l'hydrogène sulfuré, du cyanogène et un sublimé jaune, probablement du sulfhydrate de cyanogène [Henry, *Bull. de la Soc. chim.*, 1870, t. XIII, p. 144].

Bouillie avec l'acide nitrique, l'oxamide se comporte comme il suit :

$$C^2H^4Az^2O^2 + 2\,AzO^3H$$
$$= Az^2 + Az^2O + 2\,CO^2 + 3\,H^2O.$$

Le potassium chauffé avec l'oxamide donne du cyanure de potassium et de l'hydrogène. Suivant Henry et Plisson, à 60° un mélange de zinc et d'acide acétique transforme l'oxamide en glycolate acide d'ammonium. L'oxamide bouillie avec de l'eau et de l'oxyde mercurique donne le composé insoluble $2\,C^2H^4Az^2O^2, Hg''O$ (Dessaignes). D'après Williamson, le bioxyde de mercure sec transforme l'oxamide en urée. En ajoutant à une solution aqueuse chaude d'oxamide de l'acétate de cuivre, on obtient une poudre décomposable par les acides, et qui a pour formule

$$2\,C^2H^4Az^2O^2, Cu''O$$

(Toussaint).

On a obtenu un isomère de l'oxamide en chauffant à 100° pendant plusieurs jours de l'urée avec de l'acide formique monohydraté :

$$CH^4Az^2O + CH^2O^2 = H^2O + C^2H^4Az^2O^2$$

[Scheitz, Marsh und Geuther, *Zeitsch. f. Chem.*, (2), t. IV, p. 300].

Diméthyloxamide. — Les oxamides où l'hydrogène de l'amidogène est en totalité ou en partie remplacé par des radicaux alcooliques ont été découvertes par M. Wurtz en 1850 [*Ann. de Chim. et de Phys.*, (3), t. XXX, p. 464].

La *diméthyloxamide*,

$$C^4H^8Az^2O^2 \quad \text{ou} \quad \begin{array}{l} CO.Az(CH^3)H \\ | \\ CO.Az(CH^3)H, \end{array}$$

s'obtient plus aisément encore que l'oxamide dans la distillation sèche de l'oxalate de méthylamine. Mais il vaut mieux la préparer en faisant agir une solution aqueuse de méthylamine sur l'éther oxalique. On obtient ainsi immédiatement un magma de fines aiguilles, qu'on n'a qu'à faire cristalliser en les redissolvant dans l'eau chaude.

Par le refroidissement, il se forme de longues aiguilles entrelacées, assez solubles dans l'eau, moins solubles dans l'alcool, que les alcalis décomposent aisément en donnant de la méthylamine et un oxalate. Cette réaction, ainsi que celle qui lui donne naissance, permet d'affirmer que sa constitution est celle que nous lui attribuons, et que les deux méthyles sont chacun en rapport avec l'un des deux atomes d'azote.

La diméthyloxamide se volatilise plus aisément que l'oxamide. Traitée par l'acide phosphorique, elle se charbonne.

Ce corps pourrait avoir deux isomères

$$\begin{array}{l} CO\text{-}Az(CH^3)^2 \\ | \\ CO\text{-}AzH^2 \end{array} \quad \text{et} \quad \begin{array}{l} CO\text{-}Az(C^2H^5)H \\ | \\ CO\text{-}AzH^2 \end{array}$$

dont il est aisé de concevoir la synthèse.

Diéthyloxamide α,

$$C^6H^{12}Az^2O^2 \quad \text{ou} \quad \begin{array}{l} CO\text{-}Az(C^2H^5)H \\ | \\ CO\text{-}Az(C^2H^5)H \end{array}$$

[Wurtz, *loc. cit.*, p. 490]. Elle se forme dans la distillation sèche de l'oxalate d'éthylamine, mais il vaut mieux la préparer en faisant agir l'éthylamine sur l'éther oxalique.

La diéthyloxamide est plus soluble dans l'eau que l'oxamide; elle est plus soluble encore dans l'alcool.

Elle se volatilise en cristaux lanugineux. La potasse la transforme en oxalate et éthylamine. L'acide phosphorique anhydre la carbonise.

Diéthyloxamide β,

$$C^6H^{12}Az^2O^2 \quad \text{ou} \quad \begin{array}{l} CO\text{-}Az(C^2H^5)^2 \\ | \\ CO\text{-}AzH^2 \end{array}$$

[Hofmann, *Compt. rend.*, t. LII, p. 902]. — Ce corps, isomère avec le précédent, a été obtenu en chauffant le *diéthyloxamate d'éthyle* (voyez plus bas) avec l'ammoniaque alcoolique ; on a ainsi la réaction

$$\begin{matrix} CO\text{-}Az(C^2H^5)^2 \\ | \\ CO\text{-}OC^2H^5 \end{matrix} + AzH^3$$

Diéthyloxamate éthylique.

$$= C^2H^6O + \begin{matrix} CO\text{-}Az(C^2H^5)^2 \\ | \\ CO\text{-}AzH^2. \end{matrix}$$

Alcool. Diéthyloxamide β.

Traité par les alcalis aqueux, ce nouveau composé doit donner et donne, en effet, un oxalate, de l'ammoniaque et de la diéthylamine.

Diamyloxamide,

$$C^{12}H^{24}Az^2O^2 = \begin{matrix} CO\text{-}Az(C^5H^{11})H \\ | \\ CO\text{-}Az(C^5H^{11})H \end{matrix}$$

[Wurtz, *loc. cit.*, p. 494]. — En versant de l'amylamine dans de l'éther oxalique, on voit le mélange s'échauffer et se solidifier en une masse formée d'aiguilles soyeuses, fusibles à 139°, volatiles sans décomposition.

Ce corps est insoluble dans l'eau et soluble dans l'alcool chaud.

Naphtyloxamides. — *a. Dinaphtyloxamide* ou *oxanaphthalide*,

$$C^{22}H^{16}Az^2O^2 = \begin{matrix} CO\text{-}AzH(C^{10}H^7) \\ | \\ CO\text{-}AzH(C^{10}H^7) \end{matrix}$$

[Zinin, *Ann. der Chem. u. Pharm.*, t. CVIII, p. 22]. — Ce corps se forme, en même temps que la naphtylformiamide, quand on soumet l'oxalate de naphtylamine à l'action de la chaleur :

$$C^2H^2O^4,(C^{10}H^9Az)^2 = 2H^2O + C^{22}H^{16}Az^2O^2.$$

Oxalate de naphtylamine. Dinaphtyloxamide.

Petites lamelles insolubles dans l'eau, un peu solubles dans l'alcool chaud, fusibles à 200°. Si on chauffe ce corps au-dessus de cette température, il se change en dinaphtylcarbamide. La potasse le transforme en acide oxalique et naphtylamine.

*b. Cyano-dinaphtyloxamide* ou *menaphtoximide*,

$$C^{23}H^{15}Az^3O^2 = \begin{matrix} CO\text{-}Az(C^{10}H^7)(CAz) \\ | \\ CO\text{-}AzH(C^{10}H^7) \end{matrix}$$

[Perkin, *Chem. Soc. quart. Journ.*, t. IX, p. 8]. — Quand on ajoute de l'acide chlorhydrique à une solution alcoolique de cyanure de ménaphtylamine, on obtient, au bout de quelque temps, ce corps sous la forme de paillettes jaunes, insolubles dans l'eau, légèrement solubles dans l'alcool et l'éther, fusibles à 245°, décomposables vers 260°. Par les acides et les alcalis aqueux, ce corps donne de l'acide oxalique et de la ménaphtylamine.

Phényloxamides. — *a. Monophényloxamide* ou *oxanilamide*,

$$C^8H^8Az^2O^2 = \begin{matrix} CO\text{-}AzH(C^6H^5) \\ | \\ CO\text{-}AzH^2 \end{matrix}$$

[Hofmann, *Quart. Journ. of the Chem. Soc.*, janv. 1850]. — Ce corps se rencontre parmi les produits de décomposition de la cyaniline par l'acide chlorhydrique. En évaporant, reprenant par l'eau froide, traitant la partie soluble à froid par l'eau bouillante, filtrant pour séparer les paillettes de diphényloxamide, évaporant à sec, enfin faisant cristalliser le résidu dans l'alcool chaud, on obtient la phényloxamide sous la forme de flocons blancs, satinés. C'est une substance soluble dans l'eau bouillante, dans l'alcool et dans l'éther, sublimable sans décomposition. Elle se dissout dans la potasse concentrée, et se décompose peu à peu en donnant de l'aniline, de l'ammoniaque et de l'acide oxalique. L'acide sulfurique concentré donne avec elle volumes égaux d'oxyde de carbone et d'acide carbonique en même temps qu'il se forme de l'acide sulfanilique et du sulfate d'ammoniaque.

*b. Diphényloxamide* ou *oxanilide*,

$$C^{14}H^{12}Az^2O^2 = \begin{matrix} CO\text{-}AzH(C^6H^5) \\ | \\ CO\text{-}AzH(C^6H^5) \end{matrix}$$

[Gerhardt, *Journ. de Pharm.*, (3), t. IX, p. 406; — Hofmann, *Ann. der Chem. u. Pharm.*, t. LXV, p. 56, t. LXXIII, p. 181, et t. LXXIV, p. 35]. — Ce corps a été obtenu d'abord par Gerhardt, accompagné de phénylformiamide, d'aniline et d'acide carbonique, en distillant à sec l'oxalate d'aniline de 160° à 180°. Le résidu de la distillation sèche, épuisé à froid par l'alcool, laisse la diphényloxamide à l'état insoluble. On la rencontre aussi mélangée à divers autres corps parmi les produits de décomposition de la cyaniline par les acides étendus (Hofmann). — Voyez Phénylamine.

On a vu plus haut comment on l'isole.

La diphényloxamide cristallise en paillettes brillantes, insolubles dans l'eau et l'éther, peu solubles dans l'alcool absolu et bouillant, un peu plus solubles dans la benzine. Elle fond à 245° environ et se solidifie en une masse de cristaux radiés. Elle bout à 320° et se sublime déjà au-dessous en paillettes chatoyantes. L'acide sulfurique concentré la dissout quand on chauffe un peu, et l'eau la précipite non altérée ; si la dissolution sulfurique est chauffée plus fortement, il se dégage volumes égaux d'acide carbonique et d'oxyde de carbone sans que la liqueur noircisse notablement. L'eau en précipite de l'acide anilsulfurique. L'acide nitrique oxyde, à chaud, la diphényloxamide.

La potasse très-concentrée en fusion donne avec elle de l'aniline et de l'oxalate de potassium.

La baryte anhydre en dégage à peine un peu d'aniline, il en est de même de la chaux caustique.

La vapeur de diphényloxamide, en passant au rouge sur la chaux, donne une substance à laquelle Hofmann attribue la formule $C^{14}H^8Az^2$. Ce serait le nitrile correspondant.

Lorsqu'on traite la diphényloxamide par le chlorure de zinc, mais surtout par l'acide phosphorique, la matière se carbonise, il se dégage de l'oxyde de carbone et de l'acide carbonique ; en même temps, il se forme une huile ayant l'odeur de l'acide anilocyanique et il distille une assez grande quantité de diphénylcarbamide (Hofmann).

*c. Cyanodiphényloxamide* ou *mélanoximide*,

$$C^{15}H^{11}Az^3O^2 = \begin{matrix} CO\text{-}Az(C^6H^5)H \\ | \\ CO\text{-}Az(C^6H^5)(CAz) \end{matrix}$$

[Hofmann, *Chem. Soc. quart. Journ.*, t. II, p. 307]. — Ce corps se forme quand on décompose par les acides étendus la dicyanomélaniline

$$C^{15}H^{13}Az^5 + 2HCl + 2H^2O$$
$$= C^{15}H^{11}Az^3O^2 + 2AzH^4Cl.$$

D'un mélange de dicyanomélaniline et d'acide chlorhydrique aqueux, il se sépare peu à peu une poudre jaunâtre ou une résine un peu cristalline, que l'on lave à l'eau ; on la fait cristalliser dans l'alcool bouillant qui la dissout un peu. Elle se présente alors sous la forme de croûtes cristallines jaune pâle, insolubles dans l'eau et dans les acides aqueux, solubles dans la potasse et l'ammoniaque étendues, qui ne l'altèrent que lentement, et dont les acides peuvent la précipiter.

La mélanoximide fond quand on la chauffe, en donnant beaucoup d'oxyde de carbone et un peu d'acide carbonique ; il se condense en même temps un liquide jaunâtre formé d'acide anilocyanique ; si l'on augmente la chaleur, il se sublime enfin de la diphénylcarbamide et il reste une résine transparente jaune.

La mélanoximide, dissoute dans l'alcool, traitée par le nitrate d'argent un peu ammoniacal, donne une poudre jaune clair, contenant de 25 à 30 % d'argent.

La même solution, en présence de l'acide chlorhydrique et des autres acides minéraux, donne de l'acide oxalique, de la mélaniline et des cristaux en aiguilles (?). En même temps la liqueur jaunit et prend l'odeur de l'acide anilocyanique. La solution aqueuse ou alcoolique de mélanoximide, traitée par l'ammoniaque ou la potasse en excès, donne aussi de l'acide oxalique et des cristaux de mélaniline.

Acide oxanilique. — Voyez dérivés de l'acide oxamique.

### Acide oxamique et ses dérivés.

Acide oxamique,

$$C^2H^3AzO^3 = \begin{matrix} CO.AzH^2 \\ | \\ CO.OH \end{matrix}$$

[Balard, *Ann. de Chim. et de Phys.*, (3), t. IV, p. 93 ; — Toussaint, *Ann. der Chem. u. Pharm.*, t. CXX, p. 237]. — En 1842, M. Balard, en soumettant à l'action ménagée de la chaleur (220° à 230°) l'oxalate acide d'ammonium, obtint, par sa déshydratation, l'acide oxamique, le premier des acides amidés. Pendant cette distillation, il se forme de l'oxyde de carbone et de l'acide carbonique ; il se condense dans le récipient de l'acide formique et de l'oxamide. Dès qu'on voit apparaître le cyanure et le carbonate d'ammonium, on met fin à l'opération. On reprend par l'eau le résidu de la cornue, on le sature par de l'ammoniaque et on le précipite par une solution concentrée d'un sel de baryum. Le précipité d'oxamate cristallin est ensuite purifié par une nouvelle cristallisation. En traitant l'oxamate de baryum par une solution très-étendue d'acide sulfurique en quantité exactement suffisante, filtrant et laissant cristalliser par évaporation, on obtient l'acide oxamique pur.

On peut aussi traiter le sel d'argent par l'acide chlorhydrique sec ou très-concentré, reprendre par l'alcool bouillant, filtrer et évaporer [Balard, *loc. cit.*, p. 99].

La réaction qui donne lieu à l'acide oxamique s'exprime par l'équation

$$\underset{\text{Oxalate acide d'ammonium.}}{\begin{matrix} CO\text{-}OAzH^4 \\ | \\ CO.OH \end{matrix}} = H^2O + \underset{\text{Acide oxamique.}}{\begin{matrix} CO\text{-}AzH^2 \\ | \\ CO.OH \end{matrix}}$$

M. Balard s'est assuré que l'acide oxamique se forme aussi en petite quantité dans la distillation de l'oxalate neutre d'ammonium, ou encore en traitant la solution aqueuse et bouillante d'oxaméthane (oxamate d'éthyle) par l'ammoniaque.

L'action de l'ammoniaque aqueuse et bouillante sur l'oxamide donne lieu à de l'oxamate d'ammonium (Toussaint).

$$\begin{matrix} CO\text{-}AzH^2 \\ | \\ CO\text{-}AzH^2 \end{matrix} + H^2O = \underset{\text{Oxamate d'ammonium.}}{\begin{matrix} CO.AzH^2 \\ | \\ CO.OAzH^4 \end{matrix}}$$

Par concentration et refroidissement, la liqueur dépose ce sel. On le mêle d'acide chlorhydrique concentré ; on laisse 12 heures en contact, on lave alors à l'eau froide et l'on obtient l'acide oxamique pour résidu. L'ammoniaque gazeuse en excès que l'on fait passer dans une solution alcoolique maintenue froide d'éther oxalique donne aussi de l'*oxamate d'ammonium* [de Coppet, *Ann. der Chem. u. Pharm.*, t. CXXXVII, p. 106].

L'acide oxamique forme une poudre grenue, incolore, un peu soluble dans l'eau froide, très-peu soluble dans l'alcool, insoluble dans l'éther. Fusible à 173° et se décomposant en eau, oxamide et acide formique (Toussaint). Longtemps bouilli avec l'eau, l'acide oxamique s'hydrate et donne de l'oxalate d'ammonium. Les alcalis produisent plus rapidement la même transformation.

#### *Oxamates métalliques.*

Comme l'indique sa formule

$$\begin{matrix} CO.AzH^2 \\ | \\ CO.OH \end{matrix} \quad \text{ou} \quad C^2O^2(AzH^2)OH,$$

l'acide oxamique est monobasique.

*Oxamate d'ammonium*, $C^2O^2(AzH^2)O.AzH^4$. — S'obtient par double décomposition avec le sel de baryum. Groupes étoilés de petits prismes clinorhombiques. Formes : *m*, $g^1$, *p*, $g^3$. Angles : $mm = 119°20'$ ; $g^3g^3 = 81°2'$ ; $mp = 111°55'$ (de Senarmont).

*Oxamate d'argent*, $C^2O^2(AzH^2)OAg$. — Peu soluble, ce sel se produit par double décomposition. Aiguilles cristallines soyeuses, à la surface desquelles l'argent se réduit peu à peu.

*Oxamate de baryum*,

$$[C^2(AzH^2)O^3]^2Ba + 3H^2O.$$

— Poudre cristalline incolore, qui perd son eau à 150°.

Tous ces sels ont été étudiés par M. Balard ; les suivants l'ont été par Bacaloglo [*Journ. prakt. Chem.*, t. LXXXI, p. 369, et *Répert. de Chim. pure*, 1861, p. 307].

*Oxamate cuprique*, $[C^2(AzH^2)O^3]^2Cu + H^2O$. — Petits grains bleus obtenus par double décomposition, peu solubles dans l'eau, même acidulée.

*Oxamate ferreux*, $[C^2(AzH^2)O^3]^2Fe + H^2O$. — Cristaux jaunes microscopiques.

*Oxamate ferrique*. — L'hydrate ferrique récent se dissout dans l'acide oxamique, mais la solution se décompose en donnant un précipité jaune par l'action de la lumière.

*Oxamates mercureux* et *mercurique*. — Précipités blancs que l'on obtient à chaud avec les sels de mercure et l'oxamate d'ammonium.

*Oxamate de nickel*, $[C^2(AzH^2)O^3]^2Ni + H^2O$. Grains pulvérulents vert clair, un peu solubles dans l'eau chaude.

*Oxamate neutre de plomb*,

$$[C^2(AzH^2)O^3]^2Pb + H^2O.$$

— Cristaux un peu solubles dans l'eau froide, plus solubles à chaud ; la solution de ce sel est acide ; il ne se décompose pas à 175°.

*Oxamate basique de plomb*,

$$[C^2(AzH^2)O^3]^2Pb, PbO.$$

— Précipité blanc, insoluble dans l'eau, qu'on obtient en traitant l'oxamate d'ammoniaque par l'acétate basique de plomb, chauffant la solution à 100°, laissant refroidir et lavant.

#### *Éthers oxamiques.*

L'acide oxamique peut donner trois séries de dérivés alcooliques. Nous pouvons substituer à l'hydrogène de l'oxhydryle un radical alcoolique quelconque et former ainsi un véritable éther oxamique. Exemple :

$$\begin{matrix} COAzH^2 \\ | \\ CO.OC^2H^5 \end{matrix}$$

(*oxamate d'éthyle*).

Nous pouvons supposer ce radical substitué à l'hydrogène de $AzH^2$, ce que l'on obtient en réalité en distillant les oxalates neutres ou acides des bases telles que l'éthylamine. Nous aurons ainsi des corps à fonction acide tels que

$$\begin{array}{l} CO.AzH(C^2H^5) \\ | \\ CO.OH \end{array}$$

(*acide éthyloxamique*).

Les bases aromatiques donneront des acides analogues (acide oxanilique ou phényloxamique).

Enfin ces derniers acides pourront donner à leur tour des éthers, où le radical alcoolique sera substitué à la fois dans l'amidogène et dans l'oxhydryle, tels que :

$$\begin{array}{l} CO.Az(C^2H^5)^2 \\ | \\ CO.O.C^2H^5 \end{array}$$

(*diéthyloxamate d'éthyle*).

Voici les éthers oxamiques connus.

Oxamate d'amyle ou *oxamylane*,

$$C^7H^{13}AzO^3 = \begin{array}{l} CO\text{-}AzH^2 \\ | \\ CO\text{-}OC^5H^{11} \end{array}$$

[Balard, *Ann. de Chim. et de Phys.*, (3), t. XII, p. 309].— Ce corps se produit par l'action de l'ammoniaque gazeuse ou en solution alcoolique sur l'oxalate d'amyle,

$$\begin{array}{l} CO.OC^5H^{11} \\ | \\ CO.OC^5H^{11} \end{array} + AzH^3 = C^5H^{11}.OH + \begin{array}{l} CO.AzH^2 \\ | \\ CO.OC^5H^{11}. \end{array}$$

Il est soluble dans l'alcool d'où il se sépare en cristaux rudimentaires. L'eau bouillante le convertit en acide oxamique et alcool amylique.

Oxamates éthyliques. — *a. Oxamate d'éthyle* ou *oxaméthane*,

$$C^4H^7AzO^3 = \begin{array}{l} CO.AzH^2 \\ | \\ CO.OC^2H^5 \end{array}$$

[Dumas et Boullay, 1828, *Ann. de Chim. et de Phys.*, (2), t. XXXVII, p. 40; — Dumas, *ibid.*, t. LIV, p. 241; — Liebig, *Ann. der Chem. u. Pharm.*, t. IX, p. 129]. — On prépare cet éther en faisant passer un courant d'ammoniaque gazeuse à travers l'oxalate d'éthyle; la matière s'échauffe et finit par se solidifier. On dissout la masse dans l'alcool bouillant, on filtre et on laisse cristalliser. On peut aussi dissoudre l'oxalate d'éthyle dans une solution alcoolique d'ammoniaque, et évaporer.

On obtient ainsi de beaux feuillets incolores, onctueux, fusibles à 110°, distillables à 220°. Densité de vapeur, 4,056. Ils sont très-solubles dans l'eau et l'alcool chauds. L'eau les transforme en alcool et oxalate d'ammoniaque; l'ammoniaque en alcool et oxamide, ou en alcool et oxamates d'ammonium. La potasse, la soude, l'eau de baryte donnent des éthyloxalates et chassent l'ammoniaque.

Les cristaux appartiennent au système orthorhombique. Formes : $m$, $e^1$, $g^1$, $g^3$. Angles : $e^1g^1 = 125°33'$; $mg^1 = 132°43'$; $g^1g^3 = 151°34'$.

*b. Oxamate d'éthyle perchloré* ou *chloroxaméthane* [Syn. *Chloroxéthamide*],

$$C^4H^2Cl^5AzO^3 = \begin{array}{l} CO\text{-}AzH^2 \\ | \\ CO\text{-}OC^2Cl^5 \end{array}$$

[Malaguti, *Ann. de Chim. et de Phys.*, (2), t. LXXIV, p. 304, et *ibid.*, (3), t. XV, p. 49]. — Ce corps se forme par l'action du gaz ammoniac sec sur l'oxalate d'éthyle perchloré :

$$C^2O^4(C^2Cl^5)^2 + 2AzH^3 = \underset{\text{Chloroxaméthane.}}{\begin{array}{l} CO\text{-}AzH^2 \\ | \\ CO\text{-}OC^2Cl^5 \end{array}} + \underset{\text{Trichloracétamide.}}{C^2H^2Cl^3AzO} + 2HCl.$$

On fait agir le gaz sec sur l'oxalate d'éthyle perchloré en poudre; la température s'élève. Il se dégage une odeur fétide et la cornue se tapisse de lamelles miroitantes. On dissout le tout dans l'eau bouillante : la liqueur laisse déposer la chloroxaméthane sous forme d'aiguilles, les eaux mères contiennent du sel ammoniac.

C'est un corps blanc, peu soluble dans l'eau froide, très-soluble dans l'eau chaude, l'alcool et l'éther. Sa saveur est sucrée et amère. Il fond à 134°, mais se sublime déjà avant de fondre. Il bout au-dessus de 200°. Sa solution ne précipite ni le nitrate d'argent ni les sels de calcium. Ses cristaux sont orthorhombiques et isomorphes avec ceux de l'oxaméthane. Formes : $e^1$, $g^1$, $g^{13/3}$. Angles : $e^1g^1 = 125°33'$; $g^1g^{13/3} = 120°$.

Bouillie avec la potasse, la chloroxaméthane donne beaucoup d'ammoniaque, de l'oxalate, du chlorure de potassium et un autre sel acide chloré.

L'ammoniaque la transforme en *chloréthyloxalate d'ammonium*.

*c. Acide éthyloxamique*,

$$C^4H^7AzO^3 = \begin{array}{l} CO\text{-}AzH(C^2H^5)' \\ | \\ CO\text{-}OH \end{array}$$

[Wurtz, *Ann. de Chim. et de Phys.*, (3), t. XXX, p. 465]. — Cet acide se produit en petite quantité quand on chauffe quelque temps à 180° un mélange d'oxalate d'éthylamine avec un excès d'acide oxalique :

$$C^2H(AzH, C^2H^5)O^4 = C^4H^7AzO^3 + H^2O.$$

*d. Diéthyloxamate d'éthyle*,

$$C^8H^{15}AzO^3 = \begin{array}{l} CO\text{-}Az(C^2H^5)^2 \\ | \\ CO\text{-}OC^2H^5 \end{array}$$

[Hofmann, *Compt. rend.*, t. LII, p. 902]. — Cet éther se produit par l'action de l'éther oxalique sur la diéthylamine. C'est un liquide bouillant à 260°, et que les alcalis décomposent en acide oxalique, alcool et diéthylamine. L'ammoniaque alcoolique le transforme en une substance isomère de la *diéthyloxamide*, sans doute

$$\begin{array}{l} CO\text{-}AzH(C^2H^5) \\ CO\text{-}O(C^2H^5). \end{array}$$

Oxamates méthyliques. — *a. Oxamate de méthyle* ou *oxaméthylane*,

$$C^3H^5AzO^3 = \begin{array}{l} CO\text{-}AzH^2 \\ | \\ CO\text{-}OCH^3 \end{array}$$

[Dumas et Peligot, *Ann. de Chim. et de Phys.*, (3), t. LVIII, p. 60]. — On le prépare en saturant de gaz ammoniac l'oxalate de méthyle fondu. La masse se prend en cristaux qu'on redissout dans l'alcool. On obtient ainsi des cubes à éclat nacré. En faisant bouillir ce corps avec de l'eau et saturant au fur et à mesure par un peu d'ammoniaque, on le transforme également en alcool et oxamate d'ammonium.

*b. Acide méthyloxamique*,

$$C^3H^5AzO^3 = \begin{array}{l} CO\text{-}AzH,CH^3 \\ | \\ CO\text{-}OH \end{array}$$

[Wurtz, *Ann. de Chim. et de Phys.*, (3), t. XXX, p. 465]. — Il se forme quand on chauffe à 160° environ de l'oxalate acide de méthylamine. L'acide méthyloxamique reste en partie dans le résidu, tandis qu'une autre portion se sublime. En même temps une partie de l'oxalate acide donne de la diméthyloxamide, mais on peut empêcher partiellement cette action secondaire en rajoutant dans la cornue de l'acide oxalique. En reprenant le tout par l'eau chaude, saturant par la craie et filtrant à chaud, on obtient un dépôt de méthyloxamate de calcium et de diméthyloxamide. En chauffant à sec, on volatilise celle-ci. Le méthyloxamate de calcium qui reste inaltéré est alors purifié par cristallisation.

L'*acide méthyloxamique* forme un sublimé cristallin. Le *méthyloxamate de calcium*

$$[C^2 Az H (CH^3), O^3]^2 Ca$$

se sépare de l'eau chaude en petits cristaux bien nets.

*c. Diméthyloxamate d'éthyle,*

$$C^6H^{11} Az O^3 = \begin{matrix} CO\text{-}Az(CH^3)^2 \\ CO.OC^2H^5 \end{matrix}$$

[Hofmann, *Compt. rend.*, t. III, p. 998]. — Il se forme d'une manière analogue au diéthyloxamate, par l'action de la diméthylamine sur l'éther oxalique. Liquide bouillant de 250° à 260°, et que la potasse transforme en alcool, diméthylamine et oxalate.

OXAMATES PHÉNYLIQUES. — *a. Acide phényloxamique* ou *oxanilique,*

$$C^8H^7 Az O^3 = \begin{matrix} CO\text{-}AzH(C^6H^5) \\ CO\text{-}OH \end{matrix}$$

[Laurent et Gerhardt, *Ann. de Chim. et de Phys.*, (3), t. XXIV, p. 166]. — On le prépare en faisant fondre de l'aniline avec un grand excès d'acide oxalique. On chauffe fortement pendant 8 à 10 minutes, on reprend par l'eau, on filtre pour séparer l'oxanilide insoluble, et, par refroidissement, il se sépare des cristaux confus d'oxanilate d'aniline. On fait bouillir ces cristaux avec l'eau de baryte, on laisse refroidir, on lave à l'eau froide l'oxanilate de baryum insoluble, et on le décompose à l'ébullition exactement par son équivalent d'acide sulfurique étendu. La liqueur filtrée dépose de belles lames d'acide oxanilique.

Claus reprend par l'eau la masse fondue d'aniline et d'acide oxalique, fait bouillir avec un excès de chaux, filtre, sursature par l'acide sulfurique et agite avec de l'éther qui dissout l'acide oxanilique [*Zeitschr. für Chem.*, (2), t. IV, p. 158].

Ce corps est peu soluble dans l'eau froide, très-soluble dans l'eau bouillante, et sa solution rougit le tournesol. Il est très-soluble dans l'alcool, soluble dans l'éther.

L'eau bouillante ne l'altère pas, même en présence de l'ammoniaque; la potasse en dégage à chaud de l'aniline. Les acides minéraux donnent avec lui de l'acide oxalique et un sel de phénylamine. Les vapeurs d'acide nitreux en passant à travers sa solution alcoolique ne donnent que de l'azote, du phénol et de l'acide oxalique [Claus, *loc. cit.*].

Une température élevée transforme l'acide oxanilique comme l'indique l'équation suivante :

$$\underset{\text{Acide oxanilique.}}{2C^8H^7AzO^3} = \underset{\text{Oxanilide.}}{C^{14}H^{12}Az^2O^2} + CO + CO^2 + H^2O.$$

*Sel d'ammonium neutre*, $C^8H^6AzO^3(AzH^4)$. — Belles lames un peu solubles dans l'eau froide, très-solubles dans l'eau chaude et l'alcool.

*Sel d'ammonium acide,*

$$C^8H^6(AzH^4)AzO^3, C^8H^7AzO^3.$$

— Paillettes peu solubles dans l'eau froide, qu'on obtient en traitant le sel précédent par l'acide chlorhydrique et faisant cristalliser.

*Sel d'argent*, $C^8H^6AgAzO^3$. — Précipité blanc cristallin presque insoluble dans l'eau froide, très-soluble dans l'eau bouillante, d'où il cristallise en plaques bien nettes.

*Sel de baryum*, $(C^8H^6AzO^3)^2Ba''$. — Obtenu par double décomposition avec le sel d'ammonium. Il se dissout dans l'eau bouillante et se dépose par le refroidissement sous la forme de paillettes miroitantes rhombiques.

*Sel de calcium*, $(C^8H^6AzO^3)^2Ca''$. — S'obtient comme le précédent. Houppes ou aiguilles ordinairement réunies en groupes sphériques et radiés.

*Sel d'aniline.* — Voyez PHÉNYLAMINE.

*b. Acide nitrazophényloxamique.* — Voyez PHÉNYLAMINE. A. G.

**OXALIQUES (ÉTHERS).** — En tant que bibasique, l'acide oxalique donne deux séries d'éthers, des éthers neutres et des éthers à fonction acide. C'est ainsi que l'on a avec l'éthyle

$$\begin{matrix} CO.OC^2H^5 \\ CO.OH \end{matrix}$$

l'*acide éthyloxalique* ou *oxalovinique*, et

$$\begin{matrix} CO.OC^2H^5 \\ CO.OC^2H^5 \end{matrix}$$

l'*éther oxalique proprement dit.*

Les *éthers acides* ont été peu étudiés ; on dira ce qu'on en sait à propos de l'*acide éthyloxalique* et de l'*acide amyloxalique*, qui sont seuls connus. Les *éthers neutres* se produisent par les méthodes d'éthérification ordinaires et donnent en s'hydratant l'acide oxalique et l'alcool correspondant. L'ammoniaque les transforme en oxamide et acide oxamique ; le chlore donne des éthers chlorés par substitution ; les composés organo-métalliques produisent avec eux des acides appartenant aux séries lactique et glycolique (Frankland et Duppa).

OXALATE D'ALLYLE. — Voyez ALLYLE, t. I, p. 155.

OXALATES D'AMYLE. — *a. Oxalate neutre d'amyle,*

$$C^{12}H^{22}O^4 = \begin{matrix} CO.OC^5H^{11} \\ CO.OC^5H^{11} \end{matrix}$$

[Balard, *Ann. de Chim. et de Phys.*, (3), t. XII, p. 311]. — Quand on chauffe l'alcool amylique mélangé d'un grand excès d'acide oxalique, il se produit à la surface de la solution d'acide oxalique un liquide huileux qui, saturé par du carbonate de calcium, donne de l'amyloxalate de calcium cristallisant par refroidissement. La liqueur, séparée de ce sel, soumise à la distillation, donne de l'oxalate d'amyle qu'on rectifie.

C'est un éther bouillant à 262°, à odeur de punaise. Densité de vapeur, 8,4.

L'eau, en présence des alcalis, le décompose en alcool amylique et acide oxalique. L'ammoniaque aqueuse le convertit en oxamide et alcool amylique ; à l'état gazeux ou en solution alcoolique, elle donne avec cet éther de l'oxamate d'amyle et de l'alcool amylique. Traité par le zinc-éthyle, puis par l'eau, l'oxalate d'amyle donne du diéthyloxalate d'amyle ou *leucate d'amyle* (voyez plus loin). Par l'amalgame de sodium, il donne du *désoxalate d'amyle* [Gerdemann, *Zeitschr. für Chem.*, nouv. sér., t. I, p. 49].

*b. Oxalate neutre d'amyle et de méthyle*, et *oxalate d'amyle et d'éthyle* [Chancel, *Compt. rend. des trav. de Chim.*, 1850, p. 403]. — Ces deux éthers se produisent, le premier, par la distillation d'un mélange d'amyloxalate et de méthylsulfate de potassium, le second, par la distillation d'un mélange d'amylsulfate et d'éthyloxalate de potassium.

*c. Acide amyloxalique* ou *oxalamylique,*

$$C^7H^{12}O^4 = \begin{matrix} CO.OC^5H^{11} \\ CO.OH \end{matrix}$$

[Balard, *Ann. de Chim. et de Phys.*, (3), t. XII, p. 309]. — L'oxalamylate de calcium se prépare comme il a été dit à propos de l'*oxalate neutre d'amyle*. Traité par les acides étendus, cet oxalamylate donne l'acide oxalamylique.

C'est une liqueur huileuse, à odeur de punaise, qui, à la distillation sèche, se décompose en donnant de l'oxalate d'amyle, de l'acide carbonique, de l'oxyde de carbone et de l'eau.

Les amyloxalates sont très-instables. Leur solution régénère, à l'ébullition, de l'alcool amylique. Il faut les concentrer à un feu très-doux, ou mieux dans le vide, et en présence d'un petit excès de base. Ils s'obtiennent par double décomposition avec le sel de chaux.

*Amyloxalate de potassium.* — Belles lames nacrées, grasses au toucher.

*Amyloxalate de calcium,*

$$(C^7H^{11}O^4)^2Ca'', + 2H^2O.$$

— Cristallise en belles écailles. Séché à 100°, dans un courant d'air sec, il perd de l'hydrate d'amyle.

*Amyloxalate d'argent*, $C^7H^{11}O^4, Ag$. — Lames nacrées anhydres, peu solubles, onctueuses au toucher. Il s'altère à la lumière, même quand il est sec.

OXALATES D'ÉTHYLE. — *a. Oxalate neutre d'éthyle* (ou *éther oxalique*),

$$C^6H^{10}O^4 = \begin{matrix} CO.OC^2H^5 \\ | \\ CO.OC^2H^5 \end{matrix}$$

[Découvert par Bergman, *Opusc.*, t. I, p. 256. Étudié par Thenard, *Mém. de la Soc. d'Arcueil*, t. II, p. 111; — Bauhof, *Schw. Journ.*, t. XIX, p. 308; — Dumas et Boulay, *Journ. de Pharm.*, t. XIV, p. 113; — Dumas, *Ann. de chim. et de phys.*, (2), t. LIV, p. 227; — Löwig, *Journ. für prakt. Chem.*, t. LXXXIII, p. 129; — Frankland et Duppa (pour l'action des radicaux organométalliques), *Proc. Roy. Soc.*, t. XII, p. 396, t. XIII, p. 140, t. XIV, p. 17, 79, 83, 191].

Ce corps se forme chaque fois qu'on chauffe l'alcool ordinaire avec l'acide oxalique ou les oxalates acides, surtout en présence des acides minéraux. C. Schmidt l'a noté parmi les produits de l'aldéhyde impure quand on attaque l'alcool étendu par l'acide sulfurique et le peroxyde de manganèse. Cahours l'a signalé dans la décomposition de l'oxalate perchlorométhylique par l'alcool. L'alcool, saturé d'acide oxalique et laissé dans un lieu chaud (à 40° ou 50°) pendant quelques mois, donne une grande quantité d'éther oxalique et d'acide éthyloxalique (Liebig).

Le meilleur procédé pour l'obtenir consiste à chauffer, dans une cornue, au bain d'huile, de l'acide oxalique jusqu'à ce qu'ayant perdu toute son eau, il commence à donner des vapeurs blanches, et à faire tomber alors goutte à goutte de l'alcool qui s'éthérifie aussitôt et passe dans le récipient. Le bain d'huile doit être chauffé à 160° environ. Löwig fait un mélange de 1 p. 3,4 d'alcool à 97° avec 1 p. 3/8 d'acide oxalique déshydraté; il distille jusqu'à ce que le thermomètre arrive à 130°, sépare ces premiers produits et rectifie ce qui reste dans la cornue. Le liquide qui passe alors est un mélange d'éther oxalique avec une assez forte proportion d'éther formique et un peu d'éther carbonique. 2800 grammes d'acide oxalique déshydraté lui donnent ainsi 1800 grammes d'éther oxalique et 600 grammes d'éther formique. Suivant Kekulé, le meilleur mode de préparation consisterait à dissoudre l'acide oxalique desséché dans deux fois son poids d'alcool absolu, à saturer le tout d'acide chlorhydrique sec, à laisser quelques heures en contact, à séparer alors l'éther en ajoutant de l'eau, lavant, séchant et rectifiant ensuite [*Lehrbuch*, t. II, p. 15].

L'oxalate d'éthyle est un liquide huileux, incolore, d'odeur aromatique. Densité = 1,0929 à 7°,5 (Dumas et Boulay); 1,0824 à 15° (Mendelejef). Point d'ébullition = 181° à 184° (Dumas et Boulay); 186° (Kekulé). Densité de vapeur = 5,087 (Dumas et Boulay).

Il est très-peu soluble dans l'eau, mais s'altère rapidement s'il est humide; il est très-soluble dans l'alcool et dans l'éther.

En présence de l'eau, il s'altère rapidement en donnant de l'alcool et de l'acide oxalique. L'ébullition avec les alcalis aqueux produit aussi facilement cette décomposition. Avec la potasse alcoolique, il fournit de l'alcool et de l'éthyloxalate,

$$\underset{\text{Éther oxalique.}}{C^2(C^2H^5)^2O^4} + \underset{\text{Potasse.}}{KHO}$$

$$= \underset{\text{Éthyloxalate de potassium.}}{C^2(C^2H^5)KO^4} + \underset{\text{Alcool.}}{C^2H^5.HO.}$$

L'ammoniaque aqueuse donne de l'alcool et de l'oxamide (Bauhof et Dumas),

$$\begin{matrix} CO.OC^2H^5 \\ | \\ CO.OC^2H^5 \end{matrix} + 2AzH^3 = \begin{matrix} CO.AzH^2 \\ | \\ CO.AzH^2 \end{matrix} + 2\,(C^2H^6O).$$

L'ammoniaque alcoolique le transforme en alcool et oxamate d'éthyle (*oxaméthane* de Dumas et Boulay),

$$\begin{matrix} CO.OC^2H^5 \\ | \\ CO.OC^2H^5 \end{matrix} + AzH^3 = \begin{matrix} CO.AzH^2 \\ | \\ CO.OC^2H^5 \end{matrix} + C^2H^5OH.$$

L'*éthylamine* donne, d'une façon analogue, de la diéthyloxamide; la *diéthylamine* du diéthyloxamate d'éthyle. La *triéthylamine* ne paraît pas agir. Les réactions sont les mêmes avec les méthylamines.

Hofmann a utilisé ces différences pour séparer ces diverses amines.

L'oxalate d'éthyle est converti par le potassium ou le sodium en carbonate éthylique, en même temps qu'il se dégage de l'oxyde de carbone et qu'il se forme des produits bruns [voyez Gmelin, *Handb.*, t. IX, p. 181].

D'après Löwig [*loc. cit.*], si l'on agite l'oxalate d'éthyle refroidi avec de l'amalgame de sodium, on obtient un mélange que l'éther sépare en deux portions : l'une, insoluble, formée d'un sucre fermentescible, d'un sel de soude mal étudié et d'oxalate sodique; l'autre, soluble, donnant des cristaux ayant la composition $C^{11}H^{18}O^8$, et étant l'éther triéthylé d'un acide tribasique appelé *acide désoxalique* ou *racémocarbonique*, ayant la composition

$$C^5H^6O^8 = (C^5H^3O^5)'''(OH)^3.$$

L'éther triéthylé de cet acide présente la constitution suivante :

$$(C^5H^3O^5)'''(OC^2H^5)^3.$$

On peut expliquer par l'équation suivante la formation de ces deux corps principaux :

$$8\underset{\text{Acide oxalique.}}{C^2H^2O^4} + 14H^2$$

$$= 2\underset{\text{Acide désoxalique.}}{C^5H^6O^8} + \underset{\text{Glucose.}}{C^6H^{12}O^6} + 10H^2O.$$

D'après M. Brunner, l'acide désoxalique renferme $C^6H^8O^9$, et fournit en se décomposant, par la concentration de sa solution aqueuse, de l'acide glyoxylique. Par l'action des alcalins, il donnerait de l'acide acétique et un acide $C^5H^6O^8$ [*Deutsch. Chem. Gesellsch.*, t. III, p. 974, et *Bull. de la Soc. chim.*, 1871, t. XV, p. 65].

L'oxalate d'éthyle, traité successivement par les radicaux, tels que le zinc-éthyle, le zinc-méthyle et ensuite par l'eau, donne des éthers tels que le diéthoxalate ou le diméthoxalate d'éthyle, que nous décrivons plus loin (Frankland et Duppa).

L'oxalate d'éthyle, chauffé à 80° avec de l'alcoolate de sodium, donne de l'éther carbonique, de l'oxyde de carbone, de l'alcool et de l'éther [Cranston et Dittmar, *Bull. de la Soc. chim.*, t. XIII, p. 431]. Une molécule d'éthylate peut décomposer jusqu'à 12 molécules d'oxalate éthylique.

Le chlorure stannique donne, avec l'oxalate d'éthyle, le composé cristallin $C^6H^{10}O^4.SnCl^4$, qui, avec l'eau, régénère l'éther oxalique [Lewy, *Compt. rend.*, t. XXI, p. 371].

L'action du chlore sur l'oxalate d'éthyle en présence de la lumière solaire donne l'oxalate perchloréthylique.

*b. Oxalate perchloréthylique* (*oxalate d'éthyle perchloré, — éther chloroxalique, — oxalate perchlorovinique*),

$$C^6Cl^{10}O^4 = \begin{matrix} CO.OC^2Cl^5 \\ | \\ CO.OC^2Cl^5 \end{matrix}$$

[Malaguti, *Ann. de Chim. et de Phys.*, (2), t. LXXIV, p. 290]. Il se produit comme il vient d'être dit. Corps neutre, incolore, inodore, cristallisé en lames quadrangulaires transparentes, mais qui deviennent peu à peu opaques. Il fond à 144°; il est insoluble dans l'eau; à l'air humide, il devient acide et dégage des vapeurs chlorhydriques. L'éther acétique pur le dissout sans le décomposer bien sensiblement. L'alcool, l'esprit de bois, l'alcool amylique, l'acétone, l'essence de térébenthine le détruisent immédiatement. L'éther lui-même l'altère.

La décomposition de ce corps par l'alcool donne lieu à de l'oxyde de carbone, du chlorure d'éthyle, un peu d'acide carbonique, ainsi qu'à une huile jaune, $C^8Cl^{10}O^7$ (*chloroxéthide* de Malaguti) qui se précipite quand on étend d'eau la liqueur. — Voyez p. 691.

L'alcool méthylique laisse, dans les mêmes conditions, se séparer une huile formée surtout d'oxalate et de chlorocarbonate de méthyle.

La potasse transforme l'oxalate perchloréthylique en un mélange d'oxalate, de trichloracétate et de chlorure de potassium.

L'ammoniaque gazeuse donne avec le même éther de l'oxamide et probablement de la trichloracétamide. L'ammoniaque aqueuse donne du sel ammoniac, de l'oxamate d'éthyle quintichloré et sans doute de la trichloracétamide. Voici les équations :

1° $C^6Cl^{10}O^4 + 4AzH^3$
Oxalate d'éthyle perchloré.

$= C^4H^2Cl^5AzO^3 + C^2H^2Cl^3AzO + 2AzH^4Cl$;
Oxamate d'éthyle quintichloré. Trichloracétamide.

2° $C^4H^2Cl^5AzO^3 + 4AzH^3$
Oxamate d'éthyle quintichloré.

$= C^2H^2Cl^3AzO + C^2H^4Az^2O^2 + 2AzH^4Cl$.
Trichloracétamide. Oxamide.

Soumis à de brusques distillations répétées, l'éther chloréthyloxalique se convertit en gaz chloroxycarbonique, oxyde de carbone et chlorure de trichloracétyle :

$$C^6Cl^{10}O^4 = COCl^2 + CO + 2C^2Cl^4O^2.$$

La même décomposition paraît se produire à la longue, même à la température ordinaire.

*c. Oxalate double d'éthyle et de méthyle,*

$$C^5H^8O^4 = \begin{matrix} CO.OC^2H^5 \\ | \\ CO.OCH^3 \end{matrix}$$

[Chancel, *Compt. rend. des trav. de Chim.*, 1850, p. 403]. — Cet éther se produit par l'action de l'éthylsulfate de potassium sur le méthyloxalate de potassium ou par celle du méthylsulfate sur l'éthyloxalate de potassium, en soumettant leur mélange à la distillation sèche ménagée :

$C^2O^4(C^2H^5)K + SO^4(CH^3)K$
Éthyloxalate de potassium. Méthylsulfate de potassium.

$= SO^4K^2 + C^2O^4(C^2H^5)(CH^3)$.
Éther éthylméthyloxalique.

L'oxalate éthylméthylique est un liquide d'odeur aromatique, insoluble dans l'eau; densité = 1,127 à 12°; densité de vapeur, 4,677 (théorie, 4,551). Il distille, sans altération, de 160° à 170°. Il brûle avec une flamme bordée de bleu.

L'eau bouillante le décompose en alcools éthylique, méthylique et en acide oxalique. Même action à froid sous l'influence de la potasse. L'ammoniaque aqueuse donne immédiatement, avec cet éther, un précipité d'oxamide.

*d. Acide éthyloxalique* (ou *oxalate acide d'éthyle, acide oxalovinique*),

$$C^4H^6O^4 = \begin{matrix} CO.OC^2H^5 \\ | \\ CO.OH \end{matrix}$$

[Mitscherlich, *Poggend. Ann.*, t. XXXIII, p. 332]. — On obtient le sel potassique de cet acide en décomposant l'éther oxalique par la potasse alcoolique en quantité un peu inférieure à celle qui donnerait de l'oxalate neutre. En dissolvant ce sel dans l'alcool faible, saturant avec soin la potasse par l'acide sulfurique et neutralisant par du carbonate de plomb ou de baryum, on obtient les éthyloxalates correspondants.

L'acide libre s'obtient en décomposant par l'acide sulfurique étendu le sel de plomb ou de baryum. Il est très-instable, et se décompose en alcool et acide oxalique.

L'*éthyloxalate de potassium*, $C^2O^4(C^2H^5)K$, donne des écailles cristallines, déjà altérables vers 100°.

Lorsqu'on ajoute à de l'éthyloxalate de potassium un léger excès d'oxychlorure de phosphore et qu'on distille après la réaction, on recueille entre 125° et 140° un liquide qui, rectifié, constitue le *chlorure d'éthyloxalyle*

$$C^2O^2\begin{cases} OC^2H^5 \\ Cl. \end{cases}$$

Ce corps est un liquide mobile, fumant à l'air, bouillant à 140°, d'une odeur suffocante. Sa densité à 10° = 1,216. L'eau et l'alcool le décomposent rapidement. Avec l'ammoniaque, il donne de l'oxamate d'éthyle, et avec l'urée de l'oxalurate d'éthyle [Henry, *Deutsch. Chem. Gesellsch.*, t. IV, p. 598, et *Bull. de la Soc. chim.*, 1871, t. XVI, p. 101].

*e. Acide perchloréthyloxalique* (ou *chloroxalovinique*),

$$C^4HCl^5O^4 = \begin{matrix} CO.OC^2Cl^5 \\ | \\ CO.OH \end{matrix}$$

[Malaguti, *Ann. de Chim. et de Phys.*, (2), t. LXXIV, p. 308]. — Ce corps se forme dans la décomposition par l'ammoniaque aqueuse de l'*oxamate perchloréthylique* (voyez p. 687) et par la réaction des alcalis aqueux sur la chloroxéthide. En traitant l'oxamate d'éthyle perchloré par l'ammoniaque aqueuse jusqu'à ce qu'il soit entièrement dissous, on obtient le chloroxalovinate d'ammonium :

$C^4H^2AzCl^5O^3 + H^2O = C^4Cl^5(AzH^4)O^4$
Oxamate d'éthyle perchloré. Chloroxalovinate d'ammonium.

Ce dernier sel est évaporé avec du carbonate de

soude, séché dans le vide, traité par l'alcool absolu qui dissout le chloroxalovinate de sodium; on ajoute à cette dernière solution une quantité d'acide sulfurique exactement nécessaire pour saturer la soude; on filtre de nouveau et on enlève l'excès d'acide sulfurique par un peu d'eau de baryte; après une nouvelle filtration, on évapore dans le vide la solution d'acide chloroxalovinique.

Ce corps se présente alors en petites aiguilles confuses, solubles dans l'eau, l'alcool et l'éther, fusibles à une basse température. Appliqué sur la peau, il se liquéfie, puis il cause une vive douleur et amène la formation d'une auréole enflammée.

Le *sel d'ammonium* $C^4Cl^5O^4(AzH^4)$ forme une masse saline déliquescente, d'un goût piquant et amer; sa réaction est un peu acide. Il est soluble dans l'eau. Il fond sans se décomposer. Si l'on chauffe au-dessus de son point de fusion, il dégage une fumée dense qui répand une odeur acétique.

La *chloroxétide* ou *acide chloroxalovinique anhydre* de Malaguti, $C^8Cl^{10}O^7$, représente 2 molécules d'acide chloroxalovinique moins $H^2O$. D'après Gerhardt [*Chim. org.*, t. I, p. 268], cette substance ne paraîtrait être qu'une modification isomérique du corps précédent. On l'obtient, ainsi que d'autres produits, par l'action de l'alcool sur le *perchloroxalate d'éthyle*. Ce composé, presque neutre quand on vient de le préparer, s'acidifie ensuite. Il est insoluble dans l'eau, soluble dans l'alcool et l'éther; il bout à 200°, et est converti par l'ammoniaque en oxamate d'éthyle perchloré.

Oxalate d'éthylène. — Voyez Glycol.

Oxalate de méthyle. — *a. Oxalate neutre de méthyle,*

$$C^4H^6O^4 = \begin{matrix} CO.OCH^3 \\ | \\ CO.OCH^3 \end{matrix}$$

[Dumas et Péligot, *Ann. de Chim. et de Phys.*, (2), t. LVIII, p. 44; — Wœhler, *Ann. der Chem. u. Pharm.*, t. LXXXI, p. 376]. — On obtient ce composé en distillant un mélange à parties égales d'acide sulfurique, d'acide oxalique et d'alcool méthylique; on peut aussi mélanger d'abord peu à peu l'esprit de bois avec son poids d'acide sulfurique ordinaire en refroidissant la masse, et distiller ce mélange sur son poids de sel d'oseille. Il passe d'abord un liquide volatil et combustible, puis de l'oxalate de méthyle qui cristallise déjà dans le col de la cornue. La partie cristallisée est exprimée entre des doubles de papier, puis rectifiée. Les eaux mères déposent ensuite à l'air de nouvel oxalate de méthyle. Cet éther cristallise en rhombes incolores, d'odeur éthérée; il est fusible à 51° et distille à 161°. L'eau, l'alcool, l'alcool méthylique et l'éther le dissolvent, mais la solution aqueuse se dédouble aisément en alcool méthylique et acide oxalique. Les alcalis hydratés le détruisent plus rapidement encore, et paraissent donner du méthyloxalate. On peut le distiller sur l'hydrate de chaux. L'ammoniaque sèche le transforme en oxamate de méthyle et alcool méthylique, l'ammoniaque aqueuse en oxamide et alcool méthylique. Le chlore donne avec lui des produits chlorés, le zinc-éthyle et les analogues produisent du diéthyloxalate de méthyle et des corps analogues. — Voyez plus loin.

*b. Oxalate méthylique tétrachloré* [Malaguti, *Ann de Chim. et de Phys.*, (2), t. LXX, p. 383],

$$C^4H^2Cl^4O^4 = \begin{matrix} CO^2.CHCl^2 \\ | \\ CO^2.CHCl^2. \end{matrix}$$

— En agissant à la lumière diffuse sur l'oxalate méthylique fondu, le chlore produit très-lentement une huile limpide, volatile, qui paraît correspondre à l'oxalate de méthyle tétrachloré. Le même composé se forme plus rapidement au soleil. On peut l'obtenir aisément en ne poussant pas la chloruration jusqu'au bout (Cahours, voir le composé suivant). Une petite quantité d'eau donne immédiatement de l'oxyde de carbone, de l'acide chlorhydrique et de l'acide oxalique :

$$C^4H^2Cl^4O^4 + 2H^2O = 2CO + 4HCl + C^2H^2O^4.$$

*c. Oxalate méthylique perchloré,*

$$C^4Cl^6O^4 = \begin{matrix} CO^2.CCl^3 \\ | \\ CO^2.CCl^3. \end{matrix}$$

[Cahours, *Ann. de Chim. et de Phys.*, (3), t XIX, p. 343]. — Ce corps se forme quand on fait agir le chlore au soleil sur les deux composés précédents, tant que le liquide n'est pas entièrement solidifié. C'est un corps solide, facilement fusible, cristallisé en belles lamelles blanches et nacrées. Il se sublime en partie en dégageant du gaz chloroxycarbonique.

L'alcool, l'esprit de bois, l'acétone, l'éther décomposent ce produit. L'action de l'alcool est exprimée par l'équation suivante :

$$C^2(CCl^3)^2O^4 + 4C^2H^6O$$
$$= \underset{\text{Oxalate éthylique.}}{C^2(C^2H^5)^2O^4} + \underset{\text{Chloroxycarbonate éthylique.}}{2CCl(C^2H^5)O^2} + 4HCl.$$

Les vapeurs de ce corps chauffées à 350° ou 400° se transforment en oxyde de carbone et gaz chloroxycarbonique.

Le gaz ammoniac décompose cet éther en donnant du sel ammoniac, de la carbamide et une matière brune.

### DÉRIVÉS DES ÉTHERS OXALIQUES OBTENUS SOUS L'INFLUENCE DU ZINC-ÉTHYLE OU DES CORPS ANALOGUES.

Lorsque les éthers oxaliques sont traités successivement par le zinc-méthyle, le zinc-éthyle... et par l'eau, il se forme des acides correspondant à l'acide oxalique, dans lequel 1 atome d'oxygène (O″) du radical $C^2O^2$ a été remplacé par 2 radicaux monatomiques méthyle, éthyle... Les réactions qui donnent naissance à ces acides ont toujours lieu pour tous ces dérivés d'une manière analogue. Ainsi, avec le zinc-méthyle on a :

1° $$\underset{\text{Oxalate d'éthyle.}}{\begin{matrix} CO.OC^2H^5 \\ | \\ CO.OC^2H^5 \end{matrix}} + \underset{\text{Zinc-méthyle.}}{2Zn(CH^3)^2}$$

$$= \underset{\text{Diméthoxalate d'éthyle et de zinc-monométhyle.}}{\begin{matrix} C(CH^3)^2O(Zn''CH^3)' \\ | \\ CO.OC^2H^5 \end{matrix}} + \underset{\text{Éthylméthylate de zinc.}}{Zn\begin{pmatrix} C^2H^5 \\ OCH^3 \end{pmatrix}}$$

2° $$\underset{\text{Diméthoxalate d'éthyle et de zinc-monométhyle.}}{\begin{matrix} C(CH^3)^2.O.(Zn''CH^3)' \\ | \\ CO.OC^2H^5 \end{matrix}} + 2H^2O$$

$$= \underset{\text{Diméthoxalate d'éthyle.}}{\begin{matrix} C(CH^3)^2.OH \\ | \\ CO.OC^2H^5 \end{matrix}} + \underset{\text{Hydrure de méthyle.}}{\left.\begin{matrix} CH^3 \\ H \end{matrix}\right\}} + \underset{\text{Hydrate de zinc.}}{Zn(OH)^2}$$

Les mêmes réactions se produisent, et d'une manière plus avantageuse, en faisant agir sur les éthers oxaliques au lieu de zinc-méthyle, ou du zinc-éthyle... les iodures de méthyle ou d'éthyle et l'amalgame de zinc, de telle sorte que le composé organo-métallique réagisse au moment de sa formation.

Les acides correspondant aux éthers ainsi formés appartiennent à la série des acides glycolique ou oxyacétique, lactique ou oxypropionique... et peuvent être tantôt isomères, tantôt identiques avec ceux de même composition déjà connus.

Le tableau suivant donne la liste des composés ainsi obtenus.

Acide diméthoxalique ou diméthoglycolique (identique avec l'acide oxyisobutyrique)............ $C^4H^8O^3 = \begin{array}{l} C(CH^3)^2.OH \\ | \\ CO.OH \end{array}$

Acide éthométhoxalique ou éthométhoglycolique (isomère de l'acide oxyvalérique et du suivant). $C^5H^{10}O^3 = \begin{array}{l} C(CH^3)(C^2H^5).OH \\ | \\ CO.OH \end{array}$

Acide oxyisovalérianique ou pseudopropylhydroxalique $C^5H^{10}O^3 = \begin{array}{l} C(C^3H^7)H.OH \\ | \\ CO.OH \end{array}$

Acide diéthoxalique ou diéthoglycolique (isomère de l'acide leucique)..... $C^6H^{12}O^3 = \begin{array}{l} C(C^2H^5)^2.OH \\ | \\ CO.OH \end{array}$

Acide amhydroxalique ou amoglycolique. $C^7H^{14}O^3 = \begin{array}{l} C(C^5H^{11})H.OH \\ | \\ CO.OH \end{array}$

Acide dipseudopropyloxalique ou oxyisocaprylique........ $C^8H^{16}O^3 = \begin{array}{l} C(C^3H^7)^2.OH \\ | \\ CO.OH \end{array}$

Acide éthamoxalique ou éthamoglycolique.............. $C^9H^{18}O^3 = \begin{array}{l} C(C^5H^{11})(C^2H^5).OH \\ | \\ CO.OH \end{array}$

Acide diamoxalique ou diamoglycolique $C^{12}H^{24}O^3 = \begin{array}{l} C(C^5H^{11})^2.OH \\ | \\ CO.OH \end{array}$

Tous ces acides (sauf ceux renfermant les radicaux *pseudopropyle,* qui ont été obtenus par Markownikow) ont été décrits par Frankland et Duppa, qui ont découvert ces singulières et intéressantes réactions [voyez *Proc. roy. Soc.*, t. XII, p. 396; t. XIII, p. 140; t. XIV, p. 17, 79, 83, 191].

Les mêmes chimistes, considérant que ces acides diffèrent de ceux de la série acrylique par une molécule d'eau en plus, ont fait agir sur les éthers de ces acides le protochlorure de phosphore ou l'acide phosphorique, et sont parvenus ainsi à leur enlever une molécule d'eau et à obtenir une série d'acides isomériques avec ceux de la série acrylique. Ces nouveaux acides se forment tous d'après une équation telle que la suivante, qui indique en même temps leur constitution :

$$3\left(\begin{array}{l} \quad CH^3 \\ \quad\ | \\ CH^3\text{-}C\text{-}OH \\ \quad\ | \\ \quad CO.O(C^2H^5) \end{array}\right) + PCl^3$$

Diméthoxalate d'éthyle.

$$= PO^3H^3 + 3HCl + 3\left(\begin{array}{l} CH^3\text{-}C = CH^2 \\ \qquad\ | \\ \qquad CO.OC^2H^5 \end{array}\right)$$

Méthacrylate d'éthyle.

On connaît de cette série iso-acrylique les composés suivants :

Acide méthacrylique...... $C^4H^6O^2$ (isomère de l'acide crotonique).
— méthocrotonique.... $C^5H^8O^2$ (isomère de l'acide angélique).
— éthocrotonique...... $C\ H^{10}O^2$ (isomère de l'acide pyrotérébique).
— éthométhocrotonique $C^7H^{12}O^2$ (isomère de l'acide damalurique).

Il nous reste à décrire ici les dérivés des éthers oxaliques obtenus par l'action du zinc-éthyle, du zinc-méthyle et de l'eau, qui n'ont pas encore été étudiés dans ce livre.

Nous n'indiquerons plus ni les équations d'après lesquelles ils prennent naissance, ni leur constitution déjà indiquée. Pour la bibliographie, voyez plus haut.

Acide amhydroxalique (ou *amoglycolique*), $C^7H^{14}O^3$. — Sur le mélange d'une molécule d'oxalate diéthylique et de 4 molécules d'iodure d'amyle, on fait agir, à 70°, un excès de grenaille de zinc. Celle-ci se dissout peu à peu en même temps qu'il se dégage de l'hydrure d'amyle et de l'amylène. Le tout étant devenu semi-solide, on traite par l'eau et l'on chauffe peu à peu. Il se dégage d'abord de l'hydrure d'amyle, puis de l'eau, de l'iodure d'amyle, de l'alcool amylique et un liquide éthéré qui, après dessiccation, commence à bouillir vers 132°. Le thermomètre monte alors rapidement vers 200°. De 200° à 205°, il passe surtout de l'*amhydroxalate d'éthyle,*

$$C^9H^{13}(C^2H^5)O^3.$$

Le thermomètre s'élève ensuite, et de 222° à 226°, il distille de l'*éthamoxalate d'éthyle,*

$$C^9H^{17}(C^2H^5)O^3.$$

Enfin entre 260° et 264°, il passe du *diamoxalate éthylique,* $C^{12}H^{23}(C^2H^5)O^3$. On sépare ces divers corps par des fractionnements répétés. Il reste dans le résidu les sels de zinc des acides correspondants.

L'*amhydroxalate d'éthyle* est un liquide un peu huileux, jaune-paille, d'odeur aromatique agréable, de goût brûlant. Poids spécifique, 0,9449 à 13°. Densité de vapeur = 5,47 (calcul 6,0). Il bout à 203°.

L'*acide amhydroxalique,* $C^7H^{14}O^3$, se prépare avec l'amhydroxalate de zinc qui se trouve dans le résidu de la distillation des divers éthers. Il est peu soluble dans l'eau d'où il cristallise en paillettes nacrées, onctueuses au toucher, fusibles à 60°,5 et subissant la surfusion. Il est aisément soluble dans l'alcool et l'éther.

L'*amhydroxalate de baryum,* $(C^7H^{13}O^3)^2Ba$, cristallise en belles écailles nacrées imitant la paraffine, modérément solubles; le *sel de calcium,* $(C^7H^{13}O^3)^2Ca$, forme une masse blanche cristalline; le *sel de cuivre,* $(C^7H^{13}O^3)^2Cu$, se dépose de sa solution aqueuse en petites paillettes bleues, brillantes, très-peu solubles.

Acide diamoxalique (ou *diamoglycolique*),

$$C^{12}H^{24}O^3.$$

— L'éther de cet acide se trouve dans les produits du fractionnement de l'amhydroxalate d'éthyle qui distillent de 260° à 264°.

Le *diamoxalate d'éthyle,* $C^{12}H^{23}(C^2H^5)O^3$, est un liquide bouillant à 262° environ. Toutefois en se vaporisant il subit une décomposition partielle; aussi trouve-t-on sa densité de vapeur égale à 8,4 (calcul pour 2 volumes = 5,9). Poids spécifique du liquide à 13° = 0,9137.

L'*acide diamoxalique* s'obtient en traitant le sel de baryum dissous dans l'alcool faible et chaud par l'acide sulfurique, filtrant et évaporant. Il forme des fibrilles soyeuses, insolubles dans l'eau, solubles dans l'alcool et l'éther. Il fond à 122°. A une température plus élevée, il se sublime et se condense en neige sur les corps froids.

Le *diamoxalate de baryum,* $(C^{12}H^{23}O^3)^2Ba$, s'obtient en saponifiant par l'eau de baryte le diamoxalate d'éthyle. Il cristallise en petites aiguilles élastiques semblables à de la laine. Assez soluble dans l'eau chaude, peu soluble à froid.

Acide diéthoxalique. — Voyez t. I, p. 1161.

Acide diméthoxalique. — Voyez t. I, p. 1171.

Acide éthamoxalique (ou *éthamoglycolique*), $C^9H^{18}O^3$. — On a vu que l'éthamoxalate d'éthyle se trouve dans les produits du fractionnement de l'*éther amhydroxalique* qui passent de 222° à 226°.

L'*éthamoxalate d'éthyle* est un liquide huileux

jaune-paille, d'un goût brûlant, d'une odeur aromatique et un peu amylique. Densité à 13° = 0,9399. Point d'ébullition vers 224° ou 225°. Densité de vapeur observée, 6,29 (calculée, 6,92).

L'*acide éthamoxalique* s'obtient en décomposant l'éther précédent par la potasse alcoolique, ajoutant un excès d'acide sulfurique, reprenant par l'éther et évaporant. C'est une huile épaisse qui devient peu à peu cristalline. Le *sel de barytum* a pour formule $(C^9H^{17}O^3)^2Ba$; le *sel d'argent*,

$$C^9H^{17}O^3Ag.$$

ACIDE ÉTHOMÉTHOXALIQUE. — Voyez t. I, p. 1304.

ACIDE DIPSEUDOPROPYLOXALIQUE (ou *oxy-isocaprylique*), $C^8H^{16}O^3$ [Morkownikow, *Zeitsch. für Chem.*, t. VI, p. 516, et *Bull. de la Soc. chim.*, t. XV, p. 91]. — On fait réagir deux molécules d'iodure pseudo-propylique sur une molécule d'oxalate d'éthyle en présence du zinc à une température de 80° environ, on étend ensuite d'eau, on ajoute de l'acide chlorhydrique et on distille; la partie qui passe de 180° à 205° est ensuite portée à l'ébullition avec une lessive faible de potasse. On distille encore et enfin on rectifie.

Le *dipseudopropyloxalate d'éthyle*,

$$C^8H^{15}(C^2H^5)O^3,$$

est un liquide épais, jaunâtre, sentant un peu le moisi, bouillant de 202° à 204°, que la potasse aqueuse ne saponifie qu'à 130°, la potasse alcoolique à 100°, l'hydrate de baryte à 160°.

L'*acide dipseudopropyloxalique* s'obtient en décomposant par l'acide chlorhydrique le sel de potassium qui dérive de la saponification de l'éther précédent. Fines aiguilles ou prismes aplatis, peu solubles dans l'eau froide, solubles dans l'alcool et l'éther. Il fond sous l'eau et est entraîné par sa vapeur. Sec, il fond à 110° ou 111° et subit la surfusion. Plus haut, il se sublime en longues aiguilles.

Le *sel de baryum*, $(C^8H^{15}O^3)^2Ba + 3H^2O$, cristallise de l'eau bouillante en petites aiguilles efflorescentes. Le *sel de calcium* est soluble et mal cristallisé. Le *sel de zinc* forme un précipité floconneux.

*Dipseudopropylacétone.* — En chauffant l'acide dipseudopropyloxalique avec le bichromate de potassium et l'acide sulfurique, on obtient un liquide doué d'une forte odeur aromatique, ne se combinant pas avec le bisulfite de sodium et bouillant de 123° à 125°, qui paraît être la dipseudopropylacétone $CO(C^3H^7)^2$.

ACIDE PSEUDOPROPYL-HYDROXALIQUE (ou *acide oxyisovalérianique*), $C^5H^{10}O^3$ [Morkownikow, *loc. cit.*]. — C'est un produit secondaire de la préparation précédente. Il se trouve dans la potasse faible qui a servi à purifier l'*éther dipseudopropyloxalique*. On sature cette solution par l'acide sulfurique, on agite avec de l'éther qu'on évapore à sec, on obtient ainsi l'acide sous forme sirupeuse. Il se concrète peu à peu. Le *sel de baryum*,

$$(C^5H^9O^3)^2Ba,$$

se précipite par l'addition d'alcool concentré à sa solution aqueuse. Mamelons indistincts, efflorescents. *Sel d'argent*, $C^5H^9O^3Ag$, peu soluble dans l'eau bouillante qui l'abandonne en dendrites. *Sel de zinc*, peu soluble.

Cet acide paraît identique avec l'acide oxyvalérianique que MM. Fittig et Clark ont obtenu par l'acide bromovalérianique.

L'action de l'iodure pseudopropylique sur l'oxalate d'éthyle en présence du zinc produit encore un troisième éther passant dans les premiers produits de la distillation, donnant un acide cristallisable en aiguilles blanches, fusibles à 91-92°, et incomplètement étudié. A. G.

**OXALITE.** — Voyez HUMBOLDTINE.

**OXALURAMIDE.** — Voyez OXALURIQUE (ACIDE).

**OXALURANILIDE.** — Voyez OXALURIQUE (ACIDE).

**OXALURIQUE (ACIDE),**

$$C^3H^4Az^2O^4 = CO\left\{\begin{matrix}AzH^2\\ AzH\text{-}CO\text{-}CO^2H\end{matrix}\right.$$

[Liebig et Wöhler, *Ann. de Chim. et de Phys.*, 1838, t. LXVIII, p. 270]. — Cet acide se produit à l'état d'oxalurate d'ammonium lorsqu'on dissout l'acide parabanique, $C^3H^2Az^2O^3$ dans l'ammoniaque, et qu'on porte la solution à l'ébullition; par le refroidissement, elle se prend en une masse d'aiguilles d'oxalurate d'ammonium.

L'acide parabanique en solution aqueuse décompose le carbonate de calcium, en se transformant en oxalurate de calcium. On obtient aussi l'oxalurate d'ammonium en dissolvant l'acide urique dans l'acide azotique étendu, neutralisant par l'ammoniaque et évaporant la liqueur. Il se produit encore dans l'action de l'acide chlorhydrique et du chlorate de potassium sur la guanine (Strecker), et dans l'action de l'oxygène sur les solutions aqueuses de murexane.

Pour retirer l'acide oxalurique de son sel d'ammonium, on ajoute à la solution chaude et concentrée de celui-ci de l'acide sulfurique ou azotique, en refroidissant aussi vite que possible.

L'acide oxalurique se dépose et on le purifie par lavage; c'est une poudre cristalline, blanche, poreuse, très-peu soluble dans l'eau, d'une saveur acide, rougissant les couleurs végétales, et neutralisant parfaitement les bases. Bouilli longtemps avec l'eau, il se décompose en urée et acide oxalique.

Le *sel d'ammonium*, $C^3H^3Az^2O^4, AzH^4$, est en aiguilles groupées en étoiles, peu solubles dans l'eau; la solution est neutre.

Le *sel d'argent*, $C^3H^3Az^2O^4Ag$, obtenu en traitant le sel précédent par l'azotate d'argent, se précipite en épais flocons blancs, qui se dissolvent dans l'eau bouillante sans altération et cristallisent en aiguilles soyeuses.

L'*oxalurate de calcium*,

$$(C^3H^3Az^2O^4)^2Ca + 2H^2O,$$

est en cristaux transparents, brillants, solubles dans 483 p. d'eau à 15° et 20 p. à l'ébullition; on l'obtient, soit en saturant du carbonate de calcium par de l'acide parabanique, soit en mélangeant des solutions de chlorure de calcium et d'oxalurate d'ammonium (Waage).

*Oxalurate d'éthyle*, $C^3H^3Az^2O^4, C^2H^5$ [Henry, *Bull. de la Soc. chim.*, 1871, t. XVI, p. 270]. — Ce composé a été obtenu indirectement; on le prépare en traitant un excès d'urée par le chlorure d'oxéthyloxalyle,

$$C^2O^2\left\{\begin{matrix}Cl\\ OC^2H^5.\end{matrix}\right.$$

La masse est lavée à l'eau froide et le résidu cristallisé dans l'eau bouillante.

L'oxalurate d'éthyle cristallise en aiguilles blanches et soyeuses; l'alcool bouillant le laisse déposer sous la forme d'une poudre cristalline, il est peu soluble dans l'eau froide et dans l'alcool, à peu près insoluble dans l'éther; il se dissout facilement dans les acides et dans les alcalis; l'eau bouillante finit par le décomposer. Chauffé à 160-170°, il se décompose en donnant de l'oxaméthane et de l'acide cyanurique.

OXALURAMIDE (*oxalane*),

$$C^3H^5Az^3O^3 = CO\left\{\begin{matrix}AzH^2\\ AzHCO\text{-}CO\text{-}AzH^2\end{matrix}\right.$$

[Rosing et Schischkoff, *Ann. der Chem. u. Pharm.*, t. CVI, p. 255; — Liebig, *même recueil*, t. CVIII, p. 126, et *Rép. de Chim. pure*, 1859, p. 193; —

Strecker, *Ann. der Chem. u. Pharm.*, t. CXIII, p. 47, et *Répert. de Chim. pure,* 1860, p. 133]. — Rosing et Schischkoff ont obtenu, sous la forme d'un précipité blanc, un corps qu'ils ont appelé oxalane, en ajoutant à une solution étendue d'alloxane une certaine quantité d'acide cyanhydrique, puis de l'ammoniaque; il se forme en même temps de l'acide dialurique ou du dialurate d'ammonium. Les auteurs ont représenté ce corps par la formule

$$C^{15}H^{26}Az^{14}O^{15}.$$

Les analyses de Liebig et celles de Strecker, entièrement concordantes, conduisent à la formule

$$C^3H^5Az^3O^3$$

de l'oxaluramide. Celle-ci, suivant Strecker, prend naissance d'après l'équation

$$\underset{\text{Alloxane.}}{2(C^4H^2Az^2O^4)} + H^2O + AzH^3$$
$$= \underset{\text{Oxaluramide.}}{C^3H^5Az^3O^3} + \underset{\text{Acide dialurique.}}{C^4H^4Az^2O^4} + CO^2.$$

L'acide cyanhydrique détermine la réaction sans paraître y prendre part, car on le trouve tout entier dans la liqueur séparée de l'oxaluramide. Dans la réaction précédente, en remplaçant l'ammoniaque par l'éthylamine, l'aniline ou la toluidine, on obtient l'éthyloxaluramide, la phényloxaluramide, etc.

L'oxaluramide est une poudre blanche, insoluble dans l'eau froide, qu'une ébullition prolongée avec l'eau transforme en oxalurate et en oxalate d'ammoniaque; avec la potasse à froid, elle dégage de l'ammoniaque et la liqueur renferme de l'oxalurate; par l'ébullition, elle ne donne que de l'oxalate. Elle se dissout dans l'acide sulfurique concentré, et, d'après Strecker, elle en est précipitée sans altération par l'addition de l'eau.

Phényloxaluramide (*oxaluranilide*), $C^9H^9Az^3O^3$ [Laurent et Gerhardt, *Ann. de Chim. et de Phys.*, (3), t. XXIV, p. 177]. — On la prépare en chauffant légèrement des cristaux d'acide parabanique réduits en poudre fine avec de l'aniline anhydre; le mélange se prend immédiatement en une masse cristalline; on la lave avec de l'alcool bouillant, pour enlever l'aniline ou l'acide parabanique en excès. Elle se produit aussi en ajoutant de l'aniline à une dissolution bouillante d'acide parabanique; l'aniline se dissout d'abord et il se dépose bientôt des flocons cristallins de phényloxaluramide.

Strecker a préparé ce corps en ajoutant de l'acide cyanhydrique, puis de l'aniline à de l'alloxane.

C'est une poudre cristalline, blanche, légèrement nacrée, formée de fines aiguilles, insoluble dans l'eau bouillante et l'alcool bouillant, inodore, insipide, fondant à une température élevée et donnant par sa décomposition des vapeurs âcres qui renferment de l'acide cyanhydrique. Chauffée légèrement avec la potasse, elle fournit de l'aniline et de l'ammoniaque.

*Constitution de l'acide oxalurique.* — L'acide oxalurique est à l'oxalate d'urée ce que l'acide oxamique est à l'oxalate d'ammoniaque :

$$\underset{\text{Oxalate d'urée.}}{\begin{matrix}CO^2H\\ \vert \\ CO^2H.AzH^2\text{-}CO\text{-}AzH^2\end{matrix}} - H^2O$$
$$= \underset{\text{Acide oxalurique.}}{\begin{matrix}CO^2H\\ \vert \\ CO\text{-}AzH\text{-}CO\text{-}AzH^2\end{matrix}};$$

$$\underset{\text{Oxalate d'ammoniaque.}}{\begin{matrix}CO^2H\\ \vert \\ CO^2H, AzH^3\end{matrix}} - H^2O = \underset{\text{Acide oxamique.}}{\begin{matrix}CO^2H\\ \vert \\ CO\,AzH^2\end{matrix}}.$$

Il représente l'acide parabanique ou oxalylurée plus une molécule d'eau :

$$\underset{\text{Oxalylurée.}}{\begin{matrix}CO\text{-}AzH\\ \vert \\ CO\text{-}AzH\end{matrix} > CO} + H^2O = \underset{\text{Acide oxalurique.}}{\begin{matrix}CO^2H\\ \vert \\ CO\text{-}AzH\text{-}CO\text{-}AzH^2\end{matrix}}$$

E. G.

**OXAMÉTHANE.** — Oxamate d'éthyle.

**OXAMÉTHYLANE.** — Voyez Oxamate de méthyle.

**OXANILIDE.** — Voyez Oxamide.

**OXANILINE.** — Voyez Phénol (*dérivés amidés*).

**OXANILIQUE (ACIDE).** — Voyez Oxamide.

**OXANTHRACÈNE** [Syn. avec Anthraquinone]. — Voyez t. I, p. 1653.

**OXATOLUIQUE (ACIDE)** (*acide oxatolylique*), $C^{16}H^{16}O^3$ [Strecker et Möller, *Ann. der Chem. u. Pharm.*, t. CXIII, p. 56, et *Ann. de Chim. et de Phys.*, (3), t. LVIII, p. 490]. — L'acide vulpique $C^{19}H^{14}O^5$, soumis à une ébullition prolongée avec de la potasse d'une densité de 1,05 à 1,15, se décompose complètement en esprit de bois, acide carbonique et acide oxatoluique, suivant l'équation

$$C^{19}H^{14}O^5 + 3H^2O$$
$$= C^{16}H^{16}O^3 + CH^4O + 2CO^2.$$

Lorsque la décomposition est complète, on précipite la solution par l'acide chlorhydrique, qui sépare l'acide oxatoluique. Cet acide, purifié par cristallisation dans l'alcool bouillant, se présente en grands prismes rhomboïdaux droits, terminés par des sommets dièdres, friables et assez durs. Il fond à 154°, et se volatilise à une température plus élevée, avec décomposition partielle. Peu soluble dans l'eau bouillante, il se dissout facilement dans l'alcool bouillant et dans l'éther.

Chauffé à l'ébullition avec de la potasse d'une densité de 1,2, il se dédouble en acide oxalique et en toluène :

$$C^{16}H^{16}O^3 + H^2O = C^2O^4H^2 + 2(C^7H^8).$$

Traité par l'acide nitrique fumant, il donne un dérivé mononitré que la potasse bouillante décompose facilement en acide oxalique et en nitrotoluène.

Le *sel de baryum,* $(C^{16}H^{15}O^3)^2Ba + 4H^2O$, le *sel d'argent,* $C^{16}H^{15}O^3Ag$, le *sel de plomb,*

$$(C^{16}H^{15}O^3)^2Pb + 4H^2O,$$

sont des précipités cristallins.

L'*éther oxatoluique* renferme $C^{16}H^{15}O^3, C^2H^5$; il est en cristaux incolores, prismatiques, fusibles à 45°,5.

Constitution de l'acide oxatoluique. — D'après son dédoublement, l'acide oxatoluique paraît être l'acide dicrésylglycolique

$$\begin{matrix}C\left\{\begin{matrix}(C^6H^4, CH^3)^2\\ OH\end{matrix}\right.\\ \vert \\ CO^2H\end{matrix}$$

ou l'acide dibenzylglycolique

$$\begin{matrix}C\left\{\begin{matrix}(CH^2, C^6H^5)^2\\ OH\end{matrix}\right.\\ \vert \\ CO^2H.\end{matrix}$$

Il serait alors constitué comme l'acide diméthoxalique, mais cette constitution ne peut être prouvée que par sa production synthétique. E. G.

**OXÉTHYLE.** — Nom donné au groupe monatomique $C^2H^5, O = CH^3\text{-}CH^2.O$, qui entre dans les éthers composés de l'éthyle : c'est par l'oxygène que l'éthyle se trouve soudé au radical de l'acide

$$\underset{\text{Éther carbonique.}}{CO\left\{\begin{matrix}OC^2H^5\\ OC^2H^5\end{matrix}\right.} \qquad \underset{\text{Éther silicique.}}{Si(OC^2H^5)^4}$$

On désigne sous ce nom très-souvent un tout autre groupe, également monatomique, qui se trouve rivé par le carbone aux autres atomes des corps qui le renferment. Ce groupe

$$C^2H^5O = CH^2\text{-}CH^2.OH,$$

qu'il faudrait nommer *hydroxéthylène*, entre dans la chlorhydrine, dans les bases oxéthyléniques, etc.

$$CH^2.OH\text{-}CH^2.Cl \qquad \left.\begin{matrix} CH^2.OH\text{-}CH^2 \\ CH^2.OH\text{-}CH^2 \\ CH^2.OH\text{-}CH^2 \end{matrix}\right\} Az$$

Chlorhydrine du glycol. Trihydroxéthylénamine.

**OXHAVÉRITE** (Min.). — Apophyllite en petits cristaux vert pâle, trouvés dans le bois silicifié à Oxhaver, près de Husavick (Islande).

**OXINDICANINE.** — Voyez INDICAN, t. II, p. 89.

**OXINDICASINE.** — Voyez INDICAN, t. II, p. 90.

**OXINDOL.** — Voyez INDOL, t. II, p. 112.

**OXONIQUE (ACIDE).** — Schulze avait obtenu, par l'action de l'hydrogène naissant sur l'acide oxalique, un acide qu'il avait nommé *oxonique*, mais qui est identique avec l'acide glycolique.

**OXYACANTHINE.** — Cet alcaloïde accompagne la berbérine dans la racine d'épine-vinette (*Berberis vulgaris*) [Polex, *Archiv. der Pharm.*, t. VI, p. 265]. Il a été étudié plus tard par Wacker [*Vierteljahrsschrift. für prakt. Pharm.*, 1861, t. X, p. 177]. Leroy a donné le même nom à une matière amère contenue dans le *Cratægus oxyacantha*.

Pour préparer l'oxyacanthine, on précipite par le carbonate de sodium les eaux mères dans lesquelles la berbérine s'est déposée, on dissout le précipité dans l'acide chlorhydrique, et on sursature la solution par l'ammoniaque. Le précipité brun qui se forme est séché et traité à plusieurs reprises par l'éther, qui s'empare de l'oxyacanthine. On la purifie en la transformant en chlorhydrate et en faisant cristalliser celui-ci. L'éther ne dissout pas la totalité de l'oxyacanthine contenue dans le précipité, mais il suffit de faire bouillir ce dernier avec une solution de carbonate de sodium pour que la base devienne soluble dans l'éther (Wacker).

Polex étend les eaux mères de la berbérine de quatre fois leur volume d'eau, précipite par le carbonate de sodium, dissout le précipité après l'avoir lavé dans l'acide sulfurique dilué, décolore la solution par le charbon animal, et précipite l'oxyacanthine par le carbonate de sodium.

L'oxyacanthine forme une poudre amorphe blanche, qui se colore en jaune à la lumière; sa solution dans l'alcool aqueux la dépose à l'état cristallisé par l'évaporation spontanée.

Elle possède une saveur amère et âcre, et fond à 139°; à une température plus élevée, elle donne de l'ammoniaque et des vapeurs empyreumatiques.

Presque insoluble dans l'eau, elle se dissout dans 30 p. d'alcool froid, dans 1 p. d'alcool bouillant à 90 %, dans 125 p. d'éther froid et dans 4 p. d'éther bouillant; le chloroforme, les essences et les huiles grasses la dissolvent aisément. Ses solutions sont alcalines. L'oxyacanthine précipitée de ses sels par l'ammoniaque se dissout dans un grand excès de ce réactif, plus facilement dans la potasse, mais non dans les carbonates alcalins. Les acides concentrés la décomposent; l'acide nitrique la convertit à chaud d'abord en une matière résineuse, et ensuite en acide oxalique et en un corps qui se précipite par l'eau en flocons jaunes. Elle réduit l'acide iodique en mettant de l'iode en liberté.

L'oxyacanthine renferme $C^{32}H^{46}Az^2O^{11}$; séchée seulement à l'air, elle contient 1 molécule d'eau.

L'oxyacanthine forme des sels cristallisés à saveur amère; la solution de l'acétate précipite en blanc par le tannin, le nitrate d'argent, le bichlorure de mercure, l'émétique, le chlorure stanneux, en brun par l'iode et en jaune par le chlorure de platine et l'acide picrique. Le nitrate mercureux, le chlorure ferrique, les acétates de plomb, les sels de cuivre et la gélatine sont sans action.

L'*acétate* ne cristallise pas.

Le *chlorhydrate* $C^{32}H^{46}Az^2O^{11}, 2HCl + 4H^2O$ est en mamelons blancs.

Le *nitrate* contient 4 molécules d'eau.

L'*oxalate* est en aiguilles peu solubles.

Le *sulfate* forme des mamelons. A. H.

**OXYALIZARINE.** — Voyez PURPURINE.

**OXYANISAMIQUE (ACIDE).** — Voyez t. I, p. 331.

**OXYBENZAMIQUE (ACIDE).** — L'acide oxybenzamique n'est autre que l'acide amidobenzoïque, que nous avons décrit t. I, p. 560; mais depuis la fin de 1867, époque à laquelle a été rédigé cet article, l'acide amidobenzoïque et ses isomères, l'acide amidodracylique et l'acide anthranilique, ont été l'objet de nombreux travaux. Ces recherches ont prouvé que l'isomérie de ces trois corps était du même ordre que celle des acides oxybenzoïques (voyez ce mot). L'acide amidobenzoïque appartient à l'orthosérie et correspond à l'acide oxybenzoïque; l'acide amidodracylique appartient à la parasérie et correspond à l'acide paroxybenzoïque, enfin une étude plus approfondie de l'acide anthranilique a montré que ce n'est pas de l'acide phénylcarbamique, comme on l'avait cru jusqu'alors, mais un acide amidobenzoïque correspondant à l'acide salicylique et qu'on peut appeler méta-amidobenzoïque.

ACIDE AMIDOBENZOÏQUE (*acide ortho-amidobenzoïque*),

$$C^7H^5(AzH^2)O^2 = C^6H^4\left\{\begin{matrix} AzH^2 \\ CO^2H. \end{matrix}\right.$$

— Outre les modes de formation indiqués t. I, p. 560, l'acide ortho-amidobenzoïque se produit aussi par l'action de l'amalgame de sodium sur l'acide chloramidodracylique, préparé lui-même par l'action de l'étain et de l'acide chlorhydrique sur l'acide chloronitrodracylique, ce dernier obtenu, comme il est dit à l'article COMBINAISONS DRACYLIQUES, t. I, p. 1187, par l'oxydation du toluène chloré ou par l'action de l'acide azotique fumant sur l'acide chlorodracylique [Hubner et Biedermann, *Zeitsch. für Chem.*, t. III, p. 567 et *Bull. de la Soc. chim.*, 1868, t. X, p. 50]. L'acide chloramidodracylique est donc mal nommé, puisqu'en remplaçant son chlore par de l'hydrogène, il fournit de l'acide amidobenzoïque et non de l'acide amidodracylique.

Traité par l'étain et l'acide chlorhydrique, l'acide métachloramidobenzoïque, dérivé par l'acide métachloronitrobenzoïque, qu'on obtient lui-même en traitant l'acide salicylique nitré par le perchlorure de phosphore, donne de l'acide amidobenzoïque [Hübner et Biedermann, *Zeitsch. für Chem.*, nouv. sér., t. IV, p. 408, et *Bull. de la Soc. chim.*, 1869, t. XI, p. 62].

Dans ces deux acides amidés, les groupes $AzH^2$ occupent donc relativement au groupe $CO^2H$ la même place que dans l'acide amidobenzoïque.

On obtient également de l'acide amidobenzoïque lorsqu'on réduit l'acide nitrophtalique par l'étain et l'acide chlorhydrique, au lieu d'acide amidophtalique; il y a élimination d'une molécule d'acide carbonique [Faust, *Zeitsch. für Chem.*, nouv. sér., t. V, p. 335, et *Bull. de la Soc. chim.*, 1869, t. XII, p. 394].

L'acide amidobenzoïque fond à 172-174° (Hübner et Biedermann), 173-175° (Faust). Lorsqu'on le traite par l'amalgame de sodium et l'eau, sans empêcher l'échauffement du liquide, il remplace $AzH^2$ par H et reproduit de l'acide benzoïque; ses isomères se comportent de la même manière.

Le *sel de baryum*, $(C^7H^4(AzH^2)O^2)^2Ba + 4H^2O$, cristallise dans ses solutions concentrées, après addition d'alcool et d'éther, en longues aiguilles incolores, inaltérables à l'air, ne perdant pas leur eau de cristallisation dans une atmosphère desséchée par l'acide sulfurique. Le *sel de calcium* renferme $3H^2O$; il cristallise dans l'alcool en belles aiguilles incolores. Le *sel de plomb* est anhydre; c'est une poudre peu soluble, formée de petites aiguilles cristallines; lorsqu'il se dépose lentement, il se présente sous la forme de grandes feuilles.

Sulfate d'acide amidobenzoïque. — Il renferme une molécule d'eau et cristallise en longues aiguilles incolores, fusibles à 225°. A l'état anhydre, il fond à 230° (Hübner et Biedermann).

*Action du cyanogène sur l'acide amidobenzoïque.*

Par l'action du cyanogène sur une solution alcoolique d'acide amidobenzoïque, Griess a obtenu trois corps différents, deux acides, le dicyanure d'acide amidobenzoïque, $C^7H^5(AzH^2)O^2(CAz)^2$, l'acide hémicyanamidobenzoïque,

$$C^{14}H^{13}(CAz)Az^2O^4,$$

et une base qui est le cyanate d'amidobenzoate d'éthyle, $C^{20}H^{30}Az^4O^9$ ou mieux

$$C^{10}H^{12}Az^2O^3 + 3/2H^2O.$$

Cette base, traitée par les acides, donne le composé $C^8H^8Az^2O^3$, identique avec l'acide oxybenzuramique obtenu par M. Menschutkine en traitant le sulfate d'acide amidobenzoïque par le cyanate de potassium, et que Griess a obtenu lui-même en fondant l'urée avec l'acide amidobenzoïque. — Pour ces données, voyez Acide oxybenzuramique.

Dicyanure amidobenzoïque,

$$C^7H^5(AzH^2)O^2,(CAz)^2$$

[Griess et Leibius, *Répert. de Chim. pure*, 1860, p. 182; — Griess, *Zeitsch. für Chem.*, nouv. sér., t. III, p. 533, t. IV, p. 389, et *Bull. de la Soc. chim.*, 1868, t. IX, p. 59, et t. XI, p. 63]. — Ce composé se forme lorsqu'on dirige un courant de cyanogène dans une solution alcoolique d'acide amidobenzoïque; il se dépose sous la forme d'une poudre cristalline jaune foncé, insoluble dans l'eau, à peine soluble dans l'alcool et dans l'éther.

Les eaux mères où il s'est déposé fournissent, après quelques semaines, de nouveaux cristaux que l'on traite par l'eau bouillante. Le produit qui ne s'y dissout pas est l'acide hémicyanamidobenzoïque, le produit soluble est le cyanate d'éther amidobenzoïque ou l'oxybenzuramate d'éthyle. — Voyez Acide oxybenzuramique.

Le dicyanure d'acide amidobenzoïque, soumis à la distillation sèche, fournit une base $C^7H^6Az^2$, en même temps que du cyanate et du carbonate d'ammonium. Cette base se solidifie, et on la purifie par dissolution dans l'acide chlorhydrique, décoloration par le charbon, précipitation par l'ammoniaque et recristallisation. Elle est en aiguilles incolores, fusibles à 53°, volatiles sans décomposition, peu solubles dans l'eau froide, solubles dans l'alcool et dans l'éther.

Le *chlorhydrate*, $C^7H^6Az^2,HCl$, forme des tables rhomboïdales, solubles dans l'eau et dans l'alcool. Le *chloroplatinate*, soluble dans l'eau, cristallise en tables jaunes. En ajoutant de l'azotate d'argent à la solution aqueuse de la base, on obtient des lamelles blanches qui renferment

$$C^7H^6Az^2(AgAzO^3).$$

Lorsqu'on traite le cyanure amidobenzoïque par la potasse concentrée, à l'ébullition, qu'on neutralise par l'acide acétique, il se sépare une nouvelle base $C^{16}H^{18}Az^4O^6 + 2H^2O$, qu'on purifie par cristallisation dans l'eau bouillante. Elle se dépose en lames carrées, blanches et brillantes, ne perdant leur eau de cristallisation qu'à 120°; peu soluble dans l'eau froide et l'alcool bouillant, elle est presque insoluble dans l'éther.

Le *chlorhydrate*, $C^{16}H^{18}Az^4O^6,2HCl$, cristallise en tables rectangulaires. Le *chloroplatinate* cristallise en lames jaunes [Griess, *Deutsch. Chem. Gesells.*, 1868, p. 191, et *Bull. de la Soc. chim.*, 1869, t. XII, p. 53].

Acide hémicyanamidobenzoïque, $C^{15}H^{18}Az^3O^4$ (Griess). — Nous avons dit plus haut qu'il se dépose au bout de quelques semaines dans les eaux mères d'où s'est séparé le cyanure amidobenzoïque. Pour le séparer du cyanate d'éther amidobenzoïque (oxybenzuramate d'éthyle), qui se dépose en même temps, on reprend les cristaux par l'eau bouillante; le cyanate d'éther amidobenzoïque se dissout et se dépose, par le refroidissement de la solution, sous la forme d'aiguilles blanches; le résidu insoluble est l'acide hémicyanamidobenzoïque, qu'on purifie en le dissolvant dans l'acide chlorhydrique, décolorant par le noir animal, ajoutant de l'ammoniaque jusqu'à ce que le précipité formé soit redissous, et neutralisant par l'acide acétique.

Il se dépose en une masse amorphe, qui cristallise peu à peu et qui constitue l'acide hémicyanamidobenzoïque.

Griess considère ce corps comme formé par une double molécule d'acide amidobenzoïque dans laquelle un atome d'hydrogène est remplacé par le cyanogène, $C^{14}H^{13}(CAz)Az^2O^4$ (1).

Ce corps, comme l'acide amidobenzoïque lui-même, se combine aux acides et aux alcalis.

Le *chlorhydrate*, $C^{14}H^{13}(CAz)Az^2O^4,HCl$, forme des cristaux grenus, solubles dans l'eau, peu solubles dans l'acide chlorhydrique; sa solution aqueuse donne, avec le bichlorure de platine, un chloroplatinate insoluble.

Le *sel de baryum*, $(C^{14}H^{12}(CAz)Az^2O^4)^2Ba$, est en aiguilles blanches, solubles dans l'eau bouillante.

*Action de l'acide azoteux sur l'acide oxybenzamique.*

Nous avons décrit, t. I, p. 502, l'action de l'acide azoteux sur l'acide oxybenzamique qui fournit l'acide oxybenzoïque en solution aqueuse ou l'acide diazoamidobenzoïque lorsqu'on agit sur une solution alcoolique froide d'acide amidobenzoïque; de plus, lorsqu'on dirige un courant d'acide azoteux dans une solution d'acide amidobenzoïque aqueuse ou alcoolique, mais renfermant de l'acide nitrique, il se sépare une poudre cristalline d'azotate d'acide diazobenzoïque,

$$C^7H^5Az^3O^5 = C^7H^4Az^2O^2,AzHO^3$$

[Griess, *Ann. der Chem. u. Pharm.*, t. CXX, p. 125; *Journ. für prakt. Chem.*, nouv. sér., t. I, p. 102, et *Bull. de la Soc. chim.*, 1870, t. XIV, p. 308].

Lorsqu'on traite cet azotate par les alcalis, il se sépare de l'acide diazobenzoïque sous la forme d'une masse jaune qui se décompose lentement. Ce corps se combine à l'acide azotique et à l'acide chlorhydrique, et s'unit aussi à l'acide amidobenzoïque pour donner l'acide diazoamidobenzoïque décrit t. I, p. 502.

L'*azotate diazobenzoïque*, obtenu comme il est dit plus haut, se sépare en prismes blancs, qui se dissolvent difficilement dans l'eau froide et se

(1). On peut supposer que les deux molécules sont liées par deux atomes d'azote pentatomique :

$$C^7H^4(CAz)(AzH^2)O^2 \quad \text{et} \quad C^7H^4(H^2Az)O^2.$$

décomposent avec une explosion violente quand on les chauffe. L'eau bouillante les décompose lentement. L'azotate de diazobenzoate éthylique, obtenu par l'action de l'acide azoteux sur l'azotate d'éther amidobenzoïque, fournit avec le chlorure d'or un sel qui cristallise en prismes jaunes et qui renferme

$$C^7H^3(C^2H^5)Az^2O^2, HCl, AuCl^3.$$

L'azotate, mêlé avec une solution de brome dans l'acide bromhydrique, donne des prismes jaunes de perbromure diazobenzoïque,

$$C^7H^4Az^2O^2, HBr, Br^2.$$

Ce corps, par l'ébullition avec l'eau, fournit de l'acide bromobenzoïque, fusible à 153°.

La solution aqueuse de l'azotate diazobenzoïque, mise en contact pendant quelques jours avec du carbonate de baryum ou de calcium, fournit, outre l'acide oxybenzoïque et un acide brun amorphe, un acide $C^{14}H^{10}Az^2O^5$, qu'on sépare des autres produits de la réaction grâce à son peu de solubilité dans l'alcool froid et dans l'eau.

Il est en aiguilles jaune d'or, très-solubles dans l'alcool et dans l'éther. Il est isomérique avec l'acide azoxybenzoïque obtenu par Griess en chauffant avec la potasse la solution alcoolique d'acide nitrobenzoïque.

Son sel d'argent renferme $Ag^2$.

Lorsqu'on mélange l'azotate diazobenzoïque à une solution aqueuse et froide de carbonate de sodium, on obtient un nouvel acide $C^{21}H^{14}Az^4O^7$, en courtes aiguilles, d'une couleur brun rougeâtre, qui se dissolvent dans l'ammoniaque en rouge de sang et dont le sel d'argent renferme 4 atomes de métal.

Le chloraurate d'acide diazobenzoïque, mis en suspension dans l'alcool et traité par l'hydrogène sulfuré, fournit de l'acide benzoïque, de l'acide chlorobenzoïque et un nouvel acide sulfuré. Cet acide renferme $C^{14}H^{10}S^2O^4$; il est en aiguilles blanches, peu solubles dans l'eau bouillante, facilement solubles dans l'alcool bouillant, fusibles à 242°. Son *sel de baryum* renferme

$$C^{14}H^8S^2O^4.Ba;$$

il est en cristaux mamelonnés, peu solubles. Peut-être est-il identique avec l'acide que MM. Hübner et Upmann ont obtenu en traitant par l'hydrogène naissant le chlorure de l'acide sulfobenzoïque, et dont il présente les principaux caractères. Sa formule devrait alors être écrite $C^7H^6SO^2$.

ACIDE SULFAMIDOBENZOÏQUE [Griess, *Journ. für prakt. Chem.*, nouv. sér., t. V, p. 244, et *Bull. de la Soc. chim.*, 1872, t. XVII, p. 516]. — On obtient deux acides sulfamidobenzoïques isomériques en chauffant à 170° la solution de l'acide amidobenzoïque dans l'acide sulfurique fumant; la solution se prend en une bouillie cristalline; on redissout celle-ci dans l'eau bouillante, on neutralise par le carbonate de baryum, on filtre et on évapore. Il se sépare après 24 heures le sel barytique α, en tables hexagonales allongées ou en prismes. Les eaux mères concentrées donnent de grosses aiguilles blanches du sel β : celui-ci est le plus abondant.

L'acide α-$C^7H^5(AzH^2)O^2SO^3 + H^2O$ est en lamelles quadrangulaires allongées, assez solubles dans l'eau bouillante; son sel de baryum renferme $C^7H^3(AzH^2)O^2, SO^3Ba + H^2O$. Pour en isoler l'acide, on transforme le sel de baryum qui est peu soluble en sel ammoniacal soluble, et on décompose celui-ci par l'acide chlorhydrique.

L'acide β s'obtient en décomposant son sel de baryum en solution aqueuse concentrée et bouillante par l'acide chlorhydrique. Il cristallise en lamelles hexagonales ou en mamelons; il est anhydre, peu soluble dans l'eau bouillante, presque insoluble dans l'alcool et dans l'éther. Le sel de baryum renferme $C^7H^3(AzH^2)O^2, SO^3Ba + 3H^2O$; il ne se déshydrate complétement que vers 200°.

ACIDE ANTHRANILIQUE (*acide métamidobenzoïque* ou *amidosalicylique*). — Les recherches de Hübner et de ses collaborateurs ont montré que l'acide anthranilique est un acide amidobenzoïque et non de l'acide phényl-carbamique. De plus, en le transformant par l'acide azoteux en acide salicylique, Hübner et Petermann ont fait voir qu'il correspond à la série de l'acide salicylique [Hübner et Mecker, *Zeitsch. für Chem.*, nouv. sér., t. III, p. 564, et *Bull. de la Soc. chim.*, 1868, t. IX, p. 328; — Hübner et Ohly, *Ann. der Chem. u. Pharm.*, t. CXLIII, p. 230, et *Bull. de la Soc. chim.*, 1868, t. XI, p. 486; — Hübner et Petermann, *Zeitsch. für Chem.*, nouv. sér., t. IV, p. .05, et *Bull. de la Soc. chim.*, 1868, t. X, p. 278; Hübner et Petermann, *Zeitsch. für Chem.*, nouv. sér., t. IV, p. 546, et *Bull. de la Soc. chim.*, 1869, t. XI, p. 490].

Lorsqu'on réduit par l'étain et l'acide chlorhydrique les deux acides bromonitrobenzoïques, l'acide α fusible à 140°, et l'acide β fusible à 248° (voyez t. I, p. 555), on obtient deux acides bromamidobenzoïques α et β, que nous décrirons plus loin, et qui l'un et l'autre, traités par l'amalgame de sodium, remplacent leur brome par de l'hydrogène et fournissent un même acide amidobenzoïque, qui a été reconnu identique avec l'acide anthranilique [Hübner et Mecker, Hübner et Petermann].

Lorsqu'on traite l'acide α bromonitrobenzoïque par l'étain et l'acide chlorhydrique en excès, qu'on additionne d'acide sulfurique et qu'on évapore à siccité, la réduction va jusqu'au remplacement du brome, et on obtient du sulfate d'acide anthranilique.

L'acide anthranilique fond à 144-145°; quand à sa solution bouillante on ajoute goutte à goutte une solution d'acide azoteux, jusqu'à ce qu'il ne se dégage plus d'azote, on obtient de l'acide salicylique (Hübner et Petermann).

ACIDES BROMAMIDOBENZOÏQUES (*acides bromanthraniliques*). — *Acide α.* — Il se produit par la réduction de l'acide α-bromonitrobenzoïque, fusible à 248°, par le moyen du zinc et de l'acide sulfurique, ou de l'étain en présence d'acide chlorhydrique; il forme de petites aiguilles incolores, fusibles à 170-171°. Son sel de baryum renferme $[C^7H^3Br(AzH^2)O^2]^2Ba$; il est soluble dans l'eau et se présente en belles aiguilles blanches, agglomérées en boules. Le sel d'argent est en longues aiguilles blanches, satinées, solubles dans l'eau.

*Acide β.* — Préparé comme le précédent avec l'acide β- bromonitrobenzoïque, fusible à 140°, il est en longues aiguilles, peu solubles, fusibles à 202-204°.

Ces deux acides fournissent, avons-nous dit, l'un et l'autre de l'acide anthranilique par réduction inverse; comme ils viennent d'un même acide bromobenzoïque fusible à 154°, suivant Hübner, il faut, pour qu'il se fasse deux acides nitrés isomériques par l'action de l'acide azotique, que les groupes $AzO^2$ occupent des positions que prennent les groupes $AzH^2$ dans les acides bromamidobenzoïques. Pour expliquer comment l'hydrogénation de ces deux acides bromamidobenzoïques fournit le même acide amidobenzoïque, c'est-à-dire l'acide anthranilique, M. Richter a supposé que l'acide bromobenzoïque de M. Hübner était un mélange d'acide orthobromobenzoïque et d'acide métabromobenzoïque fusible à 90°; ce qui rendait compte de l'isomérie des deux acides nitrés, dans lesquels la position des groupes $AzO^2$ serait la même, celle des atomes de brome étant différente. Mais

M. Hübner n'admet pas, après les expériences de M. Richter, qu'il y ait deux acides bromobenzoïques, obtenus par l'action du brome sur l'acide benzoïque.

Effectivement, dans la théorie de M. Kekulé et en considérant les six groupes CH liés dans la benzine, comme l'indique la forme hexagonale par laquelle on représente cette molécule pour la commodité du langage, on se rend parfaitement compte de ce fait. L'acide bromobenzoïque est un acide de l'orthosérie dans lequel l'acide carbonique occupe la position 1 et le brome la position 2. Dans les acides bromonitrobenzoïques, le groupe $AzO^2$ est dans l'un à la position 3, dans l'autre à la position 5, position qu'occupe le groupe $AzH^2$ quand l'acide nitré est réduit.

Que dans ces deux acides bromamidobenzoïques on remplace le brome par l'hydrogène, on aura des acides amidobenzoïques, dans lesquels le groupe $AzH^2$ occupera les positions 3 et 5, le groupe $CO^2H$ occupant toujours la place 1. Or on admet, d'après tous les faits connus, l'identité des corps dans lesquels la position de deux groupes substitués dans la benzine est représentée par 1 et 2 ou 4 et 5 [Richter, *Zeitsch. für Chem.*, nouv. sér., t. V, p. 456, et *Bull. de la Soc. chim.*, 1870, t. XIII, p. 240; — Hübner, *Zeitsch. für Chem.*, nouv. sér., t. V, p. 515, et *Bull. de la Soc. chim.*, 1870, t. XIII, p. 241].

Acide dibromamidobenzoïque,

$$C^6H^2Br^2(AzH^2)CO^2H.$$

— Il a été obtenu par nitration de l'acide dibromobenzoïque, et réduction de l'acide nitré. Il cristallise en petites aiguilles fusibles à 196°. Comme on n'a pas remplacé son brome par de l'hydrogène, on ne peut savoir auquel des trois acides amidobenzoïques il correspond (Hübner). Il en est de même du suivant :

Acide trichloramidobenzoïque,

$$C^6HCl^3(AzH^2)CO^2H.$$

— [Beilstein et Kuhlberg, *Zeitsch. für Chem.*, t. V, p. 526, et *Bull. de la Soc. chim.*, 1870, t. XIII, p. 265]. Il a été obtenu en réduisant par l'étain et l'acide chlorhydrique l'acide nitrotrichlorobenzoïque, préparé lui-même par l'action de l'acide azotique sur l'acide trichlorobenzoïque. Il est en fines aiguilles, peu solubles dans l'eau bouillante, fusibles à 210°. Son sel de baryum renferme 3 molécules d'eau de cristallisation; il cristallise en prismes courts et aplatis, assez solubles dans l'eau.

Sulfate d'acide anthranilique,

$$(C^7H^7AzO^2)^2SO^4H^2.$$

— Il cristallise de sa solution aqueuse en prismes renfermant 2 molécules d'eau de cristallisation, qu'ils perdent à 125°. Il fond à 188° (Hübner et Petermann).

### *Action du cyanogène sur l'acide anthranilique.*

Le cyanogène agit autrement sur l'acide anthranilique que sur l'acide amidobenzoïque [Griess, *Proceed. Roy. Society*, t. XVIII, p. 91, et *Bull. de la Soc. chim.*, 1870, t. XII, p. 250]. Lorsqu'on dirige un courant de cyanogène dans une solution alcoolique d'acide anthranilique, il ne se forme aucun précipité. Au bout de huit jours on fait évaporer la solution à une douce chaleur, on lave le résidu cristallin avec une solution étendue de carbonate d'ammoniaque pour enlever une petite quantité d'un acide qui a pris naissance, et on fait cristalliser la partie insoluble plusieurs fois dans l'alcool, en ajoutant un peu de charbon animal. La substance qu'on obtient ainsi est l'éther de l'acide cyananthranilique :

$$C^{10}H^{10}Az^2O^2 = C^7H^3(AzH^2)(CAz)O^2,C^2H^5.$$

En effet, chauffée avec l'acide chlorhydrique, elle fournit le composé

$$C^8H^6Az^2O^2 = C^7H^4(AzH^2)(CAz)O^2,$$

qui représente de l'acide anthranilique dont un atome d'hydrogène est remplacé par du cyanogène.

Acide cyananthranilique, $C^7H^4(AzH^2)(CAz)O^2$. — On l'obtient, comme nous venons de le dire, en chauffant le cyananthranilate d'éthyle avec l'acide chlorhydrique. Il prend aussi naissance quand on fond l'urée avec l'acide anthranilique. Il est peu soluble dans l'eau, l'alcool et l'éther bouillants, et cristallise en lamelles blanches. Il fond au-dessus de 350°. Par l'action de l'acide azotique fumant, il donne l'*acide nitrocyananthranilique* $C^7H^3(AzO^2)(AzH^2)(CAz)O^2$, cristallisant en prismes jaunes, et fournissant, sous l'influence de l'hydrogène naissant, le dérivé amidé correspondant, cristallisant en aiguilles peu solubles et formant des sels qui cristallisent bien.

L'*éther cyananthranilique*,

$$C^{10}H^{10}Az^2O^2 = C^7H^3(AzH^2)(CAz)O^2,C^2H^5,$$

est le corps qu'on obtient par l'action du cyanogène sur la solution alcoolique de l'acide anthranilique; il est en aiguilles blanches, peu solubles dans l'eau bouillante, très-solubles dans l'alcool et l'éther bouillants, fusibles à 175°. Chauffé avec de l'acide chlorhydrique, il donne l'acide cyananthranilique; maintenu en vases clos à 110° avec de l'ammoniaque aqueuse, il donne l'*amide cyananthranilique*, $C^7H^3(AzH^2)CAz,OAzH^2$, qui se comporte comme une base. Elle cristallise en feuilles nacrées, difficilement solubles dans l'alcool et dans l'eau; le nitrate, presque insoluble dans l'eau et dans l'alcool, cristallise en lamelles. Le *chloroplatinate*, $(C^8H^7Az^3O,HCl)^2PtCl^4$, est en aiguilles volumineuses.

Acide paramidobenzoïque (*acide amidodracylique*). — Nous l'avons décrit t. I, p. 1187.

Acides nitramidobenzoïques,

$$C^7H^6Az^2O^4 = C^6H^3\begin{cases}CO^2H\\AzO^2\\AzH^2\end{cases}$$

[Griess, *Deutsch. Chem. Gesells.*, t. IV, p. 434, et t. V, p. 192; *Bull. de la Soc. chim.*, 1870, t. XIII, p. 294, et 1872, t. XVII, p. 418]. — Griess a décrit trois acides dinitro-uramidobenzoïques, qui par réduction fournissent trois acides nitro-amidobenzoïques, désignés par les lettres α, β et γ. — Voyez pour leur formation Acide oxybenzuramique.

L'acide *α-nitramidobenzoïque* cristallise en aiguilles jaunes ou en prismes, peu solubles dans l'eau bouillante, solubles dans l'alcool bouillant; son sel de baryum, soluble dans l'eau froide, cristallise en aiguilles rougeâtres renfermant $3H^2O$ et perdant leur eau à 130°.

L'acide β, peu soluble dans l'eau bouillante, s'obtient par cristallisation dans l'alcool bouillant en aiguilles aplaties jaune rougeâtre, réunies en faisceaux; chauffé doucement, il se sublime sans fondre. Son sel de baryum, peu soluble dans l'eau, renferme $2H^2O$.

L'acide γ constitue des prismes jaunes, volumineux, très-solubles dans l'alcool et dans l'éther, facilement solubles dans l'eau. Chauffé, il fond, puis détone à une température plus élevée en donnant une vapeur jaune. Son sel de baryum renferme $7H^2O$.

Ces trois acides traités par l'étain et l'acide chlorhydrique fournissent trois acides diamidobenzoïques isomériques et différents de l'acide diamidobenzoïque obtenu par réduction de l'acide dinitrobenzoïque. — Voyez plus loin.

ACIDE DINITRO-PARAMIDOBENZOÏQUE (*acide chrysanisique*). L'acide chrysanisique décrit t. I, p. 808, n'est autre, d'après les recherches récentes de M. Salkowski, que de l'acide dinitramidobenzoïque. Comme il était difficile de comprendre comment l'acide dinitramidobenzoïque pouvait prendre naissance par l'action de l'acide azotique sur l'acide nitranisique, M. Salkowski a montré par l'expérience que le produit de cette réaction n'est que de l'acide dinitranisique, et que l'acide chrysanisique prend naissance par l'action de l'ammoniaque sur l'acide dinitranisique.

$$C^6H^2\left\{\begin{matrix}(AzO^2)^2\\ CO^2H\\ OCH^3\end{matrix}\right. + AzH^3$$

Acide dinitranisique.

$$= C^6H^2\left\{\begin{matrix}(AzO^2)^2\\ CO^2H\\ AzH^2\end{matrix}\right. + CH^4O.$$

Acide dinitramido-benzoïque. Alcool méthylique.

La constitution de l'acide chrysanisique et son identité avec un acide amido-dinitrobenzoïque sont mises en évidence par les réactions suivantes :

1° Réduit par l'étain et l'acide chlorhydrique, il donne un dérivé amidé $C^7H^9Az^3O^2$ (acide triamidobenzoïque), dont la combinaison stanneuse renferme $C^7H^9Az^3O^2, 2HCl + SnCl^2$, et cristallisant en cristaux clinorhombiques.

Cette réduction montre que l'acide chrysanisique ne renferme que deux groupes $AzO^2$ :

$$C^6H^2\left\{\begin{matrix}(AzO^2)^2\\ AzH^2\\ CO^2H\end{matrix}\right. + H^{12}$$

$$= C^6H^2\left\{\begin{matrix}(AzH^2)^3\\ CO^2H\end{matrix}\right. + 4H^2O.$$

2° L'acide chlorhydrique le transforme en acide bichlorobenzoïque, ce qui prouve l'existence dans l'acide chrysanisique du groupe $CO^2H$.

3° Traité par l'acide azoteux, il fournit un acide oxybenzoïque dinitré :

$$C^6H^2\left\{\begin{matrix}(AzO^2)^2\\ AzH^2\\ CO^2H\end{matrix}\right. + AzO^2H$$

$$= C^6H^2\left\{\begin{matrix}(AzO^2)^2\\ OH\\ CO^2H\end{matrix}\right. + H^2O + Az^2.$$

Acide dinitroxy-benzoïque.

4° Traité par les alcalis, il dégage de l'ammoniaque et donne de l'acide dinitrobenzoïque, absolument comme la picramide dégage de l'ammoniaque et régénère l'acide picrique.

L'auteur considère l'acide chrysanisique comme appartenant à la série de l'acide paramidobenzoïque ou amidodracylique, et il lui donne le nom d'acide dinitro-paramido-benzoïque. Ce corps dérive, en effet, de l'acide dinitranisique ou dinitroparoxybenzoate de méthyle [Salkowski, *Deutsch. Chem. Gesells.*, t. IV, p. 222, 652 et 870; *Bull. de la Soc. chim.*, 1872, t. XV, p. 266, t. XVI, p. 326, et 1872, t. XVII, p. 75].

ACIDE DINITROMÉTAMIDO-BENZOÏQUE (*dinitro-anthranilique*) (Salkowski). — Cet isomère de l'acide chrysanisique a été obtenu en traitant le dinitrosalicylate diméthylique,

$$C^6H^2(AzO^2)^2\left\{\begin{matrix}CO^2CH^3\\ OCH^3\end{matrix}\right.$$

par l'ammoniaque bouillante; il se forme à l'état de sel ammoniacal, soluble dans l'eau,

$$C^6H^2(AzO^2)^2\left\{\begin{matrix}CO^2AzH^4\\ AzH^2\end{matrix}\right.$$

en même temps qu'une portion insoluble qui est l'éther méthylique,

$$C^6H^2(AzO^2)^2\left\{\begin{matrix}CO^2CH^3\\ AzH^2\end{matrix}\right.$$

fusible à 165°.

L'acide précipité de son sel ammoniacal par l'acide chlorhydrique ressemble beaucoup à l'acide chrysanisique ; il fond à 256°; son éther méthylique fond à 135° (21° plus haut que les éthers chrysanisiques correspondants).

ACIDES DIAMIDOBENZOÏQUES,

$$C^6H^3(AzH^2)^2, CO^2H$$

(voyez t. I, p. 563). — Suivant Griess, l'acide diamidobenzoïque, obtenu par réduction de l'acide dinitrobenzoïque, renferme 1 molécule d'eau de cristallisation qu'il perd à 110°, et se présente en longues aiguilles incolores, peu solubles dans l'eau froide, assez solubles à chaud. 1000 p. d'eau à 8° ne dissolvent que 11 p. d'acide. Chauffé lentement, il noircit avant de fondre. Sa solution est jaunâtre; elle a une forte réaction acide, et décompose le carbonate de baryum. Ces indications diffèrent de celles de M. Voit, qui considérait ce composé comme n'ayant pas de propriétés acides. M. Voit ayant isolé l'acide diamidobenzoïque en traitant son sulfate par le carbonate de baryum, et n'ayant pas analysé ce produit, il est probable, suivant M. Griess, que M. Voit avait du diamidobenzoate de baryum qu'il a pris pour l'acide libre, et qui par conséquent ne manifestait pas de propriétés acides.

*Diamidobenzoate de baryum*,

$$(C^6H^3(AzH^2)^2, CO^2)^2Ba + 1 1/2 H^2O.$$

— Prismes en lames jaune clair, qui fondent en noircissant et qui perdent leur eau à 100°.

*Sel d'argent*. — Il renferme 2 molécules d'eau; c'est un précipité blanc formé d'aiguilles microscopiques. Le *sel de plomb* est en flocons blancs.

Outre l'acide diamidobenzoïque que nous venons de décrire, Griess en a obtenu trois autres, dérivés de la réduction des acides α, β et γ nitramidobenzoïques au moyen de l'acide chlorhydrique et de l'étain et qu'il désigne par les mêmes lettres [Griess, *sources citées plus haut*].

L'*acide α-diamidobenzoïque* $C^7H^4(AzH^2)^2O^2$ est difficilement soluble dans l'eau chaude, d'où il cristallise en petits prismes courts et bien définis : son *sulfate*, $C^7H^4(AzH^2)^2O^2, SO^4H^2$, est en aiguilles blanches entièrement solubles.

L'*acide β-diamidobenzoïque*, plus soluble dans l'eau chaude que le précédent, forme des tables d'un jaune pâle. Son *sulfate*,

$$[C^7H^4(AzH^2)^2O^2]^2, SO^4H^2,$$

est en lamelles arrondies blanches, peu solubles dans l'eau bouillante.

L'*acide* γ cristallise en longues aiguilles d'un blanc jaune; le *sulfate* est en prismes ou en tables hexagonales blanches, presque aussi insolubles que le sulfate α.

Ces trois acides soumis à la distillation sèche se décomposent avec production d'acide carbonique et de phénylène-diamine :

$$C^7H^8Az^2O^2 = CO^2 + C^6H^8Az^2.$$

L'acide α donne la phénylène-diamine fusible à 140° et qu'on a déjà obtenue par la réduction de la nitraniline provenant des anilides substituées.

Les acides β et γ donnent une même phénylène-diamine, différant de celles déjà connues et fondant à 99°.

Sous l'influence de l'acide azoteux, les acides diamidobenzoïques donnent des résultats différents. Si l'on dissout l'acide α dans une quantité d'acide chlorhydrique dilué et chaud insuffisante pour tout dissoudre et qu'à la solution filtrée on ajoute de l'azotite de sodium, on obtient un composé explosif, cristallisant en longues aiguilles. Ce corps est doué de propriétés basiques; d'après l'analyse du chloraurate, il renfermerait

$$C^{14}H^{13}Az^{5}O^{4}.$$

En traitant de même les acides β et γ-diamidobenzoïques, on obtient des azo-acides, $C^7H^5Az^3O^2$. Le β-azo-acide est très-difficilement soluble dans l'eau; il est en aiguilles courtes et blanches; le *sel de baryum*, $(C^7H^4Az^3O^2)^2Ba + 4H^2O$, est facilement soluble dans l'eau chaude et cristallise en aiguilles incolores.

Le γ-azo-acide cristallise en aiguilles soyeuses, plus solubles que l'acide β; doucement chauffé, il fond en une huile jaune, en se sublimant partiellement; à une plus haute température, il détone avec une légère explosion. Son *sel de baryum*, plus soluble dans l'eau, est en aiguilles blanches renfermant 2 molécules d'eau de cristallisation.

ACIDE TRIBROMODIAMIDOBENZOÏQUE,

$$C^6Br^3(AzH^2)^2, CO^2H.$$

— Il se forme par l'action de l'eau de brome en excès sur l'acide diamidobenzoïque. Il est très-soluble dans l'eau bouillante et dans l'alcool, et cristallise en longues aiguilles blanches. Le *sel d'argent* est un précipité blanc à peine cristallin. Il ne se combine pas aux acides. E. G.

**OXYBENZODIAMIDE.** — On a donné ce nom à l'amidobenzamide, que nous avons décrite t. I, p. 524. Sa solution éthérée, traitée par l'acide azoteux, fournit des aiguilles blanches, explosives, de nitrate de diazobenzamide $C^7H^5Az^3O, AzHO^3$. La solution aqueuse de ce corps fournit, par l'ébullition, de l'azote et de l'oxybenzamide (amide de l'acide oxybenzoïque),

$$C^6H^4\left\{\begin{matrix}COAzH^2\\OH.\end{matrix}\right.$$

— Voyez ACIDE OXYBENZOÏQUE.

**OXYBENZOÏQUE (ACIDE),**

$$C^7H^6O^3 = C^6H^4\left\{\begin{matrix}CO^2H\\OH.\end{matrix}\right.$$

— Cet acide, qui paraît appartenir à la série des ortho-composés, a été découvert par Gerland, qui l'obtint en traitant l'acide amidobenzoïque par l'acide azoteux, réaction qui, depuis lors, a été étudiée par Griess. Suivant Barth, on l'obtient plus avantageusement en fondant l'acide sulfobenzoïque avec la potasse. Il se produit également par l'action de la potasse fondante sur l'acide chlorobenzoïque (Dembey) [Gerland, *Ann. der Chem. u. Pharm.*, t. XCI, p. 185, et *Ann. de Chim. et de Phys.*, (3), t. XIII, p. 495; — Griess, *Ann. de Chim. et de Phys.*, (3), t. LVII, p. 228; *Journ. of the Chem. Society*, 2e sér., t. III, 1866, et *Bull. de la Soc. chim.*, 1866, t. VI, p. 403; — Barth, *Bull. de la Soc. chim.*, 1869, t. XI, p. 416; — Dembey, *Ann. der Chem. u. Pharm.*, t. CXLVIII, p. 221, et *Bull. de la Soc. chim.*, 1869, t. XII, p. 57].

L'acide oxybenzoïque se prépare par l'action d'un courant d'acide nitreux sur une solution concentrée et bouillante d'acide amidobenzoïque, tant qu'il se dégage de l'azote. Par le refroidissement de la liqueur il se dépose de l'acide oxybenzoïque sous la forme d'une poudre cristalline, colorée, qu'on purifie en la redissolvant dans l'eau bouillante en présence du noir animal (Gerland). Il vaut mieux, pour le purifier, neutraliser la solution bouillante d'une partie d'acide amidobenzoïque dans 100 p. d'eau, après qu'elle a été traitée par l'acide nitreux, par un lait de chaux, décolorer le sel de calcium par le noir animal, et le décomposer par l'acide chlorhydrique; de cette manière, on évite une perte d'acide oxybenzoïque entraîné par les vapeurs d'eau [Graebe et Schultzen, *Ann. der Chem. u. Pharm.*, t. CXLII, p. 350].

Lorsqu'on traite la solution froide d'acide amidobenzoïque par l'acide nitreux, il se forme un nitrate d'acide diazobenzoïque $C^7H^4Az^2O^2, AzO^3H$ en prismes blancs, que la chaleur décompose violemment, mais qui, par l'ébullition avec de l'eau, se décompose en dégageant de l'azote et donnant de l'acide oxybenzoïque (Griess). La réaction de Gerland ne donne qu'un faible rendement d'acide oxybenzoïque; il se forme surtout de l'acide diazoamidobenzoïque (voyez t. I, p. 502); ce dernier se prépare par l'action du gaz nitreux sur la solution alcoolique et froide de l'acide amidobenzoïque (Griess).

Le procédé le plus avantageux pour obtenir l'acide oxybenzoïque est celui de Barth, qui consiste à décomposer par la potasse fondante l'acide sulfobenzoïque. 100 grammes d'acide benzoïque fondu et pulvérisé étant introduits dans un ballon, on y dirige des vapeurs d'anhydride sulfurique, jusqu'à ce que ce dernier corps soit en grand excès, et que le ballon, non refroidi, renferme une masse épaisse et brune. On laisse couler cette masse en filet mince dans l'eau froide, on filtre, s'il est nécessaire, et on sature le liquide filtré par un lait de chaux, on jette de nouveau sur un filtre pour séparer le sulfate de calcium, et, après avoir épuisé le dépôt par l'eau bouillante, on réunit les solutions, on les décante, et on les décompose par le carbonate de potassium. Après avoir de nouveau filtré le liquide, on l'évapore et on fait cristalliser le sulfobenzoate qui se présente en aiguilles.

Pour le convertir en oxybenzoate, on le chauffe avec 2 fois 1/2 son poids de potasse, on dissout la masse dans l'eau, on sursature la solution par l'acide sulfurique et on l'agite avec l'éther. La solution éthérée abandonne l'acide oxybenzoïque en croûtes blanches, qu'on purifie par plusieurs cristallisations dans l'eau, en présence du noir animal.

L'acide chlorobenzoïque obtenu par l'action du perchlorure d'antimoine sur l'acide benzoïque, et fusible à 153°, se transforme en acide oxybenzoïque lorsqu'on le fond avec de la potasse (Dembey).

La synthèse de l'acide oxybenzoïque, à l'état d'éther méthylique acide, a été réalisée par l'action simultanée de l'acide carbonique et du sodium sur le bromophénate de méthyle :

$$\underset{\text{Bromophénate de méthyle.}}{C^6H^4BrOCH^3} + 2Na + CO^2 = \underset{\text{Méthyloxybenzoate de sodium.}}{C^6H^4\left\{\begin{matrix}CO^2Na\\OCH^3\end{matrix}\right.} + NaBr$$

[Körner, *Bull. de la Soc. chim.*, 1868, t. X, p. 468].

L'acide oxybenzoïque se présente sous l'aspect d'une poudre cristalline formée de petits prismes, ou en agrégations cristallines sphériques. Il fond entre 190° et 195°. Peu soluble à froid dans l'eau et dans l'alcool, il s'y dissout facilement à l'ébullition. Il distille avec les vapeurs d'eau et se condense en aiguilles brillantes. A une douce chaleur, il distille en partie sans décomposition, mais par l'application d'une brusque chaleur, il se dédouble en acide carbonique et en phénol. Sa solution aqueuse se distingue de celle de l'acide salicylique en ce qu'elle n'est pas colorée en violet par le chlorure ferrique. C'est un acide énergique qui déplace facilement l'acide carbonique des carbonates. Traité par l'acide nitrique, il donne un dérivé nitré. — Voir plus loin.

L'acide oxybenzoïque est monobasique et diatomique.

**OXYBENZOATES.** — Les oxybenzoates alcalins sont très-solubles et cristallisent difficilement; ceux des métaux alcalino-terreux sont moins solubles; les autres sont insolubles (Gerland).

Barth a décrit les oxybenzoates suivants :

*Sel d'ammonium*, $C^7H^5O^3(AzH^4)$. — Aiguilles groupées en aigrettes.

*Sel de baryum*, $(C^7H^5O^3)^2Ba$. — Masse gommeuse.

*Sel de cadmium*, $(C^7H^5O^3)^2Cd + H^2O$. — Cristaux mamelonnés incolores.

*Sel de cuivre*, $(C^7H^5O^3)^2Cu + H^2O$. — Aiguilles verdâtres.

ÉTHERS OXYBENZOÏQUES. — L'acide oxybenzoïque, étant moitié acide et moitié phénol, fournit trois séries d'éthers, suivant que les radicaux alcooliques sont substitués à l'un ou à l'autre des atomes d'hydrogène basique ou aux deux à la fois :

$$C^6H^4\left\{\begin{matrix}CO^2C^2H^5\\OH\end{matrix}\right. \quad C^6H^4\left\{\begin{matrix}CO^2H\\OC^2H^5\end{matrix}\right. \quad C^6H^4\left\{\begin{matrix}CO^2C^2H^5\\OC^2H^5\end{matrix}\right.$$

Oxybenzoate d'éthyle. Acide éthoxybenzoïque. Éthoxybenzoate d'éthyle.

ACIDE ÉTHOXYBENZOÏQUE,

$$C^6H^4\left\{\begin{matrix}CO^2H\\OC^2H^5\end{matrix}\right.$$

[Ch. A. Heintz, *Zeitsch. für Chem.*, nouv. sér., t. V, p. 731, et *Bull. de la Soc. chim.*, 1870. t. XIII, p. 247]. — On l'obtient par la saponification de l'éthoxybenzoate d'éthyle (voir plus bas). Il est en prismes blancs, fusibles à 137°, très-solubles dans l'alcool et dans l'éther, presque insolubles dans l'eau froide; il peut être sublimé sans décomposition. Les sels de potassium, de sodium et d'ammonium cristallisent mal; ceux de baryum et de calcium renferment deux molécules d'eau et forment des mamelons. Le sel d'argent est peu soluble dans l'eau et cristallise en aiguilles.

*L'éthoxybenzoate d'éthyle*,

$$C^6H^4\left\{\begin{matrix}CO^2C^2H^5\\OC^2H^5,\end{matrix}\right.$$

s'obtient en chauffant pendant quelques heures, à 140°, 1 molécule d'acide oxybenzoïque, 2 de potasse et 2 d'iodure d'éthyle. C'est un liquide incolore, bouillant à 236°; sa densité, à 0°, est égale à 1,0875, et à 20° = 1,0725 (par rapport à l'eau prise à la même température).

OXYBENZOATE D'ÉTHYLE,

$$C^6H^4\left\{\begin{matrix}CO^2C^2H^5\\OH\end{matrix}\right.$$

[Graebe et Schultzen, *Ann. der Chem. u. Pharm.*, t. CXLII, p. 350, et *Bull. de la Soc. chim.*, 1868, t. IX, p. 373]. — On fait passer de l'acide chlorhydrique dans la solution alcoolique de l'acide oxybenzoïque, et on précipite par l'eau. L'éther oxybenzoïque, purifié par des cristallisations dans l'éther, est en tables dures, fusibles à 72-74°, à peine solubles dans l'eau froide, assez solubles dans l'eau bouillante, solubles dans l'alcool et dans l'éther.

Il bout à 282° (Heintz).

Lorsqu'on ajoute de la soude à l'oxybenzoate d'éthyle, on obtient une bouillie cristalline d'oxybenzoate d'éthyle et de sodium,

$$C^6H^4\left\{\begin{matrix}CO^2C^2H^5\\ONa,\end{matrix}\right.$$

qui, chauffée à 140° avec de l'iodure de méthyle, donne du méthyl-oxybenzoate d'éthyle,

$$C^6H^4\left\{\begin{matrix}CO^2C^2H^5\\OCH^3.\end{matrix}\right.$$

Lorsqu'on traite l'oxybenzoate d'éthyle par le sodium et l'acide carbonique, on n'obtient que de l'éthoxybenzoate de sodium, par suite d'un changement moléculaire [Rosenthal, *Bull. de la Soc. chim*, 1870, t. XIII, p. 355].

ACIDE MÉTHOXYBENZOÏQUE

$$C^6H^4\left\{\begin{matrix}CO^2H\\OCH^3\end{matrix}\right.$$

(Graebe et Schultzen). — Il s'obtient en chauffant en vase clos, à 140°, 1 molécule d'acide oxybenzoïque, 2 molécules de potasse et 3 molécules d'iodure de méthyle, et en saponifiant par la potasse le produit de la réaction, qui est du méthoxybenzoate de méthyle. Il est soluble dans l'eau, l'alcool et l'éther; il se sépare de sa solution aqueuse bouillante en longues aiguilles cristallines; il fond à 95°.

Il prend également naissance par l'action du gaz carbonique et du sodium sur le bromophénate de méthyle, ainsi que nous l'avons vu plus haut; ou par l'oxydation du crésylate de méthyle, qu'on obtient en traitant par le sodium un mélange de bromophénate de méthyle et d'iodure de méthyle [Kœrner, *mém. cit.*].

Les *méthoxybenzoates de potassium et d'ammonium* sont solubles dans l'eau et cristallisent facilement. Le *sel de calcium* renferme

$$(C^8H^7O^3)^2Ca + H^2O.$$

Il cristallise en aiguilles plus solubles à chaud qu'à froid. Le *sel d'argent* $C^8H^7O^3Ag$ cristallise par refroidissement de sa solution aqueuse bouillante en longues aiguilles brillantes.

ACIDE ACÉTOXYBENZOÏQUE,

$$C^6H^4\left\{\begin{matrix}CO^2H\\OC^2H^3O\end{matrix}\right.$$

(Heintz). — Il forme des cristaux fusibles à 126-127°, solubles dans l'eau bouillante, l'alcool et l'éther; on l'obtient en traitant l'acide oxybenzoïque par le chlorure d'acétyle. Ses sels sont très-solubles dans l'eau, et une ébullition prolongée avec un excès de base les dédouble en acétate et oxybenzoate.

ACIDE SULFOXYBENZOÏQUE,

$$C^7H^6SO^6 = C^6H^3\left\{\begin{matrix}CO^2H\\OH\\SO^3H\end{matrix}\right.$$

[Barth, *mém. cit.*; — Senhofer, *Bull. de la Soc. chim.*, 1870, t. XIII, p. 354].

On le prépare en faisant absorber les vapeurs d'anhydride sulfurique par l'acide oxybenzoïque. La masse brune sirupeuse est dissoute dans 10 à 12 volumes d'eau, agitée à plusieurs reprises avec de l'éther pour enlever l'excès d'acide oxybenzoïque non attaqué, puis additionnée de carbonate de plomb pour enlever l'excès d'acide sulfurique. La liqueur séparée du sulfate de plomb est additionnée de sous-acétate de plomb, et le précipité qui se forme est lavé avec soin, délayé dans l'eau à 100° et traité par l'hydrogène sulfuré. La liqueur donne par concentration au bain-marie des croûtes cristallines jaunes, qu'on purifie par une solution dans l'alcool éthéré, puis par cristallisation dans l'eau.

L'acide sulfoxybenzoïque se présente en aiguilles verdâtres, insolubles dans l'éther, solubles dans l'alcool et déliquescentes. Cristallisé, il renferme de l'eau de cristallisation, mais devient anhydre à 160° et fond à 202°. Le chlorure ferrique le colore en rouge-cerise.

Fondu avec la potasse, il fournit de l'acide dioxybenzoïque, qui est identique avec l'acide protocatéchique (Barth), et un isomère, fusible à 189° (Remsen). — Voyez plus loin ACIDES DIOXYBENZOÏQUES.

Le *sel barytique* $C^7H^4SO^6Ba$ est anhydre à 160°.

Le *sel de plomb* est rose, amorphe; il renferme $C^7H^4SO^6Pb, C^7H^2SO^6Pb^2$(?)

*Sel acide de cadmium*, $(C^7H^5SO^6)^2Cd + 2H^2O$. — Mamelons jaune-paille, à peine cristallins, déliquescents, qui deviennent anhydres à 125°.

*Produits de substitution de l'acide oxybenzoïque.*

Ils ont été obtenus par décomposition de l'acide diazoamidobenzoïque que nous avons décrit t. I, p. 562 [Griess, *Journ. of the Chem. Society*, 2e série, t. III, et *Bull. de la Soc. chim.*, 1866, t. VI, p. 403].

ACIDE IODOXYBENZOÏQUE, $C^7H^5IO^3$. — Il se forme en même temps que l'iodhydrate amidobenzoïque, lorsqu'on traite par l'iode l'acide diazoamidobenzoïque. On le purifie par cristallisation dans l'alcool faible en présence du noir animal. Il est en longues lamelles, étroites, presque incolores, qu'on peut sublimer à une douce chaleur (Griess).

ACIDE NITROXYBENZOÏQUE, $C^7H^5(AzO^2)O^3$. — Gerland l'a obtenu par l'action de l'acide azotique d'une densité de 1,36, à la température ordinaire, sur l'acide oxybenzoïque. Il se produit aussi, d'après Griess, lorsqu'on traite par l'acide azoteux l'acide diazoamidobenzoïque en suspension dans l'eau bouillante.

L'acide nitroxybenzoïque se dissout à chaud dans l'eau, et s'en sépare, par l'évaporation, en fines aiguilles appartenant au système rhombique. Il est amer, jaune, et colore en jaune une grande quantité d'eau.

ACIDE TRINITROXYBENZOÏQUE, $C^7H^3(AzO^2)^3O^3$ (Griess). — Il se produit lorsqu'on chauffe l'acide diazoamidobenzoïque avec l'acide azotique ordinaire, et qu'on évapore le liquide au bain-marie. On le purifie en le transformant en sel de baryte, et décomposant celui-ci par l'acide sulfurique. Il se produit aussi par l'action de l'acide azotique fumant sur l'acide amidobenzoïque (Beilstein et Getner).

Il cristallise en prismes rhomboïdaux bien définis, très-solubles dans l'eau, l'alcool et l'éther. Sa saveur est amère. Ses sels sont presque tous solubles dans l'eau et cristallisables. Le *sel d'ammonium* renferme

$$C^7H^2(AzO^2)^3O^3, AzH^4 + 2H^2O.$$

Le *sel de baryum et le sel d'argent* sont anhydres.

AMIDE OXYBENZOÏQUE (oxybenzamide),

$$C^7H^7AzO^2 = C^6H^4\left\{\begin{matrix}CO,AzH^2\\OH.\end{matrix}\right.$$

— Elle se produit par l'ébullition de la solution aqueuse d'azotate de diazobenzamide, composé obtenu en traitant l'amidobenzamide

$$C^6H^4(AzH^2)CO.AzH^2$$

par l'acide azoteux.

L'amide oxybenzoïque cristallise en prismes blancs, difficilement solubles dans l'eau froide, assez solubles dans l'eau bouillante, dans l'alcool et dans l'éther. La potasse aqueuse la transforme en acide oxybenzoïque. Il est à remarquer que l'amide oxybenzoïque est un isomère de l'acide amidobenzoïque; leurs relations sont les mêmes que celles qui lient la lactamide à l'alanine [Griess, *Zeist. für Chem.*. (2), t. II, p. 1]. E. G.

OXYBENZOÏQUES (ACIDES). — On connaît trois acides qui représentent de l'acide benzoïque, plus de l'oxygène, et renfermant par conséquent

$$C^7H^6O^3 = C^6H^4\left\{\begin{matrix}CO^2H\\OH.\end{matrix}\right.$$

Ces trois acides oxybenzoïques sont : *l'acide oxybenzoïque* proprement dit, *l'acide paroxybenzoïque* et *l'acide salicylique*. L'isomérie de ces trois acides se comprend si l'on admet que les groupes $CO^2H$ et $OH$ remplacent deux atomes de H de la benzine $C^6H^6$, et qu'ils occupent des positions différentes. On a été plus loin et on a tenté de déterminer la position des groupes $CO^2H$ et $OH$ dans chacun des acides oxybenzoïques. On se base sur des hypothèses qui ont été exposées à l'article ISOMÉRIE (t. II, p. 444).

D'après ces hypothèses, l'acide oxybenzoïque appartient à la série des composés de l'*orthosérie*, c'est-à-dire que les deux groupes $CO^2H$ et $OH$ sont soudés à deux atomes de carbone voisins, ce qu'on représente en disant qu'ils occupent les positions 1,2. L'acide salicylique appartient à la *métasérie*, c'est-à-dire que les deux groupes $CO^2H$ et $OH$ sont soudés dans la benzine à deux atomes de carbone, séparés par un atome de carbone ou, en d'autres termes, qu'ils occupent les positions 1,3 ou 1,5. Quant à l'acide paroxybenzoïque, il appartient à la série *para*, ou 1,4, dans laquelle les deux groupes substitués aux deux atomes d'hydrogène de la benzine sont fixés à deux atomes de carbone séparés par deux autres atomes.

Ces données sont encore très-hypothétiques et on est loin d'être d'accord sur les séries auxquelles appartiennent un grand nombre de corps de la série aromatique; d'après les travaux récents de M. V. Mayer et de M. Fittig, il paraîtrait que l'acide oxybenzoïque correspond à l'acide isophtalique et appartient à la *métasérie*, tandis que c'est l'acide salicylique qui se rattacherait à l'acide phtalique et correspondrait à l'*orthosérie*. Il n'en est pas moins vrai qu'à chacun des acides oxybenzoïques correspond une suite de composés isomères desquels ils dérivent ou dans lesquels on peut les convertir.

Nous décrirons chacun des trois acides oxybenzoïques sous leurs noms respectifs.

ACIDES DIOXYBENZOÏQUES. — On connaît six acides de la formule

$$C^7H^6O^4 = C^6H^3\left\{\begin{matrix}CO^2H\\(OH)^2\end{matrix}\right.$$

représentant de l'acide benzoïque, plus 2 atomes d'oxygène. Ce sont : l'acide protocatéchique, l'acide oxysalicylique, l'acide hypogallique (voyez ces trois noms), l'acide dioxybenzoïque de Remsen, celui de Barth et Senhofer, et celui d'Asher.

Nous décrirons ici les trois derniers. M. Asher a résumé dans le tableau suivant les propriétés caractéristiques des six acides dioxybenzoïques :

| Acides dioxybenzoïques. | Fusion. | Eau de cristallisation. | Coloration par $Fe^2Cl^6$. | Action de l'acétate de plomb. |
|---|---|---|---|---|
| Acide protocatéchique | 198° | $H^2O$ | verte | précipité |
| Acide oxysalicylique | 183° | | bleue | Id. |
| Acide hypogallique | 180°? | 3 1/2 $H^2O$ | bleue | Id. |
| Acide bioxybenzoïque (d'Asher) | 194° (hydraté à 148°) | 3 $H^2O$ | rouge-brun | n'est pas précipité |
| Acide de Barth et Senhofer | au delà de 220° | 1 1/2 $H^2O$ | rien | Id. |
| Acide de Remsen | 149° | ? | rien | Id. |

*Acide de Remsen*. — Outre l'acide protocatéchique qui se forme par la fusion de l'acide sulfoxybenzoïque avec la potasse, ainsi que l'a vu Barth, il se forme un isomère, suivant Remsen, qui, moins soluble que l'acide protocatéchique, s'en sépare facilement par cristallisation. Cet acide est en cristaux quadratiques, volumineux, fusibles à 140°, ne colorant pas le chlorure ferrique [Remsen, *Zeitsch. für Chem.*, t. VII, p. 294, et *Bull. de la Soc. chim.*, 1871, t. XVI, p. 327].

*Acide de Barth et Senhofer* [*Ann. der Chem. u. Pharm.*, t. CLIX, p. 217, et *Bull. de la Soc.*

*chim.*, 1871, t. XVI, p. 334]. — Les auteurs ont obtenu cet acide au moyen de l'acide disulfobenzoïque

$$C^6H^3\left\{\begin{matrix}CO^2H\\(SO^3H)^2\end{matrix}\right. + H^2O$$

préparé en chauffant à 250° en tubes scellés de l'acide benzoïque avec de l'acide sulfurique et de l'anhydride phosphorique. Le disulfobenzoate de potassium, fondu avec la potasse, fournit un nouvel acide dioxybenzoïque.

Cet acide cristallise en longs prismes, très-solubles dans l'eau bouillante, solubles dans l'alcool et dans l'éther; il ne colore pas le chlorure ferrique et ne précipite pas l'acétate de plomb; il fond au delà de 220° en se décomposant en partie. Séché à l'air, il renferme 1 1/2 $H^2O$; il perd son eau à 105°.

Le *sel d'ammonium* est très-soluble et cristallise en aiguilles incolores.

Le *sel d'argent*, $C^7H^5O^4Ag + H^2O$, est un précipité cristallin blanc qui perd son eau à 105°.

Le *sel de baryum*, est en agrégations mamelonnées formées de pyramides quadrangulaires contenant 4 $H^2O$, qui ne se dégagent qu'en partie à 110°.

Le *sel de cuivre* est en petites aiguilles d'un bleu verdâtre, solubles dans l'eau, renfermant 6 1/2 $H^2O$, qui se dégagent à 105°.

Le *sel de cadmium* est en aiguilles microscopiques renfermant 4 1/2 $H^2O$.

Le *sel de sodium*, $C^7H^5O^4Na + H^2O$, est en faisceaux d'aiguilles.

L'*éther dioxybenzoïque*, $C^7H^5O^4,C^2H^5$, forme de longs prismes brillants, fusibles au-dessous de 100°.

Mis en contact avec le brome, l'acide dioxybenzoïque de Barth et Senhofer fournit un dérivé tribromé $C^7H^3Br^3O^4$, fusible à 183°.

Soumis à la distillation, l'acide dioxybenzoïque donne un corps jaune, qui ne fond pas à 320°, et dont la formule n'a pas encore été établie.

*Acide dioxybenzoïque d'Asher* [Asher, *Deuts. Chem. Gesells.*, t. IV, p. 649, *Ann. der Chem. u. Pharm.*, t. CLXI, p. 1; *Bull. de la Soc. chim.*, 1871, t. XVI, p. 336, et 1872, t. XVII, p. 276]. — L'auteur a préparé cet acide par une voie détournée; il a transformé le nitrotoluène solide en acide sulfoconjugué; cet acide sulfoconjugué a été converti en acide amidocrésyl-sulfureux, et ce dérivé dans l'acide diazoïque correspondant. L'acide diazoïque traité par l'eau bouillante a fourni l'acide crésol-sulfureux

$$C^6H^3\left\{\begin{matrix}SO^3H\\CH^3\\OH\end{matrix}\right.$$

dont le sel de potassium fondu avec la potasse a donné l'acide dioxybenzoïque.

Cet acide cristallise avec 3 molécules d'eau en aiguilles groupées en étoiles; il est soluble dans l'eau, l'alcool et l'éther; il colore le chlorure ferrique en rouge-brun, et fond à 148° dans son eau de cristallisation. Il perd peu à peu son eau à 120° et fond alors à 194°. Il se sublime en petites aiguilles blanches.

Le *sel de baryum* cristallise dans l'eau en aiguilles anhydres. E. G.

**OXYBENZURAMIQUE (ACIDE)** (*acide uramidobenzoïque*), — $C^8H^8Az^2O^3$ [Menschutkine, *Zeitsch. für Chem.*, nouv. sér., t. IV, p. 275, t. V, p. 52; *Bull. de la Soc. chim.*, 1869, t. XI, p. 145, t. XII, p. 245; — Griess, *Zeitsch. für Chem.*, nouv. sér., t. IV, 389; *Deutsch. Chem. Gesels.*, t. II, p. 47 et p. 434; *Bull. de la Soc. chim.*, 1869, t. XI, p. 63, t. XII, p. 294; 1870, t. XIII, p. 248].

Ce composé, découvert par M. Menschutkine en traitant le chlorhydrate d'acide amidobenzoïque par le cyanate de potassium, s'obtient aussi en décomposant par l'acide chlorhydrique l'oxybenzuramate d'éthyle, $C^8H^7(C^2H^5)Az^2O^3$, un des corps que Griess a préparés par l'action du cyanogène sur une solution alcoolique d'acide amidobenzoïque (voyez plus bas, *oxybenzuramate d'éthyle*). Il se forme également de l'acide oxybenzuramique lorsqu'on fond l'urée avec de l'acide amidobenzoïque (Griess).

Pour le préparer, on ajoute une solution concentrée de cyanate de potassium à une solution saturée et bouillante de sulfate d'acide amidobenzoïque; l'acide oxybenzuramique se sépare par le refroidissement et est purifié par des cristallisations répétées; il s'obtient mieux en faisant agir à froid le cyanate de potassium sur le chlorhydrate amidobenzoïque (Menschutkine). Griess l'obtient en chauffant avec les acides ou les alcalis l'oxybenzuramate d'éthyle, ou en fondant l'urée avec l'acide amidobenzoïque, dissolvant après quelques minutes la masse fondue dans l'eau bouillante, neutralisant par l'acide chlorhydrique; par le refroidissement, il se sépare de l'acide oxybenzuramique en petites aiguilles blanches.

L'acide oxybenzuramique est en petits prismes contenant une molécule d'eau, qu'ils perdent à 100°; ils sont peu solubles dans l'eau chaude et dans l'alcool, presque insolubles dans l'éther. Cet acide exige 99,5 parties d'eau à 100° pour se dissoudre.

Chauffé à 200°, il perd de l'urée et donne l'acide carboxamidobenzoïque. — Voyez plus loin.

Il se dissout dans l'acide nitrique en donnant trois acides dinitrés isomères, $C^8H^6(AzO^2)^2Az^2O^3$.

Le *sel de potassium*, $C^8H^7Az^2O^3,K$, forme des cristaux confus.

Le *sel de calcium* $(C^8H^7Az^2O^3)^2Ca + 4H^2O$ est en aiguilles réunies en agrégations sphériques.

Le *sel d'argent*, $C^8H^7Az^2O^3Ag$, cristallise en lamelles.

Le *sel de baryum* est gommeux, suivant Menschutkine; mais, suivant Griess, le sel gommeux se transforme après quelques jours en cristaux durs, qui renferment 4 $H^2O$.

Le *sel de plomb*, $(C^8H^7Az^2O^3)^2Pb + 2H^2O$, se dépose de sa solution bouillante en flocons cristallins, fusibles dans l'eau bouillante.

Oxybenzuramate d'éthyle (*éther uramidobenzoïque*), $C^8H^7Az^2O^3(C^2H^5)$ (Griess). — Lorsqu'on dirige un courant de cyanogène dans une solution alcoolique d'acide amidobenzoïque, il se sépare du dicyanure d'acide amidobenzoïque (voyez t. II, p. 696), et les eaux mères, au bout de quelques semaines, donnent des cristaux, mélange d'acide hémicyamidobenzoïque et d'oxybenzuramate d'éthyle. On les reprend par l'eau bouillante, qui ne dissout que ce dernier. On purifie l'oxybenzuramate d'éthyle par des cristallisations dans l'eau bouillante.

On l'obtient plus commodément en mélangeant des solutions aqueuses froides de cyanate de potassium et de chlorhydrate d'éther amidobenzoïque; il se sépare immédiatement et presque en quantité théorique sous la forme d'un liquide oléagineux qui ne tarde pas à cristalliser. Il prend naissance en même temps que l'éther carboxamidobenzoïque lorsqu'on fond l'amidobenzoate d'éthyle avec l'urée, jusqu'à ce qu'un essai de la masse fondue soit presque entièrement insoluble dans l'acide chlorhydrique. On sépare les deux éthers obtenus par l'eau bouillante qui dissout l'oxybenzuramate d'éthyle [Griess, *Journ. f. prakt. Chem.*, nouv. sér., t. IV, p. 293, et *Bull. de la Soc. chim.*, 1872, t. XVII, p. 125].

Ce corps est en cristaux incolores, fusibles à 176°, solubles dans l'alcool et l'éther : les acides étendus et les alcalis le dissolvent à froid sans l'altérer; mais si l'on chauffe, il se décompose en donnant de l'alcool et de l'acide oxybenzuramique.

Il forme un chloroplatinate cristallisé en lamelles jaunes, et qui renferme

$$(C^{10}H^{12}Az^2O^3, 2HCl)^2PtCl^4 + 3H^2O.$$

ACIDE ÉTHYL-OXYBENZURAMIQUE (*acide éthyl-uramidobenzoïque*),

$$C^8H^7Az^2O^3(C^2H^5) = CO\left\{\begin{matrix}AzH(C^6H^4, CO^2H)\\AzH(C^2H^5)\end{matrix}\right.$$

[Griess, *Journ. für prakt. Chem.*, t. V, p. 453, et *Bull. de la Soc. chim.*, 1872, t. XVII, p. 338]. — Cet isomère de l'oxybenzuramate d'éthyle se produit par l'union directe du cyanate d'éthyle et de l'acide amidobenzoïque; il suffit d'ajouter une molécule de cyanate d'éthyle à l'acide amidobenzoïque en solution alcoolique saturée et froide. Après douze heures, le nouvel acide se sépare en cristaux blancs qu'on purifie par cristallisations dans l'alcool faible.

Ce corps est peu soluble dans l'eau bouillante, d'où il se dépose en aiguilles brillantes; il est peu soluble dans l'alcool froid et dans l'éther, assez soluble dans l'alcool bouillant. Il cristallise en tables hexagonales ou en petits prismes par l'évaporation spontanée de sa solution alcoolique froide.

Chauffé, il fond, se boursoufle et se transforme en une substance neutre. Il se dissout dans l'acide chlorhydrique bouillant.

Le *sel d'argent*, $C^{10}H^{11}Az^2O^3, Ag$, est en lamelles blanches.

Le *sel de baryum*, $(C^{10}H^{11}Az^2O^3)^2Ba, 3H^2O$, est en aiguilles microscopiques solubles dans l'eau froide.

*Constitution de l'acide oxybenzuramique.* — Les modes de formation de ce corps montrent que c'est une urée substituée; il représente l'urée $CO(Az^2H^4)$, dont un atome d'hydrogène est remplacé par le résidu $C^7H^5O^2 = C^6H^4, CO^2H$,

$$CO\left\{\begin{matrix}AzH^2\\AzH^2\end{matrix}\right. \qquad CO\left\{\begin{matrix}AzH(C^6H^4, CO^2H)\\AzH^2.\end{matrix}\right.$$

Urée. Acide oxybenzuramique.

Il se forme, en effet, par l'action du cyanate de potassium sur le sulfate d'acide amidobenzoïque comme l'urée par l'action du cyanate de potassium sur le sulfate d'ammonium. Sa production par la fusion de l'urée avec l'acide amidobenzoïque vient à l'appui de cette manière de voir.

ACIDE CARBOXAMIDOBENZOÏQUE,

$$C^{15}H^{12}Az^2O^5 = CO\left\{\begin{matrix}AzH(C^6H^4CO^2H)\\AzH(C^6H^4CO^2H)\end{matrix}\right.$$

[Griess, *Zeit. für Chem.*, nouv. sér., t. IV, p. 650, et *Bull. de la Soc. chim.*, 1869, t. XII, p. 137].

Lorsqu'on chauffe à 200° l'acide oxybenzuramique, on obtient un corps amorphe, suivant Menschutkine, renfermant $C^8H^6Az^2O^2$, et que l'auteur avait appelé *oxybenzoïlurée*. Griess, qui l'avait d'abord considéré comme renfermant $C^8H^6Az^2O^2$ et l'avait nommé *acide cyanamidobenzoïque*, a reconnu depuis que sa formule est $C^{15}H^{12}Az^2O^5$, et l'a appelé acide carboxamidobenzoïque.

Il est presque insoluble dans l'eau, l'alcool et l'éther; sa solution ammoniacale donne des précipités blancs, amorphes, presque insolubles avec le chlorure de baryum et l'azotate d'argent.

Traité par la potasse, il donne de l'acide amidobenzoïque.

La production de l'acide carboxamidobenzoïque a lieu suivant l'équation

$$2\left[CO\left\{\begin{matrix}AzH(C^6H^4, CO^2H)\\AzH^2\end{matrix}\right.\right]$$

Acide oxybenzuramique.

$$= CO\left\{\begin{matrix}AzH(C^6H^4, CO^2H)\\AzH(C^6H^4, CO^2H)\end{matrix}\right. + CO\left\{\begin{matrix}AzH^2\\AzH^2.\end{matrix}\right.$$

Acide carboxamidobenzoïque. Urée.

L'*éther carboxamidobenzoïque* se produit lorsqu'on maintient longtemps en fusion l'oxybenzuramate d'éthyle. Il se produit aussi et en même temps que ce dernier en fondant l'amidobenzoate d'éthyle avec l'urée, ou en fondant le produit isomère de l'oxybenzuramate d'éthyle, $C^{10}H^{12}Az^2O^3$, que donne l'action du cyanogène sur la solution alcoolique de l'acide amidobenzoïque. L'éther carboxamidobenzoïque,

$$COAz^2H^2(C^6H^4, CO^2C^2H^5)^2,$$

est insoluble dans l'eau bouillante; il cristallise dans l'alcool bouillant en fines aiguilles blanches solubles dans l'éther, fusibles à 162° [Griess, *Journ. für prakt. Chem.*, nouv. sér., t. IV, p. 293, et *Bull. de la Soc. chim.*, 1872, t. XVII, p. 125].

OXYBENZURAMIDE,

$$C^8H^9Az^3O^2 = CO\left\{\begin{matrix}AzH(C^6H^4, COAzH^2)\\AzH^2\end{matrix}\right.$$

(Menschutkine). — On l'obtient en ajoutant du cyanate de potassium à une solution aqueuse de chlorhydrate d'amidobenzamide. C'est un précipité cristallin, qu'on purifie par solution dans l'eau bouillante ou dans l'alcool.

Ce corps fond à 150°, et cristallise de sa solution en lames ou en grandes aiguilles soyeuses, aplaties, anhydres. L'action des bases ou des acides transforme cette amide en acide oxybenzuramique.

ACIDES OXYBENZURAMIQUES NITRÉS. — Griess a décrit un acide dinitré dérivé de l'acide oxybenzuramique se présentant en aiguilles jaunâtres, solubles dans l'alcool et dans l'éther, et qu'on obtenait en dissolvant l'acide oxybenzuramique dans l'acide azotique très-concentré et précipitant la solution par l'eau. Depuis, il a reconnu, par le dédoublement de ce corps sous l'influence des réactifs, que c'est un mélange de trois isomères, qu'on ne peut séparer les uns des autres, tant leurs propriétés sont voisines; mais, comme par l'ammoniaque alcoolique ce mélange fournit trois dérivés mononitrés qu'on peut séparer, à cause de la différence de solubilité de leurs sels de baryum, on arrive à isoler les trois acides dinitrés en traitant par l'acide azotique chacun des dérivés mononitrés.

ACIDES MONONITROXYBENZURAMIQUES (*mononitrouramidobenzoïques*), $C^8H^7(AzO^2)Az^2O^3$ [Griess, *Deutsch. Chem. Gesells.*, t. V, p. 192 et *Bull. de la Soc. chim.*, 1872, t. XVII, p. 410]. — L'action de l'ammoniaque alcoolique sur le mélange des acides dinitrés est complète après une heure d'ébullition, et l'on sépare les nouveaux acides en mettant à profit la différence de solubilité de leurs sels de baryum. A la solution bouillante ammoniacale, on ajoute du chlorure de baryum et il se dépose par le refroidissement des aiguilles jaunes du sel barytique de l'acide β. Par la concentration des eaux mères, il se dépose un sel blanc en aiguilles microscopiques, c'est le sel de l'acide α. Quant au sel de l'acide γ, on le retire des dernières eaux mères en évaporant celles-ci presque à siccité, lavant le résidu à l'eau froide, et le faisant cristalliser dans l'eau bouillante. Pour avoir les acides libres, on décompose les sels de baryum à l'ébullition par l'acide chlorhydrique.

*Acide α-nitroxybenzuramique.* — Il cristallise en lamelles ou aiguilles jaunes, peu solubles dans l'eau bouillante, solubles dans l'alcool bouillant, peu solubles dans l'éther; ses sels sont peu solubles.

*Acide β.* — Il cristallise dans l'eau bouillante en fines aiguilles d'un jaune clair, insolubles dans l'eau froide, solubles dans l'alcool bouillant.

*Acide γ.* — Lamelles jaunes, très-peu solubles dans les dissolvants; l'eau bouillante le décompose à la longue en donnant l'acide nitramidobenzoïque γ, et mettant en liberté de l'acide carbonique et de l'ammoniaque.

ACIDES DINITROXYBENZURAMIQUES,

$$C^8H^6(AzO^2)^2Az^2O^3$$

(Griess). — Les trois acides isomères de cette formule s'obtiennent en traitant par l'acide azotique les acides mononitrés α, β et γ.

L'*acide dinitré* α est en aiguilles jaunes, peu solubles dans l'eau froide, solubles dans l'alcool et dans l'éther. Son *sel de baryum* est un précipité jaune insoluble.

L'*acide* β est moins soluble dans l'alcool et dans l'éther. Son *sel de baryum* est insoluble et amorphe.

L'*acide* γ cristallise en lamelles blanches ou en aiguilles. Son *sel de baryum*, plus soluble que les précédents, s'obtient en aiguilles jaunes.

ACIDES AMIDO-OXYBENZURAMIQUES (*acides amiduramidobenzoïques*), $C^8H^7(AzH^2)Az^2O^3$ (Griess). — L'action de l'étain et de l'acide chlorhydrique sur les acides mononitroxybenzuramiques α et β donne les acides amidés correspondants; avec l'acide γ, il y a élimination d'ammoniaque et il se produit l'acide $C^8H^6Az^2O^3$. — Voyez plus loin.

*Acide α-amido-oxybenzuramique.* — Il cristallise en lamelles grisâtres, peu solubles dans l'eau bouillante et encore moins dans l'alcool et dans l'éther; son *sel d'argent*, $C^8H^6(AzH^2)Az^2O^3Ag$, est insoluble. Il fournit un chlorhydrate,

$$C^8H^7(AzH^2)Az^2O^3, HCl,$$

remarquable par son insolubilité.

*Acide* β. — Il cristallise en lamelles déliées blanches, peu solubles dans l'eau bouillante; il ne s'unit pas aux acides, son sel d'argent forme un précipité cristallin.

Bouilli avec la baryte ou l'acide chlorhydrique, il perd de l'ammoniaque et donne un acide,

$$C^8H^6Az^2O^3,$$

que Griess considère comme renfermant

$$CO\begin{cases}AzC^6H^3, CO^2H\\AzH^2.\end{cases}$$

Il l'appelle acide *β-amido-carboxamidobenzoïque*. Ce nom ne nous semble guère convenir à un acide de cette formule, puisque, suivant Griess, l'*acide carboxamidobenzoïque* renferme

$$C^{15}H^{12}Az^2O^5 = CO\begin{cases}AzH(C^6H^4, CO^2H)\\AzH(C^6H^4, CO^2H)\end{cases}$$

Cet acide est à peu près insoluble dans tous les solvants; il s'obtient en cristaux grenus donnant un sel ammoniacal très-peu soluble, et un sel de baryum en fines aiguilles blanches,

$$(C^8H^5Az^2O^3)^2Ba + 4H^2O.$$

L'acide γ-nitroxybenzuramique, traité par l'acide chlorhydrique et l'étain, fournit non l'acide amidé correspondant, mais un acide renfermant $C^8H^6Az^2O^3$, et que Griess appelle *γ-amidocarboxyamidobenzoïque*. Il cristallise en aiguilles microscopiques blanches, presque insolubles dans l'eau, l'alcool et l'éther.

*Isomères de l'acide oxybenzuramique.*

ACIDE URAMIDODRACYLIQUE,

$$C^8H^8Az^2O^3 = CO\begin{cases}AzH(C^6H^4, CO^2H)\\AzH^2.\end{cases}$$

— De même que l'acide oxybenzuramique ou uramidobenzoïque s'obtient par la fusion de l'urée avec l'acide amidobenzoïque, de même son isomère, l'acide uramidodracylique, se produit par la fusion avec l'urée de l'acide amidodracylique ou paramidobenzoïque.

Il se présente sous deux modifications; si l'on opère sur moins de 3 grammes d'acide amidodracylique, on obtient le nouveau composé sous l'aspect de lamelles anhydres, allongées et brillantes, peu solubles dans l'eau bouillante, plus solubles dans l'alcool bouillant, à peu près insolubles dans l'éther. Avec de plus grandes quantités, l'acide uramidodracylique se présente sous forme de petites sphères, qui présentent au microscope l'apparence de la levure; les produits de transformation de ces deux modifications sont les mêmes. Le *sel d'argent* est un précipité cristallin blanc; le *sel de baryum*, $(C^8H^7Az^2O^3)^2Ba$, est en petites lamelles insolubles dans l'eau froide.

ACIDE CARBOXAMIDODRACYLIQUE, $C^{15}H^{12}Az^2O^5$. — Cet acide, constitué comme son isomère, l'acide carboxamidobenzoïque, lui ressemble beaucoup; il est en petites aiguilles à peu près insolubles dans tous les dissolvants neutres. Son *sel d'argent* est blanc, amorphe; son *sel de baryum* est en petits grains cristallins, blancs, anhydres. L'acide se forme en même temps que l'acide uramidodracylique, par fusion avec l'urée de l'acide amidodracylique.

ACIDE URANTHRANILIQUE. — Par l'action du cyanate de potassium sur l'acide anthranilique, Griess a obtenu un acide cristallisé qui paraît être l'acide uramidé de l'acide anthranilique. En fondant l'urée avec l'acide anthranilique, il a obtenu un composé, $C^8H^6Az^2O^2$, qui paraît identique avec celui que fournit l'action du cyanogène sur une solution alcoolique d'éther anthranilique. — Voyez ACIDE OXYBENZAMIQUE.

E. G.

**OXYBENZYLE (SULFURE D').** — Voyez OXYSULFURE DE BENZYLE, t. I, p. 582.

**OXYBUTYRIQUES (ACIDES)**, $C^4H^8O^3$. — On connaît plusieurs acides dont la formule diffère de celle de l'acide butyrique par 1 atome d'oxygène en plus. Ces acides dérivent les uns de l'acide butyrique normal, les autres de l'acide isobutyrique.

I. Le plus anciennement découvert est l'*acide acétonique* (voir ce mot) que Staedeler a obtenu en faisant réagir l'acide chlorhydrique et l'acide cyanhydrique sur l'acétone [*Ann. der Chem. u. Pharm.*, t. CXI, p. 320]. M. Markownikoff a modifié le procédé de Staedeler, de manière à obtenir un rendement plus considérable [*Ann. der Chem. u. Pharm.*, t. CXLVI, p. 339]. Il abandonne pendant trois semaines un mélange d'acétone, d'acide cyanhydrique et d'acide chlorhydrique étendu; il fait ensuite bouillir le mélange dans un appareil à réfrigérant ascendant pendant trois jours, puis il évapore au bain-marie jusqu'à disparition de l'odeur de l'acétone. Il reprend par l'éther à plusieurs reprises le liquide aqueux. Après évaporation de l'éther, il concentre encore, pour chasser l'acide formique, la solution acide qui reste; il l'additionne d'eau et sature par le carbonate de zinc à l'ébullition. Par évaporation de la solution filtrée à chaud, on obtient d'abord l'acétonate de zinc peu soluble, qu'on recueille sur un filtre et qu'on lave avec un peu d'eau froide, pour le décomposer ensuite par l'hydrogène sulfuré. La solution aqueuse de l'acide abandonnée sur l'acide sulfurique se prend en une masse cristalline formée d'assez longues aiguilles. Celles-ci, parfaitement séchées, sont sublimables à une douce température, et peuvent être obtenues ainsi entièrement pures.

La sublimation commence déjà à 50°. L'acide sublimé fond à 79°, et se prend vers 75° en une masse cristalline. La présence d'un peu d'eau hygrométrique abaisse le point de fusion.

D'après son mode de formation, l'acide acétonique est un dérivé de l'acide isobutyrique. Il résulte en effet de l'addition de CAzH à l'acétone et de la transformation de CAz par l'action de HCl en $CO^2H$ :

$$(CH^3)^2CO + CAzH = (CH^3)^2COH(CAz)$$
$$(CH^3)^2COH.CAz + 2H^2O + HCl$$
$$= (CH^3)^2COH.CO^2H + AzH^4Cl.$$

L'acide acétonique est d'ailleurs identique, ainsi que l'a fait voir M. Markownikoff, avec l'*acide oxyisobutyrique*, que ce chimiste a obtenu en faisant réagir le brome sur l'acide isobutyrique et en décomposant l'acide bromé par la baryte caustique [*Zeitsch. für Chem.*, (2), t. II, p. 502, 1866]. Cette transformation assigne à l'acide bromoisobutyrique la formule $(CH^3)^2CBr.CO^2H$.

Il est également identique avec l'*acide diméthoxalique* de MM. Frankland et Duppa [*Ann. der Chem. u. Pharm.*, t. CXXXIII, p. 80], qui se produit par la substitution de $2CH^3$ à O dans l'acide oxalique :

| CO.OH<br>CO.OH | C(CH³)²OH<br>CO.OH |
|---|---|
| Acide oxalique | Acide diméthoxalique. |

On voit que ces divers modes de préparation s'accordent à assigner à l'acide acétonique une même formule de constitution.

On comprend encore que le même acide puisse prendre naissance par l'oxydation de l'amylglycol $(CH^3)^2CH.CHOH.CH^2OH$ et du butylglycol, qui renferment le groupe isopropyle. Cette réaction a fourni à M. Wurtz un acide $C^4H^8O^3$, qu'il a appelé *butylactique* et qui paraît être aussi identique avec les précédents [*Ann. de Chim. et de Phys.*, (3), t. LV, p. 450]. Ce dernier donne un sel de baryum incristallisable, soluble dans l'eau et dans l'alcool faible. Le sel de calcium est très-soluble dans l'eau, soluble dans l'alcool absolu, insoluble dans l'éther.

Le sel de zinc cristallise en paillettes brillantes ; il se dissout dans 160 fois son poids d'eau à 15°. Il est à peu près insoluble dans l'alcool. Il renferme $(C^4H^7O^3)^2Zn + 2H^2O$.

II. Le deuxième acide oxybutyrique est celui qu'ont obtenu MM. Friedel et Machuca [*Compt. rend.*, t. LIV, p. 220] et M. Naumann [*Ann. der Chem. u. Pharm.*, t. CXIX, p. 115] en faisant réagir l'oxyde d'argent humide sur l'acide bromobutyrique. Le sel de zinc de cet acide cristallise en mamelons durs et rayonnés, qui renferment $(C^4H^7O^3)^2Zn + 2H^2O$.

L'acide est cristallisable en rosettes rayonnées très-déliquescentes, qui sont entièrement sublimables. Le produit volatilisé se dissout bien plus lentement dans l'eau que l'acide primitif. Ce dernier est soluble dans l'alcool absolu.

L'acide oxybutyrique en question, que l'on peut désigner par le nom d'acide *α-oxybutyrique*, est dérivé de l'acide butyrique normal. Sa constitution est très-probablement exprimée par la formule $CH^3.CH^2.CHOH.CO^2H$, qui correspond à la formule la plus vraisemblable pour l'acide bromobutyrique $CH^3.CH^2.CHBr.CO^2H$.

III. Un troisième acide oxybutyrique (*acide β-oxybutyrique*) a été préparé par M. Markownikoff et par M. Wislicenus. M. Markownikoff l'a obtenu en chauffant le chlorhydrate d'oxyde de propylène bouillant à 127° (préparé en faisant réagir l'acide hypochloreux sur le propylène) avec une quantité équivalente de cyanure de potassium, en vase clos, pendant plusieurs jours au bain-marie. Il se forme une masse brune pâteuse, qu'on reprend par l'alcool. La liqueur alcoolique filtrée et légèrement étendue d'eau est maintenue à l'ébullition avec de la potasse aussi longtemps qu'il se dégage de l'ammoniaque, puis évaporée à siccité et additionnée d'acide sulfurique très-étendu. La solution aqueuse est agitée avec l'éther, ce dernier évaporé et le résidu chauffé au bain-marie pour chasser l'acide formique. La matière sirupeuse qui reste renferme encore de l'acide sulfurique, que l'on sépare en transformant le tout en sel de plomb ; le sel de plomb de l'acide organique est très-soluble. L'acide isolé à l'aide de l'acide sulfurique et desséché dans le vide constitue une masse sirupeuse incristallisable. Elle est très-acide et forme avec le zinc, le plomb et l'argent des sels très-solubles. Le sel d'argent renferme

$$C^4H^7O^3Ag.$$

La constitution de l'acide, en même temps que son mode de formation, est exprimée par les deux équations suivantes :

$$CH^3.CHOH.CH^2Cl + KCAz$$

Chlorhydrate d'oxyde de propylène.

$$= CH^3.CHOH.CH^2CAz + ClK ;$$
$$CH^3.CHOH.CH^2CAz + 2H^2O$$
$$= CH^3.CHOH.CH^2.CO^2H + AzH^3$$

Acide β-oxybutyrique.

[*Zeitsch. für Chem.*, (2), t. IV, p. 620].

M. Wislicenus a obtenu le même acide en hydrogénant l'éther acétylo-acétique que M. Geuther avait obtenu en faisant réagir le sodium sur l'éther acétique en excès et en traitant le produit solide par la quantité correspondante d'acide acétique cristallisable ou d'acide chlorhydrique [*Zeitsch. für Chem.*, (2), t. II, p. 5]. Le même composé peut être obtenu en traitant l'éther acétique par le sodium jusqu'à ce que l'éther ne soit plus attaqué à 160°, et ajoutant avec précaution la quantité de chlorure d'acétyle correspondant au sodium employé. En ajoutant de l'eau et distillant, on obtient un éther acétylo-acétique $C^6H^{10}O^3$ bouillant à 180°. L'éther est additionné d'une quantité d'eau suffisante pour en dissoudre environ le quart, et traité par l'amalgame de sodium jusqu'à disparition de la couche huileuse et de l'odeur éthérée. La liqueur alcaline est neutralisée par l'acide chlorhydrique et évaporée à sec à 110-120°. Le résidu est repris par l'alcool bouillant et la liqueur alcoolique filtrée à chaud laisse déposer des croûtes cristallines qui sont purifiées par cristallisation. Le sel pur fournit l'acide β-oxybutyrique lorsqu'on le décompose par l'acide sulfurique étendu, qu'on reprend par l'éther et qu'on évapore ce dernier. Dans l'oxydation de l'*aldol* $C^4H^8O^2$ par l'oxyde d'argent, il se produit un acide oxybutyrique qui est probablement identique avec l'acide β (Wurtz).

L'acide obtenu présente les caractères indiqués plus haut. Il se volatilise assez facilement avec la vapeur d'eau, et commence à se décomposer, avec dégagement d'eau, lorsqu'on le chauffe de 120° à 130°. Il paraît se former un produit analogue à la lactide, qui se dissout assez difficilement dans l'eau et la rend fortement acide.

Le *sel de sodium*, $C^4H^7O^3Na$, est cristallisable et déliquescent. Cristallisé dans l'alcool après dessiccation à 110°, il ne renferme pas d'eau.

Le *sel d'argent*, $C^4H^7O^3Ag$, se présente en petits cristaux aciculaires feutrés qui se déposent lorsqu'on traite le sel de sodium par l'azotate d'argent.

Le *sel de calcium*, évaporé au bain-marie, forme un sirop soluble dans l'alcool et qui, par évaporation rapide au bain d'air à 100°, se prend en une masse cristalline qui est à peine soluble dans l'alcool absolu. Le *sel de zinc* est amorphe, sirupeux ou vitreux et déliquescent. Les *sels de cuivre et de plomb* sont également amorphes.

Tous ces sels, sauf celui d'argent, ont été obtenus en saturant l'acide par les carbonates correspondants.

Le produit qui avait été obtenu par distillation sèche de l'acide, et qui renfermait une certaine proportion d'acide oxybutyrique, ayant été neutralisé par le carbonate de zinc, n'a pas fourni immédiatement des cristaux, mais en a donné par évaporation à 110-120°, mélangés avec du sel amorphe.

Il semble donc y avoir eu une transformation analogue à celle, indiquée par Strecker, de l'acide sarcolactique en acide lactique, ou peut-être une simple déshydratation qui aurait pu fournir l'acide crotonique [*Ann. der Chem. u. Pharm.*, t. CXLIX, p. 205].

Outre les trois acides dont il vient d'être question, il peut en exister deux autres dérivés l'un de l'acide isobutyrique, le deuxième de l'acide butyrique normal, et dont la constitution serait exprimée par les formules :

$$(CH^3)\,CH\,(CH^2OH)\,CO^2H$$

et $$CH^2OH.CH^2.CH^2.CO^2H.$$

Ces composés ne sont pas encore connus. C. F.

**OXYCAMPHRE.** — Voyez CAMPHRE, t. I, p. 723.

**OXYCANNABINE**, $C^5H^6O^2$ (?). — Substance formée dans l'oxydation de l'extrait résineux du *Cannabis indica.* — On traite cet extrait d'abord à froid, puis à chaud par l'acide azotique d'une densité de 1,32, et finalement on le fait bouillir avec de l'acide d'une densité de 1,42 jusqu'à ce qu'il soit entièrement dissous. Les liqueurs acides réunies fournissent par l'évaporation de l'oxycannabine impure, qu'on purifie en la dissolvant plusieurs fois dans l'acide azotique (densité 1,42), par des lavages à l'eau et par cristallisation dans l'alcool méthylique bouillant.

L'oxycannabine est en longs prismes aplatis, à peine jaunâtres; elle ne possède pas les caractères d'un acide et n'est pas altérée par les alcalis. Insoluble dans l'eau, l'éther et le sulfure de carbone, et peu soluble dans l'alcool, elle se dissout dans l'acide nitrique, la benzine, le chloroforme et l'acide sulfurique; cette dernière solution noircit lorsqu'on la chauffe. L'oxycannabine fond de 175° à 176° et se sublime entièrement à une température plus élevée sous forme d'aiguilles ressemblant à l'amiante [Bolas et Francis, *Journ. of the Chem. Soc.*, t. VII, p. 417]. A. H.

**OXYCARBOXYLIQUE (ACIDE).** — Voyez RHODIZONIQUE (ACIDE).

**OXYCARMINIQUE (ACIDE).** — Acide contenu dans la cochenille, suivant M. Schützenberger, en même temps que l'acide carminique. — Voyez ACIDE CARMINIQUE, t. I, p. 770.

**OXYCINCHONINE.** — Voyez t. I, p. 906.

**OXYCROCONIQUE (ACIDE).** — Voyez RHODIZONIQUE (ACIDE).

**OXYCUMINAMIQUE (ACIDE).** — Voyez AMIDOCUMINIQUE (ACIDE), t. I, p. 1044.

**OXYCUMINIQUE (ACIDE).** — Voyez CUMINIQUE (ACIDE), t. I, p. 1044.

**OXYDATION.** — Voyez COMBUSTION, t. I, p. 960.

**OXYDRACYLIQUE (ACIDE).** — Ce n'est autre que l'acide paroxybenzoïque. — Voyez ce mot.

**OXYÉRUCIQUE (ACIDE)**, $C^{22}H^{42}O^3$ [Hausknecht, *Ann. der Chem. u. Pharm.*, t. CXLIII, p. 40, et *Bull. de la Soc. chim.*, 1868, t. IX, p. 481]. — Cet acide se forme lorsqu'on fait agir l'oxyde d'argent humide sur le bibromure de l'acide érucique $C^{22}H^{42}Br^2O^2$ ou sur l'acide érucique bromé $C^{22}H^{41}BrO^2$. Dans le premier cas, l'oxyde d'argent commence par enlever de l'acide bromhydrique à l'acide bibromérucique, le convertissant ainsi en acide monobromé, et l'oxyde remplace dans celui-ci le brome par de l'hydroxyle :

$$2C^{22}H^{41}BrO^2 + Ag^2O + H^2O = 2AgBr + 2C^{22}H^{41}(OH)O^2.$$

On chauffe au bain-marie pendant quelques heures l'acide bibromérucique avec de l'oxyde d'argent et de l'eau, on fait bouillir ensuite le produit avec de l'acide chlorhydrique et on lave l'huile qui se sépare. Cette huile renferme de l'acide oxyérucique et un acide solide; on la transforme en sel de baryum et l'on épuise celui-ci par l'éther. L'oxyérucate se dissout, tandis que le sel de baryum de l'acide solide reste insoluble.

L'acide oxyérucique libre constitue une huile plus légère que l'eau, soluble en toutes proportions dans l'alcool et l'éther; ses sels sont tous amorphes et paraissent renfermer $C^{22}H^{41}O^3$, R'.

L'acide solide qu'on obtient en même temps que l'acide oxyérucique est en petits grains cristallins, peu solubles dans l'alcool froid. Il fond à 127° et se prend par le refroidissement en une masse cristalline.

M. Hausknecht lui a donné le nom d'*acide dioxybénique*. Il renferme $C^{22}H^{44}O^4$ et dérive directement de l'acide bibromérucique.

Ce même acide se forme lorsqu'on fait bouillir l'acide oxyérucique avec de la potasse :

$$C^{22}H^{42}O^3 + KHO = \underset{\text{Dioxybénate de potassium.}}{C^{22}H^{43}O^4.K.}$$

C'est un acide monobasique; ses sels d'ammonium, de potassium cristallisent; celui de sodium est en petits grains fusibles à 205°. Le sel barytique renferme $(C^{22}H^{43}O^4)^2Ba$.

Comme on a omis à l'article ÉRUCIQUE la description d'un certain nombre de dérivés de cet acide, nous en dirons quelques mots ici.

M. Otto avait avancé que l'acide érucique, sous l'influence de la potasse, ne se scinde pas en acide arachidique et acide acétique; que, par conséquent, il n'appartient pas à la série oléique. Mais les recherches récentes de M. Fitz viennent infirmer ce résultat et font voir que l'acide érucique peut se dédoubler en acides arachidique $C^{20}H^{40}O^2$ et acétique. Du reste les dérivés obtenus par M. Hausknecht sont tout à fait analogues à ceux de l'acide oléique. — Voyez plus loin.

M. Fitz a trouvé l'acide érucique dans l'huile de pepins de raisin.

1 gramme de son sel de plomb se dissout dans 17 centimètres cubes d'éther bouillant et seulement dans 450 centimètres cubes d'éther à 16°.

L'acide azoteux transforme l'acide érucique en un acide isomère, l'*acide brassidique*, fusible à 60°, cristallisant en lamelles blanches (Hausknecht); d'après Fitz, il serait fusible à 56° et cristalliserait en aiguilles étoilées. Il est moins soluble dans l'alcool et l'éther que l'acide érucique.

L'acide brassidique est un acide monobasique; son *sel de sodium* ($C^{22}H^{41}O^2$.Na) cristallise dans l'alcool en lames, qui ne fondent qu'au delà de 200°. Le *sel de potassium* est en petites écailles; celui de *magnésium* cristallise également. Les brassidates de *baryum*, de *calcium* et de *plomb* sont insolubles dans l'eau et dans l'alcool. Ce dernier sel se dissout en petite quantité dans l'éther.

L'acide brassidique fixe deux atomes de brome en fournissant le *bibromure*, $C^{22}H^{42}O^2.Br^2$, cristallisant en petits cristaux incolores, qui fondent à 54° et se figent à 39°.

La potasse alcoolique ne l'attaque qu'à 200° et donne de l'acide benoléique (voyez plus loin). L'amalgame de sodium lui enlève lentement le brome et régénère de l'acide brassidique [A. Fitz, *Deutsch.*

*Chem. Gesellsch.*, t. IV, p. 442 et 910; *Bull. de la Soc. chim.*, 1871, t. XVI, p. 307].

Bibromure de l'acide érucique, $C^{22}H^{42}Br^2O^2$. — Le produit d'addition a déjà été décrit, t. I, p. 1255.

Acide érucique monobromé, $C^{22}H^{41}BrO^2$. — Lorsqu'on ajoute à une solution de bibromure de l'acide érucique une solution alcoolique de potasse, on observe une élévation considérable de température en même temps qu'il se précipite du bromure de potassium. La solution renferme le nouvel acide que l'acide chlorhydrique précipite sous forme d'une huile qui se solidifie peu à peu.

L'acide monobromérucique fond à 33-34°; peu soluble dans l'eau, il se dissout aisément dans l'alcool et l'éther.

Il fixe directement 2 atomes de brome et fournit le bibromure, $C^{22}H^{41}BrO^2.Br^2$, fusible de 31° à 32°. Ce corps est un acide et donne des sels incristallisables. La potasse alcoolique lui enlève $Br^2$, mais l'acide qui prend naissance n'a pas été étudié.

Acide benoléique, $C^{22}H^{40}O^2$. — Le bibromure de l'acide érucique, chauffé pendant 7 à 8 heures avec de la potasse alcoolique à 150°, perd 2 molécules d'acide bromhydrique et fournit l'acide benoléique :

$$C^{22}H^{42}Br^2O^2 + 2KHO$$
$$= C^{22}H^{40}O^2 + 2KBr + 2H^2O.$$

Ce dernier, précipité par l'acide chlorhydrique de la solution du produit de la réaction et purifié par cristallisation dans l'alcool, est en aiguilles blanches, réunies en faisceaux et fusibles à 57°,5. Insoluble dans l'eau, il se dissout aisément dans l'alcool et l'éther.

La formation de l'acide benoléique est accompagnée de celle d'un produit brun huileux.

Il forme des sels; ceux des alcalis sont solubles dans l'eau.

Les *benoléates de potassium et de sodium* sont en mamelons.

Celui d'*ammonium* cristallise dans l'alcool en petites lamelles transparentes perdant de l'ammoniaque à l'air.

Le *sel d'argent* renferme $C^{22}H^{39}O^2.Ag$.

Le *sel de baryum*, $(C^{22}H^{39}O^2)^2Ba$, constitue un précipité blanc; ceux de *calcium* et de *strontium* ressemblent au sel de baryum.

Le *benoléate de magnésium* est soluble dans l'alcool bouillant; il renferme

$$(C^{22}H^{39}O^2)^2Mg + 3H^2O.$$

A 130°, il fond et perd son eau.

L'acide benoléique traité par l'amalgame de sodium ne fixe pas d'hydrogène. Il se combine directement avec 2 ou 4 atomes de brome.

*Bibromure d'acide benoléique*, $C^{22}H^{40}Br^2O^2$. — Lorsqu'on ajoute peu à peu à 1 molécule de l'acide un peu plus de 1 molécule de brome, on observe un faible dégagement d'acide bromhydrique et l'on obtient le bibromure. Il constitue des lamelles brillantes, fusibles à 46-47°, qui se dissolvent facilement dans l'alcool et l'éther. Chauffé à 150° avec de la potasse alcoolique, il régénère l'acide benoléique, sans former d'acide moins riche en hydrogène.

Le *tétrabromure*, $C^{22}H^{40}Br^4O^2$, prend naissance lorsqu'on introduit l'acide benoléique dans du brome. Il se dégage beaucoup d'acide bromhydrique et le corps obtenu renferme peut-être 2 atomes d'hydrogène en moins, $C^{22}H^{38}Br^4O^2$. Il est en lamelles blanches, flexibles et fusibles à 77-78°. Traité par la potasse alcoolique, il ne donne que des produits huileux, qui n'ont pas été étudiés. L'amalgame de sodium attaque lentement le tétrabromure et le concours de la chaleur est nécessaire pour compléter la réaction ; il se forme un acide fusible à 33°, qui est probablement l'acide érucique [Haussknecht, *loc. cit.*].

Produits d'oxydation de l'acide benoléique. — L'acide nitrique fumant agit énergiquement à chaud sur l'acide benoléique en donnant naissance à deux acides cristallisés et à un corps liquide et volatil ; à froid, ce dernier corps se forme principalement.

Lorsqu'on dissout le produit de la réaction dans l'alcool bouillant, on obtient par le refroidissement des lamelles qu'on purifie par de nouvelles cristallisations dans l'alcool. Les eaux mères contiennent le second acide cristallisé et la substance huileuse.

*Acide dioxybenoléique*, $C^{22}H^{40}O^4$. — C'est l'acide qui se dépose le premier. Il est en lamelles jaunâtres, fusibles entre 90° et 91°, et moins solubles dans l'alcool que l'acide benoléique. L'acide nitrique ne l'attaque pas.

C'est un acide monobasique; les sels de potassium et de sodium se déposent sous forme de croûtes cristallines, ceux des métaux alcalino-terreux sont insolubles dans l'eau et dans l'alcool. Le sel d'argent renferme $C^{22}H^{39}O^4.Ag$.

*Aldéhyde et acide brassylique.* — Les eaux mères de l'acide dioxybenoléique finissent par déposer une huile qui, soumise à la distillation dans un courant de vapeur d'eau, laisse passer le corps huileux, tandis que l'acide cristallisable, mélangé d'acide dioxybenoléique et d'acide brassylique, reste dans la cornue.

La substance huileuse $C^{11}H^{20}O^3$ possède une odeur particulière pénétrante; M. Haussknecht la considère comme l'*aldéhyde* de l'acide brassylique à cause de sa composition, et parce que, traitée par le brome en présence de l'eau, elle se transforme exclusivement en ce dernier acide.

*L'acide brassylique*, $C^{11}H^{20}O^4$, obtenu de cette manière ou isolé du mélange d'acide qui était resté dans la cornue, est en lamelles légèrement rougeâtres, fusibles à 108°,5 et se solidifiant de nouveau à 107°. Il est peu soluble dans l'eau bouillante, mais se dissout facilement dans l'alcool.

Le même acide se trouve aussi parmi les produits de l'oxydation de l'acide érucique par l'acide nitrique fumant.

L'acide brassylique est bibasique.

Les *sels de sodium et d'ammonium* sont solubles dans l'eau et cristallisent en mamelons.

Le *brassylate d'argent*, $C^{11}H^{18}O^4.Ag^2$, forme un précipité blanc, qui se colore en violet à la lumière.

Celui de *calcium* est insoluble et renferme

$$C^{11}H^{18}O^4.Ca + 3H^2O.$$

Les sels de *cuivre*, de *magnésium* et de *plomb* sont également insolubles dans l'eau et dans l'alcool [Haussknecht, *loc. cit.*]. A. H.

**OXYGÈNE.** — On peut dire que toute la chimie dualistique, celle de Lavoisier et de Berzelius, repose sur l'histoire de l'oxygène et de ses composés. Un signe apparent de la prépondérance attribuée à cet élément, c'est la dérogation faite aux lois de la nomenclature quand il s'agit de nommer les acides oxygénés ; c'est encore le choix du poids atomique de l'oxygène et de son volume gazeux, comme unité de mesure commune à tous les corps simples. Depuis Davy, Dalton et Gerhardt, l'oxygène a dû céder la première place à l'hydrogène ; mais, en cessant d'être l'élément-type, il est resté l'un des corps simples les plus importants de la chimie : c'est le plus abondant de tous. Il entre pour près de la moitié dans la constitution des minéraux qui forment la croûte terrestre, l'eau en contient les huit neuvièmes de son poids, les êtres organisés en renferment tous une forte proportion, enfin il a été répandu dans la nature avec une telle profusion, que, malgré son activité chimique qui lui permet de s'unir avec tous les autres corps simples, le fluor excepté, il en existe encore à l'état de liberté dans l'atmosphère plus d'un million de milliards de kilogrammes.

Le rôle d'un élément libre aussi énergique et aussi abondant est immense. L'oxygène de l'air entretient la respiration des animaux terrestres et aquatiques; à lui sont dus les phénomènes les plus apparents qui se passent à chaque instant sous nos yeux : combustion, conversion des métaux en composés pulvérulents et sans éclat, rancissement des corps gras, production du vinaigre, altération des couleurs, etc. On se figure aisément la nuit profonde où dut rester la science chimique, tant que le rôle d'un pareil corps demeura méconnu et la lumière soudaine qui l'éclaira tout entière le jour où Lavoisier établit sa théorie du *principe oxygine* sur les ruines du système erroné de Stahl. — Voyez DISCOURS PRÉLIMINAIRE, p. 5.

Mais si Lavoisier eut la gloire de donner à la science nouvelle une base solide et de résoudre le premier et le plus important des problèmes chimiques, il ne découvrit pas le corps qui nous occupe. L'oxygène fut préparé pour la première fois par Priestley, le 1er août 1774, au moyen de l'oxyde mercurique ou précipité *per se*. Déjà plusieurs chimistes, Priestley lui-même, l'avaient eu entre les mains, ils l'avaient tiré du minium, du précipité *per se* ou du nitre, mais ils en avaient méconnu la nature : le savant anglais l'étudia avec soin, constata son action sur les animaux et sur les corps en combustion; il l'appela *air pur* ou *air déphlogistiqué*.

Scheele obtint le même gaz en 1775. Comme Priestley et comme Lavoisier, il le dégageait par la chaleur du précipité *per se;* il se servit aussi d'un procédé nouveau qui consistait à chauffer le peroxyde de manganèse avec l'acide sulfurique. Il démontra que l'air était mélangé d'air *vicié* et d'air *pur* (oxygène) et détermina la proportion de ce dernier en l'absorbant à l'aide d'un mélange humide de soufre et de fer.

Lavoisier étudia surtout l'oxygène au point de vue le plus élevé de la philosophie naturelle. Il se préoccupa de l'élévation de température qui accompagne sa fixation sur les autres éléments et chercha à l'expliquer par le dégagement de la chaleur latente qui constitue l'oxygène à l'état de gaz; il détermina son rôle acidifiant et lui donna un nom propre à rappeler cette propriété caractéristique (ὀξύς acide, γεννάω j'engendre). Il supposa même que tous les acides contenaient de l'oxygène, et il est allé dans ce cas au delà de la vérité expérimentale. L'oxygène n'en reste pas moins l'élément acidifiant par excellence; la récente théorie des acides organiques est là pour le prouver. Il montra que les métaux devaient être oxydés pour s'unir directement aux acides, et il prévit l'existence de métaux alcalins et terreux. Enfin, il fit faire à la physiologie un pas immense en expliquant par l'action de l'oxygène l'artérialisation du sang veineux et l'entretien de la chaleur animale.

Quelques années après Lavoisier, Priestley fit une autre découverte d'une importance analogue, il trouva que les parties vertes des plantes dégagent de l'oxygène. Perceval et Sennebier indiquèrent la source de cet oxygène; il vient de l'acide carbonique de l'air, et c'est la lumière solaire qui, d'après Ingenhouz, effectue cette réaction, grâce à laquelle se maintient un équilibre à peu près absolu entre les proportions des divers principes gazeux de l'atmosphère. — Voyez NUTRITION et ASSIMILATION.

L'histoire de l'oxygène ne s'est guère enrichie depuis de faits aussi importants, si l'on en excepte la découverte d'une variété allotropique d'oxygène signalée par Schœnbein en 1840 et nommée par lui *ozone*. — Voyez ce mot.

*Préparation.* — 1° Par l'oxyde mercurique. — Cette préparation n'est intéressante qu'au point de vue théorique et historique. La séparation de l'oxygène exige une température voisine du rouge, température à laquelle le mercure est volatilisé. Il se dépose sous forme de gouttelettes dans les parties froides de la cornue : le gaz est recueilli sur l'eau.

2° Par le peroxyde de manganèse. — Le peroxyde naturel ou pyrolusite est réduit en poudre et chauffé au rouge dans une cornue de terre ou de fer. Il perd le tiers de son oxygène et passe à l'état d'oxyde rouge de manganèse :

$$3MnO^2 = O^2 + Mn^3O^4.$$

Les manganèses du commerce renferment de l'hydrate manganique, $Mn^2O^3, H^2O$ (*acerdèse*), un peu de carbonate de calcium et d'azotates. Le gaz est donc mélangé de vapeur d'eau, d'acide carbonique, d'azote ou de composés nitreux.

3° Par le peroxyde de manganèse et l'acide sulfurique. — Le procédé de Scheele donne la moitié de l'oxygène de la pyrolusite :

$$MnO^2 + H^2SO^4 = MnSO^4 + H^2O + O.$$

Il est inusité. Récemment, M. Carlevaris a proposé de chauffer au rouge la pyrolusite avec 4 fois son poids de sable : il se forme du silicate manganeux, et la moitié de l'oxygène contenu dans le peroxyde se dégage [*Bull. de la Soc. chim.*, t. IV, p. 255].

4° Par le chlorate de potassium. — C'est le procédé des laboratoires. On chauffe le sel dans une cornue de verre dur. Une partie du chlorate se décompose : $KClO^3 = KCl + O^3$; une autre s'oxyde et donne du perchlorate :

$$2KClO^3 = KCl + KClO^4 + O^2.$$

Celui-ci est détruit à la température du ramollissement du verre et il reste du chlorure de potassium. La réaction peut s'accélérer et devenir explosive, si l'on ne règle convenablement la température. On peut la rendre beaucoup plus régulière en ajoutant au sel environ un quart de son poids d'oxyde de cuivre, de colcothar ou encore 1 à 2 fois son poids de peroxyde de manganèse lavé ou d'oxyde manganique. Le gaz recueilli est quelquefois moins pur que celui fourni par le chlorate seul. Les oxydes métalliques jouent ici un rôle particulier et dépendant, jusqu'à un certain point, de leur fonction chimique. Ils se suroxydent d'une façon transitoire et se réduisent continuellement [Jungfleisch, *Bull. de la Soc. chim.*, 1871, t. XV, p. 6].

5° Par le chlorure de chaux. — On chauffe au rouge sombre du chlorure de chaux avec un peu de chaux éteinte : le gaz contient un peu de chlore (H. Deville). On chauffe une solution saturée de chlorure de chaux avec une petite quantité de peroxyde de cobalt (1/2 °/₀ ou même moins). Celui-ci s'obtient en versant quelques gouttes d'un sel de cobalt dans la liqueur : il peut servir indéfiniment. Le chlorure de chaux se transforme tout entier en chlorure de calcium [Fleitmann, *Ann. der Chem. u. Pharm.*, t. CXXXIV, p. 64]. La solution doit être filtrée afin de ne pas mousser : d'ailleurs, on peut toujours empêcher la mousse de se produire en ajoutant à la liqueur une petite quantité de paraffine. Bœttger a reconnu que l'oxyde cuivrique et l'hydrate ferrique jouent vis-à-vis du chlorure de chaux un rôle décomposant analogue à celui du peroxyde de cobalt, mais l'action de celui-ci est plus énergique [*Journ. für prakt. Chem.*, t. XCV, p. 309, 375]. Winkler propose de faire passer un courant de chlore dans un ballon légèrement chauffé et contenant un lait de chaux additionné de peroxyde de cobalt. L'oxygène qui se dégage est lavé à l'eau de chaux [*Journ. für prakt. Chem.*, t. XCVIII, p. 340].

6° Par le bioxyde de baryum. — On prépare celui-ci en chauffant au rouge sombre la baryte *pure* dans un courant d'air exempt d'acide carbonique, mais *humide*. Si l'on arrête le courant gazeux et qu'on pousse le feu au rouge vif, on décompose à son tour le bioxyde avec régénération de baryte que l'on peut peroxyder à nouveau, $BaO^2 = BaO + O$. Ce procédé revient à extraire l'oxygène de l'air [Boussingault, *Ann. de Chim. et de Phys.*, (3), t. XXXV, p. 5]. Malheureusement, la baryte ne se prête pas indéfiniment à l'opération. Au bout d'un certain nombre d'oxydations, elle se fritte et refuse d'absorber l'oxygène. On empêche le frittage en ajoutant à la baryte de la chaux, de la magnésie et du manganate de potassium [Gondolo, *Compt. rend.*, t. LXVI, p. 488]. La révivification du bioxyde a pu être répétée dans ces conditions plus de cent fois. Elle s'effectuait dans un tube de fer ou de fonte luté intérieurement avec de la magnésie, à l'extérieur avec de l'asbesto. Dans ces conditions, le procédé devient industriel.

Un mélange de peroxydes de plomb et de baryum traité par de l'acide nitrique (D = 1,064), dégage à froid de l'oxygène exempt d'ozone [Bœttger, *Journ. für prakt. Chem.*, t. CVII, p. 48].

En général, toutes les causes qui peuvent détruire l'eau oxygénée produite par la réaction des acides sur le bioxyde de baryum donnent lieu à un dégagement d'oxygène plus ou moins ozoné.

7° Par l'acide sulfurique ou les sulfates. — MM. H. Deville et Debray ont donné les procédés industriels suivants pour préparer l'oxygène. On dirige dans une cornue remplie de fragments de briques ou de feuilles de platine, ou enfin dans un serpentin de platine rempli de mousse de platine, un courant de vapeur d'acide sulfurique. Celui-ci est décomposé au rouge faible en oxygène et acide sulfureux. Ce dernier gaz est absorbé par de l'eau ou de la soude et peut servir à d'autres usages. L'oxygène revient à très-bon compte par ce procédé (moins de 1 fr. le mètre cube).

On peut encore calciner le sulfate de zinc au rouge vif. L'acide sulfureux qui se produit concurremment avec l'oxygène et l'oxyde de zinc doit être absorbé de la même façon.

8° Par le nitrate de sodium. — Un kilogramme de nitrate brut, chauffé dans une bouteille en fer vers 700°, a donné à M. Deville des vapeurs nitreuses, 90 litres d'oxygène mélangé d'un peu de protoxyde d'azote et 30 litres d'azote. On a cessé de chauffer quand la proportion d'azote devenait trop considérable. Le résidu contenait presque uniquement de l'azotite. Le dégagement gazeux est tumultueux au début.

9° Par les manganates et permanganates. — Le permanganate de potassium chauffé au rouge donne de l'oxygène (10 °/₀ environ de celui qu'il contient); il reste un mélange de manganate et d'oxyde de manganèse. L'opération est rendue bien plus facile lorsqu'on opère dans un courant de vapeur d'eau surchauffée, le manganate de sodium perd dans ces conditions son oxygène vers 450°, avec formation de soude caustique et de peroxyde de manganèse [Tessié du Motay et Maréchal. — Voyez Bothe, *Bull. de la Soc. chim.*, 1867, t. VIII, p. 451] :

$$MnNa^2O^4 + H^2O = MnO^2 + 2NaHO + O.$$

Un pareil mélange régénère le manganate primitif lorsqu'on le chauffe dans un courant d'air; de là une fabrication industrielle de l'oxygène fondée en définitive sur son extraction de l'air atmosphérique. Le dégagement du gaz et la révivification ont lieu dans des cornues à gaz aplaties; nous ne décrirons pas les dispositions faciles à imaginer qui permettent à la vapeur d'eau et à l'air de se surchauffer et de pénétrer intimement la masse du manganate; celui-ci est d'ailleurs mélangé de diverses substances ayant pour but d'empêcher le frittage.

Les chromates, traités de la même façon, donnent aussi de l'oxygène.

10° Par l'oxychlorure de cuivre. — Le protochlorure de cuivre, $Cu^2Cl^2$, additionné de 15 à 20 °/₀ d'eau, est porté à la température de 100° dans une cornue où il est traversé par un rapide courant d'air. Au bout de 3 à 4 heures, il est converti en oxychlorure. Celui-ci régénère le protochlorure et perd tout son oxygène lorsqu'on le chauffe dans la même cornue au rouge sombre. 100 kilogrammes de chlorure cuivreux donnent à chaque opération 3 mètres cubes d'oxygène [Mallet, *Bull. de la Soc. chim.*, 1867, t. VII, p. 523].

11° Nous ne signalerons pas les réactions qui donnent de l'oxygène, mais qui ne peuvent servir à le préparer. Exemples : la destruction de l'eau oxygénée par la chaleur, l'oxyde d'argent, le peroxyde de manganèse ou la fibrine; l'électrolyse de l'eau acidulée; la décomposition de l'eau chargée d'acide carbonique par les parties vertes des plantes à la lumière solaire, etc.

12° L'oxygène étant seulement à l'état de mélange dans l'atmosphère on peut l'isoler par des moyens purement physiques. Ainsi, l'oxygène et l'azote se dissolvent en proportions très-différentes dans les solutions de phosphate et de carbonate de sodium et dans le sang des animaux; ils se condensent en quantités très-inégales dans les pores du charbon de bois. 100 litres de charbon fraîchement éteint absorbent 925 litres d'oxygène et 705 d'azote; vient-on à mouiller ce charbon, une partie du gaz s'échappe, mais l'azote est bien moins retenu que l'oxygène, il reste 575 litres de gaz et seulement 45 litres d'azote : on peut extraire ce mélange gazeux à l'aide d'une pompe pneumatique, et si on le désire encore plus riche en oxygène, il suffit de recommencer l'opération [Montmagnon et de Laire, *Bull. de la Soc. chim.*, 1869, t. XI, p. 261].

On peut encore dialyser l'air à travers une lame de caoutchouc [Graham. — Voyez DIFFUSION, t. I, p. 1163].

*Propriétés physiques.* — L'oxygène est incolore, inodore, insipide. Son indice de réfraction est 1,000272, c'est le plus petit des indices connus. On n'a pu réussir à le liquéfier sous la pression de 40 atmosphères aidée de l'action de la plus basse température (— 110°). Il est très-peu soluble dans l'eau. Coefficient d'absorption à + 15° : 0,03 (voyez ABSORPTION). L'oxygène est absorbé en assez forte quantité par le caoutchouc et par certains métaux fondus, en particulier par l'argent. Il en est de même de la litharge. Ces substances abandonnent leur gaz au moment où elles se solidifient (*rochage*). Densité par rapport à l'air : 1,10563; par rapport à l'hydrogène : 16 (15,95). Un litre d'oxygène à 0° et 0,76 de pression pèse 1gr,437. C'est le plus magnétique de tous les gaz, l'action magnétique de l'atmosphère lui est due tout entière. Son spectre est formé de raies irrégulières qui dominent surtout dans le bleu.

*Propriétés chimiques.* — Le poids atomique de l'oxygène par rapport à l'hydrogène est 16. M. Stas, par des méthodes analytiques fort précises, est arrivé au nombre 15,96. L'oxygène est diatomique; il est uni à 2 atomes d'hydrogène dans l'eau, type des composés diatomiques [Williamson. — Voyez DISCOURS PRÉLIMINAIRE, p. 41]. Ses propriétés sont fortement électro-négatives, c'est-à-dire le plus opposées possible à celles des métaux alcalins; il ne se dégage jamais dans le phénomène de l'électrolyse qu'au pôle positif. Une allumette qu'on vient de souffler et ne présentant plus qu'un point en ignition est rallumée et brûle avec une flamme brillante lorsqu'on la plonge dans l'oxygène ou dans un mélange gazeux qui en contient une forte proportion. Le *phosphore*, le *soufre*, la *naphtaline* brûlent dans l'oxygène avec un vif éclat. La flamme fumeuse de l'*essence de térébenthine* devient excessivement blanche et lumineuse lorsqu'on l'alimente avec l'oxygène. Un ressort d'*acier* qu'on a recuit et contourné en spirale s'allume dans l'oxygène au contact d'un morceau d'amadou allumé, et brûle en projetant de brillantes étincelles : ces globules d'oxyde fondu sont assez chauds pour s'implanter dans le verre du flacon où l'on fait l'expérience, même lorsqu'ils ont traversé une couche d'eau de quelques centimètres d'épaisseur. Une feuille d'*aluminium* battu chauffée dans une boule de verre traversée par un courant d'oxygène, disparaît tout d'un coup avec une sorte d'explosion en émettant une vive lumière. Un tube de *zinc* laminé et fort mince, rempli de tournure de zinc très-fine, brûle avec une magnifique flamme verte et une multitude d'étincelles lorsqu'on le fait traverser par un courant d'oxygène et qu'on l'allume à un bout à l'aide d'une allumette. Enfin la combustion du *magnésium* présente encore plus d'éclat dans l'oxygène que dans l'air.

En dirigeant un courant d'oxygène dans une petite quantité de *phosphore* fondu sous une couche d'eau, celui-ci s'enflamme à chaque bulle qui le traverse et répand une belle lumière.

L'oxygène forme des mélanges détonants avec les gaz et vapeurs combustibles. Les explosions les plus fortes sont produites avec l'*hydrogène phosphoré*, le *butylène*, les vapeurs d'*éther*, etc.

La flamme de l'*hydrogène* brûlant dans l'oxygène est une des sources de chaleur les plus intenses et les plus commodes; on en verra l'emploi en métallurgie à l'article PLATINE; elle permet de porter la chaux au blanc éblouissant et fournit ainsi une lumière très-intense dite *lumière de Drummond* (voyez GAZ). Le gaz oxygène *brûle* dans les gaz combustibles; l'expérience est très-facile à faire avec le *gaz d'éclairage* : on amène celui-ci dans un bocal d'où il s'échappe à la partie supérieure. On l'allume à sa sortie du vase et on y plonge un tube recourbé qui donne issue à un courant d'oxygène; celui-ci s'allume à la flamme extérieure et continue de brûler dans l'intérieur du bocal. On peut encore faire l'expérience sans recueillir l'oxygène à l'avance; il suffit de chauffer fortement du chlorate de potassium dans une cuiller de fer et d'introduire celle-ci dans le gaz, le chlorate y brûle avec flamme. L'oxygène brûle aussi dans l'*ammoniaque* : pour le faire voir il n'est pas nécessaire de préparer ce gaz à l'état anhydre; il suffit de chauffer légèrement une solution ammoniacale très-concentrée dans un bocal et d'allumer le jet d'oxygène au moment où on l'introduit dans le gaz combustible.

Beaucoup de substances sont aptes à s'unir à l'oxygène à froid. Le *bioxyde d'azote* donne du peroxyde; l'*indigo blanc* en solution alcaline s'oxyde et devient rapidement bleu. Les solutions alcalines d'*acide pyrogallique* absorbent l'oxygène avec avidité et deviennent brunes. L'*hydrosulfite* de sodium de M. Schützenberger s'empare également de l'oxygène soit libre, soit dissous dans l'eau, et si cette eau est colorée par une trace de bleu d'aniline, elle ne commence à être décolorée que lorsque tout l'oxygène dissous a disparu. De là un moyen de dosage. La solution ammoniacale de *chlorure cuivreux* s'oxyde très-énergiquement à l'air en devenant bleue. Le *phosphore* absorbe aussi l'oxygène à froid, mais il faut que la pression soit bien inférieure à celle de l'atmosphère ou que le gaz soit dilué dans un gaz étranger. Les *hydrates ferreux* et *manganeux* et un grand nombre de *métaux* humides s'unissent à l'oxygène avec plus ou moins d'énergie. Dans les cas de métaux, l'état des surfaces influe d'une façon très-appréciable sur leur altérabilité. A l'état de poussière moléculaire où l'on obtient le *fer* par la réduction de l'oxyde dans l'hydrogène ou par la calcination du bleu de Prusse et le *plomb* par celle de son tartrate, ces métaux s'oxydent à l'air d'une façon si intense qu'ils s'enflamment spontanément. Le *sulfure de potassium* obtenu par la réduction du sulfate à l'aide du noir de fumée est un autre exemple connu de *pyrophore* s'enflammant spontanément à l'air.

Les *composés organo-métalliques* sont pour la plupart très-avides d'oxygène, le *zinc-éthyle*, par exemple, s'enflamme spontanément à l'air; il en est de même du *cacodyle*.

L'oxydation des *substances organiques* peut avoir lieu directement comme celle des *huiles* et des diverses *matières colorantes;* dans ce cas, elle est favorisée par la lumière et principalement par les rayons les plus réfrangibles. Elle est aussi souvent le produit d'un phénomène de fermentation (voyez ce mot). On emploie quelquefois aussi pour la provoquer la mousse ou le noir de platine. Ces substances imprégnées d'*alcool*, par exemple, en déterminent rapidement à l'air la conversion en produits oxydés, et dans l'oxygène en provoquent la combustion. Les autres alcools sont oxydés de la même manière. Un fil de platine porté au rouge dans une atmosphère de vapeurs combustibles mélangées d'air produit souvent chez ces vapeurs une oxydation qui ne va pas jusqu'à la combustion. Sous cette influence, les vapeurs d'*alcool méthylique* donnent de l'aldéhyde formique, l'*ammoniaque* de l'azotite d'ammonium, etc.

Le plus souvent les oxydations ne s'effectuent pas avec le gaz oxygène libre, mais avec un mélange susceptible d'en dégager. Celui que l'on fait avec l'acide sulfurique et le permanganate de potassium possède une action si énergique, qu'il convertit le *gaz chlorhydrique* $HCl$ en acide hypochloreux $HClO$ (Odling). Le papier qu'on y plonge s'y enflamme. On se sert, pour provoquer des oxydations plus ménagées, d'un mélange d'acide sulfurique et de peroxyde de manganèse, ou mieux d'acide sulfurique et de bichromate de potassium. On peut aussi employer l'acide chromique libre; la réaction est dans ce cas moins violente, puisque l'acide chromique, $CrO^3$, perd alors le cinquième de son oxygène, tandis que celui qui est employé à l'état de bichromate mélangé d'acide sulfurique fournit la moitié du sien.

Les *animaux*, à l'exception de quelques organismes inférieurs, ont besoin de l'oxygène de l'air pour vivre, et peuvent vivre, du moins pendant assez longtemps, dans l'oxygène pur : il n'en résulte pour eux qu'une grande turgescence du système vasculaire sans inflammation viscérale. L'oxygène est un modificateur assez puissant des plaies et de la rougeur congestive qui les environne. MM. Demarquay et Lecomte ont pu combattre avec lui la rougeur qui persiste à la suite de l'eczéma [*Bull. Soc. chim.*, 1864, t. I, p. 314].

M. Pasteur a fait voir qu'à l'inverse des animaux supérieurs, le *vibrion* de la fermentation butyrique vit et se multiplie à l'abri de l'air et qu'il suffit pour le tuer de faire passer dans la liqueur en voie de fermentation un courant d'air atmosphérique pendant deux heures [*Compt. rend.*, t. LI, p. 344, et LVI, p. 416].

L'oxygène sous pression se comporte comme un poison pour les animaux supérieurs. Un *moineau* meurt avec de violentes convulsions dans l'oxygène comprimé à 3 ou 4 atmosphères. Sa température s'abaisse dès le début des accidents convulsifs [Bert, *Compt. rend.*, t. LXXIV, p. 620].

COMPOSÉS DE L'OXYGÈNE. — L'oxygène s'unit aux métalloïdes et aux métaux. Avec les premiers il forme les *acides anhydres* ou *anhydrides* (voyez ce mot) et plusieurs *oxydes* neutres; avec les seconds, il donne naissance à des *oxydes* qui sont, pour la plupart, fortement *basiques*, c'est-à-dire susceptibles de réagir sur les acides pour former des *sels*. Les autres sont *indifférents* et se combinent aussi bien aux acides qu'aux oxydes basiques; ou bien *singuliers*, c'est-à-dire doivent perdre une partie de leur oxygène pour s'unir aux acides; ou encore ils sont *acides* et se combinent aux oxydes basiques, mais bien moins énergiquement que les acides métalloïdiques.

Il y a des oxydes basiques d'atomicité diverse. Ceux de potassium, de sodium, de rubidium, de césium et de lithium dont la formule générale est $(R')^2O$ sont les plus puissants : on les appelle *oxydes alcalins*. Les hydrates alcalins constituent les *alcalis;* leur solution bleuit énergiquement le tournesol, verdit le sirop de violette et brunit la teinture de curcuma. L'oxyde d'argent présente la même formule que les oxydes alcalins et une égale aptitude à neutraliser les acides.

Les oxydes de baryum, de strontium, de calcium constituent ce qu'on appelle les *terres alcalines* et possèdent la composition représentée par la formule générale $(R'')O$. Leurs hydrates sont moins solubles dans l'eau et moins puissants que les alcalis. La baryte ou *protoxyde de baryum*, $(BaO)$, peut servir à démontrer la propriété fondamentale des oxydes; elle se combine avec incandescence aux vapeurs d'anhydride sulfurique $(SO^3)$.

La plupart des métaux proprement dits, tels que le cuivre, le mercure, le plomb, le zinc, le fer, l'étain, forment aussi des oxydes importants de la formule $(R'')O$ (*protoxydes*); ce sont les anciennes *chaux métalliques*. Ils ne neutralisent pas tous exactement les acides puissants avec lesquels ils se combinent; en un mot, leurs *sels* peuvent avoir une légère réaction acide; en revanche, quelques-uns se combinent aux alcalis comme l'oxyde de zinc $(ZnO)$.

Le type des oxydes *indifférents* est le *sesquioxyde* d'aluminium $(Al^2O^3)$, ou ceux parmi les oxydes de fer, de chrome et de manganèse qui possèdent une formule analogue $(R^2)^{vi}O^3$. Tous les quatre se combinent aux acides et aux alcalis. L'oxyde d'indium, d'après de récentes recherches, doit être rattaché à ce groupe dont on doit exclure, malgré la similitude de formule brute, les sesquioxydes d'antimoine, de bismuth, d'or et d'urane. Les trois premiers correspondent à des chlorures $RCl^3$ et non $R^2Cl^6$. Quant au dernier, il retient une partie de son oxygène avec une telle persistance, qu'il fonctionne non pas comme l'oxyde d'un métal, mais comme celui d'un radical $(U''O)$.

L'étain, le titane, le zirconium et le platine donnent des *bioxydes* de la formule $(R^{iv})O^2$, chez lesquels commencent à se manifester des propriétés acides bien caractérisées. De fait, il existe la plus grande analogie entre ces acides et la silice elle-même $(SiO^2)$. On ne doit pas faire entrer dans le même groupe les *bioxydes* de baryum, de strontium, de manganèse et de plomb, qui sont de vrais *peroxydes* ou *suroxydes* et présentent les propriétés des oxydes *singuliers*.

Il est probable que les deux premiers répondent à la formule de structure $R''(O^2)''$; quant aux autres, ils paraissent réellement tétratomiques comme l'anhydride stannique $SnO^2$, et correspondent à une atomicité que le manganèse et le plomb manifestent fort rarement, par exemple dans le tétrachlorure éthéré de manganèse et dans le plomb-éthyle. Lorsqu'un métal forme avec l'oxygène plusieurs composés, on remarque que le caractère basique de ceux-ci décroît à mesure que la quantité d'oxygène y augmente. Les composés riches en oxygène sont de véritables *acides*. Il en est ainsi pour les degrés d'oxydation les plus élevés du fer, du manganèse, du chrome, etc. Tandis que les protoxydes de fer et de manganèse $(R''O)$ sont des bases, les sesquioxydes $(R^2)^{vi}O^3$ sont indifférents et les composés plus oxygénés offrent les propriétés acides les plus caractérisées. Tels sont les anhydrides chromique $(CrO^3)$, ferrique $(FeO^3)$, manganique $(MnO^3)$ et permanganique $(Mn^2O^7)$, qui peuvent fournir de beaux sels avec les alcalis.

Il existe quelques oxydes à 5 atomes d'oxygène, ils sont acides comme l'acide phosphorique. Ce sont l'anhydride bismuthique $Bi^2O^5$ et l'anhydride vanadique $V^2O^5$.

Un cas particulier de sels à acides métalliques est celui où le métal de l'acide est le même que celui de la base; le produit est un *oxyde salin*. Exemple : l'oxyde de fer $Fe^3O^4 = FeO,Fe^2O^3$, analogue aux sels du groupe des spinelles

$$MgAl^2O^4, \text{ etc.}$$

Une dernière classe d'oxydes qui doit trouver sa place à l'extrémité opposée de la série d'oxydation, et qui correspond d'une façon inverse à celle des oxydes singuliers, comprend les *quadrantoxydes* d'argent et de cuivre, $Ag^4O$ et $Cu^4O$. Ceux-ci, pour s'unir aux acides, doivent perdre une portion de leur métal.

| Monoxydes. | | | | Dioxydes. | | | | Trioxydes. | | | | Tétroxydes. | | Pent-oxyde. | Hept-oxyde. |
|---|---|---|---|---|---|---|---|---|---|---|---|---|---|---|---|
| $Ag^4O$ | $K^2O$ | $Hg^2O$ | $BaO$ | $K^2O^2$ | $BaO^2$ | $MnO^2$ | $SnO^2$ | $Fe^2O^3$ | $Au^2O^3$ | $V^2O^3$ | $CrO^3$ | $Fe^3O^4$ | $OsO^4$ | $V^2O^5$ | $Mn^2O^7$ |
| Quadrantoxyde | Protoxyde | Sous-oxyde | Protoxyde | Suroxyde | Peroxyde | Peroxyde | Acide | Sesquioxyde | Sesquioxyde | Sesquioxyde | Acide | Oxyde salin | Acide | Acide | Acide |

Nous ne décrirons pas les propriétés des oxydes, on les trouvera mentionnés avec chacun de ces composés à l'article consacré à leur radical métallique. Pour ce qui regarde les oxydes organiques, nous renvoyons le lecteur aux articles généraux ANHYDRIDES et ETHERS, et aux articles spéciaux ACÉTYLE (PEROXYDE D'), BENZOYLE (PEROXYDE), etc.

La recherche et le dosage de l'oxygène se trouvent traités aux articles ANALYSE ORGANIQUE et ANALYSE DES GAZ.

L'oxygène des oxydes se dose généralement à l'état d'eau, par réduction du composé à l'aide de l'hydrogène. MM. Schützenberger, Gérardin et Risler dosent l'oxygène dissous par la méthode des volumes, en le faisant agir sur une solution étendue d'hydrosulfite de sodium. Celui-ci se prépare en laissant pendant 25 à 30 minutes en contact avec du zinc une solution de bisulfite de sodium marquant 10° Baumé, et saturant ensuite avec un excès d'un lait de chaux.

La solution oxygénée est légèrement teintée en bleu par du bleu soluble de Coupier et recouverte d'huile; on y verse la liqueur réductrice jusqu'à décoloration. Puis avec la même liqueur on décolore un volume mesuré d'une solution de sulfate cuivrique ammoniacal renfermant par litre 2gr,23 de sulfate de cuivre cristallisé. Le sel cuivrique est réduit à l'état cuivreux et l'atome d'oxygène disponible se fixe sur 2 molécules d'hydrosulfite en donnant probablement un acide thionique. L'oxygène libre dissous dans l'eau transforme au contraire l'hydrosulfite en sulfite, de sorte que 1 molécule de sel absorbe 1 atome d'oxygène; 10 centimètres cubes de la solution cuivrique correspondent donc à 1 centimètre cube d'*oxygène libre*, quoiqu'ils ne contiennent en réalité que un 1/2 centimètre cube d'oxygène disponible. G. S.

**OXYGUANINE.** — Voyez t. I, p. 1645.

**OXYGUMMIQUE (ACIDE).** — Voyez GUMMIQUE (ACIDE), t. I, p. 1646.

**OXYHÉMOGLOBINE.** — Voyez HÉMOGLOBINE, t. II, p. 13.

**OXYHIPPURIQUE (ACIDE).** — Voyez t. II, p. 29.

**OXYLÉPIDÈNE** $C^{28}H^{20}O^2$. — Ce composé diffère du lépidène $C^{28}H^{20}O$ par un atome d'oxygène; il a été obtenu par Zinin dans l'oxydation du lépidène. Cette dernière substance n'étant pas encore décrite dans cet ouvrage, nous commencerons par son étude.

LÉPIDÈNE $C^{28}H^{20}O$. — Lorsqu'on chauffe la benzoïne avec de l'acide chlorhydrique en vase clos à 130°, elle donne du benzile et du lépidène (voyez t. I, p. 549). Suivant MM. Limpricht et Schwanert, le premier produit de la réaction est l'oxylépidène

$$2(C^{14}H^{12}O^2) = C^{28}H^{20}O^2 + 2H^2O$$

Benzoïne. Oxylépidène.

qui par l'action d'un excès de benzoïne est converti en lépidène en même temps que la benzoïne passe à l'état de benzile $C^{14}H^{10}O^2$.

*Préparation.* — 1° On chauffe 1 p. de benzoïne avec 1 p. 1/2 d'acide chlorhydrique saturé à 8° pendant 7 à 8 heures à 130°. Après la réaction on trouve dans le tube un corps oléagineux qui surnage l'acide, et qui se transforme en une masse feuilletée dès qu'on ouvre le tube. Cette masse traitée par l'éther donne un résidu formé de lépidène; une autre partie se trouve dissoute et cristallise lorsqu'on ajoute de l'alcool à la solution éthérée et qu'on distille l'éther. Les eaux mères du lépidène contiennent du benzile (environ 40 % de la benzoïne) et un corps huileux épais, insoluble dans l'eau, mais très-soluble dans l'alcool et l'éther. On obtient en lépidène à peu près 28 % de la benzoïne employée [N. Zinin, *Bull. de l'Acad. de Pétersb.*, t. XI, p. 151; *Ann. de Chim. et de Phys.*, (8), t. XII, p. 111].

2° D'après MM. Limpricht et Schwanert, on peut substituer à l'acide chlorhydrique de l'acide sulfurique étendu d'eau, et opérer dans ce cas en vase ouvert [*Deutsche Chem. Gesells.*, t. IV, p. 338, et *Bull. de la Soc. chim.*, 1871, t. XV, p. 261].

Le lépidène se forme encore lorsqu'on traite l'oxylépidène en solution acétique et chaude par le zinc, ou qu'on chauffe l'oxylépidène avec de l'eau et de la benzoïne en vase clos à 150° :

$$C^{28}H^{20}O^2 + C^{14}H^{12}O^2$$

Oxylépidène. Benzoïne.

$$= C^{28}H^{20}O + C^{14}H^{10}O^2 + H^2O.$$

Lépidène. Benzile.

*Propriétés et réactions.* — Le lépidène se dépose de ses solutions dans l'alcool ou dans l'acide acétique sous forme d'aiguilles aplaties, groupées quelquefois en barbes de plume ou en feuilles larges. Il est insoluble dans l'eau froide, soluble dans 170 p. d'eau bouillante, dans 1000 p. d'alcool froid à 94 %, et dans 38 p. d'alcool bouillant. 1 p. se dissout dans 38 p. d'éther bouillant et dans 52 p. à froid; à froid dans 500 p. d'acide acétique cristallisable, et à chaud dans 2 p.; dans 1 p. de benzine froide.

Il fond à 175° et cristallise de nouveau par le refroidissement, lorsqu'il n'a pas été trop surchauffé. Vers 220° il bout et peut être distillé par petites quantités.

La potasse alcoolique et même la potasse fondue ne l'attaquent pas. L'acide nitrique l'oxyde et le transforme en oxylépidène. Chauffé doucement avec le pentachlorure de phosphore, le lépidène fournit un liquide rougeâtre, qui se solidifie après lavages, et cristallise dans l'alcool ou l'éther en longues aiguilles (Zinin). Dans cette réaction, l'oxygène du lépidène n'est pas enlevé, mais il se forme des dérivés chlorés (Dorn). Suivant Zinin, lorsqu'on chauffe le lépidène avec 4 à 5 fois son poids de pentachlorure de phosphore, et qu'on verse le produit dans l'eau, on obtient un oxylépidène bichloré.

Le lépidène peut être distillé sur de la poudre de zinc chauffée, sans être modifié.

On connaît un corps *isomère* du lépidène qui se forme dans la distillation sèche des trois oxylépidènes isomériques. Le produit brut lavé avec un peu d'éther est dissous dans l'alcool, chauffé avec de la potasse alcoolique, précipité par l'eau et purifié par cristallisation dans l'alcool bouillant.

Ce lépidène $C^{28}H^{20}O$ se dissout dans 18 p. d'alcool (95 %) bouillant et dans 266 p. d'alcool froid. Il cristallise en tables quadrilatères fusibles à 150° [Zinin, *Deutsch. Chem. Gesellsch.*, 1872, t. V, p. 1104].

*Bibromolépidène*, $C^{28}H^{18}Br^2O$. — Lorsqu'on ajoute peu à peu du brome à une solution acétique et chaude de lépidène, le liquide laisse déposer des aiguilles aplaties de lépidène bibromé.

Celui-ci cristallise dans l'éther en tables ou lamelles minces qui fondent à 190° et prennent en se solidifiant une texture cristalline ou amorphe, suivant la température à laquelle ils ont été chauffés. Insoluble dans l'eau, il se dissout dans 410 p. d'alcool bouillant, dans 66 p. d'acide acétique et dans 50 p. d'éther bouillant.

L'acide azotique oxyde le bibromolépidène et le convertit en un corps cristallisable, qui paraît être l'oxylépidène bibromé.

*Dérivés chlorés.* — M. Dorn, en chauffant l'oxylépidène en vase clos plus ou moins longtemps avec du perchlorure de phosphore et une certaine quantité d'oxychlorure (pour diminuer la pression), a obtenu une série de dérivés chlorés du lépidène.

Le pentachlorure de phosphore enlève donc 1 atome d'oxygène à l'oxylépidène, mais l'atome d'oxygène du lépidène formé résiste à l'action du perchlorure. Suivant Zinin, l'oxylépidène tabulaire n'est pas réduit, mais donne de l'oxylépidène monochloré. Lorsqu'on chauffe le lépidène avec ce réactif, on obtient les mêmes corps chlorés [Dorn, *Zeitsch. für Chem.*, 1869, t. V, p. 597, et *Bull. de la Soc. chim.*, 1870, t. XIII, p. 262].

*Lépidène bichloré*, $C^{28}H^{18}Cl^2O$. — Aiguilles blanches, fusibles à 156°, obtenues par réduction du bichloroxylépidène au moyen du zinc et de l'acide chlorhydrique. Il est peu soluble dans l'alcool et l'éther, facilement soluble dans l'acide acétique (Dorn).

Zinin, en chauffant 1 p. de lépidène avec 1 p. de pentachlorure de phosphore jusqu'à volatilisation complète du dernier, a obtenu un *lépidène bichloré* différent du précédent. Il cristallise en aiguilles fusibles à 160° et solubles dans 66 p. d'alcool bouillant, solubles dans l'éther et dans l'acide acétique.

*Lépidène pentachloré*, $C^{28}H^{15}Cl^{5}O$. — Cristaux blancs fusibles à 186°, et très-peu solubles dans l'alcool et l'éther.

*Lépidène hexachloré*, $C^{28}H^{14}Cl^{6}O$.—Substance jaune amorphe, très-soluble dans l'alcool et l'éther, fusible entre 80° et 90°.

*Lépidène octochloré*, $C^{28}H^{12}Cl^{8}O$. — Substance jaune orangé, très-soluble dans l'alcool et l'éther; elle commence à se ramollir vers 70° et fond à 97°.

OXYLÉPIDÈNE $C^{28}H^{20}O^{2}$. — Pour préparer ce corps, on chauffe à l'ébullition 1 p. de lépidène avec 10 p. d'acide acétique cristallisable, et l'on ajoute un mélange formé de 1 p. d'acide azotique (densité 1,5), et de 3 p. d'acide acétique : par le refroidissement, l'oxylépidène cristallise et est purifié par de nouvelles cristallisations.

Suivant Dorn, le thionessal et le sulfure de tollalyle chauffés avec de l'acide chlorhydrique et du chlorate de potassium fournissent de l'oxylépidène [*Zeitsch. für Chem.*, 1869, t. V, p. 336].

L'oxylépidène est en aiguilles jaunes (prismes à quatre pans), insolubles dans l'eau, à peine solubles dans l'alcool et l'éther froids, mais facilement solubles dans la benzine. 1 p. se dissout à chaud dans 200 p. d'alcool à 94 %, dans 22 p. d'acide acétique bouillant. Il fond à 220° et se fige par le refroidissement en une masse cristalline; mais, lorsqu'il a été chauffé à 340°, température vers laquelle il commence à bouillir, il forme après refroidissement une masse résineuse, jaune, très-soluble dans l'alcool et l'éther. Ce produit renferme deux corps isomères de l'oxylépidène. — Voyez plus loin.

Chauffé avec de la potasse alcoolique, l'oxylépidène donne une substance cristallisable, insoluble dans l'eau.

L'acide chromique en solution acétique le transforme en acide benzoïque et benzile; en observant certaines précautions, on obtient dans cette réaction du *bioxylépidène* $C^{28}H^{20}O^{3}$.

Les agents réducteurs transforment l'oxylépidène en lépidène.

Le perchlorure de phosphore fournit des dérivés chlorés du lépidène. Chauffé avec de la benzoïne et de l'eau à 150°, il donne du lépidène et du benzile.

La solution éthérée de l'oxylépidène chauffé à 340°, soumise à l'évaporation lente, laisse déposer trois sortes de cristaux : 1° quelques prismes d'oxylépidène non altéré; 2° des tables rhombiques, et 3° des octaèdres microscopiques. Lorsqu'on dissout le tout dans l'alcool bouillant, la solution dépose d'abord des *tables*, et ensuite un mélange de *tables* et d'*octaèdres* qu'on sépare par de nouvelles cristallisations. Ces deux substances renferment $C^{28}H^{20}O^{2}$ et sont par conséquent isomériques avec l'oxylépidène.

*Oxylépidène tabulaire.* — Il forme environ 98 % du mélange; l'alcool bouillant à 95 % en dissout 4,5 p. et la solution peut être fortement concentrée sans cristalliser, mais à un certain moment entre en ébullition et se prend en masse.

Il se dissout dans son poids d'acide acétique; le zinc ne le réduit pas. Il fond à 136° et se fige en une masse résineuse.

Lorsqu'on chauffe l'oxylépidène tabulaire avec de la potasse alcoolique, on obtient le sel de potassium d'un acide $C^{28}H^{22}O^{3} = C^{28}H^{20}O^{2} + H^{2}O$. Cet acide cristallise en mamelons ou en prismes quadrilatères, insolubles dans l'eau, solubles dans 3,5 p. d'alcool (95 %) bouillant et dans l'éther. Il fond à 106° en perdant de l'eau et se transformant de nouveau en oxylépidène tabulaire.

Le perchlorure de phosphore convertit l'oxylépidène tabulaire en un dérivé monochloré.

*Oxylépidène octaédrique.* — C'est la plus stable des trois modifications isomériques de l'oxylépidène; il forme environ 2 % du mélange. Peu soluble dans l'alcool bouillant, il se dissout dans 76 p. d'acide acétique. Il fond à 232° et se solidifie de nouveau vers 200°. La potasse alcoolique est sans action sur lui.

Les trois modifications de l'oxylépidène soumises à la distillation sèche fournissent un seul corps $C^{28}H^{20}O$, isomérique avec le lépidène [Zinin, *loc. cit.*]. — Voyez plus haut.

*Oxylépidène monochloré.* — On chauffe parties égales d'oxylépidène tabulaire et de pentachlorure de phosphore et 1/2 p. d'oxychlorure pendant douze heures à 180-200°, on traite le produit par l'eau, on lave le précipité avec de l'éther et on le fait cristalliser dans l'acide acétique bouillant (1 p. se dissout dans 22,8 p. d'acide). Ce composé fond à 185° et renferme $C^{28}H^{19}ClO^{2}$ [Zinin, 1872, *loc. cit.*].

*Oxylépidène bichloré*, $C^{28}H^{18}Cl^{2}O^{2}$. — On le prépare en oxydant le thionessal bichloré par le chlorate de potassium et l'acide chlorhydrique. Aiguilles blanches, fusibles à 178°, facilement solubles dans l'alcool et l'acide acétique. Les agents réducteurs le transforment en bichlorolépidène. Zinin a préparé un oxylépidène bichloré isomérique avec le précédent en chauffant 1 p. de lépidène avec 4 à 5 de perchlorure de phosphore, versant le produit chaud dans l'eau, lavant le précipité à l'éther et le faisant cristalliser. Cet oxylépidène bichloré $C^{20}H^{18}Cl^{2}O^{2}$ est en petites aiguilles fusibles à 202° et solubles dans 90 p. d'éther bouillant, dans 13,7 p. d'acide acétique chaud et dans 146 p. d'acide froid [Zinin, 1872, *loc. cit.*].

BIOXYLÉPIDÈNE $C^{28}H^{20}O^{3}$ [Zinin, *Deuts. Chem. Gesellsch.*, t. IV, p. 973; *Bull. de la Soc. chim.*, 1872, t. XVII, p. 78]. — Pour le préparer, on délaye 25 p. d'oxylépidène dans 200 p. d'acide acétique cristallisable, on ajoute 12 à 15 p. d'acide chromique dissous dans 150 p. d'acide acétique et l'on chauffe à 90-95° jusqu'à ce que tout soit dissous et que la solution soit devenue verte. Par le refroidissement, le bioxylépidène cristallise en tables rhombiques ou quadratiques, qu'on fait cristalliser de nouveau dans l'alcool.

Il fond à 157° et se concrète en une masse amorphe qui redevient cristalline lorsqu'on la chauffe à 150°. Il se dissout dans 24 p. d'alcool bouillant à 95 % et dans son poids d'acide acétique bouillant.

L'acide chromique le dédouble en acide benzoïque et benzile.

Les agents réducteurs ne le transforment pas en lépidène.

La potasse alcoolique le scinde en désoxybenzoïne et acide benzoïque :

$$C^{28}H^{20}O^{3} + 2\,KHO = C^{14}H^{12}O + 2(C^{7}H^{5}KO^{2}).$$

*Constitution du lépidène.* — La constitution du lépidène et de l'oxylépidène n'est pas encore bien établie; ces corps correspondent au thionessal et au sulfure de tollalyle, comme le prouve la transformation des derniers en oxylépidène :

| | |
|---|---|
| $C^{28}H^{20}O$<br>Lépidène. | $C^{28}H^{20}S$<br>Thionessal. |
| $C^{28}H^{20}O^{2}$<br>Oxylépidène. | $C^{28}H^{20}S^{2}$<br>Sulfure de tollalyle. |

M. Dorn admet dans ces composés, si remarquables par leur stabilité, l'existence d'un carbure particulier à chaîne fermée, le *phényltétrol*

$$[(C^{6}H^{5})C]^{4},$$

et établit les formules suivantes :

```
           O                              O - O
          / \                             |   |
(C6H5) C - C(C6H5)            (C6H5) C - C (C6H5)
         |                              |   |
(C6H5) C = C (C6H5)           (C6H5) C = C (C6H5)
      Lépidène.                     Oxylépidène.
```

A. H.

**OXYLINOLÉIQUE (ACIDE)**, $C^{16}H^{26}O^5$. — Ce corps se forme, suivant Mulder, par oxydation à l'air de l'acide linoléique.

Comme l'histoire de ce dernier acide n'a pas encore été faite dans cet ouvrage, nous comblerons ici cette lacune.

Acide linoléique, $C^{16}H^{28}O^2$. — Cet acide se trouve à l'état de trilinoléine dans les huiles siccatives (de lin, de noix, de chanvre et de pavot). Ces huiles contiennent environ 80 °/₀ de trilinoléine et une certaine quantité de palmitine, de myristine, d'élaïdine, et quelquefois de la laurine.

*Préparation.* — 1° Sacc saponifie l'huile de lin avec de l'eau et de la litharge et traite le savon onctueux par de l'éther qui ne dissout que le linoléate de plomb. On décompose le sel de plomb par l'hydrogène sulfuré, on reprend par l'éther et l'on évapore la solution à l'abri de l'air [Sacc, *Ann. der Chem. u. Pharm.*, t. LI, p. 213].

2° Schüler dissout dans l'eau le savon sodique préparé avec l'huile de lin, le précipite par le sel marin et répète ce traitement plusieurs fois. On le décompose ensuite par le chlorure de calcium, on lave le sel calcaire, on le dissout dans l'éther, on ajoute de l'acide chlorhydrique à la solution éthérée et l'on distille au bain-marie. L'acide qui reste est transformé en sel de baryum, ce dernier est purifié par plusieurs cristallisations dans l'éther et décomposé finalement à froid et en présence de l'éther par l'acide chlorhydrique.

L'acide linoléique qu'on obtient par distillation de la solution éthérée constitue une huile très-fluide, à peine colorée, soluble dans l'alcool et l'éther. Il ne se solidifie pas à — 18° et possède une densité de 0,9206 à 14°. Sa réaction est faiblement acide et son goût désagréable [E. Schüler, *Ann. der Chem. u. Pharm.*, t. CI, p. 252].

La formule de l'acide linoléique établie d'après l'analyse de l'acide et de plusieurs sels est

$$C^{16}H^{28}O^2$$

(Schüler, Oudemans et Mulder). Toutefois M. O. Süssenguth admet les rapports $C^{16}H^{26}O^2$; car en traitant l'acide linoléique par le brome il a obtenu un acide cristallisé qu'il représente par la formule

$$C^{16}H^{22}Br^4O^2 + 2H^2O.$$

L'analyse du sel de zinc faite par M. Süssenguth conduit également à la formule $(C^{16}H^{25}O^2)^2Zn$ [*Zeitsch. für Chem.*, 1865, p. 563].

Nous conserverons l'ancienne formule.

Exposé à l'air, l'acide linoléique absorbe de l'oxygène et se convertit en acide oxylinoléique. L'acide azoteux ne le change pas en acide élaïdique. Traité par l'acide nitrique, il fournit de l'acide subérique et une résine (Sacc).

Les *sels* de l'acide linoléique sont mal définis; en présence de bases l'acide absorbe vivement l'oxygène en se colorant en rouge. Les *sels de baryum et de calcium* sont solubles dans l'alcool bouillant, ceux de *calcium*, de *cuivre*, de *plomb* et de *zinc* se dissolvent aussi dans l'éther. Aucun de ces sels ne cristallise (Mulder); celui de baryum est également soluble dans l'éther et cristallisable (Schüler).

Lorsqu'on soumet l'huile de lin à la distillation sèche, il reste un résidu visqueux, que Mulder considère comme un anhydride de l'acide linoléique

$$C^{32}H^{54}O^3.$$

Acide oxylinoléique, $C^{16}H^{26}O^5$. — Lorsqu'on évapore la dissolution éthérée du linoléate de plomb sur une plaque de verre, elle laisse un résidu amorphe, blanc, qui est formé par le sel de plomb de l'acide oxylinoléique. L'acide mis en liberté par l'hydrogène sulfuré constitue une masse presque blanche de la consistance de la térébenthine, qui se colore en rouge à 100°, sans changer de composition. Les alcalis et les acides produisent une coloration analogue.

Lorsqu'on expose l'acide linoléique en couche très-mince à l'air jusqu'à ce qu'il n'augmente plus de poids, il donne une substance incolore, résineuse, qui perd à 100° 6,7 °/₀ d'eau en se colorant en rouge. Mulder la considère comme un hydrate de l'acide oxylinoléique $C^{16}H^{26}O^5 + H^2O$.

Enfin l'acide oxylinoléique exposé pendant longtemps à l'air devient complétement sec et contient alors $C^{32}H^{54}O^{11} = 2\,C^{16}H^{26}O^5 + H^2O$. Cette substance, la *linoxyne*, est amorphe, élastique, insoluble dans l'éther, dans l'alcool et dans les acides étendus, mais elle se dissout dans un mélange d'alcool et de chloroforme. La potasse la dissout en rouge et les acides précipitent une substance floconneuse jaune rougeâtre, qui possède tous les caractères de l'acide oxylinoléique. La linoxyne prend aussi naissance lorsqu'on fait sécher les huiles siccatives à l'air, et c'est à sa formation que sont dues les propriétés précieuses de ces huiles.

[A. C. Oudemans, *Scheidekund. Verhandl. en Onderzoekingen*, t. II, p. 180; — Mulder, *ibid.*, t. IV, p. 1, et *Jahresber.*, 1865, p. 323.] A. H.

**OXYLIZARIQUE (ACIDE).** — Voyez Purpurine.

**OXYMORPHINE.** — Voyez Morphine, t. II, p. 459.

**OXYMUCONIQUE (ACIDE).** — Voyez Muconique (acide), t. II, p. 474.

**OXYNAPHTALIQUE (ACIDE).** — On a donné ce nom, ainsi que celui d'acide naphtalique, à l'oxynaphtoquinone $C^{10}H^6O^3$. — Voyez t. II, p. 520.

Les corps décrits par Laurent, sous le nom d'acide chloroxynaphtalique et acide perchloroxynaphtalique, sont les dérivés chlorés de l'oxynaphtoquinone.

**OXYNAPHTOL.** — Voyez Naphtol, t. II, p. 519.

**OXYNAPHTYLAMINE.** — M. H. Schiff a donné le nom d'oxynaphtylamine à la *naphtaméine* de Piria. — Voyez Naphtaméine, t. II, p. 511.

M. Dusart a désigné sous le nom d'oxynaphtylamine une base qu'il a obtenue par la réduction du mononitronaphtol ou acide nitroxynaphtalique, $C^{10}H^6(AzO^2),OH$. L'oxynaphtylamine,

$$C^{10}H^6(AzH^2)OH,$$

est une base faible qui ne peût exister en liberté sans se colorer rapidement. Son chlorhydrate est cristallisé et renferme $C^{10}H^6(OH)AzH^2,HCl$. Comme les autres sels, il se colore rapidement à l'air. Les nitrites alcalins le décomposent en déterminant un abondant dégagement d'azote et la séparation de cristaux incolores (probablement du bioxynaphtol).

Lorsqu'on chauffe le chlorhydrate avec un excès de potasse caustique, il se dégage de l'ammoniaque, et on obtient une liqueur colorée en vert intense, d'où les acides précipitent des flocons rouge violacé [Dusart, *Compt. rend.*, t. LII, p. 1183]. E. G.

**OXYPHÉNOL.** — Voyez Pyrocatéchine.

**OXYPICRIQUE (ACIDE).** — Voyez Résorcine.

**OXYPINOTANNIQUE (ACIDE)** [Kawalier, *Wien. Acad. Ber.*, t. XI, p. 345, 1853 et t. XXIX, p. 19, 1858]. — Cet acide mal défini se trouve dans les aiguilles du pin (*Pinus sylvestris*). Suivant Kawalier, le précipité produit par l'acétate de plomb dans la décoction aqueuse des aiguilles renferme l'acide oxypinotannique. C'est une poudre brunâtre, inodore, d'une saveur astringente, soluble dans l'eau et dans l'alcool. Séché à 100° il contient $C^{14}H^{12}O^7 + 2H^2O$ (?). Sa solution se colore en vert par le perchlorure de fer; l'acétate de plomb y produit un précipité jaune, le sous-acétate de plomb un précipité de couleur isabelle; ce dernier renferme, séché à 100°,

$$(C^{14}H^{12}O^7)^2 + 3PbO + H^2O\ (?).$$

Le sulfate de cuivre additionné d'un peu d'ammoniaque donne un précipité brun verdâtre, soluble en vert foncé dans un excès d'ammoniaque; le nitrate d'argent ammoniacal, une coloration brun-rouge; à chaud il y a réduction. L'eau de baryte et l'ammoniaque colorent la solution de l'acide en jaune; ces solutions absorbent l'oxygène de l'air et brunissent; l'émétique et la gélatine ne les précipitent pas. Les acides chlorhydrique et sulfurique convertissent cet acide en un corps rouge. A. H.

**OXYPORPHYRIQUE (ACIDE).** — Voyez EUXANTHONE, t. I, p. 1396.

**OXYPYROLIQUE (ACIDE),** $C^7H^{12}O^5$ (?). — Cet acide, se forme, suivant Arppe, à côté de l'acide succinique, dans l'action de l'acide nitrique sur l'acide sébacique. Wirz lui attribue la formule $C^7H^{12}O^4$, et le considère comme identique avec l'acide pimélique. Arppe a trouvé en effet qu'il se forme d'abord un acide granuleux de la formule $C^7H^{12}O^4$, mais celui-ci différerait de l'acide pimélique en ce que l'acide azotique le transforme en acide oxypyrolique.

Pour séparer l'acide oxypyrolique de l'acide succinique formé en même temps, on chauffe le mélange pendant quelque temps vers 170° et on purifie le résidu par cristallisation.

L'acide est en lames, solubles dans 42 p. d'eau à 20°, plus solubles dans l'eau bouillante. La solution possède une réaction acide et décompose les carbonates. Il fond à 130°, brunit déjà vers 150° et donne à une température plus élevée une huile qui se concrète par le refroidissement.

L'*oxypyrolate de sodium* est en aiguilles, renfermant 23,72 % d'eau, qu'elles perdent à 100°.

Le *sel d'argent* paraît renfermer $C^7H^{10}Ag^2O^5$.

Le *sel de baryum* se dissout dans l'eau et cristallise.

Les sels solubles de l'acide oxypyrolique donnent avec le chlorure ferrique un précipité jaune brunâtre.

[Arppe, *Ann. der Chem. u. Pharm.*, t. XCV, p. 242, et t. CXV, p. 143; — Wirz, *ibid.*, t. CIV, p. 257.] A. H.

**OXYPYROTARTRIQUE (ACIDE),**

$$C^5H^8O^5 = \begin{array}{l} CH^2\text{-}COOH \\ | \\ CHOH \\ | \\ CH^2\text{-}COOH \end{array}$$

— Cet acide a été obtenu par Simpson dans l'action de la potasse sur la dicyanhydrine de la glycérine préparée elle-même avec la dichlorhydrine et le cyanure de potassium. Il diffère de l'acide pyrotartrique par un atome d'oxygène.

On chauffe 1 molécule de dichlorhydrine avec 2 molécules de cyanure de potassium et une certaine quantité d'alcool pendant 24 heures à 100°: au bout de ce temps, on sépare par filtration le chlorure de potassium formé, on ajoute de la potasse solide et on fait bouillir aussi longtemps qu'il se dégage de l'ammoniaque. On distille alors, on ajoute de l'acide azotique au résidu et on sépare le nouvel acide du nitrate de potassium au moyen de l'alcool. Après évaporation de l'alcool il reste un résidu fortement coloré, qu'on dissout dans l'eau, qu'on décolore par le chlore et qu'on précipite par le nitrate d'argent. Les premiers précipités sont colorés; mais le dernier est parfaitement blanc et fournit l'acide oxypyrotartrique à l'état de pureté lorsqu'on le décompose par l'hydrogène sulfuré.

L'acide libre est en cristaux incolores, solubles dans l'eau, l'alcool et l'éther, fusibles à 135° et se décomposant à une température plus élevée. Sa solution est très-acide et précipite l'acétate de plomb, mais non l'eau de chaux. Ses sels alcalins précipitent le chlorure de mercure en blanc, le chlorure ferrique en brun clair, les sels cuivriques en bleu clair et le chlorure de baryum en blanc.

L'acide oxypyrotartrique est bibasique, son *sel d'argent* renferme $C^5H^6Ag^2O^5$; il donne un éther diéthylique, $C^5H^6(C^2H^5)^2O^5$, liquide oléagineux distillant avec décomposition partielle de 295° à 300°.

[M. Simpson, *Proc. of the Roy. Soc.*, t. XIII, p. 41; *Ann. de Chim. et de Phys.*, (4), t. II, p. 484.] A. H.

**OXYQUININE.** — Voyez QUININE.

**OXYSALICYLIQUE (ACIDE),**

$$C^7H^6O^4 = C^6H^3\begin{cases}CO^2H \\ (OH)^2\end{cases}$$

[Lautemann, *Ann. der Chem. u. Pharm.*, t. CXX, p. 299, et *Répert. de Chim. pure*, 1862, p. 100]. — Cet acide s'obtient par l'action de la potasse concentrée sur l'acide iodosalicylique. Lorsque la réaction est terminée, la liqueur est sursaturée par de l'acide chlorhydrique, filtrée après refroidissement et agitée avec de l'éther, qui dissout l'acide oxysalicylique. Par évaporation de la solution éthérée, on obtient des cristaux bruns, qu'on dissout dans l'eau et qu'on décolore en ajoutant de l'acétate de plomb, et décomposant le sel de plomb par l'hydrogène sulfuré.

L'acide oxysalicylique est soluble dans l'eau, l'alcool et l'éther; sa solution aqueuse est colorée en bleu par une petite quantité de chlorure ferrique. Il cristallise en aiguilles dures et rayonnées, fusibles à 193° et se décomposant vers 210° en donnant de l'acide carbonique et de la pyrocatéchine mêlée d'hydroquinone (Lautemann). Il réduit à chaud l'azotate d'argent et le tartrate cupro-potassique.

Suivant Liechti, cet acide fond à 183° et se dissout dans 57 p. d'eau à 21°, et dans beaucoup moins à 100°.

*Éther oxysalicylique,*

$$C^6H^3\begin{cases}CO^2,C^2H^5 \\ (OH)^2\end{cases}$$

[Liechti, *Ann. der Chem. u. Pharm.*, supplém., t. VII, p. 129, et *Bull. de la Soc. chim.*, 1870, t. XIV, p. 533]. — On l'obtient en dirigeant un courant de gaz chlorhydrique dans une solution alcoolique de l'acide, évaporant à siccité, reprenant le produit avec l'éther, évaporant la solution éthérée et faisant cristalliser dans le sulfure de carbone bouillant.

L'éther oxysalicylique est en lamelles fusibles à 78°, très-solubles dans l'alcool, déliquescentes dans la vapeur d'éther, peu solubles dans l'eau.

L'acide oxysalicylique a plusieurs isomères. — Voyez OXYBENZOÏQUES (ACIDES), t. II, p. 702.

L'acide hypogallique, décrit par MM. Matthiessen et Foster, aurait pour formule $C^7H^6O^4$, suivant ces chimistes, et on l'a cru identique avec l'acide oxysalicylique. Suivant M. Liechti, non-seulement l'acide hypogallique n'est pas identique avec l'acide oxysalicylique, mais il n'en serait pas même isomère, et aurait pour formule $C^{14}H^{10}O^8$. M. Liechti l'appelle acide isopinique [voyez OPINIQUE (ACIDE)], et lui donne, desséché dans le vide, la formule $C^{14}H^{10}O^8 + H^2O$. Mais les expériences de M. Liechti n'apportent pas de preuves suffisantes pour démontrer que l'acide hypogallique ne renferme pas à 100° 2($C^7H^6O^4$) + $H^2O$, et qu'il n'est pas un isomère des acides protocatéchique et oxysalicylique.

ACIDE DIOXYSALICYLIQUE. — Ce n'est autre que l'acide gallique, qui s'obtient par l'action de la potasse sur l'acide diiodosalicylique. L'acide gallique est également l'acide trioxybenzoïque, car l'acide oxybenzoïque et paroxybenzoïque se transforment l'un et l'autre en acide dioxybenzoïque (protocatéchique), et l'acide protocatéchique bromé donne avec la potasse de l'acide gallique. Celui-ci est donc le terme commun en lequel se transforment les trois acides salicylique, oxybenzoïque et paroxybenzoïque [Barth, *Bull. de la Soc. chim.*, 1867, t. XI, p. 416] :

| $C^7H^6O^3$ Acide salicylique. | $C^7H^6O^3$ Acide oxybenzoïque. | $C^7H^6O^3$ Acide paroxybenzoïque. |
|---|---|---|
| $C^7H^6O^4$ Acide oxysalicylique. | $C^7H^6O^4$ Acide protocatéchique. | |
| $C^7H^6O^5$ Acide gallique. | | |

E. G.

**OXYSTRYCHNINE.** — Voyez STRYCHNINE.

**OXYSYLVIQUE (ACIDE).** — Voyez SYLVIQUE (ACIDE).

**OXYTÉRÉPHTALAMIQUE (ACIDE).** — Voyez ACIDE TÉRÉPHTALIQUE.

**OXYTÉRÉPHTALIQUE (ACIDE),**

$$C^8H^6O^5 = C^6H^3(OH)\left\{\begin{matrix}CO^2H\\CO^2H\end{matrix}\right.$$

[de La Rue et Müller, *Proc. of the Roy. Soc.*, t. XI, p. 112, 1861]. Lorsqu'on traite l'acide amidotéréphtalique en solution aqueuse par l'acide azoteux, il se dégage de grandes quantités d'azote et il se sépare une substance blanchâtre qui est l'acide *oxytéréphtalique*. Ses sels cristallisent bien et sont moins solubles que les téréphtalates correspondants. Les éthers sont liquides. Le chlorure d'oxytéréphtalyle constitue un liquide que l'eau et l'alcool décomposent facilement.

**OXYTOLIDÈNE.** — Voyez STILBÈNE.

**OXYTOLIQUE (ACIDE).** — Ce nom a été donné par M. Fittig à un acide $C^7H^6O^3$, obtenu en petite quantité dans l'oxydation du toluène; d'après des recherches plus récentes du même chimiste, cet acide n'est que de l'acide toluique $C^8H^8O^2$ impur, formé par l'oxydation d'une petite quantité de xylène contenue dans le toluène employé [Fittig, *Zeitsch. für Chem.*, 1866, p. 136].

**OXYTOLUIQUES (ACIDES).** — Si l'on considère la formule des acides toluiques correspondant aux diméthylbenzines (xylènes),

$$C^6H^4\left\{\begin{matrix}CH^3\\CO^2H,\end{matrix}\right.$$

on voit qu'ils peuvent donner naissance à deux sortes d'acides oxytoluiques isomères. Les uns, résultant du remplacement d'un atome d'hydrogène du groupe $C^6H^4$ par le groupe OH, auront pour formule

$$C^6H^3\left\{\begin{matrix}CH^3\\OH\\CO^2H;\end{matrix}\right.$$

ce sont des acides-phénols analogues aux acides oxybenzoïques,

$$C^6H^4\left\{\begin{matrix}OH\\CO^2H.\end{matrix}\right.$$

Les autres, résultant du remplacement d'un atome d'hydrogène du groupe $CH^3$ par l'oxhydryle OH, auront pour formule

$$C^6H^4\left\{\begin{matrix}CH^2OH\\CO^2H;\end{matrix}\right.$$

ce sont des acides-alcools, analogues à l'acide glycolique.

A chacun des trois acides toluiques,

$$C^6H^4\left\{\begin{matrix}CH^3\\CO^2H,\end{matrix}\right.$$

correspondent plusieurs acides-phénols isomères et un acide-alcool.

Le nombre des acides-phénols possibles, d'après la théorie, s'élève à *dix;* on en connaît trois : les acides crésotiques isomères, que nous décrirons ici, car ils n'étaient pas étudiés lorsque nous avons rédigé l'article ACIDE CRÉSOTIQUE.

Quant aux acides-alcools de la formule

$$C^6H^4\left\{\begin{matrix}CH^2OH\\CO^2H,\end{matrix}\right.$$

on n'en connaît qu'un, correspondant à l'acide toluique de Noad (paratoluique). Nous le décrirons plus loin. Enfin on peut appeler aussi acide oxytoluique, oxyalphatoluique, le dérivé correspondant de l'acide phénylacétique ou alphatoluique, $C^6H^5,CH^2,CO^2H$. L'acide-alcool

$$C^6H^5,CH,OH,CO^2H,$$

qui lui correspond, n'est autre que l'acide phénylglycollique ou formobenzoylique (voyez ces mots), et on ne connaît pas encore les acides-phénols, dérivés de l'acide alphatoluique, acides dont la formule serait

$$C^6H^4\left\{\begin{matrix}OH\\CH^2.CO^2H\end{matrix}\right.$$

et dont le mode de production se devine facilement.

ACIDES CRÉSOTIQUES,

$$C^8H^8O^3 = C^6H^3\left\{\begin{matrix}CH^3\\OH\\CO^2H.\end{matrix}\right.$$

— L'acide crésotique, que nous avons décrit t. I, p. 988, a été obtenu par Kolbe et Lautemann en dirigeant dans du crésylol un courant d'acide carbonique en même temps qu'on y dissout du sodium. Comme il existe trois crésylols isomères, il existe trois acides crésotiques.

ACIDE ORTHOCRÉSOTIQUE (*acide γ-crésotique*). — Engelhardt et Latschinow l'ont obtenu à l'aide du γ-crésylol, qu'ils ont dérivé du thymol.

Ce γ-crésylol donnant, suivant Barth, de l'acide oxybenzoïque par fusion avec la potasse, l'acide crésotique qui en dérive est l'acide orthocrésotique. Cet acide cristallise dans l'eau bouillante en aiguilles fusibles à 168-173°. Son sel de baryum est soluble et cristallise en aiguilles étoilées [Engelhardt et Latschinow, *Zeitsch. für Chem.*, nouv. sér., t. V, p. 615, et *Bull. de la Soc. chim.*, 1870, t. XIII, p. 256; — Barth, *Ann. der Chem. u. Pharm.*, t. CLIV, p. 356, et *Bull. de la Soc. chim.*, 1870, t. XIV, p. 285].

ACIDE MÉTACRÉSOTIQUE (*acide β-crésotique*). — Obtenu avec le β-crésylol d'Engelhardt et Latschinow, qui fournit de l'acide salicylique par la fusion avec la potasse (Barth); cet acide crésotique est en longues aiguilles, fusibles à 114° (Engelhardt et Latschinow).

ACIDE PARACRÉSOTIQUE (*acide α-crésotique*). — C'est celui qu'ont obtenu Kolbe et Lautemann. Le crésylol qu'ils ont employé est l'alpha- ou paracrésylol, fusible à 34°, décrit par M. Wurtz. Ce crésylol fournit de l'acide paroxybenzoïque par la fusion avec la potasse (Barth). M. G. Vogt a aussi obtenu cet acide crésotique par la fusion avec la potasse de l'acide sulfoconjugé du chloro-xylène,

$$C^6H^2\begin{cases}(CH^3)^2\\Cl\\SO^3H.\end{cases}$$

Il est probable qu'il se produit dans ce cas du xylénol chloré que l'hydrogène, dégagé pendant la réaction, transforme en xylénol,

$$C^6H^3\begin{cases}CH^3\\CH^3\\OH,\end{cases}$$

et qu'un des groupes méthyle est oxydé par la potasse de manière à donner

$$C^6H^3\begin{cases}CH^3\\CO^2H\\OH.\end{cases}$$

Ce qui vient à l'appui de cette manière de voir, c'est qu'il se forme le même acide crésotique dans la préparation du xylénol par la fusion avec la potasse du xylène-sulfite de potassium,

$$C^6H^3\begin{cases}CH^3\\CH^3\\SO^2H\end{cases}$$

[G. Vogt, *Bull. de la Soc. chim.*, 1869, t. XII, p. 221; — Engelhardt et Latschinow, *Zeits. für Chem.*, nouv. sér., t. V, p. 712, et *Bull. de la Soc. chim.*, 1870, t. XIII, p. 451]. Cet acide fond à 148° (G. Vogt), 147-150° (Engelhardt et Latschinow).

ACIDE OXYTOLUIQUE,

$$C^8H^8O^3 = C^6H^4\begin{cases}CH^2OH\\CO^2H\end{cases}$$

[Kekulé et Dittmar, *Deutsch. Chem. Gesells.*, t. III, p. 894, et *Bull. de la Soc. chim.*, 1871, t. XV, p. 125]. — On fait passer du brome en vapeur dans l'acide toluique de Noad (acide paratoluique) chauffé vers 170°; l'acide bromé brut

$$C^6H^4\begin{cases}CH^2Br\\CO^2H\end{cases}$$

est traité par les alcalis bouillants, et se transforme en acide oxytoluique.

Cet acide est soluble dans l'eau et dans l'éther. Il cristallise en aiguilles blanches. Son point de fusion est supérieur à celui de l'acide toluique. Comme l'acide toluique, dont il dérive, fournit par oxydation de l'acide téréphtalique, cet acide oxytoluique est l'acide glycolique du glycol tollylénique, décrit par M. Grimaux, et que l'oxydation transforme en acide téréphtalique :

$$C^6H^4\begin{cases}CH^2OH\\CH^2OH\end{cases} \qquad C^6H^4\begin{cases}CH^2OH\\CO^2H\end{cases}$$

Glycol tollylénique. — Acide oxytoluique.

$$C^6H^4\begin{cases}CO^2H\\CO^2H\end{cases}$$

Acide téréphtalique.

E. G.

**OXYURIQUE (ACIDE).** — Ce nom avait été donné par Vauquelin au composé obtenu en traitant l'acide urique par l'acide azotique et neutralisant par la chaux le produit de la réaction. L'acide oxyurique de Vauquelin paraît n'être qu'un mélange d'alloxane et d'alloxantine.

**OXYVALÉRIQUE (ACIDE),**

$$C^5H^{10}O^3 = C^4H^8.OH.CO^2H.$$

— Ce composé a été obtenu par MM. Clark et Fittig, en décomposant l'acide bromovalérique par l'oxyde d'argent humide [*Ann. der Chem. u. Pharm.*, t. CXXXIX, p. 106]. L'acide bromovalérique, préparé par l'action du brome en vase clos à 120-150° sur l'acide valérique, ne peut pas être distillé, mais simplement débarrassé d'acide bromhydrique à l'aide d'un courant d'air sec, ou par lavage à l'eau. On y ajoute de l'eau et un léger excès d'oxyde d'argent bien lavé, et l'on fait bouillir. La réaction est rapide. La liqueur filtrée et décomposée par l'hydrogène sulfuré est évaporée presque à sec pour chasser l'acide valérianique. Pour y réussir complétement, il faut dissoudre et évaporer une deuxième fois, ce qui occasionne d'ailleurs une perte notable d'acide oxyvalérique. On peut aussi purifier par la cristallisation du sel de calcium; l'oxyvalérate est peu soluble dans l'eau et insoluble dans l'alcool.

L'acide libre s'obtient en décomposant le sel de zinc par l'hydrogène sulfuré. Il cristallise de sa solution évaporée jusqu'à consistance sirupeuse en grandes tables rectangulaires incolores. Il est très-soluble dans l'eau, l'alcool et l'éther. Il fond à 80°. Il se volatilise lentement à 160° sans décomposition apparente.

Le *sel de calcium*, $(C^5H^9O^3)^2Ca + 3/2H^2O$, se sépare par le refroidissement de sa solution aqueuse en croûtes ne présentant, même au microscope, aucune forme régulière.

Le *sel de zinc*, $(C^5H^9O^3)^2Zn$, se dépose en masses cristallines assez volumineuses, lorsqu'on ajoute une solution concentrée de chlorure de zinc à la solution concentrée d'un sel de calcium. Par lavage à l'eau et à l'alcool, dissolution dans l'eau et cristallisation, on l'obtient à l'état de pureté, mais pas en cristaux bien définis. Il est peu soluble dans l'eau, insoluble dans l'alcool.

Le *sel de sodium*, $C^5H^9O^3Na$, forme des croûtes mamelonnées cristallines, qui se déposent par évaporation de la solution du sel de calcium précipitée par le carbonate de sodium et filtrée.

Le *sel d'argent*, $C^5H^9O^3Ag$, est un précipité volumineux soluble dans l'eau chaude avec une légère décomposition, et s'en déposant en cristaux incolores pennés. Il se colore à l'air.

Le *sel de cuivre*, $(C^5H^9O^3)^2Cu + H^2O$, cristallise en jolis prismes, parfois tabulaires, d'un vert clair, lorsqu'on traite la solution concentrée du sel de calcium par l'acétate de cuivre. Il est peu soluble dans l'eau à froid et assez difficilement à chaud. Il ne perd son eau ni sur l'acide sulfurique, ni à 100°, mais devient plus foncé en perdant son eau à 170°.

C. F.

**OZARKITE** (Min.). — Variété de thompsonite en masses amorphes ou fibreuses, engagées dans l'éléolithe, à Magnet-Cove, monts Ozark (Arkansas).

**OZOCÉRITE** (Min.) [Syn. *Cire fossile, paraffine native*]. — Mélanges d'hydrocarbures d'un poids moléculaire élevé, et d'une composition voisine de celle qui répond à la formule $C^nH^{2n}$, d'une consistance cireuse, d'un éclat gras, d'une couleur généralement brune ou verdâtre, d'une odeur aromatique particulière, gras au toucher, se trouvant dans un grès accompagné de lignite et de sel gemme à Slanik, en Moldavie, à Vienne, à Boryslaw (Galicie), dans la houillère d'Urpeth, près de Newcastle.

M. Dana a séparé les variétés diverses d'après leur degré de fusibilité et de solubilité dans l'éther froid. L'*urpéthite* y est très-soluble et fond à 39°. Densité = 0,885. L'*ozocérite* est soluble dans l'éther et fond de 56° à 63°. Densité, 0,85 à 0,90. Enfin la *zietrisikite* est très-peu soluble dans l'éther et fond de 83° à 90°. Densité, 0,90 à 0,95.

F. et S.

**OZONE.** — Ce corps singulier, dont l'étude est loin d'être terminée, n'est, d'après les recherches les plus précises, qu'une variété d'oxygène d'une activité spéciale et d'une constitution moléculaire particulière. Il se signale par une odeur très-forte et bien connue des physiciens, celle que répand une machine électrique en activité. Il tire son nom de cette propriété (ὄζω, je sens).

Ce nom lui a été donné par le premier chimiste

qui en ait fait une étude sérieuse, Schœnbein de Bâle (1840). Il a été étudié depuis par MM. Marignac et de La Rive, Becquerel et Fremy, Williamson, Houzeau, Baumert, Andrews et Tait, Soret, Babo, etc. Schœnbein et Meissner ont fait connaître un certain nombre de faits dont ils ont inféré l'existence d'une seconde variété d'oxygène qu'ils ont nommée *antozone*. Il ne paraît pas que ce corps existe réellement, ou du moins doit-on attendre d'autres observations plus précises pour le faire entrer définitivement dans la science. L'ozone n'est pas connu à l'état de pureté, mais seulement à l'état de mélange avec l'oxygène.

*Préparation.* — 1° Par les moyens chimiques. — Un des meilleurs procédés a été indiqué par M. Houzeau. Il consiste à introduire par portions dans de l'acide sulfurique pur et *monohydraté* un huitième de son poids de bioxyde de baryum pur. Si celui-ci a été calciné récemment, l'action doit être aidée par la chaleur. Si sa surface est légèrement hydratée, l'attaque est immédiate et doit parfois être modérée en plongeant l'appareil dans l'eau froide. On recueille le gaz sur l'eau dans un appareil ne contenant ni bouchon, ni caoutchouc. Il est bon de ne faire que de petites opérations et d'employer chaque fois 6 grammes de bioxyde environ. On recueille ainsi 200 centimètres cubes de gaz fortement odorant, le restant de l'oxygène n'est presque plus actif [*Ann. de Chim. et de Phys.*, 1861, t. LXII, p. 158].

On peut avant d'introduire le bioxyde mélanger l'acide sulfurique avec deux tiers de son poids de permanganate de potasse : du reste, l'air qui a séjourné sur ce mélange répand déjà l'odeur d'ozone (Bœttger, Schœnbein).

L'air qui a séjourné pendant quelque temps (1 quart d'heure à 1 heure) sur des bâtons de phosphore humides offre l'odeur et les réactions de l'ozone. Il ne faut pas laisser le gaz trop longtemps en contact avec le phosphore : l'ozone dans ces conditions se détruit rapidement. On doit laver le gaz à l'eau légèrement alcaline pour retenir l'acide phosphoreux.

2° Par l'électrolyse. — L'oxygène électrolytique obtenu à froid est toujours plus ou moins ozoné. On se place dans les meilleures conditions en électrolysant, avec des fils minces de plomb ou de platine iridié, de l'eau très-fortement acidulée avec de l'acide sulfurique ou un mélange d'acides chromique et sulfurique. Il est bon de cloisonner le voltamètre de façon à séparer le plus possible les liquides des deux pôles ; il convient aussi de maintenir l'appareil à une basse température [Schœnbein, *Pogg. Ann.*, 1840, t. L, p. 616 ; — Baumert, *ibid.*, t. LXXXIX, p. 38 ; — Meidinger et Tyndall, *la Chaleur*, p. 358 ; — Planté, *Compt. rend.*, 1863, t. LXIII, p. 63].

3° Par l'électrisation de l'oxygène. — Les décharges les plus favorables à la production de l'ozone sont les moins chaudes, fait que l'on conçoit facilement, puisque l'ozone est détruit par la chaleur. La décharge par *aigrette*, dite décharge obscure, est excellente pour transformer en ozone l'oxygène qu'elle traverse. Elle permet même d'obtenir de l'ozone avec l'air atmosphérique, tandis qu'une étincelle très-forte donne principalement du peroxyde d'azote.

M. Houzeau a fait une étude approfondie des conditions nécessaires pour obtenir non pas le plus d'ozone possible avec une source électrique donnée, mais surtout de l'ozone dans l'état le plus concentré. Il a imaginé l'instrument suivant qui est une modification heureuse de l'appareil de M. Babo [*Ann. der Chem. u. Pharm.*, suppl. II, p. 265, et *Bull. de la Soc. chim.*, t. VI, p. 340], et à l'aide duquel on peut répéter aisément des expériences fort difficiles auparavant à réaliser avec le même degré de netteté.

La partie principale de l'appareil (fig. 436) est un tube de verre étroit et mince (1/10 à 1/5 de millimètre d'épaisseur) d'une longueur d'une quarantaine de centimètres; à l'intérieur ce tube reçoit

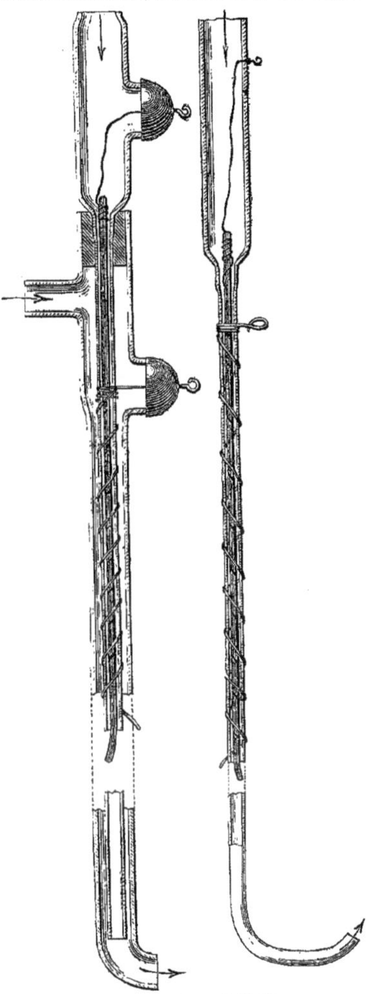
Fig. 436. — Ozoniseurs de M. Houzeau.

un gros fil de cuivre ou mieux de platine. A l'extérieur sa surface est recouverte d'étain, d'une spirale de fil de cuivre ou d'une gaîne conductrice quelconque. On fait communiquer un des rhéophores d'une bobine d'induction de moyenne taille avec le fil intérieur, l'autre avec l'armature extérieure, et l'on dirige dans le tube un courant d'oxygène pur avec une vitesse d'un peu plus d'une bulle par seconde (1 litre à l'heure). Le gaz sort de l'appareil fortement ozoné; on n'obtiendrait pas de meilleurs résultats en augmentant la surface électrisée, au contraire; mais on perdrait aussi de l'ozone en la diminuant. On a obtenu ainsi à de très-basses températures jusqu'à 188 milligrammes d'ozone par litre de gaz.

La figure 436 représente une autre disposition du même appareil, qui permet d'opérer avec un courant deux fois plus rapide et qui donne de l'ozone aussi concentré. L'électrode extérieure est un fil de platine contourné au contact duquel un second courant gazeux s'électrise comme le premier. Ils se confondent à la sortie de l'appareil.

4° En dehors des procédés de *préparation*, on connaît beaucoup de *modes de production de l'ozone*. Il est vraisemblable que toutes les combustions vives ou lentes sont accompagnées de la formation d'ozone, mais en quantités parfois si faibles qu'elles échappent à l'investigation du chimiste. Lorsqu'une vapeur s'oxyde à l'air, comme celle du phosphore, celle de l'éther au contact d'une baguette de verre chauffée, etc., il y a de l'ozone formé. Schœnbein et de Luca pensent qu'il s'en produit aussi lorsqu'on laisse au contact de l'air du jus de champignon et des tranches de pommes. L'ozone qui existe dans l'atmosphère provient peut-être principalement de l'oxydation lente de matières organiques. L'oxygène dégagé par les plantes, et qu'on a dit autrefois renfermer de l'ozone, n'en contient pas, d'après les recherches les plus récentes. Les combustions rapides, celle de l'hydrogène dans l'oxygène, par exemple, donnent aussi naissance à de l'ozone qui est immédiatement détruit par la chaleur de la flamme, mais qu'on peut isoler en aspirant rapidement l'air qui environne celle-ci avec un tube maintenu froid. Il n'a pas été possible de trouver d'ozone dans l'air qui entoure un charbon incandescent. En revanche, M. Le Roux en a signalé dans celui qui est en contact avec une spirale de platine portée au rouge vif par la pile. Ce fait tendrait à prouver que la chaleur seule, comme l'électricité, peut modifier les propriétés de l'oxygène, mais il a été contredit par des expériences directes de M. Houzeau [*Bull. de la Soc. chim.*, 1864, t. I, p. 14].

D'après l'observation de M. Croft, l'air d'une cloche renfermant une solution d'acide iodique sirupeux prend l'odeur et les propriétés de l'ozone lorsque celui-ci cristallise [*American Journal*, juin 1872].

*État naturel.* — Il existe de l'ozone dans l'air. Il y est produit soit par l'électricité atmosphérique, soit par les oxydations qui se passent à la surface du globe. La quantité de cet agent est minime et variable (au maximum 1/450000 du poids de l'air). Il est facile de prouver que l'agent oxydant et odorant qu'on trouve dans l'air de la campagne est bien de l'ozone; en effet, il bleuit un papier de tournesol rouge imprégné d'iodure de potassium, sans avoir d'action sur un papier semblable ne contenant pas d'iodure (Houzeau): ce n'est donc ni du chlore, ni des vapeurs nitreuses, ni des vapeurs ammoniacales. C'est un corps qui change l'iodure de potassium en hydrate de potassium, c'est-à-dire de l'oxygène, car on peut constater l'existence de la potasse libre dans l'iodure de potassium soumis à l'action de l'air de la campagne. Cet oxygène est-il apporté par de la vapeur d'eau oxygénée? Non, car on ne trouve pas d'eau oxygénée dans l'air et l'on peut en déceler dans une atmosphère où l'on en a introduit à dessein des quantités bien inférieures à celles qui seraient nécessaires pour donner à l'air de la campagne son activité [Houzeau, *Ann. de Chim. et de Phys.*, (3), t. LXVII, et (4), t. XIV]. Le principe actif de l'air se détruit de plus à la même température que l'ozone [Andrews, *Phil. Mag.*, t. XXXIV, p. 315].

L'activité de l'ozone l'empêche d'exister longtemps dans l'atmosphère, où il rencontre toutes sortes de substances oxydables qui le détruisent. On en trouve plus au printemps que dans toutes les autres saisons. Il est apporté en grande quantité dans nos régions par les tourbillons et les bourrasques [*Compt. rend.*, t. LX, p. 788, et t. LXII, p. 426]. M. Houzeau a reconnu la présence de l'ozone dans l'air de Rouen le nombre de fois suivant :

| | |
|---|---|
| De janvier à mars.......... | 22 jours. |
| D'avril à juin.............. | 56 — |
| De juillet à septembre...... | 37 — |
| D'octobre à décembre....... | 19 — |

M. Bérigny, à Versailles, et M. Böckel, à Strasbourg, sont arrivés à des résultats semblables; le mois de mai coïncide d'après eux avec le maximum d'ozone. Selon M. Böckel, il y a plus d'ozone dans l'air le matin que le soir pendant les mois d'octobre à juin. Le contraire s'observe pendant les mois de juillet, d'août et de septembre [*Compt. rend.*, t. LX, p. 903; *Ann. de Chim. et de Phys.*, (4), t. VI, p. 235].

*Constitution de l'ozone.* — Les recherches les plus récentes tendent à prouver que l'ozone est un oxyde d'oxygène représentant ce gaz combiné à lui-même et dans un état de condensation tel que 1 molécule d'ozone occupant 2 volumes, c'est-à-dire un volume égal à celui de 2 atomes d'oxygène ordinaire ($O^2$), contient 3 atomes ($O^3$) (Odling).

Il peut être absorbé pour ainsi dire en nature par certains corps comme le protochlorure d'étain étendu; dans ce cas, la disparition de deux volumes de gaz correspond à la fixation de 48 p. d'oxygène. D'autres fois l'ozone est scindé par le corps oxydable en 1 atome d'oxygène qui se fixe et 2 autres atomes qui constituent une molécule d'oxygène ordinaire occupant 2 volumes, c'est-à-dire celui de l'ozone lui-même. Dans ce cas, la destruction de l'ozone n'est accompagnée par aucun changement de volume. Telle est l'action du mercure et de l'iodure de potassium sur l'ozone. Enfin, l'ozone détruit par la chaleur augmente de la moitié de son volume, puisque 2 molécules d'ozone, $2O^3$, en donnent 3 d'oxygène, $3O^2$.

C'est de ces diverses données et de la vitesse de diffusion de l'ozone dans l'air que l'on a pu déduire la densité de l'ozone par les procédés que nous exposerons tout à l'heure; car, nous le répétons, on ne connaît l'ozone qu'à l'état de dilution dans l'oxygène (Odling, Soret). L'ozone n'est d'ailleurs pas un composé nitreux, ni un suroxyde d'hydrogène. On a pu le préparer en électrisant par influence de l'oxygène parfaitement pur et sec enfermé dans un tube de verre (Becquerel et Fremy), et sa destruction ne donne pas d'eau. Sur ce dernier fait, les assertions des divers auteurs varient, comme c'est le cas bien des fois dans l'histoire de l'ozone; nous donnons donc seulement l'opinion qui prévaut et qui semble la plus juste, tout en citant les travaux qui ont amené aux conclusions opposées [Fremy et Becquerel, *Ann. de Chim. et de Phys.*, (3), t. XXXV, p. 62; — Andrews, *Chem. Soc. quart. Journal*, t. IX, p. 168; — Williamson, *Ann. der Chem. u. Pharm.*, t. LIV, p. 127; — Baumert, *Poggend. Ann.*, t. LXXXIX, p. 38; — Houzeau, *Ann. de Chim. et de Phys.*, (3), t. LXII, p. 154; — de Babo et Claus, *Ann. der Chem. u. Pharm.*, suppl., 1863, t. I, p. 297 et t. II, p. 265; — Soret, *Ann. de Chim., et de Phys.*, (4), t. VII, p. 113, et t. XIII, p. 257; — Clausius, *Théorie mécanique de la chaleur*, édit. française, t. II, p. 291].

*Propriétés physiques.* — L'ozone est vraisemblablement incolore et présente une odeur *sui generis* comparable à celle des composés nitreux, mais moins douce et tellement pénétrante, que l'air contenant 1/1000000 d'ozone est encore odorant. L'ozone concentré doit être respiré avec précaution : il provoque subitement une inflammation des muqueuses. Sa saveur est sensible et ressemble à celle du homard. Il est très-soluble dans l'eau, qui en absorbe de 3 à 5 centimètres cubes par litre, lorsqu'elle est en contact avec l'ozone excessivement dilué que fournit l'électrolyse [Carius, *Deutsch. Chem. gesell.*, t. V, p. 520]. Sa vitesse de diffusion dans l'air est environ les 100,84 de celle du chlore. Elle devrait être les 100,82 en vertu de la loi de la diffusion, pour une densité de l'ozone de 1,658 par rapport à l'air. Cette vitesse est intermédiaire entre celle du chlore et celle de l'acide carbonique: ce qui doit être, si la densité de l'ozone est réellement de 1,658, c'est-à-dire les 3/2 de celle de l'oxygène (Soret). Le pouvoir absorbant de l'ozone pour la chaleur rayonnante est très-considérable, probablement beaucoup plus grand que celui du gaz oléfiant. Il est sensible même avec l'ozone dilué que fournit l'électrolyse (Tyndall).

*Propriétés chimiques.* — L'ozone est un oxydant énergique : c'est de l'oxygène renforcé. Il est rapidement détruit par le *mercure :*

$$O^3 + Hg = HgO + O^2.$$

Il déplace l'*iode* de la solution étendue d'iodure de potassium qui contient dès lors de l'iode libre et de la potasse. On peut chasser l'iode par l'ébullition, constater et mesurer l'alcalinité de la solution. Dans cette réaction encore, il n'y a qu'un atome d'oxygène de l'ozone qui est fixé; les deux autres constituent de l'oxygène libre. Il est absorbé par l'*iode sec* et le *mercure sec ;* il se combine à l'*argent humide* et donne un peroxyde noir et alcalin.

Il transforme rapidement le *phosphore* en acide phosphorique, l'*arsenic* en acide arsénique, les acides *sulfhydrique* et *sulfureux* en acide sulfurique, le *peroxyde d'azote* en acide azotique. Il oxyde même l'*azote* en présence des alcalis et donne instantanément de l'azotate et de l'azotite avec l'*ammoniaque;* il enflamme l'*hydrogène phosphoré* non spontanément inflammable, et le gaz *éthylène* (Houzeau).

Il transforme le *sulfure de plomb* noir en sulfate blanc, change le *ferrocyanure de potassium* en ferricyanure, colore en brun le *sulfate de manganèse* par suite de la formation d'hydrate de peroxyde. Il brunit aussi le papier imprégné d'*oxyde thalleux* grâce à la production de peroxyde (Bœttger) et donne avec la *potasse* sèche du peroxyde de potassium jaune-brun qui se détruit très-vite en dehors du contact de l'ozone. Il est détruit par l'*acide arsénieux* et transforme celui-ci en acide arsénique; en ce cas, il ne perd qu'un atome d'oxygène (P. Thenard). Il est absorbé par les *essences de térébenthine et de cannelle* qui présentent alors des propriétés oxydantes énergiques, les mêmes qu'elles offrent d'ailleurs lorsqu'on les agite fortement au contact de l'air ordinaire. Ces essences s'oxydent bientôt elles-mêmes aux dépens de l'ozone absorbé.

Le *chlorure stanneux* suffisamment étendu pour ne pas absorber sensiblement l'oxygène inactif absorbe directement les 3 atomes de l'ozone [Brodie, *Proceed. of the Roy. Soc.*, n° 137, 1872].

Il est décomposé purement et simplement par les *peroxydes secs* de manganèse et de plomb et par l'*oxyde* de cuivre et l'argent sec.

L'ozone concentré détruit *l'eau oxygénée :*

$$H^2O^2 + O^3 = H^2O + 2O^2;$$

il réduit aussi le *peroxyde de plomb;* c'est à la coexistence de ses propriétés oxydantes et réductrices qu'est due sa destruction par les oxydes et l'argent sec. Les matières organiques sont oxydées et détruites par l'ozone. L'*alcool* et l'*éther* s'y acidifient instantanément; il se forme de l'acide carbonique, de l'acide acétique, de l'aldéhyde et de l'eau oxygénée; le *caoutchouc* est attaqué avec formation d'acide carbonique. La solution d'*indigo* s'y décolore : 2 atomes d'oxygène fonctionnent d'abord, mais la liqueur renferme de l'eau oxygénée qui continue l'action décolorante (P. et A. Thenard, Houzeau), de sorte que les 3 atomes d'oxygène finissent par être employés. Le *sang* et l'*albumine* sont oxydés rapidement. Il en est de même de la *benzine*, qui fournit entre autres substances un corps détonant avec violence (*ozobenzine*, Houzeau).

Du papier trempé dans de la solution alcoolique de *gaïac* est bleui par l'ozone. Si l'on mêle volumes égaux de teinture de gaïac et de térébenthine aérée et qu'on agite avec de l'eau, le précipité blanc de résine prend une coloration bleue très-intense. Cette action est probablement due à l'ozone dissous dans l'essence. Elle ne se produit pas avec l'essence fraîche, à moins qu'on ait ajouté quelques globules de sang ou un peu d'hémoglobine (Schœnbein).

L'ozone en présence de l'eau seule ne donne pas d'eau oxygénée (Houzeau). Il en fournit lorsqu'il est détruit par une matière oxydable.

L'ozone se détruit vers 250° et son volume augmente de moitié.

*Dosage de l'ozone.* — Houzeau dose l'ozone par l'alcalinité de l'iodure de potassium traité par ce corps, alcalinité constatée après qu'on s'est débarrassé de l'iode par l'ébullition. L'action si intense de l'indigo ne peut pas être employée à cause de la continuation de l'oxydation. A. et P. Thenard oxydent incomplétement une quantité donnée de solution arsénieuse et complètent l'oxydation avec une liqueur titrée de permanganate de potassium. Dans ce cas, 1 atome d'oxygène fixé correspond à 1 molécule d'ozone $O^3$ (Schœnbein).

Pour reconnaître l'ozone, le papier de thallium ou le papier de tournesol rouge vineux dont la moitié seulement a reçu de l'iodure de potassium (Houzeau) sont les meilleurs réactifs. Ce dernier doit bleuir dans la partie iodurée *seulement* et ne pas rougir pour indiquer sûrement l'ozone ou l'eau oxygénée. Le papier à l'iodure de potassium et à l'amidon, qui bleuit sous les influences les plus diverses, doit être abandonné. Représenter l'état ozonométrique de l'air par la coloration plus ou moins grande de ce papier est un procédé tout à fait insuffisant et primitif.

*Applications.* — L'ozone atmosphérique est sans doute l'agent actif du blanchiment sur le pré. Celui qu'on a tenté de fabriquer pour l'industrie ne paraît pas avoir donné de résultats avantageux. M. Widman a cependant monté une fabrique à Boston, où l'ozone sert à enlever instantanément l'odeur empyreumatique du whiskey. Un traitement semblable de l'alcool faible donne du vinaigre [*Compt. rend.*, t. LXXV, p. 538].

Antozone. — Selon Schœnbein, l'ozone est de l'oxygène électrisé négativement — O. Mais il existerait un oxygène électrisé positivement, l'*antozone* + O. Ce dernier serait celui qui se forme dans les préparations du gaz odorant à l'aide du peroxyde de baryum ; rien n'autorise à établir ces distinctions. D'après Williamson et Baumert l'ozone électrolytique serait un composé hydrogéné $HO^3$ par exemple, différant de l'oxygène électrisé ou ozone proprement dit. Meissner a fait voir que celui-ci, lavé à l'iodure de potassium, contient encore un principe actif qui répand des fumées à l'air et qui constitue l'antozone. L'électrisation donnerait donc les deux variétés de gaz de Schœnbein. Il est probable que toutes ces divergences sont dues à ce que l'ozone humide donne facilement, au contact d'un corps qu'il oxyde, de l'eau oxygénée, comme le prouve l'expérience de l'indigo de MM. Thenard : or la vapeur d'eau oxygénée possède toutes les propriétés attribuées à l'antozone. Son rôle est celui d'un oxydant et souvent d'un réducteur. Elle agit sur une foule de corps d'une manière diamétralement contraire à celle de l'ozone. Elle possède enfin une tension beaucoup moins forte que la vapeur aqueuse [Meissner, *Ueber den Sauerstoff.*, Hannover, 1863; — Brodie, *Phil. Trans.*, 1850, p. 759, et 1863, p. 837; — Debus, *Leçon à la Société chimique de Londres*, 1er juin 1871]. G. S.

# P

**PACHNOLITHE** (Min.). — Fluoaluminate hydraté de sodium et de calcium,

$$3(Ca,Na^2)Fl^2, Al^2Fl^6 + 2H^2O.$$

Petits cristaux blancs, d'un éclat vitreux, transparents ou translucides, recouvrant la cryolithe du Groënland et provenant de son altération.

*Caractères.* — Dans le tube donne de l'eau, et offre d'ailleurs les réactions de la cryolithe.

*Forme cristalline.* — Prisme clinorhombique $mm = 98° 34'$; $d^1d^1 = 108° 15'$; $md^1 = 153° 37'$. Plan d'hémitropie parallèle à $g^1$. Clivages : $p, m$.

**PACITE** (Min.). — Nom donné à une variété de leucopyrite renfermant une certaine quantité de soufre qui y est probablement contenu sous la forme de mispickel ou de pyrite blanche et comme mélange isomorphe. Sa composition correspond à la formule $FeS^2, 4FeAs^2$.

Cristaux orthorhombiques $mm = 115°$ environ, masses cristallines, d'un blanc d'étain, ayant clivage $m$ indistinct, trouvés à la Paz (Bolivie), avec or natif et bismuth.

Dureté, 4 à 4,5. Poussière noire.

Densité, 6,30.

**PACKFUNG.** — Voyez t. I, p. 1009.

**PAGODITE.** — Voyez AGALMATHOLITHE.

**PAJSBERGITE.** — Voyez RHODONITE.

**PALÆONATROLITHE.** — Voyez BERGMANNITE.

**PALICOURINE.** — Base cristallisable retirée par Peckolt du *Palicourea Marcgravii* (Saint-Hil); son sulfate cristallise en tables brillantes, son azotate en aiguilles. Cette plante renferme en outre : 1° un acide volatil liquide, d'une odeur agréable, qui, respiré à fortes doses, produit des vertiges : c'est un narcotique énergique; 2° un acide solide, l'*acide palicourique*, sublimable en aiguilles, insoluble dans l'eau, peu soluble dans l'éther, soluble dans l'alcool : les sels de sodium et de calcium cristallisent; 3° un tannin colorant les sels de fer en vert; 4° une résine [Th. Peckolt, *Arch. der Pharm.*, (2), t. CXXVII, p. 93, et *Bull. de la Soc. chim.*, 1867, t. VII, p. 521].

**PALIGORSKITE** (Min.). — Silicate hydraté d'aluminium et de magnésium; probablement asbeste altérée, de la rivière Popofka (gouvernement de Perm).

**PALLADIUM**, Pd = 106,5. — *État naturel.* — Wollaston a retiré ce métal en 1803 du platine brut du Choco, où il existe en petite proportion (1/2 % environ), mélangé avec le minerai de platine. On en a trouvé depuis dans les sables aurifères et platinifères de l'Oural et du Brésil. Berzelius en a étudié les principaux composés.

Le palladium natif est le plus souvent en paillettes ou en grains composés de fibres divergentes à partir d'un point de l'arête. Haidinger a trouvé dans ces grains quelques octaèdres de palladium pur. Ce métal appartient donc au système régulier. G. Rose considère le palladium comme étant dimorphe, son opinion repose sur une observation de Zinken qui prétend avoir trouvé dans le Harz, à Tilkerode, sur des lamelles d'or contenues dans un diorite, du palladium en petites tables hexagonales, clivables avec netteté parallèlement à leurs pans.

Le palladium existe aussi combiné avec l'or dans le sable aurifère de Zacotinga et de Condonga, au Brésil. On l'a rencontré aussi dans une roche aurifère (*iacotinga*) à Gorgo-Socco, dans la province de Minas Geraes, au Brésil. Ce minerai, de couleur pâle, contient 25 % de palladium. Une autre variété, en grains cristallins, a été trouvée à Porpez, au Brésil; on la connaît sous le nom d'*Oro pudre*. Elle contient environ 10 % de palladium, 86 d'or et 4 d'argent.

*Extraction du palladium.* — 1° Le procédé de Wollaston consiste à traiter le sable platinifère tenant du palladium par l'eau régale; on évapore la liqueur de manière à chasser l'excès d'acide, ou l'on sature cet excès avec beaucoup de soin par la soude. On y verse ensuite une dissolution de cyanure mercurique qui en précipite à la longue tout le palladium à l'état de cyanure d'un jaune clair. Le palladium est le seul métal qui puisse déplacer le mercure de la solution de cyanure; tous les autres métaux restent dans la liqueur. Le cyanure lavé, séché et calciné à une haute température donne le palladium pur.

2° Ordinairement on ne retire le palladium de la solution régale du minerai de platine qu'après avoir précipité la plus grande partie du platine par le chlorure d'ammonium. On procède alors comme il suit. On rend cette liqueur acide avec l'acide chlorhydrique et l'on précipite les métaux en dissolution avec du fer ou du zinc pur. Ces métaux sont le platine, l'iridium, le rhodium, le palladium et le cuivre; on les lave bien et on redissout dans l'eau régale. On neutralise cette dissolution aussi exactement que possible avec du carbonate de sodium, puis on y ajoute du cyanure mercurique. Le cyanure palladeux qui se précipite est blanc quand il est pur; mais si la précipitation a lieu dans une liqueur contenant du cuivre, il entraîne un peu de ce métal et prend alors une teinte verdâtre. Pour séparer le cuivre, on brûle le cyanure palladeux, on redissout le métal dans l'eau régale, on ajoute à la liqueur un excès de chlorure de potassium (une fois et demie le poids du palladium dissous) et l'on évapore à siccité en ajoutant de l'acide azotique à la fin de l'opération. Il se forme alors un chlorure double de palladium et de potassium, d'une couleur rouge foncé, insoluble dans l'alcool, qui dissout le chlorure double de cuivre et de potassium. Le sel double de palladium, calciné à une haute température, donne le métal; avec un peu de chlorure d'ammonium, la réduction du métal est plus facile.

Bréant a extrait autrefois du sable de platine, par ce procédé, d'assez grandes quantités de palladium. Le garde-meuble possède une coupe de ce métal de plus de 1 kilogramme préparée par ce chimiste.

3° Pour extraire le palladium du minerai d'or de Gorgo-Socco, on fond l'or avec 2 fois et demie son poids d'argent, en se servant comme fondant d'un mélange de nitre et de borax; on grenaille la matière, que l'on traite ensuite par l'acide azotique qui dissout l'argent et le palladium, en même temps qu'un peu de platine (1) s'il en existe dans le minerai, et laisse l'or non dissous. La solution ainsi obtenue contient du cuivre, du plomb, du platine, de l'argent et du palladium. On précipite l'argent par une solution de sel marin; la liqueur filtrée est ensuite précipitée par le zinc, et les métaux bien lavés sont redissous dans l'acide azotique. On ajoute un excès d'ammoniaque qui redissout les oxydes de cuivre et de palladium et qui précipite ceux de plomb et de platine. La liqueur saturée aussi exactement que possible par l'acide chlorhydrique, laisse précipiter une poudre jaune de chlorure ammoniacal de palladium, le chlorure de cuivre reste dissous avec un peu de palladium.

La calcination du chlorure de palladium donne le métal; on peut retirer celui qui se trouve dans la solution contenant le cuivre en faisant bouillir celle-ci avec un peu de formiate de potassium qui réduit le palladium à l'état métallique sans précipiter le cuivre.

*Propriétés.* — Le palladium est intermédiaire pour l'aspect entre le platine et l'argent, mais il est beaucoup plus léger que le platine, car sa densité varie de 11,3 à 11,8 selon qu'il a été simplement fondu ou fortement écroui. Sa chaleur spécifique est de 0,0593 (Regnault). Il possède à peu près la dureté du platine. Il est ductile, mais moins que ce dernier métal. De tous les métaux du platine c'est le plus fusible; mais, comme il est encore difficile de le fondre dans un fourneau à vent, Wollaston opérait cette fusion en ajoutant du soufre au métal, ce qui donnait un sulfure, décomposable à une haute température, en laissant un métal bien aggloméré et parfaitement malléable. C'est ce qu'on observe avec tous les métaux du platine, parce qu'ils possèdent la propriété de se souder à eux-mêmes quand on les chauffe fortement. Au chalumeau oxhydrique, le palladium fond avec une extrême facilité et se volatilise en produisant des vapeurs vertes qui se condensent en une poussière d'une couleur bistre, mélange de métal et de son oxyde. Si on le fond dans une atmosphère oxydante, il roche comme l'argent au moment de sa solidification. Seulement l'oxygène ne se dégageant qu'au moment où la couche supérieure du métal est figée, le lingot qui a roché est caverneux quoique sa surface soit parfaitement régulière [H. Sainte-Claire Deville et Debray, *Ann. de Chim. et de Phys.*, (3), t. LVI, p. 385].

Le palladium s'oxyde à une température peu élevée, mais son oxyde se réduit à une tempéra[illegible]s haute; aussi, lorsqu'on le laisse refroidir [illegible]s l'avoir chauffé au rouge, il prend [illegible]einte bleue particulière.

[illegible] directement au soufre, au [illegible] chlore et même à [illegible]able de l'hydrogène a

[illegible]linaire dans l'acide azo[illegible]s ce liquide lorsqu'il est [illegible] y est complète lorsqu'il [illegible]argent décuple de celle

[illegible] alcoolique d'iode, que l'on fait évaporer sur du palladium, le noircit, mais n'attaque pas le platine, ce qui permet de distinguer ces deux métaux lorsqu'ils sont travaillés

déjà été indiquée dans les articles HYDROGÈNE et OCCLUSION; nous y renvoyons le lecteur. La facilité avec laquelle le palladium absorbe l'hydrogène permet d'expliquer pourquoi ce métal se prête aussi facilement que le platine à l'expérience de la lampe sans flamme de Davy. On met une plaque ou une petite capsule de palladium dans la flamme d'un brûleur de Bunsen; lorsque le métal est chaud, on ferme le robinet de gaz, et on l'ouvre ensuite quand le palladium cesse d'être rouge; au contact du mélange de gaz et d'air, le palladium rougit de nouveau.

Les acides sulfurique et chlorhydrique concentrés l'attaquent peu à chaud, surtout le dernier; ils prennent alors une couleur plus ou moins rouge. L'acide nitrique chaud le dissout très-bien en donnant une dissolution rouge brunâtre. L'eau régale le dissout avec la plus grande facilité. Sa surface est noircie par la teinture d'iode, qui est sans action sur le platine.

ALLIAGES DU PALLADIUM [Watts, *Dictionary of Chemistry*, t. IV, p. 326]. — Le palladium s'allie à la plupart des métaux. Ces alliages sont, en général, peu importants. On connaît des alliages naturels d'or et de palladium.—Voyez t. II, p. 643.

MM. H. Deville et Debray ont employé un procédé particulier pour la préparation de quelques alliages définis de palladium. Il consiste à fondre ce dernier avec 6 fois son poids d'un métal tel que l'étain et à épuiser le culot par l'acide chlorhydrique. Dans le cas de l'étain, il reste un alliage cristallisé en écailles brillantes et possédant la composition $Pd^2Sn^3$.

L'*argent* s'allie au palladium. Les dentistes emploient un alliage de 1 p. d'argent et de 9 p. de palladium.

L'*arsenic* et l'*antimoine* s'unissent au palladium en produisant une vive ignition et en formant des alliages.

Le *baryum* s'y allie à la température du chalumeau oxhydrique en formant un alliage d'un blanc d'argent (Clarke).

Parties égales de *bismuth* et de palladium forment un alliage gris possédant la dureté de l'acier (Chenevix).

Le *cuivre* s'allie au palladium avec incandescence. 4 p. de cuivre et 1 p. de palladium forment un alliage blanc ductile. Lorsqu'on fond parties égales des deux métaux au chalumeau oxhydrique, on obtient un alliage, assez fusible, d'un jaune pâle, susceptible d'un beau poli et que la lime attaque facilement (Clarke). D'après Deville et Debray, l'alliage de palladium et de cuivre est semblable à celui de palladium et d'étain et s'obtient comme ce dernier.

D'après Chenevix, l'alliage de parties égales d'*étain* et de palladium est plus doux que le fer forgé.

L'alliage de *fer* et de palladium est très-cassant. Toutefois on peut employer pour la fabrication de certains instruments un alliage de 1 p. de palladium et de 100 p. d'acier.

Le *nickel* et le palladium s'unissent à la chaleur dégagée par la combustion du gaz oxhydrique pour former un alliage malléable et susceptible d'un beau poli.

L'*or* s'allie en diverses proportions au palladium; la combinaison des deux métaux s'effectue avec ignition. L'alliage renfermant parties égales des deux métaux présente la couleur grise du fer poli et une cassure à gros grains. Il est moins ductile que chacun des composants. 1 p. de palladium et 4 p. d'or donnent un alliage blanc, dur, ductile. L'alliage de 1 p. de palladium et de 6 p. d'or est presque blanc. — Voyez p. 722 la composition de l'alliage naturel de Porpez.

Le *platine* et le palladium s'unissent à une température un peu supérieure à celle du point de fusion de ce dernier métal, pour former un alliage gris, d'une densité de 15,141, aussi dur que le fer forgé, moins ductile que l'alliage d'or et de palladium (Chenovix).

Parties égales de *plomb* et de palladium s'unissent à l'état de fusion avec production de lumière. L'alliage solidifié est gris et cassant, attaquable par l'acide acétique bouillant. Densité, 11,255 [Bauer, *Bull. de la Soc. chim.*, 1871, t. XVI, p. 78].

Le palladium se dissout dans le *zinc* fondu, mais ne s'y allie pas.

OXYDES DE PALLADIUM. — On admet généralement l'existence de trois oxydes du palladium, savoir : un sous-oxyde $Pd^2O$, dont l'existence ne paraît pas bien établie ; un oxyde palladeux $PdO$; un oxyde palladique $PdO^2$, qui n'a pas encore été isolé.

Le sous-oxyde $Pd^2O$ se formerait lorsqu'on chauffe le palladium à une douce chaleur rouge. D'après Kane, l'oxyde palladeux $PdO$, chauffé jusqu'à ce qu'il laisse dégager de l'oxygène, et maintenu à cette température jusqu'à ce qu'il ne donne plus de gaz, laisse un sous-oxyde en perdant la moitié de son oxygène. Ce sous-oxyde a l'aspect d'une poudre noire ; les acides le décomposent en oxyde palladeux qui se dissout et en palladium métallique qui reste insoluble. Une température élevée le réduit complétement.

OXYDE PALLADEUX, $PdO$. — On l'obtient en dissolvant le palladium dans l'acide nitrique, évaporant à siccité et calcinant doucement le nitrate. L'oxyde reste sous forme d'une masse noire difficilement soluble dans les acides. C'est aussi cet oxyde qui se forme quand on chauffe au rouge naissant un mélange d'un sel de palladium et de carbonate de potassium ; la masse refroidie traitée par l'eau laisse l'oxyde pur. Ce dernier se décompose au rouge vif en laissant du palladium.

Par voie humide, on obtient l'oxyde hydraté en précipitant la dissolution d'un sel palladeux par un excès de carbonate alcalin ; à l'ébullition, il se dégage de l'acide carbonique et il se précipite un hydrate d'une couleur brunâtre foncée. On ne peut le précipiter par les alcalis, parce que ceux-ci en excès le dissolvent en donnant une solution incolore. Il se dissout facilement dans les acides. Il perd son eau au rouge sombre.

OXYDE PALLADIQUE. — On ne le connaît pas à l'état de pureté. On l'obtient combiné aux alcalis, en traitant du chlorure palladique et potassique sec par une dissolution d'hydrate ou de carbonate de potassium, que l'on ajoute en petite quantité à la fois, en ayant soin de bien mélanger avec le chlorure. Il se sépare alors un corps brun jaunâtre qui est une combinaison hydratée de l'oxyde avec l'alcali. On prend le chlorure double palladique sec, parce que le contact de l'eau détruit ce composé et le ramène à l'état de chlorure palladeux. Lorsqu'on verse un excès d'alcali sur le chlorure palladique, tout se dissout. On obtient ainsi une dissolution d'un brun foncé, qui devient peu à peu gélatineuse en laissant déposer la combinaison d'oxyde et d'alcali. Cette même combinaison se dépose complétement par l'ébullition de la liqueur brune, mais alors elle ne contient pas d'eau. On ne peut enlever l'alcali qui est combiné à l'oxyde de palladium, au moyen des acides, sans dissoudre également l'oxyde métallique. Il est même difficile d'attaquer cette combinaison par les acides oxygénés ; l'acide chlorhydrique l'attaque mieux que les autres acides. S'il est étendu, il se dégage du chlore comme on pouvait s'y attendre, puisque le chlorure palladique ne peut exister en solution étendue ; s'il est concentré, il reproduit le chlorure palladique et potassique.

L'hydrate palladique séché a la couleur jaune brunâtre foncée de la terre de Cologne. Quand on le chauffe, il se décompose avec une telle violence, en dégageant son eau et la moitié de son oxygène, que le résidu est projeté hors du vase. L'oxyde non hydraté se décompose au contraire tranquillement et sans projection. On n'a pas étudié spécialement les combinaisons de l'oxyde palladique avec les autres oxydes métalliques ; il est évident d'après ce qui précède que ces combinaisons existent pour les alcalis.

CHLORURES DE PALLADIUM. — On ne connaît bien que le dichlorure $PdCl^2$ ou chlorure palladeux et le tétrachlorure de palladium $PdCl^4$ ou chlorure palladique. D'après Kane, il existerait un sous-chlorure correspondant au sous-oxyde et qui prend naissance lorsqu'on chauffe jusqu'à fusion le protochlorure. C'est une masse rouge grenat à cassure nettement cristalline, qui est déliquescente et que l'eau décompose partiellement en lui faisant déposer le cinquième de son palladium.

CHLORURE PALLADEUX, $PdCl^2$. — On obtient ce corps en dissolvant à chaud le palladium dans une eau régale contenant un excès d'acide chlorhydrique et évaporant la solution à siccité pour en séparer tout l'acide nitrique. Il reste une masse saline, cristalline, d'un brun foncé, qui devient noire si on la déshydrate complétement ; elle est déliquescente à l'air. Lorsqu'on évapore sa solution concentrée, on obtient de petits cristaux prismatiques qui renferment 2 molécules d'eau. La dessiccation de ce sel est toujours accompagnée d'un petit dégagement d'acide chlorhydrique ; aussi, lorsqu'on reprend par l'eau, il reste toujours un peu de chlorure basique insoluble, sous forme d'une poudre couleur de rouille.

D'après Fellenberg [*Ann. de Poggend.*, t. L], on obtient le chlorure palladeux sous forme de sublimé rouge-rose lorsqu'on fait passer un courant de chlore sur du sulfure de palladium fortement chauffé, jusqu'à ce qu'il ne se dégage plus de chlorure de soufre. Il se forme en même temps du sous-chlorure palladeux. Il ne serait pas impossible qu'on pût éviter la production de ce dernier en chauffant à une température moins élevée que ne le faisait Fellenberg.

Kane a étudié l'action des alcalis sur le chlorure de palladium. En ajoutant à ce sel moins de potasse ou de soude qu'il n'en faut pour tout redissoudre, il a obtenu un précipité brun foncé ayant pour composition $PdCl^2 + 3PdO + 4H^2$[illegible]. Mais l'existence de cette combinaison, qui ne présente d'ailleurs aucun intérêt, ne paraît pas suffisamment démontrée.

L'action de l'ammoniaque est plus intéressante, nous l'étudions plus loin (*Bases ammonio-palladiques*, p. 726).

Le protochlorure de palladium se combine avec beaucoup d'autres chlorures à équivalents égaux. Comme ces composés sont tous solubles, on les obtient en évaporant convenablement le mélange des dissolutions des deux sels.

CHLORURE DE PALLADIUM ET DE POTASSIUM,

$$PdCl^2 + 2KCl.$$

— Cristallise en prismes quadrilat[illegible] sale, et qui ont une teinte brun[illegible] lumineux. Il est assez soluble[illegible] mais beaucoup plus [illegible] l'e[illegible] le précipite d'une so[illegible]n [illegible] paillettes cristalline[illegible] de l'or. Il fond à un [illegible] pose en dégageant d[illegible] température plus él[illegible]

CHLORURE DE PALL[illegible]

$$Pd[illegible]$$

— Déliquescent, plus soluble dans l'alcool que le précédent.

CHLORURE DE PALLADIUM ET D'AMMONIUM,

$$PdCl^2 + 2AzH^4Cl.$$

— Il cristallise en longs prismes rectangulaires d'un vert-olive et d'un éclat de bronze; il renferme d'après Kane 1 molécule d'eau (?).

Bonsdorff [*Ann. de Poggend.*, t. XIX] a obtenu des chlorures doubles de palladium avec les chlorures de baryum, de calcium, de magnésium, de manganèse, de zinc, de cadmium et de nickel. Tous ces sels doubles ont une teinte brunâtre et se dissolvent facilement dans l'eau et l'alcool. Les chlorures doubles de cadmium, de nickel et de manganèse ne s'altèrent pas à l'air. Ce dernier est presque noir, ses cristaux sont cubiques ou d'une forme voisine. Les sels doubles de calcium, de magnésium et de zinc sont déliquescents [Berzelius, t. IV, p. 307, édit. française, 1847].

CHLORURE PALLADIQUE, $PdCl^4$. — On le prépare en dissolvant le chlorure palladeux sec dans de l'eau régale concentrée, à une douce chaleur. On obtient ainsi une dissolution d'un brun si foncé qu'elle paraît noire; si on l'étend d'eau, le chlorure palladique se décompose en chlorure palladeux et chlore qui se dégage; on ne peut pas davantage l'amener à l'état de siccité sans le détruire.

TÉTRACHLORURE DE PALLADIUM ET DE POTASSIUM,

$$PdCl^4 + 2KCl.$$

— On l'obtient en traitant le chlorure

$$PdCl^2 + 2KCl$$

réduit en poudre fine par l'eau régale et évaporant doucement jusqu'à siccité la liqueur surnageante (Berzelius). On obtient ainsi une poudre rouge-cinabre formée de petits cristaux octaédriques, comme les sels correspondants de platine et d'iridium. Il est comme eux insoluble dans les solutions saturées de chlorure de potassium et d'ammonium, et peu soluble dans l'eau froide. Il s'y dissout en donnant une liqueur jaune qui dégage une odeur sensible de chlore, ce qui tient à la décomposition partielle de ce corps. A chaud, il est plus soluble, mais alors il dégage une grande quantité de chlore et par une ébullition prolongée se transforme intégralement en chlorure

$$PdCl^2 + 2KCl.$$

Quand on le dissout en vases clos dans l'eau bouillante, le chlore ne pouvant se dégager, la décomposition est singulièrement amoindrie, et le sel peut cristalliser par refroidissement en cristaux qui sont d'un brun foncé s'ils ont des dimensions sensibles. La décomposition de ce chlorure double semble donc être un phénomène ordinaire de dissociation; et il est probable qu'on pourrait l'empêcher totalement en mettant la dissolution au contact d'une atmosphère de chlore exerçant une pression suffisante. Il en serait sans doute de même pour le chlorure palladique seul.

Le sel double sec se décompose par la chaleur en chlore et en chlorure $PdCl^2 + 2KCl$. L'alcool froid ne le dissout pas, mais à chaud il le décompose avec dégagement de vapeurs éthérées. L'ammoniaque caustique produit une vive effervescence au contact de ce sel qui agit par son chlore en produisant un dégagement d'azote, en même temps qu'il se forme un sel palladeux.

On n'a pas encore obtenu le chlorure palladico-sodique.

Le *chlorure palladico-ammonique* se prépare comme le sel potassique, auquel il ressemble en tous points, si ce n'est qu'il est plus soluble.

BROMURES DE PALLADIUM. — BROMURE PALLADEUX, $PdBr^2$. — On l'obtient par l'action du brome et de l'eau sur le palladium, mais cette action est lente. En évaporant la dissolution, l'excès de brome est chassé et il reste une solution rouge-jaune qui peut donner, par une concentration convenable, des aiguilles cristallines brunes que l'eau redissout en les décomposant partiellement. Ce bromure est soluble dans l'alcool.

BROMURE DOUBLE DE PALLADIUM ET DE POTASSIUM, $PdBr^2 + 2KBr$. — On l'obtient en traitant le palladium par une solution de brome dans le bromure de potassium. Par évaporation spontanée, le sel cristallise en aiguilles aplaties d'un brun foncé, qui sont inaltérables à l'air.

On connaît aussi des combinaisons du bromure palladeux avec le bromure de sodium et le bromure d'ammonium.

IODURES DE PALLADIUM. — IODURE PALLADEUX, $PdI^2$. — C'est un des sels les plus insolubles que l'on connaisse, aussi les sels palladeux sont pour l'iode un réactif aussi sensible que les sels d'argent pour le chlore. On l'obtient sous forme de précipité brun floconneux, en mélangeant une dissolution de chlorure palladeux et d'iodure de potassium [Lassaigne, *Journ. de Chim. méd.*, t. XI, p. 57]. Une solution contenant quelques dix-millièmes d'iodure de potassium, à laquelle on ajoute du chlorure palladeux, prend une teinte rouge; mais le précipité ne se manifeste que si l'on fait bouillir pendant quelque temps la liqueur, qui devient alors incolore.

Entre 300° et 360°, l'iodure palladeux se décompose en iode et palladium.

IODURE DOUBLE DE PALLADIUM ET DE POTASSIUM, $PdI^2 + 2KI$. — Il se forme en dissolvant à saturation de l'iodure de palladium dans une solution d'iodure de potassium. Par la concentration de la liqueur rouge de vin, le sel double se dépose en cristaux cubiques.

FLUORURE DE PALLADIUM, $PdFl^2$. — Ce sel se produit lorsqu'on verse de l'acide fluorhydrique dans une solution concentrée d'azotate de palladium. C'est un précipité brun qui se dépose difficilement. L'ammoniaque le dissout comme tous les autres sels palladeux, ainsi que nous verrons tout à l'heure; c'est là sa seule propriété intéressante. Il forme des sels doubles avec le fluorure de potassium, de sodium et d'ammonium.

SULFURE DE PALLADIUM, PdS. — Le palladium s'unit au soufre avec dégagement de lumière, quand on fait passer de la vapeur de soufre sur le métal chauffé. On obtient ainsi une masse fusible, d'un blanc gris, brillante et aigre. Ce sulfure est décomposé à une température plus élevée et laisse le métal à l'état cohérent ou même fondu si la température est assez élevée. Wollaston passait par le sulfure pour obtenir le palladium malléable, celui qu'il retirait du cyanure étant toujours aigre et cassant, sans doute à cause d'une certaine quantité de carbone qui se combinait au métal. Il purifiait le métal brut, obtenu avec le sulfure, en le chauffant avec du borax et un peu de nitre. La matière contenait encore du soufre, qu'il éliminait par le grillage à une température plus élevée. Le métal devenait spongieux par ce traitement, mais en le forgeant avec précaution, on pouvait le rendre malléable. Ce procédé n'offre plus aujourd'hui qu'un intérêt purement historique.

L'acide sulfhydrique précipite les dissolutions de palladium en brun foncé.

PHOSPHURE DE PALLADIUM. — On connaît un phosphure fusible de palladium qui a été peu étudié.

CARBURE DE PALLADIUM. — Quelques chimistes admettent l'existence d'un carbure de palladium, quoiqu'il ne soit pas possible d'obtenir un tel composé en chauffant un mélange de charbon avec le métal. Cette opinion est fondée sur les faits suivants constatés par Wœhler : si l'on tient verticalement une feuille de palladium dans la flamme d'une lampe à alcool, le métal se couvre de suie, quoique l'alcool n'en dépose point sur un autre corps. Si le palladium reste longtemps dans la flamme, le charbon s'accumule en masses mamelonnées sur les deux faces, comme sur la mèche d'une chandelle. La lame de palladium devient alors cassante; quant au charbon, si on le brûle, il laisse un léger squelette de palladium. Le palladium très-divisé produit encore plus facilement le dépôt de charbon [Berzelius, *Traité de Chim.*, t. II, p. 464]. Nous avons vu un fait analogue pour l'iridium. Une nouvelle étude de ces phénomènes, qui ne paraissent pas dus à une affinité spéciale du carbone pour le palladium et l'iridium, serait nécessaire.

### SELS DE PALLADIUM.

**Azotate de palladium**, $(AzO^3)^2\ddot{P}d$. — Ce sel prend naissance quand on dissout le palladium, à chaud, dans l'acide azotique. L'action du palladium sur l'acide azotique d'une densité de 1,25 à 1,30 commence à la température ordinaire et s'effectue sans dégagement de gaz, car le bioxyde d'azote se dissout dans l'acide azotique. Mais à chaud, ce gaz se dégage et la solution du métal s'opère plus rapidement. La dissolution concentrée, placée sur l'acide sulfurique, laisse déposer de longs prismes rhomboïdaux déliés, d'un jaune-brun. Ce sel est déliquescent à l'air, ce qui a empêché de déterminer le nombre d'équivalents d'eau qu'il renferme. On peut le dessécher sans le décomposer; la solution que l'on obtient avec la masse saline, brune, sèche, est transparente à l'état concentré, mais se décompose partiellement quand on l'étend de beaucoup d'eau.

La potasse en quantité insuffisante pour tout précipiter donnerait, d'après Kane, un nitrate quadribasique brun foncé, $(AzO^3)^2Pd,3PdO$.

**Sulfate de palladium**, $SO^4\ddot{P}d$. — On l'obtient en dissolvant du palladium dans l'acide sulfurique mêlé d'acide azotique étendu, et évaporant jusqu'à consistance sirupeuse. Par le refroidissement, le sulfate se dépose en cristaux mal déterminés qui contiennent 2 molécules d'eau. Il est déliquescent dans l'air humide; une grande quantité d'eau le décompose comme le nitrate. La chaleur le déshydrate, mais on peut le porter au rouge sombre sans le décomposer; à une plus haute température, il donne de l'acide sulfurique anhydre et un sous-sulfate; finalement il reste du palladium, si l'on continue à chauffer davantage.

Kane, qui a étudié particulièrement le sulfate de palladium, admet aussi l'existence d'un sulfate octobasique $SO^4\ddot{P}d.7PdO + 6H^2O$ (?); il l'obtient en versant une solution concentrée de sulfate neutre de palladium, goutte à goutte, dans une grande quantité d'eau.

Le sulfate de palladium ne forme pas de sels doubles.

Le phosphate et le carbonate de palladium sont peu connus. Ce dernier n'existe même probablement pas.

**Azotite double de palladium et de potassium.** — Lorsqu'on verse dans une dissolution de palladium une dissolution d'azotite de potassium, il se forme un azotite double soluble et qui cristallise tantôt anhydre, tantôt avec 2 molécules d'eau. Lorsqu'on ajoute à la solution de ce sel de l'azotate d'argent, il se forme un sel peu soluble à froid, soluble à chaud et qu'on peut faire cristalliser par refroidissement en larges prismes d'un jaune foncé. C'est un azotite double d'argent et de palladium. H. D.

### BASES AMMONIO-PALLADIQUES.

L'action de l'ammoniaque sur les sels de palladium, étudiée par Vauquelin [*Ann. de Chim.*, t. LXXXVIII], Fischer [*Ann. der Chem. u Pharm.*, t. LXIV, p. 200], Fehling [*Ibid.*, t. XXXIX, p. 110], et surtout par M. Hugo Müller [*Ibid.*, t. LXXXVI, p. 341], donne naissance à des combinaisons de deux bases ammoniacales, la *palladamine* et la *palladiamine* de H. Müller. La palladamine peut être envisagée comme l'oxyde (ou l'hydrate) d'un diammonium dont 2 atomes d'hydrogène ont été remplacés par le palladium diatomique. Son chlorure, qui existe sous deux modifications différentes, se forme par l'action de l'ammoniaque sur le dichlorure de palladium (chlorure palladeux) :

| $\left.\begin{matrix}H^2\\H^2\\H^2\\Pd''\end{matrix}\right\}Az^2Cl^2,$ | $\left.\begin{matrix}H^2\\H^2\\H^2\\Pd''\end{matrix}\right\}Az^2O,$ | $\left.\begin{matrix}H^2\\H^2\\H^2\\Pd''\end{matrix}\right\}Az^2(OH)^2.$ |
|---|---|---|
| Chlorure de palladammonium. | Oxyde de palladammonium. | Hydrate de palladammonium (palladamine). |

Lorsqu'on dissout le chlorure de palladammonium dans un excès d'ammoniaque et qu'on évapore, la solution laisse déposer le chlorure de palladiammonium, lequel, pour la même quantité de palladium, renferme deux fois plus d'azote que l'autre. C'est le dichlorure d'un diammonium dont 2 atomes d'hydrogène sont remplacés par du palladium et deux autres par deux groupes ammonium, $AzH^4 = Am$ :

| $\left.\begin{matrix}H^2\\H^2\\Am^2\\Pd''\end{matrix}\right\}Az^2.Cl^2,$ | $\left.\begin{matrix}H^2\\H^2\\Am^2\\Pd''\end{matrix}\right\}Az^2O,$ | $\left.\begin{matrix}H^2\\H^2\\Am^2\\Pd''\end{matrix}\right\}Az^2(OH)^2.$ |
|---|---|---|
| Chlorure de palladiammonium. | Oxyde de palladiammonium. | Hydrate de palladiammonium (palladiammine). |

Indépendamment de ces composés, M. H. Müller en a décrit d'analogues, dans lesquels l'éthylamine et la phénylamine remplacent l'ammoniaque. Nous allons les décrire les uns et les autres.

### COMPOSÉS DU PALLADAMMONIUM.

**Chlorure de palladammonium**, $H^6Pd''Az^2.Cl^2$. — Ce corps est connu sous deux modifications, la rouge et la jaune. H. Müller envisage la première comme une combinaison d'ammoniaque et de chlorure palladeux $2AzH^3.Pd''Cl^2$. Vauquelin a obtenu la modification rouge en mélangeant une solution moyennement concentrée de chlorure de palladium avec un léger excès d'ammoniaque; il se forme alors un précipité rouge couleur de chair qui ne s'altère ni par la dessiccation, ni par le contact prolongé de l'air. Bien desséché, on peut le chauffer à 180° sans qu'il subisse aucune modification; mais s'il est humide, il jaunit à 100° sans changer de composition (Fehling). Cette modification jaune prend encore naissance quand on fait bouillir le précipité rouge avec l'eau mère dans laquelle il s'est formé; on obtient ainsi une dissolution brune qui laisse déposer par refroidissement de petits cristaux jaunes. En dissolvant le sel rouge dans un excès d'ammoniaque et saturant par l'acide chlorhydrique, on obtient encore le chlorure jaune, peu soluble dans un excès d'acide.

**Bromure de palladammonium.** — Le bromure de palladium traité par l'ammoniaque se comporte comme le chlorure, c'est-à-dire qu'il donne un composé jaune cristallin; si l'ammoniaque est en grand excès, on obtient des prismes rhomboïdaux presque incolores de bromure de palladiammonium.

**Iodure de palladammonium.** — Fehling l'a obtenu sous les deux modifications jaune et rouge. L'iodure de palladium se dissout dans l'ammoniaque caustique avec dégagement de chaleur. La dissolution incolore, évaporée ou traitée par un acide, donne l'iodure de palladammonium sous forme d'une poudre orange. Pressé et desséché rapidement, cet iodure conserve sa couleur: mais si on l'abandonne à lui-même à l'état humide, il se change en une masse cristalline d'une belle couleur rouge.

Si pendant l'évaporation de la solution ammoniacale on ajoute de temps en temps de l'ammoniaque concentrée, il se forme des cristaux incolores d'iodure de palladiammonium anhydres et qui sont très-solubles dans l'eau. Ce même composé se forme quand on fait absorber jusqu'à saturation du gaz ammoniac à de l'iodure de palladium.

Fluorure de palladammonium. — On l'a obtenu en ajoutant le chlorure à une solution de fluorure d'argent (H. Müller).

Oxyde de palladammonium, palladamine,

$$H^6Pd''Az^2O.$$

— On traite du chlorure de palladammonium *jaune*, délayé dans de l'eau, par de l'oxyde d'argent, ou bien le sulfate par de la baryte; dans les deux cas on obtient une solution incolore très-alcaline, qu'on évapore dans le vide et qui donne un résidu solide mal cristallisé, c'est la palladamine. Cette base déplace les oxydes de cuivre et d'argent de leurs sels; à chaud, elle chasse l'ammoniaque du chlorure d'ammonium; elle attire facilement l'acide carbonique de l'air. La palladamine sèche peut être chauffée à 100° sans décomposition; à une température plus élevée, elle se dédouble avec production de lumière.

Les propriétés de la palladamine la rapprochent des bases quaternaires. Sa solution renferme sans doute l'hydrate de palladammonium

$$H^6Pd''Az^2(OH)^2.$$

Azotate de palladammonium, $H^6Pd''Az^2(AzO^3)^2$. — Ce sel prend naissance par l'action de l'ammoniaque à chaud sur un excès d'azotate de palladium. Ce sont de petits octaèdres à base rhombe qui détonent lorsqu'on les chauffe.

Sulfite de palladammonium, $H^6Pd''Az^2.SO^3$. — On obtient ce sel en saturant la solution de l'oxyde par l'acide sulfureux, ou encore en traitant par cet acide le chlorure jaune de palladammonium. Il cristallise en octaèdres d'un jaune-orange.

Sulfate de palladammonium, $H^6Pd''Az^2.SO^4$. — On l'obtient comme le sulfite; il cristallise comme lui.

Carbonate de palladammonium. — On le prépare en décomposant le chlorure par le carbonate d'argent et en évaporant la liqueur; il cristallise en petits octaèdres d'un jaune d'or.

### COMPOSÉS DU PALLADIAMMONIUM.

Ils sont formés par l'addition de 2 molécules d'ammoniaque aux composés du palladammonium, et on peut les envisager comme dérivant de ceux-ci par la substitution de deux groupes ammonium à 2 atomes d'hydrogène du palladammonium. D'après cela, on devrait les nommer *composés du diammopalladammonium*.

Chlorure de palladiammonium,

$$H^4(AzH^4)^2Pd''Az^2.Cl^2.$$

— Les chlorures jaune ou rouge de palladamine dissous dans l'ammoniaque caustique donnent par évaporation des prismes clinorhombiques incolores de chlorure de palladiammonium. Les mêmes cristaux se séparent d'une solution ammoniacale de chlorure de palladammonium; chauffés à 200°, ils perdent 2 molécules d'ammoniaque et se transforment en chlorure jaune de palladammonium (Fehling). Ce dernier, placé dans une atmosphère humide d'ammoniaque, repasse à l'état de chlorure de palladiammonium. Ce sel est très-soluble dans l'eau. Nous avons vu tout à l'heure qu'en traitant sa solution par un acide, on en précipitait le chlorure jaune de palladammonium. Cette même solution bouillie avec de la potasse en excès donne un précipité vert-olive qui brûle comme de la poudre à canon quand on le dessèche à une douce chaleur. La composition de ce précipité vert n'a pas été déterminée.

On obtient de même le *bromure* et l'*iodure de palladiammonium* en dissolvant dans l'ammoniaque le bromure et l'iodure de palladium ou de palladammonium; ils cristallisent.

Le *fluorure de palladiammonium* se forme par l'action de l'ammoniaque sur le fluorure de palladium. Le *silico-fluorure de palladiammonium* se précipite en écailles cristallines lorsqu'on ajoute de l'acide hydrofluosilicique à la solution d'un sel quelconque de palladiammonium.

Oxyde de palladiammonium,

$$H^4(AzH^4)^2Pd''Az^2.O.$$

— On fait bouillir une dissolution de sulfate de palladium avec de l'ammoniaque en excès; on précipite l'acide sulfurique avec de l'eau de baryte, on chauffe ensuite la liqueur pour chasser l'excès d'ammoniaque. On obtient ainsi une dissolution de palladiamine, qui laisse, après l'évaporation, une masse cristalline fortement alcaline, qui est l'oxyde ou plutôt l'hydrate de palladiammonium.

La dissolution de cette base est inodore et fortement alcaline; elle déplace les oxydes de fer, de cuivre, de nickel et de cobalt de leurs combinaisons, mais elle ne déplace pas l'oxyde d'argent. Par une ébullition prolongée on la dédouble en ammoniaque et palladamine. Évaporée à siccité et chauffée au delà de 100°, elle jaunit, fond et se décompose avec une légère explosion.

Azotate de palladiammonium. — Lorsqu'on dissout à chaud le nitrate neutre de palladium dans l'ammoniaque très-concentrée, on obtient une solution incolore qui donne par le refroidissement l'azotate anhydre de palladiamine sous la forme de prismes ou de tables rhomboïdales. Ce sel détone par la chaleur.

Carbonate de palladiammonium. — L'hydrate de palladiammonium absorbe l'acide carbonique. Le carbonate de palladiammonium se forme aussi lorsqu'on décompose le carbonate d'argent par le chlorure de palladiammonium. Il cristallise en prismes brillants, incolores; sa solution est fortement alcaline.

Sulfite de palladiammonium,

$$H^4(AzH^4)^2Pd''Az^2.SO^3.$$

— On obtient ce sel en faisant réagir l'ammoniaque sur le sulfite de palladammonium. Il est en petits cristaux prismatiques, peu solubles dans l'eau, insolubles dans l'alcool et qui jaunissent à 392°.

Sulfate de palladiammonium. — On l'obtient par l'action d'un excès d'ammoniaque sur le sulfate de palladium. Il forme de petits prismes incolores, très-solubles dans l'eau, insolubles dans l'alcool (H. Müller).

Bases organopalladiques [H. Müller, *Ann. der Chem. u. Pharm.*, t. LXXXVI, p. 368].

Chlorure de palladéthylammonium,

$$H^4(C^2H^5)^2Pd''Az^2.Cl^2.$$

— Ce corps paraît exister, comme le chlorure de palladammonium, sous deux modifications différentes. Lorsqu'on ajoute de l'éthylamine à une solution de chlorure palladeux, il se forme un précipité jaune, combinaison de 2 molécules d'éthylamine avec 1 molécule de chlorure palladeux. Ce précipité se dissout dans l'éthylamine en formant une solution incolore, laquelle, décomposée par l'acide chlorhydrique, donne un précipité jaune pâle. Ce dernier devient bientôt jaune foncé et cristallin. C'est le chlorure de palladéthylammonium.

Lorsqu'on le dissout à son tour dans un excès d'éthylamine, il peut en fixer 2 molécules en formant un composé analogue au chlorure de palladiammonium ou chlorure de diammopalladammonium. C'est le *chlorure diéthylammopalladéthylammonium*,

$$H^2(EtH^3Az)^2Et^2Pd''Az^2.Cl^2 (Et = C^2H^5).$$

Il se dépose en prismes incolores.

On connaît aussi un *chlorure de diéthylammopalladammonium*, $H^4(EtH^3Az)^2Pd''Az^2.Cl^2$. Il prend naissance lorsqu'on traite le chlorure de palladammonium par une solution aqueuse d'éthylamine, et qu'on chauffe doucement. Il se forme une liqueur incolore qui laisse déposer le nouveau chlorure sous forme de cristaux incolores.

Chlorure de palladophénylammonium,

$$H^4(C^6H^5)^2Pd''Az^2.Cl^2.$$

— On l'obtient à l'état d'un précipité jaune pâle en ajoutant de l'aniline suspendue dans l'eau à une solution de chlorure palladeux. Il est insoluble dans un excès d'aniline.

L'iodure correspondant se forme lorsqu'on agite de l'iodure palladeux finement divisé avec de l'aniline délayée dans l'eau. C'est une poudre jaune cristalline. A. W.

**PALLADIUM (ANALYSE).** — Réactions. — Le chlorure palladeux $PdCl^2$ et les sels oxygénés correspondants (le nitrate) sont d'un rouge-brun. Les combinaisons doubles avec les chlorures alcalins sont solubles dans l'eau.

La *potasse* produit dans les solutions de chlorure et de nitrate palladeux un abondant précipité brun-jaune, soluble dans un grand excès de potasse. Cette solution alcaline donne un dépôt de palladium métallique par l'addition d'alcool. La précipitation peut être empêchée par la présence de matières organiques.

L'*ammoniaque* ne précipite pas le nitrate de palladium et le décolore lorsqu'elle est en excès. Avec le chlorure palladeux : précipité, couleur de chair, de chlorure ammoniacal, soluble dans un grand excès d'ammoniaque.

*Carbonates alcalins.* — Précipité brun d'hydrate palladeux soluble dans un grand excès de réactifs ; la dissolution se trouble par l'ébullition.

Le *carbonate d'ammonium* se comporte comme l'ammoniaque.

*Hydrogène sulfuré.* — Précipité noir de sulfure, insoluble dans le *sulfure ammonique*.

*Phosphate de sodium.* — Précipité brun.

*Oxalate ammonique.* — Précipité jaune-brun.

Le *carbonate de baryum* précipite le nitrate, mais non le chlorure.

*Cyanure de mercure.* — Précipité gélatineux blanc jaunâtre, devenant presque blanc, de cyanure palladeux, soluble dans l'acide chlorhydrique et dans l'ammoniaque : réaction caractéristique. Ce cyanure fournit du palladium par la calcination.

*Nitrate mercureux.* — Précipité noir avec le chlorure palladeux, mais non avec le nitrate.

*Sulfate ferreux.* — Réduction de palladium si les solutions sont neutres.

*Iodure de potassium.* — Précipité noir d'iodure, même dans les solutions très-étendues, soluble en partie dans un excès d'iodure de potassium. (Réaction caractéristique.)

Le *chlorure palladique* $PdCl^4$ forme des chloropalladates très-peu solubles dans l'eau, d'un rouge-brun, décomposables par l'alcool bouillant. La solution de chlorure $PdCl^4$ est d'un brun foncé et se décompose par la chaleur en chlore libre et chlorure palladeux.

Dosage. — On précipite le palladium à l'état de cyanure ou d'iodure que l'on calcine ; on obtient ainsi du palladium métallique. Seulement celui-ci s'oxyde à la surface. Il suffit, pour réduire cette couche d'oxyde, de traiter par un faible courant d'hydrogène. Le palladium s'échauffe, et la réduction s'opère aisément.

Pour précipiter le palladium par le cyanure de mercure, il faut observer certaines précautions nécessitées par l'acidité de la solution de palladium ; cette acidité détermine la mise en liberté d'un peu d'acide cyanhydrique qui dissout du cyanure de palladium. Il faut ajouter un excès de cyanure de mercure et maintenir le mélange dans un endroit chaud jusqu'à ce que l'odeur de l'acide cyanhydrique ne se fasse plus sentir. Si l'acide libre est en trop grande quantité, on peut en saturer une partie par un carbonate alcalin. Après un certain temps, on recueille le précipité, on le lave et on le sèche, puis on le calcine fortement.

Le précipité formé par la solution de chlorure palladeux est volumineux et doit d'abord être lavé par décantation ; celui que donne le nitrate de palladium est au contraire caillebotté et facile à laver sur filtre, à l'eau chaude.

D'après Wœhler, la précipitation par le cyanure de mercure n'est pas complète.

Pour la précipitation à l'état d'iodure, par l'acide iodhydrique (et non par l'iodure de potassium), il faut, avant l'addition de ce dernier, étendre d'eau la solution de palladium et éviter d'ajouter un grand excès d'acide iodhydrique. On peut peser le précipité d'iodure sur un filtre taré en le desséchant vers 80° à 90°. A 100°, il peut se perdre de l'iode. Il vaut mieux calciner l'iodure dans un creuset de platine et peser le palladium réduit, après avoir soumis ce dernier à l'action de l'hydrogène.

Ce mode de précipitation est défectueux lorsque le palladium est à l'état de chlorure.

Le sulfure de palladium ne se prête pas au dosage de ce métal.

Séparation du palladium. — De tous les métaux du platine, le palladium est celui qui est le plus facilement précipité par l'hydrogène sulfuré de ses solutions acides ; aussi peut-on le séparer facilement par ce réactif des métaux qui n'en sont pas précipités dans les mêmes conditions.

Le palladium se sépare assez nettement des autres métaux du platine par la fusion avec le bisulfate de potassium, qui l'oxyde assez facilement en le transformant en sulfate palladeux soluble dans l'eau. La masse fondue, qui est d'un rouge-brun foncé, doit être traitée par l'acide sulfurique, puis fondue de nouveau. Le rhodium s'oxyde aussi dans ces conditions, mais beaucoup plus difficilement.

La précipitation à l'état d'iodure, ou mieux de cyanure, permet de séparer le palladium de presque tous les métaux avec lesquels il peut se rencontrer, à l'exception du cuivre. Pour séparer ce dernier, on peut précipiter par l'hydrogène sulfuré et griller le mélange des sulfures, reprendre le résidu par l'eau régale, ajouter du chlorure de potassium et évaporer à sec. On lave le mélange salin avec de l'alcool de 0,833 de densité pour dissoudre le chlorure de potassium et le chlorure de cuivre ; le chloropalladate de potassium reste seul ; on le recueille sur un filtre taré, on achève de le laver à l'alcool, on le sèche et on le pèse. Mais il vaut mieux en précipiter le palladium à l'état de cyanure, après l'avoir dissous dans l'eau bouillante.

Dœbereiner sépare le cuivre du palladium en

traitant la solution nitrique étendue par un formiate alcalin qui réduit le palladium, mais non le cuivre.

Wœhler précipite le cuivre à l'état de sulfocyanate blanc, après avoir saturé la solution des chlorures par l'acide sulfureux.

L'argent se sépare du palladium à l'état de chlorure.

E. W.

**PALLADIUM** (Min.). — Palladium natif allié probablement d'iridium et de platine, en petits grains octaédriques, quelquefois en fibres divergentes appartenant au type régulier. Trouvé dans les sables platinifères du Brésil, ainsi qu'à Saint-Domingue et dans l'Oural.

Dureté, 4,5 à 5. Ductile.

Densité, 11,3 à 11,8.

**PALME (HUILE DE).** — Voyez t. II, p. 49.

**PALMINE, PALMIQUE (ACIDE).** — Voyez RICINÉLAÏDIQUE (ACIDE).

**PALMITAMIDE,**

$$C^{16}H^{33}AzO = C^{16}H^{31}O.AzH^2.$$

— Ce composé s'obtient en chauffant le palmitate d'éthyle pendant 20 à 25 jours, avec une solution alcoolique d'ammoniaque, dans un tube scellé, au bain de sel. On le purifie par une cristallisation dans l'alcool chaud et par des lavages à l'éther. Il fond à 101°,5. En le chauffant en vase clos avec de la potasse alcoolique, on le dédouble en ammoniaque et acide palmitique [Carlet, *Bull. de la Soc. chim.*, 1859, p. 79].

**PALMITINE.** — Voyez t. I, p. 1586.

**PALMITIQUE (ACIDE),**

$$C^{16}H^{32}O^2 = C^{16}H^{31}O.OH.$$

— Cet acide se rencontre souvent à l'état libre dans l'huile de palme quand elle est vieille [Fremy, *Compt. rend.*, t. XI, p. 872]. Il est très-répandu dans les graisses animales et végétales et se trouve en particulier dans l'huile de palme, dans la graisse de *Stillingia sebifera* [Maskelyne, *Chem. Soc. quart. Journ.*, t. VIII, p. 1], dans la cire du Japon [Sthamer, *Ann. der Chem. u. Pharm.*, t. XLIII, p. 335], dans la cire de *Myrica sebifera* [Moores, *Sillim. Amer. Journ.*, (2), t. XXXIII, p. 113], en combinaison avec la glycérine. Les graisses d'homme, d'oie, de jaguar, l'huile de dauphin et de morue, qui fournissent beaucoup d'acide margarique, et le beurre, les graisses de porc, de bœuf et de mouton, qui en donnent moins, sont des sources d'acide palmitique, puisque l'acide margarique n'est probablement pas autre chose qu'un mélange des acides palmitique et stéarique. — Voyez MARGARIQUE (ACIDE). Dans le spermaceti, l'acide palmitique se trouve en combinaison avec l'éthal [L. Smith, *Ann. der Chem. u. Pharm.*, t. XLII, p. 241]; dans la cire d'abeilles, en combinaison avec l'hydrate de myricyle [Brodie, *Ann. der Chem. u. Pharm.*, t. LXXI, p. 244].

*Procédés de préparation.* — 1° L'huile de palme est saponifiée par la potasse caustique; le savon est ensuite décomposé et l'acide gras purifié par des cristallisations dans l'alcool et par l'expression des cristaux entre des doubles de papier à filtrer (Fremy). M. Stenhouse, après avoir fait cristalliser l'acide cinq ou six fois, le dissout dans la potasse caustique et le met en liberté à l'aide d'un acide. D'après M. Schwarz, il vaut mieux saponifier l'huile par la potasse, faire cristalliser à plusieurs reprises le savon dans l'alcool, en le traitant également par le noir animal, décomposer les grumeaux cristallins par l'acide chlorhydrique et faire ensuite cristalliser l'acide dans l'alcool.

2° Pour extraire l'acide de la graisse d'homme, d'après M. Heintz, on saponifie celle-ci avec la soude caustique, on décompose le savon par l'acide chlorhydrique, et l'on soumet les acides gras à l'action de la presse. On fait dissoudre le résidu dans l'alcool, on le fait cristalliser et on exprime de nouveau, de manière à enlever tout l'acide oléique. On fait dissoudre de nouveau les acides gras solides dans l'alcool bouillant et on y ajoute une solution alcoolique bouillante d'acétate de plomb ou d'acétate de baryum (0,3 du poids de l'acide gras). Le précipité qui se sépare par le refroidissement du liquide ayant été séparé par le filtre, on ajoute un excès d'acétate de plomb ou de baryum à la liqueur filtrée, et on décompose par l'acide chlorhydrique le nouveau précipité, après filtration. On fait cristalliser dans l'alcool l'acide gras mis en liberté, et on répète les cristallisations jusqu'à ce que le point de fusion soit fixe à 62°. Au besoin, on renouvelle la précipitation fractionnée [*Poggend. Ann.*, t. LXXXVII, p. 269, t. XC, p. 137, t. XCII, p. 429 et 588].

3° La cire du Japon est fondue avec la moitié de son poids d'hydrate de potasse, et le savon est dissous dans l'eau, puis additionné de sel marin. Le savon sodique, ainsi mis en liberté, est dissous dans l'eau chaude, puis, après refroidissement, le savon séparé est fortement exprimé, redissous dans l'eau à chaud et décomposé par le chlorure de calcium. Le savon de chaux, lavé à l'eau et séché, est encore lavé à l'éther pour enlever la cire non saponifiée, puis décomposé par l'acide chlorhydrique. L'acide gras séparé est soumis à des cristallisations d'abord dans l'alcool, puis dans un mélange d'alcool et d'éther, et enfin lavé à l'alcool froid [Sthamer, *loc. cit.*].

4° La cire de Chine est décomposée par la potasse alcoolique; l'alcool est chassé par distillation, après addition d'eau, et le savon est décomposé par l'acide sulfurique. Les acides gras sont fortement exprimés, et la galette est humectée d'alcool et pressée encore à plusieurs reprises. La masse restante est dissoute dans l'alcool bouillant et soumise à des cristallisations répétées jusqu'à ce qu'elle présente le point de fusion de l'acide palmitique [Maskelyne, *loc. cit.*].

5° Les grains de café sont réduits en poudre et extraits par l'éther aqueux; après évaporation de l'éther, la graisse jaune qui reste est dépouillée des acides divers qu'elle renferme et de la caféine, en l'agitant à plusieurs reprises avec un cinquième de son volume d'eau. Le résidu est saponifié par la potasse caustique; le savon est séparé par le sel marin; le savon sodique est dissous dans l'eau, décomposé par l'acide sulfurique étendu, et le mélange d'acides oléique et palmitique est transformé en sels de plomb en dissolvant dans le carbonate de sodium à chaud, précipitant par l'acétate de plomb, dissolvant le précipité plombique dans l'alcool chaud. Par le refroidissement, le palmitate de plomb se dépose sous la forme d'une poudre blanche, tandis que l'oléate reste dissous. Le palmitate est séparé, lavé à l'alcool aqueux et décomposé par l'hydrogène sulfuré dans un mélange d'alcool et d'éther. En faisant cristalliser cinq fois l'acide, on l'obtient avec un point de fusion de 58°,5 [Rochleder, *Ann. der Chem. u. Pharm.*, t. VII, p. 228].

6° Quand on mêle 1 p. d'éthal avec 5 ou 6 p. de chaux potassée et qu'on chauffe le mélange à 210° ou 220° environ (d'après M. Heintz, il faut élever la température à 263-275°) dans un bain d'alliage fusible, il se dégage de l'hydrogène et il se forme de l'acide palmitique. Le dégagement gazeux dure plusieurs heures, pendant lesquelles il faut maintenir la température. Le résidu est dissous dans l'eau et précipité par l'acide chlorhydrique. Le mélange est porté à l'ébullition, et l'acide lavé, puis chauffé avec un excès d'hydrate de baryte et évaporé à siccité. Le résidu est traité par l'alcool pour enlever l'éthal qui aurait pu échapper à la réaction, puis décomposé de nouveau par l'acide chlorhydrique [Dumas et Stas, *Ann. de Chim. et de Phys.*, t. LXXIII, p. 124]. D'après M. Heintz, l'acide palmitique ainsi préparé serait mélangé avec les acides stéarique, myristique et laurique, l'éthal n'étant pas lui-même un composé unique.

7° On peut aussi soumettre la cétine à la distillation sèche, saponifier le produit par la potasse, séparer l'huile hydrocarbonée surnageante et décomposer le savon par l'acide chlorhydrique.

8° Pour préparer l'acide palmitique au moyen de l'acide oléique, on chauffe ce dernier dans une capsule d'argent avec un léger excès de potasse caustique et avec quelques gouttes d'eau; on y ajoute ensuite 2 p. environ de potasse pour 1 p. d'acide employé et l'on chauffe doucement, de manière à fondre la potasse. On fait bien d'ajouter de temps à autre quelques gouttes d'eau au mélange pour l'empêcher de trop s'échauffer. Si l'on opère avec soin, la masse ne noircit pas et prend seulement une couleur jaune. Dès que le mélange est porté à la température de la potasse fondante, il se manifeste un dégagement d'hydrogène qui dure jusqu'à ce que l'opération soit terminée. On enlève rapidement du feu et l'on jette la masse encore chaude dans l'eau, qui dissout la potasse libre. Si l'on n'emploie pas trop d'eau, le savon surnage sans se dissoudre et l'on peut l'enlever. On le dissout ensuite dans l'eau, et on le sépare de nouveau à l'aide du sel marin. Enfin on décompose par l'acide chlorhydrique et on purifie l'acide par cristallisation dans l'alcool [Varrentrapp, *Ann. der Chem. u. Pharm.*, t. XXXV, p. 210].

9° Tous les mélanges d'acides gras obtenus en saponifiant des graisses ou en les chauffant avec la chaux potassée et en décomposant ensuite les savons peuvent être séparés, après qu'on a préalablement enlevé l'acide oléique (voyez ce mot), en deux parties dont l'une renferme les acides plus difficilement fusibles : stéarique, palmitique et arachidique, et l'autre les acides plus facilement fusibles, tels que acides myristique et laurique, avec mélange d'une petite portion des premiers. Il suffit pour cela de faire cristalliser dans l'alcool, d'exprimer et de laver les cristaux.

Quand les graisses ne renferment pas d'acides plus carbonés que l'acide palmitique et spécialement quand elles sont exemptes d'acides stéarique ou arachidique, l'acide palmitique peut être obtenu pur par précipitation fractionnée à l'aide de l'acétate de magnésium; les premières portions renferment le palmitate. On s'assure de la pureté de l'acide en séparant les portions que l'on considère commes pures en plusieurs fractions par précipitation et en décomposant chacune isolément, pour prendre son point de fusion. Si tous les points de fusion concordent et s'élèvent à 62°, on peut être sûr de la pureté du produit.

Si au contraire le mélange renferme de l'acide stéarique, la solution alcoolique des acides est traitée à plusieurs reprises par une quantité de sel de magnésium correspondant à 1/30 environ des acides gras. Le précipité est séparé par le filtre; il renferme tout l'acide stéarique, si le mélange n'en renfermait pas une trop grande quantité, avec un peu d'acide palmitique. Les eaux mères alcooliques additionnées d'eau laissent déposer l'acide palmitique, qui est ensuite purifié soit par cristallisation dans l'alcool, soit encore par précipitation fractionnée. On peut aussi, au lieu des acides gras libres, précipiter leurs sels de sodium [Heintz, *Poggend. Ann.*, t. XCII, p. 429].

*Propriétés.* — L'acide palmitique est un corps solide, incolore, inodore, insipide, plus léger que l'eau. Il est insoluble dans l'eau et facilement soluble, au contraire, dans l'alcool et dans l'éther bouillants. Ces dissolutions ont une réaction acide. Si elles sont concentrées, elles se prennent en masse par le refroidissement. Étendues, elles laissent cristalliser l'acide palmitique en fines aiguilles groupées en aigrettes.

D'après M. Fremy, l'acide chauffé préalablement à 250° se dépose dans l'alcool en petits cristaux très-durs.

L'acide palmitique fond à 62° et se prend par le refroidissement en une masse composée de paillettes nacrées et brillantes.

D'après M. Heintz, lorsque l'acide palmitique est mélangé d'acide stéarique, on remarque des aiguilles dans la masse cristalline.

Soumis à l'action de la chaleur dans une petite capsule, l'acide palmitique bout et se volatilise sans laisser de résidu. Maintenu en fusion à l'air, il s'altère légèrement. M. Schwarz a admis que l'oxygène de l'air lui enlève, dans ces circonstances, du carbone et de l'hydrogène et le transforme en un acide $C^{31}H^{62}O^{5}$ (?) qu'il a appelé *acide palmitonique*, mais dont l'existence est fort douteuse [*Ann. der Chem. u. Pharm.*, t. LX, p. 58].

L'acide palmitique passe à la distillation pour la plus grande partie inaltéré, donnant seulement un peu d'huile et un résidu légèrement coloré, fusible à 72°, et qui consiste probablement en palmitone. Le point de fusion du produit distillé est légèrement abaissé, et d'après Schwarz, la proportion de carbone y a augmenté; mais après une cristallisation, l'acide se retrouve avec ses caractères primitifs (Schwarz, Fremy).

Chauffé à une température élevée au contact de l'air, il prend feu et brûle avec une flamme éclatante et fuligineuse. Il n'absorbe l'ozone que lentement, même en présence d'un alcali; une grande partie de l'acide reste inaltérée après un contact de plusieurs semaines avec l'air ozonisé. Il se produit de l'acide carbonique, mais aucun autre acide [Gorup-Besanez, *Ann. der Chem. u. Pharm.*, t. CXXV, p. 215].

Le chlore ne l'attaque pas à froid, mais à 100° il forme des produits de substitution huileux, avec dégagement d'acide chlorhydrique. Les produits divers qui se forment sous l'influence successive de la chaleur et de la lumière ont une basicité qui paraît être la même que celle de l'acide palmitique. Les premiers produits sont liquides à la température ordinaire; les derniers sont durs et transparents comme de la résine. Le composé le plus stable, qu'on obtient toujours en faisant passer un courant de chlore dans l'acide palmitique fondu, renferme 4 atomes de chlore.

Le produit le plus riche en chlore renfermait 60 % de chlore et 3,9 % d'hydrogène, ce qui correspond à peu près à la formule $C^{16}H^{22}Cl^{10}O^{2}$ [Fremy, *Compt. rend.*, t. XI, p. 872].

Distillé avec la chaux, l'acide palmitique fournit de la palmitone (voyez ce mot) et du carbonate de calcium :

$$2(C^{16}H^{31}O^{2})Ca = CaCO^{3} + (C^{15}H^{31})^{2}CO.$$

Il ne s'altère pas lorsqu'on le chauffe à 275° en vase clos avec la chaux potassée; en présence de l'air, il donne un peu d'acide butyrique, avec séparation de charbon (Heintz). Au rouge sombre, il fournit des hydrocarbures gazeux et liquides $C^{n}H^{2n}$ [Cahours, *Compt. rend.*, t. XXXI, p. 142].

Chauffé avec les alcools, il fournit des éthers.

M. Heintz a publié des tableaux des points de fusion des mélanges de divers acides gras. On trouvera à l'article LAURIQUE (ACIDE) celui qui concerne les mélanges renfermant les acides palmitique et laurique. Nous donnerons ici celui qui est relatif aux mélanges des acides myristique et palmitique :

| Acide palmitique. | Acide myristique. | Point de fusion. | Point de solidification. | |
|---|---|---|---|---|
| 95 p. | 5 p. | 61,1 | 58 | Lames cristallines. |
| 90 | 10 | 60,1 | 55,5 | Id. |
| 80 | 20 | 58 | 53,5 | Lames et aiguilles. |
| 70 | 30 | 54,9 | 51,3 | Aiguilles fines. |
| 60 | 40 | 51,5 | 49,5 | Amorphe. |
| 50 | 50 | 47,8 | 45,3 | Larges lames. |
| 40 | 60 | 47 | 43,7 | Lames indistinctes. |
| 35 | 65 | 46,5 | — | Amorphe opaque. |
| 32,5 | 67,5 | 46,2 | 44 | Id. |
| 30 | 70 | 46,2 | 43,7 | Id. |
| 20 | 80 | 49,5 | 41,3 | Id. |
| 10 | 90 | 51,8 | 45,3 | Longues aiguilles. |

Un mélange de 30 °/₀ d'acide myristique avec 70 °/₀ d'acide laurique, étant additionné d'acide palmitique, donne les points de fusion suivants :

| Acide palmitique. | Mélange des deux autres acides. | Points de fusion. |
|---|---|---|
| 1 p. | 20 p. | 33,9 |
| 2 | — | 33,1 |
| 3 | — | 32,2 |
| 4 | — | 32,7 |
| 5 | — | 33,7 |
| 6 | — | 34,6 |
| 7 | — | 35,3 |
| 8 | — | 36 |
| 9 | — | 37,3 |
| 10 | — | 38,8 |

Les deux derniers mélanges se prennent en fines aiguilles; les autres sont amorphes.

PALMITATES. — Les palmitates neutres renferment $C^{16}H^{31}O^2M'$. Il existe des sels acides des métaux alcalins renfermant

$$C^{16}H^{31}MO^2, C^{16}H^{32}O^2,$$

analogues aux biacétates connus. Tous sont insolubles dans l'eau, excepté ceux de potassium, de sodium et d'ammonium qui se dissolvent dans l'eau et dans l'alcool.

*Palmitate d'ammonium.* — Il se dépose un sel acide $C^{16}H^{32}O^2, C^{16}H^{31}(AzH^4)O^2$ des solutions d'acide palmitique, dans l'ammoniaque même en excès (Fremy).

*Palmitates de potassium.* — 1° $C^{16}H^{31}O^2K$. — Ce sel est blanc et nacré. Lorsqu'on fait fondre de l'acide palmitique sur du carbonate de potassium, on voit se dégager de l'acide carbonique et se former du palmitate neutre de potassium. En reprenant ce sel par l'alcool bouillant, on obtient une solution qui, par refroidissement, laisse déposer le sel en écailles cristallines nacrées. L'eau en grande quantité le décompose; mais on peut le dissoudre dans une faible proportion de ce liquide. Il est insoluble dans l'éther.

2° Le sel acide $C^{32}H^{63}O^4K$ se précipite quand on mélange 1 p. de sel neutre dissous dans 20 p. d'eau bouillante avec 1,000 p. d'eau froide. En dissolvant le précipité séché dans l'alcool bouillant et laissant refroidir, on obtient le sel en lamelles nacrées. L'eau ajoutée à la solution alcoolique précipite un sel plus acide (Chevreul) ou peut-être un mélange d'acide et de sel.

En saponifiant l'huile de palme par la potasse et faisant cristalliser le savon dans l'alcool, M. Schwarz a obtenu un palmitate acide en rognons fusibles à 100°.

*Palmitate de sodium.* — 1° Le sel neutre $C^{16}H^{31}O^2Na$ se dépose de sa solution alcoolique en une gelée qui se transforme par le repos en larges lames nacrées (Heintz). Il est plus facilement décomposable par l'eau que le sel de potassium (Dumas et Stas).

2° Le sel acide $C^{32}H^{63}O^4Na$, obtenu en dissolvant le sel neutre dans 1500 p. d'eau chaude et laissant refroidir, se présente en lamelles blanches, insipides, plus fusibles que le sel neutre, insolubles dans l'eau et solubles dans l'alcool bouillant (Chevreul).

Le *sel de baryum*, $(C^{16}H^{31}O^2)^2Ba$, forme une poudre cristalline nacrée, qui se décompose par la chaleur avant de fondre.

Le *sel de magnésium*, $(C^{16}H^{31}O^2)^2Mg$, est un précipité blanc, cristallin, léger, soluble dans l'alcool bouillant; il cristallise par le refroidissement en lamelles rectangulaires microscopiques.

Le *sel de cuivre*, $(C^{16}H^{31}O^2)^2Cu$, constitue une poudre fine, d'un bleu verdâtre, composée de lamelles microscopiques. Il fond par la chaleur en un liquide vert qui se décompose à quelques degrés au-dessus de son point de fusion.

Le *palmitate de plomb*, $(C^{16}H^{31}O^2)^2Pb$, se présente en écailles blanches microscopiques, qui fondent à 108°, d'après M. Maskelyne, entre 110° et 112°, d'après M. Heintz. En se refroidissant, elles se prennent en une masse amorphe opaque. En chauffant ce sel ou l'acide palmitique avec du sous-acétate de plomb, on obtient des palmitates basiques.

Le *sel d'argent*, $C^{16}H^{31}O^2Ag$, se sépare de solutions froides sous la forme d'un précipité gélatineux que la lumière noircit lorsqu'il est humide, mais non lorsqu'il est sec. On ne peut apercevoir aucune structure cristalline au microscope. D'une solution chaude dans l'ammoniaque aqueuse, il se dépose en lamelles indistinctes [von Boeck, *Journ. für prakt. Chem.*, t. XLIX, p. 295].

ÉTHERS PALMITIQUES. — *Palmitate de méthyle*, $C^{16}H^{31}(CH^3)O^2$. — Il s'obtient en chauffant l'acide palmitique avec l'esprit de bois en vase clos à 200-250°. Il forme des cristaux qui fondent à 28° et se solidifient à 22° [Berthelot, *Ann. de Chim. et de Phys.*, (3), t. XLI, p. 216 et 432, t. XLVII, p. 297].

*Palmitate d'éthyle* ou éther éthalique,

$$C^{16}H^{31}(C^2H^5)O^2.$$

— Lorsqu'on fait passer un courant de gaz chlorhydrique dans une dissolution alcoolique saturée d'acide palmitique, il se sépare une matière huileuse qui se concrète par le refroidissement : c'est le palmitate d'éthyle. On l'obtient également en chauffant l'acide palmitique avec de l'alcool à 200-250°, ou avec de l'éther à 360° (Berthelot). Il cristallise en prismes, fond à 24°,2 et se prend en une masse foliacée par le refroidissement. Cristallisé dans l'alcool à la température de 5° ou 10°, il se présente en longues aiguilles aplaties.

*Palmitate d'amyle*, $C^{16}H^{31}(C^5H^{11})O^2$. — Il s'obtient par des procédés analogues, et se produit aussi lorsqu'on fait bouillir la palmitine avec de l'alcool amylique contenant en dissolution de l'amylate de sodium [Duffy, *Chem. Soc. quart. Journ.*, t. V, p. 314]. C'est une substance molle, non cristalline et fusible à 13°,5 (Duffy), à 9° (Berthelot).

*Palmitate de cétyle*, $C^{16}H^{31}(C^{16}H^{33})O^2$. — Ce corps forme la plus grande partie de la substance solide du blanc de baleine; suivant M. Heintz, il y est mélangé de stéarate de cétyle.— Voyez t. I, p. 619.

*Palmitate de myricyle*, $C^{16}H^{31}(C^{30}H^{61})O^2$. — Cet éther est contenu en quantité notable dans la partie de la cire d'abeilles, qui est insoluble dans l'alcool bouillant, et qui est connue sous le nom de *myricine* [Brodie, *Ann. der Chem. u. Pharm.*, t. LXXI, p. 144].

Le produit s'obtient par dissolution dans l'éther et cristallisation. Il se dépose en cristaux plumeux fondant de 71°,5 à 72° et est saponifié facilement par la potasse, surtout en solution alcoolique.

La myricine brute fournit les mêmes produits et en plus un autre acide gras et un corps neutre ressemblant à l'hydrate de céryle. Sa distillation fournit de l'acide palmitique et d'autres acides gras, accompagnés d'hydrocarbures solides et liquides.

*Palmitines* (palmitates de glycérine). — Voyez t. I, p. 1586.

*Palmitate de mannityle* ou dipalmito-mannitane $(C^{16}H^{31}O^{2})^{2}C^{6}H^{8}O(OH)^{2}$. — L'acide palmitique est chauffé en tube scellé à 120° pendant 15 à 19 heures avec la mannite; la couche huileuse qui surnage et qui se solidifie par le refroidissement est fondue au bain-marie et mélangée avec un peu d'éther et avec un excès de chaux éteinte, chauffée pendant 10 minutes à 100°, et reprise par l'éther. Si le produit obtenu par l'évaporation de la solution éthérée rougit le tournesol, il faut répéter le traitement à l'éther et à la chaux. Le palmitate de mannityle est solide, et ressemble à la palmitine. Il se sépare de l'éther en petits cristaux microscopiques. Il fond comme de la cire quand on le chauffe sur la lame de platine et se volatilise presque sans décomposition; il reste un peu d'un charbon facilement combustible. L'eau à 240° le décompose facilement en quelques heures en mannitane et acide palmitique. Il est insoluble dans l'eau et soluble dans l'éther [Berthelot, *Ann. de Chim. et de Phys.*, (3), t. XLVII, p. 321]. C. F.

**PALMITOLIQUE (ACIDE)**, $C^{16}H^{28}O^{2}$. — Cet acide se forme lorsqu'on chauffe en vase clos avec la potasse alcoolique à une température de 170-180°, pendant 3 ou 4 jours, l'acide dibromopalmitique ou *bromure hypogéique* (voyez ce mot) $C^{16}H^{30}Br^{2}O^{2}$. Le produit dissous dans aussi peu d'alcool que possible, filtré, étendu d'eau, et décomposé par l'acide chlorhydrique, fournit l'acide palmitolique. Ce dernier, fondu au-dessus de la couche aqueuse, se présente comme une masse cristalline qui, exprimée et cristallisée dans l'alcool, forme des aiguilles fines, incolores, fondant à 42°, insolubles dans l'eau et facilement solubles dans l'alcool et dans l'éther. La solution éthérée donne des cristaux par évaporation lente, une masse amorphe par évaporation rapide. L'acide palmitolique s'est formé par la séparation de 2 HBr de l'acide bibromopalmitique. Il est monobasique et constitue un homologue inférieur de l'acide stéarolique.

Il s'unit directement avec 1 molécule de brome pour former le *bromure palmitolique* ou acide *hypogéique bibromé* $C^{16}H^{28}Br^{2}O^{2}$. A la lumière solaire, il fixe 2 molécules de brome, et l'on obtient l'acide *tétrabromopalmitique* $C^{16}H^{28}Br^{4}O^{2}$. Il se dégage en même temps beaucoup d'acide bromhydrique, et, indépendamment du composé tétrabromé cristallisable dans l'alcool, il se produit des composés incristallisables.

PALMITOLATES. — *Sel de potassium*, $C^{16}H^{27}O^{2}K$. — Quand on chauffe l'acide avec une lessive de potasse, on voit l'acide se dissoudre et le sel se prendre en gelée par le refroidissement. Cette gelée est facilement soluble dans l'alcool et dans l'eau, insoluble dans l'éther.

Le *sel de sodium* s'obtient de même et ressemble au précédent.

Le *sel d'ammonium* est soluble dans l'eau et se dépose par évaporation lente en petits cristaux indistincts, qui perdent de l'ammoniaque à l'air.

Le *sel d'argent*, $C^{16}H^{27}O^{2}Ag$, s'obtient en traitant une solution alcoolique de l'acide par un excès d'azotate d'argent et en ajoutant de l'ammoniaque aussi longtemps qu'il se produit un précipité. Après filtration, on lave et on sèche dans le vide et à l'obscurité. Le palmitolate d'argent forme une poudre blanche amorphe, noircissant facilement à la lumière, et insoluble dans l'alcool et dans l'éther. L'alcool bouillant paraît lui enlever une partie de l'acide qu'il renferme.

Le *sel de baryum*, $(C^{16}H^{27}O^{2})^{2}Ba$, se précipite quand on ajoute une solution concentrée d'acétate de baryum à une solution alcoolique de l'acide. Il est insoluble dans l'eau et dans l'alcool froid, soluble dans l'alcool absolu bouillant. Il s'en sépare sous la forme d'une masse grenue cristalline, d'un blanc d'argent.

Le *sel de cuivre* forme un précipité bleu verdâtre amorphe, qui se dépose lorsqu'on mélange du palmitolate d'ammonium et du chlorure cuivrique.

ACIDE MONOBROMOPALMITOLIQUE, $C^{16}H^{27}BrO^{2}$. — Ce corps s'obtient par l'action de la potasse alcoolique sur le bromure de l'acide monobromohypogéique ou acide tribromopalmitique. — Voir HYPOGÉIQUE (ACIDE), t. II, p. 85.

A l'ébullition, 2 molécules d'acide bromhydrique sont enlevées et il se forme une masse brune solide, soluble dans l'alcool et dans l'éther, plus dense que l'eau et fondant à 31°. Cet acide n'a pas été obtenu pur [Schröder, *Ann. der Chem. u. Pharm.*, t. CXLIII, p. 22]. C. F.

**PALMITONE** ou **ÉTHALONE**,

$$C^{31}H^{62}O = C^{15}H^{31}.CO.C^{15}H^{31}.$$

— Ce corps est l'acétone de l'acide palmitique. Il s'obtient en distillant l'acide palmitique avec un excès de chaux éteinte [Piria, *Compt. rend.*, t. XXXIV, p. 140]. Maskelyne emploie un quart du poids de l'acide de chaux vive [*Chem. Soc. quart. Journ.*, t. VIII, p. 1]. Le produit est purifié par plusieurs cristallisations dans l'alcool bouillant. Il forme de petites lamelles nacrées, fusibles à 84° et solidifiables à 80°. La palmitone est très-électrique. Elle est insoluble dans l'alcool et d'autant plus que l'alcool est plus fort. Elle est facilement soluble dans la benzine.

Elle résiste à l'action de l'acide azotique et à celle d'une solution de potasse; mais elle est attaquée et noircie par un mélange des acides azotique et sulfurique. Elle ne se combine pas avec les bisulfites alcalins [Limpricht, *Ann. der Chem. u. Pharm.*, t. XCIV, p. 246].

La margarone de M. Bussy est probablement formée en grande partie de palmitone. C. F.

**PALMITONIQUE (ACIDE)**. — Cet acide se produirait, d'après M. Schwarz, lorsqu'on chauffe l'acide palmitique pendant longtemps au contact de l'air. Ce chimiste suppose que l'acide palmitique perd de l'hydrogène et du carbone et se transforme en un acide $C^{31}H^{62}O^{4}$ [*Ann. der Chem. u. Pharm.*, t. LX, p. 58].

**PALMITOXYLIQUE (ACIDE)**, $C^{16}H^{28}O^{4}$. — Ce corps prend naissance par l'action de l'acide azotique fumant sur l'acide palmitolique; la réaction est fort vive. Il faut ajouter l'acide azotique avec précaution et néanmoins doucement chauffer par moments. On ajoute l'acide jusqu'à ce qu'il ne se produise plus de vapeurs rutilantes. Le produit brut est formé d'une partie peu soluble dans l'eau et d'une autre tout à fait insoluble. Cette dernière est soluble dans l'alcool et formée d'un acide facilement soluble et d'une huile peu soluble. Les trois corps produits sont l'acide palmitoxylique, l'acide subérique et l'aldéhyde subérique :

$$\underset{\text{Acide palmitolique.}}{2C^{16}H^{28}O^{2}} + 7O$$

$$= \underset{\text{Acide palmitoxylique.}}{C^{16}H^{28}O^{4}} + \underset{\text{Acide subérique.}}{C^{8}H^{14}O^{4}} + \underset{\text{Aldéhyde subérique.}}{C^{8}H^{14}O^{2}}.$$

La masse est d'abord traitée par l'eau bouillante pour enlever l'acide subérique. Le résidu est repris par l'alcool chaud. Après refroidissement, la liqueur se sépare en deux parties, l'une surnageante, claire, et l'autre lourde, foncée et huileuse. On sépare les deux; l'inférieure fournit l'aldéhyde subérique mélangée avec un peu d'acide palmitoxylique. L'évaporation de la couche supérieure fournit l'acide palmitoxylique en lamelles cristallines jaunâtres, qui sont exprimées et cristallisées encore une fois dans l'alcool. L'acide fond à 87°. La proportion qui s'en forme est toujours faible.

Le *sel d'argent*, $C^{16}H^{27}O^4Ag$, se forme quand on mélange une solution alcoolique de l'acide avec l'azotate d'argent, et que l'on ajoute peu à peu de l'ammoniaque très-étendue. C'est un précipité blanc, grenu, presque insoluble dans l'alcool. Il est insoluble dans l'éther. Il peut être chauffé à 150° sans décomposition. Il est électrique et se colore à la lumière [Schröder, *Ann. der Chem. u. Pharm.*, t. CXLIII, p. 31]. C. F.

**PALMITYLE (HYDRURE DE).** — *Hydrure de cétyle*, $C^{16}H^{34}$. — Ce carbure de la série forménique a été rencontré par MM. Pelouze et Cahours dans les portions les moins volatiles des pétroles d'Amérique. C'est un liquide bouillant vers 280° qui montre la même résistance à l'action de certains réactifs que ses homologues inférieurs.

**PANABASE** (Min.) [Syn. *Tétraédrite, cuivre gris, Fahlerz*]. — Sulfoantimoniure de cuivre avec fer, zinc, souvent argent, parfois mercure. Une partie de l'antimoine est fréquemment remplacée par de l'arsenic et rarement par du bismuth,

$$4Cu^2S, Sb^2S^3.$$

Cristaux tétraédriques plus ou moins modifiés, souvent maclés, ou masses compactes d'un gris métallique plus ou moins éclatant, se trouvant avec les sulfures de plomb, de zinc et d'argent dans un grand nombre de mines dont les principales sont celles de Cornouailles, de Kapnick, de Przibram, de Clausthal, d'Alais, de Baigorry, dans

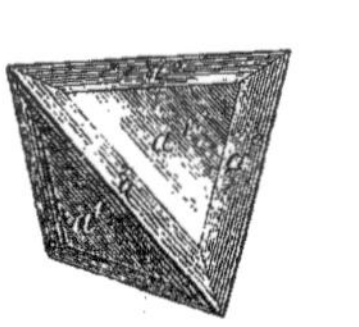

Fig. 437. — Panabase.

les Pyrénées, de Sainte-Marie-aux-Mines, du Mexique, du Chili, de Bolivie, de Nevada, de Mouzaïa, etc. Les variétés compactes ressemblent beaucoup à la bournonite, mais s'en distinguent par l'absence du plomb. Décomposable par l'acide azotique avec dépôt de soufre et d'acides antimonique et arsénique.

*Caractères.* — Fusible au chalumeau, en dégageant des fumées antimoniales répandant parfois l'odeur d'ail. Dans le tube fermé, fond et donne un sublimé de sulfure d'antimoine et dans les variétés mercurielles des gouttelettes de mercure, surtout avec addition de soude. Avec les flux, réactions du fer et du cuivre; avec la soude donne un globule de cuivre.

Dureté, 3 à 4,5. Poussière gris-noir, avec une teinte rougeâtre dans les variétés riches en zinc. Les lames très-minces sont parfois translucides et laissent passer une lumière rouge. Cassure légèrement conchoïdale.

Densité, 4,5 à 5,11.

*Forme cristalline.* — La forme la plus habituelle est le tétraèdre régulier, portant parfois le tétraèdre inverse, et souvent des faces d'hémitrioctaèdres, d'hémiicositétraèdres et d'hémihexoctaèdres à faces inclinées $a^1$, $a^{1/2}$, $a^3$, ($b^1$, $b^{1/2}$, $b^{1/3}$), etc. Macles parallèles à $a^1$.

Les variétés très-argentifères ont reçu le nom de *freibergite, polytélite, Weisgültigerz, Graugültigerz, Schwartzgültigerz*. La variété mercurifère de Schwatz (Tyrol) a été appelée *schwatzite*, et d'autres *spaniolite* et *hermésite*.

Analyses de Panabase. — I. De Kapnick, par H. Rose; II. De Sainte-Marie-aux-Mines, par H. Rose; III. D'Algérie, par Ebelmen; IV. De Saint-Wenzel, près Wolfach, par H. Rose; V. De Schwatz, par Weidenbusch.

| | I. | II. | III. | IV. | V. |
|---|---|---|---|---|---|
| Soufre....... | 25,77 | 26,83 | 27,25 | 23,52 | 22,96 |
| Antimoine.... | 23,94 | 12,46 | 14,77 | 26,63 | 21,35 |
| Arsenic...... | 2,88 | 10,19 | 9,12 | — | — |
| Cuivre....... | 37,98 | 40,60 | 41,57 | 25,23 | 34,57 |
| Fer.......... | 0,86 | 4,66 | 4,66 | 3,72 | 2,24 |
| Zinc......... | 7,29 | 3,69 | 2,24 | 3,10 | 1,39 |
| Argent....... | 0,62 | 0,60 | — | 17,71 | » |
| Mercure...... | » | » | » | » | 15,27 |

F. et S.

**PANAQUILONE.** — Substance jaune, amère, soluble dans l'eau et l'alcool, insoluble dans l'éther, retirée par Garrigues du *Panax quinquefolius*. Sa solution aqueuse ne précipite ni par les acides ni par les chlorures de mercure et de platine. Sa composition répond à la formule $C^{24}H^{50}O^{18}$. L'acide sulfurique concentré dédouble la panaquilone en acide carbonique, eau et un corps blanc cristallin insoluble dans l'eau, la *panacone* $C^{22}H^{38}O^8$. L'alcool dissout cette dernière, mais elle est insoluble dans l'éther [*Ann. der Chem. u. Pharm.*, t. XC, p. 231].

**PANCRÉATIQUE (SUC).** — Le suc pancréatique est le produit de la sécrétion du pancréas. Il s'écoule pendant la digestion gastrique sous l'influence réflexe de l'irritation des nerfs de l'estomac; il est versé dans le duodénum par le canal de Wirsung. Le pancréas est une glande en grappe entièrement comparable à une glande salivaire. On a trouvé dans le tissu de cet organe de la leucine, de la tyrosine, de la sarcine, de la xanthine, de la guanine, de la butalanine, de l'inosite, de l'acide lactique, des sels, de l'albumine, de la caséine, et une substance albuminoïde particulière, propre, précipitable par l'alcool, mais qu'on peut ensuite redissoudre dans l'eau.

Le *suc pancréatique normal* est un fluide alcalin, filant, inodore, de goût salé, très-rapidement altérable, se coagulant par la chaleur, l'alcool et les acides. La matière que l'alcool coagule est ensuite soluble dans l'eau, ce qui la différencie de l'albumine; un tiers environ est soluble dans l'alcool. Quand on chauffe le suc pancréatique, il se précipite de l'albumine ordinaire. Si l'on filtre, on obtient un liquide opalescent dont l'acide acétique précipite de la caséine. Quand on laisse tomber goutte à goutte du suc pancréatique dans de l'acide nitrique froid, il donne un précipité granuleux jaune qui devient ensuite couleur orangé.

Le suc pancréatique, très-légèrement altéré, rougit par le chlore. La substance qui le colore ainsi paraît être exclusivement propre au pancréas. Cette réaction est peut-être due à de la tyrosine. Cette dernière substance a été trouvée dans le suc pancréatique en partie décomposé des chiens et des chevaux. On trouve de la leucine dans le suc pancréatique normal.

Voici quelques analyses du suc pancréatique :

| | Suc normal. | | Suc non visqueux anormal du chien. |
|---|---|---|---|
| | Cl. Bernard. | Schmidt. | Schmidt. |
| Eau | 920 | 900,76 | 980 |
| Matières organiques | 72 | 90,38 | 13 |
| Sels | 8 | 8,86 | 7 |
| | 1,000 | 1,00000 | 1,000 |

Les cendres contiennent des chlorures alcalins, du carbonate de sodium, du phosphate de calcium et de magnésium, un peu de sulfates alcalins et une trace de phosphate de fer. Le sulfocyanate de potassium n'a pu être trouvé dans le suc pancréatique.

*Fonctions du suc pancréatique.* — L'action du suc pancréatique est complexe :

1° Il dédouble et dissout certaines substances albuminoïdes;

2° Il saccharifie les féculents;

3° Il saponifie partiellement et émulsionne les corps gras.

Le suc pancréatique en contact avec du blanc d'œuf ou de la fibrine fraîche, à 35° ou 40°, liquéfie ces substances et donne avec elles des produits dialysables, que la liqueur soit *neutre, alcaline* ou *acidulée* (L. Corvisart), ou même mélangée de *bile* (Cl. Bernard). Les peptones qui se forment ainsi sont à peine connues. On sait seulement que l'action du suc pancréatique n'est complète que si ce liquide n'a subi aucune altération. Kühne a démontré dans les produits de la digestion pancréatique la présence de l'indol et de la naphtylamine que l'on retrouve ensuite dans les excréments.

Le suc pancréatique transforme l'amidon en dextrine et en sucre (Bouchardat et Sandras, Cl. Bernard, Valentin). Cette transformation est pour ainsi dire instantanée à 35°. Schmidt a démontré que la bile et le suc gastrique n'entravent pas cette action, à moins qu'il n'y ait dans le liquide absence d'albumine et de fibrine.

Le suc pancréatique émulsionne les graisses; en même temps il les saponifie et les dédouble en partie (Cl. Bernard). Le suc, même rendu parfaitement neutre, possède ces propriétés.

*Ferments pancréatiques.* — Bouchardat et Sandras observèrent les premiers en 1845 que l'infusion de pancréas traitée par 5 à 6 fois son volume d'alcool laisse déposer une substance qui a les propriétés de la diastase salivaire avec laquelle elle est très-analogue. La substance ainsi précipitée se redissout dans l'eau, et cette solution transforme rapidement l'amidon en sucre. Elle a reçu le nom de *pancréatine*.

La *pancréatine* paraît être unie à la soude dans le suc pancréatique. Elle communique à celui-ci la propriété de se coaguler vers 72°. Elle précipite par l'alcool et se redissout ensuite dans l'eau. Les acides azotique, métaphosphorique, tannique, plusieurs sels neutres précipitent la pancréatine. Un excès d'acide azotique la redissout. Les acides acétique, chlorhydrique, phosphorique normal, sont sans action sur elle. Dès que la pancréatine a subi un commencement d'altération à l'air, elle acquiert la propriété de rougir par le chlore (Cl. Bernard). C'est à ce principe qu'on a reconnu la triple action physiologique du pancréas.

D'après de nouvelles recherches de Danilewski et de Kühne, la pancréatine serait un mélange d'albumine, de caséine et de trois ferments spécifiques que l'on obtiendrait comme il suit [Danilewski, *Virchow's Arch.*, t. XXV, p. 279].

Le pancréas d'un chien rapidement sacrifié 5 à 6 heures après sa digestion est broyé, lavé par injection d'eau glacée dans les vaisseaux, puis trituré avec du sable et délayé dans l'eau. Le liquide est filtré et traité par de la magnésie calcinée. La liqueur qui s'écoule a désormais perdu toute action émulsive sur les corps gras. On l'additionne du tiers de son volume de collodion, on agite, on laisse évaporer l'éther. Il se forme alors dans le liquide un précipité granuleux qu'on sépare par filtration. On le traite comme le précipité cholestérique analogue que l'on obtient quand on prépare la pepsine par la méthode de Brücke (voyez NUTRITION, chapitre *digestion*). On retire ainsi un ferment qui, en solution alcaline, jouit de la propriété de dissoudre la fibrine. Ce ferment ne paraît pas être un corps albuminoïde. Le liquide séparé par filtration du précipité granuleux de collodion est évaporé rapidement dans le vide au 1/6 de son volume et précipité par l'alcool concentré. Le dépôt est traité par un mélange de 2 p. d'alcool et 1 p. d'éther liquide qui sépare l'albumine et dissout le ferment avec quelques sels et un peu de tyrosine. Cette liqueur est dialysée, et enfin précipitée par l'alcool absolu après avoir été concentrée dans le vide. On obtient ainsi un ferment qui transforme rapidement l'amidon en sucre. Ce ferment ne paraît pas être de nature protéique. Suivant von Wittich [*Pflüger's, Arch.*, t. II, p. 197, et t. III, p. 339 à 352], on peut extraire du pancréas sa substance active par la glycérine qui dissout tous les ferments de cette nature. Pour cela, l'organe est lavé à l'eau froide, puis broyé dans de l'alcool absolu qui rend l'albumine insoluble. Au bout de quelque temps on lave le résidu à l'alcool et on le fait digérer dans de la glycérine; après quelques jours on filtre et on précipite la solution glycérique par l'alcool; le précipité est recueilli et traité de nouveau successivement par l'alcool et par la glycérine; le ferment à peu près pur est enfin précipité de cette solution par l'alcool absolu. On obtient ainsi une poudre amorphe, blanche, contenant du soufre, du phosphore, un peu de chlorure de sodium et de phosphate de magnésium. G. Hüfner [*Journ. für prakt. Chem.*, nouv. sér., t. V, p. 372] a analysé le ferment ainsi préparé ; voici sa composition :

| | | |
|---|---|---|
| C | 43,09 | 43,59 |
| H | 6,50 | 6,73 |
| Az | 13,80 | 14,00 |
| S | 0,88 | » |
| O | 28,69 | » |
| Cendres | 7,04 | » |

Cette substance n'a pas la composition des matières albuminoïdes, mais ses propriétés semblent indiquer qu'elle contient une certaine proportion de ces substances. Elle se coagule par la chaleur, par l'acide tannique; elle précipite par l'acétate neutre de plomb, le nitrate et le chlorure mercuriques, le nitrate d'argent, le ferrocyanure de potassium, mêlé d'acide acétique. L'acide nitrique la colore en jaune intense, qui passe à l'orange foncé par l'addition d'ammoniaque.

Quand on fait bouillir dans l'eau le ferment précédent, une matière organique, précipitable par l'alcool, reste en solution dans l'eau. Elle donne à l'analyse C = 40,25; H = 7,49; Az = 9,6; S = 0,71; cendres = 9,80. A. G.

**PANIFICATION (PAIN).** — Parler du pain, c'est nommer l'aliment le plus essentiel de l'homme, celui qui forme la base de l'économie domestique. La civilisation n'a pu se développer qu'à partir du moment où les peuplades nomades commencèrent à cultiver le blé, c'est-à-dire à se fixer au sol pour un temps plus ou moins considérable. Les paroles suivantes, adressées par un chef indien à ses frères et rapportées par Crèvecœur, nous montrent d'une manière saisissante que cette vérité n'avait pas échappé à l'esprit sagace des tribus de l'Amérique : « Le blanc se nourrit de grains et nous de viande. La viande exige plus de treize mois pour se former ; elle est souvent rare ; tandis que chacun de ces précieux grains de blé que les blancs déposent dans la terre se retrouve au centuple. La viande dont nous nous servons a quatre jambes pour s'enfuir et nous n'en avons que deux pour la poursuivre. Le grain, au contraire, reste là où on le sème et se développe. L'hiver est pour les blancs l'époque du repos, pour nous celle de longues et pénibles chasses. Aussi les voyons-nous se multiplier de plus en plus et vivre longtemps ; nous, au contraire, nous allons en diminuant en nombre, et notre existence est courte. Je vous prédis donc à vous tous qui m'entendez qu'avant que ces cèdres qui ombragent vos wigwams ne soient desséchés, la race des mangeurs de blé aura détruit la race des chasseurs, si ceux-ci ne se résolvent pas à ensemencer. »

Dire au juste à quelle époque on a commencé à semer, récolter, moudre et panifier, est chose fort difficile. Dès les temps les plus reculés de l'histoire, nous voyons les peuples se livrer à la culture des céréales, et cette culture a toujours absorbé la grande majorité des individus dans chaque nation.

Les inventeurs du pain étant inconnus, on en fit des divinités, Cérès devint la déesse des céréales. Moïse connaissait (1500 ans avant Jésus-Christ) l'emploi du levain, car il défend aux Israélites de

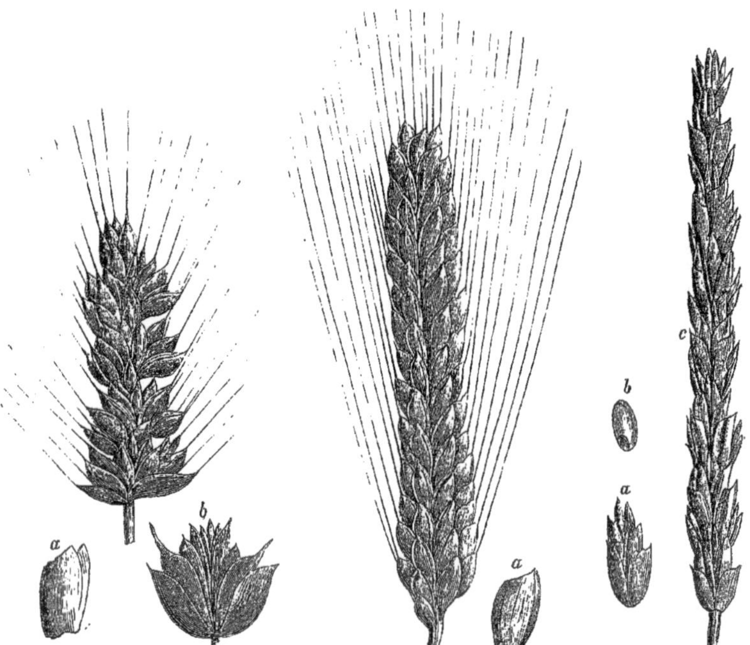


Fig. 438. — Blé commun. Fig. 439. — Blé anglais. Fig. 440. — Epeautre.

manger du pain fermenté. Lors de leur fuite en Égypte, les Hébreux mangèrent du pain sans levain et cuit sous la cendre, parce que les Égyptiens les avaient si fort pressés de partir, qu'ils ne leur avaient pas même laissé le temps de mettre le levain dans la pâte [*Exode*, XII, 39]. Nous voyons avec certitude, par l'Ancien Testament, que non-seulement les Israélites du temps d'Abraham, mais les Égyptiens étaient familiers avec la culture des céréales et la fabrication du pain. Le mot hébreu *khometz,* qui signifie pain et qui se retrouve dans toutes les langues sémitiques, a pour racine *khamets* ou ferment ; il en résulte que dès la plus haute antiquité on savait faire lever le pain ou la pâte en y introduisant du levain.

En prenant comme point de départ les graines de céréales qui servent partout et toujours de matière première, la panification comprend les opérations suivantes :

1° La mouture des grains et leur transformation en farine ;

2° La préparation de la pâte ou pétrissage ;

3° La cuisson du pain.

On emploie plus particulièrement les farines de froment et de seigle. L'orge, l'avoine, le maïs, le riz, les graines de légumineuses n'y entrent qu'exceptionnellement, dans des cas de disette, pendant les longs siéges ou par fraude, ainsi que dans quelques pays peu favorisés.

Le *froment, Triticum,* en allemand *Weizen,* en anglais *wheat,* est une plante de la famille des Graminées. Il se distingue des orges par la forme des épis, qui sont constitués par la réunion, le long d'un axe principal, de petits épis ou épillets à plusieurs fleurs. Ces épillets sont aplatis dans un sens et reposent sur l'axe central par leur partie large. Le froment comprend des espèces vivaces (chiendent, *Triticum repens*), et des espèces cultivées (froments d'été et d'hiver). Celles-ci, à leur tour, se subdivisent en *froment proprement dit*, à axe résistant et dont les grains sortent facilement de leur enveloppe, et en *épeautre*, dont l'axe est fragile et dont les grains se séparent difficilement de l'enveloppe glumaire.

Les froments proprement dits sont : le froment ordinaire ou commun (*Triticum vulgare*), le froment anglais (*Triticum turgidum*), le froment dur (*Triticum durum*), le froment de Pologne (*Triticum polonicum*). Les froments ordinaire et anglais sont les plus importants et les plus répandus. Nous n'entrerons pas dans des détails botaniques qui permettent de distinguer ces diverses variétés de froment, les figures ci-jointes donnent une idée de la forme des épis des froments ordinaire (fig. 438), anglais (fig. 439), épeautre (fig. 440).

Nous avons déjà vu à l'article FARINE quelle est la constitution du grain de blé ou de froment (t. I, p. 1390).

Le péricarpe comprenant quatre enveloppes externes est éliminé dans la mouture et constitue

Fig. 441. — Moulin simple

le son; il en est de même du testa ou première enveloppe du noyau et de la membrane embryonnaire. Cette dernière contient, d'après les travaux de M. Mège Mouriès, un ferment actif, la *céréaline*, qui joue un rôle important dans la panification, par la propriété qu'il a de saccharifier et même d'acidifier l'amidon et d'altérer le gluten. Le noyau à farine est formé de plusieurs zones plus ou moins dures, plus ou moins riches en gluten. Le noyau interne le plus tendre fournit une farine très-blanche, pauvre en gluten, appelée fleur; la zone suivante donne le gruau blanc dont la poudre mélangée à la fleur fournit la farine ordinaire pour pain blanc; enfin les zones externes du noyau ou gruau gris restent toujours mélangées après la mouture à plus ou moins de son et ne peuvent donner qu'un pain noir. La réduction du blé en farine s'est probablement d'abord opérée dans des mortiers, ou en l'écrasant entre deux pierres, procédé qui conduisit de perfectionnements en perfectionnements aux méthodes actuellement suivies. Les moulins à bras sont connus de la plus haute antiquité. Ce n'est que beaucoup plus tard que les Romains firent usage de la force de l'eau pour faire tourner les meules.

L'art du meunier consiste à réduire en farines de différentes qualités la matière qui occupe le centre du grain et à séparer l'enveloppe du son. On arrive à ce résultat par trois méthodes de mouture :

1° *Mouture économique.* — Ancien procédé qui est encore usité dans quelques localités en France, surtout dans les usines de campagne. Les meules ont généralement 2 mètres de diamètre et font 55 à 60 tours par minute. Le blé est introduit par une trémie constamment agitée dans l'ouverture de la meule supérieure; il s'engage entre les deux meules qui doivent être suffisamment espacées pour ne faire que concasser et broyer grossièrement le grain. La mouture passe de là dans le bluteau qui sépare la première farine dite de blé, les gruaux plus gros et lourds qui passent plus loin et éliminent le son léger et volumineux. Les gruaux passent de nouveau entre les meules plus rapprochées cette fois et donnent une farine de premier gruau, et des seconds gruaux donnant à leur tour une farine de second gruau et des troisièmes gruaux. Ceux-ci donnent, après mouture, des farines bises de troisième gruau et un quatrième gruau d'où on tire un produit de qualité plus inférieure et des issues (remoulages contenant les parties dures et grises qui avoisinent l'enveloppe). Dans ce procédé, 100 kilogrammes de blé donnent :

*Farines blanches :* 66 kilogrammes (comprenant : farine de blé, 38k,33; farine de 1er gruau, 19k,16; farine de 2e gruau, 8k,51).

*Farines bises :* 8k,33 (comprenant : farine de 3e gruau, 5 kilogrammes; farine de 4e gruau, 3k,33).

*Issues :* 23k,32 (son gros et petit, 10k,82; recoupes, 6k,80; recoupettes, 5k,70).

Déchet : 2k,35.

En cas de disette, on a remoulu jusqu'à sept fois, et les remoulages pulvérisés entraient dans le pain.

Cette méthode convient aux blés durs, demi-durs et tendres.

2° La *mouture américaine ou anglaise* consiste à écraser tout le blé d'un seul coup et à séparer ensuite au moyen d'une bluterie convenable les sons et les diverses qualités de farines. Les meules de 1m,30 de diamètre font 120 tours par minute et sont fort rapprochées pour donner le moins de gruau possible. On obtient en moyenne pour 100 :

Farine à pain blanc, 60; farine à pain demiblanc, 14; sons gros et menus, 24; déchet, 2. Les blés demi-durs et tendres se travaillent le mieux.

3° *Mouture à gruaux.* — Cette méthode, qui est destinée à fournir de belles farines blanches pour pains de luxe, consiste à écraser et concasser le grain de manière à enlever l'enveloppe corticale et celle qui est repliée dans l'intérieur du grain, et à moudre ensuite les gruaux nettoyés avec soin. Au moyen de meules suffisamment écartées, on écorce le blé et on détache les gruaux en produisant le moins possible de folle farine. Au moyen de blutoirs convenables, on sépare d'abord la farine petit blanc, puis trois espèces de gruaux. Les moins gros ou fins finots donnent la première qualité de farine. Les moyens et gros gruaux débarrassés de son et de folle farine au moyen d'appareils convenables sont travaillés à part. Les gruaux purifiés ou semoule sont moulus à nouveau et donnent de la farine et de nouveaux gruaux que l'on travaille de nouveau. On a ainsi la farine n° 1, les troisièmes gruaux traités de même donneront de la farine n° 2, et des cinquièmes gruaux, d'où sortira une farine dite blanche et des septièmes gruaux donnant de la farine bise. 100 kilogrammes de blé donnent par ce travail :

Criblure ou petit blé, 0,800; farine à vermicelle, 20,352; farine n° 1, 20,352; farine n° 2, 6,360; farine blanche, 11,448; farine bise, 19,010; son, 6; recoupe, 6,400; remoulage, 7,599; perte, 1,649.

Il ne peut entrer dans le cadre de cet article de donner une description détaillée des moulins ou appareils divers destinés à réduire les grains de blé ou de seigle en farine; nous nous contenterons de donner une idée sommaire des principales indications à remplir, des difficultés à vaincre et des dispositions adoptées pour arriver au but.

Il ne s'agit pas uniquement de réduire en poudre plus ou moins impalpable et homogène un produit déterminé, mais d'opérer simultanément un broyage et une séparation des parties utiles d'avec celles qui sont impropres à la panification. Tous ces résultats se réalisent par des dispositions mécaniques dont le plus ou moins de perfection diminue ou augmente le prix de revient de l'opération. Les forces motrices usitées sont les chutes d'eau, le vent, la vapeur et bien plus rarement la force musculaire. Avant d'arriver aux meules qui le réduiront en grains de plus en plus fins et enfin en farine, le froment doit subir les opérations du nettoyage destinées à enlever toutes les substances étrangères. Dans les petites usines, les systèmes de nettoyage varient beaucoup; nous nous contenterons de parler des appareils perfectionnés adaptés aux moulins nouveaux. Le blé amené dans la grande trémie est conduit par des chaînes à godets à l'*émotteur* qui sépare la paille et les mottes. Ce travail s'exécute sur un cadre rectangulaire de $2^{m},50$ de long dont le fond est formé d'une toile métallique assez grosse pour laisser passer le grain et qui arrête la paille et les mottes plus grosses; le cadre est animé d'un mouvement de trépidation et de va-et-vient. On emploie de préférence aujourd'hui un cylindre tournant à raison de 30 tours par minute sur un axe horizontal et dont la paroi latérale, en tôle, est percée de trous assez petits pour arrêter les mottes et la paille. Le grain, qui a filtré par les parois du cylindre, arrive par une trémie au nettoyeur. Il commence à y être soumis à l'action d'un courant d'air produit par un ventilateur destiné à entraîner les pailles, les blés noirs et en général les corps légers; de là il tombe dans l'espace annulaire ménagé entre deux cylindres verticaux concentriques en tôle creuse, dont l'un est fixe et l'autre animé d'un mouvement de rotation rapide. Le frottement qu'il éprouve en traversant cet espace détache les particules adhérentes, pulvérise les petites mottes et le reste de blé noir, travail complété par l'action mécanique d'une brosse dure qui frotte le grain entre la base du cylindre extérieur et celle du cylindre intérieur; un second ventilateur, placé au-dessous, achève le nettoyage. Les dimensions les plus convenables, d'après M. Cartier, inventeur de ce nettoyeur, sont $0^{m},60$ de diamètre et $1^{m},20$ de hauteur pour le cylindre intérieur mobile, avec une vitesse de 280 à 300 tours par minute. On arrive ainsi avec un appareil à travailler 75 hectolitres ou 6,000 kilogrammes de blé par jour.

Il serait commode et avantageux d'opérer le nettoyage avec de l'eau, mais l'opération se compliquerait alors d'un séchage. On a cependant tenté des expériences dans ce sens. A la suite du nettoyage vient le passage aux meules. Le choix de la pierre et la manière dont elle est taillée exercent une grande influence sur le succès de l'opération. On emploie généralement la variété de quartz silex connue sous le nom de meulière. Elle se rencontre abondamment dans les terrains tertiaires des environs de Paris, à la Ferté-sous-Jouarre. Les anciennes meules avaient $1^{m},80$ à

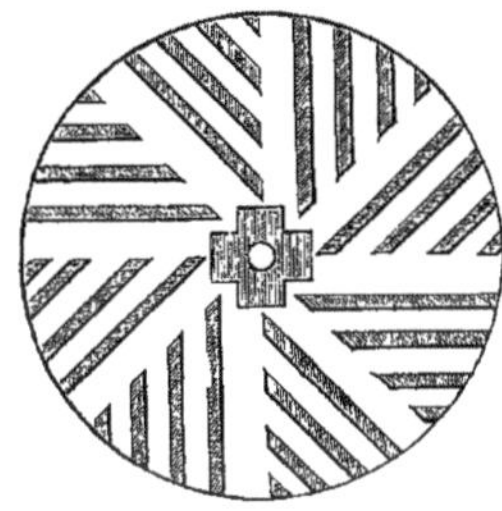

Fig. 442. — Coupe d'une meule avec ses rainures

$2^{m},30$ de diamètre et étaient formées d'un seul ou de deux blocs. Aujourd'hui on préfère, dans la méthode américaine, faire usage de petites meules de $1^{m},30$ de diamètre et $0^{m},27$ d'épaisseur, formées d'un grand nombre de pierres de petite dimension rapprochées et maintenues par une couche de plâtre et des cercles en fer. On s'arrange de manière à cacher les joints dans le fond des sillons des meules. Ces sillons ne sont généralement pas disposés en rayons, mais suivant des tangentes au trou central, comme le montre la figure 442.

La figure 443, empruntée au *Dictionnaire des arts et manufactures*, donne une idée des principales dispositions de l'appareil à broyer.

Le gros fer traverse la meule gisante à travers un boitard en fonte *a* scellé dans cette meule; la meule courante repose sur le gros fer par une pièce de fer (anille) encastrée dans celle-ci et réunie par un manchon en fer à l'extrémité du gros fer. Le blé est amené aux meules par un tuyau s'ouvrant dans une boîte en cuivre E, terminée par un tuyau ouvert dont l'extrémité est placée au-dessus d'une cuvette fixée sur le manchon en fonte qui surmonte le gros fer. En soulevant plus ou moins la traverse L qui supporte la boîte E, on règle l'écoulement du grain, qui vient tomber par le trou central de la meule courante entre les deux pierres où s'opère le broyage par les diverses méthodes indiquées ci-dessus. Le système des meules est enveloppé d'un cylindre à parois pleines, destinées à recueillir le produit de la mouture et à la conduire, au moyen de conduits convenablement disposés, de palettes, de vis sans fin et de godets, à la chambre du râteau où s'opère le refroidissement de la boulange échauffée par la mouture. Sur le plancher de cette chambre elle est remuée et étalée au moyen d'un grand râteau animé d'un mouve-

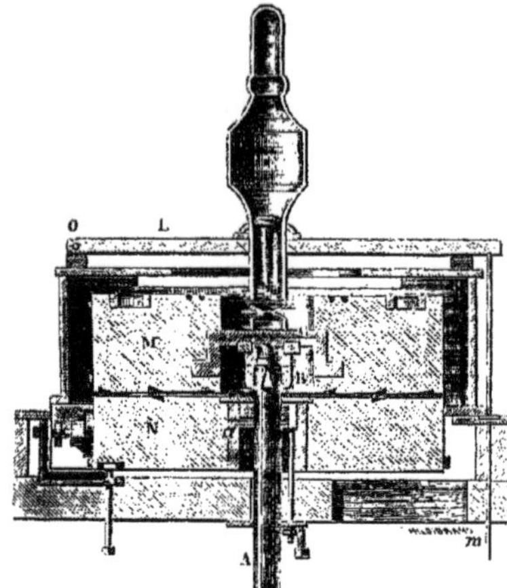


Fig. 443. — Coupe d'un moulin.

N, Meule gisante horizontale inférieure immobile. — M, Meule courante supportée par l'arbre A en fer (gros fer de meule) qui lui communique un mouvement de rotation rapide.

ment de rotation autour d'un axe vertical et central; enfin elle se rend au blutoir. A la place du long sac en étamine continuellement agité par un mécanisme particulier que l'on employait autrefois, on se sert maintenant généralement d'un appareil formé d'un axe incliné portant des bras perpendiculaires sur lesquels sont fixées des tringles en bois. La carcasse ainsi formée a l'apparence d'un prisme hexagonal. Des gazes de soie de différents degrés de finesse sont tendues sur ces tringles et constituent les parois latérales du prisme. Dimensions du bluteau, $4^m$,00 de long, $0^m$,90 de diamètre, 25 à 30 tours par minute. La boulange arrive par la partie supérieure. Le tout est renfermé dans une caisse en bois dont la partie inférieure est divisée en cases destinées à recevoir les diverses sortes de farines. Quelquefois, surtout quand il s'agit de blés durs, on humecte légèrement la graine avant la trituration afin de détacher plus facilement l'enveloppe, mais cette opération exige certaines précautions pour éviter de trop mouiller la farine.

Nous voici arrivés au moment où la matière première passe aux mains du boulanger; mais avant d'aller plus loin, nous croyons utile d'insister sur la composition du blé, de la farine et du son. Les conclusions que l'on peut tirer de l'analyse chimique des diverses parties des graines de céréales séparées par la mouture ne laissent pas que d'avoir une grande importance dans la théorie de la nutrition par le pain.

1° Analyse de grains de froment, par Peligot.

1. Froment du Midi, 1841; 2. Froment de Tourelle en Provence, 1842; 3. Blé d'Odessa; 4. Blé de Pologne; 5. Blé de Hongrie, 1845; 6. Blé d'Égypte; 7. Blé d'Espagne.

| | 1. | 2. | 3. | 4. | 5. | 6. | 7. |
|---|---|---|---|---|---|---|---|
| Eau | 14,6 | 14,6 | 15,2 | 13,2 | 14,5 | 13,5 | 15,2 |
| Graisse | 1,0 | 1,3 | 1,5 | 1,5 | 1,1 | 1,1 | 1,8 |
| Gluten | 8,3 | 8,1 | 12,7 | 19,8 | 11,8 | 19,1 | 8,9 |
| Albumine | 2,4 | 1,8 | 1,6 | 1,7 | 1,6 | 1,5 | 1,8 |
| Gomme et sucre | 9,2 | 8,1 | 9,3 | 6,8 | 5,4 | 6,0 | 7,8 |
| Amidon | 62,7 | 66,1 | 61,3 | 55,1 | 65,6 | 58,8 | 63,6 |
| Cellulose | 1,8 | » | » | » | » | » | » |
| Cendre | » | » | 1,1 | 1,9 | » | » | 1,4 |

2° Analyses de Reiset.

1. Pétognelle noir, demi-dur; 2. Blé blanc anglais tendre; 3. Blé blanc russe récolté à Neufchâtel; 4. Blé richelle de Grignon, tendre.

| | Eau. | Cendres. | Azote. | Gluten. |
|---|---|---|---|---|
| 1 | 14,10 | 2,14 | 1,71 | 10,68 |
| 2 | 14,47 | 1,88 | 1,88 | 11,75 |
| 3 | 15,00 | 1,97 | 2,03 | 12,68 |
| 4 | 14,11 | 1,87 | 1,99 | 12,44 |

D'après le même auteur, les grains les plus petits d'une récolte sont plus riches en gluten que les gros grains, qui, par contre, contiennent plus d'eau.

| | | Eau. | Azote. | Gluten. | Cendre. |
|---|---|---|---|---|---|
| Blé Victoria. | Petits grains. | 16,8 | 2,44 | 15,25 | 2,18 |
| | Gros grains. | 17,53 | 2,08 | 13,00 | 1,97 |

*Composition du froment d'Égypte d'après Poggiale.*

| | |
|---|---|
| Eau | 12,175 |
| Dextrine et amidon | 65,440 |
| Matière azotée | 10,835 |
| Graisse | 2,300 |
| Cellulose | 7,855 |
| Cendre | 1,895 |

*Analyse du froment d'après Oudemans.*

| | |
|---|---|
| Amidon | 57,00 |
| Dextrine et gomme | 4,50 |
| Matière azotée soluble dans l'alcool, insoluble dans l'eau | 0,42 |
| Albumine coagulable | 0,26 |
| Matière azotée albumineuse, soluble dans l'eau, non coagulable | 1,55 |
| Fibrine | 9,27 |
| Graisse | 1,80 |
| Cellulose | 6,10 |
| Cendre | 1,70 |
| Matière extractive | 1,40 |
| Eau | 16,00 |

D'après M. Boussingault, 100 parties de cendres de froment contiennent :

| | |
|---|---|
| Potasse | 30,12 |
| Soude | » |
| Magnésie | 16,26 |
| Chaux | 3,00 |
| Acide phosphorique | 48,36 |
| Acide sulfurique | 1,01 |
| Silice | 1,31 |
| Oxyde de fer | » |

La plupart des nombreuses analyses de cendres de froment publiées se rapprochent de ces nombres.

Il en résulte que le froment contient comme substances minérales principales des phosphates de potasse et de magnésie, avec très-peu de soude, de chaux et de sulfates.

Après avoir indiqué la composition du grain entier, comparons entre elles les compositions des parties isolées par la mouture :

| | Composition de la farine. | | | Composition de la farine d'épeautre. |
|---|---|---|---|---|
| Eau | 15,540 | — | 14,250 | 14,380 |
| Albumine | 1,340 | — | 1,457 | 1,340 |
| Glutine végétale | 0,760 | — | 0,470 | 0,830 |
| Caséine | 0,370 | — | 0,280 | 0,156 |
| Fibrine végétale | 5,190 | — | 5,340 | 4,364 |
| *A reporter...* | 23,200 | — | 21,797 | 20,570 |

| | Composition de la farine. | | Composition de la farine d'épeautre. |
|---|---|---|---|
| *Report*.... | 23,200 — | 21,797 | 20,570 |
| Gluten non séparable par la trituration.. | 3,503 — | 6,601 | 4,264 |
| Sucre.......... | 2,335 — | 2,350 | 1,412 |
| Gomme.......... | 6,250 — | 6,510 | 2,482 |
| Graisse.......... | 1,070 — | 1,268 | 1,322 |
| Amidon.......... | 63,642 — | 61,794 | 69,950 |
| | 100,000 | 100,000 | 100,000 |
| Azote.......... | 1,730 — | 2,045 | 1,620 |

Composition des sons d'après Poggiale :

| | |
|---|---|
| Eau.......... | 12,669 |
| Sucre.......... | 1,909 |
| Dextrine.......... | 7,709 |
| Albumine.......... | 5,615 |
| Matière albumineuse insoluble assimilable.. | 3,867 |
| Matière azotée insoluble non assimilable... | 3,516 |
| Graisse.......... | 2,877 |
| Amidon.......... | 21,692 |
| Cellulose.......... | 34,575 |
| Cendres.......... | 5,514 |

Au point de vue des matières organiques, le son renferme, comme on le voit, quoique dans d'autres proportions, les mêmes principes immédiats que la farine, sauf la fibre ligneuse ou cellulose, qui manque à peu près complétement dans la farine et domine dans le son. Il règne au sujet de la quantité réelle de cellulose renfermée dans le son une assez grande incertitude; le procédé qui consiste à éliminer les principes étrangers par l'ébullition avec les acides et les alcalis et un lavage subséquent à l'alcool et à l'éther est évidemment défectueux, puisque Poggiale a montré que dans ce cas une partie de la cellulose était convertie en sucre. On doit, de préférence, utiliser, pour séparer la matière amylacée, l'action saccharifiante qu'exerce l'infusion d'orge germée sur l'amidon ; après un traitement suffisamment prolongé, on fait bouillir avec de la potasse caustique, puis on lave successivement avec de l'eau, de l'acide acétique, de l'alcool et de l'éther. Ce procédé d'analyse fournit toujours pour la cellulose du son des chiffres beaucoup plus élevés que l'ancien. Parmi les principes immédiats organiques spécialement renfermés dans le son, nous devons insister encore une fois sur la *céréaline*, découverte et étudiée par M. Mège-Mouriès.

La *céréaline* est un corps de la classe des ferments solubles analogues à la diastase ; elle joue un rôle assez important dans la panification, et l'étude de ses propriétés a conduit M. Mège-Mouriès à proposer un nouveau procédé de panification dont il sera question plus loin. On prépare la céréaline en épuisant le son par de l'alcool à 50° pour enlever le sucre et la gomme. Le résidu exprimé est traité par l'eau froide; l'infusion aqueuse contenant la céréaline est évaporée à une douce température qui ne doit pas dépasser 40°; la céréaline reste sous forme d'une masse jaune clair, assez semblable à l'albumine sèche non coagulée. Elle est très-soluble dans l'eau, insoluble dans l'alcool et l'éther, coagulable vers 75°. Son caractère essentiel est de liquéfier et de saccharifier facilement, à une douce température, l'empois d'amidon; elle détermine, au bout de peu de temps, la transformation du sucre en acides lactique et butyrique, l'altération du gluten et sa conversion en une matière brune gommeuse. M. Mège-Mouriès attribue à l'action de la céréaline l'acidité et la teinte noire du pain fabriqué avec des farines contenant du son. L'alcool et le sel marin enrayent l'action de la céréaline; par conséquent, en introduisant dans la farine contenant du son une quantité suffisante de sel marin ou du sucre et de la levûre, on évitera l'acidité et la coloration brune, et l'on pourra fabriquer du pain blanc avec des farines à pain noir.

Il y a quelque intérêt à comparer la teneur en sels minéraux de la farine et du son.

Le grain contient, pour 1,000 p., en moyenne, 21 p. de sels, contenant 8,94 d'acide phosphorique.

1,000 p. de farine de froment contiennent :

Sels minéraux, 5,5, contenant 2 1/3 d'acide phosphorique.

1,000 p. de son de froment renferment 53 à 60 p. de phosphates (phosphate de potassium, 54,42; phosphate de magnésium et de calcium, 43,93 p. °/₀ de cendres).

Ces chiffres sont très-importants parce qu'ils nous montrent qu'en isolant le son de la farine pour obtenir un pain plus blanc et de meilleur goût, de meilleure apparence, on élimine un principe important de l'alimentation, les phosphates alcalins et alcalino-terreux.

*Composition des grains, de la farine et du son de seigle.* — Le seigle (*Secale cereale*) entre, comme le blé, dans la fabrication du pain ; il est donc utile d'indiquer ici sommairement la composition chimique de cette graine alimentaire :

| | Grains. | Farine fine. | Farine grise. |
|---|---|---|---|
| Eau.......... | 17,94 | 13,62 | 11,40 |
| Cellulose.......... | 3,41 | 0,94 | 1,56 |
| Cendres.......... | 2,02 | 0,96 | 1,76 |
| Matière azotée.......... | 9,53 | 8,06 | 11,88 |
| Matière amylacée et sucrée. Dextrine et graisse.......... | 67,10 | 76,59 | 73,40 |

D'après Boussingault, la farine de seigle contient :

| | |
|---|---|
| Gluten et albumine.......... | 10,5 |
| Amidon.......... | 64,0 |
| Sucre.......... | 3,0 |
| Gomme.......... | 11,0 |
| Cellulose.......... | 6,0 |
| Graisse.......... | 3,5 |

Composition du son de seigle :

| | |
|---|---|
| Eau.......... | 14,55 |
| Cendre.......... | 3,85 |
| Graisse.......... | 1,86 |
| Gluten et albumine.......... | 14,50 |
| Gomme.......... | 7,79 |
| Amidon.......... | 38,19 |
| Cellulose.......... | 21,35 |

1,000 p. de graines contiennent en moyenne 21 p. de sels minéraux avec 5,65 d'acide phosphorique.

1,000 p. de farine de seigle ne renferment que 13 1/3 de sels avec 3 1/3 d'acide phosphorique.

1,000 p. de son de seigle renferment 51 p. de phosphates.

Comme nous l'avons déjà dit, l'orge et les autres graines de céréales ou de légumineuses n'entrent dans la fabrication du pain que tout à fait accidentellement; nous n'avons donc pas à nous en occuper ici.

PANIFICATION. — Les principes sur lesquels reposent la fabrication du pain et l'ensemble du procédé n'ont pas varié depuis les temps les plus reculés; les perfectionnements n'ont porté que sur les détails des opérations, la qualité des produits et l'économie réalisée soit pendant le pétrissage, soit pendant la cuisson, par l'emploi d'appareils plus parfaits.

La farine est mélangée avec une quantité convenable d'eau qui dissout les parties solubles (dextrine, glucose, sels) et gonfle, en les hydratant, les parties insolubles (gluten, amidon); on forme ainsi en malaxant convenablement une pâte homogène dans laquelle on a introduit une certaine quantité de sel de cuisine pour donner le goût convenable, et surtout, comme partie essentielle, une certaine proportion de ferment alcoolique. Le rôle de ce ferment est facile à expliquer. Il rencontre, dans la pâte humide et conservée quelque temps dans un endroit chaud, du sucre sur lequel il agira pour produire de l'alcool et de l'acide carbonique gazeux. Les bulles de gaz qui prennent ainsi naissance dans toute la masse de la pâte ne peuvent pas se dégager librement, comme au sein d'un liquide; elles soulèvent la pâte par leur élasticité, la gonflent et la rendent poreuse; c'est précisément là le but que l'on veut atteindre, afin d'avoir un produit non-seulement nutritif par ses éléments, mais encore facile à digérer. Lorsque la fermentation est terminée et que la pâte cesse de se gonfler et de lever, on expose le pain levé pendant un temps convenable à une température relativement élevée. Cette opération, appelée *cuisson*, élimine l'excès d'eau, forme une croûte dure qui maintient la forme du pain et le défend des altérations spontanées. Cette croûte se colore d'autant plus que le pain est soumis à l'action d'une température plus élevée et renferme plus d'eau.

Comme *ferment alcoolique*, pour faire lever la pâte, on emploie soit simultanément, soit séparément, le *levain de pâte fermentée* et la *levûre de bière*.

On donne le nom de levain de pâte à une portion de pâte prélevée à la fin de chaque opération de pétrissage. Cette pâte doit être conservée dans un endroit à température constante, où rien ne puisse entraver la fermentation. Au bout de 7 à 8 heures, son volume a doublé; on a ainsi le *levain de chef*, plus léger que l'eau et d'une odeur agréable. Après 9 heures, on le pétrit avec une quantité de farine et d'eau suffisante pour doubler son volume, ce qui donne le *levain de première*. Celui-ci, abandonné à lui-même pendant six heures, est pétri avec de l'eau et de la farine (en prenant proportionnellement plus d'eau), de manière à doubler encore son volume; il donne le *levain de seconde*. Au moyen du levain de seconde, on prépare par une opération analogue, faite avec beaucoup de soin, le *levain de tout point* dont le volume doit être environ le tiers d'une fournée en été et la moitié en hiver.

Grâce aux connaissances assez précises que nous avons sur la fermentation alcoolique, il nous est possible d'expliquer ce qui se passe dans ces diverses phases et de comprendre leur raison d'être.

La portion de pâte prélevée sur l'opération du jour renferme de la levûre disséminée dans toute la masse, en quantité suffisante pour provoquer la fermentation alcoolique du sucre de la pâte; mais cette levûre se trouve en outre dans un milieu riche en phosphates et en matières azotées, c'est-à-dire dans un milieu très-propre à sa multiplication. Le levain de chef contiendra donc plus de globules de levûre que la pâte prélevée; mélangé à son poids de pâte fraîche, il donnera après fermentation un levain de première où la quantité relative de globules n'aura pas diminué grâce à cette multiplication; et ainsi de même jusqu'à la pâte complète.

*Pétrissage*. — Voici comment s'opère le pétrissage de la pâte dans les petites boulangeries, où le travail s'exécute à la main. Le pétrin est une auge en bois ou espèce de demi-cylindre horizontal placé à la hauteur voulue pour le travail.

On commence par verser sur le levain de tout point, auquel on peut ajouter par fournée 1/2 kilogramme de levûre de bière sèche, l'eau nécessaire à la fabrication de la pâte. A l'aide des mains ouvertes, on presse la masse de manière à la diviser en la rendant aussi liquide que possible (*délayure*); puis on y introduit portion par portion la quantité de farine voulue; on opère rapidement le mélange, sans retirer les mains (*frase*). De cette première opération dépend un bon pétrissage. On ratisse alors le pétrin, en réunissant en une seule masse toutes les portions de pâte, puis on contrefrase en relevant la pâte de droite à gauche à la tête du pétrin et en la retournant en gros pâtons qu'on travaille successivement pour les reporter de gauche à droite. On soulève la pâte, on la replie sur elle-même pour l'élever et ensuite la laisser tomber avec effort en la jetant sur les parties déjà travaillées. On ratisse et on prélève la moitié pour l'employer comme levain à la fournée suivante. Le bassinage est une opération qui consiste à faire absorber à la pâte une plus grande quantité d'eau.

On ajoute 1/2 kilogramme de sel par sac de farine de 159 kilogrammes. En Angleterre, on emploie 2 kilogrammes de sel pour 125 kilogrammes de farine; le sel se jette sur le levain avant l'addition d'eau.

On distingue trois espèces de pâtes différant par la quantité relative d'eau et de farine : la pâte ferme, qui contient le plus de farine; elle donne moins de déchet à la cuisson et un pain qui se conserve mieux. La pâte douce, exigeant une cuisson plus courte et donnant un grand déchet. La pâte bâtarde se place entre deux.

La pâte étant convenablement pétrie, on procède à la pesée et à la division en pâtons. En moyenne on doit compter sur un déchet de 10 %. Ainsi, pour les pains ronds de 6 kilogrammes, on pèse $6^k,610$; pour les pains de 4 kilogrammes, on pèse $4^k,490$; pour ceux de 3 kilogrammes, $3^k,430$; pour ceux de 2 kilogrammes, $2^k,280$; et pour ceux de 1 kilogramme, $1^k,190$.

Mais avant d'aller plus loin, nous avons à parler des tentatives faites en vue de remplacer le travail manuel du pétrissage par un travail mécanique. Le pétrissage à la main est, en effet, pénible, dispendieux, et amène forcément dans la pâte les produits de la sécrétion des glandes sudoripares.

Parmi les pétrins mécaniques nous citerons d'abord ceux qui peuvent être mis en mouvement à bras d'homme, et servir, par conséquent, dans les petites boulangeries qui, au point de vue de la masse de pain fabriqué, sont les plus importantes. Dans cette catégorie nous trouvons des pétrins à auge fixe où le pétrissage s'exécute au moyen de lames solides diversement contournées, fixées à un axe horizontal tournant au-dessus de l'auge.

Le mouvement est communiqué à l'axe par un système convenable de roues dentées et un volant muni d'une manivelle. Le système d'engrenages doit être tel, qu'il utilise le mieux possible la force de l'ouvrier qui tourne la roue à volant. L'axe porte-lames peut reposer par ses tourillons sur les centres des demi-bases de l'auge formant un demi-cylindre horizontal fixé sur un bâti solide; mais il est plus avantageux de supporter l'axe d'une manière indépendante afin de pouvoir enlever facilement l'auge après le travail; on facilite ainsi beaucoup la succession des opérations. Les divers pétrins fondés sur ces principes ne diffèrent que par la disposition des lames destinées à opérer le pétrissage, à malaxer la pâte et à remplacer la manœuvre intelligente de l'ouvrier boulanger.

Dans le pétrin Rolland, boulanger à Paris, l'axe A porte une série de lames courbes *l*F alternant de bas en haut, comme le montrent les figures 444 et 445, de telle façon que la lame supérieure de gauche forme un S avec la lame inférieure la plus voisine vers la droite.

Les extrémités de ce premier système de lames longues sont réunies par deux traverses, sur lesquelles sont fixées, dans les intervalles, des lames libres à l'autre extrémité, moitié moins longues que les autres et courbées de façon à dessiner un S en les supposant prolongées, avec la grande lame qui leur est directement en regard sur l'axe.

Fig. 441. — Pétrin à lames.

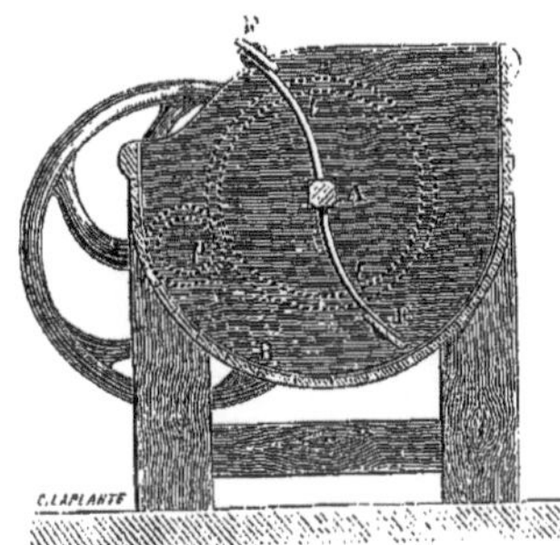

Fig. 445. — Pétrin à lames (coupe).

D'après une disposition un peu différente, les lames, tout en restant inclinées par rapport à l'axe, sont droites et non courbes. En vingt minutes cet appareil transforme un sac de farine en pâte homogène.

Dans la machine Boland, aux deux extrémités de l'axe sont fixés deux montants perpendiculaires à l'axe et de sens opposé, c'est-à-dire que pendant que l'un est au-dessus de l'auge en position verticale, l'autre y plonge verticalement aussi. A chacune des extrémités libres des deux montants, est fixée une lame contournée en spirale qui vient se terminer à l'extrémité opposée de l'axe; ces lames sont maintenues par des traverses courbes allant de leur surface à l'axe. Les lames spirales en tournant font avancer la pâte de gauche à droite, puis de droite à gauche, et la retournent, tandis que les traverses la découpent et la malaxent. Une disposition convenable permet de soulever facilement la partie mobile du pétrin afin de faciliter l'abord de l'auge et l'enlèvement de la pâte.

Dans la machine Disdier (fig. 446), les principes du travail mécanique sont différents. L'auge A est longue et plate et présente sur sa surface six rangées parallèles, disposées dans le sens de la longueur, de fortes chevilles ou dents cylindriques. Au-dessus de l'auge et à peu de distance du fond se trouve un fort cylindre creux en fonte O qui peut recevoir un double mouvement de rotation sur son axe et de progression d'une extrémité de l'auge à l'autre. Ce cylindre porte des chevilles ou proéminences disposées suivant huit arêtes. La position de ces chevilles est telle, que, pendant le mouvement de rotation et de progression, elles viennent se placer dans l'intervalle des rangées de

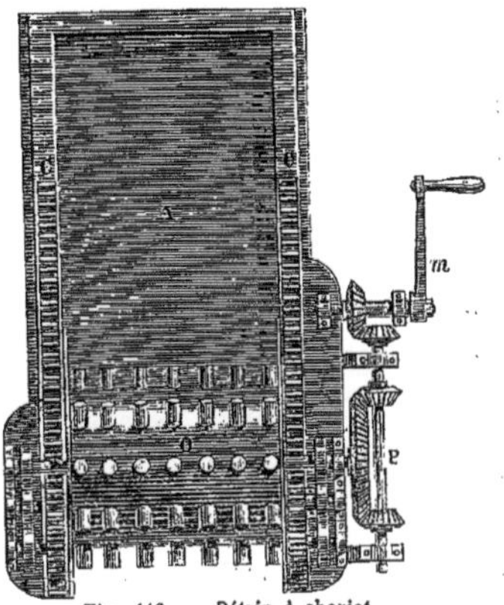

Fig. 446. — Pétrin à chariot.

l'auge. On comprend facilement la manière d'opérer de cette machine.

La machine Lambert (fig. 447), destinée aux grandes boulangeries disposant d'une force motrice, se compose d'un cylindre creux ou tambour horizontal T reposant sur un bâti au moyen de deux tourillons et pouvant recevoir un mouvement de rotation. Il est partagé par deux cloisons parallèles aux bases, en trois compartiments égaux, dont les deux extrêmes A et C servent à la trituration du levain de fond et celui du milieu B à la trituration de la pâte définitive. Dans ces compartiments se trouvent des lames horizontales et

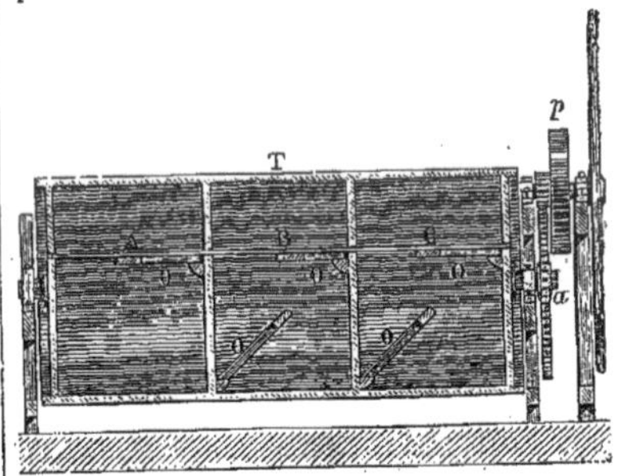

Fig. 447. — Pétrin à compartiments.

inclinées à 45°, O, qui déchirent la pâte lorsque, entraînée par le mouvement du tambour, elle retombe par son propre poids. Le tambour est muni d'un couvercle à charnières pour chaque compartiment qui est maintenu fermé pendant le travail.

Le pétrin mécanique de M. Fontaine qui fonctionne dans la boulangerie Mouchot, à Montrouge, est fondé sur le même principe. Il est formé d'un cylindre à douves de 4 centimètres d'épaisseur maintenus par des cercles en fer. Ce cylindre, fermé aux deux extrémités, est partagé en deux compartiments égaux par une cloison médiane parallèle aux bases; il porte un couvercle à charnières et tourne autour d'un axe sur lequel sont fixés des bras. Le cylindre lui-même porte d'autres bras qui passent, quand il tourne autour de l'axe fixe, entre les bras de cet axe. Les levains sont déposés dans les deux compartiments avec la farine et l'eau nécessaire. On ferme le couvercle et on imprime au cylindre une rotation de 4 tours par minute. En 17 minutes on a un pétrissage parfait.

Les pétrins en bois sont généralement remplacés aujourd'hui par des appareils en fonte.

On a remarqué que la pâte obtenue par les machines ne fermente pas aussi vite que celle qui est travaillée à bras d'homme. Il est probable que la sueur mélangée à la pâte a pour effet d'activer la fermentation. Cet inconvénient a empêché jusqu'ici l'introduction des pétrins mécaniques dans les manutentions militaires.

La pâte pesée, comme nous l'avons vu plus haut, est façonnée, saupoudrée de farine et placée dans des pannetons (paniers plats en paille tressée ayant la forme du pain). On l'abandonne à elle-même dans un endroit chaud où elle fermente, lève et prend son apprêt; il ne reste plus qu'à procéder à la cuisson au four ou à l'enfournement.

*Cuisson.* — La cuisson du pain, dont nous avons déjà défini le but principal, détermine la volatilisation d'une certaine quantité d'eau et de l'alcool produit pendant la fermentation, de plus, elle dilate notablement les bulles d'acide carbonique emprisonnées dans la pâte et augmente par conséquent le levage du pain en augmentant sa porosité; en outre, l'amidon, à la température qu'atteint la pâte, se gonfle et s'hydrate; aussi la mie de pain, après la cuisson, n'a-t-elle pas de tendance à s'affaisser, ce qui arriverait nécessairement s'il n'y avait ce gonflement et cette hydratation. Les parties les plus voisines du dehors, subissant une température plus élevée, éprouvent des modifications plus profondes. Ici l'amidon est non-seulement hydraté, mais encore torréfié, converti en dextrine plus ou moins brune formant, avec le gluten desséché et légèrement torréfié, une croûte assez dure.

Nous dirons d'abord quelques mots des fours simples à chauffage direct et intermittent employés depuis longtemps et servant encore dans beaucoup de localités, même dans les grandes villes, pour la petite boulangerie.

Ces fours sont en brique avec une forme qui rappelle celle d'une poire ou d'un œuf aplati; une sole presque plate recouverte d'une voûte surbaissée; en avant, une porte servant à la fois pour l'entrée des pains, l'introduction du combustible, le défournement du pain et le nettoyage

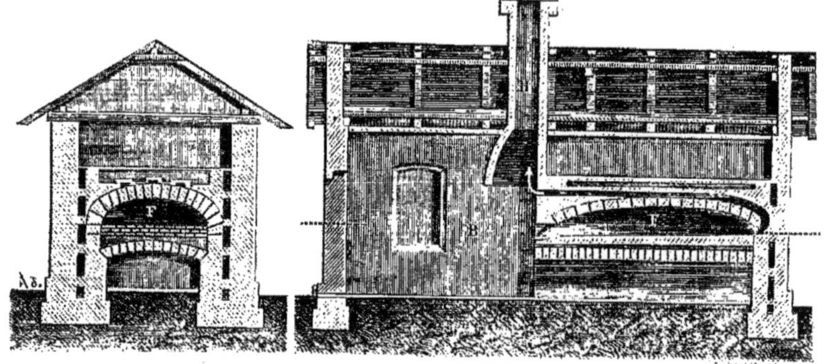

de la sole. En arrière, des orifices communiquent avec une cheminée H pour le dégagement des gaz de la combustion. On commence par introduire le combustible, ordinairement du bois sec, susceptible de donner une flamme claire et vive (bouleau et sapin); on allume, puis on ferme la bouche du four; le tirage se fait par les ouras ou conduits qui, s'ouvrant dans le four, passent sur la voûte et aboutissent à la cheminée. Lorsque l'on juge par l'expérience qu'on en a acquise que le four a pris une température assez élevée, on enlève la braise, dont le prix couvre une grande partie des frais de combustible, on nettoie la sole et on enfourne, en s'éclairant par des branches de bois allumées. Les gros pains se mettent au fond et les petits en avant; on ferme le four au moyen d'une porte en tôle qu'on retire au bout de 20 minutes pour surveiller la marche de la cuisson par l'examen de la couleur de la croûte. Pour les pains de 2 kilogrammes, il faut ordinairement 35 minutes; pour ceux de 4 kilogrammes, 50 à 60 minutes. Si la cuisson n'était pas complète, on n'arriverait pas à un bon résultat en remettant une seconde fois au four. Après le défournement, dans les petites fabrications restreintes, le four est abandonné au refroidissement et doit attendre souvent plusieurs jours pour être remis en état de servir. On perd ainsi toute la chaleur qui avait servi à porter la sole et la voûte en maçonnerie à une température

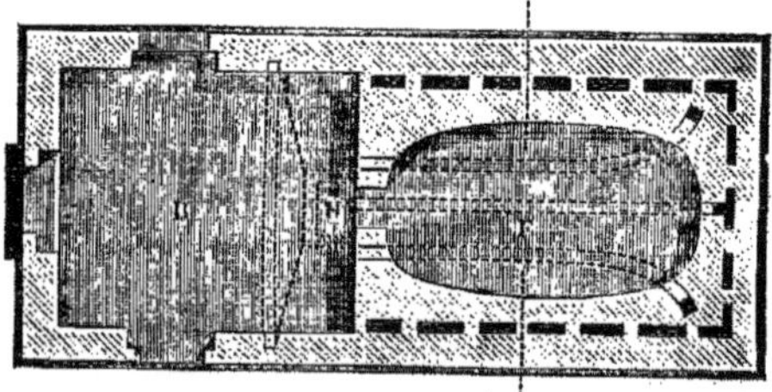

Fig. 448, 449 et 450. — Plan, coupe et élévation d'un four.

suffisante (250° à 300°) pour opérer la cuisson du pain par le rayonnement de la voûte. Dans les fours de boulangerie travaillant journellement, cette perte est moins sensible, mais elle est encore réelle; car d'une fournée à l'autre il s'opère toujours un refroidissement notable. A la campagne, les paysans de plusieurs hameaux voisins ont donc tout intérêt à s'associer pour la construction d'un four commun qui, maintenu constamment en état, servira tour à tour à la

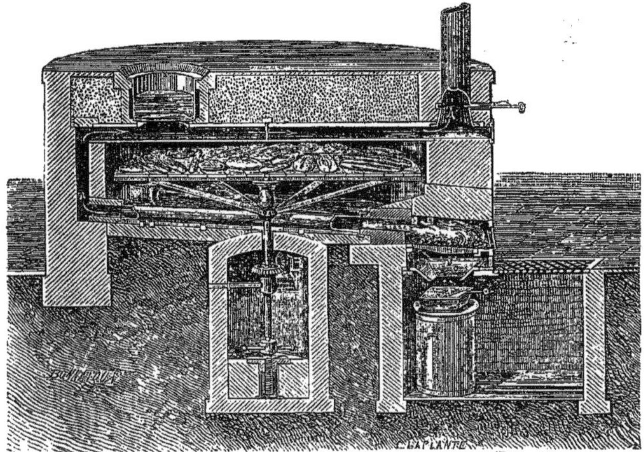

Fig. 451. — Coupe du four de M. Rolland.

cuisson du pain de chaque famille. Les fours employés pour ce petit travail ont 3 mètres de longueur sur 0m,33 à 0m,50 de hauteur. Les figures 448, 449 et 450 donnent une idée assez exacte des dispositions les plus favorables pour les fours de cette espèce, que nous pouvons appeler fours domestiques ou de petite fabrication, fours au bois, fours à chauffage direct et intermittent. Le bois étant un combustible cher, surtout dans certains pays, on a cherché des dispositions permettant d'utiliser la houille et le coke. L'emploi de ces produits devient surtout intéressant, au point de vue économique, dans les grandes boulangeries, où la cuisson fonctionne d'une manière presque continue. Parmi les nombreux appareils imaginés pour arriver à chauffer économiquement les fours au moyen de combustibles minéraux et par conséquent sans faire passer les produits de la combustion dans l'espace réservé au pain, nous décrirons le four de M. Rolland, qui peut s'appliquer à la petite fabrication, et le four aérotherme de MM. Lemare et Jamelet, employé par M. Mouchot.

Le *four Rolland* se compose d'un foyer à grille sur lequel brûle le combustible et d'un espace circulaire couvert à la partie supérieure d'une plaque en fonte, dans lequel s'opère la cuisson. Les produits de la combustion et l'air chaud qui a traversé le foyer pénètrent dans quatre conduits en tôle *a* qui, rayonnant en patte d'oie de la partie supérieure du foyer, passent directement au-dessus de la sole du four et débouchent dans quatre conduits verticaux *b* creusés dans la maçonnerie du four. Ces conduits se bifurquent et viennent déboucher dans un espace vide, qui se trouve ménagé au-dessus de la plaque du four. Les gaz chauds, après avoir circulé dans cet espace, se rendent à la cheminée d'ap-

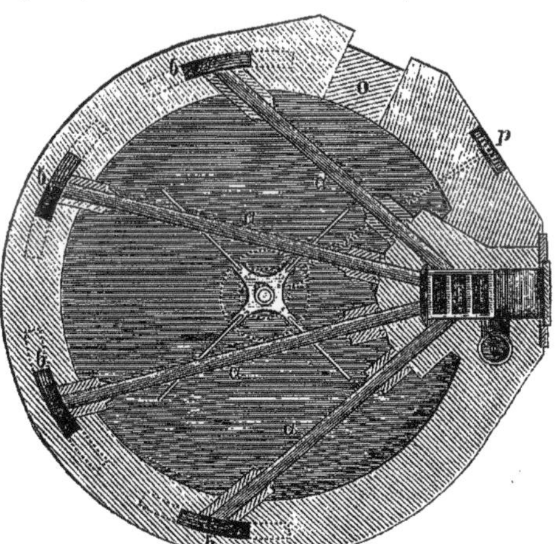

Fig. 452. — Coupe en plan du four de M. Rolland.

pel. Le four peut être ainsi chauffé rapidement et régulièrement à la température voulue marquée par un thermomètre. Les pains sont placés sur un plateau formé de tringles en fer couvertes de briquettes en argile cuite vernies ou non. Ce plateau peut recevoir un mouvement régulier de rotation par l'intermédiaire de l'axe vertical qui le supporte, et des engrenages. Cette disposition ro-

Fig. 453. — Four Jamelet et Lemare. Vue générale de la partie antérieure. — *p p*, portes du four.

tatoire est très-favorable au défournement et à la cuisson régulière des pains, qui passent tous successivement dans les diverses parties du four, dont la température peut varier. Le four Rolland peut fonctionner au bois, au coke ou à la houille. En vingt-cinq minutes, la cuisson est terminée ; le nombre des fournées peut atteindre 18 à 20 par jour, avec une économie de 50 °/₀ sur le combustible.

Le four Jamelet et Lemare s'applique plus particulièrement aux grandes fabrications. Il est chauffé par de l'air chaud circulant dans l'espace réservé au pain. L'air échauffé qui pénètre dans le four est sans mélange de fumée et de produits de la combustion.

Avec les dessins, il est facile de comprendre les dispositions du four Lemare. Le coke est placé sur la grille G, qui a même été supprimée à cause de l'usure rapide des barreaux, dans ce cas on place le coke directement sur le fond de l'espace voûté G, et lorsqu'il est en pleine combustion, on ferme complétement la porte d'entrée de l'air. La combustion continue, alimentée par l'air qui pénètre au travers des parois du foyer dont les pores sont dilatés par la haute température. Les produits de la combustion sortent du foyer voûté pour monter par deux conduits verticaux (fig. 457) et se rendre dans des carnaux rectangulaires aplatis B, situés à droite et à gauche. Après avoir suivi dans ces espaces une route rendue sinueuse au moyen de cloisons incomplètes, ils arrivent au conduit commun D, qui aboutit à la cheminée C. Sur les deux parois latérales et le derrière du foyer muré règne depuis le bas jusque presque en haut un espace libre O (fig. 454, 455 et 456) divisé en deux conduits voûtés concentriques. C'est dans cet espace que s'échauffe l'air aux dépens de la chaleur cédée et rayonnée par les parois du foyer. L'air chaud s'élève par les conduits *d* (fig. 457 et 458)

Fig. 454. — Four Jamelet et Lemare. Coupe transversale. — H, espace clos au-dessus de la voûte pour diminuer la perte de chaleur par rayonnement et pouvant servir d'étuve. — Voyez aussi figure 455.

et pénètre dans l'espace vide aplati E (fig. 458),

Fig. 455. — Four Jamelet et Lemare. Coupe verticale.

au-dessus des carnaux B. Une multitude de languettes gênent et ralentissent la circulation, ce qui permet un échauffement plus grand. De là, l'air entre dans le four F (fig. 459) par les conduits verticaux *dd* pour rentrer, au moyen du conduit situé entre les deux portes *p*, dans l'espace O, après s'être refroidi et chargé de vapeur au contact des pains humides. Une prise *a* met en communication directe l'espace O avec le four. D'après cette disposition, il s'établit un courant fermé de circulation d'air entre l'espace O, chauffé par les parois du foyer, et le four proprement dit, une partie de cet air pouvant monter directement dans le four par le conduit *a*, une autre partie devant circuler par les carneaux de l'espace E, chauffé par le bas au moyen des gaz de la combustion. Au moyen de registres *t*, on règle convenablement la circulation pour maintenir la température à 300° dans les diverses régions du four.

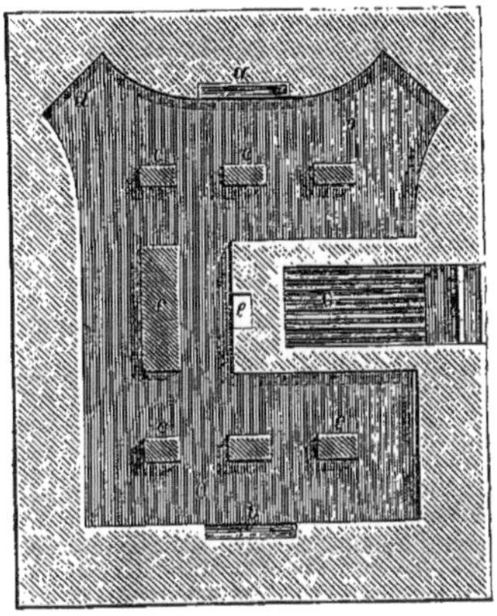

Fig. 456. — Four Jamelet et Lemare. Coupe horizontale suivant le plan X des figures 454 et 455.

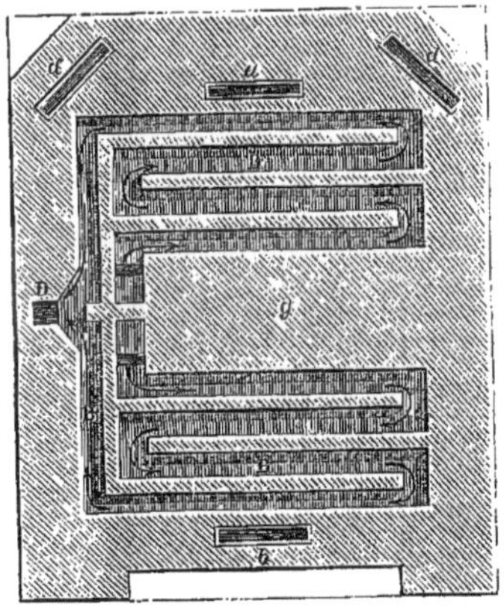

Fig. 457. — Four Jamelet et Lemare. Coupe horizontale suivant le plan C de la figure 454.

Le four Lemare peut cuire à la fois 300 pains de 1 kilogramme en 27 minutes; l'enfournement et le défournement exigeant chacun 10 minutes, on peut, en 24 heures, cuire un minimum de 0,240 kilogrammes de pain, avec une dépense de combustible relativement très-faible, car on utilise le mieux possible la chaleur produite par le coke.

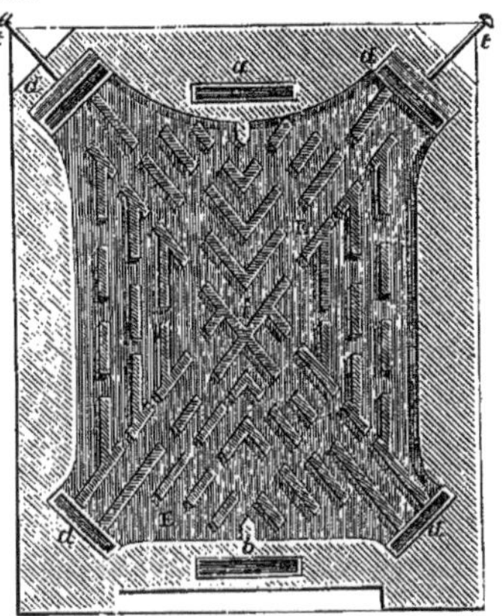

Fig. 458. — Four Jamelet et Lemare. Coupe horizontale suivant le plan B de la figure 455.

*Pain.*—Tout le monde sait que le pain se modifie peu à peu après avoir été défourné. Au début, la croûte est dure, cassante; la mie est molle, élastique, facile à mâcher et à ramollir avec la salive; au bout d'un certain temps, la croûte se ramollit, tandis que la mie perd son élasticité, devient facile à émietter et rude, puis enfin dure et sèche. Les modifications de la mie ont fait croire longtemps qu'elles étaient dues à une dessiccation réelle, de là le nom de pain sec donné au pain de la veille. Cependant M. Boussingault a montré qu'au bout de 8 jours une miche de 3k,760 au début pesait encore 3k,690, de sorte que la perte était à peine de 2 %, sur une teneur en eau de 35 à 40 %. Il est donc impossible d'attribuer à la

Fig. 459. — Four Jamelet et Lemare. Coupe horizontale suivant le plan A.

dessiccation les modifications profondes de propriétés que la mie éprouve spontanément. Cette faible déperdition s'explique par la résistance que doit opposer la croûte à l'élimination de l'eau, aussi bien qu'au refroidissement qui est très-lent et exige 14 heures pour être complet. On sait, d'un autre côté, que l'on peut rendre momentanément au pain rassis l'aspect du pain frais en le soumettant quelque temps à l'action d'une température élevée, bien que dans ce cas la perte d'eau soit plus considérable. Il ne reste donc, pour expliquer le changement en question, qu'à admettre que l'amidon gonflé ou le gluten hydraté subissent peu à peu une modification moléculaire, ou une hydratation plus avancée qui ne peut subsister que dans certaines limites de température.

*Pain blanc de Paris.* — A huit heures du soir, on prélève une portion de pâte formée de 8 kilogrammes de farine, 4 kilogrammes d'eau, on l'abandonne dans un endroit chaud jusqu'à six heures du matin. On la travaille alors avec 8 kilogrammes de farine et 4 kilogrammes d'eau; à deux heures de l'après-midi, ce levain de première est travaillé avec 16 kilogrammes de farine et 8 kilogrammes d'eau; enfin à cinq heures on y ajoute 100 kilogrammes de farine et 52 kilogrammes d'eau avec $0^k,2$ à $0^k,3$ de levûre. On obtient ainsi 200 kilogrammes de levain de fond qui est travaillé à sept heures avec 132 kilogrammes de farine, 68 kilogrammes d'eau et 2 kilogrammes de sel marin, plus $0^k,3$ à $0^k,6$ de levûre de manière à former 402 kilogrammes de pâte achevée, correspondant à 264 kilogrammes de farine. La moitié de la pâte est façonnée en pains qu'on laisse lever dans des paniers en paille tressée et que l'on enfourne ensuite. Le pain obtenu est un peu acide et grisâtre, la croûte est sans déchirure et unie. La seconde moitié est travaillée avec 132 kilogrammes de farine, 68 kilogrammes d'eau avec 2 kilogrammes de sel et $0^k,3$ à $0^k,6$ de levûre. On prélève la moitié de cette nouvelle pâte pour la seconde fournée et on travaille l'autre moitié avec de la farine, de l'eau, du sel et de la levûre, comme tout à l'heure. On divise encore en deux, dont l'une des parts pour la troisième fournée; l'autre, travaillée comme ci-dessus, donne une quatrième et de quoi faire une cinquième fournée, qui est destinée aux pains de luxe.

Les diverses espèces de pains de luxe, pains de gruau, pains à café, pains mollets, pains à soupe, pains navette, flûte cassée, etc., etc., s'obtiennent par les mêmes procédés que le pain ordinaire, dont ils ne diffèrent souvent que par la forme et les dimensions. Le choix et la qualité des farines, la nature du levain, la manière de travailler la pâte, une cuisson plus ou moins prolongée donnent divers genres de produits dont l'étude détaillée intéresse peu le chimiste, et rentre dans le domaine du praticien. L'addition de lait à la pâte donne au pain des qualités spéciales (pain viennois). Le pain de munition se fabrique à Paris avec 2/5 de farine deuxième (qualité immédiatement inférieure à celle du pain blanc ordinaire), 2/5 de farine troisième (1re qualité des farines bises), 1/5 de farine quatrième (dernière qualité, immédiatement au-dessus des remoulages). Ce mélange donne un pain grisâtre; on ajoute beaucoup de levain afin que la pâte puisse prendre son apprêt sans être trop travaillée. On emploie, pour 2,544 kilogrammes de farine, 2,006 kilogrammes d'eau, 4 kilogrammes de sel, et on obtient 2,486 pains de $1^k,5$; l'évaporation pendant la cuisson est de 911 kilogrammes. On emploie pour cela 880 kilogrammes de bois sec. En campagne on ajoute plus d'eau à la pâte afin de rendre le travail plus facile; cette augmentation est faite au détriment de la qualité du pain. Le pain de munition frais renferme comme le pain ordinaire 5/6 de mie, mais cette mie au lieu de contenir 45 % d'eau en renferme 51 %. La croûte contient 16 % d'eau. Ainsi le pain tendre ordinaire est en moyenne de 40 % d'eau; le pain de munition de 45 %.

Le biscuit de mer se fabrique avec une pâte ferme, contenant de la levûre de bière, que l'on travaille en galettes. Celles-ci sont exposées dans un endroit frais, percées de plusieurs trous pour favoriser l'évaporation et cuites pendant 2 heures dans un four où la température est beaucoup moins élevée que pour le pain. On achève la dessiccation à l'étuve, puis on embarille. On n'ajoute pas de sel à la pâte, pour éviter la déliquescence.

*Pain de seigle.* — La farine de seigle exige pour sa panification une eau plus chaude pendant le pétrissage, plus de levain, une pâte plus ferme et moins de sel que la farine de froment; la cuisson doit être plus prolongée. Contenant moins de gluten, le pain de seigle est moins nourrissant.

Un mélange de 2/3 de blé et de 1/3 de seigle donne le pain de méteil. La pomme de terre, le riz et les légumineux se travaillent très-difficilement en pain, jamais sans addition de farine, et donnent des produits de qualités très-inférieures comme pouvoir nutritif, comme aspect et comme goût.

### NOUVEAUX PROCÉDÉS DE FABRICATION DU PAIN.

*Méthode Mège-Mouriès.* — M. Mège-Mouriès a fondé sur l'étude des propriétés de la céréaline une nouvelle méthode de panification. Dans les procédés décrits plus haut, on ne peut obtenir du pain blanc qu'avec les bonnes farines formant 70 à 73 % du poids du froment. Le reste ne fournit que des farines donnant un pain noir, soit qu'on les emploie seules ou mélangées au son, soit qu'on les ajoute aux farines premières blanches. M. Mège-Mouriès a démontré que la coloration grise du pain qui contient des farines bises ne tient pas au mélange de son incomplétement séparé, mais à une altération spéciale du gluten déterminée par la céréaline de l'enveloppe embryonnaire. Le procédé Mège-Mouriès permet d'utiliser 84 % du poids du froment. On partage par la mouture le froment en trois parts : 1° le son proprement dit (11,56 %); 2° le gruau gris contenant la céréaline (15,72 %); 3° la farine blanche (72,72 %).

Le soir, à sept heures, on prépare un mélange de 40 litres d'eau à 25°, 100 grammes de glucose et 700 grammes de levûre humide (70 grammes sèche). Ce mélange est abandonné à lui-même dans un endroit tiède jusqu'au lendemain matin à six heures; il s'établit pendant ce temps une fermentation alcoolique qui continue après que l'on a ajouté les $15^k,72$ de farine de gruaux noirs. Vers deux heures, on ajoute 30 litres d'eau et on passe au tamis de soie qui arrête le son qu'on délaye une seconde fois dans 30 litres d'eau pour repasser au tamis. Cette eau de lavage renferme $1^k,8$ de farine et servira à étendre le levain dans l'opération suivante. Les 70 litres d'eau employés ne donnent que 55 litres d'eau farineuse; le reste est retenu par le son. On y ajoute 700 grammes de sel et on pétrit avec la masse entière de farine blanche. La pâte, abandonnée, lève sous l'influence du ferment et subit ensuite la cuisson. Dans ce procédé, l'influence de la céréaline est paralysée par l'alcool formé pendant la fermentation première et par l'addition de sel. Le rendement en pain blanc est supérieur à celui des procédés ordinaires dans le rapport de 17 à 20 p. pour 100 de froment On peut aussi opérer de la manière suivante :

Le froment est divisé par mouture en 40 p. de farine blanche, 38 p. de gruau blanc, 8 p. de gruau gris, 13,5 p. de son (perte 0,5). Les 40 kilogrammes de farine blanche sont pétris avec 20 kilogrammes d'eau et donnent la pâte levain, faite comme il est dit plus haut (ancien procédé). Lorsque celle-ci est prête, on délaye les 8 kilogrammes de gruau gris avec 45 kilogrammes d'eau, $0^k,6$ de sel, on passe au tamis, ce qui donne 38 kilogrammes d'eau farineuse contenant la céréaline neutralisée par le sel. C'est avec ce liquide, la pâte levain et les 38 kilogrammes de gruau blanc, que l'on forme la pâte que l'on abandonne 1 heure à la fermentation, après quoi on l'enfourne. La céréaline n'a pas eu le temps d'agir et le pain obtenu est blanc. Cependant si la température de la chambre à fermentation dépasse 25° et si la pâte y séjourne plus de 1 heure, on obtiendrait un pain d'autant plus noir que la céréaline aurait pu agir plus longtemps. Ce procédé remarquable est non-seulement avantageux au point de vue du rendement, mais il donne encore au pain une puissance nutritive plus grande. Ainsi préparé, il contient, en effet, les sels nutritifs du son (phosphates) et un ferment susceptible de déterminer une saccharification rapide dans le tube digestif. La mouture devient plus simple et plus économique et l'on évite la production embarrassante des farines bises.

*Procédé Liebig pour le pain de seigle.* — Liebig a proposé un procédé de panification qui permet d'obtenir avec la farine de seigle un pain de belle apparence, ferme, neutre, élastique, à petites bulles et d'un excellent goût, avec un rendement de 10 °/₀ plus élevé que par la méthode ordinaire. Ce procédé consiste à pétrir la farine avec de l'eau de chaux, 20 à 27 °/₀ et 23 à 24 °/₀ d'eau ordinaire ; on ajoute à cette pâte la pâte de levain, on laisse fermenter, on pétrit à nouveau avec le reste de la farine et on enfourne. La chaux, sans arrêter la fermentation alcoolique, neutralise les acides, gonfle le gluten en lui donnant plus d'élasticité et de cohésion et lui permettant d'absorber plus d'eau.

On emploie souvent, en Angleterre, en Belgique et même en France, une petite quantité d'alun ou de vitriol bleu pour rendre au gluten des farines légèrement avariées ses qualités primitives. De semblables moyens doivent être rejetés comme une fraude coupable, dangereuse pour la santé publique.

Le professeur Horsford, à Cambridge (Amérique du Nord), propose de remplacer la levûre ou le levain par deux poudres, l'une acide (phosphate acide de calcium en solution sirupeuse, mélangé à de l'amidon en proportion suffisante pour former une pâte solide que l'on dessèche), l'autre alcaline (bicarbonate de sodium). On mélange ces poudres avec la farine sèche, on ajoute l'eau nécessaire, on pétrit rapidement et on enfourne. L'acide phosphorique en agissant sur le bicarbonate produit une effervescence dont l'effet remplace la fermentation alcoolique. D'après Liebig, l'emploi de cette poudre aurait en outre l'avantage de restituer à la farine la masse assez notable de phosphates du grain restés dans le son. L'expérience n'a pas encore suffisamment parlé pour que l'on puisse porter un jugement sûr sur ces essais intéressants et d'autres analogues, tels que ceux qui consistent à préparer la pâte avec de l'eau de Seltz artificielle. P. S.

**PAPAVÉRINE**, $C^{21}H^{21}AzO^4$. — La papavérine est un alcaloïde faible, retiré de l'opium par Merck [*Ann. der Chem. u. Pharm.*, t. LXVI, p. 125, et t. LXXIII, p. 50].

*Préparation.* — D'après G. Merck, la papavérine s'obtient de la manière suivante : une solution aqueuse d'extrait d'opium est précipitée par de la soude, et le précipité, composé en grande partie de morphine, est repris par l'alcool. On obtient ainsi une solution brune qui donne par l'évaporation un résidu foncé. On traite ce résidu par un acide étendu, on filtre, et à l'aide de l'ammoniaque on précipite une matière résinoïde contenant beaucoup de papavérine. Cette résine est dissoute dans l'acide chlorhydrique étendu, et additionnée d'acétate de potassium qui précipite un corps résineux de couleur foncée : on le lave à l'eau, puis on le traite par de l'éther bouillant ; par le refroidissement la papavérine se sépare sous forme cristallisée. On peut aussi reprendre la masse résinoïde par son poids d'alcool, et laisser digérer ; au bout d'un certain temps, il se forme un magma cristallin qu'on exprime et qu'on fait de nouveau cristalliser dans l'alcool avec addition de charbon animal. Dans cet état, la papavérine contient encore de la narcotine. Pour séparer cette dernière, il suffit de redissoudre le tout dans l'acide chlorhydrique et de faire cristalliser. Le sel de papavérine, étant peu soluble et facilement cristallisable, se dépose le premier ; on peut, en lavant avec un peu d'eau froide, en séparer complétement la narcotine [*loc. cit.*].

M. Hesse a indiqué un procédé qui paraît donner des résultats plus satisfaisants ; il consiste à traiter les eaux mères qui ont servi à la préparation de la morphine et d'où se sont déposés en même temps les chlorhydrates de codéine et de pseudomorphine. Cette liqueur est étendue de son volume d'eau et précipitée par un excès d'ammoniaque, puis, après filtration, agitée avec de l'éther. La solution éthérée décantée est agitée à son tour avec de l'acide acétique. La liqueur acide, privée d'éther, est alors versée lentement dans une lessive alcaline maintenue en excès et agitée continuellement pour que la résine qui se sépare ne puisse pas s'agglomérer. Si l'on a opéré avec soin, un certain nombre de bases restent en dissolution. On laisse reposer pendant 24 heures, puis on sépare le précipité insoluble dans un excès d'alcali, qui renferme de la narcotine, de la thébaïne et la papavérine. Pour isoler cette dernière base, on dissout le précipité dans l'acide acétique et on neutralise avec soin la solution additionnée d'alcool ; il se forme ainsi un précipité cristallin qui renferme la papavérine et de la narcotine. On sépare la première base à l'aide de l'acide oxalique, qui forme un oxalate de papavérine peu soluble. Quant à la séparation de la papavérine et de la thébaïne, elle s'opère à l'aide de l'acide tartrique. Le tartrate de thébaïne étant beaucoup moins soluble que celui de papavérine, le sel de cette dernière base se retrouve dans les eaux mères. Pour obtenir pure la papavérine, on la précipite par l'ammoniaque et on la traite par un peu d'alcool qui la rend cristalline et enlève une base amorphe : on transforme ensuite la papavérine en oxalate qu'on fait cristalliser dans l'eau bouillante.

*Composition et propriétés.* — G. Merck avait attribué à la papavérine la formule $C^{20}H^{21}AzO^4$ ; M. Hesse lui assigne la suivante : $C^{21}H^{21}AzO^4$, confirmée par l'analyse du chlorhydrate et du chloroplatinate de papavérine.

La papavérine se présente sous la forme de prismes incolores, insolubles dans l'eau, peu solubles à froid dans l'éther et l'alcool, plus solubles à chaud ; 258 p. d'éther froid en dissolvent 1 p. : les solutions bleuissent à peine le papier de tournesol rougi par un acide. La papavérine cristallise dans la benzine. Elle fond à 147°. L'acide acétique la dissout sans la neutraliser ; la potasse et l'ammoniaque la séparent de cette solution en une résine qui devient peu à peu cristalline, et qui est insoluble dans un excès d'alcali. Les acides azotique, sulfurique, chlorhydrique, ajoutés à la solution acétique, en séparent le sel correspondant à l'état cristallin. D'après Merck et Anderson, la papavérine prend une couleur bleu foncé, si on la mélange avec de l'acide sulfurique concentré. D'après M. Hesse, on peut considérer cet alcaloïde comme pur lorsqu'il se dissout à froid sans coloration dans l'acide sulfurique; si l'on chauffe, il se produit une coloration violette. Cette solution sulfurique, additionnée d'eau, laisse déposer un précipité résineux de sulfate de papavérine. Cette réaction est caractéristique pour la papavérine et la distingue fort bien de la pseudomorphine. D'après M. H. E. Armstrong, la papavérine chauffée avec de l'acide sulfurique étendu de son volume d'eau n'éprouve pas de modification [*Deutsch. Chem. Gesells.*, t. IV, p. 128, et *Bull. de la Soc. chim.*, 1871, t. XV, p. 288]. D'après MM. Bouchardat et Boudet, il n'est pas certain que cet alcaloïde agisse sur la lumière polarisée, et s'il possède un pouvoir rotatoire, il est, dans tous les cas, extrêmement faible. M. L. Mayer avait dit que le chlorure de zinc en réagissant sur 2 molécules de papavérine élimine 1 molécule d'eau et donne le dérivé $C^{40}H^{42}Az^2O^7$. Suivant M. Hesse, le chlorure de zinc, dans ce cas, n'agit que sur les impuretés qui accompagnent la papavérine, et permet d'obtenir ainsi cet alcaloïde à l'état de pureté [L. Mayer, *Bull. de la Soc. chim.*, 1871, t. XV, p. 290; *Deutsch. Chem. Gesells.*, t. IV, p. 121; — Hesse, *Ann. der Chem. u. Pharm.*, t. CLIII, p. 47; *Deutsch. Chem. Gesells.*, t. IV, p. 393, et *Bull. de la Soc. chim.*, 1870, t. XIV, p. 76, t. XVI, p. 344].

MM. Hofmann et C. Schroff indiquent la réaction suivante, comme pouvant servir à distinguer la papavérine de la morphine : l'iodure double de cadmium et de potassium forme avec la papavérine un précipité blanc formé d'écailles nacrées, tandis que la morphine donne, dans une solution au millième, de belles aiguilles faciles à reconnaître au microscope [*Jahrb. für Pharm.*, t. XXXI, p. 28; *Bull. de la Soc. chim.*, 1870, t. XIII, p. 510].

Lorsqu'on fait passer un courant de chlore dans une solution de chlorhydrate de papavérine, il se forme, au bout de quelque temps, un dépôt gris insoluble dans l'eau, soluble dans l'alcool bouillant, et se déposant par le refroidissement à l'état résineux. L'ammoniaque enlève de l'acide chlorhydrique à ce précipité, et abandonne une substance pulvérulente qui constitue une base chlorée.

L'eau bromée, ajoutée goutte à goutte, produit dans la solution d'un sel de papavérine un précipité qui se redissout d'abord, puis finit par persister, c'est le bromhydrate de bromopapavérine. Avec l'iode, on obtient l'iodopapavérine.

Lorsqu'on chauffe la papavérine avec 4 fois son poids de chaux sodée, il se forme un alcaloïde volatil, qui paraît être un mélange de triéthylamine et d'éthylamine.

D'après How, la papavérine mise dans un tube scellé et chauffée avec de l'iodure d'éthyle ne forme pas de combinaison éthylée. On n'obtient que de l'iodhydrate de papavérine; de l'alcool ou de l'éther se formerait en même temps [How, *Ann. der Chem. u. Pharm.*, t. XCII, p. 336; — Anderson, *Ann. der Chem. u. Pharm.*, t. XCIV, p. 215; *Transact. of the Roy. Soc. of Edimburgh*, part. 1, t. XXI; *Chem. Gaz.*, 1855, p. 21; *Ann. de Chim. et de Phys.*, (3), t. XLVI, p. 101].

SELS DE PAPAVÉRINE.— *Azotate de papavérine*, $C^{21}H^{21}AzO^4, AzHO^6$. — Ce sel ne peut se préparer directement à l'aide de la base et de l'acide, parce que le plus léger excès d'acide réagit sur l'azotate et le jaunit; mais il se forme facilement par double décomposition avec le chlorhydrate de papavérine et l'azotate d'argent; en opérant à chaud, l'azotate cristallise par le refroidissement; d'après M. Hesse, il forme des prismes volumineux anhydres.

Le *chlorhydrate de papavérine*,

$$C^{21}H^{21}AzO^4, HCl,$$

se produit lorsqu'on traite la base par de l'acide chlorhydrique étendu et en excès. Il se dépose sous la forme d'un liquide huileux qui se prend peu à peu en gros cristaux hémièdres qui appartiennent au type orthorhombique. Combinaison observée, $m$, $e^1$, $1/2\ b^{1/2}$; inclinaison des faces, $m : m = 80°$; $e^1 : e^1 = 119°20'$; $e^1, b^{1/2} = 149°15'$ [H. Kopp. *Ann. der Chem. u. Pharm.*, t. LXVI, p. 127, et Pasteur, *Ann. de Chim. et de Phys.*, 3e sér., t. XXXVIII, p. 456].

Le *chloromercurate de papavérine*,

$$(C^{21}H^{21}AzO^4, HCl)^2HgCl^2,$$

se présente sous forme de lamelles rhomboïdales incolores.

L'*iodomercurate de papavérine* est cristallin et soluble dans l'alcool bouillant.

Le *chloroplatinate de papavérine*,

$$(C^{21}H^{21}AzO^4, HCl)^2PtCl^4 + 2H^2O,$$

forme un précipité cristallin jaune foncé, insoluble dans l'eau et dans l'alcool.

L'*iodhydrate de papavérine*, $C^{21}H^{21}AzO^4, HI$, forme des cristaux qui brunissent à 100°. Ce sel est fort soluble dans l'eau bouillante; par le refroidissement la solution devient laiteuse, il se produit une huile qui bientôt se concrète et cristallise en aiguilles groupées en étoiles. Ce sel est soluble dans l'alcool; cependant l'alcool absolu ne le dissout qu'après une ébullition prolongée; par le refroidissement, il se dépose sous forme de cristaux rhomboïdaux.

Le *méconate acide de papavérine*,

$$C^{21}H^{21}AzO^4, C^7H^4O^7 + H^2O,$$

est un sel qui cristallise en petits prismes incolores, peu solubles dans l'alcool et dans l'eau bouillante.

L'*oxalate acide de papavérine*,

$$C^{21}H^{21}AzO^4, C^2H^2O^4,$$

est un sel cristallisé soluble dans l'alcool bouillant, peu soluble à froid; il exige, à 10°, 388 p. d'eau pour se dissoudre.

Le *sulfate de papavérine* est un sel cristallisable.

Le *sulfocyanate de papavérine* se présente sous la forme de beaux prismes incolores, solubles dans l'eau bouillante, très-peu solubles dans l'eau froide.

Le *tartrate acide de papavérine* cristallise difficilement en prismes déliés; il est très-soluble dans l'eau et dans l'alcool.

ACTION DE L'ACIDE AZOTIQUE SUR LA PAPAVÉRINE. — L'acide azotique peut dissoudre la papavérine sans l'altérer, mais s'il est en excès, il se forme des vapeurs rutilantes, et il se dépose des cristaux colorés de nitropapavérine.

La *nitropapavérine*, $C^{21}H^{20}(AzO^2)AzO^4 + H^2O$, se précipite en ajoutant de l'ammoniaque à la solution de l'azotate soit dans l'eau bouillante, soit dans un excès d'acide azotique. On l'obtient d'abord sous forme de flocons jaune clair, qui repris par l'alcool bouillant se déposent en aiguilles cristallines d'un jaune rougeâtre pâle contenant 2,29 % d'eau, soit une molécule. Cette base est insoluble dans l'alcool et dans l'éther; elle ramène au bleu le papier de tournesol rougi par un acide et forme avec les acides des sels colorés en jaune rougeâtre pâle peu solubles dans l'eau. Lorsqu'on la chauffe, elle fond d'abord, puis se charbonne rapidement. Traitée par une solution concentrée et bouillante de potasse, elle dégage des traces d'une base volatile.

L'*azotate de nitropapavérine*,

$$C^{21}H^{20}(AzO^2)AzO^4, AzHO^3,$$

est un sel qui cristallise en tables quadrangulaires orangées ou jaunes; lorsqu'il est tout à fait pur, il est presque insoluble dans l'eau froide, un peu plus soluble dans l'eau bouillante, assez soluble dans de l'eau acidulée par de l'acide azotique ou de l'acide chlorhydrique; il est soluble dans l'alcool et dans l'éther. Il ne contient pas d'eau de cristallisation. Il peut fondre par la chaleur, puis il brûle, laissant un dépôt de charbon.

Le *chlorhydrate de nitropapavérine* cristallise en aiguilles jaune pâle peu solubles dans l'eau, mais solubles dans un excès d'acide chlorhydrique et dans l'alcool.

Le *chloroplatinate de nitropapavérine*,

$$[C^{21}H^{20}(AzO^2)AzO^4, HCl]^2PtCl^4,$$

forme un précipité jaune pâle.

Le *sulfate de nitropapavérine* cristallise en prismes peu solubles dans l'eau [Anderson, *loc. cit.*].

D'après M. Hesse, l'acide azotique faible transforme facilement la papavérine en nitropapavérine qui se présente sous la forme d'aiguilles incolores et déliées, fusibles à 163°, et se colorant en jaune à l'air lorsqu'elles sont humides. Cette base contient une molécule d'eau et forme avec l'acide oxalique un sel qui cristallise très-bien. La formule de la nitropapavérine hydratée est la même que celle de la nitrocryptopine (la cryptopine ne différant de la papavérine, que par $H^2O$ en plus), mais les combinaisons que forment ces bases et les bases elles-mêmes diffèrent par leurs propriétés [M. Hesse, *loc. cit.*].

DÉRIVÉS BROMÉS DE LA PAPAVÉRINE. — On a vu plus haut que ces produits bromés prennent naissance lorsqu'on ajoute du brome goutte à goutte dans la solution d'un sel de papavérine; il se forme dans ce cas du bromhydrate de bromopapavérine. Cette dernière base, $C^{21}H^{20}BrAzO^4$, s'obtient en faisant digérer le bromhydrate de bromopapavérine dans l'ammoniaque. Elle est insoluble dans l'eau et se dissout dans l'alcool bouillant, d'où elle se précipite sous forme d'aiguilles incolores, anhydres, solubles aussi dans l'éther.

Le *bromhydrate de bromopapavérine*,

$$C^{21}H^{20}BrAzO^4, HBr,$$

est un précipité jaune lorsqu'on opère sur des liqueurs concentrées et peut être obtenu incolore avec des liqueurs étendues. Ce sel, insoluble dans l'eau, se dissout dans l'alcool bouillant, d'où il se dépose par le refroidissement en une poudre cristalline. Il fond à la chaleur, en se décomposant [How, *Ann. der Chem. u. Pharm.*, t. XCII, p. 366].

DÉRIVÉS IODÉS DE LA PAPAVÉRINE. — La papavérine, d'après Anderson, forme avec l'iode deux combinaisons, l'une renfermant 3 atomes d'iode, l'autre 5. Il ne se forme pas de produits de substitution.

1° $2(C^{21}H^{21}AzO^4), 3I^2$. — Cette combinaison s'obtient en mélangeant une solution alcoolique de papavérine avec de la teinture d'iode; au bout de quelque temps, il se dépose des cristaux, qu'on reprend par l'alcool bouillant et que ce dernier abandonne par refroidissement, sous forme de prismes rectangulaires, de couleur pourpre par réflexion et rouge foncé par transmission. Ces cristaux insolubles dans l'eau ne sont pas attaqués par les acides étendus, mais ils sont décomposés par la potasse et l'ammoniaque, qui enlèvent l'iode et laissent la papavérine.

2° $2(C^{21}H^{21}AzO^4)5I^2$. — Si l'on fait évaporer le liquide aqueux qui a laissé déposer les cristaux précédents, et si on les reprend par l'alcool, on obtient la seconde combinaison de papavérine et d'iode. Elle se présente sous la forme d'aiguilles minces orangées par transmission et rougeâtres par réflexion. Chauffée à 100°, cette combinaison n'est pas décomposée; une plus forte chaleur lui enlève de l'iode. L'ammoniaque l'attaque rapidement.

M. Claude Bernard a étudié l'action physiologique de la papavérine sur les animaux; de ses expériences, il résulte que la papavérine n'a pas d'action soporifique; comme convulsivante, elle occupe le deuxième rang parmi les six alcaloïdes principaux de l'opium, venant après la thébaïne; comme toxique, elle est au troisième rang, après la thébaïne et la codéine [Cl. Bernard, *Compt. rend. de l'Acad. des sciences*, t. XLIX, p. 413]. E. C.

**PAPAVÉROSINE** [Dechamps, *Ann. de Chim. et de Phys.*, (4), t. I, p. 453]. — Cet alcaloïde se trouve dans les capsules de pavot; on l'en extrait en faisant digérer les têtes épuisées par l'eau, dans de l'alcool à 56 centièmes, reprenant l'extrait alcoolique par l'éther et agitant la solution éthérée avec de l'acide chlorhydrique étendu. Le liquide acide additionné d'un excès de magnésie laisse déposer la papavérosine; on la purifie par des cristallisations répétées dans l'alcool.

Elle se dépose en prismes clinorhombiques incolores, solubles dans l'alcool, l'éther, le chloroforme, la benzine et l'huile d'olive chaude. Ses solutions éthérée et chloroformique la déposent à l'état amorphe. Les solutions possèdent une faible réaction alcaline.

Le *chlorhydrate* constitue une masse gommeuse; sa solution donne avec l'ammoniaque un précipité devenant cristallin après quelque temps. L'acide sulfurique concentré et froid colore la base en violet, à chaud en rouge; en présence d'un peu d'acide nitrique, on observe une coloration orangée. Les solutions de papavérosine sont précipitées par le chlorure de platine en blanc jaunâtre; par l'iodure de potassium ioduré et le chromate de potassium, en jaune; par l'iodomercurate de potassium, le molybdate d'ammonium, le peroxyde de baryum, le ferro- et le ferricyanure de potassium, en blanc. A. H.

**PAPIER (FABRICATION DU)** (1). — Avoir à sa disposition une surface plane sur laquelle il est possible de déposer en caractères plus ou moins indélébiles l'expression de la pensée ou les conceptions de l'art a été un besoin qui se fit sentir à l'homme dès qu'il fut sorti des premières phases de l'état sauvage; mais avant d'arriver aux procédés modernes, par lesquels on obtient le papier

(1) Je me suis adressé, pour la rédaction de cet article, à un certain nombre de fabricants de papier et de pâtes diverses, en les priant de s'associer à mon œuvre et de devenir mes collaborateurs. L'obligeance empressée avec laquelle la plupart de ces messieurs se sont mis à ma disposition et m'ont fourni de précieux renseignements me fait un devoir de leur exprimer ici toute ma gratitude. M. Georges, ancien fabricant des pâtes de paille à Épinal, m'a donné de nombreux documents qui m'ont été de la plus grande utilité pour l'ensemble de mon travail. Je dois à M. Eugène Breton, fabricant de pâtes à papier à Thar, une notice importante sur le travail de la paille et la régénération de la soude; cette notice a trouvé place tout entière dans le corps de l'article. M. Lespermont, ingénieur, a bien voulu me communiquer la description et le dessin de son laveur méthodique. Grâce à MM. Bourdillat et Mougeot, fabricants à Vizille (Isère), je puis donner au lecteur une idée nette de l'état actuel de l'industrie des pâtes de bois. P. S.

proprement dit, on a imaginé divers moyens de résoudre la question.

Les anciens ont employé successivement : des feuilles de palmier, des tablettes de cire, d'ivoire et de plomb; des étoffes de lin et de coton, des boyaux ou des peaux, ainsi que l'écorce interne de diverses plantes. Les peaux de poissons, de couleuvres, les écailles de tortue ou d'huître ont tour à tour servi aux mêmes usages. De là les noms de biblos, codex, charta, exprimant les diverses substances sur lesquelles on écrivait.

Le papier dont les Grecs et les Romains ont fait usage pendant longtemps s'obtenait au moyen de l'écorce d'une plante aquatique d'Égypte, appelée papyrus, à tige triangulaire. Les parties intérieures de l'écorce étaient seules employées; les bandelettes ou rubans de diverses longueurs, obtenues par l'enlèvement de cette écorce, étaient blanchies au soleil, puis étendues et entrelacées sur une table; on posait en travers et par-dessus d'autres bandelettes; puis au moyen de l'eau et d'une presse on déterminait la soudure des bandelettes par l'intermédiaire du mucilage végétal contenu naturellement dans l'écorce. On obtenait ainsi des feuilles que les Romains collaient avec de l'empois d'amidon ou de farine.

L'emploi du papyrus dans la fabrication du papier se perpétua jusqu'au xe siècle environ, époque à laquelle on voit apparaître des papiers faits avec du coton pilé. On ignore quel est l'auteur de cette invention et à quelle époque exacte elle fut faite. Le plus ancien manuscrit daté, sur papier coton, est de 1050 et se trouve à la Bibliothèque nationale, n° 2,889. D'après le père Montfaucon, on doit même faire remonter au ixe siècle l'emploi de cette préparation. L'impératrice Irène, femme d'Alexis Comnène, dit, dans les règles d'un couvent de religieuses fondé par elle à Constantinople, qu'elle leur laissait trois copies de la règle, dont deux sur parchemin et une sur papier-coton [de Martin, *Essais chimiques sur les arts et manufact.*, t. III, p. 161]. En Chine, le papier-coton était employé longtemps avant; on y fabrique du reste diverses espèces de papier. Les uns sont faits avec des écorces de mûrier, d'orme, de bambou, de cotonnier. On emploie la seconde écorce du bambou ou liber, qui est douce et blanche, on la réduit en pulpe avec de l'eau que l'on met dans de grands moules de manière à obtenir des feuilles d'environ 12 pieds de long. La feuille est ensuite plongée dans une eau alunée qui produit l'effet de notre collage; il faut ajouter que l'on augmente la consistance de la pâte en se servant d'une eau mucilagineuse ou d'extrait gélatineux de riz.

L'emploi du coton pilé qui pénétra en Europe par l'Orient, grâce aux relations commerciales de Venise, de Naples et de la Sicile, fut un perfectionnement notable sur celui du papyrus, mais il ne remplissait pas le but de donner à bon marché des feuilles se prêtant à l'impression.

Les vieux chiffons de chanvre, de lin et de coton entrèrent, on ne sait trop grâce à qui, dans la fabrication du papier et suffirent pendant longtemps à la consommation.

D'après les précieux ouvrages de M. Stanislas Julien, la fabrication du papier remonterait, en Chine, à l'an 152 de notre ère. Les matières premières qu'on employa d'abord et qu'on emploie encore sont : les écorces d'arbre (mûrier, *Morus Broussonetia, papyrifera,* chanvre, bambou, paille, vieille toile). Le papier le plus employé s'obtient avec des tiges de bambou débitées en menus morceaux. Les fibres sont désagrégées au bout de quelques semaines par de l'eau de chaux. Après quoi on pile énergiquement et on chauffe la pâte avec une lessive alcaline. La pâte lavée est transformée en feuilles au moyen de formes analogues à celles qui servaient autrefois en Europe. Après dessiccation à l'air, on sèche sur des plaques chaudes. Ces feuilles servent à faire le papier à lettres, les livres de commerce, les emballages. Roulé en cylindre et pourvu qu'il présente à l'étincelle une partie déjà carbonisée, ce papier s'allume et brûle comme de l amadou; sous cette forme, il sert d'allumettes.

Dans le nord de la Chine, où ne croît pas le bambou, on fait usage de l'écorce de broussonetia, dont on a soin de désagréger assez peu les fibres, pour qu'elles puissent se feutrer. On obtient ainsi des feuilles larges, assez transparentes, d'épaisseur variable, qu'on emploie pour l'emballage, la fabrication des parapluies et des carreaux de fenêtres. Le papier dit improprement *papier de riz* s'obtient avec la moelle de l'*Æralia papyrifera.* L'ouvrier fait rouler de la main gauche le rouleau de moelle sur une surface plane, tandis que de sa droite il engage presque tangentiellement dans la moelle une lame mince et tranchante. Par le mouvement de rotation égal et continu, il découpe une feuille plus ou moins mince et plus ou moins longue. Ce papier blanc et doux à l'œil sert à fabriquer ces dessins coloriés qui sortent des ateliers de Canton [Champion, *L'Orient, Archives de l'industrie au* XIXe *siècle,* t. V, p. 297].

D'après Edrisi, qui écrivait en 1150, on fabriquait à Xativa, ancienne ville du royaume de Valence, de l'excellent papier que l'on expédiait en Orient et en Occident. Au commencement du xive siècle il existait à Fabriano, dans le Picénum, et à Colle, en Toscane, des fabriques de papier ayant des cours d'eau pour moteurs. C'est de Fabriano que Bodoni tirait, au commencement de ce siècle, le papier de ses belles éditions.

La fabrication du papier en France date aussi du xive siècle. Troyes et Essonnes sont les plus anciens centres de cette industrie.

En 1300 il existait une fabrique à Nuremberg. En Angleterre, on ne commença à fabriquer du papier que sous le règne d'Élisabeth en 1588; les papiers employés auparavant venaient de France.

Au moment où l'art de fabriquer le papier fut introduit en Europe, on écrivait et on imprimait sur parchemin (peau de mouton) ou sur vélin (peau de veau). Aussi, pour concourir avantageusement avec les peaux, le nouveau produit dut-il offrir une grande solidité. On employait à cet effet d'excellents chiffons de lin et de chanvre non blanchis ni lessivés. La pâte préalablement fermentée en tas était lentement triturée au moyen de pilons et le papier fabriqué à la forme par la main de l'ouvrier était fortement collé à la gélatine. Aussi ces papiers ont-ils gardé jusqu'à nos jours leurs qualités primitives.

En 1750, Baskerville fit entrer dans la consommation un papier, *dit vélin,* obtenu avec des formes d'un tissu plus serré et qui n'offrait plus les rugosités du papier de cette époque. M. Ambroise Didot engagea, en 1757, MM. Johannot, d'Annonay, à imiter ce produit.

Peu de temps après, la Hollande, privée de cours d'eau et de force motrice, remplaçait les batteries de pilons par des cylindres armés de lames tranchantes en acier, pour déchirer promptement les chiffons. De là l'appareil connu aujourd'hui sous le nom de pile et que nous décrirons plus loin.

Les premiers essais de la machine à papier continu, dont l'idée est due à M. Robert, furent faits à Essonnes, chez M. François Didot; mais ce ne fut que plus tard, après de longs et coûteux essais, que M. Didot fils, associé à M. Gamble, et grâce au concours de l'ingénieur-mécanicien Donkin, parvint à faire triompher la machine continue dans la papeterie de M. Fondriner, à Dartfort. A partir de 1803, elle donna des résultats sérieux en Angleterre. La première machine continue fonctionna en France en 1811, à Saint-Roch, près Anet.

En 1809, M. John Dickenson imagina un autre système de machine continue, se composant d'un cylindre recouvert d'une toile métallique soutenue par des traverses en cuivre et tournant dans une *pile* remplie de pâte, où il plongeait à moitié. Au moyen d'un système spécial d'aspiration, on fait un vide partiel dans le cylindre, sous l'influence duquel la pâte s'applique aux parois de la toile et forme la feuille. Celle-ci, détachée à mesure de sa formation, passe sur un cylindre garni de feutre. Le papier Dickenson est plus nébuleux, mais, offrant des pores plus ouverts, il est plus propre à l'impression. Plus tard, M. Canson, d'Annonay (1826), appliqua les pompes aspirantes à la machine Didot et détermina une aspiration au-dessous de la toile métallique où se forme la feuille; il réunit ainsi à cette machine les seuls avantages du procédé Dickenson. Ce perfectionnement important fait encore à l'heure qu'il est partie constitutive des machines continues [*Rapport de la commission française sur l'exposition de 1851*].

Nous terminerons ce rapide aperçu historique de la fabrication du papier en donnant une courte description des procédés employés en 1820, d'après la notice de M. Martin.

Les chiffons de toile non teints sont lavés au besoin à l'eau chaude, séchés et triés avec soin, de manière à former divers lots devant servir à la préparation du papier de diverses qualités. Le blanchiment des chiffons s'opère au moyen du chlore, soit immédiatement après l'assortiment, soit lorsqu'ils sont à moitié réduits en pâte. D'autres fabricants opèrent le blanchiment pendant que les chiffons sont encore dans la machine. L'appareil se compose d'un grand récipient en bois dans lequel on place les chiffons, de forme cubique et à joints hermétiquement fermés. On y fait arriver le gaz qui se dégage d'un mélange de peroxyde de manganèse, de sel marin et d'acide sulfurique (chlore) réagissant à une douce chaleur dans des cornues. Les chiffons doivent être humides et contenir à peu près leur poids d'eau. Après le blanchiment, on lave bien et on porte au moulin qui broie les chiffons dans l'eau et les réduit en pâte fine. Ce moulin employé vers 1820 a beaucoup d'analogies avec la pile actuelle, dont nous parlerons plus loin.

Si les chiffons n'ont pas été blanchis avant leur passage au moulin, on procède à cette opération avant leur réduction complète en pâte, au moyen du chlorure de chaux. Puis on enlève le sel par un lavage dans le moulin. De là la demi-pâte égouttée arrive à la pile broyeuse, qui ne diffère de la précédente que par la solidité des dents du cylindre et un plus grand rapprochement des organes broyeurs. Quand la pâte est achevée, on la porte dans un récipient général (cuve à ouvrer) où elle est maintenue en agitation pendant le travail de la forme.

La *forme* est une espèce de moule carré dans lequel on prend la pâte pour faire la feuille; elle se compose d'un châssis, d'une toile de laiton appelée vergeure et d'un cadre mobile. Les cadres doivent être un peu plus grands que la feuille de papier que l'on veut faire et s'adapter juste sur la forme. Le cadre est mince et n'a qu'un rebord proportionné à la quantité de pâte que l'on veut retenir sur la vergeure, pour former la feuille. Lorsqu'on trempe la forme dans la pâte, il faut que les deux pièces soient bien ajustées, autrement les bords du papier seraient raboteux et mal terminés. Le cadre est mobile et contenu seulement sur la forme par l'ouvreur, qui prend à deux mains le tout ensemble par les deux petits côtés opposés; en sorte qu'en ôtant le cadre, il peut retirer la feuille en appuyant la forme sur un morceau de feutre, et lorsqu'il y en a une certaine quantité on les presse. Ces feutres sont des morceaux de gros drap de laine, qu'on place entre chaque feuille, et sur lesquels on pose les feuilles en les ôtant de dessus la vergeure (feuille de toile métallique en laiton). Ils empêchent l'adhérence des feuilles et enlèvent l'excès d'eau à la pâte.

Il faut trois ouvriers pour ce travail. Le premier (ouvreur ou plongeur) se tient dans un creux ou renfoncement fait dans une forte table et avoisinant la cuve. Il tient des deux mains la forme avec le cadre par les deux extrémités, appliqués exactement l'un sur l'autre; alors inclinant la forme de son côté, il la plonge dans la cuve et la retire dans une position horizontale. Le superflu de la pâte coule de tous côtés. La quantité jugée nécessaire est remuée doucement de droite à gauche et de haut en bas pour l'étendre uniformément sur la surface du moule. En même temps on donne une légère secousse pour fixer la feuille. Quand la pâte a pris corps par l'égouttage, on pose la forme sur le bord de la cuve, on enlève le cadre et on fait couler la forme le long de la planche dite égouttoir, qui est posée à travers la cuve, vers l'endroit où il faut enlever et coucher la feuille. L'ouvrier, ayant enlevé le cadre de dessus la forme, le place ensuite sur une autre pour recommencer. Le second ouvrier, ou coucheur, prend la forme, la soulève doucement avec la main gauche pour l'incliner, puis il étend un feutre pour y appliquer la forme et y coucher la feuille. On fait ainsi 7 à 8 feuilles par minute et on forme des piles construites par des feuilles superposées, séparées par des feutres; lorsque la pile est complète, on soumet le tout à la presse. Le troisième ouvrier, ou leveur, prend les feuilles pressées de dessus les feutres et les dépose les unes sur les autres de manière à former de nouvelles piles ou *parses* sans feutres interposés, que l'on presse à nouveau.

Après cette opération, on les sépare par paquets de 7 ou 8 réunies pour les porter ainsi au séchoir. Quand le papier est sec, on le porte dans la pièce où s'opère le collage. A cet effet, on trempe les paquets de 30 ou 35 feuilles dans une bassine (mouilloire) contenant de la colle faible préparée avec les rognures de cuir fournies par les tanneurs et les corroyeurs. L'ouvrier prend un paquet qu'il adoucit et rend aussi souple que possible; il le plonge avec la main gauche dans le mouilloir, ayant soin de séparer et d'entr'ouvrir les feuilles avec sa main droite. Il les retire, les tient quelque temps au-dessus du baquet, les prend de l'autre côté avec sa main droite et les plonge de nouveau. Les paquets sont disposés sur des feutres et forment une pile que l'on presse. Après la pression, on sépare vivement les feuilles les unes des autres, pour éviter l'adhérence et on laisse de nouveau sécher. Il ne reste plus qu'à éplucher, trier, lisser, ployer, compter, presser, rogner. Actuellement, le papier timbré et le papier pour les effets de banque se fabriquent par ce procédé.

En 1820, époque à laquelle se rapporte cette description, la machine continue de Didot et Fonderiner était déjà inventée, mais son usage n'était pas encore devenu aussi général qu'il l'est aujourd'hui et l'on fabriquait encore beaucoup de papier à la forme.

Alors, comme le dit M. Martin, la cherté des chiffons, produite par la grande consommation du papier à imprimer et à écrire, a déjà dirigé les efforts des inventeurs vers la découverte d'une autre substance pouvant remplacer en tout ou en partie le chiffon.

On avait établi, quelques années auparavant, une grande manufacture de papier de paille à Mill-Bank, mais cette entreprise échoua. En 1802, Seguin prit une patente pour le travail de la paille. Pour chaque livre de paille ou de foin préalablement hachés, on délaye 1 livre à 1 livre 1/2 de chaux vive dans 4 à 6 litres d'eau. On commence par faire bouillir la paille hachée dans 8 litres d'eau par livre de produit, pendant trois quarts d'heure, puis on laisse macérer pendant plusieurs jours dans une solution d'eau de chaux, que l'on retire ensuite pour laver et faire bouillir avec de l'eau de rivière additionnée de cristaux de soude. La substance ainsi obtenue est convertie en papier par les procédés ordinaires. On a aussi employé les chardons que l'on coupait après floraison et qu'on travaillait comme la paille.

Aux expositions françaises de 1839 et 1844, on vit paraître des papiers obtenus au moyen de lianes d'Amérique et de feuilles de bananier. A l'exposition de Londres, M. Fléchey a montré des échantillons de papiers fabriqués avec le palmier nain (*Chamærops humilis*) si commun en Algérie. Le rendement serait de 35 °/₀ de pâte humide et de 50 °/₀ de pâte défilée. La matière brute revenait à 2 francs les 100 kilogrammes. Depuis cette époque, l'industrie des succédanés du chiffon a fait de grands progrès. La pratique a successivement éliminé un grand nombre de matières premières qui ne remplissaient pas les conditions économiques désirables, pour s'arrêter aux substances réellement utilisables dans la grande industrie, la paille, le sparte, le bois et l'alfa (roseau d'Algérie). Nous traiterons dans un chapitre spécial du travail de ces succédanés du chiffon et de leur transformation en pâte, mais auparavant nous allons étudier d'une manière spéciale la fabrication du papier au moyen des chiffons et par les procédés actuels, fabrication qui nous servira de type et à laquelle nous pourrons rattacher facilement les modifications que nécessite l'emploi des matières premières nouvelles.

*Fabrication du papier de chiffons.*— Les chiffons plus ou moins grossièrement triés arrivent à l'usine en ballots qui sont pesés, ouverts et soumis à un second triage plus parfait par des ouvrières qui ont en outre mission d'enlever les boutons, ourlets, cordes et nœuds dont la présence pourrait porter de grands préjudices dans le travail ultérieur. A cet effet, chacune des ouvrières trieuses a devant elle une lame tranchante de faux implantée dans la table et 10 à 12 cases séparées. En tenant le chiffon des deux mains et en le passant vivement et avec une certaine force sur le tranchant, elle découpe le chiffon en morceaux de 5 sur 12 centimètres pour le chiffon neuf et 10 sur 15 centimètres pour les chiffons usés; en même temps elle enlève les corps étrangers. Les morceaux de même qualité sont jetés dans un même casier (délissage et coupage). On a essayé, mais sans grand succès, à moins qu'on ne travaille des chiffons spéciaux, de remplacer le travail à la main par un travail mécanique.

On partage les chiffons : 1° d'après la nature de la fibre (chanvre, lin, coton, laine et soie); 2° d'après la grosseur du tissu; 3° d'après son état plus ou moins grand d'usure; 4° enfin, suivant qu'il est teint ou non teint. Les chiffons teints et notamment la sorte bleue peuvent servir pour les papiers colorés ou blancs, etc. Les chiffons non teints entrent plus spécialement dans la fabrication du papier blanc. Les diverses sortes sont employées en diverses proportions indiquées au fabricant par la pratique, pour obtenir la qualité voulue de papier. Nous ne pouvons donner à cet égard des indications plus détaillées.

Après le *délissage*, le *coupage* et le *triage*, les chiffons passent au blutoir, au moyen d'une toile sans fin. Le blutoir se compose d'un cylindre incliné de 2 à 3 mètres au plus de long sur $0^m,80$ de diamètre. Il est formé par un grillage à mailles de 1 centimètre carré et traversé par un arbre portant des bras en hélice qui entraînent le chiffon, en le battant et en le frottant contre le grillage, avec une vitesse de 150 à 200 tours par minute, en même temps qu'un ventilateur puissant entraîne les poussières dans une haute cheminée. Le déchet varie de 1 à 5,5 °/₀ suivant la qualité du produit.

Au sortir du blutoir, le chiffon est ou immédiatement lessivé ou préalablement lavé afin d'éliminer les matières solubles et pulvérulentes.

Le *lavage*, lorsqu'il s'effectue, se donne dans une grande pile dite pile laveuse.

Le chiffon lavé ou non lavé, au gré du fabricant (il est toujours préférable de laver, à la condition de sécher après), doit être soumis au lessivage avec des liquides alcalins. On emploie la soude caustique ou la chaux éteinte. Quant aux appareils que l'on emploie, les uns opèrent sans pression, les autres sous pression.

Comme lessiveur fonctionnant à la pression atmosphérique, on peut employer avec avantage l'appareil suivant, breveté, de M. Coupier (9 mars 1858), pour le traitement de la paille, mais qui s'applique aussi aux chiffons.

Soient quatre chaudières en tôle cylindriques, munies chacune d'un faux fond percé de trous sur lesquels reposent les chiffons imbibés de lessive. Ces cylindres sont fermés par une calotte en dôme munie d'un trou d'homme et d'un tube de 10 centimètres de diamètre, susceptible d'être fermé par un robinet. Au-dessous de chaque faux fond arrive un tuyau percé de trous qui amène de la vapeur surchauffée ou non.

Le haut de la chaudière n° 1 communique de plus par un tuyau en cuivre avec le bas de la chaudière n° 2. Celle-ci communique de même avec la chaudière n° 3, qui, à son tour, est reliée à la chaudière n° 4. Enfin la chaudière n° 4 communique de la même manière avec le n° 1. Ces communications peuvent être établies ou fermées au moyen de robinets. Pendant le travail, l'une des chaudières est en chargement (n° 4, par exemple), l'autre (n° 3) en déchargement; le n° 2 subit un lavage par l'eau de condensation de la vapeur venant du n° 1. Le n° 1 est en cuisson. Les deux chaudières 1 et 2 sont en communication, tandis que l'on a intercepté les n$^{os}$ 3 et 4. La vapeur surchauffée arrive par le tuyau, dans le faux fond n° 1, traverse les chiffons ou la paille imbibés de lessive et pénètre par le tuyau, sous le faux fond du n° 2. Elle traverse la masse qui a déjà subi une cuisson, s'y condense en partie et s'échappe par le tuyau; l'eau condensée entraîne la lessive et opère un premier lavage. Lorsque cette opération est terminée, on fait communiquer les chaudières 4 et 1 et on intercepte 2 et 3. La vapeur arrive sous le faux fond du n° 4, va de là sous celui du n° 1 et s'échappe dans l'air, et ainsi de suite. On voit que l'on peut, par cette disposition, opérer d'une manière continue. Pour mieux distribuer la vapeur dans la masse à lessiver, M. Coupier fait partir des orifices du double fond, des tuyaux en cuivre percés de trous qui s'élèvent à mi-hauteur de l'espace occupé par les chiffons ou la paille. Cet appareil a l'avantage de fournir une haute température sans augmenter la pression, et, par conséquent, lorsqu'il s'agit de lessiver la paille, de dissoudre plus facilement la matière colorante et incrustante. On doit à M. Coupier la première idée de l'emploi de la vapeur surchauffée dans le lessivage.

En général, on pourrait se servir des divers appareils lessiveurs employés pour les tissus.

Lorsque l'on opère sous pression, on fait généralement usage de cylindres rotatifs en tôle ou de chaudières rotatives sphériques.

Ce lessiveur se compose d'une chaudière cylindrique ou sphérique en tôle forte, terminée par des calottes hémisphériques, montée sur un bâti solide en fonte qui repose sur des massifs en pierre de taille. Il tourne, avec une vitesse de 2 tours en 4 ou 5 minutes, sur les deux bouts d'un arbre creux, à l'aide de boîtes à étoupes; on met l'intérieur de la chaudière en communication par l'intermédiaire des deux bouts d'arbre creux avec des tuyaux fixes. Par l'une des extrémités du cylindre, on peut introduire à volonté l'eau d'un réservoir supérieur, ou faire écouler la lessive au niveau du sol; par l'autre, on peut, grâce à des robinets à 2 embranchements, ou amener la vapeur d'un générateur, ou introduire la lessive provenant du récipient placé au-dessous du bouilleur. Les tubes des deux bouts d'arbre arrivent dans la boîte à étoupes par un tube cylindrique bien dressé à l'intérieur et divisé entièrement en deux compartiments ou conduits par une cloison médiane. Chacun de ces canaux aboutit à un tube extérieur. D'un côté, tube à vapeur et tube à lessive; de l'autre, tube de vidange et de lavage et tube à échappement d'air ou de vapeur. Un petit robinet placé sur la circonférence de la base du cylindre et à une des extrémités permet de juger du niveau du liquide dans le cylindre. Un trou d'homme sert à l'introduction et à la sortie du chiffon. Celui-ci est isolé des orifices des tuyaux par des plaques criblées de trous. La chaudière contient 1,000 kilogrammes de chiffons; elle reçoit son mouvement de rotation par l'intermédiaire d'un pignon et d'une grande roue d'engrenage fixée sur son axe. L'action de la lessive est ainsi favorisée par le renouvellement des surfaces en contact et le frottement des chiffons. Le trou d'homme étant amené à la partie supérieure, en faisant tourner la chaudière, et correspondant à l'ouverture d'un plancher surmontée d'une trémie, les chiffons sont jetés dans celle-ci et tombent dans la chaudière. On les égalise en les foulant à l'aide d'un râble. On ferme ensuite le trou d'homme et on introduit le lait de chaux ou la lessive en ouvrant le robinet, jusqu'à ce que le produit liquide occupe la moitié de la capacité, de manière qu'à la fin de l'opération, l'augmentation de volume due à la condensation de la vapeur amène la lessive à occuper les trois quarts de l'appareil. On introduit la vapeur et on laisse dégager l'air et l'excès de vapeur. On continue à tourner pendant 3 heures; après quoi on ouvre le robinet de vidange et le robinet donnant entrée à l'eau pure, pour rincer les chiffons pendant 2 heures. Il ne s'agit plus alors que de vider la chaudière, en ouvrant le trou d'homme que l'on amène ensuite à la partie inférieure. En injectant de l'eau, on le fait tomber dans un récipient garni d'un clayonnage et disposé au-dessous de l'appareil. Les dispositions de la chaudière sphérique sont à peu près les mêmes. La durée du lessivage est d'environ 12 heures. Le seul reproche que l'on puisse faire à ces appareils est de ne pas être complètement exempts de dangers comme l'ont prouvé diverses explosions de cylindres laveurs à pression.

Fig. 460. — Chaudière sphérique.

Généralement, on emploie pour les chiffons de la chaux éteinte. Cependant certains fabricants se servent de soude caustique.

| | Chaux. | Soude. |
|---|---|---|
| Pour 100 kilogr. de matières dures goudronnées, on emploie. | 15k | 6k |
| — de matières dures, fortement colorées.... | 12 | 3 |
| — de chiffons blancs.... | 5 à 10 | |

MM. Neyret, Orioli et Frédel ont imaginé un appareil qui supprime la condensation de la vapeur d'eau dans la lessive, en employant un double cylindre à parois concentriques. La vapeur circule dans l'espace libre entre les deux cylindres et chauffe indirectement la lessive et les chiffons contenus dans le vase intérieur. Les mêmes fabricants ont cherché à utiliser cet appareil pour remplacer la chaux ou les alcalis par de l'ammoniaque.

Après le lessivage, le rinçage et l'égouttage des chiffons, on procède au défilage ayant pour but d'effilocher le tissu et de le réduire en une espèce de charpie qui sera en même temps lavée complètement et séparée des corps étrangers qui ont pu échapper au premier lavage, si toutefois celui-ci a été pratiqué. Sous cette forme nouvelle, la matière première sera plus apte à recevoir l'action du chlore.

Une pile effilocheuse est formée d'une grande caisse ou cuve longue de 3 mètres ou plus, et de 2 mètres de large, terminée à chaque bout par un demi-cylindre. Les parois sont en bois, en pierre, en fonte ou en tôle boulonnée. La capacité de cette cuve est partagée en deux dans le sens de la longueur par une cloison médiane I incomplète (fig. 462) dont les extrémités sont éloignées des parois demi-cylindriques d'une distance égale à celle qui sépare cette cloison des parois parallèles latérales. Il en résulte que cette cuve forme un canal en forme de circuit fermé et allongé.

Au milieu de l'un des côtés et perpendiculairement au diaphragme, est adapté sur des coussinets l'axe d'un gros cylindre C tournant avec une vitesse de 100 tours par minute et armé de 20 fortes lames, larges et régulièrement espacées. Dans les deux figures 461 et 462 qui représentent une pile effilocheuse, le cylindre porte un beaucoup

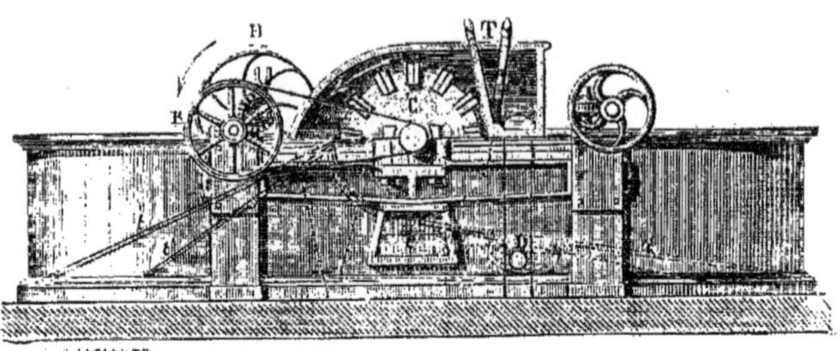


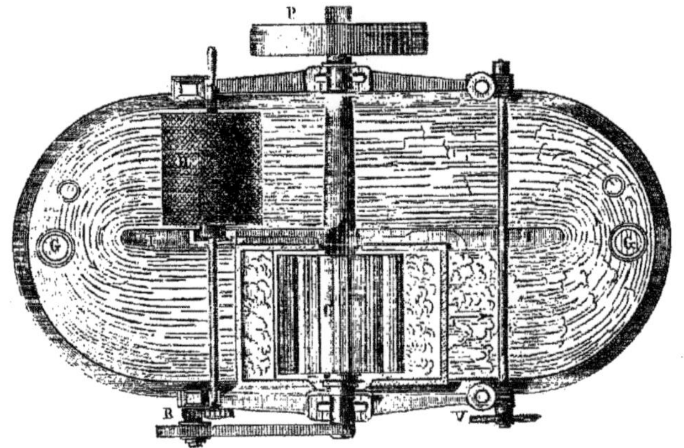


Fig. 461 et 462. — Élévation et coupe d'une pile défileuse.

plus grand nombre de lames disposées par paires et serrées avec un coin en bois dans les rainures du cylindre. Dans le canal correspondant au cylindre qui tourne de droite à gauche, le sol se relève suivant une pente douce et régulière jusqu'au-dessous du cylindre où se trouve encastrée la platine, formée de lames en acier boulonnées les unes contre les autres et serrées par des coins en bois ou un scellement en plomb. Ces lames ne sont qu'au nombre de 2 ou 3 dans la pile laveuse, de 13 dans la pile effilocheuse et raffineuse; elles sont parallèles entre elles et légèrement inclinées par rapport aux lames du cylindre. Après la platine, le fond se relève brusquement de manière à former une portion de surface cylindrique concentrique avec le cylindre, puis il redescend suivant une pente rapide pour atteindre le niveau horizontal du second canal. Il résulte de ces dispositions que l'eau et les chiffons, entraînés par le mouvement de rotation des cylindres à lames, circulent de droite à gauche, remontent le plan incliné, passent entre le cylindre et la platine, où s'opère une friction ou un déchirement plus ou moins puissant suivant le nombre des lames et la distance des lames mobiles et fixes, et viennent redescendre le long du second plan incliné. Le cylindre est recouvert, comme le montre le dessin, d'un chapiteau en bois qui arrête les projections. De l'autre côté du diaphragme de la pile, est établi un gros tambour laveur garni d'une toile métallique n° 40 recevant son mouvement du moteur principal ou de l'arbre du cylindre. Il fait 25 à 30 tours par minute et marche en sens inverse du cylindre. Il est formé de deux cercles en cuivre, d'un diamètre à peu près égal à celui du cylindre et de quatre feuilles courbées suivant la développante du cercle et soudées aux cercles ainsi qu'à l'arbre. La surface latérale de ce tambour est formée par deux toiles métalliques superposées, de grosseur différente; la grosse est intérieure. Au centre de la base interne est fixé un tuyau qui déverse l'eau puisée par le tambour et rejetée sur l'axe, grâce aux feuilles courbes, dans une gouttière d'évacuation. Lorsque le cylindre fonctionne et que le tambour tourne, comme une partie de sa circonférence plonge dans l'eau de la pile, les feuilles courbes en prendront une certaine quantité que les toiles métalliques laissent passer; l'eau renfermée dans les compartiments, ne trouvant pas d'autre issue que le tuyau, s'écoulera au dehors. Ce tambour est formé par une danaïde qui puise l'eau sale et tient les poussières en suspension pour les déverser au dehors, tandis que les chiffons plus ou moins entamés sont maintenus par la toile métallique. L'eau propre arrive de l'autre côté par le bas par une ouverture de $0^m,1$, de manière à produire un courant rapide qui balaye le fond de la pile. Le sable, les clous et en général les corps lourds sont retenus dans des rainures pratiquées dans le plancher de la cuve (sablier). Une partie de l'eau s'écoule par le tambour laveur, une autre partie par une échancrure de $0^m,50$ de large sur $0^m,12$ de profondeur, pratiquée à la partie supérieure des parois verticales de la pile, au bout opposé à celui par où entre l'eau. Une vanne permet, au besoin, de fermer cet orifice.

Au commencement de l'opération, on éloigne le cylindre de 1 centimètre de la platine et l'eau sale sort par l'échancrure; après 20 minutes, on abaisse la vanne, afin de pouvoir abaisser le cylindre assez près de la platine pour pratiquer un léger effilochage sans avoir à craindre de laisser partir des filaments. En une heure on peut ainsi laver à la fois 75 à 100 kilogrammes de chiffons.

Une pile défileuse reçoit de 50 à 100 kilogrammes de chiffons et 1,200 à 2,000 litres d'eau, selon sa taille. Les cylindres sont plus ou moins lourds, suivant que l'on a affaire à des chiffons plus ou moins faciles à travailler. Tantôt on opère le défilage complet dans une seule pile, tantôt on emploie une batterie de deux piles accouplées à des niveaux différents. Le défilé de la première passe dans la seconde, où le travail s'achève. Le cylindre de la première pile fait environ 150 tours par minute et porte 36 lames; la platine en a 6 à 8. Celui de la seconde pile a 54 lames et la platine 10 à 12. La vitesse de rotation est de 180 tours par minute. La toile métallique du tambour laveur supérieur est du n° 50; celle du tambour inférieur du n° 70.

Le défilage complet exige 4 heures, avec un déchet de 7 à 14 % pour les chiffons propres, de 18 à 35 % pour les chiffons grossiers et sales. Le défilé s'écoule de la pile dans des caisses garnies de toiles métalliques; on termine l'égouttage en faisant passer le défilé, au moyen d'une toile métallique sans fin, entre deux cylindres en bois ou en caoutchouc durci. On obtient ainsi une espèce de carton de 5 millimètres d'épaisseur, contenant 60 % d'eau. On peut aussi utiliser les hydroextracteurs à force centrifuge, faisant 1,200 tours par minute.

A ces opérations succède le blanchiment proprement dit au chlore gazeux. Nous avons décrit dans notre article CHLORE les moyens industriels propres à la préparation du chlore gazeux. Nous n'avons donc pas à nous en occuper ici. Le gaz arrive par des tubes en plomb à la partie supérieure des chambres ou des caisses où se trouve le défilé. Tantôt les feuilles de carton de défilé sont enroulées en spirales sur un mandrin et forment des rouleaux que l'on place debout les uns à côté des autres dans de longues caisses en maçonnerie, couvertes intérieurement d'un enduit résineux. Elles ont 5 mètres de long, $1^m,50$ de large et $1^m,30$ de profondeur, et sont recouvertes de dalles ou de larges madriers avec des joints calfeutrés avec de l'argile et pouvant contenir 2,000 kilogrammes de défilé supposé sec. On fait aussi usage de caisses en maçonnerie voûtées avec une porte de chargement antérieure. D'autres fois, le défilé pressé ou essoré est divisé au moyen d'un *loup* ou cylindre armé de dents qui le réduit en une pulpe fibreuse humide. Celle-ci est placée dans des caisses sur une hauteur de 40 centimètres. On évite de la fouler pour faciliter la pénétration du chlore. Enfin, dans certaines papeteries cette pulpe est étalée sur des tablettes en bois disposées dans la chambre à chlorer. Il faut éviter une élévation de température et une réaction trop vive du chlore qui entamerait la fibre elle-même et la détruirait. Pour blanchir 500 kilogrammes de chiffons défilés, il faut, selon les cas, produire un dégagement de 2 à 5 mètres cubes de chlore.

Le manganèse d'Allemagne, bonne qualité, produit par kilogramme 240 litres de chlore; celui de Romanèche 150 litres.

On arrête le courant de chlore dès qu'il déborde de la chambre; on laisse la pâte absorber le gaz qui remplit l'espace et on décharge.

Le défilé est porté au moyen de hottes dans des piles à laver dont les lames sont en bronze, le fer étant attaqué par l'acide chlorhydrique contenu dans la pâte.

Si l'on veut blanchir le défilé au chlore liquide (hypochlorite de sodium ou de calcium) ou faire suivre le blanchiment au chlore gazeux d'un second blanchiment au chlore liquide, on emploiera une pile en fer ou en bois. Le fond est garni d'un sablier et d'une cloutière. On remplace le cylindre à lames par un tambour en bois muni de palettes en bois, ou un cylindre armé de vingt porte-lames en bronze et une platine garnie de trois lames en bronze. Généralement, le premier blanchiment se fait au chlore gazeux; un second au gaz ne se fait que sur les chiffons très-colorés ou chènevotteux; un troisième ne se fait qu'au chlorure. Les chlorures décolorants s'emploient en toutes circonstances, sans que l'on ait à craindre, comme avec le gaz, des déchets et des détériorations notables de pâtes. Le défilé blanchi au gaz doit être lavé immédiatement; celui blanchi au chlorure de chaux peut être gardé avec avantage 8 à 15 jours. Le blanchiment au chlorure de chaux s'opère aussi quelquefois dans des caisses plates de 5 mètres cubes, munies d'un double fond et d'une bonde de vidange; elles sont en pierre ou en briques cimentées. Au-dessus des cuves est disposé un grand réservoir contenant le bain décolorant. Lorsque le chlore a produit son effet, il faut de toute nécessité l'éliminer en totalité par un lavage complet à la pile, de peur de le voir prolonger son action sur les fibres transformées en papier et brûler celui-ci. On a proposé, pour neutraliser l'effet du chlore, l'emploi du sulfite de sodium, de l'hyposulfite (antichlore); mais dans beaucoup de papeteries bien installées, on procède par un lavage suffisamment prolongé. Au début du lavage, on peut ajouter avec avantage du carbonate de sodium en vue de neutraliser l'acide chlorhydrique et de mieux dissoudre la matière colorante.

On peut à volonté concentrer la pâte suivant les besoins du travail, en arrêtant l'écoulement de l'eau fraîche dans la cuve et en laissant fonctionner le tambour laveur.

Le *raffinage* qui succède aux opérations précédentes a pour but de réduire en pulpe homogène les matières premières blanchies et lavées qui doivent entrer dans la constitution du papier. La pile, convenablement remplie d'eau, est pourvue en défilés blanchis de diverses espèces et en pâtes de paille ou autres succédanés en proportions déterminées. L'ouvrier gouverneur de la pile fait graduellement appuyer le rouleau sur la platine jusqu'à ce qu'il y porte presque de tout son poids. Enfin, lorsque la pâte est suffisamment battue, on fait disparaître les boutons de pâte, en maintenant le rouleau dans une position telle que les lames affleurent juste celles de la platine (*affleurage*). Les filaments sont ainsi plutôt étirés que coupés. Pendant le raffinage, qui peut durer de 2 à 4 heures, on brasse avec des spatules afin de mélanger les portions de pâte qui cheminent le long de la cloison médiane avec celles du fond

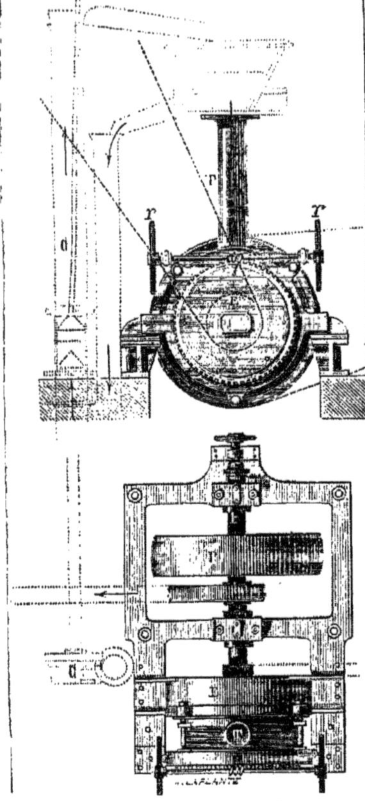

Fig. 463. — Pulp-engine Montgolfier.

et des parois latérales qui ont un plus long chemin à parcourir. C'est généralement avant l'affleurage que l'on introduit dans la pile raffineuse les substances destinées à produire le collage ou la coloration de la pâte. Le raffinage s'exécute sans renouvellement d'eau ; il ne doit pas être trop précipité, autrement le papier est mou et sans ténacité.

Dans quelques papeteries on emploie une raffineuse centrifuge continue dite *pulp-engine*, introduite d'Amérique en France par MM. Mongolfier, de Montbard.

Cette machine n'a pas donné en France les résultats qu'on devait en attendre. En Angleterre et en Amérique elle est d'un grand usage, mais plutôt pour la trituration des pâtes de plantes textiles. En Allemagne et en Italie plusieurs fabriques l'emploient pour le raffinage des pâtes de chiffons. Elle se compose d'une meule mobile I verticale montée sur un arbre horizontal et tournant entre deux meules fixes (fig. 464). L'arbre horizontal porte une poulie de commande P. Les trois meules sont enfermées dans une caisse en fonte E et leur écartement peut se régler au moyen de volants et d'une vis sans fin. Les meules portent des lames disposées comme l'indique la figure 464. La pâte élevée dans un réservoir supérieur au moyen d'une pompe C est amenée à l'appareil par le tuyau T et y est soumise à l'action successive des deux faces de la meule mobile. Cette machine n'emploie pour l'affinage des pâtes de chiffons qu'une force de 12 à 15 chevaux.

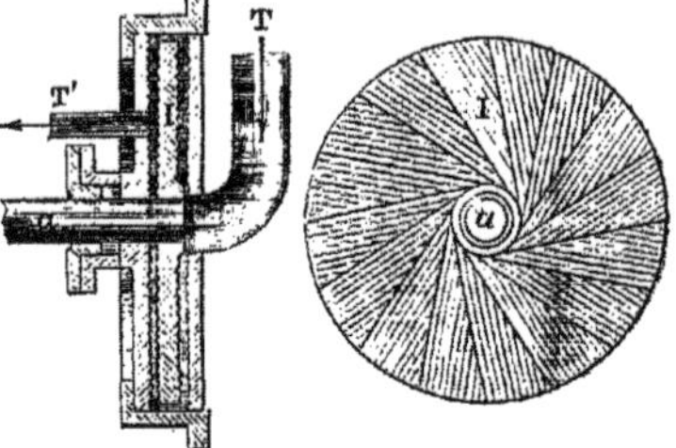


Fig. 464. — Coupe et disque du pulp-engine Montgolfier.

Le *collage* de la pâte pour le papier mécanique continu se fait à la colle végétale. On emploie à cet effet : 1° de la fécule qui, en se gonflant, rapproche et unit les fibres du papier et rend celui-ci plus dense, moins spongieux ; 2° un mélange de savon, de colophane (résine de colophane dissoute dans la soude caustique) et d'alun. Il se forme, par double décomposition dans la pâte, une combinaison de résine et d'alumine et du sulfate de sodium. Le résinate d'alumine ainsi intimement incorporé à la pâte subit une fusion lorsque la feuille passe sur le tambour sécheur et communique au papier la propriété hydrofuge.

On prépare une solution de soude caustique claire en faisant bouillir un mélange de : eau, 80 p., cristaux de soude, 80 p., chaux, 10 p.; on tire au clair et on fait bouillir avec 100 p. de colophane. Cette colle dissoute dans l'eau chaude est versée lentement dans la pile raffineuse. On ajoute d'un autre côté une solution d'alun ou de sulfate d'aluminium et de l'empois d'amidon. Pour 100 kilogrammes de pâte on prend : 40 litres de colle forte avec 10 kilogrammes de colle concentrée et 90 kilogrammes d'eau, 40 litres d'eau alunée à 10 %, et 6 kilogrammes de fécule cuite avec de l'eau. Après addition de ces produits, on spatule et on affleure.

La pâte reçoit en ce moment les matières inertes (kaolin, etc.) destinées à lui donner du poids, ainsi que les substances colorantes (outremer) destinées à l'azurage.

Les pâtes bleues s'obtiennent pour les papiers d'emballage en utilisant les chiffons bleus d'indigo lessivés et non blanchis.

On colore les pâtes blanches en bleu au moyen du bleu de Prusse formé directement dans la pile raffineuse par un mélange de 95 p. de sulfate de fer et 100 p. de cyanure jaune ; au moyen de l'outremer, au moyen du bleu de cobalt, d'un mélange de sulfate de cuivre et d'extrait rouge.

Les pâtes jaunes sont colorées par le chromate de plomb formé dans la pile.

Les pâtes rouges et roses s'obtiennent par des additions d'extraits de bois rouge et de sel d'étain ou de nitromuriate d'étain et par le rouge d'aniline.

Le vert est obtenu au moyen d'un mélange de bleu de Prusse et de chromate de plomb.

Le violet se fait à l'extrait de campêche et à l'alun.

Le chamois s'obtient avec l'ocre jaune ou un mélange de sulfate ferreux, de carbonate de soude et d'un oxydant (chlore).

Fig. 465. — Machine à fabriquer le papier continu.

Après toutes ces opérations préliminaires, la pâte est prête à être convertie en feuilles au moyen de la machine.

Avant d'aller plus loin, nous résumerons en quelques mots ce qui a été dit plus haut.

Les chiffons arrivés à l'usine sont triés et coupés à la main, blutés, lavés, lessivés, égouttés, lavés et effilochés dans une pile spéciale. Le défilé, espèce de charpie obtenue mécaniquement, est égoutté, exprimé ou essoré et soumis à l'action du chlore gazeux ou d'un hypochlorite ou à celle de ces deux agents successivement. Après le chlorage, on lave et au besoin on détruit par l'antichlore les dernières traces de chlore, puis on procède au raffinage et à l'affleurage, c'est-à-dire à la transformation du défilé en fibrilles dont le feutrage constituera le papier; enfin on ajoute les substances agglutinatives (*collage*), ainsi que les matières inertes (kaolin, talc) destinées à donner du poids et du corps au papier.

Nous ne donnerons pas ici de description détaillée de la machine à fabriquer le papier continu, telle qu'elle est employée aujourd'hui, avec tous les perfectionnements apportés à la machine Didot. Cet appareil remarquable est plutôt du domaine de la mécanique que de la chimie. Nous nous contenterons de reproduire le dessin emprunté à la *France industrielle* et de dire un mot des principaux organes. La pâte est maintenue en suspension dans un réservoir muni d'un agitateur; elle est débitée à la machine en quantités constantes et s'écoule, après avoir traversé divers appareils épurateurs destinés à enlever les dernières traces de sable, en nappe mince et large sur une toile métallique formant chaîne sans fin, parfaitement horizontale dans sa partie antérieure. Cette toile est animée d'un mouvement de circulation continue et reçoit en même temps des secousses latérales qui favorisent l'égouttage et le feutrage de la pâte. Une aspiration opérée sous une certaine étendue de cette toile aide encore à l'écoulement de l'eau et rend la feuille plus solide. La feuille, arrivée à l'extrémité de la portion horizontale de la toile métallique, passe sur un cylindre qui la rend à deux cylindres lamineurs garnis de feutre; de là elle arrive aux cylindres presseurs, puis aux tambours sécheurs chauffés par la vapeur; enfin elle passe entre deux paires de ciseaux circulaires qui la débitent en trois bandes d'égale largeur. Ceux-ci vont s'enrouler sur un cylindre fixé sur un mandrin.

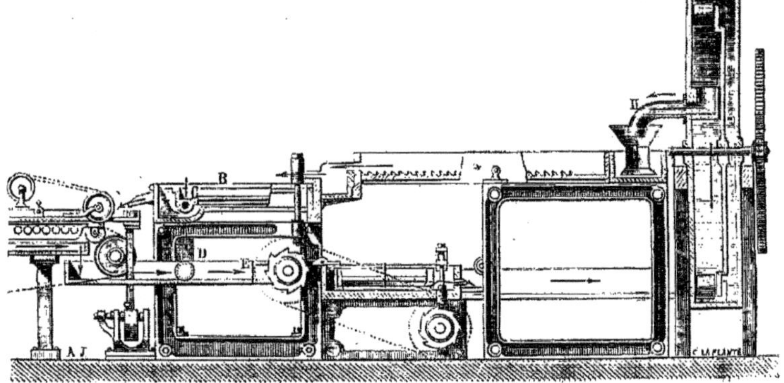


Fig. 466. — Épurateur Holson pour la pâte à papier.

La figure 465 représente la tête de la machine continue avec son épurateur.

L'épurateur de la figure 466, dit à double effet, oscille et reçoit un mouvement de secousses par des lames. La pâte arrive par le tuyau H et se distribue dans des compartiments offrant des arrêts pour le sable et les corps lourds, puis traversant des rainures faites dans des plaques en cuivre, elle tombe dans le bac B. Elle remonte ensuite, par la pression due à son niveau supérieur, dans les compartiments C, en traversant d'autres rainures, passe sur des feuilles en caoutchouc D, tombe dans le chenal F pour être distribuée sur la machine.

Tel est, aussi succinctement que possible, le mécanisme de cette machine si compliquée.

Il ne reste plus maintenant qu'à couper, trier et apprêter à la presse. Toutes ces opérations, fort simples du reste, ne sont pas du ressort de la chimie et ne doivent pas trouver leur place ici.

### FABRICATION DES PATES SUCCÉDANÉES DE CELLES DU CHIFFON.

Nous avons déjà exposé plus haut les raisons de plus en plus pressantes qui ont conduit les fabricants à rechercher, en dehors du chiffon, des matières premières propres à la fabrication du papier.

Les premières tentatives faites dans ce sens ont toutes échoué, soit parce que la plante traitée était trop pauvre en cellulose, soit parce que l'extraction exigeait des traitements trop dispendieux ou des appareils spéciaux qui n'ont vu le jour que plus tard. Aujourd'hui la fabrication des pâtes succédanées est devenue industrielle, et on peut préparer avec profit des pâtes de paille, de sparte et de bois.

Pour ces trois matières, le traitement est à peu près le même, et la plupart des appareils sont communs. Nous commencerons donc par la fabrication des pâtes de paille, en indiquant ensuite les modifications relatives aux travaux du sparte et du bois.

Pate de paille. — La première opération est le triage de la paille, qui se fait à la main par des femmes. Les seules herbes qui gênent sont les graines et les chardons, et en général les plantes à tiges ligneuses. La paille triée est écrasée entre deux cylindres pour en briser les nœuds, puis hachée en bouts de 3 à 4 centimètres de long et blutée pour enlever les poussières, le sable et les matières étrangères adhérentes à la paille. Certains fabricants ont supprimé les nœuds par l'action d'un ventilateur. D'autres, au lieu de hacher la paille, la font passer entre des cylindres cannelés ou lisses. Les cylindres cannelés ne valent rien; ils fonctionnent mal et ne durent guère, parce que la paille se pelotonne dans le fond des cannelures. Les cylindres unis ont l'inconvénient de comprimer trop fortement la paille, en sorte que l'effet du nœud est reproduit. Cependant ceux-ci servent encore dans beaucoup d'usines dans le but de diminuer le volume de la matière première à charger dans les cylindres.

La paille hachée et blutée, ou même écrasée, est introduite dans le lessiveur. On emploie des lessiveurs fixes avec ou sans agitateurs intérieurs et des lessiveurs rotatifs. Ces derniers sont généralement préférés. Les lessiveurs fixes sont chauffés soit directement, soit par la vapeur; les lessiveurs rotatifs le sont par double enveloppe, par serpentin ou par injection de vapeur. On emploie aussi de grands cylindres verticaux chauffés à feu nu avec ou sans pression. Les cylindres verticaux chauffés à feu nu sous une pression de 10 à 20 kilogrammes sont très-dangereux,

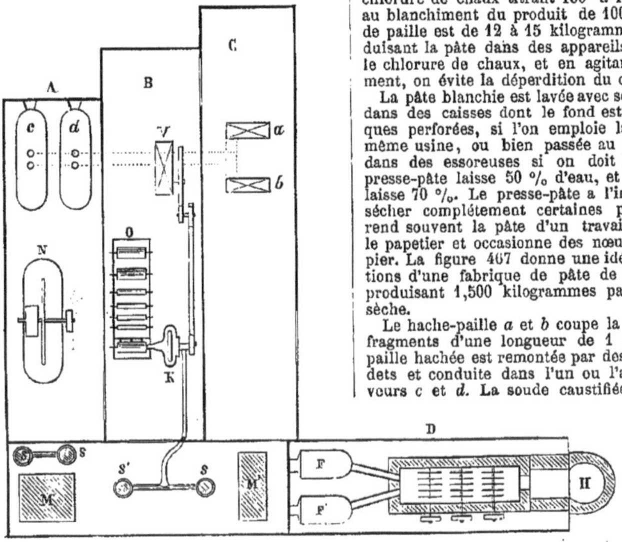

Fig. 467. — Fabrication du papier de paille.

A, B, C, D. — Bâtiments dont trois parallèles, le quatrième perpendiculaire aux trois autres. A renferme deux lessiveurs rotatifs cylindriques *c* et *d* et une grande laveuse *n*. B contient la machine à vapeur *v*, le presse-pâte *o* et le pulpe engin *k*. C renferme les hache-paille *a* et *b* et l'approvisionnement en matière première. D renferme les pompes à remonter la lessive, les bacs à caustifier la soude et l'appareil évaporateur de Porrion pour concentrer les lessives.

témoin l'accident arrivé à Saint-Quentin. Ce mode opératoire est usité en Belgique.

Quoi qu'il en soit, pour obtenir des produits faciles à blanchir, il faut absolument que la paille soit bien cuite.

Nous rappellerons également le lessiveur à vapeur surchauffée de M. Coupier, décrit plus haut et qui a été imaginé pour le travail de la paille. La paille étant introduite dans le lessiveur, on y ajoute le produit de la caustification de 30 °/₀ de son poids de carbonate de sodium (80° à 85° alcalim.) et une quantité de liquide suffisante pour que la paille soit bien imbibée, puis on chauffe pendant 10 heures à une pression de 6 atmosphères. Après la cuisson, la paille doit être complétement désagrégée; elle baigne dans un liquide noir que l'on extrait avec soin. Ce liquide peut être remonté avec des soudes caustiques solides (anglaises) et servir pour une nouvelle opération, après laquelle on le traite en vue de la régénération de l'alcali. La pâte, après avoir été lavée à l'eau, doit être encore une fois broyée à cause des plantes étrangères qui ont échappé au triage et des nœuds de la paille.

Le broyage peut se faire soit au moyen de meules, soit par le pulp-engine, soit par des piles broyeuses semblables à celles employées en papeterie. Quand on fait usage de meules, il est inutile de broyer la paille avant la cuisson ou d'éliminer les nœuds, car ceux-ci s'écrasent facilement, s'ils ont été bien cuits.

Le blanchiment de la pâte de paille se fait par le chlore, comme pour le chiffon. On peut commencer par le chlore gazeux, mais on doit toujours terminer par le chlorure de chaux, autrement la pâte serait rousse. La quantité de chlorure de chaux titrant 100° à 110° nécessaire au blanchiment du produit de 100 kilogrammes de paille est de 12 à 15 kilogrammes. En introduisant la pâte dans des appareils fermés, avec le chlorure de chaux, et en agitant mécaniquement, on évite la déperdition du chlore.

La pâte blanchie est lavée avec soin et égouttée dans des caisses dont le fond est muni de briques perforées, si l'on emploie la pâte dans la même usine, ou bien passée au presse-pâte ou dans des essoreuses si on doit l'expédier. Le presse-pâte laisse 50 °/₀ d'eau, et l'essoreuse en laisse 70 °/₀. Le presse-pâte a l'inconvénient de sécher complétement certaines parties, ce qui rend souvent la pâte d'un travail difficile pour le papetier et occasionne des nœuds dans le papier. La figure 467 donne une idée des dispositions d'une fabrique de pâte de paille blanche produisant 1,500 kilogrammes par jour de pâte sèche.

Le hache-paille *a* et *b* coupe la paille triée en fragments d'une longueur de 1 centimètre. La paille hachée est remontée par des chaînes à godets et conduite dans l'un ou l'autre des lessiveurs *c* et *d*. La soude caustifiée en M est envoyée dans les chaudières par les pompes SS. Après un lessivage de plusieurs heures à une pression de 8 atmosphères et une lessive très-énergique, la lessive et la paille s'écoulent ensemble et au moyen d'une pente convenable dans la laveuse N. Cette laveuse a un double fond percé de trous qui laisse la lessive ayant servi s'écouler dans un réservoir. On ajoute de l'eau claire sur la paille, on fait tourner le barboteur de la laveuse et le deuxième jus s'écoule encore dans le même réservoir où des pompes le reprennent pour la révivification. On fait tourner de nouveau le barboteur de la laveuse et on lave entièrement la paille lessivée. Les pompes S′S′ remontent la pâte lavée pour alimenter le pulp-engine placé en K. Son action a pour but de défiler grossièrement la paille lessivée et de faire disparaître les nœuds. La pression des pompes fait sortir la paille du pulp-engine pour la conduire au presse-pâte O. Au sortir du presse-pâte, la paille est préparée pour recevoir le blanchiment au chlorure de chaux, exactement comme pour le défilé de chiffon. De là la pâte est envoyée dans des caisses à égoutter. La paille blanchie et égouttée est mise à la dose variable de 30 à 50 °/₀ dans les raffineuses et se raffine exactement comme le chiffon. On peut encore extraire les jus noirs de cuisson par la pression, par la force centrifuge des essoreuses, par des presse-pâtes de papeterie, mais l'appareil qui donne les meilleurs résultats est sans contredit le laveur méthodique Lespermont, qui se compose d'une série de tambours égoutteurs dans lesquels la pâte passe successivement, rencontrant un courant d'eau venant en sens inverse. Cet appareil offre les avantages de n'exiger aucune main-d'œuvre, le travail se faisant automatiquement, d'employer très-peu de force, 3 à 4 chevaux, de laver complétement la pâte sans augmenter la

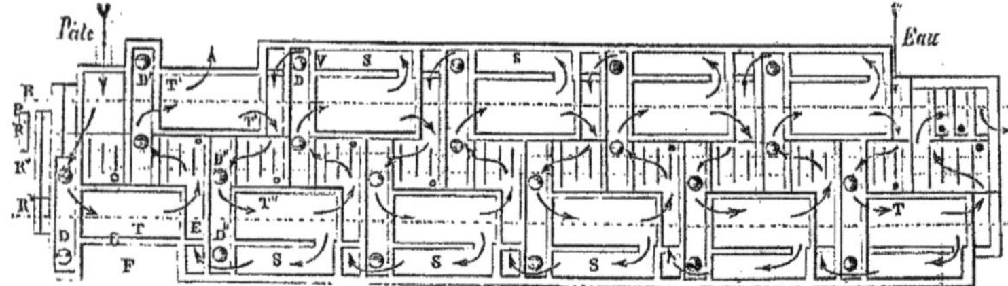


Fig 468. — Laveur méthodique pour pâte à papier, par M. Lespermont.

, Tamis opérant onze séparations successives du mélange de paille et de lessive, ou concourant à dix lavages successifs. — D D', Danaïdes servant à faire passer le mélange d'un tamis au suivant. — A A, Agitateurs spatules brassant les mélanges de moins en moins alcalins. Le premier liquide alcalin séparé par le tamis T va directement aux fours Porrion. — SS, Sabliers. — PR, Poulies et roues de transmission du mouvement aux tamis et aux agitateurs.

quantité de jus à évaporer; la quantité d'eau introduite étant à peine suffisante pour parfaire la quantité de liquide nécessaire.

Quand cet appareil est bien conduit, on arrive à n'évaporer que 600 litres de jus par 100 kilogrammes de matières traitées, le jus marquant 9° à 10° Baumé. Les jus sont conduits dans le four évaporateur et incinérateur *Porrion*, qui diffère

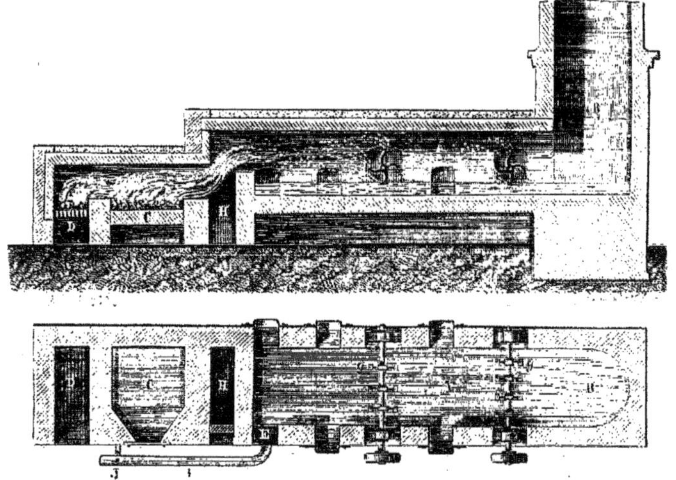


Fig. 469 — Coupe et élévation d'un four Porrion.

D, Grille. — C, Four à réverbère où s'opère l'incinération. — H, Conduit qui amène l'air chaud des foyers. — A, Évaporateur avec ses palettes. — B, Grande cheminée d'appel.

d'un four à réverbère ordinaire en ce qu'il est muni d'agitateurs à palettes projetant le liquide qui retombe en pluie, ce qui augmente les surfaces en contact avec le courant d'air chaud et de fumée qui traverse le four. On diminue ainsi beaucoup la dépense de combustible, puisque l'on évapore suivant la qualité de la houille de 11 à 13 litres de liquide par kilogramme de houille.

Le résidu sort du four à l'état de combustion : on le met en tas pour qu'il brûle lentement. La combustion étant terminée, on caustifie les carbonates comme ceux du commerce; ils sont riches en moyenne de 42 % de soude anhydre ($Na^2O$). On retrouve ainsi les deux tiers de la soude employée, le tiers perdu étant en grande partie retenu par les chaux de caustification, quelque soin que l'on apporte à leur lavage.

La régénération économique du carbonate de sodium, au moyen de l'évaporation et de l'incinération des eaux noires provenant du traitement de la paille par la soude a été un progrès d'une haute portée dans cette industrie. Avec le laveur Lesper-

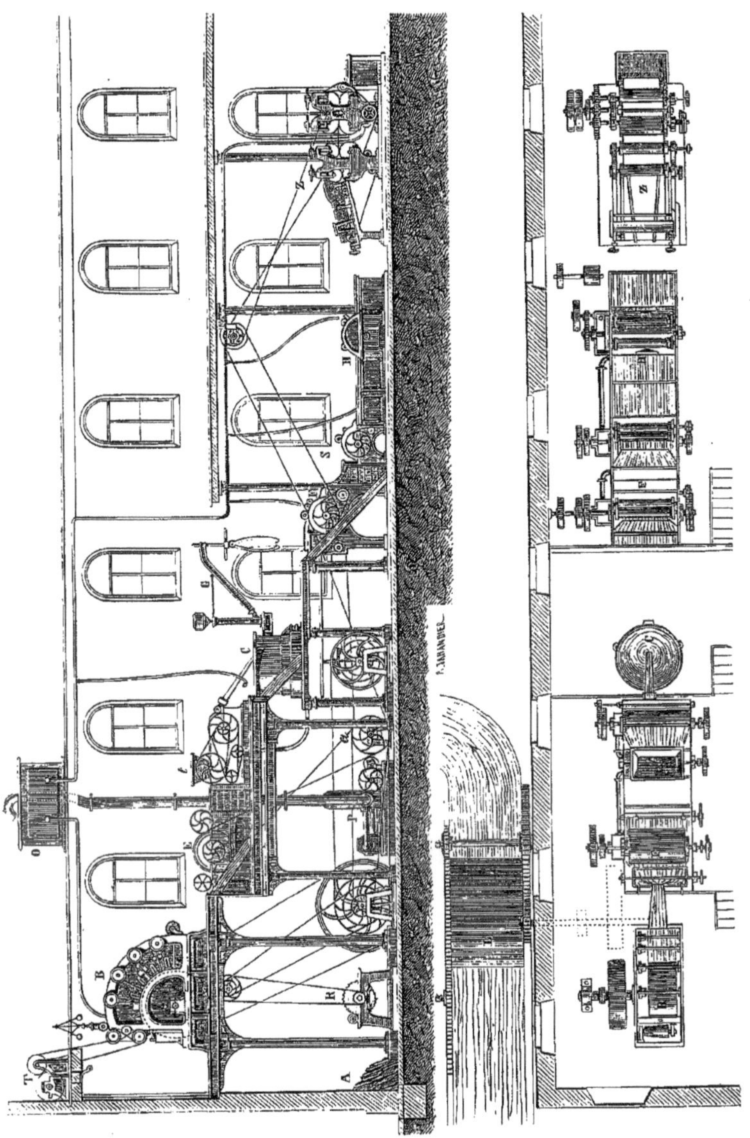

Fig. 470. — Machine à défibrer le bois, procédé Woelter.

T, Monte-charge élevant le bois sur le plancher du défibreur. — R, Scie circulaire pour débiter le bois en bûches de 0m,800 de long. — B, Défibreur formé d'une meule montée sur un arbre horizontal et contre laquelle sont pressées les bûches par des poussoirs mécaniques produisant l'avancement constant et régulier à mesure de l'usure. Un courant d'eau continu arrive sur la circonférence de la meule. — E, Premier épurateur enlevant les éclats de bois et séparant la pâte fine de celle qui doit passer au raffineur. — C, Raffineur formé de deux meules horizontales comme celles d'un moulin à blé. — G, Grue potence soulevant et déplaçant les meules pour le rhabillage. — P, Pompe. — O, Réservoir d'eau. — S, Assortisseur divisant les pâtes suivant leur degré de finesse. — Z, Presse-pâte.

mont, elle a rendu économique une opération simple en principe, mais que l'élévation du prix de revient menaçait de rendre inapplicable en grand.

Le rendement des pailles varie de 1 à 8 % suivant les terrains de la culture. Les pailles provenant de terrains calcaires sont plus faciles à traiter, mais donnent un rendement moindre et un produit moins beau que celles cultivées sur une terre siliceuse.

PATE DE SPARTE. — La fabrication des pâtes de sparte ne diffère de celle de la paille qu'en ce qu'il faut réduire de 10 % la quantité de soude et ne porter la pression qu'à 3 atmosphères. La quantité de chlore employé pour le blanchiment est la même que pour la paille. La pâte de sparte est de beaucoup supérieure à la pâte de paille.

PATE DE BOIS. — Le bois peut se travailler de diverses manières suivant que l'on se propose d'obtenir des pâtes blanches ou des pâtes blondes propres seulement à la fabrication des papiers colorés grossiers.

Les procédés imaginés pour utiliser la fibre du bois reposent les uns sur une action purement mécanique, tel est le procédé Woelter; les autres sur un traitement chimique, procédés Bachet-Machart, procédé Tessié du Motay; d'autres méthodes, procédé Aussedat, peuvent se placer entre les méthodes mécaniques et chimiques.

*Procédé Woelter.* — Le procédé Woelter est le premier en date qui se soit présenté avec des chances de succès. Tout le monde a pu voir la machine Woelter fonctionnant à l'exposition industrielle de 1867.

La machine Woelter est le type le plus perfectionné des machines à défibrer le bois mécaniquement. Dans les Vosges, on emploie des machines beaucoup plus simples. Aussi, chez M. Journet, ancien directeur de la papeterie de Souche, on se sert de la même meule pour râper industriellement le bois ou les pommes de terre.

La méthode mécanique de Woelter ne donne pas une véritable pâte, mais plutôt une *farine* de bois, qui dans la fabrication du papier jouera le rôle de *charge* en remplissant les pores. Elle n'ajoute rien à la qualité et nuit au collage, en même temps qu'elle gêne la coloration par l'outremer.

On reproche avec raison au procédé Woelter de produire peu avec beaucoup de force; il faut, en effet, des chutes d'eau considérables pouvant donner 55 chevaux nets de force pour fabriquer 500 kilogrammes de pâte en 24 heures. De plus les machines ne peuvent être établies qu'à proximité de grandes forêts. Aussi, en France, n'ont-elles pu prendre pied que dans le seul département de l'Isère. Une autre condition défavorable est la nécessité de travailler le bois vert; la sève qui reste dans la pâte la rend facile à fermenter, à s'échauffer en tas et à prendre une couleur rouge.

On se sert de bois blanc (bouleau, tremble ou peuplier), on écorce complétement, on enlève les nœuds à la tarière, puis on débite à la scie circulaire en bûchettes. Celles-ci sont présentées à l'action d'une meule en pierre dure qui les râpe. En même temps il tombe de l'eau sur la meule. La pâte semi-fluide passe deux fois entre les meules d'un moulin, puis sur un épurateur qui laisse passer la pâte fine et retient les éclats non broyés. La pâte fine est séchée au presse-pâte. Ces pâtes servent pour le papier blanc commun; pour les employer, on les mélange à la pâte de chiffons dans la raffineuse, après lavage. On ne lave plus après mélange, de peur de déchet trop considérable. Il est important que la pâte de chiffon ou de paille ne contienne plus de chlorure décolorant, qui rougirait la pâte de bois. Celle-ci ne sert au papier que comme charge; cependant elle lui donne un certain craquant [Vigreux, *Annales de l'industrie*, t. VIII, p. 474].

*Procédé Aussedat.* — Ce procédé, aussi simple qu'économique, opère la désagrégation du bois au moyen d'une injection de vapeur.

L'appareil se compose d'une chaudière verticale timbrée à 6 atmosphères, de $1^m,40$ de diamètre sur 3 mètres environ de hauteur; elle est fermée à sa partie supérieure par un trou d'homme servant à charger et à décharger le bois; elle porte à la partie inférieure une grille sur laquelle le bois repose, de manière à laisser entre elle et le fond un espace suffisant pour recueillir la vapeur condensée, qui est évacuée au moyen d'un robinet et suivant les besoins du service.

Un autre robinet est placé sur le trou d'homme; il sert à la fin de l'opération pour évacuer la vapeur non condensée. La chaudière est portée sur deux tourillons latéraux formant presse-étoupe et servant en même temps à l'introduction de la vapeur. On empile le bois dans la chaudière, de manière à perdre le moins d'espace possible; le remplissage effectué, on ferme le trou d'homme. Les robinets de vidange étant fermés, on procède à l'injection de la vapeur. Celle-ci doit être aussi sèche que possible et introduite *graduellement*. Cette dernière condition est la plus essentielle à remplir, si l'on veut obtenir une pâte souple et nerveuse et éviter le noircissement du bois. On ouvre donc le robinet d'introduction au tiers seulement, puis on le règle de façon à n'atteindre la température correspondante à 5 atmosphères qu'au bout de 3 à 4 heures, température que l'on maintient pendant une heure environ.

Pendant l'opération, il faut souvent purger la chambre de condensation, car le moindre contact du bois avec ces eaux le rendrait complétement noir; de plus, le courant de vapeur qui s'établit au moment de l'ouverture du robinet de vidange facilite la désagrégation en entraînant par dissolution ou par déplacement toutes les matières gommeuses et résineuses qui remplissent les cellules. Ces eaux de condensation sont fortement colorées pendant la première partie de l'opération. Pour faciliter la répartition du chauffage, il est bon de laisser ouvert, pendant quelques minutes, le robinet placé sur le trou d'homme. L'air du récipient est chassé et ne s'oppose plus à la libre circulation de la vapeur.

La durée de l'injection varie avec les essences de bois que l'on traite; il faut 3 heures pour les bois blancs, peuplier, tremble, bouleau, etc., etc., et 5 heures pour les bois durs et les résineux.

Le robinet d'introduction de la vapeur étant fermé, on ouvre les deux robinets de la chaudière, afin d'évacuer la vapeur complétement, et de ne pas la laisser se détendre sur les bois; le tout étant refroidi, on procède au déchargement.

Le bois se présente alors avec une couleur rougeâtre plus ou moins foncée, selon les essences de bois employées et la pression de la vapeur injectée. Plus on élève la pression, plus on fonce le bois.

En ne dépassant pas 3 atmosphères et en prolongeant la durée d'injection, on obtient une nuance bien plus claire, mais la désagrégation n'est pas aussi complète, et les opérations suivantes de trituration sont rendues plus longues et plus difficiles.

Lorsque pour l'injection on prend de la vapeur dans un récipient dont la pression est déjà à 5 atmosphères, il faut user de précaution pour éviter un chauffage trop prompt du bois. Le robinet d'introduction doit être manœuvré avec intelligence. Le mieux est de former la vapeur à mesure de son emploi, et de commencer à mettre en feu la chaudière à vapeur lorsqu'on charge le bois dans l'autoclave; on évite ainsi le plus grand inconvénient qu'il y ait à redouter dans la conduite de l'opération.

Le bois est introduit dans l'autoclave n'importe

sous quelle forme, avec ou sans son écorce, sans qu'il soit nécessaire d'enlever les nœuds ou les parties pourries; les uns sont suffisamment attendris par l'injection et les autres sont emportées avec l'eau de condensation. Il vaut mieux cependant enlever l'écorce que de la laisser, mais cette opération se fait bien plus facilement après l'injection qu'avant. Généralement on met les bois sous la forme de bûches ayant 1 mètre de longueur, quel que soit leur diamètre; mais on peut aussi utiliser les copeaux, les déchets des scieries, des ateliers d'emballeurs, de parqueteurs, etc. Dans une ville comme Paris, on trouverait dans les débris de toute sorte des industries travaillant le bois de quoi alimenter une usine produisant 5,000 kilogrammes de pâte sèche par jour.

La trituration qui succède à la désagrégation se divise en deux parties : le défilage et le raffinage.

Pour préparer les bois injectés en bûches, on les coupe en rondelles épaisses de 2 centimètres environ, à l'aide de la scie circulaire. La sciure produite dans cette opération est très-fibreuse; elle peut être convertie en pâte; mais, son raffinage étant assez long, on la brûle généralement.

On peut éviter la production de cette sciure en présentant la bûche par bout à une déchiqueteuse dans le genre de celles employées pour broyer les écorces résineuses ou pour les bois de teinture; mais le découpage en rondelles donne une pâte plus uniforme, puisque la trituration s'opère sur des morceaux de bois présentant une même épaisseur, tandis que les produits obtenus avec la déchiqueteuse sont très-inégaux. De plus, avec la rondelle, on peut, quand la désagrégation est bien faite, obtenir à volonté des fibres longues ou courtes en variant l'épaisseur de cette rondelle, ce qui est un grand avantage au point de vue de la valeur commerciale du produit. Les rondelles sont défibrées dans le concasseur imaginé et breveté par M. Iwan Koechlin et appliqué pour la première fois à l'île Saint-Martin. Cet appareil remplace avec avantage les rebattes lourdes et encombrantes dont on se servait à Bex (Suisse), et à Vizille (Isère). Le concasseur se compose essentiellement d'un arbre vertical sur lequel est montée une noix d'une disposition spéciale qui entraîne, brise et écrase le bois contre les parois d'une enveloppe fixe. L'intérieur de celle-ci présente, en sens inverse, le relief de la noix. C'est, en un mot, une sorte de moulin à café. Un concasseur, absorbant trois chevaux de force, peut en une heure préparer 35 kilogrammes de bois. Ces machines atteignent le but avec plein succès, au dire des industriels qui les emploient; on ne peut qu'en féliciter M. Koechlin et M. Roger, constructeur à Épinal, qui les a exécutées.

Le bois concassé est mélangé dans des agitateurs avec une quantité d'eau suffisante pour le passage aux moulins.

Les moulins employés et brevetés par M. Aussedat sont à meules coniques; la génératrice de la meule inférieure est plus inclinée sur l'horizontale, afin de donner de l'entrée aux matières. Les meules en meulière donnent d'excellents résultats, mais elles doivent être d'une seule pièce, car l'eau désagrége très-vite le plâtre au moyen duquel on a l'habitude de relier les fragments; au défaut de pierres entières, on peut relier avec du ciment. Les meules en granit ne présentent pas autant d'aspérités et rendent moins par conséquent. De plus elles se polissent très-rapidement et exigent ainsi des rhabillages plus fréquents.

L'emploi de ces pâtes se trouve surtout dans la fabrication du carton de luxe et de papiers de tenture. La teinte blonde du bois préparé forme un fond très-agréable à l'œil, et qui est très-apprécié du fabricant de papiers peints, les couleurs y paraissent avec des tons plus frais et plus vifs que sur tout autre papier. Du reste, il est possible que l'on arrive à blanchir économiquement le produit blond fourni par la méthode Aussedat. Le problème n'offre pas autant de difficulté que celui du blanchiment de la pâte Woelter, puisque la séve et la résine ont été en grande partie déplacées par l'action dissolvante de la vapeur.

Il résulte des expériences faites au laboratoire d'Annonay sur la pâte de bois, expériences que M. Bourdillat a bien voulu me transmettre, que le traitement à la vapeur exerce une action mécanique et chimique; elle traverse le tissu cellulaire du bois, en chassant et en dissolvant une grande partie des matières gommeuses et résineuses qui remplissent les cellules. De plus la chaleur dégage une certaine quantité d'acide acétique, dont l'action s'ajoute à celle de la vapeur, en agissant principalement sur la matière incrustante.

Pour blanchir la pâte rouge plus ou moins foncée, on a fait les essais suivants :

1° L'emploi des acides à l'ébullition (acide chlorhydrique ou azotique) enlève une grande partie de la matière incrustante à la pâte : ainsi traitée, elle présente après lavage une teinte plus claire, mais ne devient attaquable par les hypochlorites qu'à la condition d'opérer avec des bains très-concentrés, et sous l'influence de la chaleur. On doit employer des bains d'hypochlorite titrant au moins 400° chlorométriques.

2° La fermentation activée par une certaine quantité de levûre de bière ajoutée à la pâte rendue légèrement acide par l'acide sulfurique produit une pâte assez claire, si la fermentation ne dure que quelques jours, et une pâte grise si on prolonge cette action au moins pendant trois semaines. Dans le premier état, la pâte ne s'attaque pas sensiblement aux hypochlorites; mais dans le second, le blanchiment se fait assez bien avec des bains titrant 400°. Le fort déchet qui résulte de cette méthode, le temps considérable employé à compléter l'action de la fermentation, donnent à penser que ce mode opératoire n'est pas pratique.

Les alcalis caustiques n'ont pas donné de bons résultats, la matière colorante devient plus foncée et résiste plus énergiquement à l'action des hypochlorites que dans la pâte non traitée.

On a obtenu de meilleurs résultats, mais incomplets encore, par l'emploi d'un savon de résine.

Les *procédés chimiques* usités pour la désagrégation des fibres de bois sont nombreux, mais on peut les diviser en deux groupes bien distincts : 1° ceux où l'on traite le bois par les acides sulfurique ou chlorhydrique (système Bachet-Machard) à l'air libre, avec barbotage de vapeur; 2° ceux dans lesquels on emploie les liqueurs caustiques, surtout la soude, en vase clos et à haute pression.

MM. Iwan Koechlin et C^ie^ ont exploité à l'île Saint-Martin, près Chatel (Vosges), le brevet *Bachet-Machard*, qui a été également essayé en grand à Bex et à Saint-Tryphon (Suisse). Les inventeurs avaient en vue, au début, de saccharifier le bois : la pâte à papier ne devant être qu'un produit secondaire de la fabrication de l'alcool; mais dans la pratique, c'est l'inverse qui s'est produit. La pâte à papier est devenue le produit principal, et l'alcool le sous-produit. A l'île Saint-Martin on a même renoncé à utiliser les phlegmes, à cause de leur faible richesse.

Le bois, préalablement scié en rondelles de $0^{m},02$ d'épaisseur, était jeté dans des cuves que l'on achevait de remplir avec l'eau et l'acide; ce dernier dans la proportion de *un dixième*. Chaque cuve contenait 6 stères. Il fallait 18 heures de cuisson. Les rondelles étaient ensuite lavées le mieux possible, afin de faire disparaître l'acide, puis passées aux concasseurs et aux moulins. Chaque stère rendait environ 150 kilogrammes de pâte sèche. Pour 100 kilogrammes de pâte, on employait 30 kilogrammes d'acide, 62 kilogrammes de houille. En comptant à 6 francs le stère de bois, le prix de revient des 100 kilogrammes de pâte s'élevait à 9 fr. 72.

On obtient par la méthode Bachet-Machard une pâte brune, donnant un bon papier de pliage brun coûtant 9 fr. 72 environ les 100 kilogrammes, sèche. Par un demi-blanchiment, on transforme facilement cette pâte brune en une pâte blonde coûtant 25 francs les 100 kilogrammes et pouvant servir avec ou sans mélange à la fabrication des papiers bulles et de tous les papiers de couleur. Jusqu'à présent, on n'a pas réussi à transformer *économiquement* cette pâte blonde en pâte blanche.

Les inventeurs pensent que l'acide au dixième qu'ils font réagir à 100° sur le bois saccharifie le ligneux ou plutôt la matière incrustante, sans toucher aux fibres de cellulose. La cellulose devient ainsi facile à séparer en fibres par des actions mécaniques. Il est probable que les acides modifient la matière incrustante et la rendent friable et qu'en même temps certains principes du bois se convertissent en glucose.

Lorsqu'on emploie les lessives alcalines, on procède comme avec la paille et le sparte, mais il faut une cuisson plus énergique; on double la proportion d'alcali et on cuit à une pression de 12 atmosphères.

Il faut aussi un peu plus de chlore pour le blanchiment.

| | |
|---|---|
| Le rendement du sparte est de........... | 48 % |
| Celui de la paille de seigle de........... | 42 — |
| — de froment de.......... | 40 — |
| — d'avoine de............. | 36 — |
| — d'orge de............... | 32 — |
| — de sarrasin de.......... | 26 — |
| Celui du bois de sapin (le plus employé).. | 30 — |

Comme qualité, on peut classer les pâtes ces succédanés dans l'ordre suivant :

1° Pâte de sparte, 2° pâte de bois, 3° pâte de seigle, 4° pâte de paille de froment, 5° pâte de paille d'avoine, 6° pâte de paille d'orge, 7° pâte de paille de sarrasin.

A Poncharac, près de Grenoble, on emploie l'eau régale à froid, pour désagréger le bois; 94 p. d'acide chlorhydrique ordinaire et 6 p. d'acide azotique, dans des vases en grès de 600 litres. On laisse mariner pendant 6 à 12 heures. Il faut 60 kilogrammes d'eau régale pour 100 kilogrammes de bois. Ce procédé est dangereux. Lorsqu'on veut travailler à chaud, on prend 6 p. d'acide chlorhydrique, 4 p. d'acide azotique et 240 p. d'eau; on emploie des cuves à doubles fonds, en granit, et on chauffe à la vapeur barbotante pendant 12 heures, puis on lave et on broie. On a aussi proposé la cuisson du bois à l'ammoniaque, en vase clos, avec chauffage à la vapeur au moyen d'un serpentin. 1,500 kilogrammes de bois à désagréger emploient 3,000 litres d'ammoniaque ordinaire. On ajoute 30 à 45 kilogrammes de soude caustique et on termine par un blanchiment.

Enfin on a parlé dans ces derniers temps d'un procédé breveté par M. Tessié du Motay. Le bois serait traité sous pression par des lessives alcalines, puis blanchi au moyen du manganate de sodium. Les matières incrustantes dissoutes dans la lessive peuvent en être séparées par un courant d'acide carbonique; l'alcali se trouve ainsi régénéré sans grands frais.

On a aussi proposé de remplacer les alcalis caustiques par du sulfure de sodium qui agirait comme eux, mais qui offrirait l'avantage d'une régénération facile de l'agent actif; car il suffirait d'évaporer et de calciner les lessives pour détruire les matières organiques et retrouver le sulfure alcalin primitif (communication de M. Fiztier). P. S.

**PAPYRINE.** — Ce nom a été donné par Poumarède et Figuier à la cellulose modifiée par l'acide sulfurique. — Voyez t. I, p. 780.

**PARA...** — Voir le mot qui suit pour les composés, qui ne se trouvent pas ici dans leur rang alphabétique.

**PARABANIQUE (ACIDE)** (*oxalylurée*),

$$C^3H^2Az^2O^3 = CO\begin{cases}AzH-CO\\AzH-CO\end{cases}$$

[Liebig et Wöhler, *Ann. de Chim. et de Phys.*, 1838, t. LXVIII, p. 273]. — Ce composé est un produit d'oxydation de l'alloxane,

$$\underset{\text{Alloxane (mésoxalylurée).}}{C^4H^2Az^2O^4} + O = CO^2 + \underset{\text{Acide parabanique (oxalylurée).}}{C^3H^2Az^2O^3}$$

On l'obtient en faisant dissoudre à chaud de l'acide urique dans 8 p. d'acide azotique ordinaire, et évaporant la liqueur après complet dégagement des gaz; le liquide suffisamment concentré se prend par le refroidissement en une masse de cristaux d'oxalylurée, qu'on purifie en les séchant sur une plaque poreuse et les faisant cristalliser dans l'eau. Si dans la préparation de l'alloxane on néglige de maintenir froid le mélange d'acides urique et azotique, on n'obtient pas une trace d'alloxane, mais à sa place des cristaux d'acide parabanique.

L'acide parabanique prend aussi naissance dans l'action de l'acide hypochloreux sur la guanine (Strecker), et dans la décomposition spontanée de l'alloxane, avec production d'alloxantine et d'acide carbonique, mais la décomposition ne s'arrête pas à ce point; l'alloxantine donne de l'acide alloxanique, et l'acide parabanique donne de l'acide oxalurique, et finalement de l'acide oxalique et de l'urée [Baumert, *Ann. de Poggend.*, t. CX, p. 93; — Heintz, *même recueil*, t. CXI, p. 436].

En traitant un mélange d'urée et d'acide oxalique par le trichlorure de phosphore, M. Ponomareff a obtenu un corps cristallisé en prismes minces, transparents et incolores, qui présente les réactions de l'acide parabanique; les chiffres fournis par l'analyse du sel d'argent correspondent à ceux qu'exige le parabanate d'argent, mais l'acide isolé a donné des chiffres représentant l'acide parabanique plus 2 molécules d'eau :

$$C^3H^2Az^2O^3,2H^2O.$$

Suivant M. Ponomareff, le composé qu'il décrit ne se dissout pas dans l'alcool, tandis que l'acide parabanique s'y dissout assez facilement [*Bull. de la Soc. chim.*, 1872, t. XVIII, p. 97].

L'acide parabanique forme des prismes à six pans, incolores, transparents, d'une saveur très-acide, qui rappelle tout à fait celle de l'acide oxalique; il est plus soluble dans l'eau que ce dernier et se dissout assez facilement dans l'alcool. Les cristaux ne s'effleurissent pas à l'air, même à 100°; ils prennent seulement une teinte rose. Sa solution n'est pas décomposée par l'ébullition. Par l'action de la chaleur, il se décompose en donnant des vapeurs acides et cyanhydriques.

Les cristaux appartiennent au système clinorhombique; formes : $b^{1/2}$, $d^{1/2}$, $p$, $a^1$, $o^1$, $g^1$; angles : $d^{1/2}d^{1/2} = 120°52'$; $pd^{1/2} = 120°8'$; $b^{1/2}d^{1/2} = 113°0$; $pb^{1/2} = 117°42'$; clivage facile suivant $g^1$.

L'acide parabanique rougit le papier de tournesol, il se dissout dans les alcalis et décompose les carbonates à l'ébullition en se transformant en oxalurate; bouilli avec l'ammoniaque, il donne de même des oxalurates. Chauffé avec de l'aniline sèche, il donne de la phényloxaluramide. — Voyez OXALURIQUE (ACIDE), t. II, p. 693.

Sa solution précipite à froid l'azotate d'argent, le précipité est blanc et pulvérulent; par l'addition d'un peu d'ammoniaque, il augmente et devient gélatineux. Liebig et Wöhler lui assignent la composition $C^3Ag^2Az^2O^3$. Suivant Strecker, il renferme $2C^3Az^2Ag^2O^3, H^2O$ et ne devient anhydre qu'entre 130° et 140°.

MÉTHYLOXALYLURÉE,

$$C^4H^4Az^2O^3 = C^3H(CH^3)Az^2O^3.$$

— M. Dessaignes, en traitant la créatinine ou la créatine par l'acide azoteux, a obtenu une base, $C^6H^{10}Az^7O^3$, qui, chauffée avec l'acide chlorhydrique, se décompose en donnant de l'acide oxalique, du sel ammoniac, et un nouveau corps,

$$C^4H^4Az^2O^3.$$

Strecker a montré que ce corps a la formule de la méthyloxalylurée, $C^4H^4Az^2O^3 = C^3H(CH^3)Az^2O^3$. Marker, qui a repris l'étude de la réaction de Dessaignes, n'a pas pu obtenir la méthyloxalylurée en quantité suffisante pour l'analyse.

Dessaignes attribue à ce corps les propriétés suivantes : il cristallise en lames ou en longs prismes brillants; il se dissout lentement dans l'eau à froid, facilement à chaud, difficilement dans l'éther. Il fond et se volatilise sans décomposition; sa saveur est métallique, sa réaction est acide, mais il ne précipite pas les sels de calcium, de baryum, de zinc, etc. [Dessaignes, *Compt. rend.*, t. XLI, p. 1258; — Strecker, *Ann. de Chim. et de Phys.*, (3), t. LXII, p. 360; — Marker, *Bull. de la Soc. chim.*, 1865, t. IV, p. 395].

DIMÉTHYLOXALYLURÉE (*acide diméthylparabanique, cholestrophane*), $C^3(CH^3)^2Az^2O^3$. — Lorsqu'on épuise l'action du chlore sur la caféine, on obtient une masse cristalline, que Rochleder avait appelée *cholestrophane*; le même corps a été obtenu par Stenhouse dans l'action de l'acide azotique sur la caféine et avait été appelé nitrothéine (voyez pour les sources CAFÉINE, t. I, p. 693). Gerhardt, d'après les dédoublements de cette substance, la considéra comme l'acide diméthylparabanique. Strecker a confirmé l'opinion de Gerhardt en préparant cet acide au moyen du parabanate d'argent. Il chauffe ce corps à 100° pendant 24 heures avec de l'iodure de méthyle, épuise le produit de la réaction par de l'alcool, évapore, et dissout les cristaux dans l'eau, d'où ils se déposent sous forme de lames larges et brillantes, dont il a constaté l'identité avec la cholestrophane [Strecker, *Ann. de Chim. et de Phys.*, (3), t. LXII, p. 364].

La diméthyloxalylurée cristallise en paillettes irisées qui se subliment déjà à 100°; bouillie avec de la potasse, elle donne du carbonate et de l'oxalate, en même temps qu'il se dégage de l'ammoniaque, suivant Rochleder, ou plus probablement de la méthylamine (Gerhardt).

DIPHÉNYL-OXALYLURÉE (*acide diphényl-parabanique*), $C^3(C^6H^5)^2Az^2O^3$ [Hofmann, *Compt. rend. de l'Acad.*, 1861, t. LXII, p. 1059; *Bull. de la Soc. chim.*, 1870, t. XIV, p. 380].

Ce composé se produit :

1° Par l'ébullition, avec l'alcool et l'acide chlorhydrique, de la dicyanomélaniline et de la mélanoximide, dérivés l'un et l'autre de l'action du cyanogène sur l'aniline. — Voyez PHÉNYLGUANIDINE.

$$\underset{\text{Dicyano-mélaniline.}}{C^{15}H^{13}Az^5} + 3H^2O + 3HCl = \underset{\text{Diphényl-oxalylurée.}}{C^{15}H^{10}Az^2O^{33}} + AzH^4Cl;$$

$$\underset{\text{Mélanoximide.}}{C^{13}H^{11}Az^3O^2} + H^2O + HCl = \underset{\text{Diphényl-oxalylurée.}}{C^{15}H^{10}Az^2O^3} + AzH^4Cl.$$

Dans les deux cas, la solution fournit par le refroidissement des cristaux de diphényloxalylurée.

2° Lorsqu'on fait bouillir avec de l'alcool étendu la base $C^{21}H^{17}Az^5$, qui se forme en même temps que la cyaniline dans l'action du cyanogène sur l'aniline, base qu'on peut considérer comme résultant de l'union de 2CAz à la triphénylguanidine, $C(C^6H^5)^3H^2Az^3$. Il se forme en même temps de l'ammoniaque et de l'aniline.

3° L'action directe du cyanogène sur la triphénylguanidine donne une base, $C^{21}H^{17}Az^5$, isomère de la précédente et qui se dédouble comme elle. D'abord, par le contact avec l'acide chlorhydrique, elle se transforme en oxalyl-triphénylcyaniline, $C^{21}H^{15}Az^3O^2 = C(C^2O^2)(C^6H^5)^3Az^3$, qui par l'ébullition de la solution acide se dédouble en aniline et diphényloxalylurée.

La diphényloxalylurée est en belles aiguilles insolubles dans l'eau, solubles dans l'alcool et l'éther; elle se décompose par l'ébullition avec la potasse en donnant du carbonate et de l'oxalate de potassium, en même temps que de l'aniline. E. G.

**PARABENZINE.** — A. Church avait isolé par distillation fractionnée des huiles légères du goudron de houille un carbure passant à 97°,5 et possédant, suivant lui, la composition de la benzine. Les recherches postérieures sur les carbures d'hydrogène du goudron de houille ont démontré que la parabenzine de Church n'est qu'un mélange de benzine et de toluène.

De même, le *paratoluène* de Church bouillant à 119°,5 n'est qu'un mélange de toluène et de xylène.

**PARABROMALIDE.** — Ce composé, décrit, t. II, p. 662, comme un isomère du bromal, par M. Cloëz, est identique avec le bromoxaforme ou acétate de méthyle pentabromé (voyez t. I, p. 24) [Cloëz, *Bull. de la Soc. chim.*, 1861, p. 119].

**PARABROMOMALÉIQUE (ACIDE).** — Voyez t. II, p. 283.

**PARACAJEPUTÈNE.** — Voyez t. I, p. 609.

**PARACAMPHORIQUE (ACIDE).** — Voyez t. I, p. 716.

**PARACARTHAMINE.** — M. Stein a donné ce nom à une substance qui se forme dans l'hydrogénation de la rutine et du morin. On opère en solution alcoolique et en employant de l'amalgame de sodium. C'est un corps rouge que les alcalis et l'acétate de plomb colorent en vert; les acides lui rendent la coloration primitive.

La paracarthamine paraît se trouver aussi dans le liége, dans l'écorce rouge de *Cornus sanguinea*, dans les jeunes racines de certains acacias, de la ronce, dans l'*Euphorbia cyparissias*, dans une couche du bois de saule. La paracarthamine n'a pas une composition constante; suivant sa provenance, elle a donné à l'analyse des chiffres intermédiaires entre les formules

$$C^{20}H^{28}O^7 \quad \text{et} \quad C^{40}H^{48}H^{21}$$

[W. Stein, *Journ. prakt. Chem.*, t. LXXXV, p. 351, t. LXXXVIII, p. 293, et t. LXXXIX, p. 405].

**PARACASÉINE.** — Nom donné par Ritthausen à la matière albuminoïde insoluble dans l'alcool et contenue dans le froment. Elle est probablement identique avec la légumine ou caséine végétale. — Voyez t. I, p. 776.

**PARACELLULOSE.** — Voyez CELLULOSE, t. I, p. 779.

**PARACHLORALIDE.** — Le parachloralide est identique avec l'acétate de méthyle perchloré (Cloëz). — Voyez t. II, p. 24.

**PARACHLOROBENZOÏQUE (ACIDE).** — Voyez DRACYLIQUE (ACIDE).

**PARACHOLIQUE (ACIDE).** — Isomère de l'acide glycocholique. — Voyez t. I, p. 599.

**PARACITRIQUE (ACIDE).** — Syn. avec ACONITIQUE (ACIDE), t. I, p. 61.

**PARACOLOMBITE** (Shepard). — Ce n'est qu'un fer titané.

**PARACONIQUE**, $C^5H^6O^4$. — Cet acide, isomère avec les acides citraconique, itaconique et mésaconique, se forme en même temps que l'acide itamalique $C^5H^8O^5$ dans la décomposition de l'acide itamonochloro-pyrotartrique (voyez t. II, p. 163), sous l'influence de l'eau, de l'oxyde ou du carbonate d'argent :

$$C^5H^7ClO^4 = C^5H^6O^4 + HCl.$$

Pour le préparer, on chauffe l'acide itamonochloro-pyrotartrique avec de l'eau pendant quelques heures à 140°, ou bien on fait bouillir la solution aqueuse de l'acide pendant 48 heures, on neutralise par le carbonate de calcium et l'on ajoute de l'alcool. Le sel de calcium de l'acide itamalique formé se précipite ; la solution filtrée est additionnée d'éther qui précipite du paraconate de calcium. Ce dernier enfin est décomposé par l'acide oxalique.

Un mode de préparation plus simple consiste à décomposer l'acide itamonochloro-pyrotartrique en solution aqueuse et bouillante par le carbonate d'argent; le paraconate d'argent cristallise directement par le refroidissement. On en isole l'acide libre au moyen de l'hydrogène sulfuré. Lorsqu'on substitue l'oxyde d'argent au carbonate, il se forme en même temps un peu d'acide itamalique.

L'acide paraconique constitue une masse cristalline, fusible vers 70°, très-soluble dans l'eau et dans l'alcool, peu soluble dans l'éther.

Soumis à la distillation sèche, il fournit de l'anhydride citraconique. L'acide bromhydrique se combine directement avec l'acide paraconique en donnant l'acide itamonobromo-pyrotartrique.

PARACONATES. — L'acide paraconique paraît être monobasique ; au moins on n'a pas encore réussi à préparer des sels avec 2 atomes de métal. En présence des bases, l'acide est très-instable et il se convertit en fixant les éléments de l'eau en acide itamalique. — Voyez t. II, p. 162.

$$\underset{\text{Paraconate de sodium.}}{C^5H^5O^4Na} + H^2O = \underset{\text{Itamalate acide de sodium.}}{C^5H^7O^5Na.}$$

Il n'est pas possible d'obtenir des paraconates par neutralisation de l'acide par la base correspondante; les sels suivants ont été préparés par double décomposition entre le sel d'argent et un chlorure métallique.

*Paraconate d'argent*, $C^5H^5O^4Ag$. — Il cristallise dans l'eau bouillante en aiguilles groupées en étoiles; sa préparation a été indiquée plus haut. Chauffé avec de l'oxyde d'argent, il se transforme en itamalate.

*Sel de calcium*, $(C^5H^5O^4)^2Ca + 3H^2O$. — Très-soluble dans l'eau et cristallisant en fines aiguilles brillantes. Il perd à l'air une molécule d'eau et le reste à 120°.

*Sel de sodium*, $C^5H^5O^4Na$. — La solution de ce sel, évaporée dans le vide, dépose des aiguilles enchevêtrées, déliquescentes. A chaud, sa solution devient acide et renferme de l'itamalate acide de sodium [Th. Swarts, *Bull. de l'Acad. belg.*, 6 juillet 1867; *Bull. de la Soc. chim.*, 1868, t. IX, p. 320]. A. H.

**PARACOUMARIQUE (ACIDE).** — Voyez COUMARIQUE (ACIDE), t. I, p. 981.

**PARACYANOGÈNE.** — Voyez CYANOGÈNE, t. I, p. 1076.

**PARADATISCÉTINE**, $C^{15}H^{10}O^6$. — Substance isomère avec la datiscétine, que MM. Hlasiwetz et Pfaundler ont trouvée parmi les produits de l'action de la potasse en fusion sur la quercétine. La masse fondue reprise par l'eau et sursaturée avec de l'acide chlorhydrique laisse déposer des flocons de paradatiscétine impure. Pour la purifier, on dissout ces flocons dans l'alcool, on précipite par l'acétate de plomb la quercétine non attaquée, on débarrasse, par l'acide sulfurique, le liquide filtré du plomb qu'il contient, on chasse les deux tiers de l'alcool par distillation et l'on précipite par l'eau. Finalement, on fait cristalliser dans l'alcool très-faible les flocons qui se précipitent.

La paradatiscétine se dépose sous forme d'aiguilles jaunâtres, qui se dissolvent facilement dans l'alcool faible en lui communiquant une réaction acide; l'éther la dissout plus difficilement et elle est presque insoluble dans l'eau. Sa solution alcoolique est colorée en violet par le perchlorure de fer, en rouge ou rouge-brun par l'eau de chlore ou de brome, et en jaune par la potasse; à l'air, cette dernière coloration passe au vert.

Elle réduit à chaud le nitrate d'argent et l'oxyde de cuivre en solution alcaline. Fondue avec la potasse, la paradatiscétine fournit de la phloroglucine, mais pas d'acide quercétique ou protocatéchique.

A l'ébullition, elle dissout les carbonates terreux en donnant des sels cristallisant en longues aiguilles.

Le *sel de baryum*, séché à 100°, renferme $(C^{15}H^{11}O^7)^2Ba$.

Celui *de strontium* a pour formule

$$(C^{15}H^{11}O^7)^2Sr$$

[H. Hlasiwetz et L. Pfaundler, *Journ. prakt. Chem.*, t. XCIV, p. 65; *Instit.*, 1864, p. 405]. A. H.

**PARADIGITALINE.** — Voyez DIGITALINE, t. I, p. 1167.

**PARADOXITE.** — Variété d'orthose de Marienberg (Saxe), ne renfermant pas de soude.

**PARAELLAGIQUE (ACIDE).** — Syn. avec RUFIGALLIQUE (ACIDE).

**PARAFFINE.** — Le nom de paraffine, qui dérive de *parum affinis* (affinités faibles), a été donné par Reichenbach à un hydrocarbure fusible à 43°,5 et cristallisable, extrait par lui en 1830 du goudron de bois. On a retiré des corps analogues des goudrons de houille et de ceux provenant de la distillation des matières animales, on en a trouvé dans les pétroles d'Amérique et d'Europe, dans les produits de la distillation sèche du *boghead*, des schistes et bitumes naturels; on en a obtenu en distillant la cire seule ou avec de la chaux. Ces divers produits, appelés paraffines, comme le premier, se rapprochent par leur apparence cristallisée, par leur composition qui est celle d'un homologue du gaz des marais $C^nH^{2n+2}$ et par leur grande indifférence aux réactifs chimiques, mais diffèrent par leur point de fusion qui peut varier depuis 45° jusqu'à 65°.

Dans ces derniers temps on a proposé de donner le nom générique de paraffine à tous les hydrocarbures de la série $C^nH^{2n+2}$ dont le premier terme est l'hydrogène protocarboné, hydrure de méthyle, gaz des marais ou formène; nous ne nous occuperons ici que des hydrocarbures solides, cristallisés, voisins par leurs caractères physiques et qui forment les termes les plus élevés parmi les carbures de cette série.

On donne le nom d'huiles paraffinées aux carbures liquides de la même série accompagnant la paraffine dans le pétrole et les huiles minérales.

*Propriétés de la paraffine pure.* — C'est un corps solide incolore, à texture cristalline assez semblable au blanc de baleine, translucide, inodore et sans saveur; elle fond de 45° à 65° suivant son origine et se prend par refroidissement en une masse cristalline lamelleuse; elle bout vers 300° ou plus haut, mais émet bien avant le terme des vapeurs blanches, lorsqu'on la chauffe en vase ouvert. Ces vapeurs s'enflamment facilement à l'air et brûlent avec une flamme brillante. Densité, 0,870. Insoluble dans l'eau et l'alcool froid, soluble dans 2,85 p. d'alcool bouillant, d'où elle se sépare par refroidissement en aiguilles blanches et friables; soluble dans l'éther, les huiles grasses et essentielles, les huiles de goudron, de schiste et de pétrole.

Le mélène ou paraffine de la cire a une densité de 0,89, fond à 62° (Brodie), 52°,5 (Ettling), 47°,8 (Lewy). D'après ces différences dans le point de fusion, on voit que la paraffine de la cire n'est pas un produit défini; elle varie par les caractères physiques suivant les conditions de sa préparation [Ettling, *Ann. der Chem. u. Pharm.*, t. II, p. 252; —Lewy, *Ann. de Chim. et de Phys.*, (3), t. V, p. 395; — Brodie, *Ann. der Chem. u. Pharm.*, t. LXXI, p. 156].

La paraffine de Reichenbach [*Journ. für Chem. u. Phys. v. Schweigger*, t. LIX, p. 436, t. LXI, p. 273, t. LXII, p. 129; *Ann. de Chim. et de Phys.*, t. L, p. 69; — Jules Gay-Lussac, *Ann. de Chim. et de Phys.*, (3), t. L, p. 78] fond à 43,5. Celle obtenue par Laurent dans la distillation sèche des schistes bitumineux d'Autun fondait à 33°.

Les expériences suivantes démontrent aussi que la paraffine du commerce n'est qu'un mélange de carbures d'hydrogène rapprochés par leur composition. MM. Bolley et Tuchschmid [*Schweiz. Polyt. Zeitschr.*, 1868], ayant employé une paraffine pure de Weissenfels bouillant vers 300°, fondant à 53°, remarquèrent que dès 150° il passe à la distillation un peu de matière fusible à 43°; à 200° il a distillé une portion assez notable, fusible à 44°,5, tandis que le résidu fondait à 53°,5. A 250°, ils obtinrent un produit plus abondant fusible à 45°, le résidu fondait à 54°.

L'acide sulfurique concentré et froid n'attaque pas la paraffine; à chaud, une partie de la matière se carbonise, tandis que l'autre distille. L'acide nitrique concentré et bouillant donne de l'acide succinique, d'après Hofstaedter [*Ann. der Chem. u. Pharm.*, t. XCI, p. 326]. Avec l'acide azotique du commerce étendu de 1 fois 1/2 son volume d'eau, on obtient de l'acide cérotique et d'autres acides gras (acétique, butyrique, valérique, œnanthylique), ainsi qu'un acide fusible à 117° (mélange d'acides succinique et lépargylique) [H. Gill et Meusel, *Journ. of the Chem. Soc.*, t. XI, p. 466]. L'acide azotique étendu de 4 volumes d'eau n'attaque la paraffine que très-lentement. Un mélange de bichromate de potasse et d'acide sulfurique étendu transforme également, à l'ébullition, la paraffine en acide cérotique et en d'autres acides gras de la série.

MM. Bolley et Tuchschmid ont démontré que la paraffine chauffée au contact de l'air à 150° absorbe de l'oxygène et se convertit partiellement en une substance molle, élastique, brun foncé, contenant 19,7 °/₀ d'oxygène.

Le brome et le chlore attaquent la paraffine en donnant des produits de substitution chlorés et bromés [Bolley, *Ann. der Chem. u. Pharm.*, t. CVI, p. 231]. L'acide hypochloreux ne s'y combine pas; l'acide chlorhydrique gazeux ou en solution est sans action. Les alcalis caustiques et bouillants n'ont également aucun effet.

Le tableau suivant donne les résultats analytiques fournis par diverses espèces de paraffines, d'après Anderson et Brodie [*Rép. Brit. Assoc.*, 1846, *Philosoph. Mag.*, (3), t. XXXIII, p. 178].

| | Anderson. | | | | Brodie. | |
|---|---|---|---|---|---|---|
| | 1. | 2. | 3. | 4. | 5. | 6. |
| Carbone... | 85,1 | 85,0 à 85,3 | 85,15 | 84,95 à 85,23 | 84,60 à 85,20 | 85,31 |
| Hydrogène. | 15,1 à 15,3 | 15,4 | 15,29 | 15,05 à 15,16 | 14,39 à 14,23 | 14,44 |

1. Paraffine du boghead, fondant à 45°,5.
2. Paraffine fusible à 52°.
3. Paraffine du pétrole de Rangoon, fusible à 61°.
4. Paraffine de la poix, fusible à 46°,7.
5. Paraffine de la cire de Chine, fusible à 57°.
6. Paraffine de la cire d'abeille, fusible à 62°.

La formule $C^nH^{2n}$ exige carbone 85,71.

Il résulte de là que les nombres généralement trouvés se rapportent plutôt à des homologues supérieurs des formènes tels que $C^{27}H^{56}$ et $C^{30}H^{62}$ exigeant carbone 85,2 et 85,3. Cette conclusion est d'accord avec l'indifférence chimique de la paraffine qui caractérise également les carbures saturés $C^nH^{2n+2}$. Ajoutons enfin que la paraffine accompagne généralement les carbures liquides de cette série, comme dans les pétroles d'Amérique si riches en hydrures.

Depuis que l'on a trouvé dans les pétroles et les produits de la distillation du boghead et des schistes bitumineux des sources abondantes de paraffine, on a cherché à ce produit des applications sérieuses. La plus importante est fondée sur son pouvoir éclairant et la facilité avec laquelle elle brûle en donnant une flamme blanche non fuligineuse et très-éclairante. On se sert sur une grande échelle de la paraffine pour la fabrication des bougies. A la température ordinaire le corps est assez dur pour constituer un produit d'excellente qualité encore rehaussée par une demi-transparence, mais le point de fusion peu élevé (46° à 58°) de la matière première nécessite l'addition de 18 à 20 °/₀ de stéarine. Avec des paraffines à points de fusion plus élevés (vers 62°), on peut supprimer la stéarine en hiver et n'en employer que 1 à 2 °/₀ en été. Les bougies de paraffine doivent être coulées à une température aussi basse que possible et promptement refroidies. Lorsqu'on veut obtenir des bougies transparentes, la température des moules doit toujours être supérieure à celle de la paraffine liquide à couler.

M. Stenhouse (patente anglaise du 21 janvier 1862) emploie la paraffine pour rendre les tissus moins perméables à l'air et à l'eau. On étend ceux-ci sur une surface métallique plane, le revers en dessus, et l'on chauffe la plaque à 100° environ avec de la vapeur, puis on frotte avec un bloc assez volumineux de paraffine solide, en distribuant cette dernière aussi également que possible, puis on repasse avec un fer chaud, ou bien on fait passer le tissu entre deux cylindres presseurs chauffés à la vapeur. Suivant les quantités de paraffine employées, on peut ainsi obtenir tous les degrés d'imperméabilité.

Pour protéger les surfaces métalliques, on emploie la paraffine en solution dans une huile volatile et on l'applique au pinceau. M. H. Vohl [*Dinglers polyt. Journ.*, t. CLXXVIII, p. 66] propose l'emploi d'une solution de paraffine dans la benzine pour recouvrir et protéger les fresques.

D'après Sostemann [*Dinglers polyt. Journ.*, t. CLXXXIV, p. 66], on peut se servir avec avantage de la paraffine pour empêcher la formation de la mousse pendant l'évaporation des jus sucrés et remplacer économiquement l'huile utilisée dans le même but. Dans les laboratoires, on emploie la paraffine pour les bains, en guise d'huile; elle a l'inconvénient de répandre beaucoup de fumée et de s'enflammer au-dessus de 200°.

Stolba [*Journ. für prakt. Chem.*, t. XCIX, p. 53] propose d'enduire de paraffine les capsules et les vases en verre dans lesquels on peut conserver des substances liquides attaquant le verre.

La paraffine sert souvent pour falsifier la cire On reconnaît assez facilement cette fraude en prenant la densité du produit. La cire a une densité qui varie de 0,965 à 0,969; la paraffine a une densité variant de 0,853 (minimum) à 0,875 (maximum); généralement la densité est de 0,872. D'après Wagner, la densité d'un mélange de cire et de paraffine est proportionnelle à la composition et peut se calculer d'après la règle des mélanges [*Bull. de la Soc. chim. de Paris*, 1867, p. 420].

*Préparation de la paraffine.* — Parmi les matières premières pouvant servir à l'extraction de la paraffine, nous n'indiquerons que pour mémoire : 1° le goudron de bois ; 2° le goudron de houille obtenu par une distillation ménagée de la houille ; 3° les goudrons de matières animales ; 4° les produits de la distillation de la cire. Celles qui peuvent être utilisées industriellement sont les pétroles bruts, les huiles de schistes, de lignites, de boghead, la paraffine fossile ou ozokérite. Le goudron de schiste, de boghead, etc., est soumis à la distillation et le produit de cette distillation est fractionné en deux portions : la première composée des hydrocarbures liquides, l'autre formée des parties qui doivent se solidifier. Ces dernières sont exposées à une basse température pour amener la cristallisation. On pourrait utiliser pour cet effet les appareils à glace de M. Carré qui rendent déjà de si grands services dans la fabrication de la bière. La masse congelée est soumise à l'action d'un puissant hydro-extracteur qui fait écouler une partie des huiles liquides imprégnant les cristaux. Le résidu est exprimé à la presse hydraulique. Si l'on veut obtenir un produit à point de fusion élevé en sacrifiant le rendement, on peut terminer l'extraction à une température de 40° environ. Les pains sont fondus à 150° et le liquide est mélangé à 2 % environ d'acide sulfurique concentré qui carbonise les carbures étrangers à la paraffine, en respectant celle-ci. On lave à l'eau et à la soude et enfin à l'eau. Le résidu est additionné de 6 % d'huiles légères (photogène) et turbiné, puis exprimé, et purgé des restes de photogène par la vapeur surchauffée. Cette opération a pour but d'entraîner les produits colorés. On peut aussi, après le traitement sulfurique et le lavage, ajouter de l'huile légère, fondre et filtrer sur du noir, puis expulser l'huile légère par un courant de vapeur d'eau surchauffée.

M. Hübner [*Deutsch. indust. Zeit.*, 1868, n° 28, p. 274] propose de traiter par l'acide sulfurique le goudron lui-même, et non la masse solide provenant de la distillation. Après décantation, on distille sur quelques centièmes de chaux vive, qui remplace le traitement à la soude. On abandonne à cristallisation, on comprime et on purifie par les hydrocarbures liquides.

La distillation du pétrole fournit : 1° des huiles légères, densité de 0,800 à 0,830, qui, après purification à l'acide sulfurique et à la soude, donnent par une nouvelle distillation fractionnée : *a*, de l'essence de pétrole ; *b*, du photogène ou pétrole raffiné ; 2° des huiles lourdes, densité de 0,830 à 0,900, qui, purifiées à l'acide sulfurique et à la soude, puis fractionnées, donnent : *a*, du photogène bouillant de 200° à 300° ; *b*, de l'huile solaire bouillant au-dessus de 300° ; *c*, de l'huile à graisser, densité 0,900 à 0,935 ; 3° des huiles riches en paraffine, que l'on met à part lorsque le liquide qui passe devient filant, et que l'on traite comme il a été dit plus haut. L'ozokérite ou cire minérale est de la paraffine naturelle souillée par du bitume ; elle se présente sous forme de masse d'un rouge-brun ; elle se rencontre surtout sur les côtes de la mer Caspienne, en Truchménie, où on l'exploite pour l'obtention de la paraffine. Le minerai est fondu avec de l'eau pour le débarrasser du sable, et coulé en pains de 2 livres environ. Une partie est livrée au commerce, une autre partie traitée dans l'île de Swatoi Ostrow, dans la mer Caspienne. On distille dans des cornues en fonte munies de réfrigérants en plomb. On obtient 68 % de produit contenant 60 p. de paraffine et 8 p. d'huile. La paraffine est exprimée à la presse hydraulique, puis fondue à 180° avec 5 % d'acide sulfurique ; on lave, on neutralise avec de la chaux, on distille, on coule en plaques et on presse. Les tourteaux sont fondus avec 25 % d'huile légère ; la masse fondue et coulée, on exprime de nouveau et on traite par un courant de vapeur à forte tension pour éliminer l'odeur. On obtient ainsi un produit translucide, incolore, inodore, fusible à 63°, cassant. P. S.

**PARAGLOBULARÉTINE.** — Voyez t. I, p. 1564.

**PARAGONITE** (Min.). — Roche talqueuse qui renferme le disthène et la staurotide au Saint-Gothard. Dureté, 2 à 2,5. Densité, 2,77.

Analyse par Schafhäutl : $SiO^2 = 50{,}20$ ; $Al^2O^3 = 35{,}90$ ; $Fe^2O^3 = 2{,}36$ ; $Na^2O = 8{,}45$ ; $H^2O = 2{,}45$, total 99,86.

**PARAHEXYLÈNE.** — Produit de condensation du β-hexylène sous l'influence de l'acide sulfurique. — Voyez *Hexylène* β, t. II, p. 21.

**PARALACTIQUE (ACIDE).** — Syn. avec SARCOLACTIQUE (ACIDE). — Voyez t. II, p. 186.

**PARALBUMINE.** — Cette albumine particulière a été trouvée dans certains kystes de l'ovaire (voyez t. I, p. 93). M. Hilger a signalé récemment sa présence dans la sérosité de l'ascite [Hilger, *Ann. der Chem. u. Pharm.*, t. CLX, p. 338].

**PARALDÉHYDE.** — On nomme ainsi une modification polymérique de l'aldéhyde. Elle a été découverte par M. Weidenbusch [*Ann. der Chem. u. Pharm.*, t. LXVI, p. 155] et décrite dans le t. I de cet ouvrage, p. 43. Récemment elle a été l'objet d'un travail intéressant de MM. Kekulé et Zincke, travail dont nous allons exposer ici les principaux résultats [*Ann. de Chim. et de Phys.*, (4), t. XXV, p. 139].

Un grand nombre de substances possèdent la propriété de convertir l'aldéhyde en paraldéhyde. Des traces de gaz phosgène, d'acide chlorhydrique ou de gaz sulfureux effectuent cette transformation en peu de temps et avec dégagement de chaleur. Une goutte d'acide sulfurique concentré agit encore plus énergiquement ; avec l'acide étendu l'action est plus lente. Le chlorure de zinc agit comme le gaz sulfureux. Tous ces corps effectuent une transformation assez complète de l'aldéhyde en paraldéhyde. Toutefois il est difficile d'extraire du produit brut de la paraldéhyde pure, par distillation, par la raison qu'une partie de ce corps se convertit de nouveau en aldéhyde pendant cette opération même. En hiver, on peut obtenir de la paraldéhyde sensiblement pure en comprimant fortement et à une basse température les cristaux de paraldéhyde que l'on obtient aisément par l'action de l'acide chlorhydrique sur l'aldéhyde (A.W.).

La paraldéhyde fond à 10°,5. Sa densité à 15° est égale à 0,998. Elle bout à 124°. Au reste, de petites quantités d'eau ou d'aldéhyde modifient notablement les points de fusion et d'ébullition de cette substance. Lorsqu'on chauffe doucement un mélange d'aldéhyde et de paraldéhyde, cette dernière passe entièrement au-dessous de 100°, en se transformant de nouveau en aldéhyde.

La paraldéhyde est moins soluble dans l'eau chaude que dans l'eau froide : la solution préparée à froid se trouble lorsqu'on chauffe. Distillée avec une petite quantité d'acide sulfurique, elle se convertit complètement en aldéhyde, selon l'observation de M. Weidenbusch. Elle se comporte de même sous l'influence de l'acide chlorhydrique, du phosgène, du chlorure de zinc (Kekulé et Zincke). Par l'action du perchlorure de phosphore, elle se convertit en chlorure d'éthylidène $C^2H^4Cl^2$ (Geuther).

La facilité avec laquelle la paraldéhyde se transforme de nouveau en aldéhyde ne permet pas de déduire son vrai poids moléculaire de sa densité de vapeur. Toutefois il est probable qu'elle résulte de la condensation de 3 molécules d'aldéhyde, et qu'elle est représentée, en conséquence, par la formule $C^6H^{12}O^3$. Les trois molécules d'aldéhyde y sont probablement soudées par l'oxygène :

$$\begin{array}{l} CH^3\text{-}CHO \\ CH^3\text{-}CHO \\ CH^3\text{-}CHO \end{array}$$

Ajoutons que, d'après MM. Kekulé et Zincke, la modification isomérique de l'aldéhyde décrite par M. Fehling sous le nom d'élaldéhyde n'existe pas, non plus que celle dont le point d'ébullition serait situé à 81° et qui avait été observée par M. Liebig.

Quant à la métaldéhyde solide et non fusible que ce dernier chimiste a découverte, elle prend naissance lorsqu'on expose, pendant quelque temps, à une basse température de l'aldéhyde traitée par de petites quantités d'acide chlorhydrique, de phosgène, ou d'acide sulfurique étendu.

Des traces de chlorure de calcium et de chlorure de zinc engendrent également de la métaldéhyde même à la température ordinaire ; toutefois ce corps ne prend naissance qu'en petite quantité ; il se dépose sous forme de petites aiguilles blanches. Au contact du chlorure de calcium, la métaldéhyde se sépare en grands prismes réguliers et transparents (Fehling).

Elle est insoluble dans l'eau, peu soluble à froid, plus soluble à chaud dans l'alcool, l'éther, le chloroforme, la benzine, le sulfure de carbone. Chauffée brusquement, elle se sublime en flocons blancs. Chauffée pendant quelque temps en vase clos de 112° à 115°, la métaldéhyde se convertit en aldéhyde. Distillée avec une petite quantité d'acide sulfurique, elle se transforme pareillement en aldéhyde. Son mode de condensation et sa formule moléculaire sont inconnus. A. W.

**PARALOGITE** (Min.). — Variété de wernerite d'Arendal blanche avec taches bleues passant au violacé.

Dureté, 7,5

**PARALUMINITE** (Min.). — Sous-sulfate d'aluminium hydraté, $(Al^2O^3)^2SO^3 + 15H^2O$, blanc ou jaunâtre, en masses réniformes, trouvé à Halle et à Huelgoat.

Les caractères sont ceux de l'aluminite.

**PARAM.** — Voyez CYANAMIDES, t. I, p. 1053.

**PARAMALÉIQUE (ACIDE).** — Syn. avec FUMARIQUE (ACIDE), t. I, p. 1502.

**PARAMALIQUE (ACIDE).** — Syn. avec DIGLYCOLIQUE (ACIDE), t. I, p. 1169.

**PARAMÉCONIQUE (ACIDE).** — Syn. avec COMÉNIQUE (ACIDE), t. I, p. 963.

**PARAMÉNISPERMINE.** — Alcaloïde qui se trouve avec la ménispermine et la picrotoxine dans la coque du Levant.

L'éther qui a déposé la ménispermine (voyez t. II, p. 336) laisse après distillation un résidu visqueux qui, dissous dans l'alcool, donne, par évaporation à une douce chaleur (45°), des cristaux de paraménispermine. Sa composition se confond avec celle de la ménispermine :

$$C = 71{,}80 ;\ H = 8{,}01 ;\ Az = 9{,}57 ;\ O = 10{,}53.$$

La paraménispermine fond à 250° et se volatilise à l'état de vapeurs blanches, qui se condensent sous forme de neige. Insoluble dans l'eau, elle se dissout en petite quantité dans l'éther, mais elle est fort soluble dans l'alcool. Les acides étendus la dissolvent également sans former de sels [Pelletier et Couerbe, *Ann. de Chim. et de Phys.*, t. LIV, p. 178]. A. H.

**PARAMIDE, PARAMIDIQUE (ACIDE).** — Voyez MELLIQUE (ACIDE), t. II, p. 331.

**PARAMORPHINE.** — Syn. avec THÉBAÏNE.

**PARAMUCIQUE (ACIDE).** — Voyez MUCIQUE (ACIDE), t. II, p. 472.

**PARAMYLÈNE.** — Voyez DIAMYLÈNE, t. I, p. 1147.

**PARAMYLON.** — Gottlieb [*Ann. der Chem. u. Pharm.*, t. LXXV, p. 51] a donné ce nom à une substance semblable à l'amidon du blé, contenue en grande quantité dans une espèce d'infusoires, l'*Euglena viridis*. Cette matière se présente à l'état de petits grains blancs, insolubles dans l'eau, solubles dans les acides étendus et possédant la composition de l'amidon. Chauffés à 200°, ils se transforment en une masse gommeuse, soluble dans l'eau et sans saveur. L'acide chlorhydrique concentré les convertit en glucose.

**PARANAPHTALINE.** — Voyez ANTHRACÈNE, t. I, p. 340 et p. 1653.

**PARANILINE**, $C^{12}H^{14}Az^2$ [A. W. Hofmann, *Compt. rend.*, t. LV, p. 781 ; *Rép. de Chim. pure*, 1863, p. 93]. — Cette base a été trouvée par M. Hofmann dans les résidus de la distillation d'aniline, résidus connus sous le nom de *queues d'aniline*. La portion des queues d'aniline qui passe au-dessus de 330° renferme la base. Cette partie, liquide brun, visqueux, traitée par l'acide sulfurique étendu, laisse déposer du sulfate de xénylamine peu soluble, tandis que le sulfate de paraniline reste en dissolution. Décomposé par la soude, ce dernier fournit une base visqueuse, qui se prend en masse au bout de quelques jours ; on la purifie par compression entre des feuilles de papier buvard et par cristallisations successives dans l'eau et dans l'alcool.

La paraniline, $C^{12}H^{14}Az^2$, possède la même composition centésimale que l'aniline ; elle est en aiguilles blanches soyeuses, fusibles à 192° et bouillant sans décomposition vers 300°. Peu soluble dans l'eau, elle se dissout facilement dans l'alcool et l'éther.

Avec les acides, elle donne des sels qui contiennent 1 ou 2 molécules d'acide ; ils sont jaunes et possèdent en solution une fluorescence verte. La solution de la base dans l'acide chlorhydrique dépose des tables hexagonales jaunes du sel $C^{12}H^{14}Az^2, 2HCl + H^2O$, que l'eau décompose en donnant des aiguilles jaunes, solubles dans l'eau et dans l'alcool, insolubles dans l'éther et renfermant $C^{12}H^{14}Az^2, HCl + H^2O$ (séché à 100°) ; à 115°, ce sel perd son eau de cristallisation.

Le *chloroplatinate*, $[C^{12}H^{14}Az^2, HCl]^2 + PtCl^4$, est en prismes jaunes peu solubles.

*Azotate de paraniline*, $C^{12}H^{14}Az^2, AzHO^3$. — Aiguilles jaunes groupées en étoiles.

*Sulfates de paraniline*. — Le sel neutre, $C^{12}H^{14}Az^2, SO^4H^2$, cristallise dans l'eau en petites aiguilles, très-solubles dans l'eau ; un excès de base le transforme en un sel basique

$$[C^{12}H^{14}Az^2]^2 SO^4H^2,$$

qui ressemble beaucoup au premier.

Traitée par l'iodure d'éthyle, la paraniline donne les deux bases

$$C^{12}H^{13}(C^2H^5)Az^2 \quad \text{et} \quad C^{12}H^{12}(C^2H^5)^2Az^2,$$

dont les solutions salines se distinguent par leur fluorescence verte.

Avec le chlorure de benzoyle, on obtient le dérivé $C^{12}H^{13}(C^7H^5O)Az^2$ en aiguilles insolubles dans l'eau, mais solubles dans l'alcool. A. H.

**PARANTHINE.** — Voyez WERNERITE.

**PARAPECTINE, PARAPECTIQUE (ACIDE).** — Voyez PECTINE.

**PARAPEPTONE.** — Voyez SYNTONINE.

**PARAPICOLINE.** — Voyez PICOLINE.

**PARARHODÉORÉTINE.** — Voyez JALAPINE, t. II, p. 1?7.

**PARASACCHAROSE.** — M. V. Jodin a avancé qu'en abandonnant au contact de l'air une solution de sucre additionnée d'une certaine quantité de phosphate d'ammonium ou de sodium, le sucre de canne se transforme en un sucre cristallisable plus fortement dextrogyre ($\alpha = +107°$) que le sucre de canne. Ce sucre, nommé *parasaccharose*, ne se produirait qu'en été (15 juin au 15 septembre) et la chaleur artificielle serait impuissante pour opérer la transformation. M. Jodin attribue sa production à un ferment particulier voisin de la levûre qu'il désigne sous le nom de *Torula Pastoris*.

Le parasaccharose appartiendrait au type $C^{12}H^{22}O^{11}$, mais il réduirait le réactif cuivrique [V. Jodin, *Compt. rend.*, t. LIII, p. 1252; t. LV, p. 720; t. LVII, p. 434].

**PARASALICYLE (ACIDE).** — Voyez SALICYLE.

**PARASITE** (Min.). — Substance dont M. Volger admet l'existence dans la boracite pour rendre compte à la fois de sa structure fibreuse, de son action sur la lumière polarisée et de l'eau qu'elle donne à l'analyse.

**PARASORBIQUE (ACIDE).** — Voyez SORBIQUE (ACIDE).

**PARASTILBITE** (Min.). — Substance qui paraît se rapporter à l'épistilbite.

**PARATARTRIQUE (ACIDE).** — Voyez TARTRIQUE (ACIDE).

**PARATHIONIQUE (ACIDE).** — Gerhardt avait avancé que le sulfovinate de baryum se transforme en un sel isomère, lorsqu'on fait bouillir sa dissolution aqueuse. Le liquide se trouble et devient acide : si l'on sature alors par du carbonate de baryum, qu'on filtre et qu'on évapore la solution, on obtiendrait du parathionate de baryum, isomère du sulfovinate. Ce sel ne s'altérerait plus par l'ébullition de sa solution aqueuse [*Compt. rend. des trav. de chim.*, 1845, p. 170]. M. Berthelot considère ce sel comme une simple modification plus stable de l'éthylsulfate (voyez t. I, p. 1348).

D'après des expériences plus récentes de M. Scheibler et de M. Erlenmeyer, l'acide parathionique n'existerait pas et ne serait que de l'acide sulfovinique. Scheibler a observé que le sel de baryum, préparé comme l'indique Gerhardt, possède la composition, la forme cristalline et la solubilité de l'éthylsulfate; de plus, le sel de cuivre est tout à fait identique avec celui de l'acide sulfovinique [C. Scheibler, *Deutsch. Chem. Gesellsch.*, 1872, t. V, p. 440].

Les résultats obtenus par Erlenmeyer concordent avec les précédents; ce dernier chimiste a de plus constaté par un grand nombre d'expériences que l'éthylsulfate et le parathionate de baryum se décomposent avec la même rapidité, lorsqu'on fait bouillir leurs solutions aqueuses [*Ann. der Chem. u Pharm.*, t. CLXII, p. 373]. A. H.

**PARATHORITE** (Min.). — Substance de composition indéterminée trouvée avec la danburite, dans l'orthose de Danbury. En petits prismes orthorhombiques de 128°, d'après Brush et Dana.

**PARELLIQUE (ACIDE)** ou **PARELLINE**, $C^9H^6O^4$. — Schunck donne ce nom à un acide qu'on obtient quelquefois mélangé à l'acide lécanorique dans la préparation de ce dernier corps. On l'extrait des lichens par l'alcool bouillant. Après avoir fait bouillir l'extrait pendant quelque temps, on évapore à siccité, on reprend par l'eau bouillante et on dissout le résidu dans l'alcool bouillant. Par le refroidissement, l'acide parellique se dépose en aiguilles incolores, très-peu solubles dans l'eau froide, solubles dans l'alcool et dans l'éther. La solution alcoolique d'acide parellique est acide et amère; l'eau la précipite en gelée.

L'acide cristallisé perd 6,5 °/₀ d'eau à 100°. Séché, il renferme $C^9H^6O^4$ (Gerhardt). Schunck le représentait par la formule $C^{21}H^{14}O^9$, qui s'accorde un peu mieux avec l'analyse du sel de plomb que celle de Gerhardt. Ce dernier a émis l'hypothèse que l'acide parellique résulte d'un dédoublement de l'acide lécanorique :

$$\underset{\text{Acide lécanorique.}}{C^{16}H^{14}O^7} = \underset{\text{Acide parellique.}}{C^9H^6O^4} + \underset{\text{Orcine.}}{C^7H^6O^2} + H^2O.$$

Chauffé, l'acide parellique fond, puis fournit à la distillation de longues aiguilles et une huile qui se concrète par le refroidissement. L'alcool bouillant ne l'altère pas. L'acide nitrique l'attaque et donne de l'acide oxalique.

L'acide parellique se dissout peu à peu dans la potasse, en donnant d'abord une masse gélatineuse. Les acides le précipitent de nouveau à l'état gélatineux. L'ébullition avec la potasse l'altère, et si elle n'a pas été prolongée, on voit se déposer, par l'addition d'un acide, de petits octaèdres brillants, fusibles dans l'eau bouillante, solubles dans l'alcool et dans la baryte. La solution barytique donne par l'ébullition un précipité de carbonate de baryum.

La baryte et la chaux se comportent comme la potasse.

La solution d'acide parellique dans l'ammoniaque laisse par l'évaporation l'acide libre à l'état cristallin. Soumise à l'ébullition, cette solution prend une teinte citrine claire devenant brune à l'air. Si l'on prolonge l'ébullition, en renouvelant l'ammoniaque, on obtient par évaporation un vernis transparent brun, acide et amer.

La solution alcoolique d'acide parellique précipite les acétates de cuivre et de plomb, mais non le nitrate d'argent. Avec le nitrate d'argent ammoniacal, on obtient un précipité jaunâtre qui se réduit par l'ébullition.

Le *parellate de baryum* est insoluble dans l'eau. Il se précipite en petites aiguilles lorsqu'on mélange les solutions d'azotate de baryum et d'acide parellique dans l'ammoniaque. Ce sel se décompose par l'ébullition comme la solution potassique.

Le *sel de cuivre* est un précipité vert jaunâtre.

Le *sel de plomb* se précipite en flocons blancs par le mélange des solutions alcooliques d'acétate neutre de plomb et d'acide parellique. Sa composition ne s'accorde bien ni avec la formule de Gerhardt ni avec celle de Schunck [*Ann. der Chem. u. Pharm.*, t. LIV, p. 274; — Gerhardt, *Traité de Chim. organ.*, t. III, p. 803]. E. W.

**PARGASITE** (Min.). — Variété d'amphibole de Pargas (Finlande).

**PARICINE**, $C^{23}H^{15}Az^2O^3$? — M. Winckler a donné ce nom à une substance qu'il a retirée d'une écorce venant de Para et qu'il a proposé de nommer *China Jaen fusca* pour rappeler l'analogie de composition de cette écorce avec celle du quinquina Jaen (*China Jaen pallida*), dans laquelle la présence de la paricine fut ensuite constatée.

La paricine est une substance mal définie, incristallisable, qui se présente sous la forme d'une masse amorphe, légère, poreuse, friable, colorée en jaune pâle, insoluble dans l'eau, soluble dans l'alcool et dans l'éther; les acides la dissolvent, mais ne donnent pas de sels cristallisés. Elle forme un sel double avec le bichlorure de platine. Il faut ajouter que les propriétés incertaines de cette substance et les différences assez considérables entre les chiffres d'analyse font craindre que la formule donnée plus haut ne soit pas établie avec une matière suffisamment pure. Quoi qu'il en soit, on l'obtient en épuisant l'écorce par l'alcool, distillant l'alcool et faisant évaporer au bain-marie, jusqu'à ce qu'il reste un extrait sec, qu'on reprend par l'acide chlorhydrique étendu. La liqueur filtrée est précipitée par une solution de carbonate de sodium, et le précipité est lavé et séché à l'étuve. On le reprend par l'éther qui dissout la paricine et abandonne une matière floconneuse insoluble. On ajoute du charbon à la solution éthérée et l'on filtre; par l'évaporation, la paricine se dépose, légèrement colorée en jaune rougeâtre. Pour l'obtenir plus pure, on la redissout dans l'acide chlorhydrique, et on la précipite de nouveau par le carbonate de sodium [*Neues Repert. für Pharm.*, t. I, p. 2]. E. C.

**PARIDINE.** — Ce glucoside a été extrait par Walz des feuilles de *Paris quadrifolia*. On épuise à une douce chaleur les feuilles à deux reprises avec de l'eau additionnée de 2 % d'acide acétique, on comprime fortement le résidu et on le traite par de l'alcool très-fort. On fait digérer l'extrait alcoolique avec du charbon animal, on filtre et on chasse la majeure partie de l'alcool par distillation. Le résidu se prend en une masse gélatineuse, qui chauffée doucement au bain-marie, laisse déposer des cristaux de paridine, dont on achève la purification par quelques cristallisations dans l'alcool faible.

Elle se dépose de sa solution aqueuse et bouillante en lames minces et brillantes formant après dessiccation une masse cohérente et satinée (Walz); par l'évaporation spontanée de sa solution dans l'alcool faible elle cristallise en aiguilles soyeuses réunies en faisceaux (Delffs); 100 p. d'eau en dissolvent 1,5 p.; 100 p. d'alcool à 94,5 centièmes, 2 p. A 100° elle perd 6,8 % d'eau et renferme C = 55,61; H = 7,70 correspondant à la formule $C^6H^{10}O^3$ (Gmelin).

Plus tard, Delffs a établi d'après ses analyses la formule $C^{16}H^{28}O^7$; la paridine cristallisée renferme en outre 2 molécules d'eau.

Enfin Walz a changé cette formule en

$$C^{32}H^{56}O^{14}.$$

L'acide sulfurique et l'acide phosphorique concentrés colorent la paridine en rouge; l'acide nitrique la décompose à chaud; l'acide chlorhydrique la dissout sans coloration. La potasse la décompose à chaud. Lorsqu'on chauffe la paridine en solution dans l'alcool faible avec de l'acide chlorhydrique, elle se dédouble en glucose et en une matière résineuse, le paridol, $C^{26}H^{47}O^9$ (Walz):

$$C^{32}H^{56}O^{14} + H^2O = C^{26}H^{46}O^9 + C^6H^{12}O^6$$

[Walz, *Pharm. Centr.*, 1841, p. 690; *Neu. Jahrb. Pharm.*, t. XIII, p. 355; — Delffs, *ibid.*, t. IX, p. 25]. A. H.

**PARIDOL.** — Voyez PARIDINE.

**PARIÉTINE.** — Syn. avec USNIQUE (ACIDE).

**PARIGLINE.** — Syn. avec SMILACINE.

**PARISITE** (Min.) [Syn. *Musite*]. — Carbonate de cérium, de lanthane, de didyme et de calcium avec fluor, $3RCO^3 + RFl^2$; R = Ce, La, Di, Ca. Cristaux hexagonaux, en pyramides allongées, à faces striées parallèlement à la base, et privées le plus souvent de sommet à cause de l'existence d'un clivage basal très-facile. D'un jaune de miel foncé, d'un éclat vitreux, nacré sur la base. Trouvé à Muso (Nouvelle-Grenade), associée avec l'émeraude, la pyrite, la dolomie et une anthracite dans un calcaire néocomien.

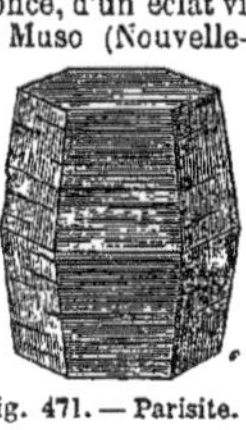

Fig. 471. — Parisite.

*Caractères.* — Soluble lentement dans l'acide chlorhydrique avec effervescence; dans le tube, perd de l'acide carbonique, mais ne donne pas d'eau. Au chalumeau, ne fond pas, mais répand une vive lumière. Avec les flux, verre jaune devenant incolore par le refroidissement. Avec le sel de phosphore, réaction du fluor.

Dureté, 4,5. Poussière blanc jaunâtre.

Densité, 4,35.

*Forme cristalline.* — Hexagonale : pyramide $b^1$ $b^1$ arête culminante = 120° 34'; $b^1$ $b^1$ arête latérale = 164° 58'. Clivage *p* très-facile. F. et S.

**PARISTYPHNINE,** $C^{38}H^{64}O^{18}$ [Walz, *Neu. Jahrb. für Pharm.*, t. XIII, p. 355]. — Glucoside trouvé par Walz dans la racine de *Paris quadrifolia*. On l'obtient en précipitant par le tannin l'eau mère provenant de la préparation de la paridine (voyez t. II, p. 770), décomposant le précipité par l'oxyde de plomb et reprenant par l'eau. La dissolution aqueuse renferme de la paristyphnine et une certaine quantité de paridine, qu'on sépare en concentrant la dissolution et faisant cristalliser : la paridine se dépose, tandis que la paristyphnine reste en solution. C'est une matière amorphe, qui sous l'influence de l'acide sulfurique étendu et bouillant, se dédouble en paridine et en glucose :

$$C^{38}H^{64}O^{18} + 2H^2O = \underset{\text{Paridine.}}{C^{32}H^{56}O^{14}} + C^6H^{12}O^6.$$

**PAROXYBENZAMIQUE (ACIDE).** — Voyez ACIDE AMIDODRACYLIQUE, t. I, p. 1187, et OXYBENZAMIQUE, t. II, p. 698.

**PAROXYBENZOÏQUE (ACIDE),**

$$C^7H^6O^3 = C^6H^4\begin{cases}OH\\CO^2H.\end{cases}$$

— Cet acide a été découvert par M. Saitzeff. A l'état d'éther acide, il constitue l'acide anisique, qui n'est autre que l'acide méthylparoxybenzoïque,

$$C^6H^4\begin{cases}OCH^3\\CO^2H.\end{cases}$$

Pour le préparer, on chauffe de l'acide anisique avec de l'acide iodhydrique, à 125° en vases scellés, pendant 15 heures. On distille l'iodure de méthyle produit : le résidu dépose des cristaux colorés d'acide paroxybenzoïque, qu'on purifie par plusieurs cristallisations dans l'alcool et dans l'éther [Saitzeff, *Ann. der Chem. u. Pharm.*, t. CXXVII, p. 129, et *Bull. de la Soc. chim.*, 1864, t. I, p. 143]. Au lieu d'opérer en vases scellés, on peut chauffer l'acide anisique avec un excès d'une solution d'acide iodhydrique bouillant à 127°, dans un ballon muni d'un tube d'abord ascendant, puis descendant dans un réfrigérant, de telle sorte qu'on peut recueillir tout l'iodure de méthyle formé. On chauffe jusqu'au point d'ébullition de la solution iodhydrique, et on cesse lorsqu'on ne voit plus d'huile passer dans le récipient [Ladenburg et Fitz, *Bull. de la Soc. chim.*, 1866, t. V, p. 414].

Il est plus avantageux, suivant Barth, de décomposer l'acide anisique par la potasse. On dissout 1 p. d'acide anisique et 3 à 4 p. de potasse dans la plus faible quantité d'eau possible, on évapore et l'on chauffe jusqu'à ce que le produit ne se boursoufle plus, puis on reprend par l'eau, on ajoute de l'acide sulfurique et on agite avec de l'éther [Barth, *Journ. für prakt. Chem.*, t. C, p. 366, et *Bull. de la Soc. chim.*, 1867, t. VIII, p. 109].

M. Fischer a obtenu l'acide paroxybenzoïque en dirigeant un courant de gaz nitreux dans une solution très-étendue et bouillante d'acide paramidobenzoïque ou amidodracylique (voyez t. I, p. 1187). On dissout l'acide dans 120 à 125 fois son poids d'eau bouillante, et on continue le courant de gaz nitreux, jusqu'à ce que le liquide, qui brunit et dégage de l'azote, dépose par l'évaporation des flocons bruns résineux; on filtre le liquide qui, concentré, donne de l'acide paroxybenzoïque [Fischer, *Ann. der Chem. u. Pharm.*, t. CXXVII, p. 142].

L'acide paroxybenzoïque se produit encore :

1° Par la fusion de la tyrosine avec la potasse, en opérant comme pour la transformation de l'acide anisique [Barth, *Ann. der Chem. u. Pharm.*, t. CXXXVI, p. 110, et *Bull. de la Soc. chim.*, 1866, t. V, p. 307];

2° Par la fusion avec la potasse du sang-dragon, du benjoin, de l'aloès et de la résine acaroïde.

500 grammes de benjoin fournissent environ 6 à 8 grammes d'acide paroxybenzoïque, 28 gr. d'un acide renfermant $C^{14}H^{12}O^7$, 3 grammes de pyrocatéchine, et 10 à 12 grammes d'acide benzoïque. Avec l'aloès, on obtient 10 à 11 grammes d'orcine et 34 grammes d'acide paroxybenzoïque pour 500 grammes de résine. Avec le sang-dragon, les rendements sont variables. La résine acaroïde fournit, pour 500 grammes, environ 36 grammes d'acide paroxybenzoïque, 4 grammes de résorcine, 5 grammes de pyrocatéchine et 6gr,5 de l'acide $C^{14}H^{12}O^7$ [Hlasiwetz et Barth, *Sitzungsb. der Wiener Akadem.*, t. LI, p. 160 ; *Ann. der Chem. u. Pharm.*, t. CXXXIX, p. 77; *Bull. de la Soc. chim.*, 1866, t. V, p. 62, et 1867, t. VII, p. 431];

3° Par la fusion de la carthamine avec la potasse [Malin, *Ann. der Chem. u. Pharm.*, t. CXXXVI, p. 115].

L'acide paroxybenzoïque est en belles aiguilles de 2 centimètres de longueur ou en prismes courts, appartenant au système clinorhombique. Ces cristaux renferment 1 molécule d'eau, qu'ils perdent à 100° en se sublimant et en devenant opaques. L'acide fond à 208-210°; il est peu soluble dans l'eau froide, très-soluble dans l'eau chaude, dans l'alcool et dans l'éther. Il ne réduit point la solution cupro-alcaline; il ne donne pas avec le chlorure ferrique la coloration violette que donne l'acide salicylique, mais il fournit avec lui un précipité jaune. Lorsqu'on ajoute un excès de brome à sa solution aqueuse, il donne un précipité floconneux cristallin de phénol tribromé. Traité par le perchlorure de phosphore, il donne un chlorure que l'eau décompose en donnant de l'acide parachlorobenzoïque (Saitzeff, Hlasiwetz et Barth).

PAROXYBENZOATES. — *Sel d'argent*,

$$3C^7H^5O^3Ag + 5H^2O.$$

— Précipité cristallin, soluble dans l'eau bouillante, et s'en déposant par le refroidissement sous forme de longues et belles aiguilles (Saitzeff).

Il est en paillettes brillantes qui renferment $C^7H^5O^3Ag + 2H^2O$ (Hlasiwetz et Barth).

*Sel de baryum*, $(C^7H^5O^3)^2Ba + H^2O$. — Aiguilles plates et brillantes, obtenues en saturant l'acide par le carbonate de baryum.

*Sel de cadmium*, $(C^7H^5O^3)^2Cd + 6H^2O$. — Beaux cristaux clinorhombiques isomorphes avec le sulfate de calcium.

*Sel de calcium*, $(C^7H^5O^3)^2Ca$. — Fines aiguilles groupées en étoiles, très-solubles dans l'eau.

*Sel de cuivre*, $(C^7H^5O^3)^2Cu + 6H^2O$. — Jolies aiguilles vertes, qui s'altèrent par l'ébullition avec l'eau.

*Sel de plomb*, $(C^7H^5O^3)^2Pb + 2H^2O$. — Paillettes irisées, semblables à l'acide benzoïque, et qui, desséchées, présentent l'éclat de l'argent.

*Sel de zinc*. — Beaux cristaux larges et feuilletés.

ÉTHERS PAROXYBENZOÏQUES. — L'acide paroxybenzoïque étant diatomique, puisqu'il est tout à la fois acide et phénol, fournit trois séries d'éthers : des éthers monoalcooliques acides, des éthers monoalcooliques neutres, et des éthers dialcooliques neutres :

$$C^6H^4\left\{\begin{matrix}OCH^3\\CO^2H\end{matrix}\right.$$

Acide méthyl-paroxybenzoïque.

$$C^6H^4\left\{\begin{matrix}OH\\CO^2.CH^3\end{matrix}\right.$$

Paroxybenzoate méthylique.

$$C^6H^4\left\{\begin{matrix}OCH^3\\CO^2.CH^3\end{matrix}\right.$$

Méthyl-paroxybenzoate de méthyle.

ACIDE MÉTHYL-PAROXYBENZOÏQUE,

$$C^6H^4\left\{\begin{matrix}OCH^3\\CO^2H.\end{matrix}\right.$$

— Cet acide n'est autre que l'acide anisique, décrit t. I, p. 330. Cette identité a été mise hors de doute par Saitzeff, qui a obtenu de l'iodure de méthyle et de l'acide paroxybenzoïque en traitant l'acide anisique par l'acide iodhydrique, et par Ladenburg, qui a reproduit l'acide anisique avec l'acide paroxybenzoïque. A cet effet, il a chauffé de l'acide paroxybenzoïque, de la potasse et de l'iodure de méthyle en vases clos à 130°, et il a préparé ainsi le paroxybenzoate diméthylique ou anisate de méthyle qui, par une ébullition prolongée avec la potasse, se saponifie en donnant de l'anisate de potassium [Ladenburg, *Bull. de la Soc. chim.*, 1866, t. V, p. 259].

PAROXYBENZOATE MONOMÉTHYLIQUE,

$$C^6H^4\left\{\begin{matrix}OH\\CO^2CH^3.\end{matrix}\right.$$

— Cet éther neutre, isomère du précédent, se prépare en chauffant à 120° le paroxybenzoate potassique $C^7H^5O^3K$ avec de l'iodure de méthyle.

Ce corps fond à 17° et bout à 283°; il est insoluble dans l'eau froide, soluble dans l'eau chaude, dans l'alcool et l'éther [Ladenburg et Fitz, *mém. cité*].

PAROXYBENZOATE DIMÉTHYLIQUE,

$$C^6H^4\left\{\begin{matrix}OCH^3\\CO^2,CH^3.\end{matrix}\right.$$

Il est identique avec l'anisate de méthyle (t. I, p. 332).

ACIDE ÉTHYL-PAROXYBENZOÏQUE,

$$C^9H^{10}O^3 = C^6H^4\left\{\begin{matrix}OC^2H^5\\CO^2H\end{matrix}\right.$$

(Ladenburg, Ladenburg et Fitz). — On le prépare comme l'acide méthyl-paroxybenzoïque en remplaçant l'iodure de méthyle par l'iodure d'éthyle. Il est en aiguilles fusibles à 195°.

Le *sel d'argent* préparé à chaud se sépare en longues aiguilles renfermant $C^9H^9O^3Ag$.

Le *sel de baryum*, $(C^9H^9O^3)^2Ba$, est un précipité blanc, cristallin.

Le *sel de calcium*, $(C^9H^9O^3)^2Ca$, se dissout un peu dans l'eau bouillante, et se dépose par le refroidissement sous forme d'aiguilles aplaties.

Le *sel de plomb* est en paillettes brillantes.

Le *sel de sodium* est en tables bien définies, qui deviennent opaques en perdant leur eau de cristallisation.

Le *paroxybenzoate monoéthylique* est isomère de l'acide éthylparoxybenzoïque; il est solide et distille sans décomposition vers 300°.

PAROXYBENZOATE DIÉTHYLIQUE,

$$C^6H^4\left\{\begin{matrix}OC^2H^5\\CO^2C^2H^5.\end{matrix}\right.$$

— Préparé comme le dérivé méthylé correspondant, il est huileux, incolore et distille à 275° (Ladenburg). Il fond à 112°,5 et bout à 297-298° (Gräbe).

MÉTHYLPAROXYBENZOATE D'ÉTHYLE,

$$C^6H^4\left\{\begin{matrix}OCH^3\\CO^2C^2H^5.\end{matrix}\right.$$

— C'est l'éther anisique (t. I, p. 332).

*Produits de substitution de l'acide paroxybenzoïque.*

ACIDE CHLOROPAROXYBENZOÏQUE,

$$C^6H^3Cl\left\{\begin{matrix}CO^2H\\OH\end{matrix}\right.$$

[R. Peltzer, *Bull. de la Soc. chim.*, 1868, t. IX, p. 145]. — Le chlore sec agit dans l'obscurité sur le paroxybenzoate d'argent, et donne le dérivé monochloré, qu'on extrait par l'éther, et qu'on purifie par cristallisation dans l'eau bouillante, en présence de noir animal. Il est en aiguilles soyeuses groupées concentriquement. Il fond à 187°,5-188°. Il est très-soluble dans l'alcool et dans l'éther, et exige 272,5 p. d'eau froide pour se dissoudre; il est beaucoup plus soluble dans l'eau bouillante : avec le chlorure ferrique, il donne un précipité rouge-brun.

ACIDE MONOIODOPAROXYBENZOÏQUE,

$$C^6H^3I\left\{\begin{matrix}CO^2H\\OH\end{matrix}\right.$$

(R. Peltzer). — On obtient l'acide monoiodé et l'acide biiodé en faisant agir sur l'acide paroxybenzoïque de l'iode et de l'acide iodique dans les proportions indiquées par l'équation suivante :

$$10(C^7H^6O^3) + 3IO^3H + 6I^2$$
$$= 5(C^7H^5IO^3) + 5(C^7H^4I^2O^3) + 9H^2O.$$

L'acide biiodé se dépose sous forme de grains insolubles; si l'on filtre la solution chaude, elle dépose par le refroidissement des cristaux de l'acide monoiodé, qu'on purifie par plusieurs cristallisations et par l'emploi du charbon animal. Cet acide est en petites aiguilles cristallines renfermant $2(C^7H^5IO^3) + H^2O$. A froid, il se dissout dans 576 p. d'eau; plus soluble dans l'eau bouillante, il se dissout dans l'alcool et dans l'éther. Il fond à 166°. Fondu avec la potasse, il donne de l'acide protocatéchique $C^7H^6O^4$.

L'introduction d'un atome d'iode dans l'acide paroxybenzoïque augmente les propriétés basiques du groupe OH du phénol, et l'acide monoiodé fournit un sel bisodique. Les propriétés basiques sont surtout marquées dans l'acide biiodé, comme nous le verrons plus loin.

*Sel d'argent*, $C^7H^4IO^3Ag$. — Poudre blanche, peu soluble dans l'eau.

*Sel de baryum*, $(C^7H^4IO^3)^2Ba + 7H^2O$. — Cristaux transparents, soyeux, assez solubles dans l'eau.

*Sel monosodique*,

$$C^6H^3I\left\{\begin{matrix}CO^2Na\\OH\end{matrix}\right. + 6H^2O.$$

— On le prépare avec le carbonate sodique et un excès d'acide, et enlevant ce dernier par l'agitation avec l'éther. Il est en prismes clinorhombiques, longs de plusieurs centimètres, très-efflorescents et très-solubles dans l'eau.

*Sel bisodique*,

$$C^6H^3I\left\{\begin{matrix}CO^2Na\\ONa\end{matrix}\right. + 5H^2O$$
$$= (C^7H^3IO^3)Na^2 + 5H^2O.$$

— On fait dissoudre à chaud l'acide dans un excès de carbonate sodique, on ajoute de l'alcool pour précipiter ce dernier, et l'on évapore à siccité. En reprenant par l'alcool absolu, on obtient le sel bisodique sous la forme d'une masse cristalline, très-hygroscopique.

ACIDE PAROXYBENZOÏQUE BIIODÉ,

$$C^6H^2I^2\left\{\begin{matrix}CO^2H\\OH\end{matrix}\right.$$

(R. Peltzer). — Cet acide est en grains cristallins insolubles dans l'eau; par cristallisation dans l'alcool aqueux, on l'obtient en petites aiguilles incolores très-solubles dans l'alcool et l'éther.

*Sel de baryum*, $(C^7H^3I^2O^3)^2Ba$. — Poudre blanche, très-soluble dans l'eau.

*Sel de calcium*, $(C^7H^3I^2O^3)^2Ca + 2H^2O$. — Petites feuilles cristallines, nacrées.

*Sel plombique*, $(C^7H^3I^2O^3)^2Pb$. — Précipité blanc volumineux. Lorsqu'on le chauffe, il se boursoufle et se développe en longues spirales comme le sulfocyanate de mercure.

*Sel monosodique*, $C^7H^3I^2O^3Na + 7H^2O$. — Aiguilles cristallines, longues, légèrement irisées, solubles dans l'eau, efflorescentes.

*Sel bisodique*, $C^7H^2I^2O^3Na^2 + 6H^2O$. — Cristallise en grandes tables rhombiques transparentes, inaltérables à l'air.

ACIDES NITROPAROXYBENZOÏQUES [Barth, *Journ. für prakt. Chem.*, t. C, p. 366, et *Bull. de la Soc. chim.*, 1867, t. VIII, p. 109]. — L'*acide mononitré*, $C^7H^5(AzO^2)O^3$, obtenu en traitant l'acide paroxybenzoïque par l'acide azotique d'une densité de 1,40 étendu de 6 fois son volume d'eau, est en lamelles couleur de chair.

Le *nitroparoxybenzoate d'éthyle* s'obtient avec l'éther paroxybenzoïque, comme l'acide nitré correspondant. Il est cristallisé et fusible au-dessus de 100°. Réduit par l'acide chlorhydrique et l'étain, la liqueur étant débarrassée d'étain par l'hydrogène sulfuré, il donne un chlorhydrate d'amidoparoxybenzoate d'éthyle, $C^9H^{11}AzO^3, HCl$, en lamelles incolores. Lorsqu'on veut mettre en liberté l'éther amidé, il se dédouble et l'on n'obtient que l'acide amido-paroxybenzoïque ou amidodracylique. — Voyez t. I, p. 1187.

L'*acide binitré*, $C^7H^4(AzO^2)^2O^3$, obtenu par l'action de l'acide azotique d'une densité de 1,40, forme des aiguilles d'un jaune pâle, solubles dans l'eau, et se colorant en jaune citron à la lumière. Tous deux, réduits par l'acide chlorhydrique et l'étain, donnent les acides amidés en combinaison chlorhydrique et unis à du chlorure stanneux.

ACIDE DINITROXYBENZOÏQUE,

$$C^6H^2(AzO^2)^2\left\{\begin{matrix}CO^2H\\OH\end{matrix}\right.$$

[Salkowsky, *Deutsch. Chem. Gesellsch.*, t. IV, p. 322 et 652; *Bull. de la Soc. chim.*, 1871, t. XV, p. 266, t. XVI, p. 326]. — En traitant l'acide chrysanisique (dinitroparamidobenzoïque) par l'acide azoteux, on obtient un acide dinitroparoxybenzoïque, cristallisant en tables rhomboïdales volumineuses, fusibles vers 235°. Il donne les sels suivants :

*Sel monopotassique*,

$$C^6H^2(AzO^2)^2\left\{\begin{matrix}CO^2K\\OH.\end{matrix}\right.$$

*Sel dipotassique*,

$$C^6H^2(AzO^2)^2\left\{\begin{matrix}CO^2K\\OK\end{matrix}\right. + 2H^2O.$$

*Sel monobarytique*,

$$\left[C^6H^2(AzO^2)^2\left\{\begin{matrix}OH\\CO^2\end{matrix}\right.\right]^2Ba + 5H^2O.$$

*Sel bibarytique*,

$$\left[C^6H^2(AzO^2)^2\left\{\begin{matrix}CO^2\\O\end{matrix}\right.Ba\right]^2 + 7H^2O.$$

L'*éther monoéthylique*

$$C^6H^2(AzO^2)^2\left\{\begin{matrix}CO^2C^2H^5\\OH\end{matrix}\right.$$

fond à 87° et donne un sel potassique très-soluble

$$C^6H^2(AzO^2)^2\left\{\begin{matrix}CO^2C^2H^5\\OK\end{matrix}\right.$$

et un sel d'argent.

L'*éther diéthylique*

$$C^6H^2(AzO^2)^2\left\{\begin{matrix}CO^2C^2H^5\\OC^2H^5\end{matrix}\right.$$

forme des lamelles incolores, fusibles à 59°; l'ammoniaque le transforme en chrysanisate d'ammonium :

$$C^6H^2(AzO^2)^2\left\{\begin{matrix}CO^2.AzH^4\\AzH^2.\end{matrix}\right.$$

BROMOPAROXYBENZOATE D'ÉTHYLE,

$C^7H^4BrO^3, C^2H^5$.

— L'acide bromé correspondant n'a pas été isolé; quant à l'éther, il se prépare par l'addition d'un léger excès d'eau bromée à l'éther paroxybenzoïque; il se sépare de l'alcool en aiguilles courtes et brillantes (Barth).

ACIDE MÉTHYLPAROXYBENZOÏQUE IODÉ (*acide iodanisique*),

$$C^6H^3I\begin{cases}CO^2H\\OCH^3\end{cases}.$$

— On l'obtient en chauffant à 145-150° l'acide anisique avec l'acide iodique et l'iode. Le produit de la réaction est traité par une solution chaude de carbonate de sodium, la solution neutralisée est précipitée par le chlorure de baryum. On fait cristalliser le sel de baryum jusqu'à ce que l'acide qu'on en sépare fonde à 234°,5. Cet acide est presque insoluble dans l'eau bouillante; il exige 165 p. d'éther à la température ordinaire, et est un peu plus soluble dans l'éther et l'alcool bouillants. A une température inférieure à son point de fusion, il se sublime en petites feuilles nacrées.

Le *sel d'ammonium* forme de petites agglomérations d'aiguilles cristallines blanches et dures.

Le *sel d'argent* est un précipité blanc, qui cristallise dans l'eau bouillante sous forme de petites feuilles microscopiques, anhydres.

Le *sel de baryum*,

$$\left(C^6H^3I\begin{cases}CO^2\\OCH^3\end{cases}\right)^2Ba + 3H^2O,$$

forme des prismes vitreux.

Le *sel de calcium* renferme également 3 molécules d'eau de cristallisation; il est en petites feuilles nacrées. E. G.

**PARTSCHINE** (Min.). — Substance fort rare trouvée en petits cristaux roulés dans les sables aurifères d'Olahpian (Transylvanie). Sa composition se rapproche beaucoup de celle de la spessartine, mais sa forme est clinorhombique. Elle est d'un brun jaunâtre ou rougeâtre, translucide sur les bords, d'un éclat vitreux un peu résineux.

*Forme cristalline.* — Clinorhombique : $mm = 91° 52'$; $p/h^1 = 127° 44'$; $e^1e^1 = 116°$.

Dureté, 6,5 à 7. Fragile.

Densité, 4,0.

**PARTZITE** (Min.). — Acide antimonieux hydraté avec oxydes de cuivre, d'argent, de plomb, etc., provenant de la décomposition de divers antimoniosulfures. Masses compactes à cassure conchoïdale, d'un vert jaunâtre ou noires.

Dureté, 3 à 4.

Densité, 3,8.

Trouvé à Blindspring Montains (Californie).

**PARVOLINE**, $C^9H^{13}Az$ [C. Greville Williams, *Chem. Soc. quart. Journ.*, t. VII, p. 97; *Chem. Gaz.*, 1854, p. 281; *Journ. für prakt. Chem.*, t. LXII, p. 407; — Thenius, *Chem. Centralblatt*, 1862, p. 53; *Répert. de Chim. appl.*, 1862, p. 181]. — Cet alcali liquide a été trouvé en petites quantités par Williams dans le goudron produit par la distillation sèche des schistes bitumineux du Dorsetshire. Son nom de parvoline vient de ce qu'il est peu volatil; il bout en effet vers 260°. Suivant Thenius, son point d'ébullition est situé à 188° et sa densité est 0,966. PH. DE C.

**PASSAUITE** (Min.). — Variété altérée de wernerite, trouvée à Passau; elle fond avec bouillonnement et s'attaque à l'acide chlorhydrique.

**PASTRÉITE** (Min.). — Sous-sulfate ferrique hydraté, avec acide arsénieux, silice, oxyde de plomb, etc. Se présente en masses réniformes ou amorphes, d'une couleur jaune, à Pallières, près d'Alais (département du Gard). Soluble dans l'acide chlorhydrique. Infusible au chalumeau.

**PATELLARIQUE (ACIDE)**, $C^{17}H^{20}O^{10}$. — Acide extrait par Knop [*Landwirthsch. Versuchstat.*, 1865], puis par H. Weigelt du *Patellaria scruposa* [*Journ. für prakt. Chem.*, t. CVI, p. 193]. On traite le lichen par son volume d'éther. Après 24 heures, on filtre et on évapore. Il reste un liquide aqueux et une croûte cristalline qui constitue l'acide patellarique impur. On le fait cristalliser dans de l'éther aqueux (l'eau retenant les impuretés) et l'on obtient une agrégation de cristaux feutrés à saveur amère et à réaction acide.

L'acide patellarique est à peu près insoluble dans l'eau et dans l'acide acétique, peu soluble dans le sulfure de carbone, soluble, surtout à chaud, dans l'alcool, l'éther, le chloroforme. Ses solutions rougissent à l'air.

Sa solution ammoniacale est jaune verdâtre et rougit bientôt par suite de la production d'orcéine.

L'acide sulfurique le dissout en le décomposant. Le brome l'attaque. L'acide nitrique l'oxyde énergiquement en produisant de l'acide oxalique. Le chlorure de chaux le colore en rouge, puis en brun; le chlorure ferrique en bleu violacé.

Chauffé au-dessus de 100°, l'acide patellarique donne un sublimé cristallin (acide oxalique et orcine).

Bouilli avec de l'eau, il donne de l'orcine; l'alcool bouillant ne l'altère que fort peu.

Il se dissout dans la baryte en donnant une coloration violette et un précipité de carbonate de baryum. La liqueur filtrée fournit par neutralisation des flocons d'acide β-patellarique. Si l'on fait bouillir la solution barytique, elle rougit par suite de la formation d'orcine, et elle ne donne plus alors l'acide β.

L'acide β est soluble dans l'eau; les sels paraissent plus stables que les patellarates.

L'acide patellarique donne avec les sels métalliques des précipités instables. Il existe deux sels ammoniacaux,

$$C^{17}H^{19}O^{10}.AzH^4 \text{ et } C^{17}H^{18}O^{10}(AzH^4)^2.$$

L'acide patellarique se dédouble dans beaucoup de circonstances, en produisant de l'orcine et de l'acide oxalique :

$$C^{17}H^{20}O^{10} + O$$
$$= 2C^7H^8O^2 + C^2H^2O^4 + CO^2 + H^2O.$$

Weigelt mentionne aussi deux produits accompagnant l'acide patellarique. La partie aqueuse provenant de la purification de ce dernier fournit par l'évaporation une masse colorée renfermant le sel de calcium d'un acide incolore, qui a donné à l'analyse C = 33 %; H = 7,7; cendres = 10,52 à 9,92 %.

Le lichen, épuisé par l'éther, fournit par un traitement à l'alcool et au carbonate potassique un acide qui paraît être l'acide lichenstéarique. E. W.

**PATÉRAÏTE** (Min.). — Molybdate de cobalt, contenant en outre du fer, du bismuth, du soufre, de la silice et de l'eau. Masses amorphes, noires, solubles dans les acides, donnant dans le tube bouché de l'eau, un anneau d'acide molybdique et des vapeurs sulfureuses. Sur le charbon, fond facilement en un globule noir entouré d'un enduit blanc. Avec le borax, perle verte à chaud, bleue à froid.

**PATRINITE.** — Voyez AIKINITE.

**PAULITE.** — Voyez HYPERSTHÈNE.

**PAVIÉTINE, PAVIINE.** — Syn. avec FRAXÉTINE et FRAXINE.

**PAVOTS (HUILE DE).** — Voyez HUILES, t. II, p. 48.

**PAYTINE**, $C^{21}H^{24}Az^2O$ [O. Hesse, *Ann. der*

*Chem. u. Pharm.*, t. CLIV, p. 287; *Bull. de la Soc. chim.*, 1870, t. XIV, p. 79]. — Cet alcaloïde a été trouvé par M. Hesse dans un quinquina blanc de Payta (Pérou). Pour l'en extraire, on traite l'écorce pulvérisée par l'alcool, on évapore la solution, on triture le résidu avec du carbonate de sodium et l'on épuise la masse par l'éther qui s'empare des alcaloïdes. La solution éthérée est agitée avec de l'acide sulfurique étendu et la solution acide est décolorée par le charbon animal. On la sature ensuite à chaud par l'ammoniaque, de manière à la laisser légèrement acide, et on la précipite par l'iodure de potassium. Le précipité amorphe d'iodure de paytine qui se forme devient jaune et cristallin après quelque temps; on le broie avec de l'eau et du carbonate de sodium et l'on épuise le mélange avec de l'éther. La solution éthérée, lavée avec un peu d'eau et soumise à la distillation, laisse la paytine à l'état cristallisé.

On peut encore agiter la solution éthérée avec de l'acide sulfurique étendu et précipiter la solution par l'ammoniaque; l'alcaloïde se précipite, mais le liquide en retient en solution une partie qui se dépose après quelque temps sous forme de longues aiguilles.

La paytine cristallise dans l'alcool en beaux cristaux (combinaison de $p$, $m$, $h^1$ et $e^{1/m}$) qui renferment 1 molécule d'eau. Elle fond à 156° et se fige en une masse amorphe; à une température plus élevée, elle donne un liquide huileux qui distille et laisse un résidu de charbon. Elle est peu soluble dans la potasse, dans l'ammoniaque, et dans l'eau, mais l'alcool, l'éther, les pétroles légers, la benzine et le chloroforme la dissolvent aisément. Elle ne paraît pas toxique.

Le chlorure de chaux produit dans la solution acide de paytine une coloration rouge foncé, qui passe au bleu et finalement au jaune; la solution dépose alors un corps blanc amorphe. L'acide nitrique donne une solution incolore qui prend bientôt une teinte rouge-grenat et passe finalement au jaune. Le chlorure ferrique et l'acide sulfurique concentrés ne donnent pas de coloration. Lorsqu'on chauffe la paytine avec de la chaux sodée, il se sublime un corps azoté, la *paytone*, en lamelles et aiguilles incolores, solubles dans l'alcool et l'éther, insolubles dans l'eau. Ce corps ne se combine ni avec l'acide sulfurique ou azotique, ni avec la potasse.

SELS DE PAYTINE. — Le *chlorhydrate*,

$$C^{21}H^{24}Az^2O, HCl,$$

obtenu directement ou par double décomposition entre l'acétate et le chlorure de sodium, est en prismes incolores, solubles à 15° dans 16,6 p. d'eau et dans l'alcool, insolubles dans l'éther. Sa solution est amère au goût; elle se colore peu à peu en rouge.

*Chloraurate*. — Précipité pourpre; le liquide surnageant a également une teinte pourpre.

*Chloromercurate*. — Poudre jaune amorphe.

*Chloroplatinate*, $(C^{21}H^{24}Az^2O, HCl)^2 + PtCl^4$. — Ce sel se précipite à l'état d'une poudre jaune foncé, amorphe, lorsqu'on ajoute du chlorure platinique à la solution du chlorhydrate. Il est très-altérable; chauffé avec de l'acide chlorhydrique, il se dissout avec une coloration brun-rouge, qui passe bientôt au bleu, en même temps qu'il se précipite une substance bleu indigo.

Le *chromate* constitue un précipité jaune, amorphe, très-altérable, soluble en rouge foncé dans l'acide sulfurique.

*Iodhydrate*. — Prismes blancs, solubles dans l'eau bouillante, assez solubles dans l'eau à froid et insolubles dans une solution d'iodure de potassium.

Le *nitrate* préparé par double décomposition forme des aiguilles.

L'*oxalate* est très-soluble et paraît être incristallisable.

Le *picrate* constitue des flocons jaunes assez solubles dans l'eau bouillante.

Le *sulfate* est très-soluble et incristallisable.

L'écorce de quinquina blanc renferme environ 2,5 °/₀ de paytine; elle contient en outre un alcaloïde amorphe incristallisable, que l'iodure de potassium ne précipite pas. A. H.

**PECHBLENDE** (Min.) [Syn. *Uranpecherz*, *pechurane*, *coracite*]. — Oxyde d'urane, $U^3O^4$, renfermant parfois en mélange de l'oxyde de fer, de l'oxyde de plomb, de la chaux, de la magnésie, de la silice. Masses botryoïdes ou compactes, à structure parfois lamelleuse, très-rarement en cristaux; d'un éclat submétallique et gras; d'un noir grisâtre, verdâtre ou brunâtre, souvent avec des enduits jaunes ou verts; opaque; à cassure conchoïdale ou inégale. Accompagne les minerais d'argent et de plomb, à Joachimsthal et Przibram (Bohême), Schneeberg (Saxe), Rezbanya (Hongrie). On en trouve aussi à Redruth (Cornouailles) et près d'Andrinople (Turquie).

*Caractères*. — Soluble dans l'acide azotique; infusible au chalumeau ou à peine fusible sur les bords. Avec le borax ou le sel de phosphore, perle vert-jaune au feu d'oxydation, verte au feu de réduction. Avec la soude sur le charbon, donne souvent un enduit de plomb et les odeurs de l'arsenic et du soufre.

Dureté, 5,5. Poussière gris-noir, verdâtre ou brunâtre.

Densité, 6,4 à 8.

*Forme cristalline*. — Cubique, faces : $p, a^1, b^1$.

La *coracite* est probablement de la pechblende mélangée avec un peu de gummite. F. et S.

**PÉCHURANE**. — Voyez PECHBLENDE.

**PECTASE**. — Fremy donne ce nom à un ferment azoté qui accompagne les produits pectiques dans les fruits et les racines. La pectase peut exister à l'état soluble et à l'état insoluble. On la fait passer du premier état au second sans lui faire perdre son activité, en la précipitant par l'alcool. Le suc de carottes contient de la pectase soluble, tandis que dans les pommes on ne trouve que de la pectase insoluble.

Son caractère spécifique est de transformer vers 30° la pectine en acides pectosique et pectique. Comme ces deux acides sont insolubles et gélatineux, il en résulte qu'une solution aqueuse concentrée de pectine se prend en gelée lorsqu'on la met en présence de pectase soluble ou insoluble.

On a donné à ce phénomène le nom de fermentation pectique (Fremy). P. S.

**PECTINE**. — Principe neutre, soluble dans l'eau à laquelle il communique de la viscosité, formé aux dépens de la pectose par l'action des acides minéraux étendus ou des acides végétaux (tartrique, citrique, malique).

Une pomme verte exprimée donnera donc un suc qui ne contient point de pectine; mais si l'on fait bouillir le suc acide avec la pulpe, on obtient un liquide visqueux.

La pectine se forme encore par l'ébullition des pulpes de carottes ou de navets avec une liqueur faiblement acidulée; en ajoutant de l'alcool en quantité suffisante, on précipite la pectine en gelée si la solution est étendue, ou en longs filaments si elle est concentrée. Le produit lavé à l'alcool doit être dissous une seconde fois dans l'eau et précipité de nouveau. On arrive plus facilement à un produit pur en employant le suc exprimé de poires très-mûres. On filtre, on précipite la chaux au moyen de l'acide oxalique, l'albumine est éliminée par une solution de tannin, enfin la pectine est précipitée par l'alcool.

C'est un corps blanc, incristallisable, soluble

dans l'eau, insoluble dans l'alcool qui le sépare de ses solutions aqueuses. L'acétate neutre de plomb ne donne un précipité dans ses solutions que si elle est mélangée à de la parapectine. Le sous-acétate de plomb la précipite abondamment. Les alcalis et les terres alcalines la changent en acide pectique ou plutôt en pectates précipitables par les acides. Sous l'influence d'un ferment particulier appelé pectase, la pectine passe à l'état d'acide pectosique; les acides la changent peu à peu en acide métapectique.

La *parapectine* est un principe neutre, très-soluble dans l'eau, incristallisable, insoluble dans l'alcool et offrant tous les caractères de la pectine dont elle ne diffère que par la propriété de précipiter en solution aqueuse par l'acétate neutre de plomb. Elle prend naissance par l'action de l'eau bouillante sur la pectine dont elle a la composition centésimale. La parapectine forme avec l'oxyde de plomb deux combinaisons.

La *métapectine* se forme, d'après Fremy, par la transformation de la parapectine par l'ébullition prolongée avec un acide étendu. Incolore, soluble dans l'eau, incristallisable, insoluble dans l'alcool, elle se distingue surtout de la pectine et de la parapectine par une légère acidité et par la propriété de donner un précipité par le chlorure de baryum. La métapectine peut s'unir aux bases pour former des métapectinates et avec certains acides (chlorhydrique, sulfurique, oxalique) [Fremy, *Ann. de Chim. et de Phys.*, (3), t. XXIV, p. 1]. P. S.

**PECTIQUE (ACIDE).** — Découvert, comme la pectine, par Braconnot, il s'obtient en faisant bouillir des pulpes de carottes avec des dissolutions étendues de carbonates alcalins. Le liquide est précipité par le chlorure de calcium. Le pectate de calcium qui se sépare est lavé et décomposé par l'acide chlorhydrique étendu. L'acide pectique reste à l'état insoluble.

Il est insoluble dans l'eau froide et l'eau bouillante; par une ébullition prolongée avec l'eau, il se change en un acide soluble, déliquescent, l'acide métapectique. Cette transformation est plus rapide sous l'influence des alcalis. L'acide azotique l'oxyde en donnant de l'acide oxalique et de l'acide mucique.

L'acide pectique forme avec les alcalis des sels solubles et incristallisables, avec les autres bases des sels insolubles.

On a donné les noms d'acides *parapectique* et *métapectique* à deux acides solubles, incristallisables, à réaction franchement acide, qui prennent naissance aux dépens de la pectine et de l'acide pectique par une ébullition prolongée, ou par l'action des acides ou des alcalis, ou encore sous l'influence de la pectase.

L'acide parapectique est précipité par un excès d'eau de baryte, tandis que l'acide métapectique ne l'est pas. D'après M. Divers, l'acide parapectique se forme aussi, en même temps que l'acide métapectique, par la décomposition spontanée du fulmicoton [*Journ. Chem. Soc.*, t. XVII, p. 91].

Tous les produits pectiques décrits ci-dessus sont isomères; leur acidité va en augmentant de la pectose à l'acide métapectique, en passant par la pectine et l'acide pectique. Ils n'appartiennent point à la classe des substances hydrocarbonées et contiennent, par rapport à l'hydrogène, plus d'oxygène qu'il n'en faut pour faire de l'eau.

D'après Fremy, la formule serait $C^{32}H^{48}O^{32}$. P. S.

**PECTOLACTIQUE (ACIDE).** — Cet acide se forme, suivant C. Boedeker et C. Struckmann, dans l'action de l'oxyde de cuivre en solution alcaline sur un excès de sucre de lait; cette réaction donne en même temps naissance à l'acide *gallactique*. L'acide pectolactique n'est précipité que par le sous-acétate de plomb, ce qui permet de le séparer de l'acide gallactique.

Cet acide constitue un sirop jaunâtre, dont la composition peut être exprimée par la formule $C^8H^8O^6$ (?). Il serait bibasique et formerait des sels amorphes. L'existence de cet acide comme corps unique aurait besoin d'être démontrée [*Ann. der Chem. u. Pharm.*, t. C, p. 264].

**PECTOLITHE** (Min.) [Syn. *Stellite, wollastonite* (Thomson), *osmélithe* (Breithaupt), *photolithe* (Breith), *ratholite*]. — Silicate hydraté de calcium et de sodium avec alumine, oxyde de fer, magnésie et traces de potasse; rapports d'oxygène dans $RO : SiO^2 : H^2O = 5 : 12 : 1$. Isomorphe avec la wollastonite. Masses fibreuses rayonnées, très-compactes, blanches, d'un éclat soyeux, sub-translucides. Se rencontrant dans les cavités du trapp et des roches analogues, parfois dans les roches métamorphiques, à Ratho Quarry et Castle-Rock (Écosse), à Taliver (île de Sky), au Monte-Baldo (Tyrol), et dans une mine de fer du Wermeland avec calcite et chlorite.

Dureté, 4 à 5.

Densité, 2,74 à 2,88.

*Caractères.* — Attaqué par l'acide chlorhydrique avec dépôt de silice floconneuse. Brisé dans l'obscurité, dégage souvent de la lumière.

*Forme cristalline.* — Prisme clinorhombique $pa^{1/2} = 84°37'$; $pd^{1/2} = 132°54'$. Macles parallèles à $p$. F. et S.

**PECTOSE.** — On donne le nom de *pectose* à un principe immédiat contenu dans le tissu des végétaux, où il accompagne la matière cellulosique. Elle se rencontre surtout dans les fruits verts et dans certaines racines (carottes, navets, garance, etc.).

La pectose est insoluble dans tous les dissolvants neutres, de même que la cellulose, aussi n'a-t-elle pu être isolée de ce dernier corps ni obtenue à l'état de pureté. Son existence, néanmoins, n'est point douteuse, vu la propriété qu'elle possède de se transformer sous diverses influences en produits gélatineux solubles. C'est ainsi que par une ébullition de quelques minutes avec de l'eau chargée d'acide chlorhydrique elle passe à l'état de pectine soluble dans l'eau et précipitable en gelée par l'alcool.

Pendant la maturation d'un fruit, la pectose contenue dans le fruit vert se change en pectine soluble. P. S.

**PECTOSIQUE (ACIDE).** — L'acide pectosique est le premier degré de transformation de la pectine sous l'influence de la pectase ou des alcalis et des carbonates alcalins.

Il est gélatineux, à peine soluble dans l'eau froide, insoluble dans l'eau chargée d'acide, soluble dans l'eau bouillante, cette solution se prend en gelée par le refroidissement. Les pectosates sont gélatineux et incristallisables. Par une action prolongée de la pectase ou des alcalis, ou même par l'ébullition seule avec de l'eau, l'acide pectosique passe à l'état d'acide *pectique*. P. S.

**PÉGANITE** (Min.). — Phosphate hydraté d'aluminium qui, d'après les analyses d'Hermann, différerait de la wavellite. Les nombres trouvés se rapportent à la formule $2Al^2O^3, Ph^2O^5, 6H^2O$. Agrégations de petits cristaux aciculaires d'un vert d'herbe trouvés à Striegies, près de Freiberg (Saxe).

**PEKTOLITHE.** — Voyez PECTOLITHE.

**PÉLARGONE**, $C^{17}H^{34}O = C^8H^{17}.CO.C^8H^{17}$. — La distillation sèche du pélargonate de baryum fournit une huile brune qui se solidifie par le refroidissement. Il reste dans la cornue du carbonate de baryum. Le produit distillé, exprimé entre des doubles de papier joseph et dissous dans l'éther, cristallise en grandes lames qui deviennent nacrées par la dessiccation. L'acide azotique fumant l'attaque en fournissant un acide nitré [Cahours, *Quart. Journ. Chem. Soc.*, t. III, p. 240].

**PÉLARGONIQUE (ACIDE),**

$$C^9H^{18}O^2 = C^9H^{17}O^2H.$$

— Cet acide se rencontre dans l'huile volatile de géranium (*Pelargonium roseum*). Il se forme dans l'oxydation de l'essence de rue par l'acide azotique [Gerhardt, *Ann. de Chim. et de Phys.*, (3), t. XXIV, p. 107; — Cahours, *Compt. rend.*, t. XXVI, p. 262]. Il prend naissance, en même temps que plusieurs huiles volatiles, dans la distillation des acides oléique et choloïdique avec l'acide azotique [Redtenbacher, *Ann. der Chem. u. Pharm.*, t. LIX, p. 52]. — Une petite quantité se produit dans la putréfaction du levain [Müller, *Journ. für prakt. Chem.*, t. LXX, p. 66; — O. Hesse, *ibid.*, t. LXXI, p. 472].

*Modes de préparation.* — On chauffe légèrement parties égales d'essence de rue et d'acide azotique étendu de son volume d'eau. Au commencement, la réaction est assez vive, au point qu'on ne l'arrête pas en retirant la matière du feu; dès qu'elle est calmée, on porte à l'ébullition, en cohobant à plusieurs reprises jusqu'à ce qu'il ne se produise presque plus de vapeurs rouges. On décante l'huile acide, on lave à l'eau, on traite par une lessive de potasse, qui sépare une certaine quantité d'une huile non acide d'une odeur extrêmement âcre. On décompose la solution potassique par l'acide sulfurique, et on met ainsi en liberté un acide huileux souillé par une matière résineuse qu'on enlève en distillant l'acide. L'acide rectifié est traité par la baryte caustique, le produit lavé à l'eau, puis traité par l'alcool bouillant. La solution alcoolique filtrée se prend en une masse de paillettes nacrées de pélargonate de baryum, d'où l'on extrait l'acide au moyen de l'acide sulfurique étendu.

Si, dans cette préparation, on emploie de l'acide azotique plus concentré, il se forme, en même temps que l'acide pélargonique, quelques-uns de ses homologues inférieurs (Gerhardt); parfois aussi une combinaison d'acide pélargonique et de bioxyde d'azote [Chiozza, *Ann. de Chim. et de Phys.*, (3), t. XXXIX, p. 207].

Cette combinaison peut être obtenue en chauffant l'essence de rue avec un volume égal d'acide azotique de 1,2 de densité. Quand l'action est terminée, l'huile qui se sépare est lavée à l'eau et traitée par la potasse. Le liquide étendu d'eau laisse déposer un abondant précipité d'acide nitroso-pélargonique, qui peut être cristallisé dans l'eau bouillante [Alexeyeff, *Zeitsch. für Chem.*, (2), t. I, p. 736]. Le sel de baryum renferme $(C^9H^{17}O^2.Az^2O^2)^2Ba$. Le sel d'argent brûle avec une flamme verte. L'acide séparé du sel de potassium est une liqueur huileuse qui, chauffée, se décompose avec dégagement de bioxyde d'azote et d'autres gaz.

Pour extraire l'acide pélargonique du géranium, on distille cette plante avec de l'eau. Le liquide qui passe est recouvert d'une huile, qui est un mélange d'acide pélargonique avec une matière volatile neutre. On sature le liquide par l'hydrate de baryte et on fait bouillir jusqu'à ce que l'huile volatile soit chassée. On sèche le sel de baryum, on le fait cristalliser dans l'alcool et on le décompose par l'acide sulfurique ou l'acide phosphorique [Pless, *Ann. der Chem. u. Pharm.*, t. LIX, p. 54].

*Propriétés.* — L'acide pélargonique est une huile incolore, d'une odeur faible rappelant celle de l'acide butyrique. Il se prend par le froid en une masse cristalline fondant à 10°. Il est peu soluble dans l'eau, très-soluble dans l'alcool et dans l'éther. Il bout à 260° et distille sans décomposition, surtout dans un courant d'acide carbonique.

Il s'altère à la longue à l'air en devenant brun.

Mélangé avec 4 à 5 fois son poids de chaux potassée et chauffé jusqu'au rouge dans une cornue lutée, il donne beaucoup de gaz, et un liquide bouillant principalement entre 105° et 110°. Les gaz sont formés d'hydrogène, d'hydrure de méthyle, de propylène et de butylène, et l'huile est principalement de l'octylène (Cahours).

La distillation sèche du pélargonate de baryum fournit de la pélargone. — Voyez ce mot.

Le perchlorure de phosphore l'attaque vivement en donnant du chlorure de pélargyle (Cahours).

Pélargonates. — Le *sel d'ammonium* est cristallin (Cahours). Mélangé à l'ammoniaque et chauffé, l'acide forme une gelée transparente ressemblant à la silice gélatineuse. A chaud, cette masse se redissout en donnant une solution laiteuse; par le refroidissement, il se forme une gelée ressemblant à l'empois d'amidon, fort soluble dans l'alcool (Gerhardt).

Les sels de *potassium* et de *sodium* sont cristallisables et très-solubles.

Le sel de *baryum* $(C^9H^{17}O^2)^2Ba$, dont la préparation a été indiquée plus haut, se présente en écailles nacrées ou en larges lames ressemblant à la cholestérine. Il est anhydre. Il est peu soluble dans l'eau à froid, un peu plus à chaud, moins que le valérate, plus que le caprate et que l'œnanthylate. Il est peu soluble dans l'alcool.

Les sels de *calcium* et de *strontium* cristallisent dans l'alcool en lamelles nacrées peu solubles dans l'eau.

Le *pélargonate de cuivre* renferme à 100°

$$(C^9H^{17}O^2)^2Cu + 2H^2O.$$

Une dissolution alcoolique de pélargonate d'ammonium étant mélangée avec une solution aqueuse d'azotate de cuivre, il se forme un abondant précipité bleu verdâtre, soluble dans l'alcool bouillant. Quand on évapore la solution alcoolique, on voit apparaître des gouttes huileuses, colorées en vert et qui se concrètent par le refroidissement; bouillies avec l'alcool, elles s'y dissolvent et laissent déposer par refroidissement des cristaux de pélargonate de cuivre ayant la composition indiquée.

Le sel *d'argent* $C^9H^{17}AgO^2$ est obtenu en précipitant la solution alcoolique chaude du sel de baryum par l'azotate d'argent. Il est blanc, caillebotté, peu soluble dans l'eau, même à chaud.

Éthers pélargoniques. — *Pélargonate d'éthyle*, $C^{11}H^{22}O^2 = C^9H^{17}O^2.C^2H^5$. — Il se produit par l'action du chlorure de pélargyle sur l'alcool. On l'obtient aussi en faisant passer l'acide chlorhydrique sec dans une solution alcoolique d'acide pélargonique. L'éther se sépare sous la forme d'une huile jaune, qu'on lave au carbonate de sodium et à l'eau, et qu'on rectifie après l'avoir séché au chlorure de calcium. Ainsi purifié, il forme une huile incolore d'une densité de 0,86, bouillant entre 216° et 218°. La potasse le décompose à l'ébullition en acide pélargonique et alcool.

L'éther œnanthique de Liebig et Pelouze est probablement identique avec le précédent [*Ann. der Chem. u. Pharm.*, t. XIX, p. 241; — Delffs, *ibid.*, t. LXX, p. 290]. C. F.

**PÉLARGONIQUES (ANHYDRIDES),**

$$C^{18}H^{34}O^3 = (C^9H^{17}O)^2O.$$

*Pélargonate pélargonique.* — Ce corps s'obtient par la réaction de l'oxychlorure de phosphore sur le pélargonate de baryum. C'est une huile incolore, plus légère que l'eau, se solidifiant à 0° en une masse de fines aiguilles qui fondent à 5°. Son odeur est légèrement rance à froid, mais vineuse et aromatique lorsque le corps est mélangé avec la vapeur d'eau. Chauffé, il répand des fumées âcres avec une odeur de graisse brûlée. L'eau le transforme très-lentement en acide pélargonique; les alcalis aqueux le transforment moins facilement qu'ils ne font pour l'anhydride caprylique [Chiozza, *Ann. de Chim. et de Phys.*, (3), t. XXIX, p. 207].

*Anhydride pélargonobenzoïque*,

$$C^{16}H^{22}O^{3} = C^{9}H^{17}O.O.C^{7}H^{5}O.$$

— Il s'obtient par l'action du chlorure de benzoyle sur le pélargonate de potassium. La réaction est vive. Le produit est traité par l'eau, puis par l'éther, et lavé au carbonate de potassium étendu; la solution éthérée est évaporée au bain-marie après avoir été agitée avec du chlorure de calcium. Il faut avoir soin d'employer de l'éther bien exempt d'alcool. L'anhydride ainsi obtenu est une huile limpide plus pesante que l'eau, fort semblable à l'anhydride pélargonique. A quelques degrés au-dessous de zéro, elle se transforme en une masse butyreuse, qui reprend sa fluidité quand on la sort du mélange réfrigérant. Quand on la chauffe, elle émet des vapeurs excessivement âcres et se décompose à une température élevée en acide benzoïque et acide pélargonique anhydres, ainsi qu'en d'autres produits provenant de la décomposition de ce dernier corps. Les alcalis le dédoublent en pélargonate et benzoate [Chiozza, *ibid.*].

**PÉLARGYLE (CHLORURE DE)**, $C^{9}H^{17}OCl$. — Ce composé se produit dans l'action du perchlorure de phosphore sur l'acide pélargonique. Après rectification, il se présente comme un liquide incolore plus lourd que l'eau, émettant des fumées épaisses à l'air humide, et bouillant à 220°. Au contact de l'alcool, il s'échauffe fortement et fournit du pélargonate d'éthyle.

**PÉLICANITE** (Min.). — Argile à cassure conchoïdale d'un blanc verdâtre, paraissant être un produit d'altération du feldspath, et trouvée dans les granites de Berditchef, Lipovetz et Ouman, gouvernement de Kiew.

**PÉLIOM.** — Voyez Cordiérite.

**PELLUTÉINE.** — Boedeker donne ce nom à un produit de décomposition de la pélosine hydratée au contact de l'air et de la lumière. Dans ces conditions l'alcaloïde jaunit, dégage de l'ammoniaque et devient insoluble dans l'éther. L'alcool chaud extrait de cette masse altérée la pelluténe et la laisse déposer à l'état de flocons jaune brunâtre. Cette substance forme des sels solubles et incristallisables. Elle a donné à l'analyse : C = 73,90; H = 6,16; Az = 3,84, chiffres que Boedeker traduit par la formule

$$C^{18}H^{19}AzO^{3}(?).$$

Le chloroplatinate renferme 17,84 % de platine.

**PÉLOCONITE** (Min.). Variété d'un brun-noir de wad cuprifère, de Remolinos (Chili).

**PÉLOPIUM.** — Voyez Niobium, t. II, p. 552.

**PÉLOSINE** [A. Wiggers, *Ann. der Chem. u. Pharm.*, t. XXVII, p. 29, t. XXXIII, p. 81; — Boedeker, *ibid.*, t. LXIX, p. 53; — C. G. Williams, *Journ. prakt. Chem.*, t. LXXVI, p. 382; — A. Flückiger, *Arch. für Pharm.*, (2), t. CXLI, p. 97, et *Bull. de la Soc. chim.*, 1870, t. XIV, p. 330]. — Le nom de *pélosine* a été donné par Wiggers à un alcaloïde retiré de la racine de pareira-brava (*Cissampelos Pareira*); ce corps a été étudié plus tard par Boedeker et Williams et le premier chimiste a établi d'après ses analyses la formule $C^{18}H^{21}AzO^{3}$.

Récemment M. Flückiger, par des études comparatives, a montré que la pélosine est identique avec l'alcaloïde retiré du *Botryopsis platyphylla*, avec la *bébirine* ou *bebeerine*, $C^{19}H^{21}AzO^{3}$ (voyez t. I, p. 521), avec la *buxine* (t. I, p. 687) et enfin avec la *paricine*, que M. Winckler avait extraite d'une écorce de quinquina.

M. Flückiger propose pour ces bases le nom commun de *buxine*. Cet alcaloïde possède la propriété remarquable d'être précipité de sa solution chlorhydrique concentrée par le sel ammoniac, par l'azotate de potassium et par l'iodure de potassium, par ce dernier sel même en solutions très-étendues. A. H.

**PENCATITE** (Min.). — Carbonate hydraté de calcium et de magnésium :

$$Ca, Mg, CO^{3}, H^{2}O^{2} = CO^{3}(MgOH)(CaOH).$$

Ressemble à la predazzite et se trouve près de Predazzo (Tyrol). Se trouve aussi sous la forme de masses lamelleuses d'un bleu grisâtre au Vésuve.

Dureté, 3.

Densité, 2,53.

**PENNINE** (Min.) [Syn. *Mica triangulaire, hydrotalc, leuchtenbergite, chlorite de Mauléon, kæmmererite, rhodophyllite, vermiculite, pseudophite*]. — Silicate hydraté d'aluminium, de magnésium, avec fer et chrome. La plupart des analyses répondent à la formule

$$Al^{2}O^{3}, 7MgO, 4SiO^{2}, 5H^{2}O,$$

avec remplacement d'une partie de l'aluminium et du magnésium par du fer. Cristaux souvent d'une assez grande dimension, d'un vert plus ou moins foncé, ou lamelles cristallines; les cristaux présentent souvent des reflets brunâtres, et ceux qui sont transparents laissent passer perpendiculairement à l'axe de la lumière rouge, et parallèlement à cette direction de la lumière verte. La leuchtenbergite est blanc jaunâtre; la kæmmererite est d'un beau violet.

Se trouve avec grenat et idocrase dans un schiste chloriteux, au milieu des roches serpentineuses qui entourent le mont Rose; dans un schiste micacé de la vallée de Binnen (Valais); à Schwarzenstein (Tyrol); à Taberg (Wermland). La leuchtenbergite vient de Slataoust (Oural); la kæmmererite, de Bissersk, près du lac Itkul, cercle de Katherinenbourg, et de Texas, comté de Lancastre (Pensylvanie); la vermiculite, de Millbury (Massachusetts).

*Caractères.* — En poudre fine, lentement mais complétement décomposée par l'acide chlorhydrique bouillant. Dans le tube, donne de l'eau. Au chalumeau, s'exfolie, blanchit et fond difficilement en un émail grisâtre. La vermiculite s'exfolie en se tordant. Avec les flux, réactions du fer et parfois celles du chrome.

Dureté, 2 à 2,5 sur la base; 3 sur les faces du rhomboèdre primitif. Poussière blanche, verdâtre, onctueuse.

Densité, 2,65 à 2,66.

*Forme cristalline.* — Rhomboèdre de 65° 30'. Faces ordinaires : $p$, $a^{1}$, $d^{1}$. Clivage $a^{1}$ parfait. Les cristaux sont souvent tabulaires. F. et S.

**PENTAHIROLINE**, $C^{18}H^{15}Az$. — Base homologue avec la quinoléine retirée par M. G. Williams des portions supérieures de la quinoléine brute. Ce chimiste a obtenu par précipitations fractionnées de ces portions avec le chlorure de platine un sel de platine dont la composition correspondait à la formule de la pentahiroline. La base libre est inconnue [*Zeitsch. Chem.*, 1867, p. 427].

**PENTLANDITE** (Min.). — Sulfure de fer et de nickel, 2FeS, NiS. Masses à clivages octaédriques, ou granulaires, d'un jaune de bronze, se trouvant avec chalcopyrite, dans une roche amphibolique, près de Lillehammer (Norwége); avec magnétite, à Kraig-Muir, Argyleshire, etc.

*Caractères.* — Dans le tube ouvert, donne de

d'acide sulfureux; après grillage, donne avec les flux les réactions du fer et du nickel.

Dureté, 3,5 à 4. Poussière brun métallique clair.

Densité, 4,6. Non magnétique.

**PÉONINE.** — Voyez t. I, p. 498.

**PÉPONITE** (Min.). — Masses bacillaires contenues dans un calcaire de Schwarzenberg (Saxe), et paraissant être une asbeste.

**PEPSINE.** — Voyez GASTRIQUE (SUC) et NUTRITION, partie relative à la *digestion*.

**PEPTOLITHE** (Min.). — Substance analogue à la praséolithe et à diverses autres altérations de la cordiérite.

Densité, 2,68 à 2,75.

**PEPTONES.** — Voyez au mot NUTRITION la partie relative à la *digestion gastrique*.

**PERCYLITE** (Min.). — Petits cubes bleu de ciel trouvés avec l'or, et provenant probablement de la Sonora (Mexique). D'après M. Percy, c'est un oxychlorure de plomb et de cuivre hydraté.

Dureté, 2,5.

**PÉREIRINE.** — Substance retirée par Goos d'une écorce fébrifuge, le *Pao Pereira*, de la famille des Apocynées [Goos, *Pharm. Centralb.*, 1839, p. 610; *Repert. der Pharm. von Buchner*, t. XXVI, p. 32. — Perreti, *Annali medic. chirurg. di Roma*, t. I, fascic. 3].

**PÉRICLASE** (Min.). — Magnésie cristallisée en octaèdres réguliers, d'un gris plus ou moins verdâtre, se trouvant disséminée dans les blocs éruptifs de la Somma. Transparent ou translucide.

*Caractères.* — Réduit en poudre et humecté, présente une réaction alcaline et se dissout sans effervescence dans les acides. Inaltérable au chalumeau; avec le sel de cobalt, légère coloration rose.

Dureté, près de 6.

Densité, 3,67.

**PERICLINE** (Min.). — Variété d'albite en cristaux vitreux, allongés perpendiculairement à $g^1$. — Voyez FELDSPATH.

**PÉRIDOT** (Min.) [Syn. *Chrysolite, olivine, hyalosidérite, forstérite, boltonite, monticellite, batrachite, fayalite*]. — Orthosilicate de magnésium, $SiO^4Mg^2$; une partie de la magnésie est d'ordinaire remplacée par du protoxyde de fer; dans la fayalite (voyez ce mot) le remplacement est total.

Cristaux, ou masses compactes ou grenues, se rencontrant surtout dans les trapps, les basaltes, les dolérites, les laves, et dans certains sables provenant de leur désagrégation. C'est une partie constituante de l'herzolite, roche composée de péridot, d'enstatite et de spinelle. On en trouve, et parfois en assez jolis cristaux dans les météorites, et spécialement dans les fers de Krasnojarsk (fer de Pallas), d'Atacama, etc. D'un vert-bouteille plus ou moins brunâtre, transparent ou translucide, d'un éclat vitreux; les variétés très-riches en fer sont souvent noires et opaques; l'hyalosidérite présente des reflets métalliques bronzés. La forstérite, la boltonite et la monticellite sont incolores; ces dernières variétés se rencontrent dans les blocs éruptifs de la Somma. La monticellite renferme, d'après Rammelsberg, une forte proportion de chaux.

*Caractères.* — Facilement décomposé par l'acide chlorhydrique et même par l'acide acétique, quand il est en poudre fine, avec formation de silice gélatineuse. Au chalumeau, blanchit sans fondre, à moins que la proportion de fer ne soit notable. Avec les flux, réactions du fer, et parfois du manganèse. Il existe une variété titanifère venant du Tyrol et qui renferme environ 5 % d'acide titanique.

Dureté, 6 à 7. Poussière blanche ou jaunâtre. Densité, 3,1 à 3,5.

*Forme cristalline.* — Prisme orthorhombique $mm = 119° 13'$; $p a^1 = 141° 33'$; $pe^1 = 155° 2'$; $e^{1/2} g^1 = 132° 58'$. Les faces les plus fréquentes sont $h^1$, $g^3$, $g^1$, $e^1$, $e^{1/2}$, $a^1$, $b^{1/2}$, etc. Clivage facile suivant $g^1$; traces suivant $p$. F. et S.

**PERISTÉRITE** (Min.). — Albite de Perth (Bas-Canada).

**PERLGLIMMER** (Min.). — Voyez MARGARITE.

**PERLITE** (Min.). — Roche feldspathique formée de petits grains, gris ou brunâtres, offrant souvent des couches concentriques. Leur composition se rapproche de celle de l'obsidienne.

Dureté, 6.

Densité, 2,25 à 2,50. Au chalumeau, se gonfle, écume et ne fond pas.

**PEROFSKITE.** — Voyez PEROWSKITE.

**PEROWSKINE** (Min.). — Voyez TRIPHYLLINE.

**PEROWSKITE** (Min.). — Titanate de calcium, $TiO^3Ca$, avec remplacement d'une partie de la chaux par du protoxyde de fer. Cristaux souvent assez gros, d'une couleur brune ou jaune, d'un éclat résineux ou adamantin, transparents ou opaques, associés avec fer magnétique et chlorite cristallisée, dans un schiste chloriteux, à Achmatowsk, près de Slataoust (Oural). On en trouve aussi de petits cristaux dans un calcaire métamorphique du Kaiserstuhl, avec mica, magnétite et pyrochlore; ainsi qu'à Zermatt, dans un schiste talqueux avec grenat, idocrase, fer titané, etc.

*Caractères.* — Entièrement attaqué par l'acide sulfurique à chaud. Infusible au chalumeau. Avec le sel de phosphore, réaction du fer et du titane.

Dureté, 5,5. Poussière blanche ou grisâtre.

Densité, 4,04.

*Forme cristalline.* — Rhomboèdre voisin du cube. F. et S.

**PERSULFOCYANIQUE (ACIDE),**

$$C^2H^2Az^2S^3 = (CyH)^2S^3$$

[Syn. *Acide persulfocyanhydrique, acide hydroxanthique*] [Wöhler, *Ann. der Phys. von Gilb.*, t. LXIX, p. 271; — Woskresensky, *Traité de Chim. organ. de Liebig*, t. I, p. 192; — Liebig, *Ann. der Chem. u. Pharm.*, t. XLIII, p. 96; — Voelckel, *ibid.*, t. XLIII, p. 74; *Ann. de Poggend.*, t. LVIII, p. 138, t. LXI, p. 149, t. LXII, p. 150]. — Cette substance a été découverte par Wöhler en 1821; elle se produit par la métamorphose de l'acide sulfocyanique sous l'influence des acides minéraux; elle se forme aussi dans la décomposition spontanée des sulfocyanates :

$$\underset{\text{Acide sulfocyanique.}}{3CAzHS} = \underset{\text{Acide cyanhydrique.}}{CAzH} + \underset{\text{Acide persulfocyanique.}}{C^2H^2Az^2S^3}$$

La constitution de ce composé complexe n'est pas connue; nous savons seulement d'une manière certaine que l'un des atomes de soufre se trouve lié moins intimement que les deux autres, vu qu'il peut être enlevé facilement. Les réactions observées permettent d'établir plusieurs formules pour l'acide persulfocyanique; nous en citerons une qui présente une certaine probabilité et qui, dans tous les cas, peut donner une idée de la constitution de ce composé :

$$\begin{array}{l} SC-AzH^2 \\ \quad | \\ Az^v\left\{\begin{array}{l}CS\\S\end{array}\right. \end{array}$$

*Préparation.* — On fait arriver du gaz chlorhydrique dans une dissolution de sulfocyanate de potassium dans 5 p. d'eau, en ayant soin de refroidir; il se sépare au bout de quelque temps une poudre jaune formée d'acide persulfocyanique, qu'on lave avec de l'eau froide. Le liquide renferme de l'acide cyanhydrique, de l'acide formique et de l'ammoniaque en même temps qu'une petite quantité des produits de décomposition de l'acide persulfocyanique. M. Voelckel prépare la même substance en mélangeant une solution aqueuse de sulfocyanate de potassium saturée à froid avec six à huit fois son volume d'acide chlorhydrique et abandonnant le mélange pendant 24 heures. La masse se prend peu à peu en une gelée blanche, qui se convertit bientôt en une bouillie de fines aiguilles; on les purifie par lavage à l'eau froide.

Le mode de préparation suivant a été indiqué par M. O. Hermes [*Journ. prakt. Chem.*, t. XCVII, p. 265; *Bull. de la Soc. chim.*, 1867, t. VII, p. 156]. On mélange une solution de 1 p. de sulfocyanate d'ammonium dans 1 p. d'eau avec 3 volumes d'acide sulfurique d'une densité de 1,34. Le liquide d'abord rouge devient jaune, se trouble et dépose des cristaux jaunes qu'on lave avec de l'eau froide et qu'on fait cristalliser dans l'eau bouillante.

Lorsqu'on emploie de l'acide sulfurique plus concentré (densité 1,48), on n'obtient pas d'acide persulfocyanique, mais un liquide jaune possédant une action vésicante énergique, dont la nature est inconnue. Ce liquide finit par se solidifier.

*Propriétés et réactions.* — L'acide persulfocyanique se dépose de l'eau bouillante en magnifiques aiguilles fines et colorées en jaune; à l'état sec, il constitue une poudre jaune pâle, insipide et inodore. Il est presque insoluble dans l'eau froide; à chaud, il se dissout dans 420 p. d'eau; il est également soluble dans l'alcool et dans l'éther. Les dissolutions ont une légère réaction acide.

L'acide persulfocyanique se décompose vers 220° en dégageant principalement du sulfure de carbone, et, vers la fin, de l'ammoniaque, et du soufre; le résidu se compose d'hydromellon, si la chaleur a été assez forte; si, au contraire, on n'a pas poussé la chaleur trop loin, il est formé de soufre et de mélam. En admettant pour le mélam la formule de Gerhardt, $C^3H^6Az^6$, on peut établir les deux équations suivantes :

$$3C^2H^2Az^2S^3 = 3CS^2 + S^3 + C^3H^6Az^6;$$

Acide persulfocyanique. — Mélam.

$$2C^3H^6Az^6 = 3AzH^3 + C^6H^3Az^9.$$

Mélam. — Hydromellon.

Avec la formule du mélam de Liebig, $C^6H^9Az^{11}$, les équations sont légèrement modifiées.

Voelckel considère les résidus jaunes ou bruns qu'on obtient en chauffant l'acide persulfocyanique à différentes températures, comme des sulfures de radicaux particuliers (*xuthène, mélène, xanthène*); ce sont probablement des mélanges.

L'acide chlorhydrique attaque l'acide persulfocyanique lentement à froid; à chaud, il le décompose avec formation d'acide carbonique, d'ammoniaque, d'hydrogène sulfuré et de soufre :

$$C^2H^2Az^2S^3 + 4H^2O = 2CO^2 + 2AzH^3 + 2H^2S + S.$$

L'acide nitrique, surtout à chaud, donne de l'acide carbonique, de l'acide sulfurique et de l'ammoniaque. L'acide sulfurique concentré le dissout sans altération, l'eau le précipite de nouveau; mais à l'ébullition il se dégage de l'acide sulfureux.

Les alcalis le convertissent peu à peu en sulfocyanate et en soufre :

$$C^2H^2Az^2S^3 + 2KHO = 2(CAzS,K) + S + 2H^2O.$$

Le chlore, à chaud, donne du chlorure de cyanogène, du chlorure de soufre, de l'acide chlorhydrique et une substance rouge-brun insoluble dans l'eau. L'acide persulfocyanique donne par l'acide iodhydrique naissant (iodure de phosphore et eau), du sulfure de carbone, de l'hydrogène sulfuré et de l'iodhydrate d'urée sulfurée (voyez Urée) :

$$C^2H^2Az^2S^3 + 2H + HI = (CS)H^4Az^2,HI + CS^2.$$

Acide persulfocyanique. — Iodhydrate de sulfo-urée.

L'acide persulfocyanique se dissout à chaud dans deux fois son poids d'aniline, et donne après refroidissement une masse solide grise, presque entièrement soluble dans l'alcool bouillant. Cette solution abandonne des lamelles nacrées d'un corps $C^8H^9Az^3S^2$ :

$$C^2H^2Az^2S^3 + C^6H^7Az = C^8H^9Az^3S^2 + S.$$

Le soufre qui se sépare agit sur l'aniline et donne des produits incristallisables qui restent dans les eaux mères alcooliques; une faible proportion du soufre se dégage à l'état d'hydrogène sulfuré [L. Glutz, *Deutsch. Chem. Gesells.*, t. III, p. 343; *Ann. der Chem. u. Pharm.*, t. CLIV, p. 44; *Bull. de la Soc. chim.*, 1870, t. XIV, p. 159].

Le composé $C^8H^9Az^3S^2$ peut être considéré comme une sulfo-urée substituée; en admettant la formule de l'acide persulfocyanique donnée plus haut, on peut le représenter par

$$CS\text{-}AzH^2 \quad \overset{\cdot}{Az}^{v}\left\{\begin{matrix} CS \\ [AzH(C^6H^5)]' \\ H \end{matrix}\right.$$

Sulfophénylbiuret.

Persulfocyanate. — La solution de l'acide dans les alcalis, récemment préparée, peut être envisagée comme une solution de persulfocyanate; mais après quelque temps elle renferme des sulfocyanates.

La dissolution de l'acide produit avec le *nitrate d'argent* un précipité jaune, qui se décompose facilement en donnant du sulfure.

Le *sel de cuivre* et le *sel stanneux* forment des précipités jaunes; celui de mercure est blanc jaunâtre.

Le *sel de plomb*, $C^2Az^2S^3,Pb$, est insoluble dans l'eau, dans les acides étendus et dans l'alcool; il est jaune. Avec le sous-acétate de plomb on obtient un précipité renfermant

$$C^2Az^2S^3,Pb + PbO;$$

ce dernier noircit à l'ébullition.

Le *tétrachlorure de platine* donne un précipité jaune-brunâtre.

Avec le *perchlorure de fer* l'acide fournit une coloration analogue à celle de l'acide sulfocyanique.

Les autres sels ne sont pas précipités.

### APPENDICE A L'ACIDE PERSULFOCYANIQUE.

Nous décrirons ici le corps obtenu par M. Glutz dans l'action de l'aniline sur l'acide persulfocyanique, qu'on peut envisager comme le sulfophénylbiuret. — Voyez sa préparation plus haut.

Ce corps est insoluble dans l'eau, mais il se dissout facilement dans l'alcool et dans l'éther. Il cristallise en lamelles nacrées; l'éther le dépose sous la forme de grains arrondis. Il possède une réaction acide faible; la soude et l'ammoniaque le dissolvent; les acides le précipitent de cette solution. Il ne se combine pas directement avec les acides, mais indirectement on peut obtenir des sels.

On obtient le *chlorhydrate* $C^8H^9Az^3S^2,HCl$ en

aisant bouillir le sulfophénylbiuret avec une solution étendue de chlorure ferrique; la base se dissout peu à peu et le liquide se trouble en déposant du chlorure de fer basique. La solution filtrée abandonne par le refroidissement le chlorhydrate sous la forme de longues aiguilles soyeuses, réunies en faisceaux, qu'on purifie par cristallisation dans l'eau bouillante.

Le *chloromercurate* constitue un précipité blanc cristallin.

Le *chloroplatinate*, obtenu en ajoutant du chlorure de platine à une solution bouillante du chlorhydrate, est en fines aiguilles jaunes.

Le *chlorhydrate* donne, avec le *chlorure stanneux*, un sel double qui cristallise en mamelons blancs.

Le *nitrate*, $C^3H^9Az^3S^2, AzO^3H$, se présente sous la forme de groupes mamelonnés.

L'*oxalate*, obtenu par double décomposition, est en aiguilles fines et longues.

Le *sulfate*, préparé par l'ébullition de la base avec du sulfate ferrique, est très-soluble et ne cristallise qu'en solution très-concentrée.

Le *sulfocyanate* forme des cristaux orthorhombiques. A. H.

**PERSULFOCYANOGÈNE** [Syn. *Pseudosulfocyanogène*], $C^3HAz^3S^3 = Cy^3HS^3$. — La formule de ce composé qui se rattache à l'acide persulfocyanique n'est pas sûrement établie. La formule $C^3HAz^3S^3$ due à Laurent et Gerhardt paraît la plus probable; d'après elle, le persulfocyanogène serait de l'acide persulfocyanique dont 1 atome d'hydrogène est remplacé par du cyanogène (CAz) [Wöhler, *Ann. der Phys. von Gilbert*, t. LXIX, p. 271; — Liebig, *Ann. Poggend.*, t. XV, p. 548; *Ann. der Chem. u. Pharm.*, t. X, p. 1, t. XI, p. 12, t. XXV, p. 4, t. XXXIX, p. 199, 201, 212, t. L, p. 337; — Parnell, *Revue scientif.*, t. V, p. 149; — Völckel, *Ann. der Chem. u Pharm.*, t. XLIII, p. 80; *Ann. Poggend.*, t. LVIII, p. 145, t. LXII, p. 607; — Laurent et Gerhardt, *Ann. de Chim. et de Phys.*, (3), t. XIX, p. 98; — Jamieson, *Ann. der Chem. u. Pharm.*, t. LIX, p. 339]. Le persulfocyanogène a été confondu longtemps avec l'acide persulfocyanique; on l'obtient en traitant par un courant de chlore ou par l'acide nitrique étendu et bouillant une solution aqueuse de sulfocyanate de potassium. Il se dépose une poudre jaune, qu'on traite à plusieurs reprises par de l'eau bouillante pour dissoudre une certaine quantité d'acide persulfocyanique formé en même temps.

Le persulfocyanogène constitue une poudre amorphe jaune, insoluble dans l'eau, dans l'alcool et dans l'éther; l'acide sulfurique concentré le dissout sans altération et l'eau le précipite. Les résultats des analyses qu'on a faites de ce corps varient beaucoup; les analyses de Parnell et Jamieson et les premières de Völckel tendraient à admettre la présence de l'oxygène parmi les éléments du persulfocyanogène. Mais il est très-probable que ces chimistes ont analysé des produits non suffisamment débarrassés d'acide persulfocyanique, ou déjà altérés par une trop longue ébullition avec l'eau, ou enfin pas assez desséchés. Laurent et Gerhardt ont démontré que le persulfocyanogène retient de l'acide persulfocyanique qu'on peut déceler par le microscope; ils ont analysé un produit exempt de cristaux. Voici leurs chiffres qui concordent avec la formule $C^3HAz^3S^3$ :

$$C = 20{,}45; \quad H = 0{,}66; \quad S = 53{,}91.$$

Les dernières analyses de Völckel ont donné des chiffres analogues [*Ann. der Chem. u. Pharm.*, t. LXXXIX, p. 127] :

$$C = 20{,}25; \quad H = 0{,}90; \quad S = 54{,}26.$$

Enfin plus récemment, M. Linnemann a confirmé la formule de Laurent et Gerhardt; le persulfocyanogène débarrassé entièrement d'acide persulfocyanique et d'un peu de soufre, qu'il contient toujours, lui a donné à l'analyse des chiffres analogues à ceux cités plus haut [*Ann. der Chem. u. Pharm.*, t. CXX, p. 36].

Chauffé, le persulfocyanogène dégage du sulfure de carbone et du soufre et laisse pour résidu de l'hydromellon :

$$3\,C^3HAz^3S^3 = 3\,CS^2 + 3\,S + \underset{\text{Hydromellon.}}{C^6H^3Az^9}.$$

Si le persulfocyanogène est humide, il donne au commencement des produits ammoniacaux.

Le chlore n'agit sur lui qu'à chaud en donnant du chlorure de cyanogène, du chlorure de soufre et de l'hydromellon. L'hydrogène naissant (étain et acide chlorhydrique) et l'acide iodhydrique naissant (iodure de phosphore et eau) ne l'altèrent pas (Glutz).

Chauffé avec de l'acide chlorhydrique en vase clos à 130-140°, il se dédouble en hydrogène sulfuré, bisulfure d'hydrogène et acide cyanurique; il se forme en même temps, par une décomposition ultérieure de l'acide cyanurique, une certaine quantité de sel ammoniac et d'acide carbonique :

$$\underset{\text{Persulfocyanogène.}}{C^3HAz^3S^3} + 3H^2O = \underset{\text{Acide cyanurique.}}{C^3H^3Az^3O^3} + H^2S + H^2S^2$$

[L. Glutz, *Deutsch. Chem. Gesells.*, t. III, p. 346; *Bull. de la Soc. chim.*, 1870, t. XIV, p. 160].

Le persulfocyanogène se dissout aisément dans une solution de sulfhydrate de potassium; il se dégage de l'hydrogène sulfuré et le liquide renferme du sulfocyanate, du carbonate, du polysulfure et du sulfomellonate de potassium (voyez ce mot) :

$$2\,C^3HAz^3S^3 + 3\,KHS + 2\,H^2O$$
$$= \underset{\text{Sulfocyanate de potassium.}}{2CAzS,K} + \underset{\text{Sulfomellonate de potassium.}}{C^3H^3Az^4S^2,K} + 3H^2S + CO^2 + 2S.$$

L'ammoniaque dissout le persulfocyanogène en petite quantité (Wöhler), en grande proportion (Liebig). La potasse le dissout entièrement si l'on ajoute assez d'eau. La solution est rouge jaunâtre et donne avec l'acide chlorhydrique des flocons jaunes. Elle précipite en jaune ou en brun les sels d'argent, de cuivre, de mercure et de plomb. En broyant le persulfocyanogène avec de la potasse concentrée, ajoutant beaucoup d'eau, puis un excès d'acétate de plomb, et acidulant enfin par l'acide acétique, Völckel a obtenu un précipité jaune brunâtre, qui paraît renfermer

$$2\,(C^3Az^3S^3)^2Pb + PbH^2O^2.$$

Lorsqu'on fait bouillir la solution potassique du persulfocyanogène, elle donne avec les sels ferriques la réaction des sulfocyanates. Bouilli avec de la potasse concentrée, le persulfocyanogène se convertit en une nouvelle substance, l'acide *hydrothiocyanique*, précipitable par l'acide chlorhydrique à l'état de flocons jaunes, qui a donné à l'analyse (Parnell et Völckel) : C = 17,59 et 16,77; H = 1,76 et 1,78; Az = 20,57 et 19,71; S = 55,16 et 58,76.

Il exige pour se dissoudre 42 p. d'eau bouillante; la solution précipite le nitrate d'argent en jaune (le précipité noircit à chaud), le sulfate de cuivre en brun, le nitrate mercureux en noir, le chlorure mercurique en blanc (jaunissant à chaud) et l'acétate de plomb en brun. Ce dernier précipité renferme : C = 8,67; H = 0,50;

Pb = 51,95, chiffres qu'on peut représenter par la formule

$$C^3HAz^3S^3O,Pb = C^3HAz^3S^3 + PbO.$$

L'acide hydrothiocyanique dériverait donc simplement du persulfocyanogène par fixation de 1 molécule d'eau; mais la composition de l'acide libre ne s'accorde pas avec cette formule. A. H.

**PERTHITE** (Min.). — Feldspath rouge de chair, aventuriné, formé par la superposition de lamelles d'albite et d'orthose.

**PÉRUVINE.** — Nom donné par M. Fremy au produit de saponification de la cinnaméine brute. La péruvine est de l'alcool benzylique impur (Kraut, Grimaux). Elle avait été confondue par quelques auteurs avec la styrone ou alcool cinnylique $C^9H^{10}O$.

**PÉTALITHE** (Min.) [Syn. *Castor*]. — Silicate d'aluminium et de lithium, avec traces de soude et de chaux. La formule de ce minéral n'est pas encore parfaitement établie. Les rapports d'oxygène généralement admis sont dans

$$RO : Al^2O^3 : SiO^2 = 1 : 4 : 20;$$

mais il nous semble préférable d'adopter les suivants qui ne s'éloignent pas beaucoup des analyses et qui font rentrer la pétalithe dans la série des feldspaths : 1 : 3 : 18. Se rencontre en grandes masses laminaires, compactes ou grenues, blanches, rosées, grisâtres, verdâtres, d'un éclat vitreux légèrement nacré sur les faces de clivage, translucides, avec quartz, lépidolite, triphane, tourmaline, etc., à Utö (Suède), à Bolton (Mass). La variété appelée castor s'est trouvée dans le granite de l'île d'Elbe en cristaux isolés accompagnant le pollux, etc.

Fig. 472. — Pétalithe.

*Caractères.*— Inattaquable aux acides. Très-difficilement fusible en une perle incolore, en colorant la flamme en rouge.

Dureté, 6 à 6,5. Poussière incolore, cassure imparfaitement conchoïdale.

Densité, 2,39 à 2,5.

*Forme cristalline.* — Prisme clinorhombique $mm = 87°$; $ph^1 = 112°26'$; $po^{1/2} = 141°23'$. Clivages : $p$ parfait, $o^{1/2}$ facile. F. et S.

**PÉTASITE.** — Résine contenue dans la racine du *Tussilago petasites*. Lorsqu'on ajoute un acide minéral à sa solution alcoolique, on observe une coloration vert-émeraude, qui passe au bleu dans le cas de l'acide chlorhydrique. Elle est inaltérable par la soude [Reinsch, *Neues Jahrb. für Pharm.*, t. IV, p. 257].

**PÉTININE**, $C^4H^{11}Az$ [Anderson, *Phil. Mag.*, (3), t. XXXI, p. 174, et *Ann. der Chem. u. Pharm.*, t. LXX, p. 32]. — Cette base, isomérique ou identique avec la butylamine, a été retirée par Anderson de l'*huile animale de Dippel*. Ce chimiste lui avait d'abord assigné la formule $C^4H^{10}Az$, mais Gerhardt a changé celle-ci en $C^4H^{11}Az$. Pour la préparer, on traite les portions les plus volatiles de l'huile animale de Dippel par l'acide sulfurique, on évapore la solution et l'on distille le résidu avec un excès d'alcali : il passe de la pétinine en partie dissoute dans l'eau, en partie mélangée avec des bases moins volatiles. On sépare la partie dissoute en ajoutant de la potasse au liquide. Ce mélange de bases, soumis à un grand nombre de distillations fractionnées, fournit de la pétinine, bouillant à 79°,5.

C'est un liquide incolore, très-réfringent, plus léger que l'eau, possédant une odeur extrêmement piquante et désagréable et une saveur brûlante. La pétinine est soluble en toutes proportions dans l'eau, l'alcool, l'éther et les huiles; elle est fortement alcaline, neutralise les acides et précipite les sels ferriques et cuivriques; un excès de base redissout l'oxyde de cuivre précipité d'abord.

L'acide nitrique concentré ne décompose la pétinine que lentement; le chlorure de chaux l'altère immédiatement en donnant une odeur piquante; la solution reste incolore. L'eau de brome sépare de la solution aqueuse de la base un corps jaune, huileux, insoluble dans les acides.

Les sels de pétinine cristallisent facilement; ceux qui contiennent un acide volatil sont sublimables. Le *sulfate neutre* perd une partie de la base par l'évaporation et se convertit en *sulfate acide*, masse feuilletée et déliquescente; le *nitrate* se sublime en fines aiguilles feutrées, le *chlorhydrate* en grandes aiguilles. Le *chloroplatinate* de pétinine est en lamelles d'un jaune d'or, solubles dans l'eau; le *chloromercurate* est également soluble, mais le *chloraurate* constitue une poudre jaune insoluble. A. H.

**PETKOÏTE** (Min.). — Sulfate ferroso-ferrique contenant un peu d'eau, et cristallisant en cubes. D'un noir brillant. Ayant un goût douceâtre. De Kremnitz (Hongrie).

**PÉTROLE.** — *Historique.* — Le pétrole (*huile de pierre*) est connu depuis une très-haute antiquité. L'Italie, la Perse, l'Inde, les bords de la mer Caspienne, ainsi que Java et l'Amérique du Nord, offrent des sources de pétrole connues depuis des siècles. Cette huile minérale n'a, malgré son importance, été l'objet que d'une consommation très-limitée, même dans les pays d'extraction, jusque vers 1859. A cette époque fut signalée en Pensylvanie l'existence de réservoirs considérables de pétrole susceptible d'être brûlé dans des lampes convenables. L'idée de substituer pour l'éclairage les huiles minérales aux huiles végétales avait déjà donné lieu à de nombreuses tentatives, notamment de 1830 à 1848. Ainsi en 1832 M. Selligues essayait d'employer les huiles qu'il obtenait par la distillation des schistes d'Autun. Si ces essais n'aboutirent qu'incomplétement, par suite du faible rendement de ces schistes, ils eurent du moins ce résultat important de provoquer l'invention des lampes spéciales nécessaires pour brûler ces nouvelles huiles; ils préparèrent ainsi le succès des huiles de *boghead* et des pétroles. En 1847, M. James Young de Glascow établit dans le Derbyshire une vaste usine pour traiter les boghead et le cannel-coal. Cette industrie se développa rapidement en Angleterre et aux États-Unis; elle était déjà florissante quand, en 1853, un avocat de New-York, salué aujourd'hui du nom de *oil king* (roi de l'huile), ayant remarqué dans le cabinet d'un savant une bouteille de pétrole provenant du comté de Venango, dans la Pensylvanie occidentale, pensa que cette substance remplacerait avantageusement le boghead d'Écosse pour la fabrication des huiles minérales. Il acheta dans la vallée d'Oil-Creek toutes les terres où on avait reconnu la présence du pétrole et forma la première compagnie d'huile de pétrole de Pensylvanie. Cette société se proposa de trouver des sources abondantes de pétrole et de distiller cette matière assez économiquement pour en retirer de l'huile d'éclairage à un prix inférieur à celui des huiles de schiste [*Rapport de B. Silliman*, 1855; *The American Chem.*, 1871].

*Extraction.* — De 1853 à 1860, les résultats des recherches furent très-médiocres. Le premier procédé employé n'était qu'une modification de celui usité jadis chez les Indiens, et qui consistait dans l'usage de puits carrés, boisés à l'intérieur, de 3 mètres de large sur autant de profondeur. Pour recueillir le pétrole, on laissait séjourner quelque temps au fond de ces cavités des couvertures de laine; elles s'imprégnaient d'huile et on les retirait ensuite pour les tordre. La société de Pensylvanie se contenta d'abord d'approfondir les anciens puits, d'en ouvrir de nouveaux et de percer des galeries qui, en multipliant les surfaces de suintement, augmentaient le rendement en huile. Ce procédé n'étant pas industriel, on songea à forer des puits et pour cela on fit venir de la Virginie occidentale des outils et des sondeurs habitués à rechercher les sources salées.

Enfin en 1859, à une lieue de Titusville, la première veine d'huile d'une certaine importance fut rencontrée par la sonde à 23 mètres de profondeur. Cette veine fournit en moyenne 10 barils ou 1,500 litres d'huile par jour. Encouragée par ce premier succès, la compagnie fit creuser plus profondément à travers les schistes sur lesquels reposait la première veine découverte, et à une profondeur d'environ 100 mètres au-dessous de la surface du sol, on rencontra des veines de pétrole plus abondantes, emprisonnées dans une assise de grès et reposant comme la première sur des schistes dépourvus d'huile. Ce nouveau succès ne suffit pas encore à ces hommes qui avaient pour devise : *Oil, hell or China* (l'huile, l'enfer ou la Chine, qui est aux antipodes). La nouvelle couche stérile fut percée; et à 200 mètres de profondeur la sonde pénétra dans d'énormes poches remplies de gaz inflammables, de pétrole et d'eau salée. Sans le secours des pompes, qui jusque-là avaient été indispensables, on vit des fleuves d'huile déborder hors des réservoirs et couler dans les ravins.

Les spéculateurs qui, dès la découverte de la première veine, avaient fondé plusieurs sociétés sur le modèle de celle de Pensylvanie, eurent alors ce que l'on a appelé la *fièvre de l'huile*. On compta à New-York seul 317 compagnies de pétrole représentant un capital effectif de plus d'un milliard de francs. On creusa des puits dans l'Ohio, le Missouri, l'Indiana, le Kentucky, etc. Mais l'exploitation réussit plus spécialement dans la presqu'île du haut Canada, dans la Virginie occidentale et surtout dans la vallée d'Oil-Creek, en Pensylvanie. Les huiles de Pensylvanie sont celles qui donnent la plus grande proportion (75 à 80 %) d'huile propre à l'éclairage.

Entre Titusville et Oil-City, dans un espace de 22 kilomètres à vol d'oiseau, se trouvent les exploitations qui, pendant dix ans, ont suffi à la consommation. Là se trouvent beaucoup de puits qui ont donné 1,000 barils par jour. L'*empire Well* fournit 2,000 barils par jour en 1862 et ne s'épuisa qu'en 1866. *Phillips Well* donna 3,000 barils par jour pendant six semaines. Ces puits jaillissants (*flowing wells*) sont dus à la configuration des poches inclinées où le pétrole se trouve à la surface de l'eau douce ou salée qui occupe la partie inférieure de la cavité, tandis que la partie supérieure est remplie de gaz. On a du gaz, ou du pétrole, ou de l'eau salée, suivant le point où la sonde pénètre dans les cavités pétrolifères. L'huile, ne jaillissant que grâce à l'excès de pression dû au gaz intérieur, cesse de monter au bout d'un temps variable. Aussi ces puits ne sont-ils plus tant recherchés; ceux où l'on va chercher l'huile à l'aide de pompes (*pumping wells*) forment aujourd'hui le mode fondamental d'exploitation. On fore au trépan des trous de sonde de $0^{m},076$ à $0^{m},152$ de diamètre et d'une profondeur qui varie de 15 mètres à 200 mètres. Si le travail n'a rien produit à cette limite, on l'abandonne généralement. Lorsque la sonde a rencontré l'huile, on tube le trou et on y installe une pompe que l'on manœuvre à l'aide d'une machine à vapeur. Les gaz inflammables sont, lorsqu'on les rencontre, séparés du liquide et amenés par de minces tuyaux jusque dans le foyer de la machine motrice.

*Traitement du pétrole brut.* — Le pétrole extrait des puits au moyen de pompes à vapeur est reçu dans de grands réservoirs; on le fait ensuite circuler dans des tuyaux de fer de petit diamètre qui plongent sous les rivières, serpentent dans les ravins et sur les collines, portés simplement sur des chevalets de bois que l'on fixe en terre. Ces lignes de tuyaux, qui ont souvent plusieurs lieues de long, amènent le pétrole soit dans les distilleries établies à peu de distance du puits d'extraction, soit sur les bords d'une rivière ou d'un chemin de fer qui transporte l'huile brute dans de grands centres industriels où la distillation devra s'opérer. Pendant les premières années, les pétroles bruts arrrivaient en Europe dans les distilleries de Liverpool, Hambourg, Brême, Anvers, le Havre, Rouen, Paris et Marseille; mais aujourd'hui l'Amérique n'exporte plus que très-peu de pétrole brut: la distillation se fait dans des centres rapprochés du lieu d'extraction. Pittsbourg, au confluent de l'Alleghani et du Monongahela, qui se réunissent pour former l'Ohio, est un des plus grands entrepôts de pétrole de l'Amérique; les voies ferrées permettent de diriger rapidement les produits sur Baltimore ou sur Philadelphie, et de là sur l'Océan. L'huile de la vallée d'Oil-Creek y arrive dans des *bulk boat*, bateaux semblables aux bateaux à charbon qui remontent la Seine. De petits remorqueurs à vapeur convoient 30 à 40 de ces chalands à la fois. Une fois arrivé à Pittsbourg, le pétrole est puisé des bateaux à l'aide de pompes qui l'amènent dans de grands réservoirs en fer dont la capacité est quelquefois de 20,000 barils ou 3 millions de litres, ce qui fait en poids 2,500 tonnes.

*Caractères généraux. — Distillation.* — Le pétrole brut est d'ordinaire une huile de couleur brun foncé qui, à la lumière réfléchie, paraît verdâtre; sa consistance est souvent celle de la mélasse claire; sa densité varie suivant son origine, mais elle est généralement comprise entre 0,78 et 0,92. La distillation du pétrole brut se fait dans des cornues. Dans la grande raffinerie de Pittsbourg, le bâtiment où l'on distille est entièrement en fer, les cornues sont au nombre de dix et peuvent traiter à la fois 3,500 barils de pétrole. Pour éviter l'inflammation des vapeurs de pétrole, au lieu de chauffer à feu nu, on chauffe par un courant de vapeur d'eau surchauffée qui a circulé dans des tuyaux de 100 mètres de long qu'enveloppent de tous côtés les flammes de trois foyers réchauffeurs. On maintient d'abord la température assez peu élevée, de 45° à 70°, pour ne mettre en liberté que les produits les plus légers, très-inflammables, formant facilement avec l'air des mélanges explosifs dangereux. Ces produits recueillis constituent l'*éther du pétrole* dont la densité est à peu près 0,65. On recueille ensuite entre 75° et 120° des produits inflammables à la température ordinaire et connus sous le nom de *naphte*, ou *essence de pétrole*, ou *essence minérale*. Leur densité moyenne varie de 0,702 à 0,740. On élève ensuite peu à peu la température à 150°, puis progressivement jusqu'à 280°, et l'on recueille pendant toute cette période l'huile d'éclairage, appelée aussi *kérosène* ou *photogène*, qui aura besoin de subir le raffinage pour être employée. Sa densité varie de 0,780 à 0,810. Après le départ de l'huile d'éclairage, on élève encore la température progressivement jusque près de 400° et l'on recueille des huiles lourdes, généralement employées pour lubrifier les machines, et que l'on pourra utiliser pour le chauffage; leur densité varie de 0,830 à 0,900. C'est pendant cette dernière phase que la paraffine distille; on veille avec soin à ce que la température du réfrigérant ne soit pas assez basse pour que cette matière se coagule dans le serpentin, qu'elle boucherait au risque de faire éclater la cornue de fer. La paraffine, encore fluide, est dirigée dans de vastes caves disposées en glacières souterraines où elle se coagule en toute saison. Une fois qu'elle est figée, on la comprime sous la presse hydraulique. Le liquide qui s'écoule de la paraffine pendant cette opération est encore une matière lubrifiante; il reste sur le plateau de la presse un gâteau de paraffine sèche et blanche. Le dernier produit qui reste dans la cornue est un coke plus dense que le coke de la houille et qui brûle bien sur les grilles [Bolley, N. Tate, Schorlemmer].

*Éther et essence de pétrôle.* — Les parties volatiles ont aux températures ordinaires une forte tension; elles prennent feu au contact d'un corps enflammé. Elles sont utilisées sous le nom d'éther et d'essence de pétrole. L'éther de pétrole a été employé comme anesthésique. Sa vapeur mêlée avec de l'air forme un gaz d'éclairage (*gaz Mille*). L'essence de pétrole remplace l'essence de térébenthine et la benzine comme dissolvant les résines et les corps gras pour la peinture et les vernis.

*Lampes à éponge.* — L'essence de pétrole est encore employée pour l'éclairage dans les lampes à éponge. Le réservoir de ces lampes est occupé par des éponges que l'on imbibe d'essence de pétrole et qui le cèdent peu à peu par capillarité à la mèche plate qui plonge dans ce réservoir.

On brûle encore l'essence de pétrole dans des fourneaux portatifs, mais ce mode d'emploi est très-dangereux.

*Pétrole pour lampes.* — L'huile pour l'éclairage contient les produits qui passent à la distillation entre 150° et 280°. Avant de les livrer au commerce, il faut leur faire subir le raffinage, qui consiste à les traiter d'abord par l'acide sulfurique, puis, après lavage à l'eau, par la soude caustique. Dans ces deux traitements le mélange est agité au moyen de palettes mues par la vapeur.

On obtient ainsi un très-beau produit, très-fluide, incolore, qui, vu par réflexion, prend une légère teinte opalescente. Ce produit ne doit pas contenir de matière très-volatile afin de n'être pas d'un maniement dangereux. Comme mesure de précaution, on soumet le *pétrole rectifié* à l'épreuve du feu pour constater qu'il n'émet pas de vapeur inflammable à la température de 35°, condition nécessaire pour que ces huiles puissent être employées sans danger dans les lampes.

Pour cette épreuve, on chauffe à l'aide d'une lampe à alcool le pétrole placé dans une capsule de porcelaine où plonge le réservoir d'un thermomètre. Quand la température atteint 35°, on promène une flamme à la surface du liquide; s'il se dégage des vapeurs qui prennent feu, l'huile doit être soumise de nouveau à la distillation. Si, au contraire, il n'y a pas eu inflammation, l'huile peut être livrée au commerce.

Si le pétrole du commerce est souvent inflammable au-dessous de 35°, cela tient à ce que certains raffineurs peu consciencieux y mêlent de l'essence de pétrole dont la valeur est moindre. Le Dr White a trouvé qu'un pétrole rectifié, de manière à n'être inflammable qu'à 45°, prenait feu :

| | | | |
|---|---|---|---|
| A 30°,5 | quand on y mêlait | 1 | % d'essence. |
| 33°,3 | — | 2 | — |
| 28°,3 | — | 5 | — |
| 15° | — | 10 | — |

*Lampes à pétrole.* — Les lampes alimentées par les huiles minérales présentent des dispositions spéciales en raison de la volatilité du corps combustible.

Les huiles végétales fixes ont besoin de subir une température élevée pour se décomposer en produits volatils, capables de brûler; aussi faut-il les amener au contact de la flamme.

Les huiles minérales, étant volatiles, n'ont besoin que d'être portées à une température voisine de leur point d'ébullition; on peut donc leur communiquer la température nécessaire pour leur volatilisation, tout en les maintenant à une distance beaucoup plus grande de la flamme. Dans les lampes à huile grasse, la mèche dépasse de quelques millimètres les bords du bec et pénètre dans la flamme; dans les lampes à pétrole, la mèche ne dépasse pas le bec, ou au moins n'arrive pas jusque dans la flamme, parce que si elle y arrivait la volatilité de l'huile minérale qui s'élève facilement le long de la mèche déterminerait une production trop considérable de vapeur. On comprend facilement d'après cela pourquoi on ne peut pas brûler les huiles minérales dans les lampes ordinaires où l'huile est élevée par un piston jusqu'à la base de la flamme.

Pour éviter la volatilisation trop rapide, on ne se contente pas d'éloigner la flamme du niveau de l'huile, on refroidit de plus le brûleur par le courant d'air appelé par la combustion. Comme de plus les huiles minérales contiennent beaucoup moins d'oxygène que les huiles grasses, et sont par suite plus riches que ces dernières en carbone et hydrogène, leur combustion exige un appel d'air plus énergique que celle des huiles grasses.

Aussi dans les lampes à mèche plate on dispose généralement entre le verre et le bec une espèce de cône en métal qui renvoie sur la flamme le courant d'air extérieur. Cette disposition est très-efficace, mais elle masque une partie de la flamme et donne une ombre gênante; on la remplace souvent par l'emploi de verre dont l'étranglement se fait aussi bas que possible.

Dans les lampes à mèche circulaire, on rejette sur la flamme le courant d'air intérieur; on dispose pour cela dans la flamme et vers le milieu de sa hauteur un disque horizontal dont le diamètre est un peu plus grand que le diamètre intérieur du bec. Le courant d'air se brise contre ce disque et vient activer la combustion. Dans quelques lampes les deux courants d'air extérieur et intérieur viennent se couper dans la flamme.

Dans la plupart des lampes à pétrole le réservoir est très-rapproché du brûleur, parce que la seule action de la capillarité suffirait difficilement à élever l'huile à 30 ou 40 centimètres; il en résulte que ces lampes ont en général un aspect peu gracieux; elles projettent sur leur pied une ombre d'autant plus étendue, que, pour éviter de trop grandes variations dans le niveau de l'huile, on donne au réservoir une grande largeur. Cet inconvénient n'est que médiocrement diminué par l'emploi des réservoirs en verre, qui n'ont que l'avantage de permettre d'observer facilement le niveau de l'huile.

Les lampes à pétrole donnent une lumière bien blanche, d'un grand éclat, tout en procurant une très-notable économie. Des expériences photométriques, faites dès 1855 par B. Sillimann, avec un appareil de son invention [*Journal de Silliman*, t. XXIII, p. 315], avaient montré qu'une lampe à pétrole possède un pouvoir éclairant supérieur à celui d'une lampe Carcel de même grandeur de mèche et brûlant la même quantité d'huile de colza dont le prix est beaucoup supérieur. Les expériences ultérieures de J.-G. Pohle, E.-G. Kelly et C.-F. Chandler ont établi que le pouvoir éclairant d'une lampe en verre à mèche plate de 9mm,5 est égal à celui de 9 bougies de blanc de baleine brûlant 7gr,8 par heure. La lampe à mèche circulaire a un pouvoir égal à celui de 12 bougies. De sorte que 1 litre de pétrole rectifié équivaut à 2 kilogrammes ou 2kg,300 de bougies de blanc de baleine, suivant la lampe employée. Le coût moyen par heure d'une lumière égale à celle de 8 bougies de blanc de baleine est 0 fr. 088 avec le blanc de baleine et 0 fr. 014 avec le pétrole rectifié.

Le pétrole a donc l'avantage de l'économie en même temps que celui de l'éclat de sa lumière.

*Composition du pétrole.* — L'étude des pétroles américains faite par MM. Warren de la Rue et H. Müller, Schorlemmer, H. Vohl et par Pelouze et M. Cahours [*Ann. de Chim. et de Phys.*, (4), t. I, p. 5] a établi l'existence d'une série d'hydrocarbures homologues du gaz des marais.

Tous ces hydrocarbures sont caractérisés, comme le gaz des marais, par une grande indifférence chimique. Leur point d'ébullition s'élève depuis 0° jusqu'au-dessus de 300°. Les plus légers sont gazeux à la température ordinaire, les plus lourds sont solides, comme les diverses paraffines qui appartiennent bien à cette série.

Tous ces hydrocarbures sont attaqués par le chlore avec élimination successive d'hydrogène sous forme d'acide chlorhydrique et fixation d'une quantité de chlore équivalente. Le premier terme de la substitution pour chacun de ces carbures représente l'éther chlorhydrique de l'alcool correspondant.

Tous ces éthers chlorhydriques chauffés avec du sodium donnent du chlorure de sodium et un hydrocarbure renfermant 2 atomes d'hydrogène de moins que le carbure primitif; on repasse ainsi de la série du gaz de marais à celle du gaz oléfiant.

Les carbures reconnus et étudiés par Pelouze et M. Cahours sont les suivants :

| Nom de la substance. | Formule. | Densité à l'état liquide. | Point d'ébullition. | Densité à l'état de gaz. |
|---|---|---|---|---|
| Hydrure de butyle | $C^4H^{10}$ | 0,600 à 0° | 0° | 2 |
| — d'amyle | $C^5H^{12}$ | 0,628 à 18 | 30° | 2,537 |
| — de caproyle | $C^6H^{11}$ | 0,669 | 68° | 3,055 |
| — d'œnanthyle | $C^7H^{16}$ | 0,690 | 92° à 94° | 3,600 |
| — de capryle | $C^8H^{18}$ | 0,726 | 116° à 118° | 4,010 |
| — de pelargyle | $C^9H^{20}$ | 0,741 | 136° à 138° | 4,541 |
| — de rutyle | $C^{10}H^{22}$ | 0,757 | 158° à 162° | 5,040 |
| — d'undecyle | $C^{11}H^{24}$ | 0,766 | 180° à 182° | 5,458 |
| — de lauryle | $C^{12}H^{26}$ | 0,778 | 198° à 200° | 5,972 |
| — de cocinyle | $C^{13}H^{28}$ | 0,796 | 218° à 220° | 6,569 |
| — de myristyle | $C^{14}H^{30}$ | 0,809 | 236° à 240° | 7,199 |
| — de bényle | $C^{15}H^{32}$ | 0,825 | 258° à 262° | 7,526 |
| — de palmityle | $C^{16}H^{34}$ | » | vers 280° | 8,078 |

*Dangers du pétrole.* — C'est à la présence dans les pétroles de substances très-volatiles et très-inflammables, comme les hydrures de butyle, d'amyle, etc., qu'a été due la perte corps et biens d'un grand nombre de navires chargés de ce dangereux liquide. Mais tous les pétroles sont loin de présenter sous ce rapport les mêmes propriétés. C'est ainsi que les huiles de Pensylvanie sont beaucoup plus légères et par suite donnent beaucoup plus d'essence et plus d'*huile lampante* que celles de la Virginie occidentale et celles de la presqu'île du haut Canada. Ces dernières sont surtout avantageuses pour lubrifier les machines ou pour produire des températures élevées par leur combustion dans des foyers convenables. Pour reconnaître le plus ou moins de danger que peuvent présenter pour le transport les huiles brutes, on peut, comme l'indique M. H. Sainte-Claire Deville, constater pour chacune d'elles les quantités de matières volatilisées au-dessous de 150°; en déterminant ensuite les quantités de matières volatiles entre 150° et 280° et celles qui ont résisté à cette température, on aura les proportions d'essence, d'huile lampante et enfin d'huile propre à lubrifier les machines ou au chauffage.

M. Deville détermine ces proportions en soumettant un poids déterminé de pétrole brut à la distillation dans un petit alambic de cuivre muni d'un serpentin. Un thermomètre donne à chaque instant la température de la vapeur. En notant la perte de poids du vase distillatoire quand la température atteint d'abord 150°, puis 280°, on a le poids de l'essence et le poids de l'huile lampante.

Une autre cause des sinistres signalés dans le transport du pétrole consiste dans la perméabilité des tonneaux en bois ou de leurs joints. On y a remédié en grande partie en enduisant les barils à l'intérieur avec un mélange de gélatine et de mélasse sur lequel les huiles n'ont pas d'action. On a aussi remplacé les tonneaux en bois par des vases cylindriques en tôle de fer parfaitement étanches. Mais dans ces conditions, les pétroles présentent une nouvelle cause de danger signalée par M. H. Sainte-Claire Deville, et qui tient à leur grande dilatabilité sous l'influence de la chaleur. Cette dilatabilité suffit pour faire éclater les vases imperméables, si on les a remplis à une température inférieure à celle qui peut résulter soit des variations de la température dans le même lieu, soit du changement de latitude.

M. Deville, prenant la densité à 0° et à 50°, en a déduit le coefficient de dilatation. La connaissance de ces coefficients permet aux expéditeurs de déterminer la valeur de l'espace qu'il faut laisser vide dans le tonneau qui contient l'huile. Cet espace sera égal à V.K.50°, si l'on représente par V le volume du liquide, par K son coefficient de dilatation, et si l'on suppose que pendant son voyage l'huile doive être exposée à un changement de température de 50°. — Voyez ces coefficients, p. 787 et 788.

Pour diminuer les dangers auxquels expose le transport et la conservation en magasin du pétrole brut ou de son essence, M. Jordery a proposé l'emploi de la saponaire, dont l'extrait aqueux forme avec le pétrole une émulsion de consistance analogue à celle du saindoux, qui ne coule plus et n'a qu'une faible tension de vapeur. Pour obtenir ce résultat, on prend une décoction concentrée de racine de saponaire ou de toute plante contenant le même principe et on y ajoute petit à petit le pétrole, en agitant continuellement. On peut incorporer ainsi dans l'émulsion un poids de pétrole égal à 30 fois celui de la poudre de saponaire employée. Le produit ainsi obtenu conserve sa consistance pendant des mois, il résiste à la température de 40°.

Rien n'est d'ailleurs plus facile que de rendre à l'huile ainsi traitée sa limpidité et ses propriétés premières; il suffit pour cela de laisser tomber, à la surface de l'émulsion, quelques gouttes d'acide phénique ou d'acide acétique cristallisable. Le travail de résolution commence aussitôt, et en très-peu de temps, sans qu'on ait besoin d'y toucher, l'huile de pétrole reparaît claire et limpide surnageant la solution aqueuse.

Les frais de ces diverses manipulations et de la saponaire employée n'augmenteraient guère que de 0 fr. 015 le prix du litre de pétrole raffiné [*Bull. de la Soc. d'encour.*, 2ᵉ sér., t. XIX, p. 737].

*Détermination du pouvoir calorifique des pétroles.* — Toute la partie des pétroles qui distille au-dessus de 280° pouvant être employée comme combustible, il y a un grand intérêt à connaître le pouvoir calorifique de ces huiles. M. Deville a déterminé le pouvoir calorifique théorique pour les huiles dont il ne possédait que de très-petites quantités. Il a déterminé successivement le pouvoir calorifique théorique et le pouvoir calorifique réel pour toutes celles dont il possédait de suffisantes quantités.

Pour obtenir le pouvoir calorifique théorique, M. Deville a déterminé la composition élémentaire des pétroles. « On peut admettre que la quantité de chaleur donnée par la combustion du composé est la somme des quantités de chaleur de combustion des éléments et calculer ainsi le pouvoir calorifique de ces hydrogènes carbonés. Le nombre ainsi trouvé pour les pétroles est toujours un maximum; mais, tout inexact qu'il est, il peut guider dans la comparaison des valeurs comme combustible des huiles minérales di-

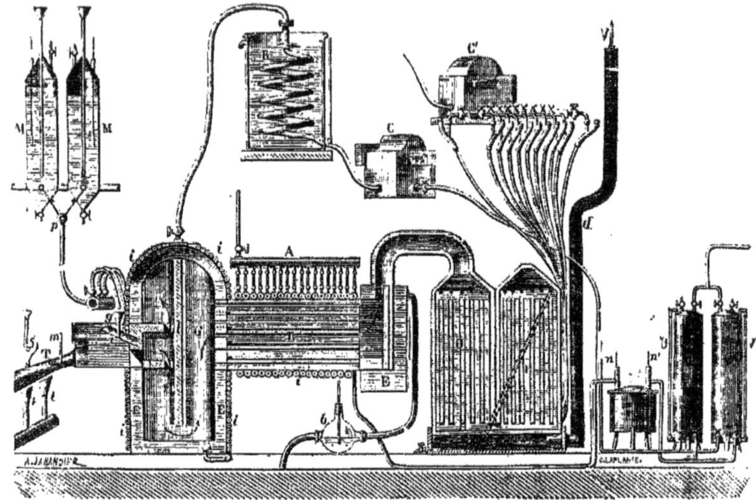

Fig. 473. — Appareil de M. H. Sainte-Claire Deville pour déterminer le pouvoir calorifique des huiles minérales.

verses. » [H. Sainte-Claire Deville, *Compt. rend. de l'Acad. des sciences*, t. LXXII, p. 195.]

Pour obtenir le pouvoir calorifique réel des pétroles, M. Deville a employé deux méthodes que nous décrirons avec quelques détails parce qu'elles offrent à la fois toute la rigueur des déterminations d'un laboratoire et le caractère des opérations industrielles. La pièce principale est un générateur tubulaire de 6 chevaux (fig. 473). « Dans une chaudière tubulaire contenant 540 kilogrammes d'eau environ, j'ai fait établir un foyer en briques entièrement entouré d'eau et au devant duquel une plaque de fonte percée de trous donne accès en même temps à l'huile et à l'air; l'huile en se répandant sur la tôle se volatilisait, et, rencontrant le courant d'air qui entre par les trous, se brûlait sans fumée.

« L'huile minérale était contenue dans deux vases de Mariotte, M, M, en tôle, munis d'un long tube de niveau gradué en millimètres.

« L'air de la combustion était fourni par un ventilateur mû par une petite machine à vapeur. Il était saturé d'humidité par une pluie fine d'eau projetée en sens inverse du mouvement de l'air. Enfin la température donnée par un thermomètre *m* pouvait être élevée à volonté au moyen d'un ou deux brûleurs Bunsen *t* qui échauffaient le tube faisant communiquer le foyer avec le ventilateur.

« La chaudière munie déjà de plusieurs enveloppes était isolée de l'air ambiant par une ceinture continue *i* de tuyaux de plomb que parcourait l'eau froide destinée à l'alimentation. De cette manière la déperdition de chaleur était absolument nulle, excepté sur un point, où l'influence très-faible de cette déperdition a été déterminée par expérience.

« La chaleur développée dans l'intérieur du foyer et observée dans la chaudière y produisait de la vapeur d'eau qui était condensée par un serpentin R. Cette eau était amenée dans des réservoirs en tôle gradués et fermés U,V,R' d'où, au moyen de l'air comprimé par la machine et après avoir parcouru les tuyaux enveloppant la chaudière, elle retournait dans celle-ci sans perte et à une température connue. On avait ainsi la quantité de chaleur produite dans le générateur. Il restait à déterminer la chaleur qui en sortait avec les fumées ou plutôt avec les produits incolores de la combustion. Ces gaz passaient à travers un tuyau horizontal à double enveloppe, dans une caisse ou condenseur O et P à surfaces susceptibles d'être refroidies comme le tuyau horizontal et se dégageaient, après un grand nombre de circuits, dans la cheminée *d* où était placé un thermomètre V. Une quantité d'eau connue s'écoulait en partant d'un compteur C' à débit constant, traversait entre deux lames métalliques toutes les surfaces léchées par la fumée, s'engageait entre les deux enveloppes de la cheminée horizontale et venait enfin se déverser par *b* au dehors. Deux thermomètres très-sensibles donnaient la température de l'eau à son entrée et à sa sortie de l'appareil réfrigérant. Les gaz de la combustion s'échappaient à une température de 2° ou 3° supérieure à la température ambiante, et l'on chauffait l'air destiné à l'alimentation du foyer de manière à lui donner exactement la même température que celle des gaz de la combustion à leur sortie de l'appareil. La quantité de chaleur amenée dans le foyer par l'air ambiant était ainsi parfaitement égale à la quantité de chaleur entraînée hors de l'appareil par le gaz de la combustion. Car si dans ces gaz 1 p. de l'oxygène était remplacée par un même volume d'acide carbonique, les chaleurs spécifiques étant les mêmes pour les deux gaz à volume égal, l'acide carbonique n'emportait pas plus de chaleur que l'oxygène n'en apportait. Quant à l'azote et à la vapeur d'eau, ils entraient et sortaient à la même température et en même quantité. Ce système avait le grand avantage que si l'on insufflait plus d'air qu'il n'était nécessaire pour la combustion, pourvu que le refroidissement des gaz de la combustion fût convenablement ménagé, cet excès d'air ne nuisait pas à l'exactitude du procédé. » [*Compt. rend. de l'Acad. des sc.*, t. LXVIII, p. 348 et suivantes.]

On mettait l'appareil en fonction et on continuait de chauffer jusqu'à ce que les températures $t$ et $t'$ de l'eau à l'entrée et à la sortie du réfrigérant de la fumée ainsi que le poids P de la vapeur produite par le générateur et le poids M de l'huile employée devinssent absolument constants. Alors, en les déterminant pendant 2 ou 3 heures environ, on avait avec une grande exactitude la chaleur de la combustion Q par la formule

$$Q = \frac{(637 - T)\,P + K\,(t - t')}{M}$$

dans laquelle T est la température de l'eau d'alimentation et K le poids de l'eau qui refroidit la fumée [*Compt. rend. de l'Acad. des sc.*, t. LXVIII, p. 349].

M. H. Sainte-Claire Deville a encore employé pour déterminer la chaleur de combustion des pétroles une autre méthode qui a l'avantage de pouvoir être appliquée toutes les fois que l'on possède une machine à vapeur dont la chaudière est chauffée aux huiles minérales. Elle consiste à brûler sous la chaudière d'une machine à vapeur produisant un travail régulier successivement les mêmes quantités de l'huile sur laquelle on veut expérimenter, et une huile type dont la chaleur de combustion bien constante a été déterminée une fois pour toutes.

Cette huile type est l'huile lourde des usines à gaz, dont la composition est à très-peu près constante, dont la densité est 1,044 et qui fournit par kilogramme, en brûlant, 8,916 calories et vaporise $12^k,77$ d'eau.

« J'ai opéré avec une machine de 8 chevaux à chaudière Belleville. J'ai maintenu constante à moins de 1/10 d'atmosphère près la pression dans la chaudière pendant que la machine comprimait dans un grand réservoir en fer de 40 mètres cubes de l'air à une pression constante de 2 3/4 atmosphères. L'air amené par les pompes s'échappait par un robinet dont l'ouverture était convenablement réglée pour que, la machine faisant un travail constant, la pression dans le réservoir restât elle-même absolument invariable. Dans les conditions que je viens de définir, on mesurait exactement la quantité d'eau volatilisée dans la chaudière, les quantités d'huile consommées, et quand on avait fait les deux déterminations successivement pour l'huile lourde de gaz servant de type et pour l'huile mise en expérience, on avait toutes les données nécessaires pour calculer le pouvoir calorifique de cette dernière. » [*Compt. rend. de l'Acad. des sc.*, t. LXXII, p. 196.]

Ces diverses méthodes ont toutes conduit à ce résultat que les parties des pétroles qui ne distillent pas au-dessous de 280° fournissent à égalité de poids 1 1/2 à 2 fois autant de chaleur que les houilles de meilleure qualité. L'huile lourde de houille des usines à gaz est dans le même cas que les huiles lourdes de pétrole, c'est par suite le combustible le plus facile à manier, et même le plus économique à employer dans une ville comme Paris, où la houille est à un prix très-élevé.

| LIEU D'ORIGINE. | | (1). Huile lourde de la Virginie. | (2). Huile légère de Pensylvanie. | (3). Huile lourde de Pensylvanie. | (4). Pétrole de Parme. | (5). Pétrole de Java. | (6). Pétrole de Pechelbronn. | (7). Pétrole de Gabian. |
|---|---|---|---|---|---|---|---|---|
| Partie volatile | à 100° | 1,0 | 4,3 | » | 1,1 | 1,0 | » | » |
| — | à 140° | 1,3 | 16,0 | » | 33,3 | » | » | » |
| — | à 180° | 12,0 | 28,7 | » | 60,5 | 7,7 | 7,8 | » |
| — | à 200° | » | 31,0 | » | 69,3 | 15,0 | 15,2 | » |
| — | à 220° | » | » | » | » | 22,3 | 23,7 | » |
| — | à 260° | » | » | » | » | 30,0 | 40,6 | » |
| — | à 280° | » | » | 12,0 | » | » | » | 0,5 |
| Densité à 0° | | 0,873 | 0,816 | 0,836 | 0,786 | 0,923 | 0,892 | 0,894 |
| Densité à 50° | | 0,853 | 0,784 | 0,853 | 0,747 | 0,888 | 0,857 | 0,831 |
| Coefficient de dilatation | | 0,00072 | 0,00084 | 0,00072 | 0,00106 | 0,000769 | 0,000793 | 0,000867 |
| Composition. | Carbone | 85,3 | 82,0 | 84,9 | 84,0 | 86,2 | 85,7 | 86,1 |
| | Hydrogène | 13,9 | 14,8 | 13,7 | 13,4 | 12,2 | 12,0 | 12,7 |
| | Oxygène | 0,8 | 3,2 | 1,4 | 1,8 | 1,6 | 2,3 | 1,2 |
| Chaleur de combustion | | 10180 c | 9963 | 10672 | 10121 | 10831 | 10020 | » |

(1). — Employée à lubrifier les machines. Elle provient de White-Oak, à la partie inférieure du terrain houiller à environ 135 mètres de profondeur (M. Foucou). — (2). La plus employée dans les fabriques d'huile d'éclairage. Elle provient d'Oil-Creek, dans la troisième assise des grès de la partie supérieure du terrain dévonien à 200 mètres de profondeur (M. Foucou). — (3). Employée à lubrifier les machines. Elle provient de Plumer-Farm, dans les premières assises du grès supérieur du terrain dévonien à 200 mètres environ de profondeur (M. Foucou). — (4). De la commune de Salo. Elle est limpide, très-fluide, de coloration ambrée, fluorescente en bleu (Commandeur Devincenzo). — (5). De la commune de Dandang-Ilo, district de Timaacon, résidence de Rembang (M. von Baumhauer). — (6). Produits visqueux (M. Lebel). — (7). Du département de l'Hérault. Il est visqueux et noir (M. Foucou).

| LIEU D'ORIGINE. | (8). Pétrole du Hanovre. | (9). Pétrole de Gallicie. | (10). Pétrole de Circassie. | (11). Huile de Birmanie. | (12). Pétrole de Chine. | (13). Huile du Caucase | (14). Huile lourde de houille. |
|---|---|---|---|---|---|---|---|
| Partie volatile à 100° | 0,5 | 2,1 | 3,3 | » | » | » | » |
| — à 140° | 5,0 | 8,7 | 15,7 | 4,9 | 1,0 | 2,7 | » |
| — à 180° | » | 14,3 | 24,0 | 5,8 | 20,0 | 13,3 | » |
| — à 200° | 11,0 | 21,7 | 27,7 | » | 35,0 | » | 12,5 |
| — à 220° | 14,0 | 25,3 | 32,7 | 8,0 | 45,0 | 19,0 | » |
| — à 260° | 20,0 | 33,0 | 35,0 | 14,0 | 70,0 | 29,3 | » |
| — à 280° | » | » | » | » | » | 36,0 | » |
| Densité à 0° | 0,892 | 0,870 | 0,887 | » | 0,680 | 0,884 | 1,044 |
| Densité à 50° | 0,860 | 0,836 | 0,850 | » | 0,822 | 0,854 | 1,007 |
| Coefficient de dilatation | 0,000772 | 0,000813 | 0,000750 | 0,000774 | 0,000821 | 0,000724 | 0,000743 |
| Composition. Carbone | 80,4 | 82,2 | 84,2 | 83,8 | 83,5 | 86,3 | 82,0 |
| Composition. Hydrogène | 12,7 | 12,1 | 12,4 | 12,7 | 12,9 | 13,6 | 7,6 |
| Composition. Oxygène | 6,9 | 5,7 | 3,4 | 3,5 | 3,6 | 0,1 | 10,4 * |
| Chaleur de combustion | » | 10005 | » | » | » | 11460 | 8916 |

(8). Pétrole noir et visqueux provenant d'Œdène (M. Foucou). — (9). Ost Gallizien (M. Ami Boué). — (10). Noir fluide (M. Fabre). — (11). De Rangoon (M. Fabre). — (12). De Foo-Choo-Foo, venant de Hong-Kong (M. Marcou). — (13). Huile légère très-fluide, provenant de Bakou (amiral Likhatchoff). — (14). Huile lourde extraite de la houille (Compagnie parisienne du gaz). — * Ce nombre représente l'oxygène, l'azote et le soufre contenus dans l'huile lourde de houille.

*Chauffage au pétrole.* — Les nombres inscrits au tableau précédent et relatifs aux pétroles de presque toutes les parties du monde nous montrent que la chaleur de combustion de ce liquide est de beaucoup supérieure à celle des meilleures houilles; aussi l'emploi des huiles minérales comme combustible préoccupe depuis quelques années les esprits en Europe aussi bien qu'en Amérique. Les avantages qui résulteraient de ce mode de chauffage sont évidents : ce combustible liquide ne laisse pas de cendres, l'introduction de la matière dans le foyer n'exige pas le travail pénible des chauffeurs, elle s'effectue automatiquement avec la plus grande facilité. La combustion de la houille ne donne pas de température constante, par suite des changements d'épaisseur du combustible sur la grille; on a d'ailleurs au moment de la charge une combustion incomplète et perte de combustible sous forme de fumée, puis, lorsque la charge diminue et que la combustion est complète, refroidissement par suite de l'introduction d'un excès d'air dans le foyer. Avec le pétrole on peut avoir une température constante bien supérieure à celle de la houille, d'abord parce que ce liquide a un pouvoir calorifique supérieur à celui de la houille et ensuite parce qu'on peut régler les proportions relatives d'huile et d'air de manière à avoir une combustion complète sans excès d'air. M. Deville est en effet arrivé à dépouiller à 2 % près l'air de ses foyers de tout l'oxygène qu'il contient et qui se transforme en eau et en acide carbonique. Enfin ce combustible occupe moins de place que le charbon nécessaire à produire le même effet. Les premiers essais tentés en Amérique pour employer le pétrole au chauffage ont été réalisés à l'aide d'un procédé compliqué; on transformait les huiles en vapeur dans un appareil spécial, puis on en déterminait la combustion dans le foyer en y introduisant en même temps un jet de vapeur d'eau destiné à produire une flamme plus longue et moins fumeuse. On a bientôt supprimé l'emploi de la vapeur d'eau qui entraînait une perte de chaleur considérable; il devait en être de même de la distillation de l'huile qui exigeait un appareil spécial très-dangereux lorsqu'on ne pouvait l'éloigner du foyer.

En France, M. Paul Audouin employa l'huile lourde de houille directement sans distillation pour le chauffage de fours à réverbère. L'huile coulait en jets commandés par des robinets sur une sole en brique. Celle-ci est placée derrière une plaque de terre percée de trous au travers desquels passe l'air destiné à la combustion. L'huile se vaporise partiellement en passant devant les trous qui amènent l'air, le reste de l'huile se vaporise sur la sole et donne une flamme longue dont la température peut être assez élevée pour fondre les briques les plus réfractaires et permettre d'essayer ainsi comparativement les divers matériaux au point de vue de la qualité réfractaire [*Ann. de Chim. et de Phys.*, (4), t. XV, p. 30].

M. H. Sainte-Claire Deville a cherché le moyen d'employer les huiles dans les foyers des navires et des locomotives, où l'on ne peut utiliser les briques qui seraient une cause de danger, par suite des trépidations énergiques auxquelles sont soumises toutes les parties de la machine. Les quantités d'huile à brûler par heure dans une locomotive qui développe une force de 300 chevaux sont d'ailleurs tellement considérables par rapport à la surface dont on peut disposer, que les conditions de l'expérience diffèrent complétement de celles étudiées dans un four.

*Grille à pétrole.* — M. Deville a résolu le problème par l'emploi « d'une grille verticale (fig. 474) dont les ouvertures ont été déterminées de telle manière qu'une quantité connue d'huile minérale pût brûler derrière elle sans produire de fumée et sans consommer un excès sensible d'air... En faisant couler l'huile dans une rainure large et peu profonde I ménagée dans les barreaux de la grille, on peut par expérience déterminer l'épaisseur qu'il faut donner à la fonte pour que cette huile en se répandant sur la surface intérieure de la grille se volatilise entièrement sans qu'aucune portion sensible du combustible puisse arriver autrement qu'en vapeur sur la sole du foyer. De cette manière, la grille représente une série de lampes; les barreaux servent de mèche en volatilisant l'huile par leur rainure intérieure échauffée par la combustion de l'huile minérale. L'air qui afflue dans le foyer par les intervalles A, B, compris entre les barreaux, détermine la formation d'une flamme très-vive et très-courte, de 25 centimètres de longueur environ, au delà de laquelle les produits de la combustion sont invisibles quoique à une température suffisante pour rendre incandescent un gros fil de platine [*Compt. rend.*, t. LXVIII, p. 352]. » On pourra augmenter considérablement la surface d'évaporation de l'huile sans augmenter les dimensions extérieures de la grille en inclinant plus ou moins la paroi postérieure de cette grille; le chemin parcouru par l'huile sera alors plus long, et la quantité évaporée dans un temps donné plus considérable; il conviendra d'augmenter le tirage de la cheminée dans une proportion telle que la quantité d'air qui afflue dans le foyer soit suffisante à la combustion complète de la matière.

A sa partie supérieure, la grille porte une série de trous D qui permettent l'introduction de l'huile dans les rainures de la grille; devant ces rainures, la base de la grille présente, dans toute sa longueur, une partie hémicylindrique, espèce de gouttière qui empêche l'huile, lancée par les trépidations de la machine, de sortir du foyer ou de tomber sur la sole autrement qu'à l'état de vapeur.

La distribution de l'huile se fait d'ailleurs par un robinet gradué placé à la portée du mécanicien; quant au réservoir, il peut être placé loin du foyer. Cette grille mise à la place de la porte ordinaire du foyer constitue tout l'appareil de chauffage d'une locomotive. Les barreaux de la grille horizontale ordinaire à charbon seront simplement recouverts d'une plaque réfractaire qui empêchera l'arrivée de l'air par la partie inférieure. La même disposition s'appliquera au chauffage des machines à vapeur fixes et aux fours de toute nature.

Fig. 474. — Grille pour la combustion des huiles minérales.

La mise en feu est facile; il suffit d'allumer entre les barreaux quelques mèches d'étoupe ou des copeaux, au moment où l'on fait arriver l'huile, pour la voir s'enflammer, si le tirage est convenable. On peut d'ailleurs remplacer le tirage de la cheminée par l'emploi d'un ventilateur qui permet d'opérer avec de l'air sous une pression supérieure à l'atmosphère.

*Chauffage des locomotives.* — Cette grille de M. H. Sainte-Claire Deville a été expérimentée avec succès par l'auteur, avec le concours de M. Dieudonné, sur deux locomotives du chemin de fer de l'Est. On y a constaté que, dans les grandes vitesses de la locomotive, le tirage de la cheminée, dû à l'échappement de la vapeur, est tel, qu'on peut augmenter presque indéfiniment la consommation de l'huile et par suite la production de la vapeur sans craindre la fumée. C'est dans les grandes vitesses qu'on obtient la plus grande production de vapeur; l'inverse se produit dans le chauffage à la houille, où l'on a beaucoup de peine à empêcher la pression de la vapeur de diminuer. Le rapport de la consommation de l'huile à celle du coke pour le même travail était de 6 kilogrammes d'huile pour 9$^{k}$,20 de coke [*Compt. rend. de l'Acad. des sciences*, t. LXVIII, p. 353, et t. LXIX, p. 933].

On emploie toujours pour ce mode de chauffage des huiles denses et visqueuses, dont l'inflammation est très-difficile et qui par suite ne présentent pas de danger. Pour les essayer, on les chauffe vers 100° et on y plonge une torche bien allumée qui doit s'y éteindre.

L'emploi des huiles lourdes de pétrole pour les locomotives a un grand intérêt dès aujourd'hui pour les pays où ce liquide est abondant. Il serait surtout précieux pour le haut Canada, où l'on exploite des sources de pétrole visqueux, et où le bois ou le charbon de terre nécessaires à la marche des locomotives et des navires à vapeur doivent être apportés de loin et à grands frais.

*Chauffage des bateaux à vapeur.* — Avant ses expériences sur le chemin de fer de l'Est, M. H. Sainte-Claire Deville avait, avec le concours de M. Dupuy de Lôme, appliqué sa grille verticale au chauffage de la chaudière à vapeur de 60 chevaux du yacht *le Puebla*. Il était résulté de ces essais la conviction qu'il serait très-facile de remplacer rapidement dans le foyer des bateaux à vapeur le chauffage au charbon par le chauffage au pétrole et réciproquement, de telle sorte que les navires faisant les voyages de l'Amérique du Nord pourraient brûler du charbon à l'aller et du pétrole au retour. Cette transformation serait précieuse pour la Californie qui possède des terrains bitumineux et plusieurs gîtes pétrolifères heureusement situés au bord de la mer. L'emploi du combustible liquide y serait d'une importance d'autant plus grande, que, pour alimenter le travail de ses usines et le service des grandes lignes de steamers qui la relient au Japon, à Shanghaï et à tout l'extrême Orient, la ville de San-Francisco est obligée d'importer à un prix très-élevé le charbon, dont cette partie de la côte est dépourvue.

L'emploi des huiles minérales aurait encore pour les bâtiments à vapeur un autre avantage important. Ces huiles, très-hydrogénées, donnent en brûlant plus de leur poids d'eau, de sorte qu'en refroidissant les fumées dans un réfrigérant à grande surface, on obtiendrait la condensation d'une quantité d'eau pure suffisante pour alimenter les chaudières et éviter complétement l'emploi si nuisible de l'eau de mer. Il faudrait, dans ce cas, remplacer le tirage de la cheminée par la pression de l'air venant d'un ventilateur.

La grille de M. H. Sainte-Claire Deville s'applique non-seulement aux locomotives et aux navires à vapeur, mais à tous les appareils de chauffage; aussi pendant le siége de Paris, des grilles construites sur ce modèle ont permis, au moment où la houille est venue à manquer, de brûler l'huile lourde de houille, soit pour faire marcher la machine à vapeur de la manufacture des tabacs dont les moulins étaient employés à moudre de la farine, soit pour chauffer les fours à réverbère où l'on fondait le bronze destiné à la fabrication des canons. Cette grille est constamment employée depuis plusieurs années dans le laboratoire de l'École normale supérieure pour chauffer et maintenir pendant des jours entiers, à une température constante, les appareils où l'on veut produire des réactions qui exigent le concours du temps et d'une température très-élevée.

*Fourneau à huile minérale.* — M. Wiesnegg, constructeur d'appareils pour les laboratoires de chimie, a appliqué la grille de M. Deville à un petit fourneau portatif à moufle M (fig. 475) pour les travaux de la bijouterie et de la petite orfévrerie. On peut d'ailleurs remplacer le moufle par des creusets C ou par un tube transversal D en terre ou en porcelaine, de manière à employer ce fourneau pour la plupart des opérations de la chimie par la voie sèche. L'huile lourde de pétrole ou l'huile du gaz contenue dans un reservoir R arrive par le tube T aux robinets r et r' d'où ils arrivent aux tubes F de la grille.

Fig. 475. — Fourneau à huile minérale pour laboratoire et travaux de bijouterie.

Le pétrole ne laissant pas de cendres, on n'a pas à craindre la perte des matières employées dans le cas où le creuset viendrait à se briser; on retrouve la matière intacte dans la partie inférieure de l'appareil. La dépense dans ce fourneau serait d'environ 20 centimes par heure.

*Chalumeau à pétrole.* — Les frères Agnelet ont imaginé une autre disposition pour brûler les huiles lourdes; leur appareil se compose d'une espèce de chalumeau formé de deux tubes concentriques. L'huile lourde arrivant par le tube central sort par une très-petite ouverture. L'air arrive par le tube-enveloppe et sort par une ouverture circulaire dont les parois sont très-rapprochées de celles de l'extrémité du premier tube. Cet air est amené par une machine soufflante; il possède une pression un peu supérieure à la pression atmosphérique (20° d'eau environ). En sortant obliquement du tube-enveloppe il détermine l'aspiration et la pulvérisation de l'huile lourde. Il suffit d'approcher un corps allumé pour obtenir une flamme de 30 centimètres de longueur qui brûle sans laisser aucun résidu. Ce procédé, d'un usage moins général que le précédent parce qu'il exige l'emploi de l'air comprimé, est appliqué dans plusieurs établissements industriels.

*Origine du pétrole.* — La solution du problème du chauffage des chaudières par l'huile lourde de pétrole pourra déterminer d'ici quelques années un développement considérable de l'industrie des huiles minérales. Le pétrole n'étant guère utilisé jusqu'ici que pour l'éclairage et le graissage des machines, l'exploitation de quelques centres importants, tels que la péninsule du haut Canada, la vallée d'Oil-Creek en Pensylvanie et la vallée de la petite Kanawha dans la Virginie occidentale, a suffi à la consommation; mais il n'en serait plus de même le jour où les huiles minérales seraient employées pour le chauffage des fours et des chaudières à vapeur dans les pays peu éloignés des gîtes pétrolifères. Cette nouvelle application déterminerait de nouvelles recherches et une exploitation régulière dans les pays qui présentent la même constitution géologique que le Canada, la Pensylvanie et la Virginie occidentale.

Du reste, contrairement à ce qui arrive pour beaucoup de substances minérales telles que la houille, qui sont restreintes à certains étages bien déterminés, les couches qui fournissent l'huile minérale appartiennent à plusieurs étages très-différents des terrains stratifiés.

Dans le Kentucky et le Tennessee, le pétrole est fourni par les couches siluriennes inférieures, c'est-à-dire par les roches stratifiées les plus anciennes. Un autre niveau très-productif, celui du Canada occidental, appartient au terrain dévonien inférieur; c'est au terrain dévonien supérieur qu'appartiennent les couches les plus riches de la Pensylvanie occidentale (vallée d'Oil-Creek). Les sources de la Virginie occidentale sortent du terrain carbonifère supérieur

Les couches pétrolifères actuellement les plus productives de l'Amérique du Nord appartiennent donc aux terrains stratifiés les plus anciens, et les huiles sont d'autant plus légères qu'elles proviennent d'une plus grande profondeur; celles qui sont plus rapprochées de la surface du sol ont perdu leurs parties les plus volatiles et se sont épaissies. On y trouve cependant du pétrole dans des terrains plus récents; ainsi le Connecticut et la Caroline septentrionale en présentent dans le trias; le Colorado et l'Utah en connennent dans les lignites du terrain crétacé; enfin les pétroles de la Californie appartiennent aux terrains tertiaires.

En Europe, c'est surtout dans les terrains tertiaires que l'on a trouvé des pétroles. Tels sont les sables imprégnés de pétrole exploités à Pechelbronn et à Schwabwiller (Alsace), qui appartiennent au terrain tertiaire moyen.

On trouve également des pétroles à Gabian, dans le département de l'Hérault.

En Italie, les sources de pétrole appartiennent au terrain tertiaire moyen : telles sont celles observées dans l'Abruzze citérieure, aux environs de Tocco et de Pescara; dans l'Émilie, aux environs de Parme, de Plaisance et de Modène. Comme dans beaucoup d'autres contrées, le pétrole y est associé au gypse, au soufre, au sel gemme et au gaz hydrogène carboné.

Le pétrole du Hanovre appartient aux couches néocomiennes ou jurassiques.

En Gallicie et dans les provinces danubiennes, on a découvert dans le terrain tertiaire un très-grand nombre de gîtes de pétrole et de bitume cireux ou ozokérite disposés tous sur une ligne de fracture parallèle aux Karpathes et associés au sel gemme.

La principale zone pétrolifère de l'ancien continent se trouve dans les terrains tertiaires qui bordent l'extrémité orientale du Caucase et forment le littoral occidental de la mer Caspienne. Les environs de Bakou et la presqu'île d'Apschéron sont surtout très-riches. On trouve également du pétrole à l'extrémité occidentale de la chaîne du Caucase, des deux côtés du Bosphore cimmérien, en Crimée et dans la presqu'île de Taman.

On exploite le pétrole depuis une antiquité très-reculée dans les terrains tertiaires de la vallée de l'Euphrate et du Kurdistan.

Enfin l'empire birman fournit à l'Europe des quantités considérables de pétrole brut, goudronneux, connu en Angleterre sous le nom de *Rangoon-tar* ou de *Burmese naphta*.

« Quoique le pétrole ait été étudié dans bien des contrées, on n'a pu établir son origine avec certitude. On suppose généralement qu'il résulte de la décomposition de plantes marines et des animaux vivant sur les rivages des mers primitives; cette hypothèse explique la présence de l'eau salée et du sel gemme, les eaux de la mer ayant été emprisonnées dans les mêmes cavités que les débris organiques. Un certain nombre de géologues, s'appuyant sur les rapprochements remarquables entre les divers gîtes de sel, de soufre et de bitume fréquemment en relation avec des phénomènes de dislocation, attribuent au pétrole une origine franchement éruptive. » [Daubrée, *Rapport du jury de l'Expos. de 1867*, t. V, p. 68.]

Bibliographie. — Bussenius et Eisenstuck, *Ann. der Chem. u. Pharm.*, t. CXIII, p. 151 et p. 169; — Uelsmann, *Ann. der Chem. u. Pharm.*, t. CXIX, p. 279; — Pebal, *Ann. der Chem. u. Pharm.*, t. CXV, p. 19; — E.-B. Andrews, *Sill. Am. Journ.*, (2), t. XXXII, p. 85; *Chem. News*, t. VI, p. 289; — Gauldré-Boileau, *Ann. min.*, (6), t. IV, p. 105; — Hix, *Répert. de Chim. appliq.*, 1863, p. 346; — Youle Hinde, *Ann. min.*, (6), t. IV, p. 117; — Wiederhold, *Dingl. polyt. Journ.*, t. CLXIX, p. 63 et 459, et t. CLXXII, p. 468; — A. Vogel, *Dingl. polyt. Journ.*, t. CLXVII, p. 225; — O. Buchner, *Dingl. polyt. Journ.*, t. CLXIV, p. 339; — F. Weil, *Le Technologiste*, déc. 1862; — P. Bolley, *Dingl. polyt. Journ.*, t. CLXIX, et *Répert. de Chim. appliq.*, t. V, p. 304; — Wittstein, *Vierteljahrssch. für Pharm.*, t. XII, p. 343; *Ann. de Chim. et de Phys.*, (3), t. LXVIII, p. 409; — H. Vohl, *Dingl. polyt. Journ.*, t. CLXVII, et t. CLXXVII, p. 58; — Tuttschew, *Journ. für prakt. Chem.*, t. XCIII, p. 394; — O. Buchner, *Dingler's polyt. Journ.*, t. CLXXII, p. 392; — E. Ronalds, *Journ. für prakt. Chem.*, t. XCIV, p. 420; — C. Schorlemmer, *Chem. News*, t. XI, p. 255, et *Zeitsch. für Chem.*, 1865, p. 242; — J. Young, *Mechanic's Magazine*, 1865, p. 235; — Bretenlohner, *Dingl. polyt. Journ.*, t. CLXXV, p. 392; — Salleron et Urbain, *Compt. rend. de l'Acad. des sc.*, t. LXII, p. 43; — J. Green, *Scientific american*, t. XIII, p. 383, et *Bull. de la Soc. chim.*, 1866, t. VI, p. 350; — Hager, *Pharm central hall.*, t. VII; — J. Attfield, *Chem. News*, t. XIV, p. 257; — C.-M. Warren et F.-H. Store, *Memoirs of the american Academy* (new series), t. IX, p. 208 et p. 177, et *Bull. de la Soc. chim.*, 1868, t. IX, p. 324 et 326; — Warren de la Rue et H. Müller, *Chem. gaz.*, 1856, p. 375; — B. Silliman, *Sill. am. Journ.*, (2), t. XLIII, p. 242; — Hager, *Bull. de la Soc. chim.*, 1867, t. VII, p. 527 — S. Lefebvre, *Compt. rend. de l'Acad.*, t. LXVII, p. 1352; — C.-M. Warren, *Sill. am. Journ.*, (2), t. XLV, p. 262; — B. Silliman, *Bull. de la Soc. chim.*, 1868, t. X, p. 77; — H. Sainte-Claire Deville, *Compt. rend. de l'Acad. des sc.*, t. XVI, p. 442, 453 et 454, et t. LXVIII, p. 349, 485 et 686, et t. LXIX, p. 933; — Peltier, *Dingl. polyt. Journ.*, t. CLXXXIX, p. 61; — J. Müller, *Bull. de la Soc. chim.*, 1868, t. X, p. 331; — Baumhauer, *Archiv. néerland.*, t. IV, p. 299, et *Instit.*, 1869, p. 232 et 302; — S. F. Peckham, *Sillim. am. Journ.*, (2), t. XLVII, p. 9; — W.-R. Hutton, *Chem. News*, t. XIX, p. 41.

L. T.

**PÉTROLÈNE.** — Voyez Bitumes, t. I, p. 618.

**PETROSILEX** (Min.) [Syn. *Feldspath compacte, hälleflinta, feldstein, adinole*]. — Roche compacte ayant une composition qui la rapproche de l'orthose, avec excès de silice.

**PÉTUNTZÉ** (Min.). — Nom chinois donné à une roche feldspathique et quartzeuse qui accompagne le kaolin.

**PETZITE** (Min.). — Variété de hessite renfermant de 18 à 25 % d'or, en remplacement de l'argent.

**PEUCÉDANINE**, $C^{12}H^{12}O^3$. — On a désigné, sous le nom de peucédanine ou impératorine, une substance cristalline contenue dans la racine des Peucédanées, principalement dans celle d'impératoire (*Imperatoria Ostruthium L.*, *Peuceda-*

*num Ostruthium, Koch*). Elle a été obtenue pour la première fois par Schlatter [*Ann. der Chem. u. Pharm.*, t. V, p. 205].

La peucédanine s'obtient en épuisant les racines du *Peucedanum Ostruthium* par de l'alcool bouillant; on distille l'alcool; le résidu, lavé à l'eau et à l'alcool, est repris par de l'éther qui dissout cette substance en abandonnant une matière résineuse qui la souille. La peucédanine cristallise par l'évaporation de la solution éthérée.

La peucédanine cristallise en prismes incolores qui se groupent en faisceaux. Elle fond à 75° sans perdre de son poids, et se prend par le refroidissement en une masse amorphe, ayant l'aspect de la cire. Insoluble dans l'eau, même à chaud, elle se dissout peu dans l'alcool froid, mais elle est soluble dans l'alcool chaud et surtout dans l'éther, les huiles grasses et les essences. La solution alcoolique est d'une âcreté persistante et n'agit pas sur les couleurs végétales.

La peucédanine, retirée soit du *Peucedanum officinale*, soit du *Peucedanum Ostruthium*, a été analysée par un certain nombre de chimistes, qui ne sont pas arrivés à des résultats tout à fait identiques [Fr. Doebereiner, *Ann. der Chem. u. Pharm.*, t. XXVIII, p. 288; — Erdmann, *Journ. für prakt. Chem.*, t. XVI, p. 42; en extrait, *Ann. der Chem. u. Pharm.*, t. XXXII, p. 309; — Bothe, *Journ. für prakt. Chem.*, t. XLVI, p. 371; en extrait, *Ann. der Chem. u. Pharm.*, t. LXXII, p. 380]. Cependant la formule indiquée plus haut se trouve confirmée par la réaction que la potasse fait éprouver à la peucédanine. Wagner a démontré que celle-ci est dédoublée en acide angélique et en orosélone hydratée ou hydrate de peucédyle :

$$\underset{\text{Peucédanine.}}{C^{12}H^{12}O^3} + KHO = \underset{\text{Angélate de potassium.}}{C^5H^7KO^2} + \underset{\text{Orosélone hydratée.}}{C^7H^6O^2}.$$

D'après cette réaction, la peucédanine représenterait l'angélate de peucédyle (voyez Orosélone) [Wagner, *Journ. f. prakt. Chem.*, t. LXI, p. 503; *Journ. de Pharm. et de Chim.*, (3), t. XXVI, p. 74].

Les acides étendus n'agissent pas sur la peucédanine. Les acides sulfurique, chlorhydrique et acétique n'exercent aucune action à froid. L'acide azotique concentré et bouillant la dissout en la transformant en *nitropeucédanine*, ou en acide oxypicrique et en acide oxalique. La dissolution alcoolique de peucédanine est précipitée par l'acétate de plomb et l'acétate de cuivre; le chlore et l'iode l'attaquent.

*Nitropeucédanine*, $C^{12}H^{11}(AzO^2)O^3$. — Elle s'obtient en chauffant la peucédanine à 60° avec de l'acide azotique de 1,21; la peucédanine se dissout en formant une liqueur jaune qui se prend en une masse cristalline par le refroidissement, qu'on purifie par cristallisation dans l'alcool [Bothe, *loc. cit.*].

La nitropeucédanine se présente sous la forme de paillettes incolores, assez solubles dans l'alcool et dans l'éther, presque insolubles dans l'eau. Elle fond au-dessus de 100° et se décompose. Elle absorbe à 100° le gaz ammoniac et se transforme en *nitropeucédamide*. La même réaction se produit en traitant ce corps par l'ammoniaque et l'alcool.

La *nitropeucédamide* se dépose de l'alcool bouillant en prismes rhombiques très-brillants, fort solubles dans l'éther, insolubles dans l'eau. Les acides faibles ou la potasse la décomposent en nitropeucédanine et en ammoniaque.

Elle paraît répondre à la formule

$$C^{12}H^{10}(AzO^2)(AzH^2)O^2,$$

c'est-à-dire les éléments d'une molécule de nitropeucédanine, dans laquelle un atome d'hydrogène est remplacé par le groupe amidogène $AzH^2$, moins une molécule d'eau :

$$\underset{\text{Nitropeucédanine.}}{C^{12}H^{11}(AzO^2)O^3} + AzH^3 - H^2O$$
$$= \underset{\text{Nitropeucédamide.}}{C^{12}H^{10}(AzO^2)(AzH^2)O^2}.$$

E. C.

**PFAFFITE** (Min.). — Voyez Jamesonite.

**PHACOLITE** (Min.). — Chabasie en gros cristaux maclés présentant la forme de doubles pyramides hexagonales et souvent l'aspect lenticulaire.

**PHÆSTINE** (Min.). — Larges lames à structure fibreuse, d'un éclat bronzé, d'un gris jaunâtre, très-tendre, paraissant être une altération de la bronzite. A été trouvée dans la serpentine à Einsiedel (Bohême) et à Kupferberg (Bavière).

**PHARMACOCHALCITE** (Min.). — Voyez Olivénite.

**PHARMACOLITE** (Dana) (Min.). — Voyez Kühnite.

**PHARMACOLITHE** (Min.) [Syn. *Chaux arséniatée, picropharmacolithe* (Stromayer), *arsénicite* (Beud)]. — Arséniate de calcium hydraté, $AzO^4CaH + 5,2H^2O$. Cristaux aciculaires, ou houppes soyeuses, ou encore masses botryoïdes ou stalactitiques d'un blanc souvent teinté de rose par la présence du cobalt, d'un éclat vitreux, perlé sur $g^1$, translucides ou opaques, trouvées à Sainte-Marie-aux-Mines (Haut-Rhin), à Wittichen (duché de Bade), à Andréasberg (Harz), à Joachimsthal (Bohême), etc., avec des minerais d'arsenic et d'argent.

*Caractères.* — Soluble dans les acides. Dans le tube fermé, donne de l'eau et devient opaque. Au chalumeau fond au feu d'oxydation en un émail blanc; au feu de réduction, fumées arsenicales. L'émail présente parfois une coloration bleue due au cobalt. Le minéral calciné a une réaction alcaline. Dureté, 2 à 2,5. Poussière blanche. Densité, 2,64 à 2,73.

*Forme cristalline.* — Prisme clinorhombique $m\,m = 117°,24'$; $e^1 e^1 = 141°,8'$; $p\,m = 95°,47'$. Formes habituelles, $p$, $m$, $g^1$, $e^1$, $h^2$. Clivage $g^1$ très-facile. F. et S.

**PHARMACOSIDÉRITE** (Min.) [Syn. *Fer arséniaté* [H] *Würfelerz*]. — Arséniate ferrique hydraté contenant un peu d'acide phosphorique et de cuivre :

$$2As^2O^5,3Fe^2O^3.12H^2O = (AsO^4)^2Fe^2 + 2(Fe^2O^3 3H^2O)$$
$$= (AsO^4)^2[Fe^2(OH)^4]^3 + 6H^2O.$$

Jolis cristaux cubiques d'un vert parfois très-pur, mais souvent brunâtre, ou masses granulaires d'un éclat assez vif et translucides, trouvés dans diverses mines de Cornouailles, à Saint-Léonard, près Limoges, à Horhausen (Nassau), etc.

*Caractères.* — Soluble dans l'acide chlorhydrique. Décomposé par la potasse avec séparation d'oxyde ferrique. Dans le tube fermé, donne de l'eau et devient rouge. Au chalumeau, sur le charbon, émet des fumées arsenicales et fond en un globule magnétique. Avec les flux réactions du fer.

Dureté, 2,5. Poussière vert clair ou jaune clair. Densité, 2,9 à 3.

*Forme cristalline.* — Cubique avec hémiédrie tétraédrique. Clivage cubique difficile. Pyroélectrique. F. et S.

**PHASÉOMANNITE.** — Syn. avec Inosite, t. II, p. 113.

**PHELLIQUE (ALCOOL).** — M. Siewert donne ce nom à la cérine de M. Chevreul, qu'il a extraite du liége. C'est un corps blanc, cristallin, fusible à 100°, soluble dans 500 p. d'alcool bouillant. Il propose la formule $C^{17}H^{28}O$ [*Zeitsch. für Chem.*, t. IV, p. 383; *Bull. de la Soc. chim.*, 1869, t. XI, p. 171].

**PHÉNACITE** (Min.). — Silicate de glucine, $2GlO,SiO^2 = SiO^4Gl^2$. Cristaux en pyramides hexagonales portant souvent les faces du prisme, d'un aspect analogue à celui du quartz, transparents ou translucides, d'un éclat vitreux, incolores ou jaune rougeâtre et bruns, trouvés avec quartz dans l'hématite brune à Framont (Vosges), avec émeraude et cymophane dans le micaschiste, à Tacowaja (Sibérie), avec feldspath et topaze aux monts Ilmen.

*Caractères.* — Inattaquable aux acides. Infusible au chalumeau. Avec le borax,

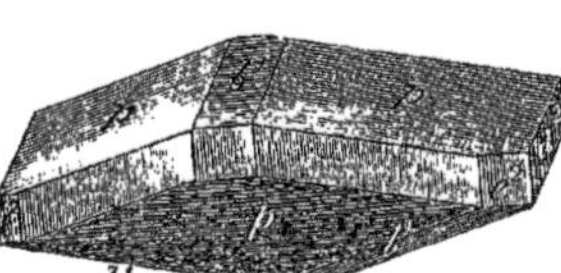

Fig. 476 et 477. — Phénacite.

fond en un verre clair; avec le sel de phosphore, production d'un squelette de silice. Dureté, 7,5 à 8. Cassure conchoïdale. Densité, 2,96 à 3,0.

*Forme cristalline.* — Rhomboèdre 116°,36'. Formes habituelles, $p, d^1, e^2, b^2, b^1$. Double réfraction positive.

F. et S.

**PHÉNACONIQUE (ACIDE)** [Carius, *Ann. der Chem. u. Pharm.*, t. CXLII, p. 129; *ibid.*, t. CXLIX, p. 257; *Bull. de la Soc. chim.*, 1868, t. IX, p. 121; *ibid.*, t. XII, p. 52; *ibid.*, t. XIV, p. 169; *ibid.*, t. XVII, p. 59; *Ann. de Chim. et de Phys.*, (4), t. X, p. 494; *Zeitsch. für Chem.*, (2), t. IV, p. 729; *Berichte der deutschen chemischen Gesellschaft*, t. III, p. 337; *ibid.*, t. IV, p. 928]. — En chauffant l'acide trichlorophénomalique avec de l'eau de baryte, M. Carius a obtenu un acide auquel il a attribué la formule $C^6H^6O^6$ et qu'il a nommé acide phénaconique :

$$2\,C^6H^7Cl^3O^5 + 6\,BaH^2O^2$$
$$= 3\,BaCl^2 + 10\,H^2O + (C^6H^3O^6)^2Ba^3.$$

La formation de cet acide aux dépens des éléments de l'acide trichlorophénomalique, l'existence d'un sel acide $C^6H^5O^6K$ et la densité de vapeur du chlorure $C^6H^3O^3Cl^3$, peu stable à la vérité, ont conduit ce chimiste à adopter la formule $C^6H^6O^6$ et à regarder l'acide dont il s'agit comme un nouveau corps.

Un examen approfondi des sels acides de potassium et leur comparaison avec les fumarates correspondants vient de le conduire à admettre l'identité des acides phénaconique et fumarique. Le fumarate neutre est $C^4H^2O^4K^2$ et le phénaconate correspondant serait $C^6H^3O^6, K^3$. Le fumarate acide $C^4H^3O^4,K$ a été décrit par Winkler, et Carius l'a obtenu à l'état anhydre et cristallisé. L'acide phénaconique mélangé avec le sel neutre $C^6H^3O^6,K^3$ dans la proportion de 1 p. d'acide pour 2 p. de sel laisse déposer pendant l'évaporation le sel $C^{12}H^9O^{12}K^3$, à l'état cristallisé, tandis que le sel neutre, plus soluble, reste dans l'eau mère. Le sel $C^{12}H^9O^{12},K^3$ est identique avec le fumarate $C^4H^3O^4,K$. Enfin Carius a fait connaître le phénaconate diacide $C^6H^5O^6K$, qui a aussi fourni l'acide fumarique et dont la composition est $(C^4H^3O^4K)^2, C^4H^4O^4$; ce fumarate est stable et n'est pas détruit par l'alcool bouillant. On obtient facilement ce sel en précipitant le baryum de la solution du sel de baryum par le sulfate de potassium et l'acide sulfurique employés en proportions convenables; il cristallise en aiguilles prismatiques, est très-peu soluble dans l'eau (2,66 p. se dissolvent dans 100 p. d'eau à 19°,5) et presque insoluble dans l'alcool. Il semble être anhydre ; chauffé au delà de 180°, il diminue peu à peu de poids en se colorant en gris.

Ph. de C.

**PHÉNAKITE.** — Voyez PHÉNACITE.

**PHÉNAMÉINE.** — Nom proposé par M. Scheurer-Kestner pour le violet d'aniline au chlorure de chaux. — Voyez t. I, p. 312.

**PHÉNANTHRÈNE**, $C^{14}H^{10}$. — Ce carbure d'hydrogène isomérique avec l'anthracène accompagne celui-ci dans le goudron de houille; il a été découvert simultanément par M. Graebe et MM. Fittig et Ostermayer [Graebe, *Deutsch. Chem. Gesellsch.*, t. V, p. 861; *Bull. de la Soc. chim.*, 1873, t. XIX, p. 77; *Ann. der Chem. u. Pharm.*, t. CLXVII, p. 131; — R. Fittig et E. Ostermayer, *Ann. der Chem u. Pharm.*, t. CLXVI, p. 361; *Bull. de la Soc. chim.*, 1873 t. XIX, p. 166].

Graebe l'a obtenu par synthèse pyrogénée, en faisant passer du stilbène, $C^{14}H^{12}$, ou du dibenzyle, $C^{14}H^{14}$, par un tube rempli de morceaux de verre et chauffé au rouge :

$$\begin{matrix} C^6H^5-CH \\ C^6H^5-\overset{\|}{C}H \end{matrix} = \begin{matrix} C^6H^4-CH \\ \overset{|}{C}^6H^4-\overset{\|}{C}H \end{matrix} + H^2.$$

Stilbène. Phénanthrène.

L'hydrogène ne se dégage pas, mais se fixe sur une autre portion de stilbène et le convertit en toluène [*Deutsch. Chem. Gesellsch.*, t. VI, p. 125].

La constitution du phénanthrène peut être représentée par la formule

$$\begin{matrix} C^6H^4-CH \\ \overset{|}{C}^6H^4-\overset{\|}{C}H \end{matrix}$$

qui est identique avec celle que Graebe et Liebermann avaient établie pour l'anthracène lui-même (voyez t. I, p. 1654). Mais cette formule découle si nettement des transformations du phénanthrène et des relations des dérivés de ce carbure avec le diphényle, relations bien établies, qu'il parait difficile d'admettre une autre formule pour le phénanthrène. L'anthracène doit donc avoir une autre constitution, et ceci est d'autant plus probable que M. van Dorp a effectué récemment une synthèse de l'anthracène qui ne cadre nullement avec la formule de Graebe et Liebermann.

Pour obtenir le phénanthrène, on soumet à la distillation fractionnée de l'huile de goudron liquide passant entre 300° et 400° (produit accessoire de la fabrication industrielle de l'anthracène), on refroidit les portions moyennes, on exprime la partie solide et on la soumet à un grand nombre de cristallisations fractionnées dans l'alcool. On sépare ainsi l'anthracène, qui est moins soluble que le phénanthrène. Le produit est pur lorsqu'il fond entre 97° et 99° et que ce point de fusion ne change plus par nouvelles cristallisations ou par sublimation.

Le *phénanthrène* se dépose dans l'alcool en lamelles ou plaques parfaitement incolores, quand il est pur (d'après Graebe, il possède une fluorescence bleue, mais beaucoup plus faible que l'anthracène); soluble dans 48 à 50 p. d'alcool à 13°,5, il se dissout aisément dans l'alcool chaud, dans l'éther, la benzine, l'acide acétique cristallisable et le sulfure de carbone. Il fond entre 99° et 100° et bout vers 340°; il se sublime en lamelles, cependant moins facilement que l'anthracène. Sa densité de vapeur prise dans la vapeur de soufre est de 6,28 (théorie, 6,16).

Lorsqu'on mélange des dissolutions alcooliques d'acide picrique et de phénanthrène saturées à froid, il se forme après peu de temps de longues aiguilles rouge jaunâtre fusibles à 143-145°, solubles dans 30 à 38 p. d'alcool à 15°, facilement solubles dans l'alcool chaud, dans l'éther, la benzine et le sulfure de carbone.

Cette *combinaison picrique* renferme

$$C^{14}H^{10}, C^6H^2(AzO^2)^3.OH;$$

l'ammoniaque la dédouble.

Chauffé à 220° avec de l'acide iodhydrique, le phénanthrène donne le *tétrahydrure* liquide $C^{14}H^{14}$.

La solution éthérée du carbure traitée par le brome laisse déposer par le refroidissement des prismes quadrilatères incolores d'un *bromure d'addition*, $C^{14}H^{10}.Br^2$. Ce corps est très-instable; il se décompose spontanément en dégageant de l'acide bromhydrique; la potasse alcoolique lui enlève facilement le brome et paraît régénérer le phénanthrène. Indépendamment de ce bibromure, on obtient encore une petite quantité d'un corps cristallisé qui est le phénanthrène *monobromé;* celui-ci fond à 63° et se transforme sous l'influence du brome successivement en phénanthrène *dibromé*, cristallisant en aiguilles réunies en mamelons, et en phénanthrène *tribromé* qui constitue de fines aiguilles soyeuses, fusibles à 126° [Hayduk, *Deutsch. Chem. Gesells.*, 1873, t. VI, p. 532].

L'acide nitrique dissout le carbure avec dégagement de chaleur en produisant un dérivé nitré cristallisable, $C^{14}H^9(AzO^2)$, fusible vers 75°; lorsque la température s'élève beaucoup dans la réaction, on obtient le dérivé dinitré $C^{14}H^8(AzO^2)^2$ cristallisable et fusible vers 155°.

L'acide sulfurique le transforme à 100°, sans le charbonner, en un acide sulfoconjugué $C^{14}H^9.SO^3H$, dont le sel de *baryum* et le sel de *plomb*

$$(C^{14}H^9SO^3)^2Pb + 2H^2O$$

forment des masses cristallines; celui de *calcium* contient $4H^2O$ et cristallise en petites tables incolores, très-solubles.

L'acide *chromique* convertit le phénanthrène en une quinone, la *phénanthraquinone*, $C^{14}H^8O^2$ :

$$\begin{array}{l} C^6H^4-CH \\ C^6H^4-CH \end{array} + O^3 = \begin{array}{l} C^6H^4-C \\ C^6H^4-C \end{array} > O^2 + H^2O,$$

et celle-ci, sous l'influence d'une oxydation plus profonde, donne un acide bibasique, l'acide *diphénique*, $C^{14}H^{10}O^4$ :

$$\begin{array}{l} C^6H^4-C \\ C^6H^4-C \end{array} > O^2 + H^2O + O = \begin{array}{l} C^6H^4-CO.OH \\ C^6H^4-CO.OH. \end{array}$$

L'anthraquinone, isomère de la phénanthraquinone, résiste au contraire à l'action oxydante de l'acide chromique.

PHÉNANTHRAQUINONE, $C^{14}H^8O^2$. — Lorsqu'on fait bouillir le phénanthrène en solution acétique avec de l'acide chromique, le carbure s'oxyde assez lentement; après 6 à 8 heures d'ébullition on en trouve encore beaucoup non altéré. Mais en employant comme oxydant un mélange de 1 p. de bichromate de potassium et de 1 1/2 p. d'acide sulfurique étendu de 3 volumes d'eau, la transformation en quinone est assez rapide et il se sépare une masse orangée qu'on purifie par cristallisation dans l'alcool ou dans la benzine bouillants.

La phénantraquinone est en longues aiguilles jaune orangé réunies en faisceaux, peu solubles dans l'alcool, cependant plus que l'anthraquinone, peu solubles dans l'éther, mais solubles dans la benzine et l'acide acétique; l'eau bouillante la dissout en petite quantité. Elle fond à 198° (Graebe indique 205°) et se sublime à une température plus élevée en tables orangées brillantes; une partie se décompose pendant la sublimation.

Le brome (4 atomes pour 1 molécule) agit facilement à 100° sur la phénanthraquinone et la convertit en une substance extrêmement peu soluble qui paraît être un produit de substitution. Le brome à 180° et en présence de l'eau donne le dérivé dibromé $C^{14}H^6Br^2O^2$ cristallisant en mamelons fusibles à 230°.

L'acide sulfurique n'agit pas sur la phénanthraquinone, même à 100°, mais l'anhydride sulfurique la convertit facilement à cette température en un acide disulfonique.

L'acide nitrique concentré la dissout sans l'altérer, même à chaud; en présence de l'acide sulfurique on obtient la *phénanthraquinone dinitrée*, $C^{14}H^6(AzO^2)^2O^2$, cristallisant en lamelles jaune d'or, très-peu solubles et fusibles à 280°.

Lorsqu'on traite la quinone par la poudre de zinc en présence d'une lessive de soude, elle est réduite : on observe d'abord une coloration verte qui passe finalement au rouge sale; la solution réduite, abandonnée à l'air, s'oxyde de nouveau, en se colorant d'abord en vert et laissant déposer finalement la quinone. Cette réaction distingue ce corps de l'anthraquinone qui donne immédiatement une belle teinte rouge.

L'acide sulfureux transforme la phénantraquinone à 100° en un produit incolore et cristallisant en aiguilles, qui est l'*hydrophénanthraquinone*, $C^{14}H^8(OH)^2$; ce corps est peu stable et s'oxyde spontanément en se colorant et en régénérant finalement la quinone. En solution alcaline ou sous l'influence des oxydants, cette transformation est beaucoup plus rapide. Chauffé avec de l'anhydride acétique à 140°, l'hydrophénanthraquinone donne un dérivé biacétique $C^{14}H^8(OC^2H^3O)^2$ très-stable.

La phénanthraquinone se combine directement avec le bisulfite sodique en donnant un composé cristallisé en lamelles incolores altérables, de la formule $C^{14}H^8O^2 + NaHSO^3 + 2H^2O$. Le bisulfite de potassium donne une combinaison analogue.

Chauffée avec de la poudre de zinc, la phénanthraquinone régénère du phénanthrène.

Distillée avec de la chaux sodée, la phénanthraquinone donne du *diphényle;* la réaction est très-nette (Graebe) [*Deutsch. Chem. Gesellsch.*, t. VI, p. 63] :

$$\underset{\text{Phénanthraquinone.}}{\begin{array}{l} C^6H^4-C \\ C^6H^4-C \end{array} > O^2} + 4NaOH$$

$$= \underset{\text{Diphényle.}}{\begin{array}{l} C^6H^5 \\ C^6H^5 \end{array}} + 2Na^2CO^3 + H^2.$$

ACIDE DIPHÉNIQUE,

$$C^{14}H^{10}O^4 = \begin{array}{l} C^6H^4-COOH \\ C^6H^4-COOH. \end{array}$$

— C'est un acide dicarboné du diphényle, acide *diphényldicarboxylique*. Pour le préparer, on fait bouillir 15 p. de phénanthrène (on peut employer un carbure renfermant encore de l'anthracène, car celui-ci ne donne que de l'anthraquinone par oxydation) avec 60 p. de bichromate de potassium et 90 p. d'acide sulfurique concentré, qu'on étend de 3 volumes d'eau. Au bout d'une heure, le carbure est transformé en quinone; on filtre et on traite par l'alcool bouillant qui dissout celle-ci, mais laisse une masse amorphe chromifère insoluble.

La quinone qui se dépose par le refroidissement de l'alcool est réduite en poudre et soumise à l'action d'un mélange oxydant nouveau. Au bout de 3 heures d'ébullition, on filtre, on traite la masse blanche restée sur le filtre par l'ammoniaque et l'on précipite la solution ammoniacale par l'acide chlorhydrique. L'acide diphénique se précipite et est purifié par cristallisations dans l'eau bouillante ou plus avantageusement par cristallisation de son sel de baryum.

Il est très-peu soluble dans l'eau froide, assez dans l'eau bouillante, et très-soluble dans l'alcool et l'éther. La solution aqueuse bouillante le laisse déposer en lamelles incolores ou en prismes clinorhombiques transparents. Il est anhydre, cependant dans des conditions non encore précisées il peut cristalliser avec 2 molécules d'eau de cristallisation.

Il fond à 226° et se sublime en longues aiguilles lorsqu'on le chauffe avec précaution.

L'acide diphénique est un acide bibasique; le *sel d'argent*, $C^{14}H^8O^4.Ag^2$, forme un précipité blanc, soluble dans une grande quantité d'eau bouillante. Le *diphénate de baryum*, $C^{14}H^8O^4Ba + 4H^2O$, constitue des cristaux rhombiques bien développés, très-solubles dans l'eau; il est efflorescent et perd son eau complétement à 120°.

*Sel de calcium*, $C^{14}H^8O^4.Ca + 2\,1/2H^2O$. — Cristaux confus plus solubles que le sel de baryum; l'eau se dégage à 100°.

*Sel de magnésium*, $C^{14}H^8O^4.Mg + 4H^2O$. — Cristaux incolores, lamelleux, très-solubles; il perd son eau à 180°.

Lorsqu'on chauffe l'acide diphénique avec un excès de chaux caustique, il distille un liquide rougeâtre, qui se solidifie bientôt; le produit brut possède l'odeur caractéristique du diphényle, mais ne paraît en renfermer que de petites quantités. Soumis à plusieurs cristallisations dans l'alcool, il donne une substance dont la composition correspond à la formule $C^{13}H^8O$; Fittig et Ostermayer la considèrent comme la *diphénylène-acétone*,

$$\begin{matrix}C^6H^4\\ |\\ C^6H^4\end{matrix}\!\!>CO$$

et expliquent sa formation par l'équation :

$$\begin{matrix}C^6H^4\text{-}COOH\\ |\\ C^6H^4\text{-}COOH\end{matrix} = \begin{matrix}C^6H^4\\ |\\ C^6H^4\end{matrix}\!\!>CO + CO^2 + H^2O.$$

La diphénylène-acétone est très-soluble dans l'alcool et l'éther, et insoluble dans l'eau; elle fond à 83°,5-84° et bout au-dessus de 300°; elle distille avec la vapeur d'eau. Elle cristallise en grandes plaques jaune clair; l'alcool aqueux la laisse déposer en aiguilles ou en lamelles jaunes. L'acide sulfurique concentré la dissout avec une couleur rouge de vin et l'eau la précipite de nouveau de la solution; mais lorsqu'on chauffe la solution sulfurique, l'eau ne produit plus de précipité. Distillée avec la poudre de zinc, elle donne un carbure d'hydrogène fusible à 113-114° qui paraît être la diphénylène-méthane $C^{13}H^{10}$.

Si on l'introduit par petites portions dans de la potasse fondante, elle fond et se transforme ensuite en une masse solide brune, formée par le sel de potassium d'un acide nouveau. La solution du produit dans l'eau chaude se transforme par le refroidissement en une bouillie d'aiguilles soyeuses, très-solubles dans l'eau, peu solubles dans une lessive de potasse froide. L'acide isolé de ce sel de potassium forme des gouttes huileuses qui se solidifient très-vite; il est un peu soluble dans l'eau bouillante et se dépose de ce dissolvant en petits cristaux incolores groupés en branches. Il possède la composition $C^{13}H^{10}O^2$ et dérive de la diphénylène-acétone par fixation d'une molécule d'eau; on peut la considérer comme l'acide *diphénylcarboxylique* ou l'acide *phénylbenzoïque*,

$$\begin{matrix}C^6H^4.COOH\\ |\\ C^6H^5\end{matrix}$$

Cet acide fond à 110-111°; lorsqu'on laisse lentement refroidir le produit fondu, il cristallise de nouveau; mais vient-on à le refroidir rapidement, il se convertit en une masse transparente, visqueuse, qui ne cristallise qu'avec une grande lenteur. Il fond dans l'eau bouillante.

Le *sel de calcium*, $(C^{13}H^9O^2)^2Ca + 2H^2O$, constitue de petits cristaux incolores, qui, une fois formés, se dissolvent difficilement dans l'eau bouillante, mais qui ne cristallisent de nouveau qu'après forte concentration de la dissolution. Il perd son eau à 130°.

Le phénylbenzoate de calcium distillé avec un grand excès de chaux hydraté régénère la diphénylène-acétone en même temps qu'il se forme de petites quantités de *diphényle;* lorsqu'on chauffe le sel de calcium seul, la proportion de diphényle est plus considérable, mais on n'obtient que peu d'acétone. A. H.

**PHÉNÉNYLTRIAMINE** [Syn. *Triamidobenzine*],

$$C^6H^9Az^3 = C^6H^3\begin{cases}AzH^2\\ AzH^2\\ AzH^2\end{cases}$$

Cette base a été obtenue par la distillation de l'acide *triamidobenzoïque*, dérivé de l'acide chrysanisique (amidodinitrobenzoïque) :

$$\underset{\text{Acide triamidobenzoïque.}}{C^6H^2(AzH^2)^3.CO^2H} = \underset{\text{Triamidobenzine.}}{C^6H^3(AzH^2)^3} + CO^2.$$

Elle se forme aussi dans la réduction par l'étain et l'acide chlorhydrique de la *dinitraniline* $C^6H^3(AzO^2)^2.AzH^2$ fusible à 175°. Lorsqu'on emploie du fer et de l'acide acétique comme agent réducteur, il y a séparation d'ammoniaque et formation de phénylène-diamine. — Voyez ce mot.

Le produit de réduction de l'acide picrique que Lautemann a décrit comme une triamidobenzine est très-probablement du triamidophénol. — Voyez PHÉNOL, p. 816.

La constitution de la phénényltriamine découle de celle de la dinitraniline (voyez PHÉNYLAMINE DINITRÉE); celle-ci étant 1, 2, 5 ($AzH^2$ occupant la place 1, les deux groupes $AzO^2$ sont aux places 2 et 5), la phénényltriamine doit être également 1, 2, 5 [H. Salkowski, *Deutsch. Chem. Gesells.*, t. V, p. 22 et 872; t. VI, p. 140; *Bull. de la Soc. chim.*, t. XVII, p. 226, t. XIX, p. 76].

Lorsqu'on soumet à la distillation un mélange d'acide triamidobenzoïque ou d'un de ses sels et de verre pilé, il passe un liquide rouge épais, se concrétant en une masse cristalline radiée, qu'on peut déshydrater en la chauffant à 100° dans un courant d'hydrogène. On en obtient environ 75 % de la quantité théorique. On peut encore réduire la dinitraniline par l'étain et l'acide chlorhydrique, précipiter l'étain par l'hydrogène sulfuré, évaporer à l'abri de l'air et distiller le chlorhydrate sec avec de la chaux vive dans un tube à combustion. La phénényltriamine constitue une masse radiée rouge fusible à 103-104° et bouillant vers 330°; elle se volatilise déjà à 100°. Elle est très-soluble dans l'eau, l'alcool et l'éther et possède une réaction alcaline. Sa solution aqueuse donne avec le *chlorure ferrique* une coloration violette, puis un précipité rouge-brun; elle réduit déjà à froid le *nitrate d'argent* ammoniacal. La soude sépare la base de sa solution en gouttelettes qui se transforment bientôt en tables rhombiques et hexagonales. L'acide sulfurique, additionné d'une goutte d'acide azotique, dissout la phénényltriamine avec une coloration bleue qui disparaît par l'addition d'eau.

Elle donne des sels qui ne contiennent que 2 molécules d'acide. Le *chlorhydrate*

$$C^6H^3(AzH^2)^3,(HCl)^2$$

forme des aiguilles d'un gris clair, insolubles dans l'acide chlorhydrique.

Le *sulfate* $C^6H^3(AzH^2)^3,SO^4H^2 + 2H^2O$ se sépare par l'addition d'alcool à sa solution aqueuse en grandes lames presque incolores.

ÉTHÉNYLE-TRIAMIDOBENZINE,

$$C^8H^9Az^3 = \left.\begin{matrix}C^6H^3\\ C^2H^3\\ H^3\end{matrix}\right\} Az^3.$$

Lorsqu'on traite le dérivé acétylé de la nitrophénylène-diamine $C^6H^3(AzO^2)(AzH^2)(AzH.C^2H^3O)$ par l'étain et l'acide chlorhydrique, on réduit le groupe $AzO^2$, mais on enlève en même temps de l'oxygène à l'acétyle $C^2H^3O$ et on le transforme en éthényle $C^2H^3$; on obtient donc dans cette réaction de l'éthényle-triamidobenzine.

Le produit de réduction, débarrassé par l'hydrogène sulfuré de l'étain qu'il contient, fournit par évaporation le chlorhydrate de la base, qu'on décompose par la soude. La base libre cristallise en longues aiguilles blanches, très-solubles dans l'eau et dans l'alcool.

Le *chlorhydrate* est en aiguilles minces, très-solubles, et le *nitrate* forme des aiguilles larges un peu moins solubles [F. Hobrecker, *Deutsch. Chem. Gesells.*, 1872, t. V, p. 923; *Bull. de la Soc. chim.*, 1873, t. XIX, p. 163]. A. H.

**PHÉNÉTHOL.** — Voyez PHÉNATE D'ÉTHYLE.

**PHÉNICINE.** — On a donné ce nom à deux substances tout à fait différentes : à une matière colorante brune dérivée du phénol (voyez PHÉNOL, INDUSTRIE) et à l'acide sulfopurpurique. — Voyez INDIGO, t. II, p. 101.

**PHÉNOÏQUE (ACIDE).** — Church a obtenu dans l'oxydation de l'acide phénylsulfureux par l'acide chromique un acide blanc, volatil avec la vapeur d'eau, pour lequel il a établi la formule $C^6H^4O^2$; le sel d'argent contient $C^6H^3AgO^2$ [*Journ. of the Chem. Soc.*, t. XIV, p. 52]. Warren de la Rue et H. Müller de leur côté, en oxydant l'huile de goudron de houille par l'acide nitrique, ont préparé un acide de la même formule et fusible vers 60° [*ibid.*, t. XIV, p. 54]. Il est très-probable que cet acide, qui serait isomérique avec l'acide *collique* (voyez t. I, p. 958), n'est autre, comme celui-ci et comme l'acide benzénique, que de l'acide benzoïque impur.

**PHÉNOL** [Syn. *Alcool phénique, acide phénique, acide carbolique, hydrate de phényle*], $C^6H^5,OH$. — Obtenu d'abord par Runge à l'état impur et désigné sous le nom d'acide carbolique, le phénol a été étudié par Laurent qui le prépara à l'état de pureté, l'analysa, décrivit ses propriétés et prépara un grand nombre de ses dérivés; c'est donc à Laurent qu'on doit la connaissance exacte de ce corps important [Runge, *Ann. de Poggend.*, t. XXI, p. 69, et t. XXXII, p. 308; — Laurent, *Ann. de Chim. et de Phys.*, (3), t. III, p. 195].

*Origine et modes d'obtention.* — Le phénol provient des huiles de houille obtenues dans la distillation du goudron produit dans la préparation du gaz d'éclairage, de là le nom d'*hydrate de phényle* ou *acide phénique*, donné par Laurent (φαίνω, j'éclaire).

Le phénol se produit dans plusieurs réactions différentes et se rencontre dans la nature. Il existe dans le castoréum qui lui doit son odeur particulière (Wöhler); on le trouve dans l'urine de vache [Städeler, *Ann. der Chem. u. Pharm.*, t. LXXVII, p. 32].

Il se forme dans la distillation sèche du benjoin (E. Kopp), dans celle de la résine du *Xanthorrhea hastilis*, dite gomme jaune, et celle de l'acide picrique (Wöhler). M. Berthelot l'a rencontré en petite quantité parmi les produits qu'on recueille en dirigeant de l'alcool ou de l'acide acétique dans un tube chauffé au rouge [*Chimie fondée sur la synthèse*, t. I, p. 69 et 71].

L'acide salicylique donne du phénol quand on le distille avec de la chaux ou de la baryte caustique (Gerhardt); il en est de même des acides oxybenzoïque et paroxybenzoïque (Rosenthal); l'équation de dédoublement est la même :

$$C^6H^4\left\{\begin{matrix}CO^2H\\ OH\end{matrix}\right. = CO^2 + C^6H^5,OH.$$

La benzine peut être convertie en phénol, soit en partant de son bichlorure, $C^6H^6Cl^2$ (Church), soit en partant du dérivé sulfoconjugué (Wurtz, Kekulé, Dusart).

M. Church a réalisé cette transformation en ajoutant de la benzine à un mélange chauffé de bichromate de potassium et d'acide chlorhydrique; on obtient ainsi un produit qui consiste principalement en chlorure de benzine, $C^6H^6Cl^2$. Ce produit brut, traité par une solution alcoolique de potasse, donne du phénol [Church, *Journ. of Chem. Soc.*, 2e sér., t. I, p. 76; *Ann. de Chim. et de Phys.*, 1863, (3), t. LXVIII, p. 502].

Pour convertir la benzine en phénol au moyen de ses dérivés sulfoconjugués, on fond les phénylsulfites de potassium bruts $C^6H^5,SO^3K$ avec trois fois leur poids de potasse dans une capsule d'argent. On reprend par l'eau le produit de la réaction, on le sursature par l'acide chlorhydrique, et on agite avec l'éther. La solution éthérée fournit par évaporation le phénol, qu'on purifie par distillation. Ce procédé est général pour l'obtention des phénols [Wurtz, *Compt. rend. de l'Acad. des sciences*, 1867, t. LXIV, p. 749, et *Ann. de Chim. et de Phys.*, 1872, (4), t. XXV, p. 111; — Kekulé, *Compt. rend.*, t. LXIV, p. 752; — Dusart, *même recueil*, t. LXIV, p. 859].

M. Berthelot a réalisé la synthèse totale du phénol au moyen de l'acétylène. En combinant celui-ci avec l'acide sulfurique fumant et saturant par la potasse, on obtient un acétylénosulfate de potassium, qui, fondu avec la potasse, se convertit en phénol [*Bull. Soc. chim.*, 1860, t. XI, p. 373].

Dans l'action déshydratante du chlorure de calcium sur la glycérine, MM. Linnemann et de Zotta ont signalé la formation d'une petite quantité de phénol [*Ann. der Chem. u. Pharm.*, sup., t. VIII, p. 254, et *Bull. de la Soc. chim.*, 1872, t. XVII, p. 62].

*Extraction.* — Le phénol, dont il se consomme aujourd'hui de grandes quantités, s'extrait des huiles de houille distillant entre 150° et 200°. Le procédé d'extraction est basé sur ce fait que le phénol se dissout dans les alcalis, tandis que les huiles neutres ou basiques y sont insolubles; il a été indiqué par Laurent et est encore employé avec diverses modifications, introduites surtout par Hugo Müller. Nous renvoyons pour ces détails à l'article spécial PHÉNOL (INDUSTRIE).

*Propriétés.* — Le phénol est solide, incolore, cristallisable en longues aiguilles; il fond entre 34° et 35° et bout à 187-188° (Laurent), de 188°,1 à 188°,6 (H. Kopp). Sa densité est de 1,065 à 18° (Laurent), de 1,0597 à 32°,9 (H. Kopp). Son volume à diverses températures et sous la pression normale de 760 millimètres est donné par la formule

$$V = 1 + 0{,}0006744\,t + 0{,}0000017210\,t^2 - 0{,}0000000050408\,t^3$$

[H. Kopp, *Ann. de Chim. et de Phys.*, (3), t. XLVII, p. 414].

Suivant M. Ch. Lowe, fabricant à Manchester, le phénol pur fond à 42°,2 et bout à quelques degrés au-dessous du point généralement indiqué. Il n'est pas déliquescent. Le phénol ordinaire, fusible à 35°,5, doit l'abaissement de son point de fusion et sa déliquescence à la présence de petites quantités de crésol (*Communic. particul.*).

Son odeur est analogue à celle de la créosote; il attaque et blanchit l'épiderme, et coagule l'albumine. Il s'oppose au développement des organismes inférieurs, et préserve les substances animales de la putréfaction.

Il est sans action sur le tournesol; la présence d'une petite quantité d'eau le liquéfie, et il finit par devenir entièrement liquide lorsqu'il est conservé dans des flacons imparfaitement bouchés, et qui laissent pénétrer l'humidité atmosphérique.

Il se dissout dans 20 fois son poids d'eau; il se dissout en toutes proportions dans l'alcool, l'éther et l'acide acétique cristallisable.

M. Calvert a obtenu un *hydrate de phénol* répondant à la formule $2(C^6H^5,OH) + H^2O$, en agitant 4 p. de phénol et 1 p. d'eau et exposant le tout à la température de 4° centigrades. Cet hydrate est en prismes à 6 pans, fusibles à 16°; quand on le chauffe, il commence à se déshydrater à 100°, et perd peu à peu son eau, jusqu'à ce que la température atteigne 187°, c'est-à-dire le point d'ébullition du phénol [Calvert, *Journ. of the Chem. Society*, 1865, p. 66, et *Bull. de la Soc. chim.*, 1865, t. IV, p. 208].

*Réactions.* — Le phénol dirigé à travers un tube de porcelaine chauffé au rouge ne se décompose qu'en très-petite quantité, en fournissant un peu de naphtaline (Hofmann). Il distille sans altération sur l'acide phosphorique fondu (Laurent). Mis en contact avec l'anhydride phosphorique pendant 24 heures, à 40°, il donne le phosphate monophénylique et le phosphate diphénylique (Remboldt). — Voyez Éthers phényliques.

L'acide sulfurique se dissout en donnant des acides sulfoconjugués (voyez Acides phénylsulfuriques). Chauffé à 160° avec l'acide sulfurique, pendant 3 ou 4 heures, il donne de l'oxysulfobenzide $C^{12}H^{10}SO^4$ (Glutz).

Chauffé avec 10 p. d'acide iodhydrique concentré, à 280°, il fournit de la benzine; avec une plus forte proportion d'acide iodhydrique, on obtient de l'hydrure de propyle et de l'hydrure d'hexyle, comme avec la benzine elle-même [Berthelot, *Bull. de la Soc. chim.*, 1868, t. IX, p. 30].

L'acide azotique le convertit suivant sa concentration en nitrophénol et isonitrophénol, dinitrophénol et trinitrophénol ou acide picrique (Laurent, Fritzsche).

Les vapeurs d'acide cyanique le convertissent en allophanate de phényle.

Chauffé en vases clos à une haute température avec les acides acétique ou benzoïque, il donne une petite quantité d'acétate ou de benzoate de phényle [Berthelot, *Bull. de la Soc. chim.*, 1863, p. 466].

Lorsqu'on chauffe le phénol avec de l'acide oxalique et de l'acide sulfurique, on obtient une matière colorante, *coralline, acide rosolique, aurine*, dont la nature n'est pas encore bien connue (J. Persoz, Kolbe et Schmidt, etc.). — Voyez t. I, p. 498, Phénol (industrie).

Le phénol chauffé à 120-130° pendant plusieurs heures, avec de l'anhydride phtalique et de l'acide sulfurique concentré, donne la phtaléine du phénol, $C^{20}H^{14}O^4$ (Baeyer). — Voyez Phtaléines.

L'acide carbonique liquide, abandonné pendant quelques jours sous une forte pression avec du phénol, s'y combine en donnant des cristaux en trémies se décomposant à l'air et fondant à 27° en perdant de l'acide carbonique. Ils paraissent renfermer $8C^6H^6O + CO^2$ [Barth, *Ann. der Chem. u. Pharm.*, t. CXLVIII, p. 49, et *Bull. de la Soc. chim.*, 1869, t. XI, p. 416].

La potasse et la soude dissolvent le phénol en donnant des combinaisons peu stables.

L'ammoniaque s'y dissout également sans s'y combiner, et la solution perd toute l'ammoniaque par évaporation. Laurent et Hofmann avaient admis que l'ammoniaque et le phénol, chauffés à une haute température en vases clos, fournissent de l'aniline; mais différents observateurs ont constaté que cette réaction n'a pas lieu, entre autres M. Berthelot, qui a opéré à 280° et à 300° [*Bull. de la Soc. chim.*, 1870, t. XIII, p. 314]. Il est probable que Laurent et Hofmann ont été induits en erreur par la réaction que présente le phénol ammoniacal avec le chlorure de chaux; dans ces conditions, il se colore en bleu (Berthelot), coloration que Laurent et Hofmann avaient prise pour celle de l'aniline.

La réaction de la potasse fondue sur le phénol est énergique : lorsqu'on fait fondre du phénol cristallisé avec un excès de potasse, il se manifeste au bout de quelque temps une vive réaction et un dégagement d'hydrogène. Si on dissout dans l'eau la masse sirupeuse, qu'on sursature par un acide et qu'on agite avec l'éther, on trouve, dans la solution éthérée, de l'acide oxybenzoïque ordinaire, de l'acide salicylique et du *diphénol*, $C^{12}H^{10}O^2$ (voyez Phénols) [Barth, *Ann. der Chem. u. Pharm.*, t. CLVI, p. 93, et *Bull. de la Soc. chim.*, 1871, t. XV, p. 101].

Le phénol ne se dissout pas dans les solutions de carbonate d'ammonium, ce qui permet de le séparer des acides avec lesquels il peut se trouver mélangé.

Dirigé en vapeur sur de la poudre de zinc chauffée, il perd de l'oxygène et se convertit en benzine (Baeyer).

Avec le chlore, le brome, il donne des produits de substitution (Laurent). Avec le chlorure d'iode (Schützenberger), l'iode et l'acide iodique (Kœrner), il se convertit en dérivés iodés. Nous décrirons ces dérivés plus loin.

Le perchlorure de phosphore le convertit en benzine chlorée et en phosphate triphénylique (Scrugham) (voyez Phosphates de phényle et Éthers phényliques). Avec le bromure de phosphore, il donne de même de la benzine bromée [Riche, *Répert. de Chim. pure*, 1862, p. 13].

Le chlorure de sulfuryle, $SO^2Cl^2$, le transforme en chlorophénol $\alpha$ (Dubois). — Voyez t. II, p. 800.

Distillé avec du pentasulfure de phosphore, il donne du sulfhydrate de phényle et du sulfure de phényle (Kekulé et Szuch). — Voyez Phényle (sulfhydrate de).

Avec le chlorure de benzoyle et les chlorures d'acides, il fournit les éthers phényliques correspondants (Laurent).

Il dissout le sodium et le potassium en donnant des phénates sodique $C^6H^5ONa$ et potassique $C^6H^5OK$ (Laurent).

Quand on dirige un courant d'acide carbonique dans du phénol dans lequel on dissout du sodium, on obtient du salicylate de sodium [Kolbe et Lautemann, *Ann. der Chem. u. Pharm.*, t. CXIII, p. 225].

Les *oxydants* donnent avec le phénol des réactions variées : avec l'oxyde mercurique, il y a réduction, mise en liberté du mercure et production d'une résine d'un blanc rose; lorsqu'on verse quelques gouttes de phénol sur l'oxyde puce de plomb, il se dégage de la chaleur; si l'on ajoute quelques gouttes d'eau et qu'on fasse bouillir, l'oxyde puce se décolore.

Avec le chlorure ferrique en solution alcoolique, une solution également alcoolique de phénol se colore en brun, tandis que dans les mêmes conditions la créosote du goudron de bois se colore en vert-émeraude [Frisch, *Journ. für prakt. Chem.*, t. C, p. 223]. Suivant Leube, le chlorure ferrique dissous dans 9 p. d'eau donne une coloration bleue d'autant plus intense que le phénol est plus pur [*Dingler's polyt. Journ.*, t. CCII, p. 208, et *Bull. de la Soc. chim.*, 1871, t. XVI, p. 368].

Une solution aqueuse de phénol décolore immédiatement le permanganate de potassium; si celui-ci est employé en excès, les seuls produits de la réaction sont de l'acide oxalique et de l'acide carbonique; avec une moindre quantité de permanganate, il se produit, outre l'acide oxalique, une résine ayant à peu près la composition du phénol [Tollens, *Compt. rend. de l'Acad.*, t. LXVII, p. 517].

Avec le chlorure de chaux et en présence de l'ammoniaque, le phénol prend une coloration bleue (Berthelot).

Avec l'acide chromique, le phénol donne un produit d'oxydation défini, $C^{18}H^{14}O^{4}$, fusible à 71° et qui a été appelé phénoquinone (voyez ce mot); le même composé se produit lorsqu'on chauffe du phénol et de la quinone, et il se forme en même temps un corps non encore étudié, en lamelles dorées, violettes par transparence [Wichelhaus, *Deutsch. Chem. Gesells.*, t. V, p. 248, et *Bull. de la Soc. chim.*, 1872, t. XVII, p. 455].

L'action de la potasse fondante que nous avons décrite plus haut est une action oxydante.

Lorsqu'on ajoute de la potasse à une solution de phénol dans le chloroforme, on voit la potasse se couvrir d'une couche rougeâtre; la masse s'échauffe considérablement et le liquide, d'abord rose, passe au brun et devient épais : on chauffe doucement pour terminer la réaction. On obtient ainsi une masse brune qui paraît être un mélange de deux corps solubles dans l'acide sulfurique; l'eau précipite de cette solution une matière semblable à l'acide rosolique, tandis qu'il reste un corps brun. En remplaçant le chloroforme par le tétrachlorure de carbone, on n'observe aucune réaction, mais à 100°, le liquide prend la couleur de l'acide rosolique [G. Crumps, *Chem. News*, t. XX, p. 126, et *Bull. de la Soc. chim.*, 1870, t. XIII, p. 92].

Lorsqu'on mélange le phénol avec 8 ou 10 p. de stannate de sodium et qu'on ajoute immédiatement de l'acide sulfurique concentré, le phénol se dissout et le mélange devient rouge-brun; en versant ce mélange dans beaucoup d'eau, il se dissout une matière rouge et il se précipite des flocons bruns, qui se dissolvent en bleu dans les alcalis. La solution aqueuse rouge, traitée par les alcalis, devient verte par suite de la formation de cette matière bleue et d'une autre matière jaune; si l'on y plonge un tissu de coton huilé, celui-ci se colore rapidement en orange, le tissu teint passe au vert par l'action des alcalis, et si on le lave ensuite à l'eau, il reste teint en un bleu céleste, presque inaltérable par le chlore et les hypochlorites et solide à la lumière [A. Müller *Chem. Centralb.*, 1872, p. 200, et *Bull. de la Soc. chim.*, 1872, t. XVII, p. 430].

L'acide arsénique transforme le phénol en une matière jaune, appelée acide *xanthophénique*. On chauffe à 100° pendant 12 heures, dans une chaudière en fer, un mélange de 5 kilogrammes de phénol avec 3 kilogrammes d'acide arsénique desséché et finement pulvérisé, en ayant soin de remuer fréquemment le mélange; au bout de 12 heures, on chauffe à 125° pendant 6 heures, puis on épuise à l'ébullition le mélange par 10 à 12 kilogrammes d'acide acétique. La solution acétique étendue d'eau et additionnée de sel marin laisse précipiter des flocons jaunes, solubles dans l'eau bouillante, d'où le nouveau corps se sépare par le refroidissement en lamelles jaune mordoré. Ce corps teint directement la laine et la soie en jaune; ses sels les teignent en rouge [F. Fol, *Répert. de Chim. appliquée*, 1862, p. 279].

Le phénol chauffé avec de l'essence d'amandes amères en présence d'acide sulfurique concentré s'y combine en donnant un produit épais qui, par la purification, fournit une résine soluble dans l'acide sulfurique concentré avec une couleur rouge; cette solution prend une belle coloration violette en présence des alcalis. Si l'on ajoute de l'*aldéhyde* à un mélange d'acide sulfurique concentré et de phénol, la masse s'épaissit et donne par l'addition d'eau une substance blanche, ressemblant à un mastic, soluble dans la potasse avec une belle coloration violette [A. Bæyer, *Deutsch. Chem. Gesells.*, t. V, p. 25, et *Bull. de la Soc. chim.*, 1872, t. XVII, p. 276].

*Usages du phénol.* — Le phénol est employé pour l'obtention de matières colorantes (voyez PHÉNOL, INDUSTRIE), et il s'en fait une grande consommation en médecine comme désinfectant. Il coagule l'albumine et rend les peaux imputrescibles; il empêche le développement des êtres organisés inférieurs, parasites, moisissures, etc., aussi dans ces derniers temps, on a voulu l'ériger en spécifique universel, et il n'y a pas de maladies virulentes ou infectueuses contre lesquelles on ne l'ait déclaré un remède souverain.

Le phénol est toxique; suivant M. Husemann, pour empoisonner les lapins, il faut 0g,35 de phénol en solution aqueuse très-concentrée par kilogramme du poids de l'animal mis en expérience; pour les chats, il en faut encore moins, 0g,15 par kilogramme. Le meilleur antidote de l'empoisonnement par le phénol serait, d'après M. Husemann, le sucrate de chaux préparé en dissolvant 16 p. de sucre dans 40 p. d'eau, ajoutant 5 p. de chaux éteinte, laissant en contact pendant 8 jours en agitant fréquemment, et évaporant à sec. On peut aussi employer un lait de carbonate de calcium, mais son action est moins sûre [Husemann, *Pharmac. Zeistschr. für Russland*, t. X, p. 609, et *Bull. de la Soc. chim.*, 1872, t. XVII, p. 82].

PHÉNATES MÉTALLIQUES. — Le phénol se dissout dans la potasse et dans la soude en donnant des combinaisons peu stables, qui ne peuvent être comparées à de véritables sels; en effet, le phénol n'entre pas en double décomposition avec les alcalis, et l'analyse des phénates de potasse, et de soude montre qu'il y a simplement addition de phénol à l'alcali; aussi le phénate de potasse obtenu dans des conditions que nous décrirons plus loin, renferme $C^{6}H^{5},OH,KHO$ (Romei). M. Crace-Calvert a montré que la masse cristalline qu'on obtient en ajoutant une solution concentrée de potasse à du phénol brut liquide n'est pas une combinaison définie, mais que c'est du phénol presque pur, mélangé de potasse interposée mécaniquement, et dont on peut le débarrasser par compression. De même en soumettant à la distillation une solution de phénol dans la potasse aqueuse, 98 % de phénol passent à la distillation. Le phénol absorbe de grandes quantités de gaz ammoniac, mais il perd la totalité de ce gaz quand on le chauffe légèrement [Crace-Calvert, *Journ. of the Chem. Soc.*, 1865, p. 66, et *Bull. de la Soc. chim.*, 1865, t. IV, p. 208].

Lorsqu'on dissout du sodium ou du potassium dans un excès de phénol, il se dégage de l'hydrogène et il se forme du phénol sodé ou potassé, $C^{6}H^{5}ONa$ et $C^{6}H^{5}OK$, différant par conséquent des combinaisons directes du phénol avec les alcalis. Néanmoins, quoique ces dernières paraissent appartenir à la classe des combinaisons dites moléculaires, elles réagissent comme le dérivé sodé et le dérivé potassique en présence des iodures alcooliques; c'est ainsi qu'on obtient le phénate de méthyle en chauffant à 150° un mélange de phénol, de potasse et d'iodure de méthyle.

Le phénol se dissout dans le carbonate de potassium et dans celui de sodium sans déplacer l'acide carbonique.

*Phénates de potassium.* — Le phénol potassique $C^{6}H^{5}OK$ s'obtient en dissolvant du potassium dans un excès de phénol (Laurent).

Le *phénate de potasse*, $C^{6}H^{6}O,KHO$, s'obtient par fusion ou par dissolution, soit en fondant 37,4 p. de potasse et y ajoutant 62,6 p. de phénol, soit en mélangeant des solutions alcooliques de 56 p. de potasse et de 94 p. de phénol et évaporant. Le phénate de potasse forme de petites lames micacées, transparentes, très-réfringentes, fusibles entre 94° et 95°, très-solubles dans l'eau, dans l'alcool, un peu solubles dans l'éther aqueux, très-peu solubles dans l'éther anhydre [Romei, *Bull. de la Soc. chim.*, 1869, t. XI, p. 120].

*Phénate de sodium.* — Le *phénol sodique*, $C^6H^5ONa$, se prépare en dissolvant le sodium dans un excès de phénol (Laurent).

*Phénate de baryum,* $(C^6H^6O)^2BaH^2O^2 + H^2O$. — Obtenu en faisant bouillir le phénol avec l'eau de baryte et évaporant dans le vide, il est en croûtes cristallines renfermant 42,48 °/₀ de baryte.

*Phénate de cuivre,* $2(C^6H^6O)3(CuH^2O^2)$. — On le prépare en faisant réagir une solution aqueuse de 12 p. de sulfate de cuivre sur une solution aqueuse de 15 p. de phénate de potasse. Il constitue une poudre verte soluble dans les acides (Romei).

*Phénate de mercure,* $C^6H^6O, HgH^2O^2$. — Obtenu par double décomposition avec le phénate de potasse et le chlorure mercurique; il se présente sous l'aspect d'une poudre de couleur orange vif, devenant rouge-brique après dessiccation sur l'acide sulfurique (Romei).

*Phénate de plomb.* — Lorsqu'on fait bouillir le phénol avec de la litharge, il la dissout, et par le refroidissement on obtient un composé blanc, solide, renfermant $C^6H^6O, PbO$. Lorsqu'on ajoute du sous-acétate de plomb à des solutions aqueuses de phénol, on obtient des précipités de composition variable (Calvert).

### ÉTHERS DU PHÉNOL.

Les éthers du phénol formés soit avec les acides, soit avec les alcools, sont très-nombreux; nous leur avons consacré un article spécial, ainsi qu'aux éthers des dérivés du phénol par substitution. — Voyez PHÉNYLIQUES (ÉTHERS).

### DÉRIVÉS DU PHÉNOL PAR SUBSTITUTION.

Le phénol fournit beaucoup de dérivés par substitution du chlore, du brome, de l'iode, de la vapeur nitreuse $AzO^2$, de l'amidogène $AzH^2$, du groupe $SO^3H$, aux atomes d'hydrogène du phényle $C^6H^5$. Ces dérivés sont en nombre considérable, car non-seulement des éléments différents, chlore et brome, chlore et vapeur nitreuse, etc., se substituent en même temps dans la molécule, mais encore ils fournissent des composés isomères. Pour étudier ces corps, nous les avons classés dans l'ordre indiqué par le tableau suivant, où nous avons réuni les noms et les formules de tous ces dérivés, afin qu'on puisse avoir rapidement une idée de la richesse de cette série.

#### DÉRIVÉS BROMÉS.

| | Formules. | Fusion. |
|---|---|---|
| Monobromophénol.... | $C^6H^4Br, OH$ | Liquide. |
| Dibromophénol...... | $C^6H^3Br^2, OH$ | 40° |
| Tribromophénol...... | $C^6H^2Br^3, OH$ | 95° |
| Tétrabromophénol... | $C^6HBr^4, OH$ | 120° |
| Pentabromophénol... | $C^6Br^5, OH$ | 225° |

#### DÉRIVÉS CHLORÉS.

| | Formules. | Fusion. | Ébullition. |
|---|---|---|---|
| Monochlorophénol. | $C^6H^4Cl, OH$ | 41° | 220° |
| Dichlorophénol α | $C^6H^3Cl^2, OH$ | 42-43° | 209° |
| — β | | 65° | 218-219° |
| Trichlorophénol... | $C^6H^2Cl^3, OH$ | 67-68° | 243°,5-244°,5 |
| entachlorophénol. | $C^6Cl^5, OH$ | 186-187° | |

#### DÉRIVÉS IODÉS.

| | Formules. | Fusion |
|---|---|---|
| Orthoiodophénol..... | $C^6H^4I, OH$ | ? |
| Paraiodophénol...... | | ? |
| Métaiodophénol...... | | Liquide. |
| Diiodophénol........ | $C^6H^3I^2, OH$ | 150° |
| Triiodophénol....... | $C^6H^2I^3, OH$ | » |

#### DÉRIVÉS NITRÉS.

| | Formules. | Fusion. | Ébullition. |
|---|---|---|---|
| Nitrophénol...... | $C^6H^4(AzO^2), OH$ | 45° | 214° |
| Isonitrophénol.... | | 110° | ? |
| Dinitrophénol α... | $C^6H^3(AzO^2)^2, OH$ | 113-114° | » |
| — β... | | 63-64° | » |
| Trinitrophénol.... (acide picrique). | $C^6H^2(AzO^2)^3, OH$ | 122°,5 | » |

#### DERIVÉS BROMONITRÉS.

| | Formules. | Fusion |
|---|---|---|
| Bromonitrophénol α.. | $C^6H^3Br(AzO^2), OH$ | 102° |
| — β.. | | 82° |
| Dibromonitrophénol α. | $C^6H^2Br^2(AzO^2), OH$ | 141° |
| — β. | | 117°,5 |
| Bromodinitrophénol α. | $C^6H^2Br(AzO^2)^2, OH$ | 119° |
| — β. | | 78° |

#### DÉRIVÉS CHLORONITRÉS.

| | Formules. | Fusion. |
|---|---|---|
| Chloronitrophénol α.. | $C^6H^3Cl(AzO^2), OH$ | 86-87° |
| — β.. | | 111° |
| — γ.. | | 70° |
| Dichloronitrophénol 1 | $C^6H^2Cl^2(AzO^2), OH$ | 125° |
| — 2 | | 121-122° |
| — 3 | | 10° |
| Dinitrochlorophénol 1 | $C^6H^2Cl(AzO^2)^2, OH$ | 80°,5 |
| — 2 | | 69° |
| — 3 | | 114° |
| — 4 | | 111° |
| — 5 | | 103° |

#### DÉRIVÉS IODONITRÉS.

| | Formules. | Fusion. |
|---|---|---|
| Iodo-isonitrophénol... | $C^6H^3I(AzO^2), OH$ | 93° |
| Iodonitrophénol...... | | ? |
| Diiodo-isonitrophénol. | $C^6H^2I^2(AzO^2), OH$ | 153°,5 |
| Diiodonitrophénol.... | | 98° |
| Iododinitrophénol.... | $C^6H^2I(AzO^2)^2, OH$ | ? |

#### DÉRIVÉ IODOBROMONITRÉ.

| | Formule. | Fusion. |
|---|---|---|
| Iodobromo-isonitrophénol.......... | $C^6H^2IBr(AzO^2), OH$ | ? |

#### DÉRIVÉS AMIDÉS.

| | Formules. | Origine. |
|---|---|---|
| Amidophénol...... | $C^6H^4(AzH^2), OH$ | Réduction du nitrophénol. |
| Isoamidophénol ... | | — de l'isonitrophénol. |
| Diamidophénol.... | $C^6H^3(AzH^2)^2, OH$ | — du dinitrophénol α. |
| Triamidophénol (picramine)...... | $C^6H^2(AzH^2)^3, OH$ | — du trinitrophénol (ac. picrique). |

#### DÉRIVÉS NITRO-AMIDÉS.

| | Formules. | Origine. |
|---|---|---|
| Nitro-amidophénol (acide nitrophénamique)...... | $C^6H^3(AzO^2)(AzH^2), OH$ | Réduction du dinitrophénol α. |
| Dinitro-amidophénol (acide picramique)......... | $C^6H^2(AzO^2)^2(AzH^2), OH$ | Réduction de l'acide picrique. |
| Diamidonitrophénol........... | $C^6H^2(AzO^2)(AzH^2)^2, OH$ | Id. |

#### DÉRIVÉS CHLORO-AMIDÉS.

| | Formules. | Origine. |
|---|---|---|
| α. Chloramidophénol............ | $C^6H^3Cl(AzH^2), OH$ | Réduction de l'α-chloronitrophénol. |
| β. Chloramidophénol............ | | Réduction du β-chloronitrophénol. |
| Dichloro-isoamidophénol......... | $C^6H^2Cl^2(AzH^2), OH$ | Réduction du dichloro-isonitrophénol, fusible à 121-122°. |
| Dichloro-amidophénol............ | | Réduction du dichloronitrophénol, fusible à 125°. |

DÉRIVÉ CHLORO-NITRO-AMIDÉ.

| | Formule. | Origine. |
|---|---|---|
| Nitrochloro-amidophénol...... | $C^6H^2(AzO^2)(AzH^2)Cl, OH$ | Réduction du dinitrochlorophénol, fusible à 103°. |

DÉRIVÉS AZOÏQUES.

| | Formules. | Origine. |
|---|---|---|
| Isodiazophénol.. | $C^6H^4Az^2O$ | Réduction de l'iso-amidophénol. |
| Diazophénol.... | $C^6H^4Az^2O$ | Réduction de l'amidophénol. |
| Diazonitrophénol. | $C^6H^3Az^2(AzO^2)O$ | Réduction du nitro-amidophénol. |
| Diazodinitrophénol........... | $C^6H^2Az^2(AzO^2)^2O$ | Réduction du dinitro-amidophénol. |

DÉRIVÉS SULFOCONJUGUÉS. — Voyez PHÉNYLSULFURIQUES (ACIDES).

DÉRIVÉS BROMÉS.

MONOBROMOPHÉNOL, $C^6H^4Br, OH$ [Cahours, *Ann. de Chim. et de Phys.*, (3), t. XIII, p. 102; — Kœrner, *Ann. der Chem. u. Pharm.*, t. CXXXVII, p. 197, et *Bull. de la Soc. chim.*, 1866, t. VI, p. 49]. — Ce corps a été découvert par M. Cahours, qui l'obtint en distillant l'acide bromosalicylique avec un mélange de sable et de baryte. Kœrner le prépare par l'action directe du brome sur le phénol, en opérant de la manière suivante : On prend 160 p. de brome pour 94 p. de phénol ; on place le brome dans un ballon où l'on dirige un courant d'air et l'on fait passer l'air saturé de vapeur de brome dans un second ballon qui renferme le phénol et qu'on a soin de refroidir. Pour purifier le produit obtenu, on le dissout dans la potasse caustique étendue d'eau, on précipite par l'acide chlorhydrique et on lave le produit à l'eau, puis on le purifie par distillation sous pression réduite, le bromophénol distillant à 132° sous une pression de 22 millimètres de mercure et à 118° sous la pression de 9 millimètres. A l'état pur, il constitue un liquide incolore qui ne se solidifie pas à — 18°. Sa densité à 30°, rapportée à celle de l'eau à 0°, est égale à 1,6606. Il est insoluble dans l'eau, soluble dans l'alcool, l'éther, la benzine et le sulfure de carbone. Appliqué sur la peau, il y détermine tout de suite des ampoules. Comme tous les dérivés bromés et chlorés du phénol, il a une odeur désagréable et persistante.

Chauffé avec de la potasse pure et de l'iodure de méthyle, il donne le *bromophénate de méthyle*, $C^6H^4Br, OCH^3$, liquide bouillant à 223°.

Avec un mélange d'acide sulfurique et d'acide azotique, il donne le *dinitrobromophénol*,

$$C^6H^2(AzO^2)^2Br, OH,$$

fusible à 78°.

Ses sels sont très-solubles dans l'eau. Chauffé avec de la potasse alcoolique à 160-180°, il donne du rosolate de potassium et, avec un grand excès de potasse, il régénère en même temps du phénol.

DIBROMOPHÉNOL, $C^6H^3Br^2, OH$ (Cahours, Kœrner). Il se produit par la distillation du bibromosalicylate de baryum (Cahours). On peut le préparer avec le phénol comme le dérivé monobromé, mais en employant une plus grande quantité de brome. Il constitue une masse cristalline, soyeuse, d'un blanc éclatant, fondant à 40°, se sublimant déjà à la température ordinaire, distillant sans altération sous une pression réduite (à 154° sous une pression de 11 millimètres) ; à la pression ordinaire, il distille inaltéré pour la plus grande partie. Il se dissout dans l'alcool, l'éther, la benzine et le sulfure de carbone. Son *sel de potassium* cristallise en magnifiques aiguilles pourpres. *L'éther méthylique* est identique avec le dibromanisol de Cahours. — Voyez PHÉNYLIQUES (ÉTHERS).

TRIBROMOPHÉNOL, $C^6H^2Br^3, OH$ [Cahours, *Mém. cité ;* — Erdmann, *Journ. für prakt. Chem.*, t. XXII, p. 272 ; — Laurent, *Ann. de Chim. et de Phys.*, (3), t. III, p. 211 ; — Kœrner, *Mém. cité*].

Le tribromophénol s'obtient : 1° dans l'action du brome sur l'indigo : on traite l'indigo par le brome, on distille le produit de la réaction, on soumet la matière distillée à une nouvelle rectification en présence de la potasse ; le résidu renferme alors du tribromophénate de potassium (Erdmann) ;

2° Dans la distillation de l'acide tribromosalicylique avec 3 ou 4 fois son poids de sable et un peu de baryte caustique (Cahours) ;

3° Par l'action directe du brome sur le phénol (Laurent) ; on verse avec précaution du brome dans du phénol légèrement refroidi au début de l'opération, et le tout se prend en une masse cristalline de tribromophénol. On le purifie en le faisant cristalliser à chaud dans l'alcool faible.

Ce corps cristallise en aiguilles capillaires soyeuses ou en prismes orthorhombiques, tronquées sur les arêtes latérales aiguës $mm = 128°$ ; $mg^1 = 116°$. Son odeur est forte et désagréable. Il fond à 95° et distille sans altération. Bouilli avec l'acide azotique, il donne de l'acide picrique. Le *sel d'ammonium* $C^6H^2Br^3O, AzH^4$ cristallise en aiguilles ; sa solution concentrée précipite le chlorure de *baryum* et de *calcium* en aiguilles incolores, l'acétate de *plomb* en blanc et l'acétate d'*argent* en jaune-orangé.

TÉTRABROMOPHÉNOL, $C^6HBr^4, OH$ (Kœrner). — On chauffe le composé précédent avec du brome en tubes scellés à 170-180°. Par le refroidissement, on obtient une masse cristalline qu'on lave à l'eau et qu'on fait cristalliser à plusieurs reprises dans l'alcool bouillant avec addition de charbon animal. On met à part les premiers et les derniers cristaux qui se séparent, et on soumet les cristaux intermédiaires à la sublimation. On obtient ainsi le tétrabromophénol en aiguilles concentriques groupées, fusibles à 120° et se sublimant déjà à cette température.

PENTABROMOPHÉNOL, $C^6Br^5, OH$ (Kœrner). — On chauffe le tri ou le tétrabromophénol avec un excès de brome, pendant plusieurs jours, à 210-220°. Par le refroidissement, on obtient une masse cristalline qu'on purifie par plusieurs cristallisations dans le sulfure de carbone. Le pentabromo-phénol fond à 225° et se sublime en flocons légers.

L'acide azotique concentré le convertit en bromopicrine et en bromanile.

DÉRIVÉS CHLORÉS DU PHÉNOL.

CHLOROPHÉNOLS. — CHLOROPHÉNOL $\alpha$ (*acide monochlorophénique*), $C^6H^4Cl, OH$ [E. Dubois, *Zeitsch. für Chem.*, nouv. sér., t. II, p. 705, et t. III, p. 205 ; *Bull. de la Soc. chim.*, 1866, t. VII, p. 498, et t. VIII, p. 200 ; — Baehr-Predari, *Deutsch. Chem. Gesellsch.*, t. II, p. 693, et *Bull. de la Soc. chim.*, 1870, t. XIII, p. 440]. — Le chlorophénol se produit : 1° par l'action à froid du chlorure de sulfuryle $SO^2Cl^2$ sur le phénol ; 2° en faisant passer un courant lent de chlore, pendant 12 heures, dans du phénol refroidi (Dubois). Ce corps est en cristaux fusibles à 41°, bouillant vers 220°, solubles dans l'alcool, l'éther, la benzine, les alcalis, insolubles dans les carbonates alcalins. M. Baehr-Predari a obtenu le chlorophénol fusible à 8°,5 et bouillant à 215-218° en faisant agir le chlore sur le phénol étendu d'un peu d'eau. L'acide azotique ordinaire réagit très-vivement sur le chlorophénol, en donnant un dérivé nitré, fusible à 81° et se solidifiant à 69°, et qui est le *chlorodinitrophénol* $C^6H^2(AzO^2)^2Cl, OH$ (Dubois).

Chauffé avec de la potasse à 190°, le chlorophénol donne de l'hydroquinone; il se dissout dans l'acide sulfurique fumant, et le sel potassique de l'acide sulfoconjugué constitue le chloroxyphényl-sulfite ou chlorophénylsulfite

$$C^6H^3Cl\left\{\begin{matrix}OK\\SO^3K\end{matrix}\right.$$

(Baehr-Predari).

Chlorophénol β [Faust et H. Müller, *Deutsch. Chem. Gesellsch.*, t. V, p. 777, et *Bull. de la Soc. chim.*, 1872, t. XVIII, p. 502. — On obtient un chlorophénol, isomère du précédent, liquide, bouillant de 175°,5 à 177°, en traitant 500 grammes de phénol pur non refroidi par le chlore sec jusqu'à ce que l'augmentation de poids soit de 200 grammes. Il se produit aussi par la distillation du chlorhydrate de diazophénol préparé avec le nitrophénol volatil; le chlore, dans ce composé, occupe donc la même place que le groupe $AzO^2$ dans le nitrophénol volatil. L'acide azotique de 1,30 de densité étendu de son volume d'eau le transforme en deux dérivés nitrés $C^6H^3Cl(AzO^2), OH$, l'un fusible à 111°, déjà obtenu dans d'autres réactions, entre autres par l'action du chlore sur l'isonitrophénol, l'autre fusible à 70°.

Avec l'acide azotique d'une densité de 1,36, il donne le dinitrochlorophénol $C^6H^2Cl(AzO^2)^2, OH$ fusible à 111°.

Dichlorophénols, $C^6H^3Cl^2, OH$ [Laurent, *Ann. de Chim. et de Phys.*, (2), t. LXIII, p. 27, et (3), t. III, p. 210; — Fischer, *Zeitsch. für Chem.*, nouv. sér., t. IV, p. 386, et *Bull. de la Soc. chim.*, 1869, t. XI, p. 71; — O. Seifart, *Zeitsch. für Chem.*, t. V, p. 449, et *Bull. de la Soc. chim.*, 1870, t. XIII, p. 61]. — On connaît deux dichlorophénols isomères; l'un obtenu par l'action du chlore sur le phénol et étudié par Laurent, puis par Fischer; l'autre préparé par Seifart dans une réaction que nous décrirons plus loin.

Dichlorophénol α. — Laurent, en traitant le phénol par le chlore, n'avait eu le dérivé bichloré qu'à l'état huileux; Fischer, en dirigeant du chlore sec dans du phénol, soumettant le produit de la réaction à de nombreuses distillations fractionnées et faisant cristalliser le produit solide dans la benzine, obtient le phénol dichloré sous forme de fines aiguilles hexagonales, incolores, longues de plusieurs centimètres, qui, desséchées et vues en masse, offrent une couleur rouge pâle. Il fond à 42-43° et bout à 209° Il est presque insoluble dans l'eau, très-soluble dans l'alcool, dans l'éther et dans la benzine bouillante; il ne se volatilise pas avec la vapeur d'eau. Son odeur est très-désagréable et persistante. A l'ébullition, il déplace l'acide carbonique des carbonates, mais à froid l'acide carbonique le précipite de ses solutions alcalines. Avec l'acide azotique fumant, il donne un dérivé nitré $C^6H^2Cl^2(AzO^2)OH$, fusible à 121-122°.

Ses sels sont cristallisables : le *sel d'ammonium*, $C^6H^3Cl^2O, AzH^4$, cristallise de sa solution ammoniacale concentrée et bouillante, en longues aiguilles brillantes et incolores. Il perd de l'ammoniaque à l'air en se colorant en rouge.

Le *sel d'argent* est un précipité amorphe.

Le *sel de plomb* est amorphe.

Le *sel de potassium* forme de minces tables rhombiques incolores, qui se colorent à l'air en violet gris.

Le *dérivé éthylique*, $C^6H^3Cl^2O, C^2H^5$, est huileux, incolore, et bout à 226-227°.

Dichlorophénol β. — L'orthonitrodichlorophénol, $C^6H^2(AzO^2)Cl^2, OH$, fusible à 125° (voyez plus loin Dérivés nitrés et chlorés), réduit par l'acide chlorhydrique et l'étain, donne le dérivé amidé, $C^6H^2(AzH^2)Cl^2, OH$.

Lorsqu'on traite à froid le sulfate de ce dérivé amidé mélangé d'acide sulfurique étendu par l'azotite de potassium, il se sépare une poudre cristalline brunâtre qui est le sulfate de diazo-chlorophénol; celui-ci traité par la soude bouillante, puis distillé avec de l'acide sulfurique, fournit un dichlorophénol fusible à 65°, bouillant entre 218° et 220°, peu soluble dans l'eau (Seifart).

Trichlorophénol, $C^6H^2Cl^3, OH$ [Laurent, *Ann. de Chim. et de Phys.*, (3), t. III, p. 206 et 497]. — Laurent a obtenu ce composé par l'action du chlore sur l'huile de houille bouillant entre 170° et 180°; il a reconnu son identité avec le composé décrit par Erdmann sous le nom d'*acide chlorindoptique* et préparé en distillant la masse orangée que fournit l'action du chlore sur l'indigo bleu. Piria l'a rencontré également dans le produit de l'action du chlore sur la saligénine [*Ann. de Chim. et de Phys.*, (3), t. XIV, p. 269]. Plus récemment, Faust a étudié de nouveau le trichlorophénol [*Zeitsch. für Chem.*, t. III, p. 717, et *Bull. de la Soc. chim.*, 1868, t. IX, p. 234].

Le trichlorophénol se prépare par l'action prolongée du chlore sur le phénol; c'est une préparation pénible, car ce corps a une odeur très-désagréable et excessivement pénétrante; on continue le courant de chlore jusqu'à ce que le phénol se prenne en une masse pâteuse et cristalline; on laisse égoutter les cristaux et on les comprime.

Le trichlorophénol est peu soluble dans l'eau, et passe à la distillation avec les vapeurs aqueuses; il est très-soluble dans l'alcool et dans l'éther. Il cristallise en aiguilles fines ou en prismes du type orthorhombique. Il fond à 44° (Laurent); à 58° (Piria); à 67-68° (Faust), et il bout à 250° (Laurent); à 243°,5-244°,5 (Faust).

Il se dissout dans l'acide sulfurique à chaud, et par le refroidissement la liqueur se prend en une masse d'aiguilles. L'acide azotique le transforme à l'ébullition en dichloroquinone (Faust). Avec l'acide chlorhydrique et le chlorate de potassium, il donne du chloranile ou perchloroquinone (Laurent).

Les *trichlorophénates* métalliques donnent à la distillation de l'acide trichlorophénique; ils ont été décrits par Laurent et par Faust.

Le *sel d'ammonium*, $C^6H^2Cl^3O, AzH^4$, cristallise en aiguilles.

Le *sel d'argent* est un précipité amorphe, jaune.

Le *sel de baryum*, $(C^6H^2Cl^3O)^2Ba + 4H^2O$, est en longues aiguilles; il perd son eau de cristallisation à 140°.

Le *sel de calcium* est blanc et gélatineux.

Le *sel de magnésium*, $(C^6H^2Cl^3O)^2Mg + 2H^2O$, est en aiguilles groupées concentriquement.

Le *sel de potassium*, $(C^6H^2Cl^3OK)^2 + H^2O$, cristallise en aiguilles très-fines, groupées en gerbes, très-solubles dans l'eau. Il commence déjà à se décomposer à 60°.

Le *sel de plomb*, $4[(C^6H^2Cl^3O)^2Pb] + PbO$, est une poudre cristalline.

Les *sels ferreux et ferrique, mercureux et mercurique*, les *sels de cuivre*, de *cobalt*, de *nickel* sont des précipités amorphes.

Le *trichlorophénate d'éthyle* est en prismes soyeux, fusibles à 43-44° : il bout à 246°.

Pentachlorophénol, $C^6Cl^5, OH$ [Erdmann, *Journ. für prakt. Chem.*, 1841, t. XXII, p. 272; — Laurent, *Ann. de Chim. et de Phys.*, (3), t. III, p. 497; — Merz et Weith, *Deutsch. Chem. Gesellsch.*, t. V, p. 458, et *Bull. de la Soc. chim.*, 1872, t. XVIII, p. 249]. — Ce composé a été découvert par Erdmann, qui l'obtint dans l'action du chlore sur les solutions alcalines bouillantes de chlorisatine et de bichlorisatine. Le pentachlorophénol, appelé alors acide chlorindoptique chloré, fut aussi étudié par Laurent, qui fit voir que ce corps est un dérivé plus chloré du trichlorophénol.

Merz et Weith indiquent le procédé suivant pour l'obtenir avec le phénol. On fait agir le chlore, au bain d'eau salée, sur un mélange de 3 p. de phénol et 1 p. de trichlorure d'antimoine. Le produit de la réaction forme une masse brune en partie cristalline; on le porte à l'ébullition avec de la soude, et l'on sursature à chaud, par l'acide chlorhydrique, le liquide décanté. Le perchlorophénol se sépare alors sous forme d'une masse dense et foncée, facile à débarrasser des eaux mères; par précipitation à froid, il est spongieux et difficile à purifier.

Pour l'obtenir pur, on le distille avec de la vapeur d'eau surchauffée de 180-200°. Il passe alors un liquide qui se concrète en aiguilles. On le fait dissoudre à l'ébullition dans l'huile de pétrole légère, d'où il cristallise par le refroidissement en longues aiguilles incolores et brillantes. Il est inodore, mais, chauffé, il provoque la toux. Il fond à 186-187° et se sublime en longues aiguilles blanches. Il se dissout facilement dans l'alcool et dans l'éther, moins bien dans la benzine, et fort peu dans l'huile de pétrole légère. Ses solutions sont acides; il se dissout dans les alcalis, mais les solutions alcalines étendues d'eau sont précipitées par l'acide carbonique. Par une ébullition prolongée, il se décompose en dégageant de l'acide chlorhydrique, et donnant le corps $C^{12}Cl^{8}O^{2}$ (60 %), que les auteurs appellent *oxyde de phénylène perchloré*. — Voyez PHÉNYLÈNE.

L'amalgame de sodium agit lentement sur le pentachlorophénol; au bout de quelques semaines, on trouve dans la liqueur du monochlorophénol. L'acide sulfurique le décompose sans donner d'acide sulfoconjugué. L'acide azotique le transforme à froid en perchloroquinone; avec le perchlorure de phosphore, il donne de la benzine hexachlorée.

Le *sel d'ammonium* cristallise dans l'ammoniaque bouillante en longues aiguilles flexibles, peu solubles dans l'eau, assez solubles dans l'alcool; il se précipite par l'addition du perchlorophénol à une solution de sel ammoniac.

Le *sel de potassium*, $C^{6}Cl^{5},OK$, cristallise en longues aiguilles blanches de sa solution éthéro-alcoolique; il est soluble dans l'alcool et dans l'éther. Chauffé, il perd du chlore et donne un sublimé floconneux, formé d'oxyde de phénylène perchloré.

Le *sel d'argent* est amorphe et renferme

$$C^{6}Cl^{5}OAg.$$

### DÉRIVÉS IODÉS.

MONO-IODOPHÉNOLS, $C^{6}H^{4}I,OH$. — Il existe trois dérivés mono-iodés du phénol, l'*ortho-iodophénol*, qui par la potasse fondante fournit de l'hydroquinone, le *para-iodophénol*, qui fournit la résorcine, et le *méta-iodophénol*, qui fournit la pyrocatéchine.

Dans les diverses réactions qui donnent naissance aux phénols iodés, on obtient souvent des mélanges de ces isomères.

Schützenberger et Sengenwald ont obtenu les premiers un dérivé iodé du phénol, en traitant celui-ci par le protochlorure d'iode; cet iodophénol étant liquide paraît être composé surtout de méta-iodophénol. Kœrner obtient, par l'action de l'iode et de l'acide iodique, un mélange du dérivé para et du dérivé ortho. Hlasiwetz et Weselsky ont préparé, par l'action de l'iode et de l'oxyde de mercure, un phénol iodé qui est un mélange du dérivé para et du dérivé méta [Schützenberger et Sengenwald, *Compt. rend. de l'Acad.*, t. LIV, p. 197; — Kœrner, *Ann. der Chem. u. Pharm.*, t. CXXXVII, p. 197, et *Bull. de la Soc. chim.*, 1866, t. VI, p. 51; *Zeitsch. für Chem.*, nouv. sér., t. IV, p. 322, et *Bull. de la Soc. chim.*, 1869 t. XI, p. 67; — Hlasiwetz et Weselsky, *Deutsch Chem. Gesellsch.*, t. XI, p. 522, et *Bull. de la Soc. chim.*, 1870, t. XIII, p. 353].

ORTHO-IODOPHÉNOL. — On prend le phénol, l'iode et l'acide iodique dans les proportions indiquées par l'équation

$$5(C^{6}H^{6}O) + 2I^{2} + HIO^{3} = 5(C^{6}H^{5}IO) + 3H^{2}O.$$

On dissout l'iode et l'acide iodique dans une solution étendue de potasse caustique, on ajoute ensuite le phénol à la solution, puis on verse de l'acide chlorhydrique par petites portions dans la liqueur alcaline, en agitant continuellement. Il se précipite une huile iodée très-colorée qu'on lave avec de l'eau, et qu'on fait bouillir à plusieurs reprises avec de l'eau alcoolisée qui en extrait une petite quantité de triiodophénol.

On dissout le résidu dans la potasse, et on précipite par l'acide chlorhydrique une huile peu colorée, d'une odeur fort désagréable, qui avec la potasse fondante fournit un mélange de pyrocatéchine et d'hydroquinone. A 10°, cette huile se prend en une masse cristalline, dont on exprime le liquide huileux. La partie solide constitue l'ortho-iodophénol (Kœrner).

Le même iodophénol a été obtenu par Griess, en partant de la nitraniline préparée avec l'acétanilide nitrée, traitant l'azotate de cette nitraniline par l'acide nitreux, ce qui fournit l'*azotate de diazonitrobenzine* (azonitrophénylamine),

$$C^{6}H^{3}(AzO^{2})Az^{2},$$

soumettant le sulfate de cette base à l'action de l'acide iodhydrique et passant ainsi à l'iodonitrobenzine $C^{6}H^{4}(AzO^{2})I$; cette iodonitrobenzine est convertie en *diazo-iodobenzine*, $C^{6}H^{3}IAz^{2}$, par l'acide nitreux; enfin le sulfate de diazo-iodobenzine (azo-iodophénylamine) est converti par l'ébullition avec l'eau en ortho-iodophénol,

$$\underset{\text{Diazo-iodobenzine.}}{C^{6}H^{3}IAz^{2}} + H^{2}O = \underset{\text{Iodo-phénol.}}{C^{6}H^{5}IO} + Az^{2}.$$

L'ortho-iodophénol cristallise dans l'alcool faible sous forme de longues aiguilles brillantes; il donne de l'hydroquinone par fusion avec la potasse.

PARA-IODOPHÉNOL. — Griess l'a obtenu en opérant, comme précédemment, avec la paranitraniline préparée par réduction de la dinitrobenzine. Hlasiwetz et Weselsky, en traitant le phénol par l'iode et l'oxyde de mercure, recueillent un phénol iodé composé en plus grande partie de para-iodophénol et de méta-iodophénol, car il donne à la fusion avec la potasse de la résorcine mêlée d'un peu de pyrocatéchine. Ils emploient l'iode, l'oxyde de mercure et le phénol dans les proportions indiquées par l'équation

$$2C^{6}H^{6}O + HgO + I^{4}$$
$$= 2(C^{6}H^{4}I,OH) + HgI^{2} + H^{2}O.$$

On dissout le phénol dans l'alcool et on introduit de l'iode et de l'oxyde de mercure peu à peu (assez d'oxyde pour que le liquide se décolore). La réaction se déclare immédiatement, et dégage une telle quantité de chaleur, qu'on est obligé de refroidir; le phénol mono-iodé reste en solution alcoolique, tandis que du biiodophénol se trouve mélangé à l'iodure mercurique. On distille l'alcool et on purifie le résidu comme l'a indiqué Kœrner dans la préparation des phénols iodés par l'iode et l'acide iodique. — Voir plus haut.

Le para-iodophénol est solide et cristallise bien;

pur, il ne fournit que de la résorcine par fusion avec la potasse.

MÉTA-IODOPHÉNOL (Kœrner). — Il est liquide et se produit en même temps que l'ortho-iodophénol dans l'action de l'iode et de l'acide iodique sur le phénol; on n'a pu l'avoir complétement pur et débarrassé d'ortho-iodophénol. Il fournit de la pyrocatéchine par fusion avec la potasse.

DIIODOPHÉNOL, $C^6H^3I^2,OH$. — Schützenberger et Sengenwald l'ont préparé par l'action du chlorure d'iode sur le phénol, sous forme de fines aiguilles fusibles à 110°, très-peu solubles dans l'eau, un peu plus solubles dans l'eau alcoolisée, solubles dans l'alcool et l'éther, décomposables par la chaleur avec mise en liberté d'iode et formation d'acide rosolique. Hlasiwetz et Weselsky, en traitant le phénol par l'iode et l'oxyde de mercure dans les proportions indiquées par l'équation

$$(C^6H^6O) + HgO + I^4$$
$$= C^6H^3I^2,OH + HgI^2 + H^2O,$$

ont obtenu le biiodophénol. Après la réaction, on chasse l'alcool par distillation; on fait bouillir le résidu avec le carbonate de potassium, et on précipite la solution alcaline par l'acide chlorhydrique. Le précipité est purifié par cristallisation dans l'alcool faible.

Ce phénol biiodé est en aiguilles soyeuses, blanches, fusibles à 150° : il n'est pas altéré par l'ébullition avec la potasse aqueuse ou alcoolique; par fusion avec la potasse, il ne donne pas de phloroglucine ou de pyrogallol, mais une petite quantité de pyrocatéchine et une substance non encore étudiée.

TRIIODOPHÉNOL, $C^6H^2I^3,OH$ [Lautemann, *Ann. der Chem. u. Pharm.*, t. CXX, p. 299, et *Répert. de Chim. pure*, 1862, p. 190; — Schützenberger, *Bull. de la Soc. chim.*, 1864, t. IV, p. 102; — Kœrner, *Mém. cité*]. — Ce composé a été obtenu par Lautemann dans la préparation de l'acide triiodosalicylique, et par Schützenberger en traitant le phénol par un excès de chlorure d'iode. Le produit de la réaction dissous dans la soude et précipité par l'acide sulfurique étendu est traité par l'alcool bouillant à 60 centièmes, pour éliminer le biiodophénol. Le résidu formé de triiodophénol est ensuite dissous dans l'alcool concentré et bouillant; la solution a lieu difficilement, mais la liqueur n'abandonne de cristaux que par l'évaporation spontanée. Kœrner obtient le phénol triiodé par l'iode et l'acide iodique, en employant les proportions convenables de ces réactifs; il fait cristalliser le produit dans l'alcool à 50 centièmes.

Le triiodophénol se présente sous la forme de petites boules formées d'aiguilles rayonnant du centre (Schützenberger), de petites aiguilles incolores enchevêtrées, quelquefois de lames plus volumineuses et très-brillantes, fusibles à 156° (Kœrner). Il ne se sublime pas sans décomposition. L'acide chlorhydrique et le chlorate de potassium le transforment en chlorure d'iode et en chloranile; les alcalis le convertissent en un corps rouge, $C^6H^2I^2O^2$ (Lautemann).

### DÉRIVÉS NITRÉS DU PHÉNOL.

MONONITROPHÉNOLS, $C^6H^4(AzO^2),OH$. — On connaît deux isomères de cette formule : le *nitrophénol*, facilement volatil avec les vapeurs d'eau, et l'*isonitrophénol* ou *orthonitrophénol*, dont le dérivé amidé fournit de l'hydroquinone à l'oxydation. On ne connaît pas les relations du nitrophénol volatil et l'on ne sait pas encore s'il appartient à la série de la pyrocatéchine ou à celle de la résorcine.

NITROPHÉNOL [Hofmann, *Ann. der Chem. u. Pharm.*, t. LXXV, p. 358, et t. CIII, p. 247; — Fritzsche, *Bull. de l'Acad. de Saint-Pétersbourg*, t. XVI, p. 11, et *Ann. de Chim. et de Phys.*, (3), t. LV, p. 485]. — Le nitrophénol s'obtient, suivant Hofmann, en mêlant, par petites portions, le phénol et l'acide azotique concentré refroidis avec soin au moyen d'un mélange réfrigérant, ajoutant de l'eau et distillant; il passe d'abord de l'eau mêlée d'acide azotique et de phénol, puis le liquide brunit, et il distille avec l'eau des gouttes huileuses de nitrophénol, qui se solidifient bientôt dans le récipient.

Fritzsche emploie 2 p. de phénol pur dissous dans 100 p. d'eau, ajoute à la solution chaude 3 p. d'acide azotique d'une densité de 1,51 et soumet le mélange à la distillation. Il passe d'abord des gouttes huileuses de nitrophénol, qui cristallisent par le refroidissement, et plus tard une solution aqueuse de nitrophénol; les premières portions de cette solution laissent déposer des cristaux de nitrophénol quand on les refroidit à 0°. Il reste, dans l'appareil distillatoire, de l'isonitrophénol. On purifie le nitrophénol par une nouvelle distillation avec l'eau et par cristallisation dans l'alcool ou dans l'éther.

Le nitrophénol cristallise en prismes de 132° 49′ et 47° 11, mais le développement imparfait de leurs faces terminales n'a pas permis de reconnaître s'ils appartiennent au système orthorhombique ou au système clinorhombique [Kokscharow, *Bull. de l'Acad. de Saint-Pétersbourg*, t. XVI, p. 275]. Il est d'un jaune paille, d'une odeur aromatique et d'une saveur sucrée et aromatique. Il fond à 45° et se solidifie à la même température en une masse cristalline (Fritzsche). Il fond à 42° et se solidifie à 26° (Hofmann). Il bout à 214°; peu soluble dans l'eau froide, il se dissout plus facilement dans l'eau chaude, l'alcool, l'éther, la benzine et le sulfure de carbone.

Il fournit un dérivé amidé par l'action du sulfhydrate d'ammoniaque (Hofmann).

Traité par le brome, il donne un dérivé monobromé $C^6H^3Br(AzO^2),OH$ fusible à 88°; avec l'iode et l'acide iodique, il fournit un *dérivé monoiodé* $C^6H^3I(AzO^2),OH$ et un *dérivé biiodé* $C^6H^2I^2(AzO^2),OH$ fusible à 98° (Kœrner) (voyez plus loin DÉRIVÉS BROMONITRÉS, IODONITRÉS DU PHÉNOL), avec l'acide azotique, il donne deux dérivés binitrés, l'un identique avec celui de Laurent, fusible à 113-114°, l'autre fusible à 63-64° [Hübner et W. Schneider, *Bull. de la Soc. chim.*, 1872, t. XVII, p. 356].

Le nitrophénol, soumis à l'action du perchlorure de phosphore, donne un *phosphate de nitrophényle* $[C^6H^4(AzO^2)]^3PO^4$, en aiguilles minces, groupées en étoiles, fusibles à 126°, et une petite quantité d'une huile qui se décompose par la soude en régénérant le nitrophénol, et qui paraît être la *benzine nitrochlorée* β de Jungfleisch. Cette benzine nitrochlorée donne du nitrophénol, quand on la chauffe à 130° avec de la soude [Engelhardt et Latschinoff, *Zeitsch. für Chem.*, nouv. sér., t. VI, p. 225, et *Bull. de la Soc. chim.*, 1870, t. XIV, p. 273].

*Nitrophénates* (Fritzsche). — Les nitrophénates sont colorés en rouge écarlate ou en orangé suivant la quantité d'eau de cristallisation.

Le *sel d'ammonium* est en cristaux feuilletés d'un jaune orangé.

Le *sel d'argent* $C^6H^4(AzO^2)OAg$ est en longues aiguilles rouge foncé ou en prismes orangés.

Le *sel de baryum* $[C^6H^4(AzO^2)O]^2Ba$ forme des tables d'un rouge écarlate.

Le *sel de calcium* cristallise avec 1 ou 4 molécules d'eau; dans le premier cas, il forme des aiguilles orangées, dans le second des tables qui deviennent rouges en se déshydratant.

Le *sel de potassium* $(C^6H^4(AzO^2)OK)^2 + H^2O$ cristallise en aiguilles aplaties d'un rouge orangé qui deviennent d'un rouge foncé en se déshydratant à 120-150°.

Le *sel de magnésium* est en aiguilles; le nitrophénol bouilli avec le carbonate de magnésium en expulse de l'acide carbonique.

Le *sel de sodium* s'obtient anhydre, en cristaux rouges, lorsqu'on ajoute de la soude caustique en excès au nitrophénol, qu'on laisse la soude en excès se carbonater au contact de l'air et qu'on fait recristalliser dans l'alcool.

Le nitrophénate d'éthyle, $C^6H^4(AzO^2)O, C^2H^5$ obtenu par le sel d'argent et l'iodure d'éthyle est un liquide jaune.

ISONITROPHÉNOL (*orthonitrophénol, acide isonitrophénique*) (Fritzsche). — Ce dérivé prend naissance en même temps que son isomère dans le premier temps de l'action de l'acide azotique étendu sur le phénol, et se trouve dans le résidu quand l'isomère a distillé avec la vapeur d'eau. Pour obtenir un rendement plus avantageux en isonitrophénol, on emploie, suivant Fritzsche, les proportions suivantes : on dissout 4 p. de phénol dans 100 p. d'eau et l'on ajoute 5 p. d'acide azotique d'une densité de 1,51 étendu de 20 p. d'eau. On distille la moitié du liquide avec lequel il passe une certaine quantité de nitrophénol volatil, on filtre à l'ébullition la solution que renferme la cornue, et on épuise par l'eau bouillante la masse résineuse adhérente aux parois de la cornue. On réunit les solutions filtrées, on y ajoute de la soude caustique en excès qui dissout d'abord l'isonitrophénol séparé par refroidissement, et qui forme ensuite un précipité jaune cristallin d'isonitrophénate de sodium. On laisse refroidir, on filtre, on lave le sel avec une petite quantité de soude caustique étendue, puis on le purifie par plusieurs cristallisations dans l'eau bouillante.

Pour isoler l'isonitrophénol, on dissout le sel de sodium dans l'eau à 40° et on ajoute à la solution de l'acide chlorhydrique, jusqu'à ce qu'elle ait perdu sa couleur jaune. Par le refroidissement, la liqueur se trouble et se remplit ensuite d'une masse de fines aiguilles d'orthonitrophénol, qu'on purifie en les dissolvant dans l'eau bouillante.

En dirigeant un courant de vapeurs nitreuses fournies par la décomposition de l'azotate de plomb, dans du phénol, on obtient une masse résineuse qui, épuisée par l'eau bouillante et traitée comme précédemment, fournit un dérivé en aiguilles blanches, présentant tous les caractères de l'isonitrophénol [E. Grimaux, *Expériences inédites*].

L'isonitrophénol est en aiguilles incolores, brillantes, très-solubles dans l'éther; par l'évaporation lente de sa solution éthérée, il donne des cristaux volumineux, d'un aspect gras, colorés en jaune rougeâtre. Les cristaux jaunes redissous dans l'eau donnent de nouveau des aiguilles incolores qui passent à la modification colorée sous l'influence de la lumière. Néanmoins l'isonitrophénol n'est pas dimorphe; suivant Kokscharow, les deux sortes de cristaux appartiennent au type clinorhombique et présentent le rapport des axes : 1,0338 : 1 : 1,5094; l'angle des axes est de 76° 37'. On a observé sur les cristaux jaunes les formes : $p$, $b^{1/2}$, $h^1$, $h^3$, tandis que les aiguilles ne présentent au sommet que la face $b^1$.

Ce corps est très-soluble dans l'alcool; il est précipité de sa solution alcoolique par l'eau sous forme d'un liquide dense et oléagineux. Il entre en fusion à 110° lorsqu'il est parfaitement sec. Sous l'eau, il fond entre 40° et 50° : il reste en surfusion à des températures beaucoup plus basses. Il distille en partie sans altération, et se sublime à une température inférieure à son point de fusion; il est inodore, d'une saveur douceâtre suivie d'un arrière-goût brûlant; il colore la salive en jaune (Fritzsche).

Réduit par l'acide chlorhydrique et l'étain, il fournit un dérivé amidé que l'oxydation convertit en hydroquinone; comme on a considéré celle-ci comme appartenant à l'orthosérie, on a conclu que l'isonitrophénol est un ortho-dérivé et on l'a appelé orthonitrophénol [Kœrner, *Bull. de l'Acad. belge*, 1867, et *Bull. de la Soc. chim.*, 1869, t. XI, p. 68]; mais comme il n'est pas certain que l'hydroquinone soit un dérivé de l'orthosérie, et que les chimistes ne sont pas d'accord sur ce point, il vaut mieux garder le nom d'isonitrophénol que d'employer l'expression *orthonitrophénol* sujette à des changements.

Traité par le brome, il donne un *dérivé monobromé* $C^6H^3Br(AzO^2), OH$ fusible à 102°, un *dérivé bibromé* $C^6H^2Br^2(AzO^2), OH$, fusible à 141°; avec l'iode et l'acide iodique un *dérivé iodé*, $C^6H^3I(AzO^2), OH$, fusible à 93°, et un *dérivé biiodé*, $C^6H^2I^2(AzO^2), OH$, fusible à 157°,5 (Kœrner). — Voyez plus loin, *Dérivés bromonitrés, iodonitrés*, etc.

Avec l'acide azotique, il donne le même dinitrophénol que son isomère (Kœrner).

Traité par le perchlorure de phosphore, il donne le *phosphate d'isonitrophényle* $[C^6H^4(AzO^2)]^3PO^4$ en petites écailles, fusibles à 148°, insolubles dans l'eau, l'alcool et l'éther et peu solubles dans l'alcool bouillant. Il se forme en même temps du *chlorure d'isonitrophényle* fusible à 32° et identique avec la benzine chlorée nitrée α, $C^6H^4(AzO^2)Cl$, de Jungfleisch. Ce dernier corps chauffé pendant trois jours avec de la soude à 130°, en vase clos, régénère l'isonitrophénol [Engelhardt et Latschinoff, *Zeitsch. für Chem.*, nouv. sér., t. VI, p. 225, et *Bull. de la Soc. chim.*, 1870, t. XIV, p. 273].

*Isonitrophénates* (Fritzsche). — L'isonitrophénol se comporte comme un acide; il expulse l'acide carbonique des carbonates. Il donne des sels neutres et des sels acides, mais en lavant ces derniers à l'éther, on leur enlève l'excès d'isonitrophénol et on les transforme en sels neutres.

Les *sels d'ammonium* neutre et acide sont en aiguilles jaunes.

Le *sel d'argent* neutre,

$$C^6H^4(AzO^2), OAg + H^2O,$$

est en prismes orangés qui s'obtiennent en versant le sel d'ammonium dans l'azotate d'argent; si au contraire on ajoute l'azotate d'argent au sel ammoniacal, on voit se former un précipité jaune clair, cristallin, qui constitue un sel double d'argent et d'ammonium. Lorqu'on mélange des solutions chaudes d'isonitrophénate d'ammonium et d'azotate d'argent en maintenant un excès de ce dernier, il se dépose un magnifique sel cristallisé en aiguilles pourpres qui est une combinaison de 5 molécules d'isonitrophénate neutre d'argent avec 1 molécule d'isonitrophénol.

Il existe aussi un *sel acide*

$$C^6H^4(AzO^2), OAg + C^6H^4(AzO^2)OH + H^2O.$$

Le *sel de baryum* neutre,

$$[C^6H^4(AzO^2)O]^2Ba + 8H^2O,$$

est en grandes tables rhomboïdales, d'un brun-jaune, qu'on obtient en mélangeant des solutions chaudes de chlorure de baryum et d'isonitrophénate de sodium.

Le *sel acide de baryum,*

$$[C^6H^4(AzO^2)O]^2Ba + 2[C^6H^4(AzO^2), OH] + 4H^2O,$$

est préparé en dissolvant dans l'eau molécules égales de sel neutre et d'isonitrophénol.

Les *sels de calcium neutre et acide* sont préparés comme ceux de baryum.

Le *sel neutre* renferme

$$[C^6H^4(AzO^2)O]^2Ca + 4H^2O;$$

le *sel acide* est

$$[C^6H^4(AzO^2)O]^2Ca + 2[C^6H^4(AzO^2), OH] + 8H^2O.$$

Le *sel de strontium neutre*, préparé de la même manière, renferme $7H^2O$.

Le *sel de magnésium neutre* renferme $8H^2O$ comme le sel de baryum ; il est en prismes longs et aplatis.

Le *sel de potassium neutre*,

$$C^6H^4(AzO^2)OK + 2H^2O,$$

est en croûtes cristallines d'un jaune d'or; si l'on ajoute de l'acide acétique à sa solution concentrée et froide, il s'en dépose au bout de quelque temps des cristaux prismatiques.

Le *sel de sodium neutre*,

$$C^6H^4(AzO^2)ONa + 4H^2O,$$

s'effleurit à l'air; 100 p. d'eau en dissolvent 6,5. La solution traitée par l'acide acétique laisse déposer un sel acide

$$C^6H^4(AzO^2)ONa + C^6H^4(AzO^2)OH + 2H^2O.$$

*L'isonitrophénate d'éthyle*, $C^6H^4(AzO^2)OC^2H^5$, cristallise en prismes incolores, fusibles à 57-58°.

DINITROPHÉNOLS, $C^6H^3(AzO^2)^2,OH$. — On connaît deux isomères de cette formule, l'un obtenu par Laurent dans l'action de l'acide azotique sur le phénol, l'autre se formant en même temps que celui de Laurent par la nitration du phénol mononitré volatil.

DINITROPHÉNOL α [Laurent, *Ann. de Chim. et de Phys.*, (3), t. III, p. 213; *Revue scientifique*, t. IV, p. 124; — Gruner, *Journ. für prakt. Chem.*, t. CII, p. 222, et *Bull. de la Soc. chim.*, 1868, t. IX, p. 235; — Gauhe, *Ann. der Chem. u. Pharm.*, t. CXLVII, p. 66, et *Bull. de la Soc. chim.*, 1869, t. XI, p. 75; — Hübner et W. Schneider, *Zeitsch. für Chem.*, nouv. sér., t. VII, p. 452 et 523, et *Bull. de la Soc. chim.*, 1872, t. XVII, p. 356. — Ce composé a été découvert par Laurent, qui l'appela *acide nitrophénésique*. Comme le phénol était alors un simple produit de laboratoire, qu'il venait de découvrir et qu'il obtenait en petite quantité, Laurent préparait le dinitrophénol au moyen de l'huile de goudron bouillant entre 160° et 190°, c'est-à-dire au moyen du phénol brut.

Il employait environ 12 p. d'acide nitrique ordinaire pour 10 p. d'huile de houille, et il ajoutait peu à peu l'acide à l'huile. Dans ces conditions l'attaque se fait avec violence, et la masse se boursoufle considérablement; si l'on a soin de verser une nouvelle quantité d'acide aussitôt que le boursouflement dû aux portions précédentes a cessé, il est inutile de chauffer la capsule vers la fin de l'opération. Lorsque l'opération est terminée, on verse un peu d'eau sur la matière pour enlever l'acide azotique, puis on ajoute de l'ammoniaque et de l'eau, on fait bouillir et on filtre rapidement. Sur le filtre et dans la capsule, il reste une matière résineuse que Laurent mettait à part pour la préparation de l'acide picrique.

La solution filtrée laisse déposer une matière solide, brune, qui possède à peine l'apparence cristalline; au bout de 24 heures, on recueille ce précipité, on le redissout dans l'eau bouillante, on filtre et on fait cristalliser de nouveau : on obtient alors des aiguilles fines, courtes, qui sont encore très-impures. On les redissout et on les fait cristalliser encore deux fois; on a alors du dinitrophénate d'ammonium pur; 1 kilogramme d'huile de houille en a fourni 400 grammes à Laurent.

Pour isoler le dinitrophénol de son sel ammoniacal, on dissout celui-ci dans l'eau bouillante, on ajoute de l'acide azotique et on filtre rapidement : le dinitrophénol cristallise par le refroidissement.

Il est plus avantageux, pour le préparer, d'employer le phénol pur; les proportions suivantes ont été indiquées par M. Kolbe (dans le Mémoire cité de M. Gauhe). On mélange 50 grammes de phénol cristallisé avec 600 grammes d'eau, et l'on ajoute, en agitant, 275 grammes d'acide azotique du commerce d'une densité de 1,38. Malgré le développement de chaleur qui se produit, on chauffe un peu jusqu'à ce qu'il y ait une légère effervescence. Après 10 minutes la réaction est terminée; il se dépose du dinitrophénol qu'on purifie par plusieurs cristallisations dans l'eau bouillante.

Le dinitrophénol se dépose dans l'eau en cristaux lamelleux, groupés en petites feuilles de fougère; de sa solution dans l'alcool bouillant, il se sépare en tables rectangulaires. Il cristallise en prismes droits à base rectangulaire; les huit arêtes qui appartiennent aux larges faces verticales sont tronquées. Sa couleur est plutôt blonde que jaune : en lames minces, il est presque incolore, son odeur est nulle; sa saveur, peu prononcée d'abord, devient ensuite très-amère. Il fond à 104° (Laurent); à 113-114° (Hübner et Schneider). Il se volatilise dès 70° (Gruner), et si l'on opère sur quelques décigrammes, on peut le distiller sans le décomposer; mais si on le chauffe brusquement, il se décompose en détonant légèrement (Laurent). Il distille facilement avec la vapeur d'eau, ne fond pas sous l'eau ; il se dissout dans 21 p. d'eau bouillante, 197 p. d'eau à 18°, et 7261 p. à 0° (Gruner). L'alcool en dissout à chaud un peu plus du quart de son poids.

Le dinitrophénol colore fortement en jaune la peau et les tissus en général. Le brome le transforme en bromodinitrophénol, fusible à 119° (Laurent); avec l'iode et l'acide iodique, il donne de l'iododinitrophénol (Kœrner). Un mélange de chlorate de potassium et d'acide chlorhydrique le convertit en chloranile; avec le chlorure de benzoyle, il fournit le benzoate de dinitrophényle. Le perchlorure de phosphore le transforme en chlorure de dinitrophényle, $C^6H^3(AzO^2)^2Cl$ (Laurent et Gerhardt). Le chlorure de dinitrophényle est identique avec la benzine dinitro-chlorée α de M. Jungfleisch; chauffé avec de la potasse aqueuse en solution assez concentrée, il régénère le dinitrophénol [Clemm, *Journ. für prakt. Chem.*, nouv. sér., t. I, p. 145, et *Bull. de la Soc. chim.*, 1870, t. XIV, p. 270].

Chauffé avec une solution aqueuse de sulfhydrate d'ammoniaque, il donne de l'acide nitrophénamique (voyez plus loin PRODUITS DE RÉDUCTION DES NITROPHÉNOLS). Suivant Gauhe, avec l'iodure de phosphore, ce corps fournit de l'iodhydrate de diamidobenzol, $C^6H^4(Az^2H^4)(IH)^2$; mais en étudiant les phénols amidés et surtout le produit de réduction de l'acide picrique, nous verrons que ce corps doit être $C^6H^3(OH)Az^2H^4(IH)^2$, *iodhydrate de diamidophénol*.

Le dinitrophénol mélangé à une solution alcoolique bouillante de naphtaline s'y combine. La combinaison est soluble dans l'éther, et cristallise dans l'eau bouillante en aiguilles microscopiques incolores qu'une ébullition prolongée décompose. Elle renferme probablement $C^{10}H^8,C^6H^4(AzO^2)^2O$ (Gruner).

Lorsque, à une solution de dinitrophénol dans l'alcool ou dans l'eau, on ajoute goutte à goutte une solution de cyanure de potassium, chauffée à 60°, on observe un dégagement d'ammoniaque, et par le refroidissement il se sépare un sel très-instable, sous forme d'une poudre cristalline foncée. On le purifie en le lavant avec un peu d'eau froide, et le faisant cristalliser dans l'eau chaude. Les seconds cristaux déposés sont comprimés et desséchés sur l'acide sulfurique; ils constituent le *métapurpurate de potassium*, $C^8H^5Az^4O^4K + H^2O$, substance d'un rouge foncé, d'un éclat métallique, soluble dans l'eau et dans l'alcool avec une couleur cramoisie très-intense. Ce composé est très-peu stable; par l'ébullition avec l'eau ou par l'action des acides, il se décompose [Oppenheim et Pfaundler, *Bull. de la Soc. chim.*, 1865, t. IV, p. 100].

*Dinitrophénates α.* — Ils sont jaunes ou orangés, presque tous solubles dans l'eau et cristallisables : leurs solutions colorent fortement les tissus en jaune; ils détonent très-légèrement à une température inférieure de quelques degrés au point de fusion du plomb. Chauffés en vases clos, ils se décomposent avec ignition. On les prépare directement à l'aide des bases ou de leurs carbonates (Laurent). Ils ont la propriété de cristalliser, suivant les conditions, avec des quantités différentes d'eau de cristallisation (Hübner et Schneider).

*Sel d'ammonium.* — Il est jaune, peu soluble dans l'eau, encore moins soluble dans l'alcool. Il est en aiguilles qui peuvent acquérir une très-grande longueur. Laurent, en faisant cristalliser la solution bouillante de ce sel dans un vase cylindrique de 2 pieds de haut sur 8 à 10 pouces de diamètre, l'a obtenu en aiguilles de 1 pied 1/2 de longueur, plus fines que les cheveux et disposées verticalement. La partie supérieure était terminée par une couche de 6 lignes d'épaisseur, formée par des aiguilles disposées horizontalement, et en rayonnant à partir de l'axe.

*Sel d'argent,* $[C^6H^3(AzO^2)^2OAg]^2 + H^2O$. — Il est en petites aiguilles brillantes, jaunes, qui se décomposent en partie, quand on les fait recristalliser. Il noircit à la lumière et détone fortement par la chaleur. Il est peu soluble dans l'eau et l'alcool, insoluble dans l'éther (Gruner).

*Sel de baryum.* — Laurent l'a obtenu en gros cristaux de la couleur du bichromate de potassium, renfermant $[C^6H^3(AzO^2)^2O]^2Ba + 5H^2O$. Ce sont de gros prismes obliques à base hexagone; les angles que les pans forment entre eux sont de 89° et de 135° 30'. Si l'on fait redissoudre dans l'eau mère les cristaux rouges qui s'en sont séparés, on obtient tantôt de gros prismes rouges, tantôt des aiguilles jaunes.

Hübner et Schneider ont obtenu deux autres sels; l'un d'eux, qui renferme $7H^2O$, est en cristaux prismatiques jaune d'or, très-longs, solubles à 7° dans 320 p. d'eau; l'autre, qui est en aiguilles jaunes, renferme $6H^2O$; il est difficile de l'obtenir à l'état de pureté, car il perd facilement $H^2O$ pour donner le sel à 5 molécules.

Le *sel de calcium* est en petits grains formés d'aiguilles radiées.

Le *sel de cobalt* cristallise en prismes droits à base rectangulaire, terminés par deux facettes. Il est jaune-brun (Laurent).

Le *sel de cuivre* est jaune, soluble, cristallisé en aiguilles (Laurent).

Le *sel ferreux* est en petites aiguilles jaunes, très-peu solubles (Gruner).

Les *sels de magnésium* sont au nombre de deux; l'un, $[C^6H^3(AzO^2)^2O]^2Mg + 12H^2O$, est en prismes jaunes déliquescents, l'autre renferme $9H^2O$ et cristallise en aiguilles prismatiques jaunes (Hübner et Schneider).

Le *sel de potassium,*

$$[C^6H^3(AzO^2)^2OK]^2 + H^2O,$$

est en aiguilles à six pans dont l'un des angles est de 115° (Laurent). Il se dissout à 7° dans 59,2 p. d'eau, et, conservé sous l'eau, se transforme en un sel $C^6H^3(AzO^2)^2OK + H^2O$, cristallisé en prismes très-brillants, d'un jaune foncé (Hübner et Schneider).

Le *sel de sodium,* $C^6H^3(AzO^2)^2ONa + H^2O$, est en aiguilles soyeuses jaune clair (Hübner et Schneider).

Le *sel de strontium* est en cristaux soyeux.

*Sels de plomb.* — Le *sel neutre* renferme

$$[C^6H^3(AzO^2)^2O]^2Pb + 6H^2O$$

suivant Hübner et Schneider, et forme de longues aiguilles d'un jaune d'or. Laurent a décrit deux sels basiques; l'un en aiguilles microscopiques, groupées en sphères, renferme

$$2[(C^6H^3(AzO^2)^2O)^2Pb] + PbO;$$

l'autre, obtenu en versant le dinitrophénate d'ammonium dans une solution étendue et bouillante d'acétate de plomb, renferme

$$[C^6H^3(AzO^2)^2O]^2Pb + PbO + 4H^2O.$$

C'est un des sels les plus détonants.

Le *sel de nickel,* $[C^6H^3(AzO^2)^2O]^2Ni + 4H^2O$, forme de belles aiguilles vertes, solubles dans l'eau (Gruner).

Le *sel manganeux* cristallise en longues aiguilles roses, réunies en faisceaux et renfermant $5H^2O$ (Gruner).

Le dinitrophénol s'unit à la quinine en donnant un sel en longues aiguilles d'un jaune-orange, peu solubles dans l'alcool, très-peu solubles dans l'eau, insolubles dans l'éther. Ce sel renferme $C^{20}H^{24}Az^2O^2, C^6H^4(AzO^2)^2O + 3H^2O$ (Gruner).

Le *dinitrophénate d'éthyle* $C^6H^3(AzO^2)^2OC^2H^5$ cristallise en aiguilles incolores; le *dérivé méthylique* a les mêmes caractères.

Dinitrophénol β [Hübner et W. Schneider, *Mém. cité*]. — Le nitrophénol ou phénol nitré volatil donne sous l'influence de l'acide azotique, outre le dinitrophénol α, un dérivé isomère. On les obtient et on les sépare de la manière suivante : on chauffe dans une capsule 1 p. de nitrophénol (20 à 25 grammes au plus) avec 1 p. d'acide azotique d'une densité de 1,37. La réaction terminée, le mélange des deux phénols binitrés se sépare sous la forme d'une couche huileuse dense, qu'on lave avec de l'eau glacée et qu'on fait bouillir ensuite longtemps avec beaucoup d'eau pour chasser le phénol mononitré volatil non attaqué. Le résidu est chauffé avec du carbonate de baryum, et les sels de baryum formés sont séparés par cristallisation. Le dinitrophénate de baryum α est beaucoup plus soluble dans l'eau que le sel barytique du dinitrophénol β. La séparation des deux sels de baryum s'effectue facilement par l'alcool bouillant à 90 centièmes, qui dissout assez bien le sel α, tandis que le sel β y est presque insoluble.

Pour isoler le β-dinitrophénol, on décompose par l'acide chlorhydrique le sel de baryum en solution bouillante et concentrée; le β-dinitrophénol se sépare en partie sous la forme de gouttes huileuses qui se concrètent par le refroidissement, une autre partie cristallise en fines aiguilles jaune d'or.

Ce corps fond entre 63° et 64°; il est plus soluble dans l'eau froide que le dérivé α, et est au contraire moins soluble dans l'eau bouillante; il fond sous l'eau et se volatilise difficilement avec les vapeurs aqueuses. Le chloroforme le dépose en longues aiguilles volumineuses.

Le *sel de baryum,* $[C^6H^3(AzO^2)^2O]^2Ba + H^2O$, est en aiguilles d'un jaune d'or, longues, fines et très-brillantes, peu solubles dans l'eau froide, un peu plus solubles à chaud, presque insolubles dans l'alcool. Une partie de ce sel se dissout à 7° dans 555 p. d'eau.

Le *sel de magnésium,*

$$[C^6H^3(AzO^2)^2O]^2Mg + 6H^2O,$$

est en aiguilles brillantes, volumineuses, d'un rouge ponceau.

Le *sel de plomb,* $[C^6H^3(AzO^2)^2O]^2Pb$, est en aiguilles orangées.

Le *sel de potassium,* $C^6H^3(AzO^2)^2OK$, est en aiguilles rouges aplaties qui possèdent un très-beau trichroïsme; dans certaines directions, ils réfléchissent une lumière bleue, dans d'autres une lumière jaune, et ce phénomène s'observe surtout quand les cristaux se trouvent encore dans l'eau mère. A 6°, ce sel se dissout dans 60 p. d'eau.

Le *sel de sodium*, $C^6H^3(AzO^2)^2ONa + 3H^2O$, est en belles aiguilles fines et très-brillantes d'un rouge ponceau.

TRINITROPHÉNOL (ACIDE PICRIQUE, ACIDE TRINITROPHÉNIQUE), $C^6H^2(AzO^2)^3, OH$. — Ce corps, appelé aussi *acide carbazotique, jaune amer de Welter, acide nitrophénitique, acide chrysolépique*, se prépare par l'action de l'acide azotique non-seulement sur le phénol, mais encore sur une foule de corps (salicine, aloès, indigo, coumarine, etc.), de là les différents noms qu'il a reçus jusqu'à ce que l'identité des dérivés nitrés ainsi obtenus fût établie.

*Historique et origine.* — L'acide picrique fut découvert en 1788 par Hausmann, qui l'obtint par l'action de l'acide azotique sur l'indigo; Welter le prépara en traitant la soie par l'acide azotique concentré, de là le nom d'*amer de Welter* qui lui fut longtemps donné. Fourcroy et Vauquelin étudièrent les premiers sa nature, le distinguèrent de l'acide oxalique avec lequel Hausmann l'avait confondu, et donnèrent le moyen de l'obtenir régulièrement par l'indigo. Bartholdi, professeur à l'école de Colmar, obtint également l'acide picrique en traitant l'extrait de saule blanc par l'acide azotique. En 1809, M. Chevreul reprit l'étude de l'amer de Welter obtenu à l'aide de l'indigo, étudia l'action de la chaleur et décrivit des combinaisons avec la potasse, l'ammoniaque, les oxydes terreux et métalliques. Plus tard (1827), Liebig étudia de nouveau l'acide picrique, qu'il appelait acide carbazotique, décrivit ses sels, et en fit connaître la composition centésimale; Dumas l'analysa également et fixa sa formule et celle des picrates d'argent, de baryum et de potassium. L'acide picrique fut également étudié par Wœhler, par Marchand, Schunck, qui l'obtint avec l'aloès et l'appela acide chrysolépique; par E. Robiquet, qui reconnut, ainsi que Marchand et Schunck, l'identité de l'acide chrysolépique avec l'acide picrique; par Stenhouse, qui le prépara par l'action de l'acide azotique sur la résine de *Xanthorrhea hastilis*, procédé qui a été étudié par Carey-Lea. Piria l'obtint avec la salicine et l'hydrure de salicyle; Delalande, avec la coumarine; E. Kopp, avec le benjoin, etc. Enfin les relations de l'acide picrique ont été établies par les beaux travaux de Laurent sur le phénol, et il fut prouvé que l'acide picrique est du phénol trinitré. Cahours, en nitrant l'anisol (phénate d'éthyle), et faisant bouillir avec la potasse le trinitranisol, a obtenu de l'acide picrique, qu'il avait pris d'abord pour un isomère (*acide picranisique*), mais que Carey-Lea a reconnu identique avec l'acide picrique.

Depuis Laurent, l'acide picrique a été l'objet de nombreuses recherches, dont nous citerons, au fur et à mesure des indications, les auteurs et les sources, pour ne pas charger la bibliographie suivante, déjà considérable [Hausmann, *Journ. de Phys.*, mars 1788; — Welter, *Ann. de Chim.* (an VII), t. XXIX, p. 301; — Bartholdi, cité par Fourcroy, *même recueil* (an VIII), t. XXII, p. 187; — Fourcroy et Vauquelin, *même recueil* (an XIII), t. LV, p. 303; — Chevreul, *même recueil* (1809), t. LXII, p. 114; — Liebig, *Journ für Chem. u. Phys. v. Schweigger*, t. XLIX, p. 373, t. LI, p. 374; — *Ann. de Poggend.*, t. XIII, p. 191, t. XIV, p. 466; *Ann. der Chem. u. Pharm.*, t. IX, p. 82; *Ann. de Chim. et de Phys.*, 1827, t. XXXV, p. 72, et 1828, t. XXXVII, p. 286; — Wœhler, *Ann. de Poggend.*, t. XIII, p. 488; — Dumas, *Ann. de Chim. et de Phys.*, 1833, t. LIII, p. 178, et *même recueil*, 3e série, 1841, t. II, p. 228; — Schunck, *Ann. der Chem. u. Pharm.*, t. XXXIX, p. 7, t. LXV, p. 234; — R. F. Marchand, *Journ. für prakt. Chem.*, t. XXIII, p. 363, t. XXVI, p. 397, t. XXXII, p. 35, t. XLIV, p. 91, t. LIV, p. 191; — Mulder, *même recueil*, t. XLVIII, p. 1; E. Robiquet, *Journ. de Pharm.*, (3), t. XIII, p. 44, t. XIV, p. 179; Stenhouse, *Ann. der Chem. u. Pharm.*, t. LVII, p. 84; — Laurent, *Ann. de Chim. et de Phys.*, 1841, (3), t. III, p. 221; — E. Kopp, *même recueil*, (3), t. XIII, p. 233; — Cahours, *même recueil*, (3), t. XXV, p. 26; — Carey-Lea, *Répert. de Chim. pure*, 1859, p. 227].

*Préparation.* — Il est inutile aujourd'hui de rapporter tous les procédés indiqués pour obtenir l'acide picrique avec l'indigo, le benjoin, la soie, l'aloès, etc. L'acide picrique est devenu un produit commercial qu'on obtient facilement aujourd'hui avec le phénol pur. 100 p. de phénol cristallisé traité par l'acide azotique fournissent environ 90 à 100 p. d'acide picrique pur. Nous ne faisons que signaler ici le mode d'obtention de ce corps; à l'article PICRIQUE (ACIDE), on trouvera les détails de sa fabrication industrielle et de sa purification.

*Propriétés et réactions.* — L'acide picrique cristallise en lamelles rectangulaires, brillantes, d'un jaune clair. Par une évaporation lente de sa solution, il s'obtient en cristaux volumineux, ce sont des prismes orthorhombiques à six pans et dont les bases sont remplacées par les sommets d'un octaèdre à base rhombe. On a pour l'inclinaison des faces $mh^1 = 115°30'$; $b^{1/2}b^{1/2} = 108°0$; $b^{1/2}h = 125°0'$. Sa saveur est très-amère, de là son nom (πικρὸς, amer). Il a une réaction acide et rougit le tournesol. Il fond à 122°,5 (Kœrner) en une huile jaune qui se prend par le refroidissement en une masse cristalline; chauffé en petite quantité et avec précaution, il se sublime sans altération; mais si on le chauffe brusquement, il détone avec violence en dégageant de l'azote, du bioxyde d'azote, de l'acide carbonique, de l'acide cyanhydrique, un gaz combustible, et en laissant du charbon.

Sa solubilité dans l'eau a été établie par Marchand.

| Acide picrique. | Température. | Eau. |
|---|---|---|
| 1 partie. | 5° | 166 parties. |
| Id. | 15° | 86 — |
| Id. | 20° | 81 — |
| Id. | 22°,5 | 77 — |
| Id. | 26° | 73 — |
| Id. | 77° | 26 — |

La solution est plus jaune que l'acide solide, et colore fortement en jaune la peau et les tissus animaux. Le pouvoir colorant de l'acide picrique est tellement considérable que 1 milligramme communique une teinte sensiblement jaune à 1 litre d'eau (Carey-Lea).

Ce corps se dissout facilement dans l'alcool et dans l'éther. Il se dissout dans l'acide sulfurique concentré; dans un acide plus étendu, la dissolution n'a pas lieu, mais la solubilité reparaît si l'on étend encore l'acide sulfurique. Ainsi l'acide picrique se dissout dans l'acide sulfurique à 66°, mais par l'addition de 2 ou 3 volumes d'eau, il se précipite. Un mélange formé d'acide sulfurique pur et de 11 volumes d'eau n'exerce aucune action dissolvante. Il est à remarquer que les solutions de l'acide picrique dans l'acide sulfurique concentré n'ont pas la couleur jaune des solutions picriques [Carey-Lea, *Répert. de Chim. pure*, 1862, p. 232]. L'acide azotique dissout de grandes quantités d'acide picrique.

Le chlore, le chlorure de chaux, le mélange d'acide chlorhydrique et de chlorate de potassium, le transforment en chloropicrine et chloranile (perchloroquinone); avec l'eau de brome, il se produit de la bromopicrine et de la perbromoquinone; on obtient également de la bromopicrine avec l'hypobromite de baryum [Stenhouse, *Philosoph. Magaz.*, (4), t. VIII, p. 303]. Avec le chlorure d'iode, l'acide picrique donne du chloranile et de la chloropicrine; dans certaines conditions, il fournit du chlorodinitrophénol

$$C^6H^2(AzO^2)^2Cl,OH$$

[Stenhouse, *Journ. of the Chem. Soc.*, t. V, p. 453, et *Bull. de la Soc. chim.*, 1868, t. IX, p. 327].

Chauffé doucement avec un mélange d'acide sulfurique et de peroxyde de manganèse, il dégage des vapeurs nitreuses. La potasse et la baryte caustique l'altèrent par une ébullition prolongée.

Le perchlorure de phosphore le transforme en *chlorure de picryle* ou de *trinitrophényle*

$$C^6H^2(AzO^2)^3Cl$$

ou benzine chlorotrinitrée. Le chlorure de benzoyle le convertit en *benzoate de trinitrophényle* $C^6H^2(AzO^2)^3O, C^7H^5O$ (Laurent).—Voyez ÉTHERS PHÉNYLIQUES.

L'action des agents réducteurs varie suivant leur nature et fournit différents produits. Avec le sulfate ferreux en présence de la chaux, avec le chlorure et l'acétate ferreux, le sulfhydrate d'ammoniaque, le glucose, etc., il se forme de l'acide *picramique* ou *amidodinitrophénique*

$$C^6H^2(AzH^2)(AzO^2)^2O$$

(Wœhler, A. Girard); avec un excès de sulfhydrate d'ammoniaque, Griess obtient le *diamidonitrophénol* $C^6H^3(AzH^2)^2(AzO^2)O$. Par l'étain et l'acide chlorhydrique ou par l'iodure de phosphore, l'acide picrique fournit la *picramine* ou *triamidophénol* $C^6H^3(AzH^2)^3O$ (Roussin, Lautemann, Heintzel).

Traité par le cyanure de potassium en solution aqueuse, il donne l'acide *isopurpurique* ou *picrocyanique* $C^8H^5Az^5O^6$ décrit t. II, p. 150. — Voyez plus loin, pour tous ces corps, PHÉNOLS AMIDÉS, p. 815.

Les meilleurs réactifs pour reconnaître l'acide picrique sont : le sulfate de cuivre ammoniacal, qui produit un précipité cristallin verdâtre; les sulfures alcalins, qui, en présence d'un excès d'alcali, donnent de l'acide picramique; le cyanure de potassium, qui, à chaud et en présence de l'ammoniaque, donne une coloration rouge (Carey-Lea).

L'acide picrique donne des combinaisons cristallisées avec les hydrocarbures (Fritzsche, Berthelot). Nous décrirons ces combinaisons après les picrates. Il se combine aussi au phénol en donnant du picrate de phénol (Fritzsche).

L'acide picrique est un réactif très-sensible des alcaloïdes, qu'il précipite de leurs solutions; il précipite leurs sulfates même très-acides, quelquefois si complètement que la liqueur filtrée ne renferme que de l'acide sulfurique et l'excès d'acide picrique. Les alcalis qui sont précipités sont la brucine, la strychnine, la vératrine, la quinine, la quinidine, la cinchonine et quelques alcaloïdes de l'opium. La morphine et l'atropine ne sont précipitées que dans des solutions neutres et concentrées, mais le précipité se dissout assez facilement dans l'eau [Hager, *Pharm. Central.*, 1860, p. 131, et *Bull. de la Soc. chim.*, 1870, t. XIV, p. 50].

PICRATES. — Ils sont cristallisables, amers, d'une couleur jaune; ils se décomposent avec explosion par la chaleur. Ils ont été étudiés et analysés par Liebig, Dumas, Laurent, Marchand, Carey-Lea et par D. Müller [*Ann. de Poggend.*, t. CXXIV, p. 103].

*Sel d'aluminium.* — Obtenu en cristaux groupés en étoiles par le mélange des solutions de chlorures d'aluminium et de picrate d'ammonium (Carey-Lea); il renferme, d'après D. Müller :

$$4[C^6H^2(AzO^2)^3O]Al^2O + 16H^2O.$$

*Sel d'ammonium,* $C^6H^2(AzO^2)^3,OAzH^4$. — Il cristallise en prismes orthorhombiques de couleur jaune. On a observé les combinaisons suivantes : $m, g^1, h^1, b^{1/2}$; angles : $mm = 111°$; $mh^1 = 145°$; $b^{1/2}b^{1/2}$ terminal $= 135°$; *id.* basal $= 115°$. Il est assez soluble dans l'eau et peu dans l'alcool [Laurent, *Revue scientifique*, t. IX, p. 26].

*Sel d'argent,* $C^6H^2(AzO^2)^3OAg$. — Fines aiguilles brillantes, très-solubles dans l'eau.

*Sel de baryum,* $[C^6H^2(AzO^2)^3O]^2Ba + 5H^2O$. — Prismes obliques, à base rectangulaire, d'un jaune foncé, fort solubles dans l'eau. Il perd la plus grande partie de son eau de cristallisation à 100° (Laurent). Ces cristaux sont dichroïques, suivant Carey-Lea, d'un jaune pâle avec des faces terminales rouges.

*Sel de cadmium,* $[C^6H^2(AzO^2)^3O]^2Cd + 7H^2O$. — En petites aiguilles jaunes, rhombiques (Müller). Il s'obtient par le refroidissement d'une solution bouillante de carbonate de cadmium dans l'acide picrique; il est isomorphe avec les picrates ferreux et manganeux (Carey-Lea).

*Sel de calcium.* — Prismes plus solubles que les sels correspondants de baryum et de strontium.

*Sel de chrome.* — L'acétate de chrome dissous dans l'acide picrique donne une solution brune qui ne cristallise pas. Le carbonate de chrome basique bouilli avec l'acide picrique donne une solution verte, qui ne fournit pas de cristaux. On peut cependant obtenir de petites aiguilles vertes en précipitant avec précaution le sulfate chromique par le picrate de baryum (Carey-Lea).

*Sel de cobalt,* $[C^6H^2(AzO^2)^3O]^2Co + 5H^2O$. — Aiguilles brun foncé qui perdent leur eau de cristallisation entre 100° et 110° (Marchand).

*Sel de cuivre,* $[C^6H^2(AzO^2)^3O]^2Cu + 5H^2O$. — Petites aiguilles brillantes, de couleur verte, efflorescentes, fusibles à 110°, qu'on obtient en dissolvant le carbonate de cuivre dans l'acide picrique bouillant, évaporant à siccité et reprenant par l'alcool, qui dissout le sel neutre et laisse un sel basique insoluble (Marchand).

On obtient un *picrate de cuivre ammoniacal* en ajoutant du sulfate de cuivre ammoniacal à un picrate alcalin; c'est un précipité volumineux, que l'eau décompose en oxyde de cuivre et picrate d'ammonium (Carey-Lea).

*Sel de glucinium.* — Croûtes cristallines d'un jaune d'or.

*Sel ferreux,* $[C^6H^2(AzO^2)^3O]Fe + 5H^2O$. — Cristaux d'un brun clair (Müller). Il est isomorphe avec le sel manganeux; il cristallise en gros prismes d'un jaune verdâtre; quoique oxydable, il est assez permanent pour pouvoir cristalliser à l'air libre (Carey-Lea).

*Sel ferrique,*

$$4[C^6H^2(AzO^2)^3O],Fe^2O + 10H^2O.$$

— Il est en petits prismes jaune rougeâtre et en aiguilles jaunes douées d'une réflexion améthyste. On le prépare en précipitant avec précaution le picrate de baryum par le sulfate ferrique (Müller, Lea).

*Sel de manganèse,*

$$[C^6H^2(AzO^2)^3O]^2Mn + 8H^2O$$

(Marchand). — Larges cristaux rhombiques qui perdent 3 molécules d'eau par l'exposition à l'air et une quatrième à 130°. Suivant Lea, c'est le plus beau des picrates; il forme de longs prismes rhomboïdaux, fortement dichroïques, d'un jaune pâle quand on les regarde dans l'axe, rouge-saumon dans toute autre position.

*Sel de magnésium.* — Longues aiguilles aplaties, de couleur jaune, très-solubles dans l'eau, à peine solubles dans l'alcool bouillant, elles paraissent contenir 5 molécules d'eau de cristallisation, et renfermer $[C^6H^2(AzO^2)^3O]^2Mg + 5H^2O$.

*Sel de mercure.* — Le sel mercureux est en petits prismes jaunes, très-peu solubles dans l'eau froide, obtenus par le refroidissement d'un mélange bouillant de nitrate mercureux et de picrate de potassium (Liebig). En dissolvant l'oxyde mercurique dans l'acide picrique, on obtient, par l'évaporation, des aiguilles orangées, brillantes, très-solubles dans l'eau.

*Sel de nickel,* $[C^6H^2(AzO^2)^3O]^2Ni + 8H^2O$. — Cristaux verts, efflorescents, très-solubles dans l'alcool; ils ont quelquefois 1 pouce 1/2 et même plus de longueur. On obtient un *sel de nickel ammoniacal* très-beau, mais très-instable, en traitant par un picrate soluble une solution ammoniacale de chlorure de nickel. Il est décomposable même par l'eau qui lui enlève l'acide picrique et l'ammoniaque et ne laisse que de l'oxyde hydraté (Carey-Lea).

*Sels de plomb.* — *Sel neutre,*

$$[C^6H^2(AzO^2)^3O]^2Pb + H^2O.$$

— Aiguilles brunes, assez solubles dans l'eau, qui s'obtiennent par le refroidissement d'un mélange bouillant de picrate alcalin et d'acétate de plomb légèrement acidulé [E. Kopp, *Ann. de Chim. et de Phys.*, (3), t. XIII, p. 233].

*Sels basiques.* — On obtient un sel basique renfermant $[C^6H^2(AzO^2)^3O]^2Pb, 4PbO$, sous l'aspect d'une poudre jaune foncé, composée de prismes rectangulaires en précipitant une solution étendue et bouillante d'acétate de plomb par du picrate d'ammonium étendu de beaucoup d'ammoniaque (Laurent).

Un autre sel,

$$[C^6H^2(AzO^2)^3O]^2Pb, 2PbO + 3H^2O,$$

qui se présente en paillettes brillantes, douces au toucher comme le talc, se précipite lorsqu'on ajoute de l'ammoniaque à un mélange de picrate d'ammonium et d'acétate de plomb légèrement acidulé (Marchand).

Un troisième sel basique,

$$[C^6H^2(AzO^2)^3O]^2Pb, PbO + H^2O,$$

est en petites tables rhomboïdales jaune foncé. Laurent l'a obtenu en faisant bouillir un mélange étendu de picrate d'ammonium et d'acétate de plomb.

M. Marchand a décrit en outre une combinaison de *picrate et d'acétate de plomb,*

$$[C^6H^2(AzO^2)^3O]^2Pb, (C^2H^3O^2)^2Pb + 4H^2O,$$

qui se dépose sous la forme de tables rhomboïdales, d'un jaune clair, très-brillantes, lorsqu'on abandonne au refroidissement un mélange bouillant de picrate de potassium et d'acétate de plomb.

*Sel de potassium,* $C^6H^2(AzO^2)^3OK$. — Il forme des prismes jaunes appartenant au type orthorhombique et ayant un reflet métallique. Formes observées : $m$, $e^1$, $g^1$; angles : $mm = 110°15'1/2$; $e^1e^1 = 139°25$. Il est peu soluble dans l'eau, presque insoluble dans l'alcool. Suivant Frisch, il exige pour se dissoudre : 273 p. d'eau à 0°, 440 p. à 20°, 1138 p. d'alcool à 0° et 735°,5 à 20° [Frisch, *Journ. für prakt. Chem.*, t. C, p. 229]. Il se dissout dans 14 p. d'eau bouillante.

*Sel de sodium.* — Il forme de fines aiguilles jaunes, solubles dans 10 à 14 p. d'eau à 15°; il détone assez fortement à une haute température.

M. D. Müller a décrit des sels doubles de sodium et de divers métaux.

Les sels sodico-ferreux, cadmique, zincique, cobaltique, nickélique, sont représentés par la formule générale

$$6[C^6H^2(AzO^2)^3ONa], [C^6H^2(AzO^2)^3O]^2R + 12H^2O,$$

R étant du ferrosum, du cadmium, du zinc, du nickel, ou du cobalt. Le sel magnésien est

$$3[C^6H^2(AzO^2)^3ONa], [C^6H^2(AzO^2)^3O]^2Mg + 9H^2O.$$

*Sel de strontium,*

$$[C^6H^2(AzO^2)^3O]^2Sr + 5H^2O.$$

— Il forme des cristaux jaunes, durs et brillants, assez solubles dans l'eau froide, très-peu solubles dans l'alcool absolu et bouillant.

*Sel de zinc,* $[C^6H^2(AzO^2)^3O]^2Zn + 7H^2O$? — Beaux prismes rhomboïdaux, efflorescents, fort solubles dans l'alcool.

Ammonio-picrates [Carey-Lea, *Chem. News*, 1861, p. 195 et 208, et *Rép. de Chim. pure*, 1861, p. 238].

Lorsqu'on prend la solution d'un oxyde métallique dans l'ammoniaque ou les sels ammoniacaux, et qu'on traite cette solution par du picrate d'ammonium, on obtient des précipités formés du picrate métallique correspondant, combiné avec une ou plusieurs molécules d'ammoniaque. Ces corps sont en général fort beaux, légèrement solubles dans l'eau mère et les solutions ammoniacales, presque insolubles dans l'eau, qui les décompose.

*Ammonio-picrate d'argent,*

$$C^6H^2(AzO^2)^3OAg + 2AzH^3.$$

— Précipité jaune clair, d'aspect cristallin.

*Ammonio-picrate de cadmium,*

$$[C^6H^2(AzO^2)^3O]^2Cd + 3AzH^3.$$

— Aiguilles jaunes.

*Ammonio-picrate de chrome.* — Aiguilles d'un vert magnifique, à reflets métalliques; elles sont très-instables.

*Ammonio-picrate de cobalt,*

$$[C^6H^2(AzO^2)^3O]^2Co + 2AzH^3.$$

— Vert jaunâtre, très-instable.

*Ammonio-picrate de cuivre,*

$$[C^6H^2(AzO^2)^3O]^2Cu + 2AzH^3.$$

— Fines aiguilles d'un jaune verdâtre.

*Ammonio-picrate de manganèse.* — Aiguilles satinées, brillantes, mélangées de protoxyde de manganèse.

*Ammonio-picrate de zinc.* — Belles aiguilles entrelacées d'un jaune d'or; il n'a pas été obtenu à l'état de pureté.

Éther picrique. — *Picrate d'éthyle,*

$$C^6H^2(AzO^2)^3O, C^2H^5$$

[H. Müller et Stenhouse, *Journ. of the Chem. Soc.*, 2e sér., t. IV, p. 235, et *Bull. de la Soc. chim.*, 1866, t. VI, p. 391]. — Obtenu en traitant le picrate d'argent par l'iodure d'éthyle en excès (5 fois son poids), chassant celui-ci par la distillation et reprenant le résidu par 8 p. d'alcool bouillant. La solution en se refroidissant dépose l'éther picrique qu'on purifie par plusieurs cristallisations.

Il forme de longs prismes offrant une légère teinte jaune et se colorant un peu à la lumière. Peu soluble dans l'eau bouillante, il se dissout dans l'iodure d'éthyle, le sulfure de carbone et la benzine. Il fond à 78°,5 et se solidifie à 73°.

Picrates d'hydrocarbures [Fritzsche, *Compt. rend.*, t. LIV, p. 910, et *Rép. de Chim. pure*, 1862, p. 269; — Berthelot, *Bull. de la Soc. chim.*, 1867, t. VII, p. 30]. — Fritzsche a découvert la propriété que possède l'acide picrique de se combiner avec certains hydrocarbures. Il a décrit le picrate de benzine et le picrate de naphtaline. M. Berthelot, qui a étudié avec soin ces réactions, indique les conditions suivantes pour les observer. Il emploie une solution d'acide picrique dans l'alcool ordinaire, saturée vers la température de 20° à 30°. Pour isoler la combinaison, le procédé le plus convenable consiste à dissoudre à chaud l'hydrocarbure dans l'alcool et à mélanger cette liqueur chaude avec la solution alcoolique d'acide picrique saturée à froid. Il vaut mieux encore dissoudre le carbure à chaud dans la solution alcoolique d'acide picrique et faire bouillir quelques instants pour avoir une solution saturée du carbure. Par le refroidissement, la combinaison picrique se sépare, soit immédiatement, soit au bout de quelques heures.

*Picrate de benzine*, $C^6H^6, C^6H^3(AzO^2)^3O$. (Fritzsche).— Une solution saturée à chaud d'acide picrique dans la benzine fournit ce composé en petits cristaux rhombiques, jaunes, brillants, fusibles entre 85° et 90°. Il se conserve sans altération dans une atmosphère de benzine, mais il se transforme à l'air en acide picrique.

*Picrate de naphtaline*, $C^{10}H^8, C^6H^3(AzO^2)^3O$ (Fritzsche, Berthelot). — Il se sépare d'une solution alcoolique des deux substances en belles aiguilles jaune d'or, qui, après avoir été lavées avec un peu d'alcool, peuvent être séchées à l'air entre des doubles de papier. Il se dissout dans l'alcool froid et la benzine; un excès d'alcool le décompose. Il fond à 149°. Sous le microscope, cette combinaison se présente en longs prismes d'un jaune de soufre qui traversent tout le champ de la vision.

*Picrate d'anthracène*, $C^{14}H^{10}, C^6H^3(AzO^2)^3O$. — Cristaux d'un rouge de rubis, fusibles vers 170°, décomposables par l'eau, l'alcool et l'éther (Fritzsche).

*Picrate de chrysène*. — Petites aiguilles jaunes, assemblées en forme de houppes, ou petites lamelles blanches et transparentes, en forme de fer de lance, qui caractérisent le chrysène $C^{18}H^{12}$.

*Picrate de retène*. — Le retène, $C^{18}H^{18}$, donne de belles aiguilles analogues à celles de la combinaison naphtalique, mais d'une teinte plus orangée; le picrate de retène ne se forme pas par l'emploi de la solution alcoolique du carbure saturée à froid, comme le fait la naphtaline.

Le benzérythrène donne avec l'acide picrique des flocons d'un jaune brunâtre, qui, examinés au microscope, paraissent constitués par des granulations moléculaires d'une excessive ténuité (Berthelot).

(Pour plus de détails sur ces combinaisons et pour l'emploi de l'acide picrique comme moyen de séparation des hydrocarbures, voyez le *Mémoire cité* de M. Berthelot.)

PICRATE D'URÉE. — Cette combinaison s'obtient facilement en dissolvant l'urée dans l'acide picrique; elle cristallise en groupes de belles aiguilles inaltérables à l'air [Carey-Lea, *Silliman's American Journ.*, nov. 1868, et *Répert. de Chim. pure*, 1859, p. 227].

CHLORURE DE PICRYLE (*chlorure de trinitrophényle, benzine trinitrochlorée*), $C^6H^2(AzO^2)^3Cl$ [Pisani, *Compt. rend.*, t. XXXIX, p. 852; — Clemm, *Journ. für prakt. Chem.*, nouv. sér., t. I, p. 145, et *Bull. de la Soc. chim.*, 1870, t. XIV, p. 209]. Découvert par Pisani, ce corps a été obtenu à l'état de pureté par Clemm, qui a étudié ses réactions et le prépare de la manière suivante :

On chauffe dans une cornue un mélange intime de 1 p. d'acide picrique et de 2 p. de perchlorure de phosphore. La réaction commence aussitôt que le mélange est fondu et devient très-violente. On enlève le feu, puis, quand la réaction est terminée, on chauffe pour chasser l'oxychlorure de phosphore, et on lave le résidu avec l'eau. Le chlorure de picryle brut est lavé avec de l'éther et dissous dans l'alcool en présence d'un peu de noir animal.

Il cristallise en aiguilles brillantes, presque incolores, très-solubles dans le chloroforme, la benzine et l'alcool bouillants, moins solubles à chaud dans l'éther et le sulfure de carbone. Il fond à 83° et reste en surfusion. Ses réactions sont très-intéressantes, en ce sens qu'il perd facilement son chlore par double décomposition, à l'encontre de la benzine monochlorée, ce qui prouve l'influence de l'introduction des groupes $AzO^2$ dans la benzine, sur les dérivés chlorés de cet hydrocarbure.

Le chlorure de picryle n'est attaqué ni par l'eau ni par une solution d'azotate d'argent, mais chauffé avec une solution de carbonate de sodium, il donne du picrate. Traité par l'ammoniaque, il donne l'aniline trinitrée $C^6H^2(AzO^2)^3, AzH^2$. Avec l'aniline, il fournit la trinitrodiphénylamine

$$C^6H^2(AzO^2)^3, C^6H^5, AzH.$$

Avec le sulfocyanate de potassium, en solution alcoolique, il donne un corps jaune, fondant à 147-148°, pour lequel l'auteur n'a pas encore établi de formule.

*Usages de l'acide picrique*. — Voyez, pour l'emploi de l'acide picrique et des picrates, l'article PHÉNOL (INDUSTRIE).

### DÉRIVÉS BROMONITRÉS.

BROMONITROPHÉNOLS [Brunck, *Zeitsch. für Chem.*, nouv. sér., t. III, p. 302, et *Bull. de la Soc. chim.*, 1867, t. VIII, p. 202; — Kœrner, Brunck et Tausen, *Zeitsch. für Chem.*, nouv. sér., t. IV, p. 322, et *Bull. de la Soc. chim.*, 1869, t. XI, p. 67].

BROMONITROPHÉNOL α (*bromo-orthonitro* ou *bromo-isonitrophénol*), $C^6H^3(AzO^2)Br, OH$. — On l'obtient en traitant l'iso- ou orthonitrophénol par le brome. Il cristallise dans l'alcool faible ou dans l'éther en longues aiguilles nacrées, blanches, fusibles à 102°, non volatiles sans décomposition.

Traité par un mélange d'acide sulfurique et d'acide nitrique, il fournit le bromodinitrophénol fusible à 119°, identique avec celui de Laurent.

Le *sel de baryum*,

$$[C^6H^3Br(AzO^2)O]^2Ba + 6H^2O,$$

cristallise en petites aiguilles réunies en faisceaux, solubles et efflorescentes.

Le *sel d'argent* forme de petites aiguilles peu solubles.

Le *sel de plomb* est une poudre jaune, insoluble.

Le *sel de potassium* forme des croûtes cristallines, solubles dans l'eau; le *sel de sodium* se présente en aiguilles hydratées jaunes.

BROMONITROPHÉNOL β, $C^6H^3(AzO^2)Br, OH$. — Obtenu par l'action du brome sur le nitrophénol volatil, il est en aiguilles jaunes, brillantes, fusibles à 88° et sublimables, solubles dans l'éther et l'alcool bouillants.

Le *sel d'argent* est un précipité cristallin rouge foncé, anhydre.

Le *sel de baryum* est anhydre, il forme des aiguilles d'un rouge foncé.

Le *sel de potassium*,

$$C^6H^3(AzO^2)BrOK + 2H^2O,$$

est soluble dans l'eau; il forme des aiguilles rouges à quatre pans terminées en pointe : il perd son eau au-dessus de l'acide sulfurique.

Traité par un mélange refroidi d'azotate de potassium et d'acide sulfurique, il se transforme en dinitrobromophénol β fusible à 78°.

DIBROMONITROPHÉNOLS. — On en connaît deux.

DIBROMONITROPHÉNOL α (*dibromo-ortho-*, ou *dibromo-isonitrophénol*), $C^6H^2Br^2(AzO^2)OH$. — Il a été obtenu par l'action du brome en excès sur l'isonitrophénol. Armstrong l'a aussi préparé en traitant par le brome le phénolsulfite ou oxyphé nylsulfite de potassium, et soumettant le bibromophénolsulfite à l'action de l'acide azotique, il se produit en même temps une petite quantité du bibromonitrophénol β fusible à 117° [Armstrong, *Chem. News*, t. XXV, p. 284, et *Bull. de la Soc. chim.*, 1872, t. XVIII, p. 250]. Il cristallise dans l'alcool en petits prismes incolores, dans l'éther en formes prismatiques modifiées par beaucoup de surfaces. Il fond à 141° (Brunck), à 132° (Armstrong), et se décompose à une température plus élevée.

Le *sel d'argent* forme des aiguilles jaunes, peu solubles.

Le *sel de baryum*,

$$[C^6H^2Br^2(AzO^2)O]^2Ba + 10H^2O,$$

forme de longs prismes d'un jaune clair, qui s'effleurissent en laissant une poudre rouge.

Le *sel de potassium*, $C^6H^2Br^2(AzO^2)OK$, constitue des aiguilles nacrées, d'un jaune orangé, réunies en faisceaux. Il cristallise aussi avec 2 molécules d'eau, en lames d'un jaune clair, efflorescentes.

DIBROMONITROPHÉNOL β, $C^6H^2Br^2(AzO^2)OH$. — Il se forme lorsqu'on traite le phénol dibromé par un mélange refroidi d'azotate de potassium et d'acide sulfurique; il se produit aussi par l'action d'un excès de brome sur le nitrophénol volatil. Il fond à 117°,5; chauffé avec précaution, il se sublime et distille sans décomposition. Il cristallise dans l'alcool en prismes opaques, d'un jaune-paille, et dans l'éther en prismes transparents, d'un jaune orangé.

BROMODINITROPHÉNOLS. — BROMODINITROPHÉNOL α (*nitrobromo-orthonitrophénol*),

$$C^6H^2Br(AzO^2)^2, OH$$

[Laurent, *Revue scientifique*, 1841, t. VI, p. 65, et t. IX, p. 27; — Kœrner, Brunck et Tausen, *Mém. cité*]. — Laurent l'a obtenu en chauffant pendant quelques minutes du brome avec du dinitrophénol α; le brome dissout celui-ci, et, par le refroidissement, le tout se prend en une masse cristalline. On lave avec de l'alcool, l'on dissout dans l'éther et l'on abandonne le tout à l'évaporation spontanée. Le même corps s'obtient en traitant par un mélange refroidi d'azotate de potassium et d'acide sulfurique le bromonitrophénol α.

Ce composé se présente sous la forme de cristaux d'un jaune de soufre, transparents, sans odeur et inaltérables à l'air. Les cristaux sont des prismes clinorhombiques $pm = 106° 30'$; $mm = 98° 30'$). L'eau bouillante n'en dissout que très-peu; assez soluble dans l'alcool bouillant, il se dissout très-bien dans l'éther. Après avoir été fondu, il cristallise vers 110° en une masse fibrolamellaire (Laurent). Il fond à 119° (Kœrner). Chauffé brusquement, il détone; chauffé avec précaution et en petites quantités, il se sublime. L'acide azotique bouillant le convertit en acide picrique; mêlé avec du sulfate ferreux et de l'eau de baryte, il se réduit en donnant une liqueur rouge de sang, renfermant probablement du bromonitro-amidophénol.

Les bromodinitrophénates sont de beaux sels, solubles, jaune orangé ou rouges, cristallisables, ressemblant aux dinitrophénates.

Le *sel d'ammonium*,

$$C^6H^2Br(AzO^2)^2OAzH^4 + 2H^2O,$$

est jaune, cristallisant en aiguilles octogones dérivant d'un prisme rhomboïdal. Par la chaleur, il perd de l'eau, puis se sublime presque entièrement sans altération, en formant des aiguilles brillantes qui sont des prismes orthorhombiques ($mm = 135°$).

Il ne donne pas de précipité avec les chlorures de baryum, de calcium, de manganèse, de magnésium et de strontium.

Le *sel de baryum*,

$$[C^6H^2Br(AzO^2)^2O]^2Ba + 4H^2O,$$

est cristallisé en aiguilles foncées, très-peu solubles dans l'eau.

Le *sel de calcium* est jaune, cristallisé en longues lamelles qui renferment de l'eau de cristallisation; ce sont des prismes obliques à base rectangulaire. Si on les jette sur une feuille de papier qui vient d'être chauffée, on les voit immédiatement se contourner et devenir d'un rouge éclatant. On observe le même phénomène quand on les place dans le vide.

Le *sel de cuivre* est cristallisé en aiguilles, presque insolubles dans l'ammoniaque.

Le *sel de plomb basique* obtenu par des solutions étendues et bouillantes de sel d'ammonium et d'acétate de plomb est en aiguilles soyeuses renfermant

$$[C^6H^2Br(AzO^2)^2O]^2Pb + PbO + 2H^2O.$$

Le *sel de potassium* est en aiguilles soyeuses, jaunes.

BROMODINITROPHÉNOL β, $C^6H^2Br(AzO^2)^2, OH$. — On l'obtient en nitrant le bromonitrophénol β ou le phénol bromé; il est très-peu soluble dans l'eau froide, plus soluble dans l'eau bouillante, qui l'abandonne sous forme d'aiguilles cristallines jaune clair. Il se dissout facilement dans l'alcool et dans l'éther, d'où il cristallise en longs prismes orangés. Il fond à 78° et se sublime sans décomposition.

DÉRIVÉS CHLORONITRÉS.

CHLORONITROPHÉNOLS. — On connaît trois isomères de la formule $C^6H^3Cl(AzO^2)OH$.

CHLORONITROPHÉNOL α [Faust et Saame, *Zeitsch. für Chem.*, nouv. sér., t. V, p. 450, et *Bull. de la Soc. chim.*, 1870, t. XIII, p. 62]. — Du phénol chloré obtenu en faisant passer 200 grammes de chlore dans 500 grammes de phénol est ajouté peu à peu à 1,000 grammes d'acide azotique de 1,4 de densité, étendu de 1,500 grammes d'eau. Après quelques jours, il se dépose du chloronitrophénol, qu'on purifie en le transformant en sel de sodium, décomposant par un acide et distillant avec de l'eau. On l'obtient également en traitant par le chlore le nitrophénol volatil. Il se produit aussi en traitant le nitrochloramidophénol α par l'acide azoteux, et faisant bouillir avec les alcalis le diazonitrochlorophénol (Griess).

Ce corps cristallise en aiguilles dans l'alcool bouillant; le chloroforme le dépose en cristaux jaune clair. Il fond entre 86° et 87°. Presque insoluble dans l'eau, il se dissout facilement dans le chloroforme et dans l'éther, moins bien dans l'alcool, presque pas dans l'eau. Ses sels sont peu solubles et cristallisent bien. Réduit par l'acide chlorhydrique et l'étain, il fournit le chloramidophénol $C^6H^3Cl(AzH^2)OH$. — Voyez p. 818.

*Sel d'ammonium*, $C^6H^3Cl(AzO^2)O, AzH^4$. — Longues aiguilles orangées, distillables avec la vapeur d'eau.

*Sel d'argent*, $C^6H^3Cl(AzO^2)OAg$. — Aiguilles d'un rouge-brun, très-peu solubles dans l'eau.

*Sel de baryum*, $[C^6H^3Cl(AzO^2)O]^2Ba + 2H^2O$. — Prismes courts et rouges.

*Sel de sodium*. — Il renferme $H^2O$, et cristallise en prismes rouges.

Le *chloronitrophénate d'éthyle* est en lamelles jaunâtres, fusibles à 61-62°.

CHLORONITROPHÉNOL β (*orthonitrochlorophénol*) [Faust, *Zeitsch. für Chem.*, t. VII, p. 338, et *Bull. de la Soc. chim.*, 1871, t. XVI, p. 317]. — Le sulfate de β-amidonitrochlorophénol (voir plus loin) fournit par la méthode de Griess indiquée ci-dessus un chloronitrophénol β, fusible à 111°, cristallisant dans l'eau bouillante en aiguilles opalines, tandis qu'une partie se dépose à l'état d'une huile qui se concrète peu à peu. Le même dérivé chloré a été obtenu en traitant par le chlore l'ortho ou isonitrophénol $C^6H^4(AzO^2),OH$ fondu sous l'eau [Armstrong, *Journ. of the Chem. Soc.*, (2), t. X, p. 12, et *Bull. de la Soc. chim.*, 1872, t. XVII, p. 459] et en même temps que le dérivé γ fusible à 70° par l'action de l'acide azotique sur le chlorophénol β (Faust et H. Müller); l'acide azotique le convertit en dinitrochlorophénol fusible à 111°. Il est soluble dans l'éther, le chloroforme et l'alcool. Par l'acide chlorhydrique et l'étain, il fournit le chloramidophénol β.

Le *sel d'argent* cristallise en aiguilles aplaties, d'un brun nacré, assez peu solubles dans l'eau.

Le *sel de baryum*, $[C^6H^3Cl(AzO^2)O]^2Ba+7H^2O$, est en aiguilles jaunes très-solubles dans l'eau bouillante.

Le *sel de calcium* est en aiguilles soyeuses, jaunes, renfermant $4H^2O$ (Armstrong).

Le *sel de potassium*, $C^6H^3Cl(AzO^2)OK+H^2O$ est en petites aiguilles brunes solubles.

Chloronitrophénol γ [Faust et H. Müller, *Deutsch. Chem. Gesellsch.*, t. V, p. 777, et *Bull. de la Soc. chim.*, 1872, t. XVIII, p. 502]. Il cristallise dans le chloroforme en aiguilles aplaties, fusibles à 70°; il a une odeur de safran et distille avec la vapeur d'eau. On le sépare de la modification β par cristallisation des sels de baryum dans l'eau, qui dissout aisément celui du chloronitrophénol.

Le *sel d'argent* est en lamelles brillantes, d'un uge cramoisi, peu solubles dans l'eau.

Le *sel de baryum*,

$$[C^6H^3Cl(AzO^2)O]^2Ba+H^2O,$$

est en courtes lamelles, d'un brun nacré, peu solubles dans l'eau, même à l'ébullition.

Le *sel de calcium*, $[C^6H^3Cl(AzO^2)O]^2Ca+H^2O$, forme des prismes courts, d'un rouge-brun, souvent groupés en mamelons; il est assez soluble.

Le *sel de potassium*, $C^6H^3Cl(AzO^2)OK$, cristallise en longues aiguilles rouges et brillantes, facilement solubles.

Dichloronitrophénols, $C^6H^2Cl^2(AzO^2),OH$. — On connaît actuellement quatre composés de cette formule : l'un fond à 125°, l'autre à 121-122°, le troisième à 106° et le quatrième à 95°. Pour les étudier, nous les désignerons par leurs points de fusion, au lieu de les marquer par les lettres α, β et γ ou par les désignations *ortho*, *para* et *méta*. En effet, les auteurs emploient des noms différents pour un même corps, suivant l'idée qu'ils se font de sa constitution; c'est ainsi que le dichloronitrophénol fusible à 125° et celui qui fond à 121-122° sont distingués dans les mémoires de Faust par les lettres α et β, tandis que Petersen appelle le premier α-ortho, le second α-méta, et qu'il considère l'isomère fondant à 106° comme étant l'α-paranitrodichlorophénol.

Dichloronitrophénol fondant à 125° [Seifart, *Zeitsch. für Chem.*, t. V, p. 449, et *Bull. de la Soc. chim.*, 1870, t. XIII, p. 60]. — Ce corps, appelé orthonitrodichlorophénol par Seifart et par Petersen, a été obtenu par Seifart en traitant par le chlore l'iso- ou orthonitrophénol fondu sous l'eau, transformant le produit brut en sel de baryum, purifiant celui-ci par cristallisation et le décomposant par l'acide chlorhydrique.

Lorsqu'on traite le dichlorophénol-parasulfite de potassium en solution tiède et concentrée par l'acide azotique, on obtient le même dichloronitrophénol fusible à 125°. Si, au contraire, on refroidit, on obtient le dérivé chlorodinitré

$$C^6H^2Cl(AzO^2)^2,OH$$

fusible à 111° [Armstrong, *Bull. de la Soc. chim.*, 1872, t. XVII, p. 68].

Le dichloronitrophénol ainsi obtenu fond à 125°; il cristallise dans l'éther en longs prismes rhomboïdaux jaunâtres; le chloroforme l'abandonne en aiguilles incolores, aplaties et brillantes.

Le *sel d'ammonium*,

$$C^6H^2Cl^2(AzO^2)OAzH^4+H^2O$$

est en longues aiguilles jaunes et brillantes, peu solubles dans l'eau froide.

Le *sel d'argent*, $C^6H^2Cl^2(AzO^2)OAg$ est en aiguilles feutrées, blanches, altérables à la lumière et peu solubles.

Le *sel de calcium* renferme $9H^2O$; il est soluble dans l'eau et se dépose en aiguilles ou lamelles d'un jaune d'or.

Le *sel de cuivre* forme des aiguilles vert sale, décomposables déjà au-dessous de 100°.

Le *sel de baryum*,

$$[C^6H^2Cl^2(AzO^2)O]^2Ba+4H^2O,$$

est en petits prismes brun-rouge, brillants, ou en aiguilles aplaties d'un rouge clair; il est peu soluble dans l'eau froide.

Le *sel de magnésium*,

$$[C^6H^2Cl^2(AzO^2)O]^2Mg+10H^2O,$$

est en aiguilles jaunes, groupées en étoiles, très-solubles dans l'eau.

Le *sel de plomb*,

$$[C^6H^2Cl^2(AzO^2)O]^2Pb+4\,1/2\,H^2O,$$

est en lamelles jaunes, mates, peu solubles et perdant facilement leur eau.

L'*éther éthylique*, $C^6H^2Cl^2(AzO^2),OC^2H^5$, est cristallisé, incolore, et fond à 135°.

Dichloronitrophénol fusible à 121-122° (*α-métadichloronitrophénol* de Petersen) [Laurent et Delbos, *Ann. de Chim. et de Phys.*, (3), t. XIX, p. 380; — Fischer, *Zeitsch. für Chem.*, nouv. sér., t. IV, p. 386, et *Bull. de la Soc. chim.*, 1869, t. XI, p. 71]. Ce composé a été obtenu par Laurent et Delbos en traitant successivement par le chlore et l'acide azotique l'huile de houille bouillant entre 180° et 200°. Fischer le prépare en dissolvant dans l'acide azotique fumant le dichlorophénol fusible à 43°, précipitant la solution par l'eau et faisant cristalliser dans l'alcool.

Armstrong l'a préparé en traitant le dichlorophénol fusible à 43°, dissous dans le sulfure de carbone, par l'acide chlorosulfurique, saturant par le carbonate de potassium et recueillant ainsi le sel de potassium d'un acide dichlorophénolsulfureux, qui, soumis à l'action de l'acide azotique, n'a fourni que le dichloronitrophénol fusible à 121-122° [*Journ. of the Chem. Soc.*, (2), t. X, p. 93, et *Bull. de la Soc. chim.*, 1872, t. XVII, p. 460].

Faust et Saame l'ont aussi obtenu par l'action du chlore sur le nitrophénol volatil [*Zeitsch. für Chem.*, t. V, p. 450].

Il se présente en petites feuilles cristallines jaunes, fondant à 121-122°, se sublimant lentement dès 100°; chauffé rapidement, il détone (Fischer). Il est peu soluble dans l'eau, assez soluble dans l'alcool. Il cristallise en prismes clinorhombiques; les pans font entre eux un angle de 88°, et la base est inclinée sur les pans de 108°20' à 108°30' (Laurent et Delbos).

Par l'acide chlorhydrique et l'étain, il fournit le dérivé amidé correspondant (Fischer).

Le *sel d'ammonium*, $C^6H^2Cl^2(AzO^2),OAzH^4$, cristallise en aiguilles hexagonales, brillantes, d'un rouge orangé foncé (Fischer).

Le *sel d'argent* cristallise dans une grande quantité d'eau bouillante en aiguilles agglomérées d'un rouge foncé.

Le *sel de baryum*,

$$[C^6H^2Cl^2(AzO^2)O]^2Ba+2H^2O,$$

est en aiguilles jaune orangé [Faust et Saame, *Zeitsch. für Chem.*, t. V, p. 450].

Les *sels de magnésium*, de *potassium*, de *sodium* sont rouges.

Le *sel de plomb*, $C^6H^2Cl^2(AzO^2)O,PbOH$, est un précipité rouge foncé.

Le *dérivé éthylique*, $C^6H^2Cl^2(AzO^2),OC^2H^5$, est en grands prismes aplatis, longs, fusibles à 29°.

DICHLORONITROPHÉNOL fusible à 106° (*α-paranitrodichlorophénol*) [Petersen et Baehr-Predari, *Ann. der Chem. u. Pharm.*, t. CLVII, p. 154, et *Journ. of the Chem. Soc.*, nouv. sér., t. IX, p. 244, 1871]. — Lorsqu'on dissout le chlorophénol fusible à 41° dans l'acide sulfurique et qu'on traite l'acide sulfoconjugué par l'acide azotique d'une densité de 1,40 en ayant soin de refroidir, on obtient un produit brut qui est un mélange de dérivés chlorés et nitrés du phénol. On le sature par la potasse, on porte à l'ébullition. La liqueur filtrée fournit par le refroidissement un sel en longues aiguilles qui, décomposé par l'acide chlorhydrique, donne le chlorodinitrophénol, $C^6H^2Cl(AzO^2)^2,OH$, fusible à 80-81° : puis il se dépose un sel rouge de brique, en grains, et qui donne le chlorodinitrophénol fusible à 114°; enfin les eaux mères déposent un sel très-soluble, rouge de vermillon, en courtes aiguilles, et qui, précipité par l'acide azotique étendu, donne le *dichloronitrophénol* fusible à 106°. Ce corps se sépare sous l'aspect d'un précipité cristallin, jaune de soufre, facilement soluble dans l'alcool, l'éther et le chloroforme, très-difficilement soluble dans l'eau. Cristallisé dans une grande quantité d'eau bouillante ou dans l'alcool faible, il se présente sous la forme d'écailles ou d'aiguilles d'un jaune clair. Il fond à 106° et se solidifie à environ 96°; doucement chauffé, il se sublime en fines aiguilles, mais il détone si on le chauffe brusquement. A chaud, l'acide azotique le convertit en dinitrochlorophénol fusible à 80-81°.

Le *sel d'ammonium* est en aiguilles.

Le *sel de baryum*,

$$[C^6H^2Cl^2(AzO^2)O]^2Ba + 1/2H^2O,$$

forme de petits prismes jaune orangé, peu solubles dans l'eau.

Le *sel d'argent* cristallise dans beaucoup d'eau chaude en aiguilles brillantes rouge orangé.

Le *sel de potassium*, $C^6H^2Cl^2(AzO^2)OK$, cristallise en aiguilles courtes, d'un rouge de vermillon, présentant une teinte métallique d'un vert-jaune à la lumière réfléchie.

DICHLORONITROPHÉNOL fusible à 95°. — Armstrong signale l'existence de ce corps produit en petite quantité en même temps que le corps fusible à 121°,5, dans l'action de l'acide azotique sur le dichlorophénol brut [Armstrong, *Mém. cit.*].

DINITROCHLOROPHÉNOLS, $C^6H^2Cl(AzO^2)^2,OH$. — On connaît cinq isomères de cette formule, que nous désignerons par leurs points de fusion.

DINITROCHLOROPHÉNOL fusible à 80°,5 (*α-orthochlorodinitrophénol* de Petersen). — Il a été obtenu :

1° Par l'action de l'acide azotique sur le phénol chloré fusible à 41° [E. Dubois, *Zeitsch. für Chem.*, nouv. sér., t. III, p. 205, et *Bull. de la Soc. chim.*, 1867, t. VIII, p. 201];

2° Par l'action de l'acide azotique sur le mononitrochlorophénol fusible à 86-87° [Faust et Saame, *Zeitsch. für Chem.*, t. V, p. 450, et *Bull. de la Soc. chim.*, 1870, t. XIII, p. 62];

3° Par l'action de l'acide azotique sur l'acide chloroxyphénylsulfureux [Petersen et Baehr, *Mém. cit.*];

4° En faisant bouillir avec le carbonate de sodium la benzine dichlorodinitrée α, $C^6H^2Cl(AzO^2)^2Cl$, qui en est le chlorure [Engelhardt et Latschinoff, *Zeitsch. für Chem.*, nouv. sér., t. VI, p. 225, et *Bull. de la Soc. chim.*, 1870, t. XIV, p. 275].

Ce corps cristallise dans l'eau en fines aiguilles d'un jaune clair; il est un peu soluble à chaud dans l'eau, soluble dans l'alcool et dans l'éther. Il cristallise dans l'alcool en aiguilles jaunes, dans le chloroforme en gros prismes souvent maclés; les cristaux, d'abord brillants, deviennent mats peu à peu. Ils appartiennent au système clinorhombique; on a observé les formes $p$, $m$, $d^{1/2}$, $h^1$, $a^1$. Il se volatilise dans un courant de vapeur d'eau.

Le *sel d'ammonium*, $C^6H^2Cl(AzO^2)^2,AzH^4$ est en fines aiguilles oranges, se sublimant à 120°, assez solubles dans l'eau froide et dans l'alcool.

Le *sel de baryum*,

$$[C^6H^2Cl(AzO^2)^2O]^2Ba + H^2O,$$

est en aiguilles soyeuses, d'un jaune safran, peu solubles dans l'eau froide.

Le *sel de cuivre* est en aiguilles jaunes, très-peu solubles dans l'eau.

Le *sel de plomb*, $[C^6H^2Cl(AzO^2)^2O]^2Pb + H^2O$, est en aiguilles rouges, brillantes, très-peu solubles dans l'eau bouillante.

Le *sel de sodium*, $C^6H^2Cl(AzO^2)^2ONa + 3H^2O$, cristallise dans l'alcool en petites aiguilles rouges.

Le *dérivé éthylique*, $C^6H^2Cl(AzO^2)^2OC^2H^5$, fond à 54-55° et se solidifie à 44°; il est en longues aiguilles incolores.

DINITROCHLOROPHÉNOL fusible à 69° (*β-orthochlorodinitrophénol*). — Il a été obtenu par Engelhardt et Latschinoff [*Mém. cit.*] en faisant bouillir avec le carbonate de sodium la benzine dichlorodinitrée β fusible à 101°; et par Petersen, en soumettant les acides chloroxyphénylsulfureux à l'action de l'acide azotique d'une densité de 1,33 [Petersen, *Ann. der Chem. u. Pharm.*, t. CLVII, p. 165, et *Journ. of the Chem. Soc.*, nouv. sér., t. IX, p. 247 (1871)].

Pour le préparer, on dissout en refroidissant avec soin les acides chloroxyphénylsulfureux dans l'acide azotique d'une densité de 1,33; la solution se fait sans dégagement de vapeurs rouges, et au bout de quelque temps, il se sépare un corps cristallin jaune, qu'on achève de précipiter en ajoutant de l'eau, et qu'on lave. On transforme ce corps en sel de potassium, et l'on évapore. Il se sépare un sel difficilement soluble, en écailles brillantes d'un brun-rouge, très-différent d'aspect du sel en fines aiguilles rouges que fournit le dinitrochlorophénol fusible à 80°. En décomposant le sel par l'acide azotique étendu, on obtient le dinitrochlorophénol fusible à 69°; ce corps est difficilement soluble dans l'eau froide, plus soluble dans l'eau bouillante, d'où il se sépare en fines aiguilles. Il est très-soluble dans l'alcool et dans l'éther; il se sublime lentement quand on le chauffe et détone à une plus haute température. Ce corps présente ceci de remarquable que, si on le chauffe pendant un temps très-court avec de l'acide azotique concentré ou de l'acide sulfurique, il se convertit en son isomère fusible à 80°,5.

Le *sel d'ammonium*, $C^6H^2Cl(AzO^2)^2OAzH^4$ cristallise de l'eau chaude en écailles ou en aiguilles brillantes, plates, longues, d'un jaune d'ocre.

Le *sel d'argent* est un précipité rouge écarlate qui recristallisé dans l'eau bouillante s'obtient en petites écailles.

Le *sel de baryum* est en aiguilles fines, jaune de citron, peu solubles dans l'eau.

Le *sel de potassium*, $C^6H^2Cl(AzO^2)^2OK$, est en grandes tables rhombiques, d'une couleur grenat foncé, qui présentent un magnifique reflet jaune d'or. Il est difficilement soluble dans l'eau.

Le *sel de sodium*,

$$C^6H^2Cl(AzO^2)^2ONa + 7H^2O,$$

est rouge-brique, volumineux, difficilement soluble dans l'eau ; cristallisé dans l'alcool, il est en petites aiguilles rouges.

Le *dérivé éthylique*, $C^6H^2Cl(AzO^2)^2OC^2H^5$, est en aiguilles ou en écailles, longues, plates et brillantes, presque incolores, fusibles à 51° et se solidifiant à 38°. Il se sublime par la chaleur. Presque entièrement insoluble dans l'eau, il se dissout facilement dans l'alcool, l'éther et le chloroforme.

Dinitrochlorophénol fusible à 114° (*α-para-chlorodinitrophénol*) [Petersen et Baehr-Predari, *Mém. cit.*]. — Nous avons dit, en traitant du dichloronitrophénol fusible à 106°, comment les auteurs ont obtenu trois dérivés chlorodinitrés par l'action de l'acide azotique sur les acides chloroxyphénylsulfureux, dérivés dont l'un est le dinitrochlorophénol fusible à 114°.

Ce corps, séparé par l'addition d'acide azotique étendu à la solution chaude de son sel potassique, se présente en écailles d'un jaune clair, difficilement solubles dans l'eau, facilement solubles dans l'alcool et dans l'éther. Il cristallise de sa solution aqueuse en fines aiguilles, de l'alcool en prismes plats, du chloroforme en tables rectangulaires d'un jaune clair. Il fond à 114°, se solidifie à 104°, et, à une plus haute température, se sublime en écailles. Il se volatilise lentement dans un courant de vapeur d'eau.

Le *sel d'ammonium*,

$$C^6H^2Cl(AzO^2)^2OAzH^4 + H^2O,$$

est en petites aiguilles rouge-orange, solubles dans l'eau, qui deviennent rouges par la dessiccation et se volatilisent lentement vers 120°.

Le *sel d'argent* est un précipité rouge, lequel, cristallisé dans l'eau bouillante, donne de petits cristaux rouge clair.

Le *sel de baryum*,

$$[C^6H^2Cl(AzO^2)^2O]^2Ba + 2H^2O,$$

cristallise dans l'eau en petites aiguilles d'un jaune d'ocre.

Le *sel de potassium*,

$$C^6H^2Cl(AzO^2)^2OK + 2H^2O,$$

forme des masses d'un rouge brique, agglomérées, ressemblant à certains lichens. Il est soluble dans l'eau. Par la dessiccation, il devient rouge-carmin.

Dinitrochlorophénol fusible à 111° (*γ-ortho-chlorodinitrophénol* de Petersen). — Ce corps, appelé par Faust et Saame et par Armstrong β-dinitrochlorophénol, pour le distinguer du corps fusible à 80°,5 qu'ils désignaient par la lettre α, a été obtenu dans la préparation du chloronitrophénol fusible à 86-87° (voyez p. 811). Lorsqu'on a distillé avec de l'eau le produit brut pour recueillir le chloronitrophénol $C^6H^3Cl(AzO^2),OH$, qui passe avec les vapeurs d'eau, on épuise le résidu par l'ammoniaque étendue et chaude, et on décompose cette solution par l'acide chlorhydrique. Il se sépare une masse goudronneuse foncée qu'on introduit dans de l'acide azotique fumant; après avoir étendu d'eau la solution nitrique, on transforme en sel ammoniacal le dinitrochlorophénol précipité, et, après avoir purifié ce sel par cristallisation, on en sépare de nouveau le dinitrochlorophénol [Faust et Saame, *Zeitsch. für Chem.*, t. V, p. 450, et *Bull. de la Soc. Chim.*, 1870, t. XIII, p. 62].

Il se produit aussi lorsqu'on traite par l'acide azotique l'acide paradichloroxyphénylsulfureux ou dichloroparaphénolsulfureux de Kolb et Gauhe (voyez Acides phénylsulfureux). A 50 grammes de sel de potassium de cet acide, on ajoute 200 grammes d'acide azotique d'une densité de 1,36, en ayant soin de ne pas laisser la température s'élever au-dessus de 60°. L'action est vive, mais il ne se dégage pas de gaz, et par le refroidissement, le tout se prend bientôt en une masse cristalline de dinitrochlorophénol, fusible à 111°; on le lave avec de l'eau froide et on le fait recristalliser dans l'eau bouillante [Armstrong, *Journ. of the Chem. Soc.*, (2), t. IX, p. 1112, et *Bull. de la Soc. chim.*, 1872, t. XVII, p. 60].

Le même dérivé s'obtient en faisant passer à 120° un courant de chlore dans un mélange de 35 grammes de dinitrophénol avec 15 grammes de chlorure d'antimoine, faisant cristalliser le dérivé ammoniacal, et le décomposant par un acide faible [Armstrong, *Journ. of the Chem. Soc.*, (2). t. X, p. 12, et *Bull. de la Soc. chim.*, 1872, t. XVII, p. 459].

Il se produit aussi par l'action de l'acide azotique sur le chloronitrophénol fusible à 87° (Armstrong).

Le dinitrochlorophénol ainsi obtenu fond à 111°; il cristallise dans l'eau bouillante et dans l'alcool faible en lamelles jaunâtres; le chloroforme l'abandonne en prismes hexagonaux. Traité par l'acide chlorhydrique et l'étain, il fournit l'*acide nitrochlorophénamique* ou *amido-nitro-chlorophénol* $C^6H^2Cl(AzO^2)(AzH^2)OH$. — Voyez plus loin, Dérivés amidés.

Le *sel d'ammonium*,

$$C^6H^2Cl(AzO^2)^2,OAzH^4 + H^2O,$$

cristallise en aiguilles jaunes, solubles dans l'eau.

Le *sel d'argent* se sépare de sa solution aqueuse bouillante, en fines aiguilles jaunes renfermant 1 molécule d'eau.

Le *sel de baryum*,

$$[C^6H^2Cl(AzO^2)^2O]^2Ba + 9H^2O,$$

est en aiguilles courtes et jaunes, devenant d'un rouge-vermillon à 150°.

Le *sel de calcium*,

$$[C^6H^2Cl(AzO^2)^2O]^2Ca + 7H^2O,$$

est en longues aiguilles aplaties, d'un jaune d'or.

Le *sel de cuivre* est en longues aiguilles soyeuses renfermant $8H^2O$.

Le *sel de magnésium* est en aiguilles fines et longues, d'un jaune pâle, renfermant tantôt 7 molécules d'eau, tantôt 10.

Le *sel de potassium*,

$$C^6H^2Cl(AzO^2)^2OK + H^2O,$$

est en aiguilles courtes, jaunes et brillantes.

Le *sel de sodium* est en touffes d'aiguilles jaunes et courtes, renfermant 1 1/2 molécule d'eau.

Dinitrochlorophénol fusible à 103° [Stenhouse, *Journ. of the Chem. Society*, t. V, p. 433, et *Bull. de la Soc. chim.*, 1868, t. IX, p. 32]. — Lorsqu'on fait passer pendant quelques heures un courant de chlore dans un mélange bouillant de 3 parties d'acide picrique, 3 p. d'eau et 1 p. d'iode, il se forme des gouttes de chloropicrine qui disparaissent ensuite; il se dégage alors de l'acide carbonique, du bioxyde d'azote et de l'acide nitreux. En chassant l'excès de chlorure d'iode par la distillation à 120-130°, on obtient un résidu cristallisé qui est le dinitrochlorophénol fusible à 103°. Griess, traitant le chlorophénol brut par l'acide azotique, a obtenu un dinitrochlorophénol fusible à 103° et qu'on croyait identique à celui de Stenhouse; mais, suivant Armstrong, le corps de Griess est principalement formé par le dinitrochlorophénol fusible à 111°, mêlé d'une petite quantité de l'isomère fusible à 80°,5 [Armstrong, *Journ. of the Chem. Soc.*, (2),

t. X, p. 93, et *Bull. de la Soc. chim.*, 1872, t. XVII, p. 461].

La constitution des phénols chloronitrés est longuement discutée par Petersen; nous nous contenterons de renvoyer le lecteur au mémoire original [*Ann. der Chem. u. Pharm.*, t. CXLVII, p. 171], ou à l'extrait très-étendu donné dans le *Journ. of the Chem. Soc.*, (2), t. IX, p. 248 (1871).

DÉRIVÉS IODONITRÉS.

IODONITROPHÉNOLS, $C^6H^3I(AzO^2),OH$ [Kœrner, Brunck et Tausen, *Zeitsch. für Chem.*, nouv. sér., t. IV, p. 322, et *Bull. de la Soc. chim.*, 1869, t. XI, p. 69]. — On en connaît deux, obtenus en faisant agir l'iode et l'acide iodique sur l'isonitrophénol et sur le nitrophénol volatil. — Voyez pour le mode opératoire PHÉNOLS IODÉS, t. II, p. 802.

IODO-ISONITROPHÉNOL. — On le purifie par une cristallisation dans l'eau bouillante, d'où il se sépare en longues aiguilles jaunâtres, fusibles à 93°. Il fond sous l'eau à une température bien inférieure; il n'est pas volatil sans décomposition. En traitant le diazonitrophénol par l'acide iodhydrique, on obtient le même composé.

IODONITROPHÉNOL. — Il est jaune d'or, cristallise facilement et donne des sels rouges.

DIIODONITROPHÉNOLS, $C^6H^2I^2(AzO^2)OH$ (Kœrner, Brunck, Tausen). — On en connaît deux, dérivés des deux nitrophénols, et qu'on prépare en employant une quantité d'iode et d'acide iodique proportionnée. Piria, en faisant agir l'iode sur l'acide nitrosalicylique et traitant ensuite par la potasse, a obtenu un diiodonitrophénol dont les propriétés ne sont pas étudiées [*Compt. rend.*, t. XVI, p. 187].

DIIODO-ISONITROPHÉNOL. — Il cristallise dans l'éther sous forme de grands prismes incolores, qui, à l'air, se colorent en jaune de soufre. Il fond à 156°,5.

DIIODONITROPHÉNOL. — Il cristallise dans un mélange d'alcool et d'éther sous forme d'aiguilles fines, jaune foncé; dans l'éther, sous forme de grands prismes d'un éclat vitreux; il fond à 98°.

IODODINITROPHÉNOL, $C^6H^2I(AzO^2)^2,OH$ (Kœrner, Brunck et Tausen). — Obtenu par l'action de l'iode et de l'acide iodique sur le dinitrophénol, il cristallise dans l'alcool sous la forme de prismes jaune de soufre, d'un éclat vitreux; il fond sous l'eau bouillante. Le même composé se produit dans l'action de l'acide iodhydrique sur le diazodinitrophénol.

DÉRIVÉ IODO-BROMONITRÉ.

IODOBROMO-ISONITROPHÉNOL,

$$C^6H^2IBr(AzO^2),OH$$

(Kœrner, Brunck et Tausen). — Il se produit, lorsqu'on ajoute de l'iode et de l'acide iodique à une solution alcaline de bromo-isonitrophénol. Il cristallise dans l'éther en beaux cristaux incolores, insolubles dans l'eau, peu solubles dans l'alcool, facilement solubles dans l'éther.

PHÉNOLS AMIDÉS.

AMIDOPHÉNOL et ISO-AMIDOPHÉNOL (*oxaniline*), $C^6H^4(AzH^2)OH$. — Par la réduction du nitrophénol volatil, Hofmann a obtenu une substance cristallisable qui est probablement de l'amidophénol; ce corps n'a pas été étudié.

L'isonitrophénol a fourni à Kœrner un dérivé amidé (*iso-amidophénol*), que l'oxydation par le bichromate de potassium et l'acide sulfurique transforme en hydroquinone. Kœrner a ainsi établi les rapports de l'isonitrophénol et de l'hydroquinone.

M. Schmidt a décrit sous le nom d'*oxaniline* un amidophénol $C^6H^4(AzH^2),OH$ qu'il a obtenu par la distillation sèche de l'acide amidosalicylique,

$$C^6H^3(AzH^2)\left\{\begin{matrix}OH\\CO^2H\end{matrix}\right. = CO^2 + C^6H^4(AzH^2),OH,$$

et dont il a ultérieurement reconnu l'identité avec l'isoamidophénol. On distille l'acide amidosalicylique avec de la pierre ponce, et on traite le sublimé par l'alcool légèrement acidulé d'acide acétique; l'oxaniline reste sous forme d'une masse blanche inodore.

Ce composé est soluble dans l'eau chaude et dans l'alcool; sa solution aqueuse brunit à l'air; elle donne des sels solubles et cristallisables, très-altérables quand ils ne sont pas avec excès d'acide. Elle se colore en violet par l'acide azotique; l'addition d'un alcali à la solution des sels donne une magnifique coloration bleue, que les acides font disparaître [R. Schmidt, *Journ. of the Chem. Soc.*, 2e série, t. II, p. 194, et *Bull. de la Soc. chim.*, 1865, t. III, p. 212].

Le chlorhydrate d'isoamidophénol arrosé d'alcool absolu saturé d'acide azoteux se dissout, et si l'on ajoute alors assez d'éther à la solution alcoolique pour qu'elle se trouble, il se sépare du *chlorhydrate d'isodiazophénol*, $C^6H^4Az^2O,HCl$. L'autre amidophénol donne de même un chlorhydrate de diazophénol isomérique [Schmidt et Cook, *Deutsch. Chem. Ges.*, 1868, p. 66, et *Bull. de la Soc. chim.*, 1868, t. X, p. 462].

Aux deux phénols amidés correspondent deux dérivés méthyliques, $C^6H^4(AzH^2)OCH^3$. L'un d'eux est l'*anisidine* de M. Cahours, décrite t. I, p. 339; suivant Brunck, qui l'a obtenu en réduisant l'isonitrophénate de méthyle, il correspond à l'isonitrophénol; aussi lui donne-t-il le nom d'*isoanisidine*. Il a obtenu l'isomère *amidophénate de méthyle*, qu'il appelle *anisidine*, en réduisant le nitrophénate de méthyle; c'est une huile incolore, bouillant à 216° et ne se concrétant pas à 0°; sa densité est de 1,108 à 26°. Le *chlorhydrate* est en tables volumineuses, rhomboïdales, incolores, très-solubles dans l'eau [Brunck, *Zeitsch. für Chem.*, nouv. sér., t. III, p. 202, et *Bull. de la Soc. chim.*, 1867, t. VIII, p. 203].

DIAMIDOPHÉNOL, $C^6H^3(AzH^2)^2.OH$ [Gauhe, *Ann. der Chem. u. Pharm.*, t. CXLVII, p. 66, et *Bull. de la Soc. chim.*, t. XI, p. 75]. — En réduisant le dinitrophénol α par l'iodure de phosphore, M. Gauhe a obtenu un iodhydrate qu'il représente par la formule $C^6H^4(AzH^2)^2,2HI$, et qu'il regarde comme l'iodhydrate de la diamidobenzine. Il nous semble que ces formules ne sont pas exactes. En effet, Lautemann, en réduisant de même par l'iodure de phosphore l'acide picrique (trinitrophénol), avait obtenu un corps qu'il considérait comme l'iodhydrate de la triamidobenzine,

$$C^6H^3(AzH^2)^3;$$

mais M. Hentzel a montré que la véritable formule du produit de la réduction de l'acide picrique est le triamidophénol $C^6H^2(AzH^2)^3,OH$ (voyez plus loin TRIAMIDOPHÉNOL). De même il nous paraît que les formules de M. Gauhe doivent être corrigées comme celles de Lautemann, et que le produit de réduction du dinitrophénol est du diamidophénol, $C^6H^3(AzH^2)^2,OH$, et non de la diamidobenzine, $C^6H^4(AzH^2)^2$.

Pour obtenir ce produit de réduction, M. Gauhe fait bouillir 11 grammes de dinitrophénol α avec 100 grammes d'eau et verse le tout bouillant sur 120 grammes d'iodure de phosphore (contenant 100 grammes d'iode sur 20 grammes de phosphore). La réaction est vive et il se forme une bouillie d'aiguilles cristallines blanches. On les lave avec un mélange d'alcool et d'éther, on les comprime entre des plaques de plâtre, et on les fait cristalliser dans l'alcool absolu. On obtient ainsi l'iodhydrate à l'état de pureté.

En précipitant par l'acide chlorhydrique la solution aqueuse concentrée, on obtient le *chlorhydrate* en aiguilles blanches, brillantes. Pour préparer le *sulfate*, on mélange une solution aqueuse concentrée de l'iodhydrate avec de l'acide sulfurique faible en excès. Il cristallise dans une atmosphère sèche en magnifiques tables rhombiques.

Les sels de diamidophénol sont peu stables et se décomposent à l'air. Ils se colorent immédiatement avec les oxydants; par l'addition d'un alcali à leur solution aqueuse, on n'obtient pas la base libre; mais la liqueur se colore en déposant des flocons d'un brun foncé.

TRIAMIDOPHÉNOL, $C^6H^2(AzH^2)^3,OH$. — On n'est pas d'accord sur la composition exacte des produits que fournit l'acide picrique, quand sous l'influence des agents réducteurs énergiques il remplace ses trois groupes $AzO^2$ par trois groupes $AzH^2$. Suivant Lautemann qui a opéré cette réduction avec l'iodure de phosphore, elle s'étend jusqu'au groupe OH, et le produit final est un triiodhydrate de triamidobenzine, qu'il a appelé iodure de picrammonium, $C^6H^3(AzH^2)^3,3HI$.

M. Roussin a réduit l'acide picrique par l'acide chlorhydrique et l'étain, et constaté que le chlorhydrate ainsi obtenu présente avec les agents oxydants la *même coloration* bleue que l'iodure de picrammonium de Lautemann. Beilstein a analysé le chlorure double d'étain et de picrammonium, et lui a trouvé la formule

$$C^6H^3(AzH^2)^3,3HCl + SnCl^2,$$

confirmant ainsi le travail de Lautemann. M. Heintzel est arrivé à une conclusion différente; ses analyses du produit de réduction de l'acide picrique par l'acide chlorhydrique et l'étain l'ont conduit à la formule $C^6H^2(OH)(AzH^2)^3,HCl$, du chlorhydrate de triamidophénol; il a obtenu plusieurs dérivés de ce corps qui coïncident avec cette formule et qui nous semblent la mettre hors de doute. Il a aussi analysé l'iodure de picrammonium de Lautemann et l'a considéré comme étant un iodhydrate de triamidophénol

$$C^6H^2(OH)(AzH^2)^3,3HI,$$

analogue au chlorhydrate correspondant. M. Gauhe contredit les assertions de M. Heintzel; il a trouvé pour l'iodure de picrammonium les mêmes chiffres que Lautemann; suivant lui, l'iodure obtenu par M. Heintzel était impur et renfermait de l'acide phosphorique, ce qui abaissait la teneur du composé en carbone, hydrogène et azote. Il se pourrait que l'action de l'iodure de phosphore fût différente de celles du chlorure d'étain et de l'acide chlorhydrique, et que, dans le premier cas, il y eût réduction de l'oxhydryle de l'acide picrique; néanmoins, tous ces composés paraissent identiques et c'est l'opinion de M. Heintzel qui nous semble devoir être admise; elle est d'autant plus probable qu'on a découvert depuis la véritable triamidobenzine (voyez t. II, p. 705), qui existe parfaitement à l'état libre et qui diffère entièrement par ses propriétés du picrammonium [Lautemann, *Ann. der Chem. u. Pharm.*, t. CXXV, p. 1; — Roussin, *Bull. de la Soc. chim.*, 1861, p. 60; — Beilstein, *Bull. de la Soc. chim.*, 1865, t. III, p. 137; — Heintzel, *Journ. für prakt. Chem.*, t. C, p. 193, et *Bull. de la Soc. chim.*, 1867, t. VIII, p. 124; — Gauhe, *Journ. für prakt. Chem.*, t. CI, p. 303, et *Bull. de la Soc. chim.*, 1868, t. IX, p. 58].

CHLORHYDRATE DE TRIAMIDOPHÉNOL (*chlorhydrate de picrammonium*). — Il s'obtient à l'état de combinaison avec le chlorure d'étain lorsqu'on traite 1 p. d'acide picrique dans un grand ballon par 4 p. d'étain et 15 p. d'acide chlorhydrique. On chauffe légèrement pour déterminer la réaction qui est très-vive et qui se continue d'elle-même. Après quelques minutes, on obtient une solution claire, dense et rouge qui dépose par le refroidissement des lamelles blanches, brillantes de la combinaison double, renfermant suivant Heintzel $C^6H^2(OH)(AzH^2)^3,3HCl,SnCl^2$, et suivant Beilstein $C^6H^3(AzH^2)^3,3HCl,SnCl^2$.

Ce sel double est soluble dans l'eau, l'alcool et l'éther; sa solution aqueuse concentrée est précipitée par un excès d'acide chlorhydrique, et après plusieurs précipitations successives, le sel ne renferme plus que la moitié de l'étain. Une solution aqueuse saturée de ce sel le dépose par le refroidissement à l'état d'une bouillie cristalline, il renferme alors $1/2H^2O$. Ce sel dissous dans une grande quantité d'eau aérée se colore en bleu foncé (Roussin). Les solutions alcooliques ou éthérées se colorent en bleu au contact de l'air; cette coloration est rapide avec le perchlorure de fer. Si les solutions sont concentrées, il se dépose des aiguilles brillantes bleues de chlorhydrate de diimidoamidophénol (Heintzel). Le zinc précipite de l'étain métallique de ce chlorure double.

Lorsqu'on l'abandonne à une dessiccation prolongée au-dessus de l'acide sulfurique dans le vide, il perd 1 molécule d'acide chlorhydrique et se convertit en une poudre orangée, qui renferme $C^6H^2(OH)(AzH^2)^3,2HCl,SnCl^2$. Ce chlorhydrate est très-hygroscopique et se colore rapidement en noir verdâtre à l'état humide. La solution du trichlorhydrate chauffée à 70-80° pendant longtemps fournit du chlorure stanneux ammoniacal,

$$(AzH^4Cl)^2SnCl^2 + H^2O,$$

et une matière organique restant à l'état d'une laque rouge.

Le chlorhydrate de triamidophénol renferme $C^6H^2(OH)(AzH^2)^3,3HCl$. — On décompose le sel double d'étain et de triamidophénol en solution concentrée par l'hydrogène sulfuré, et on ajoute à la liqueur filtrée de l'acide chlorhydrique qui sépare des cristaux qu'on dessèche dans le vide. Ce chlorhydrate se comporte comme le précédent avec les oxydants; les chlorures ferrique, platinique, cuivrique et mercurique y déterminent des précipités de chlorhydrate de diimidoamidophénol. Le chlorhydrate de triamidophénol, très-soluble dans l'eau, est peu soluble dans l'alcool et dans l'éther. On ne peut pas en isoler la base; car aussitôt mise en liberté par les alcalis, elle se colore et se détruit au contact de l'air.

IODHYDRATE DE TRIAMIDOPHÉNOL (*iodure de picrammonium*) $C^6H^3(AzH^2)^3,3HI$ (Lautemann, Gauhe), $C^6H^2(OH)(AzH^2)^3,3HI$ (Heintzel). — Ce composé, découvert par Lautemann, a été obtenu en ajoutant de l'iodure de phosphore à une solution chaude et saturée d'acide picrique (50 grammes d'iode, 10 grammes de phosphore et 4 grammes d'acide picrique); il se fait une réaction très-vive qui est terminée après quelques minutes; par le refroidissement de la liqueur filtrée, il se dépose des aiguilles blanches, soyeuses, solubles dans l'eau et dans l'alcool, devenant résineuses par l'action de la lumière. Le sel est peu soluble dans l'acide iodhydrique, qui le dépose à l'état cristallisé par le refroidissement, mais il ne cristallise pas de ses solutions aqueuses. Ses solutions se colorent en bleu par les agents oxydants; le chlorure ferrique en sépare des aiguilles brunes, solubles dans l'eau avec une coloration bleue.

SULFATE DE TRIAMIDOPHÉNOL,

$$C^6H^3(AzH^2)^32(SO^4H^2)$$

(Lautemann), $[C^6H^2(OH)(AzH^2)^3]2,3SO^4H^2$ (Heintzel). — Cristaux jaunâtres qui se produisent par l'addition d'acide sulfurique étendu à la solution alcoolique de l'iodhydrate ou du chlorhydrate.

IODOSULFATE DE PICRAMMONIUM,

$$C^6H^3(AzH^2)^3, HI, SO^4H^2 + 2H^2O$$

(Lautemann). — La solution aqueuse de l'iodhydrate mêlée d'acide sulfurique étendu et abandonnée à l'évaporation donne des cristaux octaédriques d'un jaune d'ambre, aisément solubles dans l'eau, presque insolubles dans l'alcool et dans l'éther, cristallisant avec difficulté dans l'eau.

IODOPHOSPHATE DE PICRAMMONIUM,

$$C^6H^3(AzH^2)^3, HI, PO^4H^3 + 2H^2O$$

(Lautemann). — Il se sépare à l'état cristallin lorsqu'on mêle une solution aqueuse de l'iodure correspondant avec l'acide phosphorique.

CHLORHYDRATE DE DIIMIDOAMIDOPHÉNOL,

$$C^6H^2(AzH)^2(AzH^2)(OH), HCl$$

(Heintzel). — Il constitue les cristaux bruns à reflets bleuâtres qui se déposent lorsqu'on ajoute du chlorure ferrique à une solution de trichlorhydrate de triamidophénol; on le purifie en le lavant d'abord à l'acide chlorhydrique faible, puis à l'alcool, jusqu'à ce que les eaux de lavage deviennent bleues. Ce chlorhydrate est soluble dans l'eau, peu soluble dans l'alcool, complétement insoluble dans l'éther. L'eau bouillante le décompose avec formation d'une pellicule noire. L'ammoniaque en précipite des flocons noirs. La potasse le rougit et en dégage de l'ammoniaque. On n'a pas réussi à isoler la base.

Avec le chlorure cuivrique et le chlorure de platine, le chlorhydrate de diimidoamidophénol donne des sels doubles, solubles dans l'eau avec une coloration bleue.

Traité par le zinc, en présence de l'acide chlorhydrique, il se décolore, et la liqueur, débarrassée de zinc par l'hydrogène sulfuré, donne des cristaux blancs qui paraissent être le chlorhydrate d'une nouvelle base, mais qui n'est peut-être que le chlorhydrate de triamidophénol.

CHLORHYDRATE D'OXIMIDOAMIDOPHÉNOL,

$$C^6H^2(AzH^2)(AzH)(OH)O, HCl,$$

ou plutôt

$$C^6H^2(AzH^2)OH)\left\{\begin{matrix}AzH > \\ O >\end{matrix}\right.$$

(Heintzel). — Ce corps se forme par l'action de l'acide chlorhydrique étendu sur la solution chaude du sel précédent; la liqueur passe d'abord au rouge ponceau, puis au cramoisi et enfin au jaune rougeâtre en même temps qu'il se produit un dégagement de gaz; par le refroidissement, il se dépose des aiguilles blanches de chlorhydrate d'oxamidoimidophénol. Avec l'acide sulfurique étendu, on obtient des cristaux peu solubles du sulfate correspondant

$$2\left[C^6H^2(AzO^2)(OH)\left\{\begin{matrix}AzH > \\ O >\end{matrix}\right.\right]SO^4H^2 + 2H^2O.$$

PHÉNOLS NITRO-AMIDÉS.

NITRAMIDOPHÉNOL, *acide amidonitrophénique, acide nitrophénamique*,

$$C^6H^3(AzO^2)(AzH^2), OH + H^2O$$

[Laurent et Gerhardt, *Compt. rend. des trav. de chim.*, 1849, p. 468]. — On obtient ce produit de réduction de l'acide dinitrophénique $\alpha$ en chauffant légèrement le sel ammoniacal avec une solution de sulfhydrate d'ammoniaque. Au bout de quelques instants, il s'effectue une réaction très-vive, et la masse, abandonnée à elle-même, dépose par le refroidissement des aiguilles d'un brun-noir. Pour avoir ces cristaux à l'état de pureté, on décompose la presque totalité du sulfhydrate par de l'acide acétique, on porte le mélange à l'ébullition, on filtre pour séparer le soufre et on laisse cristalliser. On finit la purification en faisant recristalliser deux ou trois fois dans l'eau.

Laurent et Gerhardt ont représenté ce corps par une formule double de celle que nous lui attribuons; ils se sont fondés sur la composition des sels qui renferment

$$[C^6H^3(AzO^2)AzH^2, OH]\,[C^6H^3(AzO^2)AzH^2, OM],$$

M étant un métal monatomique; mais il est probable qu'ils n'ont eu que des sels acides, et nous savons que les phénols nitrés donnent facilement des sels acides. De plus, l'analogie nous porte à croire que le dinitrophénol n'a pas doublé sa molécule en se réduisant partiellement; ce serait en effet le seul fait de ce genre.

Le nitramidophénol est en aiguilles brun-noir, hexagonales, avec 4 angles de 131°30′ et 2 angles de 97°. Elles renferment 10,4 % d'eau de cristallisation qu'elles perdent par la dessiccation entre 100° et 110°. Réduites en poudre, elles sont jaunes. Ce corps est peu soluble dans l'eau froide, assez soluble dans l'alcool et dans l'éther. L'acide azoteux le transforme en diazonitrophénol $C^6H^3Az^3O^3$ (Griess, voyez plus loin). Il se dissout dans l'ammoniaque, mais il ne donne pas de sel ammoniacal stable; par la concentration de la solution, toute l'ammoniaque se dégage, et il ne reste que du nitramidophénol.

Le *sel d'argent*,

$$[C^6H^3(AzO^2)AzH^2, OH]\,[C^6H^3(AzO^2)AzH^2, OAg],$$

est un précipité jaune-brun qui cristallise en paillettes, si on le prépare en employant des solutions chaudes d'azotate d'argent et de nitramidophénate d'ammonium.

Le *sel de baryum* forme de belles aiguilles rouge-brun, peu solubles. Le *sel de cuivre* et le *sel de plomb* sont amorphes.

Le *sel de calcium* se précipite au bout de quelque temps en petites aiguilles rouge-brun, lorsqu'à une solution de nitramidophénol dans l'ammoniaque on ajoute de l'acétate de calcium.

Le *sel de potassium*,

$$[C^6H^3(AzO^2)AzH^2, OH]\,[C^6H^3(AzO^2)AzH^2, OK],$$

est en petits mamelons cristallisés d'un rouge foncé, très-solubles dans l'eau et l'alcool.

DINITRAMIDOPHÉNOL (*acide dinitramidophénique, acide picramique, acide nitrohématique*), $C^6H^2(AzO^2)^2AzH^2, OH$. — L'acide picrique ou trinitrophénol $C^6H^2(AzO^2)^3, OH$, renfermant trois groupes $AzO^2$, peut successivement, par réduction, fournir des dérivés dans lesquels un, deux ou trois groupes $AzO^2$ sont transformés en $AzH^2$, et donner ainsi trois produits de réduction :

| | |
|---|---|
| Le dinitramidophénol ou acide picramique...... | $C^6H^2(AzO^2)^2AzH^2, OH.$ |
| Le nitrodiamidophénol.. | $C^6H^2(AzO^2)(AzH^2)^2, OH.$ |
| Le triamidophénol ou picramine............. | $C^6H^2(AzH^2)^3, OH.$ |

Nous avons décrit ce dernier terme précédemment. Le premier a été obtenu à l'état impur par M. Wœhler, qui l'a désigné sous le nom d'acide nitrohématique. M. A. Girard l'a préparé à l'aide du sulfhydrate d'ammoniaque, a étudié ses propriétés et ses réactions, et l'a appelé acide picramique. M. Pugh a reconnu l'identité de ces deux corps. L'acide picramique se produit également en réduisant l'acide picrique par le sulfate ferreux en présence d'une terre alcaline (Wœhler), à l'aide du chlorure ferreux, du chlorure stanneux, du zinc, du ferrocyanure de potassium, d'une solution alcaline de glucose, des sulfures alcalins, etc. [Wœhler, *Ann. de Poggend.*, t. XIII, p. 488; — A. Girard, *Compt. rend. de l'Acad.*

t. XXVI, p. 421; — E. Pugh, *Ann. der Chem. u. Pharm.*, t. XCVI, p. 83, et *Ann. de Chim. et de Phys.*, (3), t. XLV, p. 500; — Carey-Lea, *Amer. Journ. of Sc.*, n° 95, et *Répert. de Chim. appliquée*, 1862, p. 184; — Braun, *Journ. für prakt. Chem.*, t. XCVI, p. 411, et *Bull. de la Soc. chim.*, 1866, t. VI, p. 205].

Pour préparer l'acide picramique, on dissout l'acide picrique dans l'alcool froid, on ajoute directement un excès de sulfhydrate d'ammoniaque et on évapore au bain-marie; puis on reprend par l'eau bouillante, et l'on décompose enfin par l'acide nitrique le picramate d'ammonium. L'acide picramique se dépose au bout de quelque temps sous la forme de tables ou d'aiguilles rouge-grenat très-brillantes, formées de prismes rhomboïdaux terminés en biseau; en poudre, il est d'un rouge orangé. Le procédé indiqué plus haut en fournit 63 % du poids de l'acide picrique employé. L'acide picramique est soluble dans l'alcool et dans l'éther, presque insoluble dans l'eau même bouillante; sa solution alcoolique saturée est rouge. Il fond à 165° et se solidifie en une masse cristalline par le refroidissement; il se décompose à une plus haute température. Il se dissout sans altération dans l'acide sulfurique dilué et dans l'acide chlorhydrique. L'acide azotique concentré le transforme de nouveau en acide picrique.

Soumis à l'action prolongée du sulfhydrate d'ammoniaque dans des conditions déterminées, il subit une nouvelle réduction et se convertit en *diamidonitrophénol*. — Voyez plus bas.

L'acide azoteux le transforme en *diazodinitrophénol*, $C^6H^2Az^4O^5$ (Griess). — Voyez plus loin, p. 819.

La couleur rouge de l'acide picramique sert à déceler le glucose; on dissout 1 p. d'acide picrique dans 250 p. d'eau, on chauffe la solution renfermant le glucose à 90° avec un peu de soude, on y ajoute quelques gouttes de la solution picrique et l'on porte à l'ébullition; la présence du glucose se manifeste par la coloration rouge de l'acide picramique (Braun).

*Dinitramidophénates (picramates)* (A. Girard). — Ces sels sont rouges et en général bien cristallisés.

Le *sel d'ammonium*,

$$C^6H^2(AzO^2)^2(AzH^2),OAzH^4,$$

s'obtient en faisant agir l'hydrogène sulfuré sur le picrate d'ammonium. Pour l'avoir bien cristallisé, on abandonne à l'évaporation spontanée une solution alcoolique d'acide picramique saturé d'ammoniaque; il se dépose des tables rhomboïdales d'un rouge orangé foncé, solubles dans l'eau et l'alcool, insolubles dans l'éther; sa solution alcoolique est d'un beau rouge. Par une ébullition prolongée avec l'eau, il se décompose.

Le *sel de baryum*, $[C^6H^2(AzO^2)^2(AzH^2)O]^2Ba$, est en petites houppes soyeuses, formées d'aiguilles rouges et dorées, peu solubles dans l'eau et dans l'alcool.

Le *sel de cuivre* est un précipité amorphe.

Le *sel d'argent*, $C^6H^2(AzO^2)^2(AzH^2)OAg$, est un précipité rouge amorphe, insoluble dans l'alcool et dans l'eau froide; traité par l'eau bouillante, il se décompose en laissant un résidu insoluble.

Le *sel de plomb* est une poudre orangée, soluble dans l'eau, insoluble dans l'alcool, soluble dans l'ammoniaque.

Le *sel de potassium*, $C^6H^2(AzO^2)^2(AzH^2)OK$, s'obtient en précipitant à chaud le sel d'ammonium par la potasse. La solution, en se refroidissant, le dépose sous la forme de tables rhomboïdales, rouges et transparentes, assez solubles dans l'eau, peu solubles dans l'alcool.

Le dinitramidophénol se combine aussi aux acides [Petersen, *Zeitsch. für Chem.*, nouv. sér., t. IV, p. 377, et *Bull. de la Soc. chim.*, 1868, t. X, p. 462].

L'*azotate* forme des lamelles brillantes brun-rouge. Il s'obtient en traitant le chlorhydrate par l'azotate d'argent. Le *chlorhydrate* se prépare en dissolvant le dinitro-amidophénol dans l'acide chlorhydrique; il est en cristaux rouge-brun, à reflets bleuâtres, et renferme

$$C^6H^2(AzO^2)^2AzH^2.OH,HCl.$$

Il est soluble dans l'alcool et dans l'éther, et perd facilement de l'acide chlorhydrique par son exposition à l'air. Avec le chlorure de platine, $PtCl^4$, il se combine en donnant le chloroplatinate correspondant, en petits cristaux grenus jaunes, très-peu solubles dans l'éther, solubles dans l'alcool. Le *sulfate* est en petits cristaux.

DIAMIDONITROPHÉNOL, $C^6H^2(AzO^2)(AzH^2)^2,OH$ [Griess, *Ann. der Chem. u. Pharm.*, t. CLIV, p. 202, et *Bull. de la Soc. chim.*, 1870, t. XIV, p. 274]. — On ajoute à l'acide picrique un grand excès d'ammoniaque aqueuse (avec l'ammoniaque alcoolique, il ne se ferait que de l'acide picramique), et on y fait passer un courant rapide d'hydrogène sulfuré. La liqueur s'échauffe et se colore en rouge de sang, par la formation d'acide picramique, mais celui-ci se réduit à son tour, si l'on prolonge l'action de l'hydrogène sulfuré. L'opération est terminée, lorsque le liquide concentré par évaporation et débarrassé du soufre libre ne donne plus de précipité par l'acide chlorhydrique. On interrompt alors le courant d'hydrogène sulfuré, on concentre, on filtre et on additionne la liqueur d'acide acétique; il se sépare des cristaux bruns, qu'on purifie par cristallisation dans l'eau bouillante, en présence d'un peu de noir animal.

Le diamidonitrophénol est en aiguilles ou en lamelles étroites d'un jaune foncé, assez solubles dans l'eau bouillante, plus solubles dans l'alcool. L'éther le dissout en petite quantité. Il est presque sans saveur. Il cristallise avec 1 molécule d'eau de cristallisation, qu'il perd à 100°. Chauffé, il fond, puis détone faiblement.

Les *diamidonitrophénates* sont peu stables; ils se colorent facilement en brun en s'oxydant.

Le *sel d'argent* est un précipité rouge jaunâtre qui noircit rapidement.

Le *sel de baryum*,

$$[C^6H^2(AzO^2)(AzH^2)^2O]^2Ba + 2H^2O,$$

se prépare par l'addition du chlorure de baryum à une solution de diamidonitrophénol dans l'ammoniaque. Il est en aiguilles d'un rouge-rubis, assez solubles dans l'eau bouillante, d'où le sel se dépose par refroidissement sous forme de prismes brillants presque noirs.

Le diamidonitrophénol se combine aux acides; le *chlorhydrate* est en lamelles carrées, ordinairement verdâtres, facilement solubles dans l'eau et l'alcool; l'éther le précipite de ses solutions alcooliques. Le chlorure de platine ne le précipite pas.

Le *sulfate*,

$$[C^6H^2(AzO^2)(AzH^2)^2,OH]^2,SO^4H^2 + 5H^2O,$$

est en aiguilles jaunâtres, peu solubles dans l'eau.

### DÉRIVÉS CHLORO-AMIDÉS.

CHLORAMIDOPHÉNOLS. — DÉRIVÉ α. — Le *chlorhydrate*, $[C^6H^3Cl(AzH^2),OH],HCl$, obtenu par réduction du chloronitrophénol α, cristallise en lames blanches qui ne se colorent pas à l'air.

Le *sulfate* forme des aiguilles groupées en étoiles (Faust et Saame).

DÉRIVÉ β. — Le *chlorhydrate d'amidochlorophénol* β constitue des lamelles jaunâtres, facilement solubles (Faust).

DICHLORAMIDOPHÉNOLS, $C^6H^2Cl^2(AzH^2),OH$. — On en connaît deux : l'un provient du dichloronitrophénol fusible à 125°, l'autre de l'isomère fusible à 121-122°.

DICHLORAMIDOPHÉNOL α (*orthoamidodichlorophénol*) (Seifart). — Dérivé du composé fusible à 125° (voyez t. II, p. 812). Il est obtenu par l'action de l'étain et de l'acide chlorhydrique; il cristallise dans l'eau en lamelles striées, incolores, peu solubles dans l'eau, solubles dans l'alcool, fusibles à 165-166° et sublimables.

Le *chlorhydrate*, $C^6H^2Cl^2(AzH^2).OH,HCl$, cristallise dans l'eau en fines aiguilles soyeuses; dans l'éther et dans l'alcool en aiguilles blanches, courtes et plates; il ne fond pas au-dessous de 230° et se sublime en lamelles blanches.

Le *sulfate*,

$$[C^6H^2Cl^2(AzH^2)OH]^2SO^4H^2 + 3H^2O,$$

cristallise en longues aiguilles soyeuses; il est peu soluble dans l'alcool bouillant, à peine soluble dans l'eau froide.

DICHLORAMIDOPHÉNOL β (Fischer). — Dérivé du dichloronitrophénol fusible à 121-122°, par réduction au moyen de l'acide chlorhydrique et de l'étain, il est en petits cristaux qui se décomposent facilement, surtout à l'état humide.

Le *chlorhydrate*, $C^6H^2Cl^2(AzH^2).OH,HCl$, est en lamelles incolores, très-solubles dans l'eau et l'alcool, se colorant par l'action de la lumière.

### DÉRIVÉ CHLORO-NITRO-AMIDÉ.

NITROCHLORAMIDOPHÉNOL,

$$C^6H^2Cl(AzO^2)(AzH^2),OH$$

[Griess, *Ann. der Chem. u. Pharm.*, t. CIX, p. 286, et *Répert. de Chim. pure*, 1859, p. 337; — Armstrong, *Journ. of the Chem. Society*, (2), t. X, p. 12, et *Bull. de la Soc. chim.*, 1872, t. XVII, p. 459]. — Le dinitrochlorophénol fusible à 111° fournit par réduction un dérivé amidé, le nitrochloramidophénol ou acide nitrochlorophénamique, qu'on obtient en faisant digérer le dérivé nitré avec du sulfhydrate d'ammoniaque jusqu'à ce qu'il ait pris une couleur rouge de sang, concentrant la solution, la filtrant et l'additionnant d'acide acétique. On purifie le produit par cristallisation dans l'eau bouillante.

Le nitrochloramidophénol cristallise en aiguilles jaunes, qui, séchées à la température ordinaire, renferment $1/2H^2O$. Il rougit quand on le chauffe, perd son eau à 100° et fond à 140° (Armstrong). Il fond vers 160° et se solidifie à 140° (Griess). Il se dissout lentement dans l'eau bouillante, et la solution saturée à chaud se prend par le refroidissement en une masse de fines aiguilles. L'acide azoteux le transforme en *diazonitrochlorophénol*, $C^6H^2Az^3ClO^3$.

Les sels sont insolubles, jaunes ou d'un brun-rouge; ils détonent par la chaleur.

Le *sel d'ammonium*,

$$C^6H^2Cl(AzO^2)AzH^2,OAzH^4,$$

se dépose de la solution ammoniacale en cristaux rouge orangé; par l'évaporation de sa solution, il dégage de l'ammoniaque; aussi doit-on le faire cristalliser dans le vide sec.

Le *sel de baryum* est en cristaux d'un brun-rouge facilement solubles dans l'eau.

Le *sel de plomb* est un précipité brun-rouge renfermant $[C^6H^2Cl(AzO^2)AzH^2,O]^2Pb$.

### DÉRIVÉS AZOÏQUES DES PHÉNOLS AMIDÉS.

Griess a décrit trois dérivés produits par l'action de l'acide azoteux sur les nitramidophénols et le nitrochloramidophénol [*Ann. der Chem. u. Pharm.*, t. CXIII, p. 201; *Ann. de Chim. et de Phys.*, (3), t. LVII, p. 226]. Schmidt et Cook ont fait connaître deux chlorhydrates de diazophénols dérivés de l'isonitrophénol et du nitrophénol volatil [*Bull. de la Soc. chim.*, 1868, t. X, p. 462]. Pour leur constitution, voyez t. I, p. 1154.

DIAZOPHÉNOLS. — On les obtient en arrosant le chlorhydrate de l'isoamidophénol ou de l'amidophénol avec de l'alcool absolu saturé d'acide azoteux. Les chlorhydrates se dissolvent avec une coloration bleue, qui passe au brun; on a soin de refroidir avec de la glace. On ajoute ensuite de l'éther à la solution alcoolique jusqu'à ce que celle-ci se trouble : le chlorhydrate du diazophénol se sépare après quelque temps.

Le *chlorhydrate d'isodiazophénol*,

$$C^6H^4Az^2O,HCl,$$

cristallise en longues aiguilles incolores, peu solubles dans l'alcool : le chloroplatinate distillé fournit le chlorophénol α.

Le *chlorhydrate de diazophénol* dérivé du nitrophénol volatil cristallise en rhomboèdres renfermant de l'eau de cristallisation; son chloroplatinate distillé donne le chlorophénol β.

DIAZONITROPHÉNOL,

$$C^6H^3Az^3O^3 = C^6H^3(AzO^2)Az^2O.$$

— Il se produit lorsqu'on dirige un courant de gaz nitreux dans une solution éthérée du nitramidophénol ou acide nitrophénamique; il se sépare sous forme d'une masse granuleuse d'un brun-jaune, donnant une poudre jaune clair, qui brunit par l'exposition à l'air. Chauffé à 100°, il détone violemment. Il se dissout facilement dans l'alcool, lentement dans l'eau chaude en subissant une décomposition partielle. Lorsqu'on ajoute du carbonate de potassium à sa solution alcoolique, il dégage de l'azote, et le résidu évaporé et traité par les acides donne un produit amorphe, brun, qui présente la composition du nitrophénol, mais diffère des nitrophénols connus.

DIAZODINITROPHÉNOL,

$$C^6H^2Az^4O^5 = C^6H^2(AzO^2)^2Az^2O.$$

— Produit par l'action d'un courant de gaz azoteux sur l'acide dinitramidophénique ou picramique, il cristallise en lames d'un jaune d'or, difficilement solubles dans l'eau, dans l'alcool et dans l'éther; neutre aux couleurs végétales, il a une saveur amère et détone violemment quand on le chauffe. Bouilli avec du carbonate de potassium, il donne du dinitrophénol.

Traité par l'acide iodhydrique, il donne l'iododinitrophénol (Kœrner).

DIAZONITROCHLOROPHÉNOL, $C^6H^2Az^3ClO^3$. — Il se forme lorsqu'on ajoute de l'alcool saturé d'acide azoteux à du nitrochloramidophénol. Cristallisé dans l'alcool, il se présente sous la forme de larges cristaux prismatiques d'un brun-rouge. Il est peu soluble dans l'alcool et l'éther, et cristallise dans l'eau bouillante en lames d'un jaune verdâtre. Il détone violemment à 100°, et additionné d'une solution alcoolique de potasse, donne du nitrochlorophénol et dégage de l'azote.

### DÉRIVÉS SULFOCONJUGUÉS.

Voyez ACIDES PHÉNYLSULFUREUX.

E. G.

**PHÉNOL (INDUSTRIE)** [Runge, *Ann. de Poggend.*, 1834, t. XXXI, p. 69, t. XXXII, p. 308; — Laurent, *Ann. de Chim. et de Phys.*, (3), t. III, p. 95; — Hugo Müller, *Bull. de la Soc. chim.*, 1866, t. VI, p. 251; *Zeitsch. für Chem.*, 1865, p. 270; *Jahresb.*, 1865, p. 520; — Émile Kopp, *Monit. scientif.*, 1860, p. 823 et 824; — Wurtz, Kekulé, Dusart, *Bull. de la Soc. chim.*, t. VIII, p. 198; — Ch. Girard et G. de Laire, *Traité des* *dérivés de la houille*, p. 342, planche III]. — La production industrielle du phénol ne date que des travaux de Laurent (1840). C'est en Allemagne, dans l'usine de M. Sell, à Offenbach, qu'on a commencé à fabriquer ce corps sur une certaine échelle; mais c'est surtout à M. Grace-Calvert, de Manchester, que revient le mérite de l'avoir produit à l'état pur et par quantités dépassant plusieurs tonnes par jour.

Le phénol existe en assez grande quantité dans les goudrons de houille provenant des usines à gaz, et en général dans ceux provenant de la distillation sèche de la houille en four pour produire du coke; il existe également dans le goudron qui résulte de la distillation sèche de certains schistes, de la tourbe, de certains bois, dans le goudron de marc de pommes et de quelques résines, etc. La richesse en phénol et en homologues de ce dernier varie dans les goudrons suivant leur provenance, le mode de distillation et la disposition des fours.

| | |
|---|---|
| Le goudron de Wigan-Cannel-Coal en contient | 14 %. |
| Le goudron de certaines tourbes | 15 à 20 %. |
| Le goudron provenant des houilles du Straffordshire | 9 %. |
| Le goudron de marc de pommes | 8 à 10 %. |
| Le goudron provenant des houilles de New-castle | 5 %. |
| Le goudron provenant du boghead | 3 %. |

Bien que la fabrication du phénol présente peu de difficultés, elle exige cependant, lorsqu'on veut arriver à un produit pur, de la méthode et du soin. La principale difficulté consiste à séparer les uns des autres les phénols homologues; elle est de même ordre et peut-être même supérieure à celle que l'on éprouve à isoler la benzine, le toluène et leurs homologues. Du reste, pour beaucoup d'applications, il n'est pas absolument nécessaire d'effectuer cette séparation; ainsi paraît-il admis aujourd'hui que, dans la fabrication de l'acide rosolique et de ses dérivés, la présence du crésylol est aussi utile que celle de la toluidine dans la production du rouge d'aniline. Au point de vue de l'emploi médical, on ne fait aucune distinction entre le phénol et le crésylol cristallisés.

Nous commencerons par rappeler les procédés de Runge et de Laurent, procédés qui sont encore suivis aujourd'hui dans leurs parties essentielles, tout en ayant été perfectionnés et modifiés dans différents points de détail.

Runge retirait le phénol du goudron en traitant ce dernier par un lait de chaux. Il obtenait ainsi une combinaison soluble dans l'eau, qui, décomposée par un acide, laissait précipiter une huile qu'il désignait sous le nom d'acide carbolique, premier nom attribué au phénol.

Ultérieurement, Laurent indiqua la méthode suivante :

On soumet à la distillation fractionnée les huiles lourdes du goudron. La partie qui distille entre 150° et 200° est mise de côté; on la mélange alors avec une solution saturée à chaud de potasse caustique ou de soude, on ajoute de la potasse ou de la soude en poudre et l'on agite fortement. Aussitôt l'huile se prend en une bouillie cristalline; on décante la partie liquide, et on dissout la partie solide au moyen de l'eau chaude : il se forme alors deux couches : l'une légère et huileuse, que l'on sépare; l'autre, aqueuse et plus pesante, que l'on sature par l'acide sulfurique ou chlorhydrique. La liqueur acide laisse surnager une huile qui, après avoir été mise en digestion avec du chlorure de calcium fondu, est soumise à des distillations fractionnées. On obtient ainsi facilement une matière huileuse blanche qui, refroidie lentement, ne tarde pas à se solidifier en superbes cristaux. Pendant longtemps, le seul perfectionnement industriel apporté à ce procédé a consisté à remplacer la potasse ou la soude par un lait de chaux, à porter le tout à l'ébullition et à soumettre le mélange à une forte agitation. Par le repos, les huiles neutres viennent à la surface; on les sépare par décantation. Le précipité calcique, décomposé par l'acide chlorhydrique, donne le phénol.

M. Hugo Müller a appliqué le procédé suivant :

Les huiles lourdes de goudron de houille sont traitées par la soude caustique ou par un lait de chaux clair; le phénol et ses homologues, ainsi qu'une certaine quantité de matières devenant brunes par l'action oxydante de l'air, la naphtaline mélangée de carbures supérieurs, etc., etc., sont dissous. Pour la séparer, il suffit d'étendre la masse d'eau; elle se précipite en entraînant les autres carbures. Le liquide est alors abandonné pendant quelques jours à l'action oxydante de l'air; on emploie à cet effet des vases à fond plat, ou bien on fait barboter dans la masse un courant d'air, ou bien encore on laisse couler le liquide en filets minces, afin de renouveler fréquemment les surfaces. Lorsqu'il ne se colore plus, on filtre; il reste sur le filtre une masse brun foncé. On détermine alors, par un essai fait sur une petite quantité du liquide filtré, la proportion d'acide nécessaire à la saturation complète. On n'ajoute à la solution totale que le sixième de cette quantité, il se forme un abondant précipité de matières goudronneuses qui sont séparées par filtration ou par décantation.

La liqueur claire, mélangée à une nouvelle proportion d'acide qu'un essai préalable a indiquée, abandonne en grande partie le crésylol et le xylénol; ces derniers, ayant moins d'affinité pour les alcalis que le phénol, se séparent en premier. On achève de les purifier par des distillations fractionnées. Enfin, en achevant la saturation, on précipite le phénol dans un état de pureté assez avancé pour que deux ou trois distillations fournissent un corps pur (187-188°).

Lors de la cristallisation, il arrive souvent qu'une très-faible quantité d'eau suffit pour empêcher le phénol de se solidifier; on peut l'en débarrasser sans passer par le chlorure de calcium fondu, en le faisant chauffer vers son point d'ébullition et en y faisant passer un courant d'air sec; les premières parties qui passent contiennent l'eau et sont mises de côté pour être de nouveau traitées.

Le phénol ainsi préparé possède souvent une odeur repoussante, qui est due en partie, suivant M. Hugo Müller, à une combinaison sulfurée; en ajoutant au produit de l'oxyde de plomb, pendant la distillation, on arrive à le débarrasser complétement du corps sulfuré.

Les eaux mères contenant du phénol sont précipitées, lorsqu'elles sont assez riches, par du sel marin, et enrichies par distillation.

M. Émile Kopp a apporté aux méthodes qui précèdent quelques modifications présentant certains avantages économiques, mais qui demandent de la part du manipulateur beaucoup de précautions et de soins. Il recommande l'emploi des liqueurs acides (acide sulfurique) provenant de l'épuration des huiles de goudron, ainsi que des liqueurs alcalines (soude caustique). Ces liqueurs sont mélangées dans des proportions qui permettent de faire un bisulfate de sodium, lequel tient en solution les alcaloïdes dissous par l'acide (aniline, toluidine, etc.); la masse, qui s'est très-fortement échauffée au point d'atteindre presque l'ébullition, retient le bisulfate en solution ainsi que les alcaloïdes, tandis que le phénol se sépare sous forme huileuse. On décante cette partie huileuse pendant que tout est encore très-chaud et on rectifie dans des appareils distillatoires de plomb ou de cuivre; il passe au commencement de l'opération un peu de carbure et enfin du phénol. Ce dernier est purifié par des distillations fractionnées.

Par le refroidissement de la liqueur mère, il se sépare une abondante cristallisation de bisulfate de sodium, les sulfates à bases d'alcaloïdes huileux restant en solution; il suffit pour les isoler de saturer par la chaux l'excès d'acide et de soumettre le tout à la distillation; les alcaloïdes sont entraînés mécaniquement par la vapeur d'eau.

La méthode suivie actuellement consiste à traiter des huiles du second fractionnement (voir GOUDRON), dont le point d'ébullition varie entre 150° et 200° et même 220° et contenant non-seulement le phénol, mais encore ses homologues.

Ces huiles sont traitées par des lessives de soude caustiques et concentrées : on opère dans de grandes chaudières en fonte superposées de façon à pouvoir se vider les unes dans les autres; le mélange se fait au moyen d'agitateurs mus mécaniquement; du reste, ce sont à peu de chose près les mêmes appareils que ceux employés lors du traitement successif des hydrocarbures par l'acide sulfurique et la soude : la seule différence consiste dans une disposition de double fond permettant de chauffer par la vapeur, lors du traitement à la soude. Par le refroidissement et par le repos, on obtient un magma solide, formé en grande partie par la combinaison des phénols et de la soude. Cette combinaison étant dissoute dans 5 à 6 fois son volume d'eau chaude, on agite fortement et on laisse refroidir; la naphtaline ainsi que les autres carbures se séparent, et suivant leur densité surnagent ou tombent au fond de la liqueur; on les enlève par décantation, en soutirant seulement la partie claire que l'on dirige dans une chaudière placée à un niveau inférieur et doublée de plomb. Les hydrocarbures sont repris et distillés suivant les usages auxquels ils sont destinés. C'est dans cette chaudière intermédiaire que l'on décompose la solution alcaline de phénol par l'acide sulfurique étendu ou par l'acide chlorhydrique. Les proportions de ces acides varient suivant les proportions de soude qu'on a dû employer. L'essai qui doit indiquer la quantité de soude nécessaire est des plus simples : il se fait avec une liqueur titrée, dans un flacon gradué et bouché à l'émeri : on agite fortement et on laisse reposer; le nombre de divisions qu'il faut pour saturer les phénols contenus dans les huiles indique la quantité de soude. Après l'addition de l'acide et un fort brassage, on abandonne le tout au repos : le phénol vient à la surface sous forme d'une huile. On le soutire alors dans une troisième chaudière également plombée ou doublée de plomb, où il subit deux lavages à l'eau; pendant chaque lavage, la masse doit être agitée vigoureusement; après le repos, le phénol est soutiré dans une dernière cuve où il est agité avec du chlorure de calcium fondu afin de lui enlever complétement l'eau qui l'a dissous. Les eaux de lavages sont mises de côté et servent à dissoudre la soude caustique.

Le phénol ainsi obtenu est soumis à la distillation. Cette distillation se fait dans de grandes cornues en fonte chauffées sur voûte, ou dans un bain d'huile, ou au moyen de la vapeur surchauffée. Leur capacité varie entre 600 et 1,000 litres, leur forme est ovoïde et surbaissée de manière à éviter les rechutes et à permettre aux vapeurs d'être entraînées facilement; le thermomètre est placé sur le dôme, il plonge dans les vapeurs. Les cornues sont mises en communication avec des serpentins en fer ou bien en plomb, assez gros de diamètre, baignant dans des bâches où l'eau peut se renouveler constamment.

Au commencement de l'opération, il passe à la distillation une petite quantité de produits distillant avant 186°. Ces derniers sont mis de côté pour être repris lorsqu'on en a une quantité suffisante pour charger une cornue. La plus grande partie passe alors entre 186° et 195°. Cette portion est abandonnée dans des cuves à la température de 10°, dans des grands entonnoirs terminés par un robinet; le phénol cristallise, on ouvre le robinet; une partie du crésylol liquide s'écoule en entraînant un peu des homologues solides. Toute la partie liquide est dirigée au moyen de rigoles dans une grande citerne, d'où elle est reprise et traitée par distillation. Les cristaux égouttés sont assez purs pour être livrés à l'industrie; ils renferment une certaine quantité de crésylol solide; il suffit, pour les débarrasser complétement du crésylol liquide, de les presser fortement.

Pour arriver à séparer le phénol de ses homologues supérieurs, il faudra partir de produits possédant sensiblement son point d'ébullition, et n'opérer par exemple que sur des huiles qui auront déjà subi des fractionnements partiels et dont le point d'ébullition sera compris entre 165° et 190°. Les parties passant de 150° à 165° et de 190° à 200° sont mises de côté pour être fractionnées de nouveau : lorsqu'on en aura une quantité suffisante pour charger une cornue et opérer sur une quantité égale à celle qui a été employée lors de la première distillation, on commencera de nouveau le fractionnement. Ces secondes distillations donneront à leur tour de nouveaux produits de fractionnement, qui seront mis de côté et fractionnés une dernière fois; l'on aura donc des huiles de 1er, 2e et 3e fractionnement, qui seront comprises entre les mêmes points d'ébullition et mélangées par catégories ensemble suivant ces points d'ébullition. On peut arriver ainsi, avec une marche méthodique, à séparer les uns des autres les homologues du phénol. Les carbures ne contenant plus que très-peu de phénol sont traités par les alcalis comme des huiles brutes. Les produits des différents fractionnements, 1er, 2e, 3e, sont agités fortement avec des lessives de soude caustique concentrée (si la solution de soude est assez concentrée, on obtiendra, après le repos, la combinaison de phénol sodique à l'état cristallisé). La petite quantité d'hydrocarbures est soutirée par décantation et traitée comme les huiles brutes. La masse cristallisée est dissoute dans 8 à 10 fois son volume d'eau chaude, agitée et abandonnée au refroidissement et au repos; une petite quantité de naphtaline est précipitée par l'eau, et ce qui a pu échapper d'hydrocarbures lors de la première décantation est définitivement séparé.

La solution claire est décomposée par l'acide sulfurique étendu ou par l'acide chlorhydrique. Elle abandonne après l'agitation une huile qui ne renferme presque plus de crésylol. Cette huile est lavée à l'eau chargée de sel marin, puis séchée sur du chlorure de calcium fondu et enfin purifiée par distillation.

Le produit recueilli entre 186° et 190° est mis de côté et abandonné dans des cuves; il ne tarde pas à cristalliser; les cristaux sont égouttés à l'abri du contact de l'air, puis pressés, et enfin soumis de nouveau à la distillation; la presque totalité distille à 188°; une dernière cristallisation, pression et distillation fournit du phénol pur.

Le crésylol est isolé également par distillation fractionnée des produits supérieurs ayant fourni le phénol; il distille à 203° et se trouve dans les portions distillant entre 195° et 210°.

En terminant, nous rappellerons que la méthode indiquée par MM. Wurtz, Kekulé et Dusart pour produire les phénols donne, avec quelques modifications, des résultats permettant d'obtenir ces produits à l'état pur, et pour certains d'entre eux en assez grande quantité pour permettre de l'appliquer industriellement.

Il suffit, en effet, d'après M. Ch. Girard, de décomposer les sulfodérivés des carbures par un mélange de potasse et de soude caustique, comme les auteurs l'ont indiqué, et de terminer la réaction sous pression dans un autoclave en fonte muni d'un agitateur, d'un robinet de vidange et d'un manomètre. On ne ferme l'appareil qu'au moment où la masse commence à se boursoufler et où les bulles de gaz se dégagent; on modère alors la température et on agite constamment. On évite ainsi en partie la production des acides et produits secondaires qui se forment dans cette réaction.

Enfin, nous donnerons ici un appareil qui nous a permis de séparer le phénol de ses homologues supérieurs; cet appareil a été déjà employé pour séparer l'aniline de la toluidine (voir *Traité des dérivés de la houille*). Cet appareil séparateur se compose d'une grande cornue $g$ d'une contenance de 1 mètre cube environ, munie d'un robinet de vidange à sa partie inférieure; la

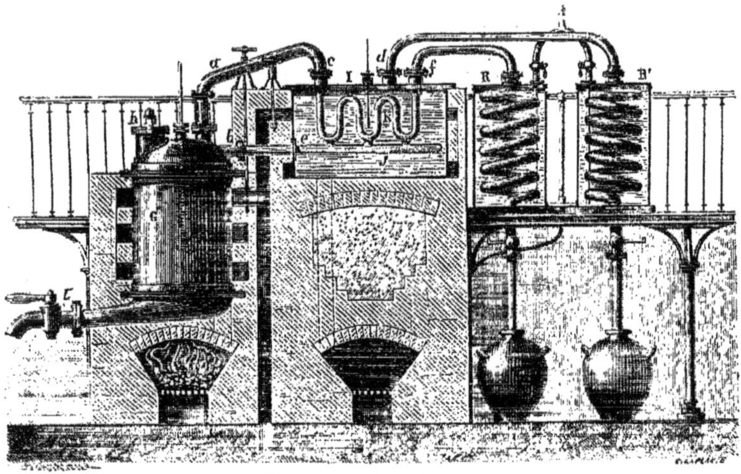

Fig. 478. — Appareil séparateur.

partie supérieure est fermée par un couvercle joint au corps de la cornue par des boulons et du mastic de fer, et porte un trou d'homme $h$, une tubulure pour un thermomètre et deux tubulures plus grandes. Une de ces tubulures $a$ communique avec la partie supérieure d'un serpentin horizontal en fer ou en plomb K placé dans une bâche I fermée et pouvant être chauffée; la seconde tubulure $b$, placée au-dessous de cette dernière, communique avec un tube $j$ qui relie toutes les spires de serpentins et qui permet aux vapeurs condensées de retomber dans la cornue. La cornue et la bâche contenant le serpentin sont dans le même massif de briques, montées sur voûtes, et peuvent être chauffées séparément. Suivant les besoins, l'on donne au serpentin une plus ou moins grande surface et il arrive souvent que l'on place plusieurs serpentins les uns à côté des autres dans des bâches différentes. La bâche du serpentin cohobateur porte un thermomètre. Ce serpentin cohobateur communique avec un serpentin réfrigérant R permettant de recueillir les produits fractionnés. La bâche peut contenir de l'huile ou du phénol pur; dans ce cas, elle communique elle-même avec un serpentin réfrigérant R', et le phénol distillé est recueilli après chaque opération dans la bâche.

L'appareil est chargé avec le mélange de phénol et de ses homologues; la bâche est remplie de phénol pur. On commence par chauffer d'abord la cornue; les phénols entrent en ébullition, passent par les tubulures dans le serpentin horizontal, se condensent et retombent en totalité dans la cornue, et cela jusqu'à ce que la température de bâche ait atteint celle de l'ébullition du phénol. On facilite et on abrège cette opération en chauffant directement la bâche par le second foyer vers le point d'ébullition du phénol, mais on arrête le feu avant que l'on ait atteint cette température. Il passe une petite quantité de carbures que l'on condense. Le thermomètre de la bâche continue à monter et à indiquer bientôt un point fixe, le phénol seul alors passe à la distillation. Aussitôt que le thermomètre de la bâche monte, il faut changer de vases sous les serpentins condensateurs; le thermomètre continue à monter et indique bientôt un nouveau point fixe; on a atteint la température du crésylol; on change de vase et recueille ce dernier. Le phénol contenu dans la bâche passe alors en grande quantité à la distillation. C'est pourquoi il est souvent plus avantageux de se servir d'huile ou de paraffine; dans ce cas, on fait communiquer la bâche par un tuyau avec la cheminée, afin d'enlever les vapeurs. Cet appareil permet de séparer très-facilement le mélange de phénol et de crésylol solide obtenu ainsi qu'il a été dit plus haut.

*Propriétés et applications.* — Le phénol possède au plus haut degré toutes les propriétés des antiseptiques. Depuis 1856, ses emplois dans la thérapeutique se sont multipliés et généralisés. Aujourd'hui il a presque complétement remplacé les différentes préparations du coaltar, qui ne devaient peut-être leurs propriétés les plus actives qu'à la présence de petites quantités de phénol ou de ses homologues supérieurs.

Le phénol attaque fortement la peau et détruit en général rapidement les membranes muqueuses. Il coagule l'albumine, il produit un trouble laiteux dans les solutions concentrées de gélatine. Ce trouble disparaît par l'addition de l'eau; les solutions étendues n'éprouvent aucun changement. Le lait, la caséine ne sont pas coagulés par le phénol.

Il a été employé avec succès dans le pansement des plaies et des ulcères, dans le traitement de la fièvre aphteuse des bêtes bovines et dans celui d'un grand nombre de maladies de la peau. Il paraît susceptible de se combiner avec les matières animales, et c'est probablement la propriété à laquelle il doit d'arrêter la putréfaction des tissus et d'enlever l'odeur fétide des chairs en décomposition.

Outre ses propriétés caustiques, il semble pouvoir agir à la manière des anesthésiques. Mais son emploi n'est pas sans danger. Il est en effet vénéneux. Des sangsues, des poissons plongés dans de l'eau contenant 7 grammes de phénol pour 100 d'eau périssent rapidement. On l'a administré cependant, à l'intérieur, en injections et en potions, à doses relativement élevées, dans des affections diverses, et en particulier dans le catharre vésical.

L'industrie l'a utilisé dans un grand nombre de circonstances. Il rend de grands services dans la préparation des peaux. Les peaux imprégnées d'une solution étendue d'acide phénique deviennent imputrescibles; on peut alors les expédier des pays de production les plus éloignés aux lieux où elles doivent être tannées, sans perte et sans inconvénients. Dans les papeteries, dans les fabriques de parchemins, de cordes à boyaux, de câbles, de gélatines, etc., on met souvent à profit les propriétés antiseptiques du phénol. Mais de toutes ses applications industrielles, celles qui le consomment en plus grande quantité ont trait à la teinture. C'est en effet par milliers de kilogrammes que l'acide phénique est employé dans la fabrication de l'acide picrique, de l'acide isopurpurique, de l'acide rosolique, de la péonine ou coralline, de la phénicine, etc.

Tous les emplois que nous venons d'énumérer exigent que l'acide phénique soit sinon pur, au moins blanc et cristallisable. A l'état brut, il est employé en grandes quantités pour l'injection des bois, pour la désinfection des eaux vannes, des déjections du tannage, des eaux provenant du rouissage du lin et du chanvre, des amidonneries, des distilleries, etc. Il rend à l'hygiène publique des services incomparables pour l'assainissement des hôpitaux, des navires, des abattoirs, des galeries d'égout, etc.

Enfin signalons la propriété assez curieuse que possède l'acide phénique d'augmenter l'adhérence entre les surfaces métalliques : lorsqu'on verse une petite quantité d'acide phénique sur une pierre à repasser sèche et bien propre, et que l'on frotte dessus le biseau d'un gros ciseau, on éprouve la sensation d'une résistance marquée, comme si les deux surfaces mordaient l'une dans l'autre. M. J.-E. Ashley, qui a signalé ce phénomène, en a fait l'application avec avantage pour émoudre, limer, percer et scier les métaux.

## DÉRIVÉS DU PHÉNOL.

ACIDE ROSOLIQUE (*coralline, aurine*) [Runge, *Ann. de Poggend.*, t. XXXI, p. 65 et 512; t. XXXII, p. 308 et 323; — Tschelnitz, *Wien. Acad, Berichte*, janvier 1857, t. XXIII, p. 269; *Dingler's polyt. Journ.*, novembre 1858, t. CL, p. 407; — A. Smith, *Chem. Gazette*, n° 20, 1858; *Poggend. Ann.*, t. XXXI, p. 150; *Répert. de Chim. appl.*, 1859, p. 163; — Hugo Müller, *Chem. Soc. quart. Journ.*, 1858, t. XI, p. 1; *Répert. de Chim. appl.*, 1860, p. 66; — Jules Persoz (1859), Procédé breveté par MM. Guinon, Marnas et Bonnet, n° 54,910, le 21 juillet 1861; — H. Kolbe et R. Schmitt, *Ann. der Chem. u. Pharm.*, t. CXIX, p. 119 et 169; — Dusart, *Répert. de Chim. appl.*, 1859, p. 207; — Monnet, *Bull. de la Soc. d'encour. de Mulhouse*, 1861, p. 461; — Jourdin, *Répert. de Chim. appl.*, 1861, p. 216; — Perkin et Duppa, *Chem. News*, 1861, p. 351; — Caro et Wanklyn, *London Royal Society's proceedings*, t. XV, p. 210; — Schützenberger et Sengenwald, *Compt. rend. de l'Acad. des sciences*, 1862, t. LIV, p. 197; — Dale et Schlorlemmer, *Deutsch. Chem. Gesellsch.*, t. IV, p. 971; — Kœrner, *Ann. der Chem. u. Pharm.*, t. CXXXVII, p. 203; — Binder, *Kekulé Lehrbuch der org. Chem.*, t. III, p. 20; — Fresenius, *Journ. für prakt. Chem.*, t. III, p. 877, 1871; — C. Liebermann, *Deutsch. Chem. Gesellsch.*, t. V, p. 144; — Alfraise, *Moniteur scientifique*, 3ᵉ série, 1871, t. I, p. 268; — A. Comaille, *Compt. rend. de l'Acad.*, 1872, t. LXXXV, p. 1630; — Ch. Girard, *Bull. de la Soc. chim.*, 1872, t. XVII, p. 574]. — Cet acide a été découvert en 1834, par Runge, dans les résidus de la préparation de l'acide phénique; il a été depuis étudié par un grand nombre de chimistes et par M. Jules Persoz, auquel on doit le procédé encore appliqué actuellement dans l'industrie et qui consiste à traiter le phénol par un mélange d'acides sulfurique et oxalique. Nous rappellerons ici brièvement les nombreuses réactions dans lesquelles ce corps prend naissance.

Le procédé employé par Runge pour isoler l'acide rosolique des résidus provenant de la distillation du phénol, consiste à épuiser ces résidus par l'eau, jusqu'à ce qu'ils ne possèdent plus qu'une légère odeur de phénol. On les dissout alors dans une petite quantité d'alcool (un tiers environ), et l'on mélange le tout avec un lait de chaux. On obtient ainsi une solution colorée en rose vif de rosolate de chaux, et un précipité brun de brunolate de chaux. La solution rose de rosolate de chaux est saturée par l'acide acétique; l'acide rosolique se sépare; pour le purifier complètement, il faut le combiner de nouveau à la chaux, puis répéter plusieurs fois le traitement à l'acide acétique et à la chaux, jusqu'à ce qu'il ne se sépare plus de brunolate de chaux. On précipite alors une dernière fois par l'acide acétique, on lave le précipité et on le dissout dans l'alcool. Par l'évaporation, on obtient une masse solide, vitreuse et dure, d'une couleur orange. Runge fait remarquer que ce corps se comporte comme un véritable pigment, et produit avec certains mordants des couleurs et des laques qui, sous le rapport de l'éclat, peuvent rivaliser avec la cochenille et la garance. Malheureusement il a été démontré depuis que l'acide rosolique ne donnait ni couleurs ni laques assez stables pour rivaliser avec ces matières colorantes.

Tschelnitz en 1857, et Aug. Smith en 1858, ont trouvé que l'acide rosolique se produisait ne chauffant lentement et longtemps les huiles lourdes du goudron en présence d'un alcali, et particulièrement de la chaux au contact de l'air. Aug. Smith, pensant que l'acide rosolique provenait de l'oxydation du phénol, chauffait ensemble un mélange de phénol du commerce, de potasse caustique et de bioxyde de manganèse.

Voici les proportions :

| | |
|---|---|
| Acide phénique ........................ | 2 parties. |
| Potasse caustique dans un peu d'eau... | 1 — |
| Peroxyde de manganèse ............... | 5 — |

M. Hugo Müller se sert pour préparer l'acide rosolique du procédé indiqué par Tschelnitz; le mode de purification seul diffère. Il décompose le rosolate de chaux brut à l'ébullition par le carbonate d'ammonium et évapore jusqu'à siccité la liqueur. La purification de l'acide rosolique ainsi obtenu s'opère avec les procédés indiqués par Runge.

D'après M. Dusart, on prépare facilement l'acide rosolique en chauffant au contact de l'air pendant quelques heures une bouillie épaisse, formée d'acide phénique, de chaux éteinte et de potasse caustique. Lorsque toute la masse est colorée en rouge violacé, on la traite par l'eau, on filtre et on précipite la liqueur par l'acide chlorhydrique; l'acide rosolique est recueilli et séché.

M. Jourdin produit l'acide rosolique en chauffant à 150° du phénol avec de l'oxyde de mercure et de la soude, ou avec du chlorure de mercure. La transformation du phénol en acide rosolique s'opère en 10 minutes. Le rosolate de soude ainsi produit se présente sous l'aspect d'une masse visqueuse, se solidifiant presque complétement par le refroidissement; on la sépare facilement du mercure réduit par décantation. Pour avoir l'acide rosolique, on la dissout dans l'eau, on filtre et on précipite la solution filtrée par un acide.

En chauffant à une température élevée les produits de substitution qu'ils avaient obtenus en faisant réagir le chlorure d'iode sur le phénol, MM. Schützenberger et Sengenwald ont constaté la formation d'une certaine quantité d'acide rosolique.

MM. Perkin et Duppa ont également préparé l'acide rosolique en chauffant à 120° un mélange de phénol et d'acide bromacétique; l'acide rosolique ainsi produit est accompagné d'une certaine quantité d'acide brunolique. En chauffant l'iode et le phénol en présence des acides formique, acétique, butyrique ou valérianique, ces mêmes chimistes ont remarqué la production d'un corps ayant les propriétés de l'acide rosolique.

M. Monnet décrit un procédé qui consiste à chauffer vers 130° de l'acide sulfophénique avec de l'iodure d'amyle.

M. Kœrner a produit du rosolate de potasse en chauffant vers 100° à 180° du phénol monobromé avec une solution alcoolique de potasse.

D'après M. Binder, il se formerait un corps qui présenterait les caractères et les propriétés de l'acide rosolique, lorsqu'on chauffe à 150° de l'acide sulfophénique avec du zinc.

MM. Caro et Wanklyn ont transformé la rosaniline en acide rosolique, en faisant réagir sur un sel de rosaniline l'azotite de potassium et en produisant ainsi la diazorosaniline; cette dernière, dissoute dans un mélange d'acide chlorhydrique et d'eau, puis portée à l'ébullition, est transformée en acide rosolique en donnant lieu à un abondant dégagement d'azote.

Enfin M. C. Liebermann a obtenu un corps ayant les propriétés de l'acide rosolique, en faisant réagir l'eau à la température de 205° sur la rosaniline ou ses sels.

De toutes les réactions que nous venons d'indiquer, une seule a pu être utilisée pour produire industriellement l'acide rosolique, c'est celle qu'a trouvée M. Jules Persoz en 1859. Communiquée par lui à MM. Guinon, Marnas et Bonnet, teinturiers à Lyon, elle fut exploitée immédiatement en grand par ces industriels, mais elle resta secrète jusqu'en 1862, époque à laquelle MM. Kolbe et Schmitt ayant publié ce même procédé auquel ils étaient arrivés de leur côté, MM. Guinon et C^ie rendirent le procédé public en le brevetant. Plus récemment, M. Fresenius a repris l'étude de cette réaction; ses recherches établissent que la transformation du phénol en coralline, sous l'influence de l'acide sulfurique et de l'acide oxalique, est due à l'action de l'oxyde de carbone naissant, et que l'on peut remplacer l'acide oxalique par l'acide formique. Il a démontré, en outre, que les deux modifications isomériques de l'acide sulfophénique, c'est-à-dire l'acide métasulfophénique produit par l'action de l'acide sulfurique sur le phénol à une basse température, et l'acide paraphénolsulfurique, qui se produit sous l'influence de la chaleur, se transformaient l'un comme l'autre en coralline en donnant des rendements à peu près égaux.

Le procédé de M. Jules Persoz consiste à chauffer au bain d'huile entre 140° et 150°, dans des ballons en verre ou des cornues en fonte émaillée d'une capacité de 20 litres environ, 2 p. d'acide oxalique sec, 3 p. d'acide phénique et 2 p. d'acide sulfurique. Si la température est bien maintenue entre les limites indiquées, l'acide oxalique se décompose lentement en acide carbonique et en oxyde de carbone, tandis qu'il distille en même temps un peu d'eau qui entraîne une petite quantité de phénol; ces produits sont recueillis dans des récipients munis d'une tubulure qui permet de conduire les produits gazeux hors de l'atelier. La masse contenue dans le ballon brunit peu à peu, et, après 5 à 6 heures, elle est entièrement d'un rouge-brun foncé. La fin de l'opération est indiquée lorsque le dégagement de gaz cesse et que la masse commence à se boursoufler; on la verse alors de suite dans des cornues en fonte émaillée remplies d'eau chaude et que l'on maintient à l'ébullition au moyen d'un serpentin en plomb et d'un barboteur de vapeur. On enlève ainsi l'excès de phénol non transformé.

On laisse refroidir, on décante les eaux et on lave la masse résineuse plusieurs fois à l'eau bouillante, jusqu'à ce que celle-ci ne se trouble plus par le refroidissement; la masse résineuse s'épaissit et devient presque solide. Par la dessiccation, on obtient un produit dur pouvant se réduire en poudre.

M. H. Fresenius indique les proportions suivantes comme donnant un des meilleurs rendements, qui varie de 16 à 17 °/₀ du poids du phénol employé.

On chauffe pendant 5 à 6 heures à 140-150° au bain d'huile,

1 p. d'acide oxalique cristallisé et sec.
1 p. 5 de phénol.
2 p. d'acide sulfurique anglais.

D'après M. Alfraise, lorsqu'on emploie l'acide oxalique desséché, il est nécessaire de faire d'abord le mélange d'acide sulfurique et oxalique, de chauffer jusqu'au moment où les premières bulles de gaz se dégagent et d'ajouter alors le phénol; on évite ainsi la production d'un acide copulé de la coralline, très-soluble dans l'eau.

L'anisol et le phénétol, traités comme le phénol, se transforment en matières colorantes semblables à celles produites par ce dernier.

D'après MM. Kolbe et Schmitt, la coralline fond à 80°. M. H. Fresenius indique 156°. L'aurine de MM. Dale et Schlorlemmer peut être chauffée à 200° sans fondre.

La coralline est insoluble dans l'eau, soluble dans l'alcool et l'acide acétique concentré. Les alcalis et les carbonates alcalins la dissolvent avec une belle coloration rouge, les acides précipitent la coralline sous forme de flocons amorphes.

Fondue avec un excès de potasse, la coralline reste longtemps inaltérée; elle finit cependant par perdre sa belle couleur rouge et se change en une masse résineuse brune.

En présence de l'hydrogène naissant produit par le fer et l'acide acétique, la coralline est décolorée; le ferrocyanure de potassium ramène la nuance primitive.

L'acide nitrique fumant donne des produits nitrés; l'iode et le brome donnent également des produits de substitution.

Une solution de coralline dans le carbonate de

sodium, dans laquelle on verse une solution de chlorure de calcium, donne un précipité de carbonate de calcium coloré en rouge-orange vif et éclatant, qui s'emploie dans la fabrication des papiers peints.

La coralline est actuellement employée en teinture et en impression. La soie et la laine exigent peu de mordants, le coton et le lin, au contraire, ont besoin de mordants énergiques, tels que le tannate de protoxyde et de bioxyde d'étain, ou les mordants huileux employés dans la teinture en rouge turc. Elle sert encore à la coloration des savons, et surtout à la préparation de la péonine.

PÉONINE (*coralline rouge*). — Voir l'article AZULINE. — Cette matière colorante a été découverte par M. Jules Persoz, en 1859. Ce corps paraît être l'amide de l'acide rosolique; c'est du rosolate d'ammoniaque, moins 1 molécule d'eau. A l'appui de cette vue théorique, nous dirons qu'en chauffant ce corps avec l'aniline ou un de ses homologues, cette dernière déplace l'ammoniaque et l'on obtient une matière colorante bleue connue sous le nom d'azuline. L'azuline elle-même chauffée avec une base fixe, en présence de l'alcool (la soude ou la potasse), régénère l'acide rosolique ou coralline jaune et de l'aniline; cette métamorphose a servi à M. Ch. Girard pour purifier l'acide rosolique.

Le procédé indiqué par M. Persoz fils consiste, pour préparer la péonine ou coralline rouge, à introduire dans une marmite autoclave 1 p. de coralline jaune et 3 p. d'ammoniaque du commerce, et à chauffer pendant 3 heures en maintenant la température exactement à 150° au maximum. On laisse alors refroidir; on obtient ainsi une masse épaisse ayant un aspect cramoisi mordoré. Pour isoler la péonine, on sature par l'acide chlorhydrique.

La pression ne paraît pourtant pas indispensable pour produire cette matière colorante; en dissolvant la coralline dans la glycérine, maintenant la température à 110° et faisant passer un courant d'ammoniaque dans la masse, on obtient une matière colorante présentant les propriétés et les caractères de la péonine. Après que le dégagement d'ammoniaque a été interrompu, il faut abandonner la masse pendant 10 à 12 heures. On peut obtenir ainsi des nuances variées, suivant que l'action du gaz ammoniac a été plus ou moins prolongée; lorsque la réaction est terminée on coule la masse dans l'eau, on lave à l'eau légèrement acidulée, puis deux ou trois fois à l'eau chaude, sous un barboteur de vapeur. Pour préparer les corallines dites solubles à l'eau, il suffit de les traiter par la soude caustique et de les laisser en présence de cet alcali.

On trouve dans le commerce un ponceau de coralline qui n'est autre chose qu'un mélange de coralline jaune et de rosaniline. On le prépare en dissolvant dans 2 litres d'eau 1 kilogramme de coralline jaune et 60 grammes de rosaniline pure. Il suffit d'évaporer à sec la liqueur et de pulvériser la masse.

AZULINE (voir ce mot, t. I, p. 499). — Elle a été découverte par M. Jules Persoz, en 1860. Nous ne reviendrons pas ici sur la préparation de cette matière colorante qu'on trouvera décrite p. 498 : nous nous bornerons à faire remarquer qu'il n'est plus possible aujourd'hui de considérer l'azuline comme étant identique avec la rosaniline triphénylique. Entre diverses expériences, nous rapporterons la suivante, déjà citée plus haut, et qui ne laisse subsister aucun doute sur ce point. Lorsqu'on traite à l'ébullition une solution alcoolique d'azuline par la potasse, l'azuline se dédouble en acide rosolique et en aniline. Dans les mêmes conditions, la rosaniline triphénylique, au contraire, n'éprouve ni dédoublement, ni altérations d'aucun genre; reprise après par un acide, elle donne les mêmes sels bleus qu'auparavant.

L'expérience relatée page 499 ne peut s'expliquer que de la manière suivante. L'acide rosolique employé par M. Lauth avait dû être préparé au moyen d'un sel métallique. En chauffant ce mélange avec l'aniline, il s'est formé une certaine quantité de rosaniline due à l'action du sel métallique sur l'aniline, et cette rosaniline s'est transformée elle-même en rosaniline triphénylique. Mais la formation de cette base, dans ces conditions, n'implique nullement son identité avec l'azuline.

PHÉNICINE [J. Roth, *Bull. de la Soc. industr. de Mulhouse*, novembre 1864, t. XXXIV, p. 489; — E. Dollfus, *Bull. de la Soc. industr. de Mulhouse*, novembre 1864, t. XXXIV, p. 500; brevet n° 58,727, 29 mai 1863; — Alfraise, brevet du 8 octobre 1863; *Moniteur scientifique*, 2e sér., t. VII, p. 77; — Kletzinsky, *Chemisch. technisch. Repertorium*, par le docteur E. Jacobsen, 1866]. — Cette matière colorante a été signalée pour la première fois par M. J. Roth. Il la prépare en faisant réagir l'acide azotosulfurique sur le phénol et même sur l'aniline.

Dans une cornue en fonte munie d'un agitateur on fait tomber petit à petit l'acide azotosulfurique (2 p. acide sulfurique mélangé de 1 p. acide nitrique de 1,35 poids spécifique) sur le phénol; les proportions sont pour 1 p. de phénol 10 à 12 p. d'acide azotosulfurique concentré. Lorsque la réaction, qui est très-vive, s'est calmée et que le dégagement de vapeurs nitreuses a cessé, on verse le mélange dans une grande quantité d'eau. Il se précipite une masse brune, qu'on lave par décantation jusqu'à ce qu'elle ne soit plus acide; on la recueille sur des filtres, on la presse et fait sécher à la température ordinaire.

M. Alfraise prépare un produit similaire en faisant réagir sur l'acide sulfophénique étendu le nitrate de sodium, et en évaporant la masse à l'état d'extrait. La matière brune se forme à 100°; elle est soluble dans 10 p. d'eau.

Ces matières donnent en teinture des tons variant du brun-grenat au jaune brunâtre, dans les nuances dites *havane*.

D'après les travaux de MM. Bolley et Hummel, il se forme dans ces réactions deux produits, une matière solide, poisseuse et quelquefois grenue, et il reste dans la liqueur, d'un rouge foncé, une substance qu'on précipite par l'eau, sous forme d'une matière pulvérulente brune qui présente tous les caractères de la phénicine.

En chauffant avec précaution ces matières brunes avec l'acide sulfurique étendu d'eau, filtrant et laissant refroidir, ou en saturant les eaux mères aqueuses par la baryte, filtrant, évaporant et reprenant par l'alcool, MM. Bolley et Hummel ont obtenu un corps cristallisé, qui présentait toutes les réactions du dinitrophénol.

La matière brune proviendrait, suivant les mêmes chimistes, de l'action de l'acide sulfurique concentré ordinaire sur le dinitrophénol; il se dégage de l'azote et de l'acide carbonique. Cette réaction était connue, mais seulement avec l'acide sulfurique fumant. La solution brune étendue d'eau laisse déposer un précipité floconneux brun foncé. Plus l'action de l'acide sulfurique a été prolongée, plus la matière colorante brune est foncée.

On purifie ce produit, sans pour cela l'obtenir à l'état de pureté convenable pour l'analyse, en lavant le précipité brun complétement à l'eau, de manière qu'il ne soit plus acide, et en le dissolvant dans la soude caustique; en ajoutant une certaine quantité d'alcool à cette dissolution, on précipite une matière amorphe brune.

Cette matière est insoluble dans l'alcool, soluble dans l'eau.

Elle constitue en grande partie la phénicine. C'est une combinaison sodique dont la solution aqueuse se colore en jaune orangé par l'acide acétique et qui, par l'addition des sels neutres, est de nouveau précipitée.

Elle n'est pas explosible; elle ne paraît être ni un composé nitré, ni un composé sulfoconjugué.

D'après M. E. Dollfus, la phénicine, suivant les mordants employés, fournit des nuances résistant à l'action de l'hypochlorite de calcium et de la lumière solaire.

Elle teint la laine et la soie sans mordant; les nuances varient, suivant la concentration du bain de teinture et des oxydants employés, du grenat foncé au chamois foncé.

Pour teindre le coton, il faut mordancer ce dernier au stannate de sodium et au tannin; les alcalis font virer la nuance au bleu; la matière colorante ne résiste pas au savon.

Les résultats obtenus en impression n'ont pas paru, jusqu'à présent, offrir de grands avantages.

M. V. Kletzinsky a obtenu une matière colorante brune en faisant réagir l'acide chromique sur le phénol, ou encore, dans certains cas, en faisant réagir l'hypochlorite de calcium sur une solution de phénate d'ammoniaque ou de soude; la masse passe du vert au bleu foncé. Par une addition d'acide chlorhydrique, on obtient un bain pouvant teindre en brun.

### FABRICATION DE L'ACIDE PICRIQUE.

Voyez pour la bibliographie t. II, p. 807.

Ce composé a été décrit bien antérieurement à la découverte du phénol. Les matières organiques qui servaient à le produire étaient généralement azotées et d'origine animale, la soie, la fibrine, les tissus animaux, etc. Plus tard, un grand nombre de substances organiques diverses, traitées également par l'acide nitrique, ont pareillement fourni l'acide picrique; nous citerons entre autres l'indigo, la salicine, la coumarine, l'aniline, l'aloès, la phloridzine, un certain nombre de résines : résine de Xanthorrhea hastilis, résine du benjoin après l'extraction de l'acide benzoïque par les alcalis, baume du Pérou, et enfin des produits pyrogénés.

Laurent a préparé l'acide picrique au moyen des huiles de houille et a fait voir qu'il se rattache directement au phénol, pouvant être considéré comme du phénol trinitré.

Le procédé général suivi pour la fabrication de l'acide picrique est encore aujourd'hui, à peu de chose près, celui indiqué par Laurent il y a trente ans. Parmi les perfectionnements qui ont été apportés à cette fabrication, nous citerons celui qui consiste à partir du phénol sensiblement pur au lieu des huiles de houille distillant entre 180° et 200°, et celui qui consiste à employer l'acide sulfoconjugué du phénol au lieu du phénol même.

On s'est servi, il n'y a guère plus de dix ans, de la résine de Xanthorrhea hastilis, que l'on traitait par l'acide nitrique, pour obtenir l'acide picrique. Mais ce procédé est abandonné et ne présente plus guère qu'un intérêt historique. D'un côté, l'attaque de cette résine par l'acide nitrique est assez vive et ne laisse pas de présenter quelques dangers; d'autre part, la dépense en acide nitrique est considérable, en raison des substances qui, tout en ne donnant pas d'acide picrique, exigent cependant une assez grande quantité d'acide azotique pour se transformer en d'autres produits, qui ne font que rendre plus difficile et plus coûteuse la purification de l'acide picrique obtenu.

La première application industrielle de l'acide picrique a été faite à la teinture. Elle est due à M. Guinon aîné, de Lyon, qui le premier aussi monta sa fabrication en grand vers 1849 à la Société d'agriculture de Lyon.

« Dans une capsule ou terrine de grès dont la capacité doit être au moins triple du volume des matières employées, on met d'abord 3 p. d'acide azotique du commerce à 36° dont on élève la température à 60° centigrades, on retire la capsule du feu, et au moyen d'un tube de verre effilé à son extrémité inférieure que l'on plonge dans l'acide, on verse peu à peu 1 p. d'huile de houille. Chaque addition d'essence qui traverse l'acide chaud produit immédiatement une réaction, d'où résulte échauffement de la masse et dégagement avec effervescence d'acide carbonique et de bioxyde d'azote.

« Si le liquide menace de s'extravaser, on cesse de verser de l'huile, et on tempère la réaction par l'addition d'un peu d'acide froid. Lorsque toute l'huile qu'on a dessein de transformer est employée, la majeure partie est déjà convertie en acide picrique; mais il en reste encore une certaine quantité dans un état intermédiaire, sous forme d'une matière résineuse rougeâtre.

« Pour compléter autant que possible la transformation, on ajoute trois nouvelles portions d'acide azotique, on porte le liquide à l'ébullition, et l'on évapore jusqu'à consistance sirupeuse, en ayant soin de ne pas laisser la matière se dessécher; sans cette précaution, elle s'enflammerait et brûlerait avec intensité.

« On peut encore préparer l'acide picrique en opérant à froid le mélange d'une partie d'huile de houille avec 2 p. d'acide azotique. Il y a également alors production de chaleur, dégagement d'acide carbonique et d'oxyde d'azote; mais l'effervescence est moins vive que dans le premier cas, il se produit peu de vapeur nitreuse, et l'on obtient ainsi une matière résineuse gluante, que l'on doit traiter à chaud par l'acide azotique, et faire évaporer comme précédemment.

« Le liquide sirupeux obtenu dans ces deux cas se prend par le refroidissement en une masse pâteuse, jaunâtre, dont le poids est environ le sixième des matières employées.

« Il se compose d'acide picrique, d'un peu de matières résineuses et d'acide azotique. On sépare l'acide picrique en faisant bouillir la masse dans l'eau qui le dissout et l'abandonne ensuite, par le refroidissement, à l'état cristallisé. Deux ou trois cristallisations le donnent à peu près pur; mais pour arriver à la pureté chimique, il faut le combiner à une base, soit l'ammoniaque, et le précipiter avec un acide (acide nitrique ou acide chlorhydrique), puis le faire cristalliser. Après ces préparations, l'acide picrique est sous forme de cristaux transparents d'un jaune-citron clair [Guinon, *Mém. de la Soc. d'agr. de Lyon*, 1849]. »

Avec ce procédé, les ouvriers étaient exposés à l'action délétère des vapeurs nitreuses, aussi a-t-il été modifié rapidement. On fait l'attaque dans de grands ballons en verre, placés sur un bain de sable; l'huile de houille, contenue dans des vases en verre à robinet ou des réservoirs en bois et placés au-dessus des ballons, tombe goutte à goutte dans l'acide nitrique; les ballons sont munis d'un tube qui permette l'introduction de l'huile de houille et d'un autre tube à dégagement. Les vapeurs nitreuses sont ainsi conduites dans un réservoir commun à la série de ballons, qui sont au nombre de huit, et de là dirigées au moyen d'un courant de vapeur d'eau sur une colonne de coke imbibé d'acide sulfurique. L'attaque achevée, on porte le contenu des ballons à l'ébullition, et on amène le liquide à la consistance de sirop.

La fabrication de l'acide picrique au moyen de la gomme jaune d'Australie, obtenue du Xanthorrhea hastilis, présente les mêmes inconvénients que la fabrication au moyen des huiles de houille, tant au point de vue de la salubrité qu'au point de vue économique; il faut encore employer au moins 7 ou 8 fois le poids d'acide nitrique nécessaire.

Dans de grandes terrines ou capsules en grès d'une capacité de 20 à 30 litres placées sur un bain de sable, et sous une hotte ayant un fort tirage, on introduit $1^k$,500 de gomme jaune d'Australie en morceaux, puis on ajoute $3^k$,000 d'acide azotique ($D=1,42$); l'action est très-vive et il est souvent nécessaire d'ajouter 750 grammes d'eau que l'on a eu soin de mesurer d'avance. On chauffe alors légèrement pendant deux heures environ; la température doit être bien réglée, la masse moussant beaucoup et pouvant déborder facilement. Lorsque ce dernier cas se présente, il faut ajouter pour calmer la réaction aussi peu d'eau froide que possible. L'effervescence terminée, on élève la température et on évapore le liquide à moitié; on ajoute alors une seconde quantité d'acide nitrique, 1,500 grammes, et on continue l'évaporation jusqu'à ce que le liquide soit ramené au volume qu'il occupait avant cette addition.

Enfin on ajoute une troisième quantité d'acide nitrique, 2 kilogrammes, et on continue à chauffer jusqu'à ce que le volume ne soit plus que de 1,500 à 2,000 centimètres cubes.

Par le refroidissement, on obtient une masse pâteuse d'acide picrique que l'on laisse égoutter : pour la purifier, on la lave une ou deux fois à l'eau froide, afin d'enlever l'excès d'acide nitrique, et on la délaye dans l'eau bouillante; on la sature au moyen d'un sel de potassium ou avec de la potasse caustique, et après refroidissement on presse la pâte afin d'enlever les matières huileuses qui passent à travers les tissus. Il reste une galette de picrate de potassium qui, traitée par l'acide sulfurique dilué, donne de l'acide picrique cristallisé.

On peut encore laver la masse pâteuse résultant de l'attaque d'abord à l'eau froide, puis par l'eau bouillante additionnée d'un peu d'acide sulfurique (5 à 10 grammes par litre); on filtre, on sature par un sel de potassium; on presse le picrate de potassium; on le dissout de nouveau dans l'eau et on le décompose par l'acide sulfurique dilué ou l'acide chlorhydrique.

Actuellement le procédé adopté dans l'industrie est identique à celui employé dans le laboratoire et que la théorie permettait de prévoir. On a recours à l'emploi de l'acide sulfoconjugué du phénol.

Dans des cornues en grès, fermées par un chapiteau faisant joint hydraulique et portant deux tubulures permettant l'introduction du liquide et l'enlèvement des vapeurs nitreuses, on chauffe à 100° parties égales de phénol et d'acide sulfurique concentré (ces cornues sont placées sur un bain de sable et sont d'une contenance de 50 litres environ), on s'assure que la réaction est terminée en versant une goutte du mélange dans l'eau, elle doit s'y dissoudre complétement sans produire aucun trouble. On laisse refroidir, on étend avec deux fois le poids d'eau et on verse cette solution dans l'acide nitrique en léger excès. Il se dégage un peu de vapeurs nitreuses au début de la réaction, on achève l'attaque en chauffant jusqu'à ce que ces dernières aient disparu. Si la liqueur sort concentrée, l'acide picrique reste sous forme d'huile au fond du vase; par le refroidissement, elle se prend en une masse de cristaux que l'on laisse égoutter, qu'on lave à l'eau une ou deux fois, et que l'on presse; une seule cristallisation du sel de sodium que l'on décompose ensuite par l'acide sulfurique en excès fournit l'acide picrique à l'état pur.

Dans quelques fabriques on fait tomber petit à petit le mélange d'acide sulfurique et de phénol (acide sulfoconjugué) dans l'acide nitrique, en ayant soin d'agiter constamment la masse et de la refroidir; cette agitation est produite mécaniquement; l'attaque se fait dans des vases de fonte analogues à ceux employés dans la fabrication de la nitrobenzine. La masse huileuse est traitée comme précédemment.

D'après M. Carey Lea, l'emploi de la chaux pour purifier l'acide picrique et remplacer ainsi la potasse et même la soude a également été tenté; ce procédé présenterait de grands inconvénients à cause du sel de calcium basique qui se forme, qui est à peine soluble et qui fait ainsi éprouver des pertes notables. On peut arriver cependant à remédier facilement à la production du sel calcaire basique, en évitant d'employer un excès de chaux ou en ajoutant au moment de la filtration une certaine quantité d'acide picrique à purifier.

Le plus sérieux inconvénient que présente l'emploi de la chaux dans la purification de l'acide picrique provient de l'obligation où l'on se trouve de ne plus employer l'acide sulfurique pour décomposer le sel calcaire. Il faut donc alors avoir recours soit à l'acide nitrique, soit à l'acide chlorhydrique, ce qui cause une perte d'acide picrique; car cet acide, qui est presque complétement insoluble dans l'acide sulfurique étendu de 11 à 17 fois son volume d'eau, se dissout au contraire en proportion assez notable dans les acides chlorhydrique ou nitrique étendus.

L'emploi de la potasse présente des difficultés d'un autre ordre. Elles se produisent lors de la filtration des liqueurs et viennent de ce que le picrate de potassium, assez soluble dans l'eau bouillante, l'est fort peu dans l'eau froide. Il arrive que, malgré le soin que l'on met à chauffer les appareils filtrants, les pores des filtres se bouchent rapidement par suite de la cristallisation du picrate de potasse. Cette difficulté, légère lorsqu'on opère sur de petites quantités à la fois, devient au contraire un obstacle presque insurmontable lorsqu'on a de grandes masses de liquides à filtrer, comme c'est le cas dans l'industrie. On a donc été obligé d'avoir recours à la soude, malgré le double inconvénient que présente le picrate de sodium, 1° d'être moins insoluble que le picrate de potassium, 2° de dissoudre une partie des matières résineuses qui accompagnent l'acide picrique et dont il faut le débarrasser. Pour obvier à ce dernier inconvénient, on effectue la saturation de la liqueur en deux fois. Après la première addition de carbonate de sodium, on filtre, ou on décante la liqueur bouillante pour séparer la matière résineuse qui ne s'est point encore dissoute, on ajoute alors l'excès de carbonate sodique, le picrate de sodium étant presque insoluble dans les solutions contenant un excès de carbonate de sodium. On peut encore précipiter la petite quantité de picrate de sodium restant dans les eaux mères par l'addition correspondante d'un sel de potassium.

Le picrate de sodium cristallisé est dissous de nouveau dans l'eau bouillante et décomposé par l'acide sulfurique en excès. L'acide picrique mis en liberté étant à peu près insoluble dans les eaux mères renfermant le sulfate acide de sodium cristallise en totalité par le refroidissement. L'acide picrique est recueilli, lavé à l'eau froide, puis pressé et séché à la température ordinaire.

L'acide picrique a été employé pour la teinture de la soie et de la laine; il est bon de mordancer les tissus au préalable avec de l'alun et de la crème de tartre. Il sert à préparer les isopurpurates actuellement employés en teinture, à précipiter le vert dit à l'iode de ses solutions aqueuses. Il est encore employé quelquefois dans la fabrication des mauvaises bières, où on le substitue au houblon.

Enfin il a reçu de nombreuses applications dans la pyrotechnie et la fabrication des poudres brisantes.

Son pouvoir tinctorial est très-grand. De l'eau contenant 1/10000 d'acide picrique est colorée en jaune clair. Avec une addition de 1/300000, la teinte jaune est encore sensible, même sur une épaisseur de liqueur qui ne dépasse pas 3 centimètres.

L'acide picrique du commerce est souvent falsifié avec des matières étrangères telles que le sulfate de sodium, le borax, l'acide oxalique, etc. Pour reconnaître cette falsification, il suffit de traiter le produit par la benzine, dans laquelle l'acide picrique est très-soluble, tandis que la plus grande partie des corps étrangers restent à l'état insoluble.

DÉRIVÉS DE L'ACIDE PICRIQUE.

Acide isopurpurique. — Ce corps, dont le mode d'obtention et la composition ont été données t. II, p. 159, est employé dans la teinture de la soie et de la laine. On obtient le sel de potassium en mélangeant à la température ordinaire 1 p. de picrate d'ammonium et 2 p. de cyanure de potassium en présence d'une petite quantité d'eau de manière à obtenir une bouillie. Après une demi-heure de contact environ, on ajoute une nouvelle quantité d'eau et on porte la masse à la température de 40° à 50°; on laisse refroidir, on filtre, on presse la masse cristalline, puis on la lave avec de l'eau, et on la dissout dans l'eau bouillante. La solution se recouvre d'une couche cristalline d'un vert métallique et laisse déposer de petits cristaux d'un beau rouge, verts par réflexion.

La facilité avec laquelle les isopurpurates détonent par le choc exige qu'on les livre aux teinturiers sous forme de pâte maintenue humide par l'addition de glycérine.

Pour teindre la laine et la soie avec les isopurpurates, il suffit de suivre la méthode indiquée par M. Lauth pour la teinture en murexide. On mordance avec un sel de mercure ou de plomb, puis on passe au bain de teinture. Les couleurs fournies par les isopurpurates sont pourpres tirant sur l'orange. Elles résistent non-seulement à l'action de la lumière, mais aussi à l'action de l'acide sulfureux qui détruit la murexide.

L'isopurpurate de zinc donne des nuances d'un rouge foncé brunâtre.

Ch. Girard et G. de Laire.

**PHÉNOLS.** — On donne le nom générique de phénols à des composés dont l'acide phénique, ou phénol proprement dit, est le terme le mieux connu. Les phénols représentent une fonction spéciale; ils sont distincts tout à la fois des alcools et des acides, avec lesquels ils présentent plusieurs points de contact. Leurs caractères généraux ont été indiqués dans ce livre, à l'article Série aromatique, t. I, p. 386. On connaît aussi dans certaines séries plusieurs phénols isomères, comme les trois crésylols, $C^7H^8O$, les deux naphtols $C^{10}H^8O$. Pour l'étude de ces isoméries, nous renvoyons à l'article Isomérie, t. II, p. 142. Nous nous contenterons ici de donner la liste des phénols actuellement connus; la plupart dérivent de la benzine ou de ses homologues : on en connaît d'autres qui se rattachent à la naphtaline.

Nous donnerons de plus en appendice l'histoire de trois phénols qui n'ont pu trouver place autre part ou qui ont été récemment découverts, l'*éthylphénol* $C^6H^4(C^2H^5),OH$, dérivé de l'éthylbenzine, le *benzylphénol*

$$C^6H^4\left\{\begin{matrix}CH^2,C^6H^5\\OH\end{matrix}\right.$$

qui correspond au phénylbenzyle ou diphénylméthane $C^6H^5-CH^2-C^6H^5$, le *diphénol* $C^{12}H^{10}O$, et celle des *crésylols* isomériques, qui n'étaient pas encore connus lorsque nous avons publié dans cet ouvrage l'article Crésylol.

Les autres phénols sont décrits sous leurs noms respectifs.

PHÉNOLS MONATOMIQUES.

*a. Dérivés de la benzine.*

| | |
|---|---|
| Phénol | $C^6H^6O = C^6H^5,OH.$ |
| Crésylols α, — β, — γ | $C^7H^8O = C^6H^4\left\{\begin{matrix}CH^3\\OH.\end{matrix}\right.$ |
| Xylénol solide, — liquide | $C^8H^{10}O = C^6H^3\left\{\begin{matrix}(CH^3)^2\\OH.\end{matrix}\right.$ |
| Phloréthol (de l'acide phlorétique) | $C^8H^{10}O = C^6H^4\left\{\begin{matrix}C^2H^5?\\OH.\end{matrix}\right.$ |
| Phlorol (du goudron de hêtre) | $C^8H^{10}O = C^6H^3\left\{\begin{matrix}(CH^3)^2?\\OH\end{matrix}\right.$ |
| Éthyl-phénol | $C^8H^{10}O = C^6H^4\left\{\begin{matrix}C^2H^5\\OH.\end{matrix}\right.$ |
| Thymol α, — β | $C^{10}H^{14}O = C^6H^3\left\{\begin{matrix}CH^3\\C^3H^7\\OH.\end{matrix}\right.$ |
| Diphénol (de Griess) | $C^{12}H^{10}O = \begin{matrix}C^6H^4,OH\\\vert\\C^6H^5.\end{matrix}$ |
| Benzyl-phénol | $C^{13}H^{12}O = C^6H^4\left\{\begin{matrix}CH^2-C^6H^5\\OH.\end{matrix}\right.$ |

*b. Dérivés de la naphtaline.*

| | |
|---|---|
| Naphtol α, — β | $C^{10}H^8O = C^{10}H^7,OH.$ |

PHÉNOLS DIATOMIQUES.

*a. Dérivés de la benzine.*

| | |
|---|---|
| Hydroquinone, Oxyphénol (pyrocatéchine), Résorcine | $C^6H^6O^2 = C^6H^4\left\{\begin{matrix}OH\\OH.\end{matrix}\right.$ |
| Orcine, Homopyrocatéchine | $C^7H^8O^2 = C^6H^3\left\{\begin{matrix}CH^3\\OH\\OH.\end{matrix}\right.$ |
| Béta-orcine | $C^8H^{10}O^2.$ |

*b. Dérivé du diphényle.*

| | |
|---|---|
| Diphénol (de Barth) | $C^{12}H^{10}O^2 = \begin{matrix}C^6H^4,OH\\\vert\\C^6H^4,OH.\end{matrix}$ |

*c. Dérivé de la naphtaline.*

| | |
|---|---|
| Oxynaphtol, Hydronaphtoquinone | $C^{10}H^8O^2 = C^{10}H^6\left\{\begin{matrix}OH\\OH.\end{matrix}\right.$ |

PHÉNOLS TRIATOMIQUES.

| | |
|---|---|
| Pyrogallol, Phloroglucine, Franguline? | $C^6H^6O^3 = C^6H^3(OH)^3.$ |
| Trioxynaphtaline | $C^{10}H^8O^3 = C^{10}H^5(OH)^3.$ |

Il y a aussi des corps qui jouent le rôle de phénols monatomiques et qu'on a regardés comme tels, mais ce sont des éthers monoalcooliques des phénols diatomiques.

Gaïacol, $C^6H^4\left\{\begin{matrix}OCH^3\\OH,\end{matrix}\right.$ ou pyrocatéchine monométhylique.

Créosol, $C^6H^3\left\{\begin{matrix}CH^3\\OCH^3\\OH,\end{matrix}\right.$ ou homopyrocatéchine monométhylique.

Eugénol, $C^{10}H^{12}O^2 = C^6H^3\left\{\begin{matrix}C^3H^5\\OCH^3\\OH,\end{matrix}\right.$

éther méthylique d'un phénol

$$C^6H^3\left\{\begin{matrix}C^3H^5\\OH\\OH.\end{matrix}\right.$$

Quant à la saligénine, c'est un composé de fonction mixte, qui est diatomique, tout à la fois alcool et phénol, et que, pour cette raison, j'ai appelé *alphénol saligénique*. La constitution de cet alphénol est donnée par l'action des oxydants qui le transforment en acide salicylique, tout à la fois phénol monatomique et acide monobasique.

Quant à l'alcool anisique, $C^{10}H^{10}O^2$, c'est l'éther méthylique de l'alphénol paroxybenzoïque encore inconnu,

$$C^6H^4\left\{\begin{matrix}CH^2,OH\\OH\end{matrix}\right. \qquad C^6H^4\left\{\begin{matrix}CH^2,OH\\OCH^3\end{matrix}\right.$$

Alphénol paroxybenzoïque. — Alcool anisique.

L'alcool anisique fournit, en effet, par oxydation, l'acide anisique ou méthylparoxybenzoïque

$$C^6H^4\left\{\begin{matrix}CO^2H\\OCH^3.\end{matrix}\right.$$

Il y a enfin d'autres corps de fonctions mixtes jouant partiellement le rôle de phénols; tels sont les acides-phénols, comme l'acide salicylique, les quinones-phénols, comme l'oxynaphtoquinone (voyez QUINONES),

$$C^{10}H^5\left\{\begin{matrix}(O^2)''\\OH,\end{matrix}\right.$$

les ammoniaques-phénols, comme le diamidophénol $C^6H^3(AzH^2)^2,OH$. Dans tous ces corps, les réactions propres aux phénols sont plus ou moins masquées; il est inutile de s'y arrêter plus longuement.

PHÉNOLS CRÉSYLIQUES (*crésylols*),

$$C^6H^4\left\{\begin{matrix}CH^3\\OH\end{matrix}\right.$$

[Engelhardt et Latschinow, *Zeitschr. für Chem.*, nouv. sér., t. V, p. 615, et *Bull. de la Soc. chim.*, 1870, t. XIII, p. 256; — Wurtz, *Ann. de Chim. et de Phys.*, (4), t. XXV, p. 108]. — On connaît aujourd'hui trois crésylols que nous désignerons par les lettres α, β et γ.

CRÉSYLOL α. — Il se produit par la fusion de l'α-crésylsulfite de potassium avec la potasse. Il est identique avec le crésylol retiré du goudron de houille par Williamson et Fairlie (voyez t. I, p. 988). Il se produit aussi lorsqu'on fait bouillir avec de l'eau le sulfate de diazotoluène obtenu par l'action du gaz nitreux sur le sulfate de toluidine cristallisée (Griess). M. Fuchs opère de la manière suivante pour obtenir le crésylol α : il ajoute une solution de bichromate de potassium au chlorhydrate de diazotoluène brut, produit de l'action de l'azotite de calcium sur le chlorhydrate de toluidine. Il se forme un précipité rouge orangé de chromate de diazotoluène qu'on lave rapidement et qu'on ne doit pas laisser dessécher parce qu'il détone facilement; on le traite par de l'acide sulfurique étendu (1 p. d'acide et 4 d'eau) et une quantité d'acide sulfureux suffisante pour réduire l'acide chromique. On met alors le ballon en communication avec un appareil à reflux, et on chauffe à l'ébullition pendant une demi-heure. On épuise ensuite avec de l'éther, on évapore ce dernier et on soumet le résidu à la distillation fractionnée pour recueillir le crésylol [Fuchs, *Deutsch. Chem. Gesells.*, t. II, p. 625, et *Bull. de la Soc. chim.*, 1870, t. XIII, p. 359].

Le crésylol bout à 198-200° (Engelhardt et Latschinow); à 201°,5-202° et fond à 34°,5 (Wurtz). Traité par l'acide carbonique et le sodium, il donne l'acide crésotique α fusible à 147-150°. — Voyez ACIDES OXYTOLUIQUES, t. II, p. 717.

*Éthylcrésylol α*,

$$C^6H^4\left\{\begin{matrix}CH^3\\OC^2H^5.\end{matrix}\right.$$

— Liquide aromatique bouillant à 188°, d'une odeur d'anis, insoluble dans l'eau; sa densité à 0° = 0,8744. Soumis à une ébullition de plusieurs jours avec le bichromate de potassium et l'acide acétique, il donne l'acide éthylparoxybenzoïque

$$C^6H^4\left\{\begin{matrix}CO^2H\\OC^2H^5\end{matrix}\right.$$

fusible à 194° (Fuchs).

*Éthylène-crésylol α*,

$$C^2H^4\left\{\begin{matrix}OC^6H^4,CH^3\\OC^6H^4,CH^3.\end{matrix}\right.$$

— Obtenu par l'action du bromure d'éthylène sur le dérivé potassique du crésylol-α, il cristallise en tables rhombiques fusibles à 134°,5, bouillant vers 2?7°, insolubles dans l'eau, peu solubles dans l'alcool et l'éther froids, assez solubles dans l'alcool bouillant (Fuchs).

Fondu avec la potasse, il se transforme en paroxybenzoate (Barth).

*Acétyle-crésylol α*,

$$C^6H^4\left\{\begin{matrix}CH^3\\OC^2H^3O.\end{matrix}\right.$$

— Liquide jaunâtre, d'une odeur désagréable, bouillant à 208-210° (Fuchs).

*Benzoyle-crésylol α*,

$$C^6H^4\left\{\begin{matrix}CH^3\\OC^7H^5O.\end{matrix}\right.$$

— Belles tables hexagonales, fusibles à 70°, obtenues par l'action du chlorure de benzoyle sur le crésylol α (E. et L.).

*Phosphate de crésyle α* $[C^6H^4(CH^3)O]^3PO^4$. — Obtenu par l'action du perchlorure de phosphore, il est en tables fusibles à 67-69°. Dans cette réaction, il se forme un peu de toluène chloré [Anna Wolkow, *Zeit. für Chem.*, t. VI, p. 321, et *Bull. de la Soc. chim.*, 1870, t. XIV, p. 287].

*Acide α-crésylol-sulfureux* (*acide oxycrésylsulfureux*),

$$C^6H^3\left\{\begin{matrix}CH^3\\OH\\SO^3H\end{matrix}\right.$$

(E. et L.). — L'acide, qui n'a pas été isolé à l'état de pureté, s'obtient, soit en traitant l'α-crésylol à chaud par l'acide sulfurique, soit en faisant réagir l'acide azoteux sur l'acide α-toluidine-sulfureux. — Voyez TOLUIDINE.

Le *sel de baryum*, $[C^6H^3(CH^3)(OH)SO^3]^2Ba$, s'obtient, en tables volumineuses anhydres, par le refroidissement lent de sa solution dans l'alcool bouillant, où il est peu soluble. Par l'addition d'eau de baryte à sa solution aqueuse, on obtient de fines aiguilles d'un sel basique

$$C^6H^3(CH^3)(OH)SO^3,BaOH + H^2O.$$

Le *sel de potassium*,

$$C^6H^3(CH^3)OH,SO^3K + 2H^2O,$$

est très-soluble dans l'eau bouillante, d'où il cristallise en beaux prismes hexagonaux aplatis. Fondu avec la potasse, il donne de l'acide protocatéchique, un peu d'acide paroxybenzoïque, et les eaux mères d'où l'on a retiré ces acides renferment un corps qu'on n'a pu isoler, mais qui présente les réactions de l'orcine [Barth, *Ann der Chem. u. Pharm.*, t. CLIV, p. 356, et *Bull de la Soc. chim.*, 1870, t. XIV, p. 286].

Le *sel de plomb* est soluble et cristallise en mamelons.

*Acide α-crésylol-disulfureux* (E. et L.). — En traitant l'α-crésolsulfite de potassium par l'acide sulfurique fumant, saturant par du carbonate de baryum, on obtient le *sel de baryum* d'un acide α-crésol-disulfureux,

$$C^6H^2(CH^3)(OH)\left\{\begin{matrix}SO^3\\SO^3\end{matrix}\right.>Ba + 2\,1/2\,H^2O,$$

en longues aiguilles peu solubles dans l'eau. Le *sel potassique*,

$$C^6H^2(CH^3)(OH)(SO^3K)^2 + 3H^2O,$$

est très-soluble ; il cristallise en prismes volumineux, transparents et efflorescents.

CRÉSYLOL β [Engelhardt et Latschinow, *Mém. cit.*]. — Obtenu par la fusion du β-crésyl-sulfite de potassium avec la potasse ; on n'a pu l'avoir entièrement exempt de crésylol α.

Pour l'avoir aussi pur que possible, on transforme le crésol produit par la fusion du β-crésylsulfite en combinaison benzoylique au moyen du chlorure de benzoyle et on dissout dans l'éther. La plus grande partie du crésylol α se sépare à l'état d'éther benzoïque cristallisé, tandis que le β-benzoyle-crésylol reste liquide. On décompose cet éther par la potasse et on obtient le crésylol β plus pur. C'est un liquide bouillant de 185° à 189° dans un courant d'acide carbonique.

Il se prend peu à peu en une masse cristalline fusible à — 38°. Fondu avec la potasse, il donne principalement de l'acide salicylique, mélangé d'un peu d'acide paroxybenzoïque (Barth).

Avec l'acide carbonique et le sodium, il donne l'acide β-crésotique.

*Acide β-crésylol-sulfureux.* — Le *sel barytique* neutre est très-soluble et incristallisable ; le *sel basique* $C^6H^3(CH^3)(OH)SO^3.BaOH$ est plus soluble que le sel α dans l'eau bouillante qui l'abandonne en petits mamelons. Le *sel potassique* est incristallisable.

CRÉSYLOL γ (Engelhardt et Latschinow). — Lorsqu'on traite 100 grammes de thymol par 35 grammes d'anhydride phosphorique, il se dégage du propylène, et il reste une masse épaisse qui fournit du crésylol γ, lorsqu'on la fond avec de la potasse. Le produit repris par l'eau additionnée d'acide chlorhydrique et agité avec de l'éther, fournit une huile dont les 4/5 passent entre 196-204° et constituent le crésylol γ.

Ce corps reste liquide dans un mélange réfrigérant et bout entre 195° et 200°. Avec l'acide carbonique et le sodium, il donne l'acide γ-crésotique, fusible à 168-173°.

Fondu avec la potasse, il donne de l'acide oxybenzoïque ; la réaction se fait difficilement (Barth).

*Benzoyle-crésylol* γ. — Masse cristalline blanche, fusible à 38° et bouillant entre 290° et 300°.

*Éthyl-crésylol* γ. — Huile aromatique, bouillant à 188-191°.

*Acide crésylol-sulfureux* γ. — Le *sel de baryum* neutre,

$$[C^6H^3(CH^3)(OH)SO^3]^2Ba + 2H^2O,$$

est soluble et cristallise en mamelons durs.

Le *sel de baryum basique*,

$$C^6H^3(CH^3)OH, SO^3.BaOH + H^2O,$$

est très-peu soluble et cristallise en fines aiguilles groupées en sphères. Le *sel de potassium*,

$$C^6H^3(CH^3)OH, SO^3K + 2\,1/2\,H^2O,$$

est soluble dans l'eau et l'alcool ; il cristallise en prismes courts.

BENZYLPHÉNOL,

$$C^6H^4(C^7H^7), OH = C^6H^4 \left\{ \begin{matrix} CH^2, C^6H^5 \\ OH \end{matrix} \right.$$

[Paterno, *Journ. für prakt. Chem.*, nouv. sér., t. IV, p. 458 ; *Gazetta chimica italiana*, 1872, p. 549 ; *Bull. de la Soc. chim.*, 1872, t. XVII, p. 224, et t. XVIII, p. 77]. — Quand on chauffe légèrement un mélange de chlorure de benzyle et de phénate de méthyle avec un peu de zinc en poudre, on observe une vive réaction et un dégagement abondant d'acide chlorhydrique. En distillant le produit, on recueille vers 300° un corps qui présente la composition du benzylphénate de méthyle $C^6H^4(CH^2, C^6H^5)OCH^3$. Celui-ci, traité par l'acide iodhydrique, fournit le benzylphénol, qu'on peut aussi obtenir directement en employant le chlorure de benzyle, le phénol et le zinc et distillant dans le vide le produit de la réaction.

Le benzylphénol forme des cristaux soyeux blancs, fusibles à 84°, ne distillant pas sans décomposition à la pression ordinaire ; sous une pression de 4 à 5 millimètres, il bout à 175-180° ; il est assez soluble dans l'eau.

Le *benzylphénate de méthyle* est liquide ; il bout vers 305° ; sous une pression de 4 millimètres, il distille à 155°. Sa densité à 0° est de 1,073 ; à 100°, elle est de 0,993.

ÉTHYLPHÉNOL, $C^8H^9, OH = C^6H^4(C^2H^5), OH$ [Fittig et Kiesow, *Zeitschr. für Chem.*, nouv. sér., t. V, p. 333, et *Bull. de la Soc. chim.*, 1869, t. XII, p. 393]. — C'est le phénol correspondant à l'éthyle-phényle ou éthyle-benzine $C^6H^5, C^2H^5$, et représentant par conséquent le phénol ordinaire, dont 1 atome d'hydrogène du groupe $C^6H^5$ est remplacé par le groupe $C^2H^5$. Les auteurs l'ont appelé éthylphénol ; on pourrait l'appeler *phénétol* si ce nom n'avait déjà été donné au phénate d'éthyle $C^6H^5OC^2H^5$, isomère du corps que nous considérons.

On l'obtient en chauffant l'éthyle-phénylsulfite de potassium $C^6H^4(C^2H^5), SO^3K$ avec trois fois son poids de potasse pendant quelques heures à 280°, traitant par l'eau, saturant par l'acide sulfurique, et distillant avec la vapeur d'eau. L'éthylphénol passe avec la vapeur d'eau à l'état d'une huile jaunâtre, qui, après dessiccation, est soumise à la distillation fractionnée. Les portions recueillies entre 208° et 210° donnent par le refroidissement des cristaux d'éthyl-phénol qui, purifiés, fondent à 47-48°. En présence de l'eau froide, il se liquéfie immédiatement. Les portions recueillies entre 200° et 201° restent liquides, mais elles présentent la même composition que les cristaux. Les auteurs en attribuent la cause à la présence d'un peu d'humidité.

MM. Beilstein et Kuhlberg ont traité par le sodium et l'acide carbonique les deux modifications de l'éthylphénol ; ils ont obtenu dans les deux cas un acide ayant le même point de fusion (115-117°), le même aspect, se colorant en violet par le perchlorure de fer et répondant à la formule $C^6H^3(C^2H^5)(OH), CO^2H$. Ils donnent à ce corps le nom d'acide *éthyle-oxybenzoïque* ; il faut bien se garder de le confondre avec l'éther éthylique acide de l'acide oxybenzoïque, qui a été désigné sous le même nom, et dont la formule est

$$C^6H^4(OC^2H^5), CO^2H.$$

DIPHÉNOL,

$$C^{12}H^{10}O = \begin{matrix} C^6H^4, OH \\ | \\ C^6H^5 \end{matrix}$$

[Griess, *Journ. of the Chem. Society*, (2), t. V, p. 91, et *Philosoph. transact.*, t. CLIV, p. 710]. — On chauffe la solution de l'azotate de tétrazodiphényle, on sépare le produit qui se dépose et on le traite par l'alcool étendu qui dissout le diphénol et laisse une matière brune insoluble. Purifié par dissolution dans l'éther et par plusieurs cristallisations dans l'alcool, le diphénol forme de petites aiguilles ou écailles blanches, fusibles et sublimables lorsqu'on les chauffe avec précaution. Il est peu soluble dans l'eau, très-soluble dans l'alcool et l'éther.

Il se dissout dans la potasse et l'ammoniaque, d'où il est reprécipité par les acides ; il donne avec l'acide azotique concentré un dérivé nitré jaune et incristallisable. Il précipite en blanc par l'acétate de plomb en présence d'ammoniaque.

Barth a décrit sous le nom de *diphénol* un corps $C^{12}H^{10}O^2$ obtenu par la fusion du phénol avec la potasse. Ce diphénol est une huile jau-

nâtre, distillant de 340° à 350°. Ses dérivés nitrés et bromés sont amorphes. Traité avec la potasse et l'iodure de méthyle, il donne le *dianisol*, $C^{12}H^8O^2(CH^3)^2$, fondant à 146°, bouillant à 310-320° [*Bull. de la Soc. chim.*, 1871, t. XV, p. 101].
E. G.

**PHÉNOMALIQUE (ACIDE)**, $C^6H^{10}O^5$. — Carius a donné ce nom à un acide, qui prend naissance dans l'action de l'hydrogène naissant sur l'acide trichlorophénomalique, $C^6H^7Cl^3O^5$. — Voyez plus loin.

D'après sa formule, il serait un homologue de l'acide malique.

Pour le préparer, on chauffe une solution concentrée d'acide trichlorophénomalique avec de la poudre de zinc au bain-marie, en ajoutant de temps en temps un peu d'acide chlorhydrique pour faciliter la réaction. Ensuite on neutralise le liquide par l'eau de baryte, on précipite le zinc dissous par le sulfure de baryum, puis la baryte exactement par l'acide sulfurique, et l'on évapore à plusieurs reprises pour chasser l'acide chlorhydrique. Finalement on décolore la solution par le charbon animal et on laisse évaporer lentement. On obtient ainsi l'acide phénomalique sous la forme d'une masse incolore, amorphe, déliquescente, qui paraît renfermer $C^6H^{10}O^5$; ses sels sont tous amorphes et mal définis.

Lorsqu'on emploie des hydrogénants plus énergiques (acide iodhydrique à 150°, étain et acide chlorhydrique), on n'obtient pas d'acide phénomalique, mais de l'acide succinique [L. Carius, *Ann. der Chem. u. Pharm.*, t. CXLII, p. 129; *Bull. de la Soc. chim.*, 1868, t. IX, p. 119].

ACIDE TRICHLOROPHÉNOMALIQUE, $C^6H^7Cl^3O^5$. Carius regarde cet acide comme le dérivé trichloré de l'acide phénomalique. Il prend naissance lorsqu'on traite la benzine par l'acide chloreux : $C^6H^6 + 3ClHO^2 + C^6H^7Cl^3O^5 + H^2O$. Pour le préparer, on introduit dans des fioles un mélange froid de 1,200 p. d'acide sulfurique et de 600 p. d'eau, puis 70 à 80 p. de benzine pure. Après avoir agité vivement, on ajoute par petites portions 150 p. de chlorate de potassium pur, et l'on agite jusqu'à ce que le sel soit dissous. Il faut avoir soin que la température ne s'élève pas au-dessus de 30°.

L'acide chlorique mis en liberté est réduit par une partie de la benzine à l'état d'acide chloreux qui s'unit au reste. Au bout de 3 à 5 jours, on porte la température à 60-70°, jusqu'à ce que les dernières portions de sel soient dissoutes et que le liquide ait pris une teinte rougeâtre; alors on étend la solution chaude de la moitié de son volume d'eau.

L'acide trichlorophénomalique est dissous en grande partie dans la liqueur acide, en petite quantité dans la benzine non attaquée qui surnage. On décante cette dernière, on l'évapore, on reprend le résidu par l'eau bouillante et l'on agite la solution aqueuse avec de l'éther qui dissout l'acide trichlorophénomalique. Pour le retirer de la solution acide, on agite celle-ci avec de l'éther et l'on chasse ce dissolvant par la distillation. Après avoir repris le résidu par l'eau, on précipite l'acide sulfurique qu'il contient encore par le chlorure de baryum, et l'on épuise de nouveau le liquide par l'éther. Celui-ci laisse après distillation une masse visqueuse qui dépose des cristaux d'acide trichlorophénomalique lorsqu'on l'expose dans le vide ou qu'on le chauffe pendant quelque temps vers 40° ou 50°; on en obtient une nouvelle quantité en ajoutant de l'eau au résidu incristallisable jusqu'à formation d'un trouble. Les eaux mères incristallisables renferment un autre acide chloré amorphe.

L'acide trichlorophénomalique forme des cristaux incolores, appartenant au type clinorhombique; l'eau chaude le laisse déposer en lamelles très-minces; l'alcool, la benzine, l'éther, en tables plus épaisses ou en prismes. Il fond à 131-132° et se concrète par le refroidissement en une masse cristalline, dont la densité est de 1,5. Chauffé avec précaution à quelques degrés au-dessus de son point de fusion, il émet des vapeurs blanches d'un nouvel acide, en même temps que des vapeurs aqueuses; à 180°, il entre en ébullition et laisse un résidu de charbon.

Il se dissout peu dans l'eau froide, mais il est très-soluble dans l'alcool, l'éther et la benzine. La solution aqueuse se décompose lentement, en se colorant en rose; elle est très-acide; elle précipite l'acétate de plomb et le nitrate d'argent, si l'on ajoute de l'ammoniaque avec précaution. Ses sels ne sont pas étudiés; ils sont très-instables et leur solution se décompose très-vite en prenant une réaction acide, en même temps qu'il se forme du chlorure. L'eau de baryte le décompose très-vite et donne un acide que Carius avait nommé d'abord *acide phénaconique*, mais qui, d'après des recherches ultérieures du même chimiste, est identique avec l'acide fumarique. — Voyez PHÉNACONIQUE (ACIDE), t. II, p. 793.

L'hydrogène naissant le transforme suivant les conditions en acide phénomalique, ou acide succinique.

Il ne paraît pas fournir de dérivé nitré; l'acide nitrique l'oxyde immédiatement et le convertit en acide oxalique. Le chlorate de potassium et l'acide sulfurique agissent de même.

Parmi les produits accessoires qui prennent naissance en même temps que l'acide trichlorophénomalique, se trouvent l'acide oxalique, un acide chloré amorphe, la benzine monochlorée, le phénol monochloré, et une substance se rapprochant du chloranile (perchloroquinone) [L. Carius, *loc. cit.*].
A. H.

**PHÉNOQUINONE**, $C^{18}H^{14}O^4$ [Wichelhaus, *Deutsch. Chem. Gesellsch.*, t. V, p. 428 et p. 846, et *Bull. de la Soc. chim.*, 1872, t. XVII, p. 455, et 1873, t. XIX, p. 32]. — Ce corps est un produit d'oxydation du phénol, et se forme aussi par l'action de la quinone sur le phénol. On mélange des solutions aqueuses de phénol (30 grammes) et d'acide chromique (75 grammes); on fait bouillir pendant une demi-heure en agitant, et on distille le mélange.

Il passe à la distillation un liquide jaunâtre qu'on agite avec de l'éther. Celui-ci abandonne, par l'évaporation, la phénoquinone sous forme d'une masse cristalline rouge, sublimable en larges aiguilles fusibles à 71° et solubles dans l'eau.

Il se produit en même temps de la quinhydrone (hydroquinone verte) et de l'hydroquinone.

Les acides et les alcalis dédoublent facilement ce corps en phénol et en quinone; il se détruit de même lorsqu'on cherche à prendre sa densité de vapeur. Avec l'acide sulfureux, il donne de l'hydroquinone.

Les cristaux rouges de phénoquinone se colorent en bleu par la potasse, en vert par la baryte ou l'ammoniaque. A la longue, ils s'altèrent spontanément.

L'auteur admet que l'oxydation du phénol fournit de la quinone qui agit sur l'excès de phénol; effectivement il a obtenu de la phénoquinone en chauffant un mélange de quinone et de phénol sans intervention d'aucun agent oxydant; il se forme en même temps des produits de réduction de la quinone. L'auteur représente la phénoquinone par la formule

$$C^6H^4 \left\langle \begin{matrix} O\text{-}OC^6H^5 \\ O\text{-}OC^6H^5. \end{matrix} \right.$$

E. G.

**PHÉNOSE**, $C^6H^{12}O^6$ [Carius, *Ann. der Chem. u. Pharm.*, t. CXXXVI, p. 323, et *Bull. de la Soc.*

*chim.*, 1866, t. VI, p. 61]. — Lorsqu'on fait réagir l'acide hypochloreux sur la benzine, on obtient un composé, $C^6H^6Cl^3(OH)^3$, *trichlorhydrine phénosique* (que nous décrivons plus loin), et qui fournit la phénose dans les conditions suivantes :

On dissout la trichlorhydrine phénosique (1 molécule) dans l'alcool, on y ajoute environ 100 fois son poids d'eau, puis 3 molécules de carbonate de sodium, et on chauffe au bain-marie la liqueur qui brunit bientôt. On la *neutralise* ensuite par l'acide chlorhydrique, et, après l'avoir épuisée avec de l'éther, on évapore presque à siccité au bain-marie la solution aqueuse. On reprend le résidu par l'alcool, et, après avoir chassé ce solvant, on reprend de nouveau par l'alcool absolu. La solution alcoolique filtrée laisse déposer du sel marin, et des cristaux tabulaires qui paraissent être une combinaison de phénose et de chlorure de sodium. Pour isoler la phénose, on acidule la solution alcoolique avec de l'acide acétique, et on la précipite par l'acétate de plomb. On filtre, on ajoute de l'ammoniaque et de l'acétate de plomb à la liqueur filtrée; le second précipité renferme la phénose en combinaison avec l'oxyde de plomb. On délaye cette combinaison dans l'eau et on la décompose par l'acide sulfhydrique. A la liqueur filtrée, on ajoute du carbonate d'argent avec précaution pour enlever le chlore; on décolore par le charbon animal et on évapore la solution dans le vide.

La phénose est solide, amorphe, déliquescente, un peu colorée. Sa saveur est sucrée, avec un arrière-goût âcre. Au-dessus de 100°, elle se décompose en répandant une odeur de caramel. En présence des acides étendus, elle brunit en donnant des produits ulmiques. Avec l'acide azotique, elle s'oxyde en formant de l'acide oxalique. Elle empêche, comme la glucose, la précipitation de l'oxyde cuivrique, qu'elle réduit à chaud; avec l'acide iodhydrique, elle fournit de l'iodhydrate d'hexylène.

En solution alcoolique, elle donne avec la potasse un précipité visqueux, qui, lavé rapidement à l'alcool et dissous dans l'eau, fournit avec l'acétate de plomb une combinaison insoluble, amorphe, $C^6H^6O^6Pb^3$.

Elle se dissout dans l'acide sulfurique sans coloration, et la solution renferme un acide sulfoconjugué, dont le sel de baryum est soluble.

Trichlorhydrine phénosique, $C^6H^6Cl^3(OH)^3$. — On prépare cette combinaison en fixant l'acide hypochloreux sur la benzine; on délaye 216 grammes d'oxyde mercurique dans un litre d'eau et on l'introduit dans des flacons remplis de chlore. On refroidit à 0° la solution d'acide hypochloreux et on l'agite avec 26 grammes de benzine, *jusqu'à ce que l'odeur de l'acide hypochloreux ait disparu*, ce qui arrive ordinairement au bout de deux jours. On décompose la solution par l'hydrogène sulfuré, on la sature de sel marin et on l'agite avec l'éther. La solution éthérée abandonne la trichlorhydrine sous la forme d'un liquide incolore, épais, qui exposé à basse température, à l'abri du contact de l'air, donne des lames minces, incolores, fusibles à 10°.

Ce corps attire l'humidité de l'air et se décompose en brunissant. Il est peu soluble dans l'eau, très-soluble dans l'alcool, l'éther et la benzine. Traité par le carbonate de sodium, comme nous l'avons dit plus haut, il donne la phénose. Avec les alcalis, il donne un acide que M. Carius a appelé *acide benzénique*, $C^6H^4O^2$, mais qui n'est que de l'acide benzoïque impur; on ne se rend pas compte de la production de cet acide avec la formule attribuée à la trichlorhydrine phénosique. Avec l'acide azotique, la trichlorhydrine phénosique donne de l'acide oxalique. E. G.

**PHÉNYLACÉTIQUE (ACIDE)** [Syn. *Acide α-toluique*], $C^8H^8O^2 = C^6H^5, CH^2(CO^2H)$ [Cannizzaro, *Ann. de Chim. et de Phys.*, (3), 1855, t. XLV, p. 468; *Répert. de Chim. pure*, 1861, p. 283, et 1862, p. 302; — Moeller et Strecker, *Ann. de Chim. et de Phys.*, (3), t. LVIII, p. 486]. — Cet acide a été obtenu par Cannizzaro en soumettant le cyanure de benzyle à l'action de la potasse bouillante, et par Moeller et Strecker dans le dédoublement de l'acide vulpique. Zincke en a réalisé la synthèse en chauffant vers 180-200° de l'éther monochloracétique avec de la benzine bromée et du cuivre [*Deuts. Chem. Gesells.*, t. II, p. 737, et *Bull. de la Soc. chim.*, 1870, t. XIII, p. 449]. Glaser et Radziszewski l'ont obtenu en transformant l'acide formobenzoylique (phénylglycolique), $C^6H^5.CH, OH-CO^2H$, en acide phénylbromacétique par l'action de l'acide bromhydrique, et soumettant l'acide phénylbromacétique, $C^6H^5.CHBr.CO^2H$, à l'action de l'hydrogène naissant [*Zeitsch. für Chem.*, nouv. sér., t. IV, p. 140, et *Bull. de la Soc. chim.*, 1868, t. X, p. 285]. Crum-Brown transforme directement l'acide formobenzoylique en acide phénylacétique en le chauffant avec l'acide iodhydrique [*Procced. Roy. Soc. Édimb.*, t. V, p. 409].

Pour préparer l'acide phénylacétique ou α-toluique à l'aide du chlorure de benzyle, on fait bouillir celui-ci avec une solution alcoolique concentrée de cyanure de potassium jusqu'à ce qu'il ne se forme plus de chlorure de potassium. On distille la plus grande partie de l'alcool; le résidu se sépare en deux couches. La supérieure est du cyanure de benzyle qu'on fait bouillir pendant longtemps avec une solution concentrée de potasse, tant qu'il se dégage de l'ammoniaque. On étend le liquide d'un peu d'eau, on le filtre, on le concentre, et on précipite l'acide α-toluique par l'acide chlorhydrique. On le purifie par plusieurs cristallisations dans l'eau bouillante. C'est là le seul mode d'obtention pratique (Cannizzaro).

Lorsque l'acide vulpique $C^{19}H^{14}O^5$, qu'on retire d'un lichen, le *Cetraria vulpina*, est soumis à l'ébullition avec une solution saturée à chaud d'hydrate de baryum, il se dégage de l'alcool méthylique, il se précipite de l'oxalate de baryum, et la solution renferme du phénylacétate de baryum. On isole l'acide en dirigeant dans la liqueur un courant d'acide carbonique pour séparer l'excès de baryte, concentrant la liqueur filtrée et l'additionnant d'acide chlorhydrique, qui précipite l'acide phénylacétique. On purifie celui-ci par des cristallisations dans l'eau (Moeller et Strecker).

L'acide phénylacétique constitue des lamelles incolores, larges, minces, irisées, qui ressemblent beaucoup aux cristaux d'acide benzoïque. Il fond à 76°,5 et distille à 265°. Sa densité est environ de 1,3. Il éprouve en fondant une dilatation considérable, car son coefficient de dilatation pour 1° est de 0,000825 entre 83° et 135°. A 83°, la densité de l'acide fondu est de 1,0778, et à 135° elle est de 1,0334. Peu soluble dans l'eau froide, il se dissout facilement dans l'eau bouillante; par le refroidissement il se sépare d'abord à l'état liquide jusqu'à ce que la solution soit refroidie au-dessous du point de fusion. Il est très-soluble dans l'alcool et dans l'éther. Les agents oxydants le transforment en acide benzoïque.

Il fournit des dérivés par substitution que nous décrirons plus loin.

Les *phénylacétates* sont très-solubles et cristallisent difficilement.

Par la distillation du sel de baryum on obtient l'acétone correspondante; par la distillation de l'acide avec l'acétate de baryum, il se forme l'acétone méthyl-phénylacétique. — Voyez Phénylacétones.

Éthers phénylacétiques [Radziszewski, *Zeits. für Chem.*, nouv. sér., t. V, p. 356, et *Bull. de la Soc. chim.*, 1869, t. XII, p. 395].

*Phénylacétate d'éthyle*, $C^6H^5, CH^2(CO^2C^2H^5)$. — Il est liquide, bout à 226°, et possède à 16° une densité de 1,031.

*Phénylacétate de méthyle*, $C^6H^5, CH^2(CO^2CH^3)$. — Liquide d'une odeur suave, bouillant à 220°, d'une densité de 1,044 à 16°.

ALDÉHYDE PHÉNYLACÉTIQUE (Cannizzaro). — Lorsqu'on distille un mélange de phénylacétate et de formiate de calcium, on obtient une huile qui se combine au bisulfite de sodium. La combinaison cristallisée de bisulfite et d'aldéhyde renferme

$$C^8H^8O, SO^3NaH;$$

décomposée par le carbonate de potassium, elle fournit l'aldéhyde sous forme d'une matière incolore, visqueuse, qui se dédouble à la distillation en une résine et en une huile incolore. Soumise à l'action de l'acide azotique, cette aldéhyde fournit un mélange d'acides benzoïque et nitrobenzoïque.

AMIDE PHÉNYLACÉTIQUE, $C^6H^5.CH^2.CO(AzH^2)$ (Strecker et Moeller). — Elle est en paillettes rougeâtres; on l'obtient en traitant l'acide par le perchlorure de phosphore, et mettant le chlorure en contact avec l'ammoniaque.

NITRILE PHÉNYLACÉTIQUE, $C^6H^5.CH^2.CAz$. — Ce n'est autre que le cyanure de benzyle. Suivant Radziszewski, il bout sans décomposition à 229°, et sa densité est de 1,0155 à 8°. Traité par l'acide azotique fumant, il donne le *dérivé nitré*,

$$C^6H^4(AzO^2).CH^2.CAz,$$

cristallisé en lames brillantes, fusibles à 114° [*Deutsch. Chem. Gesellsch.*, t. III, p. 198, et *Bull. de la Soc. chim.*, 1870, t. XIV, p. 171].

### *Produits de substitution de l'acide phénylacétique.*

Les produits de substitution ont été étudiés par M. Radziszewski [*Zeitsch. für Chem.*, nouv. sér., t. V, p. 356; *Deutsch. Chem. Gesells.*, t. III, p. 648, et *Bull. de la Soc. chim.*, 1869, t. XII, p. 395, et 1870, t. XIV, p. 410].

DÉRIVÉS NITRÉS. — Lorsqu'on traite l'acide phénylacétique par l'acide azotique fumant à froid, on obtient deux dérivés mononitrés isomères qu'on sépare en mettant à profit leur différence de solubilité dans l'eau; le produit de l'action de l'acide azotique sur l'acide phénylacétique, étant cristallisé dans l'eau bouillante, fournit l'acide *paranitrophénylacétique*, les eaux mères retiennent l'acide *orthonitrophénylacétique*. Pour l'obtenir, on sature ces eaux mères par le carbonate de calcium, on concentre la liqueur filtrée et on l'additionne d'acide chlorhydrique, qui précipite l'acide *ortho*, mélangé d'acide *para*, et beaucoup plus soluble dans l'eau que ce dernier. Ce mélange est transformé en sel de baryum; le sel de l'acide *para* cristallise en mamelons, tandis que la portion incristallisable renferme le sel *ortho*; on la redissout dans l'eau, et on la décompose par l'acide chlorhydrique. L'acide *ortho* est purifié par recristallisation dans l'eau ou l'alcool.

ACIDE ORTHONITROPHÉNYLACÉTIQUE,

$$C^8H^7(AzO^2)O^2 = C^6H^4(AzO^2).CH^2.CO^2H.$$

— Il fond à 98° et cristallise en lamelles. L'oxydation le transforme en acide orthonitrobenzoïque fusible à 127°.

ACIDE PARANITROPHÉNYLACÉTIQUE. — Cet acide, isomère du précédent, est en prismes presque incolores, fusibles à 114°. Il donne par l'oxydation de l'acide paranitrobenzoïque, fusible à 230°.

Le *sel de sodium* cristallise dans l'alcool faible en tables quadrangulaires jaunâtres, il renferme

$$C^8H^6(AzO^2)O^2Na + 2H^2O.$$

L'*éther éthylique* de cet acide cristallise en tables rhomboïdales, fusibles à 64°.

ACIDE DINITROPHÉNYLACÉTIQUE, $C^8H^6(AzO^2)^2O^2$. — On l'obtient en traitant l'acide précédent par un mélange d'acide azotique et d'acide sulfurique. Il cristallise dans l'eau en aiguilles minces, groupées symétriquement et fusibles à 160°.

Les *sels alcalins* se dédoublent rapidement à l'ébullition en carbonate et en dinitrotoluène fusible à 71°; l'acide même se dédouble par la chaleur en acide carbonique et dinitrotoluène.

DÉRIVÉ AMIDÉ. — ACIDE PARAMIDOPHÉNYLACÉTIQUE, $C^8H^7(AzH^2)O^2$. — On l'obtient en réduisant l'acide paranitrophénylacétique par l'étain et l'acide chlorhydrique. Il cristallise en lamelles nacrées, insolubles dans l'eau froide, assez solubles dans l'eau bouillante et dans l'alcool.

Le *sel d'argent* est un précipité blanc.

Le *sel de cuivre* est vert et tout à fait insoluble dans l'eau.

Le *sulfate* cristallise en tables hexagonales.

Le *chlorhydrate* est en faisceaux de longues aiguilles blanches.

ACIDE PARAZOPHÉNYLACÉTIQUE,

$$C^{16}H^{14}Az^2O^4 = \begin{matrix} C^8H^7AzO^2 \\ \| \\ C^8H^7AzO^2. \end{matrix}$$

— Lorsqu'on réduit l'acide *paranitré* par le sulfhydrate d'ammoniaque, et qu'on précipite l'acide amidé par l'acide acétique, on obtient un liquide jaunâtre, d'où l'acide chlorhydrique sépare l'acide parazophénylacétique, sous forme d'une poudre blanche, qui cristallise dans l'eau bouillante en longues paillettes nacrées, jaune paille, fusibles à 138°.

DÉRIVÉS CHLORÉS ET BROMÉS. — Ils sont de deux sortes, suivant que la substitution a lieu dans le groupe $C^6H^5$ ou dans le groupe $CH^2$ de l'acide phénylacétique, $C^6H^5\text{-}CH^2\text{-}CO^2H$. Les premiers s'obtiennent par l'action à froid du brome ou du chlore; les seconds s'obtiennent par leur action à chaud, ou par l'action des acides chlorhydrique et bromhydrique sur l'acide formobenzoylique. On désigne les premiers par le préfixe *para*, car, à l'oxydation, ils fournissent des produits de substitution de l'acide benzoïque appartenant à la *parasérie*.

ACIDE PARABROMOPHÉNYLACÉTIQUE,

$$C^6H^4Br.CH^2.CO^2H.$$

— Obtenu par l'action du brome sur l'acide phénylacétique refroidi, il cristallise en prismes fusibles à 176°.

Les *sels de baryum et de calcium* cristallisent en mamelons solubles dans l'eau et dans l'alcool. L'acide chromique le transforme en acide parabromobenzoïque, fusible à 251°.

Lorsqu'on le traite par l'acide azotique, il donne le *dérivé nitré*, $C^6H^3Br(AzO^2).CH^2.CO^2H$, en prismes verdâtres fusibles à 68°.

ACIDE PHÉNYLBROMACÉTIQUE,

$$C^6H^5.CHBr.CO^2H.$$

— Isomère du précédent, il se prépare par l'action de l'acide bromhydrique sur l'acide formobenzoylique (phényl-glycolique), en vertu de la même réaction par laquelle l'acide glycolique se transforme en acide bromacétique On chauffe l'acide phényl-glycolique avec une solution concentrée d'acide bromhydrique à 120°, pendant une heure, et on lave à l'eau le produit de la réaction.

Cet acide est cristallisé et fond à 82° [Glaser et Radziszewski, *Zeitsch. für Chem.*, nouv. sér., t. IV, p. 140, et *Bull. de la Soc. chim.*, 1868, t. X, p. 285]. Il prend aussi naissance par l'action du brome à 150° sur l'acide phénylacétique. Soumis à l'ébullition avec la soude caustique, il donne de l'acide formobenzoylique (Radziszewski).

ACIDE PARACHLOROPHÉNYLACÉTIQUE,

$$C^6H^4Cl.CH^2.CO^2H.$$

— Il est cristallisé en prismes fusibles à 68° ; il s'obtient par l'action du chlore sec, à la lumière.

ACIDE PHÉNYLCHLORACÉTIQUE,

$$C^6H^5.CHCl.CO^2H.$$

— On le prépare en chauffant l'acide formobenzoylique avec l'acide chlorhydrique, à 140°. Il cristallise en tables rhomboïdales, tronquées sur les sommets aigus; il fond à 78°. Ses sels sont très-instables. Traité à chaud par le chlore, il donne l'*acide dichloré*, $C^6H^5.CCl^2.CO^2H$, fusible à 69°, et qui, traité par la potasse, puis par l'acide chromique, donne de l'acide benzoïque. Il est probable que, par l'action ménagée de l'eau ou des alcalis, on pourrait le transformer en un acide acétonique de la série aromatique,

$$C^6H^5.CCl^2.CO^2H + H^2O = C^6H^5.CO.CO^2H + 2HCl.$$

Cet acide serait analogue à l'acide pyruvique :

| $CH^3$ | $CH^3$ |
|---|---|
| $CH.OH$ | $CO$ |
| $CO^2H$ | $CO^2H$ |
| Acide lactique. | Acide pyruvique (méthyl-glyoxylique). |
| $C^6H^5$ | $C^6H^5$ |
| $CH.OH$ | $CO$ |
| $CO^2H$ | $CO^2H$ |
| Acide formobenzoylique. | Acide phénylglyoxylique. |

E. G.

**PHÉNYLACÉTONES.** — On donne ce nom aux acétones de l'acide phénylacétique. On a aussi appelé *méthylphénylacétone* le méthylbenzoyle obtenu par l'action du chlorure de benzoyle sur le zinc-méthyle, ou par la distillation d'un mélange de benzoate et d'acétate de calcium (Friedel), et *éthyl-phénylacétone*, l'éthylbenzoyle préparé de la même manière. — Voyez plus loin.

BENZYLE-MÉTHYLE-ACÉTONE, $C^6H^5-CH^2-CO-CH^3$ [Radziszewski, *Deuts. Chem. Gesellsch.*, t. III, p. 198, et *Bull. de la Soc. chim.*, 1870, t. XIV, p. 171]. Elle se produit par la distillation de parties égales d'acide phénylacétique et d'acétate de baryum. On l'isole par distillation fractionnée. Elle constitue un liquide d'une odeur agréable, bouillant à 215°, d'une densité de 1,1010, à 3°. Elle se combine au bisulfite de sodium. Traitée par le perchlorure de phosphore, puis chauffée avec la potasse alcoolique, elle fournit un corps qui paraît être un hydrocarbure, mais qui ne se combine pas au chlorure cuivreux ammoniacal.

M. Popoff a obtenu la même acétone en traitant le zinc-méthyle par le chlorure de phénylacétyle. Il a constaté qu'à l'oxydation, elle fournit de l'acide benzoïque et de l'acide acétique [*Bull. de la Soc. chim.*, 1872, t. XVII, p. 406].

BENZYLE-ÉTHYLACÉTONE, $C^6H^5-CH^2-CO-C^2H^5$ (Popoff). — Obtenue comme la précédente par l'action du chlorure de phénylacétyle sur le zinc-éthyle, elle constitue un liquide incolore, d'une odeur agréable, bouillant à 225-226°, d'une densité de 0,998 à 17°,5. L'oxydation la transforme en acide benzoïque et acide propionique.

DIBENZYLACÉTONE (*diphénylacétone*),

$$C^6H^5-CH^2-CO-CH^2-C^6H^5$$

(Radziszewski). — Elle se forme par la distillation du phénylacétate de baryum; il passe un liquide brun, fluorescent, qui se concrète par le refroidissement et qu'on purifie par cristallisation dans l'alcool. Ce corps est en longs prismes aplatis et transparents, fusibles à 30° et bouillant à 320°. On a aussi désigné sous le nom de diphénylacétone la benzophénone $(C^6H^5)^2CO$.

MÉTHYLPHÉNYLACÉTONE (*méthyle-benzoyle*),

$$C^6H^5-CO-CH^3$$

[Friedel, *Ann. de Chim. et de Phys.*, (4), t. XVI, p. 402]. — Obtenu par distillation sèche d'un mélange d'acétate et de benzoate de calcium, ce corps cristallise en grandes lames fusibles à 15°, bouillant à 198°, d'une densité de 1,032 à 15°. Le perchlorure de phosphore le convertit en un chlorure $C^6H^5-CCl^2-CH^3$, qui par la potasse alcoolique fournit de la phénylacétone

$$C^6H^5-C\equiv CH.$$

L'oxydation la transforme en acide benzoïque et acide carbonique (Popoff).

ÉTHYLPHÉNYLACÉTONE (*éthylbenzoyle*),

$$C^6H^5-CO-C^2H^5$$

[Kalb, *Ann. der Chem. u. Pharm.*, t. CXIX, p. 165, et *Répert. de Chim. pure*, 1862, p. 141]. — On l'obtient par l'action du zinc-éthyle sur le chlorure de benzoyle. C'est un liquide d'une odeur agréable, incolore, très-réfringent; il bout à 210°. Il ne se combine pas avec les bisulfites alcalins.

Par l'oxydation, cette acétone fournit de l'acide benzoïque et de l'acide acétique (Popoff). E. G.

**PHÉNYLACÉTYLÈNE** (*acétényl-benzine*),

$$C^8H^6 = C^6H^5-C\equiv CH$$

[Glaser, *Zeitsch. für Chem.*, nouv. sér., t. III, p. 111, et *Bull. de la Soc. chim.*, 1869, t. XII, p. 152]. — Cet hydrocarbure, qui est au phényléthylène ou cinnamène, $C^6H^5,CH-CH^2$, ce que l'acétylène est à l'éthylène, a été découvert par Glaser. Le phénylacétylène se produit par la décomposition du phénylpropiolate de baryum pulvérisé, mélangé avec du sable et chauffé à 200°.

$$C^6H^5-C\equiv C-CO^2H = CO^2 + C^6H^5-C\equiv CH.$$

Acide phénylpropiolique. Phénylacétylène.

Il se forme également quand on chauffe le bibromure de cinnamène, $C^8H^8Br^2$, avec de la potasse alcoolique, en vases clos à 120°; on le sépare par distillation du cinnamène bromé, qui se forme en même temps (Glaser).

Suivant Friedel, en traitant l'acétone méthylbenzoïque, $C^6H^5-CO-CH^3$, par le perchlorure de phosphore, on obtient un chlorure,

$$C^6H^5-CCl^2-CH^3,$$

qui, chauffé avec de la potasse alcoolique, à 120°, se transforme en phénylacétylène.

Le cinnamène, formé dans les réactions pyrogénées, renferme toujours de petites quantités de phénylacétylène [Berthelot, *Bull. de la Soc. chim.*, 1869, t. XI, p. 379].

Le phénylacétylène est un liquide d'une odeur aromatique particulière. Il bout entre 139° et 140°. Il se combine directement au brome; l'acide azotique l'attaque en le résinifiant.

Il donne des dérivés métalliques comme l'acétylène; ces combinaisons se forment facilement, car cet hydrocarbure, quoique très-peu soluble dans l'eau, donne avec celle-ci une solution qui précipite les sels de cuivre et d'argent.

La *combinaison argentique*,

$$2(C^6H^5,C^2Ag) + Ag^2O,$$

s'obtient en ajoutant une solution alcoolique de l'hydrocarbure à une solution ammoniacale de chlorure d'argent étendue d'alcool. C'est une poudre gris clair détonant par la chaleur et régénérant l'hydrocarbure par l'action de l'acide chlorhydrique.

La *combinaison cuivrique*,

$$[C^6H^5, C^2]^2Cu, CuO,$$

est une poudre jaune, qui s'obtient de la même manière. Lorsqu'on agite cette combinaison cuivreuse à l'air avec une solution concentrée d'ammoniaque dans l'alcool faible, elle se dissout complétement et la solution renferme de l'oxyde cuivreux et un nouvel hydrocarbure, le diacétényl-phényle $C^{16}H^{10}$ (voir plus bas) [Glaser, *Deutsch. Chem. Gesells.*, 1869, p. 422, et *Bull. de la Soc. chim.*, 1870, t. XIII, p. 70].

La *combinaison sodique*, $C^6H^5, C^2Na$, se produit lorsqu'on ajoute des fragments de sodium à du phénylacétylène dissous dans 10 volumes d'éther anhydre. Traitée en suspension dans l'éther par l'anhydride carbonique, cette combinaison donne du phényl-propiolate de sodium,

$$C^6H^5\text{-}C{\equiv}C\text{-}CO^2Na.$$

DIACÉTÉNYLE-PHÉNYLE,

$$C^{16}H^{10} = \begin{matrix} C^6H^5\text{-}C{\equiv}C \\ | \\ C^6H^5\text{-}C{\equiv}C \end{matrix}$$

(Glaser). — Cet hydrocarbure obtenu par l'action de l'air en présence de l'ammoniaque sur la combinaison cuivreuse de phénylacétylène, purifié par cristallisation dans l'alcool à 50° centésimaux, est en aiguilles fusibles à 90°, solubles dans l'alcool et dans l'éther, très-peu solubles dans l'eau même bouillante. Il se combine à 4 atomes de brome avec élimination d'acide bromhydrique en donnant une masse gluante. Il ne forme pas de combinaison métallique. Avec l'acide picrique, il donne une combinaison cristallisée, fusible à 108°.

E. G.

**PHÉNYLACRYLIQUE (ACIDE).** — On a donné ce nom à l'acide cinnamique, décrit t. I, p. 915; on peut, en effet, le considérer comme l'acide acrylique dont 1 atome d'hydrogène est remplacé par le phényle,

| $CH^2$ <br> $\Vert$ <br> $CH$ <br> $\vert$ <br> $CO^2H$ | $CH(C^6H^5)$ <br> $\Vert$ <br> $CH$ <br> $\vert$ <br> $CO^2H$ |
|---|---|
| Acide acrylique. | Acide phényl-acrylique. |

Sa constitution est donnée par sa réaction avec la potasse fondue qui le transforme en acide acétique et acide benzoïque (phénylformique), de même que l'acide acrylique se scinde en acide acétique et en acide formique.

A l'acide acrylique se rattachent l'acide propionique, l'acide lactique, etc.; de même à l'acide cinnamique se rattachent les acides phénylpropionique, phényllactique, etc.

| $CH^2$ <br> $\Vert$ <br> $CH$ <br> $\vert$ <br> $CO^2H$ | $CH^3$ <br> $\vert$ <br> $CH^2$ <br> $\vert$ <br> $CO^2H$ | $CH^3$ <br> $\vert$ <br> $CH.OH$ <br> $\vert$ <br> $CO^2H$ |
|---|---|---|
| Acide acrylique. | Acide propionique | Acide lactique. |
| $CH(C^6H^5)$ <br> $\Vert$ <br> $CH$ <br> $\vert$ <br> $CO^2H$ | $CH(C^6H^5)$ <br> $\vert$ <br> $CH^2$ <br> $\vert$ <br> $CO^2H$ | $CH(C^6H^5)$ <br> $\vert$ <br> $CH.OH$ <br> $\vert$ <br> $CO^2H$ |
| Acide phényl-acrylique. | Acide phényl-propionique. | Acide phényl-lactique. |

L'acide cinnamique n'est pas le seul composé qu'on puisse considérer comme un acide phényl-acrylique : il en est de même de l'acide isatropique, qui a pour formule

$$\begin{matrix} CH^2 \\ \Vert \\ CH(C^6H^5) \\ \vert \\ CO^2H, \end{matrix}$$

et dont la constitution est prouvée par son dédoublement, sous l'influence de la potasse fondue, en acide formique et phénylacétique. — Voyez t. II, p. 135.

E. G.

**PHÉNYLAMINES.** — Bases organiques dérivées de l'ammoniaque par substitution du radical *phényle* $C^6H^5$ à l'hydrogène. Nous classerons ces bases suivant le nombre de molécules d'ammoniaque dont elles dérivent en phénylmonamines, phényldiamines, phényltriamines et phényltétramines.

## I. PHÉNYLMONAMINES.

PHÉNYLAMINE (Hofmann) [Syn. *Aniline*, dérivé d'*anil*, mot portugais de l'indigo, *cristalline* (Unverdorben), *kyanol* (Runge), *benzidam* (Zinin), *amidobenzine*],

$$C^6H^7Az = \left.\begin{matrix} C^6H^5 \\ H \\ H \end{matrix}\right\} Az$$

[Unverdorben, *Ann. de Poggend.*, 1826, t. VIII, p. 397; — Runge, *ibid.*, t. XXXI, p. 65, et t. XXXII, p. 331; — Fritzsche, *Journ. für prakt. Chem.*, t. XX, p. 453, t. XXVII, p. 153, t. XXVIII, p. 202; — Zinin, *ibid.*, t. XXVII, p. 149, t. XXXVI, p. 98; — A.-W. Hofmann, *Ann. der Chem. u. Pharm.*, t. XLVII, p. 31, t. LIII, p. 8, t. LV, p. 201, t. LVII, p. 265, t. LXVI, p. 129, t. LXVII, p. 61 et p. 129, t. LXX, p. 129, t. LXXIV, p. 117, t. LXXV, p. 356; — Hofmann et Muspratt, *ibid.*, t. LIII, p. 221, t. LIV, p. 27, t. LVII, p. 210; — Laurent, *Compt. rend.*, t. XVII, p. 1366; — Gerhardt, *Journ. de Pharm.*, (3), t. IX, p. 401, et t. X, p. 5; — Laurent et Gerhardt, *Ann. de Chim. et de Phys.*, (3), t. XXIV, p. 163]. — L'aniline, premier terme d'une série d'alcaloïdes aromatiques, a été découverte en 1826 par Unverdorben parmi les produits de la décomposition de l'indigo par la chaleur; Runge l'a trouvée plus tard dans le goudron de houille, et enfin Zinin l'a obtenue par réduction de la nitrobenzine. L'identité de ces divers composés a été établie par M. Hofmann. La phénylamine a été étudiée particulièrement par MM. Fritzsche, Zinin, Hofmann et Gerhardt, et a été le point de départ d'une foule de travaux des plus intéressants.

Depuis la découverte des magnifiques matières colorantes connues sous le nom de *couleurs d'aniline*, l'aniline est devenue la base d'une industrie remarquable et se fabrique sur une grande échelle.

L'histoire de ces matières colorantes, si intéressantes au double point de vue de la science et de l'application, ayant été faite dans le premier volume de cet ouvrage, à l'article ANILINE (INDUSTRIE), nous ne nous occuperons ici que de l'étude de l'alcaloïde lui-même et des nombreux dérivés qui s'y rattachent.

*Modes de formation.* — L'aniline se produit :

1° En très-petite quantité lorsqu'on chauffe pendant plusieurs semaines le phénol en vase clos avec l'ammoniaque (Laurent et Hofmann). Suivant M. Berthelot, cette réaction n'a pas lieu, même à 300° [*Bull. de la Soc. chim.*, 1870, t. XIII, p. 314]. Récemment MM. Dusart et Bardy ont avancé qu'on obtient facilement de l'aniline, et même de la diphénylamine, en chauffant à 310° un mélange de phénol, de chlorure d'ammonium et d'acide chlorhydrique [*Compt. rend.*, t. LXXIV, p. 188]. Ce résultat est contredit d'une manière absolue par les expériences de MM. Ch. Girard et de Laire.

2° Dans l'action des agents réducteurs sur la nitrobenzine :

$$C^6H^5(AzO^2) + 3H^2 = C^6H^5(AzH^2) + 2H^2O,$$

agissant comme réducteurs : sulfure d'ammonium (Zinin); zinc ou étain et acide chlorhydrique (Hofmann); poudre de zinc et eau (Kremer) [*Dingler's polyt. Journ.*, t. CLXIX, p. 377], acétate ferreux, tandis que le chlorure, le sulfate et l'oxalate sont sans action [Béchamp, *Ann. de Chim. et de Phys.*, (3), t. XLII, p. 186]; arsénite de sodium à chaud [Wœhler, *Ann. der Chem. u. Pharm.*, t. CII, p. 127]; potasse alcoolique; cette réaction donne en outre de l'azobenzide et de l'acide oxalique (Hofmann et Muspratt); glucose en présence de la potasse [Vohl, *Dingler's polyt. Journ.*, t. CLXVII, p. 458]; la nitrobenzine est réduite en aniline dans l'estomac [Letheby, *Chem. Soc. Journ.*, t. XV, p. 161].

3° Dans la distillation sèche de l'acide anthranilique (Fritzsche), de la salicylamide et du nitrotoluène (Hofmann et Muspratt) :

$$\underset{\text{Acide anthranilique.}}{C^6H^4(AzH^2)CO^2H} = \underset{\text{Phénylamine.}}{C^6H^5(AzH^2)} + CO.$$

4° Dans la distillation de l'indigo avec ou sans potasse : décomposition de l'isatine par les alcalis,

$$C^8H^5AzO + 4KHO + H^2O$$
$$= C^6H^7Az + 2CO^3K^2 + 2H^2.$$

5° Dans la distillation de l'hydrazobenzide (Hofmann), de l'azoxybenzide,

$$\underset{\text{Hydrazobenzide.}}{2C^{12}H^{12}Az^2} = \underset{\text{Aniline.}}{2C^6H^7Az} + \underset{\text{Azobenzide.}}{C^{12}H^{10}Az^2}.$$

6° L'aniline se trouve parmi les produits de distillation de la houille (Runge), de la tourbe (Vohl) et des os (Anderson) [Vohl, *Ann. der Chem. u. Pharm.*, t. CIX, p. 192; — Anderson, *Transac. Roy. Soc. of Edinburgh*, t. XXI, 1re part., p. 219].

Suivant M. L. Phipson, certains champignons (*Boletus cyanescens* et *B. luridus*), dont les tissus prennent à l'air une coloration bleue fugitive, renfermeraient de l'aniline (?) [*Compt. rend.*, t. LI, p. 107].

MM. Hübner et Alsberg, en remplaçant le brome des anilines bromées dérivées des nitrobromobenzines isomères par l'hydrogène, ont obtenu toujours la même aniline. Il est donc probable qu'il n'existe qu'une seule phénylamine, comme il n'existe qu'un phénol, qu'une benzine bromée, etc. [Hübner et Alsberg, *Zeitsch. fur Chem.*, 1870, t. VI, p. 368; *Bull. de la Soc. chim.*, 1870, t. XIV, p. 447].

*Préparation.* — Nous décrirons rapidement la préparation de l'aniline au moyen de l'indigo, et son extraction du goudron de houille, deux procédés qui ne présentent plus qu'un intérêt historique; grâce à l'emploi considérable que l'industrie fait de cette base, on trouve aujourd'hui dans le commerce de l'aniline presque chimiquement pure. — Voyez, pour sa préparation industrielle, t. I, p. 307.

1° On dissout à l'aide de la chaleur l'indigo bleu dans une lessive très-concentrée de potasse, on dessèche la masse et on la soumet à la distillation sèche. Elle se boursoufle considérablement en même temps qu'il passe de l'eau ammoniacale et une huile brune. Cette dernière fournit, lorsqu'on la rectifie, de l'aniline incolore; cette aniline renferme de petites quantités de toluidine et de xylidine. On obtient environ 20 % du poids de l'indigo (Fritzsche).

2° On agite l'huile lourde de goudron avec de l'acide chlorhydrique, on décante la solution acide et on la distille avec un lait de chaux. Il passe de l'aniline, mélangée de pyridine, de picoline et de leucoline qu'on élimine en soumettant le produit à un grand nombre de distillations fractionnées.

3° On dissout de la nitrobenzine préparée avec de la benzine pure, dans l'alcool ammoniacal, on sature d'hydrogène sulfuré la dissolution, et on la maintient pendant un certain temps à une douce chaleur. Cela fait, on chasse par distillation la majeure partie de l'alcool, on traite le résidu par l'acide chlorhydrique et on met de nouveau la base en liberté, en distillant avec un excès de soude. L'aniline passe avec les vapeurs aqueuses : on la décante, on la sèche sur de la potasse solide et on la rectifie.

4° On prend de l'aniline du commerce bouillant entre 182° et 190°, on y ajoute 20 % d'acide sulfurique étendu et l'on distille le mélange; on traite de même la partie distillée, en employant seulement 10 % d'acide et l'on rectifie plusieurs fois l'aniline qui a passé à la distillation. La portion bouillant entre 182° et 185° est transformée entièrement en sulfate et celui-ci est trituré avec de l'éther en quantité insuffisante pour tout dissoudre. Le sulfate de toluidine, étant plus soluble que celui d'aniline, se dissout, de sorte que le résidu, après lavage à l'éther, constitue ce dernier sulfate à l'état de pureté. Enfin on distille ce sel avec une lessive alcaline, on sèche la base mise en liberté et on rectifie une dernière fois [*Traité des dérivés de la houille*, par MM. Ch. Girard et de Laire, p. 294].

*Propriétés.* — La phénylamine constitue un liquide incolore, mobile, très-réfringent, d'une odeur aromatique particulière, qui n'est pas désagréable au début, mais qui à la longue affecte péniblement les sens; sa saveur est âcre et brûlante. Au contact de l'air elle brunit; aussi, pour l'avoir complétement incolore, il faut la distiller dans une atmosphère d'hydrogène. Elle bout à 182° (Hofmann) et se solidifie par le froid en une masse cristalline fusible à — 8°; quand l'aniline n'est pas chimiquement pure, surtout si elle contient une petite quantité de pseudotoluidine, elle ne se fige pas même à — 20° [E. Lucius, *Deutsch. Chem. Gesells.*, t. V, p. 154; *Bull. de la Soc. chim.*, 1872, t. XVII, p. 364].

Sa densité est de 1,02 à 16° (Hofmann), 1,024 à 17°,5 (Lucius), 1,0361 à 0° (Kopp). Son volume pour les températures comprises entre 6°,8 et 153°,7 est exprimé par la formule

$$V = 1 + 0,0008173\,t + 0,0000000191\,t^2$$
$$+ 0,0000000002784\,t^3$$

[H. Kopp, *Ann. der Chem. u. Pharm.*, t. XCVIII, p. 367]. Densité de vapeur, 3,210 [Barral, *Ann. de Chim. et de Phys.*, (3), t. XX, p. 348]. Indice de réfraction 1,577 (voyez à l'article Lumière, t. II, p. 241). L'aniline n'agit pas sur la lumière polarisée. Elle ne conduit pas l'électricité; sa conductibilité pour la chaleur est environ moitié de celle du mercure [F. Guthrie, *Phil. Mag.*, t. XXXV, p. 283]. La vapeur brûle avec une flamme fuligineuse.

La phénylamine se dissout à 12° dans 31 p. d'eau [Städeler et Arndt, *Chem. Centralb.*, 1864, p. 705]; inversement cette base ne dissout que de petites quantités d'eau. La solution aqueuse présente une réaction alcaline extrêmement faible.

Dans certaines conditions, l'aniline paraît se combiner avec l'eau et former un hydrate. Elle peut être mélangée en toutes proportions avec l'alcool, l'éther, l'esprit de bois, l'acétone, le sulfure de carbone, les essences et les huiles. Elle dissout à chaud le soufre, le phosphore, le camphre, la colophane, tandis que l'arsenic, la résine, le copal et le caoutchouc y sont insolubles.

Les acides la dissolvent aisément en se combinant avec elle.

*Action sur l'organisme.* — La phénylamine est

éminemment toxique; un lapin auquel on avait administré $0^{gr},5$ de cette base fut atteint de violents spasmes cloniques, suivis de respiration très-pénible et de paralysie complète, avec dilatation de la pupille. L'aniline paraît être sans action sur les chiens [Wöhler et Frerichs, *Ann. der Chem. u. Pharm.*, t. LXV, p. 343]. Appliquée sur l'œil, elle détermine la contraction de la pupille.

Les grenouilles et les sangsues meurent lorsqu'on les place dans de l'eau additionnée d'une certaine quantité d'aniline [Schuchard, *Arch. für Pharm.*, (2), t. CVI, p. 144]. La solution aqueuse tue des plantes qu'on y plonge. Son action sur l'organisme humain est des plus nuisibles; respirée à l'état de vapeur, ou appliquée à l'état liquide sur le tégument externe, elle est absorbée rapidement par les membranes séreuses et muqueuses. Son action se porte principalement sur le système nerveux et peut amener la mort. La dilatation de la pupille, l'insensibilité de la peau, le froid aux extrémités, la coloration violette des lèvres, des gencives, des ongles, de la conjonctive, sont les caractères distinctifs de l'empoisonnement par l'aniline.

*Réactions et décompositions.* — 1. La phénylamine exposée à l'air se colore en jaune, puis en rouge, en brun, et finit par se transformer en une résine foncée, qui se dissout dans l'eau avec une coloration brune.

2. Lorsqu'on fait passer la vapeur d'aniline par un tube chauffé au rouge, il se dépose du charbon, il se dégage de l'ammoniaque et du cyanhydrate d'ammoniaque et il distille un liquide brun renfermant de la benzine, du benzonitrile $C^7H^5Az$, une petite quantité d'une substance neutre et une base bouillant à une haute température [A. Hofmann, *Compt. rend.*, t. LV, p. 805].

M. Graebe, qui vient d'étudier de nouveau cette réaction, a constaté la formation d'une petite quantité de *carbazol* $C^{12}H^9Az$ :

$$2C^6H^7Az = C^{12}H^9Az + AzH^3 + H^2$$

[Graebe, *Deutsch. Gesells.*, t. V, p. 376; *Bull. de la Soc. chim.*, 1872, t. XVIII, p. 86].

3. L'aniline n'est pas altérée par l'eau à 310° [Berthelot, *Bull. de la Soc. chim.*, 1870, t. XIII, p. 314].

4. Les sels d'aniline colorent le bois de sapin et la moelle de sureau en jaune intense; cette réaction n'est pas tout à fait caractéristique, car les autres bases aromatiques produisent une coloration analogue, il est vrai à un degré moindre.

5. La solution aqueuse de l'aniline précipite l'oxyde *ferreux*, l'oxyde *ferrique*, les oxydes de *zinc* et d'*aluminium* de leurs sels, mais elle est sans action sur les solutions des nitrates d'*argent* et de *mercure*.

Elle donne avec les chlorures de *platine* et de *palladium* des précipités jaunes, avec le chlorure d'*or* un précipité brun, enfin avec les chlorures de *mercure* et d'*étain* des précipités blancs.

La teinture de *noix de galle* précipite des flocons jaune brunâtre, solubles dans l'alcool et dans l'eau bouillante.

6. *Oxydants.* — Lorsqu'on place une solution de sulfate d'aniline dans une capsule de platine qui est en communication avec le pôle positif d'une batterie et qu'on plonge le pôle négatif dans le liquide, celui-ci prend bientôt une belle coloration bleue, qui passe ensuite au violet et au rouge (Lethoby).

Chauffée avec du *peroxyde de manganèse* et de l'acide sulfurique étendu, l'aniline fournit de l'ammoniaque et une petite quantité de quinone; la majeure partie de la base subit une décomposition plus profonde [A. Hofmann, *Compt. rend.*, t. LVI, p. 1143].

Le *permanganate de potassium* agissant sur une solution très-étendue d'aniline transforme cette base en azobenzide, mélangée avec des traces d'azoxybenzide et d'hydrazobenzide [Cl. Glaser, *Ann. der Chem. u. Pharm.*, t. CXLII, p. 365].

L'aniline s'enflamme au contact de l'*anhydride chromique*.

L'*acide chromique* en solution aqueuse produit dans les solutions d'aniline, suivant la concentration, un précipité vert, bleu ou noir. Le bichromate et l'acide sulfurique colorent la solution d'aniline en un beau bleu fugitif. Cette réaction, découverte en 1853 par Beissenthirtz [*Ann. der Chem. u. Pharm.*, t. LXXXVI, p. 376], donne lieu à la formation de la mauvéine; elle a été appliquée industriellement. — Voyez t. I, p. 311, ANILÉINE.

L'acide *iodique* donne naissance, suivant la concentration des liqueurs employées, à des matières colorantes bleues, violettes, rouges ou vertes [Ch. Lauth, *Répert. de Chim. appl.*, 1861, p. 274].

Les *hypochlorites* colorent la solution de l'aniline en un beau bleu violacé qui passe peu à peu au rouge sale, surtout sous l'influence des acides (Runge). Cette réaction excessivement sensible permet la recherche de quantités très-faibles d'aniline; avec les sels on obtient la même coloration, seulement elle est beaucoup plus fugitive. La présence des sels ammoniacaux empêche la réaction (Tollens).

En chauffant l'aniline avec de l'acide *arsénique*, du *nitrate* ou *chlorure mercurique*, du *chlorure stannique* ou du *sesquichlorure de carbone* $C^2Cl^6$, on observe des colorations violettes, de nuances variables, dues à la production de la violaniline. Si l'aniline contient de la toluidine, il se forme une matière colorante rouge, qui n'est autre que la rosaniline. — Voyez à l'article ANILINE (INDUSTRIE).

Lorsqu'on traite l'aniline à froid par un mélange de *chlorate de potassium* et d'*acide chlorhydrique* moyennement concentré, il se produit une coloration bleue et le liquide laisse déposer bientôt un corps bleu. Cette matière, qui se produit encore avec un grand nombre d'oxydants (acide chlorhydrique et peroxyde de manganèse, de baryum, nitrate ferrique et cuivrique, etc.), est insoluble dans tous les solvants; elle n'est autre que le noir d'aniline (voyez t. I, p. 325). Le chlorate de potassium et l'acide chlorhydrique à chaud donnent une matière résineuse rouge, d'où l'alcool bouillant extrait du phénol trichloré et de la quinone perchlorée (Hofmann).

L'acide *azotique* concentré et froid colore l'aniline en bleu; la chaleur la plus douce fait passer cette coloration au jaune et détermine bientôt une réaction très-vive qui a pour résultat la formation de mono-, bi- ou trinitrophénol, suivant la concentration de l'acide employé.

Un mélange de *ferricyanure de potassium* et d'*acide chlorhydrique* convertit l'aniline en une matière violette appelée lydine [Guyot, *Compt. rend.*, t. LXIX, p. 829].

*Réducteurs.* — L'aniline chauffée à 275° avec 20 p. d'acide *iodhydrique* saturé à 0° fournit de l'ammoniaque, de la benzine, une matière charbonneuse et une très-petite quantité de gaz. Un grand excès d'acide iodhydrique transforme la benzine formée en premier lieu en hydrure d'hexyle $C^6H^{14}$ [Berthelot, *Bull. de la Soc. chim.*, 1868, t. IX, p. 180].

7. L'action de l'*acide azoteux* sur la phénylamine, suivant les conditions, donne naissance à des produits divers :

Lorsqu'on fait passer de l'acide azoteux dans une dissolution aqueuse de nitrate d'aniline ou qu'on traite le chlorhydrate d'aniline par les nitrites de potassium ou d'argent, il se dégage de l'azote et il se forme du phénol [T. S. Hunt, *Silliman's Amer. Journ.*, (2), t. VIII, p. 372; — Hofmann, *loc. cit.*] :

$$C^6H^7Az + AzO^2H = C^6H^6O + H^2O + Az.$$

Suivant M. Hofmann, on obtient beaucoup de phénol nitré dans cette réaction.

Matthiessen avance que la réaction a lieu en deux phases, qu'il se forme d'abord du phénol et de l'ammoniaque, et que celle-ci, sous l'influence d'un excès d'acide nitreux, se décompose ensuite en azote et en eau [*Proceed. Roy. Soc.*, t. IX, p. 118].

L'action de l'acide azoteux est toute différente lorsqu'on opère en solution alcoolique; à froid et avec un excès d'aniline, on obtient le *diazoamidobenzol* $C^{12}H^{11}Az^3$ (voyez p. 876) :

$$2C^6H^7Az + AzO^2H = C^{12}H^{11}Az^3 + 2H^2O;$$

à chaud, il se forme une base isomère l'*amidodiphénylimide* (voyez p. 878); enfin à froid et en présence d'un excès d'acide azoteux, c'est le *diazobenzol* $C^6H^4Az^2$ qui prend naissance (voyez p. 873, $C^6H^7Az + AzHO^2 = C^6H^4Az^2 + 2H^2O$, Griess; Martius et Griess).

8. *Halogènes.* — Le brome réagit violemment sur l'aniline en la transformant directement en tribromaniline. Cependant, en faisant agir de l'air saturé de brome sur l'aniline, M. Kekulé a pu obtenir à côté de la tribromaniline de petites quantités de mono- et de dibromaniline. L'eau de brome donne dans les solutions d'aniline un précipité rouge de chair, très-peu soluble, d'aniline tribromée. Ce précipité est encore visible lorsque l'aniline est dissoute dans 69000 p. d'eau, tandis que, pour la toluidine, la limite est de 6450 p. d'eau (Landolt).

Le *chlore* convertit l'aniline sèche en une masse noire goudronneuse; si l'on opère en présence de l'eau, il se forme de l'aniline et du phénol trichloré.

L'*iode* se dissout en brun dans l'aniline avec élévation de température; le liquide dépose bientôt de longues aiguilles d'iodhydrate d'aniline et les eaux mères contiennent de l'iodhydrate d'aniline iodée et une résine iodée de couleur brune.

Le *chlorure d'iode* en solution aqueuse produit dans les sels d'aniline un précipité rouge, renfermant deux corps cristallisés, non encore étudiés [Stenhouse, *Journ. Chem. Soc.*, (2), t. II, p. 227].

Le *cyanogène* se combine directement avec l'aniline en donnant naissance à la cyananiline : $C^{14}H^{14}Az^4 = 2C^6H^7Az + (CAz)^2$ (Hofmann). En même temps il se forme une petite quantité d'une base de la formule $C^{21}H^{17}Az^5$. — Voyez p. 871.

9. Le *soufre* se dissout dans l'aniline bouillante avec dégagement d'hydrogène sulfuré et formation de différents produits sulfurés dont l'un, la thianiline $C^{12}H^{12}Az^2S$, a été étudié (Merz et Weith). — Voyez p. 860.

10. Le *sulfure de carbone* donne avec l'aniline la phénylsulfocarbamide. La même combinaison prend naissance par la distillation d'un mélange d'aniline, d'acide sulfurique et de sulfocyanate de potassium.

11. L'acide *sulfurique* concentré convertit la phénylamine, suivant les conditions, en acides sulfanilique ou disulfanilique.

12. L'aniline se combine directement avec 1 molécule d'anhydride sulfureux.

13. L'*anhydride phosphorique* réagit violemment sur l'aniline en donnant probablement de l'acide phosphanilique. Chauffée avec les différents acides organiques, la phénylamine fournit des acides phénylamiques ou des anilides. — Voyez les différents acides et p. 845.

14. Les *bromures* et *iodures alcooliques* agissent sur la phénylamine comme sur les autres monamines primaires en produisant successivement des monamines secondaires, tertiaires et des bases ammoniées :

$$C^6H^5.CH^3.HAz; \quad C^6H^5(CH^3)^2Az; \quad C^6H^5(CH^3)^3AzI.$$

Méthylaniline. Diméthylaniline. Iodure de triméthylphénylammonium.

15. L'aniline en grand excès chauffée avec du *bromure d'éthylène* fournit l'éthylène-diphényldiamine $C^2H^4(C^6H^5)^2H^2Az^2$.

Si le bromure d'éthylène au contraire se trouve en excès, on obtient trois bases dont la formule la plus simple est $C^8H^9Az$.

Le chlorure d'éthylidène, dans les mêmes conditions, donne la diéthylidène-diphényldiamine.

16. Lorsqu'on chauffe l'aniline avec la chlorhydrine du glycol à 200°, on obtient un chlorhydrate renfermant probablement

$$(C^2H^4.OH)^2, C^2H^3, C^6H^5, AzCl$$

[A. Wurtz, *Compt. rend.*, t. LXVIII, p. 1504].

17. La phénylamine chauffée avec du *chloroforme* vers 185° se transforme en méthényldiphényldiamine $(CH)'''(C^6H^5)^2H.Az^2$. En présence de la potasse alcoolique, il y a formation de phénylcarbylamine (isocyanure de phényle) (Hofmann).

18. Le *tétrachlorure de carbone* convertit l'aniline vers 175° en triphénylguanidine

$$C^{iv}(C^6H^5)^3H^2.Az^3$$

et en rosaniline. La *chloropicrine* réagit violemment et fournit les mêmes produits [Basset, *Journ. Chem. Soc.*, (2), t. III, p. 31].

19. Lorsqu'on chauffe le *bichlorhydrate de camphène*, $C^{10}H^{16},H^2Cl^2$, avec de l'aniline, celle-ci s'empare de l'acide chlorhydrique et met le terpilène en liberté [Ch. Lauth et A. Oppenheim, *Bull. de la Soc. chim.*, 1867, t. VIII, p. 7].

20. Les *aldéhydes* (acétique, valérique, œnanthylique, benzoïque, etc.) réagissent sur la phénylamine en donnant de l'eau et des diamines (voyez p. 868) :

$$2(C^6H^5.AzH^2) + C^2H^4O = (C^2H^4)(C^6H^5)^2H^2Az^2 + H^2O.$$

Éthylidène-diphényldiamine.

Le *chloral* fournit la trichloréthylidène-diphényldiamine.

Les *acétones* n'agissent pas.

21. Le *furfurol* se combine directement avec 2 molécules d'aniline; la base qui prend naissance, la *furfuraniline* $C^{17}H^{18}Az^2O^2$, est une matière rouge, amorphe, mais elle forme des sels cristallisés [J. Stenhouse, *Ann. der Chem. u. Pharm.*, t. CLXI, p. 197; *Bull. de la Soc. chim.*, 1871, t. XV, p. 112].

22. Les *hydrates de carbone* (glucose, sucre de lait, caramel, dextrine, gomme), qui peuvent être considérés comme des aldéhydes, perdent de l'eau lorsqu'on les chauffe avec de l'aniline et engendrent des combinaisons phényliques, possédant jusqu'à un certain point des propriétés basiques (Schiff, Sachsse) :

$$C^6H^{12}O^6 + C^6H^7Az = C^{14}H^{13}AzO^5 + H^2O;$$

Glucose.

$$C^{24}H^{44}O^{22} + C^6H^7Az = C^{30}H^{49}Az^2O^{21} + H^2O;$$

Sucre de lait.

$$C^{24}H^{44}O^{22} + 2C^6H^7Az = C^{36}H^{54}Az^2O^{20} + 2H^2O.$$

Sucre de lait.

L'hélicine se comporte d'une manière analogue. — Voyez t. II, p. 7.

23. Les *chlorures acides* (d'acétyle, de benzoyle, chlorure phénylsulfureux, etc.) donnent de l'acide chlorhydrique et les anilides correspondantes.

24. Le *chlorure de soufre* $S^2Cl^2$ agit très-énergiquement sur l'aniline, mais les produits n'ont pas encore été étudiés. En présence de sulfure de carbone, la réaction est moins violente et l'on obtient dans une première phase de la diphénylsulfocarbamide, $C^{13}H^{12}Az^2S$, du chlorhydrate d'aniline et du soufre :

$$4(C^6H^7Az) + S^2Cl^2 + CS^2$$
$$= C^{13}H^{12}Az^2S + 2(C^6H^7Az, HCl) + 3S.$$

Dans une seconde phase, le chlorure de soufre agit sur la diphénylsulfocarbamide avec production de triphénylguanidine, d'essence de moutarde phénylique et de soufre [A. Claus et W. Krall, *Deutsch. Chem. Gesellsch.*, t. IV, p. 99; *Bull. de la Soc. chim.*, 1871, t. XV, p. 238].

25. L'*oxychlorure de carbone*, $COCl^2$, donne du chlorhydrate d'aniline et de la diphénylurée. Avec l'*éther chloroxycarbonique*, on obtient l'éther phénylcarbamique. — Voyez PHÉNYLCARBAMIDE et PHÉNYLCARBAMIQUE (ACIDE).

26. Le *fluorure de silicium* change l'aniline en une masse blanche qui, épuisée par l'alcool bouillant et soumise à la sublimation, fournit une substance blanche, que Laurent a nommée *fluosilicanilide* et pour laquelle il a établi la formule $C^{24}H^{27}Az^2Fl^{11}Si^2 + 3H^2O$.

27. La réaction du *trichlorure de phosphore* sur l'aniline est très-énergique; il se produit une masse blanche qui paraît renfermer le phosphotrianilide (voyez p. 8?0). Le *perchlorure de phosphore* donne également une masse à peine colorée, qui épuisée par l'eau laisse un résidu cristallin renfermant

$$Az^2\begin{cases}PO\\(C^6H^5)^3\end{cases}$$

(Schiff et Tait). Avec l'*oxychlorure de phosphore*, Schiff a obtenu la triphénylphosphamide,

$$(C^6H^5)^3(PO)'''H^3Az^3,$$

et avec le *sulfochlorure* la triphénylsulfophosphamide, $(C^6H^5)^3(PS)'''H^3Az^3$.

28. Le *chlorure de cyanogène* sec convertit l'aniline en mélaniline (diphénylguanidine) :

$$2C^6H^7Az + CAzCl = \underset{\text{Chlorhydrate de mélaniline.}}{C^{13}H^{13}Az^3, HCl.}$$

En solution aqueuse, il se forme de la phénylurée (Hofmann) :

$$2C^6H^7Az + CAzCl + H^2O$$
$$= \underset{\text{Phénylcarbamide.}}{(CO)''(C^6H^5)H^3Az^2} + C^6H^7Az.HCl.$$

Enfin, lorsqu'on fait passer du chlorure de cyanogène sec à travers une solution éthérée d'aniline, on obtient la cyanilide (Cahours et Cloëz). — Voyez PHÉNYLCYANAMIDE, p. 883.

$$2C^6H^7Az + CAzCl$$
$$= \underset{\text{Cyanilide.}}{C^6H^5.AzH(CAz)} + C^6H^7Az, HCl.$$

Le *bromure de cyanogène* agit comme le chlorure; l'*iodure* donne de l'iodoaniline, de l'acide cyanhydrique et une substance brune renfermant de l'iode.

29. L'aniline s'unit directement avec l'acide cyanique en engendrant suivant les conditions de la phénylcarbamide ou de la diphénylcarbamide.

30. L'acide *persulfocyanique* se dissout à chaud dans l'aniline et fournit une combinaison cristallisée, $C^8H^9Az^3S^2$. — Voyez PERSULFOCYANIQUE, t. II, p. 780.

31. L'aniline se combine directement avec l'*essence de moutarde* en donnant la phénylthiosinnamine, $(CS)''C^6H^5.C^3H^5.H^2Az^2$. — Voyez t. I, p. 160.

32. Avec l'*éther formique*, on obtient la phénylformiamide [Hofmann, *Zeitsch. für Chem.*, 1866, p. 161].

33. L'*orthoformiate d'éthyle*, $CH(OC^2H^5)^3$, en agissant sur l'aniline, fournit, comme le chloroforme, de la méthényl-diphényldiamine [Wichelhaus, *Deutsch. Chem. Gesellsch.*, t. II, p. 115].

34. L'acide *bromacétique* réagit déjà à la température ordinaire sur l'aniline en la transformant en phénylglycocolle, $CH^2(AzC^6H^5, H) - COOH$ [C. Michaelson et E. Lippmann, *Compt. rend.*, t. LXI, p. 739].

35. L'*éther monochloracétique* chauffé avec de l'aniline vers 135° fournit de la phénylglycocolle-anilide, $CH^2(AzC^6H^5, H) - CO.AzH, C^6H^5$ [Wischin et Wilm, *Zeitsch. für Chem.*, 1868, p. 74; *Bull. de la Soc. chim.*, 1868, t. X, p. 133].

36. Par une digestion prolongée à 100° de 1 molécule de *dicyanate de phényle* $[C(C^6H^5)AzO]^2$ avec 1 molécule d'aniline, on obtient une masse blanche de triphénylbiuret, $C^2(C^6H^5)^3H^2Az^3O^2$. — Voyez PHÉNYLBIURET.

37. L'aniline, en réagissant sur l'*éther allophanique* donne l'α-diphénylbiuret. Le même composé se forme avec l'aniline et le biuret (Hofmann).

38. Lorsqu'on chauffe vers 250° l'aniline avec un *sel* (surtout le chlorhydrate) *d'une monamine primaire aromatique* (aniline, toluidine, xylidine, naphtylamine), on obtient la monamine secondaire et un sel ammoniacal. Inversement on peut prendre un sel d'aniline et l'autre base à l'état libre (Ch. Girard, G. de Laire et G. Vogt) :

$$C^6H^5.AzH^2 + \underset{\text{Chlorhydrate d'aniline.}}{C^6H^5.AzH^2, HCl}$$
$$= \underset{\text{Diphénylamine.}}{(C^6H^5)^2AzH} + AzH^4Cl.$$

$$C^6H^5.AzH^2 + \underset{\text{Chlorhydrate de toluidine.}}{C^7H^7.AzH^2.HCl}$$
$$= \underset{\text{Phenylcrésylamine.}}{(C^6H^5)(C^7H^7)AzH} + AzH^4Cl.$$

39. L'aniline chauffée avec de l'*urée* à 160° la change en diphénylurée en même temps qu'il se dégage de l'ammoniaque [A. Bæyer, *Ann. der Chem. u. Pharm.*, t. CXXXI, p. 251] :

$$CO(AzH^2)^2 + 2(C^6H^5.AzH^2)$$
$$= CO[AzH(C^6H^5)]^2 + 2AzH^3.$$

40. Un mélange d'*aniline*, de *diphénylurée* et de *trichlorure de phosphore* se prend en masse et contient alors du chlorhydrate d'α-triphénylguanidine et de l'acide phosphoreux (Merz et Weith; voyez PHÉNYLGUANIDINE). La même α-triphénylguanidine se forme lorsqu'on fait passer à 170° de l'acide carbonique à travers un mélange d'aniline et de trichlorure de phosphore.

41. La *quinone* donne avec l'aniline un composé de la formule $C^{18}H^{14}Az^2O^2$ et de l'hydroquinone (voyez QUINONE) :

$$2C^6H^7Az + 3C^6H^4O^2$$
$$= C^{18}H^{14}Az^2O^2 + 2C^6H^6O^2.$$

Avec la *quinone perchlorée* (chloranile), c'est le dérivé $C^{18}H^{12}Cl^2Az^2O^2$ qui prend naissance [Hofmann, *Compt. rend.*, t. LVI, p. 1143].

42. L'aniline se combine avec élimination d'une molécule d'eau avec l'*isatine*, en fournissant la

phénylimésatine, $C^{16}H^{10}Az^2O$, analogue à l'imésatine de Laurent [A. Engelhardt, *Bull. Acad. de Pétersb.*, t. XIII, p. 350].

### SELS DE PHÉNYLAMINE.

L'aniline se combine directement avec les acides sans élimination d'eau, pour former des sels; elle se comporte donc comme l'ammoniaque. Ces sels sont presque tous cristallisables et solubles dans l'eau et dans l'alcool. Les alcalis minéraux les décomposent facilement en mettant l'aniline en liberté. A froid l'ammoniaque déplace l'aniline, mais à chaud la réaction inverse a lieu.

Les sels sont généralement incolores; toutefois ils rougissent à l'air, surtout quand ils sont humides, et prennent alors une légère odeur. Lorsqu'on les chauffe, certains sels perdent de l'eau en se transformant en anilides ou acides anilidés.

ACÉTATE D'ANILINE. — Sel incristallisable; il se volatilise en partie avec la vapeur d'eau lorsqu'on évapore sa solution.

α-AMIDOPHÉNYLSULFITE D'ANILINE. — Sel soluble.

ARSÉNIATES D'ANILINE. — *Sel neutre*,

$$2C^6H^7Az, AsO^4H^3.$$

— Cristallise dans l'alcool en paillettes brillantes d'une blancheur éclatante, solubles dans l'eau et dans l'aniline. Il entre en fusion vers 140° et commence à se décomposer vers 160° en dégageant de l'aniline jusqu'à ce que le résidu ait la composition de l'*arséniate acide*, $C^6H^7Az, AsO^4H^3$. Ce dernier cristallise en aiguilles blanches, qui se décomposent au-dessus de 160° en donnant de l'eau, de l'acide arsénieux, de la violaniline, des produits ulmiques et de l'arsénianilide, si la température n'a pas été élevée trop rapidement. Il ne se forme pas de rosaniline si le sel d'aniline est exempt de toluidine [*Traité des dérivés de la houille*, par Ch. Girard et G. de Laire, p. 304].

BROMHYDRATE D'ANILINE, $C^6H^7Az, HBr$. — Cristaux appartenant au système orthorhombique. Formes : $h^1$, $p$, $a^1$, ($b^{5/2}$ $b^{9/2}$ $g^1$); angles : $a^1$ $a^1$ $= 101°56'$; $a^1$ $h^1$ $= 129°10'$ [V. de Lang, *Wien. Acad. Bericht.*, t. LV, 2e part., p. 408].

Il est moins soluble que le chlorhydrate; il peut être sublimé sans décomposition.

BUTYRATE D'ANILINE. — Sel huileux, peu soluble dans l'eau.

CARBONATE D'ANILINE. — Ne paraît pas exister.

CHLORHYDRATE D'ANILINE. — Il est en aiguilles fort solubles dans l'eau et dans l'alcool, peu solubles dans la benzine. Il bout vers 244° et distille sans altération.

D'après MM. Deville et Troost, le chlorhydrate d'aniline possède à 350° une densité de vapeur de 2,19 (calc. p. 4 vol. = 1,83); la vapeur de ce sel est donc presque entièrement dissociée à cette température.

Lorsqu'on traite la solution aqueuse du chlorhydrate par le chlore pendant plusieurs jours, elle dépose une substance brune résineuse, qui par un traitement prolongé par le chlore vers 70° se convertit en chloranile [Geuther et Hofacker, *Ann. der Chem. u. Pharm.*, t. CVIII, p. 51].

CHLORAURATE D'ANILINE. — Le chlorhydrate donne avec le chlorure d'or un précipité jaune qui brunit rapidement.

CHLOROPLATINATE D'ANILINE,

$$(C^6H^7Az, HCl)^2 + PtCl^4.$$

— En ajoutant du tétrachlorure de platine à une solution de chlorhydrate d'aniline légèrement acide, on obtient des aiguilles déliées, d'un beau jaune, peu solubles dans un mélange d'alcool et d'éther, insolubles dans l'éther. A l'ébullition, leur solution aqueuse noircit et dépose du platine.

Le chlorhydrate d'aniline s'unit encore directement avec un grand nombre de chlorures métalliques. On a décrit des sels doubles, dont voici les formules :

$$(C^6H^7Az, HCl)^2ZnCl^2 + H^2O;$$
$$(C^6H^7Az, HCl)^4, HgCl^2;$$
$$(C^6H^7Az, HCl)^3, SbCl^3 + 3H^2O;$$
$$(C^6H^7Az, HCl)^3, BiCl^3 + 3H^2O;$$
$$C^6H^7Az, HCl, AsCl^3;$$
$$(C^6H^7Az, HCl)^4, SnCl^4 + 2H^2O;$$
$$(C^6H^7Az, HCl)^2, SnCl^2 + 2H^2O.$$

— Voyez, pour les combinaisons d'aniline et de chlorures métalliques, t. II, p. 844.

CITRATES D'ANILINE. — *Citrate monanilique*, $C^6H^7Az, C^6H^8O^7$. — Une solution alcoolique d'une molécule d'acide et d'une molécule d'aniline se dessèche dans le vide, en une masse épaisse, rouge-brun, qui ne cristallise qu'au bout d'un temps assez long. On comprime les cristaux, on les redissout dans l'alcool et on abandonne la solution à l'évaporation spontanée. On obtient alors de fines aiguilles réunies en mamelons, fusibles un peu au-dessous de 100°, très-solubles dans l'alcool et encore plus solubles dans l'eau. Chauffé vers 140-150°, le citrate monanilique fournit de l'acide citranilique. — Voyez t. I, p. 935.

Les *citrates bi-* et *trianiliques* ne paraissent pas cristalliser [Pebal, *Ann. der Chem. u. Pharm.*, t. LXXXII, p. 91; *Ann. de Chim. et de Phys.*, (3), t. XXXV, p. 460].

FLUOSILICATES. — L'aniline absorbe avidement le fluorure de silicium (1 molécule ou prend 63,3 p.), en donnant un corps blanc. — Voyez p. 839, n° 26.

HYDANTOATE D'ANILINE. — Cristaux rhomboédriques, qui perdent facilement de l'aniline en devenant opaques [G. Herzog, *Ann. der Chem. u. Pharm.*, t. CXXXVI, p. 278].

IODHYDRATE D'ANILINE, $C^6H^7Az, HI$. — Aiguilles fort solubles dans l'eau et l'alcool, moins solubles dans l'éther.

MELLATE D'ANILINE, $(C^6H^7Az)^3.C^{12}H^6O^{12}$ (?). — Lorsqu'on agite de l'aniline avec une solution d'acide mellique, on obtient une liqueur trouble, qui dépose peu à peu des paillettes nacrées, aisément solubles dans l'eau. L'alcool les dissout également à chaud, mais le sel n'y cristallise pas. Les paillettes jaunissent déjà à 105° en perdant de l'aniline [Karmrodt, *Ann. der Chem. u. Pharm.*, t. LXXXI, p. 172].

MUCATE D'ANILINE, $(C^6H^7Az)^2C^6H^{10}O^8$. — On chauffe à l'ébullition 2 p. d'acide mucique et 5 p. d'eau et l'on ajoute de l'aniline jusqu'à ce que le liquide soit devenu clair; par le refroidissement on obtient alors de petits grains cristallins qu'on purifie par une nouvelle cristallisation. Il ressemble beaucoup au mucate ammonique; peu soluble dans l'eau froide, il se dissout assez facilement dans l'eau bouillante et perd de l'aniline par une ébullition prolongée. Il est insoluble dans l'alcool et l'éther, mais ces liquides le dédoublent partiellement. Chauffé à 115-120°, il perd 2 molécules d'eau et se convertit en *mucanilide*

$$(C^6H^6AzH)^2C^6H^8O^6.$$

A la distillation sèche, il fournit de l'eau, de l'acide carbonique, de l'aniline et du *phényltétrol* $C^6H^8(C^6H^5)Az$ [Köttnitz, *Journ. f. prakt. Chem.*, (2), t. VI, p. 136; *Bull. de la Soc. chim.*, 1873, t. XIX, p. 313].

NITRATE D'ANILINE, $C^6H^7Az, AzHO^3$. — Il se sépare, après quelque temps, d'un mélange d'aniline et d'acide nitrique étendu sous la forme d'aiguilles concentriques, qu'on purifie par compression entre des doubles de papier joseph. Il est plus soluble que le nitrate de toluidine. Suivant J. Lohschmidt, ce sel cristallise de sa solution aqueuse en tables quadrilatères appartenant au système orthorhombique. Formes : $h^1$, $g^1$, $b^{1/2}$ (à certains cristaux), $m$, $e^{1/2}$. Angles : $b^{1/2} b^{1/2} = 134^\circ 0'$; $g^1 b^{1/2} = 113^\circ 8'$. Clivage $g^1$. Les cristaux obtenus par sublimation présentent les mêmes formes, tandis que ceux qui se déposent dans l'alcool sont des dodécaèdres rhomboïdaux [*Wien. Acad. Bericht.*, t. LI, 2e part., p. 386].

Par une chaleur modérée, le nitrate d'aniline fond et se sublime; vers 190°, il se décompose profondément et on trouve de l'aniline nitrée dans le résidu [Bechamp, *Compt. rend.*, t. LII, p. 660].

Le nitrate d'aniline se dissout à chaud dans l'aniline et cristallise par le refroidissement; par l'ébullition avec l'aniline il se décompose en donnant de la violaniline et d'autres produits, mais pas de rosaniline si l'aniline est exempte de toluidine.

OXALATE D'ANILINE, $(C^6H^7Az)^2C^2H^2O^4$. — Lorsqu'on sature par de l'aniline une solution alcoolique d'acide oxalique, il se produit une bouillie de cristaux qu'on lave à l'alcool et qu'on exprime. Ce sel cristallise de sa solution aqueuse saturée à chaud en prismes tricliniques (Schabus) groupés en étoiles. Il est anhydre, peu soluble dans l'alcool, insoluble dans l'éther. 100 p. d'eau à 17°,7 en dissolvent 129,4 p. Sa solution aqueuse s'acidifie et dépose à l'air une poudre brune.

Lorsqu'on chauffe ce sel, il dégage de l'aniline, de l'eau, de l'oxyde de carbone et de l'acide carbonique, et se transforme en un mélange d'*oxanilide* et de *formanilide* (Gerhardt). — Voyez t. I, p. 1486, et t. II, p. 685.

$$(C^6H^7Az)^2C^2H^2O^4$$
$$= (C^6H^5)^2(C^2O^2)H^2Az^2 + 2H^2O$$
Oxanilide.

$$(C^6H^7Az)^2C^2H^2O^4$$
$$= (C^6H^5)(CHO)HAz + C^6H^7Az + CO^2 + H^2O.$$
Formanilide.

Suivant R. Piria, l'oxalate neutre d'aniline parfaitement pur ne donne pas de formanilide [*Il nuovo Cimento*, t. II, p. 305, 1855]. M. Hofmann a confirmé ce fait et a montré que c'est l'oxalate acide qui fournit principalement la formanilide; à la suite de transformations ultérieures de l'oxanilide et de la formanilide, on observe encore la formation de diphénylurée et d'oxyde de carbone, de diphénylamine et d'acide prussique, d'aniline et de benzonitrile [A.-W. Hofmann, *Ann. der Chem. u. Pharm.*, t. CXLII, p. 121, et *Bull. de la Soc. chim.*, 1868, t. IX, p. 485].

PHÉNYLOXAMATE D'ANILINE. — C'est un sel acide, $C^6H^7Az, 2C^8H^7AzO^3$. On l'obtient en chauffant l'aniline avec l'acide oxalique (voyez t. II, p. 688). A l'état de pureté, il constitue des aiguilles blanches enchevêtrées, non brillantes, peu solubles dans l'eau froide, très-solubles dans l'eau bouillante. La solution est acide et l'acide chlorhydrique ne la décompose pas : le sel se dépose de nouveau sans altération.

PHÉNYLSULFAMATE D'ANILINE. — Lorsqu'on dissout l'acide sulfanilique dans de l'eau renfermant de l'aniline et qu'on évapore la solution, les premiers cristaux sont formés par de l'acide libre, tandis que le sel ne cristallise qu'en dernier lieu.

PHÉNYLSULFITE D'ANILINE, $C^6H^7Az, C^6H^5.SO^3H$. — Longues aiguilles soyeuses, généralement un peu rougeâtres, aisément solubles dans l'eau et dans l'alcool, à peine solubles dans l'éther. Ce sel fond à 201° et se fige par le refroidissement en une masse cristalline radiée; il se sublime déjà au-dessous de son point de fusion en cristaux incolores [Gericke, *Ann. der Chem. u. Pharm.*, t. C, p. 207, 1856].

PHOSPHATES D'ANILINE [Nicholson, *Ann. der Chem. u. Pharm.*, t. LIX, p. 213].

1° *Orthophosphates.* — *Sel neutre*,

$$(C^6H^7Az)^2.PO^4H^3.$$

— Quand on ajoute un excès d'aniline à une solution concentrée d'acide phosphorique ordinaire, le mélange se solidifie immédiatement et l'on obtient une masse blanche qu'on purifie par cristallisation dans l'alcool bouillant. Ce sel se présente alors sous forme de paillettes nacrées, couleur de chair, sans odeur et d'une légère réaction acide. Il est fort soluble dans l'eau et l'éther, peu soluble dans l'alcool. Vers 100°, il se décompose déjà.

*Sel acide*, $C^6H^7Az, PO^4H^3$. — On l'obtient en ajoutant de l'acide phosphorique au sel précédent, tant qu'il précipite encore le chlorure de baryum, et évaporant au bain-marie. Au bout de quelques heures le sel cristallise en belles aiguilles soyeuses, facilement solubles dans l'alcool, dans l'éther et dans l'eau; cette dernière les transforme partiellement en sel neutre.

2° *Pyrophosphate*, $(C^6H^7Az)^2P^2O^7H^4$. — L'acide pyrophosphorique donne avec l'aniline un précipité formé par un mélange de sel secondaire et quaternaire, qui se dissout à chaud facilement dans un excès d'acide phosphorique. Par l'évaporation de la dissolution, on obtient de belles aiguilles soyeuses, semblables au sulfate de quinine. Ce sel est fort acide, soluble dans l'eau, entièrement insoluble dans l'alcool et l'éther. Il rougit à l'air.

3° *Métaphosphate*, $C^6H^7Az, PO^3H$. — Ce sel se précipite sous la forme d'une masse blanche et gélatineuse, lorsqu'on ajoute un excès d'aniline à une solution concentrée d'acide métaphosphorique. Pour le purifier, on le lave à l'éther et on le dessèche dans le vide. Il est blanc, amorphe et rougit à l'air en devenant gluant. Il rougit le tournesol et se dissout dans l'eau, tandis qu'il est insoluble dans l'alcool et l'éther.

PICRATE D'ANILINE. — Le précipité jaune qu'on obtient avec l'aniline et un excès d'une solution alcoolique d'acide picrique se dissout dans l'alcool bouillant et cristallise par le refroidissement.

PYROTARTRATE D'ANILINE. — Sel incristallisable, soluble dans l'eau.

SACCHARATE D'ANILINE. — Masse sirupeuse, déliquescente, obtenue en saturant l'acide saccharique par l'aniline et évaporant la solution au bain-marie. Soumis à la distillation sèche, il fournit une substance huileuse se solidifiant bientôt, et cristallisant dans l'alcool en lamelles [M. Köttnitz, *loc. cit.*].

SUCCINATE D'ANILINE. — On l'obtient directement en saturant l'acide par l'aniline. Belles aiguilles (prisme clinorhombique) légèrement colorées en rose et solubles dans l'eau et dans l'alcool.

SULFATE D'ANILINE, $(C^6H^7Az)^2SO^4H^2$. — Un mélange d'aniline et d'acide sulfurique se prend immédiatement en masse. Purifié par cristallisation dans l'alcool bouillant, le sel est en paillettes incolores d'un éclat argenté, très-solubles dans l'eau, peu solubles dans l'alcool froid et insolubles dans l'éther. Les cristaux rougissent peu à peu à l'air, surtout quand ils sont humides. Ils supportent une température de 100° sans s'altérer; à une température plus élevée, ils se transforment en aniline, eau et acide sulfanilique (voyez p. 858) et enfin à une chaleur encore plus forte ils se charbonnent, en dégageant de l'aniline et de l'acide sulfureux.

Le sulfate d'aniline ne donne pas de sels doubles avec les sulfates de cuivre, de nickel et d'aluminium.

SULFITE D'ANILINE. — L'acide sulfureux se combine avec l'aniline en présence de l'eau et fournit une masse cristalline jaune, qui perd facilement de l'acide sulfureux à l'air, en se décolorant.

L'aniline fixe directement l'acide sulfureux anhydre en donnant deux combinaisons cristallines. — Voyez p. 847.

Sulfocyanate d'aniline, $C^6H^7Az, CSAzH$. — Lorsqu'on sature l'aniline par l'acide sulfocyanique aqueux, on obtient par l'évaporation des gouttes huileuses qui se concrètent peu à peu. Ce sel fond à une douce chaleur, bout ensuite vivement en dégageant de l'hydrogène sulfuré et du sulfure d'ammonium et donne, si l'on chauffe plus fort, du sulfure de carbone, du sulfure d'ammonium et de la *diphénylsulfocarbamide*, tandis qu'il reste dans la cornue une masse résinoïde. La réaction primitive peut être exprimée par l'équation

$$2(C^6H^7Az, CSAzH) = \underset{\text{Diphénylsulfo-carbamide.}}{CS(C^6H^5)^2H^2Az^2} + \underset{\text{Sulfocyanate d'ammonium.}}{CS(AzH^4)Az.}$$

L'hydrogène sulfuré, le sulfure de carbone, le sulfure d'ammonium et le produit résineux proviennent d'une décomposition secondaire du sulfocyanate d'ammonium.

Tartrate d'aniline. — Un mélange d'acide tartrique en solution concentrée et d'aniline se solidifie en une masse cristalline qui se dépose de l'eau bouillante en aiguilles.

*Recherche de la phénylamine.* — Les colorations diverses que l'aniline ou ses sels prennent sous l'influence des oxydants permettent de reconnaître des quantités très-petites de cette base. Ces réactions sont cependant assez délicates et exigent l'observation de certaines précautions, surtout quand l'aniline est mélangée de toluidine ou de pseudotoluidine. M. Rosenstiehl a déterminé très-minutieusement les conditions dans lesquelles il faut se placer : nous empruntons à son travail les faits suivants [*Ann. de Chim. et de Phys.*, (4), t. XXVI, p. 232].

D'après leur action, on peut rapporter les oxydants à deux types : ceux qui agissent comme le chlore, comme l'oxygène actif (chlorates, chromates, permanganates, etc.), et de l'autre côté l'acide nitrique et les mélanges qui lui donnent naissance.

Dans l'oxydation de l'aniline il se forme une base polyacide, la *mauvéine* (voyez p. 837, n° 6), dont les sels présentent des colorations différentes suivant la proportion d'acide combiné. Or, les sels polyacides étant décomposables par l'eau, on pourra avoir, suivant l'acidité de la liqueur, des colorations diverses avec le même oxydant.

Lorsqu'on dissout un sel d'aniline dans l'acide sulfurique concentré et qu'on introduit un cristal de bichromate de potassium, on voit apparaître au bout de quelques minutes une belle coloration bleue, qui disparaît bientôt. Le caractère fugace de cette coloration n'est pas due à l'instabilité de la matière colorante; mais à la dilution que l'acide sulfurique a subie en absorbant la vapeur d'eau de l'atmosphère. Le maximum de coloration correspond aux hydrates de l'acide sulfurique

$$SO^4H^2 + H^2O \quad \text{et} \quad SO^4H^2 + 2H^2O.$$

Pour donner aux réactions toute la sensibilité, on dissout donc la matière dans de l'acide sulfurique étendu correspondant à $SO^4H^2 + H^2O$, et l'on ajoute de l'acide chromique dissous dans le même acide (tous les oxydants du premier type peuvent être employés). Si l'on opère dans un tube de manière que le liquide ne puisse pas attirer l'humidité de l'air, la coloration bleue est parfaitement stable, mais dès qu'on étend d'eau, elle disparaît.

La *pseudotoluidine* donne dans ces conditions également une teinte bleue, mais celle-ci passe au rouge par l'addition d'eau; la *toluidine* fournit une coloration jaune.

L'acide nitrique employé dans les mêmes conditions que les oxydants de la première classe ne produit avec l'aniline pure qu'une coloration jaune ou brune. Il importe d'employer de l'acide nitrique parfaitement pur, car dès qu'il contient des traces de chlore, on obtient une coloration jaune qui passe bientôt au vert et finalement au bleu. C'est le chlore qui agit dans ce cas.

Avec l'acide nitrique, la *pseudotoluidine* se colore en orange ou en brun; la *toluidine* fournit une coloration bleue très-belle, qui passe d'abord au violet, ensuite au rouge et enfin, après quelques heures, au brun.

Les hypochlorites colorent l'aniline en bleu violacé. Cette coloration est très-fugace et passe au rouge sale; la matière bleue n'est point détruite, mais simplement masquée par la formation ultérieure de matières brunes; si l'on agite le liquide avec de l'éther, celui-ci enlève à l'eau des substances brunes et la solution aqueuse prend de nouveau la belle teinte bleue. Cette réaction est très-sensible et facile à exécuter; on ajoute l'éther avant l'hypochlorite.

Suivant M. Berthelot, cette coloration n'est pas absolument caractéristique pour l'aniline, car le phénol additionné d'une petite quantité d'ammoniaque donne une coloration analogue [*Répert. de Chim. appliquée*, 1859, p. 284]. Mais il est toujours facile d'éliminer d'abord le phénol en faisant bouillir pendant quelque temps la matière avec de l'acide sulfurique étendu.

Lorsqu'on soumet la *pseudotoluidine* au même traitement, l'eau se colore en jaune, puis en brun; si l'on décante la couche éthérée et qu'on l'agite avec de l'eau acidulée par l'acide sulfurique, cette dernière prend une teinte rouge violacée magnifique, très-stable. L'aniline, dans ces conditions, ne produit point de coloration, mais un léger précipité verdâtre. La *toluidine* traitée par l'eau, l'éther et le chlorure de chaux ne donne lieu à aucune coloration.

M. Lauth a également étudié les colorations que donnent les bases aromatiques sous l'influence de différents oxydants (acides chromique, iodique, nitrique, ou chlorure de chaux). Il a bien voulu nous communiquer les renseignements suivants. Pour la réaction par l'acide chromique, M. Lauth emploie de l'acide sulfurique étendu de *son volume* d'eau, il dissout ou délaye dans un verre de montre la base en question dans un excès de cet acide et ajoute alors 1 à 2 gouttes d'une solution d'acide chromique dans ce même acide sulfurique; au bout de très-peu de temps la coloration se développe; si elle est trop faible, on l'augmente en ajoutant de nouveau un peu d'acide chromique. L'acide iodique est simplement employé en solution aqueuse concentrée; le mélange se prend souvent en masse, par suite de la formation d'iodate insoluble. Le chlorure de chaux s'emploie en solution aqueuse; l'addition d'une goutte d'acide *acétique* amène souvent un changement de la coloration. Enfin, pour la réaction avec l'acide nitrique, on dissout la base dans de l'acide sulfurique étendu de son volume d'eau et l'on ajoute une goutte d'acide nitrique fumant.

Le tableau ci-contre indique les colorations qu'on obtient avec ces différents réactifs(1).

(1) Quelques-unes des réactions indiquées dans ce tableau ne sont pas produites par les bases chimiquement pures, mais correspondent à un mélange du corps avec de petites quantités d'une base analogue, ce qui a lieu dans la plupart des cas où l'on a à rechercher une base aromatique. Le tableau suivant présente donc un véritable intérêt pratique.

| | ACIDE SULFURIQUE étendu et acide chromique. | ACIDE IODIQUE. | CHLORURE DE CHAUX. | ACIDE SULFURIQUE étendu et 1 goutte d'acide nitrique fumant. |
|---|---|---|---|---|
| Aniline. | Bleu pur. | Bleu, se solidifie et devient ensuite violet, rougeâtre noir. | Successivement jaune, vert, bleu. + Ac. rouge et disparaît. | Bleu. |
| Toluidine. | Fuchsine à la fin violet. | Devient solide, fuchsine. | Orangé, peu intense. + Ac. rougeâtre. | Fuchsine, violet, à la fin acajou. |
| Pseudotoluidine. | D'abord marron, ensuite bleu pur. | Devient solide, successivement bleu, vert, précipité noir. | Orangé-brun. + Ac. beau violet. | Successivement orangé, brun, violet, acajou. |
| Méthylaniline. | Jaune-brun. | Reste liquide, violet passant à l'acajou. | Jaune et brun. + Ac. bleu pur. | Orangé vif. |
| Éthylaniline. | Successivement jaune, vert, bleu pur. | Devient solide, violet, bords verts. | Violâtre. + Ac. violet. | Successivement orangé, verdâtre, vert. |
| Diéthylaniline. | Verdâtre sale. | Violet bleu. | Violâtre. + Ac. violet-bleu. | Orangé vif. |
| Amylaniline. | Pas de coloration. | Violet bleu. | Pas de coloration. + Ac. orangé pur. | Orangé vif, brun. |
| Méthyléthylaniline. | Pas de coloration. | Violâtre, puis brun. | Pas de coloration. + Ac. jaune vif. | Orangé vif. |
| Dibenzylaniline. | Avec acétone [1], rouge vif. | Violet-gris sale. | Pas de coloration. + Ac. jaune vif. | Avec acétone, jaune [1]. |
| Diphénylamine. | Bleu légèrement violacé. | Vert foncé beau. | Orangé-brun faible. + Ac. jaune vif. | Bleu, lent à venir. |
| Dicrésylamine. | Jaune devenant verdâtre. | » | Pas de coloration. | Vert, bleuissant ensuite. |
| Dipseudocrésylamine. | Bleu un peu violet. | » | Violâtre. | Bleu plus rouge que celui de la diphénylamine. |

Comme ces colorations peuvent varier avec la concentration de la liqueur et la quantité de réactif employé, il est à recommander de faire deux essais comparatifs, l'un avec la base à reconnaître et l'autre avec une base pure.

Dans le cas d'un mélange de bases on ne peut plus donner de règle générale; M. Rosensthiel a étudié quelques cas plus simples, qui se rencontrent souvent.

*Aniline et pseudotoluidine.* — Au moyen du chlorure de chaux et de l'éther il est très-facile de constater la présence de la pseudotoluidine dans l'aniline, même si celle-ci n'en contient que des traces; dans ce dernier cas, il est avantageux d'éliminer la majeure partie de l'aniline en transformant les bases en oxalates au moyen d'une solution d'acide oxalique dans l'éther exempt d'alcool. La presque totalité de l'aniline se précipite à l'état d'oxalate, tandis que le sel de pseudotoluidine reste en solution. On décante l'éther, on en chasse par distillation les trois quarts, on agite le résidu avec un fragment de potasse, pour saturer l'acide oxalique, et l'on cherche la pseudotoluidine par le chlorure de chaux, l'éther et l'eau acidulée.

Si au contraire le mélange ne contient que peu d'aniline, on commence par éliminer la pseudotoluidine au moyen de la solution éthérée d'acide oxalique, et l'on opère sur l'oxalate insoluble; l'eau dans ce cas ne prend pas de coloration bleue, mais une teinte vert sale, mélange de bleu et de jaune (cette dernière coloration étant produite par la pseudotoluidine).

Il est encore plus simple d'éliminer une grande partie de la pseudotoluidine en agitant le mélange des bases avec un peu d'eau, qui dissout 3 % d'aniline et seulement 1 % de pseudotoluidine.

*Aniline et toluidine.* — En employant l'éther et le chlorure de chaux, on peut reconnaître un millième d'aniline dans la toluidine; moins il y a d'aniline, plus il faut ajouter de chlorure de chaux pour communiquer à l'eau une teinte bleue sensible.

Il est plus difficile de déceler de petites quantités de toluidine dans l'aniline; si le mélange ne contient plus que 10 % de la première base, on ne peut plus observer la coloration rouge que la toluidine prend sous l'influence de l'acide nitrique. Dans ce cas, il faut dissoudre le mélange dans l'éther et précipiter incomplétement par l'acide oxalique: les premières portions du précipité contiennent la toluidine; on les lave par décantation avec de l'éther, on les décompose sous ce véhicule par un peu de soude, on évapore la solution et l'on constate la présence de la toluidine dans le résidu au moyen de l'acide nitrique. Si l'aniline contient 1 % de cette base, la réaction

(1) L'addition de l'acétone a pour but de faciliter la dissolution de la base, qui est insoluble dans l'acide.

est encore nette, mais pour des proportions plus petites elle est incertaine.

*Aniline, pseudotoluidine et toluidine.* — Dans ce cas, on dissout les alcaloïdes dans 400 p. d'éther, puis on sature par une quantité d'acide oxalique suffisante pour transformer le tout en sels acides et l'on abandonne jusqu'au lendemain. On décante alors la couche éthérée et on y recherche la pseudotoluidine, comme on l'a indiqué plus haut; le dépôt, lavé avec de l'éther sur un filtre ou dans le vase même, renferme l'aniline et la toluidine, qu'on distingue par les réactions indiquées plus haut. L'éther employé pour cette séparation doit être *exempt d'alcool;* il n'est pas nécessaire qu'il soit anhydre. On peut déceler des traces de pseudotoluidine et d'aniline, mais il est plus difficile de constater la présence de petites quantités de toluidine, surtout si le mélange contient de l'aniline en grande proportion.

### DÉRIVÉS MÉTALLIQUES DE L'ANILINE.

L'hydrogène du reste ammoniacal de l'aniline peut être remplacé par des métaux, et, suivant l'atomicité du métal, on obtiendra des monamines, diamines, triamines ou tétramines :

$$Az\left\{\begin{matrix}M'\\C^6H^5\\H;\end{matrix}\right. \quad Az^2\left\{\begin{matrix}M''\\(C^6H^5)^2\\H^2;\end{matrix}\right. \quad Az^3\left\{\begin{matrix}M'''\\(C^6H^5)^3\\H^3;\end{matrix}\right.$$

$$Az^4\left\{\begin{matrix}M^{iv}\\(C^6H^5)^4\\H^4.\end{matrix}\right.$$

La plupart de ces composés ne sont connus qu'à l'état de sels et on peut considérer ceux-ci comme des combinaisons du sel métallique avec l'aniline.

MÉTAUX MONATOMIQUES. — Le potassium se dissout dans l'aniline avec dégagement d'hydrogène; mais les dérivés métalliques qui se forment n'ont pas été étudiés. Le produit de la réaction renferme probablement les deux corps

$$Az, C^6H^5.K.H \quad \text{et} \quad Az, C^6H^5.K^2,$$

car, traité par la benzine bromée, il fournit de la *di-* et de la *triphénylamine* [Merz et Weith, *Deutsch. Chem. Gesells.*, t. V, p. 646].

Le sodium n'attaque l'aniline qu'à 200° et en vase clos en donnant un mélange d'aniline mono- et disodique (Armstrong, 1873).

MÉTAUX DIATOMIQUES [Hofmann, *loc. cit.*; — Frankland, *Phil. Mag.*, 1857, (4), t. XV. p. 149; — Schiff, *Compt. rend.*, t. LVI, p. 268 et 491; *Bull. de la Soc. chim.*. 1863, p. 65; — H. Vohl, *Arch. der Pharm.*, t. CXCVIII, p. 201; *Bull. de la Soc. chim.*, 1872, t. XVII, p. 227].

CADMIUM. — On obtient l'*iodure de diphénylcadmio-diammonium*

$$I^2, Az^2\left\{\begin{matrix}(C^6H^5)^2\\Cd, H^4\end{matrix}\right. \text{ ou } (C^6H^7Az)^2CdI^2$$

sous forme de longues aiguilles par le refroidissement d'un mélange de solutions alcooliques bouillantes d'aniline et d'iodure de cadmium.

CUIVRE. — Le sulfate de *diphénylcupro-diammonium*

$$SO^4, Az^2\left\{\begin{matrix}(C^6H^5)^2\\Cu, H^4\end{matrix}\right. \text{ ou } (C^6H^7Az)^2CuSO^4$$

se précipite sous la forme d'une poudre verte cristalline, lorsqu'on ajoute du sulfate de cuivre à une solution d'aniline. L'eau bouillante décompose ce sel en dégageant de l'aniline en même temps qu'il se dissout du sulfate d'aniline, et qu'il se dépose du sulfate basique de cuivre.

Les autres sels de cet ammonium sont également peu solubles et décomposables par l'eau.

MERCURE. — *Azotate de diphénylmercurodiammonium,*

$$(AzO^3)^2, Az^2\left\{\begin{matrix}(C^6H^5)^2\\Hg, H^4.\end{matrix}\right.$$

— On l'obtient en mélangeant des dissolutions d'aniline ou de nitrate d'aniline et de nitrate mercurique; le précipité est blanc, amorphe. mais il devient cristallin par l'addition d'une certaine quantité d'acide nitrique. Chauffé avec l'eau, il se transforme en azotate de *phénylmercurammonium,*

$$2\left[(AzO^3), Az\left\{\begin{matrix}C^6H^5\\HgH,\end{matrix}\right.\right] + H^2O.$$

On peut écrire cette formule

$$(AzO^3)^2Az^2\left\{\begin{matrix}(C^6H^5)^2\\(HgOH)^2\\Hg, H^3.\end{matrix}\right.$$

Celui-ci, par une action prolongée de l'eau, se change à son tour en azotate de *diphényltrimercurodiammonium* que l'eau n'altère plus :

$$(AzO^3)^2, Az^2\left\{\begin{matrix}(C^6H^5)^2\\Hg^3\end{matrix}\right. + 2H^2O$$

$$\text{ou } (AzO^3)^2, Az^2\left\{\begin{matrix}(C^6H^5)^2\\(HgOH)^2\\Hg, H^2.\end{matrix}\right.$$

Ces deux composés sont analogues aux azotates de mercurammonium et de trimercurodiammonium. — Voyez t. II, p. 361, n^os 21 et 22.

L'azotate de *diphénylmercurosodiammonium,*

$$(AzO^3)^2, Az^2\left\{\begin{matrix}(C^6H^5)^2\\(Hg^2)'', H^4,\end{matrix}\right.$$

constitue une poudre cristalline facilement décomposable; on l'obtient en précipitant l'aniline par l'azotate mercureux.

*Chlorure de diphénylmercurodiammonium,*

$$Cl^2, Az^2\left\{\begin{matrix}(C^6H^5)^2\\Hg, H^4\end{matrix}\right. = (C^6H^7Az)^2, HgCl^2.$$

— On ajoute une solution alcoolique de bichlorure de mercure à une solution d'aniline également alcoolique, en ayant soin de laisser l'aniline en excès, on jette le précipité sur un filtre et on le lave avec un peu d'alcool. Paillettes nacrées, qui dégagent de l'aniline déjà vers 60° (Gerhardt), et qui chauffées plus fort donnent de la rosaniline (Schiff). Lorsqu'on emploie dans cette préparation un excès de chlorure mercurique, on obtient des aiguilles renfermant

$$(C^6H^7Az)^2, 3HgCl^2;$$

ce corps jaunit par l'ébullition avec l'eau, en dégageant un peu d'aniline (Hofmann).

Le *chlorure mercureux* ne se combine pas avec l'aniline, même à 110°; à 150° il se forme de la rosaniline.

*Cyanure de diphénylmercurodiammonium,*

$$Cy^2, Az^2\left\{\begin{matrix}(C^6H^5)^2\\Hg, H^4.\end{matrix}\right.$$

— Longues aiguilles blanches, facilement fusibles. Vers 80°, il se dédouble en aniline et cyanure de mercure. Les alcalis et l'iodure de potassium ne le décomposent pas.

*Iodure de diphénylmercurodiammonium,*

$$I^2, Az^2\left\{\begin{matrix}(C^6H^5)^2\\Hg, H^4.\end{matrix}\right.$$

— Une solution alcoolique bouillante d'aniline dissout en abondance l'iodure mercurique : la liqueur filtrée dépose par le refroidissement des tables ou des prismes jaune de soufre, insolubles dans l'eau et solubles dans l'alcool chargé d'aniline. Il perd déjà de l'aniline à l'air en se colorant en rouge-brique. Chauffé avec précaution, il fond et se concrète par le refroidissement en une masse radiée parsemée de végétations rouges. A 100°, il fournit de la rosaniline.

ZINC. — *Diphénylzincodiamine,*

$$Az^2 \left\{ \begin{array}{l} (C^6H^5)^2 \\ Zn, H^2 \end{array} \right.$$

(Frankland). — Le zinc-éthyle réagit très-énergiquement sur la phénylamine; lorsqu'on opère en solution éthérée, il se dégage de l'hydrure d'éthyle et il se forme une masse blanche de diphénylzincodiamine. L'eau le décompose en régénérant de l'aniline.

*Chlorure de diphénylzincodiammonium,*

$$Cl^2, Az^2 \left\{ \begin{array}{l} (C^6H^5)^2 \\ Zn, H^4. \end{array} \right.$$

— On le prépare en décomposant le sulfate en solution concentrée par du chlorure de potassium. Il constitue des prismes clinorhombiques, solubles dans l'eau et dans l'alcool. Il donne avec le chlorure de platine, un chloroplatinate cristallisé. Une ébullition prolongée avec l'eau le scinde en chlorure de zinc et en aniline. Les acides étendus sont sans action à froid, et même à chaud la décomposition ne marche que très-lentement.

Le *bromure* ressemble au chlorure.

L'*iodure,*

$$I^2, Az^2 \left\{ \begin{array}{l} (C^6H^5)^2 \\ Zn, H^4, \end{array} \right.$$

cristallise en aiguilles incolores et brillantes, solubles dans l'alcool, décomposables par l'eau.

Le *sulfate* est très-soluble; il se forme lorsqu'on mélange des solutions d'aniline et de sulfate de zinc. Il sert à la préparation du chlorure, bromure ou iodure, qu'on obtient par double décomposition avec les sels de potassium correspondants.

MÉTAUX TRIATOMIQUES. — ANTIMOINE. — *Chlorure de triphénylstibtriammonium,*

$$Cl^3, Az^3 \left\{ \begin{array}{l} (C^6H^5)^3 \\ Sb''', H^6. \end{array} \right.$$

— Le trichlorure d'antimoine se combine directement avec l'aniline et fournit une substance blanche, décomposable par l'eau, mais soluble dans l'aniline : cette solution la dépose en fines aiguilles, fusibles à 80°. Elle se décompose partiellement par la distillation. L'acide chlorhydrique la convertit en un sel double de chlorhydrate d'aniline et de chlorure d'antimoine.

*Iodure,* $I^3, Az^3(C^6H^5)^3Sb'''H^6$. — On chauffe l'aniline avec de l'iodure d'antimoine vers 100° ou 120°; la combinaison se dépose alors par le refroidissement en aiguilles jaunes, décomposables par les alcalis.

ARSENIC. — Le *chlorure de triphénylarséniotriammonium,*

$$Cl^3, Az^3 \left\{ \begin{array}{l} (C^6H^5)^3 \\ As''' H^6, \end{array} \right.$$

est cristallin et fusible vers 90°; il distille sans altération entre 205° et 210°. L'eau le décompose partiellement.

L'*iodure* correspondant n'est altéré à froid ni par l'eau, ni par les acides étendus; l'alcool bouillant le dédouble en iodhydrate d'aniline iodée, monoiodure d'arsenic, et en une substance brune.

BISMUTH. — *Chlorure de triphénylbismuthotriammonium,*

$$Cl^3, Az^3 \left\{ \begin{array}{l} (C^6H^5)^3 \\ Bi''' H^6. \end{array} \right.$$

— Masse fusible, à peine cristalline, lentement décomposable par l'eau. Chauffée, elle devient violette.

Lorsqu'on ajoute de l'aniline à une solution aqueuse de chlorure de bismuth, on obtient un précipité blanc, dont la composition correspond à la formule

$$Cl, Az \left\{ \begin{array}{l} C^6H^5 \\ (BiO)', H^2. \end{array} \right.$$

MÉTAUX TÉTRATOMIQUES. — ÉTAIN. — Lorsqu'on mélange 1 molécule de chlorure stanneux avec 2 molécules d'aniline, on observe un léger dégagement de chaleur et au bout de quelques heures on obtient une masse cristalline peu soluble dans l'eau et l'alcool froids, formée par le chlorure de *diphénylstannosodiammonium :*

$$(C^6H^5)^2Sn''H^4Az^2, Cl^2 = 2C^6H^7Az + SnCl^2.$$

L'eau et l'alcool chauds décomposent ce corps; à l'état sec, il est inaltérable à l'air et peut même être fondu sans éprouver de décomposition.

*Chlorure de tétraphénylstannicotétrammonium,*

$$\left. \begin{array}{r} (C^6H^5)^4 \\ Sn^{iv} \\ H^8 \end{array} \right\} Az^4.Cl^4 = 4C^6H^7Az + SnCl^4.$$

— On prépare ce composé en ajoutant du tétrachlorure d'étain à de l'aniline refroidie, ou en versant goutte à goutte l'aniline dans une solution de chlorure stannique dans la benzine. Il est insoluble dans la benzine, mais il se dissout dans l'aniline; la solution abandonne par l'évaporation des aiguilles fines inaltérables à l'air. L'eau le décompose en précipitant de l'hydrate stannique. Chauffé, ce corps fond et donne à une température plus élevée de la rosaniline, du chlorure stanneux et d'autres produits.

PALLADIUM. — Le chlorure de palladium s'unit directement avec l'aniline et donne le composé $(C^6H^5)^2Pd''H^4, Az^2Cl^2$ (H. Müller). — Voyez PALLADIUM, t. II, p. 728.

PLATINE. — Le chlorure platineux donne plusieurs combinaisons avec l'aniline : un sel violet, $(C^6H^5)^2Pt''H^4, Az^2Cl^2$, correspondant au sel vert de Magnus; un sel rose,

$$(C^6H^5)^2Pt(C^6H^5.AzH^3)^2H^2, Az^2Cl^2,$$

correspondant au sel de Reiset, et un sel grenat, $(C^6H^7Az, HCl)^2, PtCl^2$, sel double de chlorhydrate d'aniline et de chlorure platineux. Ces faits avancés par Raëwsky [*Compt. rend.*, t. XXVI, p. 424] n'ont été qu'en partie confirmés. On peut obtenir, en effet, le premier sel correspondant au sel de Magnus et il est violet ou rose, suivant les conditions. Bouilli avec un excès d'aniline, il se dissout et cristallise par le refroidissement en belles aiguilles jaunes; mais il ne se combine pas avec l'aniline pour former un sel correspondant à celui de Reiset.

Il est insoluble dans l'eau, l'alcool et l'éther, dans les acides chlorhydrique ou nitrique étendus; chauffé avec de l'ammoniaque en vase clos, à 100°, il fournit le sel de Reiset et du chlorhydrate d'aniline [Ch. Gordon, *Deutsch. Chem. Gesells.*, t. III, p. 174; *Bull. de la Soc. chim.*, 1870, t. XIII, p. 519].

### ANILIDES DES ACIDES MINÉRAUX.

Les anilides (*alcalamides* dérivées de l'aniline) représentent de l'aniline dans laquelle l'hydrogène du reste $AzH^2$ est partiellement ou entièrement remplacé par des restes acides. Les anilides des acides organiques sont décrites aux différents acides et nous n'étudierons ici que les alcalamides dérivées des acides minéraux. — Voyez, pour les généralités, l'article ANILIDES, t. I, p. 304.

ACIDE ARSÉNANILIQUE [Béchamp, *Compt. rend.*, t. LVI, p. 1172]. — Lorsqu'on chauffe l'arséniate d'aniline et qu'on traite le produit par une dissolution de carbonate de sodium, il reste un résidu résineux insoluble (renfermant des matières colorantes), tandis que le sel de sodium de l'acide arsénanilique se dissout. La solution évaporée, additionnée d'acide nitrique, laisse déposer des cristaux roses qui deviennent incolores après plusieurs cristallisations dans l'eau en présence du charbon animal.

L'acide arsénanilique (M. Béchamp lui avait donné le nom d'*arsénanilide*) renferme

$$C^6H^8AsAzO^3 = Az\left\{\begin{matrix}[AsO(OH)^2]' \\ C^6H^5 \\ H.\end{matrix}\right.$$

Une température élevée le détruit. Il se dissout dans les alcalis et décompose les carbonates en formant des sels cristallisables; fondu avec de la potasse, il se dédouble en aniline et en arséniate de potassium.

Le sel d'*argent* est anhydre et cristallisable; celui de *baryum* forme des prismes obliques.

Les sels de *cuivre* et de *plomb* constituent des précipités volumineux.

Sel de *potassium*, prismes rectangulaires; celui de *sodium*, $C^6H^7AsAzO^3.Na$, cristallise de même.

Phosphanilides. — 1° Lorsqu'on fait tomber goutte à goutte de l'aniline refroidie dans du trichlorure de phosphore également refroidi, on observe une réaction très-énergique et l'on obtient une masse pâteuse facilement soluble dans l'eau, dans l'alcool et dans l'éther. La solution aqueuse filtrée à travers un filtre humecté d'eau (pour retenir l'excès d'aniline) donne par l'évaporation spontanée des aiguilles de la formule

$$3C^6H^7Az, PCl^3 = \left.\begin{matrix}P''' \\ (C^6H^5)^3 \\ H^3\end{matrix}\right\} Az^3, 3HCl.$$

Le *chlorhydrate de phosphanilide* (anilide de l'acide phosphoreux) fournit un chloroplatinate $(C^{18}H^{18}PAz^3, 3HCl)^2 + 3PtCl^4$ en cristaux jaunes solubles dans l'eau et dans l'alcool, insolubles dans l'éther. Avec le *chlorure de zinc*, on obtient un sel double $(C^{18}H^{18}PAz^3, 3HCl)^2 + 3ZnCl^2$ en aiguilles déliquescentes, solubles dans l'alcool. La phosphanilide donne aussi des sels doubles cristallisables avec les chlorures de *cadmium*, de *cuivre* et de *mercure*. L'eau de brome produit dans la solution du chlorhydrate un précipité brun, contenant de l'aniline tribromée.

On n'a pas encore isolé la phosphanilide libre; le chlorhydrate donne, avec la potasse, de l'aniline; avec l'oxyde d'argent, il se forme une solution alcaline, qui se colore par l'évaporation [M. Tait, *L'Institut*, 1865, p. 254; *Zeitschr. für Chem.*, 1865, p. 648].

Schiff a obtenu des résultats différents; mais probablement ce chimiste n'a pas opéré dans les mêmes conditions; il a fait agir sur le trichlorure de phosphore un excès d'aniline et a obtenu ainsi une masse solide jaunâtre, qui cède à l'eau du chlorhydrate d'aniline. Il reste d'abord une poudre blanche insoluble; mais bientôt celle-ci se liquéfie partiellement en donnant du phosphite d'aniline. Suivant Schiff, 1 molécule de trichlorure de phosphore se combinerait avec 6 molécules d'aniline :

$$PCl^3 + 6C^6H^7Az = 3C^6H^7Az,HCl + P(AzH,C^6H^5)^3$$

[*Zeitsch für Chem.*, 1869, p. 609; *Bull. de la Soc. chim.*, 1870, t. XIII, p. 351].

2° L'aniline réagit avec une grande énergie sur l'anhydride phosphorique en donnant probablement de l'acide *phénylphosphamique*

$$\left.\begin{matrix}(PO.OH)'' \\ C^6H^5\end{matrix}\right\} Az \text{ (Schiff).}$$

3° L'aniline, en agissant sur l'oxychlorure de phosphore, donne du chlorhydrate de *triphénylphosphotriamide*

$$\left.\begin{matrix}PO \\ (C^6H^5)^3 \\ H^3\end{matrix}\right\} Az^3.$$

On traite le produit de la réaction par l'eau pour enlever le chlorhydrate d'aniline formé, et l'on obtient l'amide, sous la forme d'une masse blanche insoluble dans l'eau [H. Schiff, *Ann. der Chem. u. Pharm.*, t. CI, p. 302; *Ann. de Chim. et de Phys.*, (3), t. LII, p. 112].

4° Lorsqu'on traite le pentachlorure de phosphore par l'aniline, une réaction très-énergique a lieu et il se forme une masse jaunâtre, dure, qui dégage de l'acide chlorhydrique par l'addition d'eau et qui laisse pour résidu une matière blanche, cristalline. Ce corps blanc est la *triphénylphosphodiamide*

$$\left.\begin{matrix}PO \\ (C^6H^5)^3\end{matrix}\right\} Az^2.$$

La réaction a lieu en deux phases : il se forme d'abord l'amide

$$\left.\begin{matrix}PCl^2 \\ (C^6H^5)^3\end{matrix}\right\} Az^2$$

suivant l'équation

$$PCl^5 + 3C^6H^7Az = \left.\begin{matrix}PCl^2 \\ (C^6H^5)^3\end{matrix}\right\} Az^2 + AzH^4Cl + 2HCl$$

et celle-ci sous l'influence de l'eau se transforme en triphénylphosphodiamide et acide chlorhydrique.

Cette dernière est à peine altérée à froid par l'eau et les acides étendus; à l'ébullition, elle fond et finit par se dissoudre; le liquide renferme alors du phosphate d'aniline. La substance fondue se prend par le refroidissement en une masse à peine cristalline (Schiff).

5° Le sulfochlorure de phosphore $PSCl^3$ se comporte avec la phénylamine comme l'oxychlorure; il paraît se former la *triphénylsulfophosphotriamide*

$$\left.\begin{matrix}(PS)''' \\ (C^6H^5)^3 \\ H^3\end{matrix}\right\} Az^3 \text{ (Schiff).}$$

Sulfanilides. — Ces anilides sont peu connues; on avait considéré pendant longtemps l'acide sulfanilique comme étant l'acide *phénylsulfamique* $(C^6H^5)(SO^3.OH)'HAz$, mais des recherches ultérieures ont démontré que c'est un acide *amidophénylsulfureux* $C^6H^4(SO^2.OH)(AzH^2)$. — Voyez p. 857.

M. Carius, en chauffant au bain-marie pendant 6 à 8 heures la nitrobenzine avec du sulfite neutre d'ammonium en solution dans l'alcool faible, a obtenu le sel d'ammonium d'un acide bibasique qui est très-probablement l'acide *phényldisulfamique*

$$\left.\begin{matrix}C^6H^5 \\ (SO^2.OH)^2\end{matrix}\right\} Az.$$

Le sel d'ammonium se forme suivant l'équation

$$C^6H^5.AzO^2 + 3SO^3(AzH^4)^2 = C^6H^5(SO^3AzH^4)^2,Az + SO^4(AzH^4)^2 + H^2O + 2AzH^3.$$

Il cristallise en lamelles.

Le sel de *baryum*, $C^6H^5(SO^3)^2Ba.Az$, constitue des prismes incolores, solubles dans l'eau, insolubles dans l'alcool. Les sels de cet acide ne se décomposent pas par l'ébullition de leur solution; mais lorsqu'on essaye d'isoler l'acide lui-même, il se fixe 2 molécules d'eau et se transforme en sulfate anilique [L. Carius, *Zeitsch. für Chem.*, 1861, p. 638].

Les combinaisons que l'aniline forme avec l'anhydride sulfureux peuvent être envisagées également comme des sulfanilides.

Le composé $C^6H^7Az, SO^2$, formé par union directe, est peut-être $(C^6H^5)(SO.OH)'Az$. A l'air, il perd de l'acide sulfureux et donne une poudre cristalline blanche, de la formule $(C^6H^7Az)^2SO^2$ (sel anilique du premier composé), que l'acide sulfureux transforme de nouveau en $C^6H^7Az, SO^2$.

Ce corps, traité par l'aldéhyde en solution éthérée, fournit des prismes incolores de la formule $C^6H^7Az, SO^2, C^2H^4O$, insolubles dans l'éther, peu solubles dans l'eau; l'alcool à chaud décompose cette substance en eau, acide sulfureux, et en *diéthylidène-diphényldiamine* (t. II, p. 869)

$$\left.\begin{matrix}(C^2H^4)^2\\(C^6H^5)^2\end{matrix}\right\}Az^2.$$

L'œnanthol et l'aldéhyde benzoïque agissent d'une manière analogue [Schiff, *Ann. der Chem. u. Pharm.*, t. CXL, p. 92].

PRODUITS DE SUBSTITUTION DE LA PHÉNYLAMINE.

Les produits de substitution de l'aniline offrent de nombreux et intéressants cas d'isomérie qui s'expliquent facilement par la formule de constitution de la benzine de M. Kekulé. D'après cette théorie, il doit exister trois modifications isomères de tous les dérivés *monosubstitués* de la phénylamine; leur structure est facile à établir par des formules graphiques (voyez à l'article ISOMÉRIE, t. II, p. 150). Si nous désignons la place occupée par le groupe $AzH^2$ de l'aniline par le chiffre 1 et les cinq autres atomes d'hydrogène par les chiffres 2, 3, 4, 5 et 6, nous pouvons représenter les trois séries d'isomères par les symboles

1.2 1.3 1.4

Les symboles 1.5 et 1.6 sont identiques avec 1.3 et 1.2.

L'expérience confirme ces prévisions de la théorie et nous verrons plus loin, en étudiant les dérivés monosubstitués de l'aniline, qu'on peut, en effet, les ranger en trois séries, mais on ne saurait établir avec certitude quelle série correspond à la position 1.2.

Il est probable cependant que la série γ correspond à la position 1.2, que la série α répond à 1.3 et la série β à 1.4. On est conduit à cette opinion par les faits suivants :

1° La nitraniline γ donne la phénylène-diamine γ qui très-probablement est 1.2 (Salkowski). — Voyez t. II, p. 897.

2° La benzine bromonitrée fusible à 125°, correspondant à l'α-bromaniline, peut être transformée en acide orthobromobenzoïque fusible à 155° qui est 1.3 (1).

3° La β-nitraniline dérive de la benzine dinitrée fusible à 87° qui correspond à la résorcine 1.4.

Mais il y a aussi des réactions contradictoires; c'est ainsi que le dérivé diazoïque de l'α-bromaniline, décomposé par l'acide bromhydrique donne la benzine dibromée solide, fusible à 89°; cette substance serait donc 1.3, tandis que, d'après toutes les analogies et d'après sa transformation en téréxylène, elle appartient à la série 1.4.

Nous croyons donc ne pas devoir rapporter ici toutes les recherches et toutes les discussions sur la question de l'arrangement moléculaire des dérivés monosubstitués de la phénylamine; non parce que nous croyons ces spéculations inutiles, mais par la raison que la constitution des trois acides phtaliques, la base de tout l'édifice, ne nous paraît pas établie avec toute rigueur et, de plus, que les faits ne sont pas suffisamment contrôlés les uns par les autres. Nous nous contenterons de désigner les trois séries isomères par les lettres α, β et γ.

Pour les dérivés *disubstitués, trisubstitués*, etc., la question se complique encore bien plus; lorsque 2 atomes d'hydrogène de l'aniline sont remplacés par le même élément, il peut exister, d'après la théorie, *six* modifications isomères du dérivé disubstitué; si, au contraire, les 2 atomes d'hydrogène sont remplacés par deux éléments différents, le nombre des isomères s'élève à *dix*.

Avant de commencer l'étude des dérivés de substitution, nous allons réunir les dérivés *monosubstitués* dans le tableau suivant, dans lequel l'origine de chaque isomère est indiquée pour les trois séries.

| | SÉRIE α (1.3) (?) | SÉRIE β (1.4) (?) | SÉRIE γ (1.2) (?) |
|---|---|---|---|
| Bromanilines, $C^6H^6BrAz$. | De l'acétanilide bromée et de la bromonitrobenzine fusible à 125°. Fond à 64°,5. | De la bromonitrobenzine fusible à 56°. Liquide. | De la bromonitrobenzine fusible à 37°,5. Fond à 31°. |
| Chloranilines, $C^6H^6ClAz$. | De l'acétanilide chlorée et de la chloronitrobenzine fusible à 83°. Fond à 64°, bout à 232°. | De la chloronitrobenzine fusible à 46° Liquide. | De la chloronitrobenzine fusible à 15°. Liquide; bout à 219°. |
| Iodanilines, $C^6H^6IAz$. | Directement de l'aniline et de l'iodonitrobenzine fusible à 171°,5. Fond à 60°. | De l'iodonitrobenzine fusible à 34°. Fond à 25°. | |
| Nitranilines, $C^6H^6(AzO^2)Az$. | De l'acétanilide nitrée. Fond à 141-146°. | De la benzine dinitrée fusible à 86°. Fond à 108°. | De la bromonitrobenzine fusible à 37°. Fond à 66°. |
| Acide sulfanilique, $C^6H^6(SO^3H)Az$. | | Acide sulfanilique obtenu par l'acide sulfurique et aniline. | Acide amidophénylsulfureux (?), dérivé de l'acide nitré. |
| Phénylène-diamine, $C^6H^4(AzH^2)^2$. | Par réduction de l'α-nitraniline. Fond à 140°. | Par réduction de la dinitrobenzine fusible à 86°. Fond à 63°. | Par réduction de la γ-nitraniline. Fond à 99°. |
| $C^6H^4(CO^2H)^2$. | Acide isophtalique. | Acide téréphtalique. | Acide phtalique. |

(1) A l'article ISOMÉRIE, on a donné à l'acide orthoxybenzoïque et à ses dérivés la constitution 1.2, mais des recherches postérieures de MM. Meyer et Fittig ont montré que cet acide correspond à l'acide isophtalique 1.3.

*Phénylamines bromées.*

ANILINES MONOBROMÉES. — On connaît trois substances isomères de la formule $C^6H^4Br.AzH^2$; nous les désignerons par les lettres α, β et γ. Leur isomérie est due à des différences dans les positions qu'occupent dans le noyau benzique le brome et le groupe $AzH^2$.

MODIFICATION α. — On l'obtient :

1° En petite quantité et en même temps que les anilines bi- et tribromées, lorsqu'on fait passer de l'air chargé de brome à travers de l'aniline (Kekulé).

2° En distillant la bromisatine (voyez t. II, p. 133) avec de la potasse; on continue la distillation jusqu'à ce que le résidu soit presque sec et donne une huile brune qui ne se solidifie plus. Le liquide distillé se prend en une masse cristalline, qu'on lave avec de l'eau et qu'on fait cristalliser dans l'alcool bouillant [Hofmann, *Ann. der Chem. u. Pharm.*, t. LIII, p. 42].

3° En décomposant l'acétaniline bromée par la potasse [Mills, *Roy. Soc. London*, t. X, p. 589; — Griess, *Ann. der Chem. u. Pharm.*, t. CXXI, p. 257].

4° Par l'action de l'hydrogène naissant (étain et acide chlorhydrique, sulfure d'ammonium) sur la benzine bromonitrée fusible à 125°. Quand la réduction est complète, on sursature par la soude et l'on distille la base au moyen d'un courant de vapeur d'eau [A. Riche et Bérard, *Compt. rend.*, t. LIX, p. 141; — H. Hübner et Alsberg, *Zeitsch. für Chem.*, 1870, p. 368; *Bull. de la Soc. chim.*, 1870, t. XIV, p. 447].

5° En traitant le *diazobromobenzolimide*

$$C^6H^4BrAz^3$$

en solution alcoolique par l'hydrogène naissant (zinc et acide chlorhydrique) (Griess).

L'α-bromaniline se dépose de sa solution alcoolique en octaèdres fusibles à 50° et se concrète de nouveau à 46 (Hofmann); elle fond à 57° (Griess); à 61-62° (Richter); à 64°,5 (Hübner et Alsberg); son odeur et sa saveur se rapprochent de celles de l'aniline chlorée. Très-peu soluble dans l'eau, elle se dissout dans l'alcool et le sulfure de carbone.

L'amalgame de sodium la convertit très-lentement en aniline; le bromure d'éthyle en bromhydrate d'éthylaniline bromée; l'acide azoteux en diazobromobenzol; le bromoplatinate de cette dernière soumis à la distillation fournit la benzine bibromée solide fusible à 89°. — Voyez t. II, p. 875.

Chauffée avec de l'eau à 200°, elle donne de l'acide bromhydrique et un corps bleu insoluble dans l'eau. Le chlorure de chaux colore la solution aqueuse en violet, et communique aux sels une teinte rouge; les sels colorent le bois de sapin en jaune.

*Chlorhydrate d'α-bromaniline*, $C^6H^6BrAz,HCl$. — On l'obtient sous la forme d'une masse fibreuse et nacrée en dissolvant la base dans l'acide chlorhydrique bouillant. Par l'évaporation lente de sa solution aqueuse, il se dépose en gros cristaux clinorhombiques. Formes observées : *p*, $e^1$, *m*, $h^3$; la face *p* domine et donne aux cristaux l'aspect de tables. Angles : $e^1 e^1 = 80° 27'$; $h^3 h^3 = 128° 35'$; $h^3 p = 74° 6'$.

*Chloroplatinate*, $(C^6H^6BrAz,HCl)^2 + PtCl^4$. — Paillettes jaunes peu solubles.

*Nitrate*. — Aiguilles longues, peu solubles dans l'eau froide, facilement solubles à chaud.

L'*oxalate neutre*, $(C^6H^6BrAz)^2C^2H^2O^4$, s'obtient à l'état d'un précipité cristallin lorsqu'on mélange une solution alcoolique d'α-bromaniline avec une solution aqueuse d'acide oxalique. Peu soluble dans l'alcool, il est insoluble dans l'éther.

*Sulfate*, $(C^6H^6BrAz)^2SO^4H^2$. — Il se dépose dans l'eau sous forme d'aiguilles larges groupées en éventails.

MODIFICATION β. — Elle se forme par réduction par le sulfure d'ammonium de la β-bromonitrobenzine, fusible à 56°, qu'on obtient en partant du β-diazonitrobenzol (voyez p. 875). La β-bromaniline, $C^6H^6BrAz$, est liquide et ne cristallise pas par le froid. Son *chlorhydrate* constitue des tables blanches nacrées, solubles dans l'eau et dans l'alcool. Le *chloroplatinate* cristallise en prismes jaunes, bien développés, qui sont beaucoup plus solubles que le sel de l'α-bromaniline [P. Griess, *Jahresb.*, 1866, p. 457].

MODIFICATION γ. — On l'obtient en réduisant par l'étain et l'acide chlorhydrique la benzine bromonitrée γ fusible à 37°. Après la réaction on ajoute de la soude et l'on entraîne la base au moyen d'un courant de vapeur d'eau. On obtient ainsi une huile qui se solidifie dans un mélange réfrigérant; purifiée par compression et par cristallisation dans l'alcool, la masse solide donne des aiguilles blanches de la γ-bromaniline fusibles à 31°.

L'amalgame de sodium lui enlève lentement le brome et la transforme en aniline.

*Chlorhydrate de γ-bromaniline*. — Petites tables, qui perdent peu à peu de l'acide chlorhydrique à l'air.

*Nitrate*, $C^6H^6BrAz,AzO^3H$. — Il cristallise dans l'eau en tables quadrilatères altérables, qui se colorent rapidement en rose.

Le *sulfate*, $(C^6H^6BrAz)^3(SO^4H^2)^2$, se dépose dans l'eau en longues aiguilles cassantes, qui prennent à l'air une teinte violacée. C'est un sel double formé par le sulfate neutre et le sulfate acide [Hübner et Alsberg, *loc. cit.*].

ANILINES DIBROMÉES, $C^6H^3Br^2,AzH^2$. — On en connaît deux modifications.

MODIFICATION α. — Quand on distille l'isatine bibromée avec de l'hydrate de potasse, la dibromanilide passe à l'état d'un liquide qui se concrète bientôt [Hofmann, *Ann. der Chem. u. Pharm.*, t. LIII, p. 42].

Suivant Griess, on obtient la même dibromaniline en distillant l'acétanilide dibromée avec de la potasse; le produit qui distille est dissous dans l'acide chlorhydrique, la solution est évaporée et le résidu est traité par l'eau bouillante : l'aniline monobromée qui peut s'y trouver se dissout à l'état de chlorhydrate, tandis que la dibromaniline reste insoluble [Griess, *Ann. der Chem. u. Pharm.*, t. CXXI, p. 257; H. Baumhauer, *Répert. de Chim. pure*, 1862, p. 283]. Lorsqu'on chauffe la nitrobenzine avec de l'acide bromhydrique à 120°, il se produit de l'aniline di- et tribromée.

Cette base se forme encore dans l'action d'un grand excès d'acide bromhydrique sur l'azoxybenzide :

$$C^{12}H^{10}Az^2O + 4HBr$$
$$= 2C^6H^5Br^2Az + H^2O + H^2.$$

On chauffe en vases clos jusqu'à ce que l'azoxybenzide soit dissoute [R. Sendziuk, *Zeitsch. für Chem.*, 1870, p. 266; *Bull. de la Soc. chim.*, 1870, t. XIV, p. 200].

La dibromaniline constitue de grands prismes rhombiques, aplatis, fusibles entre 50° et 60°; fondue, elle reste longtemps en surfusion (Hofmann); elle est en aiguilles ou en lames fusibles à 79°,5 (Griess). Peu soluble dans l'eau bouillante, elle se dissout aisément dans l'alcool.

Traitée en solution alcoolique par l'acide azoteux, elle fournit un dérivé diazoïque, qui chauffé avec l'alcool se transforme en une benzine dibromée liquide, bouillant à 215° [V. Meyer et O. Stüber, *Deutsch. Chem. Gesells.*, t. IV, p. 958]. L'amalgame de sodium en excès la change en aniline.

La dibromaniline est une base très-faible; ses sels sont cristallisables et se décomposent par l'eau; ils colorent en jaune le bois de sapin.

*Chlorhydrate*, $C^6H^5Br^2Az, HCl$. — Une solution bouillante de la base dans l'acide chlorhydrique dépose ce sel sous la forme de branches de palmier; mais ce corps se décompose par l'eau chaude et alors la dibromaniline vient se rendre à la surface sous forme de gouttelettes. La même décomposition a lieu lorsqu'on évapore la solution du sel dans l'acide chlorhydrique sur la chaux à la température ordinaire.

Le *chloroplatinate*, $(C^6H^5Br^2Az,HCl)^2 + PtCl^4$, est en prismes jaunes peu solubles.

Le *sulfate*, $(C^6H^5Br^2Az)^2H^2SO^4$, est en aiguilles blanches, solubles dans l'alcool et décomposables par l'eau. Il supporte une température de 100°, mais chauffé à 130° il se charbonne. Le sel cristallisé dans l'alcool se colore en rouge à l'air et s'altère déjà à 80°.

La dibromaniline se dissout dans l'*acide acétique;* mais on n'obtient pas d'acétate stable.

MODIFICATION β. — Elle se forme lorsqu'on réduit le dérivé nitré de la benzine dibromée fusible à 89°. MM. Riche et Bérard, qui les premiers ont effectué cette réaction, avaient admis l'identité de cette base avec la modification α, mais des recherches récentes de MM. V. Meyer et O. Stüber [*Deutsch. Chem. Gesells.*, t. V, p. 55; *Bull. de la Soc. chim.*, 1872, t. XVII, p. 273] ont montré la différence des deux alcaloïdes. On réduit le dérivé nitré par le sulfure d'ammonium, ou mieux avec de l'étain et de l'acide chlorhydrique, on traite par la soude et l'on distille la base au moyen d'un courant de vapeur d'eau surchauffée; on achève sa purification par des cristallisations dans l'alcool.

La dibromaniline β cristallise par l'évaporation lente de sa solution alcoolique en prismes réunis en mamelons, insolubles dans l'eau et fusibles à 51-52°. Elle est très-soluble dans l'alcool et se dépose à l'état d'une huile par le refroidissement de la solution chaude.

Ses sels sont très-instables; le *nitrate* cristallise en magnifiques aiguilles nacrées, que l'eau décompose.

ANILINE TRIBROMÉE, $C^6H^2Br^3, AzH^2$ [Fritzsche, *Journ. für prakt. Chem.*, t. XXVIII, p. 204; — Hofmann, *loc. cit.*]. — C'est le produit de l'action directe du brome sur l'aniline, les sels d'aniline et la bromaniline α. On ajoute de l'eau bromée à la solution du chlorhydrate d'aniline, tant qu'il se forme un précipité, on recueille ce dernier et on le soumet à la distillation. On achève la purification du produit distillé en le faisant cristalliser dans l'alcool bouillant.

L'aniline tribromée est en aiguilles fines, brillantes et incolores, fusibles à 117°. Elle bout vers 300°. Insoluble dans l'eau, elle est peu soluble dans l'alcool froid; l'alcool bouillant et l'éther la dissolvent aisément.

Elle ne possède plus de propriétés basiques.

La potasse bouillante ne la décompose pas; les acides nitrique et sulfurique ne l'attaquent qu'à l'ébullition; à une chaleur modérée, elle se dissout sans décomposition dans l'acide sulfurique concentré.

Traitée à une douce chaleur par une solution alcoolique d'acide azoteux, la tribromaniline est convertie en une benzine tribromée fusible à 118°,5 [O. Stüber, *Deutsch. Chem. Gesells.*, t. IV, p. 961].

### *Phénylamines chlorées.*

ANILINES MONOCHLORÉES. — On connaît trois corps isomères de la formule $C^6H^4Cl.AzH^2$.

MODIFICATION α. — 1° Lorsqu'on soumet à la distillation un mélange d'isatine chlorée dissoute dans une lessive de potasse, et de potasse caustique en morceaux, il distille un liquide, qui se concrète bientôt en une masse blanche; dès qu'il passe une huile brune et un corps bleu solide, et qu'il se dégage de l'ammoniaque, on arrête l'opération. On lave la masse avec de l'eau pour enlever l'ammoniaque, et on la fait cristalliser dans l'alcool bouillant [A.-W. Hofmann, *Ann. der Chem. u. Pharm.*, t. LIII, p. 1].

2° On distille l'acétanilide chlorée avec de la potasse [Mills, *Roy. Soc. London*, t. X, p. 589].

3° On réduit, au moyen du sulfure d'ammonium ou d'un mélange d'étain et d'acide chlorhydrique, la benzine chloronitrée α fusible à 83° [Griess, *Jahresb.*, 1866, p. 457; — E. Jungfleisch, *Ann. de Chim. et de Phys.*, (4), t. XV, p. 230, et *Recherches sur les anilines chlorées*, Thèse de l'École de pharmacie, 1869, p. 12]. Dans le cas de la réduction de la benzine chloronitrée α par l'étain, on observe une réaction très-énergique; aussi est-il bon de n'ajouter le corps nitré que par petites portions. Si l'étain a été employé en excès, la liqueur laisse cristalliser par le refroidissement un sel double de chlorure stanneux et de chlorhydrate d'aniline chlorée; dans le cas contraire, rien ne cristallise. On sursature la liqueur par la soude et on distille dans un courant de vapeur d'eau la base mise en liberté. Finalement on la fait cristalliser dans l'alcool chaud.

*Propriétés.* — L'α-chloraniline forme des octaèdres orthorhombiques brillants; angles : $b^{1/2}$ $b^{1/2}$ (en avant) 117°15'; $b^{1/2}$ $b^{1/2}$ (de côté) 112°20'. Elle fond à 64-65° et se solidifie de nouveau à 57°; elle bout sans décomposition à 232°. Peu soluble dans l'eau, elle se dissout aisément dans l'alcool, l'éther, l'esprit de bois, l'acétone, les essences et les huiles grasses. Son odeur se rapproche de celle de l'aniline; elle se volatilise facilement et donne des fumées avec l'acide chlorhydrique. Sa solution verdit légèrement le papier de dahlia.

*Réactions.* — Lorsqu'on fait passer de l'aniline chlorée sur de la chaux chauffée au rouge sombre, elle se convertit en aniline, en même temps qu'il se forme de l'ammoniaque, du charbon et du chlorure de calcium. Elle communique aux sels de fer une teinte verte; à chaud, il y a dépôt d'une poudre d'un violet noirâtre, soluble dans l'alcool. Les cristaux de chloraniline se résinifient et peuvent même s'enflammer si on les met en contact avec de l'*acide chromique;* en solution, cet acide forme avec la chloraniline un précipité brun.

Traitée en solution aqueuse par du *chlorure de chaux*, elle fournit un précipité de couleur chamois, dont la teinte finit par passer au marron foncé. Si on agite avec de l'éther le produit de la réaction, celui-ci se teinte en vert, tandis que la liqueur reste colorée en jaune clair. La solution éthérée agitée avec une petite quantité d'eau faiblement acidulée d'acide sulfurique vire au jaune rougeâtre. La liqueur aqueuse jaune est décolorée par l'acide sulfurique étendu.

L'acide *nitrique* bouillant attaque vivement la chloraniline et produit, suivant les circonstances, une matière résineuse ou des aiguilles dorées, qui ressemblent à l'acide picrique (peut-être le dinitrochlorophénol). La solution de la base dans l'acide sulfurique concentré prend une nuance rose très-vive, lorsqu'on l'additionne d'une trace d'acide nitrique; une plus forte proportion d'acide nitrique fait passer la teinte au jaune, et la coloration persiste après addition d'eau.

L'*hydrogène naissant* transforme la chloraniline en aniline.

Le *brome* donne avec elle la bibromochloraniline $C^6H^4Br^2ClAz$.

Le *chlore* en présence de l'eau la change en aniline trichlorée; on obtient en même temps du trichlorophénol.

Lorsqu'on jette des cristaux de chloraniline dans un mélange de *chlorate potassique* et d'*acide chlorhydrique*, le liquide se colore en violet, se trouble et brunit; il se forme dans cette réaction du chloranile, et les phénols tri- et pentachlorés.

Avec le *bromure d'éthyle*, elle donne du bromhydrate d'éthylchloraniline.

L'acide *azoteux* la convertit en diazochloraniline $C^6H^3ClAz^2$.

*Sels de l'α-chloraniline.* — La chloraniline est une base plus faible que l'aniline et ne neutralise les acides qu'incomplétement. Elle ne précipite pas les sulfates d'aluminium, de fer (au minimum et maximum), de zinc; les alcalis et carbonates alcalins séparent la chloraniline de la solution de ses sels sous la forme d'un précipité cristallin. Les sels sont cristallisables et se précipitent dans la plupart des cas, lorsqu'on ajoute un acide à la solution alcoolique de la base.

*Chlorhydrate*, $C^6H^6ClAz, HCl$. — Il se dépose par le refroidissement d'une solution chlorhydrique d'α-chloraniline saturée à l'ébullition, en gros cristaux clinorhombiques, isomorphes avec ceux du chlorhydrate d'α-bromaniline ($h^3$, $h^3$ = 127°48'). Ce sel est sublimable par la chaleur. Il forme des sels doubles avec les chlorures d'étain, de mercure, d'or, de palladium et de platine.

Le *chloroplatinate*,

$$2(C^6H^6ClAz, HCl) + PtCl^4,$$

est en paillettes jaunes, altérables à la lumière.

Le *chlorostannate*, $4(C^6H^6ClAz, HCl) + SnCl^4$, forme des cristaux grisâtres clinorhombiques très-volumineux. Formes : $p$, $m$, $h^1$, $a^1$, $o^1$. Angles : $p\,h^1$ = 105°9'; $a^1\,h^1$ = 122°17'; $m\,h^1$ = 107°4'. Clivage très-net, parallèle à $h^1$. L'eau l'altère en donnant de l'oxychlorure d'étain, mais on peut le faire cristalliser dans l'acide chlorhydrique.

*Chlorostannite*, $C^6H^6ClAz, HCl + SnCl^2$. — Grandes lames rhomboïdales, minces, que l'eau détruit en donnant de l'oxychlorure d'étain. On peut le faire cristalliser dans l'eau additionnée d'acide chlorhydrique.

*Nitrate.* — La solution de la base, dans l'acide azotique étendu et chaud, dépose de grandes lames assez solubles dans l'eau et dans l'alcool. A chaud, le sel fond en une huile foncée, soluble en violet dans l'alcool.

*Oxalate*, $C^6H^6ClAz, C^2H^2O^4 + H^2O$. — On le prépare en dissolvant la chloraniline à chaud dans une solution d'acide oxalique : par le refroidissement il se dépose de longues aiguilles, peu solubles à froid dans l'eau et dans l'alcool. Sa solution rougit à l'air et finit par déposer une poudre rouge. On n'a pas encore pu obtenir le sel neutre.

*Phosphate.* — L'acide phosphorique mélangé avec de l'α-chloraniline en solution alcoolique donne des lames cristallines assez solubles

*Sulfate*, $(C^6H^6ClAz)^2SO^4H^2$. — Il se dépose dans l'eau en lamelles; dans l'alcool, en aiguilles groupées en étoiles extrêmement solubles. Il paraît former un sel double avec le sulfate de cuivre; lorsqu'on jette la chloraniline dans une solution bouillante de sulfate de cuivre, cette dernière se décolore peu à peu, en déposant une masse cristalli ne couleur de bronze, soluble dans l'alcool et cristallisant dans ce liquide en paillettes.

MODIFICATION β. — On obtient cette chloraniline en réduisant par le sulfure d'ammonium la β-chloronitrobenzine fusible à 46°, dérivée de la β-diazonitrobenzine (voyez p. 875). Elle est liquide et donne un chloroplatinate en cristaux jaunes [P. Griess, *Jahresbericht für Chem.*, 1866, p. 457].

MODIFICATION γ. — Elle prend naissance dans la réduction de la chloronitrobenzine fusible à 15° [E. Jungfleisch, *Thèse citée*, p. 16].

On traite le composé nitré par l'étain et l'acide chlorhydrique, on précipite après la réaction le métal dissous par l'hydrogène sulfuré, puis, après avoir chassé par la chaleur l'excès d'acide chlorhydrique, on sursature par un alcali; enfin on purifie par la distillation le produit obtenu. La γ-chloraniline $C^6H^6ClAz$ (M. Jungfleisch l'avait désignée par la lettre β) est un liquide huileux incolore d'une odeur vineuse, qui se colore peu à peu. Elle bout à 210° et ne se solidifie pas par le froid; elle distille facilement avec les vapeurs aqueuses. A peine soluble dans l'eau, elle se dissout aisément dans l'alcool, l'éther et la benzine.

L'acide nitrique fumant l'attaque en formant probablement des phénols nitrés. L'acide sulfurique concentré la dissout sans coloration, mais dès qu'on ajoute une très-faible quantité d'acide azotique, la masse se colore en jaune; un excès de réactif ne fait qu'augmenter l'intensité de la coloration. Elle persiste lorsqu'on ajoute de l'eau.

L'hypochlorite de calcium produit dans la solution aqueuse de γ-chloraniline un précipité marron; le produit de la réaction agité avec de l'éther colore celui-ci en marron, tandis que la solution aqueuse prend une belle coloration bleue qui disparaît par l'addition d'une trace d'acide sulfurique. La couche éthérée agitée avec de l'acide sulfurique très-étendu vire au rouge et l'acide se teinte en rose.

La base et ses sels colorent fortement en jaune le bois de pin.

*Sels de la γ-chloraniline.* — Ils diffèrent notablement des sels de l'α-chloraniline.

*Chlorhydrate*, $C^6H^6ClAz, HCl$. — Petites lamelles rectangulaires, nacrées et brillantes, beaucoup moins solubles dans l'eau que le sel-α, solubles dans l'alcool. Chauffé avec précaution, il peut être sublimé; il se volatilise notablement par l'évaporation de sa solution aqueuse.

*Chloroplatinate*, $2(C^6H^6ClAz, HCl) + PtCl^4$. — Quand on ajoute du chlorure de platine à la solution du chlorhydrate, on obtient un précipité jaune de chloroplatinate; mais le liquide en contient encore en dissolution, qui cristallise en aiguilles jaunes par l'évaporation spontanée. Il est peu soluble dans l'eau et dans l'alcool froid.

*Chlorostannite*, $C^6H^6ClAz, HCl + SnCl^2$. — Il cristallise en prismes orthorhombiques volumineux, que l'eau détruit et qu'on ne peut purifier que par cristallisation dans un liquide fortement acide.

*Nitrate.* — Cristaux roses mal déterminés, peu solubles dans l'eau froide; l'alcool fait virer au jaune la coloration rose de la solution. Fondu par l'action de la chaleur, il donne une masse rose, dont la couleur s'accentue de plus en plus à mesure que la température s'élève et passe finalement au rouge pourpre. La matière colorée ainsi produite est peu stable; par la simple addition d'eau elle se transforme instantanément en une substance colorée en vert-bouteille, insoluble dans l'eau, mais qui se dissout en vert dans l'alcool.

ANILINE DICHLORÉE, $C^6H^3Cl^2.AzH^2$. — On l'obtient : 1° en distillant avec la potasse l'isatine dichlorée (Hofmann);

2° En décomposant par la potasse l'acétanilide dichlorée; on purifie la dichloraniline en la dissolvant dans l'acide chlorhydrique, décomposant le chlorhydrate par l'eau bouillante et faisant cristalliser dans l'alcool la base mise en liberté [Griess, *Ann. der Chem. u. Pharm.*, t. CXXI, p. 257];

3° Par réduction de la dichlorobenzine nitrée [Jungfleisch, *Thèse citée*, p. 24; — C. Lesimple,

*Journ. für prakt. Chem.*, t. CIII, p. 369 ; *Bull. de la Soc. chim.*, 1868, t. X, p. 267] ;

4° En chauffant à 245° la nitrobenzine avec de l'acide chlorhydrique, on obtient principalement de la dichloraniline [H. Baumhauer, *Zeitsch. für Chem.*, 1870, p. 8].

Il n'est pas démontré que les anilines dichlorées obtenues par ces différents moyens sont identiques.

Le meilleur moyen pour préparer l'aniline dichlorée est la réduction de la dichlorobenzine mononitrée par l'étain et l'acide chlorhydrique. Dans le produit de la réaction on élimine l'étain par l'hydrogène sulfuré, on concentre légèrement pour chasser l'excès de ce gaz, et l'on précipite la base par la potasse ou l'ammoniaque. On agite le liquide avec de l'éther, qui dissout la dichloraniline et la laisse, après évaporation, sous la forme d'une masse huileuse qui se solidifie bientôt. On purifie le produit par des cristallisations dans l'alcool, l'éther ou le sulfure de carbone.

La dichloraniline est en grandes lamelles ou aiguilles incolores, qui se colorent peu à peu à l'air; son odeur est forte et repoussante. Elle fond à 50° et distille sans altération à 240° si les parois du vase ne sont pas surchauffées (Jungsfleisch), à 250° (Lesimple); elle passe facilement avec la vapeur d'eau. Elle est presque insoluble dans l'eau, mais se dissout facilement dans l'alcool, l'éther, le sulfure de carbone. La solution alcoolique ou la solution de ses sels donnent, avec le chlorure de chaux, un précipité résinoïde rouge-brique, qui est soluble dans l'éther et dont l'acide sulfurique dilué ne change pas la teinte.

Par l'acide sulfurique et une trace d'acide azotique, elle prend une coloration rose fugitive, qui passe bientôt au jaune; l'addition d'eau ne modifie pas la couleur.

L'acide chromique la détruit en formant une matière brune soluble dans l'éther.

*Sels de la dichloraniline.* — C'est une base encore plus faible que la chloraniline; ces sels cristallisent, mais se dédoublent par l'eau, surtout à chaud; tous possèdent une réaction acide.

*Chlorhydrate.*—Lamelles ou aiguilles confuses, qui ne se volatilisent qu'en se décomposant en grande partie. Il est très-soluble dans l'eau froide et plus soluble encore à chaud.

Le *chloroplatinate* ne se précipite pas lorsqu'on ajoute du chlorure platinique à la solution saturée du chlorhydrate (Jungfleisch); suivant Griess, il est en aiguilles jaunes, que l'eau chaude décompose facilement et qui renferment

$$2(C^6H^5Cl^2Az, HCl) + PtCl^4.$$

Le *chlorostannite* cristallise facilement en lames incolores, que l'eau décompose. On l'obtient en évaporant et faisant cristalliser le liquide provenant de la réduction de la benzine dichlorée nitrée par un excès d'étain.

Le *nitrate* est en lames minces teintées en rose, très-solubles dans l'eau froide ; sa solution aqueuse s'oxyde à l'air et jaunit. La chaleur la détruit.

*Sulfate.* — Belles lames incolores, épaisses et striées, qui se colorent à l'air. Quand on le traite par l'eau pure, une partie se dissout, tandis que le reste se dédouble et donne de l'aniline dichlorée insoluble.

ANILINE TRICHLORÉE, $C^6H^2Cl^3.AzH^2$. — On ne connaît jusqu'à présent qu'une aniline trichlorée, qui prend naissance lorsqu'on traite l'indigo, l'aniline ou la chloraniline par le chlore, ou qu'on réduit la trichlorobenzine mononitrée [Erdmann, *Journ. für prakt. Chem.*. t. XIX, p. 331, t. XXV, p. 472 ; — Hofmann, *loc. cit.*; — Jungfleisch, *Thèse citée*, p. 32 ; — Lesimple, *Ann. der Chem. u. Pharm.*, t. CXXXVII, p. 125].

On distille avec de la potasse le produit brut de l'action du chlore sur l'aniline : le trichlorophénol formé en même temps que la trichloraniline est retenu par la potasse et celle-ci passe dans le récipient. D'autre part on prépare avantageusement la trichloraniline en réduisant par l'étain et l'acide chlorhydrique en présence de l'eau ou en solution alcoolique la trichlorobenzine nitrée $C^6H^2Cl^3(AzO^2)$. On la purifie par cristallisation dans l'alcool.

La trichloraniline est en aiguilles prismatiques longues et brillantes, qui se colorent peu à peu par l'action de la lumière; la solution dans le sulfure de carbone fournit par l'évaporation lente des lamelles incolores qui sont moins sensibles à la lumière. Elle fond à 97° et bout à 275° (Jungfleisch) ; à 96°,5 et bout à 270° (Lesimple), en s'altérant un peu. La vapeur d'eau l'entraîne facilement à la distillation. Son odeur est forte, désagréable et extrêmement tenace. A peine soluble à froid dans l'eau pure, elle se dissout facilement dans l'eau acidulée, dans l'alcool, l'éther et le sulfure de carbone.

L'acide nitrique l'oxyde en donnant une solution jaune que rougissent les alcalis. Des traces d'acide nitrique en présence d'acide sulfurique déterminent une teinte rosée, et une plus grande quantité de réactif donne une coloration rose foncé, qui passe rapidement au violet, au bleu et enfin au noirâtre. La masse additionnée d'eau forme une solution jaune rougeâtre.

Le chlorure de chaux ne précipite pas sa solution aqueuse non plus que sa solution dans l'eau alcoolisée. Suivant M. Lesimple, on obtiendrait avec ce réactif une coloration rouge-cinabre.

L'acide chromique donne une matière résinoïde rouge.

La chaux au rouge la décompose en fournissant de l'aniline et beaucoup d'ammoniaque.

*Sels de la trichloraniline.* — Les sels de la trichloraniline sont extrêmement peu stables, aussi leur formation avait-elle échappé à M. Hofman et à M. Lesimple. Les combinaisons suivantes ont été obtenues par M Jungfleisch.

*Chlorhydrate*, $C^6H^4Cl^3Az, HCl$. — Sel incolore et cristallisé, se dédoublant immédiatement avec l'eau, et qu'on obtient en faisant bouillir pendant quelques instants de la trichloraniline avec de l'acide chlorhydrique concentré, filtrant sur de l'amiante et laissant refroidir.

On peut encore préparer le chlorhydrate en ajoutant de l'acide chlorhydrique concentré à une solution de la base dans l'alcool fort : il se dépose en quelques jours sous forme de petites sphères rayonnées.

*Chloroplatinate.* — C'est un précipité cristallin, qui se forme par l'agitation, quand on ajoute du bichlorure de platine à une solution tiède d'aniline trichlorée dans l'acide chlorhydrique concentré. Il est fort soluble dans l'alcool.

*Chlorostannite.* — Lamelles cristallines, très-altérables par l'eau ; on l'obtient dans la préparation de la trichloraniline en partant de la trichlorobenzine nitrée.

*Nitrate.* — Quand on met en contact de la trichloraniline et de l'acide nitrique, elle devient opaque en se transformant en nitrate ; si l'on chauffe légèrement, celui-ci se dissout et cristallise par le refroidissement en lamelles minces et brillantes, très-solubles dans l'acide nitrique tiède. L'alcool dissout aussi ce sel en très-forte proportion, sans l'altérer sensiblement; l'eau le détruit aussitôt.

*Sulfate.* — Préparé comme le nitrate, il est en lamelles incolores, solubles dans l'acide sulfurique tiède. M. Jungfleisch n'est pas parvenu à préparer ce sel à l'état de pureté, à cause de sa grande altérabilité ; on ne peut pas même le laver à l'alcool. Il contient toujours un excès d'acide.

ANILINE TÉTRACHLORÉE, $C^6HCl^4.AzH^2$. — On ne l'a obtenue jusqu'à présent que par la réduction de la tétrachlorobenzine nitrée $C^6HCl^4(AzO^2)$ [Jungfleisch, *Thèse citée*, p. 39; — Lesimple, *loc. cit.*]. Lorsqu'on réduit la benzine tétrachlorée nitrée par l'étain et l'acide chlorhydrique, le liquide dépose une matière huileuse, qui se solidifie par le refroidissement et qu'on purifie par cristallisation dans le sulfure de carbone.

L'aniline tétrachlorée est en longues aiguilles brillantes et incolores; par l'évaporation spontanée de sa solution sulfocarbonique, on obtient des lames prismatiques très-longues et flexibles. Son odeur est faible à froid, mais elle se développe avec énergie à une température élevée.

L'aniline tétrachlorée fond à 110° et bout à 301°, en s'altérant un peu (Jungfleisch); elle fond à 90° (Lesimple). Elle est insoluble dans l'eau, et peu soluble dans l'alcool et l'éther froids; à chaud, elle se dissout assez facilement dans ces solvants, de même que dans la benzine.

L'acide sulfurique concentré la dissout à froid avec une coloration légèrement rosée; si l'on ajoute de l'acide nitrique, le liquide prend une teinte verte très-marquée et persistante. L'eau détruit cette coloration et produit une solution d'un rose sale.

Le chlorure de chaux est sans action sur l'aniline tétrachlorée en solution alcoolique.

L'acide chromique n'agit pas sur ce corps en présence de l'eau.

*Sels de l'aniline tétrachlorée.* — Les sels de cette base se dédoublent avec une extrême facilité et on n'est pas encore parvenu à les préparer à l'état de pureté parfaite. Toutefois il est certain que la tétrachloraniline se combine avec les acides.

*Chlorhydrate.* — Lorsqu'on fait bouillir la base avec de l'acide chlorhydrique concentré, les cristaux deviennent opaques et se dissolvent en partie : le liquide décanté dépose par le refroidissement des aiguilles très-fines, très-altérables.

*Chloroplatinate.* — Précipité cristallin, qui se dépose lorsqu'on ajoute du chlorure de platine à une solution chaude du chlorhydrate.

*Nitrate.* — Aiguilles cristallines, obtenues en chauffant doucement la base avec de l'acide nitrique et laissant refroidir.

*Sulfate.* — On dissout la base à une douce chaleur dans l'acide sulfurique concentré et on fait refroidir lentement. Il se dépose ainsi de magnifiques lames rhomboïdales, longues, de sulfate; l'eau les détruit immédiatement.

ANILINE PENTACHLORÉE, $C^6Cl^5,AzH^2$. — On ne l'a obtenue que par réduction de la benzine pentachlorée nitrée, $C^6Cl^5(AzO^2)$ [Jungfleisch, *Thèse citée*, p. 41].

La réduction par l'étain et l'acide chlorhydrique est très-lente et le mélange doit être maintenu longtemps à une température assez élevée, pour que la transformation soit complète. On arrive plus rapidement au but en ajoutant de l'alcool au mélange. Après la réaction, on verse le produit dans l'eau, on lave l'aniline pentachlorée avec de l'eau et on la fait cristalliser à plusieurs reprises dans du sulfure de carbone bouillant.

Elle est en aiguilles incolores, fines et brillantes; par l'évaporation lente de la solution sulfocarbonique, elle cristallise en prismes clinorhombiques, fusibles à 219°; elle bout à 334° en se décomposant fortement. À la lumière, elle se colore très-rapidement en jaune vif.

La pentachloraniline possède une odeur faible. Elle est insoluble dans l'eau, peu soluble dans l'alcool et assez soluble dans le sulfure de carbone froid.

L'acide sulfurique concentré la dissout sans se colorer, mais dès qu'on ajoute une petite quantité d'acide nitrique la solution prend une teinte rose vif qui passe au vert quand on augmente un peu la proportion d'acide nitrique; cette teinte vire promptement au jaune. L'eau détruit toutes ces colorations.

L'acide chromique n'agit pas sur la pentachloraniline.

*Sels de l'aniline pentachlorée.* — Elle ne paraît pas tout à fait dépourvue de propriétés basiques. Sa solution chlorhydrique bouillante ne dépose pas de chlorhydrate, mais bien la base libre; on ne peut pas davantage obtenir un chloroplatinate ou un nitrate. Mais la solution de la pentachloraniline dans l'acide sulfurique chaud dépose des paillettes cristallines, nacrées, que l'eau détruit et qui présentent tous les caractères d'un *sulfate.*

### *Phénylamine bromochlorée.*

On ne connaît qu'une aniline bromochlorée, la *bibromochloraniline*, $C^6H^2Br^2Cl,AzH^2$, que Hofmann a obtenue en faisant agir le brome sur la chloraniline α [*Ann. der Chem. u. Pharm.*, t. LIII, p. 38].

Si l'on arrose de brome les cristaux de chloraniline, on observe une réaction très-vive en même temps que le produit prend une teinte violette. On continue l'addition du brome jusqu'à ce que la matière maintenue en fusion ne soit plus attaquée; on lave le produit avec de l'eau et on le fait cristalliser dans l'alcool.

La bibromochloraniline est en prismes incolores ou légèrement colorés en rouge, insolubles dans l'eau, solubles dans l'alcool et dans l'éther. Elle fond dans l'eau bouillante en une huile brune qui se volatilise aisément avec les vapeurs aqueuses et se dépose dans le récipient sous la forme d'aiguilles brillantes.

L'acide sulfurique la dissout avec une coloration violette; la solution est précipitée par l'eau. L'acide nitrique la décompose; elle se dissout sans altération dans l'ammoniaque et la potasse chaudes.

La bibromochloraniline ne possède plus de propriétés basiques; elle se dissout bien dans l'acide chlorhydrique bouillant, mais la plus grande partie se dépose par le refroidissement à l'état libre. La solution chlorhydrique ne précipite pas par les chlorures de mercure et de platine.

### *Phénylamines iodées.*

IODANILINE, $C^6H^4I,AzH^2$. — On en connaît deux :

MODIFICATION α. — Elle se forme : 1° par l'action directe de l'iode sur l'aniline [Hofmann, *Ann. der Chem. u. Pharm.*, t. LXVII, p. 64];

2° Dans la réduction de la benzine iodonitrée, obtenue en nitrant l'iodobenzine [Kekulé, *Zeitsch. für Chem.*, 1866, p. 687];

3° En réduisant par le sulfure ammonique l'α-iodonitrobenzine fusible à 171°,5, dérivée de l'α-diazonitrobenzine (voyez t. II, p. 875) [P. Griess, *Jahresb. für Chem.*, 1866, p. 457].

Pour la préparer en partant directement de l'aniline, on ajoute peu à peu à la base anhydre 1 p. 1/2 d'iode et on traite le produit cristallin par de l'acide chlorhydrique un peu étendu : il se forme du chlorhydrate d'iodaniline peu soluble, tandis que le chlorhydrate d'aniline demeure en dissolution. On lave par l'acide chlorhydrique la partie insoluble fortement colorée, on la dissout dans l'eau bouillante et on décolore par le charbon animal. On purifie le sel par plusieurs cristallisations dans l'eau bouillante et on précipite la base par l'ammoniaque.

La base libre est dissoute dans l'alcool et précipitée par l'eau ; la solution renferme encore une certaine quantité de base qui, lorsqu'on évapore au bain-marie, se dépose en gouttes huileuses, se solidifiant par le refroidissement.

L'α-iodaniline forme une poudre blanche cristalline qui se dépose de ses solutions en prismes ou en aiguilles, mais jamais en octaèdres, comme le font l'α-chloraniline et l'α-bromaniline. Se basant sur ce fait, M. Hofmann avait supposé à un certain moment que l'iodaniline possède la formule $C^6H^5.HIAz$ et non $C^6H^4I.H^2Az$ [*Chem. News*, t. IX, p. 163] ; mais les expériences de M. Kekulé ont démontré que cette base doit être représentée par la dernière formule. D'ailleurs, d'après les mesures de M. Jungfleisch, l'α-chloraniline forme des octaèdres rhomboïdaux et non des octaèdres réguliers.

L'iodaniline fond à 60° et peut rester longtemps en surfusion ; elle est volatile sans décomposition et distille facilement avec la vapeur d'eau. Son odeur vineuse et sa saveur âcre se rapprochent beaucoup de celles de la chloraniline. Elle se dissout facilement dans l'alcool, l'esprit de bois, l'éther, l'acétone, le sulfure de carbone, les essences et les huiles grasses. L'eau bouillante n'en dissout qu'une faible quantité et la laisse déposer par le refroidissement en fines aiguilles enchevêtrées.

Ses solutions n'agissent pas sur les couleurs végétales ; elles colorent en jaune vif le bois de pin et la moelle de sureau. Le chlorure de chaux la colore en rouge. Exposée à l'air, elle se recouvre promptement d'une couche brune et brillante et finit par devenir entièrement noire. Le potassium la décompose à une douce chaleur avec beaucoup de violence, en donnant de l'iodure et du cyanure de potassium.

L'amalgame de potassium, agissant sur la solution du nitrate d'iodaniline, régénère une petite quantité d'aniline, en même temps qu'il se forme un corps jaune cristallin ; le zinc et l'acide sulfurique la transforment en aniline. Chauffée avec l'acide iodhydrique à 100°, elle se convertit en aniline avec dépôt d'iode.

La potasse bouillante, aqueuse ou alcoolique, ne l'attaque pas.

Le chlore donne avec elle de la trichloraniline, du trichlorophénol et du chlorure d'iode ; avec le brome, on obtient de l'aniline tribromée et du bromure d'iode.

Un mélange de chlorate de potassium et d'acide chlorhydrique produit du chloranile et du trichlorophénol. Chauffée avec de l'acide nitrique concentré, elle s'attaque vivement en donnant de l'iode et de l'acide picrique. L'anhydride chromique l'oxyde énergiquement.

Lorsqu'on chauffe l'iodaniline avec de l'iodure d'éthyle, on obtient de l'éthyl- et de la diéthylaniline, en même temps qu'il y a de l'iode mis en liberté [Hofmann, *Chem. News*, t. IX, p. 163, 1864].

L'action du bromure d'éthyle sur l'iodaniline fournit le bromhydrate d'éthyliodaniline (Kekulé).

Si on fait passer du chlorure de cyanogène dans une solution éthérée d'iodaniline, il se forme du chlorhydrate de mélaniline biiodée,

$$C^{13}H^{11}I^2Az^3, HCl,$$

et de la phénylcarbamide iodée,

$$C^6H^4I.CO.H^3.Az^2.$$

*Sels de l'α-iodaniline.* — Ils cristallisent avec facilité et sont moins solubles que ceux de l'aniline. Une solution aqueuse d'aniline sépare l'iodaniline de ses sels. L'iodaniline précipite les sels d'aluminium, mais elle est sans action sur ceux de ferricum et de zinc. Avec le sulfate de cuivre, elle donne un précipité jaune.

*Bromhydrate.* — Il ressemble entièrement au chlorhydrate.

*Chlorhydrate,* $C^6H^6IAz, HCl$. — Ce sel cristallise dans l'eau bouillante en lames ou en aiguilles larges et minces, peu solubles dans l'eau froide, solubles dans l'alcool, insolubles dans l'éther. La solution aqueuse est presque complètement précipitée par l'acide chlorhydrique concentré.

*Chloraurate.* — Poudre écarlate, peu stable.

*Chloroplatinate,* $(C^6H^6IAz, HCl)^2 + PtCl^4$. — Précipité cristallin, orangé.

*Iodhydrate.* — Masse radiée, bien plus soluble que le chlorhydrate. Il se décompose facilement.

Le *nitrate* cristallise dans l'eau en belles aiguilles extrêmement minces et longues. Il est fort soluble dans l'eau, l'alcool et l'éther ; sa solution n'est pas précipitée par le nitrate d'argent.

L'*oxalate,* $(C^6H^6IAz)^2C^2H^2O^4$, est en longues aiguilles aplaties, peu solubles dans l'eau et l'alcool, insolubles dans l'éther.

*Sulfate,* $(C^6H^6IAz)^2SO^4H^2$. — Paillettes brillantes, dont la solution paraît se décomposer à l'ébullition, du moins quand on fait cristalliser ce sel il en reste toujours une certaine quantité à l'état insoluble.

Modification β. — Elle se forme par réduction au moyen du sulfure d'ammonium de la β-iodonitrobenzine fusible à 34°, dérivée de la β-diazonitrobenzine (voyez t. II, p. 875) [P. Griess, *Jahresb. für Chem.*, 1866, p. 458].

Cette aniline iodée, $C^6H^4I, AzH^2$, n'est pas encore étudiée : elle cristallise en lamelles argentées, fusibles à 25°.

### *Phénylamines nitrées.*

Anilines mononitrées. — On a préparé trois substances de la formule $C^6H^4(AzO^2), AzH^2$, qui diffèrent par les positions respectives qu'occupent dans le noyau benzique les groupes $AzO^2$ et $AzH^2$. On ne peut préparer ces corps que par des moyens détournés ; ils ne se forment pas dans l'action de l'acide nitrique sur l'aniline.

Modification α. — Elle prend naissance : 1° lorsqu'on décompose par la potasse la nitrophényl-pyrotartrimide (Arppe), ou l'acétanilide ou succinanilide nitrées (Hofmann) ;

2° Dans l'action de l'ammoniaque sur la chloronitrobenzine fusible à 83° :

$$C^6H^4(AzO^2)Cl + 2AzH^3$$
$$= C^6H^4(AzO^2), AzH^2 + AzH^4Cl$$

[Engelhardt et Latschinow, *Deutsch. Chem. Gesells.*, t. III, p. 423, 1870] ;

3° Dans la réaction de l'ammoniaque alcoolique à 180-190° sur l'α-bromonitrobenzine fusible à 125° [Walker et Zincke, *ibid.*, t. IV, p. 114, 1872] ;

4° Dans l'action de l'ammoniaque à 140° sur l'éther méthylique de l'orthonitrophénol fusible à 110° (Salkowski).

Pour la préparer, on fait bouillir pendant longtemps la nitrophényl-pyrotartrimide avec une solution de carbonate de sodium et d'un peu de soude caustique jusqu'à ce que la liqueur ne donne plus par l'acide nitrique un précipité d'acide nitrophényl-pyrotartramique. Lorsqu'on fait refroidir, l'α-nitraniline se dépose en cristaux qu'on purifie par lavage et cristallisation dans l'eau bouillante [Arppe, *Ann. der Chem. u. Pharm.*, t. XC, p. 149].

Suivant Hofmann, on prépare cette base plus facilement en transformant à froid l'acétanilide ou la succinanilide par l'acide nitrique fumant en dérivés mononitrés, en précipitant par l'eau et en distillant le produit avec de la soude. La nitraniline passe à la distillation ; on la purifie par cristallisation [*Proc. of the Roy. Soc. London*, t. X, p. 589, 1860].

L'α-nitraniline cristallise par refroidissement lent de sa solution aqueuse en longues aiguilles jaunes, par refroidissement rapid en tables rhombiques de 111° et 69°, dont l'angle aigu est toujours tronqué. Dans l'alcool elle cristallise en tables rhombiques, qui sont quelquefois tronquées; l'éther la dépose en tables et en fines aiguilles. Enfin dans une solution de carbonate de sodium elle cristallise en lames rhombiques de 125° et 55°. Elle fond à 141° (Arppe), à 146° (Walker et Zincke), et se sublime à cette température. Les cristaux sont presque insipides.

L'α-nitraniline se dissout à 18°,5 dans 1250 p. d'eau et dans 45 p. d'eau bouillante; l'alcool et l'éther la dissolvent aisément.

L'acide nitrique, même concentré, la dissout sans altération.

Traitée par l'acide azoteux, elle donne l'α-diazonitrobenzine, $C^6H^3(AzO^2)Az^2$. — Voyez t. II, p. 875 (Griess).

Les réducteurs (fer et acide acétique, acide iodhydrique) la transforment en *α-phénylène-diamine* $C^6H^4(AzH^2)^2$. — Voyez PHÉNYLÈNE-DIAMINE.

Les iodures ou bromures de méthyle ou d'éthyle n'agissent pas sur elle [Hofmann, *Compt. rend.*, t. LVI, p. 992].

Avec l'amalgame de sodium en solution alcoolique, elle donne une masse brun noirâtre résineuse (Haarhaus).

*Sels de l'α-nitraniline.* — C'est une base faible qui ne précipite pas les sels métalliques. Les solutions de ses sels donnent avec les alcalis caustiques et carbonatés et avec l'aniline des précipités cristallins de nitraniline.

*Chlorhydrate*, $C^6H^6(AzO^2)Az, HCl$. — La nitraniline se dissout en jaune dans l'acide chlorhydrique; en présence d'un grand excès d'acide, la solution est incolore. Cette solution dépose des tables rhombiques de 85° et 95° ou de 65° et 115° ou des tables hexagonales et octogonales, qui se décomposent par la chaleur et par une grande quantité d'eau. Les alcalis donnent dans la solution un précipité soluble dans un excès de réactif.

*Chloroplatinate*,

$$(C^6H^6(AzO^2)Az, HCl)^2 + PtCl^4.$$

— Il se précipite lorsqu'on mélange des solutions concentrées, aqueuses ou alcooliques du chlorhydrate et de chlorure de platine. Aiguilles fines, groupées en étoiles, plus solubles dans l'alcool que dans l'eau. Par des lavages prolongés avec de l'alcool et de l'éther, il se décompose en laissant une poudre jaune peu soluble.

*Nitrate.* — Prismes longs et brillants.

*Oxalate.* — Fines aiguilles ou lamelles peu solubles.

*Sulfate*, $C^6H^6(AzO^2)Az, SO^4H^2$. — Grandes lames brillantes, que l'eau décompose.

*Tannate.* — La nitraniline additionnée d'un peu de potasse donne avec le tannin un précipité floconneux abondant.

*Tartrate.* — Il est en aiguilles jaunes; sa solution ne précipite pas par la potasse, mais donne un liquide rouge.

MODIFICATION β [Syn. *Paranitraniline*]. — Elle se forme dans la réduction incomplète de la binitrobenzine fusible à 86° :

$$C^6H^4(AzO^2)^2 + H^6 = C^6H^4(AzO^2)AzH^2 + 2H^2O.$$

Par réduction complète on obtient la β-phénylène-diamine. Elle prend encore naissance dans l'action de l'ammoniaque sur l'éther méthylique du nitrophénol volatil [Salkowski, *Deutsch. Chem. Gesells.*, 1873, t. VI, p. 140]

On fait passer dans la solution rouge foncé de binitrobenzine dans l'alcool ammoniacal un courant d'hydrogène sulfuré, jusqu'à ce qu'il ne se sépare plus que fort peu de soufre; on mélange alors le liquide avec de l'acide chlorhydrique, on évapore légèrement, on sépare par filtration le soufre qui s'est encore déposé et on précipite par la potasse.

La masse brune qui se rassemble au fond du vase est traitée par l'eau bouillante, qui dissout la nitraniline et la débarrasse ainsi des impuretés, qui restent insolubles. La base, qui cristallise par le refroidissement, est purifiée par de nouvelles cristallisations.

On peut encore, pour faciliter la réduction, chauffer à l'ébullition la solution saturée d'hydrogène sulfuré, chasser ensuite l'alcool par distillation et filtrer le résidu encore chaud. La nitraniline se dépose par le refroidissement; on la purifie par une nouvelle cristallisation dans l'eau bouillante [A. W. Hofmann et Muspratt, *Ann. der Chem. u. Pharm.*, 1845, t. LVII, p. 201].

La β-nitraniline cristallise dans l'eau en belles lamelles rectangulaires, jaunes, brillantes, dont l'un des bouts est modifié par deux facettes formant entre elles un angle de 98°. Les cristaux qui se déposent dans l'alcool sont des tables quadrilatères, dont deux côtés forment un angle de 98° et les deux autres un angle très-aigu. Par sublimation on obtient des lames rhombiques de 51° et 129°, dont les angles sont modifiés différemment. La base fond à 110°; à 108° (Arppe), et bout vers 285°. A la température ordinaire elle est presque sans odeur, mais à une douce chaleur elle développe une odeur aromatique qui se rapproche de celle de l'aniline. Sa saveur est sucrée et brûlante.

La β-nitraniline se dissout à 18°,5 dans 600 p. d'eau; l'eau bouillante et surtout l'alcool et l'éther la dissolvent beaucoup plus facilement. Elle colore en jaune le bois de pin et l'épiderme, mais elle ne donne pas de coloration violette avec le chlorure de chaux.

L'acide *nitrique* attaque vivement la nitraniline et la convertit probablement en acide picrique. Le *brome* la transforme, avec dégagement de chaleur, en une matière brune et résineuse qui, dissoute dans l'alcool, donne des cristaux jaunes, probablement de *bibromonitraniline*

$$C^6H^4Br^2(AzO^2)Az.$$

Avec le *chlorure de cyanogène*, la nitraniline en solution éthérée fournit du chlorhydrate de *binitromélaniline* $C^{13}H^{11}(AzO^2)^2Az^3, HCl$; ou, en présence d'un peu d'eau, de la *nitrophénylcarbamide* $CO, C^6H^4(AzO^2), H^3Az^2$.

Les agents réducteurs (fer et acide acétique, acide iodhydrique) convertissent la nitraniline en β-phénylène-diamine.

L'amalgame de sodium la transforme en hydrazoaniline. — Voyez plus loin.

Les iodures d'éthyle et de méthyle n'agissent pas sur elle.

Avec l'acide azoteux, elle donne la β-diazonitrobenzine $C^6H^3(AzO^2)Az^2$.

*Sels de la β-nitraniline.* — C'est une base faible; elle ne précipite pas les solutions métalliques et est déplacée de ses sels par l'aniline. Ceux-ci possèdent une réaction acide; les alcalis ou carbonates alcalins en précipitent la base.

*Chlorhydrate*, $C^6H^6(AzO^2)Az, HCl$. — Lamelles rhombiques de 120° et 60°, incolores et nacrées, que l'eau décompose.

*Chloroplatinate*,

$$[C^6H^6(AzO^2)Az, HCl]^2 + PtCl^4.$$

— Le chlorure de platine produit dans la solution alcoolique, mais pas dans la solution aqueuse, un précipité jaune qui est très-soluble dans l'eau et dans l'alcool; on le lave à l'éther.

*Nitrate.* — Poudre cristalline, facilement soluble dans l'eau, peu soluble dans l'acide nitrique.

*Oxalate,* $C^6H^6(AzO^2)Az, C^2H^2O^4 + 1/2 H^2O$. — Lorsqu'on mélange des solutions alcooliques d'acide oxalique et de nitraniline, on obtient des cristaux jaunâtres.

*Sulfate.* — Tables rhombiques microscopiques et brillantes.

*Tannate.* — Précipité floconneux.

*Tartrate.* — Plaques rectangulaires jaunes.

A la β-nitraniline se rattachent trois substances qui en dérivent par réduction, la *nithialine*, la *nitrosophényline* et l'*hydrazoaniline*.

*Nithialine.* — Lorsqu'on abandonne la β-nitraniline avec une solution alcoolique de sulfure d'ammonium, il se dépose des cristaux d'hyposulfite d'ammonium et le liquide donne par évaporation une substance qui, après lavages au sulfure de carbone, à l'alcool tiède et à l'eau, forme une poudre jaune, amorphe, presque insoluble dans les solvants ordinaires et dans les acides. Elle se décompose vers 200° et renferme peut-être

$$C^6H^8Az^2S^4O (C = 40,27 ; H = 4,34 ; S = 35,45).$$

Les alcalis chauds décomposent ce corps, que Arppe a nommé nithialine.

La solution de nithialine dans l'acide sulfurique donne avec le chlorure de platine un précipité rouge-brun [Arppe, *Ann. der Chem. u. Pharm.*, t. XCVI, p. 113].

*Nitrosophényline,*

$$C^6H^6Az^2O = C^6H^4(AzO), AzH^2 (?).$$

— Ce nom a été donné par Church et Perkin à un produit de réduction mal défini de la binitrobenzine ou de la β-nitraniline. Pour le préparer, on introduit des lames de zinc dans une solution alcoolique de binitrobenzine et l'on ajoute avec précaution de l'acide chlorhydrique concentré. Le liquide ne tarde pas à prendre une teinte cramoisie. Après la réaction on neutralise avec un alcali, on lave l'oxyde de zinc précipité à plusieurs reprises avec de l'alcool, on évapore l'alcool, on précipite par l'eau et l'on purifie le produit par dissolution dans l'alcool et nouvelle précipitation par l'eau.

La nitrosophényline constitue une masse noire, brillante, cassante et fusible. Insoluble dans l'eau et peu soluble dans la benzine, elle se dissout facilement dans les acides et dans l'alcool. Elle possède un pouvoir colorant très-intense; une solution alcoolique à 2 millièmes est orange et paraît opaque à lumière réfléchie. Les acides nitrique et sulfurique étendus et l'acide chlorhydrique la dissolvent avec une magnifique coloration cramoisie. L'acide nitrique chaud donne une solution jaune, et l'acide sulfurique fumant un liquide brun. Les alcalis précipitent la nitrosophényline non altérée des solutions. Avec la chaux sodée, elle laisse dégager la totalité de son azote à l'état d'ammoniaque et d'aniline.

Traitée pendant longtemps par l'hydrogène naissant, elle se décolore et donne un corps non oxygéné [A.-H. Church et W.-H. Perkin, *Journ. of the Chem. Soc. London*, t. IX, p. 1].

*Hydrazoaniline* [Syn. *Diamido-hydrazobenzol*],

$$C^{12}H^{14}Az^4 = \begin{matrix} C^6H^4(AzH^2)-AzH \\ C^6H^4(AzH^2)-AzH. \end{matrix}$$

— Ce composé, qu'on doit regarder comme un dérivé diamidé de l'hydrazobenzol (voyez t. I, p. 534), prend naissance dans l'action de l'amalgame de sodium sur la dissolution alcoolique de β-nitraniline. Le liquide se fonce et dépose une poudre brune; on chauffe à l'ébullition, on filtre, on précipite par l'eau et on purifie le produit par cristallisation dans l'alcool bouillant.

Le diamido-hydrazobenzol est en belles aiguilles longues, jaune d'or, qui fondent un peu au-dessus de 140° et se subliment presque complètement à une température plus élevée. Peu soluble dans l'eau, il se dissout aisément dans l'alcool et l'éther. Il se combine avec 2 molécules d'un acide monobasique.

*Chlorhydrate,* $C^{12}H^{14}Az^4, 2HCl$. — Lorsqu'on ajoute de l'acide chlorhydrique à une solution alcoolique de la base, on obtient des lamelles jaunes solubles dans l'eau, peu solubles dans l'alcool, presque insolubles dans l'éther.

*Chloroplatinate,* $C^{12}H^{14}Az^4, 2HCl + PtCl^4$. — Précipité couleur de chair.

*Sulfate,* $C^{12}H^{14}Az^4, SO^4H^2$. — Préparé comme le chlorhydrate, il forme un précipité jaune cristallin, peu soluble dans l'eau, à peine soluble dans l'alcool et l'éther.

*Nitrate.* — Aiguilles jaunes, facilement solubles [A. Haarhaus, *Ann. der Chem. u. Pharm.*, t. CXXXV, p. 162; *Bull. de la Soc. chim.*, 1866, t. V, p. 388].

MODIFICATION γ. — Cette nitraniline a été obtenue par l'action de l'ammoniaque sur la bromonitrobenzine fusible à 38° :

$$C^6H^4(AzO^2)Br + 2AzH^3 = C^6H^4(AzO^2)AzH^2 + AzH^4Br.$$

On emploie une solution alcoolique d'ammoniaque et l'on chauffe pendant 10 à 15 heures à 180-190°. On évapore, après la réaction, le produit à sec et l'on purifie le résidu par cristallisation dans l'eau bouillante.

La γ-nitraniline est en aiguilles jaune foncé fines et longues, fusibles à 66°, plus solubles dans l'eau et dans l'alcool que les modifications α et β. Elle est aussi plus volatile avec la vapeur d'eau. Sa solution aqueuse est jaune foncé et teint l'épiderme en jaune. La solution bouillante dépose d'abord des gouttelettes, qui finissent par se transformer en aiguilles. A une température élevée, elle est volatile sans altération marquée.

L'acide azotique fumant la dissout; la solution ne précipite pas par l'eau, mais dépose à la longue des flocons rouges.

L'étain et l'acide chlorhydrique la convertissent en phénylène-diamine fusible à 99°.

*Sels de la γ-nitraniline.* — Ses sels sont colorés en jaune, ce qui les distingue de ceux des nitranilines α et β.

*Chlorhydrate.* — Longues aiguilles jaunâtres, décomposables par l'eau.

*Nitrate.* — Petites aiguilles jaunes.

Le *sulfate* ne paraît pas cristalliser [Fr. Walker et Th. Zincke, *Deutsch. Chem. Gesells.*, t. V, p. 114; *Bull. de la Soc. chim.*, 1872, t. XVII, p. 355].

ANILINE DINITRÉE,

$$C^6H^5(AzO^2)^2Az = C^6H^3(AzO^2)^2AzH^2.$$

— On ne connaît jusqu'ici qu'une modification, qui prend naissance :

1° Dans l'action du carbonate de sodium sur la dinitrophényl-citraconimide (voyez t. I, p. 929) [Gottlieb, *Ann. der Chem. u. Pharm.*, t. LXXXV, p. 17] ou de la potasse sur la dinitro-acétanilide;

2° Dans la réaction de l'ammoniaque sur la benzine chlorodinitrée fusible à 50° ou bromodinitrée :

$$C^6H^3(AzO^2)^2Cl + 2AzH^3 = C^6H^3(AzO^2)^2AzH^2 + AzH^4Cl$$

[Clemm, *Deutsch. Chem. Gesells.*, 1870, t. III p. 127].

L'identité des composés obtenus dans ces différentes réactions a été établie par M. W. Rudnew [*Zeitsch. für Chem.*, 1871, p. 202; *Bull. de la Soc. chim.*, 1871, t. XVI, p. 128].

3° Dans l'action de l'ammoniaque sur l'anisol dinitré $C^6H^3(AzO^2)^2.OCH^3$ (Salkowski).

On traite la dinitrophényl-citraconimide par une solution diluée et bouillante de carbonate de sodium : il se dégage de l'acide carbonique, il se dissout du dinitrophényl-citraconamate de sodium, en même temps qu'il se forme une poudre jaune de dinitraniline, qu'on purifie par cristallisations répétées dans l'alcool bouillant.

Ou bien on introduit peu à peu 10 p. d'acétanilide dans un mélange bien refroidi de 50 p. d'acide nitrique fumant et de 40 p. d'acide sulfurique; on ajoute ensuite des morceaux de glace pour précipiter le dérivé nitré et on purifie celui-ci par plusieurs cristallisations dans l'eau bouillante. Finalement, on délaye la dinitro-acétanilide dans de l'alcool, de manière à former une bouillie épaisse; on la décompose à l'ébullition par la quantité théorique de potasse caustique et l'on précipite par l'eau. La dinitraniline précipitée est purifiée par cristallisation dans l'alcool.

Enfin on peut chauffer la benzine dinitrée monochlorée ou monobromée avec de l'ammoniaque alcoolique en vase clos, évaporer à sec le produit de la réaction et faire cristalliser dans l'alcool. Ce dernier procédé est le plus avantageux.

Ainsi préparée, la dinitraniline constitue une poudre cristalline jaune verdâtre; par l'évaporation spontanée de sa solution dans un mélange d'alcool et d'éther, elle cristallise en tables jaune verdâtre et d'un reflet bleu violacé sur les faces latérales.

Les cristaux sont clinorhombiques (Schabus). Formes : $g^1\ h^1, d^{1/2}\ a^1$; angles : $d^{1/2}\ g^1 = 118°\ 32'$; $h^1\ a^1 = 122°\ 18'$. Clivage : $h^1$.

Elle est insoluble dans l'eau froide, peu soluble dans l'eau bouillante et dans l'alcool, très-soluble dans l'alcool bouillant. 1000 p. d'alcool à 18° dissolvent 5,6 p. de dinitraniline.

Elle fond à 175° et se sublime lorsqu'on la chauffe avec précaution, sous la forme de petites lamelles rhombiques; chauffée brusquement, elle détone.

Le sulfhydrate d'ammonium la convertit en nitrophénylène-diamine $C^6H^3(AzO^2).Az^2H^4$. Avec l'étain et l'acide chlorhydrique, il se forme une *triamidobenzine* (voyez PHÉNÉNYLTRIAMINE) (Salkowski). En employant le fer et l'acide acétique, Hofmann a obtenu de la phénylène-diamine et de l'ammoniaque.

Traitée en présence de l'alcool par un courant d'acide azoteux, elle donne très-probablement un dérivé diazoïque; car lorsqu'on chauffe la solution il y a dégagement d'azote et formation de *dinitrobenzine* fusible à 86°.

L'aniline dinitrée ne se combine plus aux acides.

ANILINE TRINITRÉE [Syn. *Picramide*],

$$C^6H^4(AzO^2)^3Az = C^6H^2(AzO^2)^3.AzH^2.$$

— Le chlorure de picryle (benzine trinitrée monochlorée) réagit très-facilement sur l'ammoniaque en donnant de l'aniline trinitrée :

$$C^6H^2(AzO^2)^3Cl + 2AzH^3$$
$$= C^6H^2(AzO^2)^3AzH^2 + AzH^4Cl.$$

On broie le chlorure de picryle brut (voyez t. II, p. 810) avec un excès de carbonate d'ammonium, on traite par l'eau et l'on fait cristalliser dans l'alcool bouillant la partie insoluble.

L'aniline trinitrée est en plaques jaune foncé, à reflets violets (Pisani); en longues aiguilles orangées, striées, à reflets violets, fusibles à 179-181° (Clemm). Elle est insoluble dans l'eau, peu soluble dans l'alcool et l'éther, facilement soluble dans l'alcool bouillant, le chloroforme et l'acide acétique.

Chauffée, elle ne détone pas, mais dégage des vapeurs nitreuses et laisse un résidu de charbon. Le sulfure d'ammonium la réduit.

L'aniline trinitrée ne possède plus de propriétés basiques. Les alcalis aqueux, bouillants, la dédoublent en ammoniaque et acide picrique [Pisani, *Compt. rend.*, t. XXXIX, p. 852; — Clemm, *Journ. für prakt. Chem.*, (2), t. I, p. 145; *Bull. de la Soc. chim.*, 1870, t. XIV, p. 209].

*Phénylamines bromonitrées.*

BROMONITRANILINE, $C^6H^3Br(AzO^2).AzH^2$. — Lorsqu'on chauffe le dérivé mononitré de la benzine bibromée solide avec de l'ammoniaque alcoolique concentrée à 200-210°, un des atomes de brome est remplacé par le groupe $AzH^2$ :

$$C^6H^3Br(AzO^2)Br + 2AzH^3$$
$$= C^6H^3Br(AzO^2).AzH^2 + AzH^4Br.$$

Le produit de la réaction est versé dans de l'acide chlorhydrique concentré et la matière résineuse qui se sépare est épuisée à plusieurs reprises par l'acide chlorhydrique; les solutions acides réunies sont précipitées par l'eau, le précipité cristallin est dissous dans l'éther et purifié par une nouvelle dissolution dans l'acide chlorhydrique concentré et une nouvelle précipitation par l'eau.

La bromonitraniline est en belles aiguilles orangées, enchevêtrées, fusibles à 104°,5 et sublimables; elle distille aussi avec la vapeur d'eau. Facilement soluble dans l'alcool et l'éther, elle se dissout très-peu dans l'eau froide, en plus grande quantité à chaud; les acides chlorhydrique et nitrique la dissolvent aisément. La solution colore le bois de pin en jaune; cette teinte passe au rouge à l'air. La solution aqueuse bouillante est jaune orangé et teint la laine et la soie en jaune; la couleur résiste au savonnage.

L'ammoniaque alcoolique ne lui enlève pas le brome; au-dessous de 210°, elle la carbonise.

L'étain et l'acide chlorhydrique transforment la bromonitraniline en phénylène-diamine bromée.

La bromonitraniline ne paraît plus posséder de propriétés basiques; sa solution dans les acides concentrés laisse déposer la base libre, lorsqu'on ajoute de l'eau ou qu'on la soumet à l'évaporation spontanée. Ses solutions dans les acides étendus et bouillants donnent par le refroidissement des cristaux de bromonitraniline [V. Meyer et C. Wurster, *Deutsch. Chem. Gesells.*, t. V, p. 632; *Bull. de la Soc. chim.*, 1872, t. XVIII, p. 355].

TRIBROMONITRANILINE, $C^6HBr^3(AzO^2).AzH^2$. — Ce composé prend naissance dans l'action du brome sur le β-*diazoamidonitrobenzol* (voyez t. II, p. 878) :

$$\underset{\beta\text{-diazoamidonitro-benzol.}}{C^{12}H^9(AzO^2)^2Az^3} + 4Br^2$$
$$= \underset{\text{Tribromonitraniline.}}{C^6H^3Br^3(AzO^2)Az}$$
$$+ \underset{\beta\text{-perbromure.}}{C^6H^3(AzO^2)Az^2, HBr^3} + 2HBr.$$

On fait agir le brome sur le dérivé diazoïque en suspension dans l'eau, et l'on reprend le produit par l'éther qui laisse le perbromure insoluble. La solution éthérée est évaporée à sec, le résidu est dissous dans l'alcool, précipité par l'eau, comprimé et soumis à une cristallisation dans l'alcool faible. Petites plaques jaunâtres, non volatiles sans décomposition [Griess, *Jahresb. für Chem.*, 1866, p. 456].

*Phénylamines chloronitrées.*

ANILINES CHLORONITRÉES, $C^6H^3Cl(AzO^2).AzH^2$. — On en connaît deux modifications isomériques.

MODIFICATION α. — On l'obtient en réduisant la benzine chlorodinitrée α, $C^6H^3Cl(AzO^2)^2$, fusible à 50° par l'étain et l'acide chlorhydrique, précipitant l'étain par l'hydrogène sulfuré et ajoutant un alcali au liquide filtré et débarrassé d'hydrogène sulfuré : la base se précipite en flocons qu'on sépare en agitant avec de l'éther; celui-ci s'empare de l'aniline chloronitrée et laisse une matière verdâtre non dissoute. On évapore la solution éthérée et on purifie le résidu par cristallisation dans l'alcool.

L'aniline chloronitrée α cristallise en prismes orthorhombiques incolores, qui se colorent rapidement par l'action de la lumière et de l'air.

Formes : $m$, $g^3$, $a^1$; angles : $mm = 109° 24'$; $mg^3 = 160° 32'$; $a^1 a^1 = 115° 51'$; double réfraction énergique.

Elle fond à 87° et est susceptible d'une surfusion assez marquée; elle distille vers 300° en s'altérant profondément. Elle est presque sans odeur. Elle est fort peu soluble dans l'eau froide, un peu plus soluble dans l'eau chaude, qui la laisse déposer en cristaux assez gros; l'alcool et l'éther la dissolvent aisément, le sulfure de carbone en petite quantité. Sa solution aqueuse donne avec l'hypochlorite de calcium un précipité marron; l'éther dissout la matière colorée et l'acide sulfurique étendu diminue la coloration de la solution éthérée en prenant lui-même une teinte rose. La base se dissout avec une coloration rose dans l'acide sulfurique concentré; l'eau détruit cette coloration et une trace d'acide azotique la fait passer au jaune; le produit, traité par l'eau, donne une solution jaune. L'acide chromique l'oxyde violemment. Sa solution alcoolique noircit promptement à l'air.

*Sels de la chloronitraniline.* — C'est une base peu énergique; ses sels rougissent fortement la teinture de tournesol et sont décomposés par l'eau, surtout à chaud.

*Chlorhydrate.* — Sel déliquescent, incristallisable.

*Chloroplatinate.* — Aiguilles prismatiques, jaunes, magnifiques, insolubles dans l'eau, fort solubles dans l'alcool; on l'obtient en précipitant le chlorhydrate par le tétrachlorure de platine.

Le *chlorostannate* et le *chlorostannite* sont déliquescents.

*Nitrate.* — Sel incristallisable, rougissant facilement; à chaud, il se colore en rouge-sang, coloration que l'eau fait disparaître.

*Sulfate.* — Il se dépose en aiguilles prismatiques fines, lorsqu'on abandonne au refroidissement une solution de la base dans l'acide sulfurique étendu. Assez soluble dans l'eau, peu dans l'alcool [E. Jungfleisch, *Recherch. sur les anilines chlorées.* Thèse à l'École de pharm. de Paris, 1869, p. 19].

MODIFICATION β. — On prépare ce composé par le procédé indiqué plus haut pour son isomère, seulement en employant la *benzine monochlorée dinitrée* β, $C^6H^3Cl(AzO^2)^2$, fusible à 43°.

Elle cristallise en prismes orthorhombiques, fusibles à 89°. Formes : $m$, $g^1$, $e^1$; angles : $mm = 110° 20'$; $e^1 g^1 = 115° 52'$; $e^1 e^1 = 128° 16'$. Clivage facile suivant $m$.

Elle se dissout dans l'acide sulfurique concentré sans donner de colorations; les autres caractères sont exactement semblables à ceux de l'aniline chloronitrée α [Jungfleisch, *Thèse citée*, p. 23].

ANILINES DICHLORONITRÉES,

$$C^6H^2Cl^2(AzO^2).AzH^2.$$

— On en connaît également deux.

MODIFICATION α. — Pour la préparer, on réduit par l'étain et l'acide chlorhydrique la *benzine dichlorodinitrée* α, $C^6H^2Cl^2(AzO^2)^2$, fusible à 87°, en suivant la marche indiquée pour la chloronitraniline α; seulement on purifie le résidu de la distillation de l'éther par cristallisation dans l'éther privé d'alcool.

La dichloronitraniline α se dépose sous la forme d'une masse cristallisée un peu confuse; dans l'eau bouillante elle cristallise en aiguilles incolores très-fines et très-longues, groupées en faisceaux rayonnés; sa solution alcoolique peut rester longtemps en surfusion sans cristalliser. L'alcool et l'éther la dissolvent en très-grande quantité, l'eau froide la dissout à peine.

Elle fond à 78° et se détruit à la température de son ébullition en donnant une coloration pourpre très-belle. Son odeur est forte et désagréable. Les cristaux se colorent rapidement en jaune, puis en vert. L'acide sulfurique la dissout sans coloration, l'addition d'une trace d'acide nitrique produit une teinte verdâtre, qui passe rapidement au rouge violacé, puis au jaune. L'eau ne détruit pas cette coloration.

La solution aqueuse de la dichloronitraniline donne avec l'hypochlorite de calcium une réaction peu marquée; avec la solution alcoolique, on obtient un précipité couleur bleu de Prusse, dont la nuance passe immédiatement au violet sale. L'éther enlève la matière colorée en produisant un liquide violet qui brunit rapidement et que l'acide sulfurique dilué fait virer au rouge. L'acide chromique humecté d'eau réagit très-énergiquement et produit une substance résinoïde bleue, soluble dans l'éther et qu'une trace d'acide chlorhydrique fait passer au rose.

*Sels de la dichloronitraniline α.* — Ils sont peu stables et se décomposent par l'eau; ils possèdent une réaction acide.

*Chlorhydrate.* — La solution de la base dans l'acide chlorhydrique dépose par l'évaporation lente des aiguilles longues et incolores, solubles dans l'alcool et dans l'eau acidulée.

*Chloroplatinate.* — Précipité brun, soluble dans l'alcool avec une coloration verdâtre très-foncé.

*Nitrate.* — La dissolution de la base dans l'acide nitrique étendu et bouillant dépose des lamelles rouges mordorées très-brillantes, et très-solubles dans l'eau acidulée. Soumis à l'action de la chaleur, ce sel fond, donne un liquide rouge et finit par se transformer en une matière rouge, soluble dans l'alcool, insoluble dans l'eau.

*Sulfate.* — Il se dépose de la solution bouillante de la base dans l'acide étendu sous forme de choux-fleurs incolores [Jungfleisch, *Thèse citée*, p. 27].

MODIFICATION β. — Elle dérive par réduction de la *benzine dichlorée dinitrée* β,

$$C^6H^2Cl^2(AzO^2)^2,$$

fusible à 107°. On la prépare comme son isomère et on la purifie par cristallisation dans l'éther chaud ou par évaporation lente de la solution sulfocarbonique. Elle cristallise en aiguilles, toujours un peu confuses; l'eau bouillante la laisse déposer sous la forme de petits cristaux aiguillés, groupés en sphères. Son odeur est semblable à celle de la modification α. Elle fond à 90° et se détruit vers 300° en formant une matière brune. L'eau froide ne la dissout pas; l'eau bouillante la dissout davantage; l'éther et le sulfure de carbone abondamment.

L'acide sulfurique la colore en rose; l'acide nitrique fait passer au rouge vif la couleur de la solution et l'eau donne une liqueur jaune. La solution de la dichloronitraniline β dans l'eau alcoolisée est colorée en jaune chamois par le chlorure de chaux. L'acide chromique l'oxyde en donnant une matière résineuse verdâtre, soluble en jaune dans l'éther. Cette solution additionnée d'acide nitrique devient violacée.

*Sels de la dichloronitraniline* β. — Ils sont en général bien définis, mais peu stables, et se dédoublent facilement par l'eau.

*Chlorhydrate.* — Petites aiguilles groupées en sphères, assez solubles dans l'eau acidulée.

*Chloroplatinate.* — Beau précipité brun cristallin, soluble en vert foncé dans l'alcool.

Le *chlorostannite* forme des cristaux incolores, très-nets.

*Nitrate.* — Magnifiques aiguilles brunes, prismatiques et longues, assez solubles. Par la chaleur il fond et finit par acquérir une coloration rouge de sang.

*Sulfate.* — Petits prismes assez nets, très-solubles dans l'eau acidulée et bouillante, un peu solubles dans l'alcool froid [Jungfleisch, *Thèse citée*, p. 30].

ANILINE TRICHLORONITRÉE,

$$C^6HCl^3(AzO^2).AzH^2.$$

— On l'obtient comme les bases précédentes par la réduction au moyen de l'étain et de l'acide chlorhydrique de la *benzine trichlorée binitrée*, $C^6HCl^3(AzO^2)^2$, fusible à 103°,5. On débarrasse le liquide d'étain, on le neutralise par la potasse, et on l'agite avec de l'éther. Par évaporation de la solution éthérée, la base cristallise; on la purifie en la faisant cristalliser de nouveau dans l'eau bouillante.

Elle est en aiguilles prismatiques longues, presque inodores et incolores, mais qui brunissent rapidement à l'air.

Elle fond à 108°; vers 320° elle distille en s'altérant et en donnant des produits fortement colorés.

A peine soluble dans l'eau froide, elle se dissout dans l'eau chaude, aisément dans l'alcool, l'éther et l'eau acidulée.

L'acide sulfurique la colore faiblement en rose; lorsqu'on verse une couche d'acide azotique à la surface de la solution, il se produit au contact des deux liquides une teinte verte. Par l'agitation le tout prend une nuance violette, très-belle et persistante; l'eau donne une liqueur jaune. L'hypochlorite de calcium ne produit aucune coloration avec la trichloronitraniline; le même réactif teint en vert le chlorhydrate de la base, mais le liquide se décolore très-rapidement en déposant un précipité blanc. L'acide chromique la transforme en une substance rougeâtre.

*Sels de la trichloronitraniline.* — Cette base forme avec les acides des sels bien définis et relativement assez stables, plus stables même que ceux de l'aniline trichlorée. C'est là un fait très-intéressant qui fait exception à ce que nous savons d'une manière générale sur le caractère des corps renfermant le groupe $AzO^2$.

*Chlorhydrate.* — La dissolution de la base évaporée sur de la chaux laisse déposer des lames rectangulaires très-belles, extrêmement solubles dans l'eau acidulée. La chaleur et l'eau pure détruisent ce sel.

*Chloroplatinate.* — Précipité soluble dans l'alcool.

*Nitrate.* — Ce sel se dépose de la solution bouillante de la base dans l'acide étendu en prismes assez nets qui semblent appartenir au type anorthique; il est légèrement coloré en rouge. L'eau froide le détruit; chauffé, il se convertit en une masse brune.

*Sulfate.* — Préparé comme le nitrate, il constitue une masse radiée d'aiguilles incolores, soyeuses et très-longues; l'eau pure le détruit [Jungfleisch, *Thèse citée*, p. 36].

### *Dérivés sulfuriques.*

ACIDES AMIDOPHÉNYLSULFUREUX. — On connaît deux acides isomères dérivant de l'aniline par substitution du reste $SO^2.OH$ à un atome d'hydrogène du phényle : $C^6H^4(AzH^2)SO^2.OH$.

Le premier se forme par l'action de l'acide sulfurique sur l'oxanilide ou sur l'aniline. Il a été découvert par Gerhardt, qui l'avait considéré comme l'acide phénylsulfamique,

$$C^6H^5(AzH.SO^2.OH) \text{ ou } SO^2\begin{cases}AzH(C^6H^5)\\OH,\end{cases}$$

mais des recherches postérieures ont montré que c'est un acide amidophénylsulfureux. Le second a été obtenu par la réduction de l'acide nitrophénylsulfureux; il est décrit à l'article PHÉNYLSULFUREUX (ACIDES).

ACIDE α-AMIDOPHÉNYLSULFUREUX [Syn. *Sulfanilique*] [Gerhardt, 1845, *Journ. de Pharm.*, (3), t. X, p. 5; — R. Schmitt, *Ann. der Chem. u. Pharm.*, t. CXX, p. 129, et *Répert. de Chim. pure*, 1862, p. 185].

Le procédé que Gerhardt a employé pour la préparation de l'acide sulfanilique consiste à délayer l'oxanilide brute dans l'acide sulfurique et à chauffer la bouillie épaisse tant qu'il se manifeste une effervescence. Il se dégage de l'oxyde de carbone et de l'acide carbonique et le résidu ne noircit pas si l'on chauffe avec précaution. On verse ce résidu dans une capsule plate et on l'abandonne à l'air humide; il se concrète au bout d'un certain temps en une bouillie d'acide sulfanilique. On lave les cristaux avec de l'eau froide et on achève leur purification par plusieurs cristallisations dans l'eau bouillante.

Le procédé suivant paraît plus simple : On dissout 1 p. d'aniline dans 2 p. d'acide sulfurique fumant, et l'on chauffe le liquide dans une capsule en porcelaine jusqu'à ce qu'il commence à dégager abondamment de l'acide sulfureux. Après le refroidissement on verse le tout dans l'eau et on fait cristalliser le dépôt noir cristallin, qui se forme, à plusieurs reprises dans l'eau bouillante, en présence de charbon animal.

L'acide α-amidophénylsulfureux se présente sous la forme de lames rhombiques brillantes, solubles à 0° dans 128 p. d'eau et à 15° dans 112 p. Il est insoluble dans l'alcool et l'éther même à chaud.

Les cristaux renferment $C^6H^7AzSO^3 + H^2O$ et perdent leur eau en partie à la température ordinaire, complètement à 110°. Chauffé pendant longtemps à cette température, l'acide sulfanilique se colore en brun faible, mais on peut le chauffer à 220° sans qu'il éprouve de décomposition; à une température plus élevée, il dégage du gaz sulfureux et une huile qui, au contact de l'eau, se convertit en sulfite d'aniline.

Les alcalis aqueux et bouillants n'altèrent pas l'acide sulfanilique; avec les alcalis secs, il dégage de l'aniline et donne un sulfate.

Sa solution est colorée en rouge-brun par l'acide chromique, sans qu'il se forme de précipité. Le chlore aqueux colore l'acide sulfanilique en cramoisi pâle, mais cette teinte passe peu à peu au rouge-brun (Gerhardt); suivant Schmitt, le chlore et l'iode sont sans action sur la solution aqueuse de l'acide. Le brome en excès et à chaud donne de l'aniline tribromée; en n'employant que 2 molécules de brome pour 1 d'acide, on obtient l'acide α-amidophénylsulfureux bibromé.

A froid, l'acide sulfanilique n'est pas attaqué par l'acide nitrique, mais quand on chauffe il se dégage beaucoup de gaz et il se produit un liquide rouge foncé qui se solidifie peu à peu sans donner de cristaux. Lorsqu'on fait passer un courant d'acide nitreux dans de l'alcool qui tient en suspension de l'acide sulfanilique, on obtient un dérivé diazoïque, $C^6H^4Az^2SO^3$.

Soumis à l'action oxydante d'un mélange de bichromate de potassium et d'acide sulfurique étendu, il donne une substance jaune volatile avec la vapeur d'eau, qui ressemble à la quinone, mais qui fond déjà à 66°; réduite par l'acide sulfureux, cette substance donne de l'hydroquinone. Le corps fusible à 66° est formé toujours en proportion faible; la majeure partie de l'acide sulfanilique est brûlée complétement (E. Ador et V. Meyer). Le composé fusible à 66° était peut-être la *phénoquinone* de M. Wichelhaus.

L'acide sulfanilique paraît appartenir à la para-série, c'est-à-dire que le reste $AzH^2$ et le reste sulfurique paraissent occuper des places opposées (1,4). MM. Ador et Meyer ont montré en effet que l'acide bromophénylsulfureux $C^6H^4Br.SO^3H$ correspondant (obtenu en traitant le dérivé diazoïque de l'acide sulfanilique par l'acide bromhydrique) peut être transformé par le cyanure de potassium en acide *téréphtalique* (série *para*) et d'autre part en *résorcine*, $C^6H^4(OH)^2$, par la potasse en fusion [E. Ador et V. Meyer, *Deutsch. Chem. Gesells.*, t. IV, p. 5, et *Bull. de la Soc. chim.*, t. XV, p. 241, 1871].

*α-amidophénylsulfites.* — L'acide sulfanilique possède une forte réaction acide et décompose les carbonates en produisant des sels cristallisables et solubles, pour la plupart, dans l'eau. Les acides minéraux précipitent l'acide des sels sous la forme de fines aiguilles.

*Sel d'ammonium*, $C^6H^4(AzH^2)SO^3.AzH^4$ (à 100°). — La solution de l'acide dans l'ammoniaque dépose par l'évaporation spontanée de belles tables rectangulaires d'un grand éclat. Ce sel est très-soluble dans l'eau.

Le *sel d'argent* est en paillettes brillantes, peu solubles.

*Sel de baryum.* — Prismes rectangulaires, assez solubles dans l'eau.

*Sel de cuivre*, $[C^6H^4(AzH^2)SO^3]^2Cu + 4H^2O$. — L'acide sulfanilique agit fort peu sur l'oxyde de cuivre, mais il dissout aisément l'hydrate, en donnant une solution verte qui laisse déposer des prismes raccourcis, durs et brillants, d'un vert foncé. Le sel ne perd pas son eau à 100°.

*Sel de sodium*, $C^6H^4(AzH^2)SO^3Na + H^2O$. — Il cristallise par l'évaporation spontanée de sa solution en tables octogones, insolubles dans l'éther, mais solubles dans l'alcool bouillant; cette solution dépose par le refroidissement des aiguilles prismatiques blanches; elle est précipitée par l'éther en flocons.

*Sel de thallium.* — Il est déliquescent et cristallise sans régularité; il est peu soluble dans l'alcool et insoluble dans l'éther, et cristallise facilement de sa solution aqueuse dans un mélange d'eau, d'alcool et d'éther [F. Kuhlmann fils, *Bull. de la Soc. chim.*, t. I, p. 333, 1864].

Acide α-amidophénylsulfureux dibromé,

$$C^6H^2Br^2(AzH^2)SO^3H.$$

— On traite 1 molécule d'acide α-amidophénylsulfureux en solution aqueuse chaude par 4 atomes de brome. On sépare par le filtre l'aniline tribromée qui se dépose et l'on ajoute du chlorure de baryum au liquide filtré. Il se forme un précipité cristallin de dibromosulfanilate de baryum, qu'on purifie par cristallisation dans l'eau chaude et qu'on décompose finalement par l'acide sulfurique.

L'acide α-amidophénylsulfureux bibromé cristallise en grands prismes incolores de la formule $C^6H^2Br^2(AzH^2)SO^3H + 1\ 1/2H^2O$, qui perdent leur eau de cristallisation lentement à la température ordinaire, rapidement à 110°. Il est aisément soluble dans l'eau et dans l'alcool chaud, mais il ne se dissout qu'en petite proportion dans l'alcool froid. La solution aqueuse laisse déposer l'acide sous forme d'aiguilles, lorsqu'on ajoute de l'acide sulfurique concentré.

L'acide sec supporte une température de 180° sans s'altérer; à une température un peu plus élevée, il se décompose en donnant de l'aniline tribromée, de l'acide sulfureux et du charbon. Il fournit pareillement de la tribromaniline lorsqu'on le chauffe avec de la potasse ou la chaux.

Traité en solution alcoolique par de l'acide azoteux, il se transforme en un dérivé diazoïque, $C^6H^2Br^2Az^2SO^3$. — Voyez plus loin.

*Sels de l'acide α-amidophénylsulfureux bibromé.* — La solution aqueuse de l'acide donne des précipités cristallins avec le chlorure de baryum, le nitrate de plomb et d'argent; le zinc se dissout dans la solution de l'acide avec dégagement d'hydrogène et formation du sel de zinc.

*Sel d'argent*, $C^6H^2Br^2AzSO^3.Ag$. — Aiguilles légèrement rougeâtres, peu solubles.

Le *sel de baryum*, $(C^6H^2Br^2AzSO^3)^2Ba + 2H^2O$, est en aiguilles; il perd son eau de cristallisation à 110° et supporte sans décomposition une température très-élevée.

Le *sel de plomb*, $(C^6H^2Br^2AzSO^3)^2Pb + 2H^2O$, perd son eau à 110°; il forme des aiguilles.

On prépare les sels de *potassium* et de *sodium* en neutralisant l'acide par les carbonates correspondants et précipitant la dissolution concentrée par l'alcool; ils sont en aiguilles.

*Sel de zinc.* — Aiguilles peu solubles [R. Schmitt, *loc. cit.*].

Acide α-benzamidophénylsulfureux [Syn. *Benzoylsulfanilique*],

$$C^{13}H^{11}AzSO^4 = C^6H^4\begin{cases}AzH.C^7H^5O\\SO^3H.\end{cases}$$

— On le prépare en faisant arriver des vapeurs d'anhydride sulfurique sur de la benzanilide refroidie, chauffant le produit de la réaction pendant quelque temps au bain-marie et saturant ensuite par le carbonate de baryum. On purifie le sel de baryum par cristallisation; le rendement en est faible.

Un autre procédé plus avantageux consiste à chauffer le sulfanilate de potassium avec du chlorure de benzoyle : il se dégage de l'acide chlorhydrique et le résidu contient du benzoylsulfanilate de potassium, qu'on purifie par des lavages à l'éther et par cristallisation dans l'eau bouillante.

L'acide libre, obtenu par décomposition du sel potassique au moyen de l'acide chlorhydrique, cristallise en aiguilles solubles dans l'eau et dans l'alcool, insolubles dans l'éther. Il se décompose facilement en acide benzoïque et acide sulfanilique, de sorte qu'il est difficile de l'obtenir à l'état de pureté.

*Benzoylsulfanilate d'argent*,

$$C^6H^4(AzH,C^7H^5O)SO^3Ag.$$

— Aiguilles brillantes, très-peu solubles dans l'eau froide.

*Sel de baryum*, $(C^{13}H^{10}AzSO^4)^2Ba + 4H^2O$. — Lamelles brillantes, presque insolubles dans l'eau froide, peu solubles dans l'eau bouillante.

Le *sel de calcium* forme des lamelles ou aiguilles anhydres, peu solubles à froid.

Le *sel de cuivre* est en aiguilles aplaties, verdâtres et anhydres.

*Sel de magnésium.* — Lamelles brillantes, peu solubles à froid.

*Sel de plomb*, $(C^{13}H^{10}AzSO^4)^2Pb + 4H^2O$. — Lamelles peu solubles.

*Sel de potassium*, $C^{13}H^{10}AzSO^4.K + 1\ 1/2H^2O$. — Aiguilles aplaties ou lamelles brillantes, peu solubles dans l'eau froide, très-solubles à chaud. Le chlorure de benzoyle n'agit plus sur les benzoylsulfanilates; on ne parvient pas à introduire un deuxième groupe benzoyle [A. Engelhardt et P. Latschinoff, *Zeitsch. für Chem.*, 1868, p. 266; *Bull. de la Soc. chim.*, 1868, t. X, p. 276].

DÉRIVÉ DIAZOÏQUE DE L'ACIDE α-AMIDOPHÉNYLSULFUREUX (R. Schmitt),

$$C^6H^4Az^2SO^3 = C^6H^4 \left\{ \begin{matrix} Az{=}Az \\ SO^3\diagup \end{matrix} \right.$$

— On fait passer un courant rapide d'acide azoteux dans de l'alcool qui tient en suspension de l'acide sulfanilique : l'acide se dissout et le liquide dépose après quelque temps des aiguilles jaunes du dérivé diazoïque qu'on purifie par des lavages à l'alcool :

$$C^6H^7AzSO^3 + AzO^2H = C^6H^4Az^2SO^3 + 2H^2O.$$

On peut obtenir le même composé en employant une solution aqueuse d'acide sulfanilique; mais si l'on n'opère pas très-vite, la majeure partie se décompose par l'action ultérieure de l'eau.

Ce dérivé diazoïque, nommé par Schmitt *acide diazophénylsulfurique*, doit être représenté par la formule donnée plus haut et n'est plus un acide. Il est insoluble dans l'alcool froid; à chaud, il se décompose; il est également insoluble dans l'eau froide, mais il se dissout vers 60° à 70° et cristallise en aiguilles incolores, lorsqu'on refroidit la solution rapidement. La solution aqueuse est très-instable, dégage continuellement de l'azote et contient alors de l'acide oxyphénylsulfureux (voyez PHÉNYLSULFUREUX) :

$$C^6H^4Az^2SO^3 + H^2O = C^6H^4(OH)SO^3H + Az^2.$$

Le dérivé diazoïque détone avant 100°, de même que par le frottement ou par le choc. Traité par le gaz ammoniac, il détone. Les alcalis aqueux, les acides chlorhydrique et bromhydrique et l'hydrogène sulfuré le décomposent avec dégagement d'azote; dans le dernier cas il y a régénération d'acide sulfanilique. Avec l'acide bromhydrique, on obtient l'acide bromophénylsulfureux.

Lorsqu'on fait bouillir le dérivé diazoïque avec de l'alcool à 90 centièmes, il se dégage de l'azote et de l'aldéhyde et le résidu contient les acides phényl- et oxyphénylsulfureux. Si l'on emploie de l'alcool absolu, la réaction n'a lieu que sous pression, mais dans ce cas l'acide phénylsulfureux $C^6H^5, SO^3H$ se forme seul :

$$C^6H^4Az^2SO^3 + C^2H^6O$$
$$= C^6H^5, SO^3H + C^2H^4O + Az^2.$$

Le bisulfite de potassium le convertit en un acide, isomère avec l'acide hydrodiazobenzol-sulfureux, $C^6H^7Az^2SO^3H$.

DÉRIVÉ DIAZOÏQUE DE L'ACIDE α-AMIDOPHÉNYLSULFUREUX DIBROMÉ,

$$C^6H^2Br^2Az^2SO^3 = C^6H^2Br^2 \left\{ \begin{matrix} Az{=}Az \\ SO^3\diagup \end{matrix} \right.$$

— On le prépare en faisant passer un courant d'acide azoteux dans la solution alcoolique de l'acide bibromosulfanilique. Il est en écailles jaunâtres, amères, grasses au toucher. L'alcool ne le dissout pas sans altération, mais le transforme en acide dibromophénylsulfureux, il est facilement soluble dans l'eau tiède, et se dédouble dans l'eau bouillante en azote et acide oxyphénylsulfureux dibromé (R. Schmitt).

ACIDE AMIDOPHÉNYLDISULFUREUX [Syn. *Acide disulfanilique*],

$$C^6H^7AzS^2O^6 = C^6H^3 \left\{ \begin{matrix} AzH^2 \\ (SO^3H)^2. \end{matrix} \right.$$

— Lorsqu'on chauffe l'acide sulfanilique pendant 7 heures avec un grand excès d'acide sulfurique fumant vers 160-170°, un second reste sulfurique se substitue à l'hydrogène du phényle et l'on obtient un acide disulfoconjugué de l'aniline. Le produit de la réaction, étendu d'eau, saturé par le carbonate de baryum, et évaporé après filtration, fournit le sel barytique du nouvel acide qu'on purifie par plusieurs cristallisations lentes.

L'acide libre cristallise difficilement; l'alcool le précipite de ses solutions aqueuses sous la forme d'un dépôt grenu.

Le *sel d'argent*,

$$C^6H^3 \left\{ \begin{matrix} AzH^2 \\ (SO^3Ag)^2, \end{matrix} \right.$$

cristallise en petites tables solubles dans l'eau, insolubles dans un mélange d'alcool et d'éther.

*Sel de baryum*, $C^6H^5AzS^2O^6,Ba$ (séché à 190-200°). — Masse cristalline [G. Buckton et A.-W. Hofmann, *Jahresb. für Chem.*, 1856, p. 517].

A la suite des dérivés sulfuriques de l'aniline, nous placerons la *thianiline*, qui est très-probablement un produit de substitution sulfuré de cette base.

THIANILINE, $C^{12}H^{12}Az^2S$.—Ce composé se forme par l'action directe du soufre sur l'aniline :

$$2C^6H^7Az + S^2 = C^{12}H^{12}Az^2S + H^2S.$$

On peut le considérer comme un produit de substitution de l'aniline et représenter sa constitution par la formule

$$\begin{matrix} AzH^2.C^6H^4 \\ AzH^2.C^6H^4 \end{matrix} > S$$

On chauffe dans un ballon surmonté d'un réfrigérant ascendant 2 molécules d'aniline avec 2 atomes de soufre pendant plusieurs jours, jusqu'à ce que le dégagement d'hydrogène sulfuré ait presque cessé. On distille ensuite l'excès d'aniline avec la vapeur d'eau; on épuise le résidu avec de l'acide chlorhydrique étendu et bouillant et l'on évapore la solution complétement à sec au bain-marie. Il reste une poudre amorphe qu'on dissout dans une grande quantité d'eau, pour séparer une matière résineuse; la solution soumise à une précipitation fractionnée par la potasse fournit d'abord des précipités résineux foncés, mais à la fin une huile claire qui se solidifie bientôt.

Il est préférable de précipiter entièrement par la potasse la solution de chlorhydrate; de dissoudre le précipité dans un mélange d'alcool et d'éther, d'ajouter de l'acide sulfurique étendu et de purifier le sulfate, qui se dépose, par compressions et lavages à l'alcool éthéré. On achève la purification de la base en faisant cristalliser son chlorhydrate.

Lorsqu'on ajoute de la litharge au mélange d'aniline et de soufre, la réaction s'accélère beaucoup.

La thianiline est peu soluble dans l'eau froide, plus soluble à chaud et très-soluble dans l'alcool et dans l'éther. L'eau bouillante la dépose en longues aiguilles satinées blanches. La benzine la dissout aisément à chaud et donne par le refroidissement de larges aiguilles blanches. Elle est plus soluble dans la solution de ses sels que dans l'eau pure et cristallise en aiguilles ressemblant à l'acide benzoïque.

La thianiline est incolore et sans action sur les couleurs végétales. Elle fond à 105° et donne, à une température plus élevée, de l'aniline, de l'hydrogène sulfuré et du charbon. Sous l'eau elle fond déjà au-dessous de 100°. La thianiline est un composé très-stable; l'acide chlorhydrique, la potasse alcoolique et la potasse fondante ne l'attaquent pas à 250°; à 300° le premier de ces réactifs donne du chlorhydrate d'aniline et une résine renfermant 34,6 % de soufre. L'hydrogène naissant est sans action sur la thianiline. Avec l'acide nitrique concentré, on obtient les acides picrique et sulfurique. L'acide sulfurique la dissout à l'ébullition en formant d'abord une solution incolore qui passe bientôt au bleu foncé et finalement au violet; par addition d'eau le liquide se colore en rouge magnifique. Le chlorure d'acétyle la convertit en *thiacétanilide* $[C^6H^4(AzH,C^2H^3O)]^2S$; on obtient le même corps en faisant bouillir la base avec de l'acide acétique cristallisable. Cette anilide cristallise en aiguilles aplaties, fusibles à 213,5-215°, peu solubles dans l'eau, l'alcool et l'éther froid. L'acide sulfurique étendu la dédouble à chaud.

La thianiline chauffée en solution alcoolique avec du sulfure de carbone donne un dégagement d'hydrogène sulfuré et un précipité cristallin composé de deux *thiosulfocarbanilides*.

*Sels de la thianiline.* — C'est une base diacide qui forme des sels cristallisés. Ceux-ci teignent le bois de pin en orangé; l'eau de chlore colore les solutions en brun et précipite ensuite des flocons bruns. Le chromate de potassium en précipite des flocons violets, solubles dans l'alcool; le chlorure ferrique les colore lentement à froid, rapidement à chaud, en bleu violacé; un mélange de chlorate de potassium et d'acide chlorhydrique donne la même réaction; lorsque ces réactifs sont employés en excès, ils agissent comme l'eau de chlore.

*Chlorhydrates. — Sel neutre,*

$$C^{12}H^{12}Az^2S(HCl)^2 + 2H^2O.$$

— Aiguilles larges et brillantes ou longs prismes groupés autour d'un point. A l'air, il perd une partie de son eau et le reste à 120°. Il se dissout facilement dans l'eau, peu dans l'alcool, l'éther et l'acide chlorhydrique. Chauffé au-dessus de 200°, il donne un sublimé de chlorhydrate d'aniline et une résine sulfurée.

*Sel basique,* $C^{12}H^{12}Az^2S, HCl + 2H^2O$. — Il a été obtenu une fois accidentellement et on n'a pas pu préciser les conditions dans lesquelles il se forme; il est en larges aiguilles peu solubles dans l'eau froide et se dédoublant dans l'eau bouillante en chlorhydrate neutre et en base libre.

Le *chloroplatinate,*

$$C^{12}H^{12}Az^2S(HCl)^2 + PtCl^4,$$

se précipite d'une solution concentrée en lamelles jaunes.

*Oxalate,* $C^{12}H^{12}Az^2S, C^2H^2O^4$. — Aiguilles incolores et anhydres, peu solubles dans l'eau bouillante.

*Sulfates. — Sel neutre,*

$$C^{12}H^{12}Az^2S, SO^4H^2 + H^2O.$$

— Aiguilles incolores ou prismes courts, peu solubles dans l'eau froide, presque insolubles dans l'alcool et l'éther.

*Sel basique,* $(C^{12}H^{12}Az^2S)^2SO^4H^2 + H^2O$. — Lamelles nacrées, qu'on a obtenues une fois en neutralisant partiellement par l'ammoniaque le sel neutre.

A côté de la thianiline, il se forme dans l'action du soufre sur l'aniline des produits résineux et incristallisables. L'un d'eux renferme $C^{24}H^{22}Az^4S^3$ et paraît résulter de l'action du soufre sur la thianiline [V. Merz et W. Weith, *Deutsch. Chem. Gesells.*, t. III, p. 978, et t. IV, p. 384; *Bull. de la Soc. chim.*, 1871, t. XV, p. 106 et 238].

### MONAMINES SECONDAIRES DÉRIVÉES DE LA PHÉNYLAMINE.

Les monamines secondaires dérivent de la phénylamine $C^6H^5.AzH^2$ par substitution d'un radical alcoolique ou phénolique monatomique à 1 atome d'hydrogène du groupe $AzH^2$. On obtient les dérivés à radicaux alcooliques par l'action des bromures, chlorures ou iodures alcooliques sur l'aniline (Hofmann) :

$$C^2H^5I + C^6H^5.AzH^2 = \underset{\text{Iodhydrate d'éthyl-aniline.}}{C^2H^5.C^6H^5.AzH,HI.}$$

Les monamines secondaires à radicaux phénoliques ne se forment pas dans l'action des bromures ou chlorures correspondants sur l'aniline; M. Merz a cependant réalisé cette réaction en introduisant d'abord du potassium dans l'aniline et faisant agir sur l'aniline potassée du bromure de phényle : il a obtenu ainsi de la diphénylamine :

$$\underset{\text{Aniline potassée.}}{C^6H^5.KAzH} + C^6H^5Br$$
$$= \underset{\text{Diphénylamine.}}{(C^6H^5)^2AzH} + KBr.$$

D'autre part, la benzine chlorée trinitrée (chlorure de picryle) qui se rapproche des chlorures alcooliques, traitée par l'aniline, fournit de la trinitrodiphénylamine (Clemm) :

$$\underset{\text{Chlorotrinitro-benzine.}}{C^6H^2(AzO^2)^3Cl} + 2C^6H^5.AzH^2$$
$$= \underset{\text{Trinitrodiphénylamine.}}{C^6H^2(AzO^2)^3(C^6H^5)AzH} + C^6H^5.AzH^2,HCl.$$

Mais le véritable mode de préparation des monamines secondaires à radicaux phénoliques consiste à chauffer au-dessus de 200° du chlorhydrate d'aniline avec la monamine primaire correspondante :

$$C^6H^5.AzH^2,HCl + C^6H^5.AzH^2$$
$$= \underset{\text{Diphénylamine.}}{(C^6H^5)^2.AzH} + AzH^4Cl.$$

Ce procédé général, qui s'applique à toutes les bases aromatiques, présente un grand intérêt, tant scientifique qu'industriel; la découverte en est due à MM. Ch. Girard, G. de Laire, et Chapoteaut.

Les sels des monamines secondaires cristallisent en général plus difficilement que ceux de l'aniline.

ALLYLANILINE [Syn. *Allylphénylamine*],

$$C^9H^{11}Az = C^3H^5.C^6H^5.AzH.$$

— Un mélange d'iodure d'allyle et d'aniline s'échauffe fortement et se prend en quelque temps en une masse cristalline formée d'iodhydrate d'allylaniline. Ce sel décomposé par la potasse donne la base libre sous la forme d'un liquide incolore bouillant vers 209°, d'une saveur brûlante, d'une odeur d'aniline et de géranium. Elle est peu soluble dans l'eau et donne avec les acides des sels cristallisés, qui se colorent en violet par le chlorure de chaux.

Traitée par l'œnanthol, elle fournit de l'œnanthylidène-diallyldiphényldiamine

$$(C^7H^{14})''(C^3H^5)^2(C^6H^5)^2Az^2.$$

Son *chloroplatinate,* $[C^9H^{11}Az, HCl]^2 + PtCl^4$, constitue un précipité résineux, devenant peu à peu cristallin [H. Schiff, *Ann. der Chem. u. Pharm.*, Supplementband III, p. 343; *Bull. de la Soc. chim.*, 1865, t. III, p. 139].

AMYLANILINE [Syn. *Amylphénylamine*],

$$C^{11}H^{17}Az = C^5H^{11}.C^6H^5.AzH.$$

— Le bromure d'amyle réagit déjà à la température ordinaire sur l'aniline, mais l'action est lente. Lorsqu'on chauffe au bain-marie de l'aniline avec un grand excès de bromure d'amyle, on obtient du bromhydrate d'amylaniline qui reste dissous dans l'excès du bromure; on chasse ce dernier et l'on décompose le résidu par la potasse.

L'amylaniline constitue un liquide incolore, d'une odeur qui, à la température ordinaire, rappelle celle des roses, mais devient répugnante à chaud. Elle bout à 258° et se dissout aisément dans l'éther.

Chauffée avec les bromures alcooliques à 100°, elle donne les monamines tertiaires correspondantes. Oxydée par un mélange bouillant de 1 p. d'acide azotique et de 2 p. d'eau, elle fournit de l'amylamine, du nitrophénol, du nitrite d'amyle et de l'ammoniaque; avec l'acide azoteux, on obtient des produits analogues [A. Mathiessen, *Phil. Mag.*, (2), t. XVIII, p. 136].

L'amylaniline, chauffée à 275° avec 80 p. d'acide iodhydrique saturé à 0°, se dédouble en hydrure d'amyle, hydrure d'hexyle et ammoniaque [Berthelot, *Bull. de la Soc. chim.*, 1868, t. IX, p. 182].

Le chlorure de cyanogène la transforme en amylcyananiline.

L'amylaniline forme avec les acides bromhydrique, chlorhydrique et oxalique des sels presque insolubles, d'un aspect gras. Quand on les chauffe avec de l'eau, ils fondent et se rendent à la surface sous forme d'une couche huileuse qui ne se solidifie que lentement. Le *chloroplatinate* constitue une masse jaune onctueuse qui cristallise peu à peu [Hofmann, *Ann. der Chem. u. Pharm.*, t. LXXIV, p. 153].

BENZYLANILINE,

$$C^{13}H^{13}Az = (C^6H^5.CH^2)(C^6H^5).AzH.$$

— Cette base, isomère avec la crésylaniline, prend naissance lorsqu'on mélange 2 molécules d'aniline avec 1 molécule de chlorure de benzyle; pour compléter la réaction, il est bon de chauffer pendant 24 heures à 160°.

La base libre, isolée du produit brut par les moyens ordinaires, distille dans le vide entre 200° et 220°; à la pression atmosphérique, au-dessus de 310°. Elle cristallise dans l'alcool chaud en prismes incolores à quatre pans, fusibles à 32°; la base fondue ne se solidifie pas encore à 12°. Elle est insoluble dans l'eau, très-soluble dans l'éther. Chauffée avec le chlorure mercurique, elle donne d'abord une matière verte soluble dans l'alcool avec une couleur bleue; lorsqu'on chauffe pendant longtemps, ce produit se fonce et renferme alors une matière colorante cramoisie, soluble dans l'alcool.

Le chlorure de benzoyle la convertit à chaud en un dérivé benzoylé, $C^7H^7.C^6H^5.C^7H^5O.Az$, cristallisant en prismes clinorhombiques fusibles à 104°, presque insolubles dans l'éther; l'acide nitrique donne avec cette substance un dérivé nitré jaune.

Les sels de la benzylaniline se décomposent à la longue par l'eau.

*Chlorhydrate*, $C^{13}H^{13}Az, HCl$. — Cristaux blancs, très-solubles dans l'eau bouillante et dans l'alcool, peu solubles dans l'éther; par la dessiccation il se colore en vert. Ce sel ne se combine pas avec le chlorure platinique; avec le chlorure de cadmium, on obtient des aiguilles blanches groupées en faisceaux, de la formule

$$C^{13}H^{13}Az, HCl + CdCl^2.$$

Ce sel double est facilement soluble dans l'alcool chaud et décomposable par l'eau.

L'*oxalate*, $(C^{13}H^{13}Az)^2C^2H^2O^4$, est en lamelles blanches, fusibles à 155°, solubles dans l'eau et dans l'alcool [M. Fleischer, *Ann. der Chem. u. Pharm.*, t. CXXXVIII, p. 255; *Ann. de Chim. et de Phys.*, (4), t. VIII, p. 500].

CÉTYLANILINE, $C^{22}H^{39}Az = C^{16}H^{33}.C^6H^5.AzH$. — On chauffe au bain-marie de l'iodure de cétyle avec un excès d'aniline, jusqu'à ce qu'il ne se forme plus de cristaux, on sépare la cétylaniline formée du chlorhydrate d'aniline par l'éther, on la transforme en chlorhydrate, qu'on décompose par la potasse; finalement on fait cristalliser la base dans l'alcool.

Elle se présente en paillettes douées d'un éclat argentin, qui fondent à 42° et se concrètent à 28° en une masse mamelonnée. Insoluble dans l'eau, elle se dissout aisément dans l'alcool et l'éther; elle ne précipite pas les solutions métalliques et n'agit pas sur les couleurs végétales.

*Chlorhydrate*. — Aiguilles brillantes.

*Chloroplatinate*, $(C^{22}H^{39}Az, HCl)^2 + PtCl^4$. — Flocons jaune rougeâtre et cristallins, solubles dans l'alcool, insolubles dans l'eau.

*Nitrate*. — Aiguilles brillantes; sa solution alcoolique noircit par l'évaporation.

*Oxalate*. — Aiguilles incolores, confuses et feutrées.

*Sulfate*. — Il paraît être le plus soluble des sels de cétylaniline; on peut néanmoins le précipiter complétement par l'addition d'eau à sa solution alcoolique [Fridau, *Ann. der Chem. u. Pharm.*, t. LXXXIII, p. 29].

CRÉSYLANILINE [Syn. *Crésylphénylamine, tolylphénylamine*], $C^{13}H^{13}Az = (C^6H^4.CH^3)(C^6H^5).AzH$. — Cette base, isomère avec la benzylphénylamine, a été retirée par M. Hofmann des produits de la distillation sèche de la *tricrésylrosaniline* (bleu de toluidine, voyez t. I, p. 324) [*Compt. rend.*, t. LIX, p. 793; *Ann. der Chem. u. Pharm.*, t. CXXXII, p. 289]. Elle a été préparée un peu plus tard par le procédé général dû à MM. Ch. Girard et de Laire, par l'action à haute température de la toluidine (*crésylamine*) sur le chlorhydrate d'aniline.

On ne peut pas l'obtenir par l'action du toluène chloré sur l'aniline; les deux substances n'agissent pas l'une sur l'autre (Aulich).

Le procédé de purification indiqué p. 864 pour la diphénylamine peut être employé aussi pour obtenir la crésylphénylamine à l'état de pureté.

Elle cristallise dans l'alcool en lamelles ou écailles blanches, onctueuses au toucher, moins solubles que la diphénylamine. Elle fond à 87° et bout à 334°. Avec l'acide nitrique, elle donne une coloration bleue qu'on peut à peine distinguer de celle que fournit la diphénylamine.

Fondue avec le chlorure mercurique, elle se convertit d'abord en une masse noire, soluble en bleu-violet dans l'alcool; par l'action prolongée de la chaleur, cette matière devient rouge-violet. Cette matière colorante est probablement de la *crésyldiphénylrosaniline*, $C^{20}H^{16}(C^6H^5)^2(C^7H^7)Az^3$.

Traitée par le chlorure de benzoyle, elle fournit un *dérivé benzoylé*, $(C^6H^5)(C^7H^7)(C^7H^5O)Az$, cristallisable, que l'acide nitrique concentré transforme en un *dérivé dinitré* cristallisant en aiguilles jaune rougeâtre. Ce corps dinitré, par l'ébullition avec un alcali, échange le reste de benzoyle contre de l'hydrogène et donne la crésylphénylamine dinitrée, substance cristallisée. Les agents réducteurs convertissent la crésylbenzanilide dinitrée en une base cristallisant en aiguilles blanches.

ÉTHYLANILINE [Syn. *Éthylphénylamine*],

$$C^8H^{11}Az = C^2H^5.C^6H^5.AzH.$$

— Elle se produit : 1° dans l'action du bromure ou de l'iodure d'éthyle sur l'aniline; 2° dans l'action de l'alcool éthylique sur le chlorhydrate d'aniline à une température élevée; 3° lorsqu'on chauffe vers 250° l'aniline avec le chlorhydrate d'éthylaniline ou un mélange d'aniline, d'alcool et de sel ammoniac.

Lorsqu'on chauffe doucement l'aniline avec un excès de bromure d'éthyle, le mélange entre spontanément en ébullition et donne par le refroidissement des cristaux tabulaires de bromhydrate d'éthylaniline. Si l'on a employé, au contraire, un excès d'aniline, il se dépose du bromhydrate d'aniline et le liquide contient l'éthylaniline non combinée.

Le bromhydrate d'éthylaniline décomposé par la potasse fournit la base libre. On peut encore l'obtenir en chauffant l'alcool éthylique avec du chlorhydrate d'aniline vers 250°, par un procédé analogue à celui qui a été décrit pour la préparation industrielle de la méthylaniline. — Voyez t. I, p. 313.

L'éthylaniline constitue un liquide incolore, très-réfringent, qui brunit rapidement à l'air; son odeur se rapproche de celle de l'aniline. Elle bout à 204° et possède à 18° une densité de 0,954. Elle est très-soluble dans l'eau, mais l'alcool la dissout aisément.

Le chlorure de chaux ne la colore pas en violet; elle teint le bois de pin en jaune; l'acide chromique l'enflamme. Avec le brome, elle donne deux composés cristallins : l'un neutre, l'autre basique, probablement l'éthylaniline tribromée [Hofmann].

Traitée en solution acide par l'acide *azoteux*, l'éthylaniline donne du phénol, du nitrite éthylique, de l'azote et des phénols nitrés (Riche), de l'éthylamine, de l'ammoniaque et des phénols nitrés (Matthiessen). En solution alcoolique l'acide azoteux la transforme en nitrate de diazobenzol, en même temps qu'il se forme de l'alcool [Griess, *Bull. de la Soc. chim.*, 1866, t. VI, p. 79] :

$$C^6H^6(C^2H^5)Az, AzHO^3 + AzHO^2$$

Nitrate d'éthylaniline.

$$= C^6H^4Az^2, AzHO^3 + C^2H^6O + H^2O.$$

Nitrate de diazobenzol.

L'acide *iodhydrique*, employé en excès, la convertit vers 275° en hydrure d'éthyle, hydrure d'hexyle et ammoniaque (Berthelot).

Lorsqu'on fait passer du *cyanogène* dans une solution alcoolique d'éthylaniline, il se dépose après quelque temps des prismes courts de *cyanéthylaniline*, $C^{18}H^{22}Az^4 = 2C^8H^{11}Az + (CAz)^2$. La cyanéthylaniline, analogue à la cyaniline (voyez t. II, p. 872), se dissout sans l'acide sulfurique et en est précipitée par l'ammoniaque sous forme pulvérulente. Le chlorhydrate se dépose en magnifiques cristaux lorsqu'on ajoute de l'acide chlorhydrique en excès à la solution sulfurique de la base. Le chloroplatinate est fort soluble.

Elle se combine directement avec l'*anhydride sulfureux;* la combinaison est liquide et soluble dans l'eau.

L'éthylaniline absorbe le *chorure de cyanogène* en s'échauffant et donne le chlorhydrate d'une base huileuse et volatile (éthylaniline cyanée ?) et une huile neutre (Cahours et Cloëz).

Traitée par le *sulfure de carbone*, elle dégage lentement de l'hydrogène sulfuré, mais ne dépose pas de cristaux.

Chauffée pendant un certain temps à 100° avec les *bromures* ou *iodures* alcooliques, elle fournit des monamines tertiaires.

L'*oxychlorure de carbone* agit avec énergie sur l'éthylaniline : il se produit un composé liquide, ainsi que le chlorhydrate de la base.

L'*éther chloroxycarbonique* la convertit en éthylphénylcarbonate d'éthyle, liquide oléagineux, qui paraît distiller vers 245-250° (H. Schiff).

*Sels de l'éthylaniline.* — Ils sont très-solubles dans l'eau, un peu moins dans l'alcool.

*Bromhydrate*, $C^8H^{11}Az, HBr$. — Grandes tables incolores, très-solubles. Chauffé avec précaution, il se sublime en belles aiguilles; mais si on le porte brusquement à une température élevée, il se dédouble en bromure d'éthyle et en aniline.

*Chlorhydrate.* — Masse radiée, qu'on n'obtient que par l'évaporation de sa solution à siccité.

*Chloroplatinate*, $(C^8H^{11}Az, HCl)^2 + PtCl^4$. — Si l'on ajoute du chlorure de platine à une solution concentrée de chlorhydrate d'éthylaniline, il se précipite une huile jaune qui se prend après quelque temps en une masse cristalline; dans des solutions plus étendues le sel se dépose en magnifiques aiguilles jaunes, très-longues.

Le *chloraurate* et le *chloromercurate* constituent des huiles jaunes qui se décomposent rapidement.

*Iodhydrate*, $C^8H^{11}Az, HI$. — Cristaux orthorhombiques incolores.

Formes : $m$, $g^1$, $e^1$; angles : $m\,g^1 = 129°\,45'$; $m\,e^1 = 111°\,51'$ (V. v. Lang).

*Oxalate.* — Masse radiée.

Le *nitrate* et le *sulfate* n'ont pas encore été obtenus à l'état solide [Hofmann, *Ann. der Chem. u. Pharm.*, t. LXXIV, p. 128].

*Éthylaniline bromée*, $(C^2H^5)(C^6H^4Br)AzH$. — On l'obtient en chauffant l'aniline bromée α avec du bromure d'éthyle. Elle ressemble au dérivé chloré; son chloroplatinate forme une huile visqueuse (Hofmann).

*Éthylaniline chlorée*, $(C^2H^5)(C^6H^4Cl)AzH$. — Huile jaune, à odeur d'anis, et bouillant à une température élevée. Le sulfate et l'oxalate sont cristallisables; le chloroplatinate ne cristallise pas.

L'*aniline iodée* donne avec le bromure d'éthyle de l'éthylaniline iodée (Kekulé).

L'α et la β-*nitraniline* ne sont pas attaquées par le bromure d'éthyle (Hofmann).

MÉTHYLANILINE [Syn. *Méthylphénylamine*],

$$C^7H^9Az = CH^3.C^6H^5.AzH.$$

— Elle prend naissance dans les mêmes conditions que l'éthylaniline, si l'on remplace le composé éthylique employé par le dérivé méthylique correspondant. — Voyez, pour sa préparation industrielle, t. I, p. 313.

Dans les laboratoires on la prépare en ajoutant peu à peu un excès d'iodure ou de bromure de méthyle à de l'aniline; la réaction est vive et le mélange se solidifie par le refroidissement. On en isole la base par la potasse.

La méthylaniline constitue un liquide incolore, d'une odeur particulière, bouillant à 192°. Elle se colore en violet par l'hypochlorite de calcium. Chauffée avec les oxydants qui convertissent l'aniline en rosaniline, la méthylaniline donne naissance à des matières violettes (Ch. Lauth). L'acide nitrique l'oxyde énergiquement en la transformant en une matière jaune.

L'acide iodhydrique concentré la dédouble à 275° en hydrure de méthyle, hydrure d'hexyle et en ammoniaque (Berthelot). Elle se combine directement avec le cyanogène; avec le chlorure de cyanogène, elle donne la méthylaniline cyanée.

Traitée en présence de l'acide acétique par le trichlorure de phosphore, elle donne le chlorure d'une base ammoniée (chlorométhylate d'éthényleméthyldiphénylamine) :

$$(C^2H^3)'''(C^6H^5)^2CH^3.Az^2.CH^3Cl.$$

Des combinaisons analogues sont décrites p. 870.

*Sels de la méthylaniline.* — Ils sont moins solubles que ceux de l'éthylaniline. Lorsqu'on les chauffe vers 330-350°, ils subissent une transformation isomérique et donnent un sel de la *toluidine solide* :

$$C^6H^5.CH^3.AzH, HCl$$

Chlorhydrate de méthylaniline.

$$= (C^6H^4.CH^3).AzH^2, HCl.$$

Chlorhydrate de toluidine.

Ce fait, très-intéressant, a été découvert par MM. A.-W. Hofmann et Martius [*Deutsch. Chem.*

*Gesellsch.*, t. IV, p. 742, t. V, p. 704 et 720; *Bull. de la Soc. chim.*, 1870, t. XVII, p. 123, t. XVIII, p. 348 et 353].

*Chorhydrate.* — Ce sel ne cristallise pas, il se prend en une masse sirupeuse très-soluble. Mélangé avec du sable et chauffé pendant quelque temps à 110-120°, il se transforme en une belle matière violette (Lauth). — Voyez t. I, p. 313.

*Choroplatinate*, $(C^7H^9Az, HCl)^2 + PtCl^4$. — Se précipite sous forme d'une huile transparente qui se prend rapidement en touffes cristallines d'un jaune pâle et fort altérables.

L'*oxalate* cristallise facilement, mais il se décompose promptement en reproduisant de l'aniline (?) [Hofmann, *Ann. der Chem. u. Pharm.*, t. LXXIV, p. 150].

NAPHTYLANILINE, $C^{16}H^{13}Az = C^{10}H^7.C^6H^5.AzH$. — Pour la préparer, on chauffe pendant 36 heures à 280° et en vase clos le chlorhydrate de naphtylamine avec de l'aniline. On traite ensuite le produit de la réaction par l'acide chlorhydrique, puis par l'eau bouillante à plusieurs reprises : celle-ci enlève les chlorhydrates des monamines primaires et du sel ammoniac et laisse la naphtylphénylamine sous la forme d'une huile qui se solidifie par le refroidissement. On la comprime, on la lave avec une solution alcaline et on la fait cristalliser dans l'alcool.

Elle est en petits cristaux, groupés en mamelons, qui se colorent à la longue en rouge. Elle fond à 58° et bout à 226° sous une pression de $0^m,015$; à 335° sous $0^m,528$. Insoluble dans l'eau, elle se dissout dans l'alcool, l'éther et la benzine; les solutions sont dichroïques.

L'acide sulfurique la dissout sans coloration; l'addition d'une trace d'acide nitrique produit une teinte verte qui peu à peu passe au bleu.

*Chlorhydrate*, $C^{16}H^{13}Az, HCl$. — On l'obtient en cristaux blancs, en faisant passer un courant de gaz chlorhydrique dans la solution de la base dans la benzine. L'alcool absolu le dissout; l'eau le dédouble [Ch. Girard et G. Vogt, *Bull. de la Soc. chim.*, 1872, t. XVIII, p. 68].

PHÉNYLANILINE [Syn. *Diphénylamine*],

$$C^{12}H^{11}Az = (C^6H^5)^2.AzH.$$

— Cette base, isomère de la *xénylamine*, se produit dans différentes réactions : 1° dans la distillation sèche de la rosaniline et de ses dérivés phényliques, de la leucaniline et de la mélaniline (voyez t. I, p. 323) [Hofmann, *Compt. rend.*, t. LVIII, p. 1131; *Ann. der Chem. u. Pharm.*, t. CXXXII, p. 160].

2° Lorsqu'on chauffe l'aniline avec un sel d'aniline vers 220-250° [Ch. Girard, de Laire et Chapoteaut, *Compt. rend.*, t. LXIII, p. 91] :

$$C^6H^5.AzH^2 + C^6H^5.AzH^2, HCl = (C^6H^5)^2.AzH + AzH^4Cl.$$

3° Dans l'action du bromure de phényle sur l'aniline potassée (Merz).

Pour préparer la diphénylamine, on utilise la réaction indiquée sous le n° 2 : on chauffe dans un ballon surmonté d'un réfrigérant 3 molécules d'aniline avec 2 molécules de chlorhydrate d'aniline parfaitement sec pendant 30-36 heures vers 220-250° : il se dégage de l'ammoniaque et le résidu renferme en diphénylamine environ 10 à 12 % du poids de l'aniline employée.

On obtient un résultat plus favorable en opérant en vase clos et en chauffant graduellement de 220° à 260° pendant 12 heures; mais même dans ces conditions la proportion de diphénylamine formée n'atteint guère que 25 % de l'aniline. Ce chiffre ne peut être dépassé par un échauffement plus prolongé, et il semble exister un équilibre entre la diphénylamine et l'ammoniaque formées; cette dernière en agissant sur la diphénylamine régénère en effet de l'aniline. Mais lorsqu'on ouvre de temps en temps les tubes pour laisser échapper l'ammoniaque formée, on dépasse cette première limite de 25 % et l'on enrichit beaucoup le produit en diphénylamine.

Le contenu des tubes est dissous dans l'acide chlorhydrique concentré et chaud, et la solution est versée dans 20 à 30 volumes d'eau chaude : le chlorhydrate de diphénylamine se décompose et la base libre vient nager à la surface du liquide, où elle se solidifie par le refroidissement; on fait dissoudre la masse solide dans l'éther ou dans la benzine, on filtre pour séparer des substances colorées, insolubles, on fait cristalliser par évaporation, on comprime les cristaux et on les soumet à la distillation. La diphénylamine distille entre 300° et 310°; on la purifie par une dernière cristallisation dans l'éther.

Cette base forme des cristaux blancs, fusibles à 54° et bouillant vers 310°. Son odeur rappelle celle de la rose. Elle possède une saveur aromatique et brûlante; elle excite vivement l'éternument et produit une sensation de cuisson, lorsqu'elle est appliquée sur la peau; ses vapeurs excitent la toux. Elle est toxique, cependant à un degré beaucoup moindre que l'aniline.

Presque insoluble dans l'eau, elle se dissout aisément dans l'alcool, l'éther, la benzine, le pétrole, l'aniline; ses solutions n'agissent pas sur la teinture de tournesol. Les acides minéraux et l'acide acétique la dissolvent en formant des sels.

La diphénylamine dirigée en vapeur par un tube chauffé au rouge se scinde en *carbazol* et en hydrogène (Græbe) :

$$C^{12}H^{11}Az = \underset{\text{Carbazol.}}{C^{12}H^9Az} + H^2.$$

L'acide nitrique ordinaire attaque à l'ébullition la diphénylamine et la transforme en un corps nitré, non encore étudié, mais qui a la propriété caractéristique de donner avec les acides chlorhydrique ou sulfurique une coloration bleu foncé extrêmement intense. Cette réaction permet de déceler les moindres traces de diphénylamine; pour lui donner toute sa sensibilité, on humecte la substance avec de l'acide chlorhydrique concentré et l'on ajoute une goutte d'acide nitrique : immédiatement, même en présence de traces de diphénylamine, on observe une belle coloration bleue. Le chlorure de platine produit la même coloration lorsqu'on l'ajoute à une solution chlorhydrique de la base.

Les agents oxydants, en général, mais spécialement l'hydrure d'éthyle perchloré $C^2Cl^6$, qui cède facilement 2 atomes de chlore et se transforme en $C^2Cl^4$, donnent avec la diphénylamine des matières colorantes bleues ou violettes qui ont trouvé une application industrielle. Ici encore, comme pour l'aniline, la base pure donne des matières colorantes moins belles, et en plus petite proportion, que le mélange de la diphénylamine avec ses homologues (phénylcrésylamine, dicrésylamine) [Ch. Girard et de Laire, *Bull. de la Soc. chim.*, 1867, t. VII, p. 363].

Lorsqu'on traite un mélange de diphénylamine et de toluidine par du chlorure mercurique, on obtient une matière colorante bleu violacé, soluble dans l'alcool, qui est probablement la monophénylrosaniline (Hofmann).

Le *brome* transforme la diphénylamine en solution alcoolique, en un dérivé tétrabromé,

$$C^{12}H^7Br^4Az,$$

qui cristallise dans l'alcool chaud en belles aiguilles satinées, peu solubles dans l'alcool froid.

Le chlore donne également des produits de substitution cristallisés.

L'iodure de méthyle la transforme en méthyldiphénylamine.

En chauffant la diphénylamine avec du chlorure de benzoyle, on obtient le dérivé

$$(C^6H^5)^2(C^7H^5O)Az,$$

cristallisant en aiguilles blanches, peu solubles dans l'alcool. Ce dérivé benzoylé, traité par l'acide nitrique, donne, suivant la concentration de l'acide, un dérivé *mononitré* ou un dérivé *dinitré*, lesquels saponifiés par la potasse fournissent la *diphénylamine nitrée*, $C^{12}H^{10}(AzO^2)Az$, en aiguilles jaune rougeâtre, ou la *diphénylamine dinitrée*, $C^{12}H^9(AzO^2)^2Az$, en aiguilles rouges possédant un reflet métallique bleuâtre.

Clemm a également obtenu un dérivé dinitré, isomère ou identique avec le précédent, en faisant agir l'aniline à une douce chaleur sur la benzine bromodinitrée :

$$C^6H^3(AzO^2)^2Br + C^6H^5,AzH^2$$
$$= C^6H^3(AzO^2)^2, C^6H^5.AzH + HBr.$$

C'est un corps cristallisant en longues aiguilles rouge écarlate, fusible à 153°; il est soluble dans l'alcool, l'éther, le chloroforme, les acides et les alcalis, mais l'eau ne le dissout pas.

Clemm a aussi préparé une *diphénylamine trinitrée*, $C^{12}H^8(AzO^2)^3Az$, par l'action de l'aniline sur la benzine chlorotrinitrée (chlorure de picryle). Elle forme des prismes rouge écarlate par réflexion, jaunes par transmission; soluble dans le chloroforme et l'acide acétique, elle ne se dissout qu'en petite quantité dans l'alcool, l'éther, le sulfure de carbone et l'eau. Les acides ne s'y combinent pas; la soude la dissout. Elle détone par la chaleur [C. Clemm, *Journ. für prakt. Chem.*, nouv. sér., t. I, p. 145; *Bull. de la Soc. chim.*, 1870, t. XIV, p. 270].

*Sels de la diphénylamine.* — La base se dissout dans les acides minéraux et dans l'acide acétique en formant des sels très-instables, que l'eau dédouble; la diphénylamine se sépare en gouttes huileuses qui se solidifient bientôt.

*Chlorhydrate*, $C^{12}H^{11}Az, HCl$. — On le prépare en faisant passer du gaz chlorhydrique sec dans une dissolution alcoolique ou éthérée de diphénylamine. Il cristallise dans l'alcool en aiguilles concentriques blanches qui, au contact de l'air, prennent rapidement une teinte bleuâtre.

VINYLANILINE (?). — Natanson a obtenu dans l'action à 200° du chlorure d'éthylène sur l'aniline une base pour laquelle il établit la formule $(C^2H^3)(C^6H^5)AzH$ : ce corps serait la vinylaniline.

D'après les expériences postérieures de M. Hofmann, il est très-probable que le corps de Natanson n'est autre que la *diéthylène-diphényldiamine*, $(C^2H^4)^2(C^6H^5)^2Az^2$ (voyez p. 869). De nouvelles recherches sont nécessaires pour éclaircir ce sujet [*Ann. der Chem. u. Pharm.*, t. XCVIII, p. 291, et *Ann. de Chim. et de Phys.*, (3), t. XLVIII, p. 111].

XYLYLANILINE, $C^{14}H^{15}Az = (C^8H^9)(C^6H^5)AzH$. — On la prépare comme la diphénylamine, en chauffant un mélange de xylidine et de chlorhydrate d'aniline à 280°.

Elle forme des cristaux radiés, fusibles à 52°, solubles dans l'alcool, l'éther, la benzine et les huiles légères de pétrole. Elle bout à 278-282° sous une pression de $0^m,485$, et à 173° sous $0^m,015$.

On obtient le chlorhydrate de la xylylphénylamine en faisant passer du gaz chlorhydrique sec dans une dissolution de la base dans la benzine; l'eau dédouble ce sel.

#### MONAMINES TERTIAIRES DÉRIVÉES DE LA PHÉNYLAMINE.

Les monamines tertiaires dérivent de la phénylamine $C^6H^5.AzH^2$, par substitution de deux radicaux, monatomiques alcooliques ou phénoliques, aux deux atomes d'hydrogène du groupe $AzH^2$. On obtient ceux à radicaux alcooliques par l'action des bromures ou iodures sur l'aniline ou sur les monamines secondaires :

$$(CH^3)(C^6H^5), AzH + CH^3I$$
Méthylaniline.
$$= (CH^3)^2(C^6H^5), AzHI.$$
Iodhydrate de diméthylaniline.

La triphénylaniline, $(C^6H^5)^3Az$, se forme d'une manière analogue dans la réaction du bromure de phényle sur l'aniline potassée (Merz et Weith).

Les sels des monamines tertiaires cristallisent en général difficilement.

DIAMYLANILINE [Syn. *Diamylphénylamine*],

$$C^{16}H^{27}Az = (C^5H^{11})^2(C^6H^5)Az.$$

Un mélange d'amylaniline et de bromure d'amyle se solidifie après avoir été chauffé pendant deux jours à 100°. Le bromhydrate ainsi formé fournit la diamylaniline lorsqu'on le décompose par la potasse.

Cette base bout entre 275° et 280° et possède l'odeur de l'amylaniline. Ses *sels* sont presque insolubles dans l'eau et se séparent du mélange de la base et de l'acide sous forme d'huiles qui se concrètent après un certain temps en belles masses cristallines.

Le *chloroplatinate*, $(C^{16}H^{27}Az, HCl)^2 + PtCl^4$, se précipite d'une solution alcoolique du chlorhydrate sous forme d'une poudre cristalline rouge-brique [Hofmann, *Ann. der Chem. u. Pharm.*, t. LXXIV, p. 155].

DIBENZYLANILINE,

$$C^{20}H^{19}Az = (C^6H^5-CH^2)^2(C^6H^5)Az.$$

— On fait agir à l'ébullition le chlorure de benzyle sur l'aniline, en présence d'une lessive de soude, on lave le produit à l'eau, on le comprime et on le purifie par lavage au pétrole. Finalement on le transforme en chlorhydrate, au moyen de l'acide chlorhydrique concentré, et l'on fait cristalliser celui-ci dans l'alcool.

La base libre, isolée du chlorhydrate par le carbonate de sodium, cristallise dans l'alcool en fines aiguilles enchevêtrées fusibles à 65°. Elle est insoluble dans l'eau, soluble dans l'éther. Les agents oxydants transforment la benzylaniline en une matière colorante verte (*vert de Paris*) en même temps qu'il se dégage de l'hydrure de benzoyle. Cette matière colorante est très-belle, mais dans l'industrie elle offre des inconvénients à cause de sa faible solubilité; il faut employer de l'alcool pour la dissoudre.

La dibenzylaniline forme des sels cristallisés, décomposables par l'eau [Ch. Lauth, *Communication particulière*].

DICÉTYLANILINE,

$$C^{38}H^{71}Az = (C^{16}H^{33})^2(C^6H^5)Az.$$

— On chauffe vers 110° molécules égales de cétylaniline et d'iodure de cétyle, on lave le produit cristallisé de la réaction avec un peu d'alcool pour enlever une matière colorée et on le décompose par une solution alcoolique et bouillante de potasse. Pour purifier complétement la base, on la transforme en chlorhydrate qu'on fait cristalliser plusieurs fois et qu'on saponifie finalement par de la potasse.

La dicétylaniline est en paillettes argentées ou en mamelons, très-fusibles et peu solubles dans l'alcool bouillant. Son *chlorhydrate* est grenu; le *chloroplatinate*, $(C^{38}H^{71}Az, HCl)^2 + PtCl^4$, constitue un précipité blanchâtre, soluble dans l'alcool et l'éther; l'*iodhydrate* forme des mamelons

[Fridau, *Ann. der Chem. u. Pharm.*, t. LXXXIII, p. 29].

Diéthylaniline, $C^{10}H^{15}Az = (C^2H^5)^2(C^6H^5)Az$. — Pour la préparer, on chauffe l'éthylaniline avec un grand excès de bromure d'éthyle et l'on décompose le bromhydrate formé par la potasse [Hofmann, *Ann. der Chem. u. Pharm.*, t. LXXIV, p. 135].

Elle forme un liquide incolore, bouillant à 213°,5, qui ne brunit pas à l'air. Densité à 18° = 0,939. Elle colore en jaune le bois de sapin, mais ne donne pas de coloration avec l'hypochlorite de calcium.

L'iodure d'éthyle la transforme en iodure de triéthylphénylammonium; l'acide azoteux en nitrite d'éthyle, phénol et autres composés (Riche).

*Bromhydrate.* — Tables quadrangulaires, très-solubles dans l'eau, fusibles à une douce chaleur et sublimables. Chauffé brusquement, il fournit du bromure d'éthyle et de l'éthylaniline.

*Chloroplatinate*, $(C^{10}H^{15}Az, HCl)^2 + PtCl^4$. — Il se précipite à l'état d'une huile jaune qui se concrète bientôt lorsqu'on ajoute une solution concentrée de chlorure platinique au chlorhydrate; en solution étendue, le sel se sépare en cristaux jaunes ayant la forme d'une croix. Il est moins soluble que le sel de l'éthylaniline.

*Diéthylaniline chlorée*, $(C^2H^5)^2(C^6H^4Cl)Az$. — On l'obtient avec l'éthylchloraniline et le bromure d'éthyle; elle est liquide et soluble dans l'acide chlorhydrique. Le chloroplatinate constitue un précipité orangé et cristallin.

Diméthylaniline, $C^8H^{11}Az = (CH^3)^2(C^6H^5)Az$. — Elle a été obtenue par M. Lauth dans la fabrication industrielle de la méthylaniline (voyez t. I, p. 313). On peut la préparer très-facilement et à l'état de pureté parfaite en traitant la méthylaniline par l'iodure de méthyle et décomposant le produit par la potasse.

C'est un liquide incolore, bouillant vers 202° (Lauth), à 192° (Hofmann); elle se solidifie à + 0°,5 et possède une densité de 0,9553 [*Deutsch. Chem. Gesells.*, 1872, t. V, p. 705].

Les agents oxydants, l'iode, le chlorate de potassium le chlorate, le chlorure ou le nitrate de cuivre fournissent, avec la diméthylaniline, une belle matière violette. D'après des recherches récentes de M. Hofmann, ce violet serait identique avec le violet de méthyle-rosaniline [voyez t. I, p. 320]. Pour expliquer ce résultat, il faudrait admettre une transformation moléculaire dans l'oxydation qui changerait une partie de la diméthylaniline en méthyltoluidine [Hofmann, *Deuts. Chem. Gesellsch.*, 1873, t. VI, p. 352].

Les sels de diméthylaniline, sous l'influence d'une haute température, subissent une transformation isomérique et donnent de la *méthyltoluidine* et même de la *xylidine* (Hofmann) :

$$C^6H^5Az(CH^3)^2; \quad C^6H^4\begin{cases}CH^3\\AzH(CH^3)\end{cases}; \quad C^6H^3\begin{cases}(CH^3)^2\\AzH^2\end{cases}$$

Diméthylaniline. Méthyltoluidine. Xylidine.

Le *chlorhydrate* ne cristallise pas; le chloroplatinate, $(C^8H^{11}Az, HCl)^2 + PtCl^4$, forme des tables quadrangulaires, assez solubles.

Lorsqu'on le chauffe vers 180° dans un courant d'acide chlorhydrique, il se scinde nettement en chlorure de méthyle et chlorhydrate d'aniline [Ch. Lauth, *Compt. rend. de l'Acad.*, 1872, t. LXXVI, p. 1209] :

$$(CH^3)^2(C^6H^5)Az, HCl + 2HCl = 2CH^3Cl + C^6H^5.AzH^2, HCl.$$

La diméthylaniline s'unit facilement avec l'iodure de méthyle en donnant l'iodure de triméthylphénylammonium (voyez p. 867) [Ch. Lauth, *Bull. de la Soc. chim.*, 1867, t. VII, p. 448].

*Dérivés de substitution.* — *Diméthylaniline chlorée*, $(CH^3)^2(C^6H^4Cl)Az$. — Obtenue directement par l'action du chlore sur la base, elle constitue un liquide fortement réfringent, bouillant vers 212°; le *chlorhydrate* est déliquescent et les autres sels ne cristallisent pas. Le chloroplatinate est en beaux cristaux de la formule

$$(C^8H^{10}ClAz, HCl)^2 + PtCl^4.$$

*Diméthylaniline dichlorée*, $(CH^3)^2(C^6H^3Cl^2)Az$. — Liquide incolore, bouillant à 234°; ses sels ne cristallisent pas. Le *chloroplatinate*,

$$(C^8H^9Cl^2Az, HCl)^2 + PtCl^4,$$

forme de beaux cristaux.

*Diméthylaniline trichlorée*, $(CH^3)^2(C^6H^2Cl^3)Az$. — Aiguilles incolores, fusibles à 32° et bouillant à 257°. Elle donne avec la plupart des acides, de même qu'avec le chlorure platinique, des sels cristallisables.

*Diméthylaniline dinitrée*,

$$(CH^3)^2[C^6H^3(AzO^2)^2]Az.$$

— Ce corps a été obtenu dans l'action de l'acide azotique sur la diméthylxylidine. Il est en lamelles rhombiques, jaunâtres et fusibles à 105°, qui détonent lorsqu'on les chauffe.

*Diméthylaniline trinitrée*,

$$(CH^3)^2[C^6H^2(AzO^2)^3]Az.$$

— Elle prend naissance lorsqu'on fait bouillir le dérivé dinitré avec de l'acide azotique fumant. Écailles nacrées, jaunes, fusibles à 115° [G. Krell, *Deutsch. Chem. Gesellsch.*, t. V, p. 878; *Bull. de la Soc. chim.*, 1873, t. XIX, p. 34].

*Sulfodiméthylaniline*,

$$(CH^3)^2[C^6H^4(SO^3H)]Az + 3H^2O.$$

— Cet acide sulfoconjugué cristallise bien et perd son eau à 100°. Ses sels sont cristallisables; le sel de *baryum* $(C^8H^{10}AzSO^3)^2Ba + 3H^2O$ forme de grandes lames brillantes; l'eau de cristallisation se dégage à 110° (G. A. Smyth, 1873).

Diphénylaniline [Syn. *Triphénylamine*],

$$C^{18}H^{15}Az = (C^6H^5)^3Az.$$

— On ne l'a préparée jusqu'à présent que par l'action du bromure de phényle sur l'aniline potassée. On dissout du potassium dans l'aniline et l'on ajoute ensuite la benzine bromée : la réaction est très-vive et le produit contient un mélange de di- et de triphénylamine, qu'on sépare par distillation. Les portions supérieures, purifiées par cristallisation dans l'alcool, fournissent des cristaux tabulaires de triphénylamine. Elle fond à 126-127° et distille sans altération à une haute température; elle est peu soluble dans l'alcool, plus soluble dans la ligroïne. Sous l'influence de divers réactifs, la triphénylamine produit des matières colorées, bleues ou vertes. Elle ne possède pas de propriétés basiques [V. Merz et W. Weith, *Deutsch. Chem. Gesells.*, t. V, p. 646, et *Bull. de la Soc. chim.*, 1872, t. XVIII, p. 354].

A. Gössmann a obtenu, dans la distillation du cinnamylsulfite d'ammonium avec de la chaux, une base liquide volatile entre 140° et 150°, pour laquelle il a établi la formule $C^{18}H^{15}Az$, qui est celle de la triphénylamine; il a même désigné ce corps par ce nom, mais il est évident qu'une base distillant à une température aussi basse ne peut être la triphénylamine [*Ann. der Chem. u. Pharm.*, t. C, p. 57, et *Ann. de Chim. et de Phys.*, (3), t. XLIX, p. 372].

Éthylallylaniline,

$$C^{11}H^{15}Az = (C^2H^5)(C^3H^5)(C^6H^5)Az.$$

— On chauffe l'allylaniline pendant plusieurs jours avec de l'iodure d'éthyle et l'on décompose le produit de la réaction par la potasse. La base forme un liquide oléagineux, jaune, bouillant de 220° à 225°. L'*oxalate acide* se dépose en aiguilles groupées en mamelons, de la formule

$$C^{11}H^{15}Az,C^2H^2O^4$$

[H. Schiff, *Ann. der Chem. u. Pharm.*, suppl. III, p. 343].

ÉTHYLAMYLANILINE,

$$C^{13}H^{21}Az = (C^2H^5)(C^5H^{11})(C^6H^5)Az.$$

— On l'obtient en faisant agir le bromure d'éthyle sur l'amylaniline, ou le bromure d'amyle sur l'éthylaniline. C'est une huile incolore, bouillant à 262°; le bromhydrate et le chlorhydrate cristallisent. Le chloroplatinate,

$$(C^{13}H^{21}Az, HCl)^2 + PtCl^4,$$

forme une masse pâteuse, jaune orangé, qui se solidifie rapidement; il fond à 100° (Hofmann, *Ann. der Chem. u. Pharm.*, t. LXXIV, p. 156].

MÉTHYLAMYLANILINE,

$$C^{12}H^{19}Az = (CH^3)(C^5H^{11})(C^6H^5)Az.$$

— Huile d'une odeur agréable qu' n obtient par la distillation de l'hydrate de méthyléthyl-amylphénylammonium; il se forme en même temps de l'éthylène et de l'eau. Le chloroplatinate est cristallin [Hofmann, *Ann. der Chem. u. Pharm.*, t. LXXIX, p. 15].

MÉTHYLÉTHYLANILINE,

$$C^9H^{13}Az = (CH^3)(C^2H^5)(C^6H^5)Az.$$

— On traite à 100° l'éthylaniline par l'iodure de méthyle et l'on décompose par la potasse l'iodhydrate formé. La base est liquide et possède l'odeur de l'éthylaniline, mais elle ne se colore pas par le chlorure de chaux. Ses sels sont très-solubles et en grande partie incristallisables. Le chloroplatinate est huileux [Hofmann, *Ann. der Chem. u. Pharm.*, t. LXXIV, p. 135].

MÉTHYLPHÉNYLANILINE [Syn. *Méthyldiphénylamine*], $C^{13}H^{13}Az = (CH^3)(C^6H^5)^2Az$. — Elle se produit : 1° par l'action de l'iodure de méthyle sur la diphénylamine à une température inférieure à 100°; 2° par l'action de la méthylaniline sur le chlorhydrate d'aniline à 290° (Ch. Girard, de Laire et G. Vogt); 3° par l'action de l'alcool méthylique sur le chlorhydrate de diphénylamine à 250° [Bardy, *Bull. de la Soc. chim.*, 1871, t. XV, p. 154].

La méthyldiphénylamine est un liquide huileux, bouillant vers 290°. Sous l'influence des agents déshydrogénants en général, elle se colore en bleu violet; l'acide nitrique la colore en violet, tandis que la diphénylamine donne un bleu pur et intense. Elle est employée dans l'industrie pour la fabrication de matières colorantes bleues et violettes.

Dans la préparation avec l'alcool méthylique, on obtient indépendamment de la méthyldiphénylamine des monamines tertiaires supérieures, provenant de transformations isomériques analogues à celles que M. Hofmann a observées pour la méthylaniline [Ch. Girard et G. de Laire, *Traité des dérivés de la houille*, p. 423].

## PHÉNYLAMMONIUMS.

Les monamines tertiaires fixent directement les iodures alcooliques, produisant ainsi des iodures de bases ammoniées :

$$\underset{\text{Diméthylaniline.}}{(CH^3)^2(C^6H^5)Az} + CH^3I = \underset{\text{Iodure de triméthylphénylammonium.}}{(CH^3)^3(C^6H^5)AzI.}$$

TRIMÉTHYLPHÉNYLAMMONIUM, $(CH^3)^3(C^6H^5)Az$ [Ch. Lauth, *Bull. de la Soc. chim.*, 1867, t. VII, p. 448]. — On obtient l'iodure de cet ammonium par l'union directe de la diméthylaniline avec l'iodure de méthyle. La réaction est assez violente; le produit dissous dans l'eau et additionné d'un excès de soude caustique donne un précipité floconneux qu'on fait cristalliser dans l'alcool. L'iodure ainsi obtenu, décomposé par l'oxyde d'argent, fournit l'hydrate, $(CH^3)^3(C^6H^5)Az, OH$. Ce dernier se présente à l'état d'une masse cristalline, extrêmement déliquescente, qui attire l'acide carbonique de l'air et qui déplace l'ammoniaque de ses sels. Il est doué d'une odeur forte et désagréable et d'une amertume extrême. Sous l'influence de la chaleur, il se décompose en mettant en liberté de l'eau, de la diméthylaniline et des produits gazeux.

Les sels de triméthylphénylammonium sont bien cristallisés : le *chlorure*, le *sulfate* constituent des aiguilles prismatiques; le *choroplatinate*, $[(CH^3)^3(C^6H^5)AzCl]^2 + PtCl^4$, est en beaux cristaux.

Le *picrate* est cristallisé et peu soluble dans l'eau.

Le *bichromate*, $[(CH^3)^3(C^6H^5)Az]^2Cr^2O^7$, forme des prismes magnifiques, solubles dans environ 200 p. d'eau froide, très-solubles à chaud; il brûle avec ignition lorsqu'on le chauffe.

L'*iodure*, $(CH^3)^3(C^6H^5)AzI$, cristallise bien. Sous l'influence de la chaleur, il subit des transformations moléculaires intéressantes; il passe successivement à l'état d'*iodhydrate de diméthyltoluidine*,

$$C^6H^4\begin{cases}CH^3\\Az(CH^3)^2, HI,\end{cases}$$

d'*iodhydrate de méthylxylidine*,

$$C^6H^3\begin{cases}CH^3\\CH^3\\AzH(CH^3), HI,\end{cases}$$

et enfin d'*iodhydrate de cumidine*,

$$C^6H^2\begin{cases}CH^3\\CH^3\\CH^3\\AzH^2, HI.\end{cases}$$

Il se fait donc dans la molécule un déplacement du groupe $CH^3$, qui se substitue successivement à l'hydrogène du noyau benzique, et la base *quaternaire* passe à l'état de base *tertiaire*, *secondaire* et enfin *primaire* [A.-W. Hofmann, *Deutsch. Chem. Gesells.*, t. V, p. 704, et *Bull. de la Soc. chim.*, 1872, t. XVIII, p. 348].

L'iodure de triméthylphénylammonium ne s'altère pas au-dessous de 200°; mais lorsqu'on élève la température vers 220-230°, il se convertit en diméthyltoluidine et méthylxylidine. La transformation en base primaire (cumidine) ne s'opère que vers 335°.

TRIÉTHYLPHÉNYLAMMONIUM, $(C^2H^5)^3(C^6H^5)Az$. — Lorsqu'on chauffe en vase clos pendant 12 heures au bain-marie un mélange de diéthylaniline et d'iodure d'éthyle, on obtient l'iodure de cet ammonium sous la forme d'une masse cristalline. On enlève l'excès d'iodure d'éthyle par distillation, on dissout le produit dans l'eau et l'on traite par l'oxyde d'argent.

Le liquide contient en dissolution l'hydrate

$$(C^2H^5)^3(C^6H^5)Az, OH;$$

il est très-alcalin et amer. Si l'on évapore la solution et qu'on distille le résidu, il se produit de l'eau, de l'éthylène et de la diéthylaniline :

$$(C^2H^5)^3(C^6H^5)Az, OH = H^2O + C^2H^4 + (C^2H^5)^2(C^6H^5)Az.$$

Le *chlorure* le *nitrate*, l'*oxalate* et le *sulfate* cristallisent assez facilement.

Le *chloroplatinate*,

$$[(C^2H^5)^3(C^6H^5)AzCl]^2 + PtCl^4,$$

constitue un précipité jaune clair, amorphe, à peine soluble dans l'eau, insoluble dans l'alcool et l'éther [Hofmann, *Ann. der Chem. u. Pharm.*, t. LXXIX, p. 11].

MÉTHYLÉTHYLAMYLPHÉNYLAMMONIUM,

$$(CH^3)(C^2H^5)(C^5H^{11})(C^6H^5)Az.$$

— On prépare l'*iodure* en chauffant à 100° l'éthylamylaniline avec l'iodure de méthyle; il constitue un sel cristallisé, soluble dans l'eau.

Le *chloroplatinate*, $[C^{14}H^{24}Az, Cl]^2 + PtCl^4$, est un précipité clair, amorphe.

L'*hydrate* se dédouble, sous l'influence de la chaleur, en eau, éthylène et méthylamylaniline :

$$(CH^3)(C^2H^5)(C^5H^{11})(C^6H^5)Az, OH$$
$$= H^2O + C^2H^4 + (CH^3)(C^5H^{11})(C^6H^5)Az$$

[Hofmann, *loc. cit.*, p. 15].

DIHYDROXÉTHYLÈNE-VINYLPHÉNYLAMMONIUM,

$$(C^2H^4, OH)^2(C^2H^3)(C^6H^5)Az.$$

— Le *chlorure* de cette base paraît se former lorsqu'on chauffe l'aniline (4 p.) avec la chlorhydrine du glycol (10 p.) pendant quelques heures à 210°. Le produit de la réaction est brun et donne, après dissolution dans l'eau, un précipité jaune avec le chlorure de platine. Ce précipité décomposé par l'hydrogène sulfuré et purifié par deux nouvelles précipitations par le chlorure platinique est d'un jaune pur et renferme

$$[C^{12}H^{18}O^2AzCl]^2 + PtCl^4.$$

Lorsqu'on ne chauffe qu'à 100° le mélange de chlorhydrine du glycol et d'aniline, on obtient une base dont le chloroplatinate jaune orangé et cristallin est trop instable pour pouvoir être analysé [A. Wurtz, *Bull. de la Soc. chim.*, 1869, t. XII, p. 100].

ALCALAMIDES DÉRIVÉES DE LA PHÉNYLAMINE.

Les alcalamides de l'aniline ou *anilides* sont décrites avec les différents acides organiques : celles des acides minéraux sont étudiées plus haut (p. 846). — Voyez, pour les généralités, t. I, p. 304.

II. PHÉNYLDIAMINES.

Elles dérivent de 2 molécules d'aniline par substitution de 2 ou plusieurs atomes d'hydrogène du reste $Az^2H^4$ par des groupes diatomiques ou polyatomiques.

*a. Phényldiamines avec groupes diatomiques.*

DIALLYLIDÈNE-DIPHÉNYLDIAMINE,

$$C^{18}H^{18}Az^2 = (C^3H^4)^2(C^6H^5)^2Az^2.$$

— L'acroléine agit très-vivement sur l'aniline en donnant de l'eau et une diamine; l'équation qui rend compte de cette réaction est analogue à celle indiquée plus loin pour les bases éthylidéniques. La diallylidène-diphényldiamine est une poudre jaune, amorphe, insoluble dans l'eau, peu soluble dans l'alcool. Ses sels sont incristallisables : le chlorhydrate précipite les chlorures de mercure et de platine; le composé platinique renferme

$$(C^{18}H^{18}Az^2, HCl)^2 + PtCl^4$$

[H. Schiff, *Ann. der Chem. u. Pharm.*, supplément *b*, III, p. 343; *Bull. de la Soc. chim.*, 1865, t. III, p. 138].

DIAMYLIDÈNE-DIPHÉNYLDIAMINE,

$$C^{22}H^{30}Az^2 = (C^5H^{10})^2(C^6H^5)^2Az^2.$$

— Obtenue par l'action de l'aniline sur l'aldéhyde valérique ou sur la valérothialdine, elle forme une huile épaisse et jaune, d'une saveur amère, insoluble dans l'eau, soluble dans l'alcool et l'éther. Elle ne se combine pas avec les acides et ne donne pas de chloroplatinate [Schiff, *loc. cit.*, et *Bull. de la Soc. chim.*, 1864, t. II, p. 456].

DIBENZYLIDÈNE-DIPHÉNYLDIAMINE,

$$C^{26}H^{22}Az^2 = (C^7H^6)^2(C^6H^5)^2Az^2.$$

— Ce composé prend naissance dans l'action de l'hydrure de benzoyle sur l'aniline; il se trouve déjà décrit dans cet ouvrage (voyez t. I, p. 578), mais nous ajouterons ici les faits que des recherches ultérieures ont fait connaître.

Elle paraît aussi se former lorsqu'on chauffe à 200° la benzoïne avec l'aniline. Elle se décompose en grande partie par la distillation (Schiff), tandis que, d'après Gerhardt et Laurent, elle passe sans altération. D'après Schiff, le composé éthylique décrit par Borodine n'existe pas.

La dibenzylidène-diphényldiamine ne donne pas de sels; à l'air, et sous l'influence de divers oxydants, elle se colore en bleu. Lorsqu'on conserve pendant longtemps cette diamine, ou qu'on la chauffe pendant 10 heures vers 200°, elle subit une transformation isomérique et se convertit en une substance beaucoup plus soluble, mais qui est presque incristallisable et qui donne facilement des sels avec les acides. Ces sels sont peu solubles dans l'eau et dans l'alcool; le chlorhydrate précipite les chlorures de mercure et de platine. Le chloroplatinate a pour formule

$$(C^{26}H^{22}Az^2, HCl)^2 + PtCl^4.$$

En traitant l'éthylaniline par l'hydrure de benzoyle, on obtient la *benzylidène-diéthylphényldiamine* $(C^7H^6)(C^2H^5)^2(C^6H^5)^2Az^2$. C'est une substance amorphe, insoluble dans l'eau, soluble dans l'alcool et l'éther, qui ne se combine pas avec les acides, mais bien avec les chlorures métalliques; le *chloroplatinate* est

$$(C^{23}H^{26}Az^2, HCl)^2 + PtCl^4.$$

DIŒNANTHYLIDÈNE-DIPHÉNYLDIAMINE,

$$C^{26}H^{38}Az^2 = (C^7H^{14})^2(C^6H^5)^2Az^2$$

[Schiff, *loc. cit.*]. — Voyez ŒNANTHYLIQUE (ALDÉHYDE), t. II, p. 606.

Lorsqu'on fait agir l'aniline sur les aldéhydes *cinnamique*, *cuminique* et *salycilique*, on obtient des diamines non basiques.

ÉTHYLÈNE-DIPHÉNYLDIAMINE,

$$C^{14}H^{16}Az^2 = (C^2H^4)(C^6H^5)^2Az^2H^2.$$

— Si l'on mélange le bromure d'éthylène avec un grand excès d'aniline (1 volume de bromure pour 4 volumes d'aniline), on obtient après quelque temps une masse cristalline à laquelle l'eau enlève du bromhydrate d'aniline en laissant une substance résineuse. On transforme celle-ci en un chlorhydrate qui est difficilement soluble dans l'acide chlorhydrique concentré, et l'on purifie ce sel par cristallisation dans l'alcool bouillant. Le chlorhydrate décomposé par la potasse fournit la base à l'état d'une huile qui se solidifie bientôt.

L'éthylène-diphényldiamine fond à 59° et se dissout abondamment dans l'alcool et dans l'éther. Le *chlorhydrate* renferme $C^{14}H^{16}Az^2(HCl)^2$ et le *chloroplatinate* $C^{14}H^{16}Az^2(HCl)^2 + PtCl^4$.

Le *bromure d'éthylène* la transforme en diéthylène-diphényldiamine.

Avec l'*iodure d'éthyle* à 100°, on obtient l'iodhydrate d'*éthylène-diphényldiéthyldiamine*

$$(C^2H^4)(C^6H^5)^2(C^2H^5)^2Az^2, (HI)^2$$

cristallisant en beaux prismes peu solubles dans l'eau, assez solubles dans l'alcool. La base libre cristallise et fond à 70°; le *chloroplatinate* est en aiguilles [A.-W. Hofmann, *Proc. Roy. Soc. London*, t. X, p. 104; *Répert. de Chim. pure*, 1859, t. I, p. 511].

DIÉTHYLÈNE-DIPHÉNYLDIAMINE,

$$C^{16}H^{18}Az^2 = (C^2H^4)^2(C^6H^5)^2Az^2.$$

— Cette base doit être considérée comme une diamine et non comme une monamine $(C^2H^4)(C^6H^5)Az$, car elle fixe directement *une* molécule d'iodure de méthyle, donnant ainsi l'iodure d'une base ammoniée,

$$(C^2H^4)^2(C^6H^5)^2Az^2(CH^3)I.$$

Il est à remarquer que cet ammonium ne s'unit pas à une seconde molécule d'iodure.

Lorsqu'on chauffe 2 volumes d'aniline avec 1 volume de bromure d'éthylène à 100°, on obtient par le refroidissement une masse cristalline qui renferme du bromhydrate d'aniline et 3 bases isomériques dont la composition correspond à la formule $(C^2H^4)(C^6H^5)Az$. Elles diffèrent par leurs solubilités dans l'alcool : l'une, probablement la *triéthylène-triphényltriamine*, $(C^2H^4)^3(C^6H^5)^3Az^3$, est insoluble dans l'alcool; la seconde, la *diéthylène-diphényldiamine*, est peu soluble; elle forme de beaucoup le produit principal de la réaction; la troisième enfin, probablement l'*éthylène-phénylamine*, $(C^2H^4)(C^6H^5)Az$, est très-soluble dans l'alcool.

Le produit de la réaction est distillé avec l'eau qui entraîne l'aniline et le bromure d'éthylène non combinés, ensuite décomposé par la soude; les bases libres sont lavées à l'eau et chauffées à l'ébullition avec l'eau, pour éliminer complétement l'aniline qu'elles contiennent encore. Enfin elles sont traitées par l'alcool bouillant qui dissout les deux dernières bases et laisse déposer l'une d'elles, la diéthylène-diphényldiamine, en cristaux par le refroidissement.

Les deux autres bases ne sont pas encore étudiées. La diéthylène-diphényldiamine est en aiguilles blanches et nacrées, sans saveur ni odeur, fusibles à 157° et distillant au-dessus de 300°. Insoluble dans l'eau froide, elle se dissout un peu dans l'eau chaude et très-aisément dans l'alcool bouillant et dans l'éther.

Elle donne des sels bien cristallisés avec les acides *chlorhydrique*, *nitrique* et *sulfurique*; le *chlorhydrate* renferme $C^{16}H^{18}Az^2(HCl)^2$, et précipite en jaune les chlorures d'or et de platine. *Chloroplatinate*, $C^{14}H^{18}Az^2(HCl)^2 + PtCl^4$.

Le bromure d'éthylène n'agit pas sur la diéthylène-diphényldiamine, pas même à 150°; les iodures de méthyle ou d'éthyle s'unissent à 100° directement avec elle en donnant des iodures d'un tétrammonium.

Le *dérivé méthylique*, purifié par cristallisations dans l'eau chaude, constitue une poudre jaunâtre de la formule $C^{16}H^{18}Az^2, CH^3I$; il peut être chauffé à 100° sans s'altérer. Lorsqu'on traite cet iodure par l'oxyde d'argent et l'eau, on obtient une solution très-alcaline renfermant l'*hydrate* de la base ammoniée.

Le *chloroplatinate* est jaune clair, amorphe, et renferme $(C^{16}H^{18}Az^2, CH^3Cl)^2 + PtCl^4$.

Le *dérivé éthylique* correspondant,

$$C^{16}H^{18}Az^2, C^2H^5I,$$

cristallise en aiguilles jaunâtres, fusibles à 100°. Il se forme plus difficilement que la combinaison méthylique, de sorte qu'il faut chauffer plus longtemps à 100°. Avec l'oxyde d'argent et le chlorure platinique, il se comporte comme le composé précédent [Hofmann, *Ann. de Chim. et de Phys.*, (3), t. LIV, p. 206].

Le corps que Natanson a obtenu dans l'action du chlorure d'éthylène sur l'aniline et qu'il a décrit sous le nom de *vinylaniline* n'est très-probablement que la diéthylène-diphényldiamine.

ÉTHYLIDÈNE-DIPHÉNYLDIAMINE,

$$C^{14}H^{16}Az^2 = (C^2H^4)(C^6H^5)^2Az^2H^2.$$

— Cette base, isomérique avec la base monoéthylénique, prend naissance dans la réaction de l'aniline sur l'aldéhyde; il se forme en même temps de l'eau et la base *diéthylidénique* :

$$CH^3\text{-}CHO + [C^6H^5, AzH^2]^2 = (CH^3\text{-}CH)(C^6H^5)^2Az^2H^2 + H^2O;$$

Base monoéthylidénique.

$$(CH^3\text{-}CHO)^2 + [C^6H^5, AzH^2]^2 = (CH^3\text{-}CH)^2(C^6H^5)Az^2 + 2H^2O.$$

Base diéthylidénique.

On voit donc que ces bases renferment le groupe éthylidène, $CH^3\text{-}CH$, tandis que leurs isomères contiennent le groupe éthylène, $CH^2\text{-}CH^2$.

Quand on ajoute de l'aldéhyde à de l'aniline, le mélange s'échauffe et brunit; si l'on opère dans un mélange réfrigérant, le produit reste jaune clair. Après la réaction, on décante l'eau formée et on lave la masse épaisse avec de l'acide acétique pour enlever l'excès d'aniline. Ensuite on la sèche sur l'acide sulfurique, on la dissout dans un mélange d'alcool et d'éther et l'on évapore la solution en portant finalement la température vers 100-110°. On obtient ainsi une masse rouge violacé pouvant être tirée en fils; cette masse contient les deux diamines éthylidéniques qu'on sépare par l'alcool bouillant.

La base *monoéthylidénique* est peu soluble et cristallise par le refroidissement en agrégats sphériques légèrement jaunâtres qui se colorent en rouge à l'air. Elle se combine avec les acides énergiques, en formant des sels très-solubles dans l'eau et dans l'alcool et non cristallisables.

Le *chloromercurate*,

$$(C^{14}H^{16}Az^2, HCl)^2 + HgCl^2,$$

est un précipité cristallin, jaunâtre; vers 130° il se colore en rouge, commence à fondre et perd tout son acide chlorhydrique en laissant pour résidu $(C^{14}H^{16}Az^2)^2 + HgCl^2$.

Le *chloroplatinate*, $(C^{14}H^{16}Az^2, HCl)^2 + PtCl^4$, est rouge jaunâtre, cristallin, insoluble dans l'eau et soluble en petite quantité dans l'alcool.

L'éthylidène-diphényldiamine se combine avec l'iodure éthylique.

*Éthylidène-diphényldiamine trichlorée*,

$$C^{14}H^{13}Cl^3Az^2 = (C^2HCl^3)(C^6H^5)^2Az^2H^2.$$

— Elle se produit dans l'action du chloral sur l'aniline; la réaction est très-énergique et il suffit d'ajouter de l'alcool au produit brut pour obtenir par le refroidissement des cristaux de la diamine.

Elle se dépose dans l'alcool en mamelons, dans un mélange d'alcool et d'éther en beaux cristaux légèrement jaunâtres, fusibles vers 100-101°; à cette température le corps commence déjà à s'altérer, et vers 150° la décomposition est complète. La diamine est insoluble dans l'eau, qui la décompose à l'ébullition, de même que l'alcool, en produisant du cyanure de phényle.

L'éthylidène-diphényldiamine trichlorée est décomposée par les acides avec production d'aniline. Distillée avec l'acide sulfurique, elle fournit du chloral. L'acide chlorhydrique sec décompose sa solution dans la benzine en donnant du chlorhydrate d'aniline et une huile incolore épaisse. Les alcalis l'attaquent lentement, sans production sensible de chloroforme; avec la potasse alcoolique, elle développe l'odeur de l'isocyanure phénylique [O. Wallach, *Deutsch. Chem. Gesellsch.*, t. IV, p. 668; t. V, p. 251; *Bull. de la Soc. chim.*, 1871, t. XVI, p. 311; 1872, t. XVII, p. 405].

DIÉTHYLIDÈNE-DIPHÉNYLDIAMINE,

$C^{16}H^{18}Az^2 = (C^2H^4)^2(C^6H^5)^2Az^2$.

— Elle se trouve dans la dissolution alcoolique qui a déposé la base monoéthylidénique (voyez plus haut) et reste, après évaporation de l'alcool, à l'état d'une masse rougeâtre résineuse et incristallisable. La même base se forme lorsqu'on traite le *chlorure d'éthylidène* $C^2H^4Cl^2$ vers 150-170° par l'aniline :

$$2C^2H^4Cl^2 + 4C^6H^5AzH^2 = (C^2H^4)^2(C^6H^5)^2Az^2 + 2(C^6H^7Az, HCl).$$

On l'obtient aussi en partant de l'*oxychlorure d'éthylidène* $(C^2H^4Cl)^2O$; enfin elle prend naissance dans la décomposition de la combinaison d'aniline, d'acide sulfureux et d'aldéhyde

$$C^6H^7Az, SO^2, C^2H^4O$$

par l'alcool chaud. — Voyez plus haut, p. 847.

Le *chloromercurate*, $C^{16}H^{18}Az^2 + HgCl^2$, est un précipité jaune, floconneux.

Le *chloroplatinate*, $(C^{16}H^{18}Az^2, HCl)^2 + PtCl^4$, forme un précipité cristallin orangé.

La base fixe directement l'iodure d'éthyle [H. Schiff, *loc. cit.*, et *Bull. de la Soc. chim.*, 1864, t. II, p. 201].

ÉTHYLIDÈNE-DIÉTHYLDIPHÉNYLDIAMINE,

$C^{18}H^{24}Az^2 = (C^2H^4)(C^2H^5)^2(C^6H^5)^2Az^2$.

— Elle se produit par l'action de l'aldéhyde sur l'éthylaniline et constitue un liquide épais, amer. Elle donne avec les acides forts des sels que l'eau décompose; son *chloroplatinate* renferme $(C^{18}H^{24}Az^2, HCl)^2 + PtCl^4$ [Schiff, *Ann. der Chem. u. Pharm.*, t. CXL, p. 92].

*b. Phényldiamines avec groupes triatomiques.*

AMÉNYLDIPHÉNYLDIAMINE,

$C^{17}H^{20}Az^2 = (C^5H^9)'''(C^6H^5)^2H.Az^2$.

— On la prépare en chauffant à 150° un mélange de 3 molécules d'acide valérique, de 6 molécules d'aniline et de 2 molécules de trichlorure de phosphore, dissolvant la masse dans l'eau, précipitant par la soude et faisant cristalliser dans l'alcool. Cette réaction est tout à fait analogue à celle qui donne naissance à l'éthényldiphényldiamine. — Voyez plus loin.

La diamine cristallise; elle se dissout en très-petite quantité dans l'eau et fond à 111° : son *chloroplatinate* forme des tables rhombiques, peu solubles dans l'eau, insolubles dans l'alcool [Hofmann, *Bull. de la Soc. chim.*, 1866, t. VI, p. 165].

BENZÉNYLDIPHÉNYLDIAMINE,

$C^{19}H^{16}Az^2 = (C^7H^5)'''(C^6H^5)^2HAz^2$.

– On l'obtient en chauffant un mélange de 3 molécules de benzanilide, 3 molécules de chlorhydrate d'aniline et de 1 molécule de trichlorure de phosphore.

Elle est en fines aiguilles soyeuses; le chlorhydrate cristallise en lamelles minces, peu solubles, qui, en contact avec l'eau, perdent facilement de l'acide chlorhydrique [Hofmann, *Compt. rend.*, t. LXII, p. 729; *Bull. de la Soc. chim.*, 1866, t. VI, p. 165].

La même diamine avait été obtenue antérieurement par Gerhardt, dans l'action de l'aniline sur le chlorure de benzanilidyle. — Voyez BENZANILIDE, t. I, p. 525.

ÉTHÉNYLDIPHÉNYLDIAMINE [Hofmann, *loc. cit.*],

$C^{14}H^{14}Az^2 = (C^2H^3)'''(C^6H^5)^2HAz^2$.

— Elle se forme dans l'action du trichlorure de phosphore sur l'aniline en présence de l'acétanilide ou de mélanges qui peuvent lui donner naissance (aniline et chlorure d'acétyle ou acide acétique) :

$$3C^6H^7Az + \underset{\text{Acétanilide.}}{3C^8H^9AzO} + PCl^3 = \underset{\text{Éthényl-diphényldiamine.}}{3C^{14}H^{14}Az^2} + PH^3O^3 + 3HCl,$$

ou plus simplement l'éthényldiphényldiamine résulte de la combinaison avec perte d'eau de l'acétanilide et de l'aniline :

$$\left.\begin{matrix}C^2H^3O\\C^6H^5\\H\end{matrix}\right\}Az + \left.\begin{matrix}C^6H^5\\H\\H\end{matrix}\right\}Az = \left.\begin{matrix}(C^2H^3)'''\\(C^6H^5)^2\\H\end{matrix}\right\}Az^2 + H^2O.$$

On la prépare en versant lentement 2 p. de trichlorure de phosphore dans un mélange refroidi de 3 p. d'aniline et de 2 p. d'acide acétique, et chauffant le liquide visqueux obtenu pendant 2 heures à 160°. On dissout le produit de la réaction dans l'eau bouillante, on précipite, après refroidissement de la solution, la base formée par la soude, on lave le précipité et on le fait cristalliser dans l'alcool.

L'éthényldiphényldiamine est en lamelles blanches, fusibles à 137° et volatiles sans décomposition à une température très-élevée. A peine soluble dans l'eau, elle se dissout en petite quantité dans l'alcool froid, mais aisément dans l'alcool chaud, dans l'éther et dans les acides. Le *nitrate* $C^{14}H^{14}Az^2, AzHO^3$ se précipite à l'état d'une huile qui se fige après peu de temps; le *chloroplatinate* $(C^{14}H^{14}Az^2, HCl)^2 + PtCl^4$ est peu soluble et cristallin.

Chauffée pendant quelques heures avec l'iodure d'éthyle, l'éthényldiphényldiamine fournit l'iodhydrate de l'éthényléthyldiphényldiamine, que le chlorure d'argent transforme en chlorhydrate. La base, isolée du chlorhydrate par la soude, forme une huile épaisse de la formule

$$(C^2H^3)'''(C^2H^5)(C^6H^5)^2Az^2;$$

elle s'unit à 100° directement avec l'iodure de méthyle, donnant ainsi des cristaux de l'iodure $(C^2H^3)(C^2H^5)(C^6H^5)^2.Az^2CH^3I$; l'hydrate de cet ammonium est soluble dans l'eau et très-alcalin.

La potasse fondante attaque à peine l'éthényldiphényldiamine; l'acide sulfurique concentré la dédouble facilement en acide sulfanilique et acide acétique :

$$(C^2H^3)(C^6H^5)^2Az^2H + 2SO^4H^2 = C^2H^4O^2 + 2[C^6H^4(SO^3H)AzH^2].$$

Lorsqu'on traite un mélange de *méthylaniline* et d'acide acétique par le protochlorure de phosphore, on obtient le chlorure d'un ammonium : $(C^2H^3)(C^6H^5)^2(CH^3)Az^2, CH^3Cl$; l'hydrate est soluble dans l'eau et très-alcalin.

ÉTHÉNYLTRIPHÉNYLDIAMINE,

$C^{20}H^{18}Az^2 = (C^2H^3)'''(C^6H^5)^3Az^2$.

— On obtient cette diamine en traitant un mélange de molécules égales de diphénylamine et d'acétanilide par le trichlorure de phosphore.

MÉTHÉNYLDIPHÉNYLDIAMINE [Syn. *Formyldiphényldiamine*] $C^{13}H^{12}Az^2 = (CH)'''(C^6H^5)^2HAz^2$. — Elle prend naissance : 1° dans l'action du chloroforme sur l'aniline,

$$2C^6H^5.AzH^2 + CHCl^3 = (CH)(C^6H^5)^2HAz^2 + 3HCl;$$

2° lorsqu'on traite un mélange d'aniline et de formanilide par le trichlorure de phosphore; 3° dans l'action de l'aniline sur l'isocyanure de phényle (Hofmann) et sur l'éther orthoformique, $CH(OC^2H^5)^3$ [H. Wichelhaus, *Deutsch. Chem. Gesellsch.*, 1869, t. II, p. 115].

On chauffe volumes égaux de chloroforme et d'aniline pendant 10 à 12 heures à 180-190° (à 100° l'action est extrêmement lente); on broie le produit solide de la réaction avec de l'eau et on le lave avec ce liquide, jusqu'à ce que l'eau de lavage ne donne plus de gouttes huileuses avec la potasse, mais un précipité cristallin. A ce moment on dissout le résidu dans l'eau tiède (il faut éviter l'emploi de l'eau bouillante qui dédoublerait le chlorhydrate de la base), on sursature la solution par de la potasse et l'on fait cristalliser le précipité formé à plusieurs reprises dans l'alcool faible.

La méthényldiphényldiamine constitue une poudre blanche cristalline, ou de petites lamelles, insolubles dans l'eau, très-solubles dans l'alcool et l'éther; l'eau précipite de la solution alcoolique chaude une huile qui se solidifie par le refroidissement. La base se dissout facilement dans les acides en donnant des sels cristallisés qui n'offrent pas une grande stabilité. Le *chlorhydrate* renferme $C^{13}H^{12}Az^2, HCl$ et le *chloroplatinate* $(C^{13}H^{12}Az^2, HCl)^2PtCl^4$ [Hofmann, *Ann. de Chim. et de Phys.*, (3), t. LIV, p. 197].

### III. PHÉNYLTRIAMINES.

On ne connait que peu de composés appartenant à ce groupe : ce sont les différentes phénylguanidines, qui se trouvent décrites à ce mot, et peut être la *triéthylène-triphényldiamine*,

$$(C^2H^4)^3(C^6H^5)^3Az^3.$$

— Voyez plus haut, p. 869.

DIPHÉNYLGUANIDINES,

$$C^{13}H^{13}Az^3 = \overset{\text{IV}}{C}(C^6H^5)^2H^3Az^3.$$

TRIPHÉNYLGUANIDINES,

$$C^{19}H^{17}Az^3 = \overset{\text{IV}}{C}(C^6H^5)^3H^2Az^3.$$

DIPHÉNYLCRÉSYLGUANIDINE,

$$C^{20}H^{19}Az^3 = \overset{\text{IV}}{C}(C^6H^5)^2(C^6H^4.CH^3)H^2Az^3.$$

### IV. PHÉNYLTÉTRAMINES.

On ne connait pas encore avec certitude de tétramine dérivée de la phénylamine; nous décrirons ici le produit d'addition du cyanogène à l'aniline, la *cyaniline*, dont on ne connait pas encore bien la constitution, mais qu'on peut envisager comme une tétramine renfermant le groupe hexatomique $\overset{\text{VI}}{C^2}$.

CYANILINE, $C^{14}H^{14}Az^4 = (C^6H^7Az)^2(CAz)^2$. — Ce composé dérive de l'addition de 1 molécule de cyanogène à 2 molécules d'aniline; on peut représenter sa constitution par la formule

$$\overset{\text{VI}}{C^2}(C^6H^5)^2H^4Az^4 = \begin{matrix} HAz{=}C{-}Az(C^6H^5)H \\ HAz{=}\overset{|}{C}{-}Az(C^6H^5)H \end{matrix}$$

qui rend parfaitement compte de ses réactions, principalement de sa transformation facile en diphényloxamide: les deux groupes AzH sous l'influence de l'eau sont remplacés par OO.

Lorsqu'on fait passer dans l'aniline un courant de cyanogène, le gaz est absorbé avec dégagement de chaleur; le liquide se colore et finit par devenir entièrement opaque. Si l'on abandonne pendant 12 heures le produit saturé de cyanogène, l'odeur de ce dernier disparait complétement et est remplacée par celle de l'acide cyanhydrique; le liquide dépose un corps cristallin fortement coloré. On obtient ce dernier beaucoup plus pur, en saturant de gaz cyanogène sec l'aniline dissoute dans 4 à 6 vol. d'alcool, décantant après quelque temps l'eau mère rouge du dépôt cristallin formé et purifiant ce dernier par des lavages répétés à l'alcool froid ou en le dissolvant dans l'acide sulfurique étendu et précipitant par l'ammoniaque. Le précipité jaune qui se forme, dissous dans l'alcool bouillant, fournit par refroidissement des cristaux de cyaniline pure.

Elle est en lamelles incolores, argentées, fusibles entre 210° et 220°, mais non volatiles sans décomposition, pas même avec la vapeur d'eau. Elle est plus lourde que l'eau, sans odeur ni saveur, et sans action sur les couleurs végétales. Insoluble dans l'eau, elle se dissout en faible proportion dans l'alcool, l'éther, la benzine, l'esprit de bois, le sulfure de carbone, les essences et les huiles grasses. Les acides la dissolvent; ces solutions ne donnent pas de réactions colorées avec le bois de pin, le chlorure de chaux ou l'acide chromique.

La cyaniline chauffée au-dessus de son point de fusion dégage de l'aniline et du cyanhydrate d'ammoniaque.

Le brome l'attaque violemment et la convertit en aniline tribromée; il se forme probablement d'abord de la cyaniline tribromée, que l'acide bromhydrique dédouble.

La potasse aqueuse ou alcoolique et bouillante est sans action sur la cyaniline; la potasse fondue donne de l'aniline, de l'ammoniaque, de l'hydrogène et du carbonate de potassium. On ne trouve point d'oxalate dans le résidu. Les acides étendus la modifient facilement. Lorsqu'on évapore sa solution dans l'acide chlorhydrique étendu, il se dépose des cristaux qui sont un mélange de chlorure d'ammonium, de chlorhydrate d'aniline, de diphényloxamide, de phényloxamide et d'oxamide. Ces transformations découlent très-nettement de la formule de la cyaniline donnée plus haut; on peut les exprimer ainsi :

$$(HAz)^2C^2[Az(C^6H^5)H]^2 + 2H^2O$$

Cyaniline.

$$= O^2C^2[Az(C^6H^5)H]^2 + 2AzH^3;$$

Diphényloxamide.

$$(HAz)^2C^2[Az(C^6H^5)H]^2 + 2H^2O$$

$$= O^2C^2\begin{cases} Az(C^6H^5)H \\ AzH^2 \end{cases} + AzH^3 + AzH^2(C^6H^5);$$

Phényloxamide.

$$(HAz)^2C^2[Az(C^6H^5)H]^2 + 2H^2O$$

$$= O^2C^2(AzH^2)^2 + 2[AzH^2(C^6H^5)].$$

Oxamide.

L'acide sulfurique concentré dissout la cyaniline avec une couleur violette; la solution dégage à une douce chaleur volumes égaux d'oxyde de carbone et d'acide carbonique; si l'on chauffe davantage, la proportion d'oxyde de carbone diminue, en même temps qu'il se dégage de l'acide sulfureux. Le liquide se prend après refroidissement en une masse cristalline d'acide sulfanilique et de sulfate d'ammonium.

*Sels de la cyaniline.* — C'est une base diacide; la préparation de ses sels présente quelques difficultés, à cause de la prompte altération de l'alcali. Les sels ne se forment pas si l'on traite les sels d'aniline par le cyanogène.

*Bromhydrate*, $C^{14}H^{14}Az^4(HBr)^2$. — Pour le préparer, on dissout la cyaniline dans de l'acide bromhydrique étendu et bouillant, on filtre et l'on ajoute au liquide filtré son volume d'acide bromhydrique concentré : il se dépose au bout de quelques instants des cristaux incolores du bibromhydrate, qu'on lave d'abord à l'acide bromhydrique, ensuite à l'éther.

*Chlorhydrate*, $C^{14}H^{14}Az^4(HCl)^2$. — Il est en cristaux incolores, qu'on prépare comme ceux du bromhydrate; à l'air sec il se conserve, mais à l'air humide il s'altère et devient insoluble dans l'eau.

L'eau et l'alcool le dissolvent aisément, mais il est peu soluble dans l'acide chlorhydrique; la solution aqueuse subit par l'évaporation la décomposition indiquée plus haut. L'aniline en déplace la cyaniline. Il possède une saveur douceâtre.

*Chloraurate*, $C^{14}H^{14}Az^4(HCl)^2 + 2AuCl^3$. — Précipité orangé.

*Chloroplatinate*, $C^{14}H^{14}Az^4(HCl)^2 + PtCl^4$. — Si l'on mélange une solution assez concentrée de cyaniline dans l'acide chlorhydrique bouillant avec une solution concentrée de chlorure de platine, on obtient par le refroidissement le chloroplatinate en belles aiguilles orangées, solubles dans l'eau et dans l'alcool. On ne peut pas le faire recristalliser, car, au contact de ces liquides, il se décompose promptement en donnant les chloroplatinates d'ammonium et d'aniline.

L'*iodhydrate* ressemble au bromhydrate et au chlorhydrate, mais il s'altère bientôt à l'air en mettant de l'iode en liberté.

*Nitrate*, $C^{14}H^{14}Az^4(AzO^3H)^2$. — La base se dissout aisément dans l'acide nitrique étendu et bouillant; par le refroidissement, le nitrate se dépose en longues aiguilles blanches, qu'on peut faire recristalliser dans l'eau bouillante. Il est peu soluble dans l'eau froide et encore moins dans l'alcool et l'éther. Avec le nitrate d'argent, il donne un sel double cristallisable.

L'*oxalate* et le *sulfate* sont fort solubles et leur solution se décompose par l'évaporation [Hofmann, *Ann. der Chem. u. Pharm.*, t. LXVI, p. 129; t. LXXIII, p. 180].

Dans la préparation de la cyaniline on obtient une petite quantité d'une substance qui, après purification, forme de beaux cristaux rouges avec reflets violacés. Elle renferme $C^{21}H^{17}Az^5$ et peut être considérée comme une combinaison d'une molécule de cyanogène avec une molécule de triphénylguanidine :

$$C^{21}H^{17}Az^5 = (CAz)^2C(C^6H^5)^3H^2Az^3.$$

Son chlorhydrate est en aiguilles de la formule $C^{21}H^{17}Az^5, HCl$.

Lorsqu'on chauffe cette substance avec de l'alcool faible, sous pression elle se dédouble en acide diphénylparabanique, $(C^2O^2)(C^6H^5)^2(CO)Az^2$, aniline et ammoniaque; en présence de l'acide chlorhydrique, l'acide diphénylparabanique se décompose lui-même en aniline, ammoniaque, acide carbonique et acide oxalique [Hofmann, *Deutsch. Chem. Gesellsch.*, t. III, p. 763; *Bull. de la Soc. chim.*, 1870, t. XIV, p. 380].

DÉRIVÉS DIAZOÏQUES DE LA PHÉNYLAMINE.

Ces dérivés diazoïques prennent naissance dans l'action de l'acide azoteux sur l'aniline; le premier produit de cette réaction est le *diazoamidobenzol* $C^{12}H^{11}Az^3$, et celui-ci sous l'influence d'un excès d'acide azoteux se transforme en *diazobenzol* $C^6H^4Az^2$.

D'après leur formule brute, ces substances dérivent de l'aniline par substitution de 1 atome d'azote à 3 atomes d'hydrogène de 2 molécules d'aniline dans le premier cas et de 1 molécule dans le second :

$$2C^6H^7Az + AzO^2H = C^{12}H^{11}Az^3 + 2H^2O;$$
$$C^6H^7Az + AzO^2H = C^6H^4Az^2 + 2H^2O.$$

On a représenté d'abord le diazobenzol et le diazoamidobenzol par les formules

$$C^6H^4\langle{Az \atop \overset{\|}{Az}} \quad \text{et} \quad C^6H^7Az,\ C^6H^4\langle{Az \atop \overset{\|}{Az}}.$$

Mais ces deux formules n'expriment pas la véritable constitution des corps diazoïques, car elles ne rendent nullement compte des transformations et de l'existence de certaines combinaisons de ces composés; M. Kekulé, par une série de raisonnements très-précis qui ont été déjà exposés dans cet ouvrage (t. I, p. 1152), a établi les deux formules suivantes, qui sont infiniment plus probables, et que nous adopterons ici :

$$C^6H^5\text{–}Az\text{=}Az\text{–}Br \quad \text{et} \quad C^6H^5\text{–}Az\text{=}Az\text{–}AzH(C^6H^5).$$

Bromure de diazobenzol. — Diazoamidobenzol.

D'après la formule de M. Kekulé, le diazobenzol ne peut pas exister à l'état libre et il est très-probable que le corps décrit par Griess comme diazobenzol $C^6H^4Az^2$, mais qui n'a pas été analysé, constitue l'hydrate $C^6H^5\text{–}Az\text{=}Az\text{–}OH$.

Dans les transformations si variées et si nettes que le diazobenzol peut éprouver, le groupe

$$\text{–}Az\text{=}Az\text{–}OH$$

est remplacé par H, Cl, Br, I, OH et on obtient de la benzine ou des dérivés *monosubstitués* de la benzine, mais *jamais des dérivés bisubstitués*; ce dernier fait ne serait guère explicable avec l'ancienne formule du diazobenzol.

La constitution des corps diazoïques est d'une haute importance pour toutes les spéculations sur l'arrangement moléculaire des substances aromatiques. Comme, par l'intermédiaire de ces corps, on peut remplacer d'une manière très-nette l'amidogène $AzH^2$ d'une amine aromatique par du chlore, brome, etc., qu'on passe par conséquent au carbure d'hydrogène monosubstitué, on s'est servi dans une foule de cas de cette réaction pour déterminer les positions relatives des éléments dans les dérivés de substitution. Or les résultats obtenus n'auraient aucune valeur si le diabenzol était

$$C^6H^4\langle{Az \atop \overset{\|}{Az}},$$

parce qu'on ne pourrait nullement préciser quelle place l'élément substitué (Cl, Br, etc.) occupe dans la benzine substituée résultante. Au contraire, avec la formule du diazobenzol que nous adoptons et qui est beaucoup plus probable, il ne peut exister aucun doute à cet égard. Lorsqu'on traite le sulfate de diazobenzol chloré

$$C^6H^4Cl\text{–}Az\text{=}Az\text{–}SO^4H$$

par l'eau, on obtient un phénol chloré

$$C^6H^4Cl.OH$$

et l'oxhydryle de ce phénol occupera la même place que l'amidogène occupait dans l'aniline chlorée, qui a donné naissance au diazobenzol chloré.

Le diazoamidobenzol se transforme facilement sous l'influence des sels d'aniline en une substance isomérique plus stable l'*amidoazobenzol* (voyez t. I, p. 534, et t. II, p. 876); cette transformation isomérique est tout à fait analogue à celle de l'hydrazobenzol en benzidine (t. I, p. 534); on peut aussi la rapprocher du changement de la méthylaniline en toluidine :

$$C^6H^5\text{–}Az\text{=}Az\text{–}AzH(C^6H^5) \qquad C^6H^5\text{–}Az\text{=}Az\text{–}C^6H^4(AzH^2)$$

Diazoamidobenzol. — Amidoazobenzol.

$$(C^6H^5)HAz\text{–}AzH(C^6H^5) \qquad (AzH^2)C^6H^4\text{–}C^6H^4(AzH^2)$$

Hydrazobenzol. — Benzidine.

$$CH^3\text{–}AzH(C^6H^5) \qquad CH^3\text{–}C^6H^4(AzH^2)$$

Méthylaniline. — Toluidine.

La découverte et l'étude des corps diazoïques est due à M. P. Griess. Pour les réactions générales, voyez t. I, p. 1152 et suiv.

Nous adopterons l'ordre suivant dans la description des dérivés diazoïques de l'aniline :

1° Diazobenzol et dérivés.
2° Diazobenzolimide.
3° Diazoamidobenzol et combinaisons analogues.
4° Amidoazobenzol.

DIAZOBENZOL [Syn. *Diazobenzine*, *diazoben-*

*zide, azophénylamine* (1), *azoaniline*] [P. Griess, *Compt. rend.*, t. LII, p. 1039; *Répert. de Chim. pure*, 1861, p. 359; *ibid.*, 1862, p. 2 2; *Ann. der Chem. u. Pharm.*, t. CXXI, p. 258; *Bull. de la Soc. chim.*, 1864, t. I, p. 42; Mém. compl. *Ann. der Chem. u. Pharm.*, t. CXXXVII, p. 39; *Proc. of the Roy. Soc. London*, t. XIII, p. 375; *Phil. Transact.*, t. CLIV, p. 667; *Bull. de la Soc. chim.*, 1866, t. VI, p. 68].

Le nitrate de diazobenzol prend naissance :

1° Dans l'action de l'acide azoteux sur le nitrate d'aniline :

$$C^6H^7Az,HAzO^3 + AzO^2H = C^6H^4Az^2,AzO^3 + 2H^2O;$$

2° Dans l'action de l'acide azoteux sur le diazoamidobenzol dissous dans l'éther et additionné d'acide azotique;

3° Lorsqu'on traite le nitrate d'éthylaniline par l'acide azoteux :

$$C^6H^6(C^2H^5)Az,HAzO^3 + AzO^2H$$
$$= C^6H^5Az^2.AzO^3 + C^2H^6O + H^2O.$$

*Préparation.* — On fait passer l'acide azoteux sur le nitrate d'aniline en bouillie aqueuse, maintenue au-dessous de 30°; on ajoute au produit de la réaction de l'alcool et puis de l'éther : on obtient ainsi de longues aiguilles blanches de nitrate de diazobenzol. On le purifie en le dissolvant de nouveau dans l'alcool et précipitant par l'éther. Lorsqu'on n'emploie que peu d'eau dans la préparation, le produit se prend directement en une masse d'aiguilles blanches qu'on purifie comme on vient de l'indiquer.

La préparation de ce corps exige certaines précautions : si la température s'élevait au-dessus de 30°, il se produirait un dégagement tumultueux d'azote. C'est un composé très-explosif qui ne doit être manié qu'avec de grandes précautions : les explosions sont provoquées par le frottement, aussi bien que par la chaleur. Si l'on veut retrouver l'éther employé dans la préparation, il faut l'agiter d'abord avec de l'eau pour dissoudre les dernières traces du nitrate de diazobenzol, car celui-ci causerait, à la distillation, une explosion très-violente.

C'est le nitrate qui forme le point de départ pour la préparation des autres combinaisons du diazobenzol. Lorsqu'on décompose la combinaison potassique $C^6H^5Az^2.OK$, qui se trouve décrite plus loin, par la quantité équivalente d'acide acétique, on voit se précipiter une huile jaune, épaisse, d'une odeur aromatique, qui se décompose presque aussitôt en dégageant de l'azote et en se transformant en une substance poisseuse rouge-brun. Cette décomposition est accompagnée d'une élévation de température considérable et peut amener des explosions violentes si l'on opère sur une quantité de matière un peu grande. L'éther dissout le corps huileux en se colorant en rouge en même temps qu'il se dégage de l'azote. Griess considère cette matière huileuse comme la diazobenzine $C^6H^4Az^2$, mais il n'a pas pu l'analyser : comme nous l'avons déjà vu plus haut, il est plus probable que c'est l'hydrate $C^6H^5Az^2.OH$. On ne voit d'ailleurs pas pourquoi un corps de la formule

$$C^6H^4 \lessdot \begin{matrix} Az \\ \| \\ Az \end{matrix}$$

serait si instable, quand la *diazobenzolimide* décrite plus loin,

$$C^6H^5\text{-}Az \lessdot \begin{matrix} Az \\ \| \\ Az, \end{matrix}$$

est remarquable par sa stabilité.

(1) Gerhardt avait donné le même nom au *sémibenzidam*, qui n'est autre qu'une des phénylène-diamines, et Gottlieb, au produit de réduction de la dinitraniline, la *nitrophénylène-diamine*. — Voyez PHÉNYLÈNE-DIAMINE.

SELS DU DIAZOBENZOL. — Le diazobenzol forme des combinaisons avec les acides et avec les bases. Les sels s'unissent directement avec l'aniline et les acides amidés en donnant du diazoamidobenzol et des combinaisons analogues.

*Combinaisons avec les acides.*

BROMURE DE DIAZOBENZOL, $C^6H^5\text{-}Az{=}AzBr$. — Ce sel s'obtient en ajoutant une solution éthérée de brome à une solution éthérée de diazoamidobenzol : il se sépare immédiatement des cristaux blancs nacrés, qu'on lave rapidement à l'éther et qu'on sèche dans l'air sec; la solution éthérée renferme de la tribromaniline :

$$C^{12}H^{11}Az^3 + 3Br^2$$
$$= C^6H^5Az^2Br + C^6H^4Br^3Az + 2HBr.$$

Le bromure est très-soluble dans l'eau, moins dans l'alcool et insoluble dans l'éther. Il est peu stable et se décompose spontanément; par frottement ou par la chaleur il détone violemment.

PERBROMURE,

$$C^6H^5Az^2, Br^3 = C^6H^5\text{-}AzBr\text{-}AzBr^2.$$

— Lorsqu'on ajoute de l'acide bromhydrique contenant du brome libre à une solution aqueuse d'azotate de diazobenzol, il se sépare d'abord un peu de tribromophénol (provenant d'une petite quantité de phénol formé par la décomposition du sel par l'eau). Si l'on sépare rapidement ce premier précipité et qu'on ajoute un excès de la solution bromée, il se dépose un produit oléagineux dense, rouge-brun, qui séparé de l'eau et lavé à l'éther se prend en cristaux. Ce corps est insoluble dans l'eau et dans l'éther et peu soluble dans l'alcool; la solution alcoolique évaporée rapidement dans le vide dépose le perbromure sous forme de tables jaunes. Par des lavages répétés à l'éther on lui enlève 2 atomes de brome. L'eau le décompose rapidement; l'acide sulfureux le convertit en sulfate de diazobenzol. Il détone faiblement sous l'influence de la chaleur. Chauffé seul, ou en solution alcoolique, ou avec du carbonate de sodium (pour empêcher des explosions), il donne de la benzine bromée, de l'azote et du brome :

$$C^6H^5Az^2Br^3 = C^6H^5Br + Az^2 + Br^2.$$

L'ammoniaque aqueuse le transforme en *diazobenzolimide* (voyez plus loin) :

$$C^6H^5Az^2Br^3 + 4AzH^3 = C^6H^5Az^3 + 3AzH^4Br.$$

*Bromoplatinate de diazobenzol,*

$$(C^6H^5Az^2Br)^2 + PtBr^4.$$

— Précipité cristallin rouge jaunâtre, qui se forme lorsqu'on ajoute du bromure platinique à une solution aqueuse de nitrate de diazobenzol. Chauffé avec du carbonate de sodium, il se dédouble suivant l'équation

$$(C^6H^5Az^2Br)^2PtBr^4 = C^6H^5Br + Pt + Br^4 + Az^2.$$

CHLORURE. — On ne l'a pas encore préparé à l'état solide; il se forme en solution si l'on traite le bromure par le chlorure d'argent.

*Chloraurate*, $C^6H^5Az^2Cl + AuCl^3$. — On l'obtient à l'état d'un précipité cristallin, jaune clair, en ajoutant du chlorure d'or à la solution aqueuse du nitrate de diazobenzol. Il est insoluble dans l'eau, mais soluble dans l'alcool bouillant qui le dépose par le refroidissement en lamelles brillantes d'un jaune d'or. Une ébullition prolongée avec l'alcool le décompose.

L'hydrogène sulfuré précipite de ce sel du sulfure d'or en même temps qu'il se forme de l'azote, un corps $C^6H^6S$, de l'aniline et de l'ammoniaque, mais pas de phénylène-diamine. Traité à l'état sec par l'hydrogène sulfuré, il détone.

*Chloroplatinate*, $(C^6H^5Az^2Cl)^2 + PtCl^4$. — Préparé comme le chloraurate, il constitue de beaux prismes jaunes, peu solubles dans l'eau, à peu près insolubles dans l'alcool et l'éther. Il brunit à la longue et se décompose; à chaud, il détone. Chauffé avec du carbonate de sodium, il subit une décomposition analogue à celle du bromoplatinate et donne de la benzine chlorée.

Chromate. — Il est insoluble dans l'eau et détone avec violence. MM. Caro et Griess l'ont proposé comme agent explosif et le préparent par le procédé suivant : on mélange 1 molécule de chlorhydrate d'aniline avec 2 molécules d'acide chlorhydrique et l'on y ajoute à froid, par petites portions, 1 molécule d'azotite de calcium en solution concentrée. On abandonne le mélange jusqu'à ce qu'il commence à dégager de l'azote et on le précipite alors par une solution d'une molécule de bichromate potassique additionnée d'une molécule d'acide chlorhydrique. On recueille le précipité, on le lave et on le sèche avec précaution [*Bull. de la Soc. chim.*, 1867, t. VII, p. 270].

Nitrate, $C^6H^5Az^2,AzO^3$. — Il cristallise en longues aiguilles blanches, très-solubles dans l'eau, moins dans l'alcool et très-peu dans l'éther, la benzine et le chloroforme. A l'air sec, il peut être conservé; mais à l'air humide, il se transforme en une substance brune, soluble dans les alcalis. Par le choc ou par la chaleur il détone avec une extrême violence, comparable à l'explosion de l'iodure d'azote.

L'eau bouillante dédouble le nitrate en phénol, azote et acide nitrique :

$$C^6H^5Az^2.AzO^3 + H^2O$$
$$= C^6H^5,OH + Az^2 + AzO^3H.$$

Chauffé en présence de l'alcool, il subit deux transformations parallèles : une partie se scinde en azote, acide nitrique et phénol (et phénols nitrés); l'autre partie se dédouble en benzine et azote, en même temps que l'alcool passe à l'état d'aldéhyde. — Voyez, pour l'équation, à Sulfate.

La *potasse* en solution concentrée donne avec le nitrate la combinaison potassique du diazobenzol; en solution étendue, il se produit au bout de peu de temps un dégagement d'azote et il se dépose un corps amorphe d'un brun-rouge, inaltérable par les alcalis. Cette substance peu étudiée renferme $C^{24}H^{18}Az^2O$ :

$$4C^6H^5Az^2,OH = C^{24}H^{18}Az^2O + 3H^2O + 3Az^2.$$

Si au lieu de la potasse aqueuse on emploie de la potasse alcoolique, il se forme en outre de l'aldéhyde, de la benzine et du *diphényle*.

L'action de l'*ammoniaque aqueuse* donne naissance à du diazoamidobenzol, et, en même temps, au corps brun que produit la potasse. Si l'on opère avec des solutions très-concentrées, il se forme en outre un autre composé qui reste dans la liqueur et la colore en jaune. Par l'évaporation spontanée de la solution, la nouvelle substance se dépose en cristaux qu'on peut laver à l'eau; elle se dissout dans l'alcool et l'éther en produisant un dégagement de gaz. Elle est insoluble dans l'eau et les acides étendus, mais les alcalis la dissolvent sans s'y combiner et sans l'altérer. Elle renferme

$$C^{12}H^{13}Az^5O$$

et se dédouble par les acides à chaud exactement en phénol, aniline et azote :

$$C^{12}H^{13}Az^5O = C^6H^6O + C^6H^7Az + Az^4.$$

Le nitrate de diazobenzol en solution aqueuse se décompose lentement au contact du *carbonate de baryum*, avec dégagement de gaz et production d'une masse cristalline d'un rouge-brun qui renferme deux substances nouvelles : $C^{12}H^{10}Az^2O$ et $C^{18}H^{14}Az^4O$. — Voyez plus loin, p. 870.

Le bisulfite de potassium le convertit en hydrodiazobenzolsulfite de potassium. — Voyez plus loin, p. 870.

Sulfate, $C^6H^5Az^2,SO^4H$. — Ce sel se forme lorsqu'on fait passer de l'acide azoteux dans une bouillie aqueuse de sulfate d'aniline; on l'obtient plus facilement en traitant par l'acide *sulfurique*, étendu du double de son volume d'eau, la solution aqueuse d'azotate de diazobenzol brut, en empêchant que le liquide ne s'échauffe. On ajoute ensuite 3 volumes d'alcool, puis de l'éther : le sulfate se précipite à l'état d'un sirop aqueux que l'on sépare du liquide, qu'on traite de nouveau par l'alcool et l'éther et qu'on sèche dans le vide. Au bout de quelque temps, on obtient des cristaux qu'on lave avec de l'alcool absolu, qu'on dissout dans la plus petite quantité d'eau possible et qu'on précipite de nouveau par l'alcool et l'éther.

Le sulfate est très-soluble dans l'eau, peu dans l'alcool et insoluble dans l'éther; la solution aqueuse dépose par l'évaporation lente des prismes blancs; l'alcool et l'éther le précipitent en aiguilles blanches de sa solution. Ce sel est plus stable que le nitrate; il détone vers 100°, et brûle tranquillement sous l'influence du choc; à l'air, il attire de l'humidité et se décompose lentement. C'est un sel acide; on ne connaît pas le sel neutre.

Sa solution aqueuse se dédouble à chaud en phénol, acide sulfurique et azote :

$$C^6H^5Az^2,SO^4H + H^2O = C^6H^6O + SO^4H^2 + Az^2.$$

En solution alcoolique il donne de la benzine, de l'aldéhyde, de l'azote et de l'acide sulfurique :

$$C^6H^5Az^2,SO^4H + C^2H^6O$$
$$= C^6H^6 + C^2H^4O + Az^2 + SO^4H^2.$$

Chauffé avec de l'acide sulfurique concentré, il se transforme en *acide phénoldisulfureux* (oxyphénylène-disulfureux) :

$$C^6H^5Az^2,SO^4H + SO^4H^2$$
$$= C^6H^3(SO^3H)^2OH + Az^2 + H^2O.$$

L'acide *iodhydrique* réagit vivement sur le sulfate de diazobenzol, en dégageant de l'azote et produisant de la benzine iodée bouillant à 190° :

$$C^6H^5Az^2,SO^4H + HI$$
$$= C^6H^5I + Az^2 + SO^4H^2.$$

*Combinaisons avec les bases.*

Combinaison potassique, $C^6H^5-Az=Az-OK$. — On ajoute peu à peu et en excès une solution *très-concentrée* de potasse à une solution saturée à froid d'azotate de diazobenzol : il se sépare un liquide jaune, à odeur aromatique, lequel, concentré suffisamment au bain-marie, se concrète en une masse cristalline. On exprime cette masse entre deux plaques poreuses, on reprend par l'alcool absolu, on évapore la solution alcoolique, on exprime de nouveau le résidu et on le lave à l'éther. Finalement on le redissout dans l'alcool et l'on précipite par l'éther.

On obtient ainsi des lamelles nacrées, d'une réaction très-alcaline et attirant rapidement l'acide carbonique. Ce corps est très-soluble dans l'eau et dans l'alcool, insoluble dans l'éther; sa solution aqueuse jaunit bientôt et laisse déposer un corps rouge-brun. Vers 130° il détone.

Combinaison argentique, $C^6H^5Az^2,OAg$. — Lorsqu'on traite une solution de la combinaison potassique par du nitrate d'argent, il se forme un précipité blanc grisâtre, insoluble dans l'eau, soluble dans l'acide azotique. A froid, ce corps est assez stable; à une température élevée, il détone violemment.

La combinaison *mercurique*, $(C^6H^5Az^2O)^2Hg$,

ressemble à la précédente; elle s'obtient par double décomposition. Les combinaisons *barytique et calcique* forment des lamelles ou aiguilles cristallines un peu solubles dans l'eau. Les sels *plombique* et *zincique* sont blancs et amorphes. Tous ces composés deviennent rapidement rouges.

Les sels de *magnésium* ne donnent pas de précipité avec la combinaison potassique, même en solution très-concentrée; les sels de *fer* fournissent un précipité jaune et les sels de *cuivre* un précipité d'abord noir, qui devient aussitôt vert.

*Produits de substitution du diazobenzol.*

Les produits de substitution du diazobenzol se préparent par l'action de l'acide azoteux sur les sels des anilines substituées. Le mode opératoire est analogue à celui qui est indiqué plus haut pour le diazobenzol. Ils cristallisent en général plus facilement et sont plus stables. Leurs réactions sont les mêmes que celles du diazobenzol. Ils se combinent directement avec l'aniline, les anilines substituées et les acides amidés; ces combinaisons seront étudiées avec le diazoamidobenzol.

Diazobromobenzol, $C^{6}H^{3}BrAz^{2}$, ou plutôt,

$$C^{6}H^{4}BrAz^{2}, OH.$$

— Il dérive de l'α-bromaniline. L'acide acétique précipite de la solution de la combinaison potassique des aiguilles jaune clair qui se décomposent très-vite et qui détonent avec une extrême violence. Récemment préparé, il se combine de nouveau avec les acides et les bases. L'éther le dissout en le décomposant [Griess, *Phil. Transact.*, t. CLIV, p. 695].

*Azotate*, $C^{6}H^{4}BrAz^{2}, AzO^{3}$. — Obtenu en partant de l'azotate d'α-bromaniline, il est en écailles ou tables blanches, explosives, très-solubles dans l'eau, peu solubles dans l'alcool et insolubles dans l'éther.

Traité en solution aqueuse par l'acide iodhydrique, il donne de l'azote et une benzine bromoiodée fusible à 90° :

$$C^{6}H^{4}BrAz^{2}, AzO^{3} + HI$$
$$= C^{6}H^{4}BrI + AzHO^{3} + Az^{2}.$$

*Bromure*, $C^{6}H^{4}BrAz^{2}, Br$. — On le prépare par double décomposition entre le sulfate et le bromure de baryum, ou en ajoutant une solution éthérée de brome à une solution également éthérée de diazo-amidobromobenzol. Il est en lamelles blanches, solubles dans l'eau, insolubles dans l'éther.

*Perbromure*, $C^{6}H^{4}BrAz^{2}, Br^{3}$. — Préparé par l'action d'un excès de brome sur le sel précédent, il constitue un précipité cristallin orangé, qu'on peut obtenir en prismes clinorhombiques par cristallisation dans l'alcool tiède. Insoluble dans l'eau, il se dissout en petite quantité dans l'alcool et l'éther.

Soumis à la distillation avec du carbonate sodique, il donne la *benzine bibromée*, $C^{6}H^{4}Br^{2}$, solide, fusible à 89°.

L'ammoniaque le convertit en *diazobromobenzolimide*, $C^{6}H^{4}BrAz^{3}$. — Voyez p. 876.

*Chloraurate*, $C^{6}H^{4}BrAz^{2}Cl + AuCl^{3}$. — Cristallise dans l'alcool tiède en lamelles jaunes.

*Chloroplatinate*, $(C^{6}H^{4}BrAz^{2}Cl)^{2} + PtCl^{4}$. — Petits cristaux jaunes, stables à 100°; à la distillation, il donne une benzine bromochlorée,

$$C^{6}H^{4}BrCl,$$

fusible à 65°.

*Sulfate*, $C^{6}H^{4}BrAz^{2}, SO^{4}H$. — Beaux cristaux incolores, très-solubles dans l'eau, insolubles dans l'éther, qu'on peut faire cristalliser dans l'eau.

L'eau bouillante le dédouble en bromophénol, azote et acide sulfurique; en solution alcoolique, il donne de la benzine bromée, de l'azote, de l'aldéhyde, et de l'acide sulfurique.

*Combinaison potassique*, $C^{6}H^{4}BrAz^{2}, OK$. — Tables blanches, solubles dans l'eau et dans l'alcool; l'éther produit dans la solution alcoolique un précipité gélatineux. Quant à ses propriétés, il ressemble au diazobenzol potassique; le nitrate d'argent le précipite en blanc.

La β-*bromaniline* fournit également un dérivé diazoïque, mais celui-ci n'a pas encore été étudié.

Diazodibromobenzol. — On obtient le nitrate $C^{6}H^{3}Br^{2}Az^{2}, AzO^{3}$ en traitant le nitrate de l'α-dibromaniline par l'acide azoteux; il forme des prismes blancs, solubles dans l'eau, et détone par le choc.

*Chloroplatinate*, $(C^{6}H^{3}Br^{2}Az^{2}Cl)^{2}PtCl^{4}$. — Lamelles jaune orangé, peu solubles.

*Perbromure*, $C^{6}H^{3}Br^{2}Az^{2}, Br^{3}$. — Aiguilles soyeuses que l'alcool décompose à chaud en donnant de la benzine tribromée; l'ammoniaque le convertit en une imide.

Diazochlorobenzol, $C^{6}H^{3}ClAz^{2}$ ou plutôt $C^{6}H^{4}ClAz^{2}, OH$. — Précipité jaune-citron, très-peu stable; il dérive de l'α-*chloraniline*.

*Azotate*, $C^{6}H^{4}ClAz^{2}, AzO^{3}$. — Lamelles blanches, très-solubles, que l'eau décompose à chaud en produisant du phénol chloré.

*Chloroplatinate*, $(C^{6}H^{4}ClAz^{2}, Cl)^{2} + PtCl^{4}$. — Aiguilles jaunes qui, soumises à la distillation, donnent une benzine bichlorée.

*Perbromure*, $C^{6}H^{4}ClAz^{2}, Br^{3}$. — Prismes jaunes; l'alcool chaud les décompose avec formation d'une benzine chlorobromée fusible à 65° et identique avec celle que fournit le diazobromobenzol.

Diazodichlorobenzol. — Griess décrit les combinaisons suivantes :

*Nitrate*, $C^{6}H^{3}Cl^{2}Az^{2}, AzO^{3}$. — Lamelles blanches.

*Chloroplatinate*, $(C^{6}H^{3}Cl^{2}Az^{2}Cl)^{2} + PtCl^{4}$. — Lamelles jaunes, brillantes.

*Perbromure*, $C^{6}H^{3}Cl^{2}Az^{2}, Br^{3}$. — Prismes jaunes.

Diazoiodobenzol. — Griess a obtenu les sels suivants dérivés de l'α-iodaniline :

*Base libre*. — Précipité jaune, explosif.

*Nitrate*, $C^{6}H^{4}IAz^{2}, AzO^{3}$. — Lamelles blanches, très-solubles.

*Chloroplatinate*, $(C^{6}H^{4}IAz^{2}Cl)^{2} + PtCl^{4}$. — Aiguilles jaune clair.

*Perbromure*, $C^{6}H^{4}IAz^{2}, Br^{3}$. — Lamelles jaune-citron; décomposé par l'alcool chaud, il donne une benzine *bromoiodée* fusible à 90°, identique avec celle que fournit le diazobromobenzol.

*Sulfate*, $C^{6}H^{4}IAz^{2}, SO^{4}H$. — Lamelles blanches très-solubles dans l'eau, peu dans l'alcool.

Diazonitrobenzols. — Griess a préparé deux diazonitrobenzols correspondant aux anilines nitrées α et β.

α-*diazonitrobenzol*. — *Nitrate*,

$$C^{6}H^{4}(AzO^{2})Az^{2}, AzO^{3}.$$

— Longues aiguilles. Sous l'influence de l'acide iodhydrique, il donne une benzine iodonitrée fusible à 171°,5, que les agents réducteurs transforment en α-iodaniline.

*Chloroplatinate*, $[C^{6}H^{4}(AzO^{2})Az^{2}Cl]^{2} + PtCl^{4}$. — Aiguilles ou prismes jaunes, qui, distillés avec du carbonate de sodium, fournissent une benzine chloronitrée fusible à 83°.

*Perbromure*, $C^{6}H^{4}(AzO^{2})Az^{2}, Br^{3}$. — Prismes orangés, presque insolubles dans l'eau et l'éther, mais qui se dissolvent aisément dans l'alcool chaud. L'alcool bouillant les décompose en donnant une benzine bromonitrée fusible à 120°.

β-*diazonitrobenzol*. — *Nitrate*,

$$C^{6}H^{4}(AzO^{2})Az^{2}, AzO^{3}.$$

— Prismes carrés, que l'acide iodhydrique convertit en benzine iodonitrée, fusible à 34° et qui correspond à la β-iodaniline fusible à 25°.

*Chloroplatinate.* — Prismes jaunes; distillé avec du carbonate sodique, il donne une benzine chloronitrée fusible à 46°.

*Perbromure.* — Il cristallise difficilement en prismes ou plaques jaune orangé et se décompose avec facilité; on l'obtient soit directement avec le nitrate, soit en traitant le β-diazoamidonitrobenzol $C^{12}H^9(AzO^2)^2Az^3$ par le brome; dans ce dernier cas il se forme en même temps une aniline tribromonitrée (voyez p. 856). L'alcool bouillant le décompose en produisant une benzine bromonitrée fusible à 56°.

ACIDE HYDRODIAZOBENZOLSULFUREUX,

$$C^6H^7Az^2SO^3H.$$

— Cet acide se forme dans l'action du sulfite acide de potassium sur le nitrate de diazobenzol; il ne dérive pas du diazobenzol, mais d'un corps qui renferme 2 atomes d'hydrogène en plus, $C^6H^6Az^2$; on peut donc le représenter par la formule

$$C^6H^5\text{-}AzH\text{-}AzHSO^3H$$

et expliquer sa formation par l'équation

$$C^6H^5Az^2, AzO^3 + 4SO^3HK$$
$$= C^6H^7Az^2SO^3K + KAzO^3 + SO^4K^2 + 2SO^2 + H^2O.$$

Le nitrate de diazobenzol se dissout dans le bisulfite de potassium avec élévation de température et dégagement d'acide sulfureux, en même temps que le liquide se colore en rouge-brun. Par l'évaporation, la liqueur se prend en une bouillie de cristaux du nouveau sel potassique qu'on peut purifier par plusieurs cristallisations dans l'eau.

Ce sel renferme $C^6H^7Az^2SO^3K + H^2O$; l'eau se dégage à 120°. Il est peu soluble dans l'eau froide, insoluble dans l'alcool; il réduit le nitrate d'argent et la solution filtrée renferme un sel d'argent cristallisable en lames jaunes; les sels de cuivre et de mercure sont également réduits. Chauffé avec de la chaux sodée, il ne fournit ni ammoniaque ni aniline; l'acide nitrique bouillant en sépare le soufre à l'état d'acide sulfurique.

Le *sel de baryum* constitue des cristaux blancs qui perdent de l'eau vers 115°; le sel sec contient $(C^6H^7Az^2SO^3)^2Ba$.

On obtient un acide isomérique avec l'acide hydrodiazobenzolsulfureux en dissolvant le dérivé diazoïque $C^6H^4Az^2SO^3$ de l'acide sulfanilique (p. 860) dans le bisulfite de potassium :

$$C^6H^4Az^2SO^3 + 5SO^3KH$$
$$= C^6H^7Az^2SO^3K + 2SO^4K^2 + 3SO^2 + H^2O.$$

L'isomérie de cet acide avec l'acide hydrodiazobenzolsulfureux s'explique par les formules suivantes :

$$C^6H^5\text{-}AzH\text{-}AzH\text{-}SO^3H \quad \text{et} \quad C^6H^4\left\{\begin{matrix} AzH\text{-}AzH^2 \\ SO^3H. \end{matrix}\right.$$

Hydrodiazobenzolsulfureux. Acide isomère.

L'acide libre, isolé par l'acide chlorhydrique, est en aiguilles ou en lamelles incolores, anhydres, peu solubles dans l'eau froide, très-solubles à chaud, moins dans l'alcool. Il réduit également les sels d'argent et de mercure, mais chauffé avec de la chaux sodée il cède la moitié de son azote à l'état d'ammoniaque; l'acide nitrique bouillant n'en sépare pas le soufre à l'état d'acide sulfurique.

Le *sel barytique,* $(C^6H^7Az^2SO^3)^2Ba + 5H^2O$, forme de longs cristaux aciculaires qui perdent leur eau vers 115°. Le *sel de plomb* est en petits cristaux renfermant 2 molécules d'eau de cristallisation [A. Strecker et P. Roemer, *Deutsch. Chem. Gesells.*, t. IV, p. 784; *Bull. de la Soc. chim.*, 1871, t. XVI, p. 316].

DIAZOBENZOLIMIDE [Syn. *Azophénylène-diamine*], $C^6H^5Az^3$. — Ce corps, remarquable par sa stabilité, se produit dans l'action de l'ammoniaque sur le perbromure de diazobenzol :

$$C^6H^5\text{-}Az\left\langle\begin{matrix} AzBr^2 \\ Br \end{matrix}\right. + 4AzH^3$$

Perbromure.

$$= C^6H^5\text{-}Az\left\langle\begin{matrix} Az \\ \| \\ Az \end{matrix}\right. + 3AzH^4Br.$$

Diazobenzolimide.

On l'a aussi considéré comme la phénylène-diamine dans laquelle 3 atomes d'hydrogène sont remplacés par de l'azote $(C^6H^4)''Az'''H.Az^3$.

Nous préférons la première des deux formules quoiqu'elle ne rende pas compte de l'existence de deux substances qui se forment dans l'action de l'éthylamine et de l'aniline sur le perbromure de diazobenzol et que Griess considère comme l'*éthyldiazobenzolimide* $C^6H^4(C^2H^5)Az^3$ et la *phényldiazobenzolimide* $C^6H^4(C^6H^5)Az^3$; mais il n'a pas analysé ces composés, qu'il dit être semblables à la diazobenzolimide, et leur existence est très-problématique.

On traite le perbromure par l'ammoniaque aqueuse et l'on distille avec la vapeur d'eau l'huile brune qui se sépare. On obtient ainsi la diazobenzolimide sous forme d'un liquide jaunâtre, assez soluble dans l'alcool, qui ne se solidifie pas par le froid et qui distille sans décomposition dans le vide; à la pression ordinaire elle fait explosion. La potasse et l'acide chlorhydrique sont sans action sur elle; l'acide azotique et l'acide sulfurique concentrés la dissolvent en la décomposant. Le zinc et l'acide sulfurique la scindent, en solution alcoolique, en aniline et ammoniaque :

$$C^6H^5Az^3 + 4H^2 = C^6H^7Az + 2AzH^3.$$

Griess a préparé plusieurs produits de substitution de la diazobenzolimide en traitant le perbromure des diazobenzols substitués par l'ammoniaque.

*Diazobromobenzolimide,* $C^6H^4BrAz^3$. — Huile jaunâtre, ne se solidifiant pas par le froid. L'hydrogène naissant la dédouble en bromaniline et ammoniaque. Le dérivé qui résulte de l'action de la phénylamine sur le perbromure de bromodiazobenzol forme des cristaux jaune orangé.

*Diazodibromobenzolimide,* $C^6H^3Br^2Az^3$. — Aiguilles blanches, fusibles à 82°, peu solubles dans l'eau, solubles dans l'alcool chaud et dans l'éther.

*Diazochlorobenzolimide,* $C^6H^4ClAz^3$. — Cristaux fusibles à une température peu élevée.

*Diazoiodobenzolimide,* $C^6H^4IAz^3$. — Cristaux blanc jaunâtre, fusibles à une température peu élevée, à odeur aromatique; elle distille avec les vapeurs aqueuses.

*α-diazonitrobenzolimide,* $C^6H^4(AzO^2)Az^3$. — Lamelles jaunes, fusibles à 71°, très-solubles dans l'alcool chaud et dans l'éther.

*β-diazonitrobenzolimide,* $C^6H^4(AzO^2)Az^3$. — Aiguilles blanches, fusibles à 51°, d'une odeur de nitrobenzine.

DIAZOAMIDOBENZOL [Syn. *Diazoamidobenzine, diazoamidobenzide, diazodiphényldiamine*],

$$C^{12}H^{11}Az^3 = C^6H^5\text{-}Az{=}Az\text{-}AzH(C^6H^5).$$

— Cette substance a été obtenue dans l'action de l'acide azoteux sur une solution alcoolique d'aniline; elle se forme très-facilement par union directe des sels de diazobenzol et de l'aniline :

$$C^6H^5Az^2AzO^3 + 2AzH^2(C^6H^5)$$

Nitrate de diazobenzol.

$$= C^6H^5Az^2\text{-}AzH(C^6H^5) + C^6H^7Az, AzO^3H.$$

Diazoamidobenzol.

Inversement le diazoamidobenzol se dédouble dans différentes réactions (action des acides, du brome, etc.), en diazobenzol et en aniline ou en ceux de leurs dérivés qui peuvent prendre naissance dans les conditions de l'expérience. L'acide azoteux le transforme en diazobenzol.

On écrit quelquefois la formule du diazoamidobenzol $(C^6H^5)^2Az'''H.Az^2$. On la considère donc comme une diphényldiamine, dans laquelle 3 atomes d'hydrogène sont remplacés par 1 atome d'azote; de là le nom d'*azodiphényldiamine* [P. Griess, *Ann. der Chem. u. Pharm.*, t. CXIII, p. 334; Supplementband I, p. 100 et t. CXXI, p. 258; *Répert. de Chim. pure*, 1861, p. 359, 1862, p. 281].

*Préparation.* — Pour préparer le diazoamidobenzol, on fait passer un courant d'acide azoteux dans une solution bien refroidie de 1 p. d'aniline dans 6 à 10 p. d'alcool, jusqu'à ce qu'une goutte du liquide laisse après évaporation un résidu cristallin. Alors on jette le liquide rouge-brun dans l'eau qui dissout le nitrate de diazobenzol formé en même temps et laisse le diazoamidobenzol à l'état d'une huile lourde qui se transforme peu à peu en une masse cristalline. Cette masse est comprimée et purifiée par un lavage à l'alcool et cristallisation dans l'alcool chaud. Comme l'alcool chaud finit par altérer le produit, il est préférable, d'après Kekulé, de le faire cristalliser dans la benzine.

Il est à remarquer, pour cette préparation, qu'on ne peut pas employer un sel d'aniline, qu'il faut bien refroidir, éviter l'emploi d'un excès d'acide azoteux et isoler le diazoamidobenzol immédiatement; lorsqu'il se trouve longtemps en contact avec l'alcool, il finit par se transformer en amidoazobenzol. — Voyez plus loin.

On peut encore l'obtenir en ajoutant du nitrate de diazobenzol à une solution alcoolique de 2 molécules d'aniline, précipitant par l'eau et purifiant comme ci-dessus.

Martius a indiqué le procédé de préparation suivant du diazoamidobenzol, qui donne de bons résultats. On ajoute à du chlorhydrate d'aniline pur, peu à peu et en agitant continuellement, une solution d'azotite de sodium d'une densité de 1,5 et refroidie à 5°. La réaction est très-violente et le tout finit par se transformer en une bouillie épaisse, d'un jaune-citron; on lave la masse avec l'eau, on comprime et l'on purifie par cristallisation dans l'alcool éthéré.

Pour être sûr de la réussite de l'opération, il faut employer du chlorhydrate d'aniline parfaitement neutre et en cristaux, une solution de nitrite ne renfermant pas de carbonates et au plus 1/2 °/₀ d'alcali libre; de plus il faut refroidir les substances et les vases et conduire l'opération rapidement [C. A. Martius, *Berl. Acad. Bericht.*, 1866, p. 169].

*Propriétés.* — Le diazoamidobenzol cristallise dans l'alcool en lames jaune d'or, dans la benzine en grands prismes aplatis, insolubles dans l'eau, peu solubles dans l'alcool froid, assez solubles dans l'alcool chaud; l'éther et la benzine le dissolvent aisément. Il fond vers 91° et se solidifie de nouveau à 50°; il détone vers 200°.

Il ne se combine pas avec les acides; cependant il peut former des combinaisons avec certains sels métalliques.

Le *chloroplatinate*, $[C^{12}H^{11}Az^3, HCl]^2 + PtCl^4$, se précipite sous la forme de petits prismes rouges, peu stables et presque insolubles dans l'eau, l'alcool et l'éther, lorsqu'on ajoute du chlorure de platine renfermant de l'acide chlorhydrique à la solution alcoolique de diazoamidobenzol.

On obtient une combinaison *argentique*,

$$C^{12}H^{11}Az^3, AgAzO^3,$$

à l'état d'un précipité jaune verdâtre, en mélangeant les solutions de diazoamidobenzol et de nitrate d'argent.

Le diazoamidobenzol, traité par l'acide chlorhydrique concentré, se scinde en phénol, chlorhydrate d'aniline et azote :

$$H^{12}C^{11}Az + H^2O + H^3Cl$$
$$= C^6H^6O + C^6H^7Az, HCl + Az^2.$$

Lorsqu'on ajoute de l'acide nitrique rouge fumant à une solution de diazoamidobenzine dans l'alcool éthéré, on obtient des cristaux de nitrate de diazobenzol. Par l'action du brome en solution éthérée sur le diazoamidobenzol il se forme du bromure de diazobenzol et de la tribromaniline.

Lorsqu'on abandonne une solution alcoolique de diazoamidobenzine pendant quelque temps, cette substance subit une transformation isomérique et se change en *amidoazobenzol*. Cette transformation est beaucoup accélérée par la présence d'une petite quantité d'un sel d'aniline (Kekulé). — Voyez p. 878.

Le diazoamidobenzol chauffé avec du chlorhydrate d'aniline à 160° se convertit en une matière colorante bleue, $C^{18}H^{15}Az^3$ :

$$C^{12}H^{11}Az^3 + C^6H^7Az, HCl$$
$$= C^{18}H^{15}Az^3 + AzH^4Cl.$$

Cette substance est une base : on a préparé le chlorhydrate, $C^{18}H^{15}Az^3, HCl$, l'iodhydrate et le picrate, tous insolubles dans l'eau [Hofmann et Geyger, *Deutsch. Chem. Gesellsch.*, t. V, p. 472, et *Bull. de la Soc. chim.*, 1872, t. XVIII, p. 279].

DÉRIVÉS DE SUBSTITUTION DU DIAZOAMIDOBENZOL. — On obtient ces composés en traitant les anilines substituées par de l'acide azoteux, et observant les conditions qui ont été indiquées plus haut pour le diazoamidobenzol; ou bien par l'union directe du diazobenzol, ou de ses produits de substitution, avec les anilines substituées.

*Dérivé monobromé* (diazobenzol-amidobromobenzol), $C^6H^5Az^2{-}AzH(C^6H^4Br)$. — Griess a préparé ce corps en traitant le nitrate de diazobenzol par 2 molécules d'α-bromaniline.

Il est en aiguilles ou lames jaunes, très-solubles dans l'éther, moins dans l'alcool. Le *chloroplatinate*, $(C^{12}H^{10}BrAz^3, HCl)^2 + PtCl^4$, constitue un précipité jaune fauve, cristallin; la combinaison argentique, un précipité jaune [P. Griess, *Ann. der Chem. u. Pharm.*, t. CXXXVII, p. 60].

*Dérivé bibromé* (diazoamidobromobenzol),

$$C^6H^4BrAz^2{-}AzH(C^6H^4Br).$$

— Obtenu avec l'α-bromaniline, il cristallise en aiguilles ou en lamelles orangées, très-solubles dans l'éther, moins dans l'alcool, et fusibles à 145°.

Le *chloroplatinate* est jaune et renferme

$$(C^{12}H^9Br^2Az^3, HCl)^2 + PtCl^4.$$

*Dérivé tétrabromé* (diazoamidodibromobenzol), $C^6H^3Br^2Az^2{-}AzH(C^6H^3Br^2)$. — Il correspond à l'α-dibromaniline et cristallise en aiguilles d'un jaune d'or, fusibles à 167°,5; il ne fournit pas de chloroplatinate, mais se dissout aisément dans la potasse alcoolique; les acides le précipitent de nouveau de la solution.

*Dérivé bichloré* (diazoamidochlorobenzol),

$$C^6H^4ClAz^2{-}AzH(C^6H^4Cl).$$

— Préparé avec l'α-chloraniline, il constitue des aiguilles ou lamelles jaunes, fusibles à 124°,5.

*Dérivé tétrachloré* (diazoamidodichlorobenzol), $C^6H^3Cl^2Az^2{-}AzH(C^6H^3Cl^2)$. — Aiguilles fines, d'un jaune de soufre, très-peu solubles dans l'alcool et l'éther, et fusibles à 126°,5. Avec le chlorure platinique et la potasse, il se comporte comme le corps tétrabromé.

*Dérivé dinitré* (diazoamidonitrobenzol),

$$C^6H^4(AzO^2)Az^2{-}AzH[C^6H^4(AzO^2)].$$

— Griess en a préparé deux correspondant aux

anilines nitrées α et β. Le dérivé de l'α-nitraniline constitue une masse cristalline jaune, très-peu soluble dans l'alcool et l'éther et fusi le à 224°,5; il ne se combine pas avec le chlorure platinique, mais donne un sel avec le nitrate d'argent.

Le β-diazoamidonitrobenzol ressemble à son isomère, mais il cristallise facilement en prismes rougeâtres, fusibles à 195°,5 [Griess, *Ann. der Chem. u. Pharm.*, t. CXXI, p. 258; *Répert. de Chim. pure*, 1862, p. 283].

Le diazobenzol se combine également avec les autres bases aromatiques et avec les acides amidés. On a décrit les composés suivants [P. Griess, *Ann. der Chem. u. Pharm.*, t. CXXXVII, p. 58; *Bull. de la Soc. chim.*, 1866, t. VI, p. 72].

Diazobenzolamidotoluol, $C^6H^5Az^2\text{-}AzH(C^7H^7)$. — Préparé par l'action de la toluidine solide sur le nitrate de diazobenzol; il cristallise en lamelles brillantes, jaunes.

On connaît un composé isomère, le *diazotoluolamidobenzol*, $C^7H^7Az^2\text{-}AzH(C^6H^5)$, qu'on obtient avec l'aniline et le nitrate de diazotoluol; il est en grandes aiguilles jaunes.

Diazobenzolamidonaphtaline,

$$C^6H^5Az^2\text{-}AzH(C^{10}H^7).$$

— L'azotate de ce composé se forme lorsqu'on ajoute une solution alcoolique de naphtylamine à une solution aqueuse d'azotate de diazobenzol, et faisant cristalliser le précipité violet dans l'alcool. Il cristallise en beaux prismes d'un rouge-rubis par transparence et verts par réflexion, presque insolubles dans l'eau et dans l'éther, solubles dans l'alcool bouillant et renfermant

$$C^{16}H^{13}Az^3, AzO^3H.$$

La base libre, isolée par la potasse, est en prismes brillants, d'un rouge-rubis, solubles dans l'alcool et l'éther; les acides la colorent en un violet magnifique. Le chlorure de platine donne dans ses solutions un précipité cristallin, d'un bleu indigo, et l'azotate d'argent un précipité jaune formé de petites aiguilles.

Diazobenzol et acide amidobenzoïque,

$$C^6H^5Az^2\text{-}AzH(C^6H^4, CO^2H).$$

— On prépare ce composé en mélangeant des dissolutions aqueuses d'azotate de diazobenzol et d'acide amidobenzoïque et purifiant par cristallisation dans l'éther le précipité qui se forme. On obtient ainsi une masse cristalline, insoluble dans l'eau et l'alcool, soluble dans l'éther; les acides minéraux ne la décomposent qu'à l'aide de la chaleur. Il se comporte comme un acide et forme avec les bases des sels définis. D'autre part il fournit un chloroplatinate cristallisé,

$$C^{13}H^{11}Az^3O^2(HCl)^2 + PtCl^4.$$

L'éther de l'acide amidobenzoïque s'unit aussi avec le diazobenzol, en donnant des aiguilles d'un jaune clair, solubles dans l'alcool et l'éther, qui renferment $C^6H^5Az^2\text{-}AzH(C^6H^4, CO^2, C^2H^5)$.

Avec l'acide amidobenzoïque et le diazobromobenzol, on obtient un corps de la formule

$$C^6H^4BrAz^2\text{-}AzH(C^6H^4, CO^2H),$$

en aiguilles groupées en sphères.

Amidoazobenzol [Syn. *Amidoazobenzide, amidodiphénylimide*],

$$C^{12}H^{11}Az^3 = C^6H^5Az^2\text{-}C^6H^4(AzH^2).$$

— Ce composé, isomère du diazoamidobenzol, n'a pas encore été préparé par réduction de l'azobenzol nitré; il se forme par une transformation moléculaire du diazoamidobenzol (voyez plus haut). Cette transformation se fait lentement lorsqu'on abandonne la solution alcoolique du diazoamidobenzol; elle est au contraire très-rapide (2 jours) lorsque la solution contient une petite quantité d'un sel d'aniline.

Le même composé, qui est un des jaunes d'aniline, se forme dans l'action des oxydants sur l'aniline. MM. Martius et Griess l'obtiennent en chauffant un mélange de nitrate d'aniline, de stannate de sodium et d'eau (voyez t. I, p. 328). M. Kekulé l'a trouvé parmi les produits de l'action du brome (en vapeur) sur l'aniline (probablement en présence de l'humidité) [*Zeitsch. für Chem.*, 1866, p. 687]. Enfin on l'obtient en faisant passer de l'acide azoteux dans une solution légèrement chauffée d'aniline dans 3 p. d'alcool, jusqu'à ce que le produit ait pris une teinte rouge foncé. On ajoute alors un excès d'acide chlorhydrique d'une concentration moyenne, on comprime la masse cristalline qui se forme, on la lave à l'alcool, on la dissout dans l'eau bouillante et l'on précipite par l'ammoniaque. Comme la transformation isomérique du diazoamidobenzol exige quelque temps, Kekulé recommande d'abandonner pendant deux jours le produit rouge avant de le précipiter par l'acide chlorhydrique [Mène, *Compt. rend.*, t. LII, p. 311; — Martius et Griess, *Berl. Acad. Bericht.*, 1865, p. 633, et *Bull. de la Soc. chim.*, 1866, t. VI, p. 158].

Pour purifier l'amidoazobenzol brut ou le jaune d'aniline commercial, on le transforme en chlorhydrate et l'on fait cristalliser celui-ci plusieurs fois dans l'acide chlorhydrique étendu; on le décompose ensuite par l'ammoniaque, on soumet à la distillation la base précipitée et l'on fait cristalliser le produit distillé dans de l'alcool très-étendu et bouillant.

On obtient ainsi des prismes ou plaques rhombiques, jaunes, peu solubles dans l'eau bouillante, très-solubles dans l'alcool et l'éther. L'amidoazobenzol fond à 130° et se solidifie de nouveau à 120°; à une température très-élevée, il distille presque sans altération.

C'est une base monacide faible qui forme des sels très-peu solubles et colorés en rouge ou violet-bleu. Ceux-ci se dédoublent facilement par l'eau; la solution acide du chlorhydrate teint la soie en un rouge magnifique, coloration qu'un lavage à l'eau fait passer au jaune. On a étudié les sels suivants :

*Azotate*, $C^{12}H^{11}Az^3, AzO^3H$. — C'est le sel le plus soluble.

*Chlorhydrate*, $C^{12}H^{11}Az^3, HCl$. — Se dépose de sa solution dans l'acide chlorhydrique bouillant en magnifiques aiguilles ou écailles bleu violacé. Le *chloroplatinate* constitue des aiguilles d'un brun-rouge.

*Oxalate*, $(C^{12}H^{11}Az^3)^2C^2O^4H^2$. — Il est presque insoluble dans l'alcool même bouillant.

*Sulfate*, $(C^{12}H^{11}Az^3)^2SH^2O^4$. — Même solubilité.

Lorsqu'on ajoute du nitrate d'argent à une solution alcoolique d'amidoazobenzol, on obtient des lamelles jaune d'or de la combinaison

$$(C^{12}H^{11}Az^3)^2AgOH,$$

à peine solubles dans l'eau et l'éther, un peu plus solubles dans l'alcool.

La base se combine à froid au bout de quelque temps avec l'iodure d'éthyle en donnant le composé $C^{12}H^{10}(C^2H^5)Az^3, HI$; à 100°, il se forme de l'éthylaniline et un produit résineux.

L'étain et l'acide chlorhydrique convertissent l'amidoazobenzol en aniline et β-phénylène-diamine fusible à 63° :

$$C^6H^5\text{-}Az{=}Az\text{-}C^6H^4(AzH^2) + 2H^2 = C^6H^5(AzH^2) + C^6H^4(AzH^2)^2.$$

Un mélange de peroxyde de manganèse et d'acide sulfurique le transforme en quinone; le nitrate d'aniline, à chaud, en une matière colorante bleue (Hofmann, 1869); l'acide azoteux en un dérivé diazoïque cristallisable.

En terminant nous allons décrire deux substances dont la constitution présente quelque analogie avec l'amidoazobenzol : le *phénoldiazobenzol*, $C^{12}H^{10}Az^2O$, et le *phénol-bidiazobenzol*, $C^{18}H^{14}Az^4O$. Griess a obtenu ces corps par l'action du carbonate de baryum sur l'azotate de diazobenzol. Comme M. Kekulé l'a montré, le premier doit être considéré comme *oxyazobenzol* et le second a probablement une constitution analogue :

$$C^6H^5{-}Az{=}Az{-}C^6H^4.OH;$$

Phénoldiazobenzol.

$$\begin{matrix} C^6H^5{-}Az{=}Az \\ C^6H^5{-}Az{=}Az \end{matrix} > C^6H^3.OH.$$

Phénol-bidiazobenzol.

Kekulé a en effet obtenu le premier de ces corps par l'action du phénate de potassium sur l'azotate de diazobenzol; il est très-probable qu'il se forme d'abord un corps

$$C^6H^5{-}Az{=}Az{-}O\,C^6H^5,$$

analogue au diazoamidobenzol, mais qui ne peut être stable, et qui subit comme celui-ci une transformation moléculaire [Kekulé et Coloman Hidegh, *Deutsch. Chem. Gesells.*, t. III, p. 233].

La masse cristalline brune qui se produit dans la décomposition du nitrate de diazobenzine par le carbonate de baryum peut être séparée par l'alcool froid en deux portions : l'une soluble et l'autre insoluble.

OXYAZOBENZOL. — Le corps soluble, l'*oxyazobenzol*, cristallise dans l'alcool et l'éther en prismes ou en mamelons jaune-rouge; il se dissout en petite quantité dans l'eau bouillante et se dépose par le refroidissement en prismes rhombiques, à reflets violets. Il fond à 150° et se décompose à une température plus élevée, sans explosion. Il se dissout dans l'ammoniaque sans s'y combiner; la solution donne avec le nitrate d'argent un précipité rouge écarlate, gélatineux, devenant cristallin après quelque temps et qui se réduit à chaud et détone à 100°; il renferme $C^{12}H^9Az^2O.Ag$. On obtient de même un précipité plombique jaune.

Le chlorure de benzoyle le convertit en un dérivé *benzoylé* $C^{12}H^9(C^7H^5O)Az^2O$, cristallisant en plaques, mamelons ou tétraèdres qui se dissolvent aisément dans le toluène, plus difficilement dans l'éther et encore moins dans l'alcool.

Chauffé à 100° dans 3 à 4 p. d'acide sulfurique fumant, l'oxyazobenzol donne un acide *sulfoconjugué* $C^{12}H^9Az^2O.SO^3H$ qui forme des octaèdres modifiés, très-solubles dans l'eau. Son sel de baryum $(C^{12}H^9Az^2O.SO^3)^2Ba + 2H^2O$ cristallise en lamelles jaune d'or peu solubles; les sels de *cuivre* et de *magnésium* sont très-solubles et contiennent $6H^2O$, celui de *potassium* est anhydre [Tschirvinsky, *Deutsch. Chem. Gesellsch.*, 1873, t. VI, p. 560].

Traité par le perchlorure de phosphore et ensuite par l'eau, l'oxyazobenzol donne une substance cristallisant en longues aiguilles orangées, que Kekulé regarde comme *oxy-azoxybenzol*,

PHÉNOL-BIDIAZOBENZOL,

$$O \begin{matrix} \diagup Az(C^6H^5) \\ \diagdown Az(C^6H^4.OH). \end{matrix}$$

— La partie insoluble dans l'alcool froid se dissout dans l'alcool bouillant et cristallise en lamelles ou aiguilles brillantes d'un rouge-brun, fusibles à 131°, solubles dans l'éther, insolubles dans l'eau. Ce corps, le *phénol-bidiazobenzol*,

$$C^{18}H^{14}Az^4O = C^6H^6O + 2\,C^6H^4Az^2,$$

donne avec la potasse une solution rouge, de même qu'avec les acides sulfurique et chlorhydrique, mais sans former de combinaison; l'ammoniaque ne le dissout presque pas [Griess, *Ann. der Chem. u. Pharm.*, t. CXXXVII, p. 84; *Bull. de la Soc. chim.*, 1866, t. VI, p. 78]. A. H.

**PHÉNYLANGÉLIQUE (ACIDE),**

$$C^{11}H^{12}O^2 = C^6H^5, C^4H^6(CO^2H)$$

[Fittig et Bieber, *Zeitsch. für Chem.*, nouv. sér., t. V, p. 332, et *Bull. de la Soc. chim.*, 1869, t. XII, p. 392]. — Cet acide prend naissance dans l'action du chlorure de butyryle sur l'essence d'amandes amères, dans les mêmes conditions qui ont fourni à Bertagnini l'acide cinnamique ou phénylacrylique avec le chlorure d'acétyle. — Voyez t. I, p. 915.

On chauffe le mélange à 140° et on obtient un acide que l'on purifie par cristallisation de son sel de calcium et décomposition de celui-ci par l'acide chlorhydrique. Cet acide prend naissance en vertu de l'équation suivante :

$$C^7H^6O + C^4H^7O,Cl = C^{11}H^{12}O^2 + HCl.$$

| Hydrure de benzoyle. | Chlorure de butyryle. | Acide phényl-angélique. | Acide chlorhydrique. |
|---|---|---|---|

Le rendement est très-faible, la majeure partie de l'hydrure de benzoyle se résinifiant.

L'acide phénylangélique est peu soluble dans l'eau froide, assez soluble dans l'eau bouillante d'où il cristallise en fines aiguilles, fusibles à 81°, et se volatilisant avec la vapeur d'eau. Soumis à l'oxydation, il donne de l'acide benzoïque comme le fait l'acide cinnamique.

Les *sels de baryum* et *de calcium* cristallisent en aiguilles incolores, groupées en fougères, peu solubles dans l'eau froide. Le chlorure ferrique produit dans leurs solutions un précipité jaune clair. E. G.

**PHÉNYLBENZINE (DI-),**

$$C^6H^4(C^6H^5)^2 = C^{18}H^{14}$$

[Riese, *Zeitsch. für Chem.*, nouv. sér., t. VI, p. 192, et *Bull. de la Soc. chim.*, 1870, t. XIV, p. 290]. — La benzine bibromée fusible à 89° est difficilement attaquée par le sodium. Il se forme une masse solide renfermant du diphényle et un nouvel hydrocarbure, la diphénylbenzine, $C^{18}H^{14}$. Ce corps fond à 205° et bout vers 400°. Il s'en produit une plus grande quantité par l'action du sodium sur un mélange de monobromo- et de bibromobenzine. E. G.

**PHÉNYLBENZYLE.** — Voyez PHÉNYLPROPYLÈNE.

**PHÉNYLBIURET** [Hofmann, *Deutsch. Chem. Gesellsch.*, t. IV, p. 246 et 362; *Bull. de la Soc. chim.*, 1871, t. XV, p. 197 et 199]. — On sait que le biuret dérive de la condensation de 2 molécules d'urée avec élimination d'une molécule d'ammoniaque, et ses relations avec les éthers allophaniques sont représentées par les formules suivantes :

$$CO \begin{cases} AzH{-}CO{-}AzH^2 \\ OC^2H^5 \end{cases} \qquad CO \begin{cases} AzH{-}CO{-}AzH^2 \\ AzH^2 \end{cases}$$

Éther allophanique. Biuret.

On connaît plusieurs composés qui représentent du biuret dans lequel deux ou trois groupes $C^6H^5$ sont substitués à l'hydrogène. Ce sont le *diphénylbiuret* α, le *diphénylbiuret* β, et le *triphénylbiuret*.

DIPHÉNYLBIURET α, $(CO)^2(C^6H^5)^2Az^3H^3$. — Il se forme par l'action à 190° de l'aniline sur le biuret, ou par celle de l'aniline sur l'éther allophanique à la température de l'ébullition. Il se présente sous l'aspect d'une masse d'aiguilles feutrées qu'on purifie par lavage à l'acide chlorhydrique faible et cristallisation dans l'alcool. Il fond à 210°. Sa constitution est représentée par la formule

$$CO\left\{\begin{matrix} AzH\text{-}CO\text{-}AzH\,C^6H^5 \\ AzH(C^6H^5). \end{matrix}\right.$$

Le gaz chlorhydrique le décompose en cyanate de phényle et aniline.

DIPHÉNYLBIURET β, $(CO)^2(C^6H^5)^2Az^3H^3$. — Il se produit par l'action de l'alcool ammoniacal sur le dicyanate de phényle, et la réaction est immédiate. Il est représenté par la formule de constitution :

$$CO\left\{\begin{matrix} AzC^6H^5\text{-}CO\text{-}AzH,C^6H^5 \\ AzH^2. \end{matrix}\right.$$

Son mode de formation est analogue à celui du diphénylallophanate d'éthyle, produit par l'action de l'alcool sur le dicyanate de phényle, et qui est représenté par la formule

$$CO\left\{\begin{matrix} AzC^6H^5\text{-}CO\text{-}AzH,C^6H^5 \\ O\,C^2H^5, \end{matrix}\right.$$

qui montre les relations des diphénylallophanates avec le β-diphénylbiuret.

Le diphénylbiuret β est insoluble dans l'eau, peu soluble dans l'éther; il se dépose de sa solution alcoolique bouillante en prismes pyramidés, fusibles à 165°. Le gaz chlorhydrique le décompose en cyanate de phényle et ammoniaque.

TRIPHÉNYLBIURET, $(CO)^2(C^6H^5)^3Az^3H^2$. — Il se prépare par la digestion prolongée au bain-marie d'une molécule d'aniline et d'une molécule de dicyanate de phényle. Il est représenté par la formule

$$CO\left\{\begin{matrix} AzC^6H^5\text{-}CO\text{-}AzH\,C^6H^5 \\ AzH(C^6H^5). \end{matrix}\right.$$

Il cristallise dans l'alcool en beaux prismes fusibles à 147°.

M. Schiff a obtenu un composé de même composition, et qu'il a aussi appelé *triphénylbiuret*, dans les produits de la distillation sèche du *phénylcarbamate d'éthyle*. Ce corps cristallise mal; il fond à 105°. La distillation le convertit en cyanurate de phényle, fusible à 214°, et en diphénylcarbamide [H. Schiff, *Bull. de la Soc. chim.*, 1870, t. XIV, p. 285]. E. G.

**PHÉNYLBUTYLÈNE**, $C^6H^5\text{-}C^4H^7 = C^{10}H^{12}$ [Aronheim, *Bull. de la Soc. chim.*, 1873, t. XIX, p. 258 et 412]. — Obtenu par l'action du sodium sur un mélange de chlorure de benzyle et d'iodure d'allyle, cet hydrocarbure est liquide, bouillant à 176-178°, d'une densité de 0,9015 à 15°,5. Son bromure $C^{10}H^{12}Br^2$ est huileux : dirigé sur la chaux au rouge, ce bromure donne de la naphtaline.

**PHÉNYLCARBAMIDES** (*phénylurées*). — Les phénylcarbamides sont des dérivés phénylés de la carbamide ou urée. Gerhardt avait donné le nom de phénylurée à l'amidobenzamide, et de diphénylurée à la diamidobenzophénone ou flavine, mais ces corps ne sont que des isomères des phénylcarbamides, qui sont obtenues par les moyens généraux employés pour la préparation des urées composées. Les phénylcarbamides ou phénylurées comprennent la monophénylurée et la diphénylurée. On connaît en outre les composés analogues dont l'oxygène est remplacé par le soufre ; ce sont la phénylsulfo-urée ou phénylsulfocarbamide et la diphénylsulfo-urée ou diphénylsulfocarbamide. — Voyez PHÉNYLSULFOCARBAMIDES.

PHÉNYLCARBAMIDE (*phénylurée, carbanilamide*),

$$CO\left\{\begin{matrix} AzH(C^6H^5) \\ AzH^2 \end{matrix}\right.$$

[Hofmann, *Ann. der Chem. u. Pharm.*, t. LVII, p. 265; t. LXX, p. 129; *Ann. de Chim. et de Phys.*, (3), t. XXVIII, p. 439].

La phénylurée a été obtenue par Hofmann dans diverses réactions : 1° en dirigeant dans de l'aniline anhydre et bien refroidie les vapeurs d'acide cyanique; 2° en préparant du chlorure de cyanogène par l'action du chlore sur l'acide cyanhydrique aqueux et en traitant par l'aniline le liquide ainsi produit; 3° en traitant le cyanate de phényle (phénylcarbimide) par l'ammoniaque; 4° en mélangeant une solution de sulfate ou de chlorhydrate d'aniline avec une solution de cyanate de potassium. Le liquide se prend au bout de quelques heures en une masse cristalline, formée de phénylurée et de sulfate de potassium. On les sépare en mettant à profit la propriété de la phénylurée d'être très-soluble dans l'eau bouillante, et peu soluble dans l'eau froide.

La phénylurée est très-soluble dans l'alcool et dans l'éther; elle peut être chauffée avec les alcalis et les acides faibles sans être altérée. La potasse concentrée la décompose en mettant en liberté de l'ammoniaque et de l'aniline. Chauffée avec de l'acide sulfurique, elle dégage de l'acide carbonique et il se forme de l'acide sulfanilique.

Elle ne se combine pas avec les acides. Quand on la chauffe, elle fond, puis se décompose en donnant de la diphénylurée et de l'acide cyanurique.

*Nitrophénylurée*,

$$CO\left\{\begin{matrix} AzH(C^6H^4,AzO^2) \\ AzH^2 \end{matrix}\right.$$

[Hofmann, *Mém. cit.*]. — Ce composé se produit lorsqu'on fait agir le chlorure de cyanogène humide sur la nitraniline. Il est en longues aiguilles jaunes.

PHÉNYLÉTHYLCARBAMIDE (*phényléthylurée*),

$$CO\left\{\begin{matrix} AzH(C^6H^5) \\ AzH(C^2H^5) \end{matrix}\right.$$

[Wurtz, *Compt. rend. de l'Acad.*, t. XXXII, p. 417]. — Le cyanate d'éthyle dissout l'aniline avec dégagement de chaleur; par le refroidissement, la liqueur se prend en une masse cristalline de phényléthylurée. La potasse décompose lentement ce corps en aniline, éthylamine et acide carbonique.

DIPHÉNYLCARBAMIDE (*diphénylurée, carbanilide*),

$$CO\left\{\begin{matrix} AzH(C^6H^5) \\ AzH(C^6H^5) \end{matrix}\right.$$

[Hofmann, *Mém. cit.*].— Cette carbamide s'obtient:

1° Lorsqu'on fait passer du gaz chloroxycarbonique dans l'aniline. Celle-ci se solidifie bientôt en dégageant beaucoup de chaleur et se transforme en diphénylurée et chlorhydrate d'aniline, on enlève ce dernier par l'eau bouillante, qui ne dissout pas la diphénylurée;

2° Dans la décomposition par la chaleur de la phénylurée;

3° Lorsqu'on fait chauffer la diphénylsulfocarbamide avec une dissolution alcoolique de potasse, ou lorsqu'on chauffe avec de l'oxyde de mercure une solution alcoolique de phény sulfocarbamide;

4° En traitant le cyanate de phényle par l'aniline;

5° Dans la décomposition par la baryte du phénylcarbamate d'éthyle,

$$CO\left\{\begin{matrix} AzH(C^6H^5) \\ O\,C^2H^5 \end{matrix}\right.$$

[Willm et Wischin, *Bull. de la Soc. chim.*, 1869, t. XI, p. 252];

6° En chauffant l'aniline avec le phénylcarbamate d'éthyle,

$$CO\left\{\begin{matrix} AzH(C^6H^5) \\ O\,C^2H^5 \end{matrix}\right. + C^6H^5,AzH^2 = CO(AzH,C^6H^5)^2 + C^2H^6O$$

(Willm et Wischin);

7° Dans la distillation sèche du phénylcarbamate d'éthyle [H. Schiff, *Bull. de la Soc. chim.*, 1870, t. XIV, p. 284].

La diphénylcarbamide est très-peu soluble dans l'eau, très-soluble dans l'alcool et l'éther. Elle se sépare de sa solution alcoolique bouillante en belles aiguilles soyeuses, fusibles à 205° (Hofmann), à 225° (Willm et Wischin). Elle se volatilise sans altération. L'acide sulfurique concentré la transforme en acide sulfanilique. Distillée avec du chlorure de zinc ou de l'acide phosphorique anhydre, elle se dédouble en aniline et cyanate de phényle ou phénylcarbimide, $COAzC^6H^5$ [Hofmann, *Ann. de Chim. et de Phys.*, (3), t. LIV, p. 197].

DIPHÉNYLCARBAMIDE DIBROMÉE,

$$CO(AzH, C^6H^4Br)^2$$

[Otto, *Deutsch, Chem. Gesells.*, 1869, p. 408, et *Bull. de la Soc. chim.*, 1870, t. XIII, p. 167]. — On l'obtient en chauffant à 150-170° de la bromaniline avec de l'urée. Elle se produit également lorsqu'on traite par le brome la sulfocarbanilide ou diphénylsulfocarbamide, $CS(AzH, C^6H^5)^2$, en solution alcoolique; dans ce dernier cas, il se dépose du soufre.

Ce corps cristallise en petits prismes réguliers, ne se dissolvant que difficilement dans l'alcool bouillant. Il se sublime sans fondre à 220-225°.

DIPHÉNYLCARBAMIDE TÉTRABROMÉE,

$$CO(AzH, C^6H^3Br^2)^2$$

(Otto). — Elle se produit lorsqu'on chauffe à 100° en vases clos avec du brome une solution alcoolique de diphénylsulfocarbamide. Elle cristallise en aiguilles soyeuses, blanches, se sublimant vers 230-235°. E. G.

**PHÉNYLCARBAMIQUE (ACIDE)** (*acide carbanilique*). — On a longtemps considéré l'acide anthranilique comme de l'acide phénylcarbamique,

$$CO\begin{cases}AzH(C^6H^5)\\OH,\end{cases}$$

mais des recherches récentes ont montré que l'acide anthranilique est un acide benzoïque amidé [voyez OXYBENZAMIQUE (ACIDE), t. II, p. 697]. Il est probable que le composé qui aurait la formule précédente ne peut pas plus exister que l'acide carbamique, l'acide éthylcarbamique (voyez t. I, p. 743); mais de même qu'on connaît des éthers de l'acide carbamique, de même on connaît des éthers de l'acide phénylcarbamique; tels sont le phénylcarbamate d'éthyle, le phénylcarbamate de phényle. On connaît aussi le carbamate de phényle,

$$CO\begin{cases}AzH^2\\OC^6H^5,\end{cases}$$

isomère de l'acide phénylcabarmique inconnu.

PHÉNYLCARBAMATE D'ÉTHYLE (*éther carbanilique ou phényluréthane*),

$$CO\begin{cases}AzH(C^6H^5)\\OC^2H^5\end{cases} = C^9H^{11}AzO^2.$$

— Ce corps a été primitivement obtenu par Hofmann dans l'action de l'alcool sur le cyanate de phényle (phénylcarbimide),

$$COAz(C^6H^5) + C^2H^5.OH = CO\begin{cases}AzH(C^6H^5)\\OC^2H^5.\end{cases}$$

MM. Willm et Wischin l'ont préparé par l'action de l'éther chloroxycarbonique sur l'aniline; ils font tomber goutte à goutte de l'éther chloroxycarbonique sur de l'aniline renfermée dans un ballon muni d'un réfrigérant ascendant (1 p. d'éther pour 2 p. d'aniline) : il se produit une réaction très-vive; lorsqu'elle est calmée, on chauffe une demi-heure à 100°. Après refroidissement, on lave les cristaux formés avec un peu d'eau aiguisée d'acide chlorhydrique, pour enlever le chlorhydrate d'aniline. On les purifie par distillation ou par cristallisation dans l'eau chaude.

Le phénylcarbamate d'éthyle cristallise en aiguilles fines, fusibles entre 51°,5 et 52°. Il distille sans altération entre 237° et 238° et se sublime déjà à une température moins élevée. Il est entraîné par la distillation avec les vapeurs d'eau. Il est peu soluble dans l'eau bouillante, insoluble dans l'eau froide; il se dissout facilement dans l'alcool et dans l'éther. Bouilli avec l'eau de baryte, il se décompose en carbonate, alcool et aniline. Avec la potasse concentrée, il donne de la diphénylurée [Willm et Wischin, *Ann. der Chem. u. Pharm.*, t. CXLVII, p. 157, et *Bull. de la Soc. chim.*, 1869, t. XI, p. 252].

Le phénylcarbamate d'éthyle se dédouble par la distillation en cyanate de phényle et alcool, et ce mélange abandonné à lui-même fournit de nouveau l'éther phénylcarbamique [Hofmann, *Deutsch. Chem. Gesells.*, t. III, p. 653, et *Bull. de la Soc. chim.*, 1870, t. XIV, p. 182]. Suivant Schiff, lorsqu'on chauffe l'éther phénylcarbamique, il distille un liquide incolore entre 230° et 235°. Le produit distillé se concrète en partie, et abandonné plusieurs jours à lui-même, perd l'odeur du cyanate de phényle. Les produits solides peuvent être séparés par cristallisations fractionnées dans l'alcool, en cyanurate de phényle, en diphénylurée et en un troisième corps qui paraît être le *triphénylbiuret* (voyez PHÉNYLCARBIMIDE) [Schiff, *Deutsch. Chem. Gesells.*, t. III, p. 649, et *Bull. de la Soc. chim.*, 1870, t. XIV, p. 283].

Le phénylcarbamate d'éthyle, distillé avec de l'anhydride phosphorique, fournit du cyanate de phényle en abondance (Hofmann).

ÉTHER CARBANILIQUE OXYSULFURÉ, $C^9H^{11}AzSO$ [Hofmann, *Bull. de la Soc. chim.*, 1869, t. XII, p. 366]. — Lorsqu'on chauffe à 110-115° avec de l'alcool absolu, la phénylsulfocarbimide (essence de moutarde phénylée), $CS, AzC^6H^5$, il y a combinaison et la solution, précipitée par l'eau, donne une masse cristalline qui constitue l'éther carbanilique oxysulfuré ou phényloxysulfocarbamate d'éthyle,

$$CS\begin{cases}AzH(C^6H^5)\\OC^2H^5.\end{cases}$$

Ce composé, cristallisé dans l'alcool, fond à 65°.

ÉTHER CARBANILIQUE SULFURÉ,

$$CS\begin{cases}AzH(C^6H^5)\\SC^2H^5.\end{cases}$$

— Ce composé s'obtient par l'action du mercaptan sur la phénylsulfocarbimide. Il cristallise bien et fond à 56°. Il représente l'éther carbanilique dont les 2 atomes d'oxygène sont remplacés par 2 atomes de soufre.

PHÉNYLCARBAMATE DE PHÉNYLE,

$$CO\begin{cases}AzH(C^6H^5)\\OC^6H^5\end{cases}$$

[Hofmann, *Deutsch. Chem. Gesells.*, t. IV, p. 246, et *Bull. de la Soc. chim.*, 1871, t. XV, p. 196]. — Il se produit lorsqu'on chauffe à 150° du dicyanate de phényle en solution éthérée avec un excès de phénol. Il est probable qu'il se produirait avec le cyanate de phényle, suivant la réaction par laquelle les alcools et les phénols transforment les éthers cyaniques en éthers carbamiques. Le phénylcarbamate de phényle forme des aiguilles solubles dans l'alcool, insolubles dans l'eau, fusibles dans l'eau bouillante, fondant à l'état sec à 122°.

CARBAMATE DE PHÉNYLE,

$$CO\begin{cases}AzH^2\\OC^6H^5\end{cases}$$

[Kempf, *Deutsch. Chem. Gesells.*, t. II, p. 652 et 740, et *Bull. de la Soc. chim.*, 1870, t. XIII, p. 430]. — Lorsqu'on traite 3 p. de phénol par le chlorure de carbonyle liquide (2 p.) à 140° ou 150°, et qu'on soumet le produit de la réaction à la distillation, il passe un liquide d'une odeur piquante, très-altérable, tandis que dans la cornue il reste du carbonate de phényle. Le liquide distillé paraît renfermer du chloroxycarbonate de phényle; traité par l'ammoniaque en solution éthérée, il fournit du carbamate de phényle.

Le carbamate de phényle cristallise en belles lamelles fusibles à 141°, solubles dans l'eau, l'alcool et l'éther. La potasse le transforme en carbonate et phénate alcalins, tandis qu'il se dégage de l'ammoniaque. A 140-150°, l'ammoniaque le convertit en urée et en phénol.

Ce corps devrait porter le nom de phényluréthane, car il est constitué comme l'amyluréthane ou carbamate d'amyle, mais on a donné le nom de phényluréthane au phénylcarbamate d'éthyle,

$$CO\left\{\begin{array}{l}AzH(C^6H^5)\\OC^2H^5.\end{array}\right.$$

E. G.

**PHÉNYLCARBIMIDE** (*cyanate de phényle*). — La phénylcarbimide ou cyanate de phényle a été découverte et étudiée par Hofmann. On connaît en outre des polymères de ce corps, que nous décrirons après lui, le dicyanate de phényle et les cyanurates de phényle.

CYANATE DE PHÉNYLE, $CO,AzC^6H^5$ [Hofmann, *Ann. de Chim. et de Phys.*, (3), 1850, t. XXVIII, p. 438]. — Ce corps, appelé d'abord acide anilocyanique, a été obtenu primitivement par la distillation sèche de la mélanoxymide ou oxalyldiphénylguanidine. Mais dans ces conditions il ne s'en forme que de petites quantités. Il se produit plus facilement par la distillation de la diphénylcarbamide avec l'anhydride phosphorique; on remplace avantageusement la diphénylcarbamide par l'oxanilide, qui fournit pareillement du cyanate de phényle par la distillation avec l'anhydride phosphorique. On peut admettre que dans la première phase de la réaction l'oxanilide perd de l'oxyde de carbone et se transforme en diphénylcarbamide:

$$\underset{\text{Oxanilide.}}{C^2O^2(AzH,C^6H^5)^2} = CO + \underset{\text{Diphénylurée.}}{CO(AzH,C^6H^5)^2}$$

[Hofmann, *Ann. de Chim. et de Phys.*, (3), t. LIV, p. 202].

Le cyanate de phényle se produit aussi lorsqu'on distille avec l'anhydride phosphorique, l'éther carbanilique oxysulfuré ou phényloxysulfocarbamate d'éthyle,

$$CS\left\{\begin{array}{l}AzH,C^6H^5\\OC^2H^5\end{array}\right.$$

[voyez PHÉNYLCARBAMIQUE (ACIDE)], mais le procédé le plus avantageux consiste à distiller avec l'anhydride phosphorique, la phényluréthane ou phénylcarbamate d'éthyle,

$$CO\left\{\begin{array}{l}AzH,C^6H^5\\OC^2H^5.\end{array}\right.$$

Le rendement n'est pas très-éloigné du rendement théorique [Hofmann, *Bull. de la Soc. chim.*, 1869, t. XII, p. 366, et 1870, t. XIV, p. 282].

Le cyanate de phényle est un liquide incolore, très-réfringent, d'une odeur excessivement irritante, et qu'il faut manier avec précaution. Il bout à 163°. Il est plus dense que l'eau; sa densité à 15° est égale à 1,092. L'eau le décompose en diphénylurée; l'ammoniaque le convertit en phénylurée,

$$CO\left\{\begin{array}{l}AzH,C^6H^5\\AzH^2;\end{array}\right.$$

avec l'aniline, il donne de la diphénylurée. Avec l'alcool, il donne du phénylcarbamate d'éthyle; avec le phénol, du phénylcarbamate de phényle.

Sous l'influence d'une goutte de triéthylphosphine, le cyanate de phényle se transforme en un produit cristallisé, qui avait d'abord été pris pour du cyanurate de phényle, mais que M. Hofmann a reconnu depuis être du dicyanate de phényle, $(CO,AzC^6H^5)^2$.

DICYANATE DE PHÉNYLE, $(CO,AzC^6H^5)^2$ [Hofmann, *Deutsch. Chem. Gesellsch.*, t. IV, p. 246, et *Bull. de la Soc. chim.*, 1871, t. XV, p. 195]. — Lorsqu'on plonge une baguette de verre qui a touché la triéthylphosphine dans du cyanate de phényle, celui-ci se transforme en une masse cristalline, qui présente la même composition, mais qui diffère du cyanate et du cyanurate de phényle.

Ce corps fond à 175°; on ne peut en prendre la densité de vapeur pour en connaître le poids moléculaire, car par la distillation il régénère le cyanate de phényle. Le cyanate de phényle ainsi produit se prend au bout de quelques heures en cristaux de dicyanate. Néanmoins on n'arrive pas à polymériser le cyanate de phényle par en y introduisant quelques cristaux de dicyanate.

Le dicyanate se dissout difficilement dans l'éther, d'où il se sépare à l'état de pureté en belles lames irisées. Les autres dissolvants le modifient, notamment l'alcool. Lorsqu'on fait bouillir les cristaux, même avec un excès d'alcool, une partie reste non dissoute; mais au bout de plusieurs heures, le liquide alcoolique s'éclaircit et par le refroidissement il se dépose des cristaux de *diphénylallophanate d'éthyle*, $C^{16}H^{16}Az^2O^3$. — Voyez p. 886.

Avec le phénol, la réaction n'a lieu qu'à 150°, et se produit dans un autre sens: le dicyanate se dédouble en 2 molécules de cyanate, qui, en réagissant sur le phénol, fournit du *phénylcarbamate de phényle*:

$$\underset{\substack{\text{Dicyanate}\\\text{de phényle.}}}{(COAzC^6H^5)^2} + \underset{\text{Phénol.}}{2C^6H^6O}$$

$$= 2\left[\underset{\substack{\text{Phénylcarbamate}\\\text{de phényle.}}}{CO\left\{\begin{array}{l}AzH(C^6H^5)\\OC^6H^5\end{array}\right.}\right]$$

L'alcool ammoniacal le transforme en diphénylbiuret, $C^2H^3(C^6H^5)^2Az^3O^2$ (voyez PHÉNYLBIURET, t. II, p. 879). Par une digestion prolongée avec l'aniline, il se convertit en triphénylbiuret,

$$C^{20}H^{17}Az^3O^2.$$

Ces diverses réactions prouvent que le produit de polymérisation du cyanate de phényle par la triéthylphosphine est bien du dicyanate de phényle.

CYANURATES DE PHÉNYLE, $C^3O^3Az^3(C^6H^5)^3$. — On en connaît deux: l'un correspond aux éthers cyaniques vrais de Cloëz, l'autre est un polymère de la phénylcarbimide que nous avons décrite plus haut.

CYANURATE DE PHÉNYLE (*éther phénylcyanurique*) [Hofmann et Olshausen, *Compt. rend.*, t. LXX, p. 1013, et *Bull. de la Soc. chim.*, 1870, t. XIV, p. 164]. — Le chlorure de cyanogène réagit sur le phénate de sodium dissous dans l'alcool; la liqueur séparée du sel marin donne, par l'addition de l'eau, une huile qui, soumise à la distillation, fournit d'abord du phénol; lorsque le résidu de la distillation se concrète par le refroidissement, on le lave à l'alcool froid, et on fait cristalliser le magma cristallin blanc dans de l'alcool bouillant, qui abandonne le cyanurate de phényle en longues aiguilles presque insolubles dans l'eau et dans l'éther, solubles dans la benzine. Ce corps fond à 224°.

ISOCYANURATE DE PHÉNYLE. — La triphénylmélamine, polymère de la phénylcyanamide (voyez ce mot), portée à l'ébullition avec de l'acide chlorhydrique, perd de l'ammoniaque, fixe de l'eau et se transforme en isocyanurate de phényle :

$$C^3H^3(C^6H^5)^3Az^6 + 3H^2O$$
Triphénylmélamine.
$$= C^3(C^6H^5)^3Az^3O^3 + 3AzH^3.$$
Isocyanurate de phényle.

L'isocyanurate de phényle est en prismes brillants et incolores, insolubles dans l'eau froide et dans l'eau bouillante, peu solubles dans l'alcool froid, solubles dans l'alcool bouillant et dans l'éther. Il fond à 264°. E. G.

**PHÉNYLCYANAMIDE** (*cyananilide*),

$$CAz.AzH(C^6H^5)$$

[Cahours et Cloëz, *Compt. rend. de l'Acad.*, 1854, t. XXXVIII, n° 355]. Lorsqu'on fait arriver un courant de chlorure de cyanogène gazeux, pur et bien sec. dans de l'éther anhydre et bien refroidi renfermant de l'aniline en solution, on voit bientôt se former un dépôt de chlorhydrate d'aniline. On sépare celui-ci par le filtre et on soumet la solution éthérée à la distillation. Il reste une matière visqueuse, qui se concrète par le refroidissement.

La phénylcyanamide possède une couleur rougeâtre, et présente l'aspect de la colophane. Elle est insoluble dans l'eau, facilement soluble dans l'alcool et dans l'éther. Suivant Hofmann, la phénylcyanamide s'obtient aussi lorsqu'on chauffe la solution alcoolique de la phénylsulfo-urée ou monophénylsulfocarbamide avec de l'oxyde de plomb :

$$CS\left\{\begin{matrix}AzH(C^6H^5)\\AzH^2\end{matrix}\right. + PbO$$
Phénylsulfo-urée.
$$= CAz,AzH(C^6H^5) + PbS + H^2O.$$
Phénylcyanamide.

Elle fond à 36° et se transforme à la température ordinaire en *triphénylmélamine* ou *triphénylcyanuramide*, $C^3Az^3H^3(C^6H^5)^3$ [Hofmann, *Deutsch. Chem. Gesellsch.*, t. III, p. 264, et *Bull. de la Soc. chim.*, 1870, t. XIV, p. 162].

La phénylcyanamide dissoute dans l'alcool et chauffée au bain-marie avec du chlorhydrate d'aniline s'y combine en donnant du chlorhydrate de mélaniline ou diphénylguanidine β (Cahours et Cloëz). — Voyez PHÉNYLGUANIDINES.

*Chlorocyanilide* appelée aussi *chlorophénylcyanilide*. $C^{15}H^{12}Az^5Cl$ [Laurent, *Compt. rend. des trav. de chim.*, 1846, p. 300]. — Ce corps n'est pas, comme on pourrait le croire d'après son nom, un produit de substitution chloré de la phénylcyanamide. Il représente une combinaison de chlorure de cyanogène et de phénylcyanamide :

$$C^{15}H^{12}Az^5Cl = [CAz,AzH(C^6H^5)]^2 + CAzCl.$$

On l'obtient en jetant du chlorure de cyanogène solide et réduit en poudre dans un ballon qui renferme de l'eau tiède, de l'aniline et un peu d'alcool. Il se produit immédiatement une poudre blanche de chlorocyanilide.

Ce corps cristallise dans l'alcool bouillant, où il est un peu soluble, en lames brillantes, fondant par la chaleur en un liquide transparent, qui cristallise très-bien en aiguilles radiées. Par une forte chaleur, il perd de l'acide chlorhydrique.

**PHÉNYLCYANURAMIDE** (*triphénylmélamine*),

$$C^3H^3(C^6H^5)^3Az^6$$

[Hofmann, *Mém. cité*]. — Ce corps s'obtient par la polymérisation spontanée, à la température ordinaire, de la phénylcyanamide.

La triphénylmélamine cristallise dans l'alcool en beaux prismes pyramidés, insolubles dans l'eau froide, peu solubles dans l'eau bouillante, fusibles à 162-163°. Son chloroplatinate renferme

$$C^3H^3(C^6H^5)^3Az^6,2HCl,PtCl^4.$$

Lorsqu'on fait bouillir sa solution alcoolique avec de l'acide chlorhydrique, il se forme de l'*isocyanurate de phényle*, fusible à 264°. E. G.

**PHÉNYLE.** — Le nom de phényle s'applique au groupement $C^6H^5$ qui existe dans un très-grand nombre de composés : la benzine ou l'hydrure de phényle $C^6H^5,H$, le phénol ou hydrate de phényle $C^6H^5,OH$, la phénylamine ou aniline $C^6H^5,AzH^2$, etc., et tous les corps appartenant à la série dite *phénylique*. Mais on donne aussi par abréviation le nom de phényle au carbure

$$C^{12}H^{10} = (C^6H^5)^2,$$

appelé quelquefois diphényle, obtenu d'abord par List et Limpricht en chauffant avec l'acide sulfurique concentré l'huile incolore que fournit la distillation sèche du benzoate de cuivre [*Ann. der Chem. u. Pharm.*, t. XC, p. 209].

Le phényle ou diphényle a été obtenu dans l'action du sodium sur la benzine bromée par M. Fittig, qui eut l'heureuse idée d'appliquer aux composés de la série aromatique le procédé par lequel M. Wurtz avait obtenu un grand nombre d'hydrocarbures de la série grasse :

$$(C^6H^5Br)^2 + Na^2 = C^6H^5,C^6H^5 + 2NaBr.$$

M. Berthelot a préparé le diphényle en dirigeant de la vapeur de benzine dans un tube de porcelaine au rouge vif. Cet hydrocarbure se produit également, suivant R. Brœnner, dans la distillation du benzoate de calcium avec la chaux pour l'obtention de la benzine, et suivant Pfannkuch, dans la distillation d'un mélange de phénate de potassium et de benzoate de potassium. Le diphényle et ses dérivés ont surtout été étudiés par M. Fittig [*Ann. der Chem. u. Pharm.*, t. CXXI, p. 361, t. CXXIX, p. 275, t. CXXXII, p. 201; *Répert. de Chim. pure*, 1862, p. 29; *Bull. de la Soc. chim.*, 1863, p. 265; *ibid.*, 1865, t. III, p. 288; — Berthelot, *Bull. de la Soc. chim.*, 1866, t. VI, p. 265; — Brœnner, même recueil, 1870, t. XIII, p. 214; — Pfannkuch, *Journ. für prakt. Chem.*, (2), t. I, p. 451, et *Bull. de la Soc. chim.*, 1870, t. XIV, p. 40].

Le diphényle se prépare d'ordinaire par l'action du sodium sur la bromobenzine bien sèche et privée d'acide bromhydrique. On mêle la benzine bromée avec son volume d'éther anhydre et l'on ajoute du sodium; la réaction commence immédiatement et l'éther entre en ébullition. La réaction terminée, on épuise le tout avec de l'éther et on distille les liqueurs éthérées. Il reste un liquide jaune oléagineux, qui passe à une température élevée et se prend par le refroidissement en une masse cristalline de diphényle qu'on purifie en l'exprimant dans du papier et le dissolvant dans l'alcool, qui le dépose en cristaux.

MM. Engelhardt et Latschinow préparent de la benzine bromée avec 780 grammes de benzine, 25 grammes d'iode et 1,246 grammes de brome; lorsque la réaction paraît achevée, on la termine en chauffant quelque temps au bain-marie; on lave ensuite avec de la soude caustique, on dessèche sur le chlorure de calcium et on distille. Ce qui passe au-dessous de 150° est un mélange de benzine et de benzine bromée qu'on lave avec de la potasse caustique, qu'on dessèche et qu'on soumet pendant quelque temps à l'action de l'acide carbonique pour lui enlever les dernières traces d'eau et d'acide bromhydrique. Le liquide est versé dans une cornue, et additionné de 170 grammes de sodium en menus morceaux; on chauffe doucement si la réaction ne s'établit pas d'elle-même; lorsqu'elle commence, on refroidit avec soin, puis on procède à la distillation. Le produit distillé, soumis à la rectification, se scinde en benzine, en diphényle et en un liquide qui se concrète par le refroidissement, mais qui n'est pas volatil et se décompose par la chaleur. En opérant ainsi, avec les 780 grammes de benzine employés, les auteurs ont recueilli 120 grammes de phényle purifié [*Zeit. für Chem.*, t. VII, p. 259, et *Bull. de la Soc chim.*, 1871, t. XVI, p. 323].

Le procédé de M. Berthelot fournit des rendements satisfaisants et paraît plus avantageux que le précédent.

Le diphényle cristallise en grandes lames incolores, transparentes, cassantes et douées de beaucoup d'éclat. Insoluble dans l'eau, il se dissout facilement à chaud dans l'alcool et dans l'éther. Il fond à 70°,5 et bout à 239-240°. Traité par le brome ou par l'acide nitrique, il fournit des produits de substitution; avec l'acide sulfurique, il donne des acides sulfoconjugués (voir plus loin). Chauffé à 180° avec 80 p. d'acide iodhydrique, il fournit comme produit principal de l'hydrure d'hexyle $C^6H^{14}$; avec 20 p. d'hydracide seulement, il donne surtout de la benzine [Berthelot, *Bull. de la Soc. chim.*, 1868, t. IX, p. 268].

DÉRIVÉS SULFOCONJUGUÉS. — ACIDE DIPHÉNYLSULFUREUX, $C^{12}H^9,SO^3H$ [Engelhardt et Latschinow, *Mém. cit.*]. — On fait chauffer 50 grammes de diphényle avec 70 grammes d'acide sulfurique au bain de sable jusqu'à ce qu'il y ait un dégagement d'eau et de diphényle; on étend d'eau, on sépare l'excès de diphényle et on sature incomplétement par le carbonate de potassium. Il cristallise d'abord du diphénylsulfite

$$C^{12}H^9(SO^3K),$$

puis des mélanges de celui-ci et de diphényldisulfite de potassium $C^{12}H^8(SO^3K)^2$, et à la fin du diphényldisulfite pur. Les diphénylsulfites, lorsqu'on les chauffe, se décomposent en diphényldisulfites et en diphényle.

Le *sel de potassium*, $C^{12}H^9SO^3K + 2H^2O$, est peu soluble dans l'eau froide. Par le refroidissement, la solution aqueuse le fournit en aiguilles très-fines, agglomérées en boules.

Le *sel de baryum*, $(C^{12}H^9SO^3)^2Ba$, est en lamelles solubles dans l'eau bouillante.

Le *sel de calcium*, $(C^{12}H^9SO^3)^2Ca$, cristallise dans l'eau bouillante en lamelles déliées et brillantes.

Le *sel de cuivre*, $(C^{12}H^9SO^3)^2Ca + 6H^2O$, est peu soluble dans l'eau bouillante, plus soluble dans l'alcool faible.

En fondant le sel de potassium avec la potasse fondante, on obtient un phénol $C^{12}H^9(OH)$, appelé l'*oxydiphényle*, et de la même formule que le *diphénol* de Griess (voyez t. II, p. 830) [Engelhardt et Latschinow, *Deutsch. Chem. Gesellsch.*, t. VI, p. 193, et *Bull. de la Soc. chim.*, 1873, t. XIX, p. 565].

L'*oxydiphényle*, $C^{12}H^9(OH)$, cristallise en aiguilles feutrées, solubles dans l'alcool faible, l'éther et la potasse, fusibles à 164-165°, bouillant à 305-308°. Il est sublimable et distille avec la vapeur d'eau. Le chlorure ferrique ne le colore pas.

L'*éther benzoïque*, $C^{12}H^9O(C^7H^5O)$, est en tables fusibles à 152°, peu solubles dans l'alcool et dans l'éther.

Chauffé doucement avec l'acide sulfurique, ce phénol donne un dérivé monosulfureux et un dérivé disulfureux.

L'*oxydiphénylsulfite de potassium*,

$$C^{12}H^8(SO^3K)OH + H^2O,$$

est soluble dans l'eau bouillante, peu soluble dans l'eau froide: le *sel de baryum* renferme $H^2O$; le *sel de calcium* $3H^2O$.

L'*oxydiphényldisulfite de potassium*,

$$C^{12}H^7(SO^3K)^2OH + 11/2H^2O,$$

forme des aiguilles solubles dans l'eau; fondu avec la potasse, il donne un *diphénol*, $C^{12}H^8(OH)^2$.

Chauffé avec l'acide azotique d'une densité de 1,2, l'oxydiphényle donne deux dérivés, qu'on sépare par distillation avec la vapeur d'eau.

Le *dérivé mononitré*, $(C^{12}H^8(AzO^2),OH$, cristallise en prismes ou en lamelles jaune-citron, fusibles à 66°, sublimables à 110°; il passe à la distillation avec la vapeur d'eau.

Le *dérivé binitré*, $C^{12}H^7(AzO^2)^2OH$, cristallise en lames d'un jaune d'or, peu solubles dans l'éther, fondant à 154°. Il donne une combinaison potassique peu soluble,

$$C^{12}H^7(AzO^2)^2OK + 2H^2O.$$

ACIDE DIPHÉNYLDISULFUREUX, $C^{12}H^8(SO^3H)^2$ (Fittig, Engelhardt et Latschinow). — Il se produit lorsqu'on dissout le diphényle dans l'acide sulfurique concentré et chaud; on sature par la potasse, et le sel formé, qui est peu soluble dans l'eau froide, est ainsi séparé du sulfate de potassium. Le sel de *plomb* obtenu par double décomposition est insoluble dans l'eau : décomposé par l'hydrogène sulfuré, il fournit l'acide diphényldisulfureux libre. Cet acide, par évaporation dans le vide de sa solution aqueuse, se présente en longs prismes incolores, fusibles à 72°,5, déliquescents et supportant sans altération une température de 200°.

Le *sel d'argent* cristallise en lamelles incolores; à froid, il est plus soluble que le sel de potassium.

Le *sel de baryum* est insoluble; il renferme $C^{12}H^8(SO^3)^2Ba$.

Le *sel de potassium*, $C^{12}H^8(SO^3K)^2$, cristallise en prismes transparents, volumineux, efflorescents, très-peu solubles dans l'eau et insolubles dans l'alcool (Fittig). On l'obtient aussi en grandes lames cristallines renfermant 2 1/2 $H^2O$. Lorsqu'on le chauffe à l'état sec avec du cyanure de potassium, il se produit un corps blanc, insoluble dans l'eau, soluble dans l'alcool bouillant, cristallisant en aiguilles déliées, et qui, bouilli avec une solution alcoolique de potasse, dégage de l'ammoniaque et produit un sel soluble,

$$C^{12}H^8(CO^2K)^2.$$

Si on le fond avec trois fois son poids de potasse caustique et qu'on précipite la solution par l'acide chlorhydrique, on obtient un dépôt volumineux de petites lames infusibles, insolubles dans l'alcool, solubles dans la potasse et dans l'ammoniaque, que les auteurs regardent comme renfermant

$$C^{12}H^8\begin{cases}SO^3K\\OH.\end{cases}$$

Soumis à la distillation, ce corps donne le diphénol $C^{12}H^8(OH)^2$ (Engelhardt et Latschinow).

DIBROMOPHÉNYLE, $C^{12}H^8Br^2$. — Obtenu par l'action du brome en présence de l'eau sur le diphényle, il se présente, par cristallisation dans la benzine, sous l'aspect de prismes incolores, très-réfringents et doués d'un grand éclat; il est insoluble dans l'eau, peu soluble dans l'alcool bouillant, facilement soluble dans la benzine. Il fond à 164° et distille sans altération. Il présente la même stabilité que les dérivés bromés du groupe $C^6H^5$ et n'est attaqué ni par la potasse, ni par l'acétate de potassium. Le sodium n'agit pas non plus sur ce corps (Fittig).

Il se produit aussi, suivant Griess, par l'ébullition avec l'alcool du perbromure de diazobenzidine. — Voir plus loin DIAMIDODIPHÉNYLE.

DICHLOROPHÉNYLE, $C^{12}H^8Cl^2$. — Griess l'a

obtenu en chauffant dans une cornue le chloroplatinate de diazobenzidine avec 4 ou 5 fois son poids de soude caustique. Le dichlorophényle distille sous forme d'un liquide huileux, qui se concrète en une masse blanche. Purifié par cristallisation dans l'alcool, il forme des prismes blancs, fusibles à 148°, peu solubles dans l'alcool bouillant, facilement solubles dans l'éther.

DINITROPHÉNYLE, $C^{12}H^8(AzO^2)^2$ (Fittig). — On en connaît deux isomères. On dissout le diphényle dans l'acide azotique fumant; il se forme une bouillie cristalline qu'on filtre sur du cotonpoudre; on lave à l'eau, et on fait bouillir avec de petites quantités d'alcool, tant que celui-ci se colore en jaune. On dissout ensuite dans l'alcool bouillant la masse blanche qui reste, en ayant soin de laisser une petite partie non dissoute, et on fait cristalliser. Après avoir répété cinq ou six fois ces opérations, on parvient à obtenir le produit pur, et à le séparer d'un autre beaucoup moins soluble dans l'alcool et plus nitré. Quant à l'acide azotique, qui a été séparé des cristaux par filtration, il donne, lorsqu'on ajoute de l'eau, une masse visqueuse; celle-ci, purifiée par plusieurs cristallisations dans l'alcool, fournit des cristaux d'*isodinitrophényle*. Le *dinitrophényle* cristallise en longues aiguilles blanches, fusibles à 213°, très-peu solubles dans l'alcool froid. Traité en solution alcoolique par le sulfhydrate d'ammoniaque, puis par un courant d'hydrogène sulfuré, il fournit de l'*amidonitrophényle* et du *diamidophényle* ou *benzidine*. On obtient le premier en se contentant de faire passer à froid le courant d'hydrogène sulfuré jusqu'à ce que tout se soit dissous; le second se forme lorsqu'on prolonge le traitement par l'hydrogène sulfuré et qu'on chauffe la liqueur.

L'*isodinitrophényle* est en longues aiguilles incolores, brillantes et dures, fusibles à 93°, solubles dans l'alcool chaud.

TÉTRANITROPHÉNYLE, $C^{12}H^6(AzO^2)^4$. — Corps amorphe, fusible à 140°, qu'on obtient en dissolvant le dérivé dinitré dans l'acide azotique fumant et froid [Losanitsch, *Deutsch. Chem. Gesells.*, t. IV, p. 404].

DIBROMONITROPHÉNYLE, $C^{12}H^6(AzO^2)^2Br^2$ (Fittig). — Longues aiguilles fines et jaunâtres, qu'on obtient en dissolvant à chaud le diphényle dibromé dans l'acide azotique fumant, et faisant cristalliser dans la benzine bouillante. Réduit par l'acide chlorhydrique et le zinc, ce corps fournit le *dibromodiamidophényle* ou *dibromobenzidine*.

### *Produits de réduction des dérivés nitrés du phényle.*

AMIDONITROPHÉNYLE, $C^{12}H^8(AzO^2), AzH^2$ (Fittig). — Nous avons vu plus haut que le dinitrophényle réduit à froid par le sulfhydrate d'ammoniaque et l'hydrogène sulfuré fournit l'amidonitrophényle. Pour l'obtenir à l'état de pureté, on évapore à sec au bain-marie, et on lave le résidu avec l'eau bouillante, qui dissout seulement la benzidine, jusqu'à ce que les eaux de lavage ne précipitent plus par l'acide sulfurique. Le résidu renferme la base mélangée de soufre; on la sépare en la dissolvant dans l'acide chlorhydrique bouillant moyennement étendu, précipitant par l'ammoniaque, dissolvant le précipité dans l'alcool, et ajoutant à la solution alcoolique chaude assez d'eau pour qu'elle commence à se troubler. Par le refroidissement, la base se sépare à l'état d'une poudre cristalline qu'on purifie par une seconde cristallisation dans l'alcool. Elle est en petites aiguilles d'un rouge vif, fusibles à 160°, volatiles avec décomposition partielle, presque insolubles dans l'eau. Ses caractères basiques sont peu prononcés. Elle se dissout dans l'acide chlorhydrique bouillant, mais s'en sépare à l'état libre par le refroidissement, mais elle donne un chloroplatinate.

DIAMIDOPHÉNYLE (*benzidine*),

$$C^{12}H^8(AzH^2)^2 = \frac{C^6H^4(AzH^2)}{C^6H^4(AzH^2)}.$$

— Le diamidodiphényle, produit de la réduction complète du dinitrodiphényle, n'est autre que la benzidine, découverte par Zinin en réduisant l'azoxybenzide, $C^{12}H^{10}Az^2O$, ou l'azobenzide,

$$C^{12}H^{10}Az^2$$

(voyez t. I, p. 533), qui dérivent en même temps de la nitrobenzine [Zinin, *Journ. für prakt. Chem.*, t. XXXVI, p. 93, et t. LVII, p. 173]. La réduction de l'azobenzide s'opère en le dissolvant dans l'alcool saturé de gaz ammoniac et saturant la solution par de l'hydrogène sulfuré. La liqueur se décolore et devient jaune, puis brune; enfin, si on la chauffe, elle s'éclaircit en déposant du soufre. Le liquide filtré bouillant dépose des cristaux feuilletés et brillants qu'on purifie en les dissolvant dans de l'alcool bouillant et ajoutant de l'acide sulfurique étendu, jusqu'à ce qu'il ne se forme plus de précipité. On lave celui-ci avec de l'alcool et on le dissout dans l'ammoniaque bouillante; par le refroidissement, on obtient des paillettes blanches et brillantes de benzidine. Hofmann a montré depuis que le produit direct de la réduction de l'azobenzide est l'hydrazobenzide, isomère de la benzidine, et que celle-ci prend naissance par une transformation isomérique de l'hydrazobenzide sous l'influence des acides. — Voyez t. I, p. 534.

L'hydrazobenzide étant représentée par la formule de constitution

$$\begin{array}{l} C^6H^5, AzH \\ C^6H^5, AzH, \end{array}$$

et la benzidine, suivant les recherches de Fittig, étant

$$\begin{array}{l} C^6H^4, AzH^2 \\ C^6H^4, AzH^2, \end{array}$$

on voit que, dans cette transformation isomérique, il y a une transposition des atomes constituants, que la théorie ne pouvait prévoir et qu'elle est impuissante à expliquer.

La benzidine se forme également avec l'azobenzide lorsqu'on chauffe à 100° en vase clos 4 p. d'acide chlorhydrique fumant, saturé à 8°, avec 1 p. d'azobenzide; à 115°, la réaction s'accomplit en quelques minutes. Il se produit en même temps une matière d'un bleu foncé intense, que l'alcool et les acides dissolvent en partie [Zinin, *Ann. der Chem. u. Pharm.*, t. CXXXVII, p. 359, et *Bull. de la Soc. chim.*, 1866, t. VI, p. 398].

Fittig obtient la benzidine, comme nous l'avons dit plus haut, en dissolvant le dinitrodiphényle dans le sulfhydrate d'ammoniaque, et dirigeant un courant d'hydrogène sulfuré dans la liqueur chauffée; pour la purifier, on évapore à siccité, on reprend par l'acide chlorhydrique très-étendu et à la solution du chlorhydrate on ajoute de l'acide sulfurique. On recueille le précipité de sulfate de benzidine, on le décompose à l'ébullition par l'ammoniaque et on fait cristalliser la base dans l'eau bouillante.

La benzidine est en paillettes blanches, brillantes, fusibles à 118° (Fittig). Elle est inodore, d'une saveur âcre, alcaline et poivrée. Peu soluble dans l'eau froide, elle est très-soluble dans l'eau bouillante, l'alcool et l'éther. La benzidine et ses sels sont décomposés par le chlore en solution aqueuse ou alcoolique : le liquide se colore en brun foncé et laisse déposer une poudre cristalline, couleur cinabre, presque insoluble dans l'eau, soluble dans l'alcool.

L'acide azoteux transforme l'azotate de benzidine en azotate de diazobenzidine. — Voir plus loin.

Traitée par l'iodure de méthyle ou l'iodure d'éthyle, la benzidine s'y combine. — Voir plus bas.

*Sels de benzidine.* — Les sels de benzidine sont en général bien cristallisés; ils sont décomposés par l'ammoniaque, les alcalis fixes et les carbonates alcalins; la benzidine est une diamine et se combine à 2 molécules d'acides monobasiques.

L'*acétate* est en paillettes allongées, minces et brillantes, fort solubles dans l'eau et dans l'alcool.

L'*azotate* est en feuillets rectangulaires, solubles dans l'eau.

Le *chlorhydrate*, $C^{12}H^{12}Az^2,2HCl$, cristallise en feuillets rhombes, minces et brillants, très-solubles dans l'eau et dans l'alcool, presque insolubles dans l'éther.

Le *chloromercurate* est en feuillets brillants, solubles dans l'eau et l'alcool.

Le *chloroplatinate*, $C^{12}H^{12}Az^2,2HCl + PtCl^4$, est jaune et cristallisé; peu soluble dans l'eau, il est décomposé par l'eau bouillante.

L'*oxalate*, $C^{12}H^{12}Az^2,C^2O^4H^2$, est en aiguilles soyeuses et radiées, assez solubles dans l'alcool et l'eau.

Le *tartrate* ressemble à la benzidine, mais il est beaucoup plus soluble.

ÉTHYLE- ET MÉTHYLBENZIDINE [Hofmann, *Proceed. of the Roy. Society*, t. XV, p. 585, et *Répert. de Chim. pure*, 1861, p. 67].

La benzidine chauffée avec une solution alcoolique d'iodure d'éthyle pendant deux heures à 100° et en vase clos, donne de l'*iodure de diéthylbenzidine*, $C^{12}H^{10}(C^2H^5)^2Az^2(HI)^2$. La solution aqueuse de l'iodure donne avec l'ammoniaque un précipité cristallin de *diéthylbenzidine* fusible à 65°, et dont le chloroplatinate renferme

$$C^{16}H^{20}Az^2(HCl)^2 + PtCl^4.$$

La *tétréthylbenzidine*,

$$C^{20}H^{28}Az^2 = C^{12}H^8(C^2H^5)^4,Az^2,$$

s'obtient à l'état d'iodure en traitant la base précédente par l'iodure d'éthyle. Elle est en beaux cristaux, fusibles à 85°. L'iodure est en tables quadrangulaires.

La tétréthylbenzidine chauffée avec l'iodure de méthyle s'y combine en donnant l'*iodure de diméthyl-tétréthyl-benzidammonium*,

$$C^{22}H^{34}Az^2I^2 = C^{12}H^8(C^2H^5)^4(CH^3)^2Az^2,I^2.$$

Ce sel, peu soluble dans l'alcool, est très-soluble dans l'eau bouillante, qui l'abandonne par le refroidissement en longues et belles aiguilles. Sa solution n'est pas décomposée par l'ammoniaque, mais elle fournit avec l'oxyde d'argent une liqueur alcaline, renfermant l'hydrate correspondant. Les sels que forme cet hydrate sont très-beaux. Le *chloroplatinate* est en belles aiguilles renfermant $C^{22}H^{34}Az^2Cl^2,PtCl^4$.

ACÉTOBENZIDINE,

$$C^{16}H^{16}Az^2O^2 = \begin{matrix} C^6H^4,AzH(C^2H^3O) \\ C^6H^4,AzH(C^2H^3O) \end{matrix}$$

[Strakosch, *Deutsch. Chem. Gesells.*, t. V, p. 236, et *Bull. de la Soc. chim.*, 1872, t. XVII, p. 519]. — On l'obtient en faisant bouillir au réfrigérant ascendant de l'acide acétique cristallisable avec de la benzidine; le dérivé acétique se sépare peu à peu en aiguilles qui remplissent tout le liquide par le refroidissement. On les lave à l'éther et on fait cristalliser dans l'alcool bouillant. Ce corps est insoluble dans l'eau bouillante; il fond au-dessus de 300°. Traité par l'acide azotique fumant, il donne une poudre jaune clair, soluble dans l'alcool bouillant, et qui constitue la *dinitracétobenzidine*. La potasse à l'ébullition transforme ce dernier corps en dinitrobenzidine.

DINITRODIAMIDODIPHÉNYLE (*dinitrobenzidine*),

$$C^{12}H^{10}Az^4O^4 = \begin{matrix} C^6H^3(AzO^2),AzH^2 \\ C^6H^3(AzO^2),AzH^2 \end{matrix}$$

(Strakosch). — Obtenue comme nous venons de le dire, elle est insoluble dans l'eau, soluble dans l'alcool bouillant et dans l'éther; elle se dépose de l'alcool en cristaux doués de reflets nacrés. Elle ne fond pas à 300°, mais se sublime en beaux cristaux. On ne réussit pas à réduire ce corps en un composé amidé; par l'action de l'acide chlorhydrique et de l'étain, il régénère de la benzidine.

DIBROMODIAMIDOPHÉNYLE (*dibromobenzidine*),

$$C^{12}H^6Br^2,(AzH^2)^2$$

(Fittig). — Le dibromodinitrodiphényle, traité par le zinc et l'acide chlorhydrique, se dissout, et la liqueur étendue d'eau et filtrée laisse déposer après quelque temps des cristaux mamelonnés qui constituent une combinaison de chlorure de zinc et de chlorhydrate de dibromodiamidophényle; lorsqu'on traite cette combinaison à chaud par l'ammoniaque, la dibromobenzidine se sépare sous la forme d'une masse poisseuse qu'on dissout dans l'alcool. Celui-ci abandonne des cristaux jaunes, brunissant à l'air, de dibromobenzidine.

Cette base est insoluble dans l'eau, elle fond à 89°. Ses propriétés basiques sont moins prononcées que celles de la benzidine.

Le *chlorhydrate*, $C^{12}H^{10}Br^2Az^2,2HCl$, cristallise en petits prismes incolores que l'eau décompose.

Werigo avait décrit sous le nom de dibromobenzidine le produit de la réaction du brome sur l'azobenzide $C^{12}H^{10}Az^2$, produit qu'il avait considéré comme un produit d'addition $C^{12}H^{10}Az^2Br^2$. Ce corps posséderait donc la même composition que la véritable dibromobenzidine; mais d'après des recherches plus récentes du même chimiste, le corps dont il s'agit n'est autre que l'azobenzide dibromée $C^{12}H^8Br^2Az^2$ [A. Werigo, *Ann. der Chem. u. Pharm.*, t. CXXXV, p. 176, et t. CLXV, p. 189; *Bull. de la Soc. chim.*, 1866, t. V, p. 279, et 1873, t. XIX, p. 370].

DIAZOBENZIDINE (*tétrazodiphényle*) [Griess, *Philos. Trans.*, 1864, t. III, p. 719]. Elle a été obtenue à l'état d'azotate par l'action de l'acide azoteux sur la benzidine. On dirige un courant de gaz nitreux dans une solution aqueuse et froide d'azotate de benzidine; au liquide filtré on ajoute un mélange d'alcool fort et d'éther; l'azotate de diazobenzidine se sépare en petits cristaux qu'on purifie en les redissolvant dans une très-petite quantité d'eau et les reprécipitant par l'alcool éthéré. Ce composé renferme

$$C^{12}H^6Az^4,2AzO^3H = \begin{matrix} C^6H^4-Az=Az-AzO^3 \\ C^6H^4-Az=Az-AzO^3 \end{matrix}$$

il cristallise en aiguilles blanches ou jaunâtres, solubles dans l'eau, peu solubles dans l'alcool, insolubles dans l'éther. Il détone avec violence par la chaleur. La solution aqueuse soumise à l'ébullition se décompose en donnant le diphénol diphénylique $C^{12}H^8(OH)^2$. En ajoutant de l'eau de brome à la solution aqueuse de l'azotate, il se précipite des cristaux rougeâtres de *perbromure de diazobenzidine*, $C^{12}H^6Az^4,2HBr,Br^4$, composé instable, que le carbonate de sodium décompose en donnant du dibromodiphényle $C^{12}H^8Br^2$.

L'ammoniaque aqueuse convertit ce bromure

en bromure d'ammonium et *tétrazodiphénylimide*, $C^{12}H^8Az^6$. Ce composé se sépare en cristaux qu'on purifie par des cristallisations dans l'alcool, et qui se présentent sous l'aspect de petites plaques brillantes, blanches, insolubles dans l'eau, assez solubles dans l'éther, facilement solubles dans l'alcool bouillant. Ce corps fond à 127° et se décompose avec une faible explosion à une température plus élevée.

Lorsqu'on ajoute de l'aniline à la solution aqueuse du nitrate de tétrazodiphényle, il se sépare une masse jaune, de *tétrazodiphénylamidobenzine* $C^{12}H^6Az^4, 2C^6H^7Az$, qui cristallise dans l'alcool ou l'éther en lamelles explosives.

Le *chloroplatinate de diazobenzidine*,

$$2C^{12}H^6Az^4, 2HCl, PtCl^4,$$

s'obtient en ajoutant du chlorure de platine à la solution de l'azotate. Il est en cristaux jaune d'or, presque insolubles dans l'eau, l'alcool et l'éther. Chauffé avec du carbonate de sodium, il donne du dichlorodiphényle, $C^{12}H^8Cl^2$.

Le *sulfate de diazobenzidine*,

$$C^{12}H^6Az^4, 3SO^4H^2,$$

est formé de petites aiguilles blanches qui se produisent lorsqu'on mêle une solution aqueuse d'azotate de diazobenzidine avec de l'acide sulfurique étendu de son poids d'eau, et qu'on précipite la solution par l'alcool éthéré. Ce corps est soluble dans l'eau; il détone par la chaleur. Chauffé avec l'alcool, il donne du diphényle. Une solution de sulfate dans une petite quantité d'acide sulfurique se décompose, quand on la chauffe, en donnant deux acides sulfoconjugués, l'acide $C^{12}H^6, 3(SO^4H^2)$ et l'acide $C^{12}H^6, 4(SO^4H^2)$. E. G.

**PHÉNYLE (ALLOPHANATES DE).** — De même que l'acide carbamique représente du bicarbonate d'ammonium moins une molécule d'eau, de même l'acide allophanique représente un bicarbonate d'urée, moins une molécule d'eau; aussi Gerhardt l'appelait-il *carburéique :*

$$CO\left\{\begin{matrix}AzH^2\\ OH\end{matrix}\right. \qquad CO\left\{\begin{matrix}AzH\text{-}CO\text{-}AzH^2\\ OH\end{matrix}\right.$$

Acide carbamique. — Acide allophanique.

Ni l'un ni l'autre n'existent à l'état de liberté, mais on connaît quelques-uns de leurs sels et leurs dérivés éthérés.

Les allophanates de méthyle, d'éthyle, ont été décrits t. I, p. 146. Il nous reste à parler de l'allophanate de phényle et des éthers allophaniques dans lesquels l'hydrogène fixé à l'azote est en partie remplacé par des groupes phényle.

Ils comprennent les corps suivants :

| | |
|---|---|
| $CO\left\{\begin{matrix}AzH\text{-}CO\text{-}AzH^2\\ OC^6H^5,\end{matrix}\right.$ | allophanate de phényle. |
| $CO\left\{\begin{matrix}AzC^6H^5\text{-}CO\text{-}AzH, C^6H^5\\ OCH^3,\end{matrix}\right.$ | diphénylallophanate de méthyle. |
| $CO\left\{\begin{matrix}AzC^6H^5\text{-}CO\text{-}AzH, C^6H^5\\ OC^2H^5,\end{matrix}\right.$ | diphénylallophanate d'éthyle. |
| $CO\left\{\begin{matrix}AzC^6H^5\text{-}CO\text{-}AzH, C^6H^5\\ OC^5H^{11},\end{matrix}\right.$ | diphénylallophanate d'amyle. |
| $CO\left\{\begin{matrix}AzC^6H^5\text{-}CO\text{-}AzH, C^6H^5\\ SC^5H^{11},\end{matrix}\right.$ | diphénylallophanate d'amyle sulfuré. |

**ALLOPHANATE DE PHÉNYLE**, $C^2H^3Az^2O^3, C^6H^5$ [Tuttle, *Jahresb. f. 1857*, p. 451]. — On l'obtient en faisant passer des vapeurs d'acide cyanique dans du phénol anhydre. On dissout dans l'alcool la masse pâteuse qui se produit, et on la précipite par l'éther. L'allophanate de phényle forme des cristaux onctueux au toucher, inodores et insipides, insolubles dans l'eau froide. A 150°, il se décompose en phénol et acide cyanique. Avec la potasse alcoolique, il donne de l'allophanate ou carburéate de potassium.

**DIPHÉNYLALLOPHANATES.** — Les éthers allophaniques diphénylés ont été décrits par Hofmann, qui les a préparés en dissolvant dans les alcools méthylique, éthylique, amylique, le dicyanate de phényle obtenu par polymérisation du cyanate au moyen de la triéthylphosphine (voyez PHÉNYLCARBIMIDE, t. II, p. 881) [Hofmann, *Deuts. Chem. Gesellsch.*, t. IV, p. 246, et *Bull de la Soc. chim.*, 1871, t. XV, p. 195].

La formation de ces diphénylallophanates avec le dicyanate de phényle est du même ordre que celle du phénylcarbamate d'éthyle ou phényluréthane éthylique par le cyanate de phényle et l'alcool :

$$CO, AzC^6H^5 + C^2H^5.OH = CO\left\{\begin{matrix}AzH, C^6H^5\\ OC^2H^5;\end{matrix}\right.$$

Cyanate de phényle. — Alcool. — Phényluréthane éthylique.

$$2(COAzC^6H^5) + C^2H^5.OH$$

Dicyanate de phényle. — Alcool.

$$= CO\left\{\begin{matrix}AzC^6H^5\text{-}CO\text{-}AzH.C^6H^5\\ OC^2H^5.\end{matrix}\right.$$

Diphénylallophanate d'éthyle.

Le *diphénylallophanate de méthyle* est en belles aiguilles peu solubles; il fond à 231°.

Le *diphénylallophanate d'éthyle* est en fines aiguilles, insolubles dans l'eau, peu solubles dans l'éther; il fond à 98°.

Le *diphénylallophanate d'amyle* est en cristaux incolores, inodores, insolubles dans l'eau, solubles dans l'alcool et dans l'éther; il fond à 58°.

Le *diphénylallophanate d'amyle sulfuré* s'obtient en faisant digérer pendant quelques heures le dicyanate de phényle avec du mercaptan amylique à une température de 160°. Il y a dissolution, et l'on obtient un liquide visqueux qui se prend peu à peu en une masse cristalline blanche. Par une cristallisation dans l'alcool ou dans l'éther, on obtient ce corps sous forme de longues aiguilles flexibles, incolores, insolubles dans l'eau, fusibles à 70°. E. G.

**PHÉNYLE (HYDRURE DE).** — L'hydrure de phényle n'est autre que la benzine que nous avons décrite t. I, p. 527.

HYDROCARBURES DÉRIVÉS DE LA BENZINE.

A la benzine se rattachent un grand nombre d'hydrocarbures renfermant le radical phényle $C^6H^5$, intact ou modifié par substitution. Les uns dérivent de la substitution de groupes alcooliques de la série grasse à l'hydrogène de la benzine; ils contiennent $nCH^2$ de plus que celle-ci, et on peut les considérer comme des homologues de la benzine, quoique ce ne soient pas de vrais homologues dans le sens rigoureux du mot, puisqu'ils offrent une série de réactions que ne présente pas la benzine. — Voyez HOMOLOGIE, t. II, p. 32.

Les autres n'appartiennent pas à la même série et sont des isologues de la benzine; ils ont pour caractère commun de renfermer le groupe phényle, plus ou moins substitué; tels sont : le diphénylméthane ou *phénylbenzyle*,

$$C^6H^5\text{-}CH^2\text{-}C^6H^5,$$

le *dibenzyle*, $C^6H^5\text{-}CH^2\text{-}CH^2\text{-}C^6H^5$, etc.

Nous donnerons ici la liste de ces hydrocarbures, avec l'histoire de ceux de la série homologue qui n'ont pas été décrits à leur ordre alphabétique.

HOMOLOGUES DE LA BENZINE.

Ces hydrocarbures sont représentés, comme la benzine, par la formule générale $C^nH^{2n-6}$; ils offrent de nombreux cas d'isomérie, dont la raison d'être est donnée à l'article ISOMÉRIE.

Les recherches de Louguinine ont fait connaître

certaines relations entre les propriétés physiques de quelques-uns de ces hydrocarbures homologues, benzine, toluène, xylène, et cymène du camphre et de l'essence de camomille.

La densité de ces hydrocarbures à 0° étant :

| | Densité à 0. |
|---|---|
| Benzine (de l'acide benzoïque) ............ | 0,8995 |
| Toluène (de la houille), bouillant à 111-111°,5. | 0,8841 |
| Xylène (de la houille), bouillant à 138-139°. | 0,8770 |
| Cymène (de l'essence de camomille), bouillant à 175-176° ........................ | 0,8703 |
| Cymène (du camphre), bouillant à 174-175°. | 0,8732 |

il en résulte : 1° que la densité de ces hydrocarbures décroît à mesure que la molécule se complique; 2° que la différence successive de densité des hydrocarbures présente une certaine régularité; elle est, en effet, de 0,0154 entre la benzine et le toluène, et seulement de 0,0071 entre le toluène et le xylène, c'est-à-dire la moitié du chiffre précédent. Si nous appelons cette première différence $a$, la seconde étant $\frac{a}{2}$, et si nous supposons que cette décroissance soit régulière dans toute la série, la différence de densité entre le xylène et le cumène sera égale à $\frac{a}{4}$, et entre le cumène et le cymène égale à $\frac{a}{8}$. Par conséquent, la densité du cymène sera donnée par celle de la benzine, moins $\left(a+\frac{a}{2}+\frac{a}{4}+\frac{a}{8}\right)$, ce qui donnerait en effectuant le calcul 0,8706 pour la densité du cymène. On voit que la densité calculée par cette formule se confond presque avec la densité expérimentale 0,8703.

Les volumes spécifiques des cinq hydrocarbures aux diverses températures sont donnés par les formules d'interpolation suivantes, le volume spécifique étant 1 à 0°.

Benzine... $v = 1,0000 + 0,00116\,t + 0,000002226\,t^2$.
Toluène... $v = 1,0000 + 0,001028\,t + 0,000001779\,t^2$
Xylène.... $v = 1,0000 + 0,0000506\,t + 0,000001632\,t^2$
Cymène (de l'essence) $v = 1,0000 + 0,0008952\,t + 0,000001277\,t^2$.
Cymène de la houille). $v = 1,0000 + 0,000898\,t + 0,000001311\,t^2$.

Les tables suivantes donnent les volumes de ces cinq hydrocarbures à diverses températures : la colonne I indique les chiffres calculés par les formules d'interpolation; la colonne II les chiffres donnés par les courbes déduites des expériences de Louguinine :

| Température. | Benzine. I. | Benzine. II. | Toluène. I. | Toluène. II. | Xylène. I. | Xylène. II. | Cymène (de l'essence de camomille). I. | Cymène (de l'essence de camomille). II. | Cymène (du camphre). I. | Cymène (du camphre). II. |
|---|---|---|---|---|---|---|---|---|---|---|
| 0°. | 1,000 | 1,000 | 1,000 | 1,000 | 1,000 | 1,000 | 1,000 | 1,000 | 1,000 | 1,000 |
| 10°. | 1,0118 | 1,0122 | 1,0104 | 1,0104 | 1,0096 | 1,0094 | 1,0090 | 1,0093 | 1,0090 | 1,0092 |
| 20°. | 1,0241 | 1,0245 | 1,0213 | 1,0214 | 1,0197 | 1,0195 | 1,0184 | 1,0190 | 1,0184 | 1,0186 |
| 30°. | 1,0368 | 1,0371 | 1,0324 | 1,0324 | 1,0300 | 1,0297 | 1,0280 | 1,0285 | 1,0282 | 1,0282 |
| 40°. | 1,0500 | 1,0500 | 1,0439 | 1,0438 | 1,0407 | 1,0403 | 1,0378 | 1,0379 | 1,0380 | 1,0378 |
| 50°. | 1,0636 | 1,0622 | 1,0558 | 1,0554 | 1,0516 | 1,0513 | 1,0480 | 1,0478 | 1,0481 | 1,0478 |
| 60°. | 1,0776 | 1,0774 | 1,0681 | 1,0678 | 1,0629 | 1,0626 | 1,0583 | 1,0588 | 1,0586 | 1,0584 |
| 70°. | 1,0921 | 1,0919 | 1,0807 | 1,0804 | 1,0745 | 1,0739 | 1,0692 | 1,0690 | 1,0698 | 1,0689 |
| 80°. | 1,1070 | 1,1065 | 1,0937 | 1,0937 | 1,0865 | 1,0859 | 1,0798 | 1,0800 | 1,0802 | 1,0799 |
| 90°. | » | » | 1,1069 | 1,1069 | 1,0987 | 1,0985 | 1,0910 | 1,0912 | 1,0914 | 1,0918 |
| 100°. | » | » | 1,1206 | 1,1206 | 1,1113 | 1,1118 | 1,1023 | 1,1026 | 1,1029 | 1,1056 (?) |

[Louguinine, *Ann. de Chim. et de Phys.*, (4), t. XI, p. 153].

*Liste des homologues de la benzine.*

*Hydrocarbures* $C^7H^8$.

Toluène (méthyl-benzine) .......... $C^7H^8 = C^6H^5,CH^3$.

*Hydrocarbures* $C^8H^{10}$.

Diméthylbenzines : { Téréxylène... Isoxylène.... Orthoxylène.. } $C^6H^4\left\{\begin{matrix}CH^3\\CH^3\end{matrix}\right.$.

Éthylbenzine (phényle-éthyle)....... $C^6H^5,C^2H^5$.

*Hydrocarbures* $C^9H^{12}$.

Triméthylbenzines : { Mésitylène.... Pseudo-cumène } $C^6H^3\left\{\begin{matrix}CH^3\\CH^3\\CH^3\end{matrix}\right.$.

Propylbenzine............. }
Isopropylbenzine (cumène). } ...... $C^6H^5,C^3H^7$.

*Hydrocarbures* $C^{10}H^{14}$.

Propylméthylbenzine ............ }
Isopropylméthylbenzine (cymène du camphre).................. } $C^6H^4\left\{\begin{matrix}C^3H^7\\CH^3\end{matrix}\right.$.

Diéthylbenzine (phényldiéthyle).... $C^6H^4\left\{\begin{matrix}C^2H^5\\C^2H^5\end{matrix}\right.$.

Éthyle-diméthylbenzine (éthylxylène) $C^6H^3\left\{\begin{matrix}C^2H^5\\CH^3\\CH^3\end{matrix}\right.$.

Tétraméthylbenzines : { Cymène de la houille, Durol ..... } $C^6H^2\left\{\begin{matrix}CH^3\\CH^3\\CH^3\\CH^3\end{matrix}\right.$.

*Hydrocarbures* $C^{11}H^{16}$.

Amylbenzine (amylphényle)........ $C^6H^5,C^5H^{11}$.

Isoamyl-benzine (diéthyltoluène).... $C^6H^4,CH\left\{\begin{matrix}C^2H^5\\C^2H^5\end{matrix}\right.$.

Propyldiméthylbenzine (laurène)... $C^6H^3\left\{\begin{matrix}(CH^3)^2\\C^3H^7\end{matrix}\right.$.

*Hydrocarbures* $C^{12}H^{18}$.

Amylméthylbenzine................ $C^6H^4\left\{\begin{matrix}CH^3\\C^5H^{11}\end{matrix}\right.$.

*Hydrocarbures* $C^{13}H^{20}$.

Amyldiméthylbenzine............... $C^6H^3\left\{\begin{matrix}(CH^3)^2\\C^5H^{11}\end{matrix}\right.$.

La plupart de ces hydrocarbures, toluène, xylène, cumène, cymène, mésitylène, laurène, sont ou seront décrits à leurs noms; nous ferons ici l'histoire des hydrocarbures suivants : éthylbenzine, propylbenzine, propylméthylbenzine, diéthylbenzine, éthyldiméthylbenzine, durol, diéthylméthylbenzine, amylbenzine, amylméthylbenzine, amyldiméthylbenzine.

ÉTHYLBENZINE (*phényléthyle*),

$$C^8H^{10} = C^6H^5,C^2H^5$$

[Fittig et Tollens, *Ann. der Chem. u. Pharm.*, t. CXXXI, p. 303, et *Bull. de la Soc. chim.*, 1865, t. III, p. 233; — Fittig, *Zeitsch. für Chem.*, nouv. sér., t. II, p. 358, et *Bull. de la Soc. chim.*, 1866, t. VI, p. 477; — Fittig et Kœnig, *Zeitsch. für Chem.*, nouv. sér., t. III, p. 167, et *Bull. de la Soc. chim.*, 1867, t. VIII, p. 96; — Berthelot, *Bull. de la Soc. chim.*, 1868, t. IX, p. 281, et t. X, p. 343; — Thorpe, *Proceed. of the Royal Society*, 1870, n° 116, et *Bull. de la Soc. chim.*, 1871, t. XV, p. 273].

L'éthylbenzine s'obtient par l'action du sodium

sur un mélange de bromobenzine et de bromure d'éthyle dissous dans l'éther; il ne faut pas opérer sur plus de 40 grammes de benzine bromée à la fois, parce que la réaction serait si énergique qu'on obtiendrait comme produits accessoires de la benzine et du diphényle.

Cet hydrocarbure est incolore, mobile; il bout à 135°. L'oxydation le convertit en acide benzoïque. Avec le brome, à froid, en présence de l'iode, il fournit un dérivé bromé, $C^6H^4Br,C^2H^5$, *éthylbenzine bromée*, que nous décrirons plus bas, tandis qu'à l'ébullition il donne l'isomère

$$C^6H^5,C^2H^4Br,$$

bromure de styrolyle; avec une quantité suffisante de brome, il donne le dérivé bibromé

$$C^6H^5,C^2H^3Br^2,$$

identique avec le bibromure de cinnamène. Avec l'acide azotique, il fournit deux dérivés nitrés.

L'éthylbenzine ou éthylphényle se produit aussi dans l'hydrogénation du cinnamène, ou phényléthylène, $C^6H^5,C^2H^3$, au moyen de l'acide iodhydrique (Berthelot).

Éthylbenzine chlorée, $C^6H^5\text{-}CHCl\text{-}CH^3$ [Emmerling et Engler, *Bull. de la Soc. chim.*, 1871, t. XV, p. 272]. — C'est un liquide huileux, incolore, qui s'obtient par l'action du perchlorure de phosphore sur l'alcool secondaire éthyl-phénylique produit dans l'hydrogénation de l'acétone méthylbenzoïque (acétone $C^6H^5\text{-}CO\text{-}CH^3$).

Éthylbenzine bromée, $C^6H^4Br,C^2H^5$. — Ce composé est liquide d'une densité de 1,34 à 35°; il bout à 199°. L'oxydation le transforme en acide bromodracylique ou parabromobenzoïque (Fittig et Kœnig). Lorsqu'on le traite en présence du sodium par un courant d'acide carbonique, on obtient l'acide éthylbenzoïque,

$$C^6H^4\left\{\begin{matrix}C^2H^5\\CO^2H,\end{matrix}\right.$$

qui se produit aussi par l'oxydation du diéthylphényle. — Voyez Éthylbenzoïque (acide), t. I, p. 1658.

Bromure de styrolyle, $C^6H^5,C^2H^4Br$ (Berthelot, Thorpe). — Lorsqu'on traite l'éthylbenzine par le brome à l'ébullition, on parvient à introduire du brome dans le groupe $C^2H^5$ de l'éthylbenzine, et il se forme un isomère de l'éthylbenzine bromée précédente. Ce bromure passe à 180-190°, mais par une nouvelle distillation, il se décompose en acide bromhydrique et en cinnamène. On évite cette décomposition en le distillant sous une pression réduite. En effet, sous une pression de 0m,5, ce produit passe de 148° à 152°, à l'état d'un liquide dense, incolore, d'une odeur très-irritante.

Chauffé à 180° avec de la potasse aqueuse, il se transforme en cinnamène.

Ce bromure se comporte comme l'éther bromhydrique de l'alcool $C^6H^5\text{-}C^2H^4,OH$; par double décomposition, il fournit les éthers de cet alcool, mais en même temps il se dédouble en grande partie en donnant du cinnamène, et le rendement est peu considérable. — Voyez Styrolylique (alcool.)

Éthylbenzine bibromée,

$$C^8H^8Br^2 = C^6H^5,CHBr,CH^2Br$$

[E. Grimaux. *Exp. inédites*]. — Lorsqu'on ajoute peu à peu 2 molécules de brome ($Br^4$) à 1 molécule d'éthylbenzine maintenue en ébullition, il se dégage du gaz bromhydrique, et le produit de la réaction se prend par le refroidissement en une masse solide, qu'on purifie par compression et cristallisation. Le produit ainsi obtenu est identique avec le bromure de cinnamène; comme lui, il fond à 72°,5; chauffé avec 30 fois son poids d'eau pendant une centaine d'heures à 100°, il se saponifie en grande partie en donnant de l'acide bromhydrique et un corps soluble dans l'eau, cristallisable, fusible au-dessous de 100°, et qui pourrait être le glycol cinnaménique

$$C^6H^5\text{-}CH,OH\text{-}CH^2,OH.$$

Éthylbenzine nitrée, $C^6H^4(AzO^2),C^2H^5$ [Beilstein et Kuhlberg, *Zeitsch. für Chem.*, t. V, p. 524, et *Bull. de la Soc. chim.*, 1870, t. XIII, p. 264]. — Ce corps existe sous deux modifications isomères, qu'on obtient de la manière suivante : à 120 p. d'éthylbenzine refroidie à 0°, on ajoute assez d'acide azotique d'une densité de 1,475 pour qu'il se produise une solution. Le liquide précipité par l'eau et lavé à l'eau glacée et à l'ammoniaque distille entre 220° et 251°. Par la distillation fractionnée, répétée 20 fois, il se scinde en deux dérivés isomères.

La *nitréthylbenzine* α bout à 245-246°. Sa densité à 25° est égale à 1,124. Traitée par l'acide chromique, elle s'oxyde complétement sans donner d'acide. Par les agents réducteurs, elle fournit un dérivé amidé, *amidoéthylbenzine* α,

$$C^6H^4(AzH^2),C^2H^5,$$

bouillant de 213° à 214°, liquide, et d'une densité de 0,975 à 22°. Les auteurs appellent ce composé *xylidine*, mais ce nom est impropre, car il ne s'applique qu'aux bases dérivées d'un des xylènes. A cette amidoéthylbenzine, correspond un dérivé acétylé,

$$C^6H^4\left\{\begin{matrix}AzH(C^2H^3O)\\C^2H^5,\end{matrix}\right.$$

en aiguilles fines, fondant à 94° et bouillant à 315-317°.

Avec l'acide sulfurique fumant, cette nitréthylbenzine donne un *acide sulfoconjugué*, dont le *sel de baryum* cristallise en longues aiguilles aplaties, assez solubles dans l'eau et contenant de l'eau de cristallisation.

La *nitréthylbenzine* β bout à 227-228°; sa densité à 24° 5 est de 1,126; elle s'oxyde facilement par l'acide chromique en donnant de l'acide nitrodracylique. Par réduction, elle fournit un dérivé amidé, *l'amido-éthylbenzine* β, bouillant à 210-211°, de la même densité que l'isomère α. Le dérivé acétylé de cette base,

$$C^6H^4\left\{\begin{matrix}AzH(C^2H^3O)\\C^2H^5,\end{matrix}\right.$$

est cristallisé, bout de 304° à 305° et se dissout aisément dans l'eau bouillante. Avec l'acide sulfurique fumant, la nitréthylbenzine β donne un *acide sulfoconjugué*, dont le *sel de baryum* forme des lamelles argentées, anhydres, très-peu solubles.

Propylbenzine, $C^6H^5,C^3H^7$ [Fittig, Schæffer et Kœnig, *Ann. der Chem. u. Pharm.*, t. CXLIX, p. 324, et *Bull. de la Soc. chim.*, 1869, t. XII, p. 307]. — Le cumène de l'acide cuminique, fournissant de l'acide benzoïque par oxydation, ne renferme qu'une chaîne latérale et doit être de la propyl-ou de l'isopropyl-benzine. Les auteurs, pour décider cette question, ont préparé la propylbenzine au moyen de la bromobenzine, du bromure de propyle et du sodium, et l'ont trouvée différente du cumène.

La propyl-benzine bout à 157°; comme le cumène, elle donne de l'acide benzoïque à l'oxydation; mais avec le brome et l'acide azotique, elle donne des dérivés bromés et nitrés sirupeux, tandis que les dérivés du cumène sont cristallisés. Elle se dissout dans l'acide sulfurique fumant; les sels de l'acide sulfoconjugué ressemblent à ceux qu'on prépare avec le cumène. Seulement le sel de baryum est anhydre, tandis que le cumène-sulfite de baryum cristallise avec une molécule d'eau.

En tentant de préparer l'isopropyl-benzine par

l'iodure d'isopropyle et la benzine bromée, les auteurs n'ont obtenu que du diphényle, l'iodure d'isopropyle restant inattaqué.

PROPYLE-MÉTHYLBENZINE (*propyl-toluène*),

$$C^6H^4 \left\{ \begin{matrix} C^3H^7 \\ CH^3 \end{matrix} \right.$$

(Fittig, Schæffer et Kœnig).—Cet hydrocarbure, obtenu avec le toluène bromé, le bromure de propyle et le sodium, est un liquide incolore, d'une odeur aromatique agréable, bouillant de 178° à 179°. Oxydé par l'acide azotique, il donne de l'acide toluique de Noad, fondant à 176°. Il se dissout dans l'acide sulfurique fumant, en produisant un acide sulfoconjugué, dont le *sel de baryum* renferme

$$\left( C^6H^2 \left\{ \begin{matrix} C^3H^7 \\ CH^3 \\ SO^3 \end{matrix} \right. \right)^2 Ba + 3H^2O.$$

La propylméthyl-benzine paraît identique avec le cymène de l'essence de cumin, tandis que le cymène du camphre serait de l'isopropylméthylbenzine.

DIÉTHYLE-BENZINE (*phényl-diéthyle*),

$$C^6H^4 \left\{ \begin{matrix} C^2H^5 \\ C^2H^5 \end{matrix} \right.$$

[Fittig, *Zeitsch. für Chem.*, nouv. sér., t. II, p. 3.8, et *Bull. de la Soc. chim.*, 1866, t. VI, p. 477]. — On prépare ce carbure d'hydrogène en laissant pendant quelque temps en contact avec du sodium des solutions éthérées d'éthylbenzine bromée, $C^6H^4Br, C^2H^5$, et de bromure d'éthyle. Il se rencontre aussi parmi les produits de l'action de l'acide iodhydrique sur la naphtaline (Berthelot).

C'est un liquide incolore, d'une odeur agréable, bouillant à 178-179°, d'une densité de 0,8707 à 15°. Oxydé par l'acide chromique, il donne de l'acide téréphtalique, mais si on l'oxyde par l'acide azotique étendu, on obtient l'acide éthylbenzoïque,

$$C^6H^4 \left\{ \begin{matrix} C^2H^5 \\ CO^2H. \end{matrix} \right.$$

— Voyez t. I, p. 1658.

Il se dissout dans l'acide sulfurique fumant.

L'*acide sulfoconjugué*,

$$C^6H^3 \left\{ \begin{matrix} (C^2H^5)^2 \\ SO^3H, \end{matrix} \right.$$

cristallise en lames déliquescentes.

Son *sel de baryum* cristallise de l'alcool en lames anhydres.

Son *sel de potassium* est en aiguilles anhydres (Fittig et Kœnig).

ÉTHYLE-DIMÉTHYLBENZINE (*éthylxylène*),

$$C^6H^3 \left\{ \begin{matrix} (CH^3)^2 \\ C^2H^5 \end{matrix} \right.$$

[Ernst et Fittig, *Ann. der Chem. u. Pharm.*, t. CXXXIX, p. 184, et *Bull. de la Soc. chim.*, 1867, t. VII, p. 167]. — Obtenu avec le xylène bromé (probablement dérivé de l'isoxylène), l'iodure d'éthyle et le sodium, ce corps bout de 183° à 184°. Sa densité est de 0,8783 à 20°. Oxydé par l'acide chromique, il fournit de l'acide acétique et une petite quantité d'un acide solide. Chauffé doucement avec un mélange d'acide azotique fumant et d'acide sulfurique, il donne un *dérivé trinitré*,

$$C^6(AzO^2)^3 \left\{ \begin{matrix} (CH^3)^2 \\ C^2H^5, \end{matrix} \right.$$

cristallisant dans l'alcool en aiguilles groupées en faisceaux, fusibles à 119°. Le brome à froid le transforme en un dérivé bromé liquide. Le *dérivé sulfoconjugué* de l'éthyl-xylène donne un *sel de baryum*, $[C^6H^2(CH^3)^2(C^2H^5)SO^3]^2Ba$.

TÉTRAMÉTHYLBENZINE (*durol*), $C^6H^2(CH^3)^4$. — Le cymène de la houille paraît être une tétraméthylbenzine, mais la tétraméthylbenzine synthétique en diffère; elle a été décrite sous le nom de *durol* [Jannasch et Fittig, *Zeitsch. für Chem.*, t. VI, p. 161, et *Bull. de la Soc. chim.*, 1870, t. XIII, p. 532]. La triméthylbenzine (ou pseudo-cumène) bromée, $C^6H^2Br(CH^3)^3$, a été mise en contact pendant six jours avec le sodium et l'iodure de méthyle. Le produit de la réaction, soumis à plusieurs distillations, a fourni, entre 185° et 195°, le durol qui cristallisait par le refroidissement. Purifié par expression des cristaux et une nouvelle distillation, cet hydrocarbure est en cristaux compactes, paraissant appartenir au système clinorhombique ou triclinique. Il fond à 79-80° et bout à 189-191°; il est plus léger que l'eau et distille facilement avec la vapeur aqueuse. Il est très-soluble dans l'alcool, l'éther et la benzine.

Le durol fournit à l'oxydation deux acides, l'*acide cumylique* $C^{10}H^{12}O^2$, et l'*acide cumidique* $C^{10}H^{10}O^4$ [Jannasch, *Zeit. für Chem.*, t. V, p. 449, et t. VII, p. 333; *Bull. de la Soc. chim.*, 1871, t. XV, p. 133 et p. 275].

L'oxydation s'opère au moyen de l'acide azotique concentré étendu de 1 fois 1/2 son volume d'eau; lorsque tout le durol a disparu, on distille avec la vapeur d'eau; l'acide cumylique passe avec les vapeurs aqueuses dans le récipient, tandis que l'acide cumidique reste dans la cornue.

L'*acide cumylique*,

$$C^{10}H^{12}O^2 = C^6H^2(CH^3)^3, CO^2H,$$

troisième homologue de l'acide benzoïque, cristallise dans l'alcool en cristaux prismatiques compactes, fusibles à 149-150°, sublimables en aiguilles déliées. Très-peu soluble dans l'eau bouillante, il se dissout facilement dans l'alcool et dans l'éther.

Le *sel de baryum*, $(C^{10}H^{11}O^2)^2Ba + 7H^2O$, est en prismes limpides, efflorescents.

Le *sel de calcium*, $(C^{10}H^{11}O^2)^2Ca + 2H^2O$, est en petits cristaux mamelonnés.

L'*acide cumidique*,

$$C^{10}H^{10}O^4 = C^6H^2(CH^3)^2 \left\{ \begin{matrix} CO^2H \\ CO^2H, \end{matrix} \right.$$

à peu près insoluble dans l'eau, à peine soluble dans la benzine et dans l'éther, assez soluble dans l'alcool bouillant, se sépare de sa solution alcoolique, mélangée de benzine, en longs prismes enchevêtrés. A une température élevée, il se sublime sans fondre, en tables brillantes et limpides.

Le *sel de baryum* renferme 2 molécules d'eau; il est en tables rhomboïdales nacrées.

Le *sel de calcium*, $C^{10}H^8O^4Ca + 2H^2O$, est en petits prismes brillants inaltérables à 200°.

*Dibromodurol*, $C^6Br^2(CH^3)^4$. — On l'obtient en dissolvant à froid le durol dans un excès de brome. Il est presque insoluble dans l'alcool à froid, peu soluble dans l'alcool bouillant, qui l'abandonne en longues aiguilles soyeuses, déliées et fragiles. Il fond à 199° et se sublime sans décomposition.

*Dinitrodurol*, $C^6(AzO^2)^2(CH^3)^4$. — On dissout le durol dans l'acide azotique concentré à froid et on précipite par l'eau. Il cristallise dans l'alcool en prismes rhomboïdaux, brillants et incolores, fusibles à 205°, se sublimant en aiguilles brillantes, facilement solubles dans l'éther, moins dans la benzine, peu solubles dans l'alcool, même bouillant.

AMYLBENZINE (*amylphényle*),

$$C^{11}H^{16} = C^6H^5, C^5H^{11}$$

[Tollens et Fittig, *Ann. der Chem. u. Pharm.*, t. CXXXI, p. 303, et *Bull. de la Soc. chim.*, 1865, t. III, p. 132; — Bigot et Fittig, *Ann. der*

*Chem. u. Pharm.*, t. CXLI, p. 160, et *Bull. de la Soc. chim.*, 1867, t. VIII, p. 346]. — Il a été préparé par l'action du sodium sur un mélange de bromobenzine et de bromure d'amyle, étendu de benzine. Il bout à 193° et sa densité est de 0,859 à 12°. Traité par le brome, même en quantité insuffisante, il donne immédiatement un *dérivé tribromé* $C^{11}H^{13}Br^3$. Pour obtenir régulièrement ce dérivé, on ajoute 2 molécules de brome à de l'amylbenzine bien refroidie, et lorsque la réaction s'est arrêtée, on chauffe à 100° en vase clos, jusqu'à ce qu'il y ait décoloration. Purifiée par des cristallisations dans l'alcool, la tribromo-amylbenzine cristallise en belles aiguilles incolores, soyeuses, peu solubles dans l'alcool froid, solubles à chaud et fusibles à 140°. Les eaux mères alcooliques d'où ce corps s'est séparé renferment une huile dense qui paraît être le dérivé monobromé. L'acide azotique donne un *dérivé mononitré* et un *dérivé dinitré* qui sont tous les deux liquides.

ISOAMYLBENZINE (*diéthyltoluène*),

$$C^{11}H^{16} = C^6H^5, CH \left\{ \begin{array}{l} C^2H^5 \\ C^2H^5 \end{array} \right.$$

[Lippmann et Louguinine, *Compt. rend. de l'Acad. des sciences*, 1867, t. LXV, p. 349]. — Cet hydrocarbure, isomère de l'amylbenzine, se produit par l'action du chlorure de benzylène (chlorobenzol) $C^6H^5, CHCl^2$ sur le zinc-éthyle. On étend chacun de ces corps de quatre à cinq fois leur poids de benzine, et on ajoute le second au premier par petites portions, dans un mélange réfrigérant. On traite par l'eau acidulée d'acide chlorhydrique pour dissoudre le chlorure de zinc et on sépare la couche huileuse. On enlève la benzine par la distillation au bain-marie, on chauffe l'hydrocarbure pendant quelques jours en vase clos avec du sodium pour détruire les matières chlorées dont il est souillé et on rectifie.

Cet hydrocarbure est un liquide incolore, bouillant à 178°, d'une densité de 0,875.

AMYLMÉTHYLBENZINE (*amyltoluène*),

$$C^{12}H^{18} = C^6H^4 \left\{ \begin{array}{l} C^5H^{11} \\ CH^3 \end{array} \right.$$

(Bigot et Fittig). — Préparé par le toluène bromé, le bromure d'amyle et le sodium, cet hydrocarbure est un liquide incolore d'une odeur agréable, bouillant à 213° et d'une densité de 0,864 à 90°. L'oxydation le transforme en acide téréphtalique et en acide acétique.

Le *dérivé dinitré*, $C^{12}H^{16}(AzO^2)^2$, est un liquide visqueux, jaune.

Le *dérivé tribromé*, $C^{12}H^{15}Br^3$, est un liquide sirupeux, incristallisable.

L'amylméthylbenzine se dissout dans l'acide sulfurique fumant; le *sel de baryum* de l'acide sulfoconjugué est une masse gommeuse, déliquescente, très-soluble dans l'eau et dans l'alcool.

Le *sel de potassium*, $C^{12}H^{17}, SO^3K$ donne des cristaux mal formés; il est très-soluble dans l'eau et dans l'alcool.

AMYLDIMÉTHYLBENZINE (*amylxylène*),

$$C^{13}H^{20} = C^6H^3 \left\{ \begin{array}{l} (CH^3)^2 \\ C^5H^{11} \end{array} \right.$$

(Bigot et Fittig). — Cet hydrocarbure bout de 232° à 233°; sa densité est de 0,895 à 9°. Il ne fournit avec le brome et l'acide azotique que des dérivés incristallisables.

### *Isologues de la benzine.*

Ainsi que nous l'avons dit plus haut, nous donnons sous ce titre la liste des hydrocarbures qui renferment le phényle $C^6H^5$ plus ou moins modifié et qui ne rentrent pas dans la formule générale $C^nH^{2n-6}$. Ces isologues appartiennent eux-mêmes à des séries différentes; nous les rangeons sous des formules générales, mais il est à remarquer que sous chacune viennent souvent se placer des corps qui ne sont pas de vrais homologues, par exemple le triphénylméthane et la diphénylbenzine appartiennent à la même formule générale $C^nH^{2n-22}$ et ne sont pas de vrais homologues.

$C^nH^{2n-8}$.

Phényléthylène (cinnamène, styrolène)............ $C^8H^8 = \begin{array}{l} C^6H^5 \\ | \\ CH \\ | \\ CH^2 \end{array}$ (t. I, p. 919).

Phényl-propylène.......... $C^9H^{10} = \begin{array}{l} CH^2.(C^6H^5) \\ | \\ CH \\ \| \\ CH^2 \end{array}$ (t. II, p. 911).

Phényl-butylène.......... $C^{10}H^{12} = \begin{array}{l} C^6H^5 \\ | \\ C^4H^7 \end{array}$. (t. II, p. 880).

$C^nH^{2n-10}$.

Phénylacétylène.......... $C^8H^6 = C^2H(C^6H^5)$ (t. II, p. 834).

$C^nH^{2n-12}$.

Naphtaline................ $C^{10}H^8 = C^6H^4(C^4H^4)$ ? (t. II, p. 487).

Méthylnaphtaline.......... $C^{11}H^{10} = C^{10}H^7(CH^3)$ (t. II, p. 510).

Éthylnaphtaline.......... $C^{12}H^{12} = C^{10}H^7(C^2H^5)$ (t. II, p. 510).

$C^nH^{2n-14}$.

Acénaphtène............ $C^{12}H^{10}$ (t. I, p. 1650).

Diphényle.............. $C^{12}H^{10} = \begin{array}{l} C^6H^5 \\ | \\ C^6H^5 \end{array}$ (t. II, p. 883).

Phénylbenzyle (diphénylméthane)............ $C^{13}H^{12} = C^6H^5\text{-}CH^2\text{-}C^6H^5$ (t. II, p. 907).

Dibenzyle.............. $C^{14}H^{14} = \begin{array}{l} CH^2\text{-}C^6H^5 \\ | \\ CH^2\text{-}C^6H^5 \end{array}$ (t. I, p. 575).

Dicrésyle (ditolyle).......... $C^{14}H^{14} = \begin{array}{l} C^6H^4\text{-}CH^3 \\ | \\ C^6H^4\text{-}CH^3 \end{array}$ (voyez TOLUÈNE).

Benzyle-toluène.......... $C^{14}H^{14} = \begin{array}{l} C^6H^4\text{-}CH^3 \\ | \\ CH^2\text{-}C^6H^5 \end{array}$ (voyez TOLUÈNE).

Dixylyle.............. $C^{16}H^{18} = \begin{array}{l} C^6H^3(CH^3)^2 \\ | \\ C^6H^3(CH^3)^2 \end{array}$ (voyez XYLÈNE).

$C^nH^{2n-16}$.

Stilbène (diphényl-éthylène). $C^{14}H^{12} = \begin{array}{l} CH\text{-}C^6H^5 \\ \| \\ CH\text{-}C^6H^5 \end{array}$ (voyez STILBÈNE).

$C^nH^{2n-18}$.

Anthracène.............. $C^{14}H^{10} = \begin{array}{l} C^6H^4\text{-}CH \\ |\qquad\quad | \\ C^6H^4\text{-}CH \end{array}$ (?) (voyez t. I, p. 1653).

Phénanthrène.............. $C^{14}H^{10} = \begin{array}{l} C^6H^4\text{-}CH \\ |\qquad\quad | \\ C^6H^4\text{-}CH \end{array}$ (t. II, p. 793).

Tolane.................. $C^{14}H^{10} = \begin{array}{l} C(C^6H^5) \\ \||| \\ C(C^6H^5) \end{array}$ (voyez TOLANE).

$C^nH^{2n-20}$.

Phényl-naphtyl-méthane (naphtaline benzylée)... $C^{17}H^{14} = C^6H^5\text{-}CH^2\text{-}C^{10}H^7$.

$C^nH^{2n-22}$.

Diacétényl-phényle.......... $C^{16}H^{10} = \begin{array}{l} C^2\text{-}C^6H^5 \\ \| \\ C^2\text{-}C^6H^5 \end{array}$ (t. II, p. 835).

Pyrène (phénylène-naphtaline.................. $C^{16}H^{10} = C^6H^4, C^{10}H^6$ (voyez PYRÈNE).

Diphénylbenzine.......... $C^{18}H^{14} = C^6H^4(C^6H^5)^2$ (t. II, p. 879).

Triphénylméthane........ $C^{19}H^{16} = CH(C^6H^5)^3$ (t. II, p. 908).

$C^nH^{2n-24}$.

Chrysène.................. $C^{18}H^{12} = (C^6H^4)^2C^6H^4$? (voyez t. I, p. 898).

$C^nH^{2n-32}$.

Tétraphényléthylène........ $C^{26}H^{20} = C^2(C^6H^5)^4$ (t. II, p. 898).

E. G.

**PHÉNYLE (SULFHYDRATE DE)** (*mercaptan phénylique, thiophénol*),

$$C^6H^6S = \left.\begin{matrix}C^6H^5\\ H\end{matrix}\right\} S$$

[C. Vogt, *Ann. der Chem. u. Pharm.*, t. CXIX, p. 142, et *Répert. de Chim. pure*, 1862, p. 114]. — Ce corps prend naissance par l'action d'un mélange de zinc et d'acide sulfurique étendu sur le chlorure phénylsulfureux (t. I, p. 536). On a en effet :

$$C^6H^5, SO^2Cl + 6H = C^6H^5, SH + HCl + 2H^2O.$$

Chlorure phénylsulfureux. — Sulfhydrate de phényle.

MM. Kekulé et Szuch l'ont préparé en traitant le phénol par le sulfure de phosphore; la réaction est très-vive à chaud; il distille du phénol inattaqué, de la benzine pure, du sulfhydrate de phényle, $C^6H^5,SH$, et du sulfure de phényle $(C^6H^5)^2S$ [*Zeitsch. für Chem.*, nouv. sér., t. III, p. 193, et *Bull. de la Soc. chim.*, 1867, t. VIII, p. 204].

Le sulfhydrate de phényle se produit aussi par l'hydrogénation de l'hydrure de sulfophényle, $C^6H^5SO^2,H$ (t. I, p. 536) et du sulfophénylène-éthylène, $C^6H^4SO^3, C^2H^4$ (?), obtenu dans l'hydrogénation du chlorure de sulfophényle par l'amalgame de sodium en solution éthérée (voyez à la fin de cet article SULFOPHÉNYLÈNE-ÉTHYLÈNE) [Otto, *Zeitsch. für Chem.*, nouv. sér., t. III, p. 257, et *Bull. de la Soc. chim.*, 1868, t. IX, p. 405].

Le mercure-phényle chauffé avec le soufre donne du charbon, du mercure, du sulfure et du sulfhydrate de phényle [Dreher et Otto, *Zeitsch. für Chem.*, nouv. sér., t. VI, p. 9, et *Bull. de la Soc. chim.*, 1870, t. XIII, p. 441].

Le sulfhydrate de phényle est un liquide incolore, mobile, très-réfringent, d'une odeur désagréable, d'une densité de 1,078 à 24° ; il bout à 165°. Il est insoluble dans l'eau, soluble dans l'alcool, l'éther, la benzine et le sulfure de carbone. Ses vapeurs irritent les yeux. Une goutte déposée sur la peau occasionne une vive douleur.

Comme tous les mercaptans, il donne facilement des dérivés métalliques.

Le sulfhydrate de phényle se dissout dans l'acide sulfurique avec une belle coloration bleue, et il se produit en même temps beaucoup d'acide sulfureux ; l'addition d'une petite quantité d'eau fait disparaître la coloration bleue et amène la précipitation d'un corps rougeâtre, qui semble renfermer $C^6H^6SO^2$ [Brunner, *Deutsch. Chem. Gesells.*, t. IV, p. 984, et *Bull. de la Soc. chim.*, 1872, t. XVII, p. 69].

Le *thiophénate de sodium*, $C^6H^5,SNa$, constitue une masse blanche soluble dans l'alcool; lorsque dans la solution alcoolique de ce corps on dirige un courant d'acide carbonique, on obtient un composé, $C^6H^5S,CO^2Na$, qu'on peut considérer comme le *sulfophénylcarbonate de sodium*,

$$CO\left\{\begin{matrix}ONa\\ SC^6H^5,\end{matrix}\right.$$

analogue au sulféthylcarbonate de potasse obtenu par Chancel en dirigeant un courant d'acide carbonique dans du mercaptan potassé. Néanmoins ce corps pourrait être constitué comme le salicylate de sodium, qui prend naissance par l'action de l'acide carbonique sur le phénate de sodium ; il aurait alors pour formule

$$C^6H^4\left\{\begin{matrix}CO^2Na\\ SH,\end{matrix}\right.$$

et serait le sel d'un acide thiosalicylique,

$$C^6H^4\left\{\begin{matrix}CO^2H\\ OH\end{matrix}\right. \qquad C^6H^4\left\{\begin{matrix}CO^2H\\ SH\end{matrix}\right.$$

Acide salicylique. — Nouvel acide.

Il représenterait une fonction mixte, tout à la fois acide monobasique et mercaptan phénylique. Il ne paraît pas exister encore de composés de cet ordre; mais, pour décider entre ces formules, il serait nécessaire de voir si ce sel de sodium fournit des éthers à deux radicaux alcooliques.

Le sulfhydrate de phényle fournit aussi des combinaisons argentique, cuivrique, plombique et mercurique.

Lorsqu'on le chauffe doucement avec de l'acide azotique de 1,2 de densité, il se produit une réaction, qui une fois commencée se continue d'elle-même; l'huile qui surnageait le liquide en gagne le fond et se prend en une masse cristallisée de *bisulfure de phényle*, $(C^6H^5)^2S^2$.

Abandonné à l'air en solution dans l'ammoniaque alcoolique ou traité par le perchlorure de phosphore, le thiophénol se transforme également en bisulfure de phényle.

Le dérivé mercurique du sulfhydrate de phényle soumis à l'action de la chaleur se scinde en mercure et en bisulfure de phényle $(C^6H^5)^2S^2$; la combinaison plombique se décompose d'une autre façon en donnant du sulfure de phényle, $(C^6H^5)^2S$, et du sulfure de plomb [Otto et Dreher, *Mém. cité*].

AMIDOSULFOPHÉNOL (*sulfhydrate de phényle amidé*), $C^6H^4(AzH^2),SH$ [Glutz et Schranck, *Journ. für prakt. Chem.*, nouv. sér., t. II, p. 232, et *Bull. de la Soc. chim.*, 1871, t. XV, p. 111].

Le chlorure de l'acide nitrophénylsulfureux, $C^6H^4(AzO^2)SO^2Cl$, traité par l'acide chlorhydrique et l'étain donne un chlorure double, d'où l'on sépare l'étain par l'hydrogène sulfuré. La solution concentrée donne le chlorhydrate d'amidosulfophénol, cristallisé en petites aiguilles blanches solubles dans l'eau et dans l'alcool, insolubles dans l'éther. Les alcalis et les carbonates alcalins en séparent l'amidosulfophénol à l'état de gouttes huileuses. Le chlorhydrate fournit un précipité cristallin blanc avec le chlorure mercurique.

SULFURE DE PHÉNYLE, $(C^6H^5)^2S$ [Stenhouse, *Proceed. of the Royal Society*, t. XIV, p. 351, et *Bull. de la Soc. chim.*, 1867, t. VII, p. 512. — On l'obtient par la distillation sèche du phénylsulfite de sodium, en ayant soin de n'opérer que par portions de 25 à 30 grammes. Le phénylsulfite fournit de 1/4 à 1/5 de son poids de liquide. Les portions qu'on recueille entre 290° et 300° et qui constituent les deux tiers du produit brut fournissent le sulfure de phényle par rectification dans un courant d'hydrogène.

Il se produit avec le sulfhydrate dans l'action du sulfure de phosphore sur le phénol (Kekulé et Szuch), et lorsqu'on chauffe la combinaison plombique du thiophénol (Otto et Dreher).

Le sulfure de phényle bout à 292°,5 ; c'est un liquide incolore, d'une odeur alliacée, d'un pouvoir réfringent considérable; sa densité est de 1,119. Il est insoluble dans l'eau, très-soluble dans l'alcool bouillant, miscible en toutes proportions à l'éther, à la benzine et au sulfure de carbone.

Traité par les oxydants, le sulfure de phényle se transforme en sulfobenzide, $(C^6H^5)^2SO^2$.

BISULFURE DE PHÉNYLE, $(C^6H^5)^2S^2$ [C. Vogt, *Mém. cité*]. — Obtenu comme nous l'avons dit plus haut par l'action de l'acide azotique sur le thiophénol, il se produit également lorsqu'on abandonne à l'air le thiophénol en solution dans l'ammoniaque alcoolique, ou qu'on le traite par le chlorure de phosphore.

Il se forme aussi dans la distillation sèche de la combinaison mercurique du thiophénol (Otto et Dreher).

Ce corps est en aiguilles blanches, insolubles dans l'eau, solubles dans l'alcool et l'éther, fusibles à 60° en une huile jaunâtre, qui cristallise seulement à 25°. Il distille sans décomposition à une température élevée.

Traité par l'hydrogène naissant, il donne de l'hydrogène sulfuré et du thiophénol. Soumis à l'action prolongée de l'acide azotique, il fournit de l'acide phénylsulfureux, $C^6H^5,SO^3H$, identique avec celui qu'on obtient en traitant la benzine par l'acide sulfurique.

SULFHYDRATE DE CHLOROPHÉNYLE, $C^6H^4Cl,SH$ [Otto et Brunner, *Zeitsch. für Chem.*, nouv. sér., t. III, p. 144, et *Bull. de la Soc. chim.*, 1867, t. VIII, p. 106]. — Lorsqu'on traite la benzine chlorée par l'acide sulfurique, on obtient un acide chlorophénylsulfureux, $C^6H^4Cl,SO^3H$, dont le sel de sodium traité par le perchlorure de phosphore fournit du chlorure chlorophénylsulfureux, $C^6H^4Cl,SO^2Cl$. Ce chlorure soumis à l'action hydrogénante du zinc et de l'acide sulfurique se transforme en mercaptan phénylique chloré, $C^6H^4Cl,SH$; on a en effet :

$$C^6H^4Cl,SO^2Cl + 6H$$
Chlorure de sulfo-phényle chloré.
$$= C^6H^4Cl,SH + 2H^2O + HCl.$$
Mercaptan phénylique chloré.

On isole ce corps en soumettant le produit de la réaction à la distillation avec les vapeurs d'eau; il est soluble dans l'eau, insoluble dans l'alcool et dans l'éther; il fond à 53-54° et est volatil sans décomposition. Il forme avec le chlorure mercurique un précipité cristallin blanc, insoluble dans l'eau bouillante. Avec les sels de plomb, il donne un précipité cristallin d'un jaune-citron renfermant $(C^6H^4Cl,S)^2Pb$.

BISULFURE DE CHLOROPHÉNYLE, $(C^6H^4Cl)^2S^2$. — Il se forme par l'action de l'acide azotique chaud, d'une densité de 1,12, sur le sulfhydrate de chlorophényle. On le purifie par cristallisation dans l'alcool. Il est insoluble dans l'eau, cristallisable en lamelles hexagonales fusibles à 71°. Il distille sans altération. Traité par le zinc et l'acide sulfurique, il régénère le sulfhydrate.

SULFOPHÉNYLÈNE-ÉTHYLÈNE, $C^6H^4SO^2-C^2H^4$ (Otto). — C'est une huile jaunâtre qui se produit en même temps que l'hydrure de sulfophényle, par l'hydrogénation du chlorure phénylsulfureux en solution éthérée au moyen de l'amalgame de sodium. Sous l'influence de l'hydrogène naissant, ce corps donne de l'alcool et du sulfhydrate de phényle.

BISULFHYDRATE DE PHÉNYLE (*thiorésorcine*), $C^6H^6S^2 = C^6H^4(SH)^2$ [Pazschke, *Journ. für prakt. Chem.*, nouv. sér., t. II, p. 418, et *Bull. de la Soc. Chim.*, 1871, t. XV, p. 110]. — Ce corps s'obtient en chauffant le chlorure phénylène-disulfureux $C^6H^4(SO^2Cl)^2$, fusible à 62°, avec de l'étain et de l'acide chlorhydrique, et distillant avec les vapeurs d'eau le produit de la réaction. Purifié, il fond à 27° et bout vers 243°. Son odeur pénétrante rappelle celle du sulfhydrate de phényle. Sa solution alcoolique donne avec l'acétate de plomb un précipité orange renfermant $C^6H^4S^2Pb$.

E. G.

**PHÉNYLE-MERCURE** (*mercure-phényle*), $(C^6H^5)^2Hg$ [Dreher et Otto, *Zeitsch. für Chem.*, nouv. sér., t. IV, p. 685, t. VI, p. 9, et *Bull. de la Soc. chim.*, 1869, t. XII, p. 153, et 1870, t. XIII, p. 441; — Otto, *Journ. für prakt. Chem.*, nouv. sér., t. I, p. 179, et *Bull. de la Soc. chim.*, 1870, t. XIV, p. 278].

Pour préparer le mercure-diphényle, on fait bouillir de la benzine bromée, additionnée du dixième de son poids d'éther acétique et d'une certaine quantité d'huile de houille bouillant de 100° à 140°, avec de l'amalgame de sodium pâteux. Après la réaction, on décante le liquide encore chaud de la partie insoluble, on l'évapore et on purifie le résidu par cristallisation dans la benzine ou dans l'alcool.

Le mercure-phényle forme des aiguilles rhomboïdales très-brillantes, blanches, groupées autour d'un centre, fusibles à 120°, solubles dans la benzine, l'alcool, le chloroforme et le sulfure de carbone, insolubles dans l'eau. Il distille sans décomposition lorsqu'on le chauffe avec précaution; mais si l'on fait passer la vapeur dans un tube rempli de pierre ponce et chauffé au rouge, il donne du charbon, du diphényle, de la benzine et du mercure. Chauffé avec du fer et du cuivre, il ne paraît pas donner de fer-phényle ou de cuivre-phényle, mais avec le zinc il forme de l'amalgame de zinc et du zinc-phényle.

Les acides chlorhydrique, bromhydrique, iodhydrique le décomposent en benzine, et en chlorure, bromure ou iodure de mercure. L'acide azotique étendu fournit de la benzine et de l'azotate mercurique; avec l'acide azotique concentré, il se forme des dérivés nitrés de la benzine. Le soufre chauffé avec le mercure-phényle se décompose en donnant du sulfure de mercure, du sulfhydrate de phényle, $C^6H^5,SH$, et du sulfure de phényle $(C^6H^5)^2S$.

Lorsqu'on le chauffe avec une molécule de chlorure de benzoyle, il donne de la benzophénone et du chlorure de mercure-monophényle, $C^6H^5Hg,Cl$; ce dernier, traité à 240° par le chlorure de benzoyle, fournit également de la benzophénone, $C^6H^5-CO-C^6H^5$ [Otto, *Journ. für prakt. Chem.*, nouv. sér., t. I, p. 144, et *Bull. de la Soc chim.*, 1870, t. XIV, p. 167]. L'anhydride sulfurique s'unit au mercure-diphényle et le transforme en phényl-sulfate de mercure.

Dans le mercure-diphényle,

$$Hg \begin{cases} C^6H^5 \\ C^6H^5, \end{cases}$$

le mercure diatomique a fixé deux groupes monatomiques; sous l'influence de certains réactifs, il fournit, par double décomposition, des composés dans lesquels fonctionne le radical monatomique $HgC^6H^5$, mercure-monophényle; c'est ainsi que chauffé avec les acides acétique, formique, propionique, myristique, etc., il donne l'acétate, le formiate, etc., de mercure-monophényle, suivant l'équation

$$C^2H^3O,OH + (C^6H^5)^2Hg$$
Acide acétique. Mercure-phényle.
$$= C^6H^6 + C^6H^5-Hg-C^2H^3O^2.$$
Benzine. Acétate de mercure-monophényle.

De même le chlore le transforme en chlorure de mercure-monophényle :

$$(C^6H^5)^2Hg + Cl^2 = C^6H^5Cl + C^6H^5-Hg-Cl.$$
Mercure-phényle. Chlore. Benzine chlorée. Chlorure de mercure-monophényle.

Le brome, l'iode agissent comme le chlore.

*Combinaisons de mercure-monophényle.*

CHLORURE DE MERCURE-MONOPHÉNYLE,

$$C^6H^5Hg,Cl.$$

— Il cristallise en tablettes rhombiques satinées,

fusibles à 250°; il peut être sublimé quand on le chauffe avec précaution. Il est insoluble dans l'eau, peu soluble dans l'alcool et dans la benzine froide. L'action prolongée du chlore le transforme en chlorure mercurique et benzine chlorée. Par double décomposition avec l'acétate d'argent, il donne l'acétate de mercure-monophényle; avec l'azotate d'argent, l'azotate de mercure-monophényle; avec l'oxyde d'argent, l'hydrate,

$$C^6H^5Hg,OH.$$

Bromure de mercure-monophényle,

$$C^6H^5Hg,Br.$$

— Il ressemble au précédent et fait la double décomposition comme lui avec les sels d'argent. Il fond à 275-276°.

Cyanure, $C^6H^5Hg,CAz$. — Préparé avec le cyanure d'argent et l'iodure de mercure-monophényle, il s'obtient également en chauffant le mercure-diphényle avec le cyanure de mercure. Il est en prismes rhombiques, longs et minces, fusibles de 203° à 204°. Peu soluble dans l'eau bouillante, il se dissout dans l'alcool et dans la benzine. Chauffé à 120° avec de l'acide chlorhydrique, il donne de la benzine, du chlorure de mercure, de l'acide formique et de l'ammoniaque. Avec la potasse alcoolique à 120°, il donne de la benzine, du mercure et du cyanate de potassium.

Iodure, $C^6H^5Hg,I$. — On l'obtient par l'action de l'iode sur le mercure-phényle, en solution dans le sulfure de carbone; il se forme en même temps de la benzine iodée. Ce corps ressemble au chlorure; il fait facilement la double décomposition. Il fond à 265-266° et ne s'altère pas à la lumière.

Acétate, $C^6H^5Hg,C^2H^3O^2$. — On le prépare : 1° en faisant bouillir le mercure-diphényle avec de l'acide acétique concentré; 2° en chauffant le mercure-diphényle avec de l'acétate de mercure et de l'alcool à 120°; 3° en faisant agir sur l'acétate d'argent, à la pression ordinaire et en présence de l'alcool, le chlorure, le bromure ou l'iodure de mercure-monophényle. Il forme de petits prismes clinorhombiques, très-brillants, fusibles à 148-149°, solubles dans l'eau bouillante, la benzine et l'alcool. L'acide chlorhydrique l'attaque avec formation de chlorure mercurique, de benzine et d'acide acétique. Si l'on fait réagir 4 atomes d'iode sur une molécule d'acétate de mercure-monophényle, en solution aqueuse, il se forme de l'iodure mercurique, de la benzine iodée, de l'acide acétique et de l'acide iodique.

L'acétate de mercure-monophényle chauffé au-dessus de son point de fusion se détruit en déposant du charbon, mettant du mercure en liberté et fournissant du diphényle, de l'acide acétique, de l'anhydride acétique et de la benzine.

Azotate, $C^6H^5Hg,AzO^3$. — Obtenu au moyen de l'azotate d'argent et du chlorure de mercure-monophényle, il est en tables rhombiques, soyeuses, peu solubles dans l'eau bouillante, plus solubles dans la benzine ou l'alcool bouillants. Il fond entre 165° et 168°, en se colorant et dégageant des gaz.

Carbonate, $(C^6H^5Hg)^2CO^3$. — On le prépare par le carbonate d'argent et le chlorure de mercure-monophényle. Il cristallise en petites aiguilles, très-peu solubles dans l'eau bouillante, plus solubles dans l'alcool et dans la benzine. Il ne fond pas sans décomposition. Traité par l'acide acétique, il dégage du gaz carbonique et fournit de l'acétate de mercure-monophényle.

Formiate, $C^6H^5Hg,CHO^2$. — Préparé par l'ébullition de l'acide formique avec le mercure-diphényle, il est en petites tablettes blanches, fusibles à 171°.

Myristate. — Il se forme lorsqu'on chauffe le mercure-diphényle avec de l'acide myristique et de l'alcool à 120°; il est en petites lamelles rhombiques, grasses au toucher, solubles dans l'alcool et la benzine à l'ébullition.

Propionate, $C^6H^5Hg,C^3H^5O^2$. — Obtenu comme l'acétate et le formiate, il est en cristaux mal formés qui fondent à 165-166°.

Sulfocyanate, $C^6H^5Hg,SCAz$. — Obtenu par la réaction du sulfocyanate de mercure sur le mercure-diphényle, il cristallise en tables soyeuses, fusibles de 226° à 227°, solubles dans l'alcool et dans la benzine.

Hydrate de mercure-monophényle,

$$C^6H^5Hg,OH.$$

— On l'obtient en faisant bouillir le chlorure, le bromure ou l'iodure avec de l'oxyde d'argent humide et de l'alcool, évaporant et purifiant l'hydrate par cristallisation dans l'alcool. On doit opérer à l'abri de l'acide carbonique. Ce composé est en petits prismes rhombiques blancs, qui deviennent pâteux vers 160°, mais qui, même à 200°, ne fondent pas complétement. L'eau bouillante, l'alcool, la benzine le dissolvent. Sa réaction alcaline est très-marquée, car la solution aqueuse de cet hydrate chasse l'ammoniaque de ses sels et précipite les sels d'alumine. Avec les acides, il donne les sels correspondants, il s'unit même à l'acide carbonique. E. G.

**PHÉNYLÈNE.** — On a donné le nom de phénylène au composé $C^6H^4$, dont on connaît des dérivés, mais qui n'a pas encore été isolé. List et Limpricht avaient donné la formule $C^6H^4$ à un carbure obtenu dans l'action de l'acide sulfurique sur l'oxyde de phényle, mais, ainsi que l'avait annoncé Gerhardt, ce corps n'est autre que le diphényle $C^{12}H^{10}$ obtenu depuis par Fittig, dans l'action du sodium sur la bromobenzine.

Cyanure de phénylène (*nitrile téréphtalique*), $C^6H^4(CAz)^2$ [Warren de la Rue et H. Müller, *Proceed. of the Roy. Soc.*, t. XI, p. 112, et *Rép. de Chim. pure*, 1861, p. 311; — Irelan, *Zeits. für Chem.*, nouv. série, t. V, p. 164, et *Bull. de la Soc. chim.*, 1869, t. XII, p. 310]. — Ce corps se produit par la distillation du téréphtalate d'ammonium avec l'anhydride phosphorique (W. de la Rue et Müller). Il se forme aussi par la distillation sèche d'un mélange de bromoxyphénylsulfite de potassium et de cyanure de potassium (Irelan). Il est en beaux prismes incolores, insolubles dans l'eau et la benzine, peu solubles dans l'alcool froid, assez solubles dans l'alcool bouillant. L'ébullition avec la potasse le transforme en acide téréphtalique, $C^6H^4(CO^2H)^2$.

Azophénylène,

$$C^{12}H^8Az^2 = C^6H^4\frac{-Az-}{-Az-}C^6H^4$$

[Rasenack, *Deutsch. Chem. Gesells.*, t. V, p. 367, et *Bull. de la Soc. chim.*, 1872, t. XVII, p. 563]. — Ce corps se produit dans la distillation sèche de l'azobenzoate de calcium, en même temps qu'un corps rouge qui n'a pas été étudié; le produit de la distillation est une huile rouge, qui cristallise après quelque temps, et qui est traversée par de longues aiguilles jaunes. On en sépare l'azophénylène en petite quantité par la sublimation.

L'azophénylène sublimé est en longues aiguilles fines et brillantes d'un jaune clair, fusibles à 170-171°. Il est peu soluble dans l'eau bouillante et dans les acides étendus, et distille avec la vapeur d'eau en aiguilles incolores. Il exige 50 p. d'alcool froid pour se dissoudre, et beaucoup moins d'alcool bouillant; il est moins soluble dans l'éther et la benzine. Il s'unit directement au brome et à l'hydrogène; le *bromazophénylène*, $C^{12}H^8Az^2Br^2$, est en aiguilles jaunes; l'*hydrazo-*

*phénylène*, $C^{12}H^{10}Az^2$, se produit lorsqu'on dirige un courant d'hydrogène sulfuré dans une solution alcoolique d'azophénylène saturée d'ammoniaque ; le liquide se colore en brun, et il se sépare des lamelles incolores se colorant rapidement en bleu ou en vert. Il est presque insoluble dans l'eau et dans la benzine, peu soluble dans l'alcool. Il se dédouble à 200° en azophénylène et en hydrogène en donnant un produit intermédiaire bleu. Il se dissout à l'ébullition dans les acides étendus en donnant des sels verts dont la composition n'est pas constante.

OXYDE DE PHÉNYLÈNE (*de diphénylène*),

$$C^{12}H^8O = \begin{matrix} C^6H^4 \\ | \\ C^6H^4 \end{matrix} > O$$

[Lesimple, *Ann. der Chem. u. Pharm.*, t. CXXXVIII, p. 375, et *Bull. de la Soc. chim.*, 1866, t. VI, p. 217 ; — Hoffmeister, *Zeit. für Chem.*, t. VII, p. 191 ; *Bull. de la Soc. chim.*, 1870, t. XIV, p. 403 ; *ibid.*, 1871, t. XVI, p. 313]. — Lesimple l'a obtenu par la distillation du phosphate de phényle $PhO^4(C^6H^5)^3$ avec la chaux et l'a pris pour de l'oxyde de phényle. Hoffmeister a montré que le corps obtenu par Lesimple diffère de l'oxyde de phényle, et l'a considéré comme étant de l'oxyde de diphénylène ; il en a décrit les dérivés.

Lorsqu'on distille le phosphate de phényle avec un excès de chaux vive, il se produit une réaction énergique et il distille une matière huileuse. On fait bouillir le produit de la distillation avec de la potasse concentrée qui dissout les traces de phosphate entraînées, on lave à l'eau et on exprime entre des doubles de papier joseph le produit concret; on le purifie par cristallisation dans l'alcool.

L'oxyde de diphénylène est en petits cristaux incolores, fusibles à 80° et se solidifiant à 51°. Il bout à 273°. Dirigé en vapeur sur de la poudre de zinc chauffé, il n'est pas réduit. Le perchlorure de phosphore le transforme, à 220°, en un composé chloré, cristallisable dans l'alcool, fusible à 292° et qui est probablement le diphényle dichloré $C^{12}H^8Cl^2$.

*Oxyde de diphénylène dinitré*, $C^{12}H^6(AzO^2)O$. — C'est une poudre jaunâtre, cristallisable, peu soluble dans l'alcool, plus soluble dans l'éther et la benzine, fusible à 200°.

*Oxyde de diphénylène dibromé*, $C^{12}H^6Br^2O$. — Il fond à 185° et cristallise dans l'alcool en lamelles incolores. On le prépare en ajoutant du brome à la solution de l'oxyde de diphénylène dans le sulfure de carbone.

---

On peut aussi considérer comme un oxyde de phénylène le corps innomé $C^6H^4O$, que Maerker a obtenu dans la distillation sèche de l'acide salicylique anhydre [*Ann. der Chem. u. Pharm.*, t. CXXIV, p. 249, et *Bull. de la Soc. chim.*, 1863, p. 270].

Le corps $C^6H^4O$ se trouve avec le phénol dans les produits de la distillation sèche de l'acide salicylique anhydre, recueillis au-dessous de 300°. Pour l'isoler, on chasse la plus grande partie du phénol par la distillation, et on purifie le résidu en le faisant cristalliser dans l'alcool en présence du noir animal.

Le corps $C^6H^4O$ forme des aiguilles blanches, soyeuses, insolubles dans l'eau, peu ou point solubles dans l'éther, solubles à froid dans 125 p. d'alcool d'une densité de 0,801 et plus solubles à chaud. Il fond à 103°. Chauffé avec du brome à 100°, il donne un *dérivé bromé* $C^6H^3BrO$, en cristaux aciculaires fusibles à 195°; avec l'acide azotique concentré, par un contact prolongé à froid, il donne un *dérivé nitré* $C^6H^3(AzO^2)O$, en aiguilles blanches, fusibles à 150°. Ce dérivé nitré fournit par réduction un *dérivé amidé* $C^6H^3O, AzH^2$ cristallisant en belles aiguilles jaunes et dont le *chloroplatinate* renferme

$$[C^6H^3O(AzH^2)HCl]^2 + PtCl^4.$$

SULFURE DE PHÉNYLÈNE, $C^6H^4S$ [Stenhouse, *Bull. de la Soc. chim.*, 1869, t. XII, p. 385]. — Il se produit en même temps que le sulfhydrate et le sulfure de phényle, par la distillation sèche du phénylsulfite de sodium, et se trouve dans les portions qui distillent au-dessus de 300°. Ces portions déposent après quelques jours, des cristaux de sulfure de phénylène qu'on recueille, qu'on lave dans de l'alcool froid, et qu'on fait cristalliser dans la benzine. Ce corps est en longs prismes transparents, fusibles à 150° et se solidifiant à 153°. Il se combine directement au brome en donnant le composé $C^6H^4SBr^2$ en prismes noirs qui perdent du brome à l'air et que l'humidité altère profondément.

Le sulfure de phénylène se dissout dans l'acide sulfurique concentré avec une couleur rouge; en neutralisant par le carbonate de baryum, filtrant et évaporant, on obtient des cristaux microscopiques d'un sel renfermant $(C^6H^5)^2S^4O^2Ba + H^2O$, que M. Stenhouse appelle *phénylhyposulfite de baryum*.

Le groupe phénylène $C^6H^4$ existe aussi dans les phénylène-diamines. E. G.

**PHÉNYLÈNE-DIAMINES** [Syn. *Diamidobenzines*],

$$C^6H^8Az^2 = C^6H^4\begin{cases} AzH^2 \\ AzH^2. \end{cases}$$

— Les trois phénylène-diamines prévues par la théorie de Kekulé sont connues; elles dérivent par réduction des trois nitranilines et nous les désignerons comme celles-ci par les lettres α, β et γ.

M. Gauhe, en faisant agir l'acide iodhydrique naissant sur le dinitrophénol, a obtenu une base qui, d'après la composition de ses sels, serait une phénylène-diamine ; il n'a pas pu isoler la base libre, celle-ci étant trop altérable. Il nous paraît plus probable que le corps de Gauhe est le produit de réduction normal du dinitrophénol, le *diamidophénol* $C^6H^3(AzH^2)^2OH$ ; aussi se trouve-t-il décrit à l'article PHÉNOL, t. II, p. 815.

### α-PHÉNYLÈNE-DIAMINE.

Cette diamine se forme par réduction de l'α-nitraniline (voyez t. II, p. 853) [Hofmann, *Compt. rend.*, t. LVI, p. 992] ou de l'acétanilide nitrée [Hobrecker, *Deutsch. Chem. Gesells.*, t. V, p. 520] :

$$C^6H^4(AzO^2)(AzH^2) + 3H^2 = C^6H^4(AzH^2)^2 + 2H^2O.$$

On l'obtient aussi en soumettant l'acide α-diamidobenzoïque (dérivé de l'acide α-nitroxybenzuramique, t. II, p. 704) à la distillation sèche :

$$C^6H^3(AzH^2)^2.CO^2H = C^6H^4(AzH^2)^2 + CO^2$$

[P. Griess, *Deutsch. Chem. Gesells.*, 1872, t. V, p. 201]. Elle prend encore naissance lorsqu'on traite la diphénine (t. I, p 534) par le zinc et l'acide sulfurique; la dinitraniline par le fer et l'acide acétique (Hofmann) ; en employant dans ce dernier cas de l'étain et de l'acide chlorhydrique, on obtient une triamidobenzine (Salkowski). — Voyez PHÉNÉNYLTRIAMINE, t. II, p. 795.

Pour la préparer, on traite l'acétaniline nitrée ou l'α-nitraniline par l'étain et l'acide chlorhydrique ; après la réaction qui est assez énergique, on décante le liquide, on l'étend d'eau, on précipite l'étain par l'hydrogène sulfuré, on filtre et l'on évapore. On obtient ainsi des cristaux de chlorhydrate de phénylène-diamine, qu'on n'a qu'à décomposer par un carbonate alcalin pour isoler la base.

On peut encore employer comme réducteur l'acide iodhydrique (Mills) ou le fer et l'acide acétique.

L'α-phénylène-diamine est en lamelles légèrement teintées en rose, fusibles à 140° et bouillant vers 267°; elle se sublime déjà au-dessous de son point de fusion. Elle est assez soluble dans l'eau bouillante.

Traitée par un mélange d'acide sulfurique étendu et de peroxyde de manganèse, elle donne très-facilement de la quinone :

$$C^6H^8Az^2 + SO^4H^2 + H^2O + O = C^6H^4O^2 + SO^4(AzH^4)^2.$$

Elle forme avec 2 molécules d'acide des sels cristallisables qui se colorent en rouge ou en violet par le chlore, le brome, les chlorures ferrique et platinique, l'acide chromique, etc.

Le *bromhydrate* $C^6H^8Az^2(HBr)^2$ et le *chlorhydrate* $C^6H^8Az^2(HCl)^2$ cristallisent en prismes très-solubles dans l'eau, moins solubles dans l'alcool et presque insolubles dans l'acide chlorhydrique.

Le *chloroplatinate*; $C^6H^8Az^2(HCl)^2 + PtCl^4$, est très-soluble et très-altérable; il forme des lamelles jaune clair.

L'*iodhydrate* est en lamelles larges, peu solubles.

Traitée à plusieurs reprises par l'iodure de méthyle et l'oxyde d'argent, l'α-phénylène-diamine fournit finalement des lamelles très-solubles d'iodure d'hexaméthyl-phénylène-diammonium :

$$C^{12}H^{22}Az^2I^2 = \left.\begin{matrix}C^6H^{4''}\\(CH^3)^6\end{matrix}\right\} Az^2I^2.$$

Hofmann a obtenu en outre les produits intermédiaires suivants :

$$C^{10}H^{16}Az^2 = \left.\begin{matrix}C^6H^4\\(CH^3)^4\end{matrix}\right\} Az^2;$$

$$C^{11}H^{19}Az^2I = \left.\begin{matrix}C^6H^4\\(CH^3)^5\end{matrix}\right\} Az^2I \text{ (peu soluble)};$$

$$C^{11}H^{20}Az^2I^2 = \left.\begin{matrix}C^6H^4\\(CH^3)^5H\end{matrix}\right\} Az^2I^2.$$

α-PHÉNYLÈNE-DIAMINE NITRÉE,

$$C^6H^7Az^3O^2 = C^6H^3(AzO^2)(AzH^2)^2$$

[Syn. *Nitrodiamidobenzine*, *nitrazophénylamine* (Gerhardt), *azophénylamine* (Gottlieb), *Ann. der Chem. u. Pharm.*, t. LXXXV, p. 17]. — Elle a été obtenue par Gottlieb dans la réduction, par le sulfhydrate d'ammoniaque, de la dinitraniline dérivée de la citraco-dinitranilide (voyez t. II, p. 855). Lorsqu'on emploie l'étain et l'acide chlorhydrique, la réduction est complète, et il se forme la *phénényltriamine* (t. II, p. 795) (Salkowski). On fait bouillir la dinitraniline pendant 2 heures environ, avec un grand excès de sulfhydrate d'ammoniaque, jusqu'à ce que les cristaux de cette base soient remplacés par de fines aiguilles rouges. On lave celles-ci avec un peu d'eau, on les transforme en oxalate ou en chlorhydrate qu'on purifie par plusieurs cristallisations, on en précipite la base par l'ammoniaque et on la fait cristalliser dans l'alcool bouillant.

La nitrophénylène-diamine est en aiguilles fines et longues, réunies par groupes, ou en paillettes d'un rouge clair à l'état sec et d'un reflet doré. L'eau bouillante la laisse déposer en aiguilles qui montrent sous certaines inclinaisons un reflet bleu. L'eau, l'alcool et l'éther la dissolvent assez facilement; elle fond à une température élevée et paraît se volatiliser en grande partie sans altération. Chauffée brusquement, elle détone légèrement. L'acide azoteux la convertit en un dérivé diazoïque. — Voyez plus loin.

La nitrophénylène-diamine ne se combine qu'avec 1 molécule d'acide formant des sels décomposables par l'eau, ainsi que par l'alcool; on ne peut les faire cristalliser qu'en présence d'un excès d'acide.

*Azotate*, $C^6H^7Az^3O^2, AzO^3H$. — La solution de la nitrophénylène-diamine dans l'acide azotique dilué se fonce et laisse déposer un sel déjà partiellement altéré. Mais si l'on humecte d'eau la base et qu'on y ajoute de l'acide azotique dilué, elle se convertit en une bouillie de paillettes miroitantes d'azotate; ce sel est anhydre.

*Chlorhydrate*, $C^6H^7Az^3O^2, HCl + H^2O$. — Il se dépose de la solution chlorhydrique de la base en aiguilles brun jaunâtre; par l'évaporation spontanée il s'obtient en grands prismes orthorhombiques d'un vert brunâtre clair par transparence, avec des reflets bleus. Formes : $p$, $b^{1/2}$, $h^1$, $g^1$, $g^3$. Angles : $b^{1/2}\, b^{1/2} = 119°\, 21'$ et $137°\, 58'$ (au sommet); $70°\, 32'$ (latéral); $g^3\, g^3 = 70°\, 18'$ (Schabus, 1854). Les cristaux renferment 1 molécule d'eau qui se dégage déjà dans l'air sec; à 100°, le sel perd une partie de son acide chlorhydrique.

Le *chloroplatinate*,

$$(C^6H^7Az^3O^2, HCl)^2 + PtCl^4,$$

forme des prismes brun-rouge instables.

*Oxalate* $(C^6H^7Az^3O^2)^2C^2H^2O^4$. — Aiguilles anhydres jaunes ou prismes jaune brun, avec reflets bleuâtres, peu solubles dans l'eau froide. Lorsqu'on dissout la base dans un excès d'acide oxalique qu'on évapore au bain-marie et qu'on chauffe le résidu pendant quelque temps à 100°, on obtient une masse d'un vert brun formée principalement de *nitramidophényl-oximide*

$$\begin{matrix}CO\\|\\CO\end{matrix}\!\!>Az\text{-}C^6H^3(AzO^2)(AzH^2)$$

qu'une ébullition prolongée avec l'eau transforme en acide *nitramidophényl-oxamique*

$$\begin{matrix}CO.OH\\|\\CO\text{-}AzH\text{-}C^6H^3\,(AzO^2)\,(AzH^2).\end{matrix}$$

Ce dernier constitue de petits cristaux grenus, brillants et jaune clair; son sel *ammoniacal* est en aiguilles jaunes peu solubles. Le *sel de baryum*, $(C^8H^6Az^3O^5)^2Ba + 3H^2O$, forme un précipité orangé clair, un peu soluble dans l'eau bouillante; son eau se dégage à 160°.

L'acide nitramidophényl-oxamique se transforme à 100° entièrement en imide, en perdant 1 molécule d'eau, mais sans changer d'aspect. Avec l'acide *citraconique* on obtient deux dérivés analogues: l'acide *nitramidophényl-citraconamique*, $C^{11}H^{11}Az^3O^5$, en aiguilles fines, et la *nitramidophényl-citraconimide*, $C^{11}H^9Az^3O^4$, en aiguilles légères d'un jaune de soufre.

*Sulfate*, $(C^6H^7Az^3O^2)^2SO^4H^2$. — Paillettes jaunâtres d'un aspect gras, qui ne forment pas de sel double avec le sulfate d'aluminium.

*Platinocyanure*,

$$(C^6H^7Az^3O^2, H)^2PtCy^4 + 2\,1/2\,H^2O.$$

— On l'obtient en ajoutant du chlorhydrate de nitrophénylène-diamine cristallisé à une solution bouillante de platinocyanure de magnésium, filtrant et laissant refroidir. Le sel doit le se sépare mélangé d'un peu de base libre. On ne peut pas le purifier par cristallisation, car il se dédouble toujours partiellement par l'eau; mais en additionnant d'un peu d'acide chlorhydrique le liquide chaud, on empêche la cristallisation de la base libre et l'on obtient par le refroidissement des prismes d'un jaune-brun clair, très-brillants, de platinocyanure. A 120°, ce sel perd son eau de cristallisation.

NITRODIAZO-α-PHÉNYLÈNE-DIAMINE,

$$C^6H^4Az^4O^2 = C^6H^3(AzO^2) \begin{matrix}<Az\\<AzH\end{matrix}\!\!\begin{matrix}\searrow\\\nearrow\end{matrix} Az.$$

Ce composé a été obtenu par Hofmann en traitant l'azotate de nitrophénylène-diamine par l'acide azoteux :

$$C^6H^3(AzO^2)\left\langle\begin{matrix}AzH^2\\AzH^2\end{matrix}\right. + AzO^2H$$

$$= C^6H^3(AzO^2)\left\langle\begin{matrix}Az\\AzH\end{matrix}\right\rangle Az + 2H^2O.$$

Lorsqu'on fait passer un courant d'acide azoteux dans une dissolution moyennement concentrée de l'azotate, la température s'élève et le liquide laisse déposer par le refroidissement de larges aiguilles qu'on purifie par cristallisation dans l'eau bouillante.

La nitrodiazo-phénylène-diamine est en larges aiguilles blanches, peu solubles dans l'eau froide, très-solubles dans l'alcool et l'éther; ses solutions possèdent une réaction acide. Elle se colore legèrement à 100°, fond à 211° et se sublime en partie sans altération.

Ce dérivé diazoïque est très-stable; l'eau, la potasse et l'acide chlorhydrique bouillants ne l'altèrent pas; l'acide azoteux est également sans action. Il se rapproche donc sous ce rapport des corps diazoïques des phénols nitrés. Il se dissout dans les alcalis sans les neutraliser, dans les carbonates alcalins sans en chasser l'acide carbonique, et se comporte vis-à-vis des bases comme un acide monobasique faible; c'est l'hydrogène du groupe AzH qui se trouve remplacé par le métal.

*Sel ammoniacal.* — Il est en aiguilles peu stables; sa solution aqueuse précipite les solutions des métaux lourds. Avec le nitrate d'*argent*, on obtient un précipité blanc, amorphe, de la formule $C^6H^3Az^4O^2, Ag$; ce composé détone lorsqu'on le chauffe légèrement.

*Sel potassique,* $C^6H^3Az^4O^2, K$. — Prismes aplatis, très-solubles dans l'eau et dans l'alcool, peu solubles dans une lessive de potasse [A. W. Hofmann, *Ann. der Chem. ü Pharm.*, t. CXV, p. 249; *Ann. de Chim. et de Phys.*, (3), t. LXI, p. 151].

### β-PHÉNYLÈNE-DIAMINE.

Cette base a été obtenue pour la première fois en 1844 par Zinin, dans la réduction complète de la dinitrobenzine fusible à 86°; ce chimiste lui avait donné le nom de *sémibenzidam* que Gerhardt a changé en *azophénylamine;* Hofmann a reconnu sa véritable nature [Zinin, *Journ. für prakt. Chem.*, t. XXXIII, p. 34; A.-W. Hofmann, *Proc. of the Roy. Soc. London*, t. XI, p. 518; *Rép. de Chim. pure*, 1862, p. 78; *Compt. rend.*, t. LVI, p. 992].

Elle se forme : 1° dans la réduction de la dinitrobenzine fusible à 86° ou de la β-nitraniline; 2° dans l'action des agents réducteurs sur l'*amidoazobenzol* (Martius et Griess; voyez t. II, p. 878) :

$$C^{12}H^{11}Az^3 + H^4 = C^6H^8Az^2 + C^6H^7Az\ ;$$

3° lorsqu'on traite la benzine bromodinitrée fusible à 72° par l'étain et l'acide chlorhydrique; dans cette réaction les deux groupes $AzO^2$ sont réduits et l'atome de brome est enlevé en même temps. Cette transformation montre que les deux $AzO^2$ occupent les mêmes places dans la benzine dinitrée fusible à 86° et dans la benzine bromodinitrée [Th. Zincke et F. Sintenis, *Deutsch. Chem. Gesells.*, t. V, p. 791; *Bull. de la Soc. chim.*, 1872, t. XVIII, p. 549].

Pour préparer la β-phénylène-diamine, on réduit la β-nitraniline par l'acide iodhydrique (Mills) ou la dinitrobenzine par le fer et l'acide acétique ou par l'étain et l'acide chlorhydrique (Gerdemann); d'après Hofmann, il n'est pas avantageux d'employer le sulfure d'ammonium, car ce sel dissout la phénylène-diamine avec une couleur brune en l'altérant. On verse de l'acide chlorhydrique sur un mélange de 1 molécule de dinitrobenzine et de 12 atomes d'étain; il se produit une réaction très-violente et le liquide donne par l'évaporation des aiguilles de chlorostannite. Ce sel, décomposé par l'hydrogène sulfuré, fournit le chlorhydrate dont on isole la base par un alcali [Gerdemann, *Zeitschr. für Chem.*, 1865, p. 51].

La β-phénylène-diamine cristallise très-lentement et peut rester longtemps en surfusion, lorsqu'on vient de la distiller; elle forme des cristaux blancs brunissant rapidement, fusibles à 63° et bouillant à 287° (Hofmann), à 276-277° (non corr., Zincke). Elle est très-peu soluble dans l'eau, mais elle se dissout dans l'alcool et l'éther. Oxydée par un mélange de peroxyde de manganèse ou de chromate de potassium et d'acide sulfurique, elle ne donne que des traces de quinone.

C'est une base diacide qui donne des sels cristallisés, solubles dans l'eau; les alcalis précipitent la base des solutions, à l'état huileux; l'ammoniaque en excès la dissout avec une couleur brun foncé en l'altérant.

*Chlorhydrate,* $C^6H^8Az^2(HCl)^2$. — Cristaux groupés concentriquement, ou aiguilles blanches et fines, très-solubles dans l'eau, peu solubles dans l'acide chlorhydrique. Le *chloroplatinate,*

$$C^6H^8Az^2(HCl)^2 + PtCl^4,$$

forme des aiguilles magnifiques d'un jaune d'or.

*Chlorostannate,* $C^6H^8Az^2(HCl)^2 + SnCl^4$. — Prismes jaunâtres et brillants, plus solubles que le *chlorostannite* $C^6H^8Az^2(HCl)^2 + Sn^2Cl^4$, qui constitue de longues aiguilles blanches et soyeuses.

Le *sulfate,* $C^6H^8Az^2, SO^4H^2$, est très-soluble dans l'eau et cristallise bien.

Lorsqu'on ajoute de l'eau de brome en excès à la dissolution du chlorhydrate de β-phénylène-diamine, il se forme un précipité brun de *phénylène-diamine dibromée,* $C^6H^2Br^2(AzH^2)^2$, à peine soluble dans l'éther, mais soluble dans l'alcool; la solution alcoolique la laisse déposer à l'état cristallisé. Elle ne peut être sublimée sans décomposition [W. Hollemann, *Zeitschr. für Chem.*, 1865, p. 555].

En faisant passer de l'acide azoteux dans une dissolution aqueuse de chlorhydrate de β-phénylène-diamine, Hollemann a obtenu un corps violet foncé de la formule $C^{12}H^{10}Az^4O^3$, qui est probablement un produit de décomposition du dérivé diazoïque normal formé d'abord : il se dégage en effet de l'azote dans la réaction. Ce corps est peu soluble dans l'eau, l'alcool et l'éther; l'acide chlorhydrique le décompose lentement; avec l'étain et l'acide chlorhydrique, il donne de l'aniline.

Le nitrite de potassium donne dans la solution acidulée du chlorhydrate un précipité brun amorphe.

### γ-PHÉNYLÈNE-DIAMINE.

Cette base se forme par réduction de la γ-nitraniline, comme MM. Zincke et Sintenis l'ont montré récemment [*Deutsch. Chem. Gesells.*, 1873, t. VI, p. 123]. Elle a été obtenue pour la première fois par M. Griess dans une autre réaction, savoir la distillation des acides β- et γ-diamidobenzoïques dérivés des acides β- et γ-nitroxybenzuramiques (voyez t. II, p. 704) :

$$\underset{\text{Acide diamidobenzoïque.}}{C^6H^3(AzH^2)^2CO^2H} = \underset{\text{Phénylène-diamine.}}{C^6H^4(AzH^2)^2} + CO^2.$$

L'acide β-diamidobenzoïque a été obtenu depuis dans une tout autre réaction : dans la réduction de l'acide nitroparamidobenzoïque formé par l'action de l'ammoniaque sur l'acide nitranisique

(t. I, p. 333). Cette réaction est d'une certaine importance au point de vue de la constitution moléculaire de la γ-phénylène-diamine; car dans l'acide nitroparamidobenzoïque $C^6H^3(AzH^2)(AzO^2)CO^2H$ l'amidogène occupe la place 4 (le carboxyle étant à la place 1) et le goupe $AzO^2$ la place 3 (car il se trouve dans la même position que dans l'acide nitrobenzoïque ordinaire 1, 3). On en conclut que le γ-phénylène-diamine offre le groupement 3, 4 ou ce qui revient au même 1, 2, c'est-à-dire que les deux groupes $AzH^2$ sont attachés à 2 atomes de carbone voisins, [H. Salkowski, *Deutsch. Chem. Gesells.*, t. V, p. 772; *Bull. de la Soc. chim.*, 1872, t. XVIII, p. 463]. On a encore obtenu la γ-phénylène-diamine en réduisant l'aniline bromonitrée, fusible à 104°,5 (voyez t. II, p. 850), par l'étain et l'acide chlorhydrique et traitant la base bromée $C^6H^3Br(AzH^2)^2$ ainsi obtenue par l'amalgame de sodium et l'eau [V. Meyer et C. Wurster, *Deutsch. Chem. Gesells.*, t. V, p. 635; *Bull. de la Soc. chim.*, 1872, t. XVIII, p. 356].

La γ-phénylène-diamine forme des tables ou plaques rectangulaires blanches ou légèrement teintées en rose, très-solubles dans l'eau bouillante, dans l'alcool, l'éther et le chloroforme. Elle fond à 99° et bout vers 252°.

Son *chlorhydrate* est en cristaux rayonnés.

Le *chloroplatinate* constitue un précipité brun, formé de petites aiguilles.

Le *sulfate*, $C^6H^8Az^2.SO^4H^2 + 1\ 1/2H^2O$, cristallise en lamelles nacrées qui perdent leur eau un peu au-dessus de 100°.

Lorsqu'on ajoute à une solution moyennement concentrée de la base dans l'acide chlorhydrique une solution concentrée de perchlorure de fer, il se forme immédiatement un dépôt de belles aiguilles rouge de rubis. C'est le chlorhydrate d'une nouvelle base $C^{12}H^{10}Az^4$ qui prend naissance en vertu de l'équation suivante :

$$2C^6H^8Az^2 + O^3 = C^{12}H^{10}Az^4 + 3H^2O.$$

La base libre est en aiguilles microscopiques jaune foncé et presque insolubles dans les dissolvants neutres [P. Griess, *Journ. für prakt. chem.*, (2), t. III, p. 143; *Bull. de la Soc. chim.*, 1871, t. XVI, p. 315]. A. H.

**PHÉNYLÉTHYLÈNES.** — Il existe des hydrocarbures que l'on peut considérer comme formés par la substitution de groupes $C^6H^5$ à l'hydrogène de l'éthylène $C^2H^4$; ce sont le *phényléthylène* ou *cinnamène*, $C^2H^3(C^6H^5)$, le *diphényléthylène*, $C^2H^2(C^6H^5)^2$, et le *tétraphényléthylène*, $C^2(C^6H^5)^4$. Le second n'est autre que le *stilbène*, et sera décrit sous ce nom que lui a donné Laurent. Le troisième est un dérivé de la benzophénone, et nous le décrirons ici.

TÉTRAPHÉNYLÉTHYLÈNE, $C^2(C^6H^5)^4 = C^{26}H^{20}$ [Arno Behr, *Deutsch. Chem. Gesells.*, t. III, p. 751, et *Bull. de la Soc. chim.*, 1870, t. XIV, p. 404]. — Lorsqu'on traite la benzophénone,

$$C^6H^5\text{-}CO\text{-}C^6H^5,$$

par le perchlorure de phosphore, à une température de 180°, il se produit un chlorure,

$$C^6H^5\text{-}CCl^2\text{-}C^6H^5,$$

que l'auteur n'a pas séparé de l'excès de benzophénone, mais qui, d'après MM. Kekulé et Franchimont, bout à 220°, sous une pression de 671 millimètres. Si l'on chauffe le mélange de ce chlorure et de benzophénone avec de l'argent réduit, il perd tout son chlore, et, par la distillation, on obtient d'abord de la benzophénone, puis le tétraphényléthylène, qui passe à une température très-élevée et se concrète dans le col de la cornue.

Ce corps est peu soluble dans l'alcool et dans l'éther, soluble dans la benzine bouillante, qui l'abandonne par le refroidissement en cristaux aciculaires. Il fond à 221°. Le brome le transforme en un composé $C^{26}H^{17}Br^5$.

Cet hydrocarbure est à la benzopinacone (glycol tertiaire) ce que l'éthylène est au glycol :

| $C{=}(C^6H^5)^2$<br>$\overset{\|}{C}{=}(C^6H^5)^2$ | $C{=}(C^6H^5)^2\text{-}OH$<br>$\overset{\|}{C}{=}(C^6H^5)^2\text{-}OH$ |
|---|---|
| Tétraphényléthylène. | Benzopinacone. |

E. G.

**PHÉNYLGLYCOCOLLE** (*oxacétylaniline*),

$$C^8H^9AzO^2 = \begin{array}{l} CH^2\text{-}CO^2H \\ \vert \\ AzH(C^6H^5) \end{array}$$

[Michaelson et Lippmann, *Compt. rend. de l'Acad. des sciences*, t. LXI, p. 739, et *Bull. de la Soc. chim.*, 1866, t. V, p. 385]. — On fait réagir l'acide monobromacétique sur une solution d'aniline dans l'éther anhydre, en ayant soin de refroidir. On obtient ainsi une masse jaune, mélange de bromhydrate d'aniline et de phénylglycocolle. On les sépare en mettant à profit la moindre solubilité du bromhydrate dans l'eau. Les eaux mères aqueuses contiennent le phénylglycocolle qu'on achève de purifier en détruisant le reste du bromhydrate d'aniline par un peu d'oxyde d'argent et en faisant cristalliser après avoir éliminé l'argent dissous, au moyen de l'hydrogène sulfuré.

Le phénylglycocolle forme de petits cristaux fusibles à 100°, assez solubles dans l'eau, moins solubles dans l'éther. La solution aqueuse rougit le tournesol et dissout divers oxydes métalliques. E. G.

**PHÉNYLGLYCOLIQUE (ACIDE).** — Ce n'est autre que l'acide formobenzoylique que nous avons décrit t. I, p. 1492. Lorsqu'on le chauffe avec de l'acide bromhydrique, il donne l'acide bromophénylacétique, $C^6H^5\text{-}CHBr\text{-}CO^2H$, et celui-ci traité par la potasse alcoolique fournit un dérivé monoéthylé de l'acide formobenzoylique,

$$\begin{array}{l} C^6H^5 \\ \vert \\ CH, OC^2H^5 \\ \vert \\ CO^2H. \end{array}$$

Ce dernier acide est incristallisable. Ses sels sont amorphes, sauf celui du plomb, qui est un précipité peu soluble, devenant peu à peu cristallin.

Il y a entre l'acide phénylacétique (α-toluique) et l'acide phénylglycolique (formobenzoylique) les mêmes relations qu'entre l'acide acétique et l'acide glycolique. E. G.

**PHÉNYLGUANIDINES.** — La guanidine ou carbotriamine renferme $CAz^3H^5$; on connaît plusieurs corps qui représentent de la guanidine phénylée, et qui s'en rapprochent, soit par un mode d'obtention analogue, soit par leur réaction; ce sont la diphénylguanidine α et β et la triphénylguanidine α et β.

DIPHÉNYLGUANIDINE-α,

$$C^{13}H^{13}Az^3 = C\begin{cases} AzH(C^6H^5) \\ AzH(C^6H^5) \\ AzH \end{cases} = Az^3\begin{cases} C^{IV} \\ (C^6H^5)^2 \\ H^3 \end{cases}$$

[Hofmann, *Deutsch. Chem. Gesellsch.*, 1869, p. 452, 455 et 686; *Bull. de la Soc. chim.*, 1870, t. XIII, p. 56 et 528]. — Elle se produit lorsqu'on ajoute de l'oxyde de plomb à une solution de diphénylsulfo-urée dans l'ammoniaque alcoolique :

$$CS(AzH, C^6H^5)^2 + PbO + AzH^3 = C\begin{cases}(AzH, C^6H^5)^2 \\ AzH\end{cases} + PbS + H^2O.$$

Elle cristallise facilement en aiguilles aplaties, fusibles à 147°; elle exige environ deux fois plus d'alcool que son isomère, la diphénylguanidine β ou mélaniline.

DIPHÉNYLGUANIDINE β (*mélaniline*, *carbodiphényldiamine*),

$$C^{13}H^{13}Az^3 = C\left\{\begin{array}{l}AzH(C^6H^5)\\AzH^2\\AzC^6H^5\end{array}\right.$$

[Hofmann, *Ann. der Chem. u. Pharm.*, t. LXVII, p. 129; t. LXXIV, p. 8 et 17; *Annuaire de Millon*, 1849, p. 399]. — Elle prend naissance dans les mêmes conditions que la guanidine, qui se forme, comme on sait, par l'action du chlorhydrate d'ammoniaque sur la cyanamide, ou ce qui revient au même, par l'action du chlorure de cyanogène sur l'ammoniaque (Erlenmeyer). La mélaniline se forme, en effet, quand on chauffe au bain-marie un mélange de molécules égales de chlorhydrate d'aniline et de phénylcyanamide (phénylcarbimide), ou lorsqu'on traite l'aniline par le chlorure de cyanogène. On dirige dans l'aniline, à l'aide d'un aspirateur, du chlorure de cyanogène préparé en faisant passer du chlore sur du cyanure de mercure humecté; il se porduit une réaction très-vive accompagnée de chaleur; le gaz est absorbé, la liqueur se colore, s'épaissit et se prend peu à peu en une masse cristalline qu'on a soin de maintenir fondue pour l'empêcher d'obstruer le tube de dégagement. Lorsqu'il n'y a plus absorption, on laisse refroidir, et on obtient une masse brune, solide, transparente, qu'on dissout dans de l'eau acidulée d'acide chlorhydrique; on ajoute de la potasse, qui en sépare une masse blanche, brillante et visqueuse, qui devient cristalline au bout de quelques instants. On purifie la mélaniline ainsi obtenue en la lavant dans de l'eau froide pour enlever le chlorure de potassium et la faisant cristalliser ensuite dans un mélange de parties égales d'alcool et d'éther.

La mélaniline ou diphénylguanidine-β se présente en lamelles blanches, dures et friables, qui rougissent assez rapidement quand on les expose humides à l'air. Elles sont sans odeur; leur solution alcoolique présente une amertume persistante.

Ce corps fond à 131°. Entre 140° et 150°, il se décompose en dégageant de l'aniline et laissant une masse brune amorphe. Il est peu soluble dans l'eau froide, assez soluble dans l'eau bouillante, très-soluble dans l'éther, l'alcool, l'esprit de bois, l'acétone; il cristallise facilement dans un mélange bouillant d'eau et d'alcool. Il n'agit pas sur les papiers colorés et ne s'altère pas par l'hypochlorite de chaux ou l'acide chromique.

Sa solution trouble légèrement le sulfate de zinc, précipite les sulfates de cuivre, d'argent et le chlorure mercurique; elle ne précipite ni les sels ferriques ni les sels ferreux; les précipités qu'elle forme constituent des sels doubles.

Lorsqu'on la chauffe à 140° avec du sulfure de carbone, elle donne de la diphénylsulfocarbamide ou diphénylsulfo-urée $CS(AzH,C^6H^5)^2$ et de l'acide sulfocyanique CSAzH :

$$C\left\{\begin{array}{l}AzH(C^6H^5)\\AzH^2\\AzC^6H^5\end{array}\right. + CS^2 = CS(AzH,C^6H^5)^2 + CS,AzH.$$

*Sels de diphénylguanidine* β. — Cette base se dissout facilement dans les acides en donnant des sels cristallisables, d'une saveur amère, précipités par la potasse et l'ammoniaque; les carbonates les décomposent aussi avec dégagement d'acide carbonique.

*Azotate*, $C^{13}H^{13}Az^3,AzO^3H$. — Il cristallise facilement et se sépare complétement, sous forme d'aiguilles, par le refroidissement de sa solution bouillante. Il est peu soluble dans l'eau froide, très-soluble dans l'alcool bouillant, presque insoluble dans l'éther.

*Bromhydrate*, $C^{13}H^{13}Az^3,HBr$. — Très-soluble dans l'eau, il cristallise en aiguilles groupées en étoiles.

*Chlorhydrate*, $C^{13}H^{13}Az^3,HCl$. — Très-soluble dans l'eau, il cristallise difficilement en présence de l'acide sulfurique.

*Chloroplatinate*, $(C^{13}H^{13}Az^3,HCl)^2PtCl^4$. — Cristaux orangés confus, peu solubles dans l'alcool, insolubles dans l'éther.

*Chloraurate*, $C^{13}H^{13}Az^3,HCl,AuCl^3$. — En mélangeant des solutions étendues de chlorure d'or et de chlorhydrate de mélaniline, on obtient de magnifiques aiguilles jaune d'or, peu solubles dans l'eau, plus solubles dans l'alcool, très-solubles dans l'éther.

*Iodhydrate*, $C^{13}H^{13}Az^3,HI$. — Cristaux solubles dans l'eau et l'alcool; ils se décomposent promptement à l'air en émettant de l'iode.

*Fluorhydrate*. — Beaux cristaux, assez solubles dans l'eau, moins solubles dans l'alcool.

*Oxalate acide*, $C^{13}H^{13}Az^3,C^2O^4H^2$. — Lames rhomboïdales, peu solubles à froid et très-solubles à chaud dans l'alcool et dans l'eau, insolubles dans l'éther.

*Sulfate*, $(C^{13}H^{13}Az^3)^2SO^4H^2$. — Lames rhomboïdales groupées en étoiles, peu solubles dans l'eau froide, plus solubles dans l'eau bouillante, l'alcool et l'éther.

La diphénylguanidine β se combine à l'azotate d'argent; lorsqu'on mélange des solutions alcooliques de la base et du sel, il se forme des mamelons cristallins, qui renferment

$$(C^{13}H^{13}Az^3)^2,AzO^3Ag.$$

BROMODIPHÉNYLGUANIDINE β (*bromomélaniline*),

$$C^{13}H^{11}Br^2Az^3 = C\left\{\begin{array}{l}AzHC^6H^4Br\\AzH^2\\AzC^6H^4Br\end{array}\right.$$

(Hofmann). — Lorsqu'on verse peu à peu de l'eau de brome dans une solution de chlorhydrate de diphénylguanidine β, il se sépare d'abord une matière résineuse et la liqueur filtrée et concentrée donne des aiguilles étoilées de *chlorhydrate* de *bromomélaniline*, $C^{13}H^{11}Br^2Az^3,HCl$, peu solubles dans l'eau. L'addition de l'ammoniaque à la solution aqueuse de ce sel met en liberté la base sous l'aspect d'une masse blanche qui, purifiée par cristallisation dans l'alcool, forme des écailles blanches, presque insolubles dans l'eau, très-solubles dans l'alcool et dans l'éther; ses solutions sont très-amères. Sous l'influence de la chaleur, cette base se décompose en donnant de la bromaniline. Elle fournit avec le chlorure de platine un *chloroplatinate*,

$$(C^{13}H^{11}Br^2Az^3,HCl)^2PtCl^4,$$

en écailles dorées, presque insolubles dans l'eau, peu solubles dans l'alcool, plus solubles dan l'éther.

CHLORODIPHÉNYLGUANIDINE β (*chloromélaniline*), $C^{13}H^{13}Cl^2Az^3$. — Elle s'obtient comme la précédente avec l'eau de chlore; elle cristallise en paillettes. Son *chlorhydrate*, $C^{13}H^{11}Cl^2Az^3,HCl$, est en aiguilles; le *chloroplatinate*,

$$(C^{13}H^{11}Cl^2Az^3.HCl)^2PtCl^4,$$

est en petits cristaux orangés.

NITRODIPHÉNYLGUANIDINE β (*nitromélaniline*),

$$C^{13}H^{11}(AzO^2)^2Az^3.$$

— Obtenue par l'action d'un courant de chlorure de cyanogène sur une solution éthérée de nitraniline; c'est une masse cristalline, formée de paillettes, peu solubles dans l'alcool et dans l'éther, d'une belle couleur jaune. Le *chlorhydrate* est en aiguilles brillantes, aplaties, peu solubles dans l'eau. Le *chloroplatinate* forme des cristaux miroscopiques, peu solubles dans l'eau et dans l'alcool, insolubles dans l'éther. L'*azotate* est peu soluble; l'*oxalate* et le *sulfate* le sont davantage.

IODODIPHÉNYLGUANIDINE β (*iodomélaniline*),

$$C^{13}H^{11}I^2Az^3.$$

— Elle a été obtenue par l'action du chlorure de cyanogène sur l'iodaniline.

Il se forme un dépôt cristallin de chlorhydrate d'iodaniline qui disparaît bientôt et se transforme en une masse transparente de *chlorhydrate d'iodomélaniline*, qui devient bientôt cristalline. Ce sel est très-peu soluble dans l'eau; la potasse en sépare la base, qui cristallise dans l'alcool.

CYANODIPHÉNYLGUANIDINE β (*cyanomélaniline*), $C^{15}H^{13}Az^5 = C^{13}H^{13}Az^3,Cy^2$ [Hofmann, *Ann. de Chim. et de Phys.*, t. XXVIII, p. 435; *Ann. der Chem. u. Pharm.*, t. LXXIV, p. 1; *Annuaire de Millon*, 1849, p. 399, et 1850, p. 368]. — Ce corps n'est pas un produit de substitution analogue aux précédents, comme l'indique son nom, mais un produit d'addition du cyanogène à la diphénylguanidine β. On l'obtient en dirigeant un courant de cyanogène dans une solution alcoolique de la base saturée à froid. Le liquide saturé, abandonné pendant quelques heures à lui-même, se prend en une bouillie cristalline qu'on lave avec de l'alcool froid et qu'on fait ensuite cristalliser dans l'alcool bouillant.

Ce corps constitue des aiguilles légèrement jaunâtres, non volatiles sans décomposition; il se dissout dans les acides, mais, au lieu de donner des sels, il se décompose. Si l'on abandonne pendant quelque temps sa solution dans l'acide chlorhydrique, il se dépose une masse jaunâtre d'*oxamélanile* ou *mélanoximide*

$$C^{15}H^{11}Az^3O^2,$$

qui a pris naissance en vertu de la réaction suivante :

$$C^{15}H^{13}Az^5 + 2H^2O = C^{15}H^{11}Az^3O^2 + 2AzH^3.$$

*Mélanoximide* (*oxamélanile*), $C^{15}H^{11}Az^3O^2$. — Obtenu comme nous venons de le dire, ce corps se présente sous la forme de croûtes cristallines, lorsqu'on le dissout dans l'alcool bouillant, où il n'est que très-difficilement soluble. Il est à peine soluble dans l'eau. Bouilli avec de l'acide chlorhydrique, il donne de l'acide oxalique et de la *diphénylguanidine* β.

Il se décompose de même par l'addition de l'ammoniaque ou de la potasse à sa solution alcoolique.

Soumis à la distillation sèche, il donne du cyanate de phényle ou phénylcarbimide $CO,AzC^6H^5$.

*Constitution de la cyanomélaniline et de la mélanoximide.* — Le dédoublement de la mélanoximide en acide oxalique et diphénylguanidine β montre qu'elle représente l'oxalate de diphénylguanidine β, moins 2 molécules d'eau :

$$C\begin{cases}AzH(C^6H^5)\\AzH^2\\AzC^6H^5\end{cases}C^2O^4H^2, \quad - \; 2H^2O$$

Oxalate de diphénylguanidine β.

$$= C\begin{cases}AzC^6H^5-CO\\AzH \;-\; \overset{|}{C}O\\AzC^6H^5\end{cases}$$

Mélanoximide.

Il est à ce sel ce que l'oxalylurée (acide parabanique) est à l'oxalate d'urée :

$$CO\begin{cases}AzH^2\\AzH^2\end{cases}C^2O^4H^2 \qquad CO\begin{cases}AzH-CO\\AzH-\overset{|}{C}O\end{cases}$$

Oxalate d'urée. Oxalylurée.

La cyanomélaniline paraît donc devoir être représentée par la formule

$$C\begin{cases}Az(C^6H^5)-CAzH\\AzH \;-\; \overset{|}{C}AzH\\AzC^6H^5\end{cases}$$

Comme la guanidine $CAz^3H^5$ peut être rapportée à l'urée, dont elle dérive par remplacement de l'oxygène diatomique par le groupe également diatomique AzH,

$$CO\begin{cases}AzH^2\\AzH^2\end{cases} \qquad C(AzH)\begin{cases}AzH^2\\AzH^2\end{cases}$$

Urée. Guanidine.

on voit mieux par les formules suivantes les relations de la mélanoximide et de l'acide parabanique :

$$CO\begin{cases}AzH-CO\\AzH-\overset{|}{C}O\end{cases} \qquad C(AzC^6H^5)\begin{cases}AzC^6H^5-CO\\AzH \;-\; \overset{|}{C}O\end{cases}$$

Acide parabanique. Mélanoximide.

TRIPHÉNYLGUANIDINE, $C^{19}H^{17}Az^3$. — On connaît deux corps de cette formule, qu'on peut considérer comme de la guanidine triphénylée; ce sont la *carbotriphényltriamine*, obtenue dans l'action du tétrachlorure de carbone sur l'aniline, et la *triphénylguanidine*, préparée dans diverses réactions à l'aide de la sulfocarbanilide.

CARBOTRIPHÉNYLTRIAMINE,

$$C^{19}H^{17}Az^3 = C(AzC^6H^5)\begin{cases}AzHC^6H^5\\AzHC^6H^5\end{cases}$$

[Hofmann, *Proc. of the Roy. Soc.*, t. IX, p. 284; *Ann. de Chim. et de Phys.*, (3), t. LIV, p. 214]. — Lorsqu'on chauffe à 170-180° 1 p. de tétrachlorure de carbone $CCl^4$ avec 3 p. d'aniline pendant trente heures, le liquide se trouve transformé en une masse noirâtre qui renferme de la rosaniline et de la carbotriphényltriamine. On épuise par l'eau et on précipite la solution aqueuse par la potasse; il se forme un précipité huileux renfermant une grande quantité d'aniline non transformée. On fait bouillir dans une cornue ce précipité avec de la potasse étendue; il passe de l'aniline à la distillation, tandis qu'il reste une huile visqueuse qui se solidifie peu à peu en une masse cristalline; on la lave à l'alcool froid et on la fait cristalliser une ou deux fois dans l'alcool bouillant, ce qui la rend parfaitement blanche, tandis que la rosaniline reste en solution : cette matière constitue la carbotriphényltriamine.

La carbotriphényltriamine est insoluble dans l'eau, difficilement soluble dans l'alcool bouillant et soluble dans l'éther. Elle se dépose de sa solution dans l'alcool bouillant en tables quadrilatères allongées, groupées quelquefois autour d'un centre commun.

Son *chlorhydrate* renferme $C^{19}H^{17}Az^3,HCl$. Il est cristallin et un peu soluble dans l'eau.

Le *chloroplatinate* renferme

$$(C^{19}H^{17}Az^3,HCl)^2PtCl^4.$$

Comme le chlorhydrate, il est très-soluble dans un excès d'acide chlorhydrique.

La formation de cette base demanderait à être étudiée de nouveau; en effet, d'après son analyse, elle se formerait par l'action du tétrachlorure de carbone sur l'aniline pure, tandis que la rosaniline qui prend en même temps naissance, ne se produit, suivant Hofmann, qu'avec un mélange d'aniline et de toluidine. D'un autre côté, sa formule de constitution, qui en fait une triphénylguanidine, n'est pas encore appuyée par des réactions de dédoublement, et on ne sait si elle est identique ou seulement isomérique avec la triphénylguanidine que nous allons décrire, et qui, d'après son origine, aurait la même constitution.

TRIPHÉNYLGUANIDINE,

$$C^{19}H^{17}Az^3 = C(AzC^6H^5)\left\{\begin{matrix}AzHC^6H^5\\AzHC^6H^5\end{matrix}\right.$$

[Merz et Weith, *Zeitsch. für Chem.*, nouv. série, t. IV, p. 513 et 609, t. V, p. 583; *Deutsch. Chem. Gesellsch.*, t. III, p. 25; *Bull. de la Soc. chim.*, 1868, t. X, p. 484, 1869, t. XII, p. 63, 1870, t. XIII, p. 164 et 529; — Hofmann, *Bull. de la Soc. chim.*, 1870, t. XIII, p. 54]. — Cette base a été découverte par Merz et Weith, qui l'avaient d'abord appelée *tricarbhexanilide* et représentée par la formule $C^3(AzH, C^6H^5)^6$. Elle se produit dans une foule de réactions de la sulfocarbanilide ou diphénylsulfo-urée : elle avait d'abord été préparée par l'action du cuivre sur la diphénylsulfo-urée, réaction tentée dans l'espoir d'enlever le soufre à ce corps, mais en fait elle prend naissance par l'action de la chaleur seule :

1° Lorsqu'on chauffe la diphénylsulfo-urée, elle se décompose en dégageant de l'acide sulfhydrique et en laissant distiller du sulfure de carbone; on reprend le résidu par l'alcool chlorhydrique, on ajoute de l'eau qui précipite la diphénylsulfo-urée non attaquée, et on ajoute de l'ammoniaque qui sépare la triphénylguanidine. Celle-ci prend naissance de la manière suivante : une partie de la diphénylsulfo-urée se dédouble en aniline et en phénylsulfocarbimide (sulfocyanate de phényle) qui tous deux réagissent sur un excès de diphénylsulfo-urée pour donner la triphénylguanidine. On constate en effet la formation de sulfocarbimide et de l'aniline dans les produits de distillation de la sulfocarbanilide. Les équations suivantes rendent compte de ces transformations :

1.
$$CS\left\{\begin{matrix}AzHC^6H^5\\AzHC^6H^5\end{matrix}\right.$$
Diphénylsulfo-urée.
$$= CS,AzC^6H^5 + AzH^2,C^6H^5;$$
Phénylsulfocarbimide. Aniline.

2.
$$CS,AzC^6H^5 + CS\left\{\begin{matrix}AzHC^6H^5\\AzHC^6H^5\end{matrix}\right.$$
Phénylsulfocarbimide. Diphénylsulfo-urée.
$$= CS^2 + C(AzC^6H^5)\left\{\begin{matrix}AzHC^6H^5\\AzHC^6H^5;\end{matrix}\right.$$
Triphénylguanidine.

3.
$$AzH^2,C^6H^5 + CS\left\{\begin{matrix}AzHC^6H^5\\AzHC^6H^5\end{matrix}\right.$$
Aniline. Diphénylsulfo-urée.
$$= H^2S + C(AzC^6H^5)\left\{\begin{matrix}AzHC^6H^5\\AzHC^6H^5.\end{matrix}\right.$$
Triphénylguanidine.

2° La diphénylurée, $CO(AzHC^6H^5)^2$, donne de même de la triphénylguanidine et de l'acide carbonique par la distillation, d'après des réactions entièrement semblables aux précédentes.

3° La triphénylguanidine se forme également à l'état de chlorhydrate, quand on fond la diphénylsulfo-urée avec le chlorure de plomb; il se produit en même temps du sulfure de carbone et du sulfure de plomb.

4° L'aniline en agissant directement sur la sulfocarbanilide donne de la triphénylguanidine (73 °/₀ de la quantité théorique).

5° La monophénylsulfo-urée et l'aniline donnent, lorsqu'on les chauffe, de la diphénylsulfo-urée qui ultérieurement fournit de la triphénylguanidine.

6° L'action de l'acide chlorhydrique en vases clos à 170° sur la diphénylsulfo-urée donne de la triphénylguanidine. A une température plus basse, en opérant par exemple avec un réfrigérant ascendant, il se produit en même temps de la phénylsulfocarbimide; après 40 minutes d'ébullition avec l'acide chlorhydrique, 100 grammes de diphénylsulfo-urée ont fourni 47 grammes de phénylsulfocarbimide et 14 grammes de triphénylguanidine.

7° La triphénylguanidine se forme à l'état de chlorhydrate par l'action du chlorhydrate d'aniline sur la sulfocarbanilide.

Toutes les réactions précédentes sont dues à Merz et Weith. Hofmann a constaté aussi que la triphénylguanidine se produit :

8° Lorsqu'on ajoute de l'iode à une solution alcoolique de diphénylsulfo-urée, l'iode disparaît, et il se précipite du soufre. Quand la réaction est terminée, on filtre, on chasse l'alcool et on distille le résidu avec de la vapeur d'eau; il passe de la phénylsulfocarbimide avec l'eau, et le résidu filtré bouillant laisse déposer des cristaux d'iodhydrate de triphénylguanidine :

$$2[CS,(AzHC^6H^5)^2] + I^2$$
Diphénylsulfo-urée.
$$= CS,AzC^6H^5 + C^{19}H^{17}Az^3 + 2HI + S.$$
Phénylsulfocarbimide. Triphénylguanidine.

Il ne se produit que de la triphénylguanidine sans phénylcarbimide lorsqu'on fait réagir l'iode sur un mélange d'aniline et de diphénylsulfo-urée:

$$CS(AzHC^6H^5)^2 + AzH^2,C^6H^5 + I^2$$
Diphénylsulfo-urée. Aniline. Iode.
$$= C^{19}H^{17}Az^3 + 2HI + S.$$
Triphénylguanidine.

9° Enfin cette base se forme facilement lorsqu'on ajoute de l'oxyde de plomb à une solution alcoolique de molécules égales d'aniline et de diphénylsulfo-urée.

*Propriétés* (Merz et Weith). — La triphénylguanidine précipitée de son chlorhydrate par la soude et cristallisée dans l'alcool aqueux constitue des aiguilles blanches, miroitantes, fusibles à 143°, à peine solubles dans l'eau, solubles dans l'éther et dans 22 p. d'alcool à 0°; l'évaporation lente de sa solution aqueuse l'abandonne en longs prismes brillants. Elle précipite les sels ferriques et mercuriques. Par l'action des alcalis, elle ne donne que de l'aniline et du carbonate, ce qui vient à l'appui de la formule de constitution,

$$C(AzC^6H^5)\left\{\begin{matrix}AzHC^6H^5\\AzHC^6H^5.\end{matrix}\right.$$

La triphénylguanidine distillée à 250° dans un courant de gaz carbonique ou chauffée à 180° avec de l'eau fournit de la diphénylurée, de l'aniline et de l'acide carbonique [Merz et Weith, *Deutsch. Chem. Gesells.*, t. III, p. 25, et *Bull. de la Soc. chim.*, 1870, t. XIII, p. 529].

Chauffée à 160-170° avec un excès de sulfure de carbone, elle donne de la diphénylsulfo-urée et de la sulfocarbimide (sulfocyanate de phényle) :

$$C(AzC^6H^5)\left\{\begin{matrix}AzHC^6H^5\\AzHC^6H^5\end{matrix}\right. + CS^2$$
$$= CS,AzC^6H^5 + CS\left\{\begin{matrix}AzHC^6H^5\\AzHC^6H^5\end{matrix}\right.$$

[Merz et Weith; — Hobrecker, *Deutsch. Chem. Gesells.*, t. II, p. 689, et *Bull. de la Soc. chim.*, 1870, t. XIII, p. 528].

*Acétate*, $C^{19}H^{17}Az^3, C^2H^4O^2$. — Il forme de petits prismes brillants, perdant tout leur acide à 130°.

*Azotate*, $C^{19}H^{17}Az^3, AzHO^3$. — Il est en lamelles nacrées, d'une réaction alcaline, solubles dans 300 fois leur poids d'eau à 100°.

*Chlorhydrate*, $C^{19}H^{17}Az^3, HCl + H^2O$. — Peu soluble dans l'eau, très-soluble dans l'alcool, il cristallise en écailles; il perd son eau à 100°; il donne un *chloroplatinate* en lamelles brillantes, d'un jaune-orange. Lorsqu'on le traite par

1,2 p. de chlorate de potassium et un peu d'acide chlorhydrique, il donne des flocons solubles dans l'alcool avec une coloration violette.

*Oxalate*, $C^{19}H^{17}Az^3,C^2O^4H^2$. — Lamelles nacrées blanches, peu solubles.

*Sulfate*, $C^{19}H^{17}Az^3,SO^4H^2$. — Larges aiguilles à réaction acide.

DIPHÉNYLCRÉSYLGUANIDINE,

$$C^{20}H^{19}Az^3 = C(AzC^7H^7)\left\{\begin{matrix}AzHC^6H^5\\AzHC^6H^5\end{matrix}\right.$$

[Hofmann, *Deutsch. Chem. Gesells.*, 1869, p. 455, et *Bull. de la Soc. chim.*, 1870, t. XIII, p. 56]. — En traitant par l'oxyde de plomb une solution alcoolique renfermant des molécules égales de diphénylsulfo-urée et de toluidine, et en ajoutant de l'eau à la liqueur filtrée, on obtient la *diphénylcrésylguanidine*, cristallisée en belles aiguilles incolores. Cette base présente la composition de la rosaniline. E. G.

**PHÉNYLIQUES (ÉTHERS).**— Nous décrirons sous ce nom les éthers qui renferment le groupe phényle $C^6H^5$, et qui comprennent : 1° l'oxyde de phényle, $(C^6H^5)^2O$; 2° les oxydes mixtes, comme l'oxyde de phényle et d'éthyle (phénate d'éthyle), $C^6H^5$-O-$C^2H^5$, le phénate de benzyle, etc.; 3° les éthers du phényle à oxacides minéraux ou organiques, comme l'acétate, le carbonate, etc. A chacun des corps de cette série, nous rattacherons les dérivés bromés, chlorés, nitrés, etc., que ces dérivés aient été obtenus directement avec les éthers, ou préparés par l'éthérification des phénols substitués.

La liste suivante renferme les éthers phényliques qui sont décrits dans cet article.

1. OXYDE DE PHÉNYLE.

Phénate de phényle.... $C^{12}H^{10}O = C^6H^5\text{-}O\text{-}C^6H^5$.

2. ÉTHERS ALCOOLIQUES.

Phénate de méthyle (anisol)............ $C^7H^8O = C^6H^5\text{-}O\text{-}CH^3$.
Phénate d'éthyle (phénéthol)............. $C^8H^{10}O = C^6H^5\text{-}O\text{-}C^2H^5$.
Phénate d'isopropyle... $C^9H^{12}O = C^6H^5\text{-}O\text{-}C^3H^7$.
Phénate d'amyle (phénamylol)............... $C^{11}H^{16}O = C^6H^5\text{-}O\text{-}C^5H^{11}$.
Éthylène-diphénol (glycol diphénylique).... $C^{14}H^{14}O^2 = \left.\begin{matrix}C^6H^5O\\C^6H^5O\end{matrix}\right\}C^2H^4$.

Glycide phénylique (épioxyphénylhydrine)... $C^9H^{10}O^2 = \begin{matrix}CH^2\text{-}O\text{-}C^6H^5\\ \vert \\ CH \\ \vert \\ CH^2\end{matrix}\Big>O$.

Phénate de benzyle.... $C^{13}H^{12}O = C^6H^5\text{-}O\text{-}CH^2\text{-}C^6H^5$.

3. ÉTHERS A OXACIDES.

Acétate de phényle.... $C^8H^8O^2 = C^6H^5\text{-}O\text{-}C^2H^3O$.
Benzoate de phényle... $C^{13}H^{10}O^2 = C^6H^5\text{-}O\text{-}C^7H^5O$.
Carbonate de phényle.. $C^{13}H^{10}O^3 = CO\left\{\begin{matrix}OC^6H^5\\OC^6H^5\end{matrix}\right.$.
Phosphate de phényle.. $PhO^4C^{18}H^{15} = PhO^4(C^6H^5)^3$.
Acide diphénylphosphorique............... $PhO^4C^{12}H^{11} = PhO^4,H(C^6H^5)^2$.
Succinate de phényle.. $C^4H^4O^4(C^6H^5)^2$.

Le *cyanate*, le *sulfocyanate* sont décrits aux articles PHÉNYLCARBIMIDE et PHÉNYLSULFOCARBIMIDE; le *carbonate* à l'article PHÉNYLCARBAMIQUE, l'*allophanate* et les *phénylallophanates* à l'article PHÉNYLE (ALLOPHANATES DE).

OXYDE DE PHÉNYLE,

$$C^{12}H^{10}O = \left.\begin{matrix}C^6H^5\\C^6H^5\end{matrix}\right\}O.$$

— Ce corps a été préparé pour la première fois par List et Limpricht, qui l'ont obtenu, dans la distillation sèche du benzoate de cuivre, en même temps que du benzoate de phényle, de la benzine, du phénol et de l'acide benzoïque. Ces chimistes représentèrent ce corps par la formule $C^{11}H^9O$, que Gerhardt changea en la formule $C^{12}H^{10}O$, et qu'il considéra le premier comme de l'oxyde de phényle. Lesimple, en distillant du phosphate de phényle, obtint un corps différent du précédent, fusible à 81°, qu'il regarda comme le véritable oxyde de phényle. Hoffmeister a montré que le corps décrit par Lesimple est de l'oxyde de diphénylène, $C^{12}H^8O$; quant à l'oxyde de phényle, il a réussi à le préparer en chauffant le sulfate de diazobenzol avec du phénol, et l'a également obtenu par la distillation du benzoate de cuivre, comme l'avaient déjà fait List et Limpricht [W. Hoffmeister, *Zeitsch. für Chem.*, t. VII, p. 191; *Bull. de la Soc. chim.*, 1870, t. XIV, p. 170 et 443; *ibid.*, 1871, t. XVI, p. 313; — Lesimple, *Bull. de la Soc. chim.*, 1866, t. VI, p. 217].

Pour préparer l'oxyde de phényle, il n'est pas nécessaire d'employer du sulfate de diazobenzol pur. On se contente de faire barboter un courant d'acide azoteux dans une bouillie de sulfate d'aniline et d'eau jusqu'à ce que le mélange soit bien fluide, puis on y ajoute un excès de phénol, qui dégage déjà de l'azote à froid, et l'on chauffe légèrement jusqu'à ce qu'il ne se dégage plus d'azote. Il se sépare un liquide épais, d'une odeur aromatique agréable, qu'on lave avec de la soude, puis qu'on distille avec la vapeur d'eau. Il passe ainsi de l'oxyde de phényle sous forme d'une huile jaunâtre, plus douce que l'eau, et qu'on purifie par distillation.

Par la distillation du benzoate de cuivre, on obtient de l'éther phénylique moins pur, car il se trouve mélangé de diphényle.

L'oxyde de phényle cristallise en longues aiguilles incolores, fusibles à 27°, et bout à 248°. Insoluble dans l'eau, il est très-soluble dans l'alcool et dans l'éther. Chauffé pendant 10 heures à 220° avec un mélange de perchlorure et d'oxychlorure de phosphore, il donne une huile chlorée, incolore, distillant à 260-280°; dans cette réaction il ne se forme pas de benzine monochlorée.

L'oxyde de phényle n'est pas réduit par la poussière de zinc ni par l'acide iodhydrique. Il fournit avec l'acide sulfurique un dérivé sulfoconjugué; avec le brome, il donne un produit de substitution bromé; avec l'acide azotique, il donne un dérivé nitré.

OXYDE DE PHÉNYLE DIBROMÉ, $C^{12}H^8Br^2O$. — On dissout l'oxyde de phényle dans le sulfure de carbone, et on y ajoute du brome. Ce composé est en lamelles nacrées, incolores, groupées concentriquement, solubles dans la benzine, l'acide acétique et l'éther. Il fond à 53-55° et bout à 360°.

OXYDE DE PHÉNYLE DINITRÉ, $C^{12}H^8(AzO^2)^2O$. — Il est en longues aiguilles soyeuses, jaunâtres, solubles dans la benzine, l'acide acétique et l'alcool, fusibles à 135° et distillables sans décomposition.

Par l'action de l'acide chlorhydrique et de l'étain, il se convertit en *dérivé diamidé*,

$$C^{12}H^8(AzH^2)^2O,$$

cristallisable dans l'alcool en lamelles incolores, se colorant peu à peu à l'air humide et fondant à 185°. Son sulfate cristallise en belles aiguilles solubles dans l'eau, insolubles dans l'alcool.

ACIDE SULFO-OXYDIPHÉNYLIQUE, $C^{12}H^8O(SO^3H)^2$. — L'acide libre s'obtient en décomposant le sel de plomb par l'hydrogène sulfuré. Il est en cristaux volumineux, durs, incolores, déliquescents, solubles dans l'alcool, insolubles dans l'éther. Pour obtenir le *sel de baryum*, on dissout à chaud l'oxyde de phényle dans l'acide sulfurique concentré, et on sature par le carbonate de baryum. Ce sel renferme $C^{12}H^8O(SO^3)^2Ba$. Il est soluble dans l'eau, insoluble dans l'alcool et dans l'éther.

PHÉNATE DE MÉTHYLE (*anisol*). — Ce composé et ses dérivés ont été décrits à l'article ANISOL, t. I, p. 337. On a depuis décrit le dérivé monochloré, les dérivés bromés, et ajouté quelques points à l'histoire des dérivés nitrés.

BROMOPHÉNATE DE MÉTHYLE, $C^6H^4Br-O-CH^3$. — Il a été obtenu par Kœrner en chauffant le bromophénol avec 1 molécule de soude et 1 molécule d'iodure de méthyle en vase clos, à 100-120°, pendant quelques heures. Henry le prépare en chauffant le phénate de méthyle avec le perbromure de phosphore. Il bout à 223° (Kœrner); à 220° et sa densité à 9° est de 1,494 (Henry). C'est un liquide incolore, mobile, d'une odeur éthérée, d'une saveur aromatique brûlante [Kœrner, *Ann. der Chem. u. Pharm.*, t. CXXXVII, p. 197, et *Bull. de la Soc. chim.*, 1866, t. VI, p. 50; — Henry, *Bull. de la Soc. chim.*, 1870, t. XIII, p. 411].

Lorsqu'on dirige dans cet éther un courant d'acide carbonique en même temps qu'on y dissout du sodium, il y a combinaison et formation d'acide méthyloxybenzoïque

$$C^6H^4\left\{\begin{array}{l}OCH^3\\CO^2H;\end{array}\right.$$

le bromophénate de méthyle appartient donc à la série de l'acide oxybenzoïque [Kœrner, *Zeits. für Chem.*, nouv. sér., t. IV, p. 326, et *Bull. de la Soc. chim.*, 1866, t. VI, p. 468]. Si l'on traite à froid un mélange de bromophénate de méthyle, d'iodure de méthyle et d'éther anhydre par un excès de sodium, il se produit une réaction lente; outre du phénate de méthyle régénéré, on obtient l'éther méthylique de l'orthocrésol

$$C^6H^4\left\{\begin{array}{l}CH^3\\OCH^3\end{array}\right.$$

[Kœrner, *même mémoire*].

Le *dibromophénate de méthyle*,

$$C^6H^3Br^2-O-CH^3,$$

obtenu par l'action de la soude et de l'iodure de méthyle sur le dibromophénol, fond à 59° et bout à 272°. Il est identique avec le dibromanisol de Cahours (t. I, p. 338) (Kœrner).

CHLOROPHÉNATE DE MÉTHYLE, $C^6H^4Cl-O-CH^3$. — On le prépare en chauffant le phénate de méthyle avec le perchlorure de phosphore; il se dégage du protochlorure de phosphore. Cet éther est un liquide mobile, incolore, d'une odeur agréable, d'une densité de 1,182 à 9°. Il bout à 200° (Henry).

NITROPHÉNATES DE MÉTHYLE.— On connaît deux dérivés mononitrés isomériques. L'un, obtenu par l'action de l'iodure de méthyle sur le nitrophénate d'argent, est identique avec le nitranisol préparé par Cahours dans l'action directe de l'acide azotique sur l'anisol; il bout à 265°, se solidifie à 0°, fond à 9° et a une densité de 1,249 à 26° [Brunck, *Zeitsch. für Chem.*, (2), t. III, p. 202]. L'autre, l'*isonitrophénate de méthyle*, s'obtient de la même manière avec l'isonitrophénol ou orthonitrophénol, ou dans l'action de l'acide azotique sur l'anisol. Il cristallise en prismes rhombiques, fusibles à 48°, bouillant à 258-260°. Par réduction il fournit l'*isoamidophénate de méthyle* ou isanisidine $C^6H^4(AzH^2)-O-CH^3$, cristallisant en prismes fusibles à 52°, et volatils sans décomposition. Son *chlorhydrate* est en prismes facilement solubles (Brunck).

PHÉNATE D'ÉTHYLE, $C^6H^5-O-C^2H^5$.— Ce composé, appelé aussi *éthylphénol* ou *phénéthol* (1), a été découvert par M. Cahours, qui l'obtint en 1849, par la distillation sèche de la combinaison que le salicylate de méthyle forme avec la baryte. C'est un liquide incolore, très-mobile, plus léger que l'eau, doué d'une odeur aromatique agréable. Il bout à 272° et donne des produits chlorés, bromés, nitrés et des dérivés sulfoconjugués [Cahours, *Ann. de Chim. et de Phys.*, (3), t. XXVII, p. 464].

BROMOPHÉNATES D'ÉTHYLE [Lippmann, *Zeitsch. für Chem.*, t. VII, p. 284, et *Bull. de la Soc. chim.*, 1871, t. XV, p. 237; — E. Grimaux, *Bull. de la Soc. chim.*, 1872, t. XVII, p. 8].—Le *bromophénate d'éthyle*, $C^6H^4Br-O-C^2H^5$, s'obtient soit en ajoutant du brome au phénate d'éthyle étendu de chloroforme et rectifiant les produits de la réaction (E. Grimaux), soit en chauffant à 170° le bromophénate de potassium avec l'iodure d'éthyle (Lippmann). Il bout à 228-230°; à 233° (Lippmann). Il possède une odeur d'anis très-agréable.

Le *bibromophénate d'éthyle*,

$$C^6H^3Br^2-O-C^2H^5,$$

se forme en même temps que le dérivé monobromé et s'obtient abondamment par l'emploi d'un excès de brome; il est en cristaux volumineux, brillants, fusibles à 55° et bouillant à 270° (E. Grimaux). Ce corps prend aussi naissance dans l'action du brome sur le phénétolsulfite de potassium. — Voir plus loin.

CHLOROPHÉNATE D'ÉTHYLE, $C^6H^4Cl-O-C^2H^5$. — On le prépare comme le chlorophénate de méthyle, par l'action du perchlorure de phosphore. C'est un liquide incolore, bouillant à 210°, d'une densité de 1,106 à 9° (Henry).

DICHLOROPHÉNATE D'ÉTHYLE,

$$C^6H^3Cl^2-O-C^2H^5$$

[Fischer, *Zeitsch. für Chem.*, nouv. sér., t. IV, p. 386, et *Bull. de la Soc. chim.*, 1869, t. XI, p. 72]. — En chauffant le sel de potassium du phénol dichloré fusible à 42-43° avec de l'iodure d'éthyle, on obtient l'éther éthylique sous la forme d'une huile incolore, bouillant à 226-227°.

NITROPHÉNATES D'ÉTHYLE. — Le dinitrophénate d'éthyle, $C^6H^3(AzO^2)^2-O-C^2H^5$, s'obtient en traitant le phénate d'éthyle par son volume d'acide azotique, et en faisant ensuite bouillir pendant quelques instants. Quand la liqueur est éclaircie, on la précipite par l'eau. Le précipité huileux finit par se solidifier; on le fait recristalliser dans l'alcool. Il se présente sous l'aspect d'aiguilles jaunes. Le sulfhydrate d'ammoniaque le transforme en *amidonitrophénate d'éthyle* ou *éthylnitrophénidine* $C^6H^3(AzH^2)(AzO^2)-O-C^2H^5$; ce corps se dépose de sa solution sous forme d'aiguilles brunes, donnant des sels cristallisables avec les acides azotique, sulfurique et chlorhydrique [Cahours, *Ann. de Chim. et de Phys.*, (3), t. XXVII, p. 464].

Le *trinitrophénate d'éthyle* ou *picrate d'éthyle*, $C^6H^2(AzO^2)^3-O-C^2H^5$, a été décrit par Stenhouse et H. Müller [*Journ. für prakt. Chem.*, t. XCVII, p. 255, et *Bull. de la Soc. chim.*, 1866, t. VI, p. 391]. On le prépare en faisant bouillir un grand excès d'iodure d'éthyle avec du picrate d'argent (1 p. en poids de picrate pour 5 p. d'iodure), tant qu'il se forme de l'iodure d'argent, on chasse l'excès d'iodure d'éthyle par la distillation, et on reprend le résidu par 8 p. d'alcool bouillant; la solution alcoolique filtrée bouillante dépose l'éther picrique par le refroidissement.

Ce corps forme de longs prismes, d'une légère teinte jaunâtre, un peu solubles dans l'eau bouil-

(1) On a aussi donné le nom d'*éthylphénol* à un phénol $C^6H^4(C^2H^5)OH$, obtenu par la fusion avec la potasse de l'acide sulfoconjugué de l'éthylbenzine. Cette synonymie est cause qu'on a quelquefois confondu ce nouveau phénol avec le phénate d'éthyle. Nous avons décrit ce corps à l'article PHÉNOLS.

lante, solubles dans l'iodure d'éthyle, le sulfure de carbone et la benzine. Il fond à 78°,5 et se solidifie à 73°.

NITROCHLOROPHÉNATE D'ÉTHYLE,

$$C^6H^3Cl(AzO^2)-O-C^2H^5$$

[Faust et Saame, *Zeitsch. für Chem.*, t. V, p. 450, et *Bull. de la Soc. chim.*, 1870, t. XIII, p. 62]. — Obtenu avec le chloronitrophénol fusible à 86-87°, il est en aiguilles jaunâtres, fusibles à 61-62°, d'une odeur désagréable.

DICHLORONITROPHÉNATE D'ÉTHYLE,

$$C^6H^2Cl^2(AzO^2)-O-C^2H^5.$$

— Obtenu avec le dichloronitrophénol, fusible à 121-122°, il est en grands prismes aplatis, fusibles à 29° (Fischer).

ORTHONITRODICHLOROPHÉNATE D'ÉTHYLE,

$$C^6H^2Cl^2(AzO^2)-O-C^2H^5$$

[Seifart, *Zeitsch. für Chem.*, t. V, p. 449, et *Bull. de la Soc. chim.*, 1870, t. XIII, p. 62]. — Obtenu avec l'orthonitrophénol dichloré, fusible à 125°, il se présente sous la forme de cristaux incolores, fusibles à 135°.

ACIDE PHÉNÉTHOL-SULFUREUX,

$$C^6H^4\left\{\begin{matrix}SO^3H\\OC^2H^5\end{matrix}\right.$$

[Opl et Lippmann, *Bull. de la Soc. chim.*, 1869, t. XII, p. 219]. — En dissolvant au bain-marie le phénate d'éthyle dans son poids d'acide sulfurique, étendant d'eau, additionnant de baryte, filtrant la solution et séparant l'excès de baryte par l'acide carbonique, on obtient un liquide qui, par évaporation, fournit le *phénétholsulfite de baryum,*

$$\left(C^6H^4\left\{\begin{matrix}SO^3\\OC^2H^5\end{matrix}\right.\right)^2Ba+4H^2O,$$

que les auteurs appellent *phénétholsulfate*. Ce sel est en beaux cristaux tabulaires et lancéolés, presque insolubles dans l'eau froide, peu solubles dans l'eau chaude.

Le *sel de plomb* cristallise en masses mamelonnées; il est anhydre à 130°.

Le *sel de potassium* renferme

$$C^6H^4\left\{\begin{matrix}SO^3K\\OC^2H^5\end{matrix}\right.+H^2O.$$

Il est en grandes aiguilles soyeuses facilement solubles dans l'eau, peu solubles dans l'alcool bouillant.

Lorsqu'on ajoute à sa solution aqueuse du brome en excès, il se sépare des cristaux de sel de potassium bromé, en même temps qu'il se forme du bibromophénate d'éthyle,

$$C^6H^3Br^2-O-C^2H^5.$$

Le sel de potassium bromé, décomposé par l'acide sulfurique, fournit l'*acide bromophénéthol-sulfureux,*

$$C^6H^3Br\left\{\begin{matrix}SO^3H\\OC^2H^5\end{matrix}\right.+4H^2O,$$

masse cristalline, déliquescente, insoluble dans l'alcool et dans l'éther.

Le *sel d'argent* est anhydre et se présente en lamelles brillantes, solubles dans l'eau bouillante.

Le *sel de plomb* et le *sel de baryum* sont en lamelles moins solubles [Lippmann, *Zeits. für Chem.*, t. VII, p. 284, et *Bull. de la Soc. chim.*, 1871, t. XV, p. 237].

Dans la préparation du phénétholsulfite de baryum, Opl et Lippmann, ont obtenu un isomère plus soluble, amorphe, qui constitue le *paraphénétholsulfite de baryum.*

PHÉNATE D'AMYLE, $C^6H^5-O-C^5H^{11}$ [Cahours, *Compt. rend. de l'Acad.*, t. XXXII, p. 61]. — C'est une huile limpide qu'on obtient en chauffant des molécules égales de phénol, de potasse et d'iodure d'amyle en vase clos, à 100-120°. Elle est plus légère que l'eau, d'une odeur agréable, et bout entre 224° et 225°. L'acide azotique l'attaque avec violence, et la transforme en un produit nitré, qui, réduit en solution alcoolique par le sulfhydrate d'ammoniaque, se convertit en une base cristallisée.

PHÉNATE D'ISOPROPYLE, $C^6H^5-O-C^3H^7$ (Silva). — Voyez t. II, p. 158.

PHÉNATE DE BENZYLE,

$$C^6H^5-O-CH^2-C^6H^5=C^{13}H^{12}O$$

[C. Lauth et E. Grimaux, *Bull. de la Soc. chim.*, 1867, t. VII, p. 107]. — On le prépare en chauffant pendant une heure une solution alcoolique de phénate de potassium avec le chlorure de benzyle. Il est en écailles nacrées, légèrement colorées, d'une odeur agréable, surtout à chaud. Il fond vers 40°. Suivant Sintenis, il fond à 38-39° et bout à 286-287°. Traité par le brome ou le chlore, il donne du trichlorophénol ou du tribromophénol, mais si on traite sa solution alcoolique par le brome en présence de l'oxyde mercurique, il fournit un *dérivé monobromé,*

$$C^{13}H^{11}BrO,$$

cristallisable en aiguilles blanches, fusibles à 59°. Le *dérivé chloré* $C^{13}H^{11}ClO$ s'obtient de la même manière, et est en longues aiguilles fusibles à 71° [*Ann. der Chem. u. Pharm.*, t. CLXI, p. 329, et *Bull. de la Soc. chim.*, 1871, t. XVI, p. 320].

ÉTHYLÈNE-DIPHÉNOL (*éther diphénylique du glycol*),

$$C^2H^4\left\{\begin{matrix}OC^6H^5\\OC^6H^5\end{matrix}\right.=C^{14}H^{14}O^2$$

[Lippmann, *Bull. de la Soc. chim.*, 1869, t. XII, p. 119; — Burr, *Zeitsch. für Chem.*, nouv. sér., t. V, p. 164, et *Bull. de la Soc. chim.*, 1869, t. XII, p. 310]. — On l'obtient en chauffant au bain-marie, dans un ballon communiquant avec un réfrigérant ascendant, une solution dans l'alcool absolu de bromure d'éthylène et de phénate de potassium. L'éthylène-diphénol cristallise en petites feuilles irisées, insolubles dans l'eau, peu solubles dans l'alcool froid. Il fond à 95° (Lippmann), 98°,5 et se solidifie à 92°,5 (Burr). Avec l'acide azotique concentré, il donne un dérivé nitré cristallisable (Burr).

*Acide éthylène-diphénol-sulfureux,*

$$C^2H^4\left\{\begin{matrix}OC^6H^4(SO^3H)\\OC^6H^4(SO^3H)\end{matrix}\right.=C^{14}H^{12}O^2(SO^3H)^2$$

(Lippmann). En chauffant pendant quelque temps l'éthylène-diphénol au-dessus de 100° avec 3 ou 4 fois son poids d'acide sulfurique concentré, on voit le mélange rougir et se concréter. On dissout la masse dans l'eau, on neutralise par le carbonate de plomb et on filtre la solution; par la concentration, celle-ci fournit le *sel de plomb* cristallisé en feuillets solubles dans l'eau chaude, insolubles à froid. Ce sel séché à 120° est anhydre.

Le *sel de baryum* est une poudre cristalline fine, peu soluble dans l'eau bouillante.

Lorsqu'on dissout l'éthylène-diphénol dans du chloroforme, et qu'on l'additionne de brome, il se dégage immédiatement de l'acide bromhydrique. Pour achever la réaction, on chauffe pendant quelques heures à 100°. On obtient ainsi un dérivé tétrabromé, presque insoluble dans le chloroforme froid et qu'on fait cristalliser dans le chloroforme bouillant. Il constitue de petites aiguilles enchevêtrées, fusibles au-dessus de 100° (Lippmann).

GLYCIDE PHÉNYLIQUE,

$$\begin{array}{l} CH^2\text{-}O\text{-}C^6H^5 \\ CH\diagdown_{O} \\ CH^2\diagup \end{array} = C^9H^{10}O^2$$

[Lippmann, *Bull. de la Soc. chim.*, 1871, t. XV, p. 237]. — Ce composé, que l'auteur appelle *époxyphénylhydrine*, prend naissance lorsqu'on chauffe le phénate de potassium avec l'épichlorhydrine en solution alcoolique. Il se forme une huile qui se solidifie après avoir été chauffée à 200°. On la purifie par compression et cristallisation dans l'alcool d'où elle se sépare en prismes. Ce corps est l'anhydride de la glycérine monophénylique : il est probable que par l'hydrogène naissant elle donnerait le dérivé monophénylique du propylglycol ordinaire, et par le perchlorure de phosphore, la dichlorhydrophénylino de la glycérine

$$\begin{array}{l} CH^2\text{-}O\text{-}C^6H^5 \\ CHCl \\ CH^2Cl. \end{array}$$

ACÉTATE DE PHÉNYLE, $C^6H^5\text{-}O\text{-}C^2H^3O$ [Scrugham, *Proceed. of the Roy. Soc.*, t. VII, p. 19]. — L'acétate de phényle a été découvert par Scrugham en distillant une solution alcoolique de phosphate de phényle et d'acétate de potassium. On le prépare d'ordinaire en traitant le phénol par le chlorure d'acétyle [Cahours, *Compt. rend. de l'Acad.*, t. XXXIX, p. 257]. On obtient aussi l'acétate de phényle en chauffant dans un tube scellé 20 grammes d'acétate de plomb finement pulvérisé, 3 grammes de phénol avec un grand excès de sulfure de carbone, et chauffant à 170° pendant plusieurs jours, en ayant soin d'ouvrir chaque jour le tube pour laisser échapper l'acide carbonique et éviter les explosions [Broughton, *Chem. Soc.*, janvier 1865, p. 22, et *Bull. de la Soc. chim.*, 1865, t. IV, p. 212].

L'acétate de phényle est un liquide incolore, d'une densité de 1,074, bouillant à 190°. Chauffé avec de l'aniline, il régénère de l'acide phénique et fournit de l'acétanilide $C^6H^5(AzHC^2H^3O)$ [Lauth, *Bull. de la Soc. chim.*, 1865, t. III, p. 164]. La potasse alcoolique bouillante saponifie l'acétate de phényle. Chauffé avec du sulfhydrate de potassium, il donne du phénol et du thiacétate de potassium $C^2H^3O,SK$ [Kekulé, *Bull. de la Soc chim.*, 1868, t. VIII, p. 352].

CHLORACÉTATE DE PHÉNYLE, $C^6H^5\text{-}O\text{-}C^2H^2ClO$ [Prévost, *Journ. für prakt. Chem.*, nouv. sér., t. IV, p. 379, et *Bull. de la Soc. chim.*, 1872, t. XVII, p. 225]. — Obtenu avec le phénol et le chlorure d'acétyle chloré, il fond à 40°,2 et bout entre 230° et 235°; il est en aiguilles soyeuses. Chauffé à 140° en tube scellé avec de l'ammoniaque alcoolique, il donne *l'amidoacétate de phényle* $C^6H^5O\text{-}C^2H^2(AzH^2)O$, cristallisé en aiguilles blanches. Il commence à se ramollir à 129°.

BENZOATE DE PHÉNYLE (*benzophénide*),

$$C^6H^5\text{-}O\text{-}C^7H^5O.$$

— Ce composé a été préparé par Laurent et Gerhardt par l'action du chlorure de benzoyle sur le phénol. Dans la distillation du benzoate de cuivre, Ettling a obtenu une matière neutre que List et Limpricht ont reconnue n'être que du benzoate de phényle [Laurent et Gerhardt, *Compt. rend. des trav. de chim.*, 1849, p. 429; — Ettling, *Ann. der Chem. u. Pharm.*, t. LIII, p. 87; — List et Limpricht, *Compt. rend. de l'Acad.*, t. XXXVIII, p. 556].

Gerhardt a aussi constaté la production de benzoate de phényle dans la distillation sèche du benzoate de salicyle [*Ann. de Chim. et de Phys.*, (3), t. XXXVII, p. 322].

On prépare le benzoate de phényle en chauffant légèrement un mélange de chlorure de benzoyle et de phénol tant qu'il se dégage de l'acide chlorhydrique, et faisant cristalliser la masse solide dans un mélange d'alcool et d'éther.

Le benzoate de phényle cristallise en prismes clinorhombiques, $mm = 100°48'$; $pm = 98°30'$ (Dauber); ses cristaux sont durs, incolores, très-brillants. Il fond à 70°, et paraît distiller sans altération; son odeur est agréable et rappelle celle du géranium. Chauffé avec la potasse aqueuse à 150-170°, il se saponifie; l'acide sulfurique le décompose en acide benzoïque et phénol.

*Benzoate de phényle chloré* [Stenhouse, *Ann. der Chem. u. Pharm.*, t. LIII, p. 91]. — En dirigeant un courant de chlore dans le benzoate de phényle, on obtient un corps cristallisé, fusible à 87°, qui est un mélange des dérivés monochloré et bichloré. Il se produit en même temps un liquide huileux, qui, d'après les analyses, paraît être du benzoate de phényle trichloré.

*Benzoates de phényle bromés* [List et Limpricht, *Ann. der Chem. u. Pharm.*, t. XC, p. 190]. — Par l'action du brome sur le benzoate de phényle, on obtient de longues aiguilles, fusibles au-dessous de 100°, qui sont un mélange des dérivés mono- et bibromé. La potasse alcoolique les dédouble en acide benzoïque et en un mélange de bromo- et de bibromophénol.

*Benzoate de dinitrophényle* (*benzophénide dinitré*), $C^6H^3(AzO^2)^2\text{-}O\text{-}C^7H^5O$ [Laurent et Gerhardt). Obtenu par l'action du chlorure de benzoyle sur l'acide dinitrophénique, il est en paillettes rhombes, jaunes, presque insolubles dans l'alcool froid, assez solubles dans l'alcool chaud.

*Benzoate de trinitrophényle* (*benzophénide trinitré*), $C^6H^2(AzO^2)^3\text{-}O\text{-}C^7H^5O$. — Produit par l'action du chlorure de benzoyle sur l'acide picrique, il est en paillettes rhombes, d'un jaune doré, très-brillantes, encore moins solubles dans l'alcool froid que le benzophénide binitré. Il est un peu soluble dans l'éther chaud et dans l'alcool bouillant (Laurent et Gerhardt).

*Nitrobenzoate de dinitrophényle*,

$$C^6H^3(AzO^2)^2\text{-}O\text{-}C^7H^4(AzO^2)O$$

[List et Limpricht, *Ann. der Chem. u. Pharm.*, t. XC, p. 200]. On l'obtient en introduisant le benzoate de phényle par petites portions dans un mélange refroidi de 1 p. d'acide azotique et de 2 p. d'acide sulfurique, et versant la solution dans de l'eau à 0°. Ce corps est en cristaux jaunâtres, un peu solubles dans l'alcool et l'éther à l'ébullition; il fond à 150°. La potasse alcoolique le dédouble à chaud en acide nitrobenzoïque et dinitrophénol. Traité par le sulfhydrate d'ammoniaque, il donne des produits de réduction qui, évaporés en solution chlorhydrique au contact de l'air, s'oxydent en se colorant en bleu.

*Nitrobenzoate de dibromophényle*,

$$C^6H^3Br^2\text{-}O\text{-}C^7H^4(AzO^2)O$$

(List et Limpricht). En traitant de même par le mélange sulfonitrique le benzoate de bibromophényle, on obtient une masse résineuse qui, dissoute dans une grande quantité d'alcool bouillant, cristallise en petites aiguilles groupées en mamelons, fusibles entre 90° et 100°.

CARBONATE DE PHÉNYLE,

$$CO^3(C^6H^5)^2 = C^{13}H^{10}O^3$$

[Kempf, *Deutsch. Chem. Gesells.*, t. II, p. 632 et 740; *Journ. für prakt. Chem.*, nouv. sér., t. I, p. 402; *Bull. de la Soc. chim.*, 1870, t. XIII, p. 439, et t. XIV, p. 280]. — En chauffant 3 p. de phénol avec 2 p. d'oxychlorure de carbone liquide à 140-150° et traitant ensuite le contenu des tubes par une solution étendue de soude, on obtient un corps solide qui est du carbonate de phényle. Ce corps cristallise en aiguilles blanches soyeuses, fusibles à 78°, sublimables en longues aiguilles. En projetant peu à peu le carbonate de phényle à la surface d'un mélange d'acide azotique fumant et d'acide sulfurique, abandonnant cette liqueur à elle-même pendant plusieurs jours jusqu'à ce qu'elle soit devenue homogène, et précipitant alors par l'eau, on obtient un précipité jaune de *carbonate de phényle tétranitré*, $CO^3[C^6H^3(AzO^2)^2]^2$. Purifié par cristallisation dans l'alcool, ce corps est en cristaux jaunes, mamelonnés, fusibles à 125°,5, presque insolubles dans l'éther anhydre, peu solubles dans l'eau et l'alcool, très-solubles dans la benzine. L'eau bouillante et l'eau de baryte le décomposent en acide carbonique et dinitrophénol, fusible à 114°.

CYANATE DE PHÉNYLE. — Voyez PHÉNYLCARBIMIDE.

PHOSPHATES DE PHÉNYLE. — ACIDE DIPHÉNYLPHOSPHORIQUE,

$$PO^4\begin{cases}(C^6H^5)^2\\ H\end{cases}$$

[Watts, *Diction. of Chem.*, t. IV, p. 594]. — Ce corps a été obtenu par l'action du perchlorure de phosphore sur le phénol; il paraît constituer la majeure partie du produit de la réaction lorsqu'on opère sur de certaines proportions. A la température ordinaire, c'est une poudre formée de grains cristallins, qui, une fois privée du liquide adhérent par compression entre des doubles de papier, se conserve à l'air sans altération. Il se dissout aisément dans une solution faible de soude caustique additionnée d'un peu d'alcool; par le refroidissement de la solution chaude, il se dépose des prismes de *diphénylphosphate de sodium*, $PhO^4(C^6H^5)^2,Na + 9H^2O$. Quelquefois, au lieu de prismes, ce sont des aiguilles renfermant seulement $5H^2O$. Le *sel de plomb* est une masse cristalline nacrée renfermant $[PhO^4(C^6H^5)^2]^2Pb$. Il se produit aussi de l'acide diphénylphosphorique quand on chauffe avec la potasse le phosphate triphénylique (Glutz).

PHOSPHATE TRIPHÉNYLIQUE, $PhO^4(C^6H^5)^3$ [Scrugham, *Proc. of the Roy. Soc.*, t. VII, p. 18]. — Lorsqu'on traite le phénol par le perchlorure de phosphore, on obtient une masse épaisse qui se dédouble par la distillation en chlorure de phényle, passant à 136°, et en huile épaisse qui reste dans la cornue et qui constitue le phosphate de phényle. Ce corps distille à la température d'ébullition du mercure; suivant Scrugham, il constitue une huile limpide qui se solidifie à une basse température. Le phosphate de phényle abandonné à lui-même se prend au bout de quelque temps en cristaux très-beaux, jaunâtres, réfractant fortement la lumière.

Suivant Glutz, on l'obtient de suite cristallisé en chauffant à 250° le produit de la réaction du perchlorure de phosphore sur le phénol, agitant le résidu avec de la soude étendue, puis lavant à l'eau et enfin reprenant par l'éther. Celui-ci abandonne le phosphate sous forme d'une agglomération de petites aiguilles cristallines, transparentes, fusibles vers 100°, insolubles dans l'eau, l'alcool et l'éther, solubles dans l'acide sulfurique concentré bouillant; ce dernier dissolvant l'abandonne par le refroidissement à l'état de longues aiguilles satinées [Glutz, *Ann. der Chem. u. Pharm.*, t. CXLIII, p. 181, et *Bull. de la Soc. chim.*, 1868, t. IX, p. 381].

Le phosphate de phényle bouilli avec de l'acide azotique concentré fournit un corps cristallisé qui paraît être le *phosphate de nitrophényle* (Scrugham). Chauffé en tubes scellés à 180° avec du brome, il donne du *phosphate de tribromophényle* $PhO^4(C^6H^4Br)^3$, en petites écailles cristallines, blanches et nacrées (Glutz).

M. H. Müller, en traitant le phénol par l'anhydride phosphorique, a obtenu un acide phénylphosphorique huileux, qui n'a pas été encore analysé. Il fournit des sels bien cristallisés [H. Müller, *Dictionary of Chemistry* de Watts, t. IV, p. 595].

SUCCINATE DE PHÉNYLE, $C^4H^4O^4(C^6H^5)^2$ [Weselsky, *Deutsch. Chem. Gesells.*, t. II, p. 518, et *Bull. de la Soc. chim.*, 1870, t. XIII, p. 347]. — Obtenu en chauffant au bain-marie du chlorure de succinyle avec du phénol, il est en lamelles nacrées, insolubles dans l'eau, solubles dans l'alcool, l'éther, la benzine, fusibles à 118° et entrant en ébullition à 330°. Le brome l'attaque avec violence en donnant un produit de substitution bromé.

E. G.

**PHÉNYLLACTIQUE (ACIDE)** (*acide phényloxypropionique*) (1),

$$C^9H^{10}O^3 = C^6H^5\text{-}CH^2\text{-}CH.OH\text{-}CO^2H$$

[Glaser, *Zeitsch. für Chem.*, nouv. sér., t. II, p. 696, t. III, p. 65, t. IV, p. 131, et *Bull. de la Soc. chim.*, 1867, t. VIII, p. 114, et 1868, t. X, p. 137]. — L'acide phényllactique s'obtient par l'action de l'amalgame de sodium sur les acides phénylchlorolactique et phénylbromolactique, préparés eux-mêmes par fixation de l'acide hypochloreux sur l'acide cinnamique, ou par décomposition du bibromure d'acide cinnamique; nous décrirons plus loin ces acides.

L'acide phényllactique s'obtient, par refroidissement de sa solution aqueuse bouillante, sous forme d'aiguilles groupées en hémisphères. Il est très-soluble dans l'eau, dans l'alcool et dans l'éther. Il fond à 93-94°; il n'est pas volatil sans décomposition; à 180°, il se dédouble en acide cinnamique et en eau; chauffé brusquement à une température élevée, il donne de l'acide carbonique, de l'eau et du cinnamène. Sa solution aqueuse additionnée d'acide chlorhydrique fournit l'acide phénylchloropropionique, $C^6H^5\text{-}CH^2\text{-}CHCl\text{-}CO^2H$; avec les acides bromhydrique et iodhydrique, il réagit d'une manière analogue.

Le *sel d'argent*, $C^9H^9O^3Ag$, cristallise en lamelles nacrées par refroidissement de sa solution bouillante.

Le *sel de baryum*, $(C^9H^9O^3)^2Ba + 2H^2O$, forme une poudre cristalline, lorsqu'il se dépose par le refroidissement. Il s'obtient anhydre, en prismes mamelonnés, par l'évaporation de la solution aqueuse.

Le *sel de potassium*, $C^9H^9O^3K$, est une masse cristalline jaunâtre, déliquescente, composée de fines aiguilles.

ACIDE PHÉNYL-BROMOLACTIQUE,

$$C^6H^5\text{-}CHBr\text{-}CH,OH\text{-}CO^2H.$$

— On l'obtient en faisant bouillir avec de l'eau l'acide phényldibromopropionique obtenu par l'addition du brome à l'acide cinnamique,

$$C^6H^5\text{-}CHBr\text{-}CHBr\text{-}CO^2H.$$

La décomposition est accomplie après une heure d'ébullition. Outre l'acide phénylbromolactique,

(1) Peut-être cet acide est-il représenté par la formule $C^6H^5\text{-}CH,OH\text{-}CH^2\text{-}CO^2H$, et tous ses dérivés doivent-ils être rapportés à cette formule. Son dédoublement en eau et acide cinnamique (phénylacrylique) par la chaleur le rapproche de l'acide β-oxybutyrique qui fournit à la distillation de l'eau et de l'acide crotonique (méthylacrylique)

$$CH^3\text{-}CH=CH\text{-}CO^2H.$$

Cet acide oxybutyrique est représenté par la formule

$$CH^3\text{-}CH,OH\text{-}CH^2\text{-}CO^2H.$$

Il se forme en même temps, par suite d'une décomposition plus profonde de l'acide carbonique, de l'acide bromhydrique et du bromocinnamène, $C^8H^7Br$ :

$$C^6H^5\text{-}CHBr\text{-}CHBr\text{-}CO^2H + H^2O$$
Acide phényldibromopropionique.

$$= C^6H^5\text{-}CHBr\text{-}CH,OH\text{-}CO^2H + HBr.$$
Acide phénylbromolactique.

L'acide phénylbromolactique est soluble dans l'eau; le chloroforme le dépose en beaux prismes fusibles à 125°. Il cristallise dans l'eau bouillante en lamelles renfermant une molécule d'eau.

Le *sel d'argent*, $C^9H^8BrO^3Ag$, est en aiguilles aplaties.

Cet acide est très-instable; on ne peut pas préparer ses autres sels, et les alcalis le convertissent en acide phényloxyacrylique, $C^9H^8O^3$, en lui enlevant les éléments de l'acide bromhydrique. — Voyez ACIDE PHÉNYLOXYACRYLIQUE.

Traité par l'amalgame de sodium, il donne l'acide phényllactique. Traité par l'acide chlorhydrique ou bromhydrique, il remplace son groupe OH par le chlore ou le brome et donne des acides phénylpropioniques substitués. L'acide phényldibromopropionique ainsi obtenu est identique avec celui que fournit l'addition du brome sur l'acide cinnamique.

ACIDE PHÉNYLCHLOROLACTIQUE,

$$C^9H^9ClO^3 = C^6H^5\text{-}CHCl\text{-}CH,OH\text{-}CO^2H.$$

— On le prépare en fixant l'acide hypochloreux sur l'acide cinnamique; cette fixation ne réussit pas d'une manière directe. On fait agir le chlore sur une solution renfermant 70 grammes d'acide cinnamique et 84 grammes de carbonate de sodium dissous dans 2 litres d'eau; on refroidit à 3° ou 4°, et on se met à l'abri des rayons solaires. Pour produire le chlore, il est bon d'employer une quantité calculée de peroxyde de manganèse, et avant que le chlore ait cessé de se dégager, on essaye la liqueur avec un papier de tournesol; on s'arrête quand la liqueur n'est plus alcaline et que le tournesol se décolore.

On ajoute un peu de sulfure de sodium pour débarrasser le mélange de l'excès de chlore et d'acide hypochloreux; on laisse éclaircir la liqueur qui tient en suspension une petite quantité d'un hydrocarbure chloré, puis on ajoute 150 centimètres cubes d'acide chlorhydrique, qui précipite l'acide cinnamique non transformé, tandis que le nouvel acide reste dissous.

On évapore la liqueur filtrée, on reprend par un peu d'eau et l'on agite la solution avec de l'éther exempt d'alcool; la solution éthérée fournit par évaporation de l'acide phénylchlorolactique presque pur.

Cet acide est très-soluble dans l'eau bouillante; il s'en dépose en partie par le refroidissement en petites lames hexagonales fusibles à 70-80°, renfermant $C^9H^9ClO^3 + H^2O$. Le chloroforme le laisse déposer en prismes bien formés, anhydres et fusibles à 104°. Son *sel d'argent*, $C^9H^8ClO^3Ag$, est un précipité cristallin qui se forme dans les solutions neutres et froides.

Cet acide est très-instable; il se comporte comme l'acide bromé correspondant avec les alcalis, en donnant de l'acide phényloxyacrylique.

Traité par l'acide chlorhydrique ou bromhydrique, il remplace le groupe OH par le chlore ou le brome. E. G.

**PHÉNYLMÉTHANES.** — On donne le nom de phénylméthane aux hydrocarbures qu'on peut considérer comme résultant de la substitution d'un ou plusieurs groupes $C^6H^5$ à un ou plusieurs atomes d'hydrogène de l'hydrure de méthyle ou méthane, $CH^4$.

Ces hydrocarbures comprendraient la série suivante :

| | |
|---|---|
| $CH^3(C^6H^5)$ | Phénylméthane. |
| $CH^2(C^6H^5)^2$ | Diphénylméthane. |
| $CH(C^6H^5)^3$ | Triphénylméthane. |
| $C(C^6H^5)^4$ | Tétraphénylméthane. |

Le premier terme n'est autre que le toluène (voyez ce mot); le quatrième terme n'est pas encore connu; nous décrirons ici le deuxième et le troisième.

DIPHÉNYLMÉTHANE, $C^{13}H^{12} = CH^2(C^6H^5)^2$ [Zincke, *Deutsch. Chem. Gesells.*, t. IV, p. 298 et 509; t. VI, p. 119; *Bull. de la Soc. chim.*, 1871, t. XV, p. 264; t. XVI, p. 141; t. XIX, p. 515]. — Lorsqu'on maintient à l'ébullition, dans un ballon en communication avec un réfrigérant de Liebig, un mélange de chlorure de benzyle, de benzine et d'une petite quantité de poussière de zinc, il se dégage de l'acide chlorhydrique, et on obtient par distillation un hydrocarbure passant vers 260° et qui constitue le diphénylméthane. Cet hydrocarbure se forme en vertu de l'équation

$$C^6H^5,CH^2Cl + C^6H^6 = C^6H^5\text{-}CH^2\text{-}C^6H^5 + ClH.$$
Chlorure de benzyle. Benzine. Diphénylméthane.

Après la distillation du diphénylméthane, il passe au-dessus du point d'ébullition du mercure une masse cristalline qui est formée de deux carbures isomériques, dont l'un fond à 86°, l'autre à 78°, et qui paraissent être deux dibenzilbenzines isomériques, $C^{20}H^{18} = C^6H^4(CH^2,C^6H^5)^2$, mais dont la constitution n'est pas encore connue.

Le diphénylméthane fond à 24-25° et bout à 261-262°; il a une odeur agréable d'orange. Il est soluble dans l'alcool, l'éther, le chloroforme. Il est difficilement oxydé par un mélange de bichromate de potasse et d'acide sulfurique, et se transforme en benzophénone, $C^{13}H^{10}O$. La benzophénone ainsi produite fond à 26-26°,5, cristallise en prismes clinorhombiques : elle se transforme spontanément en benzophénone ordinaire, en cristaux rhombiques fusibles à 46°.

M. Dœrr a fait connaître les dérivés suivants du diphénylméthane [*Deuts. Chem. Gesells.*, t. V, p. 795, et *Bull. de la Soc. chim.*, 1872, t. XVIII, p. 504].

*Dérivés dinitrés*, $C^{13}H^{10}(AzO^2)$. — On connait deux dérivés isomères; l'un, préparé par l'action à froid de l'acide azotique d'une densité de 1,5, cristallise en aiguilles irisées et fragiles, insolubles dans l'eau et dans l'alcool, peu solubles dans l'éther, solubles dans la benzine bouillante et l'acide acétique, fusibles à 183°.

Le second, dérivé dinitré isomère (*isodinitrodiphénylméthane*), s'obtient par une digestion prolongée du diphénylméthane à chaud avec de l'acide azotique d'une densité de 1,4. Il cristallise dans l'alcool en petites aiguilles jaunes, à reflets blancs, fusibles à 172°. Il est soluble dans l'alcool, l'éther, la benzine. Par oxydation, ces deux dérivés donnent deux benzophénones dinitrées; l'une, provenant d'un dérivé fusible à 83°, est identique avec celle de Laurent; la seconde est en aiguilles fusibles à 118°.

*Dérivé tétranitré*, $C^{13}H^8(AzO^2)^4$. — Produit par l'action d'un mélange d'acide azotique et d'acide sulfurique, il cristallise dans l'acide acétique en prismes jaunes, durs, brillants, fusibles à 172°, insolubles dans l'alcool et l'éther, peu solubles dans la benzine.

*Dérivé diamidé*, $C^{13}H^{10}(AzH^2)^2$. — Obtenu par réduction du dérivé dinitré fusible à 185°, il crist tallise dans l'alcool en lamelles nacrées fondant à 85°. Le *chlorhydrate* et le *sulfate* cristallisent en lamelles.

Le dérivé dinitré fusible à 172° donne par réduction un dérivé amidé très-instable.

*Acide diphénylméthane-disulfureux,*

$C^{13}H^{10}(SO^3H)^2$.

— Obtenu par l'action au bain-marie de l'acide sulfurique fumant sur le diphénylméthane, cet acide cristallise dans l'eau en lamelles déliquescentes et dans l'alcool en aiguilles arborescentes, fusibles à 50°, insolubles dans l'éther.

Le *sel de baryum*, $C^{13}H^{10}(SO^3)^2Ba$, est en lamelles solubles dans l'eau, insolubles dans l'alcool.

Le *sel de cuivre* cristallise dans l'alcool faible en petites lamelles vertes.

Le *sel de potassium*, $C^{13}H^{10}(SO^3K^2) + H^2O$, cristallise dans l'alcool en petits prismes incolores.

TRIPHÉNYLMÉTHANE, $C^{19}H^{16} = CH(C^6H^5)^3$ [Kekulé et Franchimont, *Deutsch. Chem. Gesells.*, t. V, p. 906, et *Bull. de la Soc. chim.*, 1871, t. XIX, p. 129]. — On le prépare en faisant agir à 150° le chlorobenzol, $C^6H^5$-$CHCl^2$, sur le mercure phényle; on épuise le produit de la réaction par l'éther, on décompose la petite quantité de chlorure de mercure-monophényle par l'acide chlorhydrique et la soude, et on purifie l'hydrocarbure par cristallisation dans l'alcool ou la benzine.

Le triphénylméthane se dépose de l'alcool en cristaux brillants, inaltérables à l'air, et de la benzine en cristaux différents, volumineux, limpides, devenant à l'air opaques et friables. Ces derniers constituent une combinaison peu stable de benzine et de triphénylméthane, combinaison fondant à 76°, mais perdant peu à peu sa benzine à l'air.

Le triphénylméthane fond à 92°,5 et bout vers 355°; insoluble dans l'eau, il est soluble dans l'éther, l'alcool bouillant et la benzine bouillante.

Traité par l'acide sulfurique fumant, il donne un acide sulfoconjugué dont le *sel de baryum* renferme $[CH(C^6H^4SO^3)^3]^2Ba^3$. L'acide libre,

$CH(C^6H^4SO^3H)^3$,

est une masse cristalline. E. G.

**PHÉNYLOXYACRYLIQUE (ACIDE)**, $C^9H^8O^3$ [Glaser, *Zeitsch. für Chem.*, nouv. sér., t. IV, p. 131, et *Bull. de la Soc. chim.*, 1868, t. X, p. 141]. — Cet acide, qui avait été pris d'abord pour de l'acide phénylbioxypropionique, est très-instable et n'a pas été analysé, mais sa composition est déduite de l'analyse des sels et de l'éther.

Il s'obtient à l'état de sel potassique par l'addition de potasse alcoolique à la solution alcoolique étendue et froide d'acide phénylchlorolactique ou phénylbromolactique; on agite le mélange jusqu'à réaction alcaline. Il se sépare du chlorure ou du bromure de potassium mélangé de phényloxyacrylate de potassium; on lave le précipité à l'alcool froid, puis on le dissout dans l'alcool bouillant et on filtre; le chlorure reste sur le filtre, tandis que le phényloxyacrylate se dépose en lamelles blanches brillantes, par le refroidissement de la solution alcoolique. On obtient de la même manière le sel d'ammonium et le sel de sodium.

En ajoutant un acide à un de ces sels, l'acide phényloxyacrylique se sépare en petites gouttelettes huileuses; si la solution est refroidie à 0°, il se sépare en petites écailles brillantes. Cet acide est très-instable et se décompose si rapidement en acide carbonique et en une huile aromatique, probablement l'oxycinnamène, $C^8H^8O$, qu'il n'a pu être analysé.

Cet acide dérivant de l'acide phénylchlorolactique par perte d'une molécule d'acide chlorhydrique, nous devons l'envisager comme moitié acide, moitié anhydride :

| $C^6H^5$ | $C^6H^5$ |
|---|---|
| $CHCl$ | $CH\diagdown$ |
| $CH,OH$ | $CH\diagup$ O |
| $CO^2H$ | $CO^2H$ |
| Acide phényl-chlorolactique. | Acide phényl-oxyacrylique. |

Les *phényloxyacrylates* en solution aqueuse se décomposent à la longue en séparant une résine.

Le *sel d'argent*, $C^9H^7O^3Ag$, s'obtient en ajoutant d'abord un léger excès d'ammoniaque à une solution étendue d'acide phénylchlorolactique, puis de l'azotate d'argent; il se dépose du chlorure d'argent et la liqueur filtrée fournit du phényloxyacrylate d'argent, cristallisable dans l'eau bouillante en petites lamelles hexagonales très-altérables.

Le *sel d'ammonium* s'obtient en petits prismes brillants.

Le *sel de baryum* forme un précipité pulvérulent blanc.

Le *sel de potassium*, $C^9H^7O^3K$, cristallise dans l'alcool en lamelles brillantes.

Le *sel de sodium*, $C^9H^7O^3Na$, forme des faisceaux d'aiguilles.

*L'éther éthylique*, obtenu par l'action de l'iodure d'éthyle sur le sel d'argent, constitue une huile aromatique, bouillant à 273°. E. G.

**PHÉNYLPROPIOLIQUE (ACIDE)**,

$C^9H^6O^2 = C^6H^5$-$C{\equiv}C$-$CO^2H$

[Glaser, *Zeitsch. für Chem.*, nouv. sér., t. IV, p. 338, et *Bull. de la Soc. chim.*, 1868, t. X, p. 283]. — Lorsqu'on décompose par l'eau bouillante l'acide phényldibromopropionique, ou de l'acide dibromocinnamique,

$C^6H^5$-$CHBr$-$CHBr$-$CO^2H$,

on obtient, outre l'acide phénylbromolactique,

$C^6H^5$-$CHBr$-$CH,OH$-$CO^2H$,

un cinnamène bromé, $C^8H^7Br$. Ce corps, par l'action simultanée du sodium et de l'acide carbonique, fournit du phénylpropiolate de sodium. On opère de la manière suivante : on dissout l'huile bromée dans de l'éther, on y ajoute du sodium, puis on y fait passer un courant de gaz carbonique sec sous une pression de quelques centimètres de mercure; aussitôt que la réaction commence, il faut refroidir le ballon; quand elle est terminée, on recueille la bouillie sur un filtre, on l'abandonne à l'air pour laisser oxyder l'excès de sodium, puis on la lave à l'éther. On reprend le résidu par l'eau, et on précipite la solution par l'acide chlorhydrique; il se sépare des flocons jaunes d'acide phénylpropiolique qu'on purifie par des cristallisations dans le sulfure de carbone et dans l'eau. Cet acide s'obtient aussi par l'action de la potasse alcoolique bouillante sur l'acide α-bromocinnamique. Lorsque dans une solution éthérée de phénylacétylène, on ajoute du sodium en même temps qu'on y dirige un courant d'anhydride carbonique, on obtient le phénylpropiolate de sodium (Glaser).

L'acide phénylpropiolique est en longues aiguilles blanches et soyeuses, fusibles à 136-137° en se sublimant en partie. Sous l'eau, il fond déjà à 80° en une huile qui se dissout à une température plus élevée; la solution aqueuse bouillante le laisse déposer par le refroidissement en longues aiguilles, très-solubles dans l'éther et dans l'alcool. Par l'ébullition prolongée avec l'eau, il donne une petite quantité de phénylacétylène. L'amalgame de sodium le transforme en acide phénylpropionique.

Le *sel d'argent* est un précipité floconneux blanc, très-peu soluble dans l'eau.

Le *sel de baryum* cristallisé à une très-basse température se présente en larges lames renfermant $(C^9H^5O^2)^2Ba + 3H^2O$; à une température un peu plus élevée, il est en faisceaux d'aiguilles renfermant $2H^2O$. Mêlé en poudre avec du sable et chauffé à 200°, il se décompose en carbonate et en phénylacétylène $C^8H^6$.

Le *sel potassique*, $C^9H^5O^2K$, forme une poudre cristalline très-soluble. E. G.

**PHÉNYLPROPIONIQUE (ACIDE).** — L'acide propionique étant

$$\begin{array}{l} CH^3 \\ | \\ CH^2 \\ | \\ CO^2H, \end{array}$$

on comprend l'existence de deux acides phénylpropioniques,

$$\begin{array}{l} CH^2(C^6H^5) \\ | \\ CH^2 \\ | \\ CO^2H \end{array} \quad \text{et} \quad \begin{array}{l} CH^3 \\ | \\ CH(C^6H^5) \\ | \\ CO^2H. \end{array}$$

Le premier (acide hydrocinnamique) est obtenu par l'hydrogénation de l'acide cinnamique (phénylacrylique),

$$\begin{array}{l} CH(C^6H^5) \\ \| \\ CH, \\ | \\ CO^2H; \end{array}$$

le second (acide hydratropique), par l'hydrogénation de l'acide atropique, décrit t. II, p. 135 :

$$\begin{array}{l} =CH \\ | \\ CH(C^6H^5) \\ | \\ CO^2H. \end{array}$$

ACIDE PHÉNYLPROPIONIQUE α (*acide homotoluique, cumoylique, hydrocinnamique*),

$$C^9H^{10}O^2 = C^6H^5\text{-}CH^2\text{-}CH^2\text{-}CO^2H.$$

— Cet acide a été découvert par Erlenmeyer et Alexeyeff, qui l'obtinrent en hydrogénant l'acide cinnamique au moyen de l'amalgame de sodium, et étudié par Erlenmeyer qui l'appela acide *homotoluique*. Schmidt le prépara ensuite en fixant le brome sur l'acide cinnamique et soumettant le bibromure d'acide cinnamique à l'action de l'hydrogène naissant, il désigna le nouvel acide sous le nom d'acide *cumoylique*. Popoff l'a obtenu également en traitant l'acide cinnamique par l'acide iodhydrique, et Fittig et Kiesow au moyen de l'éthylbenzine, $C^6H^5,C^2H^5$, qu'ils ont transformé en dérivé chloré, $C^6H^5,C^2H^4Cl$. Ce dérivé chloré est converti en cyanure, $C^6H^5,C^2H^4,CAz$, qui par l'ébullition avec la potasse fournit l'acide phénylpropionique. De nombreux dérivés de l'acide ont été étudiés surtout par Glaser, qui lui a donné le nom d'acide phénylpropionique, nom qui rappelle parfaitement sa constitution,

$$\begin{array}{l} CH^3 \\ | \\ CH^2 \\ | \\ CO^2O \end{array} \qquad \begin{array}{l} CH^2(C^6H^5) \\ | \\ CH^2 \\ | \\ CO^2H \end{array}$$

Acide propionique. — Acide phénylpropionique.

[Erlenmeyer et Alexeyeff, *Ann. der Chem. u. Pharm.*, t. CXXI, p. 375, et *Répert. de Chim. pure*, 1862, p. 231; — Erlenmeyer, *Ann. der Chem. u. Pharm.*, t. CXXXVII, p. 327, et *Bull. de la Soc. chim.*, 1866, t. VI, p. 392; — Schmidt, *Ann. der Chem. u. Pharm.*, t. CXXVII, p. 319, et *Bull. de la Soc. chim.*, 1864, t. I, p. 194; — Popoff, *Zeitsch. für Chem.*, nouv. sér., t. I, p. 111, et *Bull. de la Soc. chim.*, 1865, t. IV, p. 375; — Glaser, *Zeitsch. für Chem.*, nouv. sér., t. II, p. 696, et *Bull. de la Soc. chim.*, 1867, t. VI, p. 112, — Fittig et Kiesow, *Zeitsch. für Chem.*, nouv. sér., t. V, p. 166, et *Bull. de la Soc. chim.*, 1869, t. XII, p. 309].

*Préparation* (Erlenmeyer). — On met en suspension 1 p. d'acide cinnamique pulvérisé dans 20 à 24 p. d'eau et on ajoute de l'amalgame de sodium en proportion telle qu'il y ait un atome de sodium pour une molécule d'acide : on agite jusqu'à ce que la liqueur soit neutre ou faiblement alcaline, puis on ajoute une portion d'amalgame un peu plus considérable que la première et on abandonne le liquide jusqu'à ce que tout l'amalgame soit attaqué. On neutralise la liqueur par l'acide sulfurique, on la concentre un peu de manière à séparer une grande partie du sulfate de sodium, on décante l'eau mère et on l'additionne d'un peu d'acide sulfurique. L'acide phénylpropionique se précipite sous forme d'une huile qui ne tarde pas à se solidifier. Pour purifier l'acide, on le distille par portions de 20 à 30 grammes. On ne peut pas le purifier par cristallisation dans l'alcool bouillant, car il se forme toujours dans ce cas du phénylpropionate d'éthyle. Une solution aqueuse saturée à chaud le laisse déposer par le refroidissement en partie à l'état d'une huile qui se prend en masse, en partie en longues aiguilles. La dissolution aqueuse froide fournit par l'abaissement de la température des aiguilles fines, longues de plusieurs centimètres.

*Propriétés.* — L'acide phénylpropionique fond à 47° en formant un liquide transparent et mobile ; il bout à 280° sous la pression de 754 millimètres; sa vapeur se condense en un liquide qui peut être refroidi jusqu'à 25° sans se solidifier, mais la solidification a lieu lorsqu'on y plonge un thermomètre et celui-ci remonte à 42°; il constitue alors une masse rayonnée, composée de longues aiguilles très-cassantes. Plus dense que l'eau, il se dissout dans 168 p. de ce liquide à 20°; il distille avec la vapeur d'eau. Il se dissout dans l'alcool, en donnant en même temps de l'éther phénylpropionique, dans l'éther, le chloroforme, la benzine, le sulfure de carbone, l'acide acétique cristallisable. Par l'action du bichromate de potassium et de l'acide sulfurique, il donne de l'acide benzoïque et de l'hydrure de benzoyle. — Voir plus loin l'action du brome.

PHÉNYLPROPIONATES (Erlenmeyer). — *Sel d'argent*, $C^9H^9O^2Ag$, feuilles nacrées incolores, devenant un peu foncées à l'air.

*Sel de baryum*, $(C^9H^9O^2)^2Ba$. — Larges aiguilles assez solubles.

*Sel de calcium*, $(C^9H^9O^2)^2Ca + 2H^2O$. — Il s'obtient en larges aiguilles brillantes groupées en étoiles par évaporation au bain-marie, ou en grandes tables presque rectangulaires lorsqu'on abandonne la solution à l'évaporation lente. Il perd son eau de cristallisation à 120°;

Ces trois sels, ainsi que le sel de potassium, sont obtenus par l'action directe de l'acide sur les carbonates correspondants.

*Sel de cuivre*, $(C^9H^9O^2)^2Cu$. — Poudre bleu-vert très-peu soluble dans l'eau, obtenue par double décomposition avec le sel de potassium.

*Sel de plomb*, $(C^9H^9O^2)^2Pb + H^2O$. — Il est en fines aiguilles enchevêtrées, qui fondent à 79° et perdent leur eau à 100°; on l'obtient par double décomposition.

ÉTHERS PHÉNYLPROPIONIQUES. — *Éther méthylique*, $C^9H^9O^2,CH^3$. — Il est liquide et bout à 238-239° sous la pression de 0m,7565; sa densité est de 1,0455 à 0° et de 1,0180 à 49°.

*Éther éthylique*, $C^9H^9O^2,C^2H^5$. — Liquide incolore, très-réfringent, d'une odeur rappelant celle de l'ananas; il bout à 247-249° sous 0m,7595 de pression; densité, 1,0343 à 0° et 0,9925 à 49°.

*Éther amylique*, $C^9H^9O^2,C^5H^{11}$. — Liquide d'une odeur faible et narcotique ; sa densité est de 0,987 à 0° et de 0,9520 à 49°.

Ces trois éthers ont été obtenus par l'action du gaz chlorhydrique sur un mélange d'acide phénylpropionique et de l'alcool correspondant.

*Dérivés de l'acide phénylpropionique.*

DÉRIVÉS BROMÉS ET CHLORÉS. — La plupart de ces dérivés ont été obtenus indirectement et ne proviennent pas de l'action directe du chlore et du brome sur l'acide phénylpropionique ; ils perdent en effet facilement de l'acide chlorhydrique ou de l'acide bromhydrique, et ne présentent que peu de stabilité. Ainsi, quand on traite l'acide phénylpropionique par le brome à 160°, on n'obtient que de l'acide cinnamique ; par l'action du brome à froid, on obtient deux produits de substitution, l'un monobromé, l'autre dibromé, dans lesquels le brome est probablement substitué à l'hydrogène du phényle (Glaser). Les autres dérivés bromés sont obtenus soit par l'action des hydracides sur l'acide phényllactique,

$$C^6H^5.CH^2.CH,OH.CO^2H$$

ou ses dérivés, soit par l'addition du brome à l'acide cinnamique.

ACIDES PHÉNYLPROPIONIQUES MONOBROMÉS. — *Acide bromophénylpropionique*,

$$C^9H^9BrO^2 = C^6H^4Br\text{-}CH^2\text{-}CH^2\text{-}CO^2H$$

(Glaser). — Obtenu par l'action du brome à froid sur l'acide phénylpropionique, il cristallise en aiguilles aplaties, fusibles à 135°, bouillant sans altération à 230° sous une pression de 30 à 34 millimètres.

Le *sel de baryum* cristallise en petits prismes ; par oxydation, il donne de l'acide parabromobenzoïque.

*Acide phénylbromopropionique*,

$$C^9H^9BrO^2 = C^6H^5\text{-}CH^2\text{-}CHBr\text{-}CO^2H$$

[Glaser, *Zeitsch. für Chem.*, nouv. sér., t. IV, p. 131, et *Bull. de la Soc. chim.*, 1868, t. X, p. 140]. — On le prépare en mélangeant une solution aqueuse et concentrée d'acide phényllactique avec une solution fumante d'acide bromhydrique.

Il se dépose de sa solution alcoolique par l'addition d'eau en petites lamelles blanches et légères, fusibles à 140°, mais perdant déjà de l'acide bromhydrique à 130° ; l'eau bouillante et les alcalis produisent la même décomposition qui donne naissance à de l'acide cinnamique.

ACIDES PHÉNYLPROPIONIQUES BIBROMÉS. — *Acide α*, $C^9H^8Br^2O^2$ (Glaser). — Préparé par l'action à froid de 2 molécules de brome sur l'acide phénylpropionique, il constitue une masse cristalline soluble dans l'alcool ; l'eau bouillante le décompose en donnant un hydrocarbure bromé, de l'acide carbonique et un acide qui se dépose en gouttelettes huileuses par le refroidissement ; avec une solution alcoolique de potasse, il donne du bromure de potassium, et le sel de potassium d'un acide cinnamique bromé. La constitution de cet acide n'est pas connue.

*Acide β*, appelé aussi *bibromure de l'acide cinnamique, acide phénylbibromopropionique*,

$$C^9H^8Br^2O^2 = C^6H^5\text{-}CHBr\text{-}CHBr\text{-}CO^2H.$$

— Il a été obtenu par Schmidt en fixant le brome sur l'acide cinnamique. Glaser a préparé le même acide en dissolvant à chaud l'acide phénylbromolactique dans l'acide bromhydrique. Il est cristallisé, soluble dans l'alcool et dans l'éther, fusible à 195°. Son sel de baryum cristallise dans le vide en tables quadrangulaires droites et se décompose à 100° ; son sel de sodium est plus stable.

Cet acide traité par l'hydrogène naissant remplace son brome par de l'hydrogène et fournit de l'acide phénylpropionique. Bouilli avec la potasse alcoolique, il donne deux acides bromocinnamiques isomères α et β, $C^6H^5\text{-}CBr\text{-}CH\text{-}CO^2H$ et $C^6H^5\text{-}CH\text{-}CBr\text{-}CO^2H$, qui ont été décrits t. I, p. 919.

Par l'ébullition avec de l'eau, il remplace un atome de brome par le groupe OH et donne de l'acide phénylbromolactique (voyez ACIDE PHÉNYLLACTIQUE) en même temps qu'un cinnamène bromé $C^8H^7Br$.

ACIDE PHÉNYLCHLOROPROPIONIQUE,

$$C^9H^9ClO^2 = C^6H^5\text{-}CH^2\text{-}CHCl\text{-}CO^2H$$

(Glaser). — Obtenu par l'action de l'acide chlorhydrique sur l'acide phényllactique, il cristallise en petites lamelles brillantes, fusibles à 126°, se décomposant peu à peu en acide cinnamique et acide chlorhydrique. La potasse produit rapidement cette décomposition.

ACIDE PHÉNYLBICHLOROPROPIONIQUE. — Il se produit par l'action de l'acide chlorhydrique concentré sur l'acide phénylchlorolactique à 40-50° ; il se dépose par le refroidissement en cristaux prismatiques, peu solubles dans l'eau. Le peu de stabilité de cet acide n'a pas permis de l'analyser (Glaser).

ACIDE PHÉNYLCHLOROBROMOPROPIONIQUE,

$$C^9H^8BrClO^2 = C^6H^5\text{-}CHCl\text{-}CHBr\text{-}CO^2H.$$

— Suivant Glaser, il s'obtient par l'action de l'acide bromhydrique sur l'acide phénylchlorolactique, ou par l'action de l'acide chlorhydrique sur l'acide phénylbromolactique, et dans les deux cas, on obtiendrait le même acide fusible à 179°. Il semble cependant qu'il doit y avoir isomérie. Si l'acide phényllactique est

$$C^6H^5\text{-}CH^2\text{-}CH,OH\text{-}CO^2H,$$

on doit avoir dans le premier cas

$$C^6H^5\text{-}CHCl\text{-}CHBr\text{-}CO^2H,$$

et dans le second cas, $C^6H^5\text{-}CHBr\text{-}CHCl\text{-}CO^2H$.

ACIDE PHÉNYLIODOPROPIONIQUE,

$$C^6H^5\text{-}CH^2\text{-}CHI\text{-}CO^2H$$

(Glaser). — Obtenu par l'action de l'acide iodhydrique sur l'acide phényllactique, il est très-peu stable et perd déjà de l'iode à 120°.

DÉRIVÉ NITRÉ, $C^6H^4(AzO^2)\text{-}CH^2\text{-}CH^2\text{-}CO^2H$ [Buchanan et Glaser, *Zeitsch. für Chem.*, t. V, p. 193, et *Bull. de la Soc. chim.*, 1870, t. XIII, p. 77. — On l'obtient en arrosant d'acide azotique d'une densité de 1,5, de petites quantités d'acide phénylpropionique, et versant le produit dans l'eau qui précipite l'acide nitré. On le purifie en le transformant en sel de sodium qu'on décompose par l'acide chlorhydrique. Il forme de petits cristaux jaunâtres, peu solubles dans l'eau bouillante, l'alcool et l'éther. Il fond à 153°. Oxydé par l'acide chromique, il donne de l'acide paranitrobenzoïque.

Lorsqu'on le traite par l'étain et l'acide chlorhydrique additionné d'eau, il se réduit ; la liqueur filtrée laisse déposer des aiguilles assez volumineuses d'*hydrocarbostyrol*,

$$C^9H^9AzO = C^6H^4\left\{\begin{matrix}AzH\\C^3H^4O\end{matrix}\right\}>$$

et les eaux mères renferment de l'*acide amidophénylpropionique*.

L'*hydrocarbostyrol*, fort improprement ainsi nommé, contient une molécule d'eau de moins que l'acide amidé, mais on ne réussit pas à passer de l'un à l'autre par fixation ou par élimination d'eau. L'hydrocarbostyrol cristallise dans l'alcool en prismes incolores fusibles à 160°, distillant sans décomposition.

L'*acide amidophénylpropionique*,

$$C^9H^{11}AzO^2 = C^6H^4(AzH^2)CH^2\text{-}CH^2\text{-}CO^2H,$$

fond à 131°; c'est un acide faible décomposant les carbonates. Les combinaisons avec les bases s'oxydent à l'air.

Le *chlorhydrate*, $C^9H^{11}AzO^2,HCl$, forme de gros prismes à 4 pans, solubles dans l'eau et l'alcool.

Le *sulfate*, $(C^9H^{11}AzO^2)^2SO^4H^2$, se précipite en belles aiguilles soyeuses, lorsqu'on additionne d'éther sa solution alcoolique.

Si l'on dissout le chlorhydrate dans l'alcool absolu et qu'on fasse passer un courant d'acide azoteux, il se dépose au bout de quelque temps et par une basse température des aiguilles quadrangulaires très-déliquescentes de *chlorure diazophénylpropionique*,

$$C^6H^4\begin{cases}Az{=}AzCl\\CH^2\text{-}CH^2\text{-}CO^2H.\end{cases}$$

La solution aqueuse de ce corps dégage de l'azote lorsqu'on la chauffe et fournit de l'acide oxyphénylpropionique ou hydroparacoumarique,

$$C^6H^4\begin{cases}OH\\CH^2\text{-}CH^2\text{-}CO^2H.\end{cases}$$

— Voyez ce mot, t. II, p. 76.

ACIDE PHÉNYLPROPIONIQUE β (*acide hydratropique*, $CH^3\text{-}CH(C^6H^5)\text{-}CO^2H$ [Kraut, *Bull. de la Soc. chim*, 1869, t. XII, p. 492]. — Obtenu par l'action de l'amalgame de sodium sur l'acide atropique,

$$=CH\text{-}CH(C^6H^5)\text{-}CO^2H,$$

il est huileux et incristallisable. Son *sel d'argent* $C^9H^9O^2Ag$ cristallise en écailles; le *sel calcique* est très-soluble.

ACIDE DIPHÉNYLPROPIONIQUE. — On peut considérer comme étant un acide diphénylpropionique l'acide décrit par M. Wurtz sous le nom d'acide *dibenzylcarboxylique*,

$$C^{15}H^{14}O^2 = \begin{array}{l}CH^2(C^6H^5)\\ \dot{C}H(C^6H^5)\\ \dot{C}O^2H.\end{array}$$

Ce corps s'obtient par l'action de l'amalgame de sodium sur un mélange d'éther chloroxycarbonique et de bromure de benzyle; il cristallise en belles aiguilles, fusibles à 84°. Par la distillation sèche de son sel de calcium, il donne du dibenzyle $C^{14}H^{14}$ et du stilbène $C^{14}H^{12}$ [Wurtz, *Ann. de Chim et de Phys.*, (4), t. XXVII, p. 378].

APPENDICE.

ACIDES OXYPHÉNYLPROPIONIQUES. — On comprend qu'il peut exister un grand nombre d'acides isomères renfermant un atome d'oxygène de plus que l'acide phénylpropionique, et dérivant de la substitution de l'oxhydryle à un atome d'hydrogène de l'acide phénylpropionique, $C^9H^{10}O^2$, et représentés par la formule brute $C^9H^{10}O^3$.

Avec l'acide phénylpropionique α,

$$\begin{array}{l}CH^2(C^6H^5)\\ \dot{C}H^2\\ \dot{C}O^2H,\end{array}$$

si la substitution a lieu dans la chaîne latérale, on a l'acide phényle-oxypropionique ou phényllactique,

$$\begin{array}{l}CH^2(C^6H^5)\\ \dot{C}H.OH\\ \dot{C}O^2H,\end{array}$$

que nous décrivons plus haut sous le nom d'acide phényllactique.

Si la substitution a lieu dans le groupe phényle, on a des acides oxyphénylpropioniques de la formule

$$C^6H^4\begin{cases}OH\\CH^2\text{-}CH^2\text{-}CO^2H\end{cases}$$

et cette formule correspond à 3 isomères différents, suivant les positions relatives du groupe OH et du groupe $CH^2\text{-}CH^2\text{-}CO^2H$, ainsi que cela a lieu pour tous les dérivés de la benzine où il y a deux substitutions. Ces trois acides oxyphénylpropioniques sont l'acide hydroparacoumarique (t. II, p. 76), l'acide mélilotique (t. II, p. 326) et peut-être l'acide phlorétique. — Voyez ce mot.

A l'acide phénylpropionique β ou hydratropique, $CH^2\text{-}CH(C^6H^5)\text{-}CO^2H$, peuvent de même correspondre plusieurs acides; on ne connaît que l'*acide tropique*, qu'on peut considérer comme l'*acide phényléthylénolactique* :

$$\begin{array}{l}CH^2.OH\\ \dot{C}H^2.\\ \dot{C}O^2H.\end{array}\qquad\begin{array}{l}CH^2.OH\\ \dot{C}H.(C^6H^5)\\ \dot{C}O^2H.\end{array}$$

Acide sarcolactique. — Acide tropique.

— Voyez ACIDE TROPIQUE.

Quant aux acides dioxyphénylpropioniques, que la théorie fait prévoir, on ne connaît que l'acide hydrocaféique (voyez t. II, p. 63),

$$C^9H^{10}O^4 = C^6H^3\begin{cases}(OH)^2\\CH^2\text{-}CH^2\text{-}CO^2H,\end{cases}$$

qui puisse être considéré comme tel. E. G.

**PHÉNYLPROPYLÈNE.** — On connaît deux carbures d'hydrogène de la formule

$$C^9H^{10} = C^3H^5\text{-}C^6H^5.$$

Le premier, obtenu par M. Fittig dans l'hydrogénation de la styrone par l'amalgame de sodium et l'eau, forme un liquide incolore, bouillant de 165-170°; il donne avec le brome le bibromure, $C^9H^{10}Br^2$, assez soluble dans l'alcool et cristallisant en grandes lames incolores, fusibles à 66°,5. Si ce carbure s'est réellement formé dans l'action de l'hydrogène sur la styrone (alcool phénylallylique), il doit être isomère avec le phénylallyle et sa constitution pourra être exprimée par la formule $C^6H^5\text{-}CH{=}CH\text{-}CH^3$ [Fittig, *Deutsch. Chem. Gesells.*, t. VI, p. 214].

Le second hydrocarbure, $C^9H^{10}$, est le *phénylallyle*, $C^6H^5\text{-}CH^2\text{-}CH{=}CH^2$; on ne peut pas l'obtenir par l'action du sodium sur un mélange de benzine bromée et de bromure d'allyle, mais M. Chojnacki est parvenu à le préparer en chauffant à 100° un mélange de benzine, de bromure ou d'iodure d'allyle et d'un peu de zinc,

$$C^6H^6 + C^3H^5Br = C^6H^5\text{-}C^3H^5 + HBr.$$

Le phénylallyle est un liquide incolore, bouillant à 155° [Chojnacki, *Compt. rend.*, t. LXXVI, p. 1413]. A. H.

**PHÉNYLSUCCINIQUE (DI-) (ACIDE),**

$$C^{16}H^{14}O^4 = \begin{array}{l}C^6H^5\text{-}CH\text{-}CO^2H\\ C^6H^5\text{-}\dot{C}H\text{-}CO^2H\end{array}$$

[Franchimont, *Compt. rend.*, 1872, t. LXXXV, p. 1624]. — Cet acide appelé par l'auteur *acide dibenzyldicarboxylique*, et qui représente également l'acide stilbène-dicarbonique, se produit lorsqu'on traite l'éther phénylbromacétique

$$C^6H^5\text{-}CHBr\text{-}CO^2C^2H^5$$

par le cyanure de potassium et qu'on fait bouillir la cyanhydrine formée avec la potasse. Le produit normal de cette réaction, qui serait l'acide phénylmalonique, ne prend pas naissance, mais on obtient de l'acide phénylacétique régénéré et le nouvel acide. Pour expliquer sa formation, il faut admettre que le cyanure de potassium a simplement enlevé le brome à 2 molécules d'éther phénylbromacétique et soudé les deux résidus.

L'acide diphénylsuccinique cristallisé dans la benzine fond à 182°; après avoir été laissé à l'air ou chauffé, il fond à 222°. Il est facilement soluble dans l'alcool, moins soluble dans la benzine.

Le sel d'argent, le sel de baryum et le sel de calcium ont été analysés.

L'éther éthylique acide, $C^{16}H^{13}O^4, C^2H^5$, est en aiguilles très-fines, fondant à 140°.

L'acide diphénylsuccinique soumis à la distillation sèche fournit du dibenzyle $C^{14}H^{14}$ et du stilbène $C^{14}H^{12}$.

Cet acide est à l'acide dibenzylcarboxylique, $C^{15}H^{14}O^2$, décrit par M. Wurtz, ce que l'acide succinique est à l'acide propionique :

| | |
|---|---|
| $CO^2H$<br>$CH(C^6H^5)$<br>$CH^2(C^6H^5)$ | $CO^2H$<br>$CH.C^6H^5$<br>$CH.C^6H^5$<br>$CO^2H$ |
| Acide diphénylpropionique (dibenzylcarboxylique). | Acide diphénylsuccinique. |
| $CO^2H$<br>$CH^2$<br>$CH^3$ | $CO^2H$<br>$CH^2$<br>$CH^2$<br>$CO^2H$ |
| Acide propionique. | Acide succinique. |

E. G.

**PHÉNYLSULFOCARBAMIDE** (*phénylsulfo-urée*). — On connaît deux composés représentant la sulfocarbamide, $CS(AzH^2)^2$, dans laquelle l'hydrogène est remplacé par le groupe $C^6H^5$; ce sont la monophénylsulfo-urée,

$$CS \left\{ \begin{matrix} AzH(C^6H^5) \\ AzH^2, \end{matrix} \right.$$

et la diphénylsulfo-urée ou sulfocarbanilide,

$$CS \left\{ \begin{matrix} AzH(C^6H^5) \\ AzH(C^6H^5). \end{matrix} \right.$$

MONOPHÉNYLSULFO-URÉE,

$$C^7H^8SAz^2 = CS \left\{ \begin{matrix} AzH(C^6H^5) \\ AzH^2 \end{matrix} \right.$$

[Hofmann, *Ann. de Chim. et de Phys.*, (3), t. LIV, p. 204]. — Lorsqu'on chauffe doucement la phénylsulfocarbimide ou sulfocyanate de phényle avec de l'ammoniaque alcoolique, le corps se prend en une masse cristalline de phénylsulfo-urée :

$$CS, AzC^6H^5 + AzH^3 = CS \left\{ \begin{matrix} AzH(C^6H^5) \\ AzH^2 \end{matrix} \right.$$

Phénylsulfo-carbimide. Ammoniaque. Phénylsulfo-urée.

La phénylsulfo-urée est soluble dans l'eau chaude qui l'abandonne par le refroidissement sous forme de longues aiguilles. Elle possède les caractères d'une base faible ; elle se combine avec l'azotate d'argent et le chlorure de platine. Le composé platinique renferme $(C^7H^8SAz^2, HCl)^2PtCl^4$.

Sous l'influence d'une solution bouillante d'azotate d'argent, elle remplace son soufre par de l'oxygène et se transforme en phénylcarbamide, $CO(AzH, C^6H^5)AzH^2$.

Lorsqu'on traite la phénylsulfo-urée en solution alcoolique par l'oxyde de plomb, elle perd les éléments de l'hydrogène sulfuré et se transforme en phénylcyanamide, $CAz, AzH, C^6H^5$ [Hofmann, *Bull. de la Soc. chim.*, 1870, t. XIV, p. 162].

DIPHÉNYLSULFOCARBAMIDE (*diphénylsulfo-urée, sulfocarbanilide*),

$$CS \left\{ \begin{matrix} AzH(C^6H^5) \\ AzH(C^6H^5) \end{matrix} \right.$$

[Hofmann, *Ann. der Chem. u. Pharm.*, t. LXX, p. 129, et *Annuaire de Millon*, 1850, p. 416; — Laurent, *Ann. de Chim. et de Phys.*, (3), t. XXII, p. 105].

Hofmann et Laurent ont obtenu à la même époque la sulfocarbanilide, en mélangeant des solutions alcooliques de sulfure de carbone et d'aniline. Elle prend également naissance lorsqu'on chauffe le sulfocyanate d'aniline jusqu'à ce qu'il ne dégage plus d'ammoniaque (Hofmann).

Laurent et Gerhardt l'ont obtenue en chauffant un mélange d'aniline, de sulfocyanate de potassium et d'acide sulfurique; il distille de la sulfocarbanilide, en même temps qu'il se produit du sulfate d'ammonium; on n'a qu'à dissoudre le produit de la distillation dans l'alcool bouillant, qui le dépose alors par le refroidissement en belles paillettes nacrées, incolores [*Ann. de Chim. et de Phys.*, (3), t. XXIV, p. 197].

Elle se produit encore par l'ébullition de la phénylsulfocarbimide avec la potasse alcoolique (Hofmann).

Il se forme également de la diphénylsulfo-urée lorsqu'on traite la *diphénylguanidine* β (anciennement *mélaniline*) par le sulfure de carbone (Hofmann). La réaction est la même avec la triphénylguanidine; quand on la chauffe à 140° avec du sulfure de carbone, elle donne du sulfocyanate de phényle et de la diphénylsulfo-urée [Hobrecker, *Deuts. Chem. Gesells.*, t. II, p. 686, et *Bull. de la Soc. chim.*, 1870, t. XIV, p. 528; — Merz et Weith, *Deuts. Chem. Gesells.*, t. III, p. 25, et *Bull. de la Soc. chim.*, 1870, t. XIV, p. 529]. Il s'en forme également par l'action de l'hydrogène sulfuré qui décompose la triphénylguanidine en aniline et sulfocarbanilide (Merz et Weith).

La diphénylsulfo-urée est très-peu soluble dans l'eau, facilement soluble dans l'alcool et dans l'éther; elle est excessivement amère. Elle fond à 140° et distille avec altération partielle, en donnant de la triphénylguanidine. Chauffée en solution alcoolique avec de la potasse ou de l'oxyde de mercure, elle remplace son soufre par de l'oxygène et fournit de la diphénylurée (Hofmann).

Lorsqu'on distille de la diphénylsulfo-urée avec de l'anhydride phosphorique, elle perd les éléments de l'aniline et se transforme en phénylsulfocarbimide :

$$CS(AzH, C^6H^5)^2 = CS, AzC^6H^5 + C^6H^5, AzH^2$$

Diphénylsulfo-urée. Phénylsulfocarbimide. Aniline.

[Hofmann, *Ann. de Chim. et de Phys.*, (3), t. LIV, p. 201].

Traitée par l'hydrogène naissant, elle fournit de l'aniline et de l'hydrogène sulfuré; chauffée à 170° avec de l'acide chlorhydrique aqueux, elle donne de l'aniline, de l'acide carbonique, de l'hydrogène sulfuré et de la triphénylguanidine [Merz et Weith, *Zeitsch. für Chem.*, nouv. sér., t. IV, p. 609, et *Bull. de la Soc. chim.*, 1869, t. XII, p. 64].

La sulfocarbanilide fournit de la triphénylguanidine $C^{19}AzC^6H^5(AzHC^6H^5)^2$, dans un grand nombre de réactions :

1° Quand on la chauffe avec du cuivre, ou qu'on la soumet à l'action de la chaleur seule : dans ce cas, elle se dédouble en partie en sulfocyanate de phényle et en aniline qui réagissent chacun sur un excès de sulfocarbanilide [Merz et Weith, *Zeitsch. für Chem.*, t. V, p. 583, et *Bull. de la Soc. chim.*, 1870, t. XIII, p. 164].

2° Quand on la fond avec du chlorure de plomb : il se dégage en même temps du sulfure de carbone, et il se forme du sulfure de plomb (Merz et Weith).

3° Par l'action de l'iode sur sa solution alcoolique Hofmann, *Deuts. Chem. Gesells.*, 1869, p. 452, et *Bull. de la Soc. chim.*, 1870, t. XIII, p. 54].

4° Par la réaction directe de l'aniline (Hofmann).

5° Par l'action de l'oxyde de plomb ou de mercure sur une solution alcoolique de molécules égales d'aniline et de sulfocarbanilide (Hofmann).

La sulfocarbanilide chauffée avec de l'ammoniaque en présence de l'oxyde de plomb fournit la *diphénylguanidine*, $C(AzHC^6H^5)^2AzH^2$ (Hofmann). — Pour plus de détails, voyez PHÉNYLGUANIDINES. E. G.

**PHÉNYLSULFOCARBIMIDE** (*sulfocyanate de phényle, essence de moutarde phénylée*),

$$CS, Az C^6H^5$$

[Hofmann, *Ann. de Chim. et de Phys.*, (3), t. LIV, p. 202]. — On sait qu'il existe deux séries d'éthers cyaniques, les cyanates vrais de Cloëz, appelés autrefois *isocyanates*, comme le cyanate d'éthyle, $CAz, OC^2H^5$, et les carbimides (éthers cyaniques de Wurtz), tels que la carbimide éthylique, $CO, AzC^2H^5$. Ces deux formules montrent la nature de l'isomérie de ces composés. Il existe des isomères du même ordre dans les éthers sulfocyaniques : les sulfocyanates vrais, $CAz, SC^2H^5$, sulfocyanate d'éthyle, et les sulfocarbimides, comme la sulfocarbimide éthylique $CS, AzC^2H^5$. Les sulfocarbimides sont appelées par Hofmann du nom générique et impropre d'*essence de moutarde*, parce que le sulfocyanate d'allyle est une sulfocarbimide : et comme le sulfocyanate de phényle est également une sulfocarbimide, il le désigne sous le nom d'essence de moutarde phénylée. — Voyez SULFOCARBIMIDES.

Dans cet article, nous désignerons le sulfocyanate de phényle sous le nom de phénylsulfocarbimide, qui indique mieux sa nature que celui d'essence de moutarde phénylée.

La sulfocarbimide a été découverte par Hofmann, qui l'a obtenue en distillant la diphénylsulfo-urée avec de l'anhydride phosphorique, suivant la réaction qui a permis à Weltzien d'obtenir l'acide cyanique (carbimide) en distillant l'urée avec ce même agent.

Elle se produit également quand on chauffe au réfrigérant ascendant, un mélange d'acide chlorhydrique aqueux et de diphénylsulfo-urée. Il se produit en même temps de la triphénylguanidine. Après 40 minutes d'ébullition, 100 grammes de diphénylsulfo-urée fournissent 47 grammes de sulfocarbimide [Merz et Weith, *Zeitsch. f. Chem.*, t. V, p. 583, et *Bull. de la Soc. chim.*, 1870, t. XIII, p. 166].

Ce corps se forme aussi lorsqu'on chauffe la triphénylguanidine à 160-170° en vases clos avec un excès de sulfure de carbone; il se produit en même temps de la diphénylsulfo-urée [Merz et Weith, *Bull. de la Soc. chim.*, 1870, t. XIII. p. 529; — Hobrecker, *même recueil*, 1870, t. XIII, p. 528].

La phénylsulfocarbimide prend naissance en même temps que la triphénylguanidine, lorsqu'on ajoute de l'iode à une solution alcoolique de diphénylsulfo-urée; l'iode disparaît; il se précipite du soufre et la liqueur filtrée soumise à la distillation avec des vapeurs d'eau donne de la phénylsulfocarbimide, qui passe avec l'eau, tandis que la triphénylguanidine reste dans le résidu [Hofmann, *Deuts. Chem. Gesells.*, 1869, p. 452, et *Bull. de la Soc. chim.*, 1870, t. XIII, p. 154].

La phénylsulfocarbimide est un liquide incolore d'une odeur aromatique et piquante, d'une densité de 1,135 à 15°,5; elle bout à 222° sous une pression de 0m,762. Elle peut être distillée avec l'eau ou l'acide chlorhydrique sans subir d'altération. Bouillie avec la potasse alcoolique, elle se transforme en diphénylsulfo-urée et ultérieurement en diphénylurée.

Elle se transforme de même en diphénylurée, lorsqu'on la fait bouillir avec une solution d'azotate d'argent.

Comme les sulfocarbimides vraies, le sulfocyanate d'allyle, par exemple, elle se combine à l'ammoniaque et aux ammoniaques composées. Avec l'ammoniaque, elle donne la monophénylsulfo-urée; chauffée lentement avec l'aniline, elle donne la diphénylsulfo-urée :

$$\underset{\text{Sulfocarbimide.}}{CS, AzC^6H^5} + \underset{\text{Aniline.}}{AzH^2, C^6H^5} = \underset{\text{Diphénylsulfo-urée.}}{CS\begin{cases} AzHC^6H^5 \\ AzHC^6H^5. \end{cases}}$$

Distillée avec de la diphénylsulfo-urée, la sulfocarbimide s'y combine en donnant du sulfure de carbone, et laissant un résidu de triphénylguanidine (Merz et Weith). — Voyez p. 901.

Chauffée à 110-115° avec de l'alcool, elle donne le phénylsulfocarbamate d'éthyle ou phényluréthane éthylique oxysulfurée,

$$CS\begin{cases} AzHC^6H^5 \\ OC^2H^5 \end{cases}$$

(voyez PHÉNYLCARBAMIQUE (ACIDE) [Hofmann, *Bull. de la Soc. chim.*, 1869, t. XII, p. 360]. Si on remplace l'alcool par le mercaptan, on obtient la phényluréthane éthylique sulfurée,

$$CS\begin{cases} AzHC^6H^5 \\ SC^2H^5 \end{cases}$$

(Hofmann).

Chauffée en vases clos avec de l'eau, elle se dédouble en aniline, acide carbonique et hydrogène sulfuré. Avec l'acide acétique, elle donne de la phényldiacétamide ou diacétylanilide,

$$C^6H^5Az(C^2H^3O)^2$$

[Hofmann, *Deuts. Chem. Gesells.*, t. III, p. 770, et *Bull. de la Soc. chim.*, 1870, t. XIV, p. 390]. E. G.

**PHÉNYLSULFOPROPIONIQUE (ACIDE)**,

$$C^9H^{10}SO^5 = C^6H^5\text{-}CH^2\text{-}CH\begin{cases} SO^3H \\ CO^2H \end{cases}$$

[Valet, *Ann. der Chem. u. Pharm.*, t. CLIV, p. 62, et *Bull. de la Soc. chim.*, 1870, t. XIV, p. 314]. — Cet acide peut être considéré comme de l'acide phénylpropionique ou hydrocinnamique dont un atome d'hydrogène est remplacé par le groupe $SO^3H$. Il s'obtient à l'état de sel de potassium par l'ébullition, pendant 12 heures, d'une molécule d'acide cinnamique avec une molécule de sulfite de potassium dissous dans 10 fois son poids d'alcool; la solution ne cristallise pas par le refroidissement, mais si on l'additionne d'acide acétique, elle fournit un précipité cristallisé constituant le phénylsulfopropionate de potassium.

L'acide libre s'obtient en décomposant le sel de plomb par l'hydrogène sulfuré, filtrant et évaporant la solution. Il forme des cristaux incolores, solubles dans l'eau et dans l'alcool. La potasse aqueuse concentrée le transforme à l'ébullition en acide cinnamique; l'acide chlorhydrique concentré et l'acide sulfurique étendu ne l'attaquent pas.

L'acide phénylsulfopropionique est bibasique; il fournit des sels neutres et des sels acides.

Le *sel d'argent*, $C^9H^8SO^5Ag^2$, est un précipité cristallin blanc, un peu soluble dans l'eau.

Le *sel acide d'ammonium* cristallise en longues aiguilles blanches; le *sel neutre*, peu stable, perd facilement de l'ammoniaque.

Le *sel de baryum*, $C^9H^8SO^5Ba + H^2O$, forme des croûtes cristallines peu solubles.

Le *sel de calcium*, $C^9H^8SO^5Ca$, est soluble et cristallisable.

Le *sel de plomb* obtenu en saturant d'hydrate de plomb la solution aqueuse bouillante du sel acide de potassium donne un précipité emplastique renfermant un excès d'oxyde de plomb.

Le *sel acide de potassium*, $C^9H^9SO^5K$, cristallise de sa solution aqueuse bouillante en aiguilles dures, groupées en étoiles, solubles dans 25 p. d'eau à 150°, beaucoup plus solubles dans l'eau bouillante, presque insolubles dans l'alcool froid. Sa réaction est acide.

Le *sel neutre de potassium*, $C^9H^8SO^5K^2$, se sépare en cristaux confus de sa solution alcoolique bouillante; il est très-soluble dans l'eau, et y cristallise en cristaux limpides et incolores; l'acide acétique sépare le sel acide de la solution du sel neutre.

Le *sel neutre de sodium* est en mamelons très-solubles; l'acide acétique n'en sépare pas de sel acide.

Le *sel de zinc et de potassium*, $(C^9H^8SO^5K)^2Zn$, est une masse cristalline mamelonnée. E. G.

**PHÉNYLSULFUREUX (ACIDES).** — Lorsqu'on traite la benzine ou le phénol par l'acide sulfurique, on obtient des acides sulfoconjugués, qui fournissent eux-mêmes de nombreux dérivés.

La synonymie de ces composés est très-difficile; car les auteurs ont donné le même nom à des acides tout différents ou désigné le même acide sous divers noms : ainsi l'acide qui résulte de l'action de l'acide sulfurique sur la benzine,

$$C^6H^5,SO^3H,$$

a été appelé *sulfobenzidique, phénylsulfureux* et *phénylsulfurique*, tandis que le nom d'*acide phénylsulfureux* a été donné aussi à l'hydrure de sulfophényle, $C^6H^5,SO^2H$.

D'autre part, l'acide qui résulte de l'action de l'acide sulfurique sur le phénol, et qui renferme $C^6H^6SO^4$, a été appelé indifféremment *phénylsulfurique, phénolsulfurique, oxyphénylsulfurique*, et *oxyphénylsulfureux*.

Il est évident que l'acide $C^6H^5,SO^3H$ ne peut être appelé *phénylsulfurique*, car il ne renferme pas le groupe $SO^4$, comme l'acide éthylsulfurique, et nous lui conserverons le nom d'*acide phénylsulfureux* que lui avait donné Gerhardt. Il est comparable, en effet, à l'acide éthylsulfureux, offrant en outre cette stabilité qui appartient aux composés phényliques :

$$SO^3\left\{\begin{matrix}C^2H^5\\H\end{matrix}\right. \qquad SO^3\left\{\begin{matrix}C^6H^5\\H\end{matrix}\right.$$

Acide éthylsulfureux. — Acide phénylsulfureux.

Quant aux acides produits par l'action de l'acide sulfurique sur le phénol, représentés par la formule $C^6H^6SO^4$, et qui ont reçu différents noms, il en est que leurs réactions montrent comme biatomiques, qui sont comparables à l'acide iséthionique, ainsi que l'a indiqué Kekulé :

$$C^2H^4\left\{\begin{matrix}SO^3H\\OH\end{matrix}\right. \qquad C^6H^4\left\{\begin{matrix}SO^3H\\OH\end{matrix}\right.$$

Acide oxéthylène-sulfureux (acide iséthionique). — Acide oxyphénylène-sulfureux.

On connaît deux acides de cette composition appelés *α-phénylsulfurique*, et *γ-phénylsulfurique*, noms impropres, puisque ces composés sont des éthers d'acide sulfureux; nous les désignerons, comme M. Solommanoff, sous le nom d'acide oxyphénylsulfureux.

Il en est un troisième qui, d'après les recherches d'Engelhardt et Latschinow, se comporterait comme un acide monatomique; c'est celui qu'on désigne d'ordinaire sous le nom d'acide β-phénylsulfurique. Celui-ci donnerait un éther neutre en substituant à un atome d'hydrogène un seul groupe benzoyle; étant comparable à l'acide éthylsulfurique, il serait un véritable *acide phénylsulfurique*,

$$SO^4\left\{\begin{matrix}C^2H^5\\H\end{matrix}\right. \qquad SO^4\left\{\begin{matrix}C^6H^5\\H\end{matrix}\right.$$

Acide éthylsulfurique. — Acide phénylsulfurique.

mais comme il fournit, suivant Kekulé, de la résorcine par fusion avec la potasse, il y a là deux faits contradictoires qui ne permettent pas d'affirmer la constitution de cet acide. D'autre part, MM. Dusart et Bardy ont réalisé, avec l'acide obtenu dans l'action à 160° de l'acide sulfurique sur le phénol, une série de réactions qui doivent le faire considérer comme analogue à l'acide éthylsulfurique. — Voyez plus loin.

Il existe en outre des acides qui paraissent être constitués comme l'indique la formule

$$C^6H^3\left\{\begin{matrix}(SO^3H)^2\\OH.\end{matrix}\right.$$

On les appelle *phényldisulfuriques;* nous les décrivons sous le nom d'acide oxyphényldisulfureux.

Les acides sulfoconjugués dérivés de la benzine ou du phénol proviennent donc de la substitution du groupe $SO^3H$ à un ou plusieurs atomes d'hydrogène de la benzine, ou du radical $C^6H^5$ du phénol. Ce sont les acides :

$C^6H^5,SO^3H$, acide phénylsulfureux.
$C^6H^4\left\{\begin{matrix}SO^3H\\SO^3H,\end{matrix}\right.$ acide phénylène-disulfureux.

provenant de la benzine;

$C^6H^4\left\{\begin{matrix}SO^3H\\OH,\end{matrix}\right.$ acides oxyphénylsulfureux α, γ et peut-être l'acide β.
$C^6H^3\left\{\begin{matrix}(SO^3H)^2\\OH,\end{matrix}\right.$ acide oxyphényldisulfureux.

provenant du phénol.

### ACIDES PHÉNYLSULFUREUX.

ACIDE PHÉNYLSULFUREUX, $C^6H^5,SO^3H$. — Il a été décrit à l'article BENZINE, t. I, p. 536, avec un certain nombre de ses dérivés. D'autres composés qui se rattachent à l'acide phénylsulfureux ont été indiqués depuis la rédaction de l'article BENZINE.

ACIDE CHLOROPHÉNYLSULFUREUX, $C^6H^4Cl,SO^3H$. — Il a été décrit t. I, p. 538. Fondu avec de la potasse, le chlorophénylsulfite de potassium fournit de la résorcine, $C^6H^6O^2$ [Oppenheim et G. Vogt, *Bull. de la Soc. chim.*, 1868, t. X, p. 221].

*Hydrure de chlorosulfophényle*, $C^6H^4ClSO^2H$. — Ce corps a été décrit t. I, p. 538. Nous ajouterons à son histoire les faits suivants publiés par Otto et de Gruber [*Zeitsch. für Chem.*, nouv. sér., t. III, p. 611, et *Bull. de la Soc. chim.*, 1868, t. X, p. 133].

Chauffé à 130° avec de l'eau, il donne l'acide chlorophénylsulfureux et du bisulfure d'oxychlorophényle, $C^{12}H^8Cl^2S^2O^2$.

Traité par le brome, il donne le *bromure de chlorosulfophényle*, $C^6H^4ClSO^2,Br$, analogue au chlorure (voyez t. I, p. 538); il est cristallisé, fusible à 52-53°; traité par la potasse, il donne le chlorophénylsulfite de potassium, $C^6H^4ClSO^3K$.

ACIDE BROMOPHÉNYLSULFUREUX, $C^6H^4Br,SO^3H$. — Il existe deux acides de cette série, l'acide *para*, déjà signalé par Couper et obtenu par l'action de l'acide sulfurique sur la benzine bromée, et l'acide *iso*, obtenu par l'action du brome sur l'acide phénylsulfureux [A. Ross Garrick, *Zeitsch. für Chem.*, nouv. sér., t. V, p. 549, et *Bull. de la Soc. chim.*, 1870, t. XIII, p. 157].

*Acide parabromophénylsulfureux.* — On l'obtient aussi au moyen de l'acide sulfanilique que l'on convertit en combinaison diazoïque; cette dernière est ensuite traitée par l'acide bromhydrique [Ador et Meyer, *Bull. de la Soc. chim.*, 1871, t. XV, p. 241]. Il forme une masse cristalline radiée, très-déliquescente, fusible à 88°.

Le *sel de baryum*, $(C^6H^4Br, SO^3)^2Ba$, est en feuillets incolores argentés.

Le *sel de calcium*, $(C^6H^4Br, SO^3)^2Ca + H^2O$, est en grands cristaux clinorhombiques incolores, efflorescents.

Le *sel de cuivre*, $(C^6H^4Br, SO^3)^2Cu + 6H^2O$, constitue des tables clinorhombiques, d'un bleu clair, très-solubles dans l'eau.

Le *sel de potassium*, $C^6H^4Br, SO^3K$, cristallise dans le système orthorhombique comme son correspondant, le chlorophénylsulfite, il fournit de la résorcine par la fusion avec la potasse. Traité par le cyanure de potassium, il donne un cyanure se transformant en acide téréphtalique (Ador et Meyer).

Le *sel de plomb*, $(C^6H^4Br, SO^3)^2Pb$, cristallise en mamelons demi-sphériques, peu solubles dans l'eau froide.

Le *sel de zinc*, $(C^6H^4BrSO^3)^2Zn$, est en cristaux tricliniques incolores.

*Acide isobromophénylsulfureux.* — Il se produit par l'action à 100° du brome sur l'acide phénylsulfureux; la réaction donne lieu en même temps à de l'acide sulfurique; on transforme le produit de la réaction en sel de plomb, qu'on décompose par l'hydrogène sulfuré.

L'acide se présente sous la forme d'une masse solide très-déliquescente.

Le *sel de baryum*, $(C^6H^4BrSO^3)^2Ba + H^2O$, est très-soluble dans l'eau; il constitue une masse cristalline radiée.

Le *sel de calcium*, $(C^6H^4BrSO^3)^2Ca + H^2O$, cristallise en petits prismes incolores, qui ne s'effleurissent pas à l'air.

Le *sel de plomb*, $(C^6H^4BrSO^3)^2Pb + 3H^2O$, se présente en petits cristaux granulaires, plus solubles dans l'eau que le sel de l'acide précédent.

Le *sel de potassium*, $C^6H^4BrSO^3K + H^2O$, est extrêmement soluble, et forme de petits groupes étoilés; par la fusion avec la potasse, il paraît donner de l'hydroquinone. Suivant Fittig et Wœlz, cet acide, comme le précédent, fournit de la résorcine par la fusion avec la potasse, et, malgré la différence des sels, se comporte comme l'acide de Couper. De plus, chauffé avec du cyanure de potassium, il donne du benzonitrile et un dicyanure de phénylène qui fournit de l'acide téréphtalique [*Bull. de la Soc. chim.*, 1872, t. XVII, p. 224].

Acide dibromophénylsulfureux, $C^6H^3Br^2, SO^3H$ [D. Williams, *Zeitsch. für Chem.*, t. VII, p. 302, et *Bull. de la Soc. chim.*, 1871, t. XVI, p. 311; — Wœlz, *Zeitsch. für Chem.*, t. VII, p. 353, et *Bull. de la Soc. chim.*, 1871, t. XVI, p. 312]. — Il a été préparé par l'action de l'acide sulfurique fumant sur la dibromobenzine fusible à 89°. Il est en aiguilles soyeuses qui se transforment peu à peu en tables dures et volumineuses. Il renferme 3 molécules d'eau de cristallisation, et il en perd 2 à 100°; le reste se dégage à 120° en même temps que l'acide se décompose. Hydraté, il fond à 97-98° (Wœlz). Il paraît fondre à 117° (Williams); il est soluble dans l'eau, moins soluble dans l'alcool et encore moins dans l'éther.

Le *sel d'ammonium* cristallise de sa solution concentrée en aiguilles, ou, si l'évaporation est lente, en tables très-dures, très-solubles.

Le *sel d'argent*, $C^6H^3Br^2SO^3Ag + 3H^2O$, cristallise en aiguilles très-solubles, perdant facilement leur eau.

Le *sel de baryum*, $(C^6H^3Br^2SO^3)^2Ba + 2H^2O$, est en lames incolores, très-solubles (Williams). Suivant Wœlz, il est anhydre quand il est séché sur l'acide sulfurique.

Le *sel de calcium*, $(C^6H^3Br^2SO^3)^2Ca + 9H^2O$, est en aiguilles soyeuses efflorescentes.

Le *sel de cuivre* est en lamelles brillantes vertes, très-efflorescentes et paraissant renfermer $4H^2O$.

Le *sel de potassium* cristallise en fines aiguilles avec une molécule d'eau qu'il perd facilement.

Le *sel de plomb* est en tables quadrangulaires ou en longues aiguilles, qui renferment $4H^2O$.

Le *sel de sodium* renferme une molécule et demie d'eau.

Schmidt, en traitant par l'alcool absolu sous pression l'acide diazobromophénylsulfureux [voyez plus loin Amidophénylsulfureux (acide)], a obtenu un acide bibromophénylsulfureux cristallin, qui renferme 2 molécules d'eau et fond à 84-86° dans son eau de cristallisation [*Ann. der Chem. u. Pharm.*, t. CXX, p. 129, et *Répert. de Chim. pure*, 1862, p. 188].

Acide nitrophénylsulfureux,

$$C^6H^4(AzO^2)SO^3H.$$

— Laurent, en nitrant l'acide phénylsulfureux, a obtenu un acide nitré, dont le produit de réduction lui parut identique avec l'acide sulfanilique. Schmitt et H. Rose ont préparé l'acide nitrophénylsulfureux en traitant la nitrobenzine par l'acide sulfurique fumant, et Schmitt a constaté que le produit de réduction fournit non de l'acide sulfanilique, mais de l'acide amidophénylsulfureux: peut-être y a-t-il isomérie entre l'acide de Laurent et celui de Schmitt, car H. Rose a constaté une différence de réaction entre les acides amidophénylsulfureux obtenus avec l'acide nitré de Laurent, et l'acide nitré de Schmitt [voyez plus loin Amidophénylsulfureux (acide)]. Les sels de ce dernier acide ont été préparés par H. Rose.

L'acide nitrophénylsulfureux cristallise de sa solution aqueuse concentrée en masses lamelleuses, limpides, déliquescentes, il fond entre 60° et 70°; il se dissout dans l'alcool, mais il est très-peu soluble dans l'éther : cet acide et ses sels ont une saveur amère.

Le *sel de baryum*,

$$[C^6H^4(AzO^2), SO^3]^2Ba + H^2O,$$

est en cristaux durs, jaunâtres, peu solubles dans l'eau froide, insolubles dans l'alcool.

Le *sel de plomb*,

$$[C^6H^4(AzO^2)SO^3]^2Pb + 2H^2O,$$

est en mamelons blancs, très-solubles dans l'eau bouillante, assez solubles dans l'eau froide, solubles dans l'alcool et insolubles dans l'éther.

Le *sel de calcium* cristallise par un refroidissement rapide en lamelles brillantes, renfermant $3H^2O$; par un refroidissement lent, il donne des prismes volumineux, renfermant $2H^2O$.

Le *sel de cuivre* est en prismes verdâtres, très-solubles, renfermant $4H^2O$.

Le *sel de potassium*, $C^6H^4(AzO^2)SO^3K$, est en lamelles brillantes, peu solubles dans l'eau froide et dans l'alcool.

Le *sel de sodium* est en lamelles assez solubles dans l'eau et dans l'alcool bouillant [H. Rose, *Zeitsch. für Chem.*, t. VII, p. 234, et *Bull. de la Soc. chim.*, 1871, t. XVI, p. 310].

*Chlorure nitrophénylsulfureux*,

$$C^6H^4(AzO^2), SO^2, Cl$$

[Glutz et Schrank, *Journ. für prakt. Chem.*, nouv. sér., t. II, p. 223, et *Bull. de la Soc. chim.*, 1871, t. XV, p. 111]. — L'acide nitrophénylsulfureux traité par le perchlorure de phosphore fournit le chlorure correspondant. Ce chlorure cristallisé dans l'éther se présente en grands prismes transparents et brillants, fusibles au-dessous de 100°, insolubles dans l'eau, solubles dans l'alcool bouillant avec décomposition partielle. Réduit par l'acide chlorhydrique et l'étain, il fournit le chlorhydrate d'amidosulfophénol ou sulfhydrate de phényle amidé, $C^6H^4(AzH^2)SH$.

ACIDE NITROBROMOPHÉNYLSULFUREUX,

$$C^6H^3Br(AzO^2)SO^3H$$

[Frick, *Journ. für prakt. Chem.*, nouv. sér., t. II, p. 225, et *Bull. de la Soc. chim.*, 1871, t. XV, p. 112]. — Cet acide s'obtient en ajoutant peu à peu de l'acide nitrique fumant à une solution de bromobenzine dans l'acide sulfurique fumant. On verse la solution acide dans l'eau; il se précipite un corps blanc qui recristallisé dans l'alcool se présente en lamelles blanches fusibles à 72° et dont la nature n'est pas connue. La solution saturée par la chaux fournit le sel calcique de l'acide nitrobromophénylsulfureux, sel dont on isole l'acide.

Celui-ci cristallise en aiguilles mamelonnées, d'un blanc sale, déliquescentes, très-solubles dans l'eau, fort peu solubles dans l'alcool, l'éther et le chloroforme. Chauffé à 200° avec de l'aniline, il fournit une masse noire, soluble dans l'alcool avec une belle couleur bleue, peu soluble dans l'eau froide, soluble dans l'eau bouillante.

Le *sel de calcium*, $[C^6H^3Br(AzO^2),SO^3]^2Ca$, cristallise dans l'alcool en lamelles d'un jaune d'or. Chauffé à 120° avec l'ammoniaque alcoolique, il fournit des cristaux étoilés bruns d'*amidonitrophénylsulfite*, $[C^6H^3(AzH^2)(AzO^2)SO^3]^2Ca$, sel peu soluble dans l'alcool et dans l'éther, assez soluble dans l'eau. La potasse alcoolique transforme le bromonitrophénylsulfite de calcium en sel de potassium, et il n'y a pas de remplacement du brome par le groupe OH.

ACIDE NITRODIBROMOPHÉNYLSULFUREUX,

$$C^6H^2(AzO^2)Br^2,SO^3H$$

[D. Williams, *Zeitsch. für Chem.*, t. VII, p. 302, et *Bull. de la Soc. chim.*, 1871, t. XVI, p. 312]. — On le prépare en chauffant avec l'acide nitrique fumant l'acide dibromophénylsulfureux; il est très-soluble, ainsi que ses sels.

Le *sel de cuivre* est en mamelons cristallins renfermant une molécule d'eau.

Le *sel de baryum*, $[C^6H^2Br^2(AzO^2)SO^3]^2Ba$, est en amas d'aiguilles qui renferment 2 molécules et demie d'eau de cristallisation.

Le *sel de plomb* est en aiguilles rougeâtres renfermant une molécule d'eau.

Le *sel potassique* cristallise avec 2 molécules et demie d'eau, en aiguilles incolores.

ACIDE AMIDOPHÉNYLSULFUREUX,

$$C^6H^4(AzH^2),SO^3H.$$

— On connaît deux acides de cette formule; l'un, l'acide sulfanilique, résulte de l'action de l'acide sulfurique sur l'aniline; l'autre est un produit de réduction de l'acide nitrophénylsulfureux que Laurent avait obtenu, et qu'il avait considéré comme identique avec l'acide sulfanilique. Schmitt a montré que la réduction de son acide nitrophénylsulfureux fournit un isomère de l'acide sulfanilique. Nous décrivons ici l'acide amidophénylsulfureux provenant de la réduction de l'acide nitrophénylsulfureux, obtenu par la nitrobenzine et l'acide sulfurique fumant.

Quant à l'isomère fourni par l'action de l'acide sulfurique sur l'aniline, il est décrit à l'article PHÉNYLAMINE (DÉRIVÉS SULFURIQUES).

L'acide amidophénylsulfureux s'obtient à l'état de sel ammoniacal en traitant par l'hydrogène sulfuré le nitrophénylsulfite d'ammonium. Cet acide cristallise en grands prismes incolores, renfermant une molécule et demie d'eau de cristallisation; presque insoluble dans l'éther et l'alcool, il se dissout dans 68 p. d'eau à 15° [Schmitt, *Ann. der Chem. u. Pharm.*, t. CXX, p. 129, et *Répert. de Chim. pure*, 1862, p. 188].

Les solutions étendues de cet acide colorent le bois de sapin en jaune.

Lorsqu'on ajoute à sa solution aqueuse du chlorure de cuivre, puis à l'ébullition du sel ammoniac et de l'ammoniaque, on obtient une coloration rouge foncé; la solution colorée, traitée par l'hydrogène sulfuré pour lui enlever le cuivre, se décolore presque complétement, mais la couleur reparaît par l'exposition à l'air. Cette matière colorante est soluble dans l'eau et l'alcool, insoluble dans l'éther et la benzine.

L'acide amidophénylsulfureux obtenu par Laurent, et qu'il considérait comme identique avec l'acide sulfanilique, ne produit pas cette réaction [H. Rose, *Deutsch. Chem. Gesell.*, t. V, p. 41, et *Bull. de la Soc. chim.*, 1872, t. XVII, p. 274].

ACIDE PHÉNYLÈNE-DISULFUREUX.

On peut considérer cet acide comme résultant de la substitution de deux groupes $SO^3H$ à 2 atomes d'hydrogène de la benzine: il renferme

$$C^6H^4\begin{cases}SO^3H\\SO^3H.\end{cases}$$

Il a été obtenu par MM. Hofmann et Buckton en chauffant l'acide phénylsulfureux, $C^6H^5,SO^3H$, avec de l'acide sulfurique fumant [*Ann. der Chem. u. Pharm.*, t. C, p. 157]. Ses sels ont été décrits par M. Ross Garrick [*Zeitsch. für Chem.*, nouv. sér., t. V, p. 549, et *Bull. de la Soc. chim.*, 1870, t. XIII, p. 158].

Cet acide constitue une masse déliquescente. Traité par le perchlorure de phosphore, il fournit le chlorure phénylène-disulfureux, $C^6H^4(SO^2Cl)^2$ [Pazschke, *Journ. für prakt. Chem.*, nouv. sér., t. II, p. 418, et *Bull. de la Soc. chim.*, 1871, t. XV, p. 110].

Le *sel de baryum* et le *sel de calcium* sont incristallisables.

*Sel de cuivre*, $C^6H^4(SO^3)^2Cu + 4H^2O$. — Petits cristaux bleus, qui ne perdent leur eau de cristallisation qu'à 140°.

*Sel de plomb*, $C^6H^4(SO^3)^2Pb + 2H^2O$. — Cristaux granulaires, très-solubles dans l'eau.

*Sel de potassium*, $C^6H^4(SO^3K)^2 + 1/2H^2O$. — Petits cristaux transparents, solubles dans l'eau. Chauffé pendant 2 heures à 230° avec un excès de potasse caustique, il fournit presque la quantité théorique de résorcine.

Distillé avec du cyanure de potassium, il fournit le cyanure de phénylène, $C^6H^4(CAz)^2$, donnant de l'acide téréphtalique par l'action de la potasse bouillante [Brunner, *Deutsch. Chem. Gesells.*, t. IV, p. 984, et *Bull. de la Soc. chim.*, 1872, t. XVII, p. 69]. D'après ces deux réactions, l'acide phénylène-disulfureux appartient à la série des dérivés de la benzine, dite *parasérie*.

*Chlorure phénylène-disulfureux*, $C^6H^4(SO^2Cl)^2$ [Pazschke, *Mém. cité*]. — Obtenu par l'action du perchlorure de phosphore sur l'acide phénylène-disulfureux, il se dépose de sa solution éthérée en cristaux volumineux, fusibles à 62°. Traité à chaud par l'étain et l'acide chlorhydrique, il fournit un produit de réduction qui distille avec les vapeurs d'eau et présente la composition $C^6H^6S^2$, *disulfhydrate de phényle* ou *thiorésorcine*.

ACIDES OXYPHÉNYLSULFUREUX.

Ils proviennent de l'action de l'acide sulfurique sur le phénol; Laurent a le premier obtenu un acide sulfoconjugué du phénol et l'a désigné sous le nom d'acide phénylsulfurique ou sulfophénique. Schmitt a obtenu un acide de même formule en faisant bouillir avec de l'eau l'acide diazoïque préparé par l'action des vapeurs nitreuses sur l'acide sulfanilique. Kekulé a reconnu que dans l'action de l'acide sulfurique sur le phénol, il se forme 2 isomères, et a déterminé les conditions de leur mode de formation. Solommanoff a obtenu un troisième isomère dans la même réaction [Laurent, *Ann. de Chim. et de Phys.*, (3), t. III, p. 203; — Schmitt, *Rép. de Chim. pure*, 1862, p. 187; — Kekulé, *Compt. rend.*, 1867, t. LXIV, p. 752; *Deutsch. Chem. Gesells.*, 1869, p. 330, et *Bull. de la Soc. chim.*, 1870, t. XIII, p. 155; — Solommanoff, *Zeitsch. für Chem.*, nouv. sér., t. V, p. 294, et *Bull. de la Soc. chim.*, 1870, t. XIII, p. 159].

M. Solommanoff prépare les trois oxyphénylsulfites de potassium de la façon suivante: il abandonne à lui-même pendant plusieurs jours un mélange de 100 p. de phénol et de 90 p. d'acide sulfurique pur; puis il dissout le produit dans l'eau, enlève l'acide sulfurique par le carbonate de baryum, filtre et neutralise par le carbonate de potassium. Le liquide neutralisé est évaporé; les premières cristallisations renferment principalement l'α-oxyphénylsulfite (paraphénylsulfite de Kekulé); les cristallisations suivantes sont très-riches en β-oxyphénylsulfite (métaphénylsulfite), et les dernières eaux mères contiennent le γ-oxyphénylsulfite. On sépare ces sels complétement les uns des autres par une série de cristallisations successives.

Acide α-oxyphénylsulfureux (appelé aussi *paraphénylsulfurique, oxyphénylsulfurique, paraphénolsulfureux*),

$$C^6H^4 \left\{ \begin{array}{l} SO^3H \\ OH. \end{array} \right.$$

— Cet acide constitue presque exclusivement le produit de l'action de l'acide sulfurique sur le phénol, lorsqu'on chauffe le mélange à 100° pendant 36 heures; de plus, l'acide β se transforme en acide α lorsqu'on évapore la solution au bain-marie (Kekulé).

Il cristallise en aiguilles très-déliquescentes (Émile Kopp).

Le sel de potassium de cet acide fondu avec la potasse fournit de la résorcine (Kekulé).

*Oxyphénylsulfites.* — Menzner a décrit les sels d'un acide oxyphénylsulfureux qu'il a obtenu en chauffant au bain-marie un mélange d'acide sulfurique et de phénol, et qui, d'après ce qui précède, paraît être l'acide α. C'est aussi cet acide que semble avoir obtenu Laurent, car le sel de baryum décrit par ce chimiste possède les mêmes caractères que celui de M. Menzner. Néanmoins le sel de potassium de l'acide de Menzner diffère de l'α-oxyphénylsulfite décrit par Solommanoff et étudié aussi par Engelhardt [Menzner, *Ann. der Chem. u. Pharm.*, t. CXLIII, p. 175, et *Bull. de la Soc. chim.*, 1868, t. IX, p. 378].

*Sel de baryum,* $[C^6H^4(OH), SO^3]^2Ba + 3H^2O$. — Il est en petites aiguilles agglomérées, solubles dans l'eau, peu solubles dans l'alcool à 80 centièmes bouillant, insolubles dans l'alcool absolu; il perd son eau de cristallisation à 140°.

*Sel de calcium,* $[C^6H^4(OH), SO^3]^2Ca + 6H^2O$. — Petites feuilles cristallines, transparentes, peu solubles dans l'eau et l'alcool bouillants.

*Sel de cuivre,* $[C^6H^4(OH), SO^3]^2Cu + 6H^2O$. — Prismes rhombiques verts, solubles dans l'eau et dans l'alcool.

*Sel d'ammonium,* $C^6H^4(OH)SO^3AzH^4$. — Aiguilles blanches, brillantes, très-solubles dans l'eau et dans l'alcool.

*Sel de magnésium,* $[C^6H^4(OH), SO^3]^2Mg + 7H^2O$. — Prismes rhombiques, incolores, solubles dans l'eau et l'alcool; il perd son eau de cristallisation à 125°.

*Sel manganeux,* $[C^6H^4(OH), SO^3]^2Mn + 7H^2O$. — Prismes d'un rouge pâle, solubles dans l'eau et l'alcool, perdant leur eau de cristallisation à 130°.

*Sel de plomb,* $[C^6H^4(OH), SO^3]^2Pb + 5H^2O$. — Aiguilles cristallines d'un blanc satiné, solubles dans l'eau et l'alcool; il perd $3H^2O$ à 130°.

*Sel de potassium,* $2[C^6H^4(OH), SO^3K] + H^2O$. Aiguilles cristallines blanches, brillantes; solubles dans l'eau, peu solubles dans l'alcool.

*Sel de sodium,* $C^6H^4(OH), SO^3Na + 2H^2O$. — Prismes rhombiques incolores, solubles dans l'alcool.

*Sel de zinc,* $[C^6H^4(OH), SO^3]^2Zn + 2H^2O$. — Prismes rhombiques, incolores, solubles dans l'eau et l'alcool, qui perdent leur eau de cristallisation à 125°.

Suivant Solommanoff, l'α-oxyphénylsulfite de potassium, moins soluble que les sels des acides β et γ, cristallise en feuillets hexagonaux, qui supportent une température de 240° sans décomposition.

Traité par l'acide chlorosulfurique, l'α-oxyphénylsulfite de potassium fournit de l'acide oxyphényldisulfureux $C^6H^3(OH)(SO^3H)^2$ [Engelhardt et Latschinoff, *Zeitsch. für Chem.*, nouv. sér., t. V, p. 297, et *Bull. de la Soc. chim.*, 1870, t. XIII, p. 161].

L'action du chlorure de benzoyle sur l'α-oxyphénylsulfite donne le dérivé benzoïque

$$C^6H^4 \left\{ \begin{array}{l} SO^3K \\ OC^7H^5O \end{array} \right.$$

appelé aussi benzoyl-α-oxyphénylsulfite (benzoyl-paraphénylsulfate des auteurs) et que nous décrivons plus loin [Engelhardt et Latschinoff, *Bull. de la Soc. chim.*, 1868, t. X, p. 272].

Traité par l'acide nitrique, il fournit un dérivé nitré (Kolbe et Gauhe), et avec le brome un dérivé bromé [Senhoffer]. — Voir plus loin.

L'acide α-oxyphénylsulfureux fournit avec l'aniline un sel cristallisé en petites lamelles incolores, assez solubles dans l'eau, fusibles à 170° en un liquide qui rougit rapidement. A 170-180°, il se décompose en phénol et en acide sulfanilique ou phénylsulfamique [E. Kopp, *Bull. de la Soc. chim.*, 1872, t. XVIII, p. 65; — Praten, *Deutsch. Chem. Gesells.*, t. IV, p. 970, et *Bull. de la Soc. chim.*, 1872, t. XVII, p. 65].

Acide β-oxyphénylsulfureux, appelé aussi acide *métaphénylsulfurique*. — Cet acide se forme presque exclusivement lorsqu'on abandonne à la température ordinaire, et pendant plusieurs semaines, un mélange de phénol et d'acide sulfurique; mais si l'on chauffe au bain-marie, l'acide β se transforme en acide α (Kekulé).

La constitution de cet acide est douteuse, car si d'une part il fournit de la pyrocatéchine par la fusion avec la potasse (Kekulé), ce qui mène à la formule

$$C^6H^4 \left\{ \begin{array}{l} SO^3H \\ OH, \end{array} \right.$$

et le range dans les composés aromatiques de la *métasérie*, d'autre part il ne fournit qu'une huile neutre avec le chlorure de benzoyle, et non pas un acide

$$C^6H^4 \left\{ \begin{array}{l} SO^3H \\ OC^7H^5O, \end{array} \right.$$

comme le fait l'acide α. Aussi Engelhardt et Latschinoff, ne pouvant y prouver l'existence du groupe OH, supposent-ils que c'est le véritable acide phénylsulfurique

$$SO^4 \left\{ \begin{array}{l} C^6H^5 \\ H \end{array} \right.$$

analogue à l'acide éthylsulfurique. Ainsi que nous l'avons dit plus haut, MM. Dusart et Bardy ont obtenu un dérivé sulfoconjugué du phénol, dont la constitution paraît analogue à celle de l'acide éthylsulfurique (p. 914). En effet, chauffé avec de l'alcool à 180°, il donne du phénate d'éthyle et de l'acide sulfurique; avec l'aniline, il fournit de la diphénylimine, avec le cyanure de potassium du benzonitrile, etc. [*Bull. de la Soc. chim.*, t. XV, p. 155].

Ces réactions semblent l'identifier avec l'acide que nous décrivons, mais il est à remarquer que ce dernier se produit à froid, suivant Kekulé, tandis que l'acide de MM. Dusart et Bardy se forme à une température de 160°. Il reste là un point à éclaircir.

**Le β-oxyphénylsulfite de potassium** cristallise de sa solution bouillante en aiguilles réunies en mamelons, renfermant des quantités variables d'eau de cristallisation. Par l'évaporation spontanée de sa solution aqueuse, il forme de longues aiguilles aplaties renfermant 2 molécules d'eau. Il est efflorescent; il fond de 235° à 240° (Solommanoff). Comme le sel α, il se combine avec l'aniline; le composé fournit à la distillation du phénol, et laisse de l'acide phénylsulfamique (E. Kopp). Il fournit avec le sous-acétate de plomb un précipité qui se dissout dans l'eau bouillante, tandis que le précipité fourni par le sel α y est insoluble (Solommanoff).

Traité par le brome, il fournit un dérivé bromé que nous décrirons plus loin (Senhofer).

Acide γ-oxyphénylsulfureux [Solommanoff, *Mém. cit.*]. — Le sel de potassium de cet acide est le plus soluble des trois sels formés, lorsqu'on sature par le carbonate de potassium les acides oxyphénylsulfureux bruts. Il renferme

$$C^6H^4\begin{cases}SO^3K\\OH\end{cases} + 1\,1/2\,H^2O;$$

il s'effleurit vite, mais moins que le sel β; il ne fond pas à 240°. Le précipité blanc produit par le sous-acétate de plomb est peu soluble dans l'eau bouillante.

Traité par le chlorure de benzoyle, il fournit un acide benzoyl-γ-oxyphénylsulfureux

$$C^6H^4\begin{cases}SO^3H\\OC^7H^5O.\end{cases}$$

— Voir plus loin.

*Dérivés des acides oxyphénylsulfureux.*

Acides bromoxyphénylsulfureux [Senhofer, *Ann. der Chem. u. Pharm.*, t. CLVI, p. 102, et *Bull. de la Soc. chim.*, 1871, t. XV, p. 104]. — Ils dérivent soit de l'acide α, soit de l'acide β. Lorsqu'on traite l'α-oxyphénylsulfite de potassium en solution (1 molécule) par 1 molécule de brome, celui-ci disparaît, la solution s'échauffe, et, si elle est concentrée, fournit par le refroidissement une bouillie blanche cristalline, formée de fines aiguilles; les eaux mères fournissent par concentration des grains mamelonnés, ou des lamelles de même composition et constituant le sel potassique de l'acide bibromé. Les dernières eaux mères colorées fournissent des cristaux qu'on purifie par une nouvelle cristallisation, et qui sont le sel potassique de l'acide monobromé; ce dernier ne se forme qu'en petite quantité.

*Acide α-oxyphénylsulfureux dibromé,*

$$C^6H^2Br^2\begin{cases}SO^3H\\OH.\end{cases}$$

— Cet acide, obtenu en transformant le sel de potassium en sel de plomb, et décomposant celui-ci par l'hydrogène sulfuré, cristallise en petites tables rectangulaires, solubles dans l'eau et dans l'alcool, très-peu solubles dans l'éther. Séché à 100-105°, il est anhydre.

Le *sel de baryum* neutre renferme

$$[C^6H^2Br^2(OH)SO^3]^2Ba + 2H^2O;$$

c'est un précipité blanc, cristallisant dans l'eau bouillante en fines aiguilles. En neutralisant par la baryte la solution acide bouillante de ce sel, on obtient par le refroidissement de longues aiguilles du sel basique

$$C^6H^2Br^2\begin{cases}SO^3\\O\end{cases}\!\!>Ba + 4H^2O.$$

Le *sel de potassium*, $C^6H^2Br^2(OH)SO^3K$, cristallise en lamelles anhydres ou en aiguilles renfermant 1 molécule d'eau. Sa solution aqueuse est acide.

Le *sel basique*, $C^6H^2Br^2(OK)SO^3K + 2H^2O$, se prépare en saturant par le carbonate de potassium la solution aqueuse du sel précédent; il forme des lamelles allongées jaunâtres.

*Acide β-oxyphénylsulfureux monobromé.* — Le β-oxyphénylsulfite de potassium traité par le brome se comporte comme le sel de potassium de l'acide α. Il se forme le sel de l'acide dibromé et les eaux mères renferment le sel potassique monobromé, $C^6H^3Br(OH)SO^3K$, qui cristallise en aiguilles. L'acide libre est très-soluble dans l'eau, et constitue, après évaporation dans le vide, une masse rougeâtre très-hygrométrique.

Le *sel de baryum* est assez soluble dans l'eau bouillante, et ses cristaux sont anhydres.

Le *sel de cuivre* cristallise dans le vide en aiguilles brunes, très-solubles dans l'eau.

*Acide β-oxyphénylsulfureux dibromé,*

$$C^6H^2Br^2(OH),SO^3H.$$

— Obtenu comme le dérivé de l'acide α, il cristallise en aiguilles concentriques très-déliquescentes et solubles dans l'éther; il précipite directement par l'acétate de plomb, ce que ne fait pas l'acide *alpha* correspondant.

Séché à 100°, il fond à 118-120°. Ses solutions sont colorées en violet foncé par le chlorure ferrique.

Le *sel de baryum neutre* forme des lamelles blanches, anhydres, peu solubles dans l'eau.

Le *sel basique* est une poudre cristalline blanche.

Le *sel de cadmium basique* est en lamelles jaunâtres, confuses, très-solubles dans l'eau; il renferme $C^6H^2Br^2SO^4Cd + 1\,1/2\,H^2O$.

Le *sel de potassium neutre* forme des aiguilles cassantes, anhydres.

Le *sel basique*, $C^6H^2Br^2(OK)SO^3K$, est extrêmement soluble dans l'eau, et cristallise dans l'alcool faible et bouillant en longues lamelles brillantes.

Acides chloroxyphénylsulfureux. — *Acide monochloré,*

$$C^6H^3Cl\begin{cases}SO^3H\\OH.\end{cases}$$

— Il a été obtenu, non par l'action du chlore sur un des acides oxyphénylsulfureux, mais en traitant par l'acide sulfurique le chlorophénol,

$$C^6H^4Cl,OH,$$

bouillant entre 215° et 218°. On ajoute 150 gr. d'acide sulfurique fumant à 200 grammes de chlorophénol, et on agite souvent le mélange qui au bout de quelque temps se prend en une masse cristalline radiée. En saturant cet acide par la potasse, on obtient un *sel anhydre,*

$$C^6H^3Cl\begin{cases}SO^3K\\OH,\end{cases}$$

qui se présente sous forme de cristaux lamellaires ou de prismes plats groupés en étoiles, se décomposant à 310° sans fondre.

Il cristallise ensuite un sel avec 2 molécules d'eau,

$$C^6H^3Cl\begin{cases}SO^3K\\OH\end{cases} + 2H^2O,$$

qui forme des cristaux enchevêtrés du système

clinorhombique (angle des axes : 84° 14'; on a observé les formes suivantes : $b^{1/2}$, $d^{1/2}$, $m$ et $h^1$; la forme $d^{1/2}$ est très-développée. Ce sel fond à 245° en se boursouflant. Les eaux mères d'où ces sels ont été isolés fournissent des sels plus solubles qu'on n'a pas réussi à séparer [Baehr-Predari, *Deutsch. Chem. Gesells.*, t. II, p. 693, et *Bull. de la Soc. chim.*, 1870, t. XIII, p. 441].

*Acide dichloré*,

$$C^6H^2Cl^2\left\{\begin{matrix}SO^3H\\OH\end{matrix}\right.$$

[Kolbe et Gauhe, *Ann. der Chem. u. Pharm.*, t. CXLVII, p. 71, et *Bull. de la Soc. chim.*, 1869, t. XI, p. 74]. — Il a été préparé avec l'α-oxyphénylsulfite de potassium. On mélange 10 p. de ce sel avec 3 p. de chlorate de potassium, et on ajoute 22 p. d'acide chlorhydrique ordinaire; on agite le mélange; bientôt la réaction se déclare, et il se forme une bouillie cristalline, qu'on purifie en la lavant à l'alcool absolu et à l'éther, et en faisant cristalliser plusieurs fois dans l'eau bouillante. On isole l'acide en décomposant le sel de potassium par l'acide sulfurique étendu.

Cet acide cristallise dans le vide en tables ou en prismes rhombiques, incolores, déliquescents.

Le *sel de baryum basique* renferme

$$C^6H^2Cl^2\left\{\begin{matrix}SO^3\\O\end{matrix}\right\rangle Ba + 2H^2O;$$

il se produit par l'ébullition de la solution aqueuse de l'acide libre avec l'eau de baryte; on précipite l'excès de baryte par l'acide carbonique, et on fait évaporer; le sel se dépose sous forme de croûtes cristallines blanches.

Le *sel de potassium*,

$$C^6H^2Cl^2\left\{\begin{matrix}SO^3K\\OH,\end{matrix}\right.$$

cristallise en écailles blanches, brillantes, facilement solubles dans l'eau bouillante.

En ajoutant peu à peu 50 grammes de ce sel à 200 grammes d'acide azotique d'une densité de 1,36 refroidi dans la glace, on obtient du dinitrochlorophénol β, fusible à 110-116°,

$$C^6H^2(AzO^2)^2Cl,OH,$$

de l'orthonitrodichlorophénol, $C^6H^2(AzO^2)Cl^2,OH$, et de l'acide nitrochloroxyphénylsulfureux,

$$C^6H^2(AzO^2)Cl\left\{\begin{matrix}SO^3H\\OH\end{matrix}\right.$$

[Armstrong, *Journ. of the Chem. Society*, (2), t. IX, p. 1112, et *Bull. de la Soc. chim.*, 1872, t. XVII, p. 66].

ACIDE NITROXYPHÉNYLSULFUREUX (Kolbe et Gauhe). — On le prépare avec l'α-oxyphénylsulfite de potassium. On triture ce sel avec 5 p. d'eau et son poids de nitre, et on ajoute de l'acide sulfurique étendu renfermant un poids d'acide sulfurique concentré égal à celui du salpêtre. On mélange avec soin et on chauffe jusqu'à ce qu'il commence à se dégager des gaz; il se dépose des cristaux du sel de potassium de l'acide nitré, cristaux qu'on purifie en les lavant à l'alcool absolu et l'éther, et les faisant cristalliser dans l'eau. On isole l'acide libre en décomposant le sel de potassium par l'acide sulfurique faible. Le même acide s'obtient en dissolvant le nitrophénol volatil dans l'acide sulfurique (Kekulé).

Cet acide forme des cristaux courts, incolores, déliquescents à l'air. Traité par le sulfure d'ammonium, il fournit une substance blanche, cristallisant difficilement, se décomposant partiellement pendant l'évaporation à l'air, et se colorant en rouge-brun; c'est probablement l'acide amidé correspondant.

Il donne deux séries de sels et se comporte comme un acide bibasique.

*Sel d'ammonium*,

$$C^6H^3(AzO^2)\left\{\begin{matrix}SO^3AzH^4\\OAzH^4.\end{matrix}\right.$$

— Il est en prismes d'un jaune brunâtre, facilement solubles dans l'eau, qu'on obtient en ajoutant à l'acide un excès d'ammoniaque.

*Sel de baryum*,

$$C^6H^3(AzO^2)\left\{\begin{matrix}SO^3\\O\end{matrix}\right\rangle Ba + 2H^2O$$

(à 100°). — Petits cristaux indistincts, d'un rouge orangé, qu'on obtient en faisant bouillir l'acide avec du carbonate de baryum, saturant la solution du sel acide par de la baryte caustique et précipitant l'excès de celle-ci par l'acide carbonique.

*Sel de plomb*, $[C^6H^3(AzO^2),OH,SO^3]^2Pb$. — Grosses aiguilles jaunes.

*Sel de cuivre*, $[C^6H^3(AzO^2),OH,SO^3]^2Cu$. — Masse vert jaunâtre.

*Sel de potassium*,

$$C^6H^3(AzO^2)\left\{\begin{matrix}SO^3K\\OH.\end{matrix}\right.$$

— Aiguilles jaunes, groupées en étoiles, plus solubles dans l'eau à chaud qu'à froid.

*Acide nitrochlorophénylsulfureux*,

$$C^6H^2(AzO^2)Cl\left\{\begin{matrix}SO^3H\\OH.\end{matrix}\right.$$

[Armstrong, *Journ. of the Chem. Society*, (2), t. IX, p. 1112, et *Bull. de la Soc. chim.*, 1872, t. XVII, p. 67]. — Il se produit dans l'action de l'acide azotique sur le sel de potassium de l'acide bichloré décrit plus haut. On sature par le carbonate de potassium, et on isole les divers dérivés potassiques par cristallisations successives. Le troisième produit est rouge-orange, soluble dans l'eau tiède; par l'addition de l'acide azotique, cette solution précipite en se refroidissant un sel acide jaune pâle, renfermant

$$C^6H^2(AzO^2)Cl\left\{\begin{matrix}SO^3K\\OH.\end{matrix}\right.$$

### *Dérivés benzoïques des acides oxyphénylsulfureux.*

L'acide α-oxyphénylsulfureux et l'acide γ, traités par le chlorure de benzoyle, fournissent des acides isomères de la formule

$$C^6H^4\left\{\begin{matrix}SO^3H\\O,C^7H^5O;\end{matrix}\right.$$

l'acide β dans les mêmes conditions ne donne qu'une huile neutre, qui renferme du soufre, et dépose après quelque temps des cristaux de benzoate de phényle [Engelhardt et Latschinoff, *Zeits. für Chem.*, nouv. sér., t. IV, p. 75, et *Bull. de la Soc. chim.*, 1868, t. X, p. 272; — Solommanoff, *Zeitsch. für Chem.*, nouv. sér., t. V, p. 294, et *Bull. de la Soc. chim.*, 1870, t. XIII, p. 159].

*Acide α-benzoyloxyphénylsulfureux* (Engelhardt et Latschinoff). — Il se produit par l'action de l'anhydride sulfurique sur le benzoate de phényle, mais il s'obtient plus facilement en faisant agir à 140-150° du chlorure de benzoyle sur l'α-oxyphénylsulfite de potassium. Il se dégage de l'acide chlorhydrique, l'excès de chlorure de benzoyle, et il reste une masse blanche qu'on lave à l'éther et qu'on fait cristalliser ensuite dans l'eau. On obtient ainsi le sel de potassium; la solution aqueuse de celui-ci est précipitée par les sels de calcium, de baryum, de magnésium, de zinc, de cuivre, de plomb et d'argent.

*Sel d'argent*,

$$C^6H^4\left\{\begin{matrix}SO^3Ag\\OC^7H^5O.\end{matrix}\right.$$

— Soluble dans l'eau bouillante, d'où il cristallise en lamelles.

*Sel de cuivre.* — Lamelles bleues brillantes, renfermant 3 molécules d'eau; anhydre, il est incolore.

*Sel de baryum*, $[C^6H^4(OC^7H^5O)SO^3]^2Ba$. — Fines aiguilles solubles dans l'eau bouillante.

*Sel de magnésium.* — Lamelles brillantes.

*Sel de plomb.* — Faisceaux d'aiguilles renfermant une molécule d'eau.

*Sel de potassium*,

$$C^6H^4\left\{\begin{matrix}SO^3K\\OC^7H^5O.\end{matrix}\right.$$

— Il se sépare de l'eau bouillante en larges aiguilles peu solubles; l'acide chlorhydrique chaud et la potasse le décomposent en donnant de l'acide benzoïque.

*Acide γ-benzoyloxyphénylsulfureux* (Solommanoff). — Le chlorure de benzoyle se comporte avec le γ-oxyphénylsulfite de potassium comme avec le sel α; il se forme du γ-benzoyloxyphénylsulfite de potassium, peu soluble dans l'eau froide, très-soluble dans l'eau bouillante, et dont la solution saturée se transforme par refroidissement en une masse gélatineuse formée de petites aiguilles.

ACIDE OXYPHÉNYLDISULFUREUX,

$$C^6H^6S^2O^7 = C^6H^3(OH)\left\{\begin{matrix}SO^3H\\SO^3H.\end{matrix}\right.$$

— Cet acide obtenu d'abord par Griess en traitant le sulfate de diazobenzol par l'acide sulfurique concentré, et qu'il avait considéré comme de l'acide phénylène-disulfureux, a été obtenu ensuite par Kekulé et par Weinhold, en soumettant le phénol à l'action de l'acide sulfurique fumant ou de l'anhydride sulfurique. Il a été étudié aussi par Stædeler et par Engelhardt et Latschinoff.

Il a été appelé *acide disulfophénylénique* (Griess); *acide oxyphénylène-disulfonique* (Weinhold); *acide disulfophénique* (Kekulé); *acide phénétyldisulfonique* (Stædeler) [Kekulé, *Zeitsch. für Chem.*, nouv. sér., t. II, p. 693, et *Bull. de la Soc. chim.*, 1867, t. VIII. p. 104; — Weinhold, *Ann. der Chem. u. Pharm.*, t. CXLIII, p. 58, et *Bull. de la Soc. chim.*, 1868, t. IX, p. 142; — Stædeler, *Ann. der Chem. u. Pharm.*, t. CXLIV, p. 295; — Engelhardt et Latschinoff, *Zeitsch. für Chem.*, nouv. sér., t. IV, p. 270, et *Bull. de la Soc. chim.*, 1868, t. X, p. 277].

On prépare l'acide oxyphényldisulfureux en chauffant au bain-marie 100 grammes de phénol avec 400 grammes d'un mélange d'acide sulfurique ordinaire et d'acide fumant, et saturant par du carbonate de baryum.

Mis en liberté de son sel de baryum ou de plomb, il donne d'abord de longues et fines aiguilles, puis se convertit en une masse cristalline, déliquescente (Stædeler). Suivant Weinhold, il est en cristaux soyeux, groupés en étoiles, très-déliquescents, qui se décomposent au-dessus de 100°. Il est bibasique et donne des sels solubles, à l'exception du sel de plomb.

*Sel d'argent.* — Il renferme

$$C^6H^3\left\{\begin{matrix}(SO^3Ag)^2\\OH\end{matrix}\right.$$

(Griess, Kekulé).

*Sel de baryum.* — Beaux prismes renfermant $C^6H^3(OH)(SO^3)^2Ba + 4H^2O$, et perdant leur eau à 160° (Kekulé); ils ne perdent complètement leur eau qu'à 225° (Weinhold, Engelhardt et Latschinoff). Bouilli avec le carbonate de baryum, il fournit un sel, $[C^6H^3,O(SO^3)^2]^2Ba^3 + 6H^2O$, pulvérulent, difficilement soluble dans l'eau, même à l'ébullition, d'une réaction alcaline énergique (Stædeler).

*Sels de plomb.* — Le sel neutre cristallise en aiguilles; en solution aqueuse, il se dédouble en sel acide et en sel basique.

Le *sel basique* renferme

$$2[C^6H^3(OH)(SO^3)^2Pb] + PbO + 5H^2O.$$

Il se dépose par le refroidissement de la solution aqueuse du sel neutre, en écailles cristallines nacrées.

*Sel de potassium*,

$$C^6H^3\left\{\begin{matrix}(SO^3K)^2\\OH\end{matrix}\right. + H^2O.$$

— Prismes clinorhombiques qui perdent leur eau vers 100°. E. G.

Coulommiers. — Typ. P. BRODARD et GALLOIS.

www.ingramcontent.com/pod-product-compliance
Ingram Content Group UK Ltd.
Pitfield, Milton Keynes, MK11 3LW, UK
UKHW011957240726
13965UKWH00001B/11